U0376306

# 现行建筑结构规范大全

（含条文说明）

第3册

地基·基础·勘察

本社编

中国建筑工业出版社

**图书在版编目（CIP）数据**

现行建筑结构规范大全(含条文说明)第3册 地基·基础·勘察/本社编. —北京：中国建筑工业出版社，2014.2

ISBN 978-7-112-16074-7

Ⅰ.①现… Ⅱ.①本… Ⅲ.①建筑结构-建筑规范-中国 Ⅳ.①TU3－65

中国版本图书馆CIP数据核字(2013)第263534号

责任编辑：李　阳　向建国

责任校对：刘　钰

现行建筑结构规范大全

（含条文说明）

第3册

地基·基础·勘察

本社编

*

中国建筑工业出版社出版、发行(北京西郊百万庄)

各地新华书店、建筑书店经销

北京红光制版公司制版

北京圣夫亚美印刷有刷公司印刷

*

开本：787×1092毫米　1/16　印张：114¼　插页：3　字数：4100千字

2014年7月第一版　2014年7月第一次印刷

定价：**250.00**元

ISBN 978-7-112-16074 -7

(24841)

# 出版说明

《现行建筑设计规范大全》、《现行建筑结构规范大全》、《现行建筑施工规范大全》缩印本（以下简称《大全》），自1994年3月出版以来，深受广大建筑设计、结构设计、工程施工人员的欢迎。2006年我社又出版了与《大全》配套的三本《条文说明大全》。但是，随着科研、设计、施工、管理实践中客观情况的变化，国家工程建设标准主管部门不断地进行标准规范制订、修订和废止的工作。为了适应这种变化，我社将根据工程建设标准的变更情况，适时地对《大全》缩印本进行调整、补充，以飨读者。

鉴于上述宗旨，我社近期组织编辑力量，全面梳理现行工程建设国家标准和行业标准，参照工程建设标准体系，结合专业特点，并在认真调查研究和广泛征求读者意见的基础上，对2009年出版的设计、结构、施工三本《大全》和配套的三本《条文说明大全》进行了重大修订。

新版《大全》将《条文说明大全》和原《大全》合二为一，即像规范单行本一样，把条文说明附在每个规范之后，这样做的目的是为了更加方便读者理解和使用规范。

由于规范品种越来越多，《大全》体量愈加庞大，本次修订后决定按分册出版，一是可以按需购买，二是检索、携带方便。

《现行建筑设计规范大全》分4册，共收录标准规范193本。

《现行建筑结构规范大全》分4册，共收录标准规范168本。

《现行建筑施工规范大全》分5册，共收录标准规范304本。

需要特别说明的是，由于标准规范处在一个动态变化的过程中，而且出版社受出版发行规律的限制，不可能在每次重印时对《大全》进行修订，所以在全面修订前，《大全》中有可能出现某些标准规范没有替换和修订的情况。为使广大读者放心地使用《大全》，我社在网上提供查询服务，读者可登录我社网站查询相关标准规范的制订、全面修订、局部修订等信息。

为不断提高《大全》质量、更加方便查阅，我们期待广大读者在使用新版《大全》后，给予批评、指正，以便我们改进工作。请随时登录我社网站，留下宝贵的意见和建议。

中国建筑工业出版社

2013年10月

欲查询《大全》中规范变更情况，或有意见和建议：请登录中国建筑出版在线网站(book. cabplink. com)。登录方法见封底。

# 目　录

## 6　地基·基础·勘察

# 6

# 地基·基础·勘察

中华人民共和国国家标准

# 岩土工程基本术语标准

Standard for fundamental terms
of geotechnical engineering

**GB/T 50279—98**

主编部门：中华人民共和国水利部
批准部门：中华人民共和国建设部
实施日期：1 9 9 9 年 6 月 1 日

## 关于发布国家标准《岩土工程基本术语标准》的通知

建标［1998］252号

根据国家计委计综合［1992］490号文附件二“一九九二年工程建设标准制订修订计划”的要求，由水利部会同有关部门共同制订的《岩土工程基本术语标准》，已经有关部门会审。现批准《岩土工程基本术语标准》GB/T 50279—98为推荐性国家标准，自一九九九年六月一日起施行。

本标准由水利部负责管理，由华北水利水电学院北京研究生部负责具体解释工作，本标准由建设部标准定额研究所组织中国计划出版社出版发行。

**建设部**

一九九八年十二月十一日

# 目　　次

# 1 总　则

**1.0.1** 为合理地统一我国岩土工程基本术语，便于该领域国内外技术合作与交流，制定本标准。

**1.0.2** 本标准适用于岩土工程的勘察、试验、设计、施工和监测以及科研与教学等有关领域。

# 2 一般术语

**2.0.1** 岩土工程　geotechnical engineering

土木工程中涉及岩石、土的利用、处理或改良的科学技术。

**2.0.2** 岩石工程　rock engineering

以岩体为工程建筑地基或环境，并对岩体进行开挖、加固的地下工程和地面工程。

**2.0.3** 土力学　soil mechanics

研究土的物理、化学和力学性质及土体在荷载、水、温度等外界因素作用下工程性状的应用科学。

**2.0.4** 岩石力学(岩体力学)　rock mechanics

研究岩石的物理性质和岩体在环境及荷载的作用下力学性状的应用科学。

**2.0.5** 土动力学　soil dynamics

研究土在各种动力作用下的性状和应力波在土体内传播规律的科学。

**2.0.6** 工程地质学　engineering geology

研究与工程活动有关的地质环境及其评价、预测和保护的科学。

**2.0.7** 水文地质学　hydrogeology

研究地下水的形成、分布、运动规律、物理化学性质及其合理利用和管理的科学。

**2.0.8** 地下水动力学　groundwater dynamics

研究地下水在岩、土孔隙及其裂隙中运动规律的科学。

**2.0.9** 环境岩土工程　environmental geotechnics

利用岩土工程的理论与实践解决由于人类活动和工农业生产带来的包括环境的合理利用、保护和综合治理的工程措施等的环境问题。

**2.0.10** 地震工程学　earthquake engineering

利用岩土动力学和结构动力学等研究结构对地震的反应、抗震和加固措施的科学技术。

**2.0.11** 灾害地质学　disaster geology

研究火山、地震、滑波、泥石流和区域性地下水位骤变等有害地质现象的形成、发展和防治措施的科学。

**2.0.12** 流变学　rheology

研究物质或材料的流动和变形的属力学分支之一的科学。

**2.0.13** 散体力学　mechanics of granular media

研究散体受力时的极限平衡和运动规律的科学。

**2.0.14** 断裂力学　fracture mechanics

研究含裂纹材料和工程结构的强度变化及裂纹扩展规律的科学。

**2.0.15** 块体理论　block theory

对被结构面分割的岩体进行工程稳定性分析的新理论。

**2.0.16** 原型监测　prototype monitoring

按技术规程，对工程结构物的性状及变化规律进行动态测试的技术操作。

# 3 工程勘察

## 3.1 地形、地貌

**3.1.1** 地貌　geomorphology

由地球内、外作用力形成的地表起伏形态。

**3.1.2** 地貌单元　landform unit

地貌按成因、形态及发展过程划分的单位。

**3.1.3** 喀斯特地貌　karst land feature

喀斯特作用形成的喀斯特盆地、峰林地形、石笋残丘和溶蚀准平原等具有一定规模的喀斯特地形。

**3.1.4** 河谷阶地　valley terrace

由河流间歇性下蚀或堆积作用而形成的沿河岸分布的不受洪水淹没的台阶。

**3.1.5** 洪积扇　diluvial fan

山区的洪流携带碎屑物质至山谷出口处形成碎屑堆积的扇状土层的地带。

**3.1.6** 冲积扇　alluvial fan

山地河流出口处因水流速度降低，大量碎屑物质分选沉积而形成的扇形地带。

## 3.2 岩土、地质构造、不良地质现象

**3.2.1** 地质环境　geologic environment

由地壳岩石圈与大气圈、水圈、生物圈相互作用而形成的环境空间。

**3.2.2** 地质环境要素　geologic environment element

组成和影响地质环境的岩石、土、地表水、地下水、地质构造及各种地质作用等因素的总称。

**3.2.3** 岩石　rock

组成地壳的矿物集合体。

**3.2.4** 岩体　rock mass

赋存于一定地质环境，由各类结构面和被其所切割的结构体所构成的刚性地质体。

**3.2.5** 岩浆岩(火成岩)　magmatic rock, igneous rock

来自地球内部的高温硅酸盐熔融体冷固形成的岩石。

**3.2.6** 沉积岩　sedimentary rock

岩石风化碎屑沉积固结形成的岩石。

**3.2.7** 变质岩　metamorphic rock

岩石经高温、高压作用后所形成的与原生岩石结构和性质不同的岩石。

**3.2.8** 新鲜岩石　fresh rock

未经风化作用的岩石。

**3.2.9** 完整岩石　intact rock

没有受到不连续结构面分割的岩石。

**3.2.10** 风化岩石　weathered rock

物理、化学和生物作用使原生岩石引起不同程度的分解破碎，且成分和颜色发生不同程度变化的岩石。

**3.2.11** 结构面　structural plane

岩体内分割固相组分的地质界面的统称。

**3.2.12** 结构体　structural block

未经位移的岩体被结构面切割成的块体或岩块。

**3.2.13** 岩体结构类型　structural types of rock mass

根据结构面的发育程度和特性、结构体的组合排列和接触状态，将岩体结构划分为整体块状结构、层状结构、碎裂结构和散体结构等类别。

**3.2.14** 软弱结构面　weak structural plane

延伸较远、两壁较平滑、充填有一定厚度软弱物质的结构面，如泥化、软化、破碎薄夹层等的面。

3.2.15 软弱夹层 weak intercalated layer

岩体中夹有的强度较低或被泥化、软化、破碎的薄层。

3.2.16 土 soil

矿物或岩石碎屑构成的松软集合体。

3.2.17 土体 soil mass

分布于地壳表部的尚未固结成岩石的松散堆积物。

3.2.18 基岩 bed rock

埋藏于天然土层之下的和大片外露于地表的岩体。

3.2.19 残积土 residual soil

岩石风化后残留在原地的土。

3.2.20 坡积土 slope wash

斜坡或山坡上的碎屑物质，在水流或重力作用下，运移到坡下或山麓堆积而成的土。

3.2.21 洪积土 diluvial soil

山区地带的碎屑物质，由暂时性洪流携带，沿沟谷或沟口外平缓地带堆积而成的土。

3.2.22 冲积土 alluvial soil

河流搬运的碎屑物质，在开阔的河流或河谷出口处堆积形成的土或三角洲的土。

3.2.23 风积土 aeolian deposit

干旱地区的岩层风化碎屑物质或第四纪松散土，经风力搬运至异地降落堆积而成的土。

3.2.24 海积土 marine soil

海水下堆积形成的土。

3.2.25 特殊土 special soil

具有特殊物质成分、结构和独特工程特性的土。

3.2.26 红土 laterite

石灰岩或其它熔岩经风化后形成的富含铁铝氧化物的褐红色粉土或粘土。

3.2.27 裂隙粘土 fissured clay

干燥后微裂隙发育，并形成有光滑镜面的粘土。

3.2.28 带状粘土 varved clay

季节性融化冰水注入淡水湖形成的厚度一般不超过 10mm 的薄砂层、粉土层与粘土层交替的常呈灰黄色的无机土。

3.2.29 软粘土 soft clay

天然含水率大，呈软塑到流塑状态，具有压缩性高、强度低等特点的粘土。

3.2.30 淤泥 muck

在静水或缓慢流水环境中沉积，经生物化学作用形成的土。

3.2.31 膨胀土 expansive soil

富含亲水性矿物并具有明显的吸水膨胀与失水收缩特性的高塑性粘土。

3.2.32 盐渍土 saline soil

含盐量大于一定值的土。

3.2.33 黄土 loess

主要由粉粒组成，呈棕黄或黄褐色，具有大孔隙和垂直节理特征，遇水产生自重湿陷的土，或称自重湿陷性黄土。不产生自重湿陷的称非自重湿陷性黄土。

3.2.34 黄土状土 loess-like soil

经过重新搬运的黄土。

3.2.35 湿陷性土 collapsible soil

具有疏松粒状架空胶结结构体系，低湿时有较强的结构强度，在一定压力下浸水时，结构迅速破坏，产生明显湿陷现象的土。

3.2.36 泥炭 peat

含有由植物分解而成的纤维素或海绵结构状物质的高有机质土。

3.2.37 有机质土 organic soil

含一定量有机质呈浅灰至深灰色，有臭味，压缩性高的粘土及粉土。

3.2.38 分散性粘土 dispersive clay

遇水尤其是遇纯水容易分散、钠离子含量较高、大多为中、低塑性的粘土。

3.2.39 冻土 frozen soil

温度低于0℃且含冰的土。

3.2.40 多年冻土 perennially frozen soil

冻结状态延续多年的冻土。

3.2.41 季节冻土 seasonally frozen soil

随季节冻结和融化的土。

3.2.42 人工填土 artificial fill

由于人类活动而堆积成的素填土、杂填土和冲填土等。

3.2.43 地质构造 geologic structure

岩层经地壳运动产生的倾斜、弯曲、错动、断开和破碎等变形形态的统称。

3.2.44 褶皱 fold

基本类型为背斜和向斜的岩层的弯曲形态。

3.2.45 背斜 anticline

原始水平岩层受力后向上拱曲的形态。

3.2.46 向斜 syncline

原始水平岩层受力后向下弯曲的形态。

3.2.47 断裂 rupture, fracture

受地壳运动影响，岩体连续性遭到破坏而产生的机械破裂的总称。

3.2.48 断层 fault

岩体断裂，并且沿断裂面两侧岩层有明显位移的结构变动痕迹。

3.2.49 节理 joint

岩体破裂面两侧岩层无明显位移的裂缝或裂隙。

3.2.50 断裂破碎带 fracture zone

岩层受挤压或因破碎而成的破碎地带。

3.2.51 活断层 active fault

晚近地质时期有过活动，或目前正活动，或具有潜在活动性的断层。

3.2.52 产状 attitude

以走向、倾向、倾角三要素表示的结构面在空间的位置与状态。

3.2.53 不良地质现象 adverse geologic phenomena

由地球的内外营力造成的对工程建设具有危害性的地质作用或现象。

3.2.54 岩石坚硬程度 hardness degree of rock

按饱和单轴抗压强度或工程地质类比法划分的岩石等级。

3.2.55 岩体完整性指数（岩体速度指数） intactness index of rock mass

岩体和未受裂隙切割的岩块纵波速度之比的平方值。

3.2.56 岩石质量指标 rock quality designation (RQD)

用直径 75mm 金刚石钻头在钻孔中连续采取同一层的岩芯，其中长度大于 10cm 的芯段之和与该岩层钻探总进尺的比值，以百分率表示。

3.2.57 岩体基本质量 rock mass basic quality (BQ)

岩体所固有的，由岩石坚硬程度和岩石完整程度所决定的影响工程岩体稳定性的最基本属性。

3.2.58 风化作用 weathering

地表岩石受日照、降水、大气及生物作用等影响，其物理性状、化学成分发生一系列变化的现象。

3.2.59 风化壳 weathered crust

地壳表层岩石受风化作用破坏后在原地形成的松散残积层。

3.2.60 风化带 weathered zone

地壳表层岩石按其风化程度，从地壳表层向下分成为全风化、强风化、弱风化和微风化的层带。

3.2.61 风化系数 coefficient of weathering

风化岩石与新鲜岩石的饱和单轴抗压强度的比值。

3.2.62 岩石风化程度 weathering degree of rock

岩石的原生矿物、结构与构造,受自然环境的风化作用引起的分解和变色程度。

3.2.63 泥石流 debris flow

挟带大量泥沙、石块的间歇性洪流。

3.2.64 岩崩 rock fall

陡坡或悬崖上的岩体和土体在重力作用下突然下坠滚落的现象。

3.2.65 滑坡 landslide

斜坡上的部分岩体和土体在自然或人为因素的影响下沿某一明显的界面发生剪切破坏向坡下运动的现象。

3.2.66 滑坡体 landslide mass

产生滑坡的那部分坡体。

3.2.67 滑动面 slip surface

滑坡体沿之滑动的剪切破坏面。

3.2.68 滑动带 slip zone

滑坡体与滑床间具有一定厚度的滑动碾碎物质的剪切带。

3.2.69 喀斯特(岩溶) karst

可溶性岩层被水长期溶蚀而形成的各种地质现象和形态。

3.2.70 喀斯特塌陷 karst collapse

在喀斯特地区,由于下部岩体中的空穴扩大导致顶部岩体的塌落;或上覆盖土层中的土洞顶板因自然或人为因素失去平衡产生下沉或塌落的现象。

3.2.71 地裂 ground fracturing

由于干旱、地下水位下降、地面下沉、地震构造运动或斜坡失稳等原因造成的地面开裂。

3.2.72 地面下沉 land subsidence

由于大范围过量抽汲地下水,引起水位下降,土层进一步固结压密而造成的地面向下沉落。

3.2.73 震陷 earthquake subsidence

由于地震引起高压缩性土软化而产生地基基础或地面沉陷的现象。

## 3.3 水文地质

3.3.1 水文地质勘察 hydrogeological investigation

为开发或控制地下水资源,查明某地区水文地质条件,掌握地下水储量和水质的时空分布规律所进行的系列水文地质工作的总称。

3.3.2 水文地质钻探 hydrogeological drilling

为查明地下水埋藏条件、含水层的富水性和确定水文地质参数等,利用钻机钻进地层,采取试样,并作水文地质观测和试验的勘探工作。

3.3.3 地表水 surface water

地球表面上的一切水体的总称。

3.3.4 地下水 groundwater

存在于地面以下岩石和土孔隙、缝隙和孔洞中的水。

3.3.5 包气带水 aeration zone water

赋存于包气带内的地下水。

3.3.6 上层滞水 perched water

包气带中局部隔水层或弱透水层上积聚的具有自由水面的重力水。

3.3.7 潜水 phreatic water

埋藏在地表以下具有自由表面的地下水。

3.3.8 承压水 confined water

充满在上下两个隔水层之间的含水层中,水头高出其上层隔水顶板底面的地下水。

3.3.9 层间水 interstrated water

存在于上下两个隔水层之间的含水层中的地下水。

3.3.10 裂隙水 fissure water

储存和运动于岩层裂隙中的地下水。

3.3.11 含水层 aquifer

赋存地下水并具有导水性能的岩土层。

3.3.12 不透水层(隔水层) impervious layer

渗透率小到可以忽略不计的岩土层。

3.3.13 地下径流 subsurface runoff

沿一定途径向排泄区流动的地下水。

3.3.14 补给区 recharge area

含水层接受大气降水和地表水等入渗补给的地区。

3.3.15 径流区 runoff area

含水层的补给区至排泄区区间内地下水流经的范围。

3.3.16 承压水头 artesian pressure head

承压含水层顶面至承压水静止水位间的垂直距离。

3.3.17 测压管水头 piezometric head

含水层中某测点至测压管水面的垂直距离。

3.3.18 储水系数 storage coefficient

反映含水层水头下降或上升单位高度时,从单位水平面积和高度等于含水层厚度的柱体中释放或储存水体积能力的一个参数。

3.3.19 导水系数 transmissivity

数值上等于含水层渗透系数与其厚度的乘积的含水层导水能力的一个参数。

3.3.20 补给率 recharge rate

通过岩土垂直渗入地下的水量与能获得这种入渗补给的水平地面面积的比值。

3.3.21 给水度 specific yield

当潜水位下降单位高度时,地表至潜水面的单位水平面积垂直土柱中所能排出的水量。

3.3.22 弥散系数 dispersion coefficient

以浓度梯度等于1时,单位时间通过多孔介质单位面积的溶质质量表示的反映进入地下水流中的可溶物质和浓度随时间、空间变化的参数。

3.3.23 疏干系数 depletion coefficient

潜水面下降单位高度时,从岩土体中单位水平面积上排出的水体积。

3.3.24 持水度 water retaining capacity

饱水岩体和土体在重力排水完全停止或基本停止时,仍保持在单位体积中的水体积。

3.3.25 容水量 water bearing capacity

岩体和土体中能容纳的水的最大体积与岩体和土体体积的比值。

3.3.26 有效孔隙率 effective porosity

对地下水运动有效的孔隙体积与岩土总体积的比值。

3.3.27 影响半径 radius of influence

由抽水井中心到水位下降漏斗边缘的水平距离。

3.3.28 地下水总矿化度 total mineralization of groundwater

习惯上以1升水在105℃～110℃下蒸发干所得的干涸残余物的克数表示的反映地下水所含各种离子、分子和化合物的总量。

3.3.29 地下水硬度 groundwater hardness

以毫克当量或德国度表示的水中所含钙、镁、铁、锰、锶、铝等溶解盐类的总量,反映地下水中含盐量特性的指标。

3.3.30 地下水污染 groundwater pollution

有害有机质、微生物和有害化学成分,通过各种途径进入地下水体,使水质恶化,影响经济建设、生活用水、生态平衡和损坏环境的现象。

**3.3.31** 地下水补给量 groundwater recharge

单位时间内进入含水层的大气降水、地表水、回灌水、地下径流等的总水量。

**3.3.32** 地下水储存量 groundwater storage

某时段内储存在含水层中可被开采利用的以体积计的总水量。

**3.3.33** 地下水动态 groundwater regime

在自然条件和人为因素影响下，地下水水位、水量、流速、水温及其水化学成分等随时间变化的情况。

**3.3.34** 地下水监测 groundwater monitoring

为查明地下水的水量与水质的变化规律而进行的地下水水位、水温、水量与水质等的观测分析工作。

**3.3.35** 地下水等水位线图 contour map of groundwater

地下水面上高程相同的各点连绘成的曲线图。从而可确定地下水的流向和各点的水力梯度。

## 3.4 勘察阶段、成果及评价

**3.4.1** 岩土工程勘察 geotechnical engineering investigation

采用各种勘察手段和方法，对建筑场地的工程地质条件进行调查研究与分析评价。

**3.4.2** 勘察阶段 investigation stage

根据工程各设计阶段的要求而进行的各相应阶段工程地质勘察的总称。

**3.4.3** 工程地质图 engineering geologic map

为反映场地工程地质条件和评价、预测工程地质问题而编制的专门性图表和文件。

**3.4.4** 综合工程地质图 comprehensive engineering geologic map

反映研究区工程地质条件、建筑物布置、勘探点、线的位置和类型，以及工程地质分区的工程地质图。

**3.4.5** 工程地质柱状图 engineering geologic columnar profile

按测区露头和钻孔资料编制的表示地区工程地质条件随深度变化的图表和文件。

**3.4.6** 工程地质剖面图 engineering geologic profile

表示一定方向垂直面上工程地质条件的断面图。

**3.4.7** 坑硐展示图 developing chart of exploratory drift

反映探坑周壁地质结构、岩性和岩石风化程度、地下水情况、取样位置、试验类型和位置的平面展开的大比例尺图表和文件。

**3.4.8** 节理玫瑰图 rose diagram of joints

以半径方向表示节理方位，半径长度表示节理个数，按野外统计的岩体节理作出的玫瑰花状图案。

**3.4.9** 赤平投影 stereographic projection

地质学中采用的，将表示岩体某些特征的分布于三维空间的点、线、面或矢量投影到通过球体中心的赤道平面上的几何图示法。

**3.4.10** 工程地质评价 engineering geological evaluation

根据已获得的地质资料，结合具体工程特点进行工程地质条件分析，经过定性评估和定量计算，对场地的稳定性和适宜性、有利条件和不利条件、建筑地基基础的设计施工方案、不良地质现象的防治措施等作出的总结性的意见。

**3.4.11** 岩土工程分级 categorization of geotechnical projects

根据工程性质和规模、场地和地基条件等因素，对岩土工程难度和复杂程度的等级划分。

## 3.5 勘察方法及设备

**3.5.1** 工程地质测绘 engineering geologic mapping

对勘察场地的工程地质条件进行现场观察、量测和描述，并将有关地质要素，以图例、符号表示在地形图上的勘察工作方法。

**3.5.2** 工程地质勘探 engineering geological prospecting

为查明工程地质条件而进行的钻探、物探和坑探等工作的总称。

**3.5.3** 工程地质钻探 engineering geological drilling

利用钻进设备，通过采集岩芯或观察井壁，以探明地下一定深度内的工程地质条件，补充和验证地面测绘资料的勘探工作。

**3.5.4** 岩芯 core of rock

从钻孔中提取出的岩柱。

**3.5.5** 岩芯采取率 core recovery

钻进采得的岩芯长度与相应实际钻探进尺的比值，以百分率表示。

**3.5.6** 取土器 soil sampler

在钻孔中采取原状土样的专用器具。

**3.5.7** 薄壁取土器 thin wall sampler

内径为75～100mm、面积比不大于10%(内间隙比为0)或面积比为10%～13%(内间隙比为0.5～1.0)的无衬管取土器。

**3.5.8** 厚壁取土器 thick wall sampler

内径为75～100mm、面积比在13%～20%之间的有衬管取土器。

**3.5.9** 探槽 trench

为查明构造线和破碎带宽度、地层岩性界限及其延伸方向等在岩体和土体中开挖的具有一定深度和长度的沟槽。

**3.5.10** 地球物理勘探 geophysical exploration

应用地球物理技术探测的资料推断解释地下工程地质条件的勘探方法。

**3.5.11** 电法勘探 electric prospecting

利用仪器测量岩土的电学性质、电磁场等，对成果进行分析，以判明水文地质、工程地质条件的物理勘探方法。

**3.5.12** 地震勘探 seismic prospecting

使人工激发的地震波在不同地层中传播，通过仪器检测其反射波、折射波的传播时间、振幅、波形等，以分析，判断地层界面、岩土性质及研究地质构造的一种物理勘探方法。

**3.5.13** 下孔法 down-hole method

在一个钻孔的孔口激振，在其孔底接收振波，以确定通过岩土体波速的方法。

**3.5.14** 上孔法 up-hole method

在一个钻孔底激振，在其孔口地面接收振波，以确定通过岩土体波速的方法。

**3.5.15** 跨孔法 cross hole method

利用相邻两个钻孔，从一个孔激振发射，另一个孔接收，探测其纵、横波在岩土体中传播速度的方法。

**3.5.16** 表面波法 surface wave velocity method

利用地表激振器产生的稳态振动，实测不同频率时土中表面波的传播速度，换算出一定深度内土层的平均剪切波速，以判别土层性质的一种原位测试方法。

**3.5.17** 声学探测 acoustic prospecting

借仪器向岩土体内发射声(超声)波，由接受系统测得波速、振幅和频率，根据波在弹性体中的传播规律，分析、判释被测岩土体性状和确定其有关力学参数的一种物理勘探方法。

**3.5.18** 红外探测 infra-red detection

利用遥感探测仪探测地质体的红外线辐射能量，对地质体热辐射场、温度场进行研究的一种物理勘探方法。

**3.5.19** 遥感勘测 remote sensing prospecting

根据电磁波辐射原理，利用各种光学、电子探测仪，对远距离目标进行探测和识别的综合技术。

## 3.6 原位试验与现场观测

**3.6.1** 原位试验 in-situ test

为研究岩体和土体的工程特性，在现场原地层中进行有关岩体和土体物理力学性指标的各种测试方法的总称。

**3.6.2** 平板荷载试验 plate loading test

在地基中挖坑至拟建基础底面高程，放上一定尺寸的刚性板，对其逐级施加垂直荷载直至破坏，绘各级荷载和板的相应下沉量关系曲线，据此研究地基土的变形特性，变形模量和地基承载力，或检验地基加固效果的现场模拟建筑物基础荷载条件进行的一种原位试验。

**3.6.3** 旁压试验 pressuremeter test(PMT)

利用旁压仪，在钻孔中对测试段孔壁施加径向压力，量测其变形，根据孔壁变形与压力的关系，求取地基土的变形模量，承载力等力学参数的一种原位试验方法。

**3.6.4** 自钻式旁压仪 self-boring pressuremeter

一种能自行钻孔的旁压仪。

**3.6.5** 旁压仪模量 modulus of pressuremeter

根据旁压试验所得的压力与变形曲线的直线段，假定土的膨胀系数为0.33所求得的土的变形模量。

**3.6.6** 十字板剪切试验 vane shear test

将十字形翼板插入软土按一定速率旋转，测出土破坏时的抵抗扭矩，求软土抗剪强度的一种原位试验。

**3.6.7** 静力触探试验 cone penetration test(CPT)

以静压力将一定规格的锥形探头匀速地压入土层，按其所受抗阻力大小评价土层力学性以间接估计土层各深度处的承载力、变形模量和进行土层划分的一种原位试验方法。

**3.6.8** 贯入阻力 penetration resistance

静力触探仪探头贯入土层时所受到的总阻力。

**3.6.9** 比贯入阻力 specific penetration resistance

静力触探圆锥探头贯入土层时所受的总贯入阻力除以探头平面投影面积的商。

**3.6.10** 摩阻比 friction-resistance ratio

静力触探探头贯入土层某一深度时，其侧壁摩阻力与锥尖阻力的比值，以百分率表示。

**3.6.11** 孔压静力触探试验 piezocone test(CPTU)

一种除有静力触探试验功能外同时还能量测测点处孔隙水压力值的静力触探试验。

**3.6.12** 动力触探试验 dynamic penetration test

用一定质量的击锤，以一定的自由落距将一定规格的探头击入土层，根据探头沉入土层一定深度所需锤击数来判断土层的性状和确定其承载力的一种原位试验方法。

**3.6.13** 标准贯入试验 standard penetration test(SPT)

以质量为63.4kg的穿心锤，沿钻杆自由下落76cm，将标准规格的贯入器自钻孔底高程预先击入15cm，继续击入30cm，并记下相应的击数(标准贯入击数)，据此确定地基土层的承载力，评价砂土密实状态和液化可能性，所采试样可用于作无侧限抗压强度试验的一种原位试验方法。

**3.6.14** 岩石原位直接剪切试验 in-situ direct test of rock

在试坑中切出四面和顶面临空、底面处于原位的岩体，在垂直方向加压，水平方向逐级增大剪切力使其剪坏，以测定岩体或其沿某软弱面的抗剪强度的原位试验。

**3.6.15** 扁千斤顶法 flat jack technique

在岩体试验部位开凿狭缝，设置扁千斤顶，对狭缝两侧岩体施加压力，以研究岩体变形与压力的关系，求取岩体变形指标的原位试验方法。

**3.6.16** 径向扁千斤顶法 radial flat jack technique

在平硐的试验截面周边上布置扁千斤顶，向硐壁岩体施加径向压力，测量其变形，根据压力与变形关系，计算岩体变形模量和单位抗力系数等力学参数的原位试验方法。

**3.6.17** 应力解除法 stress relief method

在测点处挖槽使与周围岩体分离，则岩体因应力释放而产生弹性变形，借安设在槽内的仪器，测出变形，用弹性力学原理计算该点原来的应力状态的原位试验方法。

**3.6.18** 应力恢复法 stress recovery method

在测点处先安装电阻片等测量元件，然后在岩体表面挖槽，放入扁千斤顶，加压使测量元件读数回到挖槽前的初值，所加压力即为岩体的内应力的测定洞壁表面应力的原位试验方法。

**3.6.19** 抽水试验 pumping test

从井孔中抽地下水，测出出水量和地下水位下降的过程，以求取含水层参数的原位试验方法。

**3.6.20** 水力劈裂法 hydraulic fracturing technique

通过钻孔向地下某深度处的试验段压水，使孔壁破裂，根据水压和破裂面的方位，确定试验段岩体初始应力状态的原位试验方法。

**3.6.21** 点荷载试验 point loading test

使用点荷载仪测定岩样点荷载强度的试验方法。

**3.6.22** 压水试验 pump-in test

在钻孔中，用专门的止水设备隔离试验段，以一定水头向孔中压水，测量其所吸收的水量，以确定裂隙岩体透水性的原位试验方法。

**3.6.23** 单位吸水量 specific water absorption

压水试验中，在单位水头压力下，单位长度试验段每分钟所吸收的水量。

**3.6.24** 吕荣单位 Lugeon unit

压水试验中，在1MPa水压力下，每米试验段每分钟所吸入的水量为1升的渗透性。

**3.6.25** 注水试验 water injection test

向钻孔或试坑注水，并保持恒定水头高度，量测渗入岩土层的水量，以确定岩土层透水性指标的原位试验方法。

**3.6.26** 灌浆试验 grouting test

为取得最佳灌浆效果，给灌浆处理工程设计提供合理参数而进行的试验性灌浆工作。

**3.6.27** 单位吸浆量(比吸浆量) spcific grout absorption

灌浆试验中，在单位压力下，每米试验段在单位时间内所吸收的浆液量。

**3.6.28** 现场观测 field observation

对岩土性状变化、地下水动态、邻近结构物与设施受到的影响和对已有建筑物的运行状态所进行的观测。

**3.6.29** 孔隙水压力监测 monitoring of pore-water pressure

采用孔隙水压力仪，对岩土中孔隙水压力随时间变化规律的动态观测。

**3.6.30** 滑坡监测 monitoring of landslide

使用专门设备，对滑坡发展变化规律的长期观测。

**3.6.31** 洞室围岩变形监测 monitoring of surrounding rock deformation of tunnel

使用多点伸长仪等设备，对地下洞室周边一定深度范围内围岩松动变形随时间变化规律的动态观测。

**3.6.32** 沉降变形监测 monitoring of settlement and deformation

在建筑物和构筑物变形敏感部位设置测点，对其沉降和变形的发展变化规律的动态观测。

**3.6.33** 传感器 transducer

能感受或响应被测的量，并按照一定规律转换成可用信号输出的器件或装置。

## 3.7 天然建筑材料勘察

**3.7.1** 天然建筑材料 natural building materials

天然产出的应用于工程建筑的土和岩石。

**3.7.2** 土料 earth material

可应用于工程建筑的各类土。

**3.7.3** 石料 stone material

可应用于工程建筑的岩石。

3.7.4 混凝土骨料 aggregate for concrete

可用于配制混凝土的砂石料。

3.7.5 粗骨料 coarse aggregate

用于配制混凝土的粒径大于5mm的卵砾石或碎石料。

3.7.6 细骨料 fine aggregate

用于配制混凝土的粒径小于5mm的砂砾石或碎石料。

3.7.7 建材储量 reserve of building material

不同勘察阶段确定的天然建筑材料的储藏数量。

3.7.8 平均厚度法 average thickness method

在建筑材料可开采层厚度变化不大，勘探点布置均匀时，采用的一种估算其储量的方法。

3.7.9 平行断面法 parallel section method

在勘探坑孔平行排列时，采用的一种估算建筑材料储量的方法。

3.7.10 三角形法 triangular method

在勘探坑孔间距不等或勘探线不规则时，采用的一种估算建筑材料储量的方法。

3.7.11 等值线法 isoline method

在勘探孔数量很多时采用的一种估算建筑材料储量的方法。

3.7.12 剥离比 rate of stripping

天然建筑材料产地的剥离层与开采层厚度的比值。

# 4 土和岩石的物理力学性质

## 4.1 土的组成与分类

4.1.1 土的组构 soil fabric

土的固体颗粒及其孔隙的空间排列特征。

4.1.2 土的结构 soil structure

土的固体颗粒间的几何排列和联结方式。

4.1.3 土骨架 soil skeleton

土中固体颗粒构成的格架。

4.1.4 比表面积 specific surface

单位体积或单位质量土颗粒的总表面积。

4.1.5 孔隙水 pore water

土体孔隙中储存和运动的水。

4.1.6 自由水 free water

处于地下水位以下，存在于土粒表面电场影响以外的水。

4.1.7 重力水 gravitational water

在重力作用下，能够在孔隙中自由运动并对土粒有浮力作用的水。

4.1.8 毛细管水 capillary water

由于水的表面张力，土体中受毛细管作用保持在自由水面以上并承受负孔隙水压力的水。

4.1.9 吸着水 absorbed water

受粘土矿物表面静电引力和分子引力作用而被吸附在土粒表面的水。

4.1.10 塑性图 plasticity chart

以塑性指标数 $I_p$ 为纵坐标、液限 $\omega_l$ 为横坐标用于细粒土分类的图。

4.1.11 粒径分布曲线 grain size distribution curve

反映粒径小于某尺寸的土颗粒质量占土的总质量百分率的关系曲线。

4.1.12 粒径 grain size

土粒直径，即粗土粒能通过的最小筛孔孔径，或细土粒在静水中具有相同下沉速度的当量球体直径。

4.1.13 粒组 fraction

按工程性质划分的如砂粒组、粉粒组、粘粒组等土粒粒径组。

4.1.14 巨粒土 over coarse-grained soil

粒径大于60mm的颗粒含量大于总质量的50%的土。

4.1.15 粗粒土 coarse-grained soil

粒径大于0.075mm的颗粒含量大于总质量50%的土。

4.1.16 细粒土 fine-grained soil

粒径小于0.075mm的颗粒含量大于或等于总质量50%的土。

4.1.17 漂石（块石） boulder(stone block)

粒径大于200mm，以浑圆或棱角状为主，其含量超过总质量的50%，并且粒径大于60mm的颗粒超过总质量75%的土。

4.1.18 卵石（碎石） cobble

粒径大于60mm，和小于或等于200mm，以浑圆或棱角状为主，其含量超过总质量50%，并粒径大于60mm的颗粒超过总质量75%的土。

4.1.19 砾类土 gravelly soil

粗粒土中粒径为2～60mm的砾粒含量多于50%的土。

4.1.20 砂类土 sandy soil

粗粒土中粒径为2～60mm的砾粒含量少于或等于50%的土。

4.1.21 粘性土 cohesive soil

颗粒间具有粘聚力的土。

4.1.22 无粘性土 cohesionless soil

颗粒间不具有粘聚力的土。

4.1.23 限制粒径 constrained grain size

粒径分布曲线上小于该粒径的土含量占总土质量的60%的粒径，记为 $d_{60}$。

4.1.24 有效粒径 effective grain size

粒径分布曲线上小于该粒径的土含量占总土质量的10%的粒径，记为 $d_{10}$。

4.1.25 不均匀系数 coefficient of uniformity

反映土颗粒粒径分布均匀性的系数($C_u$)。

4.1.26 曲率系数 coefficient of curvature

反映土颗粒径分布曲线形态的系数($C_c$)。

4.1.27 级配 gradation

以不均匀系数 $C_u$ 和曲率系数 $C_c$ 来评价构成土的颗粒粒径分布曲线形态的一种概念。

4.1.28 良好级配土 well-graded soil

不均匀系数 $C_u \geqslant 5$，曲率系数 $C_c$ 为1～3的土。

4.1.29 不良级配土 poorly-graded soil

不同时满足 $C_u \geqslant 5$ 和 $C_c$ 为1～3的土。

4.1.30 不连续级配土 gap-graded soil

由于土中缺乏某一范围的粒径而使粒径分布曲线上出现台阶的土。

4.1.31 不扰动土样（原状土样） undisturbed soil sample

天然结构和含水率相对地保持不变的土样。

4.1.32 扰动土样 disturbed soil sample

天然结构受到破坏或含水率有了改变的土样。

4.1.33 土的现场鉴别 field identification of soil

根据肉眼观察、手触、鼻闻等感觉对天然土鉴别定名。

## 4.2 土的物理力学性状与试验

4.2.1 含水率 water content

土中水的质量与土颗粒质量的比值，以百分率表示。

4.2.2 密度 density

单位体积土的质量。

4.2.3 容重 unit weight

单位体积土的重量。

4.2.4 土粒比重 specific gravity of soil particle

土颗粒的重量与4℃蒸馏水的重量的比值。

**4.2.5** 三相图 three phase diagram

表示土体中固相、液相、气相三种组分相对含量的直方图。

**4.2.6** 孔隙率 porosity

土的孔隙体积与土总体积的比值，以百分率表示。

**4.2.7** 孔隙比 coid ratio

土的孔隙体积与固体颗粒体积的比值。

**4.2.8** 临界孔隙比 critical void ratio

土在某一应力状态下受剪切作用，体积不变，即既不膨胀，也不收缩时的孔隙比。

**4.2.9** 饱和度 degree of saturation

土中孔隙水体积与孔隙体积的比值。

**4.2.10** 颗粒分析试验 particle size analysis

测定土中各种粒径组相对含量百分率的试验。

**4.2.11** 稠度界限 consistency limit

粘性土随含水率的变化从一种状态变为另一种状态时的界限含水率。

**4.2.12** 液限 liquid limit

粘性土流动状态与可塑状态间的界限含水率。

**4.2.13** 塑限 plastic limit

粘性土可塑状态与半固体状态间的界限含水率。

**4.2.14** 缩限 shrinkage limit

饱和粘性土的含水率因干燥减少至土体体积不再变化时的界限含水率。

**4.2.15** 塑性指数 plasticity index

液限与塑限的差值。

**4.2.16** 液性指数 liquidity index

天然含水率和塑限之差与塑性指数的比值。

**4.2.17** 缩性指数 shrinkage index

液限与缩限的差值。

**4.2.18** 活动性指数 activity index

粘性土的塑性指数与小于2μm颗粒含量百分率的比值。

**4.2.19** 湿化 slaking

粘性土在水中，结构联结和强度丧失而崩解离散的性状。

**4.2.20** 膨胀率 swelling ratio

土的体积膨胀量与原体积的比值，以百分率表示。

**4.2.21** 膨胀力 swelling force

土体在不允许侧向变形下充分吸水，使其保持不发生竖向膨胀所需施加的最大压力值。

**4.2.22** 自由膨胀率 free swelling ratio

通过0.5mm筛的碾碎烘干粘性土试样在水中膨胀后所增加的体积与原体积的比值，以百分率表示。

**4.2.23** 线缩率 linear shrinkage ratio

土体在单方向上长度的收缩量与原长度的比值，以百分率表示。

**4.2.24** 体缩率 volume shrinkage ratio

土体收缩达稳定时的体积收缩量与原体积的比值，以百分率表示。

**4.2.25** 冻胀 frost heave

土在冻结过程中，体积膨胀的性状。

**4.2.26** 冻胀力 frost-heaving pressure

土体在冻结过程中，由于体积膨胀而产生的作用于建(构)筑物上的力。

**4.2.27** 冻胀量 frost-heave capacity

土体在冻结过程中的冻胀变形量。

**4.2.28** 融陷性 thaw collapsibility

冻土融化过程中在自重或外力作用下，产生沉陷变形的性状。

**4.2.29** 相对密度 relative density

反映无粘性土紧密程度的指标。

**4.2.30** 压实性 compactibility

土体在短暂重复荷载作用下密度增加的性状。

**4.2.31** 击实试验 compaction test

用标准击实方法，测定某一击实功能作用下土的密度和含水率的关系，以确定该功能时土的最大干密度与相应的最优含水率的试验。

**4.2.32** 最大干密度 maximum dry density

击实试验所得的干密度与含水率关系曲线上峰值点所对应的干密度。

**4.2.33** 最优含水率 optimum moisture content

击实试验所得的干密度与含水率关系曲线上峰值点所对应的含水率。

**4.2.34** 饱和曲线 saturation curve

根据击实曲线计算绘制的用以校核击实曲线的正确性的试样干密度和饱和含水率的关系曲线。

**4.2.35** 压实度 degree of compaction

填土压实控制的干密度相应于试验室标准击实试验所得最大干密度的百分率。

**4.2.36** 加州承载比 California Bearing Ratio (CBR)

用规定尺寸的贯入杆，以一定的速率压入试样内，测得试样在规定贯入量时的贯入阻力，将其与碎石的标准贯入阻力相比得到的比值。

**4.2.37** 渗透性 permeability

以渗透系数来反映土体透水的能力。

**4.2.38** 渗透系数 coefficient of permeability

土中水渗流呈层流状态时，其流速与作用水力梯度成正比关系的比例系数。

**4.2.39** 渗透试验 permeability test

测定土体渗透系数的试验。

**4.2.40** 达西定律 Darcy's law

土体中水的渗流呈层流状态时，其流速与作用水力梯度成正比的规律。

**4.2.41** 水力梯度 hydraulic gradient

水流沿流程单位长度上的水头损失。

**4.2.42** 临界水力梯度 critical hydraulic gradient

渗流出逸面处开始发生流土或管涌时的水力梯度。

**4.2.43** 渗流 seepage

重力水通过土体孔隙或岩石裂隙的水流运动。

**4.2.44** 层流 laminar flow

流体质点运动轨迹即流线互不相交的流动状态。

**4.2.45** 紊流 turbulent flow

流体质点运动轨迹即流线有交叉的流动状态。

**4.2.46** 渗径 seepage path

渗透水通过土体的流动路径。

**4.2.47** 渗流力 seepage force

水流流经土孔隙时，作用于土骨架上的体积力。

**4.2.48** 压缩性 compressibility

土在压力作用下体积缩小的特性。

**4.2.49** 固结 consolidation

饱和粘性土承受压力后，土体积随孔隙水逐渐排出而减小的过程。

**4.2.50** 主固结 primary consolidation

饱和粘性土受压力后，随孔隙水的排出孔隙水压力逐渐消失至零，有效应力相应增加，体积逐渐减小的过程。

**4.2.51** 次固结 secondary consolidation

饱和粘性土在完成主固结后，土体积仍随时间减小的过程。

**4.2.52** $K_0$固结 $K_0$-consolidation

土体在不允许侧向变形条件下的固结。

**4.2.53** 固结试验 consolidation test

测定饱和粘性土试样受荷载排水时，稳定孔隙比和压力关系、孔隙比和时间关系的方法。

**4.2.54** 压缩系数 coefficient of compressibility

在 $K_0$ 固结试验中，土试样的孔隙比减小量与有效压力增产量的比值，即 e～p 压缩曲线上某压力段的割线斜率，以绝对值表示。

**4.2.55** 体积压缩系数 cofficient of volume compressibility

在 $K_0$ 固结试验中，土样的体积应变增量与有效压力增量的比值。

**4.2.56** 压缩模量 constrained modulus

土在侧限条件下受压时，竖向有效压力与竖向应变的比值。

**4.2.57** 压缩指数 compression index

压缩试验所得土孔隙比与有效压力对数值关系曲线上直线段的斜率。

**4.2.58** 回弹指数 swelling index

在压缩试验中，土样受压后卸荷回弹时，近似为直线的孔隙比与有效压力对数值关系曲线的平均斜率。

**4.2.59** 等时孔压线 isochrone

饱和固结土层中，在同一时刻超静水压力随深度的变化线。

**4.2.60** 固结度 degree of consolidation

饱和土层或土样在某一荷载下的固结过程中，某一时刻的孔隙水压力平均消散值或压缩量与初始孔隙水压力或最终压缩量的比值，以百分率表示。

**4.2.61** 固结系数 coefficient of consolidation

与土的渗透系数、体积压缩系数和水的容重有关的反映土固结速率的指标。

**4.2.62** 次固结系数 coefficient of secondary consolidation

数值等于土体主固结完成后，固结曲线后段的斜率的反映土体次固结速率的指标。

**4.2.63** 时间因数 time factor

固结理论中与试样的最大排水距离、固结系数及固结时间有关的一个无因次数。

**4.2.64** 先期固结压力 preconsolidation pressure

土在地质历史上曾受过的最大有效竖向压力。

**4.2.65** 超固结比 overconsolidation ratio(OCR)

土体曾受的先期固结压力与现有土层有效覆盖压力的比值。

**4.2.66** 正常固结土 normally consolidated soil

现有的土层有效覆盖压力等于其先期固结压力的土。

**4.2.67** 超固结土 overconsolidated soil

现有的土层有效覆盖压力小于其先期固结压力的土。

**4.2.68** 欠固结土 underconsolidated soil

在自重下尚未完成固结的土。

**4.2.69** 湿陷性 collapsibility

黄土类土在上部压力或自重作用下，浸水后产生显著附加沉陷变形的性状。

**4.2.70** 黄土湿陷试验 collapsibility test of loess

测定黄土在压力和水作用下湿陷变形的试验。

**4.2.71** 湿陷系数 cofficient of collapsibility

黄土试样在一定的压力作用下，浸水湿陷的下沉量与试样原高度的比值。

**4.2.72** 溶滤变形系数 coefficient of deformation due to leaching

黄土及其它土试样在渗透水作用下，由于盐类溶滤产生的下沉量与试样原高度的比值。

**4.2.73** 自重湿陷系数 coefficient of self-weight collapsibility

黄土试样在土的饱和自重力作用下，浸水湿陷的下沉量与试样原高度的比值。

**4.2.74** 湿陷起始压力 initial collapse pressure

对给定种类和状态的湿陷性黄土，在某压力下浸水才会发生湿陷变形的那个压力。

**4.2.75** 抗剪强度 shear strength

土体和岩体在剪切面上所能承受的极限剪应力。

**4.2.76** 无侧限抗压强度试验 unconfined compressive strength test

确定粘性土试样在无侧限条件下，抵抗轴向压力的极限强度的试验。

**4.2.77** 灵敏度 sensitivity

原状粘性土试样与含水率不变时该土的重塑试样的无侧限抗压强度的比值。

**4.2.78** 摩尔库仑定律 Mohr-Coulomb Law

由摩尔和库仑提出的判别岩土体剪切破坏条件的强度理论。

**4.2.79** 三轴压缩试验(三轴剪切试验) triaxial compression test

通常用3～4个相同的圆柱形土试样，分别在不同的小主应力 $\sigma_3$ 围压下，施加轴向应力，即主应力差($\sigma_1-\sigma_3$)直至试样破坏的一种求取土的抗剪强度参数($c,\phi$)和确定土的应力—应变关系的试验。

**4.2.80** 不固结不排水三轴试验 unconsolidated-undrained triaxial test

对试样施加围压和增加轴向压力直至破坏的过程中均不允许试样排水的三轴剪切试验。

**4.2.81** 固结不排水三轴试验 consolidated-undrained triaxial test

试样在围压作用下充分排水固结后，继续在对其增加轴向压力直至破坏过程中不允许试样排水的三轴剪切试验。

**4.2.82** 固结排水三轴试验 consolidated-drained triaxial test

试样先在围压作用下充分排水固结，继续对其增加轴向压力直至破坏的整个过程中允许试样充分排水的三轴剪切试验。

**4.2.83** 三轴伸长试验 triaxial extension test

利用三轴仪，使施加在试样上的围压($\sigma_2=\sigma_3$)大于轴向压力 $\sigma_1$，直至试样发生伸长破坏的试验。

**4.2.84** 归一化 normalization

整理土工试验成果时，将某一变量除以另一适当变量，以消除某些变量的影响，使几条试验曲线合而为一，藉以研究土的应力—应变普遍规律的方法。

**4.2.85** 直剪试验 direct shear test

一般取三至四个相同的试样，在直剪仪中施加不同竖向压力，再分别对它们施加剪切力直至破坏，以直接测定固定剪切面上土的抗剪强度的方法。

**4.2.86** 快剪试验 quick shear test

在试样上施加竖向压力和增加剪切力直至破坏过程中均不允许试样排水的直剪试验。

**4.2.87** 固结快剪试验 consolidated quick shear test

试样在竖向压力作用下充分排水固结后，继续对其施加剪切力直至破坏过程中，不允许试样排水的直剪试验。

**4.2.88** 慢剪试验 slow sheat test

试样在竖向压力作用下充分排水固结后，继续对其施加剪切力直至破坏的过程中允许试样充分排水的直剪试验。

**4.2.89** 应变控制试验 controlled-strain test

以施加恒应变速率作为加荷方式的试验。

**4.2.90** 应力控制试验 stress controlled test

以施加恒荷重速率为加荷方式的试验。

**4.2.91** 强度包线 strength envelope

土样受剪切破坏时，剪切面上的法向压力与抗剪强度的关系曲线。一般常将它视为直线。

**4.2.92** 粘聚力 cohesion

粘性土的结构联结产生的抗剪强度，其数值等于强度包线在剪应力轴上的截距。

**4.2.93** 内摩擦角 internal friction angle

强度包线与法向压力轴的交角。它反映颗粒间的相互移动和咬合作用形成的摩擦特性。

**4.2.94** 天然休止角 natural angle of repose

无粘性土松散或自然堆积时，其坡面与水平面形成的最大夹角。

**4.2.95** 触变性 thixotropy

粘性土受到扰动作用导致结构破坏，强度丧失，当扰动停止后，强度逐渐恢复的性质。

**4.2.96** 剪胀性 dilatancy

土样在剪切过程中体积产生膨胀或收缩的性状。

**4.2.97** 应变软化 strain softening

岩石和土试样在加荷过程中，随着应变或剪切位移增大，剪切阻力先增高，达峰值后又逐渐下降趋于稳定的特性。

**4.2.98** 应变硬化 strain hardening

岩石和土试样在加荷过程中，剪切阻力随应变或剪切位移增大而逐渐增大的特性。

**4.2.99** 破坏强度 failure strength

物体在外力作用下达到破坏时的极限应力。

**4.2.100** 塑性破坏 plastic failure

土体和岩体在外力作用下，出现明显塑性变形后的破坏。

**4.2.101** 脆性破坏 brittle failure

土体和岩体在外力作用下，应变量很小时即发生的破坏。

**4.2.102** 峰值强度 peak strength

土和岩石试样应力—应变关系曲线上最高点对应的应力值。

**4.2.103** 残余强度 residual strength

土体和岩体应力—应变关系曲线过峰值点后下降达到的最终稳定应力值。

**4.2.104** 重塑强度 remolded strength

重塑土试样的无侧限抗压强度。

**4.2.105** 孔隙水压力系数 pore pressure parameter

表示不排水条件下土中孔隙水压力增量与应力增量关系的系数。

**4.2.106** 土的本构关系(本构模型) constitutive relation of soil

反映土的应力、应变、强度、时间等宏观性质之间相互关系的数学表达式。

**4.2.107** 真三轴试验 true triaxial test

土样受三个相互独立的主应力作用的三轴压缩试验。

**4.2.108** 平面应变试验 plane strain test

模拟平面应变应力状态，即控制立方体试样的一个方向的变形为零的三轴试验。

**4.2.109** 单剪试验 simple shear test

试样剪切时不产生竖向和水平向的线应变，仅产生剪应变的一种纯剪试验。

**4.2.110** 扭剪试验 torsional shear test

在圆柱形或圆环形试样的上、下面上施加扭力的剪切试验。

**4.2.111** 动三轴试验 dynamic triaxial test

在试验仪器压力室内，以一定围压或偏压使土样固结后施加动荷载以确定土的动强度、动弹性模量与阻尼以及液化势的试验。

**4.2.112** 动单剪试验 dynamic simple shear test

测定土的动剪模量、动强度和阻尼系数等动力参数的一种室内试验。

**4.2.113** 共振柱试验 resonant column test

将圆柱形土试样作为一个弹性杆件，利用共振方法测出其自振频率，然后确定其动弹性模量和阻尼比的试验。

**4.2.114** 土工离心模型试验 geotechnical centrifugal model test

利用离心机提供的离心力模拟重力，将原型土按比例缩小的模型置于该离心力场中，使模型与原型相应点应力状态一致的一种研究土的工程性状的模型试验。

## 4.3 岩石的物理力学性状与试验

**4.3.1** 岩石分类 rock classification

根据岩石的强度、裂隙率、风化程度等物理力学性质指标将其区分成各种类别。

**4.3.2** 岩石的物理性质 physical properties of rock

由岩石固有的物质组成和结构特征所决定的容重、比重、孔隙率等基本属性。

**4.3.3** 岩石力学性质 mechanical properties of rock

岩石在外力作用下的强度、刚度、压缩性等综合性质。

**4.3.4** 抗压强度 compressive strength

岩石试样抵抗单轴压力时保持自身不被破坏的极限应力。

**4.3.5** 回弹模量 rebound modulus

岩体和土体应力—应变关系曲线上卸载—再加载两个端点连线的斜率。

**4.3.6** 长期模量 long-term modulus

岩体和土体经长期受力以后，应力与稳定应变的比值。

**4.3.7** 抗拉强度 tensile strength

岩体和土试样抵抗增大的单轴拉力时保持自身不被破坏的极限应力。

**4.3.8** 劈裂试验(巴西试验) split test

用圆柱形岩样在直径方向上对称施加沿纵轴向均匀分布的压力使之破坏，以间接确定岩样抗拉强度的一种试验方法。

**4.3.9** 疲劳强度 fatigue strength

岩体和土体抵抗重复荷载破坏作用的能力。

**4.3.10** 位错 dislocation

晶体中存在的点或面缺陷使在很小外力作用时晶体即产生的塑性变位。

**4.3.11** 弹性后效 delayed elasticity

固体在卸载后弹性变形立即恢复的现象。

**4.3.12** 蠕变 creep

固体材料在恒定荷载作用下，变形随时间缓慢增长的现象。

**4.3.13** 应力松弛 stress relaxation

粘弹性材料在恒定应变下，应力随时间衰减的现象。

**4.3.14** 松弛时间 relaxation time

粘弹性固体材料作松弛试验时应力从初始值降到其 $1/e$，即0.367倍所需的时间。

**4.3.15** 滞后 retardation

粘弹性固体在加、卸载时需经历一段时间方能完成应变的现象。

**4.3.16** 粘滞系数 coefficient of viscosity

线性粘性材料受剪流动时与温度有关的剪应力与流速梯度成正比的比例系数。

**4.3.17** 裂纹扩展 crack growth

当固体中应力达到某一临界值时，裂纹尖端或其邻域开始发生和发展裂纹的现象。

**4.3.18** 稳定裂纹扩展 stable crack growth

固体开裂时释放的能量与其自身消耗的能量达到平衡，裂纹不再继续发展的情况。

**4.3.19** 微裂纹 micro crack

岩石受力后矿物本身及岩石中产生的肉眼看不见的裂纹。

**4.3.20** 尺度效应 scale effect

岩体中存在不同尺度的不连续面导致不同尺度试样被测得的力学性质有差异的现象。

**4.3.21** 岩石扩容 dilatancy of rock

岩石在应力偏量作用下由于内部产生微裂隙而出现的非弹性体积应变。

**4.3.22** 岩石声发射 acoustic emission of rock

岩石破裂时以脉冲波形式释放应变能的现象。

**4.3.23** 凯塞效应 Kaiser effect

凯塞发现材料在单向拉伸或压缩试验时，只有当其应力达到历史上曾经受过的最大应力时才会突然产生明显声发射的现象。

**4.3.24** 格里菲斯强度准则 Griffith's strength criterion

格里菲斯认为脆性材料内部存在许多呈扁椭圆状的细微裂纹，物体受力后，裂纹尖端产生应力集中，当最大拉应力达到拉伸强度极限时，物体即发生断裂破坏，据此提出的判别材料（如岩石）脆性破坏的准则。

**4.3.25** 修正的格里菲斯准则 modified Griffith's criterion

考虑到物体内压应力占优势时，裂纹闭合会影响其尖端的应力集中，从而对格里菲斯强度准则进行了修正的准则。

**4.3.26** 库仑 纳维强度理论 Coulomb-Navier strength theory

库仑-纳维认为岩石破坏面上的剪应力的极限值，即极限强度不仅与岩石抗剪能力有关，而且与破坏面上的法向应力有关，从而提出预测岩石破坏应力状态的一种强度理论。

**4.3.27** 地质力学模型试验 geomechnical model test

模拟岩体工程地质构造、物理力学特性和受力条件的结构破坏模型试验。

## 4.4 分析与计算

**4.4.1** 半无限弹性体 semi-infinite elastic body

具有水平边界面，界面下的任一方向都是无边界的弹性体。

**4.4.2** 中心荷载（轴心荷载） central load

合力作用点通过作用面积形心的荷载。

**4.4.3** 偏心荷载 eccentric load

合力作用点不通过作用面积形心的荷载。

**4.4.4** 集中荷载（点荷载） concentrated load

作用在很小面积上的荷载。

**4.4.5** 均布荷载 uniformly distributed load

均匀分布于单位面积上的荷载。

**4.4.6** 条形荷载 strip load

荷载面的长度比宽度大得多（10倍以上），且任一横断面宽度上分布相同的荷载。

**4.4.7** 线荷载 line load

条形荷载面的宽度趋于零的荷载。

**4.4.8** 交变荷载 alternating load

作用方向正反相间的荷载。

**4.4.9** 周期荷载 cyclic load

多次有规律地重复作用的荷载。

**4.4.10** 瞬时荷载 transient load

作用历时很短的荷载。

**4.4.11** 动荷载 dynamic load

大小、位置和方向随时间变化的荷载。

**4.4.12** 体积力 body force

连续分布在岩体、土体整个体积内的重力、惯性力、渗流力等。

**4.4.13** 表面力 surface force

作用在岩土体表面上的力。

**4.4.14** 覆盖层 overburden layer

覆盖在基岩之上的各种成因的土。有时指特定地下工程上的覆盖岩土层，或被研究的某高程以上的岩土层。

**4.4.15** 覆盖压力 overburden pressure

覆盖层自重对下卧岩土体的竖向压力。

**4.4.16** 持力层 bearing stratum

直接承受基础荷载的一定厚度的地层。

**4.4.17** 下卧层 underlying stratum

位于持力层以下，并处于压缩层或可能被剪损深度内的各层地基土。

**4.4.18** 超载 surcharge

建筑物地基计算中需要考虑的近旁地面的堆载和邻近建筑物荷载。有时也指挡土墙墙顶高程面以上的荷载。

**4.4.19** 布辛涅斯克理论 Boussinesq theory

布辛涅斯克针对均质半无限弹性体推导出在表面竖向集中荷载作用下，体内任一点引起的应力和位移的数学解。

**4.4.20** 明德林解答 Mindlin's solution

明德林针对竖向或水平向集中荷载作用在半无限均质弹性体内部时，推导得的体内任一点的应力和位移的数学解。

**4.4.21** 色卢铁解答 Cerruti's solution

色卢铁针对水平向集中荷载作用于半无限弹性体表面时，推导得的体内任一点的应力和位移的数学解。

**4.4.22** 压力泡 pressure bulb

按布辛涅斯克公式或其它应力计算理论得到的岩土体内各竖向附加应力等值点连成的泡状面所包络的范围。

**4.4.23** 感应图 influence chart

用于确定复杂形状基础下地基中某点由基础底面荷载引起的竖向附加应力的一种计算图。

**4.4.24** 应力分布 stress distribution

岩土体受自重和外力作用时，在其体内各点引起的应力。

**4.4.25** 应力集中 stress concentration

岩土体中应力分布所出现的局部升高现象。

**4.4.26** 自重应力 geostatic stress, self-weight stress

岩土体内由自身重量所引起的应力。

**4.4.27** 基底压力（接触压力） contact pressure

作用于建筑物基础底面与地基土接触面上的压力。

**4.4.28** 附加应力 additional stress, superimposed stress

荷载在地基内引起的应力增量。

**4.4.29** 角点法 corner-point method

矩形荷载面上受均布荷载或三角形分布荷载时，在一个角点下任意深度点利用布辛涅斯克竖向应力解，来计算地基中任意一点竖向附加应力的方法。

**4.4.30** 扬压力 uplift pressure

地基中渗透水流作用于基底或计算截面上向上的等于浮托力和渗流压力之和的水压力。

**4.4.31** 浮托力 buoyancy

地下建筑物受静水位或下游水位作用，在其底面所受的均布向上的静水压力。

**4.4.32** 剪应变 shear strain

两个互相垂直的面在受力变形后以弧度表示的夹角的改变量。

**4.4.33** 体应变 volumetric strain

材料在外力作用下产生的体积变化与原体积的比值。

**4.4.34** 弹性应变 elastic strain

应变与作用应力呈正比，应力去除后可恢复的应变。

**4.4.35** 塑性应变 plastic strain

作用应力去除后不能恢复的应变。

**4.4.36** 弹性模量（杨氏模量） modulus of elasticity

岩土体在弹性限度内应力与应变的比值。

**4.4.37** 变形模量 modulus of deformation

兼有弹性和非弹性性状岩土体在受力过程中应力与相应应变的比值。

**4.4.38** 剪切模量 shear modulus

岩土体在弹性限度内剪应力与相应剪应变的比值。

**4.4.39** 泊松比 Poisson's ratio

岩土试样在弹性限度内受轴向荷载时横向应变与轴向应变的比值。

**4.4.40** 体积模量 bulk modulus

土体在三向应力作用下平均正应力与相应的体积应变的比

值。

4.4.41 文克勒假定 Winkler's assumption

捷克文克勒工程师提出的地基表面任何一点的压力强度与该点的沉降成正比，其比例系数称地基反力系数的假定。

4.4.42 沉降 settlement

地基土或填土表面向下的位移。

4.4.43 分层总和法 layerwise summation method

将地基沉降计算深度内的土层按土质、应力变化情况和基础大小划分为若干分层，分别计算各分层的压缩量，然后求其总和得出地基沉降量的方法。

4.4.44 沉降计算深度 settlement calculation depth

附加应力对地基引起较明显的压缩变形，即沉降计算中需要考虑到的可压缩土层的深度。

4.4.45 最终沉降 final settlement

土体在荷载作用下压缩稳定时所产生的总沉降量。

4.4.46 初始沉降(瞬时沉降) immediate settlement

地基受到荷重作用时，几乎与加荷同时发生的沉降。

4.4.47 次固结沉降 secondary consolidation settlement

饱和地基粘性土层在完成主固结沉降后，继续发生的沉降。

4.4.48 固结沉降 consolidation settlement

地基土由固结产生的沉降。

4.4.49 沉降差 differential settlement

结构物相邻两单独基础的沉降量的差值。

4.4.50 不均匀沉降 non-uniform settlement

基础底面各点的下沉量不相等的沉降，或相邻基础的沉降差。

4.4.51 容许沉降 allowable settlement

结构物能承受而不至于产生损害或影响使用所容许的沉降。

4.4.52 沉降曲线 settlement curve

沉降量与时间的关系曲线。

4.4.53 固结曲线 consolidation curve

在一定荷载下，地基沉降量与相应历时的关系曲线。或室内固结试验中试样在一级荷载下的压缩量或孔隙比随时间的变化曲线。

4.4.54 沉降速率 rate of settlement

单位时间的沉降增量。

4.4.55 太沙基固结理论 Terzaghi's consolidation theory

由太沙基导得的、反映饱和粘性土体在侧限情况下受荷载作用后超静水压力消散规律的理论。

4.4.56 比奥固结理论 Biot's consolidation theory

由比奥导得的、反映饱和粘性土体受荷载作用后，发生的三维孔隙水流动和土骨架变形规律的理论。

4.4.57 地基回弹 rebound of foundation

地基在卸荷时变形的回复现象。

4.4.58 基坑底隆胀 heaving of the bottom

开挖工程中因覆盖压力减小，坑底产生的向上隆胀。

4.4.59 塑流 plastic flow

土体中应力达屈服值后，塑性变形持续发展的现象。

4.4.60 屈服 yield

岩土体中某点在应力状态下由弹性状态转变到塑性状态的现象。

4.4.61 屈服准则 yield criteria

描述岩土体屈服时各应力分量或应变分量之间关系的数学表达式。

4.4.62 应力空间 stress space

以三个相互垂直的应力主轴构成的三维坐标系统的空间。

4.4.63 应变空间 strain space

以三个相互垂直的应变主轴构成的三维坐标系统的空间。

4.4.64 应力路径 stress path

加载于岩体和土体过程中，体内一点应力状态变化过程在应力空间内形成的轨迹。

4.4.65 应力历史 stress history

土体在历史上曾受过的固结应力状态。

4.4.66 应力水平 stress level

作用在岩体或土体上的相对应力的大小或岩体或土体中一点实际所受剪应力与该点抗剪强度的比值。

4.4.67 临塑荷载 critical edge pressure

条形基础边缘处地基土开始产生塑性平衡区时的荷载强度。

4.4.68 塑性平衡状态 state of plastic equilibrium

岩体和土体某一范围内的作用剪应力达到其抗剪强度发生破坏时的应力状态。

4.4.69 塑性区 plastic zone

土体承受荷载时，土中剪应力达到其抗剪强度的区域。

4.4.70 极限平衡法 limit equilibrium method

分析岩体和土体稳定性时假定一破坏面，取破坏面内土体为脱离体，计算出作用于脱离体上的力系达到静力平衡时所需的岩土的抗力或抗剪强度，与破坏面实际所能提供的岩土的抗力或抗剪强度相比较，以求得稳定性安全系数的方法。或根据所给定的安全系数求允许作用外荷载的方法。

4.4.71 整体剪切破坏 general shear failure

地基土发生连续贯通的滑动面的破坏形式。

4.4.72 局部剪切破坏 local shear failure

地基土未能形成连续贯通的滑动面的破坏形式。

4.4.73 冲剪破坏 punching shear failure

基础下的地基土与周围土体发生竖向剪切，基础切入土中，产生下沉的破坏形式。

4.4.74 极限承载力 ultimate bearing capacity

地基能承受的最大荷载强度。

4.4.75 容许承载力 allowable bearing capacity

确保地基不产生剪切破坏而失稳，同时又保证建筑物的沉降不超过允许值的最大荷载。

4.4.76 承载力因数 bearing capacity factors

地基极限承载力理论公式中和土的内摩擦角有关的系数。

4.4.77 安全系数 factor of safety

为评价结构物和岩土体的稳定性所采用的力或力矩等物理量的破坏值与它们的计算值的比值。

4.4.78 稳定分析 stability analysis

对外荷载作用下地基岩土抵抗剪切破坏的稳定程度或对由于开挖和填方形成的土坡及自然斜坡的稳定性评价的计算和分析。

4.4.79 有效应力原理 principle of effective stress

阐明在力系作用下，土体的力学效应皆决定于其所受有效应力，和饱和土体内一点的总应力等于该点的有效应力与孔隙水压力之和的原理。

4.4.80 总应力 total stress

作用在土体内单位面积上的总力，即孔隙压力和有效应力之和。

4.4.81 有效应力 effectives stress

土体内单位面积上固体颗粒承受的平均法向应力。

4.4.82 孔隙压力 pore pressure

由于荷载变化等原因在土孔隙水与气体中引起的压力。即孔隙水压力与孔隙气压力二者之和。

4.4.83 孔隙水压力 pore water pressure

土中某点孔隙水承受的压力。

4.4.84 孔隙气压力 pore air pressure

土中某点孔隙气体承受的压力。

4.4.85 孔隙压力比 pore pressure ratio

现场土体中一点的孔隙压力与其上土层覆盖压力的比值，或室内试验试样中的孔隙压力与围压的比值。

4.4.86 静水压力 hydrostatic pressure

给定点与自由水位高程差引起的水压力。

4.4.87 超静水压力 excess pore water pressure

饱和土体内一点的孔隙水压力中超过静水压力的那部分水压力。

4.4.88 渐近破坏 progressive faiure

土体受剪力作用，剪切面上各点不是同时，而是依次达到破坏的现象。

4.4.89 长期稳定性 long-term stability

岩土体在荷载和环境因素长期作用下的稳定情况。

4.4.90 总应力分析 total stress analysis

用总应力和总应力抗剪强度指标分析土体的稳定性。

4.4.91 有效应力分析 effective stress analysis

用有效应力和有效应力抗剪强度指标分析土体的稳定性。

4.4.92 瑞典圆弧法 Swedish circle method

瑞典人彼得森(Petterson)首先提出的在分析粘性土土坡稳定性时，以一个圆弧面来代替真正的滑动面，以简化计算的方法。

4.4.93 条分法 method of slice

进行土坡稳定分析时，将假定的滑动土体横断面按一定宽度划分成若干竖条，求各竖条上各力对滑弧圆心的抗滑力矩和滑动力矩，然后求各力矩的总和，称前者与后者的比值为稳定性系数的方法。

4.4.94 毕肖普简化条分法 Bishop's simplified method of slice

在稳定分析条分法的基础上，毕肖普假定土条间的剪应力总和为零，只考虑条间水平力的计算土坡稳定性的方法。

4.4.95 复合滑动面 composite slip surface

当地基浅部埋藏有软弱夹层时，地基或土坡失稳的滑动面一般不再是一个圆弧面，而是由圆弧或直线和通过软弱夹层的直线组成的复合面。

4.4.96 稳定数 stability number

评价土坡稳定性时，土坡高度和坡土容重的乘积对土的粘聚力的无量纲比值。

4.4.97 临界高度 critical height (of slope)

安全系数等于1的土坡垂直高度或软土地基上的填土高度。

4.4.98 稳定渗流 steady seepage

液体通过土体时任何一处的任何运动要素，如流速、压强等均不随时间而改变的稳定流动。

4.4.99 流网 flow net

由互相正交的流线族和等势线族组成的拉普拉斯渗流方程二维渗流解的一种图示形式。

4.4.100 流线 flow line

同一瞬时渗流体不同质点的运动方向所描绘的曲线。

4.4.101 等势线 equipotential line

渗流体中测压水头相等的各点的连线。

4.4.102 浸润线 phreatic line

土堤土坝中渗流区水的自由表面的位置线，在剖面上它为一条曲线。

4.4.103 渗透变形 seepage deformation

在渗流力作用下发生的土粒或土体移动的管涌和流土现象。

4.4.104 渗透破坏 seepage failure

由管涌、流土等引起的危害建筑物安全的土体破坏。

4.4.105 管涌 piping

在渗流作用下，土中细颗粒随渗流水从自由面往内部逐渐流失形成管状通道的现象。

4.4.106 流土 soil flow

在渗流作用下，水流出逸处土体处于悬浮状态的现象。

4.4.107 流砂 quick sand

饱和松砂中剪应力增大时，在不排水条件下的剪缩势使土内孔隙水压力大幅度升高，土强度骤然下降，导致砂土无限流动的现象。

4.4.108 砂土液化 liquefaction of sand

饱和松砂的抗剪强度趋于零，由固体状态转化为液体状态的过程和现象。

4.4.109 液化势 liquefaction potential

土发生液化的潜在可能性。

4.4.110 反演分析 back analysis

根据实测岩土体的如沉降、地下水位等运行性状，利用有关的本构方程，反求岩土体的某些参数，以便据此预估环境条件改变时或长期的岩土体的工作状态的分析工作。

4.4.111 库仑土压力理论 Coulomb's earth pressure theory

库仑假定刚性挡土墙背面无粘性填土中产生破坏时滑动面为通过墙踵的某一斜平面，该面以上的滑动土楔达到极限平衡状态时，作用于墙背的力为土压力的挡土墙古典土压力理论。

4.4.112 兰金土压力理论 Rankine's earth pressure theory

兰金假定挡土墙是刚性的，墙背垂直、光滑，墙后填土面水平，墙背后土体达到极限平衡状态时，作用于墙背的水平力为土压力的挡土墙古典土压力理论。

4.4.113 主动土压力 active earth pressure

挡土结构物背离土体发生移动或转动，使土体达到主动极限平衡状态时的土压力。

4.4.114 静止土压力 earth pressure at rest

挡土结构物不发生任何方向的移动时，土体作用于墙背的水平压力。

4.4.115 被动土压力 passive earth pressure

天然土沿垂直截面或挡土结构物背面向着土体产生一定的移动或转动，使土体达到被动极限平衡状态时的土压力。

# 5 岩体和土体处理

## 5.1 处理方法

5.1.1 地基处理 ground treatment

用各种换料、掺合料、化学剂、电热等方法或机械手段来提高地基土强度，改善土的变形特性或渗透性的处理技术。

5.1.2 浅层土加固 surface soil stabilization

以地基表层部分为对象进行的碾压、换土等土质改良及处理。

5.1.3 深层土加固 deep soil stabilization

泛指地基加固达到压缩层影响深度的振冲、深层搅拌、挤密桩、爆扩桩、旋喷等处理方法。

5.1.4 复合地基 composite ground

在天然粘性土地基中设置一群以碎石、砂砾等散粒材料或其它材料组成的桩柱、使其与原地基土共同承担荷载的地基。

## 5.2 土体增密法

5.2.1 碾压法 compaction by rolling

堤、坝等土方工程中利用碾压机械压实土体的填筑方法。

5.2.2 强夯法 dynamic consolidation

用质量达数十吨的重锤自数米高处自由下落，给地基以冲击力和振动，从而提高一定深度内地基土的密度、强度并降低其压缩性的方法。

5.2.3 挤密砂桩 densification by sand pile

利用振动或锤击作用，将桩管打入土中，分段向桩管加砂石料，不断提升并反复挤压而形成的砂石桩。

5.2.4 爆炸加密法 densification by explosion

利用爆炸的冲击和振动作用使饱和砂土密实的地基处理方

法。

## 5.3 置换、掺料与化学处理法

**5.3.1** 灰土 lime treated soil

掺入石灰，通过其放热、与土凝结及离子交换作用等使性质得到改良的土。

**5.3.2** 灰土桩 lime soil pile

先造孔，再在桩孔内填入灰土并夯实形成的土与石灰混合料，或石灰和粉煤灰混成的二灰土的桩。

**5.3.3** 石灰桩法 lime pile method

在松软地基中，用机械成孔后，填入生石灰，或混以其它掺合料，加以压实后成桩的方法。

**5.3.4** 垫层 cushion

用砂、碎石或灰土铺填于软弱地基土上或置换地基表面一定厚度的软弱土的材料层。

**5.3.5** 水泥加固 cement stabilization

土中掺和水泥以改良土性的处理方法。

**5.3.6** 高压喷射注浆法 jet grouting

采用注浆管和喷嘴，借高压将水泥浆等从喷嘴射出，直接破坏地基土体，并与之混和，硬凝后形成固结体，以加固土体和降低其渗透性的方法。旋转喷射的称旋喷法，定向喷射的称定喷法。

**5.3.7** 挤密喷浆法 compaction grouting method

通过钻孔向土层压入浓浆，在压浆周围形成泡形空间，使浆液对地基起到挤压和硬化作用形成桩柱的加固方法。

**5.3.8** 深层搅拌法 deep mixing method

利用水泥、石灰或其它材料作为固化剂，通过特别的深层搅拌机械，将其与地基深层土体强制搅拌，经物理-化学作用、硬化或形成整体的浆液搅拌法和粉喷搅拌法。

**5.3.9** 振冲法 vibroflotation

利用振冲器在土层中振动和水流喷射的联合作用成孔，然后填入碎石料并提拔振冲器逐段振实，形成刚度较大的碎石桩的地基处理方法。

**5.3.10** 微形桩 mini pile

原位加固地基，提高地基承载力的树根桩、水泥粉煤灰等硬化材料的小直径短桩。

**5.3.11** 灌浆 grouting

利用灌浆压力或浆液自重，经过钻孔将浆液压到岩石、砂砾石层、混凝土或土体裂隙、接缝或空洞内，以改善地基水文地质和工程地质条件，提高建筑物整体性的工程措施。

**5.3.12** 固结灌浆 consolidation grouting

将浆液灌入地基岩石裂缝，以改善岩体力学性能的灌浆工程。

**5.3.13** 帷幕灌浆 curtain grouting

在岩石或砂砾石地基中，用灌浆方法建造连续防渗体以减少地基渗漏，减小渗透水对地基的扬压力和防止地基冲刷的工程。

**5.3.14** 化学灌浆 chemical grouting

将配制好的化学药剂，通过导管注入岩土体孔隙中，使与裂隙壁发生化学反应，起到联接与堵塞的作用，从而提高岩土体的强度，减小其压缩性和渗透性的地基处理方法。

**5.3.15** 树根桩 root pile

主要用于加固既有建筑物地基，桩径小于250mm，可按不同角度设置的形似树根的灌柱桩。

**5.3.16** 土钉 soil nailing

在土坡坡面每隔一定间距，向坡内打入金属或土工合成材料拉条或拉杆，其外端与支壁或构件联结，以提高土坡稳定性的结构措施。

**5.3.17** 铺网法 fabric sheet reinforced earth

在超软弱地基表面铺设高强度土工合成材料网，以利于填土稳固的类似于刚性材料垫层的超软土地基表面强化处理的方法。

**5.3.18** 托换技术 underpinning

为提高既有建筑物地基的承载力或纠正基础由于严重不均匀沉降所导致的建筑物倾斜、开裂而采取的地基、基础补强措施。

## 5.4 排 水 法

**5.4.1** 排水砂井 sand drain

在软土基中成孔，填以砂砾石，形成排水通道，以加速软土排水固结的地基处理方法。

**5.4.2** 袋装砂井 packed drain, fabric-enclosed drain

以透水型土工织物长袋装砂，设置在软土地基中形成排水砂柱，以加速软土排水固结的地基处理方法。

**5.4.3** 塑料排水(带法) prefabricated strip drain, geodrain

将塑料板芯材外包排水良好的土工织物排水带，用插带机插入软土地基中代替砂井，以加速软土排水固结的地基处理方法。

**5.4.4** 预压法 preloading method

在软粘土上堆载或利用抽真空时形成的土内外压力差加载，使土中水排出，以实现预先固结，减小建筑物地基后期沉降的一种地基处理方法。

**5.4.5** 真空预压法 vacuum preloading

在软粘土中设置竖向塑料排水带或砂井，上铺砂层，再覆盖薄膜封闭，抽气使膜内排水带、砂层等处于部分真空，利用膜内外压力差作为预压荷载，排除土中多余水量，使土预先固结，以减少地基后期沉降的一种地基处理方法。

**5.4.6** 电渗法 electro-osmosis method

在土中插入金属电极，并通以直流电，在电场作用下，土中水从阳极流向阴极，产生电渗，从而降低高粘性土的含水率或地下水位，以改善土性的加固方法。

**5.4.7** 渗透压法 osmostic pressure method

利用半透膜的渗透压力，使软土地基脱水，促进压密，而不需施加超载的地基处理方法。

**5.4.8** 回灌法 recharge method

为防止地下水位下降引起周围地面下沉，在场地内抽水的同时，向场外地基内注水，人为回复地下水位的方法。

## 5.5 土工合成材料

**5.5.1** 土工合成材料 geosynthetics

用于岩土工程的、以聚合物为原料制造的透水和不透水产品的统称。

**5.5.2** 土工织物 geotextile

包括机织或有纺的、编织的和非织造或无纺的平面的透水型聚合织物材料。

**5.5.3** 无纺土工织物 nonwoven geotextile

高分子聚合物原料经过热熔，挤压、喷丝、铺网再进行针刺、热粘或化学粘合而成的具有滤土和排水功能的土工织物产品。

**5.5.4** 针刺土工织物 needle-punched geotixtile

是在喷丝、铺网后，再通过无数根带刺的细针，上下穿刺，使蓬松纤维相互交错缠绕而成的具有滤土和排水功能的无纺土工织物的一种。

**5.5.5** 土工膜 geomenbrane

在岩土和土木工程中用于隔离液体或气体的相对不透水的聚合膜或薄板。

**5.5.6** 土工格栅 geogrid

聚合物板材经过冲孔，单向或双向拉伸而制成的具有矩形开孔网格用于土加筋的产品。

**5.5.7** 土工模袋 geofabriform

由双层聚合物化纤织物缝制成的，其中含有许多起模板作用的方块形单独格袋。将其铺放在待防护的土面上，从注料口以高压泵把混凝土或水泥砂浆灌入，格袋被灌满而膨胀。凝固后，土面为成片硬板块所覆盖的一种护面材料。

**5.5.8** 土工复合材料 geocomposite

由两种以上不同的土工聚合材料组合成的制品。

5.5.9 聚苯乙烯发泡材料 expanded polystyrene(EPS)

一种经过发泡，挤压或在模具内成型的可用作轻质填料以减小地基沉降和高速公路引堤和桥面间沉降差，或作为保温材料，减轻土体冻胀的超轻型高分子聚合物材料。

5.5.10 等效孔径 equivalent opening size(EOS)

土工织物的最大表观孔径。我国大多采用$O_{95}$，即该织物中有95%的孔径比$O_{95}$为小。

5.5.11 老化 aging

土工合成材料在紫外线、温度、化学溶液、生物细菌作用下聚合物发生降解，分子结构改变，致使其性能逐渐衰化的现象。

5.5.12 加筋土 reinforced earth

在填土中铺设加筋带或土工格栅或土工织物等加筋材料或混入加筋材料以增加土体的抗拉、抗剪强度和整体稳定性的复合土。

5.5.13 纤维土 texsol, fibre soil

以聚合物纤维、网片、或废料等加筋的土体。

# 6 土石方工程

## 6.1 建筑物与构筑物

6.1.1 土石方工程 earthwork

土建工程中土体开挖、运送、填筑、压密、以及弃土、排水、土壁支撑等工作的总称。

6.1.2 土坝 earth dam

以土、砂、砾为主要建筑材料填筑的坝。

6.1.3 土石坝 earth-rock dam

用土、石等当地材料填筑的坝。

6.1.4 堆石坝 rockfill dam

用块石、砂砾石等作为主体材料，经碾压或抛填建成的土石坝。

6.1.5 碾压土坝 rolled fill earth dam

用土料以分层碾压方法建成的坝。

6.1.6 混凝土面板堆石坝 concrete face rockfill dam

上游坝坡浇筑钢筋混凝土面板作为防渗盖面的堆石坝。

6.1.7 心墙 core wall

位于土石坝内中心部位以防渗土料或其它低透水性材料建成的防渗体。

6.1.8 斜墙 sloping core

位于土石坝上游以防渗土料或其它低透水性材料建成的斜卧式防渗体。

6.1.9 防浪墙 parapet wall

设置在坝顶上游侧为防止波浪翻越坝顶的挡水墙。

6.1.10 截水墙 cutoff wall

在土石坝防渗体部位的地基内开槽筑成的一道截断河床覆盖层渗水的连续土墙或混凝土墙。

6.1.11 反滤层 filter

设在土、砂与排水设施之间，或细、粗土料之间旨在防止细土料流失，又保证排水畅通的通常以符合要求级配的砂砾料或土工织物作成的料层。

6.1.12 防渗铺盖 impervious blanket

设在闸、坝上游，以不透水土料、土工膜或混凝土铺成的旨在增长渗径，减小渗流坡降，防止渗透变形和过量渗漏的水平防渗设施。

6.1.13 绕渗 by-pass seepage

水库水经过坝的两端岩、土体向下游渗漏的现象。

6.1.14 地下连续墙 underground diaphragm wall

在地面以下为截水防渗、挡土和承受荷载而筑造的连续墙壁。

6.1.15 减压井 relief well

在闸、坝、堤下游覆盖层中设置的旨在减小层内承压水压力或渗透压力的竖井。

6.1.16 丁坝 groin, spur dike

从河道岸边延伸，在平面上和岸边线形成丁字形的河道整治建筑物。

6.1.17 顺坝 longitudinal dike

与水流方向平行或呈锐角，顺向布置的一种河道整治建筑物。

6.1.18 堤 dike, levee

沿河、渠、湖、海岸边或行洪区、分洪区、围垦区边缘修建的挡水构筑物。

6.1.19 谷坊 check dam

为防止水土流失横跨沟谷建成的高度一般不大的土石坝或砌石坝等。

6.1.20 尾矿坝 tailings dam

用水力选矿后称尾矿的废渣和(或)当地土、石料等修筑的存贮尾矿的坝型构筑物。

6.1.21 渠道 channel, canal

人工开挖或填筑的具有规则断面的水道。

6.1.22 路堤 embankment

高于原地面的土石料填方路基。

6.1.23 路堑 cutting

低于原地面的挖方路基。

6.1.24 侧沟 side ditch

沿路堑和路堤两侧开挖的用于截排水的纵向沟槽。

6.1.25 盲沟 French drain

建筑在地下的排水暗沟或暗管。

6.1.26 反压平台(反压马道) berm

在土堤和土坡侧面延伸堆筑的利用其重量产生的抵抗力矩增加堤坡整体稳定性的有一定宽度和高度的土、石台体。

6.1.27 挖方 excavation, cut

从原地面挖除土石方的工程。

6.1.28 填方 fill

用于填筑堤坝、路堤、房基等的土石方工程。

6.1.29 道路路面 road pavement

道路顶面直接供车辆行驶，承受车辆荷载和降水与温度变化的结构层。

6.1.30 道路基层 base course

主要承受由面层传来的车轮荷载，并将其扩散分布于其下地基中的结构层。

6.1.31 翻浆冒泥 mud pumping

路基土质不良，饱和或冻融时软化，在车辆动力作用下，形成车辙而导致的道路病害。

6.1.32 桥台 abutment

位于桥梁两端和路堤或其它部分衔接处，用于传递桥上荷载和承受台后填土的压力并作为上部桥主体支座的支承构筑物。

6.1.33 桥墩 bridge pier

支承两相邻桥跨结构，并将其荷载传给地基的构筑物。

6.1.34 围垦工程 reclamation

在水边滩地筑封闭围堤，并在堤内排水疏干，垫高地面，或泵吸泥沙吹填而造地的工程措施。

## 6.2 施工技术与方法

6.2.1 取土场 borrow area

挖取工程用土的场地。

6.2.2 爆破 blasting

利用炸药的爆炸能量破坏某物体的原结构，以达到某预定目的的一种工程技术。

6.2.3 排水法 drainage method

在地下开挖工程中，排出地下水使水位降至开挖底面以下或进行土层疏干，或降低土中含水率的工程。

6.2.4 井点排水 well piont

围绕施工场地布置管井群，抽水以降低场地地下水位的工程措施。

6.2.5 辐射井 radial wells

由大直径竖井和从竖井向四周含水层伸进的辐射向水平滤水管组成的排水系统。

6.2.6 深井法 deep well method

在透水层中挖掘深井，汲水以降低地下水位，防止涌水，减小地下水压力的一种工程措施。

6.2.7 降水法 dewatering method

减小地下水压力和防止涌水的降低地下水的方法。

6.2.8 导流洞 diversion tunnel

在河床中进行基坑开挖作业时，将上游河水改道，引向下游的地下过水通道。

6.2.9 挖沟法 trench cut method

大面积开挖时，应用挡土壁及支撑先开挖两端部分并构筑主体结构，然后利用两边主体结构当支挡再开挖中间部分的开挖方法。

6.2.10 超挖 overbreak

开挖时，超过设计开挖界限之外的开挖部分。

6.2.11 明挖法 cut and cover method

埋置较浅的工程先从地表面向下开挖，修筑衬砌之后再回填。

6.2.12 顶管法 pipe jacking method

先开挖竖向工作井，在井中以液压千斤顶将预制的钢筋混凝土管或钢管沿预定方向顶进，同时排除其内土体，以构筑涵洞、下水道等地下设施的一种施工方法。

6.2.13 水力冲填 hydraulic fill

利用水力使土分散成泥浆，或汲取水域泥沙，再借水力将它们压送到需填土场地，待其沉淀固结的填筑方法。

6.2.14 碾压试验 rolling compaction test

根据选用的碾压机械和填土料，在现场进行试碾压，以确定为达到规定密度的土的最佳含水率、合理铺土厚度，每层土的碾压遍数，压后的土层厚度和合理施工工艺的试验。

6.2.15 盾构法 shield driving method

在预挖竖井内，靠外壳能支承地层压力而又能推进的断面呈圆形等的钢筒结构的盾构，在地下暗挖隧道的一种施工方法。

6.2.16 冻结法 freezing method

在地层中开挖时，以人工制冷方法将软弱粘土或砂土层原地冻结固化，以提高其稳定性和防止水流流入开挖区的施工方法。

6.2.17 碾压机械 compacting machinery

依靠自身重量的静力作用或结合激振力的共同作用将土、石压密的平碾、羊足碾、气胎碾，振动碾，振动夯等机械。

6.2.18 挖掘机械 excavating machinery

依靠铲斗等装置的运动进行土石方挖掘作业的单斗挖掘机、多斗挖掘机和滚动式挖掘机等机械。

6.2.19 地下水控制 control of underground water

深基坑开挖过程中，为保证施工不受地下水干扰，防止地基土变形以及降低支护所受压力而采取的降水或隔水措施。有时是在隔水区外为防止施工降水造成临近建筑物过大沉降而在隔水区外进行的地下水回灌。

# 7 地下工程和支挡结构

## 7.1 挡土墙

7.1.1 挡土墙（挡墙） retaining wall

在开挖明堑、填方陡坎边界地段，为支挡土体，保证其稳定而修筑的结构物。

7.1.2 重力式挡墙 gravity retaining wall

依靠墙体本身重量抵抗土压力的挡墙。

7.1.3 扶壁式挡墙 counterfort retaining wall

断面呈倒T型或L型，墙背面纵向按一定间距设置支垛的挡墙。

7.1.4 砌体挡墙 masonry retaining wall

以堆砌或浆砌石或砖块等构筑的挡墙。

7.1.5 支墩式挡墙 buttress retaining wall

与扶壁式挡墙相反，在墙前底板上，纵向按一定间距设置支垛的挡墙。

7.1.6 悬臂式挡墙 cantilever retaining wall

通常由钢筋混凝土墙板组成，靠自重与底板上土重抵抗土压力断面常呈T型或L型的挡墙。

7.1.7 锚杆挡墙 tieback wall, anchored wall

用水泥砂浆把钢杆或多股钢丝索等锚固在岩土中作为抗拉构件以保持墙身稳定，支挡土体的挡墙。

7.1.8 锚定板墙 anchor slab wall

一种由墙面系统、钢拉杆、锚定板和填土共同组成的轻型挡墙。

7.1.9 板桩墙 sheet pile wall

用以防止土体崩塌而打设的连续板桩，有时为以锚杆的拉力和板桩下部的被动压力来承受墙背后土压力的板墙。

7.1.10 加筋土挡墙 reinforced soil wall

利用土内拉筋与土之间的相互作用，限制墙背填土侧胀，或以土工织物层层包裹土体以保持其稳定的由土和筋材建成的挡墙。

## 7.2 地下洞室、隧道

7.2.1 地下洞室 underground opening

在岩土体中开挖的洞穴和通道。

7.2.2 围岩 surrounding rock

由于开挖，地下洞室周围初始应力状态发生了变化的岩体。

7.2.3 隧道 tunnel

道路、铁路、水渠等遇到土、岩、水体障碍时开凿的穿过山体或水底的内部通道。

7.2.4 水工隧道 hydraulic tunnel

为从水库等水源引水，用渠道等穿山输水和从水利枢纽泄洪排沙以及通航和过筏等目的而建造的各种有压和无压隧道。

7.2.5 隧道衬砌 tunnel lining

为保证隧道周围岩体稳定，防止其过度变形和坍落，保证洞断面尺寸或使洞内有良好水流条件而沿洞内壁构筑的永久性支护结构层。

7.2.6 导洞 guide adit

隧洞施工中，为探查掌子面前方的地质条件，并为整个隧道作导向而开挖的小断面坑道。

7.2.7 竖井 vertical shaft

为查明工程地质情况和在隧道施工中开挖的垂直井道。

7.2.8 斜井 inclined shaft

地面通向地下的倾斜通道。

7.2.9 岩爆 rockburst

在高强度脆性岩体中开挖地下洞室时，围岩突然破坏，引起爆炸式的应变能释放，并有破碎岩块向外抛射的现象。

**7.2.10** 临空面 free face

岩体及土体和空气或水的外部分界面。

**7.2.11** 初始应力(地应力) primary stress

地壳岩层未经受人工扰动处于天然状态的固有应力。

**7.2.12** 围岩应力(二次应力) surrounding rock stress

开挖地下洞室时发生重分布后的围岩中的应力。

**7.2.13** 冒顶 fall of ground

地下洞室顶部围岩发生塌落的现象。

### 7.3 喷锚、支护

**7.3.1** 喷射混凝土 shotcrete

运用机械设备向围岩或开挖岩坡表面喷射混凝土层以加固围岩的技术。

**7.3.2** 喷锚支护 combined bolting and shotcrete

应用锚杆与喷射混凝土形成复合体以加固围岩的措施。

**7.3.3** 新奥法 New Austrian Tunnelling Method(NATM)

以岩体力学理论和现场围岩变形观测资料为基础，采取一定措施，以充分发挥围岩自身承载能力，进行隧道开挖和支护的一套工程技术。

**7.3.4** 锚固 anchoring, bolting

利用锚定在洞室围岩或岩体边坡中的锚杆来加固岩体的工程措施。

**7.3.5** 排桩 soldier pile

用于支承横向挡板或横撑木，以支护基坑壁的桩。

**7.3.6** 抗滑桩 slide-resistant pile

用于抵抗边坡或斜坡岩土体滑动而设置的横向受力桩。

## 附录A 汉语术语索引

Z



# 附录B 英文术语索引

A



B



C

## D



## E



## F



## G

Q



R



S

## 附加说明

### 主编单位、参编单位和主要起草人名单

**主 编 单 位：** 华北水利水电学院北京研究生部

**参 编 单 位：** 铁道科学研究院
建设部综合勘察研究院
南京大学
华侨大学
武汉水利电力大学
南京水利科学研究院
中国水利水电科学研究院

**主要起草人：** 王正宏　杨灿文　苏贻冰　李生林
马时冬　俞季民　窦　宜　陆家佑

## 中华人民共和国国家标准

# 岩土工程基本术语标准

**GB/T 50279—98**

## 条 文 说 明

## 制 订 说 明

本标准是根据建设部（92）建标计第10号文的要求，由水利部负责管理，具体由华北水利水电学院研究生部会同铁道科学研究院、建设部综合勘察研究院、南京大学、华侨大学、武汉水利电力大学、南京水利科学研究院和中国水利水电科学研究院等单位共同编制而成。经建设部1998年12月11日以252号文批准，并会同国家质量技术监督局联合发布。

在编制过程中，编制组进行了广泛的调查研究，认真总结了我国有关术语的实践经验，并参考了有关国家标准，行业标准和国外先进标准，在听取了国内众多专家意见的基础上，经多次认真讨论，修改，最后由水利部会同有关部门审查定稿。

希望各单位在采用本标准的过程中，不断总结经验，积累资料。如发现需要修改和补充之处，请及时将意见和有关资料寄至北京紫竹院华北水利水电学院北京研究生部国家标准《岩土工程基本术语标准》管理组（邮编100044），以供今后修订时参考。

一九九八年二月

# 目　次

# 1 总 则

本标准是一本针对岩土工程的具有综合性和通用性的国家标准。

制订本标准的目的，是将与岩土工程紧密联系，包括勘察、试验、设计、施工、处理和观测的基本术语，在一定范围内使之统一。少数术语，尽管在岩土工程界习用已久，但考虑其定名与其原技术涵义不尽相符，容易产生误解，或与国家法定计量术语有矛盾，在制订本标准时，经认真讨论，给予了正名。名词术语合理地规范化，有利于岩土工程领域的国内外技术交流合作。

本标准参考采用了我国已有的和即将颁布的有关国家标准、部标准、行业标准和部分权威性的手册、词典等。也参考吸收了部分国外权威性标准。

本标准的章、节框架基本上是按岩土工程本身的技术系统，而不是按行业编制的，因为不同行业中有很多相同的工程，按后一体系编写有利于避免重复。在每一章中，首先包含了高层次的、综合性的基本术语，然后根据需要再往下延伸二、三个层级。不过有的术语，例如岩土测试和计算中的某些术语，层次虽低，但使用频率较高，且有必要加以解释，也被纳入了词条，如等时孔压线、应力水平、应力路径等。再有，土工合成材料是一种功能较多，国外已应用较广，国内推广也较快，有广阔开拓前景的新材料、新技术，我国岩土工程界不少人对其不熟悉，为了从一开始就统一理解，标准中专门为它列了一节。还有，环境岩土工程是一个新学科分支，因其涉及内容界限不易准确确定，加之它与一般岩土工程内容交叉甚多，其有关术语未予列入。此外，地基基础、地震与振动等方面的术语已包含在其它一些标准和规范中，本标准也未选列。本标准所列术语共有623条。

对于每个术语的编写，首先在中文术语后附列相应的、通用的英文术语，继而针对该术语给出其定义或必要的解释，一般不作过多延伸。但对少数术语，或因其内容较复杂，或其含义易被误解，或为新概念却用了较多文字，如“赤平投影”、“归一化”、“土工模袋”等。为便于读者检索，对所有术语分别按它们的拼音和对应英语术语的字母顺序编制了索引，见附录A和附录B。

以下按章、节顺序对部分术语作必要说明。对一般的、人们熟悉的、不至引起误解的术语，不再作累赘的说明。

# 2 一般术语

“一般术语”这里是指与岩土工程密切相关的各学科内容的术语，共16条。

这些学科的术语与内容，读者比较熟悉，不存在什么争议。“岩石力学”一词有学者主张改为“岩体力学”，从学科内容看，这一主张是合理的。但纵观国内外有关著作和书刊，称“岩石力学”的仍为主流；另外，按此“土力学”也应改称“土体力学”等等，这就会引起不必要的麻烦。

# 3 工程勘察

### 3.1 地形、地貌

本节列入的仅由地表和地下水流造成的一级地形、地貌景观的术语。由河流作用形成的阶地仅列了“河谷阶地”一词，其它的如侵蚀阶地、堆积阶地、内叠阶地等次一级的术语就不再列入。又如由地表水和地下水作用，在可溶盐岩石地区形成了“喀斯特地貌”，对石林、石牙、孤峰等次一级术语也未列入。本节共列入术语6条。

### 3.2 岩土、地质构造、不良地质现象

岩、土是构成地壳的基础物质。当地壳经受内外应力作用，岩土体将产生褶曲、断裂等构造。同时随时间推移，岩土体不断产生风化、侵蚀、溶蚀和搬运再沉积等一系列的不良地质的循环作用。由于成因不同，形成了常见的各种土类和一些特殊土类。本节收集的是与岩土工程紧密相关的这类术语，共73条。

“岩体基本质量”rock mass basic quality (BQ)(3.2.57)这是国家标准《工程岩体分级标准》提出的新术语，它将岩体按其完整性和坚硬程度的定性与定量指标综合评价分为五级，质量最高时BQ＞550，定为Ⅰ级；最低时BQ≤250，定为Ⅴ级。

“喀斯特”karst(3.2.69)“喀斯特”是前南斯拉夫西北部沿海地带的一个碳酸盐岩石高原，该名词一直为国际所通用。1966年我国第二届岩溶学术会议正式确定将“喀斯特”一词改为“岩溶”。为了向国际标准通用名词靠拢，《中国大百科全书》(地质卷)已将该词改回原来的“喀斯特”。故本标准亦将此术语改为“喀斯特”。

### 3.3 水 文 地 质

涉及岩土工程的水文地质问题甚多。例如地下水位高低、影响基础埋深的合理选择、施工开挖方法和岩土坡稳定性；水位升降会影响地基承载力和沉降量等；为了满足工程选址、结构设计和施工设计等任务的需要，应进行不同深度、不同内容的水文地质勘察，以查明建筑场地的地下水类型、埋藏条件和变幅、补给和流向、土层保水性、有关水文地质参数和水质评价；为防止和消除地下水对工程和环境的危害以及工程和环境对地下水的影响，需要设置必要的地下水动态观测。

本节针对以上内容共列术语35条。

### 3.4 勘察阶段、成果及评价

勘察阶段与设计阶段是相互对应的。设计阶段一般分为规划、初步设计、技术设计和施工图。相应的有规划勘察、初步勘察、详细勘察和施工勘察。勘察结果要编制成必要图表和文件供工程设计采用。

本节共列词条11条。

“岩土工程分级”categorization of geotechnial projects (3.4.11)，此术语来自国家标准《岩土工程勘察规范》。分级在于指导各勘察阶段能按工程类别、场地和地基条件等区别对待，突出重点地进行。

### 3.5 勘察方法及设备

本节主要列出了工程地质测绘和工程地质勘探方面的基本术语，合计19条。

### 3.6 原位试验与现场观测

原位试验包括常见的同时是主要的各项现场试验，如静力触探试验、标准贯入试验、十字板剪切试验等土工测试。其中的“孔压静力触探试验”(CPTU)(3.6.11)条是一种较新的可以同时测取土中孔隙水压力的静力触探试验，功能较多，在西欧尤其是在荷兰应用较多，我国也生产了该设备，正推广使用。对于岩体则列有扁千斤顶法、应力解除法等原位试验项目。抽水试验、压水试验等是测定水文地质参数的原位试验。

现场观测方面，列出了观测土体和岩体中应力、孔隙水压力和水位、变形和位移等内容的常见术语。

本节共列术语33条。

### 3.7 天然建筑材料勘察

本节仅选列了天然土、石料储量估算方法方面的术语合计12条。

## 4 土和岩石的物理力学性质

本章内容包括土和岩石的物理、力学性状、测试技术、岩土力学理论与分析计算方面的术语，共289条。岩土工程中涉及土方工程的术语相对较多，加之土和岩石的性状、试验方法和分析手段等方面有众多相同或相似之处，故在术语安排上，以土的内容居先，为岩石独有的，方列入岩石的一节。另外，土和岩石测试方法有的比较简单，遂将其某性状的定义、解释、试验和指标等合并在一个术语内编写，如"含水率"、"土粒比重"等条。相反，另一些比较复杂的，则将定义、试验等顺序分条阐述，如固结、固结试验、压缩曲线、固结曲线、压缩系数等。

以下对某些术语加以说明。

"吸着水"absorbed water(4.1.9)在国内外书刊中，常见有"吸着水"或"吸附水"(absorbed water 或 absorption water)，都是指由于矿物颗粒表面作用力而被吸附在其表面的水。看来前者是国人的两种说法，后者则为外国人的不同说法。在本标准中将它们合而为一。

"塑性图"plasticity chart(4.1.10)卡沙格兰地塑性图中土的液限是用卡氏碟式液限仪测得的。我国现行的液限是以重76g、锥角30°的圆锥贯入仪测定的，但存在两个液限标准。一个是以锥头入土深度为17mm时土的含水率作为液限，另一个则取入土深度为10mm。我国水利部规范组曾按强度等效原则，进行了碟式仪、圆锥贯入仪和小型十字板仪的比较试验，论证了上述17mm的液限相当于碟式仪液限，故若土的液限系由圆锥贯入仪的17mm入土深度时的含水率确定，则土分类时可直接采用卡氏塑性图。如取10mm时的含水率为液限，则应采用修正塑性图，它是根据碟式仪和圆锥贯入仪10mm液限的大量统计关系，经换算而得的塑性图。

粒组界限和土类(4.1.12～4.1.29和4.1.33)这些术语中的粒组界限和土类皆是按《土的分类标准》GBJ 145—90编写的。

"含水率"water content(4.2.1)以往长期称其为"含水量"，实际它表示土中水与土粒重量的比值，是相对含量，改称"含水率"更为合理，而且不至引起其它麻烦。

"等时孔压线"isochrone(4.2.59)以往土力学书刊中，多称其为"等时线"或"等时水坡线"等。考虑本词条的含义，是饱和土层固结过程中在某一时刻沿其深度各点孔隙水压力的变化线，不同时刻有不同的变化线，定名为"等时孔压线"更能反映其确切含义。

"三轴伸长试验"triaxial extension test(4.2.83)在本试验中，试样发生轴向伸长变形，但作用的三个主应力却均为压应力。称它为"伸长"试验较"拉伸"试验更为合理。

"粘聚力"cohesion(4.2.92)对这一术语现有多种叫法：凝聚力、粘结力、内聚力、粘聚力等。经研究，建议统一采用"粘聚力"。

"岩石分类"rock classification(4.3.1)具体分类参阅国家标准《工程岩体分级标准》。

"太沙基固结理论"Terzaghi's consolidation theory(4.4.55)太沙基固结理论一般指它的一维固结理论，是在假设一点的总应力不随固结而改变的条件下获得的固结微分方程，故不出现曼代尔效应，常被称为"拟三维固结理论"，以区别于比奥三维固结理论。

## 5 岩体和土体处理

本章列出了常用的许多岩土体加固或处理方法，也包括一些新发展起来的工程材料和技术，如土工合成材料技术。共列出词条47条。

由于土工合成材料兴起的时间还不长，推广却相当快，不少岩土工程师对此较为生疏，故本标准中相对较多地列出了几种主要材料和个别的专门术语。关于材料测试、设计和施工等方面的低层次术语均未列入。

"土工合成材料"geosynthetics(5.5.1)它是以高分子聚合物制成的用于土木工程的各种产品的统称。早期的产品基本上是先将聚合物制成纤维或条带，然后制成透水的土工织物，包括织造型(有纺)、非织造型(无纺)织物。随着工程需要和材料制造工艺的提高，新产品层出不穷，生产出了例如土工模袋、土工格栅、土工席垫、不透水的土工膜以及由它们合成的复合材料。这样，原先的土工织物一词已不能概括所有产品，国际土工织物学会(IGS)曾称之为"土工织物、土工膜和相关产品"。但更多人主张采用"土工合成材料"。国际学会最近也已改名为"国际土工合成材料学会"(IGS，这里的"G"是将原来的geotextile改为geosynthetics)。

"加筋土"reinforced earth(5.5.12)本世纪60年代由法国工程师维达尔(H. Vidal)发明的加筋土，是在土中放置金属条带(一般呈水平方向)，依靠金属条带与土间的摩阻力，限制土体侧向位移，从而提高土强度。近十多年来，已愈来愈多地采用编织型土工织物、加筋带或土工格栅等土工合成材料来代替原先的金属条带。它们显著的优点是：抗腐蚀性强，与土可有较高的摩阻力，易于消散土中孔隙水压力，改善土强度。

## 6 土石方工程

本章首先列出了水利工程、铁路工程、公路机场和港湾船坞工程中与岩土工程有关的构筑物及它们的主要构件，还简要列出了施工技术和方法。共给出术语53条。

在构筑物中，较多术语是各种类型的坝及其细部，包括尾矿坝在内，因为坝与堤是最常见的土石方工程。另外，土石方施工技术和方法主要是开挖、填筑、降水和排水、爆破和打桩等。本章选列了这方面的基本术语。

## 7 地下工程和支挡结构

本章所列的主要是各种类型的挡墙结构、地下洞室、隧道及与其相关的一些基本术语，还包括少数有关洞室加固的术语。选收术语共计29条。

中华人民共和国国家标准

# 岩土工程勘察规范

Code for investigation of geotechnical engineering

**GB 50021—2001**

**（2009 年版）**

主编部门：中华人民共和国建设部
批准部门：中华人民共和国建设部
施行日期：2 0 0 2 年 3 月 1 日

# 中华人民共和国住房和城乡建设部
# 公　　告

第314号

## 关于发布国家标准《岩土工程勘察规范》局部修订的公告

现批准《岩土工程勘察规范》GB 50021－2001局部修订的条文，自2009年7月1日起实施。其中，第1.0.3、4.1.18（1、2、3、4）、4.1.20（1、2、3）、4.8.5、5.7.2、7.2.2条（款）为强制性条文，必须严格执行。经此次修改的原条文同时废止。

局部修订的条文及具体内容，将在近期出版的《工程建设标准化》刊物上登载。

**中华人民共和国住房和城乡建设部**

2009年5月19日

# 修订说明

本次局部修订系根据原建设部《关于印发〈2006年工程建设标准规范制订、修订计划（第二批）〉的通知》（建标［2006］136号）的要求，由建设综合勘察研究设计院会同有关单位对《岩土工程勘察规范》GB 50021－2001进行修订而成。

本次局部修订的主要内容是使部分条款的表达更加严谨，与相关标准更加协调。修订的主要内容如下：

1. 对"水和土腐蚀性的评价"一章内容作了较大修改。

2. 对"污染土"一节内容进行了补充和修改。

3. 其他修改13条：涉及土的鉴定、勘察的基本要求、场地和地基的地震效应、地下水、钻探、原位测试等。其中有强制性条文6条。

本规范下划线为修改内容；用黑体字表示的条文为强制性条文，必须严格执行。

本次局部修订的主编单位：建设综合勘察研究设计院

本次局部修订的参编单位：中兵勘察设计研究院
上海岩土工程勘察设计研究院有限公司
中勘冶金勘察设计研究院有限责任公司
中国有色金属工业西安勘察设计研究院
中国建筑西南勘察设计研究院有限公司

本次局部修订的主要起草人：武　威　顾宝和
（以下按姓氏笔画排列）
王　铠　许丽萍
李耀刚　庞锦娟
项　勃　康景文
董忠级

本次局部修订的主要审查人员：高大钊
（以下按姓氏笔画排列）
王长科　化建新
卞昭庆　杨俊峰
沈小克　戚玉红

# 关于发布国家标准《岩土工程勘察规范》的通知

建标［2002］7号

根据我部《关于印发一九九八年工程建设国家标准制订、修订计划（第二批）的通知》（建标［1998］244号）的要求，由建设部会同有关部门共同修订的《岩土工程勘察规范》，经有关部门会审，批准为国家标准，编号为GB 50021－2001，自2002年3月1日起施行。其中，1.0.3、4.1.11、4.1.17、4.1.18、4.1.20、4.8.5、4.9.1、5.1.1、5.2.1、5.3.1、5.4.1、5.7.2、5.7.8、5.7.10、7.2.2、14.3.3为强制性条文，必须严格执行。原《岩土工程勘察规范》GB 50021－94于2002年12月31日废止。

本规范由建设部负责管理和对强制性条文的解释，建设部综合勘察研究设计院负责具体技术内容的解释，建设部标准定额研究所组织中国建筑工业出版社出版发行。

**中华人民共和国建设部**

2002年1月10日

# 前　　言

本规范是根据建设部建标［1998］244号文的要求，对1994年发布的国标《岩土工程勘察规范》的修订。在修订过程中，主编单位建设部综合勘察研究设计院会同有关勘察、设计、科研、教学单位组成编制组，在全国范围内广泛征求意见，重点修改的部分编写了专题报告，并与正在实施和正在修订的有关国家标准进行了协调，经多次讨论，反复修改，先后形成了《初稿》、《征求意见稿》、《送审稿》，经审查，报批定稿。

本规范基本上保持了1994年发布的《规范》的适用范围、总体框架和主要内容，作了局部调整。现分为14章：1. 总则；2. 术语和符号；3. 勘察分级和岩土分类；4. 各类工程的勘察基本要求；5. 不良地质作用和地质灾害；6. 特殊性岩土；7. 地下水；8. 工程地质测绘和调查；9. 勘探和取样；10. 原位测试；11. 室内试验；12. 水和土腐蚀性的评价；13. 现场检验和监测；14. 岩土工程分析评价和成果报告。

本次修订的主要内容有：1. 适用范围增加了"核电厂"的勘察；2. 增加了"术语和符号"章；3. 增加了岩石坚硬程度分类、完整程度分类和岩体基本质量分级；4. 修订了"房屋建筑和构筑物"以及"桩基础"勘察的要求；5. 修订了"地下洞室"、"岸边工程"、"基坑工程"和"地基处理"勘察的规定；6. 将"尾矿坝和贮灰坝"节改为"废弃物处理工程"的勘察；7. 将"场地稳定性"章名改为"不良地质作用和地质灾害"；8. 将"强震区的场地和地基"、"地震液化"合为一节，取名"场地与地基的地震效应"；9. 对特殊性土中的"湿陷性土"和"红黏土"作了修订；10. 加强了对"地下水"勘察的要求；11. 增加了"深层载荷试验"和"扁铲侧胀试验"等。同时压缩了篇幅，突出勘察工作必须遵守的技术规则，以利作为工程质量检查的执法依据。

本规范将来可能进行局部修订，有关局部修订的信息和条文内容将刊登在《工程建设标准化》杂志上。

本规范以黑体字标志的条文为强制性条文，必须严格执行。

为了提高规范质量，请各单位在执行过程中，注意总结经验，积累资料。随时将有关意见反馈给建设部综合勘察研究设计院（北京东直门内大街177号，邮编100007），以供今后修订时参考。

参加本次修订的单位和人员名单如下：

主编单位：建设部综合勘察研究设计院

参编单位：北京市勘察设计研究院
上海市岩土工程勘察设计研究院
中南勘察设计院
国家电力公司电力规划设计总院
机械工业部勘察研究院
中国兵器工业勘察设计研究院
同济大学

主要起草人：顾宝和、高大钊（以下以姓氏笔画为序）朱小林、李受祉、李耀刚、项勃、张在明、张苏民、周　红、莫群欢、戴联筠

参与审阅的专家委员会成员有：林在贯（以下以

姓氏笔画为序）

王铠、王顺富、王惠昌、卞昭庆、李荣强、邓安福、苏贻冰、张旷成、周亮臣、周炳源、周锡元、林颂恩、钟亮、高岱、翁鹿年、黄志仑、傅世法、樊颂华、魏章和

建设部

2001年10月

# 目　次

# 1 总 则

**1.0.1** 为了在岩土工程勘察中贯彻执行国家有关的技术经济政策，做到技术先进，经济合理，确保工程质量，提高投资效益，制定本规范。

**1.0.2** 本规范适用于除水利工程、铁路、公路和桥隧工程以外的工程建设岩土工程勘察。

**1.0.3 各项建设工程在设计和施工之前，必须按基本建设程序进行岩土工程勘察。**

**1.0.3A** 岩土工程勘察应按工程建设各勘察阶段的要求，正确反映工程地质条件，查明不良地质作用和地质灾害，精心勘察、精心分析，提出资料完整、评价正确的勘察报告。

**1.0.4** 岩土工程勘察，除应符合本规范的规定外，尚应符合国家现行有关标准、规范的规定。

# 2 术语和符号

## 2.1 术 语

**2.1.1** 岩土工程勘察 geotechnical investigation

根据建设工程的要求，查明、分析、评价建设场地的地质、环境特征和岩土工程条件，编制勘察文件的活动。

**2.1.2** 工程地质测绘 engineering geological mapping

采用搜集资料、调查访问、地质测量、遥感解译等方法，查明场地的工程地质要素，并绘制相应的工程地质图件。

**2.1.3** 岩土工程勘探 geotechnical exploration

岩土工程勘察的一种手段，包括钻探、井探、槽探、坑探、洞探以及物探、触探等。

**2.1.4** 原位测试 in-situ tests

在岩土体所处的位置，基本保持岩土原来的结构、湿度和应力状态，对岩土体进行的测试。

**2.1.5** 岩土工程勘察报告 geotechnical investigation report

在原始资料的基础上进行整理、统计、归纳、分析、评价，提出工程建议，形成系统的为工程建设服务的勘察技术文件。

**2.1.6** 现场检验 in-situ inspection

在现场采用一定手段，对勘察成果或设计、施工措施的效果进行核查。

**2.1.7** 现场监测 in-situ monitoring

在现场对岩土性状和地下水的变化，岩土体和结构物的应力、位移进行系统监视和观测。

**2.1.8** 岩石质量指标（RQD） rock quality designation

用直径为75mm的金刚石钻头和双层岩芯管在岩石中钻进，连续取芯，回次钻进所取岩芯中，长度大于10cm的岩芯段长度之和与该回次进尺的比值，以百分数表示。

**2.1.9** 土试样质量等级 quality classification of soil samples

按土试样受扰动程度不同划分的等级。

**2.1.10** 不良地质作用 adverse geologic actions

由地球内力或外力产生的对工程可能造成危害的地质作用。

**2.1.11** 地质灾害 geological disaster

由不良地质作用引发的，危及人身、财产、工程或环境安全的事件。

**2.1.12** 地面沉降 ground subsidence，land subsidence

大面积区域性的地面下沉，一般由地下水过量抽吸产生区域性降落漏斗引起。大面积地下采空和黄土自重湿陷也可引起地面沉降。

**2.1.13** 岩土参数标准值 standard value of a geotechnical parameter

岩土参数的基本代表值，通常取概率分布的0.05分位数。

## 2.2 符 号

**2.2.1** 岩土物理性质和颗粒组成

$e$——孔隙比；

$I_L$——液性指数；

$I_P$——塑性指数；

$n$——孔隙度，孔隙率；

$Sr$——饱和度；

$w$——含水量，含水率；

$w_L$——液限；

$w_P$——塑限；

$W_u$——有机质含量；

$\gamma$——重力密度（重度）；

$\rho$——质量密度（密度）；

$\rho_d$——干密度。

**2.2.2** 岩土变形参数

$a$——压缩系数；

$C_c$——压缩指数；

$C_e$——再压缩指数；

$C_s$——回弹指数；

$c_h$——水平向固结系数；

$c_v$——垂直向固结系数；

$E_0$——变形模量；

$E_D$——侧胀模量；

$E_m$——旁压模量；

$E_s$——压缩模量；

$G$——剪切模量；

$p_c$——先期固结压力。

**2.2.3** 岩土强度参数

$c$——黏聚力；

$p_0$——载荷试验比例界限压力，旁压试验初始压力；

$p_f$——旁压试验临塑压力；

$p_L$——旁压试验极限压力；

$p_u$——载荷试验极限压力；

$q_u$——无侧限抗压强度；

$\tau$——抗剪强度；

$\varphi$——内摩擦角。

**2.2.4** 触探及标准贯入试验指标

$R_f$——静力触探摩阻比；

$f_s$——静力触探侧阻力；

$N$——标准贯入试验锤击数；

$N_{10}$——轻型圆锥动力触探锤击数；

$N_{63.5}$——重型圆锥动力触探锤击数；

$N_{120}$——超重型圆锥动力触探锤击数；

$p_s$——静力触探比贯入阻力；

$q_c$——静力触探锥头阻力。

**2.2.5** 水文地质参数

$B$——越流系数；

$k$——渗透系数；

$Q$——流量，涌水量；

$R$——影响半径；

$S$——释水系数；

$T$——导水系数；

$u$——孔隙水压力。

**2.2.6** 其他符号

$F_s$——边坡稳定系数；

$I_D$——侧胀土性指数；

$K_D$——侧胀水平应力指数；

$p_e$——膨胀力；

$U_D$——侧胀孔压指数；

$\Delta F_s$——附加湿陷量；

$s$——基础沉降量，载荷试验沉降量；

$S_t$——灵敏度；

$\alpha_w$——红黏土的含水比；

$v_p$——压缩波波速；

$v_s$——剪切波波速；

$\delta$——变异系数；

$\Delta_s$——总湿陷量；

$\mu$——泊松比；

$\sigma$——标准差。

# 3 勘察分级和岩土分类

## 3.1 岩土工程勘察分级

**3.1.1** 根据工程的规模和特征，以及由于岩土工程问题造成工程破坏或影响正常使用的后果，可分为三个工程重要性等级：

**1** 一级工程：重要工程，后果很严重；

**2** 二级工程：一般工程，后果严重；

**3** 三级工程：次要工程，后果不严重。

**3.1.2** 根据场地的复杂程度，可按下列规定分为三个场地等级：

**1** 符合下列条件之一者为一级场地（复杂场地）：

1）对建筑抗震危险的地段；

2）不良地质作用强烈发育；

3）地质环境已经或可能受到强烈破坏；

4）地形地貌复杂；

5）有影响工程的多层地下水、岩溶裂隙水或其他水文地质条件复杂，需专门研究的场地。

**2** 符合下列条件之一者为二级场地（中等复杂场地）：

1）对建筑抗震不利的地段；

2）不良地质作用一般发育；

3）地质环境已经或可能受到一般破坏；

4）地形地貌较复杂；

5）基础位于地下水位以下的场地。

**3** 符合下列条件者为三级场地（简单场地）：

1）抗震设防烈度等于或小于6度，或对建筑抗震有利的地段；

2）不良地质作用不发育；

3）地质环境基本未受破坏；

4）地形地貌简单；

5）地下水对工程无影响。

注：1 从一级开始，向二级、三级推定，以最先满足的为准；第3.1.3条亦按本方法确定地基等级；

2 对建筑抗震有利、不利和危险地段的划分，应按现行国家标准《建筑抗震设计规范》(GB50011)的规定确定。

**3.1.3** 根据地基的复杂程度，可按下列规定分为三个地基等级：

**1** 符合下列条件之一者为一级地基（复杂地基）：

1）岩土种类多，很不均匀，性质变化大，需特殊处理；

2）严重湿陷、膨胀、盐渍、污染的特殊性岩土，以及其他情况复杂，需作专门处理的岩土。

**2** 符合下列条件之一者为二级地基（中等复杂地基）：

1）岩土种类较多，不均匀，性质变化较大；

2）除本条第1款规定以外的特殊性岩土。

3 符合下列条件者为三级地基（简单地基）：

1）岩土种类单一，均匀，性质变化不大；

2）无特殊性岩土。

**3.1.4** 根据工程重要性等级、场地复杂程度等级和地基复杂程度等级，可按下列条件划分岩土工程勘察等级。

甲级 在工程重要性、场地复杂程度和地基复杂程度等级中，有一项或多项为一级；

乙级 除勘察等级为甲级和丙级以外的勘察项目；

丙级 工程重要性、场地复杂程度和地基复杂程度等级均为三级。

注：建筑在岩质地基上的一级工程，当场地复杂程度等级和地基复杂程度等级均为三级时，岩土工程勘察等级可定为乙级。

## 3.2 岩石的分类和鉴定

**3.2.1** 在进行岩土工程勘察时，应鉴定岩石的地质名称和风化程度，并进行岩石坚硬程度、岩体完整程度和岩体基本质量等级的划分。

**3.2.2** 岩石坚硬程度、岩体完整程度和岩体基本质量等级的划分，应分别按表 3.2.2-1～表 3.2.2-3 执行。

**表 3.2.2-1 岩石坚硬程度分类**

| 坚硬程度 | 坚硬岩 | 较硬岩 | 较软岩 | 软 岩 | 极软岩 |
| --- | --- | --- | --- | --- | --- |
| 饱和单轴抗压强度（MPa） | $f_r>60$ | $60\geqslant f_r>30$ | $30\geqslant f_r>15$ | $15\geqslant f_r>5$ | $f_r\leqslant5$ |

注：1 当无法取得饱和单轴抗压强度数据时，可用点荷载试验强度换算，换算方法按现行国家标准《工程岩体分级标准》(GB50218) 执行。

2 当岩体完整程度为极破碎时，可不进行坚硬程度分类。

**表 3.2.2-2 岩体完整程度分类**

| 完整程度 | 完 整 | 较完整 | 较破碎 | 破 碎 | 极破碎 |
| --- | --- | --- | --- | --- | --- |
| 完整性指数 | >0.75 | 0.75～0.55 | 0.55～0.35 | 0.35～0.15 | <0.15 |

注：完整性指数为岩体压缩波速度与岩块压缩波速度之比的平方，选定岩体和岩块测定波速时，应注意其代表性。

**表 3.2.2-3 岩体基本质量等级分类**

| 坚硬程度 \ 完整程度 | 完整 | 较完整 | 较破碎 | 破碎 | 极破碎 |
| --- | --- | --- | --- | --- | --- |
| 坚硬岩 | Ⅰ | Ⅱ | Ⅲ | Ⅳ | Ⅴ |
| 较硬岩 | Ⅱ | Ⅲ | Ⅳ | Ⅳ | Ⅴ |
| 较软岩 | Ⅲ | Ⅳ | Ⅳ | Ⅴ | Ⅴ |
| 软 岩 | Ⅳ | Ⅳ | Ⅴ | Ⅴ | Ⅴ |
| 极软岩 | Ⅴ | Ⅴ | Ⅴ | Ⅴ | Ⅴ |

**3.2.3** 当缺乏有关试验数据时，可按本规范附录 A 表 A.0.1 和表 A.0.2 划分岩石的坚硬程度和岩体的完整程度。岩石风化程度的划分可按本规范附录 A 表 A.0.3 执行。

**3.2.4** 当软化系数等于或小于 0.75 时，应定为软化岩石；当岩石具有特殊成分、特殊结构或特殊性质时，应定为特殊性岩石，如易溶性岩石、膨胀性岩石、崩解性岩石、盐渍化岩石等。

**3.2.5** 岩石的描述应包括地质年代、地质名称、风化程度、颜色、主要矿物、结构、构造和岩石质量指标 RQD。对沉积岩应着重描述沉积物的颗粒大小、形状、胶结物成分和胶结程度；对岩浆岩和变质岩应着重描述矿物结晶大小和结晶程度。

根据岩石质量指标 RQD，可分为好的（RQD>90）、较好的（RQD＝75～90）、较差的（RQD＝50～75）、差的（RQD＝25～50）和极差的（RQD<25）。

**3.2.6** 岩体的描述应包括结构面、结构体、岩层厚度和结构类型，并宜符合下列规定：

1 结构面的描述包括类型、性质、产状、组合形式、发育程度、延展情况、闭合程度、粗糙程度、充填情况和充填物性质以及充水性质等；

2 结构体的描述包括类型、形状、大小和结构体在围岩中的受力情况等；

3 岩层厚度分类应按表 3.2.6 执行。

**表 3.2.6 岩层厚度分类**

| 层厚分类 | 单层厚度 $h$（m） | 层厚分类 | 单层厚度 $h$（m） |
| --- | --- | --- | --- |
| 巨厚层 | $h>1.0$ | 中厚层 | $0.5\geqslant h>0.1$ |
| 厚 层 | $1.0\geqslant h>0.5$ | 薄 层 | $h\leqslant0.1$ |

**3.2.7** 对地下洞室和边坡工程，尚应确定岩体的结构类型。岩体结构类型的划分应按本规范附录 A 表 A.0.4 执行。

**3.2.8** 对岩体基本质量等级为Ⅳ级和Ⅴ级的岩体，鉴定和描述除按本规范第 3.2.5 条～第 3.2.7 条执行外，尚应符合下列规定：

1 对软岩和极软岩，应注意是否具有可软化性、膨胀性、崩解性等特殊性质；

2 对极破碎岩体，应说明破碎的原因，如断层、全风化等；

3 开挖后是否有进一步风化的特性。

## 3.3 土的分类和鉴定

**3.3.1** 晚更新世 $Q_3$ 及其以前沉积的土，应定为老沉积土；第四纪全新世中近期沉积的土，应定为新近沉积土。根据地质成因，可划分为残积土、坡积土、洪积土、冲积土、淤积土、冰积土和风积土等。土根据有机质含量分类，应按本规范附录 A 表 A.0.5 执行。

**3.3.2** 粒径大于 2mm 的颗粒质量超过总质量 50%

的土，应定名为碎石土，并按表3.3.2进一步分类。

表3.3.2 碎石土分类

| 土的名称 | 颗粒形状 | 颗粒级配 |
|---|---|---|
| 漂石 | 圆形及亚圆形为主 | 粒径大于200mm的颗粒质量超过总质量50% |
| 块石 | 棱角形为主 | |
| 卵石 | 圆形及亚圆形为主 | 粒径大于20mm的颗粒质量超过总质量50% |
| 碎石 | 棱角形为主 | |
| 圆砾 | 圆形及亚圆形为主 | 粒径大于2mm的颗粒质量超过总质量50% |
| 角砾 | 棱角形为主 | |

注：定名时，应根据颗粒级配由大到小以最先符合者确定。

**3.3.3** 粒径大于2mm的颗粒质量不超过总质量的50%，粒径大于0.075mm的颗粒质量超过总质量50%的土，应定名为砂土，并按表3.3.3进一步分类。

表3.3.3 砂土分类

| 土的名称 | 颗粒级配 |
|---|---|
| 砾砂 | 粒径大于2mm的颗粒质量占总质量25%～50% |
| 粗砂 | 粒径大于0.5mm的颗粒质量超过总质量50% |
| 中砂 | 粒径大于0.25mm的颗粒质量超过总质量50% |
| 细砂 | 粒径大于0.075mm的颗粒质量超过总质量85% |
| 粉砂 | 粒径大于0.075mm的颗粒质量超过总质量50% |

注：定名时应根据颗粒级配由大到小以最先符合者确定。

**3.3.4** 粒径大于0.075mm的颗粒质量不超过总质量的50%，且塑性指数等于或小于10的土，应定名为粉土。

**3.3.5** 塑性指数大于10的土应定名为黏性土。

黏性土应根据塑性指数分为粉质黏土和黏土。塑性指数大于10，且小于或等于17的土，应定名为粉质黏土；塑性指数大于17的土应定名为黏土。

注：塑性指数应由相应于76g圆锥仪沉入土中深度为10mm时测定的液限计算而得。

**3.3.6** 除按颗粒级配或塑性指数定名外，土的综合定名应符合下列规定：

1 对特殊成因和年代的土类应结合其成因和年代特征定名；

2 对特殊性土，应结合颗粒级配或塑性指数定名；

3 对混合土，应冠以主要含有的土类定名；

4 对同一土层中相间呈韵律沉积，当薄层与厚层的厚度比大于1/3时，宜定为"互层"；厚度比为1/10～1/3时，宜定为"夹层"；厚度比小于1/10的土层，且多次出现时，宜定为"夹薄层"；

5 当土层厚度大于0.5m时，宜单独分层。

**3.3.7** 土的鉴定应在现场描述的基础上，结合室内试验的开土记录和试验结果综合确定。土的描述应符合下列规定：

1 碎石土宜描述颗粒级配、颗粒形状、颗粒排列、母岩成分、风化程度、充填物的性质和充填程度、密实度等；

2 砂土宜描述颜色、矿物组成、颗粒级配、颗粒形状、细粒含量、湿度、密实度等；

3 粉土宜描述颜色、包含物、湿度、密实度等；

4 黏性土宜描述颜色、状态、包含物、土的结构等；

5 特殊性土除应描述上述相应土类规定的内容外，尚应描述其特殊成分和特殊性质，如对淤泥尚应描述嗅味，对填土尚应描述物质成分、堆积年代、密实度和均匀性等；

6 对具有互层、夹层、夹薄层特征的土，尚应描述各层的厚度和层理特征；

7 需要时，可用目力鉴别描述土的光泽反应、摇振反应、干强度和韧性，按表3.3.7区分粉土和黏性土。

表3.3.7 目力鉴别粉土和黏性土

| 鉴别项目 | 摇振反应 | 光泽反应 | 干强度 | 韧性 |
|---|---|---|---|---|
| 粉土 | 迅速、中等 | 无光泽反应 | 低 | 低 |
| 黏性土 | 无 | 有光泽、稍有光泽 | 高、中等 | 高、中等 |

**3.3.8** 碎石土的密实度可根据圆锥动力触探锤击数按表3.3.8-1或表3.3.8-2确定，表中的$N_{63.5}$和$N_{120}$应按本规范附录B修正。定性描述可按本规范附录A表A.0.6的规定执行。

表3.3.8-1 碎石土密实度按$N_{63.5}$分类

| 重型动力触探锤击数$N_{63.5}$ | 密实度 | 重型动力触探锤击数$N_{63.5}$ | 密实度 |
|---|---|---|---|
| $N_{63.5}\leqslant5$ | 松散 | $10<N_{63.5}\leqslant20$ | 中密 |
| $5<N_{63.5}\leqslant10$ | 稍密 | $N_{63.5}>20$ | 密实 |

注：本表适用于平均粒径等于或小于50mm，且最大粒径小于100mm的碎石土。对于平均粒径大于50mm，或最大粒径大于100mm的碎石土，可用超重型动力触探或用野外观察鉴别。

表3.3.8-2 碎石土密实度按$N_{120}$分类

| 超重型动力触探锤击数$N_{120}$ | 密实度 | 超重型动力触探锤击数$N_{120}$ | 密实度 |
|---|---|---|---|
| $N_{120}\leqslant3$ | 松散 | $11<N_{120}\leqslant14$ | 密实 |
| $3<N_{120}\leqslant6$ | 稍密 | $N_{120}>14$ | 很密 |
| $6<N_{120}\leqslant11$ | 中密 | | |

**3.3.9** 砂土的密实度应根据标准贯入试验锤击数实测值$N$划分为密实、中密、稍密和松散，并应符合表3.3.9的规定。当用静力触探探头阻力划分砂土密

实度时，可根据当地经验确定。

表 3.3.9 砂土密实度分类

| 标准贯入锤击数 $N$ | 密实度 | 标准贯入锤击数 $N$ | 密实度 |
|---|---|---|---|
| $N \leqslant 10$ | 松散 | $15 < N \leqslant 30$ | 中密 |
| $10 < N \leqslant 15$ | 稍密 | $N > 30$ | 密实 |

**3.3.10** 粉土的密实度应根据孔隙比 $e$ 划分为密实、中密和稍密；其湿度应根据含水量 $w$(%)划分为稍湿、湿、很湿。密实度和湿度的划分应分别符合表 3.3.10-1 和表 3.3.10-2 的规定。

表 3.3.10-1 粉土密实度分类

| 孔隙比 $e$ | 密实度 |
|---|---|
| $e < 0.75$ | 密实 |
| $0.75 \leqslant e \leqslant 0.90$ | 中密 |
| $e > 0.9$ | 稍密 |

注：当有经验时，也可用原位测试或其他方法划分粉土的密实度。

表 3.3.10-2 粉土湿度分类

| 含水量 $w$ | 湿度 |
|---|---|
| $w < 20$ | 稍湿 |
| $20 \leqslant w \leqslant 30$ | 湿 |
| $w > 30$ | 很湿 |

**3.3.11** 黏性土的状态应根据液性指数 $I_L$ 划分为坚硬、硬塑、可塑、软塑和流塑，并应符合表 3.3.11 的规定。

表 3.3.11 黏性土状态分类

| 液性指数 | 状态 | 液性指数 | 状态 |
|---|---|---|---|
| $I_L \leqslant 0$ | 坚硬 | $0.75 < I_L \leqslant 1$ | 软塑 |
| $0 < I_L \leqslant 0.25$ | 硬塑 | $I_L > 1$ | 流塑 |
| $0.25 < I_L \leqslant 0.75$ | 可塑 | | |

# 4 各类工程的勘察基本要求

## 4.1 房屋建筑和构筑物

**4.1.1** 房屋建筑和构筑物（以下简称建筑物）的岩土工程勘察，应在搜集建筑物上部荷载、功能特点、结构类型、基础形式、埋置深度和变形限制等方面资料的基础上进行。其主要工作内容应符合下列规定：

1 查明场地和地基的稳定性、地层结构、持力层和下卧层的工程特性、土的应力历史和地下水条件以及不良地质作用等；

2 提供满足设计、施工所需的岩土参数，确定地基承载力，预测地基变形性状；

3 提出地基基础、基坑支护、工程降水和地基处理设计与施工方案的建议；

4 提出对建筑物有影响的不良地质作用的防治方案建议；

5 对于抗震设防烈度等于或大于 6 度的场地，进行场地与地基的地震效应评价。

**4.1.2** 建筑物的岩土工程勘察宜分阶段进行，可行性研究勘察应符合选择场址方案的要求；初步勘察应符合初步设计的要求；详细勘察应符合施工图设计的要求；场地条件复杂或有特殊要求的工程，宜进行施工勘察。

场地较小且无特殊要求的工程可合并勘察阶段。当建筑物平面布置已经确定，且场地或其附近已有岩土工程资料时，可根据实际情况，直接进行详细勘察。

**4.1.3** 可行性研究勘察，应对拟建场地的稳定性和适宜性做出评价，并应符合下列要求：

1 搜集区域地质、地形地貌、地震、矿产、当地的工程地质、岩土工程和建筑经验等资料；

2 在充分搜集和分析已有资料的基础上，通过踏勘了解场地的地层、构造、岩性、不良地质作用和地下水等工程地质条件；

3 当拟建场地工程地质条件复杂，已有资料不能满足要求时，应根据具体情况进行工程地质测绘和必要的勘探工作；

4 当有两个或两个以上拟选场地时，应进行比选分析。

**4.1.4** 初步勘察应对场地内拟建建筑地段的稳定性做出评价，并进行下列主要工作：

1 搜集拟建工程的有关文件、工程地质和岩土工程资料以及工程场地范围的地形图；

2 初步查明地质构造、地层结构、岩土工程特性、地下水埋藏条件；

3 查明场地不良地质作用的成因、分布、规模、发展趋势，并对场地的稳定性做出评价；

4 对抗震设防烈度等于或大于 6 度的场地，应对场地和地基的地震效应做出初步评价；

5 季节性冻土地区，应调查场地土的标准冻结深度；

6 初步判定水和土对建筑材料的腐蚀性；

7 高层建筑初步勘察时，应对可能采取的地基基础类型、基坑开挖与支护、工程降水方案进行初步分析评价。

**4.1.5** 初步勘察的勘探工作应符合下列要求：

1 勘探线应垂直地貌单元、地质构造和地层界线布置；

2 每个地貌单元均应布置勘探点，在地貌单元交接部位和地层变化较大的地段，勘探点应予加密；

3 在地形平坦地区，可按网格布置勘探点；

4 对岩质地基，勘探线和勘探点的布置，勘探孔的深度，应根据地质构造、岩体特性、风化情况等，按地方标准或当地经验确定；对土质地基，应符合本节第4.1.6条～第4.1.10条的规定。

**4.1.6** 初步勘察勘探线、勘探点间距可按表4.1.6确定，局部异常地段应予加密。

**表4.1.6 初步勘察勘探线、勘探点间距（m）**

| 地基复杂程度等级 | 勘探线间距 | 勘探点间距 |
|---|---|---|
| 一级（复杂） | 50～100 | 30～50 |
| 二级（中等复杂） | 75～150 | 40～100 |
| 三级（简单） | 150～300 | 75～200 |

注：1 表中间距不适用于地球物理勘探；
2 控制性勘探点宜占勘探点总数的1/5～1/3，且每个地貌单元均应有控制性勘探点。

**4.1.7** 初步勘察勘探孔的深度可按表4.1.7确定。

**表4.1.7 初步勘察勘探孔深度（m）**

| 工程重要性等级 | 一般性勘探孔 | 控制性勘探孔 |
|---|---|---|
| 一级（重要工程） | ≥15 | ≥30 |
| 二级（一般工程） | 10～15 | 15～30 |
| 三级（次要工程） | 6～10 | 10～20 |

注：1 勘探孔包括钻孔、探井和原位测试孔等；
2 特殊用途的钻孔除外。

**4.1.8** 当遇下列情形之一时，应适当增减勘探孔深度：

1 当勘探孔的地面标高与预计整平地面标高相差较大时，应按其差值调整勘探孔深度；

2 在预定深度内遇基岩时，除控制性勘探孔仍应钻入基岩适当深度外，其他勘探孔达到确认的基岩后即可终止钻进；

3 在预定深度内有厚度较大，且分布均匀的坚实土层（如碎石土、密实砂、老沉积土等）时，除控制性勘探孔应达到规定深度外，一般性勘探孔的深度可适当减小；

4 当预定深度内有软弱土层时，勘探孔深度应适当增加，部分控制性勘探孔应穿透软弱土层或达到预计控制深度；

5 对重型工业建筑应根据结构特点和荷载条件适当增加勘探孔深度。

**4.1.9** 初步勘察采取土试样和进行原位测试应符合下列要求：

1 采取土试样和进行原位测试的勘探点应结合地貌单元、地层结构和土的工程性质布置，其数量可占勘探点总数的1/4～1/2；

2 采取土试样的数量和孔内原位测试的竖向间距，应按地层特点和土的均匀程度确定；每层土均应采取土试样或进行原位测试，其数量不宜少于6个。

**4.1.10** 初步勘察应进行下列水文地质工作：

1 调查含水层的埋藏条件，地下水类型、补给排泄条件，各层地下水位，调查其变化幅度，必要时应设置长期观测孔，监测水位变化；

2 当需绘制地下水等水位线图时，应根据地下水的埋藏条件和层位，统一量测地下水位；

3 当地下水可能浸湿基础时，应采取水试样进行腐蚀性评价。

**4.1.11 详细勘察应按单体建筑物或建筑群提出详细的岩土工程资料和设计、施工所需的岩土参数；对建筑地基作出岩土工程评价，并对地基类型、基础形式、地基处理、基坑支护、工程降水和不良地质作用的防治等提出建议。主要应进行下列工作：**

**1 搜集附有坐标和地形的建筑总平面图，场区的地面整平标高，建筑物的性质、规模、荷载、结构特点，基础形式、埋置深度，地基允许变形等资料；**

**2 查明不良地质作用的类型、成因、分布范围、发展趋势和危害程度，提出整治方案的建议；**

**3 查明建筑范围内岩土层的类型、深度、分布、工程特性，分析和评价地基的稳定性、均匀性和承载力；**

**4 对需进行沉降计算的建筑物，提供地基变形计算参数，预测建筑物的变形特征；**

**5 查明埋藏的河道、沟浜、墓穴、防空洞、孤石等对工程不利的埋藏物；**

**6 查明地下水的埋藏条件，提供地下水位及其变化幅度；**

**7 在季节性冻土地区，提供场地土的标准冻结深度；**

**8 判定水和土对建筑材料的腐蚀性。**

**4.1.12** 对抗震设防烈度等于或大于6度的场地，勘察工作应按本规范第5.7节执行；当建筑物采用桩基础时，应按本规范第4.9节执行；当需进行基坑开挖、支护和降水设计时，应按本规范第4.8节执行。

**4.1.13** 详细勘察应论证地下水在施工期间对工程和环境的影响。对情况复杂的重要工程，需论证使用期间水位变化和需提出抗浮设防水位时，应进行专门研究。

**4.1.14** 详细勘察勘探点布置和勘探孔深度，应根据建筑物特性和岩土工程条件确定。对岩质地基，应根据地质构造、岩体特性、风化情况等，结合建筑物对地基的要求，按地方标准或当地经验确定；对土质地基，应符合本节第4.1.15条～第4.1.19条的规定。

**4.1.15** 详细勘察勘探点的间距可按表4.1.15确定。

**表4.1.15 详细勘察勘探点的间距（m）**

| 地基复杂程度等级 | 勘探点间距 | 地基复杂程度等级 | 勘探点间距 |
|---|---|---|---|
| 一级（复杂） | 10～15 | 三级（简单） | 30～50 |
| 二级（中等复杂） | 15～30 | | |

**4.1.16** 详细勘察的勘探点布置，应符合下列规定：

1 勘探点宜按建筑物周边线和角点布置，对无特殊要求的其他建筑物可按建筑物或建筑群的范围布置；

2 同一建筑范围内的主要受力层或有影响的下卧层起伏较大时，应加密勘探点，查明其变化；

3 重大设备基础应单独布置勘探点；重大的动力机器基础和高耸构筑物，勘探点不宜少于3个；

4 勘探手段宜采用钻探与触探相配合，在复杂地质条件、湿陷性土、膨胀岩土、风化岩和残积土地区，宜布置适量探井。

**4.1.17 详细勘察的单栋高层建筑勘探点的布置，应满足对地基均匀性评价的要求，且不应少于4个；对密集的高层建筑群，勘探点可适当减少，但每栋建筑物至少应有1个控制性勘探点。**

4.1.18 详细勘察的勘探深度自基础底面算起，应符合下列规定：

**1 勘探孔深度应能控制地基主要受力层，当基础底面宽度不大于5m时，勘探孔的深度对条形基础不应小于基础底面宽度的3倍，对单独柱基不应小于1.5倍，且不应小于5m；**

**2 对高层建筑和需作变形验算的地基，控制性勘探孔的深度应超过地基变形计算深度；高层建筑的一般性勘探孔应达到基底下0.5～1.0倍的基础宽度，并深入稳定分布的地层；**

**3 对仅有地下室的建筑或高层建筑的裙房，当不能满足抗浮设计要求，需设置抗浮桩或锚杆时，勘探孔深度应满足抗拔承载力评价的要求；**

**4 当有大面积地面堆载或软弱下卧层时，应适当加深控制性勘探孔的深度；**

5 在上述规定深度内遇基岩或厚层碎石土等稳定地层时，勘探孔深度可适当调整。

4.1.19 详细勘察的勘探孔深度，除应符合4.1.18条的要求外，尚应符合下列规定：

1 地基变形计算深度，对中、低压缩性土可取附加压力等于上覆土层有效自重压力20%的深度；对于高压缩性土层可取附加压力等于上覆土层有效自重压力10%的深度；

2 建筑总平面内的裙房或仅有地下室部分（或当基底附加压力 $p_0 \leqslant 0$ 时）的控制性勘探孔的深度可适当减小，但应深入稳定分布地层，且根据荷载和土质条件不宜少于基底下0.5～1.0倍基础宽度；

3 当需进行地基整体稳定性验算时，控制性勘探孔深度应根据具体条件满足验算要求；

4 当需确定场地抗震类别而邻近无可靠的覆盖层厚度资料时，应布置波速测试孔，其深度应满足确定覆盖层厚度的要求；

5 大型设备基础勘探孔深度不宜小于基础底面宽度的2倍；

6 当需进行地基处理时，勘探孔的深度应满足地基处理设计与施工要求；当采用桩基时，勘探孔的深度应满足本规范第4.9节的要求。

**4.1.20 详细勘察采取土试样和进行原位测试应满足岩土工程评价要求，并符合下列要求：**

**1 采取土试样和进行原位测试的勘探孔的数量，应根据地层结构、地基土的均匀性和工程特点确定，且不应少于勘探孔总数的1/2，钻探取土试样孔的数量不应少于勘探孔总数的1/3；**

**2 每个场地每一主要土层的原状土试样或原位测试数据不应少于6件（组），当采用连续记录的静力触探或动力触探为主要勘察手段时，每个场地不应少于3个孔；**

**3 在地基主要受力层内，对厚度大于0.5m的夹层或透镜体，应采取土试样或进行原位测试；**

**4 当土层性质不均匀时，应增加取土试样或原位测试数量。**

4.1.21 基坑或基槽开挖后，岩土条件与勘察资料不符或发现必须查明的异常情况时，应进行施工勘察；在工程施工或使用期间，当地基土、边坡体、地下水等发生未曾估计到的变化时，应进行监测，并对工程和环境的影响进行分析评价。

4.1.22 室内土工试验应符合本规范第11章的规定，为基坑工程设计进行的土的抗剪强度试验，应满足本规范第4.8.4条的规定。

4.1.23 地基变形计算应按现行国家标准《建筑地基基础设计规范》（GB50007）或其他有关标准的规定执行。

4.1.24 地基承载力应结合地区经验按有关标准综合确定。有不良地质作用的场地，建在坡上或坡顶的建筑物，以及基础侧旁开挖的建筑物，应评价其稳定性。

## 4.2 地 下 洞 室

4.2.1 本节适用于人工开挖的无压地下洞室的岩土工程勘察。

4.2.2 地下洞室勘察的围岩分级方法应与地下洞室设计采用的标准一致。

4.2.3 可行性研究勘察应通过搜集区域地质资料，现场踏勘和调查，了解拟选方案的地形地貌、地层岩性、地质构造、工程地质、水文地质和环境条件，做出可行性评价，选择合适的洞址和洞口。

4.2.4 初步勘察应采用工程地质测绘、勘探和测试等方法，初步查明选定方案的地质条件和环境条件，初步确定岩体质量等级（围岩类别），对洞址和洞口的稳定性做出评价，为初步设计提供依据。

4.2.5 初步勘察时，工程地质测绘和调查应初步查明下列问题：

1 地貌形态和成因类型；

2 地层岩性、产状、厚度、风化程度；

3 断裂和主要裂隙的性质、产状、充填、胶结、贯通及组合关系；

4 不良地质作用的类型、规模和分布；

5 地震地质背景；

6 地应力的最大主应力作用方向；

7 地下水类型、埋藏条件、补给、排泄和动态变化；

8 地表水体的分布及其与地下水的关系，淤积物的特征；

9 洞室穿越地面建筑物、地下构筑物、管道等既有工程时的相互影响。

**4.2.6** 初步勘察时，勘探与测试应符合下列要求：

1 采用浅层地震剖面法或其他有效方法圈定隐伏断裂、构造破碎带，查明基岩埋深、划分风化带；

2 勘探点宜沿洞室外侧交叉布置，勘探点间距宜为100～200m，采取试样和原位测试勘探孔不宜少于勘探孔总数的2/3；控制性勘探孔深度，对岩体基本质量等级为Ⅰ级和Ⅱ级的岩体宜钻入洞底设计标高下1～3m；对Ⅲ级岩体宜钻入3～5m，对Ⅳ级、Ⅴ级的岩体和土层，勘探孔深度应根据实际情况确定；

3 每一主要岩层和土层均应采取试样，当有地下水时应采取水试样；当洞区存在有害气体或地温异常时，应进行有害气体成分、含量或地温测定；对高地应力地区，应进行地应力量测；

4 必要时，可进行钻孔弹性波或声波测试，钻孔地震CT或钻孔电磁波CT测试；

5 室内岩石试验和土工试验项目，应按本规范第11章的规定执行。

**4.2.7** 详细勘察应采用钻探、钻孔物探和测试为主的勘察方法，必要时可结合施工导洞布置洞探，详细查明洞址、洞口、洞室穿越线路的工程地质和水文地质条件，分段划分岩体质量等级（围岩类别），评价洞体和围岩的稳定性，为设计支护结构和确定施工方案提供资料。

**4.2.8** 详细勘察应进行下列工作：

1 查明地层岩性及其分布，划分岩组和风化程度，进行岩石物理力学性质试验；

2 查明断裂构造和破碎带的位置、规模、产状和力学属性，划分岩体结构类型；

3 查明不良地质作用的类型、性质、分布，并提出防治措施的建议；

4 查明主要含水层的分布、厚度、埋深，地下水的类型、水位、补给排泄条件，预测开挖期间出水状态、涌水量和水质的腐蚀性；

5 城市地下洞室需降水施工时，应分段提出工程降水方案和有关参数；

6 查明洞室所在位置及邻近地段的地面建筑和地下构筑物、管线状况，预测洞室开挖可能产生的影响，提出防护措施。

**4.2.9** 详细勘察可采用浅层地震勘探和孔间地震CT或孔间电磁波CT测试等方法，详细查明基岩埋深、岩石风化程度，隐伏体（如溶洞、破碎带等）的位置，在钻孔中进行弹性波波速测试，为确定岩体质量等级（围岩类别），评价岩体完整性，计算动力参数提供资料。

**4.2.10** 详细勘察时，勘探点宜在洞室中线外侧6～8m交叉布置，山区地下洞室按地质构造布置，且勘探点间距不应大于50m；城市地下洞室的勘探点间距，岩土变化复杂的场地宜小于25m，中等复杂的宜为25～40m，简单的宜为40～80m。

采集试样和原位测试勘探孔数量不应少于勘探孔总数的1/2。

**4.2.11** 详细勘察时，第四系中的控制性勘探孔深度应根据工程地质、水文地质条件、洞室埋深、防护设计等需要确定；一般性勘探孔可钻至基底设计标高下6～10m。控制性勘探孔深度，可按本节第4.2.6条第2款的规定执行。

**4.2.12** 详细勘察的室内试验和原位测试，除应满足初步勘察的要求外，对城市地下洞室尚应根据设计要求进行下列试验：

1 采用承压板边长为30cm的载荷试验测求地基基床系数；

2 采用面热源法或热线比较法进行热物理指标试验，计算热物理参数：导温系数、导热系数和比热容；

3 当需提供动力参数时，可用压缩波波速 $v_p$ 和剪切波波速 $v_s$ 计算求得，必要时，可采用室内动力性质试验，提供动力参数。

**4.2.13** 施工勘察应配合导洞或毛洞开挖进行，当发现与勘察资料有较大出入时，应提出修改设计和施工方案的建议。

**4.2.14** 地下洞室围岩的稳定性评价可采用工程地质分析与理论计算相结合的方法，可采用数值法或弹性有限元图谱法计算。

**4.2.15** 当洞室可能产生偏压、膨胀压力、岩爆和其他特殊情况时，应进行专门研究。

**4.2.16** 详细勘察阶段地下洞室岩土工程勘察报告，除按本规范第14章的要求执行外，尚应包括下列内容：

1 划分围岩类别；

2 提出洞址、洞口、洞轴线位置的建议；

3 对洞口、洞体的稳定性进行评价；

4 提出支护方案和施工方法的建议；

5 对地面变形和既有建筑的影响进行评价。

### 4.3 岸边工程

**4.3.1** 本节适用于港口工程、造船和修船水工建筑物以及取水构筑物的岩土工程勘察。

**4.3.2** 岸边工程勘察应着重查明下列内容：

1 地貌特征和地貌单元交界处的复杂地层；

2 高灵敏软土、层状构造土、混合土等特殊土和基本质量等级为Ⅴ级岩体的分布和工程特性；

3 岸边滑坡、崩塌、冲刷、淤积、潜蚀、沙丘等不良地质作用。

**4.3.3** 可行性研究勘察时，应进行工程地质测绘或踏勘调查，内容包括地层分布、构造特点、地貌特征、岸坡形态、冲刷淤积、水位升降、岸滩变迁、淹没范围等情况和发展趋势。必要时应布置一定数量的勘探工作，并应对岸坡的稳定性和场址的适宜性做出评价，提出最优场址方案的建议。

**4.3.4** 初步设计阶段勘察应符合下列规定：

1 工程地质测绘，应调查岸线变迁和动力地质作用对岸线变迁的影响；埋藏河、湖、沟谷的分布及其对工程的影响；潜蚀、沙丘等不良地质作用的成因、分布、发展趋势及其对场地稳定性的影响；

2 勘探线宜垂直岸向布置；勘探线和勘探点的间距，应根据工程要求、地貌特征、岩土分布、不良地质作用等确定；岸坡地段和岩石与土层组合地段宜适当加密；

3 勘探孔的深度应根据工程规模、设计要求和岩土条件确定；

4 水域地段可采用浅层地震剖面或其他物探方法；

5 对场地的稳定性应作出进一步评价，并对总平面布置、结构和基础形式、施工方法和不良地质作用的防治提出建议。

**4.3.5** 施工图设计阶段勘察时，勘探线和勘探点应结合地貌特征和地质条件，根据工程总平面布置确定，复杂地基地段应予加密。勘探孔深度应根据工程规模、设计要求和岩土条件确定，除建筑物和结构物特点与荷载外，应考虑岸坡稳定性、坡体开挖、支护结构、桩基等的分析计算需要。

根据勘察结果，应对地基基础的设计和施工及不良地质作用的防治提出建议。

**4.3.6** 原位测试除应符合本规范第10章的要求外，软土中可用静力触探或静力触探与旁压试验相结合，进行分层，测定土的模量、强度和地基承载力等；用十字板剪切试验，测定土的不排水抗剪强度。

**4.3.7** 测定土的抗剪强度选用剪切试验方法时，应考虑下列因素：

1 非饱和土在施工期间和竣工以后受水浸成为饱和土的可能性；

2 土的固结状态在施工和竣工后的变化；

3 挖方卸荷或填方增荷对土性的影响。

**4.3.8** 各勘察阶段勘探线和勘探点的间距、勘探孔的深度、原位测试和室内试验的数量等的具体要求，应符合现行有关标准的规定。

**4.3.9** 评价岸坡和地基稳定性时，应考虑下列因素：

1 正确选用设计水位；

2 出现较大水头差和水位骤降的可能性；

3 施工时的临时超载；

4 较陡的挖方边坡；

5 波浪作用；

6 打桩影响；

7 不良地质作用的影响。

**4.3.10** 岸边工程岩土工程勘察报告除应遵守本规范第14章的规定外，尚应根据相应勘察阶段的要求，包括下列内容：

1 分析评价岸坡稳定性和地基稳定性；

2 提出地基基础与支护设计方案的建议；

3 提出防治不良地质作用的建议；

4 提出岸边工程监测的建议。

## 4.4 管道和架空线路工程

### （Ⅰ）管 道 工 程

**4.4.1** 本节适用于长输油、气管道线路及其大型穿、跨越工程的岩土工程勘察。

**4.4.2** 长输油、气管道工程可分选线勘察、初步勘察和详细勘察三个阶段。对岩土工程条件简单或有工程经验的地区，可适当简化勘察阶段。

**4.4.3** 选线勘察应通过搜集资料、测绘与调查，掌握各方案的主要岩土工程问题，对拟选穿、跨越河段的稳定性和适宜性做出评价，并应符合下列要求：

1 调查沿线地形地貌、地质构造、地层岩性、水文地质等条件，推荐线路越岭方案；

2 调查各方案通过地区的特殊性岩土和不良地质作用，评价其对修建管道的危害程度；

3 调查控制线路方案河流的河床和岸坡的稳定程度，提出穿、跨越方案比选的建议；

4 调查沿线水库的分布情况，近期和远期规划，水库水位、回水浸没和坍岸的范围及其对线路方案的影响；

5 调查沿线矿产、文物的分布概况；

6 调查沿线地震动参数或抗震设防烈度。

**4.4.4** 穿越和跨越河流的位置应选择河段顺直，河床与岸坡稳定，水流平缓，河床断面大致对称，河床岩土构成比较单一，两岸有足够施工场地等有利河段。宜避开下列河段：

1 河道异常弯曲，主流不固定，经常改道；

2 河床为粉细砂组成，冲淤变幅大；

3 岸坡岩土松软，不良地质作用发育，对工程稳定性有直接影响或潜在威胁；

4 断层河谷或发震断裂。

**4.4.5** 初步勘察应包括下列内容：

1 划分沿线的地貌单元；

2　初步查明管道埋设深度内岩土的成因、类型、厚度和工程特性；

3　调查对管道有影响的断裂的性质和分布；

4　调查沿线各种不良地质作用的分布、性质、发展趋势及其对管道的影响；

5　调查沿线井、泉的分布和地下水位情况；

6　调查沿线矿藏分布及开采和采空情况；

7　初步查明拟穿、跨越河流的洪水淹没范围，评价岸坡稳定性。

**4.4.6**　初步勘察应以搜集资料和调查为主。管道通过河流、冲沟等地段宜进行物探。地质条件复杂的大中型河流，应进行钻探。每个穿、跨越方案宜布置勘探点1～3个；勘探孔深度应按本节第4.4.8条的规定执行。

**4.4.7**　详细勘察应查明沿线的岩土工程条件和水、土对金属管道的腐蚀性，提出工程设计所需要的岩土特性参数。穿、跨越地段的勘察应符合下列规定：

1　穿越地段应查明地层结构、土的颗粒组成和特性；查明河床冲刷和稳定程度；评价岸坡稳定性，提出护坡建议；

2　跨越地段的勘探工作应按本节第4.4.15条和第4.4.16条的规定执行。

**4.4.8**　详细勘察勘探点的布置，应满足下列要求：

1　对管道线路工程，勘探点间距视地质条件复杂程度而定，宜为200～1000m，包括地质点及原位测试点，并应根据地形、地质条件复杂程度适当增减；勘探孔深度宜为管道埋设深度以下1～3m；

2　对管道穿越工程，勘探点应布置在穿越管道的中线上，偏离中线不应大于3m，勘探点间距宜为30～100m，并不应少于3个；当采用沟埋敷设方式穿越时，勘探孔深度宜钻至河床最大冲刷深度以下3～5m；当采用顶管或定向钻方式穿越时，勘探孔深度应根据设计要求确定。

**4.4.9**　抗震设防烈度等于或大于6度地区的管道工程，勘察工作应满足本规范第5.7节的要求。

**4.4.10**　岩土工程勘察报告应包括下列内容：

1　选线勘察阶段，应简要说明线路各方案的岩土工程条件，提出各方案的比选推荐建议；

2　初步勘察阶段，应论述各方案的岩土工程条件，并推荐最优线路方案；对穿、跨越工程尚应评价河床及岸坡的稳定性，提出穿、跨越方案的建议；

3　详细勘察阶段，应分段评价岩土工程条件，提出岩土工程设计参数和设计、施工方案的建议；对穿越工程尚应论述河床和岸坡的稳定性，提出护岸措施的建议。

#### （Ⅱ）架空线路工程

**4.4.11**　本节适用于大型架空线路工程，包括220kV及其以上的高压架空送电线路、大型架空索道等的岩土工程勘察。

**4.4.12**　大型架空线路工程可分初步设计勘察和施工图设计勘察两阶段；小型架空线路可合并勘察阶段。

**4.4.13**　初步设计勘察应符合下列要求：

1　调查沿线地形地貌、地质构造、地层岩性和特殊性岩土的分布、地下水及不良地质作用，并分段进行分析评价；

2　调查沿线矿藏分布、开发计划与开采情况；线路宜避开可采矿层；对已开采区，应对采空区的稳定性进行评价；

3　对大跨越地段，应查明工程地质条件，进行岩土工程评价，推荐最优跨越方案。

**4.4.14**　初步设计勘察应以搜集和利用航测资料为主。大跨越地段应作详细的调查或工程地质测绘，必要时，辅以少量的勘探、测试工作。

**4.4.15**　施工图设计勘察应符合下列要求：

1　平原地区应查明塔基土层的分布、埋藏条件、物理力学性质，水文地质条件及环境水对混凝土和金属材料的腐蚀性；

2　丘陵和山区除查明本条第1款的内容外，尚应查明塔基近处的各种不良地质作用，提出防治措施建议；

3　大跨越地段尚应查明跨越河段的地形地貌，塔基范围内地层岩性、风化破碎程度、软弱夹层及其物理力学性质；查明对塔基有影响的不良地质作用，并提出防治措施建议；

4　对特殊设计的塔基和大跨越塔基，当抗震设防烈度等于或大于6度时，勘察工作应满足本规范第5.7节的要求。

**4.4.16**　施工图设计勘察阶段，对架空线路工程的转角塔、耐张塔、终端塔、大跨越塔等重要塔基和地质条件复杂地段，应逐个进行塔基勘探。直线塔基地段宜每3～4个塔基布置一个勘探点；深度应根据杆塔受力性质和地质条件确定。

**4.4.17**　架空线路岩土工程勘察报告应包括下列内容：

1　初步设计勘察阶段，应论述沿线岩土工程条件和跨越主要河流地段的岸坡稳定性，选择最优线路方案；

2　施工图设计勘察阶段，应提出塔位明细表，论述塔位的岩土条件和稳定性，并提出设计参数和基础方案以及工程措施等建议。

### 4.5　废弃物处理工程

#### （Ⅰ）一般规定

**4.5.1**　本节适用于工业废渣堆场、垃圾填埋场等固体废弃物处理工程的岩土工程勘察。核废料处理场地的勘察尚应满足有关规范的要求。

**4.5.2** 废弃物处理工程的岩土工程勘察，应着重查明下列内容：

1 地形地貌特征和气象水文条件；

2 地质构造、岩土分布和不良地质作用；

3 岩土的物理力学性质；

4 水文地质条件、岩土和废弃物的渗透性；

5 场地、地基和边坡的稳定性；

6 污染物的运移，对水源和岩土的污染，对环境的影响；

7 筑坝材料和防渗覆盖用黏土的调查；

8 全新活动断裂、场地地基和堆积体的地震效应。

**4.5.3** 废弃物处理工程勘察的范围，应包括堆填场（库区）、初期坝、相关的管线、隧洞等构筑物和建筑物，以及邻近相关地段，并应进行地方建筑材料的勘察。

**4.5.4** 废弃物处理工程的勘察应配合工程建设分阶段进行。可分为可行性研究勘察、初步勘察和详细勘察，并应符合有关标准的规定。

可行性研究勘察应主要采用踏勘调查，必要时辅以少量勘探工作，对拟选场地的稳定性和适宜性作出评价。

初步勘察应以工程地质测绘为主，辅以勘探、原位测试、室内试验，对拟建工程的总平面布置、场地的稳定性、废弃物对环境的影响等进行初步评价，并提出建议。

详细勘察应采用勘探、原位测试和室内试验等手段进行，地质条件复杂地段应进行工程地质测绘，获取工程设计所需的参数，提出设计施工和监测工作的建议，并对不稳定地段和环境影响进行评价，提出治理建议。

**4.5.5** 废弃物处理工程勘察前，应搜集下列技术资料：

1 废弃物的成分、粒度、物理和化学性质，废弃物的日处理量、输送和排放方式；

2 堆场或填埋场的总容量、有效容量和使用年限；

3 山谷型堆填场的流域面积、降水量、径流量、多年一遇洪峰流量；

4 初期坝的坝长和坝顶标高，加高坝的最终坝顶标高；

5 活动断裂和抗震设防烈度；

6 邻近的水源地保护带、水源开采情况和环境保护要求。

**4.5.6** 废弃物处理工程的工程地质测绘应包括场地的全部范围及其邻近有关地段，其比例尺，初步勘察宜为1：2000～1：5000，详细勘察的复杂地段不应小于1：1000，除应按本规范第8章的要求执行外，尚应着重调查下列内容：

1 地貌形态、地形条件和居民区的分布；

2 洪水、滑坡、泥石流、岩溶、断裂等与场地稳定性有关的不良地质作用；

3 有价值的自然景观、文物和矿产的分布，矿产的开采和采空情况；

4 与渗漏有关的水文地质问题；

5 生态环境。

**4.5.7** 废弃物处理工程应按本规范第7章的要求，进行专门的水文地质勘察。

**4.5.8** 在可溶岩分布区，应着重查明岩溶发育条件，溶洞、土洞、塌陷的分布，岩溶水的通道和流向，岩溶造成地下水和渗出液的渗漏，岩溶对工程稳定性的影响。

**4.5.9** 初期坝的筑坝材料勘察及防渗和覆盖用黏土材料的勘察，应包括材料的产地、储量、性能指标、开采和运输条件。可行性勘察时应确定产地，初步勘察时应基本完成。

### （Ⅱ）工业废渣堆场

**4.5.10** 工业废渣堆场详细勘察时，勘探工作应符合下列规定：

1 勘探线宜平行于堆填场、坝、隧洞、管线等构筑物的轴线布置，勘探点间距应根据地质条件复杂程度确定；

2 对初期坝，勘探孔的深度应能满足分析稳定、变形和渗漏的要求；

3 与稳定、渗漏有关的关键性地段，应加密加深勘探孔或专门布置勘探工作；

4 可采用有效的物探方法辅助钻探和井探；

5 隧洞勘察应符合本规范第4.2节的规定。

**4.5.11** 废渣材料加高坝的勘察，应采用勘探、原位测试和室内试验的方法进行，并应着重查明下列内容：

1 已有堆积体的成分、颗粒组成、密实程度、堆积规律；

2 堆积材料的工程特性和化学性质；

3 堆积体内浸润线位置及其变化规律；

4 已运行坝体的稳定性，继续堆积至设计高度的适宜性和稳定性；

5 废渣堆积坝在地震作用下的稳定性和废渣材料的地震液化可能性；

6 加高坝运行可能产生的环境影响。

**4.5.12** 废渣材料加高坝的勘察，可按堆积规模垂直坝轴线布设不少于三条勘探线，勘探点间距在堆场内可适当增大；一般勘探孔深度应进入自然地面以下一定深度，控制性勘探孔深度应能查明可能存在的软弱层。

**4.5.13** 工业废渣堆场的岩土工程评价应包括下列内容：

1 洪水、滑坡、泥石流、岩溶、断裂等不良地质作用对工程的影响；

2 坝基、坝肩和库岸的稳定性，地震对稳定性的影响；

3 坝址和库区的渗漏及建库对环境的影响；

4 对地方建筑材料的质量、储量、开采和运输条件，进行技术经济分析。

**4.5.14** 工业废渣堆场的勘察报告，除应符合本规范第14章的规定外，尚应满足下列要求：

1 按本节第4.5.13条的要求，进行岩土工程分析评价，并提出防治措施的建议；

2 对废渣加高坝的勘察，应分析评价现状和达到最终高度时的稳定性，提出堆积方式和应采取措施的建议；

3 提出边坡稳定、地下水位、库区渗漏等方面监测工作的建议。

（Ⅲ）垃圾填埋场

**4.5.15** 垃圾填埋场勘察前搜集资料时，除应遵守本节第4.5.5条的规定外，尚应包括下列内容：

1 垃圾的种类、成分和主要特性以及填埋的卫生要求；

2 填埋方式和填埋程序以及防渗衬层和封盖层的结构，渗出液集排系统的布置；

3 防渗衬层、封盖层和渗出液集排系统对地基和废弃物的容许变形要求；

4 截污坝、污水池、排水井、输液输气管道和其他相关构筑物情况。

**4.5.16** 垃圾填埋场的勘探测试，除应遵守本节第4.5.10条的规定外，尚应符合下列要求：

1 需进行变形分析的地段，其勘探深度应满足变形分析的要求；

2 岩土和似土废弃物的测试，可按本规范第10章和第11章的规定执行，非土废弃物的测试，应根据其种类和特性采用合适的方法，并可根据现场监测资料，用反分析方法获取设计参数；

3 测定垃圾渗出液的化学成分，必要时进行专门试验，研究污染物的运移规律。

**4.5.17** 垃圾填埋场勘察的岩土工程评价除应按本节第4.5.13条的规定执行外，尚宜包括下列内容：

1 工程场地的整体稳定性以及废弃物堆积体的变形和稳定性；

2 地基和废弃物变形，导致防渗衬层、封盖层及其他设施失效的可能性；

3 坝基、坝肩、库区和其他有关部位的渗漏；

4 预测水位变化及其影响；

5 污染物的运移及其对水源、农业、岩土和生态环境的影响。

**4.5.18** 垃圾填埋场的岩土工程勘察报告，除应符合本规范第14章的规定外，尚应符合下列规定：

1 按本节第4.5.17条的要求进行岩土工程分析评价；

2 提出保证稳定、减少变形、防止渗漏和保护环境措施的建议；

3 提出筑坝材料、防渗和覆盖用黏土等地方材料的产地及相关事项的建议；

4 提出有关稳定、变形、水位、渗漏、水土和渗出液化学性质监测工作的建议。

## 4.6 核 电 厂

**4.6.1** 本节适用于各种核反应堆型的陆地固定式商用核电厂的岩土工程勘察。核电厂勘察除按本节执行外，尚应符合有关核安全法规、导则和有关国家标准、行业标准的规定。

**4.6.2** 核电厂岩土工程勘察的安全分类，可分为与核安全有关建筑和常规建筑两类。

**4.6.3** 核电厂岩土工程勘察可划分为初步可行性研究、可行性研究、初步设计、施工图设计和工程建造等五个勘察阶段。

**4.6.4** 初步可行性研究勘察应以搜集资料为主，对各拟选厂址的区域地质、厂址工程地质和水文地质、地震动参数区划、历史地震及历史地震的影响烈度以及近期地震活动等方面资料加以研究分析，对厂址的场地稳定性、地基条件、环境水文地质和环境地质作出初步评价，提出建厂的适宜性意见。

**4.6.5** 初步可行性研究勘察，厂址工程地质测绘的比例尺应选用1：10000～1：25000；范围应包括厂址及其周边地区，面积不宜小于4km$^2$。

**4.6.6** 初步可行性研究勘察，应通过必要的勘探和测试，提出厂址的主要工程地质分层，提供岩土初步的物理力学性质指标，了解预选核岛区附近的岩土分布特征，并应符合下列要求：

1 每个厂址勘探孔不宜少于两个，深度应为预计设计地坪标高以下30～60m；

2 应全断面连续取芯，回次岩芯采取率对一般岩石应大于85%，对破碎岩石应大于70%；

3 每一主要岩土层应采取3组以上试样；勘探孔内间隔2～3m应作标准贯入试验一次，直至连续的中等风化以上岩体为止；当钻进至岩石全风化层时，应增加标准贯入试验频次，试验间隔不应大于0.5m；

4 岩石试验项目应包括密度、弹性模量、泊松比、抗压强度、软化系数、抗剪强度和压缩波速度等；土的试验项目应包括颗粒分析、天然含水量、密度、比重、塑限、液限、压缩系数、压缩模量和抗剪强度等。

**4.6.7** 初步可行性研究勘察，对岩土工程条件复杂的厂址，可选用物探辅助勘察，了解覆盖层的组成、厚度和基岩面的埋藏特征，了解隐伏岩体的构造特征，了解是否存在洞穴和隐伏的软弱带。

在河海岸坡和山丘边坡地区，应对岸坡和边坡的稳定性进行调查，并作出初步分析评价。

**4.6.8** 评价厂址适宜性应考虑下列因素：

**1** 有无能动断层，是否对厂址稳定性构成影响；

**2** 是否存在影响厂址稳定的全新世火山活动；

**3** 是否处于地震设防烈度大于8度的地区，是否存在与地震有关的潜在地质灾害；

**4** 厂址区及其附近有无可开采矿藏，有无影响地基稳定的人类历史活动、地下工程、采空区、洞穴等；

**5** 是否存在可造成地面塌陷、沉降、隆起和开裂等永久变形的地下洞穴、特殊地质体、不稳定边坡和岸坡、泥石流及其他不良地质作用；

**6** 有无可供核岛布置的场地和地基，并具有足够的承载力；

**7** 是否危及供水水源或对环境地质构成严重影响。

**4.6.9** 可行性研究勘察内容应符合下列规定：

**1** 查明厂址地区的地形地貌、地质构造、断裂的展布及其特征；

**2** 查明厂址范围内地层成因、时代、分布和各岩层的风化特征，提供初步的动静物理力学参数；对地基类型、地基处理方案进行论证，提出建议；

**3** 查明危害厂址的不良地质作用及其对场地稳定性的影响，对河岸、海岸、边坡稳定性做出初步评价，并提出初步的治理方案；

**4** 判断抗震设计场地类别，划分对建筑物有利、不利和危险地段，判断地震液化的可能性；

**5** 查明水文地质基本条件和环境水文地质的基本特征。

**4.6.10** 可行性研究勘察应进行工程地质测绘，测绘范围应包括厂址及其周边地区，测绘地形图比例尺为1：1000～1：2000，测绘要求按本规范第8章和其他有关规定执行。

本阶段厂址区的岩土工程勘察应以钻探和工程物探相结合的方式，查明基岩和覆盖层的组成、厚度和工程特性；基岩埋深、风化特征、风化层厚度等；并应查明工程区存在的隐伏软弱带、洞穴和重要的地质构造；对水域应结合水工建筑物布置方案，查明海（湖）积地层分布、特征和基岩面起伏状况。

**4.6.11** 可行性研究阶段的勘探和测试应符合下列规定：

**1** 厂区的勘探应结合地形、地质条件采用网格状布置，勘探点间距宜为150m。控制性勘探点应结合建筑物和地质条件布置，数量不宜少于勘探点总数的1/3，沿核岛和常规岛中轴线应布置勘探线，勘探点间距宜适当加密，并应满足主体工程布置要求，保证每个核岛和常规岛不少于1个；

**2** 勘探孔深度，对基岩场地宜进入基础底面以下基本质量等级为Ⅰ级、Ⅱ级的岩体不少于10m；对第四纪地层场地宜达到设计地坪标高以下40m，或进入Ⅰ级、Ⅱ级岩体不少于3m；核岛区控制性勘探孔深度，宜达到基础底面以下2倍反应堆厂房直径；常规岛区控制性勘探孔深度，不宜小于地基变形计算深度，或进入基础底面以下Ⅰ级、Ⅱ级、Ⅲ级岩体3m；对水工建筑物应结合水下地形布置，并考虑河岸、海岸的类型和最大冲刷深度；

**3** 岩石钻孔应全断面取芯，每回次岩芯采取率对一般岩石应大于85%，对破碎岩石应大于70%，并统计RQD、节理条数和倾角；每一主要岩层应采取3组以上的岩样；

**4** 根据岩土条件，选用适当的原位测试方法，测定岩土的特性指标，并可用声波测试方法，评价岩体的完整程度和划分风化等级；

**5** 在核岛位置，宜选1～2个勘探孔，采用单孔法或跨孔法，测定岩土的压缩波速和剪切波速，计算岩土的动力参数；

**6** 岩土室内试验项目除应符合本节第4.6.6条的要求外，增加每个岩体（层）代表试样的动弹性模量、动泊松比和动阻尼比等动态参数测试。

**4.6.12** 可行性研究阶段的地下水调查和评价应符合下列规定：

**1** 结合区域水文地质条件，查明厂区地下水类型，含水层特征，含水层数量、埋深、动态变化规律及其与周围水体的水力联系和地下水化学成分；

**2** 结合工程地质钻探对主要地层分别进行注水、抽水或压水试验，测求地层的渗透系数和单位吸水率，初步评价岩体的完整性和水文地质条件；

**3** 必要时，布置适当的长期观测孔，定期观测和记录水位，每季度定时取水样一次作水质分析，观测周期不应少于一个水文年。

**4.6.13** 可行性研究阶段应根据岩土工程条件和工程需要，进行边坡勘察、土石方工程和建筑材料的调查和勘察。具体要求按本规范第4.7节和有关标准执行。

**4.6.14** 初步设计勘察应分核岛、常规岛、附属建筑和水工建筑四个地段进行，并应符合下列要求：

**1** 查明各建筑地段的岩土成因、类别、物理性质和力学参数，并提出地基处理方案；

**2** 进一步查明勘察区内断层分布、性质及其对场地稳定性的影响，提出治理方案的建议；

**3** 对工程建设有影响的边坡进行勘察，并进行稳定性分析和评价，提出边坡设计参数和治理方案的建议；

**4** 查明建筑地段的水文地质条件；

**5** 查明对建筑物有影响的不良地质作用，并提出治理方案的建议。

**4.6.15** 初步设计核岛地段勘察应满足设计和施工的需要，勘探孔的布置、数量和深度应符合下列规定：

1 应布置在反应堆厂房周边和中部，当场地岩土工程条件较复杂时，可沿十字交叉线加密或扩大范围。勘探点间距宜为10～30m；

2 勘探点数量应能控制核岛地段地层岩性分布，并能满足原位测试的要求。每个核岛勘探点总数不应少于10个，其中反应堆厂房不应少于5个，控制性勘探点不应少于勘探点总数的1/2；

3 控制性勘探孔深度宜达到基础底面以下2倍反应堆厂房直径，一般性勘探孔深度宜进入基础底面以下Ⅰ、Ⅱ级岩体不少于10m。波速测试孔深度不应小于控制性勘探孔深度。

**4.6.16** 初步设计常规岛地段勘察，除应符合本规范第4.1节的规定外，尚应符合下列要求：

1 勘探点应沿建筑物轮廓线、轴线或主要柱列线布置，每个常规岛勘探点总数不应少于10个，其中控制性勘探点不宜少于勘探点总数的1/4；

2 控制性勘探孔深度对岩质地基应进入基础底面下Ⅰ级、Ⅱ级岩体不少于3m，对土质地基应钻至压缩层以下10～20m；一般性勘探孔深度，岩质地基应进入中等风化层3～5m，土质地基应达到压缩层底部。

**4.6.17** 初步设计阶段水工建筑的勘察应符合下列规定：

1 泵房地段钻探工作应结合地层岩性特点和基础埋置深度，每个泵房勘探点数量不应少于2个，一般性勘探孔应达到基础底面以下1～2m，控制性勘探孔应进入中等风化岩石1.5～3.0m；土质地基中控制性勘探孔深度应达到压缩层以下5～10m；

2 位于土质场地的进水管线，勘探点间距不宜大于30m，一般性勘探孔深度应达到管线底标高以下5m，控制性勘探孔应进入中等风化岩石1.5～3.0m；

3 与核安全有关的海堤、防波堤，钻探工作应针对该地段所处的特殊地质环境布置，查明岩土物理力学性质和不良地质作用；勘探点宜沿堤轴线布置，一般性勘探孔深度应达到堤底设计标高以下10m，控制性勘探孔应穿透压缩层或进入中等风化岩石1.5～3.0m。

**4.6.18** 初步设计阶段勘察的测试，除应满足本规范第4.1节、第10章和第11章的要求外，尚应符合下列规定：

1 根据岩土性质和工程需要，选择合适的原位测试方法，包括波速测试、动力触探试验、抽水试验、注水试验、压水试验和岩体静载荷试验等；并对核反应堆厂房地基进行跨孔法波速测试和钻孔弹模测试，测求核反应堆厂房地基波速和岩石的应力应变特性；

2 室内试验除进行常规试验外，尚应测定岩土的动静弹性模量、动静泊松比、动阻尼比、动静剪切模量、动抗剪强度、波速等指标。

**4.6.19** 施工图设计阶段应完成附属建筑的勘察和主要水工建筑以外其他水工建筑的勘察，并根据需要进行核岛、常规岛和主要水工建筑的补充勘察。勘察内容和要求可按初步设计阶段有关规定执行，每个与核安全有关的附属建筑物不应少于一个控制性勘探孔。

**4.6.20** 工程建造阶段勘察主要是现场检验和监测，其内容和要求按本规范第13章和有关规定执行。

**4.6.21** 核电厂的液化判别应按现行国家标准《核电厂抗震设计规范》(GB50267) 执行。

### 4.7 边坡工程

**4.7.1** 边坡工程勘察应查明下列内容：

1 地貌形态，当存在滑坡、危岩和崩塌、泥石流等不良地质作用时，应符合本规范第5章的要求；

2 岩土的类型、成因、工程特性，覆盖层厚度，基岩面的形态和坡度；

3 岩体主要结构面的类型、产状、延展情况、闭合程度、充填状况、充水状况、力学属性和组合关系，主要结构面与临空面关系，是否存在外倾结构面；

4 地下水的类型、水位、水压、水量、补给和动态变化，岩土的透水性和地下水的出露情况；

5 地区气象条件（特别是雨期、暴雨强度），汇水面积、坡面植被，地表水对坡面、坡脚的冲刷情况；

6 岩土的物理力学性质和软弱结构面的抗剪强度。

**4.7.2** 大型边坡勘察宜分阶段进行，各阶段应符合下列要求：

1 初步勘察应搜集地质资料，进行工程地质测绘和少量的勘探和室内试验，初步评价边坡的稳定性；

2 详细勘察应对可能失稳的边坡及相邻地段进行工程地质测绘、勘探、试验、观测和分析计算，做出稳定性评价，对人工边坡提出最优开挖坡角；对可能失稳的边坡提出防护处理措施的建议；

3 施工勘察应配合施工开挖进行地质编录，核对、补充前阶段的勘察资料，必要时，进行施工安全预报，提出修改设计的建议。

**4.7.3** 边坡工程地质测绘除应符合本规范第8章的要求外，尚应着重查明天然边坡的形态和坡角，软弱结构面的产状和性质。测绘范围应包括可能对边坡稳定有影响的地段。

**4.7.4** 勘探线应垂直边坡走向布置，勘探点间距应根据地质条件确定。当遇有软弱夹层或不利结构面时，应适当加密。勘探孔深度应穿过潜在滑动面并深入稳定层2～5m。除常规钻探外，可根据需要，采用探洞、探槽、探井和斜孔。

**4.7.5** 主要岩土层和软弱层应采取试样。每层的试样对土层不应少于6件，对岩层不应少于9件，软弱层宜连续取样。

**4.7.6** 三轴剪切试验的最高围压和直剪试验的最大法向压力的选择，应与试样在坡体中的实际受力情况相近。对控制边坡稳定的软弱结构面，宜进行原位剪切试验。对大型边坡，必要时可进行岩体应力测试、波速测试、动力测试、孔隙水压力测试和模型试验。

抗剪强度指标，应根据实测结果结合当地经验确定，并宜采用反分析方法验证。对永久性边坡，尚应考虑强度可能随时间降低的效应。

**4.7.7** 边坡的稳定性评价，应在确定边坡破坏模式的基础上进行，可采用工程地质类比法、图解分析法、极限平衡法、有限单元法进行综合评价。各区段条件不一致时，应分区段分析。

边坡稳定系数 $F_s$ 的取值，对新设计的边坡、重要工程宜取1.30～1.50，一般工程宜取1.15～1.30，次要工程宜取1.05～1.15。采用峰值强度时取大值，采取残余强度时取小值。验算已有边坡稳定时，$F_s$ 取1.10～1.25。

**4.7.8** 大型边坡应进行监测，监测内容根据具体情况可包括边坡变形、地下水动态和易风化岩体的风化速度等。

**4.7.9** 边坡岩土工程勘察报告除应符合本规范第14章的规定外，尚应论述下列内容：

1 边坡的工程地质条件和岩土工程计算参数；

2 分析边坡和建在坡顶、坡上建筑物的稳定性，对坡下建筑物的影响；

3 提出最优坡形和坡角的建议；

4 提出不稳定边坡整治措施和监测方案的建议。

### 4.8 基坑工程

**4.8.1** 本节主要适用于土质基坑的勘察。对岩质基坑，应根据场地的地质构造、岩体特征、风化情况、基坑开挖深度等，按当地标准或当地经验进行勘察。

**4.8.2** 需进行基坑设计的工程，勘察时应包括基坑工程勘察的内容。在初步勘察阶段，应根据岩土工程条件，初步判定开挖可能发生的问题和需要采取的支护措施；在详细勘察阶段，应针对基坑工程设计的要求进行勘察；在施工阶段，必要时尚应进行补充勘察。

**4.8.3** 基坑工程勘察的范围和深度应根据场地条件和设计要求确定。勘察深度宜为开挖深度的2～3倍，在此深度内遇到坚硬黏性土、碎石土和岩层，可根据岩土类别和支护设计要求减少深度。勘察的平面范围宜超出开挖边界外开挖深度的2～3倍。在深厚软土区，勘察深度和范围尚应适当扩大。在开挖边界外，勘察手段以调查研究、搜集已有资料为主，复杂场地和斜坡场地应布置适量的勘探点。

**4.8.4** 在受基坑开挖影响和可能设置支护结构的范围内，应查明岩土分布，分层提供支护设计所需的抗剪强度指标。土的抗剪强度试验方法，应与基坑工程设计要求一致，符合设计采用的标准，并应在勘察报告中说明。

**4.8.5 当场地水文地质条件复杂，在基坑开挖过程中需要对地下水进行控制（降水或隔渗），且已有资料不能满足要求时，应进行专门的水文地质勘察。**

**4.8.6** 当基坑开挖可能产生流砂、流土、管涌等渗透性破坏时，应有针对性地进行勘察，分析评价其产生的可能性及对工程的影响。当基坑开挖过程中有渗流时，地下水的渗流作用宜通过渗流计算确定。

**4.8.7** 基坑工程勘察，应进行环境状况的调查，查明邻近建筑物和地下设施的现状、结构特点以及对开挖变形的承受能力。在城市地下管网密集分布区，可通过地理信息系统或其他档案资料了解管线的类别、平面位置、埋深和规模，必要时应采用有效方法进行地下管线探测。

**4.8.8** 在特殊性岩土分布区进行基坑工程勘察时，可根据本规范第6章的规定进行勘察，对软土的蠕变和长期强度，软岩和极软岩的失水崩解，膨胀土的膨胀性和裂隙性以及非饱和土增湿软化等对基坑的影响进行分析评价。

**4.8.9** 基坑工程勘察，应根据开挖深度、岩土和地下水条件以及环境要求，对基坑边坡的处理方式提出建议。

**4.8.10** 基坑工程勘察应针对以下内容进行分析，提供有关计算参数和建议：

1 边坡的局部稳定性、整体稳定性和坑底抗隆起稳定性；

2 坑底和侧壁的渗透稳定性；

3 挡土结构和边坡可能发生的变形；

4 降水效果和降水对环境的影响；

5 开挖和降水对邻近建筑物和地下设施的影响。

**4.8.11** 岩土工程勘察报告中与基坑工程有关的部分应包括下列内容：

1 与基坑开挖有关的场地条件、土质条件和工程条件；

2 提出处理方式、计算参数和支护结构选型的建议；

3 提出地下水控制方法、计算参数和施工控制的建议；

4 提出施工方法和施工中可能遇到的问题的防治措施的建议；

5 对施工阶段的环境保护和监测工作的建议。

### 4.9 桩基础

**4.9.1 桩基岩土工程勘察应包括下列内容：**

**1　查明场地各层岩土的类型、深度、分布、工程特性和变化规律；**

**2　当采用基岩作为桩的持力层时，应查明基岩的岩性、构造、岩面变化、风化程度，确定其坚硬程度、完整程度和基本质量等级，判定有无洞穴、临空面、破碎岩体或软弱岩层；**

**3　查明水文地质条件，评价地下水对桩基设计和施工的影响，判定水质对建筑材料的腐蚀性；**

**4　查明不良地质作用，可液化土层和特殊性岩土的分布及其对桩基的危害程度，并提出防治措施的建议；**

**5　评价成桩可能性，论证桩的施工条件及其对环境的影响。**

**4.9.2**　土质地基勘探点间距应符合下列规定：

1　对端承桩宜为12～24m，相邻勘探孔揭露的持力层层面高差宜控制为1～2m；

2　对摩擦桩宜为20～35m；当地层条件复杂，影响成桩或设计有特殊要求时，勘探点应适当加密；

3　复杂地基的一柱一桩工程，宜每柱设置勘探点。

**4.9.3**　桩基岩土工程勘察宜采用钻探和触探以及其他原位测试相结合的方式进行，对软土、黏性土、粉土和砂土的测试手段，宜采用静力触探和标准贯入试验；对碎石土宜采用重型或超重型圆锥动力触探。

**4.9.4**　勘探孔的深度应符合下列规定：

1　一般性勘探孔的深度应达到预计桩长以下3～5$d$（$d$为桩径），且不得小于3m；对大直径桩，不得小于5m；

2　控制性勘探孔深度应满足下卧层验算要求；对需验算沉降的桩基，应超过地基变形计算深度；

3　钻至预计深度遇软弱层时，应予加深；在预计勘探孔深度内遇稳定坚实岩土时，可适当减小；

4　对嵌岩桩，应钻入预计嵌岩面以下3～5$d$，并穿过溶洞、破碎带，到达稳定地层；

5　对可能有多种桩长方案时，应根据最长桩方案确定。

**4.9.5**　岩土室内试验应满足下列要求：

1　当需估算桩的侧阻力、端阻力和验算下卧层强度时，宜进行三轴剪切试验或无侧限抗压强度试验；三轴剪切试验的受力条件应模拟工程的实际情况；

2　对需估算沉降的桩基工程，应进行压缩试验，试验最大压力应大于上覆自重压力与附加压力之和；

3　当桩端持力层为基岩时，应采取岩样进行饱和单轴抗压强度试验，必要时尚应进行软化试验；对软岩和极软岩，可进行天然湿度的单轴抗压强度试验。对无法取样的破碎和极破碎的岩石，宜进行原位测试。

**4.9.6**　单桩竖向和水平承载力，应根据工程等级、岩土性质和原位测试成果并结合当地经验确定。对地基基础设计等级为甲级的建筑物和缺乏经验的地区，应建议做静载荷试验。试验数量不宜少于工程桩数的1%，且每个场地不少于3个。对承受较大水平荷载的桩，应建议进行桩的水平载荷试验；对承受上拔力的桩，应建议进行抗拔试验。勘察报告应提出估算的有关岩土的基桩侧阻力和端阻力。必要时提出估算的竖向和水平承载力和抗拔承载力。

**4.9.7**　对需要进行沉降计算的桩基工程，应提供计算所需的各层岩土的变形参数，并宜根据任务要求，进行沉降估算。

**4.9.8**　桩基工程的岩土工程勘察报告除应符合本规范第14章的要求，并按第4.9.6条、第4.9.7条提供承载力和变形参数外，尚应包括下列内容：

1　提供可选的桩基类型和桩端持力层；提出桩长、桩径方案的建议；

2　当有软弱下卧层时，验算软弱下卧层强度；

3　对欠固结土和有大面积堆载的工程，应分析桩侧产生负摩阻力的可能性及其对桩基承载力的影响，并提供负摩阻力系数和减少负摩阻力措施的建议；

4　分析成桩的可能性，成桩和挤土效应的影响，并提出保护措施的建议；

5　持力层为倾斜地层，基岩面凹凸不平或岩土中有洞穴时，应评价桩的稳定性，并提出处理措施的建议。

## 4.10　地　基　处　理

**4.10.1**　地基处理的岩土工程勘察应满足下列要求：

1　针对可能采用的地基处理方案，提供地基处理设计和施工所需的岩土特性参数；

2　预测所选地基处理方法对环境和邻近建筑物的影响；

3　提出地基处理方案的建议；

4　当场地条件复杂且缺乏成功经验时，应在施工现场对拟选方案进行试验或对比试验，检验方案的设计参数和处理效果；

5　在地基处理施工期间，应进行施工质量和施工对周围环境和邻近工程设施影响的监测。

**4.10.2**　换填垫层法的岩土工程勘察宜包括下列内容：

1　查明待换填的不良土层的分布范围和埋深；

2　测定换填材料的最优含水量、最大干密度；

3　评定垫层以下软弱下卧层的承载力和抗滑稳定性，估算建筑物的沉降；

4　评定换填材料对地下水的环境影响；

5　对换填施工过程应注意的事项提出建议；

6　对换填垫层的质量进行检验或现场试验。

**4.10.3**　预压法的岩土工程勘察宜包括下列内容：

1 查明土的成层条件，水平和垂直方向的分布，排水层和夹砂层的埋深和厚度，地下水的补给和排泄条件等；

2 提供待处理软土的先期固结压力、压缩性参数、固结特性参数和抗剪强度指标、软土在预压过程中强度的增长规律；

3 预估预压荷载的分级和大小、加荷速率、预压时间、强度的可能增长和可能的沉降；

4 对重要工程，建议选择代表性试验区进行预压试验；采用室内试验、原位测试、变形和孔压的现场监测等手段，推算软土的固结系数、固结度与时间的关系和最终沉降量，为预压处理的设计施工提供可靠依据；

5 检验预压处理效果，必要时进行现场载荷试验。

**4.10.4** 强夯法的岩土工程勘察宜包括下列内容：

1 查明强夯影响深度范围内土层的组成、分布、强度、压缩性、透水性和地下水条件；

2 查明施工场地和周围受影响范围内的地下管线和构筑物的位置、标高；查明有无对振动敏感的设施，是否需在强夯施工期间进行监测；

3 根据强夯设计，选择代表性试验区进行试夯，采用室内试验、原位测试、现场监测等手段，查明强夯有效加固深度，夯击能量、夯击遍数与夯沉量的关系，夯坑周围地面的振动和地面隆起，土中孔隙水压力的增长和消散规律。

**4.10.5** 桩土复合地基的岩土工程勘察宜包括下列内容：

1 查明暗塘、暗浜、暗沟、洞穴等的分布和埋深；

2 查明土的组成、分布和物理力学性质，软弱土的厚度和埋深，可作为桩基持力层的相对硬层的埋深；

3 预估成桩施工可能性（有无地下障碍、地下洞穴、地下管线、电缆等）和成桩工艺对周围土体、邻近建筑、工程设施和环境的影响（噪声、振动、侧向挤土、地面沉陷或隆起等），桩体与水土间的相互作用（地下水对桩材的腐蚀性，桩材对周围水土环境的污染等）；

4 评定桩间土承载力，预估单桩承载力和复合地基承载力；

5 评定桩间土、桩身、复合地基、桩端以下变形计算深度范围内土层的压缩性，任务需要时估算复合地基的沉降量；

6 对需验算复合地基稳定性的工程，提供桩间土、桩身的抗剪强度；

7 任务需要时应根据桩土复合地基的设计，进行桩间土、单桩和复合地基载荷试验，检验复合地基承载力。

**4.10.6** 注浆法的岩土工程勘察宜包括下列内容：

1 查明土的级配、孔隙性或岩石的裂隙宽度和分布规律，岩土渗透性，地下水埋深、流向和流速，岩土的化学成分和有机质含量；岩土的渗透性宜通过现场试验测定；

2 根据岩土性质和工程要求选择浆液和注浆方法（渗透注浆、劈裂注浆、压密注浆等），根据地区经验或通过现场试验确定浆液浓度、黏度、压力、凝结时间、有效加固半径或范围，评定加固后地基的承载力、压缩性、稳定性或抗渗性；

3 在加固施工过程中对地面、既有建筑物和地下管线等进行跟踪变形观测，以控制灌注顺序、注浆压力、注浆速率等；

4 通过开挖、室内试验、动力触探或其他原位测试，对注浆加固效果进行检验；

5 注浆加固后，应对建筑物或构筑物进行沉降观测，直至沉降稳定为止，观测时间不宜少于半年。

## 4.11 既有建筑物的增载和保护

**4.11.1** 既有建筑物的增载和保护的岩土工程勘察应符合下列要求：

1 搜集建筑物的荷载、结构特点、功能特点和完好程度资料，基础类型、埋深、平面位置，基底压力和变形观测资料；场地及其所在地区的地下水开采历史，水位降深、降速，地面沉降、形变，地裂缝的发生、发展等资料；

2 评价建筑物的增层、增载和邻近场地大面积堆载对建筑物的影响时，应查明地基土的承载力，增载后可能产生的附加沉降和沉降差；对建造在斜坡上的建筑物尚应进行稳定性验算；

3 对建筑物接建或在其紧邻新建建筑物，应分析新建建筑物在既有建筑物地基土中引起的应力状态改变及其影响；

4 评价地下水抽降对建筑物的影响时，应分析抽降引起地基土的固结作用和地面下沉、倾斜、挠曲或破裂对既有建筑物的影响，并预测其发展趋势；

5 评价基坑开挖对邻近既有建筑物的影响时，应分析开挖卸载导致的基坑底部剪切隆起，因坑内外水头差引发管涌，坑壁土体的变形与位移、失稳等危险；同时还应分析基坑降水引起的地面不均匀沉降的不良环境效应；

6 评价地下工程施工对既有建筑物的影响时，应分析伴随岩土体内的应力重分布出现的地面下沉、挠曲等变形或破裂，施工降水的环境效应，过大的围岩变形或坍塌等对既有建筑物的影响。

**4.11.2** 建筑物的增层、增载和邻近场地大面积堆载的岩土工程勘察应包括下列内容：

1 分析地基土的实际受荷程度和既有建筑物结构、材料状况及其适应新增荷载和附加沉降的能力；

2 勘探点应紧靠基础外侧布置，有条件时宜在基础中心线布置，每栋单独建筑物的勘探点不宜少于3个；在基础外侧适当距离处，宜布置一定数量勘探点；

3 勘探方法除钻探外，宜包括探井和静力触探或旁压试验；取土和旁压试验的间距，在基底以下一倍基宽的深度范围内宜为0.5m，超过该深度时可为1m；必要时，应专门布置探井查明基础类型、尺寸、材料和地基处理等情况；

4 压缩试验成果中应有 $e$-lg$p$ 曲线，并提供先期固结压力、压缩指数、回弹指数和与增荷后土中垂直有效压力相应的固结系数，以及三轴不固结不排水剪切试验成果；当拟增层数较多或增载量较大时，应作载荷试验，提供主要受力层的比例界限荷载、极限荷载、变形模量和回弹模量；

5 岩土工程勘察报告应着重对增载后的地基土承载力进行分析评价，预测可能的附加沉降和差异沉降，提出关于设计方案、施工措施和变形监测的建议。

**4.11.3** 建筑物接建、邻建的岩土工程勘察应符合下列要求：

1 除应符合本规范第4.11.2条第1款的要求外，尚应评价建筑物的结构和材料适应局部挠曲的能力；

2 除按本规范第4.1节的有关要求对新建建筑物布置勘探点外，尚应为研究接建、邻建部位的地基土、基础结构和材料现状布置勘探点，其中应有探井或静力触探孔，其数量不宜少于3个，取土间距宜为1m；

3 压缩试验成果中应有 $e$-lg$p$ 曲线，并提供先期固结压力、压缩指数、回弹指数和与增荷后土中垂直有效压力相应的固结系数，以及三轴不固结不排水剪切试验成果；

4 岩土工程勘察报告应评价由新建部分的荷载在既有建筑物地基土中引起的新的压缩和相应的沉降差；评价新基坑的开挖、降水、设桩等对既有建筑物的影响，提出设计方案、施工措施和变形监测的建议。

**4.11.4** 评价地下水抽降影响的岩土工程勘察应符合下列要求：

1 研究地下水抽降与含水层埋藏条件、可压缩土层厚度、土的压缩性和应力历史等的关系，作出评价和预测；

2 勘探孔深度应超过可压缩地层的下限，并应取土试验或进行原位测试；

3 压缩试验成果中应有 $e$-lg$p$ 曲线，并提供先期固结压力、压缩指数、回弹指数和与增荷后土中垂直有效压力相应的固结系数，以及三轴不固结不排水剪切试验成果；

4 岩土工程勘察报告应分析预测场地可能产生地面沉降、形变、破裂及其影响，提出保护既有建筑物的措施。

**4.11.5** 评价基坑开挖对邻近建筑物影响的岩土工程勘察应符合下列要求：

1 搜集分析既有建筑物适应附加沉降和差异沉降的能力，与拟挖基坑在平面与深度上的位置关系和可能采用的降水、开挖与支护措施等资料；

2 查明降水、开挖等影响所及范围内的地层结构，含水层的性质、水位和渗透系数，土的抗剪强度、变形参数等工程特性；

3 岩土工程勘察报告除应符合本规范第4.8节的要求外，尚应着重分析预测坑底和坑外地面的卸荷回弹，坑周土体的变形位移和坑底发生剪切隆起或管涌的危险，分析施工降水导致的地面沉降的幅度、范围和对邻近建筑物的影响，并就安全合理的开挖、支护、降水方案和监测工作提出建议。

**4.11.6** 评价地下开挖对建筑物影响的岩土工程勘察应符合下列要求：

1 分析已有勘察资料，必要时应做补充勘探测试工作；

2 分析沿地下工程主轴线出现槽形地面沉降和在其两侧或四周的地面倾斜、挠曲的可能性及其对两侧既有建筑物的影响，并就安全合理的施工方案和保护既有建筑物的措施提出建议；

3 提出对施工过程中地面变形、围岩应力状态、围岩或建筑物地基失稳的前兆现象等进行监测的建议。

## 5 不良地质作用和地质灾害

### 5.1 岩 溶

**5.1.1 拟建工程场地或其附近存在对工程安全有影响的岩溶时，应进行岩溶勘察。**

**5.1.2** 岩溶勘察宜采用工程地质测绘和调查、物探、钻探等多种手段结合的方法进行，并应符合下列要求：

1 可行性研究勘察应查明岩溶洞隙、土洞的发育条件，并对其危害程度和发展趋势作出判断，对场地的稳定性和工程建设的适宜性作出初步评价。

2 初步勘察应查明岩溶洞隙及其伴生土洞、塌陷的分布、发育程度和发育规律，并按场地的稳定性和适宜性进行分区。

3 详细勘察应查明拟建工程范围及有影响地段的各种岩溶洞隙和土洞的位置、规模、埋深，岩溶堆填物性状和地下水特征，对地基基础的设计和岩溶的治理提出建议。

4 施工勘察应针对某一地段或尚待查明的专门

问题进行补充勘察。当采用大直径嵌岩桩时，尚应进行专门的桩基勘察。

**5.1.3** 岩溶场地的工程地质测绘和调查，除应遵守本规范第8章的规定外，尚应调查下列内容：

**1** 岩溶洞隙的分布、形态和发育规律；

**2** 岩面起伏、形态和覆盖层厚度；

**3** 地下水赋存条件、水位变化和运动规律；

**4** 岩溶发育与地貌、构造、岩性、地下水的关系；

**5** 土洞和塌陷的分布、形态和发育规律；

**6** 土洞和塌陷的成因及其发展趋势；

**7** 当地治理岩溶、土洞和塌陷的经验。

**5.1.4** 可行性研究和初步勘察宜采用工程地质测绘和综合物探为主，勘探点的间距不应大于本规范第4章的规定，岩溶发育地段应予加密。测绘和物探发现的异常地段，应选择有代表性的部位布置验证性钻孔。控制性勘探孔的深度应穿过表层岩溶发育带。

**5.1.5** 详细勘察的勘探工作应符合下列规定：

**1** 勘探线应沿建筑物轴线布置，勘探点间距不应大于本规范第4章的规定，条件复杂时每个独立基础均应布置勘探点；

**2** 勘探孔深度除应符合本规范第4章的规定外，当基础底面下的土层厚度不符合本节第5.1.10条第1款的条件时，应有部分或全部勘探孔钻入基岩；

**3** 当预定深度内有洞体存在，且可能影响地基稳定时，应钻入洞底基岩面下不少于2m，必要时应圈定洞体范围；

**4** 对一柱一桩的基础，宜逐柱布置勘探孔；

**5** 在土洞和塌陷发育地段，可采用静力触探、轻型动力触探、小口径钻探等手段，详细查明其分布；

**6** 当需查明断层、岩组分界、洞隙和土洞形态、塌陷等情况时，应布置适当的探槽或探井；

**7** 物探应根据物性条件采用有效方法，对异常点应采用钻探验证，当发现或可能存在危害工程的洞体时，应加密勘探点；

**8** 凡人员可以进入的洞体，均应入洞勘查，人员不能进入的洞体，宜用井下电视等手段探测。

**5.1.6** 施工勘察工作量应根据岩溶地基设计和施工要求布置。在土洞、塌陷地段，可在已开挖的基槽内布置触探或钎探。对重要或荷载较大的工程，可在槽底采用小口径钻探，进行检测。对大直径嵌岩桩，勘探点应逐桩布置，勘探深度应不小于底面以下桩径的3倍并不小于5m，当相邻桩底的基岩面起伏较大时应适当加深。

**5.1.7** 岩溶发育地区的下列部位宜查明土洞和土洞群的位置：

**1** 土层较薄、土中裂隙及其下岩体洞隙发育部位；

**2** 岩面张开裂隙发育，石芽或外露的岩体与土体交接部位；

**3** 两组构造裂隙交汇处和宽大裂隙带；

**4** 隐伏溶沟、溶槽、漏斗等，其上有软弱土分布的负岩面地段；

**5** 地下水强烈活动于岩土交界面的地段和大幅度人工降水地段；

**6** 低洼地段和地表水体近旁。

**5.1.8** 岩溶勘察的测试和观测宜符合下列要求：

**1** 当追索隐伏洞隙的联系时，可进行连通试验；

**2** 评价洞隙稳定性时，可采取洞体顶板岩样和充填物土样作物理力学性质试验，必要时可进行现场顶板岩体的载荷试验；

**3** 当需查明土的性状与土洞形成的关系时，可进行湿化、胀缩、可溶性和剪切试验；

**4** 当需查明地下水动力条件、潜蚀作用，地表水与地下水联系，预测土洞和塌陷的发生、发展时，可进行流速、流向测定和水位、水质的长期观测。

**5.1.9** 当场地存在下列情况之一时，可判定为未经处理不宜作为地基的不利地段：

**1** 浅层洞体或溶洞群，洞径大，且不稳定的地段；

**2** 埋藏的漏斗、槽谷等，并覆盖有软弱土体的地段；

**3** 土洞或塌陷成群发育地段；

**4** 岩溶水排泄不畅，可能暂时淹没的地段。

**5.1.10** 当地基属下列条件之一时，对二级和三级工程可不考虑岩溶稳定性的不利影响：

**1** 基础底面以下土层厚度大于独立基础宽度的3倍或条形基础宽度的6倍，且不具备形成土洞或其他地面变形的条件；

**2** 基础底面与洞体顶板间岩土厚度虽小于本条第1款的规定，但符合下列条件之一时：

1）洞隙或岩溶漏斗被密实的沉积物填满且无被水冲蚀的可能；

2）洞体为基本质量等级为Ⅰ级或Ⅱ级岩体，顶板岩石厚度大于或等于洞跨；

3）洞体较小，基础底面大于洞的平面尺寸，并有足够的支承长度；

4）宽度或直径小于1.0m的竖向洞隙、落水洞近旁地段。

**5.1.11** 当不符合本规范第5.1.10条的条件时，应进行洞体地基稳定性分析，并符合下列规定：

**1** 顶板不稳定，但洞内为密实堆积物充填且无流水活动时，可认为堆填物受力，按不均匀地基进行评价；

**2** 当能取得计算参数时，可将洞体顶板视为结构自承重体系进行力学分析；

**3** 有工程经验的地区，可按类比法进行稳定性评价；

4 在基础近旁有洞隙和临空面时，应验算向临空面倾覆或沿裂面滑移的可能；

5 当地基为石膏、岩盐等易溶岩时，应考虑溶蚀继续作用的不利影响；

6 对不稳定的岩溶洞隙可建议采用地基处理或桩基础。

**5.1.12** 岩溶勘察报告除应符合本规范第14章的规定外，尚应包括下列内容：

1 岩溶发育的地质背景和形成条件；

2 洞隙、土洞、塌陷的形态、平面位置和顶底标高；

3 岩溶稳定性分析；

4 岩溶治理和监测的建议。

## 5.2 滑　坡

**5.2.1 拟建工程场地或其附近存在对工程安全有影响的滑坡或有滑坡可能时，应进行专门的滑坡勘察。**

**5.2.2** 滑坡勘察应进行工程地质测绘和调查，调查范围应包括滑坡及其邻近地段。比例尺可选用1：200～1：1000。用于整治设计时，比例尺应选用1：200～1：500。

**5.2.3** 滑坡区的工程地质测绘和调查，除应遵守本规范第8章的规定外，尚应调查下列内容：

1 搜集地质、水文、气象、地震和人类活动等相关资料；

2 滑坡的形态要素和演化过程，圈定滑坡周界；

3 地表水、地下水、泉和湿地等的分布；

4 树木的异态、工程设施的变形等；

5 当地治理滑坡的经验。

对滑坡的重点部位应摄影或录像。

**5.2.4** 勘探线和勘探点的布置应根据工程地质条件、地下水情况和滑坡形态确定。除沿主滑方向应布置勘探线外，在其两侧滑坡体外也应布置一定数量勘探线。勘探点间距不宜大于40m，在滑坡体转折处和预计采取工程措施的地段，也应布置勘探点。

勘探方法除钻探和触探外，应有一定数量的探井。

**5.2.5** 勘探孔的深度应穿过最下一层滑面，进入稳定地层，控制性勘探孔应深入稳定地层一定深度，满足滑坡治理需要。

**5.2.6** 滑坡勘察应进行下列工作：

1 查明各层滑坡面（带）的位置；

2 查明各层地下水的位置、流向和性质；

3 在滑坡体、滑坡面（带）和稳定地层中采取土试样进行试验。

**5.2.7** 滑坡勘察时，土的强度试验宜符合下列要求：

1 采用室内、野外滑面重合剪，滑带宜作重塑土或原状土多次剪试验，并求出多次剪和残余剪的抗剪强度；

2 采用与滑动受力条件相似的方法；

3 采用反分析方法检验滑动面的抗剪强度指标。

**5.2.8** 滑坡的稳定性计算应符合下列要求：

1 正确选择有代表性的分析断面，正确划分牵引段、主滑段和抗滑段；

2 正确选用强度指标，宜根据测试成果、反分析和当地经验综合确定；

3 有地下水时，应计入浮托力和水压力；

4 根据滑面（滑带）条件，按平面、圆弧或折线，选用正确的计算模型；

5 当有局部滑动可能时，除验算整体稳定外，尚应验算局部稳定；

6 当有地震、冲刷、人类活动等影响因素时，应计及这些因素对稳定的影响。

**5.2.9** 滑坡稳定性的综合评价，应根据滑坡的规模、主导因素、滑坡前兆、滑坡区的工程地质和水文地质条件，以及稳定性验算结果进行，并应分析发展趋势和危害程度，提出治理方案的建议。

**5.2.10** 滑坡勘察报告除应符合本规范第14章的规定外，尚应包括下列内容：

1 滑坡的地质背景和形成条件；

2 滑坡的形态要素、性质和演化；

3 提供滑坡的平面图、剖面图和岩土工程特性指标；

4 滑坡稳定分析；

5 滑坡防治和监测的建议。

## 5.3 危岩和崩塌

**5.3.1 拟建工程场地或其附近存在对工程安全有影响的危岩或崩塌时，应进行危岩和崩塌勘察。**

**5.3.2** 危岩和崩塌勘察宜在可行性研究或初步勘察阶段进行，应查明产生崩塌的条件及其规模、类型、范围，并对工程建设适宜性进行评价，提出防治方案的建议。

**5.3.3** 危岩和崩塌地区工程地质测绘的比例尺宜采用1：500～1：1000；崩塌方向主剖面的比例尺宜采用1：200。除应符合本规范第8章的规定外，尚应查明下列内容：

1 地形地貌及崩塌类型、规模、范围，崩塌体的大小和崩落方向；

2 岩体基本质量等级、岩性特征和风化程度；

3 地质构造，岩体结构类型，结构面的产状、组合关系、闭合程度、力学属性、延展及贯穿情况；

4 气象（重点是大气降水）、水文、地震和地下水的活动；

5 崩塌前的迹象和崩塌原因；

6 当地防治崩塌的经验。

**5.3.4** 当需判定危岩的稳定性时，宜对张裂缝进行监测。对有较大危害的大型危岩，应结合监测结果，对可能发生崩塌的时间、规模、滚落方向、途径、危害范围等作出预报。

**5.3.5** 各类危岩和崩塌的岩土工程评价应符合下列规定：

1 规模大，破坏后果很严重，难于治理的，不宜作为工程场地，线路应绕避；

2 规模较大，破坏后果严重的，应对可能产生崩塌的危岩进行加固处理，线路应采取防护措施；

3 规模小，破坏后果不严重的，可作为工程场地，但应对不稳定危岩采取治理措施。

**5.3.6** 危岩和崩塌区的岩土工程勘察报告除应遵守本规范第14章的规定外，尚应阐明危岩和崩塌区的范围、类型，作为工程场地的适宜性，并提出防治方案的建议。

## 5.4 泥 石 流

**5.4.1 拟建工程场地或其附近有发生泥石流的条件并对工程安全有影响时，应进行专门的泥石流勘察。**

**5.4.2** 泥石流勘察应在可行性研究或初步勘察阶段进行，应查明泥石流的形成条件和泥石流的类型、规模、发育阶段、活动规律，并对工程场地作出适宜性评价，提出防治方案的建议。

**5.4.3** 泥石流勘察应以工程地质测绘和调查为主。测绘范围应包括沟谷至分水岭的全部地段和可能受泥石流影响的地段。测绘比例尺，对全流域宜采用1：50 000;对中下游可采用1：2 000～1：10 000。除应符合本规范第8章的规定外，尚应调查下列内容：

1 冰雪融化和暴雨强度、一次最大降雨量，平均及最大流量，地下水活动等情况；

2 地形地貌特征，包括沟谷的发育程度、切割情况，坡度、弯曲、粗糙程度，并划分泥石流的形成区、流通区和堆积区，圈绘整个沟谷的汇水面积；

3 形成区的水源类型、水量、汇水条件、山坡坡度，岩层性质和风化程度；查明断裂、滑坡、崩塌、岩堆等不良地质作用的发育情况及可能形成泥石流固体物质的分布范围、储量；

4 流通区的沟床纵横坡度、跌水、急湾等特征；查明沟床两侧山坡坡度、稳定程度，沟床的冲淤变化和泥石流的痕迹；

5 堆积区的堆积扇分布范围，表面形态，纵坡，植被，沟道变迁和冲淤情况；查明堆积物的性质、层次、厚度、一般粒径和最大粒径；判定堆积区的形成历史、堆积速度，估算一次最大堆积量；

6 泥石流沟谷的历史，历次泥石流的发生时间、频数、规模、形成过程、暴发前的降雨情况和暴发后产生的灾害情况；

7 开矿弃渣、修路切坡、砍伐森林、陡坡开荒和过度放牧等人类活动情况；

8 当地防治泥石流的经验。

**5.4.4** 当需要对泥石流采取防治措施时，应进行勘探测试，进一步查明泥石流堆积物的性质、结构、厚度，固体物质含量、最大粒径，流速、流量，冲出量和淤积量。

**5.4.5** 泥石流的工程分类，宜遵守本规范附录C的规定。

**5.4.6** 泥石流地区工程建设适宜性的评价，应符合下列要求：

1 $Ⅰ_1$类和$Ⅱ_1$类泥石流沟谷不应作为工程场地，各类线路宜避开；

2 $Ⅰ_2$类和$Ⅱ_2$类泥石流沟谷不宜作为工程场地，当必须利用时应采取治理措施；线路应避免直穿堆积扇，可在沟口设桥（墩）通过；

3 $Ⅰ_3$类和$Ⅱ_3$类泥石流沟谷可利用其堆积区作为工程场地，但应避开沟口；线路可在堆积扇通过，可分段设桥和采取排洪、导流措施，不宜改沟、并沟；

4 当上游大量弃渣或进行工程建设，改变了原有供排平衡条件时，应重新判定产生新的泥石流的可能性。

**5.4.7** 泥石流岩土工程勘察报告，除应遵守本规范第14章的规定外，尚应包括下列内容：

1 泥石流的地质背景和形成条件；

2 形成区、流通区、堆积区的分布和特征，绘制专门工程地质图；

3 划分泥石流类型，评价其对工程建设的适宜性；

4 泥石流防治和监测的建议。

## 5.5 采 空 区

**5.5.1** 本节适用于老采空区、现采空区和未来采空区的岩土工程勘察。采空区勘察应查明老采空区上覆岩层的稳定性，预测现采空区和未来采空区的地表移动、变形的特征和规律性；判定其作为工程场地的适宜性。

**5.5.2** 采空区的勘察宜以搜集资料、调查访问为主，并应查明下列内容：

1 矿层的分布、层数、厚度、深度、埋藏特征和上覆岩层的岩性、构造等；

2 矿层开采的范围、深度、厚度、时间、方法和顶板管理，采空区的塌落、密实程度、空隙和积水等；

3 地表变形特征和分布，包括地表陷坑、台阶、裂缝的位置、形状、大小、深度、延伸方向及其与地质构造、开采边界、工作面推进方向等的关系；

4 地表移动盆地的特征，划分中间区、内边缘区和外边缘区，确定地表移动和变形的特征值；

5 采空区附近的抽水和排水情况及其对采空区

稳定的影响；

6 搜集建筑物变形和防治措施的经验。

**5.5.3** 对老采空区和现采空区，当工程地质调查不能查明采空区的特征时，应进行物探和钻探。

**5.5.4** 对现采空区和未来采空区，应通过计算预测地表移动和变形的特征值，计算方法可按现行标准《建筑物、水体、铁路及主要井巷煤柱留设与压煤开采规程》执行。

**5.5.5** 采空区宜根据开采情况，地表移动盆地特征和变形大小，划分为不宜建筑的场地和相对稳定的场地，并宜符合下列规定：

1 下列地段不宜作为建筑场地：

1）在开采过程中可能出现非连续变形的地段；

2）地表移动活跃的地段；

3）特厚矿层和倾角大于55°的厚矿层露头地段；

4）由于地表移动和变形引起边坡失稳和山崖崩塌的地段；

5）地表倾斜大于10mm/m，地表曲率大于0.6mm/m$^2$或地表水平变形大于6mm/m的地段。

2 下列地段作为建筑场地时，应评价其适宜性：

1）采空区采深采厚比小于30的地段；

2）采深小，上覆岩层极坚硬，并采用非正规开采方法的地段；

3）地表倾斜为3～10mm/m，地表曲率为0.2～0.6mm/m$^2$或地表水平变形为2～6mm/m的地段。

**5.5.6** 采深小、地表变形剧烈且为非连续变形的小窑采空区，应通过搜集资料、调查、物探和钻探等工作，查明采空区和巷道的位置、大小、埋藏深度、开采时间、开采方式、回填塌落和充水等情况；并查明地表裂缝、陷坑的位置、形状、大小、深度、延伸方向及其与采空区的关系；

**5.5.7** 小窑采空区的建筑物应避开地表裂缝和陷坑地段。对次要建筑且采空区采深采厚比大于30，地表已经稳定时可不进行稳定性评价；当采深采厚比小于30时，可根据建筑物的基底压力、采空区的埋深、范围和上覆岩层的性质等评价地基的稳定性，并根据矿区经验提出处理措施的建议。

## 5.6 地面沉降

**5.6.1** 本节适用于抽吸地下水引起水位或水压下降而造成大面积地面沉降的岩土工程勘察。

**5.6.2** 对已发生地面沉降的地区，地面沉降勘察应查明其原因和现状，并预测其发展趋势，提出控制和治理方案。

对可能发生地面沉降的地区，应预测发生的可能性，并对可能的沉降层位做出估计，对沉降量进行估算，提出预防和控制地面沉降的建议。

**5.6.3** 对地面沉降原因，应调查下列内容：

1 场地的地貌和微地貌；

2 第四纪堆积物的年代、成因、厚度、埋藏条件和土性特征，硬土层和软弱压缩层的分布；

3 地下水位以下可压缩层的固结状态和变形参数；

4 含水层和隔水层的埋藏条件和承压性质，含水层的渗透系数、单位涌水量等水文地质参数；

5 地下水的补给、径流、排泄条件，含水层间或地下水与地面水的水力联系；

6 历年地下水位、水头的变化幅度和速率；

7 历年地下水的开采量和回灌量，开采或回灌的层段；

8 地下水位下降漏斗及回灌时地下水反漏斗的形成和发展过程。

**5.6.4** 对地面沉降现状的调查，应符合下列要求：

1 按精密水准测量要求进行长期观测，并按不同的结构单元设置高程基准标、地面沉降标和分层沉降标；

2 对地下水的水位升降，开采量和回灌量，化学成分，污染情况和孔隙水压力消散、增长情况进行观测；

3 调查地面沉降对建筑物的影响，包括建筑物的沉降、倾斜、裂缝及其发生时间和发展过程；

4 绘制不同时间的地面沉降等值线图，并分析地面沉降中心与地下水位下降漏斗的关系及地面回弹与地下水位反漏斗的关系；

5 绘制以地面沉降为特征的工程地质分区图。

**5.6.5** 对已发生地面沉降的地区，可根据工程地质和水文地质条件，建议采取下列控制和治理方案：

1 减少地下水开采量和水位降深，调整开采层次，合理开发，当地面沉降发展剧烈时，应暂时停止开采地下水；

2 对地下水进行人工补给，回灌时应控制回灌水源的水质标准，以防止地下水被污染；

3 限制工程建设中的人工降低地下水位。

**5.6.6** 对可能发生地面沉降的地区应预测地面沉降的可能性和估算沉降量，并可采取下列预测和防治措施：

1 根据场地工程地质、水文地质条件，预测可压缩层的分布；

2 根据抽水压密试验、渗透试验、先期固结压力试验、流变试验、载荷试验等的测试成果和沉降观测资料，计算分析地面沉降量和发展趋势；

3 提出合理开采地下水资源，限制人工降低地下水位及在地面沉降区内进行工程建设应采取措施的建议。

## 5.7 场地和地基的地震效应

**5.7.1** 抗震设防烈度等于或大于6度的地区，应进行场地和地基地震效应的岩土工程勘察，并应根据国家批准的地震动参数区划和有关的规范，提出勘察场地的抗震设防烈度、设计基本地震加速度和设计地震分组。

**5.7.2 在抗震设防烈度等于或大于6度的地区进行勘察时，应确定场地类别。当场地位于抗震危险地段时，应根据现行国家标准《建筑抗震设计规范》GB 50011的要求，提出专门研究的建议。**

**5.7.3** 对需要采用时程分析的工程，应根据设计要求，提供土层剖面、覆盖层厚度和剪切波速度等有关参数。任务需要时，可进行地震安全性评估或抗震设防区划。

**5.7.4** 为划分场地类别布置的勘探孔，当缺乏资料时，其深度应大于覆盖层厚度。当覆盖层厚度大于80m时，勘探孔深度应大于80m，并分层测定剪切波速。10层和高度30m以下的丙类和丁类建筑，无实测剪切波速时，可按现行国家标准《建筑抗震设计规范》(GB 50011) 的规定，按土的名称和性状估计土的剪切波速。

**5.7.5** 抗震设防烈度为6度时，可不考虑液化的影响，但对沉陷敏感的乙类建筑，可按7度进行液化判别。甲类建筑应进行专门的液化勘察。

**5.7.6** 场地地震液化判别应先进行初步判别，当初步判别认为有液化可能时，应再作进一步判别。液化的判别宜采用多种方法，综合判定液化可能性和液化等级。

**5.7.7** 液化初步判别除按现行国家有关抗震规范进行外，尚宜包括下列内容进行综合判别：

**1** 分析场地地形、地貌、地层、地下水等与液化有关的场地条件；

**2** 当场地及其附近存在历史地震液化遗迹时，宜分析液化重复发生的可能性；

**3** 倾斜场地或液化层倾向水面或临空面时，应评价液化引起土体滑移的可能性。

**5.7.8 地震液化的进一步判别应在地面以下15m的范围内进行；对于桩基和基础埋深大于5m的天然地基，判别深度应加深至20m。对判别液化而布置的勘探点不应少于3个，勘探孔深度应大于液化判别深度。**

**5.7.9** 地震液化的进一步判别，除应按现行国家标准《建筑抗震设计规范》(GB 50011) 的规定执行外，尚可采用其他成熟方法进行综合判别。

当采用标准贯入试验判别液化时，应按每个试验孔的实测击数进行。在需作判定的土层中，试验点的竖向间距宜为1.0～1.5m，每层土的试验点数不宜少于6个。

**5.7.10 凡判别为可液化的场地、应按现行国家标准《建筑抗震设计规范》(GB 50011) 的规定确定其液化指数和液化等级。**

**勘察报告除应阐明可液化的土层、各孔的液化指数外，尚应根据各孔液化指数综合确定场地液化等级。**

**5.7.11** 抗震设防烈度等于或大于7度的厚层软土分布区，宜判别软土震陷的可能性和估算震陷量。

**5.7.12** 场地或场地附近有滑坡、滑移、崩塌、塌陷、泥石流、采空区等不良地质作用时，应进行专门勘察，分析评价在地震作用时的稳定性。

## 5.8 活动断裂

**5.8.1** 抗震设防烈度等于或大于7度的重大工程场地应进行活动断裂（以下简称断裂）勘察。断裂勘察应查明断裂的位置和类型，分析其活动性和地震效应，评价断裂对工程建设可能产生的影响，并提出处理方案。

对核电厂的断裂勘察，应按核安全法规和导则进行专门研究。

**5.8.2** 断裂的地震工程分类应符合下列规定：

**1** 全新活动断裂为在全新地质时期（一万年）内有过地震活动或近期正在活动，在今后一百年可能继续活动的断裂；全新活动断裂中、近期（近500年来）发生过地震震级$M\geqslant5$级的断裂，或在今后100年内，可能发生$M\geqslant5$级的断裂，可定为发震断裂；

**2** 非全新活动断裂：一万年以前活动过，一万年以来没有发生过活动的断裂。

**5.8.3** 全新活动断裂可按表5.8.3分级。

**表5.8.3 全新活动断裂分级**

| 断裂分级 \ 指标 | | 活动性 | 平均活动速率$v$ (mm/a) | 历史地震震级$M$ |
|---|---|---|---|---|
| Ⅰ | 强烈全新活动断裂 | 中晚更新世以来有活动，全新世活动强烈 | $v>1$ | $M\geqslant7$ |
| Ⅱ | 中等全新活动断裂 | 中晚更新世以来有活动，全新世活动较强烈 | $1\geqslant v\geqslant0.1$ | $7>M\geqslant6$ |
| Ⅲ | 微弱全新活动断裂 | 全新世有微弱活动 | $v<0.1$ | $M<6$ |

**5.8.4** 断裂勘察，应搜集和分析有关文献档案资料，包括卫星航空相片，区域构造地质，强震震中分布，地应力和地形变，历史和近期地震等。

**5.8.5** 断裂勘察工程地质测绘，除应符合本规范第8章的要求外，尚应包括下列内容的调查：

**1** 地形地貌特征：山区或高原不断上升剥蚀或有长距离的平滑分界线；非岩性影响的陡坡、峭壁，深切的直线形河谷，一系列滑坡、崩塌和山前叠置的洪积扇；定向断续线形分布的残丘、洼地、沼泽、芦苇地、盐碱地、湖泊、跌水、泉、温泉等；水系定向展布或同向扭曲错动等。

2　地质特征：近期断裂活动留下的第四系错动，地下水和植被的特征；断层带的破碎和胶结特征等；深色物质宜采用放射性碳14（$C^{14}$）法，非深色物质宜采用热释光法或铀系法，测定已错断层位和未错断层位的地质年龄，并确定断裂活动的最新时限。

3　地震特征：与地震有关的断层、地裂缝、崩塌、滑坡、地震湖、河流改道和砂土液化等。

**5.8.6**　大型工业建设场地，在可行性研究勘察时，应建议避让全新活动断裂和发震断裂。避让距离应根据断裂的等级、规模、性质、覆盖层厚度、地震烈度等因素，按有关标准综合确定。非全新活动断裂可不采取避让措施，但当浅埋且破碎带发育时，可按不均匀地基处理。

# 6　特殊性岩土

## 6.1　湿陷性土

**6.1.1**　本节适用于干旱和半干旱地区除黄土以外的湿陷性碎石土、湿陷性砂土和其他湿陷性土的岩土工程勘察。对湿陷性黄土的勘察应按现行国家标准《湿陷性黄土地区建筑规范》(GB 50025)执行。

**6.1.2**　当不能取试样做室内湿陷性试验时，应采用现场载荷试验确定湿陷性。在200kPa压力下浸水载荷试验的附加湿陷量与承压板宽度之比等于或大于0.023的土，应判定为湿陷性土。

**6.1.3**　湿陷性土场地勘察，除应遵守本规范第4章的规定外，尚应符合下列要求：

1　勘探点的间距应按本规范第4章的规定取小值。对湿陷性土分布极不均匀的场地应加密勘探点；

2　控制性勘探孔深度应穿透湿陷性土层；

3　应查明湿陷性土的年代、成因、分布和其中的夹层、包含物、胶结物的成分和性质；

4　湿陷性碎石土和砂土，宜采用动力触探试验和标准贯入试验确定力学特性；

5　不扰动土试样应在探井中采取；

6　不扰动土试样除测定一般物理力学性质外，尚应作土的湿陷性和湿化试验；

7　对不能取得不扰动土试样的湿陷性土，应在探井中采用大体积法测定密度和含水量；

8　对于厚度超过2m的湿陷性土，应在不同深度处分别进行浸水载荷试验，并应不受相邻试验的浸水影响。

**6.1.4**　湿陷性土的岩土工程评价应符合下列规定：

1　湿陷性土的湿陷程度划分应符合表6.1.4的规定；

2　湿陷性土的地基承载力宜采用载荷试验或其他原位测试确定；

3　对湿陷性土边坡，当浸水因素引起湿陷性土本身或其与下伏地层接触面的强度降低时，应进行稳定性评价。

**6.1.5**　湿陷性土地基受水浸湿至下沉稳定为止的总湿陷量 $\Delta_s$（cm），应按下式计算：

$$\Delta_s = \sum_{i=1}^{n} \beta \Delta F_{si} h_i \qquad (6.1.5)$$

式中　$\Delta F_{si}$——第 $i$ 层土浸水载荷试验的附加湿陷量（cm）；

$h_i$——第 $i$ 层土的厚度（cm），从基础底面（初步勘察时自地面下1.5m）算起，$\Delta F_{si}/b<0.023$ 的不计入；

$\beta$——修正系数（$cm^{-1}$）。承压板面积为 $0.50m^2$ 时，$\beta=0.014$；承压板面积为 $0.25m^2$ 时，$\beta=0.020$。

**表6.1.4　湿陷程度分类**

| 试验条件 / 湿陷程度 | 附加湿陷量 $\Delta F_s$（cm） | |
|---|---|---|
| | 承压板面积 $0.50m^2$ | 承压板面积 $0.25m^2$ |
| 轻　微 | $1.6<\Delta F_s\leqslant 3.2$ | $1.1<\Delta F_s\leqslant 2.3$ |
| 中　等 | $3.2<\Delta F_s\leqslant 7.4$ | $2.3<\Delta F_s\leqslant 5.3$ |
| 强　烈 | $\Delta F_s>7.4$ | $\Delta F_s>5.3$ |

注：对能用取土器取得不扰动试样的湿陷性粉砂，其试验方法和评定标准按现行国家标准《湿陷性黄土地区建筑规范》(GB 50025)执行。

**6.1.6**　湿陷性土地基的湿陷等级应按表6.1.6判定。

**6.1.7**　湿陷性土地基的处理应根据土质特征、湿陷等级和当地建筑经验等因素综合确定。

**表6.1.6　湿陷性土地基的湿陷等级**

| 总湿陷量 $\Delta_s$（cm） | 湿陷性土总厚度（m） | 湿陷等级 |
|---|---|---|
| $5<\Delta_s\leqslant 30$ | >3 | Ⅰ |
| | ≤3 | Ⅱ |
| $30<\Delta_s\leqslant 60$ | >3 | Ⅱ |
| | ≤3 | Ⅲ |
| $\Delta_s>60$ | >3 | Ⅲ |
| | ≤3 | Ⅳ |

## 6.2　红黏土

**6.2.1**　本节适用于红黏土（含原生与次生红黏土）的岩土工程勘察。颜色为棕红或褐黄，覆盖于碳酸盐岩系之上，其液限大于或等于50%的高塑性黏土，应判定为原生红黏土。原生红黏土经搬运、沉积后仍保留其基本特征，且其液限大于45%的黏土，可判定为次生红黏土。

**6.2.2**　红黏土地区的岩土工程勘察，应着重查明其状态分布、裂隙发育特征及地基的均匀性。

**1** 红黏土的状态除按液性指数判定外，尚可按表 6.2.2-1 判定；

**表 6.2.2-1 红黏土的状态分类**

| 状态 | 含水比 $\alpha_w$ |
| --- | --- |
| 坚硬 | $\alpha_w \leqslant 0.55$ |
| 硬塑 | $0.55 < \alpha_w \leqslant 0.70$ |
| 可塑 | $0.70 < \alpha_w \leqslant 0.85$ |
| 软塑 | $0.85 < \alpha_w \leqslant 1.00$ |
| 流塑 | $\alpha_w > 1.00$ |

注：$\alpha_w = w/w_L$

**2** 红黏土的结构可根据其裂隙发育特征按表 6.2.2-2 分类；

**3** 红黏土的复浸水特性可按表 6.2.2-3 分类；

**4** 红黏土的地基均匀性可按表 6.2.2-4 分类。

**表 6.2.2-2 红黏土的结构分类**

| 土体结构 | 裂隙发育特征 |
| --- | --- |
| 致密状的 | 偶见裂隙（<1 条/m） |
| 巨块状的 | 较多裂隙（1～2 条/m） |
| 碎块状的 | 富裂隙（>5 条/m） |

**表 6.2.2-3 红黏土的复浸水特性分类**

| 类别 | $I_r$ 与 $I'_r$ 关系 | 复浸水特性 |
| --- | --- | --- |
| Ⅰ | $I_r \geqslant I'_r$ | 收缩后复浸水膨胀，能恢复到原位 |
| Ⅱ | $I_r < I'_r$ | 收缩后复浸水膨胀，不能恢复到原位 |

注：$I_r = w_L/w_P$，$I'_r = 1.4 + 0.0066w_L$。

**表 6.2.2-4 红黏土的地基均匀性分类**

| 地基均匀性 | 地基压缩层范围内岩土组成 |
| --- | --- |
| 均匀地基 | 全部由红黏土组成 |
| 不均匀地基 | 由红黏土和岩石组成 |

**6.2.3** 红黏土地区的工程地质测绘和调查应按本规范第 8 章的规定进行，并着重查明下列内容：

**1** 不同地貌单元红黏土的分布、厚度、物质组成、土性等特征及其差异；

**2** 下伏基岩岩性、岩溶发育特征及其与红黏土土性、厚度变化的关系；

**3** 地裂分布、发育特征及其成因，土体结构特征，土体中裂隙的密度、深度、延展方向及其发育规律；

**4** 地表水体和地下水的分布、动态及其与红黏土状态垂向分带的关系；

**5** 现有建筑物开裂原因分析，当地勘察、设计、施工经验等。

**6.2.4** 红黏土地区勘探点的布置，应取较密的间距，查明红黏土厚度和状态的变化。初步勘察勘探点间距宜取 30～50m；详细勘察勘探点间距，对均匀地基宜取 12～24m，对不均匀地基宜取 6～12m。厚度和状态变化大的地段，勘探点间距还可加密。各阶段勘探孔的深度可按本规范第 4.1 节的有关规定执行。对不均匀地基，勘探孔深度应达到基岩。

对不均匀地基、有土洞发育或采用岩面端承桩时，宜进行施工勘察，其勘探点间距和勘探孔深度根据需要确定。

**6.2.5** 当岩土工程评价需要详细了解地下水埋藏条件、运动规律和季节变化时，应在测绘调查的基础上补充进行地下水的勘察、试验和观测工作。有关要求按本规范第 7 章的规定执行。

**6.2.6** 红黏土的室内试验除应满足本规范第 11 章的规定外，对裂隙发育的红黏土应进行三轴剪切试验或无侧限抗压强度试验。必要时，可进行收缩试验和复浸水试验。当需评价边坡稳定性时，宜进行重复剪切试验。

**6.2.7** 红黏土的地基承载力应按本规范第 4.1.24 条的规定确定。当基础浅埋、外侧地面倾斜、有临空面或承受较大水平荷载时，应结合以下因素综合考虑确定红黏土的承载力：

**1** 土体结构和裂隙对承载力的影响；

**2** 开挖面长时间暴露，裂隙发展和复浸水对土质的影响。

**6.2.8** 红黏土的岩土工程评价应符合下列要求：

**1** 建筑物应避免跨越地裂密集带或深长地裂地段；

**2** 轻型建筑物的基础埋深应大于大气影响急剧层的深度；炉窑等高温设备的基础应考虑地基土的不均匀收缩变形；开挖明渠时应考虑土体干湿循环的影响；在石芽出露的地段，应考虑地表水下渗形成的地面变形；

**3** 选择适宜的持力层和基础形式，在满足本条第 2 款要求的前提下，基础宜浅埋，利用浅部硬壳层，并进行下卧层承载力的验算；不能满足承载力和变形要求时，应建议进行地基处理或采用桩基础；

**4** 基坑开挖时宜采取保湿措施，边坡应及时维护，防止失水干缩。

## 6.3 软　土

**6.3.1** 天然孔隙比大于或等于 1.0，且天然含水量大于液限的细粒土应判定为软土，包括淤泥、淤泥质土、泥炭、泥炭质土等。

**6.3.2** 软土勘察除应符合常规要求外，尚应查明下列内容：

**1** 成因类型、成层条件、分布规律、层理特征、水平向和垂直向的均匀性；

2 地表硬壳层的分布与厚度、下伏硬土层或基岩的埋深和起伏；

3 固结历史、应力水平和结构破坏对强度和变形的影响；

4 微地貌形态和暗埋的塘、浜、沟、坑、穴的分布、埋深及其填土的情况；

5 开挖、回填、支护、工程降水、打桩、沉井等对软土应力状态、强度和压缩性的影响；

6 当地的工程经验。

**6.3.3** 软土地区勘察宜采用钻探取样与静力触探结合的手段。勘探点布置应根据土的成因类型和地基复杂程度确定。当土层变化较大或有暗埋的塘、浜、沟、坑、穴时应予加密。

**6.3.4** 软土取样应采用薄壁取土器，其规格应符合本规范第9章的要求。

**6.3.5** 软土原位测试宜采用静力触探试验、旁压试验、十字板剪切试验、扁铲侧胀试验和螺旋板载荷试验。

**6.3.6** 软土的力学参数宜采用室内试验、原位测试，结合当地经验确定。有条件时，可根据堆载试验、原型监测反分析确定。抗剪强度指标室内宜采用三轴试验，原位测试宜采用十字板剪切试验。

压缩系数、先期固结压力、压缩指数、回弹指数、固结系数，可分别采用常规固结试验、高压固结试验等方法确定。

**6.3.7** 软土的岩土工程评价应包括下列内容：

1 判定地基产生失稳和不均匀变形的可能性；当工程位于池塘、河岸、边坡附近时，应验算其稳定性；

2 软土地基承载力应根据室内试验、原位测试和当地经验，并结合下列因素综合确定：

1）软土成层条件、应力历史、结构性、灵敏度等力学特性和排水条件；

2）上部结构的类型、刚度、荷载性质和分布，对不均匀沉降的敏感性；

3）基础的类型、尺寸、埋深和刚度等；

4）施工方法和程序。

3 当建筑物相邻高低层荷载相差较大时，应分析其变形差异和相互影响；当地面有大面积堆载时，应分析对相邻建筑物的不利影响；

4 地基沉降计算可采用分层总和法或土的应力历史法，并应根据当地经验进行修正，必要时，应考虑软土的次固结效应；

5 提出基础形式和持力层的建议；对于上为硬层，下为软土的双层土地基应进行下卧层验算。

## 6.4 混 合 土

**6.4.1** 由细粒土和粗粒土混杂且缺乏中间粒径的土应定名为混合土。

当碎石土中粒径小于0.075mm的细粒土质量超过总质量的25%时，应定名为粗粒混合土；当粉土或黏性土中粒径大于2mm的粗粒土质量超过总质量的25%时，应定名为细粒混合土。

**6.4.2** 混合土的勘察应符合下列要求：

1 查明地形和地貌特征，混合土的成因、分布，下卧土层或基岩的埋藏条件；

2 查明混合土的组成、均匀性及其在水平方向和垂直方向上的变化规律；

3 勘探点的间距和勘探孔的深度除应满足本规范第4章的要求外，尚应适当加密加深；

4 应有一定数量的探井，并应采取大体积土试样进行颗粒分析和物理力学性质测定；

5 对粗粒混合土宜采用动力触探试验，并应有一定数量的钻孔或探井检验；

6 现场载荷试验的承压板直径和现场直剪试验的剪切面直径都应大于试验土层最大粒径的5倍，载荷试验的承压板面积不应小于0.5$m^2$，直剪试验的剪切面面积不宜小于0.25$m^2$。

**6.4.3** 混合土的岩土工程评价应包括下列内容：

1 混合土的承载力应采用载荷试验、动力触探试验并结合当地经验确定；

2 混合土边坡的容许坡度值可根据现场调查和当地经验确定。对重要工程应进行专门试验研究。

## 6.5 填 土

**6.5.1** 填土根据物质组成和堆填方式，可分为下列四类：

1 素填土：由碎石土、砂土、粉土和黏性土等一种或几种材料组成，不含杂物或含杂物很少；

2 杂填土：含有大量建筑垃圾、工业废料或生活垃圾等杂物；

3 冲填土：由水力冲填泥砂形成；

4 压实填土：按一定标准控制材料成分、密度、含水量，分层压实或夯实而成。

**6.5.2** 填土勘察应包括下列内容：

1 搜集资料，调查地形和地物的变迁，填土的来源、堆积年限和堆积方式；

2 查明填土的分布、厚度、物质成分、颗粒级配、均匀性、密实性、压缩性和湿陷性；

3 判定地下水对建筑材料的腐蚀性。

**6.5.3** 填土勘察应在本规范第4章规定的基础上加密勘探点，确定暗埋的塘、浜、坑的范围。勘探孔的深度应穿透填土层。

勘探方法应根据填土性质确定。对由粉土或黏性土组成的素填土，可采用钻探取样、轻型钻具与原位测试相结合的方法；对含较多粗粒成分的素填土和杂填土宜采用动力触探、钻探，并应有一定数量的探井。

**6.5.4** 填土的工程特性指标宜采用下列测试方法确定：

1 填土的均匀性和密实度宜采用触探法，并辅以室内试验；

2 填土的压缩性、湿陷性宜采用室内固结试验或现场载荷试验；

3 杂填土的密度试验宜采用大容积法；

4 对压实填土，在压实前应测定填料的最优含水量和最大干密度，压实后应测定其干密度，计算压实系数。

**6.5.5** 填土的岩土工程评价应符合下列要求：

1 阐明填土的成分、分布和堆积年代，判定地基的均匀性、压缩性和密实度；必要时应按厚度、强度和变形特性分层或分区评价；

2 对堆积年限较长的素填土、冲填土和由建筑垃圾或性能稳定的工业废料组成的杂填土，当较均匀和较密实时可作为天然地基；由有机质含量较高的生活垃圾和对基础有腐蚀性的工业废料组成的杂填土，不宜作为天然地基；

3 填土地基承载力应按本规范第4.1.24条的规定综合确定；

4 当填土底面的天然坡度大于20%时，应验算其稳定性。

**6.5.6** 填土地基基坑开挖后应进行施工验槽。处理后的填土地基应进行质量检验。对复合地基，宜进行大面积载荷试验。

## 6.6 多年冻土

**6.6.1** 含有固态水，且冻结状态持续二年或二年以上的土，应判定为多年冻土。

**6.6.2** 根据融化下沉系数 $\delta_0$ 的大小，多年冻土可分为不融沉、弱融沉、融沉、强融沉和融陷五级，并应符合表6.6.2的规定。冻土的平均融化下沉系数 $\delta_0$ 可按下式计算：

$$\delta_0 = \frac{h_1 - h_2}{h_1} = \frac{e_1 - e_2}{1 + e_1} \times 100(\%) \quad (6.6.2)$$

式中 $h_1$、$e_1$——冻土试样融化前的高度（mm）和孔隙比；

$h_2$、$e_2$——冻土试样融化后的高度（mm）和孔隙比。

**表6.6.2 多年冻土的融沉性分类**

| 土的名称 | 总含水量 $w_0$(%) | 平均融沉系数 $\delta_0$ | 融沉等级 | 融沉类别 | 冻土类型 |
|---|---|---|---|---|---|
| 碎石土，砾、粗、中砂（粒径小于0.075mm的颗粒含量不大于15%） | $w_0<10$ | $\delta_0 \leqslant 1$ | Ⅰ | 不融沉 | 少冰冻土 |
| | $w_0 \geqslant 10$ | $1<\delta_0 \leqslant 3$ | Ⅱ | 弱融沉 | 多冰冻土 |
| 碎石土，砾、粗、中砂（粒径小于0.075mm的颗粒含量大于15%） | $w_0<12$ | $\delta_0 \leqslant 1$ | Ⅰ | 不融沉 | 少冰冻土 |
| | $12 \leqslant w_0<15$ | $1<\delta_0 \leqslant 3$ | Ⅱ | 弱融沉 | 多冰冻土 |
| | $15 \leqslant w_0<25$ | $3<\delta_0 \leqslant 10$ | Ⅲ | 融沉 | 富冰冻土 |
| | $w_0 \geqslant 25$ | $10<\delta_0 \leqslant 25$ | Ⅳ | 强融沉 | 饱冰冻土 |
| 粉砂、细砂 | $w_0<14$ | $\delta_0 \leqslant 1$ | Ⅰ | 不融沉 | 少冰冻土 |
| | $14 \leqslant w_0<18$ | $1<\delta_0 \leqslant 3$ | Ⅱ | 弱融沉 | 多冰冻土 |
| | $18 \leqslant w_0<28$ | $3<\delta_0 \leqslant 10$ | Ⅲ | 融沉 | 富冰冻土 |
| | $w_0 \geqslant 28$ | $10<\delta_0 \leqslant 25$ | Ⅳ | 强融沉 | 饱冰冻土 |
| 粉土 | $w_0<17$ | $\delta_0 \leqslant 1$ | Ⅰ | 不融沉 | 少冰冻土 |
| | $17 \leqslant w_0<21$ | $1<\delta_0 \leqslant 3$ | Ⅱ | 弱融沉 | 多冰冻土 |
| | $21 \leqslant w_0<32$ | $3<\delta_0 \leqslant 10$ | Ⅲ | 融沉 | 富冰冻土 |
| | $w_0 \geqslant 32$ | $10<\delta_0 \leqslant 25$ | Ⅳ | 强融沉 | 饱冰冻土 |
| 粘性土 | $w_0<w_p$ | $\delta_0 \leqslant 1$ | Ⅰ | 不融沉 | 少冰冻土 |
| | $w_p \leqslant w_0 < w_p+4$ | $1<\delta_0 \leqslant 3$ | Ⅱ | 弱融沉 | 多冰冻土 |
| | $w_p+4 \leqslant w_0 < w_p+15$ | $3<\delta_0 \leqslant 10$ | Ⅲ | 融沉 | 富冰冻土 |
| | $w_p+15 \leqslant w_0 < w_p+35$ | $10<\delta_0 \leqslant 25$ | Ⅳ | 强融沉 | 饱冰冻土 |
| 含土冰层 | $w_0 \geqslant w_p+35$ | $\delta_0>25$ | Ⅴ | 融陷 | 含土冰层 |

注：1 总含水量 $w_0$ 包括冰和未冻水；

2 本表不包括盐渍化冻土、冻结泥炭化土、腐殖土、高塑性黏土。

**6.6.3** 多年冻土勘察应根据多年冻土的设计原则、多年冻土的类型和特征进行，并应查明下列内容：

1 多年冻土的分布范围及上限深度；

2 多年冻土的类型、厚度、总含水量、构造特征、物理力学和热学性质；

3 多年冻土层上水、层间水和层下水的赋存形式、相互关系及其对工程的影响；

4 多年冻土的融沉性分级和季节融化层土的冻胀性分级；

5 厚层地下冰、冰椎、冰丘、冻土沼泽、热融滑塌、热融湖塘、融冻泥流等不良地质作用的形态特征、形成条件、分布范围、发生发展规律及其对工程的危害程度。

**6.6.4** 多年冻土地区勘探点的间距，除应满足本规范第4章的要求外，尚应适当加密。勘探孔的深度应满足下列要求：

1 对保持冻结状态设计的地基，不应小于基底以下2倍基础宽度，对桩基应超过桩端以下3～5m；

2 对逐渐融化状态和预先融化状态设计的地基，应符合非冻土地基的要求；

3 无论何种设计原则，勘探孔的深度均宜超过多年冻土上限深度的1.5倍；

4 在多年冻土的不稳定地带，应查明多年冻土下限深度；当地基为饱冰冻土或含土冰层时，应穿透该层。

6.6.5 多年冻土的勘探测试应满足下列要求：

1 多年冻土地区钻探宜缩短施工时间，宜采用大口径低速钻进，终孔直径不宜小于108mm，必要时可采用低温泥浆，并避免在钻孔周围造成人工融区或孔内冻结；

2 应分层测定地下水位；

3 保持冻结状态设计地段的钻孔，孔内测温工作结束后应及时回填；

4 取样的竖向间隔，除应满足本规范第4章的要求外，在季节融化层应适当加密，试样在采取、搬运、贮存、试验过程中应避免融化；

5 试验项目除按常规要求外，尚应根据需要，进行总含水量、体积含冰量、相对含冰量、未冻水含量、冻结温度、导热系数、冻胀量、融化压缩等项目的试验；对盐渍化多年冻土和泥炭化多年冻土，尚应分别测定易溶盐含量和有机质含量；

6 工程需要时，可建立地温观测点，进行地温观测；

7 当需查明与冻土融化有关的不良地质作用时，调查工作宜在二月至五月份进行；多年冻土上限深度的勘察时间宜在九、十月份。

6.6.6 多年冻土的岩土工程评价应符合下列要求：

1 多年冻土的地基承载力，应区别保持冻结地基和容许融化地基，结合当地经验用载荷试验或其他原位测试方法综合确定，对次要建筑物可根据邻近工程经验确定；

2 除次要工程外，建筑物宜避开饱冰冻土、含土冰层地段和冰椎、冰丘、热融湖、厚层地下冰，融区与多年冻土区之间的过渡带，宜选择坚硬岩层、少冰冻土和多冰冻土地段以及地下水位或冻土层上水位低的地段和地形平缓的高地。

## 6.7 膨胀岩土

6.7.1 含有大量亲水矿物，湿度变化时有较大体积变化，变形受约束时产生较大内应力的岩土，应判定为膨胀岩土。膨胀土的初判应符合本规范附录D的规定；终判应在初判的基础上按本节第6.7.7条进行。

6.7.2 膨胀岩土场地，按地形地貌条件可分为平坦场地和坡地场地。符合下列条件之一者应划为平坦场地：

1 地形坡度小于5°，且同一建筑物范围内局部高差不超过1m；

2 地形坡度大于5°小于14°，与坡肩水平距离大于10m的坡顶地带。

不符合以上条件的应划为坡地场地。

6.7.3 膨胀岩土地区的工程地质测绘和调查应包括下列内容：

1 查明膨胀岩土的岩性、地质年代、成因、产状、分布以及颜色、节理、裂缝等外观特征；

2 划分地貌单元和场地类型，查明有无浅层滑坡、地裂、冲沟以及微地貌形态和植被情况；

3 调查地表水的排泄和积聚情况以及地下水类型、水位和变化规律；

4 搜集当地降水量、蒸发力、气温、地温、干湿季节、干旱持续时间等气象资料，查明大气影响深度；

5 调查当地建筑经验。

6.7.4 膨胀岩土的勘察应遵守下列规定：

1 勘探点宜结合地貌单元和微地貌形态布置；其数量应比非膨胀岩土地区适当增加，其中采取试样的勘探点不应少于全部勘探点的1/2；

2 勘探孔的深度，除应满足基础埋深和附加应力的影响深度外，尚应超过大气影响深度；控制性勘探孔不应小于8m，一般性勘探孔不应小于5m；

3 在大气影响深度内，每个控制性勘探孔均应采取Ⅰ、Ⅱ级土试样，取样间距不应大于1.0m，在大气影响深度以下，取样间距可为1.5～2.0m；一般性勘探孔从地表下1m开始至5m深度内，可取Ⅲ级土试样，测定天然含水量。

6.7.5 膨胀岩土的室内试验，除应遵守本规范第11章的规定外，尚应测定下列指标：

1 自由膨胀率；

2 一定压力下的膨胀率；

3 收缩系数；

4 膨胀力。

6.7.6 重要的和有特殊要求的工程场地，宜进行现场浸水载荷试验、剪切试验或旁压试验。对膨胀岩应进行黏土矿物成分、体膨胀量和无侧限抗压强度试验。对各向异性的膨胀岩土，应测定其不同方向的膨胀率、膨胀力和收缩系数。

6.7.7 对初判为膨胀土的地区，应计算土的膨胀变形量、收缩变形量和胀缩变形量，并划分胀缩等级。计算和划分方法应符合现行国家标准《膨胀土地区建筑技术规范》（GBJ 112）的规定。有地区经验时，亦可根据地区经验分级。

当拟建场地或其邻近有膨胀岩土损坏的工程时，应判定为膨胀岩土，并进行详细调查，分析膨胀岩土对工程的破坏机制，估计膨胀力的大小和胀缩等级。

6.7.8 膨胀岩土的岩土工程评价应符合下列规定：

1 对建在膨胀岩土上的建筑物，其基础埋深、地基处理、桩基设计、总平面布置、建筑和结构措施、施工和维护，应符合现行国家标准《膨胀土地区建筑技术规范》（GBJ 112）的规定；

2 一级工程的地基承载力应采用浸水载荷试验方法确定；二级工程宜采用浸水载荷试验；三级工程可采用饱和状态下不固结不排水三轴剪切试验计算或根据已有经验确定；

3 对边坡及位于边坡上的工程，应进行稳定性验算；验算时应考虑坡体内含水量变化的影响；均质土可采用圆弧滑动法，有软弱夹层及层状膨胀岩土应按最不利的滑动面验算；具有胀缩裂缝和地裂缝的膨胀土边坡，应进行沿裂缝滑动的验算。

## 6.8 盐 渍 岩 土

**6.8.1** 岩土中易溶盐含量大于0.3%，并具有溶陷、盐胀、腐蚀等工程特性时，应判定为盐渍岩土。

**6.8.2** 盐渍岩按主要含盐矿物成分可分为石膏盐渍岩、芒硝盐渍岩等。盐渍土根据其含盐化学成分和含盐量可按表6.8.2-1和6.8.2-2分类。

**表 6.8.2-1 盐渍土按含盐化学成分分类**

| 盐渍土名称 | $\frac{c\ (Cl^{-1})}{2c\ (SO_4^{2-})}$ | $\frac{2c\ (CO_3^{2-})\ +c\ (HCO_3^-)}{c\ (Cl^-)\ +2c\ (SO_4^{2-})}$ |
|---|---|---|
| 氯盐渍土 | >2 | — |
| 亚氯盐渍土 | 2～1 | — |
| 亚硫酸盐渍土 | 1～0.3 | — |
| 硫酸盐渍土 | <0.3 | — |
| 碱性盐渍土 | — | >0.3 |

注：表中 $c\ (Cl^-)$ 为氯离子在100g土中所含毫摩数，其他离子同。

**表 6.8.2-2 盐渍土按含盐量分类**

| 盐渍土名称 | 平均含盐量（%） | | |
|---|---|---|---|
| | 氯及亚氯盐 | 硫酸及亚硫酸盐 | 碱 性 盐 |
| 弱盐渍土 | 0.3～1.0 | — | — |
| 中盐渍土 | 1～5 | 0.3～2.0 | 0.3～1.0 |
| 强盐渍土 | 5～8 | 2～5 | 1～2 |
| 超盐渍土 | >8 | >5 | >2 |

**6.8.3** 盐渍岩土地区的调查工作，应包括下列内容：

1 盐渍岩土的成因、分布和特点；

2 含盐化学成分、含盐量及其在岩土中的分布；

3 溶蚀洞穴发育程度和分布；

4 搜集气象和水文资料；

5 地下水的类型、埋藏条件、水质、水位及其季节变化；

6 植物生长状况；

7 含石膏为主的盐渍岩石膏的水化深度，含芒硝较多的盐渍岩，在隧道通过地段的地温情况；

8 调查当地工程经验。

**6.8.4** 盐渍岩土的勘探测试应符合下列规定：

1 除应遵守本规范第4章规定外，勘探点布置尚应满足查明盐渍岩土分布特征的要求；

2 采取岩土试样宜在干旱季节进行，对用于测定含盐离子的扰动土取样，宜符合表6.8.4的规定；

**表 6.8.4 盐渍土扰动土试样取样要求**

| 勘察阶段 | 深度范围（m） | 取土试样间距（m） | 取样孔占勘探孔总数的百分数（%） |
|---|---|---|---|
| 初步勘察 | <5 | 1.0 | 100 |
| | 5～10 | 2.0 | 50 |
| | >10 | 3.0～5.0 | 20 |
| 详细勘察 | <5 | 0.5 | 100 |
| | 5～10 | 1.0 | 50 |
| | >10 | 2.0～3.0 | 30 |

注：浅基取样深度到10m即可。

3 工程需要时，应测定有害毛细水上升的高度；

4 应根据盐渍土的岩性特征，选用载荷试验等适宜的原位测试方法，对于溶陷性盐渍土尚应进行浸水载荷试验确定其溶陷性；

5 对盐胀性盐渍土宜现场测定有效盐胀厚度和总盐胀量，当土中硫酸钠含量不超过1%时，可不考虑盐胀性；

6 除进行常规室内试验外，尚应进行溶陷性试验和化学成分分析，必要时可对岩土的结构进行显微结构鉴定；

7 溶陷性指标的测定可按湿陷性土的湿陷试验方法进行。

**6.8.5** 盐渍岩土的岩土工程评价应包括下列内容：

1 岩土中含盐类型、含盐量及主要含盐矿物对岩土工程特性的影响；

2 岩土的溶陷性、盐胀性、腐蚀性和场地工程建设的适宜性；

3 盐渍土地基的承载力宜采用载荷试验确定，当采用其他原位测试方法时，应与载荷试验结果进行对比；

4 确定盐渍岩地基的承载力时，应考虑盐渍岩的水溶性影响；

5 盐渍岩边坡的坡度宜比非盐渍岩的软质岩石边坡适当放缓，对软弱夹层、破碎带应部分或全部加以防护；

6 盐渍岩土对建筑材料的腐蚀性评价应按本规范第12章执行。

## 6.9 风化岩和残积土

**6.9.1** 岩石在风化营力作用下，其结构、成分和性质已产生不同程度的变异，应定名为风化岩。已完全风化成土而未经搬运的应定名为残积土。

**6.9.2** 风化岩和残积土的勘察应着重查明下列内容：

1 母岩地质年代和岩石名称；

2 按本规范附录A表A.0.3划分岩石的风化

程度；

3 岩脉和风化花岗岩中球状风化体（孤石）的分布；

4 岩土的均匀性、破碎带和软弱夹层的分布；

5 地下水赋存条件。

**6.9.3** 风化岩和残积土的勘探测试应符合下列要求：

1 勘探点间距应取本规范第4章规定的小值；

2 应有一定数量的探井；

3 宜在探井中或用双重管、三重管采取试样，每一风化带不应少于3组；

4 宜采用原位测试与室内试验相结合，原位测试可采用圆锥动力触探、标准贯入试验、波速测试和载荷试验；

5 室内试验除应按本规范第11章的规定执行外，对相当于极软岩和极破碎的岩体，可按土工试验要求进行，对残积土，必要时应进行湿陷性和湿化试验。

**6.9.4** 对花岗岩残积土，应测定其中细粒土的天然含水量 $w_f$、塑限 $w_P$、液限 $w_L$。

**6.9.5** 花岗岩类残积土的地基承载力和变形模量应采用载荷试验确定。有成熟地方经验时，对于地基基础设计等级为乙级、丙级的工程，可根据标准贯入试验等原位测试资料，结合当地经验综合确定。

**6.9.6** 风化岩和残积土的岩土工程评价应符合下列要求：

1 对于厚层的强风化和全风化岩石，宜结合当地经验进一步划分为碎块状、碎屑状和土状；厚层残积土可进一步划分为硬塑残积土和可塑残积土，也可根据含砾或含砂量划分为黏性土、砂质黏性土和砾质黏性土；

2 建在软硬互层或风化程度不同地基上的工程，应分析不均匀沉降对工程的影响；

3 基坑开挖后应及时检验，对于易风化的岩类，应及时砌筑基础或采取其他措施，防止风化发展；

4 对岩脉和球状风化体（孤石），应分析评价其对地基（包括桩基）的影响，并提出相应的建议。

## 6.10 污 染 土

**6.10.1** 由于致污物质的侵入，使土的成分、结构和性质发生了显著变异的土，应判定为污染土。污染土的定名可在原分类名称前冠以“污染”二字。

**6.10.2** 本节适用于工业污染土、尾矿污染土和垃圾填埋场渗滤液污染土的勘察，不适用于核污染土的勘察。污染土对环境影响的评价可根据任务要求进行。

**6.10.3** 污染土场地和地基可分为下列类型，不同类型场地和地基勘察应突出重点。

1 已受污染的已建场地和地基；

2 已受污染的拟建场地和地基；

3 可能受污染的已建场地和地基；

4 可能受污染的拟建场地和地基。

**6.10.4** 污染土场地和地基的勘察，应根据工程特点和设计要求选择适宜的勘察手段，并应符合下列要求：

1 以现场调查为主，对工业污染应着重调查污染源、污染史、污染途径、污染物成分、污染场地已有建筑物受影响程度、周边环境等。对尾矿污染应重点调查不同的矿物种类和化学成分，了解选矿所采用工艺、添加剂及其化学性质和成分等。对垃圾填埋场应着重调查垃圾成分、日处理量、堆积容量、使用年限、防渗结构、变形要求及周边环境等。

2 采用钻探或坑探采取土试样，现场观察污染土颜色、状态、气味和外观结构等，并与正常土比较，查明污染土分布范围和深度。

3 直接接触试验样品的取样设备应严格保持清洁，每次取样后均应用清洁水冲洗后再进行下一个样品的采取；对易分解或易挥发等不稳定组分的样品，装样时应尽量减少土样与空气的接触时间，防止挥发性物质流失并防止发生氧化；土样采集后宜采取适宜的保存方法并在规定时间内运送试验室。

4 对需要确定地基土工程性能的污染土，宜采用以原位测试为主的多种手段；当需要确定污染土地基承载力时，宜进行载荷试验。

**6.10.5** 对污染土的勘探测试，当污染物对人体健康有害或对机具仪器有腐蚀性时，应采取必要的防护措施。

**6.10.6** 拟建场地污染土勘察宜分为初步勘察和详细勘察两个阶段。条件简单时，可直接进行详细勘察。

初步勘察应以现场调查为主，配合少量勘探测试，查明污染源性质、污染途径，并初步查明污染土分布和污染程度；详细勘察应在初步勘察的基础上，结合工程特点、可能采用的处理措施，有针对性地布置勘察工作量，查明污染土的分布范围、污染程度、物理力学和化学指标，为污染土处理提供参数。

**6.10.7** 勘探测试工作量的布置应结合污染源和污染途径的分布进行，近污染源处勘探点间距宜密，远污染源处勘探点间距宜疏。为查明污染土分布的勘探孔深度应穿透污染土。详细勘察时，采取污染土试样的间距应根据其厚度及可能采取的处理措施等综合确定。确定污染土与非污染土界限时，取土间距不宜大于1m。

**6.10.8** 有地下水的勘探孔应采取不同深度地下水试样，查明污染物在地下水中的空间分布。同一钻孔内采取不同深度的地下水试样时，应采用严格的隔离措施，防止因采取混合水样而影响判别结论。

**6.10.9** 污染土和水的室内试验，应根据污染情况和任务要求进行下列试验：

1 污染土和水的化学成分；

2 污染土的物理力学性质；

3 对建筑材料腐蚀性的评价指标；

4 对环境影响的评价指标；

5 力学试验项目和试验方法应充分考虑污染土的特殊性质，进行相应的试验，如膨胀、湿化、湿陷性试验等；

6 必要时进行专门的试验研究。

**6.10.10** 污染土评价应根据任务要求进行，对场地和建筑物地基的评价应符合下列要求：

1 污染源的位置、成分、性质、污染史及对周边的影响；

2 污染土分布的平面范围和深度、地下水受污染的空间范围；

3 污染土的物理力学性质，污染对土的工程特性指标的影响程度；

4 工程需要时，提供地基承载力和变形参数，预测地基变形特征；

5 污染土和水对建筑材料的腐蚀性；

6 污染土和水对环境的影响；

7 分析污染发展趋势；

8 对已建项目的危害性或拟建项目适宜性的综合评价。

**6.10.11** 污染土和水对建筑材料的腐蚀性评价和腐蚀等级的划分，应符合本规范第12章的有关规定。

**6.10.12** 污染对土的工程特性的影响程度可按表6.10.12划分。根据工程具体情况，可采用强度、变形、渗透等工程特性指标进行综合评价。

**表6.10.12 污染对土的工程特性的影响程度**

| 影响程度 | 轻微 | 中等 | 大 |
|---|---|---|---|
| 工程特性指标变化率（%） | <10 | 10～30 | >30 |

注：“工程特性指标变化率”是指污染前后工程特性指标的差值与污染前指标之百分比。

**6.10.13** 污染土和水对环境影响的评价应结合工程具体要求进行，无明确要求时可按现行国家标准《土壤环境质量标准》GB 15618、《地下水质量标准》GB/T 14848和《地表水环境质量标准》GB 3838进行评价。

**6.10.14** 污染土的处置与修复应根据污染程度、分布范围、土的性质、修复标准、处理工期和处理成本等综合考虑。

# 7 地 下 水

## 7.1 地下水的勘察要求

**7.1.1** 岩土工程勘察应根据工程要求，通过搜集资料和勘察工作，掌握下列水文地质条件：

1 地下水的类型和赋存状态；

2 主要含水层的分布规律；

3 区域性气候资料，如年降水量、蒸发量及其变化和对地下水位的影响；

4 地下水的补给排泄条件、地表水与地下水的补排关系及其对地下水位的影响；

5 勘察时的地下水位、历史最高地下水位、近3～5年最高地下水位、水位变化趋势和主要影响因素；

6 是否存在对地下水和地表水的污染源及其可能的污染程度。

**7.1.2** 对缺乏常年地下水位监测资料的地区，在高层建筑或重大工程的初步勘察时，宜设置长期观测孔，对有关层位的地下水进行长期观测。

**7.1.3** 对高层建筑或重大工程，当水文地质条件对地基评价、基础抗浮和工程降水有重大影响时，宜进行专门的水文地质勘察。

**7.1.4** 专门的水文地质勘察应符合下列要求：

1 查明含水层和隔水层的埋藏条件，地下水类型、流向、水位及其变化幅度，当场地有多层对工程有影响的地下水时，应分层量测地下水位，并查明互相之间的补给关系；

2 查明场地地质条件对地下水赋存和渗流状态的影响；必要时应设置观测孔，或在不同深度处埋设孔隙水压力计，量测压力水头随深度的变化；

3 通过现场试验，测定地层渗透系数等水文地质参数。

**7.1.5** 水试样的采取和试验应符合下列规定：

1 水试样应能代表天然条件下的水质情况；

2 水试样的采取和试验项目应符合本规范第12章的规定；

3 水试样应及时试验，清洁水放置时间不宜超过72小时，稍受污染的水不宜超过48小时，受污染的水不宜超过12小时。

## 7.2 水文地质参数的测定

**7.2.1** 水文地质参数的测定方法应符合本规范附录E的规定。

**7.2.2 地下水位的量测应符合下列规定：**

**1 遇地下水时应量测水位；**

**2 （此款取消）**

**3 对工程有影响的多层含水层的水位量测，应采取止水措施，将被测含水层与其他含水层隔开。**

**7.2.3** 初见水位和稳定水位可在钻孔、探井或测压管内直接量测，稳定水位的间隔时间按地层的渗透性确定，对砂土和碎石土不得少于0.5h，对粉土和黏性土不得少于8h，并宜在勘察结束后统一量测稳定水位。量测读数至厘米，精度不得低于±2cm。

**7.2.4** 测定地下水流向可用几何法，量测点不应少于呈三角形分布的3个测孔（井）。测点间距按岩土的渗透性、水力梯度和地形坡度确定，宜为50～

100m。应同时量测各孔（井）内水位，确定地下水的流向。

地下水流速的测定可采用指示剂法或充电法。

**7.2.5** 抽水试验应符合下列规定：

1 抽水试验方法可按表7.2.5选用；

2 抽水试验宜三次降深，最大降深应接近工程设计所需的地下水位降深的标高；

3 水位量测应采用同一方法和仪器，读数对抽水孔为厘米，对观测孔为毫米；

4 当涌水量与时间关系曲线和动水位与时间的关系曲线，在一定范围内波动，而没有持续上升和下降时，可认为已经稳定；

5 抽水结束后应量测恢复水位。

**表7.2.5 抽水试验方法和应用范围**

| 试验方法 | 应用范围 |
|---|---|
| 钻孔或探井简易抽水 | 粗略估算弱透水层的渗透系数 |
| 不带观测孔抽水 | 初步测定含水层的渗透性参数 |
| 带观测孔抽水 | 较准确测定含水层的各种参数 |

**7.2.6** 渗水试验和注水试验可在试坑或钻孔中进行。对砂土和粉土，可采用试坑单环法；对黏性土可采用试坑双环法；试验深度较大时可采用钻孔法。

**7.2.7** 压水试验应根据工程要求，结合工程地质测绘和钻探资料，确定试验孔位，按岩层的渗透特性划分试验段，按需要确定试验的起始压力、最大压力和压力级数，及时绘制压力与压入水量的关系曲线，计算试段的透水率，确定 $p$-$Q$ 曲线的类型。

**7.2.8** 孔隙水压力的测定应符合下列规定：

1 测定方法可按本规范附录E表E.0.2确定；

2 测试点应根据地质条件和分析需要布置；

3 测压计的安装和埋设应符合有关安装技术规定；

4 测试数据应及时分析整理，出现异常时应分析原因，并采取相应措施。

### 7.3 地下水作用的评价

**7.3.1** 岩土工程勘察应评价地下水的作用和影响，并提出预防措施的建议。

**7.3.2** 地下水力学作用的评价应包括下列内容：

1 对基础、地下结构物和挡土墙，应考虑在最不利组合情况下，地下水对结构物的上浮作用；对节理不发育的岩石和黏土且有地方经验或实测数据时，可根据经验确定；

有渗流时，地下水的水头和作用宜通过渗流计算进行分析评价；

2 验算边坡稳定时，应考虑地下水对边坡稳定的不利影响；

3 在地下水位下降的影响范围内，应考虑地面沉降及其对工程的影响；当地下水位回升时，应考虑可能引起的回弹和附加的浮托力；

4 当墙背填土为粉砂、粉土或黏性土，验算支挡结构物的稳定时，应根据不同排水条件评价地下水压力对支挡结构物的作用；

5 因水头压差而产生自下向上的渗流时，应评价产生潜蚀、流土、管涌的可能性；

6 在地下水位下开挖基坑或地下工程时，应根据岩土的渗透性、地下水补给条件，分析评价降水或隔水措施的可行性及其对基坑稳定和邻近工程的影响。

**7.3.3** 地下水的物理、化学作用的评价应包括下列内容：

1 对地下水位以下的工程结构，应评价地下水对混凝土、金属材料的腐蚀性，评价方法按本规范第12章执行；

2 对软质岩石、强风化岩石、残积土、湿陷性土、膨胀岩土和盐渍岩土，应评价地下水的聚集和散失所产生的软化、崩解、湿陷、胀缩和潜蚀等有害作用；

3 在冻土地区，应评价地下水对土的冻胀和融陷的影响。

**7.3.4** 对地下水采取降低水位措施时，应符合下列规定：

1 施工中地下水位应保持在基坑底面以下0.5～1.5m；

2 降水过程中应采取有效措施，防止土颗粒的流失；

3 防止深层承压水引起的突涌，必要时应采取措施降低基坑下的承压水头。

**7.3.5** 当需要进行工程降水时，应根据含水层渗透性和降深要求，选用适当的降低水位方法。当几种方法有互补性时，亦可组合使用。

## 8 工程地质测绘和调查

**8.0.1** 岩石出露或地貌、地质条件较复杂的场地应进行工程地质测绘。对地质条件简单的场地，可用调查代替工程地质测绘。

**8.0.2** 工程地质测绘和调查宜在可行性研究或初步勘察阶段进行。在可行性研究阶段搜集资料时，宜包括航空相片、卫星相片的解译结果。在详细勘察阶段可对某些专门地质问题作补充调查。

**8.0.3** 工程地质测绘和调查的范围，应包括场地及其附近地段。测绘的比例尺和精度应符合下列要求：

1 测绘的比例尺，可行性研究勘察可选用1∶5 000～1∶50 000；初步勘察可选用1∶2 000～1∶10 000；详细勘察可选用1∶500～1∶2 000；条件复杂时，比例尺可适当放大；

2 对工程有重要影响的地质单元体（滑坡、断层、软弱夹层、洞穴等），可采用扩大比例尺表示；

3 地质界线和地质观测点的测绘精度，在图上不应低于3mm。

**8.0.4** 地质观测点的布置、密度和定位应满足下列要求：

1 在地质构造线、地层接触线、岩性分界线、标准层位和每个地质单元体应有地质观测点；

2 地质观测点的密度应根据场地的地貌、地质条件、成图比例尺和工程要求等确定，并应具代表性；

3 地质观测点应充分利用天然和已有的人工露头，当露头少时，应根据具体情况布置一定数量的探坑或探槽；

4 地质观测点的定位应根据精度要求选用适当方法；地质构造线、地层接触线、岩性分界线、软弱夹层、地下水露头和不良地质作用等特殊地质观测点，宜用仪器定位。

**8.0.5** 工程地质测绘和调查，宜包括下列内容：

1 查明地形、地貌特征及其与地层、构造、不良地质作用的关系，划分地貌单元；

2 岩土的年代、成因、性质、厚度和分布；对岩层应鉴定其风化程度，对土层应区分新近沉积土、各种特殊性土；

3 查明岩体结构类型，各类结构面（尤其是软弱结构面）的产状和性质，岩、土接触面和软弱夹层的特性等，新构造活动的形迹及其与地震活动的关系；

4 查明地下水的类型、补给来源、排泄条件，井泉位置，含水层的岩性特征、埋藏深度、水位变化、污染情况及其与地表水体的关系；

5 搜集气象、水文、植被、土的标准冻结深度等资料；调查最高洪水位及其发生时间、淹没范围；

6 查明岩溶、土洞、滑坡、崩塌、泥石流、冲沟、地面沉降、断裂、地震震害、地裂缝、岸边冲刷等不良地质作用的形成、分布、形态、规模、发育程度及其对工程建设的影响；

7 调查人类活动对场地稳定性的影响，包括人工洞穴、地下采空、大挖大填、抽水排水和水库诱发地震等；

8 建筑物的变形和工程经验。

**8.0.6** 工程地质测绘和调查的成果资料宜包括实际材料图、综合工程地质图、工程地质分区图、综合地质柱状图、工程地质剖面图以及各种素描图、照片和文字说明等。

**8.0.7** 利用遥感影像资料解译进行工程地质测绘时，现场检验地质观测点数宜为工程地质测绘点数的30％～50％。野外工作应包括下列内容：

1 检查解译标志；

2 检查解译结果；

3 检查外推结果；

4 对室内解译难以获得的资料进行野外补充。

# 9 勘探和取样

## 9.1 一般规定

**9.1.1** 当需查明岩土的性质和分布，采取岩土试样或进行原位测试时，可采用钻探、井探、槽探、洞探和地球物理勘探等。勘探方法的选取应符合勘察目的和岩土的特性。

**9.1.2** 布置勘探工作时应考虑勘探对工程自然环境的影响，防止对地下管线、地下工程和自然环境的破坏。钻孔、探井和探槽完工后应妥善回填。

**9.1.3** 静力触探、动力触探作为勘探手段时，应与钻探等其他勘探方法配合使用。

**9.1.4** 进行钻探、井探、槽探和洞探时，应采取有效措施，确保施工安全。

## 9.2 钻 探

**9.2.1** 钻探方法可根据岩土类别和勘察要求按表9.2.1选用。

**表9.2.1 钻探方法的适用范围**

| 钻探方法 | | 钻进地层 | | | | | 勘察要求 | |
|---|---|---|---|---|---|---|---|---|
| | | 粘性土 | 粉土 | 砂土 | 碎石土 | 岩石 | 直观鉴别、采取不扰动试样 | 直观鉴别、采取扰动试样 |
| 回转 | 螺旋钻探 | ＋＋ | ＋ | ＋ | － | － | ＋＋ | ＋＋ |
| | 无岩芯钻探 | ＋＋ | ＋＋ | ＋＋ | ＋ | ＋＋ | － | － |
| | 岩芯钻探 | ＋＋ | ＋＋ | ＋＋ | ＋ | ＋＋ | ＋＋ | ＋＋ |
| 冲击 | 冲击钻探 | － | ＋ | ＋＋ | ＋＋ | － | － | － |
| | 锤击钻探 | ＋＋ | ＋＋ | ＋＋ | ＋ | － | ＋＋ | ＋＋ |
| 振动钻探 | | ＋＋ | ＋＋ | ＋＋ | ＋ | － | ＋ | ＋＋ |
| 冲洗钻探 | | ＋ | ＋＋ | ＋＋ | － | － | － | － |

注：＋＋：适用；＋：部分适用；－：不适用。

**9.2.2** 勘探浅部土层可采用下列钻探方法：

1 小口径麻花钻（或提土钻）钻进；

2 小口径勺形钻钻进；

3 洛阳铲钻进。

**9.2.3** 钻探口径和钻具规格应符合现行国家标准的规定。成孔口径应满足取样、测试和钻进工艺的要求。

**9.2.4** 钻探应符合下列规定：

1 钻进深度和岩土分层深度的量测精度，不应低于±5cm；

2 应严格控制非连续取芯钻进的回次进尺，使分层精度符合要求；

3 对鉴别地层天然湿度的钻孔，在地下水位以上应进行干钻；当必须加水或使用循环液时，应采用双层岩芯管钻进；

**4** 岩芯钻探的岩芯采取率，对完整和较完整岩体不应低于80%，较破碎和破碎岩体不应低于65%；对需重点查明的部位（滑动带、软弱夹层等）应采用双层岩芯管连续取芯；

**5** 当需确定岩石质量指标RQD时，应采用75mm口径（N型）双层岩芯管和金刚石钻头；

**6** （此款取消）

**9.2.5** 钻探操作的具体方法，应按现行标准《建筑工程地质钻探技术标准》（JGJ87）执行。

**9.2.6** 钻孔的记录和编录应符合下列要求：

**1** 野外记录应由经过专业训练的人员承担；记录应真实及时，按钻进回次逐段填写，严禁事后追记；

**2** 钻探现场可采用肉眼鉴别和手触方法，有条件或勘察工作有明确要求时，可采用微型贯入仪等定量化、标准化的方法；

**3** 钻探成果可用钻孔野外柱状图或分层记录表示；岩土芯样可根据工程要求保存一定期限或长期保存，亦可拍摄岩芯、土芯彩照纳入勘察成果资料。

## 9.3 井探、槽探和洞探

**9.3.1** 当钻探方法难以准确查明地下情况时，可采用探井、探槽进行勘探。在坝址、地下工程、大型边坡等勘察中，当需详细查明深部岩层性质、构造特征时，可采用竖井或平洞。

**9.3.2** 探井的深度不宜超过地下水位。竖井和平洞的深度、长度、断面按工程要求确定。

**9.3.3** 对探井、探槽和探洞除文字描述记录外，尚应以剖面图、展示图等反映井、槽、洞壁和底部的岩性、地层分界、构造特征、取样和原位试验位置，并辅以代表性部位的彩色照片。

## 9.4 岩土试样的采取

**9.4.1** 土试样质量应根据试验目的按表9.4.1分为四个等级。

**表 9.4.1 土试样质量等级**

| 级别 | 扰动程度 | 试验内容 |
|---|---|---|
| Ⅰ | 不扰动 | 土类定名、含水量、密度、强度试验、固结试验 |
| Ⅱ | 轻微扰动 | 土类定名、含水量、密度 |
| Ⅲ | 显著扰动 | 土类定名、含水量 |
| Ⅳ | 完全扰动 | 土类定名 |

注：1 不扰动是指原位应力状态虽已改变，但土的结构、密度和含水量变化很小，能满足室内试验各项要求；

2 除地基基础设计等级为甲级的工程外，在工程技术要求允许的情况下可用Ⅱ级土试样进行强度和固结试验，但宜先对土试样受扰动程度作抽样鉴定，判定用于试验的适宜性，并结合地区经验使用试验成果。

**9.4.2** 试样采取的工具和方法可按表9.4.2选择。

**表 9.4.2 不同等级土试样的取样工具和方法**

| 土试样质量等级 | 取样工具和方法 | | 适用土类 | | | | | | | | | | |
|---|---|---|---|---|---|---|---|---|---|---|---|---|---|
| | | | 黏性土 | | | | | 粉土 | 砂土 | | | | 砾砂、碎石土、软岩 |
| | | | 流塑 | 软塑 | 可塑 | 硬塑 | 坚硬 | | 粉砂 | 细砂 | 中砂 | 粗砂 | |
| Ⅰ | 薄壁取土器 | 固定活塞 | ++ | ++ | + | − | − | + | + | − | − | − | − |
| | | 水压固定活塞 | ++ | ++ | + | − | − | + | + | − | − | − | − |
| | | 自由活塞 | − | + | ++ | − | − | + | + | − | − | − | − |
| | | 敞口 | + | + | + | − | − | + | + | − | − | − | − |
| | 回转取土器 | 单动三重管 | − | + | ++ | ++ | + | ++ | ++ | ++ | − | − | − |
| | | 双动三重管 | − | − | − | + | ++ | − | − | − | ++ | ++ | + |
| | 探井（槽）中刻取块状土样 | | ++ | ++ | ++ | ++ | ++ | ++ | ++ | ++ | ++ | ++ | ++ |
| Ⅱ | 薄壁取土器 | 水压固定活塞 | ++ | ++ | + | − | − | + | + | − | − | − | − |
| | | 自由活塞 | + | ++ | ++ | − | − | + | + | − | − | − | − |
| | | 敞口 | ++ | ++ | ++ | − | − | + | + | − | − | − | − |
| | 回转取土器 | 单动三重管 | − | + | ++ | ++ | + | ++ | ++ | ++ | − | − | − |
| | | 双动三重管 | − | − | − | + | ++ | − | − | − | ++ | ++ | ++ |
| | 厚壁敞口取土器 | | + | ++ | ++ | ++ | ++ | + | + | + | + | + | − |
| Ⅲ | 厚壁敞口取土器 | | ++ | ++ | ++ | ++ | ++ | ++ | ++ | ++ | ++ | + | − |
| | 标准贯入器 | | ++ | ++ | ++ | ++ | ++ | ++ | ++ | ++ | ++ | ++ | − |
| | 螺纹钻头 | | ++ | ++ | ++ | ++ | ++ | + | − | − | − | − | − |
| | 岩芯钻头 | | ++ | ++ | ++ | ++ | ++ | ++ | + | + | + | + | + |
| Ⅳ | 标准贯入器 | | ++ | ++ | ++ | ++ | ++ | ++ | ++ | ++ | ++ | ++ | − |
| | 螺纹钻头 | | ++ | ++ | ++ | ++ | ++ | + | − | − | − | − | − |
| | 岩芯钻头 | | ++ | ++ | ++ | ++ | ++ | ++ | ++ | ++ | ++ | ++ | ++ |

注：1 ++：适用；+：部分适用；−：不适用；

2 采取砂土试样应有防止试样失落的补充措施；

3 有经验时，可用束节式取土器代替薄壁取土器。

**9.4.3** 取土器的技术规格应按本规范附录F执行。

**9.4.4** 在钻孔中采取Ⅰ、Ⅱ级砂样时，可采用原状取砂器，并按相应的现行标准执行。

**9.4.5** 在钻孔中采取Ⅰ、Ⅱ级土试样时，应满足下列要求：

**1** 在软土、砂土中宜采用泥浆护壁；如使用套管，应保持管内水位等于或稍高于地下水位，取样位置应低于套管底三倍孔径的距离；

**2** 采用冲洗、冲击、振动等方式钻进时，应在预计取样位置1m以上改用回转钻进；

**3** 下放取土器前应仔细清孔，清除扰动土，孔底残留浮土厚度不应大于取土器废土段长度（活塞取土器除外）；

**4** 采取土试样宜用快速静力连续压入法；

**5** 具体操作方法应按现行标准《原状土取样技术标准》（JGJ89）执行。

**9.4.6** Ⅰ、Ⅱ、Ⅲ级土试样应妥善密封，防止湿度变化，严防曝晒或冰冻。在运输中应避免振动，保存时间不宜超过三周。对易于振动液化和水分离析的土试样宜就近进行试验。

**9.4.7** 岩石试样可利用钻探岩芯制作或在探井、探槽、竖井和平洞中刻取。采取的毛样尺寸应满足试块加工的要求。在特殊情况下，试样形状、尺寸和方向由岩体力学试验设计确定。

### 9.5 地球物理勘探

**9.5.1** 岩土工程勘察中可在下列方面采用地球物理勘探：

1 作为钻探的先行手段，了解隐蔽的地质界线、界面或异常点；

2 在钻孔之间增加地球物理勘探点，为钻探成果的内插、外推提供依据；

3 作为原位测试手段，测定岩土体的波速、动弹性模量、动剪切模量、卓越周期、电阻率、放射性辐射参数、土对金属的腐蚀性等。

**9.5.2** 应用地球物理勘探方法时，应具备下列条件：

1 被探测对象与周围介质之间有明显的物理性质差异；

2 被探测对象具有一定的埋藏深度和规模，且地球物理异常有足够的强度；

3 能抑制干扰，区分有用信号和干扰信号；

4 在有代表性地段进行方法的有效性试验。

**9.5.3** 地球物理勘探，应根据探测对象的埋深、规模及其与周围介质的物性差异，选择有效的方法。

**9.5.4** 地球物理勘探成果判释时，应考虑其多解性，区分有用信息与干扰信号。需要时应采用多种方法探测，进行综合判释，并应有已知物探参数或一定数量的钻孔验证。

## 10 原位测试

### 10.1 一般规定

**10.1.1** 原位测试方法应根据岩土条件、设计对参数的要求、地区经验和测试方法的适用性等因素选用。

**10.1.2** 根据原位测试成果，利用地区性经验估算岩土工程特性参数和对岩土工程问题做出评价时，应与室内试验和工程反算参数作对比，检验其可靠性。

**10.1.3** 原位测试的仪器设备应定期检验和标定。

**10.1.4** 分析原位测试成果资料时，应注意仪器设备、试验条件、试验方法等对试验的影响，结合地层条件，剔除异常数据。

### 10.2 载荷试验

**10.2.1** 载荷试验可用于测定承压板下应力主要影响范围内岩土的承载力和变形模量。浅层平板载荷试验适用于浅层地基土；深层平板载荷试验适用于深层地基土和大直径桩的桩端土；螺旋板载荷试验适用于深层地基土或地下水位以下的地基土。深层平板载荷试验的试验深度不应小于5m。

**10.2.2** 载荷试验应布置在有代表性的地点，每个场地不宜少于3个，当场地内岩土体不均时，应适当增加。浅层平板载荷试验应布置在基础底面标高处。

**10.2.3** 载荷试验的技术要求应符合下列规定：

1 浅层平板载荷试验的试坑宽度或直径不应小于承压板宽度或直径的三倍；深层平板载荷试验的试井直径应等于承压板直径；当试井直径大于承压板直径时，紧靠承压板周围土的高度不应小于承压板直径；

2 试坑或试井底的岩土应避免扰动，保持其原状结构和天然湿度，并在承压板下铺设不超过20mm的砂垫层找平，尽快安装试验设备；螺旋板头入土时，应按每转一圈下入一个螺距进行操作，减少对土的扰动；

3 载荷试验宜采用圆形刚性承压板，根据土的软硬或岩体裂隙密度选用合适的尺寸；土的浅层平板载荷试验承压板面积不应小于0.25m$^2$，对软土和粒径较大的填土不应小于0.5m$^2$；土的深层平板载荷试验承压板面积宜选用0.5m$^2$；岩石载荷试验承压板的面积不宜小于0.07m$^2$；

4 载荷试验加荷方式应采用分级维持荷载沉降相对稳定法（常规慢速法）；有地区经验时，可采用分级加荷沉降非稳定法（快速法）或等沉降速率法；加荷等级宜取10～12级，并不应少于8级，荷载量测精度不应低于最大荷载的±1%；

5 承压板的沉降可采用百分表或电测位移计量测，其精度不应低于±0.01mm；

6 对慢速法，当试验对象为土体时，每级荷载施加后，间隔5 min、5 min、10 min、10 min、15 min、15min测读一次沉降，以后间隔30 min测读一次沉降，当连读两小时每小时沉降量小于等于0.1mm时，可认为沉降已达相对稳定标准，施加下一级荷载；当试验对象是岩体时，间隔1 min、2 min、2 min、5min测读一次沉降，以后每隔10min测读一次，当连续三次读数差小于等于0.01mm时，可认为沉降已达相对稳定标准，施加下一级荷载；

7 当出现下列情况之一时，可终止试验：

1）承压板周边的土出现明显侧向挤出，周边岩土出现明显隆起或径向裂缝持续发展；

2）本级荷载的沉降量大于前级荷载沉降量的5倍，荷载与沉降曲线出现明显陡降；

3）在某级荷载下24h沉降速率不能达到相对稳定标准；

4）总沉降量与承压板直径（或宽度）之比超过0.06。

**10.2.4** 根据载荷试验成果分析要求，应绘制荷载（$p$）与沉降（$s$）曲线，必要时绘制各级荷载下沉降

($s$) 与时间 ($t$) 或时间对数 ($\lg t$) 曲线。

应根据 $p$-$s$ 曲线拐点，必要时结合 $s$-$\lg t$ 曲线特征，确定比例界限压力和极限压力。当 $p$-$s$ 呈缓变曲线时，可取对应于某一相对沉降值（即 $s/d$，$d$ 为承压板直径）的压力评定地基土承载力。

**10.2.5** 土的变形模量应根据 $p$-$s$ 曲线的初始直线段，可按均质各向同性半无限弹性介质的弹性理论计算。

浅层平板载荷试验的变形模量 $E_0$（MPa），可按下式计算：

$$E_0 = I_0(1-\mu^2)\frac{pd}{s} \qquad (10.2.5\text{-}1)$$

深层平板载荷试验和螺旋板载荷试验的变形模量 $E_0$（MPa），可按下式计算：

$$E_0 = \omega\frac{pd}{s} \qquad (10.2.5\text{-}2)$$

式中 $I_0$——刚性承压板的形状系数，圆形承压板取 0.785；方形承压板取 0.886；

$\mu$——土的泊松比（碎石土取 0.27，砂土取 0.30，粉土取 0.35，粉质黏土取 0.38，黏土取 0.42）；

$d$——承压板直径或边长（m）；

$p$——$p$-$s$ 曲线线性段的压力（kPa）；

$s$——与 $p$ 对应的沉降（mm）；

$\omega$——与试验深度和土类有关的系数，可按表 10.2.5 选用。

**10.2.6** 基准基床系数 $K_v$ 可根据承压板边长为 30cm 的平板载荷试验，按下式计算：

$$K_v = \frac{p}{s} \qquad (10.2.6)$$

**表 10.2.5 深层载荷试验计算系数 $\omega$**

| 土类 / $d/z$ | 碎石土 | 砂土 | 粉土 | 粉质黏土 | 黏土 |
|---|---|---|---|---|---|
| 0.30 | 0.477 | 0.489 | 0.491 | 0.515 | 0.524 |
| 0.25 | 0.469 | 0.480 | 0.482 | 0.506 | 0.514 |
| 0.20 | 0.460 | 0.471 | 0.474 | 0.497 | 0.505 |
| 0.15 | 0.444 | 0.454 | 0.457 | 0.479 | 0.487 |
| 0.10 | 0.435 | 0.446 | 0.448 | 0.470 | 0.478 |
| 0.05 | 0.427 | 0.437 | 0.439 | 0.461 | 0.468 |
| 0.01 | 0.418 | 0.429 | 0.431 | 0.452 | 0.459 |

注：$d/z$ 为承压板直径和承压板底面深度之比。

## 10.3 静力触探试验

**10.3.1** 静力触探试验适用于软土、一般黏性土、粉土、砂土和含少量碎石的土。静力触探可根据工程需要采用单桥探头、双桥探头或带孔隙水压力量测的单、双桥探头，可测定比贯入阻力（$p_s$）、锥尖阻力（$q_c$）、侧壁摩阻力（$f_s$）和贯入时的孔隙水压力（$u$）。

**10.3.2** 静力触探试验的技术要求应符合下列规定：

**1** 探头圆锥锥底截面积应采用 $10\text{cm}^2$ 或 $15\text{cm}^2$，单桥探头侧壁高度应分别采用 57mm 或 70mm，双桥探头侧壁面积应采用 $150\sim300\text{cm}^2$，锥尖锥角应为 60°；

**2** 探头应匀速垂直压入土中，贯入速率为 1.2m/min；

**3** 探头测力传感器应连同仪器、电缆进行定期标定，室内探头标定测力传感器的非线性误差、重复性误差、滞后误差、温度漂移、归零误差均应小于 1%FS，现场试验归零误差应小于 3%，绝缘电阻不小于 500MΩ；

**4** 深度记录的误差不应大于触探深度的±1%；

**5** 当贯入深度超过 30m，或穿过厚层软土后再贯入硬土层时，应采取措施防止孔斜或断杆，也可配置测斜探头，量测触探孔的偏斜角，校正土层界线的深度；

**6** 孔压探头在贯入前，应在室内保证探头应变腔为已排除气泡的液体所饱和，并在现场采取措施保持探头的饱和状态，直至探头进入地下水位以下的土层为止；在孔压静探试验过程中不得上提探头；

**7** 当在预定深度进行孔压消散试验时，应量测停止贯入后不同时间的孔压值，其计时间隔由密而疏合理控制；试验过程不得松动探杆。

**10.3.3** 静力触探试验成果分析应包括下列内容：

**1** 绘制各种贯入曲线：单桥和双桥探头应绘制 $p_s$-$z$ 曲线、$q_c$-$z$ 曲线、$f_s$-$z$ 曲线、$R_f$-$z$ 曲线；孔压探头尚应绘制 $u_i$-$z$ 曲线、$q_t$-$z$ 曲线、$f_t$-$z$ 曲线、$B_q$-$z$ 曲线和孔压消散曲线：$u_t$-$\lg t$ 曲线；

其中 $R_f$——摩阻比；

$u_i$——孔压探头贯入土中量测的孔隙水压力（即初始孔压）；

$q_t$——真锥头阻力（经孔压修正）；

$f_t$——真侧壁摩阻力（经孔压修正）；

$B_q$——静探孔压系数，$B_q=\dfrac{u_i-u_0}{q_t-\sigma_{vo}}$；

$u_0$——试验深度处静水压力（kPa）；

$\sigma_{vo}$——试验深度处总上覆压力（kPa）；

$u_t$——孔压消散过程时刻 $t$ 的孔隙水压力。

**2** 根据贯入曲线的线型特征，结合相邻钻孔资料和地区经验，划分土层和判定土类；计算各土层静力触探有关试验数据的平均值，或对数据进行统计分析，提供静力触探数据的空间变化规律。

**10.3.4** 根据静力触探资料，利用地区经验，可进行力学分层，估算土的塑性状态或密实度、强度、压缩性、地基承载力、单桩承载力、沉桩阻力，进行液化判别等。根据孔压消散曲线可估算土的固结系数和渗透系数。

## 10.4 圆锥动力触探试验

**10.4.1** 圆锥动力触探试验的类型可分为轻型、重型和超重型三种，其规格和适用土类应符合表10.4.1的规定。

**表 10.4.1 圆锥动力触探类型**

| 类型 | | 轻型 | 重型 | 超重型 |
|---|---|---|---|---|
| 落锤 | 锤的质量（kg） | 10 | 63.5 | 120 |
| | 落距（cm） | 50 | 76 | 100 |
| 探头 | 直径（mm） | 40 | 74 | 74 |
| | 锥角（°） | 60 | 60 | 60 |
| 探杆直径（mm） | | 25 | 42 | 50～60 |
| 指标 | | 贯入30cm的读数$N_{10}$ | 贯入10cm的读数$N_{63.5}$ | 贯入10cm的读数$N_{120}$ |
| 主要适用岩土 | | 浅部的填土、砂土、粉土、黏性土 | 砂土、中密以下的碎石土、极软岩 | 密实和很密的碎石土、软岩、极软岩 |

**10.4.2** 圆锥动力触探试验技术要求应符合下列规定：

1 采用自动落锤装置；

2 触探杆最大偏斜度不应超过2%，锤击贯入应连续进行；同时防止锤击偏心、探杆倾斜和侧向晃动，保持探杆垂直度；锤击速率每分钟宜为15～30击；

3 每贯入1m，宜将探杆转动一圈半；当贯入深度超过10m，每贯入20cm宜转动探杆一次；

4 对轻型动力触探，当$N_{10}>100$或贯入15cm锤击数超过50时，可停止试验；对重型动力触探，当连续三次$N_{63.5}>50$时，可停止试验或改用超重型动力触探。

**10.4.3** 圆锥动力触探试验成果分析应包括下列内容：

1 单孔连续圆锥动力触探试验应绘制锤击数与贯入深度关系曲线；

2 计算单孔分层贯入指标平均值时，应剔除临界深度以内的数值、超前和滞后影响范围内的异常值；

3 根据各孔分层的贯入指标平均值，用厚度加权平均法计算场地分层贯入指标平均值和变异系数。

**10.4.4** 根据圆锥动力触探试验指标和地区经验，可进行力学分层，评定土的均匀性和物理性质（状态、密实度）、土的强度、变形参数、地基承载力、单桩承载力，查明土洞、滑动面、软硬土层界面，检测地基处理效果等。应用试验成果时是否修正或如何修正，应根据建立统计关系时的具体情况确定。

## 10.5 标准贯入试验

**10.5.1** 标准贯入试验适用于砂土、粉土和一般黏性土。

**10.5.2** 标准贯入试验的设备应符合表10.5.2的规定。

**表 10.5.2 标准贯入试验设备规格**

| | | | |
|---|---|---|---|
| 落锤 | | 锤的质量（kg） | 63.5 |
| | | 落距（cm） | 76 |
| 贯入器 | 对开管 | 长度（mm） | >500 |
| | | 外径（mm） | 51 |
| | | 内径（mm） | 35 |
| | 管靴 | 长度（mm） | 50～76 |
| | | 刃口角度（°） | 18～20 |
| | | 刃口单刃厚度（mm） | 1.6 |
| 钻杆 | | 直径（mm） | 42 |
| | | 相对弯曲 | <1/1000 |

**10.5.3** 标准贯入试验的技术要求应符合下列规定：

1 标准贯入试验孔采用回转钻进，并保持孔内水位略高于地下水位。当孔壁不稳定时，可用泥浆护壁，钻至试验标高以上15cm处，清除孔底残土后再进行试验；

2 采用自动脱钩的自由落锤法进行锤击，并减小导向杆与锤间的摩阻力，避免锤击时的偏心和侧向晃动，保持贯入器、探杆、导向杆连接后的垂直度，锤击速率应小于30击/min；

3 贯入器打入土中15cm后，开始记录每打入10cm的锤击数，累计打入30cm的锤击数为标准贯入试验锤击数$N$。当锤击数已达50击，而贯入深度未达30cm时，可记录50击的实际贯入深度，按下式换算成相当于30cm的标准贯入试验锤击数$N$，并终止试验。

$$N = 30 \times \frac{50}{\Delta S} \qquad (10.5.3)$$

式中 $\Delta S$——50击时的贯入度（cm）。

**10.5.4** 标准贯入试验成果$N$可直接标在工程地质剖面图上，也可绘制单孔标准贯入击数$N$与深度关系曲线或直方图。统计分层标贯击数平均值时，应剔除异常值。

10.5.5 标准贯入试验锤击数 $N$ 值，可对砂土、粉土、黏性土的物理状态，土的强度、变形参数、地基承载力、单桩承载力，砂土和粉土的液化，成桩的可能性等作出评价。应用 $N$ 值时是否修正和如何修正，应根据建立统计关系时的具体情况确定。

## 10.6 十字板剪切试验

10.6.1 十字板剪切试验可用于测定饱和软黏性土（$\varphi\approx0$）的不排水抗剪强度和灵敏度。

10.6.2 十字板剪切试验点的布置，对均质土竖向间距可为1m，对非均质或夹薄层粉细砂的软黏性土，宜先作静力触探，结合土层变化，选择软黏土进行试验。

10.6.3 十字板剪切试验的主要技术要求应符合下列规定：

1 十字板板头形状宜为矩形，径高比1∶2，板厚宜为2～3mm；

2 十字板头插入钻孔底的深度不应小于钻孔或套管直径的3～5倍；

3 十字板插入至试验深度后，至少应静止2～3min，方可开始试验；

4 扭转剪切速率宜采用（1°～2°）/10s，并应在测得峰值强度后继续测记1min；

5 在峰值强度或稳定值测试完后，顺扭转方向连续转动6圈后，测定重塑土的不排水抗剪强度；

6 对开口钢环十字板剪切仪，应修正轴杆与土间的摩阻力的影响。

10.6.4 十字板剪切试验成果分析应包括下列内容：

1 计算各试验点土的不排水抗剪峰值强度、残余强度、重塑土强度和灵敏度；

2 绘制单孔十字板剪切试验土的不排水抗剪峰值强度、残余强度、重塑土强度和灵敏度随深度的变化曲线，需要时绘制抗剪强度与扭转角度的关系曲线；

3 根据土层条件和地区经验，对实测的十字板不排水抗剪强度进行修正。

10.6.5 十字板剪切试验成果可按地区经验，确定地基承载力、单桩承载力，计算边坡稳定，判定软黏性土的固结历史。

## 10.7 旁压试验

10.7.1 旁压试验适用于黏性土、粉土、砂土、碎石土、残积土、极软岩和软岩等。

10.7.2 旁压试验应在有代表性的位置和深度进行，旁压器的量测腔应在同一土层内。试验点的垂直间距应根据地层条件和工程要求确定，但不宜小于1m，试验孔与已有钻孔的水平距离不宜小于1m。

10.7.3 旁压试验的技术要求应符合下列规定：

1 预钻式旁压试验应保证成孔质量，钻孔直径与旁压器直径应良好配合，防止孔壁坍塌；自钻式旁压试验的自钻钻头、钻头转速、钻进速率、刃口距离、泥浆压力和流量等应符合有关规定；

2 加荷等级可采用预期临塑压力的1/5～1/7，初始阶段加荷等级可取小值，必要时，可作卸荷再加荷试验，测定再加荷旁压模量；

3 每级压力应维持1min或2min后再施加下一级压力，维持1min时，加荷后15s、30s、60s测读变形量，维持2min时，加荷后15s、30s、60s、120s测读变形量；

4 当量测腔的扩张体积相当于量测腔的固有体积时，或压力达到仪器的容许最大压力时，应终止试验。

10.7.4 旁压试验成果分析应包括下列内容：

1 对各级压力和相应的扩张体积（或换算为半径增量）分别进行约束力和体积的修正后，绘制压力与体积曲线，需要时可作蠕变曲线；

2 根据压力与体积曲线，结合蠕变曲线确定初始压力、临塑压力和极限压力；

3 根据压力与体积曲线的直线段斜率，按下式计算旁压模量：

$$E_{m}=2(1+\mu)\left(V_{c}+\frac{V_{0}+V_{f}}{2}\right)\frac{\Delta p}{\Delta V} \qquad (10.7.4)$$

式中 $E_m$——旁压模量（kPa）；

$\mu$——泊松比，按式10.2.5取值；

$V_c$——旁压器量测腔初始固有体积（$cm^3$）；

$V_0$——与初始压力 $p_0$ 对应的体积（$cm^3$）；

$V_f$——与临塑压力 $p_f$ 对应的体积（$cm^3$）；

$\Delta p/\Delta V$——旁压曲线直线段的斜率（$kPa/cm^3$）。

10.7.5 根据初始压力、临塑压力、极限压力和旁压模量，结合地区经验可评定地基承载力和变形参数。根据自钻式旁压试验的旁压曲线，还可测求土的原位水平应力、静止侧压力系数、不排水抗剪强度等。

## 10.8 扁铲侧胀试验

10.8.1 扁铲侧胀试验适用于软土、一般黏性土、粉土、黄土和松散～中密的砂土。

10.8.2 扁铲侧胀试验技术要求应符合下列规定：

1 扁铲侧胀试验探头长230～240mm、宽94～96mm、厚14～16mm；探头前缘刃角12°～16°，探头侧面钢膜片的直径60mm；

2 每孔试验前后均应进行探头率定，取试验前后的平均值为修正值；膜片的合格标准为：

率定时膨胀至0.05mm的气压实测值 $\Delta A=5\sim25$kPa；

率定时膨胀至1.10mm的气压实测值 $\Delta B=10\sim110$kPa；

3 试验时，应以静力匀速将探头贯入土中，贯入速率宜为2cm/s；试验点间距可取20～50cm；

4　探头达到预定深度后，应匀速加压和减压测定膜片膨胀至0.05mm、1.10mm和回到0.05mm的压力$A$、$B$、$C$值；

5　扁铲侧胀消散试验，应在需测试的深度进行，测读时间间隔可取1min、2min、4min、8min、15min、30min、90min，以后每90min测读一次，直至消散结束。

**10.8.3**　扁铲侧胀试验成果分析应包括下列内容：

1　对试验的实测数据进行膜片刚度修正：

$$p_0 = 1.05(A - z_m + \Delta A) - 0.05(B - z_m - \Delta B) \quad (10.8.3\text{-}1)$$

$$p_1 = B - z_m - \Delta B \quad (10.8.3\text{-}2)$$

$$p_2 = C - z_m + \Delta A \quad (10.8.3\text{-}3)$$

式中　$p_0$——膜片向土中膨胀之前的接触压力（kPa）；

$p_1$——膜片膨胀至1.10mm时的压力（kPa）；

$p_2$——膜片回到0.05mm时的终止压力（kPa）；

$z_m$——调零前的压力表初读数（kPa）。

2　根据$p_0$、$p_1$和$p_2$计算下列指标：

$$E_D = 34.7(p_1 - p_0) \quad (10.8.3\text{-}4)$$

$$K_D = (p_0 - u_0)/\sigma_{vo} \quad (10.8.3\text{-}5)$$

$$I_D = (p_1 - p_0)/(p_0 - u_0) \quad (10.8.3\text{-}6)$$

$$U_D = (p_2 - u_0)/(p_0 - u_0) \quad (10.8.3\text{-}7)$$

式中　$E_D$——侧胀模量（kPa）；

$K_D$——侧胀水平应力指数；

$I_D$——侧胀土性指数；

$U_D$——侧胀孔压指数；

$u_0$——试验深度处的静水压力（kPa）；

$\sigma_{vo}$——试验深度处土的有效上覆压力（kPa）。

3　绘制$E_D$、$I_D$、$K_D$和$U_D$与深度的关系曲线。

**10.8.4**　根据扁铲侧胀试验指标和地区经验，可判别土类，确定黏性土的状态、静止侧压力系数、水平基床系数等。

## 10.9　现场直接剪切试验

**10.9.1**　现场直剪试验可用于岩土体本身、岩土体沿软弱结构面和岩体与其他材料接触面的剪切试验，可分为岩土体试体在法向应力作用下沿剪切面剪切破坏的抗剪断试验，岩土体剪断后沿剪切面继续剪切的抗剪试验（摩擦试验），法向应力为零时岩体剪切的抗切试验。

**10.9.2**　现场直剪试验可在试洞、试坑、探槽或大口径钻孔内进行。当剪切面水平或近于水平时，可采用平推法或斜推法；当剪切面较陡时，可采用楔形体法。

同一组试验体的岩性应基本相同，受力状态应与岩土体在工程中的实际受力状态相近。

**10.9.3**　现场直剪试验每组岩体不宜少于5个。剪切面积不得小于0.25m²。试体最小边长不宜小于50cm，高度不宜小于最小边长的0.5倍。试体之间的距离应大于最小边长的1.5倍。

每组土体试验不宜少于3个。剪切面积不宜小于0.3m²，高度不宜小于20cm或为最大粒径的4～8倍，剪切面开缝应为最小粒径的1/3～1/4。

**10.9.4**　现场直剪试验的技术要求应符合下列规定：

1　开挖试坑时应避免对试体的扰动和含水量的显著变化；在地下水位以下试验时，应避免水压力和渗流对试验的影响；

2　施加的法向荷载、剪切荷载应位于剪切面、剪切缝的中心；或使法向荷载与剪切荷载的合力通过剪切面的中心，并保持法向荷载不变；

3　最大法向荷载应大于设计荷载，并按等量分级；荷载精度应为试验最大荷载的±2%；

4　每一试体的法向荷载可分4～5级施加；当法向变形达到相对稳定时，即可施加剪切荷载；

5　每级剪切荷载按预估最大荷载的8%～10%分级等量施加，或按法向荷载的5%～10%分级等量施加；岩体按每5～10min，土体按每30s施加一级剪切荷载；

6　当剪切变形急剧增长或剪切变形达到试体尺寸的1/10时，可终止试验；

7　根据剪切位移大于10mm时的试验成果确定残余抗剪强度，需要时可沿剪切面继续进行摩擦试验。

**10.9.5**　现场直剪试验成果分析应包括下列内容：

1　绘制剪切应力与剪切位移曲线、剪应力与垂直位移曲线，确定比例强度、屈服强度、峰值强度、剪胀点和剪胀强度；

2　绘制法向应力与比例强度、屈服强度、峰值强度、残余强度的曲线，确定相应的强度参数。

## 10.10　波速测试

**10.10.1**　波速测试适用于测定各类岩土体的压缩波、剪切波或瑞利波的波速，可根据任务要求，采用单孔法、跨孔法或面波法。

**10.10.2**　单孔法波速测试的技术要求应符合下列规定：

1　测试孔应垂直；

2　将三分量检波器固定在孔内预定深度处，并紧贴孔壁；

3　可采用地面激振或孔内激振；

4　应结合土层布置测点，测点的垂直间距宜取1～3m。层位变化处加密，并宜自下而上逐点测试。

**10.10.3**　跨孔法波速测试的技术要求应符合下列规定：

1　振源孔和测试孔，应布置在一条直线上；

2　测试孔的孔距在土层中宜取2～5m，在岩层中宜取8～15m，测点垂直间距宜取1～2m；近地表测点宜布置在0.4倍孔距的深度处，震源和检波器应置于同一地层的相同标高处；

3　当测试深度大于15m时，应进行激振孔和测试孔倾斜度和倾斜方位的量测，测点间距宜取1m。

**10.10.4**　面波法波速测试可采用瞬态法或稳态法，宜采用低频检波器，道间距可根据场地条件通过试验确定。

**10.10.5**　波速测试成果分析应包括下列内容：

1　在波形记录上识别压缩波和剪切波的初至时间；

2　计算由振源到达测点的距离；

3　根据波的传播时间和距离确定波速；

4　计算岩土小应变的动弹性模量、动剪切模量和动泊松比。

### 10.11　岩体原位应力测试

**10.11.1**　岩体应力测试适用于无水、完整或较完整的岩体。可采用孔壁应变法、孔径变形法和孔底应变法测求岩体空间应力和平面应力。

**10.11.2**　测试岩体原始应力时，测点深度应超过应力扰动影响区；在地下洞室中进行测试时，测点深度应超过洞室直径的二倍。

**10.11.3**　岩体应力测试技术要求应符合下列规定：

1　在测点测段内，岩性应均一完整；

2　测试孔的孔壁、孔底应光滑、平整、干燥；

3　稳定标准为连续三次读数（每隔10min读一次）之差不超过5$\mu\varepsilon$；

4　同一钻孔内的测试读数不应少于三次。

**10.11.4**　岩芯应力解除后的围压试验应在24小时内进行；压力宜分5～10级，最大压力应大于预估岩体最大主应力。

**10.11.5**　测试成果整理应符合下列要求：

1　根据测试成果计算岩体平面应力和空间应力，计算方法应符合现行国家标准《工程岩体试验方法标准》(GB/T 50266)的规定；

2　根据岩芯解除应变值和解除深度，绘制解除过程曲线；

3　根据围压试验资料，绘制压力与应变关系曲线，计算岩石弹性常数。

### 10.12　激振法测试

**10.12.1**　激振法测试可用于测定天然地基和人工地基的动力特性，为动力机器基础设计提供地基刚度、阻尼比和参振质量。

**10.12.2**　激振法测试应采用强迫振动方法，有条件时宜同时采用强迫振动和自由振动两种测试方法。

**10.12.3**　进行激振法测试时，应搜集机器性能、基础形式、基底标高、地基土性质和均匀性、地下构筑物和干扰振源等资料。

**10.12.4**　激振法测试的技术要求应符合下列规定：

1　机械式激振设备的最低工作频率宜为3～5Hz，最高工作频率宜大于60Hz；电磁激振设备的扰力不宜小于600N；

2　块体基础的尺寸宜采用2.0m×1.5m×1.0m。在同一地层条件下，宜采用两个块体基础进行对比试验，基底面积一致，高度分别为1.0m和1.5m；桩基测试应采用两根桩，桩间距取设计间距；桩台边缘至桩轴的距离可取桩间距的1/2，桩台的长宽比应为2∶1，高度不宜小于1.6m；当进行不同桩数的对比试验时，应增加桩数和相应桩台面积；测试基础的混凝土强度等级不宜低于C15；

3　测试基础应置于拟建基础附近和性质类似的土层上，其底面标高应与拟建基础底面标高一致；

4　应分别进行明置和埋置两种情况的测试，埋置基础的回填土应分层夯实；

5　仪器设备的精度，安装、测试方法和要求等，应符合现行国家标准《地基动力特性测试规范》(GB/T 50269)的规定。

**10.12.5**　激振法测试成果分析应包括下列内容：

1　强迫振动测试应绘制下列幅频响应曲线：

1）竖向振动为竖向振幅随频率变化的幅频响应曲线（$A_z$-$f$曲线）；

2）水平回转耦合振动为水平振幅随频率变化的幅频响应曲线（$A_{x\varphi}$-$f$曲线）和竖向振幅随频率变化的幅频响应曲线（$A_{z\varphi}$-$f$曲线）；

3）扭转振动为扭转扰力矩作用下的水平振幅随频率变化的幅频响应曲线（$A_{x\psi}$-$f$曲线）。

2　自由振动测试应绘制下列波形图：

1）竖向自由振动波形图；

2）水平回转耦合振动波形图。

3　根据强迫振动测试的幅频响应曲线和自由振动测试的波形图，按现行国家标准《地基动力特性测试规范》(GB/T 50269)计算地基刚度系数、阻尼比和参振质量。

## 11　室内试验

### 11.1　一般规定

**11.1.1**　岩土性质的室内试验项目和试验方法应符合本章的规定，其具体操作和试验仪器应符合现行国家标准《土工试验方法标准》(GB/T 50123)和国家标准《工程岩体试验方法标准》(GB/T 50266)的规定。岩土工程评价时所选用的参数值，宜与相应的原位测试成果或原型观测反分析成果比较，经修正后确定。

**11.1.2** 试验项目和试验方法，应根据工程要求和岩土性质的特点确定。当需要时应考虑岩土的原位应力场和应力历史，工程活动引起的新应力场和新边界条件，使试验条件尽可能接近实际；并应注意岩土的非均质性、非等向性和不连续性以及由此产生的岩土体与岩土试样在工程性状上的差别。

**11.1.3** 对特种试验项目，应制定专门的试验方案。

**11.1.4** 制备试样前，应对岩土的重要性状做肉眼鉴定和简要描述。

## 11.2 土的物理性质试验

**11.2.1** 各类工程均应测定下列土的分类指标和物理性质指标：

砂土：颗粒级配、比重、天然含水量、天然密度、最大和最小密度。

粉土：颗粒级配、液限、塑限、比重、天然含水量、天然密度和有机质含量。

黏性土：液限、塑限、比重、天然含水量、天然密度和有机质含量。

注：1 对砂土，如无法取得Ⅰ级、Ⅱ级、Ⅲ级土试样时，可只进行颗粒级配试验；

2 目测鉴定不含有机质时，可不进行有机质含量试验。

**11.2.2** 测定液限时，应根据分类评价要求，选用现行国家标准《土工试验方法标准》(GB/T 50123) 规定的方法，并应在试验报告上注明。有经验的地区，比重可根据经验确定。

**11.2.3** 当需进行渗流分析，基坑降水设计等要求提供土的透水性参数时，可进行渗透试验。常水头试验适用于砂土和碎石土；变水头试验适用于粉土和黏性土；透水性很低的软土可通过固结试验测定固结系数、体积压缩系数，计算渗透系数。土的渗透系数取值应与野外抽水试验或注水试验的成果比较后确定。

**11.2.4** 当需对土方回填或填筑工程进行质量控制时，应进行击实试验，测定土的干密度与含水量关系，确定最大干密度和最优含水量。

## 11.3 土的压缩—固结试验

**11.3.1** 当采用压缩模量进行沉降计算时，固结试验最大压力应大于土的有效自重压力与附加压力之和，试验成果可用 $e$-$p$ 曲线整理，压缩系数和压缩模量的计算应取自土的有效自重压力至土的有效自重压力与附加压力之和的压力段。当考虑基坑开挖卸荷和再加荷影响时，应进行回弹试验，其压力的施加应模拟实际的加、卸荷状态。

**11.3.2** 当考虑土的应力历史进行沉降计算时，试验成果应按 $e$-lg$p$ 曲线整理，确定先期固结压力并计算压缩指数和回弹指数。施加的最大压力应满足绘制完整的 $e$-lg$p$ 曲线。为计算回弹指数，应在估计的先期固结压力之后，进行一次卸荷回弹，再继续加荷，直至完成预定的最后一级压力。

**11.3.3** 当需进行沉降历时关系分析时，应选取部分土试样在土的有效自重压力与附加压力之和的压力下，作详细的固结历时记录，并计算固结系数。

**11.3.4** 对厚层高压缩性软土上的工程，任务需要时应取一定数量的土试样测定次固结系数，用以计算次固结沉降及其历时关系。

**11.3.5** 当需进行土的应力应变关系分析，为非线性弹性、弹塑性模型提供参数时，可进行三轴压缩试验，并宜符合下列要求：

1 采用三个或三个以上不同的固定围压，分别使试样固结，然后逐级增加轴压，直至破坏；每个围压的试验宜进行一至三次回弹，并将试验结果整理成相应于各固定围压的轴向应力与轴向应变关系曲线；

2 进行围压与轴压相等的等压固结试验，逐级加荷，取得围压与体积应变关系曲线。

## 11.4 土的抗剪强度试验

**11.4.1** 三轴剪切试验的试验方法应按下列条件确定：

1 对饱和黏性土，当加荷速率较快时宜采用不固结不排水（$UU$）试验；饱和软土应对试样在有效自重压力下预固结后再进行试验；

2 对经预压处理的地基、排水条件好的地基、加荷速率不高的工程或加荷速率较快但土的超固结程度较高的工程，以及需验算水位迅速下降时的土坡稳定性时，可采用固结不排水（$CU$）试验；当需提供有效应力抗剪强度指标时，应采用固结不排水测孔隙水压力（$\overline{C}\,\overline{U}$）试验。

**11.4.2** 直接剪切试验的试验方法，应根据荷载类型、加荷速率和地基土的排水条件确定。对内摩擦角 $\varphi\approx0$ 的软黏土，可用Ⅰ级土试样进行无侧限抗压强度试验。

**11.4.3** 测定滑坡带等已经存在剪切破裂面的抗剪强度时，应进行残余强度试验。在确定计算参数时，宜与现场观测反分析的成果比较后确定。

**11.4.4** 当岩土工程评价有专门要求时，可进行 $K_0$ 固结不排水试验、$K_0$ 固结不排水测孔隙水压力试验，特定应力比固结不排水试验，平面应变压缩试验和平面应变拉伸试验等。

## 11.5 土的动力性质试验

**11.5.1** 当工程设计要求测定土的动力性质时，可采用动三轴试验、动单剪试验或共振柱试验。在选择试验方法和仪器时，应注意其动应变的适用范围。

**11.5.2** 动三轴和动单剪试验可用于测定土的下列动

力性质：

1 动弹性模量、动阻尼比及其与动应变的关系；

2 既定循环周数下的动应力与动应变关系；

3 饱和土的液化剪应力与动应力循环周数关系。

**11.5.3** 共振柱试验可用于测定小动应变时的动弹性模量和动阻尼比。

### 11.6 岩石试验

**11.6.1** 岩石的成分和物理性质试验可根据工程需要选定下列项目：

1 岩矿鉴定；

2 颗粒密度和块体密度试验；

3 吸水率和饱和吸水率试验；

4 耐崩解性试验；

5 膨胀试验；

6 冻融试验。

**11.6.2** 单轴抗压强度试验应分别测定干燥和饱和状态下的强度，并提供极限抗压强度和软化系数。岩石的弹性模量和泊松比，可根据单轴压缩变形试验测定。对各向异性明显的岩石应分别测定平行和垂直层理面的强度。

**11.6.3** 岩石三轴压缩试验宜根据其应力状态选用四种围压，并提供不同围压下的主应力差与轴向应变关系、抗剪强度包络线和强度参数 $c$、$\varphi$ 值。

**11.6.4** 岩石直接剪切试验可测定岩石以及节理面、滑动面、断层面或岩层层面等不连续面上的抗剪强度，并提供 $c$、$\varphi$ 值和各法向应力下的剪应力与位移曲线。

**11.6.5** 岩石抗拉强度试验可在试件直径方向上，施加一对线性荷载，使试件沿直径方向破坏，间接测定岩石的抗拉强度。

**11.6.6** 当间接确定岩石的强度和模量时，可进行点荷载试验和声波速度测试。

## 12 水和土腐蚀性的评价

### 12.1 取样和测试

**12.1.1** 当有足够经验或充分资料，认定工程场地及其附近的土或水（地下水或地表水）对建筑材料为微腐蚀时，可不取样试验进行腐蚀性评价。否则，应取水试样或土试样进行试验，并按本章评定其对建筑材料的腐蚀性。

土对钢结构腐蚀性的评价可根据任务要求进行。

**12.1.2** 采取水试样和土试样应符合下列规定：

1 混凝土结构处于地下水位以上时，应取土试样作土的腐蚀性测试；

2 混凝土结构处于地下水或地表水中时，应取水试样作水的腐蚀性测试；

3 混凝土结构部分处于地下水位以上、部分处于地下水位以下时，应分别取土试样和水试样作腐蚀性测试；

4 水试样和土试样应在混凝土结构所在的深度采取，每个场地不应少于2件。当土中盐类成分和含量分布不均匀时，应分区、分层取样，每区、每层不应少于2件。

**12.1.3** 水和土腐蚀性的测试项目和试验方法应符合下列规定：

1 水对混凝土结构腐蚀性的测试项目包括：pH值、$Ca^{2+}$、$Mg^{2+}$、$Cl^-$、$SO_4^{2-}$、$HCO_3^-$、$CO_3^{2-}$、侵蚀性 $CO_2$、游离 $CO_2$、$NH_4^+$、$OH^-$、总矿化度；

2 土对混凝土结构腐蚀性的测试项目包括：pH值、$Ca^{2+}$、$Mg^{2+}$、$Cl^-$、$SO_4^{2-}$、$HCO_3^-$、$CO_3^{2-}$的易溶盐（土水比1∶5）分析；

3 土对钢结构的腐蚀性的测试项目包括：pH值、氧化还原电位、极化电流密度、电阻率、质量损失；

4 腐蚀性测试项目的试验方法应符合表12.1.3的规定。

表 12.1.3 腐蚀性试验方法

| 序号 | 试验项目 | 试验方法 |
|---|---|---|
| 1 | pH值 | 电位法或锥形玻璃电极法 |
| 2 | $Ca^{2+}$ | EDTA容量法 |
| 3 | $Mg^{2+}$ | EDTA容量法 |
| 4 | $Cl^-$ | 摩尔法 |
| 5 | $SO_4^{2-}$ | EDTA容量法或质量法 |
| 6 | $HCO_3^-$ | 酸滴定法 |
| 7 | $CO_3^{2-}$ | 酸滴定法 |
| 8 | 侵蚀性 $CO_2$ | 盖耶尔法 |
| 9 | 游离 $CO_2$ | 碱滴定法 |
| 10 | $NH_4^+$ | 钠氏试剂比色法 |
| 11 | $OH^-$ | 酸滴定法 |
| 12 | 总矿化度 | 计算法 |
| 13 | 氧化还原电位 | 铂电极法 |
| 14 | 极化电流密度 | 原位极化法 |
| 15 | 电阻率 | 四极法 |
| 16 | 质量损失 | 管罐法 |

**12.1.4** 水和土对建筑材料的腐蚀性，可分为微、弱、中、强四个等级，并可按本规范第12.2节进行评价。

### 12.2 腐蚀性评价

**12.2.1** 受环境类型影响，水和土对混凝土结构的腐蚀性，应符合表12.2.1的规定；环境类型的划分按本规范附录G执行。

**12.2.2** 受地层渗透性影响，水和土对混凝土结构的腐蚀性评价，应符合表12.2.2的规定。

**12.2.3** 当按表12.2.1和12.2.2评价的腐蚀等级不同时，应按下列规定综合评定：

**表12.2.1 按环境类型水和土对混凝土结构的腐蚀性评价**

| 腐蚀等级 | 腐蚀介质 | 环境类型 Ⅰ | Ⅱ | Ⅲ |
|---|---|---|---|---|
| 微 | 硫酸盐含量 $SO_4^{2-}$ (mg/L) | ≤200 | ≤300 | ≤500 |
| 弱 | | 200～500 | 300～1500 | 500～3000 |
| 中 | | 500～1500 | 1500～3000 | 3000～6000 |
| 强 | | >1500 | >3000 | >6000 |
| 微 | 镁盐含量 $Mg^{2+}$ (mg/L) | ≤1000 | ≤2000 | ≤3000 |
| 弱 | | 1000～2000 | 2000～3000 | 3000～4000 |
| 中 | | 2000～3000 | 3000～4000 | 4000～5000 |
| 强 | | >3000 | >4000 | >5000 |
| 微 | 铵盐含量 $NH_4^+$ (mg/L) | ≤100 | ≤500 | ≤800 |
| 弱 | | 100～500 | 500～800 | 800～1000 |
| 中 | | 500～800 | 800～1000 | 1000～1500 |
| 强 | | >800 | >1000 | >1500 |
| 微 | 苛性碱含量 $OH^-$ (mg/L) | ≤35000 | ≤43000 | ≤57000 |
| 弱 | | 35000～43000 | 43000～57000 | 57000～70000 |
| 中 | | 43000～57000 | 57000～70000 | 70000～100000 |
| 强 | | >57000 | >70000 | >100000 |
| 微 | 总矿化度 (mg/L) | ≤10000 | ≤20000 | ≤50000 |
| 弱 | | 10000～20000 | 20000～50000 | 50000～60000 |
| 中 | | 20000～50000 | 50000～60000 | 60000～70000 |
| 强 | | >50000 | >60000 | >70000 |

注：1 表中的数值适用于有干湿交替作用的情况，Ⅰ、Ⅱ类腐蚀环境无干湿交替作用时，表中硫酸盐含量数值应乘以1.3的系数；

2 （此注取消）；

3 表中数值适用于水的腐蚀性评价，对土的腐蚀性评价，应乘以1.5的系数；单位以mg/kg表示；

4 表中苛性碱（$OH^-$）含量（mg/L）应为NaOH和KOH中的$OH^-$含量（mg/L）。

**表12.2.2 按地层渗透性水和土对混凝土结构的腐蚀性评价**

| 腐蚀等级 | pH值 | | 侵蚀性 $CO_2$ (mg/L) | | $HCO_3^-$ (mmol/L) |
|---|---|---|---|---|---|
| | A | B | A | B | A |
| 微 | ≥6.5 | ≥5.0 | ≤15 | ≤30 | ≥1.0 |
| 弱 | 6.5～5.0 | 5.0～4.0 | 15～30 | 30～60 | 1.0～0.5 |
| 中 | 5.0～4.0 | 4.0～3.5 | 30～60 | 60～100 | <0.5 |
| 强 | <4.0 | <3.5 | >60 | — | — |

注：1 表中A是指直接临水或强透水层中的地下水；B是指弱透水层中的地下水。强透水层是指碎石土和砂土；弱透水层是指粉土和黏性土。

2 $HCO_3^-$含量是指水的矿化度低于0.1g/L的软水时，该类水质$HCO_3^-$的腐蚀性；

3 土的腐蚀性评价只考虑pH值指标；评价其腐蚀性时，A是指强透水土层；B是指弱透水土层。

**1** 腐蚀等级中，只出现弱腐蚀，无中等腐蚀或强腐蚀时，应综合评价为弱腐蚀；

**2** 腐蚀等级中，无强腐蚀；最高为中等腐蚀时，应综合评价为中等腐蚀；

**3** 腐蚀等级中，有一个或一个以上为强腐蚀，应综合评价为强腐蚀。

**12.2.4** 水和土对钢筋混凝土结构中钢筋的腐蚀性评价，应符合表12.2.4的规定。

**表12.2.4 对钢筋混凝土结构中钢筋的腐蚀性评价**

| 腐蚀等级 | 水中的$Cl^-$含量（mg/L） | | 土中的$Cl^-$含量（mg/kg） | |
|---|---|---|---|---|
| | 长期浸水 | 干湿交替 | A | B |
| 微 | ≤10000 | ≤100 | ≤400 | ≤250 |
| 弱 | 10000～20000 | 100～500 | 400～750 | 250～500 |
| 中 | — | 500～5000 | 750～7500 | 500～5000 |
| 强 | — | >5000 | >7500 | >5000 |

注：A是指地下水位以上的碎石土、砂土，稍湿的粉土，坚硬、硬塑的黏性土；B是湿、很湿的粉土，可塑、软塑、流塑的黏性土。

**12.2.5** 土对钢结构的腐蚀性评价，应符合表12.2.5的规定。

**表12.2.5 土对钢结构腐蚀性评价**

| 腐蚀等级 | pH | 氧化还原电位(mV) | 视电阻率(Ω·m) | 极化电流密度($mA/cm^2$) | 质量损失(g) |
|---|---|---|---|---|---|
| 微 | ≥5.5 | ≥400 | ≥100 | ≤0.02 | ≤1 |
| 弱 | 5.5～4.5 | 400～200 | 100～50 | 0.02～0.05 | 1～2 |
| 中 | 4.5～3.5 | 200～100 | 50～20 | 0.05～0.20 | 2～3 |
| 强 | <3.5 | <100 | ≤20 | >0.20 | ≥3 |

注：土对钢结构的腐蚀性评价，取各指标中腐蚀等级最高者。

**12.2.6** 水、土对建筑材料腐蚀的防护，应符合现行国家标准《工业建筑防腐蚀设计规范》（GB 50046）的规定。

# 13 现场检验和监测

## 13.1 一般规定

**13.1.1** 现场检验和监测应在工程施工期间进行。对有特殊要求的工程，应根据工程特点，确定必要的项目，在使用期内继续进行。

**13.1.2** 现场检验和监测的记录、数据和图件，应保持完整，并应按工程要求整理分析。

**13.1.3** 现场检验和监测资料，应及时向有关方面报送。当监测数据接近危及工程的临界值时，必须加密监测，并及时报告。

**13.1.4** 现场检验和监测完成后，应提交成果报告。

报告中应附有相关曲线和图纸，并进行分析评价，提出建议。

### 13.2 地基基础的检验和监测

**13.2.1** 天然地基的基坑（基槽）开挖后，应检验开挖揭露的地基条件是否与勘察报告一致。如有异常情况，应提出处理措施或修改设计的建议。当与勘察报告出入较大时，应建议进行施工勘察。检验应包括下列内容：

1 岩土分布及其性质；

2 地下水情况；

3 对土质地基，可采用轻型圆锥动力触探或其他机具进行检验。

**13.2.2** 桩基工程应通过试钻或试打，检验岩土条件是否与勘察报告一致。如遇异常情况，应提出处理措施。当与勘察报告差异较大时，应建议进行施工勘察。单桩承载力的检验，应采用载荷试验与动测相结合的方法。对大直径挖孔桩，应逐桩检验孔底尺寸和岩土情况。

**13.2.3** 地基处理效果的检验，除载荷试验外，尚可采用静力触探、圆锥动力触探、标准贯入试验、旁压试验、波速测试等方法，并应按本规范第10章的规定执行。

**13.2.4** 基坑工程监测方案，应根据场地条件和开挖支护的施工设计确定，并应包括下列内容：

1 支护结构的变形；

2 基坑周边的地面变形；

3 邻近工程和地下设施的变形；

4 地下水位；

5 渗漏、冒水、冲刷、管涌等情况。

**13.2.5** 下列工程应进行沉降观测：

1 地基基础设计等级为甲级的建筑物；

2 不均匀地基或软弱地基上的乙级建筑物；

3 加层、接建，邻近开挖、堆载等，使地基应力发生显著变化的工程；

4 因抽水等原因，地下水位发生急剧变化的工程；

5 其他有关规范规定需要做沉降观测的工程。

**13.2.6** 沉降观测应按现行标准《建筑物变形测量规范》（JGJ8）的规定执行。

**13.2.7** 工程需要时可进行岩土体的下列监测：

1 洞室或岩石边坡的收敛量测；

2 深基坑开挖的回弹量测；

3 土压力或岩体应力量测。

### 13.3 不良地质作用和地质灾害的监测

**13.3.1** 下列情况应进行不良地质作用和地质灾害的监测：

1 场地及其附近有不良地质作用或地质灾害，并可能危及工程的安全或正常使用时；

2 工程建设和运行，可能加速不良地质作用的发展或引发地质灾害时；

3 工程建设和运行，对附近环境可能产生显著不良影响时。

**13.3.2** 不良地质作用和地质灾害的监测，应根据场地及其附近的地质条件和工程实际需要编制监测纲要，按纲要进行。纲要内容包括：监测目的和要求、监测项目、测点布置、观测时间间隔和期限、观测仪器、方法和精度、应提交的数据、图件等，并及时提出灾害预报和采取措施的建议。

**13.3.3** 岩溶土洞发育区应着重监测下列内容：

1 地面变形；

2 地下水位的动态变化；

3 场区及其附近的抽水情况；

4 地下水位变化对土洞发育和塌陷发生的影响。

**13.3.4** 滑坡监测应包括下列内容：

1 滑坡体的位移；

2 滑面位置及错动；

3 滑坡裂缝的发生和发展；

4 滑坡体内外地下水位、流向、泉水流量和滑带孔隙水压力；

5 支挡结构及其他工程设施的位移、变形、裂缝的发生和发展。

**13.3.5** 当需判定崩塌剥离体或危岩的稳定性时，应对张裂缝进行监测。对可能造成较大危害的崩塌，应进行系统监测，并根据监测结果，对可能发生崩塌的时间、规模、塌落方向和途径、影响范围等做出预报。

**13.3.6** 对现采空区，应进行地表移动和建筑物变形的观测，并应符合下列规定：

1 观测线宜平行和垂直矿层走向布置，其长度应超过移动盆地的范围；

2 观测点的间距可根据开采深度确定，并大致相等；

3 观测周期应根据地表变形速度和开采深度确定。

**13.3.7** 因城市或工业区抽水而引起区域性地面沉降，应进行区域性的地面沉降监测，监测要求和方法应按有关标准进行。

### 13.4 地下水的监测

**13.4.1** 下列情况应进行地下水监测：

1 地下水位升降影响岩土稳定时；

2 地下水位上升产生浮托力对地下室或地下构筑物的防潮、防水或稳定性产生较大影响时；

3 施工降水对拟建工程或相邻工程有较大影响时；

4 施工或环境条件改变，造成的孔隙水压力、地下水压力变化，对工程设计或施工有较大影响时；

5 地下水位的下降造成区域性地面沉降时；

6 地下水位升降可能使岩土产生软化、湿陷、胀缩时；

7 需要进行污染物运移对环境影响的评价时。

**13.4.2** 监测工作的布置，应根据监测目的、场地条件、工程要求和水文地质条件确定。

**13.4.3** 地下水监测方法应符合下列规定：

1 地下水位的监测，可设置专门的地下水位观测孔，或利用水井、地下水天然露头进行；

2 孔隙水压力、地下水压力的监测，可采用孔隙水压力计、测压计进行；

3 用化学分析法监测水质时，采样次数每年不应少于4次，进行相关项目的分析。

**13.4.4** 监测时间应满足下列要求：

1 动态监测时间不应少于一个水文年；

2 当孔隙水压力变化可能影响工程安全时，应在孔隙水压力降至安全值后方可停止监测；

3 对受地下水浮托力的工程，地下水压力监测应进行至工程荷载大于浮托力后方可停止监测。

# 14 岩土工程分析评价和成果报告

## 14.1 一 般 规 定

**14.1.1** 岩土工程分析评价应在工程地质测绘、勘探、测试和搜集已有资料的基础上，结合工程特点和要求进行。各类工程、不良地质作用和地质灾害以及各种特殊性岩土的分析评价，应分别符合本规范第4章、第5章和第6章的规定。

**14.1.2** 岩土工程分析评价应符合下列要求：

1 充分了解工程结构的类型、特点、荷载情况和变形控制要求；

2 掌握场地的地质背景，考虑岩土材料的非均质性、各向异性和随时间的变化，评估岩土参数的不确定性，确定其最佳估值；

3 充分考虑当地经验和类似工程的经验；

4 对于理论依据不足、实践经验不多的岩土工程问题，可通过现场模型试验或足尺试验取得实测数据进行分析评价；

5 必要时可建议通过施工监测，调整设计和施工方案。

**14.1.3** 岩土工程分析评价应在定性分析的基础上进行定量分析。岩土体的变形、强度和稳定应定量分析；场地的适宜性、场地地质条件的稳定性，可仅作定性分析。

**14.1.4** 岩土工程计算应符合下列要求：

1 按承载能力极限状态计算，可用于评价岩土地基承载力和边坡、挡墙、地基稳定性等问题，可根据有关设计规范规定，用分项系数或总安全系数方法计算，有经验时也可用隐含安全系数的抗力容许值进行计算；

2 按正常使用极限状态要求进行验算控制，可用于评价岩土体的变形、动力反应、透水性和涌水量等。

**14.1.5** 岩土工程的分析评价，应根据岩土工程勘察等级区别进行。对丙级岩土工程勘察，可根据邻近工程经验，结合触探和钻探取样试验资料进行；对乙级岩土工程勘察，应在详细勘探、测试的基础上，结合邻近工程经验进行，并提供岩土的强度和变形指标；对甲级岩土工程勘察，除按乙级要求进行外，尚宜提供载荷试验资料，必要时应对其中的复杂问题进行专门研究，并结合监测对评价结论进行检验。

**14.1.6** 任务需要时，可根据工程原型或足尺试验岩土体性状的量测结果，用反分析的方法反求岩土参数，验证设计计算，查验工程效果或事故原因。

## 14.2 岩土参数的分析和选定

**14.2.1** 岩土参数应根据工程特点和地质条件选用，并按下列内容评价其可靠性和适用性。

1 取样方法和其他因素对试验结果的影响；

2 采用的试验方法和取值标准；

3 不同测试方法所得结果的分析比较；

4 测试结果的离散程度；

5 测试方法与计算模型的配套性。

**14.2.2** 岩土参数统计应符合下列要求：

1 岩土的物理力学指标，应按场地的工程地质单元和层位分别统计；

2 应按下列公式计算平均值、标准差和变异系数：

$$\phi_m = \frac{\sum_{i=1}^{n}\phi_i}{n} \tag{14.2.2-1}$$

$$\sigma_f = \sqrt{\frac{1}{n-1}\left[\sum_{i=1}^{n}\phi_i^2 - \frac{\left(\sum_{i=1}^{n}\phi_i\right)^2}{n}\right]} \tag{14.2.2-2}$$

$$\delta = \frac{\sigma_f}{\phi_m} \tag{14.2.2-3}$$

式中 $\phi_m$——岩土参数的平均值；

$\sigma_f$——岩土参数的标准差；

$\delta$——岩土参数的变异系数。

3 分析数据的分布情况并说明数据的取舍标准。

**14.2.3** 主要参数宜绘制沿深度变化的图件，并按变化特点划分为相关型和非相关型。需要时应分析参数在水平方向上的变异规律。

相关型参数宜结合岩土参数与深度的经验关系，按下式确定剩余标准差，并用剩余标准差计算变异系数。

$$\sigma_r = \sigma_f \sqrt{1-r^2} \quad (14.2.3\text{-}1)$$

$$\delta = \frac{\sigma_r}{\phi_m} \quad (14.2.3\text{-}2)$$

式中 $\sigma_r$——剩余标准差；

$r$——相关系数；对非相关型，$r=0$。

**14.2.4** 岩土参数的标准值 $\phi_k$ 可按下列方法确定：

$$\phi_k = \gamma_s \phi_m \quad (14.2.4\text{-}1)$$

$$\gamma_s = 1 \pm \left\{ \frac{1.704}{\sqrt{n}} + \frac{4.678}{n^2} \right\} \delta \quad (14.2.4\text{-}2)$$

式中 $\gamma_s$——统计修正系数。

注：式中正负号按不利组合考虑，如抗剪强度指标的修正系数应取负值。

统计修正系数 $\gamma_s$ 也可按岩土工程的类型和重要性、参数的变异性和统计数据的个数，根据经验选用。

**14.2.5** 在岩土工程勘察报告中，应按下列不同情况提供岩土参数值：

1 一般情况下，应提供岩土参数的平均值、标准差、变异系数、数据分布范围和数据的数量；

2 承载能力极限状态计算所需要的岩土参数标准值，应按式（14.2.4-1）计算；当设计规范另有专门规定的标准值取值方法时，可按有关规范执行。

### 14.3 成果报告的基本要求

**14.3.1** 岩工工程勘察报告所依据的原始资料，应进行整理、检查、分析，确认无误后方可使用。

**14.3.2** 岩土工程勘察报告应资料完整、真实准确、数据无误、图表清晰、结论有据、建议合理、便于使用和适宜长期保存，并应因地制宜，重点突出，有明确的工程针对性。

**14.3.3 岩土工程勘察报告应根据任务要求、勘察阶段、工程特点和地质条件等具体情况编写，并应包括下列内容：**

**1 勘察目的、任务要求和依据的技术标准；**

**2 拟建工程概况；**

**3 勘察方法和勘察工作布置；**

**4 场地地形、地貌、地层、地质构造、岩土性质及其均匀性；**

**5 各项岩土性质指标，岩土的强度参数、变形参数、地基承载力的建议值；**

**6 地下水埋藏情况、类型、水位及其变化；**

**7 土和水对建筑材料的腐蚀性；**

**8 可能影响工程稳定的不良地质作用的描述和对工程危害程度的评价；**

**9 场地稳定性和适宜性的评价。**

**14.3.4** 岩土工程勘察报告应对岩土利用、整治和改造的方案进行分析论证，提出建议；对工程施工和使用期间可能发生的岩土工程问题进行预测，提出监控和预防措施的建议。

**14.3.5** 成果报告应附下列图件：

1 勘探点平面布置图；

2 工程地质柱状图；

3 工程地质剖面图；

4 原位测试成果图表；

5 室内试验成果图表。

注：当需要时，尚可附综合工程地质图、综合地质柱状图、地下水等水位线图、素描、照片、综合分析图表以及岩土利用、整治和改造方案的有关图表、岩土工程计算简图及计算成果图表等。

**14.3.6** 对岩土的利用、整治和改造的建议，宜进行不同方案的技术经济论证，并提出对设计、施工和现场监测要求的建议。

**14.3.7** 任务需要时，可提交下列专题报告：

1 岩土工程测试报告；

2 岩土工程检验或监测报告；

3 岩土工程事故调查与分析报告；

4 岩土利用、整治或改造方案报告；

5 专门岩土工程问题的技术咨询报告。

**14.3.8** 勘察报告的文字、术语、代号、符号、数字、计量单位、标点，均应符合国家有关标准的规定。

**14.3.9** 对丙级岩土工程勘察的成果报告内容可适当简化，采用以图表为主，辅以必要的文字说明；对甲级岩土工程勘察的成果报告除应符合本节规定外，尚可对专门性的岩土工程问题提交专门的试验报告、研究报告或监测报告。

## 附录 A 岩土分类和鉴定

**A.0.1** 岩石坚硬程度等级可按表 A.0.1 定性划分。

**表 A.0.1 岩石坚硬程度等级的定性分类**

| 坚硬程度等级 | | 定性鉴定 | 代表性岩石 |
|---|---|---|---|
| 硬质岩 | 坚硬岩 | 锤击声清脆，有回弹，震手，难击碎，基本无吸水反应 | 未风化—微风化的花岗岩、闪长岩、辉绿岩、玄武岩、安山岩、片麻岩、石英岩、石英砂岩、硅质砾岩、硅质石灰岩等 |
| | 较硬岩 | 锤击声较清脆，有轻微回弹，稍震手，较难击碎，有轻微吸水反应 | 1 微风化的坚硬岩；<br>2 未风化—微风化的大理岩、板岩、石灰岩、白云岩、钙质砂岩等 |

续表 A.0.1

| 坚硬程度等级 | | 定性鉴定 | 代表性岩石 |
|---|---|---|---|
| 软质岩 | 较软岩 | 锤击声不清脆，无回弹，较易击碎，浸水后指甲可刻出印痕 | 1 中等风化—强风化的坚硬岩或较硬岩；<br>2 未风化—微风化的凝灰岩、千枚岩、泥灰岩、砂质泥岩等 |
| | 软岩 | 锤击声哑，无回弹，有凹痕，易击碎，浸水后手可掰开 | 1 强风化的坚硬岩或较硬岩；<br>2 中等风化—强风化的较软岩；<br>3 未风化—微风化的页岩、泥岩、泥质砂岩等 |
| 极软岩 | | 锤击声哑，无回弹，有较深凹痕，手可捏碎，浸水后可捏成团 | 1 全风化的各种岩石；<br>2 各种半成岩 |

**A.0.2** 岩体完整程度等级可按表 A.0.2 定性划分。

**表 A.0.2 岩体完整程度的定性分类**

| 完整程度 | 结构面发育程度 | | 主要结构面的结合程度 | 主要结构面类型 | 相应结构类型 |
|---|---|---|---|---|---|
| | 组数 | 平均间距（m） | | | |
| 完整 | 1～2 | ＞1.0 | 结合好或结合一般 | 裂隙、层面 | 整体状或巨厚层状结构 |
| 较完整 | 1～2 | ＞1.0 | 结合差 | 裂隙、层面 | 块状或厚层状结构 |
| | 2～3 | 1.0～0.4 | 结合好或结合一般 | | 块状结构 |
| 较破碎 | 2～3 | 1.0～0.4 | 结合差 | 裂隙、层面、小断层 | 裂隙块状或中厚层状结构 |
| | ≥3 | 0.4～0.2 | 结合好 | | 镶嵌碎裂结构 |
| | | | 结合一般 | | 中、薄层状结构 |
| 破碎 | ≥3 | 0.4～0.2 | 结合差 | 各种类型结构面 | 裂隙块状结构 |
| | | ≤0.2 | 结合一般或结合差 | | 碎裂状结构 |
| 极破碎 | 无序 | | 结合很差 | | 散体状结构 |

注：平均间距指主要结构面（1～2组）间距的平均值。

**A.0.3** 岩石风化程度可按表 A.0.3 划分。

**表 A.0.3 岩石按风化程度分类**

| 风化程度 | 野外特征 | 风化程度参数指标 | |
|---|---|---|---|
| | | 波速比 $K_v$ | 风化系数 $K_f$ |
| 未风化 | 岩质新鲜，偶见风化痕迹 | 0.9～1.0 | 0.9～1.0 |
| 微风化 | 结构基本未变，仅节理面有渲染或略有变色，有少量风化裂隙 | 0.8～0.9 | 0.8～0.9 |
| 中等风化 | 结构部分破坏，沿节理面有次生矿物，风化裂隙发育，岩体被切割成岩块。用镐难挖，岩芯钻方可钻进 | 0.6～0.8 | 0.4～0.8 |
| 强风化 | 结构大部分破坏，矿物成分显著变化，风化裂隙很发育，岩体破碎，用镐可挖，干钻不易钻进 | 0.4～0.6 | ＜0.4 |
| 全风化 | 结构基本破坏，但尚可辨认，有残余结构强度，可用镐挖，干钻可钻进 | 0.2～0.4 | — |
| 残积土 | 组织结构全部破坏，已风化成土状，锹镐易挖掘，干钻易钻进，具可塑性 | ＜0.2 | — |

注：1 波速比 $K_v$ 为风化岩石与新鲜岩石压缩波速度之比；
2 风化系数 $K_f$ 为风化岩石与新鲜岩石饱和单轴抗压强度之比；
3 岩石风化程度，除按表列野外特征和定量指标划分外，也可根据当地经验划分；
4 花岗岩类岩石，可采用标准贯入试验划分，$N \geq 50$ 为强风化；$50 > N \geq 30$ 为全风化；$N < 30$ 为残积土；
5 泥岩和半成岩，可不进行风化程度划分。

**A.0.4** 岩体根据结构类型可按表 A.0.4 划分：

**表 A.0.4 岩体按结构类型划分**

| 岩体结构类型 | 岩体地质类型 | 结构体形状 | 结构面发育情况 | 岩土工程特征 | 可能发生的岩土工程问题 |
|---|---|---|---|---|---|
| 整体状结构 | 巨块状岩浆岩和变质岩，巨厚层沉积岩 | 巨块状 | 以层面和原生、构造节理为主，多呈闭合型，间距大于1.5m，一般为1～2组，无危险结构 | 岩体稳定，可视为均质弹性各向同性体 | 局部滑动或坍塌，深埋洞室的岩爆 |
| 块状结构 | 厚层状沉积岩，块状岩浆岩和变质岩 | 块状柱状 | 有少量贯穿性节理裂隙，结构面间距0.7～1.5m。一般为2～3组，有少量分离体 | 结构面互相牵制，岩体基本稳定，接近弹性各向同性体 | |

续表 A.0.4

| 岩体结构类型 | 岩体地质类型 | 结构体形状 | 结构面发育情况 | 岩土工程特征 | 可能发生的岩土工程问题 |
|---|---|---|---|---|---|
| 层状结构 | 多韵律薄层、中厚层状沉积岩，副变质岩 | 层状板状 | 有层理、片理、节理，常有层间错动 | 变形和强度受层面控制，可视为各向异性弹塑性体，稳定性较差 | 可沿结构面滑塌，软岩可产生塑性变形 |
| 碎裂状结构 | 构造影响严重的破碎岩层 | 碎块状 | 断层、节理、片理、层理发育，结构面间距0.25～0.50m，一般3组以上，有许多分离体 | 整体强度很低，并受软弱结构面控制，呈弹塑性体，稳定性很差 | 易发生规模较大的岩体失稳，地下水加剧失稳 |
| 散体状结构 | 断层破碎带，强风化及全风化带 | 碎屑状 | 构造和风化裂隙密集，结构面错综复杂，多充填黏性土，形成无序小块和碎屑 | 完整性遭极大破坏，稳定性极差，接近松散体介质 | 易发生规模较大的岩体失稳，地下水加剧失稳 |

**A.0.5** 土根据有机质含量可按表 A.0.5 分类。

**表 A.0.5 土按有机质含量分类**

| 分类名称 | 有机质含量 $W_u$（%） | 现场鉴别特征 | 说明 |
|---|---|---|---|
| 无机土 | $W_u<5\%$ | | |
| 有机质土 | $5\%\leqslant W_u\leqslant10\%$ | 深灰色，有光泽，味臭，除腐殖质外尚含少量未完全分解的动植物体，浸水后水面出现气泡，干燥后体积收缩 | 1 如现场能鉴别或有地区经验时，可不做有机质含量测定；<br>2 当 $w>w_L$，$1.0\leqslant e<1.5$ 时称淤泥质土<br>3 当 $w>w_L$，$e\geqslant1.5$ 时称淤泥 |
| 泥炭质土 | $10\%<W_u\leqslant60\%$ | 深灰或黑色，有腥臭味，能看到未完全分解的植物结构，浸水体胀，易崩解，有植物残渣浮于水中，干缩现象明显 | 可根据地区特点和需要按 $W_u$ 细分为：<br>弱泥炭质土（$10\%<W_u\leqslant25\%$）<br>中泥炭质土（$25\%<W_u\leqslant40\%$）<br>强泥炭质土（$40\%<W_u\leqslant60\%$） |
| 泥炭 | $W_u>60\%$ | 除有泥炭质土特征外，结构松散，土质很轻，暗无光泽，干缩现象极为明显 | |

注：有机质含量 $W_u$ 按灼失量试验确定。

**A.0.6** 碎石土密实度野外鉴别可按表 A.0.6 执行。

**表 A.0.6 碎石土密实度野外鉴别**

| 密实度 | 骨架颗粒含量和排列 | 可挖性 | 可钻性 |
|---|---|---|---|
| 松 散 | 骨架颗粒质量小于总质量的60%，排列混乱，大部分不接触 | 锹可以挖掘，井壁易坍塌，从井壁取出大颗粒后，立即塌落 | 钻进较易，钻杆稍有跳动，孔壁易坍塌 |
| 中 密 | 骨架颗粒质量等于总质量的60%～70%，呈交错排列，大部分接触 | 锹镐可挖掘，井壁有掉块现象，从井壁取出大颗粒处，能保持凹面形状 | 钻进较困难，钻杆、吊锤跳动不剧烈，孔壁有坍塌现象 |
| 密 实 | 骨架颗粒质量大于总质量的70%，呈交错排列，连续接触 | 锹镐挖掘困难，用撬棍方能松动，井壁较稳定 | 钻进困难，钻杆、吊锤跳动剧烈，孔壁较稳定 |

注：密实度应按表列各项特征综合确定。

## 附录B 圆锥动力触探锤击数修正

**B.0.1** 当采用重型圆锥动力触探确定碎石土密实度时，锤击数 $N_{63.5}$ 应按下式修正：

$$N_{63.5}=\alpha_1\cdot N'_{63.5} \tag{B.0.1}$$

式中 $N_{63.5}$——修正后的重型圆锥动力触探锤击数；

$\alpha_1$——修正系数，按表 B.0.1 取值；

$N'_{63.5}$——实测重型圆锥动力触探锤击数。

**表 B.0.1 重型圆锥动力触探锤击数修正系数**

| $N'_{63.5}$ / L（m） | 5 | 10 | 15 | 20 | 25 | 30 | 35 | 40 | ≥50 |
|---|---|---|---|---|---|---|---|---|---|
| 2 | 1.00 | 1.00 | 1.00 | 1.00 | 1.00 | 1.00 | 1.00 | 1.00 | |
| 4 | 0.96 | 0.95 | 0.93 | 0.92 | 0.90 | 0.89 | 0.87 | 0.86 | 0.84 |
| 6 | 0.93 | 0.90 | 0.88 | 0.85 | 0.83 | 0.81 | 0.79 | 0.78 | 0.75 |
| 8 | 0.90 | 0.86 | 0.83 | 0.80 | 0.77 | 0.75 | 0.73 | 0.71 | 0.67 |
| 10 | 0.88 | 0.83 | 0.79 | 0.75 | 0.72 | 0.69 | 0.67 | 0.64 | 0.61 |
| 12 | 0.85 | 0.79 | 0.75 | 0.70 | 0.67 | 0.64 | 0.61 | 0.59 | 0.55 |
| 14 | 0.82 | 0.76 | 0.71 | 0.66 | 0.62 | 0.58 | 0.56 | 0.53 | 0.50 |
| 16 | 0.79 | 0.73 | 0.67 | 0.62 | 0.57 | 0.54 | 0.51 | 0.48 | 0.45 |
| 18 | 0.77 | 0.70 | 0.63 | 0.57 | 0.53 | 0.49 | 0.46 | 0.43 | 0.40 |
| 20 | 0.75 | 0.67 | 0.59 | 0.53 | 0.48 | 0.44 | 0.41 | 0.39 | 0.36 |

注：表中 L 为杆长。

**B.0.2** 当采用超重型圆锥动力触探确定碎石土密实度时，锤击数 $N_{120}$ 应按下式修正：

$$N_{120} = \alpha_2 \cdot N'_{120} \tag{B.0.2}$$

式中 $N_{120}$——修正后的超重型圆锥动力触探锤击数；

$\alpha_2$——修正系数，按表 B.0.2 取值；

$N'_{120}$——实测超重型圆锥动力触探锤击数。

**表 B.0.2 超重型圆锥动力触探锤击数修正系数**

| $N'_{120}$ / L(m) | 1 | 3 | 5 | 7 | 9 | 10 | 15 | 20 | 25 | 30 | 35 | 40 |
|---|---|---|---|---|---|---|---|---|---|---|---|---|
| 1 | 1.00 | 1.00 | 1.00 | 1.00 | 1.00 | 1.00 | 1.00 | 1.00 | 1.00 | 1.00 | 1.00 | 1.00 |
| 2 | 0.96 | 0.92 | 0.91 | 0.90 | 0.90 | 0.90 | 0.90 | 0.89 | 0.89 | 0.88 | 0.88 | 0.88 |
| 3 | 0.94 | 0.88 | 0.86 | 0.85 | 0.84 | 0.84 | 0.84 | 0.83 | 0.82 | 0.82 | 0.81 | 0.81 |
| 5 | 0.92 | 0.82 | 0.79 | 0.78 | 0.77 | 0.77 | 0.76 | 0.75 | 0.74 | 0.73 | 0.72 | 0.72 |
| 7 | 0.90 | 0.78 | 0.75 | 0.74 | 0.73 | 0.72 | 0.71 | 0.70 | 0.68 | 0.68 | 0.67 | 0.66 |
| 9 | 0.88 | 0.75 | 0.72 | 0.70 | 0.69 | 0.68 | 0.67 | 0.66 | 0.64 | 0.63 | 0.62 | 0.62 |
| 11 | 0.87 | 0.73 | 0.69 | 0.67 | 0.66 | 0.66 | 0.64 | 0.62 | 0.61 | 0.60 | 0.59 | 0.58 |
| 13 | 0.86 | 0.71 | 0.67 | 0.65 | 0.64 | 0.63 | 0.61 | 0.60 | 0.58 | 0.57 | 0.56 | 0.55 |
| 15 | 0.86 | 0.69 | 0.65 | 0.63 | 0.62 | 0.61 | 0.59 | 0.58 | 0.56 | 0.55 | 0.54 | 0.53 |
| 17 | 0.85 | 0.68 | 0.63 | 0.61 | 0.60 | 0.60 | 0.57 | 0.56 | 0.54 | 0.53 | 0.52 | 0.50 |
| 19 | 0.84 | 0.66 | 0.62 | 0.60 | 0.58 | 0.58 | 0.56 | 0.54 | 0.52 | 0.51 | 0.50 | 0.48 |

注：表中 L 为杆长。

# 附录 C 泥石流的工程分类

**C.0.1** 泥石流的工程分类应按表 C.0.1 执行。

**表 C.0.1 泥石流的工程分类和特征**

| 类别 | 泥石流特征 | 流域特征 | 亚类 | 严重程度 | 流域面积（$km^2$） | 固体物质一次冲出量（$\times10^4 m^3$） | 流量（$m^3/s$） | 堆积区面积（$km^2$） |
|---|---|---|---|---|---|---|---|---|
| Ⅰ高频率泥石流沟谷 | 基本上每年均有泥石流发生。固体物质主要来源于沟谷的滑坡、崩塌。暴发雨强小于 2～4mm/10min。除岩性因素外，滑坡、崩塌严重的沟谷多发生黏性泥石流，规模大，反之多发生稀性泥石流，规模小 | 多位于强烈抬升区，岩层破碎，风化强烈，山体稳定性差。泥石流堆积新鲜，无植被或仅有稀疏草丛。黏性泥石流沟中下游沟床坡度大于4% | Ⅰ₁ | 严重 | >5 | >5 | >100 | >1 |
| | | | Ⅰ₂ | 中等 | 1～5 | 1～5 | 30～100 | <1 |
| | | | Ⅰ₃ | 轻微 | <1 | <1 | <30 | — |
| Ⅱ低频率泥石流沟谷 | 暴发周期一般在10年以上。固体物质主要来源于沟床，泥石流发生时"揭床"现象明显。暴雨时坡面产生的浅层滑坡往往是激发泥石流形成的重要因素。暴发雨强，一般大于4mm/10min。规模一般较大，性质有黏有稀 | 山体稳定性相对较好，无大型活动性滑坡、崩塌。沟床和扇形地上巨砾遍布。植被较好，沟床内灌木丛密布，扇形地多已辟为农田。黏性泥石流沟中下游沟床坡度小于4% | Ⅱ₁ | 严重 | >10 | >5 | >100 | >1 |
| | | | Ⅱ₂ | 中等 | 1～10 | 1～5 | 30～100 | <1 |
| | | | Ⅱ₃ | 轻微 | <1 | <1 | <30 | — |

注：1 表中流量对高频率泥石流沟指百年一遇流量；对低频率泥石流沟指历史最大流量；

2 泥石流的工程分类宜采用野外特征与定量指标相结合的原则，定量指标满足其中一项即可。

# 附录 D 膨胀土初判方法

**D.0.1** 具有下列特征的土可初判为膨胀土：

1 多分布在二级或二级以上阶地、山前丘陵和盆地边缘；

2 地形平缓，无明显自然陡坎；

3 常见浅层滑坡、地裂，新开挖的路堑、边坡、基槽易发生坍塌；

4 裂缝发育，方向不规则，常有光滑面和擦痕，裂缝中常充填灰白、灰绿色黏土；

5 干时坚硬，遇水软化，自然条件下呈坚硬或硬塑状态；

6 自由膨胀率一般大于40%；

7 未经处理的建筑物成群破坏，低层较多层严重，刚性结构较柔性结构严重；

8 建筑物开裂多发生在旱季，裂缝宽度随季节变化。

# 附录 E 水文地质参数测定方法

**E.0.1** 水文地质参数可用表 E.0.1 的方法测定。

**表 E.0.1 水文地质参数测定方法**

| 参数 | 测定方法 |
|---|---|
| 水位 | 钻孔、探井或测压管观测 |
| 渗透系数、导水系数 | 抽水试验、注水试验、压水试验、室内渗透试验 |
| 给水度、释水系数 | 单孔抽水试验、非稳定流抽水试验、地下水位长期观测、室内试验 |
| 越流系数、越流因数 | 多孔抽水试验（稳定流或非稳定流） |
| 单位吸水率 | 注水试验、压水试验 |
| 毛细水上升高度 | 试坑观测、室内试验 |

注：除水位外，当对数据精度要求不高时，可采用经验数值。

**E.0.2** 孔隙水压力可按表E.0.2的方法测定。

**表E.0.2 孔隙水压力测定方法和适用条件**

| 仪器类型 | | 适用条件 | 测定方法 |
|---|---|---|---|
| 测压计式 | 立管式测压计 | 渗透系数大于$10^{-4}$cm/s的均匀孔隙含水层 | 将带有过滤器的测压管打入土层，直接在管内量测 |
| | 水压式测压计 | 渗透系数低的土层，量测由潮汐涨落、挖方引起的压力变化 | 用装在孔壁的小型测压计探头，地下水压力通过塑料管传导至水银压力计测定 |
| | 电测式测压计（电阻应变式、钢弦应变式） | 各种土层 | 孔压通过透水石传导至膜片，引起挠度变化，诱发电阻片（或钢弦）变化，用接收仪测定 |
| | 气动测压计 | 各种土层 | 利用两根排气管使压力为常数，传来的孔压在透水元件中的水压阀产生压差测定 |
| 孔压静力触探仪 | | 各种土层 | 在探头上装有多孔透水过滤器、压力传感器，在贯入过程中测定 |

# 附录F 取土器技术标准

**F.0.1** 取土器技术参数应符合表F.0.1的规定。

**表F.0.1 取土器技术参数**

| 取土器参数 | 厚壁取土器 | 薄壁取土器 | | |
|---|---|---|---|---|
| | | 敞口自由活塞 | 水压固定活塞 | 固定活塞 |
| 面积比$\frac{D_w^2-D_e^2}{D_e^2}\times100(\%)$ | 13～20 | ≤10 | 10～13 | |
| 内间隙比$\frac{D_s-D_e}{D_e}\times100(\%)$ | 0.5～1.5 | 0 | 0.5～1.0 | |
| 外间隙比$\frac{D_w-D_t}{D_t}\times100(\%)$ | 0～2.0 | 0 | | |
| 刃口角度$\alpha$(°) | <10 | 5～10 | | |
| 长度$L$(mm) | 400,550 | 对砂土：(5～10)$D_e$<br>对黏性土：(10～15)$D_e$ | | |
| 外径$D_t$(mm) | 75～89,108 | 75,100 | | |
| 衬管 | 整圆或半合管，塑料、酚醛层压纸或镀锌铁皮制成 | 无衬管，束节式取土器衬管同左 | | |

注：1 取样管及衬管内壁必须光滑圆整；
2 在特殊情况下取土器直径可增大至150～250mm；
3 表中符号：
$D_e$——取土器刃口内径；
$D_s$——取样管内径，加衬管时为衬管内径；
$D_t$——取样管外径；
$D_w$——取土器管靴外径，对薄壁管$D_w=D_t$。

# 附录G 场地环境类型

**G.0.1** 场地环境类型的分类，应符合表G.0.1的规定。

**表G.0.1 环境类型分类**

| 环境类型 | 场地环境地质条件 |
|---|---|
| Ⅰ | 高寒区、干旱区直接临水；高寒区、干旱区强透水层中的地下水 |
| Ⅱ | 高寒区、干旱区弱透水层中的地下水；各气候区湿、很湿的弱透水层湿润区直接临水；湿润区强透水层中的地下水 |
| Ⅲ | 各气候区稍湿的弱透水层；各气候区地下水位以上的强透水层 |

注：1 高寒区是指海拔高度等于或大于3000m的地区；干旱区是指海拔高度小于3000m，干燥度指数$K$值等于或大于1.5的地区；湿润区是指干燥度指数$K$值小于1.5的地区；
2 强透水层是指碎石土和砂土；弱透水层是指粉土和黏性土；
3 含水量$w$<3%的土层，可视为干燥土层，不具有腐蚀环境条件；
3A 当混凝土结构一边接触地面水或地下水，一边暴露在大气中，水可以通过渗透或毛细作用在暴露大气中的一边蒸发时，应定为Ⅰ类；
4 当有地区经验时，环境类型可根据地区经验划分；当同一场地出现两种环境类型时，应根据具体情况选定。

**G.0.2** （此条取消）
**G.0.3** （此条取消）

# 附录H 规范用词说明

**H.0.1** 为便于在执行本规范条文时区别对待，对于要求严格程度不同的用词，说明如下：

1 表示很严格，非这样做不可的用词：正面词采用“必须”，反面词采用“严禁”。

2 表示严格，在正常情况下均应这样做的用词：正面词采用“应”，反面词采用“不应”或“不得”。

3 表示允许稍有选择，在条件许可时首先应这样做的用词：正面词采用“宜”或“可”，反面词采用“不宜”。

**H.0.2** 条文中指定应按其他有关标准、规范执行时，写法为“应符合……的规定”。非必须按所指定的标准、规范或其他规定执行时，写法为“可参照……”。

中华人民共和国国家标准

# 岩土工程勘察规范

GB 50021—2001

（2009 年版）

## 条 文 说 明

# 目次

# 1 总　　则

**1.0.1** 本规范是在《岩土工程勘察规范》(GB50021—94)(以下简称《94规范》)基础上修订而成的。《94规范》是我国第一本岩土工程勘察规范，执行以来，对保证勘察工作的质量，促进岩土工程事业的发展，起到了应有的作用。本次修订基本保持《94规范》的适用范围和总体框架，作了局部调整。加强和补充了近年来发展的新技术和新经验；改正和删除了《94规范》某些不适当、不确切的条款；按新的规范编写规定修改了体例；并与有关规范进行了协调。修订时，注意了本规范是强制性的国家标准，是勘察方面的“母规范”，原则性的技术要求，适用于全国的技术标准，应在本规范中体现；因地制宜的具体细节和具体数据，留给相关的行业标准和地方标准规定。

**1.0.2** 岩土工程的业务范围很广，涉及土木工程建设中所有与岩体和土体有关的工程技术问题。相应的，本规范的适用范围也较广，一般土木工程都适用，但对于水利工程、铁路、公路和桥隧工程，由于专业性强，技术上有特殊要求，因此，上述工程的岩土工程勘察应符合现行有关标准、规范的规定。

对航天飞行器发射基地，文物保护等工程的勘察要求，本规范未作具体规定，应根据工程具体情况进行勘察，满足设计和施工的需要。

《94规范》未包括核电厂勘察。近十余年来，我国进行了一批核电厂的勘察，积累了一定经验，故本次修订增加了有关核电厂勘察的内容。

**1.0.3** 先勘察，后设计、再施工，是工程建设必须遵守的程序，是国家一再强调的十分重要的基本政策。但是，近年来仍有一些工程，不进行岩土工程勘察就设计施工，造成工程安全事故或安全隐患。为此，本条规定：“各项工程建设在设计和施工之前，必须按基本建设程序进行岩土工程勘察”。

20世纪80年代以前，我国的勘察体制基本上还是建国初期的前苏联模式，即工程地质勘察体制。其任务是查明场地或地区的工程地质条件，为规划、设计、施工提供地质资料。在实际工作中，一般只提出勘察场地的工程地质条件和存在的地质问题，而很少涉及解决问题的具体办法。所提资料设计单位如何应用也很少了解和过问，使勘察与设计施工严重脱节。20世纪80年代以来，我国开始实施岩土工程体制，经过20年的努力，这种体制已经基本形成。岩土工程勘察的任务，除了应正确反映场地和地基的工程地质条件外，还应结合工程设计、施工条件，进行技术论证和分析评价，提出解决岩土工程问题的建议，并服务于工程建设的全过程，具有很强的工程针对性。《94规范》按此指导思想编制，本次修订继续保持了这一正确的指导思想。

场地或其附近存在不良地质作用和地质灾害时，如岩溶、滑坡、泥石流、地震区、地下采空区等，这些场地条件复杂多变，对工程安全和环境保护的威胁很大，必须精心勘察，精心分析评价。此外，勘察时不仅要查明现状，还要预测今后的发展趋势。工程建设对环境会产生重大影响，在一定程度上干扰了地质作用原有的动态平衡。大填大挖，加载卸载，蓄水排水，控制不好，会导致灾难。勘察工作既要对工程安全负责，又要对保护环境负责，做好勘察评价。

**1.0.3A**【修订说明】

原文均为强制性，考虑到“岩土工程勘察应按工程建设各勘察阶段的要求，正确反映工程地质条件，查明不良地质作用和地质灾害，精心勘察、精心分析，提出资料完整、评价正确的勘察报告”，是原则性、政策性规定，可操作性不强，容易被延伸。故本次局部修订分为两条，原文第一句保留为强制性条文；第二句另列一条，不列为强制性条文。

**1.0.4** 由于规范的分工，本规范不可能将岩土工程勘察中遇到的所有技术问题全部包括进去。勘察人员在进行工作时，还需遵守其他有关规范的规定。

# 2 术语和符号

## 2.1 术　　语

**2.1.1** 本条对“岩土工程勘察”的释义来源于2000年9月25日国务院293号令《建设工程勘察设计管理条例》。其总则第二条有关的原文如下：

“本条例所称建设工程勘察，是指根据建设工程的要求，查明、分析、评价建设场地的地质地理环境特征和岩土工程条件，编制建设工程勘察文件的活动。”

本条基本全文引用。但注意到，这里定义的是“建设工程勘察”，内涵较“岩土工程勘察”宽，故稍有删改，现作以下说明：

**1** 岩土工程勘察是为了满足工程建设的要求，有明确的工程针对性，不同于一般的地质勘察；

**2** “查明、分析、评价”需要一定的技术手段，即工程地质测绘和调查、勘探和取样、原位测试、室内试验、检验和监测、分析计算、数据处理等；不同的工程要求和地质条件，采用不同的技术方法；

**3** “地质、环境特征和岩土工程条件”是勘察工作的对象，主要指岩土的分布和工程特征，地下水的赋存及其变化，不良地质作用和地质灾害等；

4　勘察工作的任务是查明情况，提供数据，分析评价和提出处理建议，以保证工程安全，提高投资效益，促进社会和经济的可持续发展；

5　岩土工程勘察是岩土工程中的一个重要组成，岩土工程包括勘察、设计、施工、检验、监测和监理等，既有一定的分工，又密切联系，不宜机械分割。

**2.1.3**　触探包括静力触探和动力触探，用以探测地层，测定土的参数，既是一种勘探手段，又是一种测试手段。物探也有两种功能，用以探测地层、构造、洞穴等，是勘探手段；用以测波速，是测试手段。钻探、井探等直接揭露地层，是直接的勘探手段；而触探通过力学分层判定地层，物探通过各种物理方法探测，有一定的推测因素，都是间接的勘探手段。

**2.1.5**　岩土工程勘察报告一般由文字和图表两部分组成。表示地层分布和岩土数据，可用图表；分析论证，提出建议，可用文字。文字与图表互相配合，相辅相成，效果较好。

**2.1.10**　断裂、地震、岩溶、崩塌、滑坡、塌陷、泥石流、冲刷、潜蚀等等，《94 规范》及其他书籍，称之为“不良地质现象”。其实，“现象”只是一种表现，只是地质作用的结果。勘察工作应调查和研究的不仅是现象，还包括其内在规律，故用现名。

**2.1.11**　灾害是危及人类人身、财产、工程或环境安全的事件。地质灾害是由不良地质作用引发的这类事件，可能造成重大人员伤亡、重大经济损失和环境改变，因而是岩土工程勘察的重要内容。

## 2.2　符　　号

**2.2.1**　岩土的重力密度(重度)$\gamma$和质量密度(密度)$\rho$是两个概念。前者是单位体积岩土所产生的重力，是一种力；后者是单位体积内所含的质量。

**2.2.3**　土的抗剪强度指标，有总应力法和有效应力法，总应力法符号为C.4，有效应力法符号为$c'$、$\varphi'$。对于总应力法，由于不同的固法条件和排水条件，试验成果各不相同。故勘察报告应对试验方法作必要的说明。

**2.2.4**　重型圆锥动力触探锤击数的符号原用$N_{(63.5)}$，以便与标准贯入锤击数$N_{63.5}$区分。现在，已将标准贯入锤击数符号改为$N$，重型圆锥动力触探锤击数符号已无必要用$N_{(63.5)}$，故改为$N_{63.5}$，与$N_{10}$、$N_{120}$的表示方法一致。

# 3　勘察分级和岩土分类

## 3.1　岩土工程勘察分级

**3.1.1**《建筑结构可靠度设计统一标准》(GB50068—2001)，将建筑结构分为三个安全等级，《建筑地基基础设计规范》(GB50007)将地基基础设计分为三个等级，都是从设计角度考虑的。对于勘察，主要考虑工程规模大小和特点，以及由于岩土工程问题造成破坏或影响正常使用的后果。由于涉及各行各业，涉及房屋建筑、地下洞室、线路、电厂及其他工业建筑、废弃物处理工程等，很难做出具体划分标准，故本条做了比较原则的规定。以住宅和一般公用建筑为例，30 层以上的可定为一级，7～30 层的可定为二级，6 层及 6 层以下的可定为三级。

**3.1.2**“不良地质作用强烈发育”，是指泥石流沟谷、崩塌、滑坡、土洞、塌陷、岸边冲刷、地下水强烈潜蚀等极不稳定的场地，这些不良地质作用直接威胁着工程安全；“不良地质作用一般发育”是指虽有上述不良地质作用，但并不十分强烈，对工程安全的影响不严重。

“地质环境”是指人为因素和自然因素引起的地下采空、地面沉降、地裂缝、化学污染、水位上升等。所谓“受到强烈破坏”是指对工程的安全已构成直接威胁，如浅层采空、地面沉降盆地的边缘地带、横跨地裂缝、因蓄水而沼泽化等；“受到一般破坏”是指已有或将有上述现象，但不强烈，对工程安全的影响不严重。

**3.1.3**　多年冻土情况特殊，勘察经验不多，应列为一级地基。“严重湿陷、膨胀、盐渍、污染的特殊性岩土”是指Ⅲ级和Ⅲ级以上的自重湿陷性土、Ⅲ级膨胀性土等。其他需作专门处理的，以及变化复杂，同一场地上存在多种强烈程度不同的特殊性岩土时，也应列为一级地基。

**3.1.4**　划分岩土工程勘察等级，目的是突出重点，区别对待，以利管理。岩土工程勘察等级应在工程重要性等级，场地等级和地基等级的基础上划分。一般情况下，勘察等级可在勘察工作开始前，通过搜集已有资料确定。但随着勘察工作的开展，对自然认识的深入，勘察等级也可能发生改变。

对于岩质地基，场地地质条件的复杂程度是控制因素。建造在岩质地基上的工程，如果场地和地基条件比较简单，勘察工作的难度是不大的。故即使是一级工程，场地和地基为三级时，岩土工程勘察等级也可定为乙级。

## 3.2　岩石的分类和鉴定

**3.2.1～3.2.3**　岩石的工程性质极为多样，差别很大，进行工程分类十分必要。《94 规范》首先按岩石强度分类，再进行风化分类。按岩石强度分为极硬、次硬、次软和极软，列举了代表性岩石名称。又以新鲜岩块的饱和抗压强度 30MPa 为分界标准。问题在于，新鲜的末风化的岩块在现场有时很难取得，难以执行。

岩石的分类可以分为地质分类和工程分类。地质分类主要根据其地质成因、矿物成分、结构构造和风化程度，可以用地质名称（即岩石学名称）加风化程度表达，如强风化花岗岩、微风化砂岩等。这对于工程的勘察设计确是十分必要的。工程分类主要根据岩体的工程性状，使工程师建立起明确的工程特性概念。地质分类是一种基本分类，工程分类应在地质分类的基础上进行，目的是为了较好地概括其工程性质，便于进行工程评价。

为此，本次修订除了规定应确定地质名称和风化程度外，增加了岩块的"坚硬程度"、岩体的"完整程度"和"岩体基本质量等级"的划分。并分别提出了定性和定量的划分标准和方法，可操作性较强。岩石的坚硬程度直接与地基的承载力和变形性质有关，其重要性是无疑的。岩体的完整程度反映了它的裂隙性，而裂隙性是岩体十分重要的特性，破碎岩石的强度和稳定性较完整岩石大大削弱，尤其对边坡和基坑工程更为突出。

本次修订将岩石的坚硬程度和岩体的完整程度各分五级，二者综合又分五个基本质量等级。与国标《工程岩体分级标准》(GB50218—94)和《建筑地基基础设计规范》(GB50007—2002)协调一致。

划分出极软岩十分重要，因为这类岩石不仅极软，而且常有特殊的工程性质，例如某些泥岩具有很高的膨胀性；泥质砂岩、全风化花岗岩等有很强的软化性（单轴饱和抗压强度可等于零）；有的第三纪砂岩遇水崩解，有流砂性质。划分出极破碎岩体也很重要，有时开挖时很硬，暴露后逐渐崩解。片岩各向异性特别显著，作为边坡极易失稳。事实上，对于岩石地基，特别注意的主要是软岩、极软岩、破碎和极破碎的岩石以及基本质量等级为Ⅴ级的岩石，对可取原状试样的，可用土工试验方法测定其性状和物理力学性质。

举例：

**1** 花岗岩，微风化：为较硬岩，完整，质量基本等级为Ⅱ级；

**2** 片麻岩，中等风化：为较软岩，较破碎，质量基本等级为Ⅳ级；

**3** 泥岩，微风化：为软岩，较完整，质量基本等级为Ⅳ级；

**4** 砂岩（第三纪），微风化：为极软岩，较完整，质量基本等级为Ⅴ级；

**5** 糜棱岩（断层带）：极破碎，质量基本等级为Ⅴ级。

岩石风化程度分为五级，与国际通用标准和习惯一致。为了便于比较，将残积土也列在表A.0.3中。国际标准ISO/TC 182/SC1也将风化程度分为五级，并列入残积土。风化带是逐渐过渡的，没有明确的界线，有些情况不一定能划分出五个完全的等级。一般花岗岩的风化分带比较完全，而石灰岩、泥岩等常常不存在完全的风化分带。这时可采用类似"中等风化-强风化""强风化-全风化"等语句表述。同样，岩体的完整性也可用类似的方法表述。第三系的砂岩、泥岩等半成岩，处于岩石与土之间，划分风化带意义不大，不一定都要描述风化。

**3.2.4** 关于软化岩石和特殊性岩石的规定，与《94规范》相同，软化岩石浸水后，其承载力会显著降低，应引起重视。以软化系数0.75为界限，是借鉴国内外有关规范和数十年工程经验规定的。

石膏、岩盐等易溶性岩石，膨胀性泥岩，湿陷性砂岩等，性质特殊，对工程有较大危害，应专门研究，故本规范将其专门列出。

**3.2.5**、**3.2.6** 岩石和岩体的野外描述十分重要，规定应当描述的内容是必要的。岩石质量指标RQD是国际上通用的鉴别岩石工程性质好坏的方法，国内也有较多经验，《94规范》中已有反映，本次修订作了更为明确的规定。

### 3.3 土的分类和鉴定

**3.3.1** 本条由《94规范》2.2.3和2.2.4条合并而成。

**3.3.2** 本条与《94规范》的规定一致。

**3.3.3** 本条与《94规范》的规定一致。

**3.3.4** 本条对于粉土定名的规定与《94规范》一致。

粉土的性质介于砂土和黏性土之间，较粗的接近砂土而较细的接近于黏性土。将粉土划分为亚类，在工程上是需要的。在修订过程中，曾经讨论过是否划分亚类，并有过几种划分亚类的方案建议。但考虑到在全国范围内采用统一的分类界限，如果没有足够的资料复核，很难把握适应各种不同的情况。因此，这次修订仍然采用《94规范》的方法，不在全国规范中对粉土规定亚类的划分标准，需要对粉土划分亚类的地区，可以根据地方经验，确定相应的亚类划分标准。

**3.3.5** 本条与《94规范》的规定一致。

**3.3.6** 本条与《94规范》的规定基本一致，仅增加了"夹层厚度大于0.5m时，宜单独分层"。各款举例如下：

**1** 对特殊成因和年代的土类，如新近沉积粉土，残坡积碎石土等；

**2** 对特殊性土，如淤泥质黏土，弱盐渍粉土，碎石素填土等；

**3** 对混合土，如含碎石黏土，含黏土角砾等；

**4** 对互层，如黏土与粉砂互层；对夹薄层，如黏土夹薄层粉砂。

**3.3.7** 本条基本上与《94规范》一致，仅局部修改了土的描述内容。

有人建议，应对砂土和粉土的湿度规定划分标准。《规范》修订组考虑，砂土和粉土取样困难，饱和度难以测准，规定了标准不易执行。作为野外描述，不一定都要有定量标准。至于是否饱和（涉及液化判别），地下水位上下是明确的界线，勘察人员是容易确定的。

对于黏性土和粉土的描述，《94规范》比较简单，不够完整。参照美国ASTM土的统一分类法，关于土的目力鉴别方法和《土的分类标准》（GBJ145）的简易鉴别方法，补充了摇振反应、光泽反应、干强度和韧性的描述内容。为了便于描述，给出了如表3.1所示的描述等级。

**表3.1 土的描述等级**

| | 摇振反应 | 光泽反应 | 干强度 | 韧性 |
|---|---|---|---|---|
| 粉土 | 迅速、中等 | 无光泽反应 | 低 | 低 |
| 黏性土 | 无 | 有光泽、稍有光泽 | 高、中等 | 高、中等 |

**3.3.7 【修订说明】**

本条1～4款规定描述的内容，有时不一定全部需要，故将“应”改为“宜”。土的光泽反应、摇振反应、干强度和韧性的鉴定是现场区分粉土和黏性土的有效方法，但原文在执行中产生一些误解，以为必须描述，成为例行套话，故增加第7款，明确目力鉴别的用途。

**3.3.8** 对碎石土密实度的划分，《94规范》只给出了野外鉴别的方法，完全根据经验进行定性划分，可比性和可靠性都比较差。在实际工程中，有些地区已经积累了用动力触探鉴别碎石土密实度的经验，这次修订时在保留定性鉴别方法的基础上，补充了重型动力触探和超重型动力触探定量鉴别碎石土密实度的方法。现作如下说明：

1 关于划分档次

对碎石土的密实度，表3.3.8-1分为四档，表3.3.8-2分为五档，附录A表A.0.6分为三档，似不统一。这是由于$N_{63.5}$较$N_{120}$能量小，不适用于“很密”的碎石土，故只能分四档；野外鉴别很难明确客观标准，往往因人而异，故只能粗一些，分为三档；所以，野外鉴别的“密实”，相当于用$N_{120}$的“密实”和“很密”；野外鉴别的“松散”，相当于用动力触探鉴别的“稍密”和“松散”。由于这三种鉴别方法所得结果不一定一致，故勘察报告中应交待依据的是“野外鉴别”、“重型圆锥动力触探”还是“超重型圆锥动力触探”。

2 关于划分依据

圆锥动力触探多年积累的经验，是锤击数与地基承载力之间的关系；由于影响承载力的因素较多，不便于在全国范围内建立统一的标准，故本次修订只考虑了用锤击数划分碎石土的密实度，并与国标《建筑地基基础设计规范》（GB50007—2002）协调；至于如何根据密实度或根据锤击数确定地基承载力，则由地方标准或地方经验确定。

表3.3.8-1是根据铁道部第二勘测设计院研究成果，进行适当调整后编制而成的。表3.3.8-2是根据中国建筑西南勘察研究院的研究成果，由王顺富先生向本《规范》修订组提供的。

3 关于成果的修正

圆锥动力触探成果的修正问题，虽已有一些研究成果，但尚缺乏统一的认识；这里包括杆长修正、上覆压力修正、探杆摩擦修正、地下水修正等；作为国家标准，目前做出统一规定的条件还不成熟；但有一条原则，即勘察成果首先要如实反映实测值，应用时可以进行修正，并适当交待修正的依据。应用表3.3.8-1和表3.3.8-2时，根据该成果研制单位的意见，修正方法列在本规范附录B中；表B.0.1和表B.0.2中的数据均源于唐贤强等著《地基工程原位测试技术》（中国铁道出版社，1996）。为表达统一，均取小数点后二位。

**3.3.9** 砂土密实度的鉴别方法保留了《94规范》的内容，但在修改过程中，曾讨论过对划分密实度的标准贯入击数是否需要修正的问题。

标准贯入击数的修正方法一般包括杆长修正和上覆压力修正。本规范在术语中规定标准贯入击数$N$为实测值；在勘察报告中所提供的成果也规定为实测值，不进行任何修正。在使用时可根据具体情况采用实测值或修正后的数值。

采用标准贯入击数估计土的物理力学指标或地基承载力时，其击数是否需要修正应与经验公式统计时所依据的原始数据的处理方法一致。

用标准贯入试验判别饱和砂土或粉土液化时，由于当时建立液化判别式的原始数据是未经修正的实测值，且在液化判别式中也已经反映了测点深度的影响，因此用于判别液化的标准贯入击数不作修正，直接用实测值进行判别。

在《94规范》报批稿形成以后，曾有专家提出过用标准贯入击数鉴别砂土密实度时需要进行上覆压力修正的建议，鉴于当时已经通过审查会审查，不宜再进行重大变动，因此将这一问题留至本次修订时处理。

本次修订时，经过反复论证，认为应当从用标准贯入击数鉴别砂土密实度方法的形成历史过程来判断是否应当加以修正。采用标准贯入击数鉴别砂土密实度的方法最早由太沙基和泼克在1948年提出，其划分标准如表3.2所示。这一标准对世界各国有很大的影响，许多国家的鉴别标准大多是在太沙基和泼克1948年的建议基础上发展的。

我国自1953年南京水利实验处引进标准贯入试验后，首先在治淮工程中应用，以后在许多部门推广应用。制定《工业与民用建筑地基基础设计规范》（TJ 7-74）时将标准贯入试验正式作为勘察手段列入规范，后来在修订《建筑地基基础设计规范》（GBJ 7-89）时总结了我国应用标准贯入击数划分砂土密实度的经验，给出了如表 3.3 所示的划分标准。这一标准将小于 10 击的砂土全部定为“松散”，不划分出“很松”的一档；将 10～30 击的砂土划分为两类，增加了击数为 10～15 的“稍密”一档；将击数大于 30 击的统称为“密实”，不划分出“很密”的密实度类型；而在实践中当标准贯入击数达到 50 击时一般就终止了贯入试验。

**表 3.2　太沙基和泼克建议的标准**

| 标准贯入击数 | <4 | 4～10 | 10～30 | 30～50 | >50 |
|---|---|---|---|---|---|
| 密实度 | 很松 | 松散 | 中密 | 密实 | 很密 |

**表 3.3　我国通用的密实度划分标准**

| 标准贯入击数 | <10 | 10～15 | 15～30 | >30 |
|---|---|---|---|---|
| 密实度 | 松散 | 稍密 | 中密 | 密实 |

从上述演变可以看出，我国目前所通用的密实度划分标准实际上就是 1948 年太沙基和泼克建议的标准，而当时还没有提出杆长修正和上覆压力修正的方法。也就是说，太沙基和泼克当年用以划分砂土密实度的标准贯入击数并没有经过修正。因此，根据本规范对标准贯入击数修正的处理原则，在采用这一鉴别密实度的标准时，应当使用标准贯入击数的实测值。本次修订时仍然保持《94 规范》的规定不变，即鉴别砂土密实度时，标准贯入击数用不加修正的实测值 $N$。

**3.3.10**　本条与《94 规范》一致。

在征求意见的过程中，有意见认为粉土取样比较困难，特别是地下水位以下的土样在取土过程中容易失水，使孔隙比减小，因此不易评价正确，故建议改用原位测试方法评价粉土的密实度。在修订过程中曾考虑过采用静力触探划分粉土密实度的方案，但经资料分析发现，静力触探比贯入阻力与孔隙比之间的关系非常分散，不同地区的粉土，其散点的分布范围不同。如图 3.1 所示，分别为山东东营粉土、江苏启东粉土、郑州粉土和上海粉土，由于静力触探比贯入阻力不仅反映了土的密实度，而且也反映了土的结构性。由于不同地区粉土的结构强度不同，在散点图上各地的粉土都处于不同的部位。有的地区粉土具有很小的孔隙比，但比贯入阻力不大；而另外的地区粉土的孔隙比比较大，可是比贯入阻力却很大。因此，在全国范围内，根据目前的资料，没有可能用静力触探比贯入阻力的统一划分界限来评价粉土的密实度。但是在同一地区的粉土，如结构性相差不大且具备比较充分的资料条件，采用静力触探或其他原位测试手段划分粉土的密实度具有一定的可能性，可以进行试划分以积累地区的经验。

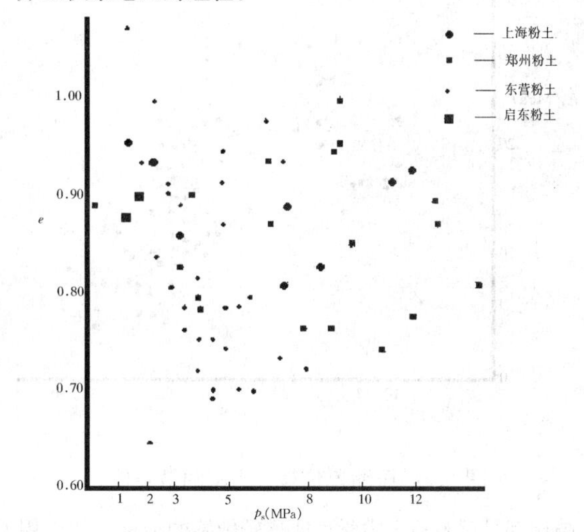


图 3.1　孔隙比与比贯入阻力的散点图

有些建议认为，水下取土求得的孔隙比一般都小于 0.75，不能反映实际情况，采用孔隙比鉴别粉土密实度会造成误判。由于取土质量低劣而造成严重扰动时，出现这种情况是可能的，但制定标准时不能将取土质量不符合要求的情况作为依据。只要认真取土，采取合格的土样，孔隙比的指标还是能够反映实际情况的。为了验证，随机抽取了粉土地区的勘察报告，对东营地区的粉土资料进行散点图分析。该地区地下水位 2～3m，最大取土深度 9～12m，取样点在地下水位上下都有，多数取自地下水位以下。考虑到压缩模量数据比较多，因此分析了压缩模量与各种物理指标之间的关系。

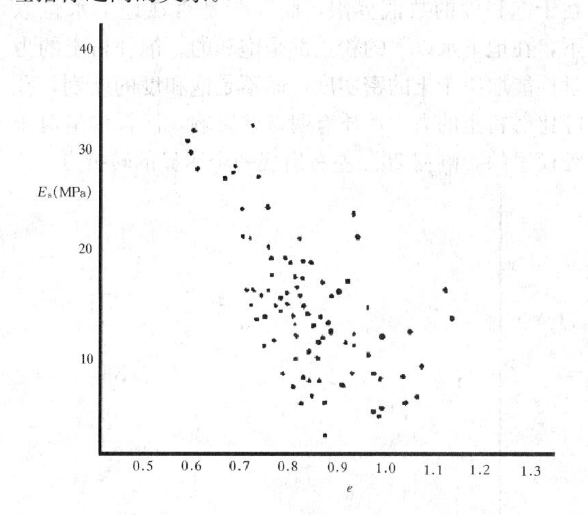


图 3.2　压缩模量与孔隙比的散点图

图 3.2 显示了压缩模量与孔隙比之间存在比较好的规律性，孔隙比分布在 0.55～1.0 之间，大约有 2/3 的孔隙比大于 0.75，说明无论是水上或水下，孔

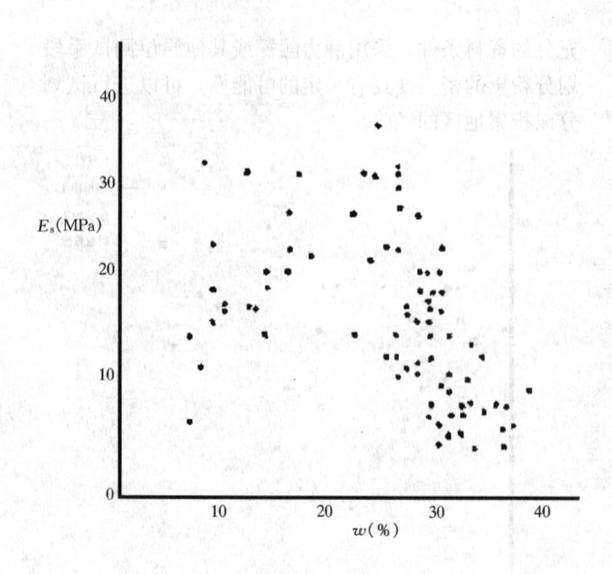


图 3.3 压缩模量与含水量的散点图

隙比都是反映粉土力学性能比较敏感的指标。如果用含水量来描述压缩模量的变化，则从图 3.3 可以发现，当含水量小于 20%时，含水量增大，模量相应增大；但在含水量超过 20%以后则出现相反的现象。在低含水量阶段，模量随含水量增大而增大的变化规律可能与非饱和土的基质吸力有关。采用饱和度描述时，在图 3.4 中，当土处于低饱和度时，压缩模量也随饱和度增大而增大；但当饱和度大于 80%以后，压缩模量与饱和度之间则没有明显的规律性。对比图 3.2 和图 3.4，也说明地下水位以下处于饱和状态的粉土，影响其力学性质的主要因素是土的孔隙比而不是饱和度。

从散点图分析，可以说明对于粉土的描述，饱和度并不是一个十分重要的指标。鉴别粉土是否饱和不在于饱和度的数值界限，而在于是否在地下水位以下，在地下水以下的粉土都是饱和的。饱和粉土的力学性能取决于土的密实度，而不是饱和度的差别。孔隙比对粉土的力学性质有明显的影响，而含水量对压缩模量的影响在 20%左右出现一个明显的转折点。

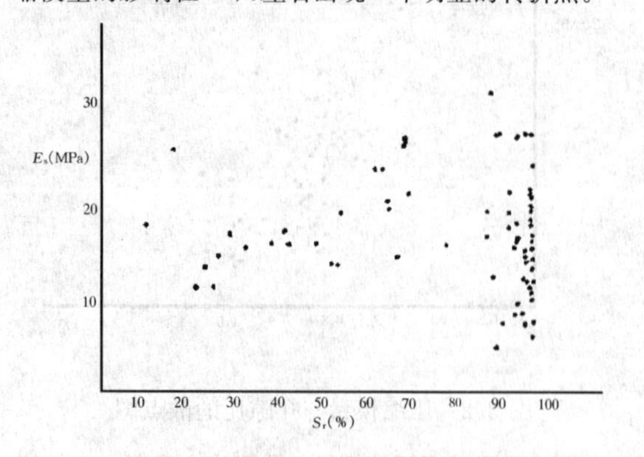


图 3.4 压缩模量与饱和度的散点图

鉴于上述分析，认为没有充分理由修改规范原来的规定，因此仍采用孔隙比和含水量描述粉土的密实度和湿度。

**3.3.11** 本条与《94 规范》的规定一致。

在修订过程中，也提出过采用静力触探划分黏性土状态的建议。对于这一建议进行了专门的研究，研究结果认为，黏性土的范围相当广泛，其结构性的差异比粉土更大，而黏性土中静力触探比贯入阻力的差别在很大程度上反映了土的结构强度的强弱而不是土的状态的不同。其实，直接采用静力触探比贯入阻力判别土的状态，并不利于正确认识与土的 Atterberg 界限有关的许多工程性质。静力触探比贯入阻力值与采用液性指数判别的状态之间存在的差异，反映了客观存在的结构性影响。例如比贯入阻力比较大，而状态可能是软塑或流塑，这正说明了土的结构强度使比贯入阻力比较大，一旦扰动结构，强度将急剧下降。可以提醒人们注意保持土的原状结构，避免结构扰动以后土的力学指标的弱化。

## 4 各类工程的勘察基本要求

### 4.1 房屋建筑和构筑物

**4.1.1** 本条主要对房屋建筑和构筑物的岩土工程勘察，在原则上规定了应做的工作和应有的深度。岩土工程勘察应有明确的针对性，因而要求了解建筑物的上部荷载、功能特点、结构类型、基础形式、埋置深度和变形限制的要求，以便提出岩土工程设计参数和地基基础设计方案的建议。不同的勘察阶段，对建筑结构了解的深度是不同的。

**4.1.2** 本规范规定勘察工作宜分阶段进行，这是根据我国工程建设的实际情况和数十年勘察工作的经验规定的。勘察是一种探索性很强的工作，总有一个从不知到知，从知之不多到知之较多的过程，对自然的认识总是由粗而细，由浅而深，不可能一步到位。况且，各设计阶段对勘察成果也有不同的要求，因此，分阶段勘察的原则必须坚持。但是，也应注意到，各行业设计阶段的划分不完全一致，工程的规模和要求各不相同，场地和地基的复杂程度差别很大，要求每个工程都分阶段勘察，是不实际也是不必要的。勘察单位应根据任务要求进行相应阶段的勘察工作。

岩土工程既然要服务于工程建设的全过程，当然应当根据任务要求，承担后期的服务工作，协助解决施工和使用过程中的岩土工程问题。

在城市和工业区，一般已经积累了大量工程勘察资料。当建筑物平面布置已经确定时，可以直接进行详勘。但对于高层建筑和其他重要工程，在短时间内不易查明复杂的岩土工程问题，并作出明确的评价，故仍宜分阶段进行。

**4.1.4** 对拟建场地做出稳定性评价，是初步勘察的主要内容。稳定性问题应在初步勘察阶段基本解决，不宜留给详勘阶段。

高层建筑的地基基础，基坑的开挖与支护，工程降水等问题，有时相当复杂，如果这些问题都留到详勘时解决，往往因时间仓促，解决不好，故要求初勘阶段提出初步分析评价，为详勘时进一步深入评价打下基础。

**4.1.5** 岩质地基的特征和土质地基很不一样，与岩体特征，地质构造，风化规律有关，且沉积岩与岩浆岩、变质岩，地槽区与地台区，情况有很大差别，本节规定主要针对平原区的土质地基，对岩质地基只作了原则规定，具体勘察要求应按有关行业标准或地方标准执行。

**4.1.6** 初勘时勘探线和勘探点的间距，《94 规范》按“岩土工程勘察等级”分档。“岩土工程勘察等级”包含了工程重要性等级、场地等级和地基等级，而勘探孔的疏密则主要决定于地基的复杂程度，故本次修订改为按“地基复杂程度等级”分档。

**4.1.7** 初勘时勘探孔的深度，《94 规范》按“岩土工程勘察等级”分档。实际上，勘探孔的深度主要决定于建筑物的基础埋深、基础宽度、荷载大小等因素，而初勘时又缺乏这些数据，故表 4.1.7 按工程重要性等级分档，且给了一个相当宽的范围，勘察人员可根据具体情况选择。

**4.1.8** 根据地质条件和工程要求适当增减勘探孔深度的规定，不仅适用于初勘阶段，也适用于详勘及其他勘察阶段。

**4.1.10** 地下水是岩土工程分析评价的主要因素之一，搞清地下水是勘察工作的重要任务。但只限于查明场地当时的情况有时还不够，故在初勘和详勘中，应通过资料搜集等工作，掌握工程场地所在的城市或地区的宏观水文地质条件，包括：

**1** 地下水的空间赋存状态及类型；

**2** 决定地下水空间赋存状态、类型的宏观地质背景；主要含水层和隔水层的分布规律；

**3** 历史最高水位，近 3～5 年最高水位，水位的变化趋势和影响因素；

**4** 宏观区域和场地内的主要渗流类型。

工程需要时，还应设置长期观测孔，设置孔隙水压力装置，量测水头随平面、深度和随时间的变化，或进行专门的水文地质勘察。

**4.1.11** 这两条规定了详细勘察的具体任务。到了详勘阶段，建筑总平面布置已经确定，面临单体工程地基基础设计的任务。因此，应当提供详细的岩土工程资料和设计施工所需的岩土参数，并进行岩土工程评价，提出相应的工程建议。现作以下几点说明：

**1** 为了使勘察工作的布置和岩土工程的评价具有明确的工程针对性，解决工程设计和施工中的实际问题，搜集有关工程结构资料，了解设计要求，是十分重要的工作；

**2** 地基的承载力和稳定性是保证工程安全的前提，这是毫无疑问的；但是，工程经验表明，绝大多数与岩土工程有关的事故是变形问题，包括总沉降、差异沉降、倾斜和局部倾斜；变形控制是地基设计的主要原则，故本条规定了应分析评价地基的均匀性，提供岩土变形参数，预测建筑物的变形特性；有的勘察单位根据设计单位要求和业主委托，承担变形分析任务，向岩土工程设计延伸，是值得肯定的；

**3** 埋藏的古河道、沟浜，以及墓穴、防空洞、孤石等，对工程的安全影响很大，应予查明；

**4** 地下水的埋藏条件是地基基础设计和基坑设计施工十分重要的依据，详勘时应予查明；由于地下水位有季节变化和多年变化，故规定应“提供地下水位及其变化幅度”，有关地下水更详细的规定见本规范第 7 章。

**4.1.13** 地下停车场、地下商店等，近年来在城市中大量兴建。这些工程的主要特点是“超补偿式基础”，开挖较深，挖土卸载量较大，而结构荷载很小。在地下水位较高的地区，防水和抗浮成了重要问题。高层建筑一般带多层地下室，需防水设计，在施工过程中有时也有抗浮问题。在这样的条件下，提供防水设计水位和抗浮设计水位成了关键。这是一个较为复杂的问题，有时需要进行专门论证。

**4.1.13 【修订说明】**

抗浮设防水位是很重要的设计参数，但要预测建筑物使用期间水位可能发生的变化和最高水位有时相当困难，不仅与气候、水文地质等自然因素有关，有时还涉及地下水开采、上下游水量调配、跨流域调水等复杂因素，故规定应进行专门研究。

地下工程的防水高度，已在《地下工程防水技术规范》（GB50108）中明确规定，不属于工程勘察的内容。该规范第 3.1.3 条规定：地下工程的防水设计，应考虑地表水、地下水、毛细管水等的作用，以及由于人为因素引起的附近水文地质改变的影响。单建式的地下工程应采用全封闭、部分封闭防排水设计，附建式的全地下或半地下工程的防水设防高度，应高出室外地坪高程 500mm 以上。

**4.1.14** 本条规定的指导思想与第 4.1.5 条一致。

**4.1.15** 本次修订时，除了改为按“地基复杂程度等级”分档外，根据近年来的工程经验，对勘探点间距的数值也作了调整。

**4.1.16** 建筑地基基础设计的原则是变形控制，将总沉降、差异沉降、局部倾斜、整体倾斜控制在允许的限度内。影响变形控制最重要的因素是地层在水平方向上的不均匀性，故本条第 2 款规定，地层起伏较大时应补充勘探点。尤其是古河道，埋藏的沟浜，基岩面的局部变化等。

勘探方法应精心选择，不应单纯采用钻探。触探可以获取连续的定量的数据，又是一种原位测试手段，井探可以直接观察岩土结构，避免单纯依据岩芯判断。因此，勘探手段包括钻探、井探、静力触探和动力触探，应根据具体情况选择。为了发挥钻探和触探的各自特点，宜配合应用。以触探方法为主时，应有一定数量的钻探配合。对复杂地质条件和某些特殊性岩土，布置一定数量的探井是很必要的。

**4.1.17** 高层建筑的荷载大，重心高，基础和上部结构的刚度大，对局部的差异沉降有较好的适应能力，而整体倾斜是主要控制因素，尤其是横向倾斜。为此，本条对高层建筑勘探点的布置作了明确规定，以满足岩土工程评价和地基基础设计的要求。

**4.1.18、4.1.19** 由于高层建筑的基础埋深和宽度都很大，钻孔比较深。钻孔深度适当与否，将极大地影响勘察质量、费用和周期。对天然地基，控制性钻孔的深度，应满足以下几个方面的要求：

**1** 等于或略深于地基变形计算的深度，满足变形计算的要求；

**2** 满足地基承载力和弱下卧层验算的需要；

**3** 满足支护体系和工程降水设计的要求；

**4** 满足对某些不良地质作用追索的要求。

以上各点中起控制作用的是满足变形计算要求。

确定变形计算深度有“应力比法”和“沉降比法”，现行国家标准《建筑地基基础设计规范》(GB50007) —2002 是沉降比法。但对于勘察工作，由于缺乏荷载和模量等数据，用沉降比法确定孔深是无法实施的。过去的办法是将孔深与基础宽度挂钩，虽然简便，但不全面。本次修订采用应力比法。经分析，第 4.1.19 条第 1 款的规定是完全可以满足变形计算要求的，在计算机已经普及的今天，也完全可以做到。

对于需要进行稳定分析的情况，孔深应根据稳定分析的具体要求确定。对于基础侧旁开挖，需验算稳定时，控制性钻孔达到基底下 2 倍基宽时可以满足；对于建筑在坡顶和坡上的建筑物，应结合边坡的具体条件，根据可能的破坏模式确定孔深。

当场地或场地附近没有可信的资料时，至少要有一个钻孔满足划分建筑场地类别对覆盖层厚度的要求。

建筑平面边缘的控制性钻孔，因为受压层深度较小，经过计算，可以适当减小。但应深入稳定地层。

**4.1.18 【修订说明】**

第 5 款如违反，不影响工程安全和质量，故改为非强制性条款。

本条指的是天然地基上的高层建筑。

**4.1.20** 由于土性指标的变异性，单个指标不能代表土的工程特性，必须通过统计分析确定其代表值，故本条第 2 款规定了原状土试样和原位测试的最少数量，以满足统计分析的需要。当场地较小时，可利用场地邻近的已有资料。

**4.1.20 【修订说明】**

取土试样和原位测试的数量以及试验项目，应由岩土工程师根据具体情况，因地制宜，因工程制宜。但从我国目前勘察市场的实际情况看，为了确保勘察质量，规范仍应控制取土试样和原位测试勘探孔的最少数量。因此在本条第 1 款增加规定取土试样和原位测试钻孔的数量，不应少于勘探孔总数的 1/2，作为最低限度。合理数量应视具体情况确定，必要时可全部勘探孔取土试样或做原位测试。

规定钻探取土试样孔的最少数量也是必要的，否则无法掌握土的基本物理力学性质。

基岩较浅地区可能要多布置一些鉴别孔查基岩面深度，埋藏的河、沟、池、浜以及杂填土分布区等，为了查明其分布也需布置一些鉴别孔，不在此规定。

本条第 2 款前半句的意思与原文相同，作文字上的修改是为了更明确指的是试验或测试的数据，不合格或不能用的数据当然不包括在内，并且强调了取多少土样，做什么试验，应根据工程要求、场地大小、土层厚薄、土层在场地和地基评价中所起的作用等具体情况确定，6 组数据仅是最低要求。本款前半句的原位测试，主要指标准贯入试验以及十字板剪切试验、扁铲侧胀试验等，不包括载荷试验，也不包括连续记录的静力触探和动力触探。载荷试验的数量要求本规范另有规定。本次修订增加了后半句，连续记录的静力触探或动力触探，每个场地不应少于 3 个孔。6 组取土试验数据和 3 个触探孔两个条件至少满足其中之一。不同测试方法的数量不能相加，例如取土试样与标准贯入试验不能相加，静力触探与动力触探不能相加。

第 4 款为原则性规定，故改为非强制性条款。

**4.1.23、4.1.24** 地基承载力、地基变形和地基的稳定性，是建筑物地基勘察中分析评价的主要内容。鉴于已在有关国家标准中作了明确的规定，这两条强调了根据地方经验综合评定的原则，不再作具体规定。

## 4.2 地 下 洞 室

**4.2.2** 国内目前围岩分类方法很多，国家标准有：《锚杆喷射混凝土支护技术规范》(GBJ86—85)、《工程岩体分级标准》(GB50218—94)和《地下铁道、轻轨交通岩土工程勘察规范》(GB50307—99)。另外，水电系统、铁路系统和公路系统均有自己的围岩分类。

本规范推荐国家标准《工程岩体分级标准》(GB50218—94) 中的岩体质量分级标准和《地下铁道、轻轨交通岩土工程勘察规范》(GB50307—99) 中的围岩分类。

前者首先确定基本质量级别，然后考虑地下水、主要软弱结构面和地应力等因素对基本质量级别进行修正，并以此衡量地下洞室的稳定性，岩体级别越高，则洞室的自稳能力越好。

后者则为了与《地下铁道设计规范》(GB50157—92) 相一致，采用了铁路系统的围岩分类法。这种围岩分类是根据围岩的主要工程地质特征（如岩石强度、受构造的影响大小、节理发育情况和有无软弱结构面等）、结构特征和完整状态以及围岩开挖后的稳定状态等综合确定围岩类别。并可根据围岩类别估算围岩的均布压力。

而《锚杆喷射混凝土支护技术规范》(GBJ86—85) 的围岩分类，则是根据岩体结构、受构造的影响程度、结构面发育情况、岩石强度和声波指标以及毛洞稳定性情况等综合确定。

以上三种围岩分类，都是国家标准，各有特点，各有用途，使用时应注意与设计采用的标准相一致。

**4.2.2** 【修订说明】

修订后只保留"地下洞室勘察的围岩分级应与地下洞室设计采用的标准一致"。将后面的文字删去。因为前一句意思已很明确，且《地下铁道、轻轨交通岩土工程勘察规范》(GB50307) 所依据的是铁路规范对围岩类别的规定，现铁路规范已经修改。

**4.2.3** 根据多年的实践经验，地下洞室勘察分阶段实施是十分必要的。这不仅符合按程序办事的基本建设原则，也是由于自然界地质现象的复杂性和多变性所决定。因为这种复杂多变性，在一定的勘察阶段内难以全部认识和掌握，需要一个逐步深化的认识过程。分阶段实施勘察工作，可以减少工作的盲目性，有利于保证工程质量。《94 规范》分为可行性与初步勘察、详细勘察和施工勘察三个阶段。但各阶段的勘察内容和勘察方法不够明确。本次修订，划分为可行性研究勘察、初步勘察、详细勘察和施工勘察四个阶段，并详细规定了各勘察阶段的勘察内容和勘察方法。当然，也可根据拟建工程的规模、性质和地质条件，因地制宜地简化勘察阶段。

可行性研究勘察阶段可通过搜集资料和现场踏勘，对拟选方案的适宜性做出评价，选择合适的洞址和洞口。

**4.2.4～4.2.6** 这三条规定了地下洞室初步勘察的勘察内容和勘察方法。规定初步勘察宜采用工程地质测绘，并结合工程需要，辅以物探、钻探和测试工作。

工程地质测绘的任务是查明地形地貌、地层岩性、地质构造、水文地质条件和不良地质作用，为评价洞区稳定性和建洞适宜性提供资料；为布置物探和钻探工作量提供依据。在地下洞室勘察中，工程地质测绘做好了，可以起到事半功倍的作用。

工程物探可采用浅层地震剖面勘探和地震 CT 等方法圈定地下隐伏体，探测构造破碎带；在钻孔内测定弹性波或声波波速，可评价岩体完整性，计算岩体动力参数，划分围岩类别等。

钻探工作可根据工程地质测绘的疑点和工程物探的异常点布置。本节第 4.2.6 条规定的勘探点间距和勘探孔深度是综合了《军队地下工程勘测规范》(GJB2813—1997)、《地下铁道、轻轨交通岩土工程勘察规范》(GB50307—99) 和《公路隧道勘测规程》(JTJ063—85) 等几本规范的有关内容制定的。

**4.2.7～4.2.12** 这六条规定的是详细勘察。

详细勘察阶段是地下洞室勘察的一个重要勘察阶段，其任务是在查明洞体地质条件的基础上，分段划分岩体质量级别或围岩类别，评价洞体和围岩稳定性，为洞室支护设计和确定施工方案提供资料。勘探方法应采用钻探、孔内物探和测试，必要时，还可布置洞探。工程地质测绘在详勘阶段一般情况下不单独进行，只是根据需要作一些补充性调查。

试验工作除常规的以外，对地下铁道，尚应测定基床系数和热物理参数。

**1** 基床系数用于衬砌设计时计算围岩的弹性抗力强度，应通过载荷试验求得（参见本规范第 10.2.6 条）；

**2** 热物理参数用于地下洞室通风负荷设计，通常采用面热源法和热线比较法测定潮湿土层的导温系数、导热系数和比热容；热线比较法还适用于测定岩石的导热系数，比热容还可用热平衡法测定，具体测定方法可参见国家标准《地下铁道、轻轨交通岩土工程勘察规范》(GB50307—99) 条文说明；

**3** 室内动力性质试验包括动三轴试验、动单剪试验和共振柱试验等；动力参数包括动弹性模量、动剪切模量、动泊松比。

**4.2.13** 地下洞室勘察，凭工程地质测绘、工程物探和少量的钻探工作，其精度是难以满足施工要求的，尚需依靠施工勘察和超前地质预报加以补充和修正。因此，施工勘察和地质超前预报关系到地下洞室掘进速度和施工安全，可以起到指导设计和施工的作用。

超前地质预报主要内容包括下列四方面：

**1** 断裂、破碎带和风化囊的预报；

**2** 不稳定块体的预报；

**3** 地下水活动情况的预报；

**4** 地应力状况的预报。

超前预报的方法，主要有超前导坑预报法、超前钻孔测试法和掌子面位移量测法等。

**4.2.14** 评价围岩稳定性，应采用工程地质分析与理论计算相结合的方法。两者不可偏颇。

本次删去了《94 规范》中的围岩压力计算公式，理由是随着科技的发展，计算方法进步很快，而这些公式显得有些陈旧，继续保留在规范中，不利于新技术、新方法的应用，不利于技术进步和发展。

关于地下洞室围岩稳定性计算分析，可采用数值法或"弹性有限元图谱法"，计算方法可参照有关书籍。

### 4.3 岸边工程

**4.3.1** 本节规定主要适用于港口工程的岩土工程勘察，对修船、造船水工建筑物、通航工程和取水构筑物的勘察，也可参照执行。

**4.3.2** 本条强调了岸边工程勘察需要重点查明的几个问题。

岸边工程处于水陆交互地带，往往一个工程跨越几个地貌单元；地层复杂，层位不稳定，常分布有软土、混合土、层状构造土；由于地表水的冲淤和地下水动水压力的影响，不良地质作用发育，多滑坡、坍岸、潜蚀、管涌等现象；船舶停靠挤压力，波浪、潮汐冲击力，系揽力等均对岸坡稳定产生不利影响。岸边工程勘察任务就是要重点查明和评价这些问题，并提出治理措施的建议。

**4.3.3～4.3.5** 岸边工程的勘察阶段，大、中型工程分为可行性研究、初步设计和施工图设计三个勘察阶段；对小型工程、地质条件简单或有成熟经验地区的工程可简化勘察阶段。第4.3.3条～第4.3.5条分别列出了上述三个勘察阶段的勘察方法和内容的原则性规定。

**4.3.6** 本条列出的几种原位测试方法，大多是港口工程勘察经常采用的测试方法，已有成熟的经验。

**4.3.7** 测定土的抗剪强度方法应结合工程实际情况，例如：

1 当非饱和土在施工期间和竣工后可能受水浸泡成为饱和土时，应进行饱和状态下的抗剪强度试验；

2 当土的固结状态在施工期间或竣工后可能变化时，宜进行土的不同固结度的抗剪强度试验；

3 挖方区宜进行卸荷条件下的抗剪强度试验，填方区则可进行常规方法的抗剪强度试验。

**4.3.8** 各勘察阶段的勘探工作量的布置和数量可参照《港口工程勘察规范》（JTJ240）执行。

**4.3.9** 评价岸坡和地基稳定性时，应按地质条件和土的性质，划分若干个区段进行验算。

对于持久状况的岸坡和地基稳定性验算，设计水位应采用极端低水位，对有波浪作用的直立坡，应考虑不同水位和波浪力的最不利组合。

当施工过程中可能出现较大的水头差、较大的临时超载、较陡的挖方边坡时，应按短暂状况验算其稳定性。如水位有骤降的情况，应考虑水位骤降对土坡稳定的影响。

### 4.4 管道和架空线路工程

#### （Ⅰ）管道工程

**4.4.1** 本节主要适用于长输油、气管道线路及其穿、跨越工程的岩土工程勘察。长输油气管道主要或优先采用地下埋设方式，管道上覆土厚1.0～1.2m；自然条件比较特殊的地区，经过技术论证，亦可采用土堤埋设、地上敷设和水下敷设等方式。

**4.4.2** 管道工程勘察阶段的划分应与设计阶段相适应。大型管道工程和大型穿越、跨越工程可分为选线勘察、初步勘察和详细勘察三个阶段。中型工程可分为选线勘察和详细勘察两个阶段。对于小型线路工程和小型穿、跨越工程一般不分阶段，一次达到详勘要求。

**4.4.3** 选线勘察主要是搜集和分析已有资料，对线路主要的控制点（例如大中型河流穿、跨越点）进行踏勘调查，一般不进行勘探工作。选线勘察是一个重要的勘察阶段。以往有些单位在选线工作中，由于对地质工作不重视，没有工程地质专业人员参加，甚至不进行选线勘察，事后发现选定的线路方案有不少岩土工程问题。例如沿线的滑坡、泥石流等不良地质作用较多，不易整治。如果整治，则耗费很大，增加工程投资；如不加以整治，则后患无穷。在这种情况下，有时不得不重新组织选线。为此，加强选线勘察是十分必要的。

**4.4.4** 管道遇有河流、湖泊、冲沟等地形、地物障碍时，必须跨越或穿越通过。根据国内外的经验，一般是穿越较跨越好。但是管道线路经过的地区，各种自然条件不尽相同，有时因为河床不稳，要求穿越管线埋藏很深；有时沟深坡陡，管线敷设的工程量很大；有时水深流急施工穿越工程特别困难；有时因为对河流经常疏浚或渠道经常扩挖，影响穿越管道的安全。在这些情况下，采用跨越的方式比穿越方式好。因此应根据具体情况因地制宜地确定穿越或跨越方式。

河流的穿、跨越点选得是否合理，是关系到设计、施工和管理的关键问题。所以，在确定穿、跨越点以前，应进行必要的选址勘察工作。通过认真的调查研究，比选出最佳的穿、跨越方案。既要照顾到整个线路走向的合理性，又要考虑到岩土工程条件的适宜性。本条从岩土工程的角度列举了几种不适宜作为穿、跨越点的河段，在实际工作中应结合具体情况适当掌握。

**4.4.5、4.4.6** 初勘工作，主要是在选线勘察的基础上，进一步搜集资料，现场踏勘，进行工程地质测绘和调查，对拟选线路方案的岩土工程条件做出初步评价，协同设计人员选择出最优的线路方案。这一阶段的工作主要是进行测绘和调查，尽量利用天然和人工露头，一般不进行勘探和试验工作，只在地质条件复杂、露头条件不好的地段，才进行简单的勘探工作。因为在初勘时，还可能有几个比选方案，如果每一个方案都进行较为详细的勘察工作，工作量太大。所以，在确定工作内容时，要求初步查明管道埋设深度内的地层岩性、厚度和成因。这里的“初步查明”是指把岩土的基本性质查清楚，如有无流砂、软土和对工程有影响的不良地质作用。

穿、跨越工程的初勘工作，也以搜集资料、踏勘、调查为主，必要时进行物探工作。山区河流，河床的第四系覆盖层厚度变化大，单纯用钻探手段难以控制，可采用电法或地震勘探，以了解基岩埋藏深度。对于大中型河流，除地面调查和物探工作外，尚需进行少量的钻探工作。对于勘探线上的勘探点间距，未作具体规定，以能初步查明河床地质条件为原则。这是考虑到本阶段对河床地层的研究仅是初步的，山区河流同平原河流的河床沉积差异性很大，即使是同一条河流，上游与下游也有较大的差别。因此，勘探点间距应根据具体情况确定。至于勘探孔的深度，可以与详勘阶段的要求相同。

**4.4.8** 管道穿越工程详勘阶段的勘探点间距，规定"宜为30～100m"，范围较大。这是考虑到山区河流与平原河流的差异大。对山区河流而言，30m的间距，有时还难以控制地层的变化。对平原河流，100m的间距，甚至再增大一些，也可以满足要求。因此，当基岩面起伏大或岩性变化大时，勘探点的间距应适当加密，或采用物探方法，以控制地层变化。按现用设备，当采用定向钻方式穿越时，钻探点应偏离中心线15m。

### （Ⅱ）架空线路工程

**4.4.11** 本节适用于大型架空线路工程，主要是高压架空线路工程，其他架空线路工程可参照执行。

**4.4.13、4.4.14** 初勘阶段应以搜集资料和踏勘调查为主，必要时可做适当的勘探工作。为了能选择地质、地貌条件较好，路径短、安全、经济、交通便利、施工方便的线路路径方案，可按不同地质、地貌情况分段提出勘察报告。

调查和测绘工作，重点是调查研究路径方案跨河地段的岩土工程条件和沿线的不良地质作用，对各路径方案沿线地貌、地层岩性、特殊性岩土分布、地下水情况也应了解，以便正确划分地貌、地质地段，结合有关文献资料归纳整理提出岩土工程勘察报告。对特殊设计的大跨越地段和主要塔基，应做详细的调查研究，当已有资料不能满足要求时，尚应进行适量的勘探测试工作。

**4.4.15、4.4.16** 施工图设计勘察是在已经选定的线路下进行杆塔定位，结合塔位进行工程地质调查、勘探和测试，提出合理的地基基础和地基处理方案、施工方法的建议等。下面阐述各地段的具体要求：

**1** 平原地区勘察，转角、耐张、跨越和终端塔等重要塔基和复杂地段应逐基勘探，对简单地段的直线塔基勘探点间距可酌情放宽；

根据国内已建和在建的500kV送电线路工程勘察方案的总结，结合土质条件、塔的基础类型、基础埋深和荷重大小以及塔基受力的特点，按有关理论计算结果，勘探孔深度一般为基础埋置深度下0.5～2.0倍基础底面宽度，表4.1可作参考；

**表4.1 不同类型塔基勘探深度**

| 塔型 | 勘探孔深度（m） | | |
|---|---|---|---|
| | 硬塑土层 | 可塑土层 | 软塑土层 |
| 直线塔 | $d+0.5b$ | $d+(0.5\sim1.0)b$ | $d+(1.0\sim1.5)b$ |
| 耐张、转角、跨越和终端塔 | $d+(0.5\sim1.0)b$ | $d+(1.0\sim1.5)b$ | $d+(1.5\sim2.0)b$ |

注：1 本表适用于均质土层。如为多层土或碎石土、砂土时，可适当增减；

2 $d$—基础埋置深度(m)，$b$—基础底面宽度(m)。

**2** 线路经过丘陵和山区，应围绕塔基稳定性并以此为重点进行勘察工作；主要是查明塔基及其附近是否有滑坡、崩塌、倒石堆、冲沟、岩溶和人工洞穴等不良地质作用及其对塔基稳定性的影响；

**3** 跨越河流、湖沼勘察，对跨越地段杆塔位置的选择，应与有关专业共同确定；对于岸边和河中立塔，尚需根据水文调查资料（包括百年一遇洪水、淹没范围、岸边与河床冲刷以及河床演变等），结合塔位工程地质条件，对杆塔地基的稳定性做出评价。

跨越河流或湖沼，宜选择在跨距较短、岩土工程条件较好的地点布设杆塔。对跨越塔，宜布置在两岸地势较高、岸边稳定、地基土质坚实、地下水埋藏较深处；在湖沼地区立塔，则宜将塔位布设在湖沼沉积层较薄处，并需着重考虑杆塔地基环境水对基础的腐蚀性。

架空线路杆塔基础受力的基本特点是上拔力、下压力或倾覆力。因此，应根据杆塔性质（直线塔或耐张塔等），基础受力情况和地基情况进行基础上拔稳定计算、基础倾覆计算和基础下压地基计算，具体的计算方法可参照原水利电力部标准《送电线路基础设计技术规定》（SDGJ62）执行。

## 4.5 废弃物处理工程

### （Ⅰ）一般规定

本节在《94规范》的基础上，有较大修改和补充，主要为：

**1** 《94规范》适用范围为矿山尾矿和火力发电厂灰渣，本次修订扩大了适用范围，包括矿山尾矿，火力发电厂灰渣、氧化铝厂赤泥等工业废料，还包括城市固体垃圾等各种废弃物；这是由于我国工业和城市废弃物处理的问题日益突出，废弃物处理工程的建设日益增多，客观上有扩大本节适用范围的需要；同时，各种废弃物堆场的特点虽各有不同，但其基本特征是类似的，可作为一节加以规定；

**2** 核废料的填埋处理要求很高，有核安全方面的专门要求，尚应满足相关规范的规定；

3 作为国家标准，本规范只对通用性的技术要求作了规定，具体的专门性的技术要求由各行业标准自行规定，与《94规范》比，条文内容更为简明；

4 《94规范》只规定了"尾矿坝"和"贮灰坝"的勘察；事实上，对于山谷型堆填场，不仅有坝，还有其他工程设施。除山谷型外，还有平地型、坑埋型等，本次修订作了相应补充；

5 需要指出，矿山废石、冶炼厂炉渣等粗粒废弃物堆场，目前一般不作勘察，故本节未作规定；但有时也会发生岩土工程问题，如引发泥石流，应根据任务要求和具体情况确定如何勘察。

**4.5.3** 本条规定了废弃物处理工程的勘察范围。对于山谷型废弃物堆场，一般由下列工程组成：

1 初期坝：一般为土石坝，有的上游用砂石、土工布组成反滤层；

2 堆填场：即库区，有的还设截洪沟，防止洪水入库；

3 管道、排水井、隧洞等，用以输送尾矿、灰渣，降水、排水，对于垃圾堆埋场，尚有排气设施；

4 截污坝、污水池、截水墙、防渗帷幕等，用以集中有害渗出液，防止对周围环境的污染，对垃圾填埋场尤为重要；

5 加高坝：废弃物堆填超过初期坝高后，用废渣材料加高坝体；

6 污水处理厂，办公用房等建筑物；

7 垃圾填埋场的底部设有复合型密封层，顶部设有密封层；赤泥堆场底部也有土工膜或其他密封层；

8 稳定、变形、渗漏、污染等的监测系统。

由于废弃物的种类、地形条件、环境保护要求等各不相同，工程建设运行过程有较大差别，勘察范围应根据任务要求和工程具体情况确定。

**4.5.4** 废弃物处理工程分阶段勘察是必要的，但由于各行业情况不同，各工程规模不同，要求不同，不宜硬性规定。废渣材料加高坝不属于一般意义勘察，而属于专门要求的详细勘察。

**4.5.5** 本条规定了勘探前需搜集的主要技术资料。这里主要规定废弃物处理工程勘察需要的专门性资料，未列入与一般场地勘察要求相同的地形图、地质图、工程总平面图等资料。各阶段搜集资料的重点亦有所不同。

**4.5.6～4.5.8** 洪水、滑坡、泥石流、岩溶、断裂等地质灾害，对工程的稳定有严重威胁，应予查明。滑坡和泥石流还可挤占库区，减小有效库容。有价值的自然景观包括，有科学意义需要保护的特殊地貌、地层剖面、化石群等。文物和矿产常有重要的文化和经济价值，应进行调查，并由专业部门评估，对废弃物处理工程建设的可行性有重要影响。与渗透有关的水文地质条件，是建造防渗帷幕、截污坝、截水墙等工程的主要依据，测绘和勘探时应着重查明。

**4.5.9** 初期坝建筑材料及防渗和覆盖用黏土的费用对工程的投资影响较大，故应在可行性勘察时确定产地，初步勘察时基本查明。

### （Ⅱ）工业废渣堆场

**4.5.10** 对勘探测试工作量和技术要求，本节未作具体规定，应根据工程实际情况和有关行业标准的要求确定，以能满足查明情况和分析评价要求为准。

### （Ⅲ）垃圾填埋场

**4.5.16** 废弃物的堆积方式和工程性质不同于天然土，按其性质可分为似土废弃物和非土废弃物。似土废弃物如尾矿、赤泥、灰渣等，类似于砂土、粉土、黏性土，其颗粒组成、物理性质、强度、变形、渗透和动力性质，可用土工试验方法测试。非土废弃物如生活垃圾，取样测试都较困难，应针对具体情况，专门考虑。有些力学参数也可通过现场监测，用反分析确定。

**4.5.17** 力学稳定和化学污染是废弃物处理工程评价两大主要问题，故条文对评价内容作了具体规定。

变形有时也会影响工程的安全和正常使用。土石坝的差异沉降可引起坝身裂缝；废弃物和地基土的过量变形，可造成封盖和底部密封系统开裂。

## 4.6 核 电 厂

**4.6.1** 核电厂是各类工业建筑中安全性要求最高、技术条件最为复杂的工业设施。本节是在总结已有核电厂勘察经验的基础上，遵循核电厂安全法规和导则的有关规定，参考国外核电厂前期工作的经验制定的，适用于各种核反应堆型的陆上商用核电厂的岩土工程勘察。

**4.6.2** 核电厂的下列建筑物为与核安全有关建筑物：

1 核反应堆厂房；

2 核辅助厂房；

3 电气厂房；

4 核燃料厂房及换料水池；

5 安全冷却水泵房及有关取水构筑物；

6 其他与核安全有关的建筑物。

除上列与核安全有关建筑物之外，其余建筑物均为常规建筑物。与核安全有关建筑物应为岩土工程勘察的重点。

**4.6.3** 本条核电厂勘察五个阶段划分的规定，是根据基建审批程序和已有核电厂工程的实际经验确定的。各个阶段循序渐进、逐步投入。

**4.6.4** 根据原电力工业部《核电厂工程建设项目可行性研究内容与深度规定》（试行），初步可行性研究阶段应对2个或2个以上厂址进行勘察，最终确定1～2个候选厂址。勘察工作以搜集资料为主，根据地质复杂程度，进行调查、测绘、钻探、测试和试验，满足初步可行性研究阶段的深度要求。

**4.6.5** 初步可行性研究阶段工程地质测绘内容包括地形、地貌、地层岩性、地质构造、水文地质以及岩溶、滑坡、崩塌、泥石流等不良地质作用。重点调查断层构造的展布和性质，必要时应实测剖面。

**4.6.6、4.6.7** 本阶段的工程物探要根据厂址的地质条件选择进行。结合工程地质调查，对岸坡、边坡的稳定性进行分析，必要时可做少量的勘察工作。

**4.6.8** 厂址和厂址附近是否存在能动断层是评价厂址适宜性的重要因素。根据有关规定，在地表或接近地表处有可能引起明显错动的断层为能动断层。符合下列条件之一者，应鉴定为能动断层：

1 该断层在晚更新世（距今约10万年）以来在地表或近地表处有过运动的证据；

2 证明与已知能动断层存在构造上的联系，由于已知能动断层的运动可能引起该断层在地表或近地表处的运动；

3 厂址附近的发震构造，当其最大潜在地震可能在地表或近地表产生断裂时，该发震构造应认为是能动断层。

根据我国目前的实际情况，核岛基础一般选择在中等风化、微风化或新鲜的硬质岩石地基上，其他类型的地基并不是不可以放置核岛，只是由于我国在这方面的经验不足，应当积累经验。因此，本节规定主要适用于核岛地基为岩石地基的情况。

**4.6.10** 工程地质测绘的范围应视地质、地貌、构造单元确定。测绘比例尺在厂址周边地区可采用1∶2000，但在厂区不应小于1∶1000。工程物探是本阶段的重点勘察手段，通常选择2～3种物探方法进行综合物探，物探与钻探应互相配合，以便有效地获得厂址的岩土工程条件和有关参数。

**4.6.11** 《核电厂地基安全问题》（HAF0108）中规定：厂区钻探采用150m×150m网格状布置钻孔，对于均匀地基厂址或简单地质条件厂址较为适用。如果地基条件不均匀或较为复杂，则钻孔间距应适当调整。对水工建筑物宜垂直河床或海岸布置2～3条勘探线，每条勘探线2～4个钻孔。泵房位置不应少于1个钻孔。

**4.6.12** 本条所指的水文地质工作，包括对核环境有影响的水文地质工作和常规的水文地质工作两方面。

**4.6.14** 根据核电厂建筑物的功能和组合，划分为4个不同的建筑地段，这些不同建筑地段的安全性质及其结构、荷载、基础形式和埋深等方面的差异，是考虑勘察手段和方法的选择、勘探深度和布置要求的依据。

断裂属于不良地质作用范畴，考虑到核电厂对断裂的特殊要求，单列一项予以说明。这里所指的断裂研究，主要是断裂工程性质的研究，即结合其位置、规模，研究其与建筑物安全稳定的关系，查明其危害性。

**4.6.15** 核岛是指反应堆厂房及其紧邻的核辅助厂房。对核岛地段钻孔的数量只提出了最低的界限，主要考虑了核岛的几何形状和基础面积。在实际工作中，可根据场地实际工程地质条件进行适当调整。

**4.6.16** 常规岛地段按其建筑物安全等级相当于火力发电厂汽轮发电机厂房，考虑到与核岛系统的密切关系，本条对常规岛的勘探工作量作了具体的规定。在实际工作中，可根据场地工程地质条件适当调整工作量。

**4.6.17** 水工建筑物种类较多，各具不同的结构和使用特点，且每个场地工程地质条件存在着差别。勘察工作应充分考虑上述特点，有针对性地布置工作量。

**4.6.18** 本条列举的几种原位测试方法是进行岩土工程分析与评价所需要的项目，应结合工程的实际情况予以选择采用。核岛地段波速测试，是一项必须进行的工作，是取得岩土体动力参数和抗震设计分析的主要手段，该项目测试对设备和技术有很高的要求，因此，对服务单位的选择、审查十分重要。

## 4.7 边 坡 工 程

**4.7.1** 本条规定了边坡勘察应查明的主要内容。根据边坡的岩土成分，可分为岩质边坡和土质边坡，土质边坡的主要控制因素是土的强度，岩质边坡的主要控制因素一般是岩体的结构面。无论何种边坡，地下水的活动都是影响边坡稳定的重要因素。进行边坡工程勘察时，应根据具体情况有所侧重。

**4.7.2** 本条规定的“大型边坡勘察宜分阶段进行”，是指对大型边坡的专门性勘察。一般情况下，边坡勘察和建筑物的勘察是同步进行的。边坡问题应在初勘阶段基本解决，一步到位。

**4.7.3** 对于岩质边坡，工程地质测绘是勘察工作首要内容，本条指出三点：

1 着重查明边坡的形态和坡角，这对于确定边坡类型和稳定坡率是十分重要的；

2 着重查明软弱结构面的产状和性质，因为软弱结构面一般是控制岩质边坡稳定的主要因素；

3 测绘范围不能仅限于边坡地段，应适当扩大到可能对边坡稳定有影响的地段。

**4.7.4** 对岩质边坡，勘察的一个重要工作是查明结构面。有时，常规钻探难以解决问题，需辅用一定数量的探洞，探井，探槽和斜孔。

**4.7.6** 正确确定岩土和结构面的强度指标，是边坡稳定分析和边坡设计成败的关键。本条强调了以下几点：

1 岩土强度室内试验的应力条件应尽量与自然条件下岩土体的受力条件一致；

2 对控制性的软弱结构面，宜进行原位剪切试验，室内试验成果的可靠性较差；对软土可采用十字板剪切试验；

3 实测是重要的，但更要强调结合当地经验，并宜根据现场坡角采用反分析验证；

4 岩土性质有时有"蠕变"，强度可能随时间而降低，对于永久性边坡应予注意。

**4.7.7** 本条首先强调，"边坡的稳定性评价，应在确定边坡破坏模式的基础上进行"。不同的边坡有不同的破坏模式。如果破坏模式选错，具体计算失去基础，必然得不到正确结果。破坏模式有平面滑动、圆弧滑动、锲形体滑落、倾倒、剥落等，平面滑动又有沿固定平面滑动和沿（$45°+\varphi/2$）倾角滑动等。有的专家将边坡分为若干类型，按类型确定破坏模式，并列入了地方标准，这是可取的。但我国地质条件十分复杂，各地差别很大，尚难归纳出全国统一的边坡分类和破坏模式，可继续积累数据和资料，待条件成熟后再作修订。

鉴于影响边坡稳定的不确定因素很多，故本条建议用多种方法进行综合评价。其中，工程地质类比法具有经验性和地区性的特点，应用时必须全面分析已有边坡与新研究边坡的工程地质条件的相似性和差异性，同时还应考虑工程的规模、类型及其对边坡的特殊要求。可用于地质条件简单的中、小型边坡。

图解分析法需在大量的节理裂隙调查统计的基础上进行。将结构面调查统计结果绘成等密度图，得出结构面的优势方位。在赤平极射投影图上，根据优势方位结构面的产状和坡面投影关系分析边坡的稳定性。

1 当结构面或结构面交线的倾向与坡面倾向相反时，边坡为稳定结构；

2 当结构面或结构面交线的倾向与坡面倾向一致，但倾角大于坡角时，边坡为基本稳定结构；

3 当结构面或结构面交线的倾向与坡面倾向之间夹角小于45°，且倾角小于坡角时，边坡为不稳定结构。

求潜在不稳定体的形状和规模需采用实体比例投影。对图解法所得出的潜在不稳定边坡应计算验证。

本条稳定系数的取值与《94规范》一致。

**4.7.8** 大型边坡工程一般需要进行地下水和边坡变形的监测，目的在于为边坡设计提供参数，检验措施（如支挡、疏干等）的效果和进行边坡稳定的预报。

## 4.8 基坑工程

**4.8.1**、**4.8.2** 目前基坑工程的勘察很少单独进行，大多是与地基勘察一并完成的。但是由于有些勘察人员对基坑工程的特点和要求不很了解，提供的勘察成果不一定能满足基坑支护设计的要求。例如，对采用桩基的建筑地基勘察往往对持力层、下卧层研究较仔细，而忽略浅部土层的划分和取样试验；侧重于针对地基的承载性能提供土质参数，而忽略支护设计所需要的参数；只在划定的轮廓线以内进行勘探工作，而忽略对周边的调查了解等等。因深基坑开挖属于施工阶段的工作，一般设计人员提供的勘察任务委托书可能不会涉及这方面的内容。此时勘察部门应根据本节的要求进行工作。

岩质基坑的勘察要求和土质基坑有较大差别，到目前为止，我国基坑工程的经验主要在土质基坑方面，岩质基坑的经验较少。故本节规定只适用于土质基坑。岩质基坑的勘察可根据实际情况按地方经验进行。

**4.8.3** 基坑勘察深度范围$2H$大致相当于在一般土质条件下悬臂桩墙的嵌入深度。在土质特别软弱时可能需要更大的深度。但一般地基勘察的深度比这更大，所以满足本条规定的要求不会有问题。但在平面扩大勘察范围可能会遇到困难。考虑这一点，本条规定对周边以调查研究、搜集原有勘察资料为主。在复杂场地和斜坡场地，由于稳定性分析的需要，或布置锚杆的需要，必须有实测地质剖面，故应适量布置勘探点。

**4.8.4** 抗剪强度是支护设计最重要的参数，但不同的试验方法（有效应力法或总应力法，直剪或三轴，UU或CU）可能得出不同的结果。勘察时应按照设计所依据的规范、标准的要求进行试验，提供数据。表4.2列出不同标准对土压力计算的规定，可供参考。

**表4.2 不同规范、规程对土压力计算的规定**

| 规范规程标准 | 计算方法 | 计算参数 | 土压力调整 |
|---|---|---|---|
| 建设部行标 | 采用朗肯理论<br>砂土、粉土水土分算，黏性土有经验时水土合算 | 直剪固快峰值$c$、$\varphi$或三轴$c_{cu}$、$\varphi_{cu}$ | 主动侧开挖面以下土自重压力不变 |
| 冶金部行标 | 采用朗肯或库伦理论按水土分算原则计算，有经验时对黏性土也可以水土合算 | 分算时采用有效应力指标$c'$、$\varphi'$或用$c_{cu}$、$\varphi_{cu}$代替，合算时采用$c_{cu}$、$\varphi_{cu}$乘以0.7的强度折减系数 | 有邻近建筑物基础时$K_{ma}=(K_0+K_a)/2$；被动区不能充分发挥时$K_{mp}=(0.3\sim0.5)K_p$ |
| 湖北省规定 | 采用朗肯理论<br>黏性土、粉土水土合算，砂土水土分算，有经验时也可水土合算 | 分算时采用有效应力指标$c'$、$\varphi'$；合算时采用总应力指标$c$、$\varphi$；提供有强度指标的经验值 | 一般不作调整 |
| 深圳规范 | 采用朗肯理论<br>水位以上水土合算；水位以下黏性土水土合算，粉土、砂土、碎石土水土分算 | 分算时采用有效应力指标$c'$、$\varphi'$；合算时采用总应力指标$c$、$\varphi$ | 无规定 |

续表 4.2

| 规范规程标准 | 计算方法 | 计算参数 | 土压力调整 |
|---|---|---|---|
| 上海规程 | 采用朗肯理论<br>以水土分算为主，对水泥土围护结构水土合算 | 水土分算采用 $c_{cu}$、$\varphi_{cu}$，水土合算采用经验主动土压力系数 $\eta_a$ | 对有支撑的围护结构开挖面以下土压力为矩形分布。提出动用土压力概念，提高的主动土压力系数界于 $K_0 \sim (K_a+K_0)/2$ 之间，降低的被动土压力系数界于（0.5～0.9）$K_p$ 之间 |
| 广州规定 | 采用朗肯理论<br>以水土分算为主，有经验时对黏性土、淤泥可水土合算 | 采用 $c_{cu}$、$\varphi_{cu}$，有经验时可采用其他参数 | 开挖面以下采用矩形分布模式 |

从理论上说基坑开挖形成的边坡是侧向卸荷，其应力路径是 $\sigma_1$ 不变，$\sigma_3$ 减小，明显不同于承受建筑物荷载的地基土。另外有些特殊性岩土（如超固结老黏性土、软质岩），开挖暴露后会发生应力释放、膨胀、收缩开裂、浸水软化等现象，强度急剧衰减。因此选择用于支护设计的抗剪强度参数，应考虑开挖造成的边界条件改变、地下水条件的改变等影响，对超固结土原则上取值应低于原状试样的试验结果。

**4.8.5** 深基坑工程的水文地质勘察工作不同于供水水文地质勘察工作，其目的应包括两个方面：一是满足降水设计（包括降水井的布置和井管设计）需要，二是满足对环境影响评估的需要。前者按通常供水水文地质勘察工作的方法即可满足要求，后者因涉及问题很多，要求更高。降水对环境影响评估需要对基坑外围的渗流进行分析，研究流场优化的各种措施，考虑降水延续时间长短的影响。因此，要求勘察对整个地层的水文地质特征作更详细的了解。具体的勘察和试验工作可执行本规范第 7 章及其他相关规范的规定。

**4.8.5 【修订说明】**

当已做的勘察工作比较全面，获取的水文地质资料已满足要求时，可不必再作专门的水文地质勘察。故增加“且已有资料不能满足要求时”。

**4.8.7** 环境保护是深基坑工程的重要任务之一，在建筑物密集、交通流量大的城区尤其突出。由于对周边建（构）筑物和地下管线情况不了解，就盲目开挖造成损失的事例很多，有的后果十分严重。所以一定要事先进行环境状况的调查，设计、施工才能有针对性地采取有效保护措施。对地面建筑物可通过观察访问和查阅档案资料进行了解，对地下管线可通过地面标志，档案资料进行了解。有的城市建立有地理信息系统，能提供更详细的资料。如确实搜集不到资料，应采用开挖、物探、专用仪器或其他有效方法进行探测。

**4.8.9** 目前采用的支护措施和边坡处理方式多种多样，归纳起来不外乎表 4.3 所列的三大类。由于各地地质情况不同，勘察人员提供建议时应充分了解工程所在地区经验和习惯，对已有的工程进行调查。

**表 4.3 基坑边坡处理方式类型和适用条件**

| 类　型 | 结构种类 | 适用条件 |
|---|---|---|
| 设置挡土结构 | 地下连续墙、排桩、钢板桩，悬臂、加内支撑或加锚 | 开挖深度大，变形控制要求高，各种土质条件 |
| | 水泥土挡墙 | 开挖深度不大，变形控制要求一般，土质条件中等或较好 |
| 土体加固或锚固 | 喷锚支护 | |
| | 土钉墙 | |
| 放坡减载 | 根据土质情况按一定坡率放坡，加坡面保护处理 | 开挖深度不大，变形控制要求不严，土质条件较好，有放坡减荷的场地条件 |

注：1 表中处理方式可组合使用；
2 变形控制要求应根据工程的安全等级和环境条件确定。

**4.8.10** 本条文所列内容应是深基坑支护设计的工作内容。但作为岩土工程勘察，应在岩土工程评价方面有一定的深度。只有通过比较全面的分析评价，才能使支护方案选择的建议更为确切，更有依据。

进行上述评价的具体方法可参考表 4.4。

**表 4.4 不同规范、规程对支护结构设计计算的规定**

| 规范规程标准 | 设计方法 | 稳定性分析 | 渗流稳定分析 |
|---|---|---|---|
| 建设部行标 | 悬臂和支点刚度大的桩墙采用被动区极限应力法，支点刚度小时采用弹性支点法，内力取上述两者中的大值，变形按弹性支点法计算 | 抗隆起采用 Prandtl 承载力公式，整体稳定用圆弧法分析 | 抗底部突涌验算，抗侧壁管涌验算 |
| 冶金部行标 | 采用极限平衡法计算入土深度，二、三级基坑采用极限平衡法计算内力，一级基坑采用土抗力法计算内力和变形，坑边有重要保护对象时采用平面有限元法计算位移 | 用不排水强度 $\tau_0$（$\varphi=0$）验算底部承载力，也可用小圆弧法验算坑底土的稳定，验算时可考虑桩墙的抗弯，整体稳定用圆弧法分析 | 抗底部突涌验算，抗侧壁管涌验算 |

续表 4.4

| 规范规程标准 | 设计方法 | 稳定性分析 | 渗流稳定分析 |
| --- | --- | --- | --- |
| 湖北省规定 | 采用极限平衡法计算入土深度，采用弹性抗力法计算内力和变形，有条件时可采用平面有限元法计算变形 | 抗隆起采用prandtl承载力公式，整体稳定用圆弧法分析 | 以抗底部突涌验算为主，抗侧壁管涌验算列有公式，但很少应用 |
| 深圳规范 | 悬臂、单支点采用极限土压力平衡法计算，用m法计算变形<br>多支点用极限土压力平衡法计算插入深度，用弹性支点杆系有限元法、m法计算内力和变形 | 抗隆起稳定性验算采用Caguot-Prandtl承载力公式，整体稳定用圆弧法分析 | 抗侧壁管涌验算 |
| 上海规程 | 以桩墙下段的极限土压力力矩平衡验算抗倾覆稳定性<br>板式支护结构采用竖向弹性地基梁基床系数法，弹性抗力分布有多种选择 | Prandtl承载力公式，也可用小圆弧法，可考虑或不考虑桩墙的抗弯<br>整体稳定用圆弧法分析 | 抗底部突涌验算，抗侧壁管涌验算 |
| 广州规定 | 悬臂、单支点用极限土压力平衡法确定嵌固深度<br>多支点采用弹性抗力法 | 圆弧法<br>GB 50007—2002的折线形滑动面分析法 | 抗侧壁管涌用验算 |

注：1 稳定性分析的小圆弧法是以最下一层支撑点为圆心，该点至桩墙底的距离为半径作圆，然后进行滑动力矩和稳定力矩计算的分析方法；
2 弹性支点杆系有限元法，竖向弹性地基梁基床系数法，土抗力法实际上是指同一类型的分析方法，可简称弹性抗力法。即将桩墙视为一维杆件，承受主动区某种分布形式已知的土压力荷载，被动区的土抗力和支撑锚点的支反力则以弹簧模拟，认为抗力、反力值随变形而变化；在此假定下模拟桩墙与土的相互作用，求解内力和变形；
3 极限土压力平衡法是假定支护结构、被动侧的土压力均达到理论的极限值，对支护结构进行整体平衡计算的方法；
4 当坑底以下存在承压水含水层时进行抗突涌验算，一般只考虑承压水含水层上覆土层自重能否平衡承压水水头压力；当侧壁有含水层且依靠隔水帷幕阻隔地下水进入基坑时进行抗侧壁管涌验算，计算原则是按最短渗流路径计算水力坡降，与临界水力坡降比较。

降水消耗水资源。我国是水资源贫乏的国家，应尽量避免降水，保护水资源。降水对环境会有或大或小的影响，对环境影响的评价目前还没有成熟的得到公认的方法。一些规范、规程、规定上所列的方法是根据水头下降在土层中引起的有效应力增量和各土层的压缩模量分层计算地面沉降，这种粗略方法计算结果并不可靠。根据武汉地区的经验，降水引起的地面沉降与水位降幅、土层剖面特征、降水延续时间等多种因素有关；而建筑物受损害的程度不仅与动水位坡降有关，而且还与土层水平方向压缩性的变化和建筑物的结构特点有关。地面沉降最大区域和受损害建筑物不一定都在基坑近旁，而可能在远离基坑外的某处。因此评价降水对环境的影响主要依靠调查了解地区经验，有条件时宜进行考虑时间因素的非稳定流渗流场分析和压缩层的固结时间过程分析。

## 4.9 桩 基 础

**4.9.1** 本节适用于已确定采用桩基础方案时的勘察工作。本条是对桩基勘察内容的总要求。

本条第2款，查明基岩的构造，包括产状、断裂、裂隙发育程度以及破碎带宽度和充填物等，除通过钻探、井探手段外，尚可根据具体情况辅以地表露头的调查测绘和物探等方法。本次修订，补充应查明风化程度及其厚度，确定其坚硬程度、完整程度和基本质量等级。这对于选择基岩为桩基持力层时是非常必要的。查明持力层下一定深度范围内有无洞穴、临空面、破碎岩体或软弱岩层，对桩的稳定也是非常重要的。

本条第5款，桩的施工对周围环境的影响，包括打入预制桩和挤土成孔的灌注桩的振动、挤土对周围既有建筑物、道路、地下管线设施和附近精密仪器设备基础等带来的危害以及噪声等公害。

**4.9.2** 为满足设计时验算地基承载力和变形的需要，勘察时应查明拟建建筑物范围内的地层分布、岩土的均匀性。要求勘探点布置在柱列线位置上，对群桩应根据建筑物的体型布置在建筑物轮廓的角点、中心和周边位置上。

勘探点的间距取决于岩土条件的复杂程度。根据北京、上海、广州、深圳、成都等许多地区的经验，桩基持力层为一般黏性土、砂卵石或软土，勘探点的间距多数在12～35m之间。桩基设计，特别是预制桩，最为担心的就是持力层起伏情况不清，而造成截桩或接桩。为此，应控制相邻勘探点揭露的持力层层面坡度、厚度以及岩土性状的变化。本条给出控制持力层层面高差幅度为1～2m，预制桩应取小值。不能满足时，宜加密勘探点。复杂地基的一柱一桩工程，往往采用大口径桩，荷载很大，一旦出事，无以补救，结构设计上要求更严。实际工程中，每个桩位都需有可靠的地质资料。

**4.9.3** 作为桩基勘察已不再是单一的钻探取样手段，桩基础设计和施工所需的某些参数单靠钻探取土是无法取得的。而原位测试有其独特之处。我国幅员广大，各地区地质条件不同，难以统一规定原位测试手段。因此，应根据地区经验和地质条件选择合适的原位测试手段与钻探配合进行。如上海等软土地基条件下，静力触探已成为桩基勘察中必不可少的测试手段。砂土采用标准贯入试验也颇为有效，而成都、北京等地区的卵石层地基中，重型和超重型圆锥动力触探为选择持力层起到了很好的作用。

**4.9.4** 设计对勘探深度的要求，既要满足选择持力层的需要，又要满足计算基础沉降的需要。因此，对勘探孔有控制性孔和一般性孔（包括钻探取土孔和原位测试孔）之分。勘探孔深度的确定原则，目前各地各单位在实际工作中，一般有以下几种：

1 按桩端深度控制：软土地区一般性勘探孔深度达桩端下3～5m处；

2 按桩径控制：持力层为砂、卵石层或基岩情况下，勘探孔深度进入持力层（3～5）$d$（$d$为桩径）；

3 按持力层顶板深度控制：较多做法是，一般软土地区持力层为硬塑黏性土、粉土或密实砂土时，要求达到顶板深度以下2～3m；残积土或粒状土地区要求达到顶板深度以下2～6m；而基岩地区应注意将孤石误判为基岩的问题；

4 按变形计算深度控制：一般自桩端下算起，最大勘探深度取决于变形计算深度；对软土，如《上海市地基基础设计规范》（GBJ 08—11）一般算至附加应力等于土自重应力的20%处；上海市民用建筑设计院通过实测，以各种公式计算，认为群桩中变形计算深度主要与桩群宽度$b$有关，而与桩长关系不大；当群桩平面形状接近于方形时，桩尖以下压缩层厚度大约等于一倍$b$；但仅仅将钻探深度与基础宽度挂钩的做法是不全面的，还与建筑平面形状、基础埋深和基底的附加压力有关；根据北京市勘察设计研究院对若干典型住宅和办公楼的计算，对于比较坚硬的场地，当建筑层数在14、24、32层，基础宽度为25～45m，基础埋深为7～15m，以及地下水位变化很大的情况下，变形计算深度（从桩尖算起）为（0.6～1.25）$b$；对于比较软弱的地基，各项条件相同时，为（0.9～2.0）$b$。

**4.9.5** 基岩作为桩基持力层时，应进行风干状态和饱和状态下的极限抗压强度试验，但对软岩和极软岩，风干和浸水均可使岩样破坏，无法试验，因此，应封样保持天然湿度，做天然湿度的极限抗压强度试验。性质接近土时，按土工试验要求。破碎和极破碎的岩石无法取样，只能进行原位测试。

**4.9.6** 从全国范围来看，单桩极限承载力的确定较可靠的方法仍为桩的静载荷试验。虽然各地、各单位有经验方法估算单桩极限承载力，如用静力触探指标估算等方法，也都与载荷试验建立相应关系后采用。根据经验确定桩的承载力一般比实际偏低较多，从而影响了桩基技术和经济效益的发挥，造成浪费。但也有不安全不可靠的，以致发生工程事故，故本规范强调以静载荷试验为主要手段。

对于承受较大水平荷载或承受上拔力的桩，鉴于目前计算的方法和经验尚不多，应建议进行现场试验。

**4.9.7** 沉降计算参数和指标，可以通过压缩试验或深层载荷试验取得，对于难以采取原状土和难以进行深层载荷试验的情况，可采用静力触探试验、标准贯入试验、重型动力触探试验、旁压试验、波速测试等综合评价，求得计算参数。

**4.9.8** 勘察报告中可以提出几个可能的桩基持力层，进行技术、经济比较后，推荐合理的桩基持力层。一般情况下应选择具有一定厚度、承载力高、压缩性较低、分布均匀，稳定的坚实土层或岩层作为持力层。报告中应按不同的地质剖面提出桩端标高建议，阐明持力层厚度变化、物理力学性质和均匀程度。

沉桩的可能性除与锤击能量有关外，还受桩身材料强度、地层特性、桩群密集程度、群桩的施工顺序等多种因素制约，尤其是地质条件的影响最大，故必须在掌握准确可靠的地质资料，特别是原位测试资料的基础上，提出对沉桩可能性的分析意见。必要时，可通过试桩进行分析。

对钢筋混凝土预制桩、挤土成孔的灌注桩等的挤土效应，打桩产生的振动，以及泥浆污染，特别是在饱和软黏土中沉入大量、密集的挤土桩时，将会产生很高的超孔隙水压力和挤土效应，从而对周围已成的桩和已有建筑物、地下管线等产生危害。灌注桩施工中的泥浆排放产生的污染，挖孔桩排水造成地下水位下降和地面沉降，对周围环境都可产生不同程度的影响，应予分析和评价。

## 4.10 地基处理

**4.10.1** 进行地基处理时应有足够的地质资料，当资料不全时，应进行必要的补充勘察。本条规定了地基处理时对岩土工程勘察的基本要求。

1 岩土参数是地基处理设计成功与否的关键，应选用合适的取样方法、试验方法和取值标准；

2 选用地基处理方法应注意其对环境和附近建筑物的影响；如选用强夯法施工时，应注意振动和噪声对周围环境产生不利影响；选用注浆法时，应避免化学浆液对地下水、地表水的污染等；

3 每种地基处理方法都有各自的适用范围、局限性和特点；因此，在选择地基处理方法时都要进行具体分析，从地基条件、处理要求、处理费用和材料、设备来源等综合考虑，进行技术、经济、工期等方面的比较，以选用技术上可靠，经济上合理的地基处理方法；

4 当场地条件复杂，或采用某种地基处理方法缺乏成功经验，或采用新方法、新工艺时，应进行现场试验，以取得可靠的设计参数和施工控制指标；当难以选定地基处理方案时，可进行不同地基处理方法的现场对比试验，通过试验选定可靠的地基处理方法；

**5** 在地基处理施工过程中，岩土工程师应在现场对施工质量和施工对周围环境的影响进行监督和监测，保证施工顺利进行。

**4.10.2** 换填垫层法是先将基底下一定范围内的软弱土层挖除，然后回填强度较高、压缩性较低且不含有机质的材料，分层碾压后作为地基持力层，以提高地基承载力和减少变形。

换填垫层法的关键是垫层的碾压密实度，并应注意换填材料对地下水的污染影响。

**4.10.3** 预压法是在建筑物建造前，在建筑场地进行加载预压，使地基的固结沉降提前基本完成，从而提高地基承载力。预压法适用于深厚的饱和软黏土，预压方法有堆载预压和真空预压。

预压法的关键是使荷载的增加与土的承载力增长率相适应。为加速土的固结速率，预压法结合设置砂井或排水板以增加土的排水途径。

**4.10.4** 强夯法适用于从碎石土到黏性土的各种土类，但对饱和软黏土使用效果较差，应慎用。

强夯施工前，应在施工现场进行试夯，通过试验确定强夯的设计参数——单点夯击能、最佳夯击能、夯击遍数和夯击间歇时间等。

强夯法由于振动和噪声对周围环境影响较大，在城市使用有一定的局限性。

**4.10.5** 桩土复合地基是在土中设置由散体材料（砂、碎石）或弱胶结材料（石灰土、水泥土）或胶结材料（水泥）等构成桩柱体，与桩间土一起共同承受建筑荷载。这种由两种不同强度的介质组成的人工地基称为复合地基。复合地基中的桩柱体的作用，一是置换，二是挤密。因此，复合地基除可提高地基承载力、减少变形外，还有消除湿陷和液化的作用。

复合地基适用于松砂、软土、填土和湿陷性黄土等土类。

**4.10.6** 注浆法包括粒状剂和化学剂注浆法。粒状剂包括水泥浆、水泥砂浆、黏土浆、水泥黏土浆等，适用于中粗砂、碎石土和裂隙岩体；化学剂包括硅酸钠溶液、氢氧化钠溶液、氯化钙溶液等，可用于砂土、粉土、黏性土等。作业工艺有旋喷法、深层搅拌、压密注浆和劈裂注浆等。其中粒状剂注浆法和化学剂注浆法属渗透注浆，其他属混合注浆。

注浆法有强化地基和防水止渗的作用，可用于地基处理、深基坑支挡和护底、建造地下防渗帷幕，防止砂土液化、防止基础冲刷等方面。

因大部分浆液有一定的毒性，应防止浆液对地下水的污染。

## 4.11 既有建筑物的增载和保护

**4.11.1** 条文所列举的既有建筑物的增载和保护的类型主要系指在大中城市的建筑密集区进行改建和新建时可能遇到的岩土工程问题。特别是在大城市，高层建筑的数量增加很快，高度也在增高，建筑物增层、增载的情况较多；不少大城市正在兴建或计划兴建地铁，城市道路的大型立交工程也在增多等 。深基坑，地下掘进，较深、较大面积的施工降水，新建建筑物的荷载在既有建筑物地基中引起的应力状态的改变等是这些工程的岩土工程特点，给我们提出了一些特殊的岩土工程问题。我们必须重视和解决好这些问题，以避免或减轻对既有建筑物可能造成的影响，在兴建建筑物的同时，保证既有建筑物的完好与安全。

本条逐一指出了各类增载和保护工程的岩土工程勘察的工作重点，注意搞清所指出的重点问题，就能使勘探、试验工作的针对性强，所获的数据资料科学、适用，从而使岩土工程分析和评价建议，能抓住主要矛盾，符合实际情况。此外，系统的监测工作是重要手段之一，往往不能缺少。

**4.11.2** 为建筑物的增载或增层而进行的岩土工程勘察的目的，是查明地基土的实际承载能力（临塑荷载、极限荷载），从而确定是否尚有潜力可以增层或增载。

**1** 增层、增载所需的地基承载力潜力是不宜通过查以往有关的承载力表的办法来衡量的；这是因为：

**1）** 地基土的承载力表是建立在数理统计基础上的；表中的承载力只是符合一定的安全保证概率的数值，并不直接反映地基土的承载力和变形特性，更不是承载力与变形关系上的特性点；

**2）** 地基土承载力表的使用是有条件的；岩土工程师应充分了解最终的控制与衡量条件是建筑物的容许变形（沉降、挠曲、倾斜）；

因此，原位测试和室内试验方法的选择决定于测试成果能否比较直接地反映地基土的承载力和变形特性，能否直接显示土的应力-应变的变化、发展关系和有关的力学特性点；

**2** 下列是比较明确的土的力学特性点：

**1）** 载荷试验 $s$-$p$ 曲线上的比例界限和极限荷载；

**2）** 固结试验 $e$-$\lg p$ 曲线上的先期固结压力和再压缩指数与压缩指数；

**3）** 旁压试验 $V$-$p$ 曲线上的临塑压力 $p_f$ 与极限压力 $p_L$ 等。

静力触探锥尖阻力亦能在相当接近的程度上反映土的原位不排水强度。

根据测试成果分析得出的地基土的承载力与计划增层、增载后地基将承受的压力进行比较，并结合必要的沉降历时关系预测，就可得出符合或接近实际的岩土工程结论。当然，在作出关于是否可以增层、增载和增层、增载的量值和方式、步骤的最后结论之前，还应考虑既有建筑物结构的承受能力。

**4.11.3** 建筑物的接建、邻建所带来的主要岩土工程问题，是新建建筑物的荷载引起的、在既有建筑物紧邻新建部分的地基中的应力叠加。这种应力叠加会导致既有建筑物地基土的不均匀附加压缩和建筑物的相对变形或挠曲，直至严重裂损。针对这一主要问题，需要在接建、邻建部位专门布置勘探点。原位测试和室内试验的重点，如同第 4.11.2 条所述，也应以获得地基土的承载力和变形特性参数为目的，以便分析研究接建、邻建部位的地基土在新的应力状态下的稳定程度，特别是预测地基土的不均匀附加沉降和既有建筑物将承受的局部性的相对变形或挠曲。

**4.11.4** 在国内外由于城市、工矿地区开采地下水或以疏干为目的的降低地下水位所引起的地面沉降、挠曲或破裂的例子日益增多。这种地下水抽降与伴随而来的地面形变严重时，可导致沿江沿海城市的海水倒灌或扩大洪水淹没范围，成群成带的建筑物沉降、倾斜与裂损，或一些采空区、岩溶区的地面塌陷等。

由地下水抽降所引起的地面沉降与形变不仅发生在软黏性土地区，土的压缩性并不很高，但厚度巨大的土层也可能出现数值可观的地面沉降与挠曲。若一个地区或城市的土层巨厚、不均或存在有先期隐伏的构造断裂时，地下水抽降引起的地面沉降会以地面的显著倾斜、挠曲，以至有方向性的破裂为特征。

表现为地面沉降的土层压缩可以涉及很深处的土层，这是因为由地下水抽降造成的作用于土层上的有效压力的增加是大范围的。因此，岩土工程勘察需要勘探、取样和测试的深度很大，这样才能预测可能出现的土层累计压缩总量（地面沉降）。本条的第 2 款要求“勘探孔深度应超过可压缩地层的下限”和第 3 款关于试验工作的要求，就是这个目的。

**4.11.5** 深基坑开挖是高层建筑岩土工程问题之一。高层建筑物通常有多层地下室，需要进行深的开挖；有些大型工业厂房、高耸构筑物和生产设备等也要求将基础埋置很深，因而也有深基坑问题。深基坑开挖对相邻既有建筑物的影响主要有：

**1** 基坑边坡变形、位移，甚至失稳的影响；

**2** 由于基坑开挖、卸荷所引起的四邻地面的回弹、挠曲；

**3** 由于施工降水引起的邻近建筑物软基的压缩或地基土中部分颗粒的流失而造成的地面不均匀沉降、破裂；在岩溶、土洞地区施工降水还可能导致地面塌陷。

岩土工程勘察研究内容就是要分析上述影响产生的可能性和程度，从而决定采取何种预防、保护措施。本条还提出了关于基坑开挖过程中的监测工作的要求。对基坑开挖，这种信息法的施工方法可以弥补岩土工程分析和预测的不足，同时还可积累宝贵的科学数据，提高今后分析、预测水平。

**4.11.6** 地下开挖对建筑物的影响主要表现为：

**1** 由地下开挖引起的沿工程主轴线的地面下沉和轴线两侧地面的对倾与挠曲。这种地面变形会导致地面既有建筑物的倾斜、挠曲甚至破坏；为了防止这些破坏性后果的出现，岩土工程勘察的任务是在勘探测试的基础上，通过工程分析，提出合理的施工方法、步骤和最佳保护措施的建议，包括系统的监测；

**2** 地下工程施工降水，其可能的影响和分析研究方法同第 4.11.5 条的说明。

在地下工程的施工中，监测工作特别重要。通过系统的监测，不但可验证岩土工程分析预测和所采取的措施的正确与否，而且还能通过对岩土与支护工程性状及其变化的直接跟踪，判断问题的演变趋势，以便及时采取措施。系统的监测数据、资料还是进行科学总结，提高岩土工程学术水平的基础。

# 5 不良地质作用和地质灾害

## 5.1 岩 溶

**5.1.1** 岩溶在我国是一种相当普遍的不良地质作用，在一定条件下可能发生地质灾害，严重威胁工程安全。特别在大量抽吸地下水，使水位急剧下降，引发土洞的发展和地面塌陷的发生，我国已有很多实例。故本条强调“拟建工程场地或其附近存在对工程安全有影响的岩溶时，应进行岩溶勘察”。

**5.1.2** 本条规定了岩溶的勘察阶段划分及其相应工作内容和要求。

**1** 强调可行性研究或选址勘察的重要性。在岩溶区进行工程建设，会带来严重的工程稳定性问题；故在场址比选中，应加深研究，预测其危害，做出正确抉择；

**2** 强调施工阶段补充勘察的必要性；岩溶土洞是一种形态奇特、分布复杂的自然现象，宏观上虽有发育规律，但在具体场地上，其分布和形态则是无常的；因此，进行施工勘察非常必要。

岩溶勘察的工作方法和程序，强调下列各点：

**1** 重视工程地质研究，在工作程序上必须坚持以工程地质测绘和调查为先导；

**2** 岩溶规律研究和勘探应遵循从面到点、先地表后地下、先定性后定量、先控制后一般以及先疏后密的工作准则；

**3** 应有针对性地选择勘探手段，如为查明浅层岩溶，可采用槽探，为查明浅层土洞可用钎探，为查明深埋土洞可用静力触探等；

**4** 采用综合物探，用多种方法相互印证，但不宜以未经验证的物探成果作为施工图设计和地基处理的依据。

岩溶地区有大片非可溶性岩石存在时，勘察工作应与岩溶区段有所区别，可按一般岩质地基进行勘察。

**5.1.3** 本条规定了岩溶场地工程地质测绘应着重查明的内容，共7款，都与岩土工程分析评价密切有关。岩溶洞隙、土洞和塌陷的形成和发展，与岩性、构造、土质、地下水等条件有密切关系。因此，在工程地质测绘时，不仅要查明形态和分布，更要注意研究机制和规律。只有做好了工程地质测绘，才能有的放矢地进行勘探测试，为分析评价打下基础。

土洞的发展和塌陷的发生，往往与人工抽吸地下水有关。抽吸地下水造成大面积成片塌陷的例子屡见不鲜，进行工程地质测绘时应特别注意。

**5.1.4** 岩溶地区可行性研究勘察和初步勘察的目的，是查明拟建场地岩溶发育规律和岩溶形态的分布规律，宜采用工程地质测绘和多种物探方法进行综合判释。勘探点间距宜适当加密；勘探孔深度揭穿对工程有影响的表层发育带即可。

**5.1.5** 详勘阶段，勘探点应沿建筑物轴线布置。对地质条件复杂或荷载较大的独立基础应布置一定深度的钻孔。对一柱一桩的基础，应一柱一孔予以控制。当基底以下土层厚度不符合第5.1.10条第1款的规定时，应根据荷载情况，将部分或全部钻孔钻入基岩；当在预定深度内遇见洞体时，应将部分钻孔钻入洞底以下。

对荷载大或一柱多桩时，即使一柱一孔，有时还难以完全控制，有些问题可留到施工勘察去解决。

**5.1.6** 施工勘察阶段，应在已开挖的基槽内，布置轻型动力触探、钎探或静力触探，判断土洞的存在，桂林等地经验证明，坚持这样做十分必要。

**5.1.7** 土洞与塌陷对工程的危害远大于岩体中的洞隙，查明其分布尤为重要。但是，对单个土洞一一查明，难度及工作量都较大。土洞和塌陷的形成和发展，是有规律的。本条根据实践经验，提出在岩溶发育区中，土洞可能密集分布的地段，在这些地段上重点勘探，使勘察工作有的放矢。

**5.1.8** 工程需要时，应积极创造条件，更多地进行一些洞体顶板试验，积累资料。目前实测资料很少，岩溶定量评价缺少经验，铁道部第二设计院曾在高速行车的条件下，在路基浅层洞体内进行顶板应力量测，贵州省建筑设计院曾在白云岩的天然洞体上进行两组载荷试验，所得结果都说明天然岩溶洞体对外荷载具有相当的承受能力，据此可以认为，现行评价洞体稳定性的方法是有较大安全储备的。

**5.1.9** 当前岩溶评价仍处于经验多于理论、宏观多于微观、定性多于定量阶段。本条根据已有经验，提出几种对工程不利的情况。当遇所列情况时，宜建议绕避或舍弃，否则将会增大处理的工程量，在经济上是不合理的。

**5.1.10** 第5.1.9条从不利和否定角度，归纳出了一些条件，本条从有利和肯定的角度提出当符合所列条件时，可不考虑岩溶稳定影响的几种情况。综合两者，力图从两个相反的侧面，在稳定性评价中，从定性上划出去了一大块，而余下的就只能留给定量评价去解决了。本条所列内容与《建筑地基基础设计规范》(GB 50007—2002) 有关部分一致。

**5.1.11** 本条提出了如不符合第5.1.10条规定的条件需定量评价稳定性时，需考虑的因素和方法。在解决这一问题时，关键在于查明岩溶的形态和计算参数的确定。当岩溶体隐伏于地下，无法量测时，只能在施工开挖时，边揭露边处理。

## 5.2 滑 坡

**5.2.1** 拟建工程场地存在滑坡或有滑坡可能时，应进行滑坡勘察；拟建工程场地附近存在滑坡或有滑坡可能，如危及工程安全，也应进行滑坡勘察。这是因为，滑坡是一种对工程安全有严重威胁的不良地质作用和地质灾害，可能造成重大人身伤亡和经济损失，产生严重后果。考虑到滑坡勘察的特点，故本条指出，“应进行专门的滑坡勘察”。

滑坡勘察阶段的划分，应根据滑坡的规模、性质和对拟建工程的可能危害确定。例如，有的滑坡规模大，对拟建工程影响严重，即使为初步设计阶段，对滑坡也要进行详细勘察，以免等到施工图设计阶段再由于滑坡问题否定场址，造成浪费。

**5.2.3** 有些滑坡勘察对地下水问题重视不足，如含水层层数、位置、水量、水压、补给来源等未搞清楚，给整治工作造成困难甚至失败。

**5.2.4** 滑坡勘察的工作量，由于滑坡的规模不同，滑动面的形状不同，很难做出统一的具体规定。因此，应由勘察人员根据实际情况确定。本条只规定了勘探点的间距不宜大于40m。对规模小的滑坡，勘探点的间距应慎重考虑，以查清滑坡为原则。

滑坡勘察，布置适量的探井以直接观察滑动面，并采取包括滑面的土样，是非常必要的。动力触探、静力触探常有助于发现和寻找滑动面，适当布置动力触探、静力触探孔对搞清滑坡是有益的。

**5.2.7** 本条规定采用室内或野外滑面重合剪，或取滑带土作重塑土或原状土多次重复剪，求取抗剪强度。试验宜采用与滑动条件相类似的方法，如快剪、饱和快剪等。当用反分析方法检验时，应采用滑动后实测主断面计算。对正在滑动的滑坡，稳定系数 $F_s$ 可取0.95～1.00，对处在暂时稳定的滑坡，稳定系数 $F_s$ 可取1.00～1.05。可根据经验，给定 $c$、$\varphi$ 中的一个值，反求另一值。

**5.2.8** 应按本条规定考虑诸多影响因素。当滑动面为折线形时，滑坡稳定性分析，可采用如下方法计算稳定安全系数：

$$F_s = \frac{\sum_{i=1}^{n-1}\left(R_i\prod_{j=i}^{n-1}\psi_j\right)+R_n}{\sum_{i=1}^{n-1}\left(T_i\prod_{j=i}^{n-1}\psi_j\right)+T_n} \tag{5.1}$$

$$\psi_j = \cos(\theta_i-\theta_{i+1})-\sin(\theta_i-\theta_{i+1})\tan\varphi_{i+1} \tag{5.2}$$

$$R_i = N_i\tan\varphi_i + c_iL_i \tag{5.3}$$

式中 $F_s$——稳定系数；

$\theta_i$——第 $i$ 块段滑动面与水平面的夹角（°）；

$R_i$——作用于第 $i$ 块段的抗滑力（kN/m）；

$N_i$——第 $i$ 块段滑动面的法向分力（kN/m）；

$\varphi_i$——第 $i$ 块段土的内摩擦角（°）；

$c_i$——第 $i$ 块段土的黏聚力（kPa）；

$L_i$——第 $i$ 块段滑动面长度（m）；

$T_i$——作用于第 $i$ 块段滑动面上的滑动分力（kN/m），出现与滑动方向相反的滑动分力时，$T_i$ 应取负值；

$\psi_j$——第 $i$ 块段的剩余下滑动力传递至 $i+1$ 块段时的传递系数（$j=i$）。

稳定系数 $F_s$ 应符合下式要求：

$$F_s \geqslant F_{st} \tag{5.4}$$

式中 $F_{st}$——滑坡稳定安全系数，根据研究程度及其对工程的影响确定。

当滑坡体内地下水已形成统一水面时，应计入浮托力和动水压力。

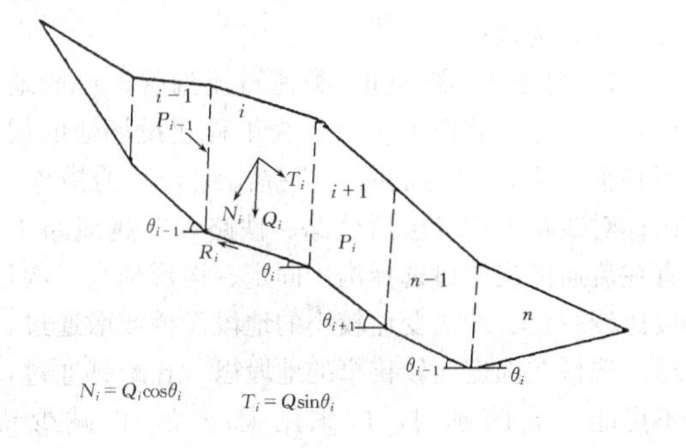


图 5.1 滑坡稳定系数计算

滑坡推力的计算，是滑坡治理成败以及是否经济合理的重要依据，也是对滑坡的定量评价。因此，计算方法和计算参数的选取都应十分慎重。《建筑地基基础设计规范》(GB 50007—2000)采用的滑坡推力计算公式，是切合实际的。本条还建议采用室内外试验反分析方法验证滑面或滑带上土的抗剪强度。

**5.2.9** 由于影响滑坡稳定的因素十分复杂，计算参数难以选定，故不宜单纯依靠计算，应综合评价。

## 5.3 危岩和崩塌

**5.3.1 、5.3.2** 在山区选择场址和考虑总平面布置时，应判定山体的稳定性，查明是否存在危岩和崩塌。实践证明，这些问题如不在选择场址或可行性研究阶段及早发现和解决，会给工程建设造成巨大的损失。因此，本条规定危岩和崩塌勘察应在选择场址或初步勘察阶段进行。

危岩和崩塌的涵义有所区别，前者是指岩体被结构面切割，在外力作用下产生松动和塌落，后者是指危岩的塌落过程及其产物。

**5.3.3** 危岩和崩塌勘察的主要方法是进行工程地质测绘和调查，着重分析研究形成崩塌的基本条件，这些条件包括：

**1** 地形条件：斜坡高陡是形成崩塌的必要条件，规模较大的崩塌，一般产生在高度大于30m，坡度大于45°的陡峻斜坡上；而斜坡的外部形状，对崩塌的形成也有一定的影响；一般在上陡下缓的凸坡和凹凸不平的陡坡上易发生崩塌；

**2** 岩性条件：坚硬岩石具有较大的抗剪强度和抗风化能力，能形成陡峻的斜坡，当岩层节理裂隙发育，岩石破碎时易产生崩塌；软硬岩石互层，由于风化差异，形成锯齿状坡面，当岩层上硬下软时，上陡下缓或上凸下凹的坡面亦易产生崩塌；

**3** 构造条件：岩层的各种结构面，包括层面、裂隙面、断层面等都是抗剪性较低的、对边坡稳定不利的软弱结构面。当这些不利结构面倾向临空面时，被切割的不稳定岩块易沿结构面发生崩塌；

**4** 其他条件：如昼夜温差变化、暴雨、地震、不合理的采矿或开挖边坡，都能促使岩体产生崩塌。

危岩和崩塌勘察的任务就是要从上述形成崩塌的基本条件着手，分析产生崩塌的可能性及其类型、规模、范围，提出防治方案的建议，预测发展趋势，为评价场地的适宜性提供依据。

**5.3.4** 危岩的观测可通过下列步骤实施：

**1** 对危岩及裂隙进行详细编录；

**2** 在岩体裂隙主要部位要设置伸缩仪，记录其水平位移量和垂直位移量；

**3** 绘制时间与水平位移、时间与垂直位移的关系曲线；

**4** 根据位移随时间的变化曲线，求得移动速度。

必要时可在伸缩仪上联接警报器，当位移量达到一定值或位移突然增大时，即可发出警报。

**5.3.5** 《94规范》有崩塌分类的条文。由于城市和乡村，建筑物与线路，崩塌造成的后果对不同工程很不一致，难以用落石方量作为标准来分类，故本次修订时删去。

**5.3.6** 危岩和崩塌区的岩土工程评价应在查明形成崩塌的基本条件的基础上，圈出可能产生崩塌的范围和危险区，评价作为工程场地的适宜性，并提出相应的防治对策和方案的建议。

## 5.4 泥 石 流

**5.4.1、5.4.2** 泥石流对工程威胁很大。泥石流问题若不在前期发现和解决，会给以后工作造成被动或在经济上造成损失，故本条规定泥石流勘察应在可行性研究或初步勘察阶段完成。

泥石流虽然有其危害性，但并不是所有泥石流沟谷都不能作为工程场地，而决定于泥石流的类型、规模，目前所处的发育阶段，暴发的频繁程度和破坏程度等，因而勘察的任务应认真做好调查研究，做出确切的评价，正确判定作为工程场地的适宜性和危害程度，并提出防治方案的建议。

**5.4.3** 泥石流勘察在一般情况下，不进行勘探或测试，重点是进行工程地质测绘和调查。测绘和调查的范围应包括沟口至分水岭的全部地段，即包括泥石流的形成区、流通区和堆积区。

现将工程地质测绘和调查中的几个主要问题说明如下：

**1** 泥石流沟谷在地形地貌和流域形态上往往有其独特反映，典型的泥石流沟谷，形成区多为高山环抱的山间盆地；流通区多为峡谷，沟谷两侧山坡陡峻，沟床顺直，纵坡梯度大；堆积区则多呈扇形或锥形分布，沟道摆动频繁，大小石块混杂堆积，垄岗起伏不平；对于典型的泥石流沟谷，这些区段均能明显划分，但对不典型的泥石流沟谷，则无明显的流通区，形成区与堆积区直接相连；研究泥石流沟谷的地形地貌特征，可从宏观上判定沟谷是否属泥石流沟谷，并进一步划分区段；

**2** 形成区应详细调查各种松散碎屑物质的分布范围和数量；对各种岩层的构造破碎情况、风化层厚度、滑坡、崩塌、岩堆等现象均应调查清楚，正确划分各种固体物质的稳定程度，以估算一次供给的可能数量；

**3** 流通区应详细调查沟床纵坡，因为典型的泥石流沟谷，流通区没有冲淤现象，其纵坡梯度是确定"不冲淤坡度"（设计疏导工程所必需的参数）的重要计算参数；沟谷的急湾、基岩跌水陡坎往往可减弱泥石流的流通，是抑制泥石流活动的有利条件；沟谷的阻塞情况可说明泥石流的活动强度，阻塞严重者多为破坏性较强的黏性泥石流，反之则为破坏性较弱的稀性泥石流；固体物质的供给主要来源于形成区，但流通区两侧山坡及沟床内仍可能有固体物质供给，调查时应予注意；

泥石流痕迹是了解沟谷在历史上是否发生过泥石流及其强度的重要依据，并可了解历史上泥石流的形成过程、规模，判定目前的稳定程度，预测今后的发展趋势；

**4** 堆积区应调查堆积区范围、最新堆积物分布特点等；以分析历次泥石流活动规律，判定其活动程度、危害性，说明并取得一次最大堆积量等重要数据。

一般地说，堆积扇范围大，说明以往的泥石流规模也较大，堆积区目前的河道如已形成了较固定的河槽，说明近期泥石流活动已不强烈。从堆积物质的粒径大小、堆积的韵律，亦可分析以往泥石流的规模和暴发的频繁程度，并估算一次最大堆积量。

**5.4.4** 泥石流堆积物的性质、结构、厚度、固体物质含量百分比，最大粒径、流速、流量、冲积量和淤积量等指标，是判定泥石流类型、规模、强度、频繁程度、危害程度的重要标志，同时也是工程设计的重要参数。如年平均冲出量、淤积总量是拦淤设计和预测排导沟沟口可能淤积高度的依据。

**5.4.5** 泥石流的工程分类是要解决泥石流沟谷作为工程场地的适宜性问题。本分类首先根据泥石流特征和流域特征，把泥石流分为高频率泥石流沟谷和低频率泥石流沟谷两类；每类又根据流域面积，固体物质一次冲出量、流量，堆积区面积和严重程度分为三个亚类。定量指标的具体数据是参照了《公路路线、路基设计手册》和原中国科学院成都地理研究所1979年资料，并经修改而成的。

**5.4.6** 泥石流地区工程建设适宜性评价，一方面应考虑到泥石流的危害性，确保工程安全，不能轻率地将工程设在有泥石流影响的地段；另一方面也不能认为凡属泥石流沟谷均不能兴建工程，而应根据泥石流的规模、危害程度等区别对待。因此，本条根据泥石流的工程分类，分别考虑建筑的适宜性。

**1** 考虑到Ⅰ$_1$类和Ⅱ$_1$类泥石流沟谷规模大，危害性大，防治工作困难且不经济，故不能作为各类工程的建设场地；

**2** 对于Ⅰ$_2$类和Ⅱ$_2$类泥石流沟谷，一般地说，以避开为好，故作了不宜作为工程建设场地的规定，当必须作为建设场地时，应提出综合防治措施的建议；对线路工程（包括公路、铁路和穿越线路工程）宜在流通区或沟口选择沟床固定、沟形顺直、沟道纵坡比较一致、冲淤变化较小的地段设桥或墩通过，并尽量选择在沟道比较狭窄的地段以一孔跨越通过，当不可能一孔跨越时，应采用大跨径，以减少桥墩数量；

**3** 对于Ⅰ$_3$类和Ⅱ$_3$类泥石流沟谷，由于其规模及危害性均较小，防治也较容易和经济，堆积扇可作为工程建设场地；线路工程可以在堆积扇通过，但宜用一沟一桥，不宜任意改沟、并沟，根据具体情况做好排洪、导流等防治措施。

## 5.5 采 空 区

**5.5.1** 由于不同采空区的勘察内容和评价方法不同，所以本规范把采空区划分为老采空区、现采空区和未来采空区三类。对老采空区主要应查明采空区的分布范围、埋深、充填情况和密实程度等，评价其上覆岩层的稳定性；对现采空区和未来采空区应预测地表移动的规律，计算变形特征值。通过上述工作判定其作为建筑场地的适宜性和对建筑物的危害程度。

**5.5.2、5.5.3** 采空区勘察主要通过搜集资料和调查访问，必要时辅以物探、勘探和地表移动的观测，以查明采空区的特征和地表移动的基本参数。其具体内容如第5.5.2条1～6款所列，其中第4款主要适用于现采空区和未来采空区。

**5.5.4** 由地下采煤引起的地表移动有下沉和水平移动，由于地表各点的移动量不相等，又由此产生三种变形：倾斜、曲率和水平变形。这两种移动和三种变形将引起其上建筑物基础和建筑物本身产生移动和变形。地表呈平缓而均匀的下沉和水平移动，建筑物不会变形，没有破坏的危险，但过大的不均匀下沉和水平移动，就会造成建筑物严重破坏。

地表倾斜将引起建筑物附加压力的重分配。建筑的均匀荷重将会变成非均匀荷重，导致建筑结构内应力发生变化而引起破坏。

地表曲率对建筑物也有较大的影响。在负曲率（地表下凹）作用下，使建筑物中央部分悬空。如果建筑物长度过大，则在其重力作用下从底部断裂，使建筑物破坏。在正曲率（地表上凸）作用下，建筑物两端将会悬空，也能使建筑物开裂破坏。

地表水平变形也会造成建筑物的开裂破坏。

《建筑物、水体、铁路及主要井巷煤柱留设与压煤开采规程》附录四列出了地表移动与变形的三种计算方法：典型曲线法、负指数函数法（剖面函数法）和概率积分法。岩土工程师可根据需要选用。

**5.5.5** 根据地表移动特征、地表移动所处阶段和地表移动、变形值的大小等进行采空区场地的建筑适宜性评价。下列场地不宜作为建筑场地：

**1** 在开采过程中可能出现非连续变形的地段，当采深采厚比大于25～30，无地质构造破坏和采用正规采矿方法的条件下，地表一般出现连续变形；连续变形的分布是有规律的，其基本指标可用数学方法或图解方法表示；在采深采厚比小于25～30，或虽大于25～30，但地表覆盖层很薄，且采用高落式等非正规开采方法或上覆岩层有地质构造破坏时，易出现非连续变形，地表将出现大的裂缝或陷坑；非连续变形是没有规律的、突变的，其基本指标目前尚无严密的数学公式表示；非连续变形对地面建筑的危害要比连续变形大得多；

**2** 处于地表移动活跃阶段的地段，在开采影响下的地表移动是一个连续的时间过程，对于地表每一个点的移动速度是有规律的，亦即地表移动都是由小逐渐增大到最大值，随后又逐渐减小直至零。在地表移动的总时间中，可划分为起始阶段、活跃阶段和衰退阶段；其中对地表建筑物危害最大的是地表移动的活跃阶段，是一个危险变形期；

**3** 地表倾斜大于10mm/m或地表曲率大于$0.6mm/m^2$或地表水平变形大于6mm/m的地段；这些地段对砖石结构建筑物破坏等级已达Ⅳ级，建筑物将严重破坏甚至倒塌；对工业构筑物，此值也已超过容许变形值，有的已超过极限变形值，因此本条作了相应的规定。

应该说明的是，如果采取严格的抗变形结构措施，则即使是处于主要影响范围内，可能出现非连续变形的地段或水平变形值较大（$\varepsilon=10\sim17mm/m$）的地段，也是可以建筑的。

**5.5.6** 小窑一般是手工开挖，采空范围较窄，开采深度较浅，一般多在50m深度范围内，但最深也可达200～300m，平面延伸达100～200m，以巷道采掘为主，向两边开挖支巷道，一般呈网格状分布或无规律，单层或2～3层重叠交错，巷道的高宽一般为2～3m，大多不支撑或临时支撑，任其自由垮落。因此，地表变形的特征是：

**1** 由于采空范围较窄，地表不会产生移动盆地。但由于开采深度小，又任其垮落，因此地表变形剧烈，大多产生较大的裂缝和陷坑；

**2** 地表裂缝的分布常与开采工作面的前进方向平行；随开采工作面的推进，裂缝也不断向前发展，形成互相平行的裂缝。裂缝一般上宽下窄，两边无显著高差出现。

小窑开采区一般不进行地质勘探，搜集资料的工作方法主要是向有关方面调查访问，并进行测绘、物探和勘探工作。

**5.5.7** 小窑采空区稳定性评价，首先是根据调查和测绘圈定地表裂缝、塌陷范围，如地表尚未出现裂缝或裂缝尚未达到稳定阶段，可参照同类型的小窑开采区的裂缝角用类比法确定。其次是确定安全距离。地表裂缝或塌陷区属不稳定阶段，建筑物应予避开，并有一定的安全距离。安全距离的大小可根据建筑物等级、性质确定，一般应大于5～15m。当建筑物位于采空区影响范围之内时，要进行顶板稳定分析，但目前顶板稳定性的力学计算方法尚不成熟。因此，本规范未推荐计算公式。主要靠搜集当地矿区资料和当地建筑经验，确定其是否需要处理和采取何种处理措施。

## 5.6 地面沉降

**5.6.1** 本条规定了本节内容的适用范围。

**1** 从沉降原因来说，本节指的是由于常年抽吸地下水引起水位或水压下降而造成的地面沉降；它往往具有沉降速率大，年沉降量达到几十至几百毫米和持续时间长（一般将持续几年到几十年）的特征。本节不包括由于以下原因所造成的地面沉降：

1）地质构造运动和海平面上升所造成的地面沉降；

2）地下水位上升或地面水下渗造成的黄土自重湿陷；

3）地下洞穴或采空区的塌陷；

4）建筑物基础沉降时对附近地面的影响；

5）大面积堆载造成的地面沉降；

6）欠压密土的自重固结；

7）地震、滑坡等造成的地面陷落。

2 本节规定适用于较大范围的地面沉降，一般在 $100km^2$ 以上，不适用于局部范围由于抽吸地下水引起水位下降（例如基坑施工降水）而造成的地面沉降。

**5.6.2** 地面沉降勘察有两种情况，一是勘察地区已发生了地面沉降；一是勘察地区有可能发生地面沉降。两种情况的勘察内容是有区别的，对于前者，主要是调查地面沉降的原因，预测地面沉降的发展趋势，并提出控制和治理方案；对于后者，主要应预测地面沉降的可能性和估算沉降量。

**5.6.3** 地面沉降原因的调查包括三个方面的内容。即场地工程地质条件，场地地下水埋藏条件和地下水变化动态。

国内外地面沉降的实例表明，发生地面沉降地区的共同特点是它们都位于厚度较大的松散堆积物，主要是第四纪堆积物之上。沉降的部位几乎无例外地都在较细的砂土和黏性土互层之上。当含水层上的黏性土厚度较大，性质松软时，更易造成较大沉降。因此，在调查地面沉降原因时，应首先查明场地的沉积环境和年代，弄清楚冲积、湖积或浅海相沉积平原或盆地中第四纪松散堆积物的岩性、厚度和埋藏条件。特别要查明硬土层和软弱压缩层的分布。必要时尚可根据这些地层单元体的空间组合，分出不同的地面沉降地质结构区。例如，上海地区按照三个软黏土压缩层和暗绿色硬黏土层的空间组合，分成四个不同的地面沉降地质结构区，其产生地面沉降的效应也不一样。

从岩土工程角度研究地面沉降，应着重研究地表下一定深度内压缩层的变形机理及其过程。国内外已有研究成果表明，地面沉降机制与产生沉降的土层的地质成因、固结历史、固结状态、孔隙水的赋存形式及其释水机理等有密切关系。

抽吸地下水引起水位或水压下降，使上覆土层有效自重压力增加，所产生的附加荷载使土层固结，是产生地面沉降的主要原因。因此，对场地地下水埋藏条件和历年来地下水变化动态进行调查分析，对于研究地面沉降来说是至关重要的。

**5.6.4** 对地面沉降现状的调查主要包括下列三方面内容：

1 地面沉降量的观测；

2 地下水的观测；

3 对地面沉降范围内已有建筑物的调查。

地面沉降量的观测是以高精度的水准测量为基础的。由于地面沉降的发展和变化一般都较缓慢，用常规水准测量方法已满足不了精度要求。因此本条要求地面沉降观测应满足专门的水准测量精度要求。

进行地面沉降水准测量时一般需要设置三种标点。高程基准标，也称背景标，设置在地面沉降所不能影响的范围，作为衡量地面沉降基准的标点。地面沉降标用于观测地面升降的地面水准点。分层沉降标，用于观测某一深度处土层的沉降幅度的观测标。

地面沉降水准测量的方法和要求应按现行国家标准《国家一、二等水准测量规范》（GB 12897）规定执行。一般在沉降速率大时可用Ⅱ等精度水准，缓慢时要用Ⅰ等精度水准。

对已发生地面沉降的地区进行调查研究，其成果可综合反映到以地面沉降为主要特征的专门工程地质分区图上。从该图可以看出地下水开采量、回灌量、水位变化、地质结构与地面沉降的关系。

**5.6.5** 对已发生地面沉降的地区，控制地面沉降的基本措施是进行地下水资源管理。我国上海地区首先进行了各种措施的试验研究，先后采取了压缩用水量、人工补给地下水和调整地下水开采层次等综合措施，在上海市区取得了基本控制地面沉降的成效。在这三种主要措施中，压缩地下水开采量使地下水位恢复是控制地面沉降的最主要措施，这些措施的综合利用已为国内条件与上海类似的地区所采用。

向地下水进行人工补给灌注时，要严格控制回灌水源的水质标准，以防止地下水被污染，并要根据地下水动态和地面沉降规律，制定合理的采灌方案。

**5.6.6** 可能发生地面沉降的地区，一般是指具有以下情况的地区：

1 具有产生地面沉降的地质环境模式，如冲积平原、三角洲平原、断陷盆地等；

2 具有产生地面沉降的地质结构，即第四纪松散堆积层厚度很大；

3 根据已有地面测量和建筑物观测资料，随着地下水的进一步开采，已有发生地面沉降的趋势。

对可能发生地面沉降的地区，主要是预测地面沉降的发展趋势，即预测地面沉降量和沉降过程。国内外有不少资料对地面沉降提供了多种计算方法。归纳起来大致有理论计算方法、半理论半经验方法和经验方法等三种。由于地面沉降区地质条件和各种边界条件的复杂性，采用半理论半经验方法或经验方法，经实践证明是较简单实用的计算方法。

## 5.7 场地和地基的地震效应

**5.7.1** 本条规定在抗震设防烈度等于或大于 6 度的地区勘察时，应考虑地震效应问题，现作如下说明：

1 《建筑抗震设计规范》（GB 50011—2001）规定了设计基本地震加速度的取值，6 度为 0.05g，7 度为 0.10（0.15）g，8 度为 0.20（0.30）g，9 度为 0.40g；为了确定地震影响系数曲线上的特征周期值，通过勘察确定建筑场地类别是必须做的工作；

**2** 饱和砂土和饱和粉土的液化判别，6度时一般情况下可不考虑，但对液化沉陷敏感的乙类建筑应判别液化，并规定可按7度考虑；

**3** 对场地和地基地震效应，不同的烈度区有不同的考虑，所谓场地和地基的地震效应一般包括以下内容：

**1）** 相同的基底地震加速度，由于覆盖层厚度和土的剪切模量不同，会产生不同的地面运动；

**2）** 强烈的地面运动会造成场地和地基的失稳或失效，如地裂、液化、震陷、崩塌、滑坡等；

**3）** 地表断裂造成的破坏；

**4）** 局部地形、地质结构的变异引起地面异常波动造成的破坏。

由国家批准，中国地震局主编的《中国地震动参数区划图》（GB 18306—2001）已于2001年8月1日实施。由地震烈度区划向地震动参数区划过渡是一项重要的技术进步。《中国地震动参数区划图》（GB 18306—2001）的内容包括"中国地震动峰值加速度区划图"、"中国地震动反应谱特征周期区划图"和"关于地震基本烈度向地震动参数过渡的说明"等。同时，《建筑抗震设计规范》（GB 50011—2001）规定了我国主要城镇抗震设防烈度、设计基本地震加速度和设计特征周期分区。勘察报告应提出这些基本数据。

**5.7.2～5.7.4** 对这几条做以下说明：

**1** 划分建筑场地类别，是岩土工程勘察在地震烈度等于或大于6度地区必须进行的工作，现行国家标准《建筑抗震设计规范》（GB 50011）根据土层等效剪切波速和覆盖层厚度划分为四类，当有可靠的剪切波速和覆盖层厚度值而场地类别处于类别的分界线附近时，可按插值方法确定场地反应谱特征周期。

**2** 勘察时应有一定数量的勘探孔满足上述要求，其深度应大于覆盖层厚度，并分层测定土的剪切波速；当场地覆盖层厚度已大致掌握并在以下情况时，为测量土层剪切波速的勘探孔可不必穿过覆盖层，而只需达到20m即可：

**1）** 对于中软土，覆盖层厚度能肯定不在50m左右；

**2）** 对于软弱土，覆盖层厚度能肯定不在80m左右。

如果建筑场地类别处在两种类别的分界线附近，需要按插值方法确定场地反应谱特征周期时，勘察时应提供可靠的剪切波速和覆盖层厚度值。

**3** 测量剪切波速的勘探孔数量，《建筑抗震设计规范》（GB 50011—2001）有下列规定：

"在场地初步勘察阶段，对大面积的同一地质单元，测量土层剪切波速的钻孔数量，应为控制性钻孔数量的1/3～1/5，山间河谷地区可适量减少，但不宜少于3个；在场地详细勘察阶段，对单幢建筑，测量土层剪切波速的钻孔数量不宜少于2个，数据变化较大时，可适量增加；对小区中处于同一地质单元的密集高层建筑群，测量土层剪切波速的钻孔数量可适当减少，但每幢高层建筑不得少于一个"。

**4** 划分对抗震有利、不利或危险的地段和对抗震不利的地形，《建筑抗震设计规范》（GB 50011）有明确规定，应遵照执行。

**5.7.2 【修订说明】**

本条原文尚有应划分对抗震有利、不利或危险地段的规定，这是与《建筑抗震设计规范》（GB 50011—2001）协调而规定的。现该规范已修订，应根据该规范修订后的规定执行，本规范不再重复规定。

当场地位于抗震危险地段时，常规勘察往往不能解决问题，应提出进行专门研究的建议。

**5.7.5** 地震液化的岩土工程勘察，应包括三方面的内容，一是判定场地土有无液化的可能性；二是评价液化等级和危害程度；三是提出抗液化措施的建议。

地震震害调查表明，6度区液化对房屋结构和其他各类工程所造成的震害是比较轻的，故本条规定抗震设防烈度为6度时，一般情况下可不考虑液化的影响，但为安全计，对液化沉陷敏感的乙类建筑（包括相当于乙类建筑的其他重要工程），可按7度进行液化判别。

由于甲类建筑（包括相当于甲类建筑的其他特别重要工程）的地震作用要按本地区设防烈度提高一度计算，当为8、9度时尚应专门研究，所以本条相应地规定甲类建筑应进行专门的液化勘察。

本节所指的甲、乙、丙、丁类建筑，系按现行国家标准《建筑物抗震设防分类标准》（GB 50223—95）的规定划分。

**5.7.6、5.7.7** 主要强调三点：

**1** 液化判别应先进行初步判别，当初步判别认为有液化可能时，再作进一步判别；

**2** 液化判别宜用多种方法综合判定，这是因为地震液化是由多种内因（土的颗粒组成、密度、埋藏条件、地下水位、沉积环境和地质历史等）和外因（地震动强度、频谱特征和持续时间等）综合作用的结果；例如，位于河曲凸岸新近沉积的粉细砂特别容易发生液化，历史上曾经发生过液化的场地容易再次发生液化等；目前各种判别液化的方法都是经验方法，都有一定的局限性和模糊性，故强调"综合判别"；

**3** 河岸和斜坡地带的液化，会导致滑移失稳，对工程的危害很大，应予特别注意；目前尚无简易的判别方法，应根据具体条件专门研究。

**5.7.8** 关于液化判别的深度问题，《94规范》和《建筑抗震设计规范》89版均规定为15m。在规范修订过程中，曾考虑加深至20m，但经过反复研究后认为，根据现有的宏观震害调查资料，地震液化主要发生在浅层，深度超过15m的实例极少。将判别深度普遍增加至20m，科学依据不充分，又加大了勘察工作量，故规定一般情况仍为15m，桩基和深埋基础才加深至20m。

**5.7.9** 说明以下三点：

**1** 液化的进一步判别，现行国家标准《建筑抗震设计规范》(GB 50011—2001)的规定如下：

当饱和土标准贯入锤击数（未经杆长修正）小于液化判别标准贯入锤击数临界值时，应判为液化土。液化判别标准贯入锤击数临界值可按下式计算：

$$N_{cr}=N_0[0.9+0.1(d_s-d_w)]\sqrt{\frac{3}{\rho_c}}\quad(d_s\leqslant 15)\tag{5.5}$$

$$N_{cr}=N_0(2.4-0.1d_w)\sqrt{\frac{3}{\rho_c}}\quad(15<d_s\leqslant 20)\tag{5.6}$$

式中 $N_{cr}$——液化判别标准贯入锤击数临界值；

$N_0$——液化判别标准贯入锤击数基准值，应按表5.1采用；

$d_s$——饱和土标准贯入点深度（m）；

$\rho_c$——粘粒含量百分率，当小于3或为砂土时，应采用3。

**表5.1 标准贯入锤击数基准值**

| 设计地震分组 | 烈度 | | |
|---|---|---|---|
| | 7 | 8 | 9 |
| 第一组 | 6（8） | 10（13） | 16 |
| 第二、三组 | 8（10） | 12（15） | 18 |

注：括号内数值用于设计基本地震加速度取0.15g和0.30g的地区。

**2** 《94规范》曾规定，采用静力触探试验判别，是根据唐山地震不同烈度区的试验资料，用判别函数法统计分析得出的，已纳入铁道部《铁路工程抗震设计规范》和《铁路工程地质原位测试规程》，适用于饱和砂土和饱和粉土的液化判别；具体规定是：当实测计算比贯入阻力 $p_s$ 或实测计算锥尖阻力 $q_c$ 小于液化比贯入阻力临界值 $p_{scr}$ 或液化锥尖阻力临界值 $q_{ccr}$ 时，应判别为液化土，并按下列公式计算：

$$p_{scr}=p_{s0}\alpha_w\alpha_u\alpha_p\tag{5.7}$$

$$q_{ccr}=q_{c0}\alpha_w\alpha_u\alpha_p\tag{5.8}$$

$$\alpha_w=1-0.065(d_w-2)\tag{5.9}$$

$$\alpha_u=1-0.05(d_u-2)\tag{5.10}$$

式中 $p_{scr}$、$q_{ccr}$——分别为饱和土静力触探液化比贯入阻力临界值及锥尖阻力临界值（MPa）；

$p_{s0}$、$q_{c0}$——分别为地下水深度 $d_w=2$m，上覆非液化土层厚度 $d_u=2$m 时，饱和土液化判别比贯入阻力基准值和液化判别锥尖阻力基准值（MPa），可按表5.2取值；

$\alpha_w$——地下水位埋深修正系数，地面常年有水且与地下水有水力联系时，取1.13；

$\alpha_u$——上覆非液化土层厚度修正系数，对深基础，取1.0；

$d_w$——地下水位深度（m）；

$d_u$——上覆非液化土层厚度（m），计算时应将淤泥和淤泥质土层厚度扣除；

$\alpha_p$——与静力触探摩阻比有关的土性修正系数，可按表5.3取值。

**表5.2 比贯入阻力和锥尖阻力基准值 $p_{s0}$、$q_{c0}$**

| 抗震设防烈度 | 7度 | 8度 | 9度 |
|---|---|---|---|
| $p_{s0}$（MPa） | 5.0～6.0 | 11.5～13.0 | 18.0～20.0 |
| $q_{c0}$（MPa） | 4.6～5.5 | 10.5～11.8 | 16.4～18.2 |

**表5.3 土性修正系数 $\alpha_p$ 值**

| 土类 | 砂土 | 粉土 | |
|---|---|---|---|
| 静力触探摩阻比 $R_f$ | $R_f\leqslant 0.4$ | $0.4<R_f\leqslant 0.9$ | $R_f>0.9$ |
| $\alpha_p$ | 1.00 | 0.60 | 0.45 |

**3** 用剪切波速判别地面下15m范围内饱和砂土和粉土的地震液化，可采用以下方法：

实测剪切波速 $v_s$ 大于按下式计算的临界剪切波速时，可判为不液化：

$$v_{scr}=v_{s0}(d_s-0.0133d_s^2)^{0.5}\left[1.0-0.185\left(\frac{d_w}{d_s}\right)\right]\left(\frac{3}{\rho_c}\right)^{0.5}\tag{5.11}$$

式中 $v_{scr}$——饱和砂土或饱和粉土液化剪切波速临界值(m/s)；

$v_{s0}$——与烈度、土类有关的经验系数，按表5.4取值；

$d_s$——剪切波速测点深度（m）；

$d_w$——地下水深度（m）。

**表5.4 与烈度、土类有关的经验系数 $v_{s0}$**

| 土类 | $v_{s0}$（m/s） | | |
|---|---|---|---|
| | 7度 | 8度 | 9度 |
| 砂土 | 65 | 95 | 130 |
| 粉土 | 45 | 65 | 90 |

该法是石兆吉研究员根据Dobry刚度法原理和我国现场资料推演出来的，现场资料经筛选后共68组砂土，其中液化20组，未液化48组；粉土145组，其中液化93组，不液化52组。有粘粒含量值的33

组。《天津市建筑地基基础设计规范》（TBJ1—88）结合当地情况引用了该成果。

**5.7.10** 评价液化等级的基本方法是：逐点判别（按照每个标准贯入试验点判别液化可能性），按孔计算（按每个试验孔计算液化指数），综合评价（按照每个孔的计算结果，结合场地的地质地貌条件，综合确定场地液化等级）。

**5.7.11** 强烈地震时软土发生震陷，不仅被科学实验和理论研究证实，而且在宏观震害调查中，也证明它的存在，但研究成果尚不够充分，较难进行预测和可靠的计算，《94规范》主要根据唐山地震经验提出的下列标准，可作为参考：

当地基承载力特征值或剪切波速大于表5.5数值时，可不考虑震陷影响。

**表5.5 临界承载力特征值和等效剪切波速**

| 抗震设防烈度 | 7度 | 8度 | 9度 |
|---|---|---|---|
| 承载力特征值 $f_a$（kPa） | >80 | >100 | >120 |
| 等效剪切波速 $v_{sr}$（m/s） | >90 | >140 | >200 |

根据科研成果，湿度大的黄土在地震作用下，也会发生液化和震陷，已在室内动力试验和古地震的调查中得到证实。鉴于迄今为止尚无公认的预测判别方法，故本次修订未予列入。

## 5.8 活动断裂

**5.8.1** 活动断裂的勘察和评价是重大工程在选址时应进行的一项重要工作。重大工程一般是指对社会有重大价值或者有重大影响的工程，其中包括使用功能不能中断或需要尽快恢复的生命线工程，如医疗、广播、通讯、交通、供水、供电、供气等工程。重大工程的具体确定，应按照国务院、省级人民政府和各行业部门的有关规定执行。大型工业建设场地或者《建筑抗震设计规范》（GB 50011）规定的甲类、乙类及部分重要的丙类建筑，应属于重大工程。考虑到断裂勘察的主要研究问题是断裂的活动性和地震，断裂主要在地震作用下才会对场地稳定性产生影响。因此，本条规定在抗震设防烈度等于或大于7度的地区应进行断裂勘察。

**5.8.2** 本条从岩土工程和地震工程的观点出发，考虑到工程安全的实际需要，对断裂的分类及其涵义作了明确的规定，既与传统的地质观点有区别，又保持了一定的连续性，更考虑到工程建设的需要和适用性。在活动断裂前冠以“全新”二字，并赋予较为确切的涵义。考虑到“发震断裂”与“全新活动断裂”的密切关系，将一部分近期有强烈地震活动的“全新活动断裂”定义为“发震断裂”。这样划分可以将地壳上存在的绝大多数断裂归入对工程建设场地稳定性无影响的“非全新活动断裂”中去，对工程建设有利。

**5.8.3** 考虑到全新活动断裂的规模、活动性质、地震强度、运动速率差别很大，十分复杂。重要的是其对工程稳定性的评价和影响也很不相同，不能一概而论。本条根据我国断裂活动的继承性、新生性特点和工程实践经验，参考了国外的一些资料，考虑断裂的活动时间、活动速率和地震强度等因素，将全新活动断裂分为强烈全新活动断裂，中等全新活动断裂和微弱全新活动断裂。

**5.8.4、5.8.5** 当前国内外地震地质研究成果和工程实践经验都较为丰富，在工程中勘察与评价活动断裂一般都可以通过搜集、查阅文献资料，进行工程地质测绘和调查就可以满足要求，只有在必要的情况下，才进行专门的勘探和测试工作。

搜集和研究厂址所在地区的地质资料和有关文献档案是鉴别活动断裂的第一步，也是非常重要的一步，在许多情况下，甚至只要搜集、分析、研究已有的丰富的文献资料，就能基本查明和解决有关活动断裂的问题。

在充分搜集已有文献资料和进行航空相片、卫星、相片解译的基础上进行野外调查，开展工程地质测绘是目前进行断裂勘察、鉴别活动断裂的最重要、最常用的手段之一。活动断裂都是在老构造的基础上发生新活动的断裂，一般说来它们的走向、活动特点、破碎带特性等断裂要素与构造有明显的继承性。因此，在对一个工程地区的断裂进行勘察时，应首先对本地区的构造格架有清楚的认识和了解。野外测绘和调查可以根据断裂活动引起的地形地貌特征、地质地层特征和地震迹象等鉴别活动特征。

**5.8.6** 本条对断裂的处理措施作了原则的规定。首先规定了重大工程场地或大型工业场地在可行性研究中，对可能影响工程稳定性的全新活动断裂，应采取避让的处理措施。避让的距离应根据工程和活动断裂的情况进行具体分析和研究确定。当前有些标准已作了一些具体的规定，如《建筑抗震设计规范》(GB 50011—2001）在仅考虑断裂错动影响的条件下，按单个建筑物的分类提出了避让距离。《火力发电厂岩土工程勘测技术规程》（DL/T 5074—1997）提出了“大型发电厂与断裂的安全距离及处理措施”。

# 6 特殊性岩土

## 6.1 湿陷性土

**6.1.1** 湿陷性土在我国分布广泛，除常见的湿陷性黄土外，在我国干旱和半干旱地区，特别是在山前洪、坡积扇（裙）中常遇到湿陷性碎石土、湿陷性砂土等。这种土在一定压力下浸水也常呈现强烈的湿陷性。由于这类湿陷性土在评价方面尚不能完全沿用我国现行国家标准《湿陷性黄土地区建筑规范》(GB 50025)的有关规定，所以本规范补充了这部分内容。

**6.1.2** 这类非黄土的湿陷性土的勘察评价首先要判定是否具有湿陷性。由于这类土不能如黄土那样用室内浸水压缩试验，在一定压力下测定湿陷系数 $\delta_s$，并以 $\delta_s$ 值等于或大于 0.015 作为判定湿陷性黄土的标准界限。本规范规定采用现场浸水载荷试验作为判定湿陷性土的基本方法，并规定以在 200kPa 压力作用下浸水载荷试验的附加湿陷量与承压板宽度之比等于或大于 0.023 的土应判定为湿陷性土，其基本思路为：

1 假设在 200kPa 压力作用下载荷试验主要受压层的深度范围 $z$ 等于承压板底面以下 1.5 倍承压板宽度；

2 浸水后产生的附加湿陷量 $\Delta F_s$ 与深度 $z$ 之比 $\Delta F_s/z$，即相当于土的单位厚度产生的附加湿陷量；

3 与室内浸水压缩试验相类比，把单位厚度的附加湿陷量（在室内浸水压缩试验即为湿陷系数 $\delta_s$）作为判定湿陷性土的定量界限指标，并将其值规定为 0.015，即

$$\Delta F_s/z = \delta_s = 0.015 \tag{6.1}$$

$$z = 1.5b \tag{6.2}$$

$$\Delta F_s/b = 1.5 \times 0.015 \approx 0.023 \tag{6.3}$$

以上这种判定湿陷性的方法当然是很粗略的，从理论上说，现场载荷试验与室内压缩试验的应力状态和变形机制是不相同的。但是考虑到目前没有其他更好的方法来判定这类土的湿陷性，从《94 规范》施行以来，也还没有收集到不同意见，所以本规范暂且仍保留 0.023 作为用 $\Delta F_s/b$ 值判定湿陷性的界限值的规定，以便进一步积累数据，总结经验。这个值与现行国家标准《湿陷性黄土地区建筑规范》(GB 50025) 规定的载荷试验“取浸水下沉量（$s$）与承压板宽度（$b$）之比值等于 0.017 所对应的压力作为湿陷起始压力值”略有差异，现行国家标准《湿陷性黄土地区建筑规范》(GB 50025）的 0.017 大致相当于主要受压层的深度范围 $z$ 等于承压板宽度的 1.1 倍。

**6.1.3** 本条基本上保留了《94 规范》第 5.1.2 条的内容，突出强调了以下内容：

1 有这种土分布的勘察场地，由于地貌、地质条件比较特殊，土层产状多较复杂，所以勘探点间距不宜过大，应按本规范第 4 章的规定取小值，必要时还应适当加密；

2 控制性勘探孔深度应穿透湿陷土层；

3 对于碎石土和砂土，宜采用动力触探试验和标准贯入试验确定力学特性；

4 不扰动土试样应在探井中采取；

5 增加了对厚度较大的湿陷性土，应在不同深度处分别进行浸水载荷试验的要求。

**6.1.4** 本条内容与《94 规范》相比，有了一些变动，主要为：

1 将湿陷性土的湿陷程度与地基湿陷等级两个不同的概念区别开来，湿陷程度主要按湿陷系数（也就是在压力作用下浸水时湿陷性土的单位厚度所产生的附加湿陷量）的大小来划分，为了与现行《湿陷性黄土地区建筑规范》（GB 50025）相适应，将湿陷程度分为轻微、中等和强烈三类；

2 从本规范第 6.1.2 条的基本思路出发，可以得出不同湿陷程度的土的载荷试验附加湿陷量界限值，如表 6.1 所示。

**表 6.1 湿陷程度分类**

| 湿陷程度 | 湿陷性黄土的湿陷系数 $\delta_s$ | 与此相当的 $\Delta F_s/b$ | 附加湿陷量 $\Delta F_s$（cm） | |
|---|---|---|---|---|
| | | | 承压板面积 0.50m² | 承压板面积 0.25m² |
| 轻微 | $0.015 \leqslant \delta_s \leqslant 0.03$ | $0.023 \leqslant \Delta F_s/b \leqslant 0.045$ | $1.6 \leqslant \Delta F_s \leqslant 3.2$ | $1.1 \leqslant \Delta F_s \leqslant 2.3$ |
| 中等 | $0.03 < \delta_s \leqslant 0.07$ | $0.045 < \Delta F_s/b \leqslant 0.105$ | $3.2 < \Delta F_s \leqslant 7.4$ | $2.3 < \Delta F_s \leqslant 5.3$ |
| 强烈 | $\delta_s > 0.07$ | $\Delta F_s/b > 0.105$ | $\Delta F_s > 7.4$ | $\Delta F_s > 5.3$ |

**6.1.5** 与湿陷性黄土相似，本规范采用基础底面以下各湿陷性土层的累计总湿陷量 $\Delta_s$ 作为判定湿陷性地基湿陷等级的定量标准。

由于湿陷性土的湿陷性是用载荷试验附加湿陷量来表示的，所以总湿陷量 $\Delta_s$ 的计算公式中，引入附加湿陷量 $\Delta F_s$，并对修正系数 $\beta$ 值作了相应的调整。

1 基本思路是与现行国家标准《湿陷性黄土地区建筑规范》（GB 50025）的总湿陷量计算公式相协调，$\beta$ 取值考虑两方面的因素，一是基础底面以下湿陷性土层的厚度一般都不大，可以按现行国家标准《湿陷性黄土地区建筑规范》（GB 50025）中基底下 5m 深度内的相应 $\beta$ 值考虑；二是 $\beta$ 值与承压板宽度 $b$ 有关，可推导得出 $\beta$ 是承压板宽度 $b$ 的倒数，所以当承压板面积为 0.50m² （$b$=70.7cm）和 0.25m² （$b$=50cm）时，$\beta$ 分别取 $0.014\text{cm}^{-1}$ 和 $0.020\text{cm}^{-1}$；

2 由于载荷试验的结果主要代表承压板底面以下 1.5$b$ 范围内土层的湿陷性；对于基础底面以下湿陷性土层厚度超过 2m 时，应在不同深度处分别进行浸水载荷试验。

**6.1.6** 湿陷性土地基的湿陷等级根据总湿陷量 $\Delta_s$ 按表 6.1.6 判定，需要说明的是：

1 湿陷性土地基的湿陷等级分为Ⅰ（轻微）、Ⅱ（中等）、Ⅲ（严重）、Ⅳ（很严重）四级；

2 湿陷等级的分级标准基本上与现行国家标准《湿陷性黄土地区建筑规范》(GB 50025）相近；

3 由于缺乏非黄土湿陷性土的自重湿陷性资料，故一般不作建筑场地湿陷类型的判定，在确定地基湿陷等级时，总湿陷量 $\Delta_s$ 大于 30cm 时，一般可按照自重湿陷性场地考虑；

4 在总湿陷量 $\Delta_s$ 相同的情况下，基底下湿陷性土总厚度较小意味着土层湿陷性较为强烈，因此体现出表 6.1.6 中基底下湿陷性土总厚度小于 3m 的地

基湿陷等级按提高一级考虑。

**6.1.7** 在湿陷性土地区进行建设，应根据湿陷性土的特点、湿陷等级、工程要求，结合当地建筑经验，因地制宜，采取以地基处理为主的综合措施，防止地基湿陷。

## 6.2 红 黏 土

**6.2.1** 本节所指的红黏土是我国红土的一个亚类，即母岩为碳酸盐岩系（包括间夹其间的非碳酸盐岩类岩石），经湿热条件下的红土化作用形成的特殊土类。本条明确了红黏土包括原生与次生红黏土。以下各条规定均适用于这两类红黏土。按照本条的定义，原生红黏土比较易于判定，次生红黏土则可能具备某种程度的过渡性质。勘察中应通过第四纪地质、地貌的研究，根据红黏土特征保留的程度确定是否判定为次生红黏土。

**6.2.2** 本条着重指出红黏土作为特殊性土有别于其他土类的主要特征是：上硬下软、表面收缩、裂隙发育。地基是否均匀也是红黏土分布区的重要问题。本节以后各条的规定均针对这些特征作出。至于与其他土类具有共性的勘察内容，可按有关章节的规定执行，本节不予重复。为了反映上硬下软的特征，勘察中应详细划分土的状态。红黏土状态的划分可采用一般黏性土的液性指数划分法，也可采用红黏土特有含水比划分法。为反映红黏土裂隙发育的特征，应根据野外观测的裂隙密度对土体结构进行分类。红黏土的网状裂隙分布，与地貌有一定联系，如坡度、朝向等，且呈由浅而深递减之势。红黏土中的裂隙会影响土的整体强度，降低其承载力，是土体稳定的不利因素。

红黏土天然状态膨胀率仅 0.1%～2.0%，其胀缩性主要表现为收缩，线缩率一般 2.5%～8%，最大达 14%。但在缩后复水，不同的红黏土有明显的不同表现，根据统计分析提出了经验方程 $I'_r \approx 1.4 + 0.0066 w_L$ 以此对红黏土进行复水特性划分。划属Ⅰ类者，复水后随含水量增大而解体，胀缩循环呈现胀势，缩后土样高大于原始高，胀量逐次积累以崩解告终；风干复水，土的分散性、塑性恢复、表现出凝聚与胶溶的可逆性。划属Ⅱ类者，复水土的含水量增量微，外形完好，胀缩循环呈现缩势，缩量逐次积累，缩后土样高小于原始高；风干复水，干缩后形成的团粒不完全分离，土的分散性、塑性及 $I_r$ 值降低，表现出胶体的不可逆性。这两类红黏土表现出不同的水稳性和工程性能。

红黏土地区地基的均匀性差别很大。如地基压缩层范围均为红黏土，则为均匀地基；否则，上覆硬塑红黏土较薄，红黏土与岩石组成的土岩组合地基，是很严重的不均匀地基。

**6.2.3** 红黏土地区的工程地质测绘和调查，是在一般性的工程地质测绘基础上进行的。其内容与要求可根据工程和现场的实际情况确定。条文中提及的五个方面，工作中可以灵活掌握，有所侧重，或有所简略。

**6.2.4** 由于红黏土具有垂直方向状态变化大，水平方向厚度变化大的特点，故勘探工作应采用较密的点距，特别是土岩组合的不均匀地基。红黏土底部常有软弱土层，基岩面的起伏也很大，故勘探孔的深度不宜单纯根据地基变形计算深度来确定，以免漏掉对场地与地基评价至关重要的信息。对于土岩组合的不均匀地基，勘探孔深度应达到基岩，以便获得完整的地层剖面。

基岩面上土层特别软弱，有土洞发育时，详细勘察阶段不一定能查明所有情况，为确保安全，在施工阶段补充进行施工勘察是必要的，也是现实可行的。基岩面高低不平，基岩面倾斜或有临空面时，嵌岩桩容易失稳，进行施工勘察是必要的。

**6.2.5** 水文地质条件对红黏土评价是非常重要的因素。仅仅通过地面的测绘调查往往难以满足岩土工程评价的需要。此时补充进行水文地质勘察、试验、观测工作是必要的。

**6.2.6** 裂隙发育是红黏土的重要特性，故红黏土的抗剪强度应采用三轴试验。红黏土有收缩特性，收缩再浸水（复水）时又有不同的性质，故必要时可做收缩试验和复浸水试验。

**6.2.7** 红黏土承载力的确定方法，原则上与一般土并无不同。应特别注意的是红黏土裂隙的影响以及裂隙发展和复浸水可能使其承载力下降。考虑到各种不利的临空边界条件，尽可能选用符合实际的测试方法。过去积累的确定红黏土承载力的地区性成熟经验，应予充分利用。

**6.2.8** 地裂是红黏土地区的一种特有的现象。地裂规模不等，长可达数百米，深可延伸至地表下数米，所经之处地面建筑无一不受损坏。故评价时应建议建筑物绕避地裂。

红黏土中基础埋深的确定可能面临矛盾。从充分利用硬层，减轻下卧软层的压力而言，宜尽量浅埋；但从避免地面不利因素影响而言，又必须深于大气影响急剧层的深度。评价时应充分权衡利弊，提出适当的建议。如果采用天然地基难以解决上述矛盾，则宜放弃天然地基，改用桩基。

## 6.3 软 土

**6.3.1** 软土中淤泥和淤泥质土，现行国家标准《建筑地基基础设计规范》（GB 50007—2002）已有明确定义。泥炭和泥炭质土中含有大量未分解的腐殖质，有机质含量大于 60%为泥炭；有机质含量 10%～60%为泥炭质土。

**6.3.2** 从岩土工程的技术要求出发，对软土的勘察应特别注意查明下列问题：

**1** 对软土的排水固结条件、沉降速率、强度增长等起关键作用的薄层理与夹砂层特征；

**2** 土层均匀性，即厚度、土性等在水平向和垂直向的变化；

**3** 可作为浅基础、深基础持力层的硬土层或基岩的埋藏条件；

**4** 软土的固结历史，确定是欠固结、正常固结或超固结土，是十分重要的。先期固结压力前后变形特性有很大不同，不同固结历史的软土的应力应变关系有不同特征；要很好确定先期固结压力，必须保证取样的质量；另外，应注意灵敏性黏土受扰动后，结构破坏对强度和变形的影响；

**5** 软土地区微地貌形态与不同性质的软土层分布有内在联系，查明微地貌、旧堤、堆土场、暗埋的塘、浜、沟、穴等，有助于查明软土层的分布；

**6** 施工活动引起的软土应力状态、强度、压缩性的变化；

**7** 地区的建筑经验是十分重要的工程实践经验，应注意搜集。

**6.3.3** 软土勘察应考虑下列问题：

**1** 对勘探点的间距，提出了针对不同成因类型的软土和地基复杂程度采用不同布置的原则；

**2** 对勘探孔的深度，不要简单地按地基变形计算深度确定，而提出根据地质条件、建筑物特点、可能的基础类型确定；此外还应预计到可能采取的地基处理方案的要求；

**3** 勘探手段以钻探取样与静力触探相结合为原则；在软土地区用静力触探孔取代相当数量的勘探孔，不仅减少钻探取样和土工试验的工作量，缩短勘察周期，而且可以提高勘察工作质量；静力触探是软土地区十分有效的原位测试方法；标准贯入试验对软土并不适用，但可用于软土中的砂土、硬黏性土等。

**6.3.4** 软土易扰动，保证取土质量十分重要，故本条作了专门规定。

**6.3.5** 本条规定了软土地区适用的原位测试方法，这是几十年经验的总结。静力触探最大的优点在于精确的分层，用旁压试验测定软土的模量和强度，用十字板剪切试验测定内摩擦角近似为零的软土强度，实践证明是行之有效的。扁铲侧胀试验和螺旋板载荷试验，虽然经验不多，但最适用于软土也是公认的。

**6.3.6** 试验土样的初始应力状态、应力变化速率、排水条件和应变条件均应尽可能模拟工程的实际条件。故对正常固结的软土应在自重应力下预固结后再作不固结不排水三轴剪切试验。

**6.3.7** 软土的岩土工程分析与评价应考虑下列问题：

**1** 分析软土地基的均匀性，包括强度、压缩性的均匀性，注意边坡稳定性；

**2** 选择合适的持力层，并对可能的基础方案进行技术经济论证，尽可能利用地表硬壳层；

**3** 注意不均匀沉降和减少不均匀沉降的措施；

**4** 对评定软土地基承载力强调了综合评定的原则，不单靠理论计算，要以当地经验为主，对软土地基承载力的评定，变形控制原则十分重要；

**5** 软土地基的沉降计算仍推荐分层总和法，一维固结沉降计算模式并乘经验系数的计算方法，但也可采用其他新的计算方法，以便积累经验，提高技术水平。

## 6.4 混 合 土

**6.4.1** 混合土在颗粒分布曲线形态上反映出呈不连续状。主要成因有坡积、洪积、冰水沉积。

经验和专门研究表明：黏性土、粉土中的碎石组分的质量只有超过总质量的25%时，才能起到改善土的工程性质的作用；而在碎石土中，粘粒组分的质量大于总质量的25%时，则对碎石土的工程性质有明显的影响，特别是当含水量较大时。

**6.4.2** 本条是从混合土的特点出发，提出了勘察时应重点注意的问题。混合土大小颗粒混杂，故应有一定数量的探井，以便直接观察，采取试样。动力触探对粗粒混合土是很好的手段，但应有一定数量的钻孔或探井配合。

## 6.5 填 土

**6.5.3** 填土的勘察方法，应针对不同的物质组成，采用不同的手段。轻型动力触探适用于黏性土、粉土素填土，静力触探适用于冲填土和黏性土素填土，动力触探适用于粗粒填土。杂填土成分复杂，均匀性很差，单纯依靠钻探难以查明，应有一定数量的探井。

**6.5.4** 素填土和杂填土可能有湿陷性，如无法取样作室内试验，可在现场用浸水载荷试验确定。本条的压实填土指的是压实黏性土填土。

**6.5.5** 除了控制质量的压实填土外，一般说来，填土的成分比较复杂，均匀性差，厚度变化大，利用填土作为天然地基应持慎重态度。

## 6.6 多年冻土

**6.6.1** 我国多年冻土主要分布在青藏高原、帕米尔及西部高山（包括祁连山、阿尔泰山、天山等），东北的大小兴安岭和其他高山的顶部也有零星分布。冻土的主要特点是含有冰，本次修订时，参照《冻土地区建筑地基基础设计规范》（JGJ118—98），对多年冻土定义作了调整，从保持冻结状态3年或3年以上改为2年或2年以上。

多年冻土中如含易溶盐或有机质，对其热学性质和力学性质都会产生明显影响，前者称为盐渍化多年冻土，后者称为泥炭化多年冻土，勘察时应予注意。

**6.6.2** 多年冻土对工程的主要危害是其融沉性（或

称融陷性），故应进行融沉性分级。本次修订时，仍将融沉性分为五级，并参考《冻土地区建筑地基基础设计规范》（JGJ118—98），对具体指标作了调整。

**6.6.3** 多年冻土的设计原则有“保持冻结状态的设计”、“逐渐融化状态的设计”和“预先融化状态的设计”。不同的设计原则对勘察的要求是不同的。在多年冻土勘察中，多年冻土上限深度及其变化值，是各项工程设计的主要参数。影响上限深度及其变化的因素很多，如季节融化层的导热性能、气温及其变化，地表受日照和反射热的条件，多年地温等。确定上限深度主要有下列方法：

**1** 野外直接测定：

在最大融化深度的季节，通过勘探或实测地温，直接进行鉴定；在衔接的多年冻土地区，在非最大融化深度的季节进行勘探时，可根据地下冰的特征和位置判断上限深度；

**2** 用有关参数或经验方法计算：

东北地区常用上限深度的统计资料或公式计算，或用融化速率推算；青藏高原常用外推法判断或用气温法、地温法计算。

多年冻土的类型，按埋藏条件分为衔接多年冻土和不衔接多年冻土；按物质成分有盐渍多年冻土和泥炭多年冻土；按变形特性分为坚硬多年冻土、塑性多年冻土和松散多年冻土。多年冻土的构造特征有整体状构造、层状构造、网状构造等。多年冻土的冻胀性分级，按现行《冻土地区建筑地基基础设计规范》（JGJ118—98）执行。

**6.6.4** 多年冻土勘探孔的深度，应符合设计原则的要求。参照《冻土地区建筑地基基础设计规范》（JGJ118—98）做出了本条第1、2款的规定。多年冻土的上限深度，不稳定地带的下限深度，对于设计也很重要，亦宜查明。饱冰冻土和含土冰层的融沉量很大，勘探时应予穿透，查明其厚度。

**6.6.5** 对本条作以下几点说明：

**1** 为减少钻进中摩擦生热，保持岩芯核心土温不变，钻速要低，孔径要大，一般开孔孔径不宜小于130mm，终孔孔径不宜小于108mm；回次钻进时间不宜超过5min，进尺不宜超过0.3m，遇含冰量大的泥炭或黏性土可进尺0.5m；

钻进中使用的冲洗液可加入适量食盐，以降低冰点；

**2** 进行热物理和冻土力学试验的冻土试样，取出后应立即冷藏，尽快试验；

**3** 由于钻进过程中孔内蓄存了一定热量，要经过一段时间的散热后才能恢复到天然状态的地温，其恢复的时间随深度的增加而增加，一般20m深的钻孔需一星期左右的恢复时间，因此孔内测温工作应在终孔7天后进行；

**4** 多年冻土的室内试验和现场观测项目，应根据工程要求和现场具体情况，与设计单位协商后确定；室内试验方法可按照现行国家标准《土工试验方法标准》(GB/T 50123）的规定执行。

**6.6.6** 多年冻土地基设计时，保持冻结地基与容许融化地基的承载力大不相同，必须区别对待。地基承载力目前尚无计算方法，只能根据载荷试验、其他原位测试并结合当地经验确定。除了次要的临时性的工程外，一定要避开不良地段，选择有利地段。

## 6.7 膨胀岩土

**6.7.1** 膨胀岩土包括膨胀岩和膨胀土。由于膨胀岩的资料较少，故本节只作了原则性的规定，尚待以后积累经验。

膨胀岩土的判定，目前尚无统一的指标和方法，多年来采用综合判定。本规范仍采用这种方法，并分为初判和终判两步。对膨胀土初判主要根据地貌形态、土的外观特征和自由膨胀率；终判是在初判的基础上结合各种室内试验及邻近工程损坏原因分析进行，这里需说明三点：

**1** 自由膨胀率是一个很有用的指标，但不能作为惟一依据，否则易造成误判；

**2** 从实用出发，应以是否造成工程的损害为最直接的标准；但对于新建工程，不一定有已有工程的经验可借鉴，此时仍可通过各种室内试验指标结合现场特征判定；

**3** 初判和终判不是互相分割的，应互相结合，综合分析，工作的次序是从初判到终判，但终判时仍应综合考虑现场特征，不宜只凭个别试验指标确定。

对于膨胀岩的判定尚无统一指标，作为地基时，可参照膨胀土的判定方法进行判定。因此，本节一般将膨胀岩土的判定方法相提并论。目前，膨胀岩作为其他环境介质时，其膨胀性的判定标准也不统一。例如，中国科学院地质研究所将钠蒙脱石含量5%～6%，钙蒙脱石含量11%～14%作为判定标准。铁道部第一勘测设计院以蒙脱石含量8%、或伊利石含量20%作为标准。此外，也有将粘粒含量作为判定指标的，例如铁道部第一勘测设计院以粒径小于0.002mm含量占25%或粒径小于0.005mm含量占30%作为判定标准。还有将干燥饱和吸水率25%作为膨胀岩和非膨胀岩的划分界线。

但是，最终判定时岩石膨胀性的指标还是膨胀力和不同压力下的膨胀率，这一点与膨胀土相同。

对于膨胀岩，膨胀率与时间的关系曲线以及在一定压力下膨胀率与膨胀力的关系，对洞室的设计和施工具有重要的意义。

**6.7.2** 大量调查研究资料表明，坡地膨胀岩土的问题比平坦场地复杂得多，故将场地类型划分为“平坦”和“坡地”是十分必要的。本条的规定与现行国家标准《膨胀土地区建筑技术规范》（GBJ 112—87）

一致，只是在表述方式上作了改进。

**6.7.3** 工程地质测绘和调查规定的五项内容，是为了综合判定膨胀土的需要设定的。即从岩性条件、地形条件、水文地质条件、水文和气象条件以及当地建筑损坏情况和治理膨胀土的经验等诸方面判定膨胀土及其膨胀潜势，进行膨胀岩土评价，并为治理膨胀岩土提供资料。

**6.7.4** 勘探点的间距、勘探孔的深度和取土数量是根据膨胀土的特殊情况规定的。大气影响深度是膨胀土的活动带，在活动带内，应适当增加试样数量。我国平坦场地的大气影响深度一般不超过5m，故勘察孔深度要求超过这个深度。

采取试样要求从地表下1m开始，这是因为在计算含水量变化值$\Delta w$需要地表下1m处土的天然含水量和塑限含水量值。对于膨胀岩中的洞室，钻探深度应按洞室勘察要求考虑。

**6.7.5** 本条提出的四项指标是判定膨胀岩土，评价膨胀潜势，计算分级变形量和划分地基膨胀等级的主要依据，一般情况下都应测定。

**6.7.6** 膨胀岩土性质复杂，不少问题尚未搞清。因此对膨胀岩土的测试和评价，不宜采用单一方法，宜在多种测试数据的基础上进行综合分析和综合评价。

膨胀岩土常具各向异性，有时侧向膨胀力大于竖向膨胀力，故规定应测定不同方向的胀缩性能，从安全考虑，可选用最大值。

**6.7.7** 本条规定的对建在膨胀岩土上的建筑物与构筑物应计算的三项重要指标和胀缩等级的划分，与现行国家标准《膨胀土地区建筑技术规范》(GBJ 112—87)的规定一致。不同地区膨胀岩土对建筑物的作用是很不相同的，有的以膨胀为主，有的以收缩为主，有的交替变形，因而设计措施也不同，故本条强调要进行这方面的预测。

膨胀岩土是否可能造成工程的损害以及损害的方式和程度，通过对已有工程的调查研究来确定，是最直接最可靠的方法。

**6.7.8** 膨胀岩土的承载力一般较高，承载力问题不是主要矛盾，但应注意承载力随含水量的增加而降低。膨胀岩土裂隙很多，易沿裂隙面破坏，故不应采用直剪试验确定强度，应采用三轴试验方法。

膨胀岩土往往在坡度很小时就发生滑动，故坡地场地应特别重视稳定性分析。本条根据膨胀岩土的特点对稳定分析的方法做了规定。其中考虑含水量变化的影响十分重要，含水量变化的原因有：

**1** 挖方填方量较大时，岩土体中含水状态将发生变化；

**2** 平整场地破坏了原有地貌、自然排水系统和植被，改变了岩土体吸水和蒸发；

**3** 坡面受多向蒸发，大气影响深度大于平坦地带；

**4** 坡地旱季出现裂缝，雨季雨水灌入，易产生浅层滑坡；久旱降雨造成坡体滑动。

## 6.8 盐 渍 岩 土

**6.8.1** 关于易溶盐含量的标准，《94规范》采用0.5%，是沿用前苏联的标准。根据资料，现在俄罗斯建设部门的有关规定，是对不同土类分别定出不同含盐量界限，其中最小的易溶盐含量为0.3%。我国石油天然气总公司颁发的《盐渍土地区建筑规定》也定为0.3%。我国柴达木、准噶尔、塔里木地区的资料表明："不少土样的易溶盐含量虽然小于0.5%，但其溶陷系数却大于0.01，最大的可达0.09；我国有些地区，如青海西部的盐渍土厚度很大，超过20m，浸水后累计溶陷量大。"(据徐攸在《盐渍土的工程特性、评价及改良》)。因此，将易溶盐含量标准由0.5%改为0.3%，对保证工程安全是必要的。

除了细粒盐渍土外，我国西北内陆盆地山前冲积扇的砂砾层中，盐分以层状或窝状聚集在细粒土夹层的层面上，形状为几厘米至十几厘米厚的结晶盐层或含盐砂砾透镜体，盐晶呈纤维状晶族（华遵孟《西北内陆盆地粗颗粒盐渍土研究》）。对这类粗粒盐渍土，研究成果和工程经验不多，勘察时应予注意。

**6.8.2** 盐渍岩当环境条件变化时，其工程性质亦产生变化。以含盐量指标确定盐渍岩，有待今后继续积累资料。盐渍岩一般见于湖相或深湖相沉积的中生界地层。如白垩系红色泥质粉砂岩、三叠系泥灰岩及页岩。

含盐化学成分、含盐量对盐渍土有下列影响：

**1** 含盐化学成分的影响

1）氯盐类的溶解度随温度变化甚微，吸湿保水性强，使土体软化；

2）硫酸盐类则随温度的变化而胀缩，使土体变软；

3）碳酸盐类的水溶液有强碱性反应，使黏土胶体颗粒分散，引起土体膨胀；

表6.8.2-1采用易溶盐阴离子，在100g土中各自含有毫摩数的比值划分盐渍土类型；铁道部在内陆盐渍土地区多年工作经验，认为按阴离子比值划分比较简单易行，并将这种方法纳入现行行业标准《铁路工程地质技术规范》(TB10012—2001)；

**2** 含盐量的影响

盐渍土中含盐量的多少对盐渍土的工程特性影响较为明显，表6.8.2-2是在含盐性质的基础上，根据含盐量的多少划分的，这个标准也是沿用了现行行业标准《铁路工程地质技术规范》(TB10012—2001)的标准；根据部分单位的使用，认为基本反映了我国实际情况。

**6.8.3** 盐渍岩土地区的调查工作是根据盐渍岩土的具体条件拟定的。

1 硬石膏（$CaSO_4$）经水化后形成石膏（$CaSO_4 \cdot 2H_2O$），在水化过程中体积膨胀，可导致建筑物的破坏；另外，在石膏-硬石膏分布地区，几乎都发育岩溶化现象，在建筑物运营期间内，在石膏-硬石膏中出现岩溶化洞穴，而造成基础的不均匀沉陷；

2 芒硝（$Na_2SO_4$）的物态变化导致其体积的膨胀与收缩；芒硝的溶解度，当温度在32.4℃以下时，随着温度的降低而降低。因此，温度变化，芒硝将发生严重的体积变化，造成建筑物基础和洞室围岩的破坏。

**6.8.4** 为了划分盐渍土，应按表6.8.4的要求采取扰动土样。盐渍土平面分区可为总平面图设计选择最佳建筑场地；竖向分区则为地基设计、地下管道的埋设以及盐渍土对建筑材料腐蚀性评价等，提供有关资料。

据柴达木盆地实际观测结果，日温差引起的盐胀深度仅达表层下0.3m左右，深层土的盐胀由年温差引起，其盐胀深度范围在0.3m以下。

盐渍土盐胀临界深度，是指盐渍土的盐胀处于相对稳定时的深度。盐胀临界深度可通过野外观测获得。方法是在拟建场地自地面向下5m左右深度内，于不同深度处埋设测标，每日定时数次观测气温、各测标的盐胀量及相应深度处的地温变化，观测周期为一年。

柴达木盆地盐胀临界深度一般大于3.0m，大于一般建筑物浅基的埋深，如某深度处盐渍土由温差变化影响而产生的盐胀压力，小于上部有效压力时，其基础可适当浅埋，但室内地面下需作处理。以防由盐渍土的盐胀而导致的地面膨胀破坏。

**6.8.5** 盐渍土由于含盐性质及含盐量的不同，土的工程特性各异，地域性强，目前尚不具备以土工试验指标与载荷试验参数建立关系的条件，故载荷试验是获取盐渍土地基承载力的基本方法。

氯和亚氯盐渍土的力学强度的总趋势是总含盐量（$S_{DS}$）增大，比例界限（$p_0$）随之增大，当$S_{DS}$在10%范围内，$p_0$增加不大，超过10%后，$p_0$有明显提高。这是因为土中氯盐在其含量超过一定的临界溶解含量时，则以晶体状态析出，同时对土粒产生胶结作用。使土的力学强度提高。

硫酸和亚硫酸盐渍土的总含盐量对力学强度的影响与氯盐渍土相反，即土的力学强度随$S_{DS}$的增大而减小。其原因是，当温度变化超越硫酸盐盐胀临界温度时，将发生硫酸盐体积的胀与缩，引起土体结构破坏，导致地基承载力降低。

## 6.9 风化岩和残积土

**6.9.1** 本条阐述风化岩和残积土的定义。不同的气候条件和不同的岩类具有不同风化特征，湿润气候以化学风化为主，干燥气候以物理风化为主。花岗岩类多沿节理风化，风化厚度大，且以球状风化为主。层状岩，多受岩性控制，硅质比黏土质不易风化，风化后层理尚较清晰，风化厚度较薄。可溶岩以溶蚀为主，有岩溶现象，不具完整的风化带，风化岩保持原岩结构和构造，而残积土则已全部风化成土，矿物结晶、结构、构造不易辨认，成碎屑状的松散体。

**6.9.2** 本条规定了风化岩和残积土勘察的任务，但对不同的工程应有所侧重。如作为建筑物天然地基时，应着重查明岩土的均匀性及其物理力学性质，作为桩基础时应重点查明破碎带和软弱夹层的位置和厚度等。

**6.9.3** 勘探点布置除遵循一般原则外，对层状岩应垂直走向布置，并考虑具有软弱夹层的特点。

勘探取样，规定在探井中刻取或采用双重管、三重管取样器，目的是为了保证采取风化岩样质量的可靠性。风化岩和残积土一般很不均匀，取样试验的代表性差，故应考虑原位测试与室内试验结合的原则，并以原位测试为主。

对风化岩和残积土的划分，可用标准贯入试验或无侧限抗压强度试验，也可采用波速测试，同时也不排除用规定以外的方法，可根据当地经验和岩土的特点确定。

**6.9.4** 对花岗岩残积土，为求得合理的液性指数，应确定其中细粒土（粒径小于0.5mm）的天然含水量$w_f$、塑性指数$I_p$、液性指数$I_L$，试验应筛去粒径大于0.5mm的粗颗粒后再作。而常规试验方法所作出的天然含水量失真，计算出的液性指数都小于零，与实际情况不符。细粒土的天然含水量可以实测，也可用下式计算：

$$w_f = \frac{w - w_A 0.01P_{0.5}}{1 - 0.01P_{0.5}} \tag{6.4}$$

$$I_P = w_L - w_P \tag{6.5}$$

$$I_L = \frac{w_f - w_p}{I_P} \tag{6.6}$$

式中 $w$——花岗岩残积土（包括粗、细粒土）的天然含水量（%）；

$w_A$——粒径大于0.5mm颗粒吸着水含水量（%），可取5%；

$P_{0.5}$——粒径大于0.5mm颗粒质量占总质量的百分比（%）；

$w_L$——粒径小于0.5mm颗粒的液限含水量（%）；

$w_P$——粒径小于0.5mm颗粒的塑限含水量（%）。

**6.9.5** 花岗岩分布区，因为气候湿热，接近地表的残积土受水的淋滤作用，氧化铁富集，并稍具胶结状态，形成网纹结构，土质较坚硬。而其下强度较低，再下由于风化程度减弱强度逐渐增加。因此，同一岩性的残积土强度不一，评价时应予注意。

## 6.10 污 染 土

**6.10.1 【修订说明】**

本规范关于污染土定义的原有条文不包括环境评价。经广泛听取意见，多数专家认为，随着人们环境保护和生态建设意识的增强，污染对土和地下水造成的环境影响，尤其是对人体健康的影响日益受到重视，国际上环境岩土工程也已成为十分突出的问题。因此，本次修改对污染土的定义作了适当修改，不仅包括致污物质侵入导致土的物理力学性状和化学性质的改变，也包括致污物质侵入对人体健康和生态环境的影响。

**6.10.2 【修订说明】**

工业生产废水废渣污染，因生产或储存中废水、废渣和油脂的泄漏，造成地下水和土中酸碱度的改变，重金属、油脂及其他有害物质含量增加，导致基础严重腐蚀，地基土的强度急剧降低或产生过大变形，影响建筑物的安全及正常使用，或对人体健康和生态环境造成严重影响。

尾矿堆积污染，主要体现在对地表水、地下水的污染以及周围土体的污染，与选矿方法、工艺及添加剂和堆存方式等密切相关。

垃圾填埋场渗滤液的污染，因许多生活垃圾未能进行卫生填埋或卫生填埋不达标，生活垃圾的渗滤液污染土体和地下水，改变了原状土和地下水的性质，对周围环境也造成不良影响。

核污染主要是核废料污染，因其具有特殊性，故本节不包括核污染勘察。实际工程中如遇核污染问题时，应建议进行专题研究。

因人类活动所致的地基土污染一般在地表下一定深度范围内分布，部分地区地下潜水位高，地基土和地下水同时污染。因此在具体工程勘察时，污染土和地下水的调查应同步进行。

污染土勘察包括：对建筑材料的腐蚀性评价、污染对土的工程特性指标的影响程度评价以及污染土对环境的影响程度评价。考虑污染土对环境影响程度的评价需根据相关标准进行大量的室内试验，故可根据任务要求进行。

**6.10.3 【修订说明】**

污染土场地和地基的勘察可分为四种类型，不同类型的勘察重点有所不同。已受污染的已建场地和地基的勘察，主要针对污染土、水造成建筑物损坏的调查，是对污染土处理前的必要勘察，重点调查污染土强度和变形参数的变化、污染土和地下水对基础腐蚀程度等。对已受污染的拟建场地和地基的勘察，则在初步查明污染土和地下水空间分布特点的基础上，重点结合拟建建筑物基础形式及可能采用的处理措施，进行针对性勘察和评价。对可能受污染的场地和地基的勘察，则重点调查污染源和污染物质的分布、污染途径，判定土、水可能受污染的程度，为已建工程的污染预防和拟建工程的设计措施提供依据。

**6.10.4 【修订说明】**

本条列出污染土现场勘察的适用手段，其中现场调查和钻探（或坑探）取样分析是必要手段，强调污染土勘察以现场调查为主。根据已有工程经验，应先调查污染源位置及相关背景资料。如不重视先期调查，按常规勘察盲目布置很多勘察工作量，则针对性差，有可能遗漏和淡化严重污染地段，造成土、水试样采取量不足，以致影响评价结论的可靠性。

用于不同测试目的及不同测试项目的样品，其保存的条件和保存的时间不同。国家环保总局发布的《土壤环境监测技术规范》（HJ/T 166—2004）中对新鲜样品的保存条件和保存的时间规定如表6.2所示。

**表 6.2 新鲜样品的保存条件和保存时间**

| 测试项目 | 容器材质 | 温度（℃） | 可保存时间（d） | 备注 |
|---|---|---|---|---|
| 金属（汞和六价铬除外） | 聚乙烯、玻璃 | <4 | 180 | — |
| 汞 | 玻璃 | <4 | 28 | — |
| 砷 | 聚乙烯、玻璃 | <4 | 180 | — |
| 六价铬 | 聚乙烯、玻璃 | <4 | 1 | — |
| 氰化物 | 聚乙烯、玻璃 | <4 | 2 | — |
| 挥发性有机物 | 玻璃（棕色） | <4 | 7 | 采样瓶装满装实并密封 |
| 半挥发性有机物 | 玻璃（棕色） | <4 | 10 | 采样瓶装满装实并密封 |
| 难挥发性有机物 | 玻璃（棕色） | <4 | 14 | — |

根据国外文献资料，多功能静力触探在环境岩土工程中应用已较为广泛。需要时，也可采用地球物理勘探方法（如电阻率法、电磁法等），配合钻探和其他原位测试，查明污染土的分布。

**6.10.5 【修订说明】**

本条即原规范第6.10.6条，内容未作修改。

**6.10.6 【修订说明】**

由于污染土空间分布一般具有不均匀、污染程度变化大的特点，勘察过程是一个从表面认知到逐步查明的过程，且勘察工作量与处理方法密切相关，因此污染土场地勘察宜分阶段进行，实际工程勘察也大多如此。第一阶段在承接常规勘察任务时，通过现场污染源调查、采取少量土样和地下水样进行化学分析，初步判定场地地基土和地下水是否受污染、污染的程度、污染的大致范围。第二阶段则在第一阶段勘察的基础上，经与委托方、设计方交流，并结合可能采用的基础方案、处理措施，明确详细的勘察方法并予以实施。第二阶段的勘察工作应有很强的针对性。

**6.10.7 【修订说明】**

考虑到全国范围内污染物的侵入途径、污染土性质及处理方法差异均很大，勘察时需因地制宜，合理确定勘探点间距，不宜作统一规定。故本节对勘探点间距未作明确规定。

考虑污染土其污染的程度一般在深度方向变化较大，且处理方法也与污染土的深度密切相关，因此详细勘察时，划分污染土与非污染土界限时其取土试样的间距不宜过大。

**6.10.8 【修订说明】**

为了查明污染物在地下水不同深度的分布情况，需要采取不同深度的地下水试样。不同深度的地下水试样可以通过布设不同深度的勘探孔采取；当在同一钻孔中采取不同深度的地下水样时，需要采取严格的隔离措施，否则所取水试样是混合水样。

**6.10.9 【修订说明】**

污染土和水的化学成分试验内容，应根据任务要求确定。无环境评价要求时，测试的内容主要满足地基土和地下水对建筑材料的腐蚀性评价；有环境评价要求时，则应根据相关标准与任务委托时的具体要求，确定需要测试的内容。

工程需要时，研究土在不同类型和浓度污染液作用下被污染的程度、强度与变形参数的变化以及污染物的迁移特征等。主要用于污染源未隔离或未完全隔离情况下的预测分析。

**6.10.10 【修订说明】**

对污染土的评价，应根据污染土的物理、水理和力学性质，综合原位和室内试验结果，进行系统分析，用综合分析方法评价场地稳定性和地基适宜性。

考虑污染土和水对建筑材料的腐蚀程度、污染对土的工程特性（强度、变形、渗透性）指标的影响程度、污染土和水对环境的影响程度三方面的判别标准不同，污染等级划分标准不同，且后期处理方法也有差异，勘察报告中宜分别评价。

污染土的岩土工程评价应突出重点：对基岩地区，岩体裂隙和不良地质作用要重点评价。如有些垃圾填埋场建在山谷中，垃圾渗滤液是否沿岩体裂隙特别是构造裂隙扩散或岩体滑坡导致污染扩散等；对松软土地区，渗透性、土的力学性（强度和变形）评价则相对重要。

评价宜针对可能采用的处理方法突出重点，如挖除法处理，则主要查明污染土的分布范围；对需要提供污染土承载力的地基土，则其力学性质（强度和变形参数）评价应作为重点；对污染源未隔离或隔离效果差的场地，污染发展趋势的预测评价是重点。

**6.10.12 【修订说明】**

除对建筑材料的腐蚀性外，污染土的强度、渗透等工程特性指标是地基基础设计中重要的岩土参数，需要有一个污染对土的工程特性影响程度的划分标准。但污染土性质复杂，化学成分多样，化学性质有极性和非极性，有的还含有有机质，工程要求也各不相同，很难用一个指标概括。本次修订按污染前后土的工程特性指标的变化率判别地基土受污染影响的程度。“变化率”是指污染前后工程特性指标的差值与污染前指标之比，具体选用哪种指标应根据工程具体情况确定。强度和变形指标可选用抗剪强度、压缩模量、变形模量等，也可用标贯锤击数、静力触探、动力触探指标，或载荷试验的地基承载力等。土被污染后一般对工程特性产生不利影响，但也有被胶结加固，产生有利影响，应在评价时说明。尤其应注意同一工程，经受同样程度的污染，当不同工程特性指标判别结果有差异时，宜在分别评价的基础上根据工程要求进行综合评价。

当场地地基土局部污染时，污染前工程特性指标（本底值）可依据未污染区的测试结果确定；当整个建设场地地基土均发生污染时，其污染前工程特性指标（本底值）可参考邻近未污染场地或该地区区域资料确定。

**6.10.13 【修订说明】**

污染土和水对环境影响的评估标准，可参照国家环境质量标准《土壤环境质量标准》（GB 15618）、《地下水质量标准》（GB/T 14848）和《地表水环境质量标准》（GB 3838）。值得注意的是我国环境质量标准与发达国家的同类标准有较大的差距。因此对环境影响评价应结合工程具体要求进行。

《土壤环境质量标准》（GB 15618—1995）中将土壤质量分为三类，分级标准分别为维持自然背景的土壤环境质量限制值、维持人体健康的土壤限制值、保障植物生长的土壤限制值。《地下水质量标准》（GB/T 14848—93）中将地下水质量分为五类，分别反映地下水化学成分天然低背景值、天然背景值、以人体健康基准值为依据、以农业及工业用水要求为依据、不宜饮用。《地表水环境质量标准》（GB 3838—2002）将地表水环境质量标准分为五类，分别主要适用于源头水及国家自然保护区、集中式生活饮用水地表水源地一级保护区、集中式生活饮用水地表水源地二级保护区、一般工业用水区、农业用水区及一般景观要求水域。根据上述标准可判定污染土和水对人体健康及植物生长等是否有影响。

根据《土壤环境监测技术规范》（HJ/T 166—2004），土壤环境质量评价一般以土壤单项污染指数、土壤污染超标率（倍数）等为主，也可用内梅罗污染指数划分污染等级（详见表6.3）。

其中：土壤单项污染指数＝土壤污染实测值/土壤污染物质量标准；

土壤污染超标率（倍数）＝（土壤某污染物实测值－某污染物质量标准）/某污染

物质量标准

内梅罗污染指数($P_N$) $=\{[(Pl_{均}{}^2)+(Pl_{最大}{}^2)]/2\}^{1/2}$

式中 $Pl_{均}$ 和 $Pl_{最大}$ 分别是平均单项污染指数和最大单项污染指数。

**表 6.3　土壤内梅罗污染指数评价标准**

| 等级 | 内梅罗污染指数 | 污染等级 |
| --- | --- | --- |
| Ⅰ | $P_N\leqslant0.7$ | 清洁(安全) |
| Ⅱ | $0.7<P_N\leqslant1.0$ | 尚清洁(警戒限) |
| Ⅲ | $1.0<P_N\leqslant2.0$ | 轻度污染 |
| Ⅳ | $2.0<P_N\leqslant3.0$ | 中度污染 |
| Ⅴ | $P_N>3.0$ | 重污染 |

**6.10.14 【修订说明】**

目前工程界处理污染土的方法有:隔离法、挖除换垫法、酸碱中和法、水稀释减低污染程度以及采用抗腐蚀的建筑材料等。总体要求是快速处理、成本控制、确保安全。需要注意的是污染土在外运处置时要防止二次污染的发生。

环境修复国外工程案例较多,修复方法包括物理方法(换土、过滤、隔离、电处理)、化学方法(酸碱中和、氧化还原、加热分解)和生物方法(微生物、植物),其中部分简单修复方法与目前我国工程界处理方法类同。生物修复历时较长,修复费用较高。仅从环境角度考虑修复方法时,不关注土体结构是否破坏,强度是否降低等岩土工程问题。

# 7　地　下　水

## 7.1　地下水的勘察要求

**7.1.1~7.1.4**　这4条都是在本次修订中增加的内容,归纳了近年来各地在岩土工程勘察,特别是高层建筑勘察中取得的一些经验。条文中的"主要含水层",包括上层滞水的含水层。

随着城市建设的高速发展,特别是高层建筑的大量兴建,地下水的赋存和渗流形态对基础工程的影响日渐突出。表现在:

**1**　很多高层建筑的基础埋深超过10m,甚至超过20m,加上建筑体型往往比较复杂,大部分"广场式建筑(plaza)"的建筑平面内都包含有纯地下室部分,在北京、上海、西安、大连等城市还修建了地下广场;在抗浮设计和地下室外墙承载力验算中,正确确定抗浮设防水位成为一个牵涉巨额造价以及施工难度和周期的十分关键的问题;

**2**　高层建筑的基础,除埋置较深外,其主体结构部分多采用箱基或筏基;基础宽度很大,加上基底压力较大,基础的影响深度可数倍、甚至十数倍于一般多层建筑;在这个深度范围内,有时可能遇到2层或2层以上的地下水,比如北京规划区东部望京小区一带,在地面下40m范围内,地下水有5层之多;不同层位的地下水之间,水力联系和渗流形态往往各不相同,造成人们难于准确掌握建筑场地孔隙水压力场的分布;由于孔隙水压力在土力学和工程分析中的重要作用,对孔压的考虑不周将影响建筑沉降分析、承载力验算、建筑整体稳定性验算等一系列重要的工程评价问题;

**3**　显而易见,在基坑支护工程中,地下水控制设计和支护结构的侧向压力更与上述问题紧密相关。

工程经验表明,在大规模的工程建设中,对地下水的勘察评价将对工程的安全与造价产生极大影响。为适应这一客观需要,本次修订中强调:

**1**　加强对有关宏观资料的搜集工作,加重初步勘察阶段对地下水勘察的要求;

**2**　由于,第一、地下水的赋存状态是随时间变化的,不仅有年变化规律,也有长期的动态规律;第二、一般情况下详细勘察阶段时间紧迫,只能了解勘察时刻的地下水状态,有时甚至没有足够的时间进行本章第7.2节规定的现场试验;因此,除要求加强对长期动态规律的搜集资料和分析工作外,提出了有关在初勘阶段预设长期观测孔和进行专门的水文地质勘察的条文;

**3**　认识到地下水对基础工程的影响,实质上是水压力或孔隙水压力场的分布状态对工程结构影响的问题,而不仅仅是水位问题;了解在基础受压层范围内孔隙水压力场的分布,特别是在黏性土层中的分布,在高层建筑勘察与评价中是至关重要的;因此提出了有关了解各层地下水的补给关系、渗流状态,以及量测压力水头随深度变化的要求;有条件时宜进行渗流分析,量化评价地下水的影响;

**4**　多层地下水分层水位(水头)的观测,尤其是承压水压力水头的观测,虽然对基础设计和基坑设计都十分重要,但目前不少勘察人员忽视这件工作,造成勘察资料的欠缺,本次修订作了明确的规定;

**5**　渗透系数等水文地质参数的测定,有现场试验和室内试验两种方法。一般室内试验误差较大,现场试验比较切合实际,故本条规定通过现场试验测定,当需了解某些弱透水性地层的参数时,也可采用室内试验方法。

**7.1.5**　地下水样的采取应注意下列几点:

**1**　简分析水样取1000ml,分析侵蚀性二氧化碳的水样取500ml,并加大理石粉2~3g,全分析水样取3000ml;

**2**　取水容器要洗净,取样前应用水试样的水对水样瓶反复冲洗三次;

**3**　采取水样时应将水样瓶沉入水中预定深度缓慢将水注入瓶中,严防杂物混入,水面与瓶塞间要留

1cm左右的空隙；

4 水样采取后要立即封好瓶口，贴好水样标签，及时送化验室。

## 7.2 水文地质参数的测定

**7.2.1** 测定水文地质参数的方法有多种，应根据地层透水性能的大小和工程的重要性以及对参数的要求，按附录E选择。

**7.2.2、7.2.3** 地下水位的量测，着重说明下列几点：

1 稳定水位是指钻探时的水位经过一定时间恢复到天然状态后的水位；地下水位恢复到天然状态的时间长短受含水层渗透性影响最大，根据含水层渗透性的差异，第7.2.3条规定了至少需要的时间；当需要编制地下水等水位线图或工期较长时，在工程结束后宜统一量测一次稳定水位；

2 采用泥浆钻进时，为了避免孔内泥浆的影响，需将测水管打入含水层20cm方能较准确地测得地下水位；

3 地下水位量测精度规定为±2cm是指量测工具、观测等造成的总误差的限值，因此量测工具应定期用钢尺校正。

**7.2.2 【修订说明】**

第2款在第7.2.3条中已作规定，故删去。第3款原文为，“对多层含水层的水位量测，应采取止水措施将被测含水层与其他含水层隔开”。事实上，第7.1.4条已规定，“当场地有多层对工程有影响的地下水时，应分层量测地下水位”。如只看强制性条文，未全面理解规范，可能造成执行偏差，修改后将第7.1.4条的意思加了进去，以免造成片面理解。

上层滞水常无稳定水位，但应量测。

**7.2.4** 对地下水流向流速的测定作如下说明：

1 用几何法测定地下水流向的钻孔布置，除应在同一水文地质单元外，尚需考虑形成锐角三角形，其中最小的夹角不宜小于40°；孔距宜为50～100m，过大和过小都将影响量测精度；

2 用指示剂法测定地下水流速，试验孔与观测孔的距离由含水层条件确定，一般细砂层为2～5m，含砾粗砂层为5～15m，裂隙岩层为10～15m，对岩溶水可大于50m；指示剂可采用各种盐类、着色颜料等，其用量决定于地层的透水性和渗透距离；

3 用充电法测定地下水的流速适用于地下水位埋深不大于5m的潜水。

**7.2.5** 本条是对抽水试验的原则规定，具体说明下列几点：

1 抽水试验是求算含水层的水文地质参数较有效的方法；岩土工程勘察一般用稳定流抽水试验即可满足要求，正文表7.2.5所列的应用范围，可结合工程特点，勘察阶段及对水文地质参数精度的要求选择；

2 抽水量和水位降深应根据工程性质、试验目的和要求确定；对于要求比较高的工程，应进行3次不同水位降深，并使最大的水位降深接近工程设计的水位标高，以便得到较符合实际的数据；一般工程可进行1～2次水位降深；

3 试验孔和观测孔的水位量测采用同一方法和器具，可以减少其间的相对误差；对观测孔的水位量测读数至毫米，是因其不受抽水泵和抽水时水面波动的影响，水位下降较小，且直接影响水文地质参数计算的精度；

4 抽水试验的稳定标准是当出水量和动水位与时间关系曲线均在一定范围内同步波动而没有持续上升和下降的趋势时即认为达到稳定；稳定延续时间，可根据工程要求和含水地层的渗透性确定；

5 试验成果分析可参照《供水水文地质勘察规范》(TJ27) 进行。

**7.2.6** 本条所列注水试验的几种方法是国内外测定饱和松散土渗透性能的常用方法。试坑法和试坑单环法只能近似地测得土的渗透系数。而试坑双环法因排除侧向渗透的影响。测试精度较高。试坑试验时坑内注水水层厚度常用10cm。

**7.2.7** 本条主要参照《水利水电工程钻孔压水试验规程》(SL25—92) 及美国规范制定，具体说明下列几点：

1 常规性的压水试验为吕荣试验，该方法是1933年吕荣 (M.Lugeon) 首次提出，经多次修正完善，已为我国和大多数国家采用；成果表达采用透水率，单位为吕荣 (Lu)，当试段压力为1MPa，每米试段的压入流量为1L/min时，称为1Lu；

除了常规性的吕荣试验外，也可根据工程需要，进行专门性的压水试验；

2 压水试验的试验段长度一般采用5m，要根据地层的单层厚度，裂隙发育程度以及工程要求等因素确定；

3 按工程需要确定试验最大压力、压力施加的分级数及起始压力；调整压力表的工作压力为起始压力；一般采用三级压力五个阶段进行，取1.0MPa为试验最大压力；每1～2min记录压入水量，当连续五次读数的最大值和最小值与最终值之差，均小于最终值的10%时，为本级压力的最终压入水量，这是为了更好地控制压入量的最终值接近极值，以控制试验精度；

4 压水试验压力施加方法应由小到大，逐级增加到最大压力后，再由大到小逐级减小到起始压力；并逐级测定相应的压入水量，及时绘制压力与压入水量的相关图表，其目的是了解岩层裂隙在各种压力下的特点，如高压堵塞、成孔填塞、裂隙张闭、周围井泉等因素的影响；

5　$p$-$Q$ 曲线可分为五种类型：A 型（层流型）、B 型（紊流型）、C 型（扩张型）、D 型（冲蚀型）、E 型（充填型）；

6　试验时应经常观测工作管外的水位变化及附近可能受影响的坑、孔、井、泉的水位和水量变化，出现异常时应分析原因，并及时采取相应措施。

**7.2.8**　对孔隙水压力的测定具体说明以下几点：

1　所列孔隙水压力测定方法及适用条件主要参考英国规范及我国实际情况制定，各种测试方法的优缺点简要说明如下：

立管式测压计安装简单，并可测定土的渗透性，但过滤器易堵塞，影响精度，反应时间较慢；

水压式测压计反应快，可同时测定渗透性，宜用于浅埋，有时也用于在钻孔中量测大的孔隙水压力，但因装置埋设在土层，施工时易受损坏；

电测式测压计（电阻应变式、钢弦应变式）性能稳定、灵敏度高，不受电线长短影响，但安装技术要求高，安装后不能检验，透水探头不能排气，电阻应变片不能保持长期稳定性；

气动测压计价格低廉，安装方便，反应快，但透水探头不能排气，不能测渗透性；

孔压静力触探仪操作简便，可在现场直接得到超孔隙水压力曲线，同时测出土层的锥尖阻力；

2　目前我国测定孔隙水压力；多使用振弦式孔隙压力计即电测式测压计和数字式钢弦频率接收仪；

3　孔隙水压力试验点的布置，应考虑地层性质、工程要求、基础型式等，包括量测地基土在荷载不断增加过程中，新建筑物对临近建筑物的影响、深基础施工和地基处理引起孔隙水压力的变化；对圆形基础一般以圆心为基点按径向布孔，其水平及垂直方向的孔距多为 5～10m；

4　测压计的埋设与安装直接影响测试成果的正确性；埋设前必须经过标定。安装时将测压计探头放置到预定深度，其上覆盖 30cm 砂均匀充填，并投入膨润土球，经压实注入泥浆密封；泥浆的配合比为 4（膨润土）：8～12（水）：1（水泥）地表部分应有保护罩以防水灌入；

5　试验成果应提供孔隙水压力与时间变化的曲线图和剖面图（同一深度），孔隙水压力与深度变化曲线图。

## 7.3　地下水作用的评价

**7.3.1**　在岩土工程的勘察、设计、施工过程中，地下水的影响始终是一个极为重要的问题，因此，在工程勘察中应当对其作用进行预测和评估，提出评价的结论与建议。

地下水对岩土体和建筑物的作用，按其机制可以划分为两类。一类是力学作用；一类是物理、化学作用。力学作用原则上应当是可以定量计算的，通过力学模型的建立和参数的测定，可以用解析法或数值法得到合理的评价结果。很多情况下，还可以通过简化计算，得到满足工程要求的结果。由于岩土特性的复杂性，物理、化学作用有时难以定量计算，但可以通过分析，得出合理的评价。

**7.3.2**　地下水对基础的浮力作用，是最明显的一种力学作用。在静水环境中，浮力可以用阿基米德原理计算。一般认为，在透水性较好的土层或节理发育的岩石地基中，计算结果即等于作用在基底的浮力；对于渗透系数很低的黏土来说，上述原理在原则上也应该是适用的，但是有实测资料表明，由于渗透过程的复杂性，黏土中基础所受到的浮托力往往小于水柱高度。在铁路路基设计规范中，曾规定在此条件下，浮力可作一定折减。由于这个问题缺乏必要的理论依据，很难确切定量，故本条规定，只有在具有地方经验或实测数据时，方可进行一定的折减；在渗流条件下，由于土单元体的体积 $V$ 上存在与水力梯度 $i$ 和水的重力密度 $\gamma_w$ 呈正比的渗流力（体积力）$J$，

$$J = i\gamma_w V \tag{7.1}$$

造成了土体中孔隙水压力的变化，因此，浮力与静水条件下不同，应该通过渗流分析得到。

无论用何种条分极限平衡方法验算边坡稳定性，孔隙水压力都会对各分条底部的有效应力条件产生重大影响，从而影响最后的分析结果。当存在渗流条件时，和上述原理一样，渗流状态还会影响到孔隙水压力的分布，最后影响到安全系数的大小。因此条文对边坡稳定性分析中地下水作用的考虑作了原则规定。

验算基坑支护支挡结构的稳定性时，不管是采用水土合算还是水土分算的方法，都需要首先将地下水的分布搞清楚，才能比较合理地确定作用在支挡结构上的水土压力。当渗流作用影响明显时，还应该考虑渗流对水压力的影响。

渗流作用可能产生潜蚀、流砂、流土或管涌现象，造成破坏。以上几种现象，都是因为基坑底部某个部位的最大渗流梯度 $i_{max}$ 大于临界梯度 $i_{cr}$，致使安全系数 $F_s$ 不能满足要求：

$$F_s = \frac{i_{cr}}{i_{max}} \tag{7.2}$$

从土质条件来判断，不均匀系数小于 10 的均匀砂土，或不均匀系数虽大于 10，但含细粒量超过 35%的砂砾石，其表现形式为流砂或流土；正常级配的砂砾石，当其不均匀系数大于 10，但细粒含量小于 35%时，其表现形式为管涌；缺乏中间粒径的砂砾石，当细粒含量小于 20%时为管涌，大于 30%时为流土。以上经验可供分析评价时参考。

在防止由于深处承压水水压力而引起的基底隆起，需验算基坑底不透水层厚度与承压水水头压力，见图 7.1 并按平衡式（7.3）进行计算：

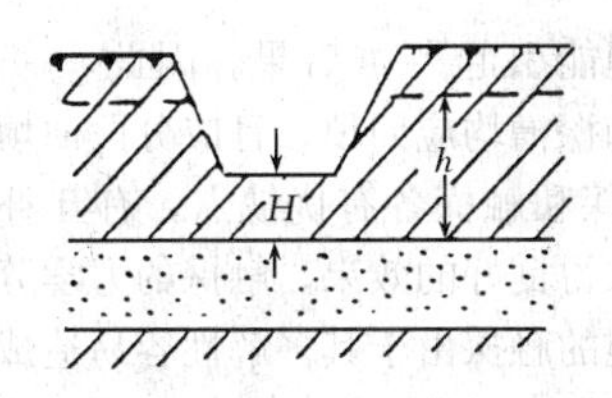


图 7.1 含水层示意图

$$\gamma H = \gamma_w \cdot h \quad (7.3)$$

要求基坑开挖后不透水层的厚度按式（7.4）计算：

$$H \geqslant (\gamma_w / \gamma) \cdot h \quad (7.4)$$

式中 $H$——基坑开挖后不透水层的厚度（m）；

$\gamma$——土的重度；

$\gamma_w$——水的重度；

$h$——承压水头高于含水层顶板的高度（m）。

以上式子中当 $H=(\gamma_w/\gamma) \cdot h$ 时处在极限平衡状态，工程实践中，应有一定的安全度，但多少为宜，应根据实际工程经验确定。

对于地下水位以下开挖基坑需采取降低地下水位的措施时，需要考虑的问题主要有：1. 能否疏干基坑内的地下水，得到便利安全的作业面；2. 在造成水头差条件下，基坑侧壁和底部土体是否稳定；3. 由于地下水的降低，是否会对邻近建筑、道路和地下设施造成不利影响。

**7.3.2 【修订说明】**

本条无实质性修改，仅使文字表述更科学合理。

原文中的"动水压力"一词源于前苏联，词义不够准确。动水压力实际指的是渗透力，渗透力是一种体积力，不是面积力。地下水作用既可用体积力表达，如渗透力，也可用面积力表达，如静水压力，故对第 2 款作了相应修改。

静水压力是一种面积力，渗透力是一种体积力，二者应分开考虑，原文第 4 款写在一起易被误解，故作相应修改。

第 5 款中删去了"流砂"，因流砂一词表达不确切。

**7.3.3** 即使是在赋存条件和水质基本不变的前提下，地下水对岩土体和结构基础的作用往往也是一个渐变的过程，开始可能不为人们所注意，一旦危害明显就难以处理。由于受环境，特别是人类活动的影响，地下水位和水质还可能发生变化。所以在勘察时要注意调查研究，在充分了解地下水赋存环境和岩土条件的前提下做出合理的预测和评价。

**7.3.4 、7.3.5** 要求施工中地下水位应降至开挖面以下一定距离（砂土应在 0.5m 以下，黏性土和粉土应在 1m 以下）是为了避免由于土体中毛细作用使槽底土质处于饱和状态，在施工活动中受到严重扰动，影响地基的承载力和压缩性。在降水过程中如不满足有关规范要求，带出土颗粒，有可能使基底土体受到扰动，严重时可能影响拟建建筑的安全和正常使用。

工程降水方法可参考表 7.1 选用。

**表 7.1 降低地下水位方法的适用范围**

| 技术方法 | 适用地层 | 渗透系数 (m/d) | 降水深度 |
| --- | --- | --- | --- |
| 明排井 | 黏性土、粉土、砂土 | <0.5 | <2m |
| 真空井点 | 黏性土、粉土、砂土 | 0.1～20 | 单级<6m<br>多级<20m |
| 电渗井点 | 黏性土、粉土 | <0.1 | 按井的类型确定 |
| 引渗井 | 黏性土、粉土、砂土 | 0.1～20 | 根据含水层条件选用 |
| 管井 | 砂土、碎石土 | 1.0～200 | >5m |
| 大口井 | 砂土、碎石土 | 1.0～200 | <20m |

## 8 工程地质测绘和调查

**8.0.1、8.0.2** 为查明场地及其附近的地貌、地质条件，对稳定性和适宜性做出评价，工程地质测绘和调查具有很重要的意义。工程地质测绘和调查宜在可行性研究或初步勘察阶段进行；详细勘察时，可在初步勘察测绘和调查的基础上，对某些专门地质问题（如滑坡、断裂等）作必要的补充调查。

**8.0.3** 对本条作以下几点说明：

**1** 地质点和地质界线的测绘精度，本次修订统一定为在图上不应低于 3mm，不再区分场地内和其他地段，因同一张工程地质图，精度应当统一；

**2** 本条明确提出：对工程有特殊意义的地质单元体，如滑坡、断层、软弱夹层、洞穴、泉等，都应进行测绘，必要时可用扩大比例尺表示，以便更好地解决岩土工程的实际问题；

**3** 为了达到精度要求，通常要求在测绘填图中，采用比提交成图比例尺大一级的地形图作为填图的底图；如进行1∶10000比例尺测绘时，常采用 1∶5000 的地形图作为外业填图底图；外业填图完成后再缩成 1∶10000 的成图，以提高测绘的精度。

**8.0.4** 地质观测点的布置是否合理，是否具有代表性，对于成图的质量至关重要。地质观测点宜布置在地质构造线、地层接触线、岩性分界线、不整合面和不同地貌单元、微地貌单元的分界线和不良地质作用分布的地段。同时，地质观测点应充分利用天然和已有的人工露头，例如采石场、路堑、井、泉等。当天然露头不足时，应根据场地的具体情况布置一定数量的勘探工作。条件适宜时，还可配合进行物探工作，探测地层、岩性、构造、不良地质作用等问题。

地质观测点的定位标测，对成图的质量影响很大，常采用以下方法：

**1** 目测法，适用于小比例尺的工程地质测绘，该法系根据地形、地物以目估或步测距离标测；

**2** 半仪器法，适用于中等比例尺的工程地质测绘，它是借助于罗盘仪、气压计等简单的仪器测定方位和高度，使用步测或测绳量测距离；

**3** 仪器法，适用于大比例尺的工程地质测绘，即借助于经纬仪、水准仪等较精密的仪器测定地质观测点的位置和高程；对于有特殊意义的地质观测点，如地质构造线、不同时代地层接触线、不同岩性分界线、软弱夹层、地下水露头以及有不良地质作用等，均宜采用仪器法；

**4** 卫星定位系统（GPS）：满足精度条件下均可应用。

**8.0.5** 对于工程地质测绘和调查的内容，本条特别强调应与岩土工程紧密结合，应着重针对岩土工程的实际问题。

**8.0.6** 测绘和调查成果资料的整理，本条只作了一般内容的规定，如果是为解决某一专门的岩土工程问题，也可编绘专门的图件。

在成果资料整理中应重视素描图和照片的分析整理工作。美国、加拿大、澳大利亚等国的岩土工程咨询公司都充分利用摄影和素描这个手段。这不仅有助于岩土工程成果资料的整理，而且在基坑、竖井等回填后，一旦由于科研上或法律诉讼上的需要，就比较容易恢复和重现一些重要的背景资料。在澳大利亚几乎每份岩土工程勘察报告都附有典型的彩色照片或素描图。

**8.0.7** 搜集航空相片和卫星相片的数量，同一地区应有2～3套，一套制作镶嵌略图，一套用于野外调绘，一套用于室内清绘。

在初步解译阶段，对航空相片或卫星相片进行系统的立体观测，对地貌和第四纪地质进行解译，划分松散沉积物与基岩的界线，进行初步构造解译等。

第二阶段是野外踏勘和验证。核实各典型地质体在照片上的位置，并选择一些地段进行重点研究，作实测地质剖面和采集必要的标本。

最后阶段是成图，将解译资料，野外验证资料和其他方法取得的资料，集中转绘到地形底图上，然后进行图面结构的分析。如有不合理现象，要进行修正，重新解译或到野外复验。

# 9 勘探和取样

## 9.1 一般规定

**9.1.1** 为达到理想的技术经济效果，宜将多种勘探手段配合使用，如钻探加触探，钻探加地球物理勘探等。

**9.1.2** 钻孔和探井如不妥善回填，可能造成对自然环境的破坏，这种破坏往往在短期内或局部范围内不易察觉，但能引起严重后果。因此，一般情况下钻孔、探井和探槽均应回填，且应分段回填夯实。

**9.1.3** 钻探和触探各有优缺点，有互补性，二者配合使用能取得良好的效果。触探的力学分层直观而连续，但单纯的触探由于其多解性容易造成误判。如以触探为主要勘探手段，除非有经验的地区，一般均应有一定数量的钻孔配合。

## 9.2 钻　探

**9.2.1** 选择钻探方法应考虑的原则是：

**1** 地层特点及钻探方法的有效性；

**2** 能保证以一定的精度鉴别地层，了解地下水的情况；

**3** 尽量避免或减轻对取样段的扰动影响。

正文表9.2.1就是按照这些原则编制的。现在国外的一些规范、标准中，都有关于不同钻探方法或工具的条款。实际工作中的偏向是着重注意钻进的有效性，而不太重视如何满足勘察技术要求。为了避免这种偏向，本条规定，为达到一定的目的，制定勘察工作纲要时，不仅要规定孔位、孔深，而且要规定钻探方法。钻探单位应按任务书指定的方法钻进，提交成果中也应包括钻进方法的说明。

**9.2.3** 美国金刚石岩芯钻机制造者协会的标准（简称DCDMA标准）在国际上应用最广，已有形成世界标准的趋势。国外有关岩土工程勘探、测试的规范标准以及合同文件中均习惯以该标准的代号表示钻孔口径，如Nx、Ax、Ex等。由于多方面的原因，我国现行的钻探管材标准与DCDMA比较还有一定的差别，故容许两种标准并行。

**9.2.4** 本条所列各项要求，是针对既要求直观鉴别地层，又要求采取不扰动土试样的情况提出的，如果勘察要求降低，对钻探的要求也可相应地放宽。

岩石质量指标RQD是岩芯中长度在10cm以上的分段长度总和与该回次钻进深度之比，以百分数表示，国际岩石力学学会建议，量测时应以岩芯的中心线为准。RQD值是对岩体进行工程评价广泛应用的指标。显然，只有在钻进操作统一标准的条件下测出的RQD值才具有可比性，才是有意义的。对此本条按照国际通用标准作出了规定。

**9.2.4 【修订说明】**

本条原文第6款有定向钻进的规定，定向钻进属于专门性钻进技术，对倾角和方位角的要求随工程而异，不宜在本规范中具体规定，故删去。

**9.2.6** 本条是有关钻探成果的标准化要求。钻探野外记录是一项重要的基础工作，也是一项有相当难度的技术工作，因此应配备有足够专业知识和经验的人员来承担。野外描述一般以目测手触鉴别为主，结果往往因人而异。为实现岩土描述的标准化，除本条的原则规定外，如有条件可补充一些标准化定量化的鉴别方法，将有助于提高钻探记录的客观性和可比性，这类方法包括：使用标准粒度模块区分砂土类别，用孟塞尔（Munsell）色标比色法表示颜色；用微型贯入仪测定土的状态；用点荷载仪判别岩石风化程度和强度等。

### 9.3 井探、槽探和洞探

本节无条文说明。

### 9.4 岩土试样的采取

**9.4.1** 本条改变了过去将土试样简单划分为“原状土样”和“扰动土样”的习惯，而按可供试验项目将土试样分为四个级别。绝对不扰动的土样从理论上说是无法取得的。因此 Hvorslev 将“能满足所有室内试验要求，能用以近似测定土的原位强度、固结、渗透以及其他物理性质指标的土样”定义为“不扰动土样”。但是，在实际工作中并不一定要求一个试样做所有的试验，而不同试验项目对土样扰动的敏感程度是不同的。因此可以针对不同的试验目的来划分土试样的质量等级。采取不同级别土试样花费的代价差别很大。按本条规定可根据试验内容选定试样等级。

土试样扰动程度的鉴定有多种方法，大致可分以下几类：

**1** 现场外观检查　观察土样是否完整，有无缺陷，取样管或衬管是否挤扁、弯曲、卷折等；

**2** 测定回收率　按照 Hvorslev 的定义，回收率为 $L/H$；$H$ 为取样时取土器贯入孔底以下土层的深度，$L$ 为土样长度，可取土试样毛长，而不必是净长，即可从土试样顶端算至取土器刃口，下部如有脱落可不扣除；回收率等于 0.98 左右是最理想的，大于 1.0 或小于 0.95 是土样受扰动的标志；取样回收率可在现场测定，但使用敞口式取土器时，测定有一定的困难；

**3** X 射线检验　可发现裂纹、空洞、粗粒包裹体等；

**4** 室内试验评价　由于土的力学参数对试样的扰动十分敏感，土样受扰动的程度可以通过力学性质试验结果反映出来；最常见的方法有两种：

**1**）根据应力应变关系评定　随着土试样扰动程度增加，破坏应变 $\varepsilon_f$ 增加，峰值应力降低，应力应变关系曲线线型趋缓。根据国际土力学基础工程学会取样分会汇集的资料，不同地区对不扰动土试样作不排水压缩试验得出的破坏应变值 $\varepsilon_f$ 分别是：加拿大黏土 1%；南斯拉夫黏土 1.5%，日本海相黏土 6%；法国黏性土 3%～8%；新加坡海相黏土 2%～5%；如果测得的破坏应变值大于上述特征值，该土样即可认为是受扰动的；

**2**）根据压缩曲线特征评定　定义扰动指数 $I_D = (\Delta e_0/\Delta e_m)$，式中 $\Delta e_0$ 为原位孔隙比与土样在先期固结压力处孔隙比的差值，$\Delta e_m$ 为原位孔隙比与重塑土在上述压力处孔隙比的差值。如果先期固结压力未能确定，可改用体积应变 $\varepsilon_v$ 作为评定指标；

$$\varepsilon_v = \Delta V/V = \Delta e/(1+e_0)$$

式中 $e_0$ 为土样的初始孔隙比，$\Delta e$ 为加荷至自重压力时的孔隙比变化量。

近年来，我国沿海地区进行了一些取样研究，采用上述指标评定的标准见表 9.1。

**表 9.1　评价土试样扰动程度的参考标准**

| 扰动程度 / 评价指标 | 几乎未扰　动 | 少量扰动 | 中等扰动 | 很大扰动 | 严重扰动 | 资料来源 |
|---|---|---|---|---|---|---|
| $\varepsilon f$ | 1%～3% | 3%～5% | 5%～6% | 6%～10% | >10% | 上海 |
| $\varepsilon f$ | 3%～5% | 3%～5% | 5%～8% | >10% | >15% | 连云港 |
| $I_p$ | <0.15 | 0.15～0.30 | 0.30～0.50 | 0.50～0.75 | >0.75 | 上海 |
| $\varepsilon v$ | <1% | 1%～2% | 2%～4% | 4%～10% | >10% | 上海 |

应当指出，上述指标的特征值不仅取决于土试样的扰动程度，而且与土的自身特性和试验方法有关，故不可能提出一个统一的衡量标准，各地应按照本地区的经验参考使用上述方法和数据。

一般而言，事后检验把关并不是保证土试样质量的积极措施。对土试样作质量分级的指导思想是强调事先的质量控制，即对采取某一级别土试样所必须使用的设备和操作条件做出严格的规定。

**9.4.2** 正文表 9.4.2 中所列各种取土器大都是国外常见的取土器。按壁厚可分为薄壁和厚壁两类，按进入土层的方式可分为贯入和回转两类。

薄壁取土器壁厚仅 1.25～2.00mm，取样扰动小，质量高，但因壁薄，不能在硬和密实的土层中使用。按其结构形式有以下几种：

**1** 敞口式，国外称为谢尔贝管，是最简单的一种薄壁取土器，取样操作简便，但易逃土；

**2** 固定活塞式，在敞口薄壁取土器内增加一个活塞以及一套与之相连接的活塞杆，活塞杆可通过取土器的头部并经由钻杆的中空延伸至地面；下放取土器时，活塞处于取样管刃口端部，活塞杆与钻杆同步下放，到达取样位置后，固定活塞杆与活塞，通过钻杆压入取样管进行取样；活塞的作用在于下放取土器时可排开孔底浮土，上提时可隔绝土样顶端的水压、气压、防止逃土，同时又不会像上提活阀那样产生过度的负压引起土样扰动；取样过程中，固定活塞还可以限制土样进入取样管后顶端的膨胀上凸趋势；因此，固定活塞取土器取样质量高，成功率也高；但因需要两套杆件，操作比较费事；固定活塞薄壁取土器是目前国际公认的高质量取土器，其代表性型号有 Hvorslev 型、NGI 型等；

**3** 水压固定活塞式，是针对固定活塞式的缺点而制造的改进型；国外以其发明者命名为奥斯特伯格取土器；其特点是去掉活塞杆，将活塞连接在钻杆底端，取样管则与另一套在活塞缸内的可动活塞联结，取样时通过钻杆施加水压，驱动活塞缸内的可动活塞，将取样管压入土中，其取样效果与固定活塞式相同，操作较为简便，但结构仍较复杂；

**4** 自由活塞式，与固定活塞式不同之处在于活塞杆不延伸至地面，而只穿过接头，并用弹簧锥卡予以控制；取样时依靠土试样将活塞顶起，操作较为简便，但土试样上顶活塞时易受扰动，取样质量不及以上两种。

回转型取土器有两种：

**1** 单动三重（二重）管取土器，类似岩芯钻探中的双层岩芯管，取样时外管旋转，内管不动，故称单动；如在内管内再加衬管，则成为三重管；其代表性型号为丹尼森（Denison）取土器。丹尼森取土器的改进型称为皮切尔（Pitcher）取土器，其特点是内管刃口的超前值可通过一个竖向弹簧按土层软硬程度自动调节，单动三重管取土器可用于中等以至较硬的土层；

**2** 双动三重（二重）管取土器，与单动不同之处在于取样内管也旋转，因此可切削进入坚硬的地层，一般适用于坚硬黏性土，密实砂砾以至软岩。

厚壁敞口取土器，系指我国目前大多数单位使用的内装镀锌铁皮衬管的对分式取土器。这种取土器与国际上惯用的取土器相比，性能相差甚远，最理想的情况下，也只能取得Ⅱ级土样，不能视为高质量的取土器。

目前，厚壁敞口取土器中，大多使用镀锌铁皮衬管，其弊病甚多，对土样质量影响很大，应逐步予以淘汰，代之以塑料或酚醛层压纸管。目前仍允许使用镀锌铁皮衬管，但要特别注意保持其形状圆整，重复使用前应注意整形，清除内外壁粘附的蜡、土或锈斑。

考虑我国目前的实际情况，薄壁取土器尚需逐步普及，故允许以束节式取土器代替薄壁取土器。但只要有条件，仍以采用标准薄壁取土器为宜。

**9.4.4** 有关标准为1996年10月建设部发布，中华人民共和国建设部工业行业标准《原状取砂器》（JG/T 5061.10—1996）。

**9.4.5** 关于贯入取土器的方法，本条规定宜用快速静力连续压入法，即只要能压入的要优先采用压入法，特别对软土必须采用压入法。压入应连续而不间断，如用钻机给进机构施压，则应配备有足够压入行程和压入速度的钻机。

## 9.5 地球物理勘探

本节内容仅涉及采用地球物理勘探方法的一般原则，目的在于指导非地球物理勘探专业的工程地质与岩土工程师结合工程特点选择地球物理勘探方法。强调工程地质、岩土工程与地球物理勘探的工程师密切配合，共同制定方案，分析判释成果。地球物理勘探方法具体方案的制定与实施，应执行现行工程地球物理勘探规程的有关规定。

地球物理勘探发展很快，不断有新的技术方法出现。如近年来发展起来的瞬态多道面波法、地震CT、电磁波CT法等，效果很好。当前常用的工程物探方法详见表9.2。

**表9.2 地球物理勘探方法的适用范围**

| 方法名称 | | 适用范围 |
|---|---|---|
| 电法 | 自然电场法 | 1 探测隐伏断层、破碎带；<br>2 测定地下水流速、流向 |
| | 充电法 | 1 探测地下洞穴；<br>2 测定地下水流速、流向；<br>3 探测地下或水下隐埋物体；<br>4 探测地下管线 |
| | 电阻率测深 | 1 测定基岩埋深，划分松散沉积层序和基岩风化带；<br>2 探测隐伏断层、破碎带；<br>3 探测地下洞穴；<br>4 测定潜水面深度和含水层分布；<br>5 探测地下或水下隐埋物体 |
| | 电阻率剖面法 | 1 测定基岩埋深；<br>2 探测隐伏断层、破碎带；<br>3 探测地下洞穴；<br>4 探测地下或水下隐埋物体 |
| | 高密度电阻率法 | 1 测定潜水面深度和含水层分布；<br>2 探测地下或水下隐埋物体 |
| | 激发极化法 | 1 探测隐伏断层、破碎带；<br>2 探测地下洞穴；<br>3 划分松散沉积层序；<br>4 测定潜水面深度和含水层分布；<br>5 探测地下或水下隐埋物体 |
| 电磁法 | 甚低频 | 1 探测隐伏断层、破碎带；<br>2 探测地下或水下隐埋物体；<br>3 探测地下管线 |
| | 频率测深 | 1 测定基岩埋深，划分松散沉积层序和风化带；<br>2 探测隐伏断层、破碎带；<br>3 探测地下洞穴；<br>4 探测河床水深及沉积泥沙厚度；<br>5 探测地下或水下隐埋物体；<br>6 探测地下管线 |
| | 电磁感应法 | 1 测定基岩埋深；<br>2 探测隐伏断层、破碎带；<br>3 探测地下洞穴；<br>4 探测地下或水下隐埋物体；<br>5 探测地下管线 |

续表 9.2

| 方法名称 | | 适用范围 |
|---|---|---|
| 电磁法 | 地质雷达 | 1 测定基岩埋深，划分松散沉积层序和基岩风化带；<br>2 探测隐伏断层、破碎带；<br>3 探测地下洞穴；<br>4 测定潜水面深度和含水层分布；<br>5 探测河床水深及沉积泥沙厚度；<br>6 探测地下或水下隐埋物体；<br>7 探测地下管线 |
| | 地下电磁波法（无线电波透视法） | 1 探测隐伏断层、破碎带；<br>2 探测地下洞穴；<br>3 探测地下或水下隐埋物体；<br>4 探测地下管线 |
| 地震波法和声波法 | 折射波法 | 1 测定基岩埋深，划分松散沉积层序和基岩风化带；<br>2 测定潜水面深度和含水层分布；<br>3 探测河床水深及沉积泥沙厚度 |
| | 反射波法 | 1 测定基岩埋深，划分松散沉积层序和基岩风化带；<br>2 探测隐伏断层、破碎带；<br>3 探测地下洞穴；<br>4 测定潜水面深度和含水层分布；<br>5 探测河床水深及沉积泥沙厚度；<br>6 探测地下或水下隐埋物体；<br>7 探测地下管线 |
| | 直达波法（单孔法和跨孔法） | 划分松散沉积层序和基岩风化带； |
| | 瑞雷波法 | 1 测定基岩埋深，划分松散沉积层序和基岩风化带；<br>2 探测隐伏断层、破碎带；<br>3 探测地下洞穴；<br>4 探测地下隐埋物体；<br>5 探测地下管线 |
| | 声波法 | 1 测定基岩埋深，划分松散沉积层序和基岩风化带；<br>2 探测隐伏断层、破碎带；<br>3 探测含水层；<br>4 探测洞穴和地下或水下隐埋物体；<br>5 探测地下管线；<br>6 探测滑坡体的滑动面 |
| | 声纳浅层剖面法 | 1 探测河床水深及沉积泥沙厚度；<br>2 探测地下或水下隐埋物体 |
| 地球物理测井（放射性测井、电测井、电视测井） | | 1 探测地下洞穴；<br>2 划分松散沉积层序及基岩风化带；<br>3 测定潜水面深度和含水层分布；<br>4 探测地下或水下隐埋物体 |

# 10 原位测试

## 10.1 一般规定

**10.1.1** 在岩土工程勘察中，原位测试是十分重要的手段，在探测地层分布，测定岩土特性，确定地基承载力等方面，有突出的优点，应与钻探取样和室内试验配合使用。在有经验的地区，可以原位测试为主。在选择原位测试方法时，应考虑的因素包括土类条件、设备要求、勘察阶段等，而地区经验的成熟程度最为重要。

布置原位测试，应注意配合钻探取样进行室内试验。一般应以原位测试为基础，在选定的代表性地点或有重要意义的地点采取少量试样，进行室内试验。这样的安排，有助于缩短勘察周期，提高勘察质量。

**10.1.2** 原位测试成果的应用，应以地区经验的积累为依据。由于我国各地的土层条件、岩土特性有很大差别，建立全国统一的经验关系是不可取的，应建立地区性的经验关系，这种经验关系必须经过工程实践的验证。

**10.1.4** 各种原位测试所得的试验数据，造成误差的因素是较为复杂的，由测试仪器、试验条件、试验方法、操作技能、土层的不均匀性等所引起。对此应有基本估计，并剔除异常数据，提高测试数据的精度。静力触探和圆锥动力触探，在软硬地层的界面上，有超前和滞后效应，应予注意。

## 10.2 载荷试验

**10.2.1** 平板载荷试验（plate loading test）是在岩土体原位，用一定尺寸的承压板，施加竖向荷载，同时观测承压板沉降，测定岩土体承载力和变形特性；螺旋板载荷试验（screw plate loading test）是将螺旋板旋入地下预定深度，通过传力杆向螺旋板施加竖向荷载，同时量测螺旋板沉降，测定土的承载力和变形特性。

常规的平板载荷试验，只适用于地表浅层地基和地下水位以上的地层。对于地下深处和地下水位以下的地层，浅层平板载荷试验已显得无能为力。以前在钻孔底进行的深层载荷试验，由于孔底土的扰动，板土间的接触难以控制等原因，早已废弃不用。《94规范》规定了螺旋板载荷试验，本次修订仍列入不变。

进行螺旋板载荷试验时，如旋入螺旋板深度与螺距不相协调，土层也可能发生较大扰动。当螺距过大，竖向荷载作用大，可能发生螺旋板本身的旋进，影响沉降的量测。上述这些问题，应注意避免。

本次修订增加了深层平板载荷试验方法，适用于地下水位以上的一般土和硬土。这种方法已经积累了一定经验，为了统一操作标准和计算方法，列入了本规范。

**10.2.1 【修订说明】**

本条原文的写法易被误解，故稍作调整。深层载荷试验与浅层载荷试验的区别，在于试土是否存在边载，荷载作用于半无限体的表面还是内部。深层载荷试验过浅，不符合变形模量计算假定荷载作用于半无限体内部的条件。深层载荷试验的条件与基础宽度、土的内摩擦角等有关，原规定3m偏浅，现改为5m。原规定深层载荷试验适用于地下水位以上，但地下水位以下的土，如采取降水措施并保证试土维持原来的饱和状态，试验仍可进行，故删除了这个限制。

例如：载荷试验深度为6m，但试坑宽度符合浅层载荷试验条件，无边载，则属于浅层载荷试验；反之，假如载荷试验深度为5.5m，但试井直径与承压板直径相同，有边载，则属于深层载荷试验。

浅层载荷试验只用于确定地基承载力和土的变形模量，不能用于确定桩的端阻力；深层载荷试验可用于确定地基承载力、桩的端阻力和土的变形模量。但载荷试验只是一种模拟，与实际工程的工作状态总是有差别的。深层载荷试验反映了土的应力水平，反映了侧向超载对试土承载力的影响，作为地基承载力，不必作深度修正，只需宽度修正，是比较合理的方法。但深层载荷试验的破坏模式是局部剪切破坏，而浅基础一般假定为整体剪切破坏，塑性区开展的模式也不同，因而工作状态是有差别的。桩基虽是局部剪切破坏，但与深层载荷试验的工作状态仍有差别。深层载荷试验时孔壁临空，而桩的侧壁限制了土体变形，桩与土之间存在法向力和剪力。此外，还有试土的代表性问题，试土扰动问题，试验操作造成的误差问题等，确定地基承载力和桩的端阻力仍需综合判定。

**10.2.2** 一般认为，载荷试验在各种原位测试中是最为可靠的，并以此作为其他原位测试的对比依据。但这一认识的正确性是有前提条件的，即基础影响范围内的土层应均一。实际土层往往是非均质土或多层土，当土层变化复杂时，载荷试验反映的承压板影响范围内地基土的性状与实际基础下地基土的性状将有很大的差异。故在进行载荷试验时，对尺寸效应要有足够的估计。

**10.2.3** 对载荷试验的技术要求作如下说明：

**1** 对于深层平板载荷试验，试井截面应为圆形，直径宜取0.8～1.2m，并有安全防护措施；承压板直径取800mm时，采用厚约300mm的现浇混凝土板或预制的刚性板；可直接在外径为800mm的钢环或钢筋混凝土管柱内浇筑；紧靠承压板周围土层高度不应小于承压板直径，以尽量保持半无限体内部的受力状态，避免试验时土的挤出；用立柱与地面的加荷装置连接，亦可利用井壁护圈作为反力，加荷试验时应直接测读承压板的沉降；

**2** 对试验面，应注意使其尽可能平整，避免扰动，并保证承压板与土之间有良好的接触；

**3** 承压板宜采用圆形压板，符合轴对称的弹性理论解，方形板则成为三维复杂课题；板的尺寸，国外采用的标准承压板直径为0.305m，根据国内的实际经验，可采用0.25～0.5$m^2$，软土应采用尺寸大些的承压板，否则易发生歪斜；对碎石土，要注意碎石的最大粒径；对硬的裂隙性黏土及岩层，要注意裂隙的影响；

**4** 加荷方法，常规方法以沉降相对稳定法（即一般所谓的慢速法）为准；如试验目的是确定地基承载力，加荷方法可以考虑采用沉降非稳定法（快速法）或等沉降速率法，但必须有对比的经验，在这方面应注意积累经验，以加快试验周期；如试验目的是确定土的变形特性，则快速加荷的结果只反映不排水条件的变形特性，不反映排水条件的固结变形特性；

**5** 承压板的沉降量测的精度影响沉降稳定的标准；当荷载沉降曲线无明确拐点时，可加测承压板周围土面的升降、不同深度土层的分层沉降或土层的侧向位移；这有助于判别承压板下地基土受荷后的变化，发展阶段及破坏模式，判定拐点；

**6** 一般情况下，载荷试验应做到破坏，获得完整的 $p$-$s$ 曲线，以便确定承载力特征值；只有试验目的为检验性质时，加荷至设计要求的二倍时即可终止；发生明显侧向挤出隆起或裂缝，表明受荷地层发生整体剪切破坏，这属于强度破坏极限状态；等速沉降或加速沉降，表明承压板下产生塑性破坏或刺入破坏，这是变形破坏极限状态；过大的沉降（承压板直径的0.06倍），属于超过限制变形的正常使用极限状态。

在确定终止试验标准时，对岩体而言，常表现为承压板上和板外的测表不停地变化，这种变化有增加的趋势。此外，有时还表现为荷载加不上，或加上去后很快降下来。当然，如果荷载已达到设备的最大出力，则不得不终止试验，但应判定是否满足了试验要求。

**10.2.5** 用浅层平板载荷试验成果计算土的变形模量的公式，是人们熟知的，其假设条件是荷载在弹性半无限空间的表面。深层平板载荷试验荷载作用在半无限体内部，不宜采用荷载作用在半无限体表面的弹性理论公式，式（10.2.5-2）是在Mindlin解的基础上推算出来的，适用于地基内部垂直均布荷载作用下变形模量的计算。根据岳建勇和高大钊的推导（《工程勘察》2002年1期），深层载荷试验的变形模量可按下式计算：

$$E_0 = I_0 I_1 I_2 (1-\mu^2) \frac{pd}{s} \tag{10.1}$$

式中，$I_1$ 为与承压板埋深有关的系数，$I_2$ 为与土的

泊松比有关的系数，分别为

$$I_1 = 0.5 + 0.23\frac{d}{z} \quad (10.2)$$

$$I_2 = 1 + 2\mu^2 + 2\mu^4 \quad (10.3)$$

为便于应用，令

$$\omega = I_0 I_1 I_2 (1 - \mu^2) \quad (10.4)$$

则

$$E_0 = \omega \frac{pd}{s} \quad (10.5)$$

式中，$\omega$为与承压板埋深和土的泊松比有关的系数，如碎石的泊松比取0.27，砂土取0.30，粉土取0.35，粉质黏土取0.38，黏土取0.42，则可制成本规范表10.2.5。

## 10.3 静力触探试验

**10.3.1** 静力触探试验（CPT）（cone penetration test）是用静力匀速将标准规格的探头压入土中，同时量测探头阻力，测定土的力学特性，具有勘探和测试双重功能；孔压静力触探试验（piezocone penetration test）除静力触探原有功能外，在探头上附加孔隙水压力量测装置，用于量测孔隙水压力增长与消散。

**10.3.2** 对静力触探的技术要求中的主要问题作如下说明：

**1** 圆锥截面积，国际通用标准为10cm²，但国内勘察单位广泛使用15cm²的探头；10cm²与15cm²的贯入阻力相差不大，在同样的土质条件和机具贯入能力的情况下，10cm²比15cm²的贯入深度更大；为了向国际标准靠拢，最好使用锥头底面积为10cm²的探头。探头的几何形状及尺寸会影响测试数据的精度，故应定期进行检查；

以10cm²探头为例，锥头直径$d_e$、侧壁筒直径$d_s$的容许误差分别为：

$$34.8 \leqslant d_e \leqslant 36.0\text{mm};$$

$$d_e \leqslant d_s \leqslant d_e + 0.35\text{mm};$$

锥截面积应为10.00cm²±（3%～5%）；

侧壁筒直径必须大于锥头直径，否则会显著减小侧壁摩阻力；侧壁摩擦筒侧面积应为150cm²±2%；

**2** 贯入速率要求匀速，贯入速率（1.2±0.3）m/min是国际通用的标准；

**3** 探头传感器除室内率定误差（重复性误差、非线性误差、归零误差、温度漂移等）不应超过±1.0%FS外，特别提出在现场当探头返回地面时应记录归零误差，现场的归零误差不应超过3%，这是试验数据质量好坏的重要标志；探头的绝缘度不应小于500MΩ的条件，是3个工程大气压下保持2h；

**4** 贯入读数间隔一般采用0.1m，不超过0.2m，深度记录误差不超过±1%；当贯入深度超过30m或穿过软土层贯入硬土层后，应有测斜数据；当偏斜度明显，应校正土层分层界线；

**5** 为保证触探孔与垂直线间的偏斜度小，所使用探杆的偏斜度应符合标准：最初5根探杆每米偏斜小于0.5mm，其余小于1mm；当使用的贯入深度超过50m或使用15～20次，应检查探杆的偏斜度；如贯入厚层软土，再穿入硬层、碎石土、残积土，每用过一次应作探杆偏斜度检查。

触探孔一般至少距探孔25倍孔径或2m。静力触探宜在钻孔前进行，以免钻孔对贯入阻力产生影响。

**10.3.3、10.3.4** 对静力触探成果分析做以下说明：

**1** 绘制各种触探曲线应选用适当的比例尺。

例如：深度比例尺：1个单位长度相当于1m；

$q_c$（或$p_s$）：1个单位长度相当于2MPa；

$f_s$：1个单位长度相当于0.2 MPa；

$u$（或$\Delta u$）：1个单位长度相当于0.05 MPa；

$R_f$=（$f_s/q_c$×100%）：1个单位长度相当于1；

**2** 利用静力触探贯入曲线划分土层时，可根据$q_c$（或$p_s$）、$R_f$贯入曲线的线型特征、$u$或$\Delta u$或[$\Delta u/(q_c - p'_0)$]等，参照邻近钻孔的分层资料划分土层。利用孔压触探资料，可以提高土层划分的能力和精度，分辨薄夹层的存在；

**3** 利用静探资料可估算土的强度参数、浅基或桩基的承载力、砂土或粉土的液化。只要经验关系经过检验已证实是可靠的，利用静探资料可以提供有关设计参数。利用静探资料估算变形参数时，由于贯入阻力与变形参数间不存在直接的机理关系，可能可靠性差些；利用孔压静探资料有可能评定土的应力历史，这方面还有待于积累经验。由于经验关系有其地区局限性，采用全国统一的经验关系不是方向，宜在地方规范中解决这一问题。

## 10.4 圆锥动力触探试验

**10.4.1** 圆锥动力触探试验（DPT）（dynamic penetration test）是用一定质量的重锤，以一定高度的自由落距，将标准规格的圆锥形探头贯入土中，根据打入土中一定距离所需的锤击数，判定土的力学特性，具有勘探和测试双重功能。

本规范列入了三种圆锥动力触探（轻型、重型和超重型）。轻型动力触探的优点是轻便，对于施工验槽、填土勘察、查明局部软弱土层、洞穴等分布，均有实用价值。重型动力触探是应用最广泛的一种，其规格标准与国际通用标准一致。超重型动力触探的能量指数（落锤能量与探头截面积之比）与国外的并不一致，但相近，适用于碎石土。

表中所列贯入指标为贯入一定深度的锤击数（如$N_{10}$、$N_{63.5}$、$N_{120}$），也可采用动贯入阻力。动贯入阻力可采用荷兰的动力公式：

$$q_{\mathrm{d}}=\frac{M}{M+m}\cdot\frac{M\cdot g\cdot H}{A\cdot e} \tag{10.6}$$

式中 $q_{\mathrm{d}}$——动贯入阻力（MPa）；

$M$——落锤质量（kg）；

$m$——圆锥探头及杆件系统（包括打头、导向杆等）的质量（kg）；

$H$——落距（m）；

$A$——圆锥探头截面积（$\mathrm{cm}^2$）；

$e$——贯入度，等于 $D/N$，$D$ 为规定贯入深度，$N$ 为规定贯入深度的击数；

$g$——重力加速度，其值为 $9.81\mathrm{m/s}^2$。

上式建立在古典的牛顿非弹性碰撞理论（不考虑弹性变形量的损耗）。故限用于：

1）贯入土中深度小于12m，贯入度2～50mm。

2）$m/M<2$。如果实际情况与上述适用条件出入大，用上式计算应慎重。

有的单位已经研制电测动贯入阻力的动力触探仪，这是值得研究的方向。

**10.4.2** 本条考虑了对试验成果有影响的一些因素。

**1** 锤击能量是最重要的因素。规定落锤方式采用控制落距的自动落锤，使锤击能量比较恒定，注意保持杆件垂直，探杆的偏斜度不超过2%。锤击时防止偏心及探杆晃动。

**2** 触探杆与土间的侧摩阻力是另一重要因素。试验过程中，可采取下列措施减少侧摩阻力的影响：

1）使探杆直径小于探头直径。在砂土中探头直径与探杆直径比应大于1.3，而在黏土中可小些；

2）贯入一定深度后旋转探杆（每1m转动一圈或半圈），以减少侧摩阻力；贯入深度超过10m，每贯入0.2m，转动一次；

3）探头的侧摩阻力与土类、土性、杆的外形、刚度、垂直度、触探深度等均有关，很难用一固定的修正系数处理，应采取切合实际的措施，减少侧摩阻力，对贯入深度加以限制。

**3** 锤击速度也影响试验成果，一般采用每分钟15～30击；在砂土、碎石土中，锤击速度影响不大，则可采用每分钟60击。

**4** 贯入过程应不间断地连续击入，在黏性土中击入的间歇会使侧摩阻力增大。

**5** 地下水位对击数与土的力学性质的关系没有影响，但对击数与土的物理性质（砂土孔隙比）的关系有影响，故应记录地下水位埋深。

**10.4.3** 对动力触探成果分析作如下说明：

**1** 根据触探击数、曲线形态，结合钻探资料可进行力学分层，分层时注意超前滞后现象，不同土层的超前滞后量是不同的。

上为硬土层下为软土层，超前约为0.5～0.7m，滞后约为0.2m；上为软土层下为硬土层，超前约为0.1～0.2m，滞后约为0.3～0.5m。

**2** 在整理触探资料时，应剔除异常值，在计算土层的触探指标平均值时，超前滞后范围内的值不反映真实土性；临界深度以内的锤击数偏小，不反映真实土性，故不应参加统计。动力触探本来是连续贯入的，但也有配合钻探，间断贯入的做法，间断贯入时临界深度以内的锤击数同样不反映真实土性，不应参加统计。

**3** 整理多孔触探资料时，应结合钻探资料进行分析，对均匀土层，可用厚度加权平均法统计场地分层平均触探击数值。

**10.4.4** 动力触探指标可用于评定土的状态、地基承载力、场地均匀性等，这种评定系建立在地区经验的基础上。

## 10.5 标准贯入试验

**10.5.1** 标准贯入试验（SPT）（standard penetration test）是用质量为63.5kg的穿心锤，以76cm的落距，将标准规格的贯入器，自钻孔底部预打15cm，记录再打入30cm的锤击数，判定土的力学特性。

本条提出标准贯入试验仅适用于砂土、粉土和一般黏性土，不适用于软塑～流塑软土。在国外用实心圆锥头（锥角60°）替换贯入器下端的管靴，使标贯适用于碎石土、残积土和裂隙性硬黏土以及软岩。但由于国内尚无这方面的具体经验，故在条文内未列入，可作为有待开发的内容。

**10.5.2** 正文表10.5.2是考虑了国内各单位实际使用情况，并参考了国际标准制定的。贯入器规格，国外标准多为外径51mm，内径35mm，全长660～810mm。

贯入器内外径的误差，欧洲标准确定为±1mm是合理的。

本规范采用42mm钻杆。日本采用40.5、50、60mm钻杆。钻杆的弯曲度小于1%，应定期检查，剔除弯管。

欧洲标准，落锤的质量误差为±0.5kg。

**10.5.2【修订说明】**

本表中关于刃口厚度的规定原文为2.5mm，现修订为1.6mm。我国其他标准一般不作规定，美国ASTM D1586（1967，1974再批准）为1/16英寸，ASTM D1586（1999）为2.54mm，英国BS为1.6mm，我国《水利电力部土工试验规程》（SD128-022-86）为0.8mm，本规范修订后与国际多数标准基本相当，与我国实际情况基本一致。

**10.5.3** 关于标准贯入试验的技术要求，作如下说明：

1 根据欧洲标准，锤击速度不应超过30击/min；

2 宜采用回转钻进方法，以尽可能减少对孔底土的扰动。钻进时注意：

1）保持孔内水位高出地下水位一定高度，保持孔底土处于平衡状态，不使孔底发生涌砂变松，影响$N$值；

2）下套管不要超过试验标高；

3）要缓慢地下放钻具，避免孔底土的扰动；

4）细心清孔；

5）为防止涌砂或塌孔，可采用泥浆护壁；

3 由于手拉绳牵引贯入试验时，绳索与滑轮的摩擦阻力及运转中绳索所引起的张力，消耗了一部分能量，减少了落锤的冲击能，使锤击数增加；而自动落锤完全克服了上述缺点，能比较真实地反映土的性状。据有关单位的试验，$N$值自动落锤为手拉落锤的0.8倍，为SR-30型钻机直接吊打时的0.6倍；据此，本规范规定采用自动落锤法；

4 通过标贯实测，发现真正传输给杆件系统的锤击能量有很大差异，它受机具设备、钻杆接头的松紧、落锤方式、导向杆的摩擦、操作水平及其他偶然因素等支配；美国ASTM-D4633-86制定了实测锤击的力-时间曲线，用应力波能量法分析，即计算第一压缩波应力波曲线积分可得传输杆件的能量；通过现场实测锤击应力波能量，可以对不同锤击能量的$N$值进行合理的修正。

**10.5.5** 关于标贯试验成果的分析整理，作如下说明：

1 修正问题，国外对$N$值的传统修正包括：饱和粉细砂的修正、地下水位的修正、土的上覆压力修正；国内长期以来并不考虑这些修正，而着重考虑杆长修正；杆长修正是依据牛顿碰撞理论，杆件系统质量不得超过锤重二倍，限制了标贯使用深度小于21m，但实际使用深度已远超过21m，最大深度已达100m以上；通过实测杆件的锤击应力波，发现锤击传输给杆件的能量变化远大于杆长变化时能量的衰减，故建议不作杆长修正的$N$值是基本的数值；但考虑到过去建立的$N$值与土性参数、承载力的经验关系，所用$N$值均经杆长修正，而抗震规范评定砂土液化时，$N$值又不作修正；故在实际应用$N$值时，应按具体岩土工程问题，参照有关规范考虑是否作杆长修正或其他修正；勘察报告应提供不作杆长修正的$N$值，应用时再根据情况考虑修正或不修正，用何种方法修正；

2 由于$N$值离散性大，故在利用$N$值解决工程问题时，应持慎重态度，依据单孔标贯资料提供设计参数是不可信的；在分析整理时，与动力触探相同，应剔除个别异常的$N$值；

3 依据$N$值提供定量的设计参数时，应有当地的经验，否则只能提供定性的参数，供初步评定用。

## 10.6 十字板剪切试验

**10.6.1** 十字板剪切试验（VST）（vane shear test）是用插入土中的标准十字板探头，以一定速率扭转，量测土破坏时的抵抗力矩，测定土的不排水抗剪强度。

十字板剪切试验的适用范围，大部分国家规定限于饱和软黏性土（$\varphi \approx 0$），我国的工程经验也限于饱和软黏性土，对于其他的土，十字板剪切试验会有相当大的误差。

**10.6.2** 试验点竖向间隔规定为1m，以便均匀地绘制不排水抗剪强度－深度变化曲线；当土层随深度的变化复杂时，可根据静力触探成果和工程实际需要，选择有代表性的点布置试验点，不一定均匀间隔布置试验点，遇到变层，要增加测点。

**10.6.3** 十字板剪切试验的主要技术标准作如下说明：

1 十字板头形状国外有矩形、菱形、半圆形等，但国内均采用矩形，故本规范只列矩形。当需要测定不排水抗剪强度的各向异性变化时，可以考虑采用不同菱角的菱形板头，也可以采用不同径高比板头进行分析。矩形十字板头的径高比1∶2为通用标准。十字板头面积比，直接影响插入板头时对土的挤压扰动，一般要求面积比小于15%；十字板头直径为50mm和75mm，翼板厚度分别为2mm和3mm，相应的面积比为13%～14%。

2 十字板头插入孔底的深度影响测试成果，美国规定为$5b$（$b$为钻孔直径），前苏联规定为0.3～0.5m，原联邦德国规定为0.3m，我国规定为（3～5）$b$。

3 剪切速率的规定，应考虑能满足在基本不排水条件下进行剪切；Skempton认为用0.1°/s的剪切速率得到的$c_u$误差最小；实际上对不同渗透性的土，规定相应的不排水条件的剪切速率是合理的；目前各国规程规定的剪切速率在0.1°/s～0.5°/s，如美国0.1°/s，英国0.1°/s～0.2°/s，前苏联0.2°/s～0.3°/s，原联邦德国0.5°/s。

4 机械式十字板剪切仪由于轴杆与土层间存在摩阻力，因此应进行轴杆校正。由于原状土与重塑土的摩阻力是不同的，为了使轴杆与土间的摩阻力减到最低值，使进行原状土和扰动土不排水抗剪强度试验时有同样的摩阻力值，在进行十字板试验前，应将轴杆先快速旋转十余圈。

由于电测式十字板直接测定的是施加于板头的扭矩，故不需进行轴杆摩擦的校正。

5 国外十字板剪切试验规程对精度的规定，美国为1.3kPa，英国1kPa，前苏联1～2kPa，原联邦德国2kPa，参照这些标准，以1～2kPa为宜。

**10.6.4** 十字板剪切试验的成果分析应用作如下

说明：

**1** 实践证明，正常固结的饱和软黏性土的不排水抗剪强度是随深度增加的；室内抗剪强度的试验成果，由于取样扰动等因素，往往不能很好反映这一变化规律；利用十字板剪切试验，可以较好地反映不排水抗剪强度随深度的变化。

**2** 根据原状土与重塑土不排水抗剪强度的比值可计算灵敏度，可评价软黏土的触变性。

**3** 绘制抗剪强度与扭转角的关系曲线，可了解土体受剪时的剪切破坏过程，确定软土的不排水抗剪强度峰值、残余值及剪切模量（不排水）。目前十字板头扭转角的测定还存在困难，有待研究。

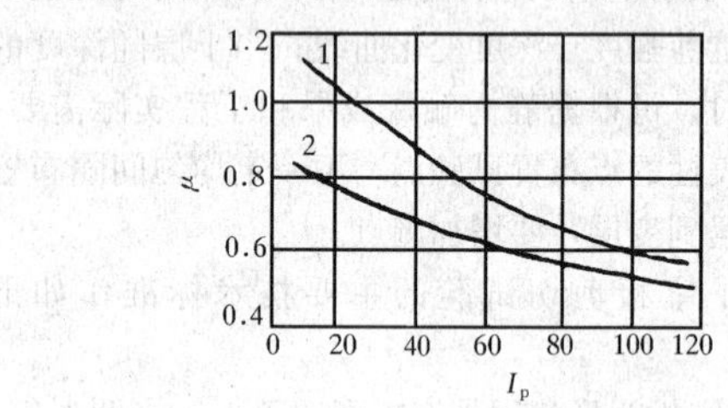


图 10.1 修正系数 $\mu$

**4** 十字板剪切试验所测得的不排水抗剪强度峰值，一般认为是偏高的，土的长期强度只有峰值强度的 60%～70%。因此在工程中，需根据土质条件和当地经验对十字板测定的值作必要的修正，以供设计采用。

Daccal 等建议用塑性指数确定修正系数 $\mu$（如图 10.1）。图中曲线 2 适用于液性指数大于 1.1 的土，曲线 1 适用于其他软黏土。

**10.6.5** 十字板不排水抗剪强度，主要用于可假设 $\varphi\approx0$，按总应力法分析的各类土工问题中：

**1** 计算地基承载力

按中国建筑科学研究院、华东电力设计院的经验，地基容许承载力可按式（10.7）估算：

$$q_a = 2c_u + \gamma h \tag{10.7}$$

式中 $c_u$——修正后的不排水抗剪强度（kPa）；

$\gamma$——土的重度（$kN/m^3$）；

$h$——基础埋深（m）；

**2** 地基抗滑稳定性分析；

**3** 估算桩的端阻力和侧阻力：

桩端阻力 $q_p = 9c_u$ (10.8)

桩侧阻力 $q_s = \alpha \cdot c_u$ (10.9)

$\alpha$ 与桩类型、土类、土层顺序等有关；

依据 $q_p$ 及 $q_s$ 可以估算单桩极限承载力；

**4** 通过加固前后土的强度变化，可以检验地基的加固效果；

**5** 根据 $c_u-h$ 曲线，判定软土的固结历史：若 $c_u-h$ 曲线大致呈一通过地面原点的直线，可判定为正常固结土；若 $c_u-h$ 直线不通过原点，而与纵坐标的向上延长轴线相交，则可判定为超固结土。

## 10.7 旁压试验

**10.7.1** 旁压试验（PMT）（pressuremeter test）是用可侧向膨胀的旁压器，对钻孔孔壁周围的土体施加径向压力的原位测试，根据压力和变形关系，计算土的模量和强度。

旁压仪包括预钻式、自钻式和压入式三种。国内目前以预钻式为主，本节以下各条规定也是针对预钻式的。压入式目前尚无产品，故暂不列入。旁压器分单腔式和三腔式。当旁压器有效长径比大于 4 时，可认为属无限长圆柱扩张轴对称平面应变问题。单腔式、三腔式所得结果无明显差别。

**10.7.2** 旁压试验点的布置，应在了解地层剖面的基础上进行，最好先做静力触探或动力触探或标准贯入试验，以便能合理地在有代表性的位置上布置试验。布置时要保证旁压器的量测腔在同一土层内。根据实践经验，旁压试验的影响范围，水平向约为 60cm，上下方向约为 40cm。为避免相邻试验点应力影响范围重叠，建议试验点的垂直间距至少为 1m。

**10.7.3** 对旁压试验的主要技术要求说明如下：

**1** 成孔质量是预钻式旁压试验成败的关键，成孔质量差，会使旁压曲线反常失真，无法应用。为保证成孔质量，要注意：

1）孔壁垂直、光滑、呈规则圆形，尽可能减少对孔壁的扰动；

2）软弱土层（易发生缩孔、坍孔）用泥浆护壁；

3）钻孔孔径应略大于旁压器外径，一般宜大 2～8mm。

**2** 加荷等级的选择是重要的技术问题，一般可根据土的临塑压力或极限压力而定，不同土类的加荷等级，可按表 10.1 选用。

**表 10.1 旁压试验加荷等级表**

| 土的特征 | 加荷等级（kPa） | |
|---|---|---|
| | 临塑压力前 | 临塑压力后 |
| 淤泥、淤泥质土、流塑黏性土和粉土、饱和松散的粉细砂 | ≤15 | ≤30 |
| 软塑黏性土和粉土、疏松黄土、稍密很湿粉细砂、稍密中粗砂 | 15～25 | 30～50 |
| 可塑—硬塑黏性土和粉土、黄土、中密—密实很湿粉细砂、稍密—中密中粗砂 | 25～50 | 50～100 |
| 坚硬黏性土和粉土、密实中粗砂 | 50～100 | 100～200 |
| 中密—密实碎石土、软质岩 | ≥100 | ≥200 |

**3** 关于加荷速率，目前国内有“快速法”和“慢速法”两种。国内一些单位的对比试验表明，两种不同加荷速率对临塑压力和极限压力影响不大。为提高试验效率，本规范规定使用每级压力维持 1min 或 2min 的快速法。在操作和读数熟练的情况下，尽

可能采用短的加荷时间；快速加荷所得旁压模量相当于不排水模量。

**4** 加荷后按15s、30s、60s或15s、30s、60s和120s读数。

**5** 旁压试验终止试验条件为：

1）加荷接近或达到极限压力；

2）量测腔的扩张体积相当于量测腔的固有体积，避免弹性膜破裂；

3）国产PY2-A型旁压仪，当量管水位下降刚达36cm时（绝对不能超过40 cm），即应终止试验；

4）法国GA型旁压仪规定，当蠕变变形等于或大于$50cm^3$或量筒读数大于$600cm^3$时应终止试验。

**10.7.4、10.7.5** 对旁压试验成果分析和应用作如下说明：

**1** 在绘制压力（$p$）与扩张体积（$\Delta V$）或（$\Delta V/V_0$）、水管水位下沉量（$s$）、或径向应变曲线前，应先进行弹性膜约束力和仪器管路体积损失的校正。由于约束力随弹性膜的材质、使用次数和气温而变化，因此新装或用过若干次后均需对弹性膜的约束力进行标定。仪器的综合变形，包括调压阀、量管、压力计、管路等在加压过程中的变形。国产旁压仪还需作体积损失的校正，对国外GA型和GAm型旁压仪，如果体积损失很小，可不作体积损失的校正。

**2** 特征值的确定：

特征值包括初始压力（$p_0$），临塑压力（$p_f$）和极限压力（$p_L$）：

1）$p_0$的确定：按M'enard，定为旁压曲线中段直线段的起始点或蠕变曲线的第一拐点相应的压力；按国内经验，该压力比实际的原位初始侧向应力大，因此推荐直接按旁压曲线用作图法确定$p_0$；

2）临塑压力$p_f$为旁压曲线中段直线的末尾点或蠕变曲线的第二拐点相应的压力；

3）极限压力$p_L$定义为：

（*a*）量测腔扩张体积相当于量测腔固有体积（或扩张后体积相当于二倍固有体积）时的压力；

（*b*）$p$-$\Delta V$曲线的渐近线对应的压力，或用$p$-$(1/\Delta V)$关系，末段直线延长线与$p$轴的交点相应的压力。

**3** 利用旁压曲线的特征值评定地基承载力：

1）根据当地经验，直接取用$p_f$或$p_f$-$p_0$作为地基土承载力；

2）根据当地经验，取（$p_L-p_0$）除以安全系数作为地基承载力。

**4** 计算旁压模量：

由于加荷采用快速法，相当于不排水条件；依据弹性理论，对于预钻式旁压仪，可用下式计算旁压模量：

$$E_m = 2(1+\mu)\left(V_c+\frac{V_0+V_f}{2}\right)\frac{\Delta p}{\Delta V} \quad (10.10)$$

式中 $E_m$——旁压模量（kPa）；

$\mu$——泊松比；

$V_c$——旁压器量测腔初始固有体积（$cm^3$）；

$V_0$——与初始压力$p_0$对应的体积（$cm^3$）；

$V_f$——与临塑压力$p_f$对应的体积（$cm^3$）；

$\Delta p/\Delta V$——旁压曲线直线段的斜率（$kPa/cm^3$）。

国内原有用旁压系数及旁压曲线直线段计算变形模量的公式，由于采用慢速法加荷，考虑了排水固结变形。而本规范规定统一使用快速加荷法，故不再推荐旁压试验变形模量的计算公式。

对于自钻式旁压试验，仍可用式（10.10）计算旁压模量。由于自钻式旁压试验的初始条件与预钻式旁压试验不同，预钻式旁压试验的原位侧向应力经钻孔后已释放。两种试验对土的扰动也不相同，故两者的旁压模量并不相同，因此应说明试验所用旁压仪类型。

## 10.8 扁铲侧胀试验

**10.8.1** 扁铲侧胀试验（DMT）（dilatometer test），也有译为扁板侧胀试验，系20世纪70年代意大利Silvano Marchetti教授创立。扁铲侧胀试验是将带有膜片的扁铲压入土中预定深度，充气使膜片向孔壁土中侧向扩张，根据压力与变形关系，测定土的模量及其他有关指标。因能比较准确地反映小应变的应力应变关系，测试的重复性较好，引入我国后，受到岩土工程界的重视，进行了比较深入的试验研究和工程应用，已列入铁道部《铁路工程地质原位测试规程》2002年报批稿，美国ASTM和欧洲EUROCODE亦已列入。经征求意见，决定列入本规范。

扁铲侧胀试验最适宜在软弱、松散土中进行，随着土的坚硬程度或密实程度的增加，适宜性渐差。当采用加强型薄膜片时，也可应用于密实的砂土，参见表10.2。

**10.8.2** 本条规定的探头规格与国际通用标准和国内生产的扁铲侧胀仪探头规格一致。要注意探头不能有明显弯曲，并应进行老化处理。探头加工的具体技术标准由有关产品标准规定。

可用贯入能力相当的静力触探机将探头压入土中。

**10.8.3** 扁铲侧胀试验成果资料的整理按以下步骤进行：

**1** 根据探头率定所得的修正值$\Delta A$和$\Delta B$，现场试验所得的实测值$A$、$B$、$C$，计算接触压力$p_0$，膜片膨胀至1.10mm的压力$p_1$和膜片回到0.05mm的压力$p_2$；

2　根据 $p_0$、$p_1$ 和 $p_2$ 计算侧胀模量 $E_D$、侧胀水平应力指数 $K_D$、侧胀土性指数 $I_D$ 和侧胀孔压指数 $U_D$；

3　绘制上述4个参数与深度的关系曲线。

上述各种数据的测定方法和参数的计算方法，均与国内外通用方法一致。

**表 10.2　扁铲侧胀试验在不同土类中的适用程度**

| 土的性状 / 土类 | $q_c$<1.5MPa，$N$<5 | | $q_c$=7.5MPa，$N$=25 | | $q_c$=15MPa，$N$=40 | |
|---|---|---|---|---|---|---|
| | 未压实填土 | 自然状态 | 轻压实填土 | 自然状态 | 紧密压实填土 | 自然状态 |
| 黏土 | A | A | B | B | B | B |
| 粉土 | B | B | B | B | C | C |
| 砂土 | A | A | B | B | C | C |
| 砾石 | C | C | G | G | G | G |
| 卵石 | G | G | G | G | G | G |
| 风化岩石 | G | C | G | G | G | G |
| 带状黏土 | A | B | B | B | C | C |
| 黄土 | A | B | B | B | — | — |
| 泥炭 | A | B | B | B | — | — |
| 沉泥、尾矿砂 | A | — | B | — | — | — |

注：适用性分级：A最适用；B适用；C有时适用；G不适用。

**10.8.4**　扁铲侧胀试验成果的应用经验目前尚不丰富。根据铁道部第四勘测设计院的研究成果，利用侧胀土性指数 $I_D$ 划分土类，黏性土的状态，利用侧胀模量计算饱和黏性土的水平不排水弹性模量，利用侧胀水平应力指数 $K_D$ 确定土的静止侧压力系数等，有良好的效果，并列入铁道部《铁路工程地质原位测试规程》2002年报批稿。上海、天津以及国际上都有一些研究成果和工程经验，由于扁铲侧胀试验在我国开展较晚，故应用时必须结合当地经验，并与其他测试方法配合，相互印证。

## 10.9　现场直接剪切试验

**10.9.1**　《94规范》中本节包括现场直剪试验和现场三轴试验，本次修订时，考虑到现场三轴试验已非常规，属于专门性试验，故不列入本规范。国家标准《工程岩体试验方法标准》(GB/T 50266—99)也未包括现场三轴试验。现场直剪试验，应根据现场工程地质条件、工程荷载特点，可能发生的剪切破坏模式、剪切面的位置和方向、剪切面的应力等条件，确定试验对象，选择相应的试验方法。由于试验岩土体远比室内试样大，试验成果更符合实际。

**10.9.2**　本条所列的各种试验布置方案，各有适用条件。

图10.2中（*a*）、(*b*)、(*c*) 剪切荷载平行于剪切面，为平推法；(*d*) 剪切荷载与剪切面成 $\alpha$ 角，为斜推法。(*a*) 施加的剪切荷载有一力臂 $e_1$ 存在，使剪切面的剪应力和法向应力分布不均匀。(*b*) 使施加的法向荷载产生的偏心力矩与剪切荷载产生的力矩平衡，改善剪切面上的应力分布，使趋于均匀分布，但法向荷载的偏心矩 $e_2$ 较难控制，故应力分布仍可能不均匀。(*c*) 剪切面上的应力分布是均匀的，但试验施工存在一定困难。

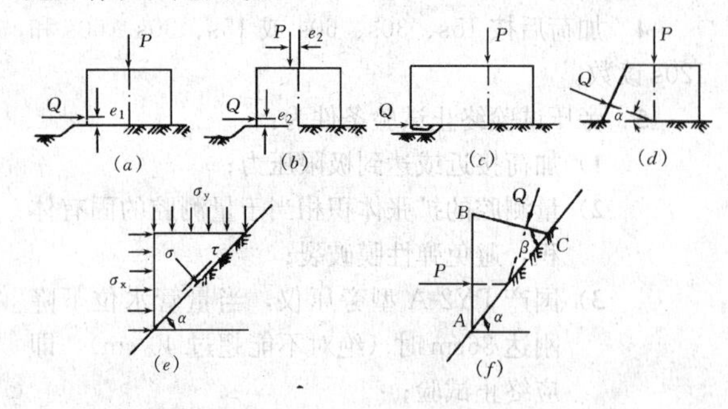


图10.2　现场直剪方案布置

图10.2中（*d*）法向荷载和斜向荷载均通过剪切面中心，$\alpha$ 角一般为15°。在试验过程中，为保持剪切面上的正应力不变，随着 $\alpha$ 值的增加，$P$ 值需相应降低，操作比较麻烦。进行混凝土与岩体的抗剪试验，常采用斜推法，进行土体、软弱面（水平或近乎水平）的抗剪试验，常采用平推法。

当软弱面倾角大于其内摩擦角时，常采用楔形体（*e*）、(*f*) 方案，前者适用于剪切面上正应力较大的情况，后者则相反。

图中符号 $P$ 为竖向（法向）荷载；$Q$ 为剪切荷载；$\sigma_x$、$\sigma_y$ 为均布应力；$\tau$ 为剪应力；$\sigma$ 为法向应力；$e_1$、$e_2$ 为偏心距；(*e*)、(*f*) 为沿倾向软弱面剪切的楔形试体。

**10.9.3**　岩体试样尺寸不小于50cm×50cm，一般采用70cm×70cm的方形体，与国际标准一致。土体试样可采用圆柱体或方柱体，使试样高度不小于最小边长的0.5倍；土体试样高度则与土中的最大粒径有关。

**10.9.4**　对现场直剪试验的主要技术要求作如下说明：

1　保持岩土样的原状结构不受扰动是非常重要的，故在爆破、开挖和切样过程中，均应避免岩土样或软弱结构面破坏和含水量的显著变化；对软弱岩土体，在顶面和周边加护层（钢或混凝土），护套底边应在剪切面以上；

2　在地下水位以下试验时，应先降低水位，安装试验装置恢复水位后，再进行试验；

3　法向荷载和剪切荷载应尽可能通过剪切面中心；试验过程中注意保持法向荷载不变；对于高含水量的塑性软弱层，法向荷载应分级施加，以免软弱层挤出。

**10.9.5**　绘制剪应力与剪切位移关系曲线和剪应力与垂直位移曲线。依据曲线特征，确定强度参数，见图10.3。

1　比例界限压力定义为剪应力与剪切位移曲线直线段的末端相应的剪应力，如直线段不明显，可采用一些辅助手段确定：

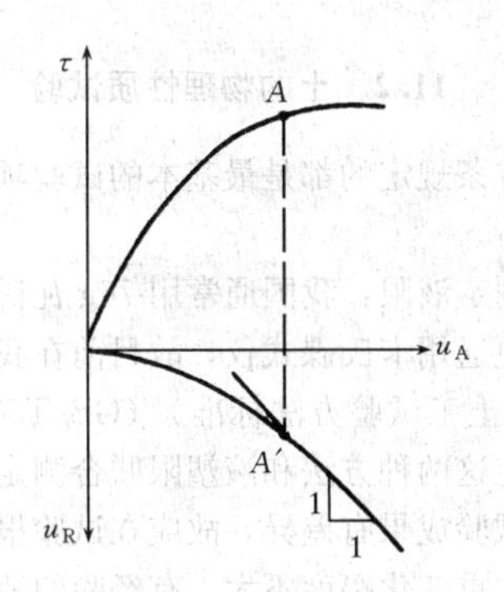


图 10.3　确定屈服强度的辅助方法

1）用循环荷载方法　在比例强度前卸荷后的剪切位移基本恢复，过比例界限后则不然；

2）利用试体以下基底岩土体的水平位移与试样的水平位移的关系判断　在比例界限之前，两者相近；过比例界限后，试样的水平位移大于基底岩土的水平位移；

3）绘制 $\tau$-$u/\tau$ 曲线（$\tau$-剪应力，$u$-剪切位移）在比例界限之前，$u/\tau$ 变化极小；过比例界限后，$u/\tau$ 值增大加快；

**2**　屈服强度可通过绘制试样的绝对剪切位移 $u_A$ 与试样和基底间的相对位移 $u_R$ 以及与剪应力 $\tau$ 的关系曲线来确定，在屈服强度之前，$u_R$ 的增率小于 $u_A$，过屈服强度后，基底变形趋于零，则 $u_A$ 与 $u_R$ 的增率相等，其起始点为 $A$，剪应力 $\tau$ 与 $u_A$ 曲线上 $A$ 点相应的剪应力即屈服强度；

**3**　峰值强度和残余强度是容易确定的；

**4**　剪胀强度相当于整个试样由于剪切带发生体积变大而发生相对的剪应力，可根据剪应力与垂直位移曲线判定；

**5**　岩体结构面的抗剪强度，与结构面的形状、闭合、充填情况和荷载大小及方向等有关。

根据长江科学院的经验，对于脆性破坏岩体，可以采取比例强度确定抗剪强度参数；而对于塑性破坏岩体，可以利用屈服强度确定抗剪强度参数。

验算岩土体滑动稳定性，可以采取残余强度确定的抗剪强度参数。因为在滑动面上破坏的发展是累进的，发生峰值强度破坏后，破坏部分的强度降为残余强度。

## 10.10　波速测试

**10.10.1**　波速测试目的，是根据弹性波在岩土体内的传播速度，间接测定岩土体在小应变条件下（$10^{-4}\sim10^{-6}$）动弹性模量。试验方法有跨孔法、单孔法（检层法）和面波法。

**10.10.2**　单孔波速法，可沿孔向上或向下检层进行测试。主要检测水平的剪切波速，识别第一个剪切波的初至是关键。关于激振方法，通常的做法是：用锤水平敲击上压重物的木板或混凝土板，作为水平剪切波的振源。板与孔口距离取 1～3m，板上压重大于 400kg，板与地面紧密接触。沿板的纵轴从两个相反方向敲击两端，记录极性相反的两组剪切波形。除地面激振外，也可在孔内激振。

**10.10.3**　跨孔法以一孔为激振孔，宜布置 2 个钻孔作为检波孔，以便校核。钻孔应垂直，当孔深较大，应对钻孔的倾斜度和倾斜方位进行量测，量测精度应达到 0.1°，以便对激振孔与检波孔的水平距离进行修正。在现场应及时对记录波形进行鉴别判断，确定是否可用；如不行，在现场可立即重做。钻孔如有倾斜，应作孔距的校正。

**10.10.4**　面波的传统测试方法为稳态法，近年来，瞬态多道面波法获得很大发展，并已在工程中大量应用，技术已经成熟，故列入了本规范。

**10.10.5**　小应变动剪切模量、动弹性模量和动泊松比，应按下列公式计算：

$$G_d=\rho v_S^2 \tag{10.11}$$

$$E_d=\frac{\rho v_S^2(3v_P^2-4v_S^2)}{v_P^2-v_S^2} \tag{10.12}$$

$$\mu_d=\frac{v_P^2-2v_S^2}{2(v_P^2-v_S^2)} \tag{10.13}$$

式中　$v_S$、$v_P$——分别为剪切波波速和压缩波波速；

$G_d$——土的动剪切模量；

$E_d$——土的动弹性模量；

$\mu_d$——土的动泊松比；

$\rho$——土的质量密度。

## 10.11　岩体原位应力测试

**10.11.1**　孔壁应变法测试采用孔壁应变计，量测套钻解除应力后钻孔孔壁的岩石应变；孔径变形法测试采用孔径变形计，量测套钻解除应力后的钻孔孔径的变化；孔底应变法测试采用孔底应变计，量测套钻解除应力后的钻孔孔底岩面应变。按弹性理论公式计算岩体内某点的应力。当需测求空间应力时，应采用三个钻孔交会法测试。

**10.11.3**　岩体应力测试的设备、测试准备、仪器安装和测试过程按现行国家标准《工程岩体试验方法标准》(GB/T50266) 执行。

**10.11.4**　应力解除后的岩芯若不能在 24h 内进行围压试验，应对岩芯进行蜡封，防止含水率变化。

**10.11.5**　孔壁应变法、孔径变形法和孔底应变法计算空间应力、平面应力分量和空间主应力及其方向，可按《工程岩体试验方法标准》(GB/T50266) 附录 A 执行。

## 10.12　激振法测试

**10.12.1**　激振法测试包括强迫振动和自由振动，用于测定天然地基和人工地基的动力特性。

**10.12.2**　具有周期性振动的机器基础，应采用强迫振动测试。由于竖向自由振动试验，当阻尼比较大时，特别是有埋深的情况，实测的自由振动波数少，很快就衰减了。从波形上测得的固有频率值以及由振幅计算的阻尼比，都不如强迫振动试验准确。但是，当基础固有频率较高时，强迫振动测不出共振峰值的情况也是有的。因此，本条规定，“有条件时，宜同时采用强迫振动和自由振动两种测试方法”，以便互相补充，互为印证。

**10.12.4** 由于块体基础水平回转耦合振动的固有频率及在软弱地基土的竖向振动固有频率一般均较低，因此激振设备的最低频率规定为3～5Hz，使测出的幅频响应共振曲线能较好地满足数据处理的需要。而桩基础的竖向振动固有频率高，要求激振设备的最高工作频率尽可能地高，最好能达到60Hz以上，以便能测出桩基础的共振峰值。电磁式激振设备的工作频率范围很宽，但扰力太小时对桩基础的竖向振动激不起来，因此规定，扰力不宜小于600N。

为了获得地基的动力参数，应进行明置基础的测试，而埋置基础的测试是为获得埋置后对动力参数的提高效果，有了两者的动力参数，就可进行机器基础的设计。因此本条规定“测试基础应分别做明置和埋置两种情况的测试”。

**10.12.5** 强迫振动测试结果经数据处理后可得到变扰力或常扰力的幅频响应曲线。自由振动测试结果为波形图。根据幅频响应曲线上的共振频率和共振振幅可计算动力参数，根据波形图上的振幅和周期数计算动力参数。具体计算方法和计算公式按现行国家标准《地基动力特性测试规范》（GB/T50269）的规定执行。

# 11 室 内 试 验

## 11.1 一 般 规 定

**11.1.1、11.1.2** 本章只规定了岩土试验项目和试验方法的选取以及一些原则性问题，主要供岩土工程师所用。至于具体的操作和试验仪器规格，则应按有关的规范、标准执行。由于岩土试样和试验条件不可能完全代表现场的实际情况，故规定在岩土工程评价时，宜将试验结果与原位测试成果或原型观测反分析成果比较，并作必要的修正。

一般的岩土试验，可以按标准的、通用的方法进行。但是，岩土工程师必须注意到岩土性质和现场条件中存在的许多复杂情况，包括应力历史、应力场、边界条件、非均质性、非等向性、不连续性等等，使岩土体与岩土试样的性状之间存在不同程度的差别。试验时应尽可能模拟实际，使用试验成果时不要忽视这些差别。

## 11.2 土的物理性质试验

**11.2.1** 本条规定的都是最基本的试验项目，一般工程都应进行。

**11.2.2** 测定液限，我国通常用76g瓦氏圆锥仪，但在国际上更通用卡氏碟式仪，故目前在我国是两种方法并用，《土工试验方法标准》（GB/T50123—1999）也同时规定这两种方法和液塑限联合测定法。由于测定方法的试验成果有差异，故应在试验报告上注明。

土的比重变化幅度不大，有经验的地区可根据经验判定，误差不大，是可行的。但在缺乏经验的地区，仍应直接测定。

## 11.3 土的压缩—固结试验

**11.3.1** 采用常规固结试验求得的压缩模量和一维固结理论进行沉降计算，是目前广泛应用的方法。由于压缩系数和压缩模量的值随压力段而变，故本条作了明确的规定，并与现行国家标准《建筑地基基础设计规范》（GB 50007—2002）一致。

**11.3.2** 考虑土的应力历史，按 $e$-$\lg p$ 曲线整理固结试验成果，计算压缩指数、回弹指数，确定先期固结压力，并按不同的固结状态（正常固结、欠固结、超固结）进行沉降计算，是国际上通用的方法，故本条作了相应的规定，并与现行国家标准《土工试验方法标准》（GB/T 50123—1999）一致。

**11.3.4** 沉降计算时一般只考虑主固结，不考虑次固结。但对于厚层高压缩性软土，次固结沉降可能占相当分量，不应忽视。故本条作了相应规定。

**11.3.5** 除常规的沉降计算外，有的工程需建立较复杂的土的力学模型进行应力应变分析，试验方法包括：

**1** 三轴试验，按需要采用若干不同围压，使土试样分别固结后逐级增加轴压，取得在各级围压下的轴向应力与应变关系，供非线性弹性模型的应力应变分析用；各级围压下的试验，宜进行1～3次回弹试验；

**2** 当需要时，除上述试验外，还要在三轴仪上进行等向固结试验，即保持围岩与轴压相等；逐级加荷，取得围压与体积应变关系，计算相应的体积模量，供弹性、非线性弹性、弹塑性等模型的应力应变分析用。

## 11.4 土的抗剪强度试验

**11.4.1** 排水状态对三轴试验成果影响很大，不同的排水状态所测得的 $c$、$\varphi$ 值差别很大，故本条在这方面作了一些具体的规定，使试验时的排水状态尽量与工程实际一致。不固结不排水剪得到的抗剪强度最小，用其进行计算结果偏于安全，但是饱和软黏土的原始固结程度不高，而且取样等过程又难免有一定的扰动影响，故为了不使试验结果过低，规定了在有效自重压力下进行预固结的要求。

**11.4.2** 虽然直剪试验存在一些明显的缺点，受力条件比较复杂，排水条件不能控制等，但由于仪器和操作都比较简单，又有大量实践经验，故在一定条件下仍可利用，但对其应用范围应予限制。

无侧限抗压强度试验实际上是三轴试验的一个特例，适用于$\varphi \approx 0$的软黏土，国际上用得较多，故在本条作了相应的规定，但对土试样的质量等级作了严格规定。

**11.4.3** 测滑坡带上土的残余强度，应首先考虑采用含有滑面的土样进行滑面重合剪试验。但有时取不到这种土样，此时可用取自滑面或滑带附近的原状土样或控制含水量和密度的重塑土样做多次剪切。试验可用直剪仪，必要时可用环剪仪。

**11.4.4** 本条规定的是一些非常规的特种试验，当岩土工程分析有专门需要时才做，主要包括两大类：

1 采用接近实际的固结应力比，试验方法包括$K_0$固结不排水（$CK_0U$）试验，$K_0$固结不排水测孔压（$CK_0\overline{U}$）试验和特定应力比固结不排水（CKU）试验；

2 考虑到沿可能破坏面的大主应力方向的变化，试验方法包括平面应变压缩（PSC）试验，平面应变拉伸（PSE）试验等。

这些试验一般用于应力状态复杂的堤坝或深挖方的稳定性分析。

### 11.5 土的动力性质试验

**11.5.1** 动三轴、动单剪、共振柱是土的动力性质试验中目前比较常用的三种方法。其他方法或还不成熟，或仅作专门研究之用。故不在本规范中规定。

不但土的动力参数值随动应变而变化，而且不同仪器或试验方法有其应变值的有效范围。故在提出试验要求时，应考虑动应变的范围和仪器的适用性。

**11.5.2** 用动三轴仪测定动弹性模量、动阻尼比及其与动应变的关系时，在施加动荷载前，宜在模拟原位应力条件下先使土样固结。动荷载的施加应从小应力开始，连续观测若干循环周数，然后逐渐加大动应力。

测定既定的循环周数下轴向应力与应变关系，一般用于分析震陷和饱和砂土的液化。

### 11.6 岩石试验

本节规定了岩土工程勘察时，对岩石试验的一般要求，具体试验方法按现行国家标准《工程岩体试验方法标准》(GB/T 50266)执行。

**11.6.5** 由于岩石对于拉伸的抗力很小，所以岩石的抗拉强度是岩石的重要特征之一。测定岩石抗拉强度的方法很多，但比较常用的有劈裂法和直接拉伸法。本规范推荐的是劈裂法。

**11.6.6** 点荷载试验和声波速度试验都是间接试验方法，利用试验关系确定岩石的强度参数，在工程上是很实用的方法。

## 12 水和土腐蚀性的评价

### 12.1 取样和测试

**12.1.1** 本条规定的目的是想减少一些不必要的工作量。一些地方规范也有类似的规定，如《北京地区建筑地基基础勘察设计规范》（DBJ01—501—92）规定："一般情况下，可不考虑地下水的腐蚀性，但对有环境水污染的地区，应查明地下水对混凝土的腐蚀性。"《上海地基基础设计规范》（DBJ08—11—89）规定："上海市地下水对混凝土一般无侵蚀性，在地下水有可能受环境水污染地段，勘察时应取水样化验，判定其有无侵蚀性。"

水、土对建筑材料的腐蚀危害是非常大的，因此除对有足够经验和充分资料的地区可以不进行水、土腐蚀性评价外，其他地区均应采取水、土试样，进行腐蚀性分析。

**12.1.1 【修订说明】**

1 关于地方经验

混凝土和钢结构腐蚀的化学和电化学原理虽已比较清楚，但所处的水土环境复杂多变，目前还难以定量计算，只能根据影响腐蚀的主要因素进行腐蚀性分级，根据分级采取措施。在研究成果和数据积累尚不够的情况下，当地工程结构的腐蚀情况和防腐蚀经验应予充分重视。本条中的"当有足够经验或充分资料，认定场地的水或土对建筑材料为微腐蚀性时"，指的是有专门研究论证，并经地方主管部门组织审查认可，或地方规范规定，并非个别单位意见。

2 关于对钢结构的腐蚀性

土对钢结构的腐蚀性，并非每项工程勘察都有这个任务，故规定可根据任务要求进行。

钢结构在土中的腐蚀问题非常复杂，涉及因素很多，腐蚀途径多样，任务需要时宜专门论证或研究。

**12.1.2** 地下水位以上的构筑物，规定只取土样，不取水样，但实际工作中应注意地下水位的季节变化幅度，当地下水位上升，可能浸没构筑物时，仍应取水样进行水的腐蚀性测试。

**12.1.2 【修订说明】**

本条对取样部位和数量作了规定，便于操作，与原有规定基本一致，但更加明确。本条第1、3款中规定，当混凝土结构处于地下水位以上和混凝土结构部分处于地下水位以上时，应采取土试样进行腐蚀性测试，但当地下水位很浅，且其上的土长年处于毛细带时可不取土样。

对盐类成分和含盐量分布不均匀的土类，如盐渍土，若仍按每个场地采取2件试样，可能缺乏代表性，故规定应分区、分层取样，每区、每层不应少于2件。土中含盐量在水平方向上分布不均匀时应分区，在垂直方向上分布不均匀时应分层。如分层不明显，呈渐变状，则应加密取样，查明变化规律。

当有多层地下水时，应分层采取水试样。

**12.1.3** 《94规范》表13.2.2-1和表13.2.2-2中的测试项目和方法均相同，故将其合并为一个表，稍作调整，即现在的表12.1.3。

序号13～16是原位测试项目，用于评价土对钢结构的腐蚀性。试验方法和评价标准可参见林宗元主编的《岩土工程试验监测手册》。

**12.1.4 【修订说明】**

本规范原将腐蚀等级分为弱、中、强三个等级，弱腐蚀以下为无腐蚀，并与《工业建筑防腐蚀设计规范》(GB 50046) 协调一致。该规范本次修改时认为，"无腐蚀"的提法不确切，在长期化学、物理作用下，总是有腐蚀的，因此将"无腐蚀"改为"微腐蚀"。并协调，水和土对材料的腐蚀等级判定由本规范规定，防腐蚀措施由《工业建筑防腐蚀设计规范》(GB 50046) 规定。为便于相关条文互相引用，本规范本次局部修订分为微、弱、中、强4个等级，但并不意味着多了一个等级，所谓"微腐蚀"即相当于原来的无腐蚀。

## 12.2 腐蚀性评价

**12.2.1、12.2.2** 场地环境类型对土、水的腐蚀性影响很大，附录G作了具体规定。不同的环境类型主要表现为气候所形成的干湿交替、冻融交替、日气温变化、大气湿度等。附录G第G.0.1条表注1中的干燥度，是说明气候干燥程度的指标。我国干燥度大于1.5的地区有：新疆（除局部）、西藏（除东部）、甘肃（除局部）、青海（除局部）、宁夏、内蒙（除局部）、陕西北部、山西北部、河北北部、辽宁西部、吉林西部，其他各地基本上小于1.5。不能确认或需干燥度的具体数据时，可向各地气象部门查询。

在不同的环境类型中，腐蚀介质构成腐蚀的界限值是不同的。表12.2.1和表12.2.2是根据《环境水对混凝土侵蚀性判定方法及标准》专题研究组的研究成果编制的。专题研究组进行了下列工作：

**1** 调查研究了我国各地区混凝土的破坏实例，并分析了区域水化学分布状况，及其产生的自然地理环境条件，总结了腐蚀破坏的规律；

**2** 在新疆焉耆盆地盐渍土地区和青海红层盆地建立了野外试验点，进行了野外暴露试验；

**3** 在华北地区的气候条件下，进行室内、外长期的对比暴露试验；

**4** 调查研究了某些国家的腐蚀性判定标准，并对我国各部门现行标准进行了对比分析研究。

表12.2.1中的数值适用于有干湿交替和不冻区(段) 水的腐蚀性评价标准，对无干湿交替作用、冰冻区和微冻区，对土的腐蚀性评价，尚应乘以一定的系数，这在表注中已加以说明，使用该表时应予注意。

干湿交替是指地下水位变化和毛细水升降时，建筑材料的干湿变化情况。干湿交替和气候区与腐蚀性的关系十分密切。相同浓度的盐类，在干旱区和湿润区，其腐蚀程度是不同的。前者可能是强腐蚀，而后者可能是弱腐蚀或无腐蚀性。冻融交替也是影响腐蚀的重要因素。如盐的浓度相同，在不冻区尚达不到饱和状态，因而不会析出结晶，而在冰冻区，由于气温降低，盐分易析出结晶，从而破坏混凝土。

**12.2.2 【修订说明】**

本次局部修订仅对表注作了修改。注3删去了A中的"含水量$w \geqslant 20\%$的"和B中的"含水量$w \geqslant 30\%$的"等文字。

**12.2.4** 表12.2.4水、土对钢筋混凝土结构中的钢筋的腐蚀性判定标准，引自前苏联《建筑物防腐蚀设计规范》(СНиП2—03—11—85)。

钢筋长期浸泡在水中，由于氧溶入较少，不易发生电化学反应，故钢筋不易被腐蚀；相反，处于干湿交替状态的钢筋，由于氧溶入较多，易发生电化学反应，钢筋易被腐蚀。

**12.2.4 【修订说明】**

本规范原有将$SO_4^{2-}$换算为$Cl^-$进行评价，这是前苏联的规定。欧美各国现行规范无此规定，故本次局部修订取消。

把土中氯的腐蚀环境由原来的定量指标改为定性指标，更符合实际情况。

根据我国港口工程的经验，将长期浸水的条件下，$Cl^-$对钢筋混凝土中钢筋的腐蚀定为：微腐蚀<10000mg/L，弱腐蚀10000～20000mg/L，大于20000mg/L，因缺乏工程经验，应专门研究。

**12.2.5** 表12.2.5-1和表12.2.5-2是参考了国外有关水、土对钢结构的腐蚀性评价标准，并结合我国实际情况编制的。这些标准有德国的DIN50929(1985)、前苏联的ГОСТ9.015—74（1984年版本）和美国的ANSI/AWWAC105/A21.5—82。我国武钢1.7m轧机工程、上海宝钢工程和前苏联设计的一些火电厂等均由国外设计，腐蚀性评价均是按他们提供的标准进行测试和评价的。以上两表在近几年的工程实践中，进行了多次检验，对不同土质、环境，效果较好。

**12.2.5 【修订说明】**

由于本规范不包含地下水对井管等管道的腐蚀，因此本次局部修订删去了水对钢结构、钢管道的腐蚀性评价的内容。

本次局部修订对视电阻率指标作了调整。当有成熟地方经验时，可根据视电阻率的实测值，结合地方经验确定腐蚀等级。

**12.2.6** 水、土对建筑材料腐蚀的防护，国家标准《工业建筑防腐蚀设计规范》（GB 50046）和《建筑防腐蚀工程施工及验收规范》（GB 50212）已有详细的规定。为了避免重复，本规范不再列入“防护措施”。当水、土对建筑材料有腐蚀性时，可按上述规范的规定，采取防护措施。

# 13 现场检验和监测

## 13.1 一 般 规 定

**13.1.1** 所谓有特殊要求的工程，是指有特殊意义的，一旦损坏将造成生命财产重大损失，或产生重大社会影响的工程；对变形有严格限制的工程；采用新的设计施工方法，而又缺乏经验的工程。

**13.1.3** 监测工作对保证工程安全有重要作用。例如：建筑物变形监测，基坑工程的监测，边坡和洞室稳定的监测，滑坡监测，崩塌监测等。当监测数据接近安全临界值时，必须加密监测，并迅速向有关方面报告，以便及时采取措施，保证工程和人身安全。

## 13.2 地基基础的检验和监测

**13.2.1** 天然地基的基坑（基槽）检验，是必须做的常规工作，通常由勘察人员会同建设、设计、施工、监理以及质量监督部门共同进行。下列情况应着重检验：

1 天然地基持力层的岩性、厚度变化较大时；桩基持力层顶面标高起伏较大时；

2 基础平面范围内存在两种或两种以上不同地层时；

3 基础平面范围内存在异常土质，或有坑穴、古墓、古遗址、古井、旧基础时；

4 场地存在破碎带、岩脉以及湮废河、湖、沟、浜时；

5 在雨期、冬期等不良气候条件下施工，土质可能受到影响时。

检验时，一般首先核对基础或基槽的位置、平面尺寸和坑底标高，是否与图纸相符。对土质地基，可用肉眼、微型贯入仪、轻型动力触探等简易方法，检验土的密实度和均匀性，必要时可在槽底普遍进行轻型动力触探。但坑底下埋有砂层，且承压水头高于坑底时，应特别慎重，以免造成冒水涌砂。当岩土条件与勘察报告出入较大或设计有较大变动时，可有针对性地进行补充勘察。

**13.2.2** 桩长设计一般采用地层和标高双控制，并以勘察报告为设计依据。但在工程实践中，实际地层情况与勘察报告不一致是常有的事，故应通过试打试钻，检验岩土条件是否与设计时预计的一致，在工程桩施工时，也应密切注意是否有异常情况，以便及时采取必要的措施。

**13.2.4** 目前基坑工程的设计计算，还不能十分准确，无论计算模式还是计算参数，常常和实际情况不一致。为了保证工程安全，监测是非常必要的。通过对监测数据的分析，必要时可调整施工程序，调整支护设计。遇有紧急情况时，应及时发出警报，以便采取应急措施。本条规定的5款是监测的基本内容，主要从保证基坑安全的角度提出的。为科研积累数据所需的监测项目，应根据需要另行考虑。

监测数据应及时整理，及时报送，发现异常或趋于临界状态时，应立即向有关部门报告。

**13.2.7** 对于地下洞室，常需进行岩体内部的变形监测。可根据具体情况，在洞室顶部，洞壁水平部位，45°角部，采用机械钻孔埋设多点位移计，监测成洞时围岩的变形和成洞后围岩的蠕动。

## 13.3 不良地质作用和地质灾害的监测

**13.3.3** 岩溶对工程的最大危害是土洞和塌陷。而土洞和塌陷的发生和发展又与地下水的运动密切相关，特别是人工抽吸地下水，使地下水位急剧下降时，常常引发大面积的地面塌陷。故本条规定，岩溶土洞区监测工作的内容中，除了地面变形外，特别强调对地下水的监测。

**13.3.4** 滑坡体位移监测时，应建立平面和高程控制测量网，通过定期观测，确定位移边界、位移方向、位移速率和位移量。滑面位置的监测可采用钻孔测斜仪、单点或多点钻孔挠度计、钻孔伸长仪等进行，钻孔应穿过滑面，量测元件应通过滑带。地下水对滑坡的活动极为重要，应根据滑坡体及其附近的水文地质条件精心布置，并应搜集当地的气象水文资料，以便对比分析。

对滑坡地点和规模的预报，应在搜集区域地质、地形地貌、气象水文、人类活动等资料的基础上，结合监测成果分析判定。对滑坡时间的预报，应在地点预报的基础上，根据滑坡要素的变化，结合地面位移和高程位移监测、地下水监测，以及测斜仪、地音仪、测震仪、伸长计的监视进行分析判定。

**13.3.6** 现采空区的地表移动和建筑物变形观测工作，一般由矿产开采单位进行，勘察单位可向其搜集资料。

## 13.4 地下水的监测

**13.4.1** 地下水的动态变化，包括水位的季节变化和多年变化，人为因素造成的地下水的变化，水中化学成分的运移等，对工程的安全和环境的保护，常常是最重要最关键的因素，故本条作了相应的规定。

13.4.2 为工程建设进行的地下水监测，与区域性的地下水长期观测不同，监测要求随工程而异，不宜对监测工作的布置作具体而统一规定。

13.4.4 孔隙水压力和地下水压力的监测，应特别注意设备的埋设和保护，建立长期良好而稳定的工作状态。水质监测每年不少于4次，原则上可以每季度一次。

# 14 岩土工程分析评价和成果报告

## 14.1 一般规定

14.1.1 本条主要提出了岩土工程分析评价的总要求，说明与本规范各章的关系。

14.1.2 基本内容与《94规范》相同，仅修改了部分提法。

14.1.3 将《94规范》的定性分析和定量分析两条合并为一条，写法比较精炼。

14.1.6 将《94规范》中有关原型观测、足尺试验和反分析的主要规定综合而成。在《94规范》中关于反分析设了专门一节，在工程勘察中，反分析仅作为分析数据的一种手段，并不是勘察阶段的主要内容，与成果报告中其他节的内容也不匹配，因此不单独设节。

## 14.2 岩土参数的分析和选定

14.2.1 评价岩土参数的可靠性与适用性，在《94规范》规定的基础上，增加了测试结果的离散程度和测试方法与计算模型的配套性两个要求。

14.2.3 岩土参数的标准差可以作为参数离散性的尺度，但由于标准差是有量纲的指标，不能用于不同参数离散性的比较。为了评价岩土参数的变异特点，引入了变异系数$\delta$的概念。变异系数$\delta$是无量纲系数，使用上比较方便，在国际上是一个通用的指标，许多学者给出了不同国家、不同土类、不同指标的变异系数经验值。在正确划分地质单元和标准试验方法的条件下，变异系数反映了岩土指标固有的变异性特征，例如，土的重度的变异系数一般小于0.05，渗透系数的变异系数一般大于0.4；对于同一个指标，不同的取样方法和试验方法得到的变异系数可能相差比较大，例如用薄壁取土器取土测定的不排水强度的变异系数比常规厚壁取土器取土测定的结果小得多。

在《94规范》中给出了按参数变异性大小评价的标准，划分为很低、低、中等、高、很高五种变异性，目的是“按变异系数划分变异类型，有助于工程师定量地判别与评价岩土参数的变异特性，以便区别对待，提出不同的设计参数值。”但在使用中发现，容易将这一规定误解为判别指标是否合格的标准，对有些变异系数本身比较大的指标认为勘察试验有问题，这显然不是规范条文的原意。为了避免不必要的误解，修订时取消了这个评价岩土参数变异性的标准。

14.2.4 岩土参数标准值的计算公式与《94规范》的方法没有差异。

岩土参数的标准值是岩土工程设计的基本代表值，是岩土参数的可靠性估值。这是采用统计学区间估计理论基础上得到的关于参数母体平均值置信区间的单侧置信界限值：

$$\phi_k = \phi_m \pm t_\alpha \sigma_m = \phi_m (1 \pm t_\alpha \delta) = \gamma_s \phi_m \quad (14.1)$$

$$\gamma_s = 1 \pm t_\alpha \delta \quad (14.2)$$

式中 $\sigma_m$——场地的空间均值标准差

$$\sigma_m = \Gamma(L) \sigma_f \quad (14.3)$$

标准差折减系数$\Gamma(L)$可用随机场理论方法求得，

$$\Gamma(L) = \sqrt{\frac{\delta_e}{h}} \quad (14.4)$$

式中 $\delta_e$——相关距离（m）；

$h$——计算空间的范围（m）。

考虑到随机场理论方法尚未完全实用化，可以采用下面的近似公式计算标准差折减系数：

$$\Gamma(L) = \frac{1}{\sqrt{n}} \quad (14.5)$$

将公式（14.3）和（14.4）代入公式（14.2）中得到下式：

$$\gamma_s = 1 \pm t_\alpha \delta = 1 \pm t_\alpha \Gamma(L) \delta = 1 \pm \frac{t_\alpha}{\sqrt{n}} \delta \quad (14.6)$$

式中 $t_\alpha$ 为统计学中的学生氏函数的界限值，一般取置信概率$\alpha$为95%。为了便于应用，也为了避免工程上误用统计学上的过小样本容量（如$n$=2、3、4等）在规范中不宜出现学生氏函数的界限值。因此，通过拟合求得下面的近似公式：

$$\frac{t_\alpha}{\sqrt{n}} = \left\{ \frac{1.704}{\sqrt{n}} + \frac{4.678}{n^2} \right\} \quad (14.7)$$

从而得到规范的实用公式（14.2.4-2）。

14.2.5 岩土工程勘察报告一般只提供岩土参数的标准值，不提供设计值，故本条未列岩土参数设计值的计算。需要时，当采用分项系数描述设计表达式计算时，岩土参数设计值$\phi_d$按下式计算：

$$\phi_d = \frac{\phi_k}{\gamma} \quad (14.8)$$

式中 $\gamma$——岩土参数的分项系数，按有关设计规范的规定取值。

## 14.3 成果报告的基本要求

14.3.1 原始资料是岩土工程分析评价和编写成果报告的基础，加强原始资料的编录工作是保证成果报告质量的基本条件。这些年来，经常发现有些单位勘探测试工作做得不少，但由于对原始资料的检查、整理、分析、鉴定不够重视，因而不能如实反映实际情况，甚至造成假象，导致分析评价的失误。因此，本条强调，对岩土工程分析所依据的一切原始资料，均应进行整理、检查、分析、鉴定，认定无误后方可利用。

**14.3.3、14.3.4** 鉴于岩土工程的规模大小各不相同，目的要求、工程特点、自然条件等差别很大，要制订一个统一的适用于每个工程的报告内容和章节名称，显然是不切实际的。因此，本条只规定了岩土工程勘察报告的基本内容。

与传统的工程地质勘察报告比较，岩土工程勘察报告增加了下列内容：

**1** 岩土利用、整治、改造方案的分析和论证；

**2** 工程施工和运营期间可能发生的岩土工程问题的预测及监控、预防措施的建议。

**14.3.7** 本条指出，除综合性的岩土工程勘察报告外，尚可根据任务要求，提交专题报告。例如：

某工程旁压试验报告（单项测试报告）；

某工程验槽报告（单项检验报告）；

某工程沉降观测报告（单项监测报告）；

某工程倾斜原因及纠倾措施报告（单项事故调查分析报告）；

某工程深基开挖的降水与支挡设计（单项岩土工程设计）；

某工程场地地震反应分析（单项岩土工程问题咨询）；

某工程场地土液化势分析评价（单项岩土工程问题咨询）。

## 附录G 场地环境类型

**G.0.1～G.0.3 【修订说明】**

本次局部修订增加了注4。混凝土结构一侧与地表水或地下水接触，另一侧暴露在大气中，水通过渗透作用不断蒸发，如隧洞、坑道、竖井、地下洞室、路堑护面等，渗入面腐蚀轻微，而渗出面腐蚀严重。这种情况对混凝土腐蚀是最严重的，应定为Ⅰ类，大气越寒冷，越干燥，环境越恶劣。

由于冰冻区和冰冻段的概念不是很明确，也不便于操作，故本次局部修订删去了G.0.2和G.0.3两条。

中华人民共和国国家标准

# 岩土工程勘察安全规范

Occupational safety code for geotechnical investigation

**GB 50585—2010**

主编部门：福 建 省 住 房 和 城 乡 建 设 厅
批准部门：中华人民共和国住房和城乡建设部
施行日期：2 0 1 0 年 1 2 月 1 日

# 中华人民共和国住房和城乡建设部
# 公　告

## 第585号

### 关于发布国家标准《岩土工程勘察安全规范》的公告

现批准《岩土工程勘察安全规范》为国家标准，编号为GB 50585—2010，自2010年12月1日起实施。其中，第3.0.4、3.0.10、4.1.1、6.1.9、6.3.2、8.1.5、8.1.7、9.1.5、10.2.1、11.1.3、11.2.5、12.1.1、12.2.7、12.3.5、12.5.2、12.6.5、12.8.5、13.2.1条为强制性条文，必须严格执行。

本规范由我部标准定额研究所组织中国计划出版社出版发行。

**中华人民共和国住房和城乡建设部**

二〇一〇年五月三十一日

## 前　言

本规范根据住房和城乡建设部《关于印发〈2008年工程建设标准规范制定、修订计划（第一批）〉的通知》（建标〔2008〕102号）的要求，由福建省建筑设计研究院和福建省九龙建设集团有限公司会同有关单位共同编制而成。

本规范在编制过程中，编制组开展了多项专题研究，进行了广泛的调查分析，依据国家有关法律法规要求，充分考虑岩土工程勘察主要作业工序和作业环境中可能存在涉及人身安全和健康的危害因素，而规定采取的防范和应急措施，并广泛征求了全国有关勘察、安全监督单位的意见，对各章节进行反复修改，最后经审查定稿。

本规范共13章和3个附录，主要内容包括：总则，术语和符号，基本规定，工程地质测绘和调查，勘探作业，特殊作业条件勘察，室内试验，原位测试与检测，工程物探，勘察设备，勘察用电和用电设备，防火、防雷、防爆、防毒、防尘和作业环境保护，勘察现场临时用房等。

本规范中以黑体字标志的条文为强制性条文，必须严格执行。

本规范由住房和城乡建设部负责管理和对强制性条文的解释，福建省建筑设计研究院负责具体技术内容的解释。本规范在执行过程中，请各单位注意总结经验，积累资料，随时将有关意见和建议反馈给福建省建筑设计研究院国家标准《岩土工程勘察安全规范》管理组（地址：福建省福州市通湖路188号，邮政编码：350001），以供今后修订时参考。

本规范主编单位、参编单位、主要起草人和主要审查人：

**主 编 单 位**：福建省建筑设计研究院
福建省九龙建设集团有限公司

**参 编 单 位**：北京市勘察设计研究院有限公司
西北综合勘察设计研究院
上海岩土工程勘察研究院有限公司
福建省工程建设质量安全监督总站
福建省交通规划设计研究院
福建省勘察设计协会工程勘察与岩土分会
福建泉州岩土工程勘测设计研究院
深圳市岩土综合勘察设计有限公司

**主要起草人**：戴一鸣　黄升平　徐张建　韩　明
高文明　龚　渊　柯国生　郑也平
陈加才　赵治海　刁呈城　刘珠雄
蔡永明　林增忠　陈北溪

**主要审查人**：沈小克　张　炜　赵跃平　张海东
化建新　刘金光　董忠级　蒋建良
赖树钦

# 目 次

# Contents

# 1 总 则

**1.0.1** 为了贯彻执行国家安全生产方针、政策、法律、法规，保障勘察从业人员在生产过程中的安全和职业健康，保护国家和勘察单位的财产不受损失，促进建设工程勘察工作顺利进行，制定本规范。

**1.0.2** 本规范适用于土木工程、建筑工程、线路管道工程的岩土工程勘察安全生产管理。

**1.0.3** 勘察单位应加强安全生产管理，坚持安全第一、预防为主、综合治理的方针，建立健全勘察安全生产责任制。

**1.0.4** 岩土工程勘察安全生产管理，除应符合本规范外，尚应符合国家现行有关标准的规定。

# 2 术语和符号

## 2.1 术 语

**2.1.1** 危险品 dangerous goods

易燃易爆物品、危险化学品、放射性物品等能够危及人身安全和财产安全的产品。

**2.1.2** 危险源 hazard source

可能造成人员伤害、疾病、财产损失、破坏环境等其他损失的根源或状态。

**2.1.3** 安全生产操作规程 safe operation regulation

在生产活动中，为消除可能造成作业人员伤亡、职业危害、设备损毁、财产损失和破坏环境等危险源而制定的具体技术要求和实施程序的统一规定。

**2.1.4** 安全生产防护设施 safety protection facilities

用于预防作业场所的不安全因素或职业有害因素，避免安全生产事故或职业病发生的装置。

**2.1.5** 安全生产防护措施 security measures for safe work

为保护生产活动中可能导致人员伤亡、设备损坏、职业危害和环境破坏而采取的一系列包含防护用品、防护装置以及人的行为规定。

**2.1.6** 安全标志 safety signs

由图形符号、安全色、几何形状（边框）或文字构成的用于表达特定安全信息的标志。

**2.1.7** 高原作业区 jobsite in plateau region

海拔 2000m 以上的岩土工程勘察作业区。

**2.1.8** 高寒作业区 jobsite in alpine-cold region

日平均气温低于－10℃的岩土工程勘察作业区。

**2.1.9** 工程物探 engineering geophysical exploration

应用物理探测技术对所获得的探测资料进行分析研究，推断、解释工程建设场地岩土工程条件，解决岩土工程问题的勘探方法。

**2.1.10** 接地 ground connection

将电力系统或建筑物中危及人身安全的电气装置、设施的某些导电部分，经接地线连接至接地极。

**2.1.11** 工作接地 working ground connection

在电力系统电气装置中，为安全运行需要所设的接地。

**2.1.12** 重复接地 iterative ground connection

设备接地线上一处或多处通过接地装置与大地再次连接的接地。

**2.1.13** 接地装置 grounding device

接地线和接地极的总和。

## 2.2 符 号

**2.2.1** 电参数

*N*——中性点，中性线，工作零线；

*PE*——保护线。

**2.2.2** 接地保护系统

*TN*——电源端有一点直接接地，电气装置的外露导电部分通过保护中性导体或保护导体连接到此接地点；

*TN*－*S*——整个系统的中性导体和保护导体是分开的一种 *TN* 系统接地形式。

# 3 基 本 规 定

**3.0.1** 勘察单位主要负责人应对本单位安全生产工作全面负责。勘察单位主要负责人、分管安全生产工作负责人、安全生产管理人员和项目负责人应具备相应的勘察安全生产知识和管理能力，并应经安全生产培训考核合格。

**3.0.2** 勘察单位应建立健全安全生产责任制等安全生产规章制度，制定并实施安全生产事故应急救援预案，定期进行安全生产检查，及时消除安全生产隐患。从业人员每两年应进行不少于一次的自救互救技能训练。

**3.0.3** 勘察单位应设置安全生产管理机构，并应配备安全生产管理人员，同时应与部门、项目、岗位签订安全生产目标责任书。

**3.0.4 勘察单位应对从业人员定期进行安全生产教育和安全生产操作技能培训，未经培训考核合格的作业人员，严禁上岗作业。**

**3.0.5** 勘察单位应对勘察作业过程的危险源进行辨识和评价，并应根据评价结果采取相应的安全生产防护措施，对重大危险源应进行评估、监控、登记建档。危险源辨识和评价可按本规范附录 A 执行。

**3.0.6** 勘察单位应如实告知作业人员作业场所和工作岗位存在的危险源、安全生产防护措施和安全生产事故应急救援预案。作业人员在生产过程中应严格遵守安全生产法规、标准和操作规程。

**3.0.7** 勘察单位应对分包单位实施安全生产管理，并应签订安全生产协议，分包合同应明确分包单位安全生产管理责任人和各自在安全生产方面的权利、义务，并应对分包单位的安全生产承担连带责任。

**3.0.8** 勘察项目安全生产管理应符合下列规定：

1 应明确项目安全生产管理负责人；

2 勘察纲要应包含安全生产方面的内容；

3 项目安全生产负责人应对作业人员进行安全技术交底；

4 作业人员应熟悉和掌握当地生存、避险和相关应急技能；

5 存在危及安全生产因素的勘察作业场地和设备，应设置隔离带和安全标志；

6 进入建设工程施工现场的作业人员应遵守施工现场各项安全生产管理规定；

7 应保留安全生产保证体系运行必需的安全生产记录。

**3.0.9** 作业人员应配备符合国家标准的劳动防护用品，作业现场应设置安全生产防护设施。

**3.0.10 未按规定佩戴和使用劳动防护用品的勘察作业人员，严禁上岗作业。**

**3.0.11** 勘察单位对有职业病危害的工作岗位或作业场所，应采取符合国家职业卫生标准的防护措施，并应定期对从事有职业病危害的作业人员进行健康检查。

**3.0.12** 勘察单位每年度应安排用于配备劳动防护用品、安全生产防护措施、安全生产教育和培训等安全生产费用。用于配备劳动防护用品和安全防护措施的专项经费，不得以货币或者其他物品替代。

**3.0.13** 勘察单位应对从业人员在作业过程中发生的伤亡事故和职业病状况进行统计、报告和处理。

# 4 工程地质测绘与调查

## 4.1 一般规定

**4.1.1 勘察作业组成员不应少于2人，作业时两人之间距离不应超出视线范围，并应配备通信设备或定位仪器，严禁单人进行作业。**

**4.1.2** 在有狩猎设施、废井、洞穴和有害动植物等分布区域进行作业时，应采取安全生产防护措施，并应配备和携带急救用品和药品。

**4.1.3** 作业需要砍伐树木时应预测树倒方向，被砍伐树木与架空输电线路边线之间最小安全距离应符合本规范表5.1.4的有关规定，树倒时不得损毁其他设施。

**4.1.4** 未经检验和消毒处理的地下水和地表水不得饮用。

## 4.2 工程地质测绘与调查

**4.2.1** 在高寒、高原作业区，作业人员之间距离不得大于15m，每个作业小组不应少于3人，应配备防寒用品、用具，并应采取防紫外线、防缺氧等措施。

**4.2.2** 在崩塌区作业不宜用力敲击岩石，作业过程中应有专人监测危岩的稳定状态。

**4.2.3** 在乱石堆、陡坡区，同一垂直线上下不得同时作业。

**4.2.4** 在沼泽地区作业，应随身携带探测棒和救生用品、用具，探测棒长度宜为1.5m。植被覆盖的沼泽地段宜绕道而行，对已知危险区应予以标识。

**4.2.5** 水域作业使用的船舶等交通工具应符合本规范第6章的有关规定；徒步涉水水深不得大于0.6m，流速应小于3m/s。

**4.2.6** 在矿区、井、坑、洞内作业，应先进行有毒、有害气体检测并采取通风措施，井口、洞口应有人值守；较深的井、洞应设置安全升降平台或采取其他安全升降措施。

**4.2.7** 进行水文点地质测绘和调查作业量测水位时，应采取相应的安全防护措施。

## 4.3 地质点和勘探点测放

**4.3.1** 仪器脚架或标尺应选择安全地点架设。仪器设备安装完毕后，操作人员不得离开作业岗位。

**4.3.2** 在铁路、公路和城市道路作业时，应制定安全生产方案，并应在作业区四周设立安全标志。作业人员应穿戴反光工作服等安全生产防护用品，并应有专人指挥作业和协助维持交通秩序。

**4.3.3** 在架空输电线路附近作业时，应选用绝缘性能好的标尺等辅助测量设备；测量设备与架空线路之间的安全距离应符合本规范表5.1.4有关规定。

**4.3.4** 造标埋石应避开地下管线和其他地下设施。

**4.3.5** 在高楼、基坑、边坡、悬崖等区域作业时，应佩带攀登工具和安全带等安全防护用品，并应指定专人负责作业现场的安全瞭望工作。

**4.3.6** 在军事重地、民航机场及周边使用GPS、RTK、对讲机和电台等无线电设备时，应事先与有关部门联系，并应采取防止无线电波干扰等安全生产防护措施。

**4.3.7** 雷雨季节不宜使用金属对中杆，确需使用时应采取绝缘防护措施。

# 5 勘探作业

## 5.1 一般规定

**5.1.1** 编制岩土工程勘察纲要前，勘察项目负责人应组织有关专业负责人到现场踏勘。除应了解勘察现场作业条件外，尚应搜集勘察作业场地与勘探安全生产有关的各类地下管线资料，并应搜集与勘探安全生产有关的气象和水文等资料。

**5.1.2** 勘察纲要中的安全防护措施应包括下列内容：

1 勘探作业现场危险源辨识和危险源安全防护措施；

2 作业人员和勘察设备安全防护措施；

3 需经评审或专题论证的勘探作业安全防护措施。

**5.1.3** 勘探作业时，应对各类管线、设施、周边建筑物和构筑物采取安全生产防护措施。

**5.1.4** 在架空输电线路附近勘察作业时，导电物体外侧边缘与架空输电线路边线之间的最小安全距离应符合表5.1.4的有关规定，并应设置醒目的安全标志。

**表5.1.4 勘察作业导电物体外侧边缘与架空输电线路边线之间的最小安全距离**

| 电压（kV） | <1 | 1～10 | 35～110 | 154～330 | 550 |
|---|---|---|---|---|---|
| 最小安全距离（m） | 4 | 5 | 10 | 15 | 20 |

注：当电压大于550kV时，最小安全距离应按有关部门规定执行。

**5.1.5** 当安全距离不符合本规范第5.1.4条规定时，应采取停电、绝缘隔离、迁移外电线路或改变勘察手段等安全生产防护措施。当采取的安全生产防护措施无法实施时，严禁进行勘察作业。

**5.1.6** 勘探点与地下管线、设施的水平安全距离应符合下列规定：

1 与地下通信电缆、给排水管道及其地下设施边线的水平距离不应小于2m；

2 与地下广播电视线路、电力管线、石油天然气管道和供热管线及其地下设施边线的水平距离不应小于5m；

3 当勘探点与地下管线、设施的水平安全距离无法满足要求时，应先在勘探点周边采用其他方法探明地下管线、设施，并应采取相应安全防护措施后再进行勘探作业。

**5.1.7** 单班单机钻探作业人员不应少于3人。每个探井、探槽单班作业人员不应少于2人。

**5.1.8** 进入勘探作业区，作业人员应穿戴工作服、工作鞋和安全帽等安全生产和劳动防护用品。高处作业应系安全带。

**5.1.9** 泥浆池周边应设置安全标志，当泥浆池深度大于0.8m时周边应设置防护栏。

## 5.2 钻探作业

**5.2.1** 钻探机组安全生产防护设施应符合下列规定：

1 钻机水龙头与主动钻杆连接应牢固，高压胶管应采取防缠绕措施；

2 钻塔上工作平台应设置高度大于0.9m的防护栏，木质踏板厚度不应小于0.05m；

3 基台内不得存放易燃、易爆和有毒或有腐蚀性的危险品；

4 高度10m以上的钻塔应设置安全绷绳。

**5.2.2** 钻塔上作业使用的工具应及时放入工具袋，不得从钻塔上向下抛掷物品。

**5.2.3** 升降作业应符合下列规定：

1 卷扬机提升力不得超过钻塔额定负荷；

2 升降作业时，作业人员不得触摸、拉拽卷扬机上的钢丝绳；

3 卷扬机操作人员应按孔口或钻塔上作业人员发出的信号进行操作；

4 普通提引器应设置安全联锁装置，起落钻具或钻杆时，提引器缺口应朝下；

5 起落钻具时，作业人员不得站在钻具升降范围内，不得在钻塔上进行与升降钻具无关的作业；

6 使用垫叉或摘、挂提引器时，不得用手扶托垫叉或提引器底部；

7 钻具或取土器处于悬吊状态时，不得探视或用手触摸钻具和取土器内的岩、土芯样；

8 钻杆不得竖立靠在“A”字型钻塔或三脚钻塔上；

9 跑钻时，严禁抢插垫叉或强行抓抱钻具；

10 不得使用卷扬机升降人员。

**5.2.4** 钢丝绳使用应符合下列规定：

1 钢丝绳端部与卷扬机卷筒固定应符合钻机说明书的规定；

2 提升作业时，保留在卷筒上的钢丝绳不应少于3圈；

3 钢丝绳与提引装置的连接绳卡不应少于3个。最后一个绳卡距绳头的长度应大于0.14m；

4 钢丝绳检验、更换和报废应符合现行国家标准《起重机械用钢丝绳检验和报废实用规范》GB 5972的有关规定。

**5.2.5** 提放螺旋钻时，不得直接用手扶托钻头的刃口，不得悬吊钻具清土，不得用金属锤敲击钻头的切削刃口。

**5.2.6** 钻进作业应符合下列规定：

1 钻探作业前，应对钻探机组安装质量、管材质量和安全防护设施等进行检查，并应在符合规定后再进行作业；

2 维修、安装和拆卸高压胶管、水龙头及调整回转器时，应关停钻机动力装置；

3 扩孔、扫孔或在岩溶地层钻进时，非油压钻机提引器应挂住主动钻杆控制钻具下行速度；

4 在岩溶发育区、采空区和地下空洞区钻探宜使用油压钻机。立轴钻机倒杆前应将提引器吊住钻具；

5 斜孔钻进应设置提引器导向装置，钻塔应安装安全绷绳；

6 钻探机械出现故障时，应将钻具提出钻孔或提升到孔壁稳定的孔段。

**5.2.7** 使用吊锤或穿心锤作业应符合下列规定：

1 不得使用锤体或构件有缺陷的吊锤、穿心锤。

卷扬机系统的构件、连接件和打箍应连接牢固；

2　使用穿杆移动吊锤或穿心锤时，锤体应固定；

3　锤击时，锤垫或打箍应系好导正绳，应有专人负责检查、观察锤垫、打箍和钻杆的连接状况，发现松动时应停止作业并拧紧丝扣，不得边锤击边拧紧丝扣；

4　锤击过程中，不得用手扶持锤垫、钻杆和打箍；

5　人力打吊锤时，应有专人统一指挥。吊锤活动范围以下的钻杆应安装冲击把手或其他限位装置；打箍上部应与钻杆接头连接，并应挂牢提引器。

**5.2.8**　处理孔内事故应符合下列规定：

1　非操作人员应撤离基台；

2　不得使用卷扬机、千斤顶、吊锤等同步处理孔内事故；

3　使用钻机油压系统和卷扬机联合顶拔孔内事故钻具，且立轴倒杆或卸荷时，应先卸去卷扬机负荷后再卸去油压系统负荷；

4　采用卷扬机或吊锤处理孔内事故时，钻杆不得靠在钻塔上；

5　处理复杂的孔内事故应编制事故处理方案，并应采取相应的安全生产防护措施。

**5.2.9**　反回孔内事故钻具时，作业人员身体不得处于扳钳扳杆或背钳扳杆回转范围内，不得使用链钳或管钳反回孔内事故钻具。

**5.2.10**　使用千斤顶处理钻探孔内事故应符合下列规定：

1　置于基台梁上的千斤顶应放平、垫实，不得用金属物件做垫块；

2　打紧卡瓦后，卡瓦应拴绑牢固，上部宜用冲击把手贴紧卡住；

3　应将提引器挂牢在事故钻具的顶部；

4　千斤顶回杆时，不得使用卷扬机吊紧被顶起的事故钻具。

**5.2.11**　孔内事故处理结束后，应对作业现场的勘探设备、安全生产防护设施和基台进行检查，并应在消除安全事故隐患后再恢复钻探作业。

**5.2.12**　钻孔经验收合格后，应与泥浆池一并予以回填。

## 5.3　槽探和井探

**5.3.1**　探井、探槽的断面规格、支护方案和掘进方法，应根据勘探目的、掘进深度、工程地质和水文地质条件、作业条件等影响槽探、井探安全生产的因素确定。

**5.3.2**　探井、探槽断面规格和深度应符合下列规定：

1　探井深度不宜超过地下水位；

2　圆形探井直径和矩形探井的宽度不应小于0.8m，并应满足掘进作业要求；

3　人工掘进的探槽，槽壁最高一侧深度不宜大于3m。当槽壁最高一侧深度大于3m时，应采取支护措施或改用其他勘探方法。

**5.3.3**　探井和探槽作业应符合下列规定：

1　进入探槽和探井作业时，应经常检查槽、井侧壁和槽底土层的稳定和渗水状况，发现有不稳定或渗水迹象时，应立即采取支护或排水措施；

2　同一探槽内有2人或2人以上同时作业时，应保持适当的安全距离；位于陡坡的槽探作业应自上而下，严禁在同一探槽内上下同时作业；

3　作业人员应熟悉并注意观察爆破、升降等作业联络信号；

4　不得在探井四周或探槽两侧1.5m范围内堆放弃土或工具；

5　探槽采用人工掘进方法时，不得采用挖空槽壁底部的作业方式；严禁在悬石下方作业；

6　井壁、槽壁为松散、破碎岩土层时，应采取先支护后掘进的作业方式。

**5.3.4**　探井井口安全防护应符合下列规定：

1　井口锁口应高于自然地面0.2m；

2　井口段为土质松软或较破碎地层时，应采取支护措施；

3　井口应设置安全标志，夜间应设置警示灯；

4　停工期间或夜间，井口四周应设置高度不小于1.1m的防护栏，并应盖好井口盖板。

**5.3.5**　井下作业时，井口应有人监护，井口和井下应保持有效联络，联络信号应明确。

**5.3.6**　探井提升作业应符合下列规定：

1　提升设备应安装制动装置和过卷扬装置，并宜装设深度指示器或在绳索上设置深度标记；

2　提升渣土的容器与绳索应使用安全挂钩连接，安全挂钩和提升用绳的拉力安全系数应大于6；

3　升降作业人员的提升设备应装设安全锁，升降速度应小于0.5m/s；

4　提升作业时不得撒、漏渣土、水，提升设备的提升速度应小于1.0m/s；

5　井下应设置厚度不小于0.05m的安全护板，护板距离井底不得大于3m，升降作业时井下人员应位于护板下方。

**5.3.7**　探井掘进深度大于7m时，应采用压入式机械通风方式，探井工作面通风速度不应低于0.2m/s或风量不宜少于1.5$m^3$/min。

**5.3.8**　作业人员上下探井应符合下列规定：

1　上下井应系有带安全锁的安全带；

2　不得使用手摇绞车上下井；

3　探井深度超过5m时，不得使用绳梯上下井。

**5.3.9**　探井用电作业除应符合本规范第11章的有关规定外，尚应符合下列规定：

1　电缆应采取防磨损、防潮湿、防断裂等安全防护措施；

2　工作面照明电压应小于24V；

3　掘进期间，应采取保证通风系统供电连续不间断措施。

5.3.10 探槽和探井竣工验收后应及时回填。拆除支护结构应由下而上，并应边拆除边回填。

### 5.4 洞 探

5.4.1 洞探作业应编制专项安全生产方案。安全生产防护措施应符合现行国家标准《缺氧危险作业安全规程》GB 8958 的有关规定。

5.4.2 探洞断面规格、支护方案和掘进方法，应根据勘探目的、掘进深度、工程地质和水文地质条件、作业条件等洞探安全生产影响因素确定。

5.4.3 探洞断面规格应符合下列规定：

1 平洞高度应大于 1.8m，斜井高度应大于 1.7m；

2 运输设备最大宽度与平洞侧壁安全距离应大于 0.25m；

3 人行道宽度应大于 0.5m；

4 有含水地层的平洞应设置排水沟或集水井。

5.4.4 探洞洞口应符合下列规定：

1 洞口标高应高于当地作业期间预计最高洪水位 1.0m 以上；

2 洞口周围和上方应无碎石、块石和不稳定岩石；

3 洞口位置宜选择在岩土体完整、坚固和稳定的部位；洞口顶板应采取支护措施，支框伸出洞外不得小于 1.0m；洞口处于破碎岩层时，应采取加强支护或超前支护等安全生产防护措施；

4 洞口上方应设置排水沟或修建防水坝；

5 洞口处于道路或陡坡附近时，应设置安全生产防护设施和安全标志。

5.4.5 洞探作业遇破碎、松软或者不稳定地层时应及时进行支护。架设、维修或更换支架时应停止其他作业。

5.4.6 洞探作业应根据设计要求配备排水设备。掘进工作面或洞壁有透水征兆时应立即停止作业，并应采取安全生产防护措施或撤离作业人员。

5.4.7 凿岩作业应符合下列规定：

1 凿岩作业前应先检查作业面附近顶板和两帮有无松动岩石、岩块，当存在松动岩石、岩块时，应清除处理后再进行凿岩作业；

2 应采用湿式凿岩方式，并应采取降低噪声、振动等安全生产防护措施；

3 扶钎杆的作业人员不得佩戴手套；

4 严禁打残眼和掏瞎炮；

5 在含有瓦斯或煤尘的探洞内凿岩时，应选用防爆型电动凿岩机，并应采取安全防护措施。

5.4.8 洞探作业风筒口与工作面的距离，应符合下列规定：

1 压入式通风不得大于 10m；

2 抽出式通风不得大于 5m；

3 混合式通风的压入风筒不得大于 10m，抽出风筒应滞后压入风筒 5m 以上。

5.4.9 洞探作业应设置通风设施，风源空气含尘量应小于 0.5mg/m$^3$，工作面空气中含有 10%以上游离二氧化硅的矽尘含量应小于 2mg/m$^3$；洞探长度大于 20m 时应采用机械通风，通风速度应大于 0.2m/s；氧气应大于 20%，二氧化碳应小于 0.5%。

5.4.10 洞探爆破作业应符合现行国家标准《爆破安全规程》GB 6722 的有关规定。

5.4.11 洞探作业用电与照明除应符合本规范第 11 章的有关规定外，尚应符合下列规定：

1 存在瓦斯、煤尘爆炸危险的探洞作业应使用防爆型照明用具，并不得在洞内拆卸照明用具；

2 配电箱或开关箱应设置在无渗水、无塌方危险的地点，开关箱与作业面的安全距离不宜大于 3m；

3 悬挂电缆应设置在通风、给排水管线另一侧，电缆接地芯线不得兼作其他用途；

4 通信线路与照明线路不得设置在同一侧，照明线路与动力线路之间距离应大于 0.2m。

5.4.12 停止作业期间，探洞洞口栅门应关闭加锁，并应设置“不得入内”的安全标志。

5.4.13 探洞竣工验收后，应及时封闭洞口。拆除支护结构应由内向外进行。

## 6 特殊作业条件勘察

### 6.1 水域勘察

6.1.1 水域勘察作业前，应进行现场踏勘，并应搜集与水域勘察安全生产有关的资料。踏勘和搜集资料应包括下列内容：

1 作业水域水下地形、地质条件；

2 勘察期间作业水域的水文、气象资料；

3 水下电缆、管道的敷设情况；

4 人工养殖及航运等与勘察作业有关的资料。

6.1.2 水域勘察纲要应包括下列内容：

1 水域勘察设备和作业船舶选择；

2 锚泊定位要求；

3 水域作业技术方法；

4 水下电缆、管道、养殖、航运、设备和勘察作业人员安全生产防护措施。

6.1.3 作业期间应悬挂锚泊信号、作业信号和安全标志。

6.1.4 水域勘察过程中应保证有效通讯联络。作业期间应指定专人收集每天的海况、天气和水情资讯，并应采取相应的安全生产防护措施。

6.1.5 勘察作业船舶、勘探平台或交通船应配备救生、消防、通讯联络等水上救护安全生产防护设施，并应规定联络信号。作业人员应穿戴水上救生器具。

**6.1.6** 勘察作业船舶行驶、拖运、抛锚定位、调整锚绳和停泊等应统一指挥、有序进行，并应由持证船员操作。无证人员严禁驾驶勘察作业船舶。

**6.1.7** 水域钻场应符合下列规定：

**1** 宜避开水下电缆、管道保护区；

**2** 应根据作业水域的海况、水情、勘探深度、勘探设备类型和负荷等选择勘探作业船舶或勘探平台的类型、结构强度和总载荷量，勘探作业船舶或勘探平台的载重安全系数应大于5；

**3** 采用双船拼装作为水域钻场宜选用木质船舶，两船的几何尺寸、形状、高度、运载能力应基本相同，并应联结牢固；

**4** 作业平台宽度不应小于5m；作业平台四周应设置高度不小于0.9m的防护栏，钻场周边应设置防撞设施；

**5** 水域漂浮钻场安装勘探设备与堆放勘探材料应均衡，可采用堆放重物或注水压舱方式保持漂浮钻场稳定；

**6** 勘探作业船舶抛锚定位应遵守先抛主锚、后抛次锚的作业顺序，在通航水域，每个定位锚应设置锚漂和安全标志；

**7** 勘探设备与勘探作业船舶或勘探平台之间应连接牢固，钻塔高度不宜大于9m，且不得使用塔布或遮阳布。

**6.1.8** 水域勘探作业应符合下列规定：

**1** 作业人员安装勘探孔导向管应系安全带；在涨落潮水域作业应根据潮水涨落及时调整导向管的高度；

**2** 水域固定式勘探平台的锚绳应均匀绞紧，定位应准确稳固；

**3** 漂浮钻场应有专人检查锚泊系统，应根据水情变化及时调整锚绳，并应及时清除锚绳、导向管上的漂浮物和排除船舱内的积水；

**4** 严禁在漂浮钻场上使用千斤顶处理孔内事故；

**5** 在钻场上游的主锚、边锚范围内严禁进行水上或水下爆破作业；

**6** 停工、停钻时，勘探船舶应由持证船员值班；

**7** 勘探船舶横摆角度大于3°时，应停止勘探作业；

**8** 能见度不足100m时，交通船舶不得靠近漂浮钻场接送作业人员。

**6.1.9 水域勘察作业完毕，应及时清除埋设的套管、井口管和留置在水域的其他障碍物。**

**6.1.10** 水深大于20m的内海勘探作业应符合下列规定：

**1** 不使用专用勘探作业船舶进行勘探作业时，应采用自航式、船体宽度大于6m、载重安全系数大于10的单体船舶；

**2** 应根据作业海域水下地形、海底堆积物厚度、水文、气象等条件进行抛锚定位作业；锚绳宜使用耐腐蚀的尼龙绳；

**3** 钻孔导向管不得紧贴船身，不得与漂浮钻场固定连接；

**4** 移动式勘探平台应有足够的强度，平台底面应高出作业期间最高潮位与最大浪高的1.5倍之和；

**5** 单机单班钻探作业人员不得少于4人。

**6.1.11** 潮间带勘探作业尚应符合下列规定：

**1** 勘探平台的类型和勘探作业时段应根据涨落潮时间、水流方向、水流速度、勘探点露出水面时段等水文条件、气象资讯确定；

**2** 筏式勘探平台结构设计应稳定牢固，载重安全系数应大于5；

**3** 筏式勘探平台装载勘探设备、器材应保持均衡，不得将多余器材放置在勘探平台上；

**4** 筏式勘探平台遇4级以上风力、大雾或浪高大于1.0m时，应停止勘探作业；

**5** 固定式勘探平台的基础、结构和定位应稳定牢固。

**6.1.12** 漂浮钻场暂时离开孔位时，应在孔位或孔口管上设置浮标和明显的安全标志。

## 6.2 特殊场地和特殊地质条件勘察

**6.2.1** 特殊地质条件和不良地质作用发育区勘察作业应符合下列规定：

**1** 在滑坡体、崩塌区、泥石流堆积区等进行勘察作业时，应设置监测点对不良地质体的动态变化进行监测；

**2** 作业过程中发现异常时应立即停止作业，并应将作业人员撤至安全区域；

**3** 在岩体破碎的峡谷中作业时应避免产生较大振动；

**4** 进入岩溶洞穴勘察作业时应携带照明用具、指南针、绳索等，行进途中应沿途做好标记；应随时观察洞壁稳定状况，发现异常应停止作业。

**6.2.2** 山区勘察作业应符合下列规定：

**1** 作业人员应配备和掌握登山装备的使用方法，并应采取相应的安全生产防护措施；

**2** 在大于30°的陡坡、悬崖峭壁上作业时，应使用带有保险绳的安全带，保险绳一端应固定牢固；

**3** 雨季不宜在峭壁、陡坡或崩塌地段进行勘探作业；

**4** 应及时清除作业场地上方不稳定块石，不得在山坡的上下同时作业；

**5** 靠近峭壁、陡坡、崖脚或崩塌地段一侧的勘察场地应设置排水沟。

**6.2.3** 低洼地带勘察作业应符合下列规定：

**1** 应加高勘探设备基台，并应选择作业人员撤退的安全路线；

2 勘察物资应放置在作业期间预计的洪水位警戒线以上；

3 大雨、暴雨、洪水或泄洪来临前，应将作业人员和设备转移至安全地带。

6.2.4 沙漠、荒漠地区勘察作业应符合下列规定：

1 作业人员应备足饮用水；

2 作业人员应佩戴护目镜、指南针、遮阳帽等安全防护用品和通讯、定位设备；

3 作业人员应掌握沙尘暴来临时的防护措施；

4 作业过程中应经常利用地形、地物等标志确定自己的位置。

6.2.5 高原作业区勘察作业应符合下列规定：

1 初入高原者应逐级登高、减小劳动强度、逐步适应高原环境；

2 作业现场应配足氧气袋（瓶）、防寒用品、用具等；

3 作业人员应配备遮光、防太阳辐射用品；

4 应携带能满足通信和定位需要的设备。

6.2.6 雪地勘察作业应符合下列规定：

1 作业人员应佩带雪镜、防寒服装、冰镐、手杖等雪地装备；

2 两人之间行进距离不应超出视线范围；

3 遇积雪较深或易发生雪崩等危险地带应绕道而行。

6.2.7 冰上勘察作业应符合下列规定：

1 冰上勘察作业前应搜集勘察区域的封冻期、结冰期、冰层厚度、凌汛时间、冰块的体积和流速，以及气象变化规律等资料；勘察冰冻厚度的作业人员数量不得少于2人，并应采取安全生产防护措施；

2 勘探作业应在封冻期进行，勘探区域冰层厚度不得小于0.4m；

3 勘察期间，应掌握作业区域水文、气象动态变化情况，应有专人定时观测冰层厚度变化情况，发现异常应立即停止作业，并应撤离人员和设备；

4 应预先确定勘察设备迁移路线和作业人员活动范围，对冰洞、明流、薄弱冰带应设置安全标志和防护范围；

5 除勘探作业所需的设备器材外，其他设备器材不得堆放在作业场地内；

6 不得随意在作业场地内开凿冰洞，抽水和回水需开凿冰洞应选择远离勘探作业基台、塔腿的位置。

6.2.8 坑道内勘察作业除应符合本规范第5章的有关规定外，尚应符合下列规定：

1 勘探点应选择在洞顶和洞壁稳定位置，钻探基台周边应设置排水沟；

2 不宜使用内燃机作动力设备；

3 坑道内通风和防毒应符合本规范第12章的有关规定；

4 作业场地照明应符合本规范第11章的有关规定；

5 滑轮支承点应牢固，结构应可靠，强度和附着力应满足卷扬机最大提升力的要求；

6 作业过程发生涌水时，应立即采取止水或降排水措施；止水或降排水措施不到位时，不得将钻具提出钻孔。

6.2.9 存在危及作业人员人身安全危险因素的勘察作业区，应设置隔离带和安全标志，夜间应设置安全警示灯。作业人员应穿反光背心。

## 6.3 特殊气象条件勘察

6.3.1 遇台风、暴雨、雷电、冰雹、浓雾、沙尘暴、暴雪等气象灾害时，应停止现场勘察作业，并应做好勘探设备和作业人员的安全生产防护工作。

**6.3.2 特殊气象、水文条件时，水域勘察应符合下列规定：**

**1 大雾或浪高大于1.5m时，勘探作业船舶和水上勘探平台等严禁抛锚、起锚、迁移和定位作业，交通船舶不得靠近漂浮钻场接送作业人员；**

**2 浪高大于2.0m时，勘探作业船舶和水上勘探平台等漂浮钻场严禁勘探作业；**

**3 5级以上大风时，严禁勘察作业；6级以上大风或接到台风预警信号时，应立即撤船回港；**

**4 在江、河、溪、谷等水域勘察作业时，接到上游洪峰警报后应停止作业，并应撤离作业现场靠岸度汛。**

6.3.3 遭遇台风、沙尘暴、暴雨、雷阵雨、暴雪、冰雹等气象灾害后，应对钻塔、机械、用电设备、仪器和供水管路等进行检查，发现异常应进行检修，并应在确认无安全事故隐患后再恢复勘探作业。

6.3.4 在江、河、溪、河滩、山沟和谷地等水域或低洼地带勘察作业时，宜避开洪汛期和台风季节。

6.3.5 高温季节勘察作业应避开高温时段，作业现场应配备防暑降温用品和急救药品。日最高气温高于40℃时，应停止勘察作业。

6.3.6 下雨时应停止槽探和井探作业，雨后应检查槽壁和井壁的稳定状况，并应在确认无安全事故隐患后再恢复作业。

6.3.7 雨季不宜在易发生滑坡、崩塌、泥石流等地质灾害的危险地带进行勘察作业。下雨时应停止勘察作业，并应将作业人员撤至安全区域；雨后应对滑坡体、崩塌体和泥石流堆积区进行观测，并应在确认无安全事故隐患后再恢复作业。

6.3.8 冬季勘察作业应符合下列规定：

1 作业人员应穿戴防寒劳动保护用品，不得徒手作业；

2 作业现场应采取防冻措施，并应设置取暖设施；

3 作业现场应采取防滑措施，上钻塔作业前应先清除梯子、台板和鞋底上的冰雪，并应及时清除作业场地内和塔套上的冰雪；

**4** 日最低气温低于5℃时，给水设施应采取防冻措施；

**5** 勘探机械设备防冻措施应符合本规范附录B的有关规定；

**6** 日最低气温低于－20℃时宜停止现场勘察作业。

# 7 室内试验

## 7.1 一般规定

**7.1.1** 试验室水、电设施应配备齐全。临时中断供电、供水时应将电源和水源全部关闭。

**7.1.2** 试验室应设置通风、除尘、防火和防爆设施，并应采取废水、废气和废弃物处理措施。

**7.1.3** 作业人员从事有可能烫伤、烧伤、损伤眼睛或发生其他危险试验项目时，应佩戴防烫手套、防腐蚀乳胶手套、防护眼镜等相应的安全防护用品。

**7.1.4** 试验室采光与照明应满足作业人员安全生产作业要求。作业位置和潮湿工作场所的地面应设置绝缘和防滑等安全生产防护设施。

## 7.2 试验室用电

**7.2.1** 试验室用电设备应由固定式电源插座供电，电源插座回路应设置带短路、过载和剩余电流动作保护装置的断路器。

**7.2.2** 潮湿、有腐蚀性气体、蒸汽、火灾危险和爆炸危险等作业场所，应选用具有相应安全防护性能的配电设施。

**7.2.3** 高温炉、烘箱、微波炉、电砂浴和电蒸馏器等电热设备应置于不可燃基座上，使用时应有专人值守。

**7.2.4** 从用电设备中取放样品时应先切断电源。

## 7.3 土、水试验

**7.3.1** 压力试验等相关试验设备应配置过压和故障保护装置。

**7.3.2** 空气压缩机等试验辅助设备应采取降低噪音的安全生产防护措施。

**7.3.3** 使用环刀人工压切取样时，环刀上应垫承压物，不得用手直接加压。

**7.3.4** 溶蜡容器不得加蜡过满，应为投入样品或搅拌时不外溢。

**7.3.5** 移动接近沸点的水或溶液时，应先用烧杯夹将其轻轻摇动。

**7.3.6** 中和浓酸、强碱时应先进行稀释；稀释时不得将水直接加入浓酸中。

**7.3.7** 开启装有易挥发的液体试剂和其他苛性溶液容器时，应先用水冷却并在通风环境下进行，不得将瓶口朝向作业人员或他人。

**7.3.8** 使用会产生爆炸、溅洒热液或腐蚀性液体的玻璃仪器试验时，首次试验应使用最小试剂量，作业人员应佩戴防护眼镜和使用防护挡板进行作业。

**7.3.9** 采取或吸取酸、碱、有毒、放射性试剂和有机溶剂时应使用专用工具或专用器械。

**7.3.10** 经常使用强酸、强碱或其他腐蚀性药品的实验室应设置安全标志，并宜在出入口就近处设置应急喷淋器和应急眼睛冲洗器。

**7.3.11** 放射源使用应由专人负责，并应限量领用；作业人员应穿戴符合规定的放射性防护用品；试验过程产生的废水、废弃物处置应符合本规范第12章的有关规定。

**7.3.12** 试验室储存易燃、易爆物品和其他有害物品应符合本规范第12章有关规定。

## 7.4 岩石试验

**7.4.1** 试验前应先检查仪器和设备性能，发现异常时应进行维修，并应经检测合格后再投入使用。

**7.4.2** 制备试样时应将试件夹持牢固，并应在刀口注上冷却水。

**7.4.3** 岩石抗压试验试样应置于上下承压板中心，试样与上下承压板应保持均匀接触。

**7.4.4** 压力机周边应设置保护网或防护罩。

# 8 原位测试与检测

## 8.1 一般规定

**8.1.1** 测试点与检测点应选择在不会危及作业安全又能满足作业需要的位置。

**8.1.2** 采用堆载配重方式进行原位测试与检测时，宜在试验前一次加足堆载重量，堆载物应均匀稳固地放置于堆载平台上。堆载平台重心应与试验点中心重合，堆载平台支座不得置于泥浆池或地基承载力差异较大处，试验过程中应经常检查堆载物稳定状况。

**8.1.3** 用于原位测试与检测加载装置的反力不得小于最大加载量的1.2倍，承压板及反力装置构件强度和刚度应满足最大加载量的安全度要求。

**8.1.4** 处理检测桩桩头时，非作业人员应远离作业区，作业现场宜设置安全生产防护设施或采取其他安全生产防护措施。

**8.1.5 堆载平台加载、卸载和试验期间，堆载高度1.5倍范围内严禁非作业人员进入。**

**8.1.6** 当测试与检测试验加载至临近破坏值时，作业人员应远离试验装置，并应对加载反力装置的稳定性进行实时监测。

**8.1.7 起重吊装作业时，必须由持上岗证的人员指**

挥和操作，人员严禁滞留在起重臂和起重物下。起重机严禁载运人员。

**8.1.8** 在架空输电线路附近作业时，起重设备与架空输电线路之间的最小安全距离应符合本规范表5.1.4的规定。

**8.1.9** 原位测试与检测工作涉及勘探作业时应符合本规范第5、6、10章的规定。

### 8.2 原位测试

**8.2.1** 标准贯入试验和圆锥动力触探试验应符合下列规定：

**1** 穿心锤起吊前应检查销钉是否锁紧；

**2** 穿心锤作业应符合本规范第5章的规定；

**3** 测试过程中应随时观察钻杆的连接状况，钻杆应紧密连接；

**4** 测试过程中严禁用手扶持穿心锤、导向杆、锤垫和自动脱钩装置等；

**5** 测试结束后应立即拆除试验设备并平稳放置。

**8.2.2** 静力触探试验应符合下列规定：

**1** 静力触探设备安装应平稳、牢固、可靠；

**2** 采用地锚提供反力时，应合理确定地锚数量和排列形式；作业过程中应经常检查地锚的稳固状况，发现松动应及时进行调整；

**3** 作业过程中，贯入速度和压力出现异常时应停止试验；

**4** 静力触探加压系统宜设置安全生产防护装置。

**8.2.3** 手动十字板剪切试验时，杆件、旋转装置和卡瓦的连接、固定应牢固可靠。

**8.2.4** 旁压试验用的氮气瓶应使用合格气瓶，搬运和运输过程中应轻拿轻放、放置稳固，并应由专人操作。

**8.2.5** 扁铲侧胀试验应符合本规范第8.2.2条的有关规定。

**8.2.6** 抽水试验、压水试验和注水试验应符合下列规定：

**1** 孔口周围应设置防护栏；

**2** 试验过程中应观测和记录抽水试验点附近地面塌陷和毗邻建筑物变形情况，发现异常应停止试验，并应及时报告、处理；

**3** 应对受影响的坑、井、孔、泉以及水流沿裂隙渗出地表等现象进行观测和记录。

### 8.3 岩土工程检测

**8.3.1** 天然（复合）地基静载试验应符合下列规定：

**1** 试坑平面尺寸不得小于承压板宽度的3倍，坑壁不稳的松散土层、软土层或深度大于3m的试坑应采取支护措施；

**2** 反力梁长度每端宜超出试坑边缘2m；

**3** 拆卸试验设备时，应遵守“先坑内后坑外，先仪器后其他”的拆卸顺序；

**4** 装卸钢梁等重物时，试坑内严禁有人员滞留。

**8.3.2** 单桩抗压静载试验应符合下列规定：

**1** 当采用两台或两台以上千斤顶加载时，应采用并联同步工作方式，并应使用同型号、同规格千斤顶，千斤顶的合力应与桩轴线重合；

**2** 利用工程桩做锚桩时，应对锚桩的钢筋强度进行复核，周边宜设置防护网，同时应监测锚桩上拔量，必要时应对锚桩钢筋受力情况进行监测；

**3** 当试验加载至临近破坏值时，所有人员应撤至安全区域。

**8.3.3** 单桩抗拔静载试验应符合下列规定：

**1** 采用反力桩或工程桩提供支座反力时，桩顶应进行整平加固，其强度应满足试验最大加载量的需要；

**2** 采用天然地基提供反力时，施加于地基的压应力不宜超过地基承载力特征值的1.5倍，反力梁的支点重心应与支座中心重合；

**3** 抗拔试验桩的钢筋强度应进行复核。

**8.3.4** 单桩水平静载试验应符合下列规定：

**1** 水平加载宜采用千斤顶，千斤顶与试验桩接触面的强度应满足试验最大加载量的需要；

**2** 水平加载的反力可由相邻桩基提供，专门设置的反力装置其承载力和刚度应大于试验桩的1.2倍；

**3** 千斤顶作用力方向应通过并垂直于桩身轴线。

**8.3.5** 锚杆拉拔试验应符合下列规定：

**1** 加载装置安装应牢固、可靠；

**2** 高压油泵等试验仪器和设备应按就近、方便、安全的原则置放；

**3** 试验点锚头台座的承压面应整平，并应与锚杆轴线方向垂直；

**4** 锚杆拉拔试验位置较高时应搭设脚手架，并应设置防护栏或防护网；

**5** 试验加载过程中，应对试验锚杆及坡体变形情况进行观测，发现异常应停止试验。

**8.3.6** 高应变动力测桩试验应符合下列规定：

**1** 锤击装置支架安装应平稳、牢固，负荷安全系数不得小于5，钢丝绳安全系数不得小于6；

**2** 试验前，桩锤应放置在桩头或地面上，严禁将桩锤悬吊在起吊设备上；

**3** 锤击时，非操作人员应远离试验桩；桩锤悬空时，锤下及锤落点周围严禁有人员滞留；

**4** 当试验桩的桩头低于地面时，严禁非作业人员进入试坑内。

**8.3.7** 采用钻芯法检测桩身质量时，钻进作业应符合本规范第5章的规定。

## 9 工程物探

### 9.1 一般规定

**9.1.1** 工程物探作业人员应掌握安全用电和触电急

救知识。

**9.1.2** 外接电源的电压、频率等应符合仪器和设备的有关要求。仪器和设备接通电源后，作业人员不得离开作业岗位。

**9.1.3** 选择水域工程物探震源时，应评价所选震源对作业环境和水中生物的影响程度以及存在的危险源。

**9.1.4** 采用爆炸震源时应进行安全性评价，勘察方案应提供安全性验算结果。

**9.1.5 采用爆炸震源作业前，应确定爆炸危险边界，并应设置安全隔离带和安全标志，同时应部署警戒人员或警戒船。非作业人员严禁进入作业区。**

## 9.2 陆域作业

**9.2.1** 仪器外壳、面板旋钮、插孔等的绝缘电阻应大于100MΩ/500V；工作电流、电压不得超过仪器额定值，进行电压换挡时应先关闭高压开关。

**9.2.2** 电路与设备外壳间的绝缘电阻应大于5MΩ/500V；电路应配有可调平衡负载，严禁空载和超载运行。

**9.2.3** 作业前应检查仪器、电路和通信工具的工作性状；未断开电源时，作业人员不得触摸测试设备探头、电极等元器件。

**9.2.4** 仪器工作不正常时，应先排除电源、接触不良和电路短路等外部原因，再使用仪器自检程序检查。仪器检修时应关机并切断电源。

**9.2.5** 选择和使用电缆、导线应符合下列规定：

1 电缆绝缘电阻值应大于5MΩ/500V，导线绝缘电阻值应大于2MΩ/500V；

2 各类导线应分类置放，布设导线时宜避开高压输电线路，无法避开时应采取安全保护措施；

3 车载收放电缆时，车辆行驶速度应小于5km/h；

4 井中作业时，电缆抗拉和抗磨强度应满足技术指标要求，不得超负荷使用；电缆高速升降时，严禁用手抓提电缆；

5 当导线、电缆通过水田、池塘、河沟等地表水体时，应采用架空方式跨越水体；当导线、电缆通过公路时，可采用架空跨越或深埋地下方式；

6 作业现场使用的电缆、导线应定期检查其绝缘性，绝缘电阻应满足使用要求。

**9.2.6** 电法勘探作业应符合下列规定：

1 测站与跑极人员应建立可靠的联系方式，供电过程中不得接触电极和电缆；

2 测站应采用橡胶垫板与大地绝缘，绝缘电阻不得小于10MΩ；

3 供电作业人员应使用和佩戴绝缘防护用品，接地电极附近应设置安全标志，并应安排专人负责安全警戒；

4 井中作业时，绞车、井口滑轮和刹车装置等应固定牢靠，绞车与井口滑轮的安全距离不应小于2m；

5 易燃、易爆管道上严禁采用直接供电法和充电法勘探作业。

**9.2.7** 进行地下管线探测作业应符合下列规定：

1 作业人员应穿反光工作服，佩戴防护帽、安全灯、通信器材等安全防护设施；

2 管道口应设置安全防护栏和安全标志，并有专人负责安全警戒，夜间应设置安全警示灯；

3 作业前，应测定有害、有毒及可燃气体浓度；严禁进入情况不明的地下管道作业；

4 井下管线探测作业不得使用明火。

**9.2.8** 地震法勘探作业应符合下列规定：

1 仪器设备应放置在震源安全距离以外；

2 震源作业安全防护措施应符合本规范第9.4节的规定；

3 爆炸物品存放应符合本规范第12、13章的规定。

**9.2.9** 电磁法勘探作业应符合下列规定：

1 控制器和发送机开机前应先置于低压档位，变压开关不得连续扳动；关机时应先将开关返回低压档位后再切断电源；

2 发送机的最大供电电压、最大供电电流、最大输出功率及连续供电时间，严禁大于仪器说明书上规定的额定值；

3 发电机组的使用应符合本规范第11章的有关规定；

4 接收站不应布置在靠近强干扰源和金属干扰物的位置；

5 10kV以上高压线下不得布设发送站和接收站；

6 当供电电压大于500V时，供电作业人员应使用和佩戴绝缘防护用品，供电设备应有接地装置，其附近应设置安全标志，并应安排专人负责看管；

7 未经确认停止供电时，不得触及导线接头，并不得进行放线、收线和处理供电事故。

## 9.3 水域作业

**9.3.1** 水域工程物探作业应符合下列规定：

1 作业前，应对设备、电缆、钢缆、保险绳、绞车、吊机等进行检查，并应在确认安装牢固且符合作业要求后再开始作业；

2 作业过程中，水下拖曳设备、吊放设备不应超过钢缆额定拉力；

3 遇危及作业安全的障碍物时，应停止作业并收回水下拖曳设备；

4 作业过程中，收、放电缆尾标应将船速控制在3节以下。

**9.3.2** 采用爆炸式震源时，爆炸作业船与其他作业船之间应保持通信畅通，爆炸作业船与爆炸点的安全距离不得小于50m。海上作业时，爆炸作业船与其他作业船之间的安全距离不得小于100m。

**9.3.3** 采用电火花震源时，船上作业设备和作业人员应配备防漏电保护设施和装备。

**9.3.4** 采用机械式震源船时，震源船应无破损和漏水，严禁带故障作业。

**9.3.5** 电法勘探作业时，跑极船、测站船、漂浮电缆应设置醒目的安全标志。

**9.3.6** 在浅水区或水坑内进行爆炸作业时，装药点距水面不应小于1.5m。

### 9.4 人工震源

**9.4.1** 爆炸震源作业除应符合现行国家标准《爆破安全规程》GB 6722和《地震勘探爆炸安全规程》GB 12950的有关规定外，尚应符合下列规定：

1 实施爆炸作业前，作业人员应撤离至爆炸作业影响范围外；

2 爆炸工作站应设置在通视条件和安全性好，并对爆炸作业无影响的上风地带；

3 爆炸作业时，作业人员的移动通信设备应处于关闭状态；

4 起爆作业应使用经检验合格的爆炸机，严禁使用干电池、蓄电池或其他电源起爆；

5 雷管在使用前应进行通断检查，通断检查严禁使用万用表；检查时的电流强度不得超过15mA，接通时间不得超过2s，被测定雷管与测定人之间的安全距离不得小于20m。

**9.4.2** 起爆前应同时使用音响和视觉联络信号，并应在确认完成警戒后再发布起爆命令。

**9.4.3** 出现拒爆时，应先将爆炸线从爆炸机上拆除并将其短路10min后再检查拒爆原因。

**9.4.4** 瞎炮处理应符合下列规定：

1 坑炮应在距原药包0.3m处放置一小药包进行殉爆，不得将原药包挖出处理；

2 放水炮或井炮时应将药包小心收回或提出井外，并应置于安全处用小药包销毁。

**9.4.5** 当作业现场或气象条件等存在下列情形之一时，不得采用爆炸震源作业：

1 遇四级以上风浪的水域或大风、大雾、雪和雷雨天气；

2 作业场地有冒顶或者顶帮滑落危险；

3 作业场地疏散通道不安全或者通道阻塞；

4 爆炸参数或者作业质量不符合设计要求；

5 爆炸地点20m范围内，空气中易燃易爆气体含量大于或等于1%，或有易燃易爆气体突出征兆；

6 拟进行爆炸作业的工作面有涌水危险或者炮眼温度异常；

7 爆炸作业可能危及设备或者建筑物安全；

8 危险区边界上未设警戒；

9 黄昏、夜间或作业场地光线不足或者无照明条件；

10 爆炸地点在高压线和通信线路下方。

**9.4.6** 非爆炸冲击震源作业应符合下列规定：

1 起重冲击震源的起吊设备应完好可靠，起吊高度1.5倍范围内严禁有人滞留；

2 使用敲击震源作业时，重锤与锤把连接应牢固，敲击方向严禁有人员滞留。

**9.4.7** 电火花震源作业应符合下列规定：

1 仪器、设备应有良好接地和剩余电流动作保护装置；

2 采用高压蓄能器与控制器、放电开关分离装置时，高压蓄能器周围1m以内不得有人员滞留；

3 不得在高压蓄能器上控制放电。

**9.4.8** 气枪震源作业应符合下列规定：

1 作业前应根据场地条件和技术要求编制专项作业方案；

2 作业时严禁枪口对人；

3 气枪充气时，附近不得有人，不得在大气中放炮；

4 作业完成后，应打开气枪排气开关缓慢排气；

5 对气枪系统进行检查或维修前，应先排除气枪系统内的气体；

6 使用泥枪或水枪系统前，应将通向另一系统的气源切断，并打开另一系统的排气开关；

7 不得将空气枪放入水中充气。

## 10 勘察设备

### 10.1 一般规定

**10.1.1** 勘察作业人员应按使用说明书要求正确安装、使用、维护和保养勘察设备。

**10.1.2** 勘察设备的各种安全防护装置、报警装置和监测仪表应完好，不得使用安全防护装置不完整或有故障的勘察设备。

**10.1.3** 勘察设备地基应根据设备的安全使用要求修筑或加固，钻塔基础应坚实牢固。

**10.1.4** 勘察设备搬迁、安装和拆卸应由专人统一指挥。

**10.1.5** 勘察设备安装应符合下列规定：

1 基台构件的规格、数量和形式应符合勘察设备使用说明书的要求；

2 勘察设备机架与基台应使用螺栓牢固连接，设备安装应稳固、周正、水平；

3 车装设备安装时，机体应固定在基台或支撑液压千斤顶上，车轮应离地并固定。

**10.1.6** 勘察设备拆卸和迁移应符合下列规定：

1 应符合勘察设备拆卸程序和迁移要求；不得

将设备或部件从高处滚落或抛掷；

2 汽车运输勘察设备时应装稳绑牢，不得人货混装；

3 无驾驶执照人员不得移动、驾驶车装勘察设备；

4 使用人力装卸设备时，起落跳板应有足够强度，坡度不得超过30°，下端应有防滑装置；

5 使用葫芦装卸设备时，三脚架架腿间应安装平拉手，架腿应定位稳固，并应进行试吊确认无安全事故隐患后再进行起吊作业；

6 起重机械装卸设备应符合现行国家标准《起重机械安全规程》GB 6067的有关规定。

**10.1.7** 机械设备外露运转部位应设置防护罩或防护栏杆。作业人员不得跨越设备运转部位，不得对运转中的设备进行维护或检修。

**10.1.8** 勘察设备运行时应有人值守。运行过程中出现异常情况时应及时停机检查，并应在排除故障后再重新启用。

**10.1.9** 有多档速度的机械设备变速时，应先断开离合器再换档变速。

## 10.2 钻 探 设 备

**10.2.1 钻探机组迁移时，钻塔必须落下，非车装钻探机组严禁整体迁移。**

**10.2.2** 钻塔安装和拆卸应符合下列规定：

1 钻塔额定负荷量应大于配套钻机卷扬机最大提升力；

2 钻塔天车应有过卷扬防护装置；

3 钻塔天车轮前缘切点、立轴或转盘中心与钻孔中心应在同一轴线上；

4 钻塔起落范围内不得放置设备和材料，起落过程中作业人员不得停留或通过；

5 钻塔塔腿应置于基台上，与基台构件应牢固连接；

6 钻塔构件应安装齐全，不得随意改装；

7 作业人员不得在钻塔上、下同时作业；

8 钻塔整体起落时，应控制起落速度，严禁将钻塔自由摔落。

**10.2.3** 冲击钻进的钻具连接应符合下列规定：

1 钻具应连接牢固；

2 钻具的起落重量不得超过钻机使用说明书的额定重量；

3 活芯应灵活，锁具应紧固；

4 钢丝绳与活套的轴线应保持一致。

**10.2.4** 泥浆泵使用与维护应符合下列规定：

1 机架应安装在基台上，各连接部位和管路应连接牢固；

2 启动前，吸水管、底阀和泵体内应注满清水，压力表缓冲器上端应注满机油，出水阀或分水阀门应打开；

3 不得超过额定压力运转。

**10.2.5** 柴油机使用与维护应符合下列规定：

1 使用摇把启动时，应紧握摇把，不得中途松手，启动后应立即抽出摇把；使用手拉绳启动时，启动绳一端不得缠绕在手上；

2 水箱冷却水的温度过高时，应停止勘探作业，并应继续怠速运转降温，不应立即停机；严禁用冷水注入水箱或泼洒内燃机机体；

3 需开启冷却水沸腾的水箱盖时，作业人员应佩戴防护手套，面部应避开水箱盖口；

4 柴油机“飞车”时，应迅速切断进气通路和高压油路作紧急停车。

## 10.3 勘察辅助设备

**10.3.1** 离心水泵安装应牢固平稳。高压胶管接头密封应牢固可靠，放置宜平直，转弯处固定应牢靠。

**10.3.2** 潜水泵使用与维护应符合下列规定：

1 使用前，应用500V摇表检测绝缘电阻，绝缘电阻值应符合产品说明书的规定；

2 潜水泵的负荷线应使用无破损和接头的防水橡皮护套铜芯软电缆；

3 放入水中前，应检查电路和开关，接通电源进行试运转，并应在经检查确认旋转方向正确后再放入水中；脱水运转时间不得超过5min；

4 提泵、下泵前应先切断电源，严禁拉拽电缆或出水软管；

5 潜水泵下到预定深度后，电缆和出水软管应处于不受力悬空状态；

6 潜水泵运行时，泵体周围30m以内水体不得有人、畜进入。

**10.3.3** 空气压缩机使用与维护应符合下列规定：

1 作业现场应搭设防护棚，严禁储气罐暴晒或高温烘烤；

2 移动式空气压缩机的拖车应采取接地措施；

3 输气管路应连接牢固、密封、畅通，不得扭曲；

4 打开送气阀前，应告知作业地点有关人员，出气口处不得有人作业；

5 储气罐体应定期检定，运转时储气罐内压力不得超过额定压力。

**10.3.4** 焊接与切割设备使用除应符合现行国家标准《焊接与切割安全》GB 9448的有关规定外，尚应符合下列规定：

1 放置焊接和切割设备的位置应通风、干燥，并应无高温和无易燃物品，应采取防雨、防暴晒、防潮和防沙尘措施；

2 焊接设备导线的绝缘电阻不得小于1MΩ，地线接地电阻值不得大于4Ω；当长时间停用的电焊机恢复使用时，绝缘电阻值不得小于0.5MΩ；

3 焊接设备一次侧电源线不得随地拖拉，其长度不宜大于5m；电源进线处应设置防护罩；二次侧应采用防水橡皮护套铜芯软电缆，其长度不宜大于30m，不得采用金属构件代替二次侧的地线。

## 11 勘察用电和用电设备

### 11.1 一 般 规 定

**11.1.1** 勘察现场临时用电应根据现场条件编制临时用电方案。临时用电设施应经验收合格后再投入使用。

**11.1.2** 勘察现场临时用电宜采用电源中性点直接接地的220/380V三相四线制低压配电系统，并应符合下列规定：

1 系统配电级数不宜大于三级；

2 配电线路应装设短路保护、过载保护和接地故障保护；

3 上下级保护装置的动作应具有选择性，各级之间应协调配合。

**11.1.3 接驳供电线路、拆装和维修用电设备必须由持证电工完成，严禁带电作业。**

**11.1.4** 用电设备及用电安全装置应符合国家现行有关标准的规定，并应具有产品合格证和使用说明书。

**11.1.5** 用电系统跳闸后，应先查明原因，并应在排除故障后再送电。严禁强行送电。

**11.1.6** 停工、待工时，配电箱或总配电箱电源应关闭并上锁。停用1h以上的用电设备开关箱应断电并上锁。

**11.1.7** 发生触电事故应立即切断电源，严禁未切断电源直接接触触电者。

### 11.2 勘察现场临时用电

**11.2.1** 勘察作业现场宜采用电缆线路，电缆类型应根据敷设方式、作业环境选用，电缆中应包含全部工作芯线和用作保护线的芯线。需要三相四线配线的电缆线路应采用五芯电缆，架空线应采用绝缘导线。

**11.2.2** 电缆线路和架空线路敷设，除应符合现行国家标准《建设工程施工现场供用电安全规范》GB 50194的有关规定外，尚应符合下列规定：

1 电缆线路应采用埋地或架空敷设，应避免机械损伤和介质腐蚀，埋地电缆路径应设置方位标志，严禁沿地面明设；

2 架空线路应架设在专用电杆上，严禁架设在树木、临时设施或其他设施上；

3 架空敷设的低压电缆应沿建筑物、构筑物架设，架设高度不应低于2m；

4 电缆直埋时，电缆与地表的距离不得小于0.2m；电缆上下均应铺垫厚度不小于0.1m的软土或砂土，并应铺设盖板保护；

5 勘察作业现场临时用房的室内配线应采用绝缘导线或电缆，室内明敷主干线距地面高度不得小于2.5m。

**11.2.3** 接地保护应符合下列规定：

1 当勘察作业现场采用TN系统时，保护地线应由总配电箱（或电柜）电源侧接地母排处引出，电气设备的金属外壳应与保护地线连接；

2 当采用TN－S系统时，工作零线应通过总剩余电流动作保护装置，保护地线在电源进线总配电箱处应做重复接地，严禁工作零线与保护地线有电气连接；

3 勘察作业现场临时用电系统严禁利用大地或动力设备金属构件做相线或零线；

4 保护地线应使用绝缘导线，导线的最小截面应符合现行国家标准《低压配电设计规范》GB 50054的有关规定；保护地线上严禁装设开关或熔断器；

5 在TN系统中，重复接地装置的接地电阻值不应大于10Ω；在工作接地电阻值允许达到10Ω的电力系统中，所有重复接地的等效电阻值不应大于10Ω；单独敷设的工作零线严禁做重复接地；

6 保护地线或保护零线应采用焊接、压接、螺栓连接或其他可靠方法连接，严禁缠绕或钩挂；

7 低压用电设备的保护地线可利用金属构件等自然接地体，严禁利用输送可燃液体、可燃或爆炸性气体的金属管道作为保护地线。

**11.2.4** 勘察作业现场配电系统应设置总配电箱、分配电箱、开关箱；动力和照明配电系统应分设。

**11.2.5 每台用电设备必须有单独的剩余电流动作保护装置和开关箱，一个开关箱严禁直接控制2台及以上用电设备。**

**11.2.6** 配电箱、开关箱应设置在干燥、通风、防潮、无易燃易爆有害介质、不易受撞击和便于操作的位置。开关箱与受控制的固定式用电设备水平距离不宜大于3m。

**11.2.7** 固定式配电箱和开关箱的中心点与地面的垂直距离应为1.4m～1.6m；移动式开关箱应装设在坚固、稳定的支架上，中心点与地面的垂直距离宜为0.8m～1.6m。

**11.2.8** 配电箱、开关箱的进、出线应采用橡皮护套绝缘电缆，进、出线口宜设置在箱体下底面，箱内的连接线应采用铜芯绝缘导线，严禁改动箱内电器配置和接线；开关箱出线不得有接头。

**11.2.9** 配电箱、开关箱的电源进线端严禁采用插头和插座做活动连接。

**11.2.10** 配电箱和开关箱进行维修、检查时，应将前一级电源隔离开关分闸断电，并应悬挂“禁止合闸、有人工作”停电安全标志。

**11.2.11** 开关箱中应装设隔离开关、短路器（或熔断器）和剩余电流动作保护装置。各种开关电器的额定值和动作整定值应与其控制用电设备的额定值和特性相适应。

**11.2.12** 剩余电流动作保护装置应符合下列规定：

**1** 开关箱使用的剩余电流动作保护装置应选用额定漏电动作电流小于30mA的瞬动型产品；

**2** 剩余电流动作保护装置应装设在各配电箱靠近负荷的一侧，且不得用于启动电气设备的操作；

**3** 勘察现场使用的剩余电流动作保护装置宜选择无辅助电源型产品。

**11.2.13** 勘察作业现场照明器具选型应符合下列规定：

**1** 露天作业现场照明宜选用防水型照明灯具；

**2** 作业现场临时用房照明宜选用防尘型照明灯具、密闭型防水照明灯具或配有防水灯头的开启式照明灯具；

**3** 有爆炸和火灾危险的井探、洞探作业照明，应按危险场所等级选用防爆型照明灯具，照明灯具的金属外壳应与保护线连接。

**11.2.14** 勘察作业现场照明电压应符合下列规定：

**1** 距离地面高度低于2.5m时，电压不应大于36V；

**2** 潮湿和易触及带电体场所的照明，电源电压不得大于24V；特别潮湿场所和导电良好的地面照明，电源电压不得大于12V；

**3** 移动式和手提式灯具应采用三类灯具，并应使用安全特低电压供电。

**11.2.15** 遭遇台风、雷雨、冰雹和沙尘暴等气象灾害天气后，恢复作业前应对现场临时用电设施和用电设备进行巡视和检查。

**11.2.16** 临时用电使用完毕后，应及时组织拆除用电设施。

## 11.3 用电设备维护与使用

**11.3.1** 新投入运行或检修后的用电设备应进行试运行，并应在无异常情况后再转入正常运行。

**11.3.2** 用电设备的电源线应按其计算负荷选用无接头耐气候型橡皮护套铜芯软电缆。电缆芯线数应根据用电设备及其控制电器的相数和线数选择。

**11.3.3** 电动机使用与维护应符合下列规定：

**1** 绝缘电阻不得小于0.5MΩ，应装设过载和短路保护装置，并应根据设备需要装设缺相和失压保护装置；

**2** 应空载启动，严禁电压过高或过低时启动，严禁三相电动机两相运转；

**3** 运行中的电动机遭遇突然停电时，应立即切断电源，并将启动开关置于停止位置；

**4** 单台交流电动机宜采用熔断器或低压断路器的瞬动过电流脱扣器；

**5** 正常运转时，不得突然进行反向运转；

**6** 运行时应无异响、无漏电、轴承温度正常，且电刷与滑环接触良好；

**7** 额定电压在－5%～＋5%变化范围时，可按额定功率连续运行；当超过允许变化范围时应控制负荷。

**11.3.4** 发电机组安装与使用应符合下列规定：

**1** 发电机房应配置扑灭电气火灾的消防设施，室内不得存储易燃易爆物；

**2** 发电机房的排烟管道应伸出房外，管道口应至少高出屋檐1m，周围4m范围内不得使用明火或喷灯；

**3** 发电机供电系统应安装电源隔离开关及短路、过载、剩余电流动作保护装置和低电压保护装置等；电源隔离开关分断时应有明显可见分断点；

**4** 移动式发电机拖车应有可靠接地；

**5** 移动式发电机供电的用电设备，其外露可导电部分和底座应与发电机电源的接地装置连接；移动式发电机系统接地应按有关规定执行。

**11.3.5** 发电机组电源应与外电线路电源连锁，严禁与外电线路电源并列运行。

**11.3.6** 手持式电动工具使用与维护应符合下列规定：

**1** 勘察作业现场严禁使用Ⅰ类手持式电动工具；使用金属外壳的Ⅱ类手持式电动工具时，绝缘电阻不得小于7MΩ；

**2** 手持式电动工具的外壳、手柄、插头、开关、负荷线等不得有破损，使用前应进行绝缘检查，并应经检查合格、空载运转正常后再使用；

**3** 负荷线插头应有专用保护触头，所用插座和插头的结构应一致，不得将导电触头和保护触头混用；

**4** 手持式电动工具作业时间不宜过长，当温度超过60℃时应停机待自然冷却后再继续使用；

**5** 运转中的手持式电动工具不得离手，因故离开或遭遇停电时应关闭开关箱电源；

**6** 作业过程中，不得用手触摸运转中的刃具和砂轮，发现刃具或砂轮有破损应立即停机更换后再继续作业。

**11.3.7** 手持砂轮机不得使用受潮、变形、裂纹、破碎、磕边缺口或接触过油、碱类的砂轮片，不得使用自行烘干的受潮砂轮片。

# 12 防火、防雷、防爆、防毒、防尘和作业环境保护

## 12.1 一 般 规 定

**12.1.1 采购、运输、保管和使用危险品的从业人员必须接受相关专业安全教育、职业卫生防护和应急救援知识培训，并应经考核合格后上岗作业。**

**12.1.2** 存放易燃、易爆、剧毒、腐蚀性等危险品的地方应设立安全标志，安全标志应符合现行国家标准《安全标志》GB 2894 的有关规定。

**12.1.3** 有毒、腐蚀性物品的领取和使用应严格管理，对剩余、废弃物的数量及处置应有详细记录。

## 12.2 危险品储存和使用

**12.2.1** 危险品应按其不同的物理、化学性质分别采用相应的包装容器和储存方法，储存量不得超过规定限额。理化性质相抵触、灭火方法不同的物品应分库储存并定期测温和检查。储存危险品的仓库应符合防火、防爆、防潮、防盗要求。

**12.2.2** 危险品入库前应进行检查登记，领用时应按最小使用量发放，应定期检查库存，并建立和保存危险品使用记录。

**12.2.3** 易燃物品应放置在阴凉通风处，严禁用明火加热。易爆物品移动时不得剧烈震动，不得存放在操作室。

**12.2.4** 遇水易燃物品残渣严禁直接倒入废液桶内。易挥发的易燃物品或有毒物品应存放在密闭容器内。

**12.2.5** 搬运、使用腐蚀性物品应穿戴相应的劳动防护用品，高氯酸和过氧化物等强氧化剂使用时不得与有机物接触。

**12.2.6** 测试汞的试验室应安装排风罩，排风罩应安装在接近地面处，测试汞的试验台应有捕收废汞装置。

**12.2.7 放射性试剂和放射源必须存放在铅室中。**

## 12.3 防 火

**12.3.1** 勘察作业现场临时用房消防器材的配备，应符合现行国家标准《建筑灭火器配置设计规范》GB 50140 的有关规定，每幢不得少于 2 具，消防器材应合理摆放、标志明显，并应有专人负责保管。

**12.3.2** 作业现场和临时用房内严禁使用明火照明，严禁使用无保护罩电炉取暖，无人值守时严禁使用电热毯取暖。

**12.3.3** 作业现场取暖装置的烟囱和内燃机排气管穿过塔布和机房壁板处应安装隔热板或防火罩。排气口距可燃物不得小于 2.5m。

**12.3.4** 柴油机或其他设备油底壳不得使用明火烘烤。

**12.3.5 在林区、草原、化工厂、燃料厂及其他对防火有特别要求的场地内作业时，必须严格遵守当地有关部门的防火规定。**

**12.3.6** 油料着火时，应使用砂土、泡沫灭火器或干粉灭火器灭火，严禁用水扑救。用电设备着火时，应先切断电源然后再实施扑救。

**12.3.7** 含沼气地层勘探作业防火措施应符合下列规定：

**1** 勘察作业现场不得使用明火或存放易燃、易爆物品；

**2** 勘探时应注意观察勘探孔内泥浆气泡和异常声音，发现返浆异常或勘探孔内有爆炸声时应立即停止作业，并测量孔口可燃气体浓度，应在确认无危险后再复工；

**3** 当勘探孔内有气体溢出或燃烧时，应立即关停所有机械和电器设备、设立警戒线和疏散附近人员，并应立即报警。

**12.3.8** 在油气管道附近勘探作业时，应先查明管道的具体位置。发生钻穿管道事故时应立即关停所有机械电器设备、熄灭明火、设立警戒线和疏散附近人员，并应立即报警。

**12.3.9** 焊接与切割作业除应按现行国家标准《焊接与切割安全》GB 9448 的有关规定执行外，尚应符合下列规定：

**1** 电、气焊作业区 10m 范围内不得存放易燃、易爆物品，并应配备相应的消防器材；

**2** 高压气瓶不应放置在易遭受物理打击、阳光暴晒、热源辐射的位置；

**3** 作业现场氧气瓶与乙炔瓶、明火或热源的安全距离应大于 5m；乙炔瓶及其他易燃物品与焊炬或明火的安全距离应大于 10m；氧气瓶不得沾染油脂，乙炔发生器应有防回火安全装置；

**4** 焊割炬点火时不得指向人或易燃物，正在燃烧的焊割炬不得放在工件或地面上，不得手持焊割炬爬梯、登高；

**5** 焊割作业结束后，作业人员应检查确认作业现场无火灾隐患后再离开。

## 12.4 防 雷

**12.4.1** 雷雨季节，在易受雷击的空旷场地勘探作业时，钻塔应安装防雷装置。机械、电气设备防雷接地所连接的保护地线应同时做重复接地，同一台机械电气设备的重复接地和机械的防雷接地可共用同一接地体，但接地电阻应符合重复接地电阻值的要求。

**12.4.2** 接闪器安装高度应高于钻塔 1.5m 以上，接闪器和引下线与钻塔间应采取绝缘措施。

**12.4.3** 勘察作业现场防雷装置冲击接地电阻值不得大于 30Ω。

**12.4.4** 遇雷雨天气时，应停止现场勘察作业。严禁在树下、山顶和易引雷场所躲避雷雨。

## 12.5 防 爆

**12.5.1** 易燃、易爆物品应分类、分专库存储。

**12.5.2 爆炸、爆破作业人员必须经过专业技术培训，并应取得相应类别的安全作业证书。**

**12.5.3** 爆炸、爆破作业前，作业负责人应组织现场踏勘，了解和收集与爆炸、爆破作业安全有关的环境、气象、水文等资料，编制爆炸、爆破作业方案，制定防护措施和应急预案。

**12.5.4** 在地质条件复杂场地和水域进行爆炸、爆破作业，应进行专项爆炸、爆破设计。

**12.5.5** 在城镇进行爆炸、爆破作业，应对勘察场地周边公共设施、住宅区等产生的影响进行安全论证，必要时应采取相应的安全防护措施。

**12.5.6** 爆炸、爆破作业应由专人负责指挥，并应做好安全警戒。各种车辆、人员严禁进入爆炸、爆破作业影响范围。

**12.5.7** 在有地面塌陷或山体崩塌、岩块滚落等场地进行爆炸、爆破作业时，除应采取安全警戒措施外，尚应在通往作业区的道路上设置安全标志。

**12.5.8** 爆破作业结束后，应先对作业场地进行通风、检查和处理后再进行其他工序作业。出现瞎炮时应按本规范第9章的规定执行。

**12.5.9** 在有矿尘、煤尘、易燃、易爆气体爆炸危险的作业场地进行爆炸、爆破作业时，应使用专用电雷管和专用炸药。

**12.5.10** 探井、探槽爆破作业应符合下列规定：

1 同一爆破对象，一次应只装放一炮；

2 埋藏深度2m以下的孤石和漂石不得使用导火索起爆；炮孔在装药前应预先确定井底人员撤离路线、方式以及应急措施；

3 起爆后5min内，人员不得进入作业场地。

## 12.6 防 毒

**12.6.1** 作业过程中遇有害气体时应加强监测。当有害气体浓度超过表12.6.1的规定时，应停止作业撤离人员，并应采取通风、净化和安全防护措施。

**表12.6.1 有害气体最大允许浓度**

| 有害气体名称 | 符号 | 允许体积浓度（%） | 允许质量浓度（$mg/m^3$） |
|---|---|---|---|
| 一氧化碳 | CO | 0.00240 | 30 |
| 氮氧化物 | [NO] | 0.00025 | 5 |
| 二氧化硫 | $SO_2$ | 0.00050 | 15 |
| 硫化氢 | $H_2S$ | 0.00066 | 10 |
| 氨 | $NH_3$ | 0.00400 | 30 |

**12.6.2** 含有害气体的探洞、探井、探槽内作业应符合下列规定：

1 作业过程中应保证有效通风，并应定期检测有害气体浓度；

2 瓦斯或沼气的体积浓度不应超过1.0%；

3 氧气体积含量应大于20%，二氧化碳体积含量应小于0.5%；

4 应使用防爆电器设备；

5 严禁携带火种下井（洞）或在井（洞）内使用明火；

6 进入长时间停、待工的探洞、探井、旧矿井或洞穴作业，应先检测有害气体浓度，并应在确认有害气体浓度不超过表12.6.1的规定后再进入作业。

**12.6.3** 剧毒药品操作室应有良好的通风设施，严禁在通风设备不正常情况下作业。

**12.6.4** 使用剧毒、腐蚀性药品的作业人员应熟悉剧毒、腐蚀性药品的化学性质，作业时应严格执行操作规程及有关规定，并应佩戴相应的劳动防护用品。

**12.6.5 使用剧毒药品必须实行双人双重责任制，使用时必须双人作业，作业中途不得擅离职守。**

**12.6.6** 作业完成后，应对使用过剧毒药品的器皿和作业场所进行清理。剩余试剂应贴上警示标志，并应按规定进行存储和管理，严禁带出室外。

**12.6.7** 剧毒、腐蚀性药品的废弃物、废液应放置在专用存储罐内，不得随意丢弃或排入下水道。

## 12.7 防 尘

**12.7.1** 在粉尘环境中作业时，作业人员应按规定正确使用个人防尘用具，并应定期更换。

**12.7.2** 产生粉尘的作业场所，扬尘点应采取密闭尘源、通风除尘、湿法防尘等综合防尘措施，并应按本规范附录C的要求测定粉尘浓度，作业环境中空气粉尘含量应小于2.0$mg/m^3$。

**12.7.3** 在粉尘环境中工作的作业人员，应定期进行体检，患有粉尘禁忌症者不得从事产生粉尘的工作。

## 12.8 作业环境保护

**12.8.1** 在城镇绿地和自然保护区勘察作业时，应采取减少对作业现场植被破坏的措施。

**12.8.2** 勘察作业前，应对作业人员进行环境保护交底，并应对勘探设备进行检查、维护。作业过程中应按环境保护要求对设备添加和排放油液、钻探冲洗液排放、弃土弃渣处理、噪声等进行控制。

**12.8.3** 对机械使用、维修保养过程中产生的废弃物应集中收集存放、统一处理。

**12.8.4** 作业现场严禁焚烧各类废弃物，作业过程产生的弃土、弃渣应集中堆放，易产生扬尘的渣土应采取覆盖、洒水等防护措施。

**12.8.5 有毒物质、易燃易爆物品、油类、酸碱类物质和有害气体严禁向城市下水道和地表水体排放。**

**12.8.6** 在城镇作业时，应严格按国家或地方有关规定控制噪声污染，当噪声超标时应采取整改措施，并应在达到标准后再继续作业。

# 13 勘察现场临时用房

## 13.1 一 般 规 定

**13.1.1** 勘察现场临时用房应分为住人临时用房和非住人临时用房。勘察现场的生活区与作业区应分开设置，生活区与作业点的安全距离应大于25m。

**13.1.2** 临时用房选址应符合下列规定：

1 严禁在洪水淹没区、沼泽地、潮汐影响滩涂区、风口、旋风区、雷击区、雪崩区、滚石区、悬崖和高切坡以及不良地质作用影响的场地内选址；

2 与公路、铁路和存放少量易燃易爆物品仓库的安全距离不应小于30m，与油罐及加油站的安全距离不应小于50m；

3 与架空输电线路边线的最小安全距离应符合本规范表5.1.4的有关规定；

4 与变配电室、锅炉房的安全距离不应小于15m；

5 离在建建(构)筑物的安全距离不宜小于20m；

6 不得设置在吊装机械回转半径区域内及作业设备倾覆影响区域内。

**13.1.3** 临时用房使用装配式活动房时，应具有产品合格证书，各构件间连接应可靠牢固。

**13.1.4** 临时用房应采用阻燃或难燃材料，并应符合环保、消防要求。安装电气设施应符合本规范第11章的有关规定。

**13.1.5** 临时用房应有防火、防雷设施和抗风雪能力，寒冷季节应有保温设施，并应符合本规范第12章的有关规定。

**13.1.6** 建设场地内搭建临时用房应采取预防高空坠物的安全防护措施。

## 13.2 住人临时用房

**13.2.1 住人临时用房严禁存放柴油、汽油、氧气瓶、乙炔气瓶、煤气罐等易燃、易爆液体或气体容器。**

**13.2.2** 住人临时用房内不得使用电炉、煤油炉、煤气（燃气）炉。

**13.2.3** 住人临时用房室内净高度不应小于2.5m，室内床铺搭设不得超过两层，应有良好的采光、排气和通风设施，门、窗不应向内开启。

**13.2.4** 配有吊顶的住人临时用房，吊顶及吊顶上的吊挂物安装应牢固。

**13.2.5** 每幢住人临时用房出口不得少于2个，应采取保障疏散通道、安全出口畅通的安全防护措施。

**13.2.6** 城镇内勘察临时用房之间的安全距离不应小于5m，城镇外勘察临时用房之间的安全距离不应小于7m。

**13.2.7** 房内采用煤、木炭等取暖的火炉与可燃物的安全距离不得小于1m。在木制地板上搭设火炉时应使用隔热或非可燃材料与地板隔离。

**13.2.8** 房内取暖火炉应指定专人负责管理，严禁使用各种油料引火或助燃，火炉周围不得存放易燃、易爆物，炉渣应随时清理并放置在室外安全地方。

## 13.3 非住人临时用房

**13.3.1** 非住人临时用房存放易燃、易爆和有毒物品时应分类和分专库存放，与住人临时用房的距离应大于30m。

**13.3.2** 存放易燃、易爆物品临时用房的用电开关插座等用电设施，应使用相应的防火、防爆型开关和安全照明灯具。

**13.3.3** 存放易燃、易爆物品的临时用房应保持通风并配备足够数量相应类型的灭火器材，且应悬挂安全标志，严禁烟火靠近。

**13.3.4** 勘察现场临时食堂应设置在远离厕所、垃圾站、有毒、有害场所等污染源的地方，并应有简易的排污处理设施。

# 附录A 勘察作业危险源辨识和评价

**A.0.1** 勘察作业前，应根据勘察项目特点、场地条件、勘察方案、勘察手段等对作业过程中的危险源进行辨识。危险源辨识应包括下列作业条件：

1 作业现场地形、水文、气象条件，不良地质作用发育情况；

2 场地内及周边影响作业安全的地下建（构）筑物、各种地下管线、地下空洞、架空输电线路等环境条件；

3 临时用电条件、临时用电方案；

4 高度超过2m的高处作业；

5 工程物探方法或其他爆炸作业，危险品的储存、运输和使用；

6 勘探设备安装、拆卸、搬迁和使用；

7 作业现场防火、防雷、防爆、防毒；

8 水域勘察作业、特殊场地条件；

9 其他专业性强、操作复杂，危险性大的作业环境和作业条件。

**A.0.2** 对辨识出的危险源进行危险性评价可采用直接判别和定量计算相结合的方法。评价结果应分为轻微危险、一般危险、较大危险、重大危险和特大危险，不同评价结果采取的安全生产防护措施应符合下列规定：

1 对评为轻微危险的作业条件，单位的安全生产责任制可达到控制目的时，可不采取专门控制措施；

2 对评为一般危险的作业条件，应认真履行单位安全生产责任制的各项有关规定，并应通过加强安全生产教育达到有效控制的目的；

3 对评为有较大危险的作业条件，应认真履行单位安全生产责任制的各项有关规定，并应采取对作业条件进行整改的措施；

4 对评为有重大危险的作业条件，除应采取改善作业条件的措施外，尚应根据所辨识的危险源，制定相应的危险性控制措施和相应的应急救援预案；

5 对评为特大危险的作业条件，不得进行勘察作业，应调整勘察方案。

**A.0.3** 凡具备下列条件的危险源应判定为重大危险：

1 曾经发生过人身安全事故，且无有效的安全生产防护措施；

2 直接观察到可能导致危险发生，且无有效的安全生产防护措施；

3 违反安全操作规程，会导致人身伤亡事故。

**A.0.4** 勘察作业危险源评价可采用危险性评价因子计算每一种潜在危险作业条件所带来的风险，可按下式评价：

$$D=LEC \quad (A.0.4)$$

式中：$D$——作业条件危险性评价值；

$L$——发生事故的可能性；

$E$——暴露于危险环境的频繁程度；

$C$——发生事故可能产生的后果。

**A.0.5** 发生事故的可能性、暴露于危险环境的频繁程度和发生事故可能产生的后果等评价因子，可按表A.0.5取值。

**表 A.0.5 勘察作业条件危险因素评分**

| 评价因子 | 评价内容 | 分值 |
|---|---|---|
| 发生事故的可能性 | 完全可预料到 | 10 |
| | 相当可能 | 6 |
| | 可能，但不经常 | 3 |
| | 可能性小，完全意外 | 1 |
| | 可能性很小 | 0.5 |
| | 极不可能 | 0.1 |
| 暴露于危险环境的频繁程度 | 连续暴露 | 10 |
| | 每天工作时间内暴露 | 6 |
| | 每周一次或经常暴露 | 3 |
| | 每月暴露一次 | 2 |
| | 每年几次或偶然暴露 | 1 |
| 发生事故可能产生的后果 | 重大灾难，许多人死亡 | 100 |
| | 灾难，数人死亡 | 40 |
| | 非常严重，一人死亡或重伤三人 | 15 |
| | 严重，重伤 | 7 |
| | 比较严重，轻伤 | 3 |
| | 轻微，需要救护 | 1 |

**A.0.6** 勘察作业危险源评价应根据作业条件危险性评价值的大小，按表A.0.6确定每一种潜在危险作业条件的危险程度和危险等级。

**表 A.0.6 勘察作业危险源评价**

| 危险性评价值 | 危险程度 | 危险等级 |
|---|---|---|
| $D\geqslant320$ | 特大危险，不得作业，调整勘察方案 | 1 |
| $160\leqslant D<320$ | 重大危险，需要整改并制定预案 | 2 |
| $70\leqslant D<160$ | 较大危险，需要整改 | 3 |
| $20\leqslant D<70$ | 一般危险，需要注意 | 4 |
| $D<20$ | 轻微危险，可以接受 | 5 |

## 附录B 勘察机械设备防冻措施

**B.0.1** 长期停用的机械设备，冬季应放尽储水部件中的存水，并应进行一次换季设备保养。

**B.0.2** 当室外气温低于5℃时，所有用水冷却的机械设备，停止使用后或作业过程发生故障停用待修时，均应立即放尽机内存水，各放水阀门应保持开启状态，并应挂上“无水”标志。

**B.0.3** 使用防冻剂的机械设备，在加入防冻剂前应对冷却系统先进行清洗。加入防冻剂后，应在明显处挂上“已加防冻剂”标志。

**B.0.4** 所有用水冷却的机械设备、车辆等，其水箱、内燃机等都应装上保温罩。

**B.0.5** 带水作业的机械设备，停用后应冲洗干净，并应放尽水箱及机体内的积水。

**B.0.6** 带有蓄电池的机械设备，蓄电池液的密度不得低于1.25，发电机电流应调整到15A以上，蓄电池应加装保温罩。

**B.0.7** 冬季无预热装置内燃机的启动可采用下列方法：

1 可在作业完毕后趁热将曲轴箱内润滑油放出并存入预先准备好的清洁容器内，启动前再将容器加温到70℃～80℃后注入曲轴箱；

2 将水加热到60℃～80℃时再注入内燃机冷却系统，严禁使用机械拖顶的方法启动内燃机。

**B.0.8** 燃油应根据气温高低按机械设备的出厂说明书的使用要求选择。柴油机燃油使用标准可按表B.0.8选用。

**表 B.0.8 柴油机燃油使用标准**

| 序号 | 气温条件（℃） | 柴油标号（#） | 备注 |
|---|---|---|---|
| 1 | 高于4 | 0 | 在低温条件下无低凝度柴油时，应采用预热措施后再使用高凝度柴油 |
| 2 | 3～-5 | -10 | |
| 3 | -6～-14 | -20 | |
| 4 | -15～-29 | -35 | |
| 5 | 低于-30 | -50 | |

## 附录C 粉尘浓度测定技术要求

**C.0.1** 测定粉尘浓度应采用滤膜称量法。

**C.0.2** 粉尘采样应在正常作业环境、粉尘浓度达到稳定后进行。每一个试样的取样时间不得少于3min。

**C.0.3** 取样点布置及取样数量应根据作业场地、粉尘影响面积等因素确定，且不得少于3个样本。

**C.0.4** 占总数80%及以上的测点试样的粉尘浓度应

小于 2.0mg/m³，其他试样不得超过 10mg/m³。

## 本规范用词说明

1　为便于在执行本规范条文时区别对待，对要求严格程度不同的用词说明如下：

1）表示很严格，非这样做不可的：
正面词采用“必须”，反面词采用“严禁”；

2）表示严格，在正常情况下均应这样做的：
正面词采用“应”，反面词采用“不应”或“不得”；

3）表示允许稍有选择，在条件许可时首先应这样做的：
正面词采用“宜”，反面词采用“不宜”；

4）表示有选择，在一定条件下可以这样做的，采用“可”。

2　条文中指明应按其他有关标准执行的写法为：“应符合……的规定”或“应按……执行”。

## 引用标准名录

《安全标志》GB 2894
《起重机械用钢丝绳检验和报废实用规范》GB 5972
《起重机械安全规程》GB 6067
《爆破安全规程》GB 6722
《缺氧危险作业安全规程》GB 8958
《焊接与切割安全》GB 9448
《地震勘探爆炸安全规程》GB 12950
《低压配电设计规范》GB 50054
《建筑灭火器配置设计规范》GB 50140
《建设工程施工现场供用电安全规范》GB 50194

# 中华人民共和国国家标准

# 岩土工程勘察安全规范

**GB 50585—2010**

## 条 文 说 明

# 制定说明

随着国家有关安全生产方面的法律、法规不断完善和实施，加强建设工程勘察安全生产监督管理已刻不容缓。制定有关勘察安全生产技术规范是对勘察从业人员在勘察作业时人身安全和身体健康的技术保障，是规范建设行业岩土工程勘察作业安全生产条件和安全技术防护措施的主要依据，是安全文明生产的技术保障措施。由于建设行业从未制定过与岩土工程勘察有关的安全生产规范，从事岩土工程勘察的职工长期处于一种无章可循的状态，重大人身伤亡事故和财产损失时有发生，因此，编制一本针对性强并符合岩土工程勘察特点的安全生产规范，对保障勘察工作人员的作业安全和职业健康具有现实意义。

岩土工程勘察涉及各行各业，有关勘察安全生产方面的技术标准很少，更多是安全生产管理规定。由于分属不同的行业管理部门，所制定的一些勘察安全生产技术标准和管理规定在内容上交叉、重复和不完整的现象十分突出，相互不协调和互相矛盾的问题相当普遍，针对性和实用性差，难于满足实际生产需要。各类工程对岩土工程勘察的技术要求虽有所不同，但是采用的勘察方法、手段和勘察作业过程却基本相同。因此，编制一本适用于各行业岩土工程勘察安全生产规范是可行的。

为此我们根据住房和城乡建设部《2008年工程建设标准规范制定、修订计划（第一批）》（建标〔2008〕102号）的要求，编制了本规范。现就编制工作情况说明如下：

**一、标准编制遵循的主要原则**

1. 科学性原则。标准的技术规定应以行之有效的实际经验和可靠的科学研究成果为依据。对需要进行专题研究的项目，认真组织调研并写出专题调研报告；对已经实践证明是成熟的技术和科研成果均纳入本规范。

2. 先进性原则。标准内容以我为主，博采众长，重点突破。吸收和采纳了部分相关行业标准和有关规定，针对勘察行业安全生产特点，以及现阶段勘察行业存在的不安全生产因素，尽量寻找出各专业生产过程中可能存在的危险源。针对勘察作业特点，强调建立、健全勘察安全生产管理体系和劳动保护制度的重要性。重点解决了水域勘探、特殊地形和特殊气候条件下勘探的安全生产要求，有针对性地制定现场作业安全用电规定。同时提出在保证安全生产的同时，应兼顾作业范围内和周边的环境保护，使标准的技术内容达到国内领先、国际先进水平。

3. 实用性原则。标准内容应具有可操作性，便于勘察单位从业人员执行。在编制过程中，规范编制组向全国各行业400多家勘察、科研和质量安全监督等单位发出“岩土工程勘察安全事故案例调查表”，进行勘察安全生产案例问卷调研，通过问卷调查、统计、分析，了解和掌握了勘察各专业作业过程中存在和潜在的危险源，使规范编制内容更具有针对性和实用性，更符合岩土工程勘察安全生产特点。此外，还根据个别专业和工种的特殊性作业特点及可能存在的危险源进行专题调研。主要有：(1) 国内外有关岩土工程勘察安全生产方面的管理规定和技术标准；(2) 特殊作业条件下勘察安全生产技术措施；(3) 勘察作业安全生产用电标准。准确地掌握勘察各专业作业过程中存在和潜在的危险源，并针对这些潜在的危险源，制定出相应的安全生产防护措施，减少安全生产事故的发生。使规范在编制过程中做到了针对性、实用性和先进性相统一。

4. 通用性原则。本规范作为全国各行业勘察单位共同执行的技术标准，是各类工程建设项目进行勘察工作时安全生产的共同准则。因此，在规定各行业的共性内容上贯彻了“通用性”原则外，还针对专门性和特殊性问题作了规定。

**二、编制工作概况**

编制工作按准备、征求意见、审查和批准四个阶段进行。

1. 准备阶段。主编单位在福建省工程建设地方标准《建筑工程工程勘察安全规程》DBJ 13—19—98基础上草拟了本规范编写大纲，收集、汇总了现行国家与安全生产相关的法律、法规100多种，并汇编成册，供编制组成员学习和参考，编写大纲经过了多次讨论和修改，最终经由沈小克勘察大师为组长的6人专家组审查通过，在经审查通过的编写大纲基础上，编制组对编写工作作了分工，制定了编写进度计划，编制组在案例调查和专题研究的基础上，于2008年12月按编写进度时间节点完成了规范初稿的编写工作。

2. 征求意见阶段。经过两次集中讨论和多次修改，于2009年4月上旬由主编单位形成征求意见稿，并用电子文件发至各参编单位进行校审。2009年4月中旬向全国各行业430个勘察、科研和质量安全监督单位发出征求意见稿和征求意见函，在征求意见阶段共收到对规范修改建议183条，编制组对征集到的意见进行了归纳和分析，采纳了70条修改建议，占38.3%。

3. 送审阶段。编制组根据征求意见稿反馈的修改建议对规范作了进一步完善和修改，最终形成了规范送审稿。2009年11月，由住房和城乡建设部标准定额司在福建省福州市组织召开国家标准《岩土工程勘察安全规范》（送审稿）以下简称规范（送审稿）审查会。会议组成由沈小克勘察大师为主任委员、张炜勘察大师为副主任委员的9人审查专家委员会，与会专家对规范编制工作和送审稿进行了认真的审查和评议，并通过了规范（送审稿）审查。与会专家一致认为该规范编制工作满足住房和城乡建设部相关编制计划和工程建设标准编写规定的要求。编制组提供的评审资料齐全、正确，符合评审要求；该规范充分考虑了岩土工程勘察行业的特点，认真总结和吸收了几十年来全国岩土工程勘察安全生产的实践经验和技术成果，从安全生产管理体系、各类主要安全风险的识别与预防、环境保护等综合角度，为政府安全监管、岩土工程勘察企业安全生产提供了新的技术法规依据；规范具有先进性、针对性、可操作性和适用性，是对国家标准体系的完善和补充，对有效解决岩土工程勘察安全实际问题、规范岩土工程勘察生产安全管理工作具有十分重要的意义，其颁布实施后将具有显著的社会效益。评审委员会认为该规范属于国内首创，总体达到国际先进水平。此外，建议规范编制组按照专家委员会的修改意见尽快修改完善，完成规范（报批稿）并上报。

4. 报批阶段。编制组根据规范（送审稿）审查专家委员会的审查意见，对规范（送审稿）和条文说明进行了修改，并先后于2009年11月和2010年2月上旬，分别在福建省厦门市和北京市召开了编制组第五、六次工作会议，于2010年3月完成了规范（报批稿）编写工作和其他报批文件。

**三、重要技术问题说明**

1. 勘察单位建立健全安全生产管理体系和管理制度是安全生产的保证。根据国家与安全生产相关的法律法规、条例和办法的要求，在基本规定中对勘察单位安全生产管理机构的建立、安全生产管理制度、上岗要求、检查制度、应急救援预案的建立与演练、劳动保护和经费保障等作出规定。强化了岩土工程勘察安全生产监督管理，保障各方生命和财产不受损失。

2. 由于岩土工程治理与施工密切相关，有关施工方面的安全生产规范、规定已很详细，因此本规范不再涵盖岩土工程治理安全生产方面的内容。

3. 征求意见过程中，有些单位希望规范涵盖的内容范围更广一些，更详细些。编制组对这些建议进行过多次的讨论，最后认为本规范作为国家标准内容不宜太详细，涵盖的内容还是以现行国家标准《岩土工程勘察规范》GB 50021所涵盖的技术范围为主。

4. 条文说明的编写目的是帮助工程建设勘察、施工、监督部门和建设单位的工程技术人员，能够正确理解和准确把握正文规定的意图。详细的条文说明是正确理解和执行条文的保证。根据《工程建设标准编写规定》的要求，为了便于理解和应用，编制组编写的本规范条文说明尽可能做到详细和具体，尽可能体现编写的背景和应用时应注意的事项，并对个别问题作了适当延伸和展开，但是条文说明不具备与正文同等的法律效力，其内容均为解释性内容，不应作为标准规定使用。本规范条文说明编写遵循以下几项原则：(1) 正文条文简单明了、易于理解无需解释的不作说明；(2) 本标准按章、节、条为基础进行说明，对术语和符号按节为基础进行说明，对内容相近的相邻条文采取合写说明；(3) 条文说明主要说明正文规定的目的、理由、主要依据及注意事项等，对引用的重要数据和图表均说明出处；(4)条文说明的表述力求严谨、简洁易懂，具有较强的针对性。

5. 强制性条文是工程建设全过程的强制性技术规定，是参与建设活动各方执行工程建设强制性标准的依据，也是政府对执行工程建设强制性标准情况实施监督的依据，必须严格执行。本规范强制性条文编写遵循以下几项原则：(1) 直接涉及人民生命财产安全、人身健康、环境保护、能源资源节约和其他公共利益；(2) 在条文说明中表述作为强制性条文的理由。

**四、有待进一步研究解决的问题**

本规范基本上如实反映了我国勘察行业在安全生产管理和防护技术方面的发展现状和生产实践情况，但也存在一些问题，有待在规范执行过程中结合工程实践进一步研究，并在今后修编时加以完善。这些问题主要是：

1. 勘察安全事故案例问卷调研所收集案例的代表性和广泛性有一定的局限性，希望在规范执行过程中能有更多的勘察单位提供有关安全生产方面的案例。

2. 勘察安全生产用电主要是以现行国家标准《建设工程施工现场供用电安全》GB 50194和《低压配电设计规范》GB 50054等有关规定为基础，结合勘察作业特点和作业条件制定的，在征求意见阶段没有这方面的反馈意见。希望在规范实施过程中，勘察单位能够多积累和多反馈这方面的意见。

3. 有关水域勘察、工程物探爆炸震源和勘察用电最小安全距离方面的一些定量规定，编制组采取了调研与资料查询相结合的方法，通过对收集到的资料进行定性分析和统计，并参考了一些相关现行国家行业标准确定的，是否合理还有待规范执行过程中加以检验。

# 目　次

# 1 总 则

**1.0.1** 随着国家安全生产法、劳动法、职业病防治法、消防法等一些与安全生产相关法律、法规和条例的实施，本条针对勘察各专业生产过程中存在的不安全生产因素，并结合勘察行业安全生产特点，力求既符合勘察安全生产需求，又能保障勘察企业和职工的生命财产不受损失。

**1.0.2** 岩土工程勘察涵盖的业务范围很广，涉及二十几个行业土木工程建设中与岩体和土体有关的工程技术问题，所以本规范同样适用于与一般土木工程有关的岩土工程勘察安全生产。由于岩土工程治理与施工密切相关，鉴于施工方面的安全生产管理规定、规范已很详细，限于篇幅，本规范未涵盖这方面的安全生产内容。

**1.0.3** 条文对勘察单位加强安全生产管理、保障勘察安全生产和从业人员职业健康的工作目标和方针作了原则性规定。

安全生产管理是指针对人们生产过程中的安全问题，运用有效的资源，发挥人们的智慧，通过人们的努力，进行有关决策、计划、组织和控制等活动，实现生产过程中人与机器设备、物料、环境的和谐，达到安全生产的目标。

"安全第一"是指在生产经营活动中，在处理保证安全与生产经营活动的关系上，应始终把安全放在首要位置，优先考虑从业人员和其他人员的人身安全，实现"安全优先"的原则。在确保安全的前提下，努力实现生产的其他目标。

"预防为主"是指对安全生产的管理，管理工作的重点不应是在发生事故后去组织抢救、调查、处理和分析，而是应事先有效地控制可能导致事故发生的危险，从而预防事故的发生。

"综合治理"是指对生产过程中存在的不安全生产因素和管理工作中的漏洞，不可采用走过场或头痛医头、脚痛医脚的方式处理，而应采取综合治理措施，用积极的态度，完善安全生产管理制度，加强从业人员的安全生产教育培训，完善安全防护设备和设施，从而杜绝安全生产事故发生。

要切实落实"安全第一、预防为主、综合治理"的安全生产方针，勘察单位应确立具有自己特色的安全生产管理原则，落实各种安全生产事故防范预案。加强对从业人员的安全培训，确立"不伤害自己、不伤害别人、不被别人伤害"的安全生产理念。结合实际建立和完善安全生产规章制度，将那些被实践证明切实可行的措施和办法上升为规章制度，真正做到有章可循，有章必循，违章必究，体现安全监管的严肃性和权威信。

**1.0.4** 国家《安全生产法》第十条规定："国务院有关部门应当按照保障安全生产的要求，依法及时制定有关的国家标准或者行业标准，并根据科技进步和经济发展适时修订。生产经营单位必须执行依法制定的保障安全生产的国家标准或者行业标准"，根据岩土工程勘察安全生产特点编制了本规范，要求从事岩土工程勘察作业除应遵守本规范外，尚应符合国家现行的有关标准、规范的要求。

# 2 术语和符号

## 2.1 术 语

**2.1.1** 危险品包括爆炸品、压缩气体、液化气体、易燃液体、易燃固体、遇湿易燃物品、氧化剂、有机氧化物、有毒物质、腐蚀性物质和放射性物质等。

**2.1.6** 安全标志类型分为禁止标志、警告标志、指令标志和提示标志四大类型。

（1）禁止标志是禁止人们不安全行为的图形标志；

（2）警告标志是提醒人们对周围环境引起注意，以避免可能发生危险的图形标志；

（3）指令标志是强制人们必须做出某种动作或采用防范措施的图形标志；

（4）提示标志是向人们提供某种信息（如标明安全设施或场所等）的图形标志。

## 2.2 符 号

根据现行行业标准《施工现场临时用电安全技术规范》JGJ 46的有关规定，接地保护系统分为TN系统、TT系统、IT系统三种型式。常用的主要为TN系统，根据中性导体和保护导体的组合情况，TN系统又分为以下三种：

（1）TN－S系统：整个系统的中性导体和保护导体是分开的；

（2）TN－C系统：整个系统的中性导体和保护导体是合一的；

（3）TN－C－S系统：系统中一部分线路的中性导体和保护导体是合一的。

# 3 基 本 规 定

**3.0.1** 安全生产管理要点是职责分明，条文规定了勘察单位主要负责人对安全生产工作全面负责，是安全生产的第一责任人，其职责是：

（1）建立健全本单位安全生产责任制；

（2）组织制定本单位安全生产规章制度和操作规程；

（3）保证本单位安全生产投入的有效实施；

（4）督促检查本单位的安全生产工作，及时消除生产安全隐患；

（5）组织制定、实施本单位生产安全事故应急预案；

（6）及时、如实报告生产安全事故。以及勘察单位工作人员在安全生产方面的权利和义务。

根据国家《安全生产法》第二十条有关规定，勘察单位主要负责人和安全生产管理人员必须具备与本单位所从事的生产经营活动相应的安全生产知识和管理能力。条文规定的安全生产培训考核工作系应由政府有关主管部门负责或由其指定的有关单位负责实施，勘察单位应对其作业人员的安全教育负责。

**3.0.2** 依法进行安全生产管理是生产单位的行为准则。勘察单位应根据国家有关安全生产方面的法律法规、本单位的生产经营范围和作业特点，以及作业过程中存在的危险源等，加强安全生产管理，建立、健全安全生产责任制，完善安全生产条件，确保安全生产资金的投入。勘察单位是安全生产管理的责任主体，法定代表人是安全生产的第一责任人。所以法定代表人应负起职责，制定和完善本单位安全生产方针和制度，层层落实安全生产责任制，完善规章制度，治理安全生产隐患。勘察单位制定的安全生产责任制应符合以下要求：

（1）符合国家安全生产法律、法规和政策、方针的要求；

（2）建立安全生产责任制体系要与生产经营单位管理体制协调一致；

（3）制定安全生产责任制体系要求根据本单位、部门、班组、岗位的实际情况；

（4）制定、落实安全生产责任制要有专人与机构来保障落实；

（5）在建立安全生产责任制的同时应建立监督、检查等制度，特别要求注意发挥群众的监督作用。

安全检查制度是落实安全生产责任制的一项具体措施，是防范和杜绝安全生产事故的一项有力保障。通过日常、专项和全面安全检查，可以及时发现可能危及生产的安全隐患，对检查中发现的安全问题及时进行处理。每次检查应将检查情况、安全隐患处理意见和处理结果记录在案，便于追溯。安全生产检查时间、检查内容、检查方法主要有以下几种：

（1）安全生产检查时间——定期检查、经常性检查、季节性和节假日前检查、不定期职工代表巡视检查；

（2）安全检查内容——专业或专项检查、综合性检查；主要查思想、查管理、查隐患、查整改、查事故报告、调查及处理；

（3）安全检查方法——常规检查法、安全检查表法、仪器检查法。

条文规定的定期检查是指每个项目勘察周期内应进行不少于一次的现场安全生产检查；对勘察周期较长的项目，每月应进行不少于一次的安全生产检查。对危险部位、生产过程、生产行为和存在隐患的安全设施，应落实监控人员、确定监控措施和方式、实施重点监控，必要时应连续监控，并采取纠正和预防措施。

在编制安全生产事故应急救援预案时，应尽可能有详细、实用、明确和有效的技术与组织措施，并应定期检验（演习）和评估应急救援预案的有效性，发现有缺陷时应及时进行修订。应急救援预案应包括以下主要内容：

（1）应急救援预案的适用范围；

（2）事故可能发生的地点和可能造成的后果；

（3）事故应急救援的组织机构及其组成单位、组成人员、职责分工；

（4）事故报告的程序、方式和内容；

（5）发现事故征兆或事故发生后应采取的行动和措施；

（6）事故应急救援（包括事故伤员救治）资源信息，包括队伍、装备、物资、专家等有关信息的情况；

（7）事故报告及应急救援有关的具体通信联系方式；

（8）相关的保障措施，如监测组织、交通管制组织、公共疏散组织、安全警戒组织等；

（9）与相关应急救援预案的衔接关系；

（10）应急演练的组织与实施；

（11）应急救援预案管理措施和要求。

**3.0.3** 要求勘察单位应建立健全安全生产管理机构，配备安全生产管理人员，是落实安全生产责任制、确保安全生产的必要条件。如果没有建立常设安全生产管理机构和配备安全生产管理人员，安全生产管理工作就可能流于形式。对于中小勘察单位，可以委托经政府有关主管部门批准的安全生产管理中介机构和国家执业注册安全生产管理工程师承担其安全生产管理工作。

**3.0.4** 国家《劳动法》第六十八条规定，用人单位应当建立职业培训制度，按照国家规定提取和使用职业培训经费，根据本单位实际情况有计划地对从业人员进行培训。一般要求对新从业人员的安全生产教育培训时间不得少于24学时，危险性较大的岗位不得少于48学时。

国家《安全生产法》第二十三条规定，“特种作业人员必须按照国家有关规定经专门的安全作业培训，取得特种作业操作资格证书，方可上岗作业”。一般取得《特种作业操作资格证书》的人员，每2年应进行一次复审，连续从事本工种10年以上的，经用人单位进行知识更新教育后，每4年复审一次，未按期复审或复审不合格者，其操作证自行失效。

鉴于该条文在勘察安全生产工作中的重要性，因此，将其定为强制性条文。

**3.0.5** 要求勘察单位根据勘察现场作业条件、拟采取的勘察方法、设备和作业人员素质等，对生产过程中可能存在的不安全生产因素（包括动物、植物、微生物伤害源，流行传染病种、疫情传染病，自然环境、人文地理、交通等）进行辨识，并评价其发生的概率及事件发生的后果（风险评价），确定其风险值是否可接受，否则应采取措施降低危险水平。

勘察单位应针对每一个潜在的重大危险源制定相应的安全管理措施，通过技术措施和组织措施对重大危险源进行严格的控制和管理，并建立安全信息档案，便于制定作业现场安全生产防护措施和紧急情况下应采取的应急措施。

由于一个具有潜在危险性的勘察作业条件，其危险性大小主要由以下三个因素决定：

（1）发生安全事故或危险事件的可能性；

（2）暴露于这种危险环境的情况；

（3）事故一旦发生可能产生的后果。

因此，规范建议对勘察作业过程中危险源的危险性大小可根据附录A勘察作业危险源辨识和评价方法采用公式 $D=LEC$ 进行评价。这种评价方法简单易行，可以简单评价人们在某种具有潜在危险的作业环境中进行作业的危险程度，危险程度的级别划分也比较明了、易懂。但是，由于还是根据经验来确定3个影响因素即 $L$、$E$、$C$ 的分值和划分危险程度等级，因此具有一定的局限性。

表A.0.5是根据评价方法中四个危险性评价因子制定的，制定该评价表的主要依据如下：

（1）发生事故的可能性 $L$：由于事故发生的可能性与其实际发生的概率相关，用概率表示，绝对不可能发生的概率为0，必然发生的事件概率为1。但在评价一个系统的危险性时，绝对不可能发生事故是不确切的，即概率为0的情况不可能存在。所以将实际上不可能发生的情况作为打分的参考点，将其分值定为0和1；

（2）暴露于危险环境的频繁程度 $E$：作业人员在危险作业条件中出现的次数越多，时间越长，则受到伤害的可能性越大。因此，规定连续出现在潜在危险环境的频率分值为10，一年中仅出现几次则其出现的频率分值为1。以10和1为参考点，再在其区间根据潜在危险作业条件中出现的频率情况进行划分，确定其对应的分值；

（3）发生事故可能产生的后果 $C$：发生事故造成人身伤害或物质损失程度可以在很大的范围内变化。因此，将需要救护的轻微伤害分值定为1，并以此为基点，将可造成数人死亡的重大灾难分值定为100，作为另一个最高参考点。在两个参考点1～100之间根据可能造成的伤亡程度划分相应的分值。

根据表A.0.6中，可以判断作业条件的危险性大小（危险程度和危险等级）。危险性分值在20以下的作业环境属低危险性，这种危险性比骑自行车过拥挤马路等日常生活的危险性还低，可以被人们接受；当危险性分值在20～70时，则需要加以注意；当危险性分值在70～160时，则危险性明显，需要采取措施对作业条件进行整改；当危险性分值在160～320时，则表明该作业条件属高度危险的作业条件，应立即采取措施进行整改，并应制定相应的危险性控制措施和应急救援预案；当危险性分值大于320时，则表明该作业条件极其危险不能作业，应该调整勘察方案。

**3.0.6** 国家《安全生产法》规定，“生产经营单位应当教育和督促从业人员严格执行本单位的安全生产规章制度和安全操作规程；并向从业人员如实告知作业场所和工作岗位存在的危险因素，防范措施及应急措施”。条文强调应向作业人员进行安全生产交底、安全技术措施交底和安全生产事故应采取的应急措施，做到作业人员人人心中有数，达到减少和防止生产过程发生人身伤亡和财产损失事故，消除和控制不安全生产因素的目的。勘察单位如果不能保证从业人员行使这项权利，就是侵犯了从业人员的权利，并应对由此产生的后果承担相应的法律责任。同时从业人员也应履行自己的安全生产义务，即遵守规章制度、服从管理，正确佩戴和使用劳动保护用品，接受安全生产教育培训，掌握安全生产技能，发现事故隐患或者其他不安全因素及时报告等。

**3.0.7** 国家《安全生产法》第四十一条规定，“生产经营项目、场所有多个承包单位、承租单位的，生产经营单位应当与承包单位、承租单位签订专门的安全生产管理协议，或者在承包合同、租赁合同中约定各自的安全生产管理职责；生产经营单位对承包单位、承租单位的安全生产工作统一协调、管理”。勘察作业分包是勘察安全生产事故频发的主要根源，而占勘察分包业务量最多的主要是勘察劳务，属于一种强体力技能作业工种。由于勘察劳务作业大部分是由非经过专业技能培训的从业人员承担，总包单位和分包单位经常从经济利益出发而疏于管理，缺乏对从业人员的技能培训和安全生产教育，往往采用以包代管的管理方式，所以是造成勘察质量和安全生产事故频发的主要原因。因此，明确勘察作业各方主体的安全生产监督管理职责就显得尤为重要，同时对维护勘察单位和从事勘察现场作业人员的切身权利是有益的，可提高总包方和分包方对勘察作业安全的重视，达到减少发生安全生产事故的目的。

**3.0.8** 本条说明如下：

**1** 由于岩土工程勘察项目较其他工程项目具有作业周期短、工程量小、现场作业条件差和流动性大等特点，勘察作业和技术管理基本是以项目组的方式展开，因此，由勘察项目工程负责人承担勘察项目的安全生产管理工作为宜，不易使作业现场的安全生产管理流于形式；

**2** 勘察单位应有专人、专门机构负责组织岩土工程勘察纲要的审批工作，安全生产职能部门应派人参加纲要审查工作。勘察纲要应包含项目安全生产条件等内容描述，即应有安全生产、职业健康要求，应有安全技术措施和施工现场临时用电方案，并应注明勘察安全的重点部位和环节，对防范勘察安全生产事故提出指导性意见；

3 当遇到如：坑探、井探、洞探和爆破作业，特殊场地、特殊地质和特殊气候条件下的勘察作业等时，勘察单位还应在勘察纲要中针对勘察项目作业场地的安全生产条件，提供有关勘察项目安全生产、职业健康防护措施等内容，并负责组织勘察纲要的安全评审，必要时应组织专家进行论证；

5 要求对可能危及作业人员和他人安全的作业区、设施和设备等应设置隔离带和安全标志的规定是一种安全防护措施，目的在于提醒大家的安全警觉性，避免或减少安全生产事故发生；

6 进入建筑工地作业，应先了解作业场地施工状况以及与作业点的关系，并应尽量避免在建筑物屋顶边缘或基坑边沿作业，无法避免时应采取安全防护措施后方可进行作业，即采取专人瞭望、短暂停止施工作业等办法。同时，应遵守建筑工地的安全管理规定。

**3.0.9** 根据国家《劳动法》第九十二条和国家《安全生产法》第三十七条的有关规定，为了保证劳动防护用品在劳动过程中真正对作业人员的人身起保护作用，使作业人员免遭或减轻各种人身伤害或职业危害，条文规定应按作业岗位配备符合国家标准的劳动防护用品和安全防护设施等要求。勘察单位对劳动防护用品的管理工作应满足以下要求：

（1）勘察单位应根据作业场所从事的工作范畴及其危害程度，按照法律、法规、标准的规定，为从业人员免费提供符合国家规定的防护用品；

（2）勘察单位购买的防护用品必须有“三证”，即生产许可证、产品合格证和安全鉴定证；

（3）勘察单位购买的防护用品应经本单位安全生产管理部门验收，并应按使用要求，在使用前应对其防护功能进行检查；

（4）勘察单位应按产品说明书的使用要求，及时更换、报废过期和失效的防护用品。

**3.0.10** 根据国家《安全生产法》第四十九条的有关规定，遵守规章制度，服从管理、正确佩戴和使用劳动防护用品是从业人员必须履行的法定义务，是保障从业人员人身安全、保障勘察单位安全生产的需要。

勘察单位应教育从业人员，按照劳动防护用品的使用规则和防护要求，使从业人员做到“三会”，即会检查劳动防护用品的可靠性，会正确使用劳动防护用品，会正确维护保养劳动防护用品。并应经常进行监督检查，劳动防护用品的使用必须在其性能范围内，不得超极限使用。劳动防护用品根据防护目的主要分为以下两大类：

（1）以防止伤亡事故为目的可分为防坠落用品、防冲击用品、防触电用品、防机械外伤用品、防酸碱用品、耐油用品、防水用品、防寒用品；

（2）以预防职业病为目的可分为防尘用品、防毒用品、防放射性用品、防热辐射用品、防噪声用品等。

鉴于该条文在勘察安全生产工作中的重要性，将其列为强制性条文。

**3.0.11** 根据国家《安全生产法》第五十四条和国家《职业病防治法》的有关规定，条文中的职业病危害系指对从事职业活动的劳动者可能导致职业病的各种危害。职业病危害因素包括：职业活动中存在的各种有害的化学、物理、生物因素以及在作业过程中产生的其他职业有害因素。

国家《职业病防治法》第三十二条规定，对从事接触职业病危害的作业人员，勘察单位应当按照国务院卫生行政部门的规定组织上岗前、在岗期间和离岗时的职业病健康检查，并应将检查结果如实告知作业人员。职业健康检查费用由勘察单位承担。勘察单位不得安排未经上岗前职业健康检查的从业人员从事接触性职业病危害的作业；不得安排有职业禁忌的劳动者从事其所禁忌的作业；对在职业健康检查中发现有与所从事职业相关的健康遭受危害的从业人员，应当调离原工作岗位，并妥善安置；对未进行离岗前职业健康检查的作业人员不得解除或者终止与其签订的劳动合同。职业健康检查应当由省级以上人民政府卫生行政部门批准的医疗卫生机构承担。职业禁忌是指劳动者从事特定职业或者接触特定职业病危害因素时，比一般职业人群更易于遭受职业病危害和罹患职业病或者可能导致原有自身疾病病情加重，或者在从事作业过程中诱发可能导致对他人生命健康构成危险的疾病的个人特殊生理或者病理状态。职业病防护措施主要有以下几种方法：

（1）应该在醒目位置设置公告栏，公布有关职业病防治的规章制度、操作规程、职业危害事故应急救援措施和作业场所职业病危害因素检测结果；

（2）应该在产生职业病危害作业岗位的醒目位置，设置安全标志和中文警示说明；

（3）对可能发生急性职业损伤的有毒、有害作业场所，应设置报警装置、配置现场急救用品、冲洗设备、应急撤离通道和泄险区；

（4）对可能产生放射性的作业场所和放射性同位素运输、储存，应配置防护设备和报警装置，保证接触放射性的作业人员佩戴个人剂量计。

**3.0.12** 为了保证从业人员能够配备必要的劳动防护用品以及接受有关的安全生产培训，保障从业人员的人身安全与健康，国家《安全生产法》第三十九条规定，“生产经营单位应当安排用于配备劳动用品、进行安全生产培训的经费”，条文要求勘察单位应制定、安排和保证安全生产资金的有效投入。

安全需要投入，需要付出成本。设备老化、安全设施缺失是安全生产的心腹之患，勘察单位应按规定从成本中列支安全生产专项资金，用于改善安全设施，更新技术装备以及其他安全生产投入，以保证达到法律、法规、标准规定的安全生产条件。同时应加强财务监管，确保专款专用。因此，国家《安全生产法》第十八条规定，“生产经营单位应当具备安全生产条件所必需的资金投入，由生产经营单位决策机构的主要负责人或者个人经营的投资人予以保证，并对由于安全生产所必需的资金投入不足而导致的后果承担责任”。法律还规定，对安全生产所必需的资金投入不足导致安全生产事故等后果的，上述保证人将承担法律责任。

**3.0.13** 根据国家《劳动法》第五十七条有关规定，勘察单位应对本单位的伤亡事故和职业病状况进行统计、报告和处理，目的是查明事故发生的原因和性质，通过科学分析找出事故的内外关系和发生规律，提出有针对性的防范措施，防止类似事故的再度发生。安全生产统计分析主要有以下几种方法：

（1）统计学分组：①数量标志分组——按事故、职业病发生的数量、死亡数量、伤亡数量分组等；②简单分组或复合分组——综合性事故率指标、行业事故相对指标等分类分析等；③平行分组体系或复合分组体系——行业分类统计、事故原因分类统计、伤害程度分类统计、经济损失程度分类统计、责任性质分类统计等；

（2）统计汇总：主要有按事故原因、事故后果、事故程度、事故频率、伤害程度、伤害频率等汇总形式，也可以按工种、岗位、工龄、伤害部位等汇总形式；

（3）统计表和统计图：这是一种最常用的统计表述方式，常见的主要有事故发生频率直方图、事故原因分析主次图、事故率控制图、事故频率趋势图等。常见的统计表主要有事故分类统计表、事故原因统计表、人员伤害程度统计表等。

# 4 工程地质测绘与调查

## 4.1 一 般 规 定

**4.1.1** 从安全生产角度出发，野外作业组成员应该由多少人组成才合理，征求意见时对该条文的反馈意见不少，经过走访和多方面听取意见，认为野外作业万一发生安全生产事故，如遇有人摔伤、碰伤等，最少需要2人以上才能进行有效救助。所以条文规定作业组应不少于2人，但如果是在作业条件复杂、人烟稀少的地区，则每个作业组的人数不得少于3人。不管作业条件多么简单，从保护作业人员人身安全和安全生产的角度出发，规定严禁单人从事野外作业。

鉴于该条文在勘察安全生产工作中的重要性，将其列为强制性条文。

**4.1.2** 在人烟稀少的山区、林区、草原作业时，着装要扎紧领口、袖口、衣摆和裤脚，防止蛇、虫叮咬。行进时应手持棍棒探路，注意狩猎设施伤人和防止跌落坑、洞中，并应佩带防止蛇、虫叮咬的面罩、防护服和药品。

**4.1.3** 勘察作业时，往往因树木茂密影响通视而需要砍伐树木，要求作业人员随身携带砍伐工具并注意保管，特别是登高、上树砍伐树木时，更应注意保管好作业工具，防止工具从高处掉下伤人。条文还要求伐木时应先预测树倒方向，砍伐时应注意观察树倒方向，防止树倒时触碰到电力设施、架空管线和人员等，造成安全生产事故。

**4.1.4** 由于勘察作业的劳动强度相对较大，当携带的饮用水不够饮用时，作业人员往往会直接饮用未经检验和消毒的地下水或地表水，危及作业人员的身体健康。条文从保护作业人员身体健康出发，防止肠胃病和传染病感染等出发，对饮用水标准作出规定。

## 4.2 工程地质测绘与调查

**4.2.1** 进入高原、高寒作业区前，作业人员应先进行气候和身体的适应性训练，掌握一些高原生活的基本知识。由于作业条件、生活条件、气象条件和医疗条件等相对恶劣，所以要求进入上述地区，应携带足够的防寒装备和给养，配置氧气袋（罐）和治疗高原反应的药物，并应注意防止感冒、冻伤和紫外线灼伤。

为防止发生安全生产事故或发生事故时互相有个照应，因此，要求在高海拔地区进行勘察作业时，作业人员应互相成对联结，行进时相互间的距离不得大于15m，即应保持在视线范围内，并要求作业组成员不得少于3人。

**4.2.2、4.2.3** 在不良地质作用地区作业时，特别是在崩塌区、乱石堆、陡坡地带，要求作业时不得用力敲击岩石，不得在同一垂直线上下同时作业，主要是防范作业过程中将高处的危岩、危石敲落或震落，使低处作业人员遭受人身伤害，导致人身伤亡的安全生产事故。而要求作业过程应有专人进行监测的规定主要是防范作业过程中可能发生再次崩塌。通过监测，当发现可能再次产生崩塌危险迹象时，应及时通知作业人员撤离，以免坡顶危岩、危石滚落伤及作业人员，保证作业人员的人身安全。

**4.2.4** 在沼泽地区勘察作业时，应携带绳索、木板和长约1.5m的探测棒。过沼泽地时应组成纵队行进，严禁单人涉险。遇有茂密绿草地带应绕道而行。当发生有人陷入沼泽时，应冷静、及时采取救援和自救措施，或者启动应急救援预案。

**4.2.5** 在水系勘察作业时，作业人员应穿戴水上救生用品，避免单人上船作业。租用的作业船舶应配备通信、导航和救生设备，船员应熟悉水性，并应持有政府有关部门规定的各种有效证件。水流急的地段应根据实地情况采取相应的安全生产防护措施后方可作业。海上作业应注意涨落潮时间，避免发生安全生产事故。

作业时需要徒步涉水渡河时，应事先观察好河道的宽度，探明水深、流速、河床淤积情况等，选择安全的涉水地点，做好涉水安全防护措施。水深在0.6m以内，流速应小于3m/s，或者流速虽然较大但水深在0.4m以内时允许徒步涉水。当水深过腰，流速超过4m/s时，应采取安全防护措施后方可徒步涉水。严禁单人独自涉水过河。遇水深、流速快的河流，应绕道寻找渡口或桥梁通行，如遇暴雨要注意山洪暴发的可能。严禁在无安全生产防护措施、无安全保障的条件下，在河流暴涨时渡河。

**4.2.6** 进入情况不明的井、坑、洞或旧矿区作业前，应先进行有毒、有害气体测试并采取通风措施，不要盲目进入，以免发生人身安全事故。当进入深度大、陡直的洞穴或矿井作业时，还应携带足够的照明器材、攀登工具和安全防护设备，并规定好联络信号和联系方式等，必要时应设置安全升降设施后方可进入作业。

**4.2.7** 对水文点进行地质测绘和调查时应注意以下事项：

（1）进行露天泉水调查作业时，应先确认泉源周边是否有沼泽地或泥泞地；遇悬崖、峭壁、峡谷等地形条件时，应采取安全防护措施；

（2）进行水井水位观察作业时，应注意井壁是否有坍塌危险，作为长期观察点的水井，必要时井口应设置防护栏。

### 4.3 地质点和勘探点测放

**4.3.1** 为了防止非作业人员、行人或车辆碰、触仪器脚架，导致摔坏仪器或影响测量成果精度，要求应选择安全地点架设仪器，并规定仪器架设后，作业人员不得擅自离开作业岗位。在人流、车流量大的地方作业，观测点周围应设置防护栏或派专人值守瞭望。

**4.3.2** 在铁路、公路和城市道路进行勘探点和地质点施放作业，应事先做好作业方案，必要时应按规定报告相关交通管理部门，获得批准后方可进行作业。作业时应在作业范围四周设立明显的安全标志，并应派专人指挥作业和协助维持交通秩序。作业人员应穿戴反光劳动服等安全生产防护用品，并应采取措施尽量缩短作业人员和作业仪器在路面停留的时间。

**4.3.3** 在电网密集地区作业应尽量避开架空输电线路、变压器等危险区域，测量设备离架空输电线路的安全距离应符合本规范表5.1.4的有关规定，并应使用非金属标尺，雷雨天气应停止测量作业，防止发生作业人员触电等安全生产事故。

**4.3.4** 为了防止造标埋石作业破坏浅埋在地表的地下管线、地下设施，发生油、气泄漏和中断通信等安全生产事故，本条规定造标埋石作业应避开地下管线和其他地下设施。为了避免发生上述安全生产事故，应在作业前先查明其分布范围。

**4.3.5** 条文中所列作业地点系指地形较险峻、需要登高或临边作业的场所。在这种作业地点作业危险性大，所以要求作业时应佩带攀登工具和安全带等安全防护用品，并规定作业现场应有专人监护，预防高处岩块松动崩落伤人，导致人身安全生产事故等。

**4.3.6** 无线电干扰民航和军事通讯的事件很多，也引发了很多的诉讼纠纷，特别是在机场周边使用GPS、对讲机、电台等作业对机场的通信和指挥影响很大，当使用的频率相同或相近以及功率太大等影响更大，有可能酿成重大民航安全事故。因此，作业前应事先与作业有关单位联系好，相互将使用频率、作业时间错开，防止因自己作业需要而导致他人发生安全生产事故。

**4.3.7** 要求野外作业采用金属对中杆时应有绝缘保护措施，主要是考虑防雷的需要。由于野外测量作业场地一般均较为开阔，遇雷雨天气使用金属对中杆很容易发生引雷伤人的安全生产事故。

## 5 勘探作业

### 5.1 一般规定

**5.1.1** 作业条件是指能满足勘察作业要求的基本环境条件，如勘察作业所需的用水、用电、道路和作业场地平整程度等。地下管线指地下电力线路、广播电视线路、通信线路、石油天然气管道、燃气管道、供热管道及其相关设施。地下工程主要指地下洞室、地下人防工程和市政设施。收集有关资料是为了保护各类管线、设施和周边建筑物、构筑物的安全，也是保证勘察作业人员安全的需要，建设单位有责任提供上述有关资料。

勘察项目负责人和有关专业负责人进行现场踏勘时，除应收集、了解拟建场地及周边毗邻区域与勘察安全生产有关的资料和作业条件外，还应了解和判断作业场地及毗邻区域内各类管线和设施（架空输电线，地下电缆，易燃、易爆、有毒、有腐蚀介质管道，自来水管道，地下硐室等）是否会构成危及勘察作业安全的危险源；并应判断勘察作业是否会危及周边建筑物、构筑物的安全。当有上述危险源存在时，应制定相应的安全防护措施，并要求业主排除危险源。在工程勘察纲要或在岩土工程检测方案中说明保证各类管线、设施和周边建筑物、构筑物安全的防护措施和安全生产应注意的事项。严禁在危险源未排除或安全防护技术措施未落实前进行勘察作业。

**5.1.2** 勘察纲要是实施安全生产的指导性文件，是保证勘探作业质量和安全生产控制的依据。因此，勘察纲要针对勘察项目特点提出的安全防护技术措施应是可靠、安全、有效的。安全防护技术措施应包括以下内容：

（1）明确勘察进度和安全的关系，体现安全第一；强调勘察纲要应针对项目的危险源制定相应的安全生产防范措施；

（2）岩土工程勘察纲要应有项目安全生产条件描

述、安全生产和职业健康要求、安全技术措施和施工现场临时用电方案，还应注明勘察重点的安全生产部位和生产环节，并应对防范勘察安全生产事故提出指导性意见；

（3）强调特殊作业条件下勘察作业安全生产防护措施的重要性，特别是当岩土工程勘察涉及坑探作业、爆破作业、特殊场地、特殊地质、特殊气象条件时，应在勘察纲要中针对勘察项目作业场地的安全生产条件，提出保证安全生产、职业健康的防护措施，并组织安全评审；对特别复杂、重要工程应邀请专家进行专题论证。

**5.1.3** 国家有关法律、法规对电力线路、广播电视线路、通信线路、石油天然气管道、城区燃气管道及其相关设施的保护均有明确的规定，所以在其保护范围或安全控制范围内进行勘探或勘探爆炸作业，应经有关主管部门批准并应采取相应的安全保护措施，其目的是保护各类线路、管道、建筑物和构筑物及其设施的安全，同时也是为了保证勘察作业人员的人身安全。

**5.1.4** 条文中勘察作业系指勘探、测量、检测、原位测试，以及因作业需要搭设临时工棚和生活用房，堆放管材、机具、材料及其他杂物等。

表5.1.4系根据国务院《电力设施保护条例》第十条的有关规定编制的。该条例规定对"电力线路保护区"的定义如下：

（1）架空电力线路保护区：导线边线向外侧延伸所形成的两平行线内的区域，在一般地区各级电压导线的边线延伸距离如下：

当电压为1kV～10kV，导线的边线延伸距离为5m；

当电压为35kV～110kV，导线的边线延伸距离为10m；

当电压为154kV～330kV，导线的边线延伸距离为15m；

当电压为550kV，导线的边线延伸距离为20m。

在厂矿、城镇等人口密集地区，架空电力线路保护区的区域可略小于上述规定。但各级电压导线边线延伸的距离，不应小于导线边线在最大计算弧垂及最大计算风偏后的水平距离和风偏后距建筑物的安全距离之和。

（2）电力电缆线路保护区：地下电缆为线路两侧各0.75m所形成的两平行线内区域；海底电缆一般为线路两侧各2海里（港内为两侧各100m），江、河电缆一般应大于线路两侧各100m（中、小河流一般应大于线路两侧各50m）所形成的两平行线内水域。

**5.1.5** 条文中要求采取的绝缘隔离防护措施应符合现行国家行业标准《现场临时用电安全技术规范》JGJ 46的有关规定，即"架设防护设施时，必须经有关部门批准，采用线路暂时停电或其他可靠的安全技术措施，并应有电气工程技术人员和专职安全人员监护。防护设施与外电线路之间的安全距离不应小于表4.1.6所列数值。防护设施应坚固、稳定，且对外电线路的隔离防护应达到IP 30级"。

**5.1.6** 本条说明如下：

**1、2** 主要参照通讯、电力和广播电视线路保护条例、石油天然气管道保护条例等有关规定制定；

**3** 地下管线安全防护范围可参考上海市人民政府令第46号《上海市燃气管道设施保护办法》的有关规定。燃气管道安全保护范围如下：

（1）低压、中压、次高压管道的管壁外缘两侧0.7m范围内的区域；

（2）高压、超高压管道的管壁外缘两侧6m至50m范围内的区域。

沿河、跨河、穿河、穿堤的燃气管道设施安全保护范围和安全控制范围，由管道企业与河道、航道管理部门根据国家有关规定另行确定。

安全防护措施是指针对项目特点、现场环境、勘探手段、作业方法、使用的机械、动力设备、临时用电设施和各项安全防护设施等制定的保证勘探作业安全的相应安全技术措施。

**5.1.7** 根据征求意见稿和征求案例的反馈意见，许多勘察单位要求对钻探作业班组的人员数量作出规定，对保证钻探作业安全具有重要意义，因此编制组采纳该条建议。钻探作业人员定员数量与钻机类型和钻探深度有关，条文规定的钻探单班作业人员数量系指钻探深度小于100m的钻机。

鉴于井探和槽探作业空间相对窄小、能见度差和作业条件相对艰苦，再从保护作业人员的人身安全和安全生产的角度出发，特规定单班作业人员不得少于2人，便于发生紧急事情时可以互相关照和帮助。

**5.1.8** 条文中的高处作业系指符合现行国家标准《高处作业分级》GB 3608规定的"凡在坠落高度基准面2m以上（含2m）有可能坠落的高处进行的作业"。要求应正确使用合格的安全带系指安全带的使用、保管和储存应符合现行国家标准《安全带》GB 6095的有关规定，即安全带应高挂低用，安全带的部件不得任意拆卸，安全带的使用期一般为3至5年，如发现异常应提前报废，并应储存在干燥、通风的仓库内。

## 5.2 钻 探 作 业

**5.2.1** 本条说明如下：

**1** 钻探机组系指钻机、泥浆泵、动力机以及钻塔等配套组合的钻探设备，安全防护设施系指作业现场用于保障安全生产的设施；

**2** 钻塔系指升降作业和钻进时悬挂钻具、管材用的构架。单腿构架称桅杆，桅杆需用绷绳稳定，往往可以整体起落或升降；

**3** 基台系指安装钻探设备的地面基础设施，踏板亦称台板。

**5.2.2** 上钻塔作业，应注意所携带的工具从高空坠落伤及钻塔下的作业人员。不得随意从高处向下抛掷物体，应采用传递或吊装方法向下输送物体。

**5.2.3** 本条说明如下：

**1** 要求操作人员不得盲目对钻塔和卷扬机实施超负荷作业，以免发生重大安全生产事故；

**2** 升降过程中操作人员触摸、拉拽游动的钢丝绳，易造成人身伤害事故；

**3** 卷扬机操作人员与塔上、孔口操作人员配合不好易造成人身伤害事故；

**4** 普通提引器是常用的提引工具，应有安全连锁装置。普通提引器提、下钻具时缺口应朝下，主要是防止提下钻时，钻具或钻杆脱出提引器砸伤作业人员或砸坏勘探设备；

**5** 规定钻具和钻杆起落范围内不得站人或留置物件，主要是防范钻具或钻杆发生脱落，可能伤及作业人员的安全生产事故发生；

**6** 目的是防止提引器或垫叉砸伤操作人员；

**7** 钻具悬吊对钻场作业人员是个安全隐患，除非作业需要，否则应予以避免；

**8** 钻杆竖立靠在“A”字型钻塔或三脚钻塔，使钻塔附加了水平力矩，容易使钻塔变形或倾覆，导致人身伤亡事故或设备损毁事故；

**9** 跑钻是指下降钻具过程中，钻具脱出提引器，随着重力作用而迅速下落。作业人员如采取抢插垫叉或强行抓抱钻具阻止钻具下落等方法时，可能会造成垫叉飞出或钻杆横摆振动，引发人身伤害事故；

**10** 利用钻机卷扬机升降作业人员是一种违规操作行为，易发生人身伤亡事故，应予以禁止。

**5.2.4** 本条规定是依据现行国家标准《起重机械用钢丝绳检验和报废实用规范》GB 5972 的有关规定制定的。为了确保使用安全，要求使用的钢丝绳必须有制造厂签发的产品技术性能和质量证明文件。

**5.2.5** 螺旋钻是第四系地层钻探最常用的钻进工具之一，为了防止螺旋钻作业时螺旋钻头刃口损坏或螺旋钻刃口对人的伤害，规定了作业过程应注意的事项，以避免安全生产事故的发生。

**5.2.6** 钻探设备系指钻孔施工所使用的地面设备总称。钻进系指钻头钻入地层或其他介质形成钻孔的过程。

**1** 开钻前，技术、安全生产管理部门应对钻探设备安装和防护设施等进行全面检查验收，查找可能存在的事故隐患和缺陷，并监督整改，把安全生产隐患消除在开钻作业前。钻探设备安装和防护设施检查验收的主要内容如下：

(1) 钻场周围不安全因素是否排除；

(2) 钻探机组安装质量和管材质量是否符合要求；

(3) 安全防护设施是否完整、可靠；

(4) 钻探作业人员个人防护用品配备及使用情况；

(5) 用电设备系统是否符合安全规定；

**2** 修配水龙头或调整回转器时，一旦作业人员身体靠回转器太近，当变速手把未置于空档位置发生机械跑档时，回转器转动会造成人身伤害事故。因此，规定维修、拆卸水龙头和调整回转器时，必须将动力机械关闭后才可作业；

**3、4** 规定扩孔、扫孔（扫脱落岩芯）或在岩溶孔段钻进，或在立轴倒杆松开卡盘前，提引器应挂住或吊住钻具，主要是为了防止钻具悬空脱落造成安全生产事故。条文中的倒杆系指钻进过程中，钻进给进装置下行至最下位置时，松开卡盘，将其上行至最上位置，卡紧卡盘，继续钻进；

**6** 当出现钻探机械故障时，为防止孔壁不稳定可能产生的埋钻事故，特规定应将钻具提出钻孔或提升到孔壁稳定的孔段。

**5.2.7** 穿心锤系指圆锥动力触探试验和标准贯入试验设备中的重锤，吊锤系指使用悬吊在钻探设备上的重锤向下冲击孔内钻具实现钻进的作业方式。不可用穿心锤处理孔内事故。

处理孔内事故时经常使用吊锤上、下冲击震动孔内事故钻具，使孔内被卡或被埋钻具事故得到排除。穿心锤则是作为圆锥动力触探和标准贯入试验设备的一部分，在圆锥动力触探试验和标准贯入试验时，穿心锤通过自动脱钩装置在规定的行程内自由向下冲击锤垫，使标准贯入器和圆锥动力触探头贯入地层一定长度，通过计算贯入的锤击数，判定岩土的力学性质。如果操作不当，则会使作业人员受到人身伤害。因此，有必要对安全使用吊锤或穿心锤作业作出规定。

**1** 要求作业前应检查吊锤系统或穿心锤构件是否存在锤体裂缝、构件不齐全或升降系统不灵活等现象；

**2** 通过穿杆移动吊锤或穿心锤时，要求应先固定锤体后方可移动，防止移动吊锤从杆件上滑动伤害到作业人员；

**3** 要求导正绳应由 1 至 2 位作业人员掌控，以防止孔口以上钻杆摆幅过大，发生安全生产事故；并要求应由专人负责检查打箍、锤垫与钻杆丝扣的连接状况，防止因丝扣脱扣发生伤人事故；

**4** 要求作业人员不得用手扶持吊锤或穿心锤行程内的钻杆，防止吊锤或穿心锤起落控制不当，造成作业人员人身伤害事故；

**5** 要求锤垫以下钻杆应安装限位装置是为了防止孔内钻杆脱扣或卡钻钻具解卡后，钻杆下行滑入钻孔内产生新的安全生产事故。

**5.2.8** 孔内事故系指造成孔内钻具正常工作中断的突然情况。

**2** 由于卷扬机与千斤顶同步处理事故易出现卷扬机超负荷、钢丝绳损坏和千斤顶卡瓦脱出伤人等现象；卷扬机强力提拔时，吊锤同步冲击易导致卷扬机卷筒损坏；千斤顶顶拔时，吊锤同步冲击易出现千斤顶卡瓦飞出伤人。因此，本条款禁止此类孔内事故处理作业方式；

**3** 油压系统短时间超载应由卸荷阀卸荷，以保证液压系统安全运行。否则，升降机或钻塔将因超负荷而损坏；

**4** 采用卷扬机或吊锤处理孔内事故时，钻塔会产生较大振动，如果将钻杆靠在钻塔上，会加大钻塔承受水平方向的倾覆作用力，降低钻塔的稳定性。

**5** 处理钻探孔内事故方法很多，本规范仅针对常规处理方法中存在的不安全生产因素作出基本规定。复杂的孔内事故是指难处理或需要多种方法处理的孔内事故。孔内事故直接影响到钻探作业进度和作业安全，复杂的孔内事故需要投入大量的人力物力，处理过程还会存在许多不定因素和不安全因素。所以处理钻探孔内事故前应根据实际情况，针对孔内事故具体情况和变化制定处理方案，减少和避免事故处理过程中可能发生的其他不安全生产事故。

**5.2.9** 反回孔内事故钻具是指用反丝扣钻杆和丝锥通过人力或机械力把孔内事故钻杆从孔内反出，而粗径钻具再用其他方法处理。用反丝钻杆反回孔内事故钻具是一项危险性大的强体力劳动，如作业方式不当易发生人身安全生产事故。特别是反回钻杆时，钻杆反力逐步增大，直至松扣瞬间反力急剧降低，所以当作业人员在扳杆回转范围内遇钻杆反弹时易遭受人身伤害。而使用链钳或管钳反回钻具，由于其反力大容易使链钳、管钳发生断裂损坏，也容易导致人身伤亡事故。因此，应使用扳钳反回孔内事故钻具，有条件时应尽可能使用刺轮反管器。刺轮反管器是用人力扳动反管器手把带动刺轮卡，再拨动刺轮，方型刺轮内孔与特制方形反丝钻杆套合在一起，从而使反丝钻杆回转，完成反脱孔内事故钻具丝扣。刺轮反管器是成对同时使用的，其中一个是限制反丝钻杆回转，另一个扳动反丝钻杆回转。

**5.2.10** 基台梁系指纵向铺设在基台枕上的基台构件，基台枕系指横向铺设在地盘上的基台构件，地盘系指钻场内外所占用的经过平整的地面。基台梁和基台枕是构成基台的构件。

**5.2.11** 在处理孔内事故过程中，经常会瞬时或短时间超负荷使用设备，有可能留下事故隐患。为防止钻探设备和设施进一步遭受损坏，特要求孔内事故处理后应对作业现场的设施、设备进行检查，消除安全生产事故隐患后方可恢复作业。

**5.2.12** 钻孔和泥浆池使用后必须进行回填。钻孔一般可采用原土回填，向孔内投土回填一次不得过多，应边回填边夯实。套管护壁的钻孔应边起拔套管边回填。对防水要求严格的钻孔，水下可用水泥砂浆或4∶1水泥、膨润土浆液通过泥浆泵由钻孔底向上灌注回填。水上可采用干黏土球回填，黏土球直径以0.02m左右为宜，也可采用灰土回填。回填时应均匀投放，每回填1m应进行夯实。探井和泥浆池可用原土回填，也可用灰土回填，但每回填0.2m应进行夯实。回填土的密实度不应小于原土层。有特殊要求时可用低标号混凝土回填。

## 5.3 槽探和井探

**5.3.1** 确定探井、探槽技术参数应充分考虑工程地质条件、水文地质条件和作业条件等影响因素，并应满足井探、槽探作业的安全生产需要。

**5.3.2** 探井的断面形状和尺寸取决于挖掘深度范围内岩土的性状、支护方式、探井深度和提升设备。

**1** 如果探井深度超过地下水位，将会增加掘进难度，同时也会增加安全生产隐患，增大掘进成本；

**2** 探井直径太大，会增加安全生产隐患，增大掘进成本；探井直径太小，则会限制作业人员的活动空间，条文要求探井直径不应小于0.8m，主要是考虑作业人员安全操作空间需要所作出的规定；

**3** 探槽最高一侧深度不宜大于3m的规定是根据地质勘查系统多年的安全生产数据而制定的。当挖掘深度大于3m时，容易发生探槽塌方并造成人身伤亡事故。条文中的其他勘探方法主要指钻探、井探等其他勘探手段。

探槽掘进深度以最高一侧槽壁的高度计算，两壁坡度应根据探槽周边岩土层的安息角或内摩擦角和开挖深度确定。深度小于1m的浅槽，其坡度为85°；1m～3m的探槽，密实土层的坡度为75°～80°，松软土层的坡度为60°～70°，潮湿、松软土层的坡度应小于55°。当探槽深度大于1.2m时，槽壁坡度应小于或等于土质的安息角才是安全的。

安息角是指松散岩土层堆积成圆锥体或松散体，其侧面与水平面所形成的自然倾斜角，对完整岩层则为其内摩擦角。常见土层安息角详见表1。

**表1 常见土层安息角（°）**

| 土层名称 | 干燥 | 湿润 | 湿（含饱和水） |
|---|---|---|---|
| 腐殖土 | 40 | 35 | 25 |
| 土壤 | 40～50 | 35～40 | 25～30 |
| 黏土 | 40～45 | 35 | 15～20 |
| 粗砂 | 30～35 | 32～40 | 25～27 |
| 中砂 | 28～30 | 35 | 25 |
| 细砂 | 25 | 30～35 | 15～20 |
| 砾石 | 35～40 | 35 | 25～30 |
| 无根泥煤 | 40 | 25 | 15 |

**5.3.3** 本条说明如下：

**1** 排水措施包括使用潜水泵明排和采用降水井降低地下水位两种排水方式；

2 一般情况下，同一探槽内如有2人以上同时作业的，相互间的作业间距应大于3m。由于井探、槽探作业空间窄小，能见度差，作业条件相对艰苦，2人同时作业发生事故时可以互相关照；

3 探槽和探井经常采用人工开挖作业方式，为提高效率，在地形条件允许时，常采用抛掷爆破、松动爆破、压缩爆破或无眼爆破。但是这些爆破方法都有其适用条件，使用时应慎重选择；

4 本款主要是从保护井、槽内作业人员的安全角度出发，防止挖掘出的渣土随便倾倒在井、槽四周，一旦不小心掉入井、槽内，将会对井、槽内作业人员的人身安全造成伤害；

5 挖空槽壁底部使之自然塌落的作业方法（俗称"挖神仙土"），易对作业人员产生伤害事故，此类教训不少，所以予以禁止；

6 遇破碎、松软或者不稳定地层时，应及时采取支护措施，在硬塑的黏性土和密实的老填土中掘进时，如果井深小于10m且无地下水，井壁可不支护。

**5.3.4** 对探井井口作业安全作出规定，既是为了保证井下作业人员的人身安全，也是为了规避探井作业不安全生产行为可能给外界人员造成的人身伤害和财产损失。

**5.3.6** 本条说明如下：

3 要求升降作业人员的安全防护设备装设安全锁，主要是为了确保作业人员被升降时的安全；

5 要求升降作业时井下作业人员应置于防护板下，避免或降低升降作业发生安全生产事故时可能造成的人身伤害。

**5.3.7、5.3.8** 条文对探井作业时如何保护井下作业人员的人身安全，规定了应采取的通风和上下井等安全生产防护措施。

**5.3.9** 由于探井作业环境窄小，并且大部分作业是在潮湿环境中进行的，所以需要对探井作业的供电、照明等作出规定，以保护作业人员的人身安全。

## 5.4 洞 探

**5.4.1** 洞探作业难度和危险性较槽探、井探大而复杂，因此，洞探作业应根据设计要求，根据作业场地的工程地质、水文地质条件和其他有关资料，以及拟采取的作业方式和手段等，做好专项安全生产方案。专项安全生产方案应包括以下主要内容：

（1）有关的安全作业规程；

（2）安全爆破作业的组织与管理；

（3）安全技术措施（详见《缺氧危险作业安全规程》GB 8958第5、6章的有关规定）；

（4）作业人员岗前技术培训和安全生产教育（详见《缺氧危险作业安全规程》GB 8958第7章的有关规定）；

（5）安全技术交底（详见《缺氧危险作业安全规程》GB 8958第8章的有关规定）。

**5.4.2、5.4.3** 洞探不同于其他施工导洞，它是岩土工程勘察的一种勘探手段。正确确定洞探断面规格、支护设计和掘进方法等，对于保证安全生产作业具有重要意义。

洞探设计一般是在取得初步勘察或详细勘察资料后，为了核实先期勘察作业所取得资料的可靠性或为了进一步取得有关资料而进行的。这些资料包括：工程地质测绘和调查、水文地质、工程物探和钻探等有关资料。由于先期获得的资料可靠性还有待进一步验证，因此，在洞探设计时应有充分的估计和应变措施。

**5.4.4** 确定洞口位置重要，洞口的稳定性也很重要，洞口安全与否关系到洞内作业人员的人身安全。因此，必须对洞口的选址和设计作出一些技术规定。

**5.4.5** 支护形式很多，如木支架支护、金属支架支护，锚杆支护等，但不管采用任何一种支护形式，平洞支护作业均应注意以下事项：

（1）应削平洞内突出的岩石；

（2）在底板上挖柱窝，木立柱应大头向上、小头向下；

（3）立柱倾角以75°～80°为宜，支架间距以0.5m～1.2m为宜；

（4）支架以平洞的中心线和腰线为基线，每一支架高度和宽度应保持一致，所构成的平面与中心线应垂直；

（5）支架后顶帮间隙要填满背，紧梁柱与顶帮间应用木楔楔紧；

（6）靠近工作面的支架，应用拉条撑木等方式加固，以防放炮时震垮或崩坏；

（7）应制定安全生产措施和应急救援预案；

（8）平洞冒顶时应查明原因，并应由经验丰富的作业人员负责统一指挥和处理。

**5.4.7** 本条说明如下：

2 一般要求工作面噪音不超过90dB（A）（分贝），超过时作业人员应带耳塞。

**5.4.9** 洞探、井探作业通风不仅是为了防尘，而且还是保证作业环境中有足够氧气以防作业人员因窒息而伤亡。条文中作业点空气中矽尘含量的规定引自《工业场所有害因素职业接触限值　第1部分：化学有害因素》GBZ 2.1—2007（工作面空气中含有10%以上游离$SiO_2$的矽尘含量应小于$2mg/m^3$。对于含有50%～80%游离$SiO_2$的矽尘含量应小于$1.5mg/m^3$；对于含有80%以上游离$SiO_2$的矽尘含量应小于$1.0mg/m^3$），风源空气含尘量系引自现行行业标准《地质勘探安全规程》AQ 2004中第11.8.2条。

对通风速度和氧气量的规定系按照现行国家标准《缺氧危险作业安全规程》GB 8958，参照现行行业标准《地质勘查安全规程》AQ 2004和现行行业标准《水利水电工程坑探规程》SL 166 的有关规定制定的。

**5.4.10** 本规范勘探爆破作业系指槽探和场地平整的地表爆破作业，以及井探和洞探的洞室爆破作业等，爆炸作业系指勘探孔内爆炸作业和工程物探震源所需的小药量爆炸作业等。

**5.4.11** 由于洞探作业大部分是在潮湿环境中进行，所以有必要对洞探作业的供电、照明等作出规定，以保证安全生产、保护作业人员的人身安全。

## 6 特殊作业条件勘察

### 6.1 水域勘察

**6.1.1** 勘察项目负责人和相关专业负责人应通过现场踏勘等手段搜集与水域作业有关的资料。收集资料的主要内容应包括：历史上相同作业期间的水深、风向、风力、波浪、水流和潮汐等变化情况；水底是否有铺设电缆、管道等，如有应了解其走向、分布情况；水生动、植物的分布情况和水上通航流量等。

不同水域对勘察作业的主要影响因素有所不同，海域的主要影响因素是水深、风浪和流向；江、河下游及入海口的主要影响因素是潮差、潮流、水深、风浪和流速；江、河主要影响因素是水深、风浪和流速；湖泊的主要影响因素是风浪。此外，水底沉积物类型和厚度也直接影响到锚泊稳定性和勘探孔孔口套管的稳定程度。

**6.1.2** 由于水域勘察作业存在诸多不安全生产因素，所以勘察纲要对指导安全生产具有重要的意义。编制勘察纲要应在现场踏勘、收集资料的基础上，通过分析研究作业期间的风向、风力、波浪、水流和潮汐等对勘探作业的影响程度，选择适宜的勘探手段和设备，确定水域钻场位置，制定水域勘察安全技术措施，保证勘察项目作业过程的安全生产。

**6.1.3** 如果水域勘探作业采用钻探手段，则一般采用固定式即每一勘探点作业完成后才搬迁，勘探作业船舶相对在水域中固定不动。因此，作业期间应按海事或交通管理等部门的有关规定悬挂相应的信号和安全标志，避免对过往船舶构成安全威胁，避免酿成重大安全生产事故。

**6.1.4** 水域作业危险性较大，海况、水文情况多变，所以要求作业期间应有专人负责收集天气和水情信息，保证通讯联系顺畅。

条文中的海况为海洋观测专门用语，指海面因风力引起的波动状况。我国于 1986 年 7 月 1 日正式采用国际标准海况等级，即“国际通用波级表”，波级（即海况等级）共分为 10 级，对应波级有波高区间、波高中值、征状（也由风浪名和涌浪名表示）和风级，详见表 2。

**表 2 国际通用波级表**

| 波级 | 海面状况名称 | 浪高范围（m） | 海面征状（海况） | 风力等级 |
|---|---|---|---|---|
| 0 | 无浪 | 0 | 海面光滑如镜或仅有涌浪存在。船静止不动 | 0级 |
| 1 | 微浪 | 0～0.10 | 波纹或涌浪和小波纹同时存在，微小波浪呈鱼鳞状，没有浪花。寻常渔船略觉摇动，海风尚不足以把帆船推行 | 1级 |
| 2 | 小浪 | 0.10～0.50 | 波浪很小，波长尚短，但波形显著。浪峰不破裂，因而不是显白色的，而是仅呈玻璃色的。渔船有晃动，张帆可随风移行 2 海里～3 海里每小时，波峰开始破裂，浪花呈玻璃色 | 2级 |
| 3 | 轻浪 | 0.5～1.25 | 波浪不大，但很触目，波长变长，波峰开始破裂。浪沫光亮，有时可有散见的白浪花，其中有些地方形成连片的白色浪花——白浪。渔船略觉簸动，渔船张帆时随风移行 3 海里～5 海里每小时，满帆时，可使船身倾于一侧 | 3级～4级 |
| 4 | 中浪 | 1.25～2.50 | 波浪具有很明显的形状，许多波峰破裂，白浪成群出现，偶有飞沫，同时较明显的长波状开始出现。渔船明显簸动，需缩帆一部分（即收去帆之一部） | 5级 |
| 5 | 大浪 | 2.50～4.00 | 高大波峰开始形成，到处都有更大的白沫峰，有时有些飞沫。浪花的峰顶占去了波峰上很大的面积，风开始削去波峰上的浪花，碎浪成白沫沿风向呈条状。渔船起伏加剧，要加倍缩帆至大部分，捕鱼需注意风险 | 6级 |
| 6 | 巨浪 | 4.00～6.00 | 海浪波长较长，高大波峰随处可见。波峰上被风削去的浪花开始沿波浪斜面伸长成带状，有时波峰出现风暴波的长波形状。波峰边缘开始破碎成飞沫片，白沫沿风向呈明显带状。渔船停息港中不再出航，在海者下锚 | 7级 |
| 7 | 狂浪 | 6.00～9.00 | 海面开始颠簸，波峰出现翻滚。风削去的浪花带布满了波浪的斜面，并且有的地方达到波谷，白沫能成片出现，沿风向白沫呈浓密的条带状。飞沫可使能见度受到影响，汽船航行困难。所有近港渔船都要靠港，停留不出 | 8级～9级 |
| 8 | 狂涛 | 9.00～14.00 | 海面颠簸加大，有震动感，波峰长而翻卷。稠密的浪花布满了波浪斜面。海面几乎完全被沿风向吹出的白沫片掩盖，因而变成白色，只在波底有些地方才没有浪花，海面能见度显著降低。汽船遇之相当危险 | 10级～17级 |

续表 2

| 波级 | 海面状况名称 | 浪高范围（m） | 海面征状（海况） | 风力等级 |
|---|---|---|---|---|
| 9 | 怒涛 | >14.00 | 海浪滔天，奔腾咆哮、汹涌非凡。波峰猛烈翻卷，海面剧烈颠簸。波浪到处破成泡沫，整个海面完全变白，布满了稠密的浪花层。空气中充满了白色的浪花、水滴和飞沫，能见度严重地受到影响 | >17 级 |

注：浪高超过 20m 为暴涛，由于极其罕见，波级表中未予列入。

水情资讯包括：水深、流速、潮汐、动态水位、波浪状态、风浪和波高大小；天气情况主要指：雨、风向和风力。

与勘察有关的天气情况主要指风向、风力和雨。风力指风的强度，常用风级表示，共分为十八个等级，常用的是"蒲福风力等级表"详见表 3。13 级以上风力陆上少见，本表未列入。

**表 3 蒲福风力等级**

| 风级 | 风级名称 | 海岸船只征象 | 陆地地面物征象 | 风速（距地 10m 高处） | |
|---|---|---|---|---|---|
| | | | | km/h | m/s |
| 0 | 静风 | 静 | 静，烟直上 | <1.0 | 0~0.2 |
| 1 | 软风 | 平常渔船略觉摇动 | 烟能表示方向，但风向标不能转动 | 1.0~5.0 | 0.3~1.5 |
| 2 | 轻风 | 渔船张帆时，可随风移行 2km/h~3km/h | 人面感觉有风，树叶微响，风向标转动 | 6.0~11.0 | 1.6~3.3 |
| 3 | 微风 | 渔船渐觉簸动，可随风移行 5km/h~6km/h | 树叶及微枝摇动不息，旌旗展开 | 12~19 | 3.4~5.4 |
| 4 | 和风 | 渔船满帆时，可使船身倾向一侧 | 能吹起地面灰尘和小纸张，树的小枝摇动 | 20~28 | 5.5~7.9 |
| 5 | 清劲风 | 渔船缩帆（即收去帆的一部分） | 有叶的小树摇摆，内陆的水面起波 | 29~38 | 8.0~10.7 |
| 6 | 强风 | 渔船加倍缩帆，捕鱼须注意风险 | 大树枝摇动，电线呼呼有声，举伞困难 | 39~49 | 10.8~13.8 |
| 7 | 疾风 | 渔船停泊港中，在海者下锚 | 全树摇动，迎风步行感觉不便 | 50~61 | 13.9~17.1 |
| 8 | 大风 | 近港的渔船皆停留不出 | 微枝折毁，人向前行感觉阻力甚大 | 62~74 | 17.2~20.7 |
| 9 | 烈风 | 汽船航行困难 | 建筑物有小损（烟囱顶部及平屋摇动） | 75~88 | 20.8~24.4 |
| 10 | 狂风 | 汽船航行有危险 | 陆上少见，可使树木拔起或将建筑物严重损坏 | 89~102 | 24.5~28.4 |
| 11 | 暴风 | 汽船遇之极危险 | 陆上很少见，有则必有广泛损坏 | 103~117 | 28.5~32.6 |
| 12 | 飓风 | 海浪滔天 | 陆上绝少见，摧毁力极大 | 118~133 | 32.7~36.9 |

**6.1.6** 勘察作业船舶的行驶、拖运、停泊、抛锚定位、调整锚绳、起锚及移泊等必须根据水域情况和规定的作业程序确定，应能保证勘察作业过程的安全生产，如：钻探船舶水上停泊应采用船头顶流逆水停泊方式；海域勘探应考虑潮汐和风浪因素；高潮汛期间，水流加上退潮，海流急、速度大，则船头应逆水停泊；低潮汛期间，水流较平缓则应考虑风向、海浪因素，这时船头应迎风顶浪停泊。抛锚、起锚和调整锚绳应按规定的作业顺序进行，作业程序正确与否关系到勘察作业安全。

条文中持证船员系指应符合海事部门和水运管理部门等规定驾驶船舶应具备的条件。

**6.1.7** 水域钻场主要分为漂浮式和架空式两种类型。漂浮式钻场以船舶和筏为主，包括浮箱、竹筏、木筏和油桶等。架空式钻场主要为平台式和桁架式。平台式钻场除适应滨海作业外也可在大江大河作业，其缺点是体积庞大，搬迁不易。

**1** 水下电缆、管道主要指位于大潮、高潮线以下的军用和民用海底通信电缆（含光缆）和电力电缆及输水（含工业废水、城市污水等）、输气、输油和输送其他物质的管状输送设施。

海底电缆、管道保护范围，可按照国务院《海底电缆管道保护规定》的有关规定确定：

（1）沿海宽阔海域为海底电缆管道两侧各 500m；

（2）海湾等狭窄海域为海底电缆管道两侧各 100m；

（3）海港区内为海底电缆管道两侧各 50m。

电力线路保护范围可按国务院《电力设施保护条例》第十条的有关规定确定，详见本规范第 5.1.4 条的条文说明。

如无法避免时，应由建设单位与海底电缆所有者（"所有者"系指对海底电缆、管道拥有产权和所有权的法人和其他经济实体。）协商，就相关的技术处理、保护措施和损害赔偿等事项达成协议后再确定钻孔位置；

**2** 钻场类型决定定位、移位及锚泊系统方式。

结构强度指双船拼装牢固程度、平台安装强度和桁架结构牢固程度。一般要求应具备抵抗 7 级以上大风的冲击和震动能力。

总载荷量即为实际承载量（包括钻机给进油缸的提升能力）、最大风力、波浪潮流冲击力、钻进中可能发生的最大阻力之和。总载荷量简易计算方法为实际承载量乘以载重安全系数；

**3** 采用双船拼装作为水上钻场时，要求安装联结应牢固系指两船拼装时，舱面应用不少于 4 根的枕木或钢管作底梁，用钢丝绳围箍船底，并用紧绳器拉紧，使两船底梁、船体紧紧联结成为一体；

**4** 要求漂浮钻场和平台两侧应设置防撞物，主要是为了避免交通船、抛锚船靠近时直接碰撞钻场；

**5** 船体重心过高对稳定性影响很大，有时在船体抛锚定位时还需要用泵向船舱注入压仓水或其他压重物体以增加船体的稳定性。此外，还可根据海况随时调节压仓水量或石块、铁块重量；

6　漂浮钻场在水中锚泊受水流冲击力、风力、水位变化等多种外力因素的影响，为了保证定位准确，要求应按规定的作业程序进行抛锚，锚泊定位要采取多方向锚固定。同时，应根据河床、海床的岩土性质选择锚型和锚重，并且应根据作业水域的水文情况选择适宜的锚绳。

**6.1.8**　本条说明如下：

3　搭建水上漂浮筏式钻场的材料一般多为浮筒、竹木、油桶或泡沫塑料浮标；

4　由于水域钻场或平台除载重安全系数有限外，还无法承受集中荷载，因此，严禁水域勘探使用千斤顶处理孔内事故，避免发生重大安全生产事故；

7　横摆亦称横摇，指船舶沿船头船尾的轴线垂直方向上的摇摆；

8　白天能见度系指视力正常的人在当时天气条件下能够从天气背景中看到和辨认的目标物（黑色、大小适度）的最大水平距离，实际上也是气象光学视程。本条是结合雾的能见度制定的，雾按能见度划分，1km以下的雾又可分为普通雾和中雾、大雾：普通雾为能见度大于100m，中雾为能见度50m～100m，大雾为能见度小于等于50m。

**6.1.9**　如果水底以上遗留有孔口管或保护套管，由于其隐蔽性强，会对过往船舶的航行安全构成威胁。严重时会与过往船只发生碰撞，酿成重大安全生产事故。

鉴于该条文对勘察安全生产的重要性，特将其列为强制性条文。

**6.1.10**　内海系指领海基线内侧的全部海域，包括海湾、海峡、海港、河口湾；领海基线与海岸之间的海域；被陆地包围或通过狭窄水道连接海洋的海域。

**6.1.11**　江、河、湖、海勘探作业宜选择在有利的作业季节。江、河、湖上勘探最佳作业季节是枯水季节和无风季节，海域勘探最佳作业期是每年的上半年。

**6.1.12**　要求漂浮钻场暂时离开孔位应在孔口位置或孔口管上设置浮标和明显的安全标志，主要是为了便于漂浮钻场再次就位，以及避免其他过往船舶破坏或撞上孔口管，酿成安全生产事故。

## 6.2　特殊场地和特殊地质条件勘察

**6.2.1**　特殊地质条件和不良地质作用发育区勘察系指在滑坡体、崩塌区、泥石流堆积区等危险地带的勘察作业。要求在勘察作业时应设置监测点，主要是考虑到这些地质灾害分布的区域均处于不稳定或相对稳定状态，特别是在外力作用下，很易诱发新的滑坡、崩塌、泥石流等地质灾害，如监测资料发现有异常，应立即停止勘察作业，将作业人员撤至安全区域。在通过监测确定无再次发生地质灾害的可能性时，方可恢复勘察作业。

**6.2.2**　山区勘察作业的主要危险来自于一些悬崖、峭壁、岩体破碎的陡坡、崩塌区。由于悬崖、峭壁、陡坡和崩塌区经常无路可行且难攀登，加之岩体破碎，坡顶、崖顶、山顶等常分布有不稳定岩块和危岩，在作业人员攀登过程中（外力作用下）容易发生块石滑落，危及作业人员的人身安全。因此，应及时清除对作业有影响的不稳定块石和危岩。同时作业人员在这种地质、地形条件作业时，应系好保险绳、安全带或使用作业云梯，特别是当作业高度超过2m时，更应注意提高自我安全防护能力。作业前，应认真检查攀登工具和安全防护用品，使用安全带应高挂低用，不能打结。

**6.2.3**　低洼地带一般指江、河、溪、谷等水域，以及河滩、山沟、谷地等地形低洼的地方。低洼地带勘察作业的主要危险来自于汛期大暴雨可能引发的泥石流和山洪暴发。汛期一天的降雨量可能高达数百毫米，短时间强降雨常造成泥石流和山洪暴发，所以雨季在低洼地带勘察作业应注意收听作业地区短期和当天的天气预报，预报可能有大雨或暴雨时，应提前做好撤离作业点的准备工作，以免因自然灾害导致人身伤亡和财产损失。

**6.2.4**　本条说明如下：

1　进入沙漠、荒漠地区作业前，应先了解作业区水井、泉水及其他饮用水源的分布情况。当作业场地距水源较远时，应制定供水计划，必要时应设立分段供水站；

2　沙漠、荒漠地区勘察作业，作业组应配备容水器、绳索、地图、导航定位仪器、睡袋、药品和个人防护用品；

3　应随时注意天气变化，防止受沙漠寒潮或沙尘暴的侵袭。作业人员应当掌握沙尘暴来临时的防护措施，发生沙尘暴时，作业人员应聚集在背风处坐下，蒙头、戴护目镜；

4　作业过程中，应随时利用路、井、泉等主要标志和居民点确定自己的位置。

**6.2.5**　从低海拔地区进入高原的作业人员，一定要先进行全面严格的身体检查，体检合格者方可进入高原作业。一般患有心、肾、肺疾病以及严重高血压、肝病、贫血患者不宜进入高原地区。

1　初入高原的作业人员应逐级登高，避免剧烈运动，减少体力消耗，逐步适应，日海拔升高一般不得超过1000m；

2　高原作业应佩带防寒装备、充足的给养、氧气袋和防治高原反应药物。应注意防止感冒、冻伤、紫外线灼伤和高原反应，如有人发生上述疾病，应立即采取有效的治疗措施，并将病患者往低海拔地区转移。此外，高原作业严禁饮酒，以免增加耗氧量；

3　高原和雪地的太阳光线较强，一旦眼睛遭受长时间照射，可能发生雪盲而造成暂时性失明，所以作业人员应佩戴遮光眼镜和防太阳辐射用品。

**6.2.6** 在雪地作业时，应结对成行，穿戴好防护用品，遇无路可行时，应选择缓坡迂回行进；遇积雪较深或易发生雪崩等危险地带时应绕行，无安全保障不得强行通过，以免发生人身意外伤亡事故。雪崩一般发生在倾斜度为20°～60°的悬崖处，特别是倾斜度为30°～45°之间的平整悬崖。连续降雪24小时以上地区也极易发生雪崩。一旦发生雪崩不要往下跑，应向旁边跑较安全，也可向高处跑或是跑到坚固岩石的背后，以防被雪埋住。

**6.2.7** 本条仅适用于非车装轻型钻机（钻探深度小于100m）。冰上勘探在接近解冻期最为危险，应事先注意开江和冰层发生碎裂的可能，防止发生安全生产事故。

**6.2.8** 本条主要针对坑道勘探作业特点，对易发生安全生产事故的主要危险源，规定应采取的安全生产防护措施。坑道勘探易引发安全生产事故的危险主要有：

（1）坑道顶板岩石掉块造成作业人员人身伤害；

（2）通风不良引发的作业人员中毒窒息；

（3）坑道照明条件不符合要求导致作业人员的人身受到伤害；

（4）含水层涌水淹没坑道等。

**6.2.9** 当勘察作业区位于人流多的地方或机动车通道时，或在孔、洞、口、坎、井和临边区域进行勘察作业时，对作业人员构成的不安全生产因素较其他类型作业场地多，并且勘察作业本身也会对他人构成不安全行为。所以规定在这些特殊区域进行勘察作业应加强安全防护措施。

### 6.3 特殊气象条件勘察

**6.3.1** 我国现行的气象灾害预警信号是由名称、图标、标准和防御指南组成，分为台风、暴雨、暴雪、寒潮、大风、沙尘暴、高温、干旱、雷电、冰雹、霜冻、大雾、道路结冰等。条文中的气象灾害预警信号系指勘察项目所在地气象主管部门所属气象台、站向社会公众发布的气象灾害预警信息。

预警信号的级别依据不同种类气象灾害特征、预警能力和可能造成的危害程度、紧急程度和发展势态，一般分为四级：Ⅳ级（一般）、Ⅲ级（较重）、Ⅱ级（严重）、Ⅰ级（特别严重），依次用蓝色、黄色、橙色和红色表示，同时以中英文标识，用以通知当地居民及机构采取适当的防御或撤离措施。

对气象灾害的防御工作主要应根据勘察项目所在地政府有关部门发布的预警信息来开展。如接到台风预警时，应停止勘察作业，卸下塔布等；接到沙尘暴预警时，作业人员应遮盖好勘察设备，聚集在背风处坐下，蒙头、戴上护目镜等。

**6.3.2** 条文中风力5级时，浪高一般1.25m，最高2.5m，属于中浪；风力6级时，浪高一般2.50m，最高4.0m，属于大浪。根据航行情况，波高达2.5m～3m的海浪对于没有机械动力、仍借助于风力的帆船、小马力的机帆船、游艇等小型船只的安全已构成威胁；波高达4m～6m的巨浪对于1000t以上和万吨以下的中远程的运输作用船舶已构成威胁；水上勘察所用船舶载重量多在几十吨至近千吨不等，抗波浪能力有一定的局限性，为了勘察人员和勘察设备的安全，本条除了规定遇到灾害性气象条件时应作出限制外，还根据作业船舶条件，对水上作业条件作出限制。

鉴于该条文对勘察安全生产的重要性，将其列为强制性条文。

**6.3.4** 水域勘察作业受到较多不安全因素的影响，特别是受气象条件的限制较大，所以宜选择在气象条件有利的季节进行勘察作业。江、河、湖上水域勘察的最佳季节是枯水期和无大风、台风的季节，海域勘察作业最佳季节是每年的上半年。

**6.3.5** 一般日最高气温大于或等于35℃时称为高温季节，在高温季节应采取防暑降温措施，现场作业时间应进行调整，上午早出工早收工，下午晚出工晚收工，避免出现作业人员中暑生病的现象。夏季适度缩短现场作业时间，不宜加班加点，这个季节人容易疲劳困乏，易出现安全生产事故。此外，当日最高气温高于40℃时，已超过人体的正常体温，从保护作业人员的身体健康和保证安全生产的角度出发，规定应停止现场作业。高温作业分级可按现行国家标准《高温作业分级》GB 4200的有关规定执行。

**6.3.8** 按气候学的观点，当日气温下降到10℃以下时就算冬季，日最低气温低于5℃时为寒冷季节。寒冷季节的低温会给机械的启动、运转、停置保管等带来不少困难，需要采取相应的防冻措施，防止机械因低温运转而产生不正常损耗或冻裂气缸体等安全生产事故。低温作业分级可按现行国家标准《低温作业分级》GB 14440的有关规定执行。

**4** 供水管道防冻措施主要是采用水管掩埋或用保温材料包扎的方法，临时支管除采用包扎方法外，还可以采取安装放水阀门或采用停止供水放尽管道积水的办法防冻；

**5** 勘探机械设备主要指用水冷却或带水作业的柴油机和钻探用泵。气温低于油料凝固点时，机械设备在停用后放出油料，以防油料冻结在机体内造成设备安全事故。

## 7 室内试验

### 7.1 一般规定

**7.1.1** 水电设施是试验室必备的基本条件，也是保证安全生产的基本要素，在试验过程中如果中断水、电供应，除了正在进行的实验样品及试验成果会报废外，有时还会导致人身伤亡事故。所以要求试验室应有保证作业时不中断供水、供电的防护措施。

试验过程中如果因停水、停电造成试验中断，并且忘记关闭电源和水源，在未知情况下一旦恢复供水、供电后，试验设备可能会自动恢复运行，有可能导致安全生产事故发生。因此规定临时中断供电、供水时应将电源和水源全部关闭。

**7.1.2** 试验过程中产生的废水、废气和废弃物（以下简称“三废”）对人的身体健康影响很大，特别是对长期接触到“三废”的试验室作业人员的身体健康影响尤甚。因此，试验室必须有“三废”处理设施和预防措施，保证作业人员的身体健康。

条文中的防爆设施主要指安全防护设施和个人安全防护用品两个方面，具体应视试验室从事的实验类别而定，并非每个试验室均需要按防爆要求配备个人防护用品和防护设施。一般有化学试验的试验室应按规定进行基本配备。此外，根据国家《消防法》的有关规定，试验室还应配备基本消防设备和设施。

**7.1.3** 根据国家《劳动保护法》的有关规定，作业人员在从事一些有可能导致人体受到伤害的试验项目时，应按规定佩戴劳动防护用品。从各单位反馈的安全生产案例中发现，这类安全生产事故发生的概率较大，主要原因是作业人员未按规定佩戴相应的劳动防护用品或未严格执行生产操作规程。所以在从事上述可能导致人体受到伤害的试验项目时，要求作业人员应按规定佩戴相应的劳动防护用品。

**7.1.4** 充足的采光和照明是保证作业人员安全生产的基本作业条件。在阴暗光线条件下作业，人很容易产生疲劳、出现精神不集中现象，易导致安全生产事故。作业照明这一基本作业条件很容易被忽略，从保护作业人员的身体健康和安全生产出发，条文对作业照明条件作出了具体的规定。

### 7.2 试验室用电

**7.2.1** 案例调查时，发现不少勘察单位对试验室安全用电工作重视不够，导致出现用电方面的安全生产事故。虽然这些安全生产事故并没有直接导致人员伤亡，但直接影响到正常的生产作业程序，并造成生产设备损毁事故。本规范第11章“勘察用电和用电设备”对勘察用电和勘察用电设备作了规定，由于勘察现场作业与室内试验用电尚有所区别，故本章专列一节试验室用电，对试验室供、用电设施的安全防护措施提出了具体要求。

条文中的剩余电流动作保护装置，要求其额定漏电动作电流不应大于30mA，额定漏电动作时间不应大于0.1s。

**7.2.2** 特殊作业条件的试验场所，应根据具体的作业条件和试验设备选用有相应防护性能的配电设备，如有爆炸危险的试验设备应选用防爆型的配电设备。

**7.2.3** 条文中的电热设备系指试验室用的加热设备，这些设备使用或放置不当很容易导致火灾。从防火的角度出发，规定放置这类电热设备的基座必须用阻燃或不可燃材料建造或制造，不得随意放置。使用时一定要有专人值守，防止因加热时间过长、设备老化失修或电线短路等导致火灾。

### 7.3 土、水试验

**7.3.1～7.3.5** 这些条款是针对室内土工试验存在的主要不安全生产因素而采取的安全生产防护措施。从试验设备安全防护装置的设置到作业过程对作业人员劳动防护用品的使用要求和安全防护措施，分别用不同的条款作出规定。

**7.3.6～7.3.10** 这些条款是针对土、水化学试验存在的不安全因素而制定的安全生产防护措施，在土、水化学试验过程中，一旦违规操作很容易发生安全生产事故。

**7.3.11** 条文中的放射源系指室内试验室所用的放射性同位素等，从事放射性同位素作业的人员，必须按照国家有关规定取得上岗作业资格，并应定期进行健康状况检查。具体放射防护工作应遵守国家《放射性同位素与射线装置放射防护条例》的有关规定。放射防护主要以外照射防护为主，防护方法主要有以下三种：

（1）时间防护：以限制作业时间来达到防护目的。由于人体累积照射剂量与接触放射源的时间成正比，所以，要求放射源作业人员在操作时动作要迅速、熟练，以减少照射时间；

（2）距离防护：由于距点状伽玛源$R$处的射线强度和距离的平方成反比，所以应在操作使用伽玛源时，尽量增大距离，如用源夹子夹放射源以减少接收剂量；

（3）屏蔽防护：放射源的运输和存储必须使用安全可靠的铅罐，室内分装应使用铅砖、铅玻璃、铅手套、铅围裙等。

### 7.4 岩石试验

岩石试验过程可能潜在的危险主要取决于设备的完好程度，以及岩石试样破坏时可能发生的碎块崩出伤人。根据这两个潜在的主要危险源，本节各条重点针对试验前仪器设备检查、安全防护、试样制备和试验过程应注意的各种安全生产防护事项作了相应规定。

## 8 原位测试与检测

### 8.1 一般规定

**8.1.1** 制定测试、检测方案时，试验点应尽量避开危险性较大的地段，例如：在建施工现场易发生高空坠物的地段、斜坡易坍塌的地方、突起的山嘴部位、沼泽区、架空输电线影响区、地下管道埋设地段、车流较大的地段等。

**8.1.2** 反力装置采用堆载配重时，堆载物应放置均匀、稳固，避免发生倾覆和堆载物滑落，造成人员伤亡或设备毁坏。

**8.1.3** 条文对加载反力装置提出了具体要求。在实际原位测试和检测试验中，出现过因反力装置提供的反力不足以及反力装置构件强度和刚度不足而导致的安全生产事故。

**8.1.4** 处理桩头时，易产生飞石伤人事故。因此，应通过设置安全防护网、设立安全标志等措施阻止非作业人员进入作业区，防止发生安全生产事故。

**8.1.5** 条文对堆载物倾覆可能造成人员伤亡的危险区域作了具体规定，即堆载平台四周外侧 1.5 倍堆载高度范围。

鉴于该条文对保护勘察作业人员的人身安全具有重要意义，因此，将其列为强制性条文。

**8.1.6** 测试或检测试验加载至临近破坏值时，将会伴随发生地基土的隆起破坏或桩基的脆性破坏等现象，容易导致安全生产事故发生。所以对其安全生产防护措施作出了具体规定。

**8.1.7** 条文参考了现行国家标准《塔式起重机安全规程》GB 5144 和现行行业标准《建筑机械使用安全技术规程》JGJ 33 有关规定，对吊装作业的基本安全生产要求作出了详细的规定。

鉴于该条文对保护勘察作业人员的人身安全具有重要意义，因此，将其列为强制性条文。

**8.1.8** 在架空输电线路附近起重作业时，主要应注意被吊物的摆幅以及起重机的吊臂、吊绳接近外电架空线路和吊装落物对外电架空线路的损伤等。

**8.1.9** 原位测试与检测涉及勘探作业、水域作业、用电作业，以及用电设备和勘察设备等的使用，应按本规范相关章节的有关规定执行。

## 8.2 原位测试

**8.2.1** 进行标准贯入试验和圆锥动力触探试验时，经常发生自动落锤装置与钻杆连接部位丝扣松动等现象，但作业人员经常未能按操作规程的要求停止试验，上紧连接部位丝扣，而是采用直接边作业边上紧丝扣的危险操作方式，导致经常发生作业人员手臂、手指受伤的安全生产事故。因此，条文针对作业过程中存在的不安全生产因素作出相应的规定。

**8.2.2** 静力触探试验过程中的危险，主要来自于试验过程中突遇地层阻力增大导致探杆发生脆性断裂造成作业人员受到伤害的安全生产事故，以及因地锚反力不足造成设备倾覆受损或伤人的安全生产事故。

**8.2.3** 手动式十字板剪切试验过程中，突遇地层阻力增大容易造成操作人员手把反弹伤及作业人员，酿成安全生产事故。

**8.2.4** 在勘察作业现场，旁压试验所使用的氮气瓶经常被置于阳光直接照射的高温作业环境中，导致瓶内气体膨胀、压力增高，成为重大危险源。所以规定氮气瓶应有足够的安全储备，并对氮气瓶的使用和操作作出明确规定。

**8.2.5** 由于扁铲侧胀试验的作业程序和操作方法与静力触探试验类似，作业过程中存在的不安全生产因素也基本相同。因此，不再另作具体规定，要求直接按照静力触探试验的有关规定执行。

## 8.3 岩土工程检测

**8.3.1** 当天然（复合）地基静载荷试验试坑的平面尺寸和深度较大、或是复合地基及大型原位原型试验的试坑应按基坑考虑其稳定性，并应按基坑采取有效的支护措施，防止坑壁坍塌发生安全生产事故。

**8.3.2** 单桩抗压静载荷试验的危险主要来自于堆载过程和试验过程加载体发生偏心倾覆倒塌而导致伤人的安全生产事故。当采用工程桩作锚桩时，锚桩的钢筋抗拉强度应有足够强度和安全储备，以免锚桩钢筋抗拉强度不足发生断裂，发生静载荷试验装置倾覆倒塌伤人的安全生产事故。

**8.3.3** 当单桩抗拔静载荷试验采用天然地基提供反力时，两侧支座的地基承载力应基本相同并有足够的安全储备，以免地基强度不足发生剪切破坏，导致载荷试验装置发生倾覆倒塌。两侧支座与地基的接触面积应相同，以免两侧支座地基受力不均产生不均匀沉降导致试验桩发生偏心现象。同时，还应对抗拔桩的钢筋抗拉强度进行复核，保证抗拔桩的钢筋有足够的抗拉强度和安全储备。

**8.3.4** 单桩水平静载荷试验反力装置应有足够的强度和刚度。试验桩与加载设备接触面应保证足够的强度，并且应通过安装球形支座保证所施加的水平作用力与桩轴线保持水平，不随桩的倾斜或扭转发生变化，从而保证水平静载荷试验装置不会发生垮塌伤人的安全生产事故。

**8.3.5** 锚杆拉拔试验的最大危险来自于锚杆与拉拔试验装置结合的紧密程度。为了保证锚杆拉拔试验装置各部位均处于一种紧密接触状态，在锚杆拉拔试验前应先对锚杆进行预张拉，减少锚杆拉拔试验过程中可能出现的试验装置垮塌等不安全生产因素。如果边坡锚杆拉拔试验的试验锚杆处于较高位置时，则拉拔试验的安全防护措施应按照现行行业标准《建筑施工高处作业安全技术规范》JGJ 80 的有关规定执行。

**8.3.6** 高应变动力测桩试验使用起重设备或桩工机械时，其作业安全防护措施应按现行行业标准《建筑机械使用安全技术规程》JGJ 33 的有关规定执行。

**8.3.7** 采用钻芯法检测桩身质量时，应选择机械性能好的液压钻机，不应使用立轴晃动大的非液压钻机，作业过程应保证基座稳固。具体作业过程中的安全防护措施和要求应按本规范第 5 章的有关规定执行。

# 9 工 程 物 探

## 9.1 一 般 规 定

**9.1.1** 由于工程物探野外作业的大部分工作都是由技术人员自己进行操作，因此，要求工程物探作业人员应熟练掌握安全用电知识就显得更有必要。编制组在调研过程中发现，实际工作中一些本来需要经过专业技能培训的特殊工种作业也经常由物探专业技术人员自己来完成，如爆破作业、用电作业等，存在着很大的安全生产隐患。所以要求作业现场设备安装与调试工作必须由经培训合格持证上岗的作业人员操作。

**9.1.2** 不少工程物探设备和用电设备的工作电压大于36V，因此，要求仪器设备接通电源后，作业人员不得离开工作岗位，以免非作业人员进入作业区用手触摸仪器设备，发生漏电伤人或损伤仪器设备的安全生产事故。

**9.1.3** 当采用地震勘探方法进行水域勘察时，应从环境保护和安全生产角度出发选择适宜的震源，并应对所选震源可能对作业区水域生态及环境造成的影响程度，以及可能存在的不安全生产因素作出评价。特别是采用爆炸震源时，应评估勘探作业对作业水域生态和动植物的影响程度，并应采取有效防护措施，最大限度减少对水生动物的伤害。

**9.1.4** 爆炸震源使用过程中存在诸多不安全因素，使用炸药时不能靠经验决定用药量，更不能盲目使用未经专业技能培训的人员进行爆破作业。不规范作业容易酿成安全生产事故，因此，从安全生产角度出发规定勘察单位采用爆炸震源作业时，应在勘察纲要中附安全性验算结果和安全性评价结论。

**9.1.5** 条文对采用爆炸震源作业前应采取的安全防护措施、安全标志等作了规定，强调非作业人员不得进入作业影响范围，目的是避免发生安全生产事故。

鉴于该条文对工程物探安全生产的重要性，将其列为强制性条文。

## 9.2 陆 域 作 业

**9.2.1～9.2.4** 条文强调操作程序的正确性，避免作业人员因误操作而导致仪器设备损毁和发生人员伤亡等安全生产事故。还考虑了配电设施及用电设备的安全使用和应采取的安全生产防护措施。一般情况下，仪器设备安全用电应符合下列要求：

（1）野外作业用电在保证观测精度的前提下，应采用低电压；

（2）遇雷电天气时，应停止作业并将仪器与供电电源断开；

（3）使用干电池供电电源时，应注意电池极性，严防接错损毁仪器设备；并应防止电解液溅出烧伤作业人员。

**9.2.5** 电缆和导线是工程物探作业主要辅助设备之一，电缆、导线的正确使用与否关系到生产安全，条文根据不同工作电压条件规定了电缆、导线的绝缘电阻值范围，并对作业过程中如何正确使用作了详细规定。

**9.2.6** 针对电法作业过程中可能存在的不安全因素，规定了应采取的安全生产防护措施。这些安全生产防护措施除条文规定之外，还应包括以下内容：

（1）应建立测站与跑极人员之间的可靠联系，严格执行呼唤应答制度；

（2）供电过程中任何人均不得接触电极和供电电缆；

（3）当高压导线穿过居民区或道路时，应采取高架线路或派专人看守的办法，并在明显位置设置安全标志；

（4）测站必须采用橡胶垫板与大地绝缘，绝缘电阻不得小于10MΩ；

（5）测站与跑极员应严格遵守跑极、收线、漏电检查等安全规定，测站在未得到跑极员通知时不得供电；

（6）应保持导线、线架处于干燥状态，严禁作业人员将潮湿导线背在身上直接供电。

**9.2.7** 条文针对地下进行管线探测作业过程可能存在危及安全生产等不安全因素作了规定。管线探测作业的主要危险来自于地下管线探测，也可参考现行行业标准《测绘作业人员安全规范》CH 1016有关地下管线探测方面的安全生产规定。

**9.2.8** 地震法勘探作业的不安全因素主要来自于震源，有关震源方面的安全生产要求在本章的第4节作了专门的规定。有关爆炸物品的存储和安全生产管理工作，除要求应遵守现行国家标准《爆破安全规程》GB 6722的有关规定外，还应符合本规范第12章的有关规定。

**9.2.9** 电磁法勘探作业主要包括瞬变电磁和探地雷达等，瞬变电磁法在作业过程中存在较多的不安全生产因素，牵涉到电源、发送、接收、控制等步骤，中大能量的瞬变电磁设备在瞬间产生的电流和电压很高，因此，针对该法的安全生产要求作了较详细的规定。

对于探地雷达勘探，当作业人员长时间使用300MHz以上天线进行作业时，应与天线保持一定的安全距离，避免遭受电磁辐射的伤害。由于缺乏可靠资料，因此，无法对安全距离作出明确的规定。希望各勘察单位在使用本规范过程中，注意积累这方面资料，以便于规范修改时进行补充。

## 9.3 水 域 作 业

**9.3.1** 水域工程物探是水域勘察的组成部分，因此，在水域进行工程物探作业应注意的安全生产问题除本章有规定外，尚应符合本规范第6章的有关规定。水域工程物探作业能否做到安全生产，除了作业人员的技术素质外，作业船舶和作业交通工具选择的合理性也是保证其安全生产的一个主要因素。如果作业船舶发生安全生产事故，将会造成重大人身伤亡。所以规范要求在实施水域勘察作业前，勘察单位应对作业船舶或作业工具（平台）的选择给予足够的重视。在海上或江上作业，一般作业船舶的长度不应小于12m，吨位不得小于15t，功率不小于24匹马力。

根据水域不同工程物探方法的作业程序，分别对作业前仪器设备的准备工作、作业过程中应注意的主要安全生产事项以及可能出现危及安全生产的事故处理方法，作业结束后收放电缆时应采取的安全生产措施等作出规定。

**9.3.2** 条文对爆炸作业船与其他作业船（量测船）之间的拖挂方式，位置及安全生产防护等作出规定。考虑海上安全生产作业的需要，要求爆炸作业船与其他作业船之间应保持一定的安全距离，并不得少于100m。因为海上作业经常会遇上大风、大浪天气，从安全生产角度出发，保证有一定的安全距离是必需的。如果作业区是位于江、河、湖、溪等地表水域，由于相对风平浪静，爆炸作业船与其他作业船之间的最小安全距离可根据具体情况而定。当水域作业的炸药量大于10kg时，爆炸作业船与爆炸点的安全距离可按以下公式估算：

$$R=15\sqrt{Q} \tag{1}$$

式中：$Q$——一次爆炸的炸药量（kg）；

$R$——最小安全距离（m）。

**9.3.3** 电火花震源会产生瞬间高电压，如发生漏电事故有可能导致机毁人亡的安全生产事故，因此，要求船上作业设备和作业人员应佩戴绝缘防护用品和配置绝缘防护设施。同时，要求在作业过程中应经常检查船上电缆的绝缘程度。

**9.3.4** 采用机械式震源船，应注意作业过程中不断经受连续冲击，船体可能造成破损、漏水等导致震源船沉没。所以，规定震源船严禁载人，并且不得带故障作业，以免因安全生产事故导致人身伤亡事故发生。

**9.3.5** 水域工程物探除了经常使用的地震勘探方法外，还有电法、电磁法等勘探手段。当采用电法进行勘探作业时，危及作业安全的危险主要来自于作业船上探测设备和导线的绝缘程度、作业船舶的完好性（不漏水）和作业人员绝缘防护用品的配备等。防止漏水、漏电是保证水域工程物探安全生产作业的基本任务。

**9.3.6** 该条文直接引用现行国家标准《爆破安全规程》GB 6722第5.7.9条。要求装药点距水面应有一定的安全距离，主要是防止起爆后被炸飞的砂石伤及作业人员。确定安全距离应根据装药量、水的深浅程度、目标层（目的物）的埋藏深度等综合考虑。

## 9.4 人工震源

**9.4.1** 现行国家标准《爆破安全规程》GB 6722对爆炸物品的运输、存放、管理、使用以及作业人员从业条件等均作了详细的规定，能够满足一般民用爆炸工程作业安全。条文除了规定工程物探采用爆炸震源作业应执行现行国家标准《爆破安全规程》GB 6722和现行国家标准《地震勘探爆炸安全规程》GB 12950的有关规定外，还针对其作业特点作了补充性规定。

1 爆炸安全范围（直径）大小一般与药量大小、炸药类型、爆炸点的地形、地质条件有关；

3 本款是为了防止电磁或射频电源干扰，可能导致提前起爆造成安全生产事故而作出的规定。

**9.4.2** 虽然工程物探采用爆炸震源的用药量和爆炸当量均较小，但由于其作业点大部分位于地表，稍有不慎就可能酿成安全生产事故。考虑到爆炸作业的危险性，从安全生产角度出发，条文强调了爆炸作业统一指挥的必要性，对统一指挥的具体方式作了规定。

**9.4.3** 对在作业过程中出现拒爆现象时应采取的安全防护措施，以及在检查拒爆原因时应注意的安全事项作了详细规定。要求进行拒爆原因检查时，负责爆炸作业的负责人必须在现场进行指导。检查拒爆原因时应注意以下要点：

（1）当爆炸回路是通路时，应检查雷管是否错接在计时线上，爆炸回路是否短路或漏电；

（2）当爆炸回路是断路时，应检查雷管与爆炸线连接是否脱落、爆炸线是否断路。

**9.4.4** 在作业过程中出现瞎炮是常见到的事，但在处理瞎炮时一定要谨慎小心、规范作业，不得凭经验随意处置，否则将很容易发生安全生产事故。条文对坑炮、水炮和井炮三种瞎炮形式的处理方法作出了规定。处理瞎炮时，负责爆炸作业的负责人必须在现场进行指导。坑炮、水炮和井炮系指炸药放置的环境（炮点）如土石坑中、水中或井中。

**9.4.5** 根据现行国家标准《爆破安全规程》GB 6722的有关规定，并参考了一些其他行业标准，结合生产实际情况，条文对采用爆炸作业方式的适用条件作出了明确规定。

**9.4.6** 采用非爆炸冲击震源作业时的不安全生产因素主要来自于机械设备方面，防范这一不安全生产因素主要取决于机械设备的完好程度和作业人员是否按规操作。条文还要求作业过程中非操作人员应与震源保持足够的安全距离，以免发生意外。

**9.4.7** 采用电火花震源作业时，瞬间会产生较高的电压和电流，所以作业仪器设备应有良好的接地和剩余电流动作保护装置。作业仪器设备和作业人员的绝缘防护措施应落实到位，并对控制放电作业安全作了具体规定。

**9.4.8** 使用气枪震源最大的不安全因素是作业时会产生很大的高压气流。气枪震源对设备的安全性能要求高，危险性也较大。因此，规定采用气枪震源时应编制专项作业方案，作业过程中不得将枪口朝着有人的地方，并应设定一定的安全距离，在安全距离内严禁人员进入，以防发生安全生产事故。有关气枪震源的使用可参照现行行业标准《气枪震源使用技术规范》SY/T 6156的有关规定执行。

## 10 勘察设备

### 10.1 一般规定

**10.1.1** 任何机械设备、仪器的使用范围都有一定限度，在其使用说明书中均有明确规定。超过限度或不按照说明书规定操作，会造成仪器、设备出现故障、损毁或人身伤亡的安全生产事故。

**10.1.2** 由于机械设备上的安全防护装置能够及时预报机械的安全状态、防止安全生产事故发生、保证设备安全运行和作业人员的人身安全，所以严禁使用安全装置有故障或不完整的勘察设备。

**10.1.3** 勘察设备中钻探机组的重量最大，它对地基承载力的要求与勘探深度有关。一般情况下，将勘探设备基台构件安装在经修整的勘察场地都能满足对地基承载力的要求。如果是软土地基可采用加宽基台构件，增加与场地的接触面来满足要求。条文强调的加固措施主要是指钻塔的任一脚腿置于局部填方或软弱土层时，应采用砌筑或混凝土构件进行加固。桅杆式或"A"字型钻塔着力点集中、塔基压应力也大，如场地软硬不均容易发生钻塔倒塌事故，因此，要求桅杆式或"A"字型钻塔的基础应坚实牢固。

**10.1.4** 采用人力搬运设备时，要求应由专人统一指挥主要是为了协调统一，达到人机配合协调，防止发生扭伤、压伤、碰伤等安全生产事故。

**10.1.5** 本条说明如下：

**1** 基台构件包括基台枕（指横向铺设在地盘上的基台构件）和基台梁（指纵向铺设在基台枕上的基台构件）。基台构件可以是木材或型钢，也可以用钢筋混凝土构件作地梁，但强度必须满足要求。

**10.1.6** 本条说明如下：

**2** 由于采用汽车运输勘察设备时经常出现人货混装的现象，容易发生人身伤害事故。因此，条文对此类装卸作业作出严格规定。除此之外，汽车运输还应遵守道路交通管理法规的有关规定；

**3** 移动勘察设备，使用起重机械吊装时应遵守下列规定：

(1) 汽车运输、起重机械操作人员应持证上岗；

(2) 起吊时应发出信号，起吊物下方严禁人员停留或穿引；严禁人员随起吊物件起吊或降落；

(3) 起吊时，应先行试吊，确认物品重心稳定，绑扎牢靠后方可正式起吊；

(4) 严禁用吊钩直接吊挂勘察设备；

(5) 恶劣天气时段，如大雨、暴雨、大雪、大雾时，不得实施吊装作业。夜间作业应有足够照明。

**10.1.7** 机械外露转动部位主要指皮带传动系统、齿轮传动系统、联轴器传动系统和钻机回转器等部位。而皮带传动系统系指平皮带或三角皮带传动系统。

**10.1.8** 勘察设备出现异常情况系指冲击声、震动、晃动或位移等现象。变速箱轴承部位、齿轮箱转动部件、摩擦部件或机身温度有无超过60℃及冒火、冒浓烟或气味不正常等现象，仪表指示值、功率和排量等异常，安全装置失灵，冷却水中断或过热现象。不同设备反映的异常情况会有所差别，但都是反映设备发生故障，需要检查排除后才能继续使用，否则将会使小故障加剧最终酿成重大安全生产事故。

**10.1.9** 作业过程中如果不停机换档，不但换档困难而且容易造成齿轮损坏等安全生产事故。

### 10.2 钻探设备

**10.2.1** 钻探机组指钻机、泥浆泵、动力机以及钻塔等配套组合的钻探设备。

钻探机组整体迁移是指未将钻塔落下进行的钻探机组整体迁移，或是利用钻塔边迁移钻探设备、边用人力移动塔腿的方式进行的钻孔间迁移。条文规定严禁钻探机组进行整体迁移，主要是根据安全生产事故案例调查中发现因钻探机组进行整体迁移酿成的人身伤亡的安全生产事故不少，编制组认为钻探机组迁移作业应严格规范，才能保证安全生产。

鉴于该条文对保护勘察作业人员的人身安全具有重要意义，因此将其列为强制性条文。

**10.2.2** 钻塔系指升降作业和钻进时悬挂钻具、管材的构架。有桅杆式钻塔、"A"字型钻塔、三脚钻塔和四脚钻塔。

**1** 钻机卷扬机的最大起重量亦称最大提升力。条文要求钻塔的额定负荷量应大于钻机卷扬机的最大提升力，目的是防止钻塔超负荷作业可能导致的安全生产事故；

**2** 钻塔天车设置过卷扬防护装置的目的是防止提拉提引器时可能翻过天车导致人身伤亡事故；

**3** 如果升降系统带有游动滑轮，则"钻塔天车轮前缘切点"应为"钻塔天车轮轴中心"，"同一轴线"亦称"同一中心线"；

**4** 钻塔安装和拆卸（亦称钻塔起落）主要采用整体和分节建立法。钻塔起落范围系指整体安装和拆卸时钻塔塔腿的起落范围，或是采用分节建立法时钻塔构件的起落范围；

**5** 钻探设备通过机架用螺栓与基台牢固连接，钻塔塔腿压住基台构件（基石枕或基台梁，最好压住基台梁）并与基台构件连接。塔腿与基台连接方式主要有插销、栓钉插接和螺栓连接。这些连接方法除上述作用外，还可以防止塔腿在受力时移位可能产生的倒塌等安全生产事故；

6　钻塔、钻机通过基台构成一个完整的受力体系，从而使卷扬机实施升降作业。因此，不得随意在钻塔构件上打眼或进行改装，以免受力体系受到破坏而降低了钻探设备的整体强度。

8　人字钻塔和三脚钻塔一般多采用整体安装方法，即在地面上先把钻塔构件连接好，然后使用钻机卷扬机或人力将钻塔整体竖立起来并定位牢固；拆卸时则相反。不管是安装还是拆卸均应在地面作业，这样既安全又可减轻作业人员的劳动强度，有利于安全生产作业。钻塔起落时，作业人员应远离钻塔起落范围，并应有专人控制索引绳和观察钻塔起落动向，防止发生倒塔安全生产事故。

**10.2.4**　本条说明如下：

3　规定泥浆泵不得长时间超过规定压力下运转，主要是指泥浆泵的泵压不得超过铭牌规定的泵压值。此外，在钻进过程中，泵压表反映的泵压过大说明钻孔有异常，应及时进行处理，不得强行高泵压钻进，否则将会酿成安全生产事故。

**10.2.5**　本条说明如下：

1　启动柴油机最大的危险源来自摇把脱手或是未能将摇把及时抽出，以及拉绳缠绕在手上等伤及作业人员的安全生产事故。用手摇柄或拉绳启动柴油机，还很容易发生摇把反转伤及作业人员的安全生产事故，操作时应予以注意；

2　用冷水注入水箱或泼浇机体，会使高温的水箱和机体因骤冷产生破裂而损坏；

3　当柴油机温度过高使冷却水沸腾时，开盖时要戴上防烫手套等劳动防护用品，以避免被烫伤；

4　柴油机"飞车"是指柴油机正常运转时转速突然加快。发生这种事故最有效的排除方法是迅速堵塞进气通道，阻止空气进入燃油系统；而采用关闭输油管阀门的方法，无助于迅速排除飞车故障。

## 10.3　勘察辅助设备

**10.3.1**　当数台离心水泵并列安装时，扬程宜相同，每台之间应保持0.8m～1.0m的距离；串联安装时，流量应相同。

运转中发现漏水、漏气、填料发热、底阀滤网堵塞、运转声音异常、电动机温升过高、电流突然增大、机械零件松动或其他故障时，应立即停机检修。停止作业时，应先关闭压力表，再关闭出水阀，然后切断电源。冬季使用时，应将各放水阀打开，放净水泵和水管中的积水。

**10.3.2**　本条说明如下：

1　由于潜水泵是在水中工作，其电动机对绝缘程度要求较高，长时间使用需要定期测定其绝缘电阻值。如果绝缘电阻值低于0.5MΩ，说明电动机受潮，必须旋开放气封口塞，检查定子绕阻是否有水或油，若有水或油时，必须放尽并经烘干后方可使用；

为了保证潜水泵电动机的绝缘程度，除了应装设保护接零或剩余电流动作保护装置外，还应定期测定其绝缘电阻值；

3　潜水泵的电动机和泵都是安装在密封的泵体内，高速运转的热量需要水冷却。因此，不能在水外运转时间过长。

**10.3.3**　本条说明如下：

1　该条款主要是为了降低储气罐温度，提高储存压缩开启质量，远离热源和高温，保证压力容器安全；

2　要求移动式空气压缩机的拖车应有接地保护，目的是防止因电动机绝缘保护遭损坏而导致作业人员发生触电等安全生产事故；

3　要求输气管路应避免急弯，主要是为了减少输气的阻力，增加输气管路的安全系数；

4　规定输送压缩空气时不得将出气口对准有人的地方，主要是因为压缩空气的压强大，如果不小心直接吹向人体会容易造成人身伤害事故，所以应特别注意送气过程的安全操作程序，防止压缩空气外泄伤人；

5　储气罐安全阀是限制储气罐内压力不超过铭牌规定值的安全保护装置，要求灵敏有效且在检定期内。出气温度应在40℃～80℃之间。

**10.3.4**　本条说明如下：

3　焊接导线要有适当的长度，二次侧电缆一般以20m～30m为宜，过短不利于操作，过长会增大供电动力线路压降；规定不得利用金属构件或钢筋混凝土中的钢筋搭接形成焊接回路代替二次侧的地线，主要是防止发生触电伤人事故。

# 11　勘察用电和用电设备

## 11.1　一般规定

**11.1.1**　由于勘察现场作业条件与供电条件受现场诸多因素制约，与规范要求的安全作业条件经常有一定的差距，因此，勘察现场作业临时用电必须根据现场条件编制临时用电方案。用电设备的数量、种类、分布和计算负荷大小与用电安全有关。当勘察现场用电设备数量达5台以上时，应根据作业程序、合同工期等进行合理地调配供用电，直到满足安全生产用电为止；当勘察现场用电设备少于5台时，由于用电量小，可以在编制勘察纲要时制定符合规范要求的临时用电安全技术措施，并与勘察纲要一起审批。

临时用电设施架设完毕后，应由供电部门或勘察单位负责安全生产的管理部门组织内部验收后方可投入使用。

**11.1.2**　条文参考了现行行业标准《施工现场临时用电安全技术规范》JGJ 46—2005的有关规定，并将施工现场用电系统三项基本安全技术原则作为勘察用电安全的技术依据，充分体现了勘察与施工露天作业安全用电的一致性和连续性。条文规定勘察作业现场不管采用何种接地系统，低压配电级数不宜超过三级，否则会给开关整定的选择性动作带来困难，并且也无法将故障的停电范围限定在最小的区域内。同时，也对配电线路需要装设安全保护装置的种类作了规定，要求各种安全保护装置的动作整定值均需要考虑级间的协调配合。条文中的中性点系指三相电源作Y（星形）连接时的公共连接端。

**11.1.3** 本条是根据现行国家标准《用电安全导则》GB/T 13869有关禁止非电工人员从事电工工作的有关规定制定的。电工作业是一种危险性较大的特殊工种，必须经培训考核合格后方可持证上岗作业。许多勘察单位由于对从业人员进行安全用电教育不够或未有效执行安全用电方面的规章制度，发生了许多因用电不慎造成的触电人身伤亡安全生产事故和电器火灾安全生产事故。为了保证供、用电作业安全，规定供、用电设备的安装和拆除，必须由持证上岗的电工进行作业，并且严禁带电作业。供、用电作业应符合以下要求：

（1）即使是持证电工也不得带电作业；

（2）供、用电设施使用完毕后或发生故障时，均应由持证上岗的电工切断电源后方可进行供、用电设施拆除作业或查找故障原因和排除故障。

鉴于该条文在勘察作业安全用电方面的重要性，因此，将其列为强制性条文。

**11.1.4** 用电设备系指将电能转化为其他形式非电能的电气设备，如电动机、电焊机、灯具、电动工具、电动机械等。用电安全装置也称保护装置，系指保护用电设备、线路及其人身安全的相关电气设施，如断路器、剩余电流动作保护装置（漏电保护器）等。根据现行国家标准《用电安全导则》GB/T 13869、《建设工程施工现场供用电安全规范》GB 50194和现行行业标准《施工现场临时用电安全技术规范》JGJ 46、《民用建筑电气设计规范》JGJ 16的有关规定，用电设备及其用电安全装置应符合上述标准的有关规定，凡国家规定需强制认证的电气产品应取得国家认证后方可使用。

**11.1.5** 从加强安全用电管理的角度出发，参照现行国家标准《建设工程施工现场供用电安全规范》GB 50194和现行行业标准《施工现场临时用电安全技术规范》JGJ 46的有关规定，并结合岩土工程勘察作用现场的实际情况，电气装置发生超载、短路和失压等故障时，会通过自动开关跳闸，切断电源，保护串接在其后的用电设备。如果在故障未排除之前强行供电，自动开关将失去保护作用而烧坏用电设备。

**11.1.6** 根据现行国家标准《用电安全导则》GB/T 13869和现行国家标准《建设工程施工现场供用电安全规范》GB 50194的有关规定，结合勘察现场作业实际情况制定了该条文。条文中规定的停用1h，系指包含午休、下班和局部停工1h以上。当出现这种情况时，应将动力开关箱断电并上锁，以防止设备被误启动。

## 11.2 勘察现场临时用电

**11.2.1** 由于勘察作业场地一般均未经整平、整理，经常有块石、碎砖、固体垃圾等堆放在场地内，而且还经常有多个施工单位、多个工种同时交叉作业，从作业安全防护的角度出发，建议尽可能使用电缆线路。有关电缆敷设、线路架设等方面的详细规定可参阅现行国家标准《建设工程施工现场供用电安全规范》GB 50194的有关内容。

电缆类型应符合现行国家标准《电力工程电缆设计规范》GB 50217及《额定电压450/750V及以下聚氯乙烯绝缘电缆　第1部分：一般要求》GB 5023.1和《额定电压450/750V及以下橡皮绝缘电缆　第1部分：一般要求》GB 5013.1中关于电缆芯线数的规定，即：

（1）电缆中必须包含全部工作芯线和用作保护零线或保护线的芯线；

（2）三相四线制配电的电缆线路必须采用五芯电缆；五芯电缆必须包含淡蓝、绿/黄二种颜色绝缘芯线。淡蓝色芯线必须用作N线；绿/黄双色芯线必须用作PE线，严禁混用。

（3）三相三线时，应选用四芯电缆；

（4）当三相用电设备中配置有单相用电器具时，应选用五芯电缆；

（5）单相二线时应选用三芯电缆。

要求供电电缆采用多芯电缆，避免多根电缆对同一用电设备供电，并要求多芯供电电缆的其中一芯为专用PE线，供用电设备作保护接地。

**11.2.2** 本条文主要参考了现行标准《建设工程施工现场供用电安全规范》GB 50194、《电力工程电缆设计规范》GB 50217和《低压配电设计规范》GB 50054的有关规定，结合岩土工程勘察现场实际作业环境制定。

由于勘察作业现场经常碰到其他施工单位进行开挖或回填作业，为防止电缆被挖断或碰伤，所以要求供电电缆应沿道路路边或建筑物边缘埋设，并宜沿直线敷设。为便于查找、维修和保护电缆，要求转弯处和直线段每隔20m应设置电缆走向标志。

为了不妨碍正常作业和人员行走，规定了电缆的架设高度，对直埋电缆规定了最小埋置深度。电缆直埋时，要求电缆之间、电缆与其他管道、道路、建筑物等之间平行和交叉时的最小安全距离应符合现行国家标准《建设工程施工现场供用电安全规范》GB 50194中表3.3.5的规定。

**11.2.3** 本条主要参考了现行行业标准《施工现场临时用电安全技术规范》JGJ 46的有关规定，结合勘察现场作业特点制定。

**1** TN系统为最常用的接地系统，该系统供电回路如发生故障，其故障电流较大，用断路器、熔断器、剩余电流动作保护装置等保护电气来切断故障回路，该系统容易设置与整定；

**2** 同一供电系统宜采用同一种接地方式。当现场供电条件为TT系统时，则勘察作业现场也宜采用TT系统。该系统的接地故障电流较小，必须在每一回路上装设瞬动型剩余电流动作保护装置。由于TT系统的接地极与外电线路供电系统的接地极无关，可防止别处设备的故障电压沿接地线传导至勘察现场的电气设备外壳上可能引发的电击安全生产事故；

此外，N线与PE线单独敷设后如有电气连接，PE导体可能会有电流通过，使PE导体的电位提高，危及人身安全，并可能使剩余电流动作保护装置误动作，因此要保证N线与PE线电气上的隔离；

供电回路正常时，N线与火线均有电流通过，其总电流矢量和为零，因此，为了保证剩余电流动作保护装置可靠动作，工作零线（N线）必须接入剩余电流动作保护装置；

**3** 利用大地或动力设备的金属结构体作相线或工作零线时，会使保护装置的相线回路阻抗增大，短路电流不够大，不能确保保护装置迅速灵敏的动作，加大了遭受触电的危险；并且使作业现场的剩余电流动作保护装置无法正常运行，无法实现三级配电两级漏电保护；

根据现行国家标准《用电安全导则》GB/T 13869的有关规定，相线系指三相电源（发电机或变压器）的三个独立电源端引出的三条电源线，$L_1$、$L_2$、$L_3$或$A$、$B$、$C$表示，又称端线，俗称火线；

**4** 供电系统装设PE导体起到预防人身遭受电击的作用，所以必须保证其畅通，不允许装设开关和熔断器。PE线最小截面应符合现行国家标准《低压配电设计规范》GB 50054和《建设工程施工现场供用电安全规范》GB 50194的有关规定，目的是确保在发生接地故障时，能满足热稳定的要求；

一般情况下，配电装置和电动机械相联接的PE线应为截面不小于2.5mm$^2$的绝缘多股线；手持式电动工具的PE线应为截面不小于1.5mm$^2$的绝缘多股铜线；

**5** 根据现行国家标准《系统接地的型式及安全技术要求》GB 14050的有关规定，本条款对TN系统保护零线重复接地、重复接地电阻值的规定是考虑到一旦PE线发生断线，而其后的电气设备和导体与保护导体（或设备外露可导电部分）又发生短路或漏电时，降低保护导体对地电压并保证系统所设的保护电器应在规定的时间内切断电源。重复接地的目的，在于减少设备外壳带电时的对地电压；

**6** 为了保证保护地线或保护零线不会因为接触不良或断线使之失去保护而作出的强制性规定。如果随意将保护线缠绕或钩挂，无法做到可靠连接，一旦电气设备绝缘损坏时，将会导致其外壳带电，威胁作业人员的人身安全；

每一接地装置的接地线应采用2根及以上导体，在不同点与接地体做电气连接。不得采用铝导体作接地体或地下接地线。垂直接地体宜采用角钢、钢管或光面圆钢，不得采用螺纹钢；

**7** 利用自然接地体具有施工方便、接地可靠和节约材料等优点，在土壤电阻率较低的地区，可利用自然接地体不需另作人工接地保护。利用自然接地体作保护地线时应符合下列要求：

（1）保证其全长为完好的电气通路；

（2）利用串联的金属构件作接地保护地线时，应在金属构件之间的串联部位焊接金属连接线，其截面不得小于100mm$^2$。

**11.2.4** 为了降低三相低压配电系统的不对称性和电压偏差，保证用电的电能质量，配电系统应尽可能做到三相负荷平衡。当单相照明线路电流大于30A时，宜采用220V/380V三相四线制供电。

要求照明和动力开关箱应分别设置，主要是确保照明用电安全，不会因动力线路故障而影响照明，导致安全生产事故。

**11.2.5** 勘察作业现场开关箱应采用“一机、一闸、一漏、一箱”制原则，以防止发生误操作事故。条文中的用电设备包含插座。

鉴于该条文在勘察作业安全用电方面的重要性，将其列为强制性条文。

**11.2.6** 根据现行国家标准《用电安全导则》GB/T 13869和《建设工程施工现场供用电安全规范》GB 50194的有关规定，结合勘察现场作业实际情况，为保障配电箱、开关箱使用时的安全性和可靠性，对其装设位置的环境条件作出相应的限制性规定。

**11.2.7** 考虑便于操作维修，防止地面杂物、溅水危害，适应勘察现场作业环境，对配电箱和开关箱的设置高度作出规定。

**11.2.8** 条文内容是根据现行国家标准《用电安全导则》GB/T 13869的有关规定并参考现行行业标准《施工现场临时用电安全技术规范》JGJ 46的有关要求而制定的，目的是保障配电箱、开关箱正常的电器功能配置和保护配电箱、开关箱进出线及其接头不被破坏。

**11.2.9** 本条是根据现行国家标准《用电安全导则》GB/T 13869关于“适应施工现场露天作业条件”的规定制定的，严禁电源进线采用插头和插座做活动连接，主要是防止插头被触碰带电脱落时可能造成的意外短路和人体触电遭受伤害的安全生产事故。

**11.2.10** 根据现行国家标准《用电安全导则》GB/T 13869的有关规定，考虑到勘察现场作业实际环境条件，为保障配电箱、开关箱使用和维修安全所作的规定。其中，定期检查、维修周期不宜超过一个月。配电箱、开关箱操作程序应符合下列规定：

（1）送电操作顺序：总配电箱⇒分配电箱⇒开关箱；

（2）停电操作顺序：开关箱⇒分配电箱⇒总配电箱。

出现电气故障等紧急情况可以除外。

**11.2.11** 本条符合现行国家标准《低压配电设计规范》GB 50054、《通用用电设备配电设计规范》GB 50055及《剩余电流动作保护装置安装和运行》GB 13955的有关规定，适用于用电设备的电源隔离和短路、过载、漏电保护需要。当熔断器具有可见分断点时，可不另设隔离开关。开关箱中的隔离开关仅可以直接控制照明电路和容量不大于3.0kW的动力电路，但不可以频繁操作；容量大于3.0kW的动力电路采用断路器控制，操作频繁时还应附设接触器或其他启动控制装置。当剩余电流动作保护装置是同时具有短路、过载、漏电保护功能的漏电断路器时，可不装设断路器或熔断器。

常用电动机开关箱中的电器规格可按现行行业标准《施工现场临时用电安全技术规范》JGJ 46附录C选用。

**11.2.12** 剩余电流动作保护装置简称剩余电流保护装置，亦称漏电保护器。剩余电流动作保护装置的选择、安装、运行和管理应符合现行国家标准《剩余电流动作保护器的一般要求》GB 6829和《剩余电流动作保护装置安装和运行》GB 13955的有关规定。

**1** 本款引自《施工现场临时用电安全技术规范》JGJ 46的有关规定。安全界限值30mA主要引自于现行国家标准《电流通过人体的效应 第一部分：常用部分》GB/T 13870.1中图1（15～100Hz正弦交流电的时间/电流效应区域的划分）；

**2** 由于临时用电系统的剩余电流动作保护装置主要是为了防止人体间接触电可能造成伤害，根据现行国家标准《剩余电流动作保护器的一般要求》GB 6829的有关要求，选择的剩余电流动作保护装置应是高速、高灵敏度、电流动作型产品；潮湿或腐蚀场所选用的剩余电流动作保护装置的结构应符合现行国家标准《外壳防护等级（IP代码）》GB 4208的防溅型电器；

**3** 剩余电流动作保护装置产品分为电子式和电磁式。当选用电子式剩余电流动作保护装置产品，根据电子元器件有效工作寿命要求，工作年限一般为6年；超过规定年限应进行全面检测，根据检测结果决定可否继续运行。同时，当选用辅助电源故障时不能自动断开的辅助电源型（电子式）产品，还要同时设置缺相保护；根据岩土工程勘察临时用电工程间断性特点作此选择性规定。

勘察现场根据实际情况装设二至三级剩余电流动作保护装置，构成二级或三级保护系统。各级剩余电流动作保护装置的主回路额定电流值、额定剩余动作值、电流值与动作时间应满足选择性的要求。

勘察现场电气线路易受损伤而发生接地故障，装设二至三级剩余电流动作保护装置可起到防止间接接触电击事故和电气火灾事故以及缩小事故范围的作用。

装于末端用于直接接触电击事故防护的剩余电流动作保护装置应选用无延时型产品，其额定漏电动作电流不应大于30mA。剩余电流动作保护装置每天使用前应启动漏电试验按钮试跳一次，试跳不正常时严禁继续使用。

**11.2.13** 根据现行国家标准《建设工程施工现场供用电安全规范》GB 50194和现行行业标准《施工现场临时用电安全技术规范》JGJ 46的有关规定，照明器具的选择必须按下列环境条件确定：

（1）正常湿度一般场所，选用开启式照明器；

（2）潮湿或特别潮湿场所，选用密闭型防水照明器或配有防水灯头的开启式照明器；

（3）含有大量尘埃但无爆炸和火灾危险的场所，选用防尘型照明器；

（4）有爆炸和火灾危险的场所，按危险场所等级选用防爆型照明器；

（5）存在较强振动的场所，选用防振型照明器；

（6）有酸、碱等强腐蚀介质场所，选用耐酸碱型照明器。

**11.2.14** 由于岩土工程勘察经常是在一种较潮湿的环境中作业，所以条文规定其接触电压限值为24V，因此，特低电压回路不应采用我国常用的36V电压，而应采用24V或12V电压。

参考现行国家标准《建设工程施工现场供用电安全规范》GB 50194的有关规定，当环境相对湿度经常小于75%时为一般场所，当环境相对湿度经常大于75%时为潮湿环境，环境相对湿度接近100%时为特别潮湿环境。

在特别潮湿环境，电气设备、电缆、导线等，应选用封闭型或防潮型；电气设备金属外壳、金属构架和管道均应接地良好；移动式和手提式电动工具，应加装剩余电流动作保护装置或选用双重绝缘设备；行灯电压不得超过12V。

在潮湿环境，不应带电作业，一般作业应穿绝缘靴或站在绝缘台上。

一般场所，相关开关箱中剩余电流动作保护装置应采用防溅型产品，其规定漏电动作电流不应大于30mA，额定漏电动作时间不应大于0.1s。

**11.2.15** 由于恶劣天气易发生断线、电气设备损坏、绝缘度降低等事故，所以应加强作业现场临时用电设施的巡视和检查；为了保护巡视和检查人员的人身安全，防止发生触电等人身安全事故，要求巡视时应穿戴好个人安全防护用品。

**11.2.16** 要求及时拆除临时用电设施和设备，主要是从保护人身安全、防止设备和器材丢失的角度出发而作出的规定。

### 11.3 用电设备维护与使用

**11.3.1** 新购买或经过大修的用电设备，需要经过测试，验证其性能和适用性。由于新装配的零部件表面咬合程度较差，需要经过磨合，以达到各部件表面的良好接触，如果未达到磨合期满就满负荷使用，会引起黏附磨损而造成安全生产事故。

**11.3.2** 用电设备负荷线的性能应符合现行国家标准《额定电压450/750V及以下橡皮绝缘电缆》GB 5013中第一部分（一般要求）和第四部分（软线和软电缆）的要求；其截面可参照现行行业标准《施工现场临时用电安全技术规范》JGJ 46附录C的有关要求选配。

电缆芯线数应根据负荷及其控制电器的相数和线数确定：三相四线时，应选用五芯电缆；三相三线时，应选用四芯电缆；当三相用电设备中配置有单相用电器时，应选用五芯电缆；单相二线时，应选用三芯电缆。

**11.3.3** 本条说明如下：

**6** 本款引自《电气装置安装工程旋转电机施工及验收规范》GB 50170。

**11.3.4** 本条说明如下：

**2** 排烟管在机房外垂直敷设的管段，距机房墙小于1m或高出机房屋檐的管段低于1m时，高温的烟气容易飘进机房与油气混合产生易燃气体或污染机房的空气；

**3** 要求供电系统设置电源隔离开关及短路、过载、剩余电流动作保护装置，目的是强调勘察现场临时用电系统安全的一致性；

**5** 要求移动式发电机系统接地应按现行行业标准《民用建筑电气设计规范》JGJ 16和《施工现场临时用电安全技术规范》JGJ 46的有关规定执行。

**11.3.5** 规定发电机电源与外电线路的电气隔离措施，目的是为了保证发电机组不会因外电线路并列运行而发生倒送电，造成发电机组烧毁安全生产事故。

**11.3.6** 本条说明如下：

**1** Ⅰ类工具的防止触电保护不仅依靠工具的基本绝缘，而且还包括一个保护接零或接地的安全预防措施，使外露可导电部分在基本绝缘损坏的事故中不能成为导电体；

Ⅱ类工具的防止触电保护不仅依靠基本绝缘，而且还提供附加的双重绝缘或加强绝缘，没有保护接零或接地或不依赖设备安装条件的措施，外壳的明显部位有Ⅱ类结构"回"标志。Ⅱ类工具分为绝缘材料外壳Ⅱ类工具和金属外壳Ⅱ类工具；绝缘材料外壳的手持式电动工具怕受压、受潮和腐蚀；

Ⅲ类工具防触电保护依靠安全特低电压供电，工具中不会产生比安全特低电压高的电压。

**4** 主要是为了防止机具长时间使用发生故障，同时也是为了延长机具使用寿命而要求采取的安全防护措施；

**5** 手持电动工具是依靠操作人员的手来控制，如果运行中的机具失去控制会损坏工件和机具，甚至危及人身安全。

**11.3.7** 手持砂轮机转速一般在10000r/min以上，所以必须对砂轮的质量和安装提出严格要求，以保证作业安全。

## 12 防火、防雷、防爆、防毒、防尘和作业环境保护

### 12.1 一 般 规 定

**12.1.1** 国家《危险化学品安全管理条例》对危险品的采购、运输、存储、使用和处置均有明确规定。

采购、运输、存储、使用和处置危险品的人员必须经过相关专业安全教育培训，了解不同危险品的化学、物理性质，取得资格证书后方可从事本项工作。

鉴于该条文在勘察作业方面的重要性，将其列为强制性条文。

**12.1.2** 现行国家标准《安全标志》GB 2894对不同的安全标志作了规定。安全标志分为禁止标志、警告标志、指令标志和提示标志四类。禁止标志的含义是禁止人们的不安全行为；警告标志的基本含义是提醒人们对周围环境引起注意，以避免可能发生危险；指令标志的含义是强制人们必须做出某种动作或采用防范措施；提示标志的含义是向人们提供某种信息。

### 12.2 危险品储存和使用

**12.2.1** 对产生碰撞、相互接触容易燃烧、爆炸、发生化学反应的危险品不得混放，危险品的使用应严格遵守相关安全操作规程的有关规定。

**12.2.2** 为防止危险品流失，建立严格的使用登记记录是非常必要的，便于核查危险品的数量和去向。

**12.2.4** 使用后的危险品，尤其是废弃的化学试剂不得随意倾倒，由于不同化学试剂混合一起可能会发生化学反应，产生有毒、有害物质或燃烧、爆炸等。所以要求应分别收集存放。

**12.2.5** 要求使用腐蚀性药品如强酸、强碱及氧化剂等进行水、土试验时，不仅作业过程中要遵守条文的有关规定，而且还要满足安全操作规程和危险化学品安全管理条例的有关规定。

**12.2.7** 个别特殊试验项目，需要使用放射性试剂或放射源，使用时应严格遵守国家《放射性同位素与射线装置放射防护条例》的有关规定。国家对放射性物品的运输、储存、使用、管理等均有严格的规定，放

射源和放射性试剂应放置在铅罩或铅室内由专人保管，放射源应由计量部门进行更换，严禁将放射源密封外壳打开，严禁人体直接接触。

鉴于该条文在勘察作业方面的重要性，因此，将其列为强制性条文。

## 12.3 防 火

**12.3.1** 勘察作业现场临时用房包括勘察作业中使用的临时工棚、仓库、办公场所、试验室等设施，应按有关规定配置合格的灭火器材。灭火器材应放在合适位置，便于发生火灾时取用。

现行国家标准《建筑灭火器配置设计规范》GB 50140第3.1.2条将灭火器配置场所的火灾种类划分为以下五类：

（1）A类火灾：指固体物质火灾。如木材、棉、毛、麻、纸张及其制品等燃烧的火灾；

（2）B类火灾指液体火灾或可熔化固体物质火灾。如汽油、煤油、柴油、原油、甲醇、乙醇、沥青、石蜡等燃烧的火灾；

（3）C类火灾：指气体火灾。如煤气、天然气、甲烷、乙烷、丙烷、氢气等燃烧的火灾；

（4）D类火灾：指金属火灾。如钾、钠、镁、钛、锆、锂、铝镁合金等燃烧的火灾；

（5）E类（带电）火灾：指带电物体的火灾。

勘察作业场所可能发生火灾的类型主要为A、B、C、E类。

上述规范第3.2.2条将民用建筑灭火器配置场所的危险等级划分为以下三级：

（1）严重危险级：使用性质重要，人员密集，用电用火多，可燃物多，起火后蔓延迅速，扑救困难，容易造成重大财产损失或人员群死群伤的场所；

（2）中危险级：使用性质较重要，人员较密集，用电用火较多，可燃物较多，起火后蔓延较迅速，扑救较难的场所；

（3）轻危险级：使用性质一般，人员不密集，用电用火较少，可燃物较少，起火后蔓延较缓慢，扑救较易的场所。

勘察作业现场灭火器材的配置数量可根据配置场所危险等级、灭火器最大保护距离等按现行国家标准《建筑灭火器配置设计规范》GB 50140有关规定确定。对储存易燃、易爆物品的场所应严格按有关规定配置足够数量的灭火器材，如灭火器、集水桶、沙土等。

**12.3.2、12.3.3** 北方地区，冬季勘察作业现场临时住人用房取暖引发的火灾事故较多。主要表现为：随意采用明火取暖，明火点与易燃、易爆物没有保持足够的安全距离，在无安全防护措施条件下使用电热毯取暖等，所以冬季勘察作业取暖是主要的不安全生产因素。

**12.3.5** 林区、草区、化工厂、燃料厂等场所的有关管理部门或建设单位均有严格的防火规定，勘察作业人员进入上述厂、区勘察作业时，应严格遵守当地有关防火规定，服从和接受有关方面的监督和管理。

鉴于该条文在勘察作业方面的重要性，将其列为强制性条文。

**12.3.6** 不同易燃物品着火时，灭火方法不尽相同。现行国家标准《建筑灭火器配置设计规范》GB 50140规定：A类火灾场所应选择水型灭火器、磷酸铵盐干粉灭火器、泡沫灭火器或卤代烷灭火器；B类火灾场所应选择泡沫灭火器、碳酸氢钠干粉灭火器、磷酸铵盐干粉灭火器、二氧化碳灭火器、灭B类火灾的水型灭火器或卤代烷灭火器，极性溶剂的B类火灾场所应选择抗溶性灭火器；C类火灾场所应选择磷酸铵盐干粉灭火器、碳酸氢钠干粉灭火器、二氧化碳灭火器或卤代烷灭火器；D类火灾场所应选择扑灭金属火灾的专用灭火器；E类火灾场所应选择磷酸铵盐干粉灭火器、碳酸氢钠干粉灭火器、卤代烷灭火器或二氧化碳灭火器，不得选用装有金属喇叭喷筒的二氧化碳灭火器。因此，勘察作业现场不仅要配备足够相应的灭火器材，而且要对员工进行防火安全教育和培训，以免火灾发生时，采取不当措施导致严重后果。

**12.3.7** 可能产生沼气的地层主要是富含有机质的淤泥和生活垃圾填埋层。在这类地层分布区域勘探作业，应先清理场地及附近的可燃物，勘探过程中应注意观察有无气体逸出，并应提前采取相应的安全生产防护措施。当场地比较空旷，有沼气溢出时，可采用点火燃烧的方法进行简单处理，待火苗熄灭，沼气浓度符合要求后再重新进行作业。

**12.3.9** 进行焊接、切割作业前，应先将作业场地10m范围内所有易燃、易爆物品清理干净，并应注意作业环境中的地沟、下水道内有无可燃液体或可燃气体，以免焊渣、金属火星溅入引发火灾或爆炸等安全生产事故。

进行高空焊接、切割作业时，不得将使用后剩余的焊条头乱扔，应集中存放，并应在焊接、切割作业下方采取隔离防护措施。

## 12.4 防 雷

**12.4.1** 在雷雨季节或易受雷击地区，当勘察作业现场在邻近建筑物、构筑物等设施的接闪器的保护范围以外时，钻塔上应设置防雷装置。防雷装置接闪器的保护范围系指按滚球法确定的保护范围。

滚球法：选择一个半径为$R$的球体，沿需要防止雷击的部位滚动，当球体只触及接闪器（包括被利用作为接闪器的金属物）或只触及接闪器和地面（包括与大地接触并能承受雷击的金属物）而不触及需要保护的部位时，则该部分就得到接闪器的保护，单支接闪器的保护范围就可以确定。

**12.4.2** 防雷装置由接闪器、引下线和接地装置三部分组成。接闪器、引下线和接地装置宜用焊接方式连接，如用金属板以螺丝连接时，金属板的接触面积不得小于10cm²，接地电阻不得大于10Ω。接闪器、引下线和接地装置应分别符合下列要求：

（1）接闪器（避雷针）应高出塔顶1.5m以上，宜采用直径不小于25mm的圆钢或直径不小于38mm的焊接钢管制作，要求钢管壁厚不小于2.5mm；

（2）引下线宜采用圆钢或扁钢，当采用圆钢时，直径不应小于8mm。当采用扁钢时，截面不应小于48mm²，厚度不应小于4mm。引下线应穿绝缘管，确保与钻塔间的绝缘；

（3）接地装置一般由接地体和接地线两部分组成。有条件时，接地体应充分利用直接与大地接触而又符合要求的金属管道和金属井管作为自然接地体，无条件时可设置垂直式人工接地体。材料以采用角钢或钢管为宜，角钢厚度不应小于4mm，边长不应小于40mm；钢管壁厚不应小于3.5mm，直径不应小于25mm。数量不宜少于2根，每根长度不应小于2m。极间距离宜为长度的2倍。顶端距地面宜为0.5m～0.8m，也可以部分外露，但入地部分长度不应小于2m。如土壤电阻率高，不能满足接地电阻要求时，可在接地体附近放置食盐、木炭并加水，以降低土壤电阻率。

**12.4.3** 本条文直接引自现行行业标准《施工现场临时用电安全技术规范》JGJ 46—2005中的第5.4.6条规定。

**12.4.4** 野外作业遇雷雨天气时，人们经常会跑到易引雷的大树下、岩石下或山顶的洞穴中避雨，而这些场所最容易遭受雷击。因此，有必要提醒勘察作业人员不要在孤立的大树、岩石或空旷场地上避雨，并应远离金属物，以免遭受雷击导致人身伤亡事故。

## 12.5 防 爆

**12.5.1** 国家《民用爆破物品安全管理条例》、《危险化学品安全管理条例》等法律、法规和现行国家标准《爆破安全规程》GB 6722对易燃、易爆物品的存储均有严格的规定。要求必须存储在按国家有关规定设置技术防范设施并符合安全、消防要求的专用仓库、专用场地或专用存储室内。存储方式、方法和存储数量必须符合国家有关标准规定，并由专人负责管理。特殊情况下，应经主管部门审核并报当地县（市）公安机关批准，方准在库外存放。

危险化学品存储专用仓库，应当设置明显的安全标志。危险化学品存储专用仓库的存储设备和安全设施应定期检测。

**12.5.2** 爆炸作业是一项危险性很高的职业，稍有不慎就会酿成重大人身伤亡事故，所以，作业人员必须经过专业技术培训，熟悉常用爆炸物的性能，以及运输、存储、使用等方面的安全知识，并应经设区市级人民政府公安机关考核合格，取得爆破作业人员许可证后，方可上岗从事爆炸作业。条文对爆炸作业人员的职业技能培训、考核持证上岗要求等作出了详细的规定。

鉴于该条文在勘察作业方面的重要性，因此，将其列为强制性条文。

**12.5.3** 爆炸作业前不仅要进行爆炸工程设计，而且要进行施工组织设计，制定保证作业安全的措施。因此，要求爆炸作业开始前必须进行踏勘，发现潜在的危险源，以便提前采取控制手段和措施，进而保证爆炸作业安全。现行国家标准《爆破安全规程》GB 6722规定，一般岩土爆破设计书或爆破说明书由单位领导人批准。A级、B级、C级、D级爆破工程设计应经有关部门审批，未经审批不准开工。

**12.5.4** 对地质条件复杂的场地，在进行爆炸设计前应对爆区周围人员、地面和地下建（构）筑物及各种设备、设施分布情况等进行详细的调查研究，然后进行爆炸设计。

**12.5.5** 在城镇进行爆炸作业时，当作业环境条件比较复杂，特别是炸点距重要建筑物、居民区和公共设施较近时，应进行安全论证。必要时，应制定应急预案，并经政府有关部门批准。

**12.5.6** 从安全生产的角度出发，考虑到爆炸作业的危险性，条文强调了爆炸作业统一指挥的必要性，对统一指挥和安全警戒措施作了规定。必要时作业现场还应指派专人进行监护，防止非作业人员进入爆炸作业影响范围。

**12.5.7** 当作业场地位于山区时，如山体岩土破碎、松散且地形条件陡峻，爆炸作业可能会引发山体崩塌、滑坡、危岩滚落等地质灾害现象发生。因此，应在影响区域的道路上设置安全标志，必要时还应派专人值守，以免非作业人员闯入作业影响范围内造成人身伤亡事故。

**12.5.8** 根据现行国家标准《爆破安全规程》GB 6722的有关规定，爆破作业完成5min后方准人员进入爆破区，在无机械通风的半封闭洞室内进行爆破作业，应等待不少于20min以上，待炮烟排除后，人员方可进入爆破区进行其他工序作业。

**12.5.9** 本条对特殊作业环境和特殊作业条件下进行爆炸作业时应使用专用爆炸器材作出规定。

**12.5.10** 遇到复杂岩土工程条件时，岩土工程勘察经常采用探井、探槽勘探手段，并对井、槽内遇到的孤石、块石进行爆破作业。这种情况下的不安全生产因素主要取决于能否认真执行安全生产操作规程，本规范仅对作业过程中应注意的主要事项予以规定。

## 12.6 防 毒

**12.6.1** 表12.6.1中数值引自现行国家标准《爆破

安全规程》GB 6722 中的表 20。

**12.6.2** 探洞、探井、探槽作业除可能遇到表12.6.1中的有害气体外，还有可能遇到瓦斯和沼气等易燃气体。当探井挖掘到生活垃圾填埋层或淤泥土层时，应注意预防土层中的沼气溢出；地下洞室作业应特别注意预防含煤地层中的瓦斯溢出。因此，地下洞室、探井、探槽作业不仅应采取通风措施，还应做好检测工作。常用简易检测方法如下：

（1）有害气体检测——将动物（鸟、鼠等）装在笼内，放入探井测试；

（2）氧气含量检测——将点燃的蜡烛放到井下测试井底空气的含氧量。

有害气体通常易燃、易爆，所以洞、井、槽挖掘作业必须使用防爆型电器设备，并严禁在洞、井内使用明火。

如果探洞、探井、探槽中断作业时间较长，井下的有害气体集聚会使溶度升高，所以，当重新进入时应先检查有害气体溶度，符合要求后方可进入作业。

**12.6.3** 条文中的剧毒、腐蚀性药品系指勘察单位试验室中使用的氰化物、氯化物、砷化物、铬化物、浓酸和浓碱等。国家《危险化学品安全管理条例》中对有毒和腐蚀性药品的储存、使用均有明确规定。但良好的通风设施是剧毒药品操作室必须具备的最基本条件。

**12.6.4** 试验室发生剧毒、腐蚀性药品意外伤害事故多与违规操作有关，因此，要求作业人员使用剧毒、腐蚀性药品时应严格遵守技术操作规程的有关规定。同时，作业人员应熟悉药品的化学性质，并应按规定穿戴相应的劳动防护用品。一旦发生意外，应及时采取有效补救措施。当吸入有毒气体时，应首先切断毒气源，加强通风排毒；当腐蚀性药品试剂喷洒到皮肤上时，应及时用干燥棉纱擦除，并根据试剂的化学性质采用水或稀酸、稀碱中和处理。

**12.6.5** 条文对剧毒药品的使用作了严格规定，要求使用剧毒药品时应实行双人双重责任制，即两人应共同接收和使用剧毒药品，两人应分开保管储藏室钥匙。同时应做好剧毒药品接收和使用记录，记录应有日期、用途、用量、剩余量和剩余药品的处置情况，有关责任人应同时签字确认。不得一人单独接收和发放，严防有毒药品流出作业场所，对社会安定造成严重危害。

鉴于该条文在勘察作业方面的重要性，因此，将其列为强制性条文。

**12.6.6** 条文对剧毒药品使用后的后续管理作业程序作了严格规定，并且对使剩余试剂的处置和保管作出具体规定。

**12.6.7** 条文对剧毒、腐蚀性药品的废弃物和废液处置作出了相应的规定，规定废弃物和废液不得随意丢弃和排放，应放置在专用存储罐内，以免造成环境污染或对人体的伤害。

## 12.7 防　尘

**12.7.1** 为保护劳动者身体健康，根据国家有关法律、法规，条文对在粉尘环境中工作的作业人员除要求应按规定穿戴相应的劳动保护用品外，并应定期更换，避免因劳动防护用品失效影响作业人员的身体健康。

**12.7.2** 在粉尘环境中工作的作业人员除应按规定穿戴相应的劳动保护用品外，更重要的是作业场所应采取防尘综合措施。防尘综合措施包括控制尘源、防尘排尘、含尘空气净化等三方面，实施时可以通过采取“水、密、风”等手段来达到预防粉尘危害的目的。此外，防尘工作尚应按照现行国家标准《作业场所空气中粉尘测定方法》GB 5748、《生产性粉尘作用危害程度分级》GB 5817 和其他国家工业卫生标准的有关规定执行。

**12.7.3** 坑探、井探、洞探进行的凿岩、爆破作业，土工试验的岩样加工、筛分和磨片作业等均会产生粉尘。生产性粉尘对人体的危害主要是引起矽肺病，粉尘还可引起上呼吸道炎症，锰尘与铍尘可引起肺炎，铬、镍、石棉粉尘易致肺癌。因此，条文根据国家安全生产法、劳动保护法和职业病防治法等法律、法规的规定，要求勘察单位应定期安排在粉尘环境中工作的作业人员进行体检。

## 12.8 作业环境保护

**12.8.1** 国家《环境保护法》和《水土保持法》对施工现场环境保护有严格要求，因此，勘察方案内容应有在现场踏勘的基础上，结合拟采用的勘察手段，对作业现场的环境保护包括植被保护等措施。必要时，应变更勘探手段，如采用轻便勘探手段——工程物探、坑探、井探，或在规范允许范围内调整勘探点位置，尽量减少对作业现场植被的破坏。

**12.8.2** 勘察作业前应进行环境保护措施交底，目的是让作业人员预先了解具体的环境保护措施和在作业时应注意的事项，并提前做好各种预防措施，有利于防止作业过程中油液泄漏、泥浆排放、弃土、弃渣和作业噪声等对环境的污染。

**12.8.3** 根据国家《危险废弃物名录》的规定：“废机油、液压油、真空泵油、柴油、汽油、润滑油、冷却油，含铅废物，含氯化钡废物”等均列为危险废物。因此，条文对这类废弃物的处置作出了不得随意堆放和丢弃的规定。

**12.8.4** 为防止野蛮作业污染作业场地周边的环境和空气质量，条文对废弃物的堆放、处置等应采取的环保措施作出具体规定。

**12.8.5** 根据国家《水污染防治法》“禁止向水体排放油类、酸类、碱类和剧毒废液”的有关规定，野外作业和室内作业产生的废水排放到城市污水管道内的水质必须符合国家标准，酸碱类物质必须经过中和处理，达到排放标准后方可排放；有毒物质、易燃易爆物品和油类应分类集中存放，回收处理。

鉴于该条文在勘察作业方面的重要性，因此，将其列为强制性条文。

**12.8.6** 岩土工程勘察作业噪声包括外业作业噪声和室内试验噪声，因此，勘察作业除了必须符合现行国家标准《建筑施工场界噪声限值》GB 12523 和《工业企业厂界噪声标准》GB 12348 的有关要求外，还应满足对职工职业健康安全的要求。

# 13 勘察现场临时用房

## 13.1 一般规定

**13.1.1** 由于野外作业往往受客观条件限制，搭建临时用房存在一定困难。在这种情况下，可根据作业现场实际情况搭设帐篷或遮棚宿营。在保证最小安全距离的前提下，生活区和作业区应分开设置，为作业人员提供一个相对安全、无污染、环境好的临时住房。

野外宿营地一般指几天内的短期宿营，临时用房为各种帐篷，由于住宿时间相对需搭建的临时用房短很多，所以对住宿条件要求不高。但是宿营地的选址仍应给以足够的重视，如果选址不当，遇恶劣气候条件或地质灾害时，同样也可能发生安全生产事故，造成人身伤亡、财产损失。

**13.1.2** 规定临时用房应搭建在场地稳定、不易受水淹没、无不良地质作用、周边环境无污染的地方。严禁搭建在可能产生滑坡或受地质灾害影响的区域内。临时用房的主体结构应无安全隐患。

选择宿营地时，不应选择在靠近河床或峡谷等低洼处，有崩塌、危岩、块石掉落危险或雪崩可能的陡坡下或悬崖下，并应在保证最小安全距离的情况下，尽量选择靠近水源和燃料补给的地方。应注意避开风口、雨水通道，以及可能产生雪崩或滚石掉落等不良地形条件和不良地质作用影响区。

夏季，宿营地点应选择在干燥，地势较高，通风良好，蚊虫较少的地方。通常，湖泊附近和通风的山脊、山顶是夏天较为理想的设营地点。森林和灌木丛也是较理想的宿营地。

冬季，宿营地点应视避风以及距燃料、设营材料、水源的远近等情况而定。应避开易被积雪掩埋的地点，避开崖壁的背风处，在林区和雪地宿营时应先将雪扫净，在雪较厚的地方，应将雪筑实再在雪上铺一层厚 10m 以上的干草等措施，以防止雪受热融化。

条文第 4 款中的变配电室系指室外放置高压变电及配电设施的构筑物。

**13.1.3** 规定采用装配式临时用房必须是由经国家工商注册、建设主管部门颁发生产许可证的厂家生产的产品。不得随意自行制作或采购不合格产品。

**13.1.4** 对临时用房的建筑材料，安全用电等作了具体规定，从而保证临时用房的质量。为作业人员提供有质量保证的临时用房，避免因临时用房质量带来的不安全因素。

**13.1.5** 虽然临时用房仅供临时使用，但是要求其主体结构应具备一定的安全性和具备一定的抵御风雪的能力，并且应有一定的安全防护设施和一定的舒适度，最大限度地满足作业人员一般的生活需求。

**13.1.6** 规定在建设场地内进行勘察作业需要搭建临时用房时，临时用房的房顶应有防坠物伤人、毁物的安全防护措施。

## 13.2 住人临时用房

**13.2.1** 从安全角度出发，要求住人临时用房不得存放易燃、易爆物品。但由于是临时住房，作业人员往往不够重视，经常图方便省事把一些易燃、易爆物直接存放在住人临时用房内，稍不注意很容易引发安全生产事故。作出明确规定有利于提醒勘察单位和员工的重视。

鉴于该条文对保护勘察从业人员的人身安全具有重要意义，因此，将其定为强制性条文。

**13.2.2** 条文从防火、防毒和保护作业人员人身安全的角度出发，对使用“三炉”作出了限制。特别是北方地区冬季，勘察现场住人临时用房经常因作业人员违反安全生产管理规定在房内违规点火取暖等造成火灾或作业人员中毒的恶性安全生产事故。

**13.2.3、13.2.4** 从安全防护的角度出发，对住人临时用房的建筑标准，防火、劳动卫生等方面提出具体的要求，保证住人临时用房的安全性和适用性。

**13.2.5、13.2.6** 驻人临时用房必须满足消防安全距离和消防通道的有关要求，按规定配备灭火器材，并应放置在明显和便于取用的地点，且不得影响安全疏散。灭火器材应放置稳固，其铭牌必须朝外。手提式灭火器宜设置在挂钩、托架上或放置在灭火器材箱内，其顶部离地面高度应小于 1.50m，底部离地面高度不宜小于 0.15m。灭火器不得放置在超出其使用温度外范围的地点。

**13.2.7、13.2.8** 对住人临时用房使用火炉取暖时应注意的安全事项等提出了具体的要求，作出了明确的规定，最大限度防止安全生产事故发生。

## 13.3 非住人临时用房

**13.3.1** 规定非住人临时用房存放有毒、易燃、易爆物品时应分类、分专库存放，不得统放在一个库中以免产生安全隐患，并应与住人临时用房保持一定的安全距离。由于是非住人临时用房，其使用和管理往往无规章制度约束，存放材料、物品随意性很大，大部分无专人值守，当存放有毒、易燃、易爆物品时，如果管理不当很容易造成失窃，中毒、火灾和爆炸等安全生产事故。

**13.3.2** 对存放易燃、易爆物品临时用房的供、用电设备安全提出要求，严禁这些场所采用明火照明，防止发生火灾、爆炸等安全生产事故。

**13.3.3** 规定存放易燃、易爆物品的临时用房应与生活区保持一定的安全距离，并应采取相应的安全防护措施。从消防角度出发，即使是不住人的临时用房也应具备通风条件，并配备足够数量相应类型的灭火器材。相应类型的灭火器材系指灭火器材的类型应与存放的物品相对应。

**13.3.4** 条文要求野外作业现场设置临时食堂时，应选址在远离一些污染源的地方，并应设置简易的排污设施，以免造成作业场地的二次污染。使用液化燃气的食堂应将燃气罐放置在独立的存放间，不得与食堂作业区或用餐区混放，并且存放间应有良好的通风条件，以免因燃气泄漏造成火灾或爆炸安全生产事故。

中华人民共和国行业标准

# 高层建筑岩土工程勘察规程

Specification for geotechnical investigation of tall buildings

**JGJ 72—2004**

批准部门：中华人民共和国建设部
实施日期：2004年10月1日

# 中华人民共和国建设部
# 公　　告

## 第251号

### 建设部关于发布行业标准《高层建筑岩土工程勘察规程》的公告

现批准《高层建筑岩土工程勘察规程》为行业标准，编号为JGJ 72—2004，自2004年10月1日起实施。其中第3.0.6、8.1.2、8.2.1、8.3.2、10.2.2条为强制性条文，必须严格执行。原标准《高层建筑岩土工程勘察规程》(JGJ 72—90)同时废止。

本规程由建设部标准定额研究所组织中国建筑工业出版社出版发行。

**中华人民共和国建设部**

2004年6月25日

## 前　　言

根据建设部建标［2000］284号文的要求，规程编制组在广泛调查研究，认真总结实践经验，参考有关国际标准和国外先进标准，并广泛征求意见的基础上，对《高层建筑岩土工程勘察规程》JGJ 72—90进行了修订。

规程的主要技术内容是：1. 总则；2. 术语和符号；3. 基本规定；4. 勘察方案布设；5. 地下水；6. 室内试验；7. 原位测试；8. 岩土工程评价；9. 设计参数检测、现场检验和监测；10. 岩土工程勘察报告。

规程主要修订技术内容是：1. 取消原规程仅适用于50层以下高层建筑、100m以下重要构筑物和300m以下高耸构筑物的限制；2. 增加了“术语”一节；3. 基本规定中更加明确了勘察阶段划分和各勘察阶段应解决的主要问题；4. 增加了“复合地基勘察方案布设”、“复合地基评价”两节；5. 增加了“基坑工程勘察方案布设”、“基坑工程评价”两节；6. 增加了“地下水”一章；7. 修订了“原位测试”一章，增加了“扁铲侧胀试验”和“附录H 基床系数载荷试验要点”；8. 修订了“天然地基评价”一节，增加了用旁压试验成果估算天然地基承载力特征值的方法；9. 修订了“桩基评价”一节，增加了用标准贯入试验、旁压试验等原位测试成果确定单桩极限承载力的方法及“附录F 用原位测试参数估算群桩基础最终沉降量”，补充了嵌岩桩极限竖向承载力的估算方法；10. 增加了“高低层建筑差异沉降评价”一节；11. 增加了“地下室抗浮评价”一节及“附录G 抗浮桩和抗浮锚杆抗拔静载荷试验要点”；12. 增加了“设计参数检测、现场检验和监测”一章；13. 修订了“岩土工程勘察报告”一章，分别对高层建筑初勘、尤其是详勘报告应包括的主要内容提出了要求；14. 将原“附录六深井载荷试验要点”修订为“附录E 大直径桩端阻力载荷试验要点”；15. 取消了按土的状态确定预制桩、灌注桩竖向承载力表。

本规程由建设部负责管理和对强制性条文的解释，由主编单位负责具体技术内容的解释。

主编单位：机械工业勘察设计研究院
（地址：西安市咸宁中路51号，邮政编码710043）

参编单位：北京市勘察设计研究院
上海岩土工程勘察设计研究院
深圳市勘察测绘院
同济大学
上海广联岩土工程钻探有限公司

主要起草人：张旷成　张　炜
（以下按姓氏笔画排列）
孔　千　丘建金　张文华
沈小克　陆文浩　陈　晖
周宏磊　顾国荣　高广运
高术孝

# 目　次

# 1 总　　则

**1.0.1** 为了在高层建筑岩土工程勘察中，贯彻执行国家技术经济政策，做到技术先进、经济合理、安全适用、确保质量和保护环境，制定本规程。

**1.0.2** 本规程适用于高层、超高层建筑和高耸构筑物的岩土工程勘察。对于有不良地质作用、地质灾害和特殊性岩土的场地和地基尚应符合现行有关标准的规定。

**1.0.3** 高层建筑岩土工程勘察，应体现高层建筑特点、重视地区经验、广泛搜集资料，详细了解和明确建设、设计要求，精心勘察、精心分析，提出资料真实准确、评价确切合理的岩土工程勘察报告和工程咨询报告。

**1.0.4** 高层建筑岩土工程勘察除应符合本规程规定外，尚应符合国家现行有关强制性标准的规定。

# 2 术语和符号

## 2.1 术　语

**2.1.1** 高层建筑岩土工程勘察　geotechnical investigation for tall buildings

采用工程地质测绘与调查、勘探、原位测试、室内试验等多种勘察手段和方法，对高层建筑（含超高层建筑、高耸构筑物）场地的稳定性、岩土条件、地下水以及它们与工程之间相互关系进行调查研究，并在此基础上对高层建筑地基基础、基坑工程等作出分析评价和预测建议。

**2.1.2** 一般性勘探点　exploratory hole

为查明地基主要受力层性质，满足地基（包括桩基）承载力评价等一般常规性问题的要求而布设的勘探点。

**2.1.3** 控制性勘探点　control exploratory hole

为控制场地地层结构，满足场地、地基基础和基坑工程的稳定性、变形评价的要求而布设的勘探点。

**2.1.4** 取土测试勘探点　exploratory hole for sampling or in-situ testing

采取土试样或进行原位测试的勘探点。

**2.1.5** 基准基床系数　basic subgrade reaction coefficient

直径 0.3m 标准刚性承压板下，静力载荷试验 $p$-$s$ 曲线直线段的斜率。

**2.1.6** 抗浮设防水位　water level for prevention of up－floating

地下室抗浮评价计算所需的、保证抗浮设防安全和经济合理的场地地下水水位。

**2.1.7** 突涌　heave-piping

当基坑开挖后，基坑底面下不透水土层的自重压力小于下部承压水水头压力时，引起基坑底土体隆起破坏并同时发生喷水涌砂的现象。

## 2.2 符　　号

$A$——基础底面积

$A_i$——平均附加应力系数在第 $i$ 层土的层位深度内积分值

$A_p$——桩端面积

$a$——压缩系数

$B$——假想实体基础的等效基础宽度

$b$——基础底面宽度

$c$——黏聚力

$C_{ci}$——第 $i$ 层土的平均压缩指数

$C_{ri}$——第 $i$ 层土的平均回弹再压缩指数

$c_u$——十字板剪切强度

$C_v$——固结系数

$d_c$——控制性勘探孔深度

$d_g$——一般性勘探孔深度

$d$——基础埋置深度，桩身直径

$E_m$——旁压模量

$E_s$——土的压缩模量

$E_0$——土的变形模量

$\overline{E}_s$——某个钻孔的压缩模量当量值

$e$——孔隙比

$f_{ak}$——地基承载力特征值

$f_a$——深宽修正后的地基承载力特征值

$f_r$——岩石饱和单轴极限抗压强度

$f_u$——由极限承载力公式计算的地基极限承载力

$f_s$——双桥静力触探侧壁摩阻力

$f_{spk}$——复合地基承载力特征值

$f_{sk}$——复合地基加固后桩间土承载力特征值

$F_a$——抗浮桩或抗浮锚杆抗拔承载力特征值

$G_s$——土粒相对密度（比重）

$H_g$——自室外地面算起的建筑物高度

$h_{ri}$——桩身全断面嵌入第 $i$ 层中风化、微风化岩层内长度

$I_L$——液性指数

$K$——安全系数，地基不均匀系数界限值

$k$——渗透系数

$k_0$——静止侧压力系数

$K_v$——基准基床系数

$L$——建筑物长度

$l$——桩长度、分段桩长，基础长度

$m$——面积置换率

$N$——标准贯入试验实测锤击数

$N_{63.5}$——重型圆锥动力触探试验实测锤击数

$N_{120}$——超重型圆锥动力触探试验实测锤击数

$N_\gamma$、$N_q$、$N_c$——地基承载力系数

$p$——对应于荷载效应准永久组合时的基底平均压力

$p_c$——土的先期固结压力

$p_0$——对应于荷载效应准永久组合时的基底平均附加压力，旁压试验初始压力

$p_f$——旁压试验临塑压力

$p_L$——旁压试验极限压力

$p_s$——单桥静力触探比贯入阻力

$p_z$——土的有效自重压力

$Q_u$——单桩竖向极限承载力

$Q_{ul}$——单桩抗拔极限承载力

$q_c$——双桥静力触探锥头阻力

$q_{sis}$——桩侧第 $i$ 层土的极限侧阻力

$q_{sir}$——桩侧第 $i$ 层岩层极限侧阻力

$q_{ps}$——桩端土极限端阻力

$q_{pr}$——桩端岩石极限端阻力

$R_a$——单桩竖向承载力特征值

$s$——基础沉降量，载荷试验沉降量

$T$——场地土的卓越周期

$u$——桩身周长

$u_l$——桩群外围周长

$u_r$——嵌岩桩嵌岩段周长

$v_s$——剪切波波速

$w$——含水量

$z_n$——沉降计算深度

$\eta$、$\xi$、$\beta$——折减系数，修正系数

$\zeta_\gamma$、$\zeta_q$、$\zeta_c$——基础形状系数

$\gamma$——土的重力密度

$\varphi$——内摩擦角

$\Psi_s$——沉降计算经验系数

$\nu$——土的泊松比

## 3 基 本 规 定

**3.0.1** 高层建筑（包括超高层建筑和高耸构筑物，下同）的岩土工程勘察，应根据场地和地基的复杂程度、建筑规模和特征以及破坏后果的严重性，将勘察等级分为甲、乙两级。勘察时根据工程情况划分勘察等级，应符合表 3.0.1 的规定：

**3.0.2** 勘察阶段的划分宜符合下列规定：

**1** 对城市中重点的勘察等级为甲级的高层建筑，勘察阶段宜分为可行性研究、初步勘察、详细勘察三阶段进行；

**2** 当场地勘察资料缺乏、建筑平面位置未定，或场地面积较大、为高层建筑群时，勘察阶段宜分为初步勘察和详细勘察两阶段进行；

**表 3.0.1 高层建筑岩土工程勘察等级划分**

| 勘察等级 | 高层建筑、场地、地基特征及破坏后果的严重性 |
|---|---|
| 甲 级 | 符合下列条件之一、破坏后果很严重的勘察工程：<br>1 30 层以上或高度超过 100m 的超高层建筑；<br>2 体形复杂，层数相差超过 10 层的高低层连成一体的高层建筑；<br>3 对地基变形有特殊要求的高层建筑；<br>4 高度超过 200m 的高耸构筑物或重要的高耸工业构筑物；<br>5 位于建筑边坡上或邻近边坡的高层建筑和高耸构筑物；<br>6 高度低于 1、4 规定的高层建筑或高耸构筑物，但属于一级（复杂）场地、或一级（复杂）地基；<br>7 对原有工程影响较大的新建高层建筑；<br>8 有三层及三层以上地下室的高层建筑或软土地区有二层及二层以上地下室的高层建筑 |
| 乙 级 | 不符合甲级、破坏后果严重的高层建筑勘察工程 |

注：场地和地基复杂程度的划分应符合现行国家标准《岩土工程勘察规范》GB 50021 的规定。

**3** 当场地及其附近已有一定勘察资料，或勘察等级为乙级的单体建筑且建筑总平面图已定时，可将两阶段合并为一阶段，按详细勘察阶段进行；

**4** 对于一级（复杂）场地或一级（复杂）地基的工程，可针对施工中可能出现或已出现的岩土工程问题，进行施工勘察。地基基础施工时，勘察单位宜参与施工验槽。

**3.0.3** 进行勘察工作前，应详细了解、研究建设设计要求，宜取得由委托方提供的下列资料：

**1** 初步勘察前宜取得和搜集的资料包括：

1）建设场地的建筑红线范围及坐标；初步规划主体建筑与裙房的大致布设情况；建筑群的幢数及大致布设情况；

2）建筑的层数和高度，及地下室的层数；

3）场地的拆迁及分期建设等情况；

4）勘察场地地震背景、周边环境条件及地下管线和其他地下设施情况；

5）设计方的技术要求。

**2** 详细勘察前宜取得和搜集的资料包括：

1）附有建筑红线、建筑坐标、地形、±0.00 高程的建筑总平面图；

2）建筑结构类型、特点、层数、总高度、荷载及荷载效应组合、地下室层数、埋深等情况；

3）预计的地基基础类型、平面尺寸、埋置深度、允许变形要求等；

4）勘察场地地震背景、周边环境条件及地下管线和其他地下设施情况；

5）设计方的技术要求。

**3.0.4** 勘察方案（包括勘探点布设）应由注册岩土工程师根据委托单位的技术要求，结合场地地质条件复杂程度制定，并对勘察方案的质量、技术经济合理性负责。

**3.0.5** 初步勘察阶段应对场地的稳定性和适宜性作出评价，对建筑总图布置提出建议，对地基基础方案和基坑工程方案进行初步论证，为初步设计提供资料，对下一阶段的详勘工作的重点内容提出建议。本阶段需解决的主要问题应符合下列要求：

**1** 充分研究已有勘察资料，查明场地所在地貌单元；

**2** 判明影响场地和地基稳定性的不良地质作用和特殊性岩土的有关问题，包括：断裂、地裂缝及其活动性，岩溶、土洞及其发育程度，崩塌、滑坡、泥石流、高边坡或岸边的稳定性；调查了解古河道、暗浜、暗塘、洞穴或其他人工地下设施；初步判明特殊性岩土对场地、地基稳定性的影响；在抗震设防区应初步评价建筑场地类别，场地属抗震有利、不利或危险地段，液化、震陷可能性，设计需要时应提供抗震设计动力参数；

**3** 初步查明场地地层时代、成因、地层结构和岩土物理力学性质，一、二级建筑场地和地基宜进行工程地质分区；

**4** 初步查明地下水类型，补给、排泄条件和腐蚀性，如地下水位较高需判明地下水升降幅度时，应设置地下水长期观测孔；

**5** 初步勘察阶段的勘探点间距和勘探孔深度应按现行《岩土工程勘察规范》GB 50021 的规定布设，并应布设判明场地、地基稳定性、不良地质作用和桩基持力层所必须的勘探点和勘探深度。

**3.0.6 详细勘察阶段应采用多种手段查明场地工程地质条件；应采用综合评价方法，对场地和地基稳定性作出结论；应对不良地质作用和特殊性岩土的防治、地基基础形式、埋深、地基处理、基坑工程支护等方案的选型提出建议；应提供设计、施工所需的岩土工程资料和参数。**

**3.0.7** 详细勘察阶段需解决的主要问题应符合下列要求：

**1** 查明建筑场地各岩土层的成因、时代、地层结构和均匀性以及特殊性岩土的性质，尤其应查明基础下软弱和坚硬地层分布，以及各岩土层的物理力学性质。对于岩质的地基和基坑工程，应查明岩石坚硬程度、岩体完整程度、基本质量等级和风化程度。

**2** 查明地下水类型、埋藏条件、补给及排泄条件、腐蚀性、初见及稳定水位；提供季节变化幅度和各主要地层的渗透系数；提供基坑开挖工程应采取的地下水控制措施，当采用降水控制措施时，应分析评价降水对周围环境的影响。

**3** 对地基岩土层的工程特性和地基的稳定性进行分析评价，提出各岩土层的地基承载力特征值；论证采用天然地基基础形式的可行性，对持力层选择、基础埋深等提出建议。

**4** 预测地基沉降、差异沉降和倾斜等变形特征，提供计算变形所需的计算参数。

**5** 对复合地基或桩基类型、适宜性、持力层选择提出建议；提供桩的极限侧阻力、极限端阻力和变形计算的有关参数；对沉桩可行性、施工时对环境的影响及桩基施工中应注意的问题提出意见。

**6** 对基坑工程的设计、施工方案提出意见；提供各侧边地质模型的建议。

**7** 对不良地质作用的防治提出意见，并提供所需计算参数。

**8** 对初步勘察中遗留的有关问题提出结论性意见。

**3.0.8** 高层建筑经勘察后，当条件特别复杂时宜由有岩土工程咨询设计资质的单位对高层建筑地基基础方案选型、主楼与裙房差异沉降的计算和处理、深基坑支护方案、降水或截水设计、地下室抗浮设计以及有关设计参数检测的试验设计等岩土工程问题，提供专门的岩土工程咨询报告。

**3.0.9** 对勘察等级为甲级的高层建筑应进行沉降观测；当地下水水位较高，宜进行地下水长期观测；当地下室埋置较深，且采取箱形、筏形基础需考虑回弹或回弹再压缩变形时，应进行回弹或回弹再压缩变形测试和观测；对基坑工程应进行基坑位移、沉降和邻近建筑、管线的变形观测。

## 4 勘察方案布设

### 4.1 天然地基勘察方案布设

**4.1.1** 高层建筑详细勘察阶段勘探点的平面布设应符合下列要求：

**1** 满足高层建筑纵横方向对地层结构和地基均匀性的评价要求，需要时还应满足建筑场地整体稳定性分析的要求；

**2** 满足高层建筑主楼与裙楼差异沉降分析的要求，查明持力层和下卧层的起伏情况；

**3** 满足建筑场地类别划分的要求，布设确定场地覆盖层厚度和测量土层剪切波速的勘探点；

**4** 满足湿陷性黄土、膨胀土、红黏土等特殊性岩土的评价要求，布设适量的探井；

**5** 满足降水、截水设计要求，在缺乏经验的地区宜进行专门的水文地质勘察。

**4.1.2** 详细勘察阶段勘探点的平面布设，应根据高层建筑平面形状、荷载的分布情况进行，并应符合下列规定：

**1** 当高层建筑平面为矩形时应按双排布设，为不规则形状时，应在凸出部位的角点和凹进的阴角布设勘探点。

**2** 在高层建筑层数、荷载和建筑体形变异较大位置处，应布设勘探点。

**3** 对勘察等级为甲级的高层建筑应在中心点或电梯井、核心筒部位布设勘探点。

**4** 单幢高层建筑的勘探点数量，对勘察等级为甲级的不应少于5个，乙级不应少于4个。控制性勘探点的数量不应少于勘探点总数的1/3且不少于2个。

**5** 高层建筑群可按建筑物并结合方格网布设勘探点。相邻的高层建筑，勘探点可互相共用。

**4.1.3** 根据高层建筑勘察等级，勘探点间距应控制在15～35m范围内，并符合下列规定：

**1** 甲级宜取较小值，乙级可取较大值。

**2** 在暗沟、塘、浜、湖泊沉积地带和冲沟地区；在岩性差异显著或基岩面起伏很大的基岩地区；在断裂破碎带、地裂缝等不良地质作用场地；勘探点间距宜取小值并可适当加密。

**3** 在浅层岩溶发育地区，宜采用物探与钻探相配合进行，采用浅层地震勘探和孔间地震CT或孔间电磁波CT测试，查明溶洞和土洞发育程度、范围和连通性。钻孔间距宜取小值或适当加密，溶洞、土洞密集时宜在每个柱基下布设勘探点。

**4.1.4** 高层建筑详细勘察阶段勘探孔的深度应符合下列规定：

**1** 控制性勘探孔深度应超过地基变形的计算深度。

**2** 控制性勘探孔深度，对于箱形基础或筏形基础，在不具备变形深度计算条件时，可按式（4.1.4-1）计算确定：

$$d_c = d + \alpha_c \beta b \qquad (4.1.4\text{-}1)$$

式中 $d_c$——控制性勘探孔的深度（m）；

$d$——箱形基础或筏形基础埋置深度（m）；

$\alpha_c$——与土的压缩性有关的经验系数，根据基础下的地基主要土层按表4.1.4取值；

$\beta$——与高层建筑层数或基底压力有关的经验系数，对勘察等级为甲级的高层建筑可取1.1，对乙级可取1.0；

$b$——箱形基础或筏形基础宽度，对圆形基础或环形基础，按最大直径考虑，对不规则形状的基础，按面积等代成方形、矩形或圆形面积的宽度或直径考虑（m）。

**3** 一般性勘探孔的深度应适当大于主要受力层的深度，对于箱形基础或筏形基础可按式（4.1.4-2）计算确定：

$$d_g = d + \alpha_g \beta b \qquad (4.1.4\text{-}2)$$

式中 $d_g$——一般性勘探孔的深度（m）；

$\alpha_g$——与土的压缩性有关的经验系数，根据基础下的地基主要土层按表4.1.4取值。

**表 4.1.4 经验系数 $\alpha_c$、$\alpha_g$ 值**

| 值别 \ 土类 | 碎石土 | 砂土 | 粉土 | 黏性土（含黄土） | 软土 |
|---|---|---|---|---|---|
| $\alpha_c$ | 0.5～0.7 | 0.7～0.9 | 0.9～1.2 | 1.0～1.5 | 2.0 |
| $\alpha_g$ | 0.3～0.4 | 0.4～0.5 | 0.5～0.7 | 0.6～0.9 | 1.0 |

注：表中范围值对同一类土中，地质年代老、密实或地下水位深者取小值，反之取大值。

**4** 一般性勘探孔，在预定深度范围内，有比较稳定且厚度超过3m的坚硬地层时，可钻入该层适当深度，以能正确定名和判明其性质；如在预定深度内遇软弱地层时应加深或钻穿。

**5** 在基岩和浅层岩溶发育地区，当基础底面下的土层厚度小于地基变形计算深度时，一般性钻孔应钻至完整、较完整基岩面；控制性钻孔应深入完整、较完整基岩3～5m，勘察等级为甲级的高层建筑取大值，乙级取小值；专门查明溶洞或土洞的钻孔深度应深入洞底完整地层3～5m。

**6** 在花岗岩残积土地区，应查清残积土和全风化岩的分布深度。计算箱形基础或筏形基础勘探孔深度时，其 $\alpha_c$ 和 $\alpha_g$ 系数，对残积砾质黏性土和残积砂质黏性土可按表4.1.4中粉土的值确定，对残积黏性土可按表4.1.4中黏性土的值确定，对全风化岩可按表4.1.4中碎石土的值确定。在预定深度内遇基岩时，控制性钻孔深度应深入强风化岩3～5m，勘察等级为甲级的高层建筑宜取大值，乙级可取小值。一般性钻孔达强风化岩顶面即可。

**7** 评价土的湿陷性、膨胀性、砂土地震液化、确定场地覆盖层厚度、查明地下水渗透性等钻孔深度，应按有关规范的要求确定。

**8** 在断裂破碎带、冲沟地段、地裂缝等不良地质作用发育场地及位于斜坡上或坡脚下的高层建筑，当需进行整体稳定性验算时，控制性勘探孔的深度应满足评价和验算的要求。

**4.1.5** 采取不扰动土试样和原位测试勘探点的数量不宜少于全部勘探点总数的2/3，勘察等级为甲级的单幢高层建筑不宜少于4个。

**4.1.6** 采取不扰动土试样或进行原位测试的竖向间距，基础底面下1.0倍基础宽度内宜按1～2m，以下可根据土层变化情况适当加大距离。

**4.1.7** 采取岩土试样和进行原位测试应符合下列

规定：

1 每幢高层建筑每一主要土层内采取不扰动土试样的数量或进行原位测试的次数不应少于6件（组）次；

2 在地基主要受力层内，对厚度大于0.5m的夹层或透镜体，应采取不扰动土试样或进行原位测试；

3 当土层性质不均匀时，应增加取土数量或原位测试次数；

4 岩石试样的数量各层不应少于6件（组）；

5 地下室侧墙计算、基坑边坡稳定性计算或锚杆设计所需的抗剪强度试验指标，各主要土层应采取不少于6件（组）的不扰动土试样。

**4.1.8** 对勘察等级为甲级的高层建筑、或工程经验缺乏、或研究程度较差的地区，宜布设载荷试验确定天然地基持力层的承载力特征值和变形参数。

## 4.2 桩基勘察方案布设

**4.2.1** 对于端承型桩，勘探点的平面布置，应符合下列规定：

1 勘探点应按柱列线布设，其间距应能控制桩端持力层层面和厚度的变化，宜为12～24m；

2 在勘探过程中发现基岩中有断层破碎带，或桩端持力层为软、硬互层，或相邻勘探点所揭露桩端持力层层面坡度超过10%，且单向倾伏时，钻孔应适当加密；荷载较大或复杂地基的一柱一桩工程，应每柱设置勘探点；

3 岩溶发育场地当以基岩作为桩端持力层时应按柱位布孔，同时应辅以各种有效的地球物理勘探手段，以查明拟建场地范围及有影响地段的各种岩溶洞隙和土洞的位置、规模、埋深、岩溶堆填物性状和地下水特征；

4 控制性勘探点不应少于勘探点总数的1/3。

**4.2.2** 对于摩擦型桩，勘探点的平面布置，应符合下列规定：

1 勘探点应按建筑物周边或柱列线布设，其间距宜为20～35m，当相邻勘探点揭露的主要桩端持力层或软弱下卧层层位变化较大，影响到桩基方案选择时，应适当加密勘探点。带有裙房或外扩地下室的高层建筑，布设勘探点时应与主楼一同考虑。

2 桩基工程勘探点数量应视工程规模大小而定，勘察等级为甲级的单幢高层建筑勘探点数量不宜少于5个，乙级不宜少于4个，对于宽度大于35m的高层建筑，其中心应布置勘探点。

3 控制性的勘探点应占勘探点总数的1/3～1/2。

**4.2.3** 对于端承型桩，勘探孔的深度应符合下列规定：

1 当以可压缩地层（包括全风化和强风化岩）作为桩端持力层时，勘探孔深度应能满足沉降计算的要求，控制性勘探孔的深度应深入预计桩端持力层以下5～10m或$6d$～$10d$（$d$为桩身直径或方桩的换算直径，直径大的桩取小值，直径小的桩取大值），一般性勘探孔的深度应达到预计桩端下3～5m或$3d$～$5d$；

2 对一般岩质地基的嵌岩桩，勘探孔深度应钻入预计嵌岩面以下$1d$～$3d$，对控制性勘探孔应钻入预计嵌岩面以下$3d$～$5d$，对质量等级为Ⅲ级以上的岩体，可适当放宽；

3 对花岗岩地区的嵌岩桩，一般性勘探孔深度应进入微风化岩3～5m，控制性勘探孔应进入微风化岩5～8m；

4 对于岩溶、断层破碎带地区，勘探孔应穿过溶洞、或断层破碎带进入稳定地层，进入深度应满足$3d$，并不小于5m；

5 具多韵律薄层状的沉积岩或变质岩，当基岩中强风化、中等风化、微风化岩呈互层出现时，对拟以微风化岩作为持力层的嵌岩桩，勘探孔进入微风化岩深度不应小于5m。

**4.2.4** 对于摩擦型桩，勘探孔的深度应符合下列规定：

1 一般性勘探孔的深度应进入预计桩端持力层或预计最大桩端入土深度以下不小于3m；

2 控制性勘探孔的深度应达群桩桩基（假想的实体基础）沉降计算深度以下1～2m，群桩桩基沉降计算深度宜取桩端平面以下附加应力为上覆土有效自重压力20%的深度，或按桩端平面以下（1～1.5）$b$（$b$为假想实体基础宽度）的深度考虑。

**4.2.5** 桩基勘察的岩（土）试样采取及原位测试工作应符合下列规定：

1 对桩基勘探深度范围内的每一主要土层，应采取土试样，并根据土质情况选择适当的原位测试，取土数量或测试次数不应少于6组（次）；

2 对嵌岩桩桩端持力层段岩层，应采取不少于6组的岩样进行天然和饱和单轴极限抗压强度试验；

3 以不同风化带作桩端持力层的桩基工程，勘察等级为甲级的高层建筑勘察时控制性钻孔宜进行压缩波波速测试，按完整性指数或波速比定量划分岩体完整程度和风化程度，划分标准应符合现行国家标准《岩土工程勘察规范》GB 50021的规定。

## 4.3 复合地基勘察方案布设

**4.3.1** 复合地基勘察前，应搜集必要的基础资料，并应着重搜集本地区同类建筑的复合地基工程经验，明确本地区需要解决的主要岩土工程问题、适宜的增强体类型、设计施工常见问题及处理方法。

**4.3.2** 高层建筑复合地基勘察方案，其勘探点平面布设应按照天然地基勘察方案布设，符合本规程第4

章4.1节的规定；勘探孔深度应符合4.2节桩基勘察的要求，查明适宜作为桩端持力层的分布情况和下卧岩土层的性状；当适宜作为桩端持力层的顶板高程、厚度变化较大时，应加密勘探点，探明其变化；查明建筑场地各土层分布及性状和地下水的分布及类型，并取得各土层承载力特征值、压缩模量以及计算单桩承载力、变形等所需的参数。

**4.3.3** 应根据建筑地基处理目的和可能采用的复合地基增强体类型，布设勘察试验方案。需重点查明的问题，应符合下列要求：

**1** 以消除黄土湿陷性为目的而采用土或灰土桩挤密等方案时，应重点查明场地湿陷类型、地基湿陷等级、湿陷性土层的分布范围，非湿陷性土层的埋深及性质，提供地基土的湿陷系数、自重湿陷系数、干密度、含水量、最大干密度和最优含水量等指标。

**2** 以消除砂土、粉土液化为目的而采用砂石桩挤密等方案时，应重点查明建筑场地液化等级，提供地基土层的标准贯入试验锤击数、比贯入阻力、相对密度和液化土层的层位及厚度。

**3** 以提高高层建筑地基承载力和减小沉降或差异沉降为目的而采用柔性增强体、半刚性增强体复合地基方案时，应查明相对软弱土层的分布范围、深度和厚度情况，以及设计、施工所需的有关技术资料。对黏性土地基，应取得地基土的压缩模量、不排水抗剪强度、含水量、地下水位及pH值、有机质含量等指标；对砂土和粉土地基应取得天然孔隙比、相对密度、标准贯入试验锤击数等指标。

**4** 高层建筑采用刚性桩复合地基方案时，应查明承载力较高、适宜作为桩端持力层的土层埋深、厚度及其物理力学性质以及地基土的承载力特征值。

**4.3.4** 高层建筑复合地基承载力特征值和变形参数应在施工图设计期间通过设计参数检测——复合地基载荷试验确定。有经验的地区，可依据增强体的载荷试验结果和桩间土的承载力特征值结合地区经验计算确定；在缺乏经验的地区，尚应进行不同桩径、桩长、置换率等的复合地基载荷试验。

### 4.4 基坑工程勘察方案布设

**4.4.1** 基坑工程勘察，应与高层建筑地基勘察同步进行。初步勘察阶段应初步查明场地环境情况和工程地质条件、预测基坑工程中可能产生的主要岩土工程问题；详细勘察阶段应在详细查明场地工程地质条件基础上，判断基坑的整体稳定性，预测可能破坏模式，为基坑工程的设计、施工提供基础资料，对基坑工程等级、支护方案提出建议。

**4.4.2** 基坑工程勘察前，委托方应提供以下资料：

**1** 邻近的建（构）筑物的结构类型、层数、地基、基础类型、埋深、持力层及上部结构现状；

**2** 周边各类管线及地下工程情况；

**3** 周边地表水汇集、排泄以及地下管网分布及渗漏情况；

**4** 周边道路等级情况等。

**4.4.3** 勘察区范围宜达到基坑边线以外两倍以上基坑深度，勘探点宜沿地下室周边布置，边线以外以调查或搜集资料为主，为查明某些专门问题可在边线以外布设勘探点。勘探点的间距根据地质条件的复杂程度宜为15～30m，当遇暗浜、暗塘或填土厚度变化很大或基岩面起伏很大时，宜加密勘探点。

**4.4.4** 勘探孔的深度不宜小于基坑深度的两倍；对深厚软土层，控制性勘探孔应穿透软土层；为降水或截水设计需要，控制性勘探孔应穿透主要含水层进入隔水层一定深度；在基坑深度内，遇微风化基岩时，一般性勘探孔应钻入微风化岩层1～3m，控制性勘探孔应超过基坑深度1～3m；控制性勘探点宜为勘探点总数的1/3，且每一基坑侧边不宜少于2个控制性勘探点。

**4.4.5** 对岩质基坑，勘察工作应以工程地质测绘调查为主，以钻探、物探、原位测试及室内试验为辅，基坑施工时，应进行施工地质工作。应查明的主要内容包括：

**1** 岩石的坚硬程度；

**2** 岩石的完整程度；

**3** 主要结构面（特别是软弱外倾结构面）的力学属性、产状、延伸长度、结合程度、充填物状态、充水状况、组合关系、与临空面的关系；

**4** 岩石的风化程度；

**5** 坡体的含水状况等。

**4.4.6** 对一般黏性土宜进行静力触探和标准贯入试验；对砂土和碎石土宜进行标准贯入试验和圆锥动力触探试验；对软土宜进行十字板剪切试验；当设计需要时可进行基床系数试验或旁压试验、扁铲侧胀试验。

**4.4.7** 岩土不扰动试样的采取和原位测试的数量，应保证每一主要岩土层有代表性的数据分别不少于6组（个），室内试验的主要项目是含水量、密度、抗剪强度和渗透试验，对砂、砾、卵石层宜进行水上、水下休止角试验。对岩质基坑，当存在顺层或外倾岩体软弱结构面时，宜在室内或现场测定结构面的抗剪强度。

**4.4.8** 当地下水位较高，应查明场地的水文地质条件，除应符合本规程第5章要求外，尚应符合下列要求：

**1** 当含水层为卵石层或含卵石颗粒的砂层时，应详细描述卵石的颗粒组成、粒径大小和黏性土含量；

**2** 当附近有地表水体时，宜在其间布设一定数量的勘探孔或观测孔；

**3** 当场地水文地质资料缺乏或在岩溶发育地区，

应进行单孔或群孔分层抽水试验，测求渗透系数、影响半径、单井涌水量等水文地质参数。

## 5 地 下 水

**5.0.1** 根据高层建筑的工程需要，应采用调查与现场勘察方法，查明地下水的性质和变化规律，提供水文地质参数；针对地基基础形式、基坑支护形式、施工方法等情况分析评价地下水对地基基础设计、施工和环境影响，预估可能产生的危害，提出预防和处理措施的建议。

**5.0.2** 已有地区经验或场地水文地质条件简单，且有常年地下水位监测资料的地区，地下水的勘察可通过调查方法掌握地下水的性质和规律，其调查宜包括下列内容：

**1** 地下水的类型、主要含水层及其渗透特性；

**2** 地下水的补给排泄条件、地表水与地下水的水力联系；

**3** 历史最高、最低地下水位及近3～5年水位变化趋势和主要影响因素；

**4** 区域性气象资料；

**5** 地下水腐蚀性和污染源情况。

**5.0.3** 当在无经验地区，地下水的变化或含水层的水文地质特性对地基评价、地下室抗浮和工程降水有重大影响时，在调查的基础上，应进行专门的水文地质勘察，并应符合下列要求：

**1** 查明地下水类型、水位及其变化幅度；

**2** 与工程相关的含水层相互之间的补给关系；

**3** 测定地层渗透系数等水文地质参数；

**4** 对缺乏常年地下水监测资料的地区，在初步勘察阶段应设置长期观测孔或孔隙水压力计；

**5** 对与工程结构有关的含水层，应采取有代表性水样进行水质分析；

**6** 在岩溶地区，应查明场地岩溶裂隙水的主要发育特征及其不均匀性。

**5.0.4** 当场地有多层对工程有影响的地下水时，应采取止水措施将被测含水层与其他含水层隔离后测定地下水位或承压水头高度。必要时，宜埋设孔隙水压力计，或采用孔压静力触探试验进行量测，但在黏性土中应有足够的消散时间。

**5.0.5** 含水层的渗透系数等水文地质参数的测定，应根据岩土层特性和工程需要，宜采用现场钻孔或探井抽水试验、注水试验或压水试验求得。

**5.0.6** 应按下列内容评价地下水对工程的作用和影响：

**1** 对地基基础、地下结构应考虑在最不利组合情况下，地下水对结构的上浮作用；

**2** 验算边坡稳定时，应考虑地下水及其动水压力对边坡稳定的不利影响；

**3** 采取降水措施时在地下水位下降的影响范围内，应考虑地面沉降及其对工程的危害；

**4** 当地下水位回升时，应考虑可能引起的回弹和附加的浮托力等；

**5** 在湿陷性黄土地区应考虑地下水位上升对湿陷性的影响；

**6** 在有水头压差的粉细砂、粉土地层中，应评价产生潜蚀、流砂、管涌的可能性；

**7** 在地下水位下开挖基坑，应评价降水或截水措施的可行性及其对基坑稳定和周边环境的影响；

**8** 当基坑底下存在高水头的承压含水层时，应评价坑底土层的隆起或产生突涌的可能性；

**9** 对地下水位以下的工程结构，应评价地下水对混凝土或金属材料的腐蚀性。

**5.0.7** 基坑工程中采取降低地下水位的措施应满足下列要求：

**1** 施工中地下水位应保持在基坑底面下0.5～1.5m；

**2** 降水过程中应防止渗透水流的不良作用；

**3** 深层承压水可能引起突涌时，应采取降低基坑下的承压水头的减压措施；

**4** 应对可能影响的既有建（构）筑物、道路和地下管线等设施进行监测，必要时，应采取防护措施。

## 6 室 内 试 验

**6.0.1** 常规试验项目的试验要求应按现行国家标准《岩土工程勘察规范》GB 50021及《建筑地基基础设计规范》GB 50007执行。其具体操作和试验仪器应符合现行国家标准《土工试验方法标准》GB/T 50123、《工程岩体试验方法标准》GB/T 50266和《工程岩体分级标准》GB 50218的有关规定。

**6.0.2** 计算地基承载力所需的抗剪强度试验应符合下列规定：

**1** 对勘察等级为甲级的高层建筑，所采取的土试样质量等级应符合Ⅰ级，且应采用三轴压缩试验。

**2** 抗剪强度试验的方法应根据施工速度、地层条件和计算公式等选用，尽可能符合建筑和地基土实际受力状况。对饱和黏性土或施工速率较快、排水条件差的土可采用不固结不排水剪（UU），对饱和软土，应对试样在有效自重压力预固结后再进行试验，总应力法提供 $c_{uu}$、$\varphi_{uu}$ 参数；经过预压固结的地基，可根据其固结程度采用固结不排水剪（CU），总应力法提供 $c_{cu}$、$\varphi_{cu}$ 参数。

**3** 三轴压缩试验结果应提供摩尔圆及其强度包线。

**6.0.3** 计算地基沉降的压缩性指标，根据工程的不同计算方法，可采用下列试验方法：

1　当采用单轴压缩试验的压缩模量按分层总和法进行沉降计算时，其最大压力值应超过预计的土的有效自重压力与附加压力之和，压缩性指标应取土的有效自重压力至土的有效自重压力与附加压力之和压力段的计算值。

2　当采用考虑应力历史的固结沉降计算时，应采用Ⅰ级土样进行试验。试验的最大压力应满足绘制完整的 $e$-log$p$ 曲线的需要，以求得先期固结压力 $p_c$、压缩指数 $C_c$ 和回弹再压缩指数 $C_r$，回弹压力宜模拟现场卸荷条件。

3　当需进行群桩基础变形验算时，对桩端平面以下压缩层范围内的土，应测求土的压缩性指标。试验压力不应小于实际土的有效自重压力与附加压力之和。

4　当需要考虑基坑开挖卸荷引起的回弹量，应进行测求回弹模量和回弹再压缩模量的试验，以模拟实际加荷卸荷情况，其压力的施加宜与实际加、卸荷状况一致。回弹模量和回弹再压缩模量的试验方法、稳定标准等应符合现行国家标准《土工试验方法标准》GB/T 50123 标准固结试验的要求，试验前应做试验设计。

**6.0.4**　基坑开挖需要采用明沟、井点或管井抽水降低地下水位时，宜根据土性情况进行有关土层的常水头或变水头渗透试验。

**6.0.5**　为验算边坡稳定性和基坑工程等支挡设计所进行的抗剪强度试验，对黏性土宜采用三轴压缩试验。当按总应力法计算时，验算地基整体稳定性宜采用不固结不排水试验（UU），提供 $c_{uu}$、$\varphi_{uu}$ 参数，对饱和软土应对试样在有效自重压力预固结后再进行试验；计算土压力可采用固结不排水试验（CU），提供 $c_{cu}$、$\varphi_{cu}$ 参数。当按有效应力法计算时，宜采用测孔隙水压力的固结不排水试验（$\overline{\text{CU}}$），提供有效强度 $c'$、$\varphi'$ 参数。

**6.0.6**　当需根据室内试验结果确定嵌岩桩单桩竖向极限承载力时，应进行饱和单轴抗压强度试验。对于在地下水位以下、多韵律薄层状的黏土质沉积岩或变质岩，可采用天然湿度试样，不进行饱和处理；对较为破碎的中等风化带岩石，取样确有困难时，可取样进行点荷载强度试验，其试验标准及与岩石单轴抗压强度的换算关系应分别按现行国家标准《工程岩体试验方法标准》GB/T 50266及《工程岩体分级标准》GB 50218 中有关规定执行。

**6.0.7**　当进行地震反应分析和地基液化判别时，可采用动三轴试验、动单剪试验和共振柱试验，测定地基土的动剪变（切）模量和阻尼比等参数。动应变适用范围：对动三轴和动单剪为 $10^{-4}\sim10^{-2}$，对共振柱为 $10^{-6}\sim10^{-4}$。

## 7　原 位 测 试

**7.0.1**　在高层建筑岩土工程勘察中原位测试方法应根据岩土条件、设计对参数的需要、地区经验和测试方法的适用性等因素综合确定。

**7.0.2**　原位测试成果应结合地区工程经验综合分析后使用。

**7.0.3**　原位测试的试验项目、测定参数、主要试验目的可参照表 7.0.3 的规定。

**表 7.0.3　高层建筑岩土工程勘察中的原位测试项目**

| 试验项目 | 测 定 参 数 | 主 要 试 验 目 的 |
| --- | --- | --- |
| 载荷试验 | 比例界限压力 $p_0$（kPa）、极限压力 $p_u$（kPa）和压力与变形关系 | 1 评定岩土承载力；<br>2 估算土的变形模量；<br>3 计算土的基床系数 |
| 静力触探试验 | 单桥比贯入阻力 $p_s$(MPa)，双桥锥尖阻力 $q_c$(MPa)、侧壁摩阻力 $f_s$(kPa)、摩阻比 $R_f$(%)，孔压静力触探的孔隙水压力 $u$（kPa） | 1 判别土层均匀性和划分土层；<br>2 选择桩基持力层、估算单桩承载力；<br>3 估算地基土承载力和压缩模量；<br>4 判断沉桩可能性；<br>5 判别地基土液化可能性及等级 |
| 标准贯入试验 | 标准贯入击数 $N$（击） | 1 判别土层均匀性和划分土层；<br>2 判别地基液化可能性及等级；<br>3 估算地基承载力和压缩模量；<br>4 估算砂土密实度及内摩擦角；<br>5 选择桩基持力层、估算单桩承载力；<br>6 判断沉桩的可能性 |
| 动力触探试验 | 动力触探击数 $N_{10}$、$N_{63.5}$、$N_{120}$（击） | 1 判别土层均匀性和划分地层；<br>2 估算地基土承载力和压缩模量；<br>3 选择桩基持力层、估算单桩承载力 |
| 十字板剪切试验 | 不排水抗剪强度峰值 $c_u$(kPa)和残余值 $c_u'$（kPa） | 1 测求饱和黏性土的不排水抗剪强度和灵敏度；<br>2 估算地基土承载力和单桩承载力；<br>3 计算边坡稳定性；<br>4 判断软黏性土的应力历史 |
| 现场渗透试验 | 岩土层渗透系数 $k$（cm/s），必要时测定释水系数$\mu^*$等 | 为重要工程或深基坑工程的设计提供土的渗透系数、影响半径、单井涌水量等 |

续表

| 试验项目 | 测 定 参 数 | 主 要 试 验 目 的 |
|---|---|---|
| 旁压试验 | 初始压力 $p_0$ (kPa)、临塑压力 $p_f$ (kPa)、极限压力 $p_L$ (kPa) 和旁压模量 $E_m$ (kPa) | 1 测求地基土的临塑荷载和极限荷载强度，从而估算地基土的承载力；<br>2 测求地基土的变形模量，从而估算沉降量；<br>3 估算桩基承载力；<br>4 计算土的侧向基床系数；<br>5 自钻式旁压试验可确定土的原位水平应力和静止侧压力系数 |
| 扁铲侧胀试验 | 侧胀模量 $E_D$ (kPa)、侧胀土性指数 $I_D$、侧胀水平应力指数 $K_D$ 和侧胀孔压指数 $U_D$ | 1 划分土层和区分土类；<br>2 计算土的侧向基床系数；<br>3 判别地基土液化可能性 |
| 波速测试 | 压缩波速 $v_p$ (m/s)、剪切波速 $v_s$ (m/s) | 1 划分场地类别；<br>2 提供地震反应分析所需的场地土动力参数；<br>3 评价岩体完整性；<br>4 估算场地卓越周期 |
| 场地微振动测试 | 场地卓越周期 $T$ (s) 和脉动幅值 | 确定场地卓越周期 |

# 8 岩土工程评价

## 8.1 场地稳定性评价

8.1.1 高层建筑岩土工程勘察应查明影响场地稳定性的不良地质作用，评价其对场地稳定性的影响程度。

**8.1.2 对有直接危害的不良地质作用地段，不得选作高层建筑建设场地。对于有不良地质作用存在，但经技术经济论证可以治理的高层建筑场地，应提出防治方案建议，采取安全可靠的整治措施。**

8.1.3 高层建筑场地稳定性评价应符合下列要求：

1 评价划分建筑场地属有利、不利或危险地段，提供建筑场地类别和岩土的地震稳定性评价，对需要采用时程分析法补充计算的建筑，尚应根据设计要求提供有代表性的地层结构剖面、场地覆盖层厚度和有关动力参数；

2 应避开浅埋的全新活动断裂和发震断裂，避让的最小距离应按现行国家标准《建筑抗震设计规范》GB 50011 的规定确定；

3 可不避开非全新活动断裂，但应查明破碎带发育程度，并采取相应的地基处理措施；

4 应避开正在活动的地裂缝，避开的距离和采取的措施应按有关地方标准的规定确定；

5 在地面沉降持续发展地区，应搜集地面沉降历史资料，预测地面沉降发展趋势，提出高层建筑应采取的措施。

8.1.4 位于斜坡地段的高层建筑，其场地稳定性评价应符合下列规定：

1 高层建筑场地不应选在滑坡体上，对选在滑坡体附近的建筑场地，应对滑坡进行专门勘察，验算滑坡稳定性，论证建筑场地的适宜性，并提出治理措施；

2 位于坡顶或临近边坡下的高层建筑，应评价边坡整体稳定性、分析判断整体滑动的可能性；

3 当边坡整体稳定时，尚应验算基础外边缘至坡顶的安全距离；

4 位于边坡下的高层建筑，应根据边坡整体稳定性论证分析结果，确定离坡脚的安全距离。

8.1.5 抗震设防地区的高层建筑场地应选择在抗震有利地段，避开不利地段，当不能避开时，应采取有效的防护治理措施，并不应在危险地段建设高层建筑。

8.1.6 应根据土层等效剪切波速和场地覆盖层厚度划分建筑场地类别，抗震设防烈度为 7～9 度地区，均应采用多种方法综合判定饱和砂土和粉土（不含黄土）地震液化的可能性，并提出处理措施的建议；6 度地区一般不进行判别和处理，但对液化沉陷敏感的乙类建筑可按 7 度的要求进行判别和处理。

8.1.7 在溶洞和土洞强烈发育地段，应查明基础底面以下溶洞、土洞大小和顶板厚度，研究地基加固措施。经技术经济分析认为不可取时，应另选场地。

在地下采空区，应查明采空区上覆岩层的性质、地表变形特征、采空区的埋深和范围，根据高层建筑的基底压力，评价场地稳定性。对有塌陷可能的地下采空区，应另选场地。

## 8.2 天然地基评价

**8.2.1 天然地基分析评价应包括以下基本内容：**

**1 场地、地基稳定性和处理措施的建议；**

**2 地基均匀性；**

**3 确定和提供各岩土层尤其是地基持力层承载力特征值的建议值和使用条件；**

**4 预测高层和高低层建筑地基的变形特征；**

**5 对地基基础方案提出建议；**

**6 抗震设防区应对场地地段划分、场地类别、覆盖层厚度、地震稳定性等作出评价；**

**7 对地下室防水和抗浮进行评价；**

**8 基坑工程评价。**

8.2.2 天然地基方案应在拟建场地整体稳定性基础上进行分析论证，并应考虑附属建筑、相邻的既有或拟建建筑、地下设施和地基条件可能发生显著变化的影响。

**8.2.3** 在天然地基方案的工程分析中，地基承载力验算采用荷载效应标准组合，地基变形验算采用荷载效应准永久组合。

**8.2.4** 符合下列情况之一者，应判别为不均匀地基。对判定为不均匀的地基，应进行沉降、差异沉降、倾斜等特征分析评价，并提出相应建议。

**1** 地基持力层跨越不同地貌单元或工程地质单元，工程特性差异显著。

**2** 地基持力层虽属于同一地貌单元或工程地质单元，但遇下列情况之一：

1）中—高压缩性地基，持力层底面或相邻基底标高的坡度大于10%；

2）中—高压缩性地基，持力层及其下卧层在基础宽度方向上的厚度差值大于 $0.05b$（$b$ 为基础宽度）。

**3** 同一高层建筑虽处于同一地貌单元或同一工程地质单元，但各处地基土的压缩性有较大差异时，可在计算各钻孔地基变形计算深度范围内当量模量的基础上，根据当量模量最大值$\overline{E}_{smax}$和当量模量最小值$\overline{E}_{smin}$的比值判定地基均匀性。当$\frac{\overline{E}_{smax}}{\overline{E}_{smin}}$大于地基不均匀系数界限值 $K$ 时，可按不均匀地基考虑。$K$ 见表 8.2.4。

**8.2.5** 在确定地基承载力时，应根据土质条件选择现场载荷试验、室内试验、静力触探试验、动力触探试验、标准贯入试验或旁压试验等原位测试方法，结合理论计算和设计需要进行综合评价。特殊土的地基承载力评价应根据特殊土的相关规范和地区经验进行。岩石地基应根据现行国家标准《岩土工程勘察规范》GB 50021划分和评定岩石坚硬程度、岩体完整程度、风化程度和岩体基本质量等级，其承载力特征值应按现行国家标准《建筑地基基础设计规范》GB 50007 有关规定确定。

**表 8.2.4 地基不均匀系数界限值 K**

| 同一建筑物下各钻孔压缩模量当量值 $\overline{E}_s$ 的平均值（MPa） | ≤4 | 7.5 | 15 | >20 |
|---|---|---|---|---|
| 不均匀系数界限值 $K$ | 1.3 | 1.5 | 1.8 | 2.5 |

注：在地基变形计算深度范围内，某一个钻孔的压缩模量当量值 $\overline{E}_s$ 应根据平均附加应力系数在各层土的层位深度内积分值 $A$ 和各土层压缩模量 $E_s$ 按下式计算：

$$\overline{E}_s=\frac{\sum A_i}{\sum\frac{A_i}{E_{si}}}$$

**8.2.6** 地基承载力的计算应符合下列要求：

**1** 持力层及软弱下卧层的地基承载力验算；

**2** 当高层建筑周边的附属建筑基础处于超补偿状态，且其与高层建筑不能形成刚性整体结构时，应考虑由此造成高层建筑基础侧限力的永久性削弱及其对地基承载力的影响；

**3** 拟提高附属建筑部分基底压力，以加大其地基沉降、减小高低层建筑之间的差异沉降时，应同时验算地基承载力特征值及地基极限承载力，保证建议的地基承载力满足强度控制要求。

**8.2.7** 除应按现行国家标准《建筑地基基础设计规范》GB 50007的有关规定确定地基承载力特征值 $f_{ak}$ 和修正后的地基承载力特征值 $f_a$ 外，还可按附录 A 估算地基极限承载力 $f_u$，除以安全系数 $K$ 以确定实际基础下地基承载力特征值 $f_a$，$K$ 值应根据建筑安全等级和土性参数的可靠性在 2～3 之间选取。计算 $f_a$ 时，应根据基底下的地层组合条件并结合地区经验综合确定地基持力层的代表性内摩擦角标准值 $\varphi_k$ 和代表性黏聚力标准值 $c_k$。

**8.2.8** 采用旁压试验（PMT）成果验算岩性均一土层的竖向地基承载力时，可按以下方法进行承载力计算分析，对计算结果应结合其他评价方法进行合理判定。

**1** 通过旁压临塑压力计算地基承载力

$$f_{ak}=\lambda\ (p_f-p_0) \tag{8.2.8-1}$$

式中 $f_{ak}$——岩性均一土层的地基承载力特征值（kPa）；

$p_0$——由旁压试验曲线和经验综合确定的土的初始压力（kPa）；

$p_f$——由旁压试验曲线确定的临塑压力（kPa）；

$\lambda$——临塑值修正系数，可结合各地区工程经验取值，但一般不应大于1。

**2** 通过旁压极限压力可按式（8.2.8-2）计算地基极限承载力 $f_u$，$f_u$ 除以旁压安全系数 $K$ 后获得地基承载力特征值 $f_{ak}$。旁压极限承载力安全系数 $K$ 的取值应根据各地区经验总结分析后确定，当计算分析地基承载力特征值 $f_{ak}$时，$K$ 值可取 2～4，并不得低于 2。

$$f_u=p_L-p_0 \tag{8.2.8-2}$$

式中 $p_L$——由旁压试验曲线确定的极限压力（kPa）。

**8.2.9** 当场地、地基整体稳定且持力层为完整、较完整的中等风化、微风化岩体时，可不进行地基变形验算。其余地基的最终沉降应按现行国家标准《建筑地基基础设计规范》GB 50007规定的方法，亦可按本规程规定的其他方法计算分析。在地基沉降预测中的地基应力计算宜考虑地基土层渗透性的影响，沉降预测应考虑后期地面填方和相邻建设工程的影响。

**8.2.10** 对于不能准确取得压缩模量的地基土，包括碎石土、砂土、粉土、花岗岩残积土、全风化岩、强风化岩等，可采用变形模量 $E_0$，按附录B计算箱形或筏形基础的高层建筑地基平均沉降。

**8.2.11** 当地基由饱和土层组成，次固结变形可以忽略不计时，根据Ⅰ级土样的标准固结试验结果，可采用以下计算方法，分层预测超固结土、正常固结土和欠固结土的地基沉降，然后合计计算总沉降，并结合地区经验进行修正和判断。

**1** 利用标准固结试验测求土的回弹再压缩指数（$C_r$）、压缩指数（$C_c$）、初始孔隙比（$e_0$）和先期固结压力（$p_c$），根据先期固结压力 $p_c$ 与土的有效自重压力 $p_z$ 的比值超固结比 $OCR$，确定土的固结状态。当超固结比 $OCR$ 为1.0～1.2时，可视为正常固结土；当 $OCR>1.2$ 时，按超固结土考虑；当 $OCR<1.0$ 时，为欠固结土。

**2** 超固结土

1）当超固结土层中的 $p_{0i}+p_{zi}\leqslant p_{ci}$ 时，该层土的固结沉降量可按下式计算：

$$s_i=\frac{h_i}{1+e_{0i}}C_{ri}\log\left(\frac{p_{zi}+p_{0i}}{p_{zi}}\right) \quad (8.2.11\text{-}1)$$

式中 $s_i$——第 $i$ 层土的固结沉降量（mm）；

$h_i$——第 $i$ 层土的平均厚度（mm）；

$e_{0i}$——第 $i$ 层土的初始孔隙比平均值；

$C_{ri}$——第 $i$ 层土的回弹再压缩指数平均值；

$p_{zi}$——第 $i$ 层土的有效自重压力平均值（kPa）；

$p_{0i}$——对应于荷载效应准永久组合时，第 $i$ 层土有效附加压力平均值（kPa）；

$p_{ci}$——第 $i$ 层土的先期固结压力平均值（kPa）。

2）当超固结土层中的该土层的 $p_{0i}+p_{zi}>p_{ci}$ 时，该土层的固结沉降量可按下式计算：

$$s_i=\frac{h_i}{1+e_{0i}}\left[C_{ri}\log\left(\frac{p_{ci}}{p_{zi}}\right)+C_{ci}\log\left(\frac{p_{zi}+p_{0i}}{p_{ci}}\right)\right] \quad (8.2.11\text{-}2)$$

式中 $C_{ci}$——第 $i$ 层土的压缩指数平均值。

**3** 正常固结土的固结沉降量可按下式计算：

$$s_i=\frac{h_i}{1+e_{0i}}C_{ci}\log\left(\frac{p_{zi}+p_{0i}}{p_{zi}}\right) \quad (8.2.11\text{-}3)$$

**4** 欠固结土的沉降量可按下式计算：

$$s_i=\frac{h_i}{1+e_{0i}}C_{ci}\log\left(\frac{p_{zi}+p_{0i}}{p_{ci}}\right) \quad (8.2.11\text{-}4)$$

**5** 整个沉降计算深度内的总沉降量为各土层沉降量之和。沉降计算深度对于非软土算至有效附加压力等于土有效自重压力20%处，对于软土算至有效附加压力等于有效自重压力10%处。当无相邻荷载影响时，亦可按附录B式（B.0.2-2）计算沉降计算深度。

**8.2.12** 应对高层建筑进行整体倾斜预测分析。分析时，可根据高层建筑角点钻孔的地层分布和土质参数统计结果，结合建筑物荷载分布情况进行估算和判断。

## 8.3 桩基评价

**8.3.1** 桩基工程分析评价宜具备下列条件：

**1** 充分了解工程结构的类型、特点、荷载情况和变形控制等要求；

**2** 掌握场地的工程地质和水文地质条件，考虑岩土体的非均质性、随时间延续的增减效应以及土性参数的不确定性；

**3** 充分考虑地区经验和类似工程的经验；

**4** 缺乏经验地区应通过设计参数检测和施工监测取得实测数据，调整和修改设计和施工方案。

**8.3.2 桩基评价应包括以下基本内容：**

**1 推荐经济合理的桩端持力层；**

**2 对可能采用的桩型、规格及相应的桩端入土深度（或高程）提出建议；**

**3 提供所建议桩型的侧阻力、端阻力和桩基设计、施工所需的其他岩土参数；**

**4 对沉（成）桩可能性、桩基施工对环境影响的评价和对策以及其他设计、施工应注意事项提出建议。**

**8.3.3** 当工程需要（且条件具备）时，可对下列内容进一步评价或提出专门的工程咨询报告：

**1** 估算单桩、群桩承载力和桩基沉降量，提供与建议桩基方案相类似的工程实例或试桩及沉降观测等资料；

**2** 对各种可能的桩基方案进行技术经济分析比选，并提出建议；

**3** 对欠固结土和大面积堆载的桩基，分析桩侧产生负摩阻力的可能性及其对桩基承载力的影响并提出相应防治措施的建议。

**8.3.4** 选择桩端持力层应符合下列规定：

**1** 持力层宜选择层位稳定、压缩性较低的可塑-坚硬状态黏性土、中密以上的粉土、砂土、碎石土和残积土及不同风化程度的基岩；不宜选择在可液化土层、湿陷性土层或软土层中；

**2** 当存在相对软弱下卧层时，持力层厚度宜超过6～10倍桩径；扩底桩的持力层厚度宜超过3倍扩底直径；且均不宜小于5m。

**8.3.5** 桩型选择应根据工程性质、地质条件、施工条件、场地周围环境及经济指标等综合考虑确定：

**1** 当持力层顶面起伏不大、坡度小于10%、周围环境允许且沉桩可能时，可采用钢筋混凝土预制桩；

**2** 当荷载较大，桩较长或需穿越一定厚度的坚硬土层，且选用较重的锤，锤击过程可能使桩身产生较大锤击应力时，宜采用预应力桩；或经方案比较，证明技术、经济合理可行时，也可采用钢桩；

**3** 当土层中有难以清除孤石或有硬质夹层、岩溶地区或基岩面起伏大的地层，均不宜采用钢筋混凝土预制桩、预应力桩和钢桩，而可采用混凝土灌注桩；

4　在基岩埋藏相对较浅，单柱荷载较大时，宜采用以不同风化程度为持力层的冲孔、钻孔、挖孔、扩底或嵌岩钢筋混凝土灌注桩；

5　当场地周围环境保护要求较高、采用钢筋混凝土预制桩或预应力桩难以控制沉桩挤土影响时，可采用钻孔混凝土灌注桩或钢桩（指采用压入式H型钢桩）。

**8.3.6**　当打（压）入桩需贯穿的岩土层中夹有一定厚度的（或需进入一定深度的）坚硬状态黏性土、中密以上的粉土、砂土、碎石土和全风化、强风化基岩时，应根据各岩土组成的力学特性、类似工程经验、桩的结构、强度、形式和设备能力等综合考虑其沉桩的可能性；当无法准确判断时，宜在工程桩施工前进行沉桩试验，测定贯入阻力（指压入桩），总锤击数、最后一米锤击数及贯入度（指打入桩）或在沉桩过程中进行高应变动力法试验（指打入桩），测定打桩过程中桩身压应力和拉应力；根据试验结果评定沉桩可能性、桩进入持力层后单桩承载力的变化以及其他施工参数。

**8.3.7**　沉（成）桩对周围环境的主要影响的分析评价内容宜包括：

1　锤击沉桩产生的多次反复振动，对邻近既有建（构）筑物及公用设施等的损害；

2　对饱和黏性土地基宜考虑大量、密集的挤土桩或部分挤土桩对邻近既有建（构）筑物和地下管线等造成的影响；

3　大直径挖孔桩成孔时，宜充分考虑松软地层可能坍塌的影响、降水对周围环境影响、以及有毒害或可燃气体对人身安全的影响；

4　灌注桩施工中产生的泥浆对环境的污染。

**8.3.8**　根据工程和周围环境条件，挤土桩和部分挤土桩可选择下列一种或几种措施减少沉桩影响：

1　合理安排沉桩顺序；

2　控制沉桩速率；

3　设置竖向排水通道；

4　在桩位或桩区外预钻孔取土；

5　设置防挤沟等。

**8.3.9**　单桩承载力应通过现场静载荷试验确定。估算单桩承载力时应结合地区的经验，根据静力触探试验、标准贯入试验或旁压试验等原位测试结果进行计算，并参照地质条件类似的试桩资料综合确定。单桩竖向承载力特征值 $R_a$ 可按下式确定：

$$R_a = Q_u / K \quad (8.3.9)$$

式中　$R_a$——单桩竖向承载力特征值（kN）

$Q_u$——单桩竖向极限承载力（kN）；

$K$——安全系数，按本规程所列计算式所估算的 $Q_u$ 值，均可取 $K=2$。

**8.3.10**　当以静力触探试验确定预制桩的单桩竖向极限承载力时，可按附录C估算。

**8.3.11**　当根据标准贯入试验结果，确定预制桩、预应力管桩、沉管灌注桩的单桩竖向极限承载力时，可按附录D估算。

**8.3.12**　嵌岩灌注桩可根据岩石风化程度、单轴极限抗压强度和岩体完整程度用下式估算单桩竖向极限承载力：

$$Q_u = u_s \sum_{i=1}^{n} q_{sis} l_i + u_r \sum_{i=1}^{n} q_{sir} h_{ri} + q_{pr} A_p \quad (8.3.12)$$

式中　$Q_u$——嵌入中风化、微风化或未风化岩石中的灌注桩单桩竖向极限承载力（kN）；

$u_s$、$u_r$——分别为桩身在土层、岩层中的周长（m）；

$q_{sis}$、$q_{sir}$——分别为第 $i$ 层土、岩的极限侧阻力（kPa）；

$q_{pr}$——岩石极限端阻力（kPa）；

$h_{ri}$——桩身全断面嵌入第 $i$ 层中风化、微风化岩层内长度（m）。

$q_{sir}$、$q_{pr}$ 应根据极限侧阻力载荷试验和本规程附录E大直径桩端阻力载荷试验要点确定，当无条件试验时，可按照表8.3.12经地区经验验证后确定。

**表8.3.12　嵌岩灌注桩岩石极限侧阻力、极限端阻力**

| 岩石风化程度 | 岩石饱和单轴极限抗压强度 $f_{rk}$（MPa） | 岩体完整程度 | 岩石极限侧阻力 $q_{sir}$（kPa） | 岩石极限端阻力 $q_{pr}$（kPa） |
|---|---|---|---|---|
| 中等风化 | $5<f_{rk}\leqslant15$（软岩） | 破碎 | 300～800 | 3000～9000 |
| | $15<f_{rk}\leqslant30$（较软岩） | 较破碎 | 800～1200 | 9000～18000 |
| 微风化—未风化 | $30<f_{rk}\leqslant60$（较硬岩） | 较完整 | 1200～2000 | 18000～36000 |
| | $60<f_{rk}\leqslant90$（坚硬岩） | 完整 | 2000～2800 | 36000～50000 |

注：1. 表中极限侧阻力和极限端阻力适用于孔底残渣厚度为50～100mm的钻孔、冲孔灌注桩；对于残渣厚度小于50mm的钻孔、冲孔灌注桩和无残渣挖孔桩，其极限端阻力可按表中数值乘以1.1～1.2取值；
2. 对于扩底桩，扩大头斜面及斜面以上直桩部分1.0～2.0m不计侧阻力（扩底直径大者取大值，反之取小值）；
3. 风化程度愈弱、抗压强度愈高、完整程度愈好、嵌入深度愈大，其侧阻力、端阻力可取较高值，反之取较低值；
4. 对于软质岩，单轴极限抗压强度可采用天然湿度试样进行，不经饱和处理。

**8.3.13** 如场地进行了旁压试验，预制桩的桩周土极限侧阻力 $q_{sis}$ 可根据旁压试验曲线的极限压力 $p_L$ 查表8.3.13确定；桩端土的极限端阻力 $q_{ps}$ 可按下式估算：

黏性土：$q_{ps}=2p_L$ (8.3.13-1)

粉土：$q_{ps}=2.5p_L$ (8.3.13-2)

砂土：$q_{ps}=3p_L$ (8.3.13-3)

当为钻孔灌注桩时，其桩周土极限侧阻力 $q_{sis}$ 为预制桩的70%～80%；桩的极限端阻力 $q_{ps}$ 为打入式预制桩的30%～40%。

**表 8.3.13 打入式预制桩的桩周极限侧阻力 $q_{sis}$ (kPa)**

| 土性 \ $q_{sis}$ (kPa) \ 旁压试验 $p_L$ | 200 | 400 | 600 | 800 | 1000 | 1200 | 1400 | 1600 | 1800 | 2000 | 2200 | 2400 | ≥2600 |
|---|---|---|---|---|---|---|---|---|---|---|---|---|---|
| 黏性土 | 10 | 24 | 36 | 50 | 64 | 74 | 80 | 86 | 90 | | | | |
| 粉 土 | | 24 | 40 | 52 | 66 | 76 | 84 | 92 | 96 | 98 | 100 | | |
| 砂 土 | | 24 | 40 | 54 | 68 | 84 | 94 | 100 | 106 | 110 | 114 | 118 | 120 |

注：1. 表中数值可内插；
2. 表中数据对无经验的地区应先进行验证。

**8.3.14** 详细勘察阶段，根据工程性质及设计要求，对需要验算沉降的高层建筑桩基宜按现行国家标准《建筑地基基础设计规范》GB 50007 计算最终沉降量，亦可在取得地区经验后用有关原位测试参数按本规程附录F规定的方法进行最终沉降量的估算。

**8.3.15** 当需估算桩基最终沉降量时，应提供土试样压缩曲线、地基土在有效自重压力至有效自重压力加附加压力之和时的压缩模量 $E_s$。对无法或难以采取不扰动土样的土层，可在取得地区经验后根据原位测试参数按附录F表F.0.2换算土的压缩模量 $E_s$ 值。

## 8.4 复合地基评价

**8.4.1** 复合地基主要适用于本规程第3.0.1条所规定的勘察等级为乙级的高层建筑，对勘察等级为甲级的高层建筑拟采用复合地基方案时，须进行专门研究，并经充分论证。

**8.4.2** 高层建筑勘察中复合地基评价应包括以下内容：

**1** 根据设计条件、工程地质和水文地质条件、环境及施工条件，对复合地基方案提出建议；

**2** 提供有关复合地基单桩承载力设计及变形分析所需的计算参数；

**3** 建议增强体的加固深度及其持力层，提供桩间土天然地基承载力特征值和增强体桩侧、桩端阻力特征值；

**4** 建议桩端进入持力层的深度；

**5** 提供地下水的埋藏条件和腐蚀性评价，对淤泥和泥炭土应提供有机质含量，分析对复合地基桩体的影响，并提出处理措施和建议；

**6** 对复合地基设计参数检测和设计、施工中应注意的问题提出建议；

**7** 对复合地基的检验、监测工作提出建议。

**8.4.3** 高层建筑复合地基增强体选型应符合下列要求：

**1** 对深厚软土地基，不宜采用散体材料桩；

**2** 当地基承载力或变形不能满足设计要求时，宜优先考虑采用刚性或半刚性桩；

**3** 当以消除建筑场地液化为主要目的时，宜优先选用砂石挤密桩；以消除地基土湿陷性为主要目的时，宜优先选用灰土挤密桩。

**8.4.4** 复合地基的承载力特征值应通过复合地基载荷试验确定。各种类型复合地基的承载力特征值估算及载荷试验应符合现行行业标准《建筑地基处理技术规范》JGJ 79 的有关规定。

**8.4.5** 当复合地基加固体以下存在软弱下卧层时，软弱下卧层承载力验算应符合现行国家标准《建筑地基基础设计规范》GB 50007的有关规定。

**8.4.6** 刚性桩复合地基变形计算应按现行国家标准《建筑地基基础设计规范》GB 50007 有关规定执行。其中复合土层的分层与天然地基相同，各复合土层的压缩模量等于该天然地基压缩模量的 $\zeta$ 倍，$\zeta$ 值可按下式确定：

$$\zeta=f_{spk}/f_{ak} \tag{8.4.6}$$

式中 $f_{ak}$——基础底面下天然地基承载力特征值(kPa)。

其他增强体类型复合地基加固深度范围内，复合土层的压缩模量可按照现行行业标准《建筑地基处理技术规范》JGJ 79 相应章节的规定计算取值。

**8.4.7** 复合地基监测、检验除应符合本规程第9章有关规定外，尚应符合下列要求：

**1** 工程施工完成后的验收检测应进行现场单桩、单桩或多桩复合地基静载荷试验，确定复合地基承载力特征值，并检验由公式估算的结果。地基检验应在桩身强度满足试验荷载条件时，并宜在增强体的养护龄期结束后进行。试验数量宜为总桩数的0.5%～1.0%，且每个单体工程的试验数量不应少于3点。

**2** 对加固目的在于改善桩间土性状的复合地基，宜对加固后的桩间土层进行测试，测试方法可采用动力触探试验、标准贯入试验、静力触探试验、十字板剪切试验等原位测试方法或采取不扰动土样进行室内试验。

**3** 根据增强体的类型可采用低应变动测试验、标准贯入试验、动力触探试验、抽芯检测、开挖观测等方法检验增强体的质量。

**4** 应进行施工阶段和使用阶段的沉降观测，监控和验证建筑物的变形。

**5** 复合地基质量检测宜选择在地基最不利位置和工程关键部位进行。

## 8.5 高低层建筑差异沉降评价

**8.5.1** 下列情况之一应进行高低层建筑差异沉降分析评价：

1 主体与裙房或附属地下建筑结构之间不设永久沉降缝；

2 内部荷载差异显著，平面不规则或荷载分布不均造成建筑物显著偏心；

3 采用不同类型基础；

4 不均匀地基或压缩性较高的地基。

**8.5.2** 事前基本掌握地基条件时，宜在勘察前与设计单位共同研究可能采用的适宜地基方案，以提高勘察阶段基础工程问题分析的针对性。

**8.5.3** 在详细勘察阶段，差异沉降分析可根据各建筑物或建筑部分的基底平均竖向荷载分别估算建筑重心、角点的地基沉降量。沉降估算应包括相邻建筑和结构施工完成后地基剩余沉降的影响，结合基础整体刚度情况和实测资料类比，综合评估各建筑部分的沉降特性及其影响。处于超补偿状态的基础，应采用地基回弹再压缩模量和建筑基底总压力进行沉降估算。

**8.5.4** 在进行差异沉降分析时，必须取得分析所需的、充分可靠的地基数据和资料。当数据资料不能满足要求时，应由原勘察单位按要求进行补充勘测并提供所需成果。

**8.5.5** 对荷载差异显著的高低层建筑工程，在下列情况下，宜采用经过工程有效验证的模型，按照上部结构、基础与地基的共同作用进行分析，为确定地基方案提供依据：

1 采取可能的设计、施工调整措施后，相邻建筑或建筑部分估算的差异沉降临近现行规范限制或设计允许极限时；

2 按沉降控制设计的摩擦桩；

3 高层建筑主楼及其附属建筑采用联合基础时；

4 基坑开挖引起的地基回弹再压缩量占地基总沉降量的比例很大时。

**8.5.6** 在进行沉降估算和结构—地基共同作用分析时，应考虑以下基本因素的影响：

1 地下水位和土工试验参数的正确选择；

2 地基承载力验算分析；

3 地基回弹再压缩的影响；

4 桩间土对建筑基底荷载的分担；

5 施工顺序、施工阶段和施工后浇带的影响；

6 结构施工完成后至沉降稳定的地基剩余沉降。

**8.5.7** 当预测的差异沉降可能超过现行规范标准或设计的限制，应对结构设计或施工提出减少地基差异沉降不利影响的建议，包括：

1 调整地基持力层。高层建筑部分宜选择固结较快、后期沉降小的土层和岩层；裙房部分宜选择压缩性相对较高的土层。

2 不同建筑物或建筑部分的建造顺序。

3 设置沉降缝或施工缝（后浇带）及其位置，施工后浇带的浇注时间。

4 适当扩大高层建筑部分基底面积。

5 低层裙房、地下建筑物采用条基或独立柱基（加防水板），增加结构自重、配重或覆土。

6 在不影响建筑使用功能的条件下，适当增加裙房墙体结构。

7 调整高层建筑与裙房之间的连接刚度，或进行桩长、桩径、桩间距的优化。

8 进行局部换土、加固处理或采用局部深基础方案。

9 减少地基差异沉降的措施，宜兼顾建筑基础结构抗浮问题等。

**8.5.8** 进行上部结构、基础与地基共同作用分析的工程，应进行基坑回弹与沉降监测，作为信息化施工决策和技术验证的依据。

## 8.6 地下室抗浮评价

**8.6.1** 地下室抗浮评价应包括以下基本内容：

1 当地下水位高于地下室基础底板时，根据场地所在地貌单元、地层结构、地下水类型和地下水位变化情况，结合地下室埋深、上部荷载等情况，对地下室抗浮有关问题提出建议；

2 根据地下水类型、各层地下水位及其变化幅度和地下水补给、排泄条件等因素，对抗浮设防水位进行评价；

3 对可能设置抗浮锚杆或抗浮桩的工程，提供相应的设计计算参数。

**8.6.2** 场地地下水抗浮设防水位的综合确定宜符合下列规定：

1 当有长期水位观测资料时，场地抗浮设防水位可采用实测最高水位；无长期水位观测资料或资料缺乏时，按勘察期间实测最高稳定水位并结合场地地形地貌、地下水补给、排泄条件等因素综合确定；

2 场地有承压水且与潜水有水力联系时，应实测承压水水位并考虑其对抗浮设防水位的影响；

3 只考虑施工期间的抗浮设防时，抗浮设防水位可按一个水文年的最高水位确定。

**8.6.3** 地下水赋存条件复杂、变化幅度大、区域性补给和排泄条件可能有较大改变或工程需要时，应进行专门论证，提供抗浮设防水位的咨询报告。

**8.6.4** 对位于斜坡地段的地下室或其他可能产生明显水头差的场地上的地下室进行抗浮设计时，应考虑地下水渗流在地下室底板产生的非均布荷载对地下室结构的影响；对地下室施工期间各种最不利荷载组合情况下，应考虑地下室的临时抗浮措施。

**8.6.5** 地下室在稳定地下水位作用下所受的浮力应按静水压力计算，对临时高水位作用下所受的浮力，在黏性土地基中可以根据当地经验适当折减。

**8.6.6** 当地下室自重小于地下水浮力作用时，宜设置抗浮锚杆或抗浮桩。对高层建筑附属裙房或主楼以外、独立结构的地下室宜推荐选用抗浮锚杆；对地下水水位或使用荷载变化较大的地下室宜推荐选用抗浮桩。

**8.6.7** 抗浮桩和抗浮锚杆的抗拔承载力应通过现场抗拔静载荷试验确定。抗拔静载荷试验及抗拔承载力取值应符合附录G抗浮桩和抗浮锚杆抗拔载荷试验要点的规定。

**8.6.8** 抗浮桩的单桩抗拔极限承载力也可按下式估算：

$$Q_{ul}=\sum_{i=1}^{n}\lambda_i q_{si} u_i l_i \quad (8.6.8)$$

式中 $Q_{ul}$——单桩抗拔极限承载力（kN）；

$u_i$——桩的破坏表面周长（m），对于等直径桩取$u_i=\pi d$，对于扩底桩按表8.6.8-1取值；

$q_{si}$——桩侧表面第$i$层土的抗压极限侧阻力（kPa）；

$\lambda_i$——第$i$层土的抗拔系数，按表8.6.8-2取值；

$l_i$——第$i$层土的桩长（m）；

$D$——桩的扩底直径（m）；

$d$——桩身直径（m）。

**表8.6.8-1 扩底桩破坏表面周长 $u_i$**

| 自桩底起算的长度 $l_i$ | $\leqslant 5d$ | $>5d$ |
|---|---|---|
| $u_i$ | $\pi D$ | $\pi d$ |

**表8.6.8-2 抗拔系数 $\lambda_i$**

| 土类 | 砂土 | 黏性土、粉土 |
|---|---|---|
| $\lambda_i$ | 0.50～0.70 | 0.70～0.80 |
| 注：桩长$l$与桩径$d$之比小于20时，$\lambda_i$取较小值，反之取较大值。 | | |

**8.6.9** 群桩呈整体破坏时，单桩的抗拔极限承载力可按下式计算：

$$Q_{ul}=\frac{1}{n}u_l\Sigma\lambda_i q_{si} l_i \quad (8.6.9)$$

式中 $u_l$——桩群外围周长；

$n$——桩数。

**8.6.10** 抗浮桩抗拔承载力特征值可按下式估算：

$$F_a=Q_{ul}/2.0 \quad (8.6.10)$$

式中 $F_a$——抗浮桩抗拔承载力特征值（kN）。

**8.6.11** 抗浮锚杆承载力特征值可按下式估算：

$$F_a=\Sigma q_{si} u_i l_i \quad (8.6.11)$$

式中 $F_a$——抗浮锚杆抗拔承载力特征值（kN）；

$u_i$——锚固体周长（m），对于等直径锚杆取$u_i=\pi d$（$d$为锚固体直径）；

$q_{si}$——第$i$层岩土体与锚固体粘结强度特征值（kPa），可按现行国家标准《建筑边坡工程技术规范》GB 50330取值。

## 8.7 基坑工程评价

**8.7.1** 基坑工程岩土工程评价应包括以下内容：

1 对基坑工程安全等级提出建议；

2 对地下水控制方案提出建议，若建议采取降水措施，应提供水文地质计算有关参数和预测降水时对周边环境可能造成的影响；

3 对基坑的整体稳定性和可能的破坏模式作出评价；

4 对基坑工程支护方案和施工中应注意的问题提出建议；

5 对基坑工程的监测工作提出建议。

**8.7.2** 基坑工程安全等级应根据周边环境、破坏后果和严重程度、基坑深度、工程地质和地下水条件，按表8.7.2的规定划分为一、二、三级。

**表8.7.2 基坑工程安全等级划分表**

| 基坑工程安全等级 | 环境、破坏后果、基坑深度、工程地质和地下水条件 |
|---|---|
| 一级 | 周边环境条件很复杂；破坏后果很严重；基坑深度$h>12$m；工程地质条件复杂；地下水水位很高、条件复杂、对施工影响严重 |
| 二级 | 周边环境条件较复杂；破坏后果严重；基坑深度6m$<h\leqslant$12m；工程地质条件较复杂；地下水位较高、条件较复杂，对施工影响较严重 |
| 三级 | 周边环境条件简单；破坏后果不严重；基坑$h\leqslant$6m；工程地质条件简单；地下水位低、条件简单，对施工影响轻微 |
| 注：从一级开始，有二项（含二项）以上，最先符合该等级标准者，即可定为该等级。 | |

**8.7.3** 根据场地所在地貌单元、地层结构、地下水情况，宜提供基坑各侧壁安全、经济合理、有代表性的地质模型的建议。

**8.7.4** 所提供的各项计算参数，其试验方法应根据其用途和计算方法按表8.7.4的规定确定。

**表 8.7.4 基坑工程计算参数的试验方法、用途和计算方法**

| 计算参数 | 试验方法 | 用途和计算方法 |
|---|---|---|
| 土粒相对密度（比重）$G_s$<br>孔隙比 $e$ | 室内土工试验 | 抗渗流稳定计算 |
| 砂土休止角 | 室内土工试验 | 估算砂土内摩擦角 |
| 内摩擦角 $\varphi$<br>黏聚力 $c$ | 1 总应力法，三轴不固结不排水（UU）试验，对饱和软黏土应在有效自重压力下固结后再剪 | 抗隆起验算和整体稳定性验算 |
| | 2 总应力法，三轴固结不排水（CU）试验 | 饱和黏性土用土水合算计算土压力 |
| | 3 有效应力法，三轴固结不排水测孔隙水压力（$\overline{\mathrm{CU}}$）试验，求有效强度参数 | 饱和黏性土用土水分算法计算土压力、计算静止土压力 |
| 十字板剪切强度 $c_u$ | 原位十字板剪切试验 | 用于抗隆起验算、整体稳定性验算 |
| 标准贯入试验击数 $N$ | 现场标准贯入试验 | 判断砂土密实度或按经验公式估计 $\varphi$ 值 |
| 渗透系数 $k$ | 室内渗透试验，现场抽水试验 | 用于降水和截水设计 |
| 基床系数 $K_v$、$K_H$ | 附录 H 基床系数载荷试验要点，旁压试验、扁铲侧胀试验 | 用于支护结构按弹性地基梁计算 |

**8.7.5** 根据实测地下水位、长期观测资料和地区经验，宜提供基坑支护截水设计和抗管涌设计的设防水位；当场地地下水位较高时，宜分析场地地下水与邻近地面水体的补给、排泄条件，判明地面水与地下水的联通关系，和对场地地下水水位、基坑涌水量的影响；在详细分析周边环境和场地水文地质条件的基础上，应对基坑支护采取降水或截水措施提出明确结论和建议，若建议采取降水措施，应提供水文地质计算有关参数，估算基坑涌水量，并建议降水井、回灌井的位置和深度。

**8.7.6** 当基坑底部为饱和软土或基坑深度内有软弱夹层时，应建议设计进行抗隆起、突涌和整体稳定性验算；当基坑底部为砂土，尤其是粉细砂地层和存在承压水时，应建议设计进行抗渗流稳定性验算；提供有关参数和防治措施的建议；当土的有机质含量超过10%时，应建议设计考虑水泥土的可凝固性或增加水泥含量。

# 9 设计参数检测、现场检验和监测

## 9.1 设计参数检测

**9.1.1** 设计参数检测是指施工图设计期间、正式施工前，对地基基础和基坑工程设计中的重要设计参数，进行检验校核、对施工工艺和控制施工的重要参数进行核定的各种现场测试。主要包括大直径桩单桩极限端阻力载荷试验、单桩竖向抗压（抗拔）静载荷试验、单桩水平静载荷试验、复合地基的载荷试验和锚杆抗拔试验、最终确定天然地基承载力的载荷试验、判定沉桩可能性的沉桩试验等。

**9.1.2** 对于勘察等级为甲级的高层建筑，其单桩极限承载力应采用现场单桩竖向抗压（抗拔）静载荷试验确定，在同一地质条件下不应少于3根。试验应按现行行业标准《建筑桩基技术规范》JGJ 94 有关规定执行。

**9.1.3** 当桩基础承受的水平荷载较大时，应进行单桩水平静载荷试验，以确定单桩水平极限承载力和桩侧土的水平抗力系数，其数量不应少于2根。试验应按现行行业标准《建筑桩基技术规范》JGJ 94 有关规定执行。

**9.1.4** 对于大直径桩的极限端阻力宜采用大直径桩单桩极限端阻力载荷试验确定，其数量不宜少于3根。试验应按本规程附录E有关规定执行。

**9.1.5** 对于采用复合地基的高层建筑，为确定复合地基承载力，应进行增强体（桩体）竖向静载荷试验、单桩或多桩复合地基载荷试验，试验点的数量不应少于3点。试验应按现行行业标准《建筑地基处理技术规范》JGJ 79 有关规定执行。

**9.1.6** 对于重要工程的抗浮桩和抗浮锚杆，为确定其抗拔极限承载力，应进行现场抗拔静载荷试验，考虑其实际受荷特征，宜采用循环加、卸载法，试验数量不应少于3根。试验应按本规程附录G有关规定执行。

**9.1.7** 对于用于基坑支护的锚杆（土钉），如工程需要，为确定其抗拔极限承载力，应进行现场抗拔试验，试验数量每一主要土层不宜少于3根。试验应按现行国家标准《建筑地基基础设计规范》GB 50007 有关规定执行。

## 9.2 现场检验

**9.2.1** 现场检验是指在施工期间对工程勘察成果和施工质量应进行的检查、复核，对出现的问题应提出处理意见，主要包括基槽检验、桩基持力层检验和桩基检测等。

**9.2.2** 基槽检验应在天然地基开挖或基坑开挖时进行，应检查其揭露的地基条件与勘察成果的相符性，包括暗浜的位置、土层的分布、持力层的埋深和岩土性状等。

**9.2.3** 桩基工程应通过试钻或试打检验岩土条件与勘察成果的相符性。对大直径挖孔桩，应核查桩基持力层的岩土性质、埋深和起伏变化情况。检验桩身质量可采用高、低应变动测法或其他有效方法。检验单桩承载力应采用静载荷试验，用高应变动测确定单桩承载力应有充分的桩静载荷试验对比资料。

**9.2.4** 当现场检验发现地质情况有异常时，应对出现的问题进行分析并提出解决意见，必要时可进行施工阶段补充勘察。

**9.2.5** 现场检验结束后应写出检验报告，且应在有关文件上签署意见。

## 9.3 现场监测

**9.3.1** 现场监测是指在工程施工及使用过程中对岩土体性状、周边环境、相邻建筑、地下管线设施所引起的变化应进行的现场观测工作，并视其变化规律和发展趋势，提出相应的防治措施，主要包括基坑工程监测、沉桩施工监测、地下水长期观测和建筑物沉降观测。

**9.3.2** 现场监测应根据委托方要求、工程性质、施工场地条件与周围环境受影响程度有针对性地进行，高层建筑施工遇下列情况时应布置现场监测：

**1** 基坑开挖施工引起周边土体位移、坑底土隆起危及支挡结构、相邻建筑和地下管线设施的安全时；

**2** 地基加固或打入桩施工时，可能危及相邻建筑和地下管线，并对周围环境有影响时；

**3** 当地下水位的升降影响岩土的稳定时；当地下水上升对构筑物产生浮托力或对地下室和地下构筑物的防潮、防水产生较大影响时；

**4** 需监测建筑施工和使用过程中的沉降变化情况时。

**9.3.3** 现场监测前应进行踏勘、编制工作纲要、设置监测点和基准点、测定初始值、确定报警值。

**9.3.4** 基坑施工前应对周围建筑物和有关设施的现状、裂缝开展情况等进行调查，并做详细记录，或拍照、摄像作为施工前档案资料。

**9.3.5** 各类仪器设备在埋设安装前均应进行重复标定。各种测量仪器除精度需满足设计要求外，应定期由法定计量单位进行检验、校正，并出具合格证。

**9.3.6** 现场监测的结果应认真分析整理、仔细校核，及时提交当日报表。当监测值达到报警指标时，应及时签发报警通知。必要时，应根据监测结果提出施工建议和预防措施。

**9.3.7** 基坑工程监测一般包括下列内容，应根据工程情况、有关规范和设计要求选择部分或全部进行：

**1** 支挡结构的内力、变形和整体稳定性。

**2** 基坑内外土体和邻近地下管线的水平、竖向位移、邻近建筑物的沉降和裂缝。当基坑开挖较深，面积较大时，宜进行基坑卸荷回弹观测。

**3** 基坑开挖影响范围内的地下水位、孔隙水压力的变化。

**4** 有无渗漏、冒水、管涌、冲刷等现象发生。

**9.3.8** 沉桩施工监测一般包括下列内容，应根据工程情况、有关规范和设计要求选择部分或全部进行：

**1** 在挤土桩和部分挤土桩沉桩施工影响范围内地表土和深层土体的水平、竖向位移和孔隙水压力的变化情况；

**2** 邻近建筑物的沉降及邻近地下管线水平、竖向位移；

**3** 当为锤击法沉桩时，还应根据需要监测振动和噪声。

**9.3.9** 地下水长期观测应符合下列要求：

**1** 每个场地的观测孔宜按三角形布置，孔数不宜少于3个；

**2** 地下水位变化较大的地段或上层滞水或裂隙水赋存地段，均应布置观测孔；

**3** 在临近地表水体的地段，应观测地下水与地表水的水力联系；

**4** 地下水受污染地段，应定期进行水质变化的观测；

**5** 观测期限至少应有一个水文年。

**9.3.10** 建筑物沉降观测应符合下列要求：

**1** 在被观测建筑物周边的适当位置，应布置2～3个沉降观测水准基点。水准基点标石应埋设在基岩层或其他稳定地层中。埋设位置以不受周边建（构）筑物基础压力的影响为准，在建筑区内，水准基点与邻近建筑物的距离应大于建筑物基础最大宽度的2倍。

**2** 沉降观测点的布设应根据建筑物体形、结构形式、工程地质条件等综合考虑，一般可沿建筑物外墙周边、角点、中点每隔10～15m或每隔2～3根柱基上设一观测点。对高低层连接处、不同地基基础类型、沉降缝连接处以及荷载有明显差异处，均应布置沉降观测点。

**3** 沉降观测可分为二等和三等水准测量，应根据建筑物的重要性、使用要求、基础类型、工程地质条件及预估沉降量等因素综合确定。

**4** 为取得建筑物完整的沉降资料，宜在浇筑基础时开始测量，施工期间宜每增加一层观测一次，竣工后，第一年每隔2～3个月观测一次，以后每隔4～6个月观测一次，直至沉降相对稳定为止。

**5** 沉降相对稳定标准可根据观测目的、要求并结合地区地基土压缩性确定，一般可采用日平均沉降速率 0.01～0.02mm/d。对软土地基沉降观测时间宜持续 5～8 年。

6 埋设在基础底板上的初始沉降观测点应随施工逐层向上引测至地面以上。

# 10 岩土工程勘察报告

## 10.1 一 般 规 定

**10.1.1** 高层建筑岩土工程勘察报告应结合高层建筑的特点和主要岩土工程问题进行编写，做到资料完整、真实准确、数据无误、图表清晰、结论有据、建议合理、便于使用，并应因地制宜，重点突出，有明确的工程针对性。文字报告与图表部分应相互配合、相辅相成、前后呼应。

**10.1.2** 若工程需要时，根据任务要求，可进行有关的专门岩土工程勘察与评价，并提交专题咨询报告。

**10.1.3** 勘察报告、术语、符号、计量单位等均应符合国家有关标准的规定。

## 10.2 勘察报告主要内容和要求

**10.2.1** 初步勘察报告应满足高层建筑初步设计的要求，对拟建场地的稳定性和建筑适宜性作出明确结论，为合理确定高层建筑总平面布置，选择地基基础结构类型，防治不良地质作用提供依据。

**10.2.2 详细勘察报告应满足施工图设计要求，为高层建筑地基基础设计、地基处理、基坑工程、基础施工方案及降水截水方案的确定等提供岩土工程资料，并应作出相应的分析和评价。**

**10.2.3** 高层建筑岩土工程勘察详细勘察阶段报告，除应满足一般建筑详细勘察报告的基本要求外，尚应包括下列主要内容：

1 高层建筑的建筑、结构及荷载特点，地下室层数、基础埋深及形式等情况；

2 场地和地基的稳定性，不良地质作用、特殊性岩土和地震效应评价；

3 采用天然地基的可能性，地基均匀性评价；

4 复合地基和桩基的桩型和桩端持力层选择的建议；

5 地基变形特征预测；

6 地下水和地下室抗浮评价；

7 基坑开挖和支护的评价。

**10.2.4** 详勘报告应阐明影响高层建筑的各种稳定性及不良地质作用的分布及发育情况，评价其对工程的影响。场地地震效应的分析与评价应符合现行国家标准《建筑抗震设计规范》GB 50011 的有关规定；建筑边坡稳定性的分析与评价应符合现行国家标准《建筑边坡工程技术规范》GB 50330 的有关规定。

**10.2.5** 详勘报告应对地基岩土层的空间分布规律、均匀性、强度和变形状态及与工程有关的主要地层特性进行定性和定量评价。岩土参数的分析和选用应符合现行国家标准《建筑地基基础设计规范》GB 50007 和《岩土工程勘察规范》GB 50021 的有关规定。

**10.2.6** 详勘报告应阐明场地地下水的类型、埋藏条件、水位、渗流状态及有关水文地质参数，应评价地下水的腐蚀性及对深基坑、边坡等的不良影响。必要时应分析地下水对成桩工艺及复合地基施工的影响。

**10.2.7** 天然地基方案应对地基持力层及下卧层进行分析，提出地基承载力和沉降计算的参数，必要时应结合工程条件对地基变形进行分析评价。当采用岩石地基作地基持力层时，应根据地层、岩性及风化破碎程度划分不同的岩体质量单元，并提出各单元的地基承载力。

**10.2.8** 桩基方案应分析提出桩型、桩端持力层的建议，提供桩基承载力和桩基沉降计算的参数，必要时应进行不同情况下桩基承载力和桩基沉降量的分析与评价，对各种可能选用的桩基方案宜进行必要的分析比较，提出建议。

**10.2.9** 复合地基方案应根据高层建筑特征及场地条件建议一种或几种复合地基加固方案，并分析确定加固深度或桩端持力层。应提供复合地基承载力及变形分析计算所需的岩土参数，条件具备时，应分析评价复合地基承载力及复合地基的变形特征。

**10.2.10** 高层建筑基坑工程应根据基坑的规模及场地条件，提出基坑工程安全等级和支护方案的建议，宜对基坑各侧壁的地质模型提出建议。应根据场地水文地质条件，对地下水控制方案提出建议。

**10.2.11** 应根据可能采用的地基基础方案、基坑支护方案及场地的工程地质、水文地质环境条件，对地基基础及基坑支护等施工中应注意的岩土工程问题及设计参数检测、现场检验、监测工作提出建议。

**10.2.12** 对高层建筑建设中遇到的下列特殊岩土工程问题，应根据专门岩土工程工作或分析研究，提出专题咨询报告：

1 场地范围内或附近存在性质或规模尚不明的活动断裂及地裂缝、滑坡、高边坡、地下采空区等不良地质作用的工程；

2 水文地质条件复杂或环境特殊，需现场进行专门水文地质试验，以确定水文地质参数的工程；或需进行专门的施工降水、截水设计，并需分析研究降水、截水对建筑本身及邻近建筑和设施影响的工程；

3 对地下水防护有特殊要求，需进行专门的地下水动态分析研究，并需进行地下室抗浮设计的工程；

4 建筑结构特殊或对差异沉降有特殊要求，需进行专门的上部结构、地基与基础共同作用分析计算与评价的工程；

5 根据工程要求，需对地基基础方案进行优化、比选分析论证的工程；

6 抗震设计所需的时程分析评价；

7 有关工程设计重要参数的最终检测、核定等。

### 10.3 图表及附件

**10.3.1** 高层建筑岩土工程勘察报告所附图件应体现勘察工作的主要内容，全面反映地层结构与性质的变化，紧密结合工程特点及岩土工程性质，并应与报告书文字相互呼应。主要图件及附件应包括下列几种：

1 岩土工程勘察任务书（含建筑物基本情况及勘察技术要求）；

2 拟建建筑平面位置及勘探点平面布置图；

3 工程地质钻孔柱状图或综合工程地质柱状图；

4 工程地质剖面图。

当工程地质条件复杂或地基基础分析评价需要时，宜绘制下列图件：

1 关键地层层面等高线图和等厚度线图；

2 工程地质立体图；

3 工程地质分区图；

4 特殊土或特殊地质问题的专门性图件。

**10.3.2** 高层建筑岩土工程勘察报告所附表格和曲线应全面反映勘察过程中所进行的各项室内试验和原位测试工作，为高层建筑岩土工程分析评价和地基基础方案的计算分析与设计提供系统完整的参数和分析论证的数据。主要图表宜包括下列几类：

1 土工试验及水质分析成果表，需要时应提供压缩曲线、三轴压缩试验的摩尔圆及强度包线；

2 各种地基土原位测试试验曲线及数据表；

3 岩土层的强度和变形试验曲线；

4 岩土工程设计分析的有关图表。

## 附录A 天然地基极限承载力估算

**A.0.1** 天然地基极限承载力可按下式估算：

$$f_u = \frac{1}{2} N_\gamma \zeta_\gamma b \gamma + N_q \zeta_q \gamma_0 d + N_c \zeta_c c_k \quad (A.0.1)$$

式中 $f_u$——地基极限承载力（kPa）；

$N_\gamma$、$N_q$、$N_c$——地基承载力系数，根据地基持力层代表性内摩擦角标准值 $\varphi_k$（°），按表A.0.1-1确定；

$\zeta_\gamma$、$\zeta_q$、$\zeta_c$——基础形状修正系数，按表A.0.1-2确定；

$b$、$l$——分别为基础（包括箱形基础和筏形基础）底面的宽度与长度，当基础宽度大于6m时，取 $b$=6m；

$\gamma_0$、$\gamma$——分别为基底以上和基底组合持力层的土体平均重力密度（kN/m³）；位于地下水位以下且不属于隔水层的土层取浮重力密度；当基底土层位于地下水位以下但属于隔水层时，$\gamma$ 可取天然重力密度；如基底以上的地下水与基底高程处的地下水之间有隔水层，基底以上土层在计算 $\gamma_0$ 时可取天然重力密度；

$d$——基础埋置深度（m），应根据不同情况按下列规定选取：（1）一般自室外地面高程算起；对于地下室采用箱形或筏形基础时，自室外天然地面起算，采用独立柱基或条形基础时，从室内地面起算；（2）在填方整平地区，可自填土地面起算；但若填方在上部结构施工后完成时，自填方前的天然地面起算；（3）当高层建筑周边附属建筑为超补偿基础时，宜分析和考虑周边附属建筑基底压力低于土层自重压力的影响；

$c_k$——地基持力层代表性黏聚力标准值（kPa）。

**表A.0.1-1 极限承载力系数表**

| $\varphi_k$（°） | $N_c$ | $N_q$ | $N_\gamma$ | $\varphi_k$（°） | $N_c$ | $N_q$ | $N_\gamma$ |
|---|---|---|---|---|---|---|---|
| 0 | 5.14 | 1.00 | 0.00 | 26 | 22.25 | 11.85 | 12.54 |
| 1 | 5.38 | 1.09 | 0.07 | 27 | 23.94 | 13.20 | 14.47 |
| 2 | 5.63 | 1.20 | 0.15 | 28 | 25.80 | 14.72 | 16.72 |
| 3 | 5.90 | 1.31 | 0.24 | 29 | 27.86 | 16.44 | 19.34 |
| 4 | 6.19 | 1.43 | 0.34 | 30 | 30.14 | 18.40 | 22.40 |
| 5 | 6.49 | 1.57 | 0.45 | | | | |
| 6 | 6.81 | 1.72 | 0.57 | 31 | 32.67 | 20.63 | 25.99 |
| 7 | 7.16 | 1.88 | 0.71 | 32 | 35.49 | 23.18 | 30.22 |
| 8 | 7.53 | 2.06 | 0.86 | 33 | 38.64 | 26.09 | 35.19 |
| 9 | 7.92 | 2.25 | 1.03 | 34 | 42.16 | 29.44 | 41.06 |
| 10 | 8.35 | 2.47 | 1.22 | 35 | 46.12 | 33.30 | 48.03 |
| 11 | 8.80 | 2.71 | 1.44 | 36 | 50.59 | 37.75 | 56.31 |
| 12 | 9.28 | 2.97 | 1.69 | 37 | 55.63 | 42.92 | 66.19 |
| 13 | 9.81 | 3.26 | 1.97 | 38 | 61.35 | 48.93 | 78.03 |
| 14 | 10.37 | 3.59 | 2.29 | 39 | 67.87 | 55.96 | 92.25 |
| 15 | 10.98 | 3.94 | 2.65 | 40 | 75.31 | 64.20 | 109.41 |
| 16 | 11.63 | 4.34 | 3.06 | 41 | 83.86 | 73.90 | 130.22 |
| 17 | 12.34 | 4.77 | 3.53 | 42 | 93.71 | 85.38 | 155.55 |
| 18 | 13.10 | 5.26 | 4.07 | 43 | 105.11 | 99.02 | 186.54 |
| 19 | 13.93 | 5.80 | 4.68 | 44 | 118.37 | 115.31 | 224.64 |
| 20 | 14.83 | 6.40 | 5.39 | 45 | 133.88 | 134.88 | 271.76 |
| 21 | 15.82 | 7.07 | 6.20 | 46 | 152.10 | 158.51 | 330.35 |
| 22 | 16.88 | 7.82 | 7.13 | 47 | 173.64 | 187.21 | 403.67 |
| 23 | 18.05 | 8.66 | 8.20 | 48 | 199.26 | 222.31 | 496.01 |
| 24 | 19.32 | 9.60 | 9.44 | 49 | 229.93 | 265.51 | 613.16 |
| 25 | 20.72 | 10.66 | 10.88 | 50 | 266.89 | 319.07 | 762.86 |

注：$N_q = e^{\pi \tan\varphi_k} \tan^2\left(45° + \frac{\varphi_k}{2}\right)$

$N_c = (N_q - 1)\cot\varphi_k \quad N_\gamma = 2(N_q + 1)\tan\varphi_k$

**表 A.0.1-2 基础形状系数**

| 基础形状 | $\zeta_\gamma$ | $\zeta_q$ | $\zeta_c$ |
|---|---|---|---|
| 条形 | 1.00 | 1.00 | 1.00 |
| 矩形 | $1-0.4\dfrac{b}{l}$ | $1+\dfrac{b}{l}\tan\varphi_k$ | $1+\dfrac{b}{l}\dfrac{N_q}{N_c}$ |
| 圆形或方形 | 0.60 | $1+\tan\varphi_k$ | $1+\dfrac{N_q}{N_c}$ |

## 附录 B 用变形模量 $E_0$ 估算天然地基平均沉降量

**B.0.1** 天然地基平均沉降可按下式估算：

$$s=\Psi_s pb\eta\sum_{i=1}^{n}\left(\frac{\delta_i-\delta_{i-1}}{E_{0i}}\right) \quad \text{(B.0.1)}$$

式中 $s$——地基最终平均沉降量（mm）；

$\Psi_s$——沉降经验系数，根据地区经验确定，对花岗岩残积土 $\Psi_s$ 可取 1；

$p$——对应于荷载效应准永久组合时的基底平均压力（kPa），地下水位以下扣除水浮力；

$b$——基础底面宽度（m）；

$\delta_i$、$\delta_{i-1}$——沉降应力系数，与基础长宽比（$l/b$）和基底至第 $i$ 层和第 $i-1$ 层（岩）土底面的距离 $Z$ 有关，可按表 B.0.1-1 确定；

$E_{0i}$——基底下第 $i$ 层土的变形模量（MPa），可通过载荷试验或地区经验确定；

$\eta$——考虑刚性下卧层影响的修正系数，可按表 B.0.1-2 确定。

**表 B.0.1-1 按 $E_0$ 估算地基沉降应力系数 $\delta_i$**

| $m=\dfrac{2z}{b}$ | 圆形基础 $b=2r$ | 矩形基础 $n=l/b$ | | | | | | 条形基础 $n\geqslant10$ |
|---|---|---|---|---|---|---|---|---|
| | | 1.0 | 1.4 | 1.8 | 2.4 | 3.2 | 5.0 | |
| 0.0 | 0.000 | 0.000 | 0.000 | 0.000 | 0.000 | 0.000 | 0.000 | 0.000 |
| 0.4 | 0.067 | 0.100 | 0.100 | 0.100 | 0.100 | 0.100 | 0.100 | 0.104 |
| 0.8 | 0.163 | 0.200 | 0.200 | 0.200 | 0.200 | 0.200 | 0.200 | 0.208 |
| 1.2 | 0.262 | 0.299 | 0.300 | 0.300 | 0.300 | 0.300 | 0.300 | 0.311 |
| 1.6 | 0.346 | 0.380 | 0.394 | 0.397 | 0.397 | 0.397 | 0.397 | 0.412 |
| 2.0 | 0.411 | 0.446 | 0.472 | 0.482 | 0.486 | 0.486 | 0.486 | 0.511 |
| 2.4 | 0.461 | 0.499 | 0.538 | 0.556 | 0.565 | 0.567 | 0.567 | 0.605 |
| 2.8 | 0.501 | 0.542 | 0.592 | 0.618 | 0.635 | 0.640 | 0.640 | 0.687 |
| 3.2 | 0.532 | 0.577 | 0.637 | 0.671 | 0.696 | 0.707 | 0.709 | 0.763 |
| 3.6 | 0.558 | 0.606 | 0.676 | 0.717 | 0.750 | 0.768 | 0.772 | 0.831 |
| 4.0 | 0.579 | 0.630 | 0.708 | 0.756 | 0.796 | 0.820 | 0.830 | 0.892 |
| 4.4 | 0.596 | 0.650 | 0.735 | 0.789 | 0.837 | 0.867 | 0.883 | 0.949 |
| 4.8 | 0.611 | 0.668 | 0.759 | 0.819 | 0.873 | 0.908 | 0.932 | 1.001 |
| 5.2 | 0.624 | 0.683 | 0.780 | 0.884 | 0.904 | 0.948 | 0.977 | 1.050 |
| 5.6 | 0.635 | 0.697 | 0.798 | 0.867 | 0.933 | 0.981 | 1.018 | 1.095 |
| 6.0 | 0.645 | 0.708 | 0.814 | 0.887 | 0.958 | 1.011 | 1.056 | 1.138 |

续表

| $m=\dfrac{2z}{b}$ | 圆形基础 $b=2r$ | 矩形基础 $n=l/b$ | | | | | | 条形基础 $n\geqslant10$ |
|---|---|---|---|---|---|---|---|---|
| | | 1.0 | 1.4 | 1.8 | 2.4 | 3.2 | 5.0 | |
| 6.4 | 0.653 | 0.719 | 0.828 | 0.904 | 0.980 | 1.031 | 1.092 | 1.178 |
| 6.8 | 0.661 | 0.728 | 0.841 | 0.920 | 1.000 | 1.065 | 1.122 | 1.215 |
| 7.2 | 0.668 | 0.736 | 0.852 | 0.935 | 1.019 | 1.088 | 1.152 | 1.251 |
| 7.6 | 0.674 | 0.744 | 0.863 | 0.948 | 1.036 | 1.109 | 1.180 | 1.285 |
| 8.0 | 0.679 | 0.751 | 0.872 | 0.960 | 1.051 | 1.128 | 1.205 | 1.316 |
| 8.4 | 0.684 | 0.757 | 0.881 | 0.970 | 1.065 | 1.146 | 1.229 | 1.347 |
| 8.8 | 0.689 | 0.762 | 0.888 | 0.980 | 1.078 | 1.162 | 1.251 | 1.376 |
| 9.2 | 0.693 | 0.768 | 0.896 | 0.989 | 1.089 | 1.178 | 1.272 | 1.404 |
| 9.6 | 0.697 | 0.772 | 0.902 | 0.998 | 1.100 | 1.192 | 1.291 | 1.431 |
| 10.0 | 0.700 | 0.777 | 0.908 | 1.005 | 1.110 | 1.205 | 1.309 | 1.456 |
| 11.0 | 0.705 | 0.786 | 0.912 | 1.022 | 1.132 | 1.230 | 1.349 | 1.506 |
| 12.0 | 0.710 | 0.794 | 0.933 | 1.037 | 1.151 | 1.257 | 1.384 | 1.550 |

注：1. $l$ 与 $b$——分别为矩形基础的长度与宽度（m）；
2. $z$——为基础底面至该层土底面的距离（m）；
3. $r$——圆形基础的半径（m）。

**表 B.0.1-2 修正系数 $\eta$**

| $m=\dfrac{2z_n}{b}$ | $0<m\leqslant0.5$ | $0.5<m\leqslant1$ | $1<m\leqslant2$ | $2<m\leqslant3$ | $3<m\leqslant5$ | $5<m\leqslant\infty$ |
|---|---|---|---|---|---|---|
| $\eta$ | 1.00 | 0.95 | 0.90 | 0.80 | 0.75 | 0.70 |

**B.0.2** 按变形模量 $E_0$ 预测沉降时，沉降计算深度 $z_n$ 可按下式确定：

$$z_n=(z_m+\xi b)\beta \quad \text{(B.0.2-1)}$$

式中 $z_n$——沉降计算深度（m）；

$z_m$——与基础长宽比有关的经验值，按表 B.0.2-1 确定；

$\xi$——折减系数，按表 B.0.2-1 确定；

$\beta$——调整系数，按表 B.0.2-2 确定。

**表 B.0.2-1 $z_m$ 值和折减系数 $\xi$**

| $l/b$ | 1 | 2 | 3 | 4 | $\geqslant5$ |
|---|---|---|---|---|---|
| $z_m$ | 11.6 | 12.4 | 12.5 | 12.7 | 13.2 |
| $\xi$ | 0.42 | 0.49 | 0.53 | 0.60 | 1.00 |

**表 B.0.2-2 调整系数 $\beta$**

| 土类 | 碎石土 | 砂土 | 粉土 | 黏性土、花岗岩残积土 | 软土 |
|---|---|---|---|---|---|
| $\beta$ | 0.30 | 0.50 | 0.60 | 0.75 | 1.00 |

当无相邻荷载影响，基础宽度在 30m 范围内时，基础中点的地基沉降计算深度也可按下式计算：

$$z_n=b(2.5-0.4\ln b) \quad \text{(B.0.2-2)}$$

## 附录C 用静力触探试验成果估算单桩竖向极限承载力

**C.0.1** 采用静力触探试验单桥 $p_s$ 值可按下式估算预制桩单桩竖向极限承载力：

$$Q_u = u\Sigma q_{sik} l_i + \alpha_b p_{sb} A_p \quad (C.0.1)$$

式中 $Q_u$——单桩竖向极限承载力（kN）；

$u$——桩身周长（m）；

$q_{sik}$——用静力触探比贯入阻力 $p_s$ 估算的第 $i$ 层土的桩周极限侧阻力（kPa），可按以下规定取值：

（1）地表以下6m范围内的浅层土，一般取 $q_{sik}=15$kPa；

（2）黏性土：

当 $p_s \leqslant 1000$kPa 时，$q_{sik}=\frac{p_s}{20}$；

当 $p_s > 1000$kPa 时，$q_{sik}=0.025p_s+25$；

（3）粉性土及砂性土：$q_{sik}=\frac{p_s}{50}$；

$l_i$——第 $i$ 层土桩长（m）；

$\alpha_b$——桩端阻力修正系数，按表C.0.1-1取用；

$p_{sb}$——桩端附近的静力触探比贯入阻力平均值（kPa），按下式计算：

当 $p_{sb1} \leqslant p_{sb2}$ 时，$p_{sb}=\frac{p_{sb1}+p_{sb2}\beta}{2}$

当 $p_{sb1} > p_{sb2}$ 时，$p_{sb}=p_{sb2}$

$p_{sb1}$——桩端全断面以上8倍桩径范围内的比贯入阻力平均值（kPa）；

$p_{sb2}$——桩端全断面以下4倍桩径范围内的比贯入阻力平均值（kPa）；

$\beta$——折减系数，按 $p_{sb2}/p_{sb1}$ 的值从表C.0.1-2中取用；

$A_p$——桩端面积（$m^2$）。

**表C.0.1-1 桩端阻力修正系数 $\alpha_b$ 值**

| 桩长 $l$（m） | $l \leqslant 7$ | $7 < l \leqslant 30$ | $l > 30$ |
|---|---|---|---|
| $\alpha_b$ | 2/3 | 5/6 | 1 |

**表C.0.1-2 折减系数 $\beta$ 值**

| $p_{sb2}/p_{sb1}$ | <5 | 5～10 | 10～15 | >15 |
|---|---|---|---|---|
| $\beta$ | 1 | 5/6 | 2/3 | 1/2 |

对于比贯入阻力值为2500～6500kPa的浅层粉性土及稍密的砂性土，计算桩端阻力和桩周侧阻力时应结合经验，考虑数值可能偏大的因素。用 $p_s$ 估算的桩的极限端阻力不宜超过8000kPa，桩周极限侧阻力不宜超过100kPa。

**C.0.2** 采用静力触探试验双桥 $q_c$、$f_{si}$ 值可按下式估算预制桩单桩竖向极限承载力，适用于一般黏性土和砂土。

$$Q_u = u\sum_{i=1}^{n} f_{si} l_i \beta_i + \alpha \bar{q}_c A_p \quad (C.0.2\text{-}1)$$

式中 $f_{si}$——第 $i$ 层土的探头侧摩阻力（kPa）；

$\beta_i$——第 $i$ 层土桩身侧摩阻力修正系数，按下式计算：

黏性土：$\beta_i = 10.043 f_{si}^{-0.55}$ （C.0.2-2）

砂性土：$\beta_i = 5.045 f_{si}^{-0.45}$ （C.0.2-3）

$\alpha$——桩端阻力修正系数，对黏性土取2/3，对饱和砂土取1/2；

$\bar{q}_c$——桩端上、下探头阻力，取桩尖平面以上4$d$范围内按厚度的加权平均值，然后再和桩端平面以下1$d$范围内的 $q_c$ 值进行平均（kPa）。

## 附录D 用标准贯入试验成果估算单桩竖向极限承载力

**D.0.1** 采用标准贯入试验成果可按下式估算预制桩、预应力管桩和沉管灌注桩单桩竖向极限承载力：

$$Q_u = \beta_s u \Sigma q_{sis} l_i + q_{ps} A_p \quad (D.0.1)$$

式中 $q_{sis}$——第 $i$ 层土的极限侧阻力（kPa），可按表D.0.1-1采用；

$q_{ps}$——桩端土极限端阻力（kPa），可按表D.0.1-2采用；

$\beta_s$——桩侧阻力修正系数，土层埋深 $h$（m），当 $10 \leqslant h \leqslant 30$ 时取1.0；土层埋深 $h >$ 30m时取1.1～1.2。

**表D.0.1-1 极限侧阻力 $q_{sis}$**

| 土的类别 | 土（岩）层平均标准贯入实测击数（击） | 极限侧阻力 $q_{sis}$（kPa） |
|---|---|---|
| 淤泥 | <1～3 | 10～16 |
| 淤泥质土 | 3～5 | 18～26 |
| 黏性土 | 5～10 | 20～30 |
| | 10～15 | 30～50 |
| | 15～30 | 50～80 |
| | 30～50 | 80～100 |
| 粉土 | 5～10 | 20～40 |
| | 10～15 | 40～60 |
| | 15～30 | 60～80 |
| | 30～50 | 80～100 |
| 粉细砂 | 5～10 | 20～40 |
| | 10～15 | 40～60 |
| | 15～30 | 60～90 |
| | 30～50 | 90～110 |

续表

| 土的类别 | 土（岩）层平均标准贯入实测击数（击） | 极限侧阻力 $q_{sis}$（kPa） |
|---|---|---|
| 中　砂 | 10～15 | 40～60 |
| | 15～30 | 60～90 |
| | 30～50 | 90～110 |
| 粗　砂 | 15～30 | 70～90 |
| | 30～50 | 90～120 |
| 砾砂（含卵石） | ＞30 | 110～140 |
| 全风化岩 | 40～70 | 100～160 |
| 强风化软质岩 | ＞70 | 160～200 |
| 强风化硬质岩 | ＞70 | 200～240 |

注：表中数据对无经验的地区应先用试桩资料进行验证。

**表 D.0.1-2　极限端阻力 $q_{ps}$**

| $q_{ps}$（kPa）／标准贯入实测击数(击)／桩入土深度(m) | 70 | 50 | 40 | 30 | 20 | 10 |
|---|---|---|---|---|---|---|
| 15 | 9000 | 8200 | 7800 | 6000 | 4000 | 1800 |
| 20 | 11000 | 8600 | 8200 | 6600 | 4400 | 2000 |
| 25 | | 9000 | 8600 | 7000 | 4800 | 2200 |
| 30 | | 9400 | 9000 | 7400 | 5000 | 2400 |
| ＞30 | | 10000 | 9400 | 7800 | 6000 | 2600 |

注：1. 表中数据可以内插；
2. 表中数据对无经验的地区应先用试桩资料进行验证。

# 附录 E　大直径桩端阻力载荷试验要点

**E.0.1**　本试验要点适用于测求大直径桩（含扩底桩）端阻力。

**E.0.2**　大直径桩极限端阻力载荷试验应采用圆形刚性承压板，其直径为 0.8m。

**E.0.3**　承压板应置于桩端持力层上，亦可在试井完成后，直接在外径为 0.8m 的钢环内浇灌混凝土而成，当试井直径大于承压板直径时，紧靠承压板周围外侧的土层高度应不小于 0.8m；承压板上用小于试井直径的钢管联结，延伸至地面进行加荷；亦可利用井壁护圈作反力加荷，沉降观测宜直接在底板上进行。

**E.0.4**　加荷等级可按预估极限端阻力的 1/15～1/10 分级施加，最大荷载应达到破坏，且不应小于设计端阻力的两倍。

**E.0.5**　在加每级荷载后的第一小时内，每隔 10、10、10、15、15min 观测一次，以后每隔 30min 观测一次。

**E.0.6**　在每级荷载作用下，当连续 2h，每小时的沉降量小于 0.1mm 时，则认为已经稳定，可以施加下一级荷载。

**E.0.7**　终止加载条件应符合下列规定：

**1**　当荷载-沉降曲线上，有可判定极限端阻力的陡降段，且沉降量超过（0.04～0.06）$d$（$d$ 为承压板直径），沉降量小的岩土取小值，反之取大值；

**2**　本级沉降量大于前一级沉降量的 5 倍；

**3**　某级荷载作用下经 24h 沉降量尚不能达到稳定标准；

**4**　当持力层岩土层坚硬，沉降量很小时，最大加载量已不小于设计端阻力 2 倍。

**E.0.8**　卸载观测应符合下列规定：

**1**　卸载的每级荷载为加载的 2 倍；

**2**　每级卸载后隔 15min 观测一次，读两次后，隔 0.5h 再读一次，即可卸下一级荷载；

**3**　全部卸载后隔 3～4h 再测读一次。

**E.0.9**　端阻力特征值的确定应符合下列规定：

**1**　满足终止加载条件前三条之一时，其对应的前一级压力定为极限端阻力，当该值小于对应比例界限压力值的 2 倍时，取极限端阻力值的一半为端阻力特征值；

**2**　当 $p$-$s$ 曲线有明显的比例界限时，取比例界限所对应压力为端阻力特征值；

**3**　当 $p$-$s$ 曲线无明显的拐点时，可取 $s=(0.008～0.015)d$（对全风化、强风化、中等风化岩取较小值，对黏性土取较大值，砂类土取中间值）所对应的 $p$ 值，作为端阻力特征值，但其值不应大于最大加载量的一半。

**E.0.10**　同一岩土层参加统计的试验点不应少于三点，当试验实测值的极差不超过平均值的 30%时，取此平均值作为极限端阻力或端阻力特征值。

# 附录 F　用原位测试参数估算群桩基础最终沉降量

**F.0.1**　用原位测试参数换算土压缩模量 $E_s$，或直接用原位测试参数估算群桩基础沉降量的方法应符合下列要求：

**1**　适用于一般黏性土、粉土和砂土地基；

**2**　桩中心距小于 $6d$、排列密集的预制桩群桩基础；

**3**　桩基承台、桩群和桩间土视为实体基础，不考虑沿桩身的应力扩散；

**4**　计算沉降深度自桩端全断面平面算起，算至有效附加压力等于土有效自重压力的 20%处，有效附加压力应考虑相邻基础影响；

**5** 各地区应根据当地的工程实测资料统计对比、验证，确定相应的桩基沉降计算经验系数。

**F.0.2** 对无法或难以采取不扰动土试样的填土、粉土、砂土和深部土层，可根据静力触探试验、标准贯入试验和旁压试验测试参数按表F.0.2的经验关系换算土的压缩模量 $E_s$ 值。

**表 F.0.2 土的压缩模量 $E_s$ 与原位测试参数的经验关系**

| 原位测试方法 | 土性 | $E_s$（MPa） | 适用深度 | 适用范围 |
|---|---|---|---|---|
| 静力触探试验 | 一般黏性土 | $E_s=3.3p_s+3.2$<br>$E_s=3.7q_c+3.4$ | 15～70m | $0.8\leqslant p_s\leqslant 5.0$（MPa）<br>$0.7\leqslant q_c\leqslant 4.0$（MPa） |
| | 粉土及粉细砂 | $E_s=(3\sim4)\ p_s$<br>$E_s=(3.4\sim4.4)\ q_c$ | 20～80m | $3.0\leqslant p_s\leqslant 25.0$（MPa）<br>$2.6\leqslant q_c\leqslant 22.0$（MPa） |
| 标准贯入试验 | 粉土及粉细砂 | $E_s=(1\sim1.2)\ N$ | <120m | $10\leqslant N\leqslant 50$（击） |
| | 中、粗砂 | $E_s=(1.5\sim2)\ N$ | | $10\leqslant N\leqslant 50$（击） |
| 旁压试验 | 一般黏性土 | $E_s=(0.7\sim1)\ E_m$ | >10m | |
| | 粉　土 | $E_s=(1.2\sim1.5)\ E_m$ | | |
| | 粉细砂 | $E_s=(2\sim2.5)\ E_m$ | | |
| | 中、粗砂 | $E_s=(3\sim4)\ E_m$ | | |

注：表中经验公式仅适用于桩基，使用前应根据地区资料进行验证。

**F.0.3** 群桩基础最终沉降量尚可用压缩模量 $E_s$ 按下式估算：

$$s=\eta\Psi_{s1}\Psi_{s2}\sum_{i=1}^{n}\frac{p_{0i}h_i}{E_{si}} \qquad (F.0.3)$$

式中 $s$——桩基最终沉降量（mm）；

$\eta$——桩端入土深度修正系数，当无地区经验时，可按 $\eta=1-0.5p_{cz}/p_0$ 计算，$\eta<0.3$ 时，取0.3；

$p_{cz}$——桩端处土的有效自重压力（kPa）；

$p_0$——对应于荷载效应准永久组合时的桩端处的有效附加压力（kPa）；

$\Psi_{s1}$——桩侧土性修正系数，当桩侧土有层厚不小于 $0.3B$（$B$ 为等效基础宽度）的硬塑状的黏性土或中密—密实砂土时，$\Psi_{s1}=0.7\sim0.8$；可塑状黏性土或稍密砂土时，$\Psi_{s1}=1$；流塑状淤泥质土时，$\Psi_{s1}=1.2$；

$\Psi_{s2}$——桩端土性修正系数，当桩端下有层厚 $\geqslant 0.5B$ 的硬塑状的黏性土或中密—密实砂土时，$\Psi_{s2}=0.8$；可塑状黏性土或稍密砂土时，$\Psi_{s2}=1$；流塑状淤泥质土时，$\Psi_{s2}=1.1$；

$p_{0i}$——桩端下第 $i$ 土层中的平均有效附加压力（采用Bousinesq应力分布解）（kPa）；

$E_{si}$——桩端下第 $i$ 土层中的平均压缩模量（MPa），可按表F.0.2确定；

$h_i$——桩端下第 $i$ 土层的厚度（m）。

**F.0.4** 采用静力触探试验或标准贯入试验方法估算桩基础最终沉降量：

$$s=\Psi_s\frac{p_0}{2}B\eta/(3.3\bar{p}_s) \qquad (F.0.4\text{-}1)$$

$$s=\Psi_s\frac{p_0}{2}B\eta/(4\bar{q}_c) \qquad (F.0.4\text{-}2)$$

$$s=\Psi_s\frac{p_0}{2}B\eta/\overline{N} \qquad (F.0.4\text{-}3)$$

式中 $s$——桩基最终沉降量（mm）；

$\Psi_s$——桩基沉降估算经验系数，应根据类似工程条件下沉降观测资料和经验确定；

$B$——等效基础宽度（m），$B=\sqrt{A}$；

$A$——等效基础面积（$m^2$）；

$\bar{p}_s$ 或 $\bar{q}_c$——取1倍 $B$ 范围内静探比贯入阻力或锥尖阻力按厚度修正平均值（MPa），其计算方法如图F.0.4；

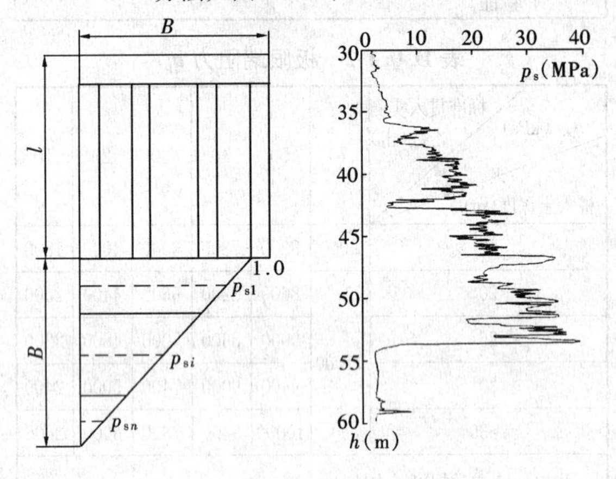


图 F.0.4 $\bar{p}_s$ 计算方法

$$\bar{p}_s=\sum_{i=1}^{n}p_{si}I_{si}h_i/\left(\frac{1}{2}B\right) \qquad (F.0.4\text{-}4)$$

$p_{si}$——桩端以下第 $i$ 层土的比贯入阻力（MPa）；

$I_{si}$——第 $i$ 层土应力衰减系数，取该层土深度中点处与桩端处为1.0，一倍等效基础宽度深度处为0的应力三角形交点值；

$h_i$——桩端下第 $i$ 层土厚度（m）；

$\overline{N}$——取1倍 $B$ 范围内标准贯入试验击数按厚度修正平均值，计算方法与静探相同。

## 附录G 抗浮桩和抗浮锚杆抗拔静载荷试验要点

**G.0.1** 试验应采用接近于抗浮桩和抗浮锚杆的实际工作条件的试验方法，以确定单桩（或单根锚杆）的抗拔极限承载力。

**G.0.2** 加载装置：抗浮桩一般采用液压千斤顶加载，抗浮锚杆一般采用穿孔液压千斤顶加载，千斤顶和油泵的额定压力必须大于试验压力，且试验前应进行标定。加载反力装置的承载力和刚度应满足最大试验荷载的要求。

**G.0.3** 计量仪表（测力计、位移计和计时表等）应满足测试要求的精度。位移量一般采用百分表或电子位移计测量，对大直径桩应在其两个正交直径方向对称安置4个位移测试仪表，中、小直径桩可安置2个或3个位移测试仪表。

**G.0.4** 从成桩或锚杆注浆后到开始试验的间歇时间：在确定桩身强度或锚杆锚固段浆体强度达到设计要求的前提下，对于砂类土，不应少于10d；对于粉土和黏性土，不应少于15d；对于淤泥或淤泥质土，不应少于25d。

**G.0.5** 对于重要工程或缺乏经验的地层，试验桩（或锚杆）数应不少于3根。

**G.0.6** 进行工程设计检测时，预计最大试验荷载应加至破坏或预估抗拔设计承载力的两倍。试验桩或试验锚杆的配筋应满足最大试验荷载的要求。

**G.0.7** 加载方式：考虑到抗浮桩和抗浮锚杆的实际受荷特征，宜采用循环加、卸载法，加荷等级与位移测读间隔时间应按表G.0.7确定。

**表G.0.7 循环加、卸荷等级与位移观测间隔时间表**

| 加荷标准<br>循环数 | $\frac{加荷量}{预计最大试验荷载}$（%） | | | | | | | | |
|---|---|---|---|---|---|---|---|---|---|
| 第一循环 | 10 | — | — | — | 30 | — | — | — | 10 |
| 第二循环 | 10 | 30 | — | — | 50 | — | — | 30 | 10 |
| 第三循环 | 10 | 30 | 30 | 50 | 70 | — | 50 | 30 | 10 |
| 第四循环 | 10 | 30 | 30 | 50 | 80 | 70 | 50 | 30 | 10 |
| 第五循环 | 10 | 30 | 30 | 50 | 90 | 80 | 50 | 30 | 10 |
| 第六循环 | 10 | 30 | 30 | 50 | 100 | 90 | 50 | 30 | 10 |
| 观测时间（min） | 5 | 5 | 5 | 5 | 10 | 5 | 5 | 5 | 5 |

注：在每级加荷等级观测时间内，测读桩锚头位移不应少于3次。

**G.0.8** 终止加载条件：当出现下列情况之一时，即可终止加载，此时的荷载为破坏荷载：

**1** 锚头或桩头位移不收敛；

**2** 某级荷载作用下，锚头或桩头变形量达到前一级荷载作用下的5倍；

**3** 抗拔桩累计拔出量超过100mm或抗浮锚杆累计拔出量超过设计允许值。

**G.0.9** 锚杆弹性变形不应小于自由段长度变形计算值的80%，且不应大于自由段长度与1/2锚固段长度之和的弹性变形计算值。

**G.0.10** 变形相对稳定标准：在每级加荷等级观测时间内，位移增量不超过0.1mm，并连续出现两次，方可加下一级荷载，否则应延长观测时间，直到位移增量在2h内小于2.0mm，方可施加下一级荷载。

**G.0.11** 抗浮桩和抗浮锚杆抗拔试验结果应进行详细记录，并绘制有关图表，编写详细的分析报告。

**G.0.12** 抗浮桩或抗浮锚杆抗拔极限承载力的确定：

**1** 破坏荷载的前一级荷载；

**2** 在最大试验荷载下未达到G.0.8规定的破坏标准时，取最大试验荷载；

**3** 荷载-变形（*Q-s*）曲线陡升起始点所对应的荷载或*s*-lg*t*曲线尾部显著弯曲点所对应的前一级荷载。

## 附录H 基床系数载荷试验要点

**H.0.1** 本试验要点适用于测求弹性地基文克尔基床系数。

**H.0.2** 平板载荷试验应布置在有代表性的地点进行，每个场地不宜少于3组试验，且应布置于基础底面标高处。

**H.0.3** 载荷试验的试坑直径不应小于承压板直径的3倍。

**H.0.4** 用于基床系数载荷试验的标准承压板应为圆形，其直径应为0.30m。

**H.0.5** 最大加载量应达到破坏。承压板的安装、加载分级、观测时间、稳定标准和终止加载条件等，应符合现行国家标准《建筑地基基础设计规范》GB 50007浅层平板载荷试验要点的要求。

**H.0.6** 根据载荷试验成果分析要求，应绘制荷载（*p*）与沉降（*s*）曲线，必要时绘制各级荷载下沉降（*s*）与时间（*t*）或时间对数（lg*t*）曲线；根据*p-s*曲线拐点，结合*s*-lg*t*曲线特征，确定比例界限压力。

**H.0.7** 确定地基土基床系数$K_s$应符合下列要求：

**1** 根据标准承压板载荷试验*p-s*曲线，按式（H.0.7-1）计算基准基床系数$K_v$（kN/m³）：

$$K_v = \frac{p}{s} \quad (H.0.7\text{-}1)$$

式中 *p*——实测*p-s*关系曲线比例界限压力，如*p-s*关系曲线无明显直线段，*p*可取极限压力之半（kPa）；

*s*——为相应于该*p*值的沉降量（m）。

**2** 根据实际基础尺寸，修正后的地基土基床系数$K_{v1}$（kN/m³）按下式计算：

黏性土：
$$K_{v1} = \frac{0.30}{b}K_v \quad (H.0.7\text{-}2)$$

砂　土：
$$K_{v1} = \left(\frac{b+0.30}{2b}\right)^2 K_v \quad (H.0.7\text{-}3)$$

式中 *b*——基础底面宽度（m）。

**3** 根据实际基础形状，修正后的地基基床系数$K_s$（kN/m³）按下式计算：

黏性土： $K_s = K_{v1}\left(\frac{2l+b}{3l}\right)$ (H.0.7-4)

砂　土： $K_s = K_{v1}$ (H.0.7-5)

式中　$l$——基础底面的长度（m）。

## 本规程用词说明

**1**　为便于在执行本规程条文时区别对待，对要求严格程度不同的用词说明如下：

1）表示很严格，非这样做不可的：

正面词采用“必须”；反面词采用“严禁”。

2）表示严格，在正常情况下均应这样做的：

正面词采用“应”；反面词采用“不应”或“不得”。

3）表示允许稍有选择，在条件许可时，首先应这样做的：

正面词采用“宜”；反面词采用“不宜”。

表示有选择，在一定条件下可以这样做的，采用“可”。

**2**　条文中指明应按其他有关标准执行的写法为：“应按……执行”或“应符合……的规定（或要求）”。

中华人民共和国行业标准

# 高层建筑岩土工程勘察规程

JGJ 72—2004

## 条 文 说 明

# 前　　言

《高层建筑岩土工程勘察规程》（JGJ 72—2004），经建设部2004年6月25日以建标［2004］251号文批准，业已发布。

本规程第一版的主编单位是机械电子工业部勘察研究院。

为便于广大设计、施工、科研、学校等单位的有关人员在使用本规程时能正确理解和执行条文规定，《高层建筑岩土工程勘察规程》编制组按章、节、条顺序编制了本规程的条文说明，供使用者参考。在使用中如发现本条文说明有不妥之处，请将意见函寄机械工业勘察设计研究院。

# 目　次

# 1 总 则

**1.0.1** 本条主要明确了制定本规程的目的和指导思想。制定本规程的目的在于在高层建筑岩土工程勘察中贯彻执行国家技术经济政策，合理统一技术标准，促进岩土工程技术进步；为高层建筑而进行的岩土工程勘察，在指导思想上应起好四个方面的桥梁作用：即"承上启下"的桥梁作用及地质体与结构体之间、工程地质与土木工程之间、勘察与设计之间的桥梁作用，且应在它们之间保证有足够的"搭接长度"。岩土工程勘察不仅是客观地反映工程地质条件，而是要为高层建筑的设计、施工和建设的全过程服务。在制定勘察方案、选择勘察手段和方法、进行岩土工程分析评价、提出勘察报告以及在建设期间的全过程都应做到技术先进、经济合理、安全适用、确保质量和保护环境。为达到上述目的，本次修订中加强了分析评价内容，并注意吸收了近十年来高层建筑岩土工程勘察中的新技术和新经验，尤其是原位测试技术的应用。

**1.0.2** 本条规定了本规程的适用范围。本规程中所指高层、超高层建筑系根据行业标准《民用建筑设计通则》JGJ 37 划分确定，该通则规定：1. 住宅建筑按层数划分为：1～3 层为低层；4～6 层为多层；7～9 层为中高层；10 层以上为高层；2. 公共建筑及综合性建筑高度超过 24m 为高层（不包括高度超过 24m 的单层主体建筑）；3. 建筑高度超过 100m 时，不论住宅或公共建筑均为超高层。本规程中的高耸构筑物系指烟囱、水塔、电视塔，双曲线冷却塔、石油化工塔、贮仓等民用与工业高耸结构物。

考虑到在勘察阶段划分、勘察手段、勘察方法和勘察评价方面，本规程可以满足所有高层建筑、高耸构筑物勘察的要求，因而本次修订时取消了原规程适用范围为 50 层以下高层建筑、100m 以下重要构筑物和 300m 以下高耸构筑物的限制。

**1.0.3** 本条提出了高层建筑岩土工程勘察的共性和原则性要求。高层建筑的特点是竖向和水平荷载均很大，基础埋置深，地基基础通常按变形控制设计，制定勘察方案和分析评价时应充分考虑这些特点。考虑到我国幅员宽广，地基条件差异性很大，故进行勘察时要重视地区经验，因地制宜布置勘察方案和进行分析评价；实践证明，只有在详细了解和摸清建设和设计要求情况下才能使勘察工作有较强的针对性，解决好设计和施工所关心的岩土工程问题，做到勘察评价有的放矢，勘察结论与建议切合工程实际，故本条强调了详细了解和研究建设、设计要求。原始资料的真实性是保证工程质量的基础，在 2000 年 1 月 30 日由国务院颁发的《建筑工程质量管理条例》中，就提出了"勘察成果必须真实准确"，故本规程的总则中规定"提出资料真实准确、评价确切合理的岩土工程勘察报告和工程咨询报告"。

**1.0.4** 在执行本规程时，尚应符合的现行国家标准主要包括：《岩土工程勘察规范》GB 50021、《建筑地基基础设计规范》GB 50007、《建筑抗震设计规范》GB 50011、《建筑边坡工程技术规范》GB 50330、《工程岩体分级标准》GB 50218、《土工试验方法标准》GB/T 50123 等，尤其是其中的强制性条文。

# 2 术语和符号

## 2.1 术 语

**2.1.1** "岩土工程勘察"在国家标准《岩土工程勘察规范》GB 50021术语中及《岩土工程基本术语标准》GB/T 50279 中均有解释，本条文针对高层建筑特点强调两点：一是采用多种勘察手段和方法；二是勘察工作为解决高层建筑（含超高层建筑、高耸构筑物）建设中有关岩土工程问题而进行。

**2.1.2** 一般性勘探点是以查明地基主要受力层性质，满足评价地基（桩基）承载力等一般性问题为目的的勘探点。

**2.1.3** 控制性勘探点是以控制场地的地层结构，满足场地、地基、基坑稳定性评价及地基变形计算为目的的勘探点。

**2.1.6** 近年来随着高层建筑地下室的不断加深，地下室在地下水作用下的抗浮评价显得越来越重要，而抗浮评价中的重要内容之一就是要确定抗浮设防水位，抗浮设防地下水位的评价要以地下室抗浮评价计算的安全性、科学性和经济合理性为前提。

# 3 基 本 规 定

**3.0.1** 根据国家标准《岩土工程勘察规范》GB 50021的规定，岩土工程勘察等级系根据工程重要性等级、场地复杂程度等级和地基复杂程度等级来划分。对于所有高层建筑、超高层建筑和高耸构筑物（以下简称高层建筑）而言，按工程重要性等级划分，均应属一、二级工程，不存在三级工程，故高层建筑的岩土工程勘察等级只划分为甲、乙两级。因当工程重要性等级为一级时，即便是场地或地基复杂程度等级为三级（简单），按《岩土工程勘察规范》GB 50021 勘察等级的划分标准，亦应属于甲级；当工程重要性等级为二级时，即便是场地或地基复杂程度等级为三级（简单）时，其勘察等级亦应划分为乙级。有关场地和地基复杂程度的划分标准，均应按国家标准《岩土工程勘察规范》GB 50021执行，本规程不再作规定。

**3.0.2** 本次修订对高层建筑勘察阶段的合理划分更

予重视，划分的条件更为明确。考虑到对位于城市中少数重点的、勘察等级为甲级的高层建筑，往往是城市中有历史意义和深远影响的标志性建筑，对这些建筑的勘察工作，应留有足够的时间，投入必要的经费，充分论证场地和地基的安全性、稳定性和经济合理性，预测和解决有关岩土工程问题，为后续建设工程打好基础。为此，本条第1款规定了对这些工程宜分为可行性研究、初步勘察、详细勘察三阶段进行；第2款明确了分初步勘察、详细勘察两阶段进行的条件；第3款明确了可按一阶段进行勘察的条件。本次修订还进一步明确了应进行施工勘察的条件，对复杂场地和复杂地基，在施工中可能出现一些岩土工程问题，例如岩溶地区，施工中发现地质情况有异常；岩质基坑开挖后，各主要结构面才全面暴露，需进一步做工程地质测绘等施工地质工作，以便于处理；地基处理需进一步提供参数；复合地基需进行设计参数检测；建筑物平面位置有移动需要补充勘察等，为解决这些问题，都应重新委托进行施工勘察。此外还规定了勘察单位宜参与施工验槽，这在现行国家标准《建筑地基基础设计规范》GB 50007和《岩土工程勘察规范》GB 50021中均提出了这方面要求。

**3.0.3** 本条分别规定了在进行初步勘察或详细勘察前，详细了解建设方和设计方要求（任务委托书、合同等）基础上，应取得和搜集的资料，这些资料中有些是由委托方提供，有些是需通过委托方主动去搜集方能获得。详勘应取得的资料中包括荷载及荷载效应组合，这对荷载很大的高层建筑勘察的分析评价非常重要，国家标准《建筑地基基础设计规范》GB 50007的强制性条文中特别提出地基基础设计时，所采用的荷载效应的最不利组合与相应的抗力限值的规定，岩土工程勘察人员在分析评价时应当了解设计人员所提出的下列荷载效应不利组合荷载的用途：

**1** 当计算分析地基承载力或单桩承载力特征值时，传至基础或承台底面上的荷载效应按正常使用极限状态下荷载效应的标准组合的荷载。相应的抗力采用地基承载力特征值或单桩承载力特征值。

**2** 计算分析地基变形时，传至基础底面上的荷载效应应按正常使用极限状态下荷载效应的准永久组合的荷载，不应计入风荷载和地震作用。相应的限值应为地基变形允许值。

**3** 当计算挡土墙土压力、地基稳定，斜坡稳定或滑坡推力时，荷载效应应按承载能力极限状态下荷载效应的基本组合，但其分项系数均为1.0。

**3.0.4** 此条系本次修订时提出。鉴于勘探点布设和勘察方案的经济合理性，很大程度上决定于场地、地基的复杂程度和对其了解及掌握程度，而岩土工程勘察人员对其最为了解，故应当由勘察或设计单位的注册岩土工程师在充分了解建筑设计要求，详细消化委托方所提供资料基础上结合场地工程地质条件按本规程规定布设。若设计或委托方提供了布孔图，可以作为布设主要依据。目前国内大多数地区的岩土工程勘察都是如此，但也有少数地区和境外工程项目并非这样，而是由委托方或设计方布孔并确定勘探深度，勘察单位只能“照打不误”，若因有障碍物稍有移动（2～3m），必须征得委托方同意并签证，且在报告中写明，否则作为不合格，此做法显然不合理，应当改变。

**3.0.5** 本条规定了高层建筑初步勘察阶段的目的和任务，对其中几个主要问题说明如下：

**1** 本条第1款提出要查明场地所在地貌单元，是因地貌形态是地质历史长期演变的结果，它是岩土时代、成因、地层结构、岩土特性的综合反映，对宏观判定场地稳定性、承载力、岩土变形特性等至关重要。

**2** 第2款中的抗震设防区是指抗震设防烈度等于大于6度的地区；抗震设防区应评价的内容和提供的参数是根据国家标准《建筑抗震设计规范》GB 50011强制性条文的要求而提出，其中“设计需要时”系指当设计需要采用时程分析法补充计算的建筑。

**3** 高层建筑基础埋置深，很多情况下都要考虑地下室的抗浮和防水问题，勘察单位需要提供水位季节变化幅度和抗浮设防水位。在没有长期观测资料情况下，提供这些资料甚为困难，因而提出在初勘时，应设置地下水长期观测孔，初勘到地下室正式施工还有一段较长时间，取得一段时期的观测资料，对判定最高水位和变化幅度是有帮助的。

**3.0.6** 本条原则性地规定了高层建筑详细勘察阶段的目的与任务，应采取的勘察方法和应提供的资料和建议。多种手段系针对所需解决的岩土工程问题，而布设的钻探、物探、原位测试、室内试验和设计参数检测等手段，但应避免盲目求全。

**3.0.7** 本条较详细地规定了高层建筑详细勘察阶段应解决的主要岩土工程问题：

**1** 本条第1款提出，为岩质的地基和基坑工程设计应查明岩石坚硬程度、岩体完整程度、基本质量等级和风化程度，这是很有必要的，这些参数应根据国家标准《岩土工程勘察规范》GB 50021的分类标准划分提出。

**2** 基础埋置深是高层建筑主要特点之一，由此往往会遇到地下水和与其相关的问题。地下室抗浮问题在高层建筑设计中比较突出，为此第2款中要求提供季节变化幅度、工程需要时提供抗浮设防水位。对基坑工程，要求提供控制地下水的降水或截水措施，当建议采用降水措施时，应充分估计到降水对周边已有建筑、道路、管线的影响。

**3** 高层建筑地基主要是按变形控制设计的原则，这是高层建筑的另一特点，为此第4款要求预测变形特征，考虑到高层建筑的特殊性，和本规程提出的要起好“桥梁作用”的指导思想，且在计算机应用比较普及的今天和有地区经验的情况下，是有可能做到的。国家标准《岩土工程勘察规范》GB 50021 强制性条文也提出了这一要求，故本规程对此作出了规定。

**4** 本条第 5 款规定提供桩的极限侧阻力和极限端阻力，这是因为桩的侧阻力和端阻力多是以基桩载荷试验的极限承载力为基础，且由于桩长和桩端进入持力层的深度不同，其桩侧阻力和桩端阻力发挥程度是不同的，亦即桩侧阻力特征值和桩端阻力特征值并非定值。因而勘察期间，在桩长和进入持力层深度未能最后确定情况下，只提供极限侧阻力和极限端阻力，或估算单桩极限承载力是合适的。

**5** 本条第 6 款规定要求提供“地质模型”的建议。所指“地质模型”是将场地勘察中所获得的各种地质信息资料，包括地貌、成因、地层结构和各种测试、试验数据通过分析研究、抽象、概化后提出一个有代表性的地层结构模型和相关的参数供设计计算使用。“地质模型 Geological model”这一概念早在 1983 年我国的工程地质学家孙玉科先生就提出“地质模式”的概念，1996 年明确为“工程地质模型（简称地质模型）”。香港的准规范《Pile Design and Construction》GEO publication No. 1/96 中亦提出桩基工程设计前应首先由有经验的岩土工程师建立地质模型。本规程在第二次征求意见过程中，对要求在报告中为浅基础、桩基础变形计算、水文地质降水设计计算、基坑工程设计计算提供地质模型，有不同看法，考虑到目前岩土工程发展的现实情况，本规程只保留为基坑工程提供“地质模型”的要求。这是由于基坑工程设计中，地层结构、岩土性质将直接决定土压力大小，它就是施加于支护结构上的荷载，直接影响基坑工程的安全和工程的经济合理性，近年来在一些地区，由于地质模型和其配套的参数选择不当，造成事故和抢险加固的事例时有发生。为此在基坑工程中保留了这一要求。

**3.0.8** 推行岩土工程咨询设计是岩土工程勘察单位的发展方向，高层建筑设计施工过程中有许多岩土工程问题，在勘察期间不能完全提出，随着建设过程的推移，将会陆续提出。具有咨询设计资质的岩土工程勘察单位受委托方的要求，可以有偿承担和提供为解决本条所提出的各项岩土工程问题进行专门工程咨询和提出专题咨询报告。

**3.0.9** 本条是对各种观测工作提出建议。由于高层建筑基础埋置深，浅基础设计时，需要考虑基坑开挖卸荷后的回弹量，此时可在开挖施工前，埋设标点，以观测开挖后的回弹量；当需要了解地基的回弹再压缩量时，应在基础底板浇筑时设置标点，从基础底面起即进行观测，以测得回弹再压缩的全过程。

# 4 勘察方案布设

## 4.1 天然地基勘察方案布设

**4.1.1** 高层建筑采用天然地基时，控制横向倾斜至关重要，因而在宽度方向上地层的均匀性必须查清，本条 1 款规定，勘察方案布设应满足纵横方向对地层结构和地基均匀性的评价要求。

建筑场地整体稳定性，尤其是斜坡地带上建筑场地整体稳定性更加重要，勘察方案布设应满足稳定性分析的要求。

2 款强调查清地基持力层和下卧层的起伏情况，这是高层建筑采用天然地基的关键，也是主楼和裙楼差异沉降分析的要求。现场工作时绘制地层剖面草图，发现地基持力层和下卧层变化较大时，应及时查清。

5 款水文地质勘察是指布设专门查明地下水流速、流向、渗透系数、单井出水量等水文地质参数的勘探点，并进行现场试验工作，满足施工降水截水的设计要求。

**4.1.2** 提出了勘探点平面布设应考虑的原则和布设的数量，布设原则就是根据建筑物平面形状和荷载的分布情况，对如何布设作了一些具体规定：

**1** 是适应建筑体形做出的规定，当建筑平面为矩形时，应按双排布设，当为不规则形状时，应在突出部位的角点和凹进的阴角布设；

**2** 是针对建筑荷载差异做出的规定，即在层数、荷载和建筑体型变异较大位置处，应布设勘探点；

**3** 规定了对勘察等级为甲级的高层建筑要在中心点或电梯井、核心筒部位布设勘探点，因这些部位一般荷载最大，为计算建筑物这些部位的最大沉降，需查清这些部位的地层结构；

**4** 是对勘探点数量做了规定，对勘察等级为甲级的单幢高层建筑不少于 5 个，乙级不少于 4 个，同时规定了控制性勘探点的数量不应少于勘探点总数的 1/3。该款规定比原《高层建筑岩土工程勘察规程》JGJ 72—90（以下简称原规程 JGJ 72—90）适当放宽，主要是根据这些年高层建筑勘察经验做出的，有利于充分发挥岩土工程师的作用；

**5** 是针对高层建筑群做出的规定，目前，我国经济建设持续发展，高层建筑勘察往往不是一幢二幢，而是一个小区或数幢同时进行。该款规定比较灵活，既可按单幢高层建筑布设，亦可结合方格网布设，相邻建筑的勘探点可互相共用。

**4.1.3** 规定了勘探点间距和加密原则。根据多年来高层建筑勘察经验，勘探点间距 15～35m，是适当的，合理的。既适用于单幢建筑，也适用于高层建筑群。对于勘探点间距取值和加密作了一些具体规定。

**4.1.4** 对高层建筑勘探孔的深度作了具体规定：

1款控制性勘探孔是为变形计算服务的，其深度应超过变形计算深度。有关变形计算深度可按应力比法亦可按应变比法进行计算。

2～3款规定了控制性勘探孔的深度应适当大于地基变形计算深度，一般性勘探孔的深度应适当大于主要受力层的深度。在不具备变形计算深度条件时，可按式 $d_c = d + \alpha_c \beta b$、$d_g = d + \alpha_g \beta b$ 来计算；对于表4.1.4经验系数 $\alpha_c$、$\alpha_g$ 值，根据多年的工程经验，并以实测数据为依据，是实用有效的，继续沿用。虽然，对深厚软土做天然地基可能性不大，但勘察时，控制性孔仍应穿过软土，故表4.1.4中仍保留软土一栏的 $\alpha_c$、$\alpha_g$ 值。

上式中增加了 $\beta$ 值：定义为与高层建筑层数或基底压力有关的经验系数，对勘察等级为甲级的高层建筑可取1.1，乙级可取1.0，因甲级与乙级高层建筑在地层结构和基础宽度一致的情况下，基底压力不同，其变形计算深度应有所不同，勘探孔的深度若一样显然是不合理的。因此，适当加大勘察等级为甲级的高层建筑的勘探孔深度。

关于控制性勘探孔的深度能否满足变形设计深度的要求，原规程 JGJ 72—90 的条文说明已作的论证是可以满足的。现再参考，张诚厚等编著的《高速公路软基处理》（中国建筑工业出版社 1997 年 3 月出版）中“沪宁高速公路昆山试验段软基加固试验研究总结报告”一文，压缩层厚度计算与实测深度对比见下表：

**表1 压缩层厚度计算与实测深度对比表**（单位 m）

| 断　面 | 1号 | 2号 | 3号 | 4号 | 5号 | 6号 | 7号 | 8号 | 9号 | 10号 |
|---|---|---|---|---|---|---|---|---|---|---|
| 实测深度 | 10 | 15 | 12 | 11 | 13 | 10.4 | ≥10 | ≥15 | ≥20 | ≥14 |
| $\Delta s \leqslant 0.025\Sigma\Delta s_i$ 法计算深度 | 9.8 | 10.8 | 15 | 15.8 | 8.0 | 18.0 | 10.3 | 13.0 | 23.0 | 15.5 |
| $\Delta p_i / \Delta p_{0i} \leqslant 0.1$ 法计算深度 | 31 | 36 | 30 | 32 | 31 | 32 | 51 | 47 | 57 | 44 |
| $\Delta p_i / \Delta p_{0i} \leqslant 0.2$ 法计算深度 | 24 | 30 | 23 | 23 | 24 | 24 | 36 | 35 | 43 | 33 |
| 本规程计算深度 | $\alpha_c \beta b$ =（1.0～1.5）×1×20=20～30 | | | | | | | | | |

该试验路段全长1.6km，按双向六车道、路堤宽 $b$ 取20m，地面下地层结构为：① 亚黏土硬壳层，厚约2m；② 淤泥质黏性土层，东侧（沪）3号、4号、5号、6号断面厚约5～6m，西侧（宁）7号、8号、9号断面，最大厚度可达25m，中部1号、2号、10号断面，其厚度介于东西侧之间；③ 亚黏土层；④ 深层淤泥质黏性土；⑤ 亚砂土及粉砂。从上表可再次证明控制孔深度完全满足变形计算深度（即压缩层深度）的要求。

**4.1.5** 对采取不扰动土试样和原位测试勘探点的数量作了规定，即不宜少于勘探点总数的2/3，这里的原位测试是指静力触探、动力触探、旁压试验、扁铲侧胀试验和标准贯入试验等。考虑到软土地区取样困难，原位测试能较准确地反映土性指标，因此可将原位测试点作为取土测试勘探点。

**4.1.6** 规定了采取不扰动土试样和进行原位测试的竖向间距，为了保证不扰动土试样和原位测试指标有一定数量，规定基础底面下1.0倍基础宽度内采样及试验点间距按1～2m，以下根据土层变化情况适当加大距离，且在同一钻孔中或同一勘探点采取土试样和原位测试宜结合进行。这里的原位测试主要是指标准贯入试验、旁压试验、扁铲侧胀试验等。

**4.1.7** 对每幢高层建筑各主要土层内采取不扰动土试样和原位测试的数量作了规定。需要指出的是不扰动土试样和原位测试的数量要同时满足，另外静力触探和动力触探是连续贯入，不能用次数来统计。

**4.1.8** 由于新修订的国家标准《岩土工程勘察规范》GB 50021，《建筑地基基础设计规范》GB 50007均取消了承载力表，而载荷试验对确定地基承载力是比较可靠的方法，因此规定了对勘察等级为甲级的高层建筑或工程经验缺乏或研究程度较差的地区，宜布设载荷试验确定天然地基持力层的承载力特征值和变形参数。

## 4.2 桩基勘察方案布设

**4.2.1** 本条是对端承型桩基勘探点平面布设做出的规定：

**1** 勘探点间距12～24m，是考虑柱距通常为6m的倍数而提出。

**2** 本款主要是规定勘探点的加密原则。原规程 JGJ 72—90 和《建筑桩基技术规范》JGJ 94 均规定，当相邻勘探点所揭露桩端持力层层面坡度超过10%时，宜加密勘探点；国家标准《岩土工程勘察规范》GB 50021规定，相邻勘探点揭露持力层层面高差宜控制为1～2m。当勘探点间距为12～24m时，按10%控制即为高差1.2～2.4m，因而两者规定是一致的。对于复杂地基的一柱一桩工程，宜每柱设置勘探点，这里的复杂地基是指端承型桩端持力层岩土种类多，很不均匀，性质变化大的地基，且一柱一桩多为荷载很大，一旦出现差错或事故，将影响大局，难以弥补和处理，故规定按柱位布孔。

**3** 岩溶发育场地，溶沟、溶槽、溶洞很发育，显然属复杂场地，此时若以基岩作为桩端持力层，应按柱位布孔。但单纯钻探工作往往还难以查明其发育程度和发育规律，故应辅以有效地球物理勘探方法，近年来地球物理勘探技术发展很快，有效的方法有电法、地震法（浅层折射法或浅层反射法）及钻孔电磁波透视法等。连通性系指土洞与溶洞的连通性、溶洞本身的连通性和岩溶水的连通性。

**4.2.2** 本条是对摩擦型桩勘探点平面布设作出的规定：

1　摩擦型桩勘探点间距20～35m，系根据各勘察单位多年来积累的勘察经验，实践证明是经济合理的。

2　对于基础宽度大于35m的高层建筑不仅沿建筑物周边布孔，其中心宜布设勘探点，这主要是参照摩擦型桩用得很多的《上海地基基础设计规范》DBJ 08—11而规定的。

**4.2.3**　本条是对端承型桩勘探孔深度作出的规定：

1　本条1款所指作为桩端持力层的可压缩地层，包括硬塑、坚硬状态的黏性土；中密、密实的砂土和碎石土，还包括全风化和强风化岩。这些岩土按《建筑桩基技术规范》JGJ 94的规定，全断面进入持力层的深度不宜小于：黏性土、粉土$2d$（$d$为桩径），砂土$1.5d$，碎石土$1d$，当存在软弱下卧层时，桩基以下硬持力层厚度不宜小于$4d$；当硬持力层较厚且施工条件允许时，桩端全断面进入持力层的深度宜达到桩端阻力的临界深度，临界深度的经验值，砂与碎石土为$3d$～$10d$，粉土、黏性土为$2d$～$6d$，愈密实、愈坚硬临界深度愈大，反之愈小。因而，勘探孔进入持力层深度的原则是：应超过预计桩端全断面进入持力层的一定深度，当持力层较厚时，宜达到临界深度。为此，本条规定，控制性勘探孔应深入预计桩端下5～10m或$6d$～$10d$，《欧洲地基基础规范》（建设部综合勘察研究院印，1988年3月）规定，不小于10倍桩身宽度；一般性勘探孔应达到预计桩端下3～5m，或$3d$～$5d$，原规程JGJ 72—90规定勘探孔进入持力层的深度，控制孔为3～5m，一般孔为1～2m偏浅，本次修订作了上述调整。

2　本条2～5款是对嵌岩桩的勘探深度作出规定，由于嵌岩桩是指嵌入中等风化或微风化岩石的钢筋混凝土灌注桩，且系大直径桩，这种桩型一般不需考虑沉降问题，尤其是以微风化岩作为持力层，往往是以桩身强度控制单桩承载力。嵌岩桩的勘探深度与岩石成因类型和岩性有关。一般岩质地基系指岩浆岩、正变质岩及厚层状的沉积岩，这些岩体多系整体状结构和块状结构，岩石风化带明确，层位稳定，进入微风化带一定深度后，其下一般不会再出现软弱夹层，故规定一般性勘探孔进入预计嵌岩面以下$1d$～$3d$，控制性勘探孔进入预计嵌岩面以下$3d$～$5d$。花岗岩地区，在残积土和全、强风化带中常出现球状风化体，直径一般为1～3m，最大可达5m，岩性呈微风化状，钻探过程中容易造成误判，为此，第3款中对此特予强调，一般性和控制性勘探孔均要求进入微风化一定深度，目的是杜绝误判。

3　在具多韵律薄层状沉积岩或变质岩地区，常有强风化、中等风化、微风化呈互层或重复出现的情况，此时若要以微风化岩层作为嵌岩桩的持力层时，必须保证微风化岩层具有足够厚度，为此本条第5款规定，勘探孔应进入微风化岩厚度不小于5m方能终孔。

**4.2.4**　对于摩擦型桩虽然是以侧阻力为主，但在勘察时，还是应寻求相对较坚硬、较密实的地层作为桩端持力层，故规定一般性勘探孔的深度应进入预计桩端持力层或最大桩端入土深度以下不小于3m，此3m值是按以可压缩地层作为桩端持力层和中等直径桩考虑确定的；对高层建筑采用的摩擦型桩，多为筏基或箱基下的群桩，此类桩筏或桩箱基础除考虑承载力满足要求外，还要验算沉降，为满足验算沉降需要，提出了控制性勘探孔深度的要求。

**4.2.5**　以基岩作桩端持力层时，桩端阻力特征值取决于岩石的坚硬程度、岩体的完整程度和岩石的风化程度。岩石坚硬程度的定量指标为岩石单轴饱和抗压强度；岩体的完整程度定量指标为岩体完整性指数，它为岩体与岩块压缩波速度比值的平方；岩石风化程度的定量指标为波速比，它为风化岩石与新鲜岩石压缩波波速之比。因此在勘察等级为甲级的高层建筑勘察时宜进行岩体的压缩波波速测试，按完整性指数判定岩体的完整程度，按波速比判定岩石风化程度，这对决定桩端阻力和桩侧阻力的大小有关键性作用。

## 4.3　复合地基勘察方案布设

**4.3.1**　复合地基的类型很多，针对高层建筑特点，本规程所指复合地基，是在不良地基中设置竖向增强体（桩体），通过置换、挤密作用对土体进行加固，形成地基土与竖向增强体共同承担建筑荷载的人工地基。

**表2　竖向增强体（桩）复合地基分类**

| 按桩体刚度分类 | 按成桩材料分类 | 举　例 |
|---|---|---|
| 柔性桩 | 散体土类桩 | 砂（石）桩、碎石桩、灰土桩 |
| 半刚性桩 | 水泥土类桩 | 水泥搅拌桩、旋喷桩 |
| 刚性桩 | 混凝土类桩 | CFG（水泥、粉煤灰、砾石）桩、素混凝土桩 |

利用竖向增强体的高强度、低变形特性，可以改善天然地基土体在强度、变形方面的不足，也可以解决地基土液化、湿陷等工程问题，从而满足高层建筑对地基的要求。

目前，复合地基在许多地区得到了广泛的应用，取得了丰富的地区经验，采用复合地基方案的建筑物也由十几层、二十几层，发展到三十层左右，在此基础上，本次《高层建筑岩土工程勘察规程》修订增加了复合地基勘察方案布设（第4.3节）和评价（第8.4节）内容。

勘察前除了搜集一般工程勘察所需要的基础资料

外，强调应注意收集地区经验。由于我国地域辽阔，工程地质与水文地质条件、建筑材料及施工机械与方法不尽相同，区域性很强，由此引发的工程问题复杂，应对措施也十分丰富，因此要强调依据规范和地区经验来编制复合地基勘察方案。需要解决的主要岩土工程问题包括建筑地基的强度、变形、湿陷性、液化等。

**4.3.2** 复合地基勘察方案布设有其特点，其勘探点平面布设和勘探点间距应按天然地基（4.1节）规定执行，勘探孔深度则应符合4.2节桩基勘察要求，重点是查明桩端持力层的地层分布和性状，当需要按变形控制设计时，还需查明下卧岩土层的性状。对某些桩端持力层起伏大的部位宜加密勘探点，查明桩端持力层顶板起伏及其厚度的变化。

**4.3.3** 本条对高层建筑常用复合地基类型的勘察方案布设提出相应的要求：

**1** 涉及土或灰土桩挤密法的规范有《灰土桩和土桩挤密地基设计施工及验收规程》DBJ 24—2、《湿陷性黄土地区建筑规范》GB 50025、《建筑地基处理技术规范》JGJ 79。

经验表明，土的含水量及干密度对采用土或灰土桩挤密法消除黄土湿陷性效果影响很大，成孔的好坏在于土的含水量，桩距大小在于土的干密度，当土的含水量大于23%及饱和度超过0.65时往往难以成孔，而且挤密效果差，为了达到消除黄土湿陷性效果，要求灰土的干密度 $\rho_d \geqslant 15kN/m^3$ 或者其压实系数 $\lambda \geqslant 0.9$。

**2** 采用砂石桩挤密法的复合地基，由于在成桩过程中桩间土受到多次预振作用、砂石桩的排水通道作用、成桩对桩间土的挤密、振密作用，有效地消散了由振动引起的超孔隙水压力，同时土的结构强度得以提高，从而使得地基土的抗液化能力得到提高，表现在标贯击数的增加、静力触探比贯入阻力的提高等方面。在地基勘察时应进行相关的试验，提供相应的测试结果，以对比和检验加固后的效果。

**3** 不同的地基加固方法，分别对地下水水位及流动状态、腐蚀性、pH值、硫酸盐含量、土质及土中含水量、有机质含量等因素有着不同的要求和限制；有些加固方法只适用于地下水位以上的地层；水泥土的抗压强度随土层含水量的增加而迅速降低；土中有机质含量越高，水泥的加固效果就越差，甚至单用水泥无法对有机质含量高的土进行加固；地下水pH值高、硫酸盐含量高时，用水泥加固效果差等等。因此，应根据不同的地基加固方法结合地区性经验布设相应的勘察工作，提供设计所需的参数。

**4.3.4** 由于复合地基增强体类型多，受施工因素影响大，很难有较准确和符合实际的承载力计算表达式，且根据国家标准《建筑地基基础设计规范》GB 50007强制性条文，强调要进行复合地基载荷试验的要求，为此作出了本条的规定。另规定在缺乏复合地基设计、施工经验的地区，尚应进行包括不同类型、不同桩长、不同桩距甚至各种桩型组合的复合地基原型试验，主要是使设计参数更为准确可靠和经济合理，同时也为积累地区经验。

复合地基的各种试验，应根据设计要求，首先做好合理的试验设计。

## 4.4 基坑工程勘察方案布设

**4.4.1** 近十年来基坑失稳出现的事故不少，为此各方都给予了高度重视，"基坑工程"已成为岩土工程领域中的一门专门学科。高层建筑基础埋置深，必然遇到基坑工程这一重要问题，本次修订时，从岩土工程勘察的角度将"基坑工程勘察方案布设"和"基坑工程评价"独立成节，对有关问题作出规定。

为基坑工程而进行的勘察工作是高层建筑岩土工程勘察的一个重要部分，故本条规定应与高层建筑勘察同步进行，并分别提出了初步勘察和详细勘察中应解决的重点问题。

**4.4.2** 周边环境是基坑工程的勘察、设计、施工中必须首先考虑的问题，在进行这些工作时应有"先人后己"的概念。周边环境的复杂程度是决定基坑工程设计等级、支护结构方案选型等最重要的因素之一，勘察最后的结论和建议亦必须充分考虑对周边环境影响而提出。为此，本条规定了勘察时，委托方应提供的周边环境的资料，当不能取得时，勘察人员应通过委托方主动向有关单位搜集有关资料，必要时，业主应专项委托勘察单位采用开挖、物探、专用仪器等进行探测。

**4.4.3** 勘察平面范围应适当扩到基坑边界以外，主要是因为基坑支护设置锚杆，降水、截水等都必须了解和掌握基坑边线外一定距离内的地质情况，但扩展外出的具体距离，各规范规定不尽完全一致，高层建筑多在城市中心位置，而业主一般都要将征地面积用足，地下室外墙边线往往靠近红线甚至压在红线上，要扩展到红线以外很远进行勘探工作有困难，通常只有依靠调查，搜集资料来解决，考虑这些因素，本规程定为"勘察范围宜达到基坑边线以外两倍以上基坑深度"，并规定"为查明某些专门问题可以在边线以外布设勘探点"。某些专门问题系指跨越不同地貌单元、斜坡边缘、填土分布复杂等。

**4.4.4** 关于勘探孔深度，两本国家标准均规定"宜为基坑深度的2～3倍"，本规程规定"勘探孔的深度不宜小于基坑深度2倍"，并规定控制性勘探孔应穿过软土层、穿过主要含水层进入隔水层一定深度等；在基坑深度内遇微风基岩时，一般性勘探孔应钻入微风化岩1～3m，是因为有的地区强风化、中等风化、微风化岩呈互层出现，为避免微风化岩面误判，需进入一定深度。

**4.4.5** 现行的各基坑工程技术规范标准中，均没有岩质基坑工程勘察设计的规定，本条提出了为岩质基坑勘察时，应查明的主要内容。

**4.4.6** 本条是针对为基坑设计提供有关参数而应进行的原位测试项目提出的要求。其中在地下连续墙和排桩支护设计中，要按弹性地基梁计算，有时需要提供基床系数，故提出设计需要时，应进行基床系数试验，载荷试验测求基床系数的试验要点见附录H。

**4.4.7** 本条是对室内试验的要求，其中要求对砂、砾、卵石层进行水上、水下休止角试验，主要是根据测得的天然休止角来预估这类土的内摩擦角。

**4.4.8** 地下水是影响基坑工程安全的重要因素，本条规定了基坑工程设计应查明场地水文地质条件的有关问题。当含水层为卵石层或含卵石颗粒的砂层时，强调要详细描述卵石颗粒的粒径和颗粒组成（级配），这是因为卵石粒径的大小，对设计施工时选择截水方案和选用机具设备有密切的关系，例如，当卵石粒径大，含量多，采用深层搅拌桩形成帷幕截水会有很大困难，甚至不可能。

## 5 地 下 水

**5.0.1** 本章为新增内容。本条规定了高层建筑勘察中对地下水的基本要求。在高层建筑勘察中地下水对基础工程和环境的影响问题越来越突出，如基础设计中的抗浮、基坑支护设计中侧向水压力、基坑开挖过程中管涌、突涌以及工程降水引起地面沉降等环境问题，大量工程经验表明，地下水作用对工程建设的安全与造价产生极大影响。因此，勘察中要求查明与工程有关的水文地质条件，评价地下水对工程的作用和影响，预测可能产生的岩土工程危害，为设计和施工提供必要的水文地质资料。

**5.0.2～5.0.3** 主要依据地区经验的丰富程度、场地的水文地质条件的复杂程度、地区有无地下水长期观测资料以及对工程影响程度，有针对性地区分地下水调查和现场勘察的两部分内容。在调查和专门的水文地质勘察中，从高层建筑工程勘察角度出发，侧重查明地下水类型、与工程有关的含水层分布、承压水水头、渗透性以及地下水与地表水的水力联系，尤其是地下水与江、河、湖、海水体的水力联系。

**5.0.4** 对工程有重大影响的多层含水层，在分层测水位时，应采取止水措施将被测含水层与其他含水层隔离。如较难实施时，可采用埋设孔隙水压力计进行量测，或采用孔压静力触探试验进行量测。搞清多层地下水水位，这对基础设计和基坑设计十分重要，并涉及到基坑施工的安全性问题，但目前不少勘察人员往往测量其混合水位，这可能造成严重不良后果。故本条文作了明确规定。

**5.0.5** 含水层的渗透系数等水文地质参数测定，有现场试验和室内试验两种方法，一般室内试验由于边界条件与实际相差太大（如在上海地区的黏性土中往往夹有薄层粉砂），室内与现场试验结果会差几个数量级，如选择参数不当，可能造成不安全的降水设计，故本条提出宜采用现场试验。

**5.0.6** 根据高层建筑基础埋深较大的特点，以及在工程建设中由于降水而引起的环境问题，本条文规定评价地下水对工程的作用和影响的内容。如地下水对结构的上浮作用，经济合理地确定抗浮设防水位将涉及工程造价、施工难度和周期等一些十分关键的问题；施工中降排水引起的潜水位或承压水头的下降，虽能减少水的浮托力，但增加了土体的有效压力，使土体产生附加沉降，在黏性土地层中也可能出现“流泥”现象，引起地面塌陷，造成不均匀沉降而对周围环境（邻近建筑物、地下管线等）产生不良影响等环境问题；当基坑下有承压含水层时，由于基坑开挖减少了基坑底部隔水土层的厚度，在承压水头压力作用下，基坑底部土体将会产生隆起或突涌等危险现象。

**5.0.7** 本条文规定采取降低地下水位的措施所要满足的要求。如施工中地下水位应保持在基坑底面下0.5～1.5m，目的是为降低挖出土体的含水量、减少对坑底土扰动、增加坑底土被动压力并减少坑底土体回弹，也是为满足基础底板做防水施工时对岩土含水量的要求。

## 6 室 内 试 验

**6.0.1** 本章仅包括高层建筑岩土工程勘察中特殊性室内试验要求。

**6.0.2** 为准确计算地基承载力，$c$、$\varphi$ 值数据的选用非常重要，而抗剪强度试验的方法对 $c$、$\varphi$ 值影响很大。高层建筑勘察比一般工程勘察更重要，故本规程只强调三轴压缩试验，未提直剪试验。

对饱和黏性土和深部的土样，为消除取土时应力释放和结构扰动的影响，在自重压力下固结后再进行剪切试验。

关于抗剪强度试验的方法，总的原则是应该与建筑物的实际受力状况以及施工工况相符合。对于施工加荷速率较快，地基土的排水条件较差的黏土、粉质黏土等，固结排水时间较长，如加荷速率较快，来不及达到完全固结，土已剪损，这种情况下宜采用不固结不排水剪（UU）。对于施工加荷速率较慢，地基土的排水条件较好，如经过预压固结的地基，实际工程中有充分时间固结，这种情况下可根据其固结程度采用固结不排水剪（CU）。原状砂土取样困难时可考虑采用冷冻法等取土技术。

对于软土地区，按 $c$、$\varphi$ 的试验峰值强度计算地基承载力与工程经验相比偏大较多，应适当折减。

**6.0.3** 压缩试验方法应与所选用计算沉降方法相适

应，试验选用合适与否直接影响到计算沉降量的正确性。

**1** 本款是针对分层总和法进行的压缩试验而定。对高层建筑地基来说，不应按固定的100～200kPa压力段所求得的压缩模量。而应按土的自重压力至土自重压力与附加压力之和的压力段，取其相应压缩模量。这样的试验方法和取值与工程实际受力情况较符合，显然是合理的。

**2** 本款是针对考虑应力历史的固结沉降计算所需参数的试验方法，这种沉降计算需用先期固结压力 $p_c$、压缩指数 $C_c$ 和回弹再压缩指数 $C_r$ 等三个参数。为准确求得 $p_c$ 值，最大压力应加至出现较长的直线段，必要时可加至3000～5000kPa，否则难以在 $e$-$\log p$ 曲线上准确求得 $p_c$ 和 $C_c$ 值。$p_c$ 值可按卡式图解法确定。$C_r$ 值宜在预计的 $p_c$ 值之后进行卸载回弹试验确定。卸荷回弹压力从何处开始过去不明确，本规程规定从所取土样处的上覆自重压力处开始，这是考虑取土后应力释放，在室内重新恢复其原始应力状态。对于超固结土应超过预估的先期固结压力，以不影响 $p_c$ 值的选取。至于卸至何处？本应根据基坑开挖深度确定，但恐开挖深度浅，卸荷压力小，即回弹点太少难以正确确定 $C_r$ 值，而且还不能卸荷至零点以超过仪器本身的标定压力。为试验方便，在确定自重压力时可分深度取整。开挖深度10m以内，土自重压力一般不会超过200kPa，取最大压力为200kPa处分级卸荷，卸至12.5kPa；当深度为11～20m时，一般考虑有地下水，取最大有效自重压力为300kPa处分级卸荷，卸至25kPa；21～30m时取400kPa处分级卸荷至50kPa。

**3** 群桩深基础变形验算时，取对应实际不同压力段的压缩模量、压缩指数 $C_c$、回弹再压缩指数 $C_r$ 等进行计算。

**4** 回弹模量和回弹再压缩模量的测求，可按照上述第2款说明的方法。对有效自重压力分段取整，获得回弹和回弹再压缩曲线，利用回弹曲线的割线斜率计算回弹模量，利用回弹再压缩割线斜率计算回弹再压缩模量。在实际工程中，若两者相差不大，也可以前者代替后者。

**6.0.4** 基坑开挖需降低地下水位时，可根据土性进行原位测试和室内渗透试验确定相应参数，必要时尚应进行现场抽水试验，以满足降水设计需要。为了估算砂土的内摩擦角，对于砂土应进行水上、水下的休止角试验。

**6.0.5** 在验算边坡稳定性以及基坑工程中的支挡结构设计时，土的抗剪强度参数应慎重选取。三轴压缩试验受力明确，又可控制排水条件，因此本规程规定宜采用三轴压缩试验方法。现对其中主要问题说明如下：

**1** 不同规范计算土压力时 $c$、$\varphi$ 的取值规定为，行业标准《建筑基坑支护技术规程》JGJ 120：$c$、$\varphi$ 应按照三轴固结不排水试验确定，当有可靠经验时，可采用直剪固快试验确定。上海市工程建设规范《上海地基基础设计规范》DBJ 08—11：水土分算时，$c$、$\varphi$ 取固结不排水（CU）或直剪固快的峰值；水土合算时，$c$、$\varphi$ 取直剪固快的峰值。其他部分行业规范和地方规范关于土压力计算时，$c$、$\varphi$ 值的确定可参见《岩土工程勘察规范》GB 500021相应条文说明。

**2** 对于饱和黏性土，本规程推荐采用三轴固结不排水（CU）强度参数计算土压力，其主要依据：一是饱和黏性土渗透性弱、渗透系数较小，宜采用三轴压缩试验总应力法（CU）试验；二是根据试算证明是安全和合适的。为了合理选取土的抗剪强度指标，本次修订时，进行了试算和对比。试算依据上海地铁工程三组软土场地同时完成的直剪固快试验、三轴不固结不排水（UU）试验、三轴固结不排水（CU）试验（由上海岩土工程勘察设计研究院提供），所得强度参数标准值按总应力法水土合算进行了土压力试算，对比详见表3～表5。

**表3 场地1主动土压力和被动土压力计算表**

| 土层号 | 土层名 | 层厚 (m) | $\gamma_i$ (kN/m³) | $\Sigma\gamma_i h_i$ (kN/m²) | 固结不排水 | | | | | | 不固结不排水 | | | | | | 直剪固快 | | | | | |
|---|---|---|---|---|---|---|---|---|---|---|---|---|---|---|---|---|---|---|---|---|---|---|
| | | | | | $c_{cu}$ (kPa) | $\varphi_{cu}$ (°) | $K_{acu}$ | $P_{acu}$ (kPa) | $K_{pcu}$ | $P_{pcu}$ (kPa) | $c_{uu}$ (kPa) | $\varphi_{uu}$ (°) | $K_{auu}$ | $P_{auu}$ (kPa) | $K_{puu}$ | $P_{puu}$ (kPa) | $c$ (kPa) | $\varphi$ (°) | $K_a$ | $P_a$ (kPa) | $K_p$ | $P_p$ (kPa) |
| ③ | 淤泥质粉质黏土 | 3 | 17.4 | 52.2 | 10 | 18.5 | 0.518 | 0<br>12.65 | | | 22 | 0 | 1 | 0<br>8.20 | | | 12 | 20.5 | 0.481 | 0<br>8.44 | | |
| ④$_1$ | 淤泥质黏土 | 7 | 16.7 | 169.1 | 11 | 13.8 | 0.615 | 14.85<br>86.74 | | | 25 | 0 | 1 | 2.20<br>119.10 | | | 14 | 12.0 | 0.656 | 11.56<br>88.25 | | |
| ④$_1$ | 淤泥质黏土 | 11 | 16.7 | 183.7 | 11 | 13.8 | | | 1.98 | 35.02<br>399.66 | 25 | 0 | | | 1 | 50.00<br>233.70 | 14 | 12.0 | | | 1.80 | 41.80<br>372.18 |
| 基坑10m深处主动土压力和坑底下11m处被动土压力合力（kN） | | | | | | | | 366.95 | | 2390.74 | | | | 426.48 | | 1560.35 | | | | 353.56 | | 2276.89 |

**表 4　场地 2 主动土压力和被动土压力计算表**

| 土层号 | 土层名 | 层厚(m) | $\gamma_i$ (kN/m³) | $\Sigma\gamma_i h_i$ (kN/m²) | 固结不排水 | | | | | | 不固结不排水 | | | | | | 直剪固快 | | | | | |
|---|---|---|---|---|---|---|---|---|---|---|---|---|---|---|---|---|---|---|---|---|---|---|
| | | | | | $c_{cu}$ (kPa) | $\varphi_{cu}$ (°) | $K_{acu}$ | $P_{acu}$ (kPa) | $K_{pcu}$ | $P_{pcu}$ (kPa) | $c_{uu}$ (kPa) | $\varphi_{uu}$ (°) | $K_{auu}$ | $P_{auu}$ (kPa) | $K_{puu}$ | $P_{puu}$ (kPa) | $c$ (kPa) | $\varphi$ (°) | $K_a$ | $P_a$ (kPa) | $K_p$ | $P_p$ (kPa) |
| ② | 黏　土 | 2 | 18.3 | 36.6 | 18 | 21.7 | 0.460 | 0<br>0 | | | 54 | 0 | 1 | 0<br>0 | | | 24 | 19.0 | 0.42 | 0<br>0 | | |
| ③ | 淤泥质粉质黏土 | 3 | 17.6 | 89.4 | 10 | 17.0 | 0.548 | 0<br>34.19 | | | 33 | 0 | 1 | 0<br>23.40 | | | 12 | 21.5 | 0.66 | 0<br>25.10 | | |
| ④$_1$ | 淤泥质黏土 | 10 | 16.6 | 255.4 | 10 | 14.0 | 0.610 | 38.91<br>140.17 | | | 19 | 0 | 1 | 51.40<br>217.40 | | | 14 | 12.5 | 0.61 | 35.11<br>142.03 | | |
| ⑤$_{1-1}$ | 黏　土 | 8 | 17.6 | 140.8 | 14 | 19.8 | | | 2.82 | 57.45<br>454.94 | 40 | 0 | | | 1 | 80.00<br>220.80 | 17 | 15.5 | | | 2183 | 57.94<br>365.36 |
| ⑤$_{1-2}$ | 粉质黏土 | 12 | 17.8 | 354.4 | 14 | 26.3 | | | 4.41 | 701.23<br>1643.20 | 61 | 0 | | | 1 | 262.80<br>476.40 | 16 | 22.0 | | | 3.25 | 530.46<br>1224.70 |
| 基坑 15m 深处主动土压力和坑底下 20m 处被动土压力合力（kN） | | | | | | | | 946.70 | | 16116.00 | | | | 1358.63 | | 5638.00 | | | | 923.35 | | 12224.00 |

**表 5　场地 3 主动土压力和被动土压力计算表**

| 土层号 | 土层名 | 层厚(m) | $\gamma_i$ (kN/m³) | $\Sigma\gamma_i h_i$ (kN/m²) | 固结不排水 | | | | | | 不固结不排水 | | | | | | 直剪固快 | | | | | |
|---|---|---|---|---|---|---|---|---|---|---|---|---|---|---|---|---|---|---|---|---|---|---|
| | | | | | $c_{cu}$ (kPa) | $\varphi_{cu}$ (°) | $K_{acu}$ | $P_{acu}$ (kPa) | $K_{pcu}$ | $P_{pcu}$ (kPa) | $c_{uu}$ (kPa) | $\varphi_{uu}$ (°) | $K_{auu}$ | $P_{auu}$ (kPa) | $K_{puu}$ | $P_{puu}$ (kPa) | $c$ (kPa) | $\varphi$ (°) | $K_a$ | $P_a$ (kPa) | $K_p$ | $P_p$ (kPa) |
| ② | 黏土 | 2 | 17.8 | 35.6 | 18 | 16.8 | 0.552 | 0<br>0 | | | 47 | 0 | 1 | 0<br>0 | | | 20 | 15 | 0.589 | 0<br>0 | | |
| ③$_2$ | 砂质粉土 | 3 | 18.6 | 91.4 | 4 | 31.0 | 0.320 | 0<br>24.72 | | | 37 | 0 | 1 | 0<br>17.40 | | | 4 | 31 | 0.32 | 0<br>24.72 | | |
| ③$_3$ | 淤泥质粉质黏土 | 2 | 17.4 | 126.2 | 12 | 16.0 | 0.568 | 33.83<br>53.59 | | | 19 | 0 | 1 | 53.40<br>88.20 | | | 13 | 27.5 | 0.538 | 30<br>48.86 | | |
| ④ | 淤泥质黏土 | 3 | 16.6 | 176.0 | 11 | 15.3 | 0.582 | 56.67<br>85.65 | | | 20 | 0 | 1 | 86.20<br>136.00 | | | 14 | 11.5 | 0.668 | 61.42<br>94.68 | | |
| ⑤$_{1-1}$ | 淤泥质粉质黏土 | 3 | 17.5 | 228.5 | 9 | 19.0 | 0.509 | 76.74<br>103.46 | | | 22 | 0 | 1 | 132.00<br>184.50 | | | 12 | 19.5 | 0.499 | 70.87<br>97.07 | | |
| ⑤$_{1-2}$ | 黏土夹粉质黏土 | 2 | 17.7 | 263.9 | 17 | 19.5 | 0.499 | 90.00<br>107.67 | | | 37 | 0 | 1 | 160.50<br>195.90 | | | 16 | 15.0 | 0.589 | 110.03<br>130.88 | | |
| ⑤$_{1-2}$ | 黏土夹粉质黏土 | 12 | 17.7 | 212.4 | 17 | 19.5 | | | 2.77 | 68.82<br>656.63 | 37 | 0 | | | 1 | 74.00<br>286.40 | 16 | 15.0 | | | 2.12 | 53.38<br>503.66 |
| ⑥ | 粉质黏土 | 6 | 19.4 | 328.8 | 42 | 18.6 | | | 2.62 | 719.45<br>1024.4 | 121 | 0 | | | 1 | 454.40<br>570.80 | 45 | 17 | | | 2.38 | 668.29<br>945.21 |
| 基坑 15m 深处主动土压力和坑底下 18m 处被动土压力合力（kN） | | | | | | | | 805.95 | | 9660.90 | | | | 1313.88 | | 5238.00 | | | | 842.91 | | 8182.70 |

图 1、图 2 为场地 3 不同试验参数主动土压力和被动土压力比较。从图表可以看出，用直剪固快和固结不排水（CU）强度参数计算所得的主动与被动土压力强度较为接近。二者与不固结不排水（UU）强度参数计算所得的土压力强度比较，在较浅的深度，UU 计算的主动土压力强度偏小；在较深处，UU 计算的主动土压力强度偏大；在计算深度范围内，UU 所得的被动土压力强度均较 CU 小；从相同计算深度的合力相比，按 UU 计算的主动土压力合力虽较按 CU 计算者大 1.16～1.63，但按 UU 计算的被动土压力合力则仅相当于按 CU 计算的 0.35～0.65；被动土压力与主动土压力合力的比值，按 UU 计算为 3.66～4.15，而按 CU 计算为 6.51～11.99。因而总体说来，按 CU 参数计算是偏于安全和合适的。参考我国其他行业标准和地方标准，本规程规定，计算土压力可采用固结不排水（CU）试验，提供 $c_{cu}$、$\varphi_{cu}$ 参数。当有可靠经验时，也可采用直剪固快试验指标。由于饱和黏性土，尤其是软黏土，原始固结度不高，且受到取土扰动的影响，为了不使试验结果过低，故规定了应在有效自重压力下进行预固结后再剪的试验要求。

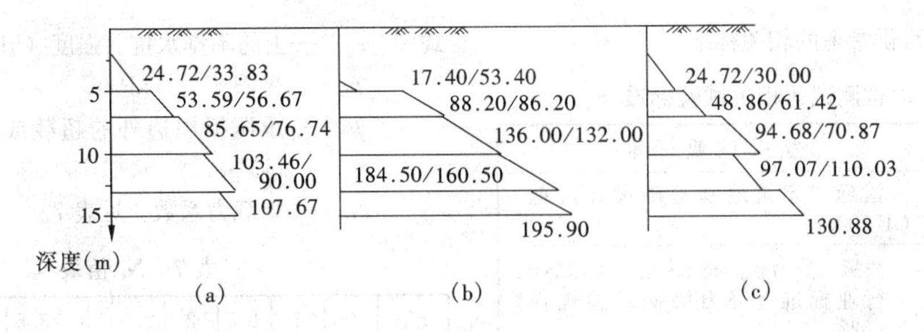


图 1 场地 3 主动土压力强度比较（单位：kPa）

（a）固结不排水；（b）不固结不排水；（c）直剪固快

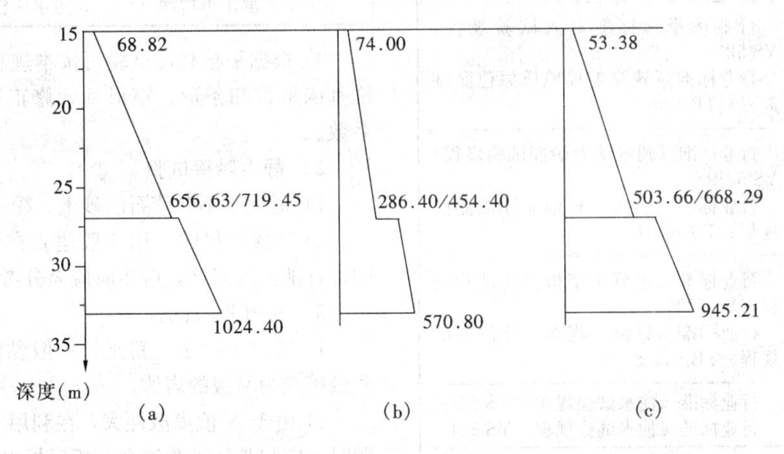


图 2 场地 3 被动土压力强度比较（单位：kPa）

（a）固结不排水；（b）不固结不排水；（c）直剪固快

**3** 国家标准《建筑地基基础设计规范》GB 50007、建设部行业标准及湖北省、深圳市、广东省等基坑工程地方标准均规定对黏性土宜采用土水合算，对砂土宜采用土水分算；冶金部行业标准，上海市和广州市基坑工程标准则规定以土水分算为主，有经验时，对黏性土可采用土水合算，根据上述试算对比，其强度参数宜用总应力法的 CU 试验参数；当用土水分算时，其强度参数宜用三轴有效应力法、固结不排水孔隙压力（$\overline{CU}$）试验。

**4** 对于砂、砾、卵石土由于渗透性强，渗透系数大，可以很快排水固结，且这类土均应采用土水分算法，计算时其重度是采用有效重度，故其强度参数从理论上看，均应采用有效强度参数，即 $c'$、$\varphi'$，其试验方法应是有效应力法，三轴固结不排水测孔隙水压力（$\overline{CU}$）试验，测求有效强度。但实际工程中，很难取得砂、砾、卵石的原状试样而进行室内试验，采用砂土天然休止角试验和现场标准贯入试验可估算砂土的有效内摩擦角 $\varphi'$，一般情况下按 $\varphi'=\sqrt{20N}+15°$估算，式中 $N$ 为标准贯入实测击数。

**5** 对于抗隆起验算，一般都是基坑底部或支护结构底部有软黏土时才验算，因而应当采用饱和软黏土的 UU 试验方法所得强度参数，或采用原位十字板剪切试验测得的不固结不排水强度参数。对于整体稳定性验算亦应采用不固结不排水强度参数。

**6.0.7** 动三轴、动单剪和共振柱是土的动力性质试验中目前比较常用的三种方法。其他试验方法或还不成熟，或仅作专门研究之用，故本规程未作规定。

地基土动力参数不仅随动应变而变化，而且不同仪器或试验方法对试验结果也有影响。这主要是其应变范围不同所致，故本规程提出了各种试验方法的应变适用范围。

## 7 原 位 测 试

**7.0.1** 原位测试基本上是在原位应力条件下对岩土体进行试验，因其测试结果有较高的可靠性和代表性，是高层建筑岩土工程勘察中十分重要的手段，尤其在难以取得原状土样的地层更能发挥出它的优势，能解决高层建筑的承载力、沉降等问题，提供基坑工程设计等参数。但由于原位测试成果运用一般是建立在统计公式基础上的，有很强的地区性和土类的局限性，因此，在选择原位测试方法时应综合考虑岩土条件、设计对参数的要求、地区经验和测试方法的适用性等因素。

**7.0.2** 正是由于原位测试成果应用一般建立在统计经验公式上的，因此尤其需要积累经验，进行工程实测对比，综合分析，完善经验公式，将有助于缩短勘察工期，提高勘察质量。

**7.0.3** 各种原位测试均应遵照相应的试验规程进

行，下表列出了可供参考的相关标准。

**表6　原位测试的相关试验标准**

| 试验项目 | 相关试验标准 |
|---|---|
| 载荷试验 | 国标《建筑地基基础设计规范》GB 50007 |
| 静力触探试验 | 协标《静力触探技术标准》CECS 04<br>行业标准《静力触探试验规程》YS 5223<br>行业标准《铁路工程地质原位测试规程》TB 10018 |
| 标准贯入试验 | 行业标准《标准贯入试验规程》YS 5213<br>行业标准《铁路工程地质原位测试规程》TB 10018 |
| 动力触探试验 | 行业标准《圆锥动力触探试验规程》YS 5219<br>行业标准《铁路工程地质原位测试规程》TB 10018 |
| 十字板剪切试验 | 行业标准《电测十字板剪切试验规程》YS 5220<br>行业标准《铁路工程地质原位测试规程》TB 10018 |
| 现场渗透试验 | 行业标准《注水试验规程》YS 5214<br>行业标准《抽水试验规程》YS 5215 |
| 旁压试验 | 行业标准《旁压试验规程》YS 5224<br>行业标准《PY型预钻式旁压试验规程》JGJ 69<br>行业标准《铁路工程地质原位测试规程》TB 10018 |
| 扁铲侧胀试验 | 行业标准《铁路工程地质原位测试规程》TB 10018 |
| 波速测试 | 国标《地基动力特性测试规范》GB/T 50269 |
| 场地微振动测试 | 协标《场地微振动测试技术规程》CECS 74 |

1　平板载荷试验

1）对于勘察等级为甲级的高层建筑，为比较准确地确定持力层或主要受力层地基承载力和变形模量，可进行平板载荷试验。平板载荷试验适用于基础影响范围内均一的土层，对非均质土或多层土，载荷试验反映的承压板影响范围内地基土的性状与实际基础下地基土的性状将有很大的差异，应充分考虑尺寸效应，并进行具体分析。

2）载荷试验成果计算土的变形模量，浅层平板载荷试验是假设荷载作用在弹性半无限体的表面，而深层平板载荷试验是假设荷载作用在弹性半无限体的内部，其计算方法可参照国标《岩土工程勘察规范》GB 50021。

3）对于饱和软黏性土，根据快速法载荷试验的极限压力 $p_u$，可按下式估算土的不排水抗剪强度：

$$c_u = (p_u - p_0)/N_c \tag{1}$$

式中　$c_u$——土的不排水抗剪强度（kPa）；

$p_u$——极限压力（kPa）；

$p_0$——承压板周边外的超载或土的自重压力（kPa）；

$N_c$——承载力系数，见表7。

**表7　$N_c$ 值表**

| $z/d$ | 0 | 1 | 1.5 | 2 | 2.5 | 3 | 3.5 | 4 | 5 | 6 |
|---|---|---|---|---|---|---|---|---|---|---|
| $N_c$ | 6.14 | 8.07 | 8.56 | 8.86 | 9.07 | 9.21 | 9.32 | 9.40 | 9.52 | 9.60 |

注：$z$ 为承压板埋深（m），$d$ 为承压板直径（m）。

4）根据平板载荷试验可按本规程附录H计算基准基床系数和条形、矩形基础修正后地基土的基床系数。

2　静力触探试验

1）适用于不含碎石的砂土、粉土和黏性土。

2）静探资料的应用一般建立在经验关系基础上的，有地区局限性，应用时应充分考虑地方经验。

3　标准贯入试验

1）适用于砂土、粉土、一般黏性土及岩体基本质量等级为Ⅴ级的岩体。

2）由于 $N$ 值离散性大，在利用 $N$ 值解决工程问题时，应与其他试验综合分析后提出。

4　动力触探试验

1）重型或超重型动力触探试验主要适用于砂土、碎石土及软岩；轻型动力触探试验主要适用于浅层黏性土和素填土。

2）采用动力触探资料评价土的工程性能时，应建立在地区经验基础上。

5　十字板剪切试验

1）适用于均质饱和黏性土，对夹粉砂或粉土薄层、或有植物根茎的饱和黏性土不宜采用。

2）根据原状土的抗剪强度 $c_u$ 和重塑土的抗剪强度 $c'_u$，按下式计算土的灵敏度 $S_t$：

$$S_t = c_u/c'_u \tag{2}$$

黏性土灵敏度分类见表8。

**表8　黏性土灵敏度分类表**

| 低灵敏度 | 中灵敏度 | 高灵敏度 |
|---|---|---|
| $S_t<2$ | $2\leqslant S_t<4$ | $4\leqslant S_t<8$ |

6　现场渗透试验

是针对施工降水设计所需水文地质参数而进行的原位测试，现场渗透试验包括单孔或多孔（井）的抽（注）水试验和分层抽（注）水试验。

7　旁压试验

1）适用于黏性土、粉土、砂土、碎石土、残积土、极软岩和软岩。

2）分别按下式计算旁压模量 $E_m$ 和剪变（切）模

量 $G_m$：

$$E_m = 2(1+\nu)\left(V_c + \frac{V_0 + V_f}{2}\right)\frac{\Delta p}{\Delta V} \quad (3)$$

$$G_m = \left(V_c + \frac{V_0 + V_f}{2}\right)\frac{\Delta p}{\Delta V} \quad (4)$$

式中 $\nu$——土的泊松比；

$V_c$——旁压器固有的原始体积（$cm^3$）；

$V_0$——相应于旁压器接触孔壁所扩张的体积（$cm^3$）；

$V_f$——临塑压力 $p_f$ 所对应的扩张体积（$cm^3$）；

$p_0$——旁压试验初始压力（kPa）；

$P_f$——旁压试验临塑压力（kPa）；

$\frac{\Delta p}{\Delta V}$——旁压曲线似弹性直线斜率；

$E_m$——旁压模量（kPa）；

$G_m$——旁压剪变（切）模量（kPa）。

3）按下式计算土的侧向基床系数 $K_m$：

$$K_m = \Delta p / \Delta r \quad (5)$$

式中 $\Delta p$——压力差；

$\Delta r$——$\Delta p$ 对应的半径差。

4）按 R. J. Mair（1987）公式计算软黏性土不排水抗剪强度：

$$c_u = (p_L - p_0)/N_p \quad (6)$$

式中 $p_L$——旁压试验极限压力（kPa）；

$N_p$——系数，可取 6.18。

5）按 Me′nard（1970）公式计算砂性土的有效内摩擦角 $\varphi'$

$$\varphi' = 5.77\ln\frac{p_L - p_0}{250} + 24 \quad (7)$$

8 扁铲侧胀试验

1）适用于黏性土、粉性土、松散—稍密的砂土和黄土等。

2）按下列公式计算钢膜片中心外移 0.05mm 时初始压力 $p_0$、外移 1.10mm 时压力 $p_1$ 和钢膜片中心回复到初始外移 0.05mm 时的剩余压力 $p_2$：

$$p_0 = 1.05(A - Z_m + \Delta A) - 0.05(B - Z_m - \Delta B) \quad (8)$$

$$p_1 = B - Z_m - \Delta B \quad (9)$$

$$p_2 = C - Z_m + \Delta A \quad (10)$$

式中 $Z_m$——未加压时仪表的压力初读数（kPa）；

$A$——钢膜片中心外扩 0.05mm 时的压力（kPa）；

$B$——钢膜片中心外扩 1.10mm 时的压力（kPa）；

$C$——钢膜片中心外扩后回复到 0.05mm 时的压力（kPa）；

$\Delta A$——率定时（无侧限），钢膜片中心膨胀至 0.05mm 时的气压实测值（kPa）；

$\Delta B$——率定时（无侧限），钢膜片中心膨胀至 1.10mm 时的气压实测值（kPa）。

根据 $p_0$、$p_1$、$p_2$ 计算下列扁铲指数：

$$I_D = (p_1 - p_0)/(p_0 - u_0) \quad (11)$$

$$K_D = (p_0 - u_0)/\sigma'_{vo} \quad (12)$$

$$E_D = 34.7(p_1 - p_0) \quad (13)$$

$$U_D = (p_2 - u_0)/(p_0 - u_0) \quad (14)$$

式中 $I_D$——侧胀土性指数；

$K_D$——侧胀水平应力指数；

$E_D$——侧胀模量（kPa）；

$U_D$——侧胀孔压指数；

$u_0$——静水压力（kPa）；

$\sigma'_{vo}$——试验点有效上覆压力（kPa）。

3）扁铲侧胀试验的应用尚不广泛，目前各地正处于试验阶段，应与其他测试方法配套使用，逐步形成成熟的地区经验。

9 波速测试

1）波速测试包括单孔法、跨孔法和面波法。

2）可按下式计算土层的动剪变（切）模量 $G_d$ 和动弹性模量 $E_d$：

$$G_d = \rho v_s^2 \quad (15)$$

$$E_d = 2(1+\nu)\rho v_s^2 \quad (16)$$

式中 $\nu$——土的泊松比；

$\rho$——土的质量密度，$\rho = \frac{\gamma}{g}$（$\gamma$ 为土的天然重力密度，$g$ 为重力加速度）（$g/cm^3$）；

$v_s$——剪切波速（m/s）。

3）可按下式计算场地地基土的卓越周期：

$$T = \sum_{i=1}^{n}\frac{4H_i}{v_{si}} \quad (17)$$

式中 $T$——场地地基土的卓越周期（s）；

$H_i$——第 $i$ 层土的厚度（m）；

$v_{si}$——第 $i$ 层土的剪切波速（m/s）；

$n$——准基岩面以上土层数。

# 8 岩土工程评价

## 8.1 场地稳定性评价

**8.1.1** 高层建筑其破坏后果是很严重的，因而应充分查明影响场地稳定性的不良地质作用，评价其对场地稳定性的影响程度，不良地质作用主要是指岩溶、滑坡、崩塌、活动断裂、采空区、地面沉降和地震效应等。

**8.1.2** 规定了对具有直接危害的不良地质作用地段，不应选作高层建筑建设场地。对具有不良地质作用，但危害较微，经技术经济论证可以治理且别无选择的地段，可以选做高层建筑场地，但应提出防治方案，采取安全可靠的治理措施。

**8.1.3** 本条提出了高层建筑场地稳定性评价应符合的要求：

**1** 参照了现行国家标准《建筑抗震设计规范》GB 50011 第 4.1.9 条内容。

**2** 规定了抗震设防烈度为8度和9度、场地内存在全新活动断裂和发震断裂，其土层覆盖厚度分别小于60m和90m时为浅埋断裂，高层建筑应避开，避让的最小距离应按现行国家标准《建筑抗震设计规范》GB 50011的规定确定。

**3** 是对非全新活动断裂而言，可忽略发震断裂错动对高层建筑的影响，高层建筑场地可不用避开。但断裂破碎带情况，应查明并采取相应的地基处理措施。

**4** 高层建筑应避开活动地裂缝，在我国西安和大同等地区地裂缝活动强烈，地裂缝的安全距离和应采取的措施有地方专门性的勘察和设计规程，可供参照执行。

**5** 是关于地面沉降的，强调在地面沉降持续发展地区，应搜集已有资料，预测地面沉降发展趋势，提出应采取的措施。

**8.1.4** 是针对位于斜坡地段的高层建筑场地的稳定性评价；滑坡对工程安全具有严重威胁，滑坡能造成重大人身伤亡和经济损失，因此，明确规定高层建筑场地不应选在滑坡体上。拟建场地附近存在滑坡或有滑坡可能时，应进行专门滑坡勘察。

位于斜坡坡顶和坡脚附近的高层建筑，应考虑边坡滑动和崩塌的可能性，评价场地整体稳定性。确定安全距离，确保高层建筑安全。

**8.1.5** 本条所指的有利地段、不利地段或危险地段按现行国家标准《建筑抗震设计规范》GB 50011的规定确定，高层建筑场地应选择在抗震有利地段，不应选择在抗震危险地段，避开不利地段，当不能避开时，应采取有效措施。

**8.1.6** 本条明确抗震设防地区应确定建筑场地类别，抗震设防烈度为7～9度地区，均应进行饱和砂土和粉土的液化判别和地基处理，6度地区一般不进行判别和处理。

## 8.2 天然地基评价

**8.2.1** 本条明确了天然地基分析评价应包括的基本内容：

**1** 场地稳定性评价主要是指对各种不良地质作用，包括：断裂、地裂缝、滑坡、崩塌、岩溶、土洞塌陷、建筑边坡等影响场地整体稳定性的岩土工程问题进行评价，并作出明确结论；地基稳定性主要是指因地形、地貌或设计方案造成建筑地基侧限削弱或不均衡，而可能导致基础整体失稳；或软弱地基、局部软弱地基如暗浜、暗塘等，超过承载能力极限状态的地基失稳，此时应进行稳定性验算、或提请设计进行整体稳定性验算，并提供预防措施建议。

**2** 地基均匀性判断，是地基按变形控制设计的基础，故应根据本规程8.2.4条的规定，对地基均匀性作出定性和定量的评价。

**3** 根据地基条件、地下水条件、高层建筑的设计方案和可能采取的基础类型，采用载荷试验、理论计算、原位测试（静力触探、动力触探、旁压试验）等多种方法，结合地区经验提供各土层的地基承载力特征值，并明确其使用条件，如所提供承载力是否满足变形要求、软弱下卧层要求等。

**4** 预测建筑地基的变形特征，是因高层建筑地基设计主要是按变形控制的设计原则和国标《岩土工程勘察规范》GB 50021强制性条文的要求提出，变形特征包括高层、低层建筑地基的总沉降量、差异沉降、倾斜等。通过变形特征的分析、预测，方可验证所提地基基础方案建议是否真正可行、所提各种变形参数是否切合实际。提供计算沉降的有关参数，具体的评价要求见本规程8.5节。

**5** 建议高层建筑地基基础方案主要包括地基基础类型、持力层和基础埋深等内容。在进行地基基础方案分析时，应当考虑满足承载力、变形和稳定性、包括抗震稳定性的允许值的要求，位于岩石地基上的高层建筑，其基础埋深应满足抗滑要求。

**6** 本款是根据国家标准《建筑抗震设计规范》GB 50011的强制性条文对岩土工程勘察提出的要求。要求中的地震稳定性包括断裂、滑坡、崩塌、液化和震陷等。

**7、8** 两款的分析评价要求分别见本规程8.6、8.7两节。

**8.2.2** 在近十年的工程勘察实践中，只着眼于地基，忽略宏观的场区环境、地基整体稳定性分析评价的情况还不时出现，因此必须引起重视。

我国在20世纪80年代以前的“高层建筑”多数为20层以下的单体建筑，基础埋深往往不超过10m，故地基分析的工况相对简单，我国1990年前后颁布的国家或地方标准基本以该时期的资料为依据。90年代以来，现代城市建设中的高层建筑除高度显著增大，致使基础影响深度加大外，还常包括多层、低层附属建筑，以及纯地下建筑（如地下车库），由此造成建筑地基周围的应力边界条件发生变化；其次，基础埋深的显著增加，在某些地区有可能遇到多层地下水等以前未曾遇到的问题。因此，现代高层建筑的岩土工程分析必须有针对性地分析相关各种条件的变化，在工程分析中考虑其影响，才有可能正确地进行工程判断并提供有效的专业建议。应特别注意的一些明显问题在第8.2.3～8.2.6条中加以指明。

**8.2.4** 虽然地基均匀性判断不是精确的定量分析，而且随着计算机应用和分析软件的普及，差异沉降变形的分析都可方便快捷地进行，但地基均匀性评价仍有其积极的指导作用，尤其是地貌、工程地质单元和地基岩土层结构等条件具有重要的控制性影响，往往会被忽视或轻视。

地基明显不均匀将直接导致建筑的倾斜、影响电梯正常运行，即使采用桩基也发生过明显倾斜问题。

根据编制前征求的使用意见，本次修订取消了部分使用效果不理想的内容（如根据$\overline{E}_{s1}$、$\overline{E}_{s2}$的判断方法），并结合工程实践进行了适当补充。另根据征求意见，保留原规程JGJ 72—90的部分内容，如“直接持力层底面或相邻基底标高的坡度大于10%”、“直接持力层及其下卧层在基础宽度方向上的厚度差值大于0.05$b$（$b$为基础宽度）”，强调中—高压缩性地基，因为将该标准用于低压缩性地基意义不大。

表8.2.4列出的“地基不均匀系数界限值$K$”借鉴了北京地区的一种定性评价地基不均匀性的定量方法，可作为初判地基是否均匀、是否需要进一步做分析沉降变形的依据。在制定北京地区技术标准过程中，曾统计了27项在相同地貌和工程地质单元内建造的工程，最早是按照最大、最小沉降比值（$S_{max}/S_{min}$）评价地基的不均匀性，并确定了工程判断的临界值。因其获得的是经过建筑结构刚度调整后的数值，需要事先知道荷载分布和基础尺寸，还要进行协同计算，这在勘察阶段不能实现，故修订时改用压缩模量当量，并选择了11项工程进行了检验（包括多层—高层建筑和构筑物）。该不均匀系数$K$指地基土本身满足规定的勘察精度条件下的土的压缩性不均匀，不包括结构调整、设计计算和施工误差的影响。《北京地区建筑地基基础勘察设计规范》DBJ—01—501中各钻孔压缩模量当量值$\overline{E}_s$平均值的最高档原定为大于15MPa，在应用中不够合理，故经对验算资料的情况分析，调整为大于20MPa，偏于保守（严格）一侧。

**8.2.5** 因地基破坏模式的问题，目前高层建筑天然地基承载力的确定尚没有固定的模式或方法，因此本规程强调采用多种手段方法进行综合判断。当高层建筑设有多层、低层附属建筑和地下车库时，为减小差异沉降可能采用条形基础或独立基础，此时通过现场试验和对其地基极限承载力进行验证是很有必要的。

**8.2.6** 高层建筑周边的多层—低层附属建筑或纯地下车库的基底平均压力可能显著小于基底标高处的土体自重应力，使地基处于超补偿应力状态，从而造成高层建筑地基侧限（应力边界条件）的永久性削弱。因此，在地基承载力分析（深宽修正）、建筑地基整体稳定性分析时应注意考虑其影响。

如果高层建筑周边的低层裙房跨度不大、且与高层建筑有刚性连接，则高层建筑的荷载可以传递到裙房部分，使裙房基底压力接近或大于基底标高处的土体自重压力，计算裙房地基承载力时，应考虑其影响。

地基变形控制是绝大多数高层建筑确定地基承载力的首要原则。通过减小基础尺寸来加大附属建筑物基底压力，从而减小附属建筑与高层建筑之间的差异沉降是工程实践中的一种常规办法，但必须仔细核算其地基的极限承载力，确保地基不会发生强度破坏。

**8.2.7** 本条继续保留了评价计算地基极限承载力的方法（原规程JGJ 72—90式6.2.3-1），这是因为：

**1** 它符合国际上通行的极限状态设计原则，例如《欧洲地基基础规范》EUROCODE7就规定了承载力系数与本规程完全相同的极限承载力公式；但换算为设计承载能力时，不是除以总安全系数，而是根据材料特性除以分项安全系数$\gamma_m$，对$\tan\varphi$，$\gamma_m=1.2\sim1.25$；对$c'$、$c_u$，$\gamma_m=1.5\sim1.8$，但计算是采用有效强度$c'$、$\varphi'$。

**2** 对于高层建筑附属裙房或低层建筑的地下室，当采用条形基础或独立基础时，由于其埋深从室内地面高程算起埋深小，此时应验算其极限承载力能否满足要求。

**3** 验算地基稳定性和基坑工程抗隆起稳定性，实质上就是验算地基极限承载力能否满足要求。

**4** 本次修订对原规程JGJ 72—90极限承载力计算方法（列入附录A）提出了以下补充和要求：

1）式（A.0.1）主要是计算实际基宽和埋深下的地基极限承载力。当需用地基极限承载力除以安全系数计算某土层的地基承载力、要与按浅层平板载荷试验所得地基承载力进行对比、以综合判定该土层的承载力特征值$f_{ak}$时，则宜按基础埋深$d=0$m，基础宽度按承压板宽度，以模拟基底压力作用于半无限体表面的载荷试验，安全系数$K$可取2。

2）对地基中有多层地下水时的土层重度计算问题。通过工程实际观测结果和经验判断，如果一律按表层地下水考虑，计算的地基承载力可能偏小、地基沉降偏大，造成结论不合理，导致不必要的投资浪费。

3）在进行深宽修正时，须结合具体的基础结构形式、侧限条件、土方工程施工顺序等考虑有关参数的确定。

4）由于高层建筑箱基和筏基平面尺度大，基础影响深度大，地基持力层往往并非单一土层，而可能是多层土的组合。在选取抗剪强度$c_k$、$\varphi_k$时，应从安全角度出发，综合考虑剪切面所经过各土层及“上硬下软”或“上软下硬”等情况后，取能代表组合持力层的、合理的代表值进行计算。

5）考虑到勘察等级为甲级的高层建筑的重要性，且根据国家标准《建筑地基基础设计规范》GB 50007，规定抗剪强度的试验方法应采用三轴压缩试验，并应考虑试验土层的排水条件，详见本规程6.0.2条，但用于计算的取值，不仅根据试验结果，还应考虑实际工况和地区经验。

基础形状修正系数$\zeta_\gamma$、$\zeta_q$、$\zeta_c$沿用原规程JGJ 72—90的系数，即De Beer（1976）在试验基础上得出的结果。

**8.2.8** 西方国家采用旁压试验进行基础工程评价有较长的时间，不同国家的专家学者也提出过多种方法。但在天然地基承载力和地基沉降计算方面，外国的评价公式主要基于小尺寸的建筑基础，计算方式也较复杂。本次修订中经过比较，参照上海地区经验，选择了对极限压力和临塑压力的统计分析方法，与通过国内地基规范确定的地基承载力或已有经验进行对比，提出利用旁压试验结果分析确定单一岩性地层地基承载力特征值的建议。

旁压试验目前在国内使用得还不广泛，但更多地采用原位测试是勘察行业的一个发展方向。本次的统计资料源于上海、西安和北京地区12个在地基条件方面具有一定代表性的工程，尽管在统计规律上具有相似的规律性，但尚缺少西南、华南、东北等地区的代表性试验数据。因此，作为全国性的规程，本次修订时的分析结果的覆盖面还不是十分充分。有鉴于此，同时考虑地区经验亟待进一步积累和行业发展方向，一是提出具体承载力表的时机还不成熟，二是应鼓励岩土工程师的实践总结、发挥创造性，各地一方面应进一步积累旁压试验资料及工程使用中的经验，另一方面在使用旁压试验时应结合其他测试评价方法，综合验证工程判断。

在根据旁压试验成果的分析应用中，临塑压力法和极限压力法是目前国内常用的确定地基承载力的方法，不同地区在应用中不同程度地积累了一定的经验，如上海已纳入到新修编的上海地方标准《上海市岩土工程勘察规范》DBJ 08—37（以下简称上海规范）当中。一些行业规程中也有相应的规定或建议。本规程修订过程中，采用了临塑压力法和极限压力法，按照不同岩性、不同地区进行了综合统计分析和比较，也同已有的承载力标准值进行了对比。

条文中的旁压试验曲线上的初始压力 $p_0$，临塑压力 $p_f$ 和极限压力 $p_L$ 其物理意义见图3。

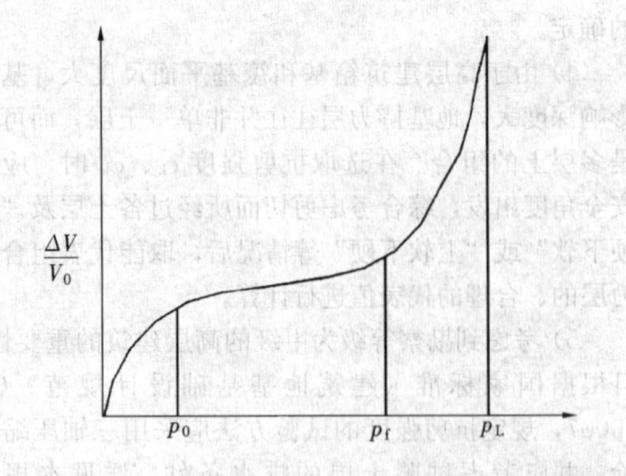


图3 旁压试验典型应力与应变关系曲线

**1** 本次修订过程中共搜集到上海地区、西安地区、北京地区12项工程的旁压试验资料，全部采用预钻式旁压仪。经筛选分析，纳入计算、统计、比较的旁压数据共278组，涉及的钻孔深度在1～100m。上述工程的地理位置和测试地层的地貌条件见表9和表10，旁压试验压力随深度变化散点图参见图4～图6。

**表9 工程名称和地貌、地层条件**

| 序号 | 工程名称 | 测试地貌地层条件 | 地区 |
|---|---|---|---|
| 1 | 中日友好医院 | 北京平原永定河冲洪积扇中—中下部 | 北京 |
| 2 | 外交部住宅楼 | | |
| 3 | 昆仑饭店 | | |
| 4 | 外交公寓楼 | | |
| 5 | 浦东廿一世纪大厦 | 滨海河湖相 | 上海 |
| 6 | 上海龙腾广场 | | |
| 7 | 上海地铁3号线 | | |
| 8 | 上海国际金融大厦 | | |
| 9 | 环球金融中心 | | |
| 10 | 西安电缆厂高层住宅楼 | 渭河冲积阶地相 | 西安 |
| 11 | 西安大雁塔 | | |
| 12 | 陕西省旅游学校校址 | | |

**表10 各工程旁压试验数量和深度**

| 地点 | 工程项目数量 | 旁压数据量（组） | 测试深度范围（m） |
|---|---|---|---|
| 上海 | 5 | 112 | 2～100 |
| 西安 | 3 | 52 | 1～24 |
| 北京 | 4 | 114 | 2.5～46 |

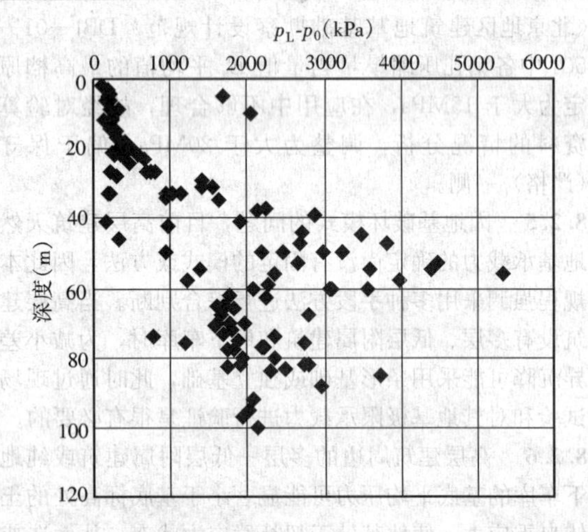


图4 上海地区（PMT可求出 $p_L$）

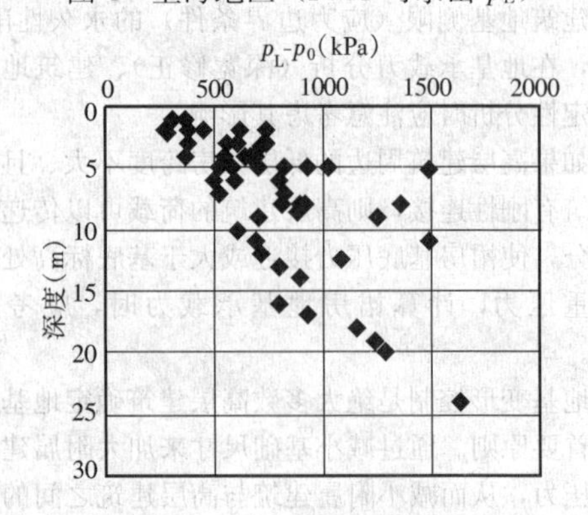


图5 西安地区（PMT未全部求出 $p_L$）

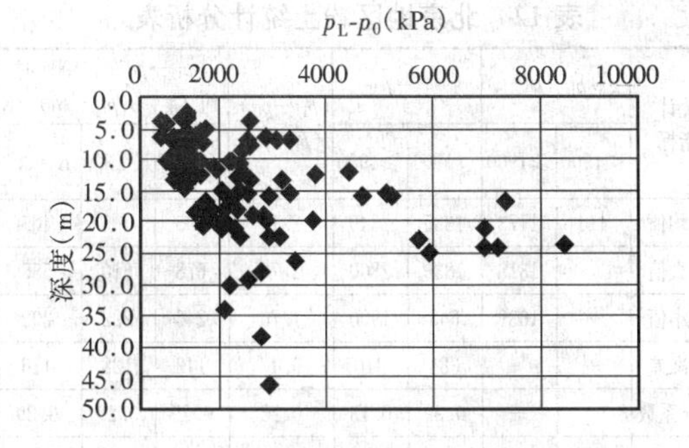


图 6　北京地区（PMT 可求出 $p_L$）

**2**　为求得临塑压力计算地基承载力特征值时的修正系数 $\lambda$ 和通过旁压极限承载力分析地基承载力特征值时的安全系数 $K$，对三个地区的数据进行统计分析，主要结果如下：

1）上海地区

上海数据分析情况：

①上海规范对旁压试验确定地基承载力已有规定，即对于黏性土、粉土和砂土，$\lambda$ 取值 0.7～0.9，$K$ 取值 2.2～2.7。本次统计结果与上述规定基本吻合。

②图 7～9 为针对不同土类，采用旁压临塑压力和旁压极限压力计算结果的对比图。根据对比图，黏性土 $K$ 在 2.2～2.7，粉土和砂土的 $K$ 值在 2.4～3.3。

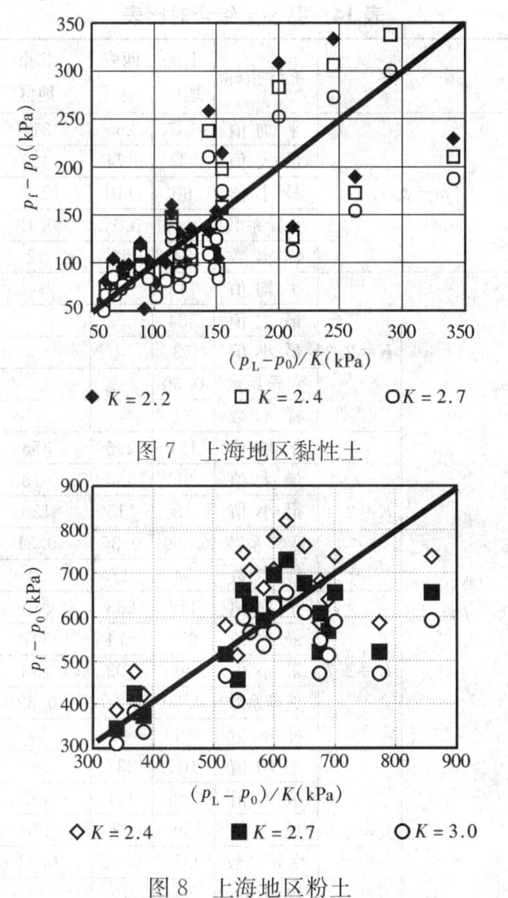


图 7　上海地区黏性土



图 8　上海地区粉土

③从本次统计结果看，根据旁压测试结果确定的上海地区砂土层的承载力较高，主要是由于本次所统计的测试数据相应的地层深度较大。所有统计样本中，小于 30m 的仅有 2 组，其余都超过了 30m，其中 30m 至 50m 的数据为 8 组，50m 以上的数据有 33 组。由于深层砂土的旁压试验结果值一般均很高，由此计算得出的承载力值也很高，因此除根据旁压测试外，尚应结合其他方法和地区经验综合确定承载力。

2）西安地区

西安地区资料中的粉土测试数据较少且不够完整，故仅选取黏性土和砂土进行分析。

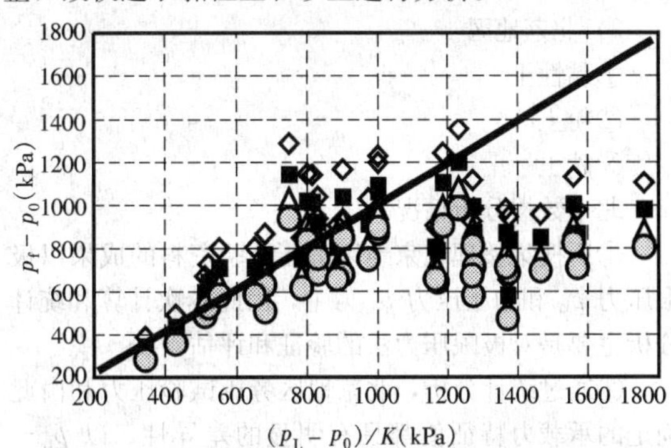


图 9　上海地区砂土

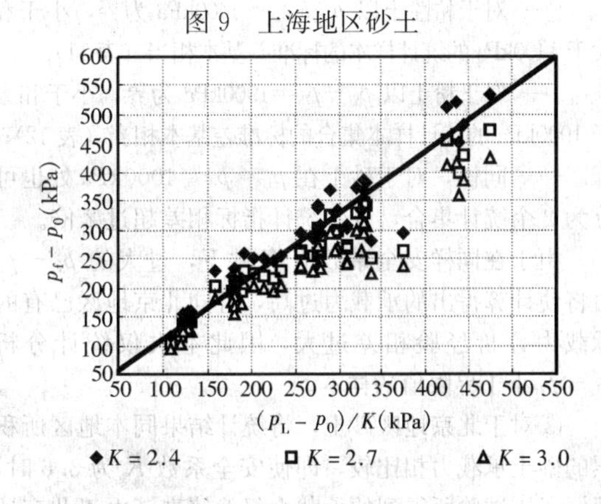


图 10　西安地区黏性土

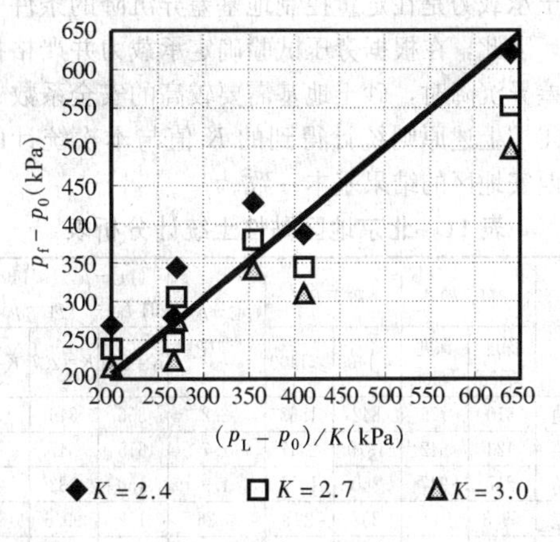


图 11　西安地区砂土

西安数据分析情况：

①从西安地区3个工程52组试验结果看，采用旁压试验确定地基承载力的规律性较好，黏性土承载力特征值在100～500kPa，与原《建筑地基基础设计规范》GBJ 7给出的黏性土承载力基本值的范围值基本一致。因此根据旁压临塑压力（取$\lambda=1$）直接确定承载力特征值是可行的，根据旁压极限压力确定承载力特征值时，$K$可取值为2.7左右。

②西安地区的砂土样本较少，并且与北京和上海地区相比较，测试深度浅，在4～5m以内，由此得出的承载力也低得多。

3）北京地区

①黏性土

②粉土

③砂土

北京数据分析情况：

①所搜集整理北京地区旁压试验资料的成果以极限压力$p_L$和初始压力$p_0$为主，因此本次计算和统计分析主要是对极限压力法的验证和评估。

②通过统计分析，北京地区旁压试验压力和由此确定的承载力特征值都具有明显的差异性。以$p_L-p_0$的结果为例：

——对于黏性土以$p_L-p_0=1400$kPa为界，小于和大于1400kPa的统计样本的标准差基本相当（表11）；

——对于粉土以$p_L-p_0=1900$kPa为界，小于和大于1900kPa的统计样本集合的标准差基本相当（表12）；

——同样，对于砂土在$p_L-p_0=4000$kPa处也可分为2个统计集合，且各统计指标相差超过2倍。

由于在同样安全系数$K$条件下，过大的$p_L-p_0$值将使计算得出的承载力过高，且同北京地区已有的承载力评价经验相差过大，因此本次仅统计分析$p_L-p_0$小于界限值的样本。

③对于北京地区砂土，将统计结果同本地区所积累的砂土承载力相比较，即使安全系数$K$为3.6时，根据旁压试验所得到的承载力仍然较高。由于北京地区砂土承载力是在定量控制地基差异沉降的条件下确定的，因此，在根据旁压试验确定承载力并严格控制地基差异沉降时，砂土地基需要较高的安全系数$K$。

④按上述原则统计得到的$K$值与本次统计的上海及西安地区的结果基本一致。

**表11　北京地区黏性土统计分析表**

| 统计指标 | $p_f-p_0$ | | $p_L-p_0$ | | $(p_L-p_0)/(p_f-p_0)$ | $(p_L-p_0)<1400$时的$f_{ak}=(p_L-p_0)/K$ | | |
|---|---|---|---|---|---|---|---|---|
| | 深度<30m | 深度≥30m | <1400 | ≥1400 | | $K=2.4$ | $K=2.7$ | $K=3.0$ |
| 平均值 | 310 | 779 | 842 | 1863 | 2.2 | 356 | 316 | 285 |
| 最大值 | 423 | 642 | 1370 | 2347 | 2.7 | 615 | 547 | 492 |
| 最小值 | 217 | 947 | 360 | 1477 | 1.9 | 150 | 133 | 120 |
| 标准差 | 59.3 | — | 257 | 291 | 0.26 | 112 | 99.6 | 89.6 |
| 变异系数 | 0.19 | — | 0.31 | 0.16 | 0.12 | 0.31 | 0.32 | 0.31 |
| 样本数 | 12 | 4 | 54 | 19 | 16 | 54 | 54 | 54 |

**表12　北京地区粉土统计分析表**

| 统计指标 | $p_f-p_0$ | | $p_L-p_0$ | | $(p_L-p_0)/(p_f-p_0)$ | $(p_L-p_0)<1900$时的$f_{ak}=(p_L-p_0)/K$ | | |
|---|---|---|---|---|---|---|---|---|
| | <1900 | ≥1900 | <1900 | ≥1900 | | $K=2.7$ | $K=3.0$ | $K=3.3$ |
| 平均值 | 414 | 1173 | 1335 | 2349 | 2.12 | 495 | 445 | 405 |
| 最大值 | — | 1319 | 1830 | 2800 | 2.75 | 678 | 610 | 555 |
| 最小值 | — | 1039 | 665 | 1900 | 1.76 | 246 | 222 | 205 |
| 标准差 | — | — | 384 | 310 | 0.47 | 142 | 128 | 116 |
| 变异系数 | — | — | 0.29 | 0.13 | 0.22 | 0.29 | 0.29 | 0.29 |
| 样本数 | 1 | 3 | 14 | 5 | 4 | 14 | 14 | 14 |

**表13　北京地区砂土统计分析表**

| 统计指标 | $p_f-p_0$ | | $p_L-p_0$ | | $(p_L-p_0)/(p_f-p_0)$ | $(p_L-p_0)<4000$时的$f_{ak}=(p_L-p_0)/K$ | | |
|---|---|---|---|---|---|---|---|---|
| | <4000 | ≥4000 | <4000 | ≥4000 | | $K=3.0$ | $K=3.3$ | $K=3.6$ |
| 平均值 | 1155 | 2912 | 2563 | 5665 | 2.06 | 854 | 777 | 712 |
| 最大值 | 1267 | 3888 | 3811 | 7645 | 2.60 | 1270 | 1155 | 1059 |
| 最小值 | 934 | 1944 | 1854 | 4060 | 1.71 | 618 | 562 | 515 |
| 标准差 | — | — | 630 | 1156 | 0.29 | 210 | 191 | 175 |
| 变异系数 | — | — | 0.25 | 0.20 | 0.14 | 0.25 | 0.25 | 0.25 |
| 样本数 | 3 | 4 | 11 | 10 | 7 | 11 | 11 | 11 |

**3**　综合上海、西安、北京三地资料，对不同岩性进行统计对比情况如表14～表16：

**表14　黏性土综合对比表**

| 指标 | | 统计指标 | 上海地区 | 西安地区 | 北京地区 |
|---|---|---|---|---|---|
| $(p_f-p_0)$ | | 平均值 | 137 | 265 | 310 |
| | | 最大值 | 341 | 474 | 423 |
| | | 最小值 | 60 | 110 | 217 |
| | | 变异系数 | 0.49 | 0.37 | 0.19 |
| | | 样本数 | 34 | 42 | 12 |
| $f_{ak}=(p_L-p_0)/K$ | $K=2.2$ | 平均值 | 143 | | |
| | | 最大值 | 334 | | |
| | | 最小值 | 53 | | |
| | | 变异系数 | 0.50 | | |
| | | 样本数 | 34 | | |
| | $K=2.4$ | 平均值 | 131 | 296 | 356 |
| | | 最大值 | 306 | 533 | 615 |
| | | 最小值 | 48 | 115 | 150 |
| | | 变异系数 | 0.50 | 0.35 | 0.31 |
| | | 样本数 | 34 | 42 | 54 |
| | $K=2.7$ | 平均值 | 116 | 263 | 316 |
| | | 最大值 | 272 | 474 | 547 |
| | | 最小值 | 43 | 103 | 133 |
| | | 变异系数 | 0.50 | 0.35 | 0.32 |
| | | 样本数 | 34 | 42 | 54 |
| | $K=3.0$ | 平均值 | 104 | 237 | 285 |
| | | 最大值 | 245 | 427 | 492 |
| | | 最小值 | 39 | 92 | 120 |
| | | 变异系数 | 0.50 | 0.35 | 0.31 |
| | | 样本数 | 34 | 42 | 54 |

**表 15　粉土综合对比表**

| 指　　标 | | 统计指标 | 上海地区 | 西安地区 | 北京地区 |
|---|---|---|---|---|---|
| $(p_f-p_0)$ | | 平均值 | 594 | | 414 |
| | | 最大值 | 859 | | |
| | | 最小值 | 340 | | |
| | | 变异系数 | 0.23 | | |
| | | 样本数 | 18 | | 1 |
| $f_{ak}=(p_L-p_0)/K$ | $K=2.4$ | 平均值 | 641 | | 556 |
| | | 最大值 | 821 | | 763 |
| | | 最小值 | 388 | | 277 |
| | | 变异系数 | 0.20 | | 0.29 |
| | | 样本数 | 18 | | 14 |
| | $K=2.7$ | 平均值 | 570 | | 495 |
| | | 最大值 | 730 | | 678 |
| | | 最小值 | 344 | | 246 |
| | | 变异系数 | 0.22 | | 0.29 |
| | | 样本数 | 18 | | 14 |
| | $K=3.0$ | 平均值 | 513 | | 445 |
| | | 最大值 | 657 | | 610 |
| | | 最小值 | 310 | | 222 |
| | | 变异系数 | 0.20 | | 0.29 |
| | | 样本数 | 18 | | 14 |
| | $K=3.3$ | 平均值 | | | 405 |
| | | 最大值 | | | 555 |
| | | 最小值 | | | 205 |
| | | 变异系数 | | | 0.29 |
| | | 样本数 | | | 14 |

**表 16　砂土综合对比表**

| 指　　标 | | 统计指标 | 上海地区 | 西安地区 | 北京地区 |
|---|---|---|---|---|---|
| $(p_f-p_0)$ | | 平均值 | 1004 | 357 | 1155 |
| | | 最大值 | 1759 | 640 | 1267 |
| | | 最小值 | 345 | 200 | 934 |
| | | 变异系数 | 0.35 | 0.44 | — |
| | | 样本数 | 35 | 6 | 3 |
| $f_{ak}=(p_L-p_0)/K$ | $K=2.7$ | 平均值 | 951 | 345 | 949 |
| | | 最大值 | 1354 | 552 | 1411 |
| | | 最小值 | 390 | 239 | 687 |
| | | 变异系数 | 0.23 | 0.33 | 0.25 |
| | | 样本数 | 35 | 6 | 11 |
| | $K=3.0$ | 平均值 | 760 | 310 | 854 |
| | | 最大值 | 1083 | 497 | 1270 |
| | | 最小值 | 312 | 215 | 618 |
| | | 变异系数 | 0.23 | 0.34 | 0.25 |
| | | 样本数 | 35 | 6 | 11 |
| | $K=3.3$ | 平均值 | 691 | | 777 |
| | | 最大值 | 984 | | 1155 |
| | | 最小值 | 283 | | 562 |
| | | 变异系数 | 0.23 | | 0.25 |
| | | 样本数 | 35 | | 11 |
| | $K=3.6$ | 平均值 | | | 712 |
| | | 最大值 | | | 1059 |
| | | 最小值 | | | 515 |
| | | 变异系数 | | | 0.25 |
| | | 样本数 | | | 11 |

由 $(p_L-p_0)$ / $(p_f-p_0)$ 得出 $K$ 值的统计结果可比性较强，表明各地旁压曲线 $p_0$、$p_f$ 和 $p_L$ 之间的比例关系是基本一致的。

本次根据计算统计结果、已有的工程经验，建议在根据旁压试验极限压力分析地基承载力特征值时，安全系数 $K$ 取值范围为 2.0～4.0，不同土层岩性的 $K$ 值范围值参见表 17。由于统计工程的基础设计资料不完整，无法正确分析深宽修正后的地基承载力特征值 $f_a$，因此上述 $K$ 值不得低于 2，并应根据各地情况、经验和其他评价方法不断总结，综合确定地基承载力。

**表 17　极限承载力安全系数 $K$ 取值建议**

| 土层岩性 | $K$ | 土层岩性 | $K$ |
|---|---|---|---|
| 黏性土 | 2.0～2.4 | 砂　土 | 2.7～4.0 |
| 粉　土 | 2.3～3.3 | | |

上海规范对临塑修正系数（相当于 $\lambda$）规定为 0.7～0.9。因缺少对比资料，本次统计分析未对 $\lambda$ 的取值进行分析，但认为按照不大于 1 计算是合理和安全的。

采用临塑压力法及极限压力法估算地基承载力特征值的方法可行，计算结果基本合理，说明旁压试验是综合评价地基承载力的一种有效方法之一，但在具体工程应用中，应采用多种不同方法进行对比分析，并积累各地区的地区经验。

除对地基承载力的确定的分析外，本次修订原拟研究各地 $E_m$ 的统计规律，并通过计算来验证估算沉降的适用性。但目前所搜集的资料中，具体的建筑荷载、基础尺寸和埋深不甚清楚，更缺少必要的沉降观测数据，同时各地勘察资料中的常规压缩模量的试验方法也不统一，无法进行有效的归类的统计分析，故放弃了采用旁压试验结果直接或间接估算天然地基沉降的方法的研究。

**8.2.9**　当场地、地基整体稳定，高层建筑建于完整、较完整的中等风化—微风化岩体上时，可不进行地基变形验算，但岩溶、断裂发育等地区应仔细论证。

岩土层的渗透性关系到如何计算土层重力密度（即是否按浮重力密度考虑），将直接影响基底附加压力值的确定和计算出的地基沉降量，对此应注意分析总结。

**8.2.10**　关于按变形模量 $E_0$ 计算地基沉降，是沿用了原规程JGJ 72—90的规定，本次修订作了一些修改后列入附录 B，现对有关问题作如下说明：

**1**　式（B.0.1）是由前苏联 K.E 叶戈洛夫提出（见 П.Г 库兹明《土力学讲义》高等教育出版社，1959），该式的沉降应力系数是按刚性基础下，考虑了三个应力分量（$\sigma_x$、$\sigma_y$ 和 $\sigma_z$）而得出，因而土的侧胀受一定条件的限制。高层建筑的箱形或筏形大基础，在与高层建筑共同作用下刚度很大，因而用该式计算沉降是合适的。由于是按刚性基础计算而得，计算所得地基沉降是平均沉降。对于一些不能准确取得压缩模量 $E_s$ 值的岩土，如碎石土、砂土、粉土、含碎石、砾石的花岗岩残积土、全风化岩、强风化岩等，均可按本式进行计算。根据大量工程对比，计算结果与实测沉降比较接近，作为对国家标准《建筑地基基础设计规范》GB 50007 的补充列入本规程。

**2** 按式（B.0.1）计算时，采用基底平均压力 $p$，而不是用附加压力 $p_0$，这是考虑高层建筑的筏形、箱形基础埋置深，往往处于补偿或超补偿状态，即 $p_0$ 很小，甚至 $p_0<0$，出现负值，但在平均压力 $p$ 作用下并非不发生沉降。且往往会超过回弹再压缩量，且按 $p$ 值计算结果与实测沉降接近。

**3** 关于地基变形模量 $E_0$ 值，各地区对各类土都进行过大量载荷试验，或用标准贯入试验击数 $N$ 与 $E_0$ 值（广东省标准、深圳市标准《地基基础设计规范》）、或圆锥动力触探击数 $N_{63.5}$ 与 $E_0$ 建立了经验关系(辽宁省标准《建筑地基基础设计规范》)，且国内许多岩土工程勘察单位均可按设计要求提供 $E_0$ 值。本次修订时取消了原规程 JGJ 72—90 中对于一般黏性土、软土、饱和黄土，用反算综合变形模量计算沉降的公式，这主要考虑到这一关系式的代表性有限。原规程 JGJ 72—90 中，对于一般黏性土、软土、饱和黄土，当未进行载荷试验时，可用反算综合变形模量 $\overline{E}_0$ 按 $s=\dfrac{ph\eta}{\overline{E}_0}\sum_{i=1}^{n}(\delta_i-\delta_{i-1})$ 计算沉降，式中 $\overline{E}_0=\alpha\overline{E}_s$，$\overline{E}_s$ 为当量模量，$\alpha$ 系通过 25 栋高层建筑实测沉降分析统计而得，$\alpha=0.3855\overline{E}_s-0.1503$，相关系数 $\gamma=0.965$，$n=25$。各地区可按此方法建立本地区的经验关系式，或建立本地区的沉降经验系数 $\Psi_s$。

**4** 关于沉降计算深度 $Z_n=(Z_m+\zeta b)\beta$，是根据建研院已故何颐华先生《大基础地基压缩层深度计算方法的研究》一文而提出，该式的特点是考虑了土性不同对压缩层的影响，其计算的 $Z_n$ 值与实测压缩层深度作过对比，并作过修正。按表 B.0.2－2 确定 $\beta$ 值时，若地基土为多层土组成时，首先按 $Z_n=(Z_m+\xi b)$ 确定其沉降计算深度，再按此深度范围内各土层厚度加权平均值确定 $\beta$ 值。

本次修订时，增列了 $Z_n=b\,(2.5-0.4\ln b)$，该式是国标《建筑地基基础设计规范》GB 50007 以实测压缩层深度 $Z_n$ 与基础宽度 $b$ 的比值与 $b$ 的关系分析统计而得，由于均是按实测压缩层深度分析后得到的，应该比较符合实际，故予列入，但经对比，后者较前者为深，在实际工程中需要考虑更为安全，可按后者计算。

**8.2.11** 通过标准固结试验指标、考虑土的应力历史计算土层的固结沉降是饱和土地区和国际上习惯的主要方法之一，为促进取样技术水平和土样质量的提高，满足国外设计企业越来越多地进入中国建设市场的需要，有必要继续采用该评价方法。

由于在瞬时（剪切变形）变形和次固结变形的评价方面，尚无统一的普遍适合各地区的方法，故本规程仅限于以主固结为主的地基条件。

关于正常固结的确定，不同学者的观点和考虑不尽相同（$OCR=1\sim2$）。综合考虑后按 $OCR$ 略高于理论值（1.0）确定，并结合地区经验进行修正和判断，但在工程实践中，首要的影响因素是取样的质量（包括取样、包装、防护和运输条件）。

**8.2.12** 根据本次修订前征求的意见，原规程 JGJ 72—90 中 6.2.7 条建议的方法在实施时有困难（经验系数的确定）。实际工程中对倾斜的预测与很多因素有关，如地层分布、建筑荷载分布（包括大小和平面分布）及基础结构刚度、施工顺序等。由于近年计算机性能的快速提高和相关商业化软件的增多，可以在勘察阶段的沉降计算分析中考虑地层条件与建筑荷载条件，以较快捷地计算不同地层条件与荷载分布情况下基底不同位置的沉降。按照统计实测资料，结构刚度不同的基础整体挠度约在万分之一至万分之四，对沉降值影响较大，但对建筑整体倾斜的影响与地层及荷载的分布相比较小，故根据角点地基沉降计算建筑物整体倾斜可以作为一种判断的方法。重要的是要采用合理划分的地层及相关参数，在计算中考虑建筑荷载的分布（包括相邻建筑影响）。对建筑物整体倾斜的计算结果，应在地区实测资料进行对比的基础上进行判断。

## 8.3 桩 基 评 价

**8.3.1** 主要提出桩基工程分析评价及计算所需的基本条件以及主要工作思路，特别指出土体的不均匀性、软土的时间效应和不同施工工况造成土性参数的不确定性的特点，强调搜集类似工程经验的重要性。

**8.3.2** 本条是对桩基分析评价的主要内容提出了要求。其中第 1～4 款均为基本内容，一般勘察报告均应包括。

**8.3.3** 当工程需要且具备条件时，提倡按岩土工程要求进行桩基分析、评价和计算。分析评价中应结合场地的工程地质、工程性质以及周围环境等条件，做到重点突出、针对性强、评价结论有充分依据、确切合理、提供建议切实可行。

**8.3.4～8.3.5** 基本内容与原规程 JGJ 72—90 中第 6.3.1～6.3.2 条相同，仅修改了部分提法。

**8.3.6** 关于判断沉桩可能性，是桩基分析中常遇到的问题，如何分析评价，是一个复杂的问题，有岩土组成的力学特性、桩身强度、沉桩设备等诸多因素，一般宜在工程桩施工前进行沉桩试验，测定贯入阻力(指压入桩)，总锤击数、最后一米锤击数及贯入度

(指打入桩)或在沉桩过程中进行高应变动力法试验(指打入桩),测定打桩过程中桩身压应力和拉应力等,以评定沉桩可能性、桩进入持力层后单桩承载力的变化以及其他施工参数。

近年来沉桩工艺有所改变,大能量 D80、D100 柴油锤在工程中使用较多,常用的柴油锤性能及使用桩型等可参考表 18。

除常规的采用打入式外,在一些大城市采用静力压桩工艺沉桩,其优点避免了锤击沉桩的噪声、振动,同时由于目前压桩机械的改进和压桩能力提高,在上海等一些地区已有 900t 的全液压静力压桩机,部分液压静力压桩机的主要参数可参考表 19。

**表 18 锤重选择参数表**

| 锤重 | | | 柴油锤(kN) | | | | | | |
|---|---|---|---|---|---|---|---|---|---|
| | | | 25 | 35 | 45 | 60 | 72 | D80 | D100 |
| 锤的动力性能 | 冲击部分重(kN) | | 25 | 35 | 45 | 60 | 72 | 80 | 100 |
| | 总重(kN) | | 65 | 72 | 96 | 150 | 180 | 170 | 200 |
| | 冲击力(kN) | | 2000~2500 | 2500~4000 | 4000~5000 | 5000~7000 | 7000~10000 | ＞10000 | ＞12000 |
| | 常用冲程(m) | | 1.8~2.3 | | | | | 2.1~3.1 | |
| 适用的桩规格 | 预制桩、预应力管桩的边长或直径(mm) | | 350~400 | 400~450 | 450~500 | 500~600 | ≥600 | ≥600 | ≥600 |
| | 钢管桩直径(mm) | | 400 | | 600 | ≥600 | ≥600 | ≥600 | ≥600 |
| 持力层 | 黏性土 | 一般进入深度(m) | 1.5~2.5 | 2~3 | 2.5~3.5 | 3~4 | 3~5 | | |
| | | 静力触探比贯入阻力 $p_s$ 平均值(MPa) | 4 | 5 | ＞5 | ＞5 | ＞5 | | |
| | 砂土 | 一般进入深度(m) | 0.5~1.5 | 1~2 | 1.5~2.5 | 2~3 | 2.5~3.5 | 4~8 | 8~12 |
| | | 标准贯入击数 $N_{63.5}$ 值(击) | 20~30 | 30~40 | 40~45 | 45~50 | ＞50 | ＞50 | ＞50 |
| 锤的常用控制贯入度(cm/10 击) | | | 2~3 | | 3~5 | 4~8 | | 5~10 | 7~12 |
| 单桩极限承载力(kN) | | | 800~1600 | 2500~4000 | 3000~5000 | 5000~7000 | 7000~10000 | ＞10000 | ＞10000 |

**表 19 液压静力压桩机的主要技术参数**

| 参数/项目 \ 型号 | | 单位 | YZY-100 | YZY-150 | YZY-200 | YZY-300 | YZY-400 | YZY-450 | YZY-500 | YZY-600 | JNB-800 | JNB-900 |
|---|---|---|---|---|---|---|---|---|---|---|---|---|
| 大身 | 横向行程(一次) | m | 2.4 | 2.4 | 2.5 | 3 | 3 | 3 | 3 | 3 | 3 | 3 |
| | 纵向行程(一次) | m | 0.6 | 0.6 | 0.6 | 0.5 | 0.5 | 0.5 | 0.5 | 0.5 | 0.5 | 0.6 |
| | 最大回转角 | ° | 20 | 20 | 20 | 18 | 18 | 18 | 18 | 18 | 20 | 20 |
| 纵横向行走速度 | 前行 | m/min | 3 | 3 | 3 | 2 | 2 | 2 | 1.8 | 1.8 | 1.8 | 2 |
| | 回程 | m/min | 6 | 6 | 6 | 4.2 | 4.2 | 4.2 | 4 | 4 | 4 | 4.2 |
| 最大压入力(名义) | | kN | 1000 | 1500 | 2000 | 3000 | 4000 | 4500 | 5000 | 6000 | 8000 | 9000 |
| 最大锁紧力 | | kN | — | — | — | 7600 | 9000 | 10000 | 10000 | 10000 | 10000 | 10000 |
| 压桩截面 | 最大 | $m^2$ | 0.3×0.3 | 0.35×0.35 | 0.4×0.4 | 0.45×0.45 | 0.5×0.5 | 0.5×0.5 | 0.55×0.55 | 0.55×0.55 | 0.60×0.60 | 0.60×0.60 |
| | 最小 | $m^2$ | 0.2×0.2 | 0.25×0.25 | 0.3×0.3 | 0.4×0.4 | 0.4×0.4 | 0.4×0.4 | 0.40×0.40 | 0.40×0.40 | 0.45×0.45 | 0.45×0.45 |
| 油泵 | 系统压力 | MPa | 31.5 | 31.5 | 31.5 | 31.5 | 31.5 | 31.5 | 31.5 | 31.5 | 31.5 | 31.5 |
| | 最大流量 | l/min | 100 | 100 | 143 | 143 | 143 | 143 | 154 | 167 | 175 | 175 |
| 电机总功率 | | kW | 55 | 55 | 77 | 85 | 85 | 85 | 92 | 100 | 110 | 110 |
| 接地比压 | 大船 | $t/m^2$ | 7.6 | 9.5 | 9.5 | 9.2 | 12.3 | 13.8 | 13.8 | 14.2 | 15.8 | 15 |
| | 小船 | $t/m^2$ | 10.8 | 11.6 | 11.6 | 9.8 | 13.1 | 14.7 | 15.7 | 17.5 | 16.6 | 16 |
| 整机 | 外形尺寸 长×宽×高 | m | 6×7.6×12 | 7.15×7.6×12 | 8×8×3 | 10.6×9×8.6 | 10.6×9×9 | 10.6×9×9 | 11×9×9.1 | 11.1×10×9.1 | 11.1×10×10 | 11.1×10×10 |
| | 自重 | t | 60 | 80 | 100 | 150 | 180 | 190 | 200 | 200 | 230 | 250 |
| | 配重 | t | 40 | 70 | 100 | 180 | 250 | 290 | 340 | 430 | 570 | 650 |
| 大身 | 外形尺寸 长×宽×高 | m | 7×2.2×1.7 | 7×2.2×2 | 7×2.2×2 | 10×3.5×0.9 | 10×3.5×1 | 10×3.5×1 | 10×3.5×1 | 10×3.5×2.3 | 10×3.5×2.3 | 10×3.5×2.3 |
| | 装运重量(包括牛腿) | t | 18 | 22 | 25 | 45 | 50 | 55 | 55 | 60 | 58 | 60 |

**8.3.7～8.3.8** 这两条主要考虑高层建筑在城市施工中沉（成）桩对周围环境的影响以及相应的防治措施，也是目前城市环境岩土工程中所需要分析评价和治理的问题。需要指出的是，由于人工挖孔桩存在受地质条件限制、工人劳动强度大、危险性高、大量抽水容易造成周边建筑损害等缺陷，在过去采用挖孔桩最多的广东省，已于 2003 年 5 月正式下文限制使用人工挖孔桩。

**8.3.9** 单桩承载力应通过现场静载荷试验确定。采用可靠的原位测试参数进行单桩承载力估算，其估算精度较高，并参照地质条件类似的试桩资料综合确定，能满足一般工程设计需要；在确保桩身不破坏的条件下，试桩加载尽可能至基桩极限承载力状态。

基桩在荷载作用下，由于桩长和进入持力层的深度不同，其桩侧阻力和桩端阻力的发挥程度是不同的，因而桩侧阻力特征值和桩端阻力特征值，并非定值，或者说是一个虚拟的值。且单桩承载力特征值，无论是从理论上或从工程实践上，均是以载荷试验的极限承载力为基础，因此，本规程只规定了估算单桩极限承载力的公式，并规定按极限承载力除以总安全系数 $K$ 的常规方法来估算单桩竖向承载力特征值（$R_a$），即式（8.3.9），按本规程所提出公式估算 $R_a$ 时，其 $K$ 值均可取 2。

**8.3.10** 采用静探方法确定单桩极限承载力，被勘察人员和设计人员广泛使用，其估算值与实测值较为接近，故本次未作大的修改，保留引用原规程 JGJ 72—90 第 6.3.5 条的规定。

**8.3.11** 由于预制桩基的持力层通常都是硬质黏性土、粉土、砂土、碎石土、全风化岩和强风化岩，这些岩土，除黏性土外均很难取得不扰动土样，通过室内试验求得其压缩性、密实性等工程特性指标，而标准贯入试验是国际上通用的测试手段，在国内已有相当丰富的经验，故本规程提出用标准贯入试验锤击数与打入、压入预制桩各类岩土的极限侧阻力和极限端阻力建立关系，避免了取土扰动和不能取得不扰动试样的影响。由于标准贯入试验锤击数的修正方法随地区和土性各异，很难找到比较符合实际的修正系数，故本规程建表采用实测锤击数，现行国标《岩土工程勘察规范》GB 50021 亦规定不修正。

国内外早有人提出了用标准贯入试验锤击数计算单桩极限承载力的公式，如 Meyerhof（1976）提出的公式见《加拿大岩土工程手册》和我国贾庆山提出的公式。但这些公式经核算侧阻力计算结果明显偏小，端阻力未考虑随深度增加的影响，本规程未予采纳。

本规程中提出标准贯入试验锤击数 $\overline{N}$ 与极限端阻力 $q_p$ 的关系，主要是依据广东省标准《大直径锤击沉管混凝土灌注桩技术规程》DBJ/T 15—17 建立的表，这里的“大直径”系指桩管直径为 560～700mm 的桩，它实际上相当于《建筑桩基基础规范》JGJ 94 中的中等直径桩 250mm$<d<$800mm，也是预制桩的通常范围。该表系采用修正后的标准贯入试验锤击数，本规程作了调整。该表是根据大量试桩资料和工程实例建立的，对有明显挤土效应的预制桩是适合的。

本规程提出的标准贯入试验锤击数 $\overline{N}$ 与基桩极限侧阻力 $q_{sis}$ 的关系表，其 $\overline{N}$ 与黏性土状态关系是根据《工程地质手册》（第三版）$N$（手）与 $I_L$ 的关系作了适当调整，$\overline{N}$ 与砂土密实度关系是按国标《建筑地基基础设计规范》GB 50007 的标准划分，$\overline{N}$ 与粉土密实度的关系是根据广东省标准《建筑地基基础设计规范》DBJ 15—31 划分。黏性土的状态、砂土的密实度确定后再与原《建筑地基基础设计规范》GBJ 7 摩擦力标准值表对比，局部作了调整而提出，由于《建筑地基基础设计规范》GBJ 7 已沿用很长时间，基础是可靠的。通过 47 根打入式预应力管桩或预制桩的静载试验对比，获得总的极限侧阻力、极限端阻力和单桩竖向极限承载力的实测值/计算值比值的标准值分别为 0.983、1.111、1.042，总体而言实测值接近或略大于计算值，说明本规程所提出的两张表是可行的，且是偏于安全的。实测与计算详细比较情况见表 20 和图 12～图 14。

**表 20 总极限侧阻力、极限端阻力、单桩极限承载力的实测/计算比较**

| 统计项目 | 总极限侧阻力 实测/计算 | 极限端阻力 实测/计算 | 单桩极限承载力 实测/计算 |
|---|---|---|---|
| 统计件数 | 47 | 47 | 47 |
| 最小值 | 0.71 | 0.73 | 0.82 |
| 最大值 | 1.46 | 1.78 | 1.42 |
| 平均值 | 1.03 | 1.17 | 1.08 |
| 标准差 | 0.18 | 0.23 | 0.159 |
| 变异系数 | 0.18 | 0.20 | 0.14 |
| 标准值 | 0.983 | 1.111 | 1.042 |

从图 12 看出，实测/计算比值 0.8～1.2 范围内(即误差±20%)的桩数占 70.2%。

从图 13 看出，实测/计算比值 0.8～1.2 范围内(即误差±20%)的桩数占 60%。

从图 14 看出，实测/计算比值 0.8～1.2 范围内(即误差±20%)的桩数占 75%。

**8.3.12** 本条所称嵌岩灌注桩系指桩身下部嵌入中等风化、微风化岩石一定深度的挖孔、冲孔、钻孔形成的钢筋混凝土灌注桩。

**1** 从受力机理上看，这种桩型的抗力应包括桩身在土层中的侧阻力、在岩石中的侧阻力和桩底的端

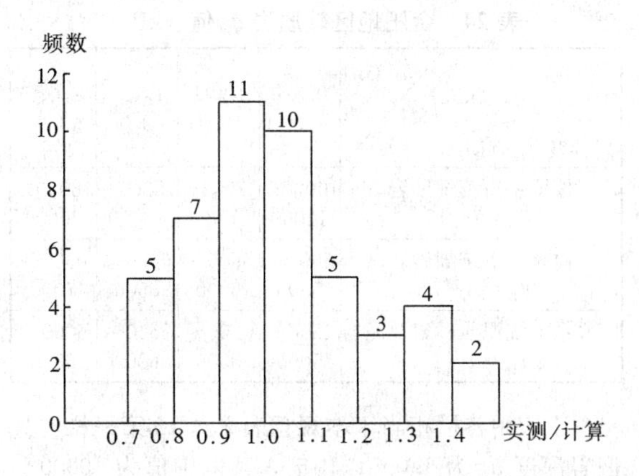


图 12　47 根桩单桩极限侧阻力实测与计算比值频数分布

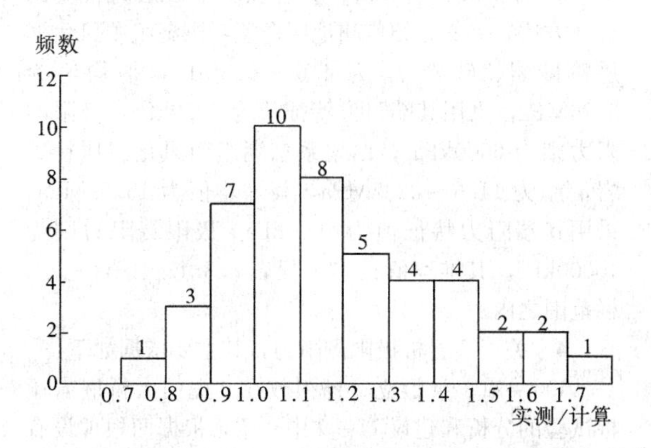


图 13　47 根桩单桩极限端阻力实测与计算比值频数分布图

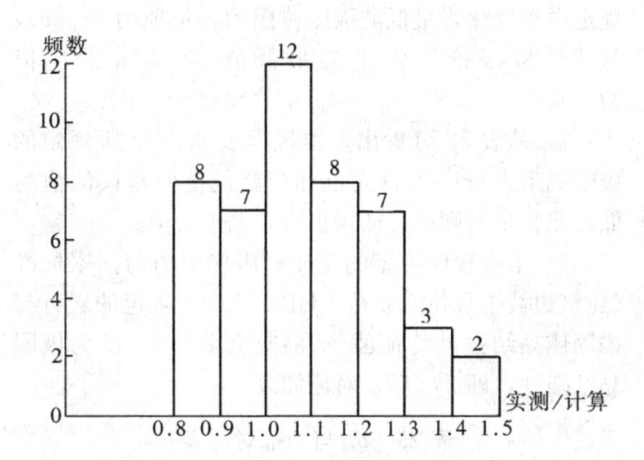


图 14　47 根桩单桩竖向极限承载力实测与计算比值频数分布图

阻力三部分，故采用了式（8.3.12）的表达式。

**2**　岩石的侧阻力、端阻力决定于岩石风化程度、坚硬程度和完整程度三个因素。现根据深圳地区实测的 559 件岩样的饱和单轴极限抗压强度 $f_{rk}$，考查规程中表 8.3.12 所列三个因素是否合理、匹配。

**表 21　各类岩石饱和单轴抗压强度分类**

| 风化程度 | 完整程度 | 岩石名称 | 岩石饱和单轴抗压强度 $f_{rk}$（MPa） | | |
|---|---|---|---|---|---|
| | | | 件数 | 范围值 | 标准值 |
| 中等风化 | 破碎 | 碎裂花岗岩、钙质砂岩 | 13 | 9.4～28.3 | 14.95 |
| | 较破碎 | 粗粒花岗岩 | 129 | 12.6～34.0 | 19.10 |
| 微风化未风化 | 较完整 | 粗粒花岗岩、花岗片麻岩、大理岩、砂砾岩、变质石英砂岩 | 328 | 19.9～71.6 | 40.87 |
| | 完整 | 粗粒花岗岩、大理岩 | 89 | 65.1～136.4 | 83.06 |

说明：1）表中 559 件试样试验资料来源于广东省标准《建筑地基基础设计规范》DBJ 15—31条文说明所列资料；

2）标准值系按国标《岩土工程勘察规范》GB 50021 方法统计，即 $\varphi_k=\gamma_s\varphi_m$，$\gamma_s=1\pm\left[\frac{1.704}{\sqrt{n}}+\frac{4.678}{n^2}\right]\delta$。

从表 21 可看出，除中等风化、完整程度破碎岩一栏 $f_{rk}$的标准值由于岩性为硬质岩、试件偏少，使其标准值偏大外，其余中等风化、较破碎，微风化、未风化较完整、完整栏的标准值均大致相当于该栏 $f_{rk}$的范围值的中值，说明规程中表 8.3.12 考虑三个因素的分类是合理的，也基本上是相互匹配的，当三者之间出现矛盾时，宜按低档取值。

**3**　关于岩石极限端阻力 $q_{pr}$，主要是根据各地区的试验值和地区经验值规定的，其主要依据如下：

1)《深圳地区建筑地基基础设计试行规程》SJG 1，规定如表 22：

**表 22　基岩极限端阻力 $q_{pr}$（kPa）**

| 风化程度 \ $q_{pr}$ \ 基岩名称 | 花岗岩 | 花岗片麻岩 | 硅化凝灰岩 | 硅化千枚岩 |
|---|---|---|---|---|
| 中等风化 | 10000～12000 | 10000～12000 | 9000～10000 | 9000～11000 |
| 微风化 | 16000～20000 | 16000～20000 | 15000～18000 | 15000～17000 |

说明：表中极限端阻力 $q_{pr}$系按原规范所列端阻力标准值乘安全系数 2 后获得。

该规范已在深圳地区施行 14 年，其规定的值基本上是合适的。从上表可看出中等风化的硬质岩，其 $q_{pr}$范围值为 9000～12000kPa，微风化硬质岩 $q_{pr}$范围值为 15000～20000kPa。其值与规程中表 8.3.12 规定的范围值是基本一致的，本规程表 8.3.12 中等风化 $q_{pr}$ 范围值 3000～18000kPa，微风化、未风化

18000～50000kPa 大体相当，但因本规程包括了软质岩，故范围值加宽，另表最后一栏中还包括了“未风化”，所以大值有所提高。

2）广东省标准《建筑地基基础设计规范》DBJ 15—31 有关桩端进入中等风化、微风化岩层的嵌岩桩，其单桩竖向承载力特征值系按下列公式计算：

$$R_a = R_{sa} + R_{ra} + R_{pa} = u\Sigma q_{sia} l_i + u_p C_2 f_{rs} h_r + C_1 f_{rp} A_p \quad (18)$$

式中 $f_{rs}$、$f_{rp}$——分别为桩侧岩层和桩端岩层的岩样天然湿度单轴抗压强度；

$C_1$、$C_2$——系数，根据持力层基岩完整程度及沉渣厚度等因素确定，$C_1$ 取 0.3～0.5，$C_2$ 取 0.04～0.06，对于钻、冲孔桩乘以 0.8 折减。

现对 $C_1$、$C_2$ 取其中值，即 $C_1$ 取 0.4、$C_2$ 取 0.05 并乘以 0.8 和 2 换算为极限值与本规程对比如表 23：

**表 23 广东省标准与本规程的极限侧阻力、端阻力对比**

| 岩石单轴极限抗压强度 $f_{rk}$（MPa） | 极限端阻力（kPa） | | 极限侧阻力（kPa） | |
|---|---|---|---|---|
| | 广东省标准 | 本规程 | 广东省标准 | 本规程 |
| 5～15 | 3200～9600 | 3000～9000 | 400～1200 | 300～800 |
| 15～30 | 9600～19200 | 9000～18000 | 1200～2400 | 800～1200 |
| 30～60 | 19200～38400 | 18000～36000 | 2400～4800 | 1200～2000 |
| 60～90 | 38400～57600 | 36000～50000 | 4800～7200 | 2000～2800 |

从上述对比可看出，本规程所规定的极限端阻力均略小于广东省标准。

3）彭柏兴、王文忠“利用原位试验确定红层嵌岩桩的端阻力”一文介绍长沙红层为第三系泥质粉砂岩，属陆相红色碎屑岩沉积，中等风化、天然状态 $f_{rk}$ 为 1.91～5.80MPa，饱和状态 $f_{rk}$ 为 0.5～6.5MPa，软化系数 0.04～0.57，其端阻力特征值推荐为 3500～4500kPa，极限端阻力则为 7000～9000kPa；微风化、天然状态 $f_{rk}$ 为 5.6～12.2MPa，饱和状态 $f_{rk}$ 为 2.1～7.7MPa，软化系数 0.09～0.49，其端阻力特征值推荐为 5000～7000kPa，极限端阻力则为 10000～14000kPa，推荐值是根据深井载荷试验和高压旁压试验获得。上述值较本规程规定值为高。

4）查松亭、毛由田“软质岩嵌岩桩的应用”一文介绍，合肥地区的侏罗系、白垩系中风化—微风化岩石，经过十几组大直径嵌岩灌注桩的静载荷试验，求得并推荐其桩端极限端阻力 $q_{pr}$ 列于表 24：

**表 24 合肥地区软质岩 $q_{pr}$ 值（kPa）**

| 岩性及 $f_{rk}$（MPa） \ $q_{pr}$（kPa） \ $h_r$（m） | 0.5～1.0 | 1.0～1.5 | 1.5～2.0 | 2.0～3.0 |
|---|---|---|---|---|
| 侏罗系石英细砂岩 $f_{rk}=7～15$ | 10000～12000 | 12000～15000 | 15000～18000 | 18000～20000 |
| 白垩系下统细砂岩 $f_{rk}=3～7$ | 5000～5500 | 5500～6000 | 6000～6500 | 6500～7000 |
| 白垩系上统泥质砂岩及泥岩 $f_{rk}=1～2$ | 4500～5000 | 5000～5500 | 5500～6000 | 6000～6500 |

上表中各栏相当于本规程表 8.3.12 第一栏，其嵌岩深度 $h_r$ 为 1.0m 以内时，其范围值为 10000～12000kPa，较本规程规定的范围值 3000～9000kPa 为高。

5）林本海、刘玉树“具有软弱下卧层时桩基的设计方法”一文介绍广州地区白垩系东湖组中风化泥质粉砂岩、砂岩 $f_{rk}$ 为 4.6～5.8MPa，平均值为 5.26MPa，采用其端阻力特征值为 3000kPa，极限端阻力则为 6000kPa；白垩系东湖组微风化泥质粉砂岩，$f_{rk}$ 为 11.6～22.5MPa，其平均值为 15.65MPa，采用其端阻力特征值为 5000kPa，极限端阻力则为 10000kPa。其推荐值在本规程表 8.3.12 中第一、二栏范围之内。

**4** 关于嵌岩桩极限侧阻力，其主要依据如下：

1）吴斌、吴恒立、杨祖敦在“虎门大桥嵌岩压桩试验的分析和建议”一文中介绍，根据两根埋设有测试元件的专门试验，采用综合刚度法分析结果，对白垩系强风化泥质粉砂岩中钻孔灌注混凝土嵌岩压桩，可采用允许极限侧阻力为 280kPa。由此本规程规定中等风化岩最低的极限侧阻力特征值为 300kPa，与该栏极限抗压强度的最低值 5000kPa 的比值为 0.060。

2）从表 23 可看出，本规程表 8.3.12 所规定的极限侧阻力较广东省规范和公路规范所建议的值为低，尤其是对硬质岩低得更多，偏于安全。

3）本规程所规定的受压极限侧阻力与国家标准《建筑边坡工程技术规范》GB 50330 所规定的岩石与锚固体黏结强度特征值 $f_{rb}$ 乘安全系数 2，变为极限黏结强度，即 $2f_{rb}$ 后，对比如表 25：

**表 25 $q_{sir}$ 与 $2f_{rb}$ 对比表**

| 岩石类别 | $f_{rk}$（MPa） | 本规程 $q_{sir}$（kPa） | 《边坡规范》$2f_{rb}$（kPa） |
|---|---|---|---|
| 软岩 | 5～15 | 300～800 | 360～760 |
| 较软岩 | 15～30 | 800～1200 | 760～1100 |
| 较硬岩 | 30～60 | 1200～2000 | 1100～1800 |
| 坚硬岩 | 60～90 | 2000～2800 | 1800～2600 |

从表 25 对比可看出，本规程极限侧阻力 $q_{sir}$，除个别值外均较《建筑边坡工程技术规范》的 $2f_{rb}$ 值略

高。$q_{sir}$是受压桩周围岩石与C25～C30混凝土之间的侧阻力（亦可看成是黏结力），而$2f_{rb}$是受拉时周围岩石与M30砂浆强度的锚固体之间的极限黏结强度，显然前者高于后者是合理的。

**5** 本规程所规定的极限侧阻力、极限端阻力，再与行业标准《建筑桩基技术规范》JGJ 94对比如下：

该规范计算单桩嵌岩桩极限承载力标准值的公式（其中将桩周土总侧阻力省略）为：

$$Q_{uk}=Q_{rk}+Q_{pk}=\zeta_s f_{rk}\pi d h_r+\zeta_p f_{rk}\pi d^2/4$$
$$=f_{rk}\pi d^2(\zeta_s h_r/d+\zeta_p/4)=f_{rk}\pi d^2\eta \quad (19)$$

**表26 《建筑桩基技术规范》JGJ 94 $\eta$ 系数表**

| $h_r/d$ | 0 | 0.5 | 1.0 | 2.0 | 3.0 | 4.0 | ≥5.0 |
|---|---|---|---|---|---|---|---|
| $\eta=\zeta_s h_r/d+\zeta_p/4$ | 0.125 | 0.1375 | 0.155 | 0.215 | 0.245 | 0.273 | 0.250 |

上述括弧中的系数随$h_r/d$的增大而增大，但在$h_r/d\geqslant5.0$时则减小似不合理，故下述对比中将其略去。现假定桩径为$d=2.0$m，将按本规程与按《建筑桩基技术规范》JGJ 94计算的$Q_{uk}$值对比如表27：

**表27 当$d=2.0$m时《建筑桩基技术规范》JGJ 94与本规程计算的$Q_u$对比**

| $Q_{uk}$(kN) \ 规范 / $f_{rk}$(MPa) | 桩规 $h_r/d$ 0 | 本规程 $h_r$ 0 | 桩规 $h_r/d$ 0.5 | 本规程 $h_r$ 1.0 | 桩规 $h_r/d$ 1 | 本规程 $h_r$ 2.0 |
|---|---|---|---|---|---|---|
| 5 | 7856 | 9425 | 8642 | 9725 | 9742 | 10025 |
| 15 | 23562 | 28274 | 25926 | 29094 | 29225 | 29874 |
| 30 | 47813 | 56549 | 51851 | 57749 | 58451 | 58949 |
| 60 | 94275 | 113097 | 103703 | 115097 | 116901 | 117097 |
| 90 | 141413 | 157080 | 155554 | 159880 | 175352 | 162080 |
| $Q_{uk}$(kN) \ 规范 / $f_{rk}$(MPa) | 桩规 $h_r/d$ 2 | 本规程 $h_r$ 4.0 | 桩规 $h_r/d$ 3 | 本规程 $h_r$ 6.0 | 桩规 $h_r/d$ 4 | 本规程 $h_r$ 8.0 |
| 5 | 13513 | 10625 | 15398 | 11225 | 17158 | 11825 |
| 15 | 40538 | 31474 | 46195 | 33074 | 51474 | 34674 |
| 30 | 81077 | 61349 | 92390 | 63749 | 102948 | 66149 |
| 60 | 162153 | 121097 | 184779 | 125097 | 205897 | 129097 |
| 90 | 243230 | 168280 | 277169 | 173880 | 308845 | 179480 |

从表27对比可看出，当$h_r/d\leqslant1$时，两本规范计算的单桩极限承载力$Q_u$是接近的，最大相差17%，当$h_r/d=1$时，两者最为接近，仅相差3%。随着$h_r/d$的比值增大相差愈多，最大时《建筑桩基技术规范》JGJ 94将比本规程大42%，这主要是《建筑桩基技术规范》JGJ 94中，由于$h_r$愈大，其侧阻力对单桩极限承载力贡献偏大，而本规程由于掌握实测资料不多，极限侧阻力取值较小偏于安全所致。考虑在实际工程设计中，很少用$h_r/d>2$，即若设计$d=2$m，桩要进入持力层>4.0m的情况，尤其是微风化、未风化岩更无必要。因而本规程所规定的值是合适的。

总的来讲，本规程所提出的式（8.3.12）和表8.3.12，作为在勘察期间估算单桩竖向极限承载力是合适、且偏于安全的。由于我国地域宽广、岩石性状变化大，表8.3.12所提供的范围值较大亦是合理的，供岩土工程勘察人员，根据地区经验选择安全、合理的值留有空间。

**8.3.13** 旁压试验方法既能获得土的强度特性，还可测得土的变形特性，其结果常常能直接用来预测地基土强度、变形特性，且适用性较广，采用旁压试验估算单桩垂直极限承载力在国外应用已相当普遍，法国1985年（SETRA-LCPC1985）规程中的建议方法较为适用，经适当修改，可估算桩极限侧阻力和桩极限端阻力标准值。

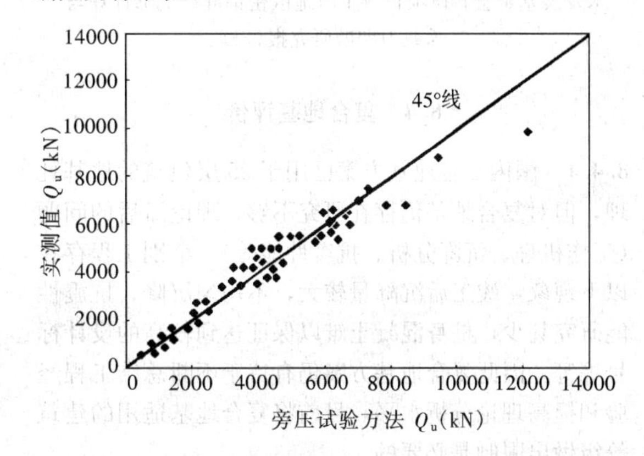


图15 实测值与旁压试验方法比较（样本数79组）

本次收集了上海地区近三十项资料，通过旁压试验方法与静探方法得到的单桩极限承载力估算值（样本数342组）并与部分单桩静载荷试验实测值（样本数79组）比较，结果详见图15～图17。

由图表明：旁压试验成果估算单桩极限承载力与静力触探试验方法相比，其估算精度相当，与试桩结果相比，其相对误差一般小于15%，接近试桩的实测值。

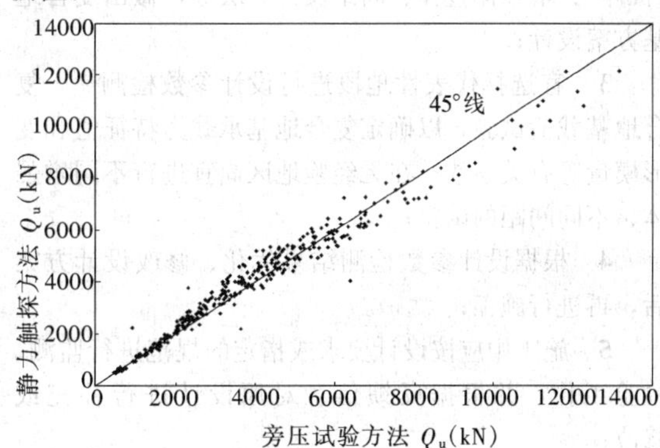


图16 静力触探方法与旁压试验方法计算结果比较（样本数342组）

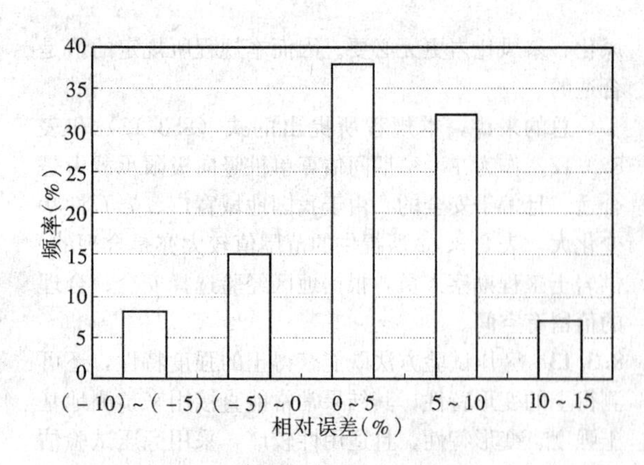


图17　采用旁压试验方法估算单桩极限承载力的相对误差频图

(以上摘自上海岩土工程勘察设计研究院负责市建设技术发展基金会科研项目《上海地区密集群桩沉降计算与承载力课题研究报告》)

## 8.4　复合地基评价

**8.4.1**　国内复合地基方案已用于35层建筑的地基处理，但对复合地基仍存在研究不够、理论滞后的问题(工作机理、沉降分析、抗震性能等)。个别工程存在以下现象：竣工后沉降量较大，不均匀沉降，抗震性能研究甚少，桩身混凝土难以保证达到较高的设计标号等等，因此复合地基方案仍有待于不断总结工程经验和提高理论分析水平，目前将复合地基适用的建筑等级做出限制是必要的。

对勘察等级为甲级的高层建筑拟采用复合地基方案时，需极其谨慎，进行专门的研究与论证。

复合地基的勘察、试验、设计、施工等各方应紧密配合，宜按以下程序进行：

**1**　根据高层建筑上部结构对复合地基承载力、变形的要求，以及建筑场地工程地质和水文地质条件，设计应首先明确加固目的、加固深度和范围；

**2**　根据场地工程地质和水文地质条件、环境条件、机具设备条件和地区经验，选择合适的增强体(桩体)、增强体直径、间距及持力层等，做出复合地基方案设计；

**3**　宜选择代表性地段进行设计参数检测——复合地基载荷试验，以确定复合地基承载力特征值和变形模量等有关参数；在无经验地区尚宜进行不同增强体、不同间距的试验；

**4**　根据设计参数检测结果优化、修改设计方案后，再进行施工；

**5**　施工中应按设计要求或指定的规范进行监测、检验工作，并根据反馈信息对原设计进行补充或修改；

**6**　施工完成后应按设计要求或指定的规范进行验收检测工作。

**8.4.2**　本条文列出勘察阶段复合地基评价应包括的内容。随着勘察工作逐步向岩土工程的深入，发挥岩土工程师的专业特长，对地基基础进行深入分析计算，是勘察工作的发展方向，提高勘察工作的技术含量十分重要。

**1**　在对诸多加固方案（包括不同桩型、桩距、桩径、桩长、置换率）的初步对比筛选后，应对所建议的方案进行计算分析，在达到设计要求的基础上对复合地基方案提出建议。

**2**　第3款建议适宜的加固深度，是指确定增强体的桩顶及桩底高程，包括有效桩长以及保护桩长部分。

**8.4.3**　本条文规定了选择复合地基类型的一般原则，此外，尚应根据不同地区的地质条件、地区经验等情况选择适宜的增强体类型。

**1**　软土地层对散体材料增强体的侧限约束力很弱，桩体在上部高层建筑大荷载作用下将产生侧向挤出，达不到将荷载传递到深部地层的作用即达不到提高地基承载能力的目的，同时满足不了建筑对沉降变形的要求，在深厚软土地区，尤其建筑荷载较大时，不宜采用柔性散体材料增强体加固地基。

**2**　针对高层建筑荷载大、沉降要求严格的特点，采用刚性桩加固的复合地基，其承载能力高、变形小、设计施工质量可控性强、竣工检验方法成熟并有成功经验，故宜优先考虑采用此方法进行加固。

**3**　本款是考虑宜优先采用经验比较成熟的加固方法。针对高层建筑荷载大的特点，在处理湿陷性地基时，灰土桩挤密法较土桩挤密法更能满足高层建筑对地基的承载力要求，宜优先选用。

**8.4.4**　刚性桩（CFG桩、素混凝土桩）复合地基是高层建筑最常用的复合地基类型，其单桩竖向承载力特征值 $R_a$，首先应通过单桩载荷试验竖向极限承载力除以安全系数2的方法来确定，无条件时其复合地基承载力特征值可按现行行业标准《建筑地基处理技术规范》JGJ 79式（9.2.5）和（9.2.6）估算。

式（9.2.5）中 $f_{sk}$ 宜按下列方法取值：

**1**　当采用非挤土成桩工艺时，$f_{sk}$ 可取天然地基承载力特征值 $f_{ak}$；

**2**　当采用挤土成桩工艺时，对可挤密的一般黏性土，$f_{sk}$ 可取1.1～1.2倍天然地基承载力特征值，$I_p$ 小、$e$ 大时取高值；对挤密效果好的土，由于承载力提高幅度较大，宜由现场试验确定 $f_{sk}$；

**3**　对不可挤密土，若施工速度慢，$f_{sk}=f_{ak}$，若施工速度快宜由现场试验确定 $f_{sk}$；

**4**　对饱和软土应考虑施工荷载增长和土体强度恢复的快慢来确定 $f_{sk}$。

式（9.2.6）中 $q_{sr}$、$q_p$ 当缺少经验时，可参照现行国家标准《建筑地基基础设计规范》GB 50007或本规程中桩基的规定执行，按本规程算得的单桩极限承载力尚应除以安全系数 $K=2$。

**8.4.6** 复合地基变形计算过程中，对复合土层，压缩模量很高时，可能满足式 $\Delta s'_n \leqslant 0.025\sum_{i=1}^{n}\Delta s'_i$ 的要求，若到此结束计算，就漏掉了桩端以下土层的变形量，尤其是存在软弱下卧层时，因此，计算深度必须大于复合土层的厚度。

**8.4.7** 复合地基竣工后，应对复合地基、桩间土、竖向增强体进行检验：

**1** 第3款对重大工程和地基条件复杂或成桩质量可靠性较低的复合地基，可视情况采用钻取桩芯法或开挖观测法检验成桩质量，检测数量根据具体情况由设计确定。

**2** 第5款复合地基在竣工后应分别对桩间土和增强体以及复合地基进行监测、检验工作。本款提出监测检验试验宜选择在不同的地质单元内进行，如：不同地形地貌单元内、不同年代、成因的地层范围内、古河道，暗沟暗浜等地层显著不均匀处；此外，监测、检验宜选择在建筑荷载显著差异处，建筑体形显著变化处等地基最不利位置和工程关键部位。

## 8.5 高低层建筑差异沉降评价

**8.5.1** 由于现代高层建筑的多样化设计，不均匀的地基变形并非只是地基本身不均匀造成的，如不均匀软土地基上不规则平面的建筑物（偏心）、大底盘上高低错落多栋建筑物造成的基底荷载差异等，都是岩土工程师要综合考虑的因素。针对近年常见的差异沉降问题，本条概括为四种需要注意加强沉降分析的工况，其中也包括单体建筑物，因为现代建筑常在底层和地下室有大开间的设计需要并多采用刚度相对较小的筏形基础，框筒、框剪结构建筑物的电梯井或角柱、组合柱部位的集中荷载会明显高于基底平均荷载。

**8.5.2** 我国很多地区或城市的勘察单位积累了丰富的资料，岩土工程勘察应充分利用这一资源，在事前做好策划，提高勘察设计的针对性，减少盲目性，预防潜在事故和损失。

**8.5.3** 由于在勘察阶段通常还不可能具备基础设计荷载的分布和结构刚度资料，故勘察阶段的差异沉降预测一般限于不同楼座之间的平均沉降差。估算建筑物重心、边角点的地基沉降量及结构到顶后的剩余沉降量，有助于判断不同楼座之间差异沉降的影响。

**8.5.4** 在近年工程实践中，由于基础设计分析与勘察之间会发生脱节现象（并不是由勘察单位承担基础设计分析），存在着勘察成果资料与数据不能有效满足基础工程设计分析的情况。因此，要求勘察单位必须做好前期策划，以确保能够在勘察阶段获取设计分析地质模型所需的特定参数和资料。在工程中，切忌将设计分析决策建立在不可靠的基础上，故一旦所提供的勘察成果在完整性和可靠性方面确实不能有效满足基础设计分析需要，应由勘察单位进行必要的补充勘测，提供正确、完整的数据资料输入。

**8.5.5** 基底附加压力越小、基坑深度越大，则地基回弹再压缩变形占地基沉降的比例越大，从而使以往规范建议的很多沉降计算方法不再适用。根据上海、北京的观测资料，建筑基坑开挖后的最大回弹量与基坑的深度有一定的对应关系（见表28），可作为判断地基回弹再压缩变形占地基总沉降比例的参考。此外，根据北京、上海的工程实践，如结构相连的相邻建筑（后浇带两侧）的后期沉降差在3～4cm范围内，有可能通过设计、施工措施加以调整。

**表28 基坑最大回弹量与基坑深度的比值**

| 地基主要持力层土质 | 低压缩性砂土、碎石土 | 中低—中压缩性黏性土 | 中高—高压缩性黏性土 |
|---|---|---|---|
| $S_c/H$ | 1‰～2‰ | 2‰～4‰ | 5‰～1% |
| 注：$S_c$ 为地基回弹再压缩变形，$H$ 为基坑深度。 | | | |

**8.5.6** 获取和选择合理的土工参数对地基基础工程的分析结果具有关键的影响，而土工参数与试验方法又是密切相关的，故在从勘察成果资料中选择土工参数指标时必须注意其试验方法。

在通过结构—地基共同作用分析进行差异沉降分析时，通常要采取提高局部基底压力以加大沉降、减小差异沉降的设计措施，该措施应以不发生有关部位地基破坏为前提，为此还应进行相应的地基极限承载力验算。

## 8.6 地下室抗浮评价

**8.6.1** 高层建筑基础埋置较深，一般都有地下室抗浮问题，尤其是施工期间地下室刚做好而上部建筑还未施工时，如果遇暴雨，常发生地下室上浮等问题。例如位于深圳市布吉关口山坡上某高层建筑，二层地下室，底板直接浇筑在微风化花岗岩上，地下室建至地面后停工一年多，地下室由于长期受暴雨浸泡，于1998年发生上浮，整个底板与基岩被冲填了10～50cm厚泥沙，后来花费很大代价进行泥沙清理和基础加固。深圳南头某地下室位于花岗岩残积土上，天然地基，于1997年夏季台风暴雨期间发生上浮，整个地下室倾斜，高差达70余厘米。珠海拱北海关附近某高层建筑附属地下停车场，上部结构荷载较小，地下水水位接近地表，在上部结构尚未竣工时，1999年底板上抬数厘米，造成地下室梁板严重开裂。类似事故较多，造成的损失较大，勘察期间就将此问题明确，且单独提出来，在岩土工程勘察报告中作专门论述，有利于避免地下室可能发生的上浮事故。

**8.6.2** 提供准确的抗浮设防水位是本节的重点。当地下水属潜水类型且无长期水位观测资料时，如果仅按勘察期间实测水位来确定抗浮设防水位，不够确切，应结合场地地形、地貌、地下水补给、排泄条件和含水层顶板标高等因素综合确定。我国南方滨海和滨江地区，经常发生街道水浸现象，抗浮设防水位可取室外地坪标高。若承压水和潜水有水力联系时，应分别实测其稳定水位，取其中的高水位作为抗浮设防水位。

**8.6.3** 考虑到某些地区地下水赋存条件复杂，补给和排泄条件在建筑使用期间可能发生较大改变，而地下水的抗浮设防水位是一个有如抗震设防一样的重要技术经济指标，较为复杂，故对于重要工程的抗浮设防水位应委托有资质的单位进行专门论证后提出。

**8.6.4** 地下室若处于斜坡地段或施工降水等原因产生稳定渗流场时，渗透压力在地下室底板将产生非均布荷载，勘察报告中宜提请抗浮设计人员注意这种非均布荷载对地下室结构的影响。

**8.6.5** 地下室所受浮力应按静水压力计算。即使在黏性土地基或地下室底板直接与基岩接触的情况下也不宜折减。因为地下室所受地下水的浮力是永久性荷载，不因黏性土的渗透性差而减小，即使地下室底板直接与基岩接触的情况下，由于基岩总是存在节理和裂隙等，且混凝土与基岩接触面也存在微裂隙，静水压力也不宜折减。如因暴雨等因素产生的临时高水位而引起的浮力，当地下室位于黏性土地基且地表水排泄条件良好时，可乘以0.6～0.8的折减系数，其他条件下不宜折减。

**8.6.6** 直接位于高层建筑主体结构下的地下室，主要是施工期间的临时抗浮稳定问题，一般可通过工程桩或基坑临时强排水等措施来解决；而对于附属的裙房或主楼以外独立结构的地下室，则属永久性抗浮问题，由于荷载小，仅需设置少数抗压桩，甚至不需设置基桩，故推荐采用抗浮锚杆较为经济合理。如果地质条件较差，地下水水位变化很大或地下室使用荷载变化较大、且变化频繁，此时可能在基底产生频繁的拉压循环荷载，且受压时地基承载力明显不足时，宜选用抗浮桩。

**8.6.7** 抗浮桩和抗浮锚杆的抗拔极限承载力，一般都应通过现场抗拔静载荷试验确定，抗拔静载荷试验应符合附录G的规定，考虑到地下水水位和地下室使用荷载是变化的，所以附录G中要求采用循环加卸荷方式进行试验，试验方法参考了行业标准《建筑桩基技术规范》JGJ 94、国家标准《建筑边坡工程技术规范》GB 50330和国家标准《锚杆喷射混凝土支护技术规范》GB 50086中有关桩基抗拔和锚杆抗拔试验相关规定后综合确定的。

**8.6.8～8.6.10** 抗浮桩抗拔承载力可按式（8.6.8）～（8.6.10）进行估算，如当地有较丰富的工程经验，也可按经验值进行估算，但正式施工前仍应进行抗拔静载荷试验进行验证。

**8.6.11** 抗浮锚杆应结合施工工艺进行锚杆抗拔试验，式（8.6.11）仅供初步设计估算时采用。

## 8.7 基坑工程评价

**8.7.1** 本条规定了基坑工程评价应包括的内容，对其中某些款项说明如下：

**1** 由于基坑工程设计首先要确定基坑工程安全等级，而安全等级很大程度上决定于周边环境和场地工程地质、水文地质条件，经勘察后，勘察人员对这方面最为了解，因而对采用等级应提出建议，当各侧边条件差异很大、且复杂时，每个侧边可建议不同的等级；

**2** 许多工程实践证明，采取基坑外降水往往会造成地面沉降，对邻近建筑、管线造成影响，因而本款提出，若需采取降水措施时，应提供水文地质计算的相应参数、预测降水及支护结构位移对周边环境可能造成的影响，建议设计计算周边地面下沉量和影响范围。

**8.7.2** 有关基坑工程等级，现行的行业标准、地方标准的基坑工程技术规范（规程），均有不同的划分，简繁不一，无统一标准。本规程提出按周边环境、破坏后果严重程度、基坑深度、工程地质和地下水条件等五个方面来划分基坑工程等级，比较周全，划分比较合理，可操作性强，且与国家计委、建设部2002年颁发的《工程勘察设计收费标准》划分基坑工程设计复杂程度的标准基本一致。

表8.7.2中环境条件复杂程度系按邻近已有建（构）筑物、管线、道路的重要性和邻近程度衡量；破坏后果包括对邻近建（构）筑物、管线、道路的破坏后果和对本工程的破坏后果；工程地质条件复杂程度系按侧壁的软土、砂层的性质和厚度衡量；地下水位很高系指接近地表；地下水位低，系指水位低于基坑深度。

**8.7.3** 基坑支护设计中，整体稳定性和支护结构的荷载是土、水压力，而土、水压力的大小则决定于地层结构剖面和计算参数（主要是$c$、$\varphi$值），也就是本规程所提出的“地质模型”，而过去此代表性的地质模型是由设计人员选定，不一定经济合理，现提出每侧边的地质模型由勘察人员提出建议。当条件简单时，亦可指定按某个勘探孔或地层剖面进行计算，并提供相应的计算参数。

**8.7.4** 勘察后所建议的各项参数，尤其是抗剪强度参数，将直接用于工程计算和设计，十分重要，而这些参数由于试验方法不同，得出的结果各异，它应当与采用的计算方法和安全度相匹配，为此，本条规定了基坑工程计算指标的试验方法，现对其中主要问题说明如下：

**1** 国家标准《建筑地基基础设计规范》GB 50007、建设部行业标准及湖北省、深圳市、广东省等基坑工程地方标准均规定对黏性土宜采用土水合算，对砂土宜采用土水分算；冶金部行业标准，上海市和广州市基坑工程标准则规定以土水分算为主，有经验时，对黏性土可采用土水合算。根据试算对比（详见6.0.5条条文说明），其强度参数宜用总应力法的固结不排水（CU）试验参数；当用土水分算时，其强度参数宜用三轴有效应力法、固结不排水测孔隙压力（$\overline{\mathrm{CU}}$）试验。

**2** 对于砂、砾、卵石土由于渗透性强，渗透系数大，可以很快排水固结，且这类土均应采用土水分算法，计算时其重力密度是采用有效重力密度，故其强度参数从理论上看，均应采用有效强度参数，即$c'$、$\varphi'$，其试验方法应是有效应力法，三轴固结不排水测孔隙水压力（$\overline{\mathrm{CU}}$）试验，测求有效强度。但实际工程中，是很难取得砂、砾、卵石的原状试样而进行室内试验，故本条规定采用砂土天然休止角试验和现场标准贯入试验来估算砂土的有效内摩擦角$\varphi'$，一般情况下可按$\varphi'=(\sqrt{20N}+15)^{\circ}$估算，式中$N$为标准贯入实测击数。

**3** 对于抗隆起验算，一般都是基坑底部或支护结构底部有软黏土时才验算，因而应当采用上述饱和软黏土的UU试验方法所得强度参数，或采用原位十字板剪切试验测得的不固结不排水强度参数。对于整体稳定性验算亦应采用不固结不排水强度参数。

**4** 对于静止土压力计算，公式规定应用有效强度参数$c'$、$\varphi'$值。

**8.7.5** 由于估算基坑涌水量、进行降水设计和预测降水对邻近建筑的影响等，这些均涉及比较专业的水文地质问题，一般的岩土工程设计人员有一定困难，而勘察人员比较了解，故本条规定在此情况下应提供水文地质计算有关参数，包括计算的边界条件、地层结构、渗透系数、影响半径等。

**8.7.6** 目前国内许多基坑工程均采用比较经济合理的土钉墙支护方案，但当基坑底部为饱和软土时，由于基坑底部隆起，侧壁整体失稳的事故很多，为此对有类似情况的工程，应建议设计进行抗隆起验算，验算的方法、公式和安全系数在《建筑地基基础设计规范》GB 50007中已有规定，计算结果不能满足时，应采取坑底被动区加固、微型桩加强等措施；当基坑底部为砂土，尤其是粉、细砂地层和存在承压水时，应建议设计进行抗渗流稳定性验算，抗渗流稳定性验算包括：

**1** 当基坑底以下存在承压含水层时，应验算承压水头冲破不透水层产生管涌的可能性，可按《建筑地基基础设计规范》GB 50007规定验算。

**2** 当基坑侧壁或底部存在砂土或粉土，且设置了帷幕截水时，应作抗渗流（管涌、流砂）稳定的验算，验算方法是计算水力坡度不应超过临界水力坡度。可按下式验算：

$$K=\frac{i_c}{i} \tag{20}$$

$$i=\frac{h_w}{l} \tag{21}$$

$$i_c=(G_s-1)/(1+e) \tag{22}$$

式中 $K$——安全系数，取1.5～2.0；

$i$——计算水力坡度；

$h_w$——基坑内外水头差；

$l$——最短渗流长度；

$i_c$——临界水力坡度；

$G_s$——土颗粒相对密度(比重)；

$e$——土的天然孔隙比。

# 9 设计参数检测、现场检验和监测

针对高层建筑岩土工程勘察特点，本次修订将原规程JGJ 72—90第四章中监测的内容扩充后另设了本章，并增加了设计参数检测和现场检验两节。

## 9.1 设计参数检测

**9.1.1** 设计参数检测为新增内容，主要是指勘察结束后正式施工前的施工图设计期间，应在现场进行的各种与岩土工程有关的试验，目的是为地基基础设计、地下室抗浮设计和基坑支护设计等工程设计中所采用的重要参数进行检验、校核，对所采用施工工艺和控制施工的重要参数能否达到设计要求进行核定。从目前情况看，有些业务勘察单位并未开展起来，但从岩土工程发展来看，这些都是在高层建筑勘察设计中需要岩土工程师解决的问题，故在规范条文中列出这些试验项目，希望勘察单位能进一步拓展业务，积累工程经验。试验要点应按相关标准执行。

**9.1.4** 本规程提出的大直径桩端阻力载荷试验是模拟大直径桩的实际受力状态，采用的圆形刚性板直径800mm，试井直径等于承压板直径，试井底部保留3倍承压板宽度，即在超载的情况下进行。

**9.1.5** 为更准确地确定复合地基承载力，有必要做两部分工作：一是对复合地基的增强体（柔性桩、半刚性桩、刚性桩）进行静载荷试验，二是对单桩或多桩承担的加固面积进行平板载荷试验。

**9.1.6** 对抗浮桩或抗浮锚杆，应根据其实际受力状况选择试验方法，本规程推荐均采用循环加、卸载法。

## 9.2 现场检验

**9.2.1** 现场检验为新增内容，是指在施工阶段对工程勘察成果和施工质量进行检查、复核，对出现的问题提出处理意见，主要包括基槽检验、桩基持力层检验和桩基检测等内容。

**9.2.2** 基槽检验工作是由建设方、施工方会同勘察、设计单位一起进行，主要对基槽揭露的地层情况进行检查，是否到了设计所要求的地基持力层，场地内是否存在尚未发现的暗浜等不良地质现象等。

**9.2.3** 由于桩基工程的重要性和隐蔽性，应在工程桩施工前进行试钻或试打，检验实际岩土条件与勘察成果的相符性。对大直径挖孔桩，应逐桩进行持力层检验。对桩身质量的检验，抽检数量应根据工程重要性、地质条件、基础形式、施工工艺等因素综合确定，从目前情况看，原规定总桩数的10%的抽检数量已不能满足要求，一般应大于总桩数的20%，抽检方式必须随机、均匀、有代表性，对重要工程及一柱一桩形式的工程宜100%检验。对于高应变确定单桩承载力应有静载的对比资料。

### 9.3 现场监测

**9.3.1** 现场监测是指在工程施工及使用过程中对岩土体性状、周边环境、相邻建筑、地下管线设施所引起的变化而进行的现场观测工作，并视其变化规律和发展趋势，提出相应的防治措施，达到信息化施工的要求。高层建筑监测的内容有基坑工程监测、沉桩施工监测、地下水长期观测和建筑物沉降观测等。

**9.3.2** 现场监测的内容主要取决于工程性质及周围环境的状况。本条文列出了应布置现场监测的几种情况，基于岩土工程的理论计算还不十分精确，具半经验半理论特点，为保证工程安全，监测是非常必要的，既能根据监测数据指导施工，也为岩土工程的反演计算研究提供资料。

**9.3.3～9.3.5** 正式监测前应做的准备工作。

**9.3.6** 监测资料应及时整理，监测报表应及时提交有关方，以指导以后施工。当监测值达到或超过报警值时，应有醒目的标识，并及时报警。

**9.3.7～9.3.9** 包含了基坑监测、沉桩施工监测和地下水长期观测的基本内容，具体实施时应根据需要选择监测项目。

**9.3.10** 建筑物沉降观测应符合条文规定，未尽事项可按现行行业标准《建筑变形测量规程》JGJ/T 8的规定执行。关于沉降相对稳定标准：根据现行行业标准《建筑变形测量规程》JGJ/T 8，“一般观测工程，若沉降速度小于0.01～0.04mm/d，可认为已进入稳定阶段”；上海工程建设规范《上海地基基础设计规范》DBJ 08—11的规定“半年沉降量不超过2mm，并连续出现两次”；很多城市规定沉降相对稳定标准为沉降速度小于0.01mm/d，所以对高层建筑取日平均沉降速率0.01～0.02mm/d是合适的。

## 10 岩土工程勘察报告

### 10.1 一般规定

**10.1.1** 本条是对高层建筑岩土工程勘察报告总的要求，包括了四个方面，一是报告书要结合高层建筑的特点和各地区的主要岩土工程问题；二是对报告书的基本要求；三是强调报告书要因地制宜，突出重点，有工程针对性；四是说明文字报告与图表的关系。

**10.1.2** 本条是指通常的高层建筑岩土工程勘察报告书内容不能包括的特殊岩土工程问题（具体见10.2.12)，宜进行专门岩土工程勘察评价，提交专题咨询报告，咨询费用应另行计算。

**10.1.3** 勘察报告、术语、符号、计量单位等常被忽视，但实际上它们均是报告书中非常重要的组成部分，直接影响报告书的质量，均应符合国家有关标准的规定。

### 10.2 勘察报告主要内容和要求

**10.2.1** 本条提出高层建筑初步勘察报告书的要求，报告书内容应回答建筑场地稳定性和建筑适宜性，高层建筑总平面图，选择地基基础类型，防治不良地质现象等问题，并满足高层建筑初步设计要求。

**10.2.2** 本条提出了高层建筑详细勘察报告书的服务对象，指出了详细勘察的报告书应解决高层建筑地基基础设计与施工中的主要问题。

**10.2.3** 本条强调了高层建筑岩土工程详细勘察报告与一般建筑详细勘察报告相比应突出的七方面内容，包括拟建高层建筑的基本情况、场地及地基的稳定性与地震效应、天然地基、桩基、复合地基、地下水、基坑工程等。

**10.2.4** 高层建筑场地稳定性及不良地质作用的发育情况，如果已做过初勘并有结论，则在详勘中应结合工程的平面布置，评价其对工程的影响；如果没有进行初勘，则应在分析场地地形、地貌与环境地质条件的基础上进行具体评价，并作出结论。

**10.2.5** 详勘报告应明确而清楚地论述地基土层的分布规律，对地基土的物理力学性质参数及工程特性进行定性、定量评价，岩土参数的分析和选用应符合有关国家标准。

**10.2.6** 由于地下水在高层建筑设计中的作用和影响日益受到重视，因此在传统的查明水文地质条件和参数的前提下，本次修订还要求报告书对地下水抗浮设防水位、地下水对基础及边坡的不良影响，以及对地基基础施工的影响进行分析和评价。

**10.2.7** 详勘报告书对天然地基方案的分析，首先应着眼于对地基持力层和下卧层的评价，在归纳了勘察成果及工程条件的基础上，提出地基承载力和沉降计算所需的有关参数供设计使用。

**10.2.8** 详勘报告对桩基方案的分析，首先应着眼于桩型及桩端持力层（桩长）的建议，提出桩基承载力和桩基沉降计算的有关参数供设计使用，对各种可能方案进行比选，推荐最佳方案。

**10.2.9** 详勘报告对复合地基方案的分析，应在分析建筑物要求及地基条件的基础上提出可能的复合地基加固方案，确定加固深度，提出相关设计计算参数。

**10.2.10** 勘察报告要求，宜根据基坑规模及场地条件提出供设计计算使用的基坑各侧壁地质模型的建议，并建议基坑工程安全等级和支护方案。对地下水位高于基坑底面的基坑工程，还宜提出地下水控制方案的建议。

**10.2.12** 对高层建筑建设中遇到的一些特殊岩土工程问题，勘察期间高层建筑勘察有时难以解决，这些特殊问题主要包括：查明与工程有关的性质或规模不明的活动断裂及地裂缝、高边坡、地下采空区等不良作用，复杂水文地质条件下水文地质参数的确定或水文地质设计，特殊条件下的地下水动态分析及地下室抗浮设计，工程要求时的上部结构、地基与基础共同作用分析，地基基础方案优化分析及论证，地震时程分析及有关设计重要参数的最终检测、核定等等。针对这些问题要单独进行专门的勘察测试或技术咨询，并单独提出专门的勘察测试或咨询报告。

## 10.3 图表及附件

**10.3.1** 勘察报告所附图件应与报告书内容紧密结合，具体分两个层次，首先是每份勘察报告书都应附的图件及附件主要有四种，本次修订增加了"岩土工程勘察任务书"的附件，它是勘察工作的主要依据之一；另一个层次是根据场地工程地质条件或工程分析需要而宜绘制的图件，这是本次修订增加的内容，它是根据不同场地及工程的情况来选择，条文只列出四种，实际工作还可以选择和补充。

**10.3.2** 勘察报告所附表格和曲线，一方面要全面反映勘察过程中测试和试验的结果，另一个方面要为岩土工程分析评价和地基基础设计计算提供数据。条文也只列了四种，实际工作也可以进行选择和补充。

# 附录E 大直径桩端阻力载荷试验要点

**E.0.1** 本附录是按原规程JGJ 72—90的"深井载荷试验要点"修订而成。制定本要点的目的是为测求大直径桩（包括扩底桩）的极限端阻力，以作为设计确定端阻力特征值的基础，不包括确定"埋深等于或大于3m的深部地基土的承载力"。为了不与现行国家标准《建筑地基基础设计规范》GB 50007和《岩土工程勘察规范》GB 50021中的"浅层平板载荷试验要点"和"深层平板载荷试验"产生矛盾和重复，将原规程JGJ 72—90中的"深井载荷试验要点"改为现名。

一般认为，载荷试验在各种原位测试中是最为可靠的，并以此作为其他原位测试和试验结果的对比依据。但这一认识的正确性是有前提条件的，即基础影响深度范围内的土层变化应均一。实际地基土层往往是非均质土或多层土，当土层变化复杂时，荷载试验反映的承压板影响范围内地基土的性状与实际基础下地基土的性状将有很大的差异。故在进行载荷试验时，对尺寸效应要有足够的认识。

**E.0.2** 考虑到大直径桩的定义是 $d \geqslant 0.8$m的桩，故将原规程JGJ 72—90规定的承压板直径798mm改为0.8m。

**E.0.3** 本试验装置的设置原则是为模拟大直径桩的实际受力状态，要求试井直径等于承压板直径，当试井直径大于承压板直径时，紧靠承压板周围土层高度不应小于0.8m，以尽量保持承压板和荷载作用于半无限体内部的受力状态。加载时宜直接测量承压板的沉降，以避免加载装置变形的影响。

**E.0.7** 终止加载条件中的第1款判定极限端阻力的沉降量标准，原规程JGJ 72—90和现行国家标准《建筑地基基础设计规范》GB 50007均规定为 $0.04d$。但考虑到对有些相对较软、沉降量较大的岩土，此限值可能较小，参照现行国家标准《岩土工程勘察规范》GB 50021的规定，改为 $(0.04 \sim 0.06)d$。另根据现行行业标准《建筑桩基技术规范》JGJ 94对大直径桩的规定为 $(0.03 \sim 0.06)D$（$D$ 为桩端直径，大桩径取低值，小桩径取高值），而本试验要点规定的承压板直径为800mm，是大直径桩中的最小桩径，故增加其范围值为0.06。

**E.0.9** 本条第3款，原规程JGJ 72—90规定，当 $p$-$s$ 曲线上无明显拐点时，可取 $s=(0.005 \sim 0.01)d$ 所对应的 $p$ 值，现参照现行国家标准《岩土工程勘察规范》GB 50021和一些实测资料修改为 $s=(0.008 \sim 0.015)d$。

# 附录F 用原位测试参数估算群桩基础最终沉降量

**F.0.1** 本条规定了用原位测试参数按经验关系换算土的压缩模量后，直接用原位测试参数估算群桩基础最终沉降量方法的适用范围和适用条件，尤其是在本条第5款中明确了用本附录的有关公式计算沉降时，应与本地区实测沉降进行统计对比和验证，确定合理的经验系数。

**F.0.2** 对无法或难以采取原状土样的土层，如砂土、深部粉土和黏性土等，可根据原位测试成果按规程中表F.0.2经验公式确定压缩模量 $E_s$ 值。

对砂土和粉土，主要依据旁压试验 $E_m$ 与单桥静力触探比贯入阻力 $p_s$、标准贯入试验 $N$ 值建立相应统计关系（近一百项工程数据），如图18～图19所示。

由图可见，$E_m$ 与 $p_s$、$N$ 值有良好的线性关系（相关系数分别为0.83和0.96），由 $E_s$ 与 $E_m$ 相关关

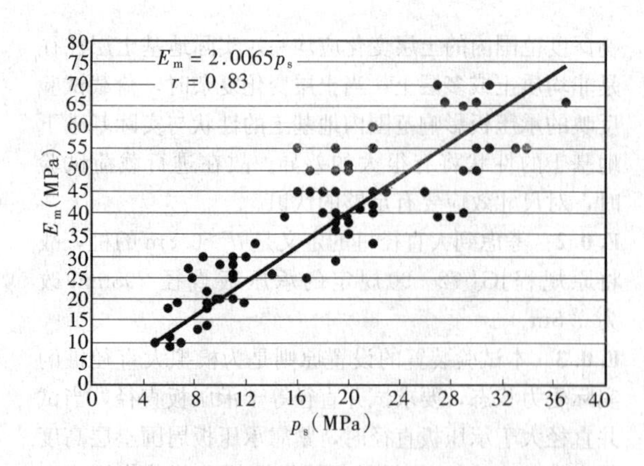


图 18 旁压试验模量与静探比贯入阻力 $p_s$ 关系图

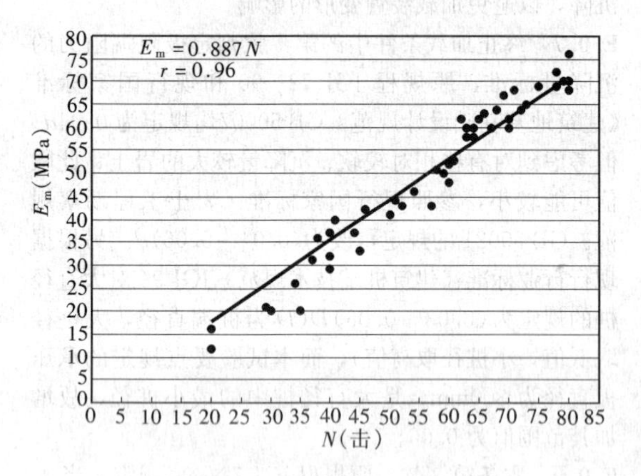


图 19 旁压试验模量与标准贯入试验击数 $N$ 关系图

系[即 $E_s=(1.5\sim2.0)E_m$]，可得到 $E_s=(3\sim4)p_s$ 或 $E_s=(1.33\sim1.77)N$，与目前勘察单位已使用经验公式基本一致，故表中对于砂质粉土和粉细砂采用经验公式 $E_s=(3\sim4)p_s$ 或 $E_s=(1.00\sim1.20)N$。

对深部黏性土，通过 $p_s$ 值与室内试验 $E_s$ 值建立相应经验关系见图 20（约一百项工程数据）。

由图可见，$E_s$ 与 $p_s$ 值存在较好的相关性（相关系数约为 0.86），考虑安全储备，对统计公式进行适

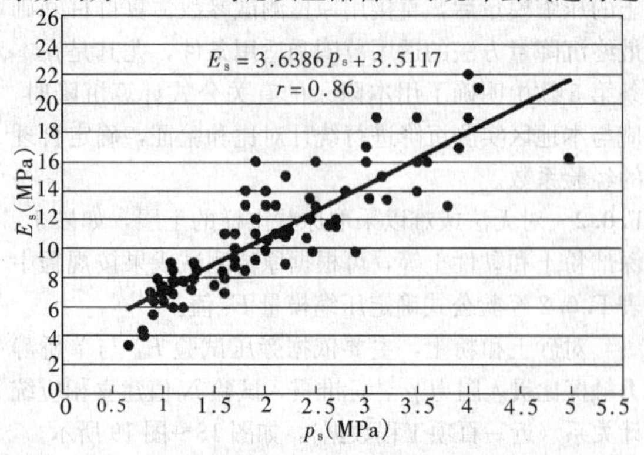


图 20 压缩模量 $E_s$ 与静探比贯入阻力 $p_s$ 关系图

当折减（乘 0.9 系数），求得经验公式 $E_s=3.3p_s+3.2$。

**F.0.3～F.0.4** 关于桩基最终沉降量估算及其计算指标。在详勘阶段，一般可采用实体深基础方法估算，如有详细荷载分布图和桩位图，可采用 Mindlin 应力分布解的单向压缩分层总和法估算。但通过大量工程沉降实测资料统计，其估算值精度仍不够理想，造成上述方法计算精度不高的原因有：

**1** 没有考虑桩侧土的作用，即沿桩身的压力扩散角，而实际上即便在软土地区，如上海浅层软土的内摩角已很小，但或多或少存在着一定的桩身摩擦力，且随桩的深度增加，土质渐变硬，摩擦力也增大。目前由于施工技术有了很大的提高，沉桩设备能量大的柴油锤已达 D100，液压锤已有 30t，静压桩设备最大压力已达 900t，与十多年前情况完全不同，一般高层建筑物或超高层建筑物均穿过较硬黏性土、中密的砂土甚至穿过厚层粉细砂。这样导致计算所得的作用在实体深基础底面（即桩端平面处）的有效附加压力偏大，相应地桩端平面处以下土中的有效附加压力也偏大。

**2** 在计算桩端平面处以下土中的有效附加压力时，采用了弹性理论中的 Mindlin 或 Boussinesq 应力分布解，与土性无关（土层的软弱、土颗粒的粗细等）可能使实际土体中的应力与计算值不相符，也导致计算应力偏小或偏大，在软黏性土和密实砂土中尤为突出。

**3** 确定地基土的压缩模量是一个关键性的问题。据目前的勘察水平，深层地基土的压缩模量很难正确确定，因为不扰土样的采取受到很大的限制，特别是粉土、砂土扰动程度更大，导致地基土的压缩模量偏小或失真。

**4** 对沿海地区深层黏性土由于具有较长的地质年代，一般具有超压密性（$OCR>1$），尤其是地质时代属 $Q_3$ 的黏性土，据一些工程试验数据，由于取土扰动，使 $OCR$ 明显偏小。

如不考虑这些因素，势必造成沉降量估算值偏大。为提高桩基沉降估算精度，桩基沉降估算经验系数应根据类似工程条件下沉降观测资料和经验确定；计算参数（如 $E_s$）宜通过原位测试方法取得或通过建立经验公式求得；当有工程经验时，可采用国际上通用的旁压试验等原位测试方法估算桩基沉降量，本次修订工作收集的上海地区近 150 项工程的沉降实测资料，在进行计算值与实测值的对比、分析、统计后，使计算值与实测值较为接近，提出采用原位测试成果计算桩基沉降量方法，在使用时应注意其经验性和适用条件。

本规程修订中推荐了两种方法，第一种按实体深基础假定的分层总和法（$s=\eta\Psi_{s1}\Psi_{s2}\Sigma P_{oi}h_i/E_{si}$），通过对桩端入土深度、桩侧土性和桩端土性修正，以提

高桩基的计算精度。

本规程所提出的计算方法与实测值比较结果见图21和22。

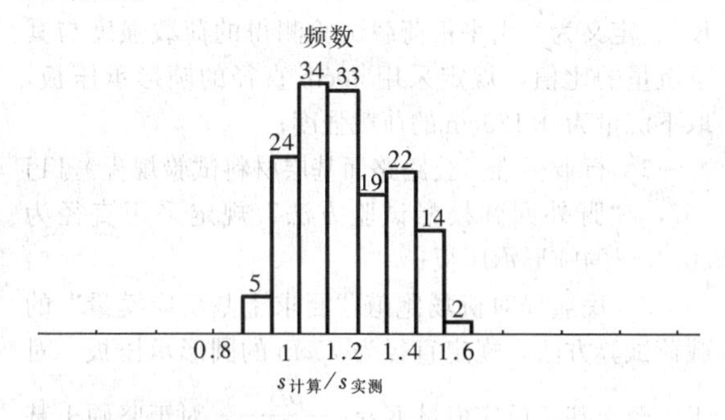


图21 沉降量计算值与实测值之比频图

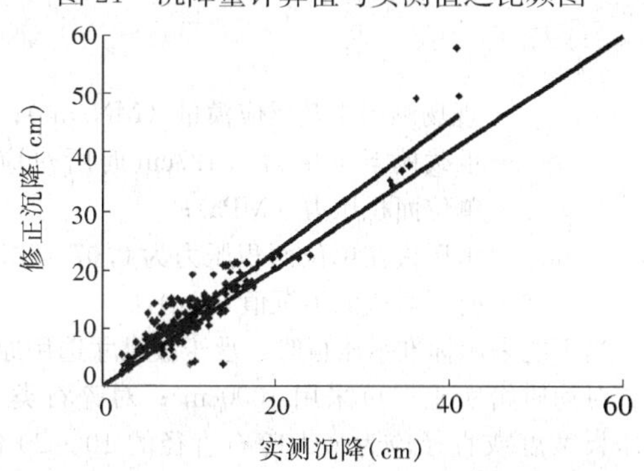


图22 沉降量计算值与实测值散点图

由图可见，一般情况下，按建议方法计算的沉降量大于实测值，其平均值为1.2，变异系数为14%，计算值与实测值比值在0.9～1.3区间占到75%，其计算精度能满足工程设计要求。

但必须说明：本次修订工作所收集的近150项工程的沉降实测资料主要分布在上海地区，尚需全国其他地区的资料加以验证和补充。

第二种方法是采用静力触探试验或标准贯入试验方法估算桩基础最终沉降量。根据专题报告，收集上海地区120幢建筑物工程资料及其地质资料进行分析，按建议方法计算，与实测沉降比较如图23，相对误差频数分布如图24。

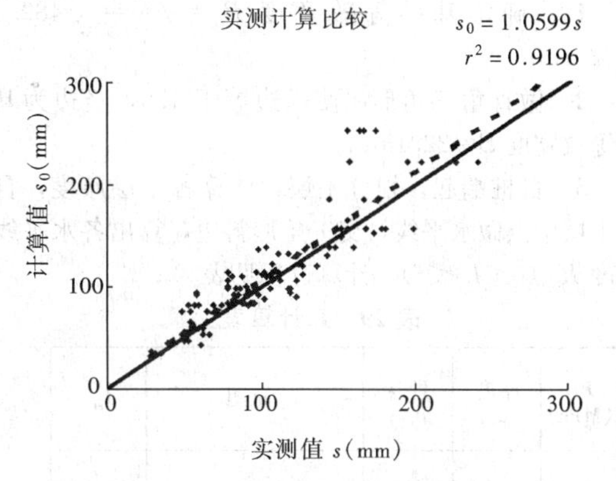


图23 静力触探试验参数经验法计算与实测比较

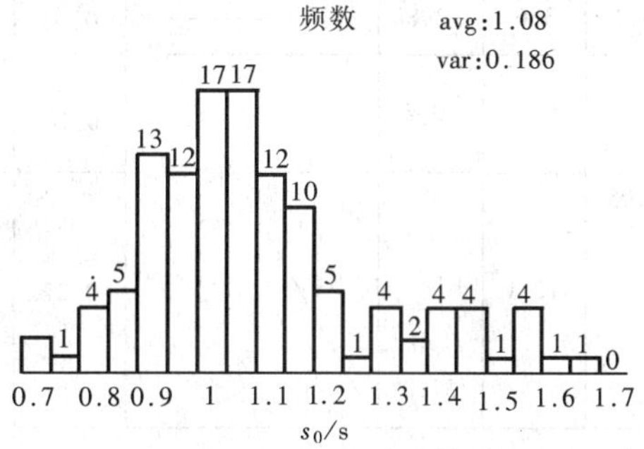


图24 静力触探试验参数经验法相对误差频数分布

从图中可见，计算值与实测值比值平均值为1.08，标准偏差为0.19，偏于保守，按截距为0进行拟合的相对误差为6%（$r^2=0.92$）。相对误差在20%以内的有96项，占总数（120项）的80%。由此可见，静力触探方法计算简单，概念明确，计算精度能满足设计要求。

附工程计算实例：

某工程有三幢20层高层建筑，基础为半地下室加短桩，埋深1.7m，平面面积为489.3m²，箱基底板梁轴线下布置183根0.4×0.4×7.5钢筋混凝土预制桩，场地地质情况如图25。

按本方法计算沉降的步骤如下：

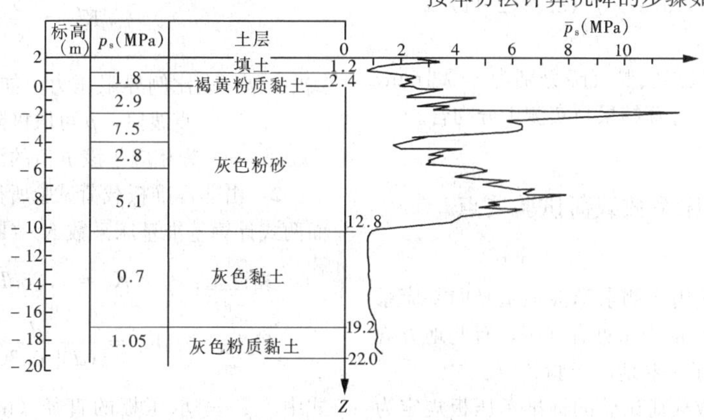


图25 场地地质情况

1　确定基础等效宽度 $B=\sqrt{A}=\sqrt{489.3}$ $=22.1\text{m}$；

2　做直角三角形，使横边等于 1.0，竖边为基础等效宽度 $B=22.1\text{m}$；

3　自桩端起，划分土层，计算各土层厚度，自各土层中点做水平线，交三角形斜边，算出各水平线长度 $I_{si}$（$0<I_{si}<1$），计算过程见表 29；

**表 29　$I_{si}$ 计算表**

| $p_{si}$ (MPa) | 厚度 (m) | 埋深 (m) | 简图 | $I_{si}$ |
|---|---|---|---|---|
| | | 9.2 | | 1.0 |
| 5.1 | 3.6 | 12.8 | | 0.92 |
| 0.7 | 6.4 | 19.2 | | 0.70 |
| 1.05 | 12.1 | 31.3 | | 0.27 |

4　按下式计算 $\overline{p}_s$：

$$\overline{p}_s=\sum_{i=1}^{n}p_{si}I_{si}h_i/\left(\frac{1}{2}B\right)$$
$$=(5.1\times0.92\times3.6+0.7\times0.7\times6.4+1.05\times0.27\times12.1)/(0.5\times22.1)$$
$$=2.11(\text{MPa})；$$

5　按式（F.0.4－1）计算最终沉降

取桩端有效附加应力 $p_0=20\times15=300\text{kPa}$，桩端地基土有效自重应力 $p_{cz}=8.5\times9.2=78.2\text{kPa}$，桩端入土深度修正系数 $\eta=1-0.5p_{cz}/p_0=1-0.5\times78.2/300=0.87>0.3$；

最终沉降

$$s=\Psi_s\frac{p_0}{2}B\eta/(3.3\overline{p}_s)=1.0\times300/2\times22.1\times0.87)/(3.3\times2.11)$$
$$=414\text{mm}$$

该工程三幢高层最终实测沉降分别为 363.1mm，410.6mm，419.1mm，计算结果与实测十分吻合。

## 附录 H　基床系数载荷试验要点

**H.0.1**　本试验要点适用于测求弹性地基竖向基床系数。对侧向基床系数目前尚未见有规定，有些地方规范（如上海）仅提供了一些地区经验数值。

**H.0.5**　用于基床系数载荷试验的标准承压板规定为圆形，其直径为 0.30m 是基于以下各点：

1　行业标准《铁路路基设计规范》TB 10001 规定了相当于本规程基床系数的载荷试验方法，它命名为地基系数（Subgrade reaction coefficient）、符号为 $K_{30}$、定义为：由平板荷载试验测得的荷载强度与其下沉量的比值，规定采用 30cm 直径的圆形承压板，取下沉量为 0.125cm 的荷载强度；

2　行业标准《公路路面基层材料试验规程》JTJ 057，“野外回弹模量试验方法”规定采用直径为 30.4cm 的圆形承压板；

3　民航局对机场跑道“测求土基反应模量”的载荷试验方法，规定直径为 75cm 的圆形承压板，对于一般土基，反应模量 $K_u=\dfrac{pB}{0.00127}$，对于坚硬土基 $K_u=\dfrac{7.00}{l_B}$；

式中　$K_u$——现场测得土基反应模量（$\text{MN/m}^3$）；

$p$——承载板下沉量为 0.127cm 时所对应的单位面积压力（MPa）；

$l_B$——承压板在单位面积压力为 0.07（MPa）时所对应的下沉值（cm）。

当不能采用标准承压板时，承压板尺寸选用原则为：对均质密实土层可采用 $1000\text{cm}^2$；对碎石类土，承压板宽度或直径应为最大碎石直径的 10～20 倍；对新近沉积土和填土等不均匀土，承压板面积不宜小于 $5000\text{cm}^2$；一般土宜用 $2500\sim5000\text{cm}^2$ 的承压板面积。

**H.0.7**　按式（H.0.7-1）计算的基准基床反力系数 $K_v$ 一般不能直接用于计算，应作修正，一般按太沙基（Terzaghi，1955）建议的方法进行基础尺寸和形状的修正。对于砂性土地基，载荷试验得出基床反力系数仅需进行基础尺寸修正；对于黏性土地基，则需进行基础尺寸和基础形状两项修正。

采用非标准承压板时，必须将试验结果修正为基准基床反力系数 $K_v$（$\text{kN/m}^3$），具体修正方法如下：

1　根据非标准板载荷试验 $p$-$s$ 曲线，按下式计算载荷试验基床系数 $K'_v$（$\text{kN/m}^3$）：

$$K'_v=\frac{p}{s}\tag{23}$$

式中　$p$——比例界限压力；如 $p$-$s$ 关系曲线无初始直线段，$p$ 可取极限荷载之半（kPa）；

$s$——为相应于该 $p$ 值的沉降量（m）。

2　由非标准板载荷试验所得基床系数 $K'_v$，按下面两式计算基准基床系数 $K_v$（$\text{kN/m}^3$）：

黏性土：　$$K_v=3.28dK'_v\tag{24}$$

砂土：　$$K_v=\frac{4d^2}{(d+0.30)^2}K'_v\tag{25}$$

式中　$d$——承压板的直径（m），当为方形承压板时，按其面积换算为等代直径。

## 为本规程提供意见和资料的单位

单位：（排名不分顺序）
港新工程建筑有限公司（香港）
机械工业第十一设计研究院
北京煤炭设计研究院
建设部标准定额研究所
北京市勘察设计研究院
中船勘察设计研究院
西北综合勘察设计研究院
辽宁省建筑设计研究院
中国有色金属工业西安勘察设计研究院
铁道部第三勘测设计院地质路基设计处
中国建筑西北设计研究院
机械工业勘察设计研究院
安徽省建筑工程勘察院
中兵勘察设计研究院
中元国际工程设计研究院
同济大学
上海岩土工程勘察设计研究院
中国建筑科学研究院
建设综合勘察研究设计院
天津市勘察院
中航勘察设计研究院
机械工业第三勘察研究院
中国建筑科学研究院地基基础研究所
深圳市勘察研究院
机械工业第四设计研究院勘察分院
广东省工程勘察院
核工业部第四勘察院
中国建筑西南勘察研究院
浙江省综合勘察研究院
江苏省工程勘测研究院
国家电力公司华东电力设计院
国家电力公司中南勘测设计研究院
云南省设计院勘察分院
江西省电力设计院勘测室
煤炭工业部武汉设计研究院
石家庄市勘察测绘设计研究院
杭州市勘测设计研究院
中国市政工程西北设计研究院勘察分院
广东省电力设计研究院
北京市建筑设计研究院
西安建筑科技大学土木工程学院
机械工业第六设计研究院
冶金工业部勘察研究总院
机械工业第五设计研究院
新疆综合勘察设计院
深圳市勘察测绘院
重庆市设计院
贵州省建筑设计研究院工程勘察院

参与审阅本规程的专家（以姓氏笔画为序）：

王钟琦　王允锷　王建成　卞昭庆　邓文龙　李登敏
李亚民　刘明振　刘官熙　刘金砺　张苏民　张在明
张文龙　张政治　沈励操　周　红　杨俊峰　吴永红
林在贯　林立岩　林颂恩　罗祖亮　钟龙辉　查松亭
项　勃　胡连文　高大钊　莫群欢　钱力航　顾宝和
翁鹿年　黄志仑　黄家愉　崔鼎九　温国炫　滕延京

中华人民共和国行业标准

# 软土地区岩土工程勘察规程

Specification for geotechnical investigation in soft clay area

**JGJ 83—2011**

批准部门：中华人民共和国住房和城乡建设部
施行日期：2 0 1 1 年 1 2 月 1 日

# 中华人民共和国住房和城乡建设部
# 公　　告

## 第998号

### 关于发布行业标准《软土地区岩土工程勘察规程》的公告

现批准《软土地区岩土工程勘察规程》为行业标准，编号为JGJ 83－2011，自2011年12月1日起实施。其中，第5.0.5条为强制性条文，必须严格执行。原行业标准《软土地区工程地质勘察规程》JGJ 83－91同时废止。

本标准由我部标准定额研究所组织中国建筑工业出版社出版发行。

**中华人民共和国住房和城乡建设部**

2011年4月22日

## 前　　言

根据原建设部《关于印发〈二〇〇二～二〇〇三年度工程建设城建、建工行业标准制订、修订计划〉的通知》（建标［2003］104号）的要求，编制组经广泛调查研究，认真总结实践经验，参考有关国际标准和国外先进标准，并在广泛征求意见的基础上，修订了本规程。

本规程的主要技术内容是：1. 总则；2. 术语和符号；3. 基本规定；4. 测绘调查、勘探和测试；5. 地下水；6. 场地和地基的地震效应；7. 天然地基勘察；8. 地基处理勘察；9. 桩基工程勘察；10. 基坑工程勘察；11. 勘察成果报告。

本规程修订的主要技术内容是：1. 将原规范由8章调整为11章；2. 增加了"术语和符号"；3. 岩土工程勘察基本要求中明确了软土勘察等级，初步勘察的勘探线、勘探点间距和初步勘察的勘探孔深度；4. 修订了"调查、勘探和测试"一章，强调软土地区应加强原位测试工作，规定了原位测试的试验项目、测定参数、主要试验目的；5. 修订了"地下水"一章，增加了"现场勘察时地下水测量要求"和"抗浮设防水位确定"内容；6. 修订了"强震区场地和地基"一章，增加了"软土地区地震效应勘察内容"和"当设防烈度等于或大于7度时，对厚层软土分布区软土震陷可能性的判别"内容；7. 增加了"天然地基勘察"一章；8. 增加了"地基处理勘察"一章；9. 修订了"桩基工程勘察"一章，增加了"单桩极限承载力根据地区经验按土的埋深和物理力学指标进行计算"的内容和"附录E　单桩竖向承载力的经验公式"；10. 增加了"基坑工程勘察"一章；11. 增加了"岩土工程勘察成果报告"一章。

本规程中以黑体字标志的条文为强制性条文，必须严格执行。

本由住房和城乡建设部负责管理和对强制性条文的解释，由中国建筑科学研究院负责具体技术内容的解释。执行过程中如有意见或建议，请寄送中国建筑科学研究院（地址：北京市北三环东路30号，邮政编码100013）。

本 规 程 主 编 单 位：中国建筑科学研究院

本 规 程 参 编 单 位：上海市岩土工程勘察设计研究院
南京市测绘勘察研究院有限公司
天津市勘察院
中航勘察设计研究院
北京市勘察设计研究院
深圳市勘察研究院有限公司
福建省建筑设计研究院

本规程主要起草人员：李显忠（以下按姓氏笔画排列）
邓文龙　吴永红　李　峰
杨俊峰　陈希泉　林胜天
周宏磊　顾国荣　樊有维
滕延京

本规程主要审查人员：方鸿琪　王静霞　宋二祥
姜建军　阎德刚　金　淮
周与诚　汪一帆　张效军

# 目　次

# Contents

# 1 总 则

**1.0.1** 为在软土地区岩土工程勘察中贯彻国家的技术经济政策，做到安全适用、技术先进、经济合理、确保质量、保护环境，制定本规程。

**1.0.2** 本规程适用于软土地区的建筑场地和地基的岩土工程勘察。

**1.0.3** 软土地区岩土工程勘察，应做到体现软土地区的特点、重视地区经验、广泛搜集资料、详细了解建设和设计要求，精心勘察、精心分析，并应提出资料完整、真实准确、评价正确的勘察报告。

**1.0.4** 对于重要的建筑物和有特殊要求的软土地基或对环境有影响的工程，在施工及使用过程中，宜根据工程建设的需要进行监测。

**1.0.5** 软土地区岩土工程勘察除应符合本规程外，尚应符合国家现行有关标准的规定。

# 2 术语和符号

## 2.1 术 语

**2.1.1** 软土 soft clay

天然孔隙比大于或等于1.0、天然含水量大于液限、具有高压缩性、低强度，高灵敏度、低透水性和高流变性，且在较大地震力作用下可能出现震陷的细粒土，包括淤泥、淤泥质土、泥炭、泥炭质土等。

**2.1.2** 薄壁取土器 thin wall sampler

内径为75mm～100mm、面积比不大于10％（内间隙比为0）或面积比为10％～13％（内间隙比为0.5～1.0）的无衬管取土器。

**2.1.3** 灵敏度 sensitivity

原状黏性土与其含水率不变时的重塑土的强度比值。

**2.1.4** 流变性 rheological property

软土在长期荷载作用下，随时间增长发生的缓慢、长期的剪切变形，导致土的长期强度小于瞬间强度的性质。

**2.1.5** 触变性 thixotropy

黏性土受到扰动作用导致结构破坏、强度丧失，当扰动停止后，强度逐渐恢复的性质。

**2.1.6** 压缩层 compressed layer

地基沉降计算深度范围内土层的总称。

**2.1.7** 软土震陷 soft clay earthquake subsidence

由于地震引起软土软化而产生的地面或地基沉陷的现象。

**2.1.8** 地面沉降 ground subsidence，land subsidence

由于大范围过量抽汲地下水，引起地下水位下降，土层固结压密而造成的大面积地面下沉现象，或者由于大面积堆载而产生的地面下沉现象。

**2.1.9** 负摩阻力 negative skin friction，dragdown

桩身周围土的沉降大于桩身垂直向下的位移时，土对桩侧面所产生的向下摩擦力，其方向与正摩擦力相反。

**2.1.10** 抗浮设防水位 water level for prevention of up floating

地下建（构）筑物抗浮评价所需的、保证抗浮设防安全合理的场地地下水水位。

## 2.2 符 号

$A_p$——桩端面积；

$a$——压缩系数；

$a_{1-2}$——垂直压力为100kPa～200kPa时的压缩系数；

$b$——基础底面宽度；

$C_c$——压缩指数；

$C_h$——径向固结系数；

$C_s$——回弹指数；

$C_u$——十字板剪切强度；不排水抗剪强度；

$C_v$——垂直向固结系数；

$c$——黏聚力；

$d$——基础埋置深度或桩身直径；

$d_i$——第$i$层土层厚度；

$d_s$——静力触探试验点深度；

$d_w$——地下水位深度；

$E_m$——旁压模量；

$E_0$——土的变形模量；

$E_s$——土的压缩模量；

$e$——孔隙比；

$e_0$——天然孔隙比；

$F_{lei}$——液化强度比；

$f_a$——深宽修正后的地基承载力特征值；

$f_{ak}$——地基承载力特征值；

$f_r$——岩石饱和单轴极限抗压强度；

$f_s$——双桥静力触探侧壁摩阻力；

$H$——分层厚度；

$I_L$——液性指数；

$I_{lE}$——液化指数；

$I_P$——塑性指数；

$K$——安全系数；

$k$——渗透系数；

$L$——桩长度、分段桩长或基础长度；

$N$——标准贯入试验实测锤击数；

$N_{10}$——轻型圆锥动力触探试验实测锤击数；

$N_r$、$N_q$、$N_c$——地基承载力系数；

$N_{cr}$——液化判别标准贯入锤击数临界值；

$N_0$——液化判别标准贯入锤击数基准值；

$n$——土层分层数；

$p$——基底压力；

$p_c$——土的前期固结压力；

$p_0$——旁压试验初始压力；基底附加应力；

$p_L$——旁压试验极限压力；

$p_s$——单桥静力触探比贯入阻力；

$p_{sb}$——桩端附近的静力触探比贯入阻力平均值；

$p_{scr}$、$p_{s0}$——分别为比贯入阻力临界值和基准值；

$p_z$——土的有效自重压力；

$p_y$——旁压试验临塑压力；

$Q_u$——单桩竖向极限承载力；

$q_c$——双桥静力触探锥尖阻力；

$q_{ccr}$、$q_{c0}$——分别为锥尖阻力临界值和基准值；

$q_{pk}$——极限端阻力标准值；

$q_{sik}$——桩侧第 $i$ 层土的极限侧阻力标准值；

$q_{sis}$——桩侧土的极限侧阻力；

$q_u$——无侧限抗压强度；

$R_a$——单桩竖向承载力特征值；

$R_f$——静力触探摩阻比；

$S_c$——地基土固结沉降量；

$S_r$——饱和度；

$S_t$——灵敏度；

$s$——基础沉降量，载荷试验沉降量；

$u$——桩身周长；

$v_{se}$——土层等效剪切波波速；

$w$——含水率；

$w_P$——塑限；

$w_L$——液限；

$w_i$——第 $i$ 测点的层位影响权函数值；

$z_n$——沉降计算深度；

$\alpha_b$——桩端阻力修正系数；

$\beta$——桩周土侧阻力修正系数；

$\eta_d$、$\eta_b$——基础埋深和宽度的地基承载力特征值修正系数；

$\gamma$——土的重度；

$\gamma_0$——基础底面以上土的重度；

$\varphi$——内摩擦角；

$\rho_c$——黏粒含量百分率；

$\psi_s$——沉降计算经验系数；

$\mu$——土的泊松比；

$K_{20}$——标准温度（20℃）时试样的渗透系数。

# 3 基本规定

## 3.1 一般规定

**3.1.1** 按工程性质结合自然地质地理环境，可将我国划分为三个软土分布区，且沿秦岭走向向东至连云港以北的海边一线，作为Ⅰ、Ⅱ地区的界线，沿苗岭、南岭走向向东至莆田的海边一线，作为Ⅱ、Ⅲ地区的界线。中国软土主要分布地区的工程地质区划略图见附录A。中国软土主要分布地区软土的工程地质特征应符合本规程附录B的规定。

**3.1.2** 软土地区岩土工程勘察可划分为初步勘察阶段和详细勘察阶段，当工程需要时，应增加施工勘察阶段。

**3.1.3** 对大型厂址、重点工程，宜按可行性研究勘察、初步勘察、详细勘察和施工勘察四个阶段进行勘察；对于一般建筑，当其建筑性质和总平面位置已经确定时，可仅进行详细勘察。

## 3.2 勘察等级

**3.2.1** 软土地区岩土工程的勘察等级可按工程重要性等级、软土场地和地基的复杂程度划分为甲、乙、丙三级。

**3.2.2** 工程重要性等级的划分应符合现行国家标准《岩土工程勘察规范》GB 50021的规定。

**3.2.3** 软土场地和地基的复杂程度应根据下列规定划分为复杂、中等和简单三个等级：

**1** 符合下列条件之一者为复杂场地和地基：

**1）** 场地地层分布不稳定，交交互层复杂；

**2）** 土质变化大，场地处于不同的工程地质单元，地基主要受力层内硬层和基岩面起伏大；

**3）** 抗震设防烈度大于或等于7度，存在可液化土层，发生过较大的软土震陷；

**4）** 地形起伏较大，微地貌单元较多，不良地质作用发育，地下水对地基基础有不良影响；

**5）** 场地受污染，地下水（土）对基础结构材料具有强腐蚀性；

**6）** 暗塘、暗沟较多，分布复杂，填土很厚且工程性质很差；

**7）** 场地地质环境或周边环境条件复杂。

**2** 符合下列条件之一者为中等复杂场地和地基：

**1）** 场地地层分布不稳定，交互层较为复杂；

**2）** 土质变化较大，地基主要受力层内硬层和基岩面起伏较大；

**3）** 地形微起伏，地貌单元较单一；

**4）** 不良地质作用较发育；

5）地下水对地基基础可能有不良影响；

6）暗塘、暗沟较少；

7）场地地质环境或周边环境条件较复杂。

3 符合下列条件之一者为简单场地和地基：

1）场地地层稳定，交互层简单，持力层的层面平缓；

2）土质变化较小，地基条件简单；

3）无不良地质作用；

4）地形平坦，地貌单元单一；

5）地下水对地基基础无不良地质影响；

6）无暗塘、暗沟；

7）场地地质环境或周边环境条件简单。

**3.2.4** 根据工程重要性等级、场地和地基的复杂程度，软土地区勘察等级应按表3.2.4的规定划分。

**表3.2.4 软土地区勘察等级**

| 工程重要性等级 / 场地和地基复杂程度 | 一级 | 二级 | 三级 |
| --- | --- | --- | --- |
| 复杂 | 甲级 | 甲级 | 甲级 |
| 中等复杂 | 甲级 | 乙级 | 乙级 |
| 简单 | 甲级 | 乙级 | 丙级 |

## 3.3 可行性研究勘察

**3.3.1** 可行性研究勘察，应对拟选场址的稳定性和适宜性作出评价，并应为城镇规划、场址选择、建设项目的技术经济方案比选提供可行性研究的依据。

**3.3.2** 可行性研究勘察阶段应进行下列工作：

1 搜集区域地质、地形地貌、水文地质、地震、冻土和当地的工程地质、水文地质、岩土工程治理和建筑经验等资料；

2 进行现场踏勘、调查，了解场地的地形、地貌、地层、土质、不良地质作用和地下水等条件；

3 当拟建场地工程地质条件复杂，已有资料不能满足要求时，应针对具体情况和工程需要，增加工程地质调查、测绘和钻探、测试、试验工作；

4 调查有无洪水和海潮威胁或地下水的不良影响、地下有无未开采的矿藏和文物；

5 初步评价场地和地基的地震效应；

6 调查当地软土地基治理的工程经验；

7 对建设场地稳定性进行评价；

8 对工程建设的适宜性进行评价。

## 3.4 初步勘察

**3.4.1** 初步勘察阶段，应对场地内各建筑地段的稳定性作出评价，并应为确定建筑总平面布置、主要建筑物地基基础方案及对不良地质作用的防治提供工程地质资料和依据。

**3.4.2** 初步勘察应在搜集分析已有资料或进行工程地质调查与测绘的基础上进行。

**3.4.3** 初步勘察前应取得下列资料：

1 建筑场地范围的地形图，其比例尺以1：500～1：2000为宜；

2 已有地质资料和建筑经验；

3 场地范围内地下管线的现状；

4 有关工程的性质、规模和规划布局的初步设想等。

**3.4.4** 初步勘察阶段应进行下列工作：

1 初步查明场地的地层结构、年代、成因，软土的分布范围、横向和纵向分布特征，土层的基本物理力学性质；

2 初步查明地表硬壳层的分布与厚度，下伏硬土层和浅埋基岩的埋藏条件与起伏；

3 初步查明场地微地貌的形态，暗埋的古河道、塘、浜、沟、坑、穴等的分布范围；

4 初步查明场区的不良地质作用发育特征，对场地稳定性的影响程度及发展趋势；

5 对抗震设防烈度等于或大于6度的地区，划分对建筑抗震有利、不利或危险的地段，判定场地的地震效应；

6 初步查明场地水文地质条件及冻结深度；

7 初步分析评价地质环境对建筑场地的影响；

8 对建设场地稳定性进行评价；

9 初步评价工程适宜性，为合理确定建筑物总平面的布置，地基基础方案的选择、软土地基的治理以及不良地质作用的防治措施提供依据。

**3.4.5** 初步勘察的勘探点、线、网的布置应符合下列规定：

1 勘探线应垂直地貌单元边界线、地层界线，在海边的勘探线应垂直海岸线；

2 勘探点宜按勘探线布置，在每个地貌单元和地貌交接部位均应布置勘探点，在微地貌和地层变化较大地段应当加密；

3 在地形平坦地区，可按方格网布置勘探点；

4 应按规划主要建筑物的设想布置勘探点、线。

**3.4.6** 初步勘察的勘探线、勘探点间距可按表3.4.6的规定确定，局部异常地段应适当加密。控制性勘探点宜占勘探点总数的1/4～1/2，且每个地貌单元均应有控制性勘探点，每个主要建筑物地段应有控制性勘探孔。

**表3.4.6 初步勘察的勘探线、勘探点间距（m）**

| 场地地基复杂程度等级 | 勘探线间距 | 勘探点间距 |
| --- | --- | --- |
| 复杂 | 50～100 | 30～50 |
| 中等复杂 | 75～150 | 40～100 |
| 简单 | 150～300 | 75～200 |

注：表中间距不适用于地球物理勘探。

**3.4.7** 初步勘察勘探孔的深度，应根据结构特点和荷载条件按表 3.4.7 的规定确定，并应符合下列规定：

**1** 在预定深度内遇基岩时，控制性勘探孔应钻入基岩适当深度，其他勘探孔在进入基岩后，可终止钻进；

**2** 在预定深度内有厚度较大、且分布均匀的密实土层时，控制性勘探孔应达到规定深度，一般性勘探孔的深度可适当减少；

**3** 当预定深度内有软弱土层时，勘探孔深度应适当增加，部分控制性勘探孔宜穿透软弱土层。

**表 3.4.7 初步勘察勘探孔的深度**（m）

| 工程重要性等级 | 一般性勘探孔 | 控制性勘探孔 |
| --- | --- | --- |
| 一级（重要工程） | >30 | >50 |
| 二级（一般工程） | >20 | >30 |
| 三级（次要工程） | >10 | >20 |

注：勘探点包括钻孔、探井和原位测试孔。

**3.4.8** 初步勘察采取土试样和进行原位测试时应符合下列规定：

**1** 采取土试样和进行原位测试的勘探点应结合地貌单元、地层结构和土的工程性质进行布置，且其数量不应少于勘探点总数的 1/2；

**2** 采取土试样的数量和孔内原位测试的竖向间距，应按地层特点和土的均匀程度确定；每层土均应采取土试样或进行原位测试，且其数量不宜少于 6 个。

**3.4.9** 初步勘察的水文地质工作应符合下列规定：

**1** 应调查地下水的类型、与地表水的水力联系、补给和排泄条件，以及地下水位的变化幅度。需绘制地下水等水位线图时，应统一量测地下水位。

**2** 应采取有代表性的水试样进行腐蚀性评价，取样点位的数量不应少于 2 个，且在有污染源的地区宜增加取样点的数量。

## 3.5 详 细 勘 察

**3.5.1** 详细勘察阶段应按单体建筑物或建筑群提出详细的岩土工程资料和设计、施工所需的岩土参数，并应对建筑地基作出岩土工程评价，对地基类型、基础形式、地基处理、基坑支护、地下水控制和不良地质作用的防治等提出建议。

**3.5.2** 详细勘察前应搜集下列资料：

**1** 附有坐标及地形的建筑总平面布置图；

**2** 场地初步勘察报告或邻近地质资料；

**3** 建筑物的性质、规模、荷载、结构特点，室内外地面设计标高；

**4** 可能采取的基础形式、埋置深度，地基允许变形；

**5** 有特殊要求的地基基础设计和施工方案。

**3.5.3** 详细勘察阶段，应在初步勘察的基础上进行下列工作：

**1** 查明建筑物范围内的地层成因类型、结构、分布规律及其物理力学性质，软土的固结历史、水平向和垂直向的均匀性、结构破坏对强度和变形特征的影响，地表硬壳层的分布与厚度、下伏硬土层或基岩的埋深和起伏，分析和评价地基的稳定性、均匀性和承载力；

**2** 查明微地貌形态和暗埋的塘、浜、沟、坑、穴的分布、埋深，并查明回填土的工程性质、范围和填埋时间；

**3** 查明地下水的埋藏条件，提供地下水位及其变化幅度；

**4** 判定水和土对建筑材料的腐蚀性；

**5** 提供地基强度与变形计算参数，预测建筑物的变形特征和稳定性；

**6** 对抗震设防烈度等于或者大于 6 度的场地，提供勘察场地的抗震设防烈度、设计基本地震动加速度和设计地震分组，并划分场地类别，划分对抗震有利、不利或危险的地段；

**7** 提供深基坑开挖后，边坡稳定性计算、支护和降水设计所需的岩土参数，分析开挖、回填、支护、地下水控制、打桩、沉井等对软土应力状态、强度和压缩性的影响。

**3.5.4** 在详细勘察阶段采取土试样和进行原位测试时，应符合下列规定：

**1** 采取土试样和进行原位测试的勘探点数量，应根据地层结构、地基土的均匀性和设计要求确定，对地基基础设计等级为甲级的建筑物每栋不应少于 3 个；

**2** 每个场地每一主要土层的原状土试样或原位测试数据不应少于 6 件（组）；

**3** 在地基主要受力层内，对厚度大于 0.5m 的夹层或透镜体，应采取土试样或进行原位测试；

**4** 当土层性质不均匀时，应增加取土或原位测试的数量。

**3.5.5** 软土地区勘察宜采用钻探取样与静力触探结合的方法。软土取样应采用薄壁取土器，其规格应符合本规程附录 C 的规定。软土的力学参数宜采用静力触探试验、旁压试验、十字板剪切试验、扁铲侧胀试验和螺旋板载荷试验等方法获取。

**3.5.6** 软土的物理力学参数宜采用室内试验和原位测试方法，并结合当地经验加以确定。有条件时，可根据载荷试验、原型监测反分析确定。抗剪强度指标室内宜采用三轴试验，原位测试宜采用十字板剪切试验。压缩系数、先期固结压力、压缩指数、回弹指数、固结系数，可分别采用常规固结试验、高压固结试验等方法确定。

**3.5.7** 根据工程重要性等级和场地地基的复杂程度，

软土的岩土工程评价应包括下列内容：

1 判定地基产生失稳和不均匀变形的可能性；对位于池塘、河岸、边坡附近的工程，应评价其稳定性。

2 根据室内试验、原位测试和当地经验，并结合下列因素综合确定软土地基承载力：

1）软土成层条件、应力历史、结构性、灵敏度等力学特性和排水条件；

2）上部结构类型、刚度、荷载性质和分布，对不均匀沉降的敏感性；

3）基础的类型、尺寸、埋深和刚度等；

4）施工方法、加荷速率对软土性质的影响。

3 当建筑物相邻高低层荷载相差较大时，应分析其变形差异和相互影响；当地面有大面积堆载时，应分析对相邻建筑物的不利影响。

4 地基沉降计算可采用分层总和法或土的应力历史法，并应根据当地经验进行修正，必要时，应考虑软土的次固结效应。

5 提出基础形式和持力层的建议；对于上为硬层，下为软土的双层土地基，应进行下卧层验算。

### 3.6 施 工 勘 察

3.6.1 当遇到下列情况之一，应进行施工勘察：

1 基槽开挖和地基基础施工过程，地质条件有差异，并影响到地基基础的设计施工时；

2 对暗埋的塘、浜、沟、谷等的位置，需进一步查明及处理时；

3 在施工阶段，变更设计条件或设计施工需要时。

## 4 测绘调查、勘探和测试

### 4.1 一 般 规 定

4.1.1 工程地质测绘和调查的内容应根据勘察阶段和地形、地貌复杂程度综合确定，测绘和调查的成果应作为勘察纲要编制和岩土工程评价的基本资料。

4.1.2 钻探、取样、室内试验和原位测试的适用范围、仪器标准、方法和有关要求，应与软土地区工程特点相适应，并应符合现行国家标准《岩土工程勘察规范》GB 50021 和《土工试验方法标准》GB/T 50123 的规定。原位测试的仪器设备应定期检验和标定。

4.1.3 软土地区应加强原位测试工作。原位测试手段应根据岩土条件、设计对参数的要求和测试方法的适用性等因素选用。

4.1.4 原位测试应与钻探、取样、室内试验结合使用，成果的使用应考虑地区性和经验性，采用与地区经验相结合的原则确定岩土工程参数，进行岩土工程评价。

### 4.2 工程地质测绘和调查

4.2.1 工程地质测绘和调查宜包括下列内容：

1 土层的成因年代、埋藏条件、分布范围、应力历史等；

2 场地地形地貌特征和暗埋的塘、浜、沟、坑、故河道等的分布与埋深等；

3 地下水类型、补给来源、排泄条件、水位变化幅度及其与地表径流及潮汐的水力联系；

4 气象、水文、植被、土的标准冻结深度等；

5 场区的地震烈度、震害、地裂缝和软土震陷等；

6 拟建场地附近已建建筑物的变形和软土地基处理经验。

4.2.2 工程地质测绘和调查的范围，应包括拟建场地及其附近相关地段。

4.2.3 工程地质测绘和调查的比例尺宜符合下列规定：

1 可行性研究勘察可选用 1∶5000～1∶10000；

2 初步勘察可选用 1∶2000～1∶5000；

3 详细勘察可选用 1∶500～1∶1000；

4 条件复杂时，比例尺宜适当放大；

5 对工程有重要影响的地质单元体，宜采用扩大比例尺表示。

4.2.4 对于建筑地段地质界线的测绘精度，在图上的不应超过 3mm，其他地段不应超过 5mm。

4.2.5 测绘与调查的成果资料宜包括实际材料图、综合工程地质图、工程地质分区图、综合地质柱状图、工程地质剖面图以及各种素描图、照片和文字材料等。

### 4.3 钻探和取样

4.3.1 钻探应符合下列规定：

1 在黏性土中应采用空心螺纹提土器进行回转钻进，提土器上端应有排水孔，下端应有排水活门。对于粉土和砂土，当螺纹提土器取不上土样时，可采用泥浆钻进，必要时可采用岩芯管取芯钻进。

2 钻进过程中应防止缩孔或坍孔。

3 当成孔困难或需间歇施工时，应采取护壁措施。

4 钻进时，应准确测量尺寸，并应保证分层清楚，软土回次进尺不应大于 2.0m，粉性土回次进尺不应大于 1.5m，取芯率应大于 80%。当土的取芯率不能满足土的鉴别和分层要求时，可采用标准贯入器采取土样作土层鉴别。

4.3.2 钻探编录应符合下列规定：

1 记录应按钻进回次逐段填写记录表各栏内容，分层应另记，不得将若干回次合并记录和事后追记；

2 钻进过程中深度量测的允许偏差应为±0.05m；

3 编录内容除一般性要求外，尚应着重描述软土的状态、有机质和腐殖质含量、气味、含砂量（夹砂厚度），包含物、结构特征、钻进难易程度、提土情况等；

4 对于重要的工程或有特殊要求时，应选择有代表性钻孔分段留样，应详细描述土样结构或拍摄土芯照片，并应保存土芯样；

5 钻探结束后，次日应测量孔内地下水静止水位。

**4.3.3** 采取软土试样的质量以及所使用取土器，应根据工程要求、所需试样的质量等级确定，软塑～流塑状态的黏性土应采用薄壁取土器压入取土样。试样质量等级符合本规程附录C的规定。

**4.3.4** 在钻孔中采取Ⅰ～Ⅱ级土样时，应符合下列规定：

1 用泥浆钻进时，应保持孔内泥浆液面等于或稍高于地下水位；

2 采用回转方法钻进时，至取土位置前应减速钻进，且不得影响孔底土层；

3 孔底残留浮土厚度不得大于取土器上端废土段长度，进入取土器的土样总长度不得超过取土器（包括上端废土段）总长度，下放取土器时严禁冲击孔底；

4 贯入取土器宜采用油压给进装置的静压法，当遇到硬土夹层且人工压入困难时，可采用重锤少击方式贯入。

**4.3.5** 土试样封装、运输、储存应符合下列规定：

1 取土器提出地面之后，应小心地将土试样卸下，并应妥善密封、防止湿度变化。土样应直立安放，严禁倒放或平放，并应避免曝晒或冰冻。

2 土试样运输前应妥善装箱，并充填缓冲材料，运输途中应行驶平稳，避免颠簸。对易于扰动的土试样，宜在现场进行试验工作。

3 土试样应储存在温度10℃～30℃条件下，取后至试验前的储存时间不宜超过7d。

**4.3.6** 土试样制备应符合下列规定：

1 制备试样前，应进行描述，包括土名、颜色、状态、含有物、均匀性等，并应按扰动程度核定试样质量等级，对显著扰动的土样不得按不扰动土制备试样；

2 用环刀切取土试样前，应用钢丝锯小心切剖纵断面，土试样切取应具有层次的代表性和归一性；

3 土试样与环刀应密合，并应擦净环刀外壁后再称环刀和土的总质量，同一组试样的天然密度的差值不宜大于0.03g/cm³。力学性试件严禁重叠堆放。

## 4.4 室内试验

**4.4.1** 室内试验宜包括土的物理性质、力学性质指标测试和化学分析，实际试验项目应根据工程性质、基础类型、荷载条件和土质特性等因素综合确定。试验方法、技术标准及仪器设备，应符合现行国家标准《土工试验方法标准》GB/T 50123的规定。

**4.4.2** 对于一级建筑物，土粒相对密度应采用比重瓶法实测；对于二、三级建筑物，土粒相对密度可按本地区经验值确定，也可按本规程附录D表D.0.1确定。

**4.4.3** 液限试验宜采用圆锥仪方法，工程需要时也可采用碟式仪方法。

**4.4.4** 土的含水量与密度试验应采用环刀法同时测定，且试件应具有代表性，其天然密度的差值不应大于0.03g/cm³。

**4.4.5** 土的渗透试验应同时测定土的垂直向和水平向渗透系数，且应根据地下水的温度以$K_{20}$作为标准提供数据。砂土应用取砂器所取土样进行试验。

**4.4.6** 水、土的化学分析应主要测定pH值、氯化物、硫酸盐、碳酸盐等成分的含量，评价标准应按现行国家标准《岩土工程勘察规范》GB 50021的有关规定执行。

**4.4.7** 对于软土常规固结试验，第一级压力应根据土的有效自重压力确定，并宜用12.5kPa、25kPa或50kPa，最后一级压力应大于土的有效自重压力与附加压力之和。

试验报告中的压缩系数（$a_{1-2}$）应为相应于垂直压力为100kPa～200kPa的值，并应按下列规定评价地基土的压缩性：

1 当$a_{1-2}$小于0.1MPa$^{-1}$时，应确定为低压缩性土；

2 当$a_{1-2}$大于等于0.1MPa$^{-1}$且小于0.5MPa$^{-1}$时，应确定为中压缩性土；

3 当$a_{1-2}$大于等于0.5MPa$^{-1}$时，应确定为高压缩性土。

**4.4.8** 固结系数应包括垂直向固结系数（$C_v$）和水平向固结系数（$C_h$）的测定，压力范围可采用在土的自重压力至土的自重压力加附加压力之和的范围内选定。

**4.4.9** 当采用压缩模量进行沉降计算时，试验成果可用空隙比-压力（$e$-$p$）曲线整理，压缩系数和压缩模量的计算应取自土的有效自重压力至土的有效自重压力与附加压力之和的压力段。当考虑基坑开挖卸荷和再加荷影响时，应进行回弹试验，其压力的施加应模拟实际的加、卸荷状态。

**4.4.10** 当考虑土的应力历史进行沉降计算时，试验成果应按空隙比-压力对数（$e$-lg$p$曲线）曲线整理，并应确定前期固结压力（$p_c$）、计算压缩指数和回弹指数。施加的最大压力应能满足绘制完整的$e$-lg$p$曲线的要求，并应在估计的前期固结压力之后，进行一次卸荷回弹，再继续加荷，直至完成预定的最后一级压力。

土的固结状态应按下列规定确定：

**1** 当 $p_c/p_0$ 小于1时，应确定为欠固结土；

**2** $p_c/p_0$ 等于1时，应确定为正常固结土；

**3** $p_c/p_0$ 大于1时，应确定为超固结土。

注：$p_0$ 为土的有效自重压力。

**4.4.11** 当需要计算厚层高压缩性软土的次固结沉降及其历时关系时，应测定其次固结系数，且每层不应少于6个土试样。

**4.4.12** 对一级工程或有特殊要求的工程，应采用三轴剪切试验测定黏性土的抗剪强度。三轴剪切试验的试验方法应按下列条件确定：

**1** 对饱和黏性土，当加荷速率较快时，宜采用不固结不排水（UU）试验；对饱和软土试样应在有效自重压力下预固结后再进行试验；

**2** 对经预压处理的地基、排水条件好的地基、加荷速率不高的工程，可采用固结不排水（CU）试验；当需提供有效应力抗剪强度指标时，应采用固结不排水试验测定孔隙水压力。

**4.4.13** 直接剪切试验的试验方法，应根据荷载类型、加荷速率和地基土的排水条件确定。对内摩擦角（$\varphi$）接近于0的软黏土，可用Ⅰ级土试样进行无侧限抗压强度试验。对土体可能发生大应变的工程，应测定残余抗剪强度。

**4.4.14** 软土的静弹性模量可在应力控制式三轴压缩仪上在侧压力侧向压力 $\sigma_2$ 与 $\sigma_3$ 相等条件下，用轴向反复加、卸荷的方法确定，且垂直压力的施加应模拟实际加、卸荷的应力状态。

**4.4.15** 软土的动力特性试验，施加荷载的波形、频率、振幅、持续时间，试样的固结应力和破坏标准，以及操作方法和成果整理等，均应先编制能满足工程需要的试验方案。

**4.4.16** 对于土的泊松比（$\mu$），对一级建筑物应通过试验求得，对其他等级建筑物可应用本地区的经验值或按本规程附录D的表D.0.2确定。

**4.4.17** 软土的结构性分类宜采用现场十字板剪切试验，也可采用无侧限抗压强度的试验方法测定其灵敏度（$S_t$），并按表4.4.17的规定进行判定。

**表 4.4.17 软土的结构性分类**

| 灵敏度 $S_t$ | 结构性分类 |
|---|---|
| $2<S_t\leqslant4$ | 中灵敏性 |
| $4<S_t\leqslant8$ | 高灵敏性 |
| $8<S_t\leqslant16$ | 极灵敏性 |
| $S_t>16$ | 流性 |

注：无侧限抗压强度试验土样，应采用薄壁取土器取样。

**4.4.18** 有机质含量可采用灼失量试验确定，且当有机质含量不大于15%时，宜采用重铬酸钾容量法测定。

## 4.5 原 位 测 试

**4.5.1** 原位测试的试验项目、测定参数、主要试验目的可按表4.5.1的规定确定。

**表 4.5.1 软土地区岩土工程勘察原位测试项目**

| 试验项目 | 测定参数 | 主要试验目的 |
|---|---|---|
| 静力触探 | 单桥比贯入阻力（$P_S$）、双桥锥尖阻力（$q_c$）、侧壁摩阻力（$f_s$）、摩阻比（$R_f$）、孔压静力触探的孔隙水压力（$u$） | 1. 判定土层均匀性和划分土层；<br>2. 选择桩基持力层，估算单桩承载力；<br>3. 估算地基土承载力和压缩模量；<br>4. 判定沉桩可能性；<br>5. 判别地基土液化可能性及等级 |
| 标准贯入试验 | 标准贯入击数（$N$） | 1. 判定土层均匀性和划分土层；<br>2. 判别地基土液化可能性及等级；<br>3. 估算地基土承载力和压缩模量；<br>4. 选择桩基持力层，估算单桩承载力；<br>5. 判定沉桩可能性 |
| 十字板剪切试验 | 不排水抗剪强度（$C_u$）和残余强度（$C'_u$） | 1. 测定原位应力条件下黏性土的不排水抗剪强度（$C_u$）；<br>2. 估算软黏性土的灵敏度；<br>3. 判断软黏性土的应力历史 |
| 载荷试验 | 比例界限压力（$p_0$）、极限压力（$p_L$）、压力与变形关系 | 1. 确定地基土承载力；<br>2. 估算地基土的变形模量；<br>3. 计算地基土的基床系数 |
| 旁压试验 | 初始压力（$p_0$）、临塑压力（$p_y$）、极限压力（$p_L$）和旁压模量（$E_m$） | 1. 测求地基土的临塑荷载和极限荷载，评定地基土的承载力和变形参数；<br>2. 计算土的侧向基床系数；<br>3. 自钻式旁压试验可确定土的原位水平应力和静止侧压力系数 |
| 扁铲侧胀试验 | 侧胀模量（$E_D$）、侧胀土性指数（$I_D$）、侧胀水平应力指数（$K_0$）、侧胀孔压指数（$U_0$） | 1. 划分土层和判别土类；<br>2. 计算土的侧向基床系数 |
| 波速测试 | 压缩波速（$V_p$）、剪切波速（$V_s$） | 1. 划分场地类别；<br>2. 提供场地土动力参数；<br>3. 估算场地卓越周期 |

**4.5.2** 采用静力触探方法评价土的强度和变形指标时，应结合本地区经验取值。应用静力触探曲线分层时，应综合考虑土的类别、成因和地下水条件等因素。

**4.5.3** 软土的抗剪强度可采取十字板剪切试验测定。对重荷载的大型建筑，应测定其残余强度并计算其灵敏度。

**4.5.4** 旁压试验宜采用自钻式旁压仪，并应根据仪器设备和土质条件，选择适当的钻头、转速、进速、泥浆压力和流量、刃口的距离等以确定最佳自钻方式。

**4.5.5** 用载荷试验确定地基承载力时，承压板面积不宜小于1.0m²。承载力特征值的选用，应根据压力和沉降、沉降与时间关系曲线的特征，结合地区经验取值。

**4.5.6** 根据扁铲侧胀试验指标并结合地区经验，可判别土的类别，并确定静止侧压力系数、水平基床系数等参数。

**4.5.7** 标准贯入试验可用于评价土的均匀性和定性划分不同性质的土层，以及软土中夹砂层的密实度和承载力。

**4.5.8** 场地土的动力参数可采用弹性波速单孔法测试，测点间距宜采用1.0m～1.5m。当地层复杂时，宜采用跨孔法，两测孔间距宜采用4.0m～5.0m，并应测量孔的倾斜度。

## 4.6 监　测

**4.6.1** 下列建筑物应在施工期和使用期进行沉降监测：

1　一级建筑物；

2　二、三级建筑物具有下列情况之一时：

1）工程地质条件复杂；

2）对周围建筑物有影响；

3）对地基不均匀变形特别敏感；

4）加层、接建及邻近开挖、堆载等使地基应力发生显著变化；

5）地基加固处理后需要检验；

6）其他有关规范规定需要做监测的工程。

**4.6.2** 遇下列情况之一，应进行地下水监测：

1　地下水位的变化对地基土的性质有较大影响时；

2　地下水位的变化对建筑物基础或地下工程的抗浮、防水、防潮和防腐有较大影响时；

3　施工降水对拟建工程或相邻工程有较大影响时；

4　施工或环境条件改变，造成的孔隙水压力、地下水压力变化，对工程设计或施工有较大影响时；

5　地下水位的下降造成区域性地面沉降时。

**4.6.3** 地下水监测工作应符合下列规定：

1　应设置专门的地下水位观测孔，每个场地的观测孔宜按三角形布置，孔数不得少于3个；

2　地下水变化较大的地段或上层滞水赋存地段，应布置观测孔；

3　在临近地表水体的地段，应观测地表水与地下水的水力联系；

4　地下水受污染地段，应长期进行水质变化的观测；

5　地下水监测方法与监测时间等应符合现行国家标准《岩土工程勘察规范》GB 50021的有关规定。

# 5　地　下　水

**5.0.1** 在软土地区进行地下水勘察，应通过调查和现场勘察方法，查明地下水的性质和变化规律，为设计施工提供有关的参数和指标，分析评价地下水对地基基础设计、施工和环境的影响，预估可能产生的危害，提出预防和处理措施的建议。

**5.0.2** 软土地区地下水勘察，除应符合一般地区的勘察要求外，尚应根据工程需要重点查明下列内容：

1　地表水与地下水的水力联系，在江河、湖泊、滨海地区，还应查明潮汐变化；

2　地下水的补给排泄条件，与工程相关的含水层相互之间的补给关系；

3　地下水腐蚀性和污染源情况。

**5.0.3** 已有地区经验或场地水文地质条件简单，且有常年地下水位监测资料的地区，可通过调查方法掌握地下水的性质和规律、地下水的变化或含水层的水文地质特性。

**5.0.4** 对于需要采取水试样的含水层，同一场地应至少采取3件，对污染严重的场地，还应进行地基土的腐蚀性试验。地下水的采取和试验应按现行国家标准《岩土工程勘察规范》GB 50021的有关规定执行。

**5.0.5 现场勘察时，应测量地下水位，水位测量孔的数量应满足工程评价的需求，并应符合下列规定：**

**1　当遇第一层稳定潜水时，每个场地的水位测量孔数量不应少于钻探孔数量的1/2，且对单栋建筑物场地，水位测量孔数量不应少于3个；**

**2　当场地有多层对工程有影响的地下水时，应专门设置水位测量孔，并应分层测量地下水位或承压水头高度。**

**5.0.6** 多层地下水测量时，应采取止水措施将被测含水层与其他含水层隔离，并宜埋设孔隙水压力计，或采用孔压静力触探试验进行测量。

**5.0.7** 初见水位和稳定水位可在钻孔或测压管内直接测量，软土地区测量稳定水位的间隔时间不得少于24h，测量结果的允许偏差应为±2cm。对位于江边、岸边的工程，地表水、地下水应同时测量，并应注明测量时间。水试样应及时试验，清洁水的放置时间不宜超过72h，稍受污染水的放置时间不宜超过48h，受污染水的放置时间不宜超过12h。

**5.0.8** 含水层渗透系数的测定宜采用现场试验和室内试验综合确定。砂性土的含水层渗透系数可直接通过抽水试验测定，黏性土的含水层渗透系数可采用室内试验测定。当对数据精度要求不高时，可采用经验数值。

**5.0.9** 软土地区地下水作用的评价，除应符合一般地区的要求外，尚应重点评价下列内容：

**1** 对地基基础、地下结构应评价地下水对结构的上浮作用；

**2** 采取降水措施或大量抽取地下水时，在地下水位下降的影响范围内，应评价可能引起土体变形或大面积地面沉降及其对工程的危害；

**3** 在有水头压差的粉细砂、粉土地层中，应评价产生潜蚀、流砂、管涌的可能性；

**4** 在地下水位下开挖基坑，应评价降水或截水措施的可行性及其对基坑稳定和周边环境的影响；

**5** 当基坑底下存在高水头的承压含水层时，应评价基坑底土层的隆起或产生突涌的可能性；

**6** 对地下水位以下的工程结构，应评价地下水对混凝土与金属材料的腐蚀性。

**5.0.10** 评价地下水对结构的上浮作用时，宜通过专项研究确定抗浮设防水位。在研究场区各层地下水的赋存条件、场区地下水与区域性水文地质条件之间的关系、各层地下水的变化趋势以及引起这种变化的客观条件的基础上，应按下列原则对建筑物运营期间内各层地下水位的最高水位作出预测和估计：

**1** 当有长期水位观测资料时，抗浮设防水位可根据该层地下水实测最高水位和建筑物运营期间地下水的变化来确定；

**2** 无长期水位观测资料或资料缺乏时，可按勘察期间实测最高稳定水位并结合场地地形地貌、地下水补给、排泄条件等因素综合确定；

**3** 场地有承压水且与潜水有水力联系时，应实测承压水水位并考虑其对抗浮设防水位的影响；

**4** 只考虑施工期间的抗浮设防时，抗浮设防水位可按近3年～5年的最高水位确定。

# 6 场地和地基的地震效应

## 6.1 一般规定

**6.1.1** 软土地区地震效应勘察，应根据工程的重要性、地震地质条件及工程的具体要求进行下列工作：

**1** 划分建筑场地抗震地段，评价建筑场地类别，提供抗震设计的地震动参数；

**2** 对可能发生液化的场地与地基，应判别液化土层，确定液化等级和液化深度；

**3** 对可能发生震陷的场地与地基，应判别软土震陷，工程需要时应进行专门性的软土震陷量计算。

**6.1.2** 软土地区地震效应勘察与测试应符合下列规定：

**1** 土层剪切波速的测试宜采用单孔检层法、跨孔法或面波法（雷利波法）。同一地质单元测量土层剪切波速的钻孔数量，单幢高层建筑和多层建筑组团（每组团）不宜少于2个，高层建筑群每幢不得少于一个；钻孔深度一般情况下应大于场地覆盖层厚度或20m。

**2** 地震液化判别宜采用标准贯入试验和静力触探试验方法，且判断液化的勘探点不应少于3个，每个标准贯入试验孔的试验点的竖向间距宜为1.0m～1.5m，每层土的试验点数不宜少于6个。

**3** 地震液化判别应查明可能液化土层的地下水埋藏条件、水位变化幅度及近期3年～5年内最高水位。

**4** 对粉土、含泥质砂土、砂土夹淤泥质黏土、砂土与淤泥质黏土互层等，应取土的颗粒分析样品，并采用六偏磷酸钠作为分散剂的测定方法，测定土的黏粒含量百分比（$\rho_c$）。

**5** 对需要采用时程分析法进行抗震设计的工程，每幢高层建筑物的同一地质单元宜布置不少于二个剪切波速孔，测试孔应深至准基岩面（剪切波速大于500m/s的土层）或深度超过100m，且剪切波速有明显跃升的分界面或由物探等其他分法确定的准基岩面。对于准基岩面及其以上各土层，宜采集土试样进行室内动三轴试验或共振柱试验，并提供剪变模量比与剪应变关系曲线、阻尼比与剪应变关系曲线。

## 6.2 抗震地段划分与场地类别

**6.2.1** 对设防烈度等于或大于6度区的场地进行抗震地段划分时，应根据场地岩土特性、局部地形条件以及场地稳定性对建筑工程抗震的影响等，划分出有利、不利和危险地段，以及可进行建设的一般场地。划分原则应符合现行国家标准《建筑抗震设计规范》GB 50011的规定。对软土，当设防烈度为7度、8度、9度，等效剪切波速值分别小于90m/s、140m/s和200m/s时，可划分为不利地段。

**6.2.2** 对于设防烈度等于或大于6度区，建筑场地类别划分应符合现行国家标准《建筑抗震设计规范》GB 50011的有关规定。对多层建筑组团场地类别评价时，宜进行剪切波速测定。对多层建筑物，当坚硬土层埋深大或受勘探孔深限制，难以查明覆盖层厚度时，有经验地区可收集并引用邻近工程深孔覆盖层厚度资料。

## 6.3 液化与震陷

**6.3.1** 设防烈度等于或大于7度区，对饱和砂土和粉土的液化判别应符合现行国家标准《建筑抗震设计规范》GB 50011的有关规定。当符合下列条件之一时，可初步判别为不液化土或不考虑液化影响：

**1** 设防烈度为7度、8度、9度区，粉土中的黏粒（粒径小于 0.005mm 的颗粒）含量百分率（$\rho_c$），分别不小于 10、13 和 16 时，可判为不液化土；

**2** 当土层为粉土或粉砂与黏土互层时，其黏性土合计厚度达到或超过土层总厚度 1/3 时，可不考虑液化影响；

**3** 粉土或砂土层的平均厚度不足 1m 或呈局部透镜体状时，可不考虑液化影响。

**6.3.2** 经初步判别认为需要进一步进行液化判别时，对含泥质砂土、砂土夹淤泥质黏土，砂土与淤泥质黏土互层等，除采用标准贯入试验方法外，尚宜采用静力触探试验方法，综合判定液化可能性及其液化等级。当采用静力触探试验方法判别液化时，若土的比贯入阻力或锥尖阻力实测值大于临界值，可判为不液化土。临界值应按下列公式计算：

**1** 单桥比贯入阻力临界值应按下式计算：

$$p_{scr} = p_{s0}\left[1-0.06d_s+\frac{d_s-d_w}{a+b(d_s-d_w)}\right]\sqrt{\frac{3}{\rho_c}} \quad (6.3.2\text{-}1)$$

**2** 双桥锥尖阻力临界值应按下式计算：

$$q_{ccr} = q_{c0}\left[1-0.06d_s+\frac{d_s-d_w}{a+b(d_s-d_w)}\right]\sqrt{\frac{3}{\rho_c}} \quad (6.3.2\text{-}2)$$

式中：$p_{scr}$、$q_{ccr}$——分别为比贯入阻力临界值和锥尖阻力临界值（MPa）；

$p_{s0}$、$q_{c0}$——分别为比贯入阻力基准值和锥尖阻力基准值，按表 6.3.2 取值；

$d_s$——静力触探试验点深度（m），当深度为 15m～20m 时，取 15m；

$d_w$——地下水位深度（m），按可液化土层近期 3～5 年内的最高水位确定；

$a$——系数，可取 1.0；

$b$——系数，可取 0.75；

$\rho_c$——黏粒含量百分率，取邻近钻孔资料或场地平均值，且当小于 3 或砂土时，应采用 3。

**表 6.3.2 比贯入阻力和锥尖阻力基准值**（MPa）

| 设计地震分组 | | 7 度 | 8 度 | 9 度 |
|---|---|---|---|---|
| 第一组 | $p_{s0}$ | 2.60(3.20) | 6.00(7.30) | 9.40 |
| | $q_{c0}$ | 2.35(2.90) | 5.50(6.60) | 8.60 |
| 第二、三组 | $p_{s0}$ | 3.20(6.00) | 6.70(8.60) | 10.40 |
| | $q_{c0}$ | 2.90(5.50) | 6.10(7.80) | 9.50 |

注：括号内数值用于设计基本地震加速度为 0.15$g$ 和 0.30$g$ 地区。

**3** 液化判别式中的地下水深度，应根据可液化土层近期 3～5 年内最高水位确定。当确定与上部土层地下水存在水力联系和补给关系时，可采用上部含水层地下水深度。

**4** 对于粉土、含泥质砂土、砂土夹淤泥质黏土、砂土与淤泥质黏土互层等，液化判别式中的黏粒含量百分率，可计入各试验点颗粒分析的黏粒含量。

**6.3.3** 对于存在可液化土层的地基，除应按下式计算各孔和场地平均的液化指数外，尚应根据各孔液化指数，按现行国家标准《建筑抗震设计规范》GB 50011 有关规定，综合评定场地液化等级，并应采取抗液化措施：

$$I_{lE} = \sum_{i=1}^{n}(1-F_{lei})d_i w_i \quad (6.3.3)$$

式中：$I_{lE}$——液化指数；

$n$——可液化土层深度范围内，每个试验孔测点的总数；

$F_{lei}$——液化强度比（标准贯入或静力触探实测值与临界值的比值，当实测值大于临界值时，应取临界值的数值）；

$d_i$——第 $i$ 测点所代表的土层厚度（m）；

$w_i$——第 $i$ 测点的层位影响权函数值（$m^{-1}$），应按表 6.3.3 确定。

**表 6.3.3 第 $i$ 测点的层位影响权函数值**（$m^{-1}$）

| 判别深度 $d$（m） | $d_i \leqslant 5$m | 5m$< d_i < d$ | $d_i = d$ |
|---|---|---|---|
| 15 | 10 | 15$-d_i$ | 0 |
| 20 | 10 | (20$-d_i$) 2/3 | 0 |

**6.3.4** 设防烈度等于或大于 7 度时，对厚层软土分布区宜判别软土震陷的可能性，并应符合下列规定：

**1** 当临界等效剪切波速大于表 6.3.4-1 的数值时，可不考虑震陷影响。

**表 6.3.4-1 临界等效剪切波速**

| 抗震设防烈度 | 7 度 | 8 度 | 9 度 |
|---|---|---|---|
| 临界等效剪切波速 $v_{se}$（m/s） | 90 | 140 | 200 |

**2** 对于采用天然地基的建筑物，当临界等效剪切波速小于或等于表 6.3.4-1 的数值时，甲级建筑物和对沉降有严格要求的乙级建筑物应进行专门的震陷分析计算；对沉降无特殊要求的乙级建筑物和对沉降敏感的丙级建筑物，可按表 6.3.4-2 的建筑物震陷估算值或根据地区经验确定。

**表 6.3.4-2 建筑物震陷估算值**

| 震陷估算值（mm） / 设防烈度 / 地基条件 | 7(0.1$g$～0.15$g$) | 8(0.2$g$) | 9(0.4$g$) |
|---|---|---|---|
| 地基主要受力层深度内软土厚度>3m<br>地基土等效剪切波速值<90m/s | 30～80 | 150 | >350 |

注：1 当地基土实际条件与表中的两项条件相比，只要有一项不符合时，应按实际条件变化的大小和建筑物性质及结构类型，适当地减小震陷值；当地基土实际条件与表中的两项条件均不相符时，可不考虑震陷对建筑物的影响；

2 当需要估算软土震陷量时，宜采用以静力计算代替动力分析的简化分层总和法。

## 6.4 地震效应评价

**6.4.1** 对工程建设场地，应提出工程抗震设防烈度、设计基本地震加速度值和设计地震分组。

**6.4.2** 建筑的场地类别，是根据土层的等效剪切波速和场地覆盖层厚度作为评定指标；建筑的设计特征周期，一般工程是根据场地所在地的设计地震分组和场地类别确定。其取值应按现行的《建筑抗震设计规范》GB 50011 有关规定。

**6.4.3** 评价建筑场地的抗震地段，应提出饱和砂土液化和软土震陷对建筑工程地基基础设计的影响和处理措施。

**6.4.4** 对需要采用时程分析的工程，应提出设计地震动参数和输入地震加速度时程曲线。

# 7 天然地基勘察

## 7.1 一 般 规 定

**7.1.1** 天然地基勘察应在确保各地基土层采取的原状土土样的数量符合本规程第 4.4.8 条和第 4.5.4 条规定的前提下，适当提高原位测试孔的比例。

**7.1.2** 勘探孔的平面布设应符合下列规定：

**1** 勘探孔宜沿建筑物周边或主要基础柱列线布置，对排列比较密集的建筑群可按网格状布置，且勘探孔位置宜布置在建筑物周边或角点处。勘探孔间距可按表 7.1.2 的规定确定。

**表 7.1.2 勘探孔间距**（m）

| 场地地基复杂程度 | 勘探孔间距 |
|---|---|
| 复杂 | 10～15 |
| 中等复杂 | 15～30 |
| 简单 | 30～50 |

**2** 重大设备基础应单独布置勘探孔；重大的动力机器基础和高耸构筑物，勘探点不宜少于 3 个；在复杂场地上，对面积小但荷重大或重心高的单独建筑物，勘探点不得少于 2 个。

**3** 控制性勘探孔应占总数的 1/3；单栋高层建筑勘探孔的布置，应满足对地基均匀性评价的要求，且不应少于 4 个；对密集的高层建筑群，勘探孔可适当减少，但每栋建筑物至少应有 1 个控制性勘探孔。

**4** 当场地地层分布不稳定，持力层层面起伏大或处于不同工程地质单元并影响基础设计时，宜适当加密勘探孔。

**7.1.3** 勘探深度应自基础底面起算，并应符合下列规定：

**1** 一般性勘探孔深度应能控制地基主要受力层，当基础底面宽度不大于 5m 时，条形基础的勘探孔深度不应小于基础底面宽度的 3.0 倍，单独柱基础的勘探孔深度不应小于基础底面宽度的 1.5 倍，且不应小于 5m；

**2** 需作变形计算的地基，控制性勘探孔的深度应超过地基变形计算深度；对于地基变形计算深度，中、低压缩性土可取附加压力小于或等于上覆有效自重压力 20%处的深度，高压缩性土层可取附加压力小于或等于上覆土层有效自重压力 10%处的深度；

**3** 高层建筑的一般性勘探孔的深度应达到基底下 0.5～1.0 倍的基础宽度，并应深入稳定分布的地层；

**4** 当有大面积地面堆载或软弱下卧层时，应适当加深控制性勘探孔的深度；

**5** 在上述规定深度内，当遇基岩或厚层碎石土等稳定地层时，勘探孔深度应根据情况进行调整。

**7.1.4** 浅层勘探可采用小螺纹钻孔或轻便触探法，其勘探点宜沿建筑物周边和主要基础柱列线布置，孔距可为 10m～15m，深度宜进入持力层 3m。当遇到暗浜等不良地质现象时，应加密孔距，控制其边界的孔距宜为 2m～3m，进入正常沉积土层深度不宜少于 0.5m。当拟建场地内存在明浜（塘）时，应测量其断面，并应查明浜底淤泥厚度。

**7.1.5** 当场地内存在厚度较大、填筑时间较长的大面积填土时，宜选择适当的原位测试手段。对由粉土或黏性土组成的素填土，可采用钻探取样或静力触探试验；对含较多粗粒成分的素填土和杂填土，宜采用轻便触探法或载荷试验法，查明其均匀性以及强度和变形特性。

## 7.2 地基承载力确定

**7.2.1** 软土的承载力应结合建筑物等级和场地地层条件按变形控制的原则确定，或根据已有成熟的工程经验采用土性类比法确定。当采用不同方法所得结果有较大差异时，应综合分析加以选定，并应说明其适用条件。

**7.2.2** 采用静载荷试验确定地基承载力特征值时应符合下列规定：

**1** 当试验承压板宽度大于或接近实际基础宽度或其持力层下的土层力学性质好于持力层时，其地基承载力特征值应按下式计算：

$$f_{ak} = f_k/2 \quad (7.2.2)$$

式中：$f_k$——地基极限承载力标准值（kPa）。

**2** 当试验承压板宽度远小于实际基础宽度，且持力层下存在软弱下卧层时，应考虑下卧层对地基承载力特征值的影响。

**7.2.3** 采用原位测试成果确定地基承载力特征值时，宜符合表 7.2.3 的规定。

表 7.2.3 地基承载力特征值 $f_{ak}$

| 原位测试方法 | 土性 | $f_{ak}$ (kPa) | 适用范围值 | 符号说明 |
|---|---|---|---|---|
| 静力触探试验 | 一般黏性土 | $f_{ak}=34+0.068p_s$<br>$f_{ak}=34+0.077q_c$ | $p_s>2000$ 取 2000<br>$q_c>1700$ 取 1700 | $p_s$、$q_c$——分别为各土层静探比贯入阻力和锥尖阻力的平均值（kPa） |
| | 淤泥质土 | $f_{ak}=29+0.063p_s$<br>$f_{ak}=29+0.072q_c$ | $p_s>800$ 取 800<br>$q_c>700$ 取 700 | |
| | 粉性土 | $f_{ak}=36+0.045p_s$<br>$f_{ak}=36+0.054q_c$ | $p_s>2500$ 取 2500<br>$q_c>2200$ 取 2200 | |
| | 素填土 | $f_{ak}=27+0.054p_s$<br>$f_{ak}=27+0.063q_c$ | $p_s>1500$ 取 1500<br>$q_c>1300$ 取 1300 | |
| | 冲填土 | $f_{ak}=20+0.040p_s$<br>$f_{ak}=20+0.047q_c$ | $p_s>1000$ 取 1000<br>$q_c>900$ 取 900 | |
| 十字板试验 | 饱和黏性土 | $f_{ak}=10+2.5c_u$ | $c_u>100$ 取 100 | $c_u$——十字板试验的抗剪强度（kPa） |
| | 淤泥质土 | $f_{ak}=10+2.2c_u$ | $c_u>50$ 取 50 | |
| 轻型动力触探试验 | 素填土 | $f_{ak}=40+2.0N_{10}$ | $N_{10}>30$ 取 30 | $N_{10}$——轻便触探试验的锤击数（击/30cm） |
| | 冲填土 | $f_{ak}=29+1.4N_{10}$ | | |
| 旁压试验 | 黏性土 | $f_{ak}=(p_y-p_0)/1.3$<br>$f_{ak}=(p_L-p_0)/2.5$ | — | $p_0$——由试验曲线和经验综合确定的侧向压力（kPa）；<br>$p_y$——由旁压试验曲线确定的临塑压力（kPa）；<br>$p_L$——由旁压试验曲线确定的极限压力（kPa） |
| | 粉性土 | $f_{ak}=(p_y-p_0)/1.4$<br>$f_{ak}=(p_L-p_0)/2.7$ | | |
| | 砂土 | $f_{ak}=(p_y-p_0)/1.6$<br>$f_{ak}=(p_L-p_0)/3$ | | |

注：1 表中经验公式具有一定的地区性，使用前应根据地区资料进行验证；
2 当土质较均匀时，可取平均值；当土质不均匀时，宜取最小平均值；
3 冲填土或素填土指冲填或回填时间超过 5 年以上者。

**7.2.4** 采用类比法确定地基承载力特征值时，宜在充分比较类似工程的沉降观测资料和工程地质、荷载、基础等条件后，综合分析确定。

**7.2.5** 当持力层下存在软弱下卧层时，应考虑下卧层对地基承载力特征值的影响，地基承载力特征值（$f_{ak}$）可按下列条件确定：

**1** 当持力层厚度（$h_1$）与基础宽度（$b$）之比（$h_1/b$）大于 0.7 时，地基承载力特征值可不计下卧层影响，并可按下式计算：

$$f_{ak}=f_{ak1} \tag{7.2.5-1}$$

式中：$f_{ak1}$——持力层的地基承载力特征值（kPa）。

**2** 当 $h_1/b$ 大于等于 0.5 且小于等于 0.7 时，地基承载力特征值可按下式计算：

$$f_{ak}=(f_{ak1}+f_{ak2})/2 \tag{7.2.5-2}$$

式中：$f_{ak2}$——软弱下卧层的地基承载力特征值（kPa）。

**3** 当 $h_1/b$ 大于等于 0.25 且小于 0.5 时，地基承载力特征值可按下式计算：

$$f_{ak}=(f_{ak1}+3f_{ak2})/4 \tag{7.2.5-3}$$

**4** 当 $h_1/b$ 小于 0.25 时，地基承载力特征值可不计持力层影响，并可按下式计算：

$$f_{ak}=f_{ak2} \tag{7.2.5-4}$$

**7.2.6** 当基础宽度大于 3m 或埋置深度大于 0.5m 时，载荷试验或原位测试、经验值等方法确定的地基承载力特征值，应按下式进行修正：

$$f_a=f_{ak}+\eta_d\gamma_0(d-0.5)+\eta_b\gamma(b-3) \tag{7.2.6}$$

式中：$f_a$——修正后的地基承载力特征值（kPa）；
$f_{ak}$——按本规程第 7.2.5 条确定的地基承载力特征值（kPa）；
$\eta_d$、$\eta_b$——基础埋深和宽度的地基承载力特征值修正系数，按基底下土类确定：淤泥质土 $\eta_d=1.0$，$\eta_b=0$；一般黏性土 $\eta_d=1.1$，$\eta_b=0$；粉性土 $\eta_d=1.3$，$\eta_b=0.3$；
$b$——基础宽度（m），基础宽度小于 3m 的，按 3m 计算，大于 6m 的，按 6m 计算；
$d$——基础埋置深度（m），宜自室外地面算起；
$\gamma_0$、$\gamma$——分别为基础底面以上和以下土的重度（$kN/m^3$），地下水位以下取浮重度。

**7.2.7** 当采用室内土工试验三轴不固结不排水抗剪强度计算时，地基承载力特征值可按现行国家标准《建筑地基基础设计规范》GB 50007 的有关规定确定。

## 7.3 地基变形验算

**7.3.1** 天然地基最终沉降量可采用分层总和法、按现行国家标准《建筑地基基础设计规范》GB 50007 的规定进行计算。

**7.3.2** 地基变形计算值不应大于现行国家标准《建筑地基基础设计规范》GB 50007 规定的地基变形允许值。计算地基变形时，应符合下列规定：

**1** 传至基础底面的荷载效应应采用正常使用极限状态下荷载效应的准永久组合，并不应计入风荷载和地震作用；

**2** 对于砌体结构，应由局部倾斜值控制；对于框架结构和排架结构，应由相邻柱基沉降差控制；对于多层或高层建筑，应由整体倾斜值控制，必要时尚应控制平均沉降量；

**3** 地面有大面积堆载或基础周围有局部堆载，沉降计算应计入地面沉降引起的附加沉降；

**4** 应考虑相邻基础荷载影响；当基础面积系数大于0.6时，可按基础外包面积计算基底附加压力；

**5** 当建筑物设有地下室且埋置较深时，应考虑基坑开挖后，地基土回弹再压缩引起的沉降值；

**6** 对高压缩性土地基，当基底附加压力大于地基土承载力特征值的0.75时，应预测沉降变化趋势，并控制施工期间的加荷速率；

**7** 宜考虑上部结构、基础与地基共同作用进行变形计算。

**7.3.3** 当考虑应力历史对粘性土压缩性的影响时，应提供各土层的前期固结压力（$p_c$）以及超固结比（$OCR$）、压缩指数（$C_c$）、回弹指数（$C_s$）的值。对正常固结土、超固结土、欠固结土，地基固结沉降量的计算应符合下列规定：

**1** 正常固结土的地基固结沉降量应按下式计算：

$$S_c=\psi_{s1}\sum_{i=1}^{n}\frac{H_i}{1+e_{0i}}\left[C_{ci}\log\left(\frac{p_{1i}+\Delta p_i}{p_{1i}}\right)\right] \tag{7.3.3-1}$$

式中：$\psi_{s1}$——沉降计算经验系数，应根据类似工程条件下沉降观测资料及地区经验确定；

$S_c$——地基固结沉降量（cm）；

$H_i$——第 $i$ 层分层厚度（cm）；

$e_{0i}$——第 $i$ 层土的初始孔隙比，由试验确定；

$p_{1i}$——第 $i$ 层土自重应力的平均值；

$\Delta p_i$——第 $i$ 层土附加应力的平均值（有效应力增量）（kPa）；

$C_{ci}$——第 $i$ 层土的压缩指数。

**2** 超固结土的地基固结沉降量应按下列公式计算：

**1**）当 $\Delta p_i > p_{ci}-p_{1i}$ 时：

$$S_{cn}=\psi_{s2}\sum_{i=1}^{n}\frac{H_i}{1+e_{0i}}\left[C_{si}\log\left(\frac{p_{ci}}{p_{1i}}\right)+C_{ci}\log\left(\frac{p_{1i}+\Delta p_i}{p_{ci}}\right)\right] \tag{7.3.3-2}$$

**2**）当 $\Delta p_i \leqslant p_{ci}-p_{1i}$ 时：

$$S_{cm}=\psi_{s3}\sum_{i=1}^{m}\frac{H_i}{1+e_{0i}}\left[C_{si}\log\left(\frac{p_{1i}+\Delta p_i}{p_{1i}}\right)\right] \tag{7.3.3-3}$$

式中：$\psi_{s2}$、$\psi_{s3}$——沉降计算经验系数，应根据类似工程条件下沉降观测资料及地区经验确定；

$n$——分层计算沉降时，压缩土层中有效应力增量 $\Delta p_i >$（$p_{ci}-p_{1i}$）时的分层数；

$m$——分层计算沉降时，压缩土层中具有 $\Delta p_i \leqslant$（$p_{ci}-p_{1i}$）的分层数；

$C_{si}$——第 $i$ 层土的回弹指数；

$p_{ci}$——第 $i$ 层土的前期固结压力（kPa）。

**3** 欠固结土的地基固结沉降量应按下式计算：

$$S_c=\psi_{s4}\sum_{i=1}^{m}\frac{H_i}{1+e_{0i}}\left[C_{ci}\log\left(\frac{p_{1i}+\Delta p_i}{p_{ci}}\right)\right] \tag{7.3.3-4}$$

式中：$\psi_{s4}$——沉降计算经验系数，应根据类似工程条件下沉降观测资料及地区经验确定。

**4** 天然地基压缩层厚度应自基础底面算起。对于高压缩性土层，可算到附加压力等于土层自重压力的10%处；对中、低压缩性土，可算到附加压力等于土层自重压力的20%处。计算附加压力时，应考虑相邻基础的影响。

### 7.4 天然地基的评价

**7.4.1** 天然地基的评价应包括下列内容：

**1** 天然地基持力层的选择和建议；

**2** 各拟建物适宜采用的基础形式及基础埋置深度（标高）的建议值，相应基础尺寸的地基承载力特征值，地基变形的验算；

**3** 明浜、暗浜等不良地质的地基处理方法建议；

**4** 大面积填方工程等的压实填土的质量控制参数；

**5** 工程需要时，对可能采用的地基加固处理方案进行技术经济分析、比较并提出建议。

**7.4.2** 当地表有硬壳层时，应利用其作为天然地基的持力层。

**7.4.3** 当建筑物离池塘、河岸、边坡较近时，应判别软土侧向塑性挤出或滑移产生的危险程度。

**7.4.4** 当地基土受力范围内有基岩或硬土层，且表面起伏倾斜时，应判定其对地基产生滑移或不均匀变形的影响。

**7.4.5** 当地基主要受力层中有薄砂层或软土与砂土层呈互层时，应根据其固结排水条件，判定其对地基变形的影响。

**7.4.6** 天然地基评价时，应评定地下水的变化幅度和承压水头等水文地质条件对软土地基稳定性和变形的影响。

**7.4.7** 对含有沼气的地基，应评价沼气逸出对地基稳定性和变形的影响。

## 8 地基处理勘察

### 8.1 一 般 规 定

**8.1.1** 在地基处理勘察前，应进行下列工作：

**1** 初步掌握场地的岩土工程勘察资料、上部结构及基础设计资料等；

**2** 根据工程的要求和采用天然地基存在的主要

问题，确定地基处理的目的、处理范围和处理后要求达到的各项技术参数等；

3 结合工程情况，了解当地类似工程地基处理经验、施工条件以及地基处理后的使用情况；

4 调查邻近建筑物、管线等周边环境情况。

**8.1.2** 地基处理勘察除应查明软弱土层组成、分布范围和土质特性外，尚应完成下列工作：

1 针对软土的特点，结合建筑物性质、荷载特点和变形控制等要求，对可能选用的地基处理方法提供设计和施工所需的岩土特性参数；

2 搜集地区和类似工程经验；

3 提出地基处理方案的建议及质量控制要点；

4 预测所选用地基处理方法对周边环境的影响，提出防护措施及监测建议。

**8.1.3** 在选择地基处理方法时，应综合考虑场地工程地质和水文地质条件、建筑物对地基要求、建筑结构类型和基础形式、周围环境条件、材料供应、施工条件等因素，经过技术经济指标比较分析后择优采用。

**8.1.4** 软土地基主要处理方法和适用范围可按表8.1.4的规定确定。

**表8.1.4 软土地基主要处理方法和适用范围**

| 软土地基主要处理方法 | 适用范围 | 加固效果 | 有效处理深度(m) |
|---|---|---|---|
| 换填层法 | 适用于浅层有淤泥、淤泥质土、松散填土、冲填土等软弱土的换土处理与低洼区域的填筑 | 提高强度和减少变形 | 2～3 |
| 预压法 | 适用于大面积淤泥、淤泥质土、松散填土、冲填土及饱和黏性土等工程地基预压处理 | 提高强度和减少变形 | 8～10 |
| 水泥土搅拌桩法 | 适用于淤泥、淤泥质土、冲填土等地基处理 | 提高强度、减少变形以及防渗处理 | 8～12 |
| 桩土复合地基法 | 适用于处理淤泥、淤泥质土、饱和黏性土等地基处理 | 减少变形 | 15～25 |

### 8.2 地基处理勘察与评价

**8.2.1** 换填垫层法的勘察与评价宜包括下列内容：

1 查明待换填的不良土层的分布范围和埋深；

2 测定换填材料的最优含水量、最大干密度；

3 评定换填材料对地下水的环境影响；

4 评定垫层以下软弱下卧层的承载力和变形特性；

5 对换填垫层施工质量控制及施工过程中应注意的事项提出建议；

6 对换填垫层质量检验或现场试验提出建议。

**8.2.2** 预压法的勘察与评价宜包括下列内容：

1 查明土的成层条件，排水层和夹砂层的埋深和厚度，地下水的补给和排泄条件等；

2 提供待处理软土的先期固结压力、压缩性参数、固结特性参数和抗剪强度指标；

3 预估预压荷载大小、分级、加荷速率和沉降量；

4 对重要工程，宜选择代表性试验区进行预压试验并反算软土固结系数，预测固结度与时间、沉降量的关系，为预压处理的设计施工提供可靠依据；

5 任务需要时，对检验预压处理效果提出建议。

**8.2.3** 水泥土搅拌法的勘察与评价宜包括下列内容：

1 查明浅层填土层的厚度和组成，软土层组成、含水量、塑性指数、有机质含量及分布范围；

2 查明地下水pH值及其腐蚀性；

3 提供加固深度范围内各土层侧阻力及桩端地基土承载力特征值；

4 对大型处理工程，设计前进行拟处理土的室内配比试验，针对现场拟处理的最弱软土层的性质，选择合适的固化剂、外掺剂及其掺量，提供各种龄期、各种配比的强度参数；

5 选择有代表性场地进行水泥土搅拌法试成桩，确定各项施工参数；

6 对水泥土搅拌桩施工时桩身质量检验、承载力检验提出建议。

**8.2.4** 桩土复合地基的勘察与评价宜包括下列内容：

1 查明暗塘、暗浜、暗沟、洞穴等分布和埋深；

2 查明土的组成、分布和物理力学性质，软弱土的厚度和埋深，并可作为桩基持力层的相对硬层的埋深；

3 预估沉桩施工可能性和沉桩对周围环境的影响；

4 评定桩间土承载力，预估单桩承载力；

5 评定桩间土、桩身、复合地基、桩端以下变形计算深度范围内各土层的压缩性；

6 根据桩土复合地基的设计，进行桩间土、单桩和复合地基载荷试验，检验复合地基承载力。

## 9 桩基工程勘察

### 9.1 一 般 规 定

**9.1.1** 桩基勘察应包括下列内容：

1 查明软土的分布范围、厚度、成因类型，埋藏条件及工程特性，必要时应查明土层的应力历史；

2 查明软土中夹砂及可塑至硬塑黏性土层的分布及变化规律；

3 查明可供选择的持力层和下卧层的埋藏深度、厚度及其变化规律，同时根据工程需要提供其抗剪强度和压缩性指标；

4 查明水文地质条件，判定地下水对桩基材料的腐蚀性；

5 查明可液化土层的分布及其对桩基的危害程度，并提出防治措施的建议；

6 评价成桩可能性，论证桩的施工条件及其对环境的影响。

**9.1.2** 桩基勘探点的布设应符合下列规定：

1 对于端承型桩或以基岩作为持力层时，勘探点应按柱列线或建筑物周边、角点布置，其间距应以能控制桩端持力层层面和厚度的变化为原则，并宜取12m～24m；当相邻勘探点所揭露持力层层面的坡度超过10%时，宜加密勘探点。复杂地基的一柱一桩工程，宜在每个柱位设置勘探点。

2 对于摩擦型桩或以摩擦型为主的桩，勘探点应按建筑物周边、角点或柱列线布设，其间距宜为20m～35m。当相邻勘探点所揭露土层性质或状态在水平方向分布变化较大，可能影响成桩或桩基方案选择时，应适当加密勘探点。

3 控制性的勘探点应占勘探点总数的1/3～1/2。

**9.1.3** 勘探孔的深度应符合下列规定：

1 控制性勘探点的深度应深入预计桩尖平面以下5m～10m或$6d$～$10d$（$d$为桩身直径或方桩的换算直径，直径大的桩取小值，直径小的桩取大值），并应满足软弱下卧层验算要求。对于需要验算沉降的桩基，应超过地基变形计算深度（可按1～2倍假想实体基础宽度考虑）；一般性勘探孔深度达到预计桩端下3m～5m或$3d$～$5d$。

2 对于基岩持力层，控制性勘探点的深度应深入中、微风化带5m～8m，一般性勘探点的深度应深入中、微风化带内3m～5m。遇断裂破碎带时，宜将破碎带钻穿，并应进入完整岩体3m～5m。

**9.1.4** 桩基工程勘探手段的选择应符合下列规定：

1 应以回转钻进提取鉴别土样，并宜用薄壁取土器采用原状土样进行室内物理、力学试验；

2 应有静力触探原位测试手段相配合，其测试孔的布置原则宜与钻探孔相同，部分测试孔可单独布置或钻探孔并列布置；

3 对于软土中夹粉性土和砂土地层以及下伏砂性土、全风化和强风化岩，宜采用标准贯入原位测试方法，并采取Ⅲ级土样测定土的组成；对碎石土宜采用重型圆锥动力触探；

4 对于极软弱的土层，在难以取得原状土样时，应进行十字板原位试验，测试土的抗剪强度。

**9.1.5** 桩基工程勘察除应进行一般物理力学试验外，尚应进行下列试验项目：

1 当需验算下卧层强度时，对桩尖以下压缩范围内的黏性土宜进行三轴不固结不排水剪切试验；

2 对需估算沉降的桩基工程，应进行压缩试验，试验最大压力应大于上覆自重压力与附加压力之和；

3 需查明土层的应力历史，并进行固结沉降计算时，应进行高压固结试验，提供$p_c$、$C_c$、$C_s$值；需测算沉降速率时，尚应进行固结系数的测定，提供$C_v$和$C_h$值；

4 当桩端持力层为基岩时，应采取岩样进行饱和单轴抗压强度试验，必要时尚应进行软化试验；对软岩和极软岩，可进行天然湿度的单轴抗压强度试验。对于破碎和极破碎的岩石，宜进行原位测试，也可进行点荷载试验。

## 9.2 承载力与变形

**9.2.1** 单桩承载力应通过单桩静载荷试验确定。当基础承受水平荷载控制时，应进行桩的水平载荷试验；当基础受上拔荷载时，应进行抗拔试验。单桩竖向极限承载力估算应符合下列规定：

1 当有本地区经验，可根据土的埋深和物理力学性质指标，按本规程附录E第E.0.1条进行估算，且当静力触探的测试深度满足桩基勘察深度要求时，应同时结合本地区的经验，按静力触探测试参数进行估算；

2 当无本地区经验时，可按本规程附录E第E.0.2条进行估算；

3 当有标准贯入的地区经验时，可应用标准贯入的测试参数和土的试验指标综合确定；

4 当无标准贯入的地区经验时，可按本规程附录E第E.0.3条进行估算；

5 单桩竖向承载力特征值（$R_a$）可按下式确定：

$$R_a = Q_u / K \tag{9.2.1}$$

式中：$R_a$——单桩竖向承载力特征值（kN）；

$Q_u$——单桩竖向极限承载力（kN）；

$K$——安全系数，可取$K=2$。

**9.2.2** 下列桩基应进行变形计算，并应分析变形对建筑物的影响：

1 地基基础设计等级为甲级的建筑物桩基；

2 体型复杂、荷载不均匀或桩端以下存在软弱土层的设计等级为乙级的建筑物桩基；

3 摩擦型桩基。

**9.2.3** 下列桩基可不进行变形计算和分析：

1 嵌岩桩、设计等级为丙级的建筑物桩基、对沉降无特殊要求的条形基础下不超过两排桩的桩基、吊车工作级别A5及A5以下的单层工业厂房桩基（桩端下为密实土层）；

2 当有可靠的地区经验时，地质条件不复杂、荷载均匀、对沉降无特殊要求的端承型桩基。

**9.2.4** 当工程需要验算建筑物桩基沉降时，宜按现行国家标准《建筑地基基础设计规范》GB 50007计算最终沉降量，也可按当地成熟的桩基沉降计算方法计算最终沉降量。

## 9.3 桩基勘察评价

**9.3.1** 桩基勘察评价应包括下列内容：

1 提出桩的类型、规格和桩入土深度的要求，提出桩周各岩土层侧阻力和桩端阻力的设计参数，预测或计算单桩承载力，工程需要时提出试桩方案及要求；

2 提出沉降计算参数，工程需要时进行桩基沉降分析；

3 评价地下水对桩基设计和施工的影响，提出成桩可能性的分析意见；

4 评价桩基施工对周围环境影响，并提出预防措施和监测方案；

5 当桩侧土层为欠固结土或抽取地下水且有大面积地面沉降的场地，以及周围有大面积堆载时，应考虑桩的负摩阻力。

**9.3.2** 桩端持力层的选择应符合下列规定：

1 软土地区中的桩基应优先选择软土中夹砂及可塑至硬塑黏性土层，以及软土场地下伏砂性土、可塑至硬塑黏性土、碎石土、全风化和强风化岩及基岩作为桩端持力层；

2 以较硬地层作为桩端持力层时，桩端下持力层厚度不宜小于4倍桩径，扩底桩桩端下持力层厚度不宜小于2倍扩底直径。

**9.3.3** 成（沉）桩的分析评价内容应包括下列内容：

1 采用挤土桩时，分析挤土效应对邻近桩、建（构）筑物、道路和地下管线等产生的不利影响；

2 锤击沉桩产生的多次反复振动对邻近既有建（构）筑物及公用设施等的损害；

3 先沉桩后开挖基坑时，分析基坑挖土顺序、坑边土体侧移对桩的影响；

4 灌注桩施工中产生的泥浆对环境的污染。

# 10 基坑工程勘察

## 10.1 一 般 规 定

**10.1.1** 软土地区基坑工程勘察宜与地基勘察同步进行。在初步勘察阶段，应初步查明场地环境情况和工程地质条件，预测基坑工程中可能产生的主要岩土工程问题，并应为基坑工程的设计、施工提供相应参数和基础资料，对基坑工程安全等级、支护方案提出建议。必要时，应进行专项勘察。

**10.1.2** 基坑工程勘察应进行环境状况的搜集调查，并应包括下列内容：

1 邻近的建（构）筑物的结构类型、层数、地基、基础类型、埋深、持力层及上部结构现状；

2 周边各类管线及地下工程情况；

3 周边地表水汇集、排泄以及地下管网分布及渗漏情况；

4 周边道路等级情况等。

**10.1.3** 基坑工程勘察报告除应包括一般工程勘察报告的内容外，尚应包括下列内容：

1 基坑工程设计所需的地层结构、岩土的物理力学性质指标以及含水层水文地质参数指标，主要包括下列内容：

1）土层不固结不排水抗剪强度指标或十字板原位测试指标，有经验的地区，宜提供固结不排水抗剪强度指标或直接快剪强度指标；

2）土的颗粒组成、颗粒级配曲线、不均匀系数等；

3）回弹系数；

4）对基坑工程深部有影响的承压水头。

2 评价地下水对基坑工程的影响，提出地下水控制方法的建议。

3 评价基坑工程与周边环境的相互影响并提出设计、施工应注意的事项和必要的保护措施的建议。

4 对施工过程中形成的流砂、流土、管涌及整体失稳等现象的可能性，进行评价并提出预防措施；对具有特殊性质的岩土，分析其对基坑工程的影响，并提出设计施工的相应措施的建议。

5 提供平面图、地层剖面图及与支护设计有关的岩土试验成果图表。

## 10.2 勘察工作量及参数选用

**10.2.1** 基坑工程勘察区范围宜达到基坑边线以外2～3倍基坑深度，勘探点宜沿基坑周边布置，边线以外宜以调查或搜集资料为主。勘探点的间距应根据地质条件的复杂程度确定，并宜为15m～30m。当基坑周边遇暗浜、暗塘，填土厚度变化或基岩面起伏很大时，宜加密勘探点。

**10.2.2** 基坑工程勘探深度应满足支护结构稳定性验算的要求，并不宜小于基坑深度的2.5倍。当在此深度内遇到坚硬土层时，可根据岩土类别和支护设计要求减少深度。控制性勘探孔应穿透主要含水层，并进入隔水层。当在基坑深度内遇微风化基岩时，一般性勘探孔应钻入微风化岩层1m～3m，控制性勘探孔应超过基坑深度1m～3m；控制性勘探点宜为勘探点总数的1/3，且每一基坑侧边不宜少于2个控制性勘探点。

**10.2.3** 基坑工程勘察除应分层采取土试样进行试验外，还应进行相应的原位测试。对软土、一般黏性土、粉土、砂土，可进行静力触探试验；对粉土、砂土，可进行标准贯入试验；对软土，尚可进行十字板剪切试验、旁压试验、扁铲侧胀试验等。每一主要土层的室内试验和各种原位测试的数量不应少于6个。

**10.2.4** 当地下水可能与邻近地表水体有水力联系时，宜查明其补给、排泄条件，水位变化规律；当基坑坑底以下影响深度范围内有承压水，且有突涌可能时，应测量其水头高度和含水层界面。当基坑内钻孔钻入拟开挖深度以下的砂土、粉性土时，钻探结束后应立即采用黏土球回填封孔。

**10.2.5** 室内试验项目除包括常规试验外，尚应符合下列规定：

1 土的抗剪强度试验方法应与基坑工程设计工况一致，并应符合设计采用的标准，且应在勘察报告中说明；

2 对于软土及淤泥或淤泥质土，应测定土的灵敏度；

3 必要时，应提供土的静止土压力系数。

### 10.3 基坑工程评价及地下水控制

**10.3.1** 软土地区基坑工程岩土工程评价应包括下列内容：

1 对基坑工程安全等级提出建议；

2 对基坑的整体稳定性和可能的破坏模式作出评价；

3 对地下水控制方案提出建议，且当建议采取降水措施时，应提供水文地质计算的有关参数和预测降水对周边环境可能造成的影响；

4 对基坑工程支护方案和施工中应注意的问题提出建议；

5 对基坑工程的监测工作提出建议。

**10.3.2** 基坑工程应根据地层情况、含水层埋置条件、补给条件、地下水类型等条件进行地下水控制设计，可采用降低地下水位、隔离地下水、坑内明排等方法，并应提出控制降、排水引起的地层变形的措施建议。

**10.3.3** 基坑工程应充分考虑基坑开挖暴露时间造成对土体可能发生的软化崩解及强度的影响。

**10.3.4** 当基坑底部有饱和软土时，应提出抗隆起、抗突涌和整体稳定加固的措施或建议，必要时，应对基坑底土进行加固以提高基坑内侧被动抗力。

**10.3.5** 软土地区基坑工程应建立信息反馈处理程序，加强过程监测。监测的主要内容宜包括变形监测、应力监测、地下水动态监测等方面。

## 11 勘察成果报告

### 11.1 一 般 规 定

**11.1.1** 软土地区勘察成果报告应对岩土试验成果进行统计分析，并结合场地实际情况进行岩土工程分析评价。岩土工程分析评价宜具备下列条件：

1 上部结构的类型、刚度、荷载情况和对变形控制等要求；

2 软土成层条件、应力历史、结构性、灵敏性、流变性等力学特性和排水固结条件等场地的工程地质条件；

3 地区经验和类似工程经验。

**11.1.2** 岩土工程分析评价内容应符合本规程第6章～第11章中的有关规定。

**11.1.3** 软土的强度参数指标宜优先选择静力触探试验等原位测试指标。

**11.1.4** 勘察报告应结合软土地区的特点和主要岩土工程问题进行编写，并应做到资料完整、真实准确、数据无误、图表清晰、结论有据、重点突出、建议合理、有明确的工程针对性、便于使用，文字报告与图表部分应相互配合、相辅相成、前后呼应。

### 11.2 岩土参数的分析和选定

**11.2.1** 岩土参数应根据下列因素分析和选定：

1 取样和试验的方法；

2 软土的形成条件、成层特点、均匀性、应力历史、地下水及其变化条件；

3 施工方法、程序以及加荷速率对软土性质的影响；

4 测试方法与计算模型的配套性。

**11.2.2** 地基土室内试验及原位测试的参数统计应符合下列规定：

1 应按不同工程地质单元分层进行统计；

2 子样的取舍宜考虑数据的离散程度和已有经验；

3 按工程性质及各类参数在工程设计中的作用，可分别给定范围值、计算值（算术平均值、标准值或最大、最小平均值）、子样数及变异系数，当变异系数较大时，应分析其原因，并提出建议值。

**11.2.3** 地基土室内及原位测试的参数统计应符合现行国家标准《岩土工程勘察规范》GB 50021的规定。

**11.2.4** 岩土工程特性指标应包括强度指标、压缩性指标、静力触探试验、标准贯入试验、动力触探试验指标和载荷试验承载力等特性指标。岩土工程特性指标代表值可包括标准值、平均值及特征值等。抗剪强度指标应取标准值，压缩性指标应取平均值，载荷试验应取承载力特征值，土的物理性质指标宜取平均值。

**11.2.5** 静力触探测试参数应提供分层统计值，当土质均匀、测试数据离散较小时，可采用单孔分层平均法确定计算值。当土质不均匀、测试数据离散性较大时，可采用单孔分层厚度加权平均法计算最小平均值。

**11.2.6** 十字板剪切强度、标准贯入试验击数、扁铲侧胀试验成果及剪切波速等指标，应提供分层统计值和建议值，并应绘制随深度的变化曲线。

**11.2.7** 对于重大的岩土工程问题，可根据工程原型或足尺试验获得量测结果，用反分析的方法反求土性参数，验证设计计算，查验工程效果。

### 11.3 成果报告的基本要求

**11.3.1** 软土地区勘察成果报告编写前，应对所依据的搜集、调查、测绘、勘探、测试所得等原始资料，进行整理、分析、鉴定，并应经确定无误后再作为编写报告的依据。

**11.3.2** 初步勘察报告应满足软土地区初步设计的要求，并应对拟建场地的稳定性和建筑适宜性作出评价并给出明确结论，为合理确定建筑总平面布置、选择地基基础结构类型、防治不良地质作用和地基处理提供依据。

**11.3.3** 详细勘察报告应满足施工图设计要求，为地基基础设计、地基处理、基坑工程、基础施工方案及降水截水方案的确定等提供岩土工程资料，并作出相应的分析和评价。

**11.3.4** 详细勘察报告除应符合现行国家标准《岩土工程勘察规范》GB 50021 的规定外，尚应重点阐明下列问题：

1 影响地基稳定性的各种因素及不良地质作用，埋藏的河道、浜沟、墓穴、防空洞、孤石等对工程不利的埋藏物的分布及发育情况，评价其对工程的影响；

2 对地基岩土层的空间分布规律、均匀性、强度和变形状态及与工程有关的主要地层特性进行定性和定量评价；

3 软土层采取土试样的方法；

4 场地地下水的类型、埋藏条件、水位、渗流状态及有关水文地质参数，评价地下水的腐蚀性及对深基坑、边坡等的不良影响，必要时应分析地下水对成桩工艺及复合地基施工的影响；

5 当采用天然地基方案时，应对地基持力层及下卧层进行分析，提出地基承载力和沉降计算的参数，必要时结合工程条件对地基变形进行分析；

6 提供地基处理分析计算所需的岩土参数，根据软土地区特征及场地条件建议一种或多种地基处理方案，并宜分析评价复合地基承载力及复合地基的变形特征；

7 提供桩基承载力和桩基沉降计算的参数，必要时应进行不同情况下桩基承载力和桩基沉降量的分析与评价，提出桩型、桩端持力层的建议，对各种可能选用的桩基方案进行分析比较，提出成桩中可能出现的问题和可能引起的环境问题，建议可行的基础方案及施工方法；

8 根据基坑的规模及场地工程地质、水文地质条件提出基坑支护、地下水控制方案的建议；

9 对地基基础及基坑支护等施工中应注意的岩土工程问题及工程检测、现场检验、监测工作提出建议；

10 必要时，对特殊岩土工程问题提出专题研究的建议。

**11.3.5** 软土地区勘察成果报告宜对地基基础和上部结构的设计、施工和使用等进行综合分析，提出减少和预防由于地基变形引起建筑物的结构损坏或影响正常使用的建议。

**11.3.6** 软土地区勘察报告应包括下列主要图件：

1 拟建建筑平面位置及勘探点平面布置图；

2 勘探点主要数据一览表；

3 工程地质钻孔柱状图或综合柱状图；

4 工程地质剖面图；

5 室内试验及原位测试图表。

**11.3.7** 当工程地质条件复杂或地基基础分析评价需要时，应附下列图表：

1 软土层面等高线图和等厚度线图；

2 拟采用持力层层面等高线图；

3 不良地质作用发育平面分布图；

4 综合工程地质图或分区图；

5 地下水等水位线图；

6 岩土利用、整治、改造方案的有关图表；

7 岩土工程计算简图及计算成果图表。

**11.3.8** 软土地区勘察报告可根据需要附下列附件：

1 岩土工程勘察任务书（含建筑物基本情况及勘察技术要求）；

2 重要的审查报告或审查会（或鉴定会）纪要；

3 任务委托书（或勘察合同）、勘察工作纲要；

4 本次勘察所用的机具、仪器的型号、性能说明；

5 重要函电；

6 专题研究报告。

## 附录 A 中国软土主要分布地区的工程地质区划略图

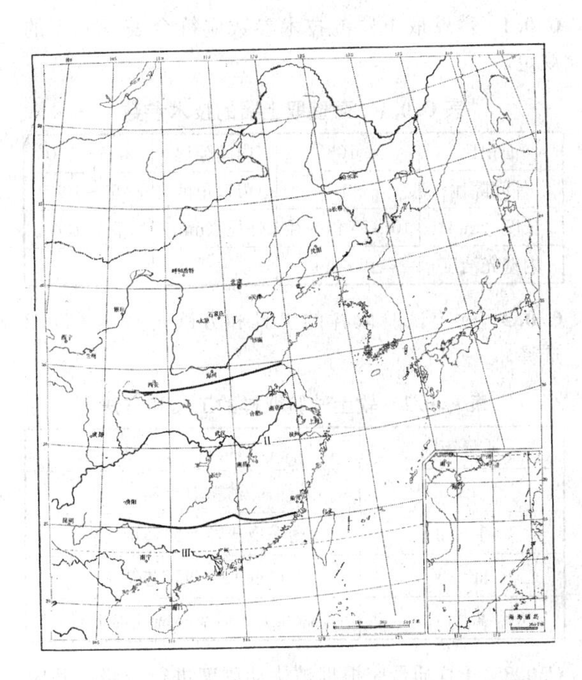

Ⅰ—北方地区；Ⅱ—中部地区；Ⅲ—南方地区

## 附录B 中国软土主要分布地区软土的工程地质特征表

| 区划 | 海陆别 | 沉积相 | 土层埋深 | 物理力学指标（平均值） | | | | | | | | | | | | | |
|---|---|---|---|---|---|---|---|---|---|---|---|---|---|---|---|---|---|
| | | | | 天然含水率 $w$ | 重力密度 $\gamma$ | 孔隙比 $e$ | 饱和度 $s_r$ | 液限 $w_L$ | 塑限 $w_P$ | 塑性指数 $I_P$ | 液性指数 $I_L$ | 有机质含量 | 压缩系数 $a_{1-2}$ | 垂直方向渗透系数 $k$ | 抗剪强度（固快） | | 无侧限抗压强度 $q_u$ |
| | | | | | | | | | | | | | | | 内摩擦角 $\varphi$ | 黏聚力 $c$ | |
| | | | m | % | kN/m³ | — | % | % | % | — | — | % | $MPa^{-1}$ | cm/s | 度 | kPa | kPa |
| 北方Ⅰ地区 | 沿海 | 滨海 | 2-24 | 43 | 17.8 | 1.21 | 98 | 44 | 25 | 19.2 | 1.22 | 5.0 | 0.88 | $5.0\times10^{-6}$ | 10 | 11 | 40 |
| | | 三角洲 | 5-29 | 40 | 17.9 | 1.11 | 97 | 35 | 19 | 16 | 1.35 | — | 0.67 | — | — | — | — |
| 中部Ⅱ地区 | 沿海 | 滨海 | 2-30 | 52 | 17.0 | 1.42 | 98 | 42 | 21 | 21 | — | 2.3 | 1.06 | $4.0\times10^{-8}$ | 11 | 4 | 50 |
| | | 泻湖 | 1-30 | 50 | 16.8 | 1.56 | 98 | 47 | 25 | 22 | 1.34 | 6 | 1.30 | $7.0\times10^{-8}$ | 13 | 6 | 45 |
| | | 溺谷 | 2-30 | 58 | 16.3 | 1.67 | 97 | 52 | 31 | 26 | 1.90 | 8 | 1.55 | $3\times10^{-7}$ | 15 | 8 | 26 |
| | | 三角洲 | 2-19 | 43 | 17.6 | 1.24 | 98 | 40 | 23 | 17 | 1.11 | — | 1.00 | $1.5\times10^{-6}$ | 17 | 6 | 40 |
| | 内陆 | 高原湖泊 | — | 77 | 15.6 | 1.93 | — | 70 | — | 28 | 1.28 | 18.4 | 1.60 | — | 6 | 12 | — |
| | | 平原湖泊 | — | 47 | 17.4 | 1.31 | — | 43 | 23 | 19 | — | 9.9 | — | $2\times10^{-7}$ | — | — | — |
| | | 河漫滩 | — | 47 | 17.5 | 1.22 | — | 39 | — | 17 | 1.44 | — | — | — | — | — | — |
| 南方Ⅲ地区 | 沿海 | 滨海 | 1-20 | 88.2 | 15.0 | 2.35 | 100 | 55.9 | 34.4 | 21.5 | 2.56 | 6.8 | 2.04 | $3.59\times10^{-7}$ | 2.1 | 6 | 4.8 |
| | | 三角洲 | 1-19 | 50.8 | 17.0 | 1.45 | 100 | 33.0 | 18.8 | 14.2 | 1.79 | 2.75 | 1.32 | $7.33\times10^{-7}$ | 5.2 | 11.6 | 13.8 |

## 附录C 试样质量等级的选择

**C.0.1** 薄壁取土器的技术参数应符合表C.0.1的规定。

**表C.0.1 薄壁取土器的技术参数**

| 面积比 | ≤10% | 内间隙比 | 0.5～1.0 |
|---|---|---|---|
| 外间隙比 | 0 | 刃口角度 | 5°～10° |
| 长度（mm） | 10～15倍内径 | 外径（mm） | 75～100 |
| 内壁光洁度 | ∆5～∆6 | — | — |

**C.0.2** 软土试验取样的工具和方法可按表C.0.2选择。

**表C.0.2 软土试验取样的工具和方法**

| 质量级别 | 取样方法与工具 |
|---|---|
| Ⅰ | 薄壁取土器 |
| Ⅰ～Ⅱ | 薄壁取土器及回转取土器 |
| Ⅲ～Ⅳ | 厚壁取土器岩芯钻头 |
| Ⅳ | 标准贯入器空心螺纹提土器 |

**C.0.3** 土样质量应根据被扰动程度进行分级，并应符合表C.0.3的规定。

**表C.0.3 土样质量分级**

| 级别 | 扰动程度 | 试 验 内 容 |
|---|---|---|
| Ⅰ | 不扰动 | 土类定名、含水量、密度、强度、固结 |
| Ⅱ | 轻微扰动 | 土类定名、含水量、密度 |
| Ⅲ | 显著扰动 | 土类定名、含水量 |
| Ⅳ | 完全扰动 | 土类定名 |

注：1 不扰动是指原位应力状态虽已改变，但土的结构、密度和含水量变化很小，能满足室内试验各项要求；

2 除地基基础设计等级为甲级的工程外，在工程技术要求允许的情况下，可用Ⅱ级土试样进行强度和固结试验，但宜先对土试样受扰动程度作抽样鉴定，判定用于试验的适宜性，并结合地区经验使用试验成果。

## 附录D 土粒相对密度和泊松比的经验值

**D.0.1** 土粒相对密度经验值可按表D.0.1确定。

**表D.0.1 土粒相对密度经验值**

| 塑性指数 $I_P$ | 土粒相对密度 | 塑性指数 $I_P$ | 土粒相对密度 |
|---|---|---|---|
| $I_P<6$ | 2.69 | $17<I_P\leqslant20$ | 2.73 |
| $6<I_P\leqslant10$ | 2.70 | $20<I_P\leqslant24$ | 2.74 |
| $10<I_P\leqslant14$ | 2.71 | $I_P>24$ | 2.75 |
| $14<I_P\leqslant17$ | 2.72 | — | — |

注：本表不适用于有机质含量大于10%的土。

**D.0.2** 土的泊松比（$\mu$）可按表D.0.2确定。

**表D.0.2 土的泊松比**

| 土类 | 泊松比（$\mu$） |
|---|---|
| 粉土 | 0.30 |
| 粉质黏土 | 0.35 |
| 黏土 | 0.42 |

## 附录E 单桩竖向承载力的经验公式

**E.0.1** 当单桩竖向极限承载力按土的埋深和物理力学性质指标估算时，可按下式计算：

$$Q_u = u\Sigma q_{sik} l_i + q_{pk} A_p \quad (E.0.1)$$

式中：$q_{sik}$——桩侧第$i$层土的极限侧阻力标准值，可根据当地经验确定；

$q_{pk}$——极限端阻力标准值，可根据当地经验确定；

$Q_u$——单桩竖向极限承载力（kN）；

$u$——桩身周长（m）；

$l_i$——第$i$层土桩长（m）；

$A_P$——桩端面积（$m^2$）。

**E.0.2** 当单桩竖向极限承载力按静力触探试验成果估算时，应符合下列规定：

1 采用单桥静力触探比贯入阻力（$p_s$）估算预制桩单桩竖向极限承载力时，可按下式计算：

$$Q_u = u\Sigma q_{sik} l_i + \alpha_b p_{sb} A_p \quad (E.0.2\text{-}1)$$

式中：$Q_u$——单桩竖向极限承载力（kN）；

$u$——桩身周长（m）；

$q_{sik}$——用单桥静力触探比贯入阻力（$p_s$）估算的第$i$层土的桩间极限侧阻力（kPa），可按表E.0.2-1取值，且当桩端穿越粉土、粉砂、细砂及砂层底面时，粉土及砂土估算的$q_{sik}$应乘以表E.0.2-2中系数（$\varphi_s$）；

$l_i$——第$i$层土桩长（m）；

$\alpha_b$——桩端阻力修正系数，按表E.0.2-3取值；

$p_{sb}$——桩端附近的静力触探比贯入阻力平均值（kPa），按表E.0.2-4计算；

$p_{sb1}$——桩端全断面以上8倍桩径范围内的比贯入阻力平均值（kPa）；

$p_{sb2}$——桩端全断面以下4倍桩径范围内的比贯入阻力平均值（kPa），当桩端持力层为密实的砂土层，其比贯入阻力平均值（$p_s$）超过20MPa时，应乘以表E.0.2-5中系数（C）后，再计算$p_{sk2}$及$p_{sk1}$值；

$\beta$——折减系数，按表E.0.2-6取值；

$A_p$——桩端面积（$m^2$）。

**表E.0.2-1 桩间极限侧阻力$q_{sik}$**

| 土的类别 | | 单桥静力触探比贯入阻力（$p_s$） | 桩间极限侧阻力（kPa） |
|---|---|---|---|
| 地表以下6m范围内的浅层土 | | — | 15 |
| 黏性土 | 位于粉土及砂性土以上 | $p_s \leqslant 1000$kPa | $q_{sik}=\frac{p_s}{20}$ |
| | | 1000kPa$<p_s\leqslant 4000$kPa | $q_{sik}=0.025p_s+25$ |
| | | $p_s>4000$kPa | 125 |
| | 位于粉土及砂性土以下 | $p_s\leqslant 600$kPa | $q_{sik}=\frac{p_s}{20}$ |
| | | 600kPa$<p_s\leqslant 5000$kPa | $q_{sik}=0.016p_s+20.45$ |
| | | $p_s\geqslant 5000$kPa | 100 |
| 粉土及砂性土 | | $p_s\leqslant 5000$kPa | $q_{sik}=\frac{p_s}{50}$ |
| | | $p_s>5000$kPa | $q_{sik}=100$ |

**表E.0.2-2 系数$\varphi_s$**

| $p_s/p_{s1}$ | ≤5 | 7.5 | ≥10 |
|---|---|---|---|
| $\varphi_s$ | 1.00 | 0.50 | 0.33 |

注：1 $p_s$为桩端穿越的中密—密实砂土、粉土的单桥静力触探比贯入阻力平均值；$p_{s1}$为砂土、粉土的下卧软土层的比贯入阻力平均值；

2 单桥探头的圆锥底面积为15$cm^2$，底部带7cm高滑套，锥角60°。

**表E.0.2-3 桩端阻力修正系数$\alpha_b$**

| 桩入土深度$l$（m） | $h<15$ | $15\leqslant h\leqslant 30$ | $30<h\leqslant 60$ |
|---|---|---|---|
| $\alpha_b$ | 0.75 | 0.75～0.90 | 0.90 |

**表E.0.2-4 桩端附近的静力触探比贯入阻力平均值$p_{sb}$**

| | |
|---|---|
| 当$p_{sb1}\leqslant p_{sb2}$时 | $p_{sb}=\frac{p_{sb1}+p_{sb2}\beta}{2}$ |
| 当$p_{sb1}>p_{sb2}$时 | $p_{sb}=p_{sb2}$ |

**表E.0.2-5 系数C**

| $p_s$（MPa） | 20～30 | 35 | >40 |
|---|---|---|---|
| 系数C | 5/6 | 2/3 | 1/3 |

**表E.0.2-6 桩端阻力折减系数$\beta$**

| $p_{sb2}/p_{sb1}$ | <5 | 5～10 | 10～15 | >15 |
|---|---|---|---|---|
| $\beta$ | 1 | 5/6 | 2/3 | 1/2 |

对于比贯入阻力值为 2500kPa～6500kPa 的浅层粉性土及稍密的砂性土，计算桩端阻力和桩周侧阻力时应结合经验，考虑数值可能偏大的因素。用 $p_s$ 估算的桩的极限端阻力不宜超过 8000kPa，桩周极限侧阻力不宜超过 100kPa。

**2** 对于一般黏性土和砂土，采用静力触探试验双桥静力触探锥尖阻力（$q_c$）和探头侧摩阻力（$f_{si}$）估算预制桩单桩竖向极限承载力时，可按下式计算：

$$Q_u = u\Sigma f_{si} l_i \beta_i + \alpha q_c A_p \qquad (E.0.2\text{-}2)$$

式中：$f_{si}$——第 $i$ 层土的（kPa）；

$\beta_i$——第 $i$ 层土桩身侧摩阻力修正系数：对于黏性土、粉土，$\beta_i = 10.043 f_{si}^{-0.55}$；对于砂性土，$\beta_i = 5.045 f_{si}^{-0.45}$；

$\alpha$——桩端阻力修正系数：对黏性土、粉土，$\alpha$ 取 2/3；对饱和砂土，$\alpha$ 取 1/2；

$q_c$——桩端上、下探头阻力，取桩尖平面以上 $4d$ 范围内按厚度的加权平均值，然后再和桩端平面以下 $1d$ 范围内的 $q_c$ 值进行平均（kPa）。

**E.0.3** 对于预制桩、预应力管桩和沉管灌注桩，采用标准贯入试验成果估算单桩竖向极限承载力时，可按下式计算：

$$Q_u = \beta_s u \Sigma q_{sis} l_i + q_{ps} A_p \qquad (E.0.3)$$

式中：$q_{sis}$——第 $i$ 层土的极限侧阻力（kPa），可按表 E.0.3-1 采用；

$q_{ps}$——桩端土的极限端阻力（kPa），可按表 E.0.3-2 采用；

$\beta_s$——桩侧阻力修正系数，土层埋深大于等于 10m 且小于等于 30m 时，$\beta_s$ 取 1.0；土层埋深大于 30m 时，$\beta_s$ 取 1.1～1.2。

**表 E.0.3-1 极限侧阻力 $q_{sis}$**

| 土的类别 | 土(岩)层平均标准贯入实测击数(击) | 极限侧阻力 $q_{sis}$(kPa) |
|---|---|---|
| 淤泥 | <1～3 | 10～16 |
| 淤泥质土 | 3～5 | 18～26 |
| 黏性土 | 5～10 | 20～30 |
| | 10～15 | 30～50 |
| | 15～30 | 50～80 |
| | 30～50 | 80～100 |
| 粉土 | 5～10 | 20～40 |
| | 10～15 | 40～60 |
| | 15～30 | 60～80 |
| | 30～50 | 80～100 |

续表 E.0.3-1

| 土的类别 | 土(岩)层平均标准贯入实测击数(击) | 极限侧阻力 $q_{sis}$(kPa) |
|---|---|---|
| 粉细砂 | 5～10 | 20～40 |
| | 10～15 | 40～60 |
| | 15～30 | 60～90 |
| | 30～50 | 90～110 |
| 中砂 | 10～15 | 40～60 |
| | 15～30 | 60～90 |
| | 30～50 | 90～110 |
| 粗砂 | 15～30 | 70～90 |
| | 30～50 | 90～120 |
| 砾砂（含卵石） | >30 | 110～140 |
| 全风化岩 | 40～70 | 100～160 |
| 强风化软质岩 | >70 | 160～200 |
| 强风化硬质岩 | >70 | 200～240 |

注：表中数据对无经验的地区应先用试桩资料进行验证。

**表 E.0.3-2 极限端阻力 $q_{ps}$**

| $q_{pk}$（kPa） 标准贯入实测击数（击） / 桩入土深度（m） | 70 | 50 | 40 | 30 | 20 | 10 |
|---|---|---|---|---|---|---|
| 15 | 9000 | 8200 | 7800 | 6000 | 4000 | 1800 |
| 20 | 11000 | 8600 | 8200 | 6600 | 4400 | 2000 |
| 25 | — | 9000 | 8600 | 7000 | 4800 | 2200 |
| 30 | — | 9400 | 9000 | 7400 | 5000 | 2400 |
| >30 | — | 10000 | 9400 | 7800 | 6000 | 2600 |

注：1 表中数据可以内插；

2 表中数据对无经验的地区应先用试桩资料进行验证。

## 本规程用词说明

**1** 为了便于在执行本规程条文时区别对待，对要求严格程度不同的用词说明如下：

**1）** 表示很严格，非这样做不可的：
正面词采用"必须"；反面词采用"严禁"；

**2）** 表示严格，在正常情况下均应这样做的：
正面词采用"应"；反面词采用"不应"或"不得"；

3）表示允许稍有选择，在条件许可时首先应这样做的：

正面词采用“宜”；反面词采用“不宜”；

4）表示有选择，在一定条件下可以这样做的，采用“可”。

2 条文中指明应按其他有关标准执行的写法为：“应符合……的规定”或“应按……执行”。

## 引用标准名录

1 《建筑地基基础设计规范》GB 50007

2 《建筑抗震设计规范》GB 50011

3 《岩土工程勘察规范》GB 50021

4 《土工试验方法标准》GB/T 50123

中华人民共和国行业标准

# 软土地区岩土工程勘察规程

JGJ 83—2011

## 条 文 说 明

# 修 订 说 明

《软土地区岩土工程勘察规程》JGJ 83－2011，经住房和城乡建设部2011年4月22日以第998号公告批准、发布。

本规程是在《软土地区工程地质勘察规范》JGJ 83－91的基础上修订而成，上一版的主编单位是中国建筑科学研究院，参加单位是上海勘察院、天津市规划设计管理局、天津市勘察院，主要起草人员是翟礼生、莫群欢、翁鹿年、费仲良、邓红灯、陆莲美、杨石红、顾国荣、石曾传、焦景有、李珊林。本次修订的主要技术内容是：1. 将原规范由8章调整为11章；2. 增加了"术语和符号"；3. 岩土工程勘察基本要求中明确了软土勘察等级，初步勘察的勘探线、勘探点间距和初步勘察的勘探孔深度；4. 修订了"调查、勘探和测试"一章，强调软土地区应加强原位测试工作，规定了原位测试的试验项目、测定参数、主要试验目的；5. 修订了"地下水"一章，增加了"现场勘察时地下水测量要求"和"抗浮设防水位确定"内容；6. 修订了"强震区场地和地基"一章，增加了"软土地区地震效应勘察内容"和"当设防烈度等于或大于7度时，对厚层软土分布区软土震陷可能性的判别"内容；7. 增加了"天然地基勘察"一章；8. 增加了"地基处理勘察"一章；9. 修订了"桩基工程勘察"一章，增加了"单桩极限承载力根据地区经验按土的埋深和物理力学指标进行计算"的内容和"附录E单桩竖向承载力的经验公式"；10. 增加了"基坑工程勘察"一章；11. 增加了"岩土工程勘察成果报告"一章。

本规程修订过程中，编制组进行了广泛的调查研究，总结了我国工程建设软土地区岩土工程勘察的实践经验，同时参考了国外先进的技术法规、技术标准，通过试验取得了多项重要技术参数。

为便于广大设计、施工、科研、学校等单位有关人员在使用本规程时能正确理解和执行条文规定，《软土地区岩土工程勘察规程》编制组按章、节、条顺序编制了本规程的条文说明，对条文规定的目的、依据以及执行中需注意的有关事项进行了说明。但是，本条文说明不具备与规程正文同等的法律效力，仅供使用者作为理解和把握规程规定的参考。

# 目　次

## 1 总 则

**1.0.1** 制定本规程的目的是在软土地区岩土工程勘察中贯彻执行国家技术经济政策，合理统一技术标准，促进技术进步。软土地区岩土工程勘察不仅要客观反映工程地质条件，而且要为建筑物的设计、施工和建设使用的全过程服务。本次修订中加强了分析评价内容，并吸收了近十几年来软土地区岩土工程勘察中的新技术和新经验，特别是一些成熟有代表性的地区经验。

**1.0.2** 本条规定了本规程的适用范围。条文中的建筑是指建筑物及其附属构筑物、单独构筑物。

**1.0.3** 本条提出了软土地区岩土工程勘察的共性和原则性要求。软土的地基和场地属于不良工程地质条件，因此，针对软土地区特点的勘察做到精心勘察、精心分析是十分必要的。

**1.0.5** 在执行本规程时，尚应符合的国家现行标准主要包括:《岩土工程勘察规范》GB 50021、《建筑地基基础设计规范》GB 50007、《建筑抗震设计规范》GB 50011、《建筑桩基技术规范》JGJ 94、《建筑地基处理技术规范》JGJ 79、《建筑边坡工程技术规范》GB 50330、《土工试验方法标准》GB/T 50123 等。

## 2 术语和符号

### 2.1 术 语

**2.1.1** 软土除包括淤泥、淤泥质土、泥炭、泥炭质土外，某些冲填、吹填的细粒土其性质与淤泥相似，也属软土或软弱土的范畴。另外，按《港口工程地质勘察规范》JTJ 240 - 97 的划分，淤泥性土包括淤泥质土、淤泥、流泥和浮泥等均属软土。

**2.1.3** 按《岩土工程基本术语标准》GB/T 50279 的定义，灵敏度为原状黏性土试样与含水率不变时该土重塑土试样无侧限抗压强度的比值。考虑到灵敏度还可以通过十字板试验获得，因此没有限定为试样的无侧限抗压强度。

**2.1.4** 《工程地质手册》（第四版）“软土的工程性质”中的流变性叙述为：“软土在长期荷载作用下，除产生排水固结引起的变形外，还会发生缓慢而长期的剪切变形”。综合专家的意见进行修改确定。

**2.1.8** 地面沉降的定义参考《岩土工程基本术语标准》GB/T 50279 - 98 中 3.2.72 地面下沉的定义。

## 3 基 本 规 定

### 3.1 一 般 规 定

**3.1.1** 从第四纪开始，中国大陆的轮廓已基本上形成，也就是说，软土是在南北气候差别、新构造运动变异、物质来源多样的条件下，在静水或缓慢水流中，经过生物化学作用而淤积形成的，它必然存在着成因、构造、结构及工程性质的地区性差异，理论上是如此。通过实际资料的统计，初步建立起来的软土的区域工程性质特征，从实践上也说明如此。这些区域性特征，可供区划、规划和勘察的前期工作使用。

**3.1.2** 分阶段勘察的原则必须坚持。但是，由于各行业设计阶段的划分不完全一致，工程的规模和要求也不同，场地和地基的复杂程度差别很大，要求每个工程都进行分阶段勘察是不实际、不必要的，勘察单位应根据任务要求进行相应阶段的勘察工作。

**3.1.3** 对于城区和工业区，当已经积累了大量的工程勘察经验情况下，建筑物平面布置已确定时，可以直接进行详细勘察。

### 3.2 勘 察 等 级

**3.2.3** “不良地质作用发育”是指对极不稳定场地，不良地质作用直接威胁工程安全。“地质环境条件”是指人为和自然因素引起的地下采空、地面沉降、地裂缝、化学污染、水位上升等。“地质环境条件复杂”是指上述条件对工程的安全已构成直接威胁。“地质环境条件较复杂”是指上述条件的作用不强烈，对工程的安全的影响不严重。

对于分布有严重震陷可能的松软土、盐渍土、污染土等特殊性土，以及其他需要作专门处理的工程场地，可视为场地和地基复杂。

### 3.3 可行性研究勘察

**3.3.1** 工程建设适宜性应在可行性研究阶段评价，以便场地方案比选，或为制定避让、治理等措施，为可能进行的专项地质调查、评估工作提供依据。必要时应进行工程地质分区或分段。

**3.3.2** 可行性研究勘察阶段的工作，一般主要是搜集和分析已有的相关资料，进行现场踏勘，必要时才进行工程地质测绘及测量、勘探、测试和试验工作。最后应对拟建场地的稳定性和适宜性以及技术经济效益进行综合评价。

### 3.4 初 步 勘 察

**3.4.3** 地下管线的安全对保障国民经济发展和城镇人民的生活具有重要意义，在初步勘查阶段就应取得场地的地下管线现状资料，若直接进行场地详细勘察时，应取得场地的地下管线现状资料，并制定安全勘探措施。

**3.4.4** 本规程编制中综合考虑了国家标准《岩土工程勘察规范》GB 50021 及《建筑抗震设计规范》GB 50011 中的有关规定，规定对抗震设防烈度等于或大于 6 度的场地，划分对建筑抗震有利、不利、危险的地段，应判定场地和地基的地震效应。

**3.4.5、3.4.6** 由于地貌形态及其变化在很大程度上反映地质情况的变化，因此，初步勘察阶段勘探线的布置首先要考虑地貌因素。勘探线要在每个地貌单元和地貌交接部位布置，应该而且尽可能垂直地貌单元线、地层界线及海岸线，同时在微地貌和地层变化较大地段适当加密，这对于查明隐伏的不良地质作用是十分重要的。

**3.4.7** 基岩一般是指中等风化岩石。对于拟考虑桩基方案的控制性勘探孔应进入微风化岩石内适当深度；对于软质岩石，由于风化层很厚，可考虑一般性勘探孔孔进入强风化岩石适当深度。

**3.4.9** 对于涉及基坑降水、基础抗浮设计的工程场地，在初勘阶段宜与委托单位或设计单位沟通，设置地下水位长期监测孔，为场地详细勘察阶段的水文地质评价及基础设计、施工提供科学依据。

### 3.5 详细勘察

**3.5.3** 暗埋的塘、浜、沟、坑、穴的分布、埋深，对工程的安全影响很大，应予查明，在调查过程中，需要进行场地利用历史的查询、相关部门的配合及必要的勘探、探测工作。对于建筑基础底板标高附近以上深度范围内的地层，宜取土样进行腐蚀性测试。

**3.5.4** 本规程编制中，在天然地基、桩基、地基处理各章中对详细勘察阶段的勘察要求专门进行了规定，故此处未涉及详细勘察阶段的勘探点布置和深度的具体要求。第2款规定每个场地每一主要土层的原状土试样或原位测试数据不应少于6（组），这是基本要求，对于建筑群场地每一主要土层的原状土试样或原位测试数据应适当增加，充分考虑地层相变及均匀性的影响，使得参数统计结果具有充分代表性；对于地面下20m范围的砂土、粉土层，每一主要土层的原位测试数据不应少于6组，以满足地震液化评价要求。

### 3.6 施工勘察

**3.6.1** 软土地区的岩土工程条件与施工方法有着密切的关系，因此，本规程把施工勘察作为一个独立的勘察阶段。该阶段的勘察工作具有更强的针对性，主要是为施工设计提供资料和参数，特别是在设计条件出现重大变更或者施工方案设计和实施存在特定需求时。其次要在配合设计、施工单位进行地基验槽的基础上，针对地质条件的变化，开展进一步的勘察工作。

## 4 测绘调查、勘探和测试

### 4.1 一般规定

**4.1.1** 工程地质调查和测绘是在地质条件复杂的场地进行勘察不可缺少的内容。工程地质调查对各项工程都要进行，不同勘察阶段对工程地质调查和测绘的内容和要求也不尽相同。

可行性研究勘察的主要任务是从总体上评价拟选场地的稳定性和适宜性，进行技术经济分析以决定场地的取舍，因此，一般通过调查工作，搜集研究已有地质资料，进行现场踏勘，对影响工程的重点工程地质问题进行核实与补充勘察，发现场地存在重大地质问题（如滑坡、发震断裂、洪水等）时，才进行详细的调查和测绘。

在初步勘察阶段，除做工程地质调查外，一般要进行工程地质测绘，因为本阶段场地已经选定，勘察工作的主要任务是进一步评定场地内各地段的稳定性和建筑条件，进行工程地质分区或分段，为确定建筑物总平面布置提供资料。

详细勘察阶段，是在初步勘察阶段的调查和测绘的基础上，在建筑物布置的地段，对地质界线或微地貌形态作必要的补充。当地质条件特别复杂时，应对前一勘察阶段遗留下来的某些专门性问题作必要的详细调查和测绘。

**4.1.3** 本条强调了软土地区原位测试工作，这是我国软土地区几十年工程勘察经验的总结。现场原位测试，目前在国内一般勘察单位常用的手段，以载荷试验、静力触探试验、十字板剪切试验，标准贯入试验、旁压试验、波速试验等为主。这些试验标准与方法，可按有关的规程来执行，但应按软土的特性来选用。静力触探是软土地区十分有效的原位测试方法，能较准确地进行力学分层。旁压试验比较适宜测试软土的模量和强度。十字板剪切试验比较适宜测试内摩擦角近似为零的软土强度。扁铲侧胀试验虽然经验不多，但适用于软土也是公认的。标准贯入试验对软土测试并不适用，但可用于软土中砂土、粉土和较硬黏性土等测试。

**4.1.4** 现场原位测试能得到广泛的应用，原因在于地基土处在原位天然状态下，不受人为的扰动影响，测得其性能指标精确性优于室内试验。但是，由于原位测试所获得的土性指标较单一，不能作为全面评价地基土性能的依据，故而应与室内试验配合使用，应用中应当考虑本地区地基土的性质特点和工程实践经验。土工试验资料的分析整理，应以现场原位测试为主要依据。对明显不合理的数据，应分析原因，并结合地区资料合理取值。

### 4.2 工程地质测绘和调查

**4.2.2** 工程地质测绘与调查的范围不应仅针对建设范围内的场地，还应适当扩大范围，对附近相关地段也应进行工程地质测绘与调查。

**4.2.3** 根据设计工作在初步设计和施工图设计阶段采用的地形图比例尺，在初步勘察阶段为1：2000～

1∶10000，详细勘察阶段为1∶500～1∶2000。在具体工作时，可根据场地工程地质条件的复杂程度和工程要求，在上述范围内选择。当场地工程地质条件复杂和工程要求较高时，应采用较大比例尺。对工程有特殊意义的地质单元体，如滑坡、洞穴等，都应进行测绘，必要时可用扩大比例尺表示。

**4.2.4** 为了达到精度要求，要求在测绘填图中采用比提交成图比例尺大一级的地形图作为填图的底图。

## 4.3 钻探和取样

**4.3.1** 软土地区钻探时常出现涌土、缩孔、坍孔等现象，尤其当上部土层夹砂性土、粉性土时，一般成孔困难，必须采取护壁等措施，连续施工。为避免出现涌土、缩孔、坍孔等不良现象，提出了钻探的基本要求。

**4.3.2** 钻探编录应由经过训练的专职人员承担。钻探编录的程序一般应对土层作确切定名，并记录其埋藏深度。

钻探描述：矿物成分、包含物、土层结构与层理特征等。对于土类不同、颜色不同、结构不同，其厚度大于0.5m的土层以及厚度小于0.5m有特殊工程意义的土层和标志层（如淤泥、泥炭等）均应单独分层描述。对"夹层"、"互层"及"夹薄层"等不均匀土层的描述，除一般描述要求外，尚应补充各单层和薄层土的厚度，出现频率（最好用素描表示）及层理等特征。参照上海规范，若两种不同土层相间成韵律，沉积厚度相差较大（厚度比为1/10～1/3）时，可定名为"夹层"；厚度相差不大（厚度比大于1/3）时，可定名为"互层"；若在很厚的土层中夹厚度非常薄（厚度比小于1/10）的不同土层，且有规律地多次出现时，应以"夹薄层"定名。

对于重要钻孔，应保存土芯样或分段拍摄土芯照片，以利于分析施工中出现的问题。

**4.3.4** 关于贯入取土器的操作方法，本条规定宜用快速静力连续压入法，即只要能压入的要优先采用压入法，特别对软土必须采用压入法。压入法应连续而不间断，如用钻机给进装置施压，则应配备足够压入行程和压入速度的钻机。

影响原状土样质量因素很多，除取土器结构、钻探操作等因素外，还有：

**1** 钻孔内残土：取土前应将孔内钻进过程中所残存的土清理干净，否则残土过多，取土时易挤压土样而影响土样质量。

**2** 取土方法：

1）轻锤多击法：由于锤的重量轻，锤击次数多，其速度及下击力往往不均匀，钻杆的摆动也大，故对土的扰动较大；

2）重锤少击法：是用重锤以少击快速将取土器击入土中，根据取样试验比较，重锤少击比轻锤多击取土质量好，而又以重锤一次击入更好；

3）压入法：是将取土器均匀地压入土中，采用这种方法对土样的扰动程度最小，有条件时采用油压给进装置效果最佳。

为了减少对土的扰动，本条文对采取Ⅰ～Ⅱ级土样，提出了以上两点操作要求。

**4.3.5** 本条需说明两点：

**1** 关于土样储存时温度

众所周知，土层深处的地温一般要比室温低得多，如果土样从地基中取出后，不是在地温相近的温度下储存、试验，则必然会受到温度变化影响。

对强度特性的影响，在一定的地温下固结的原位黏土，取土后运到室内试验时，随着温度上升，试样中的气体逸出，孔隙水压力上升，使残余有效应力减小，土的强度降低。

对固结特性的影响，随温度升高，其压缩性增大。

因此，土样储存温度应接近地温，据《上海市地基基础设计规范》：地下水温度在16℃～18℃，因此，规定土样应储存在温度10℃～30℃条件下。

**2** 关于土样储存时间

已经发现土样中的残余有效应力随其储存时间而显著下降，即土样的质量会随着时间的推移而变坏。从图1看出：土样储存50d后的残余有效应力只有取土后初始值的10%～20%。土样在储存期间，其水分可能发生内部转移，从表面附近的扰动区转移到相对不扰动的中部，溶于孔隙水中的气体也会由于总应力的卸除和温度变化而析出，特别是对深层取出的和孔隙水矿化程度较高的土样，将导致残余有效应力逐渐降低。因此，取土后最好尽快进行试验。本次规程修订储存时间定为7d。

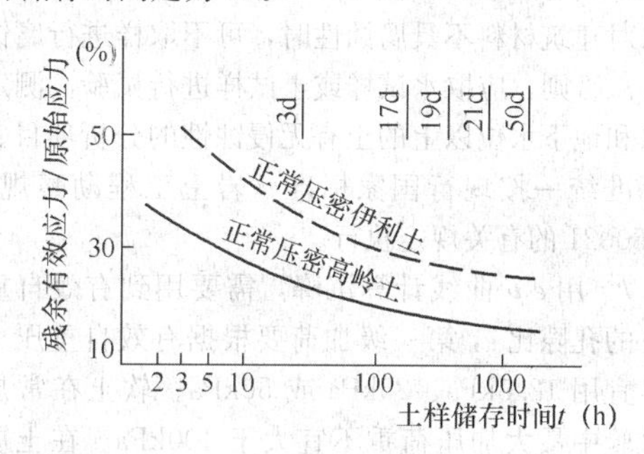


图1 残余有效应力的降低与时间关系

**4.3.6** 制定土样制备要求依据为：

**1** 由于土样是不均匀的，强调必须进行详细描述，并判别其质量等级，对不符合不扰动土样标准的，不宜进行力学性项目试验；

**2** 应用钢丝锯剖示纵剖面，保证试样切取具有代表性，避免试验指标离散性过大；

**3** 同一组试件的天然湿密度差值不宜大于

0.03g/cm³，其目的是保证各项土性指标的一致性。

## 4.4 室内试验

**4.4.1** 室内土工试验项目一般分为物理性质指标试验和力学性质指标试验，以及土和地下水质化学分析三方面。这里所指的土性质指标是属常规试验项目，如土的天然含水量、湿密度、界限含水量、渗透系数、颗粒大小分析，以及计算所得的孔隙比、饱和含水量、干密度、塑性指数，液性指数等物性指标，还有土的压缩系数、压缩模量、内摩擦角、黏聚力等力学指标。一些特殊土性质指标，如无侧限抗压强度、灵敏度、先期固结压力、压缩指数、静止侧压力系数、泊松比、弹性模量和蠕变性质等，必须按工程需要来选择试验。至于化学分析，主要用于判别地下水对建筑材料的腐蚀性。对于研究影响软土强度因素时，有必要对土含盐量和含有机质量进行分析测定。

**4.4.2** 土的相对密度变化幅度不大，有经验的地区可根据经验判定，误差不大，是可行的。但在缺乏经验的地区，仍应直接测定。

**4.4.3** 测定液限，我国通常采用 76g 瓦氏圆锥仪，但在国际上更通用卡氏碟式仪，故目前在我国是两种方法并用。《土工试验方法标准》GB/T 50123－1999 也同时规定这两种方法和液塑限联合测定法。由于测定方法的试验成果有差异，故应在试验报告上注明。

**4.4.5** 土的透水性，一般以渗透系数表示，这是室内试验常用的方法。对均质土测其垂直向一个渗透系数即可。而软土地区常见砂黏互层非均质土，其水平向透水性一般大于垂直向透水性，必须同时测定土的垂直向和水平向的渗透系数。

**4.4.6** 水、土的化学分析主要目的，是针对地下水和地下水位以上的土对混凝土和金属材料的腐蚀性作判定。当有足够经验或充分资料，认定工程场地的土或水对建筑材料不具腐蚀性时，可不取样进行腐蚀性评价。否则，应取水试样或土试样进行试验。测定地下水和地下水位以上的土有无侵蚀性的分析项目、评价标准统一按现行国家标准《岩土工程勘察规范》GB 50021 的有关规定执行。

**4.4.7** 用 $e$-$p$ 曲线计算沉降，需要用到有效自重压力下的孔隙比 $e$，第一级加荷要根据有效自重压力大小，宜用 12.5kPa、25kPa 或 50kPa。软土在常规压缩试验中最大加压荷重不宜大于 400kPa。在土质极软时，最大加压荷重不宜大于 200kPa，以免土样挤出失真。

**4.4.8** 固结系数测定要求做垂直向 $C_v$ 和水平向 $C_h$ 两个固结系数，是根据《上海市地基基础设计规范》规定提出的，$C_v$ 与 $C_h$ 两者的结果不一致。

**4.4.9** 采用常规固结试验求得的压缩模量和一维固结理论进行沉降计算，是目前广泛应用的方法。由于压缩系数和压缩模量的值随压力段而变，故本条作了明确的规定，并与现行国家标准《建筑地基基础设计规范》GB 50007 一致。

**4.4.10** 考虑土的应力历史，按 $e$-lg$p$ 曲线整理固结试验成果，计算压缩指数、回弹指数，确定先期固结压力，并按不同的固结状态（正常固结、欠固结、超固结）进行计算，是国际上通用的方法，故本条作了相应规定，并与现行国家标准《土工试验方法标准》GB/T 50123 一致。

**4.4.11** 沉降计算时一般只考虑主固结，不考虑次固结。但对于厚层高压缩性软土，次固结沉降可能占相当分量，不容忽视。

**4.4.12** 排水状态对三轴试验成果影响很大，不同的排水状态所测得的 $c$、$\varphi$ 值差别很大，故本条在这方面作了一些具体的规定，使试验时的排水状态尽量与工程实际一致。不固结不排水剪得到的抗剪强度最小，用其进行计算结果偏于安全，但是饱和软黏土的原始固结程度不高，而且取样等过程又难免有一定的扰动影响，为了不使试验结果过低，规定了在有效自重压力下进行预固结的要求。

**4.4.13** 虽然直剪试验存在一些明显的缺点，受力条件比较复杂，排水条件不能控制，但由于仪器和操作都比较简单，又有大量实践经验，故在一定条件下仍可利用，但对其应用范围应予限制。极软的土在室内直接剪切试验中，经常发生试样挤出现象和应力环变形千分表读数不准的现象，对这样的软土，应当减小垂直荷重和应用薄壁应力环，保证土样不挤出和应力环变形读数显著。

无侧限抗压强度试验实际上是三轴试验的一个特例，适用于 $\varphi \approx 0$ 的软黏土，国际上用得较多，故在本条作了相应的规定，但对土试样的质量等级作了严格规定。

**4.4.14** 弹性模量测试，在本条强调了试验加荷必须模拟工程实际加、卸荷载的应力状态，这样求得的弹性模量在使用中可以更符合工程设计施工的要求。

**4.4.15** 软土动力特性参数试验，在试验前必须拟订试验方案设计，对采用仪器和操作、动荷载大小、波形、频率、振幅、持续时间、固结应力和破坏标准（或终点标准）、成果的整理、参数的采取和修正等都要预先确定出来，在试验中有章可循，保证试验成果的精确性，满足设计和研究的技术要求。

**4.4.17** 由于工程的原因需要对土的结构性状进行了解，可测定软土的灵敏度 $S_t$，作出其分类和评价。

## 4.5 原位测试

**4.5.2** 静力触探已为当前勘察中常用手段，其操作方法基本上都趋向一致，但评价土的强度和变形指标必须结合本地区的经验，也就是必须建立本地区的经验公式。因为软土的性能各地区不可能相同，有本地区的特点，很难建立一个各地区皆能适用的计算公式。一些地区如天津市、上海市地方标准，按土类分别提供了不同的公式和计算方法，适用性比较强。根据静力触探确定土的承载力和变形指标可按地区标准执行。

**4.5.3** 应用十字板剪切试验测定软土的抗剪强度是目前常用的一种手段，所得成果也较精确。十字板头规格宜采用 75mm×150mm，其他规格的不甚合适。试验操作按现行国家标准《岩土工程勘察规范》GB 50021 执行。在大型工程十字板剪切试验中，应同时测定软土的残余抗剪强度，研究软土在重荷作用下强度变化过程，并应计算其灵敏度。

**4.5.4** 自钻式旁压仪比预钻式旁压仪为优，在软土区测试深层土的强度时，应当采用自钻式旁压仪，深度大，成孔有保证。预钻式旁压仪在试验深度上有一定的限制，成孔有一定的困难，软土的缩孔问题也很难克服，试验成果精度不如自钻式为佳，故建议用自钻式为宜，在作浅层评价时，预钻式也可以应用。所以旁压试验中成孔是一个很关键性的问题。目前在资料整理和取旁压特性指标的方法上没有统一，不少问题尚待进一步研究。建议采用现行行业标准《PY 型预钻式旁压试验规程》JGJ 69 的规定执行。

**4.5.5** 软土的特性就是强度低变形量大，在其上做载荷试验时承压板面积不能太小，小于 1.0m$^2$ 时往往不易测得满意的结果，因为土质软，当压板面积小时易发生冲切式的破坏，不能全面表达应力-应变关系。同时，首级荷重不能太大，应当不超过试坑底面以上土的自重压力，一般分八级加荷为宜。最大加载量不应小于设计荷载的两倍。在软土地基上做载荷试验，必须充分考虑土质特性、工程特性及施工加荷过程，应因地因事地来做，求出合理的应力-应变曲线图形，获得较精确的强度变形指标，结合地区经验取值。

载荷试验的影响深度有很大的局限性，一般为不超过承压板宽度的两倍，如要了解深部的土层承载力，可以用面积为 500cm$^2$ 螺旋板分层载荷试验。

**4.5.6** 扁铲侧胀试验成果的应用经验目前尚不丰富。根据铁道部第四勘测设计院的研究成果，利用侧胀土性指数 $I_D$ 划分土类，黏性土的状态，利用侧胀模量计算饱和黏性土的水平不排水指数 $K_D$ 确定土的静止侧压力系数等，有良好的效果，并被列入铁道部《铁路工程地质原位测试规程》TB 10018。上海、天津以及国际上都有一些研究成果和工程经验，但由于扁铲侧胀试验在我国开展较晚，故应用时必须结合当地经验，并与其他测试方法配合，相互印证。

**4.5.7** 标准贯入试验可以用来评价土的均匀性和定性地划分土层，这可以与钻探孔配合使用。在软土地区往往锤击数小于 3 击，有的靠设备自重下沉击数为 0 击。这就很难确定土的强度，只能定性地评价土的软硬，无定量值。所以在软土地区用标贯试验来评价强度和变形不甚适用的。在软土中夹有较硬的土层时，也可按现行国家标准《岩土工程勘察规范》GB 50021 执行。

**4.5.8** 弹性波速度的测试方法，应用的有单孔法和跨孔法两种，跨孔法的成果精度优于单孔法，但跨孔法的仪器设备一般勘察单位都不具备，很难推广。故提出在地层复杂时宜采用跨孔法，没有规定一定要用跨孔法。至于记录曲线的整理和解释方法两者基本是一致的。在应用跨孔法测超过 30m 深度的土层波速时，钻孔的偏斜对成果有较明显的影响，必须测量孔斜。一般小于 30m 深度的钻孔偏斜角度很小，对计算土层波速影响很小，故可以不测孔斜。

## 4.6 监　测

**4.6.1** 一级建筑物工程大、造价高、损坏不易补救，施工也较复杂，难度大，所以应该在施工期和使用期中进行沉降监测。对工程地质条件复杂等情况的二、三级建筑物亦应当进行沉降监测。在地基土强度和变形有变化且不均质，或者地基虽经加固处理，仍可能对建筑物的安全有影响时，也应进行沉降监测。沉降监测的目的在于保证施工的顺利进行，一旦发生问题可采取合理的措施，保证安全使用，积累设计施工经验。所以沉降监测工作是一项甚为重要的工作。

**4.6.2** 对一般的场地和一般的建筑物设计施工，用勘探钻孔内测定的静止水位，就可以满足应用。但在地下水位升降变化较大的场地，地下水质变化大、对混凝土和金属材料腐蚀性大的场地，地下水对地基土强度影响大的场地，应进行地下水动态观测。这类观测在施工前和竣工后都要进行。

**4.6.3** 地下水的动态观测不单纯测量水位的变化和水质的变化，还必须测得地下水位面的倾向和起伏、补给和流向、地表水和地下水的水力联系、污染源等。这些资料的取得不是几天就行的，至少要一个水文年才能获得较可靠的资料。要想获得较准确的动态资料，就必须进行地下水动态长期观测工作。如北京、天津等城市已观测 30 多年，动态资料丰富，有利于城市建设的需要。

# 5 地　下　水

**5.0.1** 随着城市建设的发展，尤其对地下空间开发利用，地下水对工程建设的影响日渐突出，地下水作用对工程建设的安全产生极大的影响。由于软土地区通常是处于地下水位较高的地段，同时地下水与软土的物理力学性质及其工程特性密切相关，在勘察设计施工过程中地下水始终是一个极其重要的问题，应引起足够重视。本条规定了软土地区建筑勘察对地下水的基本要求。

**5.0.2** 规定了软土地区地下水勘察的主要内容，结合软土地区的特点提出了重点查明的内容。软土大部分布在滨海、江、河、湖附近，勘察时应有针对性地查明地下水与江、河、湖、海水体的水力联系。

**5.0.3** 针对不同地区、不同工程地下水的勘察内容和方法需要区别对待；如天津地区、上海地区对地下水的分布规律都有相当地区经验，对一般工程可通过调查方法。

**5.0.5** 地下水位的量测是地下水勘察的重要内容之一，对一些基础埋深较大的建筑物，可能遇到2层或2层以上的地下水，必须有针对性地对多层地下水水位进行量测。

**5.0.8** 简易的抽水试验或简易注水试验较适合粉性土、砂土及黏、砂互层土。由于软土地区土层的成层性，土的渗透性是各向异性，在采取注水试验测定土的渗透系数时，采用孔壁和孔底同时进水的试验较好。

上海地区在钻孔中进行简易抽水试验测定原位渗透系数值时，按下式计算渗透系数：

$$k=\frac{3.5r^{2}}{(H+2r)t}\ln\frac{s}{s'} \tag{1}$$

式中：$k$——渗透系数（cm/s）；

$r$——钻孔半径（cm）；

$H$——潜水含水层厚度（cm）；

$s$——停止抽水后孔内水位下降值（cm）；

$s'$——经过时间 $t$ 后（水位恢复）的水位下降值（cm）。

在钻孔中进行简易降水头注水试验时，在钻孔的非试验段下套管、试验段由孔壁和孔底同时进水的条件下，按下式计算渗透系数：

$$k=\frac{D^{2}\ln\frac{2L}{D}\ln\frac{H_{1}}{H_{2}}}{8L(t_{2}-t_{1})} \tag{2}$$

式中：$D$——注水管内径（cm）；

$H_1$、$H_2$——分别为观测时间 $t_1$、$t_2$ 时的水头高度（cm）；

$L$——进水段长度（cm）。

**5.0.9** 在岩土工程勘察、设计、施工过程中，地下水的影响始终是一个极为重要的问题，在岩土工程勘察中应当对其作用进行预测和评估。地下水作用的评价具体说明见现行国家标准《岩土工程勘察规范》GB 50021。

**5.0.10** 地下水对结构有上浮作用，结构设计人员最关心的是抗浮设防水位；抗浮设防水位预测确定历史最高水位作为抗浮设防水位，从工程安全角度看，最为可靠，但不经济。如水位预测值低于实际值许多，就存在极大安全隐患。它的预测是在掌握大量资料和地区经验基础上进行，必要时应作专项咨询。

抗浮设防水位确定后，关于浮力的计算，在静水环境中，浮力可以用阿基米德原理计算。实际工程中地下水赋存于地层中，始终在运动，并受多种因素影响，并不是所谓的静水环境。由于地下建筑物的存在，改变了拟建场地原有地下水的运动边界条件，即便在基础埋深范围内仅存在一层地下水；在地下水赋存体系比较复杂的情况下，上层水与下部含水层之间也存在一定的水力联系，在各含水层之间有非饱和带时更是如此。基底的实际水压力可以通过实测结合渗流分析来确定。

# 6 场地和地基的地震效应

## 6.1 一般规定

**6.1.1** 软土地区建（构）筑物震害，主要受场地和地基条件影响造成，如：地基失稳（液化、震陷）场地地面破坏效应；或受场地土层（刚度和厚度）影响，而使得软土厚度较大、埋深较浅地区的某些建筑物，振动幅度加大、振动时间加长等，建筑物振动破坏。本章条文主要针对抗震设防烈度6～9度地区，提出了软土地区地震效应勘察应做的工作和深度，在原则上作了规定，并对获取勘察评价资料的方法提出了要求。同时条文强调对所规定的工作内容和方法，应根据工程的重要性、地震地质条件及工程的具体要求进行。如：对软土震陷量计算问题，一般情况下可不做，但强调当工程需要时可进行专门性分析评价工作。

## 6.2 抗震地段划分与场地类别

**6.2.1** 建筑场地抗震地段划分的方法和依据，应采用现行国家标准《建筑抗震设计规范》GB 50011的有关规定。但在具体工程实际中，场地的条件不可能采用一种简单模式套用，往往是杂乱的，一般情况下应以最不利于抗震的条件为主要评价依据。同时考虑到现行国家标准《建筑抗震设计规范》GB 50011的条文说明中，对有些场地既不属于有利地段，也不属于不利或危险地段的其他条件地段，将其划分为可进行建设的一般场地。本次修订，为便于工程评价，除有利、不利或危险地段外，将可进行建设的一般场地列入了本次修编的正式条文中。

**6.2.2** 场地类别的评定方法可参照现行国家标准《建筑抗震设计规范》GB 50011执行。但由于近年来全国各地房地产开发和小区建设得到了蓬勃发展，目前已由市区向郊区、卫星县镇延伸，为了提高对多层建筑群（或小区）场地类别划分的可靠性和安全性，条文中补充规定了对7度及其以上地震区，6栋以上的多层建筑组团，要求采用剪切波速测定方法，计算等效剪切波速值。同时根据近年来在执行《建筑抗震设计规范》GB 50011过程中，针对多层建筑，当坚硬土层埋深大，控制性钻孔难以满足覆盖层厚度评价要求，专门为揭示覆盖厚度布置深孔有困难时，有经验的地区可引用邻近工程深孔资料，但为了保证资料来源的真实、可靠，报告书中应说明引用资料的工程名称；无经验地区，布置少量深孔是必要的，但深度宜控制在基本能满足评价要求。

### 6.3 液化与震陷

**6.3.2** 饱和砂土和粉土液化，目前所采用的液化判别法都是经验方法，存在一定的局限性和模糊性。宜采用多种方法分析、比较和判断，不宜采用单一方法作出判定。当各种方法判别有矛盾时，应根据环境地震地质条件和具体工程条件，作出经济合理的综合判定。因此，本条文中针对非单一性的砂土特性，如：含泥质砂土、砂土夹淤泥质黏土、砂土与淤泥质黏土互层等，提出了除采用标准贯入试验方法外，还推荐了采用静力触探试验方法，判别地震液化可能性的判别式。

静力触探试验判别法，早在10年前已纳入《铁路工程抗震设计规范》GB 50111和《岩土工程勘察规范》GB 50021的条文说明中，但推荐的判别式，一般适用于单一性的砂土。本条文中推荐的判别式是采用上海岩土工程勘察设计研究院、同济大学等有关单位，针对上海和南方软土地区砂类土的特性（非单一性的砂土）建立起来的。由于静力触探试验方法在反映此类砂土的原始沉积特点和物理力学性质方面，比标准贯入试验更具有独到的优点，将此类土物理力学性质的静探贯入阻力与标准贯入锤击数之间进行相关分析，并通过现场对比试验，找到液化非液化土的贯入阻力，并参照标准贯入试验的相关影响因素及判别的形式建立用静力触探贯入阻力判别液化土的基本公式，该公式按液化应力比概念及锥尖阻力与标贯试验锤击数经验关系，确立动剪应力比与土体埋藏深度之间关系拟合而成。因此，本条文是根据多年来工程实践经验总结提出的，现已纳入上海地方标准《地基基础设计规范》DBJ 08－11和《岩土工程勘察规范》DBJ 08－37。

**1** 判别式中（标准贯入试验和静力触探试验）地下水位深度，可依据砂土所处的地下水应力条件分析，认为一般情况下液化土层的地下水，常与地表浅部土层中地下水存在水力联系与补给关系，液化判别计算时采用场地历史最高水位参加计算。但中国南方某些地区如福建、江苏等沿海城市，液化土层中的地下水与地表浅部填土中的潜水或上层滞水，中间存在着较厚的弱透水层，且上、下两层地下水之间不存在明显的水力联系和补给关系。因此，条文中补充规定此类埋藏条件的地下水，当采用标准贯入试验或静力触探试验方法进行液化土层判别计算时，宜采用液化土层中的地下水最高水位。

**2** 砂土与黏性土互层、砂土夹黏性土等，是砂土与黏性土在同一土层中相间呈韵律组合沉积的一种特殊砂类土和混合砂土如：含泥质砂土。土中的黏粒含量决定了这种土的物理力学性质。若黏粒含量多，其力学特性就接近黏土，一般就不会液化，相反如果黏粒含量少，则其力学特性将接近砂土，地震时就可能液化。由于此类砂土中黏粒的存在，标贯击数偏低，不同于“纯砂”的一般液化特性。我国南方如：上海、南京、福州等沿海地区，砂类土地基多为冲积与淤积形成的，砂类土中黏粒含量较多的混合砂土并常以两种不同类别土层相间成层，呈互层、夹层、夹薄层特性的砂土类出现，对抗液化是有利的。因此，本条文补充规定此类砂土，当采用标准贯入试验或静力触探试验方法判别液化时，可考虑按土层中的实际黏粒量参加判别计算。

**6.3.4** 判别软土震陷可能性的有关规范是根据天津等地区的经验，提出的关于采用地基承载力特征值或等效剪切波值评价软土震陷问题。在相关规范条文说明中规定当设防烈度为7度区，地基土承载力特征值 $f_a>80kPa$，或等效剪切波速 $v_{se}>90m/s$，可不考震陷影响问题。但在我国南方地区，如江苏、上海、福建和深圳沿海等地，地表浅部或上部沉积的滨海相、溺谷相淤泥层，地基土的承载力特征值较低，但现场剪切波速测试，等效剪切波速值一般大于90m/s。若按地基土承载力评价，本地区淤泥层应考虑软土震陷的可能性；按等效剪切波速值规定，可不考虑震陷的影响，两者存在矛盾，考虑到原位测试成果较为真实可靠，为解决这个问题，在本次条文修改中强调应以临界等效剪切波速值，作为软土震陷判别标准，当等效剪切波速值 $v_{se}>90m/s$ 时，可不考虑震陷影响。

表6.3.4-2中震陷估算的条件和震陷数值，是原规程根据1969年渤海地震和1976年唐山大地震中，天津市区和新港区建筑物震陷实测值结合地质条件综合分析统计后提出来的，可作为在没条件进行震陷分析计算时的参考。

由于对震陷的理论研究还不够深入，认识也不统一，目前全国有关软土地区震陷资料，唯一来自天津地区的震陷实测值。软土震陷的计算分析方法和研究成果，主要有两类：即采用有限单元分析计算法和简化的地基最终沉降量分层总和法（包括采用动力试验原状土“震陷系数”的分层总和法与“软化模型”的分层总和法）。

1987年天津市勘察院翁鹿年与国家地震局工程力学研究所石兆吉、郁寿松，在对天津塘沽新港地区共同研究成果《塘沽新港地区震陷计算分析》和《一般民用房屋震陷计算分析》等有关资料中通过勘察试验获得软土的动、静力学参数，结合建筑物的性质，基于“软化模型”概念提出的震陷理论计算方法来估算震陷值。设震动前的土层模量为 $E_i$，与震动作用相应的拟割线模量定义为 $E_p=\sigma_d/\varepsilon_p$，$\sigma_d$ 为动应力，$\varepsilon_p$ 为残余应变。软化后土的模量：$E_{ip}=1/(1/E_i+1/$

$E_{\mathrm{p}}$），然后进行两次静力有限元分析，第一次用 $E_i$，第二次用 $E_{i\mathrm{p}}$。两次静力分析求得的位移之差，即为待求的震陷值。这一计算方法是建立在有限元分析基础上，当工程需要时可参照上述方法进行专门性的软土震陷量计算。但有限元分析计算方法，对于一般勘察单位因设备能力和勘察周期短等原因，这一方法的普遍应用受到了限制。

在地震力作用下由建筑物结构引起的土的震陷，也可以理解为两部分震陷值之差，即结构加土的应力状态下所产生的震陷与无结构的天然土层应力状态下所产生的震陷之差。震陷简化计算方法的计算过程图2所示。

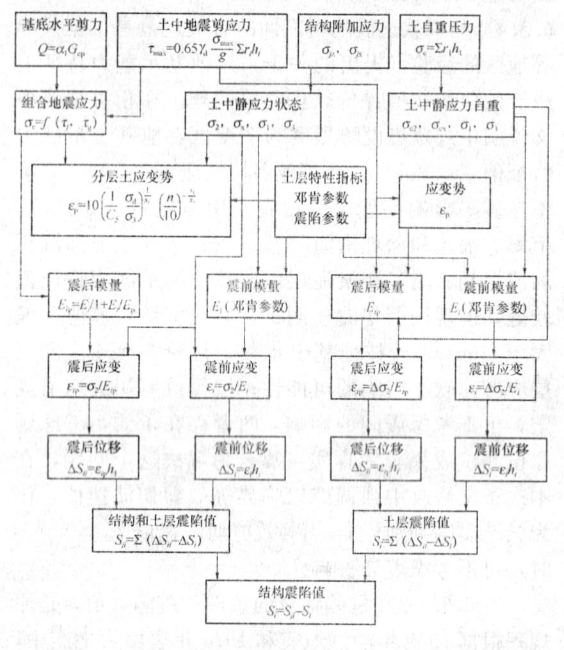


图2 震陷简化估算流程图

本规程推荐的软土震陷估算，采用简化的分层总和计算法：

**1** "震陷系数"分层总和法，是1989年郁寿松、石兆吉通过十几年来大量动三轴压缩试验，对《土壤震陷试验研究》的基础上，给出了能反映各类土的震陷特性的经验表达式：$\varepsilon_{\mathrm{p}}=10\left[\frac{\sigma_{\mathrm{d}}}{\sigma_3}\cdot\frac{1}{C_5}\right]^{\frac{1}{S_5}}\left[\frac{n}{10}\right]^{-\frac{S_1}{S_5}}$，震陷量计算式：$S=\sum_{i=1}^{n}\varepsilon_{\mathrm{p}i}\cdot h_i$。

式中：$C_5=C_6+S_6(K_0-1)$，$S_5=C_7+S_7(K_0-1)$。

$C_5$，$S_5$，$C_6$，$C_7$，$S_6$，$S_7$ 和 $S_1$ 是土壤的震陷参数由试验确定，当无试验资时，可参考表1给出的经验参数值。

$n$ 为与设防烈度相应的等价振动次数。$K_{\mathrm{c}}$ 为固结比，$\sigma_3$ 为固结压力，$\varepsilon_{\mathrm{p}}$ 为应变值。

$\sigma_{\mathrm{d}}=2\tau_{\mathrm{d}}$ 为动应力，等效动剪应力 $\tau_{\mathrm{d}}$ 可按 H. B. Seed 提出的简化设计法求得：$\tau_{\mathrm{d}}=0.65\frac{\alpha_{\max}}{g}\cdot\Sigma h_i r_i\cdot r_{\mathrm{d}}$。其中 $r_{\mathrm{d}}$ 为折减系数，$r_{\mathrm{d}}=1-0.0133d_{\mathrm{s}}$，$d_{\mathrm{s}}$ 为土层埋深。

**2** "软化模型"的分层总和法，是1997年天津市勘察院杨石红等人完成《软弱地基土层震陷简化计算分法研究》的研究成果，该成果表明采用震陷简化计算分析结果与宏观观测结果及有限元法计算的震陷结果基本上是一致的，可作震陷量参考值。这一估算方法提出的软土震陷计算过程中，应力的计算采用土力学静力计算理论，以静力计算代替动力分析的简化计算方法，这一计算方法系基于"软化模型"概念及土力学中的分层总和法。"软化模型"的基本概念是在地震动作用下使土变软，模量降低，因而产生震陷。在用分层总和法进行震陷分析时，用土层震动前的模量 $E_i$（采用邓肯静割线模量为 $E_i=\kappa_{\mathrm{s}}P_{\mathrm{a}}\left(\frac{\sigma_3}{P_{\mathrm{a}}}\right)^{N_{\mathrm{s}}}\left[1-R_{\mathrm{f}}\frac{(1-\sin\varphi)(\sigma_1-\sigma_3)}{2C\cos\varphi+2\sigma_3\sin\varphi}\right]$）和与震动作用相应的拟割线模量 $E_{\mathrm{p}}(E_{\mathrm{p}}=\sigma_{\mathrm{d}}/\varepsilon_{\mathrm{p}})$ 求得土软化后的模量 $E_{i\mathrm{p}}=1/(1/E_i+1/E_{\mathrm{p}})$ 之后，利用分层总和法对土层进行两次静力变形分析计算，第一次计算用 $E_i$ 求得震前应变。

### 6.4 地震效应评价

**6.4.1** 工程抗震设防烈度、设计基本地震加速度值和设计地震分组，可按国家标准《建筑抗震设计规范》GB 50011的有关规定，并参照《中国地震动峰值加速度区划图》各省市区划一览表和《中国地震动反应谱特征周期区划图》各省市区划一览表。

**6.4.2** 建筑的设计特征周期，一般工程应根据场地所在地的设计地震分组和场地类别，按国家标准《建筑抗震设计规范》GB 50011的有关规定取值。

**6.4.4** 软土地区工程抗震设计选用的频谱特性，对于一般工程主要根据国家标准《建筑抗震设计规范》GB 50011有关条文的规定，它是我国抗震设计规范中最常用的方法——反应谱法（地震影响系数曲线）。但以设防烈度和抗震规范平均反应谱为基础的传统设计途径，对于特别不规则的建筑，甲类建筑和超限高层建筑的抗震设计尚存在局限性。规范中的设计地震动参数是建立在平均值基础上的，它不可能反应复杂地震环境对设计地震动的影响。为了客观反应特定局部场地环境地震的影响（尤其是软土厚度和埋藏深度对地震动的影响），本章条文规定，当需要考虑土与结构共同作用的时程分析法进行抗震设计补充验算时，应进行专门性分析评价工作，本条推荐采用已获国内外公认的场地土层地震反应分析方法，得出本场地频谱特性，作为设计地震动参数依据。土层地震反应分析计算选用的岩土剪变模量比与剪应变、阻尼比与剪应变关系值，宜由土动力性能测定的资料确定模型参数。当无试验资料时，可参考表1给出的经验关系值。

在土层地震反应分析中，按预期地震震源、震级和震中距，选择相应的地震输入波的控制参数，对同一地质单元的一组钻孔（至少2个钻孔），每个钻孔地层剖面分别输入2条相应的地震波进行计算，其中一条为人工波是规范基岩谱稍为调整后得到目标谱经拟合得到，另一条为天然基岩强震记录。为了与场地基本烈度相适应，将加速度最大值进行调整，以较准确地反映场地地震影响下的地震反应。计算时考虑到地震波在自由边界上振幅增大一倍，作为场地土层基底岩的输入加速度可取 $a(t)/2$。由于场地土层接近水平层状介质，可按一维剪切型波动问题进行分析。通过时程分析，得到一组人工模拟合成的地表加速度时程（即场地地震波）和规准设计加速度谱，为基础设计和上部结构时程分析计算，提供设计地震动参数和输入地震加速度时程曲线。

**表1　各类岩土 $G/G_{max}-\gamma$ 和 $\zeta-\gamma$ 关系的典型值**

| 土类 | 参数 | 剪应变 $\gamma(10^{-4})$ | | | | | | | |
|---|---|---|---|---|---|---|---|---|---|
| | | 0.05 | 0.1 | 0.5 | 1 | 5 | 10 | 50 | 100 |
| 淤泥 | $G/G_{max}$ | 0.860 | 0.790 | 0.600 | 0.0470 | 0.165 | 0.090 | 0.015 | 0.010 |
| | $\zeta$ | 0.030 | 0.035 | 0.055 | 0.077 | 0.137 | 0.165 | 0.220 | 0.235 |
| 淤泥质黏土 | $G/G_{max}$ | 0.985 | 0.970 | 0.845 | 0.730 | 0.032 | 0.210 | 0.085 | 0.058 |
| | $\zeta$ | 0.012 | 0.015 | 0.033 | 0.055 | 0.136 | 0.170 | 0.200 | 0.205 |
| 黏土 | $G/G_{max}$ | 0.980 | 0.960 | 0.825 | 0.710 | 0.300 | 0.200 | 0.050 | 0.025 |
| | $\zeta$ | 0.012 | 0.015 | 0.037 | 0.056 | 0.130 | 0.165 | 0.235 | 0.254 |
| 粉质黏土 | $G/G_{max}$ | 0.980 | 0.970 | 0.840 | 0.730 | 0.400 | 0.250 | 0.070 | 0.030 |
| | $\zeta$ | 0.012 | 0.015 | 0.037 | 0.056 | 0.112 | 0.137 | 0.170 | 0.180 |
| 粉土（密） | $G/G_{max}$ | 0.985 | 0.975 | 0.858 | 0.754 | 0.417 | 0.285 | 0.095 | 0.035 |
| | $\zeta$ | 0.005 | 0.008 | 0.025 | 0.040 | 0.095 | 0.117 | 0.148 | 0.159 |
| 粉土（松） | $G/G_{max}$ | 0.960 | 0.930 | 0.770 | 0.650 | 0.300 | 0.200 | 0.060 | 0.035 |
| | $\zeta$ | 0.012 | 0.017 | 0.036 | 0.050 | 0.087 | 0.105 | 0.148 | 0.155 |
| 密实砂 | $G/G_{max}$ | 0.980 | 0.965 | 0.885 | 0.805 | 0.560 | 0.448 | 0.220 | 0.174 |
| | $\zeta$ | 0.005 | 0.007 | 0.020 | 0.035 | 0.080 | 0.100 | 0.120 | 0.124 |
| 中密砂 | $G/G_{max}$ | 0.965 | 0.935 | 0.775 | 0.660 | 0.300 | 0.250 | 0.105 | 0.090 |
| | $\zeta$ | 0.006 | 0.010 | 0.030 | 0.045 | 0.088 | 0.103 | 0.124 | 0.130 |
| 松砂 | $G/G_{max}$ | 0.920 | 0.880 | 0.700 | 0.575 | 0.260 | 0.178 | 0.058 | 0.018 |
| | $\zeta$ | 0.015 | 0.022 | 0.056 | 0.065 | 0.104 | 0.125 | 0.145 | 0.150 |
| 砂砾石 | $G/G_{max}$ | 0.990 | 0.970 | 0.900 | 0.850 | 0.700 | 0.550 | 0.320 | 0.200 |
| | $\zeta$ | 0.004 | 0.006 | 0.019 | 0.030 | 0.075 | 0.090 | 0.110 | 0.120 |
| 回填土 | $G/G_{max}$ | 0.960 | 0.950 | 0.800 | 0.700 | 0.300 | 0.200 | 0.150 | 0.100 |
| | $\zeta$ | 0.025 | 0.028 | 0.030 | 0.035 | 0.080 | 0.100 | 0.110 | 0.120 |
| 基岩 | $G/G_{max}$ | 1.000 | 1.000 | 1.000 | 1.000 | 1.000 | 1.000 | 1.000 | 1.000 |
| | $\zeta$ | 0.004 | 0.008 | 0.010 | 0.051 | 0.021 | 0.030 | 0.036 | 0.046 |

# 7　天然地基勘察

## 7.1　一　般　规　定

**7.1.1**　常规勘探取土室内土工试验方法，不能正确反映软土地区土性的工程特性，比如对于淤泥质土，由于取土扰动会造成其力学性指标明显失真；砂土难以取得原状土；深层黏性土由于应力释放改变土的变形特征等等。因此，强调提高原位测试孔比例。

**7.1.2**　规定了勘探孔平面布置，其编制依据了软土地区的工程经验，但必须说明：应针对工程特点，布孔的原则应以查明各幢建（构）筑物持力层及其主要压缩层分布规律及其土性的均匀性为主，当不能满足设计要求时，应适当加密布孔间距。

**7.1.3**　勘探孔分为一般性孔和控制孔两种，一般性孔主要是以控制主要持力层层面并进入其一定深度为原则。控制孔以满足地基变形计算要求为原则，当按本条第2款确定控制孔深度时，也可按黏性土的应力历史确定压缩层计算下限，即（上覆土层的有效自重压力＋附加压力）＜先期固结压力。

**7.1.4**　对于软土地区，当选用天然地基时，查明浅层不良地质作用关系到工程设计安全问题，据已有工程经验，当建筑物出现严重的不均匀沉降而影响建筑物使用，很多是由于暗浜、暗塘未摸清。因此本条规定小螺纹钻孔或轻便触探法的间距及勘探深度，并特别强调查明暗浜底淤泥厚度、回填土成分及回填时间，它是选用何种地基处理方法的关键依据。

**7.1.5**　填土的定量评价方法有很多。勘察单位采用勘探取土室内土工试验确定其填土的物理力学性质，由于填土的不均匀性、取土扰动、取样代表性差等特性，所得力学指标往往偏高或失真，可能对工程设计造成不安全或采用不恰当的地基处理方法而造成浪费。因此，本条强调宜选择适当的原位测试手段，查明填土的均匀性以及强度和变形特性。

## 7.2　地基承载力确定

**7.2.1**　为提高勘察技术水平，除采用室内土工试验直剪固结快剪强度确定天然地基的地基承载力设计值外，本条强调软土的承载力应结合建筑物等级和场地地层条件以变形控制的原则，提倡采用原位测试成果或根据已有成熟的工程经验采用土性类比法确定地基承载力设计值。当采用不同方法所得结果有较大差异时，应结合地基变形等综合分析加以选定，并说明其适用条件。

**7.2.2**　静载荷试验是确定地基承载力的基本方法，是验证其他方法正确与否的基本依据，对重要工程应进行一定数量的载荷试验，根据载荷试验的 $p$-$s$ 曲线特征确定地基承载力。在实际选用时，应充分考虑软土地区地基土多层体系的特点以及静载荷试验边界条件与实际基础条件的区别（尺寸效应），必要时应根据其他原位测试方法（如旁压试验）测定在基础受力层范围内不同土层的承载力，并作适当修正后确定地基承载力特征值。

**7.2.3** 依据原位测试参数按经验公式确定地基承载力是工程界多年实践经验的总结。因原位测试能真实地反映场地地基土的力学特性，尤其对较难取得原状土的粉土和砂土中具有明显的优点，应积极提倡和鼓励运用到工程设计中去，故本次修订中增加了软土地区的一些经验公式。为能反映基础埋深、宽度等对地基承载力设计值的影响，当基础宽度大于3m或埋置深度大于0.5m或存在软弱下卧层时，可按第7.2.5和7.2.6条进行修正后确定地基土承载力特征值。所提供经验公式具有一定的地区性，虽经部分地区的工程验算，与其他方法确定的承载力基本吻合，但必须说明，使用前应根据地区资料进行验证方可使用。

**7.2.4** 根据已有工程经验采用土性类比法确定地基承载力特征值时，宜通过建筑物的沉降观测资料进行分析、对比已有工程与拟建工程的地质、荷载、基础以及上部结构等的相似性、差异性，提出地基承载力特征值的建议值以及使用条件。

**7.2.5** 软土地区持力层下存在软弱下卧层的情况较为普遍，确定地基土承载力应考虑软弱下卧层的地基强度，有利于地基变形的控制，结合上海地区的经验，本规程提出了简化计算方法，考虑到其他软土地区的土层特点，对公式（7.2.5-3）进行修改。

### 7.3 地基变形验算

**7.3.2** 软土地区建筑物控制地基变形是一个关键问题，如何正确估算地基变形涉及方方面面。首先对软土来说，取土质量等级应为Ⅰ级，才能得到较为正确的变形计算指标，尤其是软土的应力历史（$OCR$、$C_c$、$C_s$）；第二要合理控制基底有效附加压力，尽可能使基底附加压力小于地基土承载力特征值的75%（即土体处于似弹性阶段），有利于地基沉降稳定；第三要重视类似工程经验的总结；第四要充分考虑可能产生不均匀沉降或增加附加沉降的因素，如地面堆载、荷载偏心、加荷过快、基坑开挖回弹、坑底土扰动、地面降水等。因此，如何正确预估地基沉降、控制地基沉降是软土地区天然地基设计至关重要的工作。

**7.3.3** 关于考虑土的应力历史方法估算地基固结沉降量，与原规程基本一致，仅增加一项沉降计算经验系数$\psi_{s1}$、$\psi_{s2}$、$\psi_{s3}$、$\psi_{s4}$，其经验系数原则上应根据类似工程条件下沉降观测资料及经验确定，以提高计算精度。根据上海地区已有工程经验，一般情况下：对正常固结土（$OCR=1.0\sim1.1$），$\psi_{s1}$可取1.0；对超固结土（$OCR\geqslant1.2$），$\psi_{s2}$、$\psi_{s3}$可根据$OCR$的大小取0.5～0.8；对欠固结土（$OCR<1$），$\psi_{s4}$可取1.2。

### 7.4 天然地基的评价

**7.4.1** 根据天然地基特点提出有关岩土工程分析评价主要内容。在分析评价中应结合场地的工程地质、工程性质以及周围环境等条件，做到重点突出、针对性强、评价正确、建议和结论合理，以满足设计和施工要求。

## 8 地基处理勘察

### 8.1 一 般 规 定

**8.1.1～8.1.4** 当天然地基不能满足设计要求，且选用桩基方案不够经济时，可以考虑选择地基处理方法加固地基。因此，首先应符合天然地基或桩基的有关勘察要求。

在进行地基处理时，应初步掌握场地的岩土工程资料、上部结构及基础设计资料等，便于对可能采用的地基处理方法进行方案比选，并应结合当地已有地基处理经验、施工条件以及地基处理后的效果进行综合评估，提出加固处理目的及处理后各项技术与经济控制指标。通过比选确定地基处理方案后，可针对地基处理方法进行有针对性的补充勘察。岩土参数是地基处理设计成功与否的关键，应选用合适的取样方法、试验方法和取值标准。每种地基处理方法都有各自的适用范围、局限性和特点。因此，在选择地基处理方法时都要进行具体分析，从地基条件、处理要求、处理费用和材料、设备来源等综合考虑，进行技术、经济、工期等方面的比较，以选用技术上可靠、经济上合理的地基处理方法。当场地条件复杂，或采用某种地基处理方法缺乏成功经验，或采用新方法、新工艺时，应进行现场试验，以取得可靠的设计参数和施工控制指标；当难以选定地基处理方案时，可进行不同地基处理方法的现场对比试验，通过试验选定可靠的地基处理方法。选用地基处理方法应注意其对环境和附近建筑物的影响。如选用桩土复合地基施工时，应注意振动和噪声对周围环境产生不利影响；选用水泥土搅拌桩时，应避免土体扰动引起地面隆起等。在地基处理施工过程中，岩土工程师应在现场对施工质量和施工对周围环境的影响进行监督和监测，保证施工顺利进行。

### 8.2 地基处理勘察与评价

**8.2.1** 换填垫层法适用于处理各类浅层软弱地基。对于建筑范围内局部存在松填土、暗沟、暗塘、古井、古墓或拆除旧基础后的坑穴，均可采用换填法进行地基处理。在这种局部的换填处理中，保持建筑地基整体变形均匀是换填应遵循的最基本的原则。开挖基坑后，利用分层回填夯压，也可处理较深的软弱土层。但换填基坑开挖过深，常因地下水位高，需要采用降水措施；坑壁放坡占地面积大或边坡需要支护，易引起邻近地面、管网、道路与建筑的沉降变形破坏；由于施工土方量大、弃土多等因素，常使处理工程费用增高、工期拖长、对环境的影响增大。因此，换填法的处理深度通常控制在3m以内较为经济合理。换填垫层法常用于处理轻型建筑、地坪、堆料场及道路工程等。对于存在软弱下卧层的垫层，应针对不同施工机械设备的重量、碾压强度、振动力等因素，确定垫层底层的铺填厚度，使之既能满足该层的压密条件，又能防止破坏及扰动下卧软弱土的结构。换填垫层质量检验可利用环刀法、贯入仪、轻型动力触探或标准贯入试验检验。竣工验收宜采用载荷试验检验垫层质量，为保证载荷试验的有效影响深度不小于换填垫层处理的厚度，载荷试验压板的边长或直径不应小于垫层厚度的1/3。本条针对填垫层法地基处理特点，提出了勘察技术要求。

**8.2.2** 预压法处理地基分为堆载预压和真空预压两类。堆载预压分塑料排水带或砂井地基堆载预压和天然地基堆载预压。通常当软土层厚度小于4.0m时，可采用天然地基堆载预压法处理；当软土层厚度超过4.0m时，为加速预压过程，应采用塑料排水带、砂井等竖井排水预压法处理地基。对真空预压工程，必须在地基内设置排水竖井。针对其加固原理，规定勘察应查明土的成层条件，排水层和夹砂层的埋深和厚度，地下水的补给和排泄条件等，这对预压工程很重要。对真空预压工程，查明处理范围内有无透水层（或透气层）及水源补给情况关系到真空预压的成败和处理费用。对重要工程，应预先选择代表性地段进行预压试验，通过试验区获得的竖向变形与时间关系曲线、孔隙水压力与时间关系曲线等推算土的固结系数。固结系数是预压工程地基固结计算的主要参数，可根据前期荷载所推算的固结系数预计后期荷载下地基不同时间的变形并根据实测值进行修正，这样就可以得到更符合实际的固结系数。此外，由变形与时间曲线可推算出预压荷载下地基的最终变形、预压阶段不同时间的固结度等，为卸载时间的确定、预压效果的评价以及指导全场的设计与施工提供主要依据。

**8.2.3** 水泥土搅拌法是适用于加固饱和软弱黏性土和粉土等地基的一种方法，它是利用水泥材料作为固化剂通过特制的搅拌机械，就地将软土和固化剂（浆液或粉体）强制搅拌，使软土硬结成具有整体件、水稳性和具有一定强度的水泥加固土，从而提高地基土强度和增大变形模量。根据固化剂掺入状态的不同，可分为浆液搅拌和粉体喷射搅拌两种。水泥土搅拌法加固软土技术具有其独特优点：最大限度地利用了原土，搅拌时无振动、无噪声和无污染，可在密集建筑群中进行施工等。水泥固化剂一般适用于正常固结的淤泥与淤泥质土（避免产生负摩擦力）、黏性土、粉土、素填土（包括冲填土）地基加固。

根据室内试验，一般认为用水泥作加固料，对含有高岭石、多水高岭石、蒙脱石等黏土矿物的软土加固效果较好，而对含有伊利石、氯化物和水铝石英等矿物的黏性土以及有机质含量高，pH值较低的黏性土加固效果较差。

对拟采用水泥土搅拌法的工程，除了常规的工程地质勘察要求外，尚应注意查明：

**1** 填土层的组成：特别是大块物质（石块和树根等）的尺寸和含量。含大块石对水泥土搅拌法施工速度有很大的影响，所以必须清除大块石等再予施工。

**2** 土的含水量：当水泥土配比相同时，其强度随土样的天然含水量的降低而增大，试验表明，当土的含水量在50%～85%范围内变化时，含水量每降低10%，水泥土强度可提高30%。

**3** 有机质含量：有机质含量较高会阻碍水泥水化反应，影响水泥土的强度增长，故对有机质含量较高的明、暗浜填土及吹填土应予慎重考虑，一般采用提高置换率和增加水泥掺入量措施，来保证水泥土达到一定的桩身强度。对生活垃圾的填土不应采用水泥土搅拌法加固。

**4** 采用本法加固砂土应进行颗粒级配分析。特别注意土的黏粒含量及对加固料有害的土中离子种类及数量，如$SO_4^{2-}$、$Cl^-$等。

**5** 当拟加固的软弱地基为成层土时，应选择最弱的一层土进行室内配比试验。

# 9 桩基工程勘察

## 9.1 一般规定

**9.1.1** 该条主要为原规程JGJ 83－91中第7.0.2条的内容，本次依据国家标准《岩土工程勘察规范》GB 50021中的规定，增加了第5款。另根据不同工程项目及持力层性质，修改了原第3款中“必须查明其抗剪强度和压缩性指标”，主要是对于一般建筑物，荷载较小，通过荷载试验或采用原位测试手段等方法确定了单桩承载力后，已满足桩基设计要求。

第1款 查明软土层的应力历史主要判别是否存在欠固结土层，因其直接影响桩侧摩阻力以及变形的分析评价。

第2款 查明软土中夹砂及可塑至硬塑黏性土层是桩基勘察确定桩基持力层的主要依据。

第3款 桩基勘察中需提供的抗剪强度主要用于估算桩侧极限摩阻力、验算桩基持力层和下卧层的强度。据经验，桩侧极限摩阻力近似等于土的$c_u$值，且

本的经验是以 $q_u/2$ 值作为桩侧极限摩阻力；桩基持力层和下卧层的强度验算，要求桩基础底部有效附加压力应小于或等于桩端持力层和下卧层顶面的容许有效附加压力，压缩试验的最终压力应大于桩尖下附加压力和自重压力之和，提供沉降计算所需的计算指标。

第5款　对于水平场地，从唐山地震在可液化土层中的低承台桩基础震害的情况分析，桩端应进入液化土层以下的稳定土层中一定深度。该深度的大小，应根据持力层性质、设防等级、建筑物重要性等情况综合确定。

第6款　桩基施工对周围环境的影响，主要是打入桩的振动和挤土对邻近原有的建筑物、道路和地下管线等设施和附近的生产车间精密仪器设备基础等带来危害以及噪声等公害。危害是指沉桩过程中对邻近房屋等造成不同程度的损害，如房屋粉刷坠落，门窗变形、地坪和墙面开裂、地下管道断裂等。

**9.1.2**　本条是对桩基勘探点的平面布设作出的规定：

**1**　勘探点布置主要以控制地层分布，查明岩土的均匀性为目的，根据已有的规范、规程及大量地区经验，按建筑物周边、角点、柱列线布置为共识；

**2**　建筑物重要性不同，荷载不同，岩土种类多，桩受力性质及各地区的经验，按两大类进行勘探点的布设较合理又经济；

**3**　对于勘探点的加密原则：现行国家标准《岩土工程勘察规范》GB 50021 规定：以相邻勘探点揭露持力层层面高差控制，对于端承型桩，根据桩型宜控制在 1m～2m。《建筑桩基技术规范》JGJ 94 规定：对于端承型桩，当相邻勘探点所揭露桩端持力层层面坡度超过 10%时，宜加密勘探点。当间距为 12m～24m 时，按 10%控制即为高差 1.2m～2.4m，控制标准是一致的。本次修订对于端承型桩桩端持力层层面按 10%控制；对于摩擦型桩，依据揭露地层变化情况确定。

**9.1.3**　本条是对桩基勘探孔的深度作出的规定：

**1**　当作为桩端持力层的地层为可压缩地层，包括硬塑、坚硬状态的黏性土；中密、密实的砂土和碎石土，还包括全风化岩。这些岩土按《建筑桩基技术规范》JGJ 94 的规定，全断面进入持力层的深度，黏性土、粉土不宜小于 $2d$（$d$ 为桩径），砂土 $1.5d$，碎石土 $1d$。当存在软弱下卧层时，桩基以下硬持力层厚度不宜小于 $4d$；当硬持力层较厚且施工条件允许时，桩端全断面进入持力层的深度宜达到桩端阻力的临界深度。临界深度的经验值，砂与碎石土为 $3d$～$10d$，粉土、黏性土为 $2d$～$6d$，愈密实、愈坚硬临界深度愈大，反之愈小。因此，勘探孔进入持力层深度的原则是：应超过预计桩端全断面进入持力层的一定深度，当持力层较厚时，宜达到临界深度。为此，本条规定，控制性勘探孔应深入预计桩端下 5m～10m 或 $6d$～$10d$，《欧洲地基基础规范》（建设部综合勘察研究院印，1988 年 3 月）规定，不小于 10 倍桩身宽度；一般性勘探孔应达到预计桩端下 3m～5m，或 $3d$～$5d$，本次修订作了上述规定。

对需计算沉降的桩基，软土地区一般算至附加压力等于自重压力的 20%处；如该处土质仍属软土时应加深，即算至附加压力等于自重压力的 10%处；无计算资料时，可取桩长以下 1.5～2.0 倍基础宽度。

**2**　对于以基岩作为桩端持力层的勘探孔深度，一般不需考虑沉降问题，往往是以桩身强度控制单桩承载力，勘探孔的深度与荷载、岩石的岩性、强度有关。《建筑桩基技术规范》JGJ 94 和《岩土工程勘察规范》GB 50021 规定，勘探孔深度应深入预计嵌岩面以下 $3d$～$5d$。为了保证桩底以下不存在软弱夹层、破碎带或溶洞，桩底下支承岩层的厚度不应小于 2m（经验算其冲剪、剪切和弯曲强度足够时，可不受此限），考虑到嵌岩桩入岩的最小深度应满足 0.5m，因此本规程规定一般性孔入基岩持力层 3m～5m，控制性勘探孔入基岩持力层 5m～8m。

**9.1.4**　本条是对勘探手段的选择提出了要求：

**1**　软土灵敏性高，受扰动后结构破坏对强度和变形影响大，为保证取土质量，作出该款规定十分重要；

**2**　在软土地区用静力触探孔取代相当数量的勘探孔，不仅减少钻探取样和土工试验的工作量，缩短勘察周期，而且可以提高勘察工作质量，静力触探是软土地区十分有效的勘探和原位测试方法；可采用静力触探资料估算打入桩的单桩竖向极限承载力；

**3**　标准贯入试验对软土并不适用，但可用于软土中的砂土、硬黏性土层等，尤其对判别砂性土的密实性及砂土的液化，是必不可少的手段之一；

**4**　几十年的工程经验证明，用十字板剪切试验测定内摩擦角近似为零的软土强度，实践证明是行之有效的。

**9.1.5**　本条中的第 1 款、第 3 款是原规程 JGJ 83－91 中第 7.0.5 条中的两款，本次修订依据国家标准《岩土工程勘察规范》GB 50021 规定，增加了第 2 款、第 4 款。由于相关的规范对取岩土数量或测试次数作了明确规定，具体的岩土数量或测试次数应依据相关规范进行。

## 9.2　承载力与变形

**9.2.1**　单桩承载力应通过现场静载荷试验确定。在软土地区，当桩身处于饱和软黏土中，成桩到开始试验的间歇时间不得少于 25d，且周边不得一直有振动影响。软土灵敏性高，受扰动后结构破坏，其强度恢复时间长。

采用可靠的原位测试参数进行单桩承载力估算，其估算精度较高，并参照地质条件类似的试桩资料综合确定，能满足一般工程设计需要；在确保桩身不破坏的条件下，试桩加载尽可能至单桩极限承载力状态。

桩基在荷载作用下，由于桩长和进入持力层的深度不同，其桩侧阻力和桩端阻力的发挥程度是不同的，因而桩侧阻力特征值和桩端阻力特征值，无论是从理论上还是从工程实践上，均是以载荷试验的极限承载力为基础，因此，本规程只规定了估算单桩竖向极限承载力的公式，并规定按单桩竖向极限承载力除以安全系数 $K$ 的常规方法来估算单桩竖向承载力特征值（$R_a$），即式（9.2.1）。按本规程所提出公式估算 $R_a$ 时，其 $K$ 值均可取 2。

采用静力触探方法、标准贯入方法确定单桩竖向极限承载力，被勘察人员和设计人员广泛使用，其估算值与实测值较为接近，本次修订依据《建筑桩基技术规范》JGJ 94 对用静力触探试验成果估算单桩竖向极限承载力作了修改，保留引用原规程 JGJ 83－91 第 7.0.7 条的规定，引用了《高层建筑岩土工程勘察规程》JGJ 72 中的附录 D。

嵌岩桩单桩竖向极限承载力是由桩周土总侧阻、嵌岩段总侧阻和总端阻三部分组成。现行规范《建筑地基基础设计规范》GB 50007 和《建筑桩基技术规范》JGJ 94 中的公式有所不同，另外各个地区的有关资料及地方规范中的公式、取值各不相同。这主要是各地区的岩性、岩石的强度、岩石的完整性不同、所获资料的数量对三部分分担的比例、取值不同。本次修订未将嵌岩桩单桩竖向极限承载力公式列入其中，推荐按地方规范及地方经验来估算嵌岩桩单桩竖向极限承载力。

### 9.3 桩基勘察评价

**9.3.1** 本条款基本内容与原规程 JGJ 83－91 中第 7.0.7 条相同，仅修改了部分提法，增加了“评价地下水对桩基设计及施工的影响”等内容。

软土中桩的选型应综合考虑，对钢筋混凝土预制桩、挤土成孔的灌注桩等的挤土效应，打桩产生的振动，以及泥浆污染，特别是在饱和软黏土中沉入大量、密集的挤土桩时将会产生很高的超孔隙水压力和挤土效应，从而对周围已成的桩和已有建筑物、地下管线等产生危害。

**9.3.2** 桩端持力层的选择应符合下列规定：

**1** 近年来在软土中进行了大量的工程建设，建筑物荷载集中且较大。地基基础设计时，多寻求较坚硬、较密实的地层作为桩端持力层，这是多年来软土地区桩基实践的成功经验，也是桩基建筑物沉降小且均匀并能满足承载力要求的最基本条件之一。本次修订在原条文第 7.0.2 条的基础上中，增加了软土下伏砂性土、可塑至硬塑黏性土、碎石土、全风化和强风化岩及基岩作为桩端持力层。

在深厚层软土地区，对一些多层建筑物如按上述一般桩端持力层规定考虑桩基础方案，基础造价将大为提高。近年来，在深厚软土地区已将多层建筑桩基的桩端设置在深层软土层中，按纯摩擦桩考虑（以桩侧摩阻力支承，桩端阻力不考虑），根据所需的单桩承载力设计桩长，或按控制桩基允许沉降量进行布桩，使桩的造价大为减少，经济效果显著。根据已有经验桩应有一定的长度，且桩端应进入压缩性相对较低、具有一定的强度层土中。选择纯摩擦桩时，应根据当地的成功经验选择桩端设置的土层、桩长。上海地区经验，当深层软土比贯入阻力 $p_s$ 大于 800kPa 时，桩端可设置于其上。南京地区在深厚软土层中设计的纯摩擦桩，比贯入阻力 $p_s$ 大于 1100kPa，标准贯入击数大于 7 击。

**2** 持力层必须有足够厚度，才可能使桩的沉降、承载力满足要求。

**9.3.3** 成（沉）桩的分析评价内容宜包括：

沉桩挤土对周围环境的影响以及开挖基坑引起桩的侧向变位，是软土地区桩基实践中易于引起工程质量事故或工程纠纷的设计与施工问题。对于后者，无实用的计算方法作出较可靠的预估，目前主要仍依赖于经验，有时还需要借助现场监测来指导施工进程。设计和施工人员应注意这些问题，认真做好施工组织设计及相应的应变措施，以减少工程质量事故。

## 10 基坑工程勘察

### 10.1 一 般 规 定

**10.1.1** 因基坑开挖是属于施工阶段的工作，地基勘察时有些条件不甚清楚，且有些勘察人员对基坑的工程特点不甚了解，一般设计人员提供勘察委托书也可能不涉及这方面的内容，此时，勘察部门应根据本章内容进行勘察，软土地区相对非软土地区，其难度加大，对岩土工程勘察工作要求较高，因此条件复杂情况下必要时应进行专门勘察。

**10.1.2** 周边环境条件是基坑设计前设计人员必须查明的。

**10.1.3** 强度低和流变性都是软土的基本特性，基坑设计变形控制是软土地区基坑设计的重点，勘察时要针对软土地区基坑的特点提供相应的参数。

### 10.2 勘察工作量及参数选用

**10.2.1、10.2.2** 浅部地层情况，特别是填土厚度、性质，是否存在暗浜对基坑支护结构设计和施工方案影响较大，故规定当遇暗浜、暗塘或填土厚度变化很大时，宜加密勘探点。

**10.2.3** 勘察时对容易被扰动软土取原状土样的要求较高，除应分层采取土试样进行试验外，还应进行相应的原位测试。

**10.2.5** 抗剪强度是支护设计最重要的参数，但不同的实验方法（有效应力法或总应力法，直剪或三轴、UU或CU）可能得出不同的结果，勘察时应根据不同的地方设计所依据的规范、标准的要求进行试验，提供数据。

### 10.3 基坑工程评价及地下水控制

**10.3.2** 软土地区地下水控制是基坑工程的重要内容之一，也是基坑支护工程成败的关键。采用何种地下水控制方法要结合地层条件、周边环境、支护方式等综合考虑。由于国家对地下水资源的保护和软土地区因降水引起周边建筑物的变形破坏，目前采用隔水帷幕的方法越来越引起工程界的高度关注。

**10.3.5** 软土地区基坑工程变形控制是设计施工的重点，基坑开挖监测十分重要，必须实施信息化施工。

## 11 勘察成果报告

### 11.1 一般规定

**11.1.1** 岩土工程分析评价应在工程地质测绘、勘探、测试和搜集已有资料的基础上，结合工程的特点和要求进行。了解上部结构的类型、刚度、荷载情况和对变形控制等要求，才能有针对性地进行分析评价；软土的成层条件、应力历史，结构性、灵敏性、流变性和排水固结条件等，对场地的稳定性、地基沉降变形等都有较大的影响；另外参考地区性经验，会增加分析评价的准确性。

**11.1.2** 本规程在第5～10章中针对各个专题问题，提出了详细的岩土工程分析评价要求。分析评价时应结合上部结构的情况、场地土层分布情况及建筑经验按要求进行。在成果报告中，应有针对性地按规定的内容进行分析评价，提供相应的岩土参数以及基础方案的建议和注意事项。

**11.1.3** 软土层由于大多处于流塑状态，即使采用薄壁取土器也不一定能取得完好的一级土样，况且在土试样的运输、保管和制样过程中，会受到不同程度的扰动，进行土的力学试验时会得出与实际情况相差较大的结果。另外，软土地区往往在软土中夹有薄层粉细砂层，采取原位测试的方法，可更真实地反映软土的实际情况，扰动小。静力触探试验能自上而下连续取得土层的强度指标比贯入阻力或锥尖阻力和侧壁摩阻力，利用地区经验公式可求得地基土承载力和压缩模量或变形模量。在软土区强度参数选择时应以原位测试，特别是静力触探试验为主，室内试验为辅。

**11.1.4** 本条是对软土地区勘察成果报告的基本要求。

### 11.2 岩土参数的分析和选定

**11.2.1～11.2.4** 岩土参数的分析和选定首先应考虑参数的准确性和代表性，不同的取样方法、不同的试验方法，其结果也会有差异。在分析时宜结合上部荷载的大小，加荷方法和速率，有针对性地评价和选取参数。统计方法可按现行《岩土工程勘察规范》GB 50021规定的方法，在离散性评价方法，不同参数有着不同的离散度，如标准贯入试验击数，试验方法本身多种因素产生的离散性就大，再加上土的离散性就更大了，应区别对待。

**11.2.5、11.2.6** 静力触探试验是软土地区常用的原位测试方法，在软土强度指标的选择时，应优先选用。

**11.2.7** 工程原型或足尺试验获得量测结果，反求土参数，与工程实际情况更接近，对重点项目、重大岩土工程问题，有条件时可选用。

### 11.3 成果报告的基本要求

**11.3.1～11.3.4** 本节对勘察成果报告的要求提出原则性的基本要求，增加了对软土地区场地分析评价的内容和提出加固或处理的措施的建议，特别是对环境保护方面的措施建议。在进行勘察报告的编写、图件的编制时，应结合工程实际和地区性经验，有针对性地编制。

**11.3.4** 条文中提到的需重点叙述的几个问题，可以根据实际情况有所侧重或补充。对简单场地或丙级建筑场地，勘察报告内容及图件可简化。

对软土地区建设中遇到的下列特殊岩土工程问题，需要进行专门岩土工程勘察或分析研究，并提出专题咨询报告：

**1** 场地范围内或附近存在性质或规模尚不明的活动断裂及地裂缝、滑坡、高边坡、地下采空区等不良地质作用的工程；

**2** 水文地质条件复杂或环境特殊，需现场进行专门水文地质试验，以确定水文地质参数的工程；或需进行专门的施工降水、截水设计，并需分析研究降水、截水对建筑本身及邻近建筑和设施影响的工程；

**3** 对地下水防护有特殊要求，需进行专门的地下水动态分析研究，并需进行地下室抗浮设计的工程；

**4** 建筑结构特殊或对差异沉降有特殊要求，需进行专门的上部结构、地基与基础共同作用分析计算与评价的工程；

**5** 根据工程要求，需对地基基础方案进行优化、比选分析论证的工程；

**6** 抗震设计所需的时程分析评价；

**7** 有关工程设计重要参数的最终检测、核定等。

**11.3.5** 减少和预防地基变形的措施需要根据当地实

际经验提出：

**1** 在软土地基上进行基础施工（沉桩、降水和基坑开挖等）时，应确保主体结构基础的工程质量和邻近建（构）筑物、地下管线、地下公共设施等不受损坏；

**2** 当设计采用的承载力接近承载力特征值时，宜提出建筑施工的加荷速率和限值；

**3** 荷重差异较大的建筑物，宜先建重、高部分，后建轻、低部分；

**4** 宜考虑上部结构、基础和地基的共同作用，采取必要的建筑和结构措施；

**5** 对暗塘、暗浜、暗沟、坑穴、古河道等的处理，可采用基础加深、基础梁跨越、换土垫层或桩基等方法；

**6** 基坑（槽）的开挖，应分层分段进行，减少基坑（槽）底土体的扰动；

**7** 当地下水高于基坑（槽）底面时，应采取排水或降低地下水位的措施；

**8** 当地面堆载较大时，应采用预压或地基加固处理。

**11.3.6** 原位测试和室内试验主要图表通常包括下列几类：

**1** 土工试验及水质分析成果表，需要时应提供压缩曲线、（高压）固结曲线、三轴试验的摩尔圆及强度包线，必要时尚应提供软土的固结蠕变曲线；

**2** 各种地基土原位测试试验曲线及数据表；

**3** 岩土层的强度和变形试验曲线。

中华人民共和国国家标准

# 冻土工程地质勘察规范

Code for engineering geological Investigation of frozen ground

**GB 50324—2001**

主编部门：国　家　林　业　局

批准部门：中华人民共和国建设部

施行日期：2001年12月1日

## 关于发布国家标准《冻土工程地质勘察规范》的通知

建标［2001］198号

根据国家计委《一九九二年工程建设标准制订修订计划》（计综合［1992］490号）的要求，由国家林业局会同有关部门共同编制的《冻土工程地质勘察规范》，经有关部门会审，批准为国家标准，编号为GB 50324—2001，自2001年12月1日起施行。其中，3.1.2、3.2.1、3.2.2、4.2.1、4.2.2、4.3.2、4.4.2、4.4.4、5.1.3、5.2.1、6.2.1、6.2.3、7.2.2、7.3.3、7.4.1、7.4.2、8.3.3、8.4.3、8.4.6、8.4.9、9.3.3、9.3.6、9.3.7、9.3.8、9.3.9、9.4.3、10.3.3、10.4.2、11.2.3、11.3.3、12.2.3、12.3.1为强制性条文，必须严格执行。

本规范由国家林业局负责管理，内蒙古大兴安岭林业设计院负责具体解释工作，建设部标准定额研究所组织中国计划出版社出版发行。

**中华人民共和国建设部**

二〇〇一年九月二十八日

## 前　言

本规范系根据建设部［1989］建标字第42号文件要求，在国家林业局领导下，内蒙古大兴安岭林业设计院于1991年10月完成了本规范前期工作调研报告，并同时经专家会议通过论证。然后，按国家计委计综合［1992］490号文件精神，全面展开了本规范的编制工作。

本规范在编制过程中，编制组广泛进行调查研究，认真总结工程建设经验，吸取有关专家意见，参考相关国际标准，并对存在的主要问题开展了多项专题研究工作，为编制本规范创造了条件。

本规范由国家林业局负责管理，并授权主编单位负责具体解释工作。请各单位在执行过程中，如发现需要修改和补充之处，可将意见和建议寄往内蒙古大兴安岭林业设计院（地址：内蒙古自治区牙克石市　邮编　022150），以供以后修订时参考。

本规范主编单位、参编单位和主要起草人：

**主编单位**：内蒙古大兴安岭林业设计院

**参编单位**：中国科学院寒区旱区环境与工程研究所冻土工程国家重点实验室
哈尔滨工业大学
中铁西北科学研究院
黑龙江省寒地建筑科学研究院
铁道第三勘测设计院
水利部东北勘测设计院科研所
中交第一公路勘察设计研究院

**主要起草人**：鲁国威　徐斅祖　童长江　丁靖康　刘鸿绪　王正秋　徐伯孟　李恩英　喻文学　金应镐　王　岐

# 目　次

# 1 总 则

**1.0.1** 为了贯彻国家有关技术经济政策，统一冻土工程地质勘察要求，保证冻土工程地质勘察质量，提高经济效益，制定本规范。

**1.0.2** 本规范适用于季节冻土和多年冻土地区工业与民用建筑、铁路、公路、水利、水电、管道和架空线路工程的冻土工程地质勘察。

**1.0.3** 冻土工程地质勘察，除应符合本规范的规定外，尚应符合国家现行有关标准、规范的规定。

# 2 术语、符号

## 2.1 术 语

**2.1.1** 冻土 frozen ground(soil rock)

具有负温或零温度并含有冰的土(岩)。

**2.1.2** 季节冻土 seasonally frozen ground

地壳表层冬季冻结而在夏季又全部融化的土(岩)。

**2.1.3** 隔年冻土 pereletok

指冬季冻结，而翌年夏季并不融化的那部分冻土。

**2.1.4** 多年冻土 perennially frozen ground(permafrost)

指持续冻结时间在2年或2年以上的土(岩)。

**2.1.5** 多年冻土上限 Permafrost table

指多年冻土层的顶面。

**2.1.6** 季节冻结层 seasonal freezing layar

指每年寒季冻结，暖季融化，其年平均地温>0℃的地壳表层，其下卧层为融土层或不衔接多年冻土层。

**2.1.7** 季节融化层 seasonal thawed layar

指每年寒季冻结，暖季融化，其年平均地温<0℃的地壳表层，其下卧层为多年冻土层。

**2.1.8** 相对含冰量 relative ice content

指冰的质量与冻土中全部水的质量之比。

**2.1.9** 未冻水量 unfrozen-water content

在一定负温条件下，冻土中未冻水质量与干土质量之比。

**2.1.10** 年平均地温 mean annual ground temperature

地温年变化深度处地地温。

**2.1.11** 地温年变化深度 depth of zero annual amplitude of ground temperature

地表以下，地温在一年内相对不变的深度，也称年零校差深度。

**2.1.12** 融化下沉系数 thaw-settlement coefficient

冻土融化过程中，在自重作用下产生的相对融化下沉量。

**2.1.13** 融化压缩系数 thaw compressibility coefficient

指冻土融化后，在单位荷重下产生的相对压缩变形量。

**2.1.14** 冻胀率 frost heaving ratio

指单位冻结深度的冻胀量。

**2.1.15** 冻胀力 frost-heaving forces

指土的冻胀受到约束时产生的力。

**2.1.16** 冻土盐渍度 salinity of frozen soil

冻土中含易溶盐的质量与土骨架质量之比。

**2.1.17** 泥炭化程度 degree of peatification

冻土中含植物残渣和泥炭的质量与骨架质量之比。

**2.1.18** 冻土现象 features related to frozen ground

指土体中水的冻结和融化作用所产生的新形成物和中小型地形。如冰椎、冻胀丘、融冻泥流和热融滑塌等冻土现象。

## 2.2 符 号

**2.2.1** 冻土物理特性

$\omega$——冻土总含水量；

$\omega_u$——冻土未冻水含量；

$i_c$——冻土相对含水量；

$\omega_0$——冻土起始融沉含水量；

$\rho_0$——冻土起始融沉干密度；

$\rho_d$——冻土干密度。

**2.2.2** 冻土热学特性

$\lambda_f$、$\lambda_u$——冻土、未冻土导热系数；

$b_f$、$b_u$——冻土、未冻土比热；

$\alpha_f$、$\alpha_u$——冻土、未冻土导温系数；

$C_f$、$C_u$——冻土、未冻土容积热容量。

**2.2.3** 冻土力学特性

$E$——冻土变形模量；

$G$——剪切变形模量；

$\tau$——切向冻胀力；

$H_o$——水平冻胀力；

$\sigma_f$——法向冻胀力；

$f_k$——冻土地基承载力；

$f_b$——桩端冻土承载力；

$f_t$——冻土抗剪强度；

$f_c$——冻土与基础间的冻结强度。

**2.2.4** 土的季节冻结与融化参数

$Z_0$、$Z_d$——土的季节冻结深度标准值和设计值；

$Z_0^m$、$Z_d^m$——土的季节融化深度标准值和设计值；

$Z_n$、$Z_a$——多年冻土的天然上限和人为上限；

$\eta$——冻土层的平均冻胀率；

$T_{cp}$——多年冻土年平均地温；

$H_{cp}$——地温年变化深度。

**2.2.5** 其他指数与系数

$I_L$——土的液性指数；

$I_p$——土的塑性指数；

$\sum T_m$——土的融化指数；

$m_v$——冻土融化后体积压缩系数；

$\delta_0$——冻土融化下沉系数；

$\Psi_z$——冻结深度影响系数；

$\Psi_z^m$——融化深度影响系数；

# 3 冻土分类和冻胀、融沉性分级

## 3.1 冻土分类和定名

**3.1.1** 作为寒区工程地基和环境的冻土，根据附录A应按冻结状态持续时间，分为多年冻土、隔年冻土和季节冻土；多年冻土和季节冻土可按下列原则分类：

**3.1.1.1** 根据形成与存在的自然条件不同，将多年冻土分为高纬度多年冻土和高海拔多年冻土。

**3.1.1.2** 按季节冻土与下卧土层的关系，将季节冻土分为季节冻结层和季节融化层。

**3.1.2** 冻土的描述和定名，除应按附录B定名外，尚应符合下列规定：

3.1.2.1　根据土的颗粒级配和液、塑限指标，按国际《土的分类标准》GBJ 145—90 确定土类名称。

3.1.2.2　按冻土含冰特征，可定名为少冰冻土、多冰冻土、富冰冻土、饱冰冻土和含土冰层。

3.1.2.3　当冰层厚度大于 2.5cm，且其中不含土时，应单另标出定名为纯冰层(ICE)。

3.1.3　根据冻土中的易溶盐含量或泥炭化程度划分为盐渍化冻土和泥炭化冻土时，应符合下列规定：

3.1.3.1　冻土中易溶盐含量超过表 3.1.3-1 中数值时，称为盐渍化冻土。

盐渍化冻土的盐渍度限界值　　表 3.1.3-1

| 土类 | 含细粒土砂 | 粉土 | 粉质粘土 | 粘土 |
|---|---|---|---|---|
| 盐渍度(%) | 0.10 | 0.15 | 0.20 | 0.25 |

(1)盐渍化冻土的盐渍度(ζ)可按下式计算：

$$\zeta=\frac{m_g}{g_d}\times 100(\%) \qquad (3.1.3\text{-}1)$$

式中　$m_g$——冻土中含易溶盐的质量(g)；

$g_d$——土骨架质量(g)。

(2)盐渍化冻土的强度指标，如无试验条件时，可按附录 K 表 K.0.2-9 和 K.0.2-12 取值。

3.1.3.2　冻土中的泥炭化程度超过表 3.1.3-2 中数值时，称为泥炭化冻土。

泥炭化冻土的泥炭化程度限界值　　表 3.1.3-2

| 土类 | 粗颗粒土 | 粘性土 |
|---|---|---|
| 泥炭化程度(%) | 3 | 5 |

(1)泥炭化冻土的泥炭化程度(ξ)，可按下式计算：

$$\xi=\frac{m_p}{g_d}\times 100(\%) \qquad (3.1.3\text{-}2)$$

式中　$m_p$——冻土中含植物残渣和泥炭的质量(g)；

$g_d$——土骨架质量(g)。

(2)泥炭化冻土的强度指标，如无试验条件时，可按附录 K 表 K.0.2-10 和 K.0.2-13 取值。

3.1.4　按体积压缩系数($m_v$)或总含水量(ω)划分为坚硬冻土、塑性冻土和松散冻土时，应符合下列规定：

3.1.4.1　坚硬冻土：$m_v\leqslant 0.01\text{MPa}^{-1}$。

3.1.4.2　塑性冻土：$m_v>0.01\text{MPa}^{-1}$。

3.1.4.3　松散冻土：$\omega\leqslant 3\%$。

## 3.2　土的冻胀和多年冻土融沉性分级

**3.2.1　季节冻土和季节融化层土的冻胀性，根据土冻胀率 η 的大小，按表 3.2.1 划分为：不冻胀、弱冻胀、冻胀、强冻胀和特强冻胀五级。冻土层的平均冻胀率 η 按下式计算：**

$$\eta=\frac{\Delta_Z}{Z_d}\times 100(\%) \qquad (3.2.1)$$

式中　$\Delta_Z$——地表冻胀量(mm)；

$Z_d$——设计冻深(mm)，$Z_d=h-\Delta_Z$；

$h$——冻层厚度(mm)。

季节冻土与季节融化层土的冻胀性分级　　表 3.2.1

| 土的名称及代号 | 冻前天然含水量 ω (%) | 冻结期间地下水位距冻结面的最小距离 $h_w$ (m) | 平均冻胀率 η (%) | 冻胀等级 | 冻胀类别 |
|---|---|---|---|---|---|
| 碎(卵)石，砾、粗、中砂(粒径<0.074mm、含量<15%)，细砂(粒径<0.074mm、含量<10%) | 不考虑 | 不考虑 | η≤1 | Ⅰ | 不冻胀 |
| 碎(卵)石，砾、粗、中砂(粒径<0.074mm、含量>15%)，细砂(粒径<0.074mm、含量>10%) | ω≤12 | >1.0 | η≤1 | Ⅰ | 不冻胀 |
| | | ≤1.0 | 1<η≤3.5 | Ⅱ | 弱冻胀 |
| | 12<ω≤18 | >1.0 | | | |
| | | ≤1.0 | 3.5<η≤6 | Ⅲ | 冻胀 |
| | ω>18 | >0.5 | | | |
| | | ≤0.5 | 6<η≤12 | Ⅳ | 强冻胀 |
| 粉砂 | ω≤14 | >1.0 | η≤1 | Ⅰ | 不冻胀 |
| | | ≤1.0 | 1<η≤3.5 | Ⅱ | 弱冻胀 |
| | 14<ω≤19 | >1.0 | | | |
| | | ≤1.0 | 3.5<η≤6 | Ⅲ | 冻胀 |
| | 19<ω≤23 | >1.0 | | | |
| | | ≤1.0 | 6<η≤12 | Ⅳ | 强冻胀 |
| | ω>23 | 不考虑 | η>12 | Ⅴ | 特强冻胀 |
| 粉土 | ω≤19 | >1.5 | η≤1 | Ⅰ | 不冻胀 |
| | | ≤1.5 | 1<η≤3.5 | Ⅱ | 弱冻胀 |
| | 19<ω≤22 | >1.5 | | | |
| | | ≤1.5 | 3.5<η≤6 | Ⅲ | 冻胀 |
| | 22<ω≤26 | >1.5 | | | |
| | | ≤1.5 | 6<η≤12 | Ⅳ | 强冻胀 |
| | 26<ω≤30 | >1.5 | | | |
| | | ≤1.5 | η>12 | Ⅴ | 特强冻胀 |
| | ω>30 | 不考虑 | | | |
| 粘性土 | $\omega\leqslant\omega_p+2$ | >2.0 | η≤1 | Ⅰ | 不冻胀 |
| | | ≤2.0 | 1<η≤3.5 | Ⅱ | 弱冻胀 |
| | $\omega_p+2<\omega\leqslant\omega_p+5$ | >2.0 | | | |
| | | ≤2.0 | 3.5<η≤6 | Ⅲ | 冻胀 |
| | $\omega_p+5<\omega\leqslant\omega_p+9$ | >2.0 | | | |
| | | ≤2.0 | 9<η≤12 | Ⅳ | 强冻胀 |
| | $\omega_p+9<\omega\leqslant\omega_p+15$ | >2.0 | | | |
| | | ≤2.0 | η>12 | Ⅴ | 特强冻胀 |
| | $\omega>\omega_p+15$ | 不考虑 | | | |

注：①$\omega_p$——塑限含水量(%)；

ω——冻前天然含水量在冻层内的平均值；

②盐渍化冻土不在表列；

③塑性指数大于 22 时，冻胀性降低一级；

④<0.005mm 粒径含量>60%时，为不冻胀土；

⑤碎石类土当填充物大于全部质量的 40%时，其冻胀性按填充物土的类别判定。

**3.2.2　多年冻土的融化下沉性，根据土的融化下沉系数 $\delta_0$ 的大小，按表 3.2.2 划分为：不融沉、弱融沉、融沉、强融沉和融陷五级。冻土层的平均融沉系数 $\delta_0$ 按下式计算：**

$$\delta_0=\frac{h_1-h_2}{h_1}=\frac{e_1-e_2}{1+e_1}\times 100(\%) \qquad (3.2.2)$$

式中　$h_1$、$e_1$——分别为冻土试样融化前的高度(mm)和孔隙比；

$h_2$、$e_2$——分别为冻土试样融化后的高度(mm)和孔隙比。

多年冻土的融沉性分级　　表 3.2.2

| 土的名称 | 总含水量 ω (%) | 平均融沉系数 $\delta_0$ | 融沉等级 | 融沉类别 |
|---|---|---|---|---|
| 碎(卵)石，砾、粗、中砂(粒径<0.074mm、含量<15%) | ω<10 | $\delta_0\leqslant 1$ | Ⅰ | 不融沉 |
| | ω≥10 | $1<\delta_0\leqslant 3$ | Ⅱ | 弱融沉 |
| 碎(卵)石，砾、粗、中砂(粒径<0.074mm、含量>15%) | ω<12 | $\delta_0\leqslant 1$ | Ⅰ | 不融沉 |
| | 12≤ω<15 | $1<\delta_0\leqslant 3$ | Ⅱ | 弱融沉 |
| | 15≤ω<25 | $3<\delta_0\leqslant 10$ | Ⅲ | 融沉 |
| | ω≥25 | $10<\delta_0\leqslant 25$ | Ⅳ | 强融沉 |

续表 3.2.2

| 土的名称 | 总含水量 $\omega$ (%) | 平均融沉系数 $\delta_0$ | 融沉等级 | 融沉类别 |
|---|---|---|---|---|
| 粉、细砂 | $\omega<14$ | $\delta_0\leqslant1$ | Ⅰ | 不融沉 |
| | $14\leqslant\omega<18$ | $1<\delta_0\leqslant3$ | Ⅱ | 弱融沉 |
| | $18\leqslant\omega<28$ | $3<\delta_0\leqslant10$ | Ⅲ | 融沉 |
| | $\omega\geqslant28$ | $10<\delta_0\leqslant25$ | Ⅳ | 强融沉 |
| 粉土 | $\omega<17$ | $\delta_0\leqslant1$ | Ⅰ | 不融沉 |
| | $17\leqslant\omega<21$ | $1<\delta_0\leqslant3$ | Ⅱ | 弱融沉 |
| | $21\leqslant\omega<32$ | $3<\delta_0\leqslant10$ | Ⅲ | 融沉 |
| | $\omega\geqslant32$ | $10<\delta_0\leqslant25$ | Ⅳ | 强融沉 |
| 粘性土 | $\omega<\omega_p$ | $\delta_0\leqslant1$ | Ⅰ | 不融沉 |
| | $\omega_p\leqslant\omega<\omega_p+4$ | $1<\delta_0\leqslant3$ | Ⅱ | 弱融沉 |
| | $\omega_p+4\leqslant\omega<\omega+15$ | $3<\delta_0\leqslant10$ | Ⅲ | 融沉 |
| | $\omega_p+15\leqslant\omega<\omega_p+35$ | $10<\delta_0\leqslant25$ | Ⅳ | 强融沉 |
| 含土冰层 | $\omega\geqslant\omega_p+35$ | $\delta_0>25$ | Ⅴ | 融陷 |

注：①总含水量 $\omega$，包括冰和未冻水；

②盐渍化冻土、冻结泥炭化土、腐殖土、高塑性粘土不在表列；

③塑限含水 $\omega_p$。

# 4 冻土工程地质勘察基本要求

## 4.1 一般规定

**4.1.1** 冻土工程地质勘察应包括冻土工程地质调查与测绘、勘探、冻土取样、室内试验和原位测试、定位观测以及冻土工程地质条件评价及其预报。

**4.1.2** 冻土工程地质勘察应按下列要求确定工作内容：

**4.1.2.1** 了解与搜集工程建设项目的规模及建筑的类别、地基基础设计、施工的特殊要求及设计参数。

**4.1.2.2** 搜集、整理与分析有关勘察报告，航、卫片及室内外试验结果、科学研究文献报告。根据冻土的非均质性及随时间、人为活动的可能变化，有针对性地确定勘察方法和合理的工作量。

**4.1.2.3** 通过踏勘、调查、搜集资料及测绘，初步了解建筑场地冻土工程地质条件的复杂程度，主要的冻土工程地质问题。

**4.1.2.4** 应用搜集或勘察的资料，加上工程经验的判断和分析，对勘察的冻土工程地质条件和问题作出评价，对设计、施工、防治处理及环境保护方案提出建议，并对建筑后的冻土工程地质条件变化作出预报。

**4.1.3** 根据建(构)筑物的重要性，对地基不均匀沉降的允许限度以及地基损坏造成建筑物破坏后果(危及人的生命、造成经济损失和社会影响及修复的可能性等)的严重性，按有关规范进行工程安全等级的划分。

**4.1.4** 冻土地区建筑场地的复杂程度应按下列条件划分：

**4.1.4.1** 符合下列条件之一者为复杂场地：

(1)岩土种类多，性质变化大，厚层地下冰发育，对工程影响大，需特殊处理。

(2)冻土工程类型属含土冰层或饱冰冻土地带，冻土温度≥−1.0℃，且变化大。

(3)冻土现象强烈发育，冻土生态环境遭受严重破坏。

**4.1.4.2** 符合下列条件之一者为一般场地：

(1)岩土种类较多，性质变化较大，地下冰较发育，对工程有不良影响。

(2)冻土工程类型属富冰冻土地带，冻土温度为−1.0～−2.0℃，且变化较大。

(3)冻土现象一般发育，冻土生态环境遭受破坏。

**4.1.4.3** 符合下列条件之一者为简单场地：

(1)岩土种类单一，性质变化不大，地下冰不发育，对基础无影响。

(2)冻土工程类型属少冰冻土或多冰冻土地带，冻土温度≤−2.0℃，且变化不大。

(3)冻土现象不发育，无冻土生态环境问题。

**4.1.5** 冻土工程地质勘察宜分阶段进行，勘察阶段应与设计阶段相适应，一般可分为可行性研究(选址，规划)，初步勘察与详细勘察，必要时可进行施工勘察。

**4.1.6** 勘察点、线、网的布置应符合下列要求：

**4.1.6.1** 勘探线应垂直地貌单元边界线，地质构造线，地层界线和冻土工程地质分区界线。

**4.1.6.2** 按勘探线布置勘探点时，应在每个地貌单元和地貌交接部位布置勘探点，同时在微地貌、地层、冻土现象发育及冻土条件变化较大地段予以加密。

**4.1.6.3** 考虑工作需要获得各种地质地貌景观范围内冻土的分布、冻土构造、含冰量和物理力学及热学性质的资料。

**4.1.6.4** 地形平坦、冻土条件单一的地区，可按方格布置勘探点。

**4.1.7** 勘探孔可分为一般孔和控制孔。勘探线和勘探点间距应根据场地和地基条件，以及建筑物的工程类型、安全等级和勘察阶段等决定。

**4.1.8** 冻土工程地质勘察应按勘察阶段要求进行原位测试，以获得设计所需要的基本参数，其试验方法可按附录F、G、H规定执行。当无实测资料时，可按附录K确定。

**4.1.9** 对于场地和地基条件复杂的重要构筑物必须设立定位观测点。观测项目包括多年冻土地温、地基土的冻胀与融沉特性，以及由于人为工程活动、自然条件变化等，可按第8至12章有关规定进行。

## 4.2 冻土工程地质勘察的任务

**4.2.1** 多年冻土区冻土工程地质勘察根据工程要求应进行下列工作：

**4.2.1.1** 查明多年冻土类型(按附录A)、分布范围及其特征，及其他与地质—地理环境的相互关系。

**4.2.1.2** 查明季节融化层(当无实测资料时，可按附录D和E确定)与多年冻土层厚度，以及在剖面上彼此之间的相互关系及随空间的变化。

**4.2.1.3** 查明多年冻土层的物质成分、性质与含冰量、冻土组构类型(可按附录C进行鉴别)、地下冰层的厚度及分布特征。

**4.2.1.4** 查明多年冻土层年平均地温，地温年变化深度，当无实测资料时，可按附录L确定。

**4.2.1.5** 查明多年冻土层物理、力学和热物理性质，冻土融化下沉特性，给出设计参数及其随温度的变化关系。

**4.2.1.6** 查明多年冻土区内融区的形成、存在原因、分布特征，及其与冻土条件和自然因素及人为工程活动的关系。

**4.2.1.7** 查明多年冻土区地表水及地下水的储运条件，及其与多年冻土层的相互关系和作用。

**4.2.1.8** 查明多年冻土区的冻土现象类型、特征和发育规律及其对工程建筑的影响与危害。

**4.2.1.9** 查明多年冻土条件与工程建筑，经济开发区的相互作用与制约关系。

**4.2.1.10** 对冻土工程地质条件作出评价，预报工程建筑运营期间冻土—工程—地质(水文地质)条件的变化，并依此提出合理的治理建议与措施。

**4.2.2** 季节冻土区冻土工程地质勘察，根据工程要求应进行下列工作：

**4.2.2.1** 查明季节冻结层的厚度(无实测资料时，可按附录D确定)与特征，及其与地质—地理环境的相互关系。

**4.2.2.2** 查明季节冻结层的冻土含冰特征及其在垂直剖面上的分布和随空间的变化。

4.2.2.3 查明季节冻结层的物质成分与含水特征。

4.2.2.4 查明季节冻结层岩土的物理力学及热学性质，土的冻胀特性，给出设计参数。

4.2.2.5 查明地下水补给、径流、排泄条件及与地表水的关系、以及冻结前和冻结期间的变化情况。

4.2.2.6 查明场地冻土现象类型、成因、分布、对场地和地基稳定的影响及其发展趋势。

### 4.3 冻土工程地质区划原则

4.3.1 冻土工程地质区划应反映冻土工程地质条件，并根据不同建设项目的勘察阶段的相应要求，提出冻土工程地质评价。

4.3.2 冻土工程地质分区应根据场地的复杂程度分为三级，并相应地反映下列内容：

4.3.2.1 第一级分区反映下列内容：

(1)冻土分布区域、范围与厚度。

(2)多年冻土的年平均地温。

(3)地貌单元如分水岭、山坡、河谷等的冻土形成及存在条件。

(4)冻结沉积物的成因类型。

(5)主要冻土现象等。

4.3.2.2 第二级分区应反映下列内容：

(1)在一级分区的基础上，除反映各冻土类型的地质、地貌、构造的基本条件外，还要阐明冻土的成分、冰包裹体的性质、分布及其所决定的冻土构造和埋藏条件。

(2)根据多年冻土的年平均地温($T_{cp}$)确定冻土地温带：

$T_{cp}$ < −2.0℃的为稳定带；

$T_{cp}$ = −1.0～−2.0℃的为基本稳定带；

$T_{cp}$ = −0.5～−1.0℃为不稳定带；

$T_{cp}$ > −0.5℃的为极不稳定带。

(3)多年冻土及融区的分布面积、厚度及其连续性。

(4)季节冻结层及其与下卧多年冻土层的衔接关系。

(5)表明各地带的冻土现象、年平均气温、地下水、雪盖及植被等基本特征。

4.3.2.3 第三级分区应反映下列内容：

(1)在二级分区的基础上，除反映冻土的工程地质条件及自然条件外，主要阐明各建筑地段冻土的含冰程度、物理力学和热学性质。

(2)按冻土工程地质条件及其物理力学参数，划出不同的冻土工程地质分区地段，并作出评价。

### 4.4 冻土工程地质及其环境评价

4.4.1 冻土工程地质及其环境评价应包括自然条件变化和各种工程活动影响下冻土工程地质条件的变化。

4.4.2 冻土工程地质条件评价应包括下列内容：

4.4.2.1 冻土类型及分布、成分、组构、性质、厚度评价。

4.4.2.2 冻土温度状况的变化，包括地表积雪、植被、水体、沼泽化、大气降水渗透作用、土的含水率、地形等影响引起的变化。

4.4.2.3 季节冻结与季节融化深度的变化。

4.4.2.4 冻土物理力学和热学性质的变化。

4.4.2.5 冻土现象(过程)的动态变化。

4.4.3 调查工程建筑修建所引起的冻土现象及冻土工程地质条件变化的情况，并提出对冻土工程地质条件影响及其防治措施的建议。

4.4.4 对冻土工程地质环境变化的影响应按下列内容进行评价：

4.4.4.1 人类工程活动作用形式(施工准备工作及施工方式)。

4.4.4.2 自然条件的破坏情况。

4.4.4.3 冻土工程地质条件变化状况。

4.4.4.4 冻土现象类型及其变化特点。

4.4.4.5 工程建筑物在运营期间冻土工程地质条件的变化情况。

4.4.5 根据冻土工程地质条件及其环境的评价和预测，提出地基土的利用原则及其相应的保护和防治措施的建议。

### 4.5 冻土工程地质勘察报告

4.5.1 冻土工程地质勘察成果报告应在搜集、调查、测绘、勘探、测试资料的基础上进行整理、检查、分析、鉴定，确定无误后方可进行编制。

4.5.2 冻土工程地质勘察成果报告的内容，应根据任务要求、勘察阶段、冻土工程地质条件的复杂程度、工程特点及其安全等级情况，具体确定其详细程度。

4.5.3 冻土工程地质勘察成果报告应包括下列内容：

(1)勘察目的、要求和任务。

(2)拟建工程概述。

(3)勘察方法和勘察工作布置及工作量。

(4)场地地形、地貌、地层、地质构造、冻土特征及其工程地质条件和物理力学性质、水文地质条件、冻土现象的描述和评价。

(5)地基冻胀性、融沉性、稳定性和适用性的评价。

(6)冻土试验参数的分析与选用。

(7)场地利用、整治及改造方案，建筑设计原则。

(8)工程施工和运营期间可能发生的冻土工程地质问题的预测、监控、预防措施的建议。

4.5.4 冻土工程地质勘察成果报告可附下列图件：

(1)勘探和试验点平面布置图。

(2)冻土工程地质平面图(包括冻土工程地质分区及冻土现象)。

(3)冻土工程地质柱状图(包括冻土工程地质综合柱状图)。

(4)冻土工程地质剖面图(纵、横剖面)。

(5)室内试验图表。

(6)原位测试及地温观测图表。

(7)冻土利用、整治、改造方案的有关图表。

(8)冻土工程计算简图及计算图表。

(9)其它有关资料(包括素描和照片)等。

4.5.5 除冻土工程地质勘察成果报告外，可根据任务要求，提交单项报告。

## 5 冻土工程地质调查与测绘

### 5.1 一般规定

5.1.1 冻土工程地质调查与测绘宜结合勘察阶段进行，并应符合下列要求：

5.1.1.1 在可行性研究勘察阶段，除应收集航空相片和卫星相片的解释结果、区域地质、区域冻土以及地区性建设经验等资料外，必要时尚应进行现场踏勘。

5.1.1.2 在初步勘察阶段，对冻土工程地质条件较复杂的场地应进行冻土工程地质测绘。对地质条件简单的场地，可采用调查代替冻土工程地质测绘。

5.1.1.3 在详细勘察阶段，应在初步勘察工作的基础上，对某些专门性的冻土工程地质问题进行补充。

5.1.2 冻土工程地质调查与测绘的范围以及测绘的比例尺，宜符合下列要求：

5.1.2.1 公路、铁路、架空线路和管道工程的调查与测绘宽度，一般地段不应少于线路中心线两侧各100m，复杂地段可根据需要预以扩大范围。

5.1.2.2 水利水电工程和工业与民用建筑工程的调查与测绘范围,应包括建筑场地及其附近对工程安全有影响的地段。

5.1.2.3 测绘所用地形图的比例尺,宜结合勘察阶段选用。对冻土工程地质条件较复杂的场地和对工程安全影响较严重的冻土现象,比例尺可适当放大。

5.1.3 冻土工程地质调查与测绘,应包括下列主要内容:

5.1.3.1 查明地貌形态特征、分布情况和成因类型并划分地貌单元;查明地貌与第四纪地质、岩性、构造、地表水以及地下水等与冻土现象的关系。

5.1.3.2 冻土的分布、埋藏、成分、结构、地下冰类型及其与各种自然条件的关系。

5.1.3.3 季节冻结与季节融化层土的成分、含水率和含冰量以及最大冻结与融化深度。

5.1.3.4 多年冻土的年平均地温,地表温度较差和冻层下卧岩土的温度变化动态。

5.1.3.5 冻土现象的形成、分布、形态、规模和发育程度。

5.1.3.6 建筑物在施工和使用期间,由于气候与人为因素对建筑场地冻土工程地质条件影响的预测。

5.1.4 冻土工程地质调查与测绘,可提出下列成果资料:

(1)调查与测绘说明书。

(2)冻土工程地质测绘实际材料图。

(3)综合冻土工程地质图或分区图。

(4)综合地质柱状图及冻土工程地质剖面图。

(5)各种素描图和照片等资料。

## 5.2 冻土现象调查与测绘

5.2.1 多年冻土区对工程建筑有影响的主要冻土现象包括:

冻胀丘、冰椎、地下冰、融冻泥流、热融滑塌、热融湖塘、热融洼地、冻土沼泽等。在进行勘察时,应结合工程类型,有针对性地开展工作。

5.2.2 冻土现象的调查与测绘应结合工程勘察阶段进行。根据其测绘精度要求和地质条件的复杂程度选用目测法、半仪器法和仪器法定位。

5.2.3 根据各勘察阶段的内容和要求,冻土现象的调查与测绘应提出下列资料:

(1)调查与测绘说明书。

(2)工程地质图及剖面图。

(3)勘探、观测与试验资料等。

5.2.4 冰椎与冻胀丘调查与测绘。

5.2.4.1 勘察中应注意区分季节性和多年性冰椎与冻胀丘。遇下列情况时,应按冰椎与冻胀丘地段进行工作:

(1)泉水出露的斜坡地段。

(2)存在较大范围的土丘或鼓丘痕迹地带。

(3)有冰椎及冻胀丘活动纪录的地点。

5.2.4.2 冰椎与冻胀丘的勘察,应包括下列内容:

(1)查明冰椎与冻胀丘分布区的气温、季节冻结与季节融化深度、多年冻土特征及地温状况。

(2)查明冰椎与冻胀丘的成因、类型、规模、发育状况和变化规律。爆炸性充水鼓丘爆炸威力和影响范围。

(3)查明冰椎与冻胀丘分布区地形、地貌、植被、地层岩性、地质构造及水源补给条件。

(4)查明冰椎与冻胀丘分布区的人类活动状况。

5.2.4.3 调查与测绘范围应包括冰椎与冻胀丘分布区及对其有明显影响的地段。

5.2.4.4 冰椎与冻胀丘勘察宜在其发育期(1~3月)进行,采取钻探与物探相结合方法。勘探点及剖面布置以能查明该段地质构造、水文地质条件为原则。勘探孔的深度一般应大于季节冻结深度或多年冻土上限以下1.0~2.0m。

5.2.4.5 根据工程需要采取代表性土样、水样进行有关试验。

5.2.5 当冻土中冰层厚度大于0.3m或间隔2~3cm冰层累计厚度>0.3m时,应按厚层地下冰进行勘察。

5.2.5.1 厚层地下冰勘察,应包括下列内容:

(1)查明分布区的气候、地形、地貌、植被和水文地质条件。

(2)查明地下冰的成因、类型及其发育状况。

(3)查明地下冰的围岩性质及其与冻土特征、地温及厚度的关系。

(4)查明分布区的水文地质特征。

(5)查明分布区的人类活动状况。

5.2.5.2 勘察范围应包括其分布区及其有影响的围岩地带。勘探宜采用坑探、钻探与物探结合进行,勘探点及剖面布置以能查明地下冰的厚度和分布为原则。勘探孔应进行测温。

5.2.6 多年冻土区遇下列情况时,应按融冻泥流与热融滑塌地段开展工作:

(1)斜坡地表存在有蠕动或滑动痕迹的地带。

(2)斜坡坡度大于5°的厚层地下冰发育,且地表有破坏的地段。

(3)地表面破坏前缘有泉水、湿地或泥流的地段。

(4)有产生融冻泥流及热融滑塌的记录。

5.2.6.1 融冻泥流或热融滑塌勘察,应包括下列内容:

(1)查明分布区的地形、地貌特征,土的性质、颗粒成分及其含水率。

(2)查明分布区的季节融化深度、地下冰、多年冻土分布特征。

(3)查明分布区山坡倾斜度(坡度)、地表排泄条件和土的渗透性。

(4)查明分布区土的冻胀性与融滑后的流动性。

(5)查明分布区人为活动对其植被和地面的破坏状况及融冻泥流或热融滑塌的形成原因。

5.2.6.2 勘察范围应包括滑动发育范围及两侧一定宽度,必要时可扩大到滑体堆积区。宜采用钻探、坑探、物探相结合的勘探方法,钻孔深度应超过滑动面以下1.0~2.0m。

5.2.6.3 按需要采取试样进行颗粒成分、含水率等有关分析。

5.2.7 多年冻土区遇有下列情况时,应按热融湖塘与热融洼地勘察:

(1)湖状积水洼地。

(2)地表破坏的厚层地下冰地段。

(3)干枯湖形凹地。

5.2.7.1 热融湖塘与热融洼地勘察,应包括下列内容:

(1)查明分布区的气候、地形、地貌、地表覆盖物及地表水与地下水变化情况。

(2)查明分布区的季节融化深度,多年冻土类型、厚度、地温及地下冰的分布规律。

(3)查明分布区的范围,湖内水位及其排泄和聚集条件,与地表水、地下水的联系。

(4)查明分布区的人为活动对地表植被的破坏情况及热融湖塘与热融洼地的成因。

(5)热融湖塘与热融洼地的发展趋势及其对工程的影响和评价。

5.2.7.2 勘察的范围,应包括分布区及其可能扩大的周围地段。以钻探配合物探。钻孔深度应超过地温年变化深度1~2m,且应进行测温。

5.2.8 多年冻土区,遇有遭受地表水、地下水影响,出现地表潮湿、富水、植被生长较茂密、分布有较大厚度的泥炭层的沟谷、溪流、山前斜坡或山间洼地等情况时,应按冻土沼泽开展勘察。

5.2.8.1 冻土沼泽勘察,应包括下列内容:

(1)查明分布范围的气象、地形地貌特征、植被及水文地质条件。

(2)查明分布区的地层岩性、多年冻土特征、地温及季节融化深度。

(3)查明冻土沼泽的成因类型、基底软弱层或泥炭层厚度及发育状况,地表排水条件等。

(4)分析冻土沼泽基底发生融沉和变形的可能性,提出防治措施的建议。

**5.2.8.2** 勘察范围,应视不同工程需要确定:线路两侧各100～200m;站场周围不少于200m。控制孔深度应超过年平均地温变化深度,一般钻孔应超过多年冻土上限以下1.0～2.0m,并测试地温。

**5.2.8.3** 根据工程需要,采取土样进行有关试验。

# 6 冻土工程地质勘探与取样

## 6.1 一 般 规 定

**6.1.1** 为查明场地冻土工程地质条件,采取冻土试样或进行原位测试时,应按勘察任务要求和冻土特性,选用钻探、坑探、槽探和地球物理勘探等方法。

**6.1.2** 冻土工程地质勘探工作,应充分结合工程特点、交通条件、机具设备和勘探对自然环境的影响等因素,选择在适宜的气候条件下进行。

**6.1.3** 勘探点的布置应在冻土工程地质调查与测绘、遥感判释和地球物理勘探等项工作的基础上研究确定。

**6.1.4** 勘探工作量的确定,可根据勘察阶段,按本规范有关章节规定执行。

## 6.2 钻 探

**6.2.1 根据冻土层类别选择钻探方法时,应符合下列要求:**

**6.2.1.1 当冻土为第四系松散地层时,宜采取低速干钻方法。回次钻探时间不宜过长,一般以进尺0.20～0.50m为宜。**

**6.2.1.2 对于高含冰量的冻结粘性土层,应采取快速干钻方法。回次进尺不宜大于0.80m。**

**6.2.1.3 对于冻结的碎块石和基岩,在钻探时,可采用低温冲洗液钻进方法。**

**6.2.2** 冻土钻探的成孔口径,应符合下列规定:

**6.2.2.1** 冻土钻探的开孔直径不应小于130mm;终孔直径不应小于91mm(一般110mm为宜)。

**6.2.2.2** 对于取不出完整冻结土样的岩土,可按常规钻探的有关规定执行。

**6.2.3 根据冻土工程地质环境变化特点,冻土钻探工作应符合下列要求:**

**6.2.3.1 为了保持冻土层中钻孔孔壁稳定,应设置护孔管及套管封水或其他止水措施,防止地表水和地下水流入孔内。**

**6.2.3.2 为取得土的最大冻结与融化深度资料,应在地表开始融化或冻结之前的适宜季节进行钻探。**

**6.2.3.3 在钻探和测温期间,应减少对场地地表植被的破坏。已破坏的要在任务完成后,恢复植被的天然状态。**

**6.2.3.4 对需要保留的观测孔和测温孔,应按勘察阶段要求处理,否则应及时回填。**

**6.2.4** 钻探记录和编录应符合下列要求:

**6.2.4.1** 野外钻探记录必须及时,认真的按钻进回次逐段填写清楚。

**6.2.4.2** 对冻土的描述和定名可按本规范附录B进行。

**6.2.4.3** 钻探成果可用钻孔柱状图表示。冻结岩、土芯样可拍彩照并按要求纳入勘察成果资料。

## 6.3 坑探、槽探

**6.3.1** 当使用钻探方法不能准确的查明冻土工程地质情况时,冻土的浅部土层勘探,可用下列方法进行:

**6.3.1.1** 冻土浅部土层的勘探,可采用坑探、槽探和小螺旋钻等方法。在无人烟的冻土地区进行坑、槽探时,亦可采用爆破法。但是,勘探工作完成后必须按原来状况回填,以恢复地表自然状态。

**6.3.1.2** 对于泥炭沼泽或粘性土中的厚层地下冰地段,可采用钎探和小螺旋钻进行勘探,取得季节融化深度资料。

**6.3.1.3** 各地貌单元分界线处的季节融化深度和地层变化情况,可采用坑、槽探方法完成。

**6.3.2** 探坑和探槽的深度、长度和断面尺寸,应按勘探要求确定。但是,探坑、探槽的开挖必须根据深度和冻土融化情况,采取加固措施以保证安全。

**6.3.3** 对坑探、槽探除应作好岩性描述记录外,坑探应提交展开图,槽探应提交槽壁纵断面图等图件。

## 6.4 地球物理勘探

**6.4.1** 在冻土工程地质勘察中,下列任务宜选用地球物理勘探方法:

**6.4.1.1** 配合冻土工程地质测绘,初步了解冻土分布特征和各种冻土现象,为经济合理确定钻探方案提供依据。

**6.4.1.2** 作为勘探工程的辅助手段,物探应紧密地配合钻探工作,以缩短勘探周期,提高勘探工作质量。

**6.4.2** 冻土地区地球物理勘探应包括下列内容:

**6.4.2.1** 冻土的类型及其分布特征。

**6.4.2.2** 季节融化层深度及多年冻土的下限。

**6.4.2.3** 厚层地下冰的类型及分布特征。

**6.4.2.4** 多年冻土地区地下水类型及其赋存条件与变化规律。

**6.4.2.5** 多年冻土的波速、动弹性模量。

**6.4.3** 冻土地区地球物理勘探方法应根据冻土的物理特性和场地条件,通过试验研究进行选择或采用综合物探方法。

**6.4.4** 场地条件对物探工作的适宜性,可按下列因素判定:

**6.4.4.1** 冻土体的埋藏条件及其与周围介质的物理性质的差异(如电阻率上的明显差异等)。

**6.4.4.2** 地表起伏程度,地表层土冻融的不均匀性及影响物探工作的地面障碍物。

**6.4.4.3** 场地附近有无对冻土物探工作造成的干扰因素(如高压线、地下金属管道等)。

**6.4.5** 物探时应取得场地的冻土物探参数,当资料缺乏时还应实测其物探参数。

**6.4.6** 进行物探成果判释时,应考虑不同地质因素引起的物理现象异常的多解性。区分有用信息和干扰信号,进行综合判释,必要时利用钻探资料进行验证。

## 6.5 冻土取样与运送

**6.5.1** 根据冻土试验目的和要求,冻土取样可按表6.5.1分为三级。

**冻土试样等级划分** **表6.5.1**

| 级别 | 冻融及扰动程度 | 试验内容 |
| --- | --- | --- |
| Ⅰ | 保持天然冻结状态 | 土类定名、冻土物理、力学性质试验 |
| Ⅱ | 保持天然含水率并允许融化 | 土类定名、含水量、土颗粒密度 |
| Ⅲ | 不受冻融影响并已扰动 | 土类定名、土颗粒密度 |

**6.5.2** 冻土取样方法和要求,可按下列规定进行.

6.5.2.1 测定冻土基本物理指标用土样，应由地表以下 0.5m 开始逐层采取。当土层＜1.0m 时，必须取一个样，土层＞1.0m 时，必须每米取样一个，含冰量变化大时应加取。

6.5.2.2 测定冻土热学及力学指标时，冻土取样应按工程需要采取或与 6.5.2.1 款采取的土样合用。

6.5.2.3 为保证试样质量，不得从爆破的碎土块中取样，应从探坑或探槽壁上按 6.5.2.1 款要求进行。

6.5.3 根据土样等级，运送土样时，应符合下列要求：

6.5.3.1 对于保持冻结状态的土样，宜就近进行试验。如无现场试验条件时，应尽量缩短时间，在保持土样冻结状态条件下运送。

6.5.3.2 保持天然含水率并允许融化的土样，应在取样后立即进行妥善密封、编号和称重并在运输过程中避免振动。对于融化后易振动液化和水分离析的土样，宜在现场进行试验。

6.5.3.3 不受冻结和融化影响的扰动土样，其运送和试验要求，应按国标《岩土工程勘察规范》GB 50021—94 有关规定执行。

# 7 冻土试验与观测

## 7.1 一 般 规 定

7.1.1 冻土试验应包括室内试验和原位现场测试。冻土观测则应包括建筑物施工和运营期间地基基础和上部建筑可能变化的监测。

7.1.2 冻土试验和观测的目的为确定建筑物地基的冻土物理、热学和力学性质及其变化，为建筑场地的选择、建(构)筑物的布局、地基基础计算和工程措施的选择、周围地质环境恢复与保护措施的提出以及建筑物施工及运营期间可能变化的预报，提供定量依据。

7.1.3 土在冻结状态下各种性能的测试方法、仪器设备和操作步骤应遵循现行国家有关规范规定，如其规定与本规范条文有不同之处，按本规范执行。土在融化状态下各种性能的测试方法、仪器设备和操作步骤应遵循《土工试验方法标准》GB/T 50123—1999 有关规定。

7.1.4 无统一试验标准的特种试验项目，在提出试验数据时，应同时说明试验方法、仪器和测试步骤。

## 7.2 室 内 试 验

7.2.1 冻土室内试验应包括下列内容：

7.2.1.1 冻土物理性质试验：

(1)粒度成分。

(2)总含水率。

(3)液限、塑限。

(4)比重。

(5)天然密度。

(6)含冰量或未冻水含量。

(7)盐渍度。

(8)有机质含量。

7.2.1.2 冻土热学性质试验：

(1)土的骨架比热。

(2)土在冻结和融化状态下的导热系数。

7.2.1.3 冻土中水化学性质试验：

土壤水和地下水的化学成分。

7.2.1.4 冻土力学性质试验：

(1)冻胀力。

(2)土的冻结强度。

(3)抗剪强度。

(4)抗压强度。

(5)冻胀性。

(6)冻土的融化下沉系数和融化后体积压缩系数。

7.2.2 冻土试验的项目，根据各工种在不同勘察阶段的实际需要可按表 7.2.2 选定。

冻土室内分析测试项目选择表　　表 7.2.2

| 测试项目 | 设计前期勘察 | | 设计阶段勘察 | | 施工图阶段勘察 | |
|---|---|---|---|---|---|---|
| | 土类 | | | | | |
| | 粗粒土 | 细粒土 | 粗粒土 | 细粒土 | 粗粒土 | 细粒土 |
| 1. 粒度成分 | + | + | + | + | + | + |
| 2. 总含水量 | + | + | + | + | + | + |
| 3. 液、塑限 | − | + | − | + | − | + |
| 4. 矿物颗粒比重 | + | + | + | + | + | + |
| 5. 天然密度 | + | + | + | + | + | + |
| 6. 未冻水含量 | − | − | C | C | + | + |
| 7. 盐渍度 | − | + | − | + | + | + |
| 8. 有机质含量 | + | + | + | + | + | + |
| 9. 矿物颗粒比热 | C | C | C | C | + | + |
| 10. 导热系数 | C | C | C | C | + | + |
| 11. 起始冻结温度 | + | + | + | + | + | + |
| 12. 冻胀性 | − | − | + | + | + | + |
| 13. 渗透系数 | − | − | + | + | + | + |
| 14. 地下水化学成分 | + | + | + | + | + | + |
| 15. 切向冻胀力 | C | C | C | C | +,C | +,C |
| 16. 水平冻胀力 | C | C | C | C | +,C | +,C |
| 17. 抗压强度 | C | C | C | C | +,C | +,C |
| 18. 抗剪强度 | C | C | C | C | +,C | +,C |
| 19. 融化系数，融化后体积压缩系数 | C | C | C | C | +,C | +,C |

注：+——测定；−——不测定；C——查表确定。

7.2.3 冻土室内单轴压缩试验应满足下列要求：

7.2.3.1 施加的应变速率：采用 0.1%/分和 1.0%/分(0.0017%/秒和0.017%/秒)恒应变速率。如果只用一种试验速率，应采用1.0%/分(0.017%/秒)。

7.2.3.2 蠕变试验的加荷，可按表 7.2.3 给出的四种恒载荷进行，连续试验直到出现破坏，或到试样应变达 20%；在低应力情况下进行蠕变试验，要直到应变速率接近于零。

蠕变试验的恒载荷量　　表 7.2.3

| 试验号 | 1 | 2 | 3 | 4 |
|---|---|---|---|---|
| 应力水平 | $0.7q$ | $0.5q$ | $0.3q$ | $0.1q$ |

注：$q$ 为以 1%/分的恒应变速率(按试样初始高度计)进行单轴压缩试验确定的压缩强度。

7.2.3.3 试验温度：非盐渍化冻土试样的试验温度为－2℃、－5℃和－10℃。－2℃不适用于盐渍化冻土，应采用－5℃或更低的温度。土的试验温度低于－2℃时，温度的变化要小于±0.2℃；土的试验温度等于或高于－2℃时，温度变化小于±0.1℃。

7.2.3.4 试样的形状和大小：试样为正圆柱体，高径比≥2，试样的最小直径至少应为试样中最大颗粒尺寸的10倍。

7.2.3.5 试样的端部条件：冻土无侧限压缩试验要用润滑载板，并在试验方法中对载板润滑方法及尺寸予以说明。用附设在试样上的应变仪测量轴向应变，以消除载板形变影响。蠕变试验也应采用这种载板。

7.2.3.6 试验系统的刚度:试验系统刚度与试样刚度比≥5,可直接在试样上测变形量。

7.2.3.7 试验结束后,提交试验报告时应说明下列各点:

(1)土的描述:

1)土的分类:①未冻土的符号和描述;②冻土的符号和描述。

2)颗粒成分。

3)液、塑限。

4)土的物理性质:①冻土的含冰量;②非冻土的含水率;③土的干密度;④土颗粒的比重;⑤饱和度;⑥盐渍度。

(2)试样制备:

1)原状冻土样:①试样的尺寸(直径和长度);②天然密度。

2)重塑土样:①压实的方法;②饱水方法(真空法、重力法或其他);③饱水时所用的水(蒸馏水或其他);④冻结条件(单向或多向冻结、冻结过程有无水分补给、冻结方法)。

(3)试验条件:

1)试验温度;①平均试验温度;②温度波动;③温度过程。

2)试样的端部条件:①端帽的类型(润滑或不润滑、端帽的材料和尺寸);②试样端部修整平直情况。

3)加载条件:①加载设备(刚度、加载设备和端帽的柔量校正);②外加恒应变速率(应力、应变曲线、最大应力及其对应的应变、最大应力时的应变速率);③蠕变试验(所用的应力水平、蠕变曲线、达到最大应力水平的时间周期)。

7.2.4 在不宜进行实测的情况下,土的热学、强度和变形特性可根据土的物理特性按本规范附录K取值。

### 7.3 原位测试

7.3.1 原位测试是在原位或基本原位状态和原位应力条件下,对冻土地基与基础共同作用特性的测试。它应与室内试验、模型试验配合使用。

7.3.2 下列情况应进行原位测试:

7.3.2.1 当原位测试比较简单,而室内试验条件与工程实际相差较大时。

7.3.2.2 当基础的受力状态比较复杂,计算不准确而又无成熟经验,或整体基础的原位真型试验比较简单。

7.3.2.3 重要工程必须进行必要的原位试验。

7.3.3 原位测试应包括下列内容:

7.3.3.1 地温与地温场、地下水位、多年冻土上限深度、季节冻结深度、季节冻土层的分层冻胀以及冻融过程等。

7.3.3.2 载荷试验、桩基静载试验、波速试验、融化压缩试验以及冻胀力试验等。

7.3.4 进行原位测验时应注意尽量与工程实际的环境条件、受力过程、温度状态和施工情况一致。在多年冻土地基中试验应随时监测地基温度场,在季节冻土地基中应注意水分场的一致性。

7.3.5 原位模型试验结果可直接用于实际工程的设计中,但对小尺寸、短时间的试验结果应考虑边界条件的不同、尺寸与时间效应因素以及冻土流变特性等的修正。

7.3.6 关于原位测试要点,见附录F、G、H。

### 7.4 定位观测

7.4.1 冻土区的建筑场地、重要工程以及建筑面积较大的高温车间等,从勘察工作开始就应设置定位观测站。

7.4.2 定位观测站应包括下列观测内容和要求:

7.4.2.1 气温、冻土地温(要有一定数量的孔深达到地温年变化深度)、冻土上限、季节冻结深度、地下水位、融化下沉以及冻胀量等。

7.4.2.2 建筑物建成后需验证的设计方案和施工措施。

7.4.2.3 已建建筑物下的冻土地基及建筑场区内在人为活动影响下冻土条件变化情况。

7.4.2.4 建筑物地基周围及其整个建筑场区地温场的变化特点与稳定状态。

7.4.2.5 所采用各种防止冻胀,消除融沉措施的适用性及效果。

7.4.3 定位观测报告应分别存入勘察、设计与建设单位的档案中。

## 8 工业与民用建筑冻土工程地质勘察

### 8.1 一般规定

8.1.1 本章适用于冻土地区工业与民用建(构)筑物的冻土工程地质勘察。

8.1.2 勘察阶段的划分,应与设计阶段相适应,宜分为可行性研究勘察、初步勘察和详细勘察三个阶段。可行性研究勘察应符合确定场地方案的要求;初步勘察应符合初步设计或扩大初步设计的要求;详细勘察应符合施工图设计要求。

当冻土工程地质条件复杂或有特殊施工要求的重要工程,尚应进行施工勘察;对冻土工程地质条件较简单的场区,在已有较充分的冻土资料或建筑经验的条件下,可简化勘察阶段。

8.1.3 冻土工程地质勘察应包括下列主要工作:

8.1.3.1 收集和研究场地及邻近地段勘察资料和建筑经验。

8.1.3.2 查明场地和地基的稳定性、冻土的分布规律、冻土构造特征、冻土现象及发育程度和地下水埋藏条件等。

8.1.3.3 提供满足设计、施工所需的物理、热学与力学等冻土技术参数。

8.1.3.4 提出冻土地基设计原则和基础设计方案的建议,预测建筑物施工和运营后对环境的影响。

### 8.2 可行性研究勘察

8.2.1 可行性研究勘察,除应对拟选场址的稳定性和适宜性进行技术经济论证外,尚应进行下列工作:

8.2.1.1 准备工作:搜集区域地质、地形地貌、地震、矿产和附近地区的工程地质资料以及当地的建筑经验。

8.2.1.2 通过踏勘,了解场地地貌、构造、冻土特征、岩土性质、冻土现象及地下水情况。

8.2.1.3 对冻土工程地质条件较复杂的场地,当已有资料和踏勘不能满足要求时,应进行工程地质测绘及必要的勘探和测试工作。

8.2.2 选择场址时宜避开下列地段:

(1)冻土现象发育及其对场地有直接危害或潜在威胁的地段。

(2)地基土为融沉或强融沉的不稳定地段。

8.2.3 选择场址勘察阶段报告的内容,应重点阐明场地稳定性和适宜性问题,根据搜集的资料和必要的勘察工作,对各场地地形地貌、地质构造、冻土现象、地层和地下水条件等基本概况进行综合评价,提出设计方案比选意见和建议。

8.2.4 选择场址勘察应提出以下图件:

(1)不同方案勘探点平面布置图。

(2)不同方案场地冻土区划图,比例尺1:5000~1:10000。

(3)冻土工程地质剖面图。

(4)地质柱状图或综合地质柱状图。

(5)原位测试及室内试验图表。

## 8.3 初 步 勘 察

8.3.1 初步勘察应对场地内建筑地段的稳定性作出评价，并为确定建筑总平面布置、冻土地基的利用原则、基础方案及冻土现象的防治措施进行论证。以及建筑场地地质环境保护与恢复措施提出建议。

8.3.2 初步勘察前应搜集下列资料：

(1)选址阶段的勘察资料。

(2)建筑区范围内地形资料。

(3)建筑区工程的性质及规模等。

8.3.3 初步勘察阶段，应进行下列工作：

**8.3.3.1 初步查明冻土的分布规律，以及冻土现象的类型、成因和对场地稳定性的影响程度，并提出在建筑物使用期间冻土工程地质条件可能发生的变化。**

**8.3.3.2 查明地下水埋藏条件及其对工程建筑的影响。**

**8.3.3.3 对抗震设防烈度等于或大于7度的建筑场地，应判明场地的地震效应。**

**8.3.3.4 查明构造地质、环境地质对建筑场地的影响。**

8.3.4 初步勘察阶段，勘探线、点、网的布置应符合下列要求：

8.3.4.1 勘探线应垂直地貌单元边界线、地质构造线及地层界线。

8.3.4.2 勘探点的布置应考虑每个地貌单元类型的地貌交接部位，在微地貌或冻土现象发育地段应适当增加勘探点的数量。

8.3.4.3 在同一地貌单元，地形平坦、冻土工程性质较均一、分布面积较大的场地，勘探点可按方格网布置。

8.3.4.4 勘探线、勘探点间距可根据建筑场地的复杂程度按表8.3.4确定。

勘探线、点间距(m) 表8.3.4

| 间距<br>建筑场地类别 | 线距 | 点距 |
|---|---|---|
| 一级(复杂场地) | 50～75 | 20～40 |
| 二级(一般场地) | 75～150 | 40～60 |
| 三级(简单场地) | 150～200 | 60～100 |

8.3.5 初步勘察勘探孔分一般孔和控制孔两种，其深度可根据建筑场地的复杂程度按表8.3.5确定。

勘探孔深度(m) 表8.3.5

| 勘探孔类别<br>建筑场地类别 | 一般性勘探孔 | 控制性勘探孔 |
|---|---|---|
| 一级(复杂场地) | >15 | >30 |
| 二级(一般场地) | 10～15 | 15～30 |
| 三级(简单场地) | 8～10 | 10～15 |

注：①勘探孔包括钻孔、原位测试孔及探井等；

②控制性勘探孔一般占勘探孔总数的1/5～1/3，每个地貌单元或每个主要建筑地段必须有控制性勘探孔。

8.3.6 当遇下列情况之一时，应适当增减勘探孔深度：

8.3.6.1 在预定深度内遇基岩，除控制性勘探孔应钻入基岩适当深度外，其他勘探孔到基岩即可。

8.3.6.2 在预定深度内为少冰冻土，除控制性钻孔钻入预定深度外，其他钻孔可适当减少钻入深度。

**8.3.6.3 在预定深度内遇到饱冰冻土、含土冰层或纯冰层时，可适当加深或予以钻穿。**

8.3.7 初步勘探取土试样和原位测试工作应符合下列要求：

初步勘察取土样和进行原位测试的勘探孔，在平面上应均匀分布，数量一般占勘探孔总数的1/4～1/2；取土样和原位测试的竖向间距，应按地层的特点和冻土的均匀程度确定。各土层一般均需取样和取得测试数据；在不同地貌单元应设置地温观测孔，观测孔的深度应大于地温年变化深度。

8.3.8 初步勘察时应进行下列水文地质工作：

**8.3.8.1 初步查明冻土区地下水类型；冻结层上水、冻结层间水和冻结层下水的贮存形式、埋藏条件、相互关系及其对工程建筑的影响。**

**8.3.8.2 当地下水有可能浸没或浸湿基础时，应取水样进行对建筑材料的浸蚀性分析，一般地区取样地点不宜少于两处。**

8.3.9 初步勘察报告应包括下列内容：

8.3.9.1 工程性质、任务要求及勘察工作情况。

8.3.9.2 场地位置、地形地貌、地层、地质条件、冻土分布规律、地下水埋藏条件等。

8.3.9.3 场地的稳定性、冻土现象、地震基本烈度及建筑的适宜性评价。

8.3.9.4 冻土物理、热学与力学参数的分析与选用。

8.3.9.5 对冻土地基的利用原则、基础形式的确定和冻土现象的防治等方面进行论证。

8.3.10 初步勘察报告应提出以下图件：

(1)勘探点平面布置图。

(2)冻土工程地质图或冻土工程地质分区图。

(3)冻土工程地质剖面图，地质柱状图或综合地质柱状图。

(4)原位测试及室内试验以及冻土工程计算的有关报告和图表。

(5)冻土地基基础方案以及冻土现象防治的建议等有关图表。

## 8.4 详 细 勘 察

8.4.1 详细勘察应按不同建筑物或建筑群提出详细的冻土工程地质资料和设计所需的冻土技术参数；为基础设计、地基处理及冻土现象的防治方案提出结论与建议。

8.4.2 详细勘察前应取得下列资料：

(1)取得附有坐标及地形的建筑物总平面布置图。

(2)各建筑物的整平标高、上部结构特点、性质、规模、地下设施情况等。

(3)可能采取的基础形式、尺寸、埋置深度、单位荷载或总荷载，以及有特殊要求的地基基础设计、施工方案。

8.4.3 详细勘察应进行下列工作：

**8.4.3.1 查明冻土现象的成因、类型、分布范围、发展趋势及危害程度，并提出整治所需冻土技术参数和整治方案的建议。**

**8.4.3.2 查明建筑物地基范围内的冻土类别、构造、厚度、温度、工程性质，并计算和评价地基的承载力与稳定性。**

**8.4.3.3 查明地下水类型、埋藏条件、变化幅度和地层的渗透性，并评价对地基基础冻胀与融沉的影响。**

**8.4.3.4 判定地下水对建筑材料和金属的浸浊性。**

**8.4.3.5 在塑性冻土分布地段，对一级或重要建筑物，提供地基变形计算参数。预测建筑物的沉降、差异沉降或整体倾斜。**

**8.4.3.6 利用塑性冻土作为重要建筑物地基时，应作下列静载试验：**

**(1)对于桩基应作桩的静载试验。**

**(2)对其他类型基础宜作静载试验或其他原位测试。**

**8.4.3.7** 在确定融土的变形特征时，允许根据地基土的物理力学指标用计算方法确定土层的变形。

**8.4.3.8** 工程施工和运营期间应进行地质环境变化的监测和预报工作。

**8.4.4** 详细勘察勘探点的布置应按建筑场地复杂程度和建筑物等级确定，并应符合下列要求：

8.4.4.1 对一级、二级建筑物宜按主要柱列线或建筑物的周边线布置；对三级建筑物可按建筑群的范围布置勘探点。

8.4.4.2 对重大设备基础应单独布置勘探点；对重大的动力机器基础，勘探点不宜少于3个。

8.4.4.3 对高耸构筑物（如烟囱、水塔等），勘探点的数量应根据高度、荷载大小，冻土条件等综合考虑，一般不少于2个。

8.4.5 详细勘察的勘探点间距可按表8.4.5确定。

勘探点间距(m)　　表 8.4.5

| 建筑物安全等级 / 建筑场地类别 | 一级 | 二级 | 三级 |
|---|---|---|---|
| 复杂场地 | 10～15 | 15～20 | 20～30 |
| 一般场地 | 15～20 | 20～30 | 30～50 |
| 简单场地 | 20～35 | 30～45 | 40～60 |

**8.4.6** 详细勘察勘探孔深度应根据下列不同情况确定：

**8.4.6.1** 坚硬冻土作为地基时，一般孔深度应等于地温年变化深度，控制孔深度应大于地温年变化深度2～5m，控制测温孔深度应大于地温年变化深度5m。

**8.4.6.2** 塑性冻土作为地基时，钻孔深度应大于融化盘深度3～4m。对需要进行变形验算的地基控制性勘探孔的深度应大于地基压缩层计算深度1～2m，并考虑相邻基础的影响。在一般情况下，勘探孔深度可按表8.4.6-1确定。

详细勘察勘探孔深度(m)　　表 8.4.6-1

| 条形基础 | | 单独基础 | |
|---|---|---|---|
| 基础荷重(kN/m) | 勘探点深度(m) | 基础荷重(kN/m) | 勘探点深度(m) |
| 100 | 6～8 | 500 | 6～8 |
| 200 | 8～10 | 1000 | 7～10 |
| 500 | 11～15 | 5000 | 9～14 |
| 1000 | 15～20 | 10000 | 12～16 |
| 2000 | 20～24 | 20000 | 14～20 |
| — | — | 50000 | 18～26 |

注：①勘探孔深由基础底面算起；

②当压缩层范围内有地下水时，勘探点深度取大值，无地下水时取小值；

③表内所列数值应根据地基土类别或遇有基岩时勘探点深度应适当调整。

**8.4.6.3** 在塑性冻土区的一、二级建筑物，如采用箱形基础和筏式基础时，控制性勘探孔应大于地基压缩层的计算深度，一般性勘探孔应能控制主要受力层，勘探孔深度可按下式计算：

$$Z=d+m_c b \tag{8.4.6}$$

式中 $Z$——勘探孔深度(m)；

$d$——箱形基础或筏式基础埋置深度(m)；

$m_c$——与土的压缩性有关的经验系数，根据地基土的类别按表8.4.6-2取值；

$b$——箱形基础或筏式基础宽度(m)，对圆形基础或环形基础按最大直径考虑。

经验系数 $m_c$ 值　　表 8.4.6-2

| 土的类别 / 勘探孔类别 | 碎石土 | 砂土 | 粉土 | 粘性土 |
|---|---|---|---|---|
| 控制孔 | 0.5～0.7 | 0.7～0.9 | 0.9～1.2 | 1.0～1.5 |
| 一般孔 | 0.3～0.4 | 0.4～0.5 | 0.5～0.7 | 0.6～0.9 |

注：表中 $m_c$ 值对同一土类中时代老的、密实的或地下水位深者取小值；反之取大值。

**8.4.6.4** 当钻孔达到预定深度遇有厚层地下冰或饱冰冻土时，应加深勘探孔深度。

8.4.7 详细勘察取样和测试工作应符合下列要求：

8.4.7.1 取土样和进行原位测试的孔（井）数量，应按冻土工程地质条件和设计要求确定。一般不宜少于勘探孔总数的1/2～2/3，且每幢重要建筑物不得少于2～3个。

8.4.7.2 取土样和原位测试点的竖向间距，对每个场地或每幢重要建筑物在地基主要受力层内宜为1～2m，受力层以下取样间距可放宽。每1个主要土层取原状土数量不得少于6件。

8.4.7.3 地温观测孔：每个场地或每幢重要建筑物不得少于2个观测孔，一般建筑物不少于1个观测孔，地温观测孔深度应大于地温年变化深度5m。对有融化盘的观测孔应大于融化盘深度3～5m。

8.4.7.4 地温观测点竖向间距，在季节融化层内不大于0.5m，多年冻土层内以1～2m为宜。

8.4.7.5 当遇有粗颗粒冻土的钻孔，取原状土有困难时，为测定地基土密度和含水率（含冰量），可采用坑探代替钻孔（详见本规范第6章有关规定）。

8.4.8 当建筑方案确定采用桩基方案后，桩基冻土工程地质勘察除应符合8.4.3条要求外，尚应满足下列要求：

8.4.8.1 当采用基岩作为桩基持力层时，应查明基岩的构造、岩性、坡度及风化程度。

8.4.8.2 评价沉桩的可能性、桩的施工条件及其对周围环境的影响。

**8.4.9** 桩基勘察工作量布置应符合下列要求：

**8.4.9.1** 勘探点的布置应按建筑物的柱列线布置，对群桩基础应布置在建筑物中心、角点和周边的位置上，勘探点间距不大于30m。当持力层层面坡度大于10%或冻土工程性质变化较大时，宜加密勘探点。当冻土工程条件复杂时，对大口径桩或墩也应适当加密勘探点。

**8.4.9.2** 控制性勘探孔应占勘探点数的1/3～1/2。

8.4.10 桩基勘察勘探点的深度应符合下列要求：

8.4.10.1 控制性勘探孔深度应超过桩尖平面以下3～4m，一般性勘探孔应超过桩长1～2m。

8.4.10.2 对塑性冻土、控制性勘探孔深度应超过融化盘底面3～5m，一般性勘探孔可相当于融化盘的深度。

8.4.11 冻土地区桩基勘察除应做冻土物理、热学与力学指标试验外，还应进行以下试验：

8.4.11.1 季节冻土地区，对于冻胀性土地基或缺乏桩基建筑经验的地方，应进行冻胀稳定性试验。

8.4.11.2 多年冻土地区，对工程安全等级为一级或缺少桩基建筑经验的地方，应进行静荷载试验。每个场地试桩数量不宜少于3根。对承受较大水平荷载的桩或墩，应进行水平荷载试验。对承受上拔力的桩或墩，应进行抗拔试验。

8.4.11.3 对有建筑经验的地区，二、三级建筑物可利用原位测试和室内试验资料结合理论计算方法，确定单桩承载力。

8.4.12 当遇有下列情况时应配合设计、施工单位进行施工勘察：

8.4.12.1 对安全等级为一级、二级建筑物，应进行施工验槽。

8.4.12.2 当基槽开挖后发现冻土工程地质条件与原勘察资料不符时，应进行施工勘察。

8.4.12.3 在地基处理或深基础施工中，需进行冻土工程检验与监测工作。

8.4.12.4 地基范围内厚层地下冰发育或施工中出现边坡失稳迹象时，应进一步查明和研究处理。

8.4.13 详细勘察报告应包括下列内容：

8.4.13.1 勘察目的、任务要求、勘察方法、任务完成情况及有关说明。

8.4.13.2 场地地形地貌、地质构造、冻土类型及其分布规律。

8.4.13.3 冻土物理、热学与力学指标。

8.4.13.4 冻土地下水类型、动态特征及其影响。

8.4.13.5 冻土现象防治措施的建议。

8.4.13.6 桩基应确定桩的类型和桩尖持力层，根据原位测试和室内试验确定桩周各土层的冻结强度和桩端持力层的承载力，提出桩长、桩径和入土深度的建议并分析沉桩的可能。

8.4.13.7 工程施工和运营期间地质环境变化防治措施的建议。

8.4.14 详细勘察报告应提出以下图件：

(1)勘探点平面布置图。

(2)冻土工程地质剖面图、地质柱状图。

(3)原位测试、定位观测、室内试验成果图表。

(4)建议地基基础、边坡支档等整治改造方案的有关图表。

(5)冻土工程计算的有关图表。

8.4.15 对三级冻土工程勘察或简单场地，勘察报告内容可适当简化，以图表为主，辅以必要的文字说明。

# 9 铁路与公路冻土工程地质勘察

## 9.1 一般规定

9.1.1 本章适用于冻土地区高速公路、一级公路、新建铁路、改建既有线和增建第二线的冻土工程地质勘察。对于其他等级公路的冻土工程地质勘察工作量可按本章要求，并根据实际需要予以减少。

9.1.2 冻土工程地质勘察必须深入调查研究、查明建设地区的冻土工程地质条件，为选择线路方案、设计各类建筑物、制定施工方法、提出地质环境保护和恢复措施提供可靠依据。

9.1.3 调查与测绘宽度应以能满足线路方案选择、工程设计和病害处理为原则，一般测绘宽度为路基中线两侧各100～200m。对于冻土条件复杂的路段，应根据冻土现象的发生、发展和影响范围以及冻土工程地质条件分析评价的需要予以扩大。

9.1.4 地质点的布置，目的必须明确，密度应结合工作阶段、成图比例、露头情况、地质及冻土条件复杂程度等确定。选点应具有代表性，数量以能控制重要地质界线和冻土区域特征，并能说明冻土工程地质条件为原则。

9.1.5 施工阶段冻土工程地质勘察是对前期勘察工作的检验和补充，应针对现场实际情况进行，以便及时改进施工方法和处理措施，确保工程施工符合实际冻土工程地质条件。

9.1.6 运营铁路和公路的冻土工程地质勘察是为监测和预报沿线地质病害发生、发展提出防治措施，以及为设计整治工程提供冻土工程地质资料。

9.1.7 新建铁路、一级公路的冻土工程地质勘察应划分为工程可行性研究(踏勘)阶段、初测阶段和定测阶段。二、三级公路可按照工程可行性研究和定测两个阶段进行冻土工程地质勘察。

9.1.8 铁路和公路冻土工程地质勘察的基本要求按第4章进行。勘察工作内容根据各勘察阶段的任务确定。

9.1.9 铁路和公路房屋工程的冻土工程地质勘察应按第8章执行。

9.1.10 铁路和公路工程的冻土工程地质勘探与取样应符合第6章的有关规定。冻土试验和观测应符合第7章的有关规定。

9.1.11 在多年冻土分布地区选线时，应按以下原则进行：

9.1.11.1 线路应避免挖方，并应减少零断面及高度小于1.0m的低填方。

9.1.11.2 线路通过山岳、丘陵的融冻坡积层时，宜选择在缓坡上部；线路走向沿大河河谷时，宜选择在高阶地上；在多年冻土不稳定地段线路宜按最短距离通过，以及宜避免顺着大河融区附近的多年冻土不稳定地段定线。

9.1.11.3 选线时，应考虑建筑群、大桥、长隧道、大型立体交叉对多年冻土地基的特殊要求。

9.1.11.4 线路通过冻土现象分布地段时，应予绕避。如必须通过时，可按下列原则确定线路走向和位置：

(1)线路宜从厚层地下冰分布区的较窄和较薄的地方通过。

(2)线路宜从热融滑塌体外缘下方以路堤通过。

(3)线路宜用路堤穿过热融湖塘和冻土沼泽。

(4)一般不宜在地下水及冰椎、冻胀丘发育地段设计挖方。

9.1.11.5 铁路车站站址和公路的管理和服务设施场址应选择在基岩和粗颗粒土等对建筑有利的地段。宜避免把站址选在富冰、饱冰冻土和含土冰层分布地段。在冻土现象发育地段和多年冻土不稳定地带不宜修建该类建筑物。

9.1.11.6 桥址选择时，除应避开冰椎发育地段外，尚应避免使同一座桥的墩台分别设在融土和多年冻土两种不同的地基上。

9.1.11.7 在地下水发育地段不宜设隧道。应避免将洞口放在冻土现象发育的地段。

9.1.12 选线时，冻土现象的调查与测绘应按第5章有关规定进行。

9.1.13 铁路和公路旧线改造的冻土工程地质勘察阶段划分、任务和要求与新建铁路、公路的冻土工程地质勘察相同。铁路增建第二线和改建公路绕行线地段的冻土工程地质勘察按新线办理。既有线改造和铁路增建并肩平行第二线的冻土工程地质勘察，应查明工程修建后冻土工程地质条件及环境的变化，特别是多年冻土上限的变化及其引起的冻土工程地质问题；已有建筑物多年冻土地基利用原则和采用措施的正确性；沿线冻土现象的类型、危害程度及病害防治效果。

9.1.14 多年冻土区筑路材料的勘察除应查明料场的多年冻土条件，评价料场开采及废方堆放对多年冻土环境的影响，提出相应的环境保护措施外，尚应查明沿线粘性土料场和工程用水的分布和储量。

## 9.2 工程可行性研究(踏勘)阶段勘察

9.2.1 踏勘阶段冻土工程地质勘察应符合下列要求：

9.2.1.1 当地质条件复杂、资料不全，不能满足线路方案比选和编制可行性研究报告时进行。

9.2.1.2 应了解各个线路方案的区域冻土地质条件和影响线路方案的主要冻土工程地质问题，为编制可行性研究报告提供地质资料。

9.2.1.3 应广泛搜集和研究线路通过地区已有的区域地质、区域冻土、卫片、航片、地震、工程与水文地质、气象和水文等资料，并在此基础上拟定勘察重点和应解决的问题。

9.2.1.4 除应了解线路通过地区的工程地质条件外，重点应放在控制线路方案的越岭地段、长大隧道、大河桥渡和大型互通式立体交叉地段。以便提出越岭方案、桥位(渡口)和交叉位置的比选意见。

9.2.2 踏勘阶段冻土工程地质勘察报告应提出以下图件：

(1)冻土工程地质总说明书。

(2)全线冻土工程地质图，比例尺1：50000～1：200000。

(3)推荐方案及主要比较方案的线路平面图，比例尺1：10000～1：50000。

(4)控制线路方案的越岭地段、大河桥渡、大型互通式立体交叉地段的冻土工程地质平面图和冻土工程地质剖面图，比例尺1：5000～1：10000。

(5)勘探、试验及冻土工程地质照片等资料。

## 9.3 初测阶段勘察

9.3.1 初测阶段冻土工程地质勘察是在工程可行性研究(踏勘)

阶段勘察工作的基础上，进一步做好地质选线工作，为优选线路方案和编制初步设计文件提供依据。

9.3.2 初测阶段冻土工程地质勘察应查明沿线冻土区域条件，区域地质、水文地质条件，对线路通过地区的冻土工程地质条件作出评价；初步查明对线路起控制作用的冻土现象的性质、特征和范围；根据冻土工程地质条件，优选线路方案。

9.3.3 初测阶段冻土工程地质调查与测绘的基本内容除应符合现行国家有关规范和本规范第5章规定外，尚应重点调查以下内容：

9.3.3.1 初步查明沿线富冰、饱冰冻土和含土冰层的分布、成因和厚度。

9.3.3.2 初步查明控制线路方案的重大路基工点、大桥、隧道、铁路区段站及以上大站、公路管理、养护及服务设施场地、互通式立体交叉等的冻土工程地质条件。

9.3.3.3 根据沿线地震基本烈度区划资料，结合沿线岩性、构造、地貌、水文地质和多年冻土条件，确定7度及7度以上的烈度分界线。

9.3.3.4 提供多年冻土地基的物理、力学和热学参数。

9.3.3.5 在沿线重大工程地段和大的地貌单元可建立长期地温观测点。观测孔和地温观测应符合下列规定：

(1)观测孔深度不应小于地温年变化深度。

(2)地温观测应在成孔后立即进行。

(3)观测周期应根据勘察大纲的有关技术要求而定。

9.3.4 初测阶段冻土工程地质调查与测绘应采用下列方法：

(1)充分利用卫片、航片资料。通过判释，确定调查重点，实际核对修改、补充判释内容。

(2)通过沿线各地质点的调查，初步查明沿线区域地质和冻土工程地质条件。

(3)地质图的填绘应在野外实地进行，对线路方案和工程有影响的地质界线、地质点，应采用仪器测绘。

9.3.5 初测勘探工程除应符合本规范及现行国家有关标准(规范)的规定外，尚应满足下列要求：

9.3.5.1 应根据冻土条件选用地震探、电探、地质雷达等物探手段，并配合钻探进行综合勘探，以缩短勘探周期，提高勘探质量。

9.3.5.2 勘探点的数量、深度应根据工程类别及冻土工程地质条件的复杂程度而定。勘探的重点应是控制方案的冻土现象分布地段和重大工程地段。

9.3.5.3 一般路段每公里应设勘探点2个，其位置应选在地形特征点处。当冻土工程地质条件复杂，地层差异较大时，宜沿路基中线和横断面布设物探剖面，以查明多年冻土在剖面上的分布特点。

9.3.5.4 在多年冻土不稳定的边缘地段应有查明多年冻土下限的钻孔。在多年冻土稳定地段，应结合工程需要，布置查明多年冻土下限的钻孔。

9.3.6 路基工程地质调查与测绘除应查明一般冻土工程与水文地质条件外，尚应调查以下内容：

9.3.6.1 沿线多年冻土上限的分布，季节融化层的成分及冻胀性，地面植被的覆盖程度。

9.3.6.2 路基基底以下1.0～3.0倍上限深度范围内多年冻土的特征。

9.3.6.3 沿线冻土现象的分布及对路基工程的影响。

9.3.6.4 从保护冻土地质环境出发，确定取土、弃土位置。

9.3.7 桥位区冻土工程地质调查与测绘除应符合现行国家有关标准(规范)规定外，尚应查明以下几点内容：

9.3.7.1 桥位区多年冻土的分布及物理力学特征。

9.3.7.2 桥位区融区的分布及特点。

9.3.7.3 桥位区冻土现象类型、分布及危害程度。

9.3.8 隧道冻土工程地质调查与测绘，除应符合现行国家有关标准(规范)规定外，尚应按以下几点要求进行：

9.3.8.1 查明隧道通过地段多年冻土的分布及特征以及地下水的类型、补给、径流、排泄条件及动态特征。

9.3.8.2 隧道口处冻土现象的类型及危害程度。

9.3.8.3 长大公路隧道宜进行地温、地下水和简易气象等项目的观测，铁路隧道可视需要确定。

9.3.8.4 勘探孔深度应达到隧道路肩设计高程以下2～3m，如冻土条件复杂时可适当加深。

9.3.9 站场及房屋建筑冻土工程地质勘察的内容和要求除按第8章的有关规定执行外，应注意查明活动层的厚度、成分及冻胀性，地下冰以及高含冰冻土的特征及分布范围、冻土现象的类型、分布及危害程度。

9.3.10 初测阶段冻土工程地质勘察报告应提出以下图件：

(1)全线冻土工程地质总说明书。

(2)全线冻土工程地质图1：10000～1：100000。

(3)重点地段详细冻土工程地质平、剖面图1：2000～1：5000，可与线路平面图合并。

(4)沿线冻土工程地质分段说明书，可根据导线里程和纸上定线里程，按地形、地貌或不同冻土工程地质条件分段编写。

(5)勘探试验资料。

(6)重点地段冻土工程地质实际材料图1：2000～1：5000。

(7)其他原始资料。

9.3.11 初测工点资料编制应符合下列规定：

9.3.11.1 需要编制单独工点资料，提供初步设计的：

(1)控制线路方案的重大路基工点、特大桥、高架桥、隧道、铁路区段站及其以上大站、公路大型管理、养护及服务设施。

(2)冻土工程地质条件复杂的大型挡土墙及其他人工构筑物。

(3)冻土现象分布地段和多年冻土区挖方路段的路基工点。

9.3.11.2 工点资料应包括下列图件：

(1)冻土工程地质说明书。

(2)冻土工程地质图1：500～1：2000。

(3)冻土工程地质纵横剖面图：横1：500～1：5000，纵1：50～1：500。

(4)勘探试验资料。

(5)地温观测资料。

(6)其他材料。

## 9.4 定测阶段勘察

9.4.1 定测阶段勘察应在初测资料的基础上，查明采用方案的冻土工程和水文地质条件，确定线路位置，并为各类工程建筑物的施工图设计提供冻土工程地质资料。

9.4.2 定测阶段冻土工程地质勘察应包括下列内容：

9.4.2.1 按第4章和第9章第9.3.3条要求，实地调查，分段进行详细描述、复核、修改、补充详细冻土工程地质图。

9.4.2.2 对有比较价值的局部线路方案，提出评定方案的冻土工程地质资料及方案选择意见。

9.4.2.3 受冻土工程地质条件控制的地段，应根据地质纵、横断面及其他定线原则综合确定线路位置。

9.4.2.4 对冻土现象分布地段，应按第5章的要求进行详细调查与勘探，阐明其成因、分布、范围、规模、发生发展规律及对路基和其他建筑物稳定的影响，提出相应的工程措施意见。

9.4.2.5 应根据初步设计所采用的取土方案进行路基取土调查，查明沿线集中取土点和线外大型取土场的多年冻土特征，岩、土的物理力学性质、可供取土的数量。

9.4.2.6 路基、桥梁、隧道、站场应按第9章第9.3.6条至9.3.9条的要求进行详细的调查、勘察和试验，查明各类建筑物施工设计所需阐明的冻土工程地质条件、水文地质条件，提供施工设计所需的岩、土物理力学参数。

9.4.2.7 挡土墙的冻土工程地质勘察，除符合国家现行有关标准(规范)规定外，还应查明：

(1)多年冻土的上限埋深、季节融化层土的冻胀性、厚层地下冰的分布等。

(2)季节冻土的最大冻深、土的冻胀性和地下水发育情况等。

9.4.2.8 小桥涵的冻土工程地质勘察，除应符合国家现行有关标准(规范)规定外，尚应查明：

(1)桥位范围内的多年冻土分布特征。融区成因和水文地质条件。

(2)桥位范围内冻土现象类型、分布及危害程度。

(3)根据冻土工程地质条件，提出小桥涵的基础型式、埋深和施工方法等建议。

9.4.2.9 高等级公路和铺筑高级路面的其他等级公路路基工程的勘察，除查明黑色路面对路基下多年冻土的热影响外，还应注意厚层地下冰地段活动层的厚度、成分、物理力学性质等因素。

9.4.2.10 在调查与测绘的基础上，提出冻土工程地质条件变化的预报，其主要内容包括：

(1)土的季节融化和季节冻结深度的变化。

(2)在工程影响下以及清除雪盖和植被后，多年冻土的融化深度。

(3)建筑物施工和运营中产生的冻土工程地质作用。

9.4.3 定测阶段冻土工程地质勘探工作应符合下列要求：

**9.4.3.1 勘探点的数量应满足各类工程施工图设计时对冻土工程地质资料的需要。勘探点的距离应根据冻土工程地质条件的复杂程度和冻土现象的性质以及建筑物类型确定。桥梁工程原则上每墩应有一个钻孔。隧道洞口必须有钻孔，中间钻孔布置视地质条件复杂程度而定。对于一般路基工程，每公里应不少于4～6个勘探孔(点)。挖方段钻孔间距以满足编制详细冻土工程地质图的需要为原则。**

**9.4.3.2 勘探深度应视勘探目的和工点的具体情况而定。但应满足以下要求：**

**(1)路基、桥涵、隧道、站场工点的勘探深度应符合第9章第9.3.6条至9.3.9条的规定。**

**(2)对于铺筑高级路面的公路路基，其勘探深度应至基底下2.5～3.0倍上限深度。**

**(3)房屋和其他建筑物场地的勘探深度应符合第8章有关规定。**

9.4.4 岩、土物理力学数据的测试工作应能满足各类建筑物施工图设计的需要。冻土试验项目除应符合第7章有关规定外，当多年冻土按保持冻结状态的原则用作地基时，应确定年平均地温、压缩层设计深度范围内的地温分布、冻土的抗剪强度和抗压强度以及季节融化层土的冻胀性；当多年冻土按允许逐渐融化状态的原则用作地基时，应确定不同深度(不浅于建筑物下融化带范围内)冻土、融土的融化下沉系数和压缩系数、融土的抗剪强度和抗压强度以及季节融化层土的冻胀性。

9.4.5 定测阶段冻土工程地质勘察完成后，各类建筑物、冻土现象分布工点，除应按第9.3.11条规定编制单独工点资料外，尚应提出下列图件：

(1)冻土工程地质总说明书。

(2)冻土工程地质分段说明。

(3)冻土工程地质图1：2000～1：10000。

(4)冻土工程地质纵断面图，横1：10000，竖1：200～1：1000，可与线路详细纵断面图合并。

(5)勘探测试资料及其他有关原始资料。

(6)冻土工程地质实际材料图。

# 10 水利水电冻土工程地质勘察

## 10.1 一般规定

10.1.1 本章适用于冻土地区一、二级和主体工程地段冻土条件复杂的三等水利水电工程。其他水利水电工程可根据实际情况确定勘察工作。

10.1.2 水利枢纽工程的附属工业和民用建筑、对外交通、管道、线路工程等的冻土工程地质勘察应按本规范的有关章节执行。

## 10.2 规划阶段勘察

10.2.1 规划阶段的冻土工程地质勘察应在规划任务确定的河段和范围内进行。

10.2.2 冻土工程地质勘察基本任务应对规划开发区域内的冻土条件作出总体评价，进行冻土分区，初步评价各梯级工程，特别是第一期工程的冻土条件以及建筑物施工和运行对冻土工程地质条件和周围环境产生的相互影响。

10.2.3 规划阶段的冻土工程地质勘察工作分为，准备工作和实际勘察工作两部分：

10.2.3.1 准备工作：应包括资料的搜集和整理，工作地区的初步踏勘，编写勘察工作大纲。

10.2.3.2 实际勘察工作：应包括对规划河段的河谷和相邻地带，以及各梯级工程与库区冻土条件的勘察与评价。

10.2.4 资料搜集应包括下列内容：

10.2.4.1 河谷的地形和地貌。

10.2.4.2 研究区的气象资料。

10.2.4.3 河段规划的初步方案。

10.2.4.4 研究区的冻土研究资料。

10.2.4.5 区域开发程度和自然与人类活动的资料。

10.2.4.6 工程地质和水文地质的基本资料。

10.2.4.7 其他资料，如卫片、航片等。

10.2.5 通过对上述资料的整理分析和踏勘工作，应编写规划河段内的冻土条件的报告或说明书，作为研究流域规划方案、编制冻土工程地质勘察任务和工作大纲的依据。

10.2.6 冻土工程地质勘察大纲应根据河流规划的总体要求和技术任务书，结合冻土勘察要求进行编制。工作大纲应包括河段一般冻土调查和水利枢纽冻土勘察两部分。

10.2.7 河段冻土工程地质调查宜采用控制地段法进行，并应符合下列原则：

10.2.7.1 所选的控制地段在气候、地质结构、地形地貌、河谷形态等方面应是典型的，应能说明规划水利枢纽的冻土条件，并对一定区域的冻土条件具有代表性。

10.2.7.2 控制地段应根据资料整理分析和踏勘后对全河段冻土条件得出的初步分区进行选择。控制地段应与规划水利枢纽相结合。控制地段的数量应根据河段冻土研究的详细程度、河流大小、规划水利枢纽的多少、冻土条件的变化程度和地质地貌条件等确定，一般宜选3～5个。

10.2.7.3 控制地段的范围不宜小于5～10km，制图的比例尺不宜小于1：500000。

10.2.7.4 河谷冻土的一般性调查采用踏勘，并选择适宜的勘探方法如浅井和小型钻探等。

10.2.8 水利枢纽的冻土工程地质勘察应查明多年冻土的分布、季节融化深度、冻土的含水率和融化压缩性质以及各种冻土现象。对季节冻土主要查明季节冻结深度、土的冻胀性和地下水变化。

10.2.9 水利枢纽的冻土工程地质勘察方法采用钻探、坑槽探、物探和原位测试等方法。钻孔宜布置在坝体轴线上，钻孔数量为1～2个。钻孔的深度应超过地温年变化深度以及按工程需要打穿多年冻土层。

**10.2.10** 引水渠道的冻土工程地质勘察应在每个渠线方案0.5～1.0km宽度范围内进行。

**10.2.11** 对规划水利枢纽拟定的建筑材料场地应进行季节冻结与季节融化深度和多年冻土厚度调查。

**10.2.12** 根据控制地段、水利枢纽区和河谷冻土勘察结果编制出规划河流(段)的冻土分区图和冻土地质勘察报告。冻土分区图比例尺的大小应根据规划要求确定，一般采用1：1000000，大型河流可采用1：2500000。

### 10.3 可行性研究和初步设计阶段勘察

**10.3.1** 本阶段冻土工程地质勘察的主要任务应包括对水利枢纽建筑物布置地段的冻土条件进行调查与测绘，对库区和附属建筑的冻土和冻土现象进行调查研究，并作出水利枢纽区的冻土条件及其变化对周围环境影响的评价。

**10.3.2** 水利枢纽建筑物的冻土工程地质测绘范围应包括布置建筑物的所有比较地段；测绘比例尺选择应根据拟建工程的重要性、规模和类型、冻土条件的复杂程度确定。冻土条件复杂地区采用1：5000，中等复杂地区可采用1：10000，较单一的地区可采用1：25000。当比较地段相距超过2km以上时，可分段进行冻土工程地质测绘，其中间地段进行较小比例尺的测绘。

**10.3.3 水利枢纽建筑物冻土工程地质勘察应包括下列内容：**

**10.3.3.1 冻土及融土的平面分布规律。**

**10.3.3.2 冻土层的厚度及其垂直结构。**

**10.3.3.3 土的季节冻结与季节融化深度。**

**10.3.3.4 冻土的温度状态和类型。**

**10.3.3.5 冻土构造特征。**

**10.3.3.6 冻土现象。**

**10.3.3.7 季节冻土和季节融化层土的冻胀性级别，冻结前及冻结期间地下水位变化。**

**10.3.3.8 冻土的物理、力学和热学性质。**

**10.3.3.9 料场的开采条件。**

**10.3.4** 冻土工程地质勘察必须注意建筑物地基和接头部位，对这些部位冻土的处理和融化后的强度及其渗透性的变化作出评价；对冻土条件复杂地段作专门研究。

**10.3.5** 水利枢纽建筑物区内除应利用规划阶段的钻孔继续进行地温测量外，尚应根据冻土分布的复杂程度确定是否增加钻孔，或补充一部分浅孔和坑槽探。在冻土条件复杂地区增加的钻孔应有1～2个穿过多年冻土层下限。

**10.3.6** 冻土工程地质勘察应查明建筑物上下游岸坡可能出现冻融和其他外力作用而产生滑坡和融陷的地段。

**10.3.7** 水库区的冻土工程地质勘察主要应查明因冻土融化可能出现大型滑坡和不稳定岸坡的地段。

**10.3.8** 水库区冻土工程地质测绘的比例尺可与工程地质测绘的比例尺要求一致。

**10.3.9** 引水渠线冻土工程地质勘察应查明冻土的分布和可能出现滑坡和融陷的地段，并按冻胀和融沉性进行分段。

**10.3.10** 对于滑坡和渗透破坏性大，冻土工程地质条件复杂和后果严重的地段应作专门研究。

**10.3.11** 料场的冻土温度、季节融化与冻结深度和含水率可利用调查或钻孔测试资料确定，并提出料场开采对冻土环境影响的评价。

**10.3.12** 冻土工程地质勘察报告应包括说明书和附图两部分：

**10.3.12.1** 说明书应说明工作过程；主体建筑物和附属建筑物、库区冻土的分布、厚度、温度；季节冻结和季节融化深度，冻土的物理力学和热学指标，冻土条件对工程建筑的影响，水库对冻土环境影响的评价以及对设计的建议等。

**10.3.12.2** 附图主要应包括：

(1)坝及其他建筑物区冻土工程地质图和剖面图。

(2)冻土综合柱状图。

(3)冻土试验及地温观测图表。

(4)对外交通线路的冻土工程地质图和典型断面的冻土剖面图。

(5)冻土现象的分布图。

**10.3.12.3** 附图的比例尺宜与相应的冻土工程地质图比例尺相同，冻土条件简单的可互相合并。

### 10.4 技术设计和施工图设计阶段勘察

**10.4.1** 技术设计和施工图设计阶段的冻土工程地质勘察任务对规划、可行性研究和初步设计阶段勘察所得的资料作进一步查证。根据发现的新情况，为解决某些专门技术问题而进行局部更详细的勘察。

**10.4.2 在主体建筑物区内，在需要作进一步查证和专门研究的地段应布置少量钻孔和坑槽探，并取样作专门的补充试验。**

**10.4.3** 冻土工程地质勘探钻孔和坑槽探的数量、间距、深度应根据勘察任务和冻土条件的复杂程度确定。

**10.4.4** 应着重对地基和接头地段的冻土条件，冻土融化压缩性质和渗透性质作更详细的查证。

**10.4.5** 对建筑区内和库区可能的滑坡和塌岸地段应继续进行观测和必要的补充勘察，并对设计的防护工程措施作出评价。

**10.4.6** 对土质坝特别是土心斜墙的填筑过程中因冻涨、冻缩可能产生的裂缝、沉陷及其他现象，应提出保护和处理措施的建议。

**10.4.7** 在施工结束后应保留全部或部分测温孔并移交给有关管理部门，为冻土地基的长期观测创造条件。

**10.4.8** 在施工过程中应对主要工程施工地段进行冻土稳定状况的检查。

**10.4.9** 施工结束后，作为冻土工程地质施工勘察报告的一部分应编写施工中的冻土监测报告。同时还应提出对某些问题所作的专题研究报告。

## 11 管道冻土工程地质勘察

### 11.1 一 般 规 定

**11.1.1** 本章适用于冻土地区输油、水、气管道线路及其穿、跨越工程的冻土工程地质勘察，其他管道工程亦可按本规定执行。

**11.1.2** 管道工程的冻土工程地质勘察可分为：可行性研究(选线)勘察、初步勘察及详细勘察三个阶段。

在冻土工程地质条件复杂地段，必要时应进行施工勘察。在条件简单或有建筑经验的地区，可适当简化勘察阶段。

**11.1.3** 勘察工作应沿构筑物轴线进行地质调查、勘探和室内外试验等。

**11.1.4** 泵站等构筑物地基勘察应按第8章有关规定执行。

### 11.2 可行性研究(选线)勘察

**11.2.1** 通过搜集资料、调查与测绘，对线路方案的冻土工程地质条件，以及拟选穿、跨越河段的稳定性和适宜性作出评价。

**11.2.2** 选线时，应从冻土工程地质条件出发，选择地形、地质条件较好、地基处理容易和安全经济的线路方案。

**11.2.3 选线勘察应进行下列工作：**

**11.2.3.1 调查沿线的地形、地貌、地质构造、地层岩性、冻土类**

型和特征、水文地质等，并提供线路比选方案的冻土工程地质条件。

11.2.3.2 对越岭地段，应调查其地质构造、岩性、冻土特征、水文地质和冻土现象等情况，并推荐线路越岭方案。

11.2.3.3 勘察工作要求应按第4章第2节执行，了解冻土工程地质条件，分析其发展趋势，对管道的危害程度以及管道修建后的变化。

11.2.3.4 对穿、跨越大中河流地段，应了解河流的冻结特征、冰汛以及有关冻土、冰的力学参数和其对构筑物稳定性的影响。

11.2.3.5 线路穿过的湖泊地段，应调查水位波动淹没范围、冻结和湖底融蚀变化，以及地下水埋藏深度等，并对线路影响方案作出评价。

11.2.4 选线阶段勘察报告应说明线路各方案冻土工程地质条件及其对线路的影响，并提出各线路方案的比选及推荐意见。

### 11.3 初 步 勘 察

11.3.1 初步勘察应对拟选线路两侧各100m范围内的冻土工程地质条件作出评价，并提出最优线路方案和合理的穿、跨越方式的建议。

11.3.2 初步勘察应在选线勘察资料分析的基础上，补充收集线路通过有影响地段的冻土工程地质及水文地质等资料。

11.3.3 初步勘察应包括下列内容：

11.3.3.1 沿线地貌单元的划分。

11.3.3.2 管道埋设深度内及下卧层的冻土工程地质特征。

11.3.3.3 沿线井、泉的分布及地下水等情况。

11.3.3.4 拟穿、跨越河流岸坡的稳定性，河床及两岸冻土工程地质条件，并确定冻融土的分界线。

11.3.3.5 管道(特别是散热性的管道)修建后，确定管温的影响半径及对冻土地基的影响情况和结果。

11.3.4 线路穿、跨河流及冲沟等应按第11.4.3条规定进行冻土工程地质勘察。

11.3.5 初步勘察报告应包括下列内容：

(1)评价沿线冻土工程地质条件和跨越主要河沟地段的岸坡稳定性，并选择最优线路路径方案。

(2)提出下一步勘察中应解决的问题。

(3)图件比例尺：

冻土工程地质分区图 1：50000～1：200000。

冻土工程地质纵断面图 1：50000～1：100000。

### 11.4 详 细 勘 察

11.4.1 详细勘察应在初步勘察资料的基础上，详细查明沿线的冻土工程地质、水文地质条件、厚层地下冰的分布和冻土现象，以及地下水及河水对金属的腐蚀性，并提出施工图设计所需要的冻土工程设计参数和建议。

11.4.2 详细勘察的勘探点间距、孔深应以控制沿线地层和冻土分布为原则，地形及冻土工程地质条件复杂地段应予加密。穿越工程的勘探点应布置在穿越管道的中线上，移位偏差不超过3m。

11.4.3 勘探点的间距及孔深应按表11.4.3规定进行。

管道勘探点间距及孔深　　表11.4.3

| 项目<br>敷设型式 | 初步勘察 | | 详细勘察 | |
|---|---|---|---|---|
| | 间距 | 孔深 | 间距 | 孔深 |
| 地上式<br>地面式<br>地下式 | 按冻土类型确定，每种类型不少于3～5个孔 | 1.5倍的天然上限深度，管道埋置深度以下1～2m | 300～500m<br>500m<br>100～300m | 柱桩端下1～2m，1.5倍天然上限深度，管道埋深以下2～3m |
| 穿越工程 | 每个方案不少于3～5个孔 | 管道最大埋置深度以下2～3m | 30～100m，但不得少于3个孔 | 管道埋置深度以下2～3m |

如遇冻土条件复杂地段，应加密勘探孔间距和加深勘探孔深度。

11.4.4 取样及试验工作应按第6、7章的规定进行。对于大中型穿、跨越工程，每隔0.5～1.0m取样1个或取得1个原位测试数据，原位测试的数量不应少于勘探点总数的1/2～2/3。

11.4.5 详细勘察报告图件及比例尺为：

(1)综合冻土工程地质图 1：1000～1：5000。

(2)冻土地质柱状图 1：100～1：200。

(3)冻土工程地质纵剖面图 1：1000～1：5000。

(4)其他有关图表。

## 12 架空线路冻土工程地质勘察

### 12.1 一 般 规 定

12.1.1 本章适用于冻土地区大型架空线路工程，包括220kV及其以上的高压架空送电线路、架空索道等的冻土工程地质勘察。

12.1.2 架空线路工程的冻土工程地质勘察可分为初步勘察(初勘选线)与详细勘察(终勘定位)两个阶段。

12.1.3 架空线路工程的基础形式应结合沿线冻土工程地质条件、建筑物的施工情况、上部结构形式及冻土地基的设计原则等因素综合考虑确定。

### 12.2 初 步 勘 察

12.2.1 初步勘察的主要任务是对线路塔基的冻土工程地质条件作出评价，确定安全可靠、经济合理与技术先进的路径方案。

12.2.2 初步勘察宜搜集和利用卫片和航片资料选线。对特殊设计的大跨越地段，应进行调查与测绘工作，当上述工作不能满足要求时，应做适量的勘察工作。

12.2.3 初步勘察应包括下列内容：

12.2.3.1 调查地形、地貌、年平均地温、多年冻土厚度、工程地质与水文地质情况，季节冻结与季节融化深度和冻土现象等，并进行综合评价。

12.2.3.2 对特殊设计的跨越大型沟谷、河流等地段，应查明两岸冻土地基在自然条件下的稳定性，并提出最优跨越方案。

12.2.4 选择架空线路路径及其大跨越地段时，应综合考虑气象、地形、地貌、冻土分布状况、施工与交通条件、河流岸坡地带的地基稳定性等因素。

12.2.5 初步勘察报告应论述各方案冻土工程地质条件的稳定性，给出平面图，并推荐最优线路路径方案。

### 12.3 详 细 勘 察

12.3.1 详细勘察主要任务是在初步勘察的基础上进行线路定位勘察，对架空线路工程中的转角塔、耐张塔、终端塔及大跨越塔等重要塔基及冻土工程地质条件复杂地段，应逐基勘探(包括原位测试、定位观测)；对直线塔和冻土工程地质条件简单的地段可隔基布置一个勘探点。确定合理的地基利用原则，基础型式及工程防冻害的有效措施等。其内容应包括以下几点：

12.3.1.1 一般地区应查明塔基及其附近地下冰埋藏条件、水文地质和地表水情况，并进行冻土的物理力学特性指标试验。

**12.3.1.2** 对丘陵和山区应查明多年冻土分布、地下冰埋藏条件及冻土现象等。

**12.3.1.3** 查明多年冻土地基的年平均地温与基础底面的最高土温。

**12.3.2** 详细勘察的勘探孔深度宜根据杆塔的受力性质和冻土工程地质情况确定，一般为基础埋深下0.5～2.0倍基础底面宽度，对桩基础应超过桩端2.0m。

**12.3.3** 架空线路工程的基础型式，应结合沿线冻土工程地质条件、设计原则、施工条件、工程类别与上部结构形式综合考虑确定。

**12.3.4** 详细勘察报告应按线路方向论述各个塔位的冻土工程地质条件，提出冻土地基的利用原则，测试报告、计算成果、线路平面图、钻孔柱状图、推荐的基础方案和施工时所采取的必要措施等。

# 附录A 中国冻土类型及分布

**A.0.1** 根据冻土冻结状态持续时间的长短，我国冻土可分为多年冻土、隔年冻土和季节冻土三种类型(表A.0.1)。

**按冻结状态持续时间分类** **表A.0.1**

| 类型 | 持续时间($T$) | 地面温度(℃)特征 | 冻融特征 |
|---|---|---|---|
| 多年冻土 | $T\geqslant 2$年 | 年平均地面温度≤0 | 季节融化 |
| 隔年冻土 | 2年$>T>$1年 | 最低月平均地面温度≤0 | 季节冻结 |
| 季节冻土 | $T<1$年 | 最低月平均地面温度≤0 | 季节冻结 |

**A.0.2** 我国多年冻土按形成和存在的自然条件不同，可分为高纬度多年冻土和高海拔多年冻土两种类型。它主要分布在大小兴安岭、青藏高原和东西部高山地区(表A.0.2)。

**多年冻土的类型和分布** **表A.0.2**

| 类型 | | | 分布地区 | 面积 ×10³km² | 年平均气温(℃) | 年平均地温(℃) | 连续程度(%) |
|---|---|---|---|---|---|---|---|
| 高纬度冻土 | 大片多年冻土 | | 东北 | 380～390 | <-5.0 | -1.0～-2.0<br>有时达-4.2 | 65～75 |
| | 岛状融区多年冻土 | | | | -3.5～-5.0 | -0.5～-1.5 | 50～60 |
| | 岛状多年冻土 | | | | >-3.0 | 0～-1.0 | 5～30 |
| 高海拔冻土 | 高山 | | 阿尔泰山 | 11 | -5.4～-9.4<br>(2700～2800m) | 0～-5.0<br>(2200m以上) | - |
| | | | 天山 | 63 | <-2.0<br>(2700～2800m) | — | - |
| | | | 祁连山 | 95 | <-2.0 | — | 20～80 |
| | | | 横断山 | 7～8 | -3.2～-4.9<br>(4600～4900m) | — | — |
| | | | 喜马拉雅山 | 85 | <-2.5～-3.0<br>(4900～5000m以上) | — | — |
| | | | 黄岗粱山 | — | <-2.9<br>(1500m以上) | — | — |
| | | | 长白山 | 7 | <-3.0～-4.0<br>(3100～3200m以上) | — | — |
| | | | 太白山 | — | -2.0～-4.0<br>(3100～3200m以上) | — | — |
| | 高原 | 大片多年冻土 | 青藏高原 | 1500 | <-2.5～-6.5<br>或更低 | -1.0～-3.5 | 70～80 |
| | | 岛状多年冻土 | | | -0.8～-2.5 | 0～-1.5 | <40～60 |

**A.0.3** 我国季节冻土主要分布在长江流域以北、东北多年冻土南界以南和高海拔多年冻土下界以下的广大地区，面积约514万平方公里。在多年冻土地区可根据活动层与下卧土层的类别及其衔接关系，分为季节冻结层和季节融化层两种类型(表A.0.3)。

**季节活动层的类型和分布** **表A.0.3**

| 类型 | 年平均地温(℃) | 最大厚度(m) | 下卧土层 | 分布地区 |
|---|---|---|---|---|
| 季节冻结层 | >0 | 2～3(或更厚) | 融土层或不衔接的多年冻土层 | 多年冻土区的融区地带 |
| 季节融化层 | <0 | 2～3(或更厚) | 衔接的多年冻土层 | 多年冻土区的大片多年冻土地带 |

# 附录B 冻土的描述和定名

**冻土的描述和定名** **表B.0.1**

| 土类 | 含冰特征 | | 冻土定名 |
|---|---|---|---|
| Ⅰ<br>未冻土 | 处于非冻结状态的岩、土 | 按"GBJ 145—90"进行定名 | — |
| Ⅱ<br>冻土 | 一、肉眼看不见分凝冰的冻土(N) | ①胶结性差，易碎的冻土($N_f$) | 少冰冻土(S) |
| | | ②无过剩冰的冻土($N_{bn}$) | |
| | | ③胶结性良好的冻土($N_b$) | |
| | | ④有过剩冰的冻土($N_{bc}$) | |
| | 二、肉眼可见分凝冰，但冰层厚度小于2.5cm的冻土(V) | ①单个冰晶体或冰包裹体的冻土($V_x$) | |
| | | ②在颗粒周围有冰膜的冻土($V_c$) | 多冰冻土(D) |
| | | ③不规则走向的冰条带冻土($V_r$) | 富冰冻土(F) |
| | | ④层状或明显定向的冰条带冻土($V_s$) | 饱冰冻土(B) |
| Ⅲ<br>厚层冰 | 冰厚度大于2.5cm的含土冰层或纯冰层(ICE) | ①含土冰层(ICE+土类符号) | 含土冰层(H) |
| | | ②纯冰层(ICE) | ICE+土类符号 |

# 附录C　冻土构造与野外鉴别

**冻土构造与野外鉴别**　　**表 C.0.1**

| 构造类别 | 冰的产状 | 岩性与地貌条件 | 冻结特征 | 融化特征 |
|---|---|---|---|---|
| (一)整体构造 | 晶粒状 | ①岩性多为细颗粒土，但砂砾石土冻结亦可产生此种构造。<br>②一般分布在长草或幼树的阶地和缓坡地带以及其他地带。<br>③土壤湿度：稍湿 $\omega<\omega_p$ | ①粗颗粒土冻结，结构较紧密，孔隙中有冰晶，可用放大镜观察到。<br>②细颗粒土冻结，呈整体状。<br>③冻结强度一般（中等），可用锤子击碎 | ①融化后原土结构不产生变化。<br>②无渗水现象。<br>③融化后，不产生融沉现象 |
| (二)层状构造 | (1)微层状（冰厚一般可达1～5mm） | ①岩性以粉砂土或粘性土为主。<br>②多分布在冲一洪积扇及阶地其他地带，地被物较茂密。<br>③土壤湿度：潮湿<br>$\omega_p\leqslant\omega<\omega_p+7$ | ①粗颗粒土冻结，孔隙被较多冰晶充填，偶尔可见薄冰层。<br>②细颗粒土冻结，呈微层状构造，可见薄冰层或薄透镜体冰。<br>③冻结强度很高，不易击碎 | ①融化后原土体积缩小，现象不明显。<br>②有少量水分渗出。<br>③融化后，产生弱融沉现象 |
|  | (2)层状（冰厚一般可达5～10mm） | ①岩性以粉砂土为主。<br>②一般分布在阶地或塔头沼泽地带。<br>③有一定的水源补给条件。<br>④土壤湿度：很湿<br>$\omega_p+7\leqslant\omega<\omega_p+15$ | ①粗颗粒土如砾石被冰分离，可见到较多冰透镜体。<br>②细颗粒土冻结，可见到层状冰。<br>③冻结强度高，极难击碎 | ①融化后土体积缩小。<br>②有较多水分渗出。<br>③融化后产生融沉现象 |
| (三)网状构造 | (1)网状（冰厚一般可达10～25mm） | ①岩性以细颗粒土为主。<br>②一般分布在塔头沼泽与低洼地带。<br>③土壤湿度：饱和<br>$\omega_p+15\leqslant\omega<\omega_p+35$ | ①粗颗粒土冻结，有大量冰层或冰透体存在。<br>②细颗粒土冻结，冻土互层。<br>③冻结强度偏低，易击碎 | ①融化后土体积明显缩小，水土界限分明，并可成流动状态。<br>②融化后产生融沉现象 |
|  | (2)厚层网状（冰层一般可达25mm）以上 | ①岩性以细颗粒土为主。<br>②分布在低洼积水地带，植被以塔头、苔藓、灌丛为主。<br>③土壤温度：超饱和($\omega>\omega_p+35$) | ①以中厚层状构造为主。<br>②冰体积大于土体积。<br>③冻结强度很低，极易击碎 | ①融化后水土分离现象极其明显，并成流动体。<br>②融化后产生融陷现象 |

# 附录D　土的季节融化与冻结深度

**D.0.1**　土的季节融化深度。

标准融深 $Z_0^m$ 为衔接多年冻土地基的融化层属非融沉性粘性土，地表平坦，裸露的空旷场地中，多年（不少于10年）实测最大融深的平均值（自融前地面算起）。

标准融深 $Z_0^m$，应以当地实测资料为准，在无实测资料时可按下式计算。

对高海拔多年冻土区（青藏高原）

$$Z_0^m=0.195\sqrt{\sum T_m}+0.882(\mathrm{m}) \quad (D.0.1\text{-}1)$$

对高纬度多年冻土区（东北地区）

$$Z_0^m=0.134\sqrt{\sum T_m}+0.882(\mathrm{m}) \quad (D.0.1\text{-}2)$$

式中　$\sum T_m$——融化指数的标准值（度·月），应以当地实测资料为准。对无实测资料的山区可按下式计算：

$$\sum T_{m1}=(7532.8-90.96L-93.57H)/30 \quad (D.0.1\text{-}3)$$

$$\sum T_{m2}=(10722.7-141.25L-114.00H)/30 \quad (D.0.1\text{-}4)$$

$$\sum T_{m3}=(9757.7-71.81L-140.48H)/30 \quad (D.0.1\text{-}5)$$

$\sum T_{m1}$适用于东北地区；$\sum T_{m2}$适用于青海境内；$\sum T_{m3}$适用于西藏地区。

式中　$L$——纬度（度）；

$H$——海拔(100m)。

设计融深 $Z_d^m$ 按下式计算：

$$Z_d^m=Z_0^m\cdot\Psi_s^m\cdot\Psi_w^m\cdot\Psi_c^m\cdot\Psi_{to}^m \quad (D.0.1\text{-}6)$$

式中　$\Psi_s^m$、$\Psi_w^m$、$\Psi_c^m$、$\Psi_{to}^m$——各融深影响系数，可按表D.0.1取值。

**融深影响系数**　　**表 D.0.1**

| 项目 | 1 | | | | 2 | | | | | 3 | | | 4 |
|---|---|---|---|---|---|---|---|---|---|---|---|---|---|
|  | $\Psi_s^m$ | | | | $\Psi_w^m$ | | | | | $\Psi_{to}^m$ | | | $\Psi_c^m$ |
|  | 土质（岩性）影响 | | | | 湿度（融沉性）影响 | | | | | 地形影响 | | |  |
| 内容 | 粘性土 | 细砂、粉砂、粉土 | 中、粗砂砾 | 碎石土 | 不融沉 | 弱融沉 | 融沉 | 强融沉 | 融陷 | 平坦 | 阴坡 | 阳坡 | 地表草炭覆盖 |
| Ψ | 1.00 | 1.20 | 1.30 | 1.40 | 1.00 | 0.95 | 0.90 | 0.85 | 0.80 | 1.00 | 0.90 | 1.10 | 0.70 |

**D.0.2**　土的季节冻结深度。

标准冻深 $Z_0$ 为地下水埋深与冻结锋面之间的距离大于2.0m，非冻胀粘性土、地表平坦、裸露、城市之外的空旷场地中，多年（不少于10年）实测最大冻深的平均值（自冻前地面算起）。

设计冻深 $Z_d$ 可按下式计算：

$$Z_d=Z_0\cdot\Psi_{zs}\cdot\Psi_{zw}\cdot\Psi_{zc}\cdot\Psi_{zto} \quad (D.0.2\text{-}1)$$

式中　$\Psi_{zs}$、$\Psi_{zw}$、$\Psi_{zc}$、$\Psi_{zto}$——各冻深影响系数，按表D.0.2查取。

**冻深影响系数**　　**表 D.0.2**

| 项目 | 1 | | | | 2 | | | | | 3 | | | 4 | | |
|---|---|---|---|---|---|---|---|---|---|---|---|---|---|---|---|
|  | $\Psi_{zs}$ | | | | $\Psi_{zw}$ | | | | | $\Psi_{zc}$ | | | $\Psi_{zto}$ | | |
|  | 土质（岩性）影响 | | | | 湿度（冻胀性）影响 | | | | | 地形影响 | | | 地形影响 | | |
| 内容 | 粘性土 | 细砂、粉砂、粉土 | 中、粗砂砾 | 大块碎石土 | 不冻胀 | 弱冻胀 | 冻胀 | 强冻胀 | 特强冻胀 | 村镇旷野 | 城市近郊 | 城市市区 | 平坦 | 阳坡 | 阴坡 |
| Ψ | 1.00 | 1.20 | 1.30 | 1.40 | 1.00 | 0.95 | 0.90 | 0.85 | 0.80 | 1.00 | 0.95 | 0.90 | 1.00 | 0.90 | 1.10 |

注：①土的湿度（冻胀性）影响一项，见季节冻土与季节融化层土冻胀性分级表3.2.1；
②周围环境影响一项，按下述取用：
城市市区人口：20～50万人，只考虑城市市区的影响；50～100万人，要考虑5～10km的近郊范围；>100万人，尚应考虑10～20km的近郊范围。

# 附录E　多年冻土上限的确定

**E.0.1**　根据当地气象台站多年观测资料，编制如图E.0.1所示融化进程图。

如当地无气象台则可用图E.0.1估算。

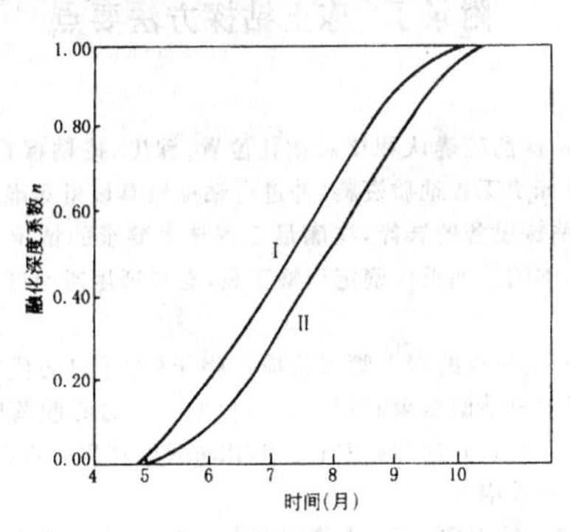


图E.0.1　融化进程图

图中Ⅰ线的应用条件为地表植被不太发育(包括无植被或植被稀疏)、浅层土中含有少量草炭。Ⅱ线应用条件为地表沼泽化、植被繁茂，浅层土中草炭含量及厚度大。

**E.0.2**　野外勘探时，可用触探法(用钢钎插入土中，根据融土硬度小、冻土硬度大的原理判别当时的融化深度)、描述法(根据融土颜色深、无冰晶和冻土颜色浅、含冰晶等特点判别当时融化深度)或测温法(每隔一定间距用温度计测温后，绘制地温随深度变化曲线，线上通过零温轴的深度即为当时的融化深度)确定当时的融化深度。

**E.0.3**　根据勘探地点的地表特征和浅层土的岩性，在融化进程图上选线，并根据勘探时所得的融化深度确定当时的融化深度系数。

**E.0.4**　按下式计算多年冻土上限深度：

$$Z=\frac{\Delta Z}{n} \tag{E.0.4}$$

式中　$Z$——多年冻土上限深度(cm)；

$\Delta Z$——勘探时所得的融化深度(cm)；

$n$——查图E.0.1所得勘探时所对应的融化深度系数，以小数计。

# 附录F　冻土融化压缩试验要点

**F.0.1**　本试验的目的是测定冻土的融化下沉系数(融沉系数)$\delta_0$和冻土融化后体积压缩系数$m_v$。

融化下沉——冻土融化过程中在自重作用下产生的沉降为融化下沉，其相对融沉量即为融化下沉系数$\delta_0$。

融化压缩——冻土融透后，在外荷载作用下所产生的压缩变形为融化压缩，其单位荷重下的相对变形量即为融化后体积压缩系数$m_v$。

**F.0.2**　本试验的室内试验适用于各种冻结粘性土和粒径小于2mm的冻结砂类土，原位测定适用于各种类型的冻土。

**F.0.3**　室内试验用融化压缩仪，类似于土壤的固结试验，原位试验类似于地基的静荷载试验。试验过程中要保证冻土试样或地基土持力层的均匀缓慢融化。

**F.0.4**　传压板上安放加热的循环装置及消散孔隙水的透水装置。

**F.0.5**　室内试验：在试样上施加1kPa压力，接通循环热水，冻土融沉开始，启动秒表计时，分别记录1、2、5、10、30、60min的变形量，以后每隔2h记录一次，直至达到要求深度，当变形量在2h内小于0.05mm时(细颗粒土)或0.2mm(粗粒土)时为止。

融沉稳定后，停止热水循环，开始进行压缩试验，方法同一般的固结试验。

**F.0.6**　原位试验：仅在设备自重下，地基融化开始前读取初数，试样融沉开始时可按5、15、30min，以后每30min进行观测和记录一次，直至变形在2h内小于0.05mm时为止。

融沉稳定后，停止加热循环，开始进行加压试验，方法同一般的静荷载试验。

**F.0.7**　按下式计算融化下沉系数$\delta_0$：

$$\delta_0=\frac{\Delta H_i}{H_i}\times 100 \tag{F.0.7-1}$$

式中　$\Delta H_i$——冻土试样融化下沉量(cm)；

$H_i$——冻土试样的高度(cm)。

按下式计算融化后体积压缩系数：

$$m_v=\frac{S_{i+1}-S_i}{P_{i+1}-P_i} \tag{F.0.7-2}$$

式中　$m_v$——融化后体积压缩系数($MPa^{-1}$)；

$P_i$——第i级的压力值(MPa)；

$S_i$——在$P_i$级压力下的单位沉降量(mm)。

**F.0.8**　同一土层参加统计的试验点不应少于三点，各系数试验值之极差不得超过平均值的30%，取平均值为该系数$\delta_0$或$m_v$之值。

# 附录G　冻土力学指标原位试验要点

**G.0.1**　冻胀量试验。

**G.0.1.1**　土体在冻结过程中的冻胀变形量，即为冻胀量。

**G.0.1.2**　用精密水准仪测量其分层冻胀量，当要求的精度不太高时也可用分层冻胀仪。

**G.0.1.3**　分层冻胀仪法(叠合式与单独式)：

中间用一深埋的，锚固于土中的直杆作为基准杆(土层冻胀时保持不动)，在其周围埋设规定深度上的冻胀量测杆，杆身外露于地面上，测杆的上抬量与中间基准杆对比，即可很方便地求出不同深度上的冻胀量大小，这种分层冻胀仪可用木质，亦可用金属制作。

埋设时要保证基准杆不动，各测杆可自由独立的向上移动，其优点为埋设简单，观测方便。其缺点是精度较低，而且夏季各测杆在自重作用下不能还原，需要每年重新埋设。

**G.0.1.4**　精密水准仪测量法：

将倒T型测杆分别埋设于不同深度的各点上，用精密水准仪测量各点高度的变化，即可求得任何时刻，任何深度上的冻胀量。

**G.0.1.5**　冻结深度观测：将冻深器埋入地下，采取措施保证冻深器外套管在地基土冻胀时稳定不动，胶管中注入当地地下水，所测冻深即为冻结深度，冻结深度加上冻胀量即为该地的冻层厚度。

**G.0.1.6**　冻胀量与冻结深度同时观测，算出某冻深范围内的冻胀量及分层冻胀量和冻胀率。

**G.0.2**　冻结强度试验。

**G.0.2.1**　原位现场冻结强度试验，即是在多年冻土地基中做

“摩擦桩”的承载力试验(压人法如同受压承载力,拔出法如同抗拔承载力)。

G.0.2.2 试验中应注意下述几点:

(1)试验时必须选在平均(沿垂直方向)地温最高季节,否则应进行温度修正。

(2)试验过程中必须采取措施,保持地温的稳定。

(3)试验开始之前,桩周地基土中的温度场应达到基本回冻的状态。

(4)如试验长期冻结强度,应考虑冻土的流变特性,并按冻土的稳定标准进行。

其稳定标准和试验注意事项,与冻土地基中单桩竖向静载荷试验要点相同,即当连续24h的变形量不超过0.5mm时,为已稳定,可施加下一级荷载,如果连续240h达不到稳定标准即为破坏。

G.0.3 切向冻胀力试验。

G.0.3.1 切向冻胀力试验,一般锚桩、横梁法比较简单而多用,两根或四根锚桩的抗拔力与上抬变形和横梁的强度与刚度,必须用预估最大切向冻胀力来设计。

G.0.3.2 标准测力计应经过率定,并考虑温度变化较大时的影响。

G.0.3.3 锚桩之间,锚桩与试验基础之间的距离,以不影响周边冻土在冻胀时对试验基础的作用为原则,即不小于切向冻胀力的最小影响范围。

G.0.3.4 在安设装置与测力计、垫块等时,必须紧密接触,避免空隙,以防受力后有空行程,使切向冻胀力产生松弛。

G.0.3.5 整个冬季,试验基础范围应及时消除积雪和其他覆盖物。

G.0.3.6 在试验场范围内埋设冻深器,应随时了解冻深发展情况,试验基础定期进行水准测量,以监视锚固设备刚度不够使基础上抬。

G.0.3.7 一般当冻深达到最大值时方可终止试验观测。

G.0.3.8 当进行切向冻胀力的科研工作时,应根据试验目的进行试验设计。

## 附录H 冻土地基静载荷试验要点

H.0.1 试验前冻土层应保持原状结构和天然湿度。在承压板底部应铺以厚度为20mm的粗、中砂找平层。整个试验期间应保持冻土层的天然温度状态。

H.0.2 承压面积应不小于$0.25m^2$。

H.0.3 加荷等级应少于8级,初级为预估极限荷载的15%～30%,以后每级递增10%。

H.0.4 每级加载后,最初4h每小时测读承压板沉降量一次,以后每4h测读一次,当4h沉降速率小于前4h沉降速率时或累计24h沉降量小于0.5mm(砂土)、1.0mm(粘性土)时,认为地基处于第一蠕变阶段(蠕变速率减少阶段),即可加下一级荷载。

H.0.5 测读沉降同时,应测定承压板1～1.5$b$($b$——承压板宽度)范围内冻土温度。

H.0.6 加荷后沉降连续10d大于或等于0.5mm(砂土)、1.0mm(粘性土),或连续二次每昼夜沉降速率大于前一昼夜沉降速率,或总沉降量$s>0.06b$,认为地基达到冻土的稳定流与渐进流(蠕变速率增加阶段)的界线,其前级荷载为极限荷载。

H.0.7 冻土地基承载力基本值的确定。

H.0.7.1 当$Q\sim S$曲线上有明确的比例极限时,取该比例极限所对应的荷载。

H.0.7.2 当极限荷载能确定,取极限荷载的一半;如同时取得比例极限和1/2极限荷载数值时,取低值。

H.0.7.3 不能按上述两点确定时,如承载板面积为$0.25m^2$,对砂土可取$S/b=0.015$所对应的荷载;对粘性土可取$S/b=0.02$所对应的荷载。

H.0.8 同一土层参加统计的试验点不应少于三点,基本值极差不得超过平均值的30%,取此平均值作为地基承载力标准值。

## 附录J 冻土钻探方法要点

J.0.1 钻探前应确认和核对钻孔位置、深度,按钻探目的、要求,搜集有关冻土工程地质资料,并进行钻探机具设备等准备工作。

J.0.2 钻探设备的选择,在满足工程技术要求的情况下,根据施钻地区不同的交通条件确定运输工具,对交通困难地区,应尽量轻装。

J.0.3 冻土钻探的岩心管接头应带弹子(或适宜的代用品)。在钻进过程中提钻前需瞬时加压。当提钻发现岩心脱落时,可改用直径小一级的岩心管钻进取心。但此法只能在岩心直径仍可满足试验要求时采用。

J.0.4 岩心管中取心,通常使用锤击钻头、热水加温岩心管、空蹲岩心管及缓慢泵压退心等方法。对取出的岩心要注意摆放顺序、深度位置及尺寸。

J.0.5 护孔管或套管应固定在地表以稳定地面标高和防止套管脱落于孔内。起拔冻土孔内的套管,一般采用振动拔管和用热水加温套管以及在四周钻小口径钻孔辅以振动拔管。

J.0.6 季节冻土地区的工业民用建筑的钻探,应按第6章冻土工程地质钻探与取样的有关条文规定进行。

J.0.7 在冻土地区钻探,因故不能连续工作时(如风、雨、雪天、休息日等)应将钻具及时提出,以防止钻具冻在孔内。

J.0.8 必须按规定和技术要求分层取样送验。

## 附录K 冻土物理、力学参数

K.0.1 冻土、未冻土热物理指标的计算值。

K.0.1.1 根据土类、天然含水率及干密度测定数值,冻土和未冻土的容积热容量、导热系数和导温系数可分别按表K.0.1-1～表K.0.1-4取值。大含水(冰)量土的导热系数在无实测资料时可按表K.0.1-5取值。表列数值允许直线内插。

K.0.1.2 相变热是指单位体积土中由于水的相态改变所放出和吸收的热量〔单位:kJ/(m³·℃)〕可按下式计算:

$$Q=\theta\times\rho_d(\omega-\omega_u) \quad (K.0.1\text{-}1)$$

式中 $Q$——相变热;

$\theta$——水的结晶或冰的融化潜热,一般热工计算中,取334.56kJ/kg;

$\rho_d$——土的干密度;

$\omega$——土的天然含水率(总含水量);

$\omega_u$——冻土中的未冻水含量。此指标是温度的函数,建议通过试验确定,无试验条件时,可用下式方法估算:

粘性土 $$\omega_u=\omega_p k(T) \quad (K.0.1\text{-}2)$$

砂土 $$\omega_u=\omega[1-i(T)] \quad (K.0.1\text{-}3)$$

式中 $\omega_p$——塑限含水量,以小数计;

$k$——温度修正系数,以小数计,查表K.0.1-6;

$i$——含冰量(冰质量与总水质量之比),以小数计,查表K.0.1-6;

$T$——温度。

**草炭粉质粘土计算热参数取值表　　表 K.0.1-1**

| $\rho_d$ (kg/m³) | $\omega$ (%) | kJ/(m³·℃) | | W/(m·℃) | | m²/h | |
|---|---|---|---|---|---|---|---|
| | | $C_u$ | $C_f$ | $\lambda_u$ | $\lambda_f$ | $a_u\cdot10^3$ | $a_f\cdot10^3$ |
| 400 | 30 | 903.3 | 710.9 | 0.13 | 0.13 | 0.50 | 0.62 |
| | 50 | 1237.9 | 878.2 | 0.19 | 0.22 | 0.52 | 0.92 |
| | 70 | 1572.4 | 1045.5 | 0.23 | 0.37 | 0.54 | 1.26 |
| | 90 | 1907.0 | 1212.8 | 0.29 | 0.53 | 0.56 | 1.59 |
| | 110 | 2241.6 | 1380.1 | 0.35 | 0.72 | 0.57 | 1.87 |
| | 130 | 2576.1 | 1547.3 | 0.41 | 0.88 | 0.57 | 2.06 |
| 500 | 30 | 1129.1 | 890.8 | 0.17 | 0.17 | 0.54 | 0.69 |
| | 50 | 1547.3 | 1099.9 | 0.24 | 0.31 | 0.56 | 1.30 |
| | 70 | 1965.5 | 1309.0 | 0.32 | 0.51 | 0.59 | 1.40 |
| | 90 | 2383.7 | 1518.1 | 0.41 | 0.74 | 0.61 | 1.76 |
| | 110 | 2801.9 | 1727.2 | 0.49 | 1.00 | 0.62 | 2.08 |
| | 130 | 3220.1 | 1936.3 | 0.56 | 1.24 | 0.63 | 2.31 |
| 600 | 30 | 1355.0 | 1066.4 | 0.22 | 0.22 | 0.57 | 0.76 |
| | 50 | 1856.6 | 1317.3 | 0.31 | 0.42 | 0.61 | 1.15 |
| | 70 | 2368.6 | 1568.3 | 0.42 | 0.68 | 0.64 | 1.56 |
| | 90 | 2860.5 | 1819.2 | 0.53 | 0.99 | 0.67 | 1.96 |
| | 110 | 3362.3 | 2070.1 | 0.63 | 1.32 | 0.68 | 2.29 |
| | 130 | 3864.2 | 2321.0 | 0.75 | 1.61 | 0.68 | 2.51 |
| 700 | 30 | 1580.8 | 1246.2 | 0.27 | 0.30 | 0.61 | 0.87 |
| | 50 | 2166.3 | 1539.0 | 0.39 | 0.56 | 0.66 | 1.30 |
| | 70 | 2375.4 | 1831.7 | 0.53 | 0.88 | 0.70 | 1.74 |
| | 90 | 3337.2 | 2124.5 | 0.66 | 1.26 | 0.71 | 2.14 |
| | 110 | 3922.7 | 2417.2 | 0.79 | 1.67 | 0.73 | 2.50 |
| | 130 | 4508.2 | 2709.9 | 0.92 | 2.01 | 0.73 | 2.77 |
| 800 | 30 | 1806.6 | 1421.9 | 0.32 | 0.37 | 0.65 | 0.94 |
| | 50 | 2475.7 | 1756.4 | 0.48 | 0.68 | 0.70 | 1.41 |
| | 70 | 3144.9 | 2091.0 | 0.64 | 1.09 | 0.73 | 1.67 |
| | 90 | 3814.0 | 2425.6 | 0.80 | 1.55 | 0.76 | 2.32 |
| | 110 | 4483.1 | 2760.1 | 0.96 | 2.05 | 0.77 | 2.68 |
| | 130 | 5152.2 | 3094.7 | 1.10 | 2.47 | 0.78 | 2.88 |
| 900 | 30 | 1171.0 | 1342.4 | 0.38 | 0.40 | 0.68 | 1.03 |
| | 50 | 2785.2 | 1978.1 | 0.57 | 0.73 | 0.73 | 1.53 |
| | 70 | 3538.0 | 2354.5 | 0.75 | 1.14 | 0.77 | 2.03 |
| | 90 | 4290.7 | 2370.8 | 0.95 | 1.63 | 0.80 | 2.49 |
| | 110 | 5043.5 | 3107.2 | 1.14 | 2.12 | 0.82 | 2.86 |
| | 130 | 5796.3 | 3483.6 | 1.32 | 2.52 | 0.82 | 3.02 |

备注：表中符号：$\rho_d$——干密度；$\omega$——含水率；$\lambda$——导热系数；$a$——导温系数；$C$——容积热容量；脚标 u 为未冻土；f 为冻土，下同。

**粉土、粉质粘土计算热参数取值表　　表 K.0.1-2**

| $\rho_d$ (kg/m³) | $\omega$ (%) | kJ/(m³·℃) | | W/(m·℃) | | m²/h | |
|---|---|---|---|---|---|---|---|
| | | $C_u$ | $C_f$ | $\lambda_u$ | $\lambda_f$ | $a_u\cdot10^3$ | $a_f\cdot10^3$ |
| 1200 | 5 | 1254.6 | 1179.3 | 0.26 | 0.26 | 0.73 | 0.46 |
| | 10 | 1505.5 | 1405.2 | 0.43 | 0.41 | 1.02 | 1.04 |
| | 15 | 1756.4 | 1530.6 | 0.58 | 0.58 | 1.19 | 1.37 |
| | 20 | 2007.4 | 1656.1 | 0.67 | 0.79 | 1.21 | 1.71 |
| | 25 | 2258.3 | 1718.5 | 0.72 | 1.04 | 1.14 | 2.10 |
| | 30 | 2509.2 | 1907.0 | 0.79 | 1.23 | 1.13 | 2.40 |
| | 35 | 2760.1 | 2032.5 | 0.86 | 1.45 | 1.12 | 2.57 |
| 1300 | 5 | 1359.2 | 1279.7 | 0.30 | 0.29 | 0.80 | 0.80 |
| | 10 | 1631.0 | 1522.2 | 0.50 | 0.48 | 1.11 | 1.12 |
| | 15 | 1902.8 | 1660.3 | 0.71 | 0.71 | 1.33 | 1.47 |
| | 20 | 2174.6 | 1794.1 | 0.79 | 0.92 | 1.31 | 1.85 |
| | 25 | 2446.5 | 1932.1 | 0.84 | 1.21 | 1.23 | 2.25 |
| | 30 | 2718.3 | 2065.9 | 0.90 | 1.46 | 1.19 | 2.55 |
| | 35 | 2990.1 | 2203.9 | 0.97 | 1.67 | 1.18 | 2.74 |
| 1400 | 5 | 1463.7 | 1375.9 | 0.36 | 0.35 | 0.87 | 0.90 |
| | 10 | 1756.4 | 1639.3 | 0.59 | 0.57 | 1.22 | 1.22 |
| | 15 | 2049.8 | 1785.7 | 0.84 | 0.79 | 1.46 | 1.58 |
| | 20 | 2341.9 | 1932.1 | 0.94 | 1.06 | 1.44 | 1.96 |
| | 25 | 2634.7 | 2496.7 | 0.97 | 1.39 | 1.33 | 2.41 |
| | 30 | 2927.4 | 2224.8 | 1.06 | 1.68 | 1.32 | 2.73 |
| | 35 | 3220.1 | 2371.2 | 1.18 | 1.93 | 1.32 | 2.92 |
| 1500 | 5 | 1568.3 | 1476.2 | 0.41 | 0.41 | 0.93 | 0.98 |
| | 10 | 1881.9 | 1756.4 | 0.67 | 0.65 | 1.28 | 1.32 |
| | 15 | 2191.4 | 1907.0 | 0.96 | 0.91 | 1.58 | 1.71 |
| | 20 | 2509.2 | 2070.1 | 1.09 | 1.22 | 1.57 | 2.12 |
| | 25 | 2822.9 | 2229.0 | 1.13 | 1.58 | 1.44 | 2.55 |
| | 30 | 3136.5 | 2383.7 | 1.24 | 1.89 | 1.43 | 2.85 |
| | 35 | 3450.2 | 2542.7 | 1.36 | 2.12 | 1.42 | 3.01 |
| 1600 | 5 | 1672.8 | 1572.4 | 0.46 | 0.46 | 1.01 | 1.05 |
| | 10 | 2425.6 | 1873.5 | 0.78 | 0.74 | 1.40 | 1.42 |
| | 15 | 2541.9 | 2040.8 | 1.11 | 1.02 | 1.72 | 1.81 |
| | 20 | 2676.5 | 2208.1 | 1.24 | 1.38 | 1.67 | 2.25 |
| | 25 | 3011.0 | 2375.4 | 1.28 | 1.80 | 1.52 | 2.73 |
| | 30 | 3345.6 | 2542.7 | 1.42 | 2.12 | 1.52 | 3.01 |
| | 35 | 3680.2 | 2709.9 | 1.54 | 2.40 | 1.51 | 3.20 |

**碎石粉质粘土计算热参数取值表　　表 K.0.1-3**

| $\rho_d$ (kg/m³) | $\omega$ (%) | kJ/(m³·℃) | | W/(m·℃) | | m²/h | |
|---|---|---|---|---|---|---|---|
| | | $C_u$ | $C_f$ | $\lambda_u$ | $\lambda_f$ | $a_u\cdot10^3$ | $a_f\cdot10^3$ |
| 1200 | 3 | 1154.2 | 1053.9 | 0.23 | 0.22 | 0.72 | 0.77 |
| | 7 | 1355.0 | 1154.2 | 0.34 | 0.37 | 0.91 | 1.15 |
| | 10 | 1505.5 | 1229.5 | 0.43 | 0.52 | 1.03 | 1.52 |
| | 13 | 1656.1 | 1304.8 | 0.53 | 0.71 | 1.16 | 1.96 |
| | 15 | 1756.4 | 1355.0 | 0.59 | 0.85 | 1.21 | 2.26 |
| | 17 | 1856.8 | 1405.2 | 0.60 | 0.94 | 1.26 | 2.42 |
| 1400 | 3 | 1346.6 | 1229.5 | 0.34 | 0.32 | 0.89 | 0.97 |
| | 7 | 1568.3 | 1346.6 | 0.50 | 0.53 | 1.15 | 1.44 |
| | 10 | 1756.4 | 1434.4 | 0.65 | 0.74 | 1.33 | 1.86 |
| | 13 | 1932.1 | 1522.2 | 0.79 | 0.97 | 1.48 | 2.30 |
| | 15 | 2049.2 | 1580.8 | 0.88 | 1.14 | 1.55 | 2.59 |
| | 17 | 2166.3 | 1639.3 | 0.92 | 1.24 | 1.53 | 2.73 |
| 1600 | 3 | 1539.0 | 1405.2 | 0.46 | 0.45 | 1.07 | 1.17 |
| | 7 | 1806.6 | 1539.0 | 0.68 | 0.74 | 1.38 | 1.73 |
| | 10 | 2007.4 | 1639.3 | 0.89 | 1.00 | 1.61 | 2.20 |
| | 13 | 2208.1 | 1739.7 | 1.10 | 1.29 | 1.80 | 2.66 |
| | 15 | 2341.9 | 1806.6 | 1.28 | 1.45 | 1.87 | 2.90 |
| | 17 | 2475.7 | 1873.5 | 1.42 | 1.57 | 1.96 | 3.02 |
| 1800 | 3 | 1731.3 | 1580.8 | 0.60 | 0.60 | 1.25 | 2.38 |
| | 7 | 2032.5 | 1731.3 | 0.92 | 0.97 | 1.62 | 2.43 |
| | 10 | 2258.3 | 1844.3 | 1.17 | 1.31 | 1.87 | 2.56 |
| | 13 | 2295.9 | 1957.2 | 1.45 | 1.65 | 2.10 | 3.03 |
| | 15 | 2634.7 | 2032.5 | 1.60 | 1.82 | 2.19 | 2.23 |
| | 17 | 2785.2 | 2107.7 | 1.71 | 1.93 | 2.21 | 3.28 |

**砾砂计算热参数取值表　　表 K.0.1-4**

| $\rho_d$ (kg/m³) | $\omega$ (%) | kJ/(m³·℃) | | W/(m·℃) | | m²/h | |
|---|---|---|---|---|---|---|---|
| | | $C_u$ | $C_f$ | $\lambda_u$ | $\lambda_f$ | $a_u\cdot10^2$ | $a_f\cdot10^2$ |
| 1400 | 2 | 1229.5 | 1083.1 | 0.42 | 0.49 | 1.23 | 1.62 |
| | 6 | 1463.7 | 1200.2 | 0.96 | 1.14 | 2.36 | 3.42 |
| | 10 | 1697.9 | 1317.3 | 1.17 | 1.43 | 2.40 | 3.41 |
| | 14 | 1932.1 | 1434.4 | 1.29 | 1.67 | 2.40 | 4.20 |
| | 18 | 2166.3 | 1555.5 | 1.39 | 1.86 | 2.27 | 4.31 |
| 1500 | 2 | 1317.3 | 1162.6 | 0.50 | 0.59 | 1.36 | 1.84 |
| | 6 | 1568.3 | 1288.1 | 1.09 | 1.32 | 2.51 | 3.70 |
| | 10 | 1819.2 | 1413.5 | 1.30 | 1.60 | 2.58 | 4.08 |
| | 14 | 2070.1 | 1539.0 | 1.44 | 1.87 | 2.51 | 4.38 |
| | 18 | 2321.0 | 1664.4 | 1.52 | 2.08 | 2.37 | 4.50 |
| 1600 | 2 | 1405.2 | 1237.9 | 0.61 | 0.73 | 1.56 | 2.13 |
| | 6 | 1672.8 | 1371.7 | 1.28 | 1.60 | 1.74 | 4.21 |
| | 10 | 1940.4 | 1505.5 | 1.48 | 1.86 | 2.75 | 4.44 |
| | 14 | 2208.1 | 1639.3 | 1.64 | 2.15 | 2.67 | 4.72 |
| | 18 | 4173.2 | 1773.2 | 1.69 | 2.35 | 2.47 | 4.79 |
| 1700 | 2 | 1493.0 | 1317.3 | 0.77 | 0.94 | 1.85 | 2.52 |
| | 6 | 1777.4 | 1459.5 | 1.47 | 1.91 | 2.99 | 4.73 |
| | 10 | 2061.7 | 1601.7 | 1.68 | 2.20 | 2.94 | 4.96 |
| | 14 | 2346.1 | 1743.9 | 1.84 | 2.48 | 2.84 | 5.13 |
| | 18 | 2630.5 | 1886.1 | 1.95 | 2.69 | 2.66 | 5.14 |
| 1800 | 2 | 1580.8 | 1392.6 | 0.95 | 1.19 | 2.17 | 3.09 |
| | 6 | 1818.9 | 1543.2 | 1.71 | 2.27 | 3.27 | 5.31 |
| | 10 | 2183.0 | 1693.7 | 1.91 | 2.61 | 3.17 | 5.56 |
| | 14 | 2484.1 | 1844.3 | 2.09 | 2.85 | 3.02 | 5.58 |
| | 18 | 2785.2 | 1994.8 | 2.18 | 3.05 | 2.85 | 5.51 |

**大含水(冰)量土的导热系数　　　　表 K.0.1-5**

| 红色粉质粘土 | | | | 黄色粉土 | | | |
|---|---|---|---|---|---|---|---|
| 青海风火山 | | | | 兰州 | | | |
| $\rho_d$ (kg/m³) | $\omega$ (%) | W/(m·℃) $\lambda_u$ | W/(m·℃) $\lambda_f$ | $\rho_d$ (kg/m³) | $\omega$ (%) | W/(m·℃) $\lambda_u$ | W/(m·℃) $\lambda_f$ |
| 380 | 202.4 | 0.73 | 2.15 | 400 | 200.0 | — | 2.13 |
| 680 | 109.2 | 0.94 | 2.06 | 700 | 100.0 | — | 2.08 |
| 900 | 78.2 | 1.03 | 1.97 | 1000 | 55.8 | — | 2.05 |
| 1000 | 60.0 | 1.08 | 1.95 | 1200 | 40.0 | 1.94 | 2.02 |
| 1100 | 50.0 | 1.08 | 1.95 | 1400 | 35.0 | 1.86 | 1.91 |
| 1200 | 44.9 | 1.09 | 1.88 | 1400 | 30.0 | 1.72 | 1.81 |
| 1200 | 34.3 | 1.09 | 1.67 | — | — | — | — |

| 草炭粉土 | | | | 草根(皮) | | | | 草炭粉质粘土 | | | |
|---|---|---|---|---|---|---|---|---|---|---|---|
| 西藏两道河 | | | | 西藏两道河 | | | | 东北满归 | | | |
| $\rho_d$ (kg/m³) | $\omega$ (%) | W/(m·℃) $\lambda_u$ | W/(m·℃) $\lambda_f$ | $\rho_d$ (kg/m³) | $\omega$ (%) | W/(m·℃) $\lambda_u$ | W/(m·℃) $\lambda_f$ | $\rho_d$ (kg/m³) | $\omega$ (%) | W/(m·℃) $\lambda_u$ | W/(m·℃) $\lambda_f$ |
| 100 | 960.0 | — | 1.86 | 100 | 840 | — | 1.62 | 100 | 884.0 | — | 1.68 |
| 200 | 428.8 | — | 2.16 | 200 | 400 | 0.68 | 1.86 | 200 | 423.2 | — | 1.91 |
| 300 | 300.0 | — | 2.25 | 200 | 300 | 0.57 | 1.32 | 300 | 260.3 | 0.51 | 1.90 |
| 300 | 284.4 | — | 1.98 | 200 | 200 | 0.46 | 0.86 | 350 | 213.5 | 0.45 | 1.46 |
| 400 | 180.8 | — | 2.03 | 200 | 200 | 0.39 | 0.65 | 300 | 200.0 | 0.43 | 1.30 |
| 500 | 143.3 | — | 2.06 | 200 | 150 | 0.27 | 0.46 | 350 | 119.3 | 0.31 | 0.57 |
| 700 | 138.1 | — | 2.13 | 200 | 100 | 0.23 | 0.26 | 400 | 175.2 | 0.55 | 1.58 |
| — | — | — | — | 300 | 250 | 0.65 | 1.65 | 400 | 100.0 | 0.36 | 0.80 |
| — | — | — | — | 300 | 180 | 0.45 | 1.07 | — | — | — | — |
| — | — | — | — | 300 | 150 | 0.41 | 0.93 | — | — | — | — |
| — | — | — | — | 300 | 130 | 0.36 | 0.68 | | | | |
| — | — | — | — | 300 | 110 | 0.36 | 0.57 | | | | |

**不同温度下的修正系数和含冰量数值表　　　　表 K.0.1-6**

| 土　名 | 塑性指数 | i,k | 温度(T)℃ −10 | −0.5 | −1.0 | −2.0 | −3.0 | −5.0 |
|---|---|---|---|---|---|---|---|---|
| 砂土 | — | i | 0.78 | 0.85 | 0.92 | 0.93 | 0.95 | 0.98 |
| 粉土 | $I_p \leqslant 10$ | k | 0.50 | 0.30 | 0.20 | 0.15 | 0.15 | 0.10 |
| 粉质粘土 | $10 < I_p \leqslant 13$ | k | 0.65 | 0.50 | 0.40 | 0.35 | 0.30 | 0.25 |
| | $13 < I_p \leqslant 17$ | k | 0.80 | 0.70 | 0.60 | 0.50 | 0.45 | 0.40 |
| 粘土 | $17 < I_p$ | k | 0.90 | 0.80 | 0.70 | 0.60 | 0.55 | 0.50 |
| 泥炭粉质粘土 | $15 < I_p \leqslant 17$ | k | 0.40 | 0.35 | 0.30 | 0.25 | 0.25 | 0.20 |

注：表中粉质粘土 $I_p>13$ 及粘土 $I_p>17$ 两档数据仅供参考。

**K.0.2**　冻土强度指标的设计值。

**K.0.2.1**　冻土地基承载力设计值 $f_d$ 的确定。

冻土地基承载能力，可根据本规范规定的建筑物安全等级要求进行试验确定。不能进行原位试验确定时，可按冻结地基土的土质、物理力学指标查表 K.0.2-7 确定。

**冻土承载力设计值 $f_d$　　　　表 K.0.2-7**

| 地温(℃)<br>土名 | −0.5 | −1.0 | −1.5 | −2.0 | −2.5 | −3.0 |
|---|---|---|---|---|---|---|
| 碎砾石类土 | 800 | 1000 | 1200 | 1400 | 1600 | 1800 |
| 砾砂、粗砂 | 650 | 800 | 950 | 1100 | 1250 | 1400 |
| 中砂、细砂、粉砂 | 500 | 650 | 800 | 950 | 1100 | 1250 |
| 粘土、粉质粘土、粉土 | 400 | 500 | 600 | 700 | 800 | 900 |
| 含土冰层 | 100 | 150 | 200 | 250 | 300 | 350 |

注：①冻土"极限承载力"按表数值乘 2；

②表中数值适用于本规范"多年冻土的融沉性分级表 3.2.2"中Ⅰ、Ⅱ、Ⅲ类土；

③冻土含水率属于分级表 3.2.2 中Ⅳ类时，粘性土取值乘以 0.3～0.6(含水率接近Ⅲ类土取 0.3，接近Ⅴ类土取 0.6，中间取中值)。块卵石土、碎砾石土和砂土取值乘以 0.6～0.4(含水率接近Ⅲ类土取 0.6，接近Ⅴ类土取 0.4，中间取中值)；

④含土冰层指包裹冰含量为 0.4～0.6；

⑤当含水率小于等于未冻水量，按不冻土取值；

⑥表中温度是使用期间基础底面下的最高地温；

⑦本表不适于盐渍化冻土，冻结泥炭化土。

**K.0.2.2**　在无试验资料的情况下，桩端冻土承载力的设计值按表 K.0.2-8 确定；对于盐渍化冻土按表 K.0.2-9 确定，对于冻结泥炭化土按表 K.0.2-10 确定。

**桩端冻土承载力的设计值　　　　表 K.0.2-8**

| 土名 | | 桩沉入深度(m) | 不同温度(℃)时的承载设计值(kPa) −0.3 | −0.5 | −1.0 | −1.5 | −2.0 | −2.5 | −3.0 | −3.5 |
|---|---|---|---|---|---|---|---|---|---|---|
| 土含冰量<0.2 | 碎石土 | 任意深度 | 2500 | 3000 | 3500 | 4000 | 4300 | 4500 | 4800 | 5300 |
| | 粗砂、中砂、细砂、粉砂 | 任意深度 | 1500 | 1800 | 2100 | 2400 | 2500 | 2700 | 2800 | 3100 |
| | | 3～5 | 850 | 1300 | 1400 | 1500 | 1700 | 1900 | 1900 | 2000 |
| | | 10 | 1000 | 1550 | 1650 | 1750 | 2000 | 2100 | 2200 | 2300 |
| | | 15及15以上 | 1100 | 1700 | 1800 | 1900 | 2200 | 2300 | 2400 | 2500 |
| | 粉土 | 3～5 | 750 | 850 | 1100 | 1200 | 1300 | 1400 | 1500 | 1700 |
| | | 10 | 850 | 950 | 1250 | 1350 | 1450 | 1600 | 1700 | 1900 |
| | | 15及15以上 | 950 | 1050 | 1400 | 1500 | 1600 | 1800 | 1900 | 2100 |
| | 粉质粘土及粘土 | 3～5 | 650 | 750 | 850 | 950 | 1100 | 1200 | 1300 | 1400 |
| | | 10 | 800 | 850 | 950 | 1100 | 1250 | 1350 | 1450 | 1600 |
| | | 15及15以上 | 900 | 950 | 1100 | 1250 | 1400 | 1500 | 1600 | 1800 |
| 土含冰量0.2～0.4 | 上述各类土 | 3～5 | 400 | 500 | 600 | 750 | 850 | 950 | 1000 | 1100 |
| | | 10 | 450 | 550 | 700 | 800 | 900 | 1000 | 1050 | 1150 |
| | | 15及15以上 | 550 | 600 | 750 | 850 | 950 | 1050 | 1100 | 1300 |

**端桩盐渍化冻土承载力的设计值　　　　表 K.0.2-9**

| 土的盐渍度(%) | 不同温度(℃)时的承载力设计值(kPa) −1 | | | −2 | | | −3 | | | −4 | | |
|---|---|---|---|---|---|---|---|---|---|---|---|---|
| | 桩沉入深度(m) 3～5 | 10 | ≥15 | 3～5 | 10 | ≥15 | 3～5 | 10 | ≥15 | 3～5 | 10 | ≥15 |
| 细砂和中砂 | | | | | | | | | | | | |
| 0.10 | 500 | 600 | 850 | 650 | 850 | 950 | 800 | 950 | 1050 | 900 | 1150 | 1250 |
| 0.20 | 150 | 250 | 350 | 250 | 350 | 450 | 350 | 450 | 600 | 500 | 600 | 750 |
| 0.30 | — | — | — | 150 | 200 | 300 | 250 | 350 | 450 | 350 | 450 | 550 |
| 0.50 | — | — | — | — | — | — | 150 | 200 | 300 | 250 | 300 | 400 |
| 粉砂 | | | | | | | | | | | | |
| 0.15 | 550 | 650 | 750 | 800 | 950 | 1050 | 1050 | 1200 | 1350 | 1350 | 1550 | 1700 |
| 0.30 | 300 | 350 | 450 | 550 | 650 | 800 | 750 | 900 | 1050 | 1000 | 1150 | 1300 |
| 0.50 | — | — | — | 300 | 350 | 450 | 500 | 550 | 650 | 650 | 750 | 900 |
| 1.00 | — | — | — | — | — | — | 200 | 250 | 350 | 350 | 450 | 550 |
| 粉质粘土 | | | | | | | | | | | | |
| 0.20 | 450 | 500 | 650 | 700 | 800 | 950 | 900 | 1050 | 1200 | 1150 | 1300 | 1400 |
| 0.50 | 150 | 250 | 350 | 450 | 450 | 550 | 550 | 650 | 750 | 750 | 850 | 1000 |
| 0.75 | — | — | — | 200 | 250 | 350 | 350 | 450 | 550 | 500 | 600 | 750 |
| 1.00 | — | — | — | 150 | 200 | 300 | 300 | 350 | 450 | 400 | 500 | 650 |

注：①表列的设计值是按包裹冰计算的含冰量<0.2 盐渍化冻土规定的；

②柱式基础底面的设计值允许按本表桩沉入深度 3～5m 之值采用。

含植物残渣和泥炭混合物（冻结泥炭化土）

承载力的设计值　　表 K.0.2-10

| 土的泥炭化程度 $\xi$ | 不同温度（℃）时的承载力设计值（kPa） | | | | | |
|---|---|---|---|---|---|---|
| | −1 | −2 | −3 | −4 | −6 | −8 |
| 砂 | | | | | | |
| $0.03<\xi\leqslant0.10$ | 250 | 550 | 900 | 1200 | 1500 | 1700 |
| $0.10<\xi\leqslant0.25$ | 190 | 430 | 800 | 860 | 1000 | 1150 |
| $0.25<\xi\leqslant0.60$ | 130 | 310 | 460 | 650 | 750 | 850 |
| 粉土、粘性 | | | | | | |
| $0.05<\xi\leqslant0.10$ | 200 | 480 | 700 | 1000 | 1160 | 1330 |
| $0.10<\xi\leqslant0.25$ | 150 | 350 | 540 | 700 | 820 | 940 |
| $0.25<\xi\leqslant0.60$ | 100 | 280 | 430 | 570 | 670 | 760 |
| $\xi>0.60$ | 60 | 200 | 320 | 450 | 520 | 590 |

**K.0.2.3** 冻土和基础间的冻结强度设计值。

冻土和基础间的冻结强度应在现场进行原位测定，或在专门试验设备条件下进行试验测定。若无试验资料时，可依据冻结地基土的土质，力学指标按表 K.0.2-11 确定。地基土的分类按本规范"多年冻土的融沉性分级表 3.2.2"确定。对于盐渍化冻土与基础间的冻结强度按表 K.0.2-12 确定；冻结泥炭化土按表 K.0.2-13 确定。表 K.0.2-11、K.0.2-12、K.0.2-13 适用于混凝土或钢筋混凝土基础。不同材料的基础与冻土间的冻结强度，可

冻土和基础间的冻结强度设计值（kPa）　　表 K.0.2-11

| 类　别 | 不同温度（℃）时的承载力设计值（kPa） | | | | | | |
|---|---|---|---|---|---|---|---|
| | −0.2 | −0.5 | −1.0 | −1.5 | −2.0 | −2.5 | −3.0 |
| 粉土、粘性土 | | | | | | | |
| Ⅲ | 35 | 50 | 85 | 115 | 145 | 170 | 200 |
| Ⅱ | 30 | 40 | 60 | 80 | 100 | 120 | 140 |
| Ⅰ、Ⅳ | 25 | 30 | 40 | 60 | 70 | 85 | 100 |
| Ⅴ | 15 | 20 | 30 | 40 | 50 | 55 | 65 |
| 砂土 | | | | | | | |
| Ⅲ | 40 | 60 | 100 | 130 | 165 | 200 | 230 |
| Ⅱ | 30 | 50 | 80 | 100 | 130 | 155 | 200 |
| Ⅰ、Ⅳ | 25 | 35 | 50 | 70 | 85 | 100 | 115 |
| Ⅴ | 10 | 20 | 30 | 35 | 40 | 50 | 60 |
| 砾石土（<0.074mm）粒径含量（≤10%） | | | | | | | |
| Ⅲ | 40 | 55 | 80 | 100 | 130 | 155 | 180 |
| Ⅱ | 30 | 40 | 60 | 80 | 100 | 120 | 135 |
| Ⅰ、Ⅳ | 25 | 35 | 50 | 60 | 70 | 85 | 95 |
| Ⅴ | 15 | 20 | 30 | 40 | 45 | 55 | 65 |
| 砾石土（<0.074mm）粒径含量（>10%） | | | | | | | |
| Ⅲ | 35 | 55 | 85 | 115 | 150 | 170 | 200 |
| Ⅱ | 30 | 40 | 70 | 90 | 115 | 110 | 160 |
| Ⅰ、Ⅳ | 25 | 35 | 50 | 70 | 85 | 95 | 115 |
| Ⅴ | 15 | 20 | 30 | 35 | 45 | 55 | 60 |

注：①Ⅰ、Ⅱ、Ⅲ、Ⅳ、Ⅴ类含水率的判别可按本规范表 3.2.2 确定；

②插入桩侧面冻结强度按Ⅳ类土取值。

盐渍化冻土与基础间的冻结强度设计值　　表 K.0.2-12

| 土的盐渍度（%） | 不同温度（℃）时的承载力设计值（kPa） | | | |
|---|---|---|---|---|
| | −1 | −2 | −3 | −4 |
| 细砂和中砂 | | | | |
| 0.10 | 70 | 110 | 150 | 190 |
| 0.20 | 50 | 80 | 110 | 140 |
| 0.30 | 40 | 70 | 90 | 120 |
| 0.50 | — | 50 | 80 | 100 |
| 粉土 | | | | |
| 0.15 | 80 | 120 | 160 | 210 |
| 0.30 | 60 | 90 | 130 | 170 |
| 0.50 | 30 | 60 | 100 | 130 |
| 1.00 | — | — | 50 | 80 |
| 粉质粘土 | | | | |
| 0.20 | 60 | 100 | 130 | 180 |
| 0.50 | 30 | 50 | 90 | 120 |
| 0.75 | — | — | 80 | 110 |
| 1.00 | — | — | 70 | 100 |

含植物残渣和泥炭混合物的冻结泥炭化土

与基础间的冻结强度设计值　　表 K.0.2-13

| 土的泥炭化程度 $\xi$ | 不同温度（℃）时的承载力设计值（kPa） | | | | | |
|---|---|---|---|---|---|---|
| | −1 | −2 | −3 | −4 | −6 | −8 |
| 砂土 | | | | | | |
| $0.03<\xi\leqslant0.10$ | 90 | 130 | 160 | 210 | 250 | 280 |
| $0.10<\xi\leqslant0.25$ | 50 | 90 | 120 | 160 | 185 | 210 |
| $0.25<\xi\leqslant0.60$ | 35 | 70 | 95 | 130 | 150 | 170 |
| 粉土、粘性土 | | | | | | |
| $0.05<\xi\leqslant0.10$ | 60 | 100 | 130 | 180 | 210 | 240 |
| $0.10<\xi\leqslant0.25$ | 35 | 60 | 90 | 120 | 140 | 160 |
| $0.25<\xi\leqslant0.60$ | 25 | 50 | 80 | 105 | 125 | 140 |
| $\xi>0.60$ | 20 | 40 | 75 | 95 | 110 | 125 |

不同材质基础表面状态修正系数　　表 K.0.2-14

| 基础材质及表面状况 | 木质 | 金属（表面未处理） | 金属或混凝土表面涂工业凡士林或渣油 | 金属或混凝土增大表面粗糙度 | 预制混凝土 |
|---|---|---|---|---|---|
| 修正系数 | 0.90 | 0.66 | 0.40 | 1.20 | 1.00 |

**K.0.2.4** 冻胀力作用下基础稳定性验算的冻胀力设计值应由试验确定，在无条件时可按表 K.0.2-15-1 及表 K.0.2-15-2 选用。

切向冻胀力设计值 $\tau_d$（kPa）　　表 K.0.2-15-1

| 冻胀类别 | 弱冻胀 | 冻胀 | 强冻胀 | 特强冻胀 |
|---|---|---|---|---|
| 单位切向冻胀力 | $30\leqslant\tau_d\leqslant60$ | $60<\tau_d\leqslant80$ | $80<\tau_d\leqslant120$ | $120<\tau_d\leqslant150$ |

水平冻胀力设计值 $H_d$（kPa）　　表 K.0.2-15-2

| 冻胀等级 | 不冻胀 | 弱冻胀 | 冻胀 | 强冻胀 | 特强冻胀 |
|---|---|---|---|---|---|
| 冻胀率 $\eta$（%） | $\eta\leqslant1$ | $1<\eta\leqslant3.5$ | $3.5<\eta\leqslant6$ | $6<\eta\leqslant12$ | $\eta>12$ |
| 水平冻胀力 $H_d$ | $H_d<15$ | $15\leqslant H_d<70$ | $70\leqslant H_d<120$ | $120\leqslant H_d<200$ | $H_d\geqslant200$ |

**K.0.3** 冻土融化和压缩指标的设计值。

**K.0.3.1** 冻土地基融化时沉降计算中的融化下沉系数和压缩系数指标，应以试验确定。对均质的冻结细粒土可以在试验室条件下，用专门的试验装置确定。

**K.0.3.2** 如没有试验资料，冻土融化下沉系数 $\delta_o$ 可依据冻结地基土的土质、物理力学性质，按以下公式计算。

（1）按含水率（$\omega$）确定：

对于按本规范"多年冻土的融沉性分类"表 3.2.2 中地基土含水率判别的Ⅰ、Ⅱ、Ⅲ、Ⅳ类土：

$$\delta_o=\alpha_1(\omega-\omega_0)(\%) \qquad (K.0.3\text{-}4)$$

式中　$\alpha_1$——系数，按表K.0.3-16确定；

$\omega_0$——起始融沉含水率，可按表K.0.3-16确定。

对于粘性土，可按其塑限含水量$\omega_p$，依下式进行计算：

$$\omega_0=5+0.8\omega_p(\%) \quad (K.0.3\text{-}5)$$

$\alpha_1$、$\omega_0$值　　表K.0.3-16

| 土质 | 砾石、碎石土① | 砂类土 | 粉土、粉质粘土 | 粘土 |
|---|---|---|---|---|
| $\alpha_1$ | 0.5 | 0.6 | 0.7 | 0.8 |
| $\omega_0$(%) | 11.0 | 14.0 | 18.0 | 23.0 |

注：①对于粉粘粒（<0.074mm的粒径）含量<15%者$\alpha_1$取0.4；

②粘性土$\omega_0$的按式K.0.3-15计算值与K.0.3-16所列值不同时，取小值。

对于Ⅴ类土，其融化下沉系数$\delta_0$按下式计算：

$$\delta_0=3\sqrt{\omega-\omega_c}+\delta_0' \quad (K.0.3\text{-}6)$$

式中　$\omega_c=\omega_p+35$对于粗颗粒土可用$\omega_c$代替$\omega_p$，无试验资料时，可按表K.0.3-17取值；

$\delta_0'$——对应于$\omega=\omega_c$时的$\delta_0$值可按公式（K.0.3-4）计算，无试验资料时，可按表K.0.3-17取值。

$\omega_c$、$\delta_0'$值　　表K.0.3-17

| 土质 | 砾石、碎石土① | 砂类土 | 粉土、粉质粘土 | 粘土 |
|---|---|---|---|---|
| $\omega_c$(%) | 46 | 49 | 52 | 58 |
| $\delta_0'$(%) | 18 | 20 | 25 | 20 |

注：①对于粉粘粒（<0.074mm的粒径）含量<15%者，$\omega_c$取44%，$\delta_0'$可取14%。

（2）按冻土干密度$\rho_d$确定。对于Ⅰ、Ⅱ、Ⅲ、Ⅳ类土：

$$\delta_0=\alpha_2(\rho_{d0}-\rho_d)/\rho_d \quad (K.0.3\text{-}7)$$

式中　$\alpha_2$——系数，按表K.0.3-18确定；

$\rho_{d0}$——起始融沉干密度，大致相当于或略大于最佳干密度。无试验资料时，可按表K.0.3-18取值。

$\alpha_2$、$\rho_{d0}$值　　表K.0.3-18

| 土质 | 砾石、碎石土① | 砂类土 | 粉土、粉质粘土 | 粘土 |
|---|---|---|---|---|
| $\alpha_2$ | 25 | 30 | 40 | 30 |
| $\rho_{d0}$(t/m³) | 1.96 | 1.80 | 1.70 | 1.65 |

注：①对于粉粘粒（<0.074mm的粒径）含量<15%者，$\alpha_2$取20，$\rho_{d0}$取2.0。

对于Ⅴ类土。

$$\delta_0=60(\rho_{dc}-\rho_p)+\delta_0' \quad (K.0.3\text{-}8)$$

式中　$\rho_{dc}$——对应于$\omega=\omega_c$之冻土干密度，无试验资料时，按表K.0.3-19取值。

$\rho_{dc}$值　　表K.0.3-19

| 土质 | 砾石、碎石土① | 砂类土 | 粉土、粉质粘土 | 粘土 |
|---|---|---|---|---|
| $\rho_{dc}$(t/m³) | 1.16 | 1.10 | 1.05 | 1.00 |

注：①对于粉粘粒（<0.074mm的粒径）含量<15%者，$\rho_{dc}$取1.2(t/m³)。

**K.0.3.3**　要求现场测定冻土含水率（$\omega$）及干密度$\rho_{dc}$，分别计算融化下沉系数$\delta_0$值，取大值作为设计值。

**K.0.3.4**　冻土融化后的体积压缩系数$m_v$可按表K.0.3-20确定。

各类冻土融化后体积压缩系数$m_v$(MPa⁻¹)值　　表K.0.3-20

| $m_v$(MPa⁻¹) 冻土$\rho_d$(t/m³) ＼ 土质及压力(kPa) | 砾石、碎石土 $P_0$=10～210 | 砂类土 $P_0$=10～210 | 粘性土 $P_0$=10～210 | 草皮 $P_0$=10～210 |
|---|---|---|---|---|
| 2.10 | 0.00 | — | — | — |
| 2.00 | 0.10 | — | — | — |
| 1.90 | 0.20 | 0.00 | 0.00 | — |
| 1.80 | 0.30 | 0.12 | 0.15 | — |
| 1.70 | 0.30 | 0.24 | 0.30 | — |
| 1.60 | 0.40 | 0.36 | 0.45 | — |
| 1.50 | 0.40 | 0.48 | 0.75 | — |
| 1.40 | 0.40 | 0.48 | 0.75 | — |
| 1.30 | — | 0.48 | 0.75 | 0.40 |
| 1.20 | — | 0.48 | 0.75 | 0.45 |
| 1.10 | — | — | 0.75 | 0.60 |
| 1.00 | — | — | — | 0.75 |
| 0.90 | — | — | — | 0.90 |
| 0.80 | — | — | — | 1.05 |
| 0.70 | — | — | — | 1.20 |
| 0.60 | — | — | — | 1.30 |
| 0.50 | — | — | — | 1.50 |
| 0.40 | — | — | — | 1.65 |

# 附录L　冻土地温特征值计算

**L.0.1**　冻土地温特征值是指年平均地温、地温年变化深度、活动层底面以下的年平均地温、年最高地温和年最低地温等。

**L.0.2**　根据现场钻孔一次测温资料，按下式计算活动层下不同深度处的年平均、年最高和年最低地温：

$$H=H_1-h_u(f) \quad (L.0.2\text{-}1)$$

$$\Delta T_z=(T_{20}-T_{15})\times(20-H_1)/5 \quad (L.0.2\text{-}2)$$

$$T_z=T_{20}-\Delta T_z \quad (L.0.2\text{-}3)$$

$$A_z=A_u(f)\times\exp(-H\times\sqrt{\pi/\alpha t}) \quad (L.0.2\text{-}4)$$

$$T_{z\max}=T_z+A_z \quad (L.0.2\text{-}5)$$

$$T_{z\min}=T_z+A_z \quad (L.0.2\text{-}6)$$

$$H_2=\sqrt{\alpha t/\pi}\ln(A_u(f)/0.1) \quad (L.0.2\text{-}7)$$

$$H_3=H_2+h_u(f) \quad (L.0.2\text{-}8)$$

$$T_{cp}=T_{20}-\Delta T_{H_3} \quad (L.0.2\text{-}9)$$

式中　$H_1$——从地表算起的实测深度（m）；

$h_u(f)$——最大季节融化（冻结）深度（m）；

$H$——从季节活动层底面起算的深度（m）；

$H_2$——从季节活动层底面起算的地温年变化深度（m）；

$H_3$——从地面算起的地温年变化深度（m）；

$\Delta T_z$——考虑地热梯度的地温修正值（℃）；

$T_z$、$T_{z\max}$、$T_{z\min}$——季节活动层以下某深度处的年平均、年最高、年最低温度（℃）；

$T_{15}$、$T_{20}$——分别为15m和20m处的实测地温（℃）；

$A_z$——季节活动层以下某深度处的地温年振幅（℃）；

$A_u(f)$——活动层底面的地温年振幅（℃）；数值等于该处年平均地温绝对值；

$T_u(f)$——最大季节（融化）冻结深度处的年平均温度（℃）；

$T_{cp}$——（地温年变化深度处的）年平均地温（℃）；

$\alpha$——土层的平均导温系数（m²/h）；

$t$——年周期，8760h；

$\Delta T_{H_3}$——$H_3$ 处的地温修正值(℃)，可用 $H_3$ 代替式 L.0.2-2中的 $H_1$ 求得。

**L.0.3** 计算说明。

**L.0.3.1** (L.0.2-1)式中，最大季节融化(冻结)深度 $h_u(f)$ 根据实际勘探资料确定。为保证计算精度，现场钻孔测温间距在5m深度内以0.5m为好，5m深度以下为1m。

**L.0.3.2** (L.0.2-2)式中需用地温年变化深度以下任意两点的测温资料投入运算，初算时采用15m和20m两点的地温投入运算，若以后求得的地温年变化深度大于15m，则须重新复算。

**L.0.3.3** $\alpha$ 值根据勘探时所得的土层定名、含水率和干密度资料，查附录K表K.0.1-1至表K.0.1-6，并进行加权平均求得。

## 本规范用词说明

1 为便于在执行本规范条文时区别对待，对要求严格程度不同的用词说明如下：

(1)表示很严格，非这样做不可的：

正面词采用“必须”；

反面词采用“严禁”。

(2)表示严格，在正常情况均应这样做的：

正面词采用“应”；

反面词采用“不应”或“不得”。

(3)表示允许稍有选择，在条件许可时，首先应这样做的：

正面词采用“宜”或“可”；

反面词采用“不宜”。

2 条文中指定应按其他有关标准、规范执行时，写法为“应符合……的规定”或“应按……执行”。

中华人民共和国国家标准

# 冻土工程地质勘察规范

**GB 50324—2001**

## 条 文 说 明

# 目　次

## 1 总 则

**1.0.1** 《冻土工程地质勘察规范》是在我国国民经济发展的总方针指导下，充分体现国家的技术与经济政策，适应基本建设的需要，从生产实践出发，认真总结经验，广泛采用有关科学研究成果，借鉴国外先进技术标准，为提高勘察质量和经济效益，不断促使冻土工程地质勘察事业进一步发展而制定的。

**1.0.2** 由于本规范系首次进行编制，对于季节冻土和多年冻土地区那些专业性较强，在技术上有特殊性要求的工程（如高温建筑、地下建筑和大型采矿工程等），还未能编入本规范。因此，本规范只适用于工业与民用建筑、铁路、公路、水利、水电、管道和架空线路工程的冻土工程地质勘察，并以这些工程建设项目为基础，待本规范进行修订时，就可不断的将那些条件成熟的特殊工程项目编入本规范。

**1.0.3** 在季节冻土和多年冻土地区，由于地基在冻结与融化两种不同状态下，其力学性质、强度指标、变形特点与构造的热稳定性相差悬殊，并且从一种状态过渡到另一种状态时，在一般情况下将发生强度由大到小，变形则由小到大的巨大突变。因此，本规范规定，在进行建（构）筑物冻土工程地质勘察时，除应符合本规范的规定外，尚应符合国家现行有关标准、规范的规定，以确保工程安全与稳定。

## 3 冻土分类和冻胀、融沉性分级

### 3.1 冻土分类和定名

**3.1.1** 根据加拿大学者 R.J.E.布朗（1974）编的"多年冻土术语"叙述，多年冻土术语中一个主要的语义学上的问题是"冻结"一词的使用。有两个不同的学派。一派认为"冻结"应该用于指温度低于0℃的土岩，而不管其中是否有冰（固态和可能为液态）存在。另一派则认为只有含有冰的土岩才能认为是"冻结"的。从工程角度出发，我们认为有些土，诸如：寒土、含盐土，其温度虽然低于0℃，但由于含水量小或含盐量高而不含冰晶，结果其物理力学性质与含冰晶土的性质差异甚大，同时其中的物理过程也绝然不同。突出冻土与未冻土在性质上的差别，应取后者为冻土的定义。

我们将上述定义归纳成按冻土冻结状态持续时间，把我国冻土分为多年冻土、隔年冻土和季节冻土三大类（详见附录 A）。从工程目的出发，冻土勘察的重点应为多年冻土和冻深＞0.5m 的季节冻土。而隔年冻土则是一种过渡类型的冻土，可视情况按多年冻土或季节冻土进行处理。

**3.1.2** 按冻土基本物理性质的冻土分类和定名，对各工种及冻土学理论研究均适用。为了加强国际间冻土资料的可比性，1988 年在英国诺丁汉召开的第五届国际地层冻结会议上，由美国、加拿大、意大利、联邦德国、日本和前苏联等六国共八名国际知名冻土专家组成的"人工冻土分类实验室试验"国际编写小组，联名提出把 Pihlainen 和 Johnston(1963)，Linell 和 Kaplar(1966)的冻土分类系统用于人工冻土分类的建议。为了使我国新编制的"冻土工程地质勘察规范"尽可能向国际标准靠近，采用了该分类，并对该分类表进行了简化（附录 B 表 B.0.1），在此基础上进行冻土的描述和定名。

为便于表 B.0.1 的推广和使用，表 1 列举了典型野外调查中关于冻土描述和定名的例子。冻土描述和定名资料的图示、推荐步骤包括列举土的类型所用的符号及其冻结条件，随后是对土和包裹冰的特性进行描述，冰层也可进行类似鉴别和描述。为了简化冻结层位的鉴别，可在表 1 之左框边上画一条宽带。

**典型野外调查中冻土描述和定名举例　　表 1**

| 深度①(cm) | 符号 | 土的描述 | 含冰特性 |
|---|---|---|---|
| 0.0<br>0.15 | *OL* | 含有机质、砂质粉土、未冻 | 无 |
| 0.55 | *GW* | 棕色、级配良好砂砾石、中密、潮湿、未冻 | 无 |
| 0.13 | *GW*<br>$N_f$ | 棕色、级配良好砂砾石、冻结、强胶结 | 未见分凝冰、砾石上略有薄冰膜，且含大孔隙 |
| 1.65 | *GW*<br>$N_{bn}$ | 棕色、级配良好砂砾石、冻结、强胶结 | 未见分凝冰 |
| 2.35 | *ML*<br>$V_s$ | 黑色、层状、砂质粉土、冻结 | 水平层状冰透镜体：平均 10cm 长、发丝至 6mm 厚，间距 12～18mm，可见过剩冰约占总体积的 20%。冰透镜体硬、清洁、无色 |
| 2.77 | *ICE* | 冰 | 硬、略浊、无色、含少量粉砂包裹体 |
| 3.20 | | 黑棕色泥炭、冻结、强胶结、饱和度高 | 约 5%可见冰 |
| 4.36 | *MH*<br>$V_r$ | 浅棕色粉土、冻结 | 网格状不规则定向冰透镜体、厚 6～18mm。间距 7.5～10cm，可见冰约占总体积的 10%。冰软、多孔，呈灰白色 |
| 4.88 | / / /<br>≈≈≈<br>/ / / | 基岩、层状由页岩<br>顶部风化↓<br>勘探底部 | 至 4.88m 的裂隙中有 1.5mm 厚的冰透镜体，以下未冻 |

注：①为地面标高 293.6m。

**3.1.3** 冻土中的易溶盐含量和泥炭化程度的限界值超过本规范表 3.1.3-1 和表 3.1.3-2 中的数值时，将会强烈的影响冻土的强度特性。这是因为，由于地基土中的易溶盐类被水溶解成不同浓度时，则可降低土的起始冻结温度，其未冻水量比一般冻土大得多，因此使盐渍化冻土的强度明显降低。例如当盐渍度为 0.5% 时，单独基础与桩尖的承载力降低 1/5～1/3，基础侧向表面的冻结强度降低 1/4～1/3。同样，泥炭化冻土的强度指标，在冻土工程地质勘察时，亦应慎重的按规定取值或专门进行原位测试确定。

**3.1.4** 坚硬冻土在荷载作用下，表现出脆性破坏和不可压缩性，这时坚硬冻土的温度界限对分散度不高的粘性土为－1.5℃，对分散度很高的粘性土为－5～－7℃。但是，对于塑性冻土来说其负温值高于坚硬冻土，在外荷作用下具有很高的压缩性。因此，无论是压缩系数 $m_v \geqslant 0.001MPa^{-1}$ 并为冰和水完全饱和的高压缩性冻土，或者是饱和度小于 0.8 的高温低压缩性冻土（$m_v \approx 0.01$～$0.001MPa^{-1}$），都可以使地基基础产生明显沉降。所以，在冻土工程地质勘察时，应按本规范附录 F 的规定进行冻土融化压缩性试验。如无条件取得试验资料时，可按本规范附录 K 的 K.0.3 条有关规定处理。

### 3.2 土的冻胀和多年冻土融沉性分级

**3.2.1** 关于土的冻胀性分级问题，我国多年来进行了大量实测和理论研究工作。有关工程部门根据冻胀对工程安全的危害程度，早在 1973 年就提出了土的冻胀性分级（中铁西北科学研究院、铁道第一勘测设计院和中国科学院寒区旱区环境与工程研究所冻土工程国家重点实验室共同编写的《青藏高原多年冻土地区铁路勘测设计细则》）。1982 年吴紫汪研究员提出了综合冻土工程分类被铁路建筑规范采用。1989 年《建筑地基基础设计规范》GBJ 17—89在 1974 年《地基基础设计规范》TJ 7—74 的基础上，按冻胀率提出了四个地基土冻胀性等级。1991 年水利水电行业标准《渠系工程抗冻设计规范》SL 23—91，按在具体工程条件下可能产生的冻胀量为指标，提出了五个地基土冻胀性等级。《冻土地区建筑地基基础设计规范》JGJ 118—98 在《建筑地基基础设计规范》GBJ 17—89 的基础上与《公路桥涵地基与基础设计规范》TJ 024—85相一致，并以冻胀率为指标将地基土冻胀性分为五个等级。因此，本规范经分析研究，采用《冻土地区建筑地基基础设计规范》JGJ 118—98 中的地基土冻胀性分级。

为了使地基土冻胀性分级更为合理，本规范编制组进行了“粘性土地基冻胀性判别的可靠性”专题研究。研究表明：地基土冻胀，除与气温条件有关外，主要与土的类别、冻前含水率和地下水位有关。当粉、粘土颗粒增多时，土的冻胀性显著增大。如土中含水率超过起始冻胀含水率时，在没有地下水补给的情况下，土层仍有水份迁移现象存在，含水率发生重分布，并产生冻胀。

影响地基土冻胀的地下水主要深度是各类土毛细水高度有关的临界深度；粘土、粉质粘土为1.2～2.0m，粉土为1.0～1.5m，砂土为0.50m。当地下水位低于临界深度时，可不考虑地下水对冻胀的影响，仅考虑土中含水率的影响，属封闭系统情况。当地下水位高于临界深度时，可按开敞系统考虑，即考虑土中含水率和地下水补给的影响。如多年冻土活动层粘性土冻胀问题可按封闭系统处理，即在没有地下水补给的条件下，土中含水率和冻胀率间的关系为：

$$\eta=\frac{1.09\rho_d}{2\rho_\omega}(\omega-\omega_p)\approx 0.8(\omega-\omega_p) \tag{1}$$

式中 $\eta$——冻胀率(%)；

$\rho_d$——土的干密度，取1.5g/cm³；

$\rho_\omega$——水的密度，取1.0g/cm³；

$\omega$、$\omega_p$——分别为含水率和塑限含水率(%)。

但是，当季节冻土的冻胀性问题按开敞系统考虑时，即在有地下水补给情况下，冻胀性将会提高，如表3.2.1中当$\omega$大于$\omega_p$+15时为特强冻胀。

**3.2.2** 关于多年冻土的融沉性分级问题，我国的生产教学和科研部门作了大量工作，取得了可喜成果。如1984年前将多年冻土的融沉性，主要以土的类别、总含水率和融化后的潮湿程度为依据划分为：不融沉、弱融沉、融沉、强融沉四级(《工程地质试验手册》——中国铁道出版社 1984)。但是，随着生产发展和科学研究工作的深入，已经证明，多年冻土的融沉性应以融沉系数为指标进行分级是正确的。因为这在一定程度上反映了冻土的构造和力学特性(见表2)，并与设计原则有密切联系。为此，本规范采用了《冻土地区建筑地基基础设计规范》JGJ 118—98 中多年冻土的融沉性分级(见本规范表3.2.1)。这也是本规范与国标《岩土工程勘察规范》GB 50021—94 附录九多年冻土融沉性分级未能取得一致的原因。

**冻土的融沉性与冻土强度及构造的对应关系　　表2**

| 级别 | | Ⅰ | Ⅱ | Ⅲ | Ⅳ | Ⅴ |
|---|---|---|---|---|---|---|
| 融沉评价 | 名称 | 不融沉 | 弱融沉 | 融沉 | 强融沉 | 融陷 |
| | 融沉系数 $\delta_0$ | <1 | $1\leqslant\delta_0<3$ | $3\leqslant\delta_0<10$ | $10\leqslant\delta_0<25$ | $\delta_0\geqslant25$ |
| 强度评价 | 名称 | 少冰冻土 | 多—富冰冻土 | | 饱冰冻土 | 含土冰层 |
| | 相对强度值 | <1.0 | 1.0 | | 0.8～0.4 | <0.4 |
| 冷生构造 | | 整体构造 | 微层微网状构造 | 层状构造 | 斑状构造 | 基底状构造 |
| 界限含水量(粘性土)$\omega$(%) | | $\omega<\omega_p$ | $\omega_p\leqslant\omega<\omega_p+4$ | $\omega_p+4\leqslant\omega<\omega_p+15$ | $\omega_p+15\leqslant\omega<+35$ | $\omega\geqslant\omega_p+35$ |

工业与民用建筑、铁路、公路和水利等工程对冻土地基的融沉性适应程度是不相同的。一般对第Ⅰ、Ⅱ级融沉($1\leqslant\delta_0<3$)，建(构)筑物结构设计时，无须考虑多年冻土地基融沉影响。因为一般建(构)筑物的主要承重结构在设计和使用过程中都容许有一定变形量，以适应地基的融沉性。但是，当Ⅲ、Ⅳ、Ⅴ级融沉土的融沉量超过建(构)筑物的容许变形值时，对建筑物而言则必须采取相应的设计原则、适当的基础型式以及能适应不均匀沉降的柔性结构等特殊措施。对线性建筑物而言，除采用保持冻结状态的设计原则外，还必须保证有一个合理的路基最小填土高度，注意环境保护以及路基排水等措施是至关重要的。经多年研究和本规范的专题研究“大兴安岭北部多年冻土地区路基沉陷问题的研究”工作表明：高含冰冻土即包括富冰冻土、饱冰冻土和含土冰层地段的路基沉陷，如果工程影响下的季节融化深度大于多年冻土天然上限时，其融沉特点是：

(1)沉陷值较大(莫激公路测试路段达0.29～0.51m)。有时产生突陷，沉陷量可达1～2m。

(2)不均匀沉陷。因为相邻断面或同一横断面上的不同位置其沉陷量不同。

(3)沉陷量过程曲线无收敛趋势。这在饱冰冻土和含土冰层的路基地段，特别突出。

由以上可知，第Ⅲ、Ⅳ、Ⅴ融沉性土，从冻结至融化状态时的变形，是建(构)筑物设计、施工和使用过程中，都需要认真对待的问题。为此，应注意采取以下几点措施：

(1)加强选址工作。

(2)根据冻土的冻结与融化状态，确定地基设计原则。

(3)提出地基土融沉变形不超过建筑物允许变形值的相应措施，或符合设计原则的其他正确措施。

# 4　冻土工程地质勘察基本要求

## 4.1　一般规定

**4.1.1** 冻土工程地质的研究对象是冻结的岩土体系，它的研究内容除了具有常规岩土的基本性质的研究、整治、改造和利用问题之外，还有其独特的性质；岩土体内水分的相变，温度的变化以及未冻水的动态变化都不断地改变着冻结岩土的工程性质。因此，它比非冻结的“岩土工程地质勘察”要复杂的多。它包含了冻土区的工程地质调查、测绘、勘探、取样、定位观测、原位测试和室内试验等内容。各个程序及其内容都具有特殊的要求，更重要的是对建筑场地的冻土工程地质条件作出评价和预报。这是由于冻土工程地质条件对人类工程活动的干扰具有特别的敏感性和脆弱性所致。本条规定主要侧重考虑：①冻结岩土具有特殊性和复杂性，非同一般；②在设计和施工中必须以建筑场地冻结岩土的实际状况作标准；③勘察成果评价中应该考虑到人类工程活动对冻土工程地质条件变化的预测及环境保护的方案；④强调对重大工程必须进行监测，特别注意冻土工程地质条件的变化，以保证建筑物的安全与稳定。

**4.1.2** 冻土工程地质的工作内容，主要取决于冻土工程地质条件的复杂程度、地基基础的特殊要求及人类工程活动(包括建筑物修建后)对冻土工程地质条件的影响。这三个因素不但对确定冻土工程地质勘察工作内容和工作量有关系，而且也影响着工作方法的选择和程序化。因此，在进行冻土工程地质勘察之前，应该比非冻结的“岩土工程勘察”花费更多精力去搜集勘察区及邻近地区的有关资料，它包括区域性的气象及冻土资料、科研文献和勘察试验方法。编制工作大纲时，应明确该勘察区的主要冻土工程地质问题，确定取样部位及应测试的参数，给出试验参数的温度和环境条件。因为冻土工程地质问题及设计参数受冻土温度和环境条件的影响，且变化较大，在勘察报告中应特别说明。

**4.1.4** 建筑场地复杂程度等级划分，除了根据地形、地质及岩土等因素之外，应特别注意冻土条件(包括冻土工程类型及分布，季节冻结与季节融化深度、冻土的含冰量与温度状态、地表植被和雪覆盖状态等)的破坏情况，因为它们的存在及变化都直接影响着冻土工程地质条件的变化。因此，场地复杂程度等级划分时，主要考虑冻土工程地质条件，其中多年冻土的年平均地温直接影响和决定着多年冻土工程地质条件的稳定状态。按我国多年冻土年平均地温可分为四级：极不稳定状态(年平均地温高于－0.5℃)，不稳定状态(年平均地温为－0.5～1.0℃)、基本稳定状态(年平均地温为－1～－2℃)和稳定状态(年平均地温低于－2℃以下)。各种状态下的冻土工程地质条件稳定性相差甚大，它们对气候、地质、生态环境及人类工程活动的反应各不相同。不稳定状态下的多年冻土的反应极其敏感，以致完全改变冻土工程地质的全部性质，出现大量的冻土工程地质问题。所以，冻土地区的场地复杂程度等级划分主要取决于冻土的含冰条件及年平均地温。

**4.1.6、4.1.7** 勘探点、线、网的布置是在常规工程地质勘探要求的基础上特别考虑和注意冻土及地下冰的分布特点，尤其是在岛状多年冻土地区和地下水分布不均匀的地段，可适当地加密勘探点、线间距和加深勘探孔的深度。目的是要获得建筑场地各个重要部位的冻土工程地质条件和设计参数。由于建筑物与冻结地基土相互作用的下介面是设计中沉降计算所必须考虑的深度，在控制孔地段增加钻孔的深度是为充分了解建筑物地基的冻土工程地质条件，以便正确地评价建筑场地的适宜性和稳定性。

**4.1.8** 冻土物理力学与热学性质的试验与测试是冻土工程地质勘察工作主要内容之一。在可行性研究阶段勘察，通常只简单地测定冻土的几个物理参数，如含水率、干密度及其颗粒成分等，在初勘与详勘阶段就应做一些原位的力学参数测定与试验。由于各种原因无法获得实测资料时，可按本规范附录K确定冻土的物理力学与热学参数。虽然根据土的物理指标选取计算冻土物理力学与热学参数是一种简捷近似的方法，但因地基土的矿物成分、有机质含量、粒度和结构构造及水分含量的差异，就可能造成有±5%～11%的均方差。同时，选用土物理指标的代表性和可靠性，直接影响计算与选用参数的正确性。有关土物理指标的选用问题应注意以下几点：

(1)在计算场地和地基土天然冻结或融化深度、温度场和力学强度等指标，应注意总含水率的瞬时测定值与平均值的关系，特别是地表以下0.5m深度内含水率变化甚大时，瞬时值不能代表平均值。

(2)计算相变时所用的总含水率指标，应以春融前的测定值为准；未冻水量的计算应以冻结期土体达到的最低温度为准。

(3)在确定冻土地基强度所需的温度值均以基础下持力层范围内建筑物使用期间的最高温度为准。

(4)在计算冻土地基的融化下沉时所需的含水率及容重，应以基础下持力层范围内土体冻结期达到最低温度时的冻土含水率及干密度为准。

(5)在确定衔接多年冻土区采暖建筑的基础埋置深度时，应考虑冻土融化后土体结构破坏(如多冰地段冻土融化后一般呈饱和或过饱和状态)。

(6)在确定保温层厚度时，应考虑选用的保温材料(如干草碳砌块或炉渣等)长期使用后受潮的可能性。同时还应注意选用大孔隙保温材料时，由于对流和辐射热交换对热参数的影响。

**4.1.9** 冻土地区场地与地基条件的复杂性主要反应在厚层地下冰分布以及冻土年平均地温的稳定地段。建筑物修建后改变着冻土工程地质条件及温度和水分的扰动，导致冻结地基土发生冻胀与融化下沉等现象的产生和发展，影响建筑物的稳定性，甚至破坏。所以，在重要建(构)筑物中必须设立定位观测点，以监视和掌握建筑物下冻土工程地质条件及冻土年平均地温的变化状况和过程，以便及时采取措施，保持建筑物的稳定性。通常的观测项目应包括多年冻土地温、地基土的冻胀和融沉特性、人类工程活动及自然条件变化而引起的有关现象和变化过程，可按本规范有关规定执行。

## 4.2 冻土工程地质勘察的任务

**4.2.1** 多年冻土区的冻土工程地质勘察工作内容除了常规工程地质勘察要求外，特别在本条规定了十项内容。因为多年冻土及其分布特征决定着建筑物的设计原则、基础埋置深度、地基土的工程性质和冻土的稳定性；工程建筑的施工和运营都可能改变冻土工程地质条件与冻土环境，甚至可导致与原冻土工程地质条件相差巨大的变化。因此，冻土工程地质勘察的要求与内容就远比常规岩土工程地质勘察复杂，更重要的是本条规定的项目都直接涉及建筑物的安全和稳定性。由于未能了解上述内容而导致建筑物破坏的事例较多，本条规定的勘察内容可按勘察阶段及各工程的特殊要求选择和确定各项工作深度和广度。在进行冻土工程地质勘察时，可通过搜集资料、踏勘、现场的详细冻土测绘及勘探等方法来获得。

**4.2.2** 季节冻土区的冻土工程地质勘察工作在常规岩土工程地质勘察的基础上，加强对季节冻结土层厚度、含水与含冰特征、地下水位及其变化、冻土现象等内容的勘察与有关资料的搜集工作。同时，对地基土的冻胀性作出评价。如果采用浅基础设计方案时，必须对季节冻土的融化下沉特性作出评价。因为，季节冻土地区的主要冻土工程地质问题是地基土的冻胀性，浅基础设计时还有冻结地基土的融沉性。这些冻土工程地质问题及与气候、水文地质、地质—地理环境有着密切的关系。所以，季节冻土区进行工程地质勘察时必须查明本规定的六项内容。

## 4.3 冻土工程地质区划原则

**4.3.1** 冻土工程地质区划首先应反映勘察区内多年冻土或季节冻土分布的区域性和地带性特征；其次，在常规岩土工程地质区划原则的基础上，按地质构造、地貌特征、结合冻土地温的地带性和主要基本特征，再作分区；第三，依据冻土工程地质条件、主要物理力学热学特征，地下冰及冻土现象的分布，再进一步分区。该分区原则在通常情况下可按三级进行冻土工程地质区划。不论何级区划，各区划单元都必须充分地反映冻土的基本特征与主要自然环境因素的生存关系，同时应考虑不同建筑项目的要求和勘察阶段，便于工程建筑设计时使用，其比例尺可由工程项目要求及勘察阶段和所反应的区划内容决定。

**4.3.2** 冻土工程地质区划应分三级进行。原则上，可行性研究及规划阶段可给出一级分区，初步勘察作出二级分区，详细勘察阶段应该进行三级分区。特殊情况下，应按工程要求增减各级区划的内容。

本区划内容主要用于第四纪沉积物(包括基岩的强风化带)的冻土工程地质分类，对于冻结的完整坚硬基岩，其工程地质性质取决于基岩本身的性质。

地貌单元(如分水岭、山坡与河谷等)的多年冻土类型，表征它的形成条件和现阶段的存在条件。每一种地貌都反映了一定气候和地质条件下，土的共生或后生冻结、多年冻土的形成与厚度变化、多年冻土的冷生组构、气候转暖和变冷时多年冻土的局部或全部消融与冻结等特征。

冻结沉积物的成因决定了沉积物的成分、空间分布的不均匀性、组构、埋藏条件及石化程度，也决定着沉积物的共生或后生冻结类型及相应的冷生组构。

土的成分决定着冻土工程地质性质及冻结过程的重要特征。

冰包裹体的性质及分布决定着冻土的冷生组构。各种成因和构造不仅可以评价冻土的工程性质，还可以表征冻土融化时的状况和热融下沉量、冻土的强度特征及冻结过程中的有关现象。

显然，表征冻土稳定性的最重要的指标是多年冻土的年平均地温($T_{cp}$)，它决定了土的热交换动态，以及冻结过程的特点，并影响冻土的物理力学和热学性质。按多年冻土地温的稳定状态可分为四种类型：

(1)稳定型多年冻土：$T_{cp}$低于$-2.0$℃，它的热状态较为稳定，水分迁移过程较弱，冰包裹体具有明显的脆性，冻土强度很高。

(2)基本稳定型多年冻土：$T_{cp}$为$-1.0$℃至$-2.0$℃之间。它的热状态属稳定，它的工程性质介于稳定和不稳定型多年冻土之间。

(3)不稳定型多年冻土：$T_{cp}$为$-0.5$～$1.0$℃，属于高温冻土。它的热状态不稳定，含有较多的未冻水。冻土强度较低，具有半塑性。

(4)极不稳定型多年冻土：$T_{cp}$高于$-0.5$℃，属于高温冻土。含有大量的未冻水，在一年和多年的地温动态影响下，冻土中未冻水分会发生强烈的相变和迁移。存在的冰包裹体具有极大的塑性，它的热状态极不稳定，在气温变暖及人类工程活动影响下冰包裹体极易融化，具有较低的冻土强度。

冻土厚度不仅要考虑冻土地温带所特有的厚度变化范围，而且要考虑建筑物热作用下的变化特点，厚度为20m之内的多年冻土，在一般建筑物的热影响下，往往可在5～10年内全部融化；厚度为20～50m的多年冻土，在大型散热建筑物或建筑群的影响下，可能产生相当大的融化，通常情况下冻土可以保存下来；厚度为50～100m的多年冻土，在水工建筑物影响下会出现明显的融化，但不会影响冻土的存在；厚度大于100m以上的多年冻土，可以保持不变，仅出现自上而下的局部融化。可见，冻土厚度的变化与冻土地温带是相适应的。

冻土的埋藏条件，反映在20m深度内有无融化夹层、融区及季节融化层与下卧多年冻土层的衔接关系。如无融化夹层时可视为冻结地基，若不衔接和局部融区的多年冻土可视为冻结或融化地基。这取决于剖面上冻土与融土的比例、冻土含冰量与性质及所采取的施工方法和技术措施。

由此可见，冻土工程地质区划的内容必须反映冻土工程地质的基本特征，它是在常规工程地质区划的基础上突出了冻土特征，其相应的内容更明确、更具体。有关冻土的物理力学及热学性质，往往在图上难以表示时，必须列表叙述。

### 4.4 冻土工程地质及其环境评价

**4.4.1** 冻土工程地质及其环境评价除了按照建筑物设计所需的冻土工程地质条件及设计参数作出评价外。本条提出，由于人类工程活动或自然因素对冻土工程地质条件可能产生影响也要作出评价。实践经验表明，原始的冻土工程地质条件可能比较良好，但在建筑物修建和运营期间，冻土工程地质则发生明显的、乃至很大的改变，甚至恶化，导致建筑物破坏。这是由于冻土对自然条件、地表扰动、温度变化、地表水流的侵蚀和人类工程活动等影响都具有特别的敏感和表现出它的脆弱性。为此，第4.4.5条特别提出，在冻土工程地质评价中必须提出相应的保护冻土工程地质条件，以及预测其变化时应作出的超前或及时的防治措施。

**4.4.2** 冻土工程地质条件评价的内容必须与冻土工程地质区划的内容相对应，这是由于冻土的特殊性所要求的。依据以往许多工程事故与教训的总结，如对本条的内容都能作出较详细评价的话，不少的冻土工程地质条件变化是可以预见的，工程事故也可以减少。因此，本规范超出《岩土工程勘察规范》GB 50021—94的要求，这样严格的要求是出自于以往的教训。

**4.4.3、4.4.4** 冻土带是地圈表层的重要组成部分之一，多年冻土带内部发育的冷生过程直接影响着地表和景观的稳定性。如地表的植被和雪盖被铲除、地表的开挖和再沉积作用、岩体的破坏、水文及水文地质条件的扰动等方面的变化都直接影响着冻土地区环境工程地质条件的稳定性。因此，冻土工程地质环境调查不仅仅应把它看成是环境保护的问题，更应当看作是冻土工程地质资源的合理利用问题。在冻土工程地质勘察过程中必须按照工程设计阶段，了解比选方案范围内的环境地质—冻土的现状，充分而合理地利用冻土工程地质资源，避免引起不良的后果。所以，用来布局各项工程建筑物的地基土和冻土工程地质条件等都应该看成是工程地质资源和自然环境资源的范畴，形成一个"工程建筑—地质环境"系统。

冻土现象对自然环境和人类工程活动干扰的反应表现极为敏感，因而应对冻土现象的形态、分布、形成与发育历史、原因和过程等作详细调查。同时，因工程修建后改变冻土工程地质条件引起新生的冻土现象作出预测和评价，并提出相应的环境保护措施建议。大量的工程实践证明，工程建筑物修建后完全或局部地改变了原地的冻土工程地质条件和水文地质条件，形成大量的冻胀丘、冰椎、融冻滑塌和融冻泥流等等，这都是由于在冻土工程地质勘察和设计时未能就自然与人类工程活动的影响提出正确评价及环境保护措施的结果。

引起冻土工程地质条件变化的最敏感部分是地形、植被及雪盖的扰动情况，与此相关联的因素还有冻土类型分布特征、冻土的地温稳定性、地下冰与埋藏特点。因此，冻土工程地质环境调查应与冻土工程地质勘察工作密切结合，这样可以减少许多重复工作。人类工程活动可能加剧了地表破坏和冻土地温的扰动，所以本条要求对建筑物修建后的冻土工程地质环境变化作出预测和评价，也是冻土工程地质环境调查比一般环境调查要求更高的原因。

**4.4.5** 冻土是在综合自然因素作用下生存与发展的。自然综合体是各种自然因素之间有着复杂的相互关联体系，一些因素的变化会引起另一些因素的变化。因此，由于工程作用造成的破坏，其结果是导致冻土生存的破坏，特别是清除自然覆盖物或改变覆盖物的性质，如清除植被、洼地积水或疏干和排除地表积水、平整地形、清除或换填上部土层和建筑物的热作用等等，都可能改变冻土的存在条件，使地温升高，季节融化深度增大，冰包裹体融化等，从而引起地基下沉、山坡坍塌以及融冻泥流等现象出现。因此，本条强调对冻土环境保护作专门评价。

冻土地基的利用原则应该根据冻土的自然条件及变化后的冻土条件而定，局部因素的改变可以按合理的技术经济评价，提出利用和保护措施。对建筑物而言，应该根据建筑物的重要性、场地冻土条件(特别是冻土的温度条件)、建筑物的热作用及冻土环境条件的变化等综合考虑，提出冻土地基的利用原则。

### 4.5 冻土工程地质勘察报告

**4.5.1** 由于冻土工程地质条件比较复杂和不均匀性，加强原始资料的编录工作是保证勘察成果报告质量的基本条件，也是冻土工程地质分析和编写成果报告的基础。过去在冻土地区的工程地质勘察测试工作做得不少，但多数都是按常规工程地质的勘察要求进行的，未能对冻土的特殊性加以注意，例如冻土中地下冰的分布情况、多年冻土上限的确定、冻土的地温变化、水文地质条件与冻土存在和发育的关系等等，因而不能如实地反映实际情况，导致分析评价的失误，造成建筑物失稳和破坏。因此，本条强调对冻土工程地质分析所依据的一切原始资料，均应进行整理、检查、分析、鉴定，确认无误后方可使用。

**4.5.2** 鉴于冻土地区的工程建设规模大小各不相同，各工程特点、勘察阶段、目的要求亦不尽一样，冻土区的自然条件和工程地质条件相关甚大，因而冻土工程地质勘察成果报告内容的详细程度也应该随着任务要求、勘察阶段而定。

**4.5.3、4.5.4** 所列的冻土工程地质勘察成果报告的基本内容是各个工程勘察报告所必须的，与常规的工程地质勘察成果报告相比，它突出和增加了下列内容：

(1)突出冻土特征及其工程性质、冻土现象的描述和评价。

(2)地基土冻胀性、融沉性、稳定性和适用性评价。

(3)冻土参数的分析与选用。

(4)场地的利用、整治、改造方案和建筑设计原则。

(5)工程施工和运营期间可能发生的冻土工程地质问题的预测、监控和预防措施的建议。

(6)在图件中增加冻土地温观测，冻土利用、整治、改造方案，冻土工程计算简图及计算成果等有关图表。

但是，由于各工程要求、勘察阶段不同，图件比例尺的要求也各不相同，无法制定一个统一的适用于每个工程的图件比例尺。所以，本条只规定勘察成果报告应附的基本图件，其比例尺应由各工程要求和勘察阶段来规定。

**4.5.5** 本条提出，除综合性的冻土工程地质勘察成果报告外，尚可根据任务要求，提交某一专题性的单项报告。如工程沉降观测报告，验槽报告，冻土融沉或承载力试验报告，浅埋基础设计，以及场地冻土环境工程地质评价等等。

# 5 冻土工程地质调查与测绘

## 5.1 一般规定

**5.1.1** 冻土工程地质调查与测绘是冻土工程地质勘察的基础工作，它的任务是查明对工程建设有较严重影响的各种冻土现象和场地的冻土工程地质条件，并为勘探、试验和专门性冻土工程地质问题进行必要的补充勘探提供依据。因此，冻土工程地质调查与测绘工作必须在可行性研究勘察和初步勘察阶段之前进行。然后对某些专门性的冻土工程地质问题(如厚层地下冰、热融滑塌和冻土沼泽等)，在详细勘察阶段进行必要的补充工作。

**5.1.2** 关于冻土工程地质调查与测绘的范围，因本规范包括专业较多，所以仅将铁路、公路、架空线路和管道工程等线性工程的调查与测绘范围作了统一规定。对水利水电工程和工业与民用建筑工程的测绘与调查范围，除应包括建筑场地，我们把对该场地可能产生不利影响的地段(如融冻泥流地段等)也列入在调查与测绘的范围之内。

关于测绘所用地形图的比例尺，由于上述各专业性质不同，不能作统一规定，只能在各专业内按勘察阶段提出相应要求。由此可知，冻土工程地质测绘所选用地形图的比例尺，不仅取决于建(构)筑物的性质和重要性，而且还与勘察阶段、区域冻土和场地冻土工程地质条件的复杂程度密切相关。所以，本条特别规定，对冻土工程地质条件较复杂的场地和对工程安全影响较严重的冻土现象，比例尺可适当放大。

**5.1.3** 冻土工程地质调查与测绘的主要内容，本条首先列出了地貌、地貌与第四纪地质、岩性、构造、地表水、地下水和冻土现象的关系。因为这是划分地貌单元、评价冻土工程地质条件以及论证建筑物稳定性等方面的重要依据。

还应该强调的是在调查与测绘的内容上，必须将冻土的分布特征作为重要问题进行研究，这样才能达到除了常规性的调查与测绘目的外，查明冻土的区域自然条件及其相互关系，才能为建(构)筑物提出合理的设计原则、适宜的技术措施和建筑物在施工及其使用期间的稳定性预报，以便提高冻土工程地质勘察的水平。

## 5.2 冻土现象调查与测绘

**5.2.1～5.2.3** 冻土现象是冻土工程地质调查与测绘的主要内容之一。因为，在冻土地区由于土中水的冻结和融化，不断的发生着因冻融作用而形成的中、小型地形。这些冻土现象直接威胁着工程建筑物的安全，如冰椎和冻胀丘是冻土区最为引人注目的冻土现象。它可造成房屋裂缝、道路变形、桥涵破坏等现象，给工程建设带来极大损失。因此，可根据冻土现象对工程的危害性和地质条件的复杂程度，决定所采用的标测方法：

(1)目测法：该法一般在可行性研究勘察阶段，对冰椎、冻胀丘、融冻滑塌等冻土现象以目估或步量其规模的大小。

(2)半仪器法：在初步勘察阶段可借助罗盘仪、气压计和步数计(或测绳)等简便仪器设备测定冻土现象的方位、高度和距离。

(3)仪器法：在详细勘察阶段对专门性的地质问题如厚层地下冰和冻土沼泽等冻土现象进行补充测绘时，可使用经纬仪、水准仪等精密的仪器测定其位置和高程，如需了解和掌握地质资料，还可用适宜类型的钻机进行勘探。

**5.2.4** 冰椎是由河水或地下水在冬季流至冰面或地面以上随流随冻而形成的。它多分布在冻土区的山间洼地、河床、漫滩、阶地以及山麓的洪积扇边缘地带。但是，与冰椎相反，冻胀丘则是土层自上而下冻结时，地下水向冻结锋面迁移并不断形成冰层，使地表面隆胀为丘状体的现象。它多分布在冻土区的河漫滩、阶地、沼泽地、平缓山坡以及山麓地带。

但是，由于冰椎或冻胀丘的形成与分布具有独特的地质地貌条件，所以在进行调查与测绘时，其气象、植被、水文地质、工程地质以及对建筑物的危害性等等方面，都应列为主要因素。为了给工程勘察设计和施工提出最佳方案和可靠勘察资料，提出冰椎或冻胀丘的调查与测绘的范围和要求，是十分必要的。因为，工程建设在冰椎或冻胀丘的形成区范围以外进行，则是经济和安全的。如果工程建设必须设置在冰椎或冻胀丘的形成区范围以内，则必须采取相应的有效措施，其安全才会有保证。

**5.2.5** 在冻土地区地表面以下的任何一种冰，不论其成因或埋藏条件如何，统称地下冰。地下冰按其形成原因可分为构造冰、脉冰和埋藏冰等三种类型。随着科学技术的发展，地下冰还有其他一些分类方法。但是，厚层地下冰(冰层厚度大于0.3m)一旦融化，对工程建设的影响是极其严重的。因此，厚层地下冰是进行工程地质调查与测绘的主要对象。

地下冰形成和存在的特殊性，决定了进行其调查与测绘的范围，即除了厚层地下冰分布的具体地段外，其围岩部分也是调查与测绘的主要地带。要有效的在上述范围进行调查与测绘，应以钻探和物探相配合进行勘探，并进行钻孔测温和取冰样试验其物理化学指标，以评价厚层地下冰的稳定性与对工程的侵蚀性。

地下冰调查与测绘的内容与重点，最重要的是分凝冰、侵入冰以及埋藏冰等类型的厚层地下冰的埋藏深度、冰层厚度、温度和分布面积等主要因素。因为这些因素要求建筑物结构和技术条件有一定的适应性。

**5.2.6** 缓坡上的季节融化层(细颗粒土)，在夏季融化至一定深度时，土中水分不能下渗，土壤呈饱和或流动状态时，沿着山坡向下蠕动，这种现象称为融冻泥流现象。表层泥流具有分布广、规模较小、流动较快的特点。深层泥流多呈阶梯状缓慢向下移动，其发生规模较大，对建筑物危害性强。但是热融滑塌现象常常发生在厚层地下冰分布的斜坡上，其原因可由气候转暖或人为活动因素所造成。与融冻泥流相反，热融滑塌现象是自下往上发展的，滑体多呈舌状或簸箕状。热融滑塌物常常流过路基、堵塞桥涵孔道，危害交通。

融冻泥流(滑塌)调查与测绘，除应查明融冻泥流或热融滑塌发生与发展的场地条件，及其发生原因和类型外，还应特别注意的是深层泥流的移动速度比较缓慢，肉眼不易观察，随着时间的推移，可能使建筑物遭到严重破坏。所以，应适当的布置融冻泥流或热融滑塌的移动标志，并定期进行观测，以便采取相应的防治措施。

融冻泥流或热融滑塌调查与测绘，应着重提出其形成区的季节融化特点、土颗粒成分、土壤渗透性以及冻土和地下冰的分布等方面的工程地质资料。另外还须对气候和人为活动条件的变化，以及融冻泥流或热融滑塌的移动速度提出预报。

**5.2.7** 热融湖塘(洼地)现象主要发生在塔头和沼泽等低洼积水地段，其原因是气候转暖或人为破坏地表植被，加大季节融化深度导致地下冰或高含冰量多年冻土局部融化所造成的结果。因此，进行热融湖塘(洼地)调查与测绘时，应将其形成区的地质地貌、水文地质条件、气候变化和人为活动等内容作为重点进行工作。

对热融湖塘(洼地)进行调查与测绘时，将其形成区及其影响范围包括进去是适宜的。同时，在勘探方面钻孔深度必须穿过多年冻土上限1～2m，主要是为了查清其分布范围、观测地温和评价其稳定性，以便为工程提供正确的设计原则和可靠措施。

热融湖塘(洼地)由于地表景观明显，调查与测绘范围比较直观，所以其调查与测绘的工作重点可放在勘探、观测以及预报等方面，以便为工程建设确定设计原则和应采取的安全措施创造条件。

**5.2.8** 冻土沼泽现象是在多年冻土区适宜的水热环境条件下形成的。同时冻土沼泽的发育又促进冻土层形成。它可分为低位、中位和高位三种类型。在东北冻土区的泥炭沼泽多数由于下卧多年冻土或地下冰层的存在而形成，由于地面积水的温度很低，多生长塔头(苔草墩)和少量幼松等植物。但落叶松(幼体)常常因营养不良、生理干旱和低温而死亡。冻土沼泽现象在东北从低位到高位型均具有分布面积较大、季节融化深度小和泥炭层较厚等特点。相反在青藏高原冻土区仅形成类型单一的低位型泥炭沼泽。

冻土沼泽的调查与测绘应在冬、春季进行地质钻探和挖探工作，在夏季可以钎探获得季节融化深度资料。但是必须注意冻土沼泽形成区的多年冻土或地下冰和季节融化层的热平衡状况，以避免在人为条件下演变成为热融湖塘现象。为此，应进行地温观测，并及时地进行预报。

冻土沼泽现象多分布在河漫滩、阶地或台地上，与公路、铁路、桥梁等建(构)筑物的关系十分密切。因此，其调查与测绘的重点应突出冻土沼泽分布特征、地质勘探、试验和原位测试等方面。

# 6 冻土工程地质勘探与取样

## 6.1 一般规定

**6.1.1、6.1.2** 冻土工程地质勘探的手段和方法，可因工程类别和勘察阶段的不同而不尽相同。另外，勘探区的冻土特征、交通条件、气候变化以及地质地理环境等因素，都会影响勘探方法的选择和应用。

钻探、坑探是冻土区常用的冻土勘探方法。物探作为勘探工程的辅助手段，指导配合钻探工作，可起到提高勘探质量、缩短勘探周期、节省费用以及顺利完成任务的作用。

**6.1.3** 通过室内遥感判释、现场验证以及地质调查测绘和物探工作，在初步了解冻土分布特征和各种冻土现象的基础上，根据工程需要布置勘探点，以达到使勘探工作量满足冻土工程地质勘察要求。

**6.1.4** 勘探工作量的多少应视不同工程的需要而定，本规范第8～12章对此均有明确规定，应遵照执行。

## 6.2 钻 探

**6.2.1** 冻土钻探回次进尺在《铁路地质钻探技术规则》中定为5min，但不超过0.3m。根据经验冻土钻探进尺随含冰量的增加，土温降低而加大。但对含卵砾石较多的土层应少钻勤提，以避免冻土全部融化。实际上过去的冻土钻探对于富冰冻土、饱冰冻土和含土冰层回次进尺可达1.0m。对卵砾石含量较多的土层钻进0.1～0.2m即需提钻。在冻土钻进过程中，当土温较高或近似塑性冻土，或为了判定是否多年冻土，及钻探取样较困难时，采用击入法取样可取得较好效果。当冻土中含有碎(卵)石时，钻进时间过长，取出冻土样品困难，可加少量水取出。

**6.2.2** 钻孔开孔直径宜按钻机性能和冻土取样的需要采用最大口径，如100型钻机一般为130mm。为满足柱状土样直径80mm的要求，终孔直径应不小于91mm，以采用110mm为宜。

**6.2.3** 在冻土层钻探过程中，钻探所产生的热量破坏了原来冻土温度的平衡条件，引起冻土融化，孔壁坍塌或掉块，妨碍了正常钻探。为此，除采用泥浆护孔外，在冻土中采用金属套管下人孔内，防止孔壁坍塌或掉块现象是较适宜的措施。但是，必须有一定的孔口标高，以防止地表水或钻探用水流入孔内。

钻探期间对场地植被的破坏，都将引起冻土工程地质环境条件的变化，这关系到建筑物选择适宜的设计原则和基础类型及其结构形式等措施。因此，及时恢复破坏了的植被自然状态，保护冻土工程地质环境条件是极其重要的。

## 6.3 坑探、槽探

**6.3.1、6.3.2** 冻土层的浅部土层勘探，包括坑探、槽探、钎探和小螺旋钻等方法。其目的是为了查明地质构造线的产状、属性和形态；断面破碎带的宽度、充填情况；岩性分界以及冻土上限、冻土含冰情况，以及季节融化与冻结深度等内容。坑探、槽探一般使用人力、机械或爆破法进行。但是，必须采取适宜措施，保证勘探工作安全，并及时恢复自然环境状态。

在勘探期间利用坑探、槽探方法是查明季节冻结与融化深度的最好方法。另外除用直接观测方法(如A·H·丹尼林冻土器)或间接观测方法(如利用钻孔测地温)确定天然季节融化与冻结深度外，还可以利用钎探即用钢钎打入融土层中，直到冻土硬界面为止，再用专门工具将其拔出，这是实测季节融化深度最简单和最省力的方法，其效果也很好。钎探方法特别是在沼泽及泥炭化发育地段实测季节融化深度更为灵活。在未饱水的细颗粒土层中使用钎探时，可把塑性冻结状态的土层穿过直至坚硬冻土界面深度处。

虽然利用坑探、槽探方法可以直观冻土层中有无冰夹层、土层的胶结程度及其颜色的变化以确定季节冻结与融化深度，不过利用坑探、槽探方法，应注意适宜的挖探季节。一般在7、8月份进行最大季节融化深度的挖探，3、4月份进行最大季节冻结深度的挖探，这对工程建设是有用的主要数据之一。

## 6.4 地球物理勘探

**6.4.1** 物探是冻土工程地质勘察的重要方法。它配合测绘工作可迅速的探测冻土状况，为其布置勘探工作提供依据。在各勘察阶段的物探和钻探应紧密相结合，及时地用少量而适宜的钻探成果验证物探方法的有效性。随着勘察阶段的提高，以钻探为主，物探则作为勘探工程的辅助手段了。

**6.4.2** 根据冻土的物理特性及场地条件，合理选用电法勘探、震法勘探或地质雷达等方法，并紧密结合钻探工作以探测多年冻土的分布范围、上限、波速及动弹性模量等。同时，对厚层地下冰和地下水的类型、贮存条件与变化规律等方面的内容亦可进行物探工作。

**6.4.3** 除被探测对象的物理特性十分明显，可采用单一的物探方法外，一般应采用多种物探方法，互相验证和补充，以克服条件性、多解性和地区性等不利因素的影响。对重点工程和复杂的建筑应采用综合物探工作，以提高勘探与经济效益。

**6.4.5** 冻土物探参数是保证物探质量的关键因素，该资料是进行内业解释的重要依据，必须收集有关不同方法实测的冻土物理参数。当该资料缺乏时，应在测区实测，以满足工作需要。

**6.4.6** 由于测区冻土的自然环境不同，一般对不同环境中形成的多种物理现象(异常)的解释(除少数情况外)，难以得出单一的结论而形成多解性。因此，应采用多种物探方法，进行综合判释，以取得较好效果。对工程具有重要意义的地质问题，还必须进行钻探验证解释工作。

### 6.5 冻土取样与运送

6.5.1～6.5.3 在冻土工程地质勘察中，采取保持天然冻结状态，供试验室分析试验的土样，是钻探工作的主要目的之一，也是对冻土地基作出正确工程地质评价的基础。但是，按工程要求和现场条件，还可采取保持天然含水量并允许融化的冻结土样以及不受冻融影响的扰动土样。

保持天然冻结状态的土样采取，主要取决于钻进方法、取样方法以及取土工具三个环节。为取得保持天然冻结状态的土样，必须保证孔底待取土样，因不适当的钻进方法受到扰动或压力作用所产生的热影响。要求取样前应使孔底待取土样有恢复天然温度状态的时间（最好测量钻孔底部土壤温度），然后在接近取样深度时控制每一回次的进尺（深度视土层情况决定），以保证取出的土样仍保持冻结状态（粗颗粒土及大块碎石土除外）。取出的冻结土样应及时装入具有保温性能的容器或专门的冷藏车内送验。如不能及时送验时，应在现场测定土样在冻结状态时的密度。

## 7 冻土试验与观测

### 7.1 一般规定

7.1.1 冻土的室内试验包括原状土和重塑土试验，野外现场试验指原位试验。

7.1.2 为了加强试验资料的可比性和通用性，地层冻结会议国际编写小组已提出《人工冻土的分类与实验室试验》的推荐意见，本规范力图向国际标准靠近，采用了其中单轴压缩试验的有关建议。因此，若《土工试验方法标准》GB/T 50123—1999 部颁试行标准与国际编写小组的建议有矛盾时，建议按后者执行。

7.1.3 有关冻土动力学特性等试验目前尚无统一试验标准，如工程需要进行诸如此类的试验时，应详细说明试验方法。

### 7.2 室内试验

7.2.2 勘察期间首先开展冻土物理性质试验，进行冻土分类。同时，为随后开展其他试验积累基本资料。季节冻土区应对土冻胀敏感性作出评价，随后根据需要，分别测定土的切向或法向冻胀力；多年冻土区则应根据设计原则（如保持地基土处于冻结状态或允许地基土融化等），选定有关试验项目。按保护多年冻土原则设计时，应侧重选择与冻土的温度状况、长期强度和蠕变性能有关的试验项目。按允许冻土融化原则设计时，应侧重选择与冻土融化时的变形特性和融后强度特性有关的试验项目。

7.2.3 本条规定系根据《人工冻土分类和实验室试验》国际编写小组的建议提出，以加强试验方法的统一性及试验资料的可比性。

### 7.3 原位测试

7.3.1 “原位”系指在冻土内所处的原来位置，包括基本上原位状态和原位应力条件。原位测试已成为工程勘察中广为应用的重要测试手段。由于它在较大冻结岩土体的原位状态和原位应力条件下进行试验，因此测试结果更接近于冻结岩土体的实际情况。一般认为取土供室内试验及分析，均会受到各种人为因素的扰动与影响。岂不知绝大多数原位测试也都有其不同程度的扰动问题，同样存在一些不定因素。如应力条件、应变条件、时间条件、排水条件以及边界条件等等。但总的来说，原位测试的结果与取样进行室内试验相比，更接近实际。

7.3.2、7.3.3 有些单指标或单参数的原位测试比较简单和容易，可广泛应用。但有些项目虽然并不复杂，要求的时间周期却很长，如地基土的冻胀量、冻胀力和年平均地温等。取得一个数据需连续观测一个冬季，而年平均地温则需时一年。由于冻土地基的承载力高，需要施加大量荷重，又由于其强烈的流变性，稳定时间需要很久，所以荷载试验做起来费时、费工与费材料，一般很难大量进行，尤其是已建建筑物基础的原位载荷试验更加困难，只有在万不得已的情况下进行。但桩基础的静载荷试验却相对容易。有些单指标、单参数的原位测试虽然在道理上讲完全可以从未冻土中移植过来，由于受到仪器设备的强度、容量、量程等的限制，还不能适应冻土强度高、变形小的特性，要想达到实用阶段尚需做大量试验对比工作。

7.3.4、7.3.5 进行原位测试最主要的一条即强调一个“原”字，也就是说原状地基土、原应力场、原温度场、原水分场，其试验荷载的性质尽量接近实际情况，否则失去原位的意义。

试验过程中对小尺寸、短时间的试验结果应考虑边界条件的不同，尺寸效应、时间效应、温度参数等的修正。

### 7.4 定位观测

7.4.1～7.4.3 定位观测的目的有两个，其一，是对重要建筑物观察其使用情况，对复杂地基或特殊建筑监视其质量情况；对所采用的新技术，为全面了解其地基土性状、作用，周围有无成熟经验可以借鉴以及拟采取的新措施、新设计、新试验的有效性，应建立定位观测站。前者是工程结束后开始建立，而后者则是从选址定点后即可开始。定位观测及观测大纲应由设计单位根据其对设计的成熟性，把握程度以及要取得何种数据与资料统一在设计文件中确定，否则定位观测很难立项和观测。

定位观测站的观测时间，应根据观测内容的不同而有所区别，有的可能很短时间即可完成，观测冻胀，冻胀力则需一个冬季，考虑其变异性一般连续三年。观测融化盘，当建筑物跨度稍大时，达到稳定的延续时间少则七八年，多则十几年才可获得一个数据。又由于冻土的强烈流变性，其沉降观测没有几年时间也不说明问题。为了积累资料，指导今后勘察设计工作更好地进行，其观测报告应留给勘察、设计单位参考。而建设单位保存则是作为说明工程质量情况的基本证明材料。

## 8 工业与民用建筑冻土工程地质勘察

### 8.1 一般规定

8.1.1 本章适用于冻土地区工业与民用建筑的冻土工程地质勘察。但对冻土地区的融土地段除应按本规范执行外，尚应符合《岩土工程勘察规范》GB 50021—94 或其他规范的有关规定。

8.1.2 勘察阶段的划分，应与设计阶段相适应，一般分为可行性研究勘察（选址勘察）、初步勘察和详细勘察三个阶段。施工勘察不作为一固定阶段，只在特殊情况下进行施工勘察。对冻土工程地质条件简单并且又具有建筑经验的场地，可适当简化勘察阶段。

8.1.3 冻土工程地质勘察工作应符合各勘察阶段的技术要求，并在明确工程特点及任务要求的情况下，对综合考虑的几个因素，要求作定量的冻土工程分析和预测，提出冻土工程设计参数以及冻土地基基础设计原则和设计方案的建议。

### 8.2 可行性研究勘察

8.2.1、8.2.2 这两条内容是可行性研究勘察（选择场址勘察）应做的冻土工程地质工作。其中第 8.2.2 条对场址选择应尽量避开那些对建筑物有害的地段。场址方案应选择在对工程建筑有利，特别是融区面积大、第四纪砂砾石层透水性好以及前第四纪(基岩)埋藏浅的地段；碎石类土厚度大、分布广泛、多为少冰冻土地段，以及冻土工程地质条件均匀稳定的地段。

**8.2.3** 可行性研究阶段工程地质勘察报告的内容，应在收集资料和调查研究的基础上，结合必要的勘察和测试工作，对拟选场址的稳定性和适宜性进行技术经济论证，提出设计方案比选意见和建议。

## 8.3 初步勘察

**8.3.4、8.3.5** 勘探孔的数量与深度应根据建筑场地冻土工程地质条件复杂程度和工程要求适当增减。

关于冻土场地类型，表8.3.4划分三级：一级(复杂场地)是指冻土现象强烈发育，地层变化复杂，地下冰分布普遍为极不稳定场地，直接威胁着工程安全；二级(一般场地)是指冻土现象较发育，冻土含冰量较高，以富冰冻土和饱冰冻土为主，对工程安全影响不严重；三级(简单场地)指冻土现象不发育，岩土种类比较单一，地基土含冰量低，以少冰冻土为主，对工程无影响。

**8.3.7** 初步勘察阶段不同地貌单元应设立地温观测孔，地温观测孔数量不应少于一个，但对于每个重要建筑场地不应少于两个。地温观测孔深度应大于地温年变化深度值，该深度在大兴安岭地区约为8～20m，青藏高原则为10～15m左右。

**8.3.9** 初步勘察报告的内容中，多年冻土地基利用原则有下列三种：

原则Ⅰ——多年冻土以冻结状态用作地基。在建筑物施工和使用期间地基始终保持冻结状态，适用于多年冻土年平均地温低于$-1$℃的场地或地基土处于坚硬冻结状态的场地。

原则Ⅱ——多年冻土以逐渐融化状态用作地基。在建筑物施工和使用期间地基土处于逐渐融化状态，适用于多年冻土年平均地温$-0.5$～$-1.0$℃的场地或地基土处于塑性冻结状态或在最大融化深度范围内的地基土为变形所容许的弱融沉土。

原则Ⅲ——多年冻土以预先融化状态用作地基。在建筑物施工之前使地基土融化至计算深度或全部融化，适用于多年冻土年平均地温不低于$-0.5$℃的场地或地基土处于塑性冻结状态或在最大融化深度范围内的地基土为融沉、强融沉或融陷土。若冻土层全部融化，可按《岩土工程勘察规范》GB 50021—94规定，进行工程地质勘察。

## 8.4 详细勘察

**8.4.3** 详细勘察应进行的工作共有八款，内容较多，要求较细，特别是在塑性冻土地区，预测建筑物沉降，差异沉降或整体倾斜，预测施工运营期间地质环境可能发生的变化或影响，提出预防措施和建议方面。

**8.4.4、8.4.5** 详细勘察阶段对勘探点布置要求和勘探点间距应按冻土场地的复杂程度和建筑等级确定。冻土建筑物场地复杂程度除了地震、动力地质、地质环境等不稳定因素外，主要指冻土现象发育程度，在第8.3.4条已有说明。冻土场地条件和地基土质条件二者相互影响，如饱冰冻土、含土冰层直接威胁场地的安全，所以将两个条件综合起来划分冻土场地类型，考虑同一类型场地建筑物等级不能相同，因此每一场地分别列入三个建筑物安全等级。

**8.4.6** 详细勘察勘探孔的深度应考虑冻土类别和工程性质，对面积小荷重大的高耸建筑物(如烟囱、水塔等)应适当加深。另外对热影响较大的建筑物(如热电站、锅炉房等)，如其融化盘较深，或者冻土层变化较大时，可适当增加勘探孔的深度。在实践工作中多年冻土年平均地温低于$-0.5$℃时，多利用多年冻土作为地基，所以在制定表8.4.6-1时，参阅了国内外有关规范，特别是前苏联、加拿大、美国冻土规范的规定，以基础荷重不同确定勘探孔深度，尽量少破坏地表，保护周围环境，避免温度场有大的变化或破坏。

对于塑性冻土以融化状态用作地基时，可按《岩土工程勘察规范》GB 50021—94第3.1.15款执行，但必须进行变形验算，即考虑融化盘的深度，又要满足冻土融化后计算基础沉降的需要。所以一定数量的勘探孔深度应达到计算的压缩层深度以下。在采用箱形基础或筏式基础时，弱融沉土和融沉土的地基上可采用经验公式(2)确定勘探孔深度：

$$Z=d+m_c+b \tag{2}$$

式中 $Z$——勘探孔深度(m)；

$d$——箱基或筏基的埋置深度(m)；

$m_c$——与土的压缩性有关的经验系数，与土的类别有关，按表8.4.6-2取值；

$b$——箱基或筏基基础底面宽度(m)。

压缩层的深度和经验公式以及融化盘的深度不是决定勘探孔深度的唯一依据，当钻孔达到预定深度遇有厚层地下冰时应适当加深或钻穿。

**8.4.7** 本条内容主要是对详细勘察取样和测试工作的要求。对重要工程建筑物或缺乏建筑经验的场地应进行定位观测，对有特殊要求的工程，应在建筑物施工和使用期间进行。观测温度场的变化，融化盘的稳定情况，地基土融化下沉性状，预报建筑物地基基础的稳定性及周围地质环境变化的影响。对冻土试验与观测按本规范第7章执行。

采暖房屋地基融化深度的计算是一个复杂的课题，国外冻土学者早就在进行试验研究，并提出了许多计算方法，但都有局限性。我国从70年代中期开始研究，也提出了一些计算公式，这些计算公式有待于今后实践中验证。地基土融化深度受采暖温度、冻土土质类型、冻土温度等因素的影响，而且是一个三维不稳定的温度场。其中热源是起主导作用的，由于建筑物在使用过程中热量传导作用，地基土融化是持续的，直到吸热和散热相对平衡，使得融深稳定在最大值，称稳定融化盘。这里仅推荐《冻土地区建筑地基基础设计规范》JGJ 118—98中建筑物地基最大融化深度的计算公式：

$$H_{max}=\Psi_J\frac{\lambda_u T_b}{\lambda_u T_b-\lambda_f T_{cp}}\cdot B+\Psi_c h_c-\Psi_\Delta\cdot\Delta h$$

式中 $\Psi_J$——综合影响系数，由图1查取；

$\lambda_u$——融土(包括地板及保温层)导热系数；

$\lambda_f$——冻土的导热系数；

$T_b$——室内地面温度；

$T_{cp}$——多年冻土年平均地温；

$B$——房屋宽度；

$\Psi_c$——土质系数，由图2查取；

$h_c$——计算融深内粗粒土层厚度；

$\Delta h$——室内外高差；

$\Psi_\Delta$——室内外高差影响系数，由图3查取。

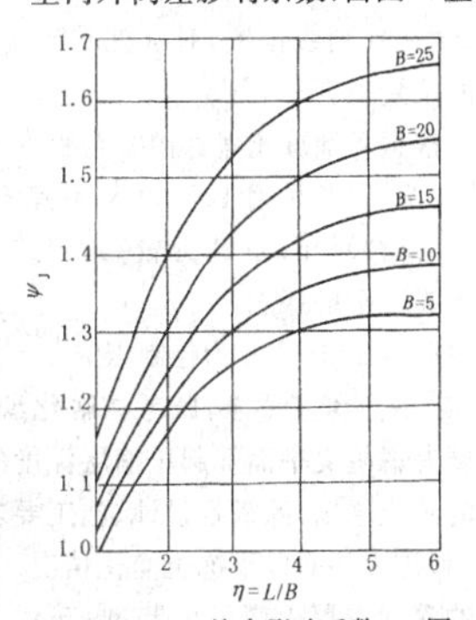


图1 土综合影响系数$\Psi_J$图

$B$—房屋宽度(cm)；$L$—房屋长度(m)

**8.4.8** 桩基是多年冻土地区主要基础形式之一，根据沉桩方式分为：钻孔打入桩、钻孔插入桩与钻孔灌注桩。桩基必须采取架空通风地面保温措施，不破坏地表。桩基勘察内容包括：

(1)查明桩侧以及桩端以下压缩层计算深度范围内各类冻土埋藏条件、物理力学性质、热学性质，包括室内试验和原位测试的各项指标和参数，以满足桩基础设计和施工需要为原则。

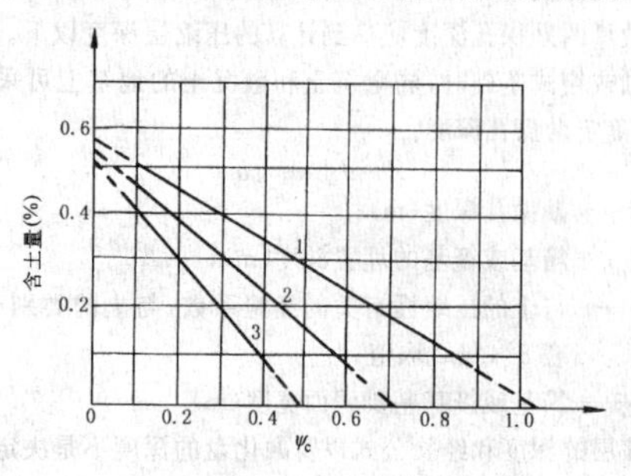


图2 土质系数 $\Psi_c$ 图

1—卵石；2—碎石；3—砂砾

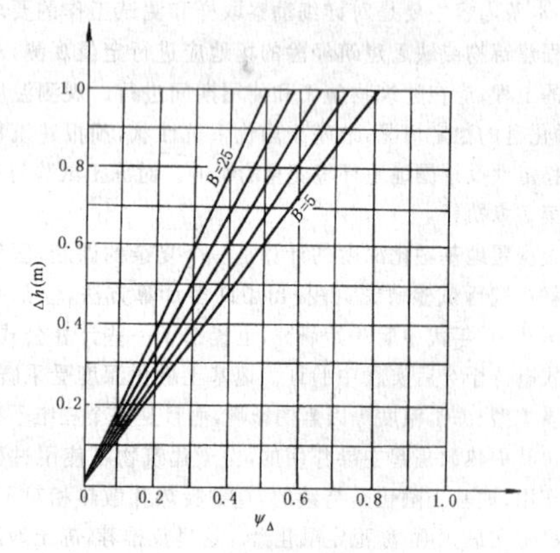


图3 室内外高差影响系数 $\Psi_\Delta$ 图

(2)通过钻探、坑探、地球物理勘探、定位观测，掌握冻土地温年变化状态与季节融化层变化规律。

(3)查明地下水类型、埋藏条件、水位变化幅度、渗透性能，判别地下水对桩基材料的腐蚀性和对工程建筑的影响程度。

(4)查明基岩的顶板埋深，风化程度，特别是强风化带冻土发育情况，基岩构造、断裂、裂隙发育程度，破碎带的宽度和充填物等。

**8.4.9** 桩基础作为多年冻土地区建筑物基础，通过多年来在我国多年冻土地区基本建设中的实践，取得很多宝贵经验。因此只有符合冻土地基的客观规律，才能保证建筑物的安全和正常使用。桩基勘察工作量应满足设计与施工要求：

(1)勘探点的布置和间距应以查明建筑物范围内冻土分布规律为主。勘探点应布置在柱列线位置，对群桩基础应布置在建筑物中心、角点和周边的位置上。

(2)勘探点间距应根据场地冻土条件的复杂程度，持力层层面和持力层厚度变化的情况，一般采用12～30m，不宜大于30m。

(3)大口径桩、墩(≥800mm)承载力较高，当冻土条件复杂时，宜按每个桩(墩)布置一个勘探点。

(4)勘探点总数中应有1/3～1/2为控制点。

**8.4.10** 桩基勘察时勘探点深度要求，既考虑融化盘深度计算和基础沉降的需要，又要考虑桩尖平面算起压缩层深度的需要：

(1)勘探点深度的确定原则，除满足设计、施工要求外，尚应考虑不同建筑场地特点和桩尖平面以下冻土变化情况。对于基岩持力层，控制性勘探点的深度应深入微风化带3～5m。一般性勘探孔应深入持力层1～2m，查清基岩顶面起伏变化情况。

(2)对塑性冻土按融化状态原则设计，控制性勘探孔深度应超过融化盘底面3～5m，一般孔应等于融化盘深度。对需要进行变形验算的地基控制性勘探点深度应超过桩尖平面算起的压缩层深度，在实际工作中二者可进行比较验证。

**8.4.11** 冻土地区桩基勘察、原位测试和室内试验工作，为桩基设计提供物理、热学、力学技术参数。其中原位测试的主要内容为：季节冻层的分层冻胀与冻融过程以及桩基静载荷试验、融化压缩试验与冻胀力试验等。原位测试可根据地区经验、冻土条件和工程需要选择适宜的测试手段。室内试验应满足下列要求：为验算基础在切向冻胀力作用下的稳定性和强度，应作冻结强度的试验，以代替原位试验或补充原位试验的不足；为测定冻土融沉系数和融化压缩系数，应作冻土融化压缩试验；为验算冻土地基和边坡稳定性，应进行冻土抗剪强度试验；室内试验和原位试验可互相验证和补充，但对于部分物理试验项目，如冻土天然密度、冻土总含水量等，为减轻运送上的困难，可在野外直接试验。除了对常规的物理力学试验要求外，又强调了以下试验项目：

(1)季节冻土地区的建筑物桩基应根据实际需要进行冻胀性试验。因为，地基土冻结过程中，土中水部分转变成冰，土体膨胀(冻胀)，基础侧面就产生了切向冻胀力作用，从而导致不均匀变形、上拔、冻裂或破坏。因此必须验算切向冻胀力作用下桩基稳定性及强度。试验方法为现场原位测试和室内模拟试验。一般现场原位测试数据比较可靠，但周期长、难度大、费用也较高。室内模拟试验，到目前为止，尚未得到统一认识。

(2)多年冻土地基中桩的承载能力由两部分组成，即桩侧冻结力和桩端反力。在桩的施工中，桩周的天然温度场受到干扰和破坏，桩侧冻结力还没有形成，不能承载。只有在桩周土体回冻后，桩才能承载。回冻时在相同回冻方法下，时间的长短与桩的种类和冻土条件有关，可参照有关地区的桩基试验确定其回冻时间。

试桩时间应选在夏末或冬初，因为此时多年冻土温度受到大气影响，使冻土抗压强度和冻结强度均达最小值。如试桩选在这个时候进行试验，则可以找出桩的最小承载力。

试载方法可采用慢速维持荷载法。近年来，为了缩短试验时间，在美国和前苏联采用快速维持荷载法。

(3)对有建筑经验的冻土地区，利用适当的原位测试和室内试验，系指掌握地基土类别及工程性质、地温观测、冻土总含水量及天然密度等物理特性，按本规范附录K查取冻土热学和强度指标。本款主要适用于二、三级冻土工程。

**8.4.12** 施工勘察不是一个固定的勘察阶段，主要解决与施工有关的工程地质问题，共有三款，遇有其中之一的问题，就需进行补充工程地质勘察工作。

# 9 铁路与公路冻土工程地质勘察

## 9.1 一 般 规 定

**9.1.4** 冻土工程地质图上地质点的数量和要求，应随工程的性质和冻土工程地质条件的不同而异。因为道路工程建筑有它的特点：即是一条线，同时又是一个狭长的面。在一段图幅内，冻土工程地质条件是不相同的。在条件简单的地段，可能需用复杂工程(如深挖、桥、隧)通过；而在条件复杂的地段，可能采用简易工程(如填方、浅挖、小桥涵)通过。因此，硬性规定地质点的密度，而不结合工程考虑，显然是不合理的。故在本条仅作了原则规定。

**9.1.5** 施工冻土工程地质工作应把重点放在冻土现象发育地段，冻土条件复杂地段和重点工程上。应特别注意开挖过程中，冻土工程地质条件和水文地质条件的变化及其对建筑场地稳定的影响。施工冻土工程地质工作的具体任务有以下两点：

（1）根据开挖暴露的冻土地质情况，推断和预测冻土工程地质条件的变化。及时预报和指出施工进程中可能出现的冻土工程地质问题。

（2）根据开挖出来的实际冻土地质情况，修改和补充冻土工程地质资料。编制竣工图件中的冻土工程地质图件和说明，供运营、养护或改建、扩建使用。

**9.1.6** 铁路、公路运营期间冻土地质环境变化和冻土现象发生、发展过程的监测，是认识病害发生、发展规律，及时采取有效措施的基础。运营期间的系统监测资料是既有线改造和增建第二线时评价冻土工程地质条件的依据。运营铁路和公路冻土工程地质工作的具体任务如下：

（1）对沿线地质病害工点进行监测，做好病害工点履历登记。为维修养护及改建、扩建积累资料。

（2）对新产生的地质病害工点做到及早发现、及时调查、勘测，为病害整治设计提供必要的资料。

（3）对各项地质资料进行整理归档。

**9.1.7** 目前，我国基本建设工程的设计大体分为三种情况：即三阶段设计、两阶段设计和一阶段设计。

三阶段设计为初步设计、技术设计和施工图设计。

两阶段设计为扩大初步设计和施工图设计。扩大初步设计可参照三阶段设计的初步设计和技术设计内容编制设计文件。

一阶段设计可参照三阶段设计的初步设计和施工图设计的内容结合具体情况编制设计文件。

铁路、公路冻土工程地质工作应与设计阶段相适应。这里指的是不论采取哪种情况设计，均应按初测和定测进行。当采用三阶段设计时，为满足施工图设计，可以进行必要的“补充定测”工作。采用两阶段设计和一阶段设计时，冻土工程地质工作必须在初测的基础上，搞好方案比选。在确定了方案的前提下，再为施工图设计搜集地质资料。

**9.1.11** 多年冻土区现存的地表形态和地面覆盖是地质历史时期的产物。是一相对稳定的热平衡剖面。保持现有形态和现存地热平衡条件，则地基是稳定的。当这种平衡破坏时，则产生一系列冻土工程地质问题，如热融下沉和热融滑塌等。在多年冻土区进行工程建筑，不可避免地要引出许多冻土工程地质问题。我们在多年冻土区进行建筑的原则是：利用冷生过程的有利方面；尽量减少对多年冻土的热干扰；选择冻土条件良好的地段进行建筑；避开冻土现象发育地段；采用合适的建筑结构；减少和防止冻土现象的产生。

多年冻土区的建筑实践表明：挖方、零断面和高度小于1.0m的路堤，将对地基多年冻土带来严重干扰。多年冻土上限将下降，路基将严重热融下沉。而高于1.0m的路堤，可使其下多年冻土上限保持不变或上升。从而可消除多年冻土融化而引起的下沉，保持多年冻土地基的稳定。故在本条中提出“线路应避免挖方，并应减少零断面及高度小于1.0m的低填方”。

山岳、丘陵区的冻融坡积层，在其缓坡部分往往有较厚的地下冰层存在。当坡脚被破坏时，往往产生热融滑塌而使山坡失去稳定。故选线时，最好将线路布设在缓坡上部。当线路通过热融滑塌区时，应从滑塌体下方通过。这是因为热融滑塌是朔源发展的。滑塌体下方山坡是稳定的，不受滑塌过程的影响。

河谷地带的高阶地一般地下水不发育，地质条件较好，冻土现象不多见，多年冻土较稳定，故河谷线应选择在高阶地上。

多年冻土不稳定地段系指多年冻土边缘地带、融区和多年冻土区的过渡带以及高温多年冻土带。这些地带的共同特点是年平均地温较高，多年冻土处于不稳定状态。稍有热干扰，多年冻土就产生退化，从而引起一系列冻土工程地质问题。对路基和其他建筑物将产生不利影响。因此，线路经过这些地带时，应以最短距离通过。以减少不稳定多年冻土带对道路工程的危害。

冻土地基和融土地基的物理力学性能有着巨大差别，尤其在压缩下沉特性方面。因此，多年冻土区桥址选择时应查明桥渡区多年冻土的分布特点，力求保证桥梁地基的均匀性，避免将同一座桥的墩台设置在不同设计原则的地基上，以确保桥梁建筑的稳定。

**9.1.13** 旧线改造的冻土工程地质勘察具有如下特点：

（1）线路方向明确，冻土工程地质勘察沿旧线进行。

（2）既有工程建筑物多年冻土地基利用原则和工程建筑措施可以借鉴。

（3）既有线的冻土工程地质资料可以充分利用。

旧线改造冻土工程地质调查测绘的宽度可根据横断面轮廓、取土场地位置及堑顶排水范围确定。冻土工程地质条件复杂地段，应根据需要加宽。在铁路增建第二线时，测绘的重点应放在增建第二线一侧。对冻土工程地质条件复杂，影响方案选择的地段，应进行较大面积的测绘和必要的勘探，为方案比选提供依据。

旧线改造的勘探、测试工作，原则上应比照新线冻土工程地质勘探和测试要求进行。但既有线已经多年运营考验，各种工程设计是否合理已为实践证明。旧线改造设计中，采用和既有线相同的冻土地基利用原则、基础类型和埋置深度，一般说是合理的。但由于冻土地基的复杂性和运营期间冻土条件的变化，完全按既有线的条件进行设计显然是不合理的。因此，旧线改造的勘探和测试工作量可在充分利用已有资料的基础上，根据实际情况确定。

**9.1.14** 料场开采对多年冻土区环境的影响主要是指开采可能引起的多年冻土退化、热融作用等导致的地面下沉、热融滑塌、沼泽化等。对这些影响如果重视不够，将可能危及工程安全，给工程运营留下后患。

多年冻土区地面覆盖的完整性是保证多年冻土稳定的重要条件。在多年冻土上限附近，常常有高含冰冻土和冰层存在。地面覆盖的破坏，导致多年冻土融化，产生地面下沉、塌陷，形成热融洼地、热融湖塘等。因此，多年冻土地区的取土是受到严格限制的。在多年冻土区料场勘察时，应从保护多年冻土出发，确定取土位置和数量。

多年冻土区的特殊水文地质条件，决定了多年冻土区地表、地下水的数量和质量均较小且差。在料场勘察中，应注意合格工程及生活用水的调查。

## 9.2 工程可行性研究（踏勘）阶段勘察

**9.2.1** 区域冻土地质条件系指多年冻土分布、成分、冷生构造、年平均地温、地温年变化深度；融区的形态和成因；季节融化层和季节冻结层的成分、性质和深度；冷生过程和成因；多年冻土分布地区的地质构造等。

影响线路方案的主要冻土工程地质问题系指冻土现象的危害；多年冻土边缘地带和高温冻土带的冻土退化；高含冰量冻土分布地区的热融下沉以及地基基础严重冻胀等。

## 9.3 初测阶段勘察

**9.3.3** 地温年变化带多年冻土的温度状况和变化特性是多年冻土稳定与否的标志。年变化带深度是一般工程建筑的热力影响深度。因此，了解和掌握年变化带内多年冻土温度的状况和变化规律，对于评价多年冻土的稳定性是极其重要的。地温观测孔的深度不小于地温年变化带深度的规定就是基于上述理由提出的。10～20m的规定是根据东北和青藏高原多年冻土区地温年变化带深度值而提出的，必要时应在现场实测地温年变化深度。

在地温孔钻探时，钻具旋转切削所做的功有相当部分转变为热能，从而使多年冻土的温度状况破坏。当钻孔成孔后，应立即进行地温观测，以了解地温逐渐恢复平衡的全过程和评价冻土的稳定性。地温恢复大概时间除按现场资料外，可参照俄罗斯联邦建设委员会多年冻土地区建筑工程地质勘察规范的有关规定。

**9.3.5** 电法勘探、地震勘探和地质雷达等是近年发展起来的地质勘探新技术。它具速度快、精度高、使用操作方便等特点。据介绍：地质雷达的探测深度可达20～30m，分辨率达10～20cm。用它在最大融化季节探测多年冻土上限是十分理想的。与钻探配合可查清多年冻土成分、构造以及多年冻土上限在平面和剖面上的分布。

多年冻土的工程性质除取决于它的岩性成分外，更重要的还取决于它的含冰量、冷生构造和温度。因此，从工程角度看，多年冻土在平面和剖面上的变化较非多年冻土要复杂得多。为了查明多年冻土条件及其对工程的影响，其勘探孔（点）的数量和深度较之一般地区要大。路基勘探孔，地温观测孔以及房屋工程钻孔的数量和深度便是基于上述理由和多年来的实践提出的。

**9.3.6** 多年冻土区的工程实践表明：路基工程对多年冻土的热影响深度一般在1.0～3.0倍上限深度范围内。所以，在这里提出路基工程地质调查时，应查明路基基底下1.0～3.0倍上限深度范围内的多年冻土特征，以满足路基设计需要。

冻土地质环境的保护应给予足够重视，冻土区地质环境是地质历史时期的产物，保护好地质环境就保护了多年冻土，从而保障多年冻土上工程建筑的稳定。在多年冻土区取土，减少了地面覆盖的热阻，因而通过地面传入地中的热量增加，多年冻土将产生退化。如果在高含冰冻土或厚层地下冰分布地段取土，多年冻土融化将引起地面严重下沉，并可能形成热融洼地或热融湖塘，这对工程建筑和生态环境将产生不利影响。因此，多年冻土区的取土和弃土都应从保护冻土地质环境出发，合理布置，严格控制。

在青藏公路改建工程中，由于在路基两侧取土，造成多年冻土融化，地面下沉，路基两侧积水，从而引起路基下沉破坏，这样的实例在青藏公路多年冻土区路段是很多的。各主要多年冻土国家的工程实践都证明：保护好冻土地质环境是多年冻土区工程稳定的先决条件。

**9.3.7** 多年冻土区的大河，一般均有融区存在。融区按贯通多年冻土层的情况和形态可分为贯通融区和非贯通融区。贯通融区是指融区已贯通多年冻土层，与多年冻土层下的融土连在一起。非贯通融区是指融区下仍有多年冻土存在。若为贯通融区或融区厚度很大的非贯通融区，桥梁的设计可按季节冻土区或一般地区考虑。但桥头引线设计应注意冻土向融土地段的过渡。若为一般非贯通融区，则应根据融区的厚度和其下多年冻土的特性确定桥梁基础的类型、结构以及埋置深度，并采取措施确保地基基础的稳定。

**9.3.8** 隧道通过地段的多年冻土及其水文地质条件是隧道工程地质调查与测绘的重点，据多年冻土地区已有隧道工程建筑的经验，处理好地下水是保证多年冻土区隧道工程稳定的关键。从大兴安岭已通车的隧道病害情况看，地下水危害是主要的。由于地下水浸入隧道，造成衬砌开裂、掉落、洞顶挂冰、轨面积冰等。如牙林线（牙克石—满归）岭顶隧道，由于修建时未注意对地下水的处理，致使衬砌大量开裂，洞内积水挂冰无法通车。在查明地下水情况后，在隧道下方修建了泄水洞，消除了病害。又如嫩林线（嫩江—西林吉）西罗奇2号隧道和呼中支线翠岭2号隧道，都是由于地下水未处理好，致使洞内积水，衬砌开裂，严重妨碍行车。与此相反，在没有地下水时，多年冻土区隧道一般都没有病害。所以，在进行隧道工程地质调查时，应着重查明多年冻土及其水文地质条件，以便考虑是否改移线路位置或采取相应的防水措施。

**9.3.10** 沿线冻土工程地质说明是指对详细冻土工程地质图（1∶2000～1∶5000）的说明，是为了不需编制单独工点资料的地段，提供设计所需的工程地质资料。同时，也是进行方案局部改动的依据。所以应根据导线里程或纸上定线里程，按地形地貌或不同冻土工程地质条件分段认真编写。

### 9.4 定测阶段勘察

**9.4.1** 受冻土工程地质条件控制的地段，应根据地质纵、横断面及其他定线原则，综合确定线路位置。这里的其他定线原则是指第9.1.1条的规定和一般地区的定线要求。

多年冻土区沿线取土坑的取土与一般地区不同。在多年冻土区，取土坑可供取土的最大厚度一般为活动层厚度。活动层下的多年冻土一般不宜作为路基填料。为了减少对多年冻土的热干扰，保护冻土地质环境，取土厚度一般不宜超过2/3活动层深度。当取土坑下多年冻土为少冰冻土时，在不影响周围冻土地质环境的前提下，允许取土深度达活动层底部。在含土冰层和厚层地下冰分布地段，不允许取土。因此，在路基取土坑调查时，应查明取土地点多年冻土的特性，而后确定取土范围和深度。

多年冻土地区的建筑物宜采用柔性结构，以适应冻胀和下沉的不均匀性。多年冻土地基的利用原则一般可分为两种。

原则一：在建筑物施工和整个运营期间都保持地基土处于冻结状态。

原则二：允许地基土在施工和使用过程中逐渐融化或施工前预先融化。地基土利用原则应根据地基多年冻土的特点，经过经济技术比较确定。如果保持地基土处于冻结状态的措施是经济合理的，则可采用原则一。通常在坚硬冻土地区按原则一利用多年冻土。当地基中存在石质土或者其他低压缩性土，融化时其变形不超过建筑物的允许值，且从建筑物的技术和结构特性以及冻土条件看，采用保持地基冻结措施并不能保证要求的建筑可信度水平时，应采用第二种原则。

土的热改良措施包括：人工冷却地基措施和无源冷冻技术。前者指机械制冷系统、液氮冷冻和机械通风措施等，后者是指热桩冷冻技术、自然通风措施等。

地质环境恢复和保护措施包括：现场的恢复；交通管制；地表、地下排水的处理、取土控制等。

定位观测内容包括：多年冻土温度；季节融化和季节冻结动态；冷生地层的发育情况及其形成物的观测等。

## 10 水利水电冻土工程地质勘察

### 10.1 一般规定

**10.1.1** 多年冻土地区水利水电工程的冻土工程地质勘察是冻土工程地质勘察中的一个重要而特殊的组成部分。多年冻土的存在对工程地质条件和工程方案的选择具有不同程度的甚至是重大的影响。因此，在这样的地区进行工程地质勘察时，除应按常规要求外，还必须按不同的工程等级进行冻土勘察。一、二级和主体工程地段冻土条件复杂的三等水利水电工程均应按本章规定进行冻土工程地质勘察。对于季节冻土地区水利水电工程的冻土工程地质勘察应主要解决土的冻胀性问题。因此，勘察工作应满足水利水电工程的稳定和变形要求。

**10.1.2** 大中型水利水电工程，除水利枢纽工程外，还有内外交通区段和管线工程以及工业与民用建筑工程。所以，水利水电冻土工程地质勘察除应符合本规范外，尚应符合现行国家有关标准（规范）的规定。

### 10.2 规划阶段勘察

**10.2.1** 规划工作可以是整条河流的规划，也可能是先进行最有开发意义的河段，故冻土勘察亦在规划任务确定的河段的范围内进行。

**10.2.2** 规划阶段的冻土工程地质勘察工作要为制定梯级工程开发方案，选出第一期开发的水利枢纽服务。它是水利水电冻土工程地质勘察工作重要和工作量很大的阶段。因此，对河段的冻土条件作出总体评价，进行冻土分区和查明第一期地基冻土的主要问题是本阶段工程冻土勘察的主要任务。

10.2.3～10.2.6 规划阶段冻土工程地质勘察的基本目的是为制定规划方案提供所需的冻土分区和坝址区冻土资料。一般多年冻土分区图的制定主要是根据已有实际资料，在充分考虑气候分区的条件下依据地质构造、地貌和景观分区。但仅此还不能达到上述工程规划的要求。因此，在进行本阶段的冻土工程地质勘察时，要分为两步进行。第一步是收集已有资料，进行综合整理分析，然后作出综合评价的报告，以便对河段冻土条件有一定基本的总体概念，并制定出进一步实际勘察的工作大纲。第二步是现场实现调查与勘察。在进行规划河段范围内和预选坝址的冻土一般性勘察的同时，重点应进行第一期开发工程的勘察工作。

10.2.7～10.2.9 河流规划的范围很大，特别是大河流可达数十万平方公里，河段长达数千公里。因此，在进行冻土分区的勘察时，一般以采用控制地段，并在河谷及其相邻的一定范围内进行一般性的冻土勘察和调查相结合的方法。

控制地段的选择应体现根据气候、地形地貌、河谷形态、河流特性等方面在总体上具有代表性的原则。这样，可以将控制地段的冻土勘察结果推行到同类地区。

控制地段应尽可能布置在已规划的水利枢纽区，这样既可以最充分和有效地利用工程地质勘察的钻孔和坑槽探，又能最直接和详细地说明水利枢纽的冻土条件。这对规划阶段制图比例尺较小的情况更是合理的。

由于水利枢纽范围较大，而且控制地段可包括几个地貌单元，加之规划阶段的测量比例尺较小，因此，提出控制地段的范围一般以不小于5～10km为宜，制图的比例尺以不小于1：500000为宜。

10.2.10 冻土的厚度和年平均地温是冻土状态和类型的代表性指标。因此，钻孔深度应超过地温年变化深度，并宜有一个以上钻孔穿过冻土层下限，用于计算或直接取得冻土层厚度。对于规划中的一般水利枢纽，钻孔数量根据冻土条件可取1个或数个，对于第一期开发工程应不少于2个，以便较详细地研究冻土状态。同时可配合布置一些浅孔和坑探，其中第一期开发工程中的数量亦应较其他规划工程相对增多。

10.2.11 建筑材料是工程地质勘察的重要组成部分。当料场位于多年冻土地带时，建筑材料的填筑性和开挖条件都将受到影响。因此，在冻土勘察中应确定其冻土层的厚度和季节冻结和融化深度，以及冻结材料的物理力学性质，以便研究开采方法、开采的程序和时间、预计开挖可能出现的其他困难。

10.2.12 冻土分区图应根据实际掌握的资料和按补充调查勘察的资料编制，确定其比例尺。根据我国多年冻土地区的情况，冻土分区图的比例尺一般可取1：1000000，对于个别大河，可取1：2500000。

### 10.3 可行性研究和初步设计阶段勘察

10.3.1～10.3.3 本阶段的冻土工程地质勘察工作内容、数量和详细程度是在已确定的具体水利水电工程中进行的最主要的勘察阶段，其基本任务是要对最终设计方案的确定提供冻土工程地质依据。这几条是对本阶段工作任务和基本内容的规定。

10.3.4 各类建筑物地基与两岸接头的冻土条件是关系建筑物稳定、选择建筑原则和确定处理方法的主要依据。其中特别是修筑建筑物后冻土融化引起的沉陷和渗透性变化。因此，对本阶段的冻土勘察应给予特别的注意。

10.3.5 可行性研究和初步设计阶段的冻土勘察中，由于冻土测绘比例尺较前一阶段加大，勘察数量相应增加。因此，钻孔和坑探数量一般都要增加。但在冻土条件较单一或在少冰冻土情况下，可考虑只补充一些坑探或浅孔勘察工作量。

10.3.6 建筑物上下游的岸坡，特别是坡度较陡的情况下的稳定，修筑建筑物后可能发生变化。当岸坡处于多年冻结状态时，水库蓄水后可能因水的热量使坡脚融化而引起滑塌；当岸坡虽然不处于多年冻结状态，但由于水库蓄水影响含水量增大，在多次冻融和冻胀状态下引起滑坡。这些现象，特别是在进出水口区内，将严重影响建筑物的安全和正常进行。因此，应对这些部位的冻结条件进行调查和作出评价。

10.3.7、10.3.8 水库库区的工程冻土勘察主要是查明出现大型滑坡从而对周围环境造成影响的地段，应根据滑坡的危害程度进行具体的勘察和观测，必要时进行专门研究，为滑坡的治理提供依据。因此，库区的冻土勘察可结合非冻土工程地质勘察和调查工作并利用其钻孔及坑探进行，一般可不作专门的冻土勘察工作。冻土测绘的比例尺亦可与非冻土工程地质勘察一致。这样，在工作量和经济上也是合理的。

10.3.9 引水渠道开挖后可能因冻土融化出现滑坡、融陷等现象，影响渠道衬砌结构的稳定和正常运行。由于渠道各地段的冻胀性不同，因此应着重查明这些现象，并按冻胀和融沉性分段。

10.3.10 由于冻土(岩)的滑坡和渗透稳定问题较复杂，特别是冻土条件复杂的地段，一般冻土工程地质勘察工作往往不能完全查清和提供可靠的处理措施。因此，对冻土条件复杂地段，滑坡和渗透破坏性大和后果严重时应进行专门研究。

### 10.4 技术设计和施工图设计阶段勘察

10.4.1～10.4.5 技术设计和施工图设计阶段冻土工程地质勘察工作主要是在前二个阶段已进行的工作基础上，对所取得的主要资料和所作的主要结论作进一步查证，对未解决的问题作进一步的补充勘察或专门研究。施工过程中的地质工作主要是进行施工地质监理，根据施工过程，特别是地基开挖中发现的新问题进行补充勘察或专门研究。对发现的问题和及时处理过程作出详细记录，以备今后建筑物运行过程中必要时查核之用。

10.4.6 冻土温度的变化是决定冻土动态的主要因素。在建筑物施工过程中，由于地基开挖、人类活动等的影响，冻土状态可能发生较大的变化。因此，在施工过程中对冻土温度的观测，并根据温度观测结果对冻土的稳定性进行检查评价是施工地质工作的重要内容。

10.4.7 冻土温度的变化有一个过程，而建筑物运行和水库蓄水对冻土温度将产生强烈影响。因此，在施工结束后应将原有的观测孔全部或部分保留，并移交给工程管理部门继续进行观测，用以长期监测冻土状态的变化及其对建筑物可能性的影响。

10.4.9 冻土工程地质工作是工程地质工作的一部分，但具有它本身的特殊性和要求。因此，在施工结束后应编写专门的冻土施工地质报告，并作为施工地质报告的一部分。

## 11 管道冻土工程地质勘察

### 11.1 一般规定

11.1.1 本章适用于冻土地区的输油、水、气管道线路及其穿、跨越工程的冻土工程地质勘察。其他如地下电缆线路等有关工程亦可参照执行。

冻土地区的管道敷设方式有三种：

(1)地上式：主要用于多年冻土中热敏感性很强的富冰、饱冰和含土冰层地带。美国的阿拉斯加输油管道即采用地上式管道，它采用柱、桩基础把管道架空起来，它涉及的问题是基础与冻土间的热交换计算、管道的保温层厚度、基础的冻胀与融沉变形等。为了减少油管热量通过桩、柱基础向冻土传热，采用热虹吸管作为管道的桩、柱基础，使冻土地基始终保持冻结状态，保证构筑物的稳定性。

(2)地面式：为地面平铺、路堤式。它所涉及的问题有：地基与管道间的热交换计算、管道保温层厚度，底垫层的隔热保温材料、地基土的热物理特性、堤高的确定及地基的冻胀与热融下沉等。东北大兴安岭地区的许多输水管道都是采用路堤式。

(3)地下式:即埋入式。我国青藏高原的格尔木至拉萨的输油管道即采用埋入式。它所涉及的问题:冻土与管道之间的热交换计算、管道的保温层厚度计算、地基土的热物理参数、地形、季节冻结与季节融化深度(即多年冻土上限)的确定、管道的埋置深度、跨沟建筑物及管道周围土体的冻胀与融化下沉等。

**11.1.2** 本条勘察阶段的划分原则是参考行业标准《油气管道工程地质勘察规范》(SYJ 53—89)确定的。勘察阶段的划分应与设计阶段相适应。

**11.1.3** 冻土区的管道冻土工程地质勘察应着重调查的内容是:冻土的工程类型、分布、地下冰的埋藏与分布、冻土地基的融化下沉与地基土的冻胀性、冻土现象等。这些都是冻土区影响管道安全运营的主要问题。因为冻土中的厚层地下冰一旦产生融化,往往很难制止,需要成倍乃至几十倍的耗资去治理。因此,勘察工作中首先应特别注意冻土特征的调查。

## 11.2 可行性研究(选线)勘察

**11.2.1** 可行性研究勘察主要是搜集和分析已有的有关资料,对主要的线路控制点(例如大中型河流穿、跨越点)进行踏勘调查,一般可不进行勘察工作,由于冻土区的冻土工程地质条件的复杂性要比非冻土区大的多,冻土中地下冰的存在使得冻土工程地质条件变得更为复杂,地下冰的含量、分布及其工程类型往往是千变万化,它在垂向或水平方向上的空间分布都是极不均匀的,特别是在多年冻土上限地带存在着大量的地下冰层,乃至是厚层地下冰;其次,多年冻土的年平均地温往往受各种自然地理——地质因素影响与控制,因而各个地段的冻土地温类型与稳定性不同;第三,多年冻土的环境工程地质稳定性将受自然条件和人类工程活动的强烈影响,例如地表的扰动、地表水与地下水的侵蚀作用、场地的挖掘和植被的破坏、外来温度的热侵蚀作用等等;第四,冻土现象的产生与发展将随着自然条件的变化和人类工程活动而变化,通常情况下都会加剧。例如地基土的冻胀和冻土的融化下沉、融冻泥流和热融滑塌等。一旦这些冻土现象出现,往往不易整治,即使要整治,则耗资很大。所以,选线勘察是一个重要的勘察阶段,千万不可忽视,应有岩土工程人员参加选线工作。

**11.2.2** 选择线路的路径,除了一般的要求外,本条强调应从冻土工程地质条件出发,选择冻土类型为少冰冻土,多冰冻土的地段通过较好,因为这些地段的含冰量较少,即便产生融化,其融化下沉量也较少,而且这些地区的冻胀性也较弱,地基处理较为容易。但是,应特别注意具有强、弱融沉的两种冻土工程类型和强、弱冻胀性地基土交界处的沉降与冻胀变形对管道的影响。进行多种方案的比较,才能选择最佳的线路方案。

**11.2.3** 本条第11.2.3.3款中提出应按第4.2节的规定进行冻土工程地质勘察工作,这是由于冻土的工程地质条件比较复杂,调查的内容较多,而这些要求又是作为冻土工程地质勘察工作所必需的,不同建筑物工程的等级和设计阶段的要求深度各不相同。但它们的勘察内容基本相同,只是其详细程度有所差别,只有对这些内容的充分了解,才能作出评价和预测它们的变化。第11.2.3.4款提出要了解河流的冻土特征和冰情。这是由于多年冻土区的大河流中,往往存在有贯穿或非贯穿融区,而中、小河流则通常是非贯穿融区,它对线路方案的选择以及管道的稳定和安全有直接影响。

**11.2.4** 线路路径方案的选择是冻土工程地质勘察工作的重要内容之一。本条中对各比选方案的冻土工程地质条件作出评价和分析冻土地区影响线路选择的因素是复杂的,除应考虑节约投资和材料外,还要考虑安全和施工、管理的方便,在技术合理,安全经济的前提下,线路应尽可能地沿公路、铁路和交通方便的地方行进,以利于施工和管理。

## 11.3 初步勘察

**11.3.1、11.3.2** 初步勘察工作,主要是在选线勘察的基础上,进一步搜集资料,现场踏勘,进行冻土工程地质调查与测绘,对拟选线路方案的冻土工程地质条件作出初步评价,协同设计人员选出最优的线路方案。这一阶段的工作主要是进行冻土工程地质调查与测绘,其范围可限制在拟选线路两侧各100m。一方面是通过地貌及第四纪沉积物的调查,了解一般的地质和冻土工程地质条件,另一方面则要在不同的地貌单元和不同的沉积物类型地段进行坑探及少量的钻探工作。通常情况下,勘探点的间距和深度应按表11.4.3规定执行。

**11.3.3** 初步勘察的冻土工程地质勘察内容,主要是初步查明沿线路地段的冻土工程类型、分布及特征,地下冰的分布及含量,测定几个必要的设计参数,如冻土密度、含水量等;河流与沟谷中冻土特征,冰情等;冻土现象及井、泉与地下水情况等。在初步查明这些冻土特征的基础上作出冻土工程地质条件的评价。

**11.3.4** 穿、跨越工程的初步勘察工作,也是以搜集、踏勘、调查为主。由于河流、沟谷地段的冻土工程地质条件较为复杂,应进行少量的钻探工作,勘探的间距和深度应按表11.4.3规定执行。当钻探手段难以控制时,可采用物探方法,以达到初步查明河、沟的冻土工程地质条件。

## 11.4 详细勘察

**11.4.1** 详细勘察的任务是在初步勘察工作的基础上进一步具体化的对各段冻土工程地质问题进行详细勘察。一般情况下,勘探点的密度应按表11.4.3执行,为地基基础设计、地基处理加固、冻土现象的防治与工程设计提供可靠的冻土工程地质资料。

**11.4.2、11.4.3** 勘探点的间距与孔深,按表11.4.3规定执行,通常情况下是可以满足的。但是,在含土冰层、饱冰冻土及富冰冻土地段,由于地下冰分布极不均匀,应予加密,乃至100m一个孔,对于少冰与多冰冻土地段,视地形与地质情况可适当放宽。

采用地上架空式的敷设方法时,由于桩、柱基础的间距及其受力原因,勘探点间距应加密。

勘探孔深度的确定,主要是根据冻土上限及附近富含地下冰层的特点,当管道的埋置深度处于上限附近时,必须考虑到由于管道的散热影响。根据原苏联库德里雅夫采夫的资料计算,年平均温度为10℃,管壁温度较差为50℃的情况下,管道散热影响的融化深度可达2.0m左右,且得出结论,随着管道直径的增大,直径对融化深度的影响则减少。因此,只有了解管壁以下2~3m的冻土工程地质条件,才能确保管道的安全和稳定性。

**11.4.4** 取样与试验工作,这是详细勘察阶段中必须进行的工作。由于冻土中地下冰的水平和垂直方向分布具有极不均匀性,所以取样要比较密。通常情况下,每层冻土必须保证具有六项试验项目的数量。为了解冻土地下冰的垂直变化,起码应该高于一般情况下的非冻土区的工程地质勘察要求。

# 12 架空线路冻土工程地质勘察

## 12.1 一般规定

**12.1.2** 由于架空线路工程的设计分初步设计和施工图设计两个阶段,所以勘察阶段其相应也分为初步勘察(初勘选线)与详细勘察(终勘定位)两个阶段,但一般的小型线路工程可简化勘察阶段,进行一阶段勘察。

**12.1.3** 根据冻土工程地质及水文地质条件、年平均地温、施工条件以及上部结构形式等因素综合考虑确定基础型式。在季节冻土地区除考虑常规设计外，尚应验算在冻胀力作用下基础的稳定性，若不满足要求，或改变基础型式或采取相应的防冻害措施。在多年冻土地基中应考虑由于气温的改变、人为活动的影响而导致地温的变化，有无过大融沉的可能性。现浇基础，由于施工带入的热量较多(其中包括材料热量及水泥水化热)，对冻土地基的热干扰大，同时混凝土硬化所需时间较长；钻孔灌注桩基础，与其他桩基础相比只需一台钻孔机，不用吊车，不用打桩机，不必运输，不必吊装，勿须更多的构造钢筋和较高强度等级的混凝土。但对地基土的热干扰大，混凝土的养生时间长，适用于坚硬冻土地基的冬期施工；钻孔插入桩基础，在多年冻土地基中应用广泛。

## 12.2 初步勘察

**12.2.1～12.2.3** 为了选择地质、地貌条件较好，路径短、交通便利、施工方便的线路路径方案，应按不同地质及水文地质条件评价其稳定性，并推荐最优线路路径方案。冻土区的岩土工程师应参加选线组进行线路路径踏勘，重点是调查研究路径方案、跨河地段的冻土工程条件和沿线的冻土现象，对各路径方案沿线地貌、冻土性质、融沉等级、地温分布、水文地质情况，季节冻结层的冻胀性等应有新了解，以便正确划分地段，并结合有关文献资料归纳整理。对特殊设计的大跨越地段和主要塔基，应做详细的调查研究。

当已有资料不能满足要求，尚应作适量的勘探与测试工作。

**12.2.4** 线路路径方案的选择是冻土地质工程师的重要职责之一，线路应力求顺直，以缩短线路长度，这对节约投资和管理费用具有重要意义。但影响线路选择的因素是复杂的，除经济之外还要考虑安全和施工管理的方便。因此，在技术合理、安全经济的前提下，应尽量沿着公路、铁路和交通方便的地方选线；应力求减少同天然和人工障碍的交叉；线路选线应协同穿越大、中型河流的跨越点选择相结合，避开不利的地形地貌和地质条件，要尽量少占和不占农田好地。河流的跨越点选得是否合理，是关系到设计、施工和管理的关键问题。所以，在确定跨越点以前应进行必要的选址勘察工作，通过认真的调查研究工作，选出最佳的跨越方案。

## 12.3 详细勘察

**12.3.1、12.3.2** 详细勘察是在已选线路沿线进行塔位冻土工程地质调查、勘探与测试，以及必要的计算工作。并提出合理的地基基础方案及施工方法等。各勘察地段的具体要求为：

(1)平原地区勘察应明确规定转角、耐张、跨越和终端塔等重要塔基和复杂地段进行逐基勘探。对简单地段的直线塔基可酌情放宽。

(2)线路经过丘陵与山区，要围绕稳定性并以此为重点来进行勘察工作。主要查明塔基及其附近是否有冰锥、冻胀丘、热融滑塌等冻土现象及其对塔基稳定性的影响。

(3)跨越河流、湖沼勘察，对跨越地段的杆塔位置选择，应与有关专业共同确定。对于岸边和河中立塔，尚应根据水文调查和验测资料(包括洪水、淹没、冲刷及河床演变)结合塔位冻土工程地质条件，对杆塔地基的稳定性作出评价。为跨越河流或湖沼，宜选择在跨距较短、冻土工程地质条件较好的地点而布设杆塔。对跨越的塔基宜布置在两岸地势较高，地层为坚硬冻土，或不融沉与弱融沉性土地段。

**12.3.3** 对季节冻土地基而言，其基础的型式与非冻土地基所考虑的内容差不多，所不同的是季节冻土的冻胀性问题。对不冻胀土可完全不必考虑，对冻胀性土则应计算法向、切向与水平冻胀力对基础的作用，并应进行“冻胀性土地基上基础的稳定性计算(验算)”。在满足各种要求之后，基础应尽量浅埋。

对多年冻土地基，可用装配式基础，因装配式基础不用施工机械，不必用专门的运输工具，比较简单、经济。由于施工时必须大开挖，所以对地基的热干扰大，宜在气温低于地温时施工，但又不在深冬，这样不但避免挖掘大量的冻土土方，也不会将热量传入地基中。

钻孔灌注桩，在施工中需加入混凝土防冻剂，混凝土桩身的养生需要较长的时间，但它比预制桩节省大量钢材，而且也不需要运输与安装，但施工时的施工热与混凝土的水化热较大，不宜在高温冻土中使用。

钻孔插入桩，由于是预制桩插入泥浆中，回冻时间较短，承载力也不低，一般多被采用。

热桩、热棒基础是一种比较合理而有发展前途的基础型式，它可增加地基土的冻结稳定性，而一劳永逸(在热桩的寿命范围之内)。但直到目前，由于成本较高还不能普遍应用，仅适用于重点工程。

# 附录D 土的季节融化与冻结深度

**D.0.1** 土的季节融化深度。

象地基土的冻结深度一样，地基土的融化深度也需规定一个统一的标准条件，即在衔接的多年冻土地基中，土质为非融沉性(冻胀性)的粘性土，地表平坦，裸露的空旷场地，实测多年(>10年)融化深度的平均值为融深的标准值。

在没有实测资料时，按 $Z_0^m=0.195\sqrt{\sum T_m}+0.882$(m) 计算，该公式适用于高海拔的青藏高原地区。$Z_0^m=0.134\sqrt{\sum T_m}+0.882$(m)，该公式适用于高纬度的东北地区。由于高海拔多年冻土地区(青藏高原)与高纬度多年冻土地区(东北地区)的气候特点不同，例如两个地区的年平均气温相同，则高纬度地区的融化深度与融化指数的关系就有显著的区别，所以提出两个公式分别计算高原和东北地区。

融化深度与冻结深度，都属于热的传导问题，因此，凡是影响冻结深度的因素同样也影响着融化深度，除了气温的影响之外尚有土质类别(岩性)不同的影响，土中含水程度的影响以及坡度的影响等。如前所述，当其他条件相同时，粗颗粒砂土的融化深度比粘性土的大，因粗颗粒土的导热系数比细颗粒土的大。土的含水量越大消耗于相变的热量就越多，虽然导热系数随含水量的增加而增大，但比相变耗热的增大缓慢得多，因此含水越多的土层融化深度相对越小。

坡向和坡度对土层的季节融化深度的影响也是很大的，在其他条件相同的情况下，地表接受的日照辐射总量也不同，所以向阳坡，坡度越大，融化的深度越深(见表3)。

**坡向对融深的影响系数 $\Psi_{to}^m$** 　　**表3**

| 数据来源 | 坡向 | 融深(cm) | $\Psi_{to}^m$ |
|---|---|---|---|
| 苏联《普通冻土学》<br>伊尔库特—贝加尔地区 | 北坡 | 68.0 | 0.88 |
| | — | 77.5 | 1.00 |
| | 南坡 | 87.0 | 1.12 |
| 《公路工程地质》2.2<br>杨润田、林凤桐资料<br>大兴安岭地区 | 阴坡 | 100.0 | 0.80 |
| | — | 125.0 | 1.00 |
| | 阳坡 | 150.0 | 1.20 |
| 规范推荐值 | 阴坡 | — | 0.90 |
| | 阳坡 | — | 1.10 |

根据中铁西北科学研究院、铁道第一勘测设计院、中国科学院寒区旱区环境与工程研究所等单位编制的《青藏高原多年冻土地区铁路勘测设计细则》和铁道第三勘测设计院编制的《东北多年冻土地区铁路勘测设计细则》对土质类别与融深的影响系数，经整理分析本规范提出了关于该系数的推荐值，土的类别对融深的影响系数见表4。

土的类别(岩性)对融深的影响系数 $\Psi_z^m$　　表 4

| 青藏铁路勘测设计细则 | 粘性土 | 粉土、细、粉砂 | 中、粗、砾砂 | 大块碎石 |
|---|---|---|---|---|
| 影响系数 $\Psi_z^m$ | 1.00 | 1.12 | 1.20 | 1.45 |
| 东北铁路勘测设计细则 | 粉土 | 砂砾 | 卵石 | 碎石 |
| 影响系数 $\Psi_z^m$ | 1.00 | 1.00 | 2.03 | 1.44 |
| 本规范推荐值 | 粘性土 | 粉土、细、粉砂 | 中、粗、砾砂 | 大块碎石 |
| $\Psi_z^m$ | 1.00 | 1.20 | 1.30 | 1.40 |

**D.0.2**　土的季节冻结深度。影响冻深的因素很多,最主要的是气温,除此之外尚有季节冻结层附近的地质(岩性)条件、水分状况以及地貌特征等等。在上述诸因素中,除山区外,只有气温属地理性指标,其他一些因素,在平面分布上都是彼此独立的,带有随机性,各自的变化无规律和系统,有些地方的变化还是相当大,它们属局部性指标,局部性指标用小比例尺的全国分布图来表示是不合适的。

标准冻深的定义为地下水位与冻结锋面之间的距离大于 2m 的非冻胀粘性土,在地表平坦、裸露和城市之外的空旷场地中,多年实测(不少于 10 年)最大冻深的平均值。标准冻深一般不用于设计中。冻深的影响系数有土质系数、温度系数、环境系数和地形系数等。

土质对冻深的影响是众所周知的,因岩性不同其热物理参数也不同,粗颗粒土的导热系数比细颗粒土的大。因此,当其他条件一致时,粗颗粒土比细颗粒土的冻深大,砂类土的冻深比粘性土的大。我国对这方面问题的实测数据不多,不系统,前苏联 74 和 83《房屋及建筑物地基》设计规范中有明确规定,本规范采纳了他们的数据。

土的含水量和地下水位对冻深也有明显的影响,我国东北地区做了不少工作,这里将土中水分与地下水位都用土的冻胀性表示(见本规范土的冻胀性分级表,表 3.2.1)。水分(湿度)对冻深的影响系数见表 5。因土中水在相变时要放出大量的潜热,所以含水量越多,地下水位越高(冻结时向上迁移),参与相变的水量就越多,放出的潜热也就越多。由于冻胀土冻结的过程也是放热的过程,放热在某种程度上减缓了冻深的发展速度,因此冻深相对变浅。

坡向对冻深也有一定的影响,因坡向不同,接收日照的时间有长有短,得到的辐射热有多有少,向阳坡的冻深最浅,背阴坡的冻深最大。坡度的大小也有很大关系,同是向阳坡,坡度大者阳光光线的入射角相对较小,单位面积上的光照强度变大,接受的辐射热量就多,但是有关这方面的定量实测资料很少,现仅参照前苏联《普遍冻土学》中坡向对融化深度的影响系数。

水分对冻深的影响系数(含水量、地下水位)$\Psi_z^m$　　表 5

| 资料出处 | 不冻胀 | 弱冻胀 | 冻 胀 | 强冻胀 | 特强冻胀 |
|---|---|---|---|---|---|
| 黑龙江低温(闫家岗站) | 1.00 | 1.00 | 0.90 | 0.85 | 0.80 |
| 黑龙江低温所(龙凤站) | 1.00 | 0.90 | 0.80 | 0.80 | 0.77 |
| 大庆油田设计院(让胡路站) | 1.00 | 0.95 | 0.90 | 0.85 | 0.75 |
| 黑龙江低温所(庆安站) | 1.00 | 0.95 | 0.90 | 0.85 | 0.75 |
| 推荐值 | 1.00 | 0.95 | 0.90 | 0.85 | 0.80 |

注:土壤的含水量与地下水位深度都含在土的冻胀性表中,参见土的冻胀性分级表 3.2.1。

城市的气温高于郊外,这种现象在气象学中称谓城市的"热岛效应",城市里的辐射受热状况改变了(深色的沥青屋顶及路面吸收大量阳光),高耸的建筑物吸收更多的阳光,各种建筑材料的容量和传热量大于松土。据计算,城市接受的太阳辐射量比郊外高出 10%~30%,城市建筑物和路面传送热量的速度比郊外湿润的砂质土壤快 3 倍。工业设施排烟、放气、机动车辆排放尾气、人为活动等都放出很多热量,加之建筑群集中,风小对流差等,使周围气温升高。

目前无论国际还是国内对城市气候的研究越来越重视,该项研究已列为国家基金课题,对北京、上海、沈阳等十个城市进行了重点研究,已取得一批阶段成果。根据国家气象局气象科学研究院气候研究所和中国科学院、国家计委北京地理研究所气候室的专家提供的数据,经过整理列于表 6 中。"热岛效应"是一个比较复杂的问题,和城市人口数量、人口密度、年平均气温、风速、阴雨天气等诸多因素有关。根据观测资料与专家意见,作如下规定:20~50 万人口的城市(市区),只考虑市区 0.90 的影响系数;50~100 万人口的市区,可考虑 5~10km 范围内的近郊区 0.95。大于 100 万人口的市区,可扩大考虑 10~20km 范围内的近郊区。此处所说的城市(市区)是指市民居住集中的市区,不包括郊区和市属县、镇。

"热岛效应"对冻深的影响　　表 6

| 城　市 | 北　京 | 兰　州 | 沈　阳 | 乌鲁木齐 |
|---|---|---|---|---|
| 市区冻深/远郊冻深 | 52% | 80% | 85% | 93% |
| 规范推荐值 | 市区—0.90 | 近郊—0.95 | | 村镇—1.00 |

关于冻深的取值,尽量应用当地的实测资料,要注意个别年份挖探一个、两个数据不能算实测数据,多年实测资料(不少于 10 年)的平均值才为实测数据(个体不能代表均值)。

# 附录 F　冻土融化压缩试验要点

**F.0.1**　概述。

土冻结过程中由于水分迁移的结果,形成分凝冰,产生不同程度的冻胀变形。而当土融化时,由于土中冰的融化和一部分水从土中排出,使土体仅在土自重作用下就产生下沉。这种现象称之为冻土的热融沉陷,简称为融沉,这种融沉性往往是不均匀的,具有突陷性质。

目前我国常以融沉系数(融化下沉系数)来描述冻土的融沉性;而以融化体积压缩系数 $m_v$ 表示冻土融化后在外荷载作用下的压缩变形。实际上孔隙比的变化与外压力的关系是非线性的,但在压力变化不大范围内,可近似地看成直线关系,而以融化体积压缩系数表示其压缩性的大小。

**F.0.2~F.0.7**　关于冻土的融沉和压缩试验方法,有实验室试验及原位测定两种,其具体内容和要求为:

实验室所采用的冻土试样有两种:即原状冻土及用扰动融土配制的冻土试样。一般应采用原状土。但没条件采取原状冻土时,可从工程地点采取扰动土样,根据冻土天然构造及物理指标(含水率、密度)进行制备。

原状冻土试样根据建筑物对冻土地基的要求,按不同深度采取。由于冻土具有明显的各向异性及分布不均匀性,一般都要求加密取样,并在土样上标明层位方向。冻土还具有较大强度,用常规的环刀法难以切取。为此,可采用专门的冻土取样器来切取试样。取样时,冻土土温一般控制在-0.5~-1.0℃为好。因为土温太低往往造成脆性破碎,太高时,即土温接近 0℃的冻土在取样时表面要发生局部融化。试样制备或取出后立即置于负温的保温瓶中,并送到负温恒温箱保存。根据与原状冻土相同的土质、含水量的扰动土制成的冻土试样进行对比试验说明,扰动冻土的融沉系数小于原状土的融沉系数,其差值一般均小于 5%。因此,在没有条件采取原状冻土试样的情况下，采用扰动融土配制试样(人工回冻)进行融化压缩试验时，其 $m_v$ 值应作适当的修正。

通过青藏高原、祁连山地区、东北大兴安岭地区和实验室试验所获得的大量资料发现，冻土的融沉性仅仅是冻土的固体颗粒、冰和未冻水之间的组合关系的函数，而与冻土分布地质、地理因素关系不大。

(1)试验方法中几个问题的说明：

1)为了模拟天然地基的融化过程，在试验过程中必须保持试样自上而下的单向融化。为此，实验室除用单向加热使试样产生自上而下融化外，还必须避免侧向传热而造成试样的侧向融化问题。

2)国外的试样尺寸为高度 $h$ 与直径 $d$ 之比即 $h/d>1/2$，最小直径采用5cm，对于不均匀层状和网状构造的粘性土，$h/d=1/3$～1/5。国内曾采用的容器面积为 45、78cm$^2$ 等面积，考虑到冻土融化压缩室内试验只适用粒径小于 2mm 的土，并考虑到试验仪器可以采用常规压缩仪改装，其试样及尺寸应尽量接近常规压缩仪。因此，冻土试样直径采用 8cm，高度采用 4cm，高度与直径之比为1∶2。至于原位试验可用面积为 2500cm$^2$ 的热压模板，试样土体高为 20～25cm。其比值大约亦为 1∶2。

3)试验中当融化速度超过天然条件下的排水速度时，融化土层不能及时排水，使融化下沉产生滞后现象。当遇到试验土层含冰(水)量较大时，融化速度过快，土体常产生崩解现象，土颗粒与水分一起挤出，使试验失败或 $\delta_0$ 值偏大。不论室内或室外，融化速度均用水温来控制。一般情况下，实验室试验水温控制在 40～50℃，现场原位试验水温不超过 80℃为好。加热时应注意由低逐渐升高，当土层含冰(水)量大时，可以适当降低水温；试验环境温度较高时，水温也要适当降低。总之实验室内控制在 2h 内使 4cm 高的土层融化完；原位试验约在 8h 内融化深度达 20～25cm 即可。

4)测定 $m_v$ 值时，规定预加荷载 10kPa，这主要考虑到土与仪器壁存在摩擦，冻土在融化过程中，有时单靠自重沉陷是困难的，所以施加很小的荷载后，融化固结能进行的较快些，而又不敢对已经融化土骨架产生过大的压密，对 $m_v$ 值影响甚微。

(2)原位试验方法介绍：

原位测定方法与融土地区原位荷载试验方法相似，即开始挖试坑后采用热压模板进行逐级荷载试验。这种方法可以得到各个土层的实际融沉系数及融化压缩系数，它可以适用于各种状态的冻土，但是由于此方法比较复杂，劳动强度也较大，一般仅用来测定实验室内难进行的冻结粗颗粒类土、含砾粘土及富冰土层。

原位试验装置是由带加热的压模板，加荷设备(千斤顶或荷重块)压力传感器(带压力表的千斤顶)，变形测量设备(可用测针)和反压装置(横梁、锚固板等)组成，见图 4。

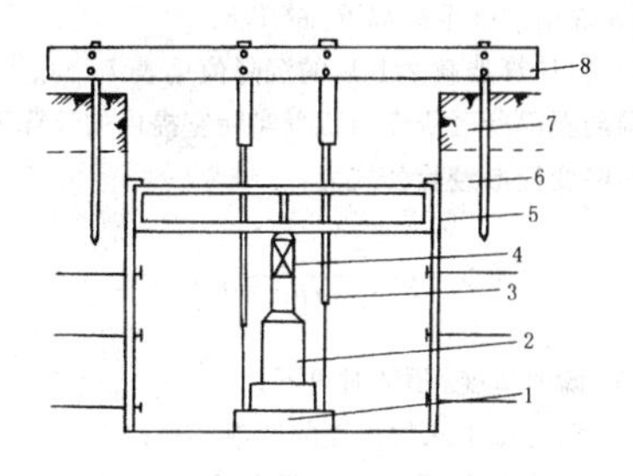


图 4　现场原位融化压缩试验示意图

1—热压模板；2—千斤顶；3—变位测针；4—压力传感器；5—反压横梁；6—冻土；7—融土；8—测量支架

热压板的面积一般为 2500～5000cm$^2$，用金属制成圆形或方形的空腔板，下部具有透水孔，见图 5。

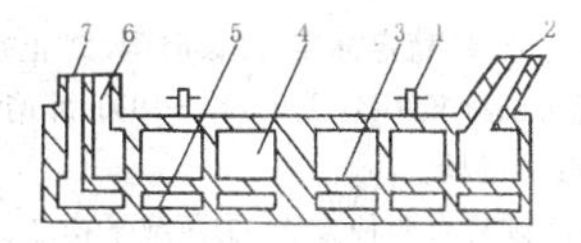


图 5　热压模板示意图

1—固定千斤顶螺丝；2—加热孔；3—热压模板；4—储水腔；5—透水板；6—排水孔；7—加水孔

试验前应测定土层冻结状态时的含水率及密度。然后在土层表面铺上 1～2cm 厚的细砂再放置压模板，调整热压板处于水平。安装完毕后，施加预估可能出现的最大荷载，检查试验装置是否牢固。然后加荷，预压 10kPa(包括压模板、千斤顶的重量)调整变形测量装置，即可加热进行试验。

加热方法可根据试验地点的条件确定。采用电热器或喷灯加热有导致压模板受热不均使试验土层产生不均匀融化沉陷的缺点，应加注意。

试样融沉开始时，可按 5、15、30min，此后每 30min 进行观测和记录。累计试验达 8h 后即可停止加热，但仍继续观测融化下沉变化，当相隔两小时变形量小于 0.5mm(对于细颗粒土)或0.2mm(对于粗颗粒土)时，即可认为达到稳定。然后按工程需要分级加荷进行压缩试验。试验结束后，拆除试样装置，描述融土状态，用探针测量试验土层各个部位的融化深度，取其平均值。同时测定融化土层的含水量、密度等。然后清除融化土层，用上述方法进行下一土层试验。

## 附录 G　冻土力学指标原位试验要点

**G.0.1**　冻胀量试验。

冻胀量是判别地基冻胀性，计算各种冻胀力最基本的指标之一，用途广泛，观测土层内各深度处的冻胀量可算出冻胀率沿冻深的分布规律。如果采用分层冻胀仪时要注意下述几点：①基准杆一定要稳固可靠，不得上下位移；②各测杆要消除切向冻胀力，避免由上层土的冻胀而上移，使数据不准；③如果采用木质制做应经过浸油(刷油)处理，以免吸水膨胀，造成过大误差；④应至少在开始冻结前一个月安装完毕，并回填达到原状密实程度；⑤要与冻深器配合使用，以了解冻深的准确进程，分层冻胀仪由于复位能力很差，翌年必须取出后重新埋设。各测点之距离可大可小，一般宜每隔 20cm 放置一个。

水准测量法要注意使用精密水准仪与铟钢尺，要选择可靠点为水准基点或专做水准基点。埋设各测点时，距离拉得不可过大，应相对集中在一起，代表 1 个点，如果间距太大，土质不均匀时，容易出现无法解释的反常现象。水准测量法同样需要埋设冻土器以掌握冻深进程。

观测时间有两种：①为定时观测，如每 10 天或一星期观测一次；②每一定冻深观测一次，如每 10cm 或 20cm。由于地基土的冻结速率随时间有所不同，所以定时观测的冻深间距有变化，每一定冻深观测的时间不确定。

为了分析冻胀量最好同时观测地下水位的变化。

**G.0.2**　冻结强度试验。

冻结强度的原位试验实质上就是桩基础受压与抗拔摩擦桩的承载力试验，受压时桩端可悬空，也可埋设测试元件，在分析数据时扣除端承力，或用拔出法避免桩端的干扰。试验时一定要在施工完毕待周围冻土基本回冻后进行，最理想的是在地温最高季节，如果时间不允许，其结果应进行地温修正(修正带有一定的近似性)。在试验过程中桩附近地表铺设保温层，确保地温的相对稳定性。

试验开始之前在试验基础附近安设地温管测温，以监视地温场变化。试验加荷分级、稳定标准、测读时间、终止条件、结果处理可参照《土工试验方法标准》GB/T 50123—1999，冻结强度试验执行。

**G.0.3** 切向冻胀力试验。

切向冻胀力的试验有两种方法：①荷载平衡法。②锚固梁法。荷载平衡法是在试验基础上先加少许荷载，待到冻深发展到一定程度，切向冻胀力增长到一定数值，就将基础抬起少许，这表示荷重与切向冻胀力失去平衡，即刻继续加荷少许，随着冻深的继续加深，切向冻胀力的增长，新的平衡又被破坏，基础上抬，这样平衡—失衡—新的平衡，继续到结束。这种方法不是太好，因为等到发现失衡，基础已经上抬一定量了，加荷劳动强度不小，还不能保证不出偏心，这样发展到最后，累计上抬量是不小的位移值，对切向冻胀力有一定的松弛作用，在整个冬季观测次数很多，需时刻监视，要求精度也较高，而且在融化时基础容易倾覆。

目前多用锚固梁法，即用锚桩、横梁，试验基础上安置荷重传感器。只要安装紧密(不留空隙)就可定时观测了，传感器应事先必须经过率定，同时考虑温度波动的影响。

试验切向冻胀力时基础侧壁的回填土一定要用原土质，而且回填的密度尽量接近原状，并要及时清除积雪等地面覆盖物。

这种锚梁法与实际基础稍有不同，在于它在冻胀力出现之前地基土除基础自重外别无其他，随着冻胀力的增长其反力才加在地基土中。实际基础上的受力是先由上部结构传下的荷重将地基土压实，其孔隙降低，含水率减少，因而冻胀性受到一定程度的削弱。这种因素对试验法向冻胀力影响较大，对切向冻胀力的试验也有或多或少的影响，但都是偏于安全的。

## 附录H 冻土地基静载荷试验要点

**H.0.1～H.0.8** 冻土地基静载荷试验内容与要求：

(1)冻土是由固相(矿物颗粒、冰)、液相(未冻水)、气相(水气、空气)等介质所组成的多相体系。矿物颗粒间通过冰胶结在一起，从而产生较大的强度。由于冰和未冻水的存在，它在受荷下的变形具强烈流变特性。图6(a)为单轴应力状态和恒温条件下冻土典型蠕变曲线，图6(b)表示相应的蠕变速率—时间的关系。图中0A是瞬间应变，以后可以看到三个时间阶段，第Ⅰ阶段AB为不稳定的蠕变阶段，应变速率是逐渐减小的；第Ⅱ阶段BC为应变速率不变的稳定蠕变流，BC段持续时间的长短，与应力大小有关；第Ⅲ阶段为应变速率增加的渐进流，最后地基丧失稳定性。因此可以认为C点的出现是地基进入极限应力状态。这样，不同的荷

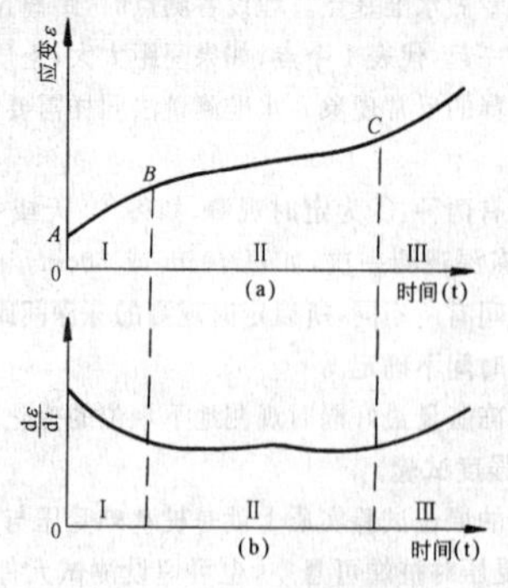


图6 冻土蠕变曲线示意图

载延续时间，对应于不同的抗剪强度。相应于冻土稳定流为无限长延续的长期强度，认为是土的标准强度，因为稳定蠕变阶段中，冻土是处于没有破坏而连续性的粘塑流动之中，只要转变到渐进流的时间超过建筑物的设计寿命以及总沉降量不超过建筑物地基容许值，则所确定的地基强度是可以接受的。

(2)冻土抗剪强度不仅取决于影响融化土抗剪强度的有关因素(如土的组成、含水率、结构等)还与冻土温度及外荷作用时间有关，其中负温度的影响是十分显著的。根据青藏高原风火山地区资料，在其他条件相同的情况下，冻土温度－1.5℃时的长期粘聚力$C_1$＝82kPa，而－2.3℃时$C_1$＝134kPa，相应的冻土极限荷载$P_u$为420kPa和690kPa。可见，在整个试验期间，保持冻土地基天然状态温度的重要性，并应在量测沉降同时，测读冻土地基在1～1.5$b$深度范围内的温度($b$为基础宽度)。

(3)根据软土地区荷载试验资料，承压板宽度从50cm变化到300cm，所得到的比例极限相同，$P_{0.02}$变化范围在100～140kPa，说明土内摩擦角较小时，承压面积对地基承载力影响不大，冻土与软土一样，一般内摩擦角较小或接近零度。因而实用上也可忽略承压板面积大小对承载力的影响；另外冻土地基强度较高，增加承压板面积，使试验工作量增加。因此，本要点规定一般承压板面积为0.25m²。

(4)冻土地基荷载下稳定条件可以从两方面考虑。其一是根据冻土第Ⅰ蠕变阶段应变速率减小的变形特性，要点规定当后4h应变速率小于前4h的应变速率时认为在该级荷载下变形已经稳定，可以加下一荷载。规定4h的应变速率是兼顾了试验精度和缩短试验周期。其二是根据地基每昼夜累计变形值。

1)中国科学院寒区旱区环境与工程研究所吴紫汪等的研究，认为单轴应力下冻土应力—应变方程可写成：

$$应变\quad \varepsilon=d|T|^{-\gamma}t^{\beta}\sigma^{\alpha} \tag{3}$$

式中 $d$——土质受荷条件系数，砂土$d=10^{-3}$，粘性土$d=(1.8\sim2.5)\times10^{-3}$；

$T$——冻土温度(℃)；

$\gamma$——试验系数，$\gamma\approx2$；

$t$——荷载作用时间(min)；

$\beta$——试验常数，$\beta=0.3$；

$\sigma$——应力(kPa)；

$\alpha$——非线性系数，一般$\alpha=1.5$。

半无限体三向应力作用时地基的应变$\varepsilon'$按弹性理论有：

$$\varepsilon'=\varepsilon\left(1-\frac{2\mu^2}{1-\mu}\right)w \tag{4}$$

式中 $\mu$——冻土泊松比，取$\mu=0.25$；

$w$——刚性承压板沉降系数，方形$w=\frac{\sqrt{\pi}}{2}$，圆形$w=\pi/4$。

近似地取1.5倍承压板宽度$b$作为载荷试验影响深度$h$，则承压板沉降值$s$为：

$$s=0.8982\cdot\varepsilon'\cdot h \tag{5}$$

式中0.8982为考虑半无限体应力扩散后1.5$b$范围内的平均应力系数，应力$\sigma$取预估极限荷载$P_u$的1/8。

按式(4.5)计算加载24h后的沉降值见表7。

2)美国陆军部冷区研究与工程实验室提供的计算第Ⅰ蠕变阶段冻土地基蠕变变形经验公式为：

$$应变=\varepsilon=\left[\frac{\sigma T^{\lambda}}{w(\theta-1)^{K}}\right]^{\frac{1}{m}}+\varepsilon_0 \tag{6}$$

式中 $\varepsilon_0$——瞬时应变，预估时可不计；

$\theta$——温度低于水的冰点的度数(℉)；

$\sigma$——土体应力，取预估极限荷载$P_u$的1/8。

$\lambda$、$m$、$K$、$w$——取决于土性质常数，对表8中几种土查出$\lambda$、$m$、$K$、和$w$的典型值。

$T$——时间(h)。

求得应变$\varepsilon$值后，仍用式(5)计算加载24h后冻土地基沉降$s$值计算结果见表7。

**荷载试验加载 24h 沉降值 $s$(mm)　　表 7**

| 土类 \ 温度(℃) | −0.5 | −1.0 | −2.5 | −4.0 | 注 |
|---|---|---|---|---|---|
| 粗　砂 | 27.7 | 10.3 | 3.1 | 1.6 | 按式(3)～式(5) |
| 细　砂 | 12.9 | 5.0 | 1.8 | 0.9 | |
| 粗砂(渥太华) | 0.9 | 0.8 | 0.6 | 0.5 | 按式(5)～式(6) |
| 细砂(曼彻斯特) | 0.6 | 0.5 | 0.4 | 0.3 | |
| 粘　土 | 23.2 | 8.1 | 2.6 | 1.0 | 按式(3)～式(5) |
| 含有机质粘土 | 15.0 | 5.8 | 2.1 | 1.4 | |
| 粘土(苏菲尔德) | 5.2 | 4.6 | 3.3 | 1.8 | 按式(5)～式(6) |
| 粘土(巴特拜奥斯) | 2.5 | 1.9 | 1.7 | 1.0 | |

分析上述两种预估冻土地基加载 24h 后的沉降值，对砂土取 0.5mm，对粘性土取 1.0mm 是能保证地基处于第Ⅰ蠕变阶段工作。

**对应于式(6)土性质常数典型值　　表 8**

| 土　类 | $\lambda$ | $m$ | $K$ | $w$ | 注 |
|---|---|---|---|---|---|
| 粗砂(渥太华) | 0.35 | 0.78 | 0.97 | 5500 | — |
| 细砂(曼彻斯特) | 0.24 | 0.38 | 0.97 | 285 | — |
| 粘土(苏菲尔德) | 0.14 | 0.42 | 1.0 | 93 | — |
| 粘土(巴特拜奥斯) | 0.18 | 0.40 | 0.97 | 130 | 维亚洛夫(1962)资料 |

# 附录 L　冻土地温特征值计算

**L.0.1**　根据傅利叶第一定律，在无内热源的均匀介质中，温度波的振幅随深度按指数规律衰减，并可按下式计算：

$$A_Z = A_0 \exp(-z\sqrt{\pi/\alpha t}) \tag{7}$$

式中　$A_Z$——$Z$ 深度处的温度波振幅(℃)；

$A_0$——介质表面的温度振幅(℃)；

$\alpha$——介质的导温系数($m^2/h$)；

$t$——温度波动周期(h)。

将上式用于冻土地温特征值的计算是基于以下假设：

(1)土中水无相变，即不考虑土冻结融化引起的地温变化。

(2)土质均匀，不同深度的年平均地温随深度按线性变化，地温年振幅按指数规律衰减。

(3)活动层底面的年平均地温绝对值等于该深度处的地温年振幅。

**L.0.2、L.0.3**　算例

已知：内蒙古满归镇 3 号测温孔多年冻土上限深度为 2.3m；根据地质资料查(条文)附录 K 求得冻土加权平均导温系数为 $0.00551m^2/h$，1973 年 10 月实测地温数据如下：

| 深度(m) | 2.3 | 4.0 | 5.0 | 6.0 | 7.0 | 8.0 | 9.0 | 10.0 | 11.0 | 12.0 | 13.0 | 15.0 | 20.0 |
|---|---|---|---|---|---|---|---|---|---|---|---|---|---|
| 地温(℃) | 0.0 | −0.7 | −0.9 | −1.1 | −1.3 | −1.4 | −1.5 | −1.6 | −1.6 | −1.7 | −1.8 | −1.8 | −2.0 |

计算步骤：

(1)计算上限处的地温特征

由本规范附录 L 中 L.0.2-2 式得

$$\Delta T_{2.3} = (T_{20} - T_{15}) \times (20 - 2.3)/5$$
$$= (-2.0 + 1.8) \times 17.7/5 = -0.7$$

由 L.0.2-3 式得

$$\Delta T_{2.3} = T_{20} - \Delta T_{2.3} = -2.0(-0.7) = -1.3℃$$

根据假设(3)得

$$A_{2.3} = (T_{2.3}) = 1.3℃$$

由 L.0.2-5 式得

$$T_{2.3max} = T_{2.3} - A_{2.3} = -1.3 + 1.3 = 0℃$$

由 L.0.2-6 式得

$$T_{2.3min} = T_{2.3} - A_{2.3} = -1.3 - 1.3 = -2.6℃$$

(2)计算地温年变化深度和年平均地温

由 L.0.2-7 式得

$$H_2 = \sqrt{\alpha t/\pi}\ln(A_{u(f)}/0.1)$$
$$= \sqrt{0.00551 \times 8760/3.14}\ln(1.3/0.1)$$
$$= 10.1m$$

$$H_3 = H_2 + h_{u(f)} = 10.1 + 2.3 = 12.4m$$

由 L.0.2-2 式得

$$\Delta T_{12.4} = (-2.0 + 1.8) \times (20 - 12.4)/5$$
$$= -0.2 \times 7.6/5 = -0.3℃$$

由 L.0.2-3 式得

$$T_{cp} = T_{20} - T_{12.4} = -2.0 - (-0.3)$$
$$= -1.7℃$$

(3)计算上限以下任意深度的地温特征值

例如：计算 $H_1 = 5m$ 处的地温特征值

由 L.0.2-1 式得

$$H = H_1 - h_{u(f)} = 5 - 2.3 = 2.7m$$

由 L.0.2-2 式得

$$\Delta T_5 = (T_{20} - \Delta T_{15}) \times (20 - 5)/5$$
$$= (-2.0 + 1.8) \times 15/5 = -0.6℃$$

由 L.0.2-3 式得

$$T_5 = T_{20} - \Delta T_5 = -2.0 - (-0.6) = -1.4℃$$

由 L.0.2-4 式得

$$A_5 = 1.3\exp(-2.7\sqrt{3.14/0.00551/\times 8760}$$
$$= 0.7℃$$

由 L.0.2-5 式得

$$T_{5max} = T_5 + A_5 = -1.4 + 0.7 = -0.7℃$$

由 L.0.2-6 式得

$$T_{2.3min} = T_5 - A_5 = -1.4 - 0.7 = -2.1℃$$

中华人民共和国行业标准

# 建筑工程地质勘探与取样技术规程

Technical specification for engineering geological prospecting and sampling of constructions

**JGJ/T 87—2012**

批准部门：中华人民共和国住房和城乡建设部
施行日期：2 0 1 2 年 5 月 1 日

# 中华人民共和国住房和城乡建设部
# 公　　告

## 第1230号

### 关于发布行业标准《建筑工程地质勘探与取样技术规程》的公告

现批准《建筑工程地质勘探与取样技术规程》为行业标准，编号为JGJ/T 87－2012，自2012年5月1日起实施。原行业标准《建筑工程地质钻探技术标准》JGJ 87－92和《原状土取样技术标准》JGJ 89－92同时废止。

本规程由我部标准定额研究所组织中国建筑工业出版社出版发行。

**中华人民共和国住房和城乡建设部**

2011年12月26日

## 前　　言

根据住房和城乡建设部《关于印发〈2009年工程建设标准规范制订、修订计划〉的通知》（建标[2009]88号）的要求，规程编制组经广泛调查研究，认真总结实践经验，参考国内外有关先进标准，并在广泛征求意见的基础上，对原行业标准《建筑工程地质钻探技术标准》JGJ 87－92和《原状土取样技术标准》JGJ 89－92进行了修订。

本规程的主要技术内容是：1. 总则；2. 术语；3. 基本规定；4. 勘探点位测设；5. 钻探；6. 钻孔取样；7. 井探、槽探和洞探；8. 探井、探槽和探洞取样；9. 特殊性岩土；10. 特殊场地；11. 地下水位量测及取水试样；12. 岩土样现场检验、封存及运输；13. 钻孔、探井、探槽和探洞回填；14. 勘探编录与成果。

修订的主要技术内容是：1. 对原行业标准《建筑工程地质钻探技术标准》JGJ 87－92和《原状土取样技术标准》JGJ 89－92进行了合并修订；2. 增加了“术语”章节；3. 增加了“基本规定”章节；4. 修订了“钻孔护壁”的部分内容；5. 增加了“特殊性岩土”的勘探与取样要求；6. 增加了“特殊场地”勘探要求；7. 增加了“探洞及取样”的要求；8. 修订了“钻孔、探井、探槽和探洞回填”的部分内容；9. 修订了“勘探编录与成果”的部分内容；10. 增加了附录D“取土器技术标准”中“环刀取砂器技术指标”，增加了附录E“环刀取砂器结构示意图”；11. 修订了附录G“岩土的现场鉴别”的部分内容，并增加了“红黏土、膨胀岩土、残积土、黄土、冻土、污染土”的内容。

本规程由住房和城乡建设部负责管理，由中南勘察设计院有限公司负责具体技术内容的解释。执行过程中如有意见或建议，请寄送中南勘察设计院有限公司（地址：湖北省武汉市中南路18号；邮编：430071）。

本规程主编单位：中南勘察设计院有限公司

本规程参编单位：建设综合勘察研究设计院有限公司
西北综合勘察设计研究院
河北建设勘察研究院有限公司
深圳市勘察研究院有限公司
中交第二航务工程勘察设计院有限公司

本规程主要起草人员：刘佑祥　郭明田　龙雄华　邓文龙　孙连和　张晓玉　苏志刚　陈　刚　陈加红　赵治海　姚　平　徐张建　聂庆科　梁金国　梁书奇　李受祉

本规程主要审查人员：顾宝和　董忠级　卞昭庆　王步云　乌孟庄　张苏民　张文华　侯石涛　姚永华

# 目 次

# Contents

# 1 总 则

**1.0.1** 为在建筑工程地质勘探与取样工作中贯彻执行国家有关技术经济政策，做到安全适用、技术先进、经济合理、确保质量，制定本规程。

**1.0.2** 本规程适用于建筑工程的工程地质勘探与取样技术工作。

**1.0.3** 在工程地质勘探与取样工作中，应采取有效措施，保护环境和节约资源，保障人身和施工安全，保证勘探和取样质量。

**1.0.4** 工程地质勘探与取样，除应符合本规程外，尚应符合国家现行有关标准的规定。

# 2 术 语

**2.0.1** 工程地质勘探 engineering geological prospecting

为查明工程地质条件而进行的钻探、井探、槽探和洞探等工作的总称。

**2.0.2** 钻探 drilling

利用钻机或专用工具，以机械或人力作动力，向地下钻孔以取得工程地质资料的勘探方法。

**2.0.3** 钻进 drilling，boring

钻具钻入岩土层或其他介质形成钻孔的过程。

**2.0.4** 回转钻进 rotary drilling

利用回转器或孔底动力机具转动钻头，切削或破碎孔底岩土的钻进方法。

**2.0.5** 螺旋钻进 auger drilling

利用螺旋钻具转动旋入孔底土层的钻进方法。

**2.0.6** 冲击钻进 percussion drilling

借助钻具重量，在一定的冲程高度内，周期性地冲击孔底破碎岩土的钻进方法。

**2.0.7** 锤击钻进 blow drilling

利用筒式钻具，在一定的冲程高度内，周期性地锤击钻具切削砂、土的钻进方法。

**2.0.8** 绳索取芯钻进 wire-line core drilling

利用带绳索的打捞器，以不提钻方式经钻杆内孔取出岩芯容纳管的钻进方法。

**2.0.9** 冲击回转钻进 percussion-rotary drilling

在回转钻具上安装冲击器，利用液压（风压）产生冲击，使钻具既有冲击作用又有回转作用的综合性钻进方法。

**2.0.10** 硬质合金钻进 tungsten-carbide drilling

利用硬质合金钻头切削或破碎孔底岩土的钻进方法。

**2.0.11** 金刚石钻进 diamond drilling

利用金刚石钻头切削或破碎孔底岩土的钻进方法。

**2.0.12** 反循环钻进 reverse circulation drilling

利用冲洗液从钻杆与孔壁间的环状间隙中流入孔底来冷却钻头，并携带岩屑由钻杆内孔返回地面的钻进技术。分为全孔反循环钻进和局部反循环钻进。

**2.0.13** 岩石可钻性 rock drillability

岩石由于矿物成分和结构构造不同所表现的钻进的难易程度。

**2.0.14** 钻孔倾角 dip angle of drilling hole

钻孔轴线上某点沿轴线延伸方向的切线与其水平投影之间的夹角称为该点的钻孔倾角。

**2.0.15** 冲洗液 drilling fluid

钻进中用来冷却钻头、排除钻孔中岩粉的流体。

**2.0.16** 泥浆 mud

黏土颗粒均匀而稳定地分散在液体中形成的浆液。

**2.0.17** 套管 casing

用螺纹连接或焊接成管柱后下入钻孔内，保护孔壁、隔离与封闭油、气、水层及漏失层的管材。

**2.0.18** 钻孔取土器 borehole sampler

在钻孔中采取岩土样的管状器具。

**2.0.19** 薄壁取土器 thin-wall sampler

内径为75mm～100mm、面积比不大于10%（内间隙比为0）或面积比为10%～13%（内间隙比为0.5～1.0）的无衬管取土器。

**2.0.20** 厚壁取土器 thick-wall sampler

内径为75mm～100mm、面积比为13%～20%的有衬管取土器。

**2.0.21** 岩芯 rock-core

从钻孔中提取出的土柱、岩柱。

**2.0.22** 岩芯采样率 core recovery percent

采取的岩芯长度之和与相应实际钻探进尺之比，以百分数表示。

**2.0.23** 岩石质量指标（RQD） rock quality designation

用直径75mm（N型）双层岩芯管和金刚石钻头在岩石中连续钻进取芯，回次钻进所取得岩芯中长度大于10cm的芯段长度之和与相应回次总进尺的比值，以百分数表示。

**2.0.24** 土试样质量等级 quality classification of soil samples

按土试样受扰动程度不同而划分的等级。

# 3 基 本 规 定

**3.0.1** 建筑工程地质勘探应符合下列要求：

**1** 能正确鉴别岩土名称及其基本性质，并确定其埋藏深度及厚度；

**2** 能采取符合质量要求的岩土试样或进行原位测试；

3 能查明勘探深度内地下水的赋存情况。

**3.0.2** 建筑工程地质勘探与取样应按勘探任务书或勘察纲要执行。

**3.0.3** 建筑工程地质勘探应符合现行国家标准《岩土工程勘察安全规范》GB 50585的规定。

**3.0.4** 布置建筑工程地质勘探工作时，应进行资料搜集和现场调查，分析评估勘探对既有地上、地下建（构）筑物和自然环境的影响，并制定有效措施，防止损害地下工程、管线等设施。

**3.0.5** 建筑工程地质勘探与取样方法应根据岩土样质量级别要求和岩土层性质确定。

**3.0.6** 现场勘探记录应由经过专业培训的编录人员或工程技术人员承担，并应由工程技术负责人签字验收。

## 4 勘探点位测设

**4.0.1** 勘探点位应根据委托方提供的坐标和高程控制点由专业人员测放。勘探点位测设于实地的允许偏差应根据勘察阶段、场地和工程情况以及勘探任务要求等确定，并应符合下列规定：

1 陆域：初步勘察阶段平面位置允许偏差为$^{+0.50\text{m}}_{0}$，高程允许偏差为±0.10m；详细勘察阶段平面位置允许偏差为$^{+0.25\text{m}}_{0}$，高程允许偏差为±0.05m；对于可行性勘察阶段、城市规划勘察阶段、选址勘察阶段，可利用适当比例尺的地形图，根据地形地物特征确定勘探点位和孔口高程；

2 水域：初步勘察阶段平面位置允许偏差为$^{+2.0\text{m}}_{0}$，高程允许偏差为±0.20m；详细勘察阶段平面位置允许偏差为$^{+1.0\text{m}}_{0}$，高程允许偏差为±0.10m。

**4.0.2** 陆域勘探点位应设置有编号的标志桩，开钻或掘进之前应按设计要求核对桩号及其实地位置，两者应相符。水域勘探点位可设置浮标，并应采用测量仪器等方法按孔位坐标定位。

**4.0.3** 当调整勘探点位时，应将实际勘探孔位置标明在平面图上，并应注明与原孔位的偏差距离、方位和高差。必要时应重新测定孔位和高程。

**4.0.4** 勘探成果中的平面图除应表示实际完成勘探点位之外，尚应提供各点的坐标及高程数据，且宜采用地区的统一坐标和高程系。

## 5 钻　　探

### 5.1 一 般 规 定

**5.1.1** 钻探工作应根据勘探技术要求、地层类别、场地及环境条件，选择合适的钻机、钻具和钻进方法。

**5.1.2** 钻探操作人员应履行岗位职责，并应执行操作规程。现场编录人员应详细记录、分析钻探过程和岩芯情况。

**5.1.3** 特殊岩土、特殊场地钻探尚应分别符合本规程第9章、第10章的相关规定。

### 5.2 钻 孔 规 格

**5.2.1** 工程地质钻孔口径和钻具规格应符合本规程附录A的规定。

**5.2.2** 钻孔成孔口径应根据钻孔取样、测试要求、地层条件和钻进工艺等确定，并应符合表5.2.2的规定。

**表5.2.2 钻孔成孔口径**（mm）

<table>
<tr><th colspan="2">钻孔性质</th><th>第四纪土层</th><th colspan="2">基　岩</th></tr>
<tr><td colspan="2">鉴别与划分地层/岩芯钻孔</td><td>≥36</td><td colspan="2">≥59</td></tr>
<tr><td rowspan="3">取Ⅰ、Ⅱ级土试样钻孔</td><td>一般黏性土、粉土残积土、全风化岩层</td><td>≥91</td><td colspan="2" rowspan="3">≥75</td></tr>
<tr><td>湿陷性黄土</td><td>≥150</td></tr>
<tr><td>冻土</td><td>≥130</td></tr>
<tr><td colspan="2">原位测试钻孔</td><td colspan="3">大于测试探头直径</td></tr>
<tr><td colspan="2" rowspan="2">压水、抽水试验钻孔</td><td rowspan="2">≥110</td><td>软质岩石</td><td>硬质岩石</td></tr>
<tr><td>≥75</td><td>≥59</td></tr>
</table>

注：采取Ⅰ、Ⅱ级土试样的钻孔，孔径应比使用的取土器外径大一个径级。

**5.2.3** 钻孔深度量测应符合下列规定：

1 对于钻进深度和岩土层分层深度的量测精度，陆域最大允许偏差为±0.05m，水域最大允许偏差为±0.2m；

2 每钻进25m和终孔后，应校正孔深，并宜在变层处校核孔深；

3 当孔深偏差超过规定时，应找出原因，并应更正记录报表。

**5.2.4** 钻孔的垂直度或预计的倾斜度与倾斜方向应符合下列规定：

1 对于垂直钻孔，每50m应测量一次垂直度，每100m的允许偏差为±2°；

2 对于定向钻孔，每25m应测量一次倾斜角和方位角，钻孔倾角和方位角的测量精度分别为±0.1°和±3°；

3 当钻孔斜度及方位偏差超过规定时，应立即采取纠斜措施；

4 当勘探任务有要求时，应根据勘探任务要求测斜和防斜。

### 5.3 钻 进 方 法

**5.3.1** 钻进方法和钻进工艺应根据岩土类别、岩土可钻性分级和钻探技术要求等确定。岩土可钻性应按本规程附录B确定。钻进方法可按表5.3.1选用。

**表 5.3.1 钻 进 方 法**

| 钻进方法 | | 钻进地层 | | | | | 勘察要求 | |
|---|---|---|---|---|---|---|---|---|
| | | 黏性土 | 粉土 | 砂土 | 碎石土 | 岩石 | 直观鉴别、采取不扰动试样 | 直观鉴别、采取扰动试样 |
| 回转 | 螺旋钻进 | ++ | + | + | − | − | ++ | ++ |
| | 无岩芯钻进 | ++ | ++ | ++ | + | ++ | − | − |
| | 岩芯钻进 | ++ | ++ | ++ | + | ++ | ++ | ++ |
| 冲击钻进 | | − | + | ++ | ++ | + | − | − |
| 锤击钻进 | | ++ | ++ | ++ | + | − | + | ++ |
| 振动钻进 | | ++ | ++ | + | + | − | + | ++ |
| 冲洗钻进 | | + | ++ | ++ | − | − | − | − |

注：1 ++：适用；+：部分适用；−：不适用；

2 螺旋钻进不适用于地下水位以下的松散粉土和饱和砂土。

**5.3.2** 对于要求采取岩芯的钻孔，应采用回转钻进；对于黏性土，可根据地区经验采用螺旋钻进或锤击钻进方法；对于碎石土，可采用植物胶浆液护壁金刚石单动双管钻具钻进。

**5.3.3** 对于需要鉴别土层天然湿度和划分地层的钻孔，当处于地下水位以上时，应采用干钻；当需要加水或使用循环液时，可采用内管超前的双层岩芯管钻进或三重管取土器钻进；当处于地下水位以下，且采用单层岩芯管钻进时，可采用无泵反循环钻进。

**5.3.4** 地下水位以下饱和粉土、砂土，宜采用回转钻进方法；粉、细砂层可采用活套闭水接头单管钻进；中、粗、砾砂层可采用无泵反循环单层岩芯管回转钻进并连续取芯，取芯困难时，可用对分式取样器或标准贯入器间断取样。

**5.3.5** 岩石宜采用金刚石钻头或硬质合金钻头回转钻进。软质岩石及风化破碎岩石宜采用双层岩芯管钻头钻进或绳索取芯钻进；易冲刷和松软的岩石可采用双管钻具或无泵反循环钻进；硬、脆、碎岩石宜采用双管钻具、喷射式孔底反循环钻进或冲击回转钻进。

**5.3.6** 当需要测定岩石质量指标（RQD）时，应采用外径 75mm（N 型）的双层岩芯管和金刚石钻头。

**5.3.7** 预计采取Ⅰ、Ⅱ级土试样或进行原位测试的钻孔，应按本规程表 5.3.1 选择钻进方法，并应满足本规程第 6 章的有关规定。

**5.3.8** 勘探浅部土层时，可采用下列钻进方法：

1 小口径螺旋麻花钻（或提土钻）钻进；

2 小口径勺形钻钻进；

3 洛阳铲钻进。

## 5.4 冲洗液和护壁堵漏

**5.4.1** 钻孔冲洗液和护壁堵漏材料应根据地层岩性、任务要求、钻进方法、设备条件和环境保护要求等进行选择。常用冲洗液和护壁堵漏材料宜按表 5.4.1 选择。

**表 5.4.1 常用冲洗液和护壁堵漏材料**

| 冲洗液和护壁堵漏材料 | 适 用 范 围 |
|---|---|
| 清水 | 致密、稳定地层 |
| 泥浆（无固相冲洗液） | 松散破碎地层，吸水膨胀性地层，节理裂隙较发育的漏失性地层 |
| 黏土 | 局部孔段的坍塌漏失地层，钻孔浅部或覆盖层有裂隙，产生漏、涌水等情况的地层 |
| 水泥浆 | 较厚的破碎带，塌漏较严重的地层，特殊泥浆及黏土处理无效、漏失严重的裂隙地层等 |
| 生物、化学浆液 | 裂隙很发育的破碎、坍塌漏失地层，一般用于短孔段的局部护壁堵漏 |
| 植物胶 | 松散、掉快、裂隙地层或胶结较差的地层，如，卵砾石层、砂层 |
| 套管 | 严重坍塌、缩孔、漏失、涌水性地层，较大的溶洞，松散的土层，砂层，其他护壁堵漏方法无效时，水文地质试验需封闭的孔段，水上钻探的水中孔段 |

**5.4.2** 钻孔冲洗液的选用应符合下列规定：

1 钻进致密、稳定地层时，应选用清水作冲洗液；

2 用作水文地质试验的孔段，宜选用清水或易于洗孔的泥浆作冲洗液；

3 钻进松散、掉块、裂隙地层或胶结较差的地层时，宜选用植物胶泥浆、聚丙烯酰胺泥浆等作冲洗液；

4 钻进片岩、千枚岩、页岩、黏土岩等遇水膨胀地层时，宜采用钙处理泥浆或不分散低固相泥浆作冲洗液；

5 钻进可溶性盐类地层时，应采用与该地层可溶性盐类相应的饱和盐水泥浆作冲洗液；

6 钻进高压含水层或极易坍塌的岩层时，应采用密度大、失水量少的泥浆作冲洗液；

7 金刚石钻进宜选用清水、低固相或无固相泥浆、乳化泥浆等作冲洗液。

**5.4.3** 钻孔护壁堵漏应符合下列规定：

1 根据孔壁稳定程度和钻进方法，可选用清水、泥浆、套管等护壁措施，当孔壁坍塌严重时，可采用水泥浆灌注护壁堵漏；

2 在地下水位以上松散填土及其他易坍塌的岩土层钻进时，可采用套管护壁；

3 在地下水位以下的饱和软黏性土层、粉土层、砂土层钻进时，宜采用泥浆护壁；在碎石土钻进取芯困难时，可采取植物胶浆液护壁钻进；

4 在破碎岩层中可根据需要采用优质泥浆、水泥浆或化学浆液护壁；冲洗液漏失严重时，应采取充填、封闭等堵漏措施；

5 采用冲击钻进时，宜采用套管护壁。

5.4.4 采用套管护壁时，应先钻进后跟进套管，不得向未钻过的土层中强行击入套管。钻进过程中应保持孔内水头压力大于或等于孔周地下水压，提钻时应能通过钻具向孔底通气通水。

### 5.5 采取鉴别土样及岩芯

5.5.1 钻探过程中，岩芯采取率应逐回次计算。岩芯采取率应根据勘探任务书要求确定，并应符合表5.5.1的规定。

表 5.5.1 岩芯采取率

| 岩土层 | | 岩芯采取率（%） |
|---|---|---|
| 黏土层 | | ≥90 |
| 粉土、砂土层 | 地下水位以上 | ≥80 |
| | 地下水位以下 | ≥70 |
| 碎石土层 | | ≥50 |
| 完整岩层 | | ≥80 |
| 破碎岩层 | | ≥65 |

5.5.2 对于需要重点研究的破碎带、滑动带，应根据工程技术要求提高取芯率，并宜定向连续取芯。

5.5.3 钻进回次进尺应根据岩土地层情况、钻进方法及工艺要求、工程特点等确定，并应符合下列规定：

1 满足鉴别厚度小于0.2m的薄层的要求；

2 在黏性土中，回次进尺不宜超过2.0m；在粉土、饱和砂土中，回次进尺不宜超过1.0m，且不得超过螺纹长度或取土筒（器）长度；在预计的地层界线附近及重点探查部位，回次进尺不宜超过0.5m；采取原状土样前用螺旋钻头清土时，回次进尺不宜超过0.3m；

3 在岩层中钻进时，回次进尺不得超过岩芯管长度；在软质岩层中，回次进尺不得超过2.0m；在破碎岩石或软弱夹层中，回次进尺应为0.5m～0.8m。

5.5.4 鉴别土样及岩芯的保留与存放应符合下列规定：

1 除用作试验的土样及岩芯外，其余土样及岩芯应存放于岩芯盒内，并应按钻进回次先后顺序排列，注明深度和岩土名称，且每一回次应用岩芯牌隔开；

2 易冲蚀、风化、软化、崩解的岩芯，应进行封存；

3 存放土样及岩芯的岩芯盒应平稳安放，不得日晒、雨淋和融冻，搬运时应盖上岩芯盒箱盖，小心轻放；

4 岩芯宜拍摄照片保存；

5 岩芯保留时间应根据勘察要求确定，并应保留至钻探工作检查验收完成。

## 6 钻 孔 取 样

### 6.1 一 般 规 定

6.1.1 采取的土试样质量等级应符合表6.1.1的规定。

表 6.1.1 土试样质量等级

| 级别 | 扰动程度 | 试 验 内 容 |
|---|---|---|
| Ⅰ | 不扰动 | 土类定名、含水量、密度、强度试验、固结试验 |
| Ⅱ | 轻微扰动 | 土类定名、含水量、密度 |
| Ⅲ | 显著扰动 | 土类定名、含水量 |
| Ⅳ | 完全扰动 | 土类定名 |

注：1 不扰动是指原位应力状态虽已改变，但土的结构、含水量、密度变化很小，能满足室内试验各项要求；

2 除地基基础设计等级为甲级的工程外，对于可塑、硬塑黏性土及非饱和的中密、密实粉土在工程技术要求允许的情况下，可用Ⅱ级土试样进行强度和固结试验，但宜先对土试样受扰动程度作抽样鉴定，判断用于试验的适宜性，并结合地区经验使用试验成果。

6.1.2 不同等级土试样的取样工具可按本规程附录C选择。

6.1.3 采用套管护壁时，套管的下设深度与取样位置之间应保留三倍管径以上的距离。采用振动、冲击或锤击等钻进方法时，应在预计取样位置1m以上改用回转钻进。

6.1.4 下放取土器前应清孔，且除活塞取土器取样外，孔底残留浮土厚度不应大于取土器废土段长度。

6.1.5 采取土试样时，宜采用快速静力连续压入法。对于较硬土质，宜采用二、三重管回转取土器钻进取样，有地区经验时，可采用重锤少击法取样。

6.1.6 在粉土、饱和砂土层中采取Ⅰ、Ⅱ级砂样时，可采用原状取砂器；砂土扰动样可从贯入器中采取。

6.1.7 岩石试样可利用钻探岩芯制作。采取的毛样尺寸应满足试块加工的要求。有特殊要求时，试样形状、尺寸和方向应按岩石力学试验设计要求确定。

### 6.2 钻孔取土器

6.2.1 钻孔取土器技术规格应符合本规程附录D的规定。各类钻孔取土器的结构应符合本规程附录E

的规定。

**6.2.2** 取土试样前，应对所使用的钻孔取土器进行检查，并应符合下列规定：

1 刃口卷折、残缺累计长度不应超过周长的3%，刃口内径偏差不应大于标准值的1%；

2 对于取土器，应量测其上、中、下三个截面的外径，每个截面应量测三个方向，且最大与最小之差不应超过1.5mm；

3 取样管内壁应保持光滑，其内壁的锈斑和粘附土块应清除；

4 各类活塞取土器的活塞杆的锁定装置应保持清洁、功能正常、活塞松紧适度、密封有效；

5 取土器的衬筒应保证形状圆整、内侧清洁平滑、缝口平接、盒盖配合适当，重复使用前，应予清洗和整形；

6 敞口取土器头部的逆止阀应保持清洁、顺向排气排水畅通、逆向封闭有效；

7 回转取土器的单动、双动功能应保持正常，内管超前度应符合要求，自动调节内管超前度的弹簧功能应符合设计要求；

8 当零部件功能失效或有缺陷者时，应修复或更换后才能投入使用。

### 6.3 贯入式取样

**6.3.1** 采取贯入式取样时，取土器应平稳下放，并不得碰撞孔壁和冲击孔底。取土器下放后，应核对孔深与钻具长度，当残留浮土厚度超过本规程第6.1.4条的规定时，应提出取土器重新清孔。

**6.3.2** 采取Ⅰ级土试样时，应采用快速、连续的静压方式贯入取土器，贯入速度不应小于0.1m/s。当利用钻机的给进系统施压时，应保证具有连续贯入的足够行程。采用Ⅱ级土试样，可使用间断静压方式或重锤少击方式贯入取土器。

**6.3.3** 在压入固定活塞取土器时，应将活塞杆与钻架牢固连接，活塞不得向下移动。当贯入过程中需监视活塞杆的位移变化时，可在活塞杆上设定相对于地面固定点的标志，并测记其高差。活塞杆位移量不得超过总贯入深度的1%。

**6.3.4** 取土器贯入深度宜控制在取样管总长的90%。贯入深度应在贯入结束后准确量测并记录。当取土器压入预计深度后，应将取土器回转2～3圈或稍加静置后再提出取土器。

### 6.4 回转式取样

**6.4.1** 采用单动、双动二（三）重管采取Ⅰ、Ⅱ级土试样时，应保证钻机平稳、钻具垂直、平稳回转钻进，并可在取土器上加接重杆。

**6.4.2** 回转式取样时，回转钻进宜根据各场地地层特点通过试钻或经验确定钻进参数，选择清水、泥浆、植物胶等作冲洗液。

**6.4.3** 回转式取样时，取土器应具备可改变内管超前长度的替换管靴。宜采用具有自动调节功能的单动二（三）重管取土器，取土器内管超前量宜为50mm～150mm，内管管口压进后，应至少与外管齐平。对软硬交替的土层，宜采用具有自动调节功能的改进型单动二（三）重管取土器。

**6.4.4** 对硬塑以上的黏性土、密实砾砂、碎石土和软岩，可采用双动三重管取样器采取不扰动土试样。对于非胶结的砂、卵石层，取样时可在底靴上加置逆爪，在采取不扰动土试样困难时，可采用植物胶冲洗液。

## 7 井探、槽探和洞探

**7.0.1** 井探、槽探和洞探时，应采取相应的安全措施。

**7.0.2** 探井、探槽和探洞的深度、长度、断面尺寸等应按勘探任务要求确定，并应符合下列规定：

1 探井深度不宜超过地下水位，且不宜超过20m，掘进深度超过7m时，应向井内通风、照明；遇地下水时，应采取相应的排水和降水措施；

2 探井断面可采用圆形或矩形，且圆形探井直径不宜小于0.8m；矩形探井不宜小于1.0m×1.2m；当根据土质情况需要放坡或分级开挖时，井口宜加大；

3 探槽挖掘深度不宜大于3m，大于3m时，应根据槽壁的稳定情况增加支撑或改用探井方法，槽底宽度不应小于0.6m；探槽两壁的坡度，应按开挖深度及岩土性质确定；

4 探洞断面可采用梯形、矩形或拱形，洞宽不宜小于1.2m，洞高不宜小于1.8m；

5 探井的井口、探洞的洞口位置宜选择在坚固且稳定的部位，并应能满足施工安全和勘探的要求。

**7.0.3** 当地层破碎或岩土层不稳定、易坍塌又不允许放坡或分级开挖时，应对井、槽、洞壁设支撑保护。支护方式可采用全面支护或间隔支护。全面支护时，每隔0.5m及在需要重点观察部位应留下检查间隙。当需要采取Ⅰ、Ⅱ级岩土试样时，应采取措施减少对井、槽、洞壁取样点附近岩土层的扰动。

**7.0.4** 探井、探槽和探洞开挖过程中的土石方堆放位置离井、槽、洞口边缘应大于1.0m。雨期施工时，应在井、槽、洞口设防雨篷和截水沟。

**7.0.5** 遇大块孤石或基岩，人工开挖难以掘进时，可采用控制爆破或动力机械方式掘进。

**7.0.6** 对于井探、槽探和洞探，除应文字描述记录外，尚应以剖面图、展开图等反映井、槽、洞壁和底部的岩性、地层分界、构造特征、取样和原位试验位置，并应辅以代表性部位的彩色照片。探井、探槽和探洞展开图式可按本规程附录F执行。

## 8 探井、探槽和探洞取样

**8.0.1** 探井、探槽和探洞中采取的Ⅰ、Ⅱ级岩土试样宜用盒装。试样容器可采用 $\phi$120mm×200mm 或 120mm × 120mm × 200mm、$\phi$150mm × 200mm 或 150mm×150mm×200mm 等规格。对于含有粗颗粒的非均质土及岩石样，可按试验设计要求确定尺寸。试样容器宜做成装配式，并应具有足够刚度，避免土样因自重过大而产生变形。容器应有足够净空，以便采取相应的密封和防扰动措施。

**8.0.2** 采取盒状土试样宜按下列步骤进行：

**1** 整平取试样处的表面；

**2** 按土样容器净空轮廓，除去四周土体，形成土柱，其大小应比容器内腔尺寸小 20mm；

**3** 套上容器边框，边框上缘应高出土样柱 10mm，然后浇入热蜡液，蜡液应填满土样与容器之间的空隙至框顶，并应与之齐平；待蜡液凝固后，将盖板封上；

**4** 挖开土试样根部，使之与母体分离，再颠倒过来削去根部多余土料，土试样应比容器边框低 10mm，然后浇满热蜡液，待凝固后将底盖板封上。

**8.0.3** 按本规程第 8.0.1 条和第 8.0.2 条采取的岩土试样，可作为Ⅰ级试样。

**8.0.4** 采取断层泥、滑动带（面）或较薄土层的试样，可用试验环刀直接压入取样。

**8.0.5** 在探井、探槽和探洞中取样时，应与开挖掘进同步进行，且样品应有代表性。

## 9 特殊性岩土

### 9.1 软　　土

**9.1.1** 软土钻进应符合下列规定：

**1** 软土钻进可采用空心螺纹提土器或活套闭水接头单管钻具钻进取芯；当采用空心螺纹提土器钻进时，提土器上端应有排水孔，下端应用排水活门。

**2** 钻进宜连续进行；当成孔困难或需间歇作业时，应采用套管、清水、泥浆等护壁措施。

**3** 对于钻进回次进尺长度，厚层软土不宜大于 2.0m，中厚层软土不宜大于 1.0m，地层含粉质成分较多时，不宜超过 0.5m，并应保证分层清楚，提土率应大于 80%；当夹有大量砂土互层，提土率不能满足要求时，应辅以标准贯入器取样作土层鉴别。

**9.1.2** 软土取样应符合下列规定：

**1** 软土应采用薄壁取土器静力压入法取样，不宜采用厚壁取土器或击入法取样；

**2** 应采取措施防止所采取的土试样水分流失和蒸发，土试样应置于柔软防振的样品箱中，在运输过程中，不得改变其原有结构状态。

### 9.2 膨 胀 岩 土

**9.2.1** 膨胀岩土钻进应符合下列规定：

**1** 宜采用肋骨合金钻头回转钻进，并应加大水口高度和水槽宽度，严禁采用振动或冲击方法钻进；

**2** 钻孔取芯宜采用双管单动岩芯管或无泵反循环钻进；

**3** 钻进时宜采取干钻，采取Ⅰ、Ⅱ级土试样时，严禁送水钻进；

**4** 回次进尺宜控制在 0.5m～1.0m；

**5** 当孔壁严重收缩时，应随钻随下套管护壁；

**6** 采用泥浆护壁时，应选用失水量小、护壁性能好的泥浆。

**9.2.2** 膨胀岩土取样应符合下列规定：

**1** 采用薄壁取土器，取土器入土深度不得大于其直径的 3 倍，土试样直径不得小于 89mm。

**2** 保持土试样的天然湿度和天然结构，并应防止土试样湿水膨胀或失水干裂。

### 9.3 湿 陷 性 土

**9.3.1** 湿陷性土钻进应符合下列规定：

**1** 湿陷性土钻进应采用干钻方式，并严禁向孔内注水；

**2** 采取Ⅰ级土试样的钻孔应使用螺旋（纹）钻头回转钻进；

**3** 采取Ⅰ、Ⅱ级土试样的钻孔应根据地层情况控制钻进速度和旋转速度，并应按一米三钻控制回次进尺；

**4** 宜使用薄壁取土器进行清孔；当采用螺旋钻头清孔时，宜采取不施压或少加压慢速钻进。

**9.3.2** 湿陷性土取样应符合下列规定：

**1** Ⅰ、Ⅱ级土试样宜在探井、探槽中刻取；

**2** 在钻孔中采取Ⅰ、Ⅱ级土试样时，应使用黄土薄壁取土器采取压入法取样；当压入法取样困难时，可采用一次击入法取样；

**3** 采用无内衬取土器取土时，应确保内壁干净平滑，并可在内壁均匀涂上润滑油；采取结构松散的土样时，应采用有内衬取土器，内衬应平整光滑，端部不得上翘或翻卷，并应与取土器内壁紧贴；

**4** 清孔时，应慢速低压连续压入或一次击入，清孔深度不应超过取样管长度，并不得采用小钻头钻进，大钻头清孔；

**5** 取样时应先将取土器轻轻吊放至孔底，然后匀速连续快速压入或一次击入，中途不得停顿，在压入过程中，钻杆应保持垂直、不摇摆，压入或击入深度宜保证土样超过盛土段 50mm；

**6** 卸土时不得敲击取土器；土试样取出后，应检查试样质量，当试样受压、破裂或变形扰动时，应废弃并重新取样。

### 9.4 多年冻土

**9.4.1** 多年冻土钻进应符合下列规定：

**1** 第四系松散冻土层，宜采取慢速干钻方法，钻进回次时间不宜超过5min，回次进尺不宜大于0.5m；

**2** 对于高含冰量的黏性土层，应采取快速干钻方法，钻进回次进尺不宜大于0.80m；

**3** 钻进冻结碎石土或基岩时，可采用低温冲洗液；低温冲洗液的含盐浓度可根据表9.4.1确定；

**表9.4.1 低温冲洗液的含盐浓度**

| 冰　点 | 含盐溶液浓度（%） |
|---|---|
| −4℃ | 4.7 |
| −6℃ | 9.4 |
| −8℃ | 14.1 |

**4** 孔内有残留岩芯时，应及时设法清除；不能连续钻进时，应将钻具及时从孔内提出；

**5** 为防止地表水或地下水渗入钻孔，应设置护孔管封水或采取其他止水措施，孔口应加盖密封；护孔管应固定且高出地面0.1m～0.2m，下端应至冻土上限以下0.5m～1.0m；

**6** 起拔冻土孔内的套管可采用振动拔管，也可用热水加温套管或在钻孔四周钻小口径钻孔并辅以振动拔管；

**7** 在钻探和测温期间，应减少对场地地表植被的破坏。

**9.4.2** 多年冻土取样应符合下列规定：

**1** 采取Ⅰ、Ⅱ级冻土试样宜在探井、探槽和探洞中刻取；钻孔取样宜采取大直径试样；

**2** 冻土可用岩芯管取样；岩芯管取样困难时，可采用薄壁取土器击入法取样；

**3** 从岩芯管内取芯时，可采用缓慢泵压法退芯，当退芯困难时可辅以热水加热岩芯管；取出的岩芯应自上而下按顺序摆放，并应标记岩芯深度；

**4** Ⅰ、Ⅱ级冻土试样取出后，宜在现场及时进行试验。当现场不具备试验条件时，应立即密封、包装、编号并冷藏土样送至试验室，在运输中应避免试样振动。

### 9.5 污染土

**9.5.1** 当污染土对人体有害或对钻具仪表有腐蚀性时，应采取必要的保护措施。

**9.5.2** 在污染土中钻进时，不宜采用冲洗液，可采用清水或不产生附加污染的可生物降解的酯基洗孔液。

**9.5.3** 在较深钻孔和坚实土层中，应采用回转法取样；在较浅钻孔和松散土层中，宜采用压入法或冲击法取样。

**9.5.4** 取样工具应保持清洁，应采取有效措施避免污染土与大气及操作人员接触受到二次污染，并应防止挥发性物质流失、氧化。

**9.5.5** 土试样采集后应采取适当的封存方法，并应按规定的要求及时试验。

## 10 特殊场地

### 10.1 岩溶场地

**10.1.1** 在岩溶地区钻探时，进场前应搜集当地区域地质资料，并应配置相应钻具、护管和早强水泥等。

**10.1.2** 岩溶发育地区钻探宜采用液压钻机，并应低压、中慢速钻进。

**10.1.3** 岩溶发育地区钻进过程中，当钻穿溶洞顶板时，应立即停钻，并用钻杆或标准贯入器试探，然后根据该溶洞的特点，确定后续钻进方法和应采用的钻具。同时应详细记录溶洞顶、底板的深度，洞内充填物及其性质、成分、水文地质情况等。

**10.1.4** 当溶洞内有充填物时，应采用双层岩芯管钻进或采用单层岩芯管无泵钻进。

**10.1.5** 对无充填物或充填物不满的溶洞，钻进时，应按溶洞大小及时下相应长度的护管。

**10.1.6** 岩溶发育地区钻进时，应采用带卡簧或爪簧岩芯管取芯。钻具应慢速起落，遇阻时应分析原因并采取相应措施。

**10.1.7** 当遇有蜂窝状小型溶洞群、严重漏水并无法干钻钻进且护管无效时，应使用早强水泥浆进行封堵。

### 10.2 水域钻探

**10.2.1** 水域钻探开工前，应收集相关水域的水文、气象、航运等资料，并应做好钻探计划和安全措施。

**10.2.2** 水域钻探应在水上固定式钻探平台或钻探船、筏等浮式平台上进行。钻探平台类型应根据钻探水域的水文、气象、地质条件和勘探技术要求等确定。

**10.2.3** 钻探点定位测量的仪器与方法，可根据场地离岸的距离进行选择。钻探点应按设计点位施放，开孔后应实测点位坐标和高程，并应与最新测绘的水域地形图及水文、潮汐等资料进行核对。

**10.2.4** 钻探点的点位高程应由多次同步测量的水深与水位确定，并可用处于稳定状态套管的长度作校核。在水深流急区域，不宜使用水砣绳测水深法确定点位标高。

**10.2.5** 水深测量应在孔位附近进行，水深测量和水位观测应同时进行。在潮汐影响水域采用勘探船、筏等浮式平台作业时，应按勘探任务书要求定时进行水位观测，并应校正水面标高。在地层变层时，应及时记录同步测量的水尺读数和水深水位观测数据，并应准确计算变层和钻进深度。

**10.2.6** 对于水域钻孔的护孔套管，除应满足陆域钻进的要求外，插入土层的套管长度应进入密实地层，并应保持稳定，确保冲洗液不跑漏。

**10.2.7** 在涨落潮水域采用浮动平台钻探时，可安装与浮动平台连接的导向管，并应配备0.3m～1.0m短套管。

### 10.3 冰上钻探

**10.3.1** 冰上钻探前，应收集该区域的结冰期、冰层厚度及气象变化规律等资料。钻探施工过程中，应设专人定时对气象和冰层厚度变化进行观测。

**10.3.2** 冰上钻探宜在封冰期进行，且冰层厚度不得小于0.4m。春融期间，冰层实际厚度应大于0.6m，且冰水之间不应有空隙；冰层厚度应满足钻探设备及人员的自重要求。

**10.3.3** 冰上钻探前，应规划、设定冰上人员行走和机具设备、材料搬运路线，并应避开冰眼和薄弱冰带。

**10.3.4** 钻场20m范围内，不得随意开凿冰洞。抽水、回水冰洞应在钻场20m以外。

**10.3.5** 冲洗液中应加入适量的防冻液。冲洗液池与基台间的距离宜大于3.0m。

**10.3.6** 冰上钻探时，应做好人员及土样防冻工作，钻场内炉具底部及附近应铺垫砂土等隔热层。

**10.3.7** 在受海潮影响的河流、湖泊进行冰上钻探时，基台应高于冰面0.3m以上，并应根据冰面变化随时进行调整。

## 11 地下水位量测及取水试样

**11.0.1** 地下水位的量测应符合下列规定：

1 遇地下水时应量测水位；

2 对工程有影响的多层含水层的水位量测，应采取分层隔水措施，将被测含水层与其他含水层隔开。

**11.0.2** 对于初见水位和稳定水位，可在钻孔、探井或测压管内直接量测。稳定水位量测的间隔时间应根据地层的渗透性确定，且对砂土和碎石土，不得少于30min，对粉土和黏性土，不得少于8h，并宜在勘探结束后统一量测稳定水位。

**11.0.3** 水位量测读数精度不得低于±20mm。

**11.0.4** 因采用泥浆护壁影响地下水位观测时，可在场地范围内另外布置专用的地下水位观测孔。

**11.0.5** 取水试样应符合下列规定：

1 采取的水试样应代表天然条件下的水质情况；

2 当有多层含水层时，应做好分层隔水措施，并应分层采取水样；

3 取水试样前，应洗净盛水容器，不得有残留杂质；

4 取水试样过程中，应尽量减少水试样的暴露时间，及时封口；对需测定不稳定成分的水样时，应及时加入稳定剂；

5 采取水试样后，应做好取样记录，记录内容应包括取样时间、孔号、取样深度、取样人、是否加入稳定剂等；

6 水试样应及时送验，放置时间应符合试验项目的相关要求。

## 12 岩土样现场检验、封存及运输

**12.0.1** 钻孔取土器提出地面之后，应小心地将土试样连同容器（衬管）卸下，并应符合下列规定：

1 对于以螺钉连接的薄壁管，卸下螺钉后可立即取下取样管；

2 对丝扣连接的取样管、回转型取土器，应采用链钳、自由钳或专用扳手卸开，不得使用管钳等易于使土样受挤压或使取样管受损的工具；

3 采用外管非半合管的带衬管取土器时，应将衬管与土样从外管推出，并应事先将土样削至略低于衬管边缘，推土时，土试样不得受压；

4 对各种活塞取土器，卸下取样管之前应打开活塞气孔，消除真空。

**12.0.2** 对钻孔中采取的Ⅰ级原状土试样，应在现场测定取样回收率。使用活塞取土器取样回收率大于1.00或小于0.95时，应检查尺寸量测是否有误，土试样是否受压，并应根据实际情况决定土试样废弃或降低级别使用。

**12.0.3** 采取的土试样应密封，密封可选用下列方法：

1 方法一：在钻孔取土器中取出土样时，先将上下两端各去掉约20mm，再加上一块与土样截面面积相当的不透水圆片，然后浇灌蜡液，至与容器端齐平，待蜡液凝固后扣上胶皮或塑料保护帽；

2 方法二：取出土样用配合适当的盒盖将两端盖严后，将所有接缝采用纱布条蜡封封口；

3 方法三：采用方法一密封后，再用方法二密封。

**12.0.4** 对软质岩石试样，应采用纱布条蜡封或黏胶带立即密封。

**12.0.5** 每个岩土试样密封后均应填贴标签，标签上下应与土试样上下一致，并应牢固地粘贴在容器外壁上。土试样标签应记载下列内容：

1 工程名称或编号；

2 孔（井、槽、洞）号、岩土样编号、取样深度、岩土试样名称、颜色和状态；

3 取样日期；

4 取样人姓名；

5 取土器型号、取样方法，回收率等。

**12.0.6** 试样标签记载应与现场钻探记录相符。取样的取土器型号、取样方法，回收率等应在现场记录中详细记载。

**12.0.7** 采取的岩土试样密封后应置于温度及湿度变化小的环境中，不得暴晒或受冻。土试样应直立放置，严禁倒放或平放。

**12.0.8** 运输岩土试样时，应采用专用土样箱包装，试样之间应用柔软缓冲材料填实。

**12.0.9** 对易于振动液化、水分析离的砂土试样，宜在现场或就近进行试验，并可采用冰冻法保存和运输。

**12.0.10** 岩土试样采取之后至开土试验之间的贮存时间，不宜超过两周。

## 13 钻孔、探井、探槽和探洞回填

**13.0.1** 钻孔、探井、探槽、探洞等勘探工作完成后，应根据工程要求选用适宜的材料分层回填。回填材料及方法可按表13.0.1的要求选择。

**表13.0.1 回填材料及方法**

| 回填材料 | 回填方法 |
|---|---|
| 原土 | 每0.5m分层夯实 |
| 直径20mm左右黏土球 | 均匀回填，每0.5m～1m分层捣实 |
| 水泥、膨润土（4∶1）制成浆液或水泥浆 | 泥浆泵送入孔底，逐步向上灌注 |
| 素混凝土 | 分层捣实 |
| 灰土 | 每0.3m分层夯实 |

**13.0.2** 钻孔、探井、探槽宜采用原土回填，并应分层夯实，回填土的密实度不宜小于天然土层。

**13.0.3** 需要时，应对探洞洞口采取封堵处理。

**13.0.4** 临近堤防的钻孔应采用干黏土球回填，并应边回填边夯实；有套管护壁的钻孔应边起拔套管边回填；对隔水有特殊要求时，可用水泥浆或4∶1水泥、膨润土浆液通过泥浆泵由孔底向上灌注回填。

**13.0.5** 特殊地质或特殊场地条件下的钻孔、探井、探槽和探洞的回填，应按勘探任务书的要求回填，并应符合有关主管部门的规定。

## 14 勘探编录与成果

### 14.1 勘探现场记录

**14.1.1** 勘探记录应在勘探进行过程中同时完成，记录内容应包括岩土描述及钻进过程两个部分。现场岩土性鉴别应符合本规程附录G的规定，现场勘探记录可按本规程附录H执行。

**14.1.2** 勘探现场记录表的各栏均应按钻进回次逐项填写。当同一回次中发生变层时，应分行填写，不得将若干回次或若干层合并一行记录。现场记录的内容，不得事后追记或转抄，误写之处可用横线划去在旁边更正，不得在原处涂抹修改。

**14.1.3** 各类地层的描述应符合下列规定：

1 碎石土和卵砾石土应描述下列内容：

1）颗粒级配、颗粒含量、颗粒粒径、磨圆度、颗粒排列及层理特征；

2）粗颗粒形状、母岩成分、风化程度和起骨架作用状况；

3）充填物的性质、湿度、充填程度及密实度。

2 砂土应描述下列内容：

1）颜色、湿度、密实度；

① 颗粒级配、颗粒形状和矿物组成及层理特征；

② 黏性土含量。

3 粉土应描述下列内容：

1）颜色、湿度、密实度；

2）包含物、颗粒级配及层理特征；

3）干强度、韧性、摇振反应、光泽反应。

4 黏性土应描述下列内容：

1）颜色、湿度、状态；

2）包含物、结构及层理特征；

3）光泽反应、干强度、韧性等。

5 填土应描述下列内容：

1）填土的类别，可分为素填土、杂填土、充填土、压密填土；

2）颜色、状态或密实度；

3）物质组成、结构特征、均匀性；

4）堆积时间、堆积方式等。

6 对于特殊性岩土，除应描述相应土类的内容外，尚应描述其特殊成分和特殊性质。

7 对具有互层、夹层、夹薄层特征的土，尚应描述各层的厚度和层理特征。

**14.1.4** 岩石的描述应包括地质年代、地质名称、颜色、主要矿物、结构、构造和风化程度、岩芯采取率、岩石质量指标（RQD）。对沉积岩尚应描述沉积物的颗粒大小、形状、胶结物成分和胶结程度；对岩浆岩和变质岩尚应描述矿物结晶大小和结晶程度。

**14.1.5** 岩体的描述应包括结构面、结构体、岩层厚度和结构类型，并宜符合下列规定：

1 结构面的描述宜包括类型、性质、产状、组合形式、发育程度、延展情况、闭合程度、粗糙程度、充填情况和充填物性质以及充水性质等；

2 结构体的描述宜包括类型、形状和大小、完整程度等情况。

**14.1.6** 岩土定名、描述术语及记录均应符合国家现行《岩土工程勘察规范》GB 50021 等标准的规定。鉴定描述应以目测、手触方法为主，并可辅以部分标准化、定量化的方法或仪器。

**14.1.7** 钻探过程的记录应包括下列内容：

1 使用的钻进方法、钻具名称、规格、护壁方式等；

2 钻进的难易程度、进尺速度、操作手感、钻进参数的变化情况；

3 孔内情况，应注意缩径、回淤、地下水位或冲洗液位及其变化等；

4 取样及原位测试的编号、深度位置、取样工具名称规格、原位测试类型及其结果；

5 异常情况。

## 14.2 勘探成果

**14.2.1** 勘探成果应包括下列内容：

1 勘探现场记录；

2 岩土芯样、岩芯照片；

3 钻孔、探井（槽、洞）的柱状图、展开图等；

4 勘探点坐标、高程数据一览表。

**14.2.2** 勘探点应按要求保存岩土芯样，并可拍摄岩土芯样的彩色照片，纳入勘察成果资料。

**14.2.3** 探井、探槽应按本规程附录F绘制展开图、剖面图，并宜按本规程附录J绘制现场钻孔柱状图。

**14.2.4** 钻探成果应有钻探机（班）长、记录员及工程负责人或检查人签名。

# 附录A 工程地质钻孔口径及钻具规格

**表A 工程地质钻孔口径及钻具规格**

| 钻孔口径(mm) | 钻具规格(mm) | | | | | | | | | | 相应于DCDMA标准的级别 |
|---|---|---|---|---|---|---|---|---|---|---|---|
| | 岩芯外管 | | 岩芯内管 | | 套管 | | 钻杆 | | 绳索钻杆 | | |
| | *D* | *d* | *D* | *d* | *D* | *d* | *D* | *d* | *D* | *d* | |
| 36 | 35 | 29 | 26.5 | 23 | 45 | 38 | 33 | 23 | — | — | E |
| 46 | 45 | 38 | 35 | 31 | 58 | 49 | 43 | 31 | 43.5 | 34 | A |
| 59 | 58 | 51 | 47.5 | 43.5 | 73 | 63 | 54 | 42 | 55.5 | 46 | B |
| 75 | 73 | 65.5 | 62 | 56.5 | 89 | 81 | 67 | 55 | 71 | 61 | N |
| 91 | 89 | 81 | 77 | 70 | 108 | 99.5 | 67 | 55 | — | — | — |
| 110 | 108 | 99.5 | — | — | 127 | 118 | — | — | — | — | — |
| 130 | 127 | 118 | — | — | 146 | 137 | — | — | — | — | — |
| 150 | 146 | 137 | — | — | 168 | 156 | — | — | — | — | S |

注：DCDMA标准为美国金钢石钻机制造者协会标准。

# 附录B 岩土可钻性分级

**表B 岩土可钻性分级**

| 岩土可钻性分级 | 岩土硬度 | 代表性岩土 | 普氏坚固系数 | 可钻性指标(m/h) | |
|---|---|---|---|---|---|
| | | | | 金刚石 | 硬质合金 |
| Ⅰ | 松软、松散 | 流～软塑的黏性土、有机土（淤泥、泥炭、耕土），稍密的粉土，含硬杂质在10%以内的人工填土 | 0.3～1 | | |
| Ⅱ | 较松软、松散 | 可塑的黏性土，中密的粉土，新黄土，含硬杂质在(10～25)%的人工填土，粉砂、细砂、中砂 | 1～2 | | |
| Ⅲ | 软 | 硬塑、坚硬的黏性土，密实的粉土，含杂质在25%以上的人工填土，老黄土，残积土，粗砂、砾砂、砾石、轻微胶结的砂土，石膏、褐煤、软烟煤、软白垩 | 2～4 | | |
| Ⅳ | 稍软 | 页岩，砂质页岩，油页岩，炭质页岩，钙质页岩，砂页岩互层，较致密的泥灰岩，泥质砂岩，中等硬度煤层，岩盐，结晶石膏，高岭土，火山凝灰岩，冻结的含水砂层 | 4～6 | | ＞3.9 |
| Ⅴ | 稍硬 | 崩积层，泥质板岩，绿泥石、云母、绢云母板岩，千枚岩、片岩，块状石灰岩，白云岩，细粒结晶灰岩、大理岩，较松散的砂岩，蛇纹岩，纯橄榄岩，硬烟煤，冻结的粗砂、砾石层、冻土层，粒径大于20mm含量大于50%的卵石、碎石，金属矿渣 | 6～7 | 2.9～3.6 | 2.5 |
| Ⅵ | 中 | 轻微硅化的灰岩，方解石、绿帘石矽卡岩，钙质胶结的砾岩，长石砂岩，石英砂岩，石英粗面岩，角闪石斑岩，透辉石岩，辉长岩，冻结的砾石层，粒径大于40mm含量大于50%的卵石、碎石，混凝土构件、砌块、路面 | 7～8 | 2.3～3.1 | 2.0 |
| Ⅶ | 中 | 微硅化的板岩、千枚岩、片岩，长石石英砂岩，石英二长岩，微片岩化的钠长石斑岩，粗面岩，角闪石斑岩，玢岩，微风化的粗粒花岗岩、正长岩、斑岩、辉长岩及其他火成岩，硅质灰岩，燧石灰岩，粒径大于60mm含量大于50%的卵石、碎石 | 8～10 | 1.9～2.6 | 1.4 |

续表 B

| 岩土可钻性分级 | 岩土硬度 | 代表性岩土 | 普氏坚固系数 | 可钻性指标(m/h) | |
|---|---|---|---|---|---|
| | | | | 金刚石 | 硬质合金 |
| Ⅷ | 硬 | 硅化绢云母板岩、千枚岩、片岩、片麻岩，绿帘石岩，含石英的碳酸盐岩石，含石英重晶石岩石，含磁铁矿和赤铁矿石英岩，钙质胶结的砾岩，玄武岩，辉绿岩，安山岩，辉石岩，石英安山斑岩，中粒结晶的钠长斑岩和角闪石斑岩，细粒硅质胶结的石英砂岩和长石砂岩，含大块燧石灰岩，轻微风化的花岗岩、花岗片麻岩、伟晶岩、闪长岩、辉长岩等，粒径大于 80mm 含量大于 50%的卵石、碎石 | 11～14 | 1.5～2.1 | 0.8 |
| Ⅸ | 坚硬 | 高硅化的板岩、千枚岩、灰岩、砂岩，粗粒的花岗岩、花岗闪长岩、花岗片麻岩、正长岩、辉长岩、粗面岩，微风化的石英粗面岩、伟晶花岗岩、灰岩、硅化的凝灰岩、角页岩化的凝灰岩、细粒石英岩、石英质磷灰岩，伟晶岩，粒径大于 100mm 含量大于 50%的卵石、碎石，半胶结的卵石土 | 14～16 | 1.1～1.7 | |
| Ⅹ | | 细粒的花岗岩、花岗闪长岩、花岗片麻岩、流纹岩，微晶花岗岩，石英粗面岩，石英钠长斑岩，坚硬的石英伟晶岩，燧石层，粒径大于 130mm 含量大于 50%的卵石、碎石，胶结的卵石土 | 16～18 | 0.8～1.2 | |
| Ⅺ | | 刚玉岩，石英岩，碧玉岩，块状石英，最坚硬的铁质角页岩，碧玉质的硅化板岩，燧石岩，粒径大于 160mm 含量大于 50%的卵石、碎石 | 18～20 | 0.5～0.9 | |
| Ⅻ | 最坚硬 | 未风化及致密的石英岩、碧玉岩、角页岩、纯钠辉石刚玉岩，燧石，石英，粒径大于 200mm 含量大于 50%的漂石、块石 | | ＜0.6 | |

注：岩石的强风化、全风化和残积土，可参照类似土层确定。

# 附录 C　不同等级土试样的取样工具适宜性

**表 C　不同等级土试样的取样工具适宜性**

| 土试样质量等级 | 取样工具 | | 适用土类 | | | | | | | | | | |
|---|---|---|---|---|---|---|---|---|---|---|---|---|---|
| | | | 黏性土 | | | | | 粉土 | 砂土 | | | | 砾砂、碎石土、软岩 |
| | | | 流塑 | 软塑 | 可塑 | 硬塑 | 坚硬 | | 粉砂 | 细砂 | 中砂 | 粗砂 | |
| Ⅰ | 薄壁取土器 | 固定活塞 | ++ | ++ | + | − | − | + | + | − | − | − | − |
| | | 水压固定活塞 | ++ | ++ | + | − | − | + | + | − | − | − | − |
| | | 自由活塞 | − | + | ++ | − | − | + | + | − | − | − | − |
| | | 敞口 | + | + | + | − | − | + | + | − | − | − | − |
| | 回转取土器 | 单动三重管 | − | + | ++ | ++ | + | ++ | ++ | ++ | − | − | − |
| | | 双动三重管 | − | − | − | + | ++ | − | − | − | ++ | ++ | − |
| | 探井（槽）中刻取块状土样 | | ++ | ++ | ++ | ++ | ++ | ++ | ++ | ++ | ++ | ++ | ++ |
| Ⅰ～Ⅱ | 束节式取土器 | | + | ++ | ++ | − | − | + | + | − | − | − | − |
| | 黄土取土器 | | | | | | | | | | | | |
| | 原状取砂器 | | − | − | − | − | − | ++ | ++ | ++ | ++ | ++ | + |
| Ⅱ | 薄壁取土器 | 水压固定活塞 | ++ | ++ | + | − | − | + | + | − | − | − | − |
| | | 自由活塞 | + | ++ | ++ | − | − | + | + | − | − | − | − |
| | | 敞口 | ++ | ++ | ++ | − | − | + | + | − | − | − | − |
| | 回转取土器 | 单动三重管 | − | + | ++ | ++ | + | ++ | ++ | ++ | − | − | − |
| | | 双动三重管 | − | − | − | + | ++ | − | − | − | ++ | ++ | ++ |
| | 厚壁敞口取土器 | | + | ++ | ++ | ++ | ++ | + | + | + | + | + | − |
| Ⅲ | 厚壁敞口取土器 | | ++ | ++ | ++ | ++ | ++ | ++ | ++ | ++ | ++ | + | − |
| | 标准贯入器 | | ++ | ++ | ++ | ++ | ++ | ++ | ++ | ++ | ++ | ++ | − |
| | 螺纹钻头 | | ++ | ++ | ++ | ++ | ++ | + | − | − | − | − | − |
| | 岩芯钻头 | | ++ | ++ | ++ | ++ | ++ | ++ | + | + | + | + | + |
| Ⅳ | 标准贯入器 | | ++ | ++ | ++ | ++ | ++ | ++ | ++ | ++ | ++ | ++ | − |
| | 螺纹钻头 | | ++ | ++ | ++ | ++ | ++ | + | − | − | − | − | − |
| | 岩芯钻头 | | ++ | ++ | ++ | ++ | ++ | ++ | ++ | ++ | ++ | ++ | ++ |

注：1　++：适用；+：部分适用；−：不适用；
2　采取砂土试样应有防止试样失落的补充措施；
3　有经验时，可用束节式取土器代替薄壁取土器；
4　黄土取土器是专门在黄土层中取样工具，适用于湿陷性土、黄土、黄土类土，在严格操作方法下可以取得Ⅰ级土样；
5　三重管回转取土器的内管超前长度应根据土类不同予以调整，也可采用有自动调整装置的取土器，如皮切尔（Pitcher）取土器。

## 附录D 取土器技术标准

**D.0.1** 贯入式取土器技术指标应符合表D.0.1的规定。

**表D.0.1 贯入式取土器技术指标**

<table>
<tr><th colspan="2">取土器</th><th>取样管外径(mm)</th><th>刃口角度(°)</th><th>面积比(%)</th><th>内间隙比(%)</th><th>外间隙比(%)</th><th>薄壁管总长(mm)</th><th>衬管长度(mm)</th><th>衬管材料</th><th>说明</th></tr>
<tr><td rowspan="4">薄壁取土器</td><td>敞口</td><td>50，75，100</td><td rowspan="4">5～10</td><td rowspan="2"><10</td><td rowspan="2">0</td><td rowspan="4">0</td><td rowspan="4">500，700，1000</td><td rowspan="4">—</td><td rowspan="4">—</td><td rowspan="4">—</td></tr>
<tr><td>自由活塞</td><td rowspan="3">75，100</td></tr>
<tr><td>水压固定活塞</td><td rowspan="2">10～13</td><td rowspan="2">0.5～1.0</td></tr>
<tr><td>固定活塞</td></tr>
<tr><td colspan="2">束节式取土器</td><td>50，75，100</td><td colspan="5">管靴薄壁段同薄壁取土器，长度不小于内径的3倍</td><td>200，300</td><td>塑料、酚醛层压纸或用环刀</td><td>—</td></tr>
<tr><td colspan="2">黄土取土器</td><td>127</td><td>10</td><td>15</td><td>1.5</td><td>1.0</td><td></td><td>150</td><td>塑料，酚醛层压纸</td><td>废土段长度200mm</td></tr>
<tr><td colspan="2">厚壁取土器</td><td>75～89，108</td><td><10双刃角</td><td>13～20</td><td>0.5～1.5</td><td>0～2.0</td><td></td><td>150，200，300</td><td>塑料、酚醛层压纸或镀锌薄钢板</td><td>废土段长度200mm</td></tr>
</table>

注：1 如果使用镀锌薄钢板衬管，应保证形状圆整，满足面积比要求，重复使用前应注意清理和整形；

2 厚壁取土器亦可不用衬管，另备盛样管。

**D.0.2** 回转式取土器技术指标应符合表D.0.2的规定。

**表D.0.2 回转式取土器技术指标**

<table>
<tr><th colspan="2">取土器类型</th><th>外径(mm)</th><th>土样直径(mm)</th><th>长度(mm)</th><th>内管超前</th><th>说 明</th></tr>
<tr><td rowspan="4">双重管(加内衬管即为三重管)</td><td rowspan="2">单动</td><td>102</td><td>71</td><td rowspan="2">1500</td><td rowspan="2">固定可调</td><td rowspan="4">直径尺寸可视材料规格稍作变动，但土样直径不得小于71mm</td></tr>
<tr><td>140</td><td>104</td></tr>
<tr><td rowspan="2">双动</td><td>102</td><td>71</td><td rowspan="2">1500</td><td rowspan="2">固定可调</td></tr>
<tr><td>140</td><td>104</td></tr>
</table>

**D.0.3** 环刀取砂器技术指标应符合表D.0.3的规定。

**表D.0.3 环刀取砂器技术指标**

| 取砂器类型 | 外径(mm) | 砂样直径(mm) | 长度(mm) | 内管超前(mm) | 应用范围<br>取样等级 | 取样方法 |
|---|---|---|---|---|---|---|
| 内环刀取砂器 | 75～95 | 61.8～79.8 | 710 | 无内管 | 1 粉砂、细砂、中砂、粗砂、砾砂，亦可用于软塑、可塑性黏性土及部分粉土。<br>2 Ⅰ、Ⅱ级试样 | 压入法或重锤少击法取样 |
| 双管单动内环刀取砂器 | 108 | 61.8 | 675 | 20～50(根据土层硬度超前量自动调节) | 1 粉砂、细砂、中砂、粗砂、砾砂，亦可用于软塑、可塑性黏性土及部分粉土。<br>2 Ⅰ、Ⅱ级试样 | 回转钻进法取样 |

## 附录E 各类取土器结构示意图

**E.0.1** 各类取土器结构示意图见图E.0.1-1～图E.0.1-12。

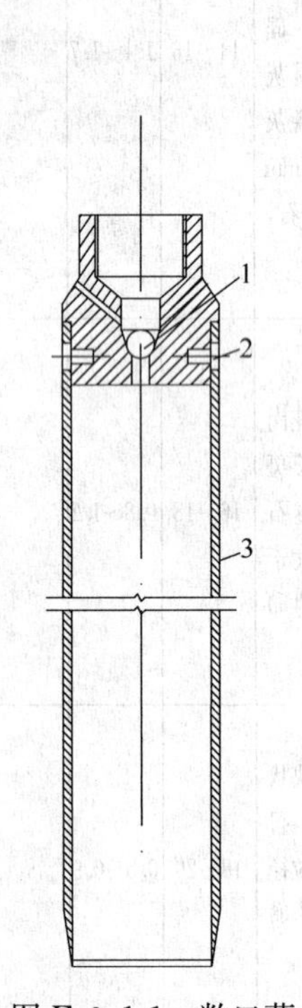


图E.0.1-1 敞口薄壁取土器

1—阀球；2—固定螺钉；3—薄壁器

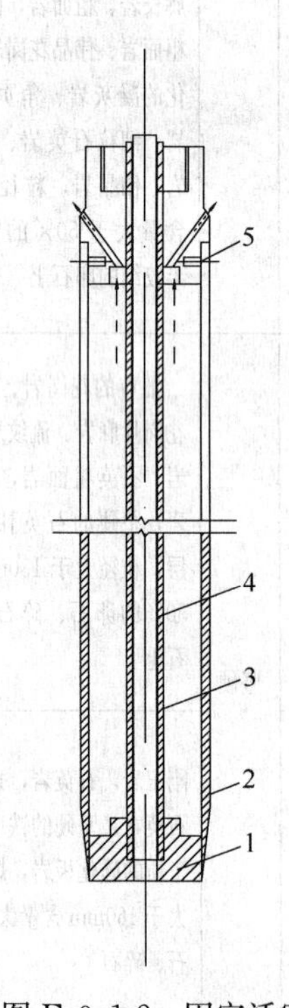


图E.0.1-2 固定活塞取土器

1—固定活塞；2—薄壁取样管；3—活塞杆；4—消除真空杆；5—固定螺钉

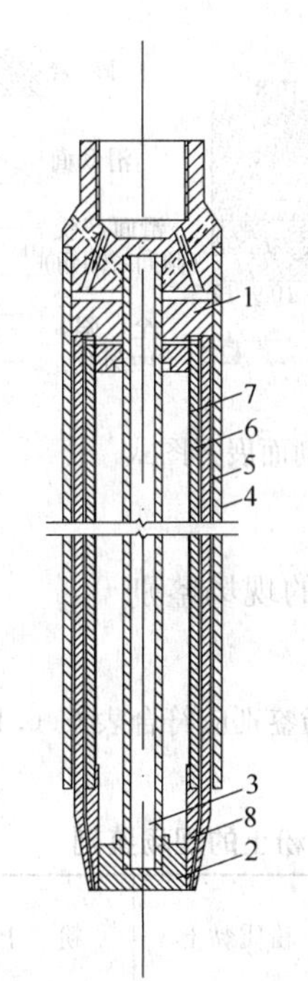


图 E.0.1-3　水压固定活塞取土器

1—可动活塞；2—固定活塞；3—活塞杆；4—活塞缸；5—竖向导杆；6—取样管；7—衬管（采用薄壁管时无衬管）；8—取样管刃靴

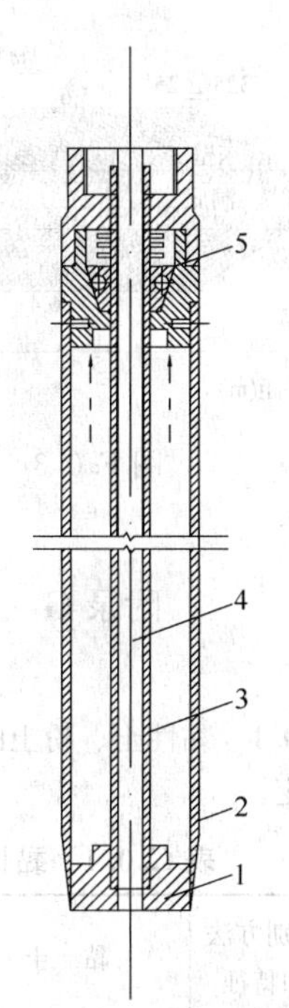


图 E.0.1-4　自由活塞取土器

1—活塞；2—薄壁取样管；3—活塞杆；4—消除真空杆；5—弹簧锥卡

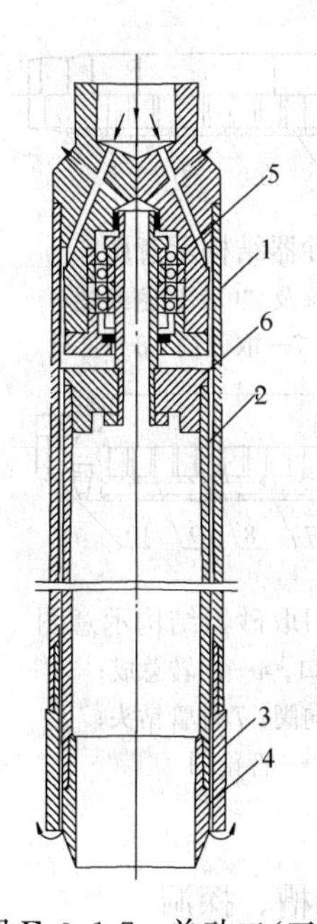


图 E.0.1-7　单动二（三）重管取土器

1—外管；2—内管（取样管及衬管）；3—外管钻头；4—内管管靴；5—轴承；6—内管头（内装逆止阀）

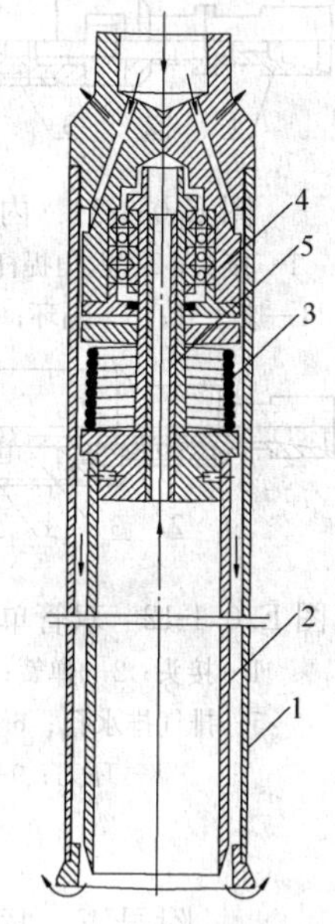


图 E.0.1-8　单动二（三）重管取土器（自动调节超前）

1—外管；2—内管（取样管及衬管）；3—调节弹簧（压缩状态）；4—轴承；5—滑动阀

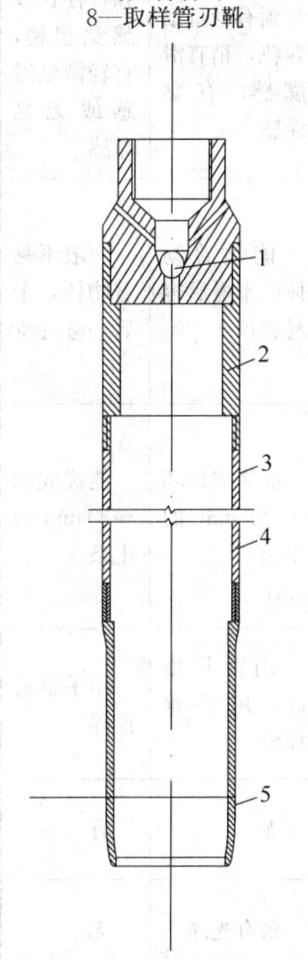


图 E.0.1-5　束节式取土器

1—阀球；2—废土管；3—半合取土样管；4—衬管或环刀；5—束节薄壁管靴

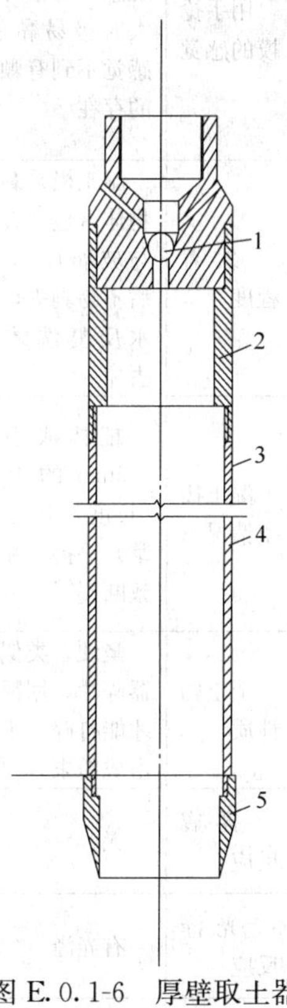


图 E.0.1-6　厚壁取土器

1—阀球；2—废土管；3—半合取土样管；4—衬管；5—加厚管靴

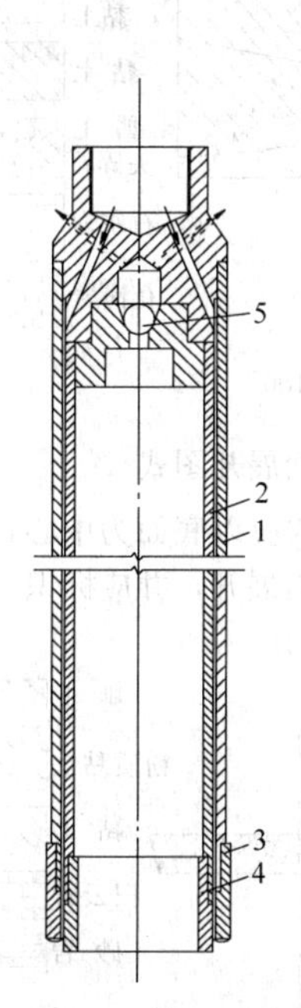


图 E.0.1-9　双动二（三）重管取土器

1—外管；2—内管；3—外管钻头；4—内管钻头；5—逆止阀

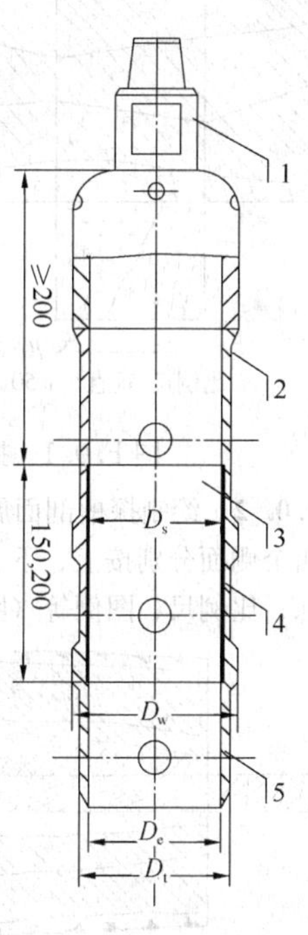


图 E.0.1-10　黄土薄壁取土器

1—导径接头；2—废土筒；3—衬管；4—取样管；5—刃口；$D_s$—衬管内径；$D_w$—取样管外径；$D_e$—刃口内径；$D_t$—刃口外径

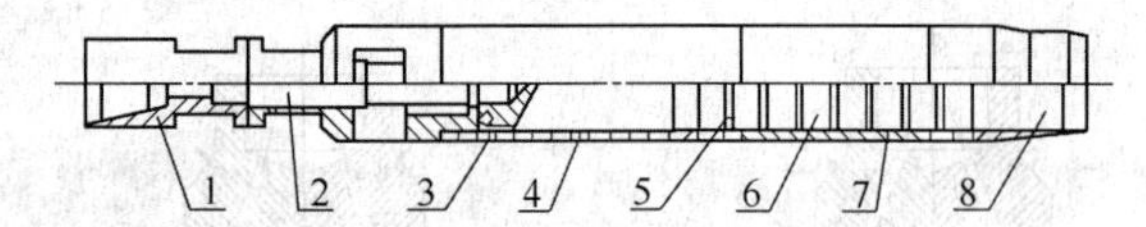


图 E.0.1-11　内环刀取砂器结构示意图

1—接头；2—六角提杆；3—活塞及"O"形密封圈；4—废土管；5—隔环；6—环刀；7—取砂筒；8—管靴

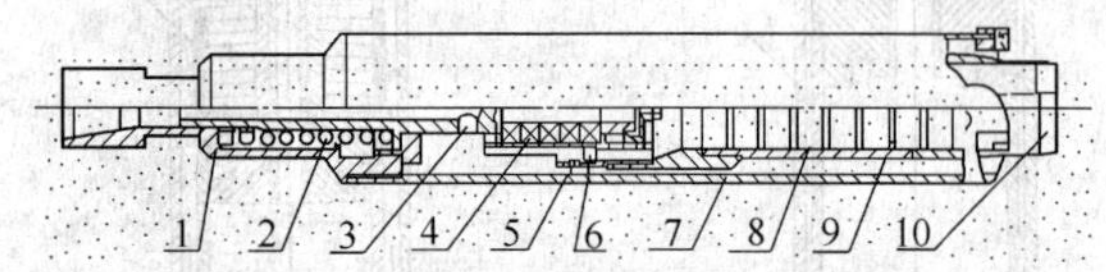


图 E.0.1-12　双管单动内环刀取砂器结构示意图

1—接头；2—弹簧；3—水冲口；4—回转总成；5—排气排水孔；6—钢球单向阀；7 外管钻头；8—环刀；9—隔环；10—管靴图

# 附录 F　探井、探槽、探洞剖面展开图式

**F.0.1**　绘制探井剖面展开图式应将四个侧面连续展开，底面在第二个侧面底部向下展开，并应标识方向标、比例尺、图例等（图 F.0.1）。

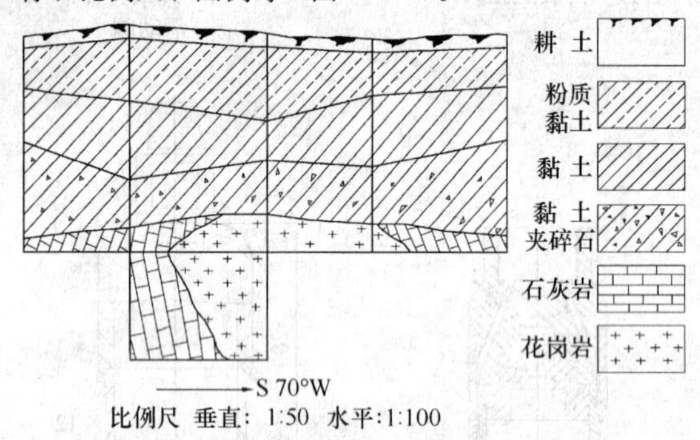


图 F.0.1　探井剖面展开图式

**F.0.2**　绘制探槽剖面展开图式应以底面为中心，将四个侧面分别按上、下、左、右展开，并应标识方向标、比例尺、图例等（图 F.0.2）。

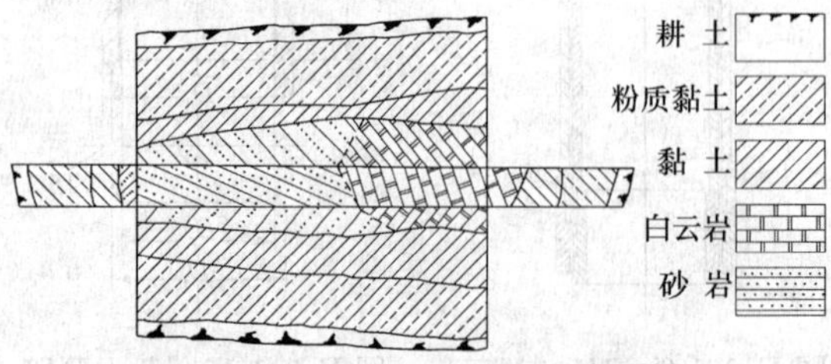


图 F.0.2　探槽剖面展开图式

**F.0.3**　绘制探洞剖面展开图式应以底（或顶）面为轴心，将两个侧面分别向上下展开，并应标识方向标、比例尺、图例等（图 F.0.3）。

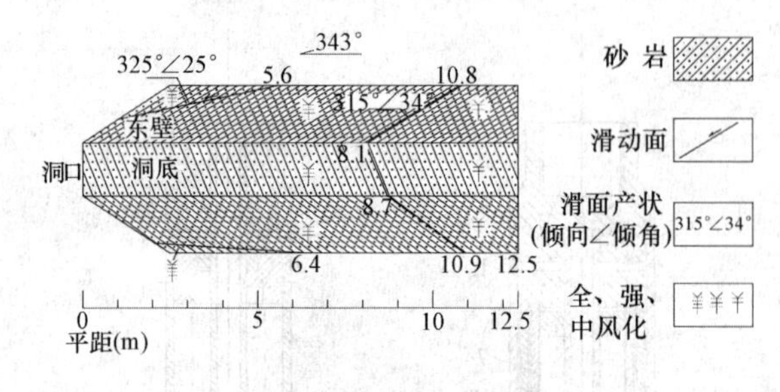


图 F.0.3　探洞剖面展开图式

# 附录 G　岩土的现场鉴别

**G.0.1**　黏性土、粉土的现场鉴别应符合表 G.0.1 的规定。

**表 G.0.1　黏性土、粉土的现场鉴别**

| 鉴别方法和特征 | 黏　土 | 粉质黏土 | 粉　土 |
| --- | --- | --- | --- |
| 湿润时用刀切 | 切面非常光滑，刀刃有黏腻的阻力 | 稍有光滑面，切面规则 | 无光滑面，切面比较粗糙 |
| 用手捻摸的感觉 | 捻摸湿土有滑腻感，当水分较大时极易黏手，感觉不到有颗粒的存在 | 仔细捻摸感觉到有少量细颗粒，稍有滑腻感，有黏滞感 | 感觉有细颗粒存在或感觉粗糙，有轻微黏滞感或无黏滞感 |
| 黏着程度 | 湿土极易黏着物体（包括金属与玻璃），干燥后不易剥去，用水反复洗才能去掉 | 能黏着物体，干燥后容易剥掉 | 一般不黏着物体，干后一碰就掉 |
| 湿土搓条情况 | 能搓成小于 0.5mm 的土条（长度不短于手掌）手持一端不致断裂 | 能搓成(0.5～2) mm 的土条 | 能搓成(2～3)mm 的土条 |
| 干土的性质 | 坚硬，类似陶器碎片，用锤击才能打碎，不易击成粉末 | 用锤易击碎，用手难捏碎 | 用手很易捏碎 |
| 摇震反应 | 无 | 无 | 有 |
| 光泽反应 | 有光泽 | 稍有光泽 | 无 |
| 干强度 | 高 | 中等 | 低 |
| 韧性 | 高 | 中等 | 低 |

**G.0.2** 黏性土状态的现场鉴别应符合表G.0.2的规定。

**表G.0.2 黏性土状态的现场鉴别**

| 稠度状态 | 坚硬 | 硬塑 | 可塑 | 软塑 | 流塑 |
|---|---|---|---|---|---|
| 黏土 | 干而坚硬，很难掰成块 | 1 用力捏先裂成块后显柔性，手捏感觉干，不易变形；2 手按无指印 | 1 手捏似橡皮有柔性；2 手按有指印 | 1 手捏很软，易变形，土块掰时似橡皮；2 用力不大就能按成坑 | 土柱不能直立，自行变形 |
| 粉质黏土 | 干硬，能掰开或捏成块，有棱角 | 1 手捏感觉硬，不易变形，土块用力可打散成碎块；2 手按无指印 | 1 手按土易变形，有柔性，掰时似橡皮；2 能按成浅凹坑 | 1 手捏很软，易变形，土块掰时似橡皮；2 用力不大就能按成坑 | 土柱不能直立，自行变形 |

**G.0.3** 粉土湿度的现场鉴别应符合表G.0.3的规定。

**表G.0.3 粉土湿度的现场鉴别**

| 湿　度 | 稍　湿 | 湿 | 很　湿 |
|---|---|---|---|
| 鉴别特征 | 土扰动后不易握成团，一摇即散 | 土扰动后能握成团，摇动时土表面稍出水，手中有湿印，用手捏水即吸回 | 用手摇动时有水析出，土体塌流成扁圆形 |

**G.0.4** 砂土的现场鉴别应符合表G.0.4的规定。

**表G.0.4 砂土的现场鉴别**

| 鉴别特征 | 砾　砂 | 粗　砂 | 中　砂 | 细　砂 | 粉　砂 |
|---|---|---|---|---|---|
| 颗粒粗细 | 约有1/4以上颗粒比荞麦或高粱粒(2mm)大 | 约有一半以上颗粒比小米粒(0.5mm)大 | 约有一半以上颗粒与砂糖或白菜籽(>0.25mm)近似 | 大部分颗粒与粗玉米粉(>0.1mm)近似 | 大部分颗粒与米粉近似 |
| 干燥时的状态 | 颗粒完全分散 | 颗粒完全分散，个别胶结 | 颗粒基本分散，部分胶结，胶结部分一碰即散 | 颗粒大部分分散，少量胶结，胶结部分稍加碰撞即散 | 颗粒少部分分散，大部分胶结，稍加压即能分散 |

续表G.0.4

| 鉴别特征 | 砾　砂 | 粗　砂 | 中　砂 | 细　砂 | 粉　砂 |
|---|---|---|---|---|---|
| 湿润时用手拍后的状态 | 表面无变化 | 表面无变化 | 表面偶有水印 | 表面有水印及翻浆现象 | 表面有显著翻浆现象 |
| 黏着程度 | 无黏着感 | 无黏着感 | 无黏着感 | 偶有轻微黏着感 | 有轻微黏着感 |

**G.0.5** 砂土湿度的现场鉴别应符合表G.0.5的规定。

**表G.0.5 砂土湿度的现场鉴别**

| 湿　度 | 稍　湿 | 很　湿 | 饱　和 |
|---|---|---|---|
| 鉴别特征 | 呈松散状，用手握时感到湿、凉，放在纸上不会浸湿，加水时吸收很快 | 可以勉强握成团，放在手上有湿感、水印，放在纸上浸湿很快，加水时吸收很慢 | 钻头上有水，放在手掌上水自然渗出 |

**G.0.6** 碎石土、卵石土密实度的现场鉴别应符合表G.0.6的规定。

**表G.0.6 碎石土、卵石土密实度的现场鉴别**

| 状态 | 天然陡坎或坑壁情况 | 骨架和充填物 | 挖掘情况 | 钻探情况 | 说明 |
|---|---|---|---|---|---|
| 密实 | 天然陡坎稳定，能陡立，坎下堆积物少；坑壁稳定，无掉块现象 | 骨架颗粒含量大于总重的70%，呈交错排列，连续紧密接触，孔隙填满，坚硬密实，掏取大颗粒后填充物能成窝形，不易掉落 | 用镐挖掘困难，用撬棍方能松动，用手掏取大颗粒有困难 | 钻进极困难，冲击钻探时钻杆和吊锤跳动剧烈 | 1 密实程度按表列各项综合确定；2 本表不包括半胶结的碎石、卵石土；3 本表未考虑风化和地下水影响 |
| 中密 | 天然陡坎不能陡立或陡坎下有较多的堆积物，自然坡大于颗粒的安息角 | 骨架颗粒含量占总重的(60～70)%，呈交错排列，大部分接触，疏密不均，孔隙填满，填充砂土时掏取大颗粒后填充物难成窝形 | 用镐可挖掘，用手可掏取大颗粒 | 钻进较困难，冲击钻探时钻杆和吊锤跳动不剧烈 | |
| 稍密 | 不能形成陡坎，自然坡接近于颗粒的安息角坑壁不能稳定，易发生坍塌 | 骨架颗粒含量小于总重的60%，排列混乱，大部分不接触，而被填充物包裹填充砂土时，掏取大颗粒后砂随即坍塌 | 用镐易刨开，手锤轻击即可引起部分塌落 | 钻进较容易，冲击钻探时钻杆稍有跳动 | |

**G.0.7** 岩石风化程度的现场鉴别应符合表G.0.7的规定。

**表G.0.7 岩石风化程度的现场鉴别**

| 岩石类别 | 风化程度 | 野外观察的特征 | 开挖或钻探情况 |
|---|---|---|---|
| 硬质岩石 | 微风化 | 组织结构基本未变，仅节理面有铁锰质浸染或矿物略有变色。有少量风化裂隙，岩体完整性好 | 开挖需爆破，一般金刚石岩芯钻方可钻进 |
| | 中风化 | 组织结构部分破坏，矿物成分基本未变化，仅沿节理面出现次生矿物。风化裂隙发育，岩体被切割成20cm～50cm的岩块，锤击声脆，且不易击碎 | 不能用镐挖掘，一般金刚石岩芯钻方可钻进 |
| | 强风化 | 组织结构已大部分破坏，矿物成分已显著变化，长石、云母已风化成次生矿物，裂隙很发育，岩体被切割成2cm～20cm的岩块，可用手折断 | 用镐可挖掘，干钻不易钻进 |
| 软质岩石 | 微风化 | 组织结构基本未变，仅节理面有铁锰质浸染或矿物略有变色，有少量风化裂隙，岩体完整性好 | 开挖用撬棍或爆破，一般金刚石、硬质合金均可钻进 |
| | 中风化 | 组织结构部分破坏，矿物成分发生变化，节理面附近的矿物已风化成土状，风化裂隙发育，岩体被切割成20cm～50cm岩块，锤击易碎 | 开挖用镐或撬棍，硬质合金可钻进 |
| | 强风化 | 组织结构已大部分破坏，矿物成分已显著变化，含大量黏土矿物，风化裂隙很发育，岩体被切割成碎块，干时可用手折断或捏碎，浸水或干湿交替时可较迅速地软化或崩解 | 用镐可挖掘，干钻可钻进 |
| 全风化 | | 组织结构已基本破坏，但尚可辨认，有残余结构强度，风化成土混砂砾状或土夹碎粒状，岩芯手可掰断捏碎 | 用镐锹可挖掘，干钻可钻进 |
| 残积土 | | 组织结构已全部破坏，已风化成土状，具可塑性 | 用镐锹可挖掘，干钻可钻进 |

**G.0.8** 岩石硬度的现场鉴别应符合表G.0.8的规定。

**表G.0.8 岩石硬度的现场鉴别**

| 硬 度 | 鉴 别 特 征 |
|---|---|
| 很软的 | 用手指易压碎，锤轻击有凹痕 |
| 软 的 | 用手指不易压碎，用笔尖刻划可有划痕 |
| 中等的 | 用笔尖难于刻划，用小刀刻划有划痕，用钎击有凹痕 |
| 中硬的 | 用小刀难于刻划，用锤轻击有击痕或破碎 |
| 坚硬的 | 用锤重击出现击痕破碎 |
| 很坚硬 | 用锤反复重击方能破碎 |

**G.0.9** 红黏土的现场鉴别应符合表G.0.9的规定。

**表G.0.9 红黏土的现场鉴别**

| 主要鉴别项目 | 特 征 |
|---|---|
| 母岩名称 | 石灰岩、白云岩 |
| 母岩岩性 | 主要为碳酸岩类岩石，岩层褶皱剧烈，岩石较破碎，易风化，成土后土质较细，液限大于50%，塑性高，黏粒含量在50%以上 |
| 分布规律及特征 | 多分布在山区或丘陵地带，见于山坡、山麓、盆地或洼地中，其厚度取决于基岩的起伏，一般是低处厚，高处薄，变化极大。<br>颜色棕红、褐黄、直接覆盖于碳酸岩系之上的黏土，具有表面收缩，上硬下软，裂隙发育的特征。地下水位以上的土，一般结构性好，强度高；地下水位以下的土，一般呈可塑、软塑或流塑状态，强度低，压缩性高。切面很光滑 |

**G.0.10** 膨胀岩土的现场鉴别应符合表G.0.10的规定。

**表G.0.10 膨胀岩土的现场鉴别**

| 主要鉴别项目 | 特 征 |
|---|---|
| 分布规律 | 分布于盆地的边缘和较高级的阶地上。下接湖积或冲积平原，上邻丘陵山地；在堆积时代上多属更新世，在成因类型上冲积、坡积和残积均有 |
| 矿物成分 | 含多量的蒙脱石、伊利石(水云母)、多水高岭土等(化学成分以$SiO_2$和$Al_2O_3$、$Fe_2O_3$为主) |
| 颗粒与结构 | 黏土颗粒含量较高，塑性指数大，一般接近于黏土，土的结构强度高，但在水的作用下其表部易成泥泞的稀泥并在一定范围内膨胀 |
| 干燥后的特征 | 干燥时土质坚硬，易裂，具有不甚明显的垂直节理，在现场可见高度2m～5m左右的陡壁，有崩塌现象 |

**G.0.11** 残积土的现场鉴别应符合表G.0.11的规定。

**表G.0.11 残积土的现场鉴别**

| 主要鉴别项目 | 特 征 |
|---|---|
| 结 构 | 结构已全部破坏，矿物成分除石英外，已风化成土状。镐易挖掘，干钻易钻进，具可塑性 |

续表 G.0.11

| 主要鉴别项目 | 特　征 |
| --- | --- |
| 分布规律 | 分布于基岩起伏平缓地区，与下卧基岩风化带呈渐变关系 |
| 残积砂土 | 未经分选，可具母岩矿物成分，表面粗糙，有棱角，常与碎石及黏性土混在一起，其厚度不均 |
| 残积粉土和残积黏性土 | 产状复杂，厚度不均，深埋者常为硬塑或坚硬状态。裸露地表者，孔隙比较大 |
| 残积碎石土 | 碎石成分与母岩相同，未经搬运，分选差，大小混杂、颗粒呈棱角形 |

**G.0.12** 新近沉积土的现场鉴别应符合表 G.0.12 的规定。

**表 G.0.12　新近沉积土的现场鉴别**

| 沉积环境 | 颜　色 | 结　构　性 | 含　有　物 |
| --- | --- | --- | --- |
| 河漫滩、山前洪、冲积扇（锥）的表层、古河道，已填塞的湖、塘、沟、谷和河道泛滥区 | 较深而暗，呈褐、暗黄或灰色，含有机质较多时带灰黑色 | 结构性差，用手扰动原状土时极易变软，塑性较低的土还有振动水析现象 | 在完整的剖面中无粒状结核体，但可能含有圆形及亚圆形钙质结核体（如礓结石）或贝壳等，在城镇附近可能含有少量碎砖、瓦片、陶瓷、铜币或朽木等人类活动遗物 |

**G.0.13** 黄土的现场鉴别应符合表 G.0.13 的规定。

**表 G.0.13　黄土的现场鉴别**

| 黄土名称 | 颜色 | 特征及包含物 | 古土壤 | 沉积环境 | 挖掘情况 |
| --- | --- | --- | --- | --- | --- |
| $Q_4^2$ 新近堆积黄土 | 浅褐至深褐色，或黄至黄褐色 | 土质松散不均，多虫孔和植物根孔，有粉末状或条纹状碳酸盐结晶，含少量小砾石或钙质结核，有时有砖瓦碎块或朽木等 | 无 | 河漫滩低级阶地，山间洼地的表面，黄土塬、峁的坡脚，洪积扇或山前坡积地带，老河道及填塞的沟槽洼地的上部 | 锹挖很容易，进度较快 |
| $Q_4^1$ 黄土状土 | 褐黄至黄褐色 | 具有大孔、虫孔和植物根孔，含少量小的钙质结核或小砾石。有时有人类活动遗物，土质较均匀 | 底部有深褐色黑垆土 | 河流阶地的上部 | 锹挖容易，但进度稍慢 |

续表 G.0.13

| 黄土名称 | 颜色 | 特征及包含物 | 古土壤 | 沉积环境 | 挖掘情况 |
| --- | --- | --- | --- | --- | --- |
| $Q_3$ 马兰黄土 | 浅黄、褐黄或黄褐色 | 土质均匀、大孔发育，具垂直节理，有虫孔及植物根孔，有少量小的钙质结核，呈零星分布 | 底部有一层古土壤，作为与 $Q_2$ 黄土的分界 | 河流阶地和黄土塬、梁、峁的上部，以及黄土高原与河谷平原的过渡地带 | 锹、镐挖掘不困难 |
| $Q_2$ 离石黄土 | 深黄、棕黄或黄褐色 | 土质较密实，有少量大孔。古土壤层下部钙质结核含量增多，粒径可达 5cm～20cm，常成层分布成为钙质结核层 | 夹有多层古土壤层，称"红三条"或"红五条"甚至更多 | 河流高阶地和黄土塬、梁、峁的黄土主体 | 锹、镐挖掘困难 |
| $Q_1$ 午城黄土 | 浅红或棕红色 | 土质密实，无大孔，柱状节理发育，钙质结核含量较 $Q_2$ 黄土少 | 古土壤层不多 | 第四纪早期沉积，底部与第三纪红黏土或砂砾层接触 | 锹、镐挖掘很困难 |

**G.0.14** 冻土构造与现场鉴别应符合表 G.0.14 的规定。

**表 G.0.14　冻土构造与现场鉴别**

| 构造类别 | 冰的产状 | 岩性与地貌条件 | 冻结特征 | 融化特征 |
| --- | --- | --- | --- | --- |
| 整体构造 | 晶粒状 | 1　岩性多为细颗粒土，但砂砾石土冻结亦可产生此种构造；<br>2　一般分布在长草或幼树的阶地和缓坡地带以及其他地带；<br>3　土壤湿度：稍湿 | 1　粗颗粒土冻结，结构较紧密，孔隙中有冰晶，可用放大镜观察到；<br>2　细颗粒土冻结，呈整体状；<br>3　冻结强度一般（中等），可用锤子击碎 | 1　融化后原土结构不产生变化；<br>2　无渗水现象；<br>3　融化后，不产生融沉现象 |
| 层状构造 | 微层状（冰厚一般可达 1mm～5mm） | 1　岩性以粉砂或黏性土为主；<br>2　多分布在冲-洪积扇及阶地其他地带，植被较茂密；<br>3　土壤湿度：潮湿 | 1　粗颗粒土冻结，孔隙被较多冰晶充填，偶尔可见薄冰层；<br>2　细颗粒土冻结，呈微层状构造，可见薄冰层或薄透镜体冰；<br>3　冻结强度很高，不易击碎 | 1　融化后原土体积缩小现象不明显；<br>2　有少量水分渗出；<br>3　融化后，产生弱融沉现象 |

续表 G.0.14

| 构造类别 | 冰的产状 | 岩性与地貌条件 | 冻结特征 | 融化特征 |
| --- | --- | --- | --- | --- |
| 层状构造 | 层状（冰厚一般可达5mm～10mm） | 1 岩性以粉砂为主；<br>2 一般分布在阶地或塔头沼泽地带；<br>3 有一定的水源补给条件；<br>4 土壤湿度：很湿 | 1 粗颗粒土如砾石被冰分离，可见到较多冰透镜体；<br>2 细颗粒土冻结，可见到层状冰；<br>3 冻结强度高，极难击碎 | 1 融化后土体积缩小；<br>2 有较多水分渗出；<br>3 融化后产生融沉现象 |

续表 G.0.14

| 构造类别 | 冰的产状 | 岩性与地貌条件 | 冻结特征 | 融化特征 |
| --- | --- | --- | --- | --- |
| 网状构造 | 网状（冰厚一般可达10mm～25mm） | 1 岩性以细颗粒土为主；<br>2 一般分布在塔头沼泽与低洼地带；<br>3 土壤湿度：饱和 | 1 粗颗粒土冻结，有大量冰层或冰透镜体存在；<br>2 细颗粒土冻结，冻土互层；<br>3 冻结强度偏低，易击碎 | 1 融化后土体积明显缩小，水土界限分明，并可成流动状态；<br>2 融化后产生融沉现象 |
| | 厚层网状（冰厚一般可达25mm以上） | 1 岩性以细颗粒土为主；<br>2 分布在低洼积水地带，植被以塔头、苔藓、灌丛为主；<br>3 土壤湿度：超饱 | 1 以中厚层状构造为主；<br>2 冰体积大于土体积；<br>3 冻结强度很低，极易击碎 | 1 融化后水土分离现象极其明显，并成流动体；<br>2 融化后产生融陷现象 |

# 附录 H 钻孔现场记录表式

**表 H 钻孔现场记录表式**

________工程钻探野外记录　　全___页，第___页

钻孔（探井）编号：________　孔（井）口标高：________ m

工作地点：______　钻机型号________

钻孔口径　开孔________ m　终孔________ m　　孔（井）位坐标　X：________ m　Y：________ m

地下水位　初见：________ m　静止：________ m　　时间　自___年___月___日起　至___年___月___日止

| 回次 | 进尺(m) | | 地层名称 | 地层描述 | | | | | 岩石质量指标RQD | 岩芯采取率 | 土样 | | | | 原位测试类型及成果 | 钻进工程情况记载 |
| --- | --- | --- | --- | --- | --- | --- | --- | --- | --- | --- | --- | --- | --- | --- | --- | --- |
| | 自 | 至 | | 颜色 | 状态 | 密度 | 湿度 | 成分及其他 | | | 编号 | 取样深度 | 取土器型号 | 回收率 | | |
| | | | | | | | | | | | | | | | | |

钻探单位______　工程技术负责人______　钻探机长______　记录员______　检查人______

# 附录 J 现场钻孔柱状图式

**表 J 现场钻孔柱状图式**

工程名称　终孔深度　m　钻机型号　　钻进日期　　年　月　日

孔号　孔口标高　m　孔位坐标 X　m　Y　m　地下水位　初见　m　静止　m

| 层序 | 深度及(标高)(m) | 层厚(m) | 图例 | 岩性描述 | 岩芯 | | 土样 | 原位测试 | |
| --- | --- | --- | --- | --- | --- | --- | --- | --- | --- |
| | | | | | 采取率(%) | RQD(%) | 取样深度及取土器型号 | 类型 | 测试结果 |
| | | | | | | | | | |

制图　　　　校对　　　　工程技术负责人

## 本规程用词说明

**1** 为便于在执行本规程条文时区别对待，对于要求严格程度不同的用词说明如下：

**1）** 表示很严格，非这样做不可的：
正面词采用“必须”，反面词采用“严禁”；

**2）** 表示严格，在正常情况均应这样做的：
正面词采用“应”，反面词采用“不应”或“不得”；

**3）** 表示允许稍有选择，在条件许可时首先应这样做的：
正面词采用“宜”，反面词采用“不宜”；

**4）** 表示有选择，在一定条件下可以这样做的，采用“可”。

**2** 条文中指定应按其他有关标准执行的写法为：“应符合……的规定”或“应按……执行”。

## 引用标准名录

**1** 《岩土工程勘察规范》GB 50021

**2** 《岩土工程勘察安全规范》GB 50585

中华人民共和国行业标准

# 建筑工程地质勘探与取样技术规程

JGJ/T 87—2012

## 条 文 说 明

# 修 订 说 明

《建筑工程地质勘探与取样技术规程》JGJ/T 87－2012，经住房和城乡建设部2011年12月26日以第1230号公告批准、发布。

《建筑工程地质钻探技术标准》JGJ 87－92和《原状土取样技术标准》JGJ 89－92主编单位是中南勘察设计院，参编单位是建设部综合勘察研究院、陕西省综合勘察院，主要起草人是李受址、苏贻冰、陈景秋。

本规程修订过程中，编制组进行了广泛的调查研究，总结了我国工程建设勘探与取样的实践经验，积极采用实践中证明行之有效的新技术、新工艺、新设备。

为便于广大勘察设计、施工、科研、学校等有关单位在使用本规程时能正确理解和执行条文规定，《建筑工程地质勘探与取样技术规程》编制组按章、节、条顺序编制了本规程的条文说明，对条文规定的目的、依据以及执行过程中需注意的有关事项进行了说明，供使用者作为理解和把握标准规定的参考。

# 目　次

# 1 总　　则

**1.0.1** 勘探与取样是工程地质和岩土工程勘察的基本手段，其成果是进行工程地质评价和岩土工程设计、施工的基础资料。勘探和取样质量的高低对整个勘察的质量起决定性的作用。本标准的制定旨在实现岩土工程勘察中勘探以及取样工作的标准化，明确工程地质勘探及取样的质量要求，为勘探与取样工作方案的确定、工序质量控制和成果检查与验收提供依据。

**1.0.2** 本规程适用范围包括建筑工程、市政工程（含轨道交通）。

**1.0.3** 本条强调环境保护、资源节约的重要性，要求以人为本，保障操作人员的生命安全，保障质量和安全。

# 2 术　　语

**2.0.13** 反循环钻进可分为全孔反循环钻进和局部反循环钻进。根据形成孔底反循环方式不同，局部反循环钻进又分为喷射式孔底反循环钻进和无泵反循环钻进。全孔反循环钻进是指冲洗液从钻杆与孔壁间或双层钻杆的内外层间的环状间隙中流入孔底来冷却钻头，并携带岩屑由钻杆内孔返回地面的钻进技术；喷射式孔底反循环钻进是指冲洗液从钻杆进入到喷反钻具，利用射流泵原理，冲洗液一部分在剩余压力作用下，沿孔壁与钻具之间的环状间隙返回地面，另一部分在高速射流产生的负压作用下流向孔底，并不断被吸入岩心管内，形成对孔底反循环冲洗的钻进技术；无泵反循环钻进是指钻进过程中冲洗液的循环流动不是依靠水泵的压力，而是利用孔内的静水压力和上下提动钻具在孔底形成局部反循环，实现冲洗孔底的钻进技术。

# 3 基本规定

**3.0.1** 本条是工程地质勘探的基本技术要求。有时勘探（特别是钻探）需要配合原位测试（包括物探）、取样试验工作。

**3.0.2** 《勘探任务书》或《勘察纲要》是勘察工作的基础文件之一，是勘探工作的作业指导书。有的工程勘察规模较大要编制钻探任务书，有的工艺复杂时要专门编制钻探设计。

**3.0.3** 《岩土工程勘察安全规范》GB 50585－2010对勘探安全作了明确规定。

**3.0.4** 在工程地质勘探实施过程中，可能会影响交通、给人们的生产生活带来不便，甚至危及生命安全；可能会破坏地下设施（如地下人防、电力、通信、给水排水管道等），造成其无法正常运行，甚至危及钻探操作人员的生命安全；可能会破坏环境、污染地下水等，因而采取有效措施，避免或减少事故发生是非常必要的。

**3.0.5** 本规程包括钻探、井探、槽探和洞探等。钻探还有不同工艺，不同的方法、工艺对钻探质量影响很大。根据勘察的目的和地层的性质来选择适当的钻探方法十分重要。取样方法和工具的选择也是同样道理。

**3.0.6** 现场勘探记录是勘察工作的一项重要成果，是编写勘察报告的基础资料之一，真实性是其基本保证。由经过专业训练的人员且有上岗证或专业技术人员及时记录，实行持证上岗制度，都是保障措施。

# 4 勘探点位测设

**4.0.1** 本规程所指的勘探点包括钻探、井探、槽探、洞探点。为了满足本条规定的精度要求，初步勘察阶段和详细勘察阶段一般应采用仪器测定钻孔位置与高程数据。

勘探点设计位置与实际位置允许偏差因勘察阶段、工程特点、地质情况等会有不同要求。实际工作中应根据任务书的要求进行，但应满足本条提出的基本要求。

**4.0.2** 水域勘探点位定位难度较大，一般可先设置浮标，钻探设备定位后，再采用测量仪器测量孔位坐标确定位置。采用GPS定位技术也是一种可靠的勘探孔位定位方法，在实践中应用较多。

# 5 钻　　探

## 5.1 一般规定

**5.1.1** 勘探工作经常受地质条件、场地条件、环境的限制，应根据实际情况，合理地选择钻机、钻具和钻进或掘进方法，能保障勘探任务的顺利进行。

**5.1.2** 遵守岗位职责，严格执行操作程序，是工程质量和操作安全的重要保障措施。

## 5.2 钻孔规格

**5.2.1** 本条钻孔和钻具口径规格系列，既考虑我国现行的产品标准，也考虑与国际标准尽可能相符或接近。其中36、46、59、75、91用于金刚石钻头钻孔，91、110、130、150则用于合金、钢砂钻头钻孔和土层中螺旋钻头钻孔。DCDMA标准是目前国际最通行的标准，即美国金刚石岩芯钻机制造者协会的标准。国外有关岩土工程勘探、测试的规范、标准以及合同文件中均习惯以该标准的代号表示钻孔口径，如$N_x$，$A_x$，$E_x$等等。

**5.2.2** 钻孔成孔直径既要满足钻孔技术的一般要求，

也要满足勘察技术要求。砂土、碎石土、其他特殊岩土采取土试样时对钻孔孔径也有要求。

**5.2.3** 钻孔深度测量精度因钻探目的的不同，会有差异，本条的规定是钻孔深度测量精度的基本要求。

**5.2.4** 对钻孔垂直度（或预计倾斜度）偏差的要求在过去的勘察规范中没有明确的规定。过去一般建筑工程勘察钻孔深度在100m以内，不做垂直度控制是可以的。但随着建筑物规模的扩大，深基础的广泛应用以及某些特殊要求，勘探孔深度在增加，垂直度偏差带来的误差越来越不容忽视。本条参照地矿、铁道等部门的有关规定提出钻孔测斜要求和偏差控制标准。钻进中，特别是深孔钻进应加强钻孔倾斜的预防，采取防止孔斜的各种措施。

目前相关规范对钻孔倾斜度有不同要求，如《铁路工程地质钻探规程》TB 10014－98钻孔顶角允许偏差，垂直孔为2°，斜孔3°；《水利水电工程钻探规程》SL 291－2003钻孔顶角允许偏差，垂直孔为3°，斜孔4°；《建筑工程地质钻探技术标准》JGJ 87－92、《电力工程钻探技术规程》DL/T 5096－2008钻孔顶角允许偏差，垂直孔为2°，斜孔则未具体规定；原地质矿产部《工程地质钻探规程》DZ/T 0017－91钻孔顶角允许偏差，垂直孔为2°，斜孔4°；《钻探、井探、槽探操作规程》YS 5208－2000规定钻孔顶角允许偏差，垂直孔为1.5°，斜孔3.0°。对钻孔倾斜，重要的是采取有效措施加以防止。由于工程情况差异较大，本条规定是一个基本要求。

## 5.3 钻进方法

**5.3.1** 选择钻进方法考虑的因素：

1 钻探方法能适应钻探地层的特点；

2 能保证以一定的精度鉴别地层，了解地下水的情况；

3 尽量避免或减轻对取样段的扰动影响；

4 能满足原位测试的钻探要求。

目前国内外的一些规范、标准中，都有关于不同钻探方法或工具的条款，但侧重点依据其行业有所不同，实际工作中着重注意钻进的有效性，忽视勘察技术要求。为了避免这种偏向，制定勘察工作纲要时，不仅要规定孔位、孔深，而且要规定钻进方法。钻探单位应按任务书指定的方法钻进，提交成果中也应包括钻进方法的说明。

**5.3.2** 采取回转方式钻进是为了尽量减少对地层的扰动，保证地层鉴别的可靠性和取样质量。我国的一些地区和单位习惯于采用锤击钻进，钻进效率高，鉴别地层、调查地下水位效果较好，在一般黏性土层钻探中配合取样、原位测试应用效果也较好。碎石土特别是卵石层、漂石层的特点是结构松散，石块之间有砂、土充填物，孔隙大，石质较坚硬，钻探时钻孔易坍塌、掉块、冲洗液易漏失，取芯困难。用植物胶作冲洗液，取芯质量高，多用于卵砾石层，在砂卵石地层和破碎地层、软弱夹层钻进，岩芯采取率可达到90%～100%，值得推广。无取芯要求时，通常用振动或冲击等钻进方法。

**5.3.4** 在粉土、饱和砂土中钻进取芯困难。采用对分式取样器或标准贯入器配合钻探可一定程度上弥补其不足，但取样间距不能太大。采用单层岩芯管无泵“反循环”钻进方式可连续取芯。这种方式在武汉、上海等地应用很广，效果良好，特别适用于砂、粉土与黏性土交互薄层的鉴别。

**5.3.5** 金刚石钻头主要用于钻进硬度高的岩石。金刚石钻头转速高，切削锐利，对岩芯产生的扭矩较小，取芯率和取芯质量都很高。在风化、破碎、软弱的岩层中，采用双层岩芯管金刚石钻头钻进，能获取很有代表性的岩芯样品，采用绳索取芯钻进效果更好。绳索取芯钻进是一种比较先进的钻探工艺，可以减少提钻时间，提高钻进效率，尤其在深孔时表现得特别明显，利用绳索取芯气压栓塞，可以从钻杆下入孔内进行压水试验，无需起出钻具。该方法在水利水电工程等行业中应用广泛。

**5.3.6** 按照国际统一的规定，测定RQD值时需采用N级（75mm）双层岩芯管钻头钻进。

## 5.4 冲洗液和护壁堵漏

**5.4.1** 泥浆护壁和化学浆液护壁是行之有效的护壁方式，较之套管护壁，既能提高钻进速度，又有利于减轻对地层的扰动破坏。钻孔护壁堵漏可根据岩土层坍塌或漏失的实际情况，选择一种方法或综合利用几种护壁堵漏方法。

**5.4.2** 冲洗液除冷却和润滑钻头、带走岩粉外，还起到保护孔壁和岩芯等作用。合理选用冲洗液，可以保证钻探质量和进度。

**5.4.4** 孔底管涌既妨碍钻进，又严重破坏土层，影响标准贯入和取样质量。保持孔内水头压力是防止孔底管涌的有效措施。采用泥浆护壁时一般都能做到这一点；若采用螺纹钻头钻进易引起管涌，采用带底阀的空心螺纹钻头（提土器）可以防止提钻时产生负压。

## 5.5 采取鉴别土样及岩芯

**5.5.1** 本条提出了一个基本要求，具体标准需根据工程情况确定。表1～表6是国内常用标准的岩芯采取率要求。

**表1 《工程地质钻探规程》DZ/T 0017－91 规定岩芯采取率指标**

| 岩芯采取率 / 地层 | 岩芯采取率（%） | | 无岩心间隔（m） |
|---|---|---|---|
| | 平均 | 单层 | |
| 黏性土、完整基岩 | ＞80 | ＞70 | ＜1 |
| 砂类土 | ＞60 | ＞50 | |

续表 1

| 岩芯采取率 / 地层 | 岩芯采取率（%） | | 无岩心间隔（m） |
|---|---|---|---|
| | 平均 | 单层 | |
| 风化基岩、构造破碎带 | ≥50 | ≥40 | ＜2 |
| 松散砂砾卵石层 | | 满足颗粒级配分析的要求 | |

**表 2 《水利水电工程钻探规程》SL 291－2003 规定岩芯采取率**

| 地　层 | 岩芯采取率（%） |
|---|---|
| 完整新鲜基岩 | ≥95 |
| 较完整的弱风化岩层、微风化岩层 | ≥90 |
| 较破碎的弱风化岩层、微风化岩层 | ≥85 |
| 软硬互层、硬脆碎、软酥碎、软硬不均和强风化层 | 根据地质要求确定 |
| 软弱夹层和断层角砾岩 | |
| 土层、泥层、砂层 | |
| 砂卵砾石层 | |

**表 3 《铁路工程地质钻探规程》TB 10014－98 规定岩芯采取率**

| 岩层 | | 回次进尺采取率（%） |
|---|---|---|
| 土类 | 黏性土 | ≥90 |
| | 砂类土 | ≥70 |
| | 碎石类土 | ≥50 |
| 基岩 | 滑动面及重要结构上下 5m 范围内 | ≥70 |
| | 风化轻微带（W1）、风化颇重带（W2） | ≥70 |
| | 风化严重带（W1）、风化极严重带（W2），构造破碎带 | ≥50 |
| | 完整基岩 | ≥80 |

**表 4 《钻探、井探、槽探操作规程》YS 5208－2000 规定的岩芯采取率**

| 地　层 | 岩芯采取率（%） |
|---|---|
| 黏性土、基岩 | ≥80 |
| 破碎带、松散砂砾、卵石层 | ≥65 |

**表 5 《港口岩土工程勘察规范》JTS 133－1－2010 规定岩芯采取率**

| 岩石 | 一般岩石 | 破碎岩石 |
|---|---|---|
| 岩芯采取率 | ≥80% | ≥65% |

**表 6 《建筑工程地质钻探技术标准》JGJ 87－92 和《电力工程钻探技术规程》DL/T 5096－2008 规定的岩芯采取率**

| 地　层 | 岩芯采取率（%） |
|---|---|
| 完整岩层 | ≥80 |
| 破碎岩层 | ≥65 |

**5.5.4** 习惯上有将装岩芯的箱（盒）子称作岩芯箱，也有将装土样的盒子称作土芯盒的，本标准统称为岩芯盒。岩芯牌要求用油漆或签字笔填写，防止字迹因雨水、日晒等原因褪色或消失。

# 6 钻 孔 取 样

## 6.1 一 般 规 定

**6.1.3** 下设套管对土层的扰动和取样质量的影响，Hvorslev 早就作过研究。其结论是在一般情况下，套管管靴以下约三倍管径范围内的土层会受到严重的扰动，在这一范围内不能采取原状土样。在实际工作中经常发生下设套管后因水头控制不当引起孔底管涌的现象，此时土层受扰动的范围和程度更大、更严重。因此在软黏性土、粉土、粉细砂层中钻进，因泥浆护壁比套管效果好而成为优先选择。

**6.1.5** 本条规定采用贯入取土器时，优先选用压入法。

**6.1.6** 原状取砂器又分为贯入式和回转式，贯入式取砂器内衬环刀又叫内环刀取砂器；回转式取砂器多内置环刀，有的加内衬管，又叫双管单动取砂器。采用内衬环刀较易取得Ⅰ级砂土试样。

## 6.2 钻孔取土器

**6.2.1** 本规程所列的取土器规格及其结构特征与现行《岩土工程勘察规范》GB 50021 的规定相同，与当前国际通行的标准也是基本一致的。关于不同类型原状取土器的优劣，存在不同意见，各地的使用习惯也不尽相同。

**6.2.2** 为保障取样质量，妥善保护取土器，使用前应仔细检查其性能、规格是否符合要求。有关薄壁管几何尺寸、形状的检查标准是参照日本土质工学会标准提出来的。关于零部件功能目前尚未见有定量的检验标准。

## 6.3 贯入式取样

**6.3.2** 取土器的贯入是取样操作的关键环节。对贯入的三点要求，即快速（不小于 0.1m/s）、连续、静压，是按照国际通行的标准提出来的。要达到这些要求，目前主要的困难是大多数现有的钻探设备性能不能适应，如静压能力不足，给进机构的行程不够或速度不够。不完全禁止使用锤击法，重锤少击效果相对较好。

**6.3.3** 活塞杆的固定方式一般是采用花篮螺栓与钻架相连并收紧，以限制活塞杆与活塞系统在取样时向下移动。能否固定的前提是钻架必须稳固，钻架支腿受力时不应挠曲，支腿着地点不应下坐。

**6.3.4** 为减少掉土的可能，本条规定可采用回转和静置两种方法。回转的作用在于扭断土试样；静置的目的在于增加土样与容器壁之间的摩擦力，以便提升时拉断土试样。这两种方法在国外标准中都是允许的，可根据各地的经验和习惯选用。

### 6.4 回转式取样

**6.4.1** 回转取样最忌钻具抖动或偏心摇晃。抖动或摇晃一方面破坏孔壁，一方面扰动土样，因此保证钻进平稳至关重要。主要的措施是将钻机安装牢固，加大钻具质量，钻具应有良好的平直度和同心度。加接重杆是增加钻进平稳性的有效措施。

**6.4.2** 使用泥浆作冲洗液，钻进时起到护壁、冷却钻头、携带岩渣的作用。在泥浆中加入化学添加剂形成化学泥浆，改进了泥浆性能，此种方法在石油钻探中已广泛使用。

植物胶作为钻井冲洗液材料，既可直接配制成无固相冲洗液，又可作为一种增黏、降失水及提高润滑减阻作用的泥浆处理剂，还可配制成低固相泥浆，适用于不同的复杂地层，取样时又能在试样周围形成一层保护膜，可以很好的采取到较松散砂土的原状样，在水利钻探中已经得到较广泛的应用。

合理的回转取样钻进参数是随地层的条件而变化的，目前尚未见有统一的标准，因此一般应通过试钻确定。国内现有钻机根据型号的不同，钻进转速一般几十（48）至一千（1010）r/min，在钻进土层、砂层时一般采用中～高转速，钻进碎石、卵石层一般采用中～低转速，钻进硬塑以上地层、岩石时一般使用高转速。国际土力学基础工程学会取样分会编制的手册提供的一些经验参数列于表7，可供参考。

**表7 回转取样钻进参数**

| 资料来源 | 钻进参数 | | | | |
|---|---|---|---|---|---|
| | 转速（r/s） | 给进速度（mm/s） | 给进压力（N） | 泵压（kPa） | 冲洗液流量（L/s） |
| 美国垦务局 | 砂类土 1.3～1.7 黏性土 1.7 | 砂 100～127 黏性土 50～100 | — | 砂 105～175 粉质软黏土 250～200 较硬黏土 350～530 | — |
| 美军工程师团 | 1.0 | — | — | — | 孔径100 1.2～2.0 孔径150 3.2～3.6 |
| 日本土质工学会 | 0.8～0.25 | — | 500 | — | — |

**6.4.3** 采用自动调节功能的单动二（三）重管取土器，避免频繁更换管靴，可在软硬变化频繁的地层中提高钻进效率。

## 7 井探、槽探和洞探

**7.0.1** 当钻探作业条件不具备或采用钻探方法难以准确查明地下情况时，常采用井探、槽探和洞探勘探方法。但尤其要注意做好作业过程中的安全技术措施，达到既能满足勘探任务的技术要求，又能保证人身安全的双重目的。

**7.0.2** 探井、探槽及探洞，其开挖受到岩土性质、地下水位等条件的制约。探井和探洞的深度、长度、断面的大小，除满足工程要求确定外，还应视地层条件和地下水的情况，采取措施确保便利施工、保持侧壁稳定，安全可靠。探井较深时，其直径或边长应加大；探洞不宜过宽，否则会增加不必要的开挖工作量和支护的难度，但要确保便于开挖和观察；洞高大于1.8m，也是从便于施工的角度考虑。探洞深度增加时，洞高、洞宽均应适当加大。

**7.0.3** 井、槽、洞壁应根据地层条件设支撑保护。支撑可采用全面支护或间隔支护。全面支护时，每隔0.5m及在需要重点观察部位留下检查间隙，其目的是为了便于观测、编录和拍照。

**7.0.4** 本条规定了井探、槽探和洞探开挖过程中的土石方堆放的安全距离，避免在井、槽、洞口边缘产生较大的附加土压力而塌方，造成人身安全事故。

## 8 探井、探槽和探洞取样

**8.0.1** 本条列出了在探井、探槽和探洞中采取的Ⅰ、Ⅱ级岩土试样的尺寸。

**8.0.2** 探井、探槽和探洞开挖过程及取样过程存在一系列扰动因素，如果操作不当，质量就难以保证。按本条规定的方法，可降低样品暴露时间，保持样品与容器之间密封，减少样品的扰动。

**8.0.4** 用试验环刀直接在土层取样，其步骤是先将取样位置削平，然后将环刀刃口垂直下压，边削边压至土样高出环刀，再用取土刀削掉两端土样。

**8.0.5** 探井、探槽和探洞中取样与开挖掘进同步，可减少样品暴露时间，减少含水量变化，减少样品的应力状态变化。

# 9 特殊性岩土

## 9.1 软 土

**9.1.1** 根据铁路部门的经验，采用活套闭水接头单管钻具钻进取芯等方法，孔壁不收缩，能够提高取芯及试样质量。

## 9.2 膨 胀 岩 土

**9.2.1** 在膨胀性土层中钻进，易引起缩孔、糊钻、蹩泵等现象，用优质泥浆作冲洗液，是克服这些现象的主要措施。加大水口高度和水槽宽度的肋骨合金钻头钻孔间隙增大，能减少孔内阻力，加大泵量和转速。

## 9.3 湿 陷 性 土

**9.3.1** 湿陷性土钻进常遇到的问题：

**1** 湿陷性土层由于其结构的特殊性，遇水产生湿陷变形，湿陷性砂土和碎石土尤为明显，天然状态下松散，遇水产生沉陷，密实度增大。在坚硬黄土层中钻进困难时向孔内注入少量清水，可能导致土样含水量增大，湿陷性黄土含水量与其物理力学性质指标密切相关，含水量增大，湿陷性减弱，压缩性增强。因此，为保证采取的土样保持原状结构，要求在湿陷性土层中钻进不得采用水钻，严禁向孔内注水。

**2** 螺旋（纹）钻头回转钻进法对下部土样扰动小，且操作方便，钻进效率高，因此，要求采取原状土样时应使用螺旋（纹）钻头回转钻进方法。薄壁钻头锤击钻进法相对来讲质量不易保障。但对于湿陷性砂土和碎石土，螺旋（纹）钻头提下钻时易造成孔壁坍塌，或卵石粒径较大，钻进困难时，可采用薄壁钻头锤击钻进。

**3** 操作应符合“分段钻进、逐次缩减、坚持清孔”的原则，控制每一回次进尺深度，愈接近取样深度愈应严格控制回次进尺深度，并于取样前清孔，严格坚持“1米3钻”，即取样间距1m时，第一钻进尺为（0.5～0.6）m，第二钻清孔进尺为0.3m，第三钻取样。当取样间距大于1m时，其下部1m仍按上述方法操作。湿陷性黄土层钻进对比试验表明，不控制回次进尺和不清孔导致湿陷性等级Ⅲ级误判为Ⅰ级。

**9.3.2** 湿陷性土取样常遇到的问题：

**2** 通常在钻孔中采取湿陷性土试样应采用压入法，如压入法采取坚硬状态湿陷性土困难时，可采用一次击入法取样。湿陷性黄土取样应使用黄土薄壁取土器，其规格应符合现行国家标准《湿陷性黄土地区建筑规范》GB 50025的规定。

关于压入法和击入法采取土试样的质量差别，西北综合勘察设计研究院曾对湿陷性黄土取样进行过对比试验，湿陷系数结果见表8。

**表8 压入法和击入法取样湿陷系数 $\delta_s$ 值对比表**

| 取样方法 / 土样编号 | 探井 | 压入法 | 击入法 | | |
|---|---|---|---|---|---|
| | | 1号钻孔 | 2号钻孔 | 3号钻孔 | 4号钻孔 |
| 1 | 0.063 | 0.059 | 0.083 | 0.069 | 0.077 |
| 2 | 0.074 | 0.072 | 0.068 | 0.060 | 0.058 |
| 3 | 0.071 | 0.054 | 0.028 | 0.021 | 0.020 |
| 4 | 0.055 | 0.072 | 0.049 | 0.077 | 0.054 |
| 5 | 0.059 | 0.053 | 0.072 | 0.048 | 0.042 |
| 6 | 0.061 | 0.061 | 0.059 | 0.036 | 0.036 |
| 平均值 | 0.064 | 0.062 | 0.060 | 0.052 | 0.048 |

可见，与探井土样相比，压入法采取土样质量优于击入法采取土样。击入法采取土样质量与操作者的经验关系很大，其人为影响因素较大，经验丰富的钻工认真按操作程序作业时，取样质量不低于压入法取土。

**3** 多年来采用的有内衬黄土薄壁取土器，当内衬薄钢板生锈、变形或蜡封清除不净时，衬与取样器内壁无法紧贴，这样会影响取土器的内腔尺寸、形状和内间隙比，在土层压入取土器的过程中土试样受压变形，经常发现薄钢板上卷，土试样严重受压扰动，导致土试样报废。因此，采用有内衬的薄壁取土器时，内衬必须是完好、干净、无变形，且安装内衬应与取土器内壁紧贴。近年来，西安地区的勘察单位经过不断探索，在黄土地区逐步推广使用无衬黄土薄壁取土器，这种取土器克服了有内衬黄土薄壁取土器取土过程中内衬挤压土样的缺点，提取土试样后卸掉环刀，将土试样从取样管推出后再装入土试样盒密封。使用无衬黄土薄壁取土器应注意保持取土器内腔干净、光滑，为减小土试样与内壁的摩擦，取样前可在内壁涂上润滑油，便于土试样轻轻推出。

**4** 取样前清孔是保证取样质量的重要一步，一些钻机为了追求钻探进尺，不注意清孔。清孔的目的一方面是消除钻进过程中提钻掉入孔底的虚土，另一方面是清除钻进造成下部土体压密的部分，以保证采取土试样为原状结构。

**5、6** 取样要匀速连续快速压入或一次击入，压入速度应控制在0.1m/s，如果压入过程不连续或多次击入，则采取的土样多断裂或受压呈层状。由于湿陷性土结构敏感，敲击取土器会扰动土样，影响取土质量，因此，应轻轻推出或使用专用工具取出。

### 9.4 多年冻土

**9.4.1** 多年冻土钻进常遇到的问题：

**1～3** 冻土钻探回次进尺随含水量的增加、土温降低而加大。但对含卵石较多的冻土应少钻勤提，以避免冻土全部融化。实际上，冻土钻探对富冰冻土、饱冰冻土和含土冰层回次进尺可达1.0m。对卵石含量较多的土层钻探（0.1～0.2）m即需提钻。在冻土层钻进，钻探产生的热量破坏了原来冻土温度的平衡条件，引起冻土融化、孔壁坍塌或掉块，影响正常钻进，为此，应采用低温泥浆护孔，表9.4.1本条引用于现行行业标准《铁路工程地质钻探规程》TB 10014—98。

**5** 在孔中下入金属套管防止孔壁坍塌和掉块，应保持套管孔口高出孔口一定高度，以防止地表水流入孔内融化冻土。

**7** 钻探期间对场地植被的破坏，将引起冻土工程地质条件变化，这对建筑物地基处理方案、基础类型和结构产生影响。因此，尽量减少对地表植被的破坏，及时恢复植被自然状态，对保护冻土自然工程地质条件至关重要。

**9.4.2** 多年冻土取样常遇到的问题：

钻探取样不易控制质量，因此，有条件时应在探井、探槽中刻取，钻孔取样宜采取大直径试样。

采取保持天然冻结状态土样主要取决于钻进方法、取样方法和取土工具。必须保证孔底待取土样不受钻进方法产生的热影响，要求取样前应使孔底恢复到天然温度状态，在接近取样深度严格控制回次进尺，以保证取出的土样保持天然冻结状态。取出的冻结土样应及时装入具有保温性能的容器或专门的冷藏车内，土样如不能及时送验，应在现场进行试验。

### 9.5 污染土

对于污染土的钻进和取样方法所见不多，也少见相关的文献资料，故本标准只作了一些原则上的要求。钻进时要求尽可能不采用洗孔液，在必要的情况下采用清水或不产生附加污染的可生物降解的酯基洗孔液。少数场合还采用空气，甚至低温氮气作洗孔介质，以保持孔壁稳定和采集松散土层的样品。

取样是污染土钻探的重要工作。要求样品中的气体和挥发性物质不致逸散，不产生二次污染，土样应尽量不受扰动。通常取土器都带PVC衬管，使土样易从中取出，可以避免污染物质与大气及操作人员接触。近来国外试验了低温氮气洗孔钻进，可将土壤中的水和液态污染物冻结在原处（例如被焦油污染的砂层），样品不受扰动；同时氮气又是惰性气体，不会使土样受到二次污染。

## 10 特殊场地

### 10.1 岩溶场地

**10.1.2** 洞穴（主要为岩溶）地区钻进，使用液压钻进效果较好。而钻探前对溶洞的分布范围、深度、大小、岩层稳定性等进行初步调查和了解，可以更有效确定针对性的钻具钻进及护壁堵漏措施。

### 10.2 水域钻探

**10.2.2** 水域钻探平台的种类很多，可根据水流、水深、波浪等条件选择，故不作具体规定，但需对水域钻探平台的安全性、稳定性和承载力进行复核；锚和锚缆的规格、种类和长度，应结合勘区水底表层土的情况，根据船的吨位及水深确定。

**10.2.3** 观测水尺通常设置在勘探区域内，或紧靠勘探区域。大范围水域钻探时，需加大观测水尺的设置密度。

**10.2.5** 在有潮汐的水域，水深是随时间变化的，须定时观察变化的水位，校正水面标高，以准确计算钻孔深度。

**10.2.6** 水域钻探如护孔套管不稳定或冲洗液不能从套管口回流，会直接影响钻探质量，甚至发生孔内事故。故套管的入土应有足够深度，在保证其稳定的前提下，使冲洗液不在水底泥面和套管底部处流失。

水域钻探须按照海事、航道等部门的有关规定，在通航水域钻探须与海事、航道等部门联系，通过船检，须备齐救生、消防、通信、信号等设施，并办理水域施工作业证以及安全航行等事宜；作业时悬挂相应的信号旗和信号灯，做好瞭望工作，注意水上飘浮物和过往船只对钻探作业的影响等。

### 10.3 冰上钻探

本节的规定适用于河流、湖泊区。滨海区潮汐影响大，冰面不平整，冰层不稳定，不适宜进行冰上作业。

钻探人员进场前进行实地详细踏勘，制定出切实可行的实施方案，须包含作业风险分析和安全应急预案，是保障人员和钻机设备安全的有效方法。

## 11 地下水位量测及取水试样

**11.0.1** 为了在两个以上含水层分层测量地下水位，在钻穿第一含水层并进行稳定水位观测之后，应采用套管隔水，抽干孔内存水，变径钻进，再对下一含水层进行水位观测。

**11.0.2** 稳定水位是指钻探时的水位经过一定时间恢复到天然状态后的水位；地下水位恢复到天然状态的时间长短受含水层渗透影响最大，根据含水层渗透性的差异，本条规定了至少需要的时间；在工程结束后宜统一量测一次稳定水位可防止因不同时间水位波动导致地下水状态误判。

**11.0.3** 地下水量测精度规定为±20mm是指量测工具、观测等造成的总误差的限值，量测工具定期用钢尺校正是保证测量精度的措施之一。

**11.0.4** 泥浆护壁对提高钻进效率，减少土层扰动是有利的，但泥浆妨碍地下水位的观测。本条提出可另设专用的水文地质观测孔。

## 12 岩土样现场检验、封存及运输

**12.0.2** 测定回收率是鉴定土样质量的方法之一。但只有在使用活塞取土时才便于测定，回收率大于1.0时，表面土样隆起，活塞上移；回收率低于1.0时，则活塞随同取样管下移，土样可能受压；回收率的正常值应介于0.95～1.0之间。

**12.0.3** 土试样的密封方法和效果，会直接影响到土样质量的好坏。本条的三种密封方法，在实践中证明其可靠度是有保证的。

**12.0.9** 贮存期间的扰动影响很大，而又往往被人们忽视。有关研究结果表明，贮存期间的扰动可能更甚于取样过程中的扰动，因此建议最长贮存时间不超过两周。

## 13 钻孔、探井、探槽和探洞回填

钻孔、探井、探槽不回填可能造成以下危害：①影响人、畜安全；②形成地表水和地下水通道，污染地下水；③在堤防附近钻孔形成管涌通道，可能引起堤防的渗透破坏；④有深层承压水时，在隔水层中形成通道，引起基坑突涌；⑤建筑基坑附近的钻孔或探井渗水，影响基坑安全；⑥地下工程、过江或跨海隧道的钻孔可能引起透水、涌沙，影响地下工程安全；⑦影响地基承载力和单桩承载力阻力，造成施工中的错判。

要求对钻孔、探井、探槽、探洞进行回填，主要是防止其对工程施工造成不良影响，尤其是对地下工程和深基坑工程。其次是防止造成人员伤害，并保护地质环境和生态环境，实现文明施工。在特殊土场地，如位于湿陷性土、膨胀土、冻土地区以及堤防、隧道和坝址处的钻孔、探井、探槽、探洞，对回填要求更为严格，应引起重视，相关行业法规也有相应的规定。本章规定的不同回填方式与要求，可根据各勘探场地的具体情况选用，必要时需要采取综合处理措施。

## 14 勘探编录与成果

### 14.1 勘探现场记录

**14.1.1** 以往现场记录所描述的内容多侧重于岩土性质，而不大重视钻进过程，包括钻进难易、孔内情况、进尺速度及其他钻探参数的记载，因而遗漏许多能够反映地下情况的可贵信息。因此本条特别指出钻探记录应该包括的两个部分并在附录中提供了相应的格式。各地可参照此格式并结合本地需要制定合适的记录表格。

**14.1.2** 钻探记录一般有现场记录与岩芯编录两种方式。由于岩土工程勘察在绝大多数情况下要求仔细研究覆盖土层，而覆盖土层的样品取出地面之后湿度、状态会随时间迅速变化，因此强调现场记录要在钻进过程中及时完成，不得采用事后追忆进行编录的方法。基岩岩芯的编录不能忽视，特别对于岩性不稳定的软质岩尤其是极软岩，岩芯取出后经暴露时间过长岩性将发生较大变化，如志留系泥岩暴露后逐渐崩解，见水膨胀软化。因此，这里要特别强调基岩钻孔也应及时进行编录，不得事后追记。

**14.1.3、14.1.4** 岩土描述内容是根据现行岩土工程勘察规范的原则要求规定。有些特征项不是所有情况下都能判定并描述出来的。例如碎石类土中粗颗粒是否起骨架作用，只有在探井、探槽中才能观察到。对砂土、粉土采用冲洗钻探，所有项目均无从判定。因此对描述的要求应视采用的钻探方式而定。由于必须在钻探过程中随时描述，只能以目测、手触的经验鉴别方法为主，描述结果在很大程度上存在差异，除要求描述人员应接受严格训练外，还应提倡采用一些辅助性的标准化、定量化的鉴别工具和方法。

土的目力鉴别是野外区别黏性土与粉土较好的方法，《岩土工程勘察规范》GB 50021－2001对黏性土与粉土的描述也增加了该部分内容。目力鉴别包括光泽反应、摇振反应、干强度和韧性。光泽反应：用小刀切开稍湿的土，并用小刀抹过土面，观察有无光泽以及粗糙的程度。摇振试验：用含水量接近饱和的土搓成小球，放在手掌上左右摇晃，并以另一手振击该手，如土球表面有水渗出并呈光泽，但用手指捏土球时水分与光泽很快消失，称摇振反应。反应迅速的表示粉粒含量较多，反之黏粒含量较多。干强度试验：将风干的小土球，用手指捏碎的难易程度来划分。韧性试验：将土调成含水量略高于塑限、柔软而不黏手的土膏，在手掌中搓成约3mm的土条，再搓成土团二次搓条，根据再次搓条的可能性，分为低韧性、中等韧性和高韧性。各试验等级见表9。

**表9 野外鉴别干强度、摇振反应和韧性**

| 鉴别方法 | 等 级 | 特征、反映及特点 |
| --- | --- | --- |
| 干强度 | 无或低干强度 | 仅用手压就碎 |
| | 低干强度 | 用手指能压成粉末 |
| | 中等干强度 | 要用相当大的压力才能将土样压得粉碎 |
| | 高干强度 | 虽然用手指能压碎，但不能成粉末 |
| | 极高干强度 | 不能在大拇指和坚硬表面之间压碎 |
| 摇振反应 | 反应迅速 | 摇动时水很快从表面渗出(表面发亮)，挤压时很快消失(表面发暗) |
| | 反应缓慢 | 如果需要用力敲打才能使水从表面渗出，且挤压时外表改变甚少 |
| | 无反应 | 看不出试样有什么变化 |
| 韧性试验 | 柔和软 | 在接近塑限含水量时，只能用很轻的压力滚搓，土条极易碎裂，碎裂以后土条不能再重塑成土团 |
| | 中等 | 在接近塑限含水量时，需要用中等压力滚搓，几寸长的土条能支持其自身的重量，并在碎裂以后可以捏拢重塑成土团，但轻搓又碎裂 |
| | 很硬 | 在接近塑限含水量时，需要用相当大的压力滚搓，几寸长的土条能支持其自身的重量，在碎裂之后土条可以重塑成土团 |

碎石土、砂土的密实度在钻探过程中可根据动力触探、标准贯入试验进行定量判别，判别方法引用《岩土工程勘察规范》GB 50021－2001 第 3.3.8 条和第 3.3.9 条，见表10、表11。

**表10 碎石土密实度判别表**

| 密实度 | 重型动力触探锤击数 $N_{63.5}$ | 超重型动力触探锤击数 $N_{120}$ |
| --- | --- | --- |
| 松散 | $N_{63.5} \leqslant 5$ | $N_{120} \leqslant 3$ |
| 稍密 | $5 < N_{63.5} \leqslant 10$ | $3 < N_{120} \leqslant 6$ |
| 中密 | $10 < N_{63.5} \leqslant 20$ | $6 < N_{120} \leqslant 11$ |
| 密实 | $N_{63.5} > 20$ | $11 < N_{120} \leqslant 14$ |
| 很密 | | $N_{120} > 14$ |

注：$N_{63.5}$、$N_{120}$是杆长修正后的值。

**表11 砂土密实度判别表**

| 密实度 | 标准贯入锤击数 $N$ | 密实度 | 标准贯入锤击数 $N$ |
| --- | --- | --- | --- |
| 松散 | $N \leqslant 10$ | 中密 | $15 < N \leqslant 30$ |
| 稍密 | $10 < N \leqslant 15$ | 密实 | $N > 30$ |

填土根据物质组成和堆填方式，可分为下列四类：

**1** 素填土：由碎石土、砂土、粉土和黏性土等一种或几种材料组成，不含杂物或含杂物很少；

**2** 杂填土：含有大量建筑垃圾、工业废料或生活垃圾等杂物；

**3** 冲填土：由水力冲填泥沙形成；

**4** 压实填土：按一定标准控制材料成分、密度、含水量，分层压实或夯实而成。

**14.1.5** 随着岩土工程的飞速发展，基岩已作为岩土工程重点研究对象，岩石的野外描述十分重要。岩石的风化程度按风化渐变过程可分为5个等级，其野外鉴别见本规程附录G表G.0.7和表G.0.8，因硬质岩石与软质岩石的全风化与残积土差异不大，故未细分。残积土的描述内容可与黏性土相同。岩体的描述一般在探槽与探洞中进行。

## 14.2 勘 探 成 果

**14.2.1** 本条对勘探成果应包括几个方面作了规定，并强调现场柱状图的绘制。单孔柱状图能翔实地反映钻进情况的原貌，而在剖面中却不能表现更多的细节。剖面图的作用偏于综合，柱状图的作用则偏于分析，二者各有所长。一律以剖面图取代柱状图是不可取的。20世纪五六十年代，大家对钻探的质量控制是比较严格的。当时虽然采用较落后的人力钻具，但能严格执行操作规程。现场描述人员大多训练有素，能认真采取并保存岩土芯样，对每个勘探点逐一绘制柱状图、展开图等，因此钻探成果质量是较高的。这些早期的严谨的工作习惯现在应继续保持下去。有鉴于此，本条重申钻探成果应该包括的内容。今后，随着岩土工程技术体制的发展，岩土工程技术与钻探作业的社会分工将趋于明确，承担钻探作业的单位要提供全面的钻探成果，以利分清责任，保证钻探质量。

**14.2.2** 岩土芯样保存是保障勘察报告、甚至工程质量的重要措施。保持时间根据工程而定。一般保持到钻探工作检查验收为止，有特别要求时遵其规定。

**14.2.3** 现场钻孔柱状图是现场记录员为该钻孔地层作一个简单的分层，是现场技术人员对原始资料的小结，是室内资料整理的依据。

# 附录B 岩土可钻性分级

可钻性分级是以使用XB-300型和XB-500型钻机在表12规定的技术条件下测定的，与目前建筑工程岩土工程勘察使用的钻进工具相差较大。

**表12 岩土可钻性分级的钻机技术条件**

| 技术条件 | Ⅰ～Ⅷ级岩土用合金钻进 | Ⅶ～Ⅻ级岩石用钢粒钻进 |
| --- | --- | --- |
| 钻头直径（mm） | 91 | 91 |

续表 12

| 技术条件 | Ⅰ～Ⅷ级岩土用合金钻进 | Ⅶ～Ⅻ级岩石用钢粒钻进 |
| --- | --- | --- |
| 立轴转数（r/min） | 160 | 160 |
| 轴心压力（kN） | 7 | — |
| 钻头底部单位面积压力（MPa） | — | 2.5 |
| 冲洗液量（L/s） | 1～2.5 | 0.17～0.42 |
| 投粒方法 | — | 一次投粒法或连续投粒法 |

目前岩土可钻性分级在分级数量上是不相同的。铁路规范采用的是八级分级，水利水电规范采用的是十二级分级。

# 中华人民共和国国家标准

# 土工试验方法标准

# Standard for soil test method

**GB/T 50123—1999**

主编部门：中华人民共和国水利部
批准部门：中华人民共和国建设部
施行日期：1 9 9 9 年 1 0 月 1 日

# 关于发布国家标准《土工试验方法标准》的通知

建标［1999］148号

根据国家计委《一九九四年工程建设标准定额制订修订计划》（计综合［1994］240号文附件九）的要求，由水利部会同有关部门共同修订的《土工试验方法标准》，经有关部门会审，批准为推荐性国家标准，编号为GB/T 50123—1999，自1999年10月1日起施行，原国家标准《土工试验方法标准》GBJ 123—88同时废止。

本标准由水利部负责管理，南京水利科学研究院负责具体解释工作，建设部标准定额研究所组织中国计划出版社出版发行。

中华人民共和国建设部

一九九九年六月十日

# 前　言

本标准是根据国家计委计综合［1994］240号文的精神，由南京水利科学研究院会同有关单位，在1988年颁布的国家标准《土工试验方法标准》GBJ 123—88基础上修订而成。

本标准在修订过程中，收集了国内外资料，反复进行研究讨论，并结合国内工程发展需要，在此基础上提出了讨论稿、征求意见稿，广泛征求意见后，经多次修改提出送审稿，最后通过专家审查定稿。

本标准共分三十五章四个附录，对原标准作了补充和修改，较原标准增加七项试验和一个方法，主要内容有：

1. 根据国家法定计量单位的规定，对部分名词和化学性试验的计量单位进行了修改，增列了术语、符号一章。

2. 物理性试验项目中，对部分试验方法作了补充和修改，例如含水率试验中增补了冻土含水率的测定、颗粒分析试验中增加了洗盐步骤等。

3. 力学性试验项目中除对部分试验作了补充外，增加了回弹模量试验、应变控制连续加荷固结试验（GBJ 123—88颁布后的课题研究成果）。对承载比试验、黄土湿陷性试验和土的化学性试验等在方法上作了较大的修改。

4. 增加了冻土试样的物理性试验，包括冻土密度试验、冻结温度试验、未冻含水率试验、导热系数试验、冻胀量试验和冻土融化压缩试验。

5. 每项试验附记录表列入附录D。

在附录中列入了试验资料的整理和试验报告；土样要求和管理；室内土工仪器的通用要求，以保证试验数据的准确可靠。附录D为各项试验记录表，以供参考。

本标准由水利部负责管理，南京水利科学研究院负责具体解释工作。希望各单位在使用过程中注意积累经验，并将建议和意见寄往南京水利科学研究院（地址：南京市广州路223号；邮编210029），以供今后修订时参考。

本标准主编单位、参加单位和主要起草人：

**主编单位**：南京水利科学研究院

**参加单位**：铁道部第一勘测设计院
中国科学院兰州冰川冻土研究所
水利部东北勘测设计院
中国建筑科学研究院
交通部公路科学研究所

**主要起草人**：盛树馨　吴连荣　徐教祖　徐伯孟
阎明礼　饶鸿雁　陶秀珍

# 目　次

# 1 总 则

1.0.1 为了测定土的基本工程性质，统一试验方法，为工程设计和施工提供可靠的参数，特制订本标准。

1.0.2 本标准适用于工业和民用建筑、水利、交通等各类工程的地基土及填筑土料的基本工程性质试验。

1.0.3 本标准中仅将土分为粗粒土和细粒土两类，土的名称，应根据现行国家标准《土的分类标准》GBJ 145 确定。

1.0.4 土工试验资料的整理，应通过对样本(试验测得的数据)的研究来估计土体单元特征及其变化的规律，使土工试验的成果为工程设计和施工提供准确可靠的土性指标。试验成果的分析整理应按附录A进行。

1.0.5 土工试验所用的仪器、设备应按现行国家标准《土工仪器的基本参数及通用技术条件》GB/T15406 采用，并定期按现行有关规程进行检定和校准。

1.0.6 土工试验方法除应遵守本标准外，尚应符合有关现行强制性国家标准的规定。

# 2 术语、符号

## 2.1 术 语

2.1.1 酸碱度 acidity and alkalinity

溶液中氢离子浓度的负对数。

2.1.2 校准 calibration

在规定条件下，为确定计量仪器或测量系统的示值或实物量具所代表的值与相对应的被测量的已知值之间关系的一组操作。

2.1.3 有效应力路径 effective shress path

在土体的加压过程中，体内某平面上有效应力变化的轨迹。

2.1.4 冻结温度 freezing temperature

土中孔隙水发生冻结的最高温度。

2.1.5 测力计 load meter

强度试验时所用的钢环或负荷传感器。

2.1.6 荷载率 load rate

某级荷载增量与前一级荷载总量之比。

2.1.7 平行测定 parallel measure

在相同条件下，采用二个以上试样同时进行试验。

2.1.8 抗剪强度参数 parameters of shear streagth

表征土体抗剪性能的指标，包括粘聚力和内摩擦角。

2.1.9 纯水 pure water

脱气水和离子交换水。

2.1.10 土试样 soil specimen

用于试验的具有代表性的土样。

2.1.11 饱和土 saturation soil

孔隙体积完全被水充满的土样。

2.1.12 悬液 suspension

土粒与水的混合液。

2.1.13 试验 test

按照规定的程序为给定的试样测试一种或多种特性的技术操作。

2.1.14 导热系数 thermal conductivity

表示土体导热能力的指标。

2.1.15 融化压缩系数 thaw compressibility coefficient

冻土融化后，在单位压力作用下产生的相对压缩变形量。

2.1.16 融化下沉系数 thaw-settlement coefficient

冻土融化过程中，在自重压力作用下产生的相对下沉量。

2.1.17 未冻含水率 unfrozen-water content

在一定负温下，冻土中未冻水的质量与干土质量之比，以百分数表示。

2.1.18 检定 verification

通过检测，提供证明来确认满足规定的要求。

## 2.2 符 号

2.2.1 尺寸和时间

$A$ ——试样断面积

$D$ ——试样的平均直径

$d$ ——土颗粒直径

$h$ ——试样高度

$t$ ——时间

$V$ ——试样体积

2.2.2 物理性指标

$C_c$ ——曲率系数

$C_u$ ——不均匀系数

$D_r$ ——相对密度

$e$ ——孔隙比

$G_s$ ——土粒比重

$I_L$ ——液性指数

$I_P$ ——塑性指数

$S_r$ ——饱和度

$w$ ——含水率

$w_L$ ——液限

$w_P$ ——塑限

$w_n$ ——缩限

$\rho$ ——试样密度

2.2.3 力学性指标

$A_f$ ——试样破坏时的孔隙水压力系数

$a_{tc}$ ——融化压缩系数

$a_v$ ——压缩系数

$B$ ——孔隙水压力系数

$C_c$ ——压缩指数

$C_s$ ——回弹指数

$C_v$ ——固结系数

$CBR$ ——承载比

$c$ ——粘聚力

$E_e$ ——回弹模量

$E_s$ ——压缩模量

$k$ ——渗透系数

$m$ ——试样质量

$m_v$ ——体积压缩系数

$p$ ——单位压力

$p_c$ ——先期固结压力

$p_e$ ——膨胀力

$Q$ ——渗水量

$q_u$ ——无侧限抗压强度

$S$ ——抗剪强度

$S_i$ ——单位沉降量

$s_r$ ——土的残余强度

$S_t$ ——灵敏度

$u$ ——孔隙水压力

$\delta_s$ ——湿陷系数

$\delta_e$ ——无荷载膨胀率

$\delta_{ef}$ ——自由膨胀率

$\delta_{ep}$ ——有荷载膨胀率

$\delta_{wt}$ ——溶滤湿陷系数

$\delta_{zs}$ —— 自重湿陷系数

$\varepsilon_a$ ——轴向应变

$\eta$ ——动力粘滞系数

$\eta_f$ ——冻胀率

$\sigma$ ——正应力

$\sigma'$ ——有效应力

$\tau$ ——剪应力

$\phi$ ——内摩擦角

$\lambda_n$ ——收缩系数

**2.2.4** 热学指标

$T$ ——温度

$\lambda$ ——导热系数

**2.2.5** 化学指标

$B_b$ ——质量摩尔浓度

$C_b$ ——浓度

$M_b$ ——摩尔质量

$n$ ——物质的量

$O_m$ ——有机质

pH——酸碱度

$V_n$ ——摩尔体积

$W$ ——易溶盐含量

$\rho_n$ ——质量浓度

# 3 试样制备和饱和

## 3.1 试样制备

**3.1.1** 本试验方法适用于颗粒粒径小于 60mm 的原状土和扰动土。

**3.1.2** 根据力学性质试验项目要求，原状土样同一组试样间密度的允许差值为 $0.03g/cm^3$；扰动土样同一组试样的密度与要求的密度之差不得大于 $\pm0.01g/cm^3$，一组试样的含水率与要求的含水率之差不得大于 ±1%。

**3.1.3** 试样制备所需的主要仪器设备，应符合下列规定：

**1** 细筛：孔径 0.5mm、2mm。

**2** 洗筛：孔径 0.075mm。

**3** 台秤和天平：称量 10kg，最小分度值 5g；称量 5000g，最小分度值 1g；称量 1000g，最小分度值 0.5g；称量 500g，最小分度值 0.1g；称量 200g，最小分度值 0.01g。

**4** 环刀：不锈钢材料制成，内径 61.8mm 和 79.8mm，高 20mm；内径 61.8mm，高 40mm。

**5** 击样器：如图 3.1.3-1 所示。

**6** 压样器：如图 3.1.3-2 所示。

**7** 抽气设备：应附真空表和真空缸。

**8** 其他：包括切土刀、钢丝锯、碎土工具、烘箱、保湿缸、喷水设备等。

**3.1.4** 原状土试样制备，应按下列步骤进行：

**1** 将土样筒按标明的上下方向放置，剥去蜡封和胶带，开启土样筒取出土样。检查土样结构，当确定土样已受扰动或取土质量不符合规定时，不应制备力学性质试验的试样。

**2** 根据试验要求用环刀切取试样时，应在环刀内壁涂一薄层凡士林，刃口向下放在土样上，将环刀垂直下压，并用切土刀沿环刀外侧切削土样，边压边削至土样高出环刀，根据试样的软硬采用钢丝锯或切土刀整平环刀两端土样，擦净环刀外壁，称环刀和土的总质量。

**3** 从余土中取代表性试样测定含水率。比重、颗粒分析、界限含水率等项试验的取样，应按本标准第 3.1.5 条 2 款步骤的规定进行。

**4** 切削试样时，应对土样的层次、气味、颜色、夹杂物、裂缝和均匀性进行描述，对低塑性和高灵敏度的软土，制样时不得扰动。

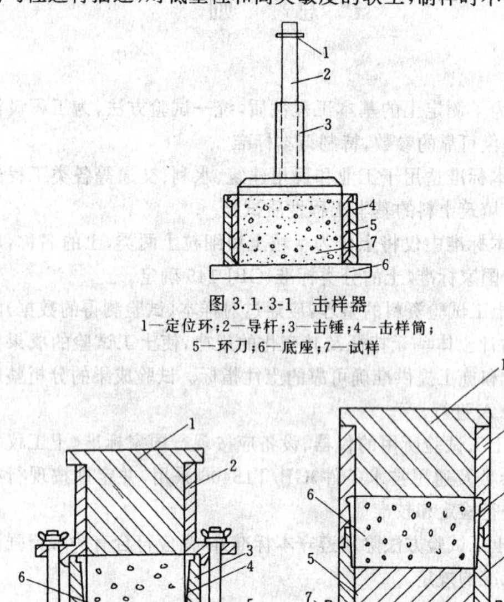


图 3.1.3-1 击样器

1—定位环；2—导杆；3—击锤；4—击样筒；5—环刀；6—底座；7—试样

(a) 单向　(b) 双向

图 3.1.3-2 压样器

1—活塞；2—导筒；3—护环；4—环刀；5—拉杆；6—试样

1—上活塞；2—上导筒；3—环刀；4—下导筒；5—下活塞；6—试样；7—销钉

**3.1.5** 扰动土试样的备样，应按下列步骤进行：

**1** 将土样从土样筒或包装袋中取出，对土样的颜色、气味、夹杂物和土类及均匀程度进行描述，并将土样切成碎块，拌和均匀，取代表性土样测定含水率。

**2** 对均质和含有机质的土样，宜采用天然含水率状态下代表性土样，供颗粒分析、界限含水率试验。对非均质土应根据试验项目取足够数量的土样，置于通风处凉干至可碾散为止。对砂土和进行比重试验的土样宜在 105～110℃温度下烘干，对有机质含量超过 5%的土、含石膏和硫酸盐的土，应在 65～70℃温度下烘干。

**3** 将风干或烘干的土样放在橡皮板上用木碾碾散，对不含砂和砾的土样，可用碎土器碾散（碎土器不得将土粒破碎）。

**4** 对分散后的粗粒土和细粒土，应按本标准表 B.0.1 的要求过筛。对含细粒土的砾质土，应先用水浸泡并充分搅拌，使粗细颗粒分离后按不同试验项目的要求进行过筛。

**3.1.6** 扰动土试样的制样，应按下列步骤进行：

**1** 试样的数量视试验项目而定，应有备用试样 1～2 个。

**2** 将碾散的风干土样通过孔径 2mm 或 5mm 的筛，取筛下足够试验用的土样，充分拌匀，测定风干含水率，装入保湿缸或塑料袋内备用。

**3** 根据试验所需的土量与含水率，制备试样所需的加水量应按下式计算：

$$m_w=\frac{m_0}{1+0.01w_0}\times0.01(w_1-w_0) \qquad (3.1.6\text{-}1)$$

式中 $m_w$ —— 制备试样所需要的加水量(g)；

$m_0$ —— 湿土（或风干土）质量(g)；

$w_0$ —— 湿土（或风干土）含水率(%)；

$w_1$ —— 制样要求的含水率(%)。

**4** 称取过筛的风干土样平铺于搪瓷盘内，将水均匀喷洒于土样上，充分拌匀后装入盛土容器内盖紧，润湿一昼夜，砂土的润湿时间可酌减。

**5** 测定润湿土样不同位置处的含水率，不应少于两点，含水率差值应符合本标准第 3.1.2 条的规定。

**6** 根据环刀容积及所需的干密度，制样所需的湿土量应按下式计算：

$$m_0=(1+0.01w_0)\rho_d V \quad (3.1.6\text{-}2)$$

式中 $\rho_d$ —— 试样的干密度($g/cm^3$)；

$V$ —— 试样体积(环刀容积)($cm^3$)。

7 扰动土制样可采用击样法和压样法。

1)击样法：将根据环刀容积和要求干密度所需质量的湿土倒入装有环刀的击样器内，击实到所需密度。

2)压样法：将根据环刀容积和要求干密度所需质量的湿土倒入装有环刀的压样器内，以静压力通过活塞将土样压紧到所需密度。

8 取出带有试样的环刀，称环刀和试样总质量，对不需要饱和，且不立即进行试验的试样，应存放在保湿器内备用。

### 3.2 试样饱和

**3.2.1** 试样饱和宜根据土样的透水性能，分别采用下列方法：

1 粗粒土采用浸水饱和法。

2 渗透系数大于 $10^{-4}$cm/s 的细粒土，采用毛细管饱和法；渗透系数小于、等于 $10^{-4}$cm/s 的细粒土，采用抽气饱和法。

**3.2.2** 毛细管饱和法，应按下列步骤进行：

1 选用框式饱和器(图 3.2.4-1b)，试样上、下面放滤纸和透水板，装入饱和器内，并旋紧螺母。

2 将装好的饱和器放入水箱内，注入清水，水面不宜将试样淹没，关箱盖，浸水时间不得少于两昼夜，使试样充分饱和。

3 取出饱和器，松开螺母，取出环刀，擦干外壁，称环刀和试样的总质量，并计算试样的饱和度。当饱和度低于95%时，应继续饱和。

**3.2.3** 试样的饱和度应按下式计算：

$$S_r=\frac{(\rho_{sr}-\rho_d)G_s}{\rho_d\cdot e} \quad (3.2.3\text{-}1)$$

或

$$S_r=\frac{w_{sr}G_s}{e} \quad (3.2.3\text{-}2)$$

式中 $S_r$ —— 试样的饱和度(%)；

$w_{sr}$ —— 试样饱和后的含水率(%)；

$\rho_{sr}$ —— 试样饱和后的密度($g/cm^3$)；

$G_s$ —— 土粒比重；

$e$ —— 试样的孔隙比。

**3.2.4** 抽气饱和法，应按下列步骤进行：

1 选用叠式或框式饱和器(图 3.2.4-1)和真空饱和装置(图 3.2.4-2)。在叠式饱和器下夹板的正中，依次放置透水板、滤纸、带试样的环刀、滤纸、透水板，如此顺序重复，由下向上重叠到拉杆高度，将饱和器上夹板盖好后，拧紧拉杆上端的螺母，将各个环刀在上、下夹板间夹紧。

2 将装有试样的饱和器放入真空缸内，真空缸和盖之间涂一薄层凡士林，盖紧。将真空缸与抽气机接通，启动抽气机，当真空压力表读数接近当地一个大气压力值时(抽气时间不少于 1h)，微开管夹，使清水徐徐注入真空缸，在注水过程中，真空压力表读数宜保持不变。

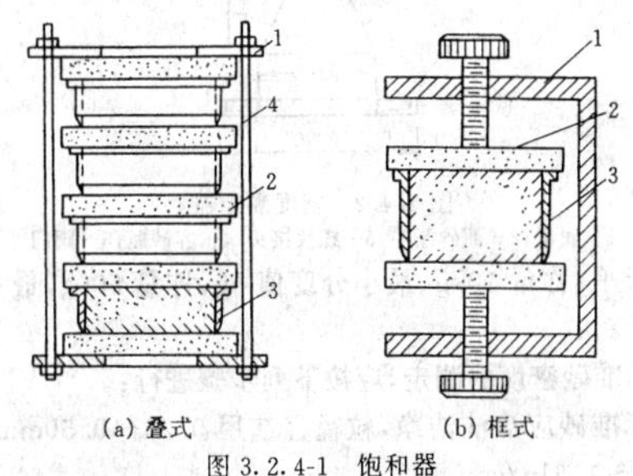

图 3.2.4-1 饱和器

1—夹板；2—透水板；3—环刀；4—拉杆

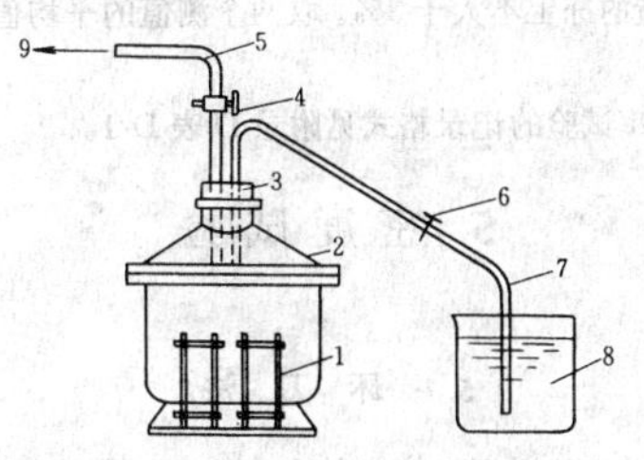

图 3.2.4-2 真空饱和装置

1—饱和器；2—真空缸；3—橡皮塞；4—二通阀；5—排气管；6—管夹；7—引水管；8—盛水器；9—接抽气机

3 待水淹没饱和器后停止抽气。开管夹使空气进入真空缸，静止一段时间，细粒土宜为 10h，使试样充分饱和。

4 打开真空缸，从饱和器内取出带环刀的试样，称环刀和试样总质量，并按本标准式(3.2.3)计算饱和度。当饱和度低于 95%时，应继续抽气饱和。

## 4 含水率试验

**4.0.1** 本试验方法适用于粗粒土、细粒土、有机质土和冻土。

**4.0.2** 本试验所用的主要仪器设备，应符合下列规定：

1 电热烘箱：应能控制温度为 105～110℃。

2 天平：称量 200g，最小分度值 0.01g；称量 1000g，最小分度值 0.1g。

**4.0.3** 含水率试验，应按下列步骤进行：

1 取具有代表性试样 15～30g 或用环刀中的试样，有机质土、砂类土和整体状构造冻土为 50g，放入称量盒内，盖上盒盖，称盒加湿土质量，准确至 0.01g。

2 打开盒盖，将盒置于烘箱内，在 105～110℃的恒温下烘至恒量。烘干时间对粘土、粉土不得少于 8h，对砂土不得少于 6h，对含有机质超过干土质量 5%的土，应将温度控制在 65～70℃的恒温下烘至恒量。

3 将称量盒从烘箱中取出，盖上盒盖，放入干燥容器内冷却至室温，称盒加干土质量，准确至 0.01g。

**4.0.4** 试样的含水率，应按下式计算，准确至 0.1%。

$$w_0=\left(\frac{m_0}{m_d}-1\right)\times 100 \quad (4.0.4)$$

式中 $m_d$ —— 干土质量(g)；

$m_0$ —— 湿土质量(g)。

**4.0.5** 对层状和网状构造的冻土含水率试验应按下列步骤进行：用四分法切取 200～500g 试样(视冻土结构均匀程度而定，结构均匀少取，反之多取)放入搪瓷盘中，称盘和试样质量，准确至 0.1g。

待冻土试样融化后，调成均匀糊状(土太湿时，多余的水分让其自然蒸发或用吸球吸出，但不得将土粒带出；土太干时，可适当加水)，称土糊和盘质量，准确至 0.1g。从糊状土中取样测定含水率，其试验步骤和计算按本标准第 4.0.3、4.0.4 条进行。

**4.0.6** 层状和网状冻土的含水率，应按下式计算，准确至 0.1%。

$$w=\left[\frac{m_1}{m_2}(1+0.01w_h)-1\right]\times 100 \quad (4.0.6)$$

式中 $w$ —— 含水率(%)；

$m_1$ —— 冻土试样质量(g)；

$m_2$ —— 糊状试样质量(g)；

$w_h$ —— 糊状试样的含水率(%)。

**4.0.7** 本试验必须对两个试样进行平行测定，测定的差值：当含水率小于 40%时为 1%；当含水率等于、大于 40%时为 2%，对层状和网状构造的冻土不大于3%。取两个测值的平均值，以百分数表示。

**4.0.8** 含水率试验的记录格式见附录D表D-1。

# 5 密度试验

## 5.1 环刀法

**5.1.1** 本试验方法适用于细粒土。

**5.1.2** 本试验所用的主要仪器设备，应符合下列规定：

1 环刀：内径61.8mm和79.8mm，高度20mm。

2 天平：称量500g，最小分度值0.1g；称量200g，最小分度值0.01g。

**5.1.3** 环刀法测定密度，应按本标准第3.1.4条2款的步骤进行。

**5.1.4** 试样的湿密度，应按下式计算：

$$\rho_0=\frac{m_0}{V} \tag{5.1.4}$$

式中 $\rho_0$——试样的湿密度($g/cm^3$)，准确到0.01$g/cm^3$。

**5.1.5** 试样的干密度，应按下式计算：

$$\rho_d=\frac{\rho_0}{1+0.01w_0} \tag{5.1.5}$$

**5.1.6** 本试验应进行两次平行测定，两次测定的差值不得大于0.03$g/cm^3$，取两次测值的平均值。

**5.1.7** 环刀法试验的记录格式见附录D表D-2。

## 5.2 蜡封法

**5.2.1** 本试验方法适用于易破裂土和形状不规则的坚硬土。

**5.2.2** 本试验所用的主要仪器设备，应符合下列规定：

1 蜡封设备：应附熔蜡加热器。

2 天平：应符合本标准第5.1.2条2款的规定。

**5.2.3** 蜡封法试验，应按下列步骤进行：

1 从原状土样中，切取体积不小于30$cm^3$的代表性试样，清除表面浮土及尖锐棱角，系上细线，称试样质量，准确至0.01g。

2 持线将试样缓缓浸入刚过熔点的蜡液中，浸没后立即提出，检查试样周围的蜡膜，当有气泡时应用针刺破，再用蜡液补平，冷却后称蜡封试样质量。

3 将蜡封试样挂在天平的一端，浸没于盛有纯水的烧杯中，称蜡封试样在纯水中的质量，并测定纯水的温度。

4 取出试样，擦干蜡面上的水分，再称蜡封试样质量。当浸水后试样质量增加时，应另取试样重做试验。

**5.2.4** 试样的密度，应按下式计算：

$$\rho_0=\frac{m_0}{\dfrac{m_n-m_{nw}}{\rho_{wT}}-\dfrac{m_n-m_0}{\rho_n}} \tag{5.2.4}$$

式中 $m_n$——蜡封试样质量(g)；

$m_{nw}$——蜡封试样在纯水中的质量(g)；

$\rho_{wT}$——纯水在$T$℃时的密度($g/cm^3$)；

$\rho_n$——蜡的密度($g/cm^3$)。

**5.2.5** 试样的干密度，应按式(5.1.5)计算。

**5.2.6** 本试验应进行两次平行测定，两次测定的差值不得大于0.03$g/cm^3$，取两次测值的平均值。

**5.2.7** 蜡封法试验的记录格式见附录D表D-3。

## 5.3 灌水法

**5.3.1** 本试验方法适用于现场测定粗粒土的密度。

**5.3.2** 本试验所用的主要仪器设备，应符合下列规定：

1 储水筒：直径应均匀，并附有刻度及出水管。

2 台秤：称量50kg，最小分度值10g。

**5.3.3** 灌水法试验，应按下列步骤进行：

1 根据试样最大粒径，确定试坑尺寸见表5.3.3。

**表5.3.3 试坑尺寸(mm)**

| 试样最大粒径 | 试坑尺寸 | |
|---|---|---|
| | 直径 | 深度 |
| 5(20) | 150 | 200 |
| 40 | 200 | 250 |
| 60 | 250 | 300 |

2 将选定试验处的试坑地面整平，除去表面松散的土层。

3 按确定的试坑直径划出坑口轮廓线，在轮廓线内下挖至要求深度，边挖边将坑内的试样装入盛土容器内，称试样质量，准确到10g，并应测定试样的含水率。

4 试坑挖好后，放上相应尺寸的套环，用水准尺找平，将大于试坑容积的塑料薄膜袋平铺于坑内，翻过套环压住薄膜四周。

5 记录储水筒内初始水位高度，拧开储水筒出水管开关，将水缓慢注入塑料薄膜袋中。当袋内水面接近套环边缘时，将水流调小，直至袋内水面与套环边缘齐平时关闭出水管，持续3～5min，记录储水筒内水位高度。当袋内出现水面下降时，应另取塑料薄膜袋重做试验。

**5.3.4** 试坑的体积，应按下式计算：

$$V_p=(H_1-H_2)\times A_w-V_0 \tag{5.3.4}$$

式中 $V_p$——试坑体积($cm^3$)；

$H_1$——储水筒内初始水位高度(cm)；

$H_2$——储水筒内注水终了时水位高度(cm)；

$A_w$——储水筒断面积($cm^2$)；

$V_0$——套环体积($cm^3$)。

**5.3.5** 试样的密度，应按下式计算：

$$\rho_0=\frac{m_p}{V_p} \tag{5.3.5}$$

式中 $m_p$——取自试坑内的试样质量(g)。

**5.3.6** 灌水法试验的记录格式见附录D表D-4。

## 5.4 灌砂法

**5.4.1** 本试验方法适用于现场测定粗粒土的密度。

**5.4.2** 本试验所用的主要仪器设备，应符合下列规定：

1 密度测定器：由容砂瓶、灌砂漏斗和底盘组成(图5.4.2)。灌砂漏斗高135mm、直径165mm，尾部有孔径为13mm的圆柱形阀门；容砂瓶容积为4L，容砂瓶和灌砂漏斗之间用螺纹接头联接。底盘承托灌砂漏斗和容砂瓶。

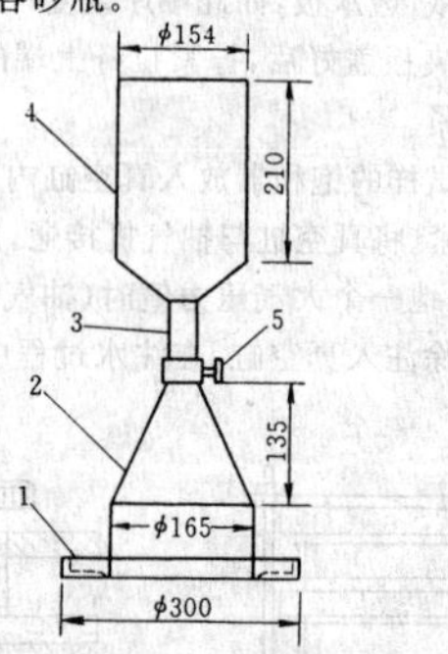


图5.4.2 密度测定器

1—底盘；2—灌砂漏斗；3—螺纹接头；4—容砂瓶；5—阀门

2 天平：称量10kg，最小分度值5g，称量500g，最小分度值0.1g。

**5.4.3** 标准砂密度的测定，应按下列步骤进行：

1 标准砂应清洗洁净，粒径宜选用0.25～0.50mm，密度宜选用1.47～1.61$g/cm^3$。

2 组装容砂瓶与灌砂漏斗，螺纹联接处应旋紧，称其质量。

3　将密度测定器竖立，灌砂漏斗口向上，关阀门，向灌砂漏斗中注满标准砂，打开阀门使灌砂漏斗内的标准砂漏入容砂瓶内，继续向漏斗内注砂漏入瓶内，当砂停止流动时迅速关闭阀门，倒掉漏斗内多余的砂，称容砂瓶、灌砂漏斗和标准砂的总质量，准确至5g。试验中应避免震动。

4　倒出容砂瓶内的标准砂，通过漏斗向容砂瓶内注水至水面高出阀门，关阀门，倒掉漏斗中多余的水，称容砂瓶、漏斗和水的总质量，准确到5g，并测定水温，准确到0.5℃。重复测定3次，3次测值之间的差值不得大于3mL，取3次测值的平均值。

**5.4.4**　容砂瓶的容积，应按下式计算：

$$V_r=(m_{r2}-m_{r1})/\rho_{wr} \tag{5.4.4}$$

式中　$V_r$——容砂瓶容积(mL)；

$m_{r2}$——容砂瓶、漏斗和水的总质量(g)；

$m_{r1}$——容砂瓶和漏斗的质量(g)；

$\rho_{wr}$——不同水温时水的密度(g/cm³)，查表5.4.4。

**表5.4.4　水的密度**

| 温　度 (℃) | 水的密度 (g/cm³) | 温　度 (℃) | 水的密度 (g/cm³) | 温　度 (℃) | 水的密度 (g/cm³) |
|---|---|---|---|---|---|
| 4.0 | 1.0000 | 15.0 | 0.9991 | 26.0 | 0.9968 |
| 5.0 | 1.0000 | 16.0 | 0.9989 | 27.0 | 0.9965 |
| 6.0 | 0.9999 | 17.0 | 0.9988 | 28.0 | 0.9962 |
| 7.0 | 0.9999 | 18.0 | 0.9986 | 29.0 | 0.9959 |
| 8.0 | 0.9999 | 19.0 | 0.9984 | 30.0 | 0.9957 |
| 9.0 | 0.9998 | 20.0 | 0.9982 | 31.0 | 0.9953 |
| 10.0 | 0.9997 | 21.0 | 0.9980 | 32.0 | 0.9950 |
| 11.0 | 0.9996 | 22.0 | 0.9978 | 33.0 | 0.9947 |
| 12.0 | 0.9995 | 23.0 | 0.9975 | 34.0 | 0.9944 |
| 13.0 | 0.9994 | 24.0 | 0.9973 | 35.0 | 0.9940 |
| 14.0 | 0.9992 | 25.0 | 0.9970 | 36.0 | 0.9937 |

**5.4.5**　标准砂的密度，应按下式计算：

$$\rho_s=\frac{m_{rs}-m_{r1}}{V_r} \tag{5.4.5}$$

式中　$\rho_s$——标准砂的密度(g/cm³)；

$m_{rs}$——容砂瓶、漏斗和标准砂的总质量(g)。

**5.4.6**　灌砂法试验，应按下列步骤进行：

1　按本标准第5.3.3条1～3款的步骤挖好规定的试坑尺寸，并称试样质量。

2　向容砂瓶内注满砂，关阀门，称容砂瓶，漏斗和砂的总质量，准确至10g。

3　将密度测定器倒置(容砂瓶向上)于挖好的坑口上，打开阀门，使砂注入试坑。在注砂过程中不应震动。当砂注满试坑时关闭阀门，称容砂瓶、漏斗和余砂的总质量，准确至10g，并计算注满试坑所用的标准砂质量。

**5.4.7**　试样的密度，应按下式计算：

$$\rho_0=\frac{m_p}{\dfrac{m_s}{\rho_s}} \tag{5.4.7}$$

式中　$m_s$——注满试坑所用标准砂的质量(g)。

**5.4.8**　试样的干密度，应按下式计算，准确至0.01g/cm³。

$$\rho_d=\frac{\dfrac{m_p}{1+0.01w_1}}{\dfrac{m_s}{\rho_s}} \tag{5.4.8}$$

**5.4.9**　灌砂法试验的记录格式见附录D表D-5。

# 6　土粒比重试验

## 6.1　一般规定

**6.1.1**　对小于、等于和大于5mm土颗粒组成的土，应分别采用比重瓶法、浮称法和虹吸管法测定比重。

**6.1.2**　土颗粒的平均比重，应按下式计算：

$$G_{sm}=\frac{1}{\dfrac{P_1}{G_{s1}}+\dfrac{P_2}{G_{s2}}} \tag{6.1.2}$$

式中　$G_{sm}$——土颗粒平均比重；

$G_{s1}$——粒径大于、等于5mm的土颗粒比重；

$G_{s2}$——粒径小于5mm的土颗粒比重；

$P_1$——粒径大于、等于5mm的土颗粒质量占试样总质量的百分比(%)；

$P_2$——粒径小于5mm的土颗粒质量占试样总质量的百分比(%)。

**6.1.3**　本试验必须进行两次平行测定，两次测定的差值不得大于0.02，取两次测值的平均值。

## 6.2　比重瓶法

**6.2.1**　本试验方法适用于粒径小于5mm的各类土。

**6.2.2**　本试验所用的主要仪器设备，应符合下列规定：

1　比重瓶：容积100mL或50mL，分长颈和短颈两种。

2　恒温水槽：准确度应为±1℃。

3　砂浴：应能调节温度。

4　天平：称量200g，最小分度值0.001g。

5　温度计：刻度为0～50℃，最小分度值为0.5℃。

**6.2.3**　比重瓶的校准，应按下列步骤进行：

1　将比重瓶洗净、烘干，置于干燥器内，冷却后称量，准确至0.001g。

2　将煮沸经冷却的纯水注入比重瓶。对长颈比重瓶注水至刻度处；对短颈比重瓶应注满纯水，塞紧瓶塞，多余水自瓶塞毛细管中溢出，将比重瓶放入恒温水槽直至瓶内水温稳定。取出比重瓶，擦干外壁，称瓶、水总质量，准确至0.001g。测定恒温水槽内水温，准确至0.5℃。

3　调节数个恒温水槽内的温度，温度差宜为5℃，测定不同温度下的瓶、水总质量。每个温度时均应进行两次平行测定，两次测定的差值不得大于0.002g，取两次测值的平均值。绘制温度与瓶、水总质量的关系曲线，见图6.2.3。

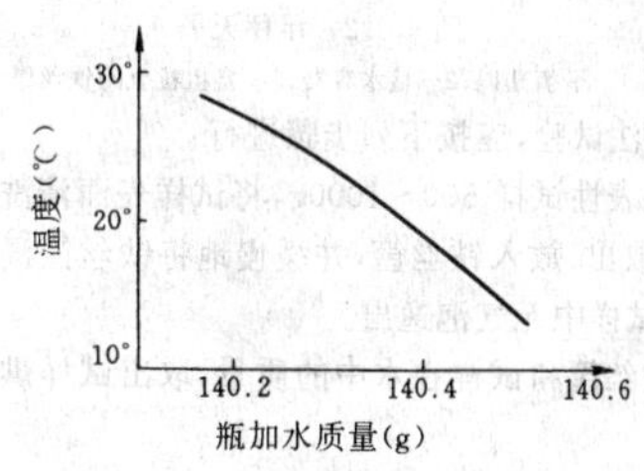


图6.2.3　温度和瓶、水质量关系曲线

**6.2.4**　比重瓶法试验的试样制备，应按本标准第3.1.5条1、2款的步骤进行。

**6.2.5**　比重瓶法试验，应按下列步骤进行：

1　将比重瓶烘干。称烘干试样15g(当用50mL的比重瓶时，称烘干试样10g)装入比重瓶，称试样和瓶的总质量，准确至0.001g。

2　向比重瓶内注入半瓶纯水，摇动比重瓶，并放在砂浴上煮沸，煮沸时间自悬液沸腾起砂土不应少于30min，粘土、粉土不得少于1h。沸腾后应调节砂浴温度，比重瓶内悬液不得溢出。对砂土宜用真空抽气法；对含有可溶盐、有机质和亲水性胶体的土必须用中性液体(煤油)代替纯水，采用真空抽气法排气，真空表读数宜接近当地一个大气负压值，抽气时间不得少于1h。

注：用中性液体，不能用煮沸法。

3　将煮沸经冷却的纯水(或抽气后的中性液体)注入装有试样悬液的比重瓶。当用长颈比重瓶时注纯水至刻度处；当用短颈比重瓶时应将纯水注满，塞紧瓶塞，多余的水分自瓶塞毛细管中溢出。将比重瓶置于恒温水槽内至温度稳定，且瓶内上部悬液澄清。取出比重瓶，擦干瓶外壁，称比重瓶、水、试样总质量，准确至0.001g；并应测定瓶内的水温，准确至0.5℃。

4 从温度与瓶、水总质量的关系曲线中查得各试验温度下的瓶、水总质量。

**6.2.6** 土粒的比重，应按下式计算：

$$G_s=\frac{m_d}{m_{bw}+m_d-m_{bws}}\cdot G_{iT} \tag{6.2.6}$$

式中 $m_{bw}$——比重瓶、水总质量(g)；

$m_{bws}$——比重瓶、水、试样总质量(g)；

$G_{iT}$——$T$℃时纯水或中性液体的比重。

水的比重可查物理手册；中性液体的比重应实测，称量应准确至0.001g。

**6.2.7** 比重瓶法试验的记录格式见附录D表D-6。

## 6.3 浮 称 法

**6.3.1** 本试验方法适用于粒径等于、大于5mm的各类土，且其中粒径大于20mm的土质量应小于总土质量的10%。

**6.3.2** 本试验所用的主要仪器设备，应符合下列规定：

1 铁丝筐：孔径小于5mm，边长为10～15cm，高为10～20cm。

2 盛水容器：尺寸应大于铁丝筐。

3 浮秤天平：称量2000g，最小分度值0.5g，(图6.3.2)。

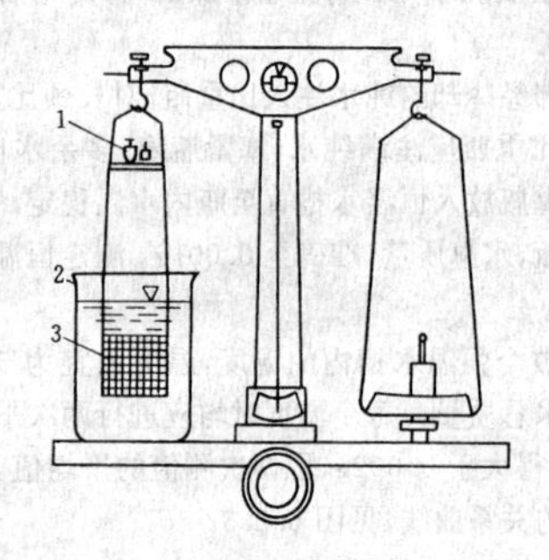


图6.3.2 浮秤天平

1—平衡砝码；2—盛水容器；3—盛粗粒土的铁丝筐

**6.3.3** 浮称法试验，应按下列步骤进行：

1 取代表性试样500～1000g，将试样表面清洗洁净，浸入水中一昼夜后取出，放入铁丝筐，并缓慢地将铁丝筐浸没于水中，在水中摇动至试样中无气泡逸出。

2 称铁丝筐和试样在水中的质量，取出试样烘干，并称烘干试样质量。

3 称铁丝筐在水中的质量，并测定盛水容器内水温，准确至0.5℃。

**6.3.4** 土粒比重，应按下式计算：

$$G_s=\frac{m_d}{m_d-(m_{1s}-m'_1)}\cdot G_{wT} \tag{6.3.4}$$

式中 $m_{1s}$——铁丝筐和试样在水中的质量(g)；

$m'_1$——铁丝筐在水中的质量(g)；

$G_{wT}$——$T$℃时纯水的比重，查有关物理手册。

**6.3.5** 浮称法试验的记录格式见附录D表D-7。

## 6.4 虹吸筒法

**6.4.1** 本试验方法适用于粒径等于、大于5mm的各类土，且其中粒径大于20mm的土质量等于、大于总土质量的10%。

**6.4.2** 本试验所用的主要仪器设备，应符合下列规定：

1 虹吸筒装置(图6.4.2)：由虹吸筒和虹吸管组成。

2 天平：称量1000g，最小分度值0.1g。

3 量筒：容积应大于500mL。

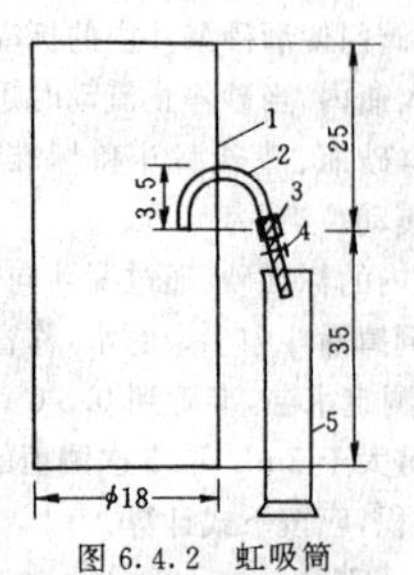


图6.4.2 虹吸筒

1—虹吸筒；2—虹吸管；3—橡皮管；4—管夹；5—量筒

**6.4.3** 虹吸筒法比重试验，应按下列步骤进行：

1 取代表性试样700～1000g，试样应清洗洁净。浸入水中一昼夜后取出晾干，对大颗粒试样宜用干布擦干表面，并称晾干试样质量。

2 将清水注入虹吸筒至虹吸管口有水溢出时关管夹，试样缓缓放入虹吸筒中，边放边搅拌，至试样中无气泡逸出为止，搅动时水不得溅出筒外。

3 当虹吸筒内水面平稳时开管夹，让试样排开的水通过虹吸管流入量筒，称量筒与水总质量，准确至0.5g。并测定量筒内水温，准确到0.5℃。

4 取出试样烘至恒量，称烘干试样质量，准确至0.1g。称量筒质量，准确至0.5g。

**6.4.4** 土粒的比重，应按下式计算：

$$G_s=\frac{m_d}{(m_{cw}-m_c)-(m_{ad}-m_d)}\cdot G_{wT} \tag{6.4.4}$$

式中 $m_c$——量筒质量(g)；

$m_{cw}$——量筒与水总质量(g)；

$m_{ad}$——晾干试样的质量(g)。

**6.4.5** 虹吸筒法比重试验的记录格式见附录D表D-8。

# 7 颗粒分析试验

## 7.1 筛 析 法

**7.1.1** 本试验方法适用于粒径小于、等于60mm，大于0.075mm的土。

**7.1.2** 本试验所用的仪器设备应符合下列规定：

1 分析筛：

1）粗筛，孔径为60、40、20、10、5、2mm。

2）细筛，孔径为2.0、1.0、0.5、0.25、0.075mm。

2 天平：称量5000g，最小分度值1g；称量1000g，最小分度值0.1g；称量200g，最小分度值0.01g。

3 振筛机：筛析过程中应能上下震动。

4 其他：烘箱、研钵、瓷盘、毛刷等。

**7.1.3** 筛析法的取样数量，应符合表7.1.3的规定：

表7.1.3 取样数量

| 颗粒尺寸(mm) | 取样数量(g) |
|---|---|
| ＜2 | 100～300 |
| ＜10 | 300～1000 |
| ＜20 | 1000～2000 |
| ＜40 | 2000～4000 |
| ＜60 | 4000以上 |

**7.1.4** 筛析法试验，应按下列步骤进行：

**1** 按本标准表 7.1.3 的规定称取试样质量，应准确至 0.1g，试样数量超过 500g 时，应准确至 1g。

**2** 将试样过 2mm 筛，称筛上和筛下的试样质量。当筛下的试样质量小于试样总质量的 10%时，不作细筛分析；筛上的试样质量小于试样总质量的 10%时，不作粗筛分析。

**3** 取筛上的试样倒入依次叠好的粗筛中，筛下的试样倒入依次叠好的细筛中，进行筛析。细筛宜置于振筛机上震筛，振筛时间宜为 10～15min。再按由上而下的顺序将各筛取下，称各级筛上及底盘内试样的质量，应准确至 0.1g。

**4** 筛后各级筛上和筛底上试样质量的总和与筛前试样总质量的差值，不得大于试样总质量的 1%。

注：根据土的性质和工程要求可适当增减不同筛径的分析筛。

**7.1.5** 含有细粒土颗粒的砂土的筛析法试验，应按下列步骤进行：

**1** 按本标准表 7.1.3 的规定称取代表性试样，置于盛水容器中充分搅拌，使试样的粗细颗粒完全分离。

**2** 将容器中的试样悬液通过 2mm 筛，取筛上的试样烘至恒量，称烘干试样质量，应准确到 0.1g，并按本标准第 7.1.4 条 3、4 款的步骤进行粗筛分析，取筛下的试样悬液，用带橡皮头的研杆研磨，再过 0.075mm 筛，并将筛上试样烘至恒量，称烘干试样质量，应准确至 0.1g，然后按本标准第 7.1.4 条 3、4 款的步骤进行细筛分析。

**3** 当粒径小于 0.075mm 的试样质量大于试样总质量的 10%时，应按本标准密度计法或移液管法测定小于 0.075mm 的颗粒组成。

**7.1.6** 小于某粒径的试样质量占试样总质量的百分比，应按下式计算：

$$X=\frac{m_A}{m_B}\cdot d_x \tag{7.1.6}$$

式中 $X$ —— 小于某粒径的试样质量占试样总质量的百分比(%)；

$m_A$ —— 小于某粒径的试样质量(g)；

$m_B$ —— 细筛分析时为所取的试样质量；粗筛分析时为试样总质量(g)；

$d_x$ —— 粒径小于 2mm 的试样质量占试样总质量的百分比(%)。

**7.1.7** 以小于某粒径的试样质量占试样总质量的百分比为纵坐标，颗粒粒径为横坐标，在单对数坐标上绘制颗粒大小分布曲线，见图 7.1.7。

**7.1.8** 必要时计算级配指标：不均匀系数和曲率系数。

**1** 不均匀系数按下式计算：

$$C_u=d_{60}/d_{10} \tag{7.1.8-1}$$

式中 $C_u$ —— 不均匀系数；

$d_{60}$ —— 限制粒径，颗粒大小分布曲线上的某粒径，小于该粒径的土含量占总质量的 60%；

$d_{10}$ —— 有效粒径，颗粒大小分布曲线上的某粒径，小于该粒径的土含量占总质量的 10%。

**2** 曲率系数按下式计算：

$$C_c=\frac{d_{30}^2}{d_{10}\cdot d_{60}} \tag{7.1.8-2}$$

式中 $C_c$ —— 曲率系数；

$d_{30}$ —— 颗粒大小分布曲线上的某粒径，小于该粒径的土含量占总质量的 30%。

**7.1.9** 筛析法试验的记录格式见附录 D 表 D-9。

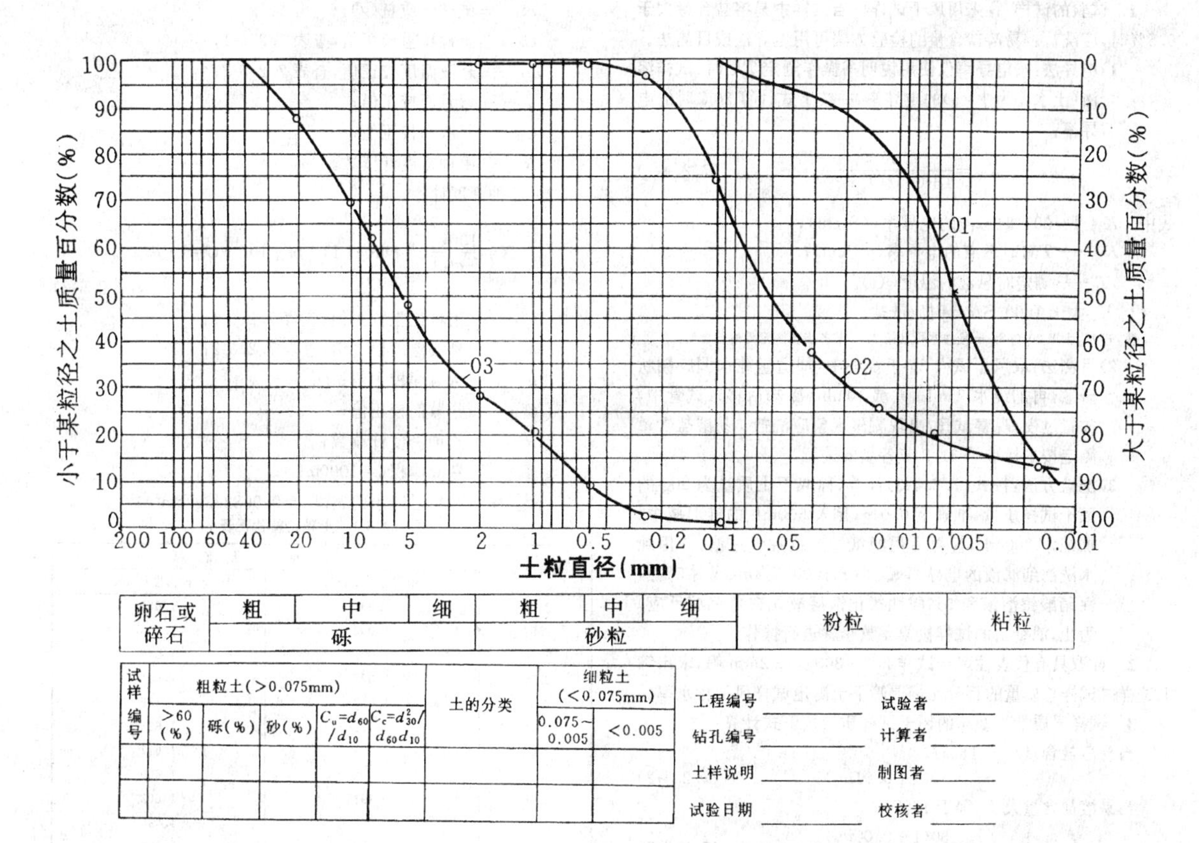


| 卵石或碎石 | 粗 | 中 | 细 | 粗 | 中 | 细 | 粉粒 | 粘粒 |
|---|---|---|---|---|---|---|---|---|
| | 砾 | | | 砂粒 | | | | |

| 试样编号 | 粗粒土(>0.075mm) | | | | | 土的分类 | 细粒土(<0.075mm) | |
|---|---|---|---|---|---|---|---|---|
| | >60(%) | 砾(%) | 砂(%) | $C_u=d_{60}/d_{10}$ | $C_c=d_{30}^2/d_{60}d_{10}$ | | 0.075～0.005 | <0.005 |
| | | | | | | | | |
| | | | | | | | | |
| | | | | | | | | |

工程编号＿＿＿＿＿＿ 试验者＿＿＿＿＿＿

钻孔编号＿＿＿＿＿＿ 计算者＿＿＿＿＿＿

土样说明＿＿＿＿＿＿ 制图者＿＿＿＿＿＿

试验日期＿＿＿＿＿＿ 校核者＿＿＿＿＿＿

图 7.1.7 颗粒大小分布曲线

### 7.2 密度计法

**7.2.1** 本试验方法适用于粒径小于0.075mm的试样。

**7.2.2** 本试验所用的主要仪器设备，应符合下列规定：

**1** 密度计：

1)甲种密度计，刻度$-5°\sim50°$，最小分度值为0.5°。

2)乙种密度计(20℃/20℃)，刻度为0.995～1.020，最小分度值为0.0002。

**2** 量筒：内径约60mm，容积1000mL，高约420mm，刻度0～1000mL，准确至10mL。

**3** 洗筛：孔径0.075mm。

**4** 洗筛漏斗：上口直径大于洗筛直径，下口直径略小于量筒内径。

**5** 天平：称量1000g，最小分度值0.1g；称量200g，最小分度值0.01g。

**6** 搅拌器：轮径50mm，孔径3mm，杆长约450mm，带螺旋叶。

**7** 煮沸设备：附冷凝管装置。

**8** 温度计：刻度0～50℃，最小分度值0.5℃。

**9** 其他：秒表，锥形瓶(容积500mL)、研钵、木杵、电导率仪等。

**7.2.3** 本试验所用试剂，应符合下列规定：

**1** 4%六偏磷酸钠溶液：溶解4g六偏磷酸钠$(NaPO_3)_6$于100mL水中。

**2** 5%酸性硝酸银溶液：溶解5g硝酸银($AgNO_3$)于100mL的10%硝酸($HNO_3$)溶液中。

**3** 5%酸性氯化钡溶液：溶解5g氯化钡($BaCl_2$)于100mL的10%盐酸(HCl)溶液中。

**7.2.4** 密度计法试验，应按下列步骤进行：

**1** 试验的试样，宜采用风干试样。当试样中易溶盐含量大于0.5%时，应洗盐。易溶盐含量的检验方法可用电导法或目测法。

1)电导法：按电导率仪使用说明书操作测定$T$℃时，试样溶液(土水比为1∶5)的电导率，并按下式计算20℃时的电导率：

$$K_{20}=\frac{K_T}{1+0.02(T-20)} \tag{7.2.4-1}$$

式中 $K_{20}$——20℃时悬液的电导率(μS/cm)；

$K_T$——$T$℃时悬液的电导率(μS/cm)；

$T$——测定时悬液的温度(℃)。

当$K_{20}$大于1000μS/cm时应洗盐。

注：若$K_{20}$大于2000μS/cm应按本标准第31.2节各步骤测定易溶盐含量。

2)目测法：取风干试样3g于烧杯中，加适量纯水调成糊状研散，再加纯水25mL，煮沸10min，冷却后移入试管中，放置过夜，观察试管，出现凝聚现象应洗盐。易溶盐含量测定按本标准第31.2节各步骤进行。

3)洗盐方法：按式(7.2.4-3)计算，称取干土质量为30g的风干试样质量，准确至0.01g，倒入500mL的锥形瓶中，加纯水200mL，搅拌后用滤纸过滤或抽气过滤，并用纯水洗滤到滤液的电导率$K_{20}$小于1000μS/cm(或对5%酸性硝酸银溶液和5%酸性氯化钡溶液无白色沉淀反应)为止，滤纸上的试样按第4款步骤进行操作。

**2** 称取具有代表性风干试样200～300g，过2mm筛，求出筛上试样占试样总质量的百分比。取筛下土测定试样风干含水率。

**3** 试样干质量为30g的风干试样质量按下式计算：

当易溶盐含量小于1%时，

$$m_0=30(1+0.01w_0) \tag{7.2.4-2}$$

当易溶盐含量大于、等于1%时，

$$m_0=\frac{30(1+0.01w_0)}{1-W} \tag{7.2.4-3}$$

式中 $W$——易溶盐含量(%)。

**4** 将风干试样或洗盐后在滤纸上的试样，倒入500mL锥形瓶，注入纯水200mL，浸泡过夜，然后置于煮沸设备上煮沸，煮沸时间宜为40min。

**5** 将冷却后的悬液移入烧杯中，静置1min，通过洗筛漏斗将上部悬液过0.075mm筛，遗留杯底沉淀物用带橡皮头研杵研散，再加适量水搅拌，静置1min，再将上部悬液过0.075mm筛，如此重复倾洗(每次倾洗，最后所得悬液不得超过1000mL)直至杯底砂粒洗净，将筛上和杯中砂粒合并洗入蒸发皿中，倾去清水，烘干，称量并按本标准第7.1.4条3、4款的步骤进行细筛分析，并计算各级颗粒占试样总质量的百分比。

**6** 将过筛悬液倒入量筒，加入4%六偏磷酸钠10mL，再注入纯水至1000mL。

注：对加入六偏磷酸钠后仍产生凝聚的试样应选用其他分散剂。

**7** 将搅拌器放入量筒中，沿悬液深度上下搅拌1min，取出搅拌器，立即开动秒表，将密度计放入悬液中，测记0.5、1、2、5、15、30、60、120和1440min时的密度计读数。每次读数均应在预定时间前10～20s，将密度计放入悬液中。且接近读数的深度，保持密度计浮泡处在量筒中心，不得贴近量筒内壁。

**8** 密度计读数均以弯液面上缘为准。甲种密度计应准确至0.5，乙种密度计应准确至0.0002。每次读数后，应取出密度计放入盛有纯水的量筒中，并应测定相应的悬液温度，准确至0.5℃，放入或取出密度计时，应小心轻放，不得扰动悬液。

**7.2.5** 小于某粒径的试样质量占试样总质量的百分比应按下式计算：

**1** 甲种密度计：

$$X=\frac{100}{m_d}C_G(R+m_T+n-C_D) \tag{7.2.5-1}$$

式中 $X$——小于某粒径的试样质量百分比(%)；

$m_d$——试样干质量(g)；

$C_G$——土粒比重校正值，查表7.2.5-1；

$m_T$——悬液温度校正值，查表7.2.5-2；

$n$——弯月面校正值；

$C_D$——分散剂校正值；

$R$——甲种密度计读数。

**2** 乙种密度计：

$$X=\frac{100V_x}{m_d}C'_G[(R'-1)+m'_T+n'-C'_D]\cdot\rho_{w20} \tag{7.2.5-2}$$

式中 $C'_G$——土粒比重校正值，查表7.2.5-1；

$m'_T$——悬液温度校正值，查表7.2.5-2；

$n'$——弯月面校正值；

$C'_D$——分散剂校正值；

$R'$——乙种密度计读数；

$V_x$——悬液体积(=1000mL)；

$\rho_{w20}$——20℃时纯水的密度(=0.998232g/cm³)。

**表7.2.5-1 土粒比重校正表**

| 土粒比重 | 比重校正值 | |
|---|---|---|
| | 甲种密度计 $C_G$ | 乙种密度计 $C'_G$ |
| 2.50 | 1.038 | 1.666 |
| 2.52 | 1.032 | 1.658 |
| 2.54 | 1.027 | 1.649 |
| 2.56 | 1.022 | 1.641 |
| 2.58 | 1.017 | 1.632 |
| 2.60 | 1.012 | 1.625 |
| 2.62 | 1.007 | 1.617 |
| 2.64 | 1.002 | 1.609 |
| 2.66 | 0.998 | 1.603 |
| 2.68 | 0.993 | 1.595 |
| 2.70 | 0.989 | 1.588 |

续表 7.2.5-1

| 土粒比重 | 比重校正值 | |
|---|---|---|
| | 甲种密度计 $C_G$ | 乙种密度计 $C'_G$ |
| 2.72 | 0.985 | 1.581 |
| 2.74 | 0.981 | 1.575 |
| 2.76 | 0.977 | 1.568 |
| 2.78 | 0.973 | 1.562 |
| 2.80 | 0.969 | 1.556 |
| 2.82 | 0.965 | 1.549 |
| 2.84 | 0.961 | 1.543 |
| 2.86 | 0.958 | 1.538 |
| 2.88 | 0.954 | 1.532 |

表 7.2.5-2 温度校正值表

| 悬液温度（℃） | 甲种密度计温度校正值 $m_T$ | 乙种密度计温度校正值 $m'_T$ | 悬液温度（℃） | 甲种密度计温度校正值 $m_T$ | 乙种密度计温度校正值 $m'_T$ |
|---|---|---|---|---|---|
| 10.0 | −2.0 | −0.0012 | 20.5 | +0.1 | +0.0001 |
| 10.5 | −1.9 | −0.0012 | 21.0 | +0.3 | +0.0002 |
| 11.0 | −1.9 | −0.0012 | 21.5 | +0.5 | +0.0003 |
| 11.5 | −1.8 | −0.0011 | 22.0 | +0.6 | +0.0004 |
| 12.0 | −1.8 | −0.0011 | 22.5 | +0.8 | +0.0005 |
| 12.5 | −1.7 | −0.0010 | 23.0 | +0.9 | +0.0006 |
| 13.0 | −1.6 | −0.0010 | 23.5 | +1.1 | +0.0007 |
| 13.5 | −1.5 | −0.0009 | 24.0 | +1.3 | +0.0008 |
| 14.0 | −1.4 | −0.0009 | 24.5 | +1.5 | +0.0009 |
| 14.5 | −1.3 | −0.0008 | 25.0 | +1.7 | +0.0010 |
| 15.0 | −1.2 | −0.0008 | 25.5 | +1.9 | +0.0011 |
| 15.5 | −1.1 | −0.0007 | 26.0 | +2.1 | +0.0013 |
| 16.0 | −1.0 | −0.0006 | 26.5 | +2.2 | +0.0014 |
| 16.5 | −0.9 | −0.0006 | 27.0 | +2.5 | +0.0015 |
| 17.0 | −0.8 | −0.0005 | 27.5 | +2.6 | +0.0016 |
| 17.5 | −0.7 | −0.0004 | 28.0 | +2.9 | +0.0018 |
| 18.0 | −0.5 | −0.0003 | 28.5 | +3.1 | +0.0019 |
| 18.5 | −0.4 | −0.0003 | 29.0 | +3.3 | +0.0021 |
| 19.0 | −0.3 | −0.0002 | 29.5 | +3.5 | +0.0022 |
| 19.5 | −0.1 | −0.0001 | 30.0 | +3.7 | +0.0023 |
| 20.0 | 0.0 | 0.0000 | | | |

**7.2.6** 试样颗粒粒径应按下式计算：

$$d=\sqrt{\frac{1800\times10^4\cdot\eta}{(G_s-G_{wT})\rho_{wT}g}\cdot\frac{L}{t}} \tag{7.2.6}$$

式中 $d$ ——试样颗粒粒径(mm)；

$\eta$ ——水的动力粘滞系数(kPa·s×10⁻⁶)，查表 13.1.3；

$G_{wT}$ ——$T$℃时水的比重；

$\rho_{wT}$ ——4℃时纯水的密度(g/cm³)；

$L$ ——某一时间内的土粒沉降距离(cm)；

$t$ ——沉降时间(s)；

$g$ ——重力加速度(cm/s²)。

**7.2.7** 颗粒大小分布曲线，应按本标准第 7.1.7 条的步骤绘制，当密度计法和筛析法联合分析时，应将试样总质量折算后绘制颗粒大小分布曲线；并应将两段曲线连成一条平滑的曲线见本标准图 7.1.7。

**7.2.8** 密度计法试验的记录格式见附录 D 表 D-10。

## 7.3 移液管法

**7.3.1** 本试验方法适用于粒径小于 0.075mm 的试样。

**7.3.2** 本试验所用的主要仪器设备应符合下列要求：

1 移液管(图 7.3.2)：容积 25mL；

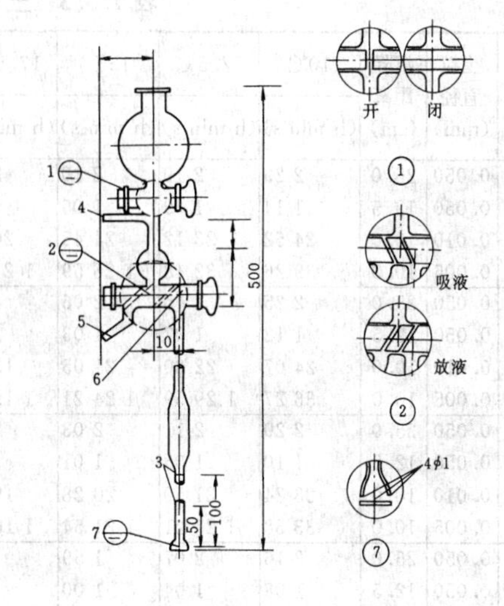


图 7.3.2 移液管装置

1—二通阀；2—三通阀；3—移液管；4—接吸球；5—放液口；6—移液管容积(25±0.5mL)；7—移液管口

2 烧杯：容积 50mL；

3 天平：称量 200g，最小分度值 0.001g。

4 其他与密度计法相同。

**7.3.3** 移液管法试验，应按下列步骤进行：

1 取代表性试样，粘土 10～15g；砂土 20g，准确至 0.001g，并按本标准第 7.2.4 条 1～5 款的步骤制备悬液。

2 将装置悬液的量筒置于恒温水槽中，测记悬液温度，准确至 0.5℃，试验过程中悬液温度变化范围为±0.5℃。并按本标准式(7.2.6)计算粒径小于 0.05、0.01、0.005、0.002mm 和其他所需粒径下沉一定深度所需的静置时间(或查表 7.3.3)。

3 用搅拌器沿悬液深度上、下搅拌 1min，取出搅拌器，开动秒表，将移液管的二通阀置于关闭位置、三通阀置于移液管和吸球相通的位置，根据各粒径所需的静置时间，提前10s将移液管放入悬液中，浸入深度为 10cm，用吸球吸取悬液。吸取量应不少于 25mL。

4 旋转三通阀，使吸球与放液口相通，将多余的悬液从放液口流出，收集后倒入原悬液中。

5 将移液管下口放入烧杯内，旋转三通阀，使吸球与移液管相通，用吸球将悬液挤入烧杯中，从上口倒入少量纯水，旋转二通阀，使上下口连通，水则通过移液管将悬液洗入烧杯中。

6 将烧杯内的悬液蒸干，在 105～110℃温度下烘至恒量，称烧杯内试样质量，准确至 0.001g。

**7.3.4** 小于某粒径的试样质量占试样总质量的百分比，应按下式计算：

$$X=\frac{m_x\cdot V_x}{V'_x m_d}\times100 \tag{7.3.4}$$

式中 $V_x$ ——悬液总体积(1000mL)；

$V'_x$ ——吸取悬液的体积(=25mL)；

$m_x$ ——吸取 25mL 悬液中的试样干质量(g)。

**7.3.5** 颗粒大小分布曲线应按本标准第 7.1.7 条绘制。当移液管法和筛析法联合分析时，应将试样总质量折算后绘制颗粒大小分布曲线，并将两段曲线连成一条平滑的曲线见本标准图 7.1.7。

**7.3.6** 移液管法试验的记录格式见附录 D 表 D-11。

**表 7.3.3　土粒在不同温度静水中沉降时间表**

| 土粒比重 | 土粒直径 (mm) | 沉降距离 (cm) | 10℃ | 12.5℃ | 15℃ | 17.5℃ | 20℃ | 22.5℃ | 25℃ | 27.5℃ | 30℃ | 32.5℃ | 35℃ |
|---|---|---|---|---|---|---|---|---|---|---|---|---|---|
| | | | (h min s) | (h min s) | (h min s) | (h min s) | (h min s) | (h min s) | (h min s) | (h min s) | (h min s) | (h min s) | (h min s) |
| 2.60 | 0.050 | 25.0 | 2 29 | 2 19 | 2 10 | 2 02 | 1 55 | 1 49 | 1 43 | 1 37 | 1 32 | 1 27 | 1 23 |
| | 0.050 | 12.5 | 1 14 | 1 09 | 1 05 | 1 01 | 58 | 54 | 51 | 48 | 46 | 44 | 41 |
| | 0.010 | 10.0 | 24 52 | 23 12 | 21 45 | 20 24 | 19 14 | 18 06 | 17 06 | 16 09 | 15 39 | 14 38 | 13 49 |
| | 0.005 | 10.0 | 39 26 | 1 32 48 | 1 26 59 | 1 21 37 | 1 16 55 | 1 12 24 | 1 08 25 | 1 04 14 | 1 01 10 | 58 23 | 55 16 |
| 2.65 | 0.050 | 25.0 | 2 25 | 2 15 | 2 06 | 1 59 | 1 52 | 1 45 | 1 40 | 1 34 | 1 29 | 1 25 | 1 20 |
| | 0.050 | 12.5 | 1 12 | 1 07 | 1 03 | 59 | 56 | 53 | 50 | 47 | 44 | 42 | 40 |
| | 0.010 | 10.0 | 24 07 | 22 30 | 21 05 | 19 47 | 18 39 | 17 33 | 16 35 | 15 39 | 14 50 | 14 06 | 13 24 |
| | 0.005 | 10.0 | 36 27 | 1 29 59 | 1 24 21 | 1 19 08 | 1 14 34 | 1 10 12 | 1 06 21 | 1 02 38 | 59 19 | 56 24 | 53 34 |
| 2.70 | 0.050 | 25.0 | 2 20 | 2 11 | 2 03 | 1 55 | 1 49 | 1 42 | 1 36 | 1 31 | 1 21 | 1 22 | 1 18 |
| | 0.050 | 12.5 | 1 10 | 1 05 | 1 01 | 58 | 54 | 51 | 48 | 45 | 43 | 41 | 39 |
| | 0.010 | 10.0 | 23 24 | 21 50 | 20 28 | 19 13 | 18 06 | 17 02 | 16 06 | 15 12 | 14 23 | 13 41 | 13 00 |
| | 0.005 | 10.0 | 33 38 | 1 27 21 | 1 21 54 | 1 16 50 | 1 12 24 | 1 08 10 | 1 04 24 | 1 00 47 | 57 34 | 54 44 | 52 00 |
| 2.75 | 0.050 | 25.0 | 2 16 | 2 07 | 1 59 | 1 52 | 1 45 | 1 39 | 1 34 | 1 28 | 1 24 | 1 21 | 1 16 |
| | 0.050 | 12.5 | 1 08 | 1 04 | 1 00 | 56 | 53 | 50 | 47 | 44 | 42 | 40 | 38 |
| | 0.010 | 10.0 | 22 44 | 21 13 | 19 53 | 18 40 | 17 35 | 16 33 | 15 38 | 14 46 | 13 59 | 13 26 | 12 37 |
| | 0.005 | 10.0 | 30 55 | 1 24 52 | 1 19 33 | 1 14 38 | 1 10 19 | 1 06 13 | 1 02 34 | 59 04 | 55 56 | 53 48 | 50 31 |
| 2.80 | 0.050 | 25.0 | 2 13 | 2 04 | 1 56 | 1 49 | 1 42 | 1 36. | 1 31 | 1 26 | 1 21 | 1 17 | 1 14 |
| | 0.050 | 12.5 | 1 06 | 1 02 | 58 | 54 | 51 | 48 | 46 | 43 | 41 | 39 | 37 |
| | 0.010 | 10.0 | 22 06 | 20 38 | 19 20 | 18 09 | 17 05 | 16 06 | 15 12 | 14 21 | 13 35 | 12 55 | 12 17 |
| | 0.005 | 10.0 | 28 25 | 1 22 30 | 1 17 20 | 1 12 33 | 1 08 22 | 1 04 22 | 1 00 50 | 57 25 | 54 21 | 51 42 | 49 07 |

注：表也可以固定相同的沉降距离计算出相应的沉降时间。

# 8　界限含水率试验

## 8.1　液、塑限联合测定法

**8.1.1**　本试验方法适用于粒径小于 0.5mm 以及有机质含量不大于试样总质量 5%的土。

**8.1.2**　本试验所用的主要仪器设备，应符合下列规定：

1　液、塑限联合测定仪(图 8.1.2)：包括带标尺的圆锥仪、电磁铁、显示屏、控制开关和试样杯。圆锥质量为 76g，锥角为 30°；读数显示宜采用光电式、游标式和百分表式；试样杯内径为 40mm，高度为 30mm。

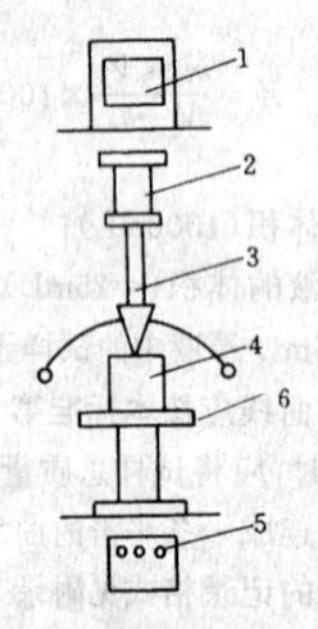


图 8.1.2　液、塑限联合测定仪示意图

1—显示屏；2—电磁铁；3—带标尺的圆锥仪；4—试样杯；5—控制开关；6—升降座

2　天平：称量 200g，最小分度值 0.01g。

**8.1.3**　液、塑限联合测定法试验，应按下列步骤进行：

1　本试验宜采用天然含水率试样，当土样不均匀时，采用风干试样，当试样中含有粒径大于 0.5mm 的土粒和杂物时，应过 0.5mm 筛。

2　当采用天然含水率土样时，取代表性土样 250g；采用风干试样时，取 0.5mm 筛下的代表性土样 200g，将试样放在橡皮板上用纯水将土样调成均匀膏状，放入调土皿，浸润过夜。

3　将制备的试样充分调拌均匀，填入试样杯中，填样时不应留有空隙，对较干的试样应充分搓揉，密实地填入试样杯中，填满后刮平表面。

4　将试样杯放在联合测定仪的升降座上，在圆锥上抹一薄层凡士林，接通电源，使电磁铁吸住圆锥。

5　调节零点，将屏幕上的标尺调在零位，调整升降座、使圆锥尖接触试样表面，指示灯亮时圆锥在自重下沉入试样，经 5s 后测读圆锥下沉深度(显示在屏幕上)，取出试样杯，挖去锥尖入土处的凡士林，取锥体附近的试样不少于 10g，放入称量盒内，测定含水率。

6　将全部试样再加水或吹干并调匀，重复本条 3 至 5 款的步骤分别测定第二点、第三点试样的圆锥下沉深度及相应的含水率。液塑限联合测定应不少于三点。

注：圆锥入土深度宜为 3～4mm，7～9mm，15～17mm。

**8.1.4**　试样的含水率应按本标准式(4.0.4)计算。

**8.1.5**　以含水率为横坐标，圆锥入土深度为纵坐标在双对数坐标纸上绘制关系曲线(图 8.1.5)，三点应在一直线上如图中 A 线。当三点不在一直线上时，通过高含水率的点和其余两点连成二条直线，在下沉为 2mm 处查得相应的 2 个含水率，当两个含水率的差值小于 2%时，应以两点含水率的平均值与高含水率的点连一直线如图中 B 线，当两个含水率的差值大于、等于 2%时，应重做试验。

**8.1.6**　在含水率与圆锥下沉深度的关系图(见本标准图 8.1.5)

上查得下沉深度为17mm所对应的含水率为液限，查得下沉深度为10mm所对应的含水率为10mm液限，查得下沉深度为2mm所对应的含水率为塑限，取值以百分数表示，准确至0.1%。

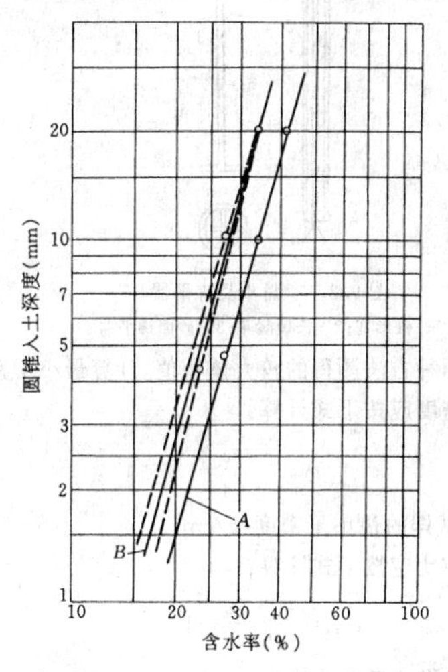


图8.1.5 圆锥下沉深度与含水率关系曲线

**8.1.7** 塑性指数应按下式计算：

$$I_{\mathrm{P}}=w_{\mathrm{L}}-w_{\mathrm{P}} \tag{8.1.7}$$

式中 $I_{\mathrm{P}}$——塑性指数；

$w_{\mathrm{L}}$——液限(%)；

$w_{\mathrm{P}}$——塑限(%)。

**8.1.8** 液性指数应按下式计算：

$$I_{\mathrm{L}}=\frac{w_0-w_{\mathrm{P}}}{I_{\mathrm{P}}} \tag{8.1.8}$$

式中 $I_{\mathrm{L}}$——液性指数，计算至0.01。

**8.1.9** 液、塑限联合测定法试验的记录格式见附录D表D-12。

## 8.2 碟式仪液限试验

**8.2.1** 本试验方法适用于粒径小于0.5mm的土。

**8.2.2** 本试验所用的主要仪器设备，应符合下列规定：

**1** 碟式液限仪：由铜碟、支架及底座组成(图8.2.2)，底座应为硬橡胶制成。

**2** 开槽器：带量规，具有一定形状和尺寸(图8.2.2)。

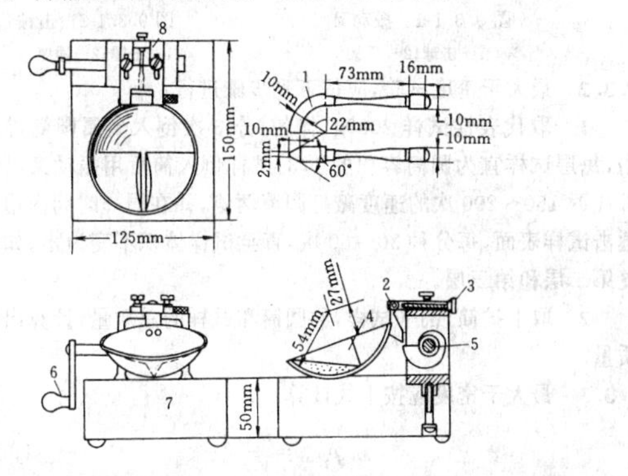


图8.2.2 碟式液限仪

1—开槽器；2—销子；3—支架；4—土碟；5—蜗轮；6—摇柄；7—底座；8—调整板

**8.2.3** 碟式仪的校准应按下列步骤进行：

**1** 松开调整板的定位螺钉，将开槽器上的量规垫在铜碟与底座之间，用调整螺钉将铜碟提升高度调整到10mm。

**2** 保持量规位置不变，迅速转动摇柄以检验调整是否正确。当蜗形轮碰击从动器时，铜碟不动，并能听到轻微的声音，表明调整正确。

**3** 拧紧定位螺钉，固定调整板。

**8.2.4** 试样制备应按本标准第8.1.3条1、2款的步骤制备不同含水率的试样。

**8.2.5** 碟式仪法试验，应按下列步骤进行：

**1** 将制备好的试样充分调拌均匀，铺于铜碟前半部，用调土刀将铜碟前沿试样刮成水平，使试样中心厚度为10mm，用开槽器经蜗形轮的中心沿铜碟直径将试样划开，形成V形槽。

**2** 以每秒两转的速度转动摇柄，使铜碟反复起落，坠击于底座上，数记击数，直至槽底两边试样的合拢长度为13mm时，记录击数，并在槽的两边取试样不应少于10g，放入称量盒内，测定含水率。

**3** 将加不同水量的试样，重复本条1、2款的步骤测定槽底两边试样合拢长度为13mm所需要的击数及相应的含水率，试样宜为4～5个，槽底试样合拢所需要的击数宜控制在15～35击之间。含水率按本标准式(4.0.4)计算。

**8.2.6** 以击次为横坐标，含水率为纵坐标，在单对数坐标纸上绘制击次与含水率关系曲线(图8.2.6)，取曲线上击次为25所对应的整数含水率为试样的液限。

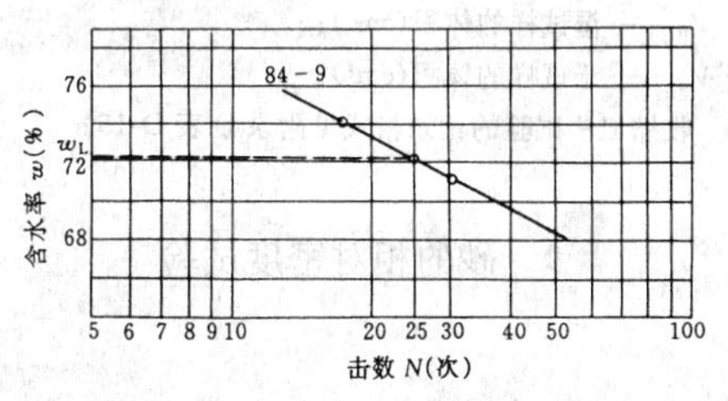


图8.2.6 液限曲线

**8.2.7** 碟式仪法液限试验的记录格式见附录D表D-13。

## 8.3 滚搓法塑限试验

**8.3.1** 本试验方法适用于粒径小于0.5mm的土。

**8.3.2** 本试验所用的主要仪器设备，应符合下列规定：

**1** 毛玻璃板：尺寸宜为200mm×300mm。

**2** 卡尺：分度值为0.02mm。

**8.3.3** 滚搓法试验，应按下列步骤进行：

**1** 取0.5mm筛下的代表性试样100g，放在盛土皿中加纯水拌匀，湿润过夜。

**2** 将制备好的试样在手中揉捏至不粘手，捏扁，当出现裂缝时，表示其含水率接近塑限。

**3** 取接近塑限含水率的试样8～10g，用手搓成椭圆形，放在毛玻璃板上用手掌滚搓，滚搓时手掌的压力要均匀地施加在土条上，不得使土条在毛玻璃板上无力滚动，土条不得有空心现象，土条长度不宜大于手掌宽度。

**4** 当土条直径搓成3mm时产生裂缝，并开始断裂，表示试样的含水率达到塑限含水率。当土条直径搓成3mm时不产生裂缝或土条直径大于3mm时开始断裂，表示试样的含水率高于塑限或低于塑限，都应重新取样进行试验。

**5** 取直径3mm有裂缝的土条3～5g，测定土条的含水率。

**8.3.4** 本试验应进行两次平行测定，两次测定的差值应符合本标准第4.0.7条的规定，取两次测值的平均值。

**8.3.5** 滚搓法试验的记录格式见附录D表D-14。

## 8.4 收缩皿法缩限试验

**8.4.1** 本试验方法适用于粒径小于0.5mm的土。

**8.4.2** 本试验所用的主要仪器设备应符合下列规定：

**1** 收缩皿：金属制成，直径为45～50mm，高度20～30mm；

**2** 卡尺：分度值为0.02mm。

**8.4.3** 收缩皿法试验，应按下列步骤进行：

1 取代表性试样200g，搅拌均匀，加纯水制备成含水率等于、略大于10mm液限的试样。

2 在收缩皿内涂一薄层凡士林，将试样分层填入收缩皿中，每次填入后，将收缩皿底拍击试验桌，直至驱尽气泡，收缩皿内填满试样后刮平表面。

3 擦净收缩皿外部，称收缩皿和试样的总质量，准确至0.01g。

4 将填满试样的收缩皿放在通风处晾干，当试样颜色变淡时，放入烘箱内烘至恒量，取出置于干燥器内冷却至室温，称收缩皿和干试样的总质量，准确至0.01g。

5 用蜡封法测定干试样的体积。

**8.4.4** 本试验应进行两次平行测定，两次测定的差值应符合本标准第4.0.7条的规定，取两次测值的平均值。

**8.4.5** 土的缩限，应按下式计算，准确至0.1%。

$$w_n = w - \frac{V_0 - V_d}{m_d}\rho_w \times 100 \tag{8.4.5}$$

式中 $w_n$——土的缩限(%)；

$w$——制备时的含水率(%)；

$V_0$——湿试样的体积($cm^3$)；

$V_d$——干试样的体积($cm^3$)。

**8.4.6** 收缩皿法试验的记录格式见附录D表D-15。

# 9 砂的相对密度试验

## 9.1 一般规定

**9.1.1** 本试验方法适用于粒径不大于5mm的土，且粒径2～5mm的试样质量不大于试样总质量的15%。

**9.1.2** 砂的相对密度试验是进行砂的最大干密度和最小干密度试验，砂的最小干密度试验宜采用漏斗法和量筒法，砂的最大干密度试验采用振动锤击法。

**9.1.3** 本试验必须进行两次平行测定，两次测定的密度差值不得大于0.03g/cm³，取两次测值的平均值。

## 9.2 砂的最小干密度试验

**9.2.1** 本试验所用的主要仪器设备，应符合下列规定：

1 量筒：容积500mL和1000mL，后者内径应大于60mm。

2 长颈漏斗：颈管的内径为1.2cm，颈口应磨平。

3 锥形塞：直径为1.5cm的圆锥体，焊接在铁杆上(图9.2.1)。

4 砂面拂平器：十字形金属平面焊接在铜杆下端。

**9.2.2** 最小干密度试验，应按下列步骤进行：

1 将锥形塞杆自长颈漏斗下口穿入，并向上提起，使锥底堵住漏斗管口，一并放入1000mL的量筒内，使其下端与量筒底接触。

2 称取烘干的代表性试样700g，均匀缓慢地倒入漏斗中，将漏斗和锥形塞杆同时提高，移动塞杆，使锥体略离开管口，管口应经常保持高出砂面1～2cm，使试样缓慢且均匀分布地落入量筒中。

3 试样全部落入量筒后，取出漏斗和锥形塞，用砂面拂平器将砂面拂平、测记试样体积，估读至5mL。

注：若试样中不含大于2mm的颗粒时，可取试样400g用500mL的量筒进行试验。

4 用手掌或橡皮板堵住量筒口，将量筒倒转并缓慢地转回到原来位置，重复数次，记下试样在量筒内所占体积的最大值，估读至5mL。

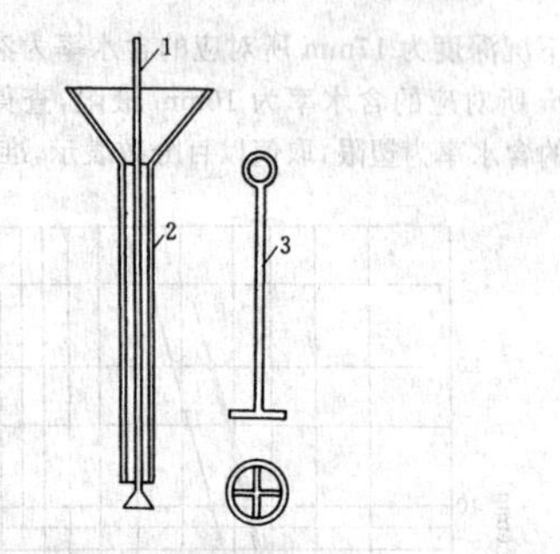

图9.2.1 漏斗及拂平器

1—锥形塞；2—长颈漏斗；3—砂面拂平器

5 取上述两种方法测得的较大体积值，计算最小干密度。

**9.2.3** 最小干密度应按下式计算：

$$\rho_{dmin} = \frac{m_d}{V_d} \tag{9.2.3}$$

式中 $\rho_{dmin}$——试样的最小干密度($g/cm^3$)。

**9.2.4** 最大孔隙比应按下式计算：

$$e_{max} = \frac{\rho_w \cdot G_s}{\rho_{dmin}} - 1 \tag{9.2.4}$$

式中 $e_{max}$——试样的最大孔隙比。

**9.2.5** 砂的最小干密度试验记录格式见附录D表D-16。

## 9.3 砂的最大干密度试验

**9.3.1** 本试验所用的主要仪器设备，应符合下列规定：

1 金属圆筒：容积250mL，内径为5cm；容积1000mL，内径为10cm，高度均为12.7cm，附护筒。

2 振动叉(图9.3.1-1)。

3 击锤：锤质量1.25kg，落高15cm，锤直径5cm(图9.3.1-2)。

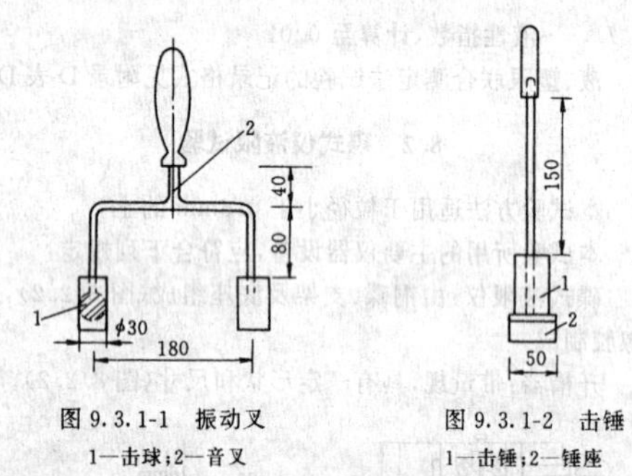

图9.3.1-1 振动叉

1—击球；2—音叉

图9.3.1-2 击锤

1—击锤；2—锤座

**9.3.2** 最大干密度试验，应按下列步骤进行：

1 取代表性试样2000g，拌匀，分3次倒入金属圆筒进行振击，每层试样宜为圆筒容积的1/3，试样倒入筒后用振动叉以每分钟往返150～200次的速度敲打圆筒两侧，并在同一时间内用击锤锤击试样表面，每分种30～60次，直至试样体积不变为止。如此重复第二层和第三层。

2 取下护筒，刮平试样，称圆筒和试样的总质量，计算出试样质量。

**9.3.3** 最大干密度应按下式计算：

$$\rho_{dmax} = \frac{m_d}{V_d} \tag{9.3.3}$$

式中 $\rho_{dmax}$——砂的最大干密度($g/cm^3$)。

**9.3.4** 最小孔隙比应按下式计算：

$$e_{min} = \frac{\rho_w \cdot G_s}{\rho_{dmax}} - 1 \tag{9.3.4}$$

式中 $e_{min}$——最小孔隙比。

**9.3.5** 砂的相对密度应按下式计算：

$$D_r = \frac{e_{max} - e_0}{e_{max} - e_{min}} \tag{9.3.5-1}$$

或 $$D_r=\frac{\rho_{dmax}(\rho_d-\rho_{dmin})}{\rho_d(\rho_{dmax}-\rho_{dmin})} \tag{9.3.5-2}$$

式中 $e_0$——砂的天然孔隙比；

$D_r$——砂的相对密度；

$\rho_d$——要求的干密度(或天然干密度)(g/cm³)。

**9.3.6** 最大干密度试验记录格式见附录D表D-16。

# 10 击实试验

**10.0.1** 本试验分轻型击实和重型击实。轻型击实试验适用于粒径小于5mm的粘性土，重型击实试验适用于粒径不大于20mm的土。采用三层击实时，最大粒径不大于40mm。

**10.0.2** 轻型击实试验的单位体积击实功约592.2kJ/m³，重型击实试验的单位体积击实功约2684.9kJ/m³。

**10.0.3** 本试验所用的主要仪器设备(如图10.0.3)应符合下列规定：

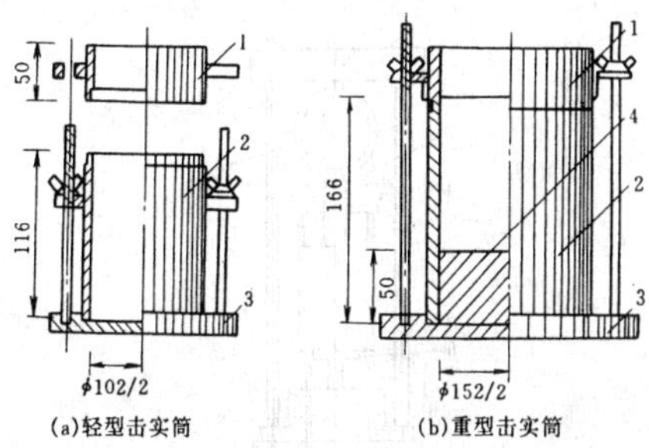


图10.0.3-1 击实筒(mm)

1—套筒；2—击实筒；3—底板；4—垫块

1 击实仪的击实筒和击锤尺寸应符合表10.0.3规定。

2 击实仪的击锤应配导筒，击锤与导筒间应有足够的间隙使锤能自由下落；电动操作的击锤必须有控制落距的跟踪装置和锤击点按一定角度(轻型53.5°，重型45°)均匀分布的装置(重型击实仪中心点每圈要加一击)。

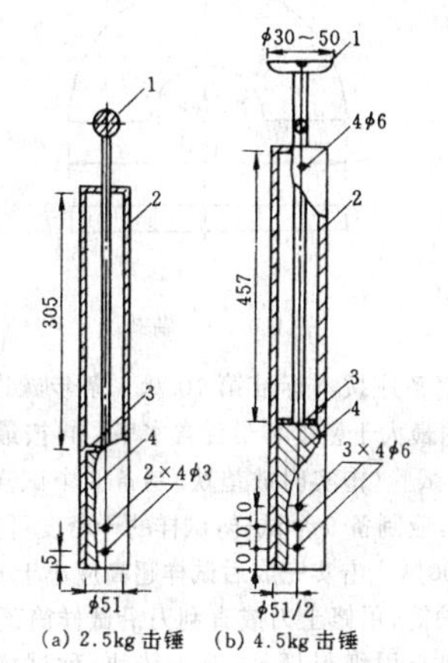


图10.0.3-2 击锤与导筒(mm)

1—提手；2—导筒；3—硬橡皮垫；4—击锤

**表10.0.3 击实仪主要部件规格表**

| 试验方法 | 锤底直径(mm) | 锤质量(kg) | 落高(mm) | 击实筒 | | | 护筒高度(mm) |
|---|---|---|---|---|---|---|---|
| | | | | 内径(mm) | 筒高(mm) | 容积(cm³) | |
| 轻 型 | 51 | 2.5 | 305 | 102 | 116 | 947.4 | 50 |
| 重 型 | 51 | 4.5 | 457 | 152 | 116 | 2103.9 | 50 |

3 天平：称量200g，最小分度值，0.01g。

4 台秤：称量10kg，最小分度值5g。

5 标准筛：孔径为20mm、40mm和5mm。

6 试样推出器：宜用螺旋式千斤顶或液压式千斤顶，如无此类装置，亦可用刮刀和修土刀从击实筒中取出试样。

**10.0.4** 试样制备分为干法和湿法两种。

1 干法制备试样应按下列步骤进行：用四分法取代表性土样20kg(重型为50kg)，风干碾碎，过5mm(重型过20mm或40mm)筛，将筛下土样拌匀，并测定土样的风干含水率。根据土的塑限预估最优含水率，并按本标准第3.1.6条4、5款的步骤制备5个不同含水率的一组试样，相邻2个含水率的差值宜为2%。

注：轻型击实中5个含水率中应有2个大于塑限，2个小于塑限，1个接近塑限。

2 湿法制备试样应按下列步骤进行：取天然含水率的代表性土样20kg(重型为50kg)，碾碎，过5mm筛(重型过20mm或40mm)，将筛下土样拌匀，并测定土样的天然含水率。根据土样的塑限预估最优含水率，按本条1款注的原则选择至少5个含水率的土样，分别将天然含水率的土样风干或加水进行制备，应使制备好的土样水分均匀分布。

**10.0.5** 击实试验应按下列步骤进行：

1 将击实仪平稳置于刚性基础上，击实筒与底座联接好，安装好护筒，在击实筒内壁均匀涂一薄层润滑油。称取一定量试样，倒入击实筒内，分层击实，轻型击实试样为2～5kg，分3层，每层25击；重型击实试样为4～10kg，分5层，每层56击，若分3层，每层94击。每层试样高度宜相等，两层交界处的土面应刨毛。击实完成时，超出击实筒顶的试样高度应小于6mm。

2 卸下护筒，用直刮刀修平击实筒顶部的试样，拆除底板，试样底部若超出筒外，也应修平，擦净筒外壁，称筒与试样的总质量，准确至1g，并计算试样的湿密度。

3 用推土器将试样从击实筒中推出，取2个代表性试样测定含水率，2个含水率的差值应不大于1%。

4 对不同含水率的试样依次击实。

**10.0.6** 试样的干密度应按下式计算：

$$\rho_d=\frac{\rho_0}{1+0.01w_i} \tag{10.0.6}$$

式中 $w_i$——某点试样的含水率(%)。

**10.0.7** 干密度和含水率的关系曲线，应在直角坐标纸上绘制(如图10.0.7)。并应取曲线峰值点相应的纵坐标为击实试样的最大干密度，相应的横坐标为击实试样的最优含水率。当关系曲线不能绘出峰值点时，应进行补点，土样不宜重复使用。

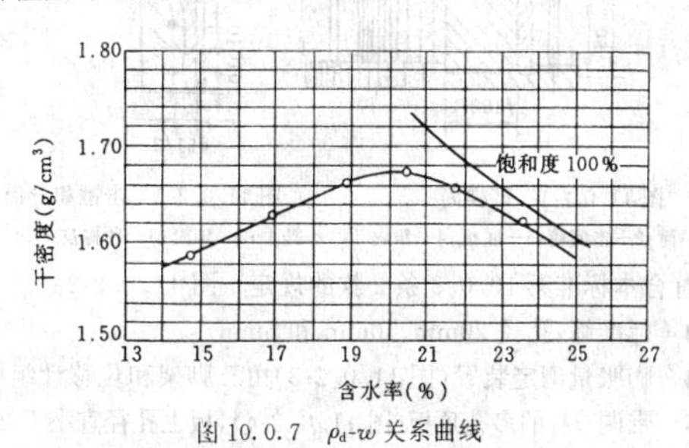


图10.0.7 $\rho_d$-$w$关系曲线

**10.0.8** 气体体积等于零(即饱和度100%)的等值线应按下式计算，并应将计算值绘于本标准图10.0.7的关系曲线上。

$$w_{set}=(\frac{\rho_w}{\rho_d}-\frac{1}{G_s})\times 100 \tag{10.0.8}$$

式中 $w_{set}$——试样的饱和含水率(%)；

$\rho_w$——温度4℃时水的密度(g/cm³)；

$\rho_d$——试样的干密度(g/cm³)；

$G_s$——土颗粒比重。

**10.0.9** 轻型击实试验中，当试样中粒径大于5mm的土质量小于或等于试样总质量的30%时，应对最大干密度和最优含水率进行校正。

1 最大干密度应按下式校正：

$$\rho'_{dmax}=\frac{1}{\frac{1-P_5}{\rho_{dmax}}+\frac{P_5}{\rho_w\cdot G_{s2}}} \qquad (10.0.9\text{-}1)$$

式中 $\rho'_{dmax}$——校正后试样的最大干密度($g/cm^3$)；

$P_5$——粒径大于 5mm 土的质量百分数(%)；

$G_{s2}$——粒径大于 5mm 土粒的饱和面干比重。

注：饱和面干比重指当土粒呈饱和面干状态时的土粒总质量与相当于土粒总体积的纯水 4℃时质量的比值。

2 最优含水率应按下式进行校正，计算至 0.1%。

$$w'_{opt}=w_{opt}(1-P_5)+P_5\cdot w_{ab} \qquad (10.0.9\text{-}2)$$

式中 $w'_{opt}$——校正后试样的最优含水率(%)；

$w_{opt}$——击实试样的最优含水率(%)；

$w_{ab}$——粒径大于 5mm 土粒的吸着含水率(%)。

**10.0.10** 击实试验的记录格式见附录 D 表 D-17。

## 11 承载比试验

**11.0.1** 本试验方法适用于在规定试样筒内制样后，对扰动土进行试验，试样的最大粒径不大于 20mm。采用 3 层击实制样时，最大粒径不大于 40mm。

**11.0.2** 本试验所用的主要仪器设备，应符合下列规定：

1 试样筒：内径 152mm，高 166mm 的金属圆筒，护筒高 50mm；筒内垫块直径 151mm，高 50mm。试样筒型式见图 11.0.2-1。

2 击锤和导筒：锤底直径 51mm，锤质量 4.5kg，落距 457mm，

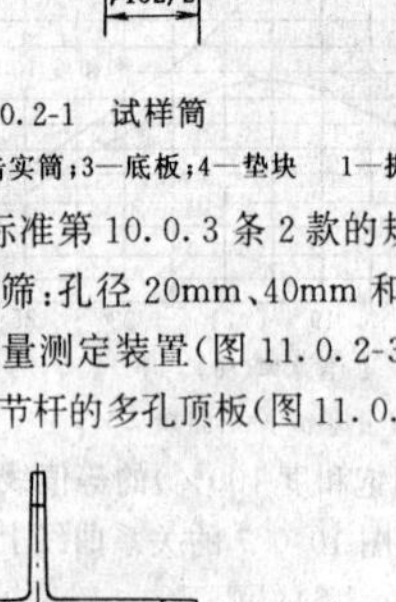

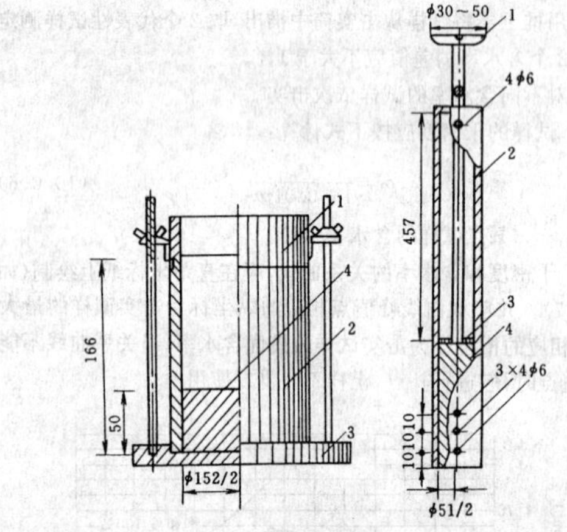


图 11.0.2-1 试样筒

1—护筒；2—击实筒；3—底板；4—垫块

图 11.0.2-2 击锤和导筒

1—提手；2—导筒；3—硬橡皮垫；4—击锤

且应符合本标准第 10.0.3 条 2 款的规定。图 11.0.2-2。

3 标准筛：孔径 20mm、40mm 和 5mm。

4 膨胀量测定装置(图 11.0.2-3)由三脚架和位移计组成。

5 带调节杆的多孔顶板(图 11.0.2-4)，板上孔径宜小于 2mm。

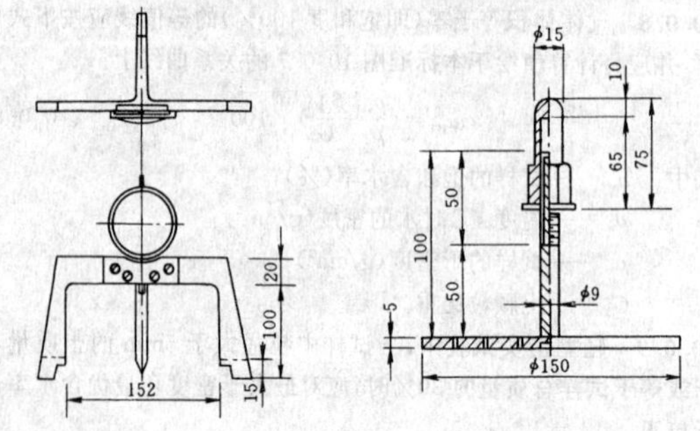


图 11.0.2-3 膨胀量测定装置

图 11.0.2-4 带调节杆的多孔顶板

6 贯入仪(图 11.0.2-5)由下列部件组成：

1)加压和测力设备：测力计量程不小于 50kN，最小贯入速度应能调节至 1mm/min。

2)贯入杆：杆的端面直径 50mm，长约 100mm，杆上应配有安装位移计的夹孔。

3)位移计 2 只，最小分度值为 0.01mm 的百分表或准确度为全量程 0.2%的位移传感器。

7 荷载块(图 11.0.2-6)：直径 150mm，中心孔眼直径 52mm，每块质量 1.25kg，共 4 块，并沿直径分为两个半圆块。

8 水槽：浸泡试样用，槽内水面应高出试样顶面 25mm。

9 其他：台秤，脱模器等。

**11.0.3** 试样制备应按下列步骤进行：

1 取代表性试样测定风干含水率，按本标准第 10.0.4 条中的重型击实试验步骤进行备样。土样需过 20mm 或 40mm 筛，以筛除大于 20mm 或 40mm 的颗粒，并记录超径颗粒的百分比，按需要制备数份试样，每份试样质量约 6kg。

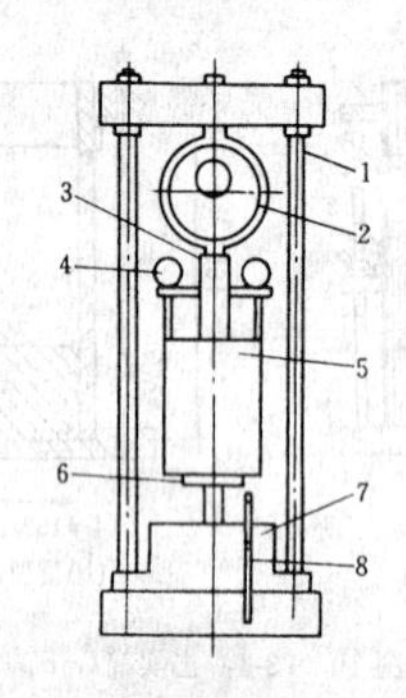


图 11.0.2-5 贯入仪

1—框架；2—测力计；3—贯入杆；4—位移计；5—试样；6—升降台；7—蜗轮蜗杆箱；8—摇把

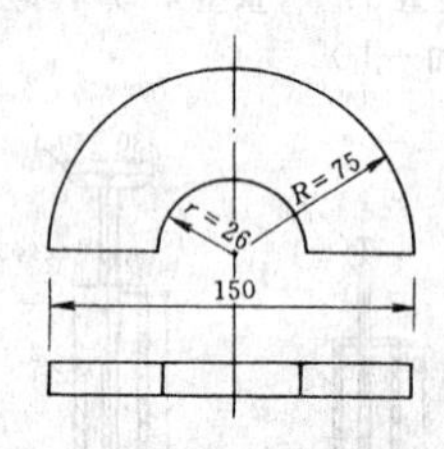


图 11.0.2-6 荷载块

2 试样制备应按本标准第 10.0.5 条步骤进行重型击实试验，测定试样的最大干密度和最优含水率。再按最优含水率备样，进行重型击实试验(击实时放垫块)制备 3 个试样，若需要制备 3 种干密度试样，应制备 9 个试样，试样的干密度可控制在最大干密度的 95%～100%。击实完成后试样超高应小于 6mm。

3 卸下护筒，用修土刀或直刮刀沿试样筒顶修平试样，表面不平整处应细心用细料填补，取出垫块，称试样筒和试样总质量。

**11.0.4** 浸水膨胀应按下列步骤进行：

1 将一层滤纸铺于试样表面，放上多孔底板，并用拉杆将试样筒与多孔底板固定。倒转试样筒，在试样另一表面铺一层滤纸，并在该面上放上带调节杆的多孔顶板，再放上 4 块荷载板。

2 将整个装置放入水槽内(先不放水)，安装好膨胀量测定装置，并读取初读数。向水槽内注水，使水自由进入试样的顶部和底部，注水后水槽内水面应保持高出试样顶面 25mm(图 11.0.4)，通常浸泡 4 昼夜。

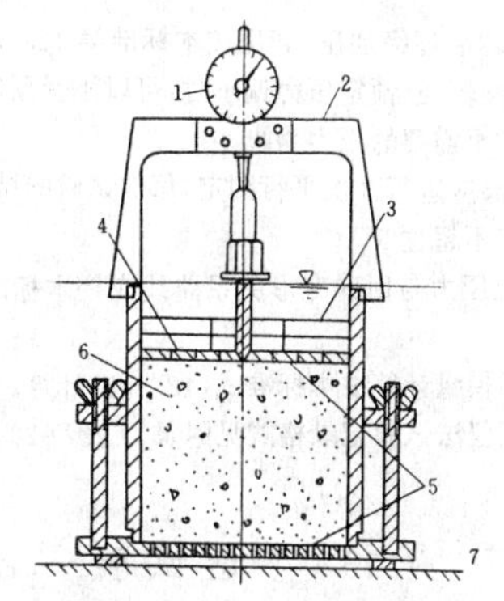

图 11.0.4　浸水膨胀装置

1—位移计；2—膨胀量测定装置；3—荷载板；4—多孔顶板；5—滤纸；6—试样；7—多孔底板

3　量测浸水后试样的高度变化，并按下式计算膨胀量：

$$\delta_w = \frac{\Delta h_w}{h_0} \times 100 \tag{11.0.4}$$

式中　$\delta_w$——浸水后试样的膨胀量（%）；

$\Delta h_w$——试样浸水后的高度变化（mm）；

$h_0$——试样初始高度（116mm）。

4　卸下膨胀量测定装置，从水槽中取出试样筒，吸去试样顶面的水，静置15min后卸下荷载块、多孔顶板和多孔底板，取下滤纸，称试样及试样筒的总质量，并计算试样的含水率及密度的变化。

**11.0.5**　贯入试验应按下列步骤进行：

1　将浸水后的试样放在贯入仪的升降台上，调整升降台的高度，使贯入杆与试样顶面刚好接触，试样顶面放上4块荷载块，在贯入杆上施加45N的荷载，将测力计和变形量测设备的位移计调整至零位。

2　启动电动机，施加轴向压力，使贯入杆以1～1.25mm/min的速度压入试样，测定测力计内百分表在指定整读数（如20，40，60等）下相应的贯入量，使贯入量在2.5mm时的读数不少于5个，试验至贯入量为10～12.5mm时终止。

3　本试验应进行3个平行试验，3个试样的干密度差值应小于0.03g/cm³，当3个试验结果的变异系数（见附录A）大于12%时，去掉一个偏离大的值，取其余2个结果的平均值，当变异系数小于12%时，取3个结果的平均值。

4　以单位压力为横坐标，贯入量为纵坐标，绘制单位压力与贯入量关系曲线（图11.0.5），图上曲线1是合适的，图上曲线2的开始段呈凹曲线，应按下列方法进行修正：通过变曲率点引一切线与纵坐标相交于$O'$点，$O'$点即为修正后的原点。

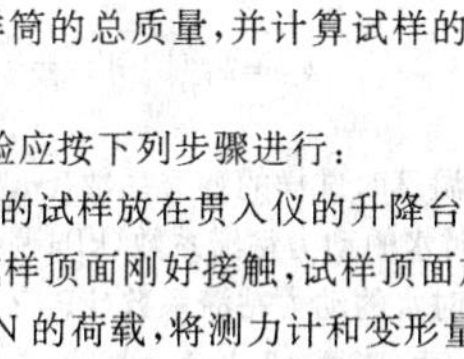

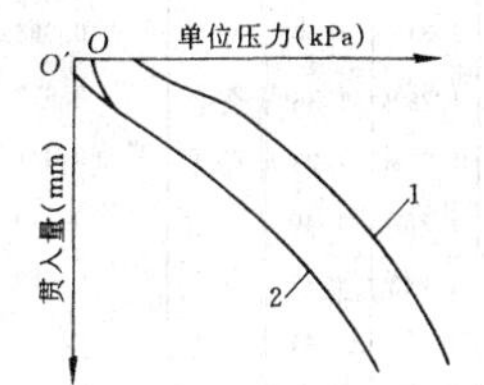

图 11.0.5　单位压力与贯入量关系曲线

**11.0.6**　承载比应按下式计算：

1　贯入量为2.5mm时

$$CBR_{2.5} = \frac{p}{7000} \times 100 \tag{11.0.6-1}$$

式中　$CBR_{2.5}$——贯入量2.5mm时的承载比（%）；

$p$——单位压力（kPa）；

7000——贯入量2.5mm时所对应的标准压力（kPa）。

2　贯入量5.0mm时

$$CBR_{5.0} = \frac{p}{10500} \times 100 \tag{11.0.6-2}$$

式中　$CBR_{5.0}$——贯入量5.0mm时的承载比（%）；

10500——贯入量5.0mm时的标准压力（kPa）。

**11.0.7**　当贯入量为5mm时的承载比大于贯入量2.5mm时的承载比时，试验应重做。若数次试验结果仍相同时，则采用5mm时的承载比。

**11.0.8**　承载比试验的记录格式见附录D表D-18、表D-19。

# 12　回弹模量试验

## 12.1　杠杆压力仪法

**12.1.1**　本试验方法适用于不同含水率和不同密度的细粒土。

**12.1.2**　本试验所用的主要仪器设备，应符合下列规定：

1　杠杆压力仪：最大压力1500N，如图12.1.2-1。试验前应按仪器说明书的要求进行校准。

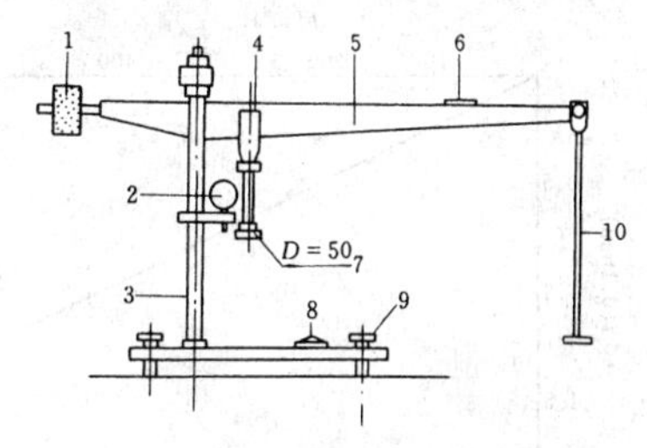

图 12.1.2-1　杠杆压力仪

1—调平砝码；2—千分表；3—立柱；4—加压杆；5—水平杠杆；6—水平气泡；7—加压球座；8—底座水平气泡；9—调平脚螺丝；10—加压架

2　试样筒：见本标准第10.0.3条仅在与夯击底板的立柱联接的缺口板上多一个内径5mm，深5mm的螺丝孔，用来安装千分表支架（图12.1.2-2）。

3　承压板：直径50mm高80mm（图12.1.2-3）。

4　千分表：量程2.0mm2只。

5　秒表：最小分度值0.1s。

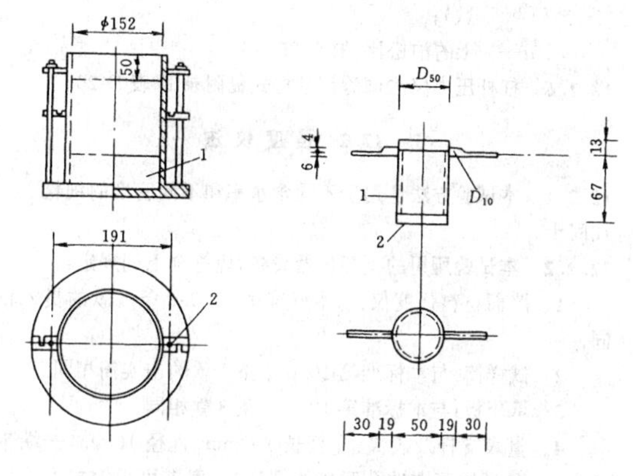

图 12.1.2-2　试样筒

1—垫块；2—ϕ5螺丝孔

图 12.1.2-3　承压板

1—厚5mm钢板；2—厚10mm钢板

**12.1.3**　杠杆压力仪法试验应按下列步骤进行：

1　根据工程要求选择轻型或重型击实法，按本标准第10.0.4条步骤制备试样，得出最优含水率和最大干密度。然后按最优含水率备样，用同类击实方法制备试件。

2　将装有试样的试样筒底面放在杠杆压力仪的底盘上，将承压板放在试样中心位置，并与杠杆压力仪的加压球座对正，将千分表固定在立柱上，并将千分表的测头安放在承压板的支架上。

3　在杠杆压力仪的加压架上施加砝码，用预定的最大压力进行预压，含水率大于塑限的试样，压力为50～100kPa；含水率小于塑限的试样，压力为100～200kPa。预压应进行1～2次，每次预压1min，预压后调整承压板位置，并将千分表调到零位。

**4** 将预定的最大压力分为4～6级进行加压，每级压力加载时间为1min，记录千分表读数，同时卸压，当卸载1min时，再次记录千分表读数，同时施加下一级压力，如此逐级进行加压和卸压，并记录千分表读数，直至最后一级压力，为使试验曲线的开始部分比较准确，第一级压力可分成二小级进行加压和卸压，试验中的最大压力可略大于预定的最大压力。

**5** 本试验需进行3次平行测定，每次试验结果与回弹模量的均值之差应不超过5%。

**12.1.4** 以单位压力 $p$ 为横坐标，回弹变形 $l$ 为纵坐标，绘制单位压力与回弹变形曲线如图12.1.4。试样的回弹模量取 $p$-$l$ 曲线的直线段计算，对较软的土，如果 $p$-$l$ 曲线不通过原点允许用初始直线段与纵坐标的交点作为原点，修正各级压力下的回弹变形。

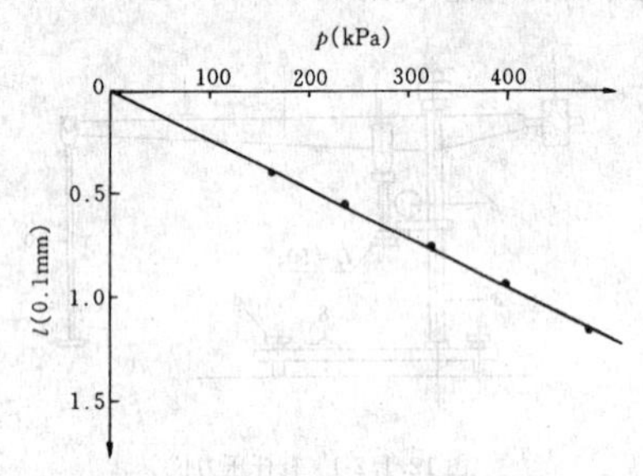


图12.1.4 $p$-$l$ 关系曲线

**12.1.5** 每级压力下的回弹模量应按下式计算：

$$E_e=\frac{\pi pD}{4l}(1-\mu^2) \qquad (12.1.5)$$

式中 $E_e$——回弹模量(kPa)；

$p$——承压板上的单位压力(kPa)；

$D$——承压板直径(cm)；

$l$——相应于该级压力的回弹变形(加压读数－卸压读数)；

$\mu$——土的泊松比，取0.35。

**12.1.6** 杠杆压力仪法试验记录格式见附录D表D-20。

### 12.2 强度仪法

**12.2.1** 本试验方法适用于不同含水率和不同密度的细粒土及其加固土。

**12.2.2** 本试验所用的主要仪器设备，应符合下列规定：

**1** 路面材料强度仪：与本标准第11.0.2条6款的贯入仪相同。

**2** 试样筒：与本标准第10.0.3条1款的击实筒相同。

**3** 承压板：与本标准第12.1.2条3款相同。

**4** 量表支杆及表夹：支杆长200mm，直径10mm，一端带有长5mm与试样筒螺丝孔联接的螺丝杆；表夹可用钢材也可用硬塑料制成。

**12.2.3** 强度仪法试验应按下列步骤进行：

**1** 试样制备应按本标准第12.1.3条1款步骤进行。

**2** 将装有试样的试样筒底面放在强度仪的升降台上，千分表支杆拧在试样筒两侧，将承压板放在试样表面中心位置，并与强度仪的贯入杆对正，将千分表和表夹安装在支杆上，千分表测头安放在承压板两侧的支架上。

**3** 摇动摇把，用预定的最大压力进行预压，预压方法按本标准第12.1.3条3款的步骤进行。

**4** 将预定的最大压力分成4～6级，每级压力折算成测力计百分表读数，然后逐级加压，卸压按本标准第12.1.3条4款的步骤进行。当试样较硬，预定压力偏小时，可以不受预定压力的限制，增加加压级数至需要的压力为止。

**5** 本试验应进行3次平行测定，每次试验的结果与回弹模量的均值之差应不超过5%。

**12.2.4** 单位压力与回弹变形关系曲线应按本标准第12.1.4条绘制。

**12.2.5** 回弹模量计算按本标准式(12.1.5)计算。

**12.2.6** 强度仪法试验记录格式见附录D表D-20。

## 13 渗透试验

### 13.1 一般规定

**13.1.1** 常水头渗透试验适用于粗粒土，变水头渗透试验适用于细粒土。

**13.1.2** 本试验采用的纯水，应在试验前用抽气法或煮沸法脱气。试验时的水温宜高于试验室温度3～4℃。

**13.1.3** 本试验以水温20℃为标准温度，标准温度下的渗透系数应按下式计算：

$$k_{20}=k_T\frac{\eta_T}{\eta_{20}} \qquad (13.1.3)$$

式中 $k_{20}$——标准温度时试样的渗透系数(cm/s)；

$\eta_T$——$T$℃时水的动力粘滞系数(kPa·s)；

$\eta_{20}$——20℃时水的动力粘滞系数(kPa·s)。

粘滞系数比 $\eta_T/\eta_{20}$ 查表13.1.3。

**表13.1.3 水的动力粘滞系数、粘滞系数比、温度校正值**

| 温度(℃) | 动力粘滞系数 $\eta$ [kPa·s($10^{-6}$)] | $\eta_T/\eta_{20}$ | 温度校正值 $T_p$ | 温度(℃) | 动力粘滞系数 $\eta$ [kPa·s($10^{-6}$)] | $\eta_T/\eta_{20}$ | 温度校正值 $T_p$ |
|---|---|---|---|---|---|---|---|
| 5.0 | 1.516 | 1.501 | 1.17 | 17.5 | 1.074 | 1.066 | 1.66 |
| 5.5 | 1.498 | 1.478 | 1.19 | 18.0 | 1.061 | 1.050 | 1.68 |
| 6.0 | 1.470 | 1.455 | 1.21 | 18.5 | 1.048 | 1.038 | 1.70 |
| 6.5 | 1.449 | 1.435 | 1.23 | 19.0 | 1.035 | 1.025 | 1.72 |
| 7.0 | 1.428 | 1.414 | 1.25 | 19.5 | 1.022 | 1.012 | 1.74 |
| 7.5 | 1.407 | 1.393 | 1.27 | 20.0 | 1.010 | 1.000 | 1.76 |
| 8.0 | 1.387 | 1.373 | 1.28 | 20.5 | 0.998 | 0.988 | 1.78 |
| 8.5 | 1.367 | 1.353 | 1.30 | 21.0 | 0.986 | 0.976 | 1.80 |
| 9.0 | 1.347 | 1.334 | 1.32 | 21.5 | 0.974 | 0.964 | 1.83 |
| 9.5 | 1.328 | 1.315 | 1.34 | 22.0 | 0.968 | 0.958 | 1.85 |
| 10.0 | 1.310 | 1.297 | 1.36 | 22.5 | 0.952 | 0.943 | 1.87 |
| 10.5 | 1.292 | 1.279 | 1.38 | 23.0 | 0.941 | 0.932 | 1.89 |
| 11.0 | 1.274 | 1.261 | 1.40 | 24.0 | 0.919 | 0.910 | 1.94 |
| 11.5 | 1.256 | 1.243 | 1.42 | 25.0 | 0.899 | 0.890 | 1.98 |
| 12.0 | 1.239 | 1.227 | 1.44 | 26.0 | 0.879 | 0.870 | 2.03 |
| 12.5 | 1.223 | 1.211 | 1.46 | 27.0 | 0.859 | 0.850 | 2.07 |
| 13.0 | 1.206 | 1.194 | 1.48 | 28.0 | 0.841 | 0.833 | 2.12 |
| 13.5 | 1.188 | 1.176 | 1.50 | 29.0 | 0.823 | 0.815 | 2.16 |
| 14.0 | 1.175 | 1.168 | 1.52 | 30.0 | 0.806 | 0.798 | 2.21 |
| 14.5 | 1.160 | 1.148 | 1.54 | 31.0 | 0.789 | 0.781 | 2.25 |
| 15.0 | 1.144 | 1.133 | 1.56 | 32.0 | 0.773 | 0.765 | 2.30 |
| 15.5 | 1.130 | 1.119 | 1.58 | 33.0 | 0.757 | 0.750 | 2.34 |
| 16.0 | 1.115 | 1.104 | 1.60 | 34.0 | 0.742 | 0.735 | 2.39 |
| 16.5 | 1.101 | 1.090 | 1.62 | 35.0 | 0.727 | 0.720 | 2.43 |
| 17.0 | 1.088 | 1.077 | 1.64 | | | | |

**13.1.4** 根据计算的渗透系数,应取 3～4 个在允许差值范围内的数据的平均值,作为试样在该孔隙比下的渗透系数(允许差值不大于 $2\times10^{-n}$)。

**13.1.5** 当进行不同孔隙比下的渗透试验时,应以孔隙比为纵坐标,渗透系数的对数为横坐标,绘制关系曲线。

## 13.2 常水头渗透试验

**13.2.1** 本试验所用的主要仪器设备,应符合下列规定:

常水头渗透仪装置:由金属封底圆筒、金属孔板、滤网、测压管和供水瓶组成(图 13.2.1)。金属圆筒内径为 10cm,高 40cm。当使用其他尺寸的圆筒时,圆筒内径应大于试样最大粒径的 10 倍。

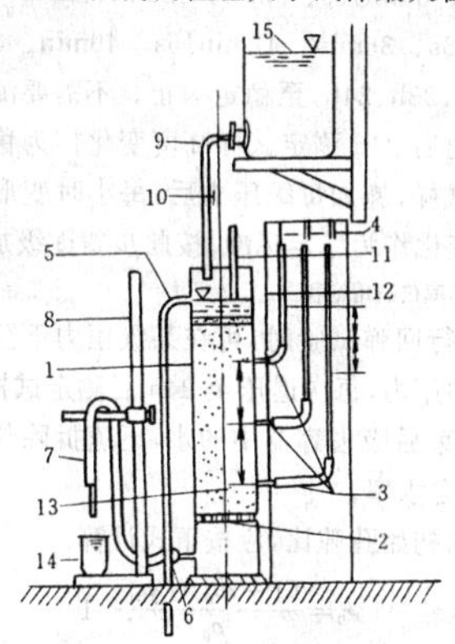


图 13.2.1 常水头渗透装置

1—金属圆筒;2—金属孔板;3—测压孔;4—测压管;5—溢水孔;6—渗水孔;7—调节管;8—滑动架;9—供水管;10—止水夹;11—温度计;12—砾石层;13—试样;14—量杯;15—供水瓶

**13.2.2** 常水头渗透试验,应按下列步骤进行:

1 按本标准图 13.2.1 装好仪器,量测滤网至筒顶的高度,将调节管和供水管相连,从渗水孔向圆筒充水至高出滤网顶面。

2 取具有代表性的风干土样 3～4kg,测定其风干含水率。将风干土样分层装入圆筒内,每层 2～3cm,根据要求的孔隙比,控制试样厚度。当试样中含粘粒时,应在滤网上铺 2cm 厚的粗砂作为过滤层,防止细粒流失。每层试样装完后从渗水孔向圆筒充水至试样顶面,最后一层试样应高出测压管 3～4cm,并在试样顶面铺 2cm 砾石作为缓冲层。当水面高出试样顶面时,应继续充水至溢水孔有水溢出。

3 量试样顶面至筒顶高度,计算试样高度,称剩余土样的质量,计算试样质量。

4 检查测压管水位,当测压管与溢水孔水位不平时,用吸球调整测压管水位,直至两者水位齐平。

5 将调节管提高至溢水孔以上,将供水管放入圆筒内,开止水夹,使水由顶部注入圆筒,降低调节管至试样上部 1/3 高度处,形成水位差使水渗入试样,经过调节管流出。调节供水管止水夹,使进入圆筒的水量多于溢出的水量,溢水孔始终有水溢出,保持圆筒内水位不变,试样处于常水头下渗透。

6 当测压管水位稳定后,测记水位。并计算各测压管之间的水位差。按规定时间记录渗出水量,接取渗出水量时,调节管口不得浸入水中,测量进水和出水处的水温,取平均值。

7 降低调节管至试样的中部和下部 1/3 处,按本条 5、6 款的步骤重复测定渗出水量和水温,当不同水力坡降下测定的数据接近时,结束试验。

8 根据工程需要,改变试样的孔隙比,继续试验。

**13.2.3** 常水头渗透系数应按下式计算:

$$k_T=\frac{QL}{AHt} \tag{13.2.3}$$

式中 $k_T$——水温为 $T$℃时试样的渗透系数(cm/s);

$Q$——时间 $t$ 秒内的渗出水量($cm^3$);

$L$——两测压管中心间的距离(cm);

$A$——试样的断面积($cm^2$);

$H$——平均水位差(cm);

$t$——时间(s)。

注:平均水位差 $H$ 可按 $(H_1+H_2)/2$ 公式计算。

**13.2.4** 标准温度下的渗透系数应按式(13.1.3)计算。

**13.2.5** 常水头渗透试验的记录格式见附录 D 表 D-21。

## 13.3 变水头渗透试验

**13.3.1** 本试验所用的主要仪器设备,应符合下列规定:

1 渗透容器:由环刀、透水石、套环、上盖和下盖组成。环刀内径 61.8mm,高 40mm;透水石的渗透系数应大于 $10^{-3}$cm/s。

2 变水头装置:由渗透容器、变水头管、供水瓶、进水管等组成(图 13.3.1)。变水头管的内径应均匀,管径不大于 1cm,管外壁应有最小分度为 1.0mm 的刻度,长度宜为 2m 左右。

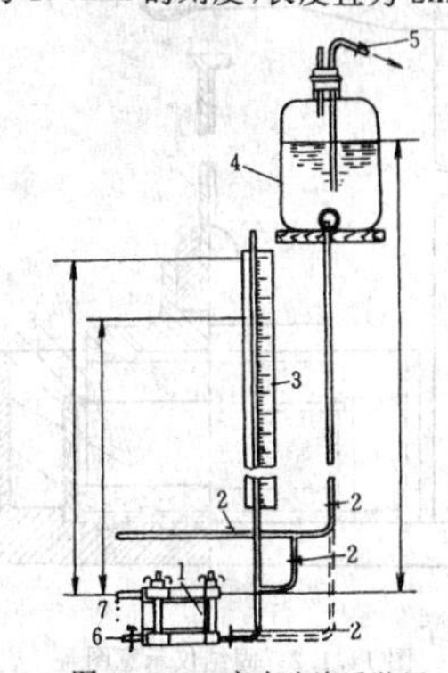


图 13.3.1 变水头渗透装置

1—渗透容器;2—进水管夹;3—变水头管;4—供水瓶;5—接水源管;6—排气水管;7—出水管

**13.3.2** 试样制备应按本标准第 3.1.4 条或第 3.1.6 条的规定进行,并应测定试样的含水率和密度。

**13.3.3** 变水头渗透试验,应按下列步骤进行:

1 将装有试样的环刀装入渗透容器,用螺母旋紧,要求密封至不漏水不漏气。对不易透水的试样,按本标准第 3.2.4 条的规定进行抽气饱和;对饱和试样和较易透水的试样,直接用变水头装置的水头进行试样饱和。

2 将渗透容器的进水口与变水头管连接,利用供水瓶中的纯水向进水管注满水,并渗入渗透容器,开排气阀,排除渗透容器底部的空气,直至溢出水中无气泡,关排水阀,放平渗透容器,关进水管夹。

3 向变水头管注纯水。使水升至预定高度,水头高度根据试样结构的疏松程度确定,一般不应大于 2m,待水位稳定后切断水源,开进水管夹,使水通过试样,当出水口有水溢出时开始测记变水头管中起始水头高度和起始时间,按预定时间间隔测记水头和时间的变化,并测记出水口的水温。

4 将变水头管中的水位变换高度,待水位稳定再进行测记水头和时间变化,重复试验 5～6 次。当不同开始水头下测定的渗透系数在允许差值范围内时,结束试验。

**13.3.4** 变水头渗透系数应按下式计算:

$$k_T=2.3\frac{aL}{A(t_2-t_1)}\log\frac{H_1}{H_2} \tag{13.3.4}$$

式中 $a$——变水头管的断面积($cm^2$);

2.3——ln 和 log 的变换因数;

$L$——渗径,即试样高度(cm);

$t_1,t_2$——分别为测读水头的起始和终止时间(s);

$H_1,H_2$——起始和终止水头。

**13.3.5** 标准温度下的渗透系数应按式(13.1.3)计算。

**13.3.6** 变水头渗透试验的记录格式见附录 D 表 D-22。

# 14 固结试验

## 14.1 标准固结试验

**14.1.1** 本试验方法适用于饱和的粘土。当只进行压缩时，允许用于非饱和土。

**14.1.2** 本试验所用的主要仪器设备，应符合下列规定：

1 固结容器：由环刀、护环、透水板、水槽、加压上盖组成(图14.1.2)。

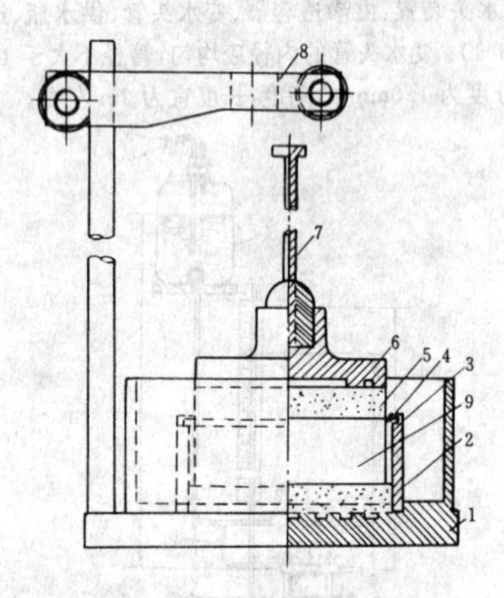


图 14.1.2 固结仪示意图

1—水槽；2—护环；3—环刀；4—导环；5—透水板；6—加压上盖；7—位移计导杆；8—位移计架；9—试样

1)环刀：内径为61.8mm和79.8mm，高度为20mm。环刀应具有一定的刚度，内壁应保持较高的光洁度，宜涂一薄层硅脂或聚四氟乙烯。

2)透水板：氧化铝或不受腐蚀的金属材料制成，其渗透系数应大于试样的渗透系数。用固定式容器时，顶部透水板直径应小于环刀内径0.2～0.5mm；用浮环式容器时上下端透水板直径相等，均应小于环刀内径。

2 加压设备：应能垂直地在瞬间施加各级规定的压力，且没有冲击力，压力准确度应符合现行国家标准《土工仪器的基本参数及通用技术条件》GB/T15406的规定。

3 变形量测设备：量程10mm，最小分度值为0.01mm的百分表或准确度为全量程0.2%的位移传感器。

**14.1.3** 固结仪及加压设备应定期校准，并应作仪器变形校正曲线，具体操作见有关标准。

**14.1.4** 试样制备应按本标准第3.1.4条的规定进行。并测定试样的含水率和密度，取切下的余土测定土粒比重。试样需要饱和时，应按本标准第3.2.4条步骤的规定进行抽气饱和。

**14.1.5** 固结试验应按下列步骤进行：

1 在固结容器内放置护环、透水板和薄型滤纸，将带有试样的环刀装入护环内，放上导环、试样上依次放上薄型滤纸、透水板和加压上盖，并将固结容器置于加压框架正中，使加压上盖与加压框架中心对准，安装百分表或位移传感器。

注：滤纸和透水板的湿度应接近试样的湿度。

2 施加1kPa的预压力使试样与仪器上下各部件之间接触，将百分表或传感器调整到零位或测读初读数。

3 确定需要施加的各级压力，压力等级宜为12.5、25、50、100、200、400、800、1600、3200kPa。第一级压力的大小应视土的软硬程度而定，宜用12.5、25kPa或50kPa。最后一级压力应大于土的自重压力与附加压力之和。只需测定压缩系数时，最大压力不小于400kPa。

4 需要确定原状土的先期固结压力时，初始段的荷重率应小于1，可采用0.5或0.25。施加的压力应使测得的$e-\log p$曲线下段出现直线段。对超固结土，应进行卸压、再加压来评价其再压缩特性。

5 对于饱和试样，施加第一级压力后应立即向水槽中注水浸没试样。非饱和试样进行压缩试验时，须用湿棉纱围住加压板周围。

6 需要测定沉降速率、固结系数时，施加每一级压力后宜按下列时间顺序测记试样的高度变化。时间为6s、15s、1min、2min15s、4min、6min15s、9min、12min15s、16min、20min15s、25min、30min15s、36min、42min15s、49min、64min、100min、200min、400min、23h、24h，至稳定为止。不需要测定沉降速率时，则施加每级压力后24h测定试样高度变化作为稳定标准，只需测定压缩系数的试样，施加每级压力后，每小时变形达0.01mm时，测定试样高度变化作为稳定标准。按此步骤逐级加压至试验结束。

注：测定沉降速率仅适用饱和土。

7 需要进行回弹试验时，可在某级压力下固结稳定后退压，直至退到要求的压力，每次退压至24h后测定试样的回弹量。

8 试验结束后吸去容器中的水，迅速拆除仪器各部件，取出整块试样，测定含水率。

**14.1.6** 试样的初始孔隙比，应按下式计算：

$$e_0=\frac{(1+w_0)G_s\rho_w}{\rho_0}-1 \tag{14.1.6}$$

式中 $e_0$——试样的初始孔隙比。

**14.1.7** 各级压力下试样固结稳定后的单位沉降量，应按下式计算：

$$S_i=\frac{\Sigma\Delta h_i}{h_0}\times10^3 \tag{14.1.7}$$

式中 $S_i$——某级压力下的单位沉降量(mm/m)；

$h_0$——试样初始高度(mm)；

$\Sigma\Delta h_i$——某级压力下试样固结稳定后的总变形量(mm)(等于该级压力下固结稳定读数减去仪器变形量)；

$10^3$——单位换算系数。

**14.1.8** 各级压力下试样固结稳定后的孔隙比，应按下式计算：

$$e_i=e_0-\frac{1+e_0}{h_0}\Delta h_i \tag{14.1.8}$$

式中 $e_i$——各级压力下试样固结稳定后的孔隙比。

**14.1.9** 某一压力范围内的压缩系数，应按下式计算：

$$a_v=\frac{e_i-e_{i+1}}{p_{i+1}-p_i} \tag{14.1.9}$$

式中 $a_v$——压缩系数($MPa^{-1}$)；

$p_i$——某级压力值(MPa)。

**14.1.10** 某一压力范围内的压缩模量，应按下式计算：

$$E_s=\frac{1+e_0}{a_v} \tag{14.1.10}$$

式中 $E_s$——某压力范围内的压缩模量(MPa)。

**14.1.11** 某一压力范围内的体积压缩系数，应按下式计算：

$$m_v=\frac{1}{E_s}=\frac{a_v}{1+e_0} \tag{14.1.11}$$

式中 $m_v$——某压力范围内的体积压缩系数($MPa^{-1}$)。

**14.1.12** 压缩指数和回弹指数，应按下式计算：

$$C_c\text{或}C_s=\frac{e_i-e_{i+1}}{\log p_{i+1}-\log p_i} \tag{14.1.12}$$

式中 $C_c$——压缩指数；

$C_s$——回弹指数。

**14.1.13** 以孔隙比为纵坐标，压力为横坐标绘制孔隙比与压力的关系曲线，见图14.1.13。

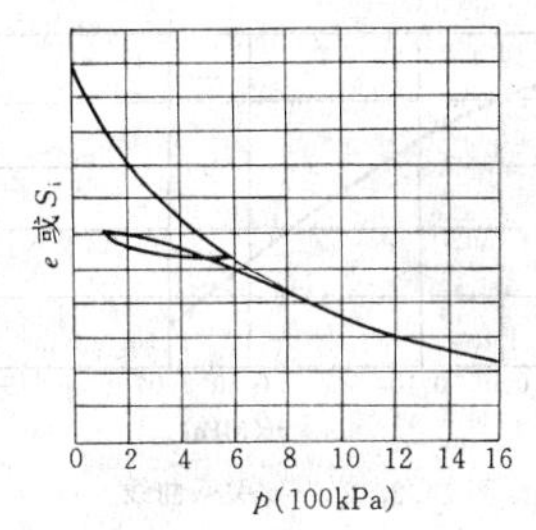

图 14.1.13　$e(S_i)$-$p$ 关系曲线

**14.1.14**　以孔隙比以纵坐标，以压力的对数为横坐标，绘制孔隙比与压力的对数关系曲线，见图 14.1.14。

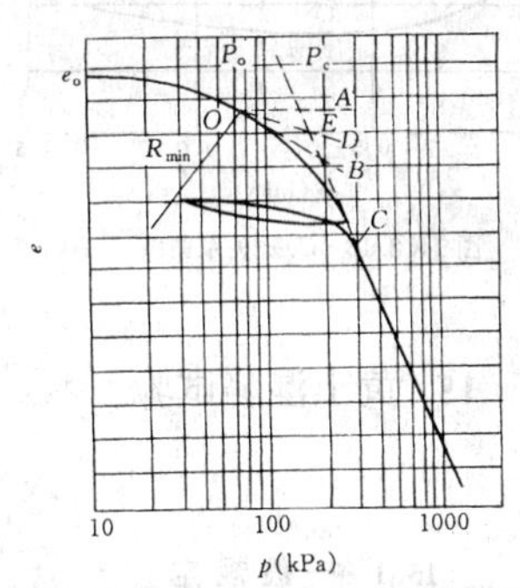

图 14.1.14　$e$-$\log p$曲线求 $p_c$ 示意图

**14.1.15**　原状土试样的先期固结压力，应按下列方法确定。在 $e$-$\log p$ 曲线上找出最小曲率半径 $R_{min}$ 的点 $O$（见本标准图 14.1.14），过 $O$ 点做水平线 $OA$，切线 $OB$ 及 $\angle AOB$ 的平分线 $OD$，$OD$ 与曲线下段直线段的延长线交于 $E$ 点，则对应于 $E$ 点的压力值即为该原状土试样的先期固结压力。

**14.1.16**　固结系数应按下列方法确定：

**1**　时间平方根法：对某一级压力，以试样的变形为纵坐标，时间平方根为横坐标，绘制变形与时间平方根关系曲线（图 14.1.16-1），延长曲线开始段的直线，交纵坐标于 $d_s$ 为理论零点，过 $d_s$ 作另一直线，令其横坐标为前一直线横坐标的 1.15 倍，则后一直线与 $d-\sqrt{t}$ 曲线交点所对应的时间的平方即为试样固结度达 90% 所需的时间 $t_{90}$，该级压力下的固结系数应按下式计算：

$$C_v=\frac{0.848\bar{h}^2}{t_{90}} \qquad (14.1.16\text{-}1)$$

式中　$C_v$ —— 固结系数（$cm^2/s$）；

$\bar{h}$ —— 最大排水距离，等于某级压力下试样的初始和终了高度的平均值之半（cm）。

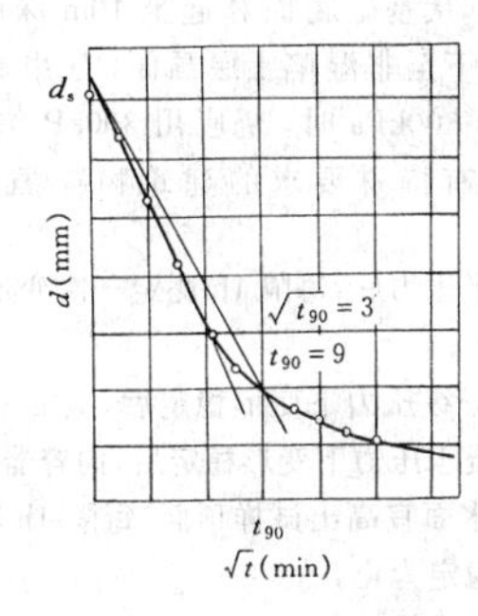

图 14.1.16-1　时间平方根法求 $t_{90}$

**2**　时间对数法：对某一级压力，以试样的变形为纵坐标，时间的对数为横坐标，绘制变形与时间对数关系曲线（图 14.1.16-2），在关系曲线的开始段，选任一时间 $t_1$，查得相对应的变形值 $d_1$，再取时间 $t_2=t_1/4$，查得相对应的变形值 $d_2$，则 $2d_2-d_1$ 即为 $d_{01}$；另取一时间依同法求得 $d_{02}$、$d_{03}$、$d_{04}$等，取其平均值为理论零点 $d_s$，延长曲线中部的直线段和通过曲线尾部数点切线的交点即为理论终点 $d_{100}$，则 $d_{50}=(d_s+d_{100})/2$，对应于 $d_{50}$的时间即为试样固结度达 50% 所需的时间 $t_{50}$，某一级压力下的固结系数应按下式计算：

$$C_v=\frac{0.197\bar{h}^2}{t_{50}} \qquad (14.1.16\text{-}2)$$

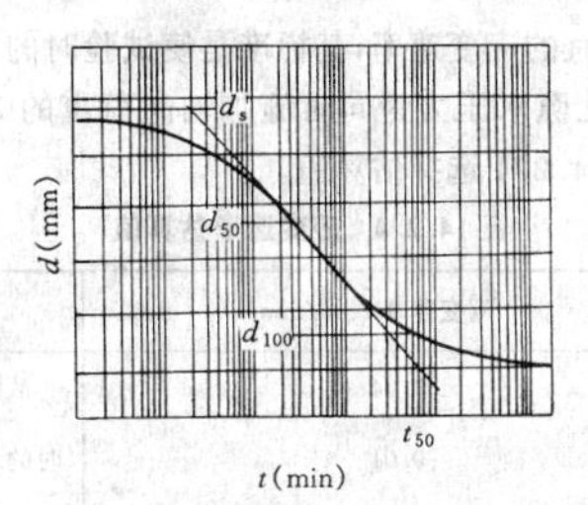

图 14.1.16-2　时间对数法求 $t_{50}$

**14.1.17**　固结试验的记录格式见附录 D 表 D-23。

## 14.2　应变控制连续加荷固结试验

**14.2.1**　本试验方法适用于饱和的细粒土。

**14.2.2**　本试验所用的主要仪器设备，应符合下列规定：

**1**　固结容器：由刚性底座（具有连接测孔隙水压力装置的通孔）、护环、环刀、上环、透水板、加压上盖和密封圈组成。底部可测孔隙水压力（图 14.2.2）。

1）环刀：直径 61.8mm，高度 20mm，一端有刀刃，应具有一定刚度，内壁应保持较高的光洁度，宜涂一薄层硅脂或聚四氟乙烯。

2）透水板：由氧化铝或不受腐蚀的金属材料制成。渗透系数应大于试样的渗透系数。试样上部透水板直径宜小于环刀内径 0.2～0.5mm，厚度 5mm。

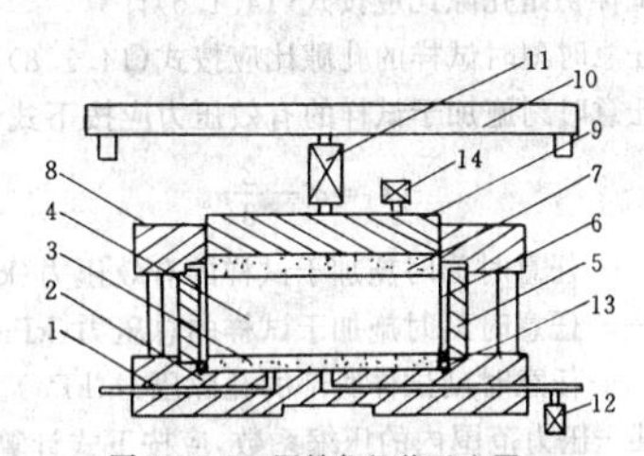

图 14.2.2　固结仪组装示意图

1—底座；2—排气孔；3—下透水板；4—试样；5—护环；6—环刀；7—上透水板；8—上盖；9—加压上盖；10—加荷梁；11—负荷传感器；12—孔压传感器；13—密封圈；14—位移传感器

**2**　轴向加压设备：应能反馈、伺服跟踪连续加荷。轴向测力计（负荷传感器，量程为 0～10kN）量测误差应小于、等于 1%。

**3**　孔隙水压力量测设备：压力传感器，量程 0～1MPa，准确度应小于、等于 0.5%，其体积因数应小于 $1.5\times10^{-5}cm^3/kPa$。

**4**　变形量测设备：位移传感器，量程 0～10mm，准确度为全量程的 0.2%。

**5**　采集系统和控制系统：压力和变形范围应满足试验要求。

**14.2.3**　固结容器、加压设备、量测系统和控制采集系统应定期率定。具体操作可见仪器说明书。

**14.2.4**　连续加荷固结试验应按下列步骤进行：

**1**　试样制备应按本标准第 3.1.4 条的步骤进行。从切下的余土中取代表性试样测定土粒比重和含水率，试样需要饱和时，应按本标准第 3.2.4 条的步骤进行。

**2**　将固结容器底部孔隙水压力阀门打开充纯水，排除底部及管路中滞留的气泡，将装有试样的环刀装入护环，依次将透水板、薄型滤纸、护环置于容器底座上，关孔隙水压力阀，在试样顶部放薄型滤纸、上透水板，套上上盖，用螺丝拧紧，使上盖、护环和底座密封，然后放上加压上盖，将整个容器移入轴向加荷设备正中，调平，装上位移传感器。对试样施加1kPa的预压力，使仪器上、下各部件接触，调整孔隙水压力传感器和位移传感器至零位或初始读数。

**3** 选择适宜的应变速率，其标准是使试验时的任何时间内试样底部产生的孔隙水压力为同时施加轴向荷重的3%～20%，应变速率可按表14.2.4选择估算值。

**表14.2.4 应变速率估算值**

| 液限（%） | 应变速率ε（%/min） | 备　注 |
|---|---|---|
| 0～40 | 0.04 | 液限为下沉17mm |
| 40～60 | 0.01 | 时的含水率或碟式仪 |
| 60～80 | 0.004 | 液限 |
| 80～100 | 0.001 | |

**4** 接通控制系统、采集系统和加压设备的电源，预热30min。待装样完毕，采集初始读数，在所选的应变速率下，对试样施加轴向压力，仪器按试验要求自动加压，定时采集数据或打印，数据采集时间间隔，在历时前10min每隔1min，随后1h内每隔5min；1h后每隔15min或30min采集一次轴向压力、孔隙水压力和变形值。

**5** 连续加压至预期的压力为止。当轴向压力施加完毕后，在轴向压力不变的条件下，使孔隙水压力消散。

**6** 要求测定回弹或卸荷特性时，试样在同样的应变速率下卸荷，卸荷时关闭孔隙水压力阀，按本条4款的规定时间间隔记录轴向压力和变形值。

**7** 试验结束，关电源，拆除仪器，取出试样，称试样质量，测定试验后试样的含水率。

**14.2.5** 试样初始孔隙比应按式(14.1.6)计算。

**14.2.6** 任意时刻时试样的孔隙比应按式(14.1.8)计算。

**14.2.7** 任意时刻施加于试样的有效压力应按下式计算：

$$\sigma'_i=\sigma_i-\frac{2}{3}u_b \tag{14.2.7}$$

式中 $\sigma'_i$——任意时刻时施加于试样的有效压力(kPa)；

$\sigma_i$——任意时刻时施加于试样的总压力(kPa)；

$u_b$——任意时刻试样底部的孔隙压力(kPa)。

**14.2.8** 某一压力范围内的压缩系数，应按下式计算：

$$a_v=\frac{e_i-e_{i+1}}{\sigma'_{i+1}-\sigma'_i} \tag{14.2.8}$$

**14.2.9** 某一压力范围内的压缩指数，回弹指数应按下式计算：

$$C_c(C_s)=\frac{e_i-e_{i+1}}{\log\sigma'_{i+1}-\log\sigma'_i} \tag{14.2.9}$$

**14.2.10** 任意时刻试样的固结系数应按下式计算：

$$C_v=\frac{\Delta\sigma'}{\Delta t}\cdot\frac{H_i^2}{2u_b} \tag{14.2.10}$$

式中 $\Delta\sigma'$——$\Delta t$时段内施加于试样的有效压力增量(kPa)；

$\Delta t$——两次读数之间的历时(s)；

$H_i$——试样在$t$时刻的高度(mm)；

$u_b$——两次读数之间底部孔隙水压力的平均值(kPa)。

**14.2.11** 某一压力范围内试样的体积压缩系数，应按下式计算：

$$m_v=\frac{\Delta e}{\Delta\sigma'}\cdot\frac{1}{1+e_0} \tag{14.2.11}$$

式中 $\Delta e$——在$\Delta\sigma'$作用下，试样孔隙比的变化。

**14.2.12** 以孔隙比为纵坐标，有效压力为横坐标，在单对数坐标纸上，绘制孔隙比与有效压力关系曲线(图14.2.12)。

**14.2.13** 以固结系数为纵坐标，有效压力为横坐标，绘制固结系数与有效压力关系曲线(图14.2.13)。

**14.2.14** 连续加荷固结试验的记录格式见附录D表D-24。

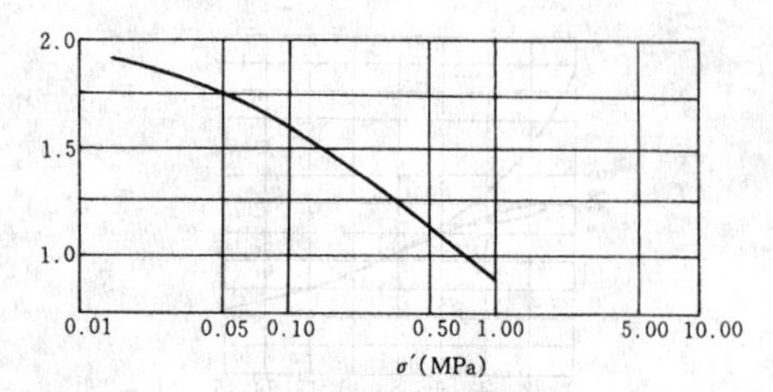


图14.2.12 $e$-$\sigma'$关系曲线

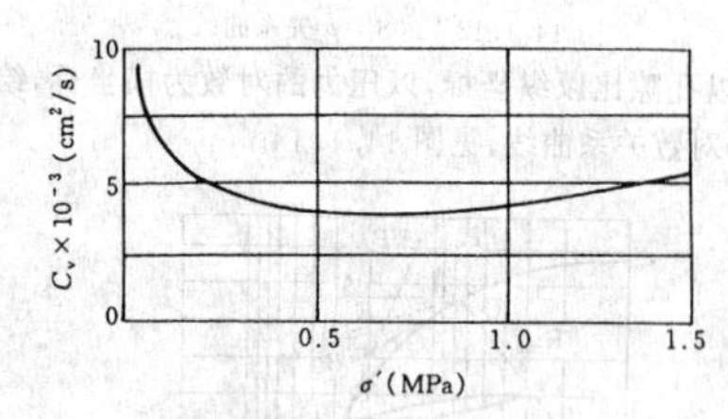


图14.2.13 $C_v$-$\sigma'$关系曲线

# 15 黄土湿陷试验

## 15.1 一般规定

**15.1.1** 本试验方法适用于各种黄土类土。

**15.1.2** 本试验应根据工程要求，分别测定黄土的湿陷系数、自重湿陷系数、溶滤变形系数和湿陷起始压力。

**15.1.3** 进行本试验时，从同一土样中制备的试样，其密度的允许差值为$0.03g/cm^3$。

**15.1.4** 本试验所用的仪器设备，应符合本标准第14.1.2条的规定，环刀内径为79.8mm。试验所用的滤纸及透水石的湿度应接近试样的天然湿度。

**15.1.5** 黄土湿陷试验的变形稳定标准为每小时变形不大于0.01mm；溶滤变形稳定标准为每3d变形不大于0.01mm。

## 15.2 湿陷系数试验

**15.2.1** 湿陷系数试验，应按下列步骤进行：

**1** 试样制备应按本标准第3.1.4条的步骤进行；试样安装应按本标准第14.1.5条1、2款的步骤进行。

**2** 确定需要施加的各级压力，压力等级宜为50、100、150、200kPa，大于200kPa后每级压力为100kPa。最后一级压力应按取土深度而定：从基础底面算起至10m深度以内，压力为200kPa；10mm以下至非湿陷土层顶面，应用其上覆土的饱和自重压力（当大于300kPa时，仍应用300kPa）。当基底压力大于300kPa时（或有特殊要求的建筑物），宜按实际压力确定。

**3** 施加第一级压力后，每隔1h测定一次变形读数，直至试样变形稳定为止。

**4** 试样在第一级压力下变形稳定后，施加第二级压力，如此类推。试样在规定浸水压力下变形稳定后，向容器内自上而下或自下而上注入纯水，水面宜高出试样顶面，每隔1h测记一次变形读数，直至试样变形稳定为止。

**5** 测记试样浸水变形稳定读数后，按本标准第14.1.5条8款步骤的规定拆卸仪器及试样。

**15.2.2** 湿陷系数应按下式计算：

$$\delta_s=\frac{h_1-h_2}{h_0} \tag{15.2.2}$$

式中 $\delta_s$——湿陷系数；

$h_1$——在某级压力下，试样变形稳定后的高度(mm)；

$h_2$——在某级压力下，试样浸水湿陷变形稳定后的高度(mm)。

**15.2.3** 湿陷系数试验的记录格式见附录D表D-25。

### 15.3 自重湿陷系数试验

**15.3.1** 自重湿陷系数试验应按下列步骤进行：

1 试样制备应按本标准第3.1.4条的步骤进行；试样安装应按本标准第14.1.5条1、2款的步骤进行。

2 施加土的饱和自重压力，当饱和自重压力小于、等于50kPa时，可一次施加；当压力大于50kPa时，应分级施加，每级压力不大于50kPa，每级压力时间不少于15min，如此连续加至饱和自重压力。加压后每隔1h测记一次变形读数，直至试样变形稳定为止。

3 向容器内注入纯水，水面应高出试样顶面，每隔1h测记一次变形读数，直至试样浸水变形稳定为止。

4 测记试样变形稳定读数后，按本标准第14.1.5条8款的步骤拆卸仪器及试样。

**15.3.2** 自重湿陷系数应按下式计算：

$$\delta_{zs}=\frac{h_z-h'_z}{h_0} \tag{15.3.2}$$

式中 $\delta_{zs}$——自重湿陷系数；

$h_z$——在饱和自重压力下，试样变形稳定后的高度(mm)；

$h'_z$——在饱和自重压力下，试样浸水湿陷变形稳定后的高度(mm)。

**15.3.3** 自重湿陷系数试验记录格式见附录D表D-26。

### 15.4 溶滤变形系数试验

**15.4.1** 溶滤变形系数试验应按下列步骤进行：

1 试样制备应按本标准第3.1.4条的步骤进行；试样安装应按本标准第14.1.5条1、2款的步骤进行。

2 试验按本标准第15.2.1条2～4款的步骤进行后继续用水渗透，每隔2h测记一次变形读数，24h后每天测记1～3次，直至变形稳定为止。

3 测记试样溶滤变形稳定读数后，按本标准第14.1.5条8款的步骤拆卸仪器及试样。

**15.4.2** 溶滤变形系数应按下式计算：

$$\delta_{wt}=\frac{h_z-h_s}{h_0} \tag{15.4.2}$$

式中 $\delta_{wt}$——溶滤变形系数；

$h_s$——在某级压力下，长期渗透而引起的溶滤变形稳定后的试样高度(mm)。

**15.4.3** 溶滤变形系数试验的记录格式见附录D表D-25。

### 15.5 湿陷起始压力试验

**15.5.1** 本试验可用单线法或双线法。

**15.5.2** 湿陷起始压力试验应按下列步骤进行：

1 试样制备应按本标准第3.1.4条的步骤进行，单线法切取5个环刀试样，双线法切取2个环刀试样；试样安装应按本标准第14.1.5条1、2款的步骤进行。

2 单线法试验：对5个试样均在天然湿度下分级加压，分别加至不同的规定压力，按本标准第15.2.1条2～4款的步骤进行试验，直至试样湿陷变形稳定为止。

3 双线法试验：一个试样在天然湿度下分级加压，按本标准第15.2.1条2～4款的步骤进行试验，直至湿陷变形稳定为止；另一个试样在天然湿度下施加第一级压力后浸水，直至第一级压力下湿陷稳定后，再分级加压，直至试样在各级压力下浸水变形稳定为止。

压力等级，在150kPa以内，每级增量为25～50kPa；150kPa以上，每级增量为50～100kPa。

4 测记试样湿陷变形稳定读数后，按本标准第14.1.5条8款的步骤拆卸仪器及试样。

**15.5.3** 各级压力下的湿陷系数应按下式计算：

$$\delta_{sp}=\frac{h_{pn}-h_{pw}}{h_0} \tag{15.5.3}$$

式中 $\delta_{sp}$——各级压力下的湿陷系数；

$h_{pw}$——在各级压力下试样浸水变形稳定后的高度(mm)；

$h_{pn}$——在各级压力下试样变形稳定后的高度(mm)。

**15.5.4** 以压力为横坐标、湿陷系数为纵坐标，绘制压力与湿陷系数关系曲线(图15.5.4)，湿陷系数为0.015所对应的压力即为湿陷起始压力。

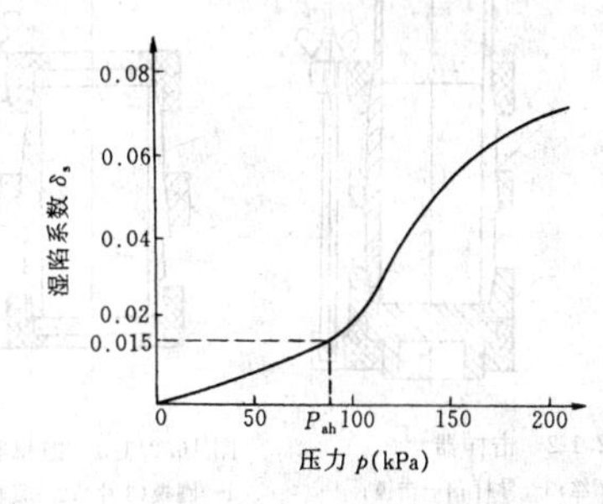


图15.5.4 湿陷系数与压力关系曲线

**15.5.5** 湿陷起始压力试验记录格式见附录D表D-27。

# 16 三轴压缩试验

## 16.1 一般规定

**16.1.1** 本试验方法适用于细粒土和粒径小于20mm的粗粒土。

**16.1.2** 本试验应根据工程要求分别采用不固结不排水剪(UU)试验、固结不排水剪(CU)测孔隙水压力(CU)试验和固结排水剪(CD)试验。

**16.1.3** 本试验必须制备3个以上性质相同的试样，在不同的周围压力下进行试验。周围压力宜根据工程实际荷重确定。对于填土，最大一级周围压力应与最大的实际荷重大致相等。

注：试验宜在恒温条件下进行。

## 16.2 仪器设备

**16.2.1** 本试验所用的主要仪器设备，应符合下列规定：

1 应变控制式三轴仪(图16.2.1-1)：由压力室、轴向加压设备、周围压力系统、反压力系统、孔隙水压力量测系统、轴向变形和体积变化量测系统组成。

2 附属设备：包括击样器、饱和器、切土器、原状土分样器、切土盘、承膜筒和对开圆膜，应符合下图要求：

1)击样器(图16.2.1-2)，饱和器(图16.2.1-3)。

2)切土盘、切土器和原状土分样器(图16.2.1-4)。

3)承膜筒及对开圆模(图16.2.1-5及图16.2.1-6)。

3 天平：称量200g，最小分度值0.01g；称量1000g，最小分度值0.1g。

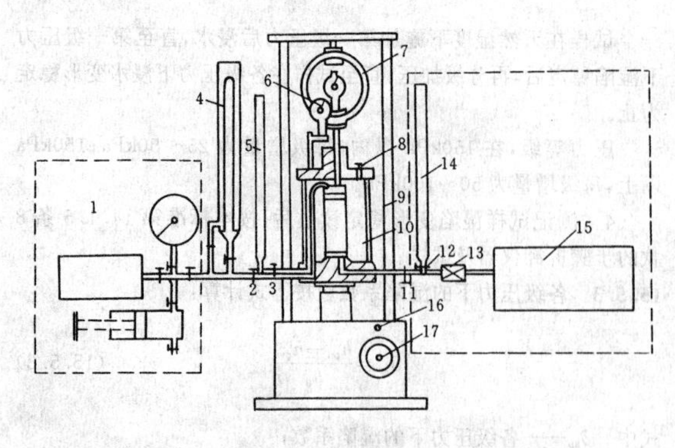

图 16.2.1-1　应变控制式三轴仪

1—周围压力系统；2—周围压力阀；3—排水阀；4—体变管；5—排水管；6—轴向位移表；7—测力计；8—排气孔；9—轴向加压设备；10—压力室；11—孔压阀；12—量管阀；13—孔压传感器；14—量管；15—孔压量测系统；16—离合器；17—手轮

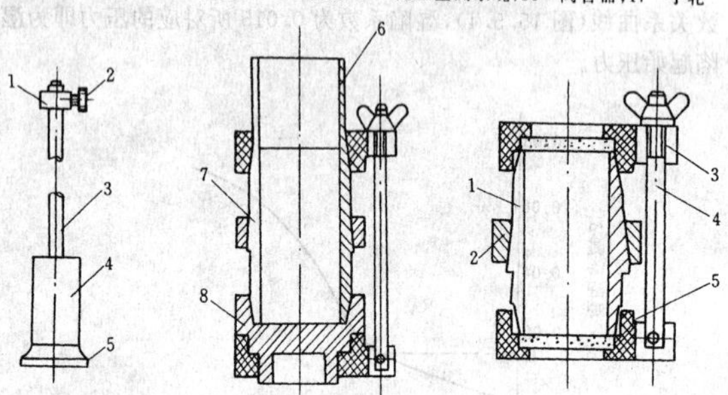

图 16.2.1-2　击样器

1—套环；2—定位螺丝；3—导杆；4—击锤；5—底板；6—套筒；7—击样筒；8—底座

图 16.2.1-3　饱和器

1—圆模(3片)；2—紧箍；3—夹板；4—拉杆；5—透水板

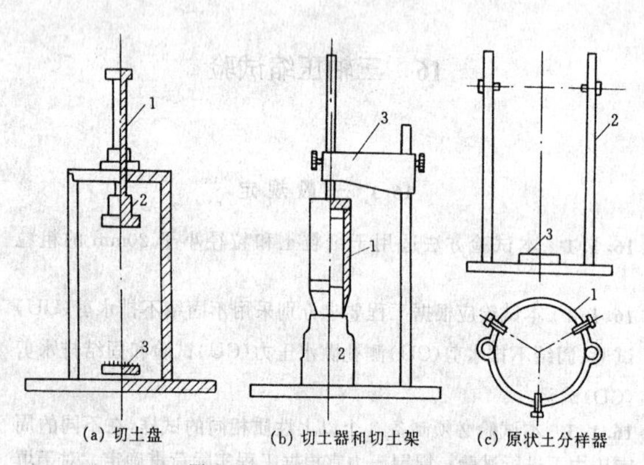

(a) 切土盘　(b) 切土器和切土架　(c) 原状土分样器

图 16.2.1-4　原状土切土盘分样器

(a)：1—轴；2—上盘；3—下盘

(b)：1—切土器；2—土样；3—切土架　(c)：1—钢丝架；2—滑杆；3—底盘

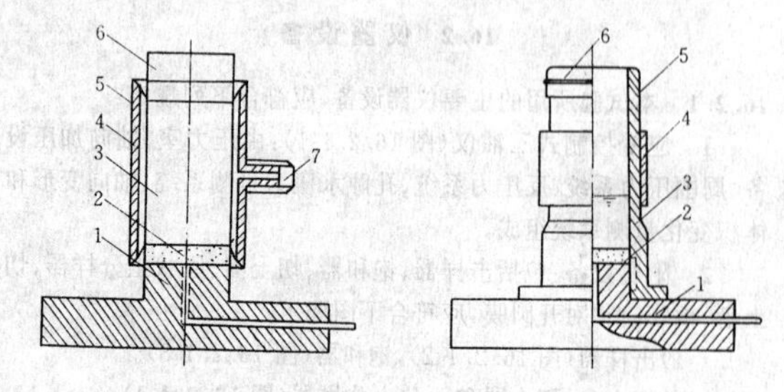

图 16.2.1-5　承膜筒

1—压力室底座；2—透水板；3—试样；4—承膜筒；5—橡皮膜；6—上帽；7—吸气孔

图 16.2.1-6　对开圆模

1—压力室底座；2—透水板；3—制样圆模(两片合成)；4—紧箍；5—橡皮膜；6—橡皮圈

4　橡皮膜：应具有弹性的乳胶膜，对直径 39.1 和 61.8mm 的试样，厚度以 0.1～0.2mm 为宜，对直径 101mm 的试样，厚度以 0.2～0.3mm 为宜。

5　透水板：直径与试样直径相等，其渗透系数宜大于试样的渗透系数，使用前在水中煮沸并泡于水中。

**16.2.2**　试验时的仪器，应符合下列规定：

1　周围压力的测量准确度应为全量程的 1%，根据试样的强度大小，选择不同量程的测力计，应使最大轴向压力的准确度不低于 1%。

2　孔隙水压力量测系统内的气泡应完全排除。系统内的气泡可用纯水冲出或施加压力使气泡溶解于水，并从试样底座溢出。整个系统的体积变化因数应小于 $1.5\times10^{-5}\mathrm{cm^3/kPa}$。

3　管路应畅通，各连接处应无漏水，压力室活塞杆在轴套内应能滑动。

4　橡皮膜在使用前应作仔细检查，其方法是扎紧两端，向膜内充气，在水中检查，应无气泡溢出，方可使用。

## 16.3　试样制备和饱和

**16.3.1**　本试验采用的试样最小直径为 ϕ35mm，最大直径为 ϕ101mm，试样高度宜为试样直径的 2～2.5 倍，试样的允许最大粒径应符合表 16.3.1 的规定。对于有裂缝、软弱面和构造面的试样，试样直径宜大于 60mm。

**表 16.3.1　试样的土粒最大粒径(mm)**

| 试样直径 | 允许最大粒径 |
| --- | --- |
| <100 | 试样直径的 1/10 |
| >100 | 试样直径的 1/5 |

**16.3.2**　原状土试样制备应按本标准第 16.3.1 条的规定将土样切成圆柱形试样。

1　对于较软的土样，先用钢丝锯或切土刀切取一稍大于规定尺寸的土柱，放在切土盘上下圆盘之间，用钢丝锯或切土刀紧靠侧板，由上往下细心切削，边切削边转动圆盘，直至土样被削成规定的直径为止。试样切削时应避免扰动，当试样表面遇有砾石或凹坑时，允许用削下的余土填补。

2　对较硬的土样，先用切土刀切取一稍大于规定尺寸的土柱，放在切土架上，用切土器切削土样，边削边压切土器，直至切削到超出试样高度约 2cm 为止。

3　取出试样，按规定的高度将两端削平，称量。并取余土测定试样的含水率。

4　对于直径大于 10cm 的土样，可用分样器切成 3 个土柱，按上述方法切取 φ39.1mm 的试样。

**16.3.3**　扰动土试样制备应根据预定的干密度和含水率，按本标准第 3.1.5 条的步骤备样后，在击样器内分层击实，粉土宜为 3～5 层，粘土宜为 5～8 层，各层土料数量应相等，各层接触面应刨毛。击完最后一层，将击样器内的试样两端整平，取出试样称量。对制备好的试样，应量测其直径和高度。试样的平均直径应按下式计算：

$$D_0=\frac{D_1+2D_2+D_3}{4} \tag{16.3.3}$$

式中　$D_1$、$D_2$、$D_3$——分别为试样上、中、下部位的直径(mm)。

**16.3.4**　砂类土的试样制备应先在压力室底座上依次放上不透水板，橡皮膜和对开圆模(见图 16.2.1-6)。根据砂样的干密度及试样体积，称取所需的砂样质量，分三等分，将每份砂样填入橡皮膜内，填至该层要求的高度，依次第二层、第三层，直至膜内填满为止。当制备饱和试样时，在压力室底座上依次放透水板，橡皮膜和对开圆模，在模内注入纯水至试样高度的 1/3，将砂样分三等分，在水中煮沸，待冷却后分三层，按预定的干密度填入橡皮膜内，直至膜内填满为止。当要求的干密度较大时，填砂过程中，轻轻敲打对开圆模，使所称的砂样填满规定的体积，整平砂面，放上不透水板或透水板，试样帽，扎紧橡皮膜。对试样内部施加5kPa负压力使试样能站立，拆除对开圆模。

**16.3.5** 试样饱和宜选用下列方法：

1 抽气饱和：将试样装入饱和器内，按本标准第3.2.4条2～4款的步骤进行。

2 水头饱和：将试样按本标准第16.5.1条的步骤安装于压力室内。试样周围不贴滤纸条。施加20kPa周围压力。提高试样底部量管水位，降低试样顶部量管的水位，使两管水位差在1m左右，打开孔隙水压力阀、量管阀和排水管阀，使纯水从底部进入试样，从试样顶部溢出，直至流入水量和溢出水量相等为止。当需要提高试样的饱和度时，宜在水头饱和前，从底部将二氧化碳气体通入试样，置换孔隙中的空气。二氧化碳的压力以5～10kPa为宜，再进行水头饱和。

3 反压力饱和：试样要求完全饱和时，应对试样施加反压力。反压力系统和周围压力系统相同(对不固结不排水剪试验可用同一套设备施加)，但应用双层体变管代替排水量管。试样装好后，调节孔隙水压力等于大气压力，关闭孔隙水压力阀、反压力阀、体变管阀、测记体变管读数。开周围压力阀，先对试样施加20kPa的周围压力，开孔隙水压力阀，待孔隙水压力变化稳定，测记读数，关孔隙水压力阀。反压力应分级施加，同时分级施加周围压力，以尽量减少对试样的扰动。周围压力和反压力的每级增量宜为30kPa，开体变管阀和反压力阀，同时施加周围压力和反压力，缓慢打开孔隙水压力阀，检查孔隙水压力增量，待孔隙水压力稳定后，测记孔隙水压力和体变管读数，再施加下一级周围压力和孔隙水压力。计算每级周围压力引起的孔隙水压力增量，当孔隙水压力增量与周围压力增量之比 $\Delta u/\Delta\sigma_3>0.98$ 时，认为试样饱和。

## 16.4 不固结不排水剪试验

**16.4.1** 试样的安装，应按下列步骤进行：

1 在压力室的底座上，依次放上不透水板、试样及不透水试样帽，将橡皮膜用承膜筒套在试样外，并用橡皮圈将橡皮膜两端与底座及试样帽分别扎紧。

2 将压力室罩顶部活塞提高，放下压力室罩，将活塞对准试样中心，并均匀地拧紧底座连接螺母。向压力室内注满纯水，待压力室顶部排气孔有水溢出时，拧紧排气孔，并将活塞对准测力计和试样顶部。

3 将离合器调至粗位，转动粗调手轮，当试样帽与活塞及测力计接近时，将离合器调至细位，改用细调手轮，使试样帽与活塞及测力计接触，装上变形指示计，将测力计和变形指示计调至零位。

4 关排水阀，开周围压力阀，施加周围压力。

**16.4.2** 剪切试样应按下列步骤进行：

1 剪切应变速率宜为每分钟应变0.5%～1.0%。

2 启动电动机，合上离合器，开始剪切。试样每产生0.3%～0.4%的轴向应变(或0.2mm变形值)，测记一次测力计读数和轴向变形值。当轴向应变大于3%时，试样每产生0.7%～0.8%的轴向应变(或0.5mm变形值)，测记一次。

3 当测力计读数出现峰值时，剪切应继续进行到轴向应变为15%～20%。

4 试验结束，关电动机，关周围压力阀，脱开离合器，将离合器调至粗位，转动粗调手轮，将压力室降下，打开排气孔，排除压力室内的水，拆卸压力室罩，拆除试样，描述试样破坏形状，称试样质量，并测定含水率。

**16.4.3** 轴向应变应按下式计算：

$$\varepsilon_1=\frac{\Delta h_1}{h_0}\times 100 \qquad (16.4.3)$$

式中 $\varepsilon_1$ —— 轴向应变(%)；

$h_1$ —— 剪切过程中试样的高度变化(mm)；

$h_0$ —— 试样初始高度(mm)。

**16.4.4** 试样面积的校正，应按下式计算：

$$A_a=\frac{A_0}{1-\varepsilon_1} \qquad (16.4.4)$$

式中 $A_a$ —— 试样的校正断面积($cm^2$)；

$A_0$ —— 试样的初始断面积($cm^2$)。

**16.4.5** 主应力差应按下式计算：

$$\sigma_1-\sigma_3=\frac{CR}{A_a}\times 10 \qquad (16.4.5)$$

式中 $\sigma_1-\sigma_3$ —— 主应力差(kPa)；

$\sigma_1$ —— 大总主应力(kPa)；

$\sigma_3$ —— 小总主应力(kPa)；

$C$ —— 测力计率定系数(N/0.01mm或N/mV)；

$R$ —— 测力计读数(0.01mm)；

10 —— 单位换算系数。

**16.4.6** 以主应力差为纵坐标，轴向应变为横坐标，绘制主应力差与轴向应变关系曲线(图16.4.6)。取曲线上主应力差的峰值作为破坏点，无峰值时，取15%轴向应变时的主应力差值作为破坏点。

**16.4.7** 以剪应力为纵坐标，法向应力为横坐标，在横坐标轴以破坏时的 $\frac{\sigma_{1f}+\sigma_{3f}}{2}$ 为圆心，以 $\frac{\sigma_{1f}-\sigma_{3f}}{2}$ 为半径，在 $\tau-\sigma$ 应力平面上绘制破损应力圆，并绘制不同周围压力下破损应力圆的包线，求出不排水强度参数(图16.4.7)。

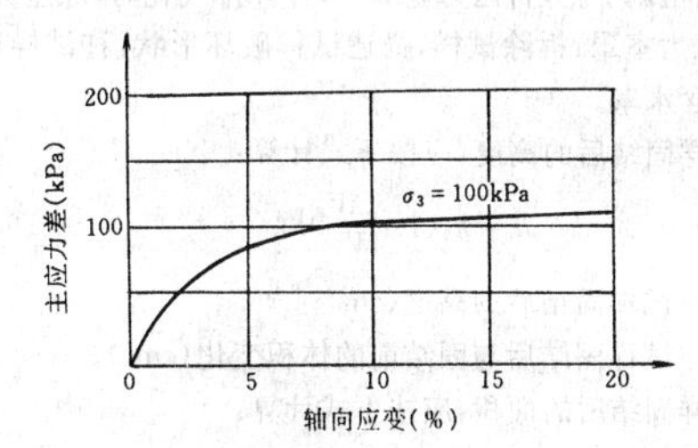


图16.4.6 主应力差与轴向应变关系曲线

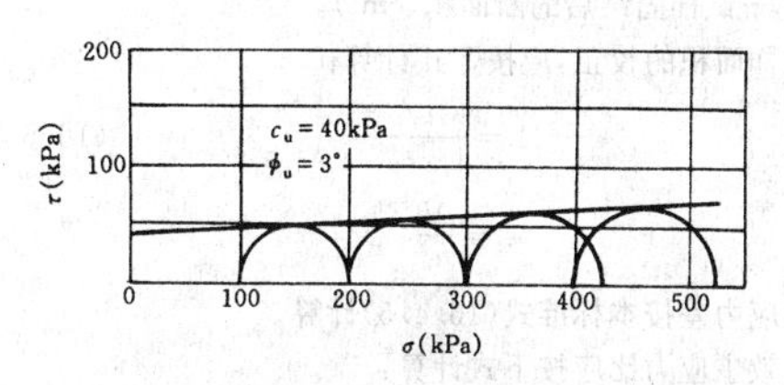


图16.4.7 不固结不排水剪强度包线

**16.4.8** 不固结不排水剪试验的记录格式，见附录D表D-28。

## 16.5 固结不排水剪试验

**16.5.1** 试样的安装，应按下列步骤进行：

1 开孔隙水压力阀和量管阀，对孔隙水压力系统及压力室底座充水排气后，关孔隙水压力阀和量管阀。压力室底座上依次放上透水板、湿滤纸、试样、湿滤纸、透水板，试样周围贴浸水的滤纸条7～9条。将橡皮膜用承膜筒套在试样外，并用橡皮圈将橡皮膜下端与底座扎紧。打开孔隙水压力阀和量管阀，使水缓慢地从试样底部流入，排除试样与橡皮膜之间的气泡，关闭孔隙水压力阀和量管阀。打开排水阀，使试样帽中充水，放在透水板上，用橡皮圈将橡皮膜上端与试样帽扎紧，降低排水管，使管内水面位于试样中心以下20～40cm，吸除试样与橡皮膜之间的余水，关排水阀。需要测定土的应力应变关系时，应在试样与透水板之间放置中间夹有硅脂的两层圆形橡皮膜，膜中间应留有直径为1cm的圆孔排水。

2 压力室罩安装、充水及测力计调整应按本标准第16.4.1条3款的步骤进行。

**16.5.2** 试样排水固结应按下列步骤进行：

1 调节排水管使管内水面与试样高度的中心齐平，测记排水管水面读数。

2 开孔隙水压力阀，使孔隙水压力等于大气压力，关孔隙水压力阀，记下初始读数。当需要施加反压力时，应按本标准第16.3.5条3款的步骤进行。

3 将孔隙水压力调至接近周围压力值，施加周围压力后，再打开孔隙水压力阀，待孔隙水压力稳定测定孔隙水压力。

4 打开排水阀。当需要测定排水过程时，应按本标准第14.1.5条6款的步骤测记排水管水面及孔隙水压力读数，直至孔隙水压力消散95%以上。固结完成后，关排水阀，测记孔隙水压力和排水管水面读数。

5 微调压力机升降台，使活塞与试样接触，此时轴向变形指示计的变化值为试样固结时的高度变化。

**16.5.3** 剪切试样应按下列步骤进行：

1 剪切应变速率粘土宜为每分钟应变0.05%～0.1%；粉土为每分钟应变0.1%～0.5%。

2 将测力计、轴向变形指示计及孔隙水压力读数均调整至零。

3 启动电动机，合上离合器，开始剪切。测力计、轴向变形、孔隙水压力应按本标准第16.4.2条2、3款的步骤进行测记。

4 试验结束，关电动机，关各阀门，脱开离合器，将离合器调至粗位，转动粗调手轮，将压力室降下，打开排气孔，排除压力室内的水，拆卸压力室罩，拆除试样，描述试样破坏形状，称试样质量，并测定试样含水率。

**16.5.4** 试样固结后的高度，应按下式计算：

$$h_c = h_0 \left(1 - \frac{\Delta V}{V_0}\right)^{1/3} \tag{16.5.4}$$

式中 $h_c$ ——试样固结后的高度(cm)；

$\Delta V$——试样固结后与固结前的体积变化($cm^3$)。

**16.5.5** 试样固结后的面积，应按下式计算：

$$A_c = A_0 \left(1 - \frac{\Delta V}{V_0}\right)^{2/3} \tag{16.5.5}$$

式中 $A_c$ ——试样固结后的断面积($cm^2$)。

**16.5.6** 试样面积的校正，应按下式计算：

$$A_a = \frac{A_0}{1 - \varepsilon_1} \tag{16.5.6}$$

$$\varepsilon_1 = \frac{\Delta h}{h_0}$$

**16.5.7** 主应力差按本标准式(16.4.5)计算。

**16.5.8** 有效主应力比应按下式计算：

1 有效大主应力：

$$\sigma'_1 = \sigma_1 - u \tag{16.5.8-1}$$

式中 $\sigma'_1$ ——有效大主应力(kPa)；

$u$ ——孔隙水压力(kPa)。

2 有效小主应力：

$$\sigma'_3 = \sigma_3 - u \tag{16.5.8-2}$$

式中 $\sigma'_3$ ——有效小主应力(kPa)。

3 有效主应力比：

$$\frac{\sigma'_1}{\sigma'_3} = 1 + \frac{\sigma'_1 - \sigma'_3}{\sigma'_3} \tag{16.5.8-3}$$

**16.5.9** 孔隙水压力系数，应按下式计算：

1 初始孔隙水压力系数：

$$B = \frac{u_0}{\sigma_3} \tag{16.5.9-1}$$

式中 $B$ ——初始孔隙水压力系数；

$u_0$ ——施加周围压力产生的孔隙水压力(kPa)。

2 破坏时孔隙水压力系数：

$$A_f = \frac{u_f}{B(\sigma_1 - \sigma_3)} \tag{16.5.9-2}$$

式中 $A_f$ ——破坏时的孔隙水压力系数；

$u_f$ ——试样破坏时，主应力差产生的孔隙水压力(kPa)。

**16.5.10** 主应力差与轴向应变关系曲线，应按本标准第16.4.6款的规定绘制(图16.4.6)。

**16.5.11** 以有效应力比为纵坐标，轴向应变为横坐标，绘制有效应力比与轴向应变曲线(图16.5.11)。

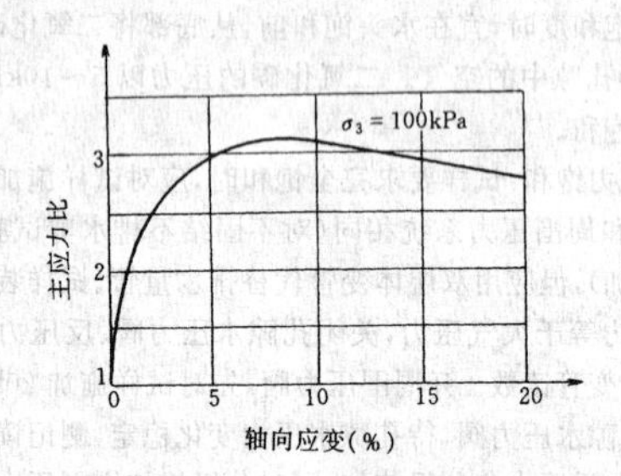


图16.5.11 有效应力比与轴向应变关系曲线

**16.5.12** 以孔隙水压力为纵坐标，轴向应变为横坐标，绘制孔隙水压力与轴向应变关系曲线(图16.5.12)。

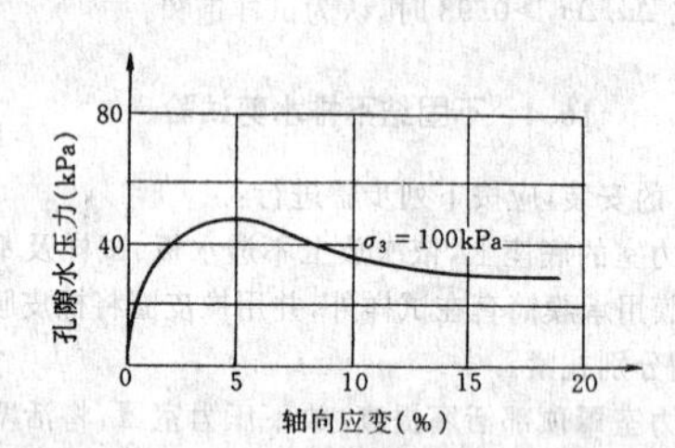


图16.5.12 孔隙水压力与轴向应变关系曲线

**16.5.13** 以$\frac{\sigma'_1 - \sigma'_3}{2}$为纵坐标，$\frac{\sigma'_1 + \sigma'_3}{2}$为横坐标，绘制有效应力路径曲线(图16.5.13)。并计算有效内摩擦角和有效粘聚力。

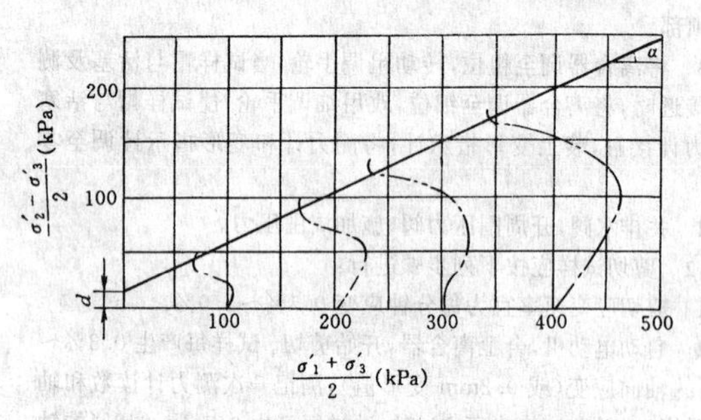


图16.5.13 应力路径曲线

1 有效内摩擦角：

$$\varphi' = \sin^{-1} \mathrm{tg}\alpha \tag{16.5.13-1}$$

式中 $\varphi'$ ——有效内摩擦角(°)；

$\alpha$ ——应力路径图上破坏点连线的倾角(°)。

2 有效粘聚力：

$$c' = \frac{d}{\cos\varphi'} \tag{16.5.13-2}$$

式中 $c'$ ——有效粘聚力(kPa)；

$d$——应力路径上破坏点连线在纵轴上的截距(kPa)。

**16.5.14** 以主应力差或有效主应力比的峰值作为破坏点，无峰值时，以有效应力路径的密集点或轴向应变15%时的主应力差值作为破坏点，按本标准第16.4.7条的规定绘制破损应力圆及不同周围压力下的破损应力圆包线，并求出总应力强度参数；有效内摩擦角和有效粘聚力，应以$\frac{\sigma'_1+\sigma'_3}{2}$为圆心，$\frac{\sigma'_1-\sigma'_3}{2}$为半径绘制有效破损应力圆确定(图16.5.14)。

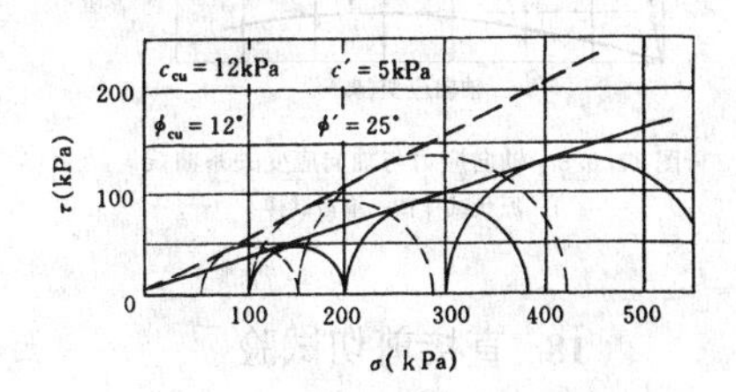


图16.5.14 固结不排水剪强度包线

**16.5.15** 固结不排水剪试验的记录格式见附录D表D-29。

### 16.6 固结排水剪试验

**16.6.1** 试样的安装、固结、剪切应按本标准第16.5.1～16.5.3条的步骤进行。但在剪切过程中应打开排水阀。剪切速率采用每分钟应变0.003%～0.012%。

**16.6.2** 试样固结后的高度、面积，应按本标准式(16.5.4)和式(16.5.5)计算。

**16.6.3** 剪切时试样面积的校正，应按下式计算：

$$A_a=\frac{V_c-\Delta V_i}{h_c-\Delta h_i} \tag{16.6.3}$$

式中 $\Delta V_i$——剪切过程中试样的体积变化(cm³)；

$\Delta h_i$——剪切过程中试样的高度变化(cm)。

**16.6.4** 主应力差按本标准式(16.4.5)计算。

**16.6.5** 有效应力比及孔隙水压力系数，应按本标准式(16.5.8)和式(16.5.9)计算。

**16.6.6** 主应力差与轴向应变关系曲线应按本标准第16.4.6条规定绘制。

**16.6.7** 主应力比与轴向应变关系曲线应按本标准第16.5.11条规定绘制。

**16.6.8** 以体积应变为纵坐标，轴向应变为横坐标，绘制体应变与轴向应变关系曲线。

**16.6.9** 破损应力圆，有效内摩擦角和有效粘聚力应按本标准第16.5.14条的步骤绘制和确定(图16.6.9)。

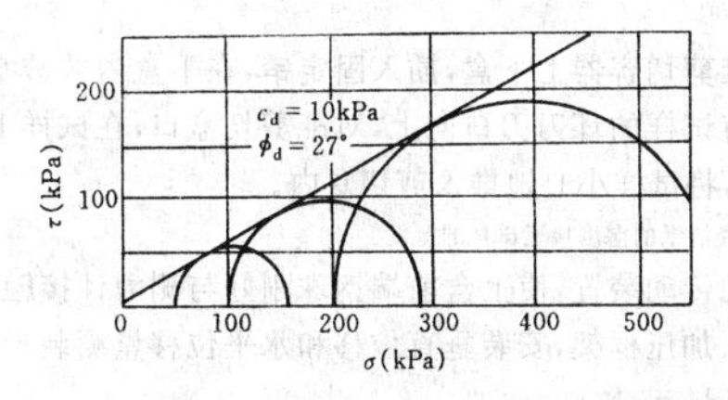


图16.6.9 固结排水剪强度包线

**16.6.10** 固结排水剪试验的记录格式见附录D表D-30。

### 16.7 一个试样多级加荷试验

**16.7.1** 本试验仅适用于无法切取多个试样、灵敏度较低的原状土。

**16.7.2** 不固结不排水剪试验，应按下列步骤进行：

1 试样的安装，应按本标准第16.4.1条的步骤进行。

2 施加第一级周围压力，试样剪切应按本标准第16.4.2条1款规定的应变速率进行。当测力计读数达到稳定或出现倒退时，测记测力计和轴向变形读数。关电动机，将测力计调整为零。

3 施加第二级周围压力，此时测力计因施加周围压力读数略有增加，应将测力计读数调至零位。然后转动手轮，使测力计与试样帽接触，并按同样方法剪切到测力计读数稳定。如此进行第三、第四级周围压力下的剪切。累计的轴向应变不超过20%。

4 试验结束后，按本标准第16.4.2条4款的步骤拆除试样，称试样质量，并测定含水率。

5 计算及绘图应按本标准第16.4.3～16.4.7条的规定进行，试样的轴向应变按累计变形计算(图16.7.2)。

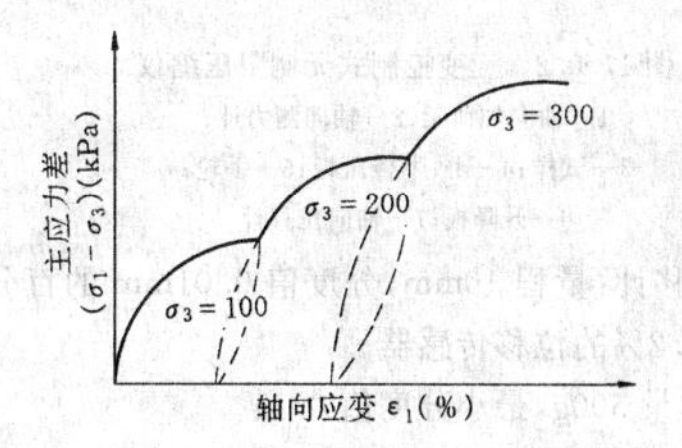


图16.7.2 不固结不排水剪的应力-应变关系

**16.7.3** 固结不排水剪试验，应按下列步骤进行：

1 试样的安装，应按本标准第16.5.1条的规定进行。

2 试样固结应按本标准第16.5.2条的规定进行。第一级周围压力宜采用50kPa，第二级和以后各级周围压力应等于、大于前一级周围压力下的破坏大主应力。

3 试样剪切按本标准第16.5.3条的规定进行。第一级剪切完成后，退除轴向压力，待孔隙水压力稳定后施加第二级周围压力，进行排水固结。

4 固结完成后进行第二级周围压力下的剪切，并按上述步骤进行第三级周围压力下的剪切，累计的轴向应变不超过20%。

5 试验结束后，拆除试样，称试样质量，并测定含水率。

6 计算及绘图应按本标准第16.5.4～16.5.14条的规定进行。试样的轴向变形，应以前一级剪切终了退去轴向压力后的试样高度作为后一级的起始高度，计算各级周围压力下的轴向应变(图16.7.3)。

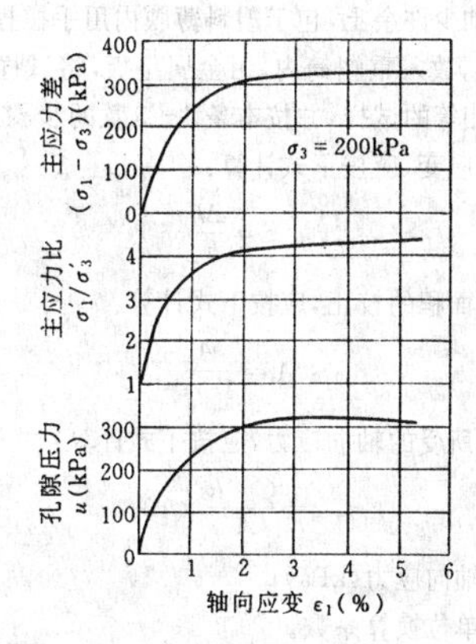


图16.7.3 固结不排水剪应力-应变关系

**16.7.4** 一个试样多级加荷试验的记录格式应与本标准第16.4.8和16.5.15条的要求相同。

## 17 无侧限抗压强度试验

**17.0.1** 本试验方法适用于饱和粘土。

**17.0.2** 本试验所用的主要仪器设备，应符合下列规定：

1 应变控制式无侧限压缩仪：由测力计、加压框架、升降设备组成(图17.0.2)。

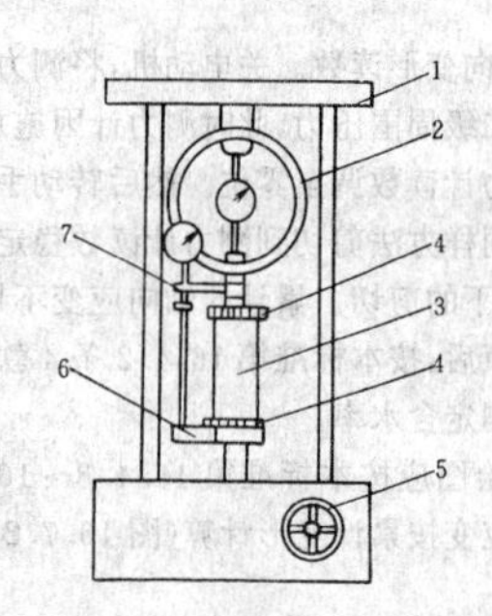


图 17.0.2　应变控制式无侧限压缩仪

1—轴向加荷架；2—轴向测力计；

3—试样；4—上、下传压板；5—手轮；

6—升降板；7—轴向位移计

2　轴向位移计：量程 10mm，分度值 0.01mm 的百分表或准确度为全量程 0.2%的位移传感器。

3　天平：称量 500g，最小分度值 0.1g。

**17.0.3**　原状土试样制备应按本标准第 16.3.1、16.3.2 条的步骤进行。试样直径宜为 35～50mm，高度与直径之比宜采用 2.0～2.5。

**17.0.4**　无侧抗压强度试验，应按下列步骤进行：

1　将试样两端抹一薄层凡士林，在气候干燥时，试样周围亦需抹一薄层凡士林，防止水分蒸发。

2　将试样放在底座上，转动手轮，使底座缓慢上升，试样与加压板刚好接触，将测力计读数调整为零。根据试样的软硬程度选用不同量程的测力计。

3　轴向应变速率宜为每分钟应变 1%～3%。转动手柄，使升降设备上升进行试验，轴向应变小于 3%时，每隔 0.5%应变(或 0.4mm)读数一次；轴向应变等于、大于 3%时，每隔 1%应变(或 0.8mm)读数一次。试验宜在 8～10min 内完成。

4　当测力计读数出现峰值时，继续进行 3%～5%的应变后停止试验；当读数无峰值时，试验应进行到应变达 20%为止。

5　试验结束，取下试样，描述试样破坏后的形状。

6　当需要测定灵敏度时，应立即将破坏后的试样除去涂有凡士林的表面，加少许余土，包于塑料薄膜内用手搓捏，破坏其结构，重塑成圆柱形，放入重塑筒内，用金属垫板，将试样挤成与原状试样尺寸、密度相等的试样，并按本条 1～5 款的步骤进行试验。

**17.0.5**　轴向应变，应按下式计算：

$$\varepsilon_1=\frac{\Delta h}{h_0} \tag{17.0.5}$$

**17.0.6**　试样面积的校正，应按下式计算：

$$A_a=\frac{A_0}{1-\varepsilon_1} \tag{17.0.6}$$

**17.0.7**　试样所受的轴向应力，应按下式计算：

$$\sigma=\frac{C\cdot R}{A_a}\times 10 \tag{17.0.7}$$

式中　$\sigma$——轴向应力(kPa)；

10——单位换算系数。

**17.0.8**　以轴向应力为纵坐标，轴向应变为横坐标，绘制轴向应力与轴向应变关系曲线(图 17.0.8)。取曲线上最大轴向应力作为无侧限抗压强度，当曲线上峰值不明显时，取轴向应变 15%所对应的轴向应力作为无侧限抗压强度。

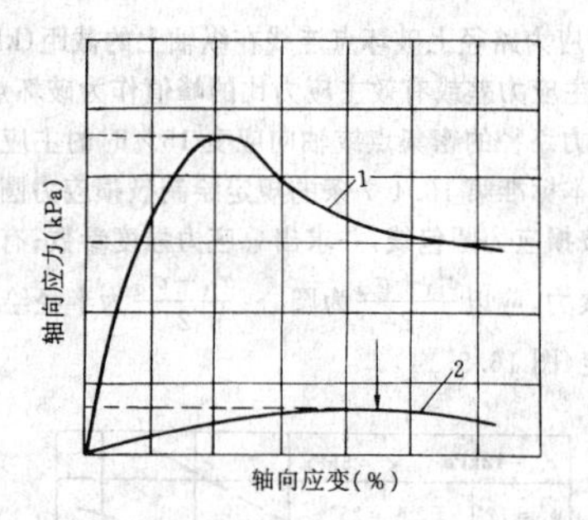


图 17.0.8　轴向应力与轴向应变关系曲线

1—原状试样；2—重塑试样

**17.0.9**　灵敏度应按下式计算：

$$S_t=\frac{q_u}{q'_u} \tag{17.0.9}$$

式中　$S_t$——灵敏度；

$q_u$——原状试样的无侧限抗压强度(kPa)；

$q'_u$——重塑试样的无侧限抗压强度(kPa)。

**17.0.10**　无侧限抗压强度试验的记录格式见附录 D 表 D-31。

# 18　直接剪切试验

## 18.1　慢剪试验

**18.1.1**　本试验方法适用于细粒土。

**18.1.2**　本试验所用的主要仪器设备，应符合下列规定：

1　应变控制式直剪仪(图 18.1.2)：由剪切盒、垂直加压设备、剪切传动装置、测力计、位移量测系统组成。

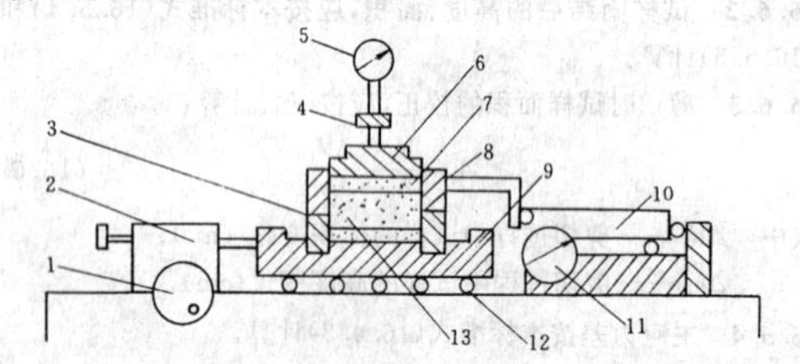


图 18.1.2　应变控制式直剪仪

1—剪切传动机构；2—推动器；3—下盒；4—垂直加压框架；

5—垂直位移计；6—传压板；7—透水板；8—上盒；

9—储水盒；10—测力计；11—水平位移计；12—滚珠；13—试样

2　环刀：内径 61.8mm，高度 20mm。

3　位移量测设备：量程为 10mm，分度值为 0.01mm 的百分表；或准确度为全量程 0.2%的传感器。

**18.1.3**　慢剪试验，应按下列步骤进行：

1　原状土试样制备，应按本标准第 3.1.4 条的步骤进行，扰动土试样制备按本标准第 3.1.5、3.1.6 条的步骤进行，每组试样不得少于 4 个；当试样需要饱和时，应按本标准第 3.2.4 条的步骤进行。

2　对准剪切容器上下盒，插入固定销，在下盒内放透水板和滤纸，将带有试样的环刀刃口向上，对准剪切盒口，在试样上放滤纸和透水板，将试样小心地推入剪切盒内。

注：透水板和滤纸的湿度接近试样的湿度。

3　移动传动装置，使上盒前端钢珠刚好与测力计接触，依次放上传压板、加压框架，安装垂直位移和水平位移量测装置，并调至零位或测记初读数。

4　根据工程实际和土的软硬程度施加各级垂直压力，对松软试样垂直压力应分级施加，以防土样挤出。施加压力后，向盒内注水，当试样为非饱和试样时，应在加压板周围包以湿棉纱。

5　施加垂直压力后，每 1h 测读垂直变形一次。直至试样固结变形稳定。变形稳定标准为每小时不大于 0.005mm。

6　拔去固定销，以小于 0.02mm/min 的剪切速度进行剪切，试样每产生剪切位移 0.2～0.4mm 测记测力计和位移读数，直至测力计读数出现峰值，应继续剪切至剪切位移为 4mm 时停机，记下破坏值；当剪切过程中测力计读数无峰值时，应剪切至剪切位移为 6mm 时停机。

7 当需要估算试样的剪切破坏时间，可按下式计算：

$$t_f = 50t_{50} \tag{18.1.3}$$

式中 $t_f$ ——达到破坏所经历的时间(min)；

$t_{50}$——固结度达 50%所需的时间(min)。

8 剪切结束，吸去盒内积水，退去剪切力和垂直压力，移动加压框架，取出试样，测定试样含水率。

**18.1.4** 剪应力应按下式计算：

$$\tau = \frac{C \cdot R}{A_0} \times 10 \tag{18.1.4}$$

式中 $\tau$——试样所受的剪应力(kPa)；

$R$——测力计量表读数(0.01mm)。

**18.1.5** 以剪应力为纵坐标，剪切位移为横坐标，绘制剪应力与剪切位移关系曲线(图 18.1.5)，取曲线上剪应力的峰值为抗剪强度，无峰值时，取剪切位移 4mm 所对应的剪应力为抗剪强度。

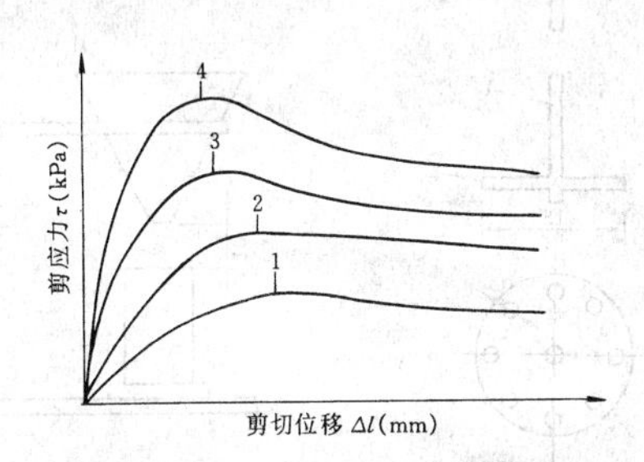


图 18.1.5 剪应力与剪切位移关系曲线

**18.1.6** 以抗剪强度为纵坐标，垂直压力为横坐标，绘制抗剪强度与垂直压力关系曲线(图 18.1.6)，直线的倾角为摩擦角，直线在纵坐标上的截距为粘聚力。

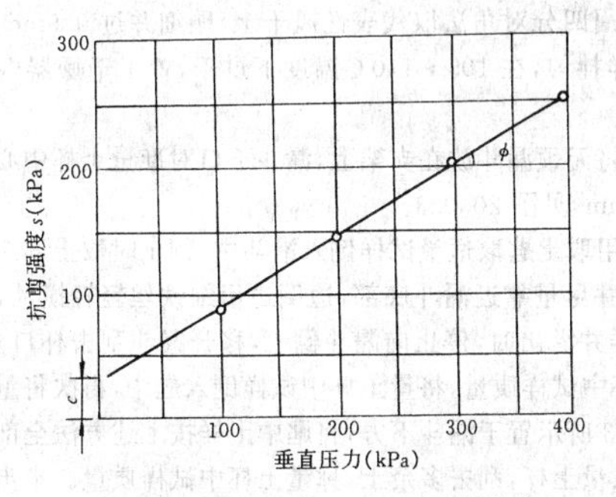


图 18.1.6 抗剪强度与垂直压力关系曲线

**18.1.7** 慢剪试验的记录格式见附录 D 表 D-32。

## 18.2 固结快剪试验

**18.2.1** 本试验方法适用于渗透系数小于 $10^{-6}$cm/s 的细粒土。

**18.2.2** 本试验所用的主要仪器设备，应与本标准第 18.1.2 条相同。

**18.2.3** 固结快剪试验，应按下列步骤进行：

1 试样制备、安装和固结，应按本标准第 18.1.3 条 1～5 款的步骤进行。

2 固结快剪试验的剪切速度为 0.8mm/min，使试样在 3～5min 内剪损，其剪切步骤应按本标准第 18.1.3 条 6、8 款的步骤进行。

**18.2.4** 固结快剪试验的计算应按本标准第 18.1.4 条的规定进行。

**18.2.5** 固结快剪试验的绘图应按本标准第 18.1.5、18.1.6 条的规定进行。

**18.2.6** 固结快剪试验的记录格式与本标准第 18.1.7 条相同。

## 18.3 快剪试验

**18.3.1** 本试验方法适用于渗透系数小于 $10^{-6}$cm/s 的细粒土。

**18.3.2** 本试验所用的主要仪器设备，应与本标准第 18.1.2 条相同。

**18.3.3** 快剪试验，应按下列步骤进行：

1 试样制备、安装应按本标准第 18.1.3 条 1～4 款的步骤进行。安装时应以硬塑料薄膜代替滤纸，不需安装垂直位移量测装置。

2 施加垂直压力，拔去固定销，立即以 0.8mm/min 的剪切速度按本标准第 18.1.3 条 6、8 款的步骤进行剪切至试验结束。使试样在 3～5min 内剪损。

**18.3.4** 快剪试验的计算应按本标准第 18.1.4 条的规定进行。

**18.3.5** 快剪试验的绘图应按本标准第 18.1.5、18.1.6 条的规定进行。

**18.3.6** 快剪试验的记录格式与本标准第 18.1.7 条相同。

## 18.4 砂类土的直剪试验

**18.4.1** 本试验方法适用于砂类土。

**18.4.2** 本试验所用的主要仪器设备，应与本标准第 18.1.2 条相同。

**18.4.3** 砂类土的直剪试验，应按下列步骤进行：

1 取过 2mm 筛的风干砂样 1200g，按本标准第 3.1.5 条的步骤制备砂样。

2 根据要求的试样干密度和试样体积称取每个试样所需的风干砂样质量，准确至 0.1g。

3 对准剪切容器上下盒，插入固定销，放干透水板和干滤纸。将砂样倒入剪切容器内，拂平表面，放上硬木块轻轻敲打，使试样达到预定的干密度，取出硬木块，拂平砂面。依次放上干滤纸、干透水板和传压板。

4 安装垂直加压框架，施加垂直压力，试样剪切应按本标准第 18.2.3 条 2 款的步骤进行。

**18.4.4** 砂类土直剪试验的计算，应按本标准第 18.1.4 条的规定进行。

**18.4.5** 砂类土直剪试验的绘图，应按本标准第 18.1.5、18.1.6 条的规定进行。

**18.4.6** 砂类土直剪试验的记录格式与本标准第 18.1.7 条相同。

# 19 反复直剪强度试验

**19.0.1** 本试验方法适用于粘土和泥化夹层。

**19.0.2** 本试验所用的主要仪器设备，应符合下列规定：

1 应变控制式反复直剪仪(图 19.0.2)，由剪切盒、垂直加压设备、剪切传动装置、测力计、位移量测系统、剪切变速设备、剪切反推装置和可逆电动机组成。

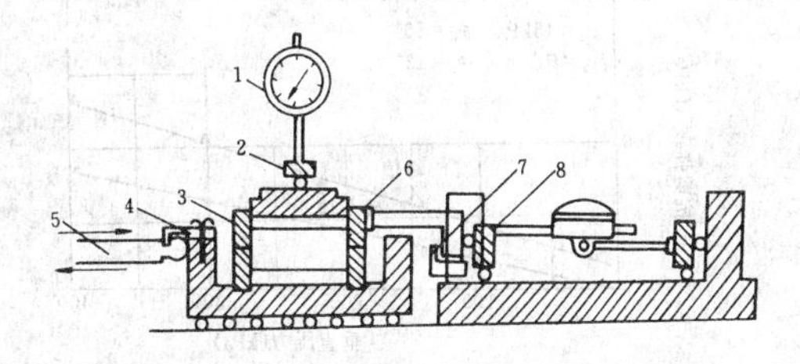


图 19.0.2 反复直剪仪示意图

1—垂直变形位移计；2—加压框架；3—试样；4—连接件；5—推动轴；6—剪切盒；7—限制连接件；8—测力计

2 其他：应与本标准第18.1.2条2、3款的规定相同。

**19.0.3** 反复直剪强度试验，应按下列步骤进行：

1 试样制备：

1)对于有软弱面的原状土，先整平土样两端，使土的顶面、底面平行土体软弱面，用环刀切取试样，当切到软弱面后向下切10mm，使软弱面位于试样高度的中部，密度较低的试样，下半部应略大于10mm。

2)对于无软弱面的原状土样，应按本标准第3.1.4条的步骤进行。

3)对于泥化夹层或滑坡层面，无法取得原状土样时，可刮取夹层或层面上的土样，制备成10mm液限状态的土膏，分层填入环刀内，边填边排气，同一组试样填入密度的允许差值为0.03g/cm³，并取软弱面上的土样测定含水率。

4)当试样需要饱和时，应按本标准第3.2.4条的步骤进行。

2 试样安装、固结排水应按本标准第18.1.3条2～5款的步骤进行。

3 拔去固定销，启动电动机正向开关，以0.02mm/min(粉土采用0.06mm/min)的剪切速度进行剪切，试样每产生剪切位移0.2～0.4mm测记测力计和位移读数，当剪应力超过峰值后，按剪切位移0.5mm测读一次，直至最大位移达8～10mm停止剪切。

4 第一次剪切完成后，启动反向开关，将剪切盒退回原位，插入固定销，反推速率应小于0.6mm/min。

5 等待半小时后，重复本条3、4款的步骤进行第二次剪切，如此反复剪切多次，直至最后两次剪切时测力计读数接近为止。对粉质粘土，需剪切5～6次，总剪切位移量达40～50mm；对粘质土需剪切3～4次，总剪切位移量达30～40mm。

6 剪切结束，吸去盒中积水，卸除压力，取出试样，描述剪切面破坏情况，取剪切面上的试样测定剪后含水率。

**19.0.4** 剪应力应按本标准式(18.1.4)计算。

**19.0.5** 以剪应力为纵坐标，剪切位移为横坐标，绘制剪应力与剪切位移关系曲线(图19.0.5)。图上第一次的剪应力峰值为慢剪强度，最后剪应力的稳定值为残余强度。

**19.0.6** 残余强度与垂直压力的关系曲线的绘制及残余内摩擦角$\phi_r$和残余粘聚力$c_r$的确定，应按本标准18.1.6的规定进行(图19.0.6)。

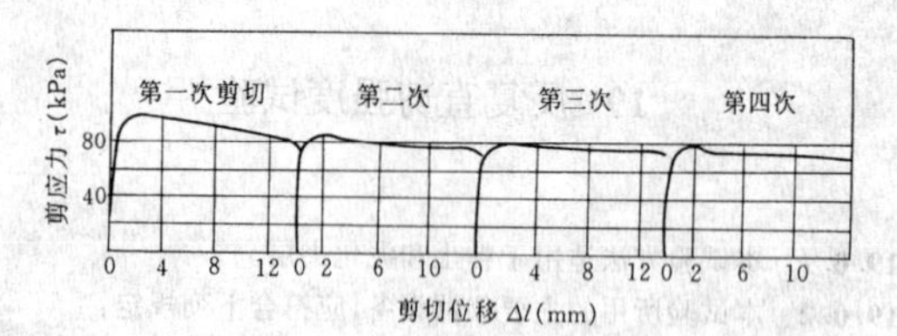


图19.0.5 剪应力与剪切位移关系曲线

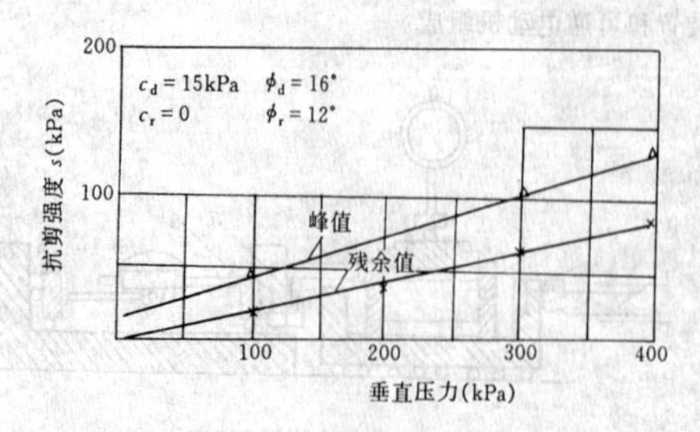


图19.0.6 抗剪强度与垂直压力关系曲线

**19.0.7** 反复直剪强度试验的记录格式见附录D表D-33。

# 20 自由膨胀率试验

**20.0.1** 本试验方法适用于粘土。

**20.0.2** 本试验所用的主要仪器设备，应符合下列规定：

1 量筒：容积为50mL，最小刻度为1mL，容积与刻度需经过校正。

2 量土杯：容积为10mL，内径为20mm。

3 无颈漏斗：上口直径50～60mm，下口直径4～5mm。

4 搅拌器：由直杆和带孔圆盘构成(图20.0.2)。

5 天平：称量200g，最小分度值0.01g。

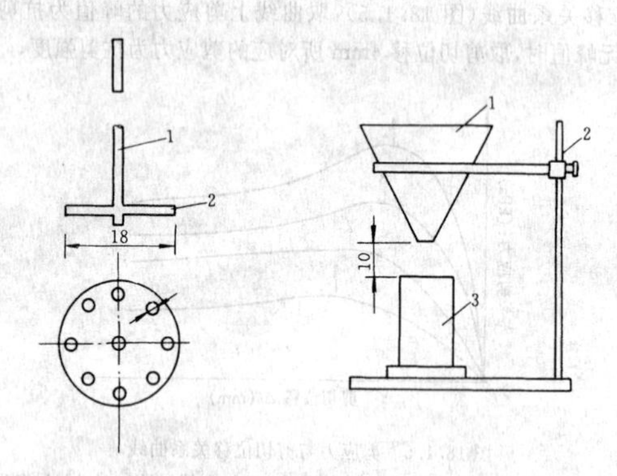


图20.0.2 搅拌器示意图

1—直杆；2—圆盘

图20.0.3 量样装置

1—漏斗；2—支架；3—量土杯

**20.0.3** 自由膨胀率试验，应按下列步骤进行：

1 用四分对角法取代表性风干土，碾细并过0.5mm筛。将筛下土样拌匀，在105～110℃温度下烘干，置于干燥器内冷却至室温。

2 将无颈漏斗放在支架上，漏斗下口对准量土杯中心并保持距离10mm，见图20.0.3。

3 用取土匙取适量试样倒入漏斗中，倒土时取土匙应与漏斗壁接触，并尽量靠近漏斗底部，边倒边用细铁丝轻轻搅动，当量杯装满土样并溢出时，停止向漏斗倒土，移开漏斗刮去杯口多余土，称量土杯中试样质量，将量土杯中试样倒入匙中，再次将量土杯按图20.0.3所示置于漏斗下方，将匙中土样按上述方法全部倒回漏斗并落入量土杯，刮去多余土，称量土杯中试样质量。本步骤应进行两次平行测定，两次测定的差值不得大于0.1g。

4 在量筒内注入30mL纯水，加入5mL浓度为5%的分析纯氯化钠(NaCl)溶液，将试样倒入量筒内，用搅拌器上下搅拌悬液各10次，用纯水冲洗搅拌器和量筒壁至悬液达50mL。

5 待悬液澄清后，每2h测读1次土面读数(估读至0.1mL)。直至两次读数差值不超过0.2mL，膨胀稳定。

**20.0.4** 自由膨胀率应按下式计算，准确至1.0%

$$\delta_{ef}=\frac{V_{we}-V_0}{V_0}\times 100 \quad (20.0.4)$$

式中 $\delta_{ef}$——自由膨胀率(%)；

$V_{we}$——试样在水中膨胀后的体积(mL)；

$V_0$——试样初始体积，10mL。

**20.0.5** 本试验应进行两次平行测定。当$\delta_{ef}$小于60%时，平行差值不得大于5%；当$\delta_{ef}$大于、等于60%时，平行差值不得大于8%。取两次测值的平均值。

**20.0.6** 自由膨胀率试验的记录格式见附录D表D-34。

# 21 膨胀率试验

## 21.1 有荷载膨胀率试验

**21.1.1** 本试验方法适用于测定原状土或扰动粘土在特定荷载和有侧限条件下的膨胀率。

**21.1.2** 本试验所用的主要仪器设备，应符合下列规定：

1 固结仪（见本标准图14.1.2）：应附加荷设备，试验前必须率定不同压力下的仪器变形量。

注：加压上盖应为轻质材料并带护环。

2 环刀：直径为61.8mm或79.8mm，高度为20mm。

3 位移计：量程10mm，最小分度值0.01mm的百分表或准确度为全量程0.2%的位移传感器。

**21.1.3** 有荷载膨胀率试验，应按下列步骤进行：

1 试样制备应按本标准第3.1.4条或第3.1.6条的步骤进行。

2 试样安装应按本标准第14.1.5条1、2款的步骤进行，并在试样和透水板之间加薄型滤纸。

3 分级或一次连续施加所要求的荷载（一般指上覆土质量或上覆土加建筑物附加荷载），直至变形稳定，测记位移计读数，变形稳定标准为每小时变形不超过0.01mm，再自下而上向容器内注入纯水，并保持水面高出试样5mm。

4 浸水后每隔2h测记读数一次，直至两次读数差值不超过0.01mm时膨胀稳定，测记位移计读数。

5 试验结束，吸去容器中的水，卸除荷载，取出试样，称试样质量，并测定其含水率。

**21.1.4** 特定荷载下的膨胀率，应按下式计算：

$$\delta_{ep}=\frac{z_p+\lambda-z_0}{h_0}\times 100 \qquad (21.1.4)$$

式中 $\delta_{ep}$——某荷载下的膨胀率（%）；

$z_p$——某荷载下膨胀稳定后的位移计读数（mm）；

$z_0$——加荷前位移计读数（mm）；

$\lambda$——某荷载下的仪器压缩变形量（mm）；

$h_0$——试样的初始高度（mm）。

**21.1.5** 有荷载膨胀率试验的记录格式见附录D表D-35。

## 21.2 无荷载膨胀率试验

**21.2.1** 本试验方法适用于测定原状土或扰动粘土在无荷载有侧限条件下的膨胀率。

**21.2.2** 本试验所用的主要仪器设备，应与本标准第14.1.2条相同，应有套环。

**21.2.3** 无荷载膨胀率试验，应按下列步骤进行：

1 试样制备应按本标准第3.1.4条或第3.1.6条的步骤进行。

2 试样安装应按本标准第14.1.5条1、2款的步骤进行。

3 自下而上向容器内注入纯水，并保持水面高出试样5mm，注水后每隔2h测记位移计读数一次，直至两次读数差值不超过0.01mm时，膨胀稳定。

4 试验结束后，吸去容器中的水，取出试样，称试样质量，测定其含水率和密度，并计算孔隙比。

**21.2.4** 任一时间的膨胀率，应按下式计算：

$$\delta_e=\frac{z_t-z_0}{h_0}\times 100 \qquad (21.2.4)$$

式中 $\delta_e$——时间为$t$时的无荷载膨胀率（%）；

$z_t$——时间为$t$时的位移计读数（mm）。

**21.2.5** 无荷载膨胀率试验，宜绘制膨胀率与时间关系曲线。

**21.2.6** 无荷载膨胀率试验的记录格式见附录D表D-35。

# 22 膨胀力试验

**22.0.1** 本试验方法适用于原状土和击实粘土，采用加荷平衡法。

**22.0.2** 本试验所用的主要仪器设备，应与本标准第21.1.2条相同。

**22.0.3** 膨胀力试验，应按下列步骤进行：

1 试样制备应按本标准第3.1.4条或第3.1.6条的步骤进行。

2 试样安装应按本标准第14.1.5条1、2款的步骤进行，并自下而上向容器注入纯水，并保持水面高出试样顶面。

3 百分表开始顺时针转动时，表明试样开始膨胀，立即施加适当的平衡荷载，使百分表指针回到原位。

4 当施加的荷载足以使仪器产生变形时，在施加下一级平衡荷载时，百分表指针应逆时针转动一个等于仪器变形量的数值。

5 当试样在某级荷载下间隔2h不再膨胀时，则试样在该级荷载下达到稳定，允许膨胀量不应大于0.01mm，记录施加的平衡荷载。

6 试验结束后，吸去容器内水，卸除荷载，取出试样，称试样质量，并测定含水率。

**20.0.4** 膨胀力应按下式计算：

$$P_e=\frac{W}{A}\times 10 \qquad (22.0.4)$$

式中 $P_e$——膨胀力（kPa）；

$W$——施加在试样上的总平衡荷载（N）；

$A$——试样面积（$cm^2$）。

**22.0.5** 膨胀力试验的记录格式见附录D表D-36。

# 23 收缩试验

**23.0.1** 本试验方法适用于原状土和击实粘土。

**23.0.2** 本试验所用的主要仪器设备，应符合下列规定：

1 收缩仪（图23.0.2）：多孔板上孔的面积应占整个板面积的50%以上。

2 环刀：直径61.8mm，高度20mm。

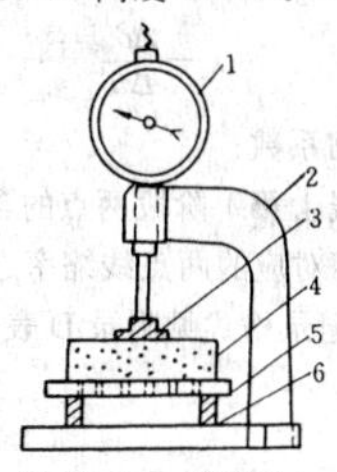


图23.0.2 收缩仪
1—量表；2—支架；3—测板；
4—试样；5—多孔板；6—垫块

**23.0.3** 收缩试验应按下列步骤进行：

1 试样制备，应按本标准第3.1.4条或第3.1.6条的步骤进行。将试样推出环刀（当试样不紧密时，应采用风干脱环法）置于多孔板上，称试样和多孔板的质量，准确至0.1g。装好百分表，记下初始读数。

2 在室温不得高于30℃条件下进行收缩试验，根据试样含水率及收缩速度，每隔1～4h测记百分表读数，并称整套装置和试样质量，准确至0.1g。2d后，每隔6～24h测记百分表读数并称质量，至两次百分表读数基本不变。称质量时应保持百分表读数不变。在收缩曲线的Ⅰ阶段内，应取得不少于4个数据。

3 试验结束，取出试样，并在105～110℃下烘干。称干土质量，准确至0.1g。

4 按本标准密度试验中第5.2节的蜡封法测定烘干试样体积。

**23.0.4** 试样在不同时间的含水率，应按下式计算：

$$w_i=(\frac{m_i}{m_d}-1)\times 100 \quad (23.0.4)$$

式中 $w_i$——某时刻试样的含水率(%)；

$m_i$——某时刻试样的质量(g)；

$m_d$——试样烘干后的质量(g)。

**23.0.5** 线缩率应按下式计算：

$$\delta_{si}=\frac{z_t-z_0}{h_0}\times 100 \quad (23.0.5)$$

式中 $\delta_{si}$——试样在某时刻的线缩率(%)；

$z_t$——某时刻的百分表读数(mm)。

**23.0.6** 体缩率应按下式计算：

$$\delta_v=\frac{V_0-V_d}{V_0}\times 100 \quad (23.0.6)$$

式中 $\delta_v$——体缩率(%)；

$V_d$——烘干后试样的体积($cm^3$)。

**23.0.7** 土的缩限应按下列作图法确定：

以线缩率为纵坐标，含水率为横坐标，绘制关系曲线(图23.0.7)延长第Ⅰ、Ⅲ阶段的直线段至相交，交点$E$所对应的横坐标$w_s$即为原状土的缩限。

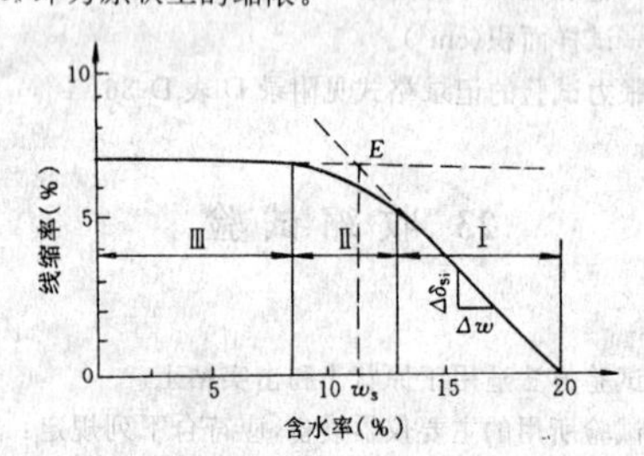


图23.0.7 线缩率与含水率关系曲线

注：土的缩限也可按本标准式(8.4.5)计算。

**23.0.8** 收缩系数应按下式计算：

$$\lambda_n=\frac{\Delta\delta_{si}}{\Delta w} \quad (23.0.8)$$

式中 $\lambda_n$——竖向收缩系数；

$\Delta w$——收缩曲线上第Ⅰ阶段两点的含水率之差(%)；

$\Delta\delta_{si}$——与$\Delta w$相对应的两点线缩率之差(%)。

**23.0.9** 收缩试验的记录格式见附录D表D-37。

# 24 冻土密度试验

## 24.1 一般规定

**24.1.1** 本试验方法适用于原状冻土和人工冻土。

**24.1.2** 密度试验应根据冻土的特点和试验条件选用浮称法、联合测定法、环刀法或充砂法。

**24.1.3** 冻土密度试验宜在负温环境下进行。无负温环境时，应采取保温措施和快速测定，试验过程中冻土表面不得发生融化。

## 24.2 浮称法

**24.2.1** 本试验方法适用于各类冻土。

**24.2.2** 本试验所用的主要仪器设备，应符合下列规定：

1 天平：称量1000g，最小分度值0.1g；

2 液体密度计：分度值为0.001g/cm³；

3 温度表：测量范围为－30～＋20℃，分度值为0.1℃；

4 量筒：容积为1000mL；

5 盛液筒：容积为1000～2000mL。

**24.2.3** 试验所用的溶液采用煤油或0℃纯水。采用煤油时，应首先用密度计法测定煤油在不同温度下的密度，并绘出密度与温度关系曲线。采用0℃纯水和试样温度较低时，应快速测定，试样表面不得发生融化。

**24.2.4** 浮称法试验，应按下列步骤进行：

1 调整天平，将空的盛液筒置于称重一端。

2 切取质量为300～1000g的冻土试样，用细线捆紧，放入盛液筒中称盛液筒和冻土试样质量($m_1$)，准确至0.1g。

3 将事先预冷至接近冻土试样温度的煤油缓慢注入盛液筒，液面宜超过试样顶面2cm，并用温度表测量煤油温度，准确至0.1℃。

4 称取试样在煤油中的质量($m_2$)，准确至0.1g。

5 从煤油中取出冻土试样，削去表层带煤油的部分，然后按本标准第4.0.3条的规定取样测定冻土的含水率。

**24.2.5** 冻土密度应按下列公式计算：

$$\rho_f=\frac{m_1}{V} \quad (24.2.5\text{-}1)$$

$$V=\frac{m_1-m_2}{\rho_{ct}} \quad (24.2.5\text{-}2)$$

式中 $\rho_f$——冻土密度($g/cm^3$)；

$V$——冻土试样体积($cm^3$)；

$m_1$——冻土试样质量(g)；

$m_2$——冻土试样在煤油中的质量(g)；

$\rho_{ct}$——试验温度下煤油的密度($g/cm^3$)，可由煤油密度与温度关系曲线查得。

**24.2.6** 冻土的干密度应按下式计算：

$$\rho_{fd}=\frac{\rho_f}{1+0.01w} \quad (24.2.6)$$

式中 $\rho_{fd}$——冻土干密度($g/cm^3$)；

$w$——冻土含水率(%)。

**24.2.7** 本试验应进行不少于两组平行试验。对于整体状构造的冻土，两次测定的差值不得大于0.03g/cm³，取两次测值的平均值；对于层状和网状构造的其他富冰冻土，宜提出两次测定值。

**24.2.8** 本试验记录格式见附录D表D-38。

## 24.3 联合测定法

**24.3.1** 本试验方法适用于砂土和层状、网状构造的粘质冻土。在无烘干设备的现场或需要快速测定密度和含水率时，可采用本方法。

**24.3.2** 本试验所用的仪器设备，应符合下列规定：

1 排液筒(图24.3.2)；

2 台秤：称量5kg，最小分度值1g；

3 量筒：容积为1000mL，分度值10mL

**24.3.3** 联合测定法试验，应按下列步骤进行：

1 将排液筒置于台秤上，拧紧虹吸管止水夹，排液筒在台秤上的位置在试验过程中不得移动。将接近0℃的纯水缓慢倒入排液筒，使水面超过虹吸管顶。

2 松开虹吸管的止水夹，使排液筒中的水面徐徐下降，待水面稳定和虹吸管不再出水时，拧紧止水夹，称筒和水的质量($m_1$)。

3　取 1000～1500g 的冻土试样，并称质量($m$)。

4　将冻土试样轻轻放入排液筒中。随即松开止水夹，使筒中的水流入量筒中。水流停止后，拧紧止水夹，立即称筒、水和试样总质量($m_2$)。同时测读量筒中水的体积，用以校核冻土试样的体积。

5　使冻土试样在筒中充分融化成松散状态，澄清。补加纯水使水面超过虹吸管顶。

6　松开止水夹，排水。当水流停止后，拧紧止水夹，并称筒、水和试样总质量($m_3$)。

7　在试验过程中应保持水面平稳，在排水和放入冻土试样时排液筒不得发生上下剧烈晃动。

**24.3.4**　冻土的含水率和密度应按下列各式计算。

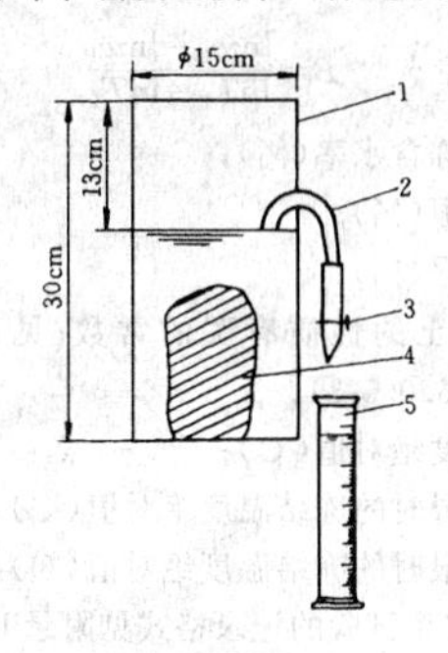


图 24.3.2　排液筒示意图

1—排液筒；2—虹吸管；3—止水夹；4—冻土试样；5—量筒

$$w=\left[\frac{m(G_s-1)}{(m_3-m_1)G_s}-1\right]\times 100 \qquad (24.3.4\text{-}1)$$

$$V=\frac{m+m_1-m_2}{\rho_w} \qquad (24.3.4\text{-}2)$$

$$\rho_f=\frac{m}{V} \qquad (24.3.4\text{-}3)$$

$$\rho_{fd}=\frac{\rho_f}{1+0.01w} \qquad (24.3.4\text{-}4)$$

式中　$w$——冻土的含水率(%)；

$V$——冻土试样体积($cm^3$)；

$m$——冻土试样质量(g)；

$m_1$——冻土试样放入排液筒前的筒、水总质量(g)；

$m_2$——放入冻土试样后的筒、水、试样总质量(g)；

$m_3$——冻土融解后的筒、水、土颗粒总质量(g)；

$\rho_w$——水的密度($g/cm^3$)；

$G_s$——土颗粒比重。

含水率计算至 0.1%，密度计算至 $0.01g/cm^3$。

**24.3.5**　本试验应进行二次平行测定试验，取两次测值的算术平均值，并标明两次测值。

**24.3.6**　联合测定法试验记录格式见附录 D 表 D-39。

### 24.4　环　刀　法

**24.4.1**　本试验方法适用于温度高于 −3℃的粘质和砂质冻土。

**24.4.2**　本试验所用的主要仪器设备，应符合下列规定：

1　环刀：容积应大于或等于 $500cm^3$；

2　天平：称量 3000g，最小分度值 0.2g；

3　其他：切土器、钢丝锯等。

**24.4.3**　环刀法试验应按本标准第 3.1.4 条 2 款的步骤进行。

**24.4.4**　本试验应进行两次平行测定。两次测定的平行差值应符合本标准第 24.2.7 条的规定。

**24.4.5**　环刀法密度试验记录格式见附录 D 表 D-2。

### 24.5　充　砂　法

**24.5.1**　本试验适用于试样表面有明显孔隙的冻土。

**24.5.2**　本试验所用的仪器设备，应符合下列规定。

1　测筒：内径宜用 15cm，高度宜用 13cm。

2　漏斗：上口直径可为 15cm，下口直径可为 5cm，高度可为 10cm。

3　天平：称量 5000g，最小分度值 1g。

**24.5.3**　测筒的容积，应按下列步骤测定。

1　测筒注满水，水面必须与测筒上口齐平。称筒、水的总质量。

2　测量水温，并查取相应水温下水的密度。

3　测筒的容积应按下式计算：

$$V_0=(m_2-m_1)/\rho_{wt} \qquad (24.5.3)$$

式中　$V_0$——测筒的容积($cm^3$)；

$m_2$——筒、水总质量(g)；

$m_1$——测筒质量(g)；

$\rho_{wt}$——不同温度下水的密度($g/cm^3$)。

4　测筒的容积应进行 3 次平行测定，并取 3 次测定值的算术平均值。各次测定结果之差不应大于 3mL。

**24.5.4**　测筒充砂密度，应按下列步骤进行测定。

1　准备不少于 5000g 清洗干净的干燥标准砂。标准砂的温度应接近冻土试样的温度。

2　将测筒放平。用漏斗架将漏斗置于测筒上方。漏斗下口与测筒上口应保持 5～10cm 的距离。用薄板挡住漏斗下口，并将标准砂充满漏斗后移开挡板，使砂充入测筒。与此同时，不断向漏斗中补充标准砂，使砂面始终保持与漏斗上口齐平。在充砂过程中不得敲击或振动漏斗和测筒。

3　当测筒充满标准砂后，移开漏斗，轻轻刮平砂面，使之与测筒上口齐平。在刮砂过程中不应压砂。称测筒、砂的总质量。

4　充砂的密度应按下式计算：

$$\rho_s=\frac{m_s-m_1}{V_0} \qquad (24.5.4)$$

式中　$\rho_s$——充砂密度($g/cm^3$)；

$m_s$——测筒、砂的总质量(g)。

5　充砂密度应重复测定 3～4 次，并取其测值的算术平均值。各次测值之差应小于 $0.02g/cm^3$。

**24.5.5**　充砂法试验应按下列步骤进行：

1　切取冻土试样。试样宜取直径为 8～10cm 的圆形或 $L\times B$ (cm)：(8～10)×(8～10)的方形。试样底面必须削平，称试样质量。

2　将试样平面朝下放入筒内。试样底面与测筒底面必须接触紧密。用标准砂充填冻土试样与筒壁之间的空隙和试样顶面。充砂和刮平砂面应按第 24.5.4 条 2、3 款的步骤进行。

3　称测筒、试样和充砂的总质量。

4　冻土密度应按下式计算，计算至 $0.01g/cm^3$：

$$\rho_f=\frac{m}{V} \qquad (24.5.5\text{-}1)$$

$$V=V_0-\frac{m_4-m_1-m}{\rho_s} \qquad (24.5.5\text{-}2)$$

式中　$V$——冻土试样的体积($cm^3$)；

$m_4$——测筒、试样和量砂的总质量(g)。

5　本试验应重复进行两次，并取两次测值的算术平均值。两次测值的差值应不大于 $0.03g/cm^3$。

**24.5.6**　充砂法密度试验记录格式见附录 D 表 D-40。

## 25　冻结温度试验

**25.0.1**　本试验方法适用于原状和扰动的粘土和砂土。

**25.0.2**　本试验所用主要仪器设备，应符合下列规定：

1　冻结温度试验宜用图 25.0.2 所示的试验装置。该装置由零温瓶、数字电压表、热电偶、塑料管和试样杯等组成。

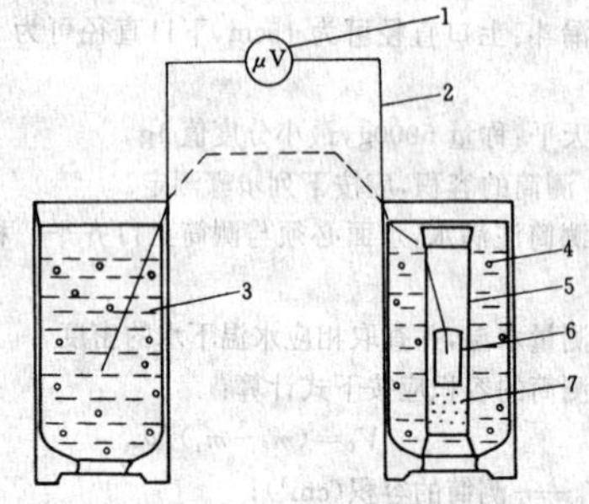


图 25.0.2 冻结温度试验装置示意图

1—数字电压表；2—热电偶；3—零温瓶；4—低温瓶；5—塑料管；6—试样杯；7—干砂

2 零温瓶容积为 3.57L，内盛冰水混合物（其温度应为 0±0.1℃）。

3 低温瓶容积为 3.57L，内盛低熔冰晶混合物，其温度宜为 −7.6℃。

4 数字电压表，其量程可取 2mV，分度值应为 1μV。

5 铜和康铜热电偶，其线径宜用 0.2mm。

6 塑料管可用内径 5cm、壁厚 5mm，长 25cm 的硬质聚氯乙烯管。管底应密封，管内装 5cm 高干砂。

7 试样杯应用黄铜制成，其直径 3.5cm、高 5cm，带有杯盖。

**25.0.3** 原状土试验，应按下列步骤进行：

1 土样应按自然沉积方向放置，剥去蜡封和胶带，开启土样筒取出土样。

2 试样杯内壁涂一薄层凡士林，杯口向下放在土样上，将试样杯垂直下压，并用切土刀沿杯外壁切削土样，边压边削至土样高出试样杯，用钢丝锯整平杯口，擦净外壁，盖上杯盖，并取余土测定含水率。

3 将热电偶的测温端插入试样中心，杯盖周侧用硝基漆密封。

4 零温瓶内装入用纯水制成的冰块，冰块直径应小于 2cm，再倒入纯水，使水面与冰块面相平，然后插入热电偶零温端。

5 低温瓶内装入用 2mol/L 氯化钠溶液制成的盐冰块，其直径应小于 2cm，再倒入相同浓度的氯化钠溶液制成的盐冰块，使之与冰块面相平。

6 将封好底且内装 5cm 高干砂的塑料管插入低温瓶内，再把试样杯放入塑料管内。然后，塑料管口和低温瓶口分别用橡皮塞和瓶盖密封。

7 将热电偶测温端与数字电压表相连，每分钟测量一次热电势，当势值突然减小并 3 次测值稳定，试验结束。

**25.0.4** 扰动冻土试验，应按下列步骤进行：

1 称取风干土样 200g，平铺于搪瓷盘内，按所需的加水量将纯水均匀喷洒在土样上，充分拌匀后装入盛土器内盖紧，润湿一昼夜（砂土的润湿时间可酌减）。

2 将配制好的土装入试样杯中，以装实装满为度。杯口加盖。将热电偶测温端插入试样中心。杯盖周侧用硝基漆密封。

3 按本标准第 25.0.3 条 4～7 款的步骤进行试验。

**25.0.5** 冻结温度应按下式计算：

$$T=V/K \tag{25.0.5}$$

式中 $T$ ——冻结温度（℃）；

$V$ ——热电势跳跃后的稳定值（μV）；

$K$ ——热电偶的标定系数（℃/μV）。

**25.0.6** 冻结温度试验的记录格式见附录 D 表 D-41。

## 26 未冻含水率试验

**26.0.1** 本试验方法适用于扰动粘土和砂土。

**26.0.2** 本试验所用仪器设备应符合本标准第 25.0.2 条的规定。

**26.0.3** 未冻含水率试验应按本标准第 25.0.4 条 1 款的步骤制备 3 个试样，其中 1 个试样按所需的加水量制备，另 2 个试样应分别采用试样的液限和塑限作为初始含水率，并分别测定在该两个界限含水率时的冻结温度。

注：液限为 10mm 液限。

**26.0.4** 将制备好的试样，按本标准第 25.0.4 条 2、3 款的步骤进行试验。

**26.0.5** 未冻含水率应按下式计算：

$$w_n=AT_f^{-B} \tag{26.0.5-1}$$

$$A=w_L T_L^{B} \tag{26.0.5-2}$$

$$B=\frac{\ln w_L-\ln w_P}{\ln T_P-\ln T_L} \tag{26.0.5-3}$$

式中 $w_n$ ——未冻含水率（%）；

$w_P$ ——塑限（%）；

$w_L$ ——液限（%）；

$A$、$B$ ——与土的性质有关的常数；见式（26.0.5-2）和式（26.0.5-3）。

$T_f$ ——温度绝对值（℃）；

$T_P$ ——塑限时的冻结温度绝对值（℃）；

$T_L$ ——液限时的冻结温度绝对值（℃）。

**26.0.6** 未冻含水率试验的记录格式见附录 D 表 D-42。

## 27 冻土导热系数试验

**27.0.1** 本试验适用于扰动粘土和砂土。

**27.0.2** 本试验所用的仪器设备，应符合下列规定：

1 导热系数试验装置，由恒温系统、测温系统和试样盒组成（图 27.0.2）。

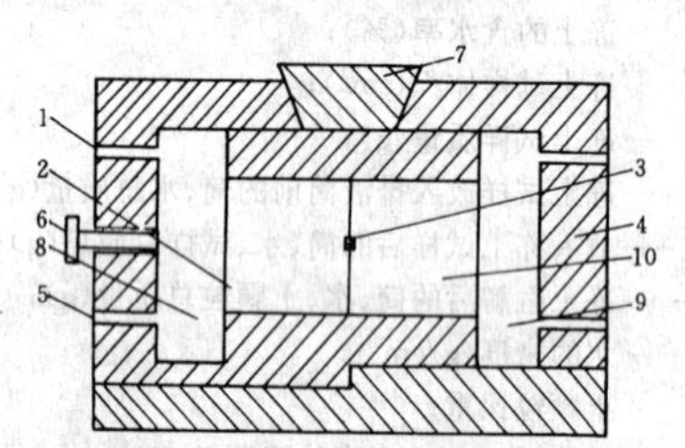


图 27.0.2 导热系数试验装置示意图

1—冷浴循环液出口；2—试样盒；3—热电偶测温端；4—保温材料；5—冷浴循环液进口；6—夹紧螺杆；7—保温盖；8—−10℃恒温箱；9—−25℃恒温箱；10—石蜡盒

2 恒温系统由两个尺寸为 $L\times B\times H$(cm)：50×20×50 的恒温箱和两台低温循环冷浴组成。恒温箱与试样盒接触面应采用 5mm 厚的平整铜板。两个恒温箱分别提供两个不同的负温环境（−10℃和−25℃）。恒温精度应为±0.1℃。

3 测温系统由热电偶、零温瓶和量程为 2mV、分度值 1μV 的数字电压表组成。有条件时，后者可用数据采集仪，并与计算机连接。

4 试样盒两只，其外形尺寸均为 $L\times B\times H$(cm)：25×25×25，盒面两侧为厚 0.5cm 的平整铜板，试样盒的两侧，底面和上端盒盖应采用尺寸为 25cm×25cm，厚 0.3cm 的胶木板。

**27.0.3** 导热系数试验，应按下列步骤进行：

1 将风干试样平铺在搪瓷盘内，按所需的含水率和土样制备要求制备土样。

2 将制配好的土样按要求的密度装入一个试样盒，盖上盒盖。装土时，将两支热电偶的测温端安装在试样两侧铜板内壁的中心位置。

3 另一个试样盒装入石蜡，作为标准试样。装石蜡时，按本条2款的要求安装两支热电偶。

4 将分别装好石蜡和试样的两个试样盒按本标准图27.0.2的方式安装好，驱动夹紧螺杆使试样盒和恒温箱的各铜板面接触紧密。

5 接通测温系统。

6 开动两个低温循环冷浴，分别设定冷浴循环液温度为−10℃和−25℃。

7 冷浴循环液达到要求温度再运行8h后，开始测温。每隔10min分别测定一次标准试样和冻土试样两侧壁面的温度，并记录。当各点的温度连续3次测得的差值小于0.1℃时，试验结束。

8 取出冻土试样，测定其含水率和密度。

**27.0.4** 导热系数应按下式计算：

$$\lambda=\frac{\lambda_0\Delta\theta_0}{\Delta\theta} \tag{27.0.4}$$

式中 $\lambda$——冻土的导热系数[W/(m·K)]；

$\lambda_0$——石蜡的导热系数[0.279W/(m·K)]；

$\Delta\theta_0$——石蜡样品盒中两壁面温差(℃)；

$\Delta\theta$——待测试样中两壁面温差(℃)。

**27.0.5** 导热系数试验的记录格式见附录D表D-43。

## 28 冻胀量试验

**28.0.1** 本试验方法适用于原状、扰动粘土和砂土。

**28.0.2** 本试验所用主要仪器设备，应符合下列规定。

1 冻胀量试验装置，由试样盒、恒温箱、温度控制系统、温度监测系统、补水系统、变形监测系统和加压系统组成。

2 试样盒外径为12cm、壁厚为1cm的有机玻璃筒和与之配套的顶、底板组成(图28.0.2)。

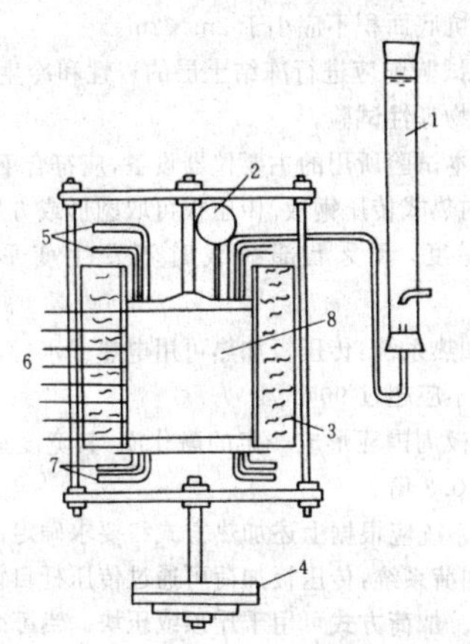


图28.0.2 试样盒结构示意图

1—供水装置；2—位移计；3—保温材料；4—加压装置；5—正温循环液进出口；6—热敏电阻测温点；7—负温循环液进出口；8—试样盒

有机玻璃筒周侧每隔1cm设热敏电阻温度计插入孔。顶底板的结构能提供恒温液循环和外界水源补给通道，并使板面温度均匀。

3 恒温箱的容积不小于0.8m³，内设冷液循环管路和加热器(功率为500W)，通过热敏电阻温度计与温度控制仪相连，使试验期间箱温保持在1±0.5℃。

4 温度控制系统由低温循环浴和温度控制仪组成，提供试验所需的顶、底板温度。

5 温度监测系统由热敏电阻温度计、数据采集仪和电子计算机组成，监测试验过程中土样、顶、底板温度和箱温变化。

6 补水系统由恒定水位的供水装置(见图28.0.2)通过塑料管与顶板相连，水位应高出顶板与土样接触面1cm，试验过程中定时记录水位以确定补水量。

7 变形监测系统可用百分表或位移传感器(量程30mm最小分度值0.01mm)，有条件时可采用数据采集仪和计算机组成，监测试验过程中土样变形量。

8 加压系统由液压油源及加压装置(或加压框架和砝码)组成。(加压系统仅在需要模拟原状土天然受压状况时使用，加载等级根据天然受压状况确定)。

**28.0.3** 原状土试验，应按下列步骤进行：

1 土样应按自然沉积方向放置，剥去蜡封和胶带，开启土样筒取出土样。

2 用土样切削器将原状土样削成直径为10cm、高为5cm的试样，称量确定密度并取余土测定初始含水率。

3 有机玻璃试样盒内壁涂上一薄层凡士林，放在底板上，盒内放一张薄型滤纸，然后将试样装入盒内，让其自由滑落在底板上。

4 在试样顶面再加上一张薄型滤纸，然后放上顶板，并稍稍加力，以使试样与顶、底板接触紧密。

5 将盛有试样的试样盒放入恒温箱内，试样周侧、顶、底板内插入热敏电阻温度计、试样周侧包裹5cm厚的泡沫塑料保温。连接顶、底板冷液循环管路及底板补水管路，供水并排除底板内气泡，调节水位。安装位移传感器。

6 开启恒温箱、试样盒、顶、底板冷浴，设定恒温箱冷浴温度为−15℃，箱内气温为1℃，顶、底板冷浴温度为1℃。

7 试样恒温6h，并监测温度和变形。待试样初始温度均匀达到1℃以后，开始试验。

8 底板温度调节到−15℃并持续0.5h，让试样迅速从底面冻结，然后将底板温度调节到−2℃。使粘土以0.3℃/h，砂土以0.2℃/h的速度下降。保持箱温和顶板温度均为1℃，记录初始水位。每隔1h记录水位、温度和变形量各一次。试验持续72h。

9 试验结束后，迅速从试样盒中取出土样，测量试样高度并测定冻结深度。

**28.0.4** 扰动土试验，应按下列步骤进行：

1 称取风干土样500g，加纯水拌匀呈稀泥浆，装入内径为10cm的有机玻璃筒内，加压固结，直至达到所需初始含水率后，将土样从有机玻璃筒中推出，并将土样高度修正到5cm。

2 继续按第28.0.3条3～9款的步骤进行试验。

**28.0.5** 冻胀率应按下式计算：

$$\eta=\frac{\Delta h}{H_f}\times100 \tag{28.0.5}$$

式中 $\eta$——冻胀率(%)；

$\Delta h$——试验期间总冻胀量(mm)；

$H_f$——冻结深度(不包括冻胀量)(mm)。

**28.0.6** 冻胀量试验的记录格式见附录D表D-44。

## 29 冻土融化压缩试验

### 29.1 一般规定

**29.1.1** 本试验的目的是测定冻土融化过程中的相对下沉量(融沉系数)和融沉后的变形与压力关系(融化压缩系数)。

**29.1.2** 本试验分为室内融化压缩试验和现场原位冻土融化压缩试验两种。

## 29.2 室内冻土融化压缩试验

**29.2.1** 本试验适用于冻结粘土和粒径小于 2mm 的冻结砂土。

**29.2.2** 试验宜在负温环境下进行。严禁在切样和装样过程中使试样表面发生融化。试验过程中试样应满足自上而下单向融化。

**29.2.3** 本试验所用的仪器设备应符合下列规定：

1 融化压缩仪(图 29.2.3)：加热传压板应采用导热性能好的金属材料制成；试样环应采用有机玻璃或其他导热性低的非金属材料制成。其尺寸宜为：内径 79.8mm，高 40.0mm；保温外套可用聚苯乙烯或聚胺酯泡沫塑料。

2 原状冻土钻样器：钻样器宜由钻架和钻具两部分组成。钻具开口内径为 79.8mm。钻样时将试样环套入钻具内，环外壁与钻具内壁应吻合平滑。

3 恒温供水设备。

4 加荷和变形测量设备应符合本标准第 14.1.2 条 2、3 款的规定。

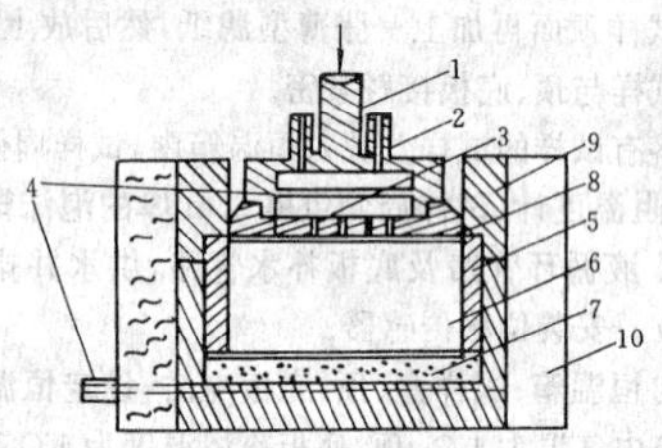

图 29.2.3 融化压缩仪示意图

1—加热传压板；2—热循环水进出口；3—透水板；4—上下排水孔；5—试样环；6—试样；7—透水板；8—滤纸；9—导环；10—保温外套

**29.2.4** 融化压缩仪和加荷设备应定期校准，并作出仪器变形量校正曲线或数值表。

**29.2.5** 融化压缩试验，应按下列步骤进行：

1 钻取冻土试样，其高度应大于试样环高度。从钻样剩余的冻土中取样测定含水率。钻样时必须保持试样的层面与原状土一致，且不得上下倒置。

2 冻土试样必须与试样环内壁紧密接触。刮平上下面，但不得造成试样表面发生融化。测定冻土试样的密度。

3 在融化压缩容器内先放透水板，其上放一张润湿滤纸。将装有试样的试样环放在滤纸上，套上护环。在试样上铺滤纸和透水板，再放上加热传压板。然后装上保温外套。将融化压缩容器置于加压框架正中。安装百分表或位移传感器。

4 施加 1kPa 的压力。调平加压杠杆。调整百分表或位移传感器到零位。

5 用胶管连接加热传压板的热水循环水进出口与事先装有温度为 40～50℃水的恒温水槽，并打开开关和开动恒温器，以保持水温。

6 试样开始融沉时即开动秒表，分别记录 1、2、5、10、30、60min 时的变形量。以后每 2h 观测记录一次，直至变形量在 2h 内小于 0.05mm 时为止，并测记最后一次变形量。

7 融沉稳定后，停止热水循环，并开始加荷进行压缩试验。加荷等级视实际工程需要确定，宜取 50、100、200、400、800kPa，最后一级荷载应比土层的计算压力大 100～200kPa。

8 施加每级荷载后 24h 为稳定标准，并测记相应的压缩量。直至施加最后一级荷载压缩稳定为止。

9 试验结束后，迅速拆除仪器各部件，取出试样，测定含水率。

**29.2.6** 融沉系数应按下式计算：

$$a_0=\frac{\Delta h_0}{h_0} \tag{29.2.6}$$

式中 $a_0$ —— 冻土融沉系数；

$\Delta h_0$ —— 冻土融化下沉量(mm)；

$h_0$ —— 冻土试样初始高度(mm)。

**29.2.7** 某一压力下稳定后的单位变形量应按下式计算：

$$S_i=\frac{\Delta h_i}{h_0} \tag{29.2.7}$$

式中 $S_i$ —— 某一压力下的单位变形量(mm)；

$\Delta h_i$ —— 某一压力下的变形量(mm)。

**29.2.8** 某一压力范围内的冻土融化压缩系数应按下式计算：

$$a_{tc}=\frac{S_{i+1}-S_i}{p_{i+1}-p_i} \tag{29.2.8}$$

式中 $a_{tc}$ —— 融化压缩系数($MPa^{-1}$)；

$p_i$ —— 某级压力值(MPa)。

**29.2.9** 绘出单位变形量与压力关系曲线，如图 29.2.9 所示。

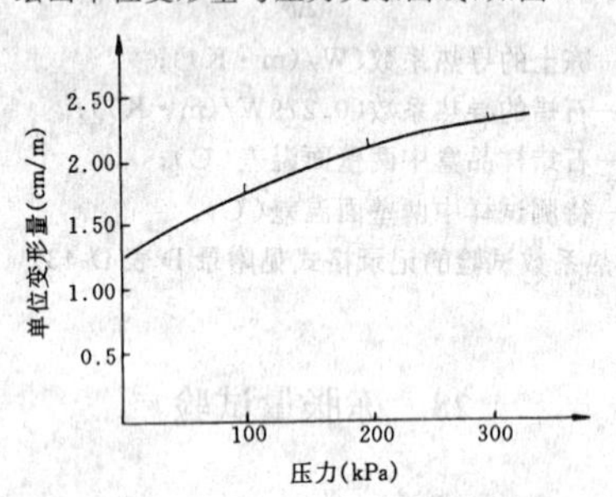

图 29.2.9 $S_i$-$p$ 关系曲线

**29.2.10** 室内融化压缩试验记录格式见附录 D 表 D-23。

## 29.3 现场冻土融化压缩试验

**29.3.1** 本试验适用于除漂石以外的各类冻土。

**29.3.2** 本试验应在现场试坑内进行。试坑深度不应小于季节融化深度，对于非衔接的多年冻土应等于或超过多年冻土层的上限深度。试坑底面积不应小于 2m×2m。

**29.3.3** 试验前应进行冻结土层的岩性和冷生构造的描述，并取样进行其物理性试验。

**29.3.4** 本试验所用的主要仪器设备，应符合下列规定：

1 内热式传压钢板。传压板可取圆形或方形，中空式平板。应有足够刚度，承受上部荷载时不发生变形，面积不宜小于 5000cm²。

2 加热系统：传压板加热可用电热或水(汽)热，加热应均匀，加热温度不应超过 90℃。

传压板周围应形成一定的融化圈，其宽度宜等于或大于传压板直径的 0.3 倍。

加热系统应根据上述加热方式和要求确定。

3 加荷系统：传压板加荷可通过传压杆自设在坑顶上的加荷装置实现。加荷方式可用千斤顶或压块。当冻土的总含水率超过液限时，加荷装置的压重应等于或小于传压板底面高程处的原始压力。

4 沉降测量系统：沉降测量可采用百分表或位移传感器。测量准确度应为 0.1mm。

5 温度测量系统：温度测量系统可由热电偶及数字电压表组成，测量准确度为 0.1℃。

**29.3.5** 试验前应按下列步骤进行试验准备和仪器设备的安装：

1 仔细开挖试坑，整平坑底面，不得破坏基土。必要时应进行坑壁保护。

2 在传压板的边侧打钻孔，孔径 3～5cm，孔深宜为 50cm。将五支热电偶测温端自下而上每隔 10cm 逐个放入孔内，并用粘土填实钻孔。

3　坑底面铺砂找平。铺砂厚度不应大于2cm。

4　将传压板放置在坑底中央砂面上。

5　安装加荷装置，应使加荷点处于传压板中心部位。

6　在传压板周边等距安装3个沉降位移计。

7　接通加热、测温系统，并进行安全和安装可靠性检查后，向传压板施加等于该处上部原始土层的压力（不小于50kPa），直至传压板沉降稳定后，调整位移计至零读数，作好记录。

**29.3.6**　试验应按下列步骤进行：

1　施加等于原始土层的上覆压力（包括加荷设备）。接通电源，使传压板下和周围冻土缓慢均匀融化。每隔1h测记一次土温和位移。

2　当融化深度达到25～30cm时，切断电源停止加热。用钢钎探测一次融化深度，并继续测记土温和位移。当融化深度接近40cm（0.5倍传压板直径）时，每15min测记一次融化深度。当0℃温度达到40cm时测记位移量，并用钢钎测记一次融化深度。

3　当停止加热后，依靠余热不能使传压板下的冻土继续融化达到0.5倍传压板直径的深度时，应继续补热，直至满足这一要求。

4　经上述步骤达到融沉稳定后，开始逐级加荷进行压缩试验。加荷等级视实际工程需要确定，对粘土宜取50kPa，砂土宜取75kPa，含巨粒土宜取100kPa，最后一级荷载应比土层的计算压力大100～200kPa。

5　施加一级荷载后，每10、20、30、60min测记一次位移计示值，此后每1h测记一次，直至传压板沉降稳定后再加下一级荷载。沉降量可取3个位移计读数的平均值。沉降稳定标准对粘土宜取0.05mm/h，砂和含巨粒土宜取0.1mm/h。

6　试验结束后，拆除加荷装置，清除垫砂和10cm厚表土，然后取2～3个融化压实土样，用作含水率、密度及其他必要的试验。最后，应挖除其余融化压实土测量融化盘。

**29.3.7**　进行下一土层的试验时，应刮除表面5～10cm土层。

**29.3.8**　融沉系数应按下式计算：

$$a_0=\frac{S_0}{H_0} \qquad (29.3.8)$$

式中　$S_0$——冻土融沉（$p\approx0$）阶段的沉降量（cm）；

$H_0$——融化深度（cm）。

**29.3.9**　融化压缩系数，应按下式计算：

$$a_{tc}=\frac{\Delta\delta}{\Delta p}K \qquad (29.3.9)$$

式中　$\Delta\delta$——相应于某一压力范围（$\Delta p$）的相对沉降；

$K$——系数：粘土为1.0，粉质粘土为1.2，砂土为1.3，巨粒土为1.35。

**29.3.10**　以单位变形量为纵坐标，压力为横坐标绘制单位变形量与压力关系曲线，见图29.2.9。

**29.3.11**　现场融化压缩试验的记录格式见附录D表D-23。

# 30　酸碱度试验

**30.0.1**　本试验方法采用电测法，适用于各类土。

**30.0.2**　本试验所用的主要设备应符合下列规定：

1　酸度计：应附玻璃电极、甘汞电极或复合电极。

2　分析筛：孔径2mm。

3　天平：称量200g，最小分度值0.01g。

4　电动振荡器和电动磁力搅拌器。

5　其他设备：烘箱、烧杯、广口瓶、玻璃棒、1000mL容量瓶、滤纸等。

**30.0.3**　本试验所用试剂应符合下列规定。

1　标准缓冲溶液：

1）pH＝4.01：称取经105～110℃烘干的邻苯二甲酸氢钾（$KHC_8H_4O_4$）10.21g，通过漏斗用纯水冲洗入1000mL容量瓶中，使溶解后稀释，定容至1000mL。

2）pH＝6.87：称取在105～110℃烘干冷却后的磷酸氢二钠（$Na_2HPO_4$）3.53g和磷酸二氢钾（$KH_2PO_4$）3.39g，经漏斗用纯水冲洗入1000mL容量瓶中，待溶解后，继续用纯水稀释，定容至1000mL。

3）pH＝9.18：称取硼砂（$Na_2B_4O_7\cdot10H_2O$）3.80g，经漏斗用已除去$CO_2$的纯水冲洗入1000mL容量瓶中，待溶解后继续用除去$CO_2$的纯水稀释，定容至1000mL。宜贮于干燥密闭的塑料瓶中保存，使用2个月。

2　饱和氯化钾溶液：向适量纯水中加入氯化钾（KCl），边加边搅拌，直至不再溶解为止。

注：所有试剂均为分析纯化学试剂。

**30.0.4**　酸度计校正：应在测定试样悬液之前，按照酸度计使用说明书，用标准缓冲溶液进行标定。

**30.0.5**　试样悬液的制备：称取过2mm筛的风干试样10g，放入广口瓶中，加纯水50mL（土水比为1∶5），振荡3min，静置30min。

**30.0.6**　酸碱度试验应按下列步骤进行：

1　于小烧杯中倒入试样悬液至杯容积的2/3处，杯中投入搅拌棒一只，然后将杯置于电动磁力搅拌器上。

2　小心地将玻璃电极和甘汞电极（或复合电极）放入杯中，直至玻璃电极球部被悬液浸没为止，电极与杯底应保持适量距离，然后将电极固定于电极架上，并使电极与酸度计连接。

3　开动磁力搅拌器，搅拌悬液约1min后，按照酸度计使用说明书测定悬液的pH值，准确至0.01。

4　测定完毕，关闭电源，用纯水洗净电极，并用滤纸吸干，或将电极浸泡于纯水中。

**30.0.7**　电测法酸碱度试验记录格式见附录D表D-45。

# 31　易溶盐试验

## 31.1　浸出液制取

**31.1.1**　本试验方法适用于各类土。

**31.1.2**　浸出液制取所用的主要仪器设备，应符合下列规定：

1　分析筛：孔径2mm。

2　天平：称量200g，最小分度值0.01g。

3　电动振荡器。

4　过滤设备：包括抽滤瓶、平底瓷漏斗、真空泵等。

5　离心机：转速为1000r/min。

6　其他设备：广口瓶、容量瓶、角勺、玻璃棒、烘箱等。

**31.1.3**　浸出液制取应按下列步骤进行：

1　称取过2mm筛下的风干试样50～100g（视土中含盐量和分析项目而定），准确至0.01g。置于广口瓶中，按土水比1∶5加入纯水，搅匀，在振荡器上振荡3min后抽气过滤。另取试样3～5g测定风干含水率。

2　将滤纸用纯水浸湿后贴在漏斗底部，漏斗装在抽滤瓶上，联通真空泵抽气，使滤纸与漏斗贴紧，将振荡后的试样悬液摇匀，倒入漏斗中抽气过滤，过滤时漏斗应用表面皿盖好。

3　当发现滤液混浊时，应重新过滤，经反复过滤，如果仍然混浊，应用离心机分离。所得的透明滤液，即为试样浸出液，贮于细口瓶中供分析用。

## 31.2　易溶盐总量测定

**31.2.1**　本试验采用蒸干法，适用于各类土。

31.2.2 本试验所用的主要仪器设备，应符合下列规定：

1 分析天平：称量200g，最小分度值0.0001g。

2 水浴锅、蒸发皿。

3 烘箱、干燥器、坩埚钳等。

4 移液管。

31.2.3 本试验所用的试剂，应符合下列规定：

1 15%双氧水溶液。

2 2%碳酸钠溶液。

31.2.4 易溶盐总量测定，应按下列步骤进行：

1 用移液管吸取试样浸出液50～100mL，注入已知质量的蒸发皿中，盖上表面皿，放在水浴锅上蒸干。当蒸干残渣中呈现黄褐色时，应加入15%双氧水1～2mL，继续在水浴锅上蒸干，反复处理至黄褐色消失。

2 将蒸发皿放入烘箱，在105～110℃温度下烘干4～8h，取出后放入干燥器中冷却，称蒸发皿加试样的总质量，再烘干2～4h，于干燥器中冷却后再称蒸发皿加试样的总质量，反复进行至最后相邻两次质量差值不大于0.0001g。

3 当浸出液蒸干残渣中含有大量结晶水时，将使测得易溶盐质量偏高，遇此情况，可取蒸发皿两个，一个加浸出液50mL，另一个加纯水50mL（空白），然后各加入等量2%碳酸钠溶液，搅拌均匀后，一起按照本条1、2款的步骤操作，烘干温度改为180℃。

31.2.5 未经2%碳酸钠处理的易溶盐总量按下式计算：

$$W=\frac{(m_2-m_1)\frac{V_w}{V_s}(1+0.01w)}{m_s}\times 100 \qquad (31.2.5)$$

式中 $W$ —— 易溶盐总量(%)；

$V_w$ —— 浸出液用纯水体积(mL)；

$V_s$ —— 吸取浸出液体积(mL)；

$m_s$ —— 风干试样质量(g)；

$w$ —— 风干试样含水率(%)；

$m_2$ —— 蒸发皿加烘干残渣质量(g)；

$m_1$ —— 蒸发皿质量(g)。

31.2.6 用2%碳酸钠溶液处理后的易溶盐总量按下式计算：

$$W=\frac{(m-m_0)V_w/V_s(1+0.01w)}{m_s}\times 100 \qquad (31.2.6\text{-}1)$$

$$\left.\begin{aligned}m_0&=m_3-m_1\\ m&=m_4-m_1\end{aligned}\right\} \qquad (31.2.6\text{-}2)$$

式中 $m_3$ —— 蒸发皿加碳酸钠蒸干后质量(g)；

$m_4$ —— 蒸发皿加 $Na_2CO_3$ 加试样蒸干后的质量(g)；

$m_0$ —— 蒸干后 $Na_2CO_3$ 质量(g)；

$m$ —— 蒸干后试样加 $Na_2CO_3$ 质量(g)。

31.2.7 易溶盐总量测定的记录格式见附录D表D-46。

## 31.3 碳酸根和重碳酸根的测定

31.3.1 本试验方法适用于各类土。

31.3.2 碳酸根和重碳酸根测定所用的主要仪器设备，应符合下列规定：

1 酸式滴定管：容量25mL，最小分度值为0.05mL。

2 分析天平：称量200g，最小分度值0.0001g。

3 其他设备：移液管、锥形瓶、烘箱、容量瓶。

31.3.3 碳酸根和重碳酸根测定所用试剂，应符合下列规定：

1 甲基橙指示剂(0.1%)：称0.1g甲基橙溶于100mL纯水中。

2 酚酞指示剂(0.5%)：称取0.5g酚酞溶于50mL乙醇中，用纯水稀释至100mL。

3 硫酸标准溶液：溶解3mL分析纯浓硫酸于适量纯水中，然后继续用纯水稀释至1000mL。

4 硫酸标准溶液的标定：称取预先在160～180℃烘干2～4h的无水碳酸钠3份，每份0.1g。精确至0.0001g，放入3个锥形瓶中，各加入纯水20～30mL，再各加入甲基橙指示剂2滴，用配制好的硫酸标准溶液滴定至溶液由黄色变为橙色为终点，记录硫酸标准溶液用量，按下式计算硫酸标准溶液的准确浓度。

$$c(H_2SO_4)=\frac{m(Na_2CO_3)\times 1000}{V(H_2SO_4)M(Na_2CO_3)} \qquad (31.3.3)$$

式中 $c(H_2SO_4)$ —— 硫酸标准溶液浓度(mol/L)；

$V(H_2SO_4)$ —— 硫酸标准溶液用量(mL)；

$m(Na_2CO_3)$ —— 碳酸钠的用量(g)；

$M(Na_2CO_3)$ —— 碳酸钠的摩尔质量(g/mol)。

计算至0.0001mol/L。3个平行滴定，平行误差不大于0.05mL，取算术平均值。

注：碳酸标准溶液也可用标定过的氢氧化钠标准溶液标定，也可以用盐酸(HCl)标准溶液代替硫酸标准溶液。

31.3.4 碳酸根和重碳酸根的测定，应按下列步骤进行：

1 用移液管吸取试样浸出液25mL，注入锥形瓶中，加酚酞指示剂2～3滴，摇匀，试液如不显红色，表示无碳酸根存在，如果试液显红色，即用硫酸标准溶液滴定至红色刚褪去为止，记下硫酸标准溶液用量，准确至0.05mL。

2 在加酚酞滴定后的试液中，再加甲基橙指示剂1～2滴，继续用硫酸标准溶液滴定至试液由黄色变为橙色为终点，记下硫酸标准溶液用量，准确至0.05mL。

31.3.5 碳酸根和重碳酸根的含量应按下列公式计算。

1 碳酸根含量应按下式计算：

$$b(CO_3^{2-})=\frac{2V_1c(H_2SO_4)\frac{V_w}{V_s}(1+0.01w)\times 1000}{m_s} \qquad (31.3.5\text{-}1)$$

$$CO_3^{2-}=b(CO_3^{2-})\times 10^{-3}\times 0.060\times 100 \quad (\%) \qquad (31.3.5\text{-}2)$$

$$CO_3^{2-}=b(CO_3^{2-})\times 60 \quad (\text{mg/kg 土}) \qquad (31.3.5\text{-}3)$$

式中 $b(CO_3^{2-})$ —— 碳酸根的质量摩尔浓度(mmol/kg土)；

$CO_3^{2-}$ —— 碳酸根的含量(%或mg/kg土)；

$V_1$ —— 酚酞为指示剂滴定硫酸标准溶液的用量(mL)；

$V_s$ —— 吸取试样浸出液体积(mL)；

$10^{-3}$ —— 换算因数；

0.060 —— 碳酸根的摩尔质量(kg/mol)；

60 —— 碳酸根的摩尔质量(g/mol)。

计算至0.01mmol/kg土和0.001%或1mg/kg土，平行滴定误差不大于0.1mL，取算术平均值。

2 重碳酸根含量应按下式计算：

$$b(HCO_3^-)=\frac{2(V_2-V_1)c(H_2SO_4)\frac{V_w}{V_s}(1+0.01w)\times 1000}{m_s} \qquad (31.3.5\text{-}4)$$

$$HCO_3^-=b(HCO_3^-)\times 10^{-3}\times 0.061\times 100 \quad (\%) \qquad (31.3.5\text{-}5)$$

或 $$HCO_3^-=b(HCO_3^-)\times 61 \quad (\text{mg/kg 土}) \qquad (31.3.5\text{-}6)$$

式中 $b(HCO_3^-)$ —— 重碳酸根的质量摩尔浓度(mmol/kg土)；

$HCO_3^-$ —— 重碳酸根的含量(%或mg/kg土)；

$10^{-3}$ —— 换算因数；

$V_2$ —— 甲基橙为指示剂滴定硫酸标准溶液的用量(mL)；

0.061 —— 重碳酸根的摩尔质量(kg/mol)；

61 —— 重碳酸根的摩尔质量(g/mol)。

计算至0.01mmol/kg土和0.001%或1mg/kg土。平行滴定，允许误差不大于0.1mL，取算术平均值。

31.3.6 碳酸根和重碳酸根测定的记录格式见附录D表D-47(1)和表D-47(2)。

### 31.4 氯根的测定

**31.4.1** 本试验方法适用于各类土。

**31.4.2** 氯根测定所用的主要仪器设备，应符合下列规定：

1 分析天平：称量200g，最小分度值0.0001g。

2 酸式滴定管：容量25mL，最小分度值0.05mL，棕色。

3 其他设备：移液管、烘箱、锥形瓶、容量瓶等。

**31.4.3** 氯根测定所用试剂，应符合下列规定：

1 铬酸钾指示剂(5%)：称取5g铬酸钾($K_2CrO_4$)溶于适量纯水中，然后逐滴加入硝酸银标准溶液至出现砖红色沉淀为止。放置过夜后过滤，滤液用纯水稀释至100mL，贮于滴瓶中。

2 硝酸银$c(AgNO_3)$标准溶液：称取预先在105～110℃温度烘干30min的分析纯硝酸银($AgNO_3$)3.3974g，通过漏斗冲洗入1L容量瓶中，待溶解后，继续用纯水稀释至1000mL，贮于棕色瓶中，则硝酸银的浓度为：

$$c(AgNO_3)=\frac{m(AgNO_3)}{V\cdot M(AgNO_3)}$$

$$=\frac{3.3974}{1\times169.868}=0.02(mol/L)$$

3 重碳酸钠$c(NaHCO_3)$溶液：称取重碳酸钠1.7g溶于纯水中，并用纯水稀释至1000mL，其浓度约为0.02mol/L。

4 甲基橙指示剂：配制见本标准第31.3.3条1款。

**31.4.4** 氯根测定应按下列步骤进行：

1 吸取试样浸出液25mL于锥形瓶中，加甲基橙指示剂1～2滴，逐滴加入0.02mol/L浓度的重碳酸钠至溶液呈纯黄色(控制pH值为7)。再加入铬酸钾指示剂5～6滴，用硝酸银标准溶液滴定至生成砖红色沉淀为终点，记下硝酸银标准溶液的用量。

2 另取纯水25mL，按本条1款的步骤操作，作空白试验。

**31.4.5** 氯根的含量应按下式计算：

$$b(Cl^-)=\frac{(V_1-V_2)c(AgNO_3)\frac{V_w}{V_s}(1+0.01w)\times1000}{m_s} \quad (31.4.5\text{-}1)$$

$$Cl^-=b(Cl^-)\times10^{-3}\times0.0355\times100 \quad (\%) \quad (31.4.5\text{-}2)$$

或 $$Cl^-=b(Cl^-)\times35.5 \quad (mg/kg\ 土) \quad (31.4.5\text{-}3)$$

式中 $b(Cl^-)$——氯根的质量摩尔浓度(mmol/kg土)；

$Cl^-$——氯根的含量(%或mg/kg土)；

$V_1$——浸出液消耗硝酸银标准溶液的体积(mL)；

$V_2$——纯水(空白)消耗硝酸银标准溶液的体积(mL)；

0.0355——氯根的摩尔质量(kg/mol)。

计算准确至0.01mmol/kg土和0.001%或1mg/kg土，平行滴定偏差不大于0.1mL，取算术平均值。

**31.4.6** 氯根测定的记录格式见附录D表D-48。

### 31.5 硫酸根的测定

——EDTA络合容量法

**31.5.1** 本试验方法适用于硫酸根含量大于、等于0.025%(相当于50mg/L)的土。

**31.5.2** EDTA络合容量法测定所用的主要仪器设备，应符合下列规定：

1 天平：称量200g，最小分度值0.0001g。

2 酸式滴定管：容量25mL，最小分度值0.1mL。

3 其他设备：移液管、锥形瓶、容量瓶、量杯、角匙、烘箱、研钵和杵、量筒。

**31.5.3** EDTA络合容量法测定所用的试剂，应符合下列规定：

1 1：4盐酸溶液：将1份浓盐酸与4份纯水互相混合均匀。

2 钡镁混合剂：称取1.22g氯化钡($BaCl_2\cdot2H_2O$)和1.02g氯化镁($MgCl_2\cdot6H_2O$)，一起通过漏斗用纯水冲洗入500mL容量瓶中，待溶解后继续用纯水稀释至500mL。

3 氨缓冲溶液：称取70g氯化铵($NH_4Cl$)于烧杯中，加适量纯水溶解后移入1000mL量筒中，再加入分析纯浓氨水570mL，最后用纯水稀释至1000mL。

4 铬黑T指示剂：称取0.5g铬黑T和100g预先烘干的氯化钠(NaCl)，互相混合研细均匀，贮于棕色瓶中。

5 锌基准溶液：称取预先在105～110℃烘干的分析纯锌粉(粒)0.6538g于烧杯中，小心地分次加入1：1盐酸溶液20～30mL，置于水浴上加热至锌完全溶解(切勿溅失)，然后移入1000mL容量瓶中，用纯水稀释至1000mL。即得锌基准溶液浓度为：

$$c(Zn^{2+})=\frac{m(Zn^{2+})}{V\cdot M(Zn^{2+})}=\frac{0.6538}{1\times65.38}=0.0100\ (mol/L)$$

6 EDTA标准溶液：

1)配制：称取乙二铵四乙酸二钠3.72g溶于热纯水中，冷却后移入1000mL容量瓶中，再用纯水稀释至1000mL。

2)标定：用移液管吸取3份锌基准溶液，每份20mL，分别置于3个锥形瓶中，用适量纯水稀释后，加氨缓冲溶液10mL，铬黑T指示剂少许，再加95%乙醇5mL，然后用EDTA标准溶液滴定至溶液由红色变亮蓝色为终点，记下用量。按下式计算EDTA标准溶液的浓度。

$$c(EDTA)=\frac{V(Zn^{2+})c(Zn^{2+})}{V(EDTA)} \quad (31.5.3)$$

式中 $c(EDTA)$——EDTA标准溶液浓度(mol/L)；

$V(EDTA)$——EDTA标准溶液用量(mL)；

$c(Zn^{2+})$——锌基准溶液的浓度(mol/L)；

$V(Zn^{2+})$——锌基准溶液的用量(mL)。

计算至0.0001mol/L，3份平行滴定，滴定误差不大于0.05mL，取算术平均值。

7 乙醇：95%分析纯。

8 1：1盐酸溶液：取1份盐酸与1份水混合均匀。

9 5%氯化钡($BaCl_2$)溶液：溶解5g氯化钡($BaCl_2$)于1000mL纯水中。

**31.5.4** EDTA络合容量法测定，应按下列步骤进行：

1 硫酸根($SO_4^{2-}$)含量的估测：取浸出液5mL于试管中，加入1：1盐酸2滴，再加5%氯化钡溶液5滴，摇匀，按表31.5.4估测硫酸根含量。当硫酸盐含量小于50mg/L时，应采用比浊法，按本标准第31.6节进行操作。

**表31.5.4 硫酸根估测方法选择与试剂用量表**

| 加氯化钡后溶液混浊情况 | $SO_4^{2-}$含量(mg/L) | 测定方法 | 吸取土浸出液(mL) | 钡镁混合剂用量(mL) |
|---|---|---|---|---|
| 数分钟后微混浊 | <10 | 比浊法 | — | — |
| 立即呈生混浊 | 25～50 | 比浊法 | — | — |
| 立即混浊 | 50～100 | EDTA | 25 | 4～5 |
| 立即沉淀 | 100～200 | EDTA | 25 | 8 |
| 立即大量沉淀 | >200 | EDTA | 10 | 10～12 |

2 按表31.5.4估测硫酸根含量，吸取一定量试样浸出液于锥形瓶中，用适量纯水稀释后，投入刚果红试纸一片，滴加(1：4)盐酸溶液至试纸呈蓝色，再过量2～3滴，加热煮沸，趁热由滴定管准确滴加过量钡镁合剂，边滴边摇，直到预计的需要量(注意滴入量至少应过量50%)，继续加热微沸5min，取下冷却静置2h。然后加氨缓冲溶液10mL，铬黑T少许，95%乙醇5mL，摇匀，再用EDTA标准溶液滴定至试液由红色变为天蓝色为终点，记下用量$V_1$(mL)。

3 另取一个锥形瓶加入适量纯水，投刚果红试纸一片，滴加(1：4)盐酸溶液至试纸呈蓝色，再过量2～3滴。由滴定管准确加入与本条2款步骤等量的钡镁合剂，然后加氨缓冲溶液10mL，铬黑T指示剂少许。95%乙醇5mL摇匀，再用EDTA标准溶液滴定至由红色变为天蓝色为终点，记下用量$V_2$(mL)。

4 再取一个锥形瓶加入与本条2款步骤等体积的试样浸出液，然后按本标准第31.8.4条1款的步骤测定同体积浸出液中钙镁对EDTA标准溶液的用量$V_3$(mL)。

31.5.5 硫酸根含量应按下式计算：

$$b(SO_4^{2-})=\frac{(V_3+V_2-V_1)c(EDTA)\frac{V_w}{V_s}(1+0.01w)\times1000}{m_s} \quad (31.5.5\text{-}1)$$

$$SO_4^{2-}=b(SO_4^{2-})\times10^{-3}\times0.096\times100 \quad (\%) \quad (31.5.5\text{-}2)$$

或 $$SO_4^{2-}=b(SO_4^{2-})\times96 \quad (mg/kg\ 土) \quad (31.5.5\text{-}3)$$

式中 $b(SO_4^{2-})$——硫酸根的质量摩尔浓度(mmol/kg土)；

$SO_4^{2-}$——硫酸根的含量(%或mg/kg土)；

$V_1$——浸出液中钙镁与钡镁合剂对EDTA标准溶液的用量(mL)；

$V_2$——用同体积钡镁合剂(空白)对EDTA标准溶液的用量(mL)；

$V_3$——同体积浸出液中钙镁对EDTA标准溶液的用量(mL)；

0.096——硫酸根的摩尔质量(kg/mol)；

$c$(EDTA)——EDTA标准溶液的浓度(mol/L)。

计算准确至0.01mmol/kg土和0.001%或1mg/kg土，平行滴定允许偏差不大于0.1mL，取算术平均值。

31.5.6 EDTA络合容量法硫酸根测定的记录格式见附录D表D-49。

## 31.6 硫酸根的测定

——比浊法

31.6.1 本试验方法适用于硫酸根含量小于0.025%(相当于50mg/L)的土。

31.6.2 比浊法测定所用的主要仪器设备，应符合下列规定：

1 光电比色计或分光光度计。

2 电动磁力搅拌器。

3 量匙容量0.2～0.3cm³。

4 其他设备：移液管、容量瓶、筛子(0.6～0.85mm)、烘箱、分析天平(最小分度值0.1mg)。

31.6.3 比浊法测定所用的试剂，应符合下列规定：

1 悬浊液稳定剂：将浓盐酸(HCl)30mL，95%的乙醇100mL，纯水300mL，氯化钠(NaCl)25g混匀的溶液与50mL甘油混合均匀。

2 结晶氯化钡($BaCl_2$)：将氯化钡结晶过筛取粒径在0.6～0.85mm之间的晶粒。

3 硫酸根标准溶液：称取预先在105～110℃烘干的无水硫酸钠0.1479g，用纯水通过漏斗冲洗入1000mL容量瓶中，溶解后，继续用纯水稀释至1000mL，此溶液中硫酸根含量为0.1mg/mL。

31.6.4 比浊法测定，应按下列步骤进行：

1 标准曲线的绘制：用移液管分别吸取硫酸根标准溶液5、10、20、30、40mL注入100mL容量瓶中，然后均用纯水稀释至刻度，制成硫酸根含量分别为0.5、1.0、2.0、3.0、4.0mg/100mL的标准系列。再分别移入烧杯中，各加悬浊液稳定剂5.0mL和一量匙的氯化钡结晶，置于磁力搅拌器上搅拌1min。以纯水为参比，在光电比色计上用紫色滤光片(如用分光光度计，则用400～450mm的波长)进行比浊，在3min内每隔30s测读一次悬浊液吸光值，取稳定后的吸光值。再以硫酸根含量为纵坐标，相对应的吸光值为横坐标，在坐标纸上绘制关系曲线，即得标准曲线。

2 硫酸根含量的测定：用移液管吸取试样浸出液100mL(硫酸根含量大于4mg/mL时，应少取浸出液并用纯水稀释至100mL)置于烧杯中，然后按本条1款的标准系列溶液加悬浊液稳定剂等一系列步骤进行操作，以同一试样浸出液为参比，测定悬浊液的吸光值，取稳定后的读数，由标准曲线查得相应硫酸根的含量(mg/100mL)。

31.6.5 硫酸根含量按下式计算：

$$SO_4^{2-}=\frac{m(SO_4^{2-})\frac{V_w}{V_s}(1+0.01w)\times100}{m_s10^3} \quad (\%) \quad (31.6.5\text{-}1)$$

或 $$SO_4^{2-}=(SO_4^{2-}\%)\times10^6 \quad (mg/kg\ 土) \quad (31.6.5\text{-}2)$$

$$b(SO_4^{2-})=(SO_4^{2-}\%/0.096)\times1000 \quad (31.6.5\text{-}3)$$

式中 $SO_4^{2-}$——硫酸根含量(%或mg/kg土)；

$b(SO_4^{2-})$——硫酸根的质量摩尔浓度(mmol/kg土)；

$m(SO_4^{2-})$——由标准曲线查得$SO_4^{2-}$含量(mg)；

$SO_4^{2-}\%$——硫酸根含量以小数计；

0.096——$SO_4^{2-}$的摩尔质量(kg/mol)。

计算准确至0.01mmol/kg土和0.001%或1mg/kg土。

31.6.6 比浊法硫酸根测定的记录格式见附录D表D-50。

## 31.7 钙离子的测定

31.7.1 本试验方法适用于各类土。

31.7.2 钙离子测定所用的主要仪器设备，应符合下列规定：

1 酸式滴定管：容量25mL，最小分度值0.1mL。

2 其他设备：移液管、锥形瓶、量杯、天平、研钵等。

31.7.3 钙离子测定所用的试剂，应符合下列规定：

1 2mol/L氢氧化钠溶液：称取8g氢氧化钠溶于100mL纯水中。

2 钙指示剂：称取0.5g钙指示剂与50g预先烘焙的氯化钠一起置于研钵中研细混合均匀，贮于棕色瓶中，保存于干燥器内。

3 EDTA标准溶液：配制与标定按本标准第31.5.3条6款的步骤操作。

4 1∶4盐酸溶液：按本标准第31.5.3条1款的步骤配制。

5 刚果红试纸。

6 95%乙醇溶液。

31.7.4 钙离子测定，应按下列步骤进行：

1 用移液管吸取试样浸出液25mL于锥形瓶中，投刚果红试纸一片，滴加(1∶4)盐酸溶液至试纸变为蓝色为止，煮沸除去二氧化碳(当浸出液中碳酸根和重碳酸根含量很少时，可省去此步骤)。

2 冷却后，加入2mol/L氢氧化钠溶液2mL(控制pH≈12)摇匀。放置1～2min后，加钙指示剂少许，95%乙醇5mL，用EDTA标准溶液滴定至试液由红色变为浅蓝色为终点。记下EDTA标准溶液用量，估读至0.05mL。

31.7.5 钙离子含量按下式计算：

$$b(Ca^{2+})=\frac{V(EDTA)c(EDTA)\frac{V_w}{V_s}(1+0.01w)\times1000}{m_s} \quad (31.7.5\text{-}1)$$

$$Ca^{2+}=b(Ca^{2+})\times10^{-3}\times0.040\times100 \quad (\%) \quad (31.7.5\text{-}2)$$

或 $$Ca^{2+}=b(Ca^{2+})\times40 \quad (mg/kg\ 土) \quad (31.7.5\text{-}3)$$

式中 $b(Ca^{2+})$——钙离子的质量摩尔浓度(mmol/kg土)；

$Ca^{2+}$——钙离子含量(%或mg/kg土)；

$c$(EDTA)——EDTA标准溶液浓度(mol/L)；

$V$(EDTA)——EDTA标准溶液用量(mL)；

0.040——钙离子的摩尔质量(kg/mol)。

计算准确至0.01mmol/kg土和0.001%或1mg/kg土，需平行滴定，滴定偏差不应大于0.1mL，取算术平均值。

31.7.6 钙离子测定的记录格式见附录D表D-51。

## 31.8 镁离子的测定

31.8.1 本试验方法适用于各类土。

**31.8.2** 镁离子测定所用的主要仪器设备，应符合本标准第31.7.2条的规定。

**31.8.3** 镁离子测定所用试剂，应符合本标准第31.5.3和31.7.3条的规定。

**31.8.4** 镁离子的测定，应按下列步骤进行：

1 用移液管吸取试样浸出液25mL于锥形瓶中，加入氨缓冲溶液5mL，摇匀后加入铬黑T指示剂少许，95%乙醇5mL，充分摇匀，用EDTA标准溶液滴定至试液由红色变为亮蓝色为终点，记下EDTA标准溶液用量，精确至0.05mL。

2 用移液管吸取与本条1款等体积的试样浸出液，按照本标准第31.7.4条的试验步骤操作，滴定钙离子对EDTA标准溶液的用量。

**31.8.5** 镁离子含量按下列公式计算：

$$b(Mg^{2+})=\frac{(V_2-V_1)c(\mathrm{EDTA})\frac{V_w}{V_s}(1+0.01w)\times1000}{m_s} \quad (31.8.5\text{-}1)$$

$$Mg^{2+}=b(Mg^{2+})\times10^{-3}\times0.024\times100 \quad (\%) \quad (31.8.5\text{-}2)$$

或 $$Mg^{2+}=b(Mg^{2+})\times24 \quad (\text{mg/kg 土}) \quad (31.8.5\text{-}3)$$

式中 $b(Mg^{2+})$——镁离子的质量摩尔浓度(mmol/kg土)；

$Mg^{2+}$——镁离子含量(%或mg/kg土)；

$V_2$——钙镁离子对EDTA标准溶液的用量(mL)；

$V_1$——钙离子对EDTA标准溶液的用量(mL)；

$c$(EDTA)——EDTA标准溶液浓度(mol/L)；

0.024——镁离子的摩尔质量(kg/mol)。

计算准确至0.01mmol/kg土和0.001%或1mg/kg土，需平行滴定，滴定偏差不应大于0.1mL，取算术平均值。

**31.8.6** 镁离子测定记录格式见附录D表D-52。

## 31.9 钙离子和镁离子的原子吸收分光光度测定

**31.9.1** 本试验方法适用于各类土。

**31.9.2** 钙、镁离子的原子吸收分光光度测定所用的主要仪器设备，应符合下列规定：

1 原子吸收分光光度计：附有元素灯和空气与乙炔燃气等设备以及仪器操作使用说明书。

2 分析天平：称量200g，最小分度值0.0001g。

3 其他设备：烘箱、1L容量瓶、50mL容量瓶、移液管、烧杯。

**31.9.3** 钙、镁离子原子吸收分光光度测定所用试剂，应符合下列规定：

1 钙离子标准溶液：称取预先在105～110℃烘干的分析纯碳酸钙0.2497g于烧杯中，加入少量稀盐酸至完全溶解，然后移入1L容量瓶中，用纯水冲洗烧杯并稀释至刻度，贮于塑料瓶中。此液浓度$\rho(Ca^{2+})$为100mg/L。

2 镁离子标准溶液：称取光谱纯金属镁0.1000g置于烧杯中，加入稀盐酸至完全溶解，然后用纯水冲洗入1L容量瓶中并继续稀释至刻度，贮于塑料瓶中。此液浓度$\rho(Mg^{2+})$为100mg/L。

3 5%氯化镧溶液：称取光谱纯的氯化镧($LaCl_3\cdot7H_2O$)13.4g溶于100mL纯水中。

**31.9.4** 钙、镁离子原子吸收分光光度测定，应按下列步骤进行：

1 绘制标准曲线。

1)配制标准系列：取50mL容量瓶6个，准确加入$\rho(Ca^{2+})$为100mg/L的标准溶液0、1、3、5、7、10mL(相当于0～20mg/L $Ca^{2+}$)和$\rho(Mg^{2+})$为100mg/L的标准溶液0、0.5、1、2、3、5mL(相当于0～10mg/L $Mg^{2+}$)，再各加入5%氯化镧溶液5mL，最后用纯水稀释至刻度。

2)绘制标准曲线：分别选用钙和镁的空心阴极灯，波长钙离子($Ca^{2+}$)为422.7nm，镁离子($Mg^{2+}$)为285.2nm，以空气－乙炔燃气等为工作条件，按原子吸收分光光度计的使用说明书操作，分别测定钙和镁的吸收值。然后分别以吸收值为纵坐标，相应浓度为横坐标分别绘制钙、镁的标准曲线。也可采用最小二乘法建立回归方程，即：

$$\left.\begin{aligned}y&=f+nx\\x&=\frac{y-f}{n}\end{aligned}\right\} \quad (31.9.4)$$

式中 $y$——测得吸收值；

$x$——相应的钙、镁浓度(mg/L)；

$f$——截距；

$n$——斜率。

回归方程的相关系数$\gamma$，应满足$1>\gamma>0.999$的要求。

2 试样测定：用移液管吸取一定量的试样浸出液(钙浓度小于20mg/L，镁浓度小于10mg/L)，于50mL容量瓶中，加入5%氯化镧溶液5mL，用纯水稀释至50mL。然后同本条1款标准曲线绘制的工作条件，按原子吸收分光光度计使用说明书操作，分别测定钙和镁的吸收值，并用测得的钙、镁吸收值，从标准曲线查得或由式(31.9.4)求得相应的钙、镁离子浓度。

**31.9.5** 钙、镁离子含量按下列公式计算：

$$Ca^{2+}=\frac{\rho(Ca^{2+})V_c\frac{V_w}{V_s}(1+0.01w)\times100}{m_s\times10^3} \quad (\%) \quad (31.9.5\text{-}1)$$

或 $$Ca^{2+}=(Ca^{2+}\%)\times10^6 \quad (\text{mg/kg 土}) \quad (31.9.5\text{-}2)$$

$$Mg^{2+}=\frac{\rho(Mg^{2+})V_c\frac{V_w}{V_s}(1+0.01w)\times100}{m_s\times10^3} \quad (\%) \quad (31.9.5\text{-}3)$$

或 $$Mg^{2+}=(Mg^{2+}\%)\times10^6 \quad (\text{mg/kg 土}) \quad (31.9.5\text{-}4)$$

$$b(Ca^{2+})=(Ca^{2+}\%/0.040)\times1000 \quad (31.9.5\text{-}5)$$

$$b(Mg^{2+})=(Mg^{2+}\%/0.024)\times1000 \quad (31.9.5\text{-}6)$$

式中 $\rho(Ca^{2+})$——由标准曲线查得或本标准式(31.9.4)求得钙离子浓度(mg/L)；

$\rho(Mg^{2+})$——由标准曲线查得或本标准式(31.9.4)求得镁离子浓度(mg/L)；

$V_c$——测定溶液定容体积(=0.05L)；

$10^3$——将毫克换算成克。

计算准确至0.01mmol/kg土和0.001%或1mg/kg土。

**31.9.6** 钙、镁离子原子吸收分光光度测定的记录格式见附录D表D-53。

## 31.10 钠离子和钾离子的测定

**31.10.1** 本试验方法适用于各类土。

**31.10.2** 钠离子和钾离子测定所用的主要仪器设备，应符合下列规定：

1 火焰光度计及其附属设备。

2 天平：称量200g，最小分度值0.0001g。

3 其他设备：高温炉、烘箱、移液管、1L容量瓶、50mL容量瓶、烧杯等。

**31.10.3** 钠离子和钾离子测定所用的试剂，应符合下列规定：

1 钠($Na^+$)标准溶液：称取预先于550℃灼烧过的氯化钠(NaCl)0.2542g，在少量纯水中溶解后，冲洗入1L容量瓶中，继续用纯水稀释至1000mL，贮于塑料瓶中。此溶液含钠离子($Na^+$)为0.1mg/mL(100mg/L)。

2 钾($K^+$)标准溶液：称取预先于105～110℃烘干的氯化钾(KCl)0.1907g，在少量纯水中溶解后，冲洗入1L容量瓶中，继续用水稀释至1000mL，贮于塑料瓶中。此溶液含钾离子($K^+$)为0.1mg/mL(100mg/L)。

**31.10.4** 钠离子和钾离子的测定，应按下列步骤进行：

1 绘制标准曲线。

1)配制标准系列：取50mL容量瓶6个，准确加入钠($Na^+$)

标准溶液和钾($K^+$)标准溶液各为0、1、5、10、15、25mL,然后各用纯水稀释至50mL,此系列相应浓度范围为$\rho(Na^+)$0～50mg/L、$\rho(K^+)$0～50mg/L。

2)按照火焰光度计使用说明书操作,分别用钠滤光片和钾滤光片,逐个测定其吸收值。然后分别以吸收值为纵坐标,相应钠离子($Na^+$)、钾离子($K^+$)浓度为横坐标,分别绘制钠($Na^+$)、钾($K^+$)的标准曲线。也可采用最小二乘法建立回归方程。统计方法和相关系数$\gamma$应符合本标准式(31.9.4)的规定。

2 试样测定:用移液管吸取一定量试样浸出液(以不超出标准曲线浓度范围为准)于50mL容量瓶中,用纯水稀释至50mL,然后同本条1款绘制标准曲线的工作条件,按火焰光度计使用说明书操作,分别用钠滤光片和钾滤光片测定其吸收值。并用测得的钠、钾吸收值,从标准曲线查得或由回归方程求得相应的钠、钾离子浓度。

**31.10.5** 钠离子和钾离子应按下列公式计算:

$$Na^+=\frac{\rho(Na^+)V_c\dfrac{V_w}{V_s}(1+0.01w)\times100}{m_s\times10^3}\quad(\%)\qquad(31.10.5\text{-}1)$$

或 $Na^+=(Na^+\%)\times10^6$ (mg/kg 土) (31.10.5-2)

$$K^+=\frac{\rho(K^+)V_c\dfrac{V_w}{V_s}(1+0.01w)\times100}{m_s\times10^3}\quad(\%)\qquad(31.10.5\text{-}3)$$

或 $K^+=(K^+\%)\times10^6$ (mg/kg 土) (31.10.5-4)

$b(Na^+)=(Na^+\%/0.023)\times1000$ (31.10.5-5)

$b(K^+)=(K^+\%/0.039)\times1000$ (31.10.5-6)

式中 $Na^+$、$K^+$——分别为试样中钠、钾的含量(%或mg/kg土);

$b(Na^+)$、$b(K^+)$——分别为试样中钠、钾的质量摩尔浓度(mmol/kg土);

0.023、0.039——分别为$Na^+$和$K^+$的摩尔质量(kg/mol)。

**31.10.6** 钠、钾离子测定的记录格式见附录D表D-54。

## 32 中溶盐(石膏)试验

**32.0.1** 本试验方法适用于含石膏较多的土类。本试验规定采用酸浸提－质量法。

**32.0.2** 本试验所用的主要仪器设备,应符合下列规定:

1 分析天平:称量200g,最小分度值0.0001g。

2 加热设备:电炉、高温炉。

3 过滤设备:漏斗及架、定量滤纸、洗瓶、玻璃棒。

4 制样设备:瓷盘、0.5mm筛子、玛瑙研钵及杵。

5 其他设备:烧杯、瓷坩埚、干燥器、坩埚钳、试管、量筒、水浴锅、石棉网、烘箱。

**32.0.3** 本试验所用试剂,应符合下列规定:

1 0.25mol/L $c$(HCl)溶液:量取浓盐酸20.8mL,用纯水稀释至1000mL。

2 (1:1)盐酸溶液:取1份浓盐酸与1份纯水相互混合均匀。

3 10%氢氧化铵溶液:量取浓氨水31mL,用纯水稀释至100mL。

4 10%氯化钡($BaCl_2$)溶液:称取10g氯化钡溶于少量纯水中,稀释至100mL。

5 1%硝酸银($AgNO_3$)溶液:溶解0.5g硝酸银于50mL纯水中,再加数滴浓硝酸酸化,贮于棕色滴瓶中。

6 甲基橙指示剂:称取0.1g甲基橙溶于100mL水中,贮于滴瓶中。

**32.0.4** 中溶盐试验,应按下列步骤进行:

1 试样制备:将潮湿试样捏碎摊开于瓷盘中,除去试样中杂物(如植物根茎叶等),置于阴凉通风处晾干,然后用四分法选取试样约100g,置于玛瑙研钵中研磨,使其全部通过0.5mm筛(不得弃去或撒失)备用。

2 称取已制备好的风干试样1～5g(视其含量而定),准确至0.0001g,放入200mL烧杯中,缓慢地加入0.25mol/L $c$(HCl) 50mL边加边搅拌。如试样含有大量碳酸盐,应继续加此盐酸至无气泡产生为止,放置过夜。另取此风干试样约5g,准确至0.01g,测定其含水率。

3 过滤,沉淀用0.25mol/L $c$(HCl)淋洗至最后滤液中无硫酸根离子为止(取最后滤液于试管中,加少许氯化钡溶液,应无白色浑浊),即得酸浸提液(滤液)。

4 收集滤液于烧杯中,将其浓缩至约150mL。冷却后,加甲基橙指示剂,用10%氢氧化铵溶液中和至溶液呈黄色为止,再用(1:1)盐酸溶液调至红色后,多加10滴,加热煮沸,在搅拌下趁热、缓慢滴加10%氯化钡溶液,直至溶液中硫酸根离子沉淀完全,并少有过量为止(让溶液静置澄清后,沿杯壁滴加氯化钡溶液,如无白色浑浊生成,表示已沉淀完全)。置于水浴锅上,在60℃保持2h。

5 用致密定量滤纸过滤,并用热的纯水洗涤沉淀,直到最后洗液无氯离子为止(用1%硝酸银检验,应无白色浑浊)。

6 用滤纸包好洗净的沉淀,放入预先已在600℃灼烧至恒量的瓷坩埚中,置于电炉上灰化滤纸(不得出现明火燃烧)。然后移入高温炉中,控制在600℃灼烧1h,取出放于石棉网上稍冷,再放入干燥器中冷却至室温,用分析天平称量,准确至0.0001g。再将其放入高温炉中控制600℃灼烧30min,取出冷却,称量。如此反复操作至恒量为止。

7 另取1份试样按本标准第31.5节或第31.6节测定易溶盐中的硫酸根离子,并求水浸出液中硫酸根含量$W(SO_4^{2-})_w$。

**32.0.5** 中溶盐(石膏)含量,应按下式计算:

$$W(SO_4^{2-})_b=\frac{(m_2-m_1)\times0.4114\times(1+0.01w)\times100}{m_s}\qquad(32.0.5\text{-}1)$$

$$CaSO_4\cdot2H_2O=[W(SO_4^{2-})_b-W(SO_4^{2-})_w]\times1.7992\qquad(32.0.5\text{-}2)$$

式中 $CaSO_4\cdot2H_2O$——中溶盐(石膏)含量(%);

$W(SO_4^{2-})_b$——酸浸出液中硫酸根的含量(%);

$W(SO_4^{2-})_w$——水浸出液中硫酸根的含量(%);

$m_1$——坩埚的质量(g);

$m_2$——坩埚加沉淀物质量(g);

$m_s$——风干试样的质量(g);

$w$——风干试样含水率(%);

0.4114——由硫酸钡换算成硫酸根($SO_4^{2-}/BaSO_4$)的因数;

1.7922——由硫酸根换算成硫酸钙(石膏)$CaSO_4\cdot2H_2O/SO_4^{2-}$的因数。

计算至0.01%。

注:如果试验前试样预先进行洗盐,则式(32.0.5-2)中的$W(SO_4^{2-})_w$项,应舍弃不计。

**32.0.6** 中溶盐(石膏)试验的记录格式见附录D表D-55。

## 33 难溶盐(碳酸钙)试验

**33.0.1** 本试验方法适用于碳酸盐含量较低的各类土,采用气量法。

**33.0.2** 本试验所用的主要仪器设备,应符合下列规定:

1 二氧化碳约测计:如图33.0.2。

2 天平:称量200g,最小分度值0.01g。

3 制样设备:同本标准第32.0.2条。

4 其他设备:烘箱、坩埚钳、长柄瓶夹、气压计、温度计、干燥器等。

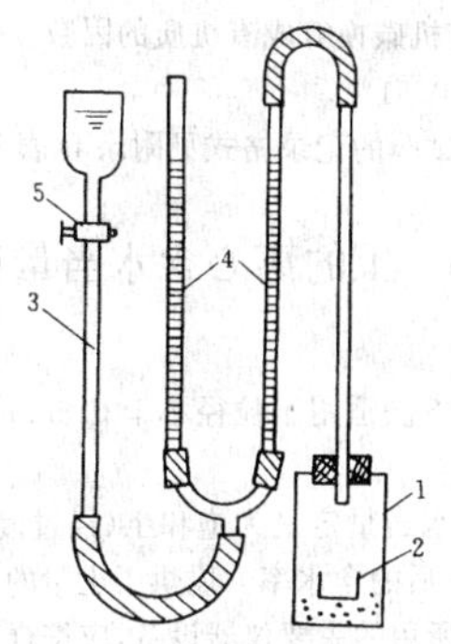


图 33.0.2　二氧化碳约测计示意图

1—广口瓶；2—坩埚；3—移动管；4—量管；5—阀门

**33.0.3**　本试验所用试剂，应符合下列规定：

1　(1∶3)盐酸溶液：取1份盐酸加3份纯水即得。

2　0.1%甲基红溶液：溶解0.1g甲基红于100mL纯水中。

**33.0.4**　难溶盐试验，应按下列步骤进行：

1　试样制备：按本标准第32.0.4条1款的步骤进行。

2　安装好二氧化碳约测计（如本标准图33.0.2），将加有微量盐酸和0.1%甲基红溶液的红色水溶液注入量管中至移动管和二量管三管水面齐平，同处于量管零刻度处。

3　称取预先在105～110℃烘干的试样1～5g（视碳酸钙含量而定），准确至0.01g。放入约测计的广口瓶中，再对瓷坩埚注入适量(1∶3)盐酸溶液，小心地移入广口瓶中放稳，盖紧广口瓶塞，打开阀门，上下移动移动管，使移动管和二量管三管水面齐平。

4　继续将移动管下移，观察量管的右管水面是否平稳，如果水面下降很快，表示漏气，应仔细检查各接头并用热石蜡密封直至不漏气为止。

5　三管水面齐平后，关闭阀门，记下量管的右管起始水位读数。

6　用长柄瓶夹夹住广口瓶颈部，轻轻摇动，使瓷坩埚中盐酸溶液倾出与瓶中试样充分反应。当量管的右管水面受到二氧化碳气体压力而下降时，打开阀门，使量管的左右管水面应保持同一水平，静置10min，至量管的右管水面稳定（说明已反应完全），再移动移动管使三管水面齐平，记下量管的右管最终水位读数，同时记下试验时的水温和大气压力。

7　重复本条2～6款的步骤进行空白试验。并从试样产生的二氧化碳体积中减去空白试验值。

**33.0.5**　难溶盐（碳酸钙）含量应按下式计算：

1　按下式计算碳酸钙含量。

$$CaCO_3=\frac{V(CO_2)\rho(CO_2)\times 2.272}{m_d\times 10^6}\times 100 \quad (33.0.5\text{-}1)$$

式中　$CaCO_3$——难溶盐（碳酸钙）含量(%)；

$V(CO_2)$——二氧化碳体积(mL)；

$\rho(CO_2)$——在试验时的水温和大气压力下二氧化碳密度(μg/mL)，由表33.0.5查得。

2.272——由二氧化碳换算成碳酸钙($CaCO_3/CO_2$)的因数；

$m_d$——试样干质量(g)；

$10^6$——将微克换算成克数。

2　当水温和大气压力在表33.0.5的范围之外时，按下式计算碳酸钙含量。

$$\left.\begin{aligned}CaCO_3&=\frac{M(CaCO_3)n(CO_2)\times 100}{m_d}\\ n(CO_2)&=\frac{P\cdot V(CO_2)}{RT}\end{aligned}\right\} \quad (33.0.5\text{-}2)$$

式中　$M(CaCO_3)$——碳酸钙摩尔质量(=100g/mol)；

$n(CO_2)$——二氧化碳物质的量(mol)；

$P$——试验时大气压力(kPa)；

$T$——试验时水温(=273+℃)K；

$R$——摩尔气体常数[=8314kPa mL/(mol·K)]。

计算准确至0.1%。

**33.0.6**　难溶盐（碳酸钙）试验的记录格式见附录D表D-56。

**表33.0.5　不同温度和大气压力下$CO_2$密度(μg/mL)**

| 水温(℃) \ 气压(kPa) | 98.925 | 99.258 | 99.591 | 99.858 | 100.125 | 100.458 | 100.791 | 101.059 | 101.325 | 101.658 | 101.991 | 102.258 | 102.525 | 102.791 | 103.191 |
|---|---|---|---|---|---|---|---|---|---|---|---|---|---|---|---|
| 28 | 1778 | 1784 | 1791 | 1797 | 1804 | 1810 | 1817 | 1823 | 1828 | 1833 | 1837 | 1842 | 1847 | 1852 | 1856 |
| 27 | 1784 | 1790 | 1797 | 1803 | 1810 | 1816 | 1823 | 1829 | 1834 | 1839 | 1843 | 1848 | 1853 | 1858 | 1863 |
| 26 | 1791 | 1797 | 1803 | 1809 | 1816 | 1822 | 1829 | 1835 | 1840 | 1845 | 1849 | 1854 | 1859 | 1864 | 1869 |
| 25 | 1797 | 1803 | 1810 | 1816 | 1823 | 1829 | 1836 | 1842 | 1847 | 1852 | 1856 | 1861 | 1866 | 1871 | 1876 |
| 24 | 1803 | 1809 | 1816 | 1822 | 1829 | 1835 | 1842 | 1848 | 1853 | 1858 | 1862 | 1867 | 1872 | 1877 | 1882 |
| 23 | 1809 | 1815 | 1822 | 1828 | 1835 | 1841 | 1848 | 1854 | 1859 | 1864 | 1868 | 1873 | 1878 | 1883 | 1888 |
| 22 | 1815 | 1821 | 1828 | 1834 | 1841 | 1847 | 1854 | 1860 | 1865 | 1870 | 1875 | 1880 | 1885 | 1890 | 1895 |
| 21 | 1822 | 1828 | 1835 | 1841 | 1848 | 1854 | 1861 | 1867 | 1872 | 1877 | 1882 | 1887 | 1892 | 1897 | 1902 |
| 20 | 1828 | 1834 | 1841 | 1847 | 1854 | 1860 | 1867 | 1873 | 1878 | 1883 | 1888 | 1893 | 1898 | 1903 | 1908 |
| 19 | 1834 | 1840 | 1847 | 1853 | 1860 | 1866 | 1873 | 1879 | 1884 | 1889 | 1894 | 1899 | 1904 | 1909 | 1914 |
| 18 | 1840 | 1846 | 1853 | 1859 | 1866 | 1872 | 1879 | 1885 | 1890 | 1895 | 1900 | 1905 | 1910 | 1915 | 1920 |
| 17 | 1846 | 1853 | 1860 | 1866 | 1873 | 1879 | 1886 | 1892 | 1897 | 1902 | 1907 | 1912 | 1917 | 1922 | 1927 |
| 16 | 1853 | 1860 | 1866 | 1873 | 1879 | 1886 | 1892 | 1898 | 1903 | 1908 | 1913 | 1918 | 1923 | 1928 | 1933 |
| 15 | 1859 | 1866 | 1872 | 1879 | 1886 | 1892 | 1899 | 1905 | 1910 | 1915 | 1920 | 1925 | 1930 | 1935 | 1940 |
| 14 | 1865 | 1872 | 1878 | 1885 | 1892 | 1899 | 1906 | 1912 | 1917 | 1922 | 1927 | 1932 | 1937 | 1942 | 1947 |
| 13 | 1872 | 1878 | 1885 | 1892 | 1899 | 1906 | 1912 | 1919 | 1924 | 1929 | 1934 | 1939 | 1944 | 1949 | 1954 |
| 12 | 1878 | 1885 | 1892 | 1899 | 1906 | 1912 | 1919 | 1925 | 1930 | 1935 | 1940 | 1945 | 1950 | 1955 | 1960 |
| 11 | 1885 | 1892 | 1899 | 1906 | 1913 | 1919 | 1926 | 1932 | 1937 | 1942 | 1947 | 1952 | 1957 | 1962 | 1967 |
| 10 | 1892 | 1899 | 1906 | 1913 | 1919 | 1926 | 1933 | 1939 | 1944 | 1949 | 1954 | 1959 | 1964 | 1969 | 1974 |

## 34 有机质试验

**34.0.1** 本试验方法适用于有机质含量不大于15%的土，采用重铬酸钾容量法。

**34.0.2** 本试验所用的主要仪器设备，应符合下列规定：

1 分析天平：称量200g，最小分度值0.0001g。

2 油浴锅：带铁丝笼，植物油。

3 加热设备：烘箱、电炉。

4 其他设备：温度计（0～200℃，刻度0.5℃）、试管、锥形瓶、滴定管、小漏斗、洗瓶、玻璃棒、容量瓶、干燥器、0.15mm筛子等。

**34.0.3** 本试验所用试剂，应符合下列规定：

1 重铬酸钾标准溶液：准确称取预先在105～110℃烘干并研细的重铬酸钾（$K_2Cr_2O_7$）44.1231g，溶于800mL纯水中（必要时可加热），在不断搅拌下，缓慢地加入浓硫酸1000mL，冷却后移入2L容量瓶中，用纯水稀释至刻度。此标准溶液浓度：

$$c(K_2Cr_2O_7)=0.075\text{mol/L}$$

2 硫酸亚铁标准溶液：称取硫酸亚铁（$FeSO_4\cdot 7H_2O$）56g（或硫酸亚铁铵80g），溶于适量纯水中，加3mol/L $c(H_2SO_4)$溶液30mL，然后用纯水稀释至1L。按如下标定。

准确量取重铬酸钾标准溶液10.00mL3份，分别置于锥形瓶中，各用纯水稀释至约60mL，再分别加入邻啡锣啉指示剂3～5滴，用硫酸亚铁标准溶液滴定，使溶液由黄色经绿突变至橙红色为终点，记录其用量。3份平行误差不得超过0.05mL，取算术平均值。求硫酸亚铁标准溶液准确浓度：

$$c(FeSO_4)=\frac{c(K_2Cr_2O_7)V(K_2Cr_2O_7)}{V(FeSO_4)} \tag{34.0.3}$$

式中 $c(FeSO_4)$——硫酸亚铁的浓度(mol/L)；

$V(FeSO_4)$——滴定硫酸亚铁用量(mL)；

$c(K_2Cr_2O_7)$——重铬酸钾浓度(mol/L)；

$V(K_2Cr_2O_7)$——取重铬酸钾体积(mL)。

计算至0.0001mol/L。

3 邻啡锣啉指示剂：称取邻啡锣啉1.845g和硫酸亚铁0.695g溶于100mL纯水中，贮于棕色瓶中。

**34.0.4** 有机质试验应按下列步骤进行：

1 当试样中含有机碳小于8mg时，准确称取已除去植物根并通过0.15mm筛的风干试样0.1000～0.5000g，放入干燥的试管底部，用滴定管缓慢滴入重铬酸钾标准溶液10.00mL，摇匀，于试管口插一小漏斗。

2 将试管插入铁丝笼中，放入190℃左右的油浴锅内，试管内的液面应低于油面。控制在170～180℃的温度范围，从试管内溶液沸腾时开始计时，煮沸5min，取出稍冷。

3 将试管内溶液倒入锥形瓶中，用纯水洗净试管底部，并使试液控制在60mL，加入邻啡锣啉指示剂3～5滴，用硫酸亚铁标准溶液滴定至溶液由黄色经绿色突变为橙红色时为终点。记下硫酸亚铁标准溶液的用量，估读至0.05mL。

4 试验同时，按本条1～3款的步骤操作，以纯砂代替试样进行空白试验。

**34.0.5** 有机质按下式计算：

$$O_m=\frac{c(Fe^{2+})\{V'(Fe^{2+})-V(Fe^{2+})\}\times 0.003\times 1.724\times(1+0.01w)\times 100}{m_s} \tag{34.0.5}$$

式中 $O_m$——有机质含量(%)；

$c(Fe^{2+})$——硫酸亚铁标准溶液浓度(mol/L)；

$V'(Fe^{2+})$——空白滴定硫酸亚铁用量(mL)；

$V(Fe^{2+})$——试样测定硫酸亚铁用量(mL)；

0.003——1/4硫酸亚铁标准溶液浓度时的摩尔质量(kg/mol)；

1.724——有机碳换算成有机质的因数。

计算准确至0.01%。

**34.0.6** 有机质试验的记录格式见附录D表D-57。

## 35 土的离心含水当量试验

**35.0.1** 本试验方法适用于粒径小于0.5mm的土。应在恒温下进行试验。

土的离心含水当量定义为饱和土（经过浸泡）经受1000倍重力的离心作用1h后的含水率。以烘干土量的百分比表示。

**35.0.2** 本试验所用的主要仪器设备，应符合下列规定：

1 离心机（图35.0.2）：能对试样重心施加相当于1000倍重力的离心力达1h。

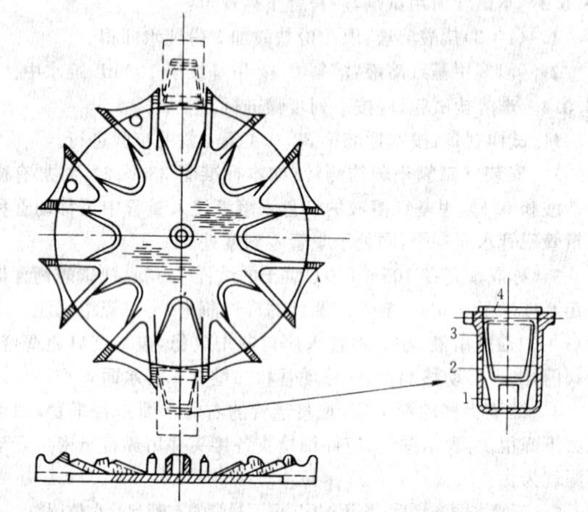


图35.0.2 离心机主零件示意图

1—坩埚支承架；2—滤纸；3—离心枢轴杯；4—坩埚

2 瓷坩埚：具有底孔，高度宜为40mm，顶部直径为25mm，底部直径为20mm。

3 套杯：带有盖子的离心枢轴杯，内装多孔埚底的瓷坩埚及相应的支架，要求套杯与坩埚支架彼此对应平衡，并成对地编号。

**35.0.3** 土的离心含水当量试验，应按下列步骤进行：

1 试样制备应按本标准第3.1.5条的规定进行。过0.5mm筛，搅拌均匀，称试样5g，数量不得少于两份，将试样倒入底面铺湿滤纸的坩埚内。

2 将坩埚置于盛有纯水的盆内，水深应高出试样表面，静置8～10h，当试样表面出现自由水时，表示试样已饱和，再将装有试样的坩锅放入保湿缸内静置，时间不应少于2h。

3 取出坩埚，吸去试样表面的自由水，放入离心机枢轴杯中，将成对的坩埚放在离心机的对称位置上。将离心机调至预定的转速，该转速应使试样重心处经受1000倍重力的离心力，旋转1h，再减小转速，使离心机在5min内停止转动。

4 试验结束，取出坩埚，称坩埚和湿土的总质量。

5 将坩埚置于烘箱内，在105～110℃温度下烘干，称坩埚和干土的总质量。

注：试验后，当试样顶部出现自由水时，表示试样有积水作用，应该将水分算入湿土质量，但必须在记录中加以说明。

**35.0.4** 土的离心含水当量，应按下式计算，准确至0.1%。

$$w_{cme}=\frac{m_a-m_b}{m_b-m_c}\times 100 \tag{35.0.4}$$

式中 $w_{cme}$——离心含水当量(%)；

$m_a$——离心后坩埚和湿土总质量(g)；

$m_b$——烘干后坩埚和干土总质量(g)；

$m_c$——坩埚质量(g)。

**35.0.5** 土的离心含水当量试验成对试样所测得的两个含水当量的平行差值，应符合下列规定：离心含水当量小于、等于15%时，平行差值不大于1%；离心含水当量大于15%时，平行差值不大于2%。

**35.0.6** 离心含水当量试验记录格式见附录D表D-58。

# 附录A 试验资料的整理与试验报告

**A.0.1** 为使试验资料可靠和适用，应进行正确的数据分析和整理。整理时对试验资料中明显不合理的数据，应通过研究，分析原因（试样是否具有代表性、试验过程中是否出现异常情况等）或在有条件时，进行一定的补充试验后，可决定对可疑数据的取舍或改正。

**A.0.2** 舍弃试验数据时，应根据误差分析或概率的概念，按三倍标准差（即$\pm 3s$）作为舍弃标准，即在资料分析中应该舍弃那些在$\bar{x}\pm 3s$范围以外的测定值，然后重新计算整理。

**A.0.3** 土工试验测得的土性指标，可按其在工程设计中的实际作用分为一般特性指标和主要计算指标。前者如土的天然密度、天然含水率、土粒比重、颗粒组成、液限、塑限、有机质、水溶盐等，系指作为对土分类定名和阐明其物理化学特性的土性指标；后者如土的粘聚力、内摩擦角、压缩系数、变形模量、渗透系数等，系指在设计计算中直接用以确定土体的强度、变形和稳定性等力学性的土性指标。

**A.0.4** 对一般特性指标的成果整理，通常可采用多次测定值$x_i$的算术平均值$\bar{x}$，并计算出相应的标准差$s$和变异系数$c_v$，以反映实际测定值对算术平均值的变化程度，从而判别其采用算术平均值时的可靠性。

**1** 算术平均值$\bar{x}$按下式计算：

$$\bar{x}=\frac{1}{n}\sum_{i=1}^{n}x_i \qquad (A.0.4\text{-}1)$$

式中 $\sum_{i=1}^{n}x_i$ ——指标测定值的总和；

$n$ ——指标测定的总次数。

**2** 标准差$s$按下式计算：

$$s=\sqrt{\frac{1}{n-1}\sum_{i=1}^{n}(x_i-\bar{x})^2} \qquad (A.0.4\text{-}2)$$

**3** 变异系数$c_v$按下式计算，并按表A.0.4评价变异性。

$$c_v=\frac{s}{\bar{x}} \qquad (A.0.4\text{-}3)$$

**表A.0.4 变异性评价**

| 变异系数 | $c_v<0.1$ | $0.1\leqslant c_v<0.2$ | $0.2\leqslant c_v<0.3$ | $0.3\leqslant c_v<0.4$ | $c_v\geqslant 0.4$ |
|---|---|---|---|---|---|
| 变异性 | 很小 | 小 | 中等 | 大 | 很大 |

**A.0.5** 对于主要计算指标的成果整理，如果测定的组数较多，此时指标的最佳值接近于诸测值的算术平均值，仍可按一般特性指标的方法确定其设计计算值，即采用算术平均值。但通常由于试验的数据较少，考虑到测定误差、土体本身不均匀性和施工质量的影响等，为安全考虑，对初步设计和次要建筑物宜采用标准差平均值，即对算术平均值加（或减）一个标准差的绝对值（$\bar{x}\pm|s|$）。

**A.0.6** 对不同应力条件下测得的某种指标（如抗剪强度等）应经过综合整理求取。在有些情况下，尚需求出不同土体单元综合使用时的计算指标。这种综合性的土性指标，一般采用图解法或最小二乘方分析法确定。

**1** 图解法：将不同应力条件下测得的指标值（如抗剪强度）求得算术平均值，然后以不同应力为横坐标，指标平均值为纵坐标作图，并求得关系曲线，确定其参数（如土的粘聚力$c$和角摩擦系数$\text{tg}\phi$）。

**2** 最小二乘方分析法：根据各测定值同关系曲线的偏差的平方和为最小的原理求取参数值。

**3** 当设计计算几个土体单元土性参数的综合值时，可按土体单元在设计计算中的实际影响，采用加权平均值，即：

$$\bar{x}=\frac{\Sigma w_i x_i}{\Sigma w_i} \qquad (A.0.6)$$

式中 $x_i$ ——不同土体单元的计算指标；

$w_i$ ——不同土体单元的对应权。

**A.0.7** 试验报告的编写和审核应符合下列要求：

**1** 试验报告所依据的试验数据，应进行整理、检查、分析，经确定无误后方可采用。

**2** 试验报告所需提供的依据，一般应包括根据不同建筑物的设计和施工的具体要求所拟试验的全部土性指标。

**3** 试验报告的内容应包括：试验方案的简要说明（工程概况，所需解决的问题以及由此对试样的采制，试验项目和试验条件提出的要求），试验数据和基本结论。

**4** 试验报告中一律采用国家颁布的法定计量单位。

**5** 试验报告应按以下方面审查：

1）对照委托任务书，检查试验项目是否齐全。

2）检查试验项目是否按照试验方法标准进行。

3）综合分析检查各指标间的关系是否合理。

4）对需要进行数据统计分析的试验报告应检查选用的方法是否合理，结果是否正确。

5）检查土的定义是否与相关规范标准相符。

**6** 试验报告审批应符合以下程序：

1）由试验人员填写成果汇总表。

2）经校核人员校核汇总表中的数据。

3）由试验负责人编写试验报告。

4）由技术负责人签字并盖章发送。

# 附录B 土样的要求与管理

**B.0.1** 采样数量应满足要求进行的试验项目和试验方法的需要，采样的数量按表B.0.1规定采取，并应附取土记录及土样现场描述。

**表B.0.1 试验取样数量和过土筛标准**

| 土类 / 土样数量 / 试验项目 | 粘土 | | 砂土 | | 过筛标准（mm） |
|---|---|---|---|---|---|
| | 原状土（筒）$\phi$10cm×20cm | 扰动土（g） | 原状土（筒）$\phi$10cm×20cm | 扰动土（g） | |
| 含水率 | | 800 | | 500 | |
| 比重 | | 800 | | 500 | |
| 颗粒分析 | | 800 | | 500 | |
| 界限含水率 | | 500 | | | 0.5 |
| 密度 | 1 | | 1 | | |
| 固结 | 1 | 2000 | | | 2.0 |
| 黄土湿陷 | 1 | | | | |
| 三轴压缩 | 2 | 5000 | | 5000 | 2.0 |
| 膨胀、收缩 | 2 | 2000 | | 8000 | 2.0 |
| 直接剪切 | 1 | 2000 | | | 2.0 |
| 击实承载比 | | 轻型>15000<br>重型>30000 | | | 5.0 |
| 无侧限抗压强度 | 1 | | | | |
| 反复直剪 | 1 | 2000 | | | 2.0 |
| 相对密度 | | | | 2000 | |
| 渗透 | 1 | 1000 | | 2000 | 2.0 |
| 化学分析 | | 300 | | | 2.0 |
| 离心含水当量 | | 300 | | | 0.5 |

**B.0.2** 土样的验收和管理。

1 土样送达试验单位，必须附送样单及试验委托书或其他有关资料。送样单应有原始记录和编号。内容应包括工程名称，试坑或钻孔编号、高程、取土深度、取样日期。如原状土应有地下水位高程、土样现场鉴别和描述及定义、取土方法等。试验委托书应包括工程名称、工程项目、试验目的、试验项目、试验方法及要求。例如原状土进行力学性试验时，试样是在天然含水率状态下还是饱和状态下进行；剪切试验的仪器(三轴或直剪)；剪切试验方法(快剪、固快，不固结不排水，固结不排水等)；剪切和固结的最大荷重；渗透试验是垂直还是水平方向，求哪一级荷重或某一个干密度(孔隙比)下的固结系数或湿陷渗透系数；黄土压缩试验须提出设计荷重。扰动土样的力学性试验要提出初步设计干密度和施工现场可能达到的平均含水率等。

2 试验单位接到土样后，应按试验委托书验收。验收中需查明土样数量是否有误，编号是否相符，所送土样是否满足试验项目和试验方法的要求。必要时可抽验土样质量，验收后登记，编号。登记内容应包括：工程名称、委托单位、送样日期、土样室内编号和野外编号、取土地点和取土深度、试验项目的要求以及要求提出成果的日期等。

3 土样送交试验单位验收、登记后，即将土样按顺序妥善存放，应将原状土样和保持天然含水率的扰动土样置于阴凉的地方，尽量防止扰动和水分蒸发。土样从取样之日起至开始试验的时间不应超过3周。

4 土样经过试验之后，余土应贮存于适当容器内，并标记工程名称及室内土样编号，妥善保管，以备审核试验成果之用。一般保存到试验报告提出3个月以后，委托单位对试验报告未提出任何疑义时，方可处理。

5 处理试验余土时要考虑余土对环境的污染、卫生等要求。

# 附录C 室内土工仪器通用要求

**C.0.1** 本标准适用于室内土工仪器，规定试验仪器的通用要求，以保证试验数据的准确可靠。

**C.0.2** 室内土工仪器设备的通用要求。

1 室内土工仪器的基本参数应能满足各类土性指标试验的要求，各类试验所用仪器的参数应符合现行国家标准《土工仪器的基本参数及通用技术条件》GB/T15406第一篇之4的规定。

2 室内土工仪器应具备预计使用所要求的计量特性(如准确度、稳定度、量程及分辨力等)，基本特性要求可按国家标准GB/T15406第一篇之5.5的规定选用。

3 室内土工仪器的结构、材料、工作环境应满足GB/T15406第一篇之5.2、5.3和5.4规定的要求。

**C.0.3** 室内土工仪器的准确度和校准。

1 各类室内土工仪器的准确度应符合GB/T15406第一篇之5.5.1、5.6.2及该标准附录《土工室内主要仪器准确度表》规定的要求。

2 仪器中配备计量标准器具时，应按规定的检定周期送交有计量检定能力的单位检定。

3 所有室内土工仪器使用前应按有关校验规程进行校准。

4 对专用性强、结构和原理较复杂的仪器，尚未制订计量检定规程和校验方法的，可按《国家计量检定规程编写规则》的要求编写校验方法，按程序审批后进行仪器校验。

**C.0.4** 不合格仪器及处理方法。

1 不合格仪器系指已经损坏；过载或误动作；工作不正常；功能出现可疑；超过规定的确认间隔时间；铅封完整性被破坏。

2 凡不合格的仪器应停止使用，隔离存放，作出明显的标记。

3 不合格的仪器应作以下处理：

1)仪器不准确或有其他故障时，应先进行调整，仔细检查或修理，再经检定或校验合格后重新投入使用。

2)对不能调整或修复的仪器，应报废。

3)对具有多功能和多量程的仪器，经证实能在一种或多种功能或量程内正常使用时，应标明限制使用的范围，可在规定的正常功能和量程内使用。

**C.0.5** 仪器设备管理应符合以下要求：

1 编制仪器设备一览表，其内容为：仪器名称、技术指标、制造厂家、购置日期、保管人。

2 编制仪器设备检定(校验)周期表，其内容包括：仪器设备名称、编号、检定周期、检定单位、最近检定日期、送检负责人。

3 所有仪器设备应有统一格式的标志。

1)标志分“合格”“准用”“停用”3种，分别以绿、黄、红3种颜色表示。

2)标志内容：仪器编号、检定结论、检定日期、检定单位。

3)可拆卸的检测仪表组合成的仪器，每个仪表应有独立的标志；不可拆卸仪表组合成的仪器，可以只有一个标志。

4 仪器说明书应妥善保存，并能方便使用。

5 建立仪器档案，其内容为：使用记录、故障及维修情况记录。

# 附录D 各项试验记录

**表D-1 含水率试验记录**

工程名称________ 试验者________
工程编号________ 计算者________
试验日期________ 校核者________

| 试验编号 | 样号 | 盒号 | 盒质量(g) | 盒加湿土质量(g) | 盒加干土质量(g) | 湿土质量(g) | 干土质量(g) | 含水率(%) | 平均含水率(%) |
|---|---|---|---|---|---|---|---|---|---|
| | | | | | | | | | |
| | | | | | | | | | |

**表D-2 密度试验记录(环刀法)**

工程名称________ 试验者________
工程编号________ 计算者________
试验日期________ 校核者________

| 试验编号 | 样号 | 环刀号 | 湿土质量(g) | 试样体积($cm^3$) | 湿密度($g/cm^3$) | 试样含水率(%) | 干密度($g/cm^3$) | 平均干密度($g/cm^3$) |
|---|---|---|---|---|---|---|---|---|
| | | | | | | | | |
| | | | | | | | | |

**表 D-3　密度试验记录(蜡封法)**

工程名称＿＿＿＿＿　　　　　　　　试验者＿＿＿＿＿

工程编号＿＿＿＿＿　　　　　　　　计算者＿＿＿＿＿

试验日期＿＿＿＿＿　　　　　　　　校核者＿＿＿＿＿

| 试样编号 | 试样质量(g) | 蜡封试样质量(g) | 蜡封试样水中质量(g) | 温度(℃) | 纯水在T℃时的密度($g/cm^3$) | 蜡封试样体积($cm^3$) | 蜡体积($cm^3$) | 试样体积($cm^3$) | 湿密度($g/cm^3$) | 含水率(%) | 干密度($g/cm^3$) | 平均干密度($g/cm^3$) |
|---|---|---|---|---|---|---|---|---|---|---|---|---|
| | (1) | (2) | (3) | | (4) | $(5)=\frac{(2)-(3)}{(4)}$ | $(6)=\frac{(2)-(1)}{\rho_n}$ | (7)=(5)-(6) | $(8)=\frac{(1)}{(7)}$ | (9) | $(10)=\frac{(8)}{1+0.01(9)}$ | |
| | | | | | | | | | | | | |
| | | | | | | | | | | | | |
| | | | | | | | | | | | | |

**表 D-4　密度试验记录(灌水法)**

工程名称＿＿＿＿＿　　　　　　　　试验者＿＿＿＿＿

工程编号＿＿＿＿＿　　　　　　　　计算者＿＿＿＿＿

试验日期＿＿＿＿＿　　　　　　　　校核者＿＿＿＿＿

| 试坑编号 | 储水筒水位(cm) | | 储水筒断面积($cm^2$) | 试坑体积($cm^3$) | 试样质量(g) | 湿密度($g/cm^3$) | 含水率(%) | 干密度($g/cn^3$) | 试样重度($kN/cm^3$) |
|---|---|---|---|---|---|---|---|---|---|
| | 初始 | 终了 | | | | | | | |
| | (1) | (2) | (3) | (4)=[(2)-(1)]×(3) | (5) | $(6)=\frac{(5)}{(4)}$ | (7) | $(8)=\frac{(6)}{1+0.01(7)}$ | (9)=9.81×(8) |
| | | | | | | | | | |
| | | | | | | | | | |

**表 D-5　密度试验记录(灌砂法)**

工程名称＿＿＿＿＿　　　　　　　　试验者＿＿＿＿＿

工程编号＿＿＿＿＿　　　　　　　　计算者＿＿＿＿＿

试验日期＿＿＿＿＿　　　　　　　　校核者＿＿＿＿＿

| 试坑编号 | 量砂容器质量加原有量砂质量(g) | 量砂容器质量加剩余量砂质量(g) | 试坑用砂质量(g) | 量砂密度($g/cm^3$) | 试坑体积($cm^3$) | 试样加容器质量(g) | 容器质量(g) | 试样质量(g) | 试样密度($g/cm^3$) | 试样含水率(%) | 试样干密度($g/cm^3$) | 试样重度($kN/cm^3$) |
|---|---|---|---|---|---|---|---|---|---|---|---|---|
| | (1) | (2) | (3)=(1)-(2) | (4) | $(5)=\frac{(3)}{(4)}$ | (6) | (7) | (8)=(6)-(7) | $(9)=\frac{(8)}{(5)}$ | (10) | $(11)=\frac{(9)}{1+0.01(10)}$ | (12)=9.81×(9) |
| | | | | | | | | | | | | |
| | | | | | | | | | | | | |

**表 D-6　比重试验记录(比重瓶法)**

工程名称＿＿＿＿＿　　　　　　　　试验者＿＿＿＿＿

工程编号＿＿＿＿＿　　　　　　　　计算者＿＿＿＿＿

试验日期＿＿＿＿＿　　　　　　　　校核者＿＿＿＿＿

| 试样编号 | 比重瓶号 | 温度(℃) | 液体比重查表 | 比重瓶质量(g) | 干土质量(g) | 瓶加液体质量(g) | 瓶加液体加干土总质量(g) | 与干土同体积的液体质量(g) | 比　重 | 平均值 |
|---|---|---|---|---|---|---|---|---|---|---|
| | | (1) | (2) | (3) | (4) | (5) | (6) | (7)=(4)+(5)-(6) | $(8)=\frac{(4)}{(7)}\times(2)$ | (9) |
| | | | | | | | | | | |
| | | | | | | | | | | |

## 表 D-7 比重试验记录(浮称法)

工程名称＿＿＿＿＿ 试验者＿＿＿＿＿

工程编号＿＿＿＿＿ 计算者＿＿＿＿＿

试验日期＿＿＿＿＿ 校核者＿＿＿＿＿

| 试样编号 | 铁丝筐号 | 温度(℃) | 水的比重查表 | 干土质量(g) | 铁丝筐加试样水中质量(g) | 铁丝筐在水中质量(g) | 试样在水中质量(g) | 比　重 | 平均值 |
|---|---|---|---|---|---|---|---|---|---|
| | | (1) | (2) | (3) | (4) | (5) | (6)=(4)−(5) | (7)=$\frac{(3)+(4)}{(3)-(6)}$ | (8) |
| | | | | | | | | | |
| | | | | | | | | | |

## 表 D-8 比重试验记录(虹吸筒法)

工程名称＿＿＿＿＿ 试验者＿＿＿＿＿

工程编号＿＿＿＿＿ 计算者＿＿＿＿＿

试验日期＿＿＿＿＿ 校核者＿＿＿＿＿

| 试样编号 | 温度(℃) | 水的比重查表 | 烘干土质量(g) | 晾干土质量(g) | 量筒加排开水质量(g) | 量筒质量(g) | 排开水质量(g) | 吸着水质量(g) | 比　重 | 平均值 |
|---|---|---|---|---|---|---|---|---|---|---|
| | (1) | (2) | (3) | (4) | (5) | (6) | (7)=(5)−(6) | (8)=(4)−(3) | (9)=$\frac{(3)\times(2)}{(7)-(8)}$ | (10) |
| | | | | | | | | | | |
| | | | | | | | | | | |

## 表 D-9 颗粒大小分析试验记录(筛析法)

工程名称＿＿＿＿＿ 试验者＿＿＿＿＿

土样编号＿＿＿＿＿ 计算者＿＿＿＿＿

试验日期＿＿＿＿＿ 校核者＿＿＿＿＿

风干土质量＝　g　小于0.075mm的土占总土质量百分数＝　%

2mm筛上土质量＝　g　小于2mm的土占总土质量百分数 $d_x$＝　%

2mm筛下土质量＝　g　细筛分析时所取试样质量＝　g

| 筛号 | 孔径(mm) | 累积留筛土质量(g) | 小于该孔径的土质量(g) | 小于该孔径的土质量百分数(%) | 小于该孔径的总土质量百分数(%) |
|---|---|---|---|---|---|
| | | | | | |
| | | | | | |
| | | | | | |
| 底盘<br>总计 | | | | | |

## 表 D-10 颗粒分析试验记录(密度计法)

工程编号＿＿＿＿ 试验者＿＿＿＿

土样编号＿＿＿＿ 风干土质量＿＿＿＿ 计算者＿＿＿＿

试验日期＿＿＿＿ 干土总质量＿30g＿ 校核者＿＿＿＿

小于0.075mm颗粒土质量百分数＿＿＿ 密度计号＿＿＿

湿土质量＿＿＿ 量筒号＿＿＿

含水率＿＿＿ 烧瓶号＿＿＿

干土质量＿＿＿ 土粒比重＿＿＿

含盐量＿＿＿ 比重校正值＿＿＿

试样处理说明＿＿＿ 弯液面校正值＿＿＿

| 试验时间 | 下沉时间 $t$ (min) | 悬液温度 $T$ (℃) | 密度计读数 | | | | | 土粒落距 $L$ (cm) | 粒径 $d$ (mm) | 小于某粒径的土质量百分数(%) | 小于某粒径的总土质量百分数(%) |
|---|---|---|---|---|---|---|---|---|---|---|---|
| | | | 密度计读数 $R$ | 温度校正值 $m$ | 分散剂校正值 $C_D$ | $R_M=R+m+n-C_D$ | $R_H=R_M\times C_G$ | | | | |
| | | | | | | | | | | | |
| | | | | | | | | | | | |

**表 D-11 颗粒分析试验记录(移液管法)**

工程名称________ 试验者________

土样编号________ 计算者________

试验日期________ 校核者________

<2mm 颗粒土质量百分数______ 三角烧瓶号____

<0.075mm 颗粒土质量百分数____ 烧 杯 号____

试样干质量 $m_d$ ______ g 量 筒 号____

土粒比重($G_s$)______ 吸 管 体 积____ mL

| 粒径(mm) | 杯号 | 杯加土质量(g) | 杯质量(g) | 吸管内质量(g) | 1000mL量筒内土质量(g) | 小于某粒径土质量百分数(%) | 小于某粒径土占总土质量百分数(%) |
|---|---|---|---|---|---|---|---|
| (1) | (2) | (3) | (4) | (5)=(3)-(4) | (6) | (7) | (8) |
| <0.05 | | | | | | | |
| <0.01 | | | | | | | |
| <0.005 | | | | | | | |

**表 D-12 界限含水率试验记录(液、塑限联合测定法)**

工程名称________ 试验者________

工程编号________ 计算者________

试验日期________ 校核者________

| 试样编号 | 圆锥下沉深度(mm) | 盒号 | 湿土质量(g) | 干土质量(g) | 含水率(%) | 液限(%) | 塑限(%) | 塑性指数 |
|---|---|---|---|---|---|---|---|---|
| | | | (1) | (2) | $(3)=\left[\frac{(1)}{(2)}-1\right]\times 100$ | (4) | (5) | (6)=(4)-(5) |
| | | | | | | | | |
| | | | | | | | | |

**表 D-13 碟式仪液限试验记录**

工程名称________ 试验者________

工程编号________ 计算者________

试验日期________ 校核者________

| 试样编号 | 击数 | 盒号 | 湿土质量(g) | 干土质量(g) | 含水率(%) | 液限(%) |
|---|---|---|---|---|---|---|
| | | | (1) | (2) | $(3)=\left[\frac{(1)}{(2)}-1\right]\times 100$ | (4) |
| | | | | | | |
| | | | | | | |

**表 D-14 搓条法塑限试验记录**

工程名称________ 试验者________

工程编号________ 计算者________

试验日期________ 校核者________

| 试样编号 | 盒号 | 湿土质量(g) | 干土质量(g) | 含水率(%) | 塑限(%) |
|---|---|---|---|---|---|
| | | (1) | (2) | $(3)=\left[\frac{(1)}{(2)}-1\right]\times 100$ | (4) |
| | | | | | |
| | | | | | |

**表 D-15 收缩皿法缩限记录**

工程名称________ 试验者________

工程编号________ 计算者________

试验日期________ 校核者________

| 试样编号 | 收缩皿号 | 湿土质量(g) | 干土质量(g) | 含水率(%) | 湿土体积($cm^3$) | 干土体积($cm^3$) | 缩限指数(%) | 平均值 |
|---|---|---|---|---|---|---|---|---|
| | | (1) | (2) | $(3)=\left[\frac{(1)}{(2)}-1\right]\times 100$ | (4) | (5) | $(6)=(3)-\left[\frac{(4)-(5)}{(2)}\rho_w\right]\times 100$ | (7) |
| | | | | | | | | |
| | | | | | | | | |
| | | | | | | | | |
| | | | | | | | | |

### 表 D-16 相对密度试验记录

工程名称＿＿＿＿＿　　试验者＿＿＿＿＿

工程编号＿＿＿＿＿　　计算者＿＿＿＿＿

试验日期＿＿＿＿＿　　校核者＿＿＿＿＿

| | 试验项目 | 最小干密度 | | 最大干密度 | | 备注 |
|---|---|---|---|---|---|---|
| | 试验方法 | 漏斗法 | | 振击法 | | |
| 试样质量(g) | (1) | | | | | |
| 试样体积($cm^3$) | (2) | | | | | |
| 干密度($g/cm^3$) | (3) | | | | | |
| 平均干密度($g/cm^3$) | (4) | | | | | |
| 土粒比重 | (5) | | | | | |
| 天然干密度($g/cm^3$) | (6)$\rho_d$ | | | | | |
| 相对密度 | $(7)=\dfrac{(\rho_d-\rho_{dmin})\rho_{dmax}}{\rho_d(\rho_{dmax}-\rho_{dmin})}$ | | | | | |

### 表 D-17 击实试验记录

工程编号＿＿＿＿＿　　试验者＿＿＿＿＿

试样编号＿＿＿＿＿　　计算者＿＿＿＿＿

试验日期＿＿＿＿＿　　校核者＿＿＿＿＿

| 试验序号 | 预估最优含水率＿＿% 风干含水率＿＿% 试验类别＿＿ | | | | | | | | | | |
|---|---|---|---|---|---|---|---|---|---|---|---|
| | 筒加试样质量(g) | 筒质量(g) | 试样质量(g) | 筒体积($cm^3$) | 湿密度($g/cm^3$) | 干密度($g/cm^3$) | 盒号 | 湿土质量(g) | 干土质量(g) | 含水率(%) | 平均含水率(%) |
| | (1) | (2) | (3)=(1)−(2) | (4) | (5)=(3)/(4) | $(6)=\dfrac{(5)}{(1)+0.01(10)}$ | | (7) | (8) | $(9)=\left[\dfrac{(7)}{(8)}-1\right]\times100$ | (10) |
| | | | | | | | | | | | |
| | | | | | | | | | | | |
| | | | | | | | | | | | |
| | | | | | | | | | | | |

### 表 D-18 *CBR* 试验记录(膨胀量)

工程名称＿＿＿＿＿　　试验者＿＿＿＿＿

试样筒体积＿＿＿＿＿$cm^3$　　计算者＿＿＿＿＿

试验日期＿＿＿＿＿　　校核者＿＿＿＿＿

| | 试样编号 | (1) | 1 | | 2 | | 3 | |
|---|---|---|---|---|---|---|---|---|
| | 试样筒编号 | (2) | | | | | | |
| 含水率 | 盒加湿土质量(g) | (3) | | | | | | |
| | 盒加干土质量(g) | (4) | | | | | | |
| | 盒质量(g) | (5) | | | | | | |
| | 含水率(%) | $(6)=\left[\dfrac{(3)-(5)}{(4)-(5)}-1\right]\times100$ | | | | | | |
| | 平均含水率(%) | (7) | | | | | | |
| 密度 | 筒加试样质量(g) | (8) | | | | | | |
| | 筒质量(g) | (9) | | | | | | |
| | 湿密度($g/cm^3$) | $(10)=\dfrac{(8)-(9)}{V}$ | | | | | | |
| | 干密度($g/cm^3$) | $(11)=\dfrac{(10)}{1+0.01(7)}$ | | | | | | |
| | 干密度平均值($g/cm^3$) | (12) | | | | | | |
| 膨胀比 | 浸水前试样高度(mm) | (13) | | | | | | |
| | 浸水后试样高度(mm) | (14) | | | | | | |
| | 膨胀比(%) | $(15)=\dfrac{(14)-(13)}{(13)}\times100$ | | | | | | |
| | 膨胀量平均值(%) | (16) | | | | | | |
| 吸水 | 浸水后筒加试样质量(g) | (17) | | | | | | |
| | 吸水量(g) | (18)=(17)−(8) | | | | | | |
| | 吸水量平均值(g) | (19) | | | | | | |

## 表 D-19　*CBR* 试验记录(贯入)

工程名称＿＿＿＿＿＿　浸水条件＿＿＿＿＿＿　击　次＿＿＿＿＿＿

试样制备方法＿＿＿＿＿＿　荷载板质量＿＿＿＿＿＿g　试 验 者＿＿＿＿＿＿

试样状态＿＿＿＿＿＿　贯入速度＿＿＿＿＿＿mm/min　试验日期＿＿＿＿＿＿

试样最大粒径＿＿＿＿＿＿mm　测力计率定系数 $C$ =＿＿＿kPa/0.01mm　校 核 者＿＿＿＿＿＿

| 试件编号 | | | | | | | | | | | | | |
|---|---|---|---|---|---|---|---|---|---|---|---|---|---|
| | 量表I读数(0.01mm) | 量表II读数(0.01mm) | 平均读数(0.01mm) | 测力计读数(0.01mm) | 荷载强度(kPa) | 量表II读数(0.01mm) | 平均读数(0.01mm) | 测力计读数(0.01mm) | 荷载强度(kPa) | 量表II读数(0.01mm) | 平均读数(0.01mm) | 测力计读数(0.01mm) | 荷载强度(kPa) |
| | (1) | (2) | $(3)=\frac{1}{2}[(1)+(2)]$ | (4) | $(5)=\frac{(4)\cdot C}{A}$ | (2) | $(3)=\frac{1}{2}[(1)+(2)]$ | (4) | $(5)=\frac{(4)\cdot C}{A}$ | (2) | $(3)=\frac{1}{2}[(1)+(2)]$ | (4) | $(5)=\frac{(4)\cdot C}{A}$ |
| 贯入量 | 0 | | | | | | | | | | | | |
| | 50 | | | | | | | | | | | | |
| | 100 | | | | | | | | | | | | |
| | 150 | | | | | | | | | | | | |
| | 200 | | | | | | | | | | | | |
| | 250 | | | | | | | | | | | | |
| | 300 | | | | | | | | | | | | |
| | 400 | | | | | | | | | | | | |
| | 500 | | | | | | | | | | | | |
| | 750 | | | | | | | | | | | | |
| | 1000 | | | | | | | | | | | | |
| $CBR_{2.5}$(%) | | | | | | | | | | | | | |
| $CBR_{5.0}$(%) | | | | | | | | | | | | | |
| $CBR$(%) | | | | | | | | | | | | | |
| 平均 $CBR$(%) | | | | | | | | | | | | | |

注：表中公式 $A$ 为试样面积。

## 表 D-20　回弹模量试验记录

工程名称＿＿＿＿＿＿　试验日期＿＿＿＿＿＿

试样编号＿＿＿＿＿＿　仪器编号＿＿＿＿＿＿

土样分类＿＿＿＿＿＿　试 验 者＿＿＿＿＿＿

试验方法＿＿＿＿＿＿　校 核 者＿＿＿＿＿＿

| 加载级数 | 单位压力(kPa) | 砝码重力(N)或测力计读数(0.01mm) | 量表读数(0.001mm) | | | | | | 回弹变形(0.1mm) | | 回弹模量(kPa) |
|---|---|---|---|---|---|---|---|---|---|---|---|
| | | | 加载 | | | 卸载 | | | 读数值 | 修正值 | |
| | | | 左 | 右 | 平均 | 左 | 右 | 平均 | | | |
| | | | | | | | | | | | |
| | | | | | | | | | | | |

## 表 D-21　常水头渗透试验记录

工程编号＿＿＿＿＿＿　试验者＿＿＿＿＿＿

试样编号＿＿＿＿＿＿　计算者＿＿＿＿＿＿

试验日期＿＿＿＿＿＿　校核者＿＿＿＿＿＿

| 试验次数 | 经过时间(s) | 测压管水位(cm) | | | 水位差 | | | 水力坡降 | 渗水量(cm) | 渗透系数(cm/s) | 水温(℃) | 校正系数 | 水温20℃时的渗透系数(cm/s) | 平均渗透系数(cm/s) |
|---|---|---|---|---|---|---|---|---|---|---|---|---|---|---|
| | | Ⅰ | Ⅱ | Ⅲ | $H_1$ | $H_2$ | 平均 | | | | | | | |
| | (1) | (2) | (3) | (4) | (5) = (2) − (3) | (6) = (3) − (4) | $(7)=\frac{(5)+(6)}{2}$ | $(8)=(\frac{1}{(7)\cdot L}$ | (9) | $(10)=\frac{(9)}{A\times(8)\times(1)}$ | (11) | $(12)=\frac{\eta_T}{\eta_{20}}$ | (13) = (10) × (12) | (14) |
| | | | | | | | | | | | | | | |
| | | | | | | | | | | | | | | |

### 表 D-22 变水头渗透试验记录

工程名称________ 试样面积($A$)________ 试验者________

试样编号________ 试样高度($L$)________ 计算者________

仪器编号________ 测压管断面积($a$)________ 校核者________

试验日期________ 孔隙比($e$)________

| 开始时间 $t_1$(s) | 终了时间 $t_2$(s) | 经过时间 $t$(s) | 开始水头 $H_1$(cm) | 终了水头 $H_2$(cm) | $2.3\dfrac{a\times L}{A\times(3)}$ | $\lg\dfrac{H_1}{H_2}$ | $T$℃时间渗透系数(cm/s) | 水温(℃) | 校准系数 | 水温20℃时的渗透系数(cm/s) | 平均渗透系数(cm/s) |
|---|---|---|---|---|---|---|---|---|---|---|---|
| (1) | (2) | (3)=(2)−(1) | (4) | (5) | (6) | (7) | (8)=(6)×(7) | (9) | (10)=$\eta_T/\eta_{20}$ | (11)=(8)×(10) | (12) |
| | | | | | | | | | | | |
| | | | | | | | | | | | |
| | | | | | | | | | | | |

### 表 D-23(1) 固结试验记录(1)

工程编号________ 试样面积________ 试验者________

试样编号________ 土粒比重 $G_s$________ 计算者________

仪器编号________ 试验前试样高度 $h_0$________ mm 校核者________

试验日期________ 试验前孔隙比 $e_0$________

含水率试验

| | 盒号 | 湿土质量(g) | 干土质量(g) | 含水率(%) | 平均含水率(%) |
|---|---|---|---|---|---|
| 试验前 | | | | | |
| | | | | | |
| 试验后 | | | | | |
| | | | | | |

密度试验

| 环刀号 | 湿土质量(g) | 环刀容积($cm^3$) | 湿密度($g/cm^3$) |
|---|---|---|---|
| | | | |
| | | | |
| | | | |

| 加压历时(h) | 压力(MPa) | 试样变形量(mm) | 压缩后试样高度(mm) | 孔隙比 | 压缩系数($MPa^{-1}$) | 压缩模量(MPa) | 固结系数($cm^2/s$) |
|---|---|---|---|---|---|---|---|
| | $p$ | $\sum\Delta h_i$ | $h=h_0-\sum\Delta h_i$ | $e_i=e_0-\dfrac{1+e_0}{h_0}\sum\Delta h_i$ | $a_v=\dfrac{e_i-e_{i+1}}{p_{i+1}-p_i}$ | $E_s=\dfrac{1+e_0}{a_v}$ | $C_v=\dfrac{T_v\bar{h}^2}{t}$ |
| 24 | | | | | | | |
| | | | | | | | |
| | | | | | | | |

### 表 D-23(2) 固结试验记录(2)

工程编号________ 试验者________

试样编号________ 计算者________

仪器编号________ 校核者________

试验日期________

| 压力 / 经过时间(min) | MPa | | MPa | | MPa | | MPa | | MPa | | 压力 / 经过时间(min) | MPa | | MPa | | MPa | | MPa | | MPa | |
|---|---|---|---|---|---|---|---|---|---|---|---|---|---|---|---|---|---|---|---|---|---|
| | 时间 | 变形读数 | 时间 | 变形读数 | 时间 | 变形读数 | 时间 | 变形读数 | 时间 | 变形读数 | | 时间 | 变形读数 | 时间 | 变形读数 | 时间 | 变形读数 | 时间 | 变形读数 | 时间 | 变形读数 |
| 0 | | | | | | | | | | | 30.25 | | | | | | | | | | |
| 0.1 | | | | | | | | | | | 36 | | | | | | | | | | |
| 0.25 | | | | | | | | | | | 42.25 | | | | | | | | | | |
| 1 | | | | | | | | | | | 49 | | | | | | | | | | |
| 2.25 | | | | | | | | | | | 64 | | | | | | | | | | |
| 4 | | | | | | | | | | | 100 | | | | | | | | | | |
| 6.25 | | | | | | | | | | | 200 | | | | | | | | | | |
| 9 | | | | | | | | | | | 23(h) | | | | | | | | | | |
| 12.25 | | | | | | | | | | | 24(h) | | | | | | | | | | |
| 16 | | | | | | | | | | | 总变形量(mm) | | | | | | | | | | |
| 20.25 | | | | | | | | | | | 仪器变形量(mm) | | | | | | | | | | |
| 25 | | | | | | | | | | | 试样总变形量(mm) | | | | | | | | | | |

**表 D-24 应变控制加荷固结试验记录**

工程名称＿＿＿＿＿＿ 试验者＿＿＿＿＿＿

土样编号＿＿＿＿＿＿ 计算者＿＿＿＿＿＿

试验日期＿＿＿＿＿＿ 校核者＿＿＿＿＿＿

试样初始高度 $h_0=$ (mm)　应变速率:(%/s)

试样初始孔隙比 $e_0=$　负荷传感器系数 $\alpha$:

试样面积 $A=$ ($cm^2$)　孔压传感器系数 $\beta$:

| 经过时间 $t$(min) | 轴向变形 $\Delta h$ (0.01mm) | 应变 (%) | $t$ 时孔隙比 $e_i$ | 负荷传感器读数 | 轴向负荷 $P$ (kN) | 轴向压力 $\sigma$ (MPa) | 孔压传感器读数 | 孔隙压力 $U_b$ (MPa) | 轴向有效压力 $\sigma$ (MPa) |
|---|---|---|---|---|---|---|---|---|---|
| (1) | (2) | (3)=(2)/$h_0$ | (4)=$e_0$−(1−$e_0$)·(3) | (5) | (6)=(5)·$\alpha$ | (7)=(6)/$A$ | (8) | (9)=(8)·$\beta$ | (10)=(7)−(9) |
| | | | | | | | | | |
| | | | | | | | | | |
| | | | | | | | | | |
| | | | | | | | | | |

**表 D-25 黄土湿陷试验记录**

工程编号＿＿＿＿＿＿ 试样含水率＿＿＿＿＿＿ 试验者＿＿＿＿＿＿

试样编号＿＿＿＿＿＿ 试样密度＿＿＿＿＿＿ 计算者＿＿＿＿＿＿

仪器编号＿＿＿＿＿＿ 土粒比重＿＿＿＿＿＿ 校核者＿＿＿＿＿＿

试验方法＿＿＿＿＿＿ 试样初始高度＿＿＿＿ mm

| 压力(kPa) / 变形读数 (mm) | | | | | | | | | | | 浸水湿陷 | | 浸水溶滤 | |
|---|---|---|---|---|---|---|---|---|---|---|---|---|---|---|
| | 时间 | 读数 | 时间 | 读数 | 时间 | 读数 | 时间 | 读数 | 时间 | 读数 | 时间 | 读数 | 时间 | 读数 |
| | | | | | | | | | | | | | | |
| | | | | | | | | | | | | | | |
| | | | | | | | | | | | | | | |
| | | | | | | | | | | | | | | |
| 总变形量 | | | | | | | | | | | | | | |
| 仪器变形量 | | | | | | | | | | | | | | |
| 试样变形量 | | | | | | | | | | | | | | |
| 试样高度 | | | | | | | | | | | | | | |
| | 自重湿陷系数 $\delta_{zs}=\frac{h_z-h'_z}{h_0}$ | | | | | | 湿陷变形系数 $\delta_s=\frac{h_1-h_2}{h_0}$ | | | | 溶滤变形系数 $\delta_{wt}=\frac{h_z-h_s}{h_0}$ | | | |

**表 D-26 黄土湿陷性试验记录(自重湿陷系数)**

工程编号＿＿＿＿＿＿ 试验者＿＿＿＿＿＿

试样编号＿＿＿＿＿＿ 计算者＿＿＿＿＿＿

试验日期＿＿＿＿＿＿ 校核者＿＿＿＿＿＿

试样编号:＿＿＿＿＿＿＿＿ 环　刀　号:＿＿＿＿＿＿＿＿

仪 器 号:＿＿＿＿＿＿＿＿ 试样初始高度:＿＿＿＿＿＿＿＿(mm)

| 饱和自重压力计算 | | | | | | | | 试验测试 | | |
|---|---|---|---|---|---|---|---|---|---|---|
| 层数 | 密度 ($g/cm^3$) | 含水率 (%) | 比重 | 孔隙度 (%) | 饱和密度 ($g/cm^3$) | 层厚 (m) | 土层自重 (kPa) | 经过时间 (min) | 百分表读数 (mm) 自重压力 (kPa) | 百分表读数 (mm) 浸水 |
| | (1) | (2) | (3) | (4)=1−$\frac{(1)}{(3)\times[1+(2)]}$ | (5)=$\frac{(1)}{1+(2)}$+0.85×(4) | (6) | (7)=9.81×(6)×(5) | (8) | (9) | (10) |
| | | | | | | | | | | |
| | | | | | | | | 稳定读数 | | |
| 自重压力(kPa)∑(7) | | | | | | | | 自重湿陷系数 | | |

## 表 D-27 黄土湿陷性试验记录(湿陷起始压力)

工程编号__________　　试验者__________
试样编号__________　　计算者__________
试验日期__________　　校核者__________

| 试样编号: | 环刀号: 试样初始高度: (mm) | | | | | | | 环刀号: 试样初始高度: (mm) | | | | | | |
|---|---|---|---|---|---|---|---|---|---|---|---|---|---|---|
| 经过时间 (min) | 天然状态 仪器号: | | | | | | | 浸水状态 仪器号: | | | | | | |
| | 50 (25) (kPa) | 100 (50) (kPa) | 150 (75) (kPa) | 200 (100) (kPa) | 250 (150) (kPa) | 300 (200) (kPa) | 浸水 | 50 (25) (kPa) | 浸水 | 100 (50) (kPa) | 150 (75) (kPa) | 200 (100) (kPa) | 250 (150) (kPa) | 300 (200) (kPa) |
| | 百分表读数(mm) | | | | | | | 百分表读数(mm) | | | | | | |
| | | | | | | | | | | | | | | |
| 仪器变形量 | | | | | | | | | | | | | | |
| 试样变形量 | | | | | | | | | | | | | | |
| 湿陷系数 | | | | | | | | | | | | | | |

## 表 D-28 不固结不排水剪三轴试验记录

工程编号__________　　试验者__________
试样编号__________　　计算者__________
试验日期__________　　校核者__________

(1)含水率

| 盒　号 | | |
|---|---|---|
| 湿土质量(g) | | |
| 干土质量(g) | | |
| 含水率(%) | | |
| 平均含水率(%) | | |

| 试样草图 | |
|---|---|

| 试样破坏描述 | |
|---|---|

(2)密度

| 试样面积($cm^2$) | |
|---|---|
| 试样高度(cm) | |
| 试样体积($cm^3$) | |
| 试样质量(g) | |
| 密度($g/cm^3$) | |

钢环系数____ N/0.01mm
剪切速率____ mm/min
周围压力____ kPa

(3)不排水量

| 轴向变形 | 轴向应变 | 校正面积 | 钢球读数 | $\sigma_1-\sigma_3$ |
|---|---|---|---|---|
| (0.01mm) | $\varepsilon$(%) | $\frac{A_0}{1-\varepsilon}$($cm^2$) | (0.01mm) | (kPa) |
| | | | | |
| | | | | |
| | | | | |
| | | | | |

## 表 D-29 固结不排水剪三轴试验记录

工程编号__________　　试验者__________
试样编号__________　　计算者__________
试验日期__________　　校核者__________

(1)含水率

| | 试验前 | | 试验后 | |
|---|---|---|---|---|
| 盒　号 | | | | |
| 湿土质量(g) | | | | |
| 干土质量(g) | | | | |
| 含水率(%) | | | | |
| 平均含水率(%) | | | | |

(2)密度

| 试样高度(cm) | | |
|---|---|---|
| 试样体积($cm^3$) | | |
| 试样质量(g) | | |
| 密度($g/cm^3$) | | |
| 试样草图 | | |
| 试样破坏描述 | | |
| 备　注 | | |

(3)反压力饱和

| 周围压力 (kPa) | 反压力 (kPa) | 孔隙水压力 (kPa) | 孔隙压力增量 (kPa) |
|---|---|---|---|
| | | | |
| | | | |

(4)固结排水

周围压力________ kPa　反压力______ kPa
孔隙水压力______ kPa

| 经过时间 (h min s) | 孔隙水压力 (kPa) | 量管读数 (mL) | 排出水量 (mL) |
|---|---|---|---|
| | | | |
| | | | |
| | | | |
| | | | |
| | | | |
| | | | |

(5)不排水剪切

钢环系数____ N/0.01mm　　剪切速率____ mm/min　　周围压力____ kPa

反压力____ kPa　　初始孔隙压力____ kPa　　温度____℃

| 轴向变形 (0.01mm) | 轴向应变 ε(%) | 校正面积 $\frac{A_0}{1-\varepsilon}$ ($cm^2$) | 钢环读数 (0.01mm) | $\sigma_1-\sigma_3$ (kPa) | 孔隙压力 (kPa) | $\sigma'_1$ (kPa) | $\sigma'_3$ (kPa) | $\sigma'_1/\sigma'_3$ | $\frac{\sigma'_1-\sigma'_3}{2}$ (kPa) | $\frac{\sigma'_1+\sigma'_3}{2}$ (kPa) |
|---|---|---|---|---|---|---|---|---|---|---|
| | | | | | | | | | | |
| | | | | | | | | | | |

## 表 D-30　固结排水剪三轴试验记录

工程编号__________　　试验者__________

试样编号__________　　计算者__________

试验日期__________　　校核者__________

(1)含水率

| | 试验前 | | 试验后 | |
|---|---|---|---|---|
| 盒号 | | | | |
| 湿土质量(g) | | | | |
| 干土质量(g) | | | | |
| 含水率(%) | | | | |
| 平均含水率(%) | | | | |

(2)密度

| | 试验前 | 试验后 |
|---|---|---|
| 试样面积($cm^2$) | | |
| 试样高度(cm) | | |
| 试样体积($cm^3$) | | |
| 试样质量(g) | | |
| 密度($g/cm^3$) | | |
| 试样草图<br>试样破坏描述 | | |
| 备注 | | |

(3)反压力饱和

| 周围压力 (kPa) | 反压力 (kPa) | 孔隙水压力 (kPa) | 孔隙压力增量 (kPa) |
|---|---|---|---|
| | | | |
| | | | |

(4)固结排水

周围压力____ kPa　反压力____ kPa

孔隙水压力____ kPa

| 经过时间 (h min s) | 孔隙水压力 (kPa) | 量管读数 (mL) | 排出水量 (mL) |
|---|---|---|---|
| | | | |
| | | | |
| | | | |
| | | | |

(5)排水剪切

钢环系数____ N/0.01mm　　剪切速率____ mm/min　　周围压力____ kPa

反压力____ kPa　　初始孔隙压力____ kPa　　温度____℃

| 轴向变形 0.01mm | 轴向应变 $\varepsilon_a$ (%) | 校正面积 $\frac{V_c-\Delta V_i}{h_c-\Delta h_i}$ ($cm^2$) | 钢环读数 0.01mm | 主应力差 $\sigma_1-\sigma_3$ (kPa) | 比值 $\frac{\varepsilon_a}{\sigma_1-\sigma_3}$ | 量管读数 ($cm^3$) | 剪切排水量 ($cm^3$) | 体应变 $\varepsilon_v=\frac{\Delta V}{V_c}$ (%) | 径向应变 $\varepsilon_r=\frac{\varepsilon_v-\varepsilon_a}{2}$ (%) | 比值 $\frac{\varepsilon_r}{\varepsilon_a}$ | 应力比 $\frac{\sigma_1}{\sigma_3}$ |
|---|---|---|---|---|---|---|---|---|---|---|---|
| | | | | | | | | | | | |
| | | | | | | | | | | | |

## 表 D-31 无侧限抗压强度试验记录

工程编号________ 试验者________

试样编号________ 计算者________

试验日期________ 校核者________

试样初始高度 $h_0$____cm　　量力环率定系数 $c$=____N/0.01mm

试样直径 $D$______cm　　原状试样无侧限抗压强度 $q_u$=____kPa

试样面积 $A_0$______$cm^2$　　重塑试样无侧限抗压强度 $q'_u$=____kPa

试样质量 $m$______g　　灵敏度 $S_t$____

试样密度 $\rho$______$g/cm^3$

| 轴向变形(mm) | 量力环读数(0.01mm) | 轴向应变(%) | 校正面积($cm^2$) | 轴向应力(kPa) | 试样破坏描述 |
|---|---|---|---|---|---|
| (1) | (2) | (3) = $\frac{(1)}{h_0}100$ | (4) = $\frac{A_0}{1-(3)}$ | (5) = $\frac{(2)\cdot C}{(4)}\times10$ | |
| | | | | | |
| | | | | | |

## 表 D-32 直剪试验记录

工程编号________ 试验者________

试样编号________ 计算者________

试验方法________ 校核者________

试验日期________ 测力计系数____(kPa/0.01mm)

| 仪器编号 | (1) | (2) | (3) | (4) |
|---|---|---|---|---|
| 盒号 | | | | |
| 湿土质量(g) | | | | |
| 干土质量(g) | | | | |
| 含水率(%) | | | | |
| 试样质量(g) | | | | |
| 试样密度($g/cm^3$) | | | | |
| 垂直压力(kPa) | | | | |
| 固结沉降量(mm) | | | | |

| 剪切位移(0.01mm) | 量力环读数(0.01mm) | 剪应力(kPa) | 垂直位移(0.01mm) |
|---|---|---|---|
| (1) | (2) | (3) = $\frac{C\cdot(2)}{A_0}$ | (4) |
| | | | |
| | | | |
| | | | |
| | | | |

## 表 D-33 反复直剪试验记录

工程编号________ 试验者________

试样编号________ 计算者________

试验日期________ 校核者________

测力计系数____(kPa/0.01mm)

| 仪器编号 | (1) | (2) | (3) | (4) |
|---|---|---|---|---|
| 盒号 | | | | |
| 湿土质量(g) | | | | |
| 干土质量(g) | | | | |
| 含水率(%) | | | | |
| 试样质量(g) | | | | |
| 试样密度($g/cm^3$) | | | | |
| 垂直压力(kPa) | | | | |
| 固结沉降量(mm) | | | | |

| 剪切位移(0.01mm) | 测力计读数(0.01mm) | 剪应力(kPa) | 垂直位移(0.01mm) |
|---|---|---|---|
| | | | |
| | | | |
| | | | |
| | | | |

## 表 D-34 自由膨胀率试验记录

工程编号________ 试验者________

试样编号________ 计算者________

试验日期________ 校核者________

| 试样编号 | 干土质量(g) | 量筒编号 | 不同时间(h)体积读数(mL) | | | | | | 自由膨胀率(%) |
|---|---|---|---|---|---|---|---|---|---|
| | | | 2 | 4 | 6 | 8 | 10 | 12 | |
| | | | | | | | | | |
| | | | | | | | | | |
| | | | | | | | | | |
| | | | | | | | | | |
| | | | | | | | | | |

**表 D-35　有荷载膨胀率试验记录**

工程编号＿＿＿＿＿　　试验者＿＿＿＿＿

试样编号＿＿＿＿＿　　计算者＿＿＿＿＿

仪器编号＿＿＿＿＿　　校核者＿＿＿＿＿

试验日期＿＿＿＿＿

| 试验状态 | | | | 膨胀量测定 | | | |
|---|---|---|---|---|---|---|---|
| 项　目 | | 试验前 | 试验后 | 测定时间(d h min) | 经过时间(d h min) | 量表读数(0.01mm) | 膨胀率(%) |
| 环刀编号 | | | | | | | |
| 环刀加湿土质量(g) | (1) | | | | | | |
| 环刀加干土质量(g) | (2) | | | | | | |
| 环刀质量(g) | (3) | | | | | | |
| 湿土质量(g) | (4) | (1)－(3) | (1)－(3) | | | | |
| 干土质量(g) | (5) | | (2)－(3) | | | | |
| 含水率(%) | (6) | $\left[\frac{(4)}{(5)}-1\right]\times100$ | $\left[\frac{(4)}{(5)}-1\right]\times100$ | | | | |
| 试样体积($cm^3$) | (7) | $V_1$ | $V_1(1+V_h)$ | | | | |
| 试样密度($g/cm^3$) | (8) | $\frac{(4)}{(7)}$ | $\frac{(4)}{(7)}$ | | | | |
| 干密度($g/cm^3$) | (9) | $\frac{(5)}{(7)}$ | $\frac{(5)}{(7)}$ | | | | |
| 土粒比重 | (10) | | | | | | |
| 孔隙比 | (11) | $\frac{(10)}{(9)}-1$ | | | | | |

注：$V_h$ 为膨胀体积。

**表 D-36　膨胀力试验记录**

工程编号＿＿＿＿＿　　试验者＿＿＿＿＿

试样编号＿＿＿＿＿　　计算者＿＿＿＿＿

仪器编号＿＿＿＿＿　　校核者＿＿＿＿＿

试验日期＿＿＿＿＿

| 试验状态 | | | | 膨胀力测定 | | | |
|---|---|---|---|---|---|---|---|
| 项　目 | | 试验前 | 试验后 | 测定时间(h min s) | 平衡荷重(N) | 压力(kPa) | 仪器变形量(0.01mm) |
| 环刀编号 | | | | | | | |
| 环刀加湿土质量(g) | (1) | | | | | | |
| 环刀加干土质量(g) | (2) | | | | | | |
| 环刀质量(g) | (3) | | | | | | |
| 湿土质量(g) | (4) | (1)－(3) | (1)－(3) | | | | |
| 干土质量(g) | (5) | | (2)－(3) | | | | |

续表

| 试验状态 | | | | 膨胀力测定 | | | |
|---|---|---|---|---|---|---|---|
| 项　目 | | 试验前 | 试验后 | 测定时间(d h min) | 平衡荷重(N) | 压力(kPa) | 仪器变形量(%) |
| 含水率(%) | (6) | $\left[\frac{(4)}{(5)}-1\right]\times100$ | $\left[\frac{(4)}{(5)}-1\right]\times100$ | | | | |
| 试样体积($cm^3$) | (7) | $V_1$ | $V_1(1+V_h)$ | | | | |
| 试样密度($g/cm^3$) | (8) | $\frac{(4)}{(7)}$ | $\frac{(4)}{(7)}$ | | | | |
| 干密度($g/cm^3$) | (9) | $\frac{(5)}{(7)}$ | $\frac{(5)}{(7)}$ | | | | |
| 土粒比重 | (10) | | | | | | |
| 孔隙比 | (11) | $\frac{(10)}{(9)}-1$ | | | | | |
| 备注 | | | | | | | |

注：$V_h$ 为膨胀体积。

**表 D-37　收缩试验记录**

工程编号＿＿＿＿＿　　试验者＿＿＿＿＿

试样编号＿＿＿＿＿　　计算者＿＿＿＿＿

试验日期＿＿＿＿＿　　校核者＿＿＿＿＿

| 时间(d.h) | 百分表读数(0.01mm) | 单向收缩(mm) | 线缩率(%) | 试样质量(g) | 水质量(g) | 含水率(%) |
|---|---|---|---|---|---|---|
| | | | | | | |
| | | | | | | |
| | | | | | | |

**表 D-38　冻土密度试验记录(浮称法)**

工程编号＿＿＿　　试验者＿＿＿

钻孔编号＿＿＿　　计算者＿＿＿

试验日期＿＿＿　　校核者＿＿＿

| 试样编号 | 土样描述 | 煤油温度(℃) | 煤油密度($g/cm^3$) | 试样质量(g) | 试样在油中的质量(g) | 试样体积($cm^3$) | 密度($g/cm^3$) | 平均值($g/cm^3$) |
|---|---|---|---|---|---|---|---|---|
| | | | | | | | | |
| | | | | | | | | |

**表 D-39　冻土密度试验记录(联合测定法)**

工程编号＿＿＿　　试验者＿＿＿

钻孔编号＿＿＿　　计算者＿＿＿

试验日期＿＿＿　　校核者＿＿＿

| 试样编号 | 试样质量 | 筒加水质　量(g) | 筒加水加试样质量(g) | 筒加水加土粒质量(g) | 土粒比重 | 试样体积($cm^3$) | 密度($g/cm^3$) | 含水率(%) |
|---|---|---|---|---|---|---|---|---|
| | | | | | | | | |

## 表 D-40 冻土密度试验记录(充砂法)

工程编号______ 试验者______
钻孔编号______ 计算者______
试验日期______ 校核者______

| 试样编号 | 测筒质量(g) | 试样质量(g) | 测筒加试样加量砂质量(g) | 量砂质量(g) | 量砂密度(g/$cm^3$) | 测筒容积($cm^3$) | 试样体积($cm^3$) | 冻土密度(g/$cm^3$) |
|---|---|---|---|---|---|---|---|---|
| | | | | | | | | |
| | | | | | | | | |
| | | | | | | | | |
| | | | | | | | | |

## 表 D-41 冻结温度试验记录

工程编号______ 试验者______
钻孔编号______ 计算者______
试验日期______ 校核者______

热电偶编号： 热电偶系数 ℃/μV

| 序号 | 历时(min) | 电压表示值(mV) | 实际温度(℃) | 备 注 |
|---|---|---|---|---|
| | | | | |
| | | | | |
| | | | | |

## 表 D-42 未冻含水率试验记录

工程编号______ 试验者______
钻孔编号______ 计算者______
试验日期______ 校核者______

热电偶编号： 热电偶系数 ℃/μV 液限____塑限____

| 序号 | 历时(min) | 电压表示值(mV) | 实际温度(℃) | 备 注 |
|---|---|---|---|---|
| | | | | |
| | | | | |
| | | | | |

## 表 D-43 冻土导热系数试验记录

工程编号______ 试验者______
试样编号______ 计算者______
试验日期______ 校核者______

试样含水率:______% 试样密度______ g/$cm^3$
石蜡导热系数 0.279W/m·K

| 序号 | 历时(min) | 石蜡样温差(℃) | 试样温差(℃) | 导热系数[W/(m·K)] | 备 注 |
|---|---|---|---|---|---|
| | | | | | |
| | | | | | |
| | | | | | |
| | | | | | |

## 表 D-44 冻胀量试验记录

工程编号______ 试验者______
试样编号______ 计算者______
试验日期______ 校核者______

试样含水率:____% 试样密度______ g/$cm^3$

| 序号 | 时间(h) | 测温数字电压表读数(mV) | | | | | 变形量(mm) |
|---|---|---|---|---|---|---|---|
| | | | | | | | |
| | | | | | | | |
| | | | | | | | |

## 表 D-45 pH 试验记录(电测法)

工程编号______ 试验者______
试样编号______ 计算者______
试验日期______ 校核者______

| 试样编号 | 土水比 | 试样悬液体积(mL) | pH 测定值 | | | |
|---|---|---|---|---|---|---|
| | | | 1 | 2 | 3 | 4 |
| | | | | | | |
| | | | | | | |
| | | | | | | |

**表 D-46 易溶盐总量试验记录**

| 试样编号 | 土水比 | 称取风干试样质量 $m_s$ (g) | 风干试样含水率 $w$ (%) | 浸出液用纯水体积 $V_w$ (mL) | 吸取浸出液体积 $V_s$ (mL) | 蒸发皿编号 | 蒸发皿质量 $m_1$ (g) | 蒸发皿加残渣质量 $m^2$ (g) | 计算 $\frac{(m_2-m_1)\frac{V_w}{V_s}(1+0.01w)\times100}{m_s}$ | 试验结果 易溶盐总量 $W$ (%) |
|---|---|---|---|---|---|---|---|---|---|---|
| | | | | | | | | | | |
| | | | | | | | | | | |
| | | | | | | | | | | |
| | | | | | | | | | | |
| | | | | | | | | | | |
| | | | | | | | | | | |

试验者　　　　　　　　　　复核者　　　　　　　　　　试验日期

**表 D-47(1) 碳酸根试验记录**

| 试样编号 | 称取风干试样质量 $m_s$ (g) | 风干试样含水率 $w$ (%) | 浸出液用纯水体积 $V_w$ (mL) | 吸取浸出液体积 $V_s$ (mL) | 标准溶液浓度 $c(H_2SO_4)$ (mol/L) | 滴定 $V_1$(mL) | | | | 计算 | 试验结果 | |
|---|---|---|---|---|---|---|---|---|---|---|---|---|
| | | | | | | 自 | 至 | 耗 | 平均 | $\frac{2V_1c(H_2SO_4)\frac{V_w}{V_s}(1+0.01w)\times1000}{m_s}$<br>$b(CO_3^{2-})\times0.060\times100\times10^{-3}$ | $b(CO_3^{2-})$ (mmol/kg 土) | $CO_3^{2-}$ (%) |
| | | | | | | | | | | | | |
| | | | | | | | | | | | | |
| | | | | | | | | | | | | |
| | | | | | | | | | | | | |
| | | | | | | | | | | | | |
| | | | | | | | | | | | | |

试验者　　　　　　　　　　复核者　　　　　　　　　　试验日期

**表 D-47(2) 重碳酸根试验记录**

| 试样编号 | 称取风干试样质量 $m_s$ (g) | 风干试样含水率 $w$ (%) | 浸出液用纯水体积 $V_w$ (mL) | 吸取浸出液体积 $V_s$ (mL) | 标准溶液浓度 $c(H_2SO_4)$ (mol/L) | 滴定 $V_2$(mL) | | | | 计算 | 试验结果 | |
|---|---|---|---|---|---|---|---|---|---|---|---|---|
| | | | | | | 自 | 至 | 耗 | 平均 | $\frac{2(V_2-V_1)c(H_2SO_4)\frac{V_w}{V_s}(1+0.01w)\times1000}{m_s}$<br>$b(HCO_3^-)\times0.061\times100\times10^{-3}$ | $b(HCO_3^-)$ (mmol/kg 土) | $HCO_3^-$ (%) |
| | | | | | | | | | | | | |
| | | | | | | | | | | | | |
| | | | | | | | | | | | | |
| | | | | | | | | | | | | |
| | | | | | | | | | | | | |
| | | | | | | | | | | | | |

试验者　　　　　　　　　　复核者　　　　　　　　　　试验日期

**表 D-48　氯根试验记录**

| 试样编号 | 称取风干试样质量 $m_s$ (g) | 风干试样含水率 $w$ (%) | 浸出液用纯水体积 $V_w$ (mL) | 吸取浸出液体积 $V_s$ (mL) | 标准溶液浓度 $c(AgNO_3)$ (mol/L) | 滴定 $V_2$(mL) | | | | 计　算 | 试验结果 | |
|---|---|---|---|---|---|---|---|---|---|---|---|---|
| | | | | | | 自 | 至 | 耗 | 平均 | $\frac{(V_1-V_2)c(AgNO_3)\frac{V_w}{V_s}(1+0.01w)\times1000}{m_s}$<br>$b(Cl^-)\times0.0355\times100\times10^{-3}$ | $b(Cl^-)$ (mmol/kg 土) | $Cl^-$ (%) |
| | | | | | | | | | | | | |
| | | | | | | | | | | | | |
| | | | | | | | | | | | | |
| | | | | | | | | | | | | |
| | | | | | | | | | | | | |
| | | | | | | | | | | | | |

试验者　　　　　　　　　　　　复核者　　　　　　　　　　　　试验日期

**表 D-49　$SO_4$ 试验记录(EDTA 法)**

| 试样编号 | 称取风干试样质量 $m_s$ (g) | 风干试样含水率 $w$ (%) | 浸出液用纯水体积 $V_w$ (mL) | 吸取浸出液体积 $V_s$ (mL) | 标准溶液浓度 $c$(EDTA) (mol/L) | 滴定 $V_2$ | | | | | 计　算 | 试验结果 | |
|---|---|---|---|---|---|---|---|---|---|---|---|---|---|
| | | | | | | 代号 | 自 | 至 | 耗 | 平均 | $\frac{(V_3+V_2-V_1)c(EDTA)\frac{V_w}{V_s}(1+0.01w)\times1000}{m_s}$<br>$b(SO_4^{2-})\times0.096\times100\times10^{-3}$ | $b(SO_4^{2-})$ (mmol/kg 土) | $SO_4^{2-}$ (%) |
| | | | | | | | (mL) | | | | | | |
| | | | | | | $V_1$ | | | | | | | |
| | | | | | | $V_2$ | | | | | | | |
| | | | | | | $V_3$ | | | | | | | |
| | | | | | | $V_1$ | | | | | | | |
| | | | | | | $V_2$ | | | | | | | |
| | | | | | | $V_3$ | | | | | | | |
| | | | | | | $V_1$ | | | | | | | |
| | | | | | | $V_2$ | | | | | | | |
| | | | | | | $V_3$ | | | | | | | |
| | | | | | | $V_1$ | | | | | | | |
| | | | | | | $V_2$ | | | | | | | |
| | | | | | | $V_3$ | | | | | | | |
| | | | | | | $V_1$ | | | | | | | |
| | | | | | | $V_2$ | | | | | | | |
| | | | | | | $V_3$ | | | | | | | |

试验者　　　　　　　　　　　　复核者　　　　　　　　　　　　试验日期

**表 D-50　$SO_4^{2-}$ 试验记录(比浊法)**

| 试样编号 | 称取风干试样质量 $m_s$ (g) | 风干试样含水率 $w$ (%) | 浸出液用纯水体积 $V_w$ (mL) | 吸取浸出液体积 $V_s$ (mL) | 测得吸光值 | 查得相应 $SO_4^{2-}$ 含量 $m(SO_4^{2-})$ (mg) | 计　算 | 试验结果 | |
|---|---|---|---|---|---|---|---|---|---|
| | | | | | | | $SO_4^{2-}=\frac{m(SO_4^{2-})\frac{V_w}{V_s}(1+0.01w)\times100}{m_s10^3}$<br>$b(SO_4^{2-})=(SO_4^{2-}\%/0.096)\times1000$ | $b(SO_4^{2-})$ (mmol/kg 土) | $SO_4^{2-}$ (%) |
| | | | | | | | | | |
| | | | | | | | | | |
| | | | | | | | | | |
| | | | | | | | | | |
| | | | | | | | | | |
| | | | | | | | | | |

试验者　　　　　　　　　　　　复核者　　　　　　　　　　　　试验日期

**表 D-51　钙离子试验记录**

| 试样编号 | 称取风干试样质量 $m_s$ (g) | 风干试样含水率 $w$ (%) | 浸出液用纯水体积 $V_w$ (mL) | 吸取浸出液体积 $V_s$ (mL) | 标准溶液浓度 $c$(EDTA) (mol/L) | 滴定 | | | | | 计　　算 | 试验结果 | |
|---|---|---|---|---|---|---|---|---|---|---|---|---|---|
| | | | | | | 代号 | 自 | 至 | 耗 | 平均 | $\frac{V(EDTA)c((EDTA)\frac{V_w}{V_s}(1+0.01w)\times 1000}{m_s}$ | $b(Ca^{2+})$ | $Ca^{2+}$ |
| | | | | | | | (mL) | | | | $b(Ca^{2+})\times 0.040\times 100\times 10^{-3}$ | (mmol/kg 土) | (%) |
| | | | | | | $V_1$ | | | | | | | |
| | | | | | | $V_2$ | | | | | | | |
| | | | | | | $V_1$ | | | | | | | |
| | | | | | | $V_2$ | | | | | | | |
| | | | | | | $V_1$ | | | | | | | |
| | | | | | | $V_2$ | | | | | | | |
| | | | | | | $V_1$ | | | | | | | |
| | | | | | | $V_2$ | | | | | | | |
| | | | | | | $V_1$ | | | | | | | |
| | | | | | | $V_2$ | | | | | | | |
| | | | | | | $V_1$ | | | | | | | |
| | | | | | | $V_2$ | | | | | | | |

试验者　　　　　　　　　　　　　　　　复核者　　　　　　　　试验日期

**表 D-52　镁离子试验记录**

| 试样编号 | 称取风干试样质量 $m_s$ (g) | 风干试样含水率 $w$ (%) | 浸出液用纯水体积 $V_w$ (mL) | 吸取浸出液体积 $V_s$ (mL) | 标准溶液浓度 $c$(EDTA) (mol/L) | 滴定 | | | | | 计　　算 | 试验结果 | |
|---|---|---|---|---|---|---|---|---|---|---|---|---|---|
| | | | | | | 代号 | 自 | 至 | 耗 | 平均 | $\frac{(V_2-V_1)c(EDTA)\frac{V_w}{V_s}(1+0.01w)\times 1000}{m_s}$ | $b(Mg^{2+})$ | $Mg^{2+}$ |
| | | | | | | | (mL) | | | | $b(Mg^{2+})\times 0.024\times 100\times 10^{-3}$ | (mmol/kg 土) | (%) |
| | | | | | | $V_1$ | | | | | | | |
| | | | | | | $V_2$ | | | | | | | |
| | | | | | | $V_1$ | | | | | | | |
| | | | | | | $V_2$ | | | | | | | |
| | | | | | | $V_1$ | | | | | | | |
| | | | | | | $V_2$ | | | | | | | |
| | | | | | | $V_1$ | | | | | | | |
| | | | | | | $V_2$ | | | | | | | |
| | | | | | | $V_1$ | | | | | | | |
| | | | | | | $V_2$ | | | | | | | |
| | | | | | | $V_1$ | | | | | | | |
| | | | | | | $V_2$ | | | | | | | |

试验者　　　　　　　　　　　　　　　　复核者　　　　　　　　试验日期

## 表 D-53 $Ca^{2+}$、$Mg^{2+}$试验记录(原子吸收法)

| 试样编号 | 称取风干试样质量 $m_s$ (g) | 风干试样含水率 $w$ (%) | 浸出液用纯水体积 $V_w$ (mL) | 吸取浸出液体积 $V_s$ (mL) | 测定时溶液定容体积 $V_c$ (L) | 测得吸收值 | | 相应的浓度 (mg/L) | | 计算 | 试验结果 | | | |
|---|---|---|---|---|---|---|---|---|---|---|---|---|---|---|
| | | | | | | | | | | $\frac{\rho_B V_c \frac{V_w}{V_s}(1+0.01w)\times100}{m_s\times10^3}$<br>$b(Ca^{2+})$<br>$=(Ca^{2+}\%/0.040)\times1000$<br>$b(Mg^{2+})$<br>$=(Mg^{2+}\%/0.024)\times1000$ | 钙离子 | | 镁离子 | |
| | | | | | | Ca | Mg | $\rho(Ca^{2+})$ | $\rho(Mg^{2+})$ | | $b(Ca^{2+})$ (mmol/kg土) | $Ca^{2+}$ (%) | $b(Mg^{2+})$ (mmol/kg土) | $Mg^{2+}$ (%) |
| | | | | | | | | | | | | | | |
| | | | | | | | | | | | | | | |
| | | | | | | | | | | | | | | |
| | | | | | | | | | | | | | | |
| | | | | | | | | | | | | | | |
| | | | | | | | | | | | | | | |
| | | | | | | | | | | | | | | |

试验者　　　　　　　　　　复核者　　　　　　　　　　试验日期

## 表 D-54 $Na^{+}$、$K^{+}$试验记录

| 试样编号 | 称取风干试样质量 $m_s$ (g) | 风干试样含水率 $w$ (%) | 浸出液用纯水体积 $V_w$ (mL) | 吸取浸出液体积 $V_s$ (mL) | 测定时溶液定容体积 $V_c$ (L) | 测得吸收值 | | 相应的浓度 (mg/L) | | 计算 | 试验结果 | | | |
|---|---|---|---|---|---|---|---|---|---|---|---|---|---|---|
| | | | | | | | | | | $\frac{\rho_B V_c \frac{V_w}{V_s}(1+0.01w)\times100}{m_s\times10^3}$<br>$b(K^{+})$<br>$=(K^{+}\%/0.039)\times1000$<br>$b(Na^{+})$<br>$=(Na^{+}\%/0.023)\times1000$ | 钠离子 | | 钾离子 | |
| | | | | | | $Na^{+}$ | $K^{+}$ | $\rho(Na^{+})$ | $\rho(K^{+})$ | | $b(Na^{+})$ (mmol/kg土) | $Na^{+}$ (%) | $b(K^{+})$ (mmol/kg土) | $K^{+}$ (%) |
| | | | | | | | | | | | | | | |
| | | | | | | | | | | | | | | |
| | | | | | | | | | | | | | | |
| | | | | | | | | | | | | | | |
| | | | | | | | | | | | | | | |
| | | | | | | | | | | | | | | |
| | | | | | | | | | | | | | | |

试验者　　　　　　　　　　复核者　　　　　　　　　　试验日期

**表 D-55　中溶盐(石膏)试验记录**

| 试样编号 | 称取风干试样质量 $m_s$ (g) | 风干试样含水率 $w$ (%) | 酸浸出液硫酸根含量 $m$ $(SO_4^{2-})$ (g) | | | | 水浸出液硫酸根含量 $W$ $(SO_4^{2-})_w$ (%) | 计算 | 试验结果 | |
|---|---|---|---|---|---|---|---|---|---|---|
| | | | 坩埚号 | 坩埚质量 (g) | 坩埚加沉淀物质量 (g) | 沉淀物质量 (g) | | $W(SO_4^{2-})_b = \frac{(m_2-m_1)(SO_4^{2-})\times0.4114\times(1+0.01w)\times100}{m_s}$<br>$CaSO_4\cdot2H_2O=[W(SO_4^{2-})_b-W(SO_4^{2-})_w]\times1.7992$ | 石膏含量 $(CaSO_4\cdot2H_2O)$ (%) | 平均 (%) |
| | | | | | | | | | | |
| | | | | | | | | | | |
| | | | | | | | | | | |
| | | | | | | | | | | |
| | | | | | | | | | | |
| | | | | | | | | | | |
| | | | | | | | | | | |
| | | | | | | | | | | |
| | | | | | | | | | | |
| | | | | | | | | | | |

试验者　　　　　　　　　　　　复核者　　　　　　　　试验日期

**表 D-56　难溶盐(碳酸钙)试验记录**

$R=8310kPa;ml/(mol\cdot K)$　　　　　　$M(CaCO_3)=100g/mol$

| 试样编号 | 试样干质量 $m_d$ (g) | 测得二氧化碳体积 $V(CO_2)$ (ml) | | | 试验时水温度 | | 试验时大气压 $P$ (kPa) | 计算 | 试验结果 |
|---|---|---|---|---|---|---|---|---|---|
| | | 初读数 | 终读数 | 结果 | 摄氏度 $t$ (℃) | 热力学度 $T$ (K) | | $V(CO_2)\rho(CO_2)\times2.272/(m_d\times10^6)$　(1)<br>$M(CaCO_3)n(CO_2)\times100/m_d$　(2)<br>$n(CO_2)=PV(CO_2)/RT$ | $CaCO_3$ (%) |
| | | | | | | | | | |
| | | | | | | | | | |
| | | | | | | | | | |
| | | | | | | | | | |
| | | | | | | | | | |

试验者　　　　　　　　　　　　复核者　　　　　　　　试验日期

**表 D-57　有机质试验记录**

| 试验编号 | 称取风干试样质量 $m_s$ (g) | 风干试样含水率 $w$ (%) | 标准溶液 $c(FeSO_4)$ (mol/L) | 滴定 | | | | 计算 | 试验结果 |
|---|---|---|---|---|---|---|---|---|---|
| | | | | $V(Fe^{2+})$ | 由 (mL) | 至 (mL) | 耗 (mL) | $\frac{c(Fe)\{V'(Fe)-V(Fe)\}(1+0.01w)\times0.5172}{m_s}$ | 有机质 $O_m$ (%) |
| | | | | V′ | | | | | |
| | | | | V | | | | | |
| | | | | V′ | | | | | |
| | | | | V | | | | | |
| | | | | V′ | | | | | |
| | | | | V | | | | | |
| | | | | V′ | | | | | |
| | | | | V | | | | | |
| | | | | V′ | | | | | |
| | | | | V | | | | | |

试验者　　　　　　　　　　　　复核者　　　　　　　　试验日期

**表 D-58 离心含水当量试验记录**

工程名称________　　　　试验者________

工程编号________　　　　计算者________

试验日期________　　　　校核者________

| 试样编号 | 坩埚号 | 坩埚质量(g) | 坩埚加湿土质量(g) | 坩埚加干土质量(g) | 湿土质量(g) | 干土质量(g) | 离心含水当量(%) | 平均离心含水当量(%) |
|---|---|---|---|---|---|---|---|---|
| | (1) | (2) | (3) | (4) | (5)=(3)-(2) | (6)=(4)-(2) | $(7)=\left[\frac{(5)}{(6)}-1\right]\times 100$ | (8) |
| | | | | | | | | |
| | | | | | | | | |
| | | | | | | | | |
| | | | | | | | | |
| | | | | | | | | |
| | | | | | | | | |

# 本标准用词说明

1. 为便于在执行本规范条文时区别对待，对于要求严格程度不同的用词说明如下：

1)表示很严格，非这样做不可的用词：

正面词采用“必须”，反面词采用“严禁”；

2)表示严格，在正常情况下均应这样做的用词：

正面词采用“应”，反面词采用“不应”或“不得”；

3)表示允许稍有选择，在条件许可时首先应这样做的用词：

正面词采用“宜”，反面词采用“不宜”；

表示有选择，在一定条件下可以这样做的用词采用“可”。

2. 规范中指定应按其他有关标准、规范执行时，写法为：“应符合……的规定”或“应按……执行”。

中华人民共和国国家标准

# 土工试验方法标准

GB/T 50123—1999

## 条 文 说 明

# 目　次

# 1 总　　则

1.0.1 《土工试验方法标准》GBJ 123-88(以下简称"原标准")自1989年实施以来,已有7年多时间,在这期间,岩土工程有一定的发展,要求提供更多、更可靠的计算参数和判定指标,同时,测试技术也有进步,因此,有必要对原标准进行修改,使各系统的土工试验有一个能满足岩土工程发展需要的试验准则,使所有的试验及试验结果具有一致性和可比性。

1.0.2 水利、公路、铁路、冶金等系统均有相应的土工试验规程,基本内容与本标准相同,但有些试验方法使用条件不同,为此在一些具体的参数或规定上有特殊要求时,允许以相应的专业标准为依据。

1.0.3 现行国家标准《土的分类标准》GBJ 145属专门分类标准,内容包括对土类进行鉴别,确定其名称和代号,并给以必要的描述。本标准中将土分成粗粒土和细粒土两大类。土的名称和具体分类按现行国家标准《土的分类标准》GBJ 145确定。土的工程分类试验是土工试验的内容之一,故分类试验应遵照本标准有关试验项目中规定的方法和要求进行。

1.0.4 土工试验资料的分析整理,对提供准确可靠的土性指标是十分重要的。内容涉及成果整理、土性指标的选择,并计算相应的标准差、变异系数或绝对误差与精度指标等。根据误差分析,对不合理的数据进行研究、分析原因,或有条件时,进行一定的补充试验,以便决定对可疑数据的取舍或改正。为此,列入附录A。

1.0.5 土工试验所用的仪器应符合现行国家标准《土工仪器的基本参数及通用技术条件》GB/T15406规定。根据国家计量法的要求,土工试验所用的仪器、设备应定期检定或校验。对通用仪器设备,应按有关检定规程进行,对专用仪器设备可参照国家现行标准《土工试验专用仪器校验方法》SL110～118进行校验。

1.0.6 执行本标准过程中,有些要求应符合现行国家标准《建筑地基基础设计规范》GBJ7、《湿陷性黄土地区建筑规范》GBJ25、《膨胀土地区建筑技术规范》GBJ112、《土的分类标准》GBJ 145和《岩土工程基本术语标准》GB/T 50275中的规定。

# 3 试样制备和饱和

## 3.1 试 样 制 备

3.1.1 本标准所规定的试验方法,仅适用于颗粒粒径小于60mm的原状土和扰动土,对粒径等于、大于60mm的土应按有关粗粒料的试验方法进行。

3.1.2 原标准中第2.0.2至2.0.4条规定的试验所需土样的数量以及取土要求等列入附录B"土样的要求与管理"。

同一组试样间的均匀性主要表现在密度和含水率的均匀性方面,规定密度和含水率的允许差值,使试验结果的离散性减小,避免力学性指标之间相互矛盾的现象。

3.1.4 原状土试样制备过程中,应先对土样进行描述,了解土样的均匀程度、含夹杂质等情况后,才能保证物理性试验的试样和力学性试验所选用的试样一致,避免产生试验结果相互矛盾的现象,并作为统计分层的依据。

用环刀切取试样时,规定环刀必须垂直下压,因环刀不垂直切取的试样层次倾斜,与天然结构不符;其次,试样与环刀内壁之间容易产生间隙,切取试样时要防止扰动,否则均会影响测试结果。

3.1.5 扰动土试样备样过程中对含有机质的土样规定采用天然含水率状态下的代表性土样,供颗粒分析、界限含水率试验,因为这些土在105～110℃温度下烘干后,胶体颗粒和粘粒会胶结在一起,试验中影响分散,使测试结果有差异。

3.1.6 扰动土试样制备时所需的加水量要求均匀喷洒在土样上,润湿一昼夜,目的是使制备样含水率均匀,达到密度的差异小。击样法制备试样时,若分层击样,每层试样的密度也要均匀。

## 3.2 试 样 饱 和

3.2.2 毛细管饱和法:原标准中选用叠式或框式饱和器,现修改成用框式饱和器,因为毛细管饱和,水面不宜将试样淹没,而叠式饱和器达不到该要求,否则上层试样浸不到水。

3.2.3 抽气饱和法:原标准中没有说明用何种饱和器,仅列出真空饱和装置,本次修改时,条文中明确规定采用叠式或框式饱和器。

# 4 含水率试验

4.0.1 原标准中为含水量试验,虽然名称通用,但与定义不符,根据现行国家标准《岩土工程基本术语标准》GB/T 50279的规定改成含水率试验。

土的含水率定义为试样在105～110℃温度下烘至恒量时所失去的水质量和达恒量后干土质量的比值,以百分数表示。

4.0.3 含水率试验方法有多种,但能确保质量,操作简便又符合含水率定义的试验方法仍以烘干法为主,故本标准规定以烘干法为标准方法。烘干温度采用105～110℃,这是因为取决于土的水理性质,以及目前国际上一些主要试验标准,例如美国ASTM、英国BS、日本JIS、德国DIN,烘干温度在100～115℃之间,且多数采用105～110℃为标准,故本标准用105～110℃。对含有机质超过干土质量5%的土,规定烘干温度为65～70℃,因为含有机质土在105～110℃温度下,经长时间烘干后,有机质特别是腐植酸会在烘干过程中逐渐分解而不断损失,使测得的含水率比实际的含水率大,土中有机质含量越高误差就越大。

试样烘干至恒量所需的时间与土的类别及取土数量有关。本标准取代表性试样15～30g,对粘土、粉土烘干时间不少于8h,是根据多年来比较试验而定的,对砂土不少于6h,由于砂土持水性差,颗粒大小相差悬殊,含水率易于变化,所以试样应多取一些,本标准规定取50g。采用环刀中试样测定含水率更具有代表性。

4.0.5、4.0.6 对层状和网状构造的冻土的含水率试验,因试样均匀程度所取试样数量相差较大,且试验过程中需待冻土融化后进行,为此另列条说明。

4.0.7 对层状和网状构造的冻土含水率平行测定的允许误差因均匀性放宽至3%。

# 5 密 度 试 验

## 5.1 环 刀 法

5.1.1 环刀法是测定土样密度的基本方法,本方法在测定试样密度的同时,可将试样用于固结和直剪试验。

5.1.2 环刀的尺寸是根据现行国家标准《土工仪器的基本参数及通用技术条件》GB/T 15406的规定选用内径61.8mm和79.8mm,高20mm。

## 5.2 蜡 封 法

**5.2.3** 蜡封法密度试验中的蜡液温度，以蜡液达到熔点以后不出现气泡为准。蜡液温度过高，对土样的含水率和结构都会造成一定的影响，而温度过低，蜡溶解不均匀，不易封好蜡皮。

蜡封试样在水中的质量，与水的密度有关，水的密度随温度而变化，条文中规定测定水温的目的是为了消除因水密度变化而产生的影响。因各种蜡的密度不相同，试验前应测定石蜡的密度。

## 5.3 灌 水 法

**5.3.3** 灌水采用的塑料薄膜袋材料为聚氯乙烯，薄膜袋的尺寸应与试坑大小相适应。

开挖试坑时，坑壁和坑底应规则，试坑直径与深度只能略小于薄膜塑料袋的尺寸，铺设时应使薄膜塑料袋紧贴坑壁，否则测得的容积就偏小，求得偏大的密度值。

## 5.4 灌 砂 法

**5.4.1** 灌砂法比较复杂，需要一套量砂设备，但能准确的测定试坑的容积，适用于我国半干旱、干旱的西部和西北部地区。

**5.4.3** 标准砂的粒径选用 0.25～0.5mm，因为在此范围内，标准砂的密度变化较小。

# 6 土粒比重试验

## 6.1 一般规定

**6.1.1** 土粒比重定义为土粒在 105～110℃温度下烘至恒量时的质量与同体积 4℃时纯水质量的比值。根据现行国家标准《岩土工程基本术语标准》GB/T 50279 仍使用"土粒比重"这个无量纲的名词，作为土工试验中的专用名词。

**6.1.2** 当试样中既有粒径大于 5mm 的土颗粒，又含有粒径小于 5mm 的土颗粒时，工程中采用平均比重，取粗细颗粒比重的加权平均值。

## 6.2 比重瓶法

**6.2.1、6.2.2** 颗粒小于 5mm 的土用比重瓶法测定比重，比重瓶有 100mL 和 50mL 两种，经比较试验认为瓶的大小对比重成果影响不大，因用 100mL 的比重瓶可多取些试样，使试样的代表性和试验准确度可以提高。第 6.2.5 条条文中采用 100mL 的比重瓶，也允许采用 50mL 的比重瓶。

**6.2.3** 比重瓶的校正有称量校正法和计算校正法，前一种方法准确度较高，后一种方法引入了某些假设，但一般认为对比重影响不大，本标准以称量校正法为准。

**6.2.5** 试样规定用烘干土，认为可减少计算中的累计误差，也适合于含有机质、可溶盐、亲水性胶体等的土用中性液体测定。

试验用水规定为纯水，要求水质纯度高，不含任何被溶解的固体物质。一般规定有机质含量小于 5%时，可以用纯水，超过 5%时用中性液体。土中易溶盐含量等于、大于 0.5%时，用中性液体测定。

排气方法条文中规定用煮沸法，此法简单易行，效果好。如需用中性液体时，应采用真空抽气法。砂土煮沸时砂粒容易跳出，亦允许用真空抽气法代替煮沸法。

## 6.3 浮 称 法

**6.3.1** 浮称法所测结果较为稳定，但大于 20mm 的粗粒较多时，用本方法将增加试验设备，室内使用不便，故条文规定粒径大于 5mm 的试样中 20mm 的颗粒小于 10%时使用浮称法。

## 6.4 虹吸筒法

**6.4.1** 虹吸筒法测定比重的结果不稳定，因为粗颗粒的实体积测不准，测得的比重值一般偏小。只在粒径大于 5mm 的试样中 20mm 的颗粒等于、大于 10%时，使用虹吸筒法。用虹吸筒法测定比重时，要特别注意排气，因粗颗粒内部包含着封闭孔隙。

若要测定粗粒土饱和面干比重亦采用虹吸筒法。

# 7 颗粒分析试验

## 7.1 筛 析 法

**7.1.2** 筛析法颗粒分析试验在选用分析筛的孔径时，可根据试样颗粒的粗细情况灵活选用。

**7.1.5** 当大于 0.075mm 的颗粒超过试样总质量的 10%时，应先进行筛析法试验，然后经过洗筛过 0.075mm 筛，再用密度计法或移液管法进行试验。

## 7.2 密度计法

**7.2.1** 原标准中适用于粒径小于 0.074mm 的土，现行国家标准《土的分类标准》GBJ 145 中将粒径 0.074mm 已改成 0.075mm，为此，本标准洗筛改成 0.075mm。

**7.2.2** 密度计制造过程中刻度往往不易准确，使用前须进行刻度及弯液面校正，土粒有效沉降距离的校正，但这些校正工作极繁重，目前国内已有生产厂制造甲种密度计准确至 0.5°，乙种密度计准确至 0.0002 的刻度，并对土粒有效沉降距离及弯液面在出厂前都已进行校正的产品，如果采用此种标准的密度计，且备有检定合格证书，在使用前不需进行密度计校正。其他密度计均需在使用前按有关《密度计校正规程》进行校正。

**7.2.4** 试样的洗盐：本试验规定了当试样中易溶盐含量大于 0.5%时，须经过洗盐手续才能进行密度计法颗粒分析试验，试样中含有易溶盐会影响试验成果，见表 1。

**表 1 盐渍土洗盐与不洗盐的比较**

| 省区 | 土样号 | 含盐量(%) | 粉粒含量(%) 0.050～0.005mm | | 粘粒含量(%) <0.005mm | |
|---|---|---|---|---|---|---|
| | | | 洗盐前 | 洗盐后 | 洗盐前 | 洗盐后 |
| 新疆 | 146 | 5.26 | 22.33 | 6.0 | 9.08 | 18.61 |
| | 147 | 14.66 | 17.23 | 13.10 | 40.04 | 41.17 |
| 甘肃 | 133 | 2.1 | 62.20 | 47.50 | 1.50 | 14.00 |
| | 142 | 2.19 | 54.50 | 43.50 | 0.50 | 14.00 |
| | 143 | 1.11 | 24.99 | 22.47 | 17.99 | 21.34 |
| | 149 | 5.13 | 20.79 | 7.21 | 5.25 | 16.52 |
| | 156 | 0.88 | 41.50 | 34.70 | 9.50 | 18.00 |

注：按密度计法测定。

从表 1 中可见，未经洗盐的试样与洗盐后的试样的颗粒分析，前者粉粒含量高，粘粒含量低；后者粉粒含量低，粘粒含量高。为此，本试验规定对易溶盐含量大于 0.5%的试样，应进行洗盐。

含盐量的检验方法，本试验采用电导率法和目测法以供选用，电导率法具有方便、快速估计试样含盐状况的优点。它的原理是根据电导率在低浓度溶液范围内，与悬液中易溶盐浓度成正比关系，电导率因盐性不同而异，但根据实验证明，$K_{20}$小于 1000μS/cm 时，相应的含盐量不会大于 0.5%。因此，本试验规定用电导率法检验洗盐应洗到溶液的 $K_{20}$小于 1000μS/cm。并规定当试样溶液

的 $K_{20}$大于 2000μS/cm 时应将含盐量计入，否则会影响试验计算结果。

目测法是比较简易的方法，当没有电导率仪时可采用目测法检验试样溶液是否含盐。

1) 试样的分散标准。粘性土的土粒可分成原级颗粒和团粒两种。对于颗粒分析的分散标准，有的主张用全分散法，理由是颗粒分析本身应该反映土的各种真实原级颗粒的组成；有的主张用半分散法或微集成法，即不加任何分散剂使其在水中自然分散，以符合实际土未被完全分散的情况。

对照国内外有关标准对分散标准选择的调查，本试验采用了半分散法，用煮沸加化学分散剂来达到土粒既能充分分散，又不破坏土的原级颗粒及其聚合体。这些分散方法比较符合工程实际，基本上可以使土结构单元在不受任何破坏时，求得土的粒组所占土总质量的百分数。

2) 分散剂品种问题。国内对土的分散剂品种选用问题有不少争论，主要反映在：从不同土类的角度出发，选用不同的合适的分散剂；从不同的分散理论角度出发，如有的从土悬液 pH 值大小来考虑，有的从粘土的离子交换容量能力来考虑，选用合适的分散剂。

从目前国际上的趋势看，分散剂的品种有采用强分散剂而不再考虑对不同土用不同分散剂的趋势，以便统一标准和方法。美国的 ASTM-82 已用六偏磷酸钠的搅拌方法。英国 BS1377-75 也改用六偏磷酸钠加硅酸钠振荡 4h 的方法。德国 DIN18123-71 是采用 5%焦磷酸钠 25mL 后搅拌 10min 的方法。前苏联 ГОСТ 12536-67，则未作硬性规定，而在一般情况下，采用浓度 25%氨水 10mL 煮沸的方法，如有凝聚现象，才加入焦磷酸钠作为稳定剂。

国内大多数规程也均用钠盐作为分散剂，以六偏磷酸钠使用最广，使用偏磷酸钠和焦磷酸钠的也不少，还有一些单位使用 25%氨水作分散剂。

3) 分散剂的选择，应考虑各种不同土类的粘粒矿物组成，结晶性质及浓度，同时又要考虑到试验资料的可比性及国内外交流的需要。根据我国以往对分散剂使用的现状及我国土类分布的多样性，本标准规定了对一般易分散的土用浓度 4%六偏磷酸钠作为分散剂。至于特殊的土类，应按工程实际需要及土类的特点选择不同的合适的分散剂。如土中易溶盐含量超过 0.5%，则需经洗盐手续。

### 7.3 移液管法

**7.3.1** 移液管法颗粒分析试验适用于粒径小于 0.075mm 而比重大的土，虽然操作不如密度计法简单和迅速，仍然得到较广泛的应用。

## 8 界限含水率试验

### 8.1 液、塑限联合测定法

**8.1.1** 目前国际上测定液限的方法是碟式仪法和圆锥仪法。各国采用的碟式仪和圆锥仪规格不尽相同，对试验结果有影响，利用碟式仪和我国采用的 76g 锥入土深度 10mm 圆锥仪进行比较，结果是随着液限的增大，两者所测得的差值增大。一般情况下碟式仪测得的液限大于圆锥仪液限。鉴于国际上对液限的测定没有统一的标准，为了使本标准向国际通用标准靠拢。制订本标准时认为与美国 ASTM 碟式仪标准等效是合适的。根据圆锥仪的特点和我国几十年的使用实践，认为圆锥仪操作简单，所测数据比较稳定，标准易于统一，所以本标准中圆锥仪法和碟式仪法均列入。

塑限的测定长期采用滚搓法，该法最大的缺点是人为因素影响大。十多年来，我国一些试验单位用圆锥仪测定塑限，已找出与塑限相对应的下沉深度求得的塑限与滚搓法基本一致，该法定名为液、塑限联合测定法。其主要优点是易于掌握，采用电磁落锥可减少人为因素影响。水利部、交通部公路系统、原冶金工业部和原地质矿产部的土工试验规程中均将该法列入。为此，本标准中规定使用圆锥仪时，采用液、塑限联合测定法；使用碟式仪时，采用滚搓法测定塑限。联合测定法的理论基础是圆锥下沉深度与相应含水率在双对数坐标纸上具有直线关系。

**8.1.2** 本标准中图 8.1.2 液、塑限联合测定仪示意图，实际使用时读数显示有光电式、游标式和百分表式，目前仅光电式有定型产品，故绘制的是液、塑限联合测定仪示意图。

**8.1.3** 试验标准：液限是试样从牛顿液体（粘滞液体）状态变成宾哈姆体（粘滞塑性）状态时的含水率，在该界限值时，试样出现一定的流动阻力，即最小可量度的抗剪强度，理论上是强度“从无到有”的分界点。这是采用各种测定方法等效的标准。根据以往的研究，卡萨格兰特(Casagrande)得到土在液限状态时的不排水强度约为 2～3kPa。而使用 76g 圆锥，下沉深度 10mm 时测得土的强度为 5.4kPa，比其他液限标准下的强度高几倍（见表 2），实际上，按 76g 锥，下沉深度 10mm 对应的试样含水率不是土的真正液限，不能反映土的真正物理状态，因此，必须改进，使液限标准向国标上通用标准靠拢。本试验采用与碟式仪测得液限时土的抗剪强度相一致的方法来确定圆锥仪的入土深度，作为液限标准。

**表 2 碟式仪液限土的不排水强度**

| 基座材料 | 抗剪强度 $c_u$ (kPa) | 资料来源 |
|---|---|---|
| 硬橡胶 | 2.55 | Seed 等人 (1964) |
| 胶木 | 2.04～3.00 | Casagrande (1958) |
| | 1.12～2.35 | Norman (1958) |
| | 1.33～2.45 | Ycussef 等人 (1965) |
| | 0.51～4.08 | Karisson (1977) |
| 英国标准橡胶 | 0.82～1.68 | Norman (1958) |
| | 0.71～1.48 | Skempton Northey (1952) |
| | 1.02～3.06 | Skopek Ter-Stepanian (1975) |

交通部公路系统在制订标准时，用不同质量的圆锥仪（76g，80g，100g）对 1000 多个土样进行对比试验表明，锥质量 100g，锥角 30°，下沉深度 20mm 时的含水率作为液限精度最高。原水利电力部制订规程时，对 16 种不同土类，用 76g，80g，100g 质量的圆锥仪进行比较，测定不同下沉深度下土的十字板剪切强度和无侧限抗压强度的结果表明，以 76g 锥下沉深度 17mm 和 100g 锥下沉深度 20mm 时的含水率作为液限与美国 ASTM D423 碟式液限仪测得液限时土的强度（平均值）一致，说明这两种标准与 ASTM 标准等效，鉴于目前使用 76g 锥较多，本标准将 76g 锥，下沉深度 17mm 时的含水率作为液限标准。尽管过去用 76g 圆锥仪，下沉深度 10mm 测定液限时土的强度偏高，但由于 50 年代以来一直使用这个标准，需要有一个过渡时期，从实用出发，本标准既采用 76g 锥下沉深度 17mm 时的含水率定为液限的标准，又采用下沉深度 10mm 时的含水率定为 10mm 液限标准。使用于不同目的，当确定土的液限值用于了解土的物理性质及塑性图分类时，应采用碟式仪法或 17mm 时的含水率确定液限；现行国家标准《建筑地基基础设计规范》GBJ 7 确定粘性土承载力标准值时，按 10mm 液限计算塑性指数和液性指数，是配套的专门规定。

使用圆锥仪测定塑限，是以滚搓法作为比较的，制订过程中，交通部公路系统进行了大量对比试验得出了不同土类塑限时的下沉深度和液限含水率的关系曲线，提出对粘性土用双曲线确定塑

限时锥的下沉深度 $h_p$，对砂类土用正交三次多项式曲线确定 $h_p$ 值（图1），然后根据 $h_p$ 值从本标准图 8.1.5 查得含水率即为塑限。原水利电力部经过对比试验，绘制圆锥下沉深度与塑限时抗剪强度的关系曲线有一剧烈的变化段（图2），引两直线的交点，该点的下沉深度约为 1.8mm，相对应抗剪强度约 130kPa，与国外塑限时的强度接近，认为该点的含水率即为塑限。为此，建议 76g 锥，下沉深度 2mm 时的含水率定为塑限。

通过实践，有的单位发现，对于粉土用液、塑限联合测定法测得的液、塑限偏低，因此，对下沉深度提出疑义，通过分析认为，本标准的规定有个平均值的概念，同时，由于粉土的液、塑限状态，本身就难以确定，加之下沉速度影响下沉深度不稳定，因此，对粉土进行试验时应特别注意控制下沉深度，本次修订时，鉴于目前积累的资料尚不足以说明此问题，本标准中的塑限仍以圆锥下沉深度 2mm 时的含水率为标准，待积累更多资料后再作修改。

原标准中液、塑限联合测定采用三皿法，即制备 3 份不同含水率的试样进行测定，根据试验发现，3 份试样取得不匀时影响试验结果。为此，本标准修订时改用一皿法。

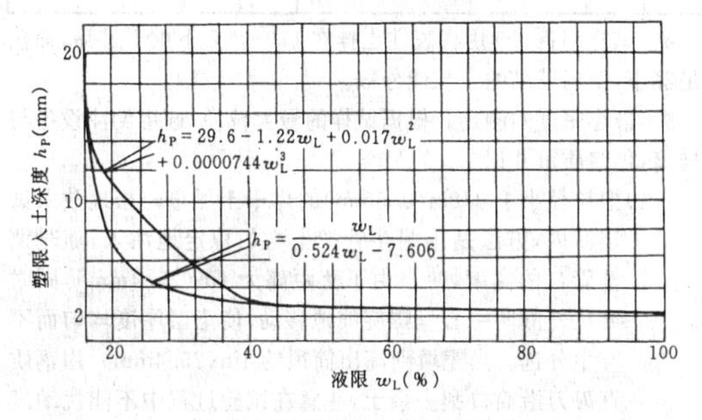


图1　圆锥下沉深度与液限关系曲线

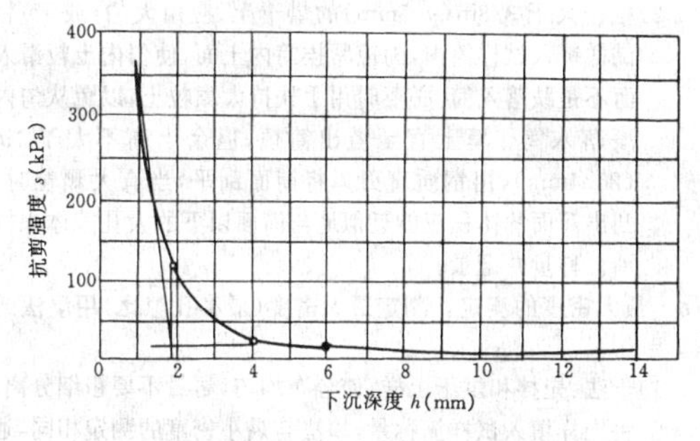


图2　圆锥下沉深度与塑限时抗剪强度关系

### 8.2　碟式仪液限试验

**8.2.1**　碟式仪测定液限时，由于底座材料和槽刀规格不同，所测得液限时相应的强度是不同的，见表2。卡萨格兰特得到液限时的不排水抗剪强度为 2～3kPa，为此，本标准中使用美国 ASTM D423 所采用的碟式仪规格，便于国际技术交往和对外资工程的开发。

**8.2.3**　槽刀尖端宽度应为 2mm，如磨损应更换。

**8.2.5**　槽底试样的合拢长度可用槽刀的一端量测。

### 8.3　滚搓法塑限试验

**8.3.1**　长期以来，国内外采用滚搓法测定塑限，该法的缺点主要是标准不易掌握，人为因素影响较大，对低塑性土影响尤甚，往往得出偏大的结果，本标准中已列入液限、塑限联合法可以替代滚搓法，考虑到与碟式仪配套，故仍作为一种试验方法列入本标准。

**8.3.3**　滚搓法测定塑限时，各国的搓条方法不尽相同，土条断裂时的直径多数采用 3mm，美国 ASTM D424 规定为 1/8in（约 3.2mm），我国一直使用 3mm，故本标准仍规定为 3mm。对于某些低液限粉质土，始终搓不到 3mm，可认为塑性极低或无塑性，可按细砂处理。

### 8.4　收缩皿法缩限试验

**8.4.1**　原标准中为土的缩限试验，为与前三节标题统一，改为收缩皿法缩限试验。即用收缩皿法测定土的缩限。本试验区别于原状试样的收缩试验。

## 9　砂的相对密度试验

### 9.1　一 般 规 定

**9.1.1**　相对密度是砂类土紧密程度的指标。对于土作为材料的建筑物和地基的稳定性，特别是在抗震稳定性方面具有重要的意义。

相对密度试验适用于透水性良好的无粘性土，对含细粒较多的试样不宜进行相对密度试验，美国 ASTM 规定 0.074mm 土粒的含量不大于试样总质量的 12%。

相对密度试验中的三个参数即最大干密度，最小干密度和现场干密度（或填土干密度）对相对密度都很敏感，因此，试验方法和仪器设备的标准化是十分重要的。然而目前尚没有统一而完善的测定方法，故仍将原法列入。从国外情况看，最大干密度用振动台法测定，而国内振动台没有定型产品，为此，将美国 ASTM D2049 标准的仪器设备和试验方法附在条文说明中，供各试验室参阅。

### 9.2　砂的最小干密度试验

**9.2.1**　目前国际上对砂的最大孔隙比即最小干密度的测定一般用漏斗法。该法是用小的管径控制砂样，使其均匀缓慢地落入量筒，以达到最疏松的堆积，但由于受漏斗管径的限制，有些粗颗粒受到阻塞，加大管径又不易控制砂样的缓慢流出，故适用于较小颗粒的砂样。

**9.2.2**　用量筒倒转法时，采用慢速倒转，虽然细颗粒下落慢，粗颗粒下落快，粗细颗粒稍有分离现象，但能达到较松的状态，测得最小干密度，故本标准中以慢速倒转法作为测定最小干密度的一种方法。原标准中将漏斗法和量筒法两种方法分开写，实际试验时，是可以结合在一起进行的，修订时考虑便于使用，将两种方法合并在一起。

### 9.3　砂的最大干密度试验

**9.3.1**　制订原标准时，曾用振动锤击法和振动台法进行比较，结果表明：振动锤击法测得的最大干密度比振动台法测得的密度大（见表3），振动台法是按照美国 ASTM D2049 标准的规定，采用一定的频率、振幅、时间和加重物块，用两种仪器分别进行了干法和湿法试验，表3中标准砂是均匀的中砂，黄砂是级配良好的砂。试验结果表明振动锤击法的干法所测得的干密度最大，故本标准仍以振动锤击法为标准。鉴于国际上采用振动台法较多，而国内又无定型设备，为此，将《美国材料试验学会无凝聚性土相对密度标准试验方法（ASTM D2049-69）介绍》附在此，供参阅。

表3　不同方法测得的最大干密度（g/cm³）

| 土　类 | 振 动 台 法 | | 振动锤击法 | |
|---|---|---|---|---|
| | 干法 | 湿法 | 干法 | 湿法 |
| 标准砂 | 1.65 | 1.72 | 1.78 | 1.72 |
| 黄　砂 | 1.88 | 1.94 | 2.04 | 1.96 |

**9.3.2**　用振动锤击法测定砂的最大干密度时，需尽量避免由于振

击功能不同而产生的人为误差，为此，在振击时，击锤应提高到规定高度，并自由下落，在水平振击时，容器周围均有相等数量的振击点。

〔附〕美国材料试验学会无凝聚性土相对密度标准试验方法(ASTM D 2049-69)介绍

**1** 适用范围。本法用于测定无凝聚性、能自由排水的砂土的相对密度，凡用击实试验不能得出明确的含水率与干密度关系曲线，而且最大密度比振动法得到的最大密度小的粗粒土，其中细粒含量(<0.075mm)不大于12%，且有自由排水性能的土，均可用本法测定。本法利用振动压实求其最大密度，用倒转法求最小密度。

**2** 仪器设备。仪器总装置图见图A，各部件及辅助设备如下：

1) 震动台：带有座垫的钢质震动台面板，尺寸约为30in×30in(762mm×762mm)，由半无声式电磁震动机启动，净重超过100 lb(45.4kg)，频率为3600r/min，振幅在250 lb(113.5kg)荷重下由0.002in(0.05mm)至0.025in(0.64mm)，交流电压230V。

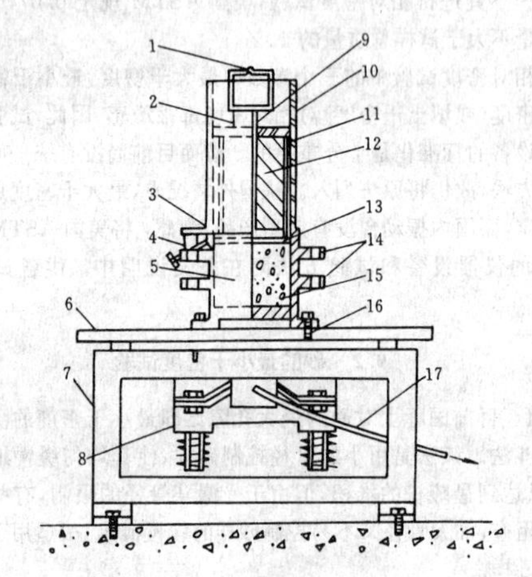


图A 仪器总装置图

1—起吊把手；2—约1″(2.5cm)；3—焊接；4—夹具；5—0.1ft(3.05cm)试样筒；6—底板；7—震动台；8—震动机；9—9.5mm钢杆；10—套筒；11—加重铅；12—加重物；13—加重底板；14—导向瓦；15—试样；16—固定螺丝；17—电线

2) 试样筒：圆筒容积为0.1ft³与0.5ft³(2830cm³与14160cm³)，尺寸要求如表A-1。

表A-1 试样筒尺寸及所需试样质量

| 土粒最大尺寸 in | (mm) | 所需试样质量 lb | (kg) | 最小密度试验采用的倒注设备 | 试样筒所需尺寸 ft³ | (cm³) |
|---|---|---|---|---|---|---|
| 3 | (76.2) | 100 | (45.3) | 铲或特大勺 | 0.5 | (14160) |
| $1\frac{1}{2}$ | (38.1) | 25 | (11.3) | 勺 | 0.1 | (2830) |
| 3/4 | (19.1) | 25 | (11.3) | 勺 | 0.1 | (2830) |
| 3/8 | (9.5) | 25 | (11.3) | 漏斗管径(25.4mm) | 0.1 | (2830) |
| 3/16 | (4.76) | 25 | (11.3) | 漏斗管径(12.7mm) | 0.1 | (2830) |

3) 套筒：每种尺寸的试样筒有一个套筒，它带有固定夹具。

4) 加重底板：每种尺寸的试样筒有一厚$\frac{1}{2}$in(12.7mm)的底板。

5) 加重物：每种尺寸的试样筒有一加重物，对于所用的试样筒加重底板与加重物的总重力相当于2 lb/in²(14kPa)。

6) 加重底板把手：每一加重底板有一个。

7) 量表架及量表：量表量程2in(50.8mm)，精度0.001in(0.025mm)。

8) 校正杆：金属制3in×12in×$\frac{1}{8}$in(76.2mm×304.8mm×3.2mm)。

9) 倒注设备：装有漏斗状管嘴的金属罐，管嘴直径为$\frac{1}{2}$in(12.7mm)和1in(25.4mm)；罐径6in(152.4mm)，罐高12in(304.8mm)。

10) 其他设备：搅拌盘、台秤、起重机(起重力至少1.36kN)等。

**3** 试样筒体积的率定。利用直接测量试样筒尺寸来计算其体积。量测时精确到0.001in(0.025mm)，对筒体积计算准确至0.0001ft³(2.83cm³)，对大筒体积准确至0.001ft³(28.3cm³)。再用水校核，测定时要保证水充满筒内，将筒内水称量，测水温$t$℃，再以$t$℃下每克水的体积(mL)乘水质量即得筒体积。不同温度下每克水的体积见表A-2。

表A-2 不同温度下每克水的体积(mL/g)

| 温度 ℃ | 12 | 14 | 16 | 18 | 20 | 22 | 24 | 26 | 28 | 30 | 32 |
|---|---|---|---|---|---|---|---|---|---|---|---|
| 温度 ℉ | 53.6 | 57.2 | 60.8 | 64.4 | 68.0 | 71.6 | 75.2 | 78.8 | 82.4 | 86.0 | 89.6 |
| 水的体积(mL/g) | 1.00048 | 1.00073 | 1.00103 | 1.00138 | 1.00177 | 1.00221 | 1.00268 | 1.00320 | 1.00375 | 1.00435 | 1.00497 |

**4** 试样制备。选用代表性土样在110±5℃下烘干过筛，筛孔要足够小，使弱胶结的土粒能分散。

**5** 最小密度的测定。根据试样的最大粒径，选用倒注设备与试样筒，称筒质量并记录：

1)把粒径小于3/8in(9.5mm)的烘干土尽量疏松地放入试样筒内，方法是用漏斗管把土均匀稳定地注入，随时调整管口的高度，使自由下落距离为1in(25.4mm)，同时要从外侧向中心呈螺旋线地移动，使土层厚度均匀而不产生分选。当充填到高出筒顶约1in(25.4mm)，用钢质直刃刀沿筒口刮去余土，注意在试验过程中不能扰动试样筒。称量并记录。

2)粒径大于3/8in(9.5mm)的烘干土，应用大勺(或铲)将试样铲入试样筒内，勺应紧挨筒内土面，使勺内土粒滑入而不是跌落入筒。必要时用手扶持大颗粒土，以免从勺内滚落入筒。填土直至溢出筒顶，但余土高不大于1in(25.4mm)，用钢质直刃刀将筒面刮平，当有大颗粒时，凸出筒面的体积应能近似地与筒面以下的大孔隙体积抵消。称量并记录。

**6** 最大密度的测定。测定最大密度(最小孔隙比)用湿法或干法。

1)干法：先拌和烘干土样，使分布均匀，尽量不要粗细分离。将土样填入试样筒称量，填法与最小密度的测定相同，通常情况是直接用最小密度试验中装好的筒不再重装。装上套筒，把加重底板放到土面上，加重物放到加重底板上。将震动机调到最大振幅，将此加重的试样震动8min，卸除荷重与套筒，测读量表读数，算出试样体积。如震动过程中细粒土有损失时，需再称量并记录。

2)湿法：有些土在饱和状态时可得最大密度。因此，在试验开始时应同时用干法与湿法作比较，确定何者较大(只要超过1%)。湿法是将烘干试料中充分加水，至少浸泡半小时，最好用天然湿土。装土时充分加水，使有少量自由水积于土面。装完后立即震动6min，在此期间要减小振幅，以防止某些土过分的土沸。在震动的最后几分钟，要吸除土面上的水，再装上套筒，放加重底板，加重物，震动8min。震完后卸除加重物与套筒，测读量表读数，烘干试样并称量记录。

**7** 最大、最小密度计算：

最小密度 $\rho_{min}=\dfrac{m_d}{V_c}$

最大密度 $\rho_{max}=\dfrac{m_d}{V}$

式中 $m_d$ ——干土质量(lb)(g)；

$V_c$ ——试样筒率定后的体积($ft^3$)($cm^3$)；

$V$ ——土体积$=V_c-[(R_i-R_f)/12]\times A$($ft^3$)($cm^3$)；

$R_f$ ——震后在加重底板上的读数(in)(mm)；

$R_i$ ——开始读数(in)(mm)；

$A$ ——试样筒断面积($ft^2$)($cm^2$)。

## 10 击实试验

**10.0.1** 室内扰动土的击实试验一般根据工程实际情况选用轻型击实试验和重型击实试验。我国以往采用轻型击实试验比较多，水库、堤防、铁路路基填土均采用轻型击实试验，高等级公路填土和机场跑道等采用重型击实较多。重型击实仪的击实筒内径大，最大粒径可以允许达到20mm。原标准定为40mm，按5层击样超高太大，按3层击样可允许达到40mm。

**10.0.2** 单位体积击实功能是将作用于土面上的总的功除以击实筒容积而得。本标准单位体积功能计算中$g$采用$9.81m/s^2$，若按10换算即得$604kJ/m^3$与国外通用标准一致，与交通部公路规程的功能也是相同的。

**10.0.3** 击实试验所用的主要仪器。原标准采用文字叙述，考虑到列表比较清楚，修订中改为表格式，将主要的击实筒、击锤和护筒尺寸列出。其他的主要仪器中，因重型击实试验土料用量多，所以将台秤从5kg改为10kg；增加了标准筛一项，考虑到标准筛亦属计量仪器，也是属于主要的仪器，故增加此项。

**10.0.4** 本条为击实试验的试样制备。本次修改重点补充了重型击实试验的有关内容，原标准条文中内容偏重于轻型击实试验。试样制备的具体操作和本标准第3.1.5条相同，因此条文中没有详细叙述。

由于击实曲线一定要出现峰值点，由经验可知，最大干密度的峰值往往都在塑限含水率附近，根据土的压实原理，峰值点就是孔隙比最小的点，所以建议2个含水率高于塑限，有2个含水率低于塑限，以使试验结果不需补点就能满足要求。

注：重型击实试验最优含水率较轻型的小，所以制备含水率可以向较小方向移。

**10.0.5** 试样击实后总会有部分土超过筒顶高，这部分土柱称为余土高度。标准击实试验所得的击实曲线是指余土高度为零时的单位体积击实功能下土的干密度和含水率的关系曲线。也就是说，此关系曲线是以击实筒容积为体积的等单位功能曲线，由于实际操作中总是存在或多或少的余土高度，如果余土高度过大，则关系曲线上的干密度就不再是一定功能下的干密度，试验结果的误差会增大。因此，为了控制人为因素造成的误差，根据比较试验结果及有关资料，本标准规定余土高度不应超过6mm。

**10.0.9** 对轻型击实试验，试样中含有粒径大于5mm颗粒的试验结果的校正。土样中常掺杂有较大的颗粒，这些颗粒的存在对最大干密度与最优含水率均有影响。由于仪器尺寸的限制，必须将试样过5mm筛，因此，就产生了对含有粒径大于5mm颗粒试样试验结果的校正。一般情况下，在粘性土料中，大于5mm以上的颗粒含量占总土量的百分数是不大的，大颗粒间的孔隙能被细粒土所填充，可以根据土料中大于5mm的颗粒含量和该颗粒的饱和面干比重，用过筛后土料的击实试验结果来推算总土料的最大干密度和最优含水率。如果大于5mm粒径的含量超过30%时，此时大颗粒土间的孔隙将不能被细粒土所填充，应使用其他试验方法。

## 11 承载比试验

**11.0.1** 本试验主要参考美国ASTM D1883-78和AASHTO-74规程编制。承载比试验是由美国加州公路局首先提出来的，简称CBR(California Bearing Ratio的缩写)试验。日本也把CBR试验纳入全国工业规格土质试验方法规程(JIS A1211-70)。所谓CBR值，是指采用标准尺寸的贯入杆贯入试样中2.5mm时，所需的荷载强度与相同贯入量时标准荷载强度的比值。标准荷载与贯入量之间的关系如表4所示。

**表4 不同贯入量时的标准荷载强度和标准荷载**

| 贯入量(mm) | 标准荷载强度(kPa) | 标准荷载(kN) |
|---|---|---|
| 2.5 | 7000 | 13.7 |
| 5.0 | 10500 | 20.3 |
| 7.5 | 13400 | 26.3 |
| 10.0 | 16200 | 31.3 |
| 12.5 | 18300 | 36.0 |

标准荷载强度与贯入量之间的关系用下式表示：

$$P=162\times l^{0.61} \tag{1}$$

式中 $P$ ——标准荷载载强度(kPa)；

$l$ ——贯入量(mm)。

承载比(CBR)是路基和路面材料的强度指标，是柔性路面设计的主要参数之一。

本试验方法只适用于室内扰动土的CBR试验。由于击实筒高为166mm，除去垫块的高度50mm，实际试样高度为116mm，按5层击实，与重型击实的击实筒相同，只能适用粒径小于20mm的土，若按3层击样，可采用40mm，为此，本次修订改成20mm或40mm。

**11.0.3** 本试验制备试样采用风干法，按四分法备料，先根据重型击实试验方法求得试样最优含水率后，再按最优含水率制备所需试样，使试样的干密度与含水率保持与施工时一致。

**11.0.5** 进行CBR试验时，应模拟试料在使用过程中处于最不利状态，贯入试验前一般将试样浸水饱和4昼夜作为设计状态，国内外的标准均以浸水4昼夜作为浸水时间，当然也可根据不同地区、地形、排水条件、路面结构等情况适当改变试样的浸水方法和浸水时间，使CBR试验更符合实际情况。

为了模拟地基的上复压力，在浸水膨胀和贯入试验时，试样表面需要加荷载块，尽管希望能施加与实际荷载或设计荷载相同的力，但对于粘性土来说，特别是上复压力较大时，荷载块的影响是无法达到要求的，因此，本次修订规定施加4块荷载块(5kg)作为标准方法。

在加荷装置上安装好贯入杆后，需使杆端面与试样表面充分接触，所以先要在贯入杆上施加45N的预压力，将此荷载作为试验时的零荷载，并将该状态的贯入量为零点。

绘制单位压力$P$和贯入量$l$的关系曲线时，如发现曲线起始部分呈反弯，则表示试验开始时贯入杆端面与土表面接触不好，应对曲线进行修正，以O′点作为修正后的原点。

**11.0.6** 公式中的分母7000和10500是原标准以$kgf/cm^2$表示时的70和105乘以换算系数($1kgf/cm^2\approx100kPa$)而得。

当制备3个干密度试样时，使击实后的干密度控制在最大干密度的95%～100%。

## 12 回弹模量试验

### 12.1 杠杆压力仪法

**12.1.1** 在采用杠杆压力仪法时，当压力较大时，加卸载将比较困难，因此，主要适用于含水率较大，硬度较小的土。

**12.1.2** 本标准将承载板的直径定为50mm，是根据交通部公路土工试验规程的规定，因此杠杆压力仪的加压球座直径也相应定为50mm。目的是与现场承载板试验结果较好地一致。原尺寸37.4mm的室内承载板试验得出的回弹模量往往比现场试验偏大很多，为减轻质量，承载板用空心圆柱体。

室内试验回弹变形很小，尤其在加载初始阶段，估读误差大，故测定变形的量表采用千分表。

**12.1.4** 由于加载开始时的土样塑性变形，得出的 $p-l$ 曲线有可能与纵坐标轴相交于原点以下的位置，如果仍按读数值计算回弹变形，其中将包括一部分塑性变形，故应对读数进行修正。

### 12.2 强度仪法

**12.2.1** 强度仪法适用于各种湿度、密度的土和加固土。对于硬度较大的土用本法尤为方便。

**12.2.2** 本标准所用的击实筒，仅需在一般击实试验和CBR试验所用的试样筒上钻一直径5mm，深5mm的螺丝孔。

强度仪法和杠杆压力仪法所用的承载板相同，两种仪器通用。

**12.2.3** 加载后由于土样的微小变形可能会使测力计发生轻微卸载，对于较硬的土卸载很小可以忽略不计；当土样较软时，可用手稍稍触动强度仪摇把，补上卸掉的微小压力。

## 13 渗透试验

### 13.1 一般规定

**13.1.1** 渗透是液体在多孔介质中运动的现象，渗透系数是表达这一现象的定量指标，由于影响渗透系数的因素十分复杂，目前室内和现场用各种方法所测定的渗透系数，仍然是个比较粗略的数值。

测定土的渗透系数对不同的土类应选用不同的试验方法。试验类型分为常水头渗透试验和变水头渗透试验，前者适用于砂土，后者适用于粘土和粉土。

**13.1.2** 关于试验用水问题。水中含气对渗透系数的影响主要由于水中气体分离，形成气泡堵塞土的孔隙，致使渗透系数逐渐降低，因此，试验中要求用无气水，最好用实际作用于土中的天然水。本标准规定采用的纯水要脱气，并规定水温高于室温3～4℃，目的是避免水进入试样因温度升高而分解出气泡。

**13.1.3** 水的动力粘滞系数随温度而变化，土的渗透系数与水的动力粘滞系数成反比，因此在任一温度下测定的渗透系数应换算到标准温度下的渗透系数。关于标准温度，目前各国不统一，美国采用20℃，日本采用15℃，前苏联采用10℃，考虑到标准温度应有标准温度的定义去解释，以及国内各系统采用的标准均为20℃，为此，本标准以20℃作为标准温度。

**13.1.4** 由于渗透系数的测值不够正确，试验中应多测几次，取在允许差值范围内的平均值作为实测值。

**13.1.5** 土的渗透性是水流通过土孔隙的能力，显然，土的孔隙大小，决定着渗透系数的大小，因此测定渗透系数时，必须说明与渗透系数相适应的土的密度状态。

### 13.2 常水头渗透试验

**13.2.1** 用于常水头渗透试验的仪器有多种，常用的有70型渗透仪和土样管渗透仪，这些仪器设备，操作方法和量测技术等方面与国外大同小异，国内各单位通过多年来的工作实践认为是可行的。为此，本标准中没有规定采用何种仪器类型，只要求仪器结构简单，试验成果可靠合理。

**13.2.2** 试样安装时，在滤网上铺2cm厚的粗砂作为过滤层，在试样顶面铺2cm厚的砾石作为缓冲层，过滤层和缓冲层材料的渗透系数应恒大于试样的渗透系数。

**13.2.3** 常水头渗透系数的计算公式是根据达西定律推导的，求得的渗透系数为测试温度下的渗透系数。计算时需要校正到标准温度下的渗透系数。

### 13.3 变水头渗透试验

**13.3.1** 变水头渗透试验使用的仪器设备除应符合试验结果可靠合理、结构简单外，要求止水严密，易于排气。仪器形式常用的是55型渗透仪，负压式渗透仪，为适应各试验室的设备，仪器形式不作具体规定。

**13.3.3** 试样饱和是变水头渗透试验中的重要问题，土样的饱和度愈小，土的孔隙内残留气体愈多，使土的有效渗透面积减小。同时，由于气体因孔隙水压的变化而胀缩，因而饱和度的影响成为一个不定的因素，为了保证试验准确度，要求试样必须饱和。采用真空抽气饱和法是有效的方法。

**13.3.4** 变水头渗透系数的计算公式是根据达西定律利用同一时间内经过土样的渗流量与水头量管流量相等推导而得，求得的渗透系数也是测试温度下的渗透系数，同样需要校正到标准温度下的渗透系数。

## 14 固结试验

### 14.1 标准固结试验

**14.1.1** 本试验以往在国内的土工试验规程中定名为压缩试验，国际上通用的名称是固结试验(Consolidation Test)，为了与国际通用的名称一致，本标准将该项试验定名为固结试验，同时表明本试验是以泰沙基(Terzaghi)的单向固结理论为基础的，故明确规定适用于饱和土。对非饱和土仅作压缩试验提供一般的压缩性指标，不能用于测定固结系数。

**14.1.2** 固结试验所用固结仪的加荷设备，目前常用的是杠杆式和磅秤式。近年来，随着工程建设的发展，以及测定先期固结压力，需要高压力、高精度的压力设备，目前国内也有用液压式和气压式等加荷设备，本标准没有规定具体形式。仪器准确度应符合现行国家标准GB 4935及GB/T15406的技术条件。垂直变形量测设备一般用百分表，随着仪器自动化(数据自动采集)，应采用准确度为全量程0.2%的位移传感器。

**14.1.3** 固结仪在使用过程中，各部件在每次试验时是装拆的，透水石也易磨损，为此，应定期率定和校验。

**14.1.4** 试样尺寸。在国外资料中，对试样的径高比作了规定，实践证明，在相同的试验条件下，高度不同的试样，所反映的各固结阶段的沉降量以及时间过程均有差异。由于国内的仪器，环刀直径均为61.8mm和79.8mm，高度为20mm，为此，试样尺寸仍用规定的统一尺寸，径高比接近国外资料。

**14.1.5** 关于荷重率。固结试验中一般规定荷重率等于1。由于荷重率对确定土的先期固结压力有影响，特别是软土，这种影响更为明显，因此，条文中规定：如需测定土的先期固结压力，荷重率宜小于1，可采用0.5或0.25，在实际试验中，可根据土的状态分段采用不同的荷重率，例如在孔隙比与压力的对数关系曲线最小曲率半径出现前，荷重率应小些，而曲线尾部直线段荷重率等于1是合适的。

稳定标准。目前国内外的土工试验标准(或规程)大多采用每级压力下固结24h的稳定标准，一方面考虑土的变形能达到稳定，另一方面也考虑到每天在同一时间施加压力和测记变形读数。本标准规定每级荷重下固结24h作为稳定标准。试验中仅测定压缩系数时，施加每级压力后，每小时变形达0.01mm时作为稳定标准，满足生产需要。前一标准与国际上通用标准一致。对于要求次固结压缩量的试样，可延长稳定时间。一小时快速法由于缺乏理论根据，标准中不列。

**14.1.15** 土的先期固结压力用作图法确定，该法属于经验方法，亦是国际上通用的方法，在作图时，绘制孔隙比与压力的对数关系曲线，纵横坐标比例的选择直接影响曲线的形状和 $p_c$ 值的确定，为了使确定的 $p_c$ 值相对稳定，作图时应选择合适的纵横坐标比例。日本标准(JIS)中规定，在纵轴上取 $\Delta e=0.1$ 时的长度与横轴上取一个对数周期长度比值为0.4～1.0。我国有色金属总公司和原冶金工业部合编的土工试验规程中规定为0.4～0.8，试验者在实际工作中可参考使用。

**14.1.16** 固结系数的确定方法有多种，常用的有时间平方根法、时间对数法和时间对数坡度法。按理，在同一组试验结果中，用3种方法确定的固结系数应该比较一致，实际上却相差甚大，原因是这些方法是利用理论和试验的时间和变形关系曲线的形状相似性，以经验配合法，找某一固结度 $U$ 下，理论曲线上时间因数 $T_v$ 相当于试验曲线上某一时间的 $t$ 值，但实际试验的变形和时间关系曲线的形状因土的性质、状态及荷载历史而不同的，不可能得出一致的结果。一致认为，按时间对数坡度法确定 $t_{68}$，求得的 $C_v$ 值误差较大。因此，本标准仅列入时间平方根法和时间对数法，在应用时，宜先用时间平方根法，如不能准确确定出开始的直线段，则用时间对数法。

### 14.2 应变控制连续加荷固结试验

**14.2.1** 应变控制加荷法是连续加荷固结试验方法之一。它是在试样上连续加荷，随时测定试样的变形量和底部孔隙水压力。按控制条件，连续加荷固结试验除等应变加荷(*CRS*)外，尚有等加荷率(*CRL*)和等孔隙水压力梯度(*CGC*)试验。

连续加荷固结试验的理论依据仍然是太沙基固结理论。要求试样完全饱和或实际上接近完全饱和。由于在试样底部测孔隙水压力，试样底部相当于标准试验中试样的中间平面。

**14.2.2** 试验过程中，在试样底部测定孔隙水压力，要求仪器结构应能符合试样与环刀、环刀及护环、底部与刚性底座之间密封良好，且易于排除滞留于底部的气泡。

控制的等应变速率是通过加压设备的测力系统传递的，因此，要求测力系统有相应的准确度。

测量孔隙水压力的传感器，要求体积因数(单位孔隙水压力下的体积变化)小，使从试样底部孔隙水的排出可以忽略，而较及时测定试样中的孔隙水压力变化。体积因数采用三轴试验所规定的标准。该试验中，孔隙水压力一般不超过轴向压力的30%，要求传感器的准确度为全量程的0.5%。

**14.2.3** 固结容器在使用过程中，各部件在每次试验时是装拆的，为此应定期校验。

**14.2.4** 从已有的试验资料表明，应变速率对一般土(液限低、活动性小)的压缩性指标和固结系数影响不大，但对高液限土(液限大于100)，应变速率大的试验结果表明，土的压缩量偏小(与标准固结试验相比)。因此，为了使不同方法所得的结果具有可比性，要求试验过程中，试样底部孔隙水压力不超过轴向压力 $\sigma$ 的某一值，通过对不同应变速率条件下试样底部孔隙水压力值变化的试验结果表明，对正常固结土，在加荷过程中试样底部孔隙水压力 $u_b$ 达到稳定值时，其比值 $u_b/\sigma$ 一般在20%～30%，本标准采用ASTM4186-82的规定，$u_b/\sigma$ 取值范围为3%～20%，根据该范围估计的应变速率如本条文中表14.2.4，对于特殊土，根据经验可以修正该估计值。

数据采集时间间隔的规定基于以下理由：

1 试验开始时，试样底部孔隙水压力迅速增大；

2 取足够的读数确定应力应变曲线，当试验数据发生重大变化时，增加读数。

**14.2.7** 计算有效压力时，假定试样中的孔隙水压力处于稳定状态，沿试样的分布为一抛物线。

## 15 黄土湿陷试验

### 15.1 一般规定

**15.1.1** 黄土为第四纪沉积物，由于成因的不同，历史条件、地理条件的改变以及区域性自然气候条件的影响，使黄土的外部特性、结构特性、物质成分以及物理、化学、力学特性均不相同。本标准将原生黄土、次生黄土、黄土状土及新近堆积黄土统称为黄土类土。因为它们具有某些共同的变形特性，需要通过压缩试验来测定。

**15.1.2** 湿陷变形是指黄土在荷重和浸水共同作用下，由于结构遭破坏产生显著的湿陷变形，这是黄土的重要特性。湿陷系数大于或等于0.015时，称为湿陷性黄土，当湿陷系数小于0.015时，称非湿陷性黄土。

黄土受水浸湿后，在土的自重压力下发生湿陷的，称为自重湿陷性黄土，在土的自重压力下不发生湿陷的，称为非自重湿陷性黄土。

渗透溶滤变形是指黄土在荷重及渗透水长期作用下，由于盐类溶滤及土中孔隙继续被压密而产生的垂直变形，实际上是湿陷变形的继续，一般很缓慢，在水工建筑物地基是常见的。

黄土在荷重作用下，受水浸湿后开始出现湿陷的压力，称为湿陷起始压力。黄土湿陷试验对房屋地基来说，主要是测定自重湿陷系数、起始压力和规定压力下的湿陷系数，而对水工建筑物来说，主要是测定施工和运用阶段相应的湿陷性指标，包括本试验的所有内容。

**15.1.5** 稳定标准。黄土粘性机理与粘土不同，例如水源来自河流、渠道、塘库则自上而下，若是地下水位上升则自下而上。黄土的变形稳定标准规定为每小时变形量不大于0.01mm。对于渗透溶滤变形，由于变形特性除粒间应力引起的缓慢塑性变形以外，也取决于长期渗透时盐类溶滤作用，故规定3d的变形量不大于0.01mm。

### 15.2 湿陷系数试验

**15.2.1** 浸水压力和湿陷系数是划分湿陷等级的主要指标，为了对比地基优劣情况，需要在同一条件即规定某一浸水压力下求得湿陷系数。本次修改时，浸水压力是根据现行国家标准《湿陷性黄土地区建筑规范》GBJ 25中的规定。而水工建筑物的地基，必须考虑土体的压力强度与结构强度被破坏的作用，分级加荷至浸水时的压力应是恰好代表土层中部断面上所受的实际荷重。在实际荷重下沉降稳定后，根据工程实际情况用自上而下或自下而上的方式，使试样浸水，确定土的湿陷变形。

### 15.3 自重湿陷系数试验

**15.3.1** 土的饱和自重压力应分层计算，以工程地质勘察分层为依据，当工程未提供分层资料时，才允许按取样深度和试样密度粗略的划分层次。

饱和自重压力大于50kPa时，应分级施加，每级压力不大于50kPa。每级压力时间视变形情况而定，为使试验时有个参考，本条文中规定不小于15min，参考原冶金部规程。

### 15.4 溶滤变形系数试验

**15.4.1** 溶滤变形系数是水工建筑物施工和运用阶段所要求的湿陷性指标。一般在实际荷重下进行试验，浸水后长期渗透求得溶滤变形。

### 15.5 湿陷起始压力试验

**15.5.1** 湿陷起始压力利用湿陷系数和压力关系曲线求得。测定湿陷起始压力(或不同压力下的湿陷系数)国内外都沿用单线、双线两种方法。从理论上和试验结果来说,单线法比双线法更适用于黄土变形的实际情况,如果土质均匀可以得出良好的结果。双线法简便,工作量少,但与变形的实际情况不完全符合,为与现行国家标准《湿陷性黄土地区建筑规范》GBJ 25 一致,本标准改成单线法、双线法并列,供试验人员根据实际情况选用。进行双线法时,保持天然湿度施加压力的试样,在完成最后一级压力后仍要求浸水测定湿陷系数,其目的在于与浸水条件下最后一级压力的湿陷系数比较,以便二者进行校核。

## 16 三轴压缩试验

### 16.1 一般规定

**16.1.2** 三轴压缩试验根据排水情况不同分为三种类型:即不固结不排水剪(UU)试验、固结不排水剪(CU)测孔隙水压力($\overline{CU}$)试验和固结排水剪(CD)试验,以适应不同工程条件而进行强度指标的测定。

**16.1.3** 本标准规定三轴压缩试验必须制备 3 个以上性质相同的试样,在不同周围压力下进行试验。周围压力宜根据工程实际确定。在只要求提供土的强度指标时,浅层土可采用较小压力 50、100、200、300kPa,10m 以下采用 100、200、300、400kPa。

### 16.2 仪器设备

**16.2.1** 原标准将仪器设备列入不固结不排水试验,考虑到其他类型试验使用仪器设备相同,而安装试样等有差别,故将仪器设备抽出单列一节。

应变控制式三轴仪中的加压设备和测量系统均没有规定采用何种方式,因为三轴仪生产至今在不断改进,前后生产的形式只要符合试验要求均可采用。

**16.2.2** 试验前对仪器必须进行检查,以保证施加的周围压力能保持恒压。孔隙水压力量测系统应无气泡,保证测量准确度。仪器管路应畅通,但无漏水现象。本试验中规定橡皮膜用充气方法检查,亦允许使用其他方法检查。

### 16.3 试样制备和饱和

**16.3.1** 三轴压缩试验试样制备和饱和与其他力学性试验的试样制备不完全相同,因为试样采用圆柱体,有其一套制样设备,另外有特制的饱和器。3 种类型试验均有试样制备和饱和的问题,为此,抽出单列一节。

试样的尺寸及最大允许粒径是根据国内现有的三轴仪压力室尺寸确定的。国产的三轴仪试样尺寸为 $\phi$39.1mm,$\phi$61.8mm 和 $\phi$101mm,但从国外引进的三轴仪试样尺寸最小的为 $\phi$35mm,故本条文规定试样直径为 $\phi$35~$\phi$101mm。试样的最大允许粒径参考国内外的标准,规定为试样直径的 1/10 及 1/5,以便扩大适用范围。

**16.3.2、16.3.3** 试样制备。原状试样制备用切土器切取即可。对扰动土试样可以采用压样法和击样法。压样法制备的试样均匀,但时间较长,故通常采用击样法制备,击样法制备时建议击锤的面积应小于试样的面积。击实分层是为使试样均匀,层数多,效果好,但分层过多,一方面操作麻烦,另一方面层与层之间的接触面太多,操作不注意会影响土的强度,为此,本条文规定:粉土为 3~5 层,粘土为 5~8 层。

**16.3.5** 原状试样由于取样时应力释放,有可能产生孔隙中不完全充满水而不饱和,试验时采用人工方法使试样饱和,扰动土试样也需要饱和。饱和方法有抽气饱和、水头饱和、反压力饱和,根据不同的土类和要求饱和程度而选用不同的方法。

当采用抽气饱和和水头饱和试样不能完全饱和时,在试验时应对试样施加反压力。反压力是人为地对试样同时增加孔隙水压力和周围压力,使试样孔隙内的空气在压力下溶解于水,对试样施加反压力的大小与试样起始饱和度有关。当起始饱和度过低时,即使施加很大的反压力,不一定能使试样饱和,加上受三轴仪压力的限制,为此,当试样起始饱和度低时,应首先进行抽气饱和,然后再加反压力饱和。

### 16.4 不固结不排水剪试验

**16.4.1** 本试验在对试样施加周围压力后,即施加轴向压力,使试样在不固结不排水条件下剪切。因不需要排水,试样底部和顶部均放置不透水板或不透水试样帽,当需要测定试样的初始孔隙水压力系数或施加反压力时,试样底部和顶部需放置透水板。

**16.4.2** 轴向加荷速率即剪切应变速率是三轴试验中的一个重要问题,它不仅关系到试验的历时,而且也影响成果,不固结不排水剪试验,因不测孔隙水压力,在通常的速率范围内对强度影响不大,故可根据试验方便来选择剪切应变速率,本条文规定采用每分钟应变 0.5%~1.0%。

**16.4.6** 破坏标准的选择是正确选用土的抗剪强度参数的关键;由于不同土类的破坏特性不同,不能用一种标准来选择破坏值。从实践来看,以主应力差($\sigma_1-\sigma_3$)的峰值作为破坏标准是可行的,而且易被接受,然而有些土很难选择到明显的峰值,为了简便,主应力差无峰值时采用应变 15%时的主应力差作为破坏值。

### 16.5 固结不排水剪试验

**16.5.1** 为加快固结排水和剪切时试样内孔隙水压力均匀,规定在试样周围贴湿滤纸条,通常用上下均与透水板相连的滤纸条,如对试样施加反压力,宜采用间断式(滤纸条上部与透水板间断 1/4 或试样中部间断 1/4)的滤纸条,以防止反压力与孔隙水压力测量直接连通。滤纸条的宽度与试样尺寸有关。对直径 $\phi$39.1mm 的试样,一般采用 6mm 宽的滤纸条 7~9 条;对直径 $\phi$61.8mm 和 $\phi$101mm 的试样,可用 8~10mm 宽的滤纸条 9~11 条。

在试样两端涂硅脂可以减少端部约束,有利于试样内应力分布均匀,孔隙水压力传递快,国外标准将此列入条文,国内也有单位使用,为使试验时有所选择,以便积累资料和改进试验技术,本条文编制时考虑这一内容,并规定测定土的应力应变关系时,应该涂硅脂。

**16.5.2** 排水固结稳定判别标准有两种方法:一种是以固结排水量达到稳定作为固结标准;另一种是以孔隙水压力完全消散作为固结标准。在一般试验中,都以孔隙水压力消散度来检验固结完成情况,故本条文规定以孔隙水压力消散 95%作为判别固结稳定标准。

**16.5.3** 剪切时,对不同的土类应选择不同的剪切应变速率,目的是使剪切过程中形成的孔隙水压力均匀增长,能测得比较符合实际的孔隙水压力。在三轴固结不排水剪试验中,在试样底部测定孔隙水压力,在剪切过程中,试样剪切区的孔隙水压力是通过试样或滤纸条逐渐传递到试样底部的,这需要一定时间。剪切应变速率较快时,试样底部的孔隙水压力将产生明显的滞后,测得的数值偏低。由于粘土和粉土的剪切速率相差较大,故本条文对粘土和粉土分别作规定。

**16.5.4~16.5.6** 试样固结后的高度及面积可根据实际的垂直变形量和排水量两种方法计算,因为在试验过程中,装样时有剩余水存在,且垂直变形也不易测准确,为此,本标准采用根据等向应变条件推导而得的公式,并认为饱和试样固结前后的质量之差即为体积之差，剪切过程中的校正面积按平均断面积计算剪损面积。

**16.5.10～16.5.14** 固结不排水剪试验的破坏标准除选用主应力差的峰值和轴向应变15%所对应的主应力差作为破坏值外，增加了有效主应力比的最大值和有效应力路径的特征点所对应的主应力差作为破坏值。以有效主应力比最大值作为破坏值是可以理解的，也符合强度定义。而应力路径的实质是应力圆顶点的轨迹。应用有效应力路径配合孔隙水压力的变化进行分析，往往可以对土体的破坏得到更全面的认识。整理试验成果能较好地反映试样在整个过程中的剪胀性和超固结程度。有效应力路径和孔隙水压力变化曲线配合使用，还可以验证固结不排水剪试验和排水剪试验的成果。为此，将应力路径线上的特征点作为选择破坏值的一种方法。

### 16.6 固结排水剪试验

**16.6.1** 固结排水剪试验是为了求得土的有效强度指标，更有意义的是测定土的应力应变关系，从而研究各种土类的变形特性。为使试样内部应力均匀，应消除端部约束，为此，装样时应在试样两端与透水板之间放置中间涂有硅脂的双层圆形乳胶膜，膜中心应留有1cm的圆孔排水。

固结排水剪试验的剪切应变速率对试验结果的影响，主要反映在剪切过程中是否存在孔隙水压力，如剪切速度较快，孔隙水压力不完全消散，就不能得到真实的有效强度指标。通过比较采用每分钟应变0.003%～0.012%的剪切应变速率基本上可满足剪切过程中不产生孔隙水压力的要求，对粘土可能仍有微量的孔隙水压力产生，但对强度影响不大。

### 16.7 一个试样多级加荷试验

**16.7.1** 三轴压缩试验中遇到试样不均匀或无法切取3～4个试样时，允许采用一个试样多级加荷的三轴试验。由于采用一个试样避免了试样不均匀而造成的应力圆分散，各应力圆能切于强度包线，但一个试样的代表性低于多个试样的代表性，且土类的适用性问题没有解决，为此，本条文规定一个试样多级加荷试验只限于无法切取多个试样的特殊情况下采用，并不建议替代作为常规方法采用。

**16.7.2** 试样剪切完后，须退除轴向压力（测力计调零），使试样恢复到等向受力状态，再施加下一级周围压力，这样可消除固结时偏应力的影响，不致产生轴向蠕变变形，以保持试样在等向压力下固结，故本条文作了退除轴向压力的规定。

一个试样多级加荷试验过程中，往往会出现前一级周围压力下的破坏大主应力大于下一级的周围压力，这样试样受到"预压力"的作用，使受力条件复杂，为消除这一影响，规定后一级的周围压力应等于或大于前一级周围压力下试样破坏时的大主应力。

试样的面积校正与多个试样试验方法相同。

**16.7.3** 固结不排水剪试验，试样在每级周围压力下固结，为使试样恢复到等向固结状态，必须退去上一级剪切时施加的轴向压力。

试样的面积校正，应按分级计算方法进行，即第一级周围压力下试样剪切终了时的状态作为下一级周围压力下试样的初始状态。本条文提到的计算规定，是指本标准第16.5.6条计算公式中的$A$，应为本级周围压力下固结后试样的计算面积，$\varepsilon_1$为本级压力下的剪切变形（不累计）。

## 17 无侧限抗压强度试验

**17.0.1** 无侧限抗压强度是试样在侧面不受任何限制的条件下承受的最大轴向应力。试验的适用范围以往规定为"能切成圆柱状，且在自重作用下不发生变形的饱和软粘土"。美国ASTM标准规定"适用于那些具有足够粘性，而允许在无侧限状态下进行试验的饱和粘性土"。因为无侧限抗压强度试验的主要目的是快速取得土样抗压强度的近似定量值。英国BS1377标准规定"适用于饱和的无裂隙的粘性土"。为此，本条文的适用范围规定为饱和粘性土，但需具有两个条件：一个是在不排水条件下，即要求试验时有一定的应变速率，在较短的时间内完成试验；另一个是试样在自重作用下能自立不变形，对塑性指数较小的土加以限制。

**17.0.4** 本试验明确规定应变速率和剪切时间，目的是针对不同试样，控制剪切速率，防止试验过程中试样发生排水现象及表面水分蒸发。

测定土的灵敏度是判别土的结构受扰动对强度的影响程度，因此，重塑试样除了不具有原状试样的结构外，应保持与原状试样相同的密度和含水率。天然结构的土经重塑后，它的结构粘聚力已全部消散，但放置一段时间后，可以恢复一部分，放置时间愈长，恢复程度愈大，所以需要测定灵敏度时，重塑试样试验应立即进行。

**17.0.8** 试样受压破坏时，一般有脆性破坏及塑性破坏两种，脆性破坏有明显的破坏裂面，轴向压力具有峰值，破坏值容易选取，对塑性破坏的试样，应力无峰值，选取应变为15%的抗压强度为破坏值，与三轴压缩试验一致，但试验应进行到应变达20%。重塑试样的取值标准与原状试样相同即峰值或15%轴向应变所对应的轴向应力为无侧限抗压强度。

## 18 直接剪切试验

### 18.1 慢剪试验

**18.1.1** 直接剪切试验是最直接的测定抗剪强度的方法。仪器结构简单，操作方便。由于应力条件和排水条件受仪器结构的限制，国外仅用直剪仪进行慢剪试验。本标准规定慢剪试验是主要方法，并适用于细粒土。

**18.1.2** 采用应变控制式直剪仪，为适应不同试验方法的需要，宜配置变速箱和电动剪切装置，便于试验。

**18.1.3** 关于固结稳定标准。考虑到不同土类的固结稳定时间不同，因此，本条文规定对粘土和粉土采用垂直变形每小时不大于0.005mm为稳定标准。

慢剪试验的剪切速率应保证在剪切过程中试样能充分排水，测得的慢剪强度指标稳定，以往资料表明，剪切速率在0.017～0.024mm/min范围内，试样能充分排水，为此本条文规定采用0.02mm/min的剪切速率。也可用本条文式（18.1.3）估算。

为绘制完整的剪应力与剪切位移的关系曲线，易于确立破坏值，剪切过程中测力计读数有峰值时，应继续剪切至剪切位移达4mm，测力计无峰值时，应剪切至剪切位移达6mm。

### 18.2 固结快剪试验

**18.2.1** 由于仪器结构的限制，无法控制试样的排水条件，仅以剪切速度的快慢来控制试样的排水条件，实际上对渗透性大的土类还是要排水的，测得的强度参数$\varphi$值就偏大，为此，本条文规定渗透系数小于$10^{-6}$cm/s的土类，才允许利用直剪仪进行固结快剪试验测定土的固结快剪的强度参数。对渗透系数大于$10^{-6}$cm/s的土应采用三轴仪进行试验。

**18.2.3** 固结快剪试验的剪切速率规定为0.8mm/min，要求在3～5min内剪损，其目的是为了在剪切过程中尽量避免试样有排水现象。

### 18.3 快剪试验

**18.3.1** 快剪试验适用于土体上施加荷重和剪切过程中都不发生

固结和排水的情况，这一点在直剪仪是很难达到的。为此，只能对土类加以限制，仅适用于渗透系数小于 $10^{-6}$cm/s 的细粒土。

**18.3.3** 快剪试验的剪切速率规定为 0.8mm/min，要求在 3～5min 内剪损，实际上即使加快速率也难免排水，对于渗透系数大于 $10^{-6}$cm/s 的土类，应在三轴仪上进行。

### 18.4 砂类土的直剪试验

**18.4.3** 影响砂土抗剪强度除颗粒大小、形状外，试样的密实度是主要因素，为此，制备试样时，同一组的密度要求尽量相同。

砂土的渗透性较大，剪切速率对强度几乎无影响，因此，可采用较快的剪切速率。

## 19 反复直剪强度试验

**19.0.1** 反复直剪强度试验是测定试样残余强度。残余强度是指粘性土试样在有效应力作用下进行排水剪切，当强度达到峰值强度以后，随着剪切位移的增大，强度逐渐减小，最后达到稳定值。残余强度的测定是随着具有泥化夹层的地基工程、硬裂隙粘土坡的长期稳定、古滑坡地区的工程研究而提出的，故本条文规定适用于粘土和泥化夹层。

**19.0.2** 测定残余强度的仪器除直剪仪外，还有环剪仪等，目前国内测定该项指标的仪器尚少，常用直剪仪进行排水反复直剪强度试验。本条文采用应变控制式反复直剪仪，即在直剪仪上增加反推装置、变速装置和可逆电动机。

**19.0.3** 测定土的残余强度，制备试样时要求软弱面或泥化夹层处于试样高度的中部，即正好是剪切面，目的是测得符合工程实际情况的强度值。

测定土的残余强度要求在剪切过程中土中孔隙水压力得到完全消散，因此，必须采用排水剪，且剪切速率要求缓慢。国内曾先后对粘土、粉质粘土进行了不同剪切速率的对比试验，得出高液限粘土宜采用 0.02mm/min，低液限粘土宜采用 0.06mm/min 的剪切速率。肯尼(Kermey)曾采用 0.017～0.024mm/min 的速率在直剪仪上进行，并指出，在此剪切速率范围内测得的强度值变化不大。日本曾用单面直剪仪对"丸の内粘土"用 7 种不同的剪切速率进行试验，试验表明，当剪切速率小于 0.027mm/min 时，抗剪强度稳定。国外测定残余强度的最快速率均小于 0.06mm/min。根据以上资料，本条文规定粘土采用 0.02mm/min，粉土采用 0.06mm/min 的剪切速率。反推速率要求不严格，只是复位，不测剪应力，故规定为 0.6mm/min。

残余强度的稳定值的基本要求是剪切面上颗粒充分定向排列。采用环剪仪进行试验时，剪切至剪应力稳定即可停止试验，而采用反复直剪试验时，强度是随着剪切次数的增加而逐渐降低，颗粒逐渐达到定向排列，最后强度达到稳定值。斯开普顿(Skempton)对伦敦粘土试样剪切 6 次获得残余强度，他认为当强度达到峰值后，继续剪切到位移达 25～50mm 可降低到稳定值。诺布尔(H.L.Noble)在直剪仪上以 0.004mm/min 的速率进行试验，每次剪切 2.5mm，反复剪 10～15 次，总位移达 50～75mm，可达到稳定值。国内有单位以 0.025mm/min 的速率反复剪切，试验结果表明，不同颗粒组成的试样，所需要的总位移是不一样的，一般讲粘粒含量大的试样，需要的总位移量小些，反之亦然，粉土一般需要 40～48mm，粘土 24～32mm，为此，本条文除规定最后二次剪切时测力计读数接近外，对粉质粘土要求总剪切位移量达40～50mm，粘土总剪切位移量达 30～40mm。

**19.0.5** 关于试样面积的校正。用直剪仪测定土的残余强度时，由于每次剪切位移较大，上半块试样与仪器下盒铜壁边缘接触的部分随着剪切位移增加而增大，剪切过程中所测的剪应力包括了试样与试样间，试样与仪器盒之间两部分，根据比较试验资料，以仪器盒与土的摩擦代替土与土的摩擦所产生的误差不大，故一般可不作校正，本条文中没有考虑校正，若遇到某些土类影响较大，则参考有关资料进行校正。

## 20 自由膨胀率试验

**20.0.1** 本试验的目的是测定粘土在无结构力影响下的膨胀潜势，初步评定粘土的胀缩性。自由膨胀率是反映土的膨胀性的指标之一，它与土的粘土矿物成分、胶粒含量、化学成分和水溶液性质等有着密切的关系。自由膨胀率是指用人工制备的烘干土，在纯水中膨胀后增加的体积与原体积之比值，用百分数表示。

**20.0.2** 国内各工厂生产的量筒，刻度不够准确，对计算成果影响甚大，故规定试验前必须进行刻度校正。

**20.0.3** 自由膨胀率试验中的试样制备是非常重要的，首先是土样过筛的孔径大小，用不同孔径过筛的试样进行比较试验，其结果是过筛孔径越小，10mL 容积的土越轻，自由膨胀率越小。不同分散程度也会引起粘粒含量的差异，为了取得相对稳定的试验条件，本条文规定采用 0.5mm 过筛，用四分对角法取样，并要求充分分散。

试样用体积法量取，紧密或疏松会影响自由膨胀率的大小，为消除这个影响因素，规定采用漏斗和支架，固定落距，一次倒入的方法，并将量杯的内径统一规定为 20mm，高度略大于内径，便于在装土、刮平时避免或减轻自重和振动的影响。

搅拌的目的是使悬液中土粒分散，充分吸水膨胀，搅拌的方法有量筒反复倒转和上下来回搅拌两种。前者操作困难，工作强度大；后者有随搅拌次数增加，读数增大的趋势，故本条文规定上下各搅拌 10 次。

粘土颗粒在悬液中有时有长期混浊的现象，为了加速试验，采用加凝聚剂的方法，但凝聚剂的浓度和用量实际上对不同土类有不同反映，为了增强可比性，本条文统一规定采用浓度为 5%的氯化钠溶液 5mL。

## 21 膨胀率试验

### 21.1 有荷载膨胀率试验

**21.1.1** 有荷载膨胀率是指试样在特定荷载及有侧限条件下浸水膨胀稳定后试样增加的高度(稳定后高度与初始高度之差)与试样初始高度之比，用百分比表示。

**21.1.2** 仪器在压力下的变形会影响试验结果，应予校正。对于固结仪可利用按本标准第 14.1.3 条规定率定的校正曲线。

**21.1.3** 有荷载膨胀率试验会发生沉降或胀升，安装量表时要予以考虑。

一次连续加荷是指将总荷重分几级一次连续加完，也可以根据砝码的具体条件，分级连续加荷，目的是为了使土体在受压时有个时间间歇，同时避免荷重太大产生冲击力。

为保持试样始终浸在水中，要求注水至试样顶面以上 5mm。为了便于排气，采取逐步加水。同一种试样，荷载越大，稳定越快；无荷载时，膨胀稳定越慢。对不同试样，则反映出膨胀率越大，稳定越慢，历时越长，因此，本条文规定 2h 的读数差值不超过 0.01mm，作为稳定标准是可行的，但要防止因试样含水率过高或荷载过大产生的假稳定，因此，本条文规定测定试样试验前、后的含水率、计算孔隙比，根据计算的饱和度推断试样是否已充分吸水膨胀。

### 21.2 无荷载膨胀率试验

**21.2.1** 无荷载膨胀率试验是指试样在无荷载有侧限条件下浸水后的膨胀量与初始高度之比,用百分比表示。

**21.2.3** 试样尺寸对膨胀率是有影响的。在统一的膨胀稳定标准下,膨胀率随试样的高度增加而减小,随直径的增大而增大。为了在无荷载条件下试验时间不致拖得太长,选用高度为 20mm 的试样。

膨胀率与土的自然状态关系非常密切,初始含水率、干密度都直接影响试验成果,为了防止透水石的水分影响初始读数,要求先将透水石烘干,再埋置在切削试样剩余的碎土中 1h,使其大致具备与试样相同的湿度。

无荷载膨胀率试验中,有些规程规定不放滤纸,以排除滤纸变形对试验结果的影响,但有时透水石会沾带试样表层土,使试验后物理指标的测定受到影响,国内有单位采用薄型滤纸(似打字纸中间的垫纸),在不同压力下量测其浸水前后的变形量,结果见表 5。

**表 5 滤纸浸水前后的变形量**

| 压　力(kPa) | 50 | 100 | 200 | | | 400 | |
|---|---|---|---|---|---|---|---|
| 浸水前百分表读数(mm) | 0.129 | 0.089 | 0.169 | 0.009 | 0.159 | 0.319 | 0.249 |
| 浸水后百分表读数(mm) | 0.129 | 0.090 | 0.169 | 0.011 | 0.159 | 0.319 | 0.250 |
| 浸水前后百分表读数差值(mm) | 0 | 0.001 | 0 | 0.002 | 0 | 0 | 0.001 |

由表可见这种滤纸浸水前后的变形量相差很小,可以忽略对试验的影响。

稳定标准规定每隔 2h 百分表读数差值不大于 0.01mm,与有荷载膨胀试验一致。

## 22 膨胀力试验

**22.0.1** 膨胀力是粘土遇水膨胀而产生的内应力。在伴随此力的解除时,土体发生膨胀,从而使土基上建筑物与路面等遭受到破坏。根据实测,当不允许土体发生膨胀时,某些粘土的膨胀力可达 1600kPa,所以对膨胀力的测定是有现实意义的。在室内测定膨胀力的方法和仪器有多种,国内外采用最多的是以外力平衡内力的方法,即平衡法。本条文亦规定采用平衡法。但在现场应尽量接近原位情况。

**22.0.3** 平衡法的允许变形标准,在平衡法试验中,平衡不及时或加了过量的压力都会影响到土的潜能势的发挥。表 6 中试验资料表明,膨胀力随允许膨胀量的增大而增加,当允许膨胀量由 0.01 增至 0.1mm 时,膨胀力将提高 50%左右。为了提高试验准确度,允许膨胀量应限制到 0.005mm。但由于仪器本身的变形和量测准确度不够,引起操作上的困难,所以本条文规定允许膨胀量为 0.01mm。

试验资料表明,达到最大膨胀力的时间并不长,浸水后在短时间内变化较大,以后则趋于平缓,为此规定加荷平衡后 2h 不再膨胀作为稳定是可行的。

**表 6 试样允许膨胀量与膨胀力的关系**

| 允许变形值(mm) | 密　度($g/cm^3$) | 孔隙比 | 试验前含水率(%) | 试验后含水率(%) | 膨胀力(kPa) |
|---|---|---|---|---|---|
| 0.01 | 2.0 | 0.61 | 16.9 | 22.3 | 119 |
| 0.05 | 2.0 | 0.61 | 16.9 | 22.3 | 140 |
| 0.10 | 2.0 | 0.61 | 16.8 | 22.1 | 182 |
| 0.20 | 2.0 | 0.61 | 16.6 | 21.9 | 208 |

## 23 收缩试验

**23.0.1** 收缩试验的目的是测定原状土试样和击实土试样在自然风干条件下的线缩率、体缩率、缩限及收缩系数等指标。

**23.0.3** 扰动土的收缩试验,分层装填试样时,要切实注意不断挤压拍击,以充分排气。否则不符合体积收缩等于水分减小的基本假定,而使计算结果失真。

**23.0.7** 随着土体含水率的减小,土的收缩过程大致分为三个阶段,即直线收缩阶段(Ⅰ),其斜率为收缩系数;曲线过渡阶段(Ⅱ),随土质不同,曲率各异;近水平直线阶段(Ⅲ),此时土体积基本上不再收缩。

## 24 冻土密度试验

### 24.1 一般规定

**24.1.1、24.1.2** 冻土密度是冻土的基本物理指标之一。它是冻土地区工程建设中计算土的冻结或融化深度、冻胀或融沉、冻土热学和力学指标、验算冻土地基强度等需要的重要指标。测定冻土的密度,关键是准确测定试样的体积。本条文规定的 4 种方法是目前常用的方法。

**24.1.3** 考虑到国内不少单位没有低温试验室,故规定无负温环境时应保持试验过程中试样表面不得发生融化,以免改变冻土的体积。

### 24.2 浮称法

**24.2.1** 浮称法是根据物体浮力等于排开同等体积液体的质量这一原理,通过称取冻土试样在空气和液体中的质量算出浮力,并换算出试样体积,求得冻土密度,因此,对于不同土质、结构、含冰状况的各类冻土均可采用。

**24.2.3** 浮称法试验中所用的液体常用的是煤油,有时用 0℃的纯水。为避免液体温度与试样温度差过大造成试样表面可能发生融化,煤油温度应接近试样温度;使用 0℃纯水时应快速测定。

煤油的密度与温度的关系较大,也与其品种有关,故所用的煤油应进行不同温度下的密度率定。

**24.2.7** 冻土的基本构造有整体状、层状和网状,不同构造的冻土,均匀性差别较大。因此,冻土密度平行试验的差值较之融土密度平行试验的差值要大。整体状冻土的结构一般比较均匀,故要求平行试验差值为 $0.03g/cm^3$,与融土试验的规定一致,而层状和网状构造冻土的结构均匀性差,平行试验的差值往往大于 $0.03g/cm^3$,此时,可以提供试验值的范围。

### 24.3 联合测定法

**24.3.1** 由于前述冻土结构的不均匀性,用一般方法分别取试样测定密度和含水率时,往往出现二个指标不协调。例如用分别测定的含水率和密度指标计算出的饱和度,有时大于 100%,这就与指标的物理意义相矛盾。联合测定法是采用一个体积较大的试样同时测定密度和含水率,从而解决了上述分别测定中存在的问题。

整体状构造的粘质冻土,特别是高塑性粘土在水中不易搅散,土孔隙中的气体不能完全排出,因而影响试验准确度,故规定本试验适用于砂质冻土和层状、网状构造的冻土。

**24.3.3** 试验过程中,排液筒中水面的稳定对试验成果的准确度至关重要。为了做到这一点,台秤要稳固地安放在水平台面上,排液筒要放在称盘的固定位置，称重加砝码和充水排水时均应平稳，不致造成称盘上下剧烈晃动。

## 25 冻结温度试验

**25.0.1** 冻结温度是判别土是否处于冻结状态的指标。纯水的结冰温度为0℃，土中水分由于受到土颗粒表面能的束缚且含有化学物质，其冻结温度均低于0℃。土的冻结温度主要取决于土颗粒的分散度、土中水的化学成分和外加载荷。

**25.0.2** 本试验采用热电偶测温法，因此需要零温瓶和低温瓶。若采用贝克曼温度计分辨度为0.05℃、量程为－10～＋20℃，测温，则可省略零温瓶、数字电压表和热电偶。

**25.0.3** 土中的液态水变成固态的冰这一结晶过程大致要经历三个阶段：先形成很小的分子集团，称为结晶中心或称生长点(germs)；再由这种分子集团生长变成稍大一些团粒，称为晶核(nuclei)，最后由这些小团粒结合或生长，产生冰晶(icecrystal)。冰晶生长的温度称为水的冻结温度或冰点，结晶中心是在比冰点更低的温度下才能形成，所以土中水冰结的时间过程一般须经历

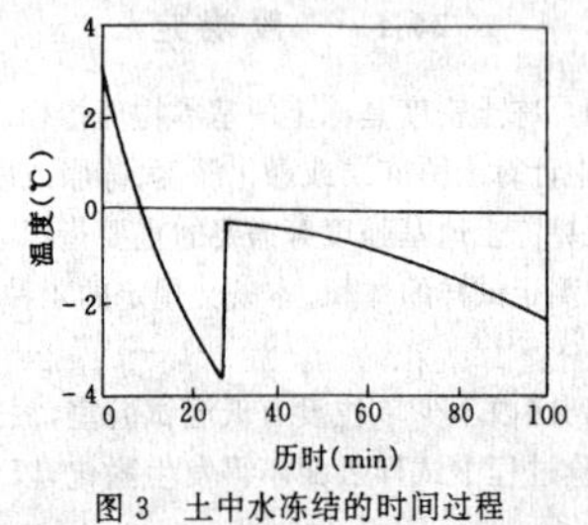


图3 土中水冻结的时间过程

过冷、跳跃、恒定和递降4个降低(图3)。当出现跳跃时，电势会突然减小，接着稳定在某一数值，此即为开始冻结。

土中水的过冷及其持续时间主要取决于土的含水率和冷却速度。土温接近0℃时，土中水可长期处于不结晶状态。土温低于0℃且快速冷却时，过冷温度高且结束时间早。当土的含水率低于塑限后，过冷温度降低。室内试验中，当土的含水率大于塑限时，土柱端面温度控制为－4℃，一般过冷时间在半小时之内即可结束。

## 26 未冻含水率试验

**26.0.1** 土体冻结后并非土中所有的液态水全部冻结成冰，其中始终保持一定数量的未冻水。未冻含水率不但是热工计算的必需指标，而且是冻土物理力学性质变化的主导因子。未冻含水率主要取决于土的分散度、矿物成分、土中水的化学成分及温度和外载。对于给定土质、未冻含水率始终与温度保持动态平衡关系，即随温度升高，未冻含水率增大，随温度降低，未冻含水率减少。

**26.0.5** 未冻含水率的测定方法有许多种，诸如量热法、核磁共振法、时域反射计法和超声波法等。这些方法大都需要复杂而昂贵的仪器，一般单位难以采用。本试验方法是依据未冻含水率与负温为指数函数规律，采用已知含水率的试样，测定其冻结温度，推求未冻含水率，此法具有快速、简便等优点，其平行差值稍大于融土，为此纳入本试验方法标准。

## 27 冻土导热系数试验

**27.0.3** 导热系数的测定方法分两大类：稳定态法和非稳定态法。稳定态法测定时间较长，但试验结果的重复性较好；非稳定态法具有快速特点，试验结果重复性较差。因此，本试验采用稳定态法。稳定态法中，通常使用热流计法，但国产热流计的性能欠佳，故采用比较法，以石蜡作为标准原件，可认为其导热系数是稳定的。

操作中应注意铜板平整且接触紧密，否则会影响试验结果。

基于稳定态比较法应遵循测点温度不随时间而变化的原则，但实际上很难做到测点温度绝对不变，因此规定连续3次同一点测温差值小于0.1℃，则认为已满足方法原理。

## 28 冻胀量试验

**28.0.1** 土体不均匀冻胀是寒区工程大量破坏的重要因素之一。因此，各项工程开展之前，必须对工程所在地区的土体作出冻胀敏感性评价，以便采取相应措施，确保工程构筑物的安全可靠。因为原状土和扰动土的结构差异较大，为对冻胀敏感性作出正确评价，试验一般应采用原状土进行。若条件不允许，非采用扰动土不可时，应在试验报告中予以说明。本试验方法与目前美国、俄罗斯等国所用方法基本一致。所得数据用于评价该种土的冻胀量略偏大，从工程设计上偏安全。

**28.0.3** 土体冻胀量是土质、温度和外载条件的函数。当土质已确定且不考虑外载时，温度条件就至关重要。其中起主导作用的因素是降温速度。冻胀量与降温速度大致呈抛物线型关系。考虑到自然界地表温度是逐渐下降的，在本试验中规定底板温度粘土以0.3℃/h、砂土以0.2℃/h的速度下降，是照顾各类土的特点并处于试验所得冻胀量较大的情况。

**28.0.6** 在特定条件下，土的冻胀量是确定的，但是在土的冻胀性评价方法和等级划分标准上，目前国内外不尽一致，例如俄罗斯国家建筑委员会颁布的标准(ГОСТ 28622-90)按表7划分；美国寒区研究和工程实验室是规定冻结速度为1.3cm/d的条件下，用平均冻胀速度按表8进行分级；我国国家现行标准《冻土地区建筑地基基础设计规范》JTJ 118的分级如表9；国家现行标准《水工建筑物抗冰冻设计规范》SL 211则按冻胀量进行划分(见表10)。

**表7 冻胀性分级表**

(ГОСТ 28622-90)

| 冻胀率(%) | $\eta\leqslant1$ | $1<\eta\leqslant4$ | $4<\eta\leqslant7$ | $7<\eta\leqslant10$ | $\eta>10$ |
|---|---|---|---|---|---|
| 冻胀等级 | 不冻胀 | 弱冻胀 | 冻　胀 | 强冻胀 | 特强冻胀 |

**表8 冻胀性分级表**

(美国寒地研究和工程实验)

| 平均冻胀速度(mm/d) | $V_v<0.5$ | $0.5<V_v\leqslant2.0$ | $2.0<V_v\leqslant4.0$ | $4.0<V_v\leqslant8.0$ | $V_v>8.0$ |
|---|---|---|---|---|---|
| 冻胀等级 | 不冻胀 | 弱冻胀 | 冻　胀 | 强冻胀 | 特强冻胀 |

**表9 冻胀性分级表**

(《冻土地区建筑地基基础设计规范》)

| 冻胀率(%) | $\eta\leqslant1$ | $1<\eta\leqslant3.5$ | $3.5<\eta\leqslant6$ | $6<\eta\leqslant12$ | $\eta>12$ |
|---|---|---|---|---|---|
| 冻胀等级 | 不冻胀 | 弱冻胀 | 冻　胀 | 强冻胀 | 特强冻胀 |

**表10 冻胀性分级表**

(《水土建筑物抗冰冻设计规范》)

| 冻胀性级别 | Ⅰ | Ⅱ | Ⅲ | Ⅳ | Ⅴ |
|---|---|---|---|---|---|
| 冻胀量 $\Delta h$(mm) | $\Delta h\leqslant20$ | $20<\Delta h\leqslant50$ | $50<\Delta h\leqslant120$ | $120<\Delta h\leqslant220$ | $\Delta h>220$ |

分析国内外现有的冻胀划分方法和标准，并考虑到冻胀率与冻胀量之间存在$\eta=\Delta h/H_{f}$的关系，可以根据室内试验所得的冻

胀率按天然土层的冻深换算冻胀量，故本条文规定可按冻胀率作为评价指标，在数值上暂取与国家现行标准《冻土地区建筑地基基础设计规范》JTJ 118一致。

# 29 冻土融化压缩试验

### 29.1 一 般 规 定

**29.1.1** 冻土融化时在荷载作用下将同时发生融化下沉和压密。在单向融化条件下，这种沉降量完全符合普通土力学中的一维沉降关系。融化下沉是在土体自重作用下发生的，而压缩沉降则与外部压力有关。目前国内外在进行冻土融化压缩试验时首先是在微小压力下测出冻土融化后的沉降量，计算冻土的融沉系数，然后分级施加荷载测定各级荷载下的压缩沉降，并取某压力范围计算融化压缩系数。由此可以计算冻土融化压缩的总沉降量。已有试验证明，在一定压力范围内，孔隙比与外压力基本呈线性关系，这个压力值大致为0～0.4MPa，因此，在一般实际应用和试验条件下，在这个压力范围内按线性关系确定的融化压缩系数可以有足够的精度。

### 29.2 室内冻土融化压缩试验

**29.2.3** 冻土融化压缩试验的试样尺寸，国外取高度($h$)与直径($d$)之比$h/d \geqslant 1/2$，最小直径取5cm，对于不均匀的层状和网状构造的粘土，则根据其构造情况加大直径，使$h/d=1/3 \sim 1/5$。国内曾采用的试样环面积为$45cm^2$、$78cm^2$，试样高度有2.5cm、4cm。考虑到便于采用本条文中固结仪改装融化压缩仪，故规定可取试验环直径与固结仪大直径(7.98cm)一致，高度则考虑冻土构造的不均匀性，取4cm，这样高度与直径之比基本为1∶2。

为了模拟天然地基土的融化过程，在试验过程中使试样满足单向融化至为重要。为此，除采用循环热水单向加热外，试样环应采用导热性较低的非金属材料(胶木、有机玻璃等)制作，并在容器周围加保温套，试验时在负温环境下或较低室温下进行，以保证试样不发生侧向融化。

**29.2.5** 试验中当融化速度超过天然条件下的排水速度时，融化土层不能及时排水，使融化下沉发生滞后现象。当遇到试样含冰(水)率较大时，若融化速度过快，土体常发生崩解现象，使土颗粒与水分一起挤出，导致试验失败或融沉系数$a_0$值偏大。因此，循环热水的温度应加以控制。根据已有试验，本条文规定水温控制在40～50℃。加热循环水应畅通，水温要逐渐升高。当试样含冰(水)率大或试验环境温度较高时，可适当降低水温，以控制4cm高度的试样在2h内融化完为宜。

测定融沉系数$a_0$值时，本条文规定施加1kPa的荷载。这主要是考虑克服试样与环壁之间的摩擦力。而且，冻土在融化过程中单靠自重下沉的过程往往很长，所以，施加这一小量荷载可以加快下沉速度，又不致对融化土骨架产生过大的压缩，对$a_0$的影响甚微。

### 29.3 现场冻土融化压缩试验

**29.3.1** 本试验与暖土荷载试验方法相似。这种方法可适用于除漂石($d$>200mm)以外的各种冻土，可以逐层进行试验，取得建筑场地预计融化深度内冻土的融化压缩性质即融沉系数和压缩系数，但由于这种方法试验设备和操作比较复杂，劳动强度大，因此，一般只对较重要的工程或室内试验难于进行的含巨粒土、粗粒土和富冰冻土才采用这种方法。

**29.3.4** 传压板面积小于$5000cm^2$时，试验误差较大，故规定不宜小于此面积。形状可为圆形(直径798mm)或正方形(边长707mm)。

# 30 酸碱度试验

**30.0.1** 酸碱度通常以氢离子浓度的负对数，即pH表示。pH值的测定可用比色法、电测法，但比色法不如电测法方便、准确。因此，本条文选用电测法。电测法实际上是一种以pH值标记的电位计，故称为酸度计。

**30.0.2** 酸度计是由选择性玻璃电极、甘汞参比电极和二次仪表电位计组成。作为电极产品玻璃电极和甘汞电极一般是分开出售，复合电极是将这两种电极合并为一支电极，只是形式不同。其测定原理实际上是一样的。

**30.0.3** 标准缓冲溶液，如果能够买到市售pH标准缓冲试剂，可按说明书配制以代替本条文的pH标准缓冲溶液的配制。

**30.0.5** 试样悬液的制备，土水比例大小对测定结果有一定影响。土水比例究竟用多大适宜，目前尚无一致结论。国内外以用土水比例1∶5较多，故本条文也采用1∶5，振荡3min，静置30min。

# 31 易溶盐试验

### 31.1 浸出液制取

**31.1.3** 用水浸提易溶盐时，土水比例和浸提时间的选择，是力求将易溶盐从土中完全溶解出来，而又能尽量减少中、难溶盐的溶解。关于土水比例，根据各种盐类在水中溶解度不同，合理地控制土水比就有可能将易溶盐与中、难溶盐分开，即土水比例愈小，中、难溶盐被浸出的可能性愈小。如有采用1∶2.5、1∶1等土水比例的，但土水比愈小，会给操作带来困难愈大。因此，国内普遍选用1∶5的土水比例。关于浸提时间，在同一土水比例下，浸提时间不同，试验结果亦有差异。浸提时间愈长，中、难溶盐被溶解的可能性愈大，土粒和水溶液间离子交换反应亦显著。所以浸提时间宜短不宜长。研究表明，浸提时间在2～3min即可。为了统一试验条件，本条文采用1∶5土水比例，浸提时间为3min。

浸出液过滤，在试验中经常遇到过滤困难，特别是粘土，需要很长时间才能获得需要的滤液数量，而且不易得到清澈的滤液。因此，本条文推荐采用抽气过滤方法效果较好，操作也简便，过滤速度快。如果滤液混浊，则应改用离心或超级滤心过滤。

### 31.2 易溶盐总量测定

**31.2.4** 易溶盐总量测定，本条文采用烘干法。由于此法不需特殊仪器设备，测定结果比较精确，故在室内试验中应用广泛。国内外有资料推荐电导法，虽然简单快速，但是易溶盐属多盐性混合物，其摩尔电导率因盐性不同而异。因此，测得电导率与实际含量，因盐性不定比例而存在着不稳定的差异，故本标准未列。

加2%碳酸钠($Na_2CO_3$)的目的，是使钙离子($Ca^{2+}$)、镁离子($Mg^{2+}$)的硫酸盐、氯盐转化为碳酸盐以除去大量结晶水，此残渣应在180℃烘干，才能得到较稳定的试验结果。

### 31.3 碳酸根和重碳酸根的测定

**31.3.4** 碳酸根和重碳酸根的测定应在土浸出液过滤后立即进行，否则将由于大气中二氧化碳($CO_2$)的侵入或浸出液pH的变化引起二氧化碳释出而影响试验结果。

本条文使用的双指示剂是采用酚酞和甲基橙指示剂，滴定终点pH值分别为8.3和4.4。目前有些单位采用混合指示剂代替甲基橙指示剂，目的是为提高滴定终点的分辨效果，但是混合指示剂的配方并不统一，因此，本条文未采用混合指示剂。

**31.3.5** 根据现行国家标准《岩土工程勘察规范》GB50021 有关土对混凝土腐蚀性判定(以 mg/kg 土表示)和盐渍土分类规定：盐渍土按含盐性质分类，是采用含盐质量摩尔浓度的比值进行分类的。盐渍土按含盐量分类，是采用含盐质量分数进行分类的，因此试验成果必须分别计算提供两个不同量的名称和单位。

质量摩尔浓度，过去采用计量单位是 mmol/100g 土，按照国家法定计量单位，单位中不得含有数值，因此，本条文采用计量单位为mmol/kg 土，与现行国家标准《量和单位》GB3102.8 的规定一致。

含盐量的计算为说明各数值的定义而分别列出，在实际工作中可以将公式简化，直接将数值代入。

### 31.4 氯根的测定

**31.4.4** 氯根的测定，除采用硝酸银容量法之外，还有采用硝酸汞滴定法、硫氰酸汞光度法以及近来建立的离子色谱法等。但是这些方法一般仅适用于氯根浓度较低的试样，操作也不如硝酸银容量法简便，有些还需要专门的仪器设备。因此，本条文选择被广泛采用的硝酸银容量法。

**31.4.5** 见本标准第 31.3.5 条的条文说明。

### 31.5 硫酸根的测定
——EDTA 络合容量法

**31.5.1** 硫酸根常量的测定方法，最经典的是硫酸钡质量法，此方法虽然准确，但操作烦琐，设备笨重，近年逐步地已被 EDTA 络合容量法所替代，我国环保部门的水质监测和矿泉饮用水等均已认定 EDTA 络合容量法为标准方法。因此，本条文也认定此方法为常量的测定方法。

关于含盐度质量分数 $w_B$(%)按土水比为 1∶5 计算与质量浓度 $\rho_B$(g/L)的关系为：

$$w_B:\rho_B=\frac{V_B C_B M_B\times 500}{V_s}:\frac{V_c C_B M_B\times 1000}{V_s} \tag{2}$$

$$w_B/\rho_B=\frac{500}{1000}=\frac{1}{2} \tag{3}$$

式中 $V_B$、$C_B$、$M_B$——分别为物质 B 的体积、浓度和摩尔质量($V_B$:L，$C_B$:mmol/L，$M_B$:kg/mol)

$V_s$——取试液的体积(L)。

所以 0.025(%)相当于 0.050g/L(50mg/L)。

**31.5.5** 见本标准第 31.3.5 条的条文说明。

### 31.6 硫酸根的测定
——比浊法

**31.6.1** 低含量硫酸根的测定方法很多，其中有硫酸钡比浊法、铬酸钡光度法，原子吸收光度法、离子色谱法等。在这些方法中以比浊法最为简便，其准确性亦基本可满足这一指标的实际要求。国内多数单位的仪器设备容易满足。因此，本条文对低含量的硫酸根测定，选用硫酸钡比浊法。

**31.6.5** 见本标准第 31.3.5 条的条文说明。但比浊法测定结果是硫酸根百分含量，因此，质量摩尔浓度必须由百分含量换算而得。

### 31.7 钙离子的测定

**31.7.1** 钙的测定方法很多，但是钙的常量测定目前采用最普遍的是 EDTA 容量法，它具有设备简单、操作简便的特点。因此，本条文选用此方法。

**31.7.3** 本方法测定钙的指示剂，可用钙指示剂(Calconcarboxyic Acid)或紫尿酸铵(Murexide)，在强碱介质中与钙指示剂络合终点由红变蓝色，与紫尿酸铵络合终点由红变紫色，两者的终点指示效果，后者不如前者指示效果好，故本条文选用钙指示剂。

**31.7.4** 当土浸出液中镁离子($Mg^{2+}$)含量高时，将生成大量氢氧化镁〔$Mg(OH)_2$〕沉淀，影响终点判别，遇此情况时，可先滴定一定量 EDTA 标准溶液(不得过量)后，加 1 mol/L 氢氧化钾(KOH)溶液，放置片刻，再加入 0.5%氰化钾(KCN)和 1%盐酸羟胺和指示剂，然后继续滴定至终点，可获得比较好的指示效果。

**31.7.5** 见本标准第 31.3.5 条的条文说明。

### 31.8 镁离子的测定

**31.8.1** 常量镁离子的测定方法也很多，但目前被广泛采用的为 EDTA 容量法，同钙一样具有快速、简便，不需专用设备的优点。因此本条文采用此方法。

**31.8.4** EDTA 测定镁，实际上是先测定钙、镁离子合量再减去 $Ca^{++}$含量。所以，本方法为求得镁离子含量，必须同时测定钙离子的含量。测定钙、镁离子合量的指示剂，可用铬黑 T(Eriochrome black T)或铬蓝黑(Eriochrome blue black)，两者的滴定终点均由红变为蓝色，但是前者比后者的终点指示更为灵敏，故本条文选用铬黑 T 指示剂。

**31.8.5** 见本标准第 31.3.5 条的条文说明。

### 31.9 钙离子和镁离子的原子吸收分光光度测定

**31.9.1** 低含量钙、镁离子的测定，可用原子吸收法或火焰光度计法，鉴于原子吸收分光光度计已普遍应用，成为化学分析的常规仪器，它的操作快速、简便，灵敏度又比火焰光度计法高，故本条文选用原子吸收分光光度计法。

**31.9.5** 见本标准第 31.3.5 条和第 31.6.5 条的条文说明。

### 31.10 钠离子和钾离子的测定

**31.10.1** 钠、钾离子的测定，以往是采用差减法计算钠、钾离子总含量，而不能将钠、钾离子含量分开计算，同时还由于种种因素带来的误差较大，故本标准未列入。鉴于火焰光度计测定钠、钾离子的方法已得到普遍应用，该方法还具有操作简便、快速、灵敏度高，又能同时对钠、钾离子含量分开测定等优点，故本条文列入火焰光度计法。

**31.10.5** 见本标准第 31.3.5 条和第 31.6.5 条的条文说明。

## 32 中溶盐(石膏)试验

**32.0.1** 中溶盐含量测定，也可用 EDTA 容量法，该法虽然设备简单、操作快速，但难溶盐大量共存对测定有影响，故本条文仍采用经典的标准方法，酸浸提——质量法。

**32.0.4** 本条文是以石膏($CaSO_4\cdot 2H_2O$)代表土中中溶盐的含量。对酸不溶物的测定未列入。如属石膏土，需要测定酸不溶物。可将本试验酸浸提过滤残渣进行烘干、称量，计算而得。

## 33 难溶盐(碳酸钙)试验

**33.0.1** 难溶盐测定除用气量法外，还可用中和法(适用于难溶盐含量高的土)和碱吸收法(适用于较精密的测定)，但这两种方法都各具有其局限性，而气量法则具有操作简便，又能满足土中难溶盐实际含量的测定范围，因而被普遍采用。故本条文选用气量法。

**33.0.5** 气量法的计算是以测量产生的二氧化碳体积为基础，它与测量时的温度和大气压力关系密切，本条文表 33.0.5 提供二氧化碳密度仅适用于大气压力大于或等于 98.925kPa 范围，对地处海拔高的地区，大气压力一般小于 98.925kPa。遇此情况则不能用本条文式(33.0.5-1)计算，因此，本条文增列式(33.0.5-2)以满足海拔高，大气压力小于98.925kPa地区的需要。

## 34 有机质试验

**34.0.1** 有机质的测定方法很多，如有质量法、容量法、比色法、双氧水氧化法等。这些方法经过反复比较认为以重铬酸钾容量法为最好，它具有操作简便、快速、再现性好，不受大量碳酸盐存在的干扰，设备简单，适合于批量试样的试验，在土工试验中已广泛采用。因此，本条文选用重铬酸钾容量法。但是采用此法测得有机质偏低，一般只有有机质实际含量的90%，因此，有的资料认为对测定结果应乘以1.1校正因数加以校正。也有人建议以灼烧减量估计有机质含量。但是灼烧的结果不仅烧去有机质，而且还烧去结合水和挥发性盐类，从而使测定结果偏高，偏高大小与土中存在的结合水和挥发性盐类的多少有很大关系。一般比容量法可高出数十倍不等，因此，本条文未列入。如果土中含有大量粗有机质，在一定条件下，也可考虑采用灼烧减量法。

**34.0.2** 有关资料介绍油浴可采用石蜡、硫酸、磷酸等，但这些介质都不理想，均具有污染环境，烟雾具有腐蚀剂刺激性，有害健康。本条文选用植物油相对地说比较安全。

**34.0.3** 本试验用指示剂种类有二苯胺、邻啡锣啉等。二苯胺虽然便宜，但配制麻烦，对环境污染，对健康不利，近来已广泛采用较昂贵的邻啡锣啉为指示剂。它具有易配制、安全和滴定终点易掌握等优点，故本条文采用该指示剂。

**34.0.4** 消煮温度范围和时间必须严格控制，这是本试验方法规定的统一条件，否则将对试验结果产生很大影响。

## 35 土的离心含水当量试验

**35.0.1** 土的离心含水当量试验是应用离心技术测定土的离心含水当量，用于近似地估算土的空气孔隙比和滞留率(或滞水能力)。本试验参照美国ASTM岩土工程试验标准编制。

**35.0.3** 本条文规定离心试验后称坩埚和湿土(土样表面出现自由水不允许倒掉)总质量，而后将坩埚放入烘箱内，烘至其质量不变，再称坩埚和干土总质量，以此计算土的离心含水当量。而美国规定离心试验后将试样取出，放入铝盒后称量，这样对试样的含水率会有影响。

**35.0.4** 原公式中有湿滤纸和干滤纸质量，本次修改时将滤纸取掉后称量，故现公式中不计其质量。

中华人民共和国国家标准

# 工程岩体试验方法标准

Standard for test methods of engineering rock mass

**GB/T 50266—2013**

主编部门：中 国 电 力 企 业 联 合 会
批准部门：中华人民共和国住房和城乡建设部
实行日期：2 0 1 3 年 9 月 1 日

# 中华人民共和国住房和城乡建设部
# 公　告

## 第1633号

## 住房城乡建设部关于发布国家标准《工程岩体试验方法标准》的公告

现批准《工程岩体试验方法标准》为国家标准，编号为GB/T 50266—2013，自2013年9月1日起实施。原国家标准《工程岩体试验方法标准》GB/T 50266—1999同时废止。

本标准由我部标准定额研究所组织中国计划出版社出版发行。

**中华人民共和国住房和城乡建设部**
2013年1月28日

## 前　言

本标准是根据住房和城乡建设部《关于印发〈2008年工程建设标准规范制订、修订计划（第二批）〉的通知》（建标标函〔2008〕35号）的要求，由中国水电顾问集团成都勘测设计研究院会同有关单位对原国家标准《工程岩体试验方法标准》GB/T 50266—1999进行修订而成。

本标准分为7章，包括：总则、岩块试验、岩体变形试验、岩体强度试验、岩石声波测试、岩体应力测试、岩体观测。

本次修订的主要技术内容包括：增加了岩块冻融试验、混凝土与岩体接触面直剪试验、岩体载荷试验、水压致裂法岩体应力试验、岩体表面倾斜观测、岩体渗压观测等试验项目，增加了水中称量法岩石颗粒密度试验、千分表法单轴压缩变形试验、方形承压板法岩体变形试验等试验方法。

本标准由住房和城乡建设部负责管理，由中国电力企业联合会负责日常管理，由中国水电顾问集团成都勘测设计研究院负责具体技术内容的解释。执行过程中如有意见或建议，请寄送中国水电顾问集团成都勘测设计研究院（地址：四川省成都浣花北路1号，邮政编码：610072）。

**主 编 单 位：** 中国水电顾问集团成都勘测设计研究院
水电水利规划设计总院
中国电力企业联合会

**参 编 单 位：** 水利部长江水利委员会长江科学院
中国科学院武汉岩土力学研究所
同济大学
中国水利水电科学研究院
铁道科学院
煤炭科学研究总院
交通运输部公路科学研究院

**主要起草人：** 王建洪　邬爱清　盛　谦　汤大明
胡建忠　刘怡林　曾纪全　尹健民
周火明　李海波　沈明荣　袁培进
刘艳青　贺如平　康红普　陈梦德

**主要审查人：** 董学晟　汪　毅　翁新雄　李晓新
侯红英　张建华　刘　艳　陈文华
朱绍友　廖建军　徐志纬　何永红
杨　建　唐纯华　王永年　席福来
和再良　杨　建　贾志欣　李光煜
汪家林　张家生　胡卸文　谢松林
谷明成　赵静波

# 目　次

# Contents

# 1 总 则

**1.0.1** 为统一工程岩体试验方法，提高试验成果的质量，增强试验成果的可比性，制定本标准。

**1.0.2** 本标准适用于地基、围岩、边坡以及填筑料的工程岩体试验。

**1.0.3** 工程岩体试验对象应具有地质代表性。试验内容、试验方法、技术条件等应符合工程建设勘测、设计、施工、质量检验的基本要求和特性。

**1.0.4** 工程岩体试验除应符合本标准外，尚应符合国家现行有关标准的规定。

# 2 岩 块 试 验

## 2.1 含水率试验

**2.1.1** 各类岩石含水率试验均应采用烘干法。

**2.1.2** 岩石试件应符合下列要求：

1 保持天然含水率的试样应在现场采取，不得采用爆破法。试样在采取、运输、储存和制备试件过程中，应保持天然含水状态。其他试验需测含水率时，可采用试验完成后的试件制备。

2 试件最小尺寸应大于组成岩石最大矿物颗粒直径的10倍，每个试件的质量为40g～200g，每组试验试件的数量应为5个。

3 测定结构面充填物含水率时，应符合现行国家标准《土工试验方法标准》GB/T 50123的有关规定。

**2.1.3** 试件描述应包括下列内容：

1 岩石名称、颜色、矿物成分、结构、构造、风化程度、胶结物性质等。

2 为保持含水状态所采取的措施。

**2.1.4** 应包括下列主要仪器和设备：

1 烘箱和干燥器。

2 天平。

**2.1.5** 试验应按下列步骤进行：

1 应称试件烘干前的质量。

2 应将试件置于烘箱内，在105℃～110℃的温度下烘24h。

3 将试件从烘箱中取出，放入干燥器内冷却至室温，应称烘干后试件的质量。

4 称量应准确至0.01g。

**2.1.6** 试验成果整理应符合下列要求：

1 岩石含水率应按下式计算：

$$w = \frac{m_0 - m_s}{m_s} \times 100 \qquad (2.1.6)$$

式中：$w$——岩石含水率(%)；

$m_0$——烘干前的试件质量(g)；

$m_s$——烘干后的试件质量(g)。

2 计算值应精确至0.01。

**2.1.7** 岩石含水率试验记录应包括工程名称、试件编号、试件描述、试件烘干前后的质量。

## 2.2 颗粒密度试验

**2.2.1** 岩石颗粒密度试验应采用比重瓶法或水中称量法。各类岩石均可采用比重瓶法，水中称量法应符合本标准第2.4节的规定。

**2.2.2** 岩石试件的制作应符合下列要求：

1 应将岩石用粉碎机粉碎成岩粉，使之全部通过0.25mm筛孔，并应用磁铁吸去铁屑。

2 对含有磁性矿物的岩石，应采用瓷研钵或玛瑙研钵粉碎，使之全部通过0.25mm筛孔。

**2.2.3** 试件描述应包括下列内容：

1 岩石粉碎前的名称、颜色、矿物成分、结构、构造、风化程度、胶结物性质等。

2 岩石的粉碎方法。

**2.2.4** 应包括下列主要仪器和设备：

1 粉碎机、瓷研钵或玛瑙研钵、磁铁块和孔径为0.25mm的筛。

2 天平。

3 烘箱和干燥器。

4 煮沸设备和真空抽气设备。

5 恒温水槽。

6 短颈比重瓶：容积100mL。

7 温度计：量程0℃～50℃，最小分度值0.5℃。

**2.2.5** 试验应按下列步骤进行：

1 应将制备好的岩粉置于105℃～110℃温度下烘干，烘干时间不应少于6h，然后放入干燥器内冷却至室温。

2 应用四分法取两份岩粉，每份岩粉质量应为15g。

3 应将岩粉装入烘干的比重瓶内，注入试液（蒸馏水或煤油）至比重瓶容积的一半处。对含水溶性矿物的岩石，应使用煤油作试液。

4 当使用蒸馏水作试液时，可采用煮沸法或真空抽气法排除气体。当使用煤油作试液时，应采用真空抽气法排除气体。

5 当采用煮沸法排除气体时，在加热沸腾后煮沸时间不应少于1h。

6 当采用真空抽气法排除气体时，真空压力表读数宜为当地大气压。抽气至无气泡逸出时，继续抽气时间不宜少于1h。

7 应将经过排除气体的试液注入比重瓶至近满，然后置于恒温水槽内，应使瓶内温度保持恒定并待上部悬液澄清。

8 应塞上瓶塞，使多余试液自瓶塞毛细孔中溢出，将瓶外擦干，应称瓶、试液和岩粉的总质量，并应测定瓶内试液的温度。

9 应洗净比重瓶，注入经排除气体并与试验同温度的试液至比重瓶内，应按本条第7、8款步骤称瓶和试液的质量。

10 称量应准确至0.001g，温度应准确至0.5℃。

**2.2.6** 试验成果整理应符合下列要求：

1 岩石颗粒密度应按下式计算：

$$\rho_s = \frac{m_s}{m_1 + m_s - m_2}\rho_{WT} \qquad (2.2.6)$$

式中：$\rho_s$——岩石颗粒密度(g/cm³)；

$m_s$——烘干岩粉质量(g)；

$m_1$——瓶、试液总质量(g)；

$m_2$——瓶、试液、岩粉总质量(g)；

$\rho_{WT}$——与试验温度同温度的试液密度(g/cm³)。

2 计算值应精确至0.01。

3 颗粒密度试验应进行两次平行测定，两次测定的差值不应大于0.02，颗粒密度应取两次测值的平均值。

**2.2.7** 岩石颗粒密度试验记录应包括工程名称、试件编号、试件描述、比重瓶编号、试液温度、试液密度、干岩粉质量、瓶和试液总质量,以及瓶、试液和岩粉总质量。

## 2.3 块体密度试验

**2.3.1** 岩石块体密度试验可采用量积法、水中称量法或蜡封法,并应符合下列要求:

1 凡能制备成规则试件的各类岩石,宜采用量积法。

2 除遇水崩解、溶解和干缩湿胀的岩石外,均可采用水中称量法。水中称量法试验应符合本标准第2.4节的规定。

3 不能用量积法或水中称量法进行测定的岩石,宜采用蜡封法。

4 本标准用水采用洁净水,水的密度取为$1g/cm^3$。

**2.3.2** 量积法岩石试件应符合下列要求:

1 试件尺寸应大于岩石最大矿物颗粒直径的10倍,最小尺寸不宜小于50mm。

2 试件可采用圆柱体、方柱体或立方体。

3 沿试件高度、直径或边长的误差不应大于0.3mm。

4 试件两端面不平行度误差不应大于0.05mm。

5 试件端面应垂直试件轴线,最大偏差不得大于0.25°。

6 方柱体或立方体试件相邻两面应互相垂直,最大偏差不得大于0.25°。

**2.3.3** 蜡封法试件宜为边长40mm～60mm的浑圆状岩块。

**2.3.4** 测湿密度每组试验试件数量应为5个,测干密度每组试验试件数量应为3个。

**2.3.5** 试件描述应包括下列内容:

1 岩石名称、颜色、矿物成分、结构、构造、风化程度、胶结物性质等。

2 节理裂隙的发育程度及其分布。

3 试件的形态。

**2.3.6** 应包括下列主要仪器和设备:

1 钻石机、切石机、磨石机和砂轮机等。

2 烘箱和干燥器。

3 天平。

4 测量平台。

5 熔蜡设备。

6 水中称量装置。

7 游标卡尺。

**2.3.7** 量积法试验应按下列步骤进行:

1 应量测试件两端和中间三个断面上相互垂直的两个直径或边长,应按平均值计算截面积。

2 应量测两端面周边对称四点和中心点的五个高度,计算高度平均值。

3 应将试件置于烘箱中,在105℃～110℃温度下烘24h,取出放入干燥器内冷却至室温,应称烘干试件质量。

4 长度量测应准确至0.02mm,称量应准确至0.01g。

**2.3.8** 蜡封法试验应按下列步骤进行:

1 测湿密度时,应取有代表性的岩石制备试件并称量;测干密度时,试件应在105℃～110℃温度下烘24h,取出放入干燥器内冷却至室温,应称烘干试件质量。

2 应将试件系上细线,置于温度60℃左右的熔蜡中约1s～2s,使试件表面均匀涂上一层蜡膜,其厚度约1mm。当试件上蜡膜有气泡时,应用热针刺穿并用蜡液涂平,待冷却后应称蜡封试件质量。

3 应将蜡封试件置于水中称量。

4 取出试件,应擦干表面水分后再次称量。当浸水后的蜡封试件质量增加时,应重做试验。

5 湿密度试件在剥除密封蜡膜后,应按本标准第2.1.5条的步骤,测定岩石含水率。

6 称量应准确至0.01g。

**2.3.9** 试验成果整理应符合下列要求:

1 采用量积法,岩石块体干密度应按下式计算:

$$\rho_d = \frac{m_s}{AH} \quad (2.3.9\text{-}1)$$

式中:$\rho_d$——岩石块体干密度($g/cm^3$);

$m_s$——烘干试件质量(g);

$A$——试件截面积($cm^2$);

$H$——试件高度(cm)。

2 采用蜡封法,岩石块体干密度和块体湿密度应分别按下列公式计算:

$$\rho_d = \frac{m_s}{\dfrac{m_1 - m_2}{\rho_w} - \dfrac{m_1 - m_s}{\rho_p}} \quad (2.3.9\text{-}2)$$

$$\rho = \frac{m}{\dfrac{m_1 - m_2}{\rho_w} - \dfrac{m_1 - m}{\rho_p}} \quad (2.3.9\text{-}3)$$

式中:$\rho$——岩石块体湿密度($g/cm^3$);

$m$——湿试件质量(g);

$m_1$——蜡封试件质量(g);

$m_2$——蜡封试件在水中的称量(g);

$\rho_w$——水的密度($g/cm^3$);

$\rho_p$——蜡的密度($g/cm^3$);

$w$——岩石含水率(%)。

3 岩石块体湿密度换算成岩石块体干密度时,应按下式计算:

$$\rho_d = \frac{\rho}{1 + 0.01w} \quad (2.3.9\text{-}4)$$

4 计算值应精确至0.01。

**2.3.10** 岩石密度试验记录应包括工程名称、试件编号、试件描述、试验方法、试件质量、试件水中称量、试件尺寸、水的密度、蜡的密度。

## 2.4 吸水性试验

**2.4.1** 岩石吸水性试验应包括岩石吸水率试验和岩石饱和吸水率试验,并应符合下列要求:

1 岩石吸水率应采用自由浸水法测定。

2 岩石饱和吸水率应采用煮沸法或真空抽气法强制饱和后测定。岩石饱和吸水率应在岩石吸水率测定后进行。

3 在测定岩石吸水率与饱和吸水率的同时,宜采用水中称量法测定岩石块体干密度和岩石颗粒密度。

4 凡遇水不崩解、不溶解和不干缩膨胀的岩石,可采用本标准。

5 试验用水应采用洁净水,水的密度应取为$1g/cm^3$。

**2.4.2** 岩石试件应符合下列要求:

1 规则试件应符合本标准第2.3.2条的要求。

2 不规则试件宜采用边长为40mm～60mm的浑圆状岩块。

3 每组试验试件的数量应为3个。

**2.4.3** 试件描述应符合本标准第2.3.5条的规定。

**2.4.4** 应包括下列主要仪器和设备:

1 钻石机、切石机、磨石机和砂轮机等。

2 烘箱和干燥器。

3 天平。

4 水槽。

5 真空抽气设备和煮沸设备。

6 水中称量装置。

**2.4.5** 试验应按下列步骤进行:

1 应将试件置于烘箱内,在105℃～110℃温度下烘24h,取出放入干燥器内冷却至室温后应称量。

2 当采用自由浸水法时，应将试件放入水槽，先注水至试件高度的1/4处，以后每隔2h分别注水至试件高度的1/2和3/4处，6h后全部浸没试件。试件应在水中自由吸水48h后取出，并沾去表面水分后称量。

3 当采用煮沸法饱和试件时，煮沸容器内的水面应始终高于试件，煮沸时间不得少于6h。经煮沸的试件应放置在原容器中冷却至室温，取出并沾去表面水分后称量。

4 当采用真空抽气法饱和试件时，饱和容器内的水面应高于试件，真空压力表读数宜为当地大气压值。抽气直至无气泡逸出为止，但抽气时间不得少于4h。经真空抽气的试件，应放置在原容器中，在大气压力下静置4h，取出并沾去表面水分后称量。

5 应将经煮沸或真空抽气饱和的试件置于水中称量装置上，称其在水中的称量。

6 称量应准确至0.01g。

**2.4.6** 试验成果整理应符合下列要求：

1 岩石吸水率、饱和吸水率、块体干密度和颗粒密度应分别按下列公式计算：

$$\omega_a = \frac{m_0 - m_s}{m_s} \times 100 \qquad (2.4.6\text{-}1)$$

$$\omega_{sa} = \frac{m_p - m_s}{m_s} \times 100 \qquad (2.4.6\text{-}2)$$

$$\rho_d = \frac{m_s}{m_p - m_w}\rho_w \qquad (2.4.6\text{-}3)$$

$$\rho_s = \frac{m_s}{m_s - m_w}\rho_w \qquad (2.4.6\text{-}4)$$

式中：$\omega_a$——岩石吸水率(%)；

$\omega_{sa}$——岩石饱和吸水率(%)；

$m_0$——试件浸水48h后的质量(g)；

$m_s$——烘干试件质量(g)；

$m_p$——试件经强制饱和后的质量(g)；

$m_w$——强制饱和试件在水中的称量(g)；

$\rho_w$——水的密度($g/cm^3$)。

2 计算值应精确至0.01。

**2.4.7** 岩石吸水性试验记录应包括工程名称、试件编号、试件描述、试验方法、烘干试件质量、浸水后质量、强制饱和后质量、强制饱和试件在水中称量、水的密度。

## 2.5 膨胀性试验

**2.5.1** 岩石膨胀性试验应包括岩石自由膨胀率试验、岩石侧向约束膨胀率试验和岩石体积不变条件下的膨胀压力试验，并应符合下列要求：

1 遇水不易崩解的岩石可采用岩石自由膨胀率试验，遇水易崩解的岩石不应采用岩石自由膨胀率试验。

2 各类岩石均可采用岩石侧向约束膨胀率试验和岩石体积不变条件下的膨胀压力试验。

**2.5.2** 试样应在现场采取，并应保持天然含水状态，不得采用爆破法取样。

**2.5.3** 岩石试件应符合下列要求：

1 试件应采用干法加工。

2 圆柱体自由膨胀率试验的试件的直径宜为48mm～65mm，试件高度宜等于直径，两端面应平行；正方体自由膨胀率试验的试件的边长宜为48mm～65mm，各相对面应平行。每组试验试件的数量应为3个。

3 侧向约束膨胀率试验和保持体积不变条件下的膨胀压力试验的试件高度不应小于20mm，或不应大于组成岩石最大矿物颗粒直径的10倍，两端面应平行。试件直径宜为50mm～65mm，试件直径应小于金属套环直径0.0mm～0.1mm。同一膨胀方向每组试验试件的数量应为3个。

**2.5.4** 试件描述应包括下列内容：

1 岩石名称、颜色、矿物成分、结构、构造、风化程度、胶结物性质等。

2 膨胀变形和加载方向分别与层理、片理、节理裂隙之间的关系。

3 试件加工方法。

**2.5.5** 应包括下列主要仪器和设备：

1 钻石机、切石机、磨石机等。

2 测量平台。

3 自由膨胀率试验仪。

4 侧向约束膨胀率试验仪。

5 膨胀压力试验仪。

6 温度计。

**2.5.6** 自由膨胀率试验应按下列步骤进行：

1 应将试件放入自由膨胀率试验仪内，在试件上、下端分别放置透水板，顶部放置一块金属板。

2 应在试件上部和四侧对称的中心部位安装千分表，分别量测试件的轴向变形和径向变形。四侧千分表与试件接触处宜放置一块薄铜片。

3 记录千分表读数，应每隔10min测读变形1次，直至3次读数不变。

4 应缓慢地向盛水容器内注入蒸馏水，直至淹没上部透水板，并立即读数。

5 应在第1h内，每隔10min测读变形1次，以后每隔1h测读变形1次，直至所有千分表的3次读数差不大于0.001mm为止，但浸水后的试验时间不得少于48h。

6 在试验加水后，应保持水位不变，水温变化不得大于2℃。

7 在试验过程中及试验结束后，应详细描述试件的崩解、开裂、掉块、表面泥化或软化现象。

**2.5.7** 侧向约束膨胀率试验应按下列步骤进行：

1 应将试件放入内壁涂有凡士林的金属套环内，应在试件上、下端分别放置薄型滤纸和透水板。

2 顶部应放上固定金属载荷块并安装垂直千分表。金属载荷块的质量应能对试件产生5kPa的持续压力。

3 试验及稳定标准应符合本标准第2.5.6条中第3款至第6款步骤。

4 试验结束后，应描述试件的泥化和软化现象。

**2.5.8** 体积不变条件下的膨胀压力试验应按下列步骤进行：

1 应将试件放入内壁涂有凡士林的金属套环内，并应在试件上、下端分别放置薄型滤纸和金属透水板。

2 按膨胀压力试验仪的要求，应安装加压系统和量测试件变形的千分表。

3 应使仪器各部位和试件在同一轴线上，不应出现偏心载荷。

4 应对试件施加10kPa压力的载荷，应记录千分表和测力计读数，每隔10min测读1次，直至3次读数不变。

5 应缓慢地向盛水容器内注入蒸馏水，直至淹没上部金属透水板，观测千分表的变化。当变形量大于0.001mm时，应调节所施加的载荷，应使试件膨胀变形或试件厚度在整个试验过程中始终保持不变，并应记录测力计读数。

6 开始时应每隔10min读数一次，连续3次读数差小于0.001mm时，应改为每1h读数一次；当每1h读数连续3次读数差小于0.001mm时，可认为稳定并应记录试验载荷。浸水后总的试验时间不得少于48h。

7 在试验加水后，应保持水位不变。水温变化不得大于2℃。

8 试验结束后，应描述试件的泥化和软化现象。

**2.5.9** 试验成果整理应符合下列要求：

1 岩石轴向自由膨胀率、径向自由膨胀率、侧向约束膨胀率和体积不变条件下的膨胀压力应分别按下列公式计算：

$$V_H = \frac{\Delta H}{H} \times 100 \quad (2.5.9\text{-}1)$$

$$V_D = \frac{\Delta D}{D} \times 100 \quad (2.5.9\text{-}2)$$

$$V_{HP} = \frac{\Delta H_1}{H} \times 100 \quad (2.5.9\text{-}3)$$

$$p_e = \frac{F}{A} \quad (2.5.9\text{-}4)$$

式中：$V_H$——岩石轴向自由膨胀率(%)；

$V_D$——岩石径向自由膨胀率(%)；

$V_{HP}$——岩石侧向约束膨胀率(%)；

$p_e$——体积不变条件下的岩石膨胀压力(MPa)；

$\Delta H$——试件轴向变形值(mm)；

$H$——试件高度(mm)；

$\Delta D$——试件径向平均变形值(mm)；

$D$——试件直径或边长(mm)；

$\Delta H_1$——有侧向约束试件的轴向变形值(mm)；

$F$——轴向载荷(N)；

$A$——试件截面积($mm^2$)。

2 计算值应取3位有效数字。

**2.5.10** 岩石膨胀性试验记录应包括工程名称、取样位置、试件编号、试件描述、试件尺寸、试验方法、温度、试验时间、轴向变形、径向变形和轴向载荷。

## 2.6 耐崩解性试验

**2.6.1** 遇水易崩解岩石可采用岩石耐崩解性试验。

**2.6.2** 岩石试件应符合下列要求：

1 应在现场采取保持天然含水状态的试样并密封。

2 试件应制成浑圆状，且每个质量应为40g～60g。

3 每组试验试件的数量应为10个。

**2.6.3** 试件描述应包括岩石名称、颜色、矿物成分、结构、构造、风化程度、胶结物性质等。

**2.6.4** 应包括下列主要仪器和设备：

1 烘箱和干燥器。

2 天平。

3 耐崩解性试验仪(由动力装置、圆柱形筛筒和水槽组成，其中圆柱形筛筒长100mm、直径140mm、筛孔直径2mm)。

4 温度计。

**2.6.5** 试验应按下列步骤进行：

1 应将试件装入耐崩解试验仪的圆柱形筛筒内，在105℃～110℃的温度下烘24h，取出后应放入干燥器内冷却至室温称量。

2 应将装有试件的筛筒放入水槽，向水槽内注入蒸馏水，水面应在转动轴下约20mm。筛筒以20r/min的转速转动10min后，应将装有残留试件的筛筒在105℃～110℃的温度下烘24h，在干燥器内冷却至室温称量。

3 重复本条第2款的步骤，应求得第二次循环后的筛筒和残留试件质量。根据需要，可进行5次循环。

4 试验过程中，水温应保持在20℃±2℃范围内。

5 试验结束后，应对残留试件、水的颜色和水中沉淀物进行描述。根据需要，应对水中沉淀物进行颗粒分析、界限含水率测定和黏土矿物成分分析。

6 称量应准确至0.01g。

**2.6.6** 试验成果整理应符合下列要求：

1 岩石二次循环耐崩解性指数应按下式计算：

$$I_{d2} = \frac{m_r}{m_s} \times 100 \quad (2.6.6)$$

式中：$I_{d2}$——岩石二次循环耐崩解性指数(%)；

$m_s$——原试件烘干质量(g)；

$m_r$——残留试件烘干质量(g)。

2 计算值应取3位有效数字。

**2.6.7** 岩石耐崩解性试验记录应包括工程名称、取样位置、试件编号、试件描述、水的温度、循环次数、试件在试验前后的烘干质量。

## 2.7 单轴抗压强度试验

**2.7.1** 能制成圆柱体试件的各类岩石均可采用岩石单轴抗压强度试验。

**2.7.2** 试件可用钻孔岩心或岩块制备。试样在采取、运输和制备过程中，应避免产生裂缝。

**2.7.3** 试件尺寸应符合下列规定：

1 圆柱体试件直径宜为48mm～54mm。

2 试件的直径应大于岩石中最大颗粒直径的10倍。

3 试件高度与直径之比宜为2.0～2.5。

**2.7.4** 试件精度应符合下列要求：

1 试件两端面不平行度误差不得大于0.05mm。

2 沿试件高度，直径的误差不得大于0.3mm。

3 端面应垂直于试件轴线，偏差不得大于0.25°。

**2.7.5** 试验的含水状态，可根据需要选择天然含水状态、烘干状态、饱和状态或其他含水状态。试件烘干和饱和方法应符合本标准第2.4.5条的规定。

**2.7.6** 同一含水状态和同一加载方向下，每组试验试件的数量应为3个。

**2.7.7** 试件描述应包括下列内容：

1 岩石名称、颜色、矿物成分、结构、构造、风化程度、胶结物性质等。

2 加载方向与岩石试件层理、节理、裂隙的关系。

3 含水状态及所使用的方法。

4 试件加工中出现的现象。

**2.7.8** 应包括下列主要仪器和设备：

1 钻石机、切石机、磨石机和车床等。

2 测量平台。

3 材料试验机。

**2.7.9** 试验应按下列步骤进行：

1 应将试件置于试验机承压板中心，调整球形座，使试件两端面与试验机上下压板接触均匀。

2 应以每秒0.5MPa～1.0MPa的速度加载直至试件破坏。应记录破坏载荷及加载过程中出现的现象。

3 试验结束后，应描述试件的破坏形态。

**2.7.10** 试验成果整理应符合下列要求：

1 岩石单轴抗压强度和软化系数应分别按下列公式计算：

$$R = \frac{P}{A} \quad (2.7.10\text{-}1)$$

$$\eta = \frac{\overline{R}_w}{\overline{R}_d} \quad (2.7.10\text{-}2)$$

式中：$R$——岩石单轴抗压强度(MPa)；

$\eta$——软化系数；

$P$——破坏载荷(N)；

$A$——试件截面积($mm^2$)；

$\overline{R}_w$——岩石饱和单轴抗压强度平均值(MPa)；

$\overline{R}_d$——岩石烘干单轴抗压强度平均值(MPa)。

2 岩石单轴抗压强度计算值应取3位有效数字，岩石软化系数计算值应精确至0.01。

**2.7.11** 岩石单轴抗压强度试验记录应包括工程名称、取样位置、试件编号、试件描述、含水状态、受力方向、试件尺寸和破坏载荷。

## 2.8 冻 融 试 验

**2.8.1** 岩石冻融试验应采用直接冻融法，能制成圆柱体试件的各类岩石均可采用直接冻融法。

**2.8.2** 岩石试件应符合本标准第2.7.2条至第2.7.5条的要求。

**2.8.3** 同一加载方向下，每组试验试件的数量应为6个。

**2.8.4** 试件描述应符合本标准第2.7.7条的要求。

**2.8.5** 应包括下列主要仪器和设备：

1 天平。

2 冷冻温度能达到－24℃的冰箱或低温冰柜、冷冻库。

3 白铁皮盒和铁丝架。

4 其他应符合本标准第2.7.8条的要求。

**2.8.6** 试验应按下列步骤进行：

1 应将试件烘干，应称试验前试件的烘干质量。再将试件进行强制饱和，并应称试件的饱和质量。试件进行烘干和强制饱和方法应符合本标准第2.4.5条的规定。

2 应取3个经强制饱和的试件进行冻融前的单轴抗压强度试验。

3 应将另3个经强制饱和的试件放入铁皮盒内的铁丝架中，把铁皮盒放入冰箱或冰柜或冷冻库内，应在－20℃±2℃温度下冻4h，然后取出铁皮盒，应往盒内注水浸没试件，使水温保持在20℃±2℃下融解4h，即为一个冻融循环。

4 冻融循环次数应为25次。根据需要，冻融循环次数也可采用50次或100次。

5 每进行一次冻融循环，应详细检查各试件有无掉块、裂缝等，应观察其破坏过程。冻融循环结束后应作一次总的检查，并应作详细记录。

6 冻融循环结束后，应把试件从水中取出，应沾干表面水分后称其质量，进行单轴抗压强度试验。

7 单轴抗压强度试验应符合本标准第2.7.9条的规定。

8 称量应准确至0.01g。

**2.8.7** 试验成果整理应符合下列要求：

1 岩石冻融质量损失率、岩石冻融单轴抗压强度和岩石冻融系数应分别按下列公式计算：

$$M=\frac{m_p-m_{fm}}{m_s}\times 100 \quad (2.8.7\text{-}1)$$

$$R_{fm}=\frac{P}{A} \quad (2.8.7\text{-}2)$$

$$K_{fm}=\frac{\bar{R}_{fm}}{\bar{R}_w} \quad (2.8.7\text{-}3)$$

式中：$M$——岩石冻融质量损失率(%)；

$R_{fm}$——岩石冻融单轴抗压强度(MPa)；

$K_{fm}$——岩石冻融系数；

$m_p$——冻融前饱和试件质量(g)；

$m_{fm}$——冻融后试件质量(g)；

$m_s$——试验前烘干试件质量(g)；

$\bar{R}_{fm}$——冻融后岩石单轴抗压强度平均值(MPa)；

$\bar{R}_w$——岩石饱和单轴抗压强度平均值(MPa)。

2 岩石冻融质量损失率和岩石冻融单轴抗压强度计算值应取3位有效数字，岩石冻融系数计算值应精确至0.01。

**2.8.8** 岩石冻融试验记录应包括工程名称、取样位置、试件编号、试件描述、试件尺寸、烘干试件质量、饱和试件质量、冻融后试件质量、破坏载荷。

## 2.9 单轴压缩变形试验

**2.9.1** 岩石单轴压缩变形试验应采用电阻应变片法或千分表法，能制成圆柱体试件的各类岩石均可采用电阻应变片法或千分表法。

**2.9.2** 岩石试件应符合本标准第2.7.2条至第2.7.6条的要求。

**2.9.3** 试件描述应符合本标准第2.7.7条的要求。

**2.9.4** 应包括下列主要仪器和设备：

1 静态电阻应变仪。

2 惠斯顿电桥、兆欧表、万用电表。

3 电阻应变片、千(百)分表。

4 千分表架、磁性表架。

5 其他应符合本标准第2.7.8条的要求。

**2.9.5** 电阻应变片法试验应按下列步骤进行：

1 选择电阻应变片时，应变片阻栅长度应大于岩石最大矿物颗粒直径的10倍，并应小于试件半径；同一试件所选定的工作片与补偿片的规格、灵敏系数等应相同，电阻值允许偏差为0.2Ω。

2 贴片位置应选择在试件中部相互垂直的两对称部位，应以相对面为一组，分别粘贴轴向、径向应变片，并应避开裂隙或斑晶。

3 贴片位置应打磨平整光滑，并应用清洗液清洗干净。各种含水状态的试件，应在贴片位置的表面均匀地涂一层防底潮胶液，厚度不宜大于0.1mm，范围应大于应变片。

4 应变片应牢固地粘贴在试件上，轴向或径向应变片的数量可采用2片或4片，其绝缘电阻值不应小于200MΩ。

5 在焊接导线后，可在应变片上作防潮处理。

6 应将试件置于试验机承压板中心，调整球形座，使试件受力均匀，并应测初始读数。

7 加载宜采用一次连续加载法。应以每秒0.5MPa～1.0MPa的速度加载，逐级测读载荷与各应变片应变值直至试件破坏，应记录破坏载荷。测值不宜少于10组。

8 应记录加载过程及破坏时出现的现象，并应对破坏后的试件进行描述。

**2.9.6** 千分表法试验应按下列步骤进行：

1 千分表架应固定在试件预定的标距上，在表架上的对称部位应分别安装量测试件轴向或径向变形的测表。标距长度和试件直径应大于岩石最大矿物颗粒直径的10倍。

2 对于变形较大的试件，可将试件置于试验机承压板中心，应将磁性表架对称安装在下承压板上，量测试件轴向变形的测表表头应对称，应直接与上承压板接触。量测试件径向变形的测表表头应直接与试件中部表面接触，径向测表应分别安装在试件直径方向的对称位置上。

3 量测轴向或径向变形的测表可采用2只或4只。

4 其他应符合本标准第2.9.5条中第6款至第8款试验步骤。

**2.9.7** 试验成果整理应符合下列要求：

1 岩石单轴抗压强度应按本标准式(2.7.10-1)计算。

2 各级应力应按下式计算：

$$\sigma=\frac{P}{A} \quad (2.9.7\text{-}1)$$

式中：$\sigma$——各级应力(MPa)；

$P$——与所测各组应变值相应的载荷(N)。

3 千分表各级应力的轴向应变值、与$\varepsilon_l$同应力的径向应变值应分别按下列公式计算：

$$\varepsilon_l=\frac{\Delta L}{L} \quad (2.9.7\text{-}2)$$

$$\varepsilon_d=\frac{\Delta D}{D} \quad (2.9.7\text{-}3)$$

式中：$\varepsilon_l$——各级应力的轴向应变值；

$\varepsilon_d$——与$\varepsilon_l$同应力的径向应变值；

$\Delta L$——各级载荷下的轴向变形平均值(mm)；

$\Delta D$——与$\Delta L$同载荷下径向变形平均值(mm)；

$L$——轴向测量标距或试件高度(mm)；

$D$——试件直径(mm)。

4 应绘制应力与轴向应变及径向应变关系曲线。

5 岩石平均弹性模量和岩石平均泊松比应分别按下列公式计算：

$$E_{av}=\frac{\sigma_b-\sigma_a}{\varepsilon_{lb}-\varepsilon_{la}} \tag{2.9.7-4}$$

$$\mu_{av}=\frac{\varepsilon_{db}-\varepsilon_{da}}{\varepsilon_{lb}-\varepsilon_{la}} \tag{2.9.7-5}$$

式中：$E_{av}$——岩石平均弹性模量(MPa)；

$\mu_{av}$——岩石平均泊松比；

$\sigma_a$——应力与轴向应变关系曲线上直线段始点的应力值(MPa)；

$\sigma_b$——应力与轴向应变关系曲线上直线段终点的应力值(MPa)；

$\varepsilon_{la}$——应力为$\sigma_a$时的轴向应变值；

$\varepsilon_{lb}$——应力为$\sigma_b$时的轴向应变值；

$\varepsilon_{da}$——应力为$\sigma_a$时的径向应变值；

$\varepsilon_{db}$——应力为$\sigma_b$时的径向应变值。

6 岩石割线弹性模量及相应的岩石泊松比应分别按下列公式计算：

$$E_{50}=\frac{\sigma_{50}}{\varepsilon_{l50}} \tag{2.9.7-6}$$

$$\mu_{50}=\frac{\varepsilon_{d50}}{\varepsilon_{l50}} \tag{2.9.7-7}$$

式中：$E_{50}$——岩石割线弹性模量(MPa)；

$\mu_{50}$——岩石泊松比；

$\sigma_{50}$——相当于岩石单轴抗压强度50%时的应力值(MPa)；

$\varepsilon_{l50}$——应力为$\sigma_{50}$时的轴向应变值；

$\varepsilon_{d50}$——应力为$\sigma_{50}$时的径向应变值。

7 岩石弹性模量值应取3位有效数字，岩石泊松比计算值应精确至0.01。

**2.9.8** 岩石单轴压缩变形试验记录应包括工程名称、取样位置、试件编号、试件描述、试件尺寸、含水状态、受力方向、试验方法、各级载荷下的应力及轴向和径向变形值或应变值、破坏载荷。

## 2.10 三轴压缩强度试验

**2.10.1** 岩石三轴压缩强度试验应采用等侧向压力，能制成圆柱体试件的各类岩石均可采用等侧向压力三轴压缩强度试验。

**2.10.2** 岩石试件应符合下列要求：

1 圆柱体试件直径应为试验机承压板直径的0.96～1.00。试件高度与直径之比宜为2.0～2.5。

2 同一含水状态和同一加载方向下，每组试验试件的数量应为5个。

3 其他应符合本标准第2.7.2条至第2.7.5条的要求。

**2.10.3** 试件描述应符合本标准2.7.7条的要求。

**2.10.4** 应包括下列主要仪器和设备：

1 钻石机、切石机、磨石机和车床等。

2 测量平台。

3 三轴试验机。

**2.10.5** 试验应按下列步骤进行：

1 各试件侧压力可按等差级数或等比级数进行选择。最大侧压力应根据工程需要和岩石特性及三轴试验机性能确定。

2 应根据三轴试验机要求安装试件和轴向变形测表。试件应采用防油措施。

3 应以每秒0.05MPa的加载速度同步施加侧向压力和轴向压力至预定的侧压力值，应记录试件轴向变形值并作为初始值。在试验过程中应使侧向压力始终保持为常数。

4 加载应采用一次连续加载法。应以每秒0.5MPa～1.0MPa的加载速度施加轴向载荷，应逐级测读轴向载荷及轴向变形，直至试件破坏，并应记录破坏载荷。测值不宜少于10组。

5 按本条第2款～4款步骤，应进行其余试件在不同侧压力下的试验。

6 应对破坏后的试件进行描述。当有完整的破坏面时，应量测破坏面与试件轴线方向的夹角。

**2.10.6** 试验成果整理符合下列要求：

1 不同侧压条件下的最大主应力应按下式计算：

$$\sigma_1=\frac{P}{A} \tag{2.10.6-1}$$

式中：$\sigma_1$——不同侧压条件下的最大主应力(MPa)；

$P$——不同侧压条件下的试件轴向破坏载荷(N)。

$A$——试件截面积($mm^2$)。

2 应根据计算的最大主应力$\sigma_1$及相应施加的侧向压力$\sigma_3$，在$\tau-\sigma$坐标图上绘制莫尔应力圆；应根据莫尔—库伦强度准则确定岩石在三向应力状态下的抗剪强度参数，应包括摩擦系数$f$和黏聚力$c$值。

3 抗剪强度参数也可采用下述方法予以确定。应在以$\sigma_1$为纵坐标和$\sigma_3$为横坐标的坐标图上，根据各试件的$\sigma_1$、$\sigma_3$值，点绘出各试件的坐标点，并应建立下列线性方程式：

$$\sigma_1=F\sigma_3+R \tag{2.10.6-2}$$

式中：$F$——$\sigma_1-\sigma_3$关系曲线的斜率；

$R$——$\sigma_1-\sigma_3$关系曲线在$\sigma_1$轴上的截距，等同于试件的单轴抗压强度(MPa)。

4 根据参数$F$、$R$，莫尔—库伦强度准则参数分别按下列公式计算：

$$f=\frac{F-1}{2\sqrt{F}} \tag{2.10.6-3}$$

$$c=\frac{R}{2\sqrt{F}} \tag{2.10.6-4}$$

式中：$f$——摩擦系数；

$c$——黏聚力(MPa)。

**2.10.7** 岩石三轴压缩强度试验记录应包括工程名称、取样位置、试件编号、试件描述、试件尺寸、含水状态、受力方向、各侧压力下的各级轴向载荷及轴向变形、破坏载荷。

## 2.11 抗拉强度试验

**2.11.1** 岩石抗拉强度试验应采用劈裂法，能制成规则试件的各类岩石均可采用劈裂法。

**2.11.2** 岩石试件应符合下列要求：

1 圆柱体试件的直径宜为48mm～54mm。试件厚度宜为直径的0.5倍～1.0倍，并应大于岩石中最大颗粒直径的10倍。

2 其他应符合本标准第2.7.2条、第2.7.4条至第2.7.6条的要求。

**2.11.3** 岩石试件描述应符合本标准第2.7.7条的要求。

**2.11.4** 主要仪器设备应符合本标准第2.7.8条的要求。

**2.11.5** 试验应按下列步骤进行：

1 应根据要求的劈裂方向，通过试件直径的两端，沿轴线方向应画两条相互平行的加载基线，应将2根垫条沿加载基线固定在试件两侧。

2 应将试件置于试验机承压板中心，调整球形座，应使试件均匀受力，并使垫条与试件在同一加载轴线上。

3 应以每秒0.3MPa～0.5MPa的速度加载直至破坏。

4 应记录破坏载荷及加载过程中出现的现象，并应对破坏后的试件进行描述。

**2.11.6** 试验成果整理应符合下列要求：

1 岩石抗拉强度应按下式计算：

$$\sigma_t = \frac{2P}{\pi Dh} \qquad (2.11.6)$$

式中：$\sigma_t$——岩石抗拉强度（MPa）；

$P$——试件破坏载荷（N）；

$D$——试件直径（mm）；

$h$——试件厚度（mm）。

**2** 计算值应取3位有效数字。

**2.11.7** 岩石抗拉强度试验的记录应包括工程名称、取样位置、试件编号、试件描述、试件尺寸、破坏载荷等。

## 2.12 直剪试验

**2.12.1** 岩石直剪试验应采用平推法。各类岩石、岩石结构面以及混凝土与岩石接触面均可采用平推法直剪试验。

**2.12.2** 试样应在现场采取，在采取、运输、储存和制备过程中，应防止产生裂隙和扰动。

**2.12.3** 岩石试件应符合下列要求：

**1** 岩石直剪试验试件的直径或边长不得小于50mm，试件高度应与直径或边长相等。

**2** 岩石结构面直剪试验试件的直径或边长不得小于50mm，试件高度宜与直径或边长相等。结构面应位于试件中部。

**3** 混凝土与岩石接触面直剪试验试件宜为正方体，其边长不宜小于150mm。接触面应位于试件中部，浇筑前岩石接触面的起伏差宜为边长的1%～2%。混凝土应按预定的配合比浇筑，骨料的最大粒径不得大于边长的1/6。

**2.12.4** 试验的含水状态，可根据需要选择天然含水状态、饱和状态或其他含水状态。

**2.12.5** 每组试验试件的数量应为5个。

**2.12.6** 试件描述应包括下列内容：

**1** 岩石名称、颜色、矿物成分、结构、构造、风化程度、胶结物性质等。

**2** 层理、片理、节理裂隙的发育程度及其与剪切方向的关系。

**3** 结构面的充填物性质、充填程度以及试样采取和试件制备过程中受扰动的情况。

**2.12.7** 应包括下列主要仪器和设备：

**1** 试件制备设备。

**2** 试件饱和与养护设备。

**3** 应力控制式平推法直剪试验仪。

**4** 位移测表。

**2.12.8** 试件安装应符合下列规定：

**1** 应将试件置于直剪仪的剪切盒内，试件受剪方向宜与预定受力方向一致，试件与剪切盒内壁的间隙用填料填实，应使试件与剪切盒成为一整体。预定剪切面应位于剪切缝中部。

**2** 安装试件时，法向载荷和剪切载荷的作用力方向应通过预定剪切面的几何中心。法向位移测表和剪切位移测表应对称布置，各测表数量不得少于2只。

**3** 预留剪切缝宽度应为试件剪切方向长度的5%，或为结构面充填物的厚度。

**4** 混凝土与岩石接触面试件，应达到预定混凝土强度等级。

**2.12.9** 法向载荷施加应符合下列规定：

**1** 在每个试件上分别施加不同的法向载荷，对应的最大法向应力值不宜小于预定的法向应力。各试件的法向载荷，宜根据最大法向载荷等分确定。

**2** 在施加法向载荷前，应测读各法向位移测表的初始值。应每10min测读一次，各个测表三次读数差值不超过0.02mm时，可施加法向载荷。

**3** 对于岩石结构面中含有充填物的试件，最大法向载荷应以不挤出充填物为宜。

**4** 对于不需要固结的试件，法向载荷可一次施加完毕；施加完毕法向荷载应测读法向位移，5min后应再测读一次，即可施加剪切载荷。

**5** 对于需要固结的试件，应按充填物的性质和厚度分1～3级施加。在法向载荷施加至预定值后的第一小时内，应每隔15min读数一次；然后每30min读数一次。当各个测表每小时法向位移不超过0.05mm时，应视作固结稳定，即可施加剪切载荷。

**6** 在剪切过程中，应使法向载荷始终保持恒定。

**2.12.10** 剪切载荷施加应符合下列规定：

**1** 应测读各位移测表读数，必要时可调整测表读数。根据需要，可调整剪切千斤顶位置。

**2** 根据预估最大剪切载荷，宜分8级～12级施加。每级载荷施加后，即应测读剪切位移和法向位移，5min后再测读一次，即可施加下一级剪切载荷直至破坏。当剪切位移量增幅变大时，可适当加密剪切载荷分级。

**3** 试件破坏后，应继续施加剪切载荷，应直至测出趋于稳定的剪切载荷值为止。

**4** 应将剪切载荷退至零。根据需要，待试件回弹后，调整测表，应按本条第1款至3款步骤进行摩擦试验。

**2.12.11** 试验结束后，应对试件剪切面进行下列描述：

**1** 应量测剪切面，确定有效剪切面积。

**2** 应描述剪切面的破坏情况，擦痕的分布、方向和长度。

**3** 应测定剪切面的起伏差，绘制沿剪切方向断面高度的变化曲线。

**4** 当结构面内有充填物时，应查找剪切面的准确位置，并应记述其组成成分、性质、厚度、结构构造、含水状态。根据需要，可测定充填物的物理性质和黏土矿物成分。

**2.12.12** 试验成果整理应符合下列要求：

**1** 各法向载荷下，作用于剪切面上的法向应力和剪应力应分别按下列公式计算：

$$\sigma = \frac{P}{A} \qquad (2.12.12\text{-}1)$$

$$\tau = \frac{Q}{A} \qquad (2.12.12\text{-}2)$$

式中：$\sigma$——作用于剪切面上的法向应力（MPa）；

$\tau$——作用于剪切面上的剪应力（MPa）；

$P$——作用于剪切面上的法向载荷（N）；

$Q$——作用于剪切面上的剪切载荷（N）；

$A$——有效剪切面面积（$mm^2$）。

**2** 应绘制各法向应力下的剪应力与剪切位移及法向位移关系曲线，应根据曲线确定各剪切阶段特征点的剪应力。

**3** 应将各剪切阶段特征点的剪应力和法向应力点绘在坐标图上，绘制剪应力与法向应力关系曲线，并应按库伦一奈维表达式确定相应的岩石强度参数（$f$，$c$）。

**2.12.13** 岩石直剪试验记录应包括工程名称、取样位置、试件编号、试件描述、含水状态、混凝土配合比和强度等级、剪切面积、各法向载荷下各级剪切载荷时的法向位移及剪切位移，剪切面描述。

## 2.13 点荷载强度试验

**2.13.1** 各类岩石均可采用岩石点荷载强度试验。

**2.13.2** 试件可采用钻孔岩心，或从岩石露头、勘探坑槽、平洞、巷道或其他洞室中采取的岩块。在试样采取和试件制备过程中，应避免产生裂缝。

**2.13.3** 岩石试件应符合下列规定：

**1** 作径向试验的岩心试件，长度与直径之比应大于1.0；作轴向试验的岩心试件，长度与直径之比宜为0.3～1.0。

**2** 方块体或不规则块体试件，其尺寸宜为50mm±35mm，两加载点间距与加载处平均宽度之比宜为0.3～1.0。

**2.13.4** 试件的含水状态可根据需要选择天然含水状态、烘干状态、饱和状态或其他含水状态。试件烘干和饱和方法应符合本标准第 2.4.5 条的规定。

**2.13.5** 同一含水状态和同一加载方向下，岩心试件每组试验试件数量宜为 5 个～10 个，方块体和不规则块体试件每组试验试件数量宜为 15 个～20 个。

**2.13.6** 试件描述应包括下列内容：

1 岩石名称、颜色、矿物成分、结构、构造、风化程度、胶结物性质等。

2 试件形状及制备方法。

3 加载方向与层理、片理、节理的关系。

4 含水状态及所使用的方法。

**2.13.7** 应包括下列主要仪器和设备：

1 点荷载试验仪。

2 游标卡尺。

**2.13.8** 试验应按下列步骤进行：

1 径向试验时，应将岩心试件放入球端圆锥之间，使上下锥端与试件直径两端应紧密接触。应量测加载点间距，加载点距试件自由端的最小距离不应小于加载两点间距的 0.5。

2 轴向试验时，应将岩心试件放入球端圆锥之间，加载方向应垂直试件两端面，使上下锥端连线通过岩心试件中截面的圆心处并应与试件紧密接触。应量测加载点间距及垂直于加载方向的试件宽度。

3 方块体与不规则块体试验时，应选择试件最小尺寸方向为加载方向。应将试件放入球端圆锥之间，使上下锥端位于试件中心处并应与试件紧密接触。应量测加载点间距及通过两加载点最小截面的宽度或平均宽度，加载点距试件自由端的距离不应小于加载点间距的 0.5。

4 应稳定地施加载荷，使试件在 10s～60s 内破坏，应记录破坏载荷。

5 有条件时，应量测试件破坏瞬间的加载点间距。

6 试验结束后，应描述试件的破坏形态。破坏面贯穿整个试件并通过两加载点为有效试验。

**2.13.9** 试验成果整理应符合下列要求：

1 未经修正的岩石点荷载强度应按下式计算：

$$I_s = \frac{P}{D_e^2} \qquad (2.13.9\text{-}1)$$

式中：$I_s$——未经修正的岩石点荷载强度(MPa)；

$P$——破坏载荷(N)；

$D_e$——等价岩心直径(mm)。

2 等价岩心直径采用径向试验应分别按下列公式计算：

$$D_e^2 = D^2 \qquad (2.13.9\text{-}2)$$

$$D_e^2 = DD' \qquad (2.13.9\text{-}3)$$

式中：$D$——加载点间距(mm)；

$D'$——上下锥端发生贯入后，试件破坏瞬间的加载点间距(mm)。

3 轴向、方块体或不规则块体试验的等价岩心直径应分别按下列公式计算：

$$D_e^2 = \frac{4WD}{\pi} \qquad (2.13.9\text{-}4)$$

$$D_e^2 = \frac{4WD'}{\pi} \qquad (2.13.9\text{-}5)$$

式中：$W$——通过两加载点最小截面的宽度或平均宽度(mm)。

4 当等价岩心直径不等于 50mm 时，应对计算值进行修正。当试验数据较多，且同一组试件中的等价岩心直径具有多种尺寸而不等于 50mm 时，应根据试验结果，绘制 $D_e^2$ 与破坏载荷 $P$ 的关系曲线，并应在曲线上查找 $D_e^2$ 为 2500mm² 时对应的 $P_{50}$ 值，岩石点荷载强度指数应按下式计算：

$$I_{s(50)} = \frac{P_{50}}{2500} \qquad (2.13.9\text{-}6)$$

式中：$I_{s(50)}$——等价岩心直径为 50mm 的岩石点荷载强度指数(MPa)；

$P_{50}$——根据 $D_e^2 \sim P$ 关系曲线求得的 $D_e^2$ 为 2500mm² 时的 $P$ 值(N)。

5 当等价岩心直径不为 50mm，且试验数据较少时，不宜按本条第 4 款方法进行修正，岩石点荷载强度指数应分别按下列公式计算：

$$I_{s(50)} = FI_s \qquad (2.13.9\text{-}7)$$

$$F = \left(\frac{D_e}{50}\right)^m \qquad (2.13.9\text{-}8)$$

式中：$F$——修正系数；

m——修正指数，可取 0.40～0.45，或根据同类岩石的经验值确定。

6 岩石点荷载强度各向异性指数应按下式计算：

$$I_{a(50)} = \frac{I'_{s(50)}}{I''_{s(50)}} \qquad (2.13.9\text{-}9)$$

式中：$I_{a(50)}$——岩石点荷载强度各向异性指数；

$I'_{s(50)}$——垂直于弱面的岩石点荷载强度指数(MPa)；

$I''_{s(50)}$——平行于弱面的岩石点荷载强度指数(MPa)。

7 按式(2.13.9-7)计算的垂直和平行弱面岩石点荷载强度指数应取平均值。当一组有效的试验数据不超过 10 个时，应舍去最高值和最低值，再计算其余数据的平均值；当一组有效的试验数据超过 10 个时，应依次舍去 2 个最高值和 2 个最低值，再计算其余数据的平均值。

8 计算值应取 3 位有效数字。

**2.13.10** 岩石点荷载强度试验记录应包括工程名称、取样位置、试件编号、试件描述、含水状态、试验类型、试件尺寸、破坏载荷。

# 3 岩体变形试验

## 3.1 承压板法试验

**3.1.1** 承压板法试验应按承压板性质，可采用刚性承压板或柔性承压板。各类岩体均可采用刚性承压板法试验，完整和较完整岩体也可采用柔性承压板法试验。

**3.1.2** 试验地段开挖时，应减少对岩体的扰动和破坏。

**3.1.3** 在岩体的预定部位加工试点，应符合下列要求：

1 试点受力方向宜与工程岩体实际受力方向一致。各向异性的岩体，也可按要求的受力方向制备试点。

2 加工的试点面积应大于承压板，承压板的直径或边长不宜小于 30cm。

3 试点表层受扰动的岩体宜清除干净。试点表面应修凿平整，表面起伏差不宜大于承压板直径或边长的 1%。

4 承压板外 1.5 倍承压板直径范围以内的岩体表面应平整，应无松动岩块和石碴。

**3.1.4** 试点的边界条件应符合下列要求：

1 试点中心至试验洞侧壁或顶底板的距离，应大于承压板直径或边长的 2.0 倍；试点中心至洞口或掌子面的距离，应大于承压板直径或边长的 2.5 倍；试点中心至临空面的距离，应大于承压板直径或边长的 6.0 倍。

2 两试点中心之间的距离，应大于承压板直径或边长的 4.0 倍。

3 试点表面以下 3.0 倍承压板直径或边长深度范围内的岩体性质宜相同。

**3.1.5** 试点的反力部位岩体应能承受足够的反力，表面应凿平。

**3.1.6** 柔性承压板中心孔法应采用钻孔轴向位移计进行深部岩体变形量测的试点，应在试点中心垂直试点表面钻孔并取心，钻孔应符合钻孔轴向位移计对钻孔的要求，孔深不应小于承压板直径的6.0倍。孔内残留岩心与石碴应打捞干净，孔壁应清洗，孔口应保护。

**3.1.7** 试点可在天然状态下试验，也可在人工泡水条件下试验。

**3.1.8** 试点地质描述应包括下列内容：

1 试段开挖和试点制备的方法以及出现的情况。

2 岩石名称、结构及主要矿物成分。

3 岩体结构面的类型、产状、宽度、延伸性、密度、充填物性质，以及与受力方向的关系等。

4 试段岩体风化状态及地下水情况。

5 试验段地质展示图、试验段地质纵横剖面图、试点地质素描图和试点中心钻孔柱状图。

**3.1.9** 应包括下列主要仪器和设备：

1 液压千斤顶。

2 环形液压枕。

3 液压泵及管路。

4 压力表。

5 圆形或方形刚性承压板。

6 垫板。

7 环形钢板和环形传力箱。

8 传力柱。

9 反力装置。

10 测表支架。

11 变形测表。

12 磁性表座。

13 钻孔轴向位移计。

**3.1.10** 刚性承压板法加压系统安装应符合下列要求：

1 应清洗试点岩体表面，铺垫一层水泥浆，放上刚性承压板，轻击承压板，并应挤出多余水泥浆，使承压板平行试点表面。水泥浆的厚度不宜大于承压板直径或边长的1%，并应防止水泥浆内有气泡产生。

2 应在承压板上放置千斤顶，千斤顶的加压中心应与承压板中心重合。

3 应在千斤顶上依次安装垫板、传力柱、垫板，在垫板和反力后座岩体之间填筑砂浆或安装反力装置。

4 在露天场地或无法利用洞室顶板作为反力部位时，可采用堆载法或地锚作为反力装置。

5 安装完毕后，可启动千斤顶稍加压力，使整个系统结合紧密。

6 加压系统应具有足够的强度和刚度，所有部件的中心应保持在同一轴线上并与加压方向一致。

**3.1.11** 柔性承压板法加压系统安装应符合下列规定：

1 进行中心孔法试验的试点，应在放置液压枕之前先在孔内安装钻孔轴向位移计。钻孔轴向位移计的测点布置，可按液压枕直径的0.25、0.50、0.75、1.00、1.50、2.00、3.00倍的钻孔不同深度进行，但孔口及孔底应设测点或固定点。

2 应清洗试点岩体表面，铺垫一层水泥浆，应放置两面凹槽已用水泥砂浆填平并经养护的环形液压枕，并挤出多余水泥浆，应使环形液压枕平行试点表面。水泥浆的厚度不宜大于1cm，应防止水泥浆内有气泡产生。

3 应在环形液压枕上放置环形钢板和环形传力箱，并应依次安装垫板、液压枕或千斤顶、垫板、传力柱、垫板，在垫板和反力部位之间填筑砂浆或安装反力装置。

4 其他应符合本标准第3.1.10条中第4款至第6款的规定。

**3.1.12** 变形量测系统安装应符合下列规定：

1 在承压板或液压枕两侧应各安放测表支架1根，测表支架应满足刚度要求，支承形式宜为简支。支架的支点应设在距承压板或液压枕中心2.0倍直径或边长以外，可采用浇筑在岩面上的混凝土墩作为支点。应防止支架在试验过程中产生沉陷。

2 在测表支架上应通过磁性表座安装变形测表。刚性承压板法试验应在承压板上对称布置4个测表，柔性承压板法试验应在环形液压枕中心表面上布置1个测表。

3 根据需要，可在承压板外试点的影响范围内，通过承压板中心且相互垂直的两条轴线上对称布置若干测表。

**3.1.13** 安装时浇筑的水泥浆和混凝土应进行养护。

**3.1.14** 试验及稳定标准应符合下列要求：

1 试验最大压力不宜小于预定压力的1.2倍。压力宜分为5级，应按最大压力等分施加。

2 加压前应对测表进行初始稳定读数观测，应每隔10min同时测读各测表一次，连续三次读数不变，可开始加压试验，并应将此读数作为各测表的初始读数值。钻孔轴向位移计各测点及板外测表观测，可在表面测表稳定不变后进行初始读数。

3 加压方式宜采用逐级一次循环法。根据需要，可采用逐级多次循环法，或大循环法。

4 每级压力加压后应立即读数，以后每隔10min读数一次，当刚性承压板上所有测表或柔性承压板中心岩面上的测表，相邻两次读数差与同级压力下第一次变形读数和前一级压力下最后一次变形读数差之比小于5%时，可认为变形稳定，并应进行退压。退压后的稳定标准，应与加压时的稳定标准相同。退压稳定后，应按上述步骤依次加压至最大压力，可结束试验。

5 在加压、退压过程中，均应测读相应过程压力下测表读数一次。

6 钻孔轴向位移计各测点、板外测表可在读数稳定后读取读数。

**3.1.15** 试验时应对加压设备和测表运行情况、试点周围岩体隆起和裂缝开展、反力部位掉块和变形等进行记录和描述。试验期间，应控制试验环境温度的变化，露天场地进行试验时宜搭建专门试验棚。

**3.1.16** 试验结束后，应及时拆卸试验设备。必要时，可在试点处切槽检查。

**3.1.17** 试验成果整理应符合下列要求：

1 刚性承压板法岩体弹性(变形)模量应按下式计算：

$$E = I_0 \frac{(1-\mu^2)pD}{W} \tag{3.1.17-1}$$

式中：$E$——岩体弹性(变形)模量(MPa)。当以总变形$W_0$代入式中计算的为变形模量$E_0$；当以弹性变形$W_e$代入式中计算的为弹性模量$E$；

$W$——岩体变形(cm)；

$p$——按承压板面积计算的压力(MPa)；

$I_0$——刚性承压板的形状系数，圆形承压板取0.785，方形承压板取0.886；

$D$——承压板直径或边长(cm)；

$\mu$——岩体泊松比。

2 柔性承压板法试验量测岩体表面变形时，岩体弹性(变形)模量数应按下式计算：

$$E = \frac{(1-\mu^2)p}{W} \times 2(r_1 - r_2) \tag{3.1.17-2}$$

式中：$r_1$、$r_2$——环形柔性承压板的有效外半径和内半径(cm)；

$W$——柔性承压板中心岩体表面变形(cm)。

3 柔性承压板法试验量测中心孔深部变形时，岩体弹性(变形)模量应分别按下列公式计算：

$$E = \frac{p}{W_z} K_z \tag{3.1.17-3}$$

$$K_z = 2(1-\mu^2)(\sqrt{r_1^2+Z^2}-\sqrt{r_2^2+Z^2})-(1+\mu)\left(\frac{Z^2}{\sqrt{r_1^2+Z^2}}-\frac{Z^2}{\sqrt{r_2^2+Z^2}}\right) \quad (3.1.17\text{-}4)$$

式中：$W_z$——深度为 $Z$ 处的岩体变形(cm)；

$Z$——测点深度(cm)；

$K_z$——与承压板尺寸、测点深度和泊松比有关的系数(cm)。

4 当柔性承压板中心孔法试验量测到不同深度两点的岩体变形值时，两点之间岩体弹性(变形)模量应按下式计算：

$$E = \frac{p(K_{z1}-K_{z2})}{W_{z1}-W_{z2}} \quad (3.1.17\text{-}5)$$

式中：$W_{z1}$、$W_{z2}$——深度分别为 $Z_1$ 和 $Z_2$ 处的岩体变形(cm)；

$K_{z1}$、$K_{z2}$——深度分别为 $Z_1$ 和 $Z_2$ 处的相应系数(cm)。

5 当方形刚性承压板边长为 30cm 时，基准基床系数应按下式计算：

$$K_v = \frac{p}{W} \quad (3.1.17\text{-}6)$$

式中：$K_v$——基准基床系数(kN/m³)。

$p$——按方形刚性承压板计算的压力(kN/m²)；

$W$——岩体变形(cm)。

6 应绘制压力与变形关系曲线、压力与变形模量和弹性模量及基准基床系数关系曲线。中心孔法试验应绘制不同压力下沿中心孔深度与变形关系曲线。

**3.1.18** 承压板法岩体变形试验记录应包括工程名称、试点编号、试点位置、试验方法、试点描述、压力表和千斤顶(液压枕)编号、承压板尺寸、测表布置及编号、各级压力下的测表读数。

### 3.2 钻孔径向加压法试验

**3.2.1** 钻孔径向加压法试验可采用钻孔膨胀计或钻孔弹模计。完整和较完整的中硬岩和软质岩可采用钻孔膨胀计，各类岩体均可采用钻孔弹模计。

**3.2.2** 试点应符合下列要求：

1 试验孔应采用金刚石钻头钻进，孔壁应平直光滑，孔内残留岩心与石碴应打捞干净，孔壁应清洗，孔口应保护。孔径应根据仪器要求确定。

2 采用钻孔膨胀计进行试验时，试验孔应铅直。

3 试验段岩性应均一。

4 两试点加压段边缘之间的距离不应小于 1.0 倍加压段长；加压段边缘距孔口的距离不应小于 1.0 倍加压段长；加压段边缘距孔底的距离不应小于加压段长的 0.5 倍。

**3.2.3** 试点地质描述应包括下列内容：

1 钻孔钻进过程中的情况。

2 岩石名称、结构及主要矿物成分。

3 岩体结构面的类型、产状、宽度、充填物性质。

4 地下水水位、含水层与隔水层分布。

5 钻孔平面布置图和钻孔柱状图。

**3.2.4** 应包括下列主要仪器和设备：

1 钻孔膨胀计或钻孔弹模计。

2 液压泵及高压软管。

3 压力表。

4 扫孔器。

5 模拟管。

6 校正仪。

7 定向杆。

8 起吊设备。

**3.2.5** 采用钻孔膨胀计进行试验时，试验准备工作应符合下列要求：

1 应向钻孔内注水至孔口，并应将扫孔器放入孔内进行扫孔，直至上下连续三次收集不到岩块为止。应将模拟管放入孔内直至孔底，如畅通无阻即可进行试验。

2 应按仪器使用要求，将组装后的探头放入孔内预定深度，施加 0.5MPa 的初始压力，探头即自行固定，应读取初始读数。

**3.2.6** 采用钻孔弹模计进行试验时，试验准备工作应符合下列要求：

1 任意方向钻孔均可采用钻孔弹模计，可在水下试验，也可在干孔中试验。

2 应将扫孔器放入孔内进行扫孔，直至上下连续三次收集不到岩块为止。应将模拟管放入孔内直至孔底，如畅通无阻即可进行试验。

3 应根据试验段岩性情况，选择承压板。

4 应按仪器使用要求，将组装后的探头用定向杆放入孔内预定深度。应在定向后立即施加 0.5MPa～2.0MPa 的初始压力，探头即自行固定，应读取初始读数。

**3.2.7** 试验及稳定标准应符合下列规定：

1 试验最大压力应根据需要而定，可为预定压力的 1.2 倍～1.5 倍。压力可分为 5 级～10 级，应按最大压力等分施加。

2 加压方式宜采用逐级一次循环法或大循环法。

3 采用逐级一次循环法时，每级压力加压后应立即读数，以后应每隔 3min～5min 读数一次，当相邻两次读数差与同级压力下第一次变形读数和前一级压力下最后一次变形读数差之比小于 5%时，可认为变形稳定，即可进行退压。

4 采用大循环法时，每级过程压力应稳定 3min～5min，并应测读稳定前后读数，最后一级压力稳定标准同本条第 3 款。变形稳定后，即可进行退压。大循环次数不应少于 3 次。

5 退压后的稳定标准应与加压时的稳定标准相同。

6 每一循环过程中退压时，压力应退至初始压力。最后一次循环在退至初始压力后，应进行稳定值读数，然后全部压力退至零并保持一段时间，应根据仪器要求移动探头。

7 试验应由孔底向孔口逐段进行。

**3.2.8** 试验结束后，应及时取出探头。

**3.2.9** 试验成果整理应符合下列要求：

1 采用钻孔膨胀计进行试验时，岩体弹性(变形)模量应按下式计算：

$$E = p(1+\mu)\frac{d}{\Delta d} \quad (3.2.9\text{-}1)$$

式中：$E$——岩体弹性(变形)模量(MPa)。当以总变形 $\Delta d_t$ 代入式中计算的为变形模量 $E_0$；当以弹性变形 $\Delta d_e$ 代入式中计算的为弹性模量 $E$；

$p$——计算压力，为试验压力与初始压力之差(MPa)；

$d$——实测钻孔直径(cm)；

$\Delta d$——岩体径向变形(cm)。

2 采用钻孔弹模计进行试验时，岩体弹性(变形)模量应按下式计算：

$$E = Kp(1+\mu)\frac{d}{\Delta d} \quad (3.2.9\text{-}2)$$

式中：$K$——与三维效应、传感器灵敏度、加压角及弯曲效应等有关的系数，根据率定确定。

3 应绘制各测点的压力与变形关系曲线、各测点的压力与变形模量和弹性模量关系曲线，以及与钻孔岩心柱状图相对应的沿孔深的变形模量和弹性模量分布图。

**3.2.10** 钻孔变形试验记录应包括工程名称、试验孔编号、试验孔位置、钻孔岩心柱状图、测点编号、测点深度、试验方法、测点方向、测点处钻孔直径、初始压力、钻孔弹模计率定系数、各级压力下的读数。

# 4 岩体强度试验

## 4.1 混凝土与岩体接触面直剪试验

**4.1.1** 混凝土与岩体接触面直剪试验可采用平推法或斜推法。

**4.1.2** 试验地段开挖时，应减少对岩体产生扰动和破坏。试验段的岩性应均一，同一组试验剪切面的岩体性质应相同，剪切面下不应有贯穿性的近于平行剪切面的裂隙通过。

**4.1.3** 在岩体预定部位加工剪切面时，应符合下列要求：

1 加工的剪切面尺寸宜大于混凝土试体尺寸 10cm，实际剪切面面积不应小于 $2500cm^2$，最小边长不应小于 50cm。

2 剪切面表面起伏差宜为试体推力方向边长的 1%～2%。

3 各试体间距不宜小于试体推力方向的边长。

4 剪切面应垂直预定的法向应力方向，试体的推力方向宜与预定的剪切方向一致。

5 在试体的推力部位，应留有安装千斤顶的足够空间。平推法直剪试验应开挖千斤顶槽。

6 剪切面周围的岩体应凿平，浮渣应清除干净。

**4.1.4** 混凝土试体制备应符合下列要求：

1 浇筑混凝土前，应将剪切面岩体表面清洗干净。

2 混凝土试体高度不应小于推力方向边长的 1/2。

3 根据预定的混凝土配合比浇筑试体，骨料的最大粒径不应大于试体最小边长的 1/6。混凝土可直接浇筑在剪切面上，也可预先在剪切面上先浇筑一层厚度为 5cm 的砂浆垫层。

4 在制备混凝土试体的同时，可在试体预定部位埋设量测位移标点。

5 在浇筑混凝土和砂浆垫层的同时，应制备一定数量的混凝土和砂浆试件。

6 混凝土试体的顶面应平行剪切面，试体各侧面应垂直剪切面。当采用斜推法时，试体推力面也可按预定的推力夹角浇筑成斜面，推力夹角宜采用 12°～20°。

7 应对混凝土试体和试件进行养护。试验前应测定混凝土强度，在确认混凝土达到预定强度后，应及时进行试验。

**4.1.5** 试体的反力部位应能承受足够的反力。反力部位岩体表面应凿平。

**4.1.6** 每组试验试体的数量不宜少于 5 个。

**4.1.7** 试验可在天然状态下进行，也可在人工泡水条件下进行。

**4.1.8** 试验地质描述应包括下列内容：

1 试验地段开挖、试体制备的方法及出现的情况。

2 岩石名称、结构构造及主要矿物成分。

3 岩体结构面的类型、产状、宽度、延伸性、密度、充填物性质以及与受力方向的关系等。

4 试验段岩体完整程度、风化程度及地下水情况。

5 试验段工程地质图、及平面布置图及剪切面素描图。

6 剪切面表面起伏差。

**4.1.9** 应包括下列主要仪器和设备：

1 液压千斤顶。

2 液压泵及管路。

3 压力表。

4 垫板。

5 滚轴排。

6 传力柱。

7 传力块。

8 斜垫板。

9 反力装置。

10 测表支架。

11 磁性表座。

12 位移测表。

**4.1.10** 应标出法向载荷和剪切载荷的安装位置。应按照先安装法向载荷系统后安装剪切载荷系统以及量测系统的顺序进行。

**4.1.11** 法向载荷系统安装应符合下列要求：

1 在试件顶部应铺设一层水泥砂浆，并放上垫板，应轻击垫板，使垫板平行预定剪切面。试件顶部也可铺设橡皮板或细砂，再放置垫板。

2 在垫板上应依次安放滚轴排、垫板、千斤顶、垫板、传力柱及顶部垫板。

3 在顶部垫板和反力座之间应填筑混凝土（或砂浆）或安装反力装置。

4 在露天场地或无法利用洞室顶板作为反力部位时，可采用堆载法或地锚作为反力装置。当法向载荷较小时，也可采用压重法。

5 安装完毕后，可启动千斤顶稍加压力，应使整个系统结合紧密。

6 整个法向载荷系统的所有部件，应保持在加载方向的同一轴线上，并应垂直预定剪切面。法向载荷的合力应通过预定剪切面的中心。

7 法向载荷系统应具有足够的强度和刚度。当剪切面为倾斜或载荷系统超过一定高度时，应对法向载荷系统进行支撑。

8 液压千斤顶活塞在安装前应启动部分行程。

**4.1.12** 剪切载荷系统安装应符合下列要求：

1 采用平推法进行直剪试验时，在试体受力面应用水泥砂浆粘贴一块垫板，垫板应垂直预定剪切面。在垫板后应依次安放传力块、液压千斤顶、垫板。在垫板和反力座之间应填筑混凝土（或砂浆）。

2 采用斜推法进行直剪试验时，当试体受力面为垂直预定剪切面时，在试体受力面应用水泥砂浆粘贴一块垫板，垫板应垂直预定剪切面，在垫板后应依次安放斜垫板、液压千斤顶、垫板、滚轴排、垫板；当试体受力面为斜面时，在试体受力面应用水泥砂浆粘贴一块垫板，垫板与预定剪切面的夹角应等于预定推力夹角，在垫板后应依次安放传力块、液压千斤顶、垫板、滚轴排、垫板。在垫板和反力座之间填筑混凝土（或砂浆）。

3 在试体受力面粘贴垫板时，垫板底部与剪切面之间，应预留约 1cm 间隙。

4 安装剪切载荷千斤顶时，应使剪切方向与预定的推力方向一致，其轴线在剪切面上的投影，应通过预定剪切面中心。平推法剪切载荷作用轴线应平行预定剪切面，轴线与剪切面的距离不宜大于剪切方向试体边长的 5%；斜推法剪切载荷方向应按预定的夹角安装，剪切载荷合力的作用点应通过预定剪切面的中心。

**4.1.13** 量测系统安装应符合下列要求：

1 安装量测试体绝对位移的测表支架，应牢固地安放在支点上，支架的支点应在变形影响范围以外。

2 在支架上应通过磁性表座安装测表。在试体的对称部位应分别安装剪切和法向位移测表，每种测表的数量不宜少于 2 只。

3 根据需要，在试体与基岩表面之间，可布置量测试体相对位移的测表。

4 所有测表及标点应予以定向，应分别垂直或平行预定剪切面。

**4.1.14** 应对安装时所浇筑的水泥砂浆和混凝土进行养护。

**4.1.15** 试验准备应包括下列各项：

1 应根据液压千斤顶率定曲线和试体剪切面积，计算施加的各级荷载与压力表读数。

2 应检查各测表的工作状态，测读初始读数值。

**4.1.16** 法向载荷的施加方法应符合下列要求：

1 应在每个试体上施加不同的法向载荷，可分别为最大法向载荷的等分值。剪切面上的最大法向应力不宜小于预定的法向应力。

2 对于每个试体，法向载荷宜分1级～3级施加，分级可视法向应力的大小和岩性而定。

3 加载采用时间控制，应每5min施加一级载荷，加载后应立即测读每级载荷下的法向位移，5min后再测读一次，即可施加下一级载荷。施加至预定载荷后，应每5min测读一次，当连续两次测读的法向位移之差不大于0.01mm时，可开始施加剪切载荷。

4 在剪切过程中，应使法向应力始终保持为常数。

**4.1.17** 剪切载荷的施加方法应符合下列要求：

1 剪切载荷施加前，应对剪切载荷系统和测表进行检查，必要时应进行调整。

2 应按预估的最大剪切载荷分8级～12级施加。当施加剪切载荷引起的剪切位移明显增大时，可适当增加剪切载荷分级。

3 剪切载荷的施加方法应采用时间控制。每5min施加一级，应在每级载荷施加前后对各位移测表测读一次。接近剪断时，应密切注视和测读载荷变化情况及相应的位移，载荷及位移应同步观测。

4 采用斜推法分级施加载荷时，为保持法向应力始终为一常数，应同步降低因施加斜向剪切载荷而产生的法向分量的增量。作用于剪切面上的总法向载荷应按下式计算：

$$P = P_0 - Q\sin\alpha \quad (4.1.17)$$

式中：$P$——作用于剪切面上的总法向载荷(N)；

$P_0$——试验开始时作用于剪切面上的总法向载荷(N)；

$Q$——试验时的各级总斜向剪切载荷(N)；

$\alpha$——斜向剪切载荷施力方向与剪切面的夹角(°)。

5 试体剪断后，应继续施加剪切载荷，直至测出趋于稳定的剪切载荷值为止。

6 将剪切载荷缓慢退载至零，观测试体回弹情况，抗剪断试验即告结束。在剪切载荷退零过程中，仍应保持法向应力为常数。

7 根据需要，在抗剪断试验结束以后，可保持法向应力不变，调整设备和测表，应按本条第2款至第6款沿剪断面进行抗剪(摩擦)试验。剪切载荷可按抗剪断试验最后稳定值进行分级施加。

8 抗剪试验结束后，根据需要，可在不同的法向载荷下进行重复摩擦试验，即单点摩擦试验。

**4.1.18** 在试验过程中，对加载设备和测表运行情况、试验中出现的响声、试体和岩体中出现松动或掉块以及裂缝开展等现象，作详细描述和记录。

**4.1.19** 试验结束应及时拆卸设备。在清理试验场地后，翻转试体，对剪切面进行描述。剪切面的描述应包括下列内容：

1 量测剪切面面积。

2 剪切面的破坏情况，擦痕的分布、方向及长度。

3 岩体或混凝土试体内局部剪断的部位和面积。

4 剪切面上碎屑物质的性质和分布。

**4.1.20** 试验成果整理应符合下列规定：

1 采用平推法，各法向载荷下的法向应力和剪应力应分别按下列公式计算：

$$\sigma = \frac{P}{A} \quad (4.1.20\text{-}1)$$

$$\tau = \frac{Q}{A} \quad (4.1.20\text{-}2)$$

式中：$\sigma$——作用于剪切面上的法向应力(MPa)；

$\tau$——作用于剪切面上的剪应力(MPa)；

$P$——作用于剪切面上的总法向载荷(N)；

$Q$——作用于剪切面上的总剪切载荷(N)；

$A$——剪切面面积($mm^2$)。

2 采用斜推法，各法向载荷下的法向应力和剪应力应分别按下列公式计算：

$$\sigma = \frac{P}{A} + \frac{Q}{A}\sin\alpha \quad (4.1.20\text{-}3)$$

$$\tau = \frac{Q}{A}\cos\alpha \quad (4.1.20\text{-}4)$$

式中：$Q$——作用于剪切面上的总斜向剪切载荷(N)；

$\alpha$——斜向载荷施力方向与剪切面的夹角(°)。

3 应绘制各法向应力下的剪应力与剪切位移及法向位移关系曲线。应根据关系曲线，确定各法向应力下的抗剪断峰值。

4 应绘制各法向应力及与其对应的抗剪断峰值关系曲线，应按库伦-奈维表达式确定相应的抗剪断强度参数($f$,$c$)。应根据需要确定抗剪(摩擦)强度参数。

5 应根据需要，在剪应力与位移曲线上确定其他剪切阶段特征点，并应根据各特征点确定相应的抗剪强度参数。

**4.1.21** 混凝土与岩体接触面直剪试验记录应包括工程名称、试验段位置和编号及试体布置、试体编号、试验方法、试体和剪切面描述、混凝土强度、剪切面面积、千斤顶和压力表编号、测表布置和编号、各法向载荷下各级剪切载荷时的法向位移及剪切位移。

## 4.2 岩体结构面直剪试验

**4.2.1** 岩体结构面直剪试验可采用平推法或斜推法。

**4.2.2** 试验地段开挖时，应减少对岩体结构面产生扰动和破坏。同一组试验各试体的岩体结构面性质应相同。

**4.2.3** 应在探明岩体中结构面部位和产状后，在预定的试验部位加工试体。试体应符合下列要求：

1 试体中结构面面积不宜小于2500$cm^2$，试体最小边长不宜小于50cm，结构面以上的试体高度不应小于试体推力方向长度的1/2。

2 各试体间距不宜小于试体推力方向的边长。

3 作用于试体的法向载荷方向应垂直剪切面，试体的推力方向宜与预定的剪切方向一致。

4 在试体的推力部位，应留有安装千斤顶的足够空间。平推法直剪试验应开挖千斤顶槽。

5 试体周围的结构面充填物及浮碴，应清除干净。

6 对结构面上部不需浇筑保护套的完整岩石试体，试体的各个面应大致修凿平整，顶面宜平行预定剪切面。在加压过程中，可能出现破裂或松动的试体，应浇筑钢筋混凝土保护套(或采取其他措施)。保护套应具有足够的强度和刚度，保护套顶面应平行预定剪切面，底部应在预定剪切面上缘。当采用斜推法时，试体推力面也可按预定推力夹角加工或浇筑成斜面，推力夹角宜为12°～20°。

7 对于剪切面倾斜的试体，在加工试体前应采取保护措施。

**4.2.4** 试体的反力部位，应能承受足够的反力。反力部位岩体表面应凿平。

**4.2.5** 每组试验试体的数量不宜少于5个。

**4.2.6** 试验可在天然含水状态下进行，也可在人工泡水条件下进行。对结构面中具有较丰富的地下水时，在试体加工前应先切断地下水来源，防止试验段开挖至试验进行时，试验段反复泡水。

**4.2.7** 试验地质描述应包括下列内容：

1 试验地段开挖、试体制备及出现的情况。

2 结构面的产状、成因、类型、连续性及起伏差情况。

3 充填物的厚度、矿物成分、颗粒组成、泥化软化程度、风化程度、含水状态等。

4 结构面两侧岩体的名称、结构构造及主要矿物成分。

5 试验段的地下水情况。

6 试验段工程地质图、试验段平面布置图、试体地质素描图和结构面剖面示意图。

**4.2.8** 主要仪器和设备应符合本标准第4.1.9条的要求。

**4.2.9** 设备安装应符合本标准第4.1.10条至第4.1.13条的规定。

**4.2.10** 试验前应对水泥砂浆和混凝土进行养护。

**4.2.11** 对于无充填物的结构面或充填岩块、岩屑的结构面，试验应符合本标准第4.1.15条～第4.1.18条的规定。

**4.2.12** 对于充填物含泥的结构面，试验应符合下列规定：

1 剪切面上的最大法向应力，不宜小于预定的法向应力，但不应使结构面中的夹泥挤出。

2 法向载荷可视法向应力的大小宜分3级～5级施加。加载采用时间控制，应每5min施加一级载荷，加载后应立即测读每级载荷下的法向位移，5min后再测读一次。在最后一级载荷作用下，要求法向位移值相对稳定。法向位移稳定标准可视充填物的厚度和性质而定，按每10min或15min测读一次，连续两次每一测表读数之差不超过0.05mm，可视为稳定，施加剪切载荷。

3 剪切载荷的施加方法采用时间控制，可视充填物的厚度和性质而定，按每10min或15min施加一级。加载前后均应测读各测表读数。

4 其他应符合本标准第4.1.15条至第4.1.18条的规定。

**4.2.13** 试验结束应及时拆卸设备。在清理试验场地后，翻转试体，应对剪切面进行描述。剪切面的描述应包括下列内容：

1 应量测剪切面面积。

2 当结构面中同时存在多个剪切面时，应准确判断主剪切面。

3 应描述剪切面的破坏情况，擦痕的分布、方向及长度。

4 应量测剪切面的起伏差，绘制沿剪切方向断面高度的变化曲线。

5 对于结构面中的充填物，应记述其组成成分、风化程度、性质、厚度。根据需要，测定充填物的物理性质和黏土矿物成分。

**4.2.14** 试验成果整理应符合本标准第4.1.20条的要求。

**4.2.15** 岩体结构面直剪试验记录应包括工程名称、试验段位置和编号及试体布置、试体编号、试验方法、试体和剪切面描述、剪切面面积、千斤顶和压力表编号、测表布置和编号、各法向载荷下各级剪切载荷时的法向位移及剪切位移。

## 4.3 岩体直剪试验

**4.3.1** 岩体直剪试验可采用平推法或斜推法。

**4.3.2** 试验地段开挖时，应减少对岩体产生扰动和破坏。试验段的岩性应均一。同一组试验各试体的岩体性质应相同，试体及剪切面下不应有贯通性裂隙通过。

**4.3.3** 在岩体的预定部位加工试体时，应符合下列要求：

1 试体底部剪切面面积不应小于$2500cm^2$，试体最小边长不应小于50cm，试体高度应大于推力方向试体边长的1/2。

2 各试体间距应大于试体推力方向的边长。

3 施加于试体的法向载荷方向应垂直剪切面，试体的推力方向宜与预定的剪切方向一致。

4 在试体的推力部位，应留有安装千斤顶的足够空间。平推法直剪试验应开挖千斤顶槽。

5 试体周围岩面宜修凿平整，宜与预定剪切面在同一平面上。

6 对不需要浇筑保护套的完整岩石试体，试体的各个面应大致修凿平整，顶面宜平行预定剪切面。在加压或剪切过程中，可能出现破裂或松动的试体，应浇筑钢筋混凝土保护套(或采取其他措施)。保护套应具有足够的强度和刚度，保护套顶面应平行预定剪切面，底部应预留剪切缝，剪切缝宽度宜为试体推力方向边长的5%。试体推力面也可按预定的推力夹角加工成斜面(斜推法)，推力夹角宜为12°～20°。

**4.3.4** 试体的反力部位应能承受足够的反力，反力部位岩体表面应凿平。

**4.3.5** 每组试验试体的数量不应少于5个。

**4.3.6** 试验可在天然含水状态下进行，也可在人工泡水条件下进行。

**4.3.7** 试验地质描述应包括下列内容：

1 试体素描图。

2 其他应符合本标准第4.1.8条中第1款～第5款的要求。

**4.3.8** 主要仪器和设备应符合本标准第4.1.9条的要求。

**4.3.9** 设备安装应符合本标准第4.1.10条至第4.1.14条的规定。

**4.3.10** 试验应符合本标准第4.1.15条至第4.1.18条的规定。

**4.3.11** 试验结束应及时拆卸设备。在清理试验场地后，应翻转试体，对剪切面进行描述。剪切面描述应包括下列内容：

1 应量测剪切面面积。

2 应描述剪切面的破坏情况，破坏情况应包括破坏形式及范围，剪切碎块的大小及范围，擦痕的分布、方向及长度。

3 应绘制剪切面素描图。量测剪切面的起伏差，绘制沿剪切方向断面高度的变化曲线。应根据需要，作剪切面等高线图。

**4.3.12** 试验成果整理应符合本标准第4.1.20条的要求。

**4.3.13** 岩体直剪试验记录应包括工程名称、试验段位置和编号及试体布置、试体编号、试验方法、试体和剪切面描述、剪切面面积、千斤顶和压力表编号、测表布置和编号、各法向载荷下各级剪切载荷时的法向位移及剪切位移。

## 4.4 岩体载荷试验

**4.4.1** 岩体载荷试验应采用刚性承压板法进行浅层静力载荷试验。

**4.4.2** 试点制备应符合本标准第3.1.2条至第3.1.5条和第3.1.7条的要求。

**4.4.3** 试点地质描述应符合本标准第3.1.8条的要求。

**4.4.4** 主要仪器和设备应符合本标准第3.1.9条中刚性承压板法的要求。

**4.4.5** 设备安装应符合本标准第3.1.10条、3.1.12条、3.1.13条中刚性承压板法的规定。应布置板外测表。

**4.4.6** 载荷的施加方法应符合下列规定：

1 应采用一次逐级连续加载的方式施加载荷，直至试点岩体破坏。破坏前不应卸载。

2 在试验初期阶段，每级载荷可按预估极限载荷的10%施加。

3 当载荷与变形关系曲线不再呈直线，或承压板周围岩面开始出现隆起或裂缝时，应及时调整载荷等级，每级载荷可按预估极限载荷的5%施加。

4 当承压板上测表变形速度明显增大，或承压板周围岩面隆起或裂缝开展速度加剧时，应加密载荷等级，每级载荷可按预估极限载荷的2%～3%施加。

**4.4.7** 试验及稳定标准应符合下列规定：

1 加压前应对测表进行初始稳定读数观测，应每隔10min同时测读各测表一次，连续三次读数不变，可开始加载。

2 每级载荷加载后应立即读数，以后应每隔10min读数一次，当所有测表相邻两次读数之差与同级载荷下第一次变形读数和前一级载荷下最后一次变形读数差之比小于5%时认为变形稳定，可施加下一级载荷。

3 每级读数累计时间不应小于1h。

4 承压板外岩面上的测表读数，可在板上测表读数稳定后测读一次。

**4.4.8** 当出现下列情况之一时，即可终止加载：

1 在本级载荷下，连续测读2h变形无法稳定。

2 在本级载荷下，变形急剧增加，承压板周围岩面发生明显隆起或裂缝持续发展。

3 总变形量超过承压板直径或边长的1/12。

4 已经达到加载设备的最大出力，且已经超过比例极限的15%或超过预定工程压力的两倍。

4.4.9 终止加载后，载荷可分3级～5级进行卸载，每级载荷应测读测表一次。载荷完全卸除后，每隔10min应测读一次，应连续测读1h。

4.4.10 在试验过程中，应对承压板周围岩面隆起和裂隙的发生及开展情况，以及与载荷大小和时间的关系等，作详细观测、描述和记录。

4.4.11 试验结束应及时拆卸设备。在清理试验场地后，应对试点及周围岩面进行描述。描述应包括下列内容：

1 裂缝的产状及性质。

2 岩面隆起的位置及范围。

3 必要时进行切槽检查。

4.4.12 试验成果整理应符合下列要求：

1 应计算各级载荷下的岩体表面压力。

2 应绘制压力与板内和板外变形关系曲线。

3 应根据关系曲线确定各载荷阶段特征点。关系曲线中，直线段的终点对应的压力为比例界限压力；关系曲线中，符合本标准第4.4.8条中第1款至第3款情况之一对应的压力应为极限压力。

4 根据关系曲线直线段的斜率，应按本标准式(3.1.17-1)计算岩体变形参数。

4.4.13 岩体载荷试验记录应包括工程名称、试点编号、试点位置、试验方法、试点描述、承压板尺寸、压力表和千斤顶编号、测表布置及编号、各级载荷下各测表的变形。

# 5 岩石声波测试

## 5.1 岩块声波速度测试

5.1.1 能制成规则试件的岩石均可采用岩块声波速度测试。

5.1.2 岩石试件应符合本标准第2.7.2条至第2.7.6条的要求。

5.1.3 试件描述应符合本标准第2.7.7条的要求。

5.1.4 应包括下列主要仪器和设备：

1 钻石机、锯石机、磨石机、车床等。

2 测量平台。

3 岩石超声波参数测定仪。

4 纵、横波换能器。

5 测试架。

5.1.5 应检查仪器接头性状、仪器接线情况以及开机后仪器和换能器的工作状态。

5.1.6 测试应按下列步骤进行：

1 发射换能器的发射频率应符合下式要求：

$$f \geqslant \frac{2v_p}{D} \tag{5.1.6}$$

式中：$f$——发射换能器发射频率(Hz)；

$v_p$——岩石纵波速度(m/s)；

$D$——试件的直径(m)。

2 测试纵波速度时，耦合剂可采用凡士林或黄油；测试横波速度时，耦合剂可采用铝箔、铜箔或水杨酸苯脂等固体材料。

3 对非受力状态下的直透法测试，应将试件置于测试架上，换能器应置于试件轴线的两端，并应量测两换能器中心距离。应对换能器施加约0.05MPa的压力，测读纵波或横波在试件中传播时间。受力状态下的测试，宜与单轴压缩变形试验同时进行。

4 需要采用平透法测试时，应将一个发射换能器和两个(或两个以上)接收换能器置于试件的同一侧的一条直线上，应量测发射换能器中心至每一接收换能器中心的距离，并应测读纵波或横波在试件中传播时间。

5 直透法测试结束后，应测定声波在不同长度的标准有机玻璃棒中的传播时间，应绘制时距曲线，以确定仪器系统的零延时。也可将发射、接收换能器对接测读零延时。

6 使用切变振动模式的横波换能器时，收、发换能器的振动方向应一致。

5.1.7 距离应准确至1mm，时间应准确至0.1μs。

5.1.8 测试成果整理应符合下列要求：

1 岩石纵波速度、横波速度应分别按下列公式计算：

$$v_p = \frac{L}{t_p - t_0} \tag{5.1.8-1}$$

$$v_s = \frac{L}{t_s - t_0} \tag{5.1.8-2}$$

$$v_p = \frac{L_2 - L_1}{t_{p2} - t_{p1}} \tag{5.1.8-3}$$

$$v_s = \frac{L_2 - L_1}{t_{s2} - t_{s1}} \tag{5.1.8-4}$$

式中：$v_p$——纵波速度(m/s)；

$v_s$——横波速度(m/s)；

$L$——发射、接收换能器中心间的距离(m)；

$t_p$——直透法纵波的传播时间(s)；

$t_s$——直透法横波的传播时间(s)；

$t_o$——仪器系统的零延时(s)；

$L_1(L_2)$——平透法发射换能器至第一(二)个接收换能器两中心的距离(m)；

$t_{p1}(t_{s1})$——平透法发射换能器至第一个接收换能器纵(横)波的传播时间(s)；

$t_{p2}(t_{s2})$——平透法发射换能器至第二个接收换能器纵(横)波的传播时间(s)。

2 岩石各种动弹性参数应分别按下列公式计算：

$$E_d = \rho v_p^2 \frac{(1+\mu)(1-2\mu)}{1-\mu} \times 10^{-3} \tag{5.1.8-5}$$

$$E_d = 2\rho v_s^2 (1+\mu) \times 10^{-3} \tag{5.1.8-6}$$

$$\mu_d = \frac{\left(\frac{v_p}{v_s}\right)^2 - 2}{2\left[\left(\frac{v_p}{v_s}\right)^2 - 1\right]} \tag{5.1.8-7}$$

$$G_d = \rho v_s^2 \times 10^{-3} \tag{5.1.8-8}$$

$$\lambda_d = \rho (v_p^2 - 2v_s^2) \times 10^{-3} \tag{5.1.8-9}$$

$$K_d = \rho \frac{3v_p^2 - 4v_s^2}{3} \times 10^{-3} \tag{5.1.8-10}$$

式中：$E_d$——岩石动弹性模量(MPa)；

$\mu_d$——岩石动泊松比；

$G_d$——岩石动刚性模量或动剪切模量(MPa)；

$\lambda_d$——岩石动拉梅系数(MPa)；

$K_d$——岩石动体积模量(MPa)；

$\rho$——岩石密度(g/cm³)。

3 计算值应取三位有效数字。

5.1.9 岩石声波速度测试记录应包括工程名称、取样位置、试件编号、试件描述、试件尺寸、测试方法、换能器间的距离，声波传播时间，仪器系统零延时。

## 5.2 岩体声波速度测试

5.2.1 各类岩体均可采用岩体声波速度测试。

5.2.2 测点布置应符合下列要求：

1 测点可选择在洞室、钻孔、风钻孔或地表露头。

2 测线应根据岩体特性布置：当测点岩性为各向同性时，测线应按直线布置；当测点岩性为各向异性时，测线应分别按平行或垂直岩体的主要结构面布置。

3 相邻两测点的距离，宜根据声波激发方式确定：当采用换能器发射声波时，测距宜为1m～3m；当采用锤击法激发声波时，测距不应小于3m；当采用电火花激发声波时，测距宜为10m～30m。

4 单孔测试时，源距宜为0.3m～0.5m，换能器每次移动距离不宜小于0.2m。

5 在钻孔或风钻孔中进行孔间穿透测试时，两换能器每次移动距离宜为0.2m～1.0m。

**5.2.3** 测点地质描述应包括下列内容：

1 岩石名称、颜色、矿物成分、结构、构造、风化程度、胶结物性质等。

2 岩体结构面的产状、宽度、粗糙程度、充填物性质、延伸情况等。

3 层理、节理、裂隙的延伸方向与测线关系。

4 测线、测点平面地质图、展示图及剖面图。

5 钻孔柱状图。

**5.2.4** 应包括下列主要仪器和设备：

1 岩体声波参数测定仪。

2 孔中发射、接收换能器。

3 一发双收单孔测试换能器。

4 弯曲式接收换能器。

5 夹心式发射换能器。

6 干孔测试设备。

7 声波激发锤。

8 电火花振源。

9 仰孔注水设备。

10 测孔换能器扶位器。

**5.2.5** 岩体表面平透法测试准备应符合下列规定：

1 测点表面应大致修凿平整，对各测点应进行编号。

2 应擦净测点表面，将换能器放置在测点上，并应压紧换能器。在试点和换能器之间，应有耦合剂。纵波换能器可涂1mm～2mm厚的凡士林或黄油作为耦合剂，横波换能器可采用多层铝箔或铜箔作为耦合剂。

3 应量测发射换能器或锤击点与接收换能器之间的距离，测距相对误差应小于1%。

**5.2.6** 钻孔或风钻孔中岩体测试准备应符合下列要求：

1 钻孔或风钻孔应冲洗干净，孔内应注满水，并应对各孔进行编号。

2 进行孔间穿透测试时，应量测两孔口中心点的距离，测距相对误差应小于1%。当两孔轴线不平行时，应量测钻孔或风钻孔轴线的倾角和方位角，计算不同深度处两测点的距离。

3 进行单孔平透折射波法测试采用一发双收时，应安装扶位器。

4 对向上倾的斜孔，应采取供水、止水措施。

5 根据需要可采用干孔测试。

**5.2.7** 仪器和设备安装应符合下列要求：

1 应检查仪器接头性状、仪器接线情况及开机后仪器和换能器的工作状态。在洞室中进行测试时，应注意仪器防潮。

2 采用换能器发射声波时，应将仪器置于内同步工作方式。

3 采用锤击或电火花振源激发声波时，应将仪器置于外同步方式。

**5.2.8** 测试应按下列步骤进行：

1 可将荧光屏上的光标（游标）关门讯号调整到纵波或横波初至位置，应测读声波传播时间，或利用自动关门装置测读声波传播时间。

2 每一对测点应读数3次，最大读数之差不宜大于3%。

3 测试结束，应采用绘制岩体的，或者水的、空气的时距曲线方法，确定仪器系统的零延时。采用发射换能器发射声波时，也可采用有机玻璃棒或换能器对接方式确定仪器系统的零延时。

4 测试时，应保持测试环境处于安静状态，应避免钻探、爆破、车辆等干扰。

**5.2.9** 测试成果整理应符合下列要求：

1 岩体声波测试参数计算应符合本标准第5.1.8条的要求。

2 应绘制沿测线或孔深与波速关系曲线。必要时，可列入动弹性参数关系曲线。

3 岩体完整性指数应按下式计算：

$$K_v = \left(\frac{v_{pm}}{v_{pr}}\right)^2 \tag{5.2.9}$$

式中：$K_v$——岩体完整性指数，精确至0.01；

$v_{pm}$——岩体纵波速度（m/s）；

$v_{pr}$——岩块纵波速度（m/s）。

**5.2.10** 岩体声波速度测试记录应包括工程名称、测点编号、测点位置、测试方法、测点描述、测点布置、测点间距、传播时间、仪器系统零延时。

# 6 岩体应力测试

## 6.1 浅孔孔壁应变法测试

**6.1.1** 完整和较完整岩体可采用浅孔孔壁应变法测试，测试深度不宜大于30m。

**6.1.2** 测点布置应符合下列要求：

1 在同一测段内，岩性应均一、完整。

2 同一测段内，有效测点不应少于2个。

**6.1.3** 地质描述应包括下列内容：

1 钻孔钻进过程中的情况。

2 岩石名称、结构、构造及主要矿物成分。

3 岩体结构面的类型、产状、宽度、充填物性质。

4 测区的岩体应力现象。

5 区域地质图、测区工程地质图、测点工程地质剖面图和钻孔柱状图。

**6.1.4** 应包括下列主要仪器和设备：

1 浅孔孔壁应变计或空心包体式孔壁应变计。

2 钻机。

3 金刚石钻头包括小孔径钻头、套钻解除钻头、扩孔器、磨平钻头和锥形钻头。各类钻头规格应与应变计配套。

4 静态电阻应变仪。

5 安装器。

6 岩心围压率定器。

7 钻孔烘烤设备。

**6.1.5** 测试准备应符合下列要求：

1 应根据测试要求，选择适当场地，安装并固定好钻机，并应按预定的方位角和倾角进行钻进。

2 应用套钻解除钻头钻至预定的测试深度，并应取出岩心，进行描述。

3 应用磨平钻头磨平孔底，并应用锥形钻头打喇叭口。

4 应用小孔径钻头钻中心测试孔，深度应视应变计要求长度而定。中心测试孔应与解除孔同轴，两孔轴允许偏差不应大于2mm。

5 中心测试孔钻进过程中，应施力均匀并一次完成，取出岩心进行描述。当孔壁不光滑时，应采用金刚石扩孔器扩孔；当岩心不能满足测试要求时，应重复本条第2款～第4款步骤，直至找到完整岩心位置。

6　应用水冲洗中心测试孔直至回水不含岩粉为止。

7　应根据所选类型的孔壁应变计和黏结剂要求，对中心测试孔孔壁进行干燥处理或清洗。

**6.1.6**　浅孔孔壁应变计安装应符合下列要求：

1　在中心测试孔孔壁和应变计上应均匀涂上黏结剂。

2　应用安装器将应变计送入中心测试孔，就位定向，施加并保持一定的预压力，应使应变计牢固地黏结在孔壁上。

3　待黏结剂充分固化后，应取出安装器，记录测点方位角、倾角及埋设深度。

4　应检查系统绝缘值，不应小于50MΩ。

**6.1.7**　空心包体式孔壁应变计安装应符合下列要求：

1　应在应变计内腔的胶管内注满黏结剂胶液。

2　应用安装器将应变计送入中心测试孔，就位定向。应推动安装杆，切断定位销钉，挤出黏结剂。

3　其他应符合本标准第6.1.6条中第3款、第4款的规定。

**6.1.8**　测试及稳定标准应符合下列规定：

1　应从钻具中引出应变计电缆，连接电阻应变仪。

2　向钻孔内冲水，应每隔10min读数一次，连续三次读数相差不大于5με时，即认为稳定，应将最后一次读数作为初始读数。

3　用套钻解除钻头在匀压匀速条件下，应进行连续套钻解除，可按每钻进2cm读数一次。也可按每钻进2cm停钻后读数一次。

4　套钻解除深度应超过孔底应力集中影响区。当解除至一定深度后，应变计读数趋于稳定，可终止钻进。最终解除深度，即应变计中应变丛位置至解除孔孔底深度，不应小于解除岩心外径的2.0倍。

5　向钻孔内继续充水，应每隔10min读数一次，连续三次读数相差不大于5με时，可认为稳定，应取最后一次读数作为最终读数。

6　在套钻解除过程中，当发现异常情况时，应及时停钻检查，进行处理并记录。

7　应检查系统绝缘值。退出钻具，应取出装有应变计的岩心，进行描述。

**6.1.9**　岩心围压试验应按下列步骤进行：

1　现场测试结束后，应将解除后带有应变计的岩心放入岩心围压率定器中，进行围压试验。其间隔时间，不宜超过24h。

2　应将应变计电缆与电阻应变仪连接，对岩心施加围压。率定的最大压力宜大于预估的岩体最大主应力，或根据围岩率定器的设计压力确定。压力宜分为5级～10级，宜按最大压力等分施加。

3　采用大循环加压时，每级压力下应读数一次，两相邻循环的最大压力读数不超过5με时，可终止试验，但大循环的次数不应少于3次。

4　采用一次逐级加压时，每级压力下应读取稳定读数，每隔5min读数一次，连续两次读数相差不大于5με时，即认为稳定，可施加下一级压力。

**6.1.10**　测试成果整理应符合下列要求：

1　应根据岩心解除应变值和解除深度，绘制解除过程曲线。

2　应根据围压试验资料，绘制压力与应变关系曲线，并应计算岩石弹性模量。

3　应按本标准附录A的规定计算岩体应力参数。

**6.1.11**　孔壁应变法测试记录应包括工程名称、钻孔编号、钻孔位置、孔口高程、测点编号、测点位置、测试方法、地质描述、相应于解除深度的各应变片应变值、各应变片及应变丛布置、钻孔轴向方位角和倾角、围压试验资料。

### 6.2　浅孔孔径变形法测试

**6.2.1**　完整和较完整岩体可采用浅孔孔径变形法测试，测试深度不宜大于30m。

**6.2.2**　测点布置应符合下列要求：

1　当测试岩体空间应力状态时，应布置交会于岩体某点的三个测试孔，两个辅助测试孔与主测试孔夹角宜为45°，三个测试孔宜在同一平面内。测点宜布置在交会点附近。

2　其他应符合本标准第6.1.2条的要求。

**6.2.3**　地质描述应符合本标准第6.1.3条的规定。

**6.2.4**　应包括下列主要仪器和设备：

1　四分向钢环式孔径变形计。

2　其他应符合本标准第6.1.4条中第2款至第6款的规定。

**6.2.5**　测试准备应符合本标准第6.1.5条中第1款至第6款的要求。

**6.2.6**　孔径变形计安装应符合下列规定：

1　应根据中心测试孔直径调整触头长度，孔径变形计应变钢环的预压缩量宜为0.2mm～0.6mm。应将孔径变形计与应变仪连接，应装上定位器后用安装器将变形计送入中心测试孔内。在将孔径变形计送入中心测试孔的同时，应观测应变仪的读数变化情况。

2　将孔径变形计送至预定位置后，应适当锤击安装杆端部，使孔径变形计锥体楔入中心测试孔内，与孔口紧密接触。

3　应退出安装器，记录测点方位角及深度。

4　检查系统绝缘值，不应小于50MΩ。

**6.2.7**　测试及稳定标准应符合本标准第6.1.8条的规定。

**6.2.8**　岩心围压试验应按本标准第6.1.9条规定的步骤进行。

**6.2.9**　测试成果整理应符合下列要求：

1　各级解除深度的相对孔径变形应按下式计算：

$$\varepsilon_i = K\frac{\varepsilon_{ni} - \varepsilon_0}{d} \tag{6.2.9}$$

式中：$\varepsilon_i$——各级解除深度的相对孔径变形；

$\varepsilon_{ni}$——各级解除深度的应变仪读数；

$\varepsilon_0$——初始读数；

$K$——测量元件率定系数（mm）；

$d$——中心测试钻孔直径（mm）。

2　应根据套钻解除时应变仪读数计算的相对孔径变形和解除深度，绘制解除过程曲线。

3　应根据围压试验资料，绘制压力与孔径变形关系曲线，计算岩石弹性模量。

4　应按本标准附录A的规定计算岩体应力参数。

**6.2.10**　孔径变形法测试记录应包括工程名称、钻孔编号、钻孔位置、孔口标高、测点编号、测点位置、测试方法、地质描述、相应于解除深度的各应变片应变值、孔径变形计触头布置、钻孔轴向方位角和倾角、中心测试孔直径、各元件率定系数、围压试验资料。

### 6.3　浅孔孔底应变法测试

**6.3.1**　完整和较完整岩体可采用浅孔孔底应变法测试，测试深度不宜大于30m。

**6.3.2**　测点布置应符合本标准第6.2.2条的要求。

**6.3.3**　地质描述应符合本标准第6.1.3条的规定。

**6.3.4**　应包括下列主要仪器和设备：

1　孔底应变计。

2　其他应符合本标准第6.1.4条的第2款至第7款的规定。

**6.3.5**　测试准备应符合下列要求：

1　应根据测试要求，选择适当场地，安装并固定好钻机，按预定的方位角和倾角进行钻进。

2　应用套钻解除钻头钻至预定的测试深度，取出岩心，进行描述。当不能满足测试要求时，应继续钻进，直至找到合适位置。

3　应用粗磨钻头将孔底磨平，再用细磨钻头进行精磨。孔底应平整光滑。

4　应根据所选类型的孔底应变计和黏结剂要求，对孔底进行干燥处理或清洗。

**6.3.6**　应变计安装应符合下列规定：

1　在孔底平面和孔底应变计底面应分别均匀涂上黏结剂。

2　应用安装器将应变计送至孔底中央部位，经定向定位后对应变计施加一定的预压力，并应使应变计牢固地黏结在孔底上。

3　应待黏结剂充分固化后，取出安装器，应记录测点方位角及埋设深度。

4　检查系统绝缘值，不应小于 50MΩ。

**6.3.7**　测试及稳定标准应符合下列规定：

1　读取初始读数时，钻孔内冲水时间不宜少于 30min。

2　应每解除 1cm 读数一次。

3　最终解除深度不应小于解除岩心直径的 0.8。

4　其他应符合本标准第 6.1.8 条的规定。

**6.3.8**　岩心围压试验应按本标准第 6.1.9 条规定的步骤进行。试验时应变计应位于围压器中间，另一端应接装直径和岩性相同的岩心。

**6.3.9**　测试成果整理应符合下列要求：

1　应根据岩心解除应变值和解除深度，绘制解除过程曲线。

2　应根据围压试验资料，绘制压力与应变关系曲线，计算岩石弹性模量。

3　应按本标准附录 A 的规定计算岩体应力参数。

**6.3.10**　孔底应变计测试记录应包括工程名称、钻孔编号、钻孔位置、孔口标高、测点编号、测点位置、测试方法、地质描述、相应于解除深度的各应变片应变值、各应变片位置、钻孔轴向方位角和倾角、围压试验资料。

### 6.4　水压致裂法测试

**6.4.1**　完整和较完整岩体可采用水压致裂法测试。

**6.4.2**　测点布置应符合下列规定：

1　测点的加压段长度应大于测试孔直径的 6.0 倍。加压段的岩性应均一、完整。

2　加压段与封隔段岩体的透水率不宜大于 1Lu。

3　应根据钻孔岩心柱状图或钻孔电视选择测点。同一测试孔内测点的数量，应根据地形地质条件、岩心变化、测试孔孔深而定。两测点间距宜大于 3m。

**6.4.3**　地质描述应包括下列内容：

1　测试钻孔的透水性指标。

2　测试钻孔地下水位。

3　其他应符合本标准第 6.1.3 条的要求。

**6.4.4**　应包括下列主要仪器和设备：

1　钻机。

2　高压大流量水泵。

3　联结管路。

4　封隔器。

5　压力表和压力传感器。

6　流量表和流量传感器。

7　函数记录仪。

8　印模器或钻孔电视。

**6.4.5**　测试准备应符合下列规定：

1　应根据测试要求，在选定部位按预定的方位角和倾角进行钻孔。测试孔孔径应满足封隔器要求，孔壁应光滑，孔深宜超过预定测试部位 10m。测试孔应进行压水试验。

2　测试孔应全孔取心，每一回次应进行冲孔，终孔时孔底沉淀不宜超过 0.5m。应量测岩体内稳定地下水位。

3　对联结管路应进行密封性能试验，试验压力不应小于 15MPa，或为预估破裂压力的 1.5 倍。

**6.4.6**　仪器安装应符合下列要求：

1　加压系统宜采用双回路加压，分别向封隔器和加压段施加压力。

2　应按仪器使用要求，将两个封隔器按加压段要求的距离串接，并应用联结管路通过压力表与水泵相连。

3　加压段应用联结管路通过流量计、压力表与水泵相连，在管路中接入压力传感器与流量传感器，并应接入函数记录仪。

4　应将组装后的封隔器用安装器送入测试孔预定测点的加压段，对封隔器进行充水加压，使封隔器座封与测试孔孔壁紧密接触，形成充水加压孔段。施加的压力应小于预估的测试岩体破裂缝的重张压力。

**6.4.7**　测试及稳定标准应符合下列规定：

1　打开函数记录仪，应同时记录压力与时间关系曲线和流量与时间关系曲线。

2　应对加压段进行充水加压，按预估的压力稳定地升压，加压时间不宜少于 1min，加压时应观察关系曲线的变化。岩体的破裂压力值应在压力上升至曲线出现拐点、压力突然下降、流量急剧上升时读取。

3　瞬时关闭压力值应在关闭水泵、压力下降并趋于稳定时读取。

4　应打开水泵阀门进行卸压退零。

5　应按本条第 2 款至第 4 款继续进行加压、卸压循环，此时的峰值压力即为岩体的重张压力。循环次数不宜少于 3 次。

6　测试结束后，应将封隔器内压力退至零，在测试孔内移动封隔器，应按本条第 2 款～第 5 款进行下一测点的测试。测试应自孔底向孔口逐点进行。

7　全孔测试结束后，应从测试孔中取出封隔器，用印模器或钻孔电视记录加压段岩体裂缝的长度和方向。裂缝的方向应为最大平面主应力的方向。

**6.4.8**　测试成果整理应符合下列要求：

1　应根据压力与时间关系曲线和流量与时间关系曲线确定各循环特征点参数。

2　岩体钻孔横截面上岩体平面最小主应力应分别按下列公式计算：

$$S_h = p_s \tag{6.4.8-1}$$

$$S_H = 3S_h - p_b - p_0 + \sigma_t \tag{6.4.8-2}$$

$$S_H = 3p_s - p_r - p_0 \tag{6.4.8-3}$$

式中：$S_h$——钻孔横截面上岩体平面最小主应力（MPa）；

$S_H$——钻孔横截面上岩体平面最大主应力（MPa）；

$\sigma_t$——岩体抗拉强度（MPa）；

$p_s$——瞬时关闭压力（MPa）；

$p_r$——重张压力（MPa）；

$p_b$——破裂压力（MPa）；

$p_0$——岩体孔隙水压力（MPa）。

3　钻孔横截面上岩体平面最大主应力计算时，应视岩性和测试情况选择式（6.4.8-2）或式（6.4.8-3）之一进行计算。

4　应根据印模器或钻孔电视记录，绘制裂缝形状、长度图，并应据此确定岩体平面最大主应力方向。

5　当压力传感器与测点有高程差时，岩体应力应叠加静水压力。岩体孔隙水压力可采用岩体内稳定地下水位在测点处的静水压力。

6　应绘制岩体应力与测试深度关系曲线。

**6.4.9**　水力致裂法测试记录应包括工程名称、钻孔编号、钻孔位置、孔口高程、钻孔轴向方位角和倾角、测点编号、测点位置、测试方法、地质描述、压力与时间关系曲线、流量与时间关系曲线、最大主应力方向。

# 7 岩体观测

## 7.1 围岩收敛观测

**7.1.1** 各类岩体均可采用围岩收敛观测。

**7.1.2** 观测布置应符合下列规定：

1 应根据地质条件、围岩应力、施工方法、断面形式、支护形式及围岩的时间和空间效应等因素，按一定的间距选择观测断面和测点位置。

2 观测断面间距宜大于2倍洞径。

3 初测观测断面宜靠近开挖掌子面，距离不宜大于1.0m。

4 基线的数量和方向，应根据围岩的变形条件及洞室的形状和大小确定。

**7.1.3** 地质描述应包括下列内容：

1 观测段的岩石名称、结构构造、岩层产状及主要矿物成分。

2 岩体结构面的类型、产状、宽度及充填物性质。

3 地下洞室开挖过程中岩体应力特征。

4 水文地质条件。

5 观测断面地质剖面图和观测段地质展视图。

**7.1.4** 应包括下列主要仪器和设备：

1 卷尺式收敛计。

2 测桩及保护装置。

3 温度计。

**7.1.5** 测点安装应符合下列要求：

1 应清除测点埋设处的松动岩石。

2 应用钻孔工具在选定的测点处垂直洞壁钻孔，并应将测桩固定在孔内。测桩端头宜位于岩体表面，不宜出露过长。

3 测点应设保护装置。

**7.1.6** 观测准备应包括下列内容：

1 对于同一工程部位进行收敛观测，应使用同一收敛计。

2 需要对收敛计进行更换时，应重新建立基准值。

3 收敛计应在观测前进行标定。

**7.1.7** 观测应按下列步骤进行：

1 应将测桩端头擦拭干净。

2 应将收敛计两端分别固定在基线两端测桩的端头上，并应按基线长度固定尺长。钢尺不应受扭。

3 应根据基线长度确定的收敛计恒定张力，调节张力装置，读取观测值，然后松开张力装置。

4 每次观测应重复测读3次，3次观测读数的最大差值不应大于收敛计的精度范围。应取3次读数的平均值作为观测读数值，第1次观测读数值应作为观测基准值。

5 应量测环境温度。

6 观测时间间隔应根据观测目的、工程需要和围岩收敛情况确定。

7 应记录工程施工或运行情况。

**7.1.8** 观测成果整理应符合下列要求：

1 应根据仪器使用要求，计算基线观测长度。

2 经温度修正的实际收敛值应按下式计算：

$$\Delta L_i = L_0 - [L_i + \alpha L_0 (T_i - T_0)] \qquad (7.1.8)$$

式中：$\Delta L_i$——实际收敛值(mm)；

$L_0$——基线基准长度(mm)；

$L_i$——基线观测长度(mm)；

$\alpha$——收敛计系统温度线胀系数(1/℃)；

$T_i$——收敛计观测时的环境温度(℃)；

$T_0$——收敛计第一次读数时的环境温度(℃)。

3 应绘制收敛值与时间关系曲线、收敛值与开挖空间变化关系曲线。

4 需要进行收敛观测各测点位移的分配计算时，可根据测点的布置形式选择相应的计算方法进行。

**7.1.9** 围岩收敛观测记录应包括工程名称、观测段和观测断面及观测点的位置与编号、地质描述、收敛计编号、观测时间、观测读数、基线长度、环境温度、工程施工或运行情况。

## 7.2 钻孔轴向岩体位移观测

**7.2.1** 各类岩体均可采用钻孔轴向岩体位移观测，观测深度不宜大于60m。

**7.2.2** 观测布置应符合下列要求：

1 观测断面及断面上观测孔的数量，应根据工程规模、工程特点和地质条件确定。

2 观测孔的位置、方向和深度，应根据观测目的和地质条件确定。观测孔的深度宜大于最深测点0.5m～1.0m。

3 观测孔中测点的位置，宜根据位移变化梯度确定，位移变化大的部位宜加密测点。测点宜避开构造破碎带。

4 当以最深点为绝对位移基准点时，最深点应设置在应力扰动区外。

5 当有条件时，位移计可在开挖前进行预埋，或在同一断面上的重要部位选择1孔～2孔进行预埋。预埋孔中最深测点，距开挖面距离宜大于1.0m。

6 当无条件进行预埋时，埋设断面距掌子面不宜大于1.0m。当工程开挖为分台阶开挖时，可在下一台阶开挖前进行埋设。

**7.2.3** 地质描述应包括下列内容：

1 观测区段的岩石名称、岩性及地质分层。

2 岩体结构面的类型、产状、宽度及充填物性质。

3 观测孔钻孔柱状图、观测区段地质纵横剖面图和观测区段平面地质图。

**7.2.4** 应包括下列主要仪器设备：

1 钻孔设备。

2 杆式轴向位移计。

3 读数仪。

4 安装器。

5 灌浆设备。

**7.2.5** 观测准备应符合下列规定：

1 在预定部位应按要求的孔径、方向和深度钻孔。孔口松动岩石应清除干净，孔口应平整。

2 应清洗钻孔，检查钻孔通畅程度。

3 应根据钻孔岩心柱状图和观测要求，确定测点位置和选择锚头类型。

**7.2.6** 仪器安装应符合下列要求：

1 应根据位移计的安装要求，进行位移计安装。应按确定的测点位置，由孔底向孔口逐点安装各测点，最后安装孔口装置。并联式位移计安装时，应防止各测点间传递位移的连接杆相互干扰。

2 应根据锚头类型和安装要求，逐点固定锚头。当使用灌浆锚头时，应预置灌浆管和排气管。

3 安装位移传感器时应对传感器和观测电缆进行编号。调整每个测点的初始读数，当采用灌浆锚头时，应在浆液充分固化后进行。

4 需要设置集线箱时，位移传感器通过观测电缆应按编号接入集成箱。

5 孔口、观测电缆、集线箱应设保护装置。

6 仪器安装情况应进行记录。

**7.2.7** 观测应按下列步骤进行：

1 应在连接读数仪后进行观测。

2 每个测点宜重复测读3次，3次读数的最大差值不应大于读数仪的精度范围。应取3次读数的平均值作为观测读数值，第1次观测读数值应作为观测基准值。

3 观测时间间隔应根据观测目的、工程需要和岩体位移情况确定。

4 应记录工程施工或运行情况。

7.2.8 观测成果整理应符合下列要求：

1 应计算各测点位移。

2 应绘制测点位移与时间关系曲线。

3 应绘制观测孔位移与孔深关系曲线。

4 应绘制观测断面上，各观测孔的位移与孔深关系曲线。

5 应选择典型观测孔，绘制各测点位移与开挖面距离变化的关系曲线。

7.2.9 钻孔轴向岩体位移观测记录应包括工程名称、观测断面和观测孔及测点的位置与编号、地质描述、仪器安装记录、读数仪编号、传感器编号、观测时间、观测读数、工程施工或运行情况。

## 7.3 钻孔横向岩体位移观测

7.3.1 各类岩体均可采用铅垂向钻孔进行钻孔横向岩体位移观测。

7.3.2 观测布置应符合下列要求：

1 观测断面及断面上观测孔的数量，应根据工程规模、工程特点和地质条件确定。

2 观测断面方向宜与预计的岩体最大位移方向或倾斜方向一致。

3 观测孔应根据地质条件和岩体受力状态布置在最有可能产生滑移、倾斜或对工程施工及运行安全影响最大的部位。

4 观测孔的深度宜超过预计最深滑移带或倾斜岩体底部5m。

7.3.3 地质描述应包括下列内容：

1 观测区段的岩石名称、岩性及地质分层。

2 岩体结构面的类型、产状、宽度及充填物性质。

3 观测孔钻孔柱状图、观测区段地质纵横剖面图和观测区段平面地质图。

7.3.4 应包括下列主要仪器和设备：

1 钻孔设备。

2 伺服加速度计式滑动测斜仪。

3 模拟测头。

4 测斜管和管接头。

5 安装设备。

6 灌浆设备。

7 测扭仪。

7.3.5 观测准备应符合下列要求：

1 应在预定部位按要求的孔径和深度进行铅垂向钻孔。观测孔孔径宜大于测斜管外径50mm。

2 应清洗钻孔，检查钻孔通畅程度。

3 应进行全孔取心，绘制钻孔柱状图，并应记录钻进过程中的情况。

7.3.6 测斜管安装应符合下列要求：

1 应按要求长度将测斜管进行逐节预接，打好铆钉孔，在对接处作好对准标记并编号，底部测斜管应进行密封。对接处导槽应对准，铆钉孔应避开导槽。

2 应按测斜管的对准标记和编号逐节对接、固定和密封后，逐节吊入观测孔内，直至将测斜管全部下入观测孔内。

3 应调整导槽方向，其中一对导槽方向宜与预计的岩体位移或倾斜方向一致。用模拟测头检查导槽畅通无阻后，将测斜管就位锁紧。

4 应在测斜管内灌注洁净水，必要时施加压重。

5 应封闭测斜管管口，并应将灌浆管沿测斜管外侧下人孔内至孔底以上1m处，进行灌浆。待浆液从孔口溢出，溢出的浆液与灌入浆液相同时，边灌浆边取出灌浆管。浆液应按要求配制。

6 灌浆结束后，孔口应设保护装置。

7 测斜管安装情况应进行记录。

7.3.7 观测应按下列步骤进行：

1 应待浆液充分固化后，量测测斜管导槽方位。

2 应用模拟测头检查测斜管导槽通畅程度。必要时，应用测扭仪测导槽的扭曲度。

3 使测斜仪处于工作状态，应将测头导轮插入测斜管导槽，缓慢地下至孔底，由孔底自下而上进行连续观测，并应记录测点观测读数和测点深度。测读完成后，应将测头旋转180°插入同一对导槽内，并按上述步骤再测读1次，测点深度应与第1次相同。

4 测读完一对导槽后，应将测头旋转90°，并应按本条第3款步骤测另一对导槽两个方向的观测读数。

5 每次观测时，应保持测点在同一深度上。同一深度一对导槽正反两次观测读数的误差应满足仪器精度要求，取两次读数的平均值作为观测读数值。

6 应取第1次的观测读数值作为观测基准值。也可在浆液固化后，按一定的时间间隔进行观测，取其读数稳定值作为观测基准值。

7 当读数有异常时，应及时补测，或分析原因后采取相应措施。

8 观测时间间隔，应根据工程需要和岩体位移情况确定。

9 应记录工程施工或运行情况。

7.3.8 观测成果整理应符合下列要求：

1 应根据仪器要求，计算各测点位移和累积位移。

2 应绘制位移与深度关系曲线，并附钻孔柱状图。

3 应绘制各观测时间的位移与深度关系曲线。

4 对有明显位移的部位，应绘制该深度的位移与时间关系曲线。

5 应根据需要，计算测点的位移矢量及其方位角，绘制位移矢量与深度关系曲线，以及方位角与深度关系曲线、测区位移矢量平面分布图。

7.3.9 钻孔横向岩体位移观测记录应包括工程名称、观测区和观测断面位置和编号、观测孔位置和编号、测点位置和编号、导槽方向、地质描述、测斜管安装记录、测斜仪编号、观测时间、观测读数、工程施工或运行情况。

## 7.4 岩体表面倾斜观测

7.4.1 各类岩体均可采用岩体表面倾斜观测。

7.4.2 观测布置应符合下列要求：

1 观测范围、测点的位置和数量应根据工程规模、工程特点和地质条件确定。

2 测点应布置在能反映岩体整体倾斜趋势的部位。

3 测点宜直接布置在岩体表面。当条件无法满足时，也可采用浇筑混凝土墩与岩体连接。

4 需要设置参照基准测点时，应布置在受扰动岩体范围外的稳定岩体上。

5 测点应设置在方便观测的位置，并有观测通道。

7.4.3 地质描述应包括下列内容：

1 岩石名称、结构、主要矿物成分。

2 岩体主要结构面类型、产状、宽度、充填物性质。

3 岩体风化程度及范围。

4 观测区工程地质平面图。

7.4.4 应包括下列主要仪器和设备：

1 倾角计。

2 读数仪。

3 基准板。

7.4.5 测点安装应符合下列规定：

1 基准板宜水平向布置。

2 应在预定的测点部位，清理出 50cm×50cm 的新鲜岩面，清洗后用水泥浆或黏结胶按预计最大倾斜方向将基准板固定在岩面上。

3 根据岩体的风化程度或完整性，可采用锚杆将岩体连成一整体，或开挖一定深度后，先设置锚杆再浇筑混凝土墩。混凝土墩断面尺寸宜为 50cm×50cm，并应高出岩体表面约 20cm，按本条第 1 款要求固定基准板。

4 根据需要，基准板也可任意向布置。采用任意向布置时，应按本条第 2 款要求固定基准板。

5 基准板应设保护装置。水泥浆和混凝土应进行养护。

6 测点安装情况应进行记录。

7.4.6 观测应按下列步骤进行：

1 应擦净基准板表面和倾角计底面，应按基准板上要求的方向将倾角计安装在基准板上后进行测读，记录观测读数。

2 每次观测应重复测读 3 次，3 次观测读数的最大差值不应大于读数仪的允许误差，取 3 次读数的平均值作为观测读数值。

3 应将倾角计旋转 180°进行安装，并应按本条第 1 款、第 2 款步骤测读倾角计旋转 180°后的观测读数值。

4 应将倾角计旋转 90°，并应按本条第 1 款至第 3 款步骤测读另一方向的观测读数值。

5 应取第一次的一组观测读数值作为观测基准值。

6 参照基准测点应在同一观测时间内进行测读。

7 观测时间间隔应根据工程需要和岩体位移情况确定。

8 应记录工程施工或运行情况。

7.4.7 观测成果整理应符合下列要求：

1 应根据观测读数值和倾角计给定的关系式，计算两个方向的角位移。

2 根据需要，可计算最大角位移及其方向。

3 应绘制角位移和时间关系曲线。根据需要，可绘制观测区平面矢量图。

7.4.8 岩体表面倾斜观测记录应包括工程名称、观测区和观测点位置和编号、观测方向、地质描述、测角计编号、读数仪编号、观测时间、观测读数、工程施工或运行情况。

### 7.5 岩体渗压观测

7.5.1 各类岩体均可采用岩体渗压观测。

7.5.2 观测布置应符合下列要求：

1 应根据工程区的工程地质和水文地质条件、工程采取的防渗和排水措施选择观测断面和测点位置。

2 观测断面应选择在断面渗压分布变化较大部位，断面方向宜平行渗流方向。

3 测点应布置在渗压坡降大的部位、防渗或排水设施上下游、相对隔水层两侧、不同渗透介质的接触面、可能产生渗透稳定破坏的部位、工程需要观测的部位。

4 应利用已有的孔、井、地下水出露点布置测点。

5 应根据不同的观测目的、岩体结构条件、岩体渗流特性及仪器埋设条件，选用测压管或渗压计进行观测。对于重要部位，宜采用不同类型仪器进行平行观测。

7.5.3 地质描述应包括下列内容：

1 岩石名称、结构、主要矿物成分。

2 观测孔钻孔柱状图，并附钻孔透水性指标。

3 观测区工程地质、水文地质图。

7.5.4 应包括下列主要仪器和设备：

1 钻孔设备。

2 灌浆设备。

3 测压管：由进水管和导管组成。

4 水位计或测绳。

5 压力表。

6 渗压计。

7 读数仪。

7.5.5 测压管安装应符合下列规定：

1 应在预定部位按要求的孔径、方向和深度钻孔，清洗钻孔。钻孔方向除有专门要求外，宜选择铅垂向。

2 钻孔应进行全孔取心，绘制钻孔柱状图。对需要布置测点的孔段，应进行压水试验。

3 应根据钻孔柱状图、压水试验成果、工程要求确定测点位置和观测段长度。

4 应根据测点位置，计算导管和进水管长度。用于点压力观测的进水管长度不宜大于 0.5m。进水管底部应预留 0.5m 长的沉淀管段。

5 应在钻孔底部填入约 0.3m 厚的中砾石层。

6 将测压管的进水管和导管依次连接放入孔内，顶部宜高出地面 1.0m。连接处应密封，孔口应保护。必要时，进水管应设置反滤层。

7 应在测压管和孔壁间隙中填入中砾石至进水管顶部，再填入 1.0m 厚的中细砂，上部充填水泥砂浆或水泥膨润土浆至孔口。

8 当全孔处于完整和较完整岩体中时，可不安装测压管，应安装管口装置。

9 需要进行分层观测渗压时，可采用一孔多管式，应在各进水管间采用封闭隔离措施。

10 当测压管水平向安装时，钻孔宜向下倾斜，倾角约 3°。

11 仪器安装情况应进行记录。

7.5.6 渗压计安装应符合下列要求：

1 应按本标准第 7.5.5 条中第 1 款至第 3 款要求进行钻孔并确定测点位置。测点观测段长不应小于 1.0m。

2 应向孔内填入中粗砂至渗压计埋设位置，厚度不应小于 0.4m。应将装有经预饱和渗压计的细砂包置于砂层顶部，引出观测电缆。渗压计在埋设前和定位后，应检查渗压计使用状态。

3 应填入中砂至观测段顶部，再填入厚 1.0m 的细砂，上部充填水泥砂浆或膨润土至孔口。

4 在干孔中填砂后，加水使砂层达到饱和。

5 分层观测渗压时，可在一个钻孔内埋设多个渗压计，应对渗压计和观测电缆进行编号。应在各观测段间采取封闭隔离措施。

6 观测点压力时，观测段长度不应大于 0.5m。

7 进行岩体和混凝土接触面渗压观测时，应在岩体测点部位表面，选择有透水裂隙通过处挖槽，先铺设中粗砂，放入装有经预饱和渗压计的细砂包，引出观测电缆，用水泥砂浆封闭。

8 需要设置集线箱时，渗压计应通过观测电缆按编号接入集线箱。应量测观测电缆长度。

9 观测电缆、集线箱应设保护装置。

10 仪器安装情况应进行记录。

7.5.7 观测应按下列步骤进行：

1 无压测压管水位可采用测绳或水位计观测，观测读数应准确至 0.01m。

2 有压测压管应在管口安装压力表，应读取压力表值，并应估读至 0.1 格。如水位变化缓慢，开始阶段可采用本条第 1 款方法观测，当水位溢出管口时，再安装压力表。当压力长期低于压力表量程的 1/3，或压力超过压力表量程的 2/3 时，应更换压力表。

3 渗压计每次观测读数不应少于2次，当相邻2次读数不大于读数仪允许误差时，应取2次读数平均值作为观测读数值。

4 测压管和渗压计观测时间间隔应根据工程需要和渗压变化情况确定。

5 应记录工程施工或运行情况。

7.5.8 观测成果整理应符合下列要求：

1 应根据测压管读数和孔口高程计算水位。

2 应根据渗压计要求，计算岩体渗压值。

3 应绘制水位或渗压与时间关系曲线。当地面水水位与渗压有关时，应同时绘制地面水水位与时间关系曲线。

4 应绘制水位或渗压沿断面方向分布曲线。

7.5.9 岩体渗压观测记录应包括工程名称、观测断面位置和编号、测点位置和编号、地质描述、水位计或压力表或渗压计型号和编号、观测电缆型号和长度、读数仪编号、观测时间、观测读数、工程施工或运行情况。

# 附录A 岩体应力参数计算

## A.1 孔壁应变法计算

A.1.1 孔壁应变法大地坐标系中空间应力分量应分别按下列公式计算：

$$E\varepsilon_{ij} = A_{xx}\sigma_x + A_{yy}\sigma_y + A_{zz}\sigma_z + A_{xy}\tau_{xy} + A_{yz}\tau_{yz} + A_{zx}\tau_{zx} \quad (A.1.1\text{-}1)$$

$$A_{xx} = (l_x^2 + l_y^2 - \mu l_z^2)\sin^2\varphi_{ij} - [\mu(l_x^2 + l_y^2) - l_z^2]\cos^2\varphi_{ij} - 2(1-\mu^2)[(l_x^2 - l_y^2)\cos2\theta_i + 2l_x l_y \sin2\theta_i]\sin^2\varphi_{ij} + 2(1+\mu)(l_y l_z\cos\theta_i - l_x l_z\sin\theta_i)\sin2\varphi_{ij} \quad (A.1.1\text{-}2)$$

$$A_{yy} = (m_x^2 + m_y^2 - \mu m_z^2)\sin^2\varphi_{ij} - [\mu(m_x^2 + m_y^2) - m_z^2]\cos^2\varphi_{ij} - 2(1-\mu^2)[(m_x^2 - m_y^2)\cos2\theta_i + 2m_x m_y\sin2\theta_i]\sin^2\varphi_{ij} + 2(1+\mu)(m_y m_z\cos\theta_i - m_x m_z\sin\theta_i)\sin2\varphi_{ij} \quad (A.1.1\text{-}3)$$

$$A_{zz} = (n_x^2 + n_y^2 - \mu n_z^2)\sin^2\varphi_{ij} - [\mu(n_x^2 + n_y^2) - n_z^2]\cos^2\varphi_{ij} - 2(1-\mu^2)[(n_x^2 - n_y^2)\cos2\theta_i + 2n_x n_y\sin2\theta_i]\sin^2\varphi_{ij} + 2(1+\mu)(n_y n_z\cos\theta_i - n_x n_z\sin\theta_i)\sin2\varphi_{ij} \quad (A.1.1\text{-}4)$$

$$A_{xy} = 2(l_x m_x + l_y m_y - \mu l_z m_z)\sin^2\varphi_{ij} - 2[\mu(l_x m_x + l_y m_y) - l_z m_z]\cos^2\varphi_{ij} - 4(1-\mu^2)[(l_x m_x - l_y m_y)\cos2\theta_i + (l_x m_y + l_y m_x)\sin2\theta_i]\sin^2\varphi_{ij} + 2(1+\mu)[(l_y m_z + l_z m_y)\cos\theta_i - (l_x m_z + l_z m_x)\sin\theta_i]\sin2\varphi_{ij} \quad (A.1.1\text{-}5)$$

$$A_{yz} = 2(m_x n_x + m_y n_y - \mu m_z n_z)\sin^2\varphi_{ij} - 2[\mu(m_x n_x + m_y n_y) - m_z n_z]\cos^2\varphi_{ij} - 4(1-\mu^2)[(m_x n_x - m_y n_y)\cos2\theta_i + (m_x n_y + m_y n_x)\sin2\theta_i]\sin^2\varphi_{ij} + 2(1+\mu)[(m_y n_z + m_z n_y)\cos\theta_i - (m_x n_z + m_z n_x)\sin\theta_i]\sin2\varphi_{ij} \quad (A.1.1\text{-}6)$$

$$A_{zx} = 2(n_x l_x + n_y l_y - \mu n_z l_z)\sin^2\varphi_{ij} - 2[\mu(n_x l_x + n_y l_y) - n_z l_z]\cos^2\varphi_{ij} - 4(1-\mu^2)[(n_x l_x - n_y l_y)\cos2\theta_i + (n_x l_y + n_y l_x)\sin2\theta_i]\sin^2\varphi_{ij} + 2(1+\mu)[(n_y l_z + n_z l_y)\cos\theta_i - (n_x l_z + n_z l_x)\sin\theta_i]\sin2\varphi_{ij} \quad (A.1.1\text{-}7)$$

式中：$E$——岩体弹性模量(MPa)；

$\varepsilon_{ij}$——序号为 $i$ 应变丛中序号为 $j$ 应变片的应变计算值；

$\mu$——岩体泊松比；

$\varphi_{ij}$——序号为 $i$ 应变丛中序号为 $j$ 应变片的倾角(°)；

$\theta_i$——序号为 $i$ 应变丛的极角(°)；

$\sigma_x, \sigma_y, \sigma_z, \tau_{xy}, \tau_{yz}, \tau_{zx}$——岩体空间应力分量(MPa)；

$A_{xx}, A_{yy}, A_{zz}, A_{xy}, A_{yz}, A_{zx}$——应力系数；

$l_x, m_x, n_x; l_y, m_y, n_y; l_z, m_z, n_z$——测试钻孔坐标系各轴对于大地坐标系的方向余弦。

A.1.2 采用空心包体进行孔壁应变法测试时，在计算中应根据空心包体几何尺寸、材料变形参数进行修正。空心包体应提供有关技术参数。

## A.2 孔径变形法计算

A.2.1 孔径变形法大地坐标系中空间应力分量应分别按下列公式计算：

$$E\varepsilon_{ij} = A_{xx}^i\sigma_x + A_{yy}^i\sigma_y + A_{zz}^i\sigma_z + A_{xy}^i\tau_{xy} + A_{yz}^i\tau_{yz} + A_{zx}^i\tau_{zx} \quad (A.2.1\text{-}1)$$

$$A_{xx}^i = l_{xi}^2 + l_{yi}^2 - \mu l_{zi}^2 + 2(1-\mu^2)[(l_{xi}^2 - l_{yi}^2)\cos2\theta_{ij} + 2l_{xi}l_{yi}\sin2\theta_{ij}] \quad (A.2.1\text{-}2)$$

$$A_{yy}^i = m_{xi}^2 + m_{yi}^2 - \mu m_{zi}^2 + 2(1-\mu^2)[(m_{xi}^2 - m_{yi}^2)\cos2\theta_{ij} + 2m_{xi}m_{yi}\sin2\theta_{ij}] \quad (A.2.1\text{-}3)$$

$$A_{zz}^i = n_{xi}^2 + n_{yi}^2 - \mu n_{zi}^2 + 2(1-\mu^2)[(n_{xi}^2 - n_{yi}^2)\cos2\theta_{ij} + 2n_{xi}n_{yi}\sin2\theta_{ij}] \quad (A.2.1\text{-}4)$$

$$A_{xy}^i = 2(l_{xi}m_{xi} + l_{yi}m_{yi} - \mu l_{zi}m_{zi}) + 4(1-\mu^2)[(l_{xi}m_{xi} - l_{yi}m_{yi})\cos2\theta_{ij} + (l_{xi}m_{yi} + m_{xi}l_{yi})\sin2\theta_{ij}] \quad (A.2.1\text{-}5)$$

$$A_{yz}^i = 2(m_{xi}n_{xi} + m_{yi}n_{yi} - \mu m_{zi}n_{zi}) + 4(1-\mu^2)[(m_{xi}n_{xi} - m_{yi}n_{yi})\cos2\theta_{ij} + (m_{xi}n_{yi} + n_{xi}m_{yi})\sin2\theta_{ij}] \quad (A.2.1\text{-}6)$$

$$A_{zx}^i = 2(n_{xi}l_{xi} + n_{yi}l_{yi} - \mu n_{zi}l_{zi}) + 4(1-\mu^2)[(n_{xi}l_{xi} - n_{yi}l_{yi})\cos2\theta_{ij} + (n_{xi}l_{yi} + l_{xi}n_{yi})\sin2\theta_{ij}] \quad (A.2.1\text{-}7)$$

式中：$\varepsilon$——序号为 $i$ 测试钻孔中 $j$ 测试方向中心测试孔的相对孔径变形值；

$i$——测试钻孔序号；

$j$——孔径变形计钢环序号；

$\theta_{ij}$——序号为 $i$ 测试钻孔中 $j$ 测试方向钢环触头极角(°)；

$A_{xx}^i, A_{yy}^i, A_{zz}^i, A_{xy}^i, A_{yz}^i, A_{zx}^i$——序号 $i$ 测试钻孔的应力系数；

$l_{xi}, m_{xi}, n_{xi}; l_{yi}, m_{yi}, n_{yi}; l_{zi}, m_{zi}, n_{zi}$——序号 $i$ 测试钻孔坐标系各轴对于大地坐标系的方向余弦。

A.2.2 当只在一个测试钻孔内，进行垂直于钻孔轴线平面内各应力分量沿孔深度变化趋势分析时，作平面应力假定，各平面内的应力分量应按下式计算：

$$E\varepsilon_j = [1 + 2(1-\mu^2)\cos2\theta_j]\sigma_x + [1 - 2(1-\mu^2)\cos2\theta_j]\sigma_y + 4(1-\mu^2)\cos2\theta_j\tau_{xy} \quad (A.2.2)$$

式中：$\varepsilon_j$——$j$ 测试方向中心测试孔的相对孔径变形值；

$\sigma_x, \sigma_y, \tau_{xy}$——岩体平面应力分量(MPa)；

$\theta_j$——$j$ 测试方向钢环触头极角(°)。

## A.3 孔底应变法计算

A.3.1 孔底应变法大地坐标系中空间应力分量应分别按下列公式计算：

$$E\varepsilon_{ij} = A_{xx}^i\sigma_x + A_{yy}^i\sigma_y + A_{zz}^i\sigma_z + A_{xy}^i\tau_{xy} + A_{yz}^i\tau_{yz} + A_{zx}^i\tau_{zx} \quad (A.3.1\text{-}1)$$

$$A_{xx}^i = \lambda_{i1}l_{xi}^2 + \lambda_{i2}l_{yi}^2 + \lambda_{i3}l_{zi}^2 + \lambda_{i4}l_{xi}l_{yi} \quad (A.3.1\text{-}2)$$

$$A_{yy}^i = \lambda_{i1}m_{xi}^2 + \lambda_{i2}m_{yi}^2 + \lambda_{i3}m_{zi}^2 + \lambda_{i4}m_{xi}m_{yi} \quad (A.3.1\text{-}3)$$

$$A_{zz}^i = \lambda_{i1}n_{xi}^2 + \lambda_{i2}n_{yi}^2 + \lambda_{i3}n_{zi}^2 + \lambda_{i4}n_{xi}n_{yi} \quad (A.3.1\text{-}4)$$

$$A^i_{xy} = 2(\lambda_{i1} l_{xi} m_{xi} + \lambda_{i2} l_{yi} m_{yi} + \lambda_{i3} l_{zi} m_{zi}) + \lambda_{i4}(l_{xi} m_{yi} + m_{xi} l_{yi}) \quad (A.3.1\text{-}5)$$

$$A^i_{yz} = 2(\lambda_{i1} m_{xi} n_{xi} + \lambda_{i2} m_{yi} n_{yi} + \lambda_{i3} m_{zi} n_{zi}) + \lambda_{i4}(m_{xi} n_{xi} + n_{xi} m_{xi}) \quad (A.3.1\text{-}6)$$

$$A^i_{zx} = 2(\lambda_{i1} n_{xi} l_{xi} + \lambda_{i2} n_{yi} l_{yi} + \lambda_{i3} n_{zi} l_{zi}) + \lambda_{i4}(n_{xi} l_{yi} + l_{xi} n_{yi}) \quad (A.3.1\text{-}7)$$

$$\lambda_{i1} = 1.25(\cos^2\varphi_{ij} - \mu\sin^2\varphi_{ij}) \quad (A.3.1\text{-}8)$$

$$\lambda_{i2} = 1.25(\sin^2\varphi_{ij} - \mu\cos^2\varphi_{ij}) \quad (A.3.1\text{-}9)$$

$$\lambda_{i3} = -0.75(0.645 + \mu)(1 - \mu) \quad (A.3.1\text{-}10)$$

$$\lambda_{i4} = 1.25(1 + \mu)\sin 2\varphi_{ij} \quad (A.3.1\text{-}11)$$

式中：$\varepsilon_{ij}$——序号为 $i$ 测试钻孔中 $j$ 测试方向应变片的应变计算值；

$i$——测试钻孔序号；

$j$——应变丛中应变片序号；

$\varphi_{ij}$——序号为 $i$ 测试钻孔中 $j$ 测试方向应变片倾角(°)。

$\lambda_{i1},\lambda_{i2},\lambda_{i3},\lambda_{i4}$——序号 $i$ 测试钻孔与泊松比和应变片夹角有关的计算系数。

**A.3.2** 计算系数 $\lambda$ 适用于一般的孔底应变计，也可根据试验或建立的数学模型确定计算系数。

### A.4 空间主应力参数计算

**A.4.1** 空间主应力计算应符合下列规定：

1 空间主应力应分别按下列公式计算：

$$\sigma_1 = 2\sqrt{-\frac{P}{3}}\cos\frac{\omega}{3} + \frac{1}{3}J_1 \quad (A.4.1\text{-}1)$$

$$\sigma_2 = 2\sqrt{-\frac{P}{3}}\cos\frac{\omega + 2\pi}{3} + \frac{1}{3}J_1 \quad (A.4.1\text{-}2)$$

$$\sigma_3 = 2\sqrt{-\frac{P}{3}}\cos\frac{\omega + 4\pi}{3} + \frac{1}{3}J_1 \quad (A.4.1\text{-}3)$$

$$\omega = \arccos\left[-\frac{Q}{2\sqrt{-\left(\frac{P}{3}\right)^3}}\right] \quad (A.4.1\text{-}4)$$

$$P = -\frac{1}{3}J_1^2 + J_2 \quad (A.4.1\text{-}5)$$

$$Q = -2\left(\frac{J_1}{3}\right)^3 + \frac{1}{3}J_1 J_2 - J_3 \quad (A.4.1\text{-}6)$$

$$J_1 = \sigma_x + \sigma_y + \sigma_z \quad (A.4.1\text{-}7)$$

$$J_2 = \sigma_x\sigma_y + \sigma_y\sigma_z + \sigma_z\sigma_x - \tau_{xy}^2 - \tau_{yz}^2 - \tau_{zx}^2 \quad (A.4.1\text{-}8)$$

$$J_3 = \sigma_x\sigma_y\sigma_z - \sigma_x\tau_{yz}^2 - \sigma_y\tau_{zx}^2 - \sigma_z\tau_{xy}^2 - 2\tau_{xy}\tau_{yz}\tau_{zx} \quad (A.4.1\text{-}9)$$

式中：$\sigma_1,\sigma_2,\sigma_3$——岩体空间主应力(MPa)；

$\omega,P,Q,J_1,J_2,J_3$——为简化应力计算公式而设置的计算代号。

2 各主应力对于大地坐标系各轴的方向余弦应分别按下列公式计算：

$$l_i = \frac{A}{\sqrt{A^2 + B^2 + C^2}} \quad (A.4.1\text{-}10)$$

$$m_i = \frac{B}{\sqrt{A^2 + B^2 + C^2}} \quad (A.4.1\text{-}11)$$

$$n_i = \frac{C}{\sqrt{A^2 + B^2 + C^2}} \quad (A.4.1\text{-}12)$$

$$A = \tau_{xy}\tau_{yz} - (\sigma_y - \sigma_i)\tau_{zx} \quad (A.4.1\text{-}13)$$

$$B = \tau_{xy}\tau_{zx} - (\sigma_x - \sigma_i)\tau_{yz} \quad (A.4.1\text{-}14)$$

$$C = (\sigma_x - \sigma_i)(\sigma_y - \sigma_i) - \tau_{xy}^2 \quad (A.4.1\text{-}15)$$

式中：$l_i,m_i,n_i$——各主应力对于大地坐标系各轴的方向余弦(°)；

$A,B,C$——为简化方向余弦计算公式而设置的计算代号。

3 各主应力方向应分别按下列公式计算：

$$\alpha_i = \arcsin n_i \quad (A.4.1\text{-}16)$$

$$\beta_i = \beta_0 - \arcsin\frac{m_i}{\sqrt{1 - n_i^2}} \quad (A.4.1\text{-}17)$$

式中：$\alpha_i$——主应力 $\sigma_i$ 的倾角(°)；

$\beta_0$——大地坐标系 X 轴方位角(°)；

$\beta_i$——主应力 $\sigma_i$ 在水平面上投影线的方位角(°)。

**A.4.2** 按式(A.2.2)进行平面应力分量解时，平面主应力参数计算应符合下列规定：

1 平面主应力应分别按下列公式计算：

$$\sigma_1 = \frac{1}{2}\left[(\sigma_x + \sigma_y) + \sqrt{(\sigma_x - \sigma_y)^2 + 4\tau_{xy}^2}\right] \quad (A.4.2\text{-}1)$$

$$\sigma_2 = \frac{1}{2}\left[(\sigma_x + \sigma_y) - \sqrt{(\sigma_x - \sigma_y)^2 + 4\tau_{xy}^2}\right] \quad (A.4.2\text{-}2)$$

式中：$\sigma_1,\sigma_2$——岩体平面主应力(MPa)。

2 主应力方向应按下式计算：

$$\alpha = \frac{1}{2}\arctan\frac{2\tau_{xy}}{\sigma_x - \sigma_y} \quad (A.4.2\text{-}3)$$

式中：$\alpha$——$\sigma_1$ 与 X 轴夹角(°)。

## 本标准用词说明

1 为便于在执行本标准条文时区别对待，对要求严格程度不同的用词说明如下：

1)表示很严格，非这样做不可的：

正面词采用“必须”，反面词采用“严禁”；

2)表示严格，在正常情况下均应这样做的：

正面词采用“应”，反面词采用“不应”或“不得”；

3)表示允许稍有选择，在条件许可时首先应这样做的：

正面词采用“宜”，反面词采用“不宜”；

4)表示有选择，在一定条件下可以这样做的，采用“可”。

2 条文中指明应按其他有关标准执行的写法为：“应符合……的规定”或“应按……执行”。

## 引用标准名录

《土工试验方法标准》GB/T 50123

# 中华人民共和国国家标准

# 工程岩体试验方法标准

**GB/T 50266—2013**

## 条 文 说 明

# 修 订 说 明

《工程岩体试验方法标准》GB/T 50266—2013，经住房和城乡建设部2013年1月28日以第1633号公告批准发布。

本标准是在《工程岩体试验方法标准》GB/T 50266—1999的基础上修订而成，上一版的主编单位为：水电水利规划设计总院。参加单位为：成都勘测设计研究院、中国水利水电科学研究院、长沙矿冶研究院、煤炭科学研究院、武汉岩体土力学研究所、长江科学院、黄河水利委员会勘测规划设计院、昆明勘测设计研究院、东北勘测设计院、铁道科学研究院西南研究所。主要起草人为：陈祖安、张性一、陈梦德、李迪、陈扬辉、傅冰骏、崔志莲、潘青莲、袁澄文、王永年、阎政翔、夏万仁、陈成宗、郭惠丰、吴玉山、刘永燮。

本次修订的主要内容为：1. 增加了岩块冻融试验、混凝土与岩体接触面直剪试验、岩体载荷试验、水压致裂法岩体应力测试、岩体表面倾斜观测、岩体渗压观测6个试验项目；2. 增加了水中称量法比重试验、千分表法单轴压缩变形试验、方形承压板法岩体变形试验3种试验方法。

为便于广大设计、施工、科研、学校等单位有关人员在使用本规范时能正确理解和执行条文规定，《工程岩体试验方法标准》编制组按章、节、条顺序编制了本规范的条文说明。对条文规定的目的、依据以及执行中需注意的有关事项进行了说明。但是，本条文说明不具备与规范正文同等的法律效力，仅供使用者作为理解和把握标准规定的参考。

# 目　次

# 1 总　　则

**1.0.1** 工程岩体试验的成果，既取决于工程岩体本身的特性，又受试验方法、试件形状、测试条件和试验环境等的影响。本标准就上述内容作了统一规定，有利于提高岩石试验成果的质量，增强同类工程岩体试验成果的可比性。

**1.0.2** 本条由原标准适用的行业修改为适用的工程对象。考虑到各行业对工程岩体技术标准的特殊要求，各行业可根据自己的经验和要求，在本标准基础上，制定适应本行业的具体试验方法标准。

**1.0.3** 本次修改增加质量检验内容。

# 2 岩块试验

## 2.1 含水率试验

**2.1.1** 岩石含水率是岩石在105℃～110℃温度下烘至恒量时所失去的水的质量与岩石固体颗粒质量的比值，以百分数表示。

(1)岩石含水率试验，主要用于测定岩石的天然含水状态或试件在试验前后的含水状态。

(2)对于含有结晶水易逸出矿物的岩石，在未取得充分论证前，一般采用烘干温度为55℃～65℃，或在常温下采用真空抽气干燥方法。

**2.1.2** 在地下水丰富的地区，无法采用干钻法，本次修订允许采用湿钻法。结构面充填物的含水状态将影响其物理力学性质，本次修订增加此方法。

**2.1.5** 本次修订将称量控制修改为烘干时间控制。其他试验均采用烘干时间为24h，且经过论证，为统一试验方法和便于操作，含水率试验烘干时间采用24h。

## 2.2 颗粒密度试验

**2.2.1** 岩石颗粒密度是岩石在105℃～110℃温度下烘至恒量时岩石固相颗粒质量与其体积的比值。岩石颗粒密度试验除采用比重瓶法外，本次修订增加水中称量法，列入本标准第2.4节吸水性试验中。

**2.2.2** 本条对试件作了以下规定：

1 颗粒密度试验的试件一般采用块体密度试验后的试件粉碎成岩粉，其目的是减少岩石不均一性的影响。

2 试件粉碎后的最大粒径，不含闭合裂隙。已有实测资料表明，当最大粒径为1mm时，对试验成果影响甚微。根据国内有关规定，同时考虑我国现有技术条件，本标准规定岩石粉碎成岩粉后需全部通过0.25mm筛孔。

**2.2.4** 本标准只采用容积为100ml的短颈比重瓶，是考虑了岩石的不均一性和我国现有的实际条件。

**2.2.6** 蒸馏水密度可查物理手册；煤油密度实测。

## 2.3 块体密度试验

**2.3.1** 岩石块体密度是岩石质量与岩石体积之比。根据岩石含水状态，岩石密度可分为天然密度、烘干密度和饱和密度。

(1)选择试验方法时，主要考虑试件制备的难度和水对岩石的影响。

(2)对于不能用量积法和直接在水中称量进行测定的干缩湿胀类岩石采用密封法。选用石蜡密封试件时，由于石蜡的熔点较高，在蜡封过程中可能会引起试件含水率的变化，同时试件也会产生干缩现象，这些都将影响岩石含水率和密度测定的准确性。高分子树脂胶是在常温下使用的涂料，能确保含水量和试件体积不变，在取得经验的基础上，可以代替石蜡作为密封材料。

**2.3.2** 用量积法测定岩石密度，适用于能制成规则试件的各类岩石。该方法简便、成果准确、且不受环境的影响，一般采用单轴抗压强度试验试件，以利于建立各指标间的相互关系。

**2.3.3** 蜡封法一般用不规则试件，试件表面有明显棱角或缺陷时，对测试成果有一定影响，因此要求试件加工成浑圆状。

**2.3.7** 用量积法测定岩石密度时，对于具有干缩湿胀的岩石，试件体积量测在烘干前进行，避免试件烘干对计算密度的影响。

**2.3.8** 用蜡封法测定岩石密度时，需掌握好熔蜡温度，温度过高容易使蜡液浸入试件缝隙中；温度低了会使试件封闭不均，不易形成完整蜡膜。因此，本试验规定的熔蜡温度略高于蜡的熔点(约57℃)。蜡的密度变化较大，在进行蜡封法试验时，需测定蜡的密度，其方法与岩石密度试验中水中称量法相同。

**2.3.10** 鉴于岩石属不均质体，并受节理裂隙等结构的影响，因此同组岩石的每个试件试验成果值存在一定差异。在试验成果中列出每一试件的试验值。在后面章节条文说明中，凡无计算平均值的要求，均按此条文说明，不再另行说明。

## 2.4 吸水性试验

**2.4.1** 岩石吸水率是岩石在大气压力和室温条件下吸入水的质量与岩石固体颗粒质量的比值，以百分数表示；岩石饱和吸水率是岩石在强制条件下的最大吸水量与岩石固体颗粒质量的比值，以百分数表示。

水中称量法可以连续测定岩石吸水性、块体密度、颗粒密度等指标，对简化试验步骤，建立岩石指标相关关系具有明显的优点。因此，水中称量法和比重瓶法测定岩石颗粒密度的对比试验研究，从原标准制订前至今，始终在进行。水中称量法测定岩石颗粒密度的试验方法，在土工和材料试验中，已被制订在相关的标准中。

由于在岩石中可能存在封闭空隙，水中称量法测得的岩石颗粒密度值等于或小于比重瓶法。经对比试验，饱和吸水率小于0.30%时，误差基本在0.00～0.02之间。

水中称量法测定岩石颗粒密度方法简单，精度能满足一般使用要求，本次修订将水中称量法测定岩石颗粒密度方法正式列入本标准。对于含较多封闭孔隙的岩石，仍需采用比重瓶法。

**2.4.2** 试件形态对岩石吸水率的试验成果有影响，不规则试件的吸水率可以是规则试件的两倍多，这和试件与水的接触面积大小有很大关系。采用单轴抗压强度试验的试件作为吸水性试验的标准试件，能与抗压强度等指标建立良好的相关关系。因此，只有在试件制备困难时，才允许采用不规则试件，但需试件为浑圆形，有一定的尺寸要求(40mm～60mm)，才能确保试验成果的精度。

**2.4.7** 本条说明同本标准第2.3.10条的说明。

## 2.5 膨胀性试验

**2.5.1** 岩石膨胀性试验是测定岩石在吸水后膨胀的性质，主要是测定含有遇水易膨胀矿物的各类岩石，其他岩石也可采用本标准。主要包括下列内容：

(1)岩石自由膨胀率是岩石试件在浸水后产生的径向和轴向变形分别与试件原直径和高度之比，以百分数表示。

(2)岩石侧向约束膨胀率是岩石试件在有侧限条件下，轴向受有限载荷时，浸水后产生的轴向变形与试件原高度之比，以百分数表示。

(3)岩石体积不变条件下的膨胀压力是岩石试件浸水后保持原形体积不变所需的压力。

**2.5.3** 由于国内进行膨胀性试验采用的仪器大多为土工压缩仪，本次修订将试件尺寸修改为满足土工仪器要求，同时考虑膨胀的方向性。

**2.5.7** 侧向约束膨胀率试验仪中的金属套环高度需大于试件高度与二透水板厚度之和。避免由于金属套环高度不够，引起试件浸水饱和后出现三向变形。

**2.5.8** 岩石膨胀压力试验中，为使试件体积始终不变，需随时调节所加载荷，并在加压时扣除仪器的系统变形。

**2.5.10** 本条说明同本标准第2.3.10条的说明。

## 2.6 耐崩解性试验

**2.6.1** 岩石耐崩解性试验是测定岩石在经过干燥和浸水两个标准循环后，岩石残留的质量与其原质量之比，以百分数表示。岩石耐崩解性试验主要适用于在干、湿交替环境中易崩解的岩石，对于坚硬完整岩石一般不需进行此项试验。

## 2.7 单轴抗压强度试验

**2.7.1** 岩石单轴抗压强度试验是测定岩石在无侧限条件下，受轴向压力作用破坏时，单位面积上所承受的载荷。本试验采用直接压坏试件的方法来求得岩石单轴抗压强度，也可在进行岩石单轴压缩变形试验的同时，测定岩石单轴抗压强度。为了建立各指标间的关系，尽可能利用同一试件进行多种项目测试。

**2.7.3** 鉴于圆形试件具有轴对称特性，应力分布均匀，而且试件可直接取自钻孔岩心，在室内加工程序简单，本标准推荐圆柱体作为标准试件的形状。在没有条件加工圆柱体试件时，允许采用方柱体试件，试件高度与边长之比为2.0～2.5，并在成果中说明。

**2.7.9** 加载速度对岩石抗压强度测试结果有一定影响。本试验所规定的每秒0.5MPa～1.0MPa的加载速度，与当前国内外习惯使用的加载速度一致。在试验中，可根据岩石强度的高低选用上限或下限。对软弱岩石，加载速度视情况再适当降低。

根据现行国家标准《岩土工程勘察规范》GB 50021的要求，本次修订增加软化系数计算公式。由于岩石的不均一性，导致试验值存在一定的离散性，试验中软化系数可能出现大于1的现象。软化系数是统计的结果，要求试验有足够的数量，才能保证软化系数的可靠性。

**2.7.10** 当试件无法制成本标准要求的高径比时，按下列公式对其抗压强度进行换算：

$$R=\frac{8R'}{7+\frac{2D}{H}} \tag{1}$$

式中：$R$ ——标准高径比试件的抗压强度；

$R'$——任意高径比试件的抗压强度；

$D$——试件直径；

$H$——试件高度。

**2.7.11** 本条说明同本标准第2.3.10条的说明。

## 2.8 冻 融 试 验

**2.8.1** 岩石冻融试验是指岩石经过多次反复冻融后，测定其质量损失和单轴抗压强度变化，并以冻融系数表示岩石的抗冻性能。根据现行国家标准《岩土工程勘察规范》GB 50021的要求，本次修订增加本试验。岩石冻融破坏，是由于裂隙中的水结冰后体积膨胀，从而造成岩石胀裂。当岩石吸水率小于0.05%时，不必做冻融试验。

岩石冻融试验，本标准采用直接冻融的方法，又分慢冻和快冻两种方式。慢冻是在空气中冻4h，水中融4h，每一次循环为8h；快冻是将试件放在装有水的铁盒中，铁盒放入冻融试验槽中，往槽中交替输入冷、热氯化钙溶液，使岩石冻融，每一次循环为2h。因此，快冻较慢冻具有试验周期短、劳动强度低等优点，但需要较大的冷库和相应的设备，在目前情况下，不便普及，因此本标准推荐慢冻方式。

**2.8.6** 本次修订参考了混凝土试验的有关标准，冻融循环次数明确为25次，也可视工程需要和地区气候条件确定为25的倍数。

**2.8.8** 本条说明同本标准第2.3.10条说明。

## 2.9 单轴压缩变形试验

**2.9.1** 岩石单轴压缩变形试验是测定岩石在单轴压缩条件下的轴向和径向应变值，据此计算岩石弹性模量和泊松比。本次修订增列千分表法，在计算时先将变形换算成应变。

**2.9.5** 试验时一般采用分点测量，这样有利于检查和判断试件受力状态的偏心程度，以便及时调整试件位置，使之受力均匀。

**2.9.6** 采用千分表架试验时，标距一般为试件高度的一半，位于试件中部。可以根据试件高度大小和设备条件作适当调整。千分表法的测表，按经验选用百分表或千分表。

**2.9.7** 本试验用两种方法计算岩石弹性模量和泊松比，即岩石平均弹性模量与岩石割线弹性模量及相对应的泊松比。根据需要，可以确定任何应力下的岩石弹性模量和泊松比。

**2.9.8** 本条说明同本标准第2.3.10条的说明。

## 2.10 三轴压缩强度试验

**2.10.1** 岩石三轴压缩强度试验是测定一组岩石试件在不同侧压条件下的三向压缩强度，据此计算岩石在三轴压缩条件下的强度参数。本标准采用等侧压条件下的三轴试验，为三向应力状态中的特殊情况，即$\sigma_2=\sigma_3$。在进行三轴试验的同时进行岩石单轴抗压强度、抗拉强度试验，有利于试验成果整理。

**2.10.5** 侧向压力值主要依据工程特性、试验内容、岩石性质以及三轴试验机性能选定。为了便于成果分析，侧压力级差可选择等差级数或等比级数。

试件采取防油措施，以避免油液渗入试件而影响试验成果。

**2.10.6** 为便于资料整理，本次修订补充了强度参数的计算公式。

## 2.11 抗拉强度试验

**2.11.1** 岩石抗拉强度试验是在试件直径方向上，施加一对线性载荷，使试件沿直径方向破坏，间接测定岩石的抗拉强度。本试验采用劈裂法，属间接拉伸法。

**2.11.5** 垫条可采用直径为4mm左右的钢丝或胶木棍，其长度大于试件厚度。垫条的硬度与岩石试件硬度相匹配，垫条硬度过大，易于贯入试件；垫条硬度过低，自身将严重变形，从而都会影响试验成果。试件最终破坏为沿试件直径贯穿破坏，如未贯穿整个截面，而是局部脱落，属无效试验。

**2.11.7** 本条说明同本标准第2.3.10条的说明。

## 2.12 直 剪 试 验

**2.12.1** 岩石直剪试验是将同一类型的一组岩石试件，在不同的法向载荷下进行剪切，根据库伦-奈维表达式确定岩石的抗剪强度参数。

本标准采用应力控制式的平推法直剪。完整岩石采用双面剪时，可参照本标准。

**2.12.9** 预定的法向应力一般是指工程设计应力。因此法向应力的选取，根据工程设计应力（或工程设计压力）、岩石或岩体的强度、岩体的应力状态以及设备的精度和出力等确定。

**2.12.12** 当剪切位移量不大时，剪切面积可直接采用试件剪切面积，当剪切位移量过大而影响计算精度时，采用最终的重叠剪切面积。确定剪切阶段特征点时，按现在常用的有比例极限、屈服极限、峰值强度、摩擦强度，在提供抗剪强度参数时，均需提供抗剪断的峰值强度参数值。

计算剪切载荷时，需减去滚轴排的摩阻力。

### 2.13 点荷载强度试验

**2.13.1** 岩石点荷载强度试验是将试件置于点荷载仪上下一对球端圆锥之间，施加集中载荷直至破坏，据此求得岩石点荷载强度指数和岩石点荷载强度各向异性指数。本试验是间接确定岩石强度的一种试验方法。

**2.13.7** 点荷载试验仪的球端的曲率半径为5mm，圆锥体顶角为60°。

**2.13.8** 当试件中存在弱面时，加载方向分别垂直弱面和平行弱面，以求得各向异性岩石的垂直和平行的点荷载强度。

**2.13.9** 修正指数 $m$，一般可取 0.40～0.45。也可在 $\log P \sim \log D_e^2$ 关系曲线上求取曲线的斜率 $n$，这时 $m=2(1-n)$。

## 3 岩体变形试验

### 3.1 承压板法试验

**3.1.1** 本条说明了该试验的适用范围。

（1）承压板法岩体变形试验是通过刚性或柔性承压板施力于半无限空间岩体表面，量测岩体变形，按弹性理论公式计算岩体变形参数。

（2）本次修订，根据现行国家标准《岩土工程勘察规范》GB 50021的要求，增加了方形刚性承压板。

（3）采用刚性承压板或柔性承压板，按岩体性质和设备拥有情况选用。

（4）在露天进行试验或无法利用洞室岩壁作为反力座时，反力装置可采用地锚法或压重法，但需注意试验时的环境温度变化，以免影响试验成果。

**3.1.9** 由于岩体性质和试验要求不同，无法规定具体的量程和精度，因此本条只明确了试验必要的仪器和设备，以后各项试验有关仪器设备条文说明同本条说明。

**3.1.10** 当刚性承压板刚性不足时，采用叠置垫板的方式增加承压板刚度。

**3.1.12** 对均质完整岩体，板外测点一般按平行和垂直试验洞轴线布置；对具明显各向异性的岩体，一般可按平行和垂直主要结构面走向布置。

**3.1.14** 逐级一次循环加压时，每一循环压力需退零，使岩体充分回弹。当加压方向与地面不相垂直时，考虑安全的原因，允许保持一小压力，这时岩体回弹是不充分的，所计算的岩体弹性模量值可能偏大，在记录中予以说明。

柔性承压板中心孔法变形试验中，由于岩体中应力传递至深部，需要一定时间过程，稳定读数时间作适当延长，各测表同时读取变形稳定值。注意保护钻孔轴向位移计的引出线，不使异物掉入孔内。

**3.1.15** 当试点距洞口的距离大于30m时，一般可不考虑外部气温变化对试验值的影响，但避免由于人为因素（人员、照明、取暖等）造成洞内温度变化幅度过大。通常要求试验期间温度变化范围为±1℃。当试点距离洞口较近时，需采取设置隔温门等措施。

**3.1.17** 本条规定了试验成果整理的内容，成果整理时注意以下事项：

（1）当测表因量程不足而需调表时，需读取调表前后的稳定读数值，并在计算中减去稳定读数值之差。如在试验中，因掉块等原因引起碰动，也可按此方法进行。

（2）刚性承压板法试验，用4个测表的平均值作为岩体变形计算值。当其中一个测表因故障或其他原因被判断为失效时，需采用另一对称的两个测表的平均值作为岩体变形计算值，并予以说明。

（3）本次修订，根据现行国家标准《岩土工程勘察规范》GB 50021的要求，增加基准基床系数计算公式。

### 3.2 钻孔径向加压法试验

**3.2.1** 钻孔径向加压法试验是在岩体钻孔中的一有限长度内对孔壁施加压力，同时量测孔壁的径向变形，按弹性理论解求得岩体变形参数。

原标准名称为钻孔变形试验，为区别钻孔孔底加压法试验，本次修订改称为钻孔径向加压法试验。

**3.2.4** 钻孔膨胀计为柔性加压，直接或间接量测孔壁岩体变形；钻孔弹模计为刚性加压，直接量测孔壁岩体变形。本次修订增加钻孔弹模计。

**3.2.7** 试验最大压力系根据岩体强度、岩体应力状态、工程设计应力和设备条件确定。孔径效应问题通过增大试验压力的方法解决。

## 4 岩体强度试验

### 4.1 混凝土与岩体接触面直剪试验

**4.1.1** 直剪试验是将同一类型的一组试件，在不同的法向载荷下进行剪切，根据库伦-奈维表达式确定抗剪强度参数。直剪试验可分为在剪切面未受扰动的情况下进行的第一次剪断的抗剪断试验、剪断后沿剪切面继续进行剪切的抗剪试验（或称摩擦试验）、试件上不施加法向载荷的抗切试验。直剪试验可以预先选择剪切面的位置，剪切载荷可以按预定的方向施加。混凝土与岩体接触面直剪试验的最终破坏面有下列几种形式：

1）沿接触面剪断；

2）在混凝土试件内部剪断；

3）在岩体内部剪断；

4）上述三种的组合形式。

本次修订，根据现行国家标准《岩土工程勘察规范》GB 50021的要求，增加本试验。

**4.1.3** 本条规定了对试件的要求：

（1）本标准推荐方形（或矩形）试件。

（2）确定试件间距的最小尺寸，主要考虑在进行试验时，不致扰动两侧尚未进行试验的试件，包括基岩沉陷和裂缝开展的影响，同时要满足设备安装所需的空间。

(3)对于均匀且各向同性的岩体，推力方向也可根据试验条件确定，不必强求与建筑物推力方向一致。

以后各节均按此条文说明。

**4.1.4** 本条规定了对混凝土试件制备的要求：

(1)砂浆垫层一般采用将试件混凝土中粗骨料剔除后先进行铺设，也可以采用试件混凝土配合比中水、水泥、砂的配合比单独拌制后铺设。

(2)剪切载荷平行于剪切面施加为平推法，剪切载荷与剪切面成一定角度施加为斜推法。由于平推法和斜推法两种试验方法的最终成果无明显差别，本标准仍将两种方法并列，一般可根据设备条件和经验进行选择。斜推法的推力夹角一般为12°～25°，本标准推荐12°～20°。

(3)混凝土或砂浆的养护包括两部分。在对混凝土试件和测定混凝土强度等级的试件养护时，在同一环境条件下进行，试验在试件混凝土达到设计强度等级后进行。安装过程中浇筑的混凝土或砂浆，达到一定强度后即可进行试验。在寒冷地区养护时，注意环境温度对混凝土的影响。

**4.1.11** 试件在剪切过程中，会出现上抬现象，一般称为"扩容"现象，在安装法向载荷液压千斤顶时，启动部分行程以适应试件上抬引起液压千斤顶活塞的压缩变形。

**4.1.13** 根据试验观测，绘制剪应力与位移关系曲线时，在试件对称部位各布置2只测表所取得的数据，能满足确定峰值强度的要求，还可以观测到岩体的不均一性和载荷的偏心程度。

**4.1.16** 本条规定了法向载荷的施加方法，并作如下说明：

(1)一组试件中，施加在剪切面上的最大法向应力，一般可定为1.2倍的预定法向应力。预定法向应力通常指工程设计应力或工程设计压力，在确定试验时所施加的最大法向应力时，还要考虑岩体的强度、岩体的应力状态以及设备的出力和精度。

(2)采用斜推法进行试验时，预先计算施加斜向剪切载荷在试件剪切时产生的法向分载荷，并相应减除施加在试件上的法向载荷，以保持法向应力在试验过程中始终为一常数。

(3)法向载荷施加分级为1级～3级，没有考虑载荷大小和岩性因素，在实际操作中，可参考法向位移的大小进行调整。

**4.1.17** 本条规定了剪切载荷的施加方法，并作如下说明：

(1)由于"残余抗剪强度"在岩石力学领域中，至今概念尚不明确，试验要求"试件剪断后，应继续施加剪切载荷，直至测出趋于稳定的剪切载荷值为止"，这对取得准确的抗剪(摩擦)值有利。

(2)本标准规定直剪试验应进行抗剪断试验，建议进行抗剪(摩擦)试验，并提出相应的抗剪断峰值和抗剪(摩擦)强度参数。对于单点法试验仍继续积累资料，以利今后修改标准时使用。

**4.1.20** 本条规定了试验成果整理的要求，并进行下述说明：

(1)作用于剪切面上的总剪切载荷是施加的剪切载荷与滚轴排摩阻力之差。斜推法计算法向应力时，总斜向剪切载荷中不包括滚轴排的摩阻力。

(2)鉴于在剪应力与剪切位移关系曲线上确定比例极限和屈服极限的方法，至今尚未统一，有一定的随意性，本标准要求提供抗剪断峰值强度参数。

(3)抗剪值一般采用抗剪稳定值。出现峰值说明剪切面未被全部剪断，或出现新的剪断面。

### 4.2 岩体结构面直剪试验

**4.2.3** 本标准推荐方形(或矩形)试件。对于高倾角结构面，首先考虑加工方形试件，在加工方形试件确有困难而需采用楔形试件时，注意在试验过程中保持法向应力为常数。对于倾斜的结构面试件，在试件加工过程中或安装法向加载系统时，易发生位移，可以采用预留岩柱或支撑的方法固定试件，在施加法向载荷后予以去除。

**4.2.12** 对于具有一定厚度黏性土充填的结构面，为能在试验中施加较大的法向应力而不致挤出夹泥，可以适当加大剪切面面积。对于膨胀性较大的夹泥，可以采用预锚法。

### 4.3 岩体直剪试验

**4.3.1** 对于完整坚硬的岩体，一般采用室内三轴试验。

**4.3.3** 剪切缝的宽度为推力方向试件边长的5%，能够满足一般岩体的要求，也可根据岩体的不均一性，作适当调整。

**4.3.10** 试验过程中及时记录试件中的声响和试件周围裂缝开展情况，以供成果整理时参考。

**4.3.12** 岩体的强度参数一般离散性较大。在试验中，可以根据设备和岩性条件，适当加大剪切面上的最大法向应力，或增加试件的数量，以取得可靠的强度参数值。

### 4.4 岩体载荷试验

**4.4.1** 岩体载荷试验的主要目的是确定岩体的承载力。

**4.4.7** 由于塑性变形有一个时间积累过程，本标准规定"每级读数累计时间不小于1h"。

**4.4.8** 本标准确定终止试验有4种情况。第3种情况为岩体发生过大的变形(承压板直径的1/12)，属于限制变形的正常使用极限状态。第4种情况为由于岩体承载力的不确定性，限于加载设备的最大出力条件，加载达不到极限载荷，这时的试验载荷若已达到岩体设计压力的2倍或超过岩体比例界限载荷的15%，试验仍有效，否则重新选择出力更大的加载设备再进行试验。

## 5 岩石声波测试

### 5.1 岩块声波速度测试

**5.1.1** 岩块声波速度测试是测定声波的纵、横波在试件中传播的时间，据此计算声波在岩块中的传播速度及岩块的动弹性参数。

**5.1.2** 本测试试件采用单轴抗压强度试验的试件，这是为了便于建立各指标间的相互关系。如只进行岩块声波速度测试，也可采用其他型式试件。

**5.1.6** 对换能器施加一定的压力，挤出多余的耦合剂或压紧耦合剂，是为了使换能器和岩体接触良好，减少对测试成果的影响。

**5.1.9** 本条说明同本标准第2.3.10条的说明。

### 5.2 岩体声波速度测试

**5.2.1** 岩体声波速度测试是利用电脉冲、电火花、锤击等方式激发声波，测试声波在岩体中的传播时间，据此计算声波在岩体中的传播速度及岩体的动弹性参数。

**5.2.8** 在测试过程中，横波可按下列方法判定：

(1)在岩体介质中，横波与纵波传播时间之比约为1.7。

(2)接收到的纵波频率大于横波频率。

(3)横波的振幅比纵波的振幅大。

(4)采用锤击法时，改变锤击的方向或采用换能器时，改变发射电压的极性，此时接收到的纵波相位不变，横波的相位改变180°。

(5)反复调整仪器放大器的增益和衰减挡，在荧光屏上可见到较为清晰的横波，然后加大增益，可较准确测出横波初至时间。

(6)利用专用横波换能器测定横波。

**5.2.9** 由于岩体完整性指数已被广泛应用于工程中，本次修订列入计算公式。

# 6 岩体应力测试

## 6.1 浅孔孔壁应变法测试

**6.1.1** 孔壁应变法测试采用孔壁应变计，即在钻孔孔壁粘贴电阻应变片，量测套钻解除后钻孔孔壁的岩石应变，按弹性理论建立的应变与应力之间的关系式，求出岩体内该点的空间应力参数。为防止应变计引出电缆在钻杆内被绞断，要求测试深度不大于30m。

**6.1.2** 如需测试原岩应力时，测点深度需超过应力扰动影响区。在地下洞室中进行测试时，测点深度一般超过洞室直径（或相应尺寸）的2倍。

**6.1.3** 由于工程区域构造应力场、岩体特性及边界条件等对应力测试成果有直接影响，因此需收集上述有关资料。

**6.1.4** 本次修订增加了空心包体式孔壁应变计，此类应变计已在工程中被广泛应用，由于岩石应变通过黏结剂和包体传递至电阻应变片，因此在对实测资料进行计算时，需引入电阻应变片并非直接粘贴在钻孔岩壁上的修正系数。修正系数一般由空心包体厂商提供。

要求各类钻头规格与应变计配套是为了减少中心测试孔安装应变计的误差，以及套钻解除后的岩心满足弹性理论中厚壁圆筒的条件。

**6.1.5** 由于黏结技术的进步，对于有水钻孔可以采用适用于水下黏结的黏结剂。当采用一般黏结剂时，适用在无水孔内进行测试，同时对孔壁进行干燥处理后再涂黏结剂。

**6.1.8** 最小套钻解除深度需超过孔底应力集中影响区，这一深度大致相当于测孔内粘贴应变计应变丛部位至解除孔孔底的距离达到解除岩心外径的1/2。为保证成果的可靠性，本次修订将解除深度定为2.0倍。

为保证测试成果的可靠性，一个测段需布置若干个测点进行测试，并保证有2个测点为有效测点，各测点尽量靠拢。

关于套钻解除过程中分级读数方法，原标准制订时有分级停钻测读和连续钻进分级测读两种方法，根据当时设备条件和测试技术水平，选择分级停钻测读。本次修订改为匀压匀速连续钻进分级测读，主要考虑：钻孔技术进步；电阻应变仪已具备自动量测和记录功能；分级读数目的是为了绘制解除曲线，两种方法均能满足；连续钻进可避免再次钻进发生冲击载荷。

**6.1.9** 解除后的岩心如不能在24h内进行围压加载试验，立即对其包封，防止干燥。在进行围压试验时，不允许移动测试元件位置，以保证测试成果的准确性。

**6.1.10** 岩石弹性模量和泊松比也可以参考室内岩块试验成果。

## 6.2 浅孔孔径变形法测试

**6.2.1** 孔径变形法测试采用孔径变形计，即在钻孔内埋设孔径变形计，量测套钻解除后钻孔孔径的变形，经换算成孔径应变后，按弹性理论建立的应变和应力之间的关系式，求出岩体内该点的平面应力参数。要求测试深度不大于30m。

**6.2.2** 测求岩体内某点的空间应力状态，本标准推荐前交会法，成果符合实际情况。当受条件限制时，也可采用后交会法，但需说明。

**6.2.6** 将变形计送入中心测试孔后，应变钢环的预压缩量控制在0.2mm～0.6mm范围内，否则需取出变形计，更换适当长度的触头重新安装。根据以往工程实测经验，在该预压范围内，一般可以满足套钻解除全过程中孔径的变化。

**6.2.7** 本条说明同第6.1.8条说明。

**6.2.8** 本条说明同第6.1.10条说明。

**6.2.9** 根据式(6.2.9)计算结果是中心测试孔的相对孔径变形，为与其他测试统一，以及应力测试的习惯和计算方便，本次修订仍用应变符号$\varepsilon$表示。

## 6.3 浅孔孔底应变法测试

**6.3.1** 孔底应变计测试采用孔底应变计，即在钻孔孔底平面粘贴电阻应变片，量测套钻解除后钻孔孔底的岩石平面应变，按弹性理论建立的应变与应力之间的关系式，求出岩体内该点的平面应力参数。要求测试深度不大于30m。

**6.3.2** 测求岩体内某点的空间应力状态，本标准推荐前交会法，成果符合实际情况。当受条件限制时，也可采用后交会法，但需说明。

**6.3.5** 清洁剂一般采用丙酮，清洗后采用风吹干或用红外线光源进行烘烤。

**6.3.6** 根据有关研究，在钻孔孔底平面中央2/3直径范围内，应力分布较为均匀，因此要求将孔底应变计内电阻片的位置准确粘贴在该范围以内。

**6.3.7** 解除深度在超过解除岩心直径的0.5以后，基本上开始不受孔底应力集中的影响，本标准确定为岩心直径的0.8。此外，可以考虑岩心围压率定器要求的岩心长度，予以适当加长。

**6.3.9** 本条说明同第6.1.10条说明。

## 6.4 水压致裂法测试

**6.4.1** 水压致裂法测试是采用两个长约1m串接起来可膨胀的橡胶封隔器阻塞钻孔，形成一封闭的加压段（长约1m），对加压段加压直致孔壁岩体产生张拉破裂，根据破裂压力等压力参数按弹性理论公式计算岩体应力参数。

本测试假定岩体为均匀和各向同性的线弹性体，岩体为非渗透性的，并假设岩体中有一个主应力分量与钻孔轴线平行。

采用水压致裂法测试岩体应力这一方法，已被广泛应用于深部岩体应力测试，1987年被国际岩石力学学会实验室和现场试验标准化委员会列为推荐方法，本次修订将此方法列入本标准。

**6.4.2** 本测试利用高压水直接作用于钻孔孔壁，要求岩石渗透性等级为微透水或极微透水，本标准要求岩体透水率不宜大于1Lu。

**6.4.4** 高压大流量水泵按岩体应力量级和岩性进行选择，一般采用最大压力为40MPa，流量不小于8L/min的水泵。当流量不够时，可以采用两台并联。

**6.4.8** 水压致裂法测试一般在铅垂向钻孔内进行，求得随孔深岩体应力参数的变化规律，作为建筑物布置的依据。需要进行空间应力状态测试时，可以参考有关的技术文献进行。

# 7 岩体观测

## 7.1 围岩收敛观测

**7.1.1** 围岩收敛观测是采用收敛计量测地下洞室围岩表面两点之间在连线（基线）方向上的相对位移，即收敛值。本观测也可用于岩体表面两点间距变化的观测。

**7.1.2** 本条规定了观测断面和观测点布置的基本原则：

(1)当地质条件、地下洞室尺寸和形状、施工方法已确定时，围岩位移主要受空间和时间两种因素影响。围岩位移存在"空间效应"和"时间效应"，这两种效应是围岩稳定状态的重要标志，可用来判断围岩稳定性、推算位移速度和最终位移值，确定支护合理时机。

(2)根据工程经验，在一般情况下，当开挖掌子面距观测断面1.5倍～2.0倍洞径后，"空间效应"基本消除。观测断面距掌子面1.0倍洞径时，位移释放量约为总量的10%～20%，距离掌子面越远，释放量越大，因此要求测点埋设尽量接近掌子面。

(3)原标准要求断面距掌子面不宜超过0.5m，在实施过程中不易控制，本次修订改为不大于1.0m。

**7.1.4** 本观测推荐卷尺式收敛计，采用其他形式收敛计，可以参照本标准进行。

**7.1.7** 本条规定了观测步骤和观测过程中注意的问题：

(1)收敛计根据不同的尺长采用不同的恒定张力，是为了减少尺的曲率和保持曲率的相对一致，以减小观测误差。恒定张力的大小视基线长度参照收敛计的使用要求确定。

(2)观测时间间隔当观测断面距掌子面在2倍洞径范围内时，每次开挖前后需观测1次。在2倍洞径范围外时，观测时间间隔一般按收敛位移变化情况而定。

**7.1.8** 原标准只列出温度修正值的计算公式。本次修订后的公式，适用于任何型式收敛计的计算。

采用收敛计观测的围岩位移是两测点位移之和，可以通过近似分配计算求得各测点的位移，选择计算方法的假设需接近洞室条件。

## 7.2 钻孔轴向岩体位移观测

**7.2.1** 钻孔轴向岩体位移观测是通过位移计量测不同深度孔壁岩体沿钻孔轴线方向的位移。本标准推荐并联式或串联式采用金属杆传递位移的多点位移计。当采用其他形式位移计时，可参照本标准。

观测深度过大，将影响位移传递精度。本标准要求测试深度不宜大于60m。

**7.2.4** 位移观测一般采用位移传感器和读数仪进行，当位移量较大且观测方便时，也可采用百分表直接读数。

锚头种类较多，适用于各类岩体和施工条件，一般按使用经验选择。

## 7.3 钻孔横向岩体位移观测

**7.3.1** 钻孔横向岩体位移观测是采用伺服加速度式滑动测斜仪量测孔壁岩体不同深度与钻孔轴线垂直的位移。本观测按单向伺服加速度计式滑动侧斜仪编写，采用双向、三向或其他型式仪器时，可参照本标准进行。

**7.3.2** 超过滑移带一定深度是为保证有可靠的基准点，一般根据岩性的滑移带性质确定。当地表配合其他观测方法可以确定位移量和位移方向时，基准点也可设置在地表。

**7.3.6** 对于软岩或破碎岩体，也可采用砂充填间隙。在预计的位移突变段，一般采用填砂方法，以防止侧斜管发生剪断。

## 7.4 岩体表面倾斜观测

**7.4.1** 岩体表面倾斜观测是采用倾角计量测岩体表面倾斜角位移，本标准推荐便携式倾角计。由于倾角观测已被应用于工程中，且方法简便可行，本次修订增列此方法。

**7.4.5** 测点安装需保证测点与岩体之间不产生相对位移，并能准确反映被测岩体的位移情况。选择测点时，首先考虑基准板直接置于岩体表面，当条件不许可时，采用本条第2款的方法。

## 7.5 岩体渗压观测

**7.5.1** 岩体渗压观测是通过埋设的测压管或渗压计量测岩体内地下水的渗透压力值。岩体渗压观测是较成熟的观测方法，本次修订增列本方法。

**7.5.2** 本条根据岩土工程的特点确定布置原则，目的是观测建筑物的防渗或排水效果、堤坝坝基和软弱夹带下扬压力观测、边坡滑动面地下水压力观测、混凝土构筑物的静水压力观测。

**7.5.4** 测压管坚固耐用、观测方便、经济，但观测值具有一定的滞后性，适用在地下水较丰富部位使用。渗压计对地下水压力反应较为敏感，对工程中需要及时反映地下水压力变化部位、岩体渗透性很小的部位，以及不宜埋设测压管的部位采用渗压计。

压力表和渗压计的量程按预估的地下水最大压力选用，渗压计需有足够的富裕度。

# 中华人民共和国国家标准

# 建筑地基基础设计规范

Code for design of building foundation

**GB 50007—2011**

主编部门：中华人民共和国住房和城乡建设部
批准部门：中华人民共和国住房和城乡建设部
施行日期：2 0 1 2 年 8 月 1 日

# 中华人民共和国住房和城乡建设部
# 公　告

## 第 1096 号

## 关于发布国家标准《建筑地基基础设计规范》的公告

现批准《建筑地基基础设计规范》为国家标准，编号为 GB 50007 - 2011，自 2012 年 8 月 1 日起实施。其中，第 3.0.2、3.0.5、5.1.3、5.3.1、5.3.4、6.1.1、6.3.1、6.4.1、7.2.7、7.2.8、8.2.7、8.4.6、8.4.9、8.4.11、8.4.18、8.5.10、8.5.13、8.5.20、8.5.22、9.1.3、9.1.9、9.5.3、10.2.1、10.2.10、10.2.13、10.2.14、10.3.2、10.3.8 条为强制性条文，必须严格执行。原《建筑地基基础设计规范》GB 50007 - 2002 同时废止。

本规范由我部标准定额研究所组织中国建筑工业出版社出版发行。

**中华人民共和国住房和城乡建设部**

2011 年 7 月 26 日

## 前　言

本规范是根据住房和城乡建设部《关于印发〈2008 年工程建设标准规范制订、修订计划（第一批）〉的通知》（建标［2008］102 号）的要求，由中国建筑科学研究院会同有关单位在原《建筑地基基础设计规范》GB 50007 - 2002 的基础上修订完成的。

本规范在编制过程中，编制组经广泛调查研究，认真总结实践经验，参考国外先进标准，与国内相关标准协调，并在广泛征求意见的基础上，最后经审查定稿。

本规范共分 10 章和 22 个附录，主要技术内容包括：总则、术语和符号、基本规定、地基岩土的分类及工程特性指标、地基计算、山区地基、软弱地基、基础、基坑工程、检验与监测。

本规范修订的主要技术内容是：

1. 增加地基基础设计等级中基坑工程的相关内容；

2. 地基基础设计使用年限不应小于建筑结构的设计使用年限；

3. 增加泥炭、泥炭质土的工程定义；

4. 增加回弹再压缩变形计算方法；

5. 增加建筑物抗浮稳定计算方法；

6. 增加当地基中下卧岩面为单向倾斜，岩面坡度大于 10%，基底下的土层厚度大于 1.5m 的土岩组合地基设计原则；

7. 增加岩石地基设计内容；

8. 增加岩溶地区场地根据岩溶发育程度进行地基基础设计的原则；

9. 增加复合地基变形计算方法；

10. 增加扩展基础最小配筋率不应小于 0.15% 的设计要求；

11. 增加当扩展基础底面短边尺寸小于或等于柱宽加 2 倍基础有效高度的斜截面受剪承载力计算要求；

12. 对桩基沉降计算方法，经统计分析，调整了沉降经验系数；

13. 增加对高地下水位地区，当场地水文地质条件复杂，基坑周边环境保护要求高，设计等级为甲级的基坑工程，应进行地下水控制专项设计的要求；

14. 增加对地基处理工程的工程检验要求；

15. 增加单桩水平载荷试验要点，单桩竖向抗拔载荷试验要点。

本规范中以黑体字标志的条文为强制性条文，必须严格执行。

本规范由住房和城乡建设部负责管理和对强制性条文的解释，由中国建筑科学研究院负责具体技术内容的解释。本规范在执行过程中如有意见或建议，请寄送中国建筑科学研究院国家标准《建筑地基基础设计规范》管理组（地址：北京市北三环东路 30 号，邮编：100013，Email：tyjcabr@sina.com.cn）。

本 规 范 主 编 单 位：中国建筑科学研究院

本 规 范 参 编 单 位：建设综合勘察设计研究院
北京市勘察设计研究院

中国建筑西南勘察设计研究院
贵阳建筑勘察设计有限公司
北京市建筑设计研究院
中国建筑设计研究院
上海现代设计集团有限公司
中国建筑东北设计研究院
辽宁省建筑设计研究院
云南怡成建筑设计公司
中南建筑设计院
湖北省建筑科学研究院
广州市建筑科学研究院
黑龙江省寒地建筑科学研究院
黑龙江省建筑工程质量监督总站
中冶北方工程技术有限公司
中国建筑工程总公司
天津大学
同济大学
太原理工大学
广州大学
郑州大学
东南大学
重庆大学

本规范主要起草人员：滕延京　黄熙龄　王曙光　宫剑飞　王卫东　王小南　王公山　白晓红　任庆英　刘松玉　朱　磊　沈小克　张丙吉　张成金　张季超　陈祥福　杨　敏　林立岩　郑　刚　周同和　武　威　郝江南　侯光瑜　胡岱文　袁内镇　顾宝和　唐孟雄　顾晓鲁　梁志荣　康景文　裴　捷　潘凯云　薛慧立

本规范主要审查人员：徐正忠　黄绍铭　吴学敏　顾国荣　化建新　王常青　肖自强　宋昭煌　徐天平　徐张建　梅全亭　黄质宏　窦南华

# 目　次

# Contents

# 1 总　　则

**1.0.1** 为了在地基基础设计中贯彻执行国家的技术经济政策，做到安全适用、技术先进、经济合理、确保质量、保护环境，制定本规范。

**1.0.2** 本规范适用于工业与民用建筑（包括构筑物）的地基基础设计。对于湿陷性黄土、多年冻土、膨胀土以及在地震和机械振动荷载作用下的地基基础设计，尚应符合国家现行相应专业标准的规定。

**1.0.3** 地基基础设计，应坚持因地制宜、就地取材、保护环境和节约资源的原则；根据岩土工程勘察资料，综合考虑结构类型、材料情况与施工条件等因素，精心设计。

**1.0.4** 建筑地基基础的设计除应符合本规范的规定外，尚应符合国家现行有关标准的规定。

# 2 术语和符号

## 2.1 术　　语

**2.1.1** 地基　ground, foundation soils

支承基础的土体或岩体。

**2.1.2** 基础　foundation

将结构所承受的各种作用传递到地基上的结构组成部分。

**2.1.3** 地基承载力特征值　characteristic value of subsoil bearing capacity

由载荷试验测定的地基土压力变形曲线线性变形段内规定的变形所对应的压力值，其最大值为比例界限值。

**2.1.4** 重力密度（重度）　gravity density, unit weight

单位体积岩土体所承受的重力，为岩土体的密度与重力加速度的乘积。

**2.1.5** 岩体结构面　rock discontinuity structural plane

岩体内开裂的和易开裂的面，如层面、节理、断层、片理等，又称不连续构造面。

**2.1.6** 标准冻结深度　standard frost penetration

在地面平坦、裸露、城市之外的空旷场地中不少于10年的实测最大冻结深度的平均值。

**2.1.7** 地基变形允许值　allowable subsoil deformation

为保证建筑物正常使用而确定的变形控制值。

**2.1.8** 土岩组合地基　soil-rock composite ground

在建筑地基的主要受力层范围内，有下卧基岩表面坡度较大的地基；或石芽密布并有出露的地基；或大块孤石或个别石芽出露的地基。

**2.1.9** 地基处理　ground treatment, ground improvement

为提高地基承载力，或改善其变形性质或渗透性质而采取的工程措施。

**2.1.10** 复合地基　composite ground, composite foundation

部分土体被增强或被置换，而形成的由地基土和增强体共同承担荷载的人工地基。

**2.1.11** 扩展基础　spread foundation

为扩散上部结构传来的荷载，使作用在基底的压应力满足地基承载力的设计要求，且基础内部的应力满足材料强度的设计要求，通过向侧边扩展一定底面积的基础。

**2.1.12** 无筋扩展基础　non-reinforced spread foundation

由砖、毛石、混凝土或毛石混凝土、灰土和三合土等材料组成的，且不需配置钢筋的墙下条形基础或柱下独立基础。

**2.1.13** 桩基础　pile foundation

由设置于岩土中的桩和连接于桩顶端的承台组成的基础。

**2.1.14** 支挡结构　retaining structure

使岩土边坡保持稳定、控制位移、主要承受侧向荷载而建造的结构物。

**2.1.15** 基坑工程　excavation engineering

为保证地面向下开挖形成的地下空间在地下结构施工期间的安全稳定所需的挡土结构及地下水控制、环境保护等措施的总称。

## 2.2 符　　号

**2.2.1** 作用和作用效应

$E_a$——主动土压力；

$F_k$——相应于作用的标准组合时，上部结构传至基础顶面的竖向力值；

$G_k$——基础自重和基础上的土重；

$M_k$——相应于作用的标准组合时，作用于基础底面的力矩值；

$p_k$——相应于作用的标准组合时，基础底面处的平均压力值；

$p_0$——基础底面处平均附加压力；

$Q_k$——相应于作用的标准组合时，轴心竖向力作用下桩基中单桩所受竖向力。

**2.2.2** 抗力和材料性能

$a$——压缩系数；

$c$——黏聚力；

$E_s$——土的压缩模量；

$e$——孔隙比；

$f_a$——修正后的地基承载力特征值；

$f_{ak}$——地基承载力特征值；

$f_{rk}$——岩石饱和单轴抗压强度标准值；
$q_{pa}$——桩端土的承载力特征值；
$q_{sa}$——桩周土的摩擦力特征值；
$R_a$——单桩竖向承载力特征值；
$w$——土的含水量；
$w_L$——液限；
$w_p$——塑限；
$\gamma$——土的重力密度，简称土的重度；
$\delta$——填土与挡土墙墙背的摩擦角；
$\delta_r$——填土与稳定岩石坡面间的摩擦角；
$\theta$——地基的压力扩散角；
$\mu$——土与挡土墙基底间的摩擦系数；
$\nu$——泊松比；
$\varphi$——内摩擦角。

**2.2.3** 几何参数

$A$——基础底面面积；
$b$——基础底面宽度（最小边长）；或力矩作用方向的基础底面边长；
$d$——基础埋置深度，桩身直径；
$h_0$——基础高度；
$H_f$——自基础底面算起的建筑物高度；
$H_g$——自室外地面算起的建筑物高度；
$L$——房屋长度或沉降缝分隔的单元长度；
$l$——基础底面长度；
$s$——沉降量；
$u$——周边长度；
$z_0$——标准冻结深度；
$z_n$——地基沉降计算深度；
$\beta$——边坡对水平面的坡角。

**2.2.4** 计算系数

$\bar{\alpha}$——平均附加应力系数；
$\eta_b$——基础宽度的承载力修正系数；
$\eta_d$——基础埋深的承载力修正系数；
$\psi_s$——沉降计算经验系数。

# 3 基 本 规 定

**3.0.1** 地基基础设计应根据地基复杂程度、建筑物规模和功能特征以及由于地基问题可能造成建筑物破坏或影响正常使用的程度分为三个设计等级，设计时应根据具体情况，按表 3.0.1 选用。

**表 3.0.1 地基基础设计等级**

| 设计等级 | 建筑和地基类型 |
|---|---|
| 甲级 | 重要的工业与民用建筑物<br>30 层以上的高层建筑<br>体型复杂，层数相差超过 10 层的高低层连成一体建筑物<br>大面积的多层地下建筑物（如地下车库、商场、运动场等）<br>对地基变形有特殊要求的建筑物<br>复杂地质条件下的坡上建筑物（包括高边坡）<br>对原有工程影响较大的新建建筑物<br>场地和地基条件复杂的一般建筑物<br>位于复杂地质条件及软土地区的二层及二层以上地下室的基坑工程<br>开挖深度大于 15m 的基坑工程<br>周边环境条件复杂、环境保护要求高的基坑工程 |
| 乙级 | 除甲级、丙级以外的工业与民用建筑物<br>除甲级、丙级以外的基坑工程 |
| 丙级 | 场地和地基条件简单、荷载分布均匀的七层及七层以下民用建筑及一般工业建筑；次要的轻型建筑物<br>非软土地区且场地地质条件简单、基坑周边环境条件简单、环境保护要求不高且开挖深度小于 5.0m 的基坑工程 |

**3.0.2 根据建筑物地基基础设计等级及长期荷载作用下地基变形对上部结构的影响程度，地基基础设计应符合下列规定：**

**1 所有建筑物的地基计算均应满足承载力计算的有关规定；**

**2 设计等级为甲级、乙级的建筑物，均应按地基变形设计；**

**3 设计等级为丙级的建筑物有下列情况之一时应作变形验算：**

**1）地基承载力特征值小于 130kPa，且体型复杂的建筑；**

**2）在基础上及其附近有地面堆载或相邻基础荷载差异较大，可能引起地基产生过大的不均匀沉降时；**

**3）软弱地基上的建筑物存在偏心荷载时；**

**4）相邻建筑距离近，可能发生倾斜时；**

**5）地基内有厚度较大或厚薄不均的填土，其自重固结未完成时。**

**4 对经常受水平荷载作用的高层建筑、高耸结构和挡土墙等，以及建造在斜坡上或边坡附近的建筑物和构筑物，尚应验算其稳定性；**

**5 基坑工程应进行稳定性验算；**

**6 建筑地下室或地下构筑物存在上浮问题时，尚应进行抗浮验算。**

**3.0.3** 表 3.0.3 所列范围内设计等级为丙级的建筑物可不作变形验算。

**表 3.0.3 可不作地基变形验算的设计等级为丙级的建筑物范围**

| | | | | | | | | |
|---|---|---|---|---|---|---|---|---|
| 地基主要受力层情况 | 地基承载力特征值 $f_{ak}$(kPa) | | | $80 \leqslant f_{ak} < 100$ | $100 \leqslant f_{ak} < 130$ | $130 \leqslant f_{ak} < 160$ | $160 \leqslant f_{ak} < 200$ | $200 \leqslant f_{ak} < 300$ |
| | 各土层坡度(%) | | | ≤5 | ≤10 | ≤10 | ≤10 | ≤10 |
| 建筑类型 | 砌体承重结构、框架结构(层数) | | | ≤5 | ≤5 | ≤6 | ≤6 | ≤7 |
| | 单层排架结构(6m柱距) | 单跨 | 吊车额定起重量(t) | 10～15 | 15～20 | 20～30 | 30～50 | 50～100 |
| | | | 厂房跨度(m) | ≤18 | ≤24 | ≤30 | ≤30 | ≤30 |
| | | 多跨 | 吊车额定起重量(t) | 5～10 | 10～15 | 15～20 | 20～30 | 30～75 |
| | | | 厂房跨度(m) | ≤18 | ≤24 | ≤30 | ≤30 | ≤30 |
| | 烟囱 | | 高度(m) | ≤40 | ≤50 | ≤75 | | ≤100 |
| | 水塔 | | 高度(m) | ≤20 | ≤30 | ≤30 | | ≤30 |
| | | | 容积($m^3$) | 50～100 | 100～200 | 200～300 | 300～500 | 500～1000 |

注：1 地基主要受力层系指条形基础底面下深度为 $3b$($b$ 为基础底面宽度)，独立基础下为 $1.5b$，且厚度均不小于 5m 的范围(二层以下一般的民用建筑除外)；

2 地基主要受力层中如有承载力特征值小于 130kPa 的土层，表中砌体承重结构的设计，应符合本规范第 7 章的有关要求；

3 表中砌体承重结构和框架结构均指民用建筑，对于工业建筑可按厂房高度、荷载情况折合成与其相当的民用建筑层数；

4 表中吊车额定起重量、烟囱高度和水塔容积的数值系指最大值。

**3.0.4** 地基基础设计前应进行岩土工程勘察，并应符合下列规定：

1 岩土工程勘察报告应提供下列资料：

1）有无影响建筑场地稳定性的不良地质作用，评价其危害程度；

2）建筑物范围内的地层结构及其均匀性，各岩土层的物理力学性质指标，以及对建筑材料的腐蚀性；

3）地下水埋藏情况、类型和水位变化幅度及规律，以及对建筑材料的腐蚀性；

4）在抗震设防区应划分场地类别，并对饱和砂土及粉土进行液化判别；

5）对可供采用的地基基础设计方案进行论证分析，提出经济合理、技术先进的设计方案建议；提供与设计要求相对应的地基承载力及变形计算参数，并对设计与施工应注意的问题提出建议；

6）当工程需要时，尚应提供：深基坑开挖的边坡稳定计算和支护设计所需的岩土技术参数，论证其对周边环境的影响；基坑施工降水的有关技术参数及地下水控制方法的建议；用于计算地下水浮力的设防水位。

2 地基评价宜采用钻探取样、室内土工试验、触探，并结合其他原位测试方法进行。设计等级为甲级的建筑物应提供载荷试验指标、抗剪强度指标、变形参数指标和触探资料；设计等级为乙级的建筑物应提供抗剪强度指标、变形参数指标和触探资料；设计等级为丙级的建筑物应提供触探及必要的钻探和土工试验资料。

3 建筑物地基均应进行施工验槽。当地基条件与原勘察报告不符时，应进行施工勘察。

**3.0.5 地基基础设计时，所采用的作用效应与相应的抗力限值应符合下列规定：**

**1 按地基承载力确定基础底面积及埋深或按单桩承载力确定桩数时，传至基础或承台底面上的作用效应应按正常使用极限状态下作用的标准组合；相应的抗力应采用地基承载力特征值或单桩承载力特征值；**

**2 计算地基变形时，传至基础底面上的作用效应应按正常使用极限状态下作用的准永久组合，不应计入风荷载和地震作用；相应的限值应为地基变形允许值；**

**3 计算挡土墙、地基或滑坡稳定以及基础抗浮稳定时，作用效应应按承载能力极限状态下作用的基本组合，但其分项系数均为 1.0；**

**4 在确定基础或桩基承台高度、支挡结构截面、计算基础或支挡结构内力、确定配筋和验算材料强度时，上部结构传来的作用效应和相应的基底反力、挡土墙土压力以及滑坡推力，应按承载能力极限状态下作用的基本组合，采用相应的分项系数；当需要验算基础裂缝宽度时，应按正常使用极限状态下作用的标准组合；**

**5 基础设计安全等级、结构设计使用年限、结构重要性系数应按有关规范的规定采用，但结构重要性系数 $\gamma_0$ 不应小于 1.0。**

**3.0.6** 地基基础设计时，作用组合的效应设计值应符合下列规定：

1 正常使用极限状态下，标准组合的效应设计值 $S_k$ 应按下式确定：

$$S_k = S_{Gk} + S_{Q1k} + \psi_{c2} S_{Q2k} + \cdots\cdots + \psi_{cn} S_{Qnk} \tag{3.0.6-1}$$

式中：$S_{Gk}$——永久作用标准值 $G_k$ 的效应；

$S_{Qik}$——第 $i$ 个可变作用标准值 $Q_{ik}$ 的效应；

$\psi_{ci}$——第 $i$ 个可变作用 $Q_i$ 的组合值系数，按现行国家标准《建筑结构荷载规范》GB 50009 的规定取值。

2 准永久组合的效应设计值 $S_k$ 应按下式确定：

$$S_k = S_{Gk} + \psi_{q1} S_{Q1k} + \psi_{q2} S_{Q2k} + \cdots\cdots + \psi_{qn} S_{Qnk} \tag{3.0.6-2}$$

式中：$\psi_{qi}$——第 $i$ 个可变作用的准永久值系数，按现行国家标准《建筑结构荷载规范》GB 50009 的规定取值。

3 承载能力极限状态下，由可变作用控制的基本组合的效应设计值 $S_d$，应按下式确定：

$$S_d = \gamma_G S_{Gk} + \gamma_{Q1} S_{Q1k} + \gamma_{Q2} \psi_{c2} S_{Q2k} + \cdots\cdots + \gamma_{Qn} \psi_{cn} S_{Qnk} \tag{3.0.6-3}$$

式中：$\gamma_G$——永久作用的分项系数，按现行国家标准《建筑结构荷载规范》GB 50009 的规定取值；

$\gamma_{Qi}$——第 $i$ 个可变作用的分项系数，按现行国家标准《建筑结构荷载规范》GB 50009 的规定取值。

4 对由永久作用控制的基本组合，也可采用简化规则，基本组合的效应设计值 $S_d$ 可按下式确定：

$$S_d = 1.35 S_k \tag{3.0.6-4}$$

式中：$S_k$——标准组合的作用效应设计值。

**3.0.7** 地基基础的设计使用年限不应小于建筑结构的设计使用年限。

# 4 地基岩土的分类及工程特性指标

## 4.1 岩土的分类

**4.1.1** 作为建筑地基的岩土，可分为岩石、碎石土、砂土、粉土、黏性土和人工填土。

**4.1.2** 作为建筑地基的岩石，除应确定岩石的地质名称外，尚应按本规范第 4.1.3 条划分岩石的坚硬程度，按本规范第 4.1.4 条划分岩体的完整程度。岩石的风化程度可分为未风化、微风化、中等风化、强风化和全风化。

**4.1.3** 岩石的坚硬程度应根据岩块的饱和单轴抗压强度 $f_{rk}$ 按表 4.1.3 分为坚硬岩、较硬岩、较软岩、软岩和极软岩。当缺乏饱和单轴抗压强度资料或不能进行该项试验时，可在现场通过观察定性划分，划分标准可按本规范附录 A.0.1 条执行。

**表 4.1.3 岩石坚硬程度的划分**

| 坚硬程度类别 | 坚硬岩 | 较硬岩 | 较软岩 | 软岩 | 极软岩 |
|---|---|---|---|---|---|
| 饱和单轴抗压强度标准值 $f_{rk}$(MPa) | $f_{rk}>60$ | $60\geqslant f_{rk}>30$ | $30\geqslant f_{rk}>15$ | $15\geqslant f_{rk}>5$ | $f_{rk}\leqslant 5$ |

**4.1.4** 岩体完整程度应按表 4.1.4 划分为完整、较完整、较破碎、破碎和极破碎。当缺乏试验数据时可按本规范附录 A.0.2 条确定。

**表 4.1.4 岩体完整程度划分**

| 完整程度等级 | 完整 | 较完整 | 较破碎 | 破碎 | 极破碎 |
|---|---|---|---|---|---|
| 完整性指数 | >0.75 | 0.75～0.55 | 0.55～0.35 | 0.35～0.15 | <0.15 |

注：完整性指数为岩体纵波波速与岩块纵波波速之比的平方。选定岩体、岩块测定波速时应有代表性。

**4.1.5** 碎石土为粒径大于 2mm 的颗粒含量超过全重 50％的土。碎石土可按表 4.1.5 分为漂石、块石、卵石、碎石、圆砾和角砾。

**表 4.1.5 碎石土的分类**

| 土的名称 | 颗粒形状 | 粒组含量 |
|---|---|---|
| 漂石<br>块石 | 圆形及亚圆形为主<br>棱角形为主 | 粒径大于 200mm 的颗粒含量超过全重 50％ |
| 卵石<br>碎石 | 圆形及亚圆形为主<br>棱角形为主 | 粒径大于 20mm 的颗粒含量超过全重 50％ |
| 圆砾<br>角砾 | 圆形及亚圆形为主<br>棱角形为主 | 粒径大于 2mm 的颗粒含量超过全重 50％ |

注：分类时应根据粒组含量栏从上到下以最先符合者确定。

**4.1.6** 碎石土的密实度，可按表 4.1.6 分为松散、稍密、中密、密实。

**表 4.1.6 碎石土的密实度**

| 重型圆锥动力触探锤击数 $N_{63.5}$ | 密实度 |
|---|---|
| $N_{63.5}\leqslant 5$ | 松散 |
| $5<N_{63.5}\leqslant 10$ | 稍密 |
| $10<N_{63.5}\leqslant 20$ | 中密 |
| $N_{63.5}>20$ | 密实 |

注：1 本表适用于平均粒径小于或等于 50mm 且最大粒径不超过 100mm 的卵石、碎石、圆砾、角砾；对于平均粒径大于 50mm 或最大粒径大于 100mm 的碎石土，可按本规范附录 B 鉴别其密实度；
2 表内 $N_{63.5}$ 为经综合修正后的平均值。

**4.1.7** 砂土为粒径大于 2mm 的颗粒含量不超过全重 50％、粒径大于 0.075mm 的颗粒超过全重 50％的土。砂土可按表 4.1.7 分为砾砂、粗砂、中砂、细砂和粉砂。

**表 4.1.7 砂土的分类**

| 土的名称 | 粒组含量 |
|---|---|
| 砾砂 | 粒径大于 2mm 的颗粒含量占全重 25％～50％ |

续表 4.1.7

| 土的名称 | 粒组含量 |
| --- | --- |
| 粗砂 | 粒径大于 0.5mm 的颗粒含量超过全重 50% |
| 中砂 | 粒径大于 0.25mm 的颗粒含量超过全重 50% |
| 细砂 | 粒径大于 0.075mm 的颗粒含量超过全重 85% |
| 粉砂 | 粒径大于 0.075mm 的颗粒含量超过全重 50% |

注：分类时应根据粒组含量栏从上到下以最先符合者确定。

**4.1.8** 砂土的密实度，可按表 4.1.8 分为松散、稍密、中密、密实。

**表 4.1.8 砂土的密实度**

| 标准贯入试验锤击数 $N$ | 密实度 |
| --- | --- |
| $N \leqslant 10$ | 松散 |
| $10 < N \leqslant 15$ | 稍密 |
| $15 < N \leqslant 30$ | 中密 |
| $N > 30$ | 密实 |

注：当用静力触探探头阻力判定砂土的密实度时，可根据当地经验确定。

**4.1.9** 黏性土为塑性指数 $I_p$ 大于 10 的土，可按表 4.1.9 分为黏土、粉质黏土。

**表 4.1.9 黏性土的分类**

| 塑性指数 $I_p$ | 土的名称 |
| --- | --- |
| $I_p > 17$ | 黏土 |
| $10 < I_p \leqslant 17$ | 粉质黏土 |

注：塑性指数由相应于 76g 圆锥体沉入土样中深度为 10mm 时测定的液限计算而得。

**4.1.10** 黏性土的状态，可按表 4.1.10 分为坚硬、硬塑、可塑、软塑、流塑。

**表 4.1.10 黏性土的状态**

| 液性指数 $I_L$ | 状态 |
| --- | --- |
| $I_L \leqslant 0$ | 坚硬 |
| $0 < I_L \leqslant 0.25$ | 硬塑 |
| $0.25 < I_L \leqslant 0.75$ | 可塑 |
| $0.75 < I_L \leqslant 1$ | 软塑 |
| $I_L > 1$ | 流塑 |

注：当用静力触探探头阻力判定黏性土的状态时，可根据当地经验确定。

**4.1.11** 粉土为介于砂土与黏性土之间，塑性指数 $I_p$ 小于或等于 10 且粒径大于 0.075mm 的颗粒含量不超过全重 50%的土。

**4.1.12** 淤泥为在静水或缓慢的流水环境中沉积，并经生物化学作用形成，其天然含水量大于液限、天然孔隙比大于或等于 1.5 的黏性土。当天然含水量大于液限而天然孔隙比小于 1.5 但大于或等于 1.0 的黏性土或粉土为淤泥质土。含有大量未分解的腐殖质，有机质含量大于 60%的土为泥炭，有机质含量大于或等于 10%且小于或等于 60%的土为泥炭质土。

**4.1.13** 红黏土为碳酸盐岩系的岩石经红土化作用形成的高塑性黏土。其液限一般大于 50%。红黏土经再搬运后仍保留其基本特征，其液限大于 45%的土为次生红黏土。

**4.1.14** 人工填土根据其组成和成因，可分为素填土、压实填土、杂填土、冲填土。素填土为由碎石土、砂土、粉土、黏性土等组成的填土。经过压实或夯实的素填土为压实填土。杂填土为含有建筑垃圾、工业废料、生活垃圾等杂物的填土。冲填土为由水力冲填泥砂形成的填土。

**4.1.15** 膨胀土为土中黏粒成分主要由亲水性矿物组成，同时具有显著的吸水膨胀和失水收缩特性，其自由膨胀率大于或等于 40%的黏性土。

**4.1.16** 湿陷性土为在一定压力下浸水后产生附加沉降，其湿陷系数大于或等于 0.015 的土。

## 4.2 工程特性指标

**4.2.1** 土的工程特性指标可采用强度指标、压缩性指标以及静力触探探头阻力、动力触探锤击数、标准贯入试验锤击数、载荷试验承载力等特性指标表示。

**4.2.2** 地基土工程特性指标的代表值应分别为标准值、平均值及特征值。抗剪强度指标应取标准值，压缩性指标应取平均值，载荷试验承载力应取特征值。

**4.2.3** 载荷试验应采用浅层平板载荷试验或深层平板载荷试验。浅层平板载荷试验适用于浅层地基，深层平板载荷试验适用于深层地基。两种载荷试验的试验要求应分别符合本规范附录 C、D 的规定。

**4.2.4** 土的抗剪强度指标，可采用原状土室内剪切试验、无侧限抗压强度试验、现场剪切试验、十字板剪切试验等方法测定。当采用室内剪切试验确定时，宜选择三轴压缩试验的自重压力下预固结的不固结不排水试验。经过预压固结的地基可采用固结不排水试验。每层土的试验数量不得少于六组。室内试验抗剪强度指标 $c_k$、$\varphi_k$，可按本规范附录 E 确定。在验算坡体的稳定性时，对于已有剪切破裂面或其他软弱结构面的抗剪强度，应进行野外大型剪切试验。

**4.2.5** 土的压缩性指标可采用原状土室内压缩试验、原位浅层或深层平板载荷试验、旁压试验确定，并应符合下列规定：

**1** 当采用室内压缩试验确定压缩模量时，试验所施加的最大压力应超过土自重压力与预计的附加压力之和，试验成果用 $e$-$p$ 曲线表示；

2 当考虑土的应力历史进行沉降计算时，应进行高压固结试验，确定先期固结压力、压缩指数，试验成果用 $e$-lg$p$ 曲线表示；为确定回弹指数，应在估计的先期固结压力之后进行一次卸荷，再继续加荷至预定的最后一级压力；

3 当考虑深基坑开挖卸荷和再加荷时，应进行回弹再压缩试验，其压力的施加应与实际的加卸荷状况一致。

**4.2.6** 地基土的压缩性可按 $p_1$ 为 100kPa，$p_2$ 为 200kPa 时相对应的压缩系数值 $a_{1-2}$ 划分为低、中、高压缩性，并符合以下规定：

1 当 $a_{1-2}<0.1\text{MPa}^{-1}$ 时，为低压缩性土；

2 当 $0.1\text{MPa}^{-1}\leqslant a_{1-2}<0.5\text{MPa}^{-1}$ 时，为中压缩性土；

3 当 $a_{1-2}\geqslant 0.5\text{MPa}^{-1}$ 时，为高压缩性土。

# 5 地 基 计 算

## 5.1 基础埋置深度

**5.1.1** 基础的埋置深度，应按下列条件确定：

1 建筑物的用途，有无地下室、设备基础和地下设施，基础的形式和构造；

2 作用在地基上的荷载大小和性质；

3 工程地质和水文地质条件；

4 相邻建筑物的基础埋深；

5 地基土冻胀和融陷的影响。

**5.1.2** 在满足地基稳定和变形要求的前提下，当上层地基的承载力大于下层土时，宜利用上层土作持力层。除岩石地基外，基础埋深不宜小于 0.5m。

**5.1.3 高层建筑基础的埋置深度应满足地基承载力、变形和稳定性要求。位于岩石地基上的高层建筑，其基础埋深应满足抗滑稳定性要求。**

**5.1.4** 在抗震设防区，除岩石地基外，天然地基上的箱形和筏形基础其埋置深度不宜小于建筑物高度的 1/15；桩箱或桩筏基础的埋置深度（不计桩长）不宜小于建筑物高度的 1/18。

**5.1.5** 基础宜埋置在地下水位以上，当必须埋在地下水位以下时，应采取地基土在施工时不受扰动的措施。当基础埋置在易风化的岩层上，施工时应在基坑开挖后立即铺筑垫层。

**5.1.6** 当存在相邻建筑物时，新建建筑物的基础埋深不宜大于原有建筑基础。当埋深大于原有建筑基础时，两基础间应保持一定净距，其数值应根据建筑荷载大小、基础形式和土质情况确定。

**5.1.7** 季节性冻土地基的场地冻结深度应按下式进行计算：

$$z_d = z_0 \cdot \psi_{zs} \cdot \psi_{zw} \cdot \psi_{ze} \qquad (5.1.7)$$

式中：$z_d$——场地冻结深度（m），当有实测资料时按 $z_d = h' - \Delta z$ 计算；

$h'$——最大冻深出现时场地最大冻土层厚度（m）；

$\Delta z$——最大冻深出现时场地地表冻胀量（m）；

$z_0$——标准冻结深度（m）；当无实测资料时，按本规范附录 F 采用；

$\psi_{zs}$——土的类别对冻结深度的影响系数，按表 5.1.7-1 采用；

$\psi_{zw}$——土的冻胀性对冻结深度的影响系数，按表 5.1.7-2 采用；

$\psi_{ze}$——环境对冻结深度的影响系数，按表 5.1.7-3 采用。

**表 5.1.7-1 土的类别对冻结深度的影响系数**

| 土的类别 | 影响系数 $\psi_{zs}$ |
|---|---|
| 黏性土 | 1.00 |
| 细砂、粉砂、粉土 | 1.20 |
| 中、粗、砾砂 | 1.30 |
| 大块碎石土 | 1.40 |

**表 5.1.7-2 土的冻胀性对冻结深度的影响系数**

| 冻 胀 性 | 影响系数 $\psi_{zw}$ |
|---|---|
| 不冻胀 | 1.00 |
| 弱冻胀 | 0.95 |
| 冻胀 | 0.90 |
| 强冻胀 | 0.85 |
| 特强冻胀 | 0.80 |

**表 5.1.7-3 环境对冻结深度的影响系数**

| 周围环境 | 影响系数 $\psi_{ze}$ |
|---|---|
| 村、镇、旷野 | 1.00 |
| 城市近郊 | 0.95 |
| 城市市区 | 0.90 |

注：环境影响系数一项，当城市市区人口为 20 万～50 万时，按城市近郊取值；当城市市区人口大于 50 万小于或等于 100 万时，只计入市区影响；当城市市区人口超过 100 万时，除计入市区影响外，尚应考虑 5km 以内的郊区近郊影响系数。

**5.1.8** 季节性冻土地区基础埋置深度宜大于场地冻结深度。对于深厚季节冻土地区，当建筑基础底面土层为不冻胀、弱冻胀、冻胀土时，基础埋置深度可以小于场地冻结深度，基础底面下允许冻土层最大厚度应根据当地经验确定。没有地区经验时可按本规范附录 G 查取。此时，基础最小埋置深度 $d_{min}$ 可按下式计算：

$$d_{min} = z_d - h_{max} \qquad (5.1.8)$$

式中：$h_{max}$——基础底面下允许冻土层最大厚度

(m)。

**5.1.9** 地基土的冻胀类别分为不冻胀、弱冻胀、冻胀、强冻胀和特强冻胀，可按本规范附录G查取。在冻胀、强冻胀和特强冻胀地基上采用防冻害措施时应符合下列规定：

1 对在地下水位以上的基础，基础侧表面应回填不冻胀的中、粗砂，其厚度不应小于200mm；对在地下水位以下的基础，可采用桩基础、保温性基础、自锚式基础（冻土层下有扩大板或扩底短桩），也可将独立基础或条形基础做成正梯形的斜面基础。

2 宜选择地势高、地下水位低、地表排水条件好的建筑场地。对低洼场地，建筑物的室外地坪标高应至少高出自然地面300mm～500mm，其范围不宜小于建筑四周向外各一倍冻结深度距离的范围。

3 应做好排水设施，施工和使用期间防止水浸入建筑地基。在山区应设截水沟或在建筑物下设置暗沟，以排走地表水和潜水。

4 在强冻胀性和特强冻胀性地基上，其基础结构应设置钢筋混凝土圈梁和基础梁，并控制建筑的长高比。

5 当独立基础连系梁下或桩基础承台下有冻土时，应在梁或承台下留有相当于该土层冻胀量的空隙。

6 外门斗、室外台阶和散水坡等部位宜与主体结构断开，散水坡分段不宜超过1.5m，坡度不宜小于3%，其下宜填入非冻胀性材料。

7 对跨年度施工的建筑，入冬前应对地基采取相应的防护措施；按采暖设计的建筑物，当冬季不能正常采暖时，也应对地基采取保温措施。

## 5.2 承载力计算

**5.2.1** 基础底面的压力，应符合下列规定：

1 当轴心荷载作用时

$$p_k \leqslant f_a \tag{5.2.1-1}$$

式中：$p_k$——相应于作用的标准组合时，基础底面处的平均压力值（kPa）；

$f_a$——修正后的地基承载力特征值（kPa）。

2 当偏心荷载作用时，除符合式（5.2.1-1）要求外，尚应符合下式规定：

$$p_{kmax} \leqslant 1.2 f_a \tag{5.2.1-2}$$

式中：$p_{kmax}$——相应于作用的标准组合时，基础底面边缘的最大压力值（kPa）。

**5.2.2** 基础底面的压力，可按下列公式确定：

1 当轴心荷载作用时

$$p_k = \frac{F_k + G_k}{A} \tag{5.2.2-1}$$

式中：$F_k$——相应于作用的标准组合时，上部结构传至基础顶面的竖向力值（kN）；

$G_k$——基础自重和基础上的土重（kN）；

$A$——基础底面面积（$m^2$）。

2 当偏心荷载作用时

$$p_{kmax} = \frac{F_k + G_k}{A} + \frac{M_k}{W} \tag{5.2.2-2}$$

$$p_{kmin} = \frac{F_k + G_k}{A} - \frac{M_k}{W} \tag{5.2.2-3}$$

式中：$M_k$——相应于作用的标准组合时，作用于基础底面的力矩值（kN·m）；

$W$——基础底面的抵抗矩（$m^3$）；

$p_{kmin}$——相应于作用的标准组合时，基础底面边缘的最小压力值（kPa）。

3 当基础底面形状为矩形且偏心距 $e > b/6$ 时（图5.2.2），$p_{kmax}$应按下式计算：

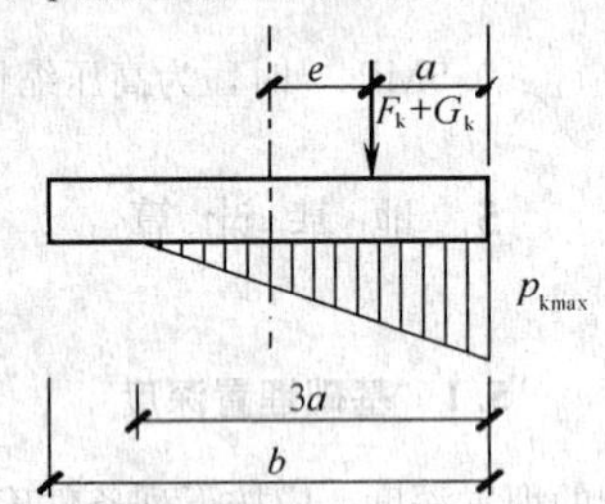


图5.2.2 偏心荷载（$e > b/6$）下基底压力计算示意

$b$—力矩作用方向基础底面边长

$$p_{kmax} = \frac{2(F_k + G_k)}{3la} \tag{5.2.2-4}$$

式中：$l$——垂直于力矩作用方向的基础底面边长（m）；

$a$——合力作用点至基础底面最大压力边缘的距离（m）。

**5.2.3** 地基承载力特征值可由载荷试验或其他原位测试、公式计算，并结合工程实践经验等方法综合确定。

**5.2.4** 当基础宽度大于3m或埋置深度大于0.5m时，从载荷试验或其他原位测试、经验值等方法确定的地基承载力特征值，尚应按下式修正：

$$f_a = f_{ak} + \eta_b \gamma (b-3) + \eta_d \gamma_m (d-0.5) \tag{5.2.4}$$

式中：$f_a$——修正后的地基承载力特征值（kPa）；

$f_{ak}$——地基承载力特征值（kPa），按本规范第5.2.3条的原则确定；

$\eta_b$、$\eta_d$——基础宽度和埋置深度的地基承载力修正系数，按基底下土的类别查表5.2.4取值；

$\gamma$——基础底面以下土的重度（$kN/m^3$），地下水位以下取浮重度；

$b$——基础底面宽度（m），当基础底面宽度小于3m时按3m取值，大于6m时按6m取值；

$\gamma_m$——基础底面以上土的加权平均重度（kN/m³），位于地下水位以下的土层取有效重度；

$d$——基础埋置深度（m），宜自室外地面标高算起。在填方整平地区，可自填土地面标高算起，但填土在上部结构施工后完成时，应从天然地面标高算起。对于地下室，当采用箱形基础或筏基时，基础埋置深度自室外地面标高算起；当采用独立基础或条形基础时，应从室内地面标高算起。

**表 5.2.4 承载力修正系数**

| 土的类别 | | $\eta_b$ | $\eta_d$ |
|---|---|---|---|
| 淤泥和淤泥质土 | | 0 | 1.0 |
| 人工填土<br>$e$ 或 $I_L$ 大于等于 0.85 的黏性土 | | 0 | 1.0 |
| 红黏土 | 含水比 $\alpha_w>0.8$<br>含水比 $\alpha_w\leqslant0.8$ | 0<br>0.15 | 1.2<br>1.4 |
| 大面积压实填土 | 压实系数大于 0.95、黏粒含量 $\rho_c\geqslant10\%$ 的粉土<br>最大干密度大于 2100kg/m³ 的级配砂石 | 0<br>0 | 1.5<br>2.0 |
| 粉土 | 黏粒含量 $\rho_c\geqslant10\%$ 的粉土<br>黏粒含量 $\rho_c<10\%$ 的粉土 | 0.3<br>0.5 | 1.5<br>2.0 |
| $e$ 及 $I_L$ 均小于 0.85 的黏性土<br>粉砂、细砂(不包括很湿与饱和时的稍密状态)<br>中砂、粗砂、砾砂和碎石土 | | 0.3<br>2.0<br>3.0 | 1.6<br>3.0<br>4.4 |

注：1 强风化和全风化的岩石，可参照所风化成的相应土类取值，其他状态下的岩石不修正；

2 地基承载力特征值按本规范附录 D 深层平板载荷试验确定时 $\eta_d$ 取 0；

3 含水比是指土的天然含水量与液限的比值；

4 大面积压实填土是指填土范围大于两倍基础宽度的填土。

**5.2.5** 当偏心距 $e$ 小于或等于 0.033 倍基础底面宽度时，根据土的抗剪强度指标确定地基承载力特征值可按下式计算，并应满足变形要求：

$$f_a = M_b\gamma b + M_d\gamma_m d + M_c c_k \quad (5.2.5)$$

式中：$f_a$——由土的抗剪强度指标确定的地基承载力特征值（kPa）；

$M_b$、$M_d$、$M_c$——承载力系数，按表 5.2.5 确定；

$b$——基础底面宽度（m），大于 6m 时按 6m 取值，对于砂土小于 3m 时按 3m 取值；

$c_k$——基底下一倍短边宽度的深度范围内土的黏聚力标准值（kPa）。

**表 5.2.5 承载力系数 $M_b$、$M_d$、$M_c$**

| 土的内摩擦角标准值 $\varphi_k$(°) | $M_b$ | $M_d$ | $M_c$ |
|---|---|---|---|
| 0 | 0 | 1.00 | 3.14 |
| 2 | 0.03 | 1.12 | 3.32 |
| 4 | 0.06 | 1.25 | 3.51 |
| 6 | 0.10 | 1.39 | 3.71 |
| 8 | 0.14 | 1.55 | 3.93 |
| 10 | 0.18 | 1.73 | 4.17 |
| 12 | 0.23 | 1.94 | 4.42 |
| 14 | 0.29 | 2.17 | 4.69 |
| 16 | 0.36 | 2.43 | 5.00 |
| 18 | 0.43 | 2.72 | 5.31 |
| 20 | 0.51 | 3.06 | 5.66 |
| 22 | 0.61 | 3.44 | 6.04 |
| 24 | 0.80 | 3.87 | 6.45 |
| 26 | 1.10 | 4.37 | 6.90 |
| 28 | 1.40 | 4.93 | 7.40 |
| 30 | 1.90 | 5.59 | 7.95 |
| 32 | 2.60 | 6.35 | 8.55 |
| 34 | 3.40 | 7.21 | 9.22 |
| 36 | 4.20 | 8.25 | 9.97 |
| 38 | 5.00 | 9.44 | 10.80 |
| 40 | 5.80 | 10.84 | 11.73 |

注：$\varphi_k$—基底下一倍短边宽度的深度范围内土的内摩擦角标准值(°)。

**5.2.6** 对于完整、较完整、较破碎的岩石地基承载力特征值可按本规范附录 H 岩石地基载荷试验方法确定；对破碎、极破碎的岩石地基承载力特征值，可根据平板载荷试验确定。对完整、较完整和较破碎的岩石地基承载力特征值，也可根据室内饱和单轴抗压强度按下式进行计算：

$$f_a = \psi_r \cdot f_{rk} \quad (5.2.6)$$

式中：$f_a$——岩石地基承载力特征值（kPa）；

$f_{rk}$——岩石饱和单轴抗压强度标准值（kPa），可按本规范附录 J 确定；

$\psi_r$——折减系数。根据岩体完整程度以及结构面的间距、宽度、产状和组合，由地方经验确定。无经验时，对完整岩体可取 0.5；对较完整岩体可取 0.2～0.5；对较破碎岩体可取 0.1～0.2。

注：1 上述折减系数值未考虑施工因素及建筑物使用后风化作用的继续；

2 对于黏土质岩，在确保施工期及使用期不致遭水浸泡时，也可采用天然湿度的试样，不进行饱和处理。

**5.2.7** 当地基受力层范围内有软弱下卧层时，应符合下列规定：

**1** 应按下式验算软弱下卧层的地基承载力：

$$p_z + p_{cz} \leqslant f_{az} \quad (5.2.7\text{-}1)$$

式中：$p_z$——相应于作用的标准组合时，软弱下卧层顶面处的附加压力值（kPa）；

$p_{cz}$——软弱下卧层顶面处土的自重压力值（kPa）；

$f_{az}$——软弱下卧层顶面处经深度修正后的地基承载力特征值（kPa）。

2 对条形基础和矩形基础，式（5.2.7-1）中的 $p_z$ 值可按下列公式简化计算：

条形基础

$$p_z = \frac{b(p_k - p_c)}{b + 2z\tan\theta} \quad (5.2.7\text{-}2)$$

矩形基础

$$p_z = \frac{lb(p_k - p_c)}{(b + 2z\tan\theta)(l + 2z\tan\theta)} \quad (5.2.7\text{-}3)$$

式中：$b$——矩形基础或条形基础底边的宽度（m）；

$l$——矩形基础底边的长度（m）；

$p_c$——基础底面处土的自重压力值（kPa）；

$z$——基础底面至软弱下卧层顶面的距离（m）；

$\theta$——地基压力扩散线与垂直线的夹角（°），可按表5.2.7采用。

**表5.2.7 地基压力扩散角θ**

| $E_{s1}/E_{s2}$ | $z/b$ | |
|---|---|---|
| | 0.25 | 0.50 |
| 3 | 6° | 23° |
| 5 | 10° | 25° |
| 10 | 20° | 30° |

注：1 $E_{s1}$为上层土压缩模量；$E_{s2}$为下层土压缩模量；

2 $z/b<0.25$ 时取 $\theta=0°$，必要时，宜由试验确定；$z/b>0.50$ 时 $\theta$ 值不变；

3 $z/b$ 在0.25与0.50之间可插值使用。

**5.2.8** 对于沉降已经稳定的建筑或经过预压的地基，可适当提高地基承载力。

## 5.3 变形计算

**5.3.1 建筑物的地基变形计算值，不应大于地基变形允许值。**

**5.3.2** 地基变形特征可分为沉降量、沉降差、倾斜、局部倾斜。

**5.3.3** 在计算地基变形时，应符合下列规定：

1 由于建筑地基不均匀、荷载差异很大、体型复杂等因素引起的地基变形，对于砌体承重结构应由局部倾斜值控制；对于框架结构和单层排架结构应由相邻柱基的沉降差控制；对于多层或高层建筑和高耸结构应由倾斜值控制；必要时尚应控制平均沉降量。

2 在必要情况下，需要分别预估建筑物在施工期间和使用期间的地基变形值，以便预留建筑物有关部分之间的净空，选择连接方法和施工顺序。

**5.3.4 建筑物的地基变形允许值应按表5.3.4规定采用。对表中未包括的建筑物，其地基变形允许值应根据上部结构对地基变形的适应能力和使用上的要求确定。**

**表5.3.4 建筑物的地基变形允许值**

| 变形特征 | | 地基土类别 | |
|---|---|---|---|
| | | 中、低压缩性土 | 高压缩性土 |
| 砌体承重结构基础的局部倾斜 | | 0.002 | 0.003 |
| 工业与民用建筑相邻柱基的沉降差 | 框架结构 | 0.002$l$ | 0.003$l$ |
| | 砌体墙填充的边排柱 | 0.0007$l$ | 0.001$l$ |
| | 当基础不均匀沉降时不产生附加应力的结构 | 0.005$l$ | 0.005$l$ |
| 单层排架结构(柱距为6m)柱基的沉降量(mm) | | (120) | 200 |
| 桥式吊车轨面的倾斜(按不调整轨道考虑) | 纵 向 | 0.004 | |
| | 横 向 | 0.003 | |
| 多层和高层建筑的整体倾斜 | $H_g \leqslant 24$ | 0.004 | |
| | $24<H_g \leqslant 60$ | 0.003 | |
| | $60<H_g \leqslant 100$ | 0.0025 | |
| | $H_g>100$ | 0.002 | |
| 体型简单的高层建筑基础的平均沉降量(mm) | | 200 | |
| 高耸结构基础的倾斜 | $H_g \leqslant 20$ | 0.008 | |
| | $20<H_g \leqslant 50$ | 0.006 | |
| | $50<H_g \leqslant 100$ | 0.005 | |
| | $100<H_g \leqslant 150$ | 0.004 | |
| | $150<H_g \leqslant 200$ | 0.003 | |
| | $200<H_g \leqslant 250$ | 0.002 | |
| 高耸结构基础的沉降量(mm) | $H_g \leqslant 100$ | 400 | |
| | $100<H_g \leqslant 200$ | 300 | |
| | $200<H_g \leqslant 250$ | 200 | |

注：1 本表数值为建筑物地基实际最终变形允许值；

2 有括号者仅适用于中压缩性土；

3 $l$为相邻柱基的中心距离(mm)；$H_g$为自室外地面起算的建筑物高度(m)；

4 倾斜指基础倾斜方向两端点的沉降差与其距离的比值；

5 局部倾斜指砌体承重结构沿纵向6m～10m内基础两点的沉降差与其距离的比值。

**5.3.5** 计算地基变形时，地基内的应力分布，可采用各向同性均质线性变形体理论。其最终变形量可按下式进行计算：

$$s = \psi_s s' = \psi_s \sum_{i=1}^{n} \frac{p_0}{E_{si}} (z_i \bar{\alpha}_i - z_{i-1} \bar{\alpha}_{i-1}) \quad (5.3.5)$$

式中：$s$——地基最终变形量（mm）；

$s'$——按分层总和法计算出的地基变形量(mm)；

$\psi_s$——沉降计算经验系数，根据地区沉降观测资料及经验确定，无地区经验时可根据变形计算深度范围内压缩模量的当量值($\overline{E}_s$)、基底附加压力按表5.3.5取值；

$n$——地基变形计算深度范围内所划分的土层数(图5.3.5)；

$p_0$——相应于作用的准永久组合时基础底面处的附加压力(kPa)；

$E_{si}$——基础底面下第$i$层土的压缩模量(MPa)，应取土的自重压力至土的自重压力与附加压力之和的压力段计算；

$z_i$、$z_{i-1}$——基础底面至第$i$层土、第$i-1$层土底面的距离(m)；

$\overline{\alpha}_i$、$\overline{\alpha}_{i-1}$——基础底面计算点至第$i$层土、第$i-1$层土底面范围内平均附加应力系数，可按本规范附录K采用。

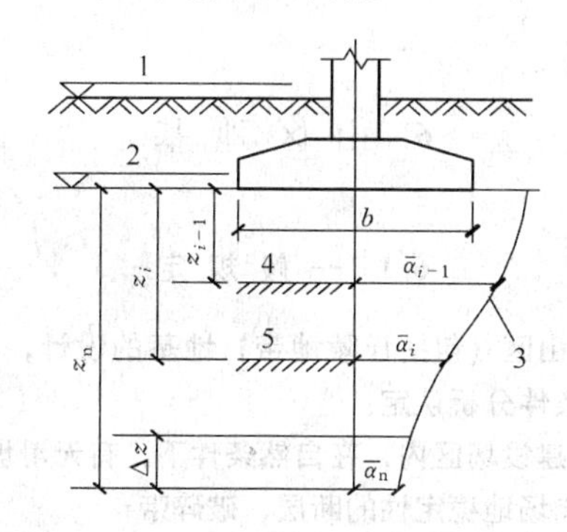


图5.3.5 基础沉降计算的分层示意

1—天然地面标高；2—基底标高；3—平均附加应力系数$\overline{\alpha}$曲线；4—$i-1$层；5—$i$层

**表5.3.5 沉降计算经验系数$\psi_s$**

| $\overline{E}_s$ (MPa) / 基底附加压力 | 2.5 | 4.0 | 7.0 | 15.0 | 20.0 |
|---|---|---|---|---|---|
| $p_0 \geq f_{ak}$ | 1.4 | 1.3 | 1.0 | 0.4 | 0.2 |
| $p_0 \leq 0.75f_{ak}$ | 1.1 | 1.0 | 0.7 | 0.4 | 0.2 |

**5.3.6** 变形计算深度范围内压缩模量的当量值($\overline{E}_s$)，应按下式计算：

$$\overline{E}_s = \frac{\Sigma A_i}{\Sigma \dfrac{A_i}{E_{si}}} \tag{5.3.6}$$

式中：$A_i$——第$i$层土附加应力系数沿土层厚度的积分值。

**5.3.7** 地基变形计算深度$z_n$(图5.3.5)，应符合式(5.3.7)的规定。当计算深度下部仍有较软土层时，应继续计算。

$$\Delta s'_n \leq 0.025\sum_{i=1}^{n}\Delta s'_i \tag{5.3.7}$$

式中：$\Delta s'_i$——在计算深度范围内，第$i$层土的计算变形值(mm)；

$\Delta s'_n$——在由计算深度向上取厚度为$\Delta z$的土层计算变形值(mm)，$\Delta z$见图5.3.5并按表5.3.7确定。

**表5.3.7 Δz**

| $b$ (m) | ≤2 | 2<$b$≤4 | 4<$b$≤8 | $b$>8 |
|---|---|---|---|---|
| $\Delta z$ (m) | 0.3 | 0.6 | 0.8 | 1.0 |

**5.3.8** 当无相邻荷载影响，基础宽度在1m～30m范围内时，基础中点的地基变形计算深度也可按简化公式(5.3.8)进行计算。在计算深度范围内存在基岩时，$z_n$可取至基岩表面；当存在较厚的坚硬黏性土层，其孔隙比小于0.5、压缩模量大于50MPa，或存在较厚的密实砂卵石层，其压缩模量大于80MPa时，$z_n$可取至该层土表面。此时，地基土附加压力分布应考虑相对硬层存在的影响，按本规范公式(6.2.2)计算地基最终变形量。

$$z_n = b(2.5 - 0.4\ln b) \tag{5.3.8}$$

式中：$b$——基础宽度(m)。

**5.3.9** 当存在相邻荷载时，应计算相邻荷载引起的地基变形，其值可按应力叠加原理，采用角点法计算。

**5.3.10** 当建筑物地下室基础埋置较深时，地基土的回弹变形量可按下式进行计算：

$$s_c = \psi_c \sum_{i=1}^{n}\frac{p_c}{E_{ci}}(z_i\overline{\alpha}_i - z_{i-1}\overline{\alpha}_{i-1}) \tag{5.3.10}$$

式中：$s_c$——地基的回弹变形量(mm)；

$\psi_c$——回弹量计算的经验系数，无地区经验时可取1.0；

$p_c$——基坑底面以上土的自重压力(kPa)，地下水位以下应扣除浮力；

$E_{ci}$——土的回弹模量(kPa)，按现行国家标准《土工试验方法标准》GB/T 50123中土的固结试验回弹曲线的不同应力段计算。

**5.3.11** 回弹再压缩变形量计算可采用再加荷的压力小于卸荷土的自重压力段内再压缩变形线性分布的假定按下式进行计算：

$$s'_c = \begin{cases} r'_0 s_c \dfrac{p}{p_c R'_0} & p < R'_0 p_c \\ s_c\left[r'_0 + \dfrac{r'_{R'=1.0} - r'_0}{1 - R'_0}\left(\dfrac{p}{p_c} - R'_0\right)\right] & R'_0 p_c \leq p \leq p_c \end{cases} \tag{5.3.11}$$

式中：$s'_c$——地基土回弹再压缩变形量(mm)；

$s_c$——地基的回弹变形量(mm)；

$r'_0$——临界再压缩比率，相应于再压缩比率与再加荷比关系曲线上两段线性交点对应的再压缩比率，由土的固结回弹再压缩试验确定；

$R'_0$ ——临界再加荷比，相应在再压缩比率与再加荷比关系曲线上两段线性交点对应的再加荷比，由土的固结回弹再压缩试验确定；

$r'_{R'=1.0}$ ——对应于再加荷比 $R'=1.0$ 时的再压缩比率，由土的固结回弹再压缩试验确定，其值等于回弹再压缩变形增大系数；

$p$——再加荷的基底压力（kPa）。

**5.3.12** 在同一整体大面积基础上建有多栋高层和低层建筑，宜考虑上部结构、基础与地基的共同作用进行变形计算。

### 5.4 稳定性计算

**5.4.1** 地基稳定性可采用圆弧滑动面法进行验算。最危险的滑动面上诸力对滑动中心所产生的抗滑力矩与滑动力矩应符合下式要求：

$$M_R/M_S \geqslant 1.2 \qquad (5.4.1)$$

式中：$M_S$——滑动力矩（kN·m）；

$M_R$——抗滑力矩（kN·m）。

**5.4.2** 位于稳定土坡坡顶上的建筑，应符合下列规定：

**1** 对于条形基础或矩形基础，当垂直于坡顶边缘线的基础底面边长小于或等于3m时，其基础底面外边缘线至坡顶的水平距离（图5.4.2）应符合下式要求，且不得小于2.5m：

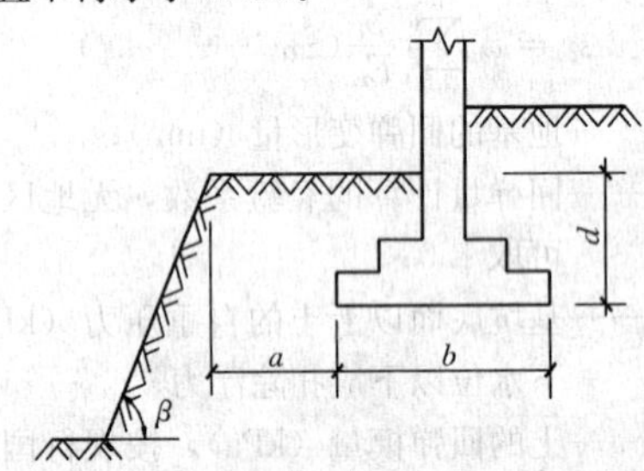


图5.4.2 基础底面外边缘线至坡顶的水平距离示意

条形基础

$$a \geqslant 3.5b - \frac{d}{\tan\beta} \qquad (5.4.2\text{-}1)$$

矩形基础

$$a \geqslant 2.5b - \frac{d}{\tan\beta} \qquad (5.4.2\text{-}2)$$

式中：$a$ ——基础底面外边缘线至坡顶的水平距离（m）；

$b$——垂直于坡顶边缘线的基础底面边长（m）；

$d$——基础埋置深度（m）；

$\beta$——边坡坡角（°）。

**2** 当基础底面外边缘线至坡顶的水平距离不满足式（5.4.2-1）、式（5.4.2-2）的要求时，可根据基底平均压力按式（5.4.1）确定基础距坡顶边缘的距离和基础埋深。

**3** 当边坡坡角大于45°、坡高大于8m时，尚应按式（5.4.1）验算坡体稳定性。

**5.4.3** 建筑物基础存在浮力作用时应进行抗浮稳定性验算，并应符合下列规定：

**1** 对于简单的浮力作用情况，基础抗浮稳定性应符合下式要求：

$$\frac{G_k}{N_{w,k}} \geqslant K_w \qquad (5.4.3)$$

式中：$G_k$——建筑物自重及压重之和（kN）；

$N_{w,k}$——浮力作用值（kN）；

$K_w$ ——抗浮稳定安全系数，一般情况下可取1.05。

**2** 抗浮稳定性不满足设计要求时，可采用增加压重或设置抗浮构件等措施。在整体满足抗浮稳定性要求而局部不满足时，也可采用增加结构刚度的措施。

## 6 山区地基

### 6.1 一般规定

**6.1.1** 山区（包括丘陵地带）地基的设计，应对下列设计条件分析认定：

**1 建设场区内，在自然条件下，有无滑坡现象，有无影响场地稳定性的断层、破碎带；**

**2 在建设场地周围，有无不稳定的边坡；**

**3 施工过程中，因挖方、填方、堆载和卸载等对山坡稳定性的影响；**

**4 地基内岩石厚度及空间分布情况、基岩面的起伏情况、有无影响地基稳定性的临空面；**

**5 建筑地基的不均匀性；**

**6 岩溶、土洞的发育程度，有无采空区；**

**7 出现危岩崩塌、泥石流等不良地质现象的可能性；**

**8 地面水、地下水对建筑地基和建设场区的影响。**

**6.1.2** 在山区建设时应对场区作出必要的工程地质和水文地质评价。对建筑物有潜在威胁或直接危害的滑坡、泥石流、崩塌以及岩溶、土洞强烈发育地段，不应选作建设场地。

**6.1.3** 山区建设工程的总体规划，应根据使用要求、地形地质条件合理布置。主体建筑宜设置在较好的地基上，使地基条件与上部结构的要求相适应。

**6.1.4** 山区建设中，应充分利用和保护天然排水系统和山地植被。当必须改变排水系统时，应在易于导流或拦截的部位将水引出场外。在受山洪影响的地段，应采取相应的排洪措施。

## 6.2 土岩组合地基

**6.2.1** 建筑地基（或被沉降缝分隔区段的建筑地基）的主要受力层范围内，如遇下列情况之一者，属于土岩组合地基：

1 下卧基岩表面坡度较大的地基；

2 石芽密布并有出露的地基；

3 大块孤石或个别石芽出露的地基。

**6.2.2** 当地基中下卧基岩面为单向倾斜、岩面坡度大于10%、基底下的土层厚度大于1.5m时，应按下列规定进行设计：

1 当结构类型和地质条件符合表6.2.2-1的要求时，可不作地基变形验算。

**表6.2.2-1 下卧基岩表面允许坡度值**

| 地基土承载力特征值 $f_{ak}$(kPa) | 四层及四层以下的砌体承重结构，三层及三层以下的框架结构 | 具有150kN和150kN以下吊车 的一般单层排架结构 | |
|---|---|---|---|
| | | 带墙的边柱和山墙 | 无墙的中柱 |
| ≥150 | ≤15% | ≤15% | ≤30% |
| ≥200 | ≤25% | ≤30% | ≤50% |
| ≥300 | ≤40% | ≤50% | ≤70% |

2 不满足上述条件时，应考虑刚性下卧层的影响，按下式计算地基的变形：

$$s_{gz} = \beta_{gz} s_z \tag{6.2.2}$$

式中：$s_{gz}$——具刚性下卧层时，地基土的变形计算值(mm)；

$\beta_{gz}$——刚性下卧层对上覆土层的变形增大系数，按表6.2.2-2采用；

$s_z$——变形计算深度相当于实际土层厚度按本规范第5.3.5条计算确定的地基最终变形计算值（mm）。

**表6.2.2-2 具有刚性下卧层时地基变形增大系数 $\beta_{gz}$**

| $h/b$ | 0.5 | 1.0 | 1.5 | 2.0 | 2.5 |
|---|---|---|---|---|---|
| $\beta_{gz}$ | 1.26 | 1.17 | 1.12 | 1.09 | 1.00 |

注：$h$—基底下的土层厚度；$b$—基础底面宽度。

3 在岩土界面上存在软弱层（如泥化带）时，应验算地基的整体稳定性。

4 当土岩组合地基位于山间坡地、山麓洼地或冲沟地带，存在局部软弱土层时，应验算软弱下卧层的强度及不均匀变形。

**6.2.3** 对于石芽密布并有出露的地基，当石芽间距小于2m，其间为硬塑或坚硬状态的红黏土时，对于房屋为六层和六层以下的砌体承重结构、三层和三层以下的框架结构或具有150kN和150kN以下吊车的单层排架结构，其基底压力小于200kPa，可不作地基处理。如不能满足上述要求时，可利用经检验稳定性可靠的石芽作支墩式基础，也可在石芽出露部位作褥垫。当石芽间有较厚的软弱土层时，可用碎石、土夹石等进行置换。

**6.2.4** 对于大块孤石或个别石芽出露的地基，当土层的承载力特征值大于150kPa、房屋为单层排架结构或一、二层砌体承重结构时，宜在基础与岩石接触的部位采用褥垫进行处理。对于多层砌体承重结构，应根据土质情况，结合本规范第6.2.6条、第6.2.7条的规定综合处理。

**6.2.5** 褥垫可采用炉渣、中砂、粗砂、土夹石等材料，其厚度宜取300mm～500mm，夯填度应根据试验确定。当无资料时，夯填度可按下列数值进行设计：

中砂、粗砂　　0.87±0.05；

土夹石（其中碎石含量为20%～30%）　　0.70±0.05。

注：夯填度为褥垫夯实后的厚度与虚铺厚度的比值。

**6.2.6** 当建筑物对地基变形要求较高或地质条件比较复杂不宜按本规范第6.2.3条、第6.2.4条有关规定进行地基处理时，可调整建筑平面位置，或采用桩基或梁、拱跨越等处理措施。

**6.2.7** 在地基压缩性相差较大的部位，宜结合建筑平面形状、荷载条件设置沉降缝。沉降缝宽度宜取30mm～50mm，在特殊情况下可适当加宽。

## 6.3 填土地基

**6.3.1 当利用压实填土作为建筑工程的地基持力层时，在平整场地前，应根据结构类型、填料性能和现场条件等，对拟压实的填土提出质量要求。未经检验查明以及不符合质量要求的压实填土，均不得作为建筑工程的地基持力层。**

**6.3.2** 当利用未经填方设计处理形成的填土作为建筑物地基时，应查明填料成分与来源，填土的分布、厚度、均匀性、密实度与压缩性以及填土的堆积年限等情况，根据建筑物的重要性、上部结构类型、荷载性质与大小、现场条件等因素，选择合适的地基处理方法，并提出填土地基处理的质量要求与检验方法。

**6.3.3** 拟压实的填土地基应根据建筑物对地基的具体要求，进行填方设计。填方设计的内容包括填料的性质、压实机械的选择、密实度要求、质量监督和检验方法等。对重大的填方工程，必须在填方设计前选择典型的场区进行现场试验，取得填方设计参数后，才能进行填方工程的设计与施工。

**6.3.4** 填方工程设计前应具备详细的场地地形、地貌及工程地质勘察资料。位于塘、沟、积水洼地等地区的填土地基，应查明地下水的补给与排泄条件、底层软弱土体的清除情况、自重固结程度等。

**6.3.5** 对含有生活垃圾或有机质废料的填土，未经处理不宜作为建筑物地基使用。

**6.3.6** 压实填土的填料，应符合下列规定：

1 级配良好的砂土或碎石土；以卵石、砾石、块石或岩石碎屑作填料时，分层压实时其最大粒径不宜大于 200mm，分层夯实时其最大粒径不宜大于 400mm；

2 性能稳定的矿渣、煤渣等工业废料；

3 以粉质黏土、粉土作填料时，其含水量宜为最优含水量，可采用击实试验确定；

4 挖高填低或开山填沟的土石料，应符合设计要求；

5 不得使用淤泥、耕土、冻土、膨胀性土以及有机质含量大于 5％的土。

**6.3.7** 压实填土的质量以压实系数 $\lambda_c$ 控制，并应根据结构类型、压实填土所在部位按表 6.3.7 确定。

**表 6.3.7 压实填土地基压实系数控制值**

| 结构类型 | 填土部位 | 压实系数 ($\lambda_c$) | 控制含水量 (％) |
|---|---|---|---|
| 砌体承重及框架结构 | 在地基主要受力层范围内 | ≥0.97 | $w_{op}\pm2$ |
| | 在地基主要受力层范围以下 | ≥0.95 | |
| 排架结构 | 在地基主要受力层范围内 | ≥0.96 | |
| | 在地基主要受力层范围以下 | ≥0.94 | |

注：1 压实系数($\lambda_c$)为填土的实际干密度($\rho_d$)与最大干密度($\rho_{dmax}$)之比；$w_{op}$为最优含水量；

2 地坪垫层以下及基础底面标高以上的压实填土，压实系数不应小于 0.94。

**6.3.8** 压实填土的最大干密度和最优含水量，应采用击实试验确定，击实试验的操作应符合现行国家标准《土工试验方法标准》GB/T 50123 的有关规定。对于碎石、卵石，或岩石碎屑等填料，其最大干密度可取 2100kg/m³～2200kg/m³。对于黏性土或粉土填料，当无试验资料时，可按下式计算最大干密度：

$$\rho_{dmax}=\eta\frac{\rho_w d_s}{1+0.01w_{op}d_s} \quad (6.3.8)$$

式中：$\rho_{dmax}$——压实填土的最大干密度（kg/m³）；

$\eta$——经验系数，粉质黏土取 0.96，粉土取 0.97；

$\rho_w$——水的密度（kg/m³）；

$d_s$——土粒相对密度（比重）；

$w_{op}$——最优含水量（％）。

**6.3.9** 压实填土地基承载力特征值，应根据现场原位测试（静载荷试验、动力触探、静力触探等）结果确定。其下卧层顶面的承载力特征值应满足本规范第 5.2.7 条的要求。

**6.3.10** 填土地基在进行压实施工时，应注意采取地面排水措施，当其阻碍原地表水畅通排泄时，应根据地形修建截水沟，或设置其他排水设施。设置在填土区的上、下水管道，应采取防渗、防漏措施，避免因漏水使填土颗粒流失，必要时应在填土土坡的坡脚处设置反滤层。

**6.3.11** 位于斜坡上的填土，应验算其稳定性。对由填土而产生的新边坡，当填土边坡坡度符合表 6.3.11 的要求时，可不设置支挡结构。当天然地面坡度大于 20％时，应采取防止填土可能沿坡面滑动的措施，并应避免雨水沿斜坡排泄。

**表 6.3.11 压实填土的边坡坡度允许值**

| 填土类型 | 边坡坡度允许值(高宽比) | | 压实系数 ($\lambda_c$) |
|---|---|---|---|
| | 坡高在 8m 以内 | 坡高为 8m～15m | |
| 碎石、卵石 | 1∶1.50～1∶1.25 | 1∶1.75～1∶1.50 | 0.94～0.97 |
| 砂夹石(碎石、卵石占全重 30％～50％) | 1∶1.50～1∶1.25 | 1∶1.75～1∶1.50 | |
| 土夹石(碎石、卵石占全重 30％～50％) | 1∶1.50～1∶1.25 | 1∶2.00～1∶1.50 | |
| 粉质黏土，黏粒含量 $\rho_c$≥10％的粉土 | 1∶1.75～1∶1.50 | 1∶2.25～1∶1.75 | |

## 6.4 滑坡防治

**6.4.1 在建设场区内，由于施工或其他因素的影响有可能形成滑坡的地段，必须采取可靠的预防措施。对具有发展趋势并威胁建筑物安全使用的滑坡，应及早采取综合整治措施，防止滑坡继续发展。**

**6.4.2** 应根据工程地质、水文地质条件以及施工影响等因素，分析滑坡可能发生或发展的主要原因，采取下列防治滑坡的处理措施：

1 排水：应设置排水沟以防止地面水浸入滑坡地段，必要时尚应采取防渗措施。在地下水影响较大的情况下，应根据地质条件，设置地下排水系统。

2 支挡：根据滑坡推力的大小、方向及作用点，可选用重力式抗滑挡墙、阻滑桩及其他抗滑结构。抗滑挡墙的基底及阻滑桩的桩端应埋置于滑动面以下的稳定土（岩）层中。必要时，应验算墙顶以上的土（岩）体从墙顶滑出的可能性。

3 卸载：在保证卸载区上方及两侧岩土稳定的情况下，可在滑体主动区卸载，但不得在滑体被动区卸载。

4 反压：在滑体的阻滑区段增加竖向荷载以提高滑体的阻滑安全系数。

**6.4.3** 滑坡推力可按下列规定进行计算：

1 当滑体有多层滑动面（带）时，可取推力最大的滑动面（带）确定滑坡推力。

2 选择平行于滑动方向的几个具有代表性的断面进行计算。计算断面一般不得少于2个，其中应有一个是滑动主轴断面。根据不同断面的推力设计相应的抗滑结构。

3 当滑动面为折线形时，滑坡推力可按下列公式进行计算（图6.4.3）。

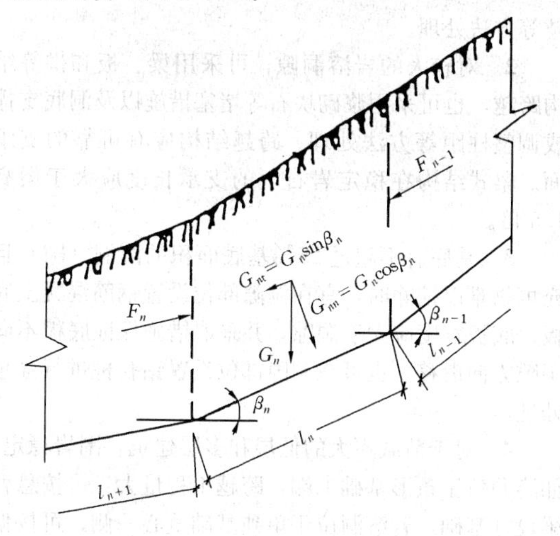


图6.4.3 滑坡推力计算示意

$$F_n = F_{n-1}\psi + \gamma_t G_{nt} - G_{nn}\tan\varphi_n - c_n l_n \tag{6.4.3-1}$$

$$\psi = \cos(\beta_{n-1} - \beta_n) - \sin(\beta_{n-1} - \beta_n)\tan\varphi_n \tag{6.4.3-2}$$

式中：$F_n$、$F_{n-1}$——第$n$块、第$n-1$块滑体的剩余下滑力（kN）；

$\psi$——传递系数；

$\gamma_t$——滑坡推力安全系数；

$G_{nt}$、$G_{nn}$——第$n$块滑体自重沿滑动面、垂直滑动面的分力（kN）；

$\varphi_n$——第$n$块滑体沿滑动面土的内摩擦角标准值（°）；

$c_n$——第$n$块滑体沿滑动面土的黏聚力标准值（kPa）；

$l_n$——第$n$块滑体沿滑动面的长度（m）；

4 滑坡推力作用点，可取在滑体厚度的1/2处。

5 滑坡推力安全系数，应根据滑坡现状及其对工程的影响等因素确定，对地基基础设计等级为甲级的建筑物宜取1.30，设计等级为乙级的建筑物宜取1.20，设计等级为丙级的建筑物宜取1.10。

6 根据土（岩）的性质和当地经验，可采用试验和滑坡反算相结合的方法，合理地确定滑动面上的抗剪强度。

## 6.5 岩石地基

**6.5.1** 岩石地基基础设计应符合下列规定：

1 置于完整、较完整、较破碎岩体上的建筑物可仅进行地基承载力计算。

2 地基基础设计等级为甲、乙级的建筑物，同一建筑物的地基存在坚硬程度不同，两种或多种岩体变形模量差异达2倍及2倍以上，应进行地基变形验算。

3 地基主要受力层深度内存在软弱下卧岩层时，应考虑软弱下卧岩层的影响进行地基稳定性验算。

4 桩孔、基底和基坑边坡开挖应采用控制爆破，到达持力层后，对软岩、极软岩表面应及时封闭保护。

5 当基岩面起伏较大，且都使用岩石地基时，同一建筑物可以使用多种基础形式。

6 当基础附近有临空面时，应验算向临空面倾覆和滑移稳定性。存在不稳定的临空面时，应将基础埋深加大至下伏稳定基岩；亦可在基础底部设置锚杆，锚杆应进入下伏稳定岩体，并满足抗倾覆和抗滑移要求。同一基础的地基可以放阶处理，但应满足抗倾覆和抗滑移要求。

7 对于节理、裂隙发育及破碎程度较高的不稳定岩体，可采用注浆加固和清爆填塞等措施。

**6.5.2** 对遇水易软化和膨胀、易崩解的岩石，应采取保护措施减少其对岩体承载力的影响。

## 6.6 岩溶与土洞

**6.6.1** 在碳酸盐岩为主的可溶性岩石地区，当存在岩溶（溶洞、溶蚀裂隙等）、土洞等现象时，应考虑其对地基稳定的影响。

**6.6.2** 岩溶场地可根据岩溶发育程度划分为三个等级，设计时应根据具体情况，按表6.6.2选用。

**表6.6.2 岩溶发育程度**

| 等 级 | 岩溶场地条件 |
|---|---|
| 岩溶强发育 | 地表有较多岩溶塌陷、漏斗、洼地、泉眼<br>溶沟、溶槽、石芽密布，相邻钻孔间存在临空面且基岩面高差大于5m<br>地下有暗河、伏流<br>钻孔见洞隙率大于30%或线岩溶率大于20%<br>溶槽或串珠状竖向溶洞发育深度达20m以上 |
| 岩溶中等发育 | 介于强发育和微发育之间 |
| 岩溶微发育 | 地表无岩溶塌陷、漏斗<br>溶沟、溶槽较发育<br>相邻钻孔间存在临空面且基岩面相对高差小于2m<br>钻孔见洞隙率小于10%或线岩溶率小于5% |

**6.6.3** 地基基础设计等级为甲级、乙级的建筑物主体宜避开岩溶强发育地段。

**6.6.4** 存在下列情况之一且未经处理的场地，不应作为建筑物地基：

1 浅层溶洞成群分布，洞径大，且不稳定的地段；

2 漏斗、溶槽等埋藏浅，其中充填物为软弱土体；

3 土洞或塌陷等岩溶强发育的地段；

4 岩溶水排泄不畅，有可能造成场地暂时淹没的地段。

**6.6.5** 对于完整、较完整的坚硬岩、较硬岩地基，当符合下列条件之一时，可不考虑岩溶对地基稳定性的影响：

1 洞体较小，基础底面尺寸大于洞的平面尺寸，并有足够的支承长度；

2 顶板岩石厚度大于或等于洞的跨度。

**6.6.6** 地基基础设计等级为丙级且荷载较小的建筑物，当符合下列条件之一时，可不考虑岩溶对地基稳定性的影响。

1 基础底面以下的土层厚度大于独立基础宽度的3倍或条形基础宽度的6倍，且不具备形成土洞的条件时；

2 基础底面与洞体顶板间土层厚度小于独立基础宽度的3倍或条形基础宽度的6倍，洞隙或岩溶漏斗被沉积物填满，其承载力特征值超过150kPa，且无被水冲蚀的可能性时；

3 基础底面存在面积小于基础底面积25%的垂直洞隙，但基底岩石面积满足上部荷载要求时。

**6.6.7** 不符合本规范第6.6.5条、第6.6.6条的条件时，应进行洞体稳定性分析；基础附近有临空面时，应验算向临空面倾覆和沿岩体结构面滑移稳定性。

**6.6.8** 土洞对地基的影响，应按下列规定综合分析与处理：

1 在地下水强烈活动于岩土交界面的地区，应考虑由地下水作用所形成的土洞对地基的影响，预测地下水位在建筑物使用期间的变化趋势。总图布置前，应获得场地土洞发育程度分区资料。施工时，除已查明的土洞外，尚应沿基槽进一步查明土洞的特征和分布情况。

2 在地下水位高于基岩表面的岩溶地区，应注意人工降水引起土洞进一步发育或地表塌陷的可能性。塌陷区的范围及方向可根据水文地质条件和抽水试验的观测结果综合分析确定。在塌陷范围内不应采用天然地基。并应注意降水对周围环境和建（构）筑物的影响。

3 由地表水形成的土洞或塌陷，应采取地表截流、防渗或堵塞等措施进行处理。应根据土洞埋深，分别选用挖填、灌砂等方法进行处理。由地下水形成的塌陷及浅埋土洞，应清除软土，抛填块石作反滤层，面层用黏土夯填；深埋土洞宜用砂、砾石或细石混凝土灌填。在上述处理的同时，尚应采用梁、板或拱跨越。对重要的建筑物，可采用桩基处理。

**6.6.9** 对地基稳定性有影响的岩溶洞隙，应根据其位置、大小、埋深、围岩稳定性和水文地质条件综合分析，因地制宜采取下列处理措施：

1 对较小的岩溶洞隙，可采用镶补、嵌塞与跨越等方法处理。

2 对较大的岩溶洞隙，可采用梁、板和拱等结构跨越，也可采用浆砌块石等堵塞措施以及洞底支撑或调整柱距等方法处理。跨越结构应有可靠的支承面。梁式结构在稳定岩石上的支承长度应大于梁高1.5倍。

3 基底有不超过25%基底面积的溶洞（隙）且充填物难以挖除时，宜在洞隙部位设置钢筋混凝土底板，底板宽度应大于洞隙，并采取措施保证底板不向洞隙方向滑移。也可在洞隙部位设置钻孔桩进行穿越处理。

4 对于荷载不大的低层和多层建筑，围岩稳定，如溶洞位于条形基础末端，跨越工程量大，可按悬臂梁设计基础，若溶洞位于单独基础重心一侧，可按偏心荷载设计基础。

## 6.7 土质边坡与重力式挡墙

**6.7.1** 边坡设计应符合下列规定：

1 边坡设计应保护和整治边坡环境，边坡水系应因势利导，设置地表排水系统，边坡工程应设内部排水系统。对于稳定的边坡，应采取保护及营造植被的防护措施。

2 建筑物的布局应依山就势，防止大挖大填。对于平整场地而出现的新边坡，应及时进行支挡或构造防护。

3 应根据边坡类型、边坡环境、边坡高度及可能的破坏模式，选择适当的边坡稳定计算方法和支挡结构形式。

4 支挡结构设计应进行整体稳定性验算、局部稳定性验算、地基承载力计算、抗倾覆稳定性验算、抗滑移稳定性验算及结构强度计算。

5 边坡工程设计前，应进行详细的工程地质勘察，并应对边坡的稳定性作出准确的评价；对周围环境的危害性作出预测；对岩石边坡的结构面调查清楚，指出主要结构面的所在位置；提供边坡设计所需要的各项参数。

6 边坡的支挡结构应进行排水设计。对于可以向坡外排水的支挡结构，应在支挡结构上设置排水孔。排水孔应沿着横竖两个方向设置，其间距宜取2m～3m，排水孔外斜坡度宜为5%，孔眼尺寸不宜小于 100mm。支挡结构后面应做好滤水层，必要时应做排水暗沟。支挡结构后面有山坡时，应在坡脚处设置截水沟。对于不能向坡外排水的边坡，应在支挡结构后面设置排水暗沟。

7 支挡结构后面的填土，应选择透水性强的填料。当采用黏性土作填料时，宜掺入适量的碎石。在季节性冻土地区，应选择不冻胀的炉渣、碎石、粗砂等填料。

**6.7.2** 在坡体整体稳定的条件下，土质边坡的开挖应符合下列规定：

1 边坡的坡度允许值，应根据当地经验，参照同类土层的稳定坡度确定。当土质良好且均匀、无不良地质现象、地下水不丰富时，可按表 6.7.2 确定。

**表 6.7.2 土质边坡坡度允许值**

| 土的类别 | 密实度或状态 | 坡度允许值(高宽比) | |
|---|---|---|---|
| | | 坡高在 5m 以内 | 坡高为 5m～10m |
| 碎石土 | 密实 | 1∶0.35～1∶0.50 | 1∶0.50～1∶0.75 |
| | 中密 | 1∶0.50～1∶0.75 | 1∶0.75～1∶1.00 |
| | 稍密 | 1∶0.75～1∶1.00 | 1∶1.00～1∶1.25 |
| 黏性土 | 坚硬 | 1∶0.75～1∶1.00 | 1∶1.00～1∶1.25 |
| | 硬塑 | 1∶1.00～1∶1.25 | 1∶1.25～1∶1.50 |

注：1 表中碎石土的充填物为坚硬或硬塑状态的黏性土；
2 对于砂土或充填物为砂土的碎石土，其边坡坡度允许值均按自然休止角确定。

2 土质边坡开挖时，应采取排水措施，边坡的顶部应设置截水沟。在任何情况下不应在坡脚及坡面上积水。

3 边坡开挖时，应由上往下开挖，依次进行。弃土应分散处理，不得将弃土堆置在坡顶及坡面上。当必须在坡顶或坡面上设置弃土转运站时，应进行坡体稳定性验算，严格控制堆栈的土方量。

4 边坡开挖后，应立即对边坡进行防护处理。

**6.7.3** 重力式挡土墙土压力计算应符合下列规定：

1 对土质边坡，边坡主动土压力应按式(6.7.3-1)进行计算。当填土为无黏性土时，主动土压力系数可按库伦土压力理论确定。当支挡结构满足朗肯条件时，主动土压力系数可按朗肯土压力理论确定。黏性土或粉土的主动土压力也可采用楔体试算法图解求得。

$$E_a = \frac{1}{2}\psi_a \gamma h^2 k_a \qquad (6.7.3\text{-}1)$$

式中：$E_a$——主动土压力（kN）；

$\psi_a$——主动土压力增大系数，挡土墙高度小于 5m 时宜取 1.0，高度 5m～8m 时宜取 1.1，高度大于 8m 时宜取 1.2；

$\gamma$——填土的重度（kN/m³）；

$h$——挡土结构的高度（m）；

$k_a$——主动土压力系数，按本规范附录 L 确定。

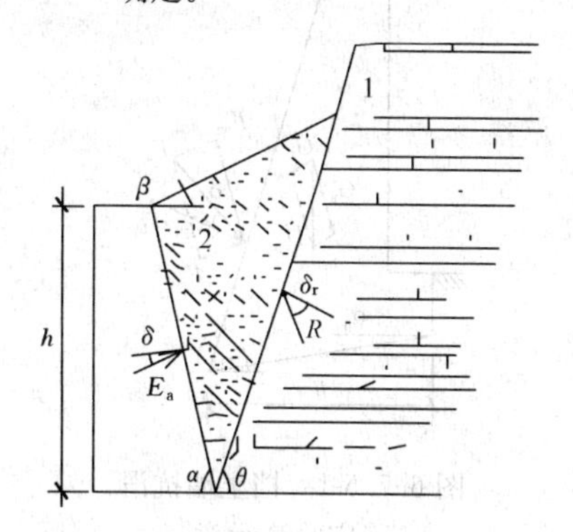


图 6.7.3 有限填土挡土墙土压力计算示意
1—岩石边坡；2—填土

2 当支挡结构后缘有较陡峻的稳定岩石坡面，岩坡的坡角$\theta > (45° + \varphi/2)$时，应按有限范围填土计算土压力，取岩石坡面为破裂面。根据稳定岩石坡面与填土间的摩擦角按下式计算主动土压力系数：

$$k_a = \frac{\sin(\alpha+\theta)\sin(\alpha+\beta)\sin(\theta-\delta_r)}{\sin^2\alpha\sin(\theta-\beta)\sin(\alpha-\delta+\theta-\delta_r)} \qquad (6.7.3\text{-}2)$$

式中：$\theta$——稳定岩石坡面倾角（°）；

$\delta_r$——稳定岩石坡面与填土间的摩擦角（°），根据试验确定。当无试验资料时，可取 $\delta_r = 0.33\varphi_k$，$\varphi_k$ 为填土的内摩擦角标准值（°）。

**6.7.4** 重力式挡土墙的构造应符合下列规定：

1 重力式挡土墙适用于高度小于 8m、地层稳定、开挖土石方时不会危及相邻建筑物的地段。

2 重力式挡土墙可在基底设置逆坡。对于土质地基，基底逆坡坡度不宜大于 1∶10；对于岩石地基，基底逆坡坡度不宜大于 1∶5。

3 毛石挡土墙的墙顶宽度不宜小于 400mm；混凝土挡土墙的墙顶宽度不宜小于 200mm。

4 重力式挡墙的基础埋置深度，应根据地基承载力、水流冲刷、岩石裂隙发育及风化程度等因素进行确定。在特强冻涨、强冻涨地区应考虑冻涨的影响。在土质地基中，基础埋置深度不宜小于 0.5m；在软质岩地基中，基础埋置深度不宜小于 0.3m。

5 重力式挡土墙应每间隔 10m～20m 设置一道伸缩缝。当地基有变化时宜加设沉降缝。在挡土结构的拐角处，应采取加强的构造措施。

**6.7.5** 挡土墙的稳定性验算应符合下列规定：

1 抗滑移稳定性应按下列公式进行验算（图 6.7.5-1）：

$$\frac{(G_n + E_{an})\mu}{E_{at} - G_t} \geqslant 1.3 \qquad (6.7.5\text{-}1)$$

$$G_n = G\cos\alpha_0 \qquad (6.7.5\text{-}2)$$

$$G_t = G\sin\alpha_0 \qquad (6.7.5\text{-}3)$$

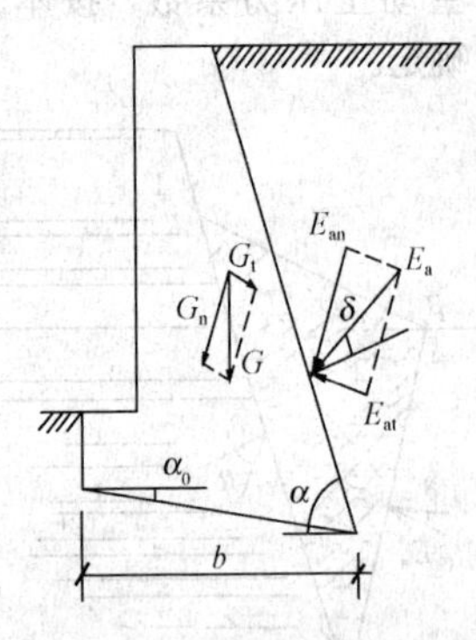


图 6.7.5-1　挡土墙抗滑稳定验算示意

$$E_{at}=E_a\sin(\alpha-\alpha_0-\delta) \qquad (6.7.5\text{-}4)$$

$$E_{an}=E_a\cos(\alpha-\alpha_0-\delta) \qquad (6.7.5\text{-}5)$$

式中：$G$——挡土墙每延米自重（kN）；

$\alpha_0$——挡土墙基底的倾角（°）；

$\alpha$——挡土墙墙背的倾角（°）；

$\delta$——土对挡土墙墙背的摩擦角（°），可按表 6.7.5-1 选用；

$\mu$——土对挡土墙基底的摩擦系数，由试验确定，也可按表 6.7.5-2 选用。

**表 6.7.5-1　土对挡土墙墙背的摩擦角 $\delta$**

| 挡土墙情况 | 摩擦角 $\delta$ |
|---|---|
| 墙背平滑、排水不良 | $(0\sim0.33)\varphi_k$ |
| 墙背粗糙、排水良好 | $(0.33\sim0.50)\varphi_k$ |
| 墙背很粗糙、排水良好 | $(0.50\sim0.67)\varphi_k$ |
| 墙背与填土间不可能滑动 | $(0.67\sim1.00)\varphi_k$ |

注：$\varphi_k$为墙背填土的内摩擦角。

**表 6.7.5-2　土对挡土墙基底的摩擦系数 $\mu$**

| 土的类别 | | 摩擦系数 $\mu$ |
|---|---|---|
| 黏性土 | 可塑 | 0.25～0.30 |
| | 硬塑 | 0.30～0.35 |
| | 坚硬 | 0.35～0.45 |
| 粉土 | | 0.30～0.40 |
| 中砂、粗砂、砾砂 | | 0.40～0.50 |
| 碎石土 | | 0.40～0.60 |
| 软质岩 | | 0.40～0.60 |
| 表面粗糙的硬质岩 | | 0.65～0.75 |

注：1　对易风化的软质岩和塑性指数 $I_P$ 大于 22 的黏性土，基底摩擦系数应通过试验确定；

2　对碎石土，可根据其密实程度、填充物状况、风化程度等确定。

**2**　抗倾覆稳定性应按下列公式进行验算（图 6.7.5-2）：

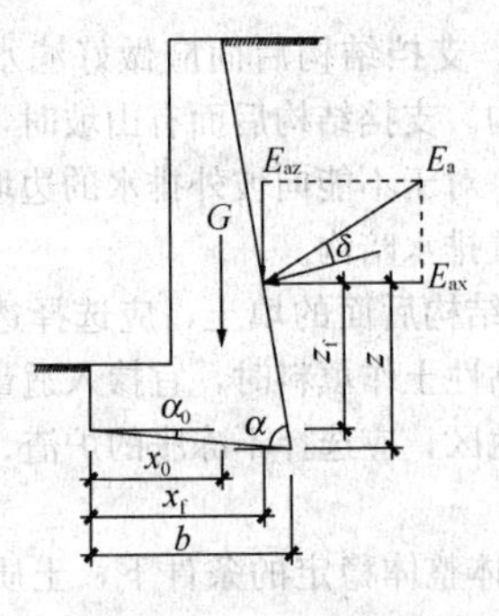


图 6.7.5-2　挡土墙抗倾覆稳定验算示意

$$\frac{Gx_0+E_{az}x_f}{E_{ax}z_f}\geqslant1.6 \qquad (6.7.5\text{-}6)$$

$$E_{ax}=E_a\sin(\alpha-\delta) \qquad (6.7.5\text{-}7)$$

$$E_{az}=E_a\cos(\alpha-\delta) \qquad (6.7.5\text{-}8)$$

$$x_f=b-z\cot\alpha \qquad (6.7.5\text{-}9)$$

$$z_f=z-b\tan\alpha_0 \qquad (6.7.5\text{-}10)$$

式中：$z$——土压力作用点至墙踵的高度（m）；

$x_0$——挡土墙重心至墙趾的水平距离（m）；

$b$——基底的水平投影宽度（m）。

**3**　整体滑动稳定性可采用圆弧滑动面法进行验算。

**4**　地基承载力计算，除应符合本规范第 5.2 节的规定外，基底合力的偏心距不应大于 0.25 倍基础的宽度。当基底下有软弱下卧层时，尚应进行软弱下卧层的承载力验算。

## 6.8　岩石边坡与岩石锚杆挡墙

**6.8.1**　在岩石边坡整体稳定的条件下，岩石边坡的开挖坡度允许值，应根据当地经验按工程类比的原则，参照本地区已有稳定边坡的坡度值加以确定。

**6.8.2**　当整体稳定的软质岩边坡高度小于 12m，硬质岩边坡高度小于 15m 时，边坡开挖时可进行构造处理（图 6.8.2-1、图 6.8.2-2）。

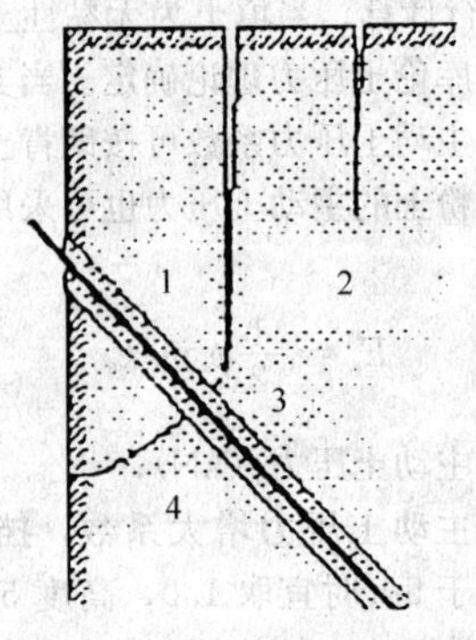


图 6.8.2-1　边坡顶部支护
1—崩塌体；2—岩石边坡顶部裂隙；3—锚杆；4—破裂面

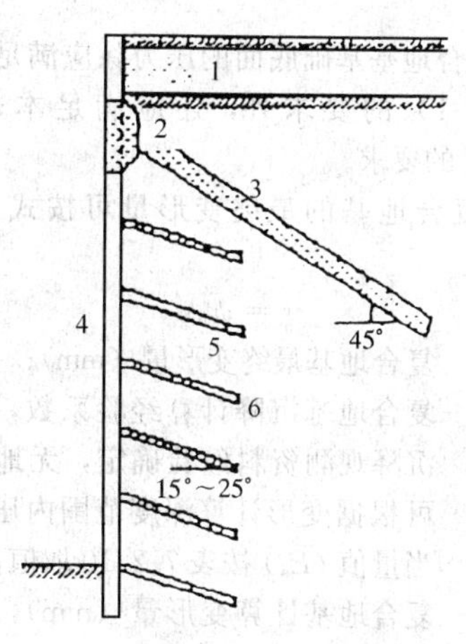


图 6.8.2-2　整体稳定边坡支护

1—土层；2—横向连系梁；3—支护锚杆；
4—面板；5—防护锚杆；6—岩石

**6.8.3**　对单结构面外倾边坡作用在支挡结构上的推力，可根据楔体平衡法进行计算，并应考虑结构面填充物的性质及其浸水后的变化。具有两组或多组结构面的交线倾向于临空面的边坡，可采用棱形体分割法计算棱体的下滑力。

**6.8.4**　岩石锚杆挡土结构设计，应符合下列规定（图 6.8.4）：

**1**　岩石锚杆挡土结构的荷载，宜采用主动土压力乘以 1.1～1.2 的增大系数；

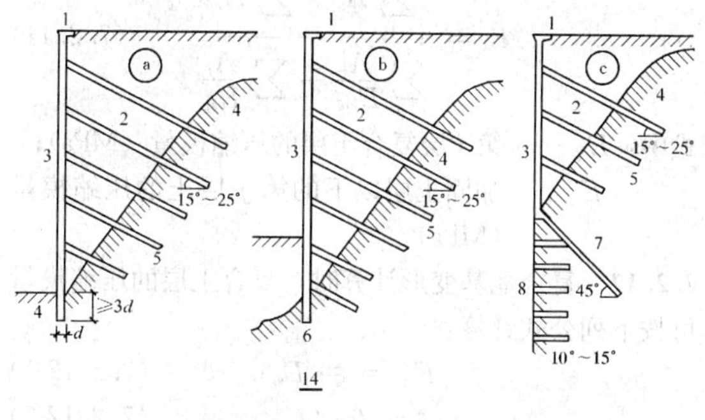


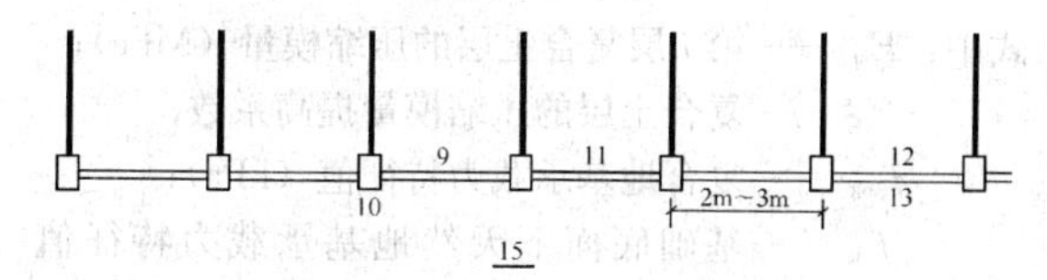


图 6.8.4　锚杆体系支挡结构

1—压顶梁；2—土层；3—立柱及面板；4—岩石；5—岩石锚杆；6—立柱嵌入岩体；7—顶撑锚杆；8—护面；9—面板；10—立柱（竖柱）；11—土体；12—土坡顶部；13—土坡坡脚；14—剖面图；15—平面图

**2**　挡板计算时，其荷载的取值可考虑支承挡板的两立柱间土体的卸荷拱作用；

**3**　立柱端部应嵌入稳定岩层内，并应根据端部的实际情况假定为固定支承或铰支承，当立柱插入岩层中的深度大于 3 倍立柱长边时，可按固定支承计算；

**4**　岩石锚杆应与立柱牢固连接，并应验算连接处立柱的抗剪切强度。

**6.8.5**　岩石锚杆的构造应符合下列规定：

**1**　岩石锚杆由锚固段和非锚固段组成。锚固段应嵌入稳定的基岩中，嵌入基岩深度应大于 40 倍锚杆筋体直径，且不得小于 3 倍锚杆的孔径。非锚固段的主筋必须进行防护处理。

**2**　作支护用的岩石锚杆，锚杆孔径不宜小于 100mm；作防护用的锚杆，其孔径可小于 100mm，但不应小于 60mm。

**3**　岩石锚杆的间距，不应小于锚杆孔径的 6 倍。

**4**　岩石锚杆与水平面的夹角宜为 15°～25°。

**5**　锚杆筋体宜采用热轧带肋钢筋，水泥砂浆强度不宜低于 25MPa，细石混凝土强度不宜低于 C25。

**6.8.6**　岩石锚杆锚固段的抗拔承载力，应按照本规范附录 M 的试验方法经现场原位试验确定。对于永久性锚杆的初步设计或对于临时性锚杆的施工阶段设计，可按下式计算：

$$R_t = \xi f u_r h_r \qquad (6.8.6)$$

式中：$R_t$——锚杆抗拔承载力特征值（kN）；

$\xi$——经验系数，对于永久性锚杆取 0.8，对于临时性锚杆取 1.0；

$f$——砂浆与岩石间的粘结强度特征值（kPa），由试验确定，当缺乏试验资料时，可按表 6.8.6 取用；

$u_r$——锚杆的周长（m）；

$h_r$——锚杆锚固段嵌入岩层中的长度（m），当长度超过 13 倍锚杆直径时，按 13 倍直径计算。

**表 6.8.6　砂浆与岩石间的粘结强度特征值**（MPa）

| 岩石坚硬程度 | 软岩 | 较软岩 | 硬质岩 |
|---|---|---|---|
| 粘结强度 | <0.2 | 0.2～0.4 | 0.4～0.6 |

注：水泥砂浆强度为 30MPa 或细石混凝土强度等级为 C30。

## 7　软弱地基

### 7.1　一般规定

**7.1.1**　当地基压缩层主要由淤泥、淤泥质土、冲填土、杂填土或其他高压缩性土层构成时应按软弱地基进行设计。在建筑地基的局部范围内有高压缩性土层时，应按局部软弱土层处理。

**7.1.2**　勘察时，应查明软弱土层的均匀性、组成、分布范围和土质情况；冲填土尚应查明排水固结条件；杂填土应查明堆积历史，确定自重压力下的稳定性、湿陷性等。

**7.1.3** 设计时，应考虑上部结构和地基的共同作用。对建筑体型、荷载情况、结构类型和地质条件进行综合分析，确定合理的建筑措施、结构措施和地基处理方法。

**7.1.4** 施工时，应注意对淤泥和淤泥质土基槽底面的保护，减少扰动。荷载差异较大的建筑物，宜先建重、高部分，后建轻、低部分。

**7.1.5** 活荷载较大的构筑物或构筑物群（如料仓、油罐等），使用初期应根据沉降情况控制加载速率，掌握加载间隔时间，或调整活荷载分布，避免过大倾斜。

## 7.2 利用与处理

**7.2.1** 利用软弱土层作为持力层时，应符合下列规定：

**1** 淤泥和淤泥质土，宜利用其上覆较好土层作为持力层，当上覆土层较薄，应采取避免施工时对淤泥和淤泥质土扰动的措施；

**2** 冲填土、建筑垃圾和性能稳定的工业废料，当均匀性和密实度较好时，可利用作为轻型建筑物地基的持力层。

**7.2.2** 局部软弱土层以及暗塘、暗沟等，可采用基础梁、换土、桩基或其他方法处理。

**7.2.3** 当地基承载力或变形不能满足设计要求时，地基处理可选用机械压实、堆载预压、真空预压、换填垫层或复合地基等方法。处理后的地基承载力应通过试验确定。

**7.2.4** 机械压实包括重锤夯实、强夯、振动压实等方法，可用于处理由建筑垃圾或工业废料组成的杂填土地基，处理有效深度应通过试验确定。

**7.2.5** 堆载预压可用于处理较厚淤泥和淤泥质土地基。预压荷载宜大于设计荷载，预压时间应根据建筑物的要求以及地基固结情况决定，并应考虑堆载大小和速率对堆载效果和周围建筑物的影响。采用塑料排水带或砂井进行堆载预压和真空预压时，应在塑料排水带或砂井顶部做排水砂垫层。

**7.2.6** 换填垫层（包括加筋垫层）可用于软弱地基的浅层处理。垫层材料可采用中砂、粗砂、砾砂、角（圆）砾、碎（卵）石、矿渣、灰土、黏性土以及其他性能稳定、无腐蚀性的材料。加筋材料可采用高强度、低徐变、耐久性好的土工合成材料。

**7.2.7 复合地基设计应满足建筑物承载力和变形要求。当地基土为欠固结土、膨胀土、湿陷性黄土、可液化土等特殊性土时，设计采用的增强体和施工工艺应满足处理后地基土和增强体共同承担荷载的技术要求。**

**7.2.8 复合地基承载力特征值应通过现场复合地基载荷试验确定，或采用增强体载荷试验结果和其周边土的承载力特征值结合经验确定。**

**7.2.9** 复合地基基础底面的压力除应满足本规范公式（5.2.1-1）的要求外，还应满足本规范公式（5.2.1-2）的要求。

**7.2.10** 复合地基的最终变形量可按式（7.2.10）计算：

$$s = \psi_{sp} s' \tag{7.2.10}$$

式中：$s$——复合地基最终变形量（mm）；

$\psi_{sp}$——复合地基沉降计算经验系数，根据地区沉降观测资料经验确定，无地区经验时可根据变形计算深度范围内压缩模量的当量值（$\overline{E}_s$）按表7.2.10取值；

$s'$——复合地基计算变形量（mm），可按本规范公式（5.3.5）计算；加固土层的压缩模量可取复合土层的压缩模量，按本规范第7.2.12条确定；地基变形计算深度应大于加固土层的厚度，并应符合本规范第5.3.7条的规定。

**表7.2.10 复合地基沉降计算经验系数$\psi_{sp}$**

| $\overline{E}_s$（MPa） | 4.0 | 7.0 | 15.0 | 20.0 | 35.0 |
|---|---|---|---|---|---|
| $\psi_{sp}$ | 1.0 | 0.7 | 0.4 | 0.25 | 0.2 |

**7.2.11** 变形计算深度范围内压缩模量的当量值（$\overline{E}_s$），应按下式计算：

$$\overline{E}_s = \frac{\sum_{i=1}^{n} A_i + \sum_{j=1}^{m} A_j}{\sum_{i=1}^{n} \frac{A_i}{E_{spi}} + \sum_{j=1}^{m} \frac{A_j}{E_{sj}}} \tag{7.2.11}$$

式中：$E_{spi}$——第$i$层复合土层的压缩模量（MPa）；

$E_{sj}$——加固土层以下的第$j$层土的压缩模量（MPa）。

**7.2.12** 复合地基变形计算时，复合土层的压缩模量可按下列公式计算：

$$E_{spi} = \xi \cdot E_{si} \tag{7.2.12-1}$$

$$\xi = f_{spk} / f_{ak} \tag{7.2.12-2}$$

式中：$E_{spi}$——第$i$层复合土层的压缩模量（MPa）；

$\xi$——复合土层的压缩模量提高系数；

$f_{spk}$——复合地基承载力特征值（kPa）；

$f_{ak}$——基础底面下天然地基承载力特征值（kPa）。

**7.2.13** 增强体顶部应设褥垫层。褥垫层可采用中砂、粗砂、砾砂、碎石、卵石等散体材料。碎石、卵石宜掺入20%～30%的砂。

## 7.3 建筑措施

**7.3.1** 在满足使用和其他要求的前提下，建筑体型应力求简单。当建筑体型比较复杂时，宜根据其平面形状和高度差异情况，在适当部位用沉降缝将其划分成若干个刚度较好的单元；当高度差异或荷载差异较大时，可将两者隔开一定距离，当拉开距离后的两单元必须连接时，应采用能自由沉降的连接构造。

**7.3.2** 当建筑物设置沉降缝时，应符合下列规定：

**1** 建筑物的下列部位，宜设置沉降缝：

1）建筑平面的转折部位；

2）高度差异或荷载差异处；

3）长高比过大的砌体承重结构或钢筋混凝土框架结构的适当部位；

4）地基土的压缩性有显著差异处；

5）建筑结构或基础类型不同处；

6）分期建造房屋的交界处。

**2** 沉降缝应有足够的宽度，沉降缝宽度可按表7.3.2选用。

**表 7.3.2 房屋沉降缝的宽度**

| 房屋层数 | 沉降缝宽度（mm） |
|---|---|
| 二～三 | 50～80 |
| 四～五 | 80～120 |
| 五层以上 | 不小于120 |

**7.3.3** 相邻建筑物基础间的净距，可按表7.3.3选用。

**表 7.3.3 相邻建筑物基础间的净距（m）**

| 影响建筑的预估平均沉降量 $s$（mm） \ 被影响建筑的长高比 | $2.0\leqslant\frac{L}{H_f}<3.0$ | $3.0\leqslant\frac{L}{H_f}<5.0$ |
|---|---|---|
| 70～150 | 2～3 | 3～6 |
| 160～250 | 3～6 | 6～9 |
| 260～400 | 6～9 | 9～12 |
| >400 | 9～12 | 不小于12 |

注：1 表中 $L$ 为建筑物长度或沉降缝分隔的单元长度（m）；$H_f$ 为自基础底面标高算起的建筑物高度（m）；

2 当被影响建筑的长高比为 $1.5<L/H_f<2.0$ 时，其间净距可适当缩小。

**7.3.4** 相邻高耸结构或对倾斜要求严格的构筑物的外墙间隔距离，应根据倾斜允许值计算确定。

**7.3.5** 建筑物各组成部分的标高，应根据可能产生的不均匀沉降采取下列相应措施：

**1** 室内地坪和地下设施的标高，应根据预估沉降量予以提高。建筑物各部分（或设备之间）有联系时，可将沉降较大者标高提高。

**2** 建筑物与设备之间，应留有净空。当建筑物有管道穿过时，应预留孔洞，或采用柔性的管道接头等。

## 7.4 结构措施

**7.4.1** 为减少建筑物沉降和不均匀沉降，可采用下列措施：

**1** 选用轻型结构，减轻墙体自重，采用架空地板代替室内填土；

**2** 设置地下室或半地下室，采用覆土少、自重轻的基础形式；

**3** 调整各部分的荷载分布、基础宽度或埋置深度；

**4** 对不均匀沉降要求严格的建筑物，可选用较小的基底压力。

**7.4.2** 对于建筑体型复杂、荷载差异较大的框架结构，可采用箱基、桩基、筏基等加强基础整体刚度，减少不均匀沉降。

**7.4.3** 对于砌体承重结构的房屋，宜采用下列措施增强整体刚度和承载力：

**1** 对于三层和三层以上的房屋，其长高比 $L/H_f$ 宜小于或等于2.5；当房屋的长高比为 $2.5<L/H_f\leqslant3.0$ 时，宜做到纵墙不转折或少转折，并应控制其内横墙间距或增强基础刚度和承载力。当房屋的预估最大沉降量小于或等于120mm时，其长高比可不受限制。

**2** 墙体内宜设置钢筋混凝土圈梁或钢筋砖圈梁。

**3** 在墙体上开洞时，宜在开洞部位配筋或采用构造柱及圈梁加强。

**7.4.4** 圈梁应按下列要求设置：

**1** 在多层房屋的基础和顶层处应各设置一道，其他各层可隔层设置，必要时也可逐层设置。单层工业厂房、仓库，可结合基础梁、连系梁、过梁等酌情设置。

**2** 圈梁应设置在外墙、内纵墙和主要内横墙上，并宜在平面内连成封闭系统。

## 7.5 大面积地面荷载

**7.5.1** 在建筑范围内有地面荷载的单层工业厂房、露天车间和单层仓库的设计，应考虑由于地面荷载所产生的地基不均匀变形及其对上部结构的不利影响。当有条件时，宜利用堆载预压过的建筑场地。

注：地面荷载系指生产堆料、工业设备等地面堆载和天然地面上的大面积填土。

**7.5.2** 地面堆载应均衡，并应根据使用要求、堆载特点、结构类型和地质条件确定允许堆载量和范围。

堆载不宜压在基础上。大面积的填土，宜在基础施工前三个月完成。

**7.5.3** 地面堆载荷载应满足地基承载力、变形、稳定性要求，并应考虑对周边环境的影响。当堆载量超过地基承载力特征值时应进行专项设计。

**7.5.4** 厂房和仓库的结构设计，可适当提高柱、墙的抗弯能力，增强房屋的刚度。对于中、小型仓库，宜采用静定结构。

**7.5.5** 对于在使用过程中允许调整吊车轨道的单层钢筋混凝土工业厂房和露天车间的天然地基设计，除应遵守本规范第5章的有关规定外，尚应符合下式要求：

$$s'_g \leqslant [s'_g] \quad (7.5.5)$$

式中：$s'_g$——由地面荷载引起柱基内侧边缘中点的地基附加沉降量计算值，可按本规范附录N计算；

$[s'_g]$——由地面荷载引起柱基内侧边缘中点的地基附加沉降量允许值，可按表7.5.5采用。

**表 7.5.5　地基附加沉降量允许值 $[s'_g]$（mm）**

| a / b | 6 | 10 | 20 | 30 | 40 | 50 | 60 | 70 |
|---|---|---|---|---|---|---|---|---|
| 1 | 40 | 45 | 50 | 55 | 55 | | | |
| 2 | 45 | 50 | 55 | 60 | 60 | | | |
| 3 | 50 | 55 | 60 | 65 | 70 | 75 | | |
| 4 | 55 | 60 | 65 | 70 | 75 | 80 | 85 | 90 |
| 5 | 65 | 70 | 75 | 80 | 85 | 90 | 95 | 100 |

注：表中 $a$ 为地面荷载的纵向长度（m）；$b$ 为车间跨度方向基础底面边长（m）。

**7.5.6**　按本规范第7.5.5条设计时，应考虑在使用过程中垫高或移动吊车轨道和吊车梁的可能性。应增大吊车顶面与屋架下弦间的净空和吊车边缘与上柱边缘间的净距，当地基土平均压缩模量 $E_s$ 为3MPa左右，地面平均荷载大于25kPa时，净空宜大于300mm，净距宜大于200mm。并应按吊车轨道可能移动的幅度，加宽钢筋混凝土吊车梁腹部及配置抗扭钢筋。

**7.5.7**　具有地面荷载的建筑地基遇到下列情况之一时，宜采用桩基：

**1**　不符合本规范第7.5.5条要求；

**2**　车间内设有起重量300kN以上、工作级别大于A5的吊车；

**3**　基底下软土层较薄，采用桩基经济者。

# 8　基　础

## 8.1　无筋扩展基础

**8.1.1**　无筋扩展基础（图8.1.1）高度应满足下式的要求：

$$H_0 \geqslant \frac{b-b_0}{2\tan\alpha} \quad (8.1.1)$$

式中：$b$——基础底面宽度（m）；

$b_0$——基础顶面的墙体宽度或柱脚宽度（m）；

$H_0$——基础高度（m）；

$\tan\alpha$——基础台阶宽高比 $b_2 : H_0$，其允许值可按表8.1.1选用；

$b_2$——基础台阶宽度（m）。

**表 8.1.1　无筋扩展基础台阶宽高比的允许值**

| 基础材料 | 质量要求 | 台阶宽高比的允许值 | | |
|---|---|---|---|---|
| | | $p_k \leqslant 100$ | $100 < p_k \leqslant 200$ | $200 < p_k \leqslant 300$ |
| 混凝土基础 | C15混凝土 | 1：1.00 | 1：1.00 | 1：1.25 |
| 毛石混凝土基础 | C15混凝土 | 1：1.00 | 1：1.25 | 1：1.50 |
| 砖基础 | 砖不低于MU10、砂浆不低于M5 | 1：1.50 | 1：1.50 | 1：1.50 |
| 毛石基础 | 砂浆不低于M5 | 1：1.25 | 1：1.50 | — |
| 灰土基础 | 体积比为3：7或2：8的灰土，其最小干密度：粉土1550kg/m³ 粉质黏土1500kg/m³ 黏土1450kg/m³ | 1：1.25 | 1：1.50 | — |
| 三合土基础 | 体积比1：2：4～1：3：6（石灰：砂：骨料），每层约虚铺220mm，夯至150mm | 1：1.50 | 1：2.00 | — |

注：1　$p_k$ 为作用的标准组合时基础底面处的平均压力值（kPa）；

2　阶梯形毛石基础的每阶伸出宽度，不宜大于200mm；

3　当基础由不同材料叠合组成时，应对接触部分作抗压验算；

4　混凝土基础单侧扩展范围内基础底面处的平均压力值超过300kPa时，尚应进行抗剪验算；对基底反力集中于立柱附近的岩石地基，应进行局部受压承载力验算。

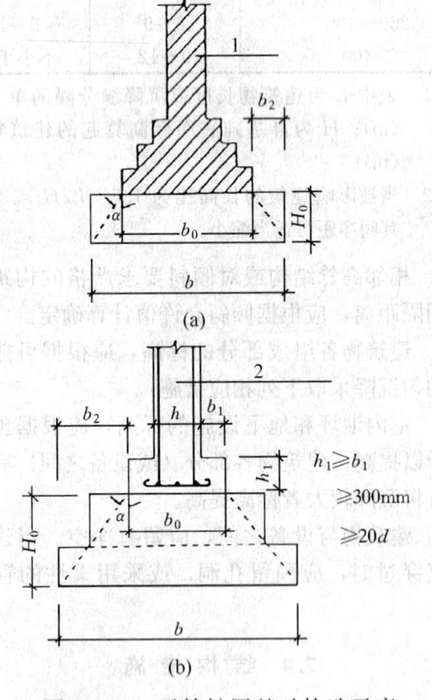


图 8.1.1　无筋扩展基础构造示意

$d$—柱中纵向钢筋直径；

1—承重墙；2—钢筋混凝土柱

**8.1.2** 采用无筋扩展基础的钢筋混凝土柱，其柱脚高度 $h_1$ 不得小于 $b_1$（图 8.1.1），并不应小于 300mm 且不小于 $20d$。当柱纵向钢筋在柱脚内的竖向锚固长度不满足锚固要求时，可沿水平方向弯折，弯折后的水平锚固长度不应小于 $10d$ 也不应大于 $20d$。

注：$d$ 为柱中的纵向受力钢筋的最大直径。

## 8.2 扩展基础

**8.2.1** 扩展基础的构造，应符合下列规定：

**1** 锥形基础的边缘高度不宜小于 200mm，且两个方向的坡度不宜大于 1∶3；阶梯形基础的每阶高度，宜为 300mm～500mm。

**2** 垫层的厚度不宜小于 70mm，垫层混凝土强度等级不宜低于 C10。

**3** 扩展基础受力钢筋最小配筋率不应小于 0.15%，底板受力钢筋的最小直径不应小于 10mm，间距不应大于 200mm，也不应小于 100mm。墙下钢筋混凝土条形基础纵向分布钢筋的直径不应小于 8mm；间距不应大于 300mm；每延米分布钢筋的面积不应小于受力钢筋面积的 15%。当有垫层时钢筋保护层的厚度不应小于 40mm；无垫层时不应小于 70mm。

**4** 混凝土强度等级不应低于 C20。

**5** 当柱下钢筋混凝土独立基础的边长和墙下钢筋混凝土条形基础的宽度大于或等于 2.5m 时，底板受力钢筋的长度可取边长或宽度的 0.9 倍，并宜交错布置（图 8.2.1-1）。

**6** 钢筋混凝土条形基础底板在 T 形及十字形交接处，底板横向受力钢筋仅沿一个主要受力方向通长布置，另一方向的横向受力钢筋可布置到主要受力方向底板宽度 1/4 处（图 8.2.1-2）。在拐角处底板横向受力钢筋应沿两个方向布置（图 8.2.1-2）。

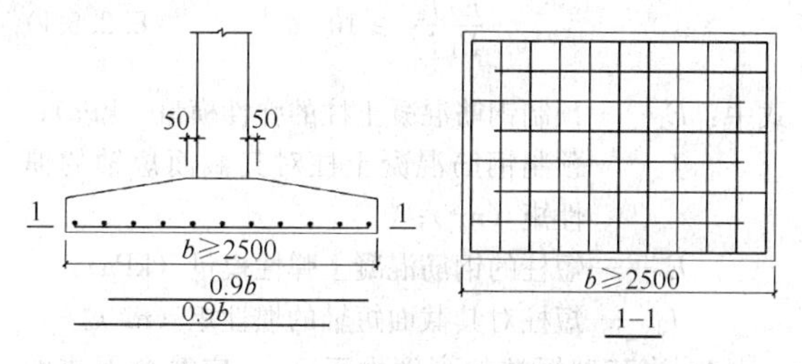


图 8.2.1-1 柱下独立基础底板受力钢筋布置

**8.2.2** 钢筋混凝土柱和剪力墙纵向受力钢筋在基础内的锚固长度应符合下列规定：

**1** 钢筋混凝土柱和剪力墙纵向受力钢筋在基础内的锚固长度（$l_a$）应根据现行国家标准《混凝土结构设计规范》GB 50010 有关规定确定；

**2** 抗震设防烈度为 6 度、7 度、8 度和 9 度地区的建筑工程，纵向受力钢筋的抗震锚固长度（$l_{aE}$）应按下式计算：

1）一、二级抗震等级纵向受力钢筋的抗震锚

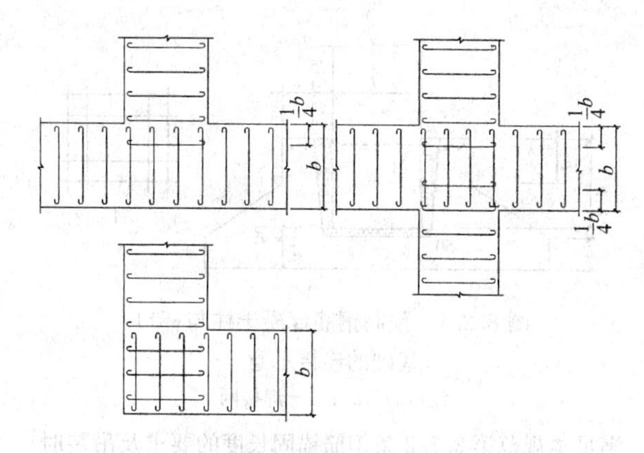


图 8.2.1-2 墙下条形基础纵横交叉处底板受力钢筋布置

固长度（$l_{aE}$）应按下式计算：

$$l_{aE} = 1.15 l_a \quad (8.2.2\text{-}1)$$

2）三级抗震等级纵向受力钢筋的抗震锚固长度（$l_{aE}$）应按下式计算：

$$l_{aE} = 1.05 l_a \quad (8.2.2\text{-}2)$$

3）四级抗震等级纵向受力钢筋的抗震锚固长度（$l_{aE}$）应按下式计算：

$$l_{aE} = l_a \quad (8.2.2\text{-}3)$$

式中：$l_a$——纵向受拉钢筋的锚固长度（m）。

**3** 当基础高度小于 $l_a$（$l_{aE}$）时，纵向受力钢筋的锚固总长度除符合上述要求外，其最小直锚段的长度不应小于 $20d$，弯折段的长度不应小于 150mm。

**8.2.3** 现浇柱的基础，其插筋的数量、直径以及钢筋种类应与柱内纵向受力钢筋相同。插筋的锚固长度应满足本规范第 8.2.2 条的规定，插筋与柱的纵向受力钢筋的连接方法，应符合现行国家标准《混凝土结构设计规范》GB 50010 的有关规定。插筋的下端宜做成直钩放在基础底板钢筋网上。当符合下列条件之一时，可仅将四角的插筋伸至底板钢筋网上，其余插筋锚固在基础顶面下 $l_a$ 或 $l_{aE}$ 处（图 8.2.3）。

**1** 柱为轴心受压或小偏心受压，基础高度大于或等于 1200mm；

**2** 柱为大偏心受压，基础高度大于或等于 1400mm。

**8.2.4** 预制钢筋混凝土柱与杯口基础的连接（图 8.2.4），应符合下列规定：

**1** 柱的插入深度，可按表 8.2.4-1 选用，并应

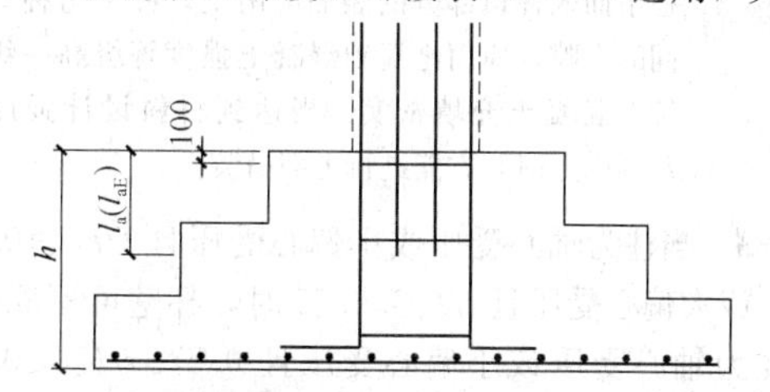


图 8.2.3 现浇柱的基础中插筋构造示意

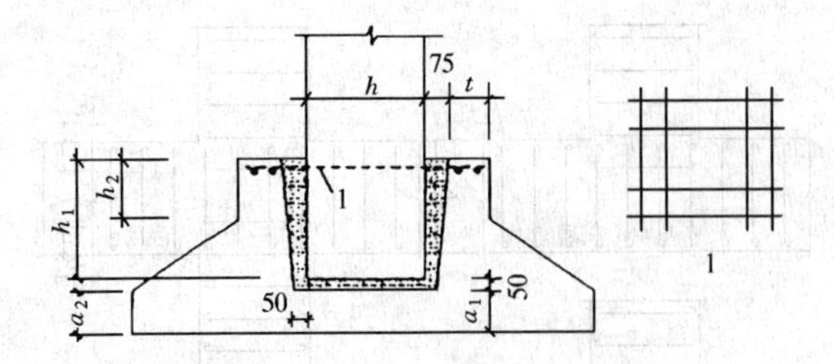


图 8.2.4　预制钢筋混凝土柱与杯口基础的连接示意

注：$a_2 \geqslant a_1$；1—焊接网

满足本规范第 8.2.2 条钢筋锚固长度的要求及吊装时柱的稳定性。

表 8.2.4-1　柱的插入深度 $h_1$（mm）

| 矩形或工字形柱 | | | | 双肢柱 |
|---|---|---|---|---|
| $h<500$ | $500\leqslant h<800$ | $800\leqslant h\leqslant1000$ | $h>1000$ | |
| $h\sim1.2h$ | $h$ | $0.9h$ 且$\geqslant800$ | $0.8h$ $\geqslant1000$ | $(1/3\sim2/3)\ h_a$ $(1.5\sim1.8)\ h_b$ |

注：1　$h$ 为柱截面长边尺寸；$h_a$ 为双肢柱全截面长边尺寸；$h_b$ 为双肢柱全截面短边尺寸；

2　柱轴心受压或小偏心受压时，$h_1$ 可适当减小，偏心距大于 $2h$ 时，$h_1$ 应适当加大。

**2**　基础的杯底厚度和杯壁厚度，可按表 8.2.4-2 选用。

表 8.2.4-2　基础的杯底厚度和杯壁厚度

| 柱截面长边尺寸 $h$（mm） | 杯底厚度 $a_1$（mm） | 杯壁厚度 $t$（mm） |
|---|---|---|
| $h<500$ | $\geqslant150$ | 150～200 |
| $500\leqslant h<800$ | $\geqslant200$ | $\geqslant200$ |
| $800\leqslant h<1000$ | $\geqslant200$ | $\geqslant300$ |
| $1000\leqslant h<1500$ | $\geqslant250$ | $\geqslant350$ |
| $1500\leqslant h<2000$ | $\geqslant300$ | $\geqslant400$ |

注：1　双肢柱的杯底厚度值，可适当加大；

2　当有基础梁时，基础梁下的杯壁厚度，应满足其支承宽度的要求；

3　柱子插入杯口部分的表面应凿毛，柱子与杯口之间的空隙，应用比基础混凝土强度等级高一级的细石混凝土充填密实，当达到材料设计强度的70%以上时，方能进行上部吊装。

**3**　当柱为轴心受压或小偏心受压且 $t/h_2\geqslant0.65$ 时，或大偏心受压且 $t/h_2\geqslant0.75$ 时，杯壁可不配筋；当柱为轴心受压或小偏心受压且 $0.5\leqslant t/h_2<0.65$ 时，杯壁可按表 8.2.4-3 构造配筋；其他情况下，应按计算配筋。

表 8.2.4-3　杯壁构造配筋

| 柱截面长边尺寸(mm) | $h<1000$ | $1000\leqslant h<1500$ | $1500\leqslant h\leqslant2000$ |
|---|---|---|---|
| 钢筋直径(mm) | 8～10 | 10～12 | 12～16 |

注：表中钢筋置于杯口顶部，每边两根(图 8.2.4)。

**8.2.5**　预制钢筋混凝土柱（包括双肢柱）与高杯口基础的连接（图 8.2.5-1），除应符合本规范第 8.2.4 条插入深度的规定外，尚应符合下列规定：

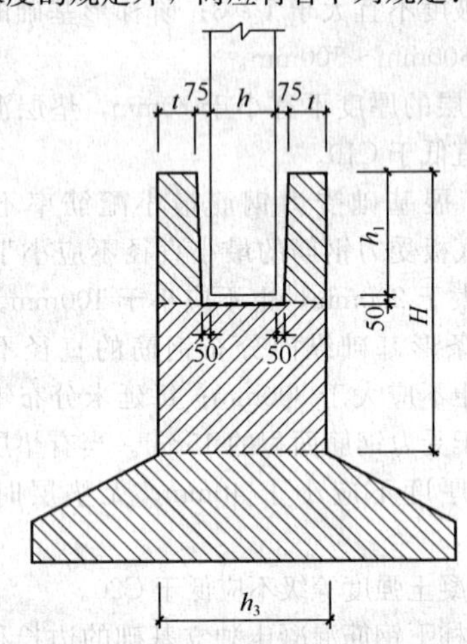


图 8.2.5-1　高杯口基础

$H$—短柱高度

**1**　起重机起重量小于或等于 750kN，轨顶标高小于或等于 14m，基本风压小于 0.5kPa 的工业厂房，且基础短柱的高度不大于 5m。

**2**　起重机起重量大于 750kN，基本风压大于 0.5kPa，应符合下式的规定：

$$\frac{E_2 J_2}{E_1 J_1}\geqslant10 \qquad (8.2.5\text{-}1)$$

式中：$E_1$——预制钢筋混凝土柱的弹性模量（kPa）；

$J_1$——预制钢筋混凝土柱对其截面短轴的惯性矩（$m^4$）；

$E_2$——短柱的钢筋混凝土弹性模量（kPa）；

$J_2$——短柱对其截面短轴的惯性矩（$m^4$）。

**3**　当基础短柱的高度大于 5m，应符合下式的规定：

$$\Delta_2/\Delta_1\leqslant1.1 \qquad (8.2.5\text{-}2)$$

式中：$\Delta_1$——单位水平力作用在以高杯口基础顶面为固定端的柱顶时，柱顶的水平位移（m）；

$\Delta_2$——单位水平力作用在以短柱底面为固定端的柱顶时，柱顶的水平位移（m）。

**4**　杯壁厚度应符合表 8.2.5 的规定。高杯口基础短柱的纵向钢筋，除满足计算要求外，在非地震区及抗震设防烈度低于9度地区，且满足本条第1、2、3款的要求时，短柱四角纵向钢筋的直径不宜小于20mm，并延伸至基础底板的钢筋网上；短柱长边的纵向钢筋，当长边尺寸小于或等于1000mm时，其钢筋直径不应小于12mm，间距不应大于300mm；当长边尺寸大于1000mm时，其钢筋直径不应小于16mm，间距不应大于300mm，且每隔一米左右伸下一根并作150mm的直钩支承在基础底部的钢筋网上，其余钢筋锚固至基础底板顶面下 $l_a$ 处（图8.2.5-2）。短柱短边每隔300mm应配置直径不小于12mm的纵向钢筋且每边的配筋率不少于0.05%短柱的截面面积。短柱中杯口壁内横向箍筋不应小于 $\phi8@150$；短柱中其他部位的箍筋直径不应小于8mm，间距不应大于300mm；当抗震设防烈度为8度和9度时，箍筋直径不应小于8mm，间距不应大于150mm。

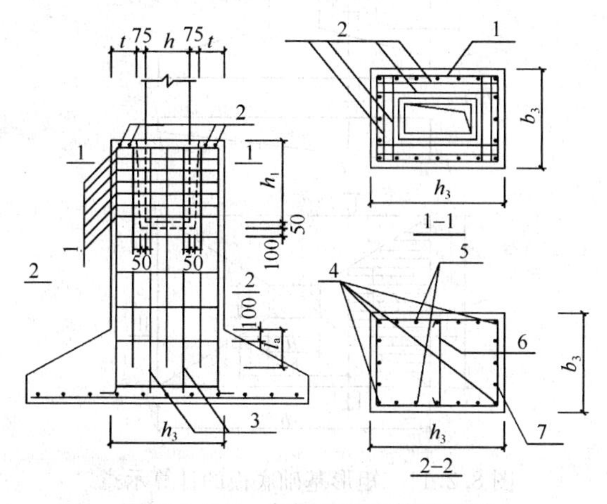

图8.2.5-2 高杯口基础构造配筋

1—杯口壁内横向箍筋 $\phi8@150$；2—顶层焊接钢筋网；3—插入基础底部的纵向钢筋不应少于每米1根；4—短柱四角钢筋一般不小于Φ20；5—短柱长边纵向钢筋当 $h_3 \leqslant 1000$ 用 $\phi12@300$，当 $h_3 > 1000$ 用Φ16@300；6—按构造要求；7—短柱短边纵向钢筋每边不小于 $0.05\% b_3 h_3$（不小于 $\phi12@300$）

**表8.2.5 高杯口基础的杯壁厚度 $t$**

| $h$（mm） | $t$（mm） |
|---|---|
| $600 < h \leqslant 800$ | $\geqslant 250$ |
| $800 < h \leqslant 1000$ | $\geqslant 300$ |
| $1000 < h \leqslant 1400$ | $\geqslant 350$ |
| $1400 < h \leqslant 1600$ | $\geqslant 400$ |

**8.2.6** 扩展基础的基础底面积，应按本规范第5章有关规定确定。在条形基础相交处，不应重复计入基础面积。

**8.2.7 扩展基础的计算应符合下列规定：**

**1 对柱下独立基础，当冲切破坏锥体落在基础底面以内时，应验算柱与基础交接处以及基础变阶处的受冲切承载力；**

**2 对基础底面短边尺寸小于或等于柱宽加两倍基础有效高度的柱下独立基础，以及墙下条形基础，应验算柱（墙）与基础交接处的基础受剪切承载力；**

**3 基础底板的配筋，应按抗弯计算确定；**

**4 当基础的混凝土强度等级小于柱的混凝土强度等级时，尚应验算柱下基础顶面的局部受压承载力。**

**8.2.8** 柱下独立基础的受冲切承载力应按下列公式验算：

$$F_l \leqslant 0.7\beta_{hp} f_t a_m h_0 \quad (8.2.8\text{-}1)$$

$$a_m = (a_t + a_b)/2 \quad (8.2.8\text{-}2)$$

$$F_l = p_j A_l \quad (8.2.8\text{-}3)$$

式中：$\beta_{hp}$——受冲切承载力截面高度影响系数，当 $h$ 不大于800mm时，$\beta_{hp}$ 取1.0；当 $h$ 大于或等于2000mm时，$\beta_{hp}$ 取0.9，其间按线性内插法取用；

$f_t$——混凝土轴心抗拉强度设计值（kPa）；

$h_0$——基础冲切破坏锥体的有效高度（m）；

$a_m$——冲切破坏锥体最不利一侧计算长度（m）；

$a_t$——冲切破坏锥体最不利一侧斜截面的上边长（m），当计算柱与基础交接处的受冲切承载力时，取柱宽；当计算基础变阶处的受冲切承载力时，取上阶宽；

$a_b$——冲切破坏锥体最不利一侧斜截面在基础底面积范围内的下边长（m），当冲切破坏锥体的底面落在基础底面以内（图8.2.8a、b），计算柱与基础交接处的受冲切承载力时，取柱宽加两倍基础有效高度；当计算基础变阶处的受冲切承载力时，取上阶宽加两倍该处的基础有效高度；

$p_j$——扣除基础自重及其上土重后相应于作用的基本组合时的地基土单位面积净反力（kPa），对偏心受压基础可取基础边缘处最大地基土单位面积净反力；

$A_l$——冲切验算时取用的部分基底面积（$m^2$）（图8.2.8a、b中的阴影面积 $ABCDEF$）；

$F_l$——相应于作用的基本组合时作用在 $A_l$ 上的地基土净反力设计值（kPa）。

**8.2.9** 当基础底面短边尺寸小于或等于柱宽加两倍基础有效高度时，应按下列公式验算柱与基础交接处截面受剪承载力：

$$V_s \leqslant 0.7\beta_{hs} f_t A_0 \quad (8.2.9\text{-}1)$$

$$\beta_{hs} = (800/h_0)^{1/4} \quad (8.2.9\text{-}2)$$

式中：$V_s$——相应于作用的基本组合时，柱与基础交接处的剪力设计值（kN），图8.2.9中

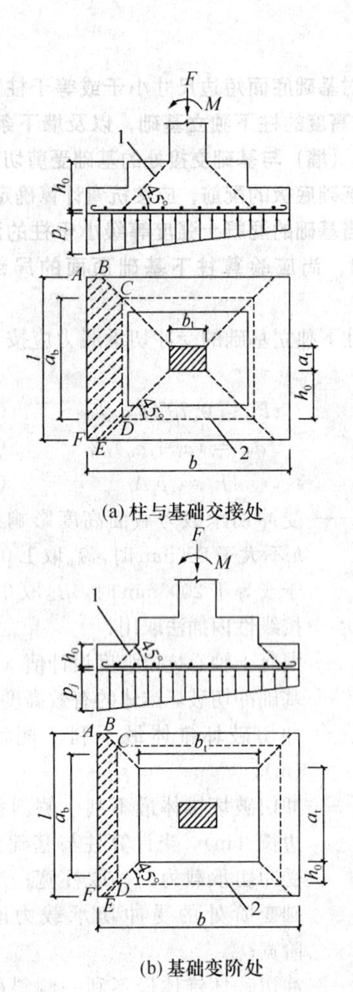


图 8.2.8 计算阶形基础的受冲切承载力截面位置
1—冲切破坏锥体最不利一侧的斜截面；
2—冲切破坏锥体的底面线

的阴影面积乘以基底平均净反力；

$\beta_{hs}$——受剪切承载力截面高度影响系数，当 $h_0 < 800$mm 时，取 $h_0 = 800$mm；当 $h_0 > 2000$mm 时，取 $h_0 = 2000$mm；

$A_0$——验算截面处基础的有效截面面积（m²）。当验算截面为阶形或锥形时，可将其截面折算成矩形截面，截面的折算宽度和截面的有效高度按本规范附录 U 计算。

**8.2.10** 墙下条形基础底板应按本规范公式（8.2.9-1）验算墙与基础底板交接处截面受剪承载力，其中 $A_0$ 为验算截面处基础底板的单位长度垂直截面有效面积，$V_s$ 为墙与基础交接处由基底平均净反力产生的单位长度剪力设计值。

**8.2.11** 在轴心荷载或单向偏心荷载作用下，当台阶的宽高比小于或等于 2.5 且偏心距小于或等于 1/6 基础宽度时，柱下矩形独立基础任意截面的底板弯矩可按下列简化方法进行计算（图 8.2.11）：

$$M_{\mathrm{I}} = \frac{1}{12}a_1^2\left[(2l+a')\left(p_{\max}+p-\frac{2G}{A}\right)+(p_{\max}-p)l\right] \tag{8.2.11-1}$$

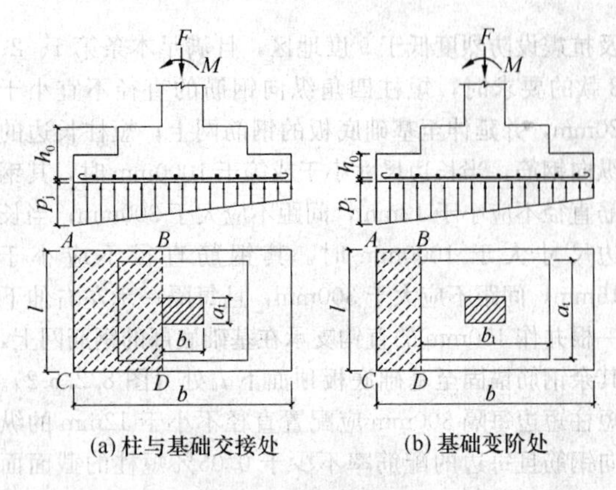


图 8.2.9 验算阶形基础受剪切承载力示意

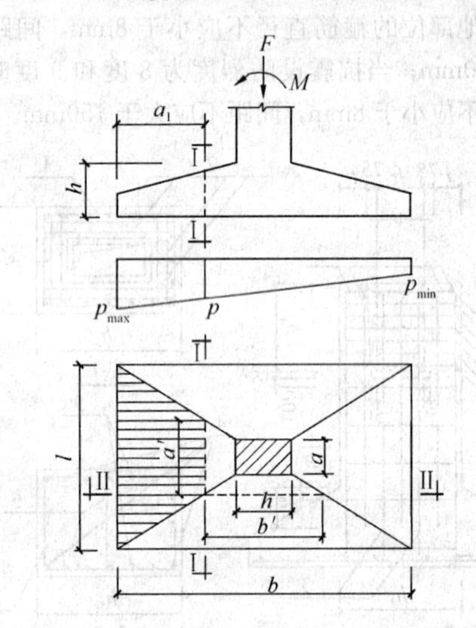


图 8.2.11 矩形基础底板的计算示意

$$M_{\mathrm{II}} = \frac{1}{48}(l-a')^2(2b+b')\left(p_{\max}+p_{\min}-\frac{2G}{A}\right) \tag{8.2.11-2}$$

式中：$M_{\mathrm{I}}$、$M_{\mathrm{II}}$——相应于作用的基本组合时，任意截面Ⅰ-Ⅰ、Ⅱ-Ⅱ处的弯矩设计值（kN·m）；

$a_1$——任意截面Ⅰ-Ⅰ至基底边缘最大反力处的距离（m）；

$l$、$b$——基础底面的边长（m）；

$p_{\max}$、$p_{\min}$——相应于作用的基本组合时的基础底面边缘最大和最小地基反力设计值（kPa）；

$p$——相应于作用的基本组合时在任意截面Ⅰ-Ⅰ处基础底面地基反力设计值（kPa）；

$G$——考虑作用分项系数的基础自重及其上的土自重（kN）；当组合值由永久作用控制时，作用分项系数可取 1.35。

**8.2.12** 基础底板配筋除满足计算和最小配筋率要求外，尚应符合本规范第 8.2.1 条第 3 款的构造要求。

计算最小配筋率时，对阶形或锥形基础截面，可将其截面折算成矩形截面，截面的折算宽度和截面的有效高度，按附录U计算。基础底板钢筋可按式（8.2.12）计算。

$$A_s = \frac{M}{0.9 f_y h_0} \tag{8.2.12}$$

**8.2.13** 当柱下独立柱基底面长短边之比 $\omega$ 在大于或等于2、小于或等于3的范围时，基础底板短向钢筋应按下述方法布置：将短向全部钢筋面积乘以 $\lambda$ 后求得的钢筋，均匀分布在与柱中心线重合的宽度等于基础短边的中间带宽范围内（图8.2.13），其余的短向钢筋则均匀分布在中间带宽的两侧。长向配筋应均匀分布在基础全宽范围内。$\lambda$ 按下式计算：

$$\lambda = 1 - \frac{\omega}{6} \tag{8.2.13}$$

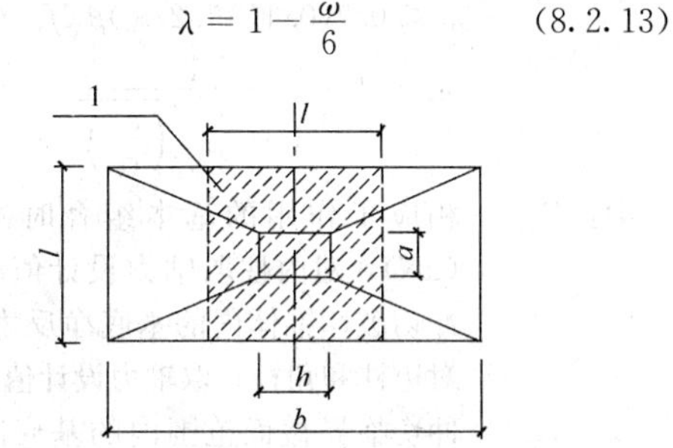


图8.2.13 基础底板短向钢筋布置示意

1—$\lambda$ 倍短向全部钢筋面积均匀配置在阴影范围内

**8.2.14** 墙下条形基础（图8.2.14）的受弯计算和配筋应符合下列规定：

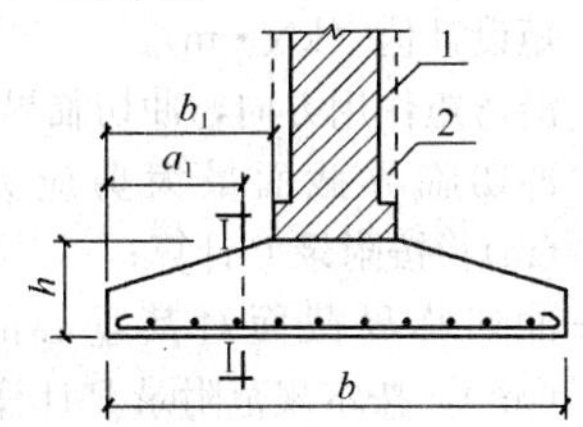


图8.2.14 墙下条形基础的计算示意

1—砖墙；2—混凝土墙

1 任意截面每延米宽度的弯矩，可按下式进行计算。

$$M_1 = \frac{1}{6} a_1^2 \left(2p_{max} + p - \frac{3G}{A}\right) \tag{8.2.14}$$

2 其最大弯矩截面的位置，应符合下列规定：

1）当墙体材料为混凝土时，取 $a_1 = b_1$；

2）如为砖墙且放脚不大于1/4砖长时，取 $a_1 = b_1 + 1/4$ 砖长。

3 墙下条形基础底板每延米宽度的配筋除满足计算和最小配筋率要求外，尚应符合本规范第8.2.1条第3款的构造要求。

## 8.3 柱下条形基础

**8.3.1** 柱下条形基础的构造，除应符合本规范第8.2.1条的要求外，尚应符合下列规定：

1 柱下条形基础梁的高度宜为柱距的1/4～1/8。翼板厚度不应小于200mm。当翼板厚度大于250mm时，宜采用变厚度翼板，其顶面坡度宜小于或等于1∶3。

2 条形基础的端部宜向外伸出，其长度宜为第一跨距的0.25倍。

3 现浇柱与条形基础梁的交接处，基础梁的平面尺寸应大于柱的平面尺寸，且柱的边缘至基础梁边缘的距离不得小于50mm（图8.3.1）。

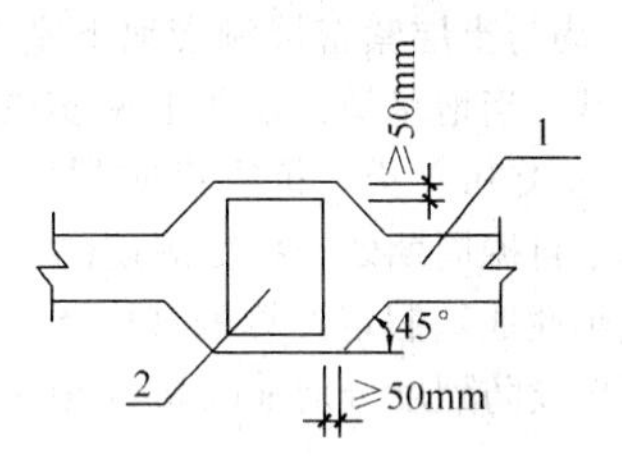


图8.3.1 现浇柱与条形基础梁交接处平面尺寸

1—基础梁；2—柱

4 条形基础梁顶部和底部的纵向受力钢筋除应满足计算要求外，顶部钢筋应按计算配筋全部贯通，底部通长钢筋不应少于底部受力钢筋截面总面积的1/3。

5 柱下条形基础的混凝土强度等级，不应低于C20。

**8.3.2** 柱下条形基础的计算，除应符合本规范第8.2.6条的要求外，尚应符合下列规定：

1 在比较均匀的地基上，上部结构刚度较好，荷载分布较均匀，且条形基础梁的高度不小于1/6柱距时，地基反力可按直线分布，条形基础梁的内力可按连续梁计算，此时边跨跨中弯矩及第一内支座的弯矩值宜乘以1.2的系数。

2 当不满足本条第1款的要求时，宜按弹性地基梁计算。

3 对交叉条形基础，交点上的柱荷载，可按静力平衡条件及变形协调条件，进行分配。其内力可按本条上述规定，分别进行计算。

4 应验算柱边缘处基础梁的受剪承载力。

5 当存在扭矩时，尚应作抗扭计算。

6 当条形基础的混凝土强度等级小于柱的混凝土强度等级时，应验算柱下条形基础梁顶面的局部受压承载力。

## 8.4 高层建筑筏形基础

**8.4.1** 筏形基础分为梁板式和平板式两种类型，其选型应根据地基土质、上部结构体系、柱距、荷载大小、使用要求以及施工条件等因素确定。框架-核心筒结构和筒中筒结构宜采用平板式筏形基础。

**8.4.2** 筏形基础的平面尺寸，应根据工程地质条件、上部结构的布置、地下结构底层平面以及荷载分布等因素按本规范第5章有关规定确定。对单幢建筑物，在地基土比较均匀的条件下，基底平面形心宜与结构竖向永久荷载重心重合。当不能重合时，在作用的准永久组合下，偏心距 $e$ 宜符合下式规定：

$$e \leqslant 0.1W/A \qquad (8.4.2)$$

式中：$W$——与偏心距方向一致的基础底面边缘抵抗矩（$m^3$）；

$A$——基础底面积（$m^2$）。

**8.4.3** 对四周与土层紧密接触带地下室外墙的整体式筏基和箱基，当地基持力层为非密实的土和岩石，场地类别为Ⅲ类和Ⅳ类，抗震设防烈度为8度和9度，结构基本自振周期处于特征周期的1.2倍～5倍范围时，按刚性地基假定计算的基底水平地震剪力、倾覆力矩可按设防烈度分别乘以0.90和0.85的折减系数。

**8.4.4** 筏形基础的混凝土强度等级不应低于C30，当有地下室时应采用防水混凝土。防水混凝土的抗渗等级应按表8.4.4选用。对重要建筑，宜采用自防水并设置架空排水层。

**表 8.4.4 防水混凝土抗渗等级**

| 埋置深度 $d$（m） | 设计抗渗等级 | 埋置深度 $d$（m） | 设计抗渗等级 |
|---|---|---|---|
| $d<10$ | P6 | $20\leqslant d<30$ | P10 |
| $10\leqslant d<20$ | P8 | $30\leqslant d$ | P12 |

**8.4.5** 采用筏形基础的地下室，钢筋混凝土外墙厚度不应小于250mm，内墙厚度不宜小于200mm。墙的截面设计除满足承载力要求外，尚应考虑变形、抗裂及外墙防渗等要求。墙体内应设置双面钢筋，钢筋不宜采用光面圆钢筋，水平钢筋的直径不应小于12mm，竖向钢筋的直径不应小于10mm，间距不应大于200mm。

**8.4.6 平板式筏基的板厚应满足受冲切承载力的要求。**

**8.4.7** 平板式筏基柱下冲切验算应符合下列规定：

**1** 平板式筏基柱下冲切验算时应考虑作用在冲切临界截面重心上的不平衡弯矩产生的附加剪力。对基础边柱和角柱冲切验算时，其冲切力应分别乘以1.1和1.2的增大系数。距柱边 $h_0/2$ 处冲切临界截面的最大剪应力 $\tau_{max}$ 应按式（8.4.7-1）、式（8.4.7-2）进行计算（图8.4.7）。板的最小厚度不应小于500mm。

$$\tau_{max} = \frac{F_l}{u_m h_0} + \alpha_s \frac{M_{unb} c_{AB}}{I_s} \qquad (8.4.7\text{-}1)$$

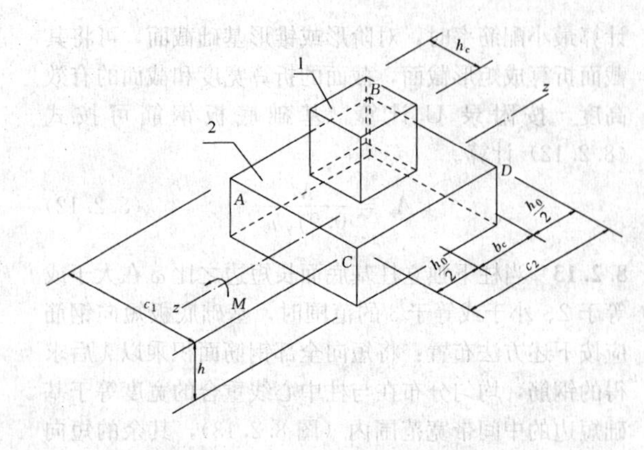


图 8.4.7 内柱冲切临界截面示意

1—筏板；2—柱

$$\tau_{max} \leqslant 0.7(0.4 + 1.2/\beta_s)\beta_{hp} f_t \qquad (8.4.7\text{-}2)$$

$$\alpha_s = 1 - \frac{1}{1+\frac{2}{3}\sqrt{\left(\frac{c_1}{c_2}\right)}} \qquad (8.4.7\text{-}3)$$

式中：$F_l$——相应于作用的基本组合时的冲切力（kN），对内柱取轴力设计值减去筏板冲切破坏锥体内的基底净反力设计值；对边柱和角柱，取轴力设计值减去筏板冲切临界截面范围内的基底净反力设计值；

$u_m$——距柱边缘不小于 $h_0/2$ 处冲切临界截面的最小周长（m），按本规范附录P计算；

$h_0$——筏板的有效高度（m）；

$M_{unb}$——作用在冲切临界截面重心上的不平衡弯矩设计值（kN·m）；

$c_{AB}$——沿弯矩作用方向，冲切临界截面重心至冲切临界截面最大剪应力点的距离（m），按附录P计算；

$I_s$——冲切临界截面对其重心的极惯性矩（$m^4$），按本规范附录P计算；

$\beta_s$——柱截面长边与短边的比值，当 $\beta_s<2$ 时，$\beta_s$ 取2，当 $\beta_s>4$ 时，$\beta_s$ 取4；

$\beta_{hp}$——受冲切承载力截面高度影响系数，当 $h\leqslant 800$mm 时，取 $\beta_{hp}=1.0$；当 $h\geqslant 2000$mm 时，取 $\beta_{hp}=0.9$，其间按线性内插法取值；

$f_t$——混凝土轴心抗拉强度设计值（kPa）；

$c_1$——与弯矩作用方向一致的冲切临界截面的边长（m），按本规范附录P计算；

$c_2$——垂直于 $c_1$ 的冲切临界截面的边长（m），按本规范附录P计算；

$\alpha_s$——不平衡弯矩通过冲切临界截面上的偏心剪力来传递的分配系数。

**2** 当柱荷载较大，等厚度筏板的受冲切承载力不能满足要求时，可在筏板上面增设柱墩或在筏板下局部增加板厚或采用抗冲切钢筋等措施满足受冲切承载能力要求。

**8.4.8** 平板式筏基内筒下的板厚应满足受冲切承载力的要求，并应符合下列规定：

1 受冲切承载力应按下式进行计算：

$$F_l / u_m h_0 \leqslant 0.7 \beta_{hp} f_t / \eta \tag{8.4.8}$$

式中：$F_l$——相应于作用的基本组合时，内筒所承受的轴力设计值减去内筒下筏板冲切破坏锥体内的基底净反力设计值（kN）；

$u_m$——距内筒外表面 $h_0/2$ 处冲切临界截面的周长（m）（图 8.4.8）；

$h_0$——距内筒外表面 $h_0/2$ 处筏板的截面有效高度（m）；

$\eta$——内筒冲切临界截面周长影响系数，取 1.25。

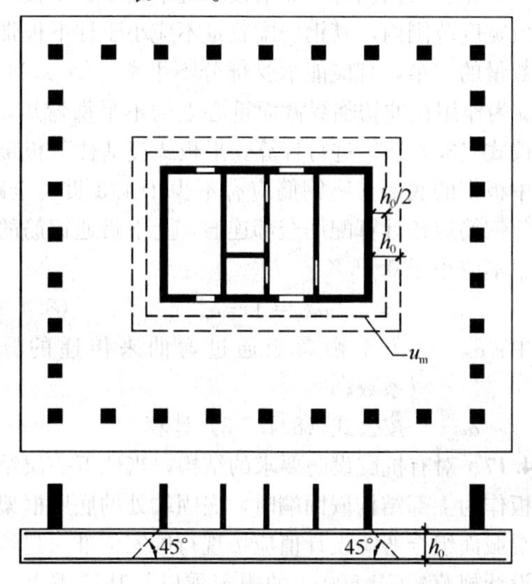


图 8.4.8 筏板受内筒冲切的临界截面位置

2 当需要考虑内筒根部弯矩的影响时，距内筒外表面 $h_0/2$ 处冲切临界截面的最大剪应力可按公式（8.4.7-1）计算，此时 $\tau_{max} \leqslant 0.7 \beta_{hp} f_t / \eta$。

**8.4.9 平板式筏基应验算距内筒和柱边缘 $h_0$ 处截面的受剪承载力。当筏板变厚度时，尚应验算变厚度处筏板的受剪承载力。**

**8.4.10** 平板式筏基受剪承载力应按式（8.4.10）验算，当筏板的厚度大于 2000mm 时，宜在板厚中间部位设置直径不小于 12mm、间距不大于 300mm 的双向钢筋网。

$$V_s \leqslant 0.7 \beta_{hs} f_t b_w h_0 \tag{8.4.10}$$

式中：$V_s$——相应于作用的基本组合时，基底净反力平均值产生的距内筒或柱边缘 $h_0$ 处筏板单位宽度的剪力设计值（kN）；

$b_w$——筏板计算截面单位宽度（m）；

$h_0$——距内筒或柱边缘 $h_0$ 处筏板的截面有效高度（m）。

**8.4.11 梁板式筏基底板应计算正截面受弯承载力，其厚度尚应满足受冲切承载力、受剪切承载力的要求。**

**8.4.12** 梁板式筏基底板受冲切、受剪切承载力计算应符合下列规定：

1 梁板式筏基底板受冲切承载力应按下式进行计算：

$$F_l \leqslant 0.7 \beta_{hp} f_t u_m h_0 \tag{8.4.12-1}$$

式中：$F_l$——作用的基本组合时，图 8.4.12-1 中阴影部分面积上的基底平均净反力设计值（kN）；

$u_m$——距基础梁边 $h_0/2$ 处冲切临界截面的周长（m）（图 8.4.12-1）。

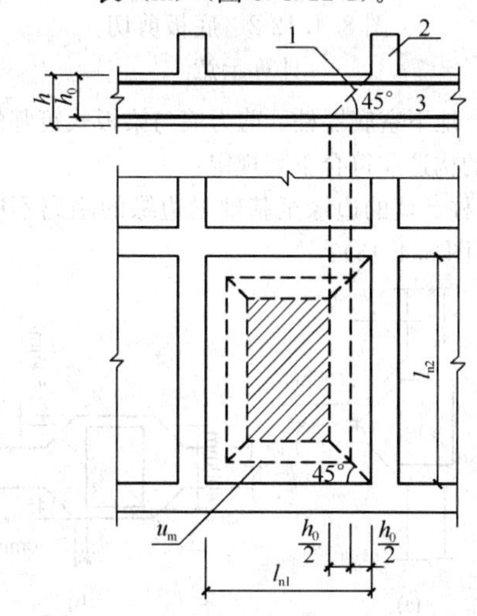


图 8.4.12-1 底板的冲切计算示意

1—冲切破坏锥体的斜截面；2—梁；3—底板

2 当底板区格为矩形双向板时，底板受冲切所需的厚度 $h_0$ 应按式（8.4.12-2）进行计算，其底板厚度与最大双向板格的短边净跨之比不应小于 1/14，且板厚不应小于 400mm。

$$h_0 = \frac{(l_{n1} + l_{n2}) - \sqrt{(l_{n1} + l_{n2})^2 - \dfrac{4 p_n l_{n1} l_{n2}}{p_n + 0.7 \beta_{hp} f_t}}}{4} \tag{8.4.12-2}$$

式中：$l_{n1}$、$l_{n2}$——计算板格的短边和长边的净长度（m）；

$p_n$——扣除底板及其上填土自重后，相应于作用的基本组合时的基底平均净反力设计值（kPa）。

3 梁板式筏基双向底板斜截面受剪承载力应按下式进行计算：

$$V_s \leqslant 0.7 \beta_{hs} f_t (l_{n2} - 2h_0) h_0 \tag{8.4.12-3}$$

式中：$V_s$——距梁边缘 $h_0$ 处，作用在图 8.4.12-2 中阴影部分面积上的基底平均净反力产生的剪力设计值（kN）。

4 当底板板格为单向板时，其斜截面受剪承载力应按本规范第 8.2.10 条验算，其底板厚度不应小于 400mm。

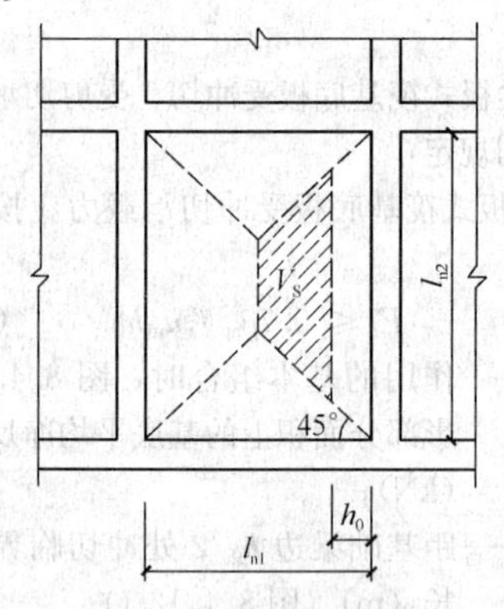


图 8.4.12-2　底板剪切计算示意

**8.4.13**　地下室底层柱、剪力墙与梁板式筏基的基础梁连接的构造应符合下列规定：

**1**　柱、墙的边缘至基础梁边缘的距离不应小于 50mm（图 8.4.13）；

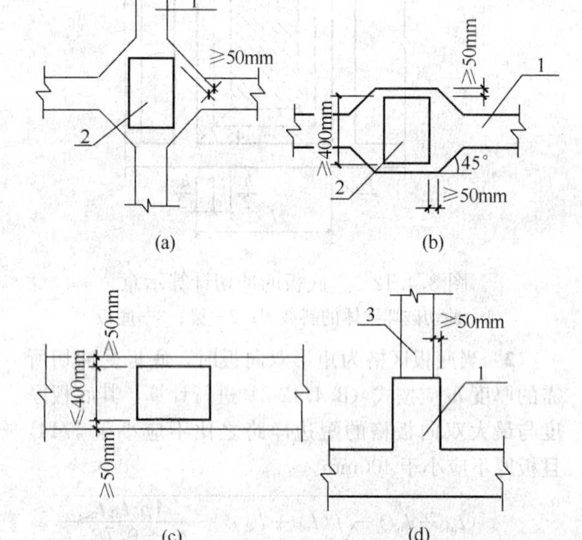


图 8.4.13　地下室底层柱或剪力墙与梁板式筏基的基础梁连接的构造要求

1—基础梁；2—柱；3—墙

**2**　当交叉基础梁的宽度小于柱截面的边长时，交叉基础梁连接处应设置八字角，柱角与八字角之间的净距不宜小于 50mm（图 8.4.13a）；

**3**　单向基础梁与柱的连接，可按图 8.4.13b、c 采用；

**4**　基础梁与剪力墙的连接，可按图 8.4.13d 采用。

**8.4.14**　当地基土比较均匀、地基压缩层范围内无软弱土层或可液化土层、上部结构刚度较好，柱网和荷载较均匀、相邻柱荷载及柱间距的变化不超过 20%，且梁板式筏基梁的高跨比或平板式筏基板的厚跨比不小于 1/6 时，筏形基础可仅考虑局部弯曲作用。筏形基础的内力，可按基底反力直线分布进行计算，计算时基底反力应扣除底板自重及其上填土的自重。当不满足上述要求时，筏基内力可按弹性地基梁板方法进行分析计算。

**8.4.15**　按基底反力直线分布计算的梁板式筏基，其基础梁的内力可按连续梁分析，边跨跨中弯矩以及第一内支座的弯矩值宜乘以 1.2 的系数。梁板式筏基的底板和基础梁的配筋除满足计算要求外，纵横方向的底部钢筋尚应有不少于 1/3 贯通全跨，顶部钢筋按计算配筋全部连通，底板上下贯通钢筋的配筋率不应小于 0.15%。

**8.4.16**　按基底反力直线分布计算的平板式筏基，可按柱下板带和跨中板带分别进行内力分析。柱下板带中，柱宽及其两侧各 0.5 倍板厚且不大于 1/4 板跨的有效宽度范围内，其钢筋配置量不应小于柱下板带钢筋数量的一半，且应能承受部分不平衡弯矩 $\alpha_m M_{unb}$。$M_{unb}$ 为作用在冲切临界截面重心上的不平衡弯矩，$\alpha_m$ 应按式（8.4.16）进行计算。平板式筏基柱下板带和跨中板带的底部支座钢筋应有不少于 1/3 贯通全跨，顶部钢筋应按计算配筋全部连通，上下贯通钢筋的配筋率不应小于 0.15%。

$$\alpha_m = 1 - \alpha_s \tag{8.4.16}$$

式中：$\alpha_m$——不平衡弯矩通过弯曲来传递的分配系数；

$\alpha_s$——按公式（8.4.7-3）计算。

**8.4.17**　对有抗震设防要求的结构，当地下一层结构顶板作为上部结构嵌固端时，嵌固端处的底层框架柱下端截面组合弯矩设计值应按现行国家标准《建筑抗震设计规范》GB 50011 的规定乘以与其抗震等级相对应的增大系数。当平板式筏形基础板作为上部结构的嵌固端、计算柱下板带截面组合弯矩设计值时，底层框架柱下端内力应考虑地震作用组合及相应的增大系数。

**8.4.18　梁板式筏基基础梁和平板式筏基的顶面应满足底层柱下局部受压承载力的要求。对抗震设防烈度为 9 度的高层建筑，验算柱下基础梁、筏板局部受压承载力时，应计入竖向地震作用对柱轴力的影响。**

**8.4.19**　筏板与地下室外墙的接缝、地下室外墙沿高度处的水平接缝应严格按施工缝要求施工，必要时可设通长止水带。

**8.4.20**　带裙房的高层建筑筏形基础应符合下列规定：

**1**　当高层建筑与相连的裙房之间设置沉降缝时，高层建筑的基础埋深应大于裙房基础的埋深至少 2m。地面以下沉降缝的缝隙应用粗砂填实（图 8.4.20a）。

**2**　当高层建筑与相连的裙房之间不设置沉降缝时，宜在裙房一侧设置用于控制沉降差的后浇带，当沉降实测值和计算确定的后期沉降差满足设计要求

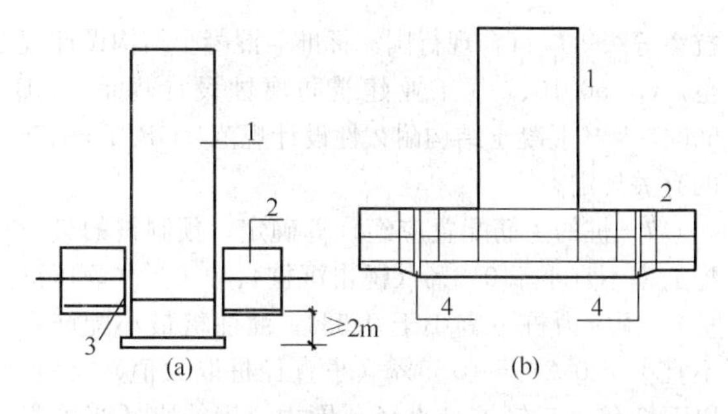


图 8.4.20 高层建筑与裙房间的沉降缝、后浇带处理示意

1—高层建筑；2—裙房及地下室；3—室外地坪以下用粗砂填实；4—后浇带

后，方可进行后浇带混凝土浇筑。当高层建筑基础面积满足地基承载力和变形要求时，后浇带宜设在与高层建筑相邻裙房的第一跨内。当需要满足高层建筑地基承载力、降低高层建筑沉降量、减小高层建筑与裙房间的沉降差而增大高层建筑基础面积时，后浇带可设在距主楼边柱的第二跨内，此时应满足以下条件：

1）地基土质较均匀；

2）裙房结构刚度较好且基础以上的地下室和裙房结构层数不少于两层；

3）后浇带一侧与主楼连接的裙房基础底板厚度与高层建筑的基础底板厚度相同（图 8.4.20b）。

**3** 当高层建筑与相连的裙房之间不设沉降缝和后浇带时，高层建筑及与其紧邻一跨裙房的筏板应采用相同厚度，裙房筏板的厚度宜从第二跨裙房开始逐渐变化，应同时满足主、裙楼基础整体性和基础板的变形要求；应进行地基变形和基础内力的验算，验算时应分析地基与结构间变形的相互影响，并采取有效措施防止产生有不利影响的差异沉降。

**8.4.21** 在同一大面积整体筏形基础上建有多幢高层和低层建筑时，筏板厚度和配筋宜按上部结构、基础与地基土共同作用的基础变形和基底反力计算确定。

**8.4.22** 带裙房的高层建筑下的整体筏形基础，其主楼下筏板的整体挠度值不宜大于 0.05%，主楼与相邻的裙房柱的差异沉降不应大于其跨度的 0.1%。

**8.4.23** 采用大面积整体筏形基础时，与主楼连接的外扩地下室其角隅处的楼板板角，除配置两个垂直方向的上部钢筋外，尚应布置斜向上部构造钢筋，钢筋直径不应小于 10mm、间距不应大于 200mm，该钢筋伸入板内的长度不宜小于 1/4 的短边跨度；与基础整体弯曲方向一致的垂直于外墙的楼板上部钢筋以及主裙楼交界处的楼板上部钢筋，钢筋直径不应小于 10mm、间距不应大于 200mm，且钢筋的面积不应小于现行国家标准《混凝土结构设计规范》GB 50010 中受弯构件的最小配筋率，钢筋的锚固长度不应小于 $30d$。

**8.4.24** 筏形基础地下室施工完毕后，应及时进行基坑回填工作。填土应按设计要求选料，回填时应先清除基坑中的杂物，在相对的两侧或四周同时回填并分层夯实，回填土的压实系数不应小于 0.94。

**8.4.25** 采用筏形基础带地下室的高层和低层建筑、地下室四周外墙与土层紧密接触且土层为非松散填土、松散粉细砂土、软塑流塑黏性土，上部结构为框架、框剪或框架－核心筒结构，当地下一层结构顶板作为上部结构嵌固部位时，应符合下列规定：

**1** 地下一层的结构侧向刚度大于或等于与其相连的上部结构底层楼层侧向刚度的 1.5 倍。

**2** 地下一层结构顶板应采用梁板式楼盖，板厚不应小于 180mm，其混凝土强度等级不宜小于 C30；楼面应采用双层双向配筋，且每层每个方向的配筋率不宜小于 0.25%。

**3** 地下室外墙和内墙边缘的板面不应有大洞口，以保证将上部结构的地震作用或水平力传递到地下室抗侧力构件中。

**4** 当地下室内、外墙与主体结构墙体之间的距离符合表 8.4.25 的要求时，该范围内的地下室内、外墙可计入地下一层的结构侧向刚度，但此范围内的侧向刚度不能重叠使用于相邻建筑。当不符合上述要求时，建筑物的嵌固部位可设在筏形基础的顶面，此时宜考虑基侧土和基底土对地下室的抗力。

**表 8.4.25 地下室墙与主体结构墙之间的最大间距 $d$**

| 抗震设防烈度 7 度、8 度 | 抗震设防烈度 9 度 |
|---|---|
| $d\leqslant 30$m | $d\leqslant 20$m |

**8.4.26** 地下室的抗震等级、构件的截面设计以及抗震构造措施应符合现行国家标准《建筑抗震设计规范》GB 50011 的有关规定。剪力墙底部加强部位的高度应从地下室顶板算起；当结构嵌固在基础顶面时，剪力墙底部加强部位的范围尚应延伸至基础顶面。

## 8.5 桩 基 础

**8.5.1** 本节包括混凝土预制桩和混凝土灌注桩低桩承台基础。竖向受压桩按桩身竖向受力情况可分为摩擦型桩和端承型桩。摩擦型桩的桩顶竖向荷载主要由桩侧阻力承受；端承型桩的桩顶竖向荷载主要由桩端阻力承受。

**8.5.2** 桩基设计应符合下列规定：

**1** 所有桩基均应进行承载力和桩身强度计算。对预制桩，尚应进行运输、吊装和锤击等过程中的强度和抗裂验算。

**2** 桩基础沉降验算应符合本规范第 8.5.15 条的规定。

**3** 桩基础的抗震承载力验算应符合现行国家标准《建筑抗震设计规范》GB 50011 的有关规定。

4 桩基宜选用中、低压缩性土层作桩端持力层。

5 同一结构单元内的桩基，不宜选用压缩性差异较大的土层作桩端持力层，不宜采用部分摩擦桩和部分端承桩。

6 由于欠固结软土、湿陷性土和场地填土的固结，场地大面积堆载、降低地下水位等原因，引起桩周土的沉降大于桩的沉降时，应考虑桩侧负摩擦力对桩基承载力和沉降的影响。

7 对位于坡地、岸边的桩基，应进行桩基的整体稳定验算。桩基应与边坡工程统一规划，同步设计。

8 岩溶地区的桩基，当岩溶上覆土层的稳定性有保证，且桩端持力层承载力及厚度满足要求，可利用上履土层作为桩端持力层。当必须采用嵌岩桩时，应对岩溶进行施工勘察。

9 应考虑桩基施工中挤土效应对桩基及周边环境的影响；在深厚饱和软土中不宜采用大片密集有挤土效应的桩基。

10 应考虑深基坑开挖中，坑底土回弹隆起对桩身受力及桩承载力的影响。

11 桩基设计时，应结合地区经验考虑桩、土、承台的共同工作。

12 在承台及地下室周围的回填中，应满足填土密实度要求。

**8.5.3** 桩和桩基的构造，应符合下列规定：

1 摩擦型桩的中心距不宜小于桩身直径的3倍；扩底灌注桩的中心距不宜小于扩底直径的1.5倍，当扩底直径大于2m时，桩端净距不宜小于1m。在确定桩距时尚应考虑施工工艺中挤土等效应对邻近桩的影响。

2 扩底灌注桩的扩底直径，不应大于桩身直径的3倍。

3 桩底进入持力层的深度，宜为桩身直径的1倍～3倍。在确定桩底进入持力层深度时，尚应考虑特殊土、岩溶以及震陷液化等影响。嵌岩灌注桩周边嵌入完整和较完整的未风化、微风化、中风化硬质岩体的最小深度，不宜小于0.5m。

4 布置桩位时宜使桩基承载力合力点与竖向永久荷载合力作用点重合。

5 设计使用年限不少于50年时，非腐蚀环境中预制桩的混凝土强度等级不应低于C30，预应力桩不应低于C40，灌注桩的混凝土强度等级不应低于C25；二b类环境及三类及四类、五类微腐蚀环境中不应低于C30；在腐蚀环境中的桩，桩身混凝土的强度等级应符合现行国家标准《混凝土结构设计规范》GB 50010的有关规定。设计使用年限不少于100年的桩，桩身混凝土的强度等级宜适当提高。水下灌注混凝土的桩身混凝土强度等级不宜高于C40。

6 桩身混凝土的材料、最小水泥用量、水灰比、抗渗等级等应符合现行国家标准《混凝土结构设计规范》GB 50010、《工业建筑防腐蚀设计规范》GB 50046及《混凝土结构耐久性设计规范》GB/T 50476的有关规定。

7 桩的主筋配置应经计算确定。预制桩的最小配筋率不宜小于0.8%（锤击沉桩）、0.6%（静压沉桩），预应力桩不宜小于0.5%；灌注桩最小配筋率不宜小于0.2%～0.65%（小直径桩取大值）。桩顶以下3倍～5倍桩身直径范围内，箍筋宜适当加强加密。

8 桩身纵向钢筋配筋长度应符合下列规定：

1）受水平荷载和弯矩较大的桩，配筋长度应通过计算确定；

2）桩基承台下存在淤泥、淤泥质土或液化土层时，配筋长度应穿过淤泥、淤泥质土层或液化土层；

3）坡地岸边的桩、8度及8度以上地震区的桩、抗拔桩、嵌岩端承桩应通长配筋；

4）钻孔灌注桩构造钢筋的长度不宜小于桩长的2/3；桩施工在基坑开挖前完成时，其钢筋长度不宜小于基坑深度的1.5倍。

9 桩身配筋可根据计算结果及施工工艺要求，可沿桩身纵向不均匀配筋。腐蚀环境中的灌注桩主筋直径不宜小于16mm，非腐蚀性环境中灌注桩主筋直径不应小于12mm。

10 桩顶嵌入承台内的长度不应小于50mm。主筋伸入承台内的锚固长度不应小于钢筋直径（HPB235）的30倍和钢筋直径（HRB335和HRB400）的35倍。对于大直径灌注桩，当采用一柱一桩时，可设置承台或将桩和柱直接连接。桩和柱的连接可按本规范第8.2.5条高杯口基础的要求选择截面尺寸和配筋，柱纵筋插入桩身的长度应满足锚固长度的要求。

11 灌注桩主筋混凝土保护层厚度不应小于50mm；预制桩不应小于45mm，预应力管桩不应小于35mm；腐蚀环境中的灌注桩不应小于55mm。

**8.5.4** 群桩中单桩桩顶竖向力应按下列公式进行计算：

1 轴心竖向力作用下：

$$Q_k = \frac{F_k + G_k}{n} \tag{8.5.4-1}$$

式中：$F_k$——相应于作用的标准组合时，作用于桩基承台顶面的竖向力（kN）；

$G_k$——桩基承台自重及承台上土自重标准值（kN）；

$Q_k$——相应于作用的标准组合时，轴心竖向力作用下任一单桩的竖向力（kN）；

$n$——桩基中的桩数。

2 偏心竖向力作用下：

$$Q_{ik}=\frac{F_k+G_k}{n}\pm\frac{M_{xk}y_i}{\sum y_i^2}\pm\frac{M_{yk}x_i}{\sum x_i^2} \quad (8.5.4\text{-}2)$$

式中：$Q_{ik}$——相应于作用的标准组合时，偏心竖向力作用下第 $i$ 根桩的竖向力（kN）；

$M_{xk}$、$M_{yk}$——相应于作用的标准组合时，作用于承台底面通过桩群形心的 $x$、$y$ 轴的力矩（kN·m）；

$x_i$、$y_i$——第 $i$ 根桩至桩群形心的 $y$、$x$ 轴线的距离（m）。

**3** 水平力作用下：

$$H_{ik}=\frac{H_k}{n} \quad (8.5.4\text{-}3)$$

式中：$H_k$——相应于作用的标准组合时，作用于承台底面的水平力（kN）；

$H_{ik}$——相应于作用的标准组合时，作用于任一单桩的水平力（kN）。

**8.5.5** 单桩承载力计算应符合下列规定：

**1** 轴心竖向力作用下：

$$Q_k\leqslant R_a \quad (8.5.5\text{-}1)$$

式中：$R_a$——单桩竖向承载力特征值（kN）。

**2** 偏心竖向力作用下，除满足公式（8.5.5-1）外，尚应满足下列要求：

$$Q_{ikmax}\leqslant 1.2R_a \quad (8.5.5\text{-}2)$$

**3** 水平荷载作用下：

$$H_{ik}\leqslant R_{Ha} \quad (8.5.5\text{-}3)$$

式中：$R_{Ha}$——单桩水平承载力特征值（kN）。

**8.5.6** 单桩竖向承载力特征值的确定应符合下列规定：

**1** 单桩竖向承载力特征值应通过单桩竖向静载荷试验确定。在同一条件下的试桩数量，不宜少于总桩数的1%且不应少于3根。单桩的静载荷试验，应按本规范附录Q进行。

**2** 当桩端持力层为密实砂卵石或其他承载力类似的土层时，对单桩竖向承载力很高的大直径端承型桩，可采用深层平板载荷试验确定桩端土的承载力特征值，试验方法应符合本规范附录D的规定。

**3** 地基基础设计等级为丙级的建筑物，可采用静力触探及标贯试验参数结合工程经验确定单桩竖向承载力特征值。

**4** 初步设计时单桩竖向承载力特征值可按下式进行估算：

$$R_a=q_{pa}A_p+u_p\sum q_{sia}l_i \quad (8.5.6\text{-}1)$$

式中：$A_p$——桩底端横截面面积（m²）；

$q_{pa}$，$q_{sia}$——桩端阻力特征值、桩侧阻力特征值（kPa），由当地静载荷试验结果统计分析算得；

$u_p$——桩身周边长度（m）；

$l_i$——第 $i$ 层岩土的厚度（m）。

**5** 桩端嵌入完整及较完整的硬质岩中，当桩长较短且入岩较浅时，可按下式估算单桩竖向承载力特征值：

$$R_a=q_{pa}A_p \quad (8.5.6\text{-}2)$$

式中：$q_{pa}$——桩端岩石承载力特征值（kN）。

**6** 嵌岩灌注桩桩端以下3倍桩径且不小于5m范围内应无软弱夹层、断裂破碎带和洞穴分布，且在桩底应力扩散范围内应无岩体临空面。当桩端无沉渣时，桩端岩石承载力特征值应根据岩石饱和单轴抗压强度标准值按本规范第5.2.6条确定，或按本规范附录H用岩石地基载荷试验确定。

**8.5.7** 当作用于桩基上的外力主要为水平力或高层建筑承台下为软弱土层、液化土层时，应根据使用要求对桩顶变位的限制，对桩基的水平承载力进行验算。当外力作用面的桩距较大时，桩基的水平承载力可视为各单桩的水平承载力的总和。当承台侧面的土未经扰动或回填密实时，可计算土抗力的作用。当水平推力较大时，宜设置斜桩。

**8.5.8** 单桩水平承载力特征值应通过现场水平载荷试验确定。必要时可进行带承台桩的载荷试验。单桩水平载荷试验，应按本规范附录S进行。

**8.5.9** 当桩基承受拔力时，应对桩基进行抗拔验算。单桩抗拔承载力特征值应通过单桩竖向抗拔载荷试验确定，并应加载至破坏。单桩竖向抗拔载荷试验，应按本规范附录T进行。

**8.5.10 桩身混凝土强度应满足桩的承载力设计要求。**

**8.5.11** 按桩身混凝土强度计算桩的承载力时，应按桩的类型和成桩工艺的不同将混凝土的轴心抗压强度设计值乘以工作条件系数 $\varphi_c$，桩轴心受压时桩身强度应符合式（8.5.11）的规定。当桩顶以下5倍桩身直径范围内螺旋式箍筋间距不大于100mm且钢筋耐久性得到保证的灌注桩，可适当计入桩身纵向钢筋的抗压作用。

$$Q\leqslant A_p f_c\varphi_c \quad (8.5.11)$$

式中：$f_c$——混凝土轴心抗压强度设计值（kPa），按现行国家标准《混凝土结构设计规范》GB 50010取值；

$Q$——相应于作用的基本组合时的单桩竖向力设计值（kN）；

$A_p$——桩身横截面积（m²）；

$\varphi_c$——工作条件系数，非预应力预制桩取0.75，预应力桩取0.55～0.65，灌注桩取0.6～0.8（水下灌注桩、长桩或混凝土强度等级高于C35时用低值）。

**8.5.12** 非腐蚀环境中的抗拔桩应根据环境类别控制裂缝宽度满足设计要求，预应力混凝土管桩应按桩身裂缝控制等级为二级的要求进行桩身混凝土抗裂验算。腐蚀环境中的抗拔桩和受水平力或弯矩较大的桩应进行桩身混凝土抗裂验算，裂缝控制等级应为二级；预应力混凝土管桩裂缝控制等级应为一级。

**8.5.13** 桩基沉降计算应符合下列规定：

**1 对以下建筑物的桩基应进行沉降验算；**

**1）地基基础设计等级为甲级的建筑物桩基；**

**2）体形复杂、荷载不均匀或桩端以下存在软弱土层的设计等级为乙级的建筑物桩基；**

**3）摩擦型桩基。**

**2 桩基沉降不得超过建筑物的沉降允许值，并应符合本规范表 5.3.4 的规定。**

**8.5.14** 嵌岩桩、设计等级为丙级的建筑物桩基、对沉降无特殊要求的条形基础下不超过两排桩的桩基、吊车工作级别 A5 及 A5 以下的单层工业厂房且桩端下为密实土层的桩基，可不进行沉降验算。当有可靠地区经验时，对地质条件不复杂、荷载均匀、对沉降无特殊要求的端承型桩基也可不进行沉降验算。

**8.5.15** 计算桩基沉降时，最终沉降量宜按单向压缩分层总和法计算。地基内的应力分布宜采用各向同性均质线性变形体理论，按实体深基础方法或明德林应力公式方法进行计算，计算按本规范附录 R 进行。

**8.5.16** 以控制沉降为目的设置桩基时，应结合地区经验，并满足下列要求：

**1** 桩身强度应按桩顶荷载设计值验算；

**2** 桩、土荷载分配应按上部结构与地基共同作用分析确定；

**3** 桩端进入较好的土层，桩端平面处土层应满足下卧层承载力设计要求；

**4** 桩距可采用 4 倍～6 倍桩身直径。

**8.5.17** 桩基承台的构造，除满足受冲切、受剪切、受弯承载力和上部结构的要求外，尚应符合下列要求：

**1** 承台的宽度不应小于 500mm。边桩中心至承台边缘的距离不宜小于桩的直径或边长，且桩的外边缘至承台边缘的距离不小于 150mm。对于条形承台梁，桩的外边缘至承台梁边缘的距离不小于 75mm。

**2** 承台的最小厚度不应小于 300mm。

**3** 承台的配筋，对于矩形承台，其钢筋应按双向均匀通长布置（图 8.5.17a），钢筋直径不宜小于 10mm，间距不宜大于 200mm；对于三桩承台，钢筋应按三向板带均匀布置，且最里面的三根钢筋围成的三角形应在柱截面范围内（图 8.5.17b）。承台梁的主筋除满足计算要求外，尚应符合现行国家标准《混凝土结构设计规范》GB 50010 关于最小配筋率的规定，主筋直径不宜小于 12mm，架立筋不宜小于 10mm，箍筋直径不宜小于 6mm（图 8.5.17c）；柱下独立桩基承台的最小配筋率不应小于 0.15%。钢筋锚固长度自边桩内侧（当为圆桩时，应将其直径乘以 0.886 等效为方桩）算起，锚固长度不应小于 35 倍钢筋直径，当不满足时应将钢筋向上弯折，此时钢筋水平段的长度不应小于 25 倍钢筋直径，弯折段的长

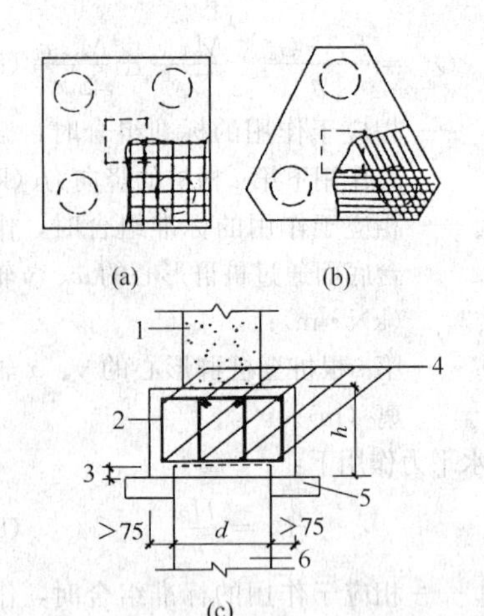


图 8.5.17 承台配筋

1—墙；2—箍筋直径≥6mm；3—桩顶入承台≥50mm；4—承台梁内主筋除须按计算配筋外尚应满足最小配筋率；5—垫层 100mm 厚 C10 混凝土

度不应小于 10 倍钢筋直径。

**4** 承台混凝土强度等级不应低于 C20；纵向钢筋的混凝土保护层厚度不应小于 70mm，当有混凝土垫层时，不应小于 50mm；且不应小于桩头嵌入承台内的长度。

**8.5.18** 柱下桩基承台的弯矩可按以下简化计算方法确定：

**1** 多桩矩形承台计算截面取在柱边和承台高度变化处（杯口外侧或台阶边缘，图 8.5.18a）：

$$M_x = \sum N_i y_i \tag{8.5.18-1}$$

$$M_y = \sum N_i x_i \tag{8.5.18-2}$$

式中：$M_x$、$M_y$——分别为垂直 $y$ 轴和 $x$ 轴方向计算截面处的弯矩设计值（kN·m）；

$x_i$、$y_i$——垂直 $y$ 轴和 $x$ 轴方向自桩轴线到相应计算截面的距离（m）；

$N_i$——扣除承台和其上填土自重后相应于作用的基本组合时的第 $i$ 桩竖向力设计值（kN）。

**2** 三桩承台

1）等边三桩承台（图 8.5.18b）。

$$M = \frac{N_{max}}{3}\left(s - \frac{\sqrt{3}}{4}c\right) \tag{8.5.18-3}$$

式中：$M$——由承台形心至承台边缘距离范围内板带的弯矩设计值（kN·m）；

$N_{max}$——扣除承台和其上填土自重后的三桩中相应于作用的基本组合时的最大单桩竖向力设计值（kN）；

$s$——桩距（m）；

$c$——方柱边长（m），圆柱时 $c = 0.886d$（$d$ 为圆柱直径）。

2）等腰三桩承台（图 8.5.18c）。

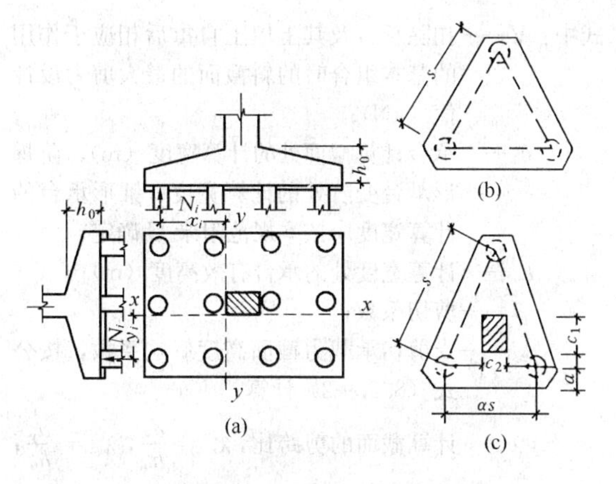


图 8.5.18　承台弯矩计算

$$M_1 = \frac{N_{max}}{3}\left(s - \frac{0.75}{\sqrt{4-\alpha^2}}c_1\right) \quad (8.5.18\text{-}4)$$

$$M_2 = \frac{N_{max}}{3}\left(\alpha s - \frac{0.75}{\sqrt{4-\alpha^2}}c_2\right) \quad (8.5.18\text{-}5)$$

式中：$M_1$、$M_2$——分别为由承台形心到承台两腰和底边的距离范围内板带的弯矩设计值（kN·m）；

$s$——长向桩距（m）；

$\alpha$——短向桩距与长向桩距之比，当 $\alpha$ 小于 0.5 时，应按变截面的二桩承台设计；

$c_1$、$c_2$——分别为垂直于、平行于承台底边的柱截面边长（m）。

**8.5.19**　柱下桩基础独立承台受冲切承载力的计算，应符合下列规定：

**1**　柱对承台的冲切，可按下列公式计算（图 8.5.19-1）：

$$F_l \leqslant 2[\alpha_{ox}(b_c + a_{oy}) + \alpha_{oy}(h_c + a_{ox})]\beta_{hp} f_t h_0 \quad (8.5.19\text{-}1)$$

$$F_l = F - \Sigma N_i \quad (8.5.19\text{-}2)$$

$$\alpha_{ox} = 0.84/(\lambda_{ox} + 0.2) \quad (8.5.19\text{-}3)$$

$$\alpha_{oy} = 0.84/(\lambda_{oy} + 0.2) \quad (8.5.19\text{-}4)$$

式中：$F_l$——扣除承台及其上填土自重，作用在冲切破坏锥体上相应于作用的基本组合时的冲切力设计值（kN），冲切破坏锥体应采用自柱边或承台变阶处至相应桩顶边缘连线构成的锥体，锥体与承台底面的夹角不小于 45°（图 8.5.19-1）；

$h_0$——冲切破坏锥体的有效高度（m）；

$\beta_{hp}$——受冲切承载力截面高度影响系数，其值按本规范第 8.2.8 条的规定取用；

$\alpha_{ox}$、$\alpha_{oy}$——冲切系数；

$\lambda_{ox}$、$\lambda_{oy}$——冲跨比，$\lambda_{ox} = a_{ox}/h_0$、$\lambda_{oy} = a_{oy}/h_0$，$a_{ox}$、$a_{oy}$ 为柱边或变阶处至桩边的水平距离；当 $a_{ox}(a_{oy}) < 0.25h_0$ 时，$a_{ox}(a_{oy}) = 0.25h_0$；当 $a_{ox}(a_{oy}) > h_0$ 时，$a_{ox}(a_{oy}) = h_0$；

$F$——柱根部轴力设计值（kN）；

$\Sigma N_i$——冲切破坏锥体范围内各桩的净反力设计值之和（kN）。

对中低压缩性土上的承台，当承台与地基土之间没有脱空现象时，可根据地区经验适当减小柱下桩基础独立承台受冲切计算的承台厚度。

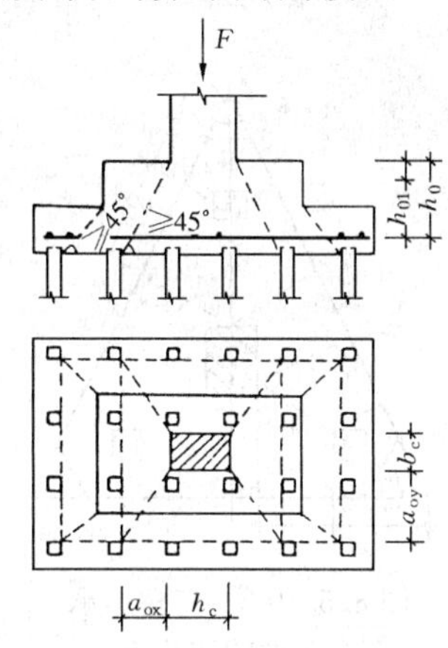


图 8.5.19-1　柱对承台冲切

**2**　角桩对承台的冲切，可按下列公式计算：

**1）**多桩矩形承台受角桩冲切的承载力应按下列公式计算（图 8.5.19-2）：

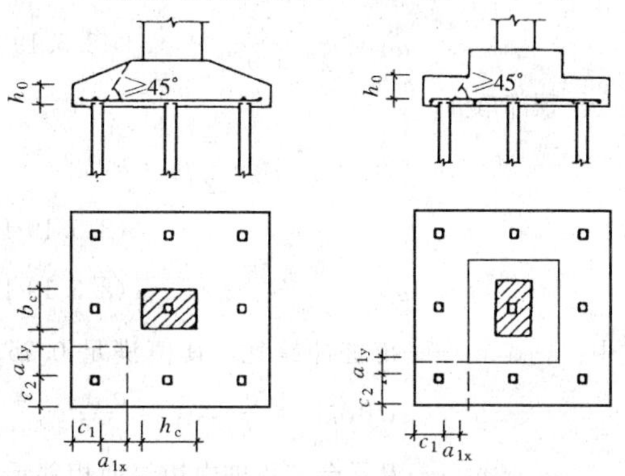


图 8.5.19-2　矩形承台角桩冲切验算

$$N_l \leqslant \left[\alpha_{1x}\left(c_2 + \frac{a_{1y}}{2}\right) + \alpha_{1y}\left(c_1 + \frac{a_{1x}}{2}\right)\right]\beta_{hp} f_t h_0 \quad (8.5.19\text{-}5)$$

$$\alpha_{1x} = \frac{0.56}{\lambda_{1x} + 0.2} \quad (8.5.19\text{-}6)$$

$$\alpha_{1y} = \frac{0.56}{\lambda_{1y} + 0.2} \quad (8.5.19\text{-}7)$$

式中：$N_l$——扣除承台和其上填土自重后的角桩桩顶相应于作用的基本组合时的竖向力设计值（kN）；

$\alpha_{1x}$、$\alpha_{1y}$——角桩冲切系数；

$\lambda_{1x}$、$\lambda_{1y}$——角桩冲跨比，其值满足 0.25～1.0，$\lambda_{1x} = a_{1x}/h_0$，$\lambda_{1y} = a_{1y}/h_0$；

$c_1$、$c_2$——从角桩内边缘至承台外边缘的距离(m)；

$a_{1x}$、$a_{1y}$——从承台底角桩内边缘引45°冲切线与承台顶面或承台变阶处相交点至角桩内边缘的水平距离（m）；

$h_0$——承台外边缘的有效高度（m）。

**2**）三桩三角形承台受角桩冲切的承载力可按下列公式计算（图8.5.19-3）。对圆柱及圆桩，计算时可将圆形截面换算成正方形截面。

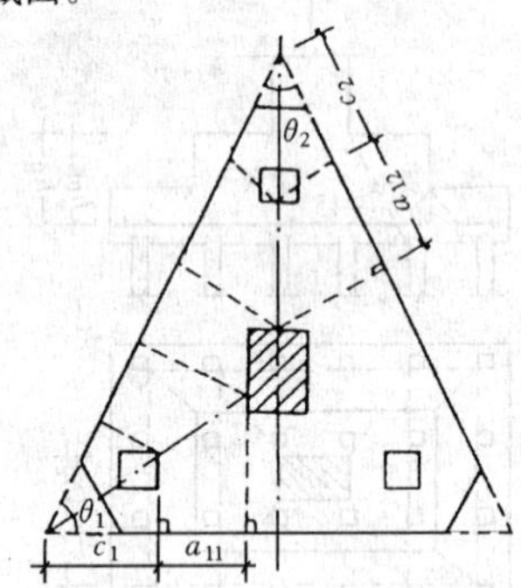


图8.5.19-3 三角形承台角桩冲切验算

底部角桩

$$N_l \leqslant \alpha_{11}(2c_1 + a_{11})\tan\frac{\theta_1}{2}\beta_{hp} f_t h_0 \tag{8.5.19-8}$$

$$\alpha_{11} = \frac{0.56}{\lambda_{11} + 0.2} \tag{8.5.19-9}$$

顶部角桩

$$N_l \leqslant \alpha_{12}(2c_2 + a_{12})\tan\frac{\theta_2}{2}\beta_{hp} f_t h_0 \tag{8.5.19-10}$$

$$\alpha_{12} = \frac{0.56}{\lambda_{12} + 0.2} \tag{8.5.19-11}$$

式中：$\lambda_{11}$、$\lambda_{12}$——角桩冲跨比，其值满足0.25～1.0，$\lambda_{11} = \frac{a_{11}}{h_0}$，$\lambda_{12} = \frac{a_{12}}{h_0}$；

$a_{11}$、$a_{12}$——从承台底角桩内边缘向相邻承台边引45°冲切线与承台顶面相交点至角桩内边缘的水平距离（m）；当柱位于该45°线以内时则取柱边与桩内边缘连线为冲切锥体的锥线。

**8.5.20 柱下桩基础独立承台应分别对柱边和桩边、变阶处和桩边连线形成的斜截面进行受剪计算。当柱边外有多排桩形成多个剪切斜截面时，尚应对每个斜截面进行验算。**

**8.5.21** 柱下桩基独立承台斜截面受剪承载力可按下列公式进行计算（图8.5.21）：

$$V \leqslant \beta_{hs}\beta f_t b_0 h_0 \tag{8.5.21-1}$$

$$\beta = \frac{1.75}{\lambda + 1.0} \tag{8.5.21-2}$$

式中：$V$——扣除承台及其上填土自重后相应于作用的基本组合时的斜截面的最大剪力设计值（kN）；

$b_0$——承台计算截面处的计算宽度（m）；阶梯形承台变阶处的计算宽度、锥形承台的计算宽度应按本规范附录U确定；

$h_0$——计算宽度处的承台有效高度（m）；

$\beta$——剪切系数；

$\beta_{hs}$——受剪切承载力截面高度影响系数，按公式（8.2.9-2）计算；

$\lambda$——计算截面的剪跨比，$\lambda_x = \frac{a_x}{h_0}$，$\lambda_y = \frac{a_y}{h_0}$；$a_x$、$a_y$为柱边或承台变阶处至$x$、$y$方向计算一排桩的桩边的水平距离，当$\lambda <$ 0.25时，取$\lambda = 0.25$；当$\lambda > 3$时，取$\lambda = 3$。

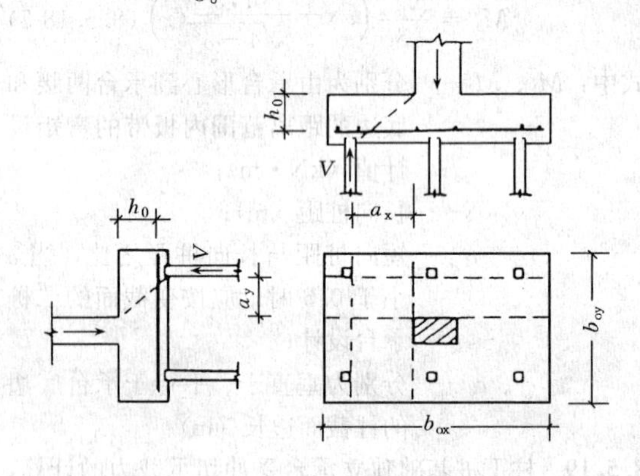


图8.5.21 承台斜截面受剪计算

**8.5.22 当承台的混凝土强度等级低于柱或桩的混凝土强度等级时，尚应验算柱下或桩上承台的局部受压承载力。**

**8.5.23** 承台之间的连接应符合下列要求：

**1** 单桩承台，应在两个互相垂直的方向上设置连系梁。

**2** 两桩承台，应在其短向设置连系梁。

**3** 有抗震要求的柱下独立承台，宜在两个主轴方向设置连系梁。

**4** 连系梁顶面宜与承台位于同一标高。连系梁的宽度不应小于250mm，梁的高度可取承台中心距的1/10～1/15，且不小于400mm。

**5** 连系梁的主筋应按计算要求确定。连系梁内上下纵向钢筋直径不应小于12mm且不应少于2根，并应按受拉要求锚入承台。

## 8.6 岩石锚杆基础

**8.6.1** 岩石锚杆基础适用于直接建在基岩上的柱基，以及承受拉力或水平力较大的建筑物基础。锚杆基础应与基岩连成整体，并应符合下列要求：

**1** 锚杆孔直径，宜取锚杆筋体直径的3倍，但不应小于一倍锚杆筋体直径加 50mm。锚杆基础的构造要求，可按图 8.6.1 采用。

**2** 锚杆筋体插入上部结构的长度，应符合钢筋的锚固长度要求。

**3** 锚杆筋体宜采用热轧带肋钢筋，水泥砂浆强度不宜低于 30MPa，细石混凝土强度不宜低于 C30。灌浆前，应将锚杆孔清理干净。

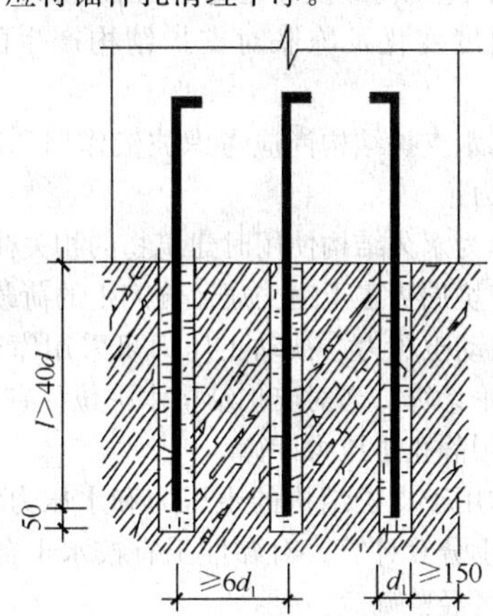


图 8.6.1 锚杆基础
$d_1$—锚杆直径；$l$—锚杆的有效锚固长度；$d$—锚杆筋体直径

**8.6.2** 锚杆基础中单根锚杆所承受的拔力，应按下列公式验算：

$$N_{ti}=\frac{F_k+G_k}{n}-\frac{M_{xk}y_i}{\sum y_i^2}-\frac{M_{yk}x_i}{\sum x_i^2} \quad (8.6.2\text{-}1)$$

$$N_{tmax}\leqslant R_t \quad (8.6.2\text{-}2)$$

式中：$F_k$——相应于作用的标准组合时，作用在基础顶面上的竖向力（kN）；

$G_k$——基础自重及其上的土自重（kN）；

$M_{xk}$、$M_{yk}$——按作用的标准组合计算作用在基础底面形心的力矩值（kN·m）；

$x_i$、$y_i$——第 $i$ 根锚杆至基础底面形心的 $y$、$x$ 轴线的距离（m）；

$N_{ti}$——相应于作用的标准组合时，第 $i$ 根锚杆所承受的拔力值（kN）；

$R_t$——单根锚杆抗拔承载力特征值（kN）。

**8.6.3** 对设计等级为甲级的建筑物，单根锚杆抗拔承载力特征值 $R_t$ 应通过现场试验确定；对于其他建筑物应符合下式规定：

$$R_t\leqslant 0.8\pi d_1 lf \quad (8.6.3)$$

式中：$f$——砂浆与岩石间的粘结强度特征值（kPa），可按本规范表 6.8.6 选用。

# 9 基 坑 工 程

## 9.1 一 般 规 定

**9.1.1** 岩、土质场地建（构）筑物的基坑开挖与支护，包括桩式和墙式支护、岩层或土层锚杆以及采用逆作法施工的基坑工程应符合本章的规定。

**9.1.2** 基坑支护设计应确保岩土开挖、地下结构施工的安全，并应确保周围环境不受损害。

**9.1.3 基坑工程设计应包括下列内容：**

**1 支护结构体系的方案和技术经济比较；**

**2 基坑支护体系的稳定性验算；**

**3 支护结构的承载力、稳定和变形计算；**

**4 地下水控制设计；**

**5 对周边环境影响的控制设计；**

**6 基坑土方开挖方案；**

**7 基坑工程的监测要求。**

**9.1.4** 基坑工程设计安全等级、结构设计使用年限、结构重要性系数，应根据基坑工程的设计、施工及使用条件按有关规范的规定采用。

**9.1.5** 基坑支护结构设计应符合下列规定：

**1** 所有支护结构设计均应满足强度和变形计算以及土体稳定性验算的要求；

**2** 设计等级为甲级、乙级的基坑工程，应进行因土方开挖、降水引起的基坑内外土体的变形计算；

**3** 高地下水位地区设计等级为甲级的基坑工程，应按本规范第 9.9 节的规定进行地下水控制的专项设计。

**9.1.6** 基坑工程设计采用的土的强度指标，应符合下列规定：

**1** 对淤泥及淤泥质土，应采用三轴不固结不排水抗剪强度指标；

**2** 对正常固结的饱和黏性土应采用在土的有效自重应力下预固结的三轴不固结不排水抗剪强度指标；当施工挖土速度较慢，排水条件好，土体有条件固结时，可采用三轴固结不排水抗剪强度指标；

**3** 对砂类土，采用有效应力强度指标；

**4** 验算软黏土隆起稳定性时，可采用十字板剪切强度或三轴不固结不排水抗剪强度指标；

**5** 灵敏度较高的土，基坑邻近有交通频繁的主干道或其他对土的扰动源时，计算采用土的强度指标宜适当进行折减；

**6** 应考虑打桩、地基处理的挤土效应等施工扰动原因造成对土强度指标降低的不利影响。

**9.1.7** 因支护结构变形、岩土开挖及地下水条件变化引起的基坑内外土体变形应符合下列规定：

**1** 不得影响地下结构尺寸、形状和正常施工；

**2** 不得影响既有桩基的正常使用；

**3** 对周围已有建、构筑物引起的地基变形不得超过地基变形允许值；

**4** 不得影响周边地下建（构）筑物、地下轨道交通设施及管线的正常使用。

**9.1.8** 基坑工程设计应具备以下资料：

1 岩土工程勘察报告；

2 建筑物总平面图、用地红线图；

3 建筑物地下结构设计资料，以及桩基础或地基处理设计资料；

4 基坑环境调查报告，包括基坑周边建（构）筑物、地下管线、地下设施及地下交通工程等的相关资料。

**9.1.9 基坑土方开挖应严格按设计要求进行，不得超挖。基坑周边堆载不得超过设计规定。土方开挖完成后应立即施工垫层，对基坑进行封闭，防止水浸和暴露，并应及时进行地下结构施工。**

## 9.2 基坑工程勘察与环境调查

**9.2.1** 基坑工程勘察宜在开挖边界外开挖深度的1倍～2倍范围内布置勘探点。勘察深度应满足基坑支护稳定性验算、降水或止水帷幕设计的要求。当基坑开挖边界外无法布置勘察点时，应通过调查取得相关资料。

**9.2.2** 应查明场区水文地质资料及与降水有关的参数，并应包括下列内容：

1 地下水的类型、地下水位高程及变化幅度；

2 各含水层的水力联系、补给、径流条件及土层的渗透系数；

3 分析流砂、管涌产生的可能性；

4 提出施工降水或隔水措施以及评估地下水位变化对场区环境造成的影响。

**9.2.3** 当场地水文地质条件复杂，应进行现场抽水试验，并进行水文地质勘察。

**9.2.4** 严寒地区的大型越冬基坑应评价各土层的冻胀性，并应对特殊土受开挖、振动影响以及失水、浸水影响引起的土的特性参数变化进行评估。

**9.2.5** 岩体基坑工程勘察除查明基坑周围的岩层分布、风化程度、岩石破碎情况和各岩层物理力学性质外，还应查明岩体主要结构面的类型、产状、延展情况、闭合程度、填充情况、力学性质等，特别是外倾结构面的抗剪强度以及地下水情况，并评估岩体滑动、岩块崩塌的可能性。

**9.2.6** 需对基坑工程周边进行环境调查时，调查的范围和内容应符合下列规定：

1 应调查基坑周边2倍开挖深度范围内建（构）筑物及设施的状况，当附近有轨道交通设施、隧道、防汛墙等重要建（构）筑物及设施时，或降水深度较大时应扩大调查范围。

2 环境调查应包括下列内容：

1）建（构）筑物的结构形式、材料强度、基础形式与埋深、沉降与倾斜及保护要求等；

2）地下交通工程、管线设施等的平面位置、埋深、结构形式、材料强度、断面尺寸、运营情况及保护要求等。

## 9.3 土压力与水压力

**9.3.1** 支护结构的作用效应包括下列各项：

1 土压力；

2 静水压力、渗流压力；

3 基坑开挖影响范围以内的建（构）筑物荷载、地面超载、施工荷载及邻近场地施工的影响；

4 温度变化及冻胀对支护结构产生的内力和变形；

5 临水支护结构尚应考虑波浪作用和水流退落时的渗流力；

6 作为永久结构使用时建筑物的相关荷载作用；

7 基坑周边主干道交通运输产生的荷载作用。

**9.3.2** 主动土压力、被动土压力可采用库仑或朗肯土压力理论计算。当对支护结构水平位移有严格限制时，应采用静止土压力计算。

**9.3.3** 作用于支护结构的土压力和水压力，对砂性土宜按水土分算计算；对黏性土宜按水土合算计算；也可按地区经验确定。

**9.3.4** 基坑工程采用止水帷幕并插入坑底下部相对不透水层时，基坑内外的水压力，可按静水压力计算。

**9.3.5** 当按变形控制原则设计支护结构时，作用在支护结构的计算土压力可按支护结构与土体的相互作用原理确定，也可按地区经验确定。

## 9.4 设计计算

**9.4.1** 基坑支护结构设计时，作用的效应设计值应符合下列规定：

1 基本组合的效应设计值可采用简化规则，应按下式进行计算：

$$S_d = 1.25S_k \qquad (9.4.1\text{-}1)$$

式中：$S_d$——基本组合的效应设计值；

$S_k$——标准组合的效应设计值。

2 对于轴向受力为主的构件，$S_d$简化计算可按下式进行：

$$S_d = 1.35S_k \qquad (9.4.1\text{-}2)$$

**9.4.2** 支护结构的入土深度应满足基坑支护结构稳定性及变形验算的要求，并结合地区工程经验综合确定。有地下水渗流作用时，应满足抗渗流稳定的验算，并宜插入坑底下部不透水层一定深度。

**9.4.3** 桩、墙式支护结构设计计算应符合下列规定：

1 桩、墙式支护可为柱列式排桩、板桩、地下连续墙、型钢水泥土墙等独立支护或与内支撑、锚杆组合形成的支护体系，适用于施工场地狭窄、地质条件差、基坑较深或需要严格控制支护结构或基坑周边环境地基变形时的基坑工程。

2 桩、墙式支护结构的设计应包括下列内容：

1）确定桩、墙的入土深度；

2）支护结构的内力和变形计算；

3）支护结构的构件和节点设计；

4）基坑变形计算，必要时提出对环境保护的工程技术措施；

5）支护桩、墙作为主体结构一部分时，尚应计算在建筑物荷载作用下的内力及变形；

6）基坑工程的监测要求。

**9.4.4** 根据基坑周边环境的复杂程度及环境保护要求，可按下列规定进行变形控制设计，并采取相应的保护措施：

**1** 根据基坑周边的环境保护要求，提出基坑的各项变形设计控制指标；

**2** 预估基坑开挖对周边环境的附加变形值，其总变形值应小于其允许变形值；

**3** 应从支护结构施工、地下水控制及开挖三个方面分别采取相关措施保护周围环境。

**9.4.5** 支护结构的内力和变形分析，宜采用侧向弹性地基反力法计算。土的侧向地基反力系数可通过单桩水平载荷试验确定。

**9.4.6** 支护结构应进行稳定验算。稳定验算应符合本规范附录V的规定。当有可靠工程经验时，稳定安全系数可按地区经验确定。

**9.4.7** 地下水渗流稳定性验算，应符合下列规定：

**1** 当坑内外存在水头差时，粉土和砂土应按本规范附录W进行抗渗流稳定性验算；

**2** 当基坑底上部土体为不透水层，下部具有承压水头时，坑内土体应按本规范附录W进行抗突涌稳定性验算。

## 9.5 支护结构内支撑

**9.5.1** 支护结构的内支撑必须采用稳定的结构体系和连接构造，优先采用超静定内支撑结构体系，其刚度应满足变形计算要求。

**9.5.2** 支撑结构计算分析应符合下列原则：

**1** 内支撑结构应按与支护桩、墙节点处变形协调的原则进行内力与变形分析；

**2** 在竖向荷载及水平荷载作用下支撑结构的承载力和位移计算应符合国家现行结构设计规范的有关规定，支撑体系可根据不同条件按平面框架、连续梁或简支梁分析；

**3** 当基坑内坑底标高差异大，或因基坑周边土层分布不均匀，土性指标差异大，导致作用在内支撑周边侧向土压力值变化较大时，应按桩、墙与内支撑系统节点的位移协调原则进行计算；

**4** 有可靠经验时，可采用空间结构分析方法，对支撑、围檩（压顶梁）和支护结构进行整体计算；

**5** 内支撑系统的各水平及竖向受力构件，应按结构构件的受力条件及施工中可能出现的不利影响因素，设置必要的连接构件，保证结构构件在平面内及平面外的稳定性。

**9.5.3 支撑结构的施工与拆除顺序，应与支护结构的设计工况相一致，必须遵循先撑后挖的原则。**

## 9.6 土层锚杆

**9.6.1** 土层锚杆锚固段不应设置在未经处理的软弱土层、不稳定土层和不良地质地段及钻孔注浆引发较大土体沉降的土层。

**9.6.2** 锚杆杆体材料宜选用钢绞线、螺纹钢筋，当锚杆极限承载力小于400kN时，可采用HRB 335钢筋。

**9.6.3** 锚杆布置与锚固体强度应满足下列要求：

**1** 锚杆锚固体上下排间距不宜小于2.5m，水平方向间距不宜小于1.5m；锚杆锚固体上覆土层厚度不宜小于4.0m。锚杆的倾角宜为15°～35°。

**2** 锚杆定位支架沿锚杆轴线方向宜每隔1.0m～2.0m设置一个，锚杆杆体的保护层不得少于20mm。

**3** 锚固体宜采用水泥砂浆或纯水泥浆，浆体设计强度不宜低于20.0MPa。

**4** 土层锚杆钻孔直径不宜小于120mm。

**9.6.4** 锚杆设计应包括下列内容：

**1** 确定锚杆类型、间距、排距和安设角度、断面形状及施工工艺；

**2** 确定锚杆自由段、锚固段长度、锚固体直径、锚杆抗拔承载力特征值；

**3** 锚杆筋体材料设计；

**4** 锚具、承压板、台座及腰梁设计；

**5** 预应力锚杆张拉荷载值、锁定荷载值；

**6** 锚杆试验和监测要求；

**7** 对支护结构变形控制需要进行的锚杆补张拉设计。

**9.6.5** 锚杆预应力筋的截面面积应按下式确定：

$$A \geqslant 1.35\frac{N_t}{\gamma_P f_{Pt}} \tag{9.6.5}$$

式中：$N_t$——相应于作用的标准组合时，锚杆所承受的拉力值（kN）；

$\gamma_P$——锚杆张拉施工工艺控制系数，当预应力筋为单束时可取1.0，当预应力筋为多束时可取0.9；

$f_{Pt}$——钢筋、钢绞线强度设计值（kPa）。

**9.6.6** 土层锚杆锚固段长度（$L_a$）应按基本试验确定，初步设计时也可按下式估算：

$$L_a \geqslant \frac{K \cdot N_t}{\pi \cdot D \cdot q_s} \tag{9.6.6}$$

式中：$D$——锚固体直径（m）；

$K$——安全系数，可取1.6；

$q_s$——土体与锚固体间粘结强度特征值（kPa），由当地锚杆抗拔试验结果统计分析算得。

**9.6.7** 锚杆应在锚固体和外锚头强度达到设计强度的80%以上后逐根进行张拉锁定，张拉荷载宜为锚杆所受拉力值的1.05倍～1.1倍，并在稳定5min～10min后退至锁定荷载锁定。锁定荷载宜取锚杆设计承载力的0.7倍～0.85倍。

**9.6.8** 锚杆自由段超过潜在的破裂面不应小于1m，自由段长度不宜小于5m，锚固段在最危险滑动面以外的有效长度应满足稳定性计算要求。

**9.6.9** 对设计等级为甲级的基坑工程，锚杆轴向拉力特征值应按本规范附录Y土层锚杆试验确定。对设计等级为乙级、丙级的基坑工程可按物理参数或经验数据设计，现场试验验证。

## 9.7 基坑工程逆作法

**9.7.1** 逆作法适用于支护结构水平位移有严格限制的基坑工程。根据工程具体情况，可采用全逆作法、半逆作法、部分逆作法。

**9.7.2** 逆作法的设计应包含下列内容：

**1** 基坑支护的地下连续墙或排桩与地下结构侧墙、内支撑、地下结构楼盖体系一体的结构分析计算；

**2** 土方开挖及外运；

**3** 临时立柱做法；

**4** 侧墙与支护结构的连接；

**5** 立柱与底板和楼盖的连接；

**6** 坑底土卸载和回弹引起的相邻立柱之间，立柱与侧墙之间的差异沉降对已施工结构受力的影响分析计算；

**7** 施工作业程序、混凝土浇筑及施工缝处理；

**8** 结构节点构造措施。

**9.7.3** 基坑工程逆作法设计应保证地下结构的侧墙、楼板、底板、柱满足基坑开挖时作为基坑支护结构及作为地下室永久结构工况时的设计要求。

**9.7.4** 当采用逆作法施工时，可采用支护结构体系与地下结构结合的设计方案：

**1** 地下结构墙体作为基坑支护结构；

**2** 地下结构水平构件（梁、板体系）作为基坑支护的内支撑；

**3** 地下结构竖向构件作为支护结构支承柱。

**9.7.5** 当地下连续墙同时作为地下室永久结构使用时，地下连续墙的设计计算尚应符合下列规定：

**1** 地下连续墙应分别按照承载能力极限状态和正常使用极限状态进行承载力、变形计算和裂缝验算。

**2** 地下连续墙墙身的防水等级应满足永久结构使用防水设计要求。地下连续墙与主体结构连接的接缝位置（如地下结构顶板、底板位置）根据地下结构的防水等级要求，可设置刚性止水片、遇水膨胀橡胶止水条以及预埋注浆管等构造措施。

**3** 地下连续墙与主体结构的连接应根据其受力特性和连接刚度进行设计计算。

**4** 墙顶承受竖向偏心荷载时，应按偏心受压构件计算正截面受压承载力。墙顶圈梁与墙体及上部结构的连接处应验算截面抗剪承载力。

**9.7.6** 主体地下结构的水平构件用作支撑时，其设计应符合下列规定：

**1** 用作支撑的地下结构水平构件宜采用梁板结构体系进行分析计算；

**2** 宜考虑由立柱桩差异变形及立柱桩与围护墙之间差异变形引起的地下结构水平构件的结构次应力，并采取必要措施防止有害裂缝的产生；

**3** 对地下结构的同层楼板面存在高差的部位，应验算该部位构件的抗弯、抗剪、抗扭承载能力，必要时应设置可靠的水平转换结构或临时支撑等措施；

**4** 对结构楼板的洞口及车道开口部位，当洞口两侧的梁板不能满足支撑的水平传力要求时，应在缺少结构楼板处设置临时支撑等措施；

**5** 在各层结构留设结构分缝或基坑施工期间不能封闭的后浇带位置，应通过计算设置水平传力构件。

**9.7.7** 竖向支承结构的设计应符合下列规定：

**1** 竖向支承结构宜采用一根结构柱对应布置一根临时立柱和立柱桩的形式（一柱一桩）。

**2** 立柱应按偏心受压构件进行承载力计算和稳定性验算，立柱桩应进行单桩竖向承载力与沉降计算。

**3** 在主体结构底板施工之前，相邻立柱桩间以及立柱桩与邻近基坑围护墙之间的差异沉降不宜大于1/400柱距，且不宜大于20mm。作为立柱桩的灌注桩宜采用桩端后注浆措施。

## 9.8 岩体基坑工程

**9.8.1** 岩体基坑包括岩石基坑和土岩组合基坑。基坑工程实施前应对基坑工程有潜在威胁或直接危害的滑坡、泥石流、崩塌以及岩溶、土洞强烈发育地段，采取可靠的整治措施。

**9.8.2** 岩体基坑工程设计时应分析岩体结构、软弱结构面对边坡稳定的影响。

**9.8.3** 在岩石边坡整体稳定的条件下，可采用放坡开挖方案。岩石边坡的开挖坡度允许值，应根据当地经验按工程类比的原则，可按本地区已有稳定边坡的坡度值确定。

**9.8.4** 对整体稳定的软质岩边坡，开挖时应按本规范第6.8.2条的规定对边坡进行构造处理。

**9.8.5** 对单结构面外倾边坡作用在支挡结构上的横推力，可根据楔形平衡法进行计算，并应考虑结构面填充物的性质及其浸水后的变化。具有两组或多组结构面的交线倾向于临空面的边坡，可采用棱形体分割法计算棱体的下滑力。

**9.8.6** 对土岩组合基坑，当采用岩石锚杆挡土结构进行支护时，应符合本规范第6.8.2条、第6.8.3条的规定。岩石锚杆的构造要求及设计计算应符合本规范第6.8.4条、第6.8.5条的规定。

## 9.9 地下水控制

**9.9.1** 基坑工程地下水控制应防止基坑开挖过程及使用期间的管涌、流砂、坑底突涌及与地下水有关的坑外地层过度沉降。

**9.9.2** 地下水控制设计应满足下列要求：

**1** 地下工程施工期间，地下水位控制在基坑面以下0.5m～1.5m；

**2** 满足坑底突涌验算要求；

**3** 满足坑底和侧壁抗渗流稳定的要求；

**4** 控制坑外地面沉降量及沉降差，保证邻近建（构）筑物及地下管线的正常使用。

**9.9.3** 基坑降水设计应包括下列内容：

**1** 基坑降水系统设计应包括下列内容：

1）确定降水井的布置、井数、井深、井距、井径、单井出水量；

2）疏干井和减压井过滤管的构造设计；

3）人工滤层的设置要求；

4）排水管路系统。

**2** 验算坑底土层的渗流稳定性及抗承压水突涌的稳定性。

**3** 计算基坑降水域内各典型部位的最终稳定水位及水位降深随时间的变化。

**4** 计算降水引起的对邻近建（构）筑物及地下设施产生的沉降。

**5** 回灌井的设置及回灌系统设计。

**6** 渗流作用对支护结构内力及变形的影响。

**7** 降水施工、运营、基坑安全监测要求，除对周边环境的监测外，还应包括对水位和水中微细颗粒含量的监测要求。

**9.9.4** 隔水帷幕设计应符合下列规定：

**1** 采用地下连续墙或隔水帷幕隔离地下水，隔离帷幕渗透系数宜小于$1.0\times10^{-4}$m/d，竖向截水帷幕深度应插入下卧不透水层，其插入深度应满足抗渗流稳定的要求。

**2** 对封闭式隔水帷幕，在基坑开挖前应进行坑内抽水试验，并通过坑内外的观测井观察水位变化、抽水量变化等确认帷幕的止水效果和质量。

**3** 当隔水帷幕不能有效切断基坑深部承压含水层时，可在承压含水层中设置减压井，通过设计计算，控制承压含水层的减压水头，按需减压，确保坑底土不发生突涌。对承压水进行减压控制时，因降水减压引起的坑外地面沉降不得超过环境控制要求的地面变形允许值。

**9.9.5** 基坑地下水控制设计应与支护结构的设计统一考虑，由降水、排水和支护结构水平位移引起的地层变形和地表沉陷不应大于变形允许值。

**9.9.6** 高地下水位地区，当水文地质条件复杂，基坑周边环境保护要求高，设计等级为甲级的基坑工程，应进行地下水控制专项设计，并应包括下列内容：

**1** 应具备专门的水文地质勘察资料、基坑周边环境调查报告及现场抽水试验资料；

**2** 基坑降水风险分析及降水设计；

**3** 降水引起的地面沉降计算及环境保护措施；

**4** 基坑渗漏的风险预测及抢险措施；

**5** 降水运营、监测与管理措施。

# 10 检验与监测

## 10.1 一般规定

**10.1.1** 为设计提供依据的试验应在设计前进行，平板载荷试验、基桩静载试验、基桩抗拔试验及锚杆的抗拔试验等应加载到极限或破坏，必要时，应对基底反力、桩身内力和桩端阻力等进行测试。

**10.1.2** 验收检验静载荷试验最大加载量不应小于承载力特征值的2倍。

**10.1.3** 抗拔桩的验收检验应采取工程桩裂缝宽度控制的措施。

## 10.2 检 验

**10.2.1 基槽（坑）开挖到底后，应进行基槽（坑）检验。当发现地质条件与勘察报告和设计文件不一致、或遇到异常情况时，应结合地质条件提出处理意见。**

**10.2.2** 地基处理的效果检验应符合下列规定：

**1** 地基处理后载荷试验的数量，应根据场地复杂程度和建筑物重要性确定。对于简单场地上的一般建筑物，每个单体工程载荷试验点数不宜少于3处；对复杂场地或重要建筑物应增加试验点数。

**2** 处理地基的均匀性检验深度不应小于设计处理深度。

**3** 对回填风化岩、山坯土、建筑垃圾等特殊土，应采用波速、超重型动力触探、深层载荷试验等多种方法综合评价。

**4** 对遇水软化、崩解的风化岩、膨胀性土等特殊土层，除根据试验数据评价承载力外，尚应评价由于试验条件与实际条件的差异对检测结果的影响。

**5** 复合地基除应进行静载荷试验外，尚应进行竖向增强体及周边土的质量检验。

6 条形基础和独立基础复合地基载荷试验的压板宽度宜按基础宽度确定。

**10.2.3** 在压实填土的施工过程中，应分层取样检验土的干密度和含水量。检验点数量，对大基坑每 $50m^2$～$100m^2$ 面积内不应少于一个检验点；对基槽每 10m～20m 不应少于一个检验点；每个独立柱基不应少于一个检验点。采用贯入仪或动力触探检验垫层的施工质量时，分层检验点的间距应小于 4m。根据检验结果求得的压实系数，不得低于本规范表 6.3.7 的规定。

**10.2.4** 压实系数可采用环刀法、灌砂法、灌水法或其他方法检验。

**10.2.5** 预压处理的软弱地基，在预压前后应分别进行原位十字板剪切试验和室内土工试验。预压处理的地基承载力应进行现场载荷试验。

**10.2.6** 强夯地基的处理效果应采用载荷试验结合其他原位测试方法检验。强夯置换的地基承载力检验除应采用单墩载荷试验检验外，尚应采用动力触探等方法查明施工后土层密度随深度的变化。强夯地基或强夯置换地基载荷试验的压板面积应按处理深度确定。

**10.2.7** 砂石桩、振冲碎石桩的处理效果应采用复合地基载荷试验方法检验。大型工程及重要建筑应采用多桩复合地基载荷试验方法检验；桩间土应在处理后采用动力触探、标准贯入、静力触探等原位测试方法检验。砂石桩、振冲碎石桩的桩体密实度可采用动力触探方法检验。

**10.2.8** 水泥搅拌桩成桩后可进行轻便触探和标准贯入试验结合钻取芯样、分段取芯样作抗压强度试验评价桩身质量。

**10.2.9** 水泥土搅拌桩复合地基承载力检验应进行单桩载荷试验和复合地基载荷试验。

**10.2.10 复合地基应进行桩身完整性和单桩竖向承载力检验以及单桩或多桩复合地基载荷试验，施工工艺对桩间土承载力有影响时还应进行桩间土承载力检验。**

**10.2.11** 对打入式桩、静力压桩，应提供经确认的施工过程有关参数。施工完成后尚应进行桩顶标高、桩位偏差等检验。

**10.2.12** 对混凝土灌注桩，应提供施工过程有关参数，包括原材料的力学性能检验报告，试件留置数量及制作养护方法、混凝土抗压强度试验报告、钢筋笼制作质量检查报告。施工完成后尚应进行桩顶标高、桩位偏差等检验。

**10.2.13 人工挖孔桩终孔时，应进行桩端持力层检验。单柱单桩的大直径嵌岩桩，应视岩性检验孔底下3倍桩身直径或5m深度范围内有无土洞、溶洞、破碎带或软弱夹层等不良地质条件。**

**10.2.14 施工完成后的工程桩应进行桩身完整性检验和竖向承载力检验。承受水平力较大的桩应进行水平承载力检验，抗拔桩应进行抗拔承载力检验。**

**10.2.15** 桩身完整性检验宜采用两种或多种合适的检验方法进行。直径大于 800mm 的混凝土嵌岩桩应采用钻孔抽芯法或声波透射法检测，检测桩数不得少于总桩数的 10%，且不得少于 10 根，且每根柱下承台的抽检桩数不应少于 1 根。直径不大于 800mm 的桩以及直径大于 800mm 的非嵌岩桩，可根据桩径和桩长的大小，结合桩的类型和当地经验采用钻孔抽芯法、声波透射法或动测法进行检测。检测的桩数不应少于总桩数的 10%，且不得少于 10 根。

**10.2.16** 竖向承载力检验的方法和数量可根据地基基础设计等级和现场条件，结合当地可靠的经验和技术确定。复杂地质条件下的工程桩竖向承载力的检验应采用静载荷试验，检验桩数不得少于同条件下总桩数的 1%，且不得少于 3 根。大直径嵌岩桩的承载力可根据终孔时桩端持力层岩性报告结合桩身质量检验报告核验。

**10.2.17** 水平受荷桩和抗拔桩承载力的检验可分别按本规范附录 S 单桩水平载荷试验和附录 T 单桩竖向抗拔静载试验的规定进行，检验桩数不得少于同条件下总桩数的 1%，且不得少于 3 根。

**10.2.18** 地下连续墙应提交经确认的有关成墙记录和施工报告。地下连续墙完成后应进行墙体质量检验。检验方法可采用钻孔抽芯或声波透射法，非承重地下连续墙检验槽段数不得少于同条件下总槽段数的 10%；对承重地下连续墙检验槽段数不得少于同条件下总槽段数的 20%。

**10.2.19** 岩石锚杆完成后应按本规范附录 M 进行抗拔承载力检验，检验数量不得少于锚杆总数的 5%，且不得少于 6 根。

**10.2.20** 当检验发现地基处理的效果、桩身或地下连续墙质量、桩或岩石锚杆承载力不满足设计要求时，应结合工程场地地质和施工情况综合分析，必要时应扩大检验数量，提出处理意见。

## 10.3 监　测

**10.3.1** 大面积填方、填海等地基处理工程，应对地面沉降进行长期监测，直到沉降达到稳定标准；施工过程中还应对土体位移、孔隙水压力等进行监测。

**10.3.2 基坑开挖应根据设计要求进行监测，实施动态设计和信息化施工。**

**10.3.3** 施工过程中降低地下水对周边环境影响较大时，应对地下水位变化、周边建筑物的沉降和位移、土体变形、地下管线变形等进行监测。

**10.3.4** 预应力锚杆施工完成后应对锁定的预应力进行监测，监测锚杆数量不得少于锚杆总数的 5%，且不得少于 6 根。

**10.3.5** 基坑开挖监测包括支护结构的内力和变形，地下水位变化及周边建（构）筑物、地下管线等市政设施的沉降和位移等监测内容可按表10.3.5选择。

**表 10.3.5 基坑监测项目选择表**

| 地基基础设计等级 | 支护结构水平位移 | 邻近建（构）筑物沉降与地下管线变形 | 地下水位 | 锚杆拉力 | 支撑轴力或变形 | 立柱变形 | 桩墙内力 | 地面沉降 | 基坑底隆起 | 土侧向变形 | 孔隙水压力 | 土压力 |
|---|---|---|---|---|---|---|---|---|---|---|---|---|
| 甲级 | ✓ | ✓ | ✓ | ✓ | ✓ | ✓ | ✓ | ✓ | ✓ | ✓ | △ | △ |
| 乙级 | ✓ | ✓ | ✓ | ✓ | △ | △ | △ | △ | △ | △ | △ | △ |
| 丙级 | ✓ | ✓ | ○ | ○ | ○ | ○ | ○ | ○ | ○ | ○ | ○ | ○ |

注：1 ✓为应测项目，△为宜测项目，○为可不测项目；
2 对深度超过15m的基坑宜设坑底土回弹监测点；
3 基坑周边环境进行保护要求严格时，地下水位监测应包括对基坑内、外地下水位进行监测。

**10.3.6** 边坡工程施工过程中，应严格记录气象条件、挖方、填方、堆载等情况。尚应对边坡的水平位移和竖向位移进行监测，直到变形稳定为止，且不得少于二年。爆破施工时，应监控爆破对周边环境的影响。

**10.3.7** 对挤土桩布桩较密或周边环境保护要求严格时，应对打桩过程中造成的土体隆起和位移、邻桩桩顶标高及桩位、孔隙水压力等进行监测。

**10.3.8 下列建筑物应在施工期间及使用期间进行沉降变形观测：**

**1 地基基础设计等级为甲级建筑物；**

**2 软弱地基上的地基基础设计等级为乙级建筑物；**

**3 处理地基上的建筑物；**

**4 加层、扩建建筑物；**

**5 受邻近深基坑开挖施工影响或受场地地下水等环境因素变化影响的建筑物；**

**6 采用新型基础或新型结构的建筑物。**

**10.3.9** 需要积累建筑物沉降经验或进行设计反分析的工程，应进行建筑物沉降观测和基础反力监测。沉降观测宜同时设分层沉降监测点。

# 附录A 岩石坚硬程度及岩体完整程度的划分

**A.0.1** 岩石坚硬程度根据现场观察进行定性划分应符合表A.0.1的规定。

**表 A.0.1 岩石坚硬程度的定性划分**

| 名称 | | 定性鉴定 | 代表性岩石 |
|---|---|---|---|
| 硬质岩 | 坚硬岩 | 锤击声清脆，有回弹，振手，难击碎，基本无吸水反应 | 未风化—微风化的花岗岩、闪长岩、辉绿岩、玄武岩、安山岩、片麻岩、石英岩、硅质砾岩、石英砂岩、硅质石灰岩等 |
| 硬质岩 | 较硬岩 | 锤击声较清脆，有轻微回弹，稍振手，较难击碎，有轻微吸水反应 | 1. 微风化的坚硬岩；<br>2. 未风化—微风化的大理岩、板岩、石灰岩、白云岩、钙质砂岩等 |
| 软质岩 | 较软岩 | 锤击声不清脆，无回弹，较易击碎，浸水后指甲可刻出印痕 | 1. 中等风化—强风化的坚硬岩或较硬岩；<br>2. 未风化—微风化的凝灰岩、千枚岩、砂质泥岩、泥灰岩等 |
| 软质岩 | 软岩 | 锤击声哑，无回弹，有凹痕，易击碎，浸水后手可掰开 | 1. 强风化的坚硬岩和较硬岩；<br>2. 中等风化—强风化的较软岩；<br>3. 未风化—微风化的页岩、泥质砂岩、泥岩等 |
| 极软岩 | | 锤击声哑，无回弹，有较深凹痕，手可捏碎，浸水后可捏成团 | 1. 全风化的各种岩石；<br>2. 各种半成岩 |

**A.0.2** 岩体完整程度的划分宜按表A.0.2的规定。

**表 A.0.2 岩体完整程度的划分**

| 名称 | 结构面组数 | 控制性结构面平均间距（m） | 代表性结构类型 |
|---|---|---|---|
| 完整 | 1～2 | ＞1.0 | 整状结构 |
| 较完整 | 2～3 | 0.4～1.0 | 块状结构 |
| 较破碎 | ＞3 | 0.2～0.4 | 镶嵌状结构 |
| 破碎 | ＞3 | ＜0.2 | 碎裂状结构 |
| 极破碎 | 无序 | — | 散体状结构 |

# 附录B 碎石土野外鉴别

**表 B.0.1 碎石土密实度野外鉴别方法**

| 密实度 | 骨架颗粒含量和排列 | 可挖性 | 可钻性 |
|---|---|---|---|
| 密实 | 骨架颗粒含量大于总重的70%，呈交错排列，连续接触 | 锹镐挖掘困难，用撬棍方能松动，井壁一般较稳定 | 钻进极困难，冲击钻探时，钻杆、吊锤跳动剧烈，孔壁较稳定 |

续表 B.0.1

| 密实度 | 骨架颗粒含量和排列 | 可挖性 | 可钻性 |
|---|---|---|---|
| 中密 | 骨架颗粒含量等于总重的60%～70%，呈交错排列，大部分接触 | 锹镐可挖掘，井壁有掉块现象，从井壁取出大颗粒处，能保持颗粒凹面形状 | 钻进较困难，冲击钻探时，钻杆、吊锤跳动不剧烈，孔壁有坍塌现象 |
| 稍密 | 骨架颗粒含量等于总重的55%～60%，排列混乱，大部分不接触 | 锹可以挖掘，井壁易坍塌，从井壁取出大颗粒后，砂土立即坍落 | 钻进较容易，冲击钻探时，钻杆稍有跳动，孔壁易坍塌 |
| 松散 | 骨架颗粒含量小于总重的55%，排列十分混乱，绝大部分不接触 | 锹易挖掘，井壁极易坍塌 | 钻进很容易，冲击钻探时，钻杆无跳动，孔壁极易坍塌 |

注：1 骨架颗粒系指与本规范表4.1.5相对应粒径的颗粒；
2 碎石土的密实度应按表列各项要求综合确定。

## 附录C 浅层平板载荷试验要点

**C.0.1** 地基土浅层平板载荷试验适用于确定浅部地基土层的承压板下应力主要影响范围内的承载力和变形参数，承压板面积不应小于 $0.25m^2$，对于软土不应小于 $0.5m^2$。

**C.0.2** 试验基坑宽度不应小于承压板宽度或直径的三倍。应保持试验土层的原状结构和天然湿度。宜在拟试压表面用粗砂或中砂层找平，其厚度不应超过20mm。

**C.0.3** 加荷分级不应少于8级。最大加载量不应小于设计要求的两倍。

**C.0.4** 每级加载后，按间隔10min、10min、10min、15min、15min，以后为每隔半小时测读一次沉降量，当在连续两小时内，每小时的沉降量小于0.1mm时，则认为已趋稳定，可加下一级荷载。

**C.0.5** 当出现下列情况之一时，即可终止加载：

1 承压板周围的土明显地侧向挤出；

2 沉降 $s$ 急骤增大，荷载-沉降（$p$-$s$）曲线出现陡降段；

3 在某一级荷载下，24h内沉降速率不能达到稳定标准；

4 沉降量与承压板宽度或直径之比大于或等于0.06。

**C.0.6** 当满足第C.0.5条前三款的情况之一时，其对应的前一级荷载为极限荷载。

**C.0.7** 承载力特征值的确定应符合下列规定：

1 当 $p$-$s$ 曲线上有比例界限时，取该比例界限所对应的荷载值；

2 当极限荷载小于对应比例界限的荷载值的2倍时，取极限荷载值的一半；

3 当不能按上述二款要求确定时，当压板面积为 $0.25m^2$～$0.50m^2$，可取 $s/b=0.01$～$0.015$ 所对应的荷载，但其值不应大于最大加载量的一半。

**C.0.8** 同一土层参加统计的试验点不应少于三点，各试验实测值的极差不得超过其平均值的30%，取此平均值作为该土层的地基承载力特征值（$f_{ak}$）。

## 附录D 深层平板载荷试验要点

**D.0.1** 深层平板载荷试验适用于确定深部地基土层及大直径桩桩端土层在承压板下应力主要影响范围内的承载力和变形参数。

**D.0.2** 深层平板载荷试验的承压板采用直径为0.8m的刚性板，紧靠承压板周围外侧的土层高度应不少于80cm。

**D.0.3** 加荷等级可按预估极限承载力的1/10～1/15分级施加。

**D.0.4** 每级加荷后，第一个小时内按间隔10min、10min、10min、15min、15min，以后为每隔半小时测读一次沉降。当在连续两小时内，每小时的沉降量小于0.1mm时，则认为已趋稳定，可加下一级荷载。

**D.0.5** 当出现下列情况之一时，可终止加载：

1 沉降 $s$ 急剧增大，荷载-沉降（$p$-$s$）曲线上有可判定极限承载力的陡降段，且沉降量超过 $0.04d$（$d$ 为承压板直径）；

2 在某级荷载下，24h内沉降速率不能达到稳定；

3 本级沉降量大于前一级沉降量的5倍；

4 当持力层土层坚硬，沉降量很小时，最大加载量不小于设计要求的2倍。

**D.0.6** 承载力特征值的确定应符合下列规定：

1 当 $p$-$s$ 曲线上有比例界限时，取该比例界限所对应的荷载值；

2 满足终止加载条件前三款的条件之一时，其对应的前一级荷载定为极限荷载，当该值小于对应比例界限的荷载值的2倍时，取极限荷载值的一半；

3 不能按上述二款要求确定时，可取 $s/d=0.01$～$0.015$ 所对应的荷载值，但其值不应大于最大加载量的一半。

**D.0.7** 同一土层参加统计的试验点不应少于三点，当试验实测值的极差不超过平均值的30%时，取此平均值作为该土层的地基承载力特征值（$f_{ak}$）。

# 附录F　中国季节性冻土标准冻深线图

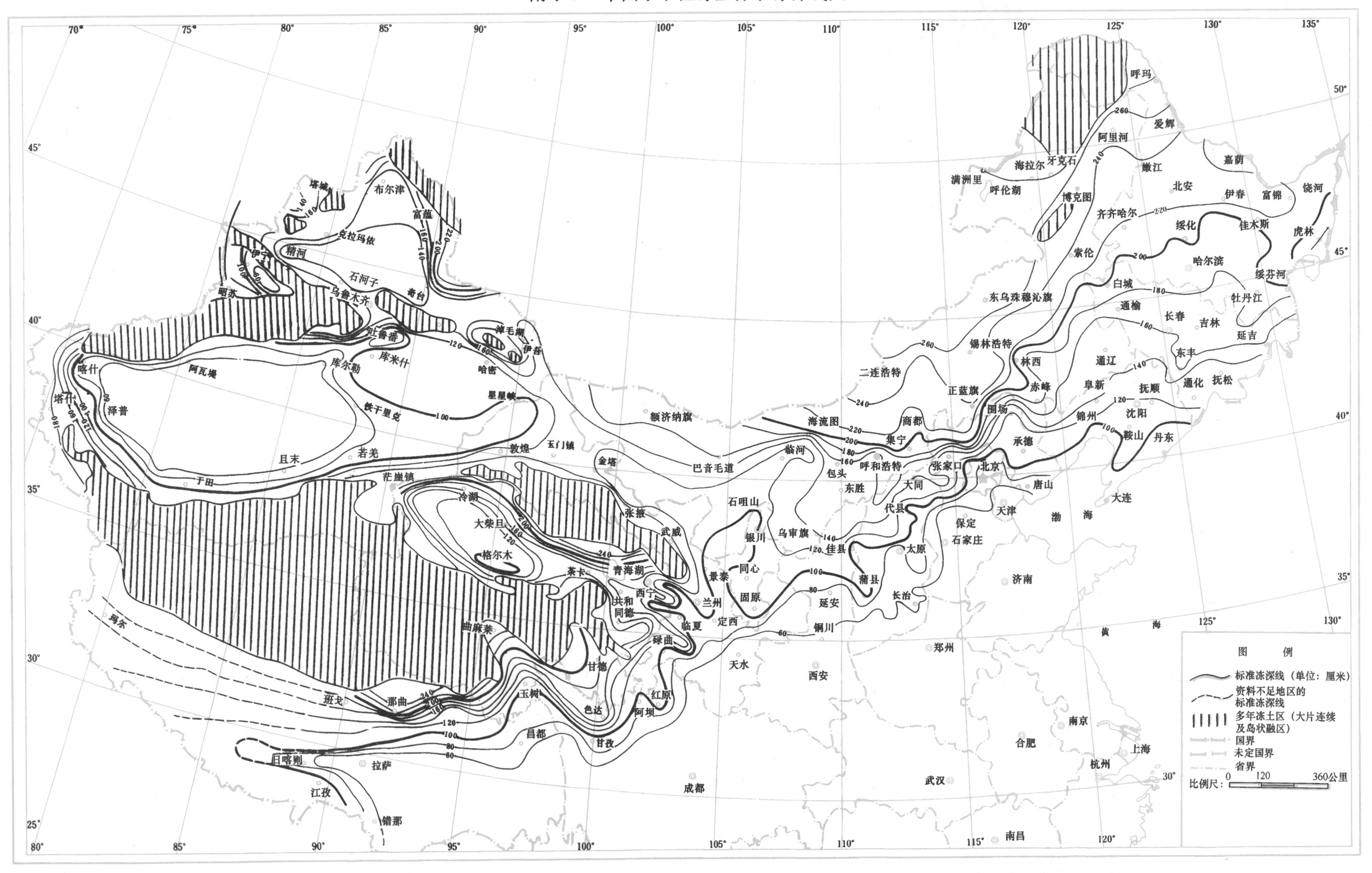

## 附录E 抗剪强度指标 $c$、$\varphi$ 标准值

**E.0.1** 内摩擦角标准值 $\varphi_k$，黏聚力标准值 $c_k$，可按下列规定计算：

1 根据室内 $n$ 组三轴压缩试验的结果，按下列公式计算变异系数、某一土性指标的试验平均值和标准差：

$$\delta=\sigma/\mu \quad \text{(E.0.1-1)}$$

$$\mu=\frac{\sum_{i=1}^{n}\mu_i}{n} \quad \text{(E.0.1-2)}$$

$$\sigma=\sqrt{\frac{\sum_{i=1}^{n}\mu_i^2-n\mu^2}{n-1}} \quad \text{(E.0.1-3)}$$

式中 $\delta$——变异系数；

$\mu$——某一土性指标的试验平均值；

$\sigma$——标准差。

2 按下列公式计算内摩擦角和黏聚力的统计修正系数 $\psi_{\varphi}$、$\psi_c$：

$$\psi_{\varphi}=1-\left(\frac{1.704}{\sqrt{n}}+\frac{4.678}{n^2}\right)\delta_{\varphi} \quad \text{(E.0.1-4)}$$

$$\psi_c=1-\left(\frac{1.704}{\sqrt{n}}+\frac{4.678}{n^2}\right)\delta_c \quad \text{(E.0.1-5)}$$

式中 $\psi_{\varphi}$——内摩擦角的统计修正系数；

$\psi_c$——黏聚力的统计修正系数；

$\delta_{\varphi}$——内摩擦角的变异系数；

$\delta_c$——黏聚力的变异系数。

3

$$\varphi_k=\psi_{\varphi}\varphi_m \quad \text{(E.0.1-6)}$$

$$c_k=\psi_c c_m \quad \text{(E.0.1-7)}$$

式中 $\varphi_m$——内摩擦角的试验平均值；

$c_m$——黏聚力的试验平均值。

## 附录G 地基土的冻胀性分类及建筑基础底面下允许冻土层最大厚度

**G.0.1** 地基土的冻胀性分类，可按表G.0.1分为不冻胀、弱冻胀、冻胀、强冻胀和特强冻胀。

**G.0.2** 建筑基础底面下允许冻土层最大厚度 $h_{max}$（m），可按表G.0.2查取。

**表G.0.1 地基土的冻胀性分类**

| 土的名称 | 冻前天然含水量 $w$（%） | 冻结期间地下水位距冻结面的最小距离 $h_w$（m） | 平均冻胀率 $\eta$（%） | 冻胀等级 | 冻胀类别 |
|---|---|---|---|---|---|
| 碎（卵）石，砾、粗、中砂（粒径小于0.075mm颗粒含量大于15%），细砂（粒径小于0.075mm颗粒含量大于10%） | $w\leqslant12$ | >1.0 | $\eta\leqslant1$ | Ⅰ | 不冻胀 |
| | | ≤1.0 | $1<\eta\leqslant3.5$ | Ⅱ | 弱胀冻 |
| | $12<w\leqslant18$ | >1.0 | | | |
| | | ≤1.0 | $3.5<\eta\leqslant6$ | Ⅲ | 胀冻 |
| | $w>18$ | >0.5 | | | |
| | | ≤0.5 | $6<\eta\leqslant12$ | Ⅳ | 强胀冻 |
| 粉砂 | $w\leqslant14$ | >1.0 | $\eta\leqslant1$ | Ⅰ | 不冻胀 |
| | | ≤1.0 | $1<\eta\leqslant3.5$ | Ⅱ | 弱胀冻 |
| | $14<w\leqslant19$ | >1.0 | | | |
| | | ≤1.0 | $3.5<\eta\leqslant6$ | Ⅲ | 胀冻 |
| | $19<w\leqslant23$ | >1.0 | | | |
| | | ≤1.0 | $6<\eta\leqslant12$ | Ⅳ | 强胀冻 |
| | $w>23$ | 不考虑 | $\eta>12$ | Ⅴ | 特强胀冻 |
| 粉土 | $w\leqslant19$ | >1.5 | $\eta\leqslant1$ | Ⅰ | 不冻胀 |
| | | ≤1.5 | $1<\eta\leqslant3.5$ | Ⅱ | 弱胀冻 |
| 粉土 | $19<w\leqslant22$ | >1.5 | $1<\eta\leqslant3.5$ | Ⅱ | 弱胀冻 |
| | | ≤1.5 | $3.5<\eta\leqslant6$ | Ⅲ | 胀冻 |
| | $22<w\leqslant26$ | >1.5 | | | |
| | | ≤1.5 | $6<\eta\leqslant12$ | Ⅳ | 强胀冻 |
| | $26<w\leqslant30$ | >1.5 | | | |
| | | ≤1.5 | $\eta>12$ | Ⅴ | 特强胀冻 |
| | $w>30$ | 不考虑 | | | |

续表 G.0.1

| 土的名称 | 冻前天然含水量 $w$（%） | 冻结期间地下水位距冻结面的最小距离 $h_w$（m） | 平均冻胀率 $\eta$（%） | 冻胀等级 | 冻胀类别 |
|---|---|---|---|---|---|
| 黏性土 | $w \leqslant w_p+2$ | $>2.0$ | $\eta \leqslant 1$ | Ⅰ | 不冻胀 |
| | | $\leqslant 2.0$ | $1<\eta \leqslant 3.5$ | Ⅱ | 弱胀冻 |
| | $w_p+2<w \leqslant w_p+5$ | $>2.0$ | | | |
| | | $\leqslant 2.0$ | $3.5<\eta \leqslant 6$ | Ⅲ | 胀　冻 |
| | $w_p+5<w \leqslant w_p+9$ | $>2.0$ | | | |
| | | $\leqslant 2.0$ | $6<\eta \leqslant 12$ | Ⅳ | 强胀冻 |
| | $w_p+9<w \leqslant w_p+15$ | $>2.0$ | | | |
| | | $\leqslant 2.0$ | $\eta>12$ | Ⅴ | 特强胀冻 |
| | $w>w_p+15$ | 不考虑 | | | |

注：1　$w_p$——塑限含水量（%）；

　　$w$——在冻土层内冻前天然含水量的平均值（%）；

2　盐渍化冻土不在表列；

3　塑性指数大于 22 时，冻胀性降低一级；

4　粒径小于 0.005mm 的颗粒含量大于 60%时，为不冻胀土；

5　碎石类土当充填物大于全部质量的 40%时，其冻胀性按充填物土的类别判断；

6　碎石土、砾砂、粗砂、中砂（粒径小于 0.075mm 颗粒含量不大于 15%）、细砂（粒径小于 0.075mm 颗粒含量不大于 10%）均按不冻胀考虑。

**表 G.0.2　建筑基础底面下允许冻土层最大厚度 $h_{max}$**（m）

| 冻胀性 | 基础形式 | 采暖情况 \ 基底平均压力（kPa） | 110 | 130 | 150 | 170 | 190 | 210 |
|---|---|---|---|---|---|---|---|---|
| 弱冻胀土 | 方形基础 | 采暖 | 0.90 | 0.95 | 1.00 | 1.10 | 1.15 | 1.20 |
| | | 不采暖 | 0.70 | 0.80 | 0.95 | 1.00 | 1.05 | 1.10 |
| | 条形基础 | 采暖 | $>2.50$ | $>2.50$ | $>2.50$ | $>2.50$ | $>2.50$ | $>2.50$ |
| | | 不采暖 | 2.20 | 2.50 | $>2.50$ | $>2.50$ | $>2.50$ | $>2.50$ |
| 冻胀土 | 方形基础 | 采暖 | 0.65 | 0.70 | 0.75 | 0.80 | 0.85 | — |
| | | 不采暖 | 0.55 | 0.60 | 0.65 | 0.70 | 0.75 | — |
| | 条形基础 | 采暖 | 1.55 | 1.80 | 2.00 | 2.20 | 2.50 | — |
| | | 不采暖 | 1.15 | 1.35 | 1.55 | 1.75 | 1.95 | — |

注：1　本表只计算法向冻胀力，如果基侧存在切向冻胀力，应采取防切向力措施；

2　基础宽度小于 0.6m 时不适用，矩形基础取短边尺寸按方形基础计算；

3　表中数据不适用于淤泥、淤泥质土和欠固结土；

4　计算基底平均压力时取永久作用的标准组合值乘以 0.9，可以内插。

## 附录 H　岩石地基载荷试验要点

**H.0.1**　本附录适用于确定完整、较完整、较破碎岩石地基作为天然地基或桩基础持力层时的承载力。

**H.0.2**　采用圆形刚性承压板，直径为 300mm。当岩石埋藏深度较大时，可采用钢筋混凝土桩，但桩周需采取措施以消除桩身与土之间的摩擦力。

**H.0.3**　测量系统的初始稳定读数观测应在加压前，每隔 10min 读数一次，连续三次读数不变可开始试验。

**H.0.4** 加载应采用单循环加载，荷载逐级递增直到破坏，然后分级卸载。

**H.0.5** 加载时，第一级加载值应为预估设计荷载的1/5，以后每级应为预估设计荷载的1/10。

**H.0.6** 沉降量测读应在加载后立即进行，以后每10min读数一次。

**H.0.7** 连续三次读数之差均不大于0.01mm，可视为达到稳定标准，可施加下一级荷载。

**H.0.8** 加载过程中出现下述现象之一时，即可终止加载：

1 沉降量读数不断变化，在24h内，沉降速率有增大的趋势；

2 压力加不上或勉强加上而不能保持稳定。

注：若限于加载能力，荷载也应增加到不少于设计要求的两倍。

**H.0.9** 卸载及卸载观测应符合下列规定：

1 每级卸载为加载时的两倍，如为奇数，第一级可为3倍；

2 每级卸载后，隔10min测读一次，测读三次后可卸下一级荷载；

3 全部卸载后，当测读到半小时回弹量小于0.01mm时，即认为达到稳定。

**H.0.10** 岩石地基承载力的确定应符合下列规定：

1 对应于 $p$-$s$ 曲线上起始直线段的终点为比例界限。符合终止加载条件的前一级荷载为极限荷载。将极限荷载除以3的安全系数，所得值与对应于比例界限的荷载相比较，取小值。

2 每个场地载荷试验的数量不应少于3个，取最小值作为岩石地基承载力特征值。

3 岩石地基承载力不进行深宽修正。

## 附录J 岩石饱和单轴抗压强度试验要点

**J.0.1** 试料可用钻孔的岩芯或坑、槽探中采取的岩块。

**J.0.2** 岩样尺寸一般为 $\phi$50mm×100mm，数量不应少于6个，进行饱和处理。

**J.0.3** 在压力机上以每秒500kPa～800kPa的加载速度加荷，直到试样破坏为止，记下最大加载，做好试验前后的试样描述。

**J.0.4** 根据参加统计的一组试样的试验值计算其平均值、标准差、变异系数，取岩石饱和单轴抗压强度的标准值为：

$$f_{rk} = \psi \cdot f_{rm} \quad (J.0.4\text{-}1)$$

$$\psi = 1 - \left(\frac{1.704}{\sqrt{n}} + \frac{4.678}{n^2}\right)\delta \quad (J.0.4\text{-}2)$$

式中：$f_{rm}$——岩石饱和单轴抗压强度平均值（kPa）；

$f_{rk}$——岩石饱和单轴抗压强度标准值（kPa）；

$\psi$——统计修正系数；

$n$——试样个数；

$\delta$——变异系数。

## 附录K 附加应力系数 $\alpha$、平均附加应力系数 $\bar{\alpha}$

**K.0.1** 矩形面积上均布荷载作用下角点的附加应力系数 $\alpha$（表K.0.1-1）、平均附加应力系数 $\bar{\alpha}$（表K.0.1-2）。

**表K.0.1-1 矩形面积上均布荷载作用下角点附加应力系数 $\alpha$**

| $z/b$ | $l/b$ | | | | | | | | | | | |
|---|---|---|---|---|---|---|---|---|---|---|---|---|
| | 1.0 | 1.2 | 1.4 | 1.6 | 1.8 | 2.0 | 3.0 | 4.0 | 5.0 | 6.0 | 10.0 | 条形 |
| 0.0 | 0.250 | 0.250 | 0.250 | 0.250 | 0.250 | 0.250 | 0.250 | 0.250 | 0.250 | 0.250 | 0.250 | 0.250 |
| 0.2 | 0.249 | 0.249 | 0.249 | 0.249 | 0.249 | 0.249 | 0.249 | 0.249 | 0.249 | 0.249 | 0.249 | 0.249 |
| 0.4 | 0.240 | 0.242 | 0.243 | 0.243 | 0.244 | 0.244 | 0.244 | 0.244 | 0.244 | 0.244 | 0.244 | 0.244 |
| 0.6 | 0.223 | 0.228 | 0.230 | 0.232 | 0.232 | 0.233 | 0.234 | 0.234 | 0.234 | 0.234 | 0.234 | 0.234 |
| 0.8 | 0.200 | 0.207 | 0.212 | 0.215 | 0.216 | 0.218 | 0.220 | 0.220 | 0.220 | 0.220 | 0.220 | 0.220 |
| 1.0 | 0.175 | 0.185 | 0.191 | 0.195 | 0.198 | 0.200 | 0.203 | 0.204 | 0.204 | 0.204 | 0.205 | 0.205 |
| 1.2 | 0.152 | 0.163 | 0.171 | 0.176 | 0.179 | 0.182 | 0.187 | 0.188 | 0.189 | 0.189 | 0.189 | 0.189 |
| 1.4 | 0.131 | 0.142 | 0.151 | 0.157 | 0.161 | 0.164 | 0.171 | 0.173 | 0.174 | 0.174 | 0.174 | 0.174 |
| 1.6 | 0.112 | 0.124 | 0.133 | 0.140 | 0.145 | 0.148 | 0.157 | 0.159 | 0.160 | 0.160 | 0.160 | 0.160 |
| 1.8 | 0.097 | 0.108 | 0.117 | 0.124 | 0.129 | 0.133 | 0.143 | 0.146 | 0.147 | 0.148 | 0.148 | 0.148 |
| 2.0 | 0.084 | 0.095 | 0.103 | 0.110 | 0.116 | 0.120 | 0.131 | 0.135 | 0.136 | 0.137 | 0.137 | 0.137 |
| 2.2 | 0.073 | 0.083 | 0.092 | 0.098 | 0.104 | 0.108 | 0.121 | 0.125 | 0.126 | 0.127 | 0.128 | 0.128 |
| 2.4 | 0.064 | 0.073 | 0.081 | 0.088 | 0.093 | 0.098 | 0.111 | 0.116 | 0.118 | 0.118 | 0.119 | 0.119 |
| 2.6 | 0.057 | 0.065 | 0.072 | 0.079 | 0.084 | 0.089 | 0.102 | 0.107 | 0.110 | 0.111 | 0.112 | 0.112 |
| 2.8 | 0.050 | 0.058 | 0.065 | 0.071 | 0.076 | 0.080 | 0.094 | 0.100 | 0.102 | 0.104 | 0.105 | 0.105 |
| 3.0 | 0.045 | 0.052 | 0.058 | 0.064 | 0.069 | 0.073 | 0.087 | 0.093 | 0.096 | 0.097 | 0.099 | 0.099 |
| 3.2 | 0.040 | 0.047 | 0.053 | 0.058 | 0.063 | 0.067 | 0.081 | 0.087 | 0.090 | 0.092 | 0.093 | 0.094 |
| 3.4 | 0.036 | 0.042 | 0.048 | 0.053 | 0.057 | 0.061 | 0.075 | 0.081 | 0.085 | 0.086 | 0.088 | 0.089 |
| 3.6 | 0.033 | 0.038 | 0.043 | 0.048 | 0.052 | 0.056 | 0.069 | 0.076 | 0.080 | 0.082 | 0.084 | 0.084 |
| 3.8 | 0.030 | 0.035 | 0.040 | 0.044 | 0.048 | 0.052 | 0.065 | 0.072 | 0.075 | 0.077 | 0.080 | 0.080 |

续表 K.0.1-1

| z/b | l/b 1.0 | 1.2 | 1.4 | 1.6 | 1.8 | 2.0 | 3.0 | 4.0 | 5.0 | 6.0 | 10.0 | 条形 |
|---|---|---|---|---|---|---|---|---|---|---|---|---|
| 4.0 | 0.027 | 0.032 | 0.036 | 0.040 | 0.044 | 0.048 | 0.060 | 0.067 | 0.071 | 0.073 | 0.076 | 0.076 |
| 4.2 | 0.025 | 0.029 | 0.033 | 0.037 | 0.041 | 0.044 | 0.056 | 0.063 | 0.067 | 0.070 | 0.072 | 0.073 |
| 4.4 | 0.023 | 0.027 | 0.031 | 0.034 | 0.038 | 0.041 | 0.053 | 0.060 | 0.064 | 0.066 | 0.069 | 0.070 |
| 4.6 | 0.021 | 0.025 | 0.028 | 0.032 | 0.035 | 0.038 | 0.049 | 0.056 | 0.061 | 0.063 | 0.066 | 0.067 |
| 4.8 | 0.019 | 0.023 | 0.026 | 0.029 | 0.032 | 0.035 | 0.046 | 0.053 | 0.058 | 0.060 | 0.064 | 0.064 |
| 5.0 | 0.018 | 0.021 | 0.024 | 0.027 | 0.030 | 0.033 | 0.043 | 0.050 | 0.055 | 0.057 | 0.061 | 0.062 |
| 6.0 | 0.013 | 0.015 | 0.017 | 0.020 | 0.022 | 0.024 | 0.033 | 0.039 | 0.043 | 0.046 | 0.051 | 0.052 |
| 7.0 | 0.009 | 0.011 | 0.013 | 0.015 | 0.016 | 0.018 | 0.025 | 0.031 | 0.035 | 0.038 | 0.043 | 0.045 |
| 8.0 | 0.007 | 0.009 | 0.010 | 0.011 | 0.013 | 0.014 | 0.020 | 0.025 | 0.028 | 0.031 | 0.037 | 0.039 |
| 9.0 | 0.006 | 0.007 | 0.008 | 0.009 | 0.010 | 0.011 | 0.016 | 0.020 | 0.024 | 0.026 | 0.032 | 0.035 |
| 10.0 | 0.005 | 0.006 | 0.007 | 0.007 | 0.008 | 0.009 | 0.013 | 0.017 | 0.020 | 0.022 | 0.028 | 0.032 |
| 12.0 | 0.003 | 0.004 | 0.005 | 0.005 | 0.006 | 0.006 | 0.009 | 0.012 | 0.014 | 0.017 | 0.022 | 0.026 |
| 14.0 | 0.002 | 0.003 | 0.003 | 0.004 | 0.004 | 0.005 | 0.007 | 0.009 | 0.011 | 0.013 | 0.018 | 0.023 |
| 16.0 | 0.002 | 0.002 | 0.003 | 0.003 | 0.003 | 0.004 | 0.005 | 0.007 | 0.009 | 0.010 | 0.014 | 0.020 |
| 18.0 | 0.001 | 0.002 | 0.002 | 0.002 | 0.003 | 0.003 | 0.004 | 0.006 | 0.007 | 0.008 | 0.012 | 0.018 |
| 20.0 | 0.001 | 0.001 | 0.002 | 0.002 | 0.002 | 0.002 | 0.004 | 0.005 | 0.006 | 0.007 | 0.010 | 0.016 |
| 25.0 | 0.001 | 0.001 | 0.001 | 0.001 | 0.001 | 0.002 | 0.002 | 0.003 | 0.004 | 0.004 | 0.007 | 0.013 |
| 30.0 | 0.001 | 0.001 | 0.001 | 0.001 | 0.001 | 0.001 | 0.002 | 0.002 | 0.003 | 0.002 | 0.005 | 0.011 |
| 35.0 | 0.000 | 0.000 | 0.001 | 0.001 | 0.001 | 0.001 | 0.001 | 0.002 | 0.002 | 0.002 | 0.004 | 0.009 |
| 40.0 | 0.000 | 0.000 | 0.000 | 0.000 | 0.001 | 0.001 | 0.001 | 0.001 | 0.001 | 0.002 | 0.003 | 0.008 |

注：$l$—基础长度（m）；$b$—基础宽度（m）；$z$—计算点离基础底面垂直距离（m）。

**K.0.2** 矩形面积上三角形分布荷载作用下的附加应力系数 $\alpha$、平均附加应力系数 $\bar{\alpha}$（表K.0.2）。

**K.0.3** 圆形面积上均布荷载作用下中点的附加应力系数 $\alpha$、平均附加应力系数 $\bar{\alpha}$（表K.0.3）。

**K.0.4** 圆形面积上三角形分布荷载作用下边点的附加应力系数 $\alpha$、平均附加应力系数 $\bar{\alpha}$（表K.0.4）。

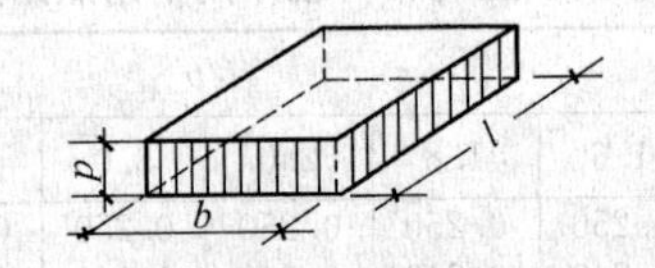


**表 K.0.1-2 矩形面积上均布荷载作用下角点的平均附加应力系数 $\bar{\alpha}$**

| z/b \ l/b | 1.0 | 1.2 | 1.4 | 1.6 | 1.8 | 2.0 | 2.4 | 2.8 | 3.2 | 3.6 | 4.0 | 5.0 | 10.0 |
|---|---|---|---|---|---|---|---|---|---|---|---|---|---|
| 0.0 | 0.2500 | 0.2500 | 0.2500 | 0.2500 | 0.2500 | 0.2500 | 0.2500 | 0.2500 | 0.2500 | 0.2500 | 0.2500 | 0.2500 | 0.2500 |
| 0.2 | 0.2496 | 0.2497 | 0.2497 | 0.2498 | 0.2498 | 0.2498 | 0.2498 | 0.2498 | 0.2498 | 0.2498 | 0.2498 | 0.2498 | 0.2498 |
| 0.4 | 0.2474 | 0.2479 | 0.2481 | 0.2483 | 0.2483 | 0.2484 | 0.2485 | 0.2485 | 0.2485 | 0.2485 | 0.2485 | 0.2485 | 0.2485 |
| 0.6 | 0.2423 | 0.2437 | 0.2444 | 0.2448 | 0.2451 | 0.2452 | 0.2454 | 0.2455 | 0.2455 | 0.2455 | 0.2455 | 0.2455 | 0.2456 |
| 0.8 | 0.2346 | 0.2372 | 0.2387 | 0.2395 | 0.2400 | 0.2403 | 0.2407 | 0.2408 | 0.2409 | 0.2409 | 0.2410 | 0.2410 | 0.2410 |
| 1.0 | 0.2252 | 0.2291 | 0.2313 | 0.2326 | 0.2335 | 0.2340 | 0.2346 | 0.2349 | 0.2351 | 0.2352 | 0.2352 | 0.2353 | 0.2353 |
| 1.2 | 0.2149 | 0.2199 | 0.2229 | 0.2248 | 0.2260 | 0.2268 | 0.2278 | 0.2282 | 0.2285 | 0.2286 | 0.2287 | 0.2288 | 0.2289 |
| 1.4 | 0.2043 | 0.2102 | 0.2140 | 0.2164 | 0.2180 | 0.2191 | 0.2204 | 0.2211 | 0.2215 | 0.2217 | 0.2218 | 0.2220 | 0.2221 |
| 1.6 | 0.1939 | 0.2006 | 0.2049 | 0.2079 | 0.2099 | 0.2113 | 0.2130 | 0.2138 | 0.2143 | 0.2146 | 0.2148 | 0.2150 | 0.2152 |
| 1.8 | 0.1840 | 0.1912 | 0.1960 | 0.1994 | 0.2018 | 0.2034 | 0.2055 | 0.2066 | 0.2073 | 0.2077 | 0.2079 | 0.2082 | 0.2084 |

续表 K.0.1-2

| $l/b$ <br> $z/b$ | 1.0 | 1.2 | 1.4 | 1.6 | 1.8 | 2.0 | 2.4 | 2.8 | 3.2 | 3.6 | 4.0 | 5.0 | 10.0 |
|---|---|---|---|---|---|---|---|---|---|---|---|---|---|
| 2.0 | 0.1746 | 0.1822 | 0.1875 | 0.1912 | 0.1938 | 0.1958 | 0.1982 | 0.1996 | 0.2004 | 0.2009 | 0.2012 | 0.2015 | 0.2018 |
| 2.2 | 0.1659 | 0.1737 | 0.1793 | 0.1833 | 0.1862 | 0.1883 | 0.1911 | 0.1927 | 0.1937 | 0.1943 | 0.1947 | 0.1952 | 0.1955 |
| 2.4 | 0.1578 | 0.1657 | 0.1715 | 0.1757 | 0.1789 | 0.1812 | 0.1843 | 0.1862 | 0.1873 | 0.1880 | 0.1885 | 0.1890 | 0.1895 |
| 2.6 | 0.1503 | 0.1583 | 0.1642 | 0.1686 | 0.1719 | 0.1745 | 0.1779 | 0.1799 | 0.1812 | 0.1820 | 0.1825 | 0.1832 | 0.1838 |
| 2.8 | 0.1433 | 0.1514 | 0.1574 | 0.1619 | 0.1654 | 0.1680 | 0.1717 | 0.1739 | 0.1753 | 0.1763 | 0.1769 | 0.1777 | 0.1784 |
| 3.0 | 0.1369 | 0.1449 | 0.1510 | 0.1556 | 0.1592 | 0.1619 | 0.1658 | 0.1682 | 0.1698 | 0.1708 | 0.1715 | 0.1725 | 0.1733 |
| 3.2 | 0.1310 | 0.1390 | 0.1450 | 0.1497 | 0.1533 | 0.1562 | 0.1602 | 0.1628 | 0.1645 | 0.1657 | 0.1664 | 0.1675 | 0.1685 |
| 3.4 | 0.1256 | 0.1334 | 0.1394 | 0.1441 | 0.1478 | 0.1508 | 0.1550 | 0.1577 | 0.1595 | 0.1607 | 0.1616 | 0.1628 | 0.1639 |
| 3.6 | 0.1205 | 0.1282 | 0.1342 | 0.1389 | 0.1427 | 0.1456 | 0.1500 | 0.1528 | 0.1548 | 0.1561 | 0.1570 | 0.1583 | 0.1595 |
| 3.8 | 0.1158 | 0.1234 | 0.1293 | 0.1340 | 0.1378 | 0.1408 | 0.1452 | 0.1482 | 0.1502 | 0.1516 | 0.1526 | 0.1541 | 0.1554 |
| 4.0 | 0.1114 | 0.1189 | 0.1248 | 0.1294 | 0.1332 | 0.1362 | 0.1408 | 0.1438 | 0.1459 | 0.1474 | 0.1485 | 0.1500 | 0.1516 |
| 4.2 | 0.1073 | 0.1147 | 0.1205 | 0.1251 | 0.1289 | 0.1319 | 0.1365 | 0.1396 | 0.1418 | 0.1434 | 0.1445 | 0.1462 | 0.1479 |
| 4.4 | 0.1035 | 0.1107 | 0.1164 | 0.1210 | 0.1248 | 0.1279 | 0.1325 | 0.1357 | 0.1379 | 0.1396 | 0.1407 | 0.1425 | 0.1444 |
| 4.6 | 0.1000 | 0.1070 | 0.1127 | 0.1172 | 0.1209 | 0.1240 | 0.1287 | 0.1319 | 0.1342 | 0.1359 | 0.1371 | 0.1390 | 0.1410 |
| 4.8 | 0.0967 | 0.1036 | 0.1091 | 0.1136 | 0.1173 | 0.1204 | 0.1250 | 0.1283 | 0.1307 | 0.1324 | 0.1337 | 0.1357 | 0.1379 |
| 5.0 | 0.0935 | 0.1003 | 0.1057 | 0.1102 | 0.1139 | 0.1169 | 0.1216 | 0.1249 | 0.1273 | 0.1291 | 0.1304 | 0.1325 | 0.1348 |
| 5.2 | 0.0906 | 0.0972 | 0.1026 | 0.1070 | 0.1106 | 0.1136 | 0.1183 | 0.1217 | 0.1241 | 0.1259 | 0.1273 | 0.1295 | 0.1320 |
| 5.4 | 0.0878 | 0.0943 | 0.0996 | 0.1039 | 0.1075 | 0.1105 | 0.1152 | 0.1186 | 0.1211 | 0.1229 | 0.1243 | 0.1265 | 0.1292 |
| 5.6 | 0.0852 | 0.0916 | 0.0968 | 0.1010 | 0.1046 | 0.1076 | 0.1122 | 0.1156 | 0.1181 | 0.1200 | 0.1215 | 0.1238 | 0.1266 |
| 5.8 | 0.0828 | 0.0890 | 0.0941 | 0.0983 | 0.1018 | 0.1047 | 0.1094 | 0.1128 | 0.1153 | 0.1172 | 0.1187 | 0.1211 | 0.1240 |
| 6.0 | 0.0805 | 0.0866 | 0.0916 | 0.0957 | 0.0991 | 0.1021 | 0.1067 | 0.1101 | 0.1126 | 0.1146 | 0.1161 | 0.1185 | 0.1216 |
| 6.2 | 0.0783 | 0.0842 | 0.0891 | 0.0932 | 0.0966 | 0.0995 | 0.1041 | 0.1075 | 0.1101 | 0.1120 | 0.1136 | 0.1161 | 0.1193 |
| 6.4 | 0.0762 | 0.0820 | 0.0869 | 0.0909 | 0.0942 | 0.0971 | 0.1016 | 0.1050 | 0.1076 | 0.1096 | 0.1111 | 0.1137 | 0.1171 |
| 6.6 | 0.0742 | 0.0799 | 0.0847 | 0.0886 | 0.0919 | 0.0948 | 0.0993 | 0.1027 | 0.1053 | 0.1073 | 0.1088 | 0.1114 | 0.1149 |
| 6.8 | 0.0723 | 0.0779 | 0.0826 | 0.0865 | 0.0898 | 0.0926 | 0.0970 | 0.1004 | 0.1030 | 0.1050 | 0.1066 | 0.1092 | 0.1129 |
| 7.0 | 0.0705 | 0.0761 | 0.0806 | 0.0844 | 0.0877 | 0.0904 | 0.0949 | 0.0982 | 0.1008 | 0.1028 | 0.1044 | 0.1071 | 0.1109 |
| 7.2 | 0.0688 | 0.0742 | 0.0787 | 0.0825 | 0.0857 | 0.0884 | 0.0928 | 0.0962 | 0.0987 | 0.1008 | 0.1023 | 0.1051 | 0.1090 |
| 7.4 | 0.0672 | 0.0725 | 0.0769 | 0.0806 | 0.0838 | 0.0865 | 0.0908 | 0.0942 | 0.0967 | 0.0988 | 0.1004 | 0.1031 | 0.1071 |
| 7.6 | 0.0656 | 0.0709 | 0.0752 | 0.0789 | 0.0820 | 0.0846 | 0.0889 | 0.0922 | 0.0948 | 0.0968 | 0.0984 | 0.1012 | 0.1054 |
| 7.8 | 0.0642 | 0.0693 | 0.0736 | 0.0771 | 0.0802 | 0.0828 | 0.0871 | 0.0904 | 0.0929 | 0.0950 | 0.0966 | 0.0994 | 0.1036 |
| 8.0 | 0.0627 | 0.0678 | 0.0720 | 0.0755 | 0.0785 | 0.0811 | 0.0853 | 0.0886 | 0.0912 | 0.0932 | 0.0948 | 0.0976 | 0.1020 |
| 8.2 | 0.0614 | 0.0663 | 0.0705 | 0.0739 | 0.0769 | 0.0795 | 0.0837 | 0.0869 | 0.0894 | 0.0914 | 0.0931 | 0.0959 | 0.1004 |
| 8.4 | 0.0601 | 0.0649 | 0.0690 | 0.0724 | 0.0754 | 0.0779 | 0.0820 | 0.0852 | 0.0878 | 0.0893 | 0.0914 | 0.0943 | 0.0938 |
| 8.6 | 0.0588 | 0.0636 | 0.0676 | 0.0710 | 0.0739 | 0.0764 | 0.0805 | 0.0836 | 0.0862 | 0.0882 | 0.0898 | 0.0927 | 0.0973 |
| 8.8 | 0.0576 | 0.0623 | 0.0663 | 0.0696 | 0.0724 | 0.0749 | 0.0790 | 0.0821 | 0.0846 | 0.0866 | 0.0882 | 0.0912 | 0.0959 |
| 9.2 | 0.0554 | 0.0599 | 0.0637 | 0.0670 | 0.0697 | 0.0721 | 0.0761 | 0.0792 | 0.0817 | 0.0837 | 0.0853 | 0.0882 | 0.0931 |
| 9.6 | 0.0533 | 0.0577 | 0.0614 | 0.0645 | 0.0672 | 0.0696 | 0.0734 | 0.0765 | 0.0789 | 0.0809 | 0.0825 | 0.0855 | 0.0905 |
| 10.0 | 0.0514 | 0.0556 | 0.0592 | 0.0622 | 0.0649 | 0.0672 | 0.0710 | 0.0739 | 0.0763 | 0.0783 | 0.0799 | 0.0829 | 0.0880 |
| 10.4 | 0.0496 | 0.0537 | 0.0572 | 0.0601 | 0.0627 | 0.0649 | 0.0686 | 0.0716 | 0.0739 | 0.0759 | 0.0775 | 0.0804 | 0.0857 |
| 10.8 | 0.0479 | 0.0519 | 0.0553 | 0.0581 | 0.0606 | 0.0628 | 0.0664 | 0.0693 | 0.0717 | 0.0736 | 0.0751 | 0.0781 | 0.0834 |
| 11.2 | 0.0463 | 0.0502 | 0.0535 | 0.0563 | 0.0587 | 0.0609 | 0.0644 | 0.0672 | 0.0695 | 0.0714 | 0.0730 | 0.0759 | 0.0813 |
| 11.6 | 0.0448 | 0.0486 | 0.0518 | 0.0545 | 0.0569 | 0.0590 | 0.0625 | 0.0652 | 0.0675 | 0.0694 | 0.0709 | 0.0738 | 0.0793 |
| 12.0 | 0.0435 | 0.0471 | 0.0502 | 0.0529 | 0.0552 | 0.0573 | 0.0606 | 0.0634 | 0.0656 | 0.0674 | 0.0690 | 0.0719 | 0.0774 |
| 12.8 | 0.0409 | 0.0444 | 0.0474 | 0.0499 | 0.0521 | 0.0541 | 0.0573 | 0.0599 | 0.0621 | 0.0639 | 0.0654 | 0.0682 | 0.0739 |
| 13.6 | 0.0387 | 0.0420 | 0.0448 | 0.0472 | 0.0493 | 0.0512 | 0.0543 | 0.0568 | 0.0589 | 0.0607 | 0.0621 | 0.0649 | 0.0707 |
| 14.4 | 0.0367 | 0.0398 | 0.0425 | 0.0448 | 0.0468 | 0.0486 | 0.0516 | 0.0540 | 0.0561 | 0.0577 | 0.0592 | 0.0619 | 0.0677 |
| 15.2 | 0.0349 | 0.0379 | 0.0404 | 0.0426 | 0.0446 | 0.0463 | 0.0492 | 0.0515 | 0.0535 | 0.0551 | 0.0565 | 0.0592 | 0.0650 |
| 16.0 | 0.0332 | 0.0361 | 0.0385 | 0.0407 | 0.0425 | 0.0442 | 0.0469 | 0.0492 | 0.0511 | 0.0527 | 0.0540 | 0.0567 | 0.0625 |
| 18.0 | 0.0297 | 0.0323 | 0.0345 | 0.0364 | 0.0381 | 0.0396 | 0.0422 | 0.0442 | 0.0460 | 0.0475 | 0.0487 | 0.0512 | 0.0570 |
| 20.0 | 0.0269 | 0.0292 | 0.0312 | 0.0330 | 0.0345 | 0.0359 | 0.0383 | 0.0402 | 0.0418 | 0.0432 | 0.0444 | 0.0468 | 0.0524 |

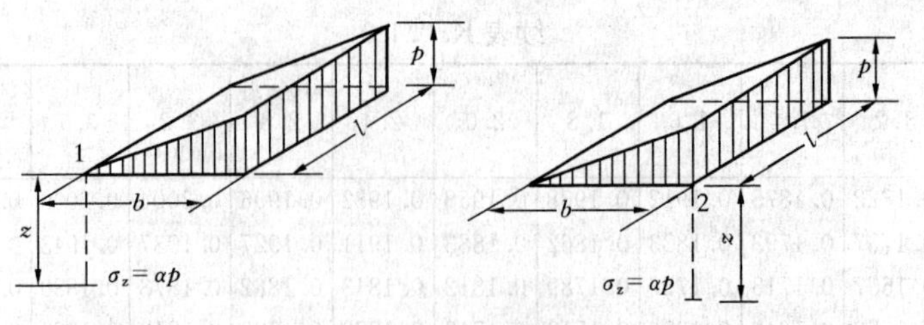


## 表 K.0.2 矩形面积上三角形分布荷载作用下的附加应力系数 $\alpha$ 与平均附加应力系数 $\bar{\alpha}$

| l/b | 0.2 | | | | 0.4 | | | | 0.6 | | | | l/b |
|---|---|---|---|---|---|---|---|---|---|---|---|---|---|
| 点 | 1 | | 2 | | 1 | | 2 | | 1 | | 2 | | 点 |
| 系数 z/b | $\alpha$ | $\bar{\alpha}$ | $\alpha$ | $\bar{\alpha}$ | $\alpha$ | $\bar{\alpha}$ | $\alpha$ | $\bar{\alpha}$ | $\alpha$ | $\bar{\alpha}$ | $\alpha$ | $\bar{\alpha}$ | 系数 z/b |
| 0.0 | 0.0000 | 0.0000 | 0.2500 | 0.2500 | 0.0000 | 0.0000 | 0.2500 | 0.2500 | 0.0000 | 0.0000 | 0.2500 | 0.2500 | 0.0 |
| 0.2 | 0.0223 | 0.0112 | 0.1821 | 0.2161 | 0.0280 | 0.0140 | 0.2115 | 0.2308 | 0.0296 | 0.0148 | 0.2165 | 0.2333 | 0.2 |
| 0.4 | 0.0269 | 0.0179 | 0.1094 | 0.1810 | 0.0420 | 0.0245 | 0.1604 | 0.2084 | 0.0487 | 0.0270 | 0.1781 | 0.2153 | 0.4 |
| 0.6 | 0.0259 | 0.0207 | 0.0700 | 0.1505 | 0.0448 | 0.0308 | 0.1165 | 0.1851 | 0.0560 | 0.0355 | 0.1405 | 0.1966 | 0.6 |
| 0.8 | 0.0232 | 0.0217 | 0.0480 | 0.1277 | 0.0421 | 0.0340 | 0.0853 | 0.1640 | 0.0553 | 0.0405 | 0.1093 | 0.1787 | 0.8 |
| 1.0 | 0.0201 | 0.0217 | 0.0346 | 0.1104 | 0.0375 | 0.0351 | 0.0638 | 0.1461 | 0.0508 | 0.0430 | 0.0852 | 0.1624 | 1.0 |
| 1.2 | 0.0171 | 0.0212 | 0.0260 | 0.0970 | 0.0324 | 0.0351 | 0.0491 | 0.1312 | 0.0450 | 0.0439 | 0.0673 | 0.1480 | 1.2 |
| 1.4 | 0.0145 | 0.0204 | 0.0202 | 0.0865 | 0.0278 | 0.0344 | 0.0386 | 0.1187 | 0.0392 | 0.0436 | 0.0540 | 0.1356 | 1.4 |
| 1.6 | 0.0123 | 0.0195 | 0.0160 | 0.0779 | 0.0238 | 0.0333 | 0.0310 | 0.1082 | 0.0339 | 0.0427 | 0.0440 | 0.1247 | 1.6 |
| 1.8 | 0.0105 | 0.0186 | 0.0130 | 0.0709 | 0.0204 | 0.0321 | 0.0254 | 0.0993 | 0.0294 | 0.0415 | 0.0363 | 0.1153 | 1.8 |
| 2.0 | 0.0090 | 0.0178 | 0.0108 | 0.0650 | 0.0176 | 0.0308 | 0.0211 | 0.0917 | 0.0255 | 0.0401 | 0.0304 | 0.1071 | 2.0 |
| 2.5 | 0.0063 | 0.0157 | 0.0072 | 0.0538 | 0.0125 | 0.0276 | 0.0140 | 0.0769 | 0.0183 | 0.0365 | 0.0205 | 0.0908 | 2.5 |
| 3.0 | 0.0046 | 0.0140 | 0.0051 | 0.0458 | 0.0092 | 0.0248 | 0.0100 | 0.0661 | 0.0135 | 0.0330 | 0.0148 | 0.0786 | 3.0 |
| 5.0 | 0.0018 | 0.0097 | 0.0019 | 0.0289 | 0.0036 | 0.0175 | 0.0038 | 0.0424 | 0.0054 | 0.0236 | 0.0056 | 0.0476 | 5.0 |
| 7.0 | 0.0009 | 0.0073 | 0.0010 | 0.0211 | 0.0019 | 0.0133 | 0.0019 | 0.0311 | 0.0028 | 0.0180 | 0.0029 | 0.0352 | 7.0 |
| 10.0 | 0.0005 | 0.0053 | 0.0004 | 0.0150 | 0.0009 | 0.0097 | 0.0010 | 0.0222 | 0.0014 | 0.0133 | 0.0014 | 0.0253 | 10.0 |

| l/b | 0.8 | | | | 1.0 | | | | 1.2 | | | | l/b |
|---|---|---|---|---|---|---|---|---|---|---|---|---|---|
| 点 | 1 | | 2 | | 1 | | 2 | | 1 | | 2 | | 点 |
| 系数 z/b | $\alpha$ | $\bar{\alpha}$ | $\alpha$ | $\bar{\alpha}$ | $\alpha$ | $\bar{\alpha}$ | $\alpha$ | $\bar{\alpha}$ | $\alpha$ | $\bar{\alpha}$ | $\alpha$ | $\bar{\alpha}$ | 系数 z/b |
| 0.0 | 0.0000 | 0.0000 | 0.2500 | 0.2500 | 0.0000 | 0.0000 | 0.2500 | 0.2500 | 0.0000 | 0.0000 | 0.2500 | 0.2500 | 0.0 |
| 0.2 | 0.0301 | 0.0151 | 0.2178 | 0.2339 | 0.0304 | 0.0152 | 0.2182 | 0.2341 | 0.0305 | 0.0153 | 0.2184 | 0.2342 | 0.2 |
| 0.4 | 0.0517 | 0.0280 | 0.1844 | 0.2175 | 0.0531 | 0.0285 | 0.1870 | 0.2184 | 0.0539 | 0.0288 | 0.1881 | 0.2187 | 0.4 |
| 0.6 | 0.0621 | 0.0376 | 0.1520 | 0.2011 | 0.0654 | 0.0388 | 0.1575 | 0.2030 | 0.0673 | 0.0394 | 0.1602 | 0.2039 | 0.6 |
| 0.8 | 0.0637 | 0.0440 | 0.1232 | 0.1852 | 0.0688 | 0.0459 | 0.1311 | 0.1883 | 0.0720 | 0.0470 | 0.1355 | 0.1899 | 0.8 |
| 1.0 | 0.0602 | 0.0476 | 0.0996 | 0.1704 | 0.0666 | 0.0502 | 0.1086 | 0.1746 | 0.0708 | 0.0518 | 0.1143 | 0.1769 | 1.0 |
| 1.2 | 0.0546 | 0.0492 | 0.0807 | 0.1571 | 0.0615 | 0.0525 | 0.0901 | 0.1621 | 0.0664 | 0.0546 | 0.0962 | 0.1649 | 1.2 |
| 1.4 | 0.0483 | 0.0495 | 0.0661 | 0.1451 | 0.0554 | 0.0534 | 0.0751 | 0.1507 | 0.0606 | 0.0559 | 0.0817 | 0.1541 | 1.4 |
| 1.6 | 0.0424 | 0.0490 | 0.0547 | 0.1345 | 0.0492 | 0.0533 | 0.0628 | 0.1405 | 0.0545 | 0.0561 | 0.0696 | 0.1443 | 1.6 |
| 1.8 | 0.0371 | 0.0480 | 0.0457 | 0.1252 | 0.0435 | 0.0525 | 0.0534 | 0.1313 | 0.0487 | 0.0556 | 0.0596 | 0.1354 | 1.8 |
| 2.0 | 0.0324 | 0.0467 | 0.0387 | 0.1169 | 0.0384 | 0.0513 | 0.0456 | 0.1232 | 0.0434 | 0.0547 | 0.0513 | 0.1274 | 2.0 |
| 2.5 | 0.0236 | 0.0429 | 0.0265 | 0.1000 | 0.0284 | 0.0478 | 0.0318 | 0.1063 | 0.0326 | 0.0513 | 0.0365 | 0.1107 | 2.5 |
| 3.0 | 0.0176 | 0.0392 | 0.0192 | 0.0871 | 0.0214 | 0.0439 | 0.0233 | 0.0931 | 0.0249 | 0.0476 | 0.0270 | 0.0976 | 3.0 |
| 5.0 | 0.0071 | 0.0285 | 0.0074 | 0.0576 | 0.0088 | 0.0324 | 0.0091 | 0.0624 | 0.0104 | 0.0356 | 0.0108 | 0.0661 | 5.0 |
| 7.0 | 0.0038 | 0.0219 | 0.0038 | 0.0427 | 0.0047 | 0.0251 | 0.0047 | 0.0465 | 0.0056 | 0.0277 | 0.0056 | 0.0496 | 7.0 |
| 10.0 | 0.0019 | 0.0162 | 0.0019 | 0.0308 | 0.0023 | 0.0186 | 0.0024 | 0.0336 | 0.0028 | 0.0207 | 0.0028 | 0.0359 | 10.0 |

续表 K.0.2

| l/b | 1.4 | | | | 1.6 | | | | 1.8 | | | | l/b |
|---|---|---|---|---|---|---|---|---|---|---|---|---|---|
| 点 | 1 | | 2 | | 1 | | 2 | | 1 | | 2 | | 点 |
| z/b 系数 | $\alpha$ | $\bar{\alpha}$ | $\alpha$ | $\bar{\alpha}$ | $\alpha$ | $\bar{\alpha}$ | $\alpha$ | $\bar{\alpha}$ | $\alpha$ | $\bar{\alpha}$ | $\alpha$ | $\bar{\alpha}$ | 系数 z/b |
| 0.0 | 0.0000 | 0.0000 | 0.2500 | 0.2500 | 0.0000 | 0.0000 | 0.2500 | 0.2500 | 0.0000 | 0.0000 | 0.2500 | 0.2500 | 0.0 |
| 0.2 | 0.0305 | 0.0153 | 0.2185 | 0.2343 | 0.0306 | 0.0153 | 0.2185 | 0.2343 | 0.0306 | 0.0153 | 0.2185 | 0.2343 | 0.2 |
| 0.4 | 0.0543 | 0.0289 | 0.1886 | 0.2189 | 0.0545 | 0.0290 | 0.1889 | 0.2190 | 0.0546 | 0.0290 | 0.1891 | 0.2190 | 0.4 |
| 0.6 | 0.0684 | 0.0397 | 0.1616 | 0.2043 | 0.0690 | 0.0399 | 0.1625 | 0.2046 | 0.0694 | 0.0400 | 0.1630 | 0.2047 | 0.6 |
| 0.8 | 0.0739 | 0.0476 | 0.1381 | 0.1907 | 0.0751 | 0.0480 | 0.1396 | 0.1912 | 0.0759 | 0.0482 | 0.1405 | 0.1915 | 0.8 |
| 1.0 | 0.0735 | 0.0528 | 0.1176 | 0.1781 | 0.0753 | 0.0534 | 0.1202 | 0.1789 | 0.0766 | 0.0538 | 0.1215 | 0.1794 | 1.0 |
| 1.2 | 0.0698 | 0.0560 | 0.1007 | 0.1666 | 0.0721 | 0.0568 | 0.1037 | 0.1678 | 0.0738 | 0.0574 | 0.1055 | 0.1684 | 1.2 |
| 1.4 | 0.0644 | 0.0575 | 0.0864 | 0.1562 | 0.0672 | 0.0586 | 0.0897 | 0.1576 | 0.0692 | 0.0594 | 0.0921 | 0.1585 | 1.4 |
| 1.6 | 0.0586 | 0.0580 | 0.0743 | 0.1467 | 0.0616 | 0.0594 | 0.0780 | 0.1484 | 0.0639 | 0.0603 | 0.0806 | 0.1494 | 1.6 |
| 1.8 | 0.0528 | 0.0578 | 0.0644 | 0.1381 | 0.0560 | 0.0593 | 0.0681 | 0.1400 | 0.0585 | 0.0604 | 0.0709 | 0.1413 | 1.8 |
| 2.0 | 0.0474 | 0.0570 | 0.0560 | 0.1303 | 0.0507 | 0.0587 | 0.0596 | 0.1324 | 0.0533 | 0.0599 | 0.0625 | 0.1338 | 2.0 |
| 2.5 | 0.0362 | 0.0540 | 0.0405 | 0.1139 | 0.0393 | 0.0560 | 0.0440 | 0.1163 | 0.0419 | 0.0575 | 0.0469 | 0.1180 | 2.5 |
| 3.0 | 0.0280 | 0.0503 | 0.0303 | 0.1008 | 0.0307 | 0.0525 | 0.0333 | 0.1033 | 0.0331 | 0.0541 | 0.0359 | 0.1052 | 3.0 |
| 5.0 | 0.0120 | 0.0382 | 0.0123 | 0.0690 | 0.0135 | 0.0403 | 0.0139 | 0.0714 | 0.0148 | 0.0421 | 0.0154 | 0.0734 | 5.0 |
| 7.0 | 0.0064 | 0.0299 | 0.0066 | 0.0520 | 0.0073 | 0.0318 | 0.0074 | 0.0541 | 0.0081 | 0.0333 | 0.0083 | 0.0558 | 7.0 |
| 10.0 | 0.0033 | 0.0224 | 0.0032 | 0.0379 | 0.0037 | 0.0239 | 0.0037 | 0.0395 | 0.0041 | 0.0252 | 0.0042 | 0.0409 | 10.0 |

| l/b | 2.0 | | | | 3.0 | | | | 4.0 | | | | l/b |
|---|---|---|---|---|---|---|---|---|---|---|---|---|---|
| 点 | 1 | | 2 | | 1 | | 2 | | 1 | | 2 | | 点 |
| z/b 系数 | $\alpha$ | $\bar{\alpha}$ | $\alpha$ | $\bar{\alpha}$ | $\alpha$ | $\bar{\alpha}$ | $\alpha$ | $\bar{\alpha}$ | $\alpha$ | $\bar{\alpha}$ | $\alpha$ | $\bar{\alpha}$ | 系数 z/b |
| 0.0 | 0.0000 | 0.0000 | 0.2500 | 0.2500 | 0.0000 | 0.0000 | 0.2500 | 0.2500 | 0.0000 | 0.0000 | 0.2500 | 0.2500 | 0.0 |
| 0.2 | 0.0306 | 0.0153 | 0.2185 | 0.2343 | 0.0306 | 0.0153 | 0.2186 | 0.2343 | 0.0306 | 0.0153 | 0.2186 | 0.2343 | 0.2 |
| 0.4 | 0.0547 | 0.0290 | 0.1892 | 0.2191 | 0.0548 | 0.0290 | 0.1894 | 0.2192 | 0.0549 | 0.0291 | 0.1894 | 0.2192 | 0.4 |
| 0.6 | 0.0696 | 0.0401 | 0.1633 | 0.2048 | 0.0701 | 0.0402 | 0.1638 | 0.2050 | 0.0702 | 0.0402 | 0.1639 | 0.2050 | 0.6 |
| 0.8 | 0.0764 | 0.0483 | 0.1412 | 0.1917 | 0.0773 | 0.0486 | 0.1423 | 0.1920 | 0.0776 | 0.0487 | 0.1424 | 0.1920 | 0.8 |
| 1.0 | 0.0774 | 0.0540 | 0.1225 | 0.1797 | 0.0790 | 0.0545 | 0.1244 | 0.1803 | 0.0794 | 0.0546 | 0.1248 | 0.1803 | 1.0 |
| 1.2 | 0.0749 | 0.0577 | 0.1069 | 0.1689 | 0.0774 | 0.0584 | 0.1096 | 0.1697 | 0.0779 | 0.0586 | 0.1103 | 0.1699 | 1.2 |
| 1.4 | 0.0707 | 0.0599 | 0.0937 | 0.1591 | 0.0739 | 0.0609 | 0.0973 | 0.1603 | 0.0748 | 0.0612 | 0.0982 | 0.1605 | 1.4 |
| 1.6 | 0.0656 | 0.0609 | 0.0826 | 0.1502 | 0.0697 | 0.0623 | 0.0870 | 0.1517 | 0.0708 | 0.0626 | 0.0882 | 0.1521 | 1.6 |
| 1.8 | 0.0604 | 0.0611 | 0.0730 | 0.1422 | 0.0652 | 0.0628 | 0.0782 | 0.1441 | 0.0666 | 0.0633 | 0.0797 | 0.1445 | 1.8 |
| 2.0 | 0.0553 | 0.0608 | 0.0649 | 0.1348 | 0.0607 | 0.0629 | 0.0707 | 0.1371 | 0.0624 | 0.0634 | 0.0726 | 0.1377 | 2.0 |
| 2.5 | 0.0440 | 0.0586 | 0.0491 | 0.1193 | 0.0504 | 0.0614 | 0.0559 | 0.1223 | 0.0529 | 0.0623 | 0.0585 | 0.1233 | 2.5 |
| 3.0 | 0.0352 | 0.0554 | 0.0380 | 0.1067 | 0.0419 | 0.0589 | 0.0451 | 0.1104 | 0.0449 | 0.0600 | 0.0482 | 0.1116 | 3.0 |
| 5.0 | 0.0161 | 0.0435 | 0.0167 | 0.0749 | 0.0214 | 0.0480 | 0.0221 | 0.0797 | 0.0248 | 0.0500 | 0.0256 | 0.0817 | 5.0 |
| 7.0 | 0.0089 | 0.0347 | 0.0091 | 0.0572 | 0.0124 | 0.0391 | 0.0126 | 0.0619 | 0.0152 | 0.0414 | 0.0154 | 0.0642 | 7.0 |
| 10.0 | 0.0046 | 0.0263 | 0.0046 | 0.0403 | 0.0066 | 0.0302 | 0.0066 | 0.0462 | 0.0084 | 0.0325 | 0.0083 | 0.0485 | 10.0 |

续表 K.0.2

| z/b \ l/b 点 系数 | 6.0 | | | | 8.0 | | | | 10.0 | | | | l/b 点 系数 z/b |
|---|---|---|---|---|---|---|---|---|---|---|---|---|---|
| | 1 | | 2 | | 1 | | 2 | | 1 | | 2 | | |
| | $\alpha$ | $\bar{\alpha}$ | $\alpha$ | $\bar{\alpha}$ | $\alpha$ | $\bar{\alpha}$ | $\alpha$ | $\bar{\alpha}$ | $\alpha$ | $\bar{\alpha}$ | $\alpha$ | $\bar{\alpha}$ | |
| 0.0 | 0.0000 | 0.0000 | 0.2500 | 0.2500 | 0.0000 | 0.0000 | 0.2500 | 0.2500 | 0.0000 | 0.0000 | 0.2500 | 0.2500 | 0.0 |
| 0.2 | 0.0306 | 0.0153 | 0.2186 | 0.2343 | 0.0306 | 0.0153 | 0.2186 | 0.2343 | 0.0306 | 0.0153 | 0.2186 | 0.2343 | 0.2 |
| 0.4 | 0.0549 | 0.0291 | 0.1894 | 0.2192 | 0.0549 | 0.0291 | 0.1894 | 0.2192 | 0.0549 | 0.0291 | 0.1894 | 0.2192 | 0.4 |
| 0.6 | 0.0702 | 0.0402 | 0.1640 | 0.2050 | 0.0702 | 0.0402 | 0.1640 | 0.2050 | 0.0702 | 0.0402 | 0.1640 | 0.2050 | 0.6 |
| 0.8 | 0.0776 | 0.0487 | 0.1426 | 0.1921 | 0.0776 | 0.0487 | 0.1426 | 0.1921 | 0.0776 | 0.0487 | 0.1426 | 0.1921 | 0.8 |
| 1.0 | 0.0795 | 0.0546 | 0.1250 | 0.1804 | 0.0796 | 0.0546 | 0.1250 | 0.1804 | 0.0796 | 0.0546 | 0.1250 | 0.1804 | 1.0 |
| 1.2 | 0.0782 | 0.0587 | 0.1105 | 0.1700 | 0.0783 | 0.0587 | 0.1105 | 0.1700 | 0.0783 | 0.0587 | 0.1105 | 0.1700 | 1.2 |
| 1.4 | 0.0752 | 0.0613 | 0.0986 | 0.1606 | 0.0752 | 0.0613 | 0.0987 | 0.1606 | 0.0753 | 0.0613 | 0.0987 | 0.1606 | 1.4 |
| 1.6 | 0.0714 | 0.0628 | 0.0887 | 0.1523 | 0.0715 | 0.0628 | 0.0888 | 0.1523 | 0.0715 | 0.0628 | 0.0889 | 0.1523 | 1.6 |
| 1.8 | 0.0673 | 0.0635 | 0.0805 | 0.1447 | 0.0675 | 0.0635 | 0.0806 | 0.1448 | 0.0675 | 0.0635 | 0.0808 | 0.1448 | 1.8 |
| 2.0 | 0.0634 | 0.0637 | 0.0734 | 0.1380 | 0.0636 | 0.0638 | 0.0736 | 0.1380 | 0.0636 | 0.0638 | 0.0738 | 0.1380 | 2.0 |
| 2.5 | 0.0543 | 0.0627 | 0.0601 | 0.1237 | 0.0547 | 0.0628 | 0.0604 | 0.1238 | 0.0548 | 0.0628 | 0.0605 | 0.1239 | 2.5 |
| 3.0 | 0.0469 | 0.0607 | 0.0504 | 0.1123 | 0.0474 | 0.0609 | 0.0509 | 0.1124 | 0.0476 | 0.0609 | 0.0511 | 0.1125 | 3.0 |
| 5.0 | 0.0283 | 0.0515 | 0.0290 | 0.0833 | 0.0296 | 0.0519 | 0.0303 | 0.0837 | 0.0301 | 0.0521 | 0.0309 | 0.0839 | 5.0 |
| 7.0 | 0.0186 | 0.0435 | 0.0190 | 0.0663 | 0.0204 | 0.0442 | 0.0207 | 0.0671 | 0.0212 | 0.0445 | 0.0216 | 0.0674 | 7.0 |
| 10.0 | 0.0111 | 0.0349 | 0.0111 | 0.0509 | 0.0128 | 0.0359 | 0.0130 | 0.0520 | 0.0139 | 0.0364 | 0.0141 | 0.0526 | 10.0 |

**表 K.0.3　圆形面积上均布荷载作用下中点的附加应力系数 $\alpha$ 与平均附加应力系数 $\bar{\alpha}$**

| z/r | 圆形 | | z/r | 圆形 | |
|---|---|---|---|---|---|
| | $\alpha$ | $\bar{\alpha}$ | | $\alpha$ | $\bar{\alpha}$ |
| 0.0 | 1.000 | 1.000 | 2.6 | 0.187 | 0.560 |
| 0.1 | 0.999 | 1.000 | 2.7 | 0.175 | 0.546 |
| 0.2 | 0.992 | 0.998 | 2.8 | 0.165 | 0.532 |
| 0.3 | 0.976 | 0.993 | 2.9 | 0.155 | 0.519 |
| 0.4 | 0.949 | 0.986 | 3.0 | 0.146 | 0.507 |
| 0.5 | 0.911 | 0.974 | 3.1 | 0.138 | 0.495 |
| 0.6 | 0.864 | 0.960 | 3.2 | 0.130 | 0.484 |
| 0.7 | 0.811 | 0.942 | 3.3 | 0.124 | 0.473 |
| 0.8 | 0.756 | 0.923 | 3.4 | 0.117 | 0.463 |
| 0.9 | 0.701 | 0.901 | 3.5 | 0.111 | 0.453 |
| 1.0 | 0.647 | 0.878 | 3.6 | 0.106 | 0.443 |
| 1.1 | 0.595 | 0.855 | 3.7 | 0.101 | 0.434 |
| 1.2 | 0.547 | 0.831 | 3.8 | 0.096 | 0.425 |
| 1.3 | 0.502 | 0.808 | 3.9 | 0.091 | 0.417 |
| 1.4 | 0.461 | 0.784 | 4.0 | 0.087 | 0.409 |
| 1.5 | 0.424 | 0.762 | 4.1 | 0.083 | 0.401 |
| 1.6 | 0.390 | 0.739 | 4.2 | 0.079 | 0.393 |
| 1.7 | 0.360 | 0.718 | 4.3 | 0.076 | 0.386 |
| 1.8 | 0.332 | 0.697 | 4.4 | 0.073 | 0.379 |
| 1.9 | 0.307 | 0.677 | 4.5 | 0.070 | 0.372 |
| 2.0 | 0.285 | 0.658 | 4.6 | 0.067 | 0.365 |
| 2.1 | 0.264 | 0.640 | 4.7 | 0.064 | 0.359 |
| 2.2 | 0.245 | 0.623 | 4.8 | 0.062 | 0.353 |
| 2.3 | 0.229 | 0.606 | 4.9 | 0.059 | 0.347 |
| 2.4 | 0.210 | 0.590 | 5.0 | 0.057 | 0.341 |
| 2.5 | 0.200 | 0.574 | | | |

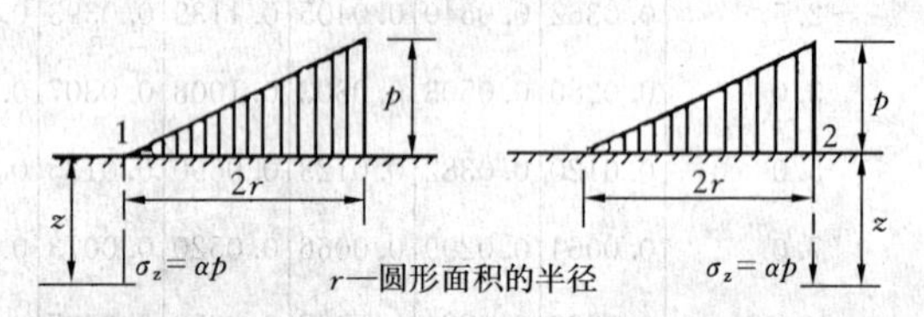


**表 K.0.4　圆形面积上三角形分布荷载作用下边点的附加应力系数 $\alpha$ 与平均附加应力系数 $\bar{\alpha}$**

| z/r \ 点 系数 | 1 | | 2 | |
|---|---|---|---|---|
| | $\alpha$ | $\bar{\alpha}$ | $\alpha$ | $\bar{\alpha}$ |
| 0.0 | 0.000 | 0.000 | 0.500 | 0.500 |
| 0.1 | 0.016 | 0.008 | 0.465 | 0.483 |
| 0.2 | 0.031 | 0.016 | 0.433 | 0.466 |
| 0.3 | 0.044 | 0.023 | 0.403 | 0.450 |
| 0.4 | 0.054 | 0.030 | 0.376 | 0.435 |
| 0.5 | 0.063 | 0.035 | 0.349 | 0.420 |
| 0.6 | 0.071 | 0.041 | 0.324 | 0.406 |
| 0.7 | 0.078 | 0.045 | 0.300 | 0.393 |
| 0.8 | 0.083 | 0.050 | 0.279 | 0.380 |
| 0.9 | 0.088 | 0.054 | 0.258 | 0.368 |
| 1.0 | 0.091 | 0.057 | 0.238 | 0.356 |
| 1.1 | 0.092 | 0.061 | 0.221 | 0.344 |
| 1.2 | 0.093 | 0.063 | 0.205 | 0.333 |
| 1.3 | 0.092 | 0.065 | 0.190 | 0.323 |
| 1.4 | 0.091 | 0.067 | 0.177 | 0.313 |
| 1.5 | 0.089 | 0.069 | 0.165 | 0.303 |
| 1.6 | 0.087 | 0.070 | 0.154 | 0.294 |
| 1.7 | 0.085 | 0.071 | 0.144 | 0.286 |
| 1.8 | 0.083 | 0.072 | 0.134 | 0.278 |
| 1.9 | 0.080 | 0.072 | 0.126 | 0.270 |
| 2.0 | 0.078 | 0.073 | 0.117 | 0.263 |

续表 K.0.4

| z/r 系数 点 | 1 | | 2 | |
|---|---|---|---|---|
| | $\alpha$ | $\overline{\alpha}$ | $\alpha$ | $\overline{\alpha}$ |
| 2.1 | 0.075 | 0.073 | 0.110 | 0.255 |
| 2.2 | 0.072 | 0.073 | 0.104 | 0.249 |
| 2.3 | 0.070 | 0.073 | 0.097 | 0.242 |
| 2.4 | 0.067 | 0.073 | 0.091 | 0.236 |
| 2.5 | 0.064 | 0.072 | 0.086 | 0.230 |
| 2.6 | 0.062 | 0.072 | 0.081 | 0.225 |
| 2.7 | 0.059 | 0.071 | 0.078 | 0.219 |
| 2.8 | 0.057 | 0.071 | 0.074 | 0.214 |
| 2.9 | 0.055 | 0.070 | 0.070 | 0.209 |
| 3.0 | 0.052 | 0.070 | 0.067 | 0.204 |
| 3.1 | 0.050 | 0.069 | 0.064 | 0.200 |
| 3.2 | 0.048 | 0.069 | 0.061 | 0.196 |
| 3.3 | 0.046 | 0.068 | 0.059 | 0.192 |
| 3.4 | 0.045 | 0.067 | 0.055 | 0.188 |
| 3.5 | 0.043 | 0.067 | 0.053 | 0.184 |
| 3.6 | 0.041 | 0.066 | 0.051 | 0.180 |
| 3.7 | 0.040 | 0.065 | 0.048 | 0.177 |
| 3.8 | 0.038 | 0.065 | 0.046 | 0.173 |
| 3.9 | 0.037 | 0.064 | 0.043 | 0.170 |
| 4.0 | 0.036 | 0.063 | 0.041 | 0.167 |
| 4.2 | 0.033 | 0.062 | 0.038 | 0.161 |
| 4.4 | 0.031 | 0.061 | 0.034 | 0.155 |
| 4.6 | 0.029 | 0.059 | 0.031 | 0.150 |
| 4.8 | 0.027 | 0.058 | 0.029 | 0.145 |
| 5.0 | 0.025 | 0.057 | 0.027 | 0.140 |

## 附录 L　挡土墙主动土压力系数 $k_a$

**L.0.1**　挡土墙在土压力作用下，其主动压力系数应按下列公式计算：

$$k_a=\frac{\sin(\alpha+\beta)}{\sin^2\alpha\sin^2(\alpha+\beta-\varphi-\delta)}\{k_q[\sin(\alpha+\beta)\sin(\alpha-\delta)+\sin(\varphi+\delta)\sin(\varphi-\beta)]+2\eta\sin\alpha\cos\varphi\cos(\alpha+\beta-\varphi-\delta)-2[(k_q\sin(\alpha+\beta)\sin(\varphi-\beta)+\eta\sin\alpha\cos\varphi)(k_q\sin(\alpha-\delta)\sin(\varphi+\delta)+\eta\sin\alpha\cos\varphi)]^{1/2}\}\quad(L.0.1\text{-}1)$$

$$k_q=1+\frac{2q}{\gamma h}\frac{\sin\alpha\cos\beta}{\sin(\alpha+\beta)}\quad(L.0.1\text{-}2)$$

$$\eta=\frac{2c}{\gamma h}\quad(L.0.1\text{-}3)$$

式中：$q$——地表均布荷载（kPa），以单位水平投影面上的荷载强度计算。

**L.0.2**　对于高度小于或等于 5m 的挡土墙，当填土质量满足设计要求且排水条件符合本规范第 6.7.1 条的要求时，其主动土压力系数可按图 L.0.2 查得，当地下水丰富时，应考虑水压力的作用。

**L.0.3**　按图 L.0.2 查主动土压力系数时，图中土类

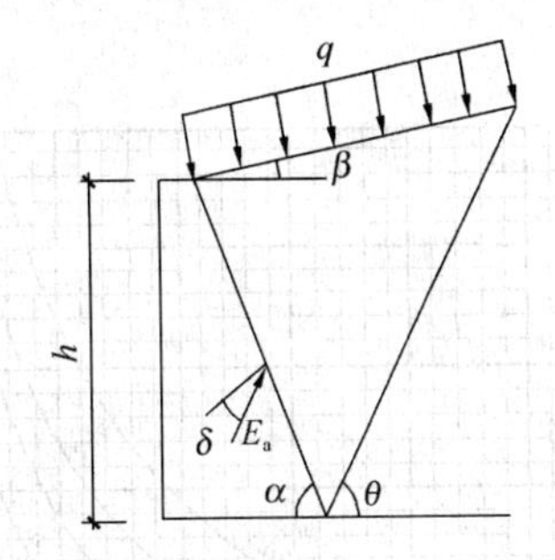

图 L.0.1　计算简图

的填土质量应满足下列规定：

**1**　Ⅰ类　碎石土，密实度应为中密及以上，干密度应大于或等于 2000kg/m³；

**2**　Ⅱ类　砂土，包括砾砂、粗砂、中砂，其密实度应为中密及以上，干密度应大于或等于 1650kg/m³；

**3**　Ⅲ类　黏土夹块石，干密度应大于或等于 1900kg/m³；

**4**　Ⅳ类　粉质黏土，干密度应大于或等于 1650kg/m³。

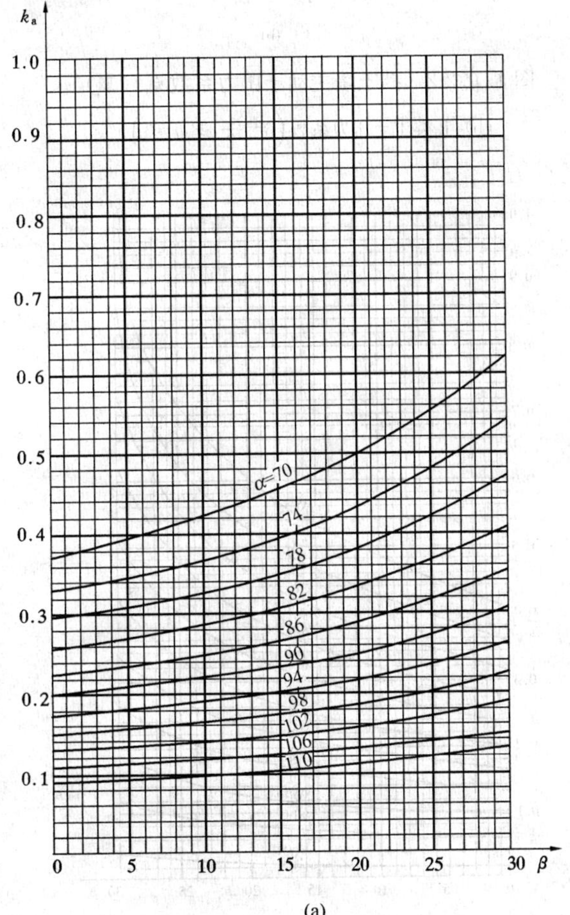

图 L.0.2-1　挡土墙主动土压力系数 $k_a$（一）

(a) Ⅰ类土土压力系数 $\left(\delta=\frac{1}{2}\varphi,\ q=0\right)$

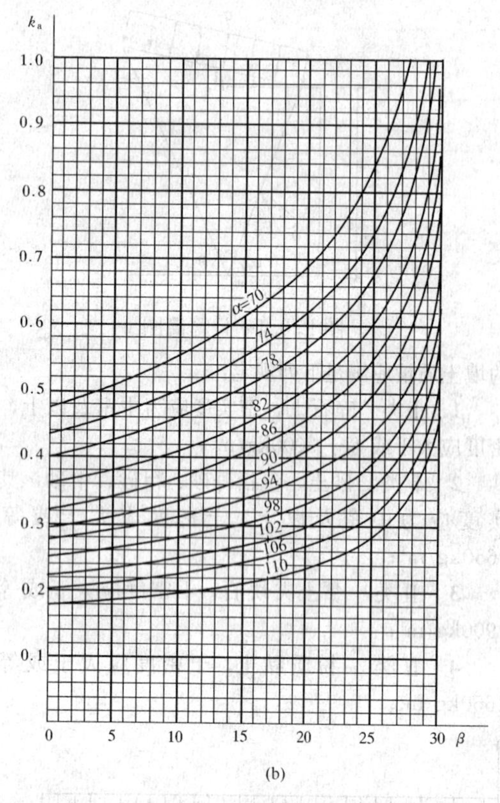


图 L.0.2-2　挡土墙主动土压力系数 $k_a$（二）

（b）Ⅱ类土土压力系数$\left(\delta=\frac{1}{2}\varphi,\ q=0\right)$

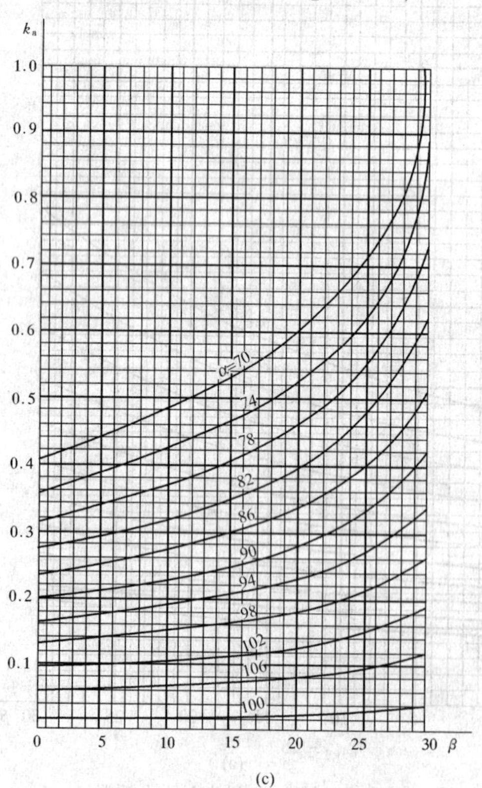


图 L.0.2-3　挡土墙主动土压力系数 $k_a$（三）

（c）Ⅲ类土土压力系数$\left(\delta=\frac{1}{2}\varphi,\ q=0,\ H=5\text{m}\right)$

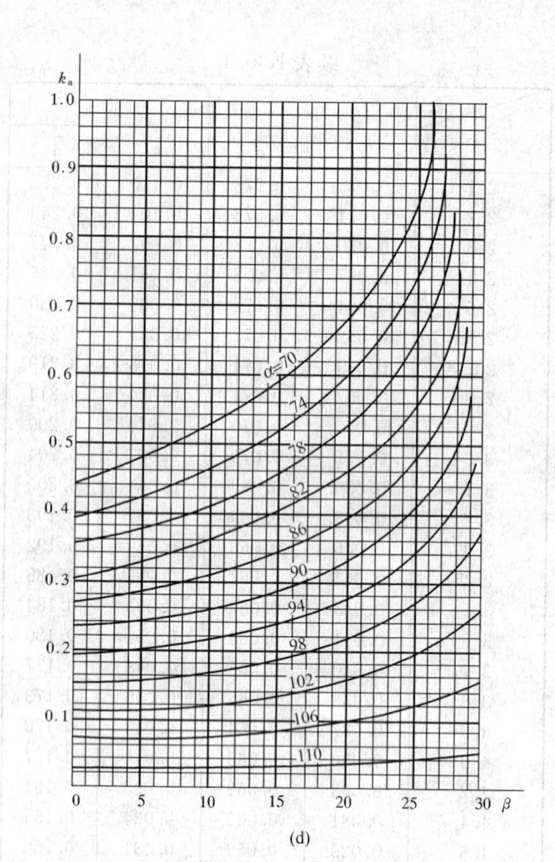


图 L.0.2-4　挡土墙主动土压力系数 $k_a$（四）

（d）Ⅳ类土土压力系数$\left(\delta=\frac{1}{2}\varphi,\ q=0,\ H=5\text{m}\right)$

## 附录 M　岩石锚杆抗拔试验要点

**M.0.1**　在同一场地同一岩层中的锚杆，试验数不得少于总锚杆的5%，且不应少于6根。

**M.0.2**　试验采用分级加载，荷载分级不得少于8级。试验的最大加载量不应少于锚杆设计荷载的2倍。

**M.0.3**　每级荷载施加完毕后，应立即测读位移量。以后每间隔5min测读一次。连续4次测读出的锚杆拔升值均小于0.01mm时，认为在该级荷载下的位移已达到稳定状态，可继续施加下一级上拔荷载。

**M.0.4**　当出现下列情况之一时，即可终止锚杆的上拔试验：

**1**　锚杆拔升值持续增长，且在1h内未出现稳定的迹象；

**2**　新增加的上拔力无法施加，或者施加后无法使上拔力保持稳定；

**3**　锚杆的钢筋已被拔断，或者锚杆锚筋被拔出。

**M.0.5**　符合上述终止条件的前一级上拔荷载，即为该锚杆的极限抗拔力。

**M.0.6**　参加统计的试验锚杆，当满足其极差不超过平均值的30%时，可取其平均值为锚杆极限承载力。极差超过平均值的30%时，宜增加试验量并分析极差过大的原因，结合工程情况确定极限承载力。

**M.0.7** 将锚杆极限承载力除以安全系数2为锚杆抗拔承载力特征值（$R_t$）。

**M.0.8** 锚杆钻孔时，应利用钻孔取出的岩芯加工成标准试件，在天然湿度条件下进行岩石单轴抗压试验，每根试验锚杆的试样数不得少于3个。

**M.0.9** 试验结束后，必须对锚杆试验现场的破坏情况进行详尽的描述和拍摄照片。

## 附录N 大面积地面荷载作用下地基附加沉降量计算

**N.0.1** 由地面荷载引起柱基内侧边缘中点的地基附加沉降计算值可按分层总和法计算，其计算深度按本规范公式（5.3.7）确定。

**N.0.2** 参与计算的地面荷载包括地面堆载和基础完工后的新填土，地面荷载应按均布荷载考虑，其计算范围：横向取5倍基础宽度，纵向为实际堆载长度。其作用面在基底平面处。

**N.0.3** 当荷载范围横向宽度超过5倍基础宽度时，按5倍基础宽度计算。小于5倍基础宽度或荷载不均匀时，应换算成宽度为5倍基础宽度的等效均布地面荷载计算。

**N.0.4** 换算时，将柱基两侧地面荷载按每段为0.5倍基础宽度分成10个区段（图N.0.4），然后按式（N.0.4）计算等效均布地面荷载。当等效均布地面荷载为正值时，说明柱基将发生内倾；为负值时，将发生外倾。

$$q_{\mathrm{eq}} = 0.8\left[\sum_{i=0}^{10}\beta_i q_i - \sum_{i=0}^{10}\beta_i p_i\right] \quad (\mathrm{N.0.4})$$

式中：$q_{\mathrm{eq}}$——等效均布地面荷载（kPa）；

$\beta_i$——第$i$区段的地面荷载换算系数，按表N.0.4查取；

$q_i$——柱内侧第$i$区段内的平均地面荷载（kPa）；

$p_i$——柱外侧第$i$区段内的平均地面荷载（kPa）。

**表N.0.4 地面荷载换算系数$\beta_i$**

| 区段 | 0 | 1 | 2 | 3 | 4 | 5 | 6 | 7 | 8 | 9 | 10 |
|---|---|---|---|---|---|---|---|---|---|---|---|
| $\frac{a}{5b}\geqslant 1$ | 0.30 | 0.29 | 0.22 | 0.15 | 0.10 | 0.08 | 0.06 | 0.04 | 0.03 | 0.02 | 0.01 |
| $\frac{a}{5b}<1$ | 0.52 | 0.40 | 0.30 | 0.13 | 0.08 | 0.05 | 0.02 | 0.01 | 0.01 | — | — |

注：$a$、$b$见本规范表7.5.5。

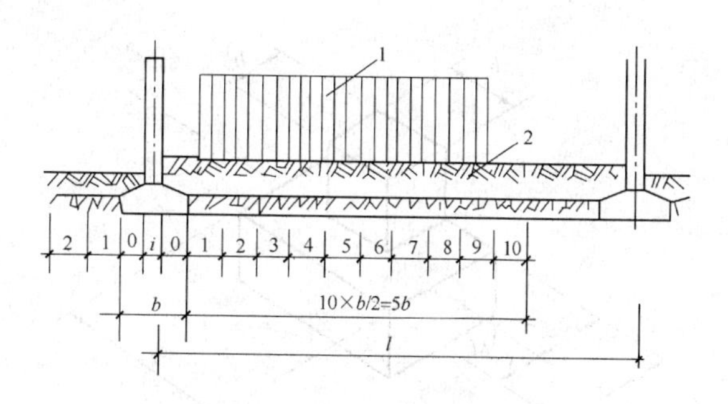


图N.0.4 地面荷载区段划分

1—地面堆载；2—大面积填土

## 附录P 冲切临界截面周长及极惯性矩计算公式

**P.0.1** 冲切临界截面的周长$u_{\mathrm{m}}$以及冲切临界截面对其重心的极惯性矩$I_{\mathrm{s}}$，应根据柱所处的部位分别按下列公式进行计算：

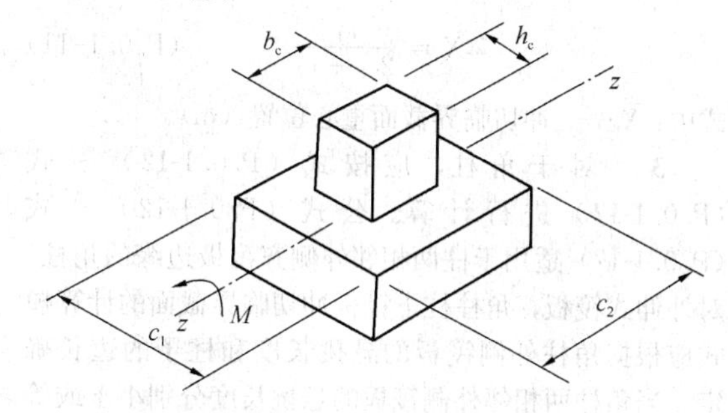


图P.0.1-1

1 对于内柱，应按下列公式进行计算：

$$u_{\mathrm{m}} = 2c_1 + 2c_2 \quad (\mathrm{P.0.1\text{-}1})$$

$$I_{\mathrm{s}} = \frac{c_1 h_0^3}{6} + \frac{c_1^3 h_0}{6} + \frac{c_2 h_0 c_1^2}{2} \quad (\mathrm{P.0.1\text{-}2})$$

$$c_1 = h_{\mathrm{c}} + h_0 \quad (\mathrm{P.0.1\text{-}3})$$

$$c_2 = b_{\mathrm{c}} + h_0 \quad (\mathrm{P.0.1\text{-}4})$$

$$c_{\mathrm{AB}} = \frac{c_1}{2} \quad (\mathrm{P.0.1\text{-}5})$$

式中：$h_{\mathrm{c}}$——与弯矩作用方向一致的柱截面的边长（m）；

$b_{\mathrm{c}}$——垂直于$h_{\mathrm{c}}$的柱截面边长（m）。

2 对于边柱，应按式（P.0.1-6）～式（P.0.1-11）进行计算。公式（P.0.1-6）～式（P.0.1-11）适用于柱外侧齐筏板边缘的边柱。对外伸式筏板，边柱柱下筏板冲切临界截面的计算模式应根据边柱外侧筏板的悬挑长度和柱子的边长确定。当边柱外侧的悬挑长度小于或等于（$h_0$ +0.5$b_{\mathrm{c}}$）时，冲切临界截面可计算至垂直于自由边的板端，计算$c_1$及$I_{\mathrm{s}}$值时应计及边柱外侧的悬挑长度；当边柱外侧筏板的悬挑长度大于（$h_0$ +0.5$b_{\mathrm{c}}$）时，边柱柱下筏板冲切临界截面的计算模式同内柱。

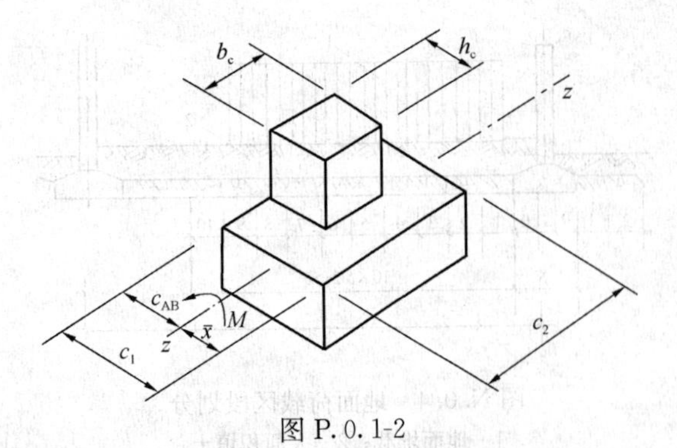

图 P.0.1-2

$$u_m = 2c_1 + c_2 \quad (P.0.1\text{-}6)$$

$$I_s = \frac{c_1 h_0^3}{6} + \frac{c_1^3 h_0}{6} + 2h_0 c_1 \left(\frac{c_1}{2} - \overline{X}\right)^2 + c_2 h_0 \overline{X}^2 \quad (P.0.1\text{-}7)$$

$$c_1 = h_c + \frac{h_0}{2} \quad (P.0.1\text{-}8)$$

$$c_2 = b_c + h_0 \quad (P.0.1\text{-}9)$$

$$c_{AB} = c_1 - \overline{X} \quad (P.0.1\text{-}10)$$

$$\overline{X} = \frac{c_1^2}{2c_1 + c_2} \quad (P.0.1\text{-}11)$$

式中：$\overline{X}$——冲切临界截面重心位置（m）。

3 对于角柱，应按式（P.0.1-12）～式（P.0.1-17）进行计算。公式（P.0.1-12）～式（P.0.1-17）适用于柱两相邻外侧齐筏板边缘的角柱。对外伸式筏板，角柱柱下筏板冲切临界截面的计算模式应根据角柱外侧筏板的悬挑长度和柱子的边长确定。当角柱两相邻外侧筏板的悬挑长度分别小于或等于（$h_0+0.5b_c$）和（$h_0+0.5h_c$）时，冲切临界截面可计算至垂直于自由边的板端，计算 $c_1$、$c_2$ 及 $I_s$ 值应计及角柱外侧筏板的悬挑长度；当角柱两相邻外侧筏板的悬挑长度大于（$h_0+0.5b_c$）和（$h_0+0.5h_c$）时，角柱柱下筏板冲切临界截面的计算模式同内柱。

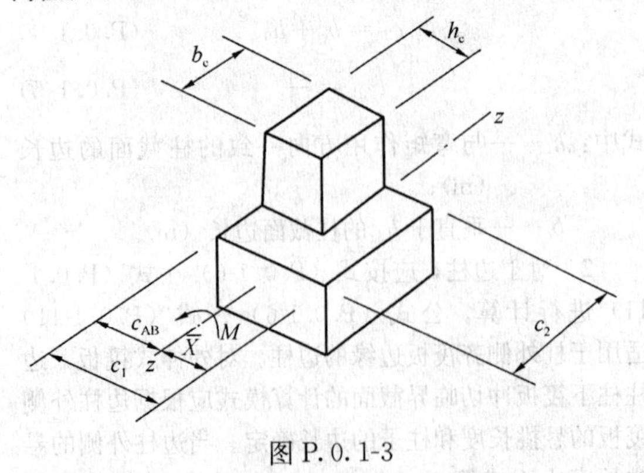

图 P.0.1-3

$$u_m = c_1 + c_2 \quad (P.0.1\text{-}12)$$

$$I_s = \frac{c_1 h_0^3}{12} + \frac{c_1^3 h_0}{12} + c_1 h_0 \left(\frac{c_1}{2} - \overline{X}\right)^2 + c_2 h_0 \overline{X}^2 \quad (P.0.1\text{-}13)$$

$$c_1 = h_c + \frac{h_0}{2} \quad (P.0.1\text{-}14)$$

$$c_2 = b_c + \frac{h_0}{2} \quad (P.0.1\text{-}15)$$

$$c_{AB} = c_1 - \overline{X} \quad (P.0.1\text{-}16)$$

$$\overline{X} = \frac{c_1^2}{2c_1 + 2c_2} \quad (P.0.1\text{-}17)$$

## 附录Q 单桩竖向静载荷试验要点

**Q.0.1** 单桩竖向静载荷试验的加载方式，应按慢速维持荷载法。

**Q.0.2** 加载反力装置宜采用锚桩，当采用堆载时应符合下列规定：

1 堆载加于地基的压应力不宜超过地基承载力特征值。

2 堆载的限值可根据其对试桩和对基准桩的影响确定。

3 堆载量大时，宜利用桩（可利用工程桩）作为堆载的支点。

4 试验反力装置的最大抗拔或承重能力应满足试验加荷的要求。

**Q.0.3** 试桩、锚桩（压重平台支座）和基准桩之间的中心距离应符合表Q.0.3的规定。

**表Q.0.3 试桩、锚桩和基准桩之间的中心距离**

| 反力系统 | 试桩与锚桩（或压重平台支座墩边） | 试桩与基准桩 | 基准桩与锚桩（或压重平台支座墩边） |
| --- | --- | --- | --- |
| 锚桩横梁反力装置<br>压重平台反力装置 | ≥4$d$且>2.0m | ≥4$d$且>2.0m | ≥4$d$且>2.0m |

注：$d$—试桩或锚桩的设计直径，取其较大者（如试桩或锚桩为扩底桩时，试桩与锚桩的中心距尚不应小于2倍扩大端直径）。

**Q.0.4** 开始试验的时间：预制桩在砂土中入土7d后。黏性土不得少于15d。对于饱和软黏土不得少于25d。灌注桩应在桩身混凝土达到设计强度后，才能进行。

**Q.0.5** 加荷分级不应小于8级，每级加载量宜为预估极限荷载的1/8～1/10。

**Q.0.6** 测读桩沉降量的间隔时间：每级加载后，每第5min、10min、15min时各测读一次，以后每隔15min读一次，累计1h后每隔半小时读一次。

**Q.0.7** 在每级荷载作用下，桩的沉降量连续两次在每小时内小于0.1mm时可视为稳定。

**Q.0.8** 符合下列条件之一时可终止加载：

1 当荷载-沉降（$Q$-$s$）曲线上有可判定极限承

载力的陡降段，且桩顶总沉降量超过 40mm；

**2** $\frac{\Delta s_{n+1}}{\Delta s_n} \geqslant 2$，且经 24h 尚未达到稳定；

**3** 25m 以上的非嵌岩桩，$Q$-$s$ 曲线呈缓变型时，桩顶总沉降量大于 60mm～80mm；

**4** 在特殊条件下，可根据具体要求加载至桩顶总沉降量大于 100mm。

注：1 $\Delta s_n$——第 $n$ 级荷载的沉降量；

$\Delta s_{n+1}$——第 $n+1$ 级荷载的沉降量；

2 桩底支承在坚硬岩（土）层上，桩的沉降量很小时，最大加载量不应小于设计荷载的两倍。

**Q.0.9** 卸载及卸载观测应符合下列规定：

**1** 每级卸载值为加载值的两倍；

**2** 卸载后隔 15min 测读一次，读两次后，隔半小时再读一次，即可卸下一级荷载；

**3** 全部卸载后，隔 3h 再测读一次。

**Q.0.10** 单桩竖向极限承载力应按下列方法确定：

**1** 作荷载-沉降（$Q$-$s$）曲线和其他辅助分析所需的曲线。

**2** 当陡降段明显时，取相应于陡降段起点的荷载值。

**3** 当出现本附录 Q.0.8 第 2 款的情况时，取前一级荷载值。

**4** $Q$-$s$ 曲线呈缓变型时，取桩顶总沉降量 $s$＝40mm 所对应的荷载值，当桩长大于 40m 时，宜考虑桩身的弹性压缩。

**5** 按上述方法判断有困难时，可结合其他辅助分析方法综合判定。对桩基沉降有特殊要求者，应根据具体情况选取。

**6** 参加统计的试桩，当满足其极差不超过平均值的 30％时，可取其平均值为单桩竖向极限承载力；极差超过平均值的 30％时，宜增加试桩数量并分析极差过大的原因，结合工程具体情况确定极限承载力。对桩数为 3 根及 3 根以下的柱下桩台，取最小值。

**Q.0.11** 将单桩竖向极限承载力除以安全系数 2，为单桩竖向承载力特征值（$R_a$）。

## 附录 R 桩基础最终沉降量计算

**R.0.1** 桩基础最终沉降量的计算采用单向压缩分层总和法：

$$s = \psi_p \sum_{j=1}^{m} \sum_{i=1}^{n_j} \frac{\sigma_{j,i}\Delta h_{j,i}}{E_{sj,i}} \qquad (R.0.1)$$

式中：$s$——桩基最终计算沉降量（mm）；

$m$——桩端平面以下压缩层范围内土层总数；

$E_{sj,i}$——桩端平面下第 $j$ 层土第 $i$ 个分层在自重应力至自重应力加附加应力作用段的压缩模量（MPa）；

$n_j$——桩端平面下第 $j$ 层土的计算分层数；

$\Delta h_{j,i}$——桩端平面下第 $j$ 层土的第 $i$ 个分层厚度，（m）；

$\sigma_{j,i}$——桩端平面下第 $j$ 层土第 $i$ 个分层的竖向附加应力（kPa），可分别按本附录第 R.0.2 条或第 R.0.4 条的规定计算；

$\psi_p$——桩基沉降计算经验系数，各地区应根据当地的工程实测资料统计对比确定。

**R.0.2** 采用实体深基础计算桩基础最终沉降量时，采用单向压缩分层总和法按本规范第 5.3.5 条～第 5.3.8 条的有关公式计算。

**R.0.3** 本规范公式（5.3.5）中附加压力计算，应为桩底平面处的附加压力。实体基础的支承面积可按图 R.0.3 采用。实体深基础桩基沉降计算经验系数 $\psi_{ps}$ 应根据地区桩基础沉降观测资料及经验统计确定。在不具备条件时，$\psi_{ps}$ 值可按表 R.0.3 选用。

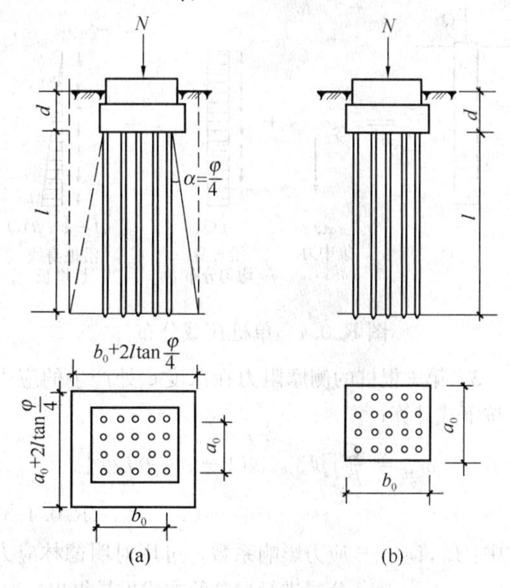


图 R.0.3 实体深基础的底面积

**表 R.0.3 实体深基础计算桩基沉降经验系数 $\psi_{ps}$**

| $\overline{E}_s$（MPa） | ⩽15 | 25 | 35 | ⩾45 |
|---|---|---|---|---|
| $\psi_{ps}$ | 0.5 | 0.4 | 0.35 | 0.25 |

注：表内数值可以内插。

**R.0.4** 采用明德林应力公式方法进行桩基础沉降计算时，应符合下列规定：

**1** 采用明德林应力公式计算地基中的某点的竖向附加应力值时，可将各根桩在该点所产生的附加应力，逐根叠加按下式计算：

$$\sigma_{j,i} = \sum_{k=1}^{n} (\sigma_{zp,k} + \sigma_{zs,k}) \qquad (R.0.4\text{-}1)$$

式中：$\sigma_{zp,k}$——第 $k$ 根桩的端阻力在深度 $z$ 处产生的应力（kPa）；

$\sigma_{zs,k}$ ——第 $k$ 根桩的侧摩阻力在深度 $z$ 处产生的应力（kPa）。

**2** 第 $k$ 根桩的端阻力在深度 $z$ 处产生的应力可按下式计算：

$$\sigma_{zp,k}=\frac{\alpha Q}{l^2}I_{p,k} \tag{R.0.4-2}$$

式中：$Q$——相应于作用的准永久组合时，轴心竖向力作用下单桩的附加荷载（kN）；由桩端阻力 $Q_p$ 和桩侧摩阻力 $Q_s$ 共同承担，且 $Q_p=\alpha Q$，$\alpha$ 是桩端阻力比；桩的端阻力假定为集中力，桩侧摩阻力可假定为沿桩身均匀分布和沿桩身线性增长分布两种形式组成，其值分别为 $\beta Q$ 和 $(1-\alpha-\beta)Q$，如图 R.0.4 所示；

$l$——桩长（m）；

$I_{p,k}$ ——应力影响系数，可用对明德林应力公式进行积分的方式推导得出。

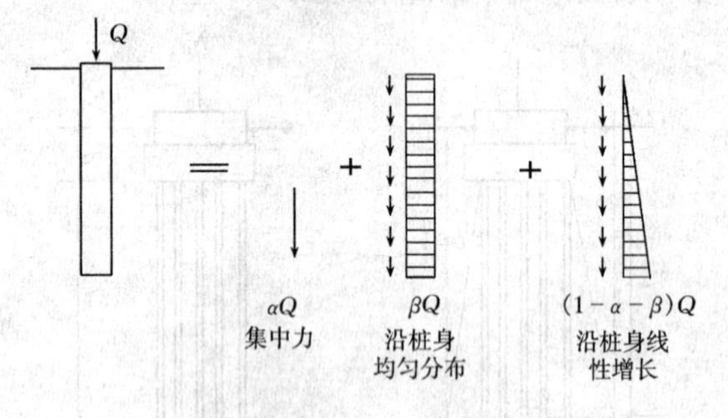


图 R.0.4 单桩荷载分布

**3** 第 $k$ 根桩的侧摩阻力在深度 $z$ 处产生的应力可按下式计算：

$$\sigma_{zs,k}=\frac{Q}{l^2}\left[\beta I_{s1,k}+(1-\alpha-\beta)I_{s2,k}\right] \tag{R.0.4-3}$$

式中：$I_{s1}$，$I_{s2}$ ——应力影响系数，可用对明德林应力公式进行积分的方式推导得出。

**4** 对于一般摩擦型桩可假定桩侧摩阻力全部是沿桩身线性增长的（即 $\beta=0$），则（R.0.4-3）式可简化为：

$$\sigma_{zs,k}=\frac{Q}{l^2}(1-\alpha)I_{s2,k} \tag{R.0.4-4}$$

**5** 对于桩顶的集中力：

$$I_p=\frac{1}{8\pi(1-\nu)}\left\{\frac{(1-2\nu)(m-1)}{A^3}-\frac{(1-2\nu)(m-1)}{B^3}+\frac{3(m-1)^3}{A^5}+\frac{3(3-4\nu)m(m+1)^2-3(m+1)(5m-1)}{B^5}+\frac{30m(m+1)^3}{B^7}\right\} \tag{R.0.4-5}$$

**6** 对于桩侧摩阻力沿桩身均匀分布的情况：

$$I_{s1}=\frac{1}{8\pi(1-\nu)}\left\{\frac{2(2-\nu)}{A}-\frac{2(2-\nu)+2(1-2\nu)(m^2/n^2+m/n^2)}{B}+\frac{(1-2\nu)2(m/n)^2}{F}-\frac{n^2}{A^3}-\frac{4m^2-4(1+\nu)(m/n)^2m^2}{F^3}-\frac{4m(1+\nu)(m+1)(m/n+1/n)^2-(4m^2+n^2)}{B^3}+\frac{6m^2(m^4-n^4)/n^2}{F^5}-\frac{6m[mn^2-(m+1)^5/n^2]}{B^5}\right\} \tag{R.0.4-6}$$

**7** 对于桩侧摩阻力沿桩身线性增长的情况：

$$I_{s2}=\frac{1}{4\pi(1-\nu)}\left\{\frac{2(2-\nu)}{A}-\frac{2(2-\nu)(4m+1)-2(1-2\nu)(1+m)m^2/n^2}{B}-\frac{2(1-2\nu)m^3/n^2-8(2-\nu)m}{F}-\frac{mn^2+(m-1)^3}{A^3}-\frac{4\nu n^2m+4m^3-15n^2m-2(5+2\nu)(m/n)^2(m+1)^3+(m+1)^3}{B^3}-\frac{2(7-2\nu)mn^2-6m^3+2(5+2\nu)(m/n)^2m^3}{F^3}-\frac{6mn^2(n^2-m^2)+12(m/n)^2(m+1)^5}{B^5}+\frac{12(m/n)^2m^5+6mn^2(n^2-m^2)}{F^5}+2(2-\nu)\ln\left(\frac{A+m-1}{F+m}\times\frac{B+m+1}{F+m}\right)\right\} \tag{R.0.4-7}$$

式中：$A=[n^2+(m-1)^2]^{\frac{1}{2}}$、$B=[n^2+(m+1)^2]^{\frac{1}{2}}$、$F=\sqrt{n^2+m^2}$、$n=r/l$、$m=z/l$；

$\nu$——地基土的泊松比；

$r$——计算点离桩身轴线的水平距离（m）；

$z$——计算应力点离承台底面的竖向距离（m）。

**8** 将公式（R.0.4-1）～公式（R.0.4-4）代入公式（R.0.1），得到单向压缩分层总和法沉降计算公式：

$$s=\psi_{pm}\frac{Q}{l^2}\sum_{j=1}^{m}\sum_{i=1}^{n_j}\frac{\Delta h_{j,i}}{E_{sj,i}}\sum_{k=1}^{K}\left[\alpha I_{p,k}+(1-\alpha)I_{s2,k}\right] \tag{R.0.4-8}$$

**R.0.5** 采用明德林应力公式计算桩基础最终沉降量时，相应于作用的准永久组合时，轴心竖向力作用下单桩附加荷载的桩端阻力比 $\alpha$ 和桩基沉降计算经验系数 $\psi_{pm}$ 应根据当地工程的实测资料统计确定。无地区经验时，$\psi_{pm}$ 值可按表 R.0.5 选用。

**表 R.0.5　明德林应力公式方法计算桩基沉降经验系数$\psi_{pm}$**

| $\overline{E}_s$（MPa） | ≤15 | 25 | 35 | ≥40 |
|---|---|---|---|---|
| $\psi_{pm}$ | 1.00 | 0.8 | 0.6 | 0.3 |

注：表内数值可以内插。

## 附录 S　单桩水平载荷试验要点

**S.0.1**　单桩水平静载荷试验宜采用多循环加卸载试验法，当需要测量桩身应力或应变时宜采用慢速维持荷载法。

**S.0.2**　施加水平作用力的作用点宜与实际工程承台底面标高一致。试桩的竖向垂直度偏差不宜大于1%。

**S.0.3**　采用千斤顶顶推或采用牵引法施加水平力。力作用点与试桩接触处宜安设球形铰，并保证水平作用力与试桩轴线位于同一平面。

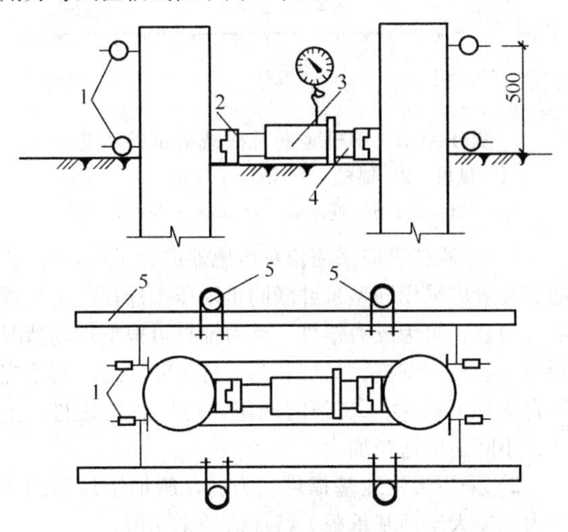


图 S.0.3　单桩水平静载荷试验示意

1—百分表；2—球铰；3—千斤顶；4—垫块；5—基准梁

**S.0.4**　桩的水平位移宜采用位移传感器或大量程百分表测量，在力作用水平面试桩两侧应对称安装两个百分表或位移传感器。

**S.0.5**　固定百分表的基准桩应设置在试桩及反力结构影响范围以外。当基准桩设置在与加荷轴线垂直方向上或试桩位移相反方向上，净距可适当减小，但不宜小于2m。

**S.0.6**　采用顶推法时，反力结构与试桩之间净距不宜小于3倍试桩直径，采用牵引法时不宜小于10倍试桩直径。

**S.0.7**　多循环加载时，荷载分级宜取设计或预估极限水平承载力的1/10～1/15。每级荷载施加后，维持恒载4min测读水平位移，然后卸载至零，停2min测读水平残余位移，至此完成一个加卸载循环，如此循环5次即完成一级荷载的试验观测。试验不得中途停歇。

**S.0.8**　慢速维持荷载法的加卸载分级、试验方法及稳定标准应符合本规范第Q.0.5条、第Q.0.6条、第Q.0.7条的规定。

**S.0.9**　当出现下列情况之一时，可终止加载：

1　在恒定荷载作用下，水平位移急剧增加；

2　水平位移超过30mm～40mm（软土或大直径桩时取高值）；

3　桩身折断。

**S.0.10**　单桩水平极限荷载$H_u$可按下列方法综合确定：

1　取水平力-时间-位移（$H_0-t-X_0$）曲线明显陡变的前一级荷载为极限荷载（图S.0.10-1）；慢速维持荷载法取$H_0-X_0$曲线产生明显陡变的起始点对应的荷载为极限荷载；

2　取水平力-位移梯度（$H_0-\Delta X_0/\Delta H_0$）曲线第二直线段终点对应的荷载为极限荷载(图S.0.10-2)；

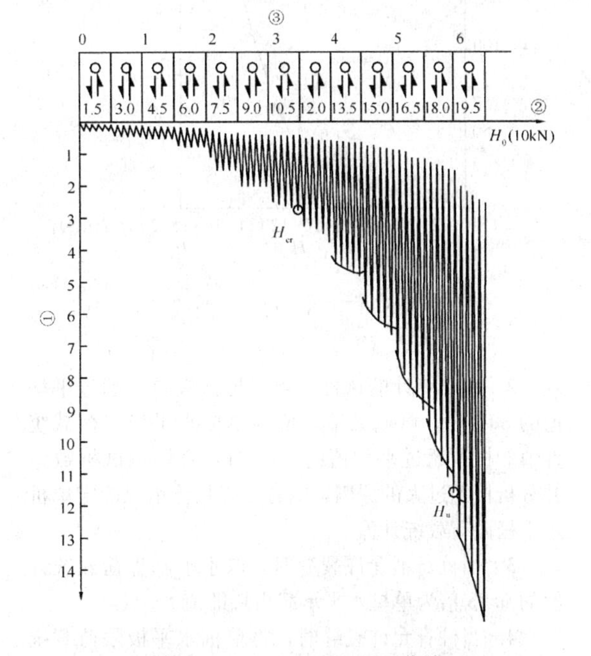


图 S.0.10-1　$H_0-t-X_0$曲线

①—水平位移$X_0$（mm）；②—水平力；③—时间$t$（h）

3　取桩身折断的前一级荷载为极限荷载（图S.0.10-3）；

4　按上述方法判断有困难时，可结合其他辅助分析方法综合判定；

5　极限承载力统计取值方法应符合本规范第Q.0.10条的有关规定。

**S.0.11**　单桩水平承载力特征值应按以下方法综合确定：

1　单桩水平临界荷载（$H_{cr}$）可取$H_0-\Delta X_0/\Delta H_0$曲线第一直线段终点或$H_0-\sigma_g$曲线第一拐点所对应的荷载（图S.0.10-2、图S.0.10-3）。

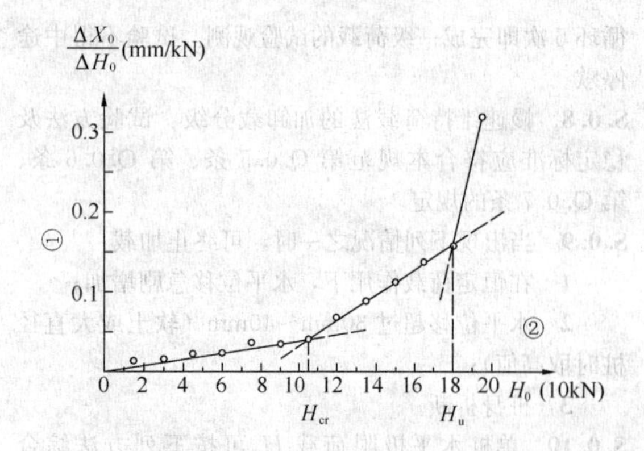


图 S.0.10-2　$H_0$- $\Delta X_0/\Delta H_0$曲线

①—位移梯度；②—水平力

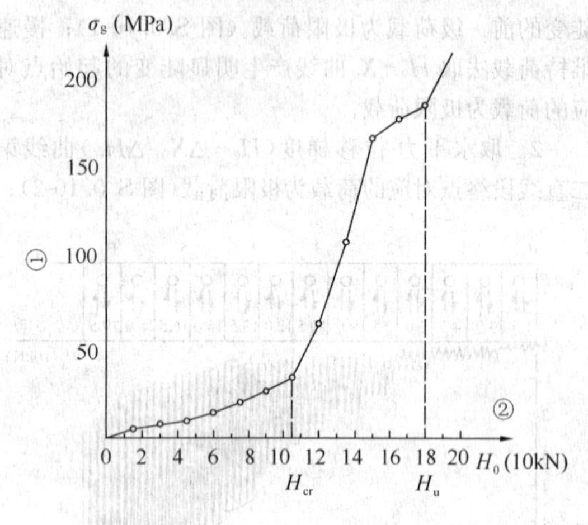


图 S.0.10-3　$H_0$- $\sigma_g$曲线

①—最大弯矩点钢筋应力；②—水平力

**2**　参加统计的试桩，当满足其极差不超过平均值的30%时，可取其平均值为单桩水平极限荷载统计值。极差超过平均值的30%时，宜增加试桩数量并分析极差过大的原因，结合工程具体情况确定单桩水平极限荷载统计值。

**3**　当桩身不允许裂缝时，取水平临界荷载统计值的0.75倍为单桩水平承载力特征值。

**4**　当桩身允许裂缝时，将单桩水平极限荷载统计值的除以安全系数2为单桩水平承载力特征值，且桩身裂缝宽度应满足相关规范要求。

**S.0.12**　从成桩到开始试验的间隔时间应符合本规范第Q.0.4条的规定。

## 附录T　单桩竖向抗拔载荷试验要点

**T.0.1**　单桩竖向抗拔载荷试验应采用慢速维持荷载法进行。

**T.0.2**　试桩应符合实际工作条件并满足下列规定：

**1**　试桩桩身钢筋伸出桩顶长度不宜少于$40d+500$mm（$d$为钢筋直径）。为设计提供依据的试验，试桩钢筋按钢筋强度标准值计算的拉力应大于预估极限承载力的1.25倍。

**2**　试桩顶部露出地面高度不宜小于300mm。

**3**　试桩的成桩工艺和质量控制应严格遵守有关规定。试验前应对试验桩进行低应变检测，有明显扩径的桩不应作为抗拔试验桩。

**4**　试桩的位移量测仪表的架设位置与桩顶的距离不应小于1倍桩径，当桩径大于800mm时，试桩的位移量测仪表的架设位置与桩顶的距离可适当减少，但不得少于0.5倍桩径。

**5**　当采用工程桩作试桩时，桩的配筋应满足在最大试验荷载作用下桩的裂缝宽度控制条件，可采用分段配筋。

**T.0.3**　试验设备装置主要由加载装置与量测装置组成，如图T.0.3所示。

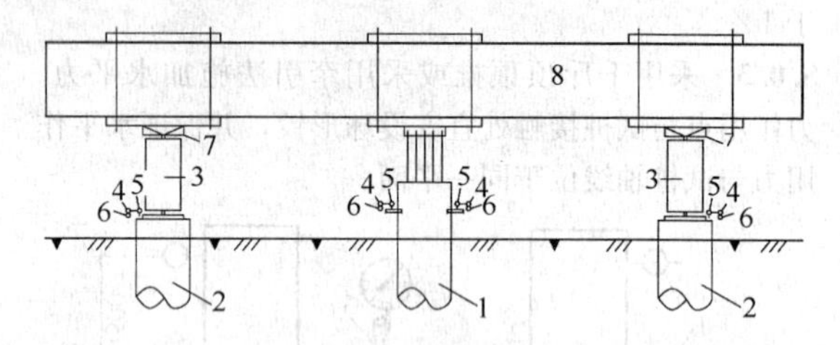


图T.0.3　单桩竖向抗拔载荷试验示意

1—试桩；2—锚桩；3—液压千斤顶；4—表座；5—测微表；6—基准梁；7—球铰；8—反力梁

**1**　量测仪表应采用位移传感器或大量程百分表。加载装置应采用同型号并联同步油压千斤顶，千斤顶的反力装置可为反力锚桩。反力锚桩可根据现场情况利用工程桩。试桩、锚桩和基准桩之间的最小间距应符合本规范第Q.0.3条的规定，对扩底抗拔桩，上述最小间距应适当加大。

**2**　采用天然地基提供反力时，施加于地基的压应力不应大于地基承载力特征值的1.5倍。

**T.0.4**　加载量不宜少于预估的或设计要求的单桩抗拔极限承载力。每级加载为设计或预估单桩极限抗拔承载力的1/8～1/10，每级荷载达到稳定标准后加下一级荷载，直到满足加载终止条件，然后分级卸载到零。

**T.0.5**　抗拔静载试验除对试桩的上拔变形量进行观测外，还应对锚桩的变形量、桩周地面土的变形情况及桩身外露部分裂缝开展情况进行观测记录。

**T.0.6**　每级加载后，在第5min、10min、15min各测读一次上拔变形量，以后每隔15min测读一次，累计1h以后每隔30min测读一次。

**T.0.7**　在每级荷载作用下，桩的上拔变形量连续两次在每小时内小于0.1mm时可视为稳定。

**T.0.8**　每级卸载值为加载值的两倍。卸载后间隔15min测读一次，读两次后，隔30min再读一次，即可卸下一级荷载。全部卸载后，隔3h再测读一次。

**T.0.9** 在试验过程中，当出现下列情况之一时，可终止加载：

**1** 桩顶荷载达到桩受拉钢筋强度标准值的0.9倍，或某根钢筋拉断；

**2** 某级荷载作用下，上拔变形量陡增且总上拔变形量已超过80mm；

**3** 累计上拔变形量超过100mm；

**4** 工程桩验收检测时，施加的上拔力应达到设计要求，当桩有抗裂要求时，不应超过桩身抗裂要求所对应的荷载。

**T.0.10** 单桩竖向抗拔极限承载力的确定应符合下列规定：

**1** 对于陡变形曲线（图T.0.10-1），取相应于陡升段起点的荷载值。

**2** 对于缓变形$U$-$\Delta$曲线，可根据$\Delta$-lg$t$曲线，取尾部显著弯曲的前一级荷载值（图T.0.10-2）。

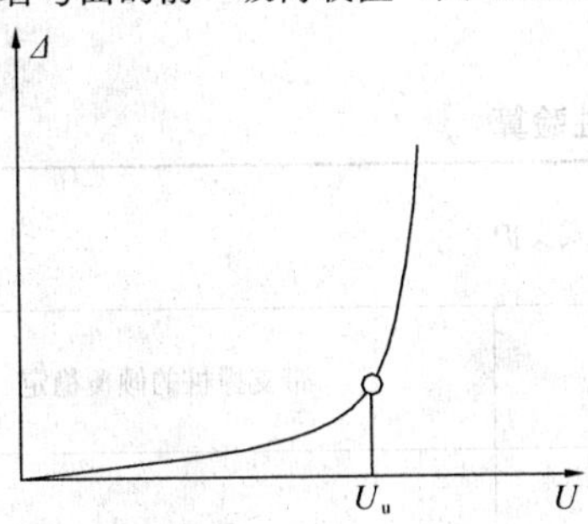


图T.0.10-1 陡变形$U$-$\Delta$曲线

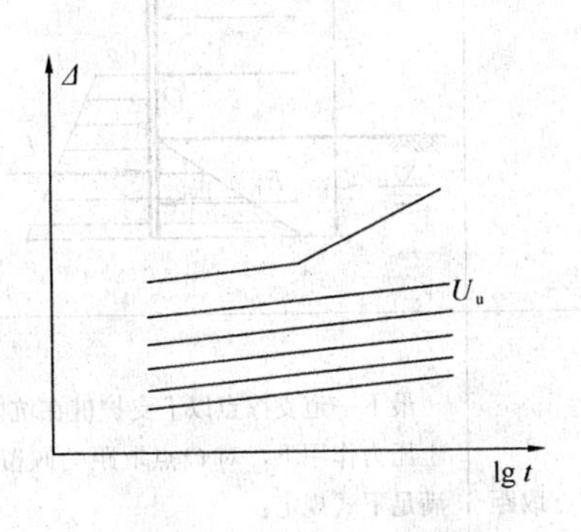


图T.0.10-2 $\Delta$-lg$t$曲线

**3** 当出现第T.0.9条第1款情况时，取其前一级荷载。

**4** 参加统计的试桩，当满足其极差不超过平均值的30%时，可取其平均值为单桩竖向抗拔极限承载力；极差超过平均值的30%时，宜增加试桩数量并分析极差过大的原因，结合工程具体情况确定极限承载力。对桩数为3根及3根以下的柱下桩台，取最小值。

**T.0.11** 单桩竖向抗拔承载力特征值应按以下方法确定：

**1** 将单桩竖向抗拔极限承载力除以2，此时桩身配筋应满足裂缝宽度设计要求；

**2** 当桩身不允许开裂时，应取桩身开裂的前一级荷载；

**3** 按设计允许的上拔变形量所对应的荷载取值。

**T.0.12** 从成桩到开始试验的时间间隔，应符合本规范第Q.0.4条的要求。

## 附录U 阶梯形承台及锥形承台斜截面受剪的截面宽度

**U.0.1** 对于阶梯形承台应分别在变阶处（$A_1$-$A_1$，$B_1$-$B_1$）及柱边处（$A_2$-$A_2$，$B_2$-$B_2$）进行斜截面受剪计算（图U.0.1），并应符合下列规定：

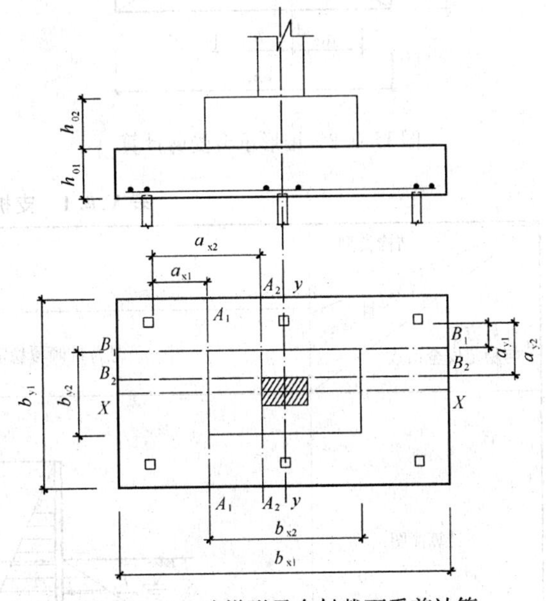


图U.0.1 阶梯形承台斜截面受剪计算

**1** 计算变阶处截面$A_1$-$A_1$、$B_1$-$B_1$的斜截面受剪承载力时，其截面有效高度均为$h_{01}$，截面计算宽度分别为$b_{y1}$和$b_{x1}$。

**2** 计算柱边截面$A_2$-$A_2$和$B_2$-$B_2$处的斜截面受剪承载力时，其截面有效高度均为$h_{01}+h_{02}$，截面计算宽度按下式进行计算：

对$A_2$-$A_2$

$$b_{y0}=\frac{b_{y1}\cdot h_{01}+b_{y2}\cdot h_{02}}{h_{01}+h_{02}} \quad \text{(U.0.1-1)}$$

对$B_2$-$B_2$

$$b_{x0}=\frac{b_{x1}\cdot h_{01}+b_{x2}\cdot h_{02}}{h_{01}+h_{02}} \quad \text{(U.0.1-2)}$$

**U.0.2** 对于锥形承台应对$A$-$A$及$B$-$B$两个截面进行受剪承载力计算（图U.0.2），截面有效高度均为$h_0$，截面的计算宽度按下式计算：

对$A$-$A$

$$b_{y0}=\left[1-0.5\frac{h_1}{h_0}\left(1-\frac{b_{y2}}{b_{y1}}\right)\right]b_{y1} \quad \text{(U.0.2-1)}$$

对$B$-$B$

$$b_{x0}=\left[1-0.5\frac{h_1}{h_0}\left(1-\frac{b_{x2}}{b_{x1}}\right)\right]b_{x1} \quad \text{(U.0.2-2)}$$

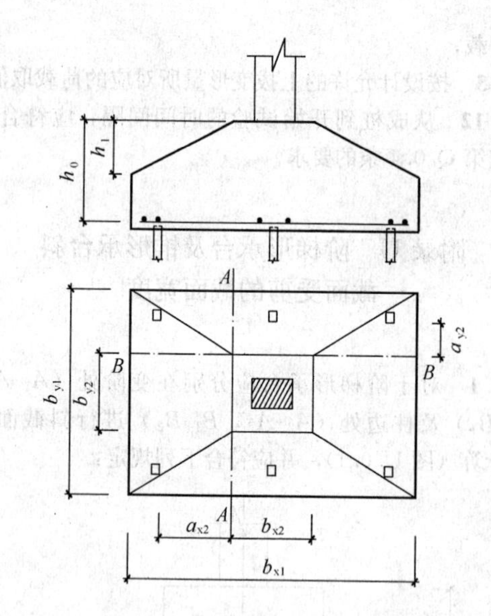


图 U.0.2 锥形承台受剪计算

## 附录 V 支护结构稳定性验算

**V.0.1** 桩、墙式支护结构应按表 V.0.1 的规定进行抗倾覆稳定、隆起稳定和整体稳定验算。土的抗剪强度指标的选用应符合本规范第 9.1.6 条的规定。

**V.0.2** 当坡体内有地下水渗流作用时，稳定分析时应进行坡体内的水力坡降与渗流压力计算，也可采用替代重度法作简化分析。

**表 V.0.1 支护结构的稳定性验算**

| 结构类型 / 稳定性验算 / 计算方法与稳定安全系数 | 桩、墙式支护 | |
|---|---|---|
| | 悬臂桩倾覆稳定 | 带支撑桩的倾覆稳定 |
| 计算简图 | $E_a$，$E_p$，$O$ | $h$，$t$，$O$，$E_a$，$E_p$ |
| 计算方法与稳定安全系数 | 悬臂支护桩在坑内外水、土压力作用下，对 $O$ 点取距的倾覆作用，应满足下式规定：<br>$$K_t=\frac{\Sigma M_{E_p}}{\Sigma M_{E_a}}$$<br>式中：$\Sigma M_{E_p}$——主动区倾覆作用力矩总和（kN·m）；<br>$\Sigma M_{E_a}$——被动区抗倾覆作用力矩总和（kN·m）；<br>$K_t$——桩、墙式悬臂支护抗倾覆稳定安全系数，取 $K_t\geqslant1.30$ | 最下一道支撑点以下支护桩在坑内外水、土压力作用下，对 $O$ 点取距的倾覆作用应满足下式规定：<br>$$K_t=\frac{\Sigma M_{E_p}}{\Sigma M_{E_a}}$$<br>式中：$\Sigma M_{E_p}$——主动区倾覆作用力矩总和（kN·m）；<br>$\Sigma M_{E_a}$——被动区抗倾覆作用力矩总和（kN·m）；<br>$K_t$——带支撑桩、墙式支护抗倾覆稳定安全系数，取 $K_t\geqslant1.30$ |
| 备注 | | |

续表 V.0.1

| 结构类型 / 稳定性验算 / 计算方法与稳定安全系数 | 桩、墙式支护 | | |
|---|---|---|---|
| | 隆起稳定 | | 整体稳定 |
| 计算简图 | | | |
| 计算方法与稳定安全系数 | 基坑底下部土体的强度稳定性应满足下式规定：<br>$K_{\mathrm{D}}=\frac{N_{\mathrm{c}}\tau_0+\gamma t}{\gamma(h+t)+q}$<br>式中：$N_{\mathrm{c}}$——承载力系数，$N_{\mathrm{c}}=5.14$；<br>$\tau_0$——由十字板试验确定的总强度（kPa）；<br>$\gamma$——土的重度（kN/m³）；<br>$K_{\mathrm{D}}$——入土深度底部土抗隆起稳定安全系数，取 $K_{\mathrm{D}}\geqslant1.60$；<br>$t$——支护结构入土深度（m）；<br>$h$——基坑开挖深度（m）；<br>$q$——地面荷载（kPa） | 基坑底下部土体的强度稳定性应满足下式规定：<br>$K_{\mathrm{D}}=\frac{M_{\mathrm{p}}+\int_0^{\pi}\tau_0 t d\theta}{(q+\gamma h)t^2/2}$<br>式中：$M_{\mathrm{P}}$——支护桩、墙横截面抗弯强度标准值（kN·m）；<br>$K_{\mathrm{D}}$——基坑底部处土抗隆起稳定安全系数，取 $K_{\mathrm{D}}\geqslant1.40$ | 按圆弧滑动面法，验算基坑整体稳定性，应满足下式规定：<br>$K_{\mathrm{R}}=\frac{M_{\mathrm{R}}}{M_{\mathrm{S}}}$<br>式中：$M_{\mathrm{S}}$、$M_{\mathrm{R}}$——分别为对于危险滑弧面上滑动力矩和抗滑力矩（kN·m）；<br>$K_{\mathrm{R}}$——整体稳定安全系数，取 $K_{\mathrm{R}}\geqslant1.30$ |
| 备注 | 适用于支护桩底为软土（$\varphi=0$）的基坑 | | |

## 附录 W　基坑抗渗流稳定性计算

**W.0.1**　当上部为不透水层，坑底下某深度处有承压水层时，基坑底抗渗流稳定性可按下式验算（图 W.0.1）：

$$\frac{\gamma_{\mathrm{m}}(t+\Delta t)}{p_{\mathrm{w}}}\geqslant1.1 \qquad (\mathrm{W.0.1})$$

式中：$\gamma_{\mathrm{m}}$——透水层以上土的饱和重度（kN/m³）；

$t+\Delta t$——透水层顶面距基坑底面的深度（m）；

$p_{\mathrm{w}}$——含水层水压力（kPa）。

**W.0.2**　当基坑内外存在水头差时，粉土和砂土应进行抗渗流稳定性验算，渗流的水力梯度不应超过临界水力梯度。

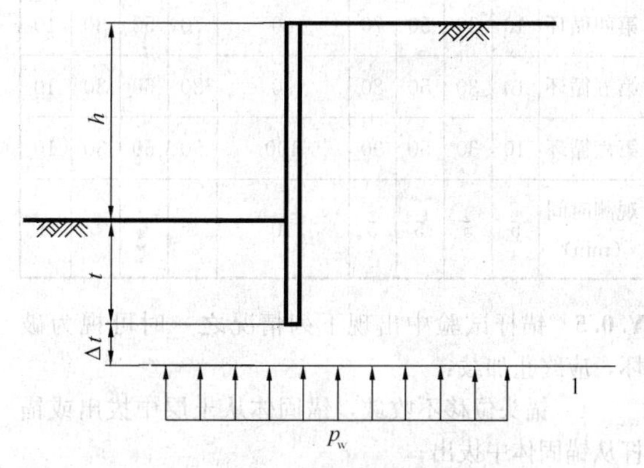


图 W.0.1　基坑底抗渗流稳定验算示意

1—透水层

## 附录 Y　土层锚杆试验要点

**Y.0.1**　土层锚杆试验的地质条件、锚杆材料和施工工艺等应与工程锚杆一致。为使确定锚固体与土层粘结强度特征值、验证杆体与砂浆间粘结强度特征值的试验达到极限状态，应使杆体承载力标准值大于预估破坏荷载的 1.2 倍。

**Y.0.2**　试验时最大的试验荷载不宜超过锚杆杆体承载力标准值的 0.9 倍。

**Y.0.3**　锚固体灌浆强度达到设计强度的 90%后，方可进行锚杆试验。

**Y.0.4**　试验应采用循环加、卸载法，并应符合下列规定：

1　每级加荷观测时间内，测读锚头位移不应小于 3 次；

2　每级加荷观测时间内，当锚头位移增量不大于 0.1mm 时，可施加下一级荷载；不满足时应在锚头位移增量 2h 内小于 2mm 时再施加下一级荷载；

3　加、卸载等级、测读间隔时间宜按表 Y.0.4 确定；

4　如果第六次循环加荷观测时间内，锚头位移增量不大于 0.1mm 时，可视试验装置情况，按每级增加预估破坏荷载的 10%进行 1 次或 2 次循环。

**表 Y.0.4　锚杆基本试验循环加卸载等级与位移观测间隔时间**

| 加荷标准循环数 | 预估破坏荷载的百分数（%） | | | | | | | | |
|---|---|---|---|---|---|---|---|---|---|
| | 每级加载量 | | | | 累计加载量 | 每级卸载量 | | | |
| 第一循环 | 10 | | | | 30 | | | | 10 |
| 第二循环 | 10 | 30 | | | 50 | | | 30 | 10 |
| 第三循环 | 10 | 30 | 50 | | 70 | | 50 | 30 | 10 |
| 第四循环 | 10 | 30 | 50 | 70 | 80 | 70 | 50 | 30 | 10 |
| 第五循环 | 10 | 30 | 50 | 80 | 90 | 80 | 50 | 30 | 10 |
| 第六循环 | 10 | 30 | 50 | 90 | 100 | 90 | 50 | 30 | 10 |
| 观测时间（min） | 5 | 5 | 5 | 5 | 10 | 5 | 5 | 5 | 5 |

**Y.0.5**　锚杆试验中出现下列情况之一时可视为破坏，应终止加载：

1　锚头位移不收敛，锚固体从土层中拔出或锚杆从锚固体中拔出；

2　锚头总位移量超过设计允许值；

3　土层锚杆试验中后一级荷载产生的锚头位移增量，超过上一级荷载位移增量的 2 倍。

**Y.0.6**　试验完成后，应根据试验数据绘制荷载-位移（$Q$-$s$）曲线、荷载-弹性位移（$Q$-$s_e$）曲线和荷载-塑性位移（$Q$-$s_e$）曲线。

**Y.0.7**　单根锚杆的极限承载力取破坏荷载前一级的荷载量；在最大试验荷载作用下未达到破坏标准时，单根锚杆的极限承载力取最大荷载值。

**Y.0.8**　锚杆试验数量不得少于 3 根。参与统计的试验锚杆，当满足其极差值不大于平均值的 30%时，取平均值作为锚杆的极限承载力；若最大极差超过 30%，应增加试验数量，并分析极差过大的原因，结合工程情况确定极限承载力。

**Y.0.9**　将锚杆极限承载力除以安全系数 2，即为锚杆抗拔承载力特征值。

**Y.0.10**　锚杆验收试验应符合下列规定：

1　试验最大荷载值按 $0.85A_s f_y$ 确定；

2　试验采用单循环法，按试验最大荷载值的 10%、30%、50%、70%、80%、90%、100%施加；

3　每级试验荷载达到后，观测 10min，测计锚头位移；

4　达到试验最大荷载值，测计锚头位移后卸荷到试验最大荷载值的 10%观测 10min 并测计锚头位移；

5　锚杆试验完成后，绘制锚杆荷载-位移曲线（$Q$-$s$）曲线图；

6　符合下列条件时，试验的锚杆为合格：

1）加载到设计荷载后变形稳定；

2）锚杆弹性变形不小于自由段长度变形计算值的 80%，且不大于自由段长度与 1/2 锚固段长度之和的弹性变形计算值；

7　验收试验的锚杆数量取锚杆总数的 5%，且不应少于 5 根。

## 本规范用词说明

1　为便于在执行本规范条文时区别对待，对要求严格程度不同的用词说明如下：

1）表示很严格，非这样做不可的用词：
正面词采用“必须”；反面词采用“严禁”。

2）表示严格，在正常情况下均应这样做的用词：
正面词采用“应”；反面词采用“不应”或“不得”。

3）表示允许稍有选择，在条件许可时首先应这样做的用词：
正面词采用“宜”；反面词采用“不宜”。

4）表示有选择，在一定条件下可以这样做的，采用“可”。

2　规范中指明应按其他有关标准执行时的写法为“应符合……的规定”或“应按……执行”。

## 引用标准名录

1 《建筑结构荷载规范》GB 50009
2 《混凝土结构设计规范》GB 50010
3 《建筑抗震设计规范》GB 50011
4 《工业建筑防腐蚀设计规范》GB 50046
5 《土工试验方法标准》GB/T 50123
6 《混凝土结构耐久性设计规范》GB/T 50476

中华人民共和国国家标准

# 建筑地基基础设计规范

GB 50007—2011

## 条 文 说 明

# 修 订 说 明

《建筑地基基础设计规范》GB 50007-2011，经住房和城乡建设部2011年7月26日以第1096号公告批准、发布。

本规范是在《建筑地基基础设计规范》GB 50007-2002的基础上修订而成的，上一版的主编单位是中国建筑科学研究院，参编单位是北京市勘察设计研究院、建设部综合勘察设计研究院、北京市建筑设计研究院、建设部建筑设计院、上海建筑设计研究院、广西建筑综合设计研究院、云南省设计院、辽宁省建筑设计研究院、中南建筑设计院、湖北省建筑科学研究院、福建省建筑科学研究院、陕西省建筑科学研究院、甘肃省建筑科学研究院、广州市建筑科学研究院、四川省建筑科学研究院、黑龙江省寒地建筑科学研究院、天津大学、同济大学、浙江大学、重庆建筑大学、太原理工大学、广东省基础工程公司，主要起草人员是黄熙龄、滕延京、王铁宏、王公山、王惠昌、白晓红、汪国烈、吴学敏、杨敏、周光孔、周经文、林立岩、罗宇生、陈如桂、钟亮、顾晓鲁、顾宝和、侯光瑜、袁炳麟、袁内镇、唐杰康、黄求顺、龚一鸣、裴捷、潘凯云、潘秋元。本次修订的主要技术内容是：

1 增加地基基础设计等级中基坑工程的相关内容；

2 地基基础设计使用年限不应小于建筑结构的设计使用年限；

3 增加泥炭、泥炭质土的工程定义；

4 增加回弹再压缩变形计算方法；

5 增加建筑物抗浮稳定计算方法；

6 增加当地基中下卧岩面为单向倾斜，岩面坡度大于10%，基底下的土层厚度大于1.5m的土岩组合地基设计原则；

7 增加岩石地基设计内容；

8 增加岩溶地区场地根据岩溶发育程度进行地基基础设计的原则；

9 增加复合地基变形计算方法；

10 增加扩展基础最小配筋率不应小于0.15%的设计要求；

11 增加当扩展基础底面短边尺寸小于或等于柱宽加2倍基础有效高度的斜截面受剪承载力计算要求；

12 对桩基沉降计算方法，经统计分析，调整了沉降经验系数；

13 增加对高地下水位地区，当场地水文地质条件复杂，基坑周边环境保护要求高，设计等级为甲级的基坑工程，应进行地下水控制专项设计的要求；

14 增加对地基处理工程的工程检验要求；

15 增加单桩水平载荷试验要点，单桩竖向抗拔载荷试验要点。

本规范修订过程中，编制组共召开全体会议4次，专题研讨会14次，总结了我国建筑地基基础领域的实践经验，同时参考了国外先进技术法规、技术标准，通过调研、征求意见及工程试算，对增加和修订内容的反复讨论、分析、论证，取得了重要技术参数。

为便于广大设计、施工、科研、学校等单位有关人员在使用本规范时能正确理解和执行条文规定，《建筑地基基础设计规范》修订组按章、节、条顺序编制了本规范的条文说明，对条文规定的目的、依据以及执行中需注意的有关事项进行了说明，还着重对强制性条文的强制性理由作了解释。但是，本条文说明不具备与规范正文同等的法律效力，仅供使用者作为理解和把握规范规定的参考。

# 目　次

# 1 总 则

**1.0.1** 现行国家标准《工程结构可靠性设计统一标准》GB 50153对结构设计应满足的功能要求作了如下规定：一、能承受在正常施工和正常使用时可能出现的各种作用；二、保持良好的使用性能；三、具有足够的耐久性能；四、当发生火灾时，在规定的时间内可保持足够的承载力；五、当发生爆炸、撞击、人为错误等偶然事件时，结构能保持必需的整体稳固性，不出现与起因不相称的破坏后果，防止出现结构的连续倒塌。按此规定根据地基工作状态，地基设计时应当考虑：

**1** 在长期荷载作用下，地基变形不致造成承重结构的损坏；

**2** 在最不利荷载作用下，地基不出现失稳现象；

**3** 具有足够的耐久性能。

因此，地基基础设计应注意区分上述三种功能要求。在满足第一功能要求时，地基承载力的选取以不使地基中出现长期塑性变形为原则，同时还要考虑在此条件下各类建筑可能出现的变形特征及变形量。由于地基土的变形具有长期的时间效应，与钢、混凝土、砖石等材料相比，它属于大变形材料。从已有的大量地基事故分析，绝大多数事故皆由地基变形过大或不均匀造成。故在规范中明确规定了按变形设计的原则、方法；对于一部分地基基础设计等级为丙级的建筑物，当按地基承载力设计基础面积及埋深后，其变形亦同时满足要求时可不进行变形计算。

地基基础的设计使用年限应满足上部结构的设计使用年限要求。大量工程实践证明，地基在长期荷载作用下承载力有所提高，基础材料应根据其工作环境满足耐久性设计要求。

**1.0.2** 本规范主要针对工业与民用建筑（包括构筑物）的地基基础设计提出设计原则和计算方法。

对于湿陷性黄土地基、膨胀土地基、多年冻土地基等，由于这些土类的物理力学性质比较特殊，选用土的承载力、基础埋深、地基处理等应按国家现行标准《湿陷性黄土地区建筑规范》GB 50025、《膨胀土地区建筑技术规范》GBJ 112、《冻土地区建筑地基基础设计规范》JGJ 118的规定进行设计。对于振动荷载作用下的地基设计，由于土的动力性能与静力性能差异较大，应按现行国家标准《动力机器基础设计规范》GB 50040的规定进行设计。但基础设计，仍然可以采用本规范的规定进行设计。

**1.0.3** 由于地基土的性质复杂。在同一地基内土的力学指标离散性一般较大，加上暗塘、古河道、山前洪积、熔岩等许多不良地质条件，必须强调因地制宜原则。本规范对总的设计原则、计算均作出了通用规定，也给出了许多参数。各地区可根据土的特性、地质情况作具体补充。此外，设计人员必须根据具体工程的地质条件、结构类型以及地基在长期荷载作用下的工作形状，采用优化设计方法，以提高设计质量。

**1.0.4** 地基基础设计中，作用在基础上的各类荷载及其组合方法按现行国家标准《建筑结构荷载规范》GB 50009执行。在地下水位以下时应扣去水的浮力。否则，将使计算结果偏差很大而造成重大失误。在计算土压力、滑坡推力、稳定性时尤应注意。

本规范只给出各类基础基底反力、力矩、挡墙所受的土压力等。至于基础断面大小及配筋量尚应满足抗弯、抗冲切、抗剪切、抗压等要求，设计时应根据所选基础材料按照有关规范规定执行。

# 2 术语和符号

## 2.1 术 语

**2.1.3** 由于土为大变形材料，当荷载增加时，随着地基变形的相应增长，地基承载力也在逐渐加大，很难界定出一个真正的“极限值”；另一方面，建筑物的使用有一个功能要求，常常是地基承载力还有潜力可挖，而变形已达到或超过按正常使用的限值。因此，地基设计是采用正常使用极限状态这一原则，所选定的地基承载力是在地基土的压力变形曲线线性变形段内相应于不超过比例界限点的地基压力值，即允许承载力。

根据国外有关文献，相应于我国规范中“标准值”的含义可以有特征值、公称值、名义值、标定值四种，在国际标准《结构可靠性总原则》ISO 2394中相应的术语直译为“特征值”（Characteristic Value），该值的确定可以是统计得出，也可以是传统经验值或某一物理量限定的值。

本次修订采用“特征值”一词，用以表示正常使用极限状态计算时采用的地基承载力和单桩承载力的设计使用值，其涵义即为在发挥正常使用功能时所允许采用的抗力设计值，以避免过去一律提“标准值”时所带来的混淆。

# 3 基 本 规 定

**3.0.1** 建筑地基基础设计等级是按照地基基础设计的复杂性和技术难度确定的，划分时考虑了建筑物的性质、规模、高度和体型；对地基变形的要求；场地和地基条件的复杂程度；以及由于地基问题对建筑物的安全和正常使用可能造成影响的严重程度等因素。

地基基础设计等级采用三级划分，见表3.0.1。现对该表作如下重点说明：

在地基基础设计等级为甲级的建筑物中，30层以上的高层建筑，不论其体型复杂与否均列入甲级，这是考虑到其高度和重量对地基承载力和变形均有较高要求，采用天然地基往往不能满足设计需要，而须考虑桩基或进行地基处理；体型复杂、层数相差超过10层的高低层连成一体的建筑物是指在平面上和立面上高度变化较大、体型变化复杂，且建于同一整体基础上的高层宾馆、办公楼、商业建筑等建筑物。由于上部荷载大小相差悬殊、结构刚度和构造变化复杂，很易出现地基不均匀变形，为使地基变形不超过建筑物的允许值，地基基础设计的复杂程度和技术难度均较大，有时需要采用多种地基和基础类型或考虑采用地基与基础和上部结构共同作用的变形分析计算来解决不均匀沉降对基础和上部结构的影响问题；大面积的多层地下建筑物存在深基坑开挖的降水、支护和对邻近建筑物可能造成严重不良影响等问题，增加了地基基础设计的复杂性，有些地面以上没有荷载或荷载很小的大面积多层地下建筑物，如地下停车场、商场、运动场等还存在抗地下水浮力的设计问题；复杂地质条件下的坡上建筑物是指坡体岩土的种类、性质、产状和地下水条件变化复杂等对坡体稳定性不利的情况，此时应作坡体稳定性分析，必要时应采取整治措施；对原有工程有较大影响的新建建筑物是指在原有建筑物旁和在地铁、地下隧道、重要地下管道上或旁边新建的建筑物，当新建建筑物对原有工程影响较大时，为保证原有工程的安全和正常使用，增加了地基基础设计的复杂性和难度；场地和地基条件复杂的建筑物是指不良地质现象强烈发育的场地，如泥石流、崩塌、滑坡、岩溶土洞塌陷等，或地质环境恶劣的场地，如地下采空区、地面沉降区、地裂缝地区等，复杂地基是指地基岩土种类和性质变化很大、有古河道或暗浜分布、地基为特殊性岩土，如膨胀土、湿陷性土等，以及地下水对工程影响很大需特殊处理等情况，上述情况均增加了地基基础设计的复杂程度和技术难度。对在复杂地质条件和软土地区开挖较深的基坑工程，由于基坑支护、开挖和地下水控制等技术复杂、难度较大；挖深大于15m的基坑以及基坑周边环境条件复杂、环境保护要求高时对基坑支挡结构的位移控制严格，也列入甲级。

表3.0.1所列的设计等级为丙级的建筑物是指建筑场地稳定，地基岩土均匀良好、荷载分布均匀的七层及七层以下的民用建筑和一般工业建筑物以及次要的轻型建筑物。

由于情况复杂，设计时应根据建筑物和地基的具体情况参照上述说明确定地基基础的设计等级。

**3.0.2** 本条为强制性条文。本条规定了地基设计的基本原则，为确保地基设计的安全，在进行地基设计时必须严格执行。地基设计的原则如下：

1 各类建筑物的地基计算均应满足承载力计算的要求。

2 设计等级为甲级、乙级的建筑物均应按地基变形设计，这是由于因地基变形造成上部结构的破坏和裂缝的事例很多，因此控制地基变形成为地基基础设计的主要原则，在满足承载力计算的前提下，应按控制地基变形的正常使用极限状态设计。

3 对经常受水平荷载作用、建造在边坡附近的建筑物和构筑物以及基坑工程应进行稳定性验算。本规范2002版增加了对地下水埋藏较浅，而地下室或地下建筑存在上浮问题时，应进行抗浮验算的规定。

**3.0.4** 本条规定了对地基勘察的要求：

1 在地基基础设计前必须进行岩土工程勘察。

2 对岩土工程勘察报告的内容作出规定。

3 对不同地基基础设计等级建筑物的地基勘察方法，测试内容提出了不同要求。

4 强调应进行施工验槽，如发现问题应进行补充勘察，以保证工程质量。

抗浮设防水位是很重要的设计参数，影响因素众多，不仅与气候、水文地质等自然因素有关，有时还涉及地下水开采、上下游水量调配、跨流域调水和大量地下工程建设等复杂因素。对情况复杂的重要工程，要在勘察期间预测建筑物使用期间水位可能发生的变化和最高水位有时相当困难。故现行国家标准《岩土工程勘察规范》GB 50021规定，对情况复杂的重要工程，需论证使用期间水位变化，提出抗浮设防水位时，应进行专门研究。

**3.0.5** 本条为强制性条文。地基基础设计时，所采用的作用的最不利组合和相应的抗力限值应符合下列规定：

当按地基承载力计算和地基变形计算以确定基础底面积和埋深时应采用正常使用极限状态，相应的作用效应为标准组合和准永久组合的效应设计值。

在计算挡土墙、地基、斜坡的稳定和基础抗浮稳定时，采用承载能力极限状态作用的基本组合，但规定结构重要性系数$\gamma_0$不应小于1.0，基本组合的效应设计值$S$中作用的分项系数均为1.0。

在根据材料性质确定基础或桩台的高度、支挡结构截面，计算基础或支挡结构内力、确定配筋和验算材料强度时，应按承载能力极限状态采用作用的基本组合。此时，$S$中包含相应作用的分项系数。

**3.0.6** 作用组合的效应设计值应按现行国家标准《建筑结构荷载规范》GB 50009的规定执行。规范编制组对基础构件设计的分项系数进行了大量试算工作，对高层建筑筏板基础5人次8项工程、高耸构筑物1人次2项工程、烟囱2人次8项工程、支挡结构5人次20项工程的试算结果统计，对由永久作用控制的基本组合采用简化算法确定设计值时，作用的综合分项系数可取1.35。

**3.0.7** 现行国家标准《工程结构可靠性设计统一标准》GB 50153规定，工程设计时应规定结构的设计使用年限，地基基础设计必须满足上部结构设计使用年限的要求。

## 4 地基岩土的分类及工程特性指标

### 4.1 岩土的分类

**4.1.2～4.1.4** 岩石的工程性质极为多样，差别很大，进行工程分类十分必要。

岩石的分类可以分为地质分类和工程分类。地质分类主要根据其地质成因、矿物成分、结构构造和风化程度，可以用地质名称加风化程度表达，如强风化花岗岩、微风化砂岩等。这对于工程的勘察设计确是十分必要的。工程分类主要根据岩体的工程性状，使工程师建立起明确的工程特性概念。地质分类是一种基本分类，工程分类应在地质分类的基础上进行，目的是为了较好地概括其工程性质，便于进行工程评价。

本规范 2002 版除了规定应确定地质名称和风化程度外，增加了“岩石的坚硬程度”和“岩体的完整程度”的划分，并分别提出了定性和定量的划分标准和方法，对于可以取样试验的岩石，应尽量采用定量的方法，对于难以取样的破碎和极破碎岩石，可用附录 A 的定性方法，可操作性较强。岩石的坚硬程度直接和地基的强度和变形性质有关，其重要性是无疑的。岩体的完整程度反映了它的裂隙性，而裂隙性是岩体十分重要的特性，破碎岩石的强度和稳定性较完整岩石大大削弱，尤其对边坡和基坑工程更为突出。将岩石的坚硬程度和岩体的完整程度各分五级。划分出极软岩十分重要，因为这类岩石常有特殊的工程性质，例如某些泥岩具有很高的膨胀性；泥质砂岩、全风化花岗岩等有很强的软化性（饱和单轴抗压强度可等于零）；有的第三纪砂岩遇水崩解，有流砂性质。划分出极破碎岩体也很重要，有时开挖时很硬，暴露后逐渐崩解。片岩各向异性特别显著，作为边坡极易失稳。

破碎岩石测岩块的纵波波速有时会有困难，不易准确测定，此时，岩块的纵波波速可用现场测定岩性相同但岩体完整的纵波波速代替。

这些内容本次修订保留原规范内容。

**4.1.6** 碎石土难以取样试验，规范采用以重型动力触探锤击数 $N_{63.5}$ 为主划分其密实度，同时可采用野外鉴别法，列入附录 B。

重型圆锥动力触探在我国已有近 50 年的应用经验，各地积累了大量资料。铁道部第二设计院通过筛选，采用了 59 组对比数据，包括卵石、碎石、圆砾、角砾，分布在四川、广西、辽宁、甘肃等地，数据经修正（表 1），统计分析了 $N_{63.5}$ 与地基承载力关系（表 2）。

**表 1 修正系数**

| $L$ (m) \ $N_{63.5}$ | 5 | 10 | 15 | 20 | 25 | 30 | 35 | 40 | ≥50 |
|---|---|---|---|---|---|---|---|---|---|
| ≤2 | 1.0 | 1.0 | 1.0 | 1.0 | 1.0 | 1.0 | 1.0 | 1.0 | |
| 4 | 0.96 | 0.95 | 0.93 | 0.92 | 0.90 | 0.89 | 0.87 | 0.86 | 0.84 |
| 6 | 0.93 | 0.90 | 0.88 | 0.85 | 0.83 | 0.81 | 0.79 | 0.78 | 0.75 |
| 8 | 0.90 | 0.86 | 0.83 | 0.80 | 0.77 | 0.75 | 0.73 | 0.71 | 0.67 |
| 10 | 0.88 | 0.83 | 0.79 | 0.75 | 0.72 | 0.69 | 0.67 | 0.64 | 0.61 |
| 12 | 0.85 | 0.79 | 0.75 | 0.70 | 0.67 | 0.64 | 0.61 | 0.59 | 0.55 |
| 14 | 0.82 | 0.76 | 0.71 | 0.66 | 0.62 | 0.58 | 0.56 | 0.53 | 0.50 |
| 16 | 0.79 | 0.73 | 0.67 | 0.62 | 0.57 | 0.54 | 0.51 | 0.48 | 0.45 |
| 18 | 0.77 | 0.70 | 0.63 | 0.57 | 0.53 | 0.49 | 0.46 | 0.43 | 0.40 |
| 20 | 0.75 | 0.67 | 0.59 | 0.53 | 0.48 | 0.44 | 0.41 | 0.39 | 0.36 |

注：$L$ 为杆长。

**表 2 $N_{63.5}$ 与承载力的关系**

| $N_{63.5}$ | 3 | 4 | 5 | 6 | 8 | 10 | 12 | 14 | 16 |
|---|---|---|---|---|---|---|---|---|---|
| $\sigma_0$ (kPa) | 140 | 170 | 200 | 240 | 320 | 400 | 480 | 540 | 600 |
| $N_{63.5}$ | 18 | 20 | 22 | 24 | 26 | 28 | 30 | 35 | 40 |
| $\sigma_0$ (kPa) | 660 | 720 | 780 | 830 | 870 | 900 | 930 | 970 | 1000 |

注：1 适用的深度范围为 1m～20m；
2 表内的 $N_{63.5}$ 为经修正后的平均击数。

表 1 的修正，实际上是对杆长、上覆土自重压力、侧摩阻力的综合修正。

过去积累的资料基本上是 $N_{63.5}$ 与地基承载力的关系，极少与密实度有关系。考虑到碎石土的承载力主要与密实度有关，故本次修订利用了表 2 的数据，参考其他资料，制定了本条按 $N_{63.5}$ 划分碎石土密实度的标准。

**4.1.8** 关于标准贯入试验锤击数 $N$ 值的修正问题，虽然国内外已有不少研究成果，但意见很不一致。在我国，一直用经过修正后的 $N$ 值确定地基承载力，用不修正的 $N$ 值判别液化。国外和我国某些地方规范，则采用有效上覆自重压力修正。因此，勘察报告首先提供未经修正的实测值，这是基本数据。然后，在应用时根据当地积累资料统计分析时的具体情况，确定是否修正和如何修正。用 $N$ 值确定砂土密实度，确定这个标准时并未经过修正，故表 4.1.8 中的 $N$ 值为未经过修正的数值。

**4.1.11** 粉土的性质介于砂土和黏性土之间。砂粒含量较多的粉土，地震时可能产生液化，类似于砂土的性质。黏粒含量较多（>10%）的粉土不会液化，性质近似于黏性土。而西北一带的黄土，颗粒成分以粉粒为主，砂粒和黏粒含量都很低。因此，将粉土细分为亚类，是符合工程需要的。但目前，由于经验积累的不同和认识上的差别，尚难确定一个能被普遍接受的划分亚类标准，故本条未作划分亚类的明确规定。

**4.1.12** 淤泥和淤泥质土有机质含量为 5%～10%时的工程性质变化较大，应予以重视。

随着城市建设的需要，有些工程遇到泥炭或泥炭质土。泥炭或泥炭质土是在湖相和沼泽静水、缓慢的流水环境中沉积，经生物化学作用形成，含有大量的有机质，具有含水量高、压缩性高、孔隙比高和天然密度低、抗剪强度低、承载力低的工程特性。泥炭、泥炭质土不应直接作为建筑物的天然地基持力层，工程中遇到时应根据地区经验处理。

**4.1.13** 红黏土是红土的一个亚类。红土化作用是在炎热湿润气候条件下的一种特定的化学风化成土作用。它较为确切地反映了红黏土形成的历程与环境背景。

区域地质资料表明：碳酸盐类岩石与非碳酸盐类岩石常呈互层产出，即使在碳酸盐类岩石成片分布的地区，也常见非碳酸盐类岩石夹杂其中。故将成土母岩扩大到"碳酸盐岩系出露区的岩石"。

在岩溶洼地、谷地、准平原及丘陵斜坡地带，当受片状及间歇性水流冲蚀，红黏土的土粒被带到低洼处堆积成新的土层，其颜色较未搬运者为浅，常含粗颗粒，但总体上仍保持红黏土的基本特征，而明显有别于一般的黏性土。这类土在鄂西、湘西、广西、粤北等山地丘陵区分布，还远较红黏土广泛。为了利于对这类土的认识和研究，将它划定为次生红黏土。

## 4.2 工程特性指标

**4.2.1** 静力触探、动力触探、标准贯入试验等原位测试，用于确定地基承载力，在我国已有丰富经验，可以应用，故列入本条，并强调了必须有地区经验，即当地的对比资料。同时还应注意，当地基基础设计等级为甲级和乙级时，应结合室内试验成果综合分析，不宜单独应用。

本规范1974版建立了土的物理力学性指标与地基承载力关系，本规范1989版仍保留了地基承载力表，列入附录，并在使用上加以适当限制。承载力表使用方便是其主要优点，但也存在一些问题。承载力表是用大量的试验数据，通过统计分析得到的。我国各地土质条件各异，用几张表格很难概括全国的规律。用查表法确定承载力，在大多数地区可能基本适合或偏保守，但也不排除个别地区可能不安全。此外，随着设计水平的提高和对工程质量要求的趋于严格，变形控制已是地基设计的重要原则，本规范作为国标，如仍沿用承载力表，显然已不适应当前的要求，本规范2002版已决定取消有关承载力表的条文和附录，勘察单位应根据试验和地区经验确定地基承载力等设计参数。

**4.2.2** 工程特性指标的代表值，对于地基计算至关重要。本条明确规定了代表值的选取原则。标准值取其概率分布的0.05分位数；地基承载力特征值是指由载荷试验地基土压力变形曲线线性变形段内规定的变形对应的压力值，实际即为地基承载力的允许值。

**4.2.3** 载荷试验是确定岩土承载力和变形参数的主要方法，本规范1989版列入了浅层平板载荷试验。考虑到浅层平板载荷试验不能解决深层土的问题，本规范2002版修订增加了深层载荷试验的规定。这种方法已积累了一定经验，为了统一操作，将其试验要点列入了本规范的附录D。

**4.2.4** 采用三轴剪切试验测定土的抗剪强度，是国际上常规的方法。优点是受力条件明确，可以控制排水条件，既可用于总应力法，也可用于有效应力法；缺点是对取样和试验操作要求较高，土质不均时试验成果不理想。相比之下，直剪试验虽然简便，但受力条件复杂，无法控制排水，故本规范2002版修订推荐三轴试验。鉴于多数工程施工速度快，较接近于不固结不排水试验条件，故本规范推荐*UU*试验。而且，用*UU*试验成果计算，一般比较安全。但预压固结的地基，应采用固结不排水剪。进行*UU*试验时，宜在土的有效自重压力下预固结，更符合实际。

鉴于现行国家标准《土工试验方法标准》GB/T 50123中未提出土的有效自重压力下预固结*UU*试验操作方法，本规范对其试验要点说明如下：

**1** 试验方法适用于细粒土和粒径小于20mm的粗粒土。

**2** 试验必须制备3个以上性质相同的试样，在不同的周围压力下进行试验，周围压力宜根据工程实际荷重确定。对于填土，最大一级周围压力应与最大的实际荷重大致相等。

注：试验宜在恒温条件下进行。

**3** 试样的制备应满足相关规范的要求。对于非饱和土，试样应保持土的原始状态；对于饱和土，试样应预先进行饱和。

**4** 试样的安装、自重压力固结，应按下列步骤进行：

1）在压力室的底座上，依次放上不透水板、试样及不透水试样帽，将橡皮膜用承膜筒套在试样外，并用橡皮圈将橡皮膜两端与底座及试样帽分别扎紧。

2）将压力室罩顶部活塞提高，放下压力室罩，将活塞对准试样中心，并均匀地拧紧底座连接螺母。向压力室内注满纯水，待压力室顶部排气孔有水溢出时，拧紧排气孔，并将活塞对准测力计和试样顶部。

3）将离合器调至粗位，转动粗调手轮，当试样帽与活塞及测力计接近时，将离合器调至细位，改用细调手轮，使试样帽与活塞及测力计接触，装上变形指示计，将测力计和变形指示计调至零位。

4）开周围压力阀，施加相当于自重压力的周围压力。

5）施加周围压力1h后关排水阀。

6）施加试验需要的周围压力。

5 剪切试样应按下列步骤进行：

1）剪切应变速率宜为每分钟应变 0.5%～1.0%。

2）启动电动机，合上离合器，开始剪切。试样每产生 0.3%～0.4%的轴向应变（或 0.2mm 变形值），测记一次测力计读数和轴向变形值。当轴向应变大于 3%时，试样每产生 0.7%～0.8%的轴向应变（或 0.5mm 变形值），测记一次。

3）当测力计读数出现峰值时，剪切应继续进行到轴向应变为 15%～20%。

4）试验结束，关电动机，关周围压力阀，脱开离合器，将离合器调至粗位，转动粗调手轮，将压力室降下，打开排气孔，排除压力室内的水，拆卸压力室罩，拆除试样，描述试样破坏形状，称试样质量，并测定含水率。

6 试验数据的计算和整理应满足相关规范要求。

室内试验确定土的抗剪强度指标影响因素很多，包括土的分层合理性、土样均匀性、操作水平等，某些情况下使试验结果的变异系数较大，这时应分析原因，增加试验组数，合理取值。

**4.2.5** 土的压缩性指标是建筑物沉降计算的依据。为了与沉降计算的受力条件一致，强调施加的最大压力应超过土的有效自重压力与预计的附加压力之和，并取与实际工程相同的压力段计算变形参数。

考虑土的应力历史进行沉降计算的方法，注意了欠压密土在土的自重压力下的继续压密和超压密土的卸荷再压缩，比较符合实际情况，是国际上常用的方法，应通过高压固结试验测定有关参数。

# 5 地 基 计 算

## 5.1 基础埋置深度

**5.1.3** 本条为强制性条文。除岩石地基外，位于天然土质地基上的高层建筑筏形或箱形基础应有适当的埋置深度，以保证筏形和箱形基础的抗倾覆和抗滑移稳定性，否则可能导致严重后果，必须严格执行。

随着我国城镇化进程，建设土地紧张，高层建筑设地下室，不仅满足埋置深度要求，还增加使用功能，对软土地基还能提高建筑物的整体稳定性，所以一般情况下高层建筑宜设地下室。

**5.1.4** 本条给出的抗震设防区内的高层建筑筏形和箱形基础埋深不宜小于建筑物高度的 1/15，是基于工程实践和科研成果。北京市勘察设计研究院张在明等在分析北京八度抗震设防区内高层建筑地基整体稳定性与基础埋深的关系时，以二幢分别为 15 层和 25 层的建筑，考虑了地震作用和地基的种种不利因素，用圆弧滑动面法进行分析，其结论是：从地基稳定的角度考虑，当 25 层建筑物的基础埋深为 1.8m 时，其稳定安全系数为 1.44，如埋深为 3.8m（1/17.8）时，则安全系数达到 1.64。对位于岩石地基上的高层建筑筏形和箱形基础，其埋置深度应根据抗滑移的要求来确定。

**5.1.6** 在城市居住密集的地方往往新旧建筑物距离较近，当新建建筑物与原有建筑物距离较近，尤其是新建建筑物基础埋深大于原有建筑物时，新建建筑物会对原有建筑物产生影响，甚至会危及原有建筑物的安全或正常使用。为了避免新建建筑物对原有建筑物的影响，设计时应考虑与原有建筑物保持一定的安全距离，该安全距离应通过分析新旧建筑物的地基承载力、地基变形和地基稳定性来确定。通常决定建筑物相邻影响距离大小的因素，主要有新建建筑物的沉降量和原有建筑物的刚度等。新建建筑物的沉降量与地基土的压缩性、建筑物的荷载大小有关，而原有建筑物的刚度则与其结构形式、长高比以及地基土的性质有关。本规范第 7.3.3 条为相邻建筑物基础间净距的相关规定，这是根据国内 55 个工程实例的调查和分析得到的，满足该条规定的净距要求一般可不考虑对相邻建筑的影响。

当相邻建筑物较近时，应采取措施减小相互影响：1 尽量减小新建建筑物的沉降量；2 新建建筑物的基础埋深不宜大于原有建筑基础；3 选择对地基变形不敏感的结构形式；4 采取有效的施工措施，如分段施工、采取有效的支护措施以及对原有建筑物地基进行加固等措施。

**5.1.7** "场地冻结深度"在本规范 2002 版中称为"设计冻深"，其值是根据当地标准冻深，考虑建设场地所处地基条件和环境条件，经修正后采取的更接近实际的冻深值。本次修订将"设计冻深"改为"场地冻结深度"，以使概念更加清晰准确。

附录 F《中国季节性冻土标准冻深线图》是在标准条件下取得的，该标准条件即为标准冻结深度的定义：地下水位与冻结锋面之间的距离大于 2m，不冻胀黏性土，地表平坦、裸露，城市之外的空旷场地中，多年实测（不少于十年）最大冻深的平均值。由于建设场地通常不具备上述标准条件，所以标准冻结深度一般不直接用于设计中，而是要考虑场地实际条件将标准冻结深度乘以冻深影响系数，使得到的场地冻深更接近实际情况。公式 5.1.7 中主要考虑了土质系数、湿度系数、环境系数。

土质对冻深的影响是众所周知的，因岩性不同其热物理参数也不同，粗颗粒土的导热系数比细颗粒土的大。因此，当其他条件一致时，粗颗粒土比细颗粒土的冻深大，砂类土的冻深比黏性土的大。我国对这方面问题的实测数据不多，不系统，前苏联 1974 年和 1983 年《房屋及建筑物地基》设计规范中有明确规定，本规范采纳了他们的数据。

土的含水量和地下水位对冻深也有明显的影响，因土中水在相变时要放出大量的潜热，所以含水量越多，地下水位越高（冻结时向上迁移水量越多），参与相变的水量就越多，放出的潜热也就越多，由于冻胀土冻结的过程也是放热的过程，放热在某种程度上减缓了冻深的发展速度，因此冻深相对变浅。

城市的气温高于郊外，这种现象在气象学中称为城市的“热岛效应”。城市里的辐射受热状况发生改变（深色的沥青屋顶及路面吸收大量阳光），高耸的建筑物吸收更多的阳光，各种建筑材料的热容量和传热量大于松土。据计算，城市接受的太阳辐射量比郊外高出10%～30%，城市建筑物和路面传送热量的速度比郊外湿润的砂质土壤快3倍，工业排放、交通车辆排放尾气，人为活动等都放出很多热量，加之建筑群集中，风小对流差等，使周围气温升高。这些都导致了市区冻结深度小于标准冻深，为使设计时采用的冻深数据更接近实际，原规范根据国家气象局气象科学研究院气候所、中国科学院、北京地理研究所气候室提供的数据，给出了环境对冻深的影响系数，经多年使用没有问题，因此本次修订对此不作修改，但使用时应注意，此处所说的城市（市区）是指城市集中区，不包括郊区和市属县、镇。

冻结深度与冻土层厚度两个概念容易混淆，对不冻胀土二者相同，但对冻胀性土，尤其强冻胀以上的土，二者相差颇大。对于冻胀性土，冬季自然地面是随冻胀量的加大而逐渐上抬的，此时钻探（挖探）量测的冻土层厚度包含了冻胀量，设计基础埋深时所需的冻深值是自冻前自然地面算起的，它等于实测冻土层厚度减去冻胀量，为避免混淆，在公式5.1.7中予以明确。

关于冻深的取值，尽量应用当地的实测资料，要注意个别年份挖探一个、两个数据不能算实测数据，多年实测资料（不少于十年）的平均值才为实测数据。

**5.1.8** 季节冻土地区基础合理浅埋在保证建筑安全方面是可以实现的，为此冻土学界从20世纪70年代开始做了大量的研究实践工作，取得了一定的成效，并将浅埋方法编入规范中。本次规范修订保留了原规范基础浅埋方法，但缩小了应用范围，将基底允许出现冻土层应用范围控制在深厚季节冻土地区的不冻胀、弱冻胀和冻胀土场地，修订主要依据如下：

**1** 原规范基础浅埋方法目前实际设计中使用不普遍。从本规范1974版、1989版到2002版，根据当时国情和低层建筑较多的情况，为降低基础工程费用，规范都给出了基础浅埋方法，但目前在实际应用中实施基础浅埋的工程比例不大。经调查了解，我国浅季节冻土地区（冻深小于1m）除农村低层建筑外基本没有实施基础浅埋。中厚季节冻土地区（冻深在1m～2m之间）多层建筑和冻胀性较强的地基也很少有浅埋基础，基础埋深多数控制在场地冻深以下。在深厚季节性冻土地区（冻深大于2m）冻胀性不强的地基上浅埋基础较多。浅埋基础应用不多的原因一是设计者对基础浅埋不放心；二是多数勘察资料对冻深范围内的土层不给地基基础设计参数；三是多数情况冻胀性土层不是适宜的持力层。

**2** 随着国家经济的发展，人们对基础浅埋带来的经济效益与房屋建筑的安全性、耐久性之间，更加重视房屋建筑的安全性、耐久性。

**3** 基础浅埋后如果使用过程中地基浸水，会造成地基土冻胀性的增强，导致房屋出现冻胀破坏。此现象在采用了浅埋基础的三层以下建筑时有发生。

**4** 冻胀性强的土融化时的冻融软化现象使基础出现短时的沉陷，多年累积可导致部分浅埋基础房屋使用20年～30年后室内地面低于室外地面，甚至出现进屋下台阶现象。

**5** 目前西欧、北美、日本和俄罗斯规范规定基础埋深均不小于冻深。

鉴于上述情况，本次规范修订提出在浅季节冻土地区、中厚季节冻土地区和深厚季节冻土地区中冻胀性较强的地基不宜实施基础浅埋，在深厚季节冻土地区的不冻胀、弱冻胀、冻胀土地基可以实施基础浅埋，并给出了基底最大允许冻土层厚度表。该表是原规范表保留了弱冻胀、冻胀土数据基础上进行了取整修改。

**5.1.9** 防切向冻胀力的措施如下：

切向冻胀力是指地基土冻结膨胀时产生的其作用方向平行基础侧面的冻胀力。基础防切向冻胀力方法很多，采用时应根据工程特点、地方材料和经验确定。以下介绍3种可靠的方法。

（一）基侧填砂

用基侧填砂来减小或消除切向冻胀力，是简单易行的方法。地基土在冻结膨胀时所产生的冻胀力通过土与基础牢固冻结在一起的剪切面传递，砂类土的持水能力很小，当砂土处在地下水位之上时，不但为非饱和土而且含水量很小，其力学性能接近松散冻土，所以砂土与基础侧表面冻结在一起的冻结强度很小，可传递的切向冻胀力亦很小。在基础施工完成后回填基坑时在基侧外表（采暖建筑）或四周（非采暖建筑）填入厚度不小于100mm的中、粗砂，可以起到良好的防切向冻胀力破坏的效果。本次修订将换填厚度由原来的100mm改为200mm，原因是100mm施工困难，且容易造成换填层不连续。

（二）斜面基础

截面为上小下大的斜面基础就是将独立基础或条形基础的台阶或放大脚做成连续的斜面，其防切向冻胀力作用明显，但它容易被理解为是用下部基础断面中的扩大部分来阻止切向冻胀力将基础抬起，这种理解是错误的。现对其原理分析如下：

在冬初当第一层土冻结时，土产生冻胀，并同时出现两个方向膨胀：沿水平方向膨胀基础受一水平作用力 $H_1$；垂直方向上膨胀基础受一作用力 $V_1$。$V_1$ 可分解成两个分力，即沿基础斜边的 $\tau_{12}$ 和沿基础斜边法线方向的 $N_{12}$，$\tau_{12}$ 即是由于土有向上膨胀趋势对基础施加的切向冻胀力，$N_{12}$ 是由于土有向上膨胀的趋势对基础斜边法线方向作用的拉应力。水平冻胀力 $H_1$ 也可分解成两个分力，其一是 $\tau_{11}$，其二是 $N_{11}$，$\tau_{11}$ 是由于水平冻胀力的作用施加在基础斜边上的切向冻胀力，$N_{11}$ 则是由于水平冻胀力作用施加在基础斜边上的正压力（见图1受力分布图）。此时，第一层土作用于基侧的切向冻胀力为 $\tau_1=\tau_{11}+\tau_{12}$，正压力 $N_1=N_{11}-N_{12}$。由于 $N_{12}$ 为正拉力，它的存在将降低基侧受到的正压力数值。当冻结界面发展到第二层土时，除第一层的原受力不变之外又叠加了第二层土冻胀时对第一层的作用，由于第二层土冻胀时受到第一层的约束，使第一层土对基侧的切向冻胀力增加至 $\tau_1=\tau_{11}+\tau_{12}+\tau_{22}$，而且当冻结第二层土时第一层土所处位置的土温又有所降低，土在产生水平冻胀后出现冷缩，令冻土层的冷缩拉力为 $N_C$，此时正压力为 $N_1=N_{11}-N_{12}-N_C$。当冻层发展到第三层土时，第一、二层重又出现一次上述现象。

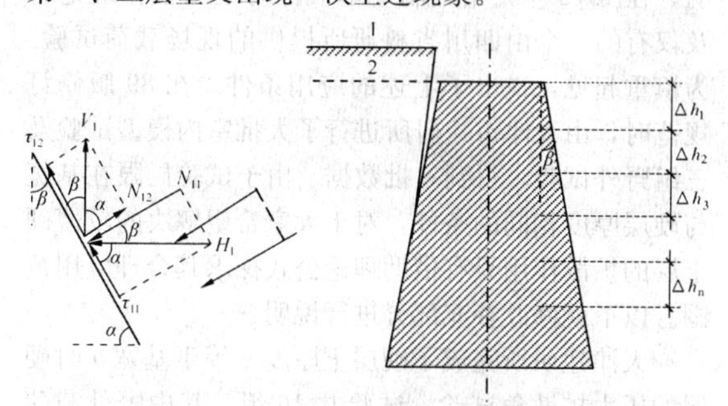


图1　斜面基础基侧受力分布图

1—冻后地面；2—冻前地面

由以上分析可以看出，某层的切向冻胀力随冻深的发展而逐步增加，而该层位置基础斜面上受到的冻胀压应力随冻深的发展数值逐渐变小，当冻深发展到第 $n$ 层，第一层的切向冻胀力超过基侧与土的冻结强度时，基础便与冻土产生相对位移，切向冻胀力不再增加而下滑，出现卸荷现象。$N_1$ 由一开始冻结产生较大的压应力，随着冻深向下发展、土温的降低、下层土的冻胀等作用，拉应力分量在不断地增长，当达到一定程度，$N_1$ 由压力变成拉力，所以当达到抗拉强度极限时，基侧与土将开裂，由于冻土的受拉呈脆性破坏，一旦开裂很快沿基侧向下延伸扩展，这一开裂，使基础与基侧土之间产生空隙，切向冻胀力也就不复存在了。

应该说明的是，在冻胀土层范围之内的基础扩大部分根本起不到锚固作用，因在上层冻胀时基础下部所出现的锚固力，等冻深发展到该层时，随着该层的冻胀而消失了，只有处在下部未冻土中基础的扩大部分才起锚固作用，但我们所说的浅埋基础根本不存在这一伸入未冻土层中的部分。

在闫家岗冻土站不同冻胀性土的场地上进行了多组方锥形（截头锥）桩基础的多年观测，观测结果表明，当 $\beta$ 角大于等于 9°时，基础即是稳定的，见图2。基础稳定的原因不是由于切向冻胀力被下部扩大部分给锚住，而是由于在倾斜表面上出现拉力分量与冷缩分量叠加之后的开裂，切向冻胀力退出工作所造成的，见图3的试验结果。

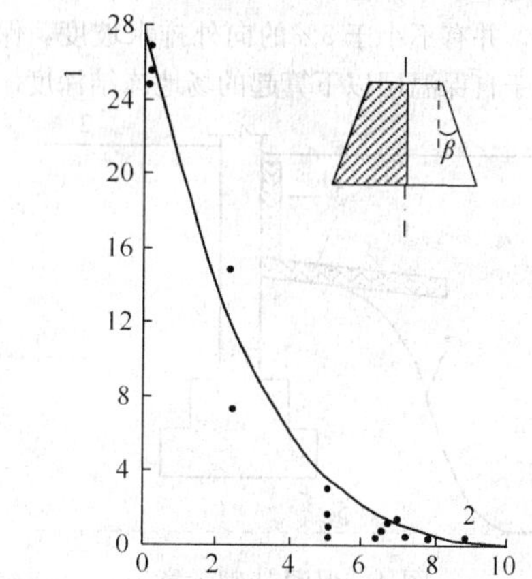


图2　斜面基础的抗冻拔试验

1—基础冻拔量（cm）；2—$\beta$（°）

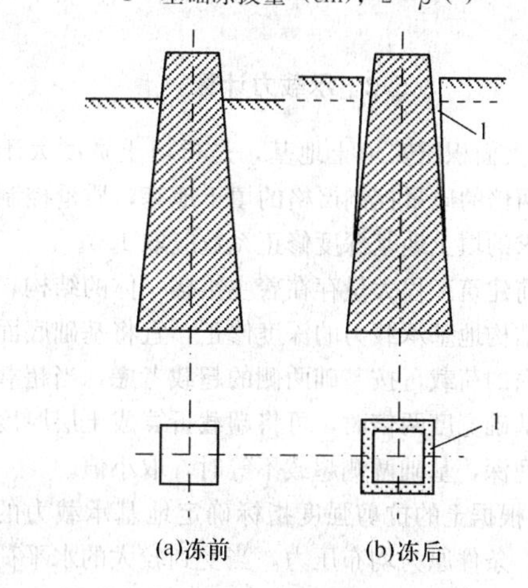


图3　斜面基础的防冻胀试验

1—空隙

用斜面基础防切向冻胀力具有如下特点：

**1**　在冻胀作用下基础受力明确，技术可靠。当其倾斜角 $\beta$ 大于等于 9°时，将不会出现因切向冻胀力作用而导致的冻害事故发生。

**2**　不但可以在地下水位之上，也可在地下水位之下应用。

**3**　耐久性好，在反复冻融作用下防冻胀效果不变。

**4**　不用任何防冻胀材料就可解决切向冻胀问题。

该种基础施工时比常规基础复杂，当基础侧面较粗糙时，可用水泥砂浆将基础侧面抹平。

（三）保温基础

在基础外侧采取保温措施是消除切向冻胀力的有效方法。日本称其为“裙式保温法”，20 世纪 90 年代开始在北海道进行研究和实践，取得了良好的效果。该方法可在冻胀性较强、地下水位较高的地基中使用，不但可以消除切向冻胀力，还可以减少地面热损耗，同时实现基础浅埋。

基础保温方法见图 4。保温层厚度应根据地区气候条件确定，水平保温板上面应有不小于 300mm 厚土层保护，并有不小于 5%的向外排水坡度，保温宽度应不小于自保温层以下算起的场地冻结深度。

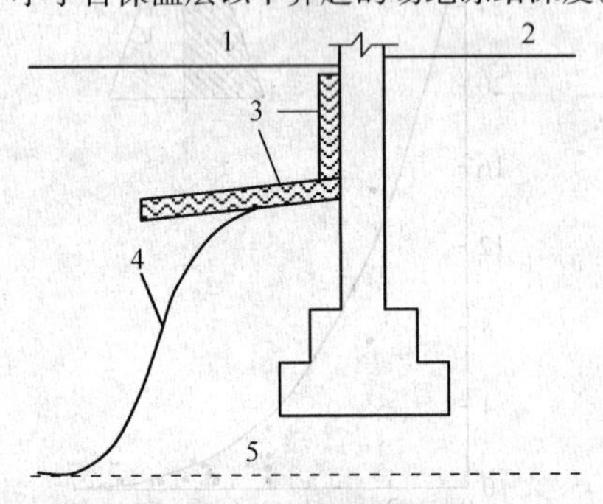


图 4　保温基础示意

1—室外地面；2—采暖室内地面；3—苯板保温层；4—实际冻深线；5—原场地冻深线

## 5.2　承载力计算

**5.2.4**　大面积压实填土地基，是指填土宽度大于基础宽度两倍的质量控制严格的填土地基，质量控制不满足要求的填土地基深度修正系数应取 1.0。

目前建筑工程大量存在着主裙楼一体的结构，对于主体结构地基承载力的深度修正，宜将基础底面以上范围内的荷载，按基础两侧的超载考虑，当超载宽度大于基础宽度两倍时，可将超载折算成土层厚度作为基础埋深，基础两侧超载不等时，取小值。

**5.2.5**　根据土的抗剪强度指标确定地基承载力的计算公式，条件原为均布压力。当受到较大的水平荷载而使合力的偏心距过大时，地基反力分布将很不均匀，根据规范要求 $p_{kmax} \leqslant 1.2 f_a$ 的条件，将计算公式增加一个限制条件为：当偏心距 $e \leqslant 0.033b$ 时，可用该式计算。相应式中的抗剪强度指标 $c$、$\varphi$，要求采用附录 E 求出的标准值。

**5.2.6**　岩石地基的承载力一般较土高得多。本条规定：“用岩石地基载荷试验确定”。但对完整、较完整和较破碎的岩体可以取样试验时，可以根据饱和单轴抗压强度标准值，乘以折减系数确定地基承载力特征值。

关键问题是如何确定折减系数。岩石饱和单轴抗压强度与地基承载力之间的不同在于：第一，抗压强度试验时，岩石试件处于无侧限的单轴受力状态；而地基承载力则处于有围压的三轴应力状态。如果地基是完整的，则后者远远高于前者。第二，岩块强度与岩体强度是不同的，原因在于岩体中存在或多或少、或宽或窄、或显或隐的裂隙，这些裂隙不同程度地降低了地基的承载力。显然，越完整、折减越少；越破碎，折减越多。由于情况复杂，折减系数的取值原则上由地方经验确定，无经验时，按岩体的完整程度，给出了一个范围值。经试算和与已有的经验对比，条文给出的折减系数是安全的。

至于“破碎”和“极破碎”的岩石地基，因无法取样试验，故不能用该法确定地基承载力特征值。

岩样试验中，尺寸效应是一个不可忽视的因素。本规范规定试件尺寸为 $\phi$50mm×100mm。

**5.2.7**　本规范 1974 版中规定了矩形基础和条形基础下的地基压力扩散角（压力扩散线与垂直线的夹角），一般取 22°，当土层为密实的碎石土，密实的砾砂、粗砂、中砂以及坚硬和硬塑状态的黏土时，取 30°。当基础底面至软弱下卧层顶面以上的土层厚度小于或等于 1/4 基础宽度时，可按 0°计算。

双层土的压力扩散作用有理论解，但缺乏试验证明，在 1972 年开始编制地基规范时主要根据理论解及仅有的一个由四川省科研所提供的现场载荷试验。为慎重起见，提出了上述的应用条件。在 89 版修订规范时，由天津市建研所进行了大批室内模型试验及三组野外试验，得到一批数据。由于试验局限在基宽与硬层厚度相同的条件，对于大家希望解决的较薄硬土层的扩散作用只有借助理论公式探求其合理应用范围。以下就修改补充部分进行说明：

天津建研所完成了硬层土厚度 $z$ 等于基宽 $b$ 时硬层的压力扩散角试验，试验共 16 组，其中野外载荷试验 2 组，室内模型试验 14 组，试验中进行了软层顶面处的压力测量。

试验所选用的材料，室内为粉质黏土、淤泥质黏土，用人工制备。野外用煤球灰及石屑。双层土的刚度指标用 $\alpha = E_{s1}/E_{s2}$ 控制，分别取 $\alpha = 2$、4、5、6 等。模型基宽为 360mm 及 200mm 两种，现场压板宽度为 1410mm。

现场试验下卧层为煤球灰，变形模量为 2.2MPa，极限荷载 60kPa，按 $s = 0.015b \approx 21.1$mm 时所对应的压力仅仅为 40kPa。（图 5，曲线 1）。上层硬土为振密煤球灰及振密石屑，其变形模量为 10.4MPa 及 12.7MPa，这两组试验 $\alpha = 5$、6，从图 5 曲线中可明显看到：当 $z = b$ 时，$\alpha = 5$、6 的硬层有明显的压力扩散作用，曲线 2 所反映的承载力为曲线 1 的 3.5 倍，曲线 3 所反映的承载力为曲线 1 的 4.25 倍。

室内模型试验：硬层为标准砂，$e = 0.66$，$E_s =$ 11.6MPa～14.8MPa；下卧软层分别选用流塑状粉质黏土，变形模量在4MPa左右；淤泥质土变形模量为2.5MPa左右。从载荷试验曲线上很难找到这两类土的比例界线值，见图6，曲线1流塑状粉质黏土$s$=50mm时的强度仅20kPa。作为双层地基，当$\alpha$=2，$s$=50mm时的强度为56kPa（曲线2），$\alpha$=4时为70kPa（曲线3），$\alpha$=6时为96kPa（曲线4）。虽然按同一下沉量来确定强度是欠妥的，但可反映垫层的扩散作用，说明$\theta$值愈大，压力扩散的效果愈显著。

关于硬层压力扩散角的确定一般有两种方法，一种是取承载力比值倒算$\theta$角，另一种是采用实测压力比值，天津建研所采用后一种方法，取软层顶三个压力实测平均值作为扩散到软层上的压力值，然后按扩散角公式求$\theta$值。

从图6中可以看出：$p$-$\theta$曲线上按实测压力求出的$\theta$角随荷载增加迅速降低，到硬土层出现开裂后降到最低值。

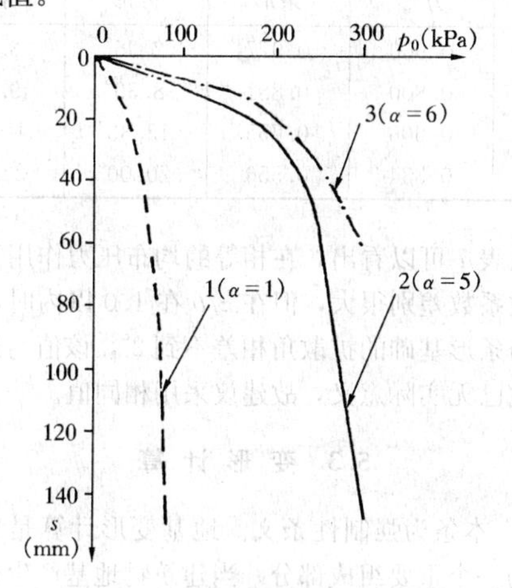


图5　现场载荷试验$p$-$s$曲线

1—原有煤球灰地基；2—振密煤球灰地基；3—振密土石屑地基

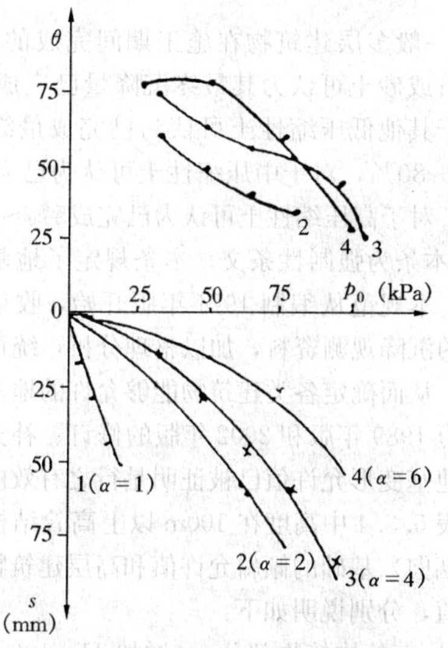


图6　室内模型试验$p$-$s$曲线$p$-$\theta$曲线

注：$\alpha$=2、4时，下层土模量为4.0MPa；$\alpha$=6时，下层土模量为2.9MPa。

根据平面模型实测压力计算的$\theta$值分别为：$\alpha$=4时，$\theta$=24.67°；$\alpha$=5时，$\theta$=26.98°；$\alpha$=6时，$\theta$=27.31°；均小于30°，而直观的破裂角却为30°（图7）。

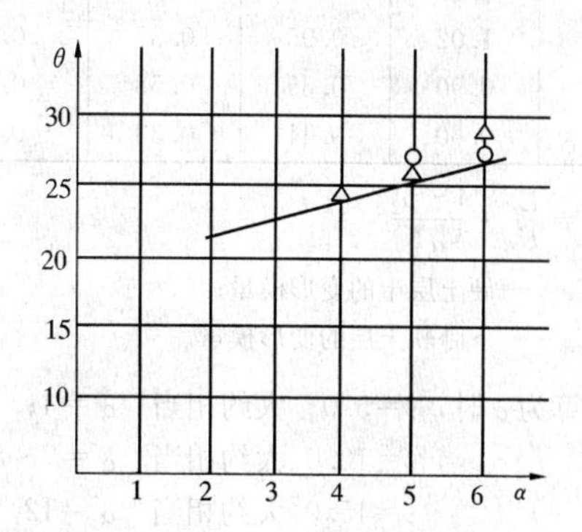


图7　双层地基试验$\alpha$-$\theta$曲线

△—室内试验；○—现场试验

现场载荷试验实测压力值见表3。

**表3　现场实测压力**

| 载荷板下压力 $p_0$（kPa） | | 60 | 80 | 100 | 140 | 160 | 180 | 220 | 240 | 260 | 300 |
|---|---|---|---|---|---|---|---|---|---|---|---|
| 软弱下卧层面上平均压力 $p_z$（kPa） | 2（$\alpha$=5） | 27.3 | | 31.2 | | | 33.2 | 50.5 | | 87.9 | 130.3 |
| | 3（$\alpha$=6） | | 24 | | | 26.7 | | | 33.5 | | 704 |

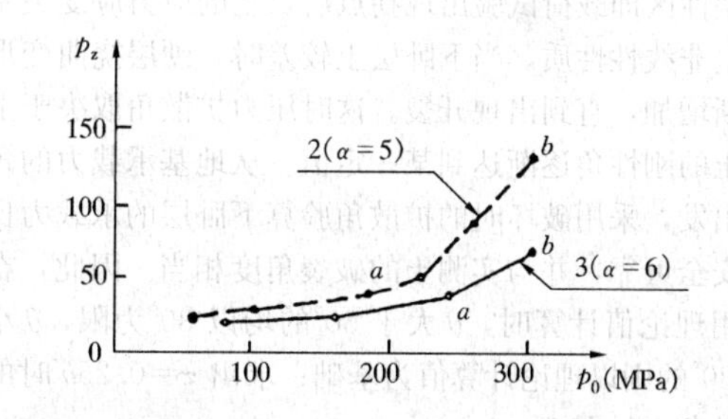


图8　载荷板压力$p_0$与界面压力$p_z$关系

按表3实测压力作图8，可以看出，当荷载增加到$a$点后，传到软土顶界面上的压力急骤增加，即压力扩散角迅速降低，到$b$点时，$\alpha$=5时为28.6°，$\alpha$=6时为28°，如果按$a$点所对应的压力分别为180kPa、240kPa，其对应的扩散角为30.34°及36.85°，换言之，在$p$-$s$曲线中比例界限范围内的$\theta$角比破坏时略高。

为讨论这个问题，在缺乏试验论证的条件下，只能借助已有理论解进行分析。

根据叶戈罗夫的平面问题解答，条形均布荷载下双层地基中点应力$p_z$的应力系数$k_z$见表4。

**表 4　条形基础中点地基应力系数**

| $z/b$ | $\nu=1.0$ | $\nu=5.0$ | $\nu=10.0$ | $\nu=15.0$ |
|---|---|---|---|---|
| 0.0 | 1.00 | 1.00 | 1.00 | 1.00 |
| 0.25 | 1.02 | 0.95 | 0.87 | 0.82 |
| 0.50 | 0.90 | 0.69 | 0.58 | 0.52 |
| 1.00 | 0.60 | 0.41 | 0.33 | 0.29 |

注：$\nu=\dfrac{E_{s1}}{E_{s2}}\cdot\dfrac{1-\mu_2^2}{\mu_1^2}$

$E_{s1}$——硬土层土的变形模量；

$E_{s2}$——下卧软土层的变形模量。

换算为 $\alpha$ 时，$\nu=5.0$　大约相当　$\alpha=4$；

$\nu=10.0$ 大约相当　$\alpha=7\sim8$；

$\nu=15.0$ 大约相当　$\alpha=12$。

将应力系数换算为压力扩散角可见表如下：

**表 5　压力扩散角 $\theta$**

| $z/b$ | $\nu=1.0$，$\alpha=1$ | $\nu=5.0$，$\alpha\approx4$ | $\nu=10.0$，$\alpha\approx7\sim8$ | $\nu=15.0$，$\alpha\approx12$ |
|---|---|---|---|---|
| 0.00 | — | — | — | — |
| 0.25 | 0 | 5.94° | 16.63° | 23.7° |
| 0.50 | 3.18° | 24.0° | 35.0° | 42.0° |
| 1.00 | 18.43° | 35.73° | 45.43° | 50.75° |

从计算结果分析，该值与图 6 所示试验值不同，当压力小时，试验值大于理论值，随着压力增加，试验值逐渐减小。到接近破坏时，试验值趋近于 25°，比理论值小 50%左右，出现上述现象的原因可能是理论值只考虑土直线变形段的应力扩散，当压板下出现塑性区即载荷试验出现拐点后，土的应力应变关系已呈非线性性质，当下卧层土较差时，硬层挠曲变形不断增加，直到出现开裂。这时压力扩散角取决于上层土的刚性角逐渐达到某一定值。从地基承载力的角度出发，采用破坏时的扩散角验算下卧层的承载力比较安全可靠，并与实测土的破裂角度相当。因此，在采用理论值计算时，$\theta$ 大于 30°的均以 30°为限，$\theta$ 小于 30°的则以理论计算值为基础；求出 $z=0.25b$ 时的扩散角，见图 9。

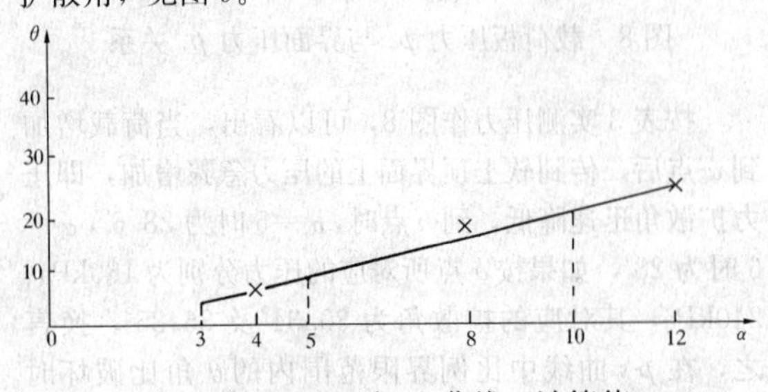


图 9　$z=0.25b$ 时 $\alpha$-$\theta$ 曲线（计算值）

从表 5 可以看到 $z=0.5b$ 时，扩散角计算值均大于 $z=6$ 时图 7 所给出的试验值。同时，$z=0.5b$ 时的扩散角不宜大于 $z=b$ 时所得试验值。故 $z=0.5b$ 时的扩散角仍按 $z=b$ 时考虑，而大于 0.5$b$ 时扩散角亦不再增加。从试验所示的破裂面的出现以及任一材料都有一个强度限值考虑，将扩散角限制在一定范围内还是合理的。综上所述，建议条形基础下硬土层地基的扩散角如表 6 所示。

**表 6　条形基础压力扩散角**

| $E_{s1}/E_{s2}$ | $z=0.25b$ | $z=0.5b$ |
|---|---|---|
| 3 | 6° | 23° |
| 5 | 10° | 25° |
| 10 | 20° | 30° |

关于方形基础的扩散角与条形基础扩散角，可按均质土中的压力扩散系数换算，见表 7。

**表 7　扩散角对照**

| $z/b$ | 压力扩散系数 | | 压力扩散角 | |
|---|---|---|---|---|
| | 方形 | 条形 | 方形 | 条形 |
| 0.2 | 0.960 | 0.977 | 2.95° | 3.36° |
| 0.4 | 0.800 | 0.881 | 8.39° | 9.58° |
| 0.6 | 0.606 | 0.755 | 13.33° | 15.13° |
| 1.0 | 0.334 | 0.550 | 20.00° | 22.24° |

从表 7 可以看出，在相等的均布压力作用下，压力扩散系数差别很大，但在 $z/b$ 在 1.0 以内时，方形基础与条形基础的扩散角相差不到 2°，该值与建表误差相比已无实际意义，故建议采用相同值。

### 5.3　变 形 计 算

**5.3.1**　本条为强制性条文。地基变形计算是地基设计中的一个重要组成部分。当建筑物地基产生过大的变形时，对于工业与民用建筑来说，都可能影响正常的生产或生活，危及人们的安全，影响人们的心理状态。

**5.3.3**　一般多层建筑物在施工期间完成的沉降量，对于碎石或砂土可认为其最终沉降量已完成 80%以上，对于其他低压缩性土可认为已完成最终沉降量的 50%～80%，对于中压缩性土可认为已完成 20%～50%，对于高压缩性土可认为已完成5%～20%。

**5.3.4**　本条为强制性条文。本条规定了地基变形的允许值。本规范从编制 1974 年版开始，收集了大量建筑物的沉降观测资料，加以整理分析，统计其变形特征值，从而确定各类建筑物能够允许的地基变形限制。经历 1989 年版和 2002 年版的修订、补充，本条规定的地基变形允许值已被证明是行之有效的。

对表 5.3.4 中高度在 100m 以上高耸结构物（主要为高烟囱）基础的倾斜允许值和高层建筑物基础倾斜允许值，分别说明如下：

（一）高耸构筑物部分：（增加 $H>100$m 时的允许变形值）

**1**　国内外规范、文献中烟囱高度 $H>100$m 时的允许变形值的有关规定：

1）我国《烟囱设计规范》GBJ 51—83（表 8）

**表 8 基础允许倾斜值**

| 烟囱高度 $H$（m） | 基础允许倾斜值 | 烟囱高度 $H$（m） | 基础允许倾斜值 |
|---|---|---|---|
| $100<H\leqslant150$ | $\leqslant0.004$ | $200<H$ | $\leqslant0.002$ |
| $150<H\leqslant200$ | $\leqslant0.003$ | | |

上述规定的基础允许倾斜值，主要根据烟囱筒身的附加弯矩不致过大。

2）前苏联地基规范 СНИП 2.02.01—83（1985 年）（表 9）

**表 9 地基允许倾斜值和沉降值**

| 烟囱高度 $H$（m） | 地基允许倾斜值 | 地基平均沉降量（mm） |
|---|---|---|
| $100<H<200$ | $1/(2H)$ | 300 |
| $200<H<300$ | $1/(2H)$ | 200 |
| $300<H$ | $1/(2H)$ | 100 |

3）基础分析与设计（美）J.E.BOWLES（1977 年）烟囱、水塔的圆环基础的允许倾斜值为 0.004。

4）结构的允许沉降（美）M.I.ESRIG（1973 年）高大的刚性建筑物明显可见的倾斜为 0.004。

2 确定高烟囱基础允许倾斜值的依据：

1）影响高烟囱基础倾斜的因素

①风力；

②日照；

③地基土不均匀及相邻建筑物的影响；

④由施工误差造成的烟囱筒身基础的偏心。

上述诸因素中风、日照的最大值仅为短时间作用，而地基不均匀与施工误差的偏心则为长期作用，相对的讲后者更为重要。根据 1977 年电力系统高烟囱设计问题讨论会议纪要，从已建成的高烟囱看，烟囱筒身中心垂直偏差，当采用激光对中找直后，顶端施工偏差值均小于 $H/1000$，说明施工偏差是很小的。因此，地基土不均匀及相邻建筑物的影响是高烟囱基础产生不均匀沉降（即倾斜）的重要因素。

确定高烟囱基础的允许倾斜值，必须考虑基础倾斜对烟囱筒身强度和地基土附加压力的影响。

2）基础倾斜产生的筒身二阶弯矩在烟囱筒身总附加弯矩中的比率

我国烟囱设计规范中的烟囱筒身由风荷载、基础倾斜和日照所产生的自重附加弯矩公式为：

$$M_{\mathrm{f}}=\frac{Gh}{2}\left[\left(H-\frac{2}{3}h\right)\left(\frac{1}{\rho_{\mathrm{w}}}+\frac{\alpha_{\mathrm{hz}}\Delta_{\mathrm{t}}}{2\gamma_{0}}\right)+m_{\theta}\right]$$

式中：$G$——由筒身顶部算起 $h/3$ 处的烟囱每米高的折算自重（kN）；

$h$——计算截面至筒顶高度（m）；

$H$——筒身总高度（m）；

$\frac{1}{\rho_{\mathrm{w}}}$——筒身代表截面处由风荷载及附加弯矩产生的曲率；

$\alpha_{\mathrm{hz}}$——混凝土总变形系数；

$\Delta_{\mathrm{t}}$——筒身日照温差，可按 20℃采用；

$m_{\theta}$——基础倾斜值；

$\gamma_{0}$——由筒身顶部算起 $0.6H$ 处的筒壁平均半径（m）。

从上式可看出，当筒身曲率 $\frac{1}{\rho_{\mathrm{w}}}$ 较小时附加弯矩中基础倾斜部分才起较大作用，为了研究基础倾斜在筒身附加弯矩中的比率，有必要分析风、日照、地基倾斜对上式的影响。在 $m_{\theta}$ 为定值时，由基础倾斜引起的附加弯矩与总附加弯矩的比值为：

$$m_{\theta}\bigg/\left[\left(H-\frac{2}{3}h\right)\left(\frac{1}{\rho_{\mathrm{w}}}+\frac{\alpha_{\mathrm{hz}}\Delta_{\mathrm{t}}}{2\gamma_{0}}\right)+m_{\theta}\right]$$

显然，基倾附加弯矩所占比率在强度阶段与使用阶段是不同的，后者较前者大些。

现以高度为 180m、顶部内径为 6m、风荷载为 $50\mathrm{kgf/m^2}$ 的烟囱为例：

在标高 25m 处求得的各项弯矩值为

总风弯矩 $M_{\mathrm{w}}=13908.5\mathrm{t}-m$

总附加弯矩 $M_{\mathrm{f}}=4394.3\mathrm{t}-m$

其中：风荷附加 $M_{\mathrm{fw}}=3180.4$

日照附加 $M_{\mathrm{r}}=395.5$

地倾附加 $M_{\mathrm{fj}}=818.4$（$m_{\theta}=0.003$）

可见当基础倾斜 0.003 时，由基础倾斜引起的附加弯矩仅占总弯矩（$M_{\mathrm{w}}+M_{\mathrm{f}}$）值的 4.6%，同样当基础倾斜 0.006 时，为 10%。综上所述，可以认为在一般情况下，筒身达到明显可见的倾斜（0.004）时，地基倾斜在高烟囱附加弯矩计算中是次要的。

但高烟囱在风、地震、温度、烟气侵蚀等诸多因素作用下工作，筒身又为环形薄壁截面，有关刚度、应力计算的因素复杂，并考虑到对邻接部分免受损害，参考了国内外规范、文献后认为，随着烟囱高度的增加，适当地递减烟囱基础允许倾斜值是合适的，因此，在修订 TJ 7-74 地基基础设计规范表 21 时，对高度 $h>100\mathrm{m}$ 高耸构筑物基础的允许倾斜值可采用我国烟囱设计规范的有关数据。

（二）高层建筑部分

这部分主要参考《高层建筑箱形与筏形基础技术规范》JGJ 6 有关规定及编制说明中有关资料定出允许变形值。

1 我国箱基规定横向整体倾斜的计算值 $\alpha$，在非地震区宜符合 $\alpha\leqslant\frac{b}{100H}$，式中，$b$ 为箱形基础宽度；

$H$ 为建筑物高度。在箱基编制说明中提到在地震区 $\alpha$ 值宜用 $\frac{b}{150H} \sim \frac{b}{200H}$。

**2** 对刚性的高层房屋的允许倾斜值主要取决于人类感觉的敏感程度，倾斜值达到明显可见的程度大致为 1/250，结构损坏则大致在倾斜值达到 1/150 时开始。

**5.3.5** 该条指出：

**1** 压缩模量的取值，考虑到地基变形的非线性性质，一律采用固定压力段下的 $E_s$ 值必然会引起沉降计算的误差，因此采用实际压力下的 $E_s$ 值，即

$$E_s = \frac{1 + e_0}{\alpha}$$

式中：$e_0$——土自重压力下的孔隙比；

$\alpha$——从土自重压力至土的自重压力与附加压力之和压力段的压缩系数。

**2** 地基压缩层范围内压缩模量 $E_s$ 的加权平均值提出按分层变形进行 $E_s$ 的加权平均方法

$$设：\frac{\sum A_i}{\overline{E}_s} = \frac{A_1}{E_{s1}} + \frac{A_2}{E_{s2}} + \frac{A_3}{E_{s3}} + \cdots\cdots = \frac{\sum A_i}{E_{si}}$$

$$则：\quad \overline{E}_s = \frac{\sum A_i}{\sum \frac{A_i}{E_{si}}}$$

式中：$\overline{E}_s$——压缩层内加权平均的 $E_s$ 值（MPa）；

$E_{si}$——压缩层内第 $i$ 层土的 $E_s$ 值（MPa）；

$A_i$——压缩层内第 $i$ 层土的附加应力面积（$m^2$）。

显然，应用上式进行计算能够充分体现各分层土的 $E_s$ 值在整个沉降计算中的作用，使在沉降计算中 $E_s$ 完全等效于分层的 $E_s$。

**3** 根据对 132 栋建筑物的资料进行沉降计算并与资料值进行对比得出沉降计算经验系教 $\psi_s$ 与平均 $E_s$ 之间的关系，在编制规范表 5.3.5 时，考虑了在实际工作中有时设计压力小于地基承载力的情况，将基底压力小于 $0.75f_{ak}$ 时另列一栏，在表 5.3.5 的数值方面采用了一个平均压缩模量值可对应给出一个 $\psi_s$ 值，并允许采用内插方法，避免了采用压缩模量区间取一个 $\psi_s$ 值，在区间分界处因 $\psi_s$ 取值不同而引起的误差。

**5.3.7** 对于存在相邻影响情况下的地基变形计算深度，这次修订时仍以相对变形作为控制标准（以下简称为变形比法）。

在 TJ 7-74 规范之前，我国一直沿用前苏联 НИТУ127-55 规范，以地基附加应力对自重应力之比为 0.2 或 0.1 作为控制计算深度的标准（以下简称应力比法），该法沿用成习，并有相当经验。但它没有考虑到土层的构造与性质，过于强调荷载对压缩层深度的影响而对基础大小这一更为重要的因素重视不足。自TJ 7-74 规范试行以来，采用变形比法的规定，纠正了上述的毛病，取得了不少经验，但也存在一些问题。有的文献指出，变形比法规定向上取计算层厚为 1m 的计算变形值，对于不同的基础宽度，其计算精度不等。从与实测资料的对比分析中可以看出，用变形比法计算独立基础、条形基础时，其值偏大。但对于 $b$=10m～50m 的大基础，其值却与实测值相近。为使变形比法在计算小基础时，其计算 $z_n$ 值也不至过于偏大，经过多次统计，反复试算，提出采用 0.3（1+ln$b$）m 代替向上取计算层厚为 1m 的规定，取得较为满意的结果（以下简称为修正变形比法）。第 5.3.7 条中的表 5.3.7 就是根据 0.3（1+ln$b$）m 的关系，以更粗的分格给出的向上计算层厚 $\Delta z$ 值。

**5.3.8** 本条列入了当无相邻荷载影响时确定基础中点的变形计算深度简化公式（5.3.8），该公式系根据具有分层深标的 19 个载荷试验（面积 $0.5m^2$～$13.5m^2$）和 31 个工程实测资料统计分析而得。分析结果表明。对于一定的基础宽度，地基压缩层的深度不一定随着荷载（$p$）的增加而增加。对于基础形状（如矩形基础、圆形基础）与地基土类别（如软土、非软土）对压缩层深度的影响亦无显著的规律，而基础大小和压缩层深度之间却有明显的有规律性的关系。

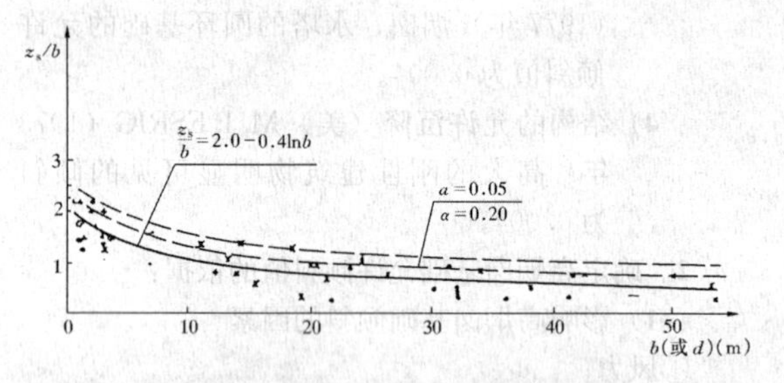


图 10 $z_s/b$-$b$ 实测点和回归线

·—图形基础；+—方形基础；×—矩形基础

图 10 为以实测压缩层深度 $z_s$ 与基础宽度 $b$ 之比为纵坐标，而以 $b$ 为横坐标的实测点和回归线图。实线方程 $z_s/b = 2.0 - 0.4\ln b$ 为根据实测点求得的结果。为使曲线具有更高的保证率，方程式右边引入随机项 $t_a \varphi_0 S$，取置信度 $1-\alpha$=95%时，该随机项偏于安全地取 0.5，故公式变为：

$$z_s = b\ (2.5 - 0.4\ln b)$$

图 10 的实线之上有两条虚线。上层虚线为 $\alpha$=0.05，具有置信度为 95%的方程，即式（5.3.8）。下层虚线为 $\alpha$=0.2，具有置信度为 80%的方程。为安全起见只推荐前者。

此外，从图 10 中可以看到绝大多数实测点分布在 $z_s/b$=2 的线以下。即使最高的个别点，也只位于 $z_s/b$=2.2 之处。国内外一些资料亦认为压缩层深度以取 $2b$ 或稍高一点为宜。

在计算深度范围内存在基岩或存在相对硬层时，

按第5.3.5条的原则计算地基变形时，由于下卧硬层存在，地基应力分布明显不同于Boussinesq应力分布。为了减少计算工作量，此次条文修订增加对于计算深度范围内存在基岩和相对硬层时的简化计算原则。

在计算深度范围内存在基岩或存在相对硬层时，地基土层中最大压应力的分布可采用K.E.叶戈罗夫带式基础下的结果（表10）。对于矩形基础，长短边边长之比大于或等于2时，可参考该结果。

**表10　带式基础下非压缩性地基上面土层中的最大压应力系数**

| $z/h$ | 非压缩性土层的埋深 | | |
|---|---|---|---|
| | $h=b$ | $h=2b$ | $h=5b$ |
| 1.0 | 1.000 | 1.00 | 1.00 |
| 0.8 | 1.009 | 0.99 | 0.82 |
| 0.6 | 1.020 | 0.92 | 0.57 |
| 0.4 | 1.024 | 0.84 | 0.44 |
| 0.2 | 1.023 | 0.78 | 0.37 |
| 0 | 1.022 | 0.76 | 0.36 |

注：表中 $h$ 为非压缩性地基上面土层的厚度，$b$ 为带式荷载的半宽，$z$ 为纵坐标。

**5.3.10**　应该指出高层建筑由于基础埋置较深，地基回弹再压缩变形往往在总沉降中占重要地位，甚至某些高层建筑设置3层～4层（甚至更多层）地下室时，总荷载有可能等于或小于该深度土的自重压力，这时高层建筑地基沉降变形将由地基回弹变形决定。公式（5.3.10）中，$E_{ci}$ 应按现行国家标准《土工试验方法标准》GB/T 50123进行试验确定，计算时应按回弹曲线上相应的压力段计算。沉降计算经验系数 $\psi_c$ 应按地区经验采用。

地基回弹变形计算算例：

某工程采用箱形基础，基础平面尺寸64.8m×12.8m，基础埋深5.7m，基础底面以下各土层分别在自重压力下做回弹试验，测得回弹模量见表11。

**表11　土的回弹模量**

| 土层 | 层厚（m） | 回弹模量（MPa） | | | |
|---|---|---|---|---|---|
| | | $E_{0-0.025}$ | $E_{0.025-0.05}$ | $E_{0.05-0.1}$ | $E_{0.1-0.2}$ |
| ③粉土 | 1.8 | 28.7 | 30.2 | 49.1 | 570 |
| ④粉质黏土 | 5.1 | 12.8 | 14.1 | 22.3 | 280 |
| ⑤卵石 | 6.7 | 100（无试验资料，估算值） | | | |

基底附加应力108kN/m²，计算基础中点最大回弹量。回弹计算结果见表12。

**表12　回弹量计算表**

| $z_i$ | $\bar{a}_i$ | $z_i\bar{a}_i-z_{i-1}\bar{a}_{i-1}$ | $p_z+p_{cz}$ (kPa) | $E_{ci}$ (MPa) | $p_c(z_i\bar{a}_i-z_{i-1}\bar{a}_{i-1})/E_{ci}$ |
|---|---|---|---|---|---|
| 0 | 1.000 | 0 | 0 | — | — |
| 1.8 | 0.996 | 1.7928 | 41 | 28.7 | 6.75mm |
| 4.9 | 0.964 | 2.9308 | 115 | 22.3 | 14.17mm |
| 5.9 | 0.950 | 0.8814 | 139 | 280 | 0.34mm |
| 6.9 | 0.925 | 0.7775 | 161 | 280 | 0.3mm |
| 合计 | | | | | 21.56mm |

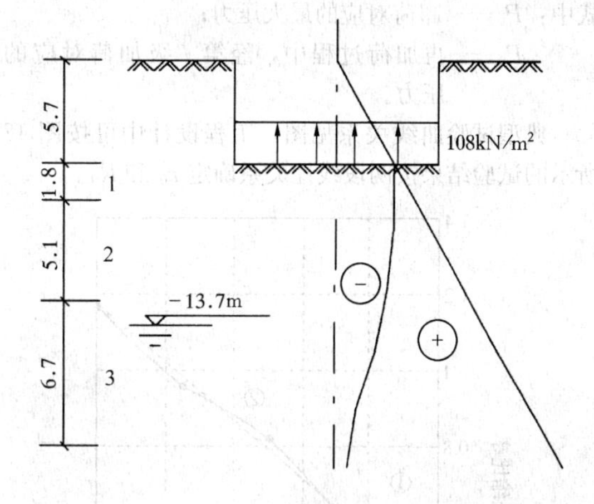


图11　回弹计算示意

1—③粉土；2—④粉质黏土；3—⑤卵石

从计算过程及土的回弹试验曲线特征可知，地基土回弹的初期，回弹模量很大，回弹量较小，所以地基土的回弹变形土层计算深度是有限的。

**5.3.11**　根据土的固结回弹再压缩试验或平板载荷试验卸荷再加荷试验结果，地基土回弹再压缩曲线在再压缩比率与再加荷比关系中可用两段线性关系模拟。这里再压缩比率定义为：

**1）** 土的固结回弹再压缩试验

$$r'=\frac{e_{max}-e_i'}{e_{max}-e_{min}}$$

式中：$e_i'$——再加荷过程中 $P_i$ 级荷载施加后再压缩变形稳定时的土样孔隙比；

$e_{min}$——回弹变形试验中最大预压荷载或初始上覆荷载下的孔隙比；

$e_{max}$——回弹变形试验中土样上覆荷载全部卸载后土样回弹稳定时的孔隙比。

**2）** 平板载荷试验卸荷再加荷试验

$$r'=\frac{\Delta s_{rci}}{s_c}$$

式中：$\Delta s_{rci}$——载荷试验中再加荷过程中，经第 $i$ 级加荷，土体再压缩变形稳定后产生的再压缩变形量；

$s_c$——载荷试验中卸荷阶段产生的回弹变

形量。

再加荷比定义为：

1）土的固结回弹再压缩试验

$$R'=\frac{P_i}{P_{\max}}$$

式中：$P_{\max}$——最大预压荷载，或初始上覆荷载；

$P_i$——卸荷回弹完成后，再加荷过程中经过第 $i$ 级加荷后作用于土样上的竖向上覆荷载。

2）平板载荷试验卸荷再加荷试验

$$R'=\frac{P_i}{P_0}$$

式中：$P_0$——卸荷对应的最大压力；

$P_i$——再加荷过程中，经第 $i$ 级加荷对应的压力。

典型试验曲线关系见图，工程设计中可按图 12 所示的试验结果按两段线性关系确定 $r'_0$ 和 $R'_0$。

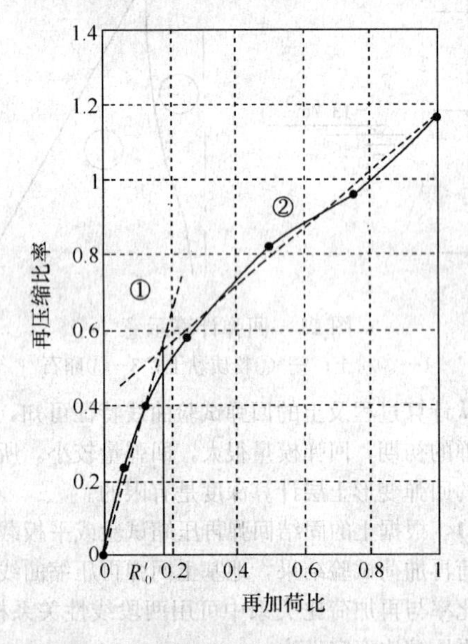


图 12　再压缩比率与再加荷比关系

中国建筑科学研究院滕延京、李建民等在室内压缩回弹试验、原位载荷试验、大比尺模型试验基础上，对回弹变形随卸荷发展规律以及再压缩变形随加荷发展规律进行了较为深入的研究。

图 13、图 14 的试验结果表明，土样卸荷回弹过程中，当卸荷比 $R<0.4$ 时，已完成的回弹变形不到总回弹变形量的 10%；当卸荷比增大至 0.8 时，已完成的回弹变形仅约占总回弹变形量的 40%；而当卸荷比介于 0.8～1.0 之间时，发生的回弹量约占总回弹变形量的 60%。

图 13、图 15 的试验结果表明，土样再压缩过程中，当再加荷量为卸荷量的 20%时，土样再压缩变形量已接近回弹变形量的 40%～60%；当再加荷量为卸荷量 40%时，土样再压缩变形量为回弹变形量的 70%左右；当再加荷量为卸荷量的 60%时，土样产生的再压缩变形量接近回弹变形量的 90%。

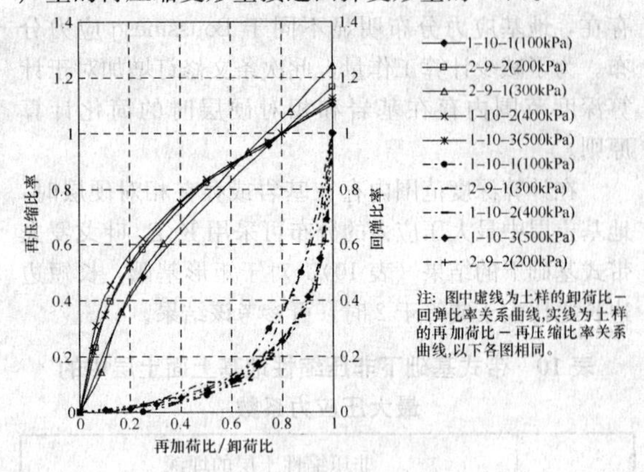


图 13　土样卸荷比－回弹比率、再加荷比－再压缩比率关系曲线（粉质黏土）

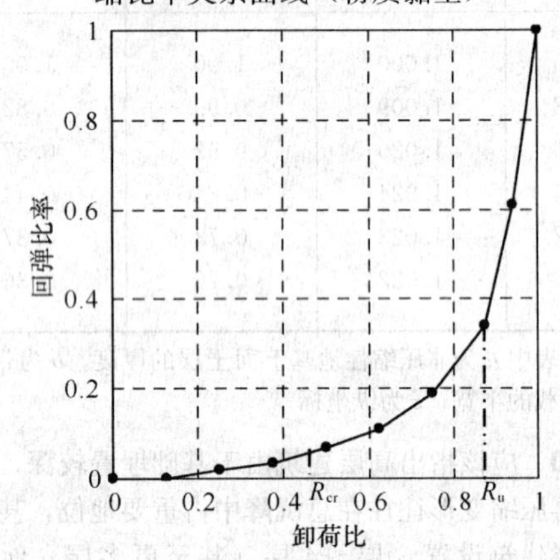


图 14　土样回弹变形发展规律曲线

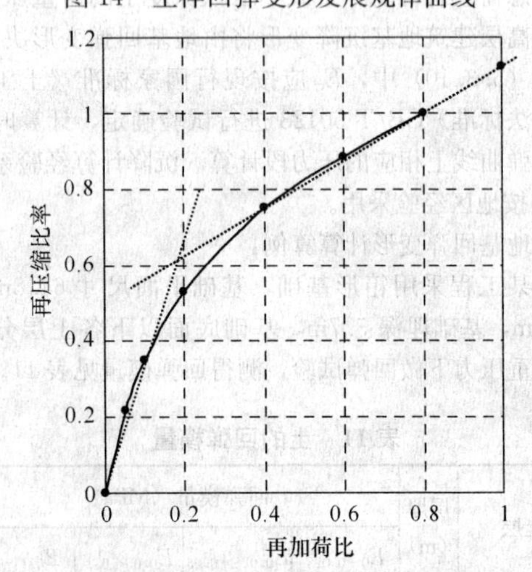


图 15　载荷试验再压缩曲线规律

回弹变形计算可按回弹变形的三个阶段分别计算：小于临界卸荷比时，其变形很小，可按线性模量关系计算；临界卸荷比至极限卸荷比段，可按 log 曲线分布的模量计算。

工程应用时，回弹变形计算的深度可取至土层的临界卸荷比深度；再压缩变形计算时初始荷载产生的变形不会产生结构内力，应在总压缩量中扣除。

工程计算的步骤和方法如下：

1 进行地基土的固结回弹再压缩试验，得到需要进行回弹再压缩计算土层的计算参数。每层土试验土样的数量不得少于6个，按《岩土工程勘察规范》GB 50021的要求统计分析确定计算参数。

2 按本规范第5.3.10条的规定进行地基土回弹变形量计算。

3 绘制再压缩比率与再加荷比关系曲线，确定 $r'_0$ 和 $R'_0$。

4 按本条计算方法计算回弹再压缩变形量。

5 如果工程在需计算回弹再压缩变形量的土层进行过平板载荷试验，并有卸荷再加荷试验数据，同样可按上述方法计算回弹再压缩变形量。

6 进行回弹再压缩变形量计算，地基内的应力分布，可采用各向同性均质线性变形体理论计算。若再压缩变形计算的最终压力小于卸载压力，$r'_{R'=1.0}$ 可取 $r'_{R'=a}$，$a$ 为工程再压缩变形计算的最大压力对应的再加荷比，$a \leqslant 1.0$。

工程算例：

1 模型试验

模型试验在中国建筑科学研究院地基基础研究所试验室内进行，采用刚性变形深标对基坑开挖过程中基底及以下不同深度处土体回弹变形进行观测，最终取得良好结果。

变形深标点布置图16，其中A轴上5个深标点所测深度为基底处，其余各点所测为基底下不同深度处土体回弹变形。

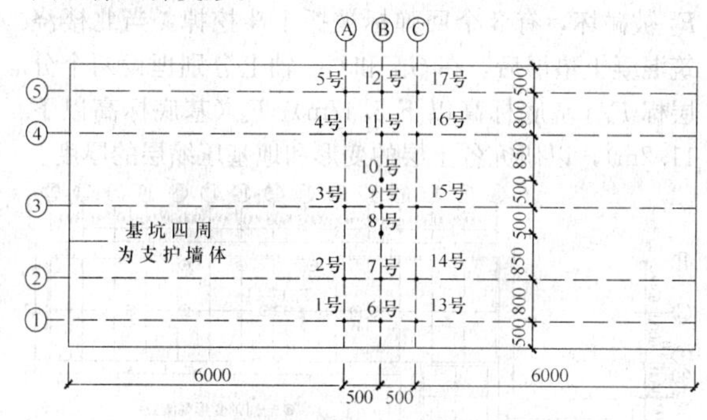


图16 模型试验刚性变形深标点平面布置图

由图17可知3号深标点最终测得回弹变形量为4.54mm，以3号深标点为例，对基地处土体再压缩变形量进行计算：

**1**）确定计算参数

根据土工试验，由再加荷比、再压缩比率进行分析，得到模型试验中基底处土体再压缩变形规律见图18。

**2**）计算所得该深标点处回弹变形最终量为5.14mm。

**3**）确定 $r'_0$ 和 $R'_0$。

模型试验中，基底处最终卸荷压力为72.45kPa，

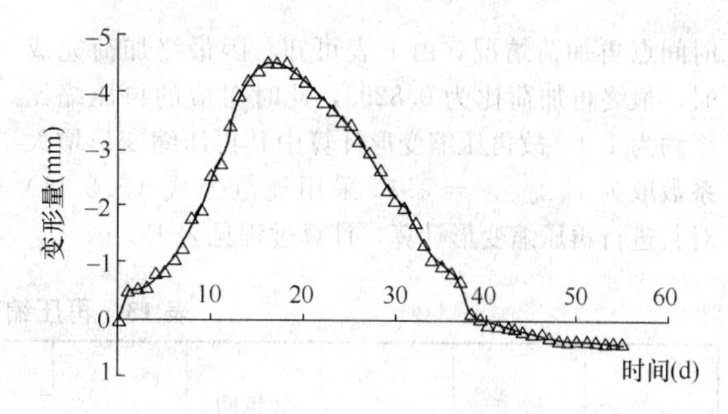


图17 3号刚性变形深标点变形时程曲线

土工试验结果得到再加荷比-再压缩比率关系曲线，根据土体再压缩变形两阶段线性关系，切线①与切线②的交点即为两者关系曲线的转折点，得到 $r'_0 = 0.42$，$R'_0 = 0.25$，见图19。

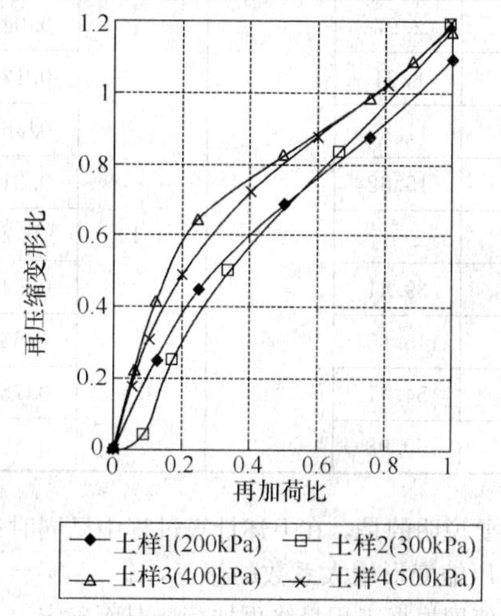


图18 土工试验所得基底处土体再压缩变形规律

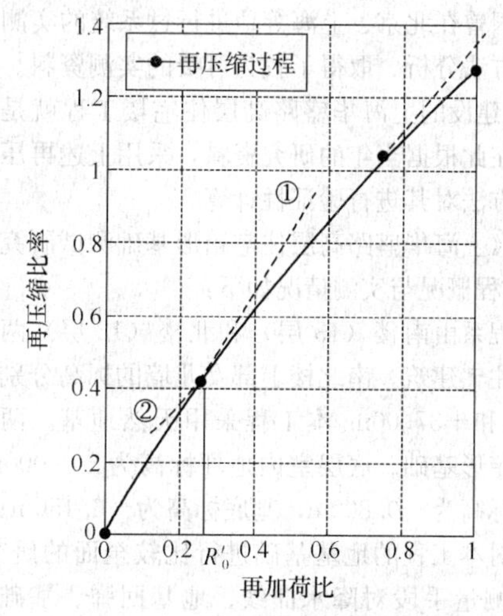


图19 模型试验中基底处土体再压缩变形规律

**4**）再压缩变形量计算

根据模型试验过程，基坑开挖完成后，3号深标点处最终卸荷量为72.45kPa，根据其回填过程中各

时间点再加荷情况，由下表可知，因最终加荷完成时，最终再加荷比为 0.8293，此时对应的再压缩比率约为 1.1，故再压缩变形计算中其再压缩变形增大系数取为 $r'_{R'=0.8293}=1.1$，采用规范公式（5.3.11）对其进行再压缩变形计算，计算过程见表 13。

**表 13　再压缩变形沉降计算表**

| 工况序号 | 再加荷量 $p$ (kPa) | 总卸荷量 $p_c$ (kPa) | 计算回弹变形量 $s_c$ (mm) | 再加荷比 $R'$ | $p<R'_0\cdot p_c$ | | $R'_0\cdot p_c\leqslant p\leqslant p_c$ | |
|---|---|---|---|---|---|---|---|---|
| | | | | | $\frac{p}{p_c\cdot R'_0}=\frac{p}{72.45\times0.25}$ | 再压缩变形量 (mm) | $r'_0+\frac{r'_{R'=0.8293}-r'_0}{1-R'_0}\left(\frac{p}{p_c}-R'_0\right)=0.42+0.9067\left(\frac{p}{p_c}-0.25\right)$ | 再压缩变形量 (mm) |
| 1 | 2.97 | 72.45 | 5.14 | 0.0410 | 0.1640 | 0.354 | — | — |
| 2 | 8.94 | | | 0.1234 | 0.4936 | 1.066 | — | — |
| 3 | 11.80 | | | 0.1628 | 0.6515 | 1.406 | — | — |
| 4 | 15.62 | | | 0.2156 | 0.8624 | 1.862 | — | — |
| 5 | — | | | 0.25 | — | — | 0.42 | 2.16 |
| 6 | 39.41 | | | 0.5440 | — | — | 0.6866 | 3.53 |
| 7 | 45.95 | | | 0.6342 | — | — | 0.7684 | 3.95 |
| 8 | 54.41 | | | 0.7510 | — | — | 0.8743 | 4.49 |
| 9 | 60.08 | | | 0.8293 | — | — | 0.9453 | 4.86 |

回填完成时基底处土体最终再压缩变形为 4.86mm。

根据模型实测结果，试验结束后又经过一个月变形测试，得到 3 号刚性变形深标点最终再压缩变形量为 4.98mm。

需要说明的是，在上述计算过程中已同时进行了土体再压缩变形增大系数的修正，$r'_{R'=0.8293}=1.1$ 系数的取值即根据工程最终再加荷情况而确定。

**2　上海华盛路高层住宅**

在 20 世纪 70 年代，针对高层建筑地基基础回弹问题，我国曾在北京、上海等地进行过系统的实测研究及计算方法分析，取得了较为可贵的实测资料。其中 1976 年建设的上海华盛路高层住宅楼工程就是其中之一，在此根据当年的研究资料，采用上述再压缩变形计算方法对其进行验证性计算。

根据《上海华盛路高层住宅箱形基础测试研究报告》，该工程概况与实测情况如下：

本工程系由南楼（13 层）和北楼（12 层）两单元组成的住宅建筑。南北楼上部女儿墙的标高分别为＋39.80m 和＋37.00m。本工程采用天然地基，两层地下室，箱形基础。底层室内地坪标高为±0.000m，室外地面标高为－0.800m，基底标高为－6.450m。

为了对本工程的地基基础进行比较全面的研究，采用一些测量手段对降水曲线、地基回弹、基础沉降、压缩层厚度、基底反力等进行了测量，测试布置见图 20。在 $G_{14}$ 和 $G_{15}$ 轴中间埋设一个分层标 $F_2$（基底标高以下 50cm），以观测井点降水对地基变形的影响和基坑开挖引起的地基回弹；在邻近建筑物埋设沉降标，以研究井点降水和南北楼对邻近建筑物的影响。基坑开挖前，在北楼埋设 6 个回弹标，以研究基坑开挖引起的地基回弹。基坑开挖过程中，分层标 $F_2$ 被碰坏，有 3 个回弹标被抓土斗挖掉。当北楼浇筑混凝土垫层后，在 $G_{14}$ 和 $G_{15}$ 轴上分别埋设两个分层标 $F_1$（基底标高以下 5.47m）、$F_3$（基底标高以下 11.2m），以研究各土层的变形和地基压缩层的厚度。

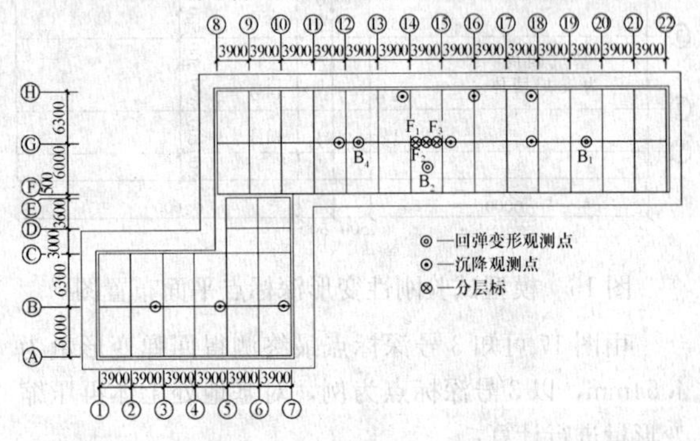


图 20　上海华盛路高层住宅工程基坑回弹点平面位置与测点成果图

1976 年 5 月 8 日南北楼开始井点降水，5 月 19 日根据埋在北楼基底标高以下 50cm 的分层标 $F_2$，测得由于降水引起的地基下沉 1.2cm，翌日北楼进行挖土，分层标被抓土斗碰坏。5 月 27 日当挖土到基底时，根据埋在北楼基底标高下约 30cm 的回弹标 $H_2$ 和 $H_4$ 的实测结果，并考虑降水预压下沉的影响，基坑中部的地基回弹为 4.5cm。

**1）确定计算参数**

根据工程勘察报告，土样 9953 为基底处土体取样，固结回弹试验中其所受固结压力为 110kPa，接近基底处土体自重应力，试验成果见图 21。

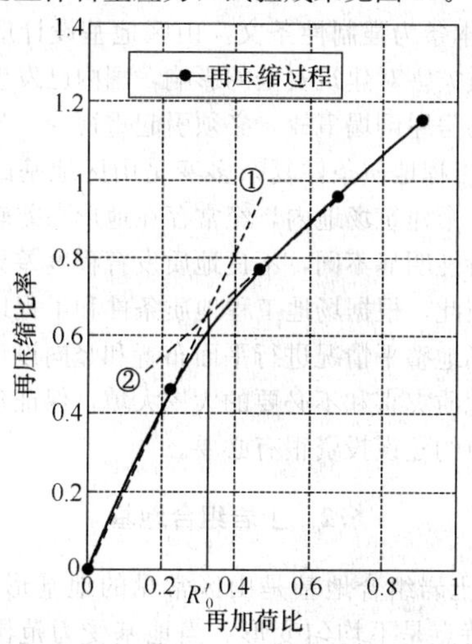


图 21　土样 9953 固结回弹试验成果再压缩变形分析

在土样 9953 固结回弹再压缩试验所得再加荷比-再压缩比率、卸荷比-回弹比率关系曲线上，采用相同方法得到再加荷比-在压缩比率关系曲线上的切线①与切线②。

**2）** 计算所得该深标点处回弹变形最终量为 49.76mm。

**3）确定确定 $r'_0$ 和 $R'_0$**

根据图 22 土样 9953 再压缩变形分析曲线，切线①与切线②的交点即为再压缩变形过程中两阶段线性阶段的转折点，则由上图取 $r'_0=0.64$，$R'_0=0.32$，$r'_{R'=1.0}=1.2$。

**4）再压缩变形量计算**

根据研究资料，结合施工进度，预估再加荷过程中几个工况条件下建筑物沉降量，见表 14。如表中 1976 年 10 月 13 日时，当前工况下基底所受压力为 113kPa，本工程中基坑开挖在基底处卸荷量为 106kPa，则可认为至此时为止对基底下土体来说是其再压缩变形过程。因沉降观测是从基础底板完成后开始的，故此表格中的实测沉降量偏小。

根据上述资料，计算各工况下基底处土体再压缩变形量见表 15。

由工程资料可知至工程实测结束时实际工程再加荷量为 113kPa，而由于基坑开挖基底处土体卸荷量为 106kPa，但鉴于土工试验数据原因，再加荷比取 1.0 进行计算。

则由上述建筑物沉降表，至 1976 年 10 月 13 日，观测到的建筑物累计沉降量为 54.9mm。

同样，根据本节所定义载荷试验再加荷比、再压缩比率概念，可依据载荷试验数据按上述步骤进行再压缩变形计算。

**表 14　各施工进度下建筑物沉降表**

| 序号 | 监测时间 | 当前工况下基底处所受压力（kPa） | 实测累计沉降量（mm） |
|---|---|---|---|
| 1 | 1976 年 6 月 14 日 | 12 | 0 |
| 2 | 1976 年 7 月 7 日 | 32 | 7.2 |
| 3 | 1976 年 7 月 21 日 | 59 | 18.9 |
| 4 | 1976 年 7 月 28 日 | 60 | 18.9 |
| 5 | 1976 年 8 月 2 日 | 61 | 22.3 |
| 6 | 1976 年 9 月 13 日 | 78 | 40.7 |
| 7 | 1976 年 10 月 13 日 | 113 | 54.9 |

**表 15　再压缩变形沉降计算表**

| 工况序号 | 再加荷量 $p$ (kPa) | 总卸荷量 $p_c$ (kPa) | 计算回弹变形量 $s_c$ (mm) | 再加荷比 $R'$ | $p<R'_0\cdot p_c$ | | $R'_0\cdot p_c\leqslant p\leqslant p_c$ | |
|---|---|---|---|---|---|---|---|---|
| | | | | | $\frac{p}{p_c\cdot R'_0}=\frac{p}{106\times0.32}$ | 再压缩变形量 (mm) | $r'_0+\frac{r'_{R'=1.0}-r'_0}{1-R'_0}\left(\frac{p}{p_c}-R'_0\right)=0.64+0.8235\left(\frac{p}{p_c}-0.32\right)$ | 再压缩变形量 (mm) |
| 1 | 12 | 106 | 49.76 | 0.1132 | 0.3538 | 11.27 | — | — |
| 2 | 32 | | | 0.3018 | 0.9434 | 30.10 | — | — |
| 3 | — | | | 0.32 | — | — | 0.64 | 31.85 |
| 4 | 59 | | | 0.5566 | — | — | 0.8348 | 41.54 |
| 5 | 60 | | | 0.5660 | — | — | 0.8426 | 41.93 |
| 6 | 61 | | | 0.5754 | — | — | 0.8503 | 42.31 |
| 7 | 78 | | | 0.7358 | — | — | 0.9824 | 48.88 |
| 8 | 113 | | | 1.0 | — | — | 1.1999 | 59.71 |

**5.3.12**　中国建筑科学研究院通过十余组大比尺模型试验和三十余项工程测试，得到大底盘高层建筑地基反力、地基变形的规律，提出该类建筑地基基础设计方法。

大底盘高层建筑由于外挑裙楼和地下结构的存在，使高层建筑地基基础变形由刚性、半刚性向柔性转化，基础挠曲度增加（见图 22），设计时应加以控制。

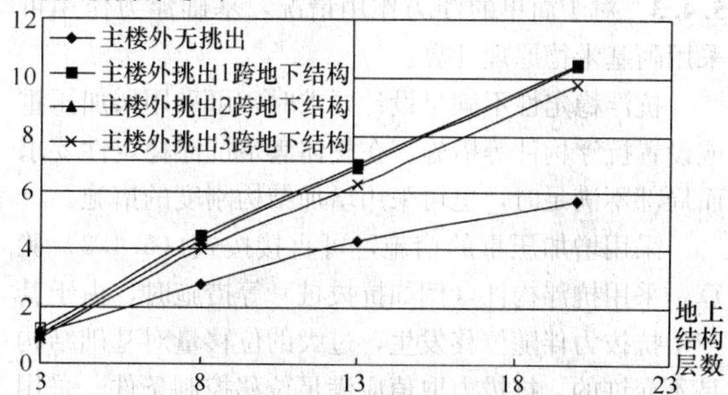


图 22　大底盘高层建筑与单体高层建筑的整体挠曲（框架结构，2 层地下结构）

主楼外挑出的地下结构可以分担主楼的荷载，降低了整个基础范围内的平均基底压力，使主楼外有挑出时的平均沉降量减小。

裙房扩散主楼荷载的能力是有限的，主楼荷载的有效传递范围是主楼外1跨～2跨。超过3跨，主楼荷载将不能通过裙房有效扩散（见图23）。

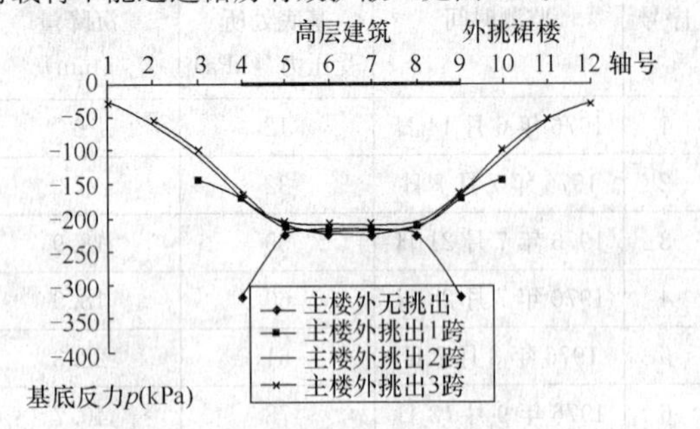


图23 大底盘高层建筑与单体高层建筑的基底反力（内筒外框结构20层，2层地下结构）

大底盘结构基底中点反力与单体高层建筑基底中点反力大小接近，刚度较大的内筒使该部分基础沉降、反力趋于均匀分布。

单体高层建筑的地基承载力在基础刚度满足规范条件时可按平均基底压力验算，角柱、边柱构件设计可按内力计算值放大1.2或1.1倍设计；大底盘地下结构的地基反力在高层内筒部位与单体高层建筑内筒部位地基反力接近，是平均基底压力的0.7倍～0.8倍，且高层部位的边缘反力无单体高层建筑的放大现象，可按此地基反力进行地基承载力验算；角柱、边柱构件设计内力计算值无需放大，但外挑一跨的框架梁、柱内力较不整体连接的情况要大，设计时应予以加强。

增加基础底板刚度、楼板厚度或地基刚度可有效减少大底盘结构基础的差异沉降。试验证明大底盘结构基础底板出现弯曲裂缝的基础挠曲度在0.05%～0.1%之间。工程设计时，大面积整体筏形基础主楼的整体挠度不宜大于0.05%，主楼与相邻的裙楼的差异沉降不大于其跨度0.1%可保证基础结构安全。

### 5.4 稳定性计算

**5.4.3** 对于简单的浮力作用情况，基础浮力作用可采用阿基米德原理计算。

抗浮稳定性不满足设计要求时，可采用增加压重或设置抗浮构件等措施。在整体满足抗浮稳定性要求而局部不满足时，也可采用增加结构刚度的措施。

采用增加压重的措施，可直接按式（5.4.3）验算。采用抗浮构件（例如抗拔桩）等措施时，由于其产生抗拔力伴随位移发生，过大的位移量对基础结构是不允许的，抗拔力取值应满足位移控制条件。采用本规范附录T的方法确定的抗拔桩抗拔承载力特征值进行设计对大部分工程可满足要求，对变形要求严格的工程还应进行变形计算。

## 6 山 区 地 基

### 6.1 一 般 规 定

**6.1.1** 本条为强制性条文。山区地基设计应重视潜在的地质灾害对建筑安全的影响，国内已发生几起滑坡引起的房屋倒塌事故，必须引起重视。

**6.1.2** 工程地质条件复杂多变是山区地基的显著特征。在一个建筑场地内，经常存在地形高差较大，岩土工程特性明显不同，不良地质发育程度差异较大等情况。因此，根据场地工程地质条件和工程地质分区并结合场地整平情况进行平面布置和竖向设计，对避免诱发地质灾害和不必要的大挖大填，保证建筑物的安全和节约建设投资很有必要。

### 6.2 土岩组合地基

**6.2.2** 土岩组合地基是山区常见的地基形式之一，其主要特点是不均匀变形。当地基受力范围内存在刚性下卧层时，会使上覆土体中出现应力集中现象，从而引起土层变形增大。本次修订增加了考虑刚性下卧层计算地基变形的一种简便方法，即先按一般土质地基计算变形，然后按本条所列的变形增大系数进行修正。

### 6.3 填 土 地 基

**6.3.1** 本条为强制性条文。近几年城市建设高速发展，在新城区的建设过程中，形成了大量的填土场地，但多数情况是未经填方设计，直接将开山的岩屑倾倒填筑到沟谷地带的填土。当利用其作为建筑物地基时，应进行详细的工程地质勘察工作，按照设计的具体要求，选择合适的地基方法进行处理。不允许将未经检验查明的以及不符合要求的填土作为建筑工程的地基持力层。

**6.3.2** 为节约用地，少占或不占良田，在平原、山区和丘陵地带的建设中，已广泛利用填土作为建筑或其他工程的地基持力层。填土工程设计是一项很重要的工作，只有在精心设计、精心施工的条件下，才能获得高质量的填土地基。

**6.3.5** 有机质的成分很不稳定且不易压实，其土料中含量大于5%时不能作为填土的填料。

**6.3.6** 利用当地的土、石或性能稳定的工业废料作为压实填土的填料，既经济，又省工、省时，符合因地制宜、就地取材和多快好省的建设原则。

利用碎石、块石及爆破开采的岩石碎屑作填料时，为保证夯压密实，应限制其最大粒径，当采用强夯方法进行处理时，其最大粒径可根据夯实能量和当地经验适当加大。

采用黏性土和黏粒含量≥10%的粉土作填料时，

填料的含水量至关重要。在一定的压实功下，填料在最优含水量时，干密度可达最大值，压实效果最好。填料的含水量太大时，应将其适当晾干处理，含水量过小时，则应将其适当增湿。压实填土施工前，应在现场选取有代表性的填料进行击实试验，测定其最优含水量，用以指导施工。

**6.3.7、6.3.8** 填土地基的压实系数，是填土地基的重要指标，应按建筑物的结构类型、填土部位及对变形的要求确定。压实填土的最大干密度的测定，对于以岩石碎屑为主的粗粒土填料目前存在一些不足，实验室击实试验值偏低而现场小坑灌砂法所得值偏高，导致压实系数偏高较多，应根据地区经验或现场试验确定。

**6.3.9** 填土地基的承载力，应根据现场静载荷试验确定。考虑到填土的不均匀性，试验数据量应较自然地层多，才能比较准确地反映出地基的性质，可配合采用其他原位测试法进行确定。

**6.3.10** 在填土施工过程中，应切实做好地面排水工作。对设置在填土场地的上、下水管道，为防止因管道渗漏影响邻近建筑或其他工程，应采取必要的防渗漏措施。

**6.3.11** 位于斜坡上的填土，其稳定性验算应包含两方面的内容：一是填土在自重及建筑物荷载作用下，沿天然坡面滑动；二是由于填土出现新边坡的稳定问题。填土新边坡的稳定性较差，应注意防护。

## 6.4 滑坡防治

**6.4.1** 本条为强制性条文。滑坡是山区建设中常见的不良地质现象，有的滑坡是在自然条件下产生的，有的是在工程活动影响下产生的。滑坡对工程建设危害极大，山区建设对滑坡问题必须重视。

## 6.5 岩石地基

**6.5.1** 在岩石地基，特别是在层状岩石中，平面和垂向持力层范围内软岩、硬岩相间出现很常见。在平面上软硬岩石相间分布或在垂向上硬岩有一定厚度、软岩有一定埋深的情况下，为安全合理地使用地基，就有必要通过验算地基的承载力和变形来确定如何对地基进行使用。岩石一般可视为不可压缩地基，上部荷载通过基础传递到岩石地基上时，基底应力以直接传递为主，应力呈柱形分布，当荷载不断增加使岩石裂缝被压密产生微弱沉降而卸荷时，部分荷载将转移到冲切锥范围以外扩散，基底压力呈钟形分布。验算岩石下卧层强度时，其基底压力扩散角可按30°～40°考虑。

由于岩石地基刚度大，在岩性均匀的情况下可不考虑不均匀沉降的影响，故同一建筑物中允许使用多种基础形式，如桩基与独立基础并用，条形基础、独立基础与桩基础并用等。

基岩面起伏剧烈，高差较大并形成临空面是岩石地基的常见情况，为确保建筑物的安全，应重视临空面对地基稳定性的影响。

## 6.6 岩溶与土洞

**6.6.2** 由于岩溶发育具有严重的不均匀性，为区别对待不同岩溶发育程度场地上的地基基础设计，将岩溶场地划分为岩溶强发育、中等发育和微发育三个等级，用以指导勘察、设计、施工。

基岩面相对高差以相邻钻孔的高差确定。

钻孔见洞隙率＝（见洞隙钻孔数量/钻孔总数）×100%。线岩溶率＝（见洞隙的钻探进尺之和/钻探总进尺）×100%。

**6.6.4～6.6.9** 大量的工程实践证明，岩溶地基经过恰当的处理后，可以作建筑地基。现在建筑用地日趋紧张，在岩溶发育地区要避开岩溶强发育场地非常困难。采取合理可靠的措施对岩溶地基进行处理并加以利用，更加切合当前建筑地基基础设计的实际情况。

土洞的顶板强度低，稳定性差，且土洞的发育速度一般都很快，因此其对地基稳定性的危害大。故在岩溶发育地区的地基基础设计应对土洞给予高度重视。

由于影响岩溶稳定性的因素很多，现行勘探手段一般难以查明岩溶特征，目前对岩溶稳定性的评价，仍然是以定性和经验为主。

对岩溶顶板稳定性的定量评价，仍处于探索阶段。某些技术文献中曾介绍采用结构力学中的梁、板、拱理论评价，但由于计算边界条件不易明确，计算结果难免具有不确定性。

岩溶地基的地基与基础方案的选择应针对具体条件区别对待。大多数岩溶场地的岩溶都需要加以适当处理方能进行地基基础设计。而地基基础方案经济合理与否，除考虑地基自然状况外，还应考虑地基处理方案的选择。

一般情况下，岩溶洞隙侧壁由于受溶蚀风化的影响，此部分岩体强度和完整程度较内部围岩要低，为保证建筑物的安全，要求跨越岩溶洞隙的梁式结构在稳定岩石上的支承长度应大于梁高1.5倍。

当采用洞底支撑（穿越）方法处理时，桩的设计应考虑下列因素，并根据不同条件选择：

**1** 桩底以下3倍～5倍桩径或不小于5m深度范围内无影响地基稳定性的洞隙存在，岩体稳定性良好，桩端嵌入中等风化～微风化岩体不宜小于0.5m，并低于应力扩散范围内的不稳定洞隙底板，或经验算桩端埋置深度已可保证桩不向临空面滑移。

**2** 基坑涌水易于抽排、成孔条件良好，宜设计人工挖孔桩。

**3** 基坑涌水量较大，抽排将对环境及相邻建筑物产生不良影响，或成孔条件不好，宜设计钻孔桩。

4　当采用小直径桩时，应设置承台。对地基基础设计等级为甲级、乙级的建筑物，桩的承载力特征值应由静载试验确定，对地基基础设计等级为丙级的建筑物，可借鉴类似工程确定。

当按悬臂梁设计基础时，应对悬臂梁不同受力工况进行验算。

桩身穿越溶洞顶板的岩体，由于岩溶发育的复杂性和不均匀性，顶板情况一般难以查明，通常情况下不计算顶板岩体的侧阻力。

## 6.7　土质边坡与重力式挡墙

**6.7.1**　边坡设计的一般原则：

1　边坡工程与环境之间有着密切的关系，边坡处理不当，将破坏环境，毁坏生态平衡，治理边坡必须强调环境保护。

2　在山区进行建设，切忌大挖大填，某些建设项目，不顾环境因素，大搞人造平原，最后出现大规模滑坡，大量投资毁于一旦，还酿成生态环境的破坏。应提倡依山就势。

3　工程地质勘察工作，是不可缺少的基本建设程序。边坡工程的影响面较广，处理不当就可酿成地质灾害，工程地质勘察尤为重要。勘察工作不能局限于红线范围，必须扩大勘察面，一般在坡顶的勘察范围，应达到坡高的1倍～2倍，才能获取较完整的地质资料。对于高大边坡，应进行专题研究，提出可行性方案经论证后方可实施。

4　边坡支挡结构的排水设计，是支挡结构设计很重要的一环，许多支挡结构的失效，都与排水不善有关。根据重庆市的统计，倒塌的支挡结构，由于排水不善造成的事故占80%以上。

**6.7.3**　重力式挡土墙上的土压力计算应注意的问题：

1　土压力的计算，目前国际上仍采用楔体试算法。根据大量的试算与实际观测结果的对比，对于高大挡土结构来说，采用古典土压力理论计算的结果偏小，土压力的分布也有较大的偏差。对于高大挡土墙，通常也不允许出现达到极限状态时的位移值，因此在土压力计算式中计入增大系数。

2　土压力计算公式是在土体达到极限平衡状态的条件下推导出来的，当边坡支挡结构不能达到极限状态时，土压力设计值应取主动土压力与静止土压力的某一中间值。

3　在山区建设中，经常遇到60°～80°陡峻的岩石自然边坡，其倾角远大于库仑破坏面的倾角，这时如果仍然采用古典土压力理论计算土压力，将会出现较大的偏差。当岩石自然边坡的倾角大于45°+$\varphi$/2时，应按楔体试算法计算土压力值。

**6.7.4、6.7.5**　重力式挡土结构，是过去用得较多的一种挡土结构形式。在山区地盘比较狭窄，重力式挡土结构的基础宽度较大，影响土地的开发利用，对于

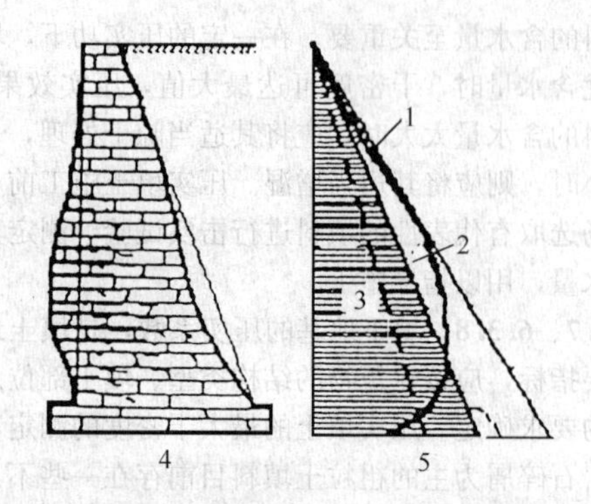

图24　墙体变形与土压力

1—测试曲线；2—静止土压力；3—主动土压力；4—墙体变形；5—计算曲线

高大挡土墙，往往也是不经济的。石料是主要的地方材料，经多个工程测算，对于高度8m以上的挡土墙，采用桩锚体系挡土结构，其造价、稳定性、安全性、土地利用率等方面，都较重力式挡土结构为好。所以规范规定“重力式挡土墙宜用于高度小于8m、地层稳定、开挖土石方时不会危及相邻建筑物安全的地段”。

对于重力式挡土墙的稳定性验算，主要由抗滑稳定性控制，而现实工程中倾覆稳定破坏的可能性又大于滑动破坏。说明过去抗倾覆稳定性安全系数偏低，这次稍有调整，由原来的1.5调整成1.6。

## 6.8　岩石边坡与岩石锚杆挡墙

**6.8.2**　整体稳定边坡，原始地应力释放后回弹较快，在现场很难测量到横向推力。但在高切削的岩石边坡上，很容易发现边坡顶部的拉伸裂隙，其深度约为边坡高度的0.2倍～0.3倍，离开边坡顶部边缘一定距离后便很快消失，说明边坡顶部确实有拉应力存在。这一点从二维光弹试验中也得到了证明。从光弹试验中也证明了边坡的坡脚，存在着压应力与剪切应力，对岩石边坡来说，岩石本身具有较高的抗压与抗剪切强度，所以岩石边坡的破坏，都是从顶部垮塌开始的。因此对于整体结构边坡的支护，应注意加强顶部的支护结构。

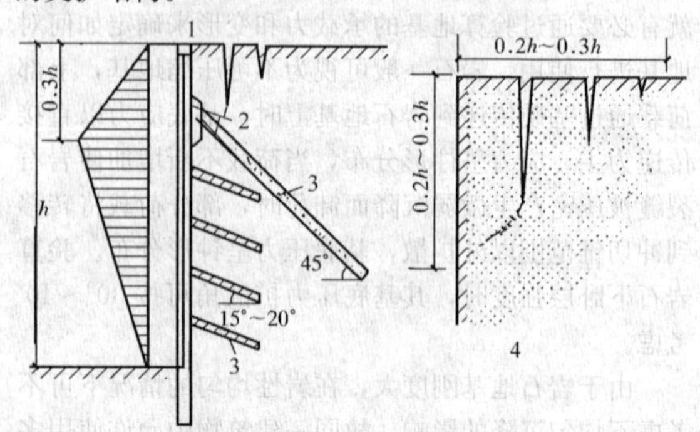

图25　整体稳定边坡顶部裂隙

1—压顶梁；2—连系梁及牛腿；3—构造锚杆；4—坡顶裂隙分布

边坡的顶部裂隙比较发育，必须采用强有力的锚杆进行支护，在顶部 0.2$h$～0.3$h$ 高度处，至少布置一排结构锚杆，锚杆的横向间距不应大于 3m，长度不应小于 6m。结构锚杆直径不宜小于 130mm，钢筋不宜小于 3Φ22。其余部分为防止风化剥落，可采用锚杆进行构造防护。防护锚杆的孔径宜采用 50mm～100mm，锚杆长度宜采用 2m～4m，锚杆的间距宜采用 1.5m～2.0m。

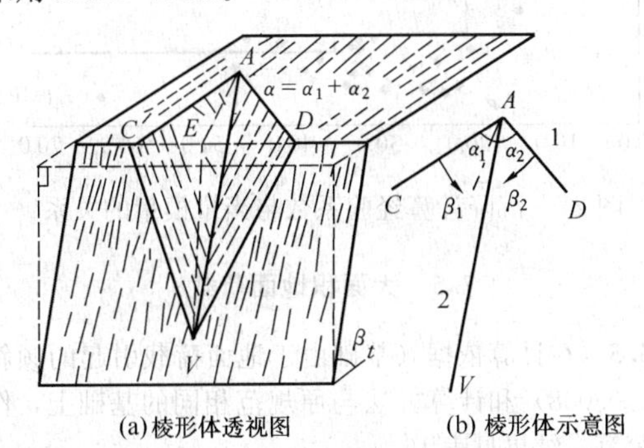


图 26　具有两组结构面的下滑棱柱体示意

1—裂隙走向；2—棱线

**6.8.3**　单结构面外倾边坡的横推力较大，主要原因是结构面的抗剪强度一般较低。在工程实践中，单结构面外倾边坡的横推力，通常采用楔形体平面课题进行计算。

对于具有两组或多组结构面形成的下滑棱柱体，其下滑力通常采用棱形体分割法进行计算。现举例如下：

**1**　已知：新开挖的岩石边坡的坡角为 80°。边坡上存在着两组结构面（如图 26 所示）：结构面 1 走向 $AC$，与边坡顶部边缘线 $CD$ 的夹角为 75°，其倾角 $\beta_1=70°$；其结构面 2 走向 $AD$，与边坡顶部边缘线 $DC$ 的夹角为 40°，其倾角 $\beta_2=43°$。即两结构面走向线的夹角 $\alpha$ 为 65°。$AE$ 点的距离为 3m。经试验两个结构面上的内摩擦角均为 $\varphi=15.6°$，其黏聚力近于 0。岩石的重度为 24kN/m³。

**2**　棱线 $AV$ 与两结构面走向线间的平面夹角 $\alpha_1$ 及 $\alpha_2$。可采用下列计算式进行计算：

$$\cot\alpha_1=\frac{\tan\beta_1}{\sin\alpha\tan\beta_2}+\cot\alpha$$

$$\cot\alpha_2=\frac{\tan\beta_2}{\sin\alpha\tan\beta_1}+\cot\alpha$$

从而通过计算得出 $\alpha_1=15°$，$\alpha_2=50°$。

**3**　进而计算出棱线 $AV$ 的倾角，即沿着棱线方向上结构面的视倾角 $\beta'$。

$$\tan\beta'=\tan\beta_1\sin\alpha_1$$

计算得：$\beta'=35.5°$

**4**　用 $AVE$ 平面将下滑棱柱体分割成两个块体。计算获得两个滑块的重力为：$w_1=31$kN，$w_2=139$kN；

棱柱体总重为 $w=w_1+w_2=170$kN。

**5**　对两个块体的重力分解成垂直与平行于结构面的分力：

$$N_1=w_1\cos\beta_1=10.6\text{kN}$$

$$T_1=w_1\sin\beta_1=29.1\text{kN}$$

$$N_2=w_2\cos\beta_2=101.7\text{kN}$$

$$T_2=w_2\sin\beta_2=94.8\text{kN}$$

**6**　再将平行于结构面的下滑力分解成垂直与平行于棱线的分力：

$\tan\theta_1=\tan(90°-\alpha_1)\cos\beta_1=1.28$　$\theta_1=52°$

$\tan\theta_2=\tan(90-\alpha_2)\cos\beta_2=0.61$　$\theta_2=32°$

$$T_{s1}=T_1\cos\theta_1=18\text{kN}$$

$$T_{s2}=T_2\cos\theta_2=80\text{kN}$$

**7**　棱柱体总的下滑力：$T_s=T_{s1}+T_{s2}=98$kN

两结构面上的摩阻力：

$$F_t=(N_1+N_2)\tan\varphi=(10.6+101.7)\tan15.6°=31\text{kN}$$

作用在支挡结构上推力：$T=T_s-F_t=67$kN。

**6.8.4**　岩石锚杆挡土结构，是一种新型挡土结构体系，对支挡高大土质边坡很有成效。岩石锚杆挡土结构的位移很小，支挡的土体不可能达到极限状态，当按主动土压力理论计算土压力时，必须乘以一个增大系数。

岩石锚杆挡土结构是通过立柱或竖桩将土压力传递给锚杆，再由锚杆将土压力传递给稳定的岩体，达到支挡的目的。立柱间的挡板是一种维护结构，其作用是挡住两立柱间的土体，使其不掉下来。因存在着卸荷拱作用，两立柱间的土体作用在挡土板的土压力是不大的，有些支挡结构没有设置挡板也能安全支挡边坡。

岩石锚杆挡土结构的立柱必须嵌入稳定的岩体中，一般的嵌入深度为立柱断面尺寸的 3 倍。当所支挡的主体位于高度较大的陡崖边坡的顶部时，可有两种处理办法：

**1**　将立柱延伸到坡脚，为了增强立柱的稳定性，可在陡崖的适当部位增设一定数量的锚杆。

**2**　将立柱在具有一定承载能力的陡崖顶部截断，在立柱底部增设锚杆，以承受立柱底部的横推力及部分竖向力。

**6.8.5**　本条为锚杆的构造要求，现说明如下：

**1**　锚杆宜优先采用热轧带肋的钢筋作主筋，是因为在建筑工程中所用的锚杆大多不使用机械锚头，在很多情况下主筋也不允许设置弯钩，为增加主筋与混凝土的握裹力作出的规定。

**2**　大量的试验研究表明，岩石锚杆在 15 倍～20 倍锚杆直径以深的部位已没有锚固力分布，只有锚杆顶部周围的岩体出现破坏后，锚固力才会向深部延伸。当岩石锚杆的嵌岩深度小于 3 倍锚杆的孔径时，其抗拔力较低，不能采用本规范式（6.8.6）进行抗拔承载力计算。

3 锚杆的施工质量对锚杆抗拔力的影响很大，在施工中必须将钻孔清洗干净，孔壁不允许有泥膜存在。锚杆的施工还应满足有关施工验收规范的规定。

# 7 软弱地基

## 7.2 利用与处理

**7.2.7** 本条为强制性条文。规定了复合地基设计的基本原则，为确保地基设计的安全，在进行地基设计时必须严格执行。

复合地基是指由地基土和竖向增强体（桩）组成、共同承担荷载的人工地基。复合地基按增强体材料可分为刚性桩复合地基、粘结材料桩复合地基和无粘结材料桩复合地基。

当地基土为欠固结土、膨胀土、湿陷性黄土、可液化土等特殊土时，设计时应综合考虑土体的特殊性质，选用适当的增强体和施工工艺，以保证处理后的地基土和增强体共同承担荷载。

**7.2.8** 本条为强制性条文。强调复合地基的承载力特征值应通过载荷试验确定。可直接通过复合地基载荷试验确定，或通过增强体载荷试验结合土的承载力特征值和地区经验确定。

桩体强度较高的增强体，可以将荷载传递到桩端土层。当桩长较长时，由于单桩复合地基载荷试验的荷载板宽度较小，不能全面反映复合地基的承载特性。因此单纯采用单桩复合地基载荷试验的结果确定复合地基承载力特征值，可能由于试验的载荷板面积或由于褥垫层厚度对复合地基载荷试验结果产生影响。因此对复合地基承载力特征值的试验方法，当采用设计褥垫厚度进行试验时，对于独立基础或条形基础宜采用与基础宽度相等的载荷板进行试验，当基础宽度较大、试验有困难而采用较小宽度载荷板进行试验时，应考虑褥垫层厚度对试验结果的影响。必要时应通过多桩复合地基载荷试验确定。有地区经验时也可采用单桩载荷试验结果和其周边土承载力特征值结合经验确定。

**7.2.9** 复合地基的承载力计算应同时满足轴心荷载和偏心荷载作用的要求。

**7.2.10** 复合地基的地基计算变形量可采用单向压缩分层总和法按本规范第 5.3.5 条～第 5.3.8 条有关的公式计算，加固区土层的模量取桩土复合模量。

由于采用复合地基的建筑物沉降观测资料较少，一直沿用天然地基的沉降计算经验系数。各地使用对复合土层模量较低时符合性较好，对于承载力提高幅度较大的刚性桩复合地基出现计算值小于实测值的现象。本次修订通过对收集到的全国 31 个 CFG 桩复合地基工程沉降观测资料分析，得出地基的沉降计算经验系数与沉降计算深度范围内压缩模量当量值的关系，如图 27 所示，本次修订对于当量模量大于 15MPa 的沉降计算经验系数进行了调整。

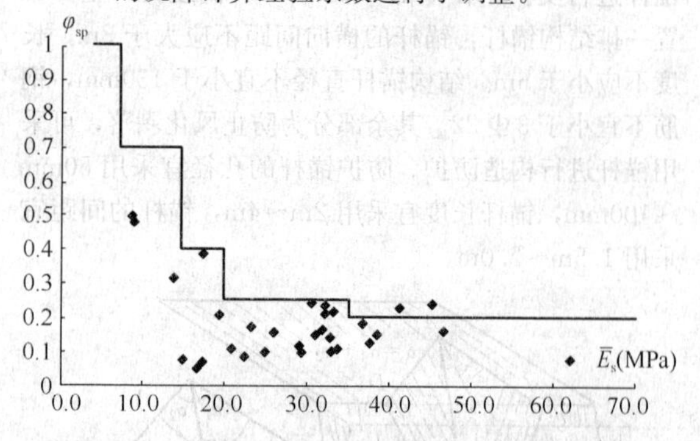


图 27 沉降计算经验系数与当量模量的关系

## 7.5 大面积地面荷载

**7.5.5** 在计算依据（基础由于地面荷载引起的倾斜值≤0.008）和计算方法与原规范相同的基础上，作了复算，结果见表 16。

表 16 中：$[q_{eq}]$——地面的均布荷载允许值（kPa）；

$[s'_g]$——中间柱基内侧边缘中点的地基附加沉降允许值（mm）；

$\beta_0$——压在基础上的地面堆载（不考虑基础外的地面堆载影响）对基础内倾值的影响系数；

$\beta'_0$——和压在基础上的地面堆载纵向方向一致的压在地基上的地面堆载对基础内倾值的影响系数；

$l$——车间跨度（m）；

$b$——车间跨度方向基础底面边长（m）；

$d$——基础埋深（m）；

$a$——地面堆载的纵向长度（m）；

$z_n$——从室内地坪面起算的地基变形计算深度（m）；

$\overline{E}_s$——地基变形计算深度内按应力面积法求得土的平均压缩模量（MPa）；

$\overline{\alpha}_{Az}$、$\overline{\alpha}_{Bz}$——柱基内、外侧边缘中点自室内地坪面起算至 $z_n$ 处的平均附加应力系数；

$\overline{\alpha}_{Ad}$、$\overline{\alpha}_{Bd}$——柱基内、外侧边缘中点自室内地坪面起算至基底处的平均附加应力系数；

$\tan\theta'$——纵向方向和压在基础上的地面堆载一致的压在地基上的地面堆载引起基础的内倾值；

$\tan\theta$——地面堆载范围与基础内侧边缘线重合时，均布地面堆载引起的基础内倾值；

$\beta_1 \cdots\cdots \beta_{10}$——分别表示地面堆载离柱基内侧边缘的不同位置和堆载的纵向长度对基础内倾值的影响系数。

表 16 中：

$$[q_{eq}] = \frac{0.008b\overline{E}_s}{z_n(\bar{\alpha}_{Az} - \bar{\alpha}_{Bz}) - d(\bar{\alpha}_{Ad} - \bar{\alpha}_{Bd})}$$

$$[S'_s] = \frac{0.008bz_n\bar{\alpha}_{Az}}{z_n(\bar{\alpha}_{Az} - \bar{\alpha}_{Bz}) - d(\bar{\alpha}_{Ad} - \bar{\alpha}_{Bd})}$$

$$\beta_0 = \frac{0.033b}{z_n(\bar{\alpha}_{Az} - \bar{\alpha}_{Bz}) - d(\bar{\alpha}_{Ad} - \bar{\alpha}_{Bd})}$$

$$\beta'_0 = \frac{\tan\theta'}{\tan\theta}$$

大面积地面荷载作用下地基附加沉降的计算举例：

单层工业厂房，跨度 $l$=24m，柱基底面边长 $b$=3.5m，基础埋深 1.7m，地基土的压缩模量 $E_s$=4MPa，堆载纵向长度 $a$=60m，厂房填土在基础完工后填筑，地面荷载大小和范围如图 28 所示，求由于地面荷载作用下柱基内侧边缘中点(A) 的地基附加沉降值，并验算是否满足天然地基设计要求。

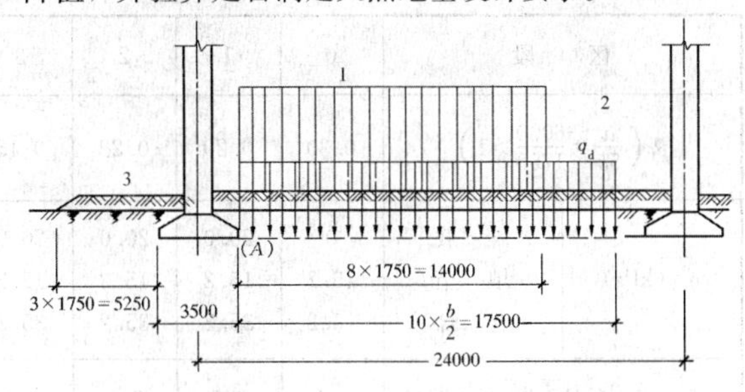


图 28　地面荷载计算示意

1—地面堆载 $q_1$=20kPa；2—填土 $q_2$=15.2kPa；3—填土 $p_i$=9.5kPa

一、等效均布地面荷载 $q_{eq}$

计算步骤如表 17 所示。

二、柱基内侧边缘中点（A）的地基附加沉降值 $s'_g$

计算时取 $a'$=30m，$b'$=17.5m。计算步骤如表 18 所示。

**表 16　均布荷载允许值 $[q_{eq}]$ 地基沉降允许值 $[s'_g]$ 和系数 $\beta$ 的计算总表**

| $l$ (m) | $d$ (m) | $b$ (m) | $a$ (m) | $z_n$ | $\bar{\alpha}_{Az}$ | $\bar{\alpha}_{Bz}$ | $\bar{\alpha}_{Ad}$ | $\bar{\alpha}_{Bd}$ | $[q_{eq}]$ (kPa) | $[s'_g]$ (m) | $\beta_0$ | $\beta_i$ | | | | | | | | | | $\beta'_0$ |
|---|---|---|---|---|---|---|---|---|---|---|---|---|---|---|---|---|---|---|---|---|---|---|
| | | | | | | | | | | | | 1 | 2 | 3 | 4 | 5 | 6 | 7 | 8 | 9 | 10 | |
| 12 | 2 | 1 | 6 | 13.0 | 0.282 | 0.163 | 0.488 | 0.088 | $0.0107\overline{E}_s$ | 0.0393 | 0.44 | | | | | | | | | | | |
| | | | 11 | 16.5 | 0.324 | 0.216 | 0.485 | 0.082 | $0.0082\overline{E}_s$ | 0.0438 | 0.34 | | | | | | | | | | | |
| | | | 22 | 21.0 | 0.358 | 0.264 | 0.498 | 0.095 | $0.0068\overline{E}_s$ | 0.0513 | 0.28 | | | | | | | | | | | |
| | | | 33 | 23.0 | 0.366 | 0.276 | 0.499 | 0.096 | $0.0063\overline{E}_s$ | 0.0528 | 0.26 | | | | | | | | | | | |
| | | | 44 | 24.0 | 0.378 | 0.284 | 0.499 | 0.096 | $0.0055\overline{E}_s$ | 0.0476 | 0.23 | | | | | | | | | | | |
| 12 | 2 | 2 | 6 | 13.0 | 0.279 | 0.108 | 0.488 | 0.024 | $0.0123\overline{E}_s$ | 0.0448 | 0.51 | 0.27 | 0.24 | 0.17 | 0.10 | 0.08 | 0.05 | 0.03 | 0.03 | 0.030 | 0.01 | |
| | | | 10 | 15.0 | 0.324 | 0.150 | 0.499 | 0.031 | $0.0096\overline{E}_s$ | 0.0446 | 0.39 | | | | | | | | | | | |
| | | | 20 | 20.0 | 0.349 | 0.198 | 0.499 | 0.029 | $0.0077\overline{E}_s$ | 0.0540 | 0.32 | 0.21 | 0.20 | 0.15 | 0.12 | 0.09 | 0.07 | 0.06 | 0.04 | 0.03 | 0.03 | |
| | | | 30 | 22.0 | 0.363 | 0.222 | 0.49 | 0.029 | $0.0074\overline{E}_s$ | 0.0590 | 0.31 | | | 0.31 | 0.31 | 0.18 | 0.11 | 0.09 | | | | |
| | | | 40 | 22.5 | 0.373 | 0.231 | 0.499 | 0.029 | $0.0071\overline{E}_s$ | 0.0596 | 0.29 | | | | | | | | | | | |
| 18 | 2 | 3 | 6 | 13.5 | 0.282 | 0.082 | 0.488 | 0.010 | $0.0138\overline{E}_s$ | 0.0526 | 0.57 | | | 0.64 | 0.24 | 0.08 | 0.04 | — | | | | |
| | | | 12 | 18.0 | 0.333 | 0.134 | 0.498 | 0.010 | $0.0092\overline{E}_s$ | 0.0551 | 0.38 | 0.38 | 0.23 | 0.15 | 0.10 | 0.06 | 0.05 | 0.03 | 0.02 | 0.02 | 0.01 | |
| | | | 15 | 19.5 | 0.349 | 0.153 | 0.498 | 0.011 | $0.0084\overline{E}_s$ | 0.0574 | 0.35 | 0.31 | 0.22 | 0.15 | 0.10 | 0.08 | 0.05 | 0.03 | 0.03 | 0.02 | 0.01 | 0.06 |
| | | | 30 | 24.0 | 0.388 | 0.205 | 0.499 | 0.012 | $0.0071\overline{E}_s$ | 0.0659 | 0.29 | 0.27 | 0.21 | 0.14 | 0.11 | 0.08 | 0.06 | 0.05 | 0.03 | 0.03 | 0.02 | |
| | | | 45 | 27.0 | 0.396 | 0.228 | 0.499 | 0.011 | $0.0067\overline{E}_s$ | 0.0723 | 0.28 | | | 0.42 | 0.28 | 0.15 | 0.08 | 0.07 | | | | |
| | | | 60 | 28.5 | 0.399 | 0.237 | 0.499 | 0.012 | $0.0066\overline{E}_s$ | 0.0737 | 0.27 | | | | | | | | | | | |
| 24 | 2 | 4 | 6 | 14.0 | 0.277 | 0.059 | 0.488 | 0.002 | $0.0154\overline{E}_s$ | 0.0596 | 0.63 | 0.40 | 0.34 | 0.12 | 0.06 | 0.04 | 0.02 | 0.01 | 0.01 | — | | |
| | | | 12 | 19.0 | 0.332 | 0.110 | 0.497 | 0.005 | $0.0099\overline{E}_s$ | 0.0625 | 0.41 | 0.40 | 0.25 | 0.13 | 0.08 | 0.06 | 0.03 | 0.02 | 0.01 | 0.01 | 0.01 | |
| | | | 20 | 23.0 | 0.370 | 0.154 | 0.499 | 0.006 | $0.0080\overline{E}_s$ | 0.0683 | 0.33 | 0.35 | 0.23 | 0.14 | 0.09 | 0.07 | 0.04 | 0.03 | 0.02 | 0.02 | 0.01 | |
| | | | 40 | 28.0 | 0.408 | 0.206 | 0.499 | 0.006 | $0.0068\overline{E}_s$ | 0.0780 | 0.28 | | | | | | | | | | | |
| | | | 60 | 32.0 | 0.413 | 0.229 | 0.499 | 0.006 | $0.0066\overline{E}_s$ | 0.0866 | 0.27 | 0.27 | 0.21 | 0.15 | 0.10 | 0.08 | 0.06 | 0.03 | 0.50 | 0.08 | 0.02 | |
| | | | 80 | 34.0 | 0.415 | 0.236 | 0.499 | 0.006 | $0.0063\overline{E}_s$ | 0.0884 | 0.26 | | | | | | | | | | | |
| 30 | 2 | 5 | 6 | 14.0 | 0.279 | 0.046 | 0.488 | 0.002 | $0.0175\overline{E}_s$ | 0.0681 | 0.72 | 0.57 | 0.24 | 0.10 | 0.05 | 0.03 | 0.01 | — | — | — | — | |
| | | | 12 | 20.0 | 0.327 | 0.091 | 0.498 | 0.001 | $0.0107\overline{E}_s$ | 0.0702 | 0.44 | 0.47 | 0.24 | 0.12 | 0.07 | 0.04 | 0.02 | 0.02 | 0.02 | 0.01 | — | 0.10 |
| | | | 25 | 26.0 | 0.384 | 0.151 | 0.499 | 0.003 | $0.0079\overline{E}_s$ | 0.0785 | 0.32 | | | | 0.61 | 0.23 | 0.29 | 0.05 | 0.01 | | | |
| | | | 50 | 32.5 | 0.419 | 0.204 | 0.499 | 0.003 | $0.0067\overline{E}_s$ | 0.0910 | 0.28 | | | | | | | | | | | |
| | | | 75 | 35.0 | 0.430 | 0.226 | 0.499 | 0.003 | $0.0065\overline{E}_s$ | 0.0978 | 0.27 | 0.60 | 0.21 | 0.15 | 0.09 | 0.08 | 0.05 | 0.04 | 0.03 | 0.03 | 0.02 | |
| | | | 100 | 37.5 | 0.430 | 0.234 | 0.499 | 0.003 | $0.0063\overline{E}_s$ | 0.1012 | 0.26 | 0.31 | 0.21 | 0.13 | 0.10 | 0.07 | 0.06 | 0.04 | 0.03 | 0.02 | 0.03 | |

**表 17**

| 区段 | | 0 | 1 | 2 | 3 | 4 | 5 | 6 | 7 | 8 | 9 | 10 |
|---|---|---|---|---|---|---|---|---|---|---|---|---|
| $\beta_i\left(\frac{a}{5b}=\frac{6000}{1750}>1\right)$ | | 0.30 | 0.29 | 0.22 | 0.15 | 0.10 | 0.08 | 0.06 | 0.04 | 0.03 | 0.02 | 0.01 |
| $q_i$（kPa） | 堆载 | 0 | 20.0 | 20.0 | 20.0 | 20.0 | 20.0 | 20.0 | 20.0 | 20.0 | 0 | 0 |
| | 填土 | 15.2 | 15.2 | 15.2 | 15.2 | 15.2 | 15.2 | 15.2 | 15.2 | 15.2 | 15.2 | 15.2 |
| | 合计 | 15.2 | 35.2 | 35.2 | 35.2 | 35.2 | 35.2 | 35.2 | 35.2 | 35.2 | 15.2 | 15.2 |
| $p_i$（kPa）填土 | | 9.5 | 9.5 | 9.5 | 4.8 | | | | | | | |
| $\beta_i q_i-\beta_i p_i$（kPa） | | 1.7 | 7.5 | 5.7 | 4.6 | 3.5 | 2.8 | 2.1 | 1.4 | 1.1 | 0.3 | 0.2 |
| $q_{eq}=0.8\sum_{i=0}^{10}(\beta_i q_i-\beta_i p_i)=0.8\times30.9=24.7\text{kPa}$ | | | | | | | | | | | | |

**表 18**

| $z_i$（m） | $\frac{a'}{b'}$ | $\frac{z_i}{b'}$ | $\bar{\alpha}_i$ | $z_i\bar{\alpha}_i$（m） | $z_i\bar{\alpha}_i-z_{i-1}\bar{\alpha}_{i-1}$ | $E_{si}$（MPa） | $\Delta s'_{gi}=\frac{q_{lg}}{E_{si}}\times(z_i\bar{\alpha}_i-z_{i-1}\bar{\alpha}_{i-1})$（mm） | $s'_g=\sum_{i=1}^{n}\Delta s'_{gi}$（mm） | $\frac{\Delta s'_{gi}}{\sum_{i=1}^{n}\Delta s'_{gi}}$ |
|---|---|---|---|---|---|---|---|---|---|
| 0 | $\frac{30.00}{17.50}=1.71$ | 0 | | | | | | | |
| 28.80 | | $\frac{28.80}{17.50}=1.65$ | $2\times0.2069=0.4138$ | 11.92 | | 4.0 | 73.6 | 73.6 | |
| 30.00 | | $\frac{30.00}{17.50}=1.71$ | $2\times0.2044=0.4088$ | 12.26 | 0.34 | 4.0 | 2.1 | 75.7 | 0.028>0.025 |
| 29.80 | | $\frac{29.80}{17.50}=1.70$ | $2\times0.2049=0.4098$ | 12.21 | | 4.0 | 75.4 | | |
| 31.00 | | $\frac{31.00}{17.50}=1.77$ | $2\times0.2020=0.4040$ | 12.52 | 0.34 | 4.0 | 1.9 | 77.3 | 0.0246<0.025 |

注：地面荷载宽度 $b'=17.5\text{m}$，由地基变形计算深度 $z$ 处向上取计算层厚度为 1.2m。从上表中得知地基变形计算深度 $z_n$ 为 31m，所以由地面荷载引起柱基内侧边缘中点（A）的地基附加沉降值 $s'_g=77.3\text{mm}$。按 $a=60\text{m}$，$b=3.5\text{m}$。查表 16 得地基附加沉降允许值 $[s'_g]=80\text{mm}$，故满足天然地基设计的要求。

## 8 基　　础

### 8.1 无筋扩展基础

**8.1.1** 本规范提供的各种无筋扩展基础台阶宽高比的允许值沿用了本规范 1974 版规定的允许值，这些规定都是经过长期的工程实践检验，是行之有效的。在本规范 2002 版编制时，根据现行国家标准《混凝土结构设计规范》GB 50010 以及《砌体结构设计规范》GB 50003 对混凝土和砌体结构的材料强度等级要求作了调整。计算结果表明，当基础单侧扩展范围内基础底面处的平均压力值超过 300kPa 时，应按下式验算墙（柱）边缘或变阶处的受剪承载力：

$$V_s\leqslant0.366f_tA$$

式中：$V_s$——相应于作用的基本组合时的地基土平均净反力产生的沿墙（柱）边缘或变阶处的剪力设计值（kN）；

$A$——沿墙（柱）边缘或变阶处基础的垂直截面面积（$m^2$）。当验算截面为阶形时其截面折算宽度按附录 U 计算。

上式是根据材料力学、素混凝土抗拉强度设计值以及基底反力为直线分布的条件下确定的，适用于除岩石以外的地基。

对基底反力集中于立柱附近的岩石地基，基础的抗剪验算条件应根据各地区具体情况确定。重庆大学曾对置于泥岩、泥质砂岩和砂岩等变形模量较大的岩石地基上的无筋扩展基础进行了试验，试验研究结果表明，岩石地基上无筋扩展基础的基底反力曲线是一倒置的马鞍形，呈现出中间大，两边小，到了边缘又略为增大的分布形式，反力的分布曲线主要与岩体的变形模量和基础的弹性模量比值、基础的高宽比有关。由于试验数据少，且因我国岩石类别较多，目前尚不能提供有关此类基础的受剪承载力验算公式，因此有关岩石地基上无筋扩展基础的台阶宽高比应结合各地区经验确定。根据已掌握的岩石地基上的无筋扩展基础试验中出现沿柱周边直剪和劈裂破坏现象，提出设计时应对柱下混凝土基础进行局部受压承载力验算，避免柱下素混凝土基础可能因横向拉应力达到混凝土的抗拉强度后引起基础周边混凝土发生竖向劈裂破坏和压陷。

## 8.2 扩展基础

**8.2.1** 扩展基础是指柱下钢筋混凝土独立基础和墙下钢筋混凝土条形基础。由于基础底板中垂直于受力钢筋的另一个方向的配筋具有分散部分荷载的作用，有利于底板内力重分布，因此各国规范中基础板的最小配筋率都小于梁的最小配筋率。美国ACI318规范中基础板的最小配筋率是按温度和混凝土收缩的要求规定为0.2%（$f_{yk}=275\text{MPa}\sim345\text{MPa}$）和0.18%（$f_{yk}=415\text{MPa}$）；英国标准BS8110规定板的两个方向的最小配筋率：低碳钢为0.24%，合金钢为0.13%；英国规范CP110规定板的受力钢筋和次要钢筋的最小配筋率：低碳钢为0.25%和0.15%，合金钢为0.15%和0.12%；我国《混凝土结构设计规范》GB 50010规定对卧置于地基上的混凝土板受拉钢筋的最小配筋率不应小于0.15%。本规范此次修订，明确了柱下独立基础的受力钢筋最小配筋率为0.15%，此要求低于美国规范，与我国《混凝土结构设计规范》GB 50010对卧置于地基上的混凝土板受拉钢筋的最小配筋率以及英国规范对合金钢的最小配筋率要求相一致。

为减小混凝土收缩产生的裂缝，提高条形基础对不均匀地基土适应能力，本次修订适当加大了分布钢筋的配筋量。

**8.2.5** 自本规范GBJ 7-89版颁布后，国内高杯口基础杯壁厚度以及杯壁和短柱部分的配筋要求基本上照此执行，情况良好。本次修订，保留了本规范2002版增加的抗震设防烈度为8度和9度时，短柱部分的横向箍筋的配置量不宜小于$\phi$8@150的要求。

制定高杯口基础的构造依据是：

**1** 杯壁厚度 $t$

多数设计在计算有短柱基础的厂房排架时，一般都不考虑短柱的影响，将排架柱视作固定在基础杯口顶面的二阶柱（图29b）。这种简化计算所得的弯矩$m$较考虑有短柱存在按三阶柱（图29c）计算所得的弯矩小。

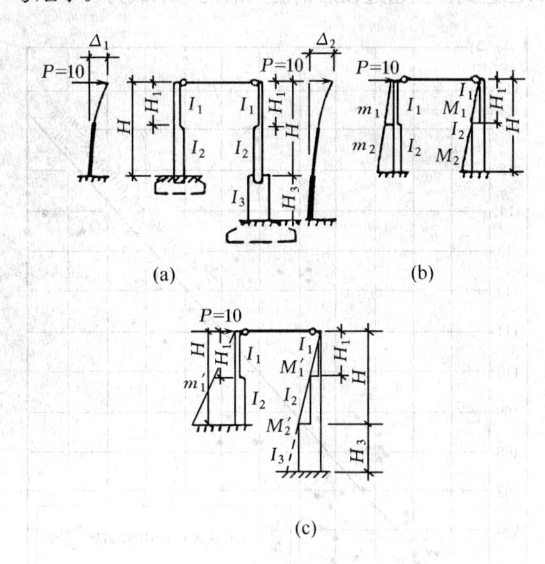


图29 带短柱基础厂房的计算示意

(a) 厂房图形；(b) 简化计算；(c) 精确计算

原机械工业部设计院对起重机起重量小于或等于750kN、轨顶标高在14m以下的一般工业厂房做了大量分析工作，分析结果表明：短柱刚度愈小即$\frac{\Delta_2}{\Delta_1}$的比值愈大（图29a），则弯矩误差$\frac{\Delta m}{m}$%，即$\frac{m'-m}{m}$%愈大。图30为二阶柱和三阶柱的弯矩误差关系，从图中可以看到，当$\frac{\Delta_2}{\Delta_1}=1.11$时，$\frac{\Delta m}{m}=$8%，构件尚属安全使用范围之内。在相同的短柱高度和相同的柱截面条件下，短柱的刚度与杯壁的厚度$t$有关，GBJ 7-89规范就是据此规定杯壁的厚度。通过十多年实践，按构造配筋的限制条件可适当放宽，本规范2002版参照《机械工厂结构设计规范》GBJ 8-97增加了第8.2.5条中第2、3款的限制条件。

对符合本规范条文要求，且满足表8.2.5杯壁厚度最小要求的设计可不考虑高杯口基础短柱部分对排架的影响，否则应按三阶柱进行分析。

**2** 杯壁配筋

杯壁配筋的构造要求是基于横向（顶层钢筋网和横向箍筋）和纵向钢筋共同工作的计算方法，并通过试验验证。大量试算工作表明，除较小柱截面的杯口外，均能保证必需的安全度。顶层钢筋网由于抗弯力臂大，设计时应充分利用其抗弯承载力以减少杯壁其他的钢筋用量。横向箍筋$\phi$8@150的抗弯承载力随柱的插入杯口深度$h_1$而异，但当柱截面高度$h$大于1000mm，$h_1=0.8h$时，抗弯能力有限，因此设计时横向箍筋不宜大于$\phi$8@150。纵向钢筋直径可为12mm～16mm，且其设置量又与$h$成正比，$h$愈大则其抗弯承载力愈大，当 $h \geqslant 1000$mm 时，其抗弯承载力已达到甚至超过顶层钢筋网的抗弯承载力。

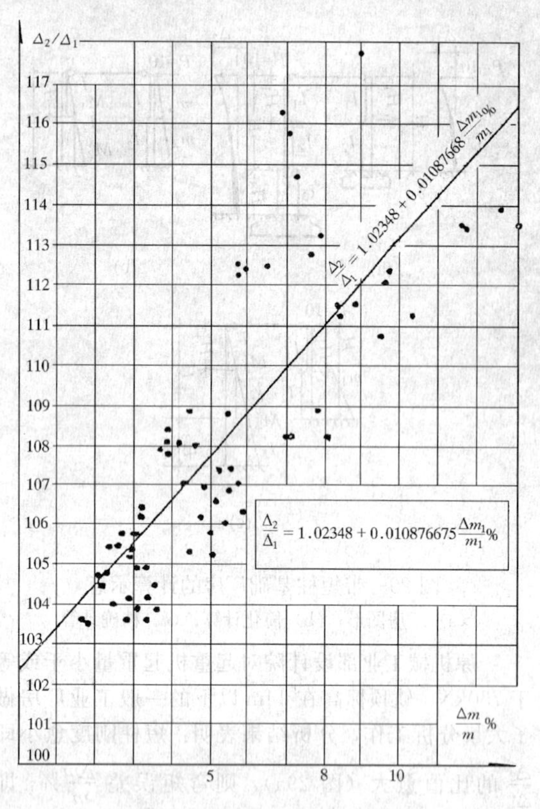


图 30　一般工业厂房 $\frac{\Delta_2}{\Delta_1}$ 与 $\frac{\Delta m}{m}$%（上柱）关系

注：$\Delta_1$ 和 $\Delta_2$ 的相关系数 $\gamma=0.817824352$

**8.2.7**　本条为强制性条文。规定了扩展基础的设计内容：受冲切承载力计算、受剪切承载力计算、抗弯计算、受压承载力计算。为确保扩展基础设计的安全，在进行扩展基础设计时必须严格执行。

**8.2.8、8.2.9**　为保证柱下独立基础双向受力状态，基础底面两个方向的边长一般都保持在相同或相近的范围内，试验结果和大量工程实践表明，当冲切破坏锥体落在基础底面以内时，此类基础的截面高度由受冲切承载力控制。本规范编制时所作的计算分析和比较也表明，符合本规范要求的双向受力独立基础，其剪切所需的截面有效面积一般都能满足要求，无需进行受剪承载力验算。考虑到实际工作中柱下独立基础底面两个方向的边长比值有可能大于 2，此时基础的受力状态接近于单向受力，柱与基础交接处不存在受冲切的问题，仅需对基础进行斜截面受剪承载力验算。因此，本次规范修订时，补充了基础底面短边尺寸小于柱宽加两倍基础有效高度时，验算柱与基础交接处基础受剪承载力的条款。验算截面取柱边缘，当受剪验算截面为阶梯形及锥形时，可将其截面折算成矩形，折算截面的宽度及截面有效高度，可按照本规范附录 U 确定。需要说明的是：计算斜截面受剪承载力时，验算截面的位置，各国规范的规定不尽相同。对于非预应力构件，美国规范 ACI318，根据构件端部斜截面脱离体的受力条件规定了：当满足（1）支座反力（沿剪力作用方向）在构件端部产生压力时；（2）距支座边缘 $h_0$ 范围内无集中荷载时；取距支座边缘 $h_0$ 处作为验算受剪承载力的截面，并取距支座边缘 $h_0$ 处的剪力作为验算的剪力设计值。当不符合上述条件时，取支座边缘处作为验算受剪承载力的截面，剪力设计值取支座边缘处的剪力。我国混凝土结构设计规范对均布荷载作用下的板类受弯构件，其斜截面受剪承载力的验算位置一律取支座边缘处，剪力设计值一律取支座边缘处的剪力。在验算单向受剪承载力时，ACI-318 规范的混凝土抗剪强度取 $\phi\sqrt{f_c'}/6$，抗剪强度为冲切承载力（双向受剪）时混凝土抗剪强度 $\phi\sqrt{f_c'}/3$ 的一半，而我国的混凝土单向受剪强度与双向受剪强度相同，设计时只是在截面高度影响系数中略有差别。对于单向受力的基础底板，按照我国混凝土设计规范的受剪承载力公式验算，计算截面从板边退出 $h_0$ 算得的板厚小于美国 ACI318 规范，而验算断面取梁边或墙边时算得的板厚则大于美国 ACI318 规范。

本条文中所说的“短边尺寸”是指垂直于力矩作用方向的基础底边尺寸。

**8.2.10**　墙下条形基础底板为单向受力，应验算墙与基础交接处单位长度的基础受剪切承载力。

**8.2.11**　本条中的公式（8.2.11-1）和式（8.2.11-2）是以基础台阶宽高比小于或等于 2.5，以及基础底面与地基土之间不出现零应力区（$e \leqslant b/6$）为条件推导出来的弯矩简化计算公式，适用于除岩石以外的地基。其中，基础台阶宽高比小于或等于 2.5 是基于试验结果，旨在保证基底反力呈直线分布。中国建筑科学研究院地基所黄熙龄、郭天强对不同宽高比的板进行了试验，试验板的面积为 1.0m×1.0m。试验结果表明：在轴向荷载作用下，当 $h/l \leqslant 0.125$ 时，基底反力呈现中部大、端部小（图 31a、31b），地基承载力没有充分发挥基础板就出现井字形受弯破坏裂缝；当 $h/l=0.16$ 时，地基反力呈直线分布，加载超过地基承载力特征值后，基础板发生冲切破坏（图 31c）；当 $h/l=0.20$ 时，基础边缘反力逐渐增大，中部反力逐渐减小，在加荷接近冲切承载力时，底部反力向中部集中，最终基础板出现冲切破坏（图 31d）。基于试验结果，对基础台阶宽高比小于或等于 2.5 的独立柱基可采用基底反力直线分布进行内力分析。

此外，考虑到独立基础的高度一般是由冲切或剪切承载力控制，基础板相对较厚，如果用其计算最小配筋量可能导致底板用钢量不必要的增加，因此本规范提出对阶形以及锥形独立基础，可将其截面折算成矩形，其折算截面的宽度 $b_0$ 及截面有效高度 $h_0$ 按本规范附录 U 确定，并按最小配筋率 0.15% 计算基础底板的最小配筋量。

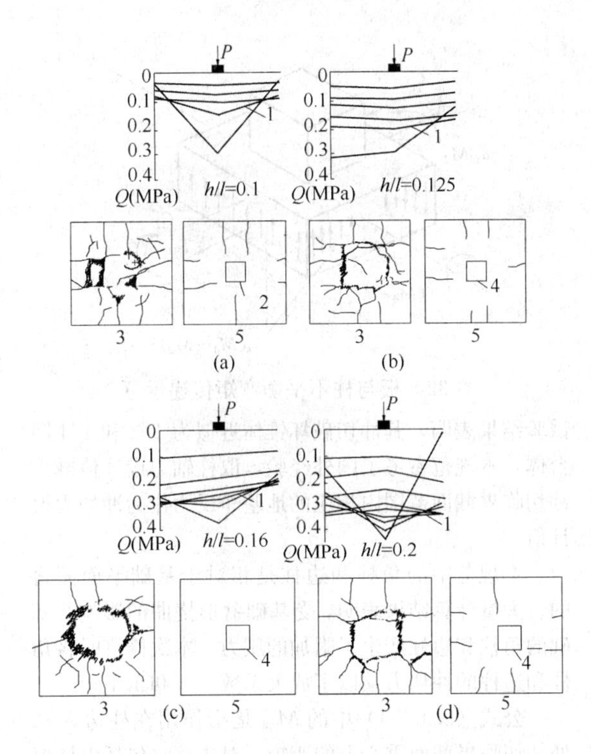


图 31　不同宽高比的基础板下反力分布

$h$—板厚；$l$—板宽

1—开裂；2—柱边整齐裂缝；3—板底面；4—裂缝；5—板顶面

## 8.3　柱下条形基础

**8.3.1、8.3.2**　基础梁的截面高度应根据地基反力、柱荷载的大小等因素确定。大量工程实践表明，柱下条形基础梁的截面高度一般为柱距的1/4～1/8。原上海工业建筑设计院对50项工程的统计，条形基础梁的高跨比在1/4～1/6之间的占工程数的88%。在选择基础梁截面时，柱边缘处基础梁的受剪截面尚应满足现行《混凝土结构设计规范》GB 50010的要求。

关于柱下条形基础梁的内力计算方法，本规范给出了按连续梁计算内力的适用条件。在比较均匀的地基上，上部结构刚度较好，荷载分布较均匀，且条形基础梁的截面高度大于或等于1/6柱距时，地基反力可按直线分布考虑。其中基础梁高大于或等于1/6柱距的条件是通过与柱距$l$和文克勒地基模型中的弹性特征系数$\lambda$的乘积$\lambda l \leqslant 1.75$作了比较，结果表明，当高跨比大于或等于1/6时，对一般柱距及中等压缩性的地基都可考虑地基反力为直线分布。当不满足上述条件时，宜按弹性地基梁法计算内力，分析时采用的地基模型应结合地区经验进行选择。

## 8.4　高层建筑筏形基础

**8.4.1**　筏形基础分为平板式和梁板式两种类型，其选型应根据工程具体条件确定。与梁板式筏基相比，平板式筏基具有抗冲切及抗剪切能力强的特点，且构造简单，施工便捷，经大量工程实践和部分工程事故分析，平板式筏基具有更好的适应性。

**8.4.2**　对单幢建筑物，在均匀地基的条件下，基础底面的压力和基础的整体倾斜主要取决于作用的准永久组合下产生的偏心距大小。对基底平面为矩形的筏基，在偏心荷载作用下，基础抗倾覆稳定系数$K_F$可用下式表示：

$$K_F=\frac{y}{e}=\frac{\gamma B}{e}=\frac{\gamma}{\dfrac{e}{B}}$$

式中：$B$——与组合荷载竖向合力偏心方向平行的基础边长；

$e$——作用在基底平面的组合荷载全部竖向合力对基底面积形心的偏心距；

$y$——基底平面形心至最大受压边缘的距离，$\gamma$为$y$与$B$的比值。

从式中可以看出$e/B$直接影响着抗倾覆稳定系数$K_F$，$K_F$随着$e/B$的增大而降低，因此容易引起较大的倾斜。表19三个典型工程的实测证实了在地基条件相同时，$e/B$越大，则倾斜越大。

**表 19　$e/B$ 值与整体倾斜的关系**

| 地基条件 | 工程名称 | 横向偏心距 $e$（m） | 基底宽度 $B$（m） | $e/B$ | 实测倾斜（‰） |
|---|---|---|---|---|---|
| 上海软土地基 | 胸科医院 | 0.164 | 17.9 | 1/109 | 2.1（有相邻建筑影响） |
| 上海软土地基 | 某研究所 | 0.154 | 14.8 | 1/96 | 2.7 |
| 北京硬土地基 | 中医医院 | 0.297 | 12.6 | 1/42 | 1.716（唐山地震时北京烈度为6度，未发现明显变化） |

高层建筑由于楼身质心高，荷载重，当筏形基础开始产生倾斜后，建筑物总重对基础底面形心将产生新的倾覆力矩增量，而倾覆力矩的增量又产生新的倾斜增量，倾斜可能随时间而增长，直至地基变形稳定为止。因此，为避免基础产生倾斜，应尽量使结构竖向荷载合力作用点与基础平面形心重合，当偏心难以避免时，则应规定竖向合力偏心距的限值。本规范根据实测资料并参考交通部（公路桥涵设计规范）对桥墩合力偏心距的限制，规定了在作用的准永久组合时，$e \leqslant 0.1W/A$。从实测结果来看，这个限制对硬土地区稍严格，当有可靠依据时可适当放松。

**8.4.3**　国内建筑物脉动实测试验结果表明，当地基为非密实土和岩石持力层时，由于地基的柔性改变了上部结构的动力特性，延长了上部结构的基本周期以及增大了结构体系的阻尼，同时土与结构的相互作用也改变了地基运动的特性。结构按刚性地基假定分析的水平地震作用比其实际承受的地震作用大，因此可以根据场地条件、基础埋深、基础和上部结构的刚度等因素确定是否对水平地震作用进行适当折减。

实测地震记录及理论分析表明，土中的水平地震加速度一般随深度而渐减，较大的基础埋深，可以减少来自基底的地震输入，例如日本取地表下 20m 深处的地震系数为地表的 0.5 倍；法国规定筏基或带地下室的建筑的地震荷载比一般的建筑少 20%。同时，较大的基础埋深，可以增加基础侧面的摩擦阻力和土的被动土压力，增强土对基础的嵌固作用。美国 FEMA386 及 IBC 规范采用加长结构物自振周期作为考虑地基土的柔性影响，同时采用增加结构有效阻尼来考虑地震过程中结构的能量耗散，并规定了结构的基底剪力最大可降低 30%。

本次修订，对不同土层剪切波速、不同场地类别以及不同基础埋深的钢筋混凝土剪力墙结构，框架剪力墙结构和框架核心筒结构进行分析，结合我国现阶段的地震作用条件并与美国 UBC1977 和 FEMA386、IBC 规范进行了比较，提出了对四周与土层紧密接触带地下室外墙的整体式筏基和箱基，场地类别为Ⅲ类和Ⅳ类，结构基本自振周期处于特征周期的 1.2 倍～5 倍范围时，按刚性地基假定分析的基底水平地震剪力和倾覆力矩可根据抗震设防烈度乘以折减系数，8 度时折减系数取 0.9，9 度时折减系数取 0.85，该折减系数是一个综合性的包络值，它不能与现行国家标准《建筑抗震设计规范》GB 50011 第 5.2 节中提出的折减系数同时使用。

**8.4.6** 本条为强制性条文。平板式筏基的板厚通常由冲切控制，包括柱下冲切和内筒冲切，因此其板厚应满足受冲切承载力的要求。

**8.4.7** N. W. Hanson 和 J. M. Hanson 在他们的《混凝土板柱之间剪力和弯矩的传递》试验报告中指出：板与柱之间的不平衡弯矩传递，一部分不平衡弯矩是通过临界截面周边的弯曲应力 $T$ 和 $C$ 来传递，而一部分不平衡弯矩则通过临界截面上的偏心剪力对临界截面重心产生的弯矩来传递的，如图 32 所示。因此，在验算距柱边 $h_0/2$ 处的冲切临界截面剪应力时，除需考虑竖向荷载产生的剪应力外，尚应考虑作用在冲切临界截面重心上的不平衡弯矩所产生的附加剪应力。本规范公式（8.4.7-1）右侧第一项是根据现行国家标准《混凝土结构设计规范》GB 50010 在集中力作用下的冲切承载力计算公式换算而得，右侧第二项是引自美国 ACI 318 规范中有关的计算规定。

关于公式（8.4.7-1）中冲切力取值的问题，国内外大量试验结果表明，内柱的冲切破坏呈完整的锥体状，我国工程实践中一直沿用柱所承受的轴向力设计值减去冲切破坏锥体范围内相应的地基净反力作为冲切力；对边柱和角柱，中国建筑科学研究院地基所

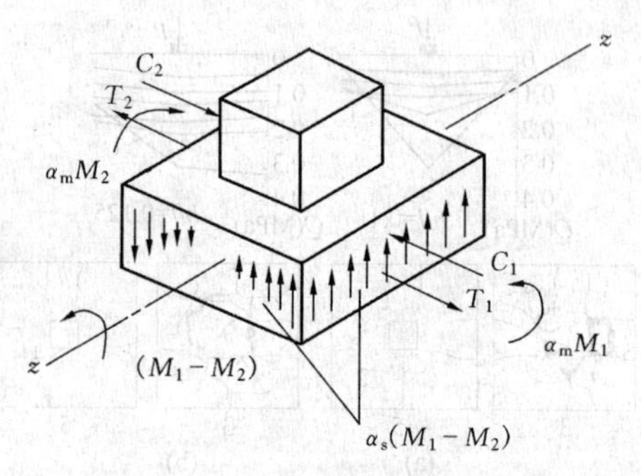


图 32　板与柱不平衡弯矩传递示意

试验结果表明，其冲切破坏锥体近似为 1/2 和 1/4 圆台体，本规范参考了国外经验，取柱轴力设计值减去冲切临界截面范围内相应的地基净反力作为冲切力设计值。

本规范中的角柱和边柱是相对于基础平面而言的。大量计算结果表明，受基础盆形挠曲的影响，基础的角柱和边柱产生了附加的压力。本次修订时将角柱和边柱的冲切力乘以了放大系数 1.2 和 1.1。

公式（8.4.7-1）中的 $M_{unb}$ 是指作用在柱边 $h_0/2$ 处冲切临界截面重心上的弯矩，对边柱它包括由柱根处轴力 $N$ 和该处筏板冲切临界截面范围内相应的地基反力 $P$ 对临界截面重心产生的弯矩。由于本条中筏板和上部结构是分别计算的，因此计算 $M$ 值时尚应包括柱子根部的弯矩设计值 $M_c$，如图 33 所示，$M$ 的表达式为：

$$M_{unb}=Ne_N-Pe_p\pm M_c$$

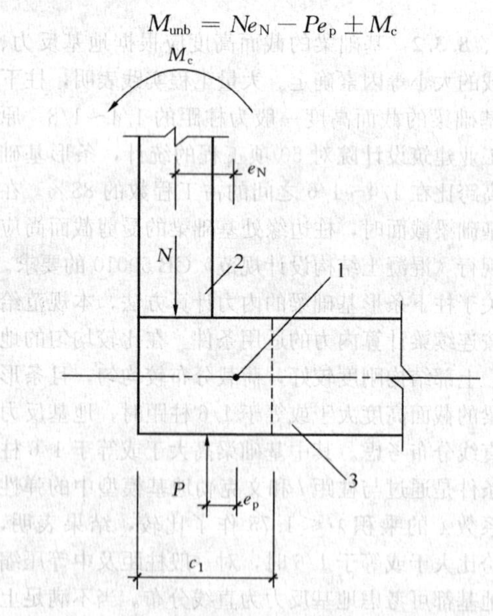


图 33　边柱 $M_{unb}$ 计算示意

1—冲切临界截面重心；2—柱；3—筏板

对于内柱，由于对称关系，柱截面形心与冲切临界截面重心重合，$e_N=e_p=0$，因此冲切临界截面重心上的弯矩，取柱根弯矩设计值。

国外试验结果表明，当柱截面的长边与短边的比值 $\beta_s$ 大于 2 时，沿冲切临界截面的长边的受剪承载力

约为柱短边受剪承载力的一半或更低。本规范的公式(8.4.7-2)是在我国受冲切承载力公式的基础上，参考了美国ACI 318规范中受冲切承载力公式中有关规定，引进了柱截面长、短边比值的影响，适用于包括扁柱和单片剪力墙在内的平板式筏基。图34给出了本规范与美国ACI 318规范在不同$\beta_s$条件下筏板有效高度的比较，由于我国受冲切承载力取值偏低，按本规范算得的筏板有效高度稍大于美国ACI 318规范相关公式的结果。

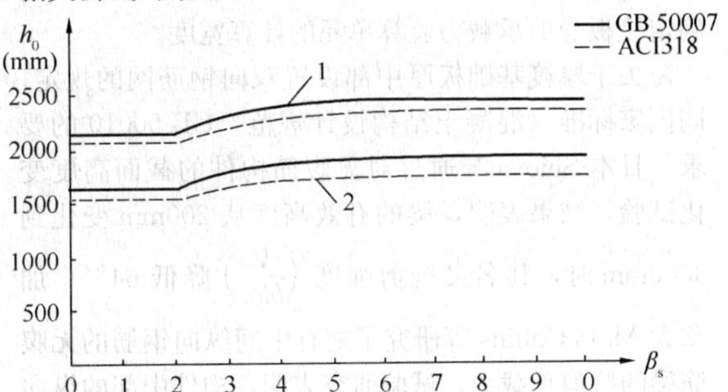


图34　不同$\beta_s$条件下筏板有效高度的比较

1—实例一、筏板区格9m×11m，作用的标准组合的地基土净反力345.6kPa；2—实例二、筏板区格7m×9.45m，作用的标准组合的地基土净反力245.5kPa

对有抗震设防要求的平板式筏基，尚应验算地震作用组合的临界截面的最大剪应力$\tau_{E,max}$，此时公式(8.4.7-1)和式(8.4.7-2)应改写为：

$$\tau_{E,max} = \frac{V_{sE}}{A_s} + \alpha_s \frac{M_E}{I_s} C_{AB}$$

$$\tau_{E,max} \leqslant \frac{0.7}{\gamma_{RE}} \left(0.4 + \frac{1.2}{\beta_s}\right) \beta_{hp} f_t$$

式中：$V_{sE}$——作用的地震组合的集中反力设计值(kN)；

$M_E$——作用的地震组合的冲切临界截面重心上的弯矩设计值(kN·m)；

$A_s$——距柱边$h_0/2$处的冲切临界截面的筏板有效面积(m²)；

$\gamma_{RE}$——抗震调整系数，取0.85。

**8.4.8**　Venderbilt在他的《连续板的抗剪强度》试验报告中指出：混凝土抗冲切承载力随比值$u_m/h_0$的增加而降低。由于使用功能上的要求，核心筒占有相当大的面积，因而距核心筒外表面$h_0/2$处的冲切临界截面周长是很大的，在$h_0$保持不变的条件下，核心筒下筏板的受冲切承载力实际上是降低了，因此设计时应验算核心筒下筏板的受冲切承载力，局部提高核心筒下筏板的厚度。此外，我国工程实践和美国休斯敦壳体大厦基础钢筋应力实测结果表明，框架-核心筒结构和框筒结构下筏板底部最大应力出现在核心筒边缘处，因此局部提高核心筒下筏板的厚度，也有利于核心筒边缘处筏板应力较大部位的配筋。本规范给出的核心筒下筏板冲切截面周长影响系数$\eta$，是通过实际工程中不同尺寸的核心筒，经分析并和美国ACI 318规范对比后确定的（详见表20）。

**表20　内筒下筏板厚度比较**

| 筒尺寸(m×m) | 筏板混凝土强度等级 | 标准组合的内筒轴力(kN) | 标准组合的基底净反力(kN/m²) | 规范名称 | 筏板有效高度(m) | |
|---|---|---|---|---|---|---|
| | | | | | 不考虑冲切临界截面周长影响 | 考虑冲切临界截面周长影响 |
| 11.3×13.0 | C30 | 128051 | 383.4 | GB 50007 | 1.22 | 1.39 |
| | | | | ACI 318 | 1.18 | 1.44 |
| 12.6×27.2 | C40 | 424565 | 453.1 | GB 50007 | 2.41 | 2.72 |
| | | | | ACI 318 | 2.36 | 2.71 |
| 24×24 | C40 | 718848 | 480 | GB 50007 | 3.2 | 3.58 |
| | | | | ACI 318 | 3.07 | 3.55 |
| 24×24 | C40 | 442980 | 300 | GB 50007 | 2.39 | 2.57 |
| | | | | ACI 318 | 2.12 | 2.67 |
| 24×24 | C40 | 336960 | 225 | GB 50007 | 1.95 | 2.28 |
| | | | | ACI 318 | 1.67 | 2.21 |

**8.4.9**　本条为强制性条文。平板式筏基内筒、柱边缘处以及筏板变厚度处剪力较大，应进行抗剪承载力验算。

**8.4.10**　通过对已建工程的分析，并鉴于梁板式筏基基础梁下实测土反力存在的集中效应、底板与土壤之间的摩擦力作用以及实际工程中底板的跨厚比一般都在14～6之间变动等有利因素，本规范明确了取距内柱和内筒边缘$h_0$处作为验算筏板受剪的部位，如图35所示；角柱下验算筏板受剪的部位取距柱角$h_0$处，如图36所示。式（8.4.10）中的$V_s$即作用在图35或图36中阴影面积上的地基平均净反力设计值除以验算截面处的板格中至中的长度（内柱）、或距角柱角点$h_0$处45°斜线的长度（角柱）。国内筏板试验报告表明：筏板的裂缝首先出现在板的角部，设计中当采用简化计算方法时，需适当考虑角点附近土反力的集中效应，乘以1.2的增大系数。图37给出了筏板模型试验中裂缝发展的过程。设计中当角柱下筏板

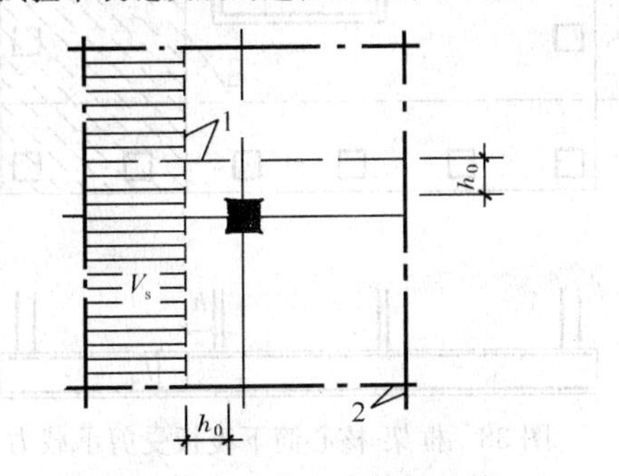


图35　内柱（筒）下筏板验算剪切部位示意

1—验算剪切部位；2—板格中线

受剪承载力不满足规范要求时，也可采用适当加大底层角柱横截面或局部增加筏板角隅板厚等有效措施，以期降低受剪截面处的剪力。

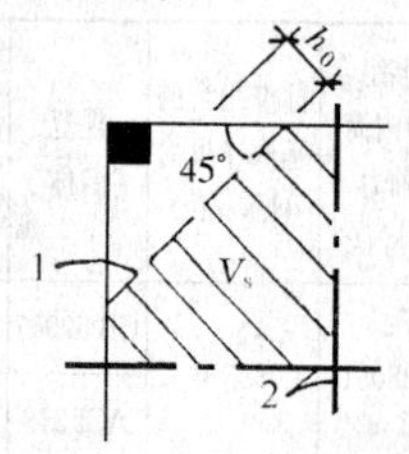


图 36 角柱（筒）下筏板验算剪切部位示意

1—验算剪切部位；2—板格中线

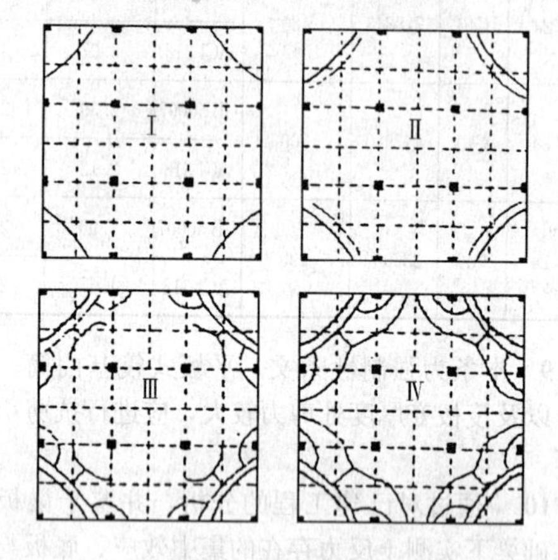


图 37 筏板模型试验裂缝发展过程

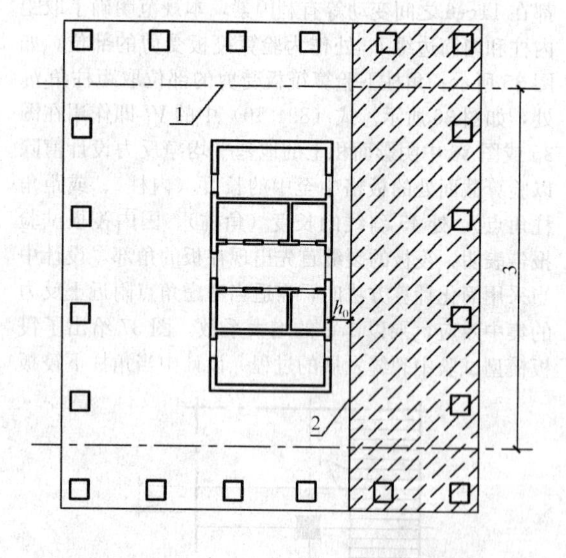


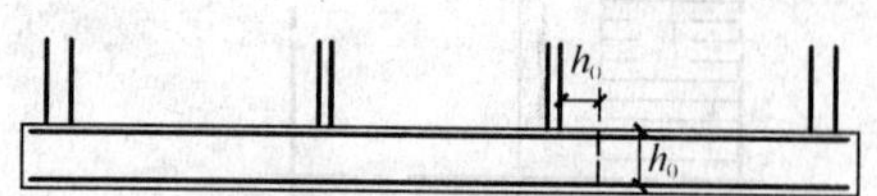


图 38 框架-核心筒下筏板受剪承载力计算截面位置和计算

1—混凝土核心筒与柱之间的中分线；2—剪切计算截面；3—验算单元的计算宽度 $b$

对于上部为框架-核心筒结构的平板式筏形基础，设计人应根据工程的具体情况采用符合实际的计算模型或根据实测确定的地基反力来验算距核心筒 $h_0$ 处的筏板受剪承载力。当边柱与核心筒之间的距离较大时，式（8.4.10）中的 $V_s$ 即作用在图 38 中阴影面积上的地基平均净反力设计值与边柱轴力设计值之差除以 $b$，$b$ 取核心筒两侧紧邻跨的跨中分线之间的距离。当主楼核心筒外侧有两排以上框架柱或边柱与核心筒之间的距离较小时，设计人应根据工程具体情况慎重确定筏板受剪承载力验算单元的计算宽度。

关于厚筏基础板厚中部设置双向钢筋网的规定，同国家标准《混凝土结构设计规范》GB 50010 的要求。日本 Shioya 等通过对无腹筋构件的截面高度变化试验，结果表明，梁的有效高度从 200mm 变化到 3000mm 时，其名义抗剪强度 $\left(\frac{V}{bh_0}\right)$ 降低 64%。加拿大 M. P. Collins 等研究了配有中间纵向钢筋的无腹筋梁的抗剪承载力，试验研究表明，构件中部的纵向钢筋对限制斜裂缝的发展，改善其抗剪性能是有效的。

**8.4.11** 本条为强制性条文。本条规定了梁板式筏基底板的设计内容：抗弯计算、受冲切承载力计算、受剪切承载力计算。为确保梁板式筏基底板设计的安全，在进行梁板式筏基底板设计时必须严格执行。

**8.4.12** 板的抗冲切机理要比梁的抗剪复杂，目前各国规范的受冲切承载力计算公式都是基于试验的经验公式。本规范梁板式筏基底板受冲切承载力和受剪承载力验算方法源于《高层建筑箱形基础设计与施工规程》JGJ 6－80。验算底板受剪承载力时，规程 JGJ 6－80 规定了以距墙边 $h_0$（底板的有效高度）处作为验算底板受剪承载力的部位。在本规范 2002 版编制时，对北京市十余幢已建的箱形基础进行调查及复算，调查结果表明按此规定计算的底板并没有发现异常现象，情况良好。表 21 和表 22 给出了部分已建工程有关箱形基础双向底板的信息，以及箱形基础双向底板按不同规范计算剪切所需的 $h_0$。分析比较结果表明，取距支座边缘 $h_0$ 处作为验算双向底板受剪承载力的部位，并将梯形受荷面积上的平均净反力摊在（$l_{n2}-2h_0$）上的计算结果与工程实际的板厚以及按 ACI 318 计算结果是十分接近的。

**表 21 已建工程箱形基础双向底板信息表**

| 序号 | 工程名称 | 板格尺寸（m×m） | 地基净反力标准值（kPa） | 支座宽度（m） | 混凝土强度等级 | 底板实用厚度 $h$（mm） |
|---|---|---|---|---|---|---|
| ① | 海军医院门诊楼 | 7.2×7.5 | 231.2 | 0.60 | C25 | 550 |
| ② | 望京Ⅱ区1号楼 | 6.3×7.2 | 413.6 | 0.20 | C25 | 850 |
| ③ | 望京Ⅱ区2号楼 | 6.3×7.2 | 290.4 | 0.20 | C25 | 700 |

续表 21

| 序号 | 工程名称 | 板格尺寸(m×m) | 地基净反力标准值(kPa) | 支座宽度(m) | 混凝土强度等级 | 底板实用厚度 $h$(mm) |
|---|---|---|---|---|---|---|
| ④ | 望京Ⅱ区 3 号楼 | 6.3×7.2 | 384.0 | 0.20 | C25 | 850 |
| ⑤ | 松榆花园 1 号楼 | 8.1×8.4 | 616.8 | 0.25 | C35 | 1200 |
| ⑥ | 中鑫花园 | 6.15×9.0 | 414.4 | 0.30 | C30 | 900 |
| ⑦ | 天创成 | 7.9×10.1 | 595.5 | 0.25 | C30 | 1300 |
| ⑧ | 沙板庄小区 | 6.4×8.7 | 434.0 | 0.20 | C30 | 1000 |

**表 22　已建工程箱形基础双向底板剪切计算分析**

| 序号 | 双向底板剪切计算的 $h_0$（mm） | | | 按 GB 50007 双向底板冲切计算的 $h_0$（mm） | 工程实用厚度 $h$（mm） |
|---|---|---|---|---|---|
| | GB 50010 | ACI-318 | GB 50007 | | |
| | 梯形土反力摊在 $l_{n2}$ 上 | | 梯形土反力摊在 $(l_{n2}-2h_0)$ 上 | | |
| | 支座边缘 | 距支座边 $h_0$ | 距支座边 $h_0$ | | |
| ① | 600 | 584 | 514 | 470 | 550 |
| ② | 1200 | 853 | 820 | 710 | 850 |
| ③ | 760 | 680 | 620 | 540 | 700 |
| ④ | 1090 | 815 | 770 | 670 | 850 |
| ⑤ | 1880 | 1160 | 1260 | 1000 | 1200 |
| ⑥ | 1210 | 915 | 824 | 700 | 900 |
| ⑦ | 2350 | 1355 | 1440 | 1120 | 1300 |
| ⑧ | 1300 | 950 | 890 | 740 | 1000 |

**8.4.14**　中国建筑科学研究院地基所黄熙龄和郭天强在他们的框架柱-筏基础模型试验报告中指出，在均匀地基上，上部结构刚度较好，柱网和荷载分布较均匀，且基础梁的截面高度大于或等于 1/6 的梁板式筏基基础，可不考虑筏板的整体弯曲，只按局部弯曲计算，地基反力可按直线分布。试验是在粉质黏土和碎石土两种不同类型的土层上进行的，筏基平面尺寸为 3220mm×2200mm，厚度为 150mm（图 39），其上为三榀单层框架（图 40）。试验结果表明，土质无论是粉质黏土还是碎石土，沉降都相当均匀（图 41），筏

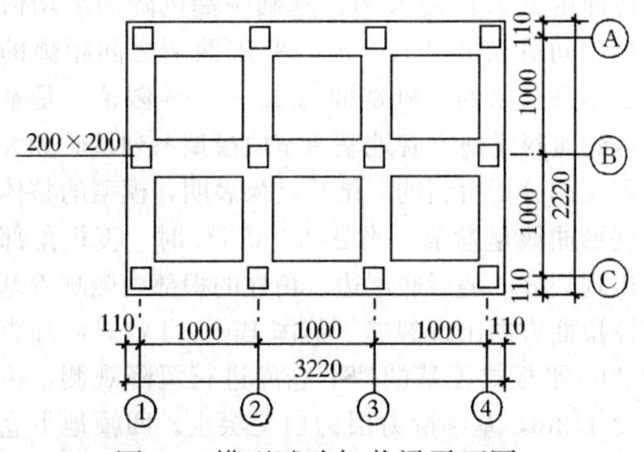

图 39　模型试验加载梁平面图

板的整体挠曲度约为万分之三。基础内力的分布规律，按整体分析法（考虑上部结构作用）与倒梁法是一致的，且倒梁板法计算出来的弯矩值还略大于整体分析法（图 42）。

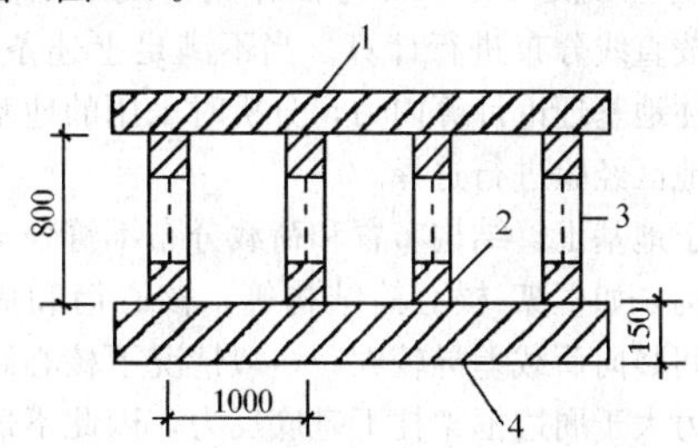

图 40　模型试验（B）轴线剖面图

1—框架梁；2—柱；3—传感器；4—筏板

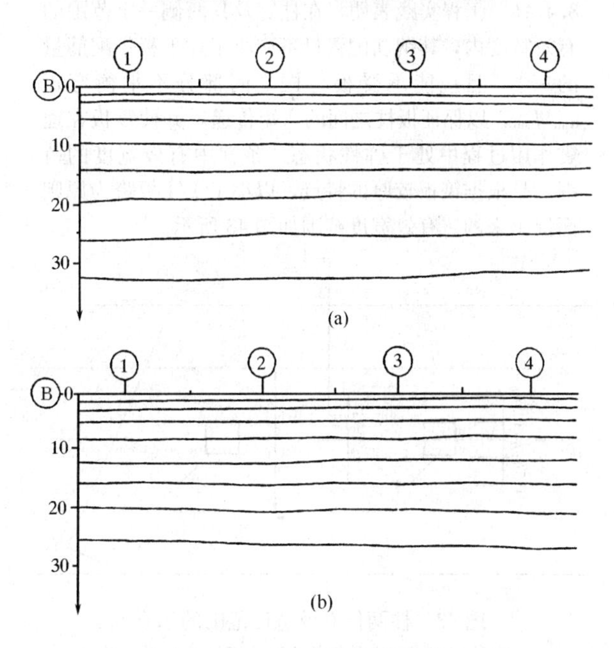

图 41　（B）轴线沉降曲线

（a）粉质黏土；（b）碎石土

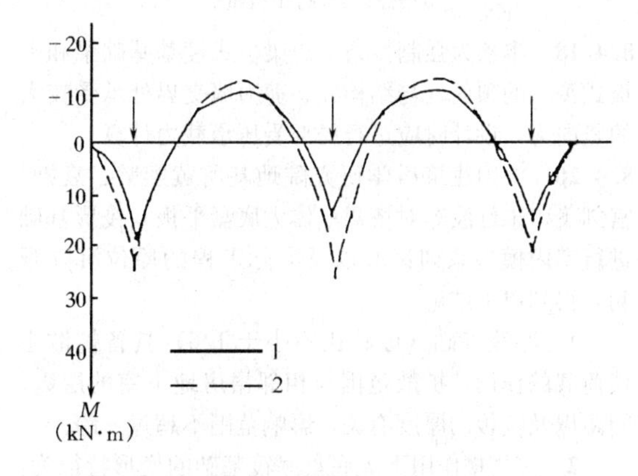

图 42　整体分析法与倒梁板法弯矩计算结果比较

1—整体（考虑上部结构刚度）；2—倒梁板法

对单幢平板式筏基，当地基土比较均匀，地基压缩层范围内无软弱土层或可液化土层、上部结构刚度

较好，柱网和荷载较均匀、相邻柱荷载及柱间距的变化不超过20%，上部结构刚度较好，筏板厚度满足受冲切承载力要求，且筏板的厚跨比不小于1/6时，平板式筏基可仅考虑局部弯曲作用。筏形基础的内力，可按直线分布进行计算。当不满足上述条件时，宜按弹性地基理论计算内力，分析时采用的地基模型应结合地区经验进行选择。

对于地基土、结构布置和荷载分布不符合本条要求的结构，如框架-核心筒结构等，核心筒和周边框架柱之间竖向荷载差异较大，一般情况下核心筒下的基底反力大于周边框架柱下基底反力，因此不适用于本条提出的简化计算方法，应采用能正确反映结构实际受力情况的计算方法。

**8.4.16** 工程实践表明，在柱宽及其两侧一定范围的有效宽度内，其钢筋配置量不应小于柱下板带配筋量的一半，且应能承受板与柱之间部分不平衡弯矩 $\alpha_m M_{unb}$，以保证板柱之间的弯矩传递，并使筏板在地震作用过程中处于弹性状态。条款中有效宽度的范围，是根据筏板较厚的特点，以小于1/4板跨为原则而提出来的。有效宽度范围如图43所示。

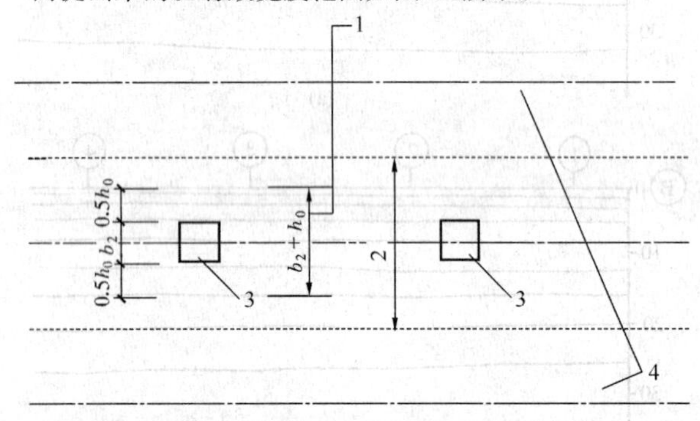


图43 柱两侧有效宽度范围的示意

1—有效宽度范围内的钢筋应不小于柱下板带配筋量的一半，且能承担 $\alpha_m M_{unb}$；2—柱下板带；3—柱；4—跨中板带

**8.4.18** 本条为强制性条文。梁板式筏基基础梁和平板式筏基的顶面处与结构柱、剪力墙交界处承受较大的竖向力，设计时应进行局部受压承载力计算。

**8.4.20** 中国建筑科学研究院地基所黄熙龄、袁勋、宫剑飞、朱红波等对塔裙一体大底盘平板式筏形基础进行室内模型系列试验以及实际工程的原位沉降观测，得到以下结论：

1 厚筏基础（厚跨比不小于1/6）具备扩散主楼荷载的作用，扩散范围与相邻裙房地下室的层数、间距以及筏板的厚度有关，影响范围不超过三跨。

2 多塔楼作用下大底盘厚筏基础的变形特征为：各塔楼独立作用下产生的变形效应通过以各个塔楼下面一定范围内的区域为沉降中心，各自沿径向向外围衰减。

3 多塔楼作用下大底盘厚筏基础的基底反力的分布规律为：各塔楼荷载产出的基底反力以其塔楼下某一区域为中心，通过各自塔楼周围的裙房基础沿径向向外围扩散，并随着距离的增大而逐渐衰减。

4 大比例室内模型系列试验和工程实测结果表明，当高层建筑与相连的裙房之间不设沉降缝和后浇带时，高层建筑的荷载通过裙房基础向周围扩散并逐渐减小，因此与高层建筑紧邻的裙房基础下的地基反力相对较大，该范围内的裙房基础板厚度突然减小过多时，有可能出现基础板的截面因承载力不够而发生破坏或其因变形过大出现裂缝。因此本条提出高层建筑及与其紧邻一跨的裙房筏板应采用相同厚度，裙房筏板的厚度宜从第二跨裙房开始逐渐变化。

5 室内模型试验结果表明，平面呈L形的高层建筑下的大面积整体筏形基础，筏板在满足厚跨比不小于1/6的条件下，裂缝发生在与高层建筑相邻的裙房第一跨和第二跨交接处的柱旁。试验结果还表明，高层建筑连同紧邻一跨的裙房其变形相当均匀，呈现出接近刚性板的变形特征。因此，当需要设置后浇带时，后浇带宜设在与高层建筑相邻裙房的第二跨内（见图44）。

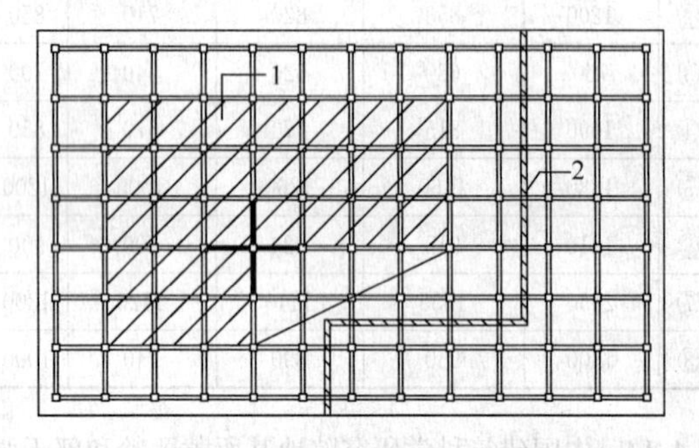


图44 平面呈L形的高层建筑后浇带示意

1—L形高层建筑；2—后浇带

**8.4.21** 室内模型试验和工程沉降观察以及反算结果表明，在同一大面积整体筏形基础上有多幢高层和低层建筑时，筏形基础的结构分析宜考虑上部结构、基础与地基土的共同作用，否则将得到与沉降测试结果不符的较小的基础边缘沉降值和较大的基础挠曲度。

**8.4.22** 高层建筑基础不但应满足强度要求，而且应有足够的刚度，方可保证上部结构的安全。本规范基础挠曲度 $\Delta/L$ 的定义为：基础两端沉降的平均值和基础中间最大沉降的差值与基础两端之间距离的比值。本条给出的基础挠曲 $\Delta/L=0.5‰$ 限值，是基于中国建筑科学研究院地基所室内模型系列试验和大量工程实测分析得到的。试验结果表明，模型的整体挠曲变形曲线呈盆形，当 $\Delta/L>0.7‰$ 时，筏板角部开始出现裂缝，随后底层边、角柱的根部内侧顺着基础整体挠曲方向出现裂缝。英国Burland曾对四幢直径为20m平板式筏基的地下仓库进行沉降观测，筏板厚度1.2m，基础持力层为白垩层土。四幢地下仓库的整体挠曲变形曲线均呈反盆状（图45），当基础挠

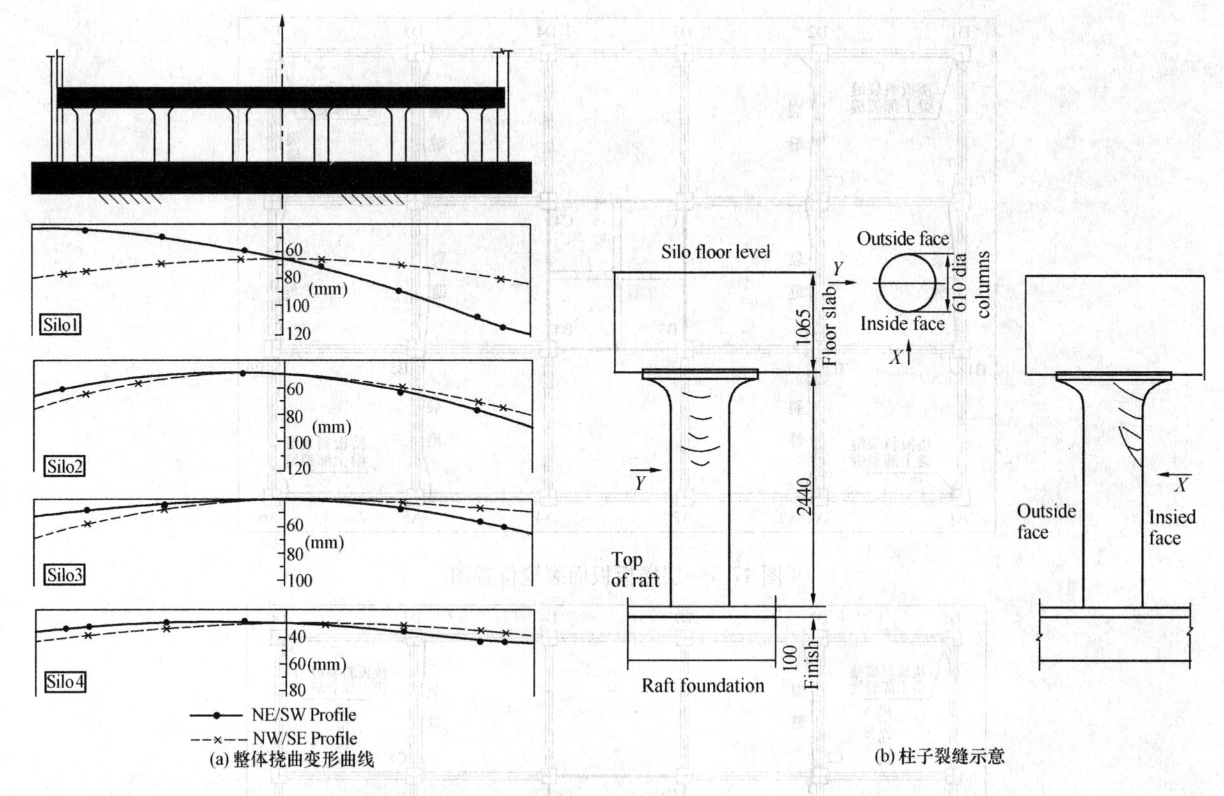


图 45　四幢地下仓库平板式筏基的整体挠曲变形曲线及柱子裂缝示意

曲度 $\Delta/L=0.45‰$时，混凝土柱子出现发丝裂缝，当 $\Delta/L=0.6‰$时，柱子开裂严重，不得不设置临时支撑。因此，控制基础挠曲度的是完全必要的。

**8.4.23**　中国建筑科学研究院地基所滕延京和石金龙对大底盘框架-核心筒结构筏板基础进行了室内模型试验，试验基坑内为人工换填的均匀粉土，深 2.5m，其下为天然地基老土。通过载荷板试验，地基土承载力特征值为 100kPa。试验模型比例 $i=6$，上部结构为 8 层框架-核心筒结构，其左右两侧各带 1 跨 2 层裙房，筏板厚度为 220mm，楼板厚度：1 层为 35mm，2 层为 50mm，框架柱尺寸为 150mm×150mm，大底盘结构模型平面及剖面见图 46。

试验结果显示：

**1**　当筏板发生纵向挠曲时，在上部结构共同作用下，外扩裙房的角柱和边柱抑制了筏板纵向挠曲的发展，柱下筏板存在局部负弯矩，同时也使顺着基础整体挠曲方向的裙房底层边、角柱下端的内侧，以及底层边、角柱上端的外侧出现裂缝。

**2**　裙房的角柱内侧楼板出现弧形裂缝、顺着挠曲方向裙房的外柱内侧楼板以及主裙楼交界处的楼板均发生了裂缝，图 47 及图 48 为一层和二层楼板板面裂缝位置图。本条的目的旨在从构造上加强此类楼板的薄弱环节。

**8.4.24**　试验资料和理论分析都表明，回填土的质量影响着基础的埋置作用，如果不能保证填土和地下室外墙之间的有效接触，将减弱土对基础的约束作用，

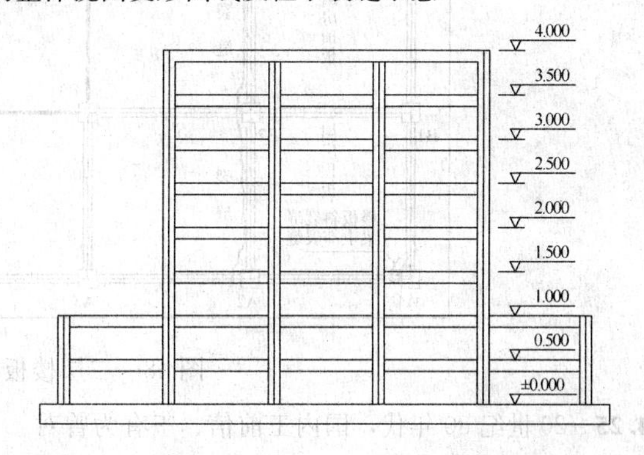


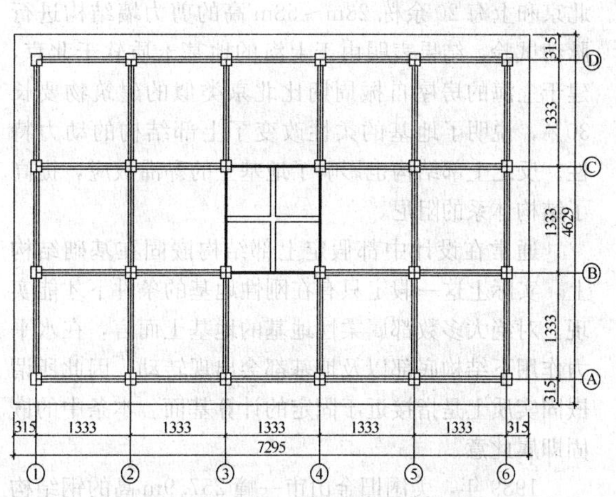


图 46　大底盘结构试验模型平面及剖面

降低基侧土对地下结构的阻抗。因此，应注意地下室四周回填土应均匀分层夯实。

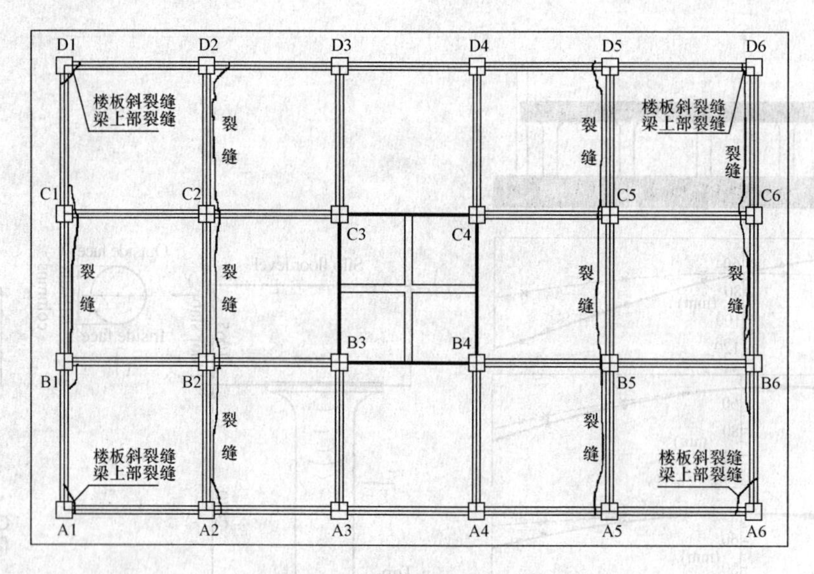


图 47　一层楼板板面裂缝位置图

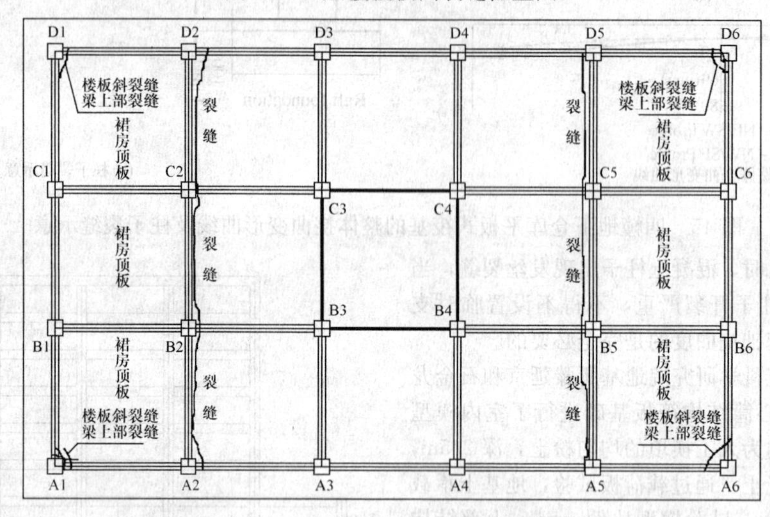


图 48　二层楼板板面裂缝位置图

**8.4.25**　20 世纪 80 年代，国内王前信、王有为曾对北京和上海 20 余栋 23m～58m 高的剪力墙结构进行脉动试验，结果表明由于上海的地基土质软于北京，建于上海的房屋自振周期比北京类似的建筑物要长 30%，说明了地基的柔性改变了上部结构的动力特性。反之上部结构也影响了地基土的黏滞效应，提高了结构体系的阻尼。

通常在设计中都假定上部结构嵌固在基础结构上，实际上这一假定只有在刚性地基的条件下才能实现。对绝大多数都属柔性地基的地基土而言，在水平力作用下结构底部以及地基都会出现转动，因此所谓嵌固实质上是指接近于固定的计算基面。本条中的嵌固即属此意。

1989 年，美国旧金山市一幢 257.9m 高的钢结构建筑，地下室采用钢筋混凝土剪力墙加强，其下为 2.7m 厚的筏板，基础持力层为黏性土和密实性砂土，基岩位于室外地面下 48m～60m 处。在强震作用下，地下室除了产生 52.4mm 的整体水平位移外，还产生了万分之三的整体转角。实测记录反映了两个基本事实：其一是厚筏基础四周外墙与土层紧密接触，且具有一定数量纵横内墙的地下室变形呈现出与刚体变形相似的特征；其二是地下结构的转角体现了柔性地基的影响。地震作用下，既然四周与土壤接触的具有外墙的地下室变形与刚体变形基本一致，那么在抗震设计中可假设地下结构为一刚体，上部结构嵌固在地下室的顶板上，而在嵌固部位处增加一个大小与柔性地基相同的转角。

对有抗震设防要求的高层建筑基础和地下结构设计中的一个重要原则是，要求基础和地下室结构应具有足够的刚度和承载力，保证上部结构进入非弹性阶段时，基础和地下室结构始终能承受上部结构传来的荷载并将荷载安全传递到地基上。因此，当地下一层结构顶板作为上部结构的嵌固部位时，为避免塑性铰转移到地下一层结构，保证上部结构在地震作用下能实现预期的耗能机制，本规范规定了地下一层的层间侧向刚度大于或等于与其相连的上部结构楼层刚度的1.5倍。地下室的内外墙与主楼剪力墙的间距符合条文中表8.4.25要求时，可将该范围内的地下室的内墙的刚度计入地下室层间侧向刚度内，但该范围内的侧向刚度不能重叠使用于相邻建筑，6度区和非抗震设计的建筑物可参照表8.4.25中的7度、8度区的要求适当放宽。

当上部结构嵌固地下一层结构顶板上时，为保证上部结构的地震等水平作用能有效通过楼板传递到地下室抗侧力构件中，地下一层结构顶板上开设洞口的面积不宜大于该层面积的30%；沿地下室外墙和内墙边缘的楼板不应有大洞口；地下一层结构顶板应采用梁板式楼盖；楼板的厚度、混凝土强度等级及配筋率不应过小。本规范提出地下一层结构顶板的厚度不应小于180mm的要求，不仅旨在保证楼板具有一定的传递水平作用的整体刚度，还旨在充分发挥其有效减小基础整体弯曲变形和基础内力的作用，使结构受力、变形更为合理、经济。试验和沉降观察结果的反演均显示了楼板参与工作后对降低基础整体挠曲度的贡献，基础整体挠曲度随着楼板厚度的增加而减小。

当不符合本条要求时，建筑物的嵌固部位可设在筏基的顶部，此时宜考虑基侧土对地下室外墙和基底土对地下室底板的抗力。

**8.4.26** 国内震害调查表明，唐山地震中绝大多数地面以上的工程均遭受严重破坏，而地下人防工程基本完好。如新华旅社上部结构为8层组合框架，8度设防，实际地震烈度为10度。该建筑物的梁、柱和墙体均遭到严重破坏（未倒塌），而地下室仍然完好。天津属软土区，唐山地震波及天津时，该地区的地震烈度为7度～8度，震后已有的人防地下室基本完好，仅人防通道出现裂缝。这不仅仅由于地下室刚度和整体性一般较大，还由于土层深处的水平地震加速度一般比地面小，因此当结构嵌固在基础顶面时，剪力墙底部加强部位的高度应从地下室顶板算起，但地下部分也应作为加强部位。国内震害还表明，个别与上部结构交接处的地下室柱头出现了局部压坏及剪坏现象。这表明在强震作用下，塑性铰的范围有向地下室发展的可能。因此，与上部结构底层相邻的那一层地下室是设计中需要加强的部位。有关地下室的抗震等级、构件的截面设计以及抗震构造措施参照现行国家标准《建筑抗震设计规范》GB 50011有关条款使用。

## 8.5 桩 基 础

**8.5.1** 摩擦型桩分为端承摩擦桩和摩擦桩，端承摩擦桩的桩顶竖向荷载主要由桩侧阻力承受；摩擦桩的桩端阻力可忽略不计，桩顶竖向荷载全部由桩侧阻力承受。端承型桩分为摩擦端承桩和端承桩，摩擦端承桩的桩顶竖向荷载主要由桩端阻力承受；端承桩的桩侧阻力可忽略不计，桩顶竖向荷载全部由桩端阻力承受。

**8.5.2** 同一结构单元的桩基，由于采用压缩性差异较大的持力层或部分采用摩擦桩，部分采用端承桩，常引起较大不均匀沉降，导致建筑物构件开裂或建筑物倾斜；在地震荷载作用下，摩擦桩和端承桩的沉降不同，如果同一结构单元的桩基同时采用部分摩擦桩和部分端承桩，将导致结构产生较大的不均匀沉降。

岩溶地区的嵌岩桩在成孔中常发生漏浆、塌孔和埋钻现象，给施工造成困难，因此应首先考虑利用上覆土层作为桩端持力层的可行性。利用上覆土层作为桩端持力层的条件是上覆土层必须是稳定的土层，其承载力及厚度应满足要求。上覆土层的稳定性的判定至关重要，在岩溶发育区，当基岩上覆土层为饱和砂类土时，应视为地面易塌陷区，不得作为建筑场地。必须用作建筑场地时，可采用嵌岩端承桩基础，同时采取勘探孔注浆等辅助措施。基岩面以上为黏性土层，黏性土有一定厚度且无土洞存在或可溶性岩面上有砂岩、泥岩等非可溶岩层时，上覆土层可视为稳定土层。当上覆黏性土在岩溶水上下交替变化作用下可能形成土洞时，上覆土层也应视为不稳定土层。

在深厚软土中，当基坑开挖较深时，基底土的回弹可引起桩身上浮、桩身开裂，影响单桩承载力和桩身耐久性，应引起高度重视。设计时应考虑加强桩身配筋、支护结构设计时应采取防止基底隆起的措施，同时应加强坑底隆起的监测。

承台及地下室周围的回填土质量对高层建筑抗震性能的影响较大，规范均规定了填土压实系数不小于0.94。除要求施工中采取措施尽量保证填土质量外，可考虑改用灰土回填或增加一至两层混凝土水平加强条带，条带厚度不应小于0.5m。

关于桩、土、承台共同工作问题，各地区根据工程经验有不同的处理方法，如混凝土桩复合地基、复合桩基、减少沉降的桩基、桩基的变刚度调平设计等。实际操作中应根据建筑物的要求和岩土工程条件以及工程经验确定设计参数。无论采用哪种模式，承台下土层均应当是稳定土层。液化土、欠固结土、高灵敏度软土、新填土等皆属于不稳定土层，当沉桩引起承台土体明显隆起时也不宜考虑承台底土层的抗力作用。

**8.5.3** 本条规定了摩擦型桩的桩中心距限制条件，主要为了减少摩擦型桩侧阻叠加效应及沉桩中对邻桩的影响，对于密集群桩以及挤土型桩，应加大桩距。非挤土桩当承台下桩数少于9根，且少于3排时，桩距可不小于$2.5d$。对于端承型桩，特别是非挤土端承桩和嵌岩桩桩距的限制可以放宽。

扩底灌注桩的扩底直径，不应大于桩身直径的3倍，是考虑到扩底施工的难易和安全，同时需要保持桩间土的稳定。

桩端进入持力层的最小深度，主要是考虑了在各类持力层中成桩的可能性和难易程度，并保证桩端阻力的发挥。

桩端进入破碎岩石或软质岩的桩，按一般桩来计算桩端进入持力层的深度。桩端进入完整和较完整的未风化、微风化、中等风化硬质岩石时，入岩施工困难，同时硬质岩已提供足够的端阻力。规范条文提出桩周边嵌岩最小深度为0.5m。

桩身混凝土最低强度等级与桩身所处环境条件有关。有关岩土及地下水的腐蚀性问题，牵涉腐蚀源、腐蚀类别、性质、程度、地下水位变化、桩身材料等诸多因素。现行国家标准《岩土工程勘察规范》GB 50021、《混凝土结构设计规范》GB 50010、《工业建筑防腐蚀设计规范》GB 50046、《混凝土结构耐久性设计规范》GB/T 50476 等不同角度作了相应的表述和规定。

为了便于操作，本条将桩身环境划分为非腐蚀环境（包括微腐蚀环境）和腐蚀环境两大类，对非腐蚀环境中桩身混凝土强度作了明确规定，腐蚀环境中的桩身混凝土强度、材料、最小水泥用量、水灰比、抗渗等级等还应符合相关规范的规定。

桩身埋于地下，不能进行正常维护和维修，必须采取措施保证其使用寿命，特别是许多情况下桩顶附近位于地下水位频繁变化区，对桩身混凝土及钢筋的耐久性应引起重视。

灌注桩水下浇筑混凝土目前大多采用商品混凝土，混凝土各项性能有保障的条件下，可将水下浇筑混凝土强度等级达到C45。

当场地位于坡地且桩端持力层和地面坡度超过10%时，除应进行场地稳定验算并考虑挤土桩对边坡稳定的不利影响外，桩身尚应通长配筋，用来增加桩身水平抗力。关于通长配筋的理解应该是钢筋长度达到设计要求的持力层需要的长度。

采用大直径长灌注桩时，宜将部分构造钢筋通长设置，用以验证孔径及孔深。

**8.5.6** 为保证桩基设计的可靠性，规定除设计等级为丙级的建筑物外，单桩竖向承载力特征值应采用竖向静载荷试验确定。

设计等级为丙级的建筑物可根据静力触探或标准贯入试验方法确定单桩竖向承载力特征值。用静力触探或标准贯入方法确定单桩承载力已有不少地区和单位进行过研究和总结，取得了许多宝贵经验。其他原位测试方法确定单桩竖向承载力的经验不足，规范未推荐。确定单桩竖向承载力时，应重视类似工程、邻近工程的经验。

试桩前的初步设计，规范推荐了通用的估算公式（8.5.6-1），式中侧阻、端阻采用特征值，规范特别注明侧阻、端阻特征值应由当地载荷试验结果统计分析求得，减少全国采用同一表格所带来的误差。

嵌入完整和较完整的未风化、微风化、中等风化硬质岩石的嵌岩桩，规范给出了单桩竖向承载力特征值的估算式（8.5.6-2），只计端阻。简化计算的意义在于硬质岩强度超过桩身混凝土强度，设计以桩身强度控制，桩长较小时再计入侧阻、嵌岩阻力等已无工程意义。当然，嵌岩桩并不是不存在侧阻力，有时侧阻和嵌岩阻力占有很大的比例。对于嵌入破碎岩和软质岩石中的桩，单桩承载力特征值则按公式（8.5.6-1）进行估算。

为确保大直径嵌岩桩的设计可靠性，必须确定桩底一定深度内岩体性状。此外，在桩底应力扩散范围内可能埋藏有相对软弱的夹层，甚至存在洞隙，应引起足够注意。岩层表面往往起伏不平，有隐伏沟槽存在，特别在碳酸盐类岩石地区，岩面石芽、溶槽密布，此时桩端可能落于岩面隆起或斜面处，有导致滑移的可能，因此，规范规定在桩底端应力扩散范围内应无岩体临空面存在，并确保基底岩体的稳定性。实践证明，作为基础施工图设计依据的详细勘察阶段的工作精度，满足不了这类桩设计施工的要求，因此，当基础方案选定之后，还应根据桩位及要求进行专门性的桩基勘察，以便针对各个桩的持力层选择入岩深度、确定承载力，并为施工处理等提供可靠依据。

**8.5.7、8.5.8** 单桩水平承载力与诸多因素相关，单桩水平承载力特征值应由单桩水平载荷试验确定。

规范特别写入了带承台桩的水平载荷试验。桩基抵抗水平力很大程度上依赖于承台侧面抗力，带承台桩基的水平载荷试验能反映桩基在水平力作用下的实际工作状况。

带承台桩基水平载荷试验采用慢速维持荷载法，用以确定长期荷载下的桩基水平承载力和地基土水平反力系数。加载分级及每级荷载稳定标准可按单桩竖向静载荷试验的办法。当加载至桩身破坏或位移超过30mm～40mm（软土取大值）时停止加载。卸载按2倍加载等级逐级卸载，每30min卸一级载，并于每次卸载前测读位移。

根据试验数据绘制荷载位移 $H_0-X_0$ 曲线及荷载位移梯度 $H_0-(\Delta X_0/\Delta H_0)$ 曲线，取 $H_0-(\Delta X_0/\Delta H_0)$ 曲线的第一拐点为临界荷载，取第二拐点或 $H_0-X_0$ 曲线的陡降起点为极限荷载。若桩身设有应力测读装置，还可根据最大弯矩点变化特征综合判定临界荷载和极限荷载。

对于重要工程，可模拟承台顶竖向荷载的实际状况进行试验。

水平荷载作用下桩基内各单桩的抗力分配与桩数、桩距、桩身刚度、土质性状、承台形式等诸多因素有关。

水平力作用下的群桩效应的研究工作不深入，条文规定了水平力作用面的桩距较大时，桩基的水平承载力可视为各单桩水平承载力的总和，实际上在低桩承台的前提下应注重采取措施充分发挥承台底面及侧面土的抗力作用，加强承台间的连系等。当承台周围填土质量有保证时，应考虑土的抗力作用按弹性抗力法进行计算。

用斜桩来抵抗水平力是一项有效的措施，在桥梁桩基中采用较多。但在一般工业与用民建筑中则很少采用，究其原因是依靠承台埋深大多可以解决水平力的问题。

**8.5.9** 单桩抗拔承载力特征值应通过单桩竖向抗拔载荷试验确定，并应加载至破坏，试验数量，同条件下的桩不应少于 3 根且不应少于总抗拔桩数的 1%。

**8.5.10** 本条为强制性条文。为避免基桩在受力过程中发生桩身强度破坏，桩基设计时应进行基桩的桩身强度验算，确保桩身混凝土强度满足桩的承载力要求。

**8.5.11** 鉴于桩身强度计算中并未考虑荷载偏心、弯矩作用、瞬时荷载的影响等因素，因此，桩身强度设计必须留有一定富裕。在确定工作条件系数时考虑了承台下的土质情况，抗震设防等级、桩长、混凝土浇筑方法、混凝土强度等级以及桩型等因素。本次修订中适当提高了灌注桩的工作条件系数，补充了预应力混凝土管桩工作条件系数。考虑到高强度离心混凝土的延性差、加之沉桩中对桩身混凝土的损坏、加工过程中已对桩身施加轴向预应力等因素，结合日本、广东省的经验，将工作条件系数规定为 0.55～0.65。

日本、美国及广东省等规定管桩允许承载力（相当于承载力特征值）应满足下式要求：

$$R_a \leqslant 0.25(f_{cu,k} - \sigma_{pc})A_G$$

式中：$f_{cu,k}$——桩身混凝土立方体抗压强度；

$\sigma_{pc}$——桩身混凝土有效预应力值（约为 4MPa～10MPa）；

$A_G$——桩身混凝土横截面积。

$$Q \leqslant 0.33(f_{cu,k} - \sigma_{pc})A_G$$

$$f_{cu,k} = [2.18(C60) \sim 2.23(C80)]f_c$$

PHC 桩：

$$Q \leqslant 0.33\ (2.23f_c - \sigma_{pc})\ A_G$$

当 $\sigma_{pc}$ =4MPa 时

$$Q \leqslant 0.33\ (2.23f_c - 0.11f_c)\ A_G$$

$$Q \leqslant 0.699f_cA_G$$

当 $\sigma_{pc}$ =10MPa 时

$$Q \leqslant 0.33\ (2.23f_c - 0.28f_c)\ A_G$$

$$Q \leqslant 0.644f_cA_G$$

PC 桩：

$$Q \leqslant 0.33\ (2.18f_c - \sigma_{pc})\ A_G$$

当 $\sigma_{pc}$ =4MPa 时

$$Q \leqslant 0.33\ (2.18f_c - 0.145f_c)\ A_G$$

$$Q \leqslant 0.67f_cA_G$$

当 $\sigma_{pc}$ =10MPa 时

$$Q \leqslant 0.33\ (2.18f_c - 0.36f_c)\ A_G$$

$$Q \leqslant 0.6f_cA_G$$

考虑到当前管桩生产质量、软土中的抗震要求、沉桩中桩身混凝土受损以及接头焊接时高温对桩身混凝土的损伤等因素，将工作条件系数定为 0.55～0.65 是合理的。

**8.5.12** 非腐蚀性环境中的抗拔桩，桩身裂缝宽度应满足设计要求。预应力混凝土管桩因增加钢筋直径有困难，考虑其钢筋直径较小，耐久性差，所以裂缝控制等级应为二级，即混凝土拉应力不应超过混凝土抗拉强度设计值。

腐蚀性环境中，考虑桩身钢筋耐久性，抗拔桩和受水平力或弯矩较大的桩不允许桩身混凝土出现裂缝。预应力混凝土管桩裂缝等级应为一级（即桩身混凝土不出现拉应力）。

预应力管桩作为抗拔桩使用时，近期出现了数起桩身抗拔破坏的事故，主要表现在主筋墩头与端板连接处拉脱，同时管桩的接头焊缝耐久性也有问题，因此，在抗拔构件中应慎用预应力混凝土管桩。必须使用时应考虑以下几点：

**1** 预应力筋必须锚入承台；

**2** 截桩后应考虑预应力损失，在预应力损失段的桩外围应包裹钢筋混凝土；

**3** 宜采用单节管桩；

**4** 多节管桩可考虑通长灌芯，另行设置通长的抗拔钢筋，或将抗拔承载力留有余地，防止墩头拔出。

**5** 端板与钢筋的连接强度应满足抗拔力要求。

**8.5.13** 本条为强制性条文。地基基础设计强调变形控制原则，桩基础也应按变形控制原则进行设计。本条规定了桩基沉降计算的适用范围以及控制原则。

**8.5.15** 软土中摩擦桩的桩基础沉降计算是一个非常复杂的问题。纵观许多描述桩基实际沉降和沉降发展过程的文献可知，土体中桩基沉降实质是由桩身压缩、桩端刺入变形和桩端平面以下土层受群桩荷载共同作用产生的整体压缩变形等多个主要分量组成。摩擦桩基础的沉降是历时数年、甚至更长时间才能完成的过程，加荷瞬间完成的沉降只占总沉降中的小部分。大部分沉降都是与时间发展有关的沉降，也就是由于固结或流变产生的沉降。因此，摩擦型桩基础的沉降不是用简单的弹性理论就能描述的问题，这就是为什么依据弹性理论公式的各种桩基沉降计算方法，在实际工程的应用中往往都与实测结果存在较大的出入，即使经过修正，两者也只能在某一范围内比较接近的原因。

近年来越来越多的研究人员和设计人员理解了，目前借用弹性理论的公式计算桩基沉降，实质是一种经验拟合方法。

从经验拟合这一观点出发，本规范推荐 Mindlin

方法和考虑应力扩散以及不考虑应力扩散的实体深基础方法。修订组收集了部分软土地区 62 栋房屋沉降实测资料和工程计算资料，将大量实际工程的长期沉降观测资料与各种计算方法的计算值对比，经过统计分析，最后推荐了桩基础最终沉降量计算的经验修正系数。考虑应力扩散以及不考虑应力扩散的实体深基础方法计算沉降量和沉降计算深度都有差异，从统计意义上沉降量计算的经验修正系数差异不大。

**8.5.16** 20 世纪 80 年代上海市开始采用为控制沉降而设置桩基的方法，取得显著的社会经济效益。目前天津、湖北、福建等省市也相继应用了上述方法。开发这种方法是考虑桩、土、承台共同工作时，基础的承载力可以满足要求，而下卧层变形过大，此时采用摩擦型桩旨在减少沉降，以满足建筑物的使用要求。以控制沉降为目的设置桩基是指直接用沉降量指标来确定用桩的数量。能否实行这种设计方法，必须要有当地的经验，特别是符合当地工程实践的桩基沉降计算方法。直接用沉降量确定用桩数量后，还必须满足本条所规定的使用条件和构造措施。上述方法的基本原则有三点：

一、设计用桩数量可以根据沉降控制条件，即允许沉降量计算确定。

二、基础总安全度不能降低，应按桩、土和承台共同作用的实际状态来验算。桩土共同工作是一个复杂的过程，随着沉降的发展，桩、土的荷载分担不断变化，作为一种最不利状态的控制，桩顶荷载可能接近或等于单桩极限承载力。为了保证桩基的安全度，规定按承载力特征值计算的桩群承载力与土承载力之和应大于或等于作用的标准组合产生的作用在桩基承台顶面的竖向力与承台及其上土自重之和。

三、为保证桩、土和承台共同工作，应采用摩擦型桩，使桩基产生可以容许的沉降，承台底不致脱空，在桩基沉降过程中充分发挥桩端持力层的抗力。同时桩端还要置于相对较好的土层中，防止沉降过大，达不到预期控制沉降的目的。为保证承台底不脱空，当承台底土为欠固结土或承载力利用价值不大的软土时，尚应对其进行处理。

**8.5.18** 本条是桩基承台的弯矩计算。

**1** 承台试件破坏过程的描述

中国石化总公司洛阳设计院和郑州工学院曾就桩台受弯问题进行专题研究。试验中发现，凡属抗弯破坏的试件均呈梁式破坏的特点。四桩承台试件采用均布方式配筋，试验时初始裂缝首先在承台两个对应边的一边或两边中部或中部附近产生，之后在两个方向交替发展，并逐渐演变成各种复杂的裂缝而向承台中部合拢，最后形成各种不同的破坏模式。三桩承台试件是采用梁式配筋，承台中部因无配筋而抗裂性能较差，初始裂缝多由承台中部开始向外发展，最后形成各种不同的破坏模式。可以得出，不论是三桩试件还是四桩试件，它们在开裂破坏的过程中，总是在两个方向上互相交替承担上部主要荷载，而不是平均承担，也即是交替起着梁的作用。

**2** 推荐的抗弯计算公式

通过对众多破坏模式的理论分析，选取图 49 所示的四种典模型式作为公式推导的依据。

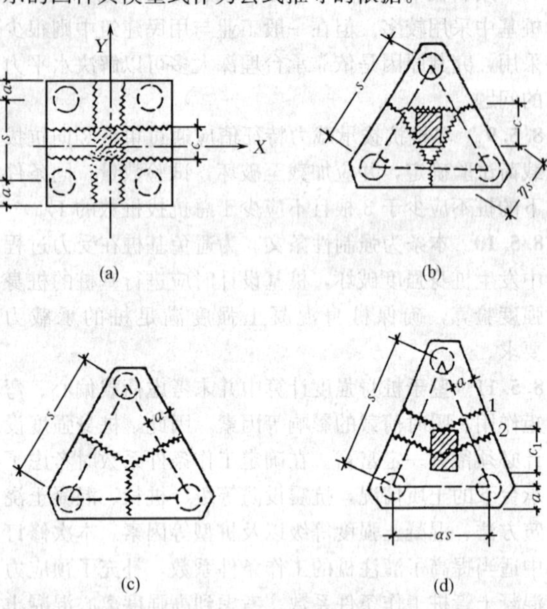


图 49　承台破坏模式

(a) 四桩承台；(b) 等边三桩承台（一）；(c) 等边三桩承台（二）；(d) 等腰三桩承台

1）图 49a 四桩承台破坏模式系屈服线将承台分成很规则的若干块几何块体。设块体为刚性的，变形略去不计，最大弯矩产生于屈服线处，该弯矩全部由钢筋来承担，不考虑混凝土的拉力作用，则利用极限平衡方法并按悬臂梁计算。

$$M_x = \sum(N_i y_i)$$
$$M_y = \sum(N_i x_i)$$

2）图 49b 是等边三桩承台具有代表性的破坏模式，可利用钢筋混凝土板的屈服线理论，按机动法的基本原理来推导公式得：

$$M = \frac{N_{max}}{3}\left(s - \frac{\sqrt{3}}{2}c\right) \tag{1}$$

由图 49c 的等边三桩承台最不利破坏模式，可得另一个公式即：

$$M = \frac{N_{max}}{3}s \tag{2}$$

式（1）考虑屈服线产生在柱边，过于理想化；式（2）未考虑柱子的约束作用，是偏于安全的。根据试件破坏的多数情况，采用（1）、（2）二式的平均值为规范的推荐公式（8.5.18-3）：

$$M = \frac{N_{max}}{3}\left(s - \frac{\sqrt{3}}{4}c\right)$$

3）由图 49d，等腰三桩承台典型的屈服线基本上都垂直于等腰三桩承台的两个腰，当试件在长跨产生开裂破坏后，才在短跨内产生裂缝。因此根据试件的破坏形态并考虑梁的约束影响作用，按梁的理论给出计算公式。

在长跨，当屈服线通过柱中心时：

$$M_1 = \frac{N_{\max}}{3}s \tag{3}$$

当屈服线通过柱边缝时：

$$M_1 = \frac{N_{\max}}{3}\left(s - \frac{1.5}{\sqrt{4-a^2}}c_1\right) \tag{4}$$

式（3）未考虑柱子的约束影响，偏于安全；而式（4）考虑屈服线通过往边缘处，又不够安全，今采用两式的平均值作为推荐公式（8.5.18-4）：

$$M_1 = \frac{N_{\max}}{3}\left(s - \frac{0.75}{\sqrt{4-a^2}}c_1\right)$$

上述所有三桩承台计算的 $M$ 值均指由柱截面形心到相应承台边的板带宽度范围内的弯矩，因而可按此相应宽度采用三向配筋。

**8.5.19** 柱对承台的冲切计算方法，本规范在编制时曾考虑了以下两种计算方法：方法一为冲切临界截面取柱边 $0.5h_0$ 处，当冲切临界截面与桩相交时，冲切力扣除相交那部分单桩承载力，采用这种计算方法的国家有美国、新西兰，我国 20 世纪 90 年代前一些设计单位亦多采用此法；方法二为冲切锥体取柱边或承台变阶处至相应桩顶内边缘连线所构成的锥体并考虑了冲跨比的影响，原苏联及我国《建筑桩基技术规范》JGJ 94 均采用这种方法。计算结果表明，这两种方法求得的柱对承台冲切所需的有效高度是十分接近的，相差约 5%左右。考虑到方法一在计算过程中需要扣除冲切临界截面与柱相交那部分面积的单桩承载力，为避免计算上繁琐，本规范推荐采用方法二。

本规范公式（8.5.19-1）中的冲切系数是按 $\lambda=1$ 时与我国现行《混凝土结构设计规范》GB 50010 的受冲切承载力公式相衔接，即冲切破坏锥体与承台底面的夹角为 45°时冲切系数 $\alpha=0.7$ 提出来的。

图 50 及图 51 分别给出了采用本规范和美国 ACI 318 计算的一典型九桩承台内柱对承台冲切、角桩对承台冲切所需的承台有效高度比较表，其中桩径为 800mm，柱距为 2400mm，方柱尺寸为 1550mm，承台宽度为 6400mm。按本规范算得的承台有效高度与美国 ACI 318 规范相比较略偏于安全。但是，美国钢筋混凝土学会 CRSI 手册认为由角桩荷载引起的承台角隅 45°剪切破坏较之角桩冲切破坏更为不利，因此尚需验算距柱边 $h_0$ 承台角隅 45°处的抗剪强度。

**8.5.20** 本条为强制性条文。桩基承台的柱边、变阶处等部位剪力较大，应进行斜截面抗剪承载力验算。

**8.5.21** 桩基承台的抗剪计算，在小剪跨比的条件下具有深梁的特征。关于深梁的抗剪问题，近年来我国已发表了一系列有关的抗剪强度试验报告以及抗剪承

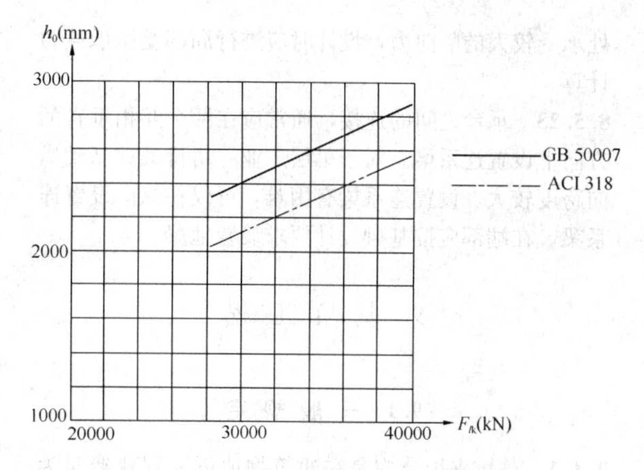

图 50　内柱对承台冲切承台有效高度比较

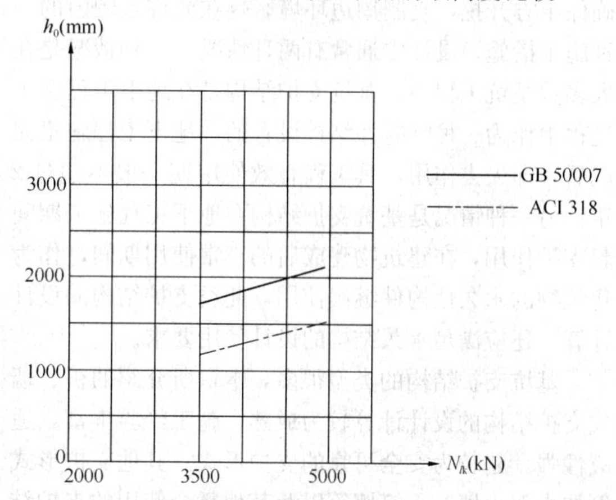

图 51　角桩对承台冲切承台有效高度比较

载力计算文章，尽管文章中给出的抗剪承载力的表达式不尽相同，但结果具有很好的一致性。本规范提出的剪切系数是通过分析和比较后确定的，它已能涵盖深梁、浅梁不同条件的受剪承载力。图 52 给出了一典型的九桩承台的柱边剪切所需的承台有效高度比较表，按本规范求得的柱边剪切所需的承台有效高度与美国 ACI 318 规范求得的结果是相当接近的。

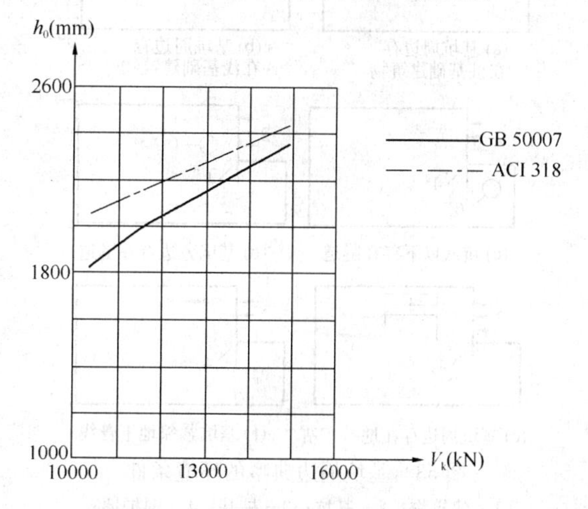

图 52　柱边剪切承台有效高度比较

**8.5.22** 本条为强制性条文。桩基承台与柱、桩交界

处承受较大的竖向力，设计时应进行局部受压承载力计算。

**8.5.23** 承台之间的连接，通常应在两个互相垂直的方向上设置连系梁。对于单层工业厂房排架柱基础横向跨度较大、设置连系梁有困难，可仅在纵向设置连系梁，在端部应按基础设计要求设置地梁。

# 9 基坑工程

## 9.1 一般规定

**9.1.1** 基坑支护结构是在建筑物地下工程建造时为确保土方开挖，控制周边环境影响在允许范围内的一种施工措施。设计中通常有两种情况，一种情况是在大多数基坑工程中，基坑支护结构是在地下工程施工过程中作为一种临时性结构设置的，地下工程施工完成后，即失去作用，其工程有效使用期一般不超过2年；另一种情况是基坑支护结构在地下工程施工期间起支护作用，在建筑物建成后的正常使用期间，作为建筑物的永久性构件继续使用，此类支护结构的设计计算，还应满足永久结构的设计使用要求。

基坑支护结构的类型很多，本章所介绍的桩、墙式支护结构的设计计算较为成熟，施工经验丰富，适应性强，是较为安全可靠的支护形式。其他支护形式例如水泥土墙，土钉墙等以及其他复合使用的支护结构，在工程实践中应用，应根据地区经验设计施工。

**9.1.2** 基坑支护结构的功能是为地下结构的施工创造条件、保证施工安全，并保证基坑周围环境得到应有的保护。图53列出了几种基坑周边典型的环境条件。基坑工程设计与施工时，应根据场地的地质条件及具体的环境条件，通过有效的工程措施，满足对周边环境的保护要求。

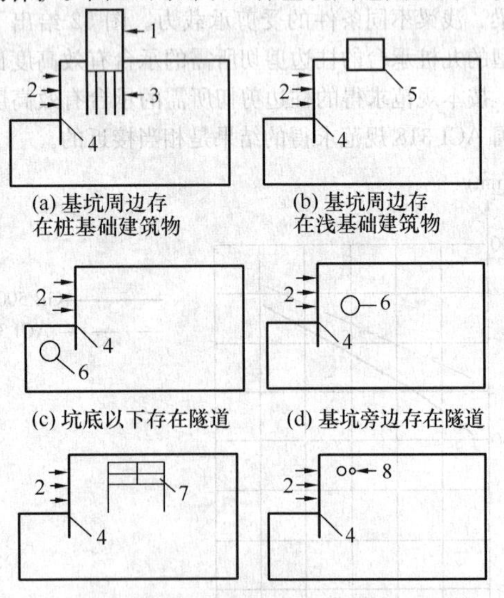


图53 基坑周边典型的环境条件

1—建筑物；2—基坑；3—桩基；4—围护墙；5—浅基础建筑物；6—隧道；7—地铁车站；8—地下管线

**9.1.3** 本条为强制性条文。本条规定了基坑支护结构设计的基本原则，为确保基坑支护结构设计的安全，在进行基坑支护结构设计时必须严格执行。

基坑支护结构设计应从稳定、强度和变形三个方面满足设计要求：

1 稳定：指基坑周围土体的稳定性，即不发生土体的滑动破坏，因渗流造成流砂、流土、管涌以及支护结构、支撑体系的失稳。

2 强度：支护结构，包括支撑体系或锚杆结构的强度应满足构件强度和稳定设计的要求。

3 变形：因基坑开挖造成的地层移动及地下水位变化引起的地面变形，不得超过基坑周围建筑物、地下设施的变形允许值，不得影响基坑工程基桩的安全或地下结构的施工。

基坑工程施工过程中的监测应包括对支护结构和对周边环境的监测，并提出各项监测要求的报警值。随基坑开挖，通过对支护结构桩、墙及其支撑系统的内力、变形的测试，掌握其工作性能和状态。通过对影响区域内的建筑物、地下管线的变形监测，了解基坑降水和开挖过程中对其影响的程度，作出在施工过程中基坑安全性的评价。

**9.1.4** 基坑支护结构设计时，应规定支护结构的设计使用年限。基坑工程的施工条件一般均比较复杂，且易受环境及气象因素影响，施工周期宜短不宜长。支护结构设计的有效期一般不宜超过2年。

基坑工程设计时，应根据支护结构破坏可能产生后果的严重性，确定支护结构的安全等级。基坑工程的事故和破坏，通常受设计、施工、现场管理及地下水控制条件等多种因素影响。其中对于不按设计要求施工及管理水平不高等因素，应有相应的有效措施加以控制，对支护结构设计的安全等级，可按表23的规定确定。

**表23 基坑支护结构的安全等级**

| 安全等级 | 破坏后果 | 适用范围 |
|---|---|---|
| 一级 | 很严重 | 有特殊安全要求的支护结构 |
| 二级 | 严重 | 重要的支护结构 |
| 三级 | 不严重 | 一般的支护结构 |

基坑支护结构施工或使用期间可能遇到设计时无法预测的不利荷载条件，所以基坑支护结构设计采用的结构重要性系数的取值不宜小于1.0。

**9.1.5** 不同设计等级基坑工程设计原则的区别主要体现在变形控制及地下水控制设计要求。对设计等级为甲级的基坑变形计算除基坑支护结构的变形外，尚应进行基坑周边地面沉降以及周边被保护对象的变形计算。对场地水文地质条件复杂、设计等级为甲级的基坑应作地下水控制的专项设计，主要目的是要在充分掌握场地地下水规律的基础上，减少因地下水处理不当对周边建（构）筑物以及地下管线的损坏。

**9.1.6** 基坑工程设计时，对土的强度指标的选用，主要应根据现场土体的排水条件及固结条件确定。

三轴试验受力明确，又可控制排水条件，因此，在基坑工程中确定土的强度指标时规定应采用三轴剪切试验方法。

软黏土灵敏度高，受扰动后强度下降明显。这种黏土矿物颗粒在一定条件下从凝聚状态迅速过渡到胶溶状态的现象，称为"触变现象"。深厚软黏土中的基坑，在扰动源作用下，随着基坑变形的发展，灵敏黏土强度降低的现象是不可忽视的。

**9.1.7** 基坑设计时对变形的控制主要考虑因土方开挖和降水引起的对基坑周边环境的影响。基坑施工不可避免地会对周边建（构）筑物等产生附加沉降和水平位移，设计时应控制建（构）筑物等地基的总变形值（原有变形加附加变形）不得超过地基的允许变形值。

土方开挖使坑内土体产生隆起变形和侧移，严重时将使坑内工程桩偏位、开裂甚至断裂。设计时应明确对土方开挖过程的要求，保证对工程桩的正常使用。

**9.1.9** 本条为强制性条文。基坑开挖是大面积的卸载过程，将引起基坑周边土体应力场变化及地面沉降。降雨或施工用水渗入土体会降低土体的强度和增加侧压力，饱和黏性土随着基坑暴露时间延长和经扰动，坑底土强度逐渐降低，从而降低支护体系的安全度。基底暴露后应及时铺筑混凝土垫层，这对保护坑底土不受施工扰动、延缓应力松弛具有重要的作用，特别是雨期施工中作用更为明显。

基坑周边荷载，会增加墙后土体的侧向压力，增大滑动力矩，降低支护体系的安全度。施工过程中，不得随意在基坑周围堆土，形成超过设计要求的地面超载。

## 9.2 基坑工程勘察与环境调查

**9.2.1** 拟建建筑物的详细勘察，大多数是沿建筑物外轮廓布置勘探工作，往往使基坑工程的设计和施工依据的地质资料不足。本条要求勘察及勘探范围应超出建筑物轮廓线，一般取基坑周围相当基坑深度的2倍，当有特殊情况时，尚需扩大范围。勘探点的深度一般不应小于基坑深度的2倍。

**9.2.2** 基坑工程设计时，对土的强度指标有较高要求，在勘察手段上，要求钻探取样与原位测试并重，综合确定提供设计计算用的强度指标。

**9.2.3** 基坑工程的水文地质勘察，应查明场地地下水类型、潜水、承压水的埋置分布特点，明确含水层及相对隔水层的成因及动态变化特征。通过室内及现场水文地质实验，提供各土层的水平向与垂直向的渗透系数。对于需进行地下水控制专项设计的基坑工程，应对场地含水层及地下水分布情况进行现场抽水试验，计算含水层水文地质参数。

抽水试验的目的：

1 评价含水层的富水性，确定含水层组单井涌水量，了解含水层组水位状况，测定承压水头；

2 获取含水层组的水文地质参数；

3 确定抽水试验影响范围。

抽水试验的成果资料应包括：在成井过程中，井管长度、成井井管、滤水管排列情况、洗井情况等的详细记录；绘制各抽水井及观测井的 $s$-$t$ 曲线、$s$-$\lg t$ 曲线，恢复水位 $s$-$\lg t$ 曲线以及各组抽水试验的 $Q$-$s$ 关系曲线和 $q$-$s$ 关系曲线。确定土层的渗透系数、影响半径、单位涌水量等参数。

**9.2.4** 越冬基坑受土的冻胀影响评价需要土的相关参数，特殊性土也需其相关设计参数。

**9.2.6** 国外关于基坑围护墙后地表的沉降形状（Peck，1969；Clough，1990；Hsieh 和 Ou，1998 等）及上海地区的工程实测资料表明，墙后地表沉降的主要影响区域为2倍基坑开挖深度，而在2倍～4倍开挖深度范围内为次影响区域，即地表沉降由较小值衰减到可以忽略不计。因此本条规定，一般情况下环境调查的范围为2倍开挖深度。但当有重要的建（构）筑物如历代优秀建筑、有精密仪器与设备的厂房、其他采用天然地基或短桩基础的重要建筑物、轨道交通设施、隧道、防汛墙、共同沟、原水管、自来水总管、燃气总管等重要建(构)筑物或设施位于2倍～4倍开挖深度范围内时，为了能全面掌握基坑可能对周围环境产生的影响，也应对这些环境情况作调查。环境调查一般包括如下内容：

1 对于建筑物应查明其用途、平面位置、层数、结构形式、材料强度、基础形式与埋深、历史沿革及现状、荷载、沉降、倾斜、裂缝情况、有关竣工资料（如平面图、立面图和剖面图等）及保护要求等；对历代优秀建筑，一般建造年代较远，保护要求较高，原设计图纸等资料也可能不齐全，有时需要通过专门的房屋结构质量检测与鉴定，对结构的安全性作出综合评价，以进一步确定其抵抗变形的能力。

2 对于隧道、防汛墙、共同沟等构筑物应查明其平面位置、埋深、材料类型、断面尺寸、受力情况及保护要求等。

3 对于管线应查明其平面位置、直径、材料类型、埋深、接头形式、压力、输送的物质（油、气、水等）、建造年代及保护要求等，当无相关资料时可进行必要的地下管线探测工作。

4 环境调查的目的是明确环境的保护要求，从而得到其变形的控制标准，并为基坑工程的环境影响分析提供依据。

### 9.3 土压力与水压力

**9.3.2** 自然状态下的土体内水平向有效应力，可认为与静止土压力相等。土体侧向变形会改变其水平应力状态。最终的水平应力，随着变形的大小和方向可呈现出两种极限状态（主动极限平衡状态和被动极限平衡状态），支护结构处于主动极限平衡状态时，受主动土压力作用，是侧向土压力的最小值。

按作用的标准组合计算土压力时，土的重度取平均值，土的强度指标取标准值。

库仑土压理论和朗肯土压理论是工程中常用的两种经典土压理论，无论用库仑或朗肯理论计算土压力，由于其理论的假设与实际工作情况有一定的出入，只能看作是近似的方法，与实测数据有一定差异。一些试验结果证明，库仑土压力理论在计算主动土压力时，与实际较为接近。在计算被动土压力时，其计算结果与实际相比，往往偏大。

静止土压力系数（$k_0$）宜通过试验测定。当无试验条件时，对正常固结土也可按表24估算。

**表24 静止土压力系数 $k_0$**

| 土类 | 坚硬土 | 硬—可塑黏性土、粉质黏土、砂土 | 可—软塑黏性土 | 软塑黏性土 | 流塑黏性土 |
|---|---|---|---|---|---|
| $k_0$ | 0.2～0.4 | 0.4～0.5 | 0.5～0.6 | 0.6～0.75 | 0.75～0.8 |

对于位移要求严格的支护结构，在设计中宜按静止土压力作为侧向土压力。

**9.3.3** 高地下水位地区土压力计算时，常涉及水土分算与水土合算两种算法。水土分算采用浮重度计算土的竖向有效应力，如果采用有效应力强度理论，水土分算当然是合理的。但当支护结构内外土体中存在渗流现象和超静孔隙水压力时，特别是在黏性土层中，孔隙压力场的计算是比较复杂的。这时采用半经验的总应力强度理论可能更简便。本规范对饱和黏性土的土压力计算，推荐总应力强度理论水土合算法。

在基坑工程场地范围内，当会出现存在多个含水土层及相对隔水层的情况，各含水层的水头也常存在差异，从区域水文地质条件分析，也存在层间越流补给的条件。计算作用在支护结构上的侧向水压力时，可将含水层的水头近似按潜水位水头进行计算。

**9.3.5** 作用在支护结构上的土压力及其分布规律取决于支护体的刚度及侧向位移条件。

刚性支护结构的土压力分布可由经典的库仑和朗肯土压力理论计算得到，实测结果表明，只要支护结构的顶部的位移不小于其底部的位移，土压力沿垂直方向分布可按三角形计算。但是，如果支护结构底部位移大于顶部位移，土压力将沿高度呈曲线分布，此时，土压力的合力较上述典型条件要大10%～15%，在设计中应予注意。

相对柔性的支护结构的位移及土压力分布情况比较复杂，设计时应根据具体情况分析，选择适当的土压力值，有条件时土压力值应采用现场实测、反演分析等方法总结地区经验，使设计更加符合实际情况。

### 9.4 设 计 计 算

**9.4.1** 结构按承载能力极限状态设计中，应考虑各种作用组合，由于基坑支护结构是房屋地下结构施工过程中的一种围护结构，结构使用期短。本条规定，基坑支护结构的基本组合的效应设计值可采用简化计算原则，按下式确定：

$$S_d = \gamma_F S\left(\sum_{i\geqslant 1} G_{ik} + \sum_{j\geqslant 1} Q_{jk}\right)$$

式中：$\gamma_F$ ——作用的综合分项系数；

$G_{ik}$ ——第 $i$ 个永久作用的标准值；

$Q_{jk}$ ——第 $j$ 个可变作用的标准值。

作用的综合分项系数 $\gamma_F$ 可取1.25，但对于轴向受力为主的构件，$\gamma_F$ 应取1.35。

**9.4.2** 支护结构的入土深度应满足基坑支护结构稳定性及变形验算的要求，并结合地区工程经验综合确定。按当上述要求确定了入土深度，但支护结构的底部位于软土或液化土层中时，支护结构的入土深度应适当加大，支护结构的底部应进入下卧较好的土层。

**9.4.4** 基坑工程在城市区域的环境保护问题日益突出。基坑设计的稳定性仅是必要条件，大多数情况下的主要控制条件是变形，从而使得基坑工程的设计从强度控制转向变形控制。

**1** 基坑工程设计时，应根据基坑周边环境的保护要求来确定基坑的变形控制指标。严格地讲，基坑工程的变形控制指标（如围护结构的侧移及地表沉降）应根据基坑周边环境对附加变形的承受能力及基坑开挖对周围环境的影响程度来确定。由于问题的复杂性，在很多情况下，确定基坑周围环境对附加变形的承受能力是一件非常困难的事情，而要较准确地预测基坑开挖对周边环境的影响程度也往往存在较大的难度，因此也就难以针对某个具体工程提出非常合理的变形控制指标。此时根据大量已成功实施的工程实践统计资料来确定基坑的变形控制指标不失为一种有效的方法。上海市《基坑工程技术规范》DG/TJ 08-61就是采用这种方法并根据基坑周围环境的重要性程度及其与基坑的距离，提出了基坑变形设计控制指标（如表25所示），可作为变形控制设计时的参考。

**表 25　基坑变形设计控制指标**

| 环境保护对象 | 保护对象与基坑距离关系 | 支护结构最大侧移 | 坑外地表最大沉降 |
|---|---|---|---|
| 优秀历史建筑、有精密仪器与设备的厂房、其他采用天然地基或短桩基础的重要建筑物、轨道交通设施、隧道、防汛墙、原水管、自来水总管、煤气总管、共同沟等重要建（构）筑物或设施 | $s \leqslant H$ | 0.18%$H$ | 0.15%$H$ |
| | $H < s \leqslant 2H$ | 0.3%$H$ | 0.25%$H$ |
| | $2H < s \leqslant 4H$ | 0.7%$H$ | 0.55%$H$ |
| 较重要的自来水管、燃气管、污水管等市政管线、采用天然地基或短桩基础的建筑物等 | $s \leqslant H$ | 0.3%$H$ | 0.25%$H$ |
| | $H < s \leqslant 2H$ | 0.7%$H$ | 0.55%$H$ |

注：1　$H$ 为基坑开挖深度，$s$ 为保护对象与基坑开挖边线的净距；

2　位于轨道交通设施、优秀历史建筑、重要管线等环境保护对象周边的基坑工程，应遵照政府有关文件和规定执行。

不同地区不同的土质条件，支护结构的位移对周围环境的影响程度不同，各地区应积累工程经验，确定变形控制指标。

**2**　目前预估基坑开挖对周边环境的附加变形主要有两种方法。一种是建立在大量基坑统计资料基础上的经验方法，该方法预测的是地表沉降，并不考虑周围建（构）筑物存在的影响，可以用来间接评估基坑开挖引起周围环境的附加变形。上海市《基坑工程技术规范》DG/TJ 08－61 提出了如图 54 所示的地表沉降曲线分布，其中最大地表沉降 $\delta_{vm}$ 可根据其与围护结构最大侧移 $\delta_{hm}$ 的经验关系来确定，一般可取 $\delta_{vm}=0.8\delta_{hm}$。

另一种方法是有限元法，但在应用时应有可靠的

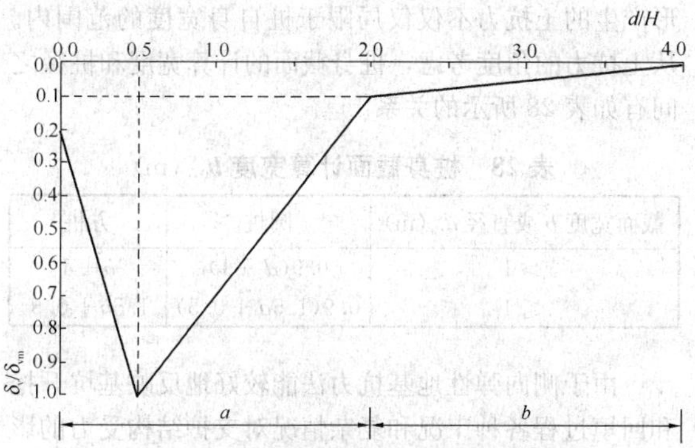


图 54　围护墙后地表沉降预估曲线

$\delta_v/\delta_{vm}$—坑外某点的沉降/最大沉降；$d/H$—坑外地表某点围护墙外侧的距离/基坑开挖深度；$a$—主影响区域；$b$—次影响区域

工程实测数据为依据，且该方法分析得到的结果宜与经验方法进行相互校核，以确认分析结果的合理性。采用有限元法分析时应合理地考虑分析方法、边界条件、土体本构模型的选择及计算参数、接触面的设置、初始地应力场的模拟、基坑施工的全过程模拟等因素。

关于建筑物的允许变形值，表 26 是根据国内外有关研究成果给出的建筑物在自重作用下的差异沉降与建筑物损坏程度的关系，可作为确定建筑物对基坑开挖引起的附加变形的承受能力的参考。

**表 26　各类建筑物在自重作用下的差异沉降与建筑物损坏程度的关系**

| 建筑结构类型 | $\delta/L$（$L$ 为建筑物长度，$\delta$ 为差异沉降） | 建筑物的损坏程度 |
|---|---|---|
| 1　一般砖墙承重结构，包括有内框架的结构，建筑物长高比小于 10；有圈梁；天然地基（条形基础） | 达 1/150 | 分隔墙及承重砖墙发生相当多的裂缝，可能发生结构破坏 |
| 2　一般钢筋混凝土框架结构 | 达 1/150 | 发生严重变形 |
| | 达 1/300 | 分隔墙或外墙产生裂缝等非结构性破坏 |
| | 达 1/500 | 开始出现裂缝 |
| 3　高层刚性建筑（箱形基础、桩基） | 达 1/250 | 可观察到建筑物倾斜 |
| 4　有桥式行车的单层排架结构的厂房；天然地基或桩基 | 达 1/300 | 桥式行车运转困难，不调整轨面难运行，分割墙有裂缝 |
| 5　有斜撑的框架结构 | 达 1/600 | 处于安全极限状态 |
| 6　一般对沉降差反应敏感的机器基础 | 达 1/850 | 机器使用可能会发生困难，处于可运行的极限状态 |

**3**　基坑工程是支护结构施工、降水以及基坑开挖的系统工程，其对环境的影响主要分如下三类：支护结构施工过程中产生的挤土效应或土体损失引起的相邻地面隆起或沉降；长时间、大幅度降低地下水可能引起地面沉降，从而引起邻近建（构）筑物及地下管线的变形及开裂；基坑开挖时产生的不平衡力、软黏土发生蠕变和坑外水土流失而导致周围土体及围护墙向开挖区发生侧向移动、地面沉降及坑底隆起，从而引起紧邻建（构）筑物及地下管线的侧移、沉降或倾斜。因此除从设计方面采取有关环境保护措施外，还应从支护结构施工、地下水控制及开挖三个方面分

别采取相关措施保护周围环境。必要时可对被保护的建（构）筑物及管线采取土体加固、结构托换、架空管线等防范措施。

**9.4.5** 支护结构计算的侧向弹性抗力法来源于单桩水平力计算的侧向弹性地基梁法。用理论方法计算桩的变位和内力时，通常采用文克尔假定的竖向弹性地基梁的计算方法。地基水平抗力系数的分布图式常用的有：常数法、“$k$”法、“$m$”法、“$c$”法等。不同分布图式的计算结果，往往相差很大。国内常采用“$m$”法，假定地基水平抗力系数（$K_x$）随深度正比例增加，即 $K_x=mz$，$z$ 为计算点的深度，$m$ 称为地基水平抗力系数的比例系数。按弹性地基梁法求解桩的弹性曲线微分方程式，即可求得桩身各点的内力及变位值。基坑支护桩计算的侧向弹性抗力法，即相当于桩受水平力作用计算的“$m$”法。

1 地基水平抗力系数的比例系数 $m$ 值

$m$ 值不是一个定值，与现场地质条件，桩身材料与刚度，荷载水平与作用方式以及桩顶水平位移取值大小等因素有关。通过理论分析可得，作用在桩顶的水平力与桩顶位移 $X$ 的关系如下式所示：

$$X=\frac{H}{\alpha^{3}EI}A \tag{5}$$

式中：$H$——作用在桩顶的水平力（kN）；

$A$——弹性长桩按“m”法计算的无量纲系数；

$EI$——桩身的抗弯刚度；

$\alpha$——桩的水平变形系数，$\alpha=\sqrt[5]{\frac{mb_0}{EI}}$（1/m），其中 $b_0$ 为桩身计算宽度（m）。

无试验资料时，$m$ 值可从表 27 中选用。

**表 27 非岩石类土的比例系数 $m$ 值表**

| 地基土类别 | 预制桩、钢桩 | | 灌注桩 | |
|---|---|---|---|---|
| | $m$（MN/m$^4$） | 相应单桩地面处水平位移（mm） | $m$（MN/m$^4$） | 相应单桩地面处水平位移（mm） |
| 淤泥、淤泥质土和湿陷性黄土 | 2～4.5 | 10 | 2.5～6.0 | 6～12 |
| 液塑（$I_L>1$）、软塑（$0<I_L\leqslant1$）状黏性土、$e>0.9$ 粉土、松散粉细砂、松散填土 | 4.5～6.0 | 10 | 6～14 | 4～8 |
| 可塑（$0.25<I_L\leqslant0.75$）状黏性土、$e=0.9$ 粉土、湿陷性黄土、稍密和中密的填土、稍密细砂 | 6.0～10.0 | 10 | 14～35 | 3～6 |
| 硬塑（$0<I_L\leqslant0.25$）和坚硬（$I_L\leqslant0$）的黏性土、湿陷性黄土、$e<0.9$ 粉土、中密的中粗砂、密实老黄土 | 10.0～22.0 | 10 | 35～100 | 2～5 |
| 中密和密实的砾砂、碎石类土 | | | 100～300 | 1.5～3 |

2 基坑支护桩的侧向弹性地基抗力法，借助于单桩水平力计算的“$m$”法，基坑支护桩内力分析的计算简图如图 55 所示。

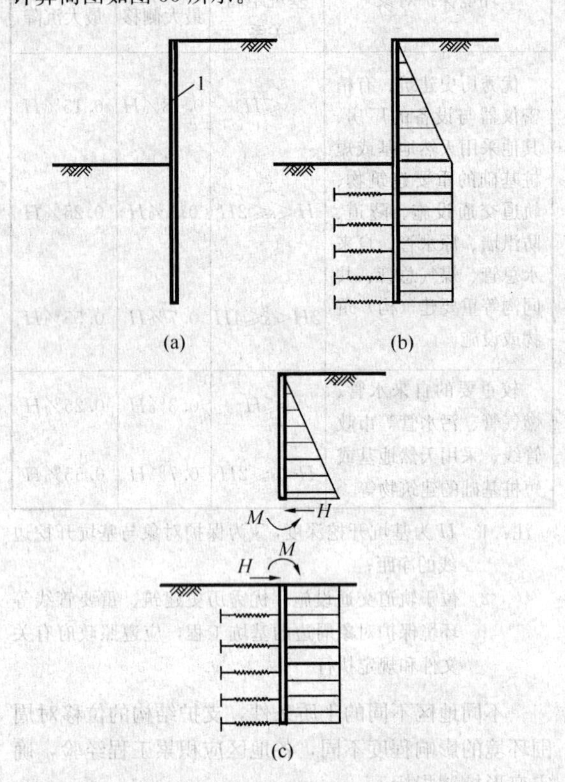


图 55 侧向弹性地基抗力法

1—支护桩

图 55 中，(a) 为基坑支护桩，(b) 为基坑支护桩上作用的土压力分布图，在开挖深度范围内通常取主动土压力分布图式，支护桩入土部分，为侧向受力的弹性地基梁（如 c 所示），地基反力系数取“$m$”法图形，内力分析时，常按杆系有限元——结构矩阵分析解法即可求得支护桩身的内力、变形解。

当采用密排桩支护时，土压力可作为平面问题计算。当桩间距比较大时，形成分离式排桩墙。桩身变形产生的土抗力不仅仅局限于桩自身宽度的范围内。从土抗力的角度考虑，桩身截面的计算宽度和桩径之间有如表 28 所示的关系。

**表 28 桩身截面计算宽度 $b_0$（m）**

| 截面宽度 $b$ 或直径 $d$（m） | 圆桩 | 方桩 |
|---|---|---|
| ＞1 | $0.9(d+1)$ | $b+1$ |
| ≤1 | $0.9(1.5d+0.5)$ | $1.5b+0.5$ |

由于侧向弹性地基抗力法能较好地反映基坑开挖和回填过程各种工况和复杂情况对支护结构受力的影响，是目前工程界最常用的基坑设计计方法。

**9.4.6** 基坑因土体的强度不足，地下水渗流作用而造成基坑失稳，包括：支护结构倾覆失稳；基坑内外侧土体整体滑动失稳；基坑底土因承载力不足而隆起；地层因地下水渗流作用引起流土、管涌以及承压水突涌等导致基坑工程破坏。本条将基坑稳定性归纳为：支护桩、墙的倾覆稳定；基坑底土隆起稳定；基坑边坡整体稳定；坑底土渗流、突涌稳定四个方面，基坑设计时必须满足上述四方面的验算要求。

**1** 基坑稳定性验算，采用单一安全系数法，应满足下式要求：

$$\frac{R}{S_{\mathrm{d}}} \geqslant K \tag{6}$$

式中：$K$——各类稳定安全系数；

$R$——土体抗力极限值；

$S_{\mathrm{d}}$——承载能力极限状态下基本组合的效应设计值，但其分项系数均为1.0，当有地区可靠工程经验时，分项系数也可按地区经验确定。

**2** 基坑稳定性验算时，所选用的强度指标的类别，稳定验算方法与安全系数取值之间必须配套。当按附录V进行各项稳定验算时，土的抗剪强度指标的选用，应符合本规范第9.1.6条的规定。

**3** 土坡及基坑内外土体的整体稳定性计算，可按平面问题考虑，宜采用圆弧滑动面计算。有软土夹层和倾斜岩面等情况时，尚需采用非圆弧滑动面计算。

对不同情况的土坡及基坑整体稳定性验算，最危险滑动面上诸力对滑动中心所产生的滑动力矩与抗滑力矩应符合下式要求：

$$M_{\mathrm{S}} \leqslant \frac{1}{K_{\mathrm{R}}} M_{\mathrm{R}} \tag{7}$$

式中：$M_{\mathrm{S}}$、$M_{\mathrm{R}}$——分别为对于危险滑弧面上滑动力矩和抗滑力矩（kN·m）；

$K_{\mathrm{R}}$——整体稳定抗滑安全系数。

$M_{\mathrm{S}}$ 计算中，当有地下水存在时，坑外土条零压线（浸润线）以上的土条重度取天然重度，以下的土条取饱和重度。坑内土条取浮重度。

验算整体稳定时，对于开挖区，有条件时可采用卸荷条件下的抗剪强度指标进行验算。

**4** 基坑底隆起稳定性验算，实质上是软土地基承载力不足造成，故用 $\varphi=0$ 的承载力公式进行验算。

当桩底土为一般黏性土时，上海市《基坑工程技术规范》DG/TJ 08-61 提出了适用于一般黏性土的抗隆起计算公式。

板式支护体系按承载能力极限状态验算绕最下道内支撑点的抗隆起稳定性时（图56），应满足式（8）的要求：

$$M_{\mathrm{SLK}} \leqslant \frac{M_{\mathrm{RLK}}}{K_{\mathrm{RL}}} \tag{8}$$

$$M_{\mathrm{RLK}} = K_{\mathrm{a}} \tan\varphi_{\mathrm{k}} \left\{ \frac{D'}{2} \gamma h'^{2}_{0} + q_{\mathrm{k}} D' h'_{0} + \frac{\pi}{4}(q_{\mathrm{k}} + \gamma h'_{0}) D'^{2} + \gamma D'^{3} \left[ \frac{1}{3} + \frac{1}{3}\cos^{3}\alpha - \frac{1}{2}\left(\frac{\pi}{2} - \alpha\right)\sin\alpha + \frac{1}{2}\sin^{2}\alpha\cos\alpha \right] \right\} + \tan\varphi_{\mathrm{k}} \left\{ \frac{\pi}{4}(q_{\mathrm{k}} + \gamma h'_{0}) D'^{2} + \gamma D'^{3} \left[ \frac{2}{3} + \frac{2}{3}\cos\alpha - \frac{\sin\alpha}{2}\left(\frac{\pi}{2} - \alpha\right) - \frac{1}{6}\sin^{2}\alpha\cos\alpha \right] \right\} + c_{\mathrm{k}} \left[ D' h'_{0} + D'^{2}(\pi - \alpha) \right]$$

$$M_{\mathrm{SLK}} = \frac{1}{3}\gamma D'^{3}\sin\alpha + \frac{1}{6}\gamma D'^{2}(D' - D)\cos^{2}\alpha + \frac{1}{2}(q_{\mathrm{k}} + \gamma h'_{0}) D'^{2} \tag{9}$$

$$k_{\mathrm{a}} = \tan^{2}\left(\frac{\pi}{4} - \frac{\varphi_{\mathrm{k}}}{2}\right) \tag{10}$$

式中：$M_{\mathrm{RLK}}$——抗隆起力矩值（kN·m/m）；

$M_{\mathrm{SLK}}$——隆起力矩值（kN·m/m）；

$\alpha$——如图56所示（弧度）；

$\gamma$——围护墙底以上地基土各土层天然重度的加权平均值（kN/m³）；

$D$——围护墙在基坑开挖面以下的入土深度（m）；

$D'$——最下一道支撑距墙底的深度（m）；

$K_{\mathrm{a}}$——主动土压力系数；

$c_{\mathrm{k}}$、$\varphi_{\mathrm{k}}$——滑裂面上地基土的黏聚力标准值（kPa）和内摩擦角标准值（°）的加权平均值；

$h'_{0}$——最下一道支撑距地面的深度（m）；

$q_{\mathrm{k}}$——坑外地面荷载标准值（kPa）；

$K_{\mathrm{RL}}$——抗隆起安全系数。设计等级为甲级的基坑工程取2.5；乙级的基坑工程取2.0；丙级的基坑工程取1.7。

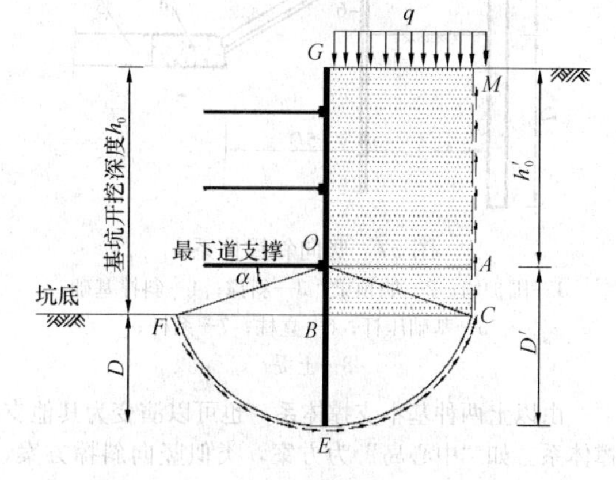


图56 坑底抗隆起计算简图

**5** 桩、墙式支护结构的倾覆稳定性验算，对悬臂式支护结构，在附录V中采用作用在墙内外的土压力引起的力矩平衡的方法验算，抗倾覆稳定性安全系数应大于或等于1.30。

对于带支撑的桩、墙式支护体系，支护结构的抗倾覆稳定性又称抗踢脚稳定性，踢脚破坏为作用与围护结构两侧的土压力均达到极限状态，因而使得围护结构（特别是围护结构插入坑底以下的部分）大量地向开挖区移动，导致基坑支护失效。本条取最下道支撑或锚拉点以下的围护结构作为脱离体，将作用于围护结构上的外力进行力矩平衡分析，从而求得抗倾覆分项系数。需指出的是，抗倾覆力矩项中本应包括支护结构的桩身抗力力矩，但由于其值相对而言要小得多，因此在本条的计算公式中不考虑。

## 9.5 支护结构内支撑

**9.5.1** 常用的内支撑体系有平面支撑体系和竖向斜撑体系两种。

平面支撑体系可以直接平衡支撑两端支护墙上所受到的侧压力，且构造简单，受力明确，适用范围较广。但当构件长度较大时，应考虑平面受弯及弹性压缩对基坑位移的影响。此外，当基坑两侧的水平作用力相差悬殊时，支护墙的位移会通过水平支撑而相互影响，此时应调整支护结构的计算模型。

竖向斜撑体系（图 57）的作用是将支护墙上侧压力通过斜撑传到基坑开挖面以下的地基上。它的施工流程是：支护墙完成后，先对基坑中部的土层采取放坡开挖，然后安装斜撑，再挖除四周留下的土坡。对于平面尺寸较大，形状不很规则，但深度较浅的基坑采用竖向斜撑体系施工比较简单，也可节省支撑材料。

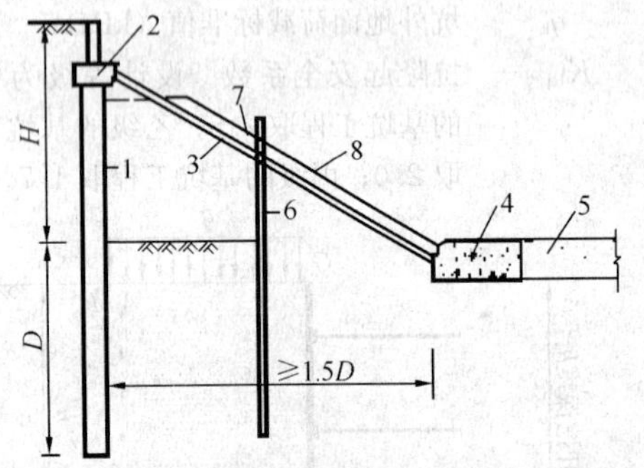


图 57 竖向斜撑体系

1—围护墙；2—墙顶梁；3—斜撑；4—斜撑基础；5—基础压杆；6—立柱；7—系杆；8—土堤

由以上两种基本支撑体系，也可以演变为其他支撑体系。如“中心岛”为方案，类似竖向斜撑方案，先在基坑中部放坡挖土，施工中部主体结构，然后利用完成的主体结构安装水平支撑或斜撑，再挖除四周留下的土坡。

当必须利用支撑构件兼作施工平台或栈桥时，除应满足内支撑体系计算的有关规定外，尚应满足作业平台（或栈桥）结构的承载力和变形要求，因此需另行设计。

**9.5.2** 基坑支护结构的内力和变形分析大多采用平面杆系模型进行计算。通常把支撑系统结构视为平面框架，承受支护桩传来的侧向力。为避免计算模型产生“漂移”现象，应在适当部位加设水平约束或采用“弹簧”等予以约束。

当基坑周边的土层分布或土性差异大，或坑内挖深差异大，不同的支护桩其受力条件相差较大时，应考虑支撑系统节点与支撑桩支点之间的变形协调。这时应采用支撑桩与支撑系统结合在一起的空间结构计算简图进行内力分析。

支撑系统中的竖向支撑立柱，应按偏心受压构件计算。计算时除应考虑竖向荷载作用外，尚应考虑支撑横向水平力对立柱产生的弯矩，以及土方开挖时，作用在立柱上的侧向土压力引起的弯矩。

**9.5.3** 本条为强制性条文。当采用内支撑结构时，支撑结构的设置与拆除是支撑结构设计的重要内容之一，设计时应有针对性地对支撑结构的设置和拆除过程中的各种工况进行设计计算。如果支撑结构的施工与设计工况不一致，将可能导致基坑支护结构发生承载力、变形、稳定性破坏。因此支撑结构的施工，包括设置、拆除、土方开挖等，应严格按照设计工况进行。

## 9.6 土 层 锚 杆

**9.6.1** 土层锚杆简称土锚，其一端与支护桩、墙连接，另一端锚固在稳定土层中，作用在支护结构上的水土压力，通过自由端传递至锚固段，对支护结构形成锚拉支承作用。因此，锚固段不宜设置在软弱或松散的土层中，锚拉式支承的基坑支护，基坑内部开敞，为挖土、结构施工创造了空间，有利于提高施工效率和工程质量。

**9.6.3** 锚杆有多种破坏形式，当依靠锚杆保持结构系统稳定的构件时，设计必须仔细校核各种可能的破坏形式。因此除了要求每根土锚必须能够有足够的承载力之外，还必须考虑包括土锚和地基在内的整体稳定性。通常认为锚固段所需的长度是由于承载力的需要，而土锚所需的总长度则取决于稳定的要求。

在土锚支护结构稳定分析中，往往设有许多假定，这些假定的合理程度，有一定的局限性，因此各种计算往往只能作为工程安全性判断的参考。不同的使用者根据不尽相同的计算方法，采用现场试验和现场监测来评价工程的安全度对重要工程来说是十分必要的。

稳定计算方法依建筑物形状而异。对围护系统这类承受土压力的构筑物，必须进行外部稳定和内部稳定两方面的验算。

1 外部稳定计算

所谓外部稳定是指锚杆、围护系统和土体全部合在一起的整体稳定，见图 58a。整个土锚均在土体的深滑裂面范围之内，造成整体失稳。一般采用圆弧法具体试算边坡的整体稳定。土锚长度必须超过滑动面，要求稳定安全系数不小于 1.30。

2 内部稳定计算

所谓内部稳定计算是指土锚与支护墙基础假想支点之间深滑动面的稳定验算，见图 58b。内部稳定最常用的计算是采用 Kranz 稳定分析方法，德国 DIN4125、日本 JSFD1-77 等规范都采用此法，也有的国家如瑞典规范推荐用 Brows 对 Kranz 的修正方法。我国有些锚定式支挡工程设计中采用 Kranz 方法。

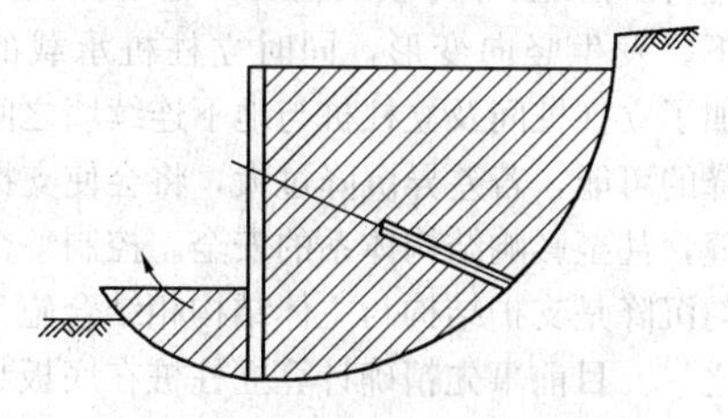

(a) 土体深层滑动(外部稳定)

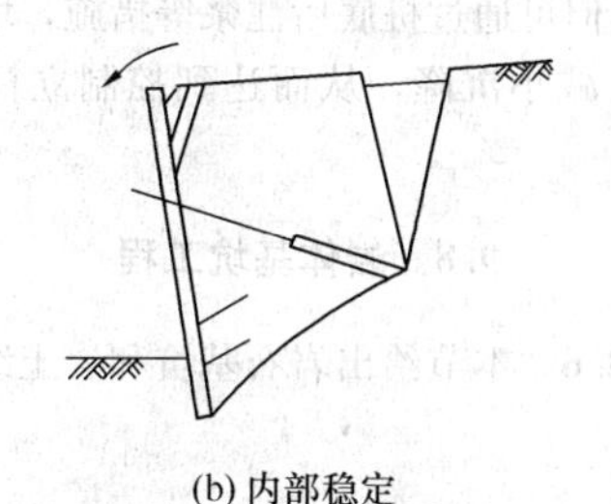

(b) 内部稳定

图 58　锚杆的整体稳定

**9.6.4**　锚杆设计包括构件和锚固体截面、锚固段长度、自由段长度、锚固结构稳定性等计算或验算内容。

锚杆支护体系的构造如图 59 所示。

锚杆支护体系由挡土构筑物、腰梁及托架、锚杆三个部分所组成，以保证施工期间的基坑边坡稳定与安全，见图 59。

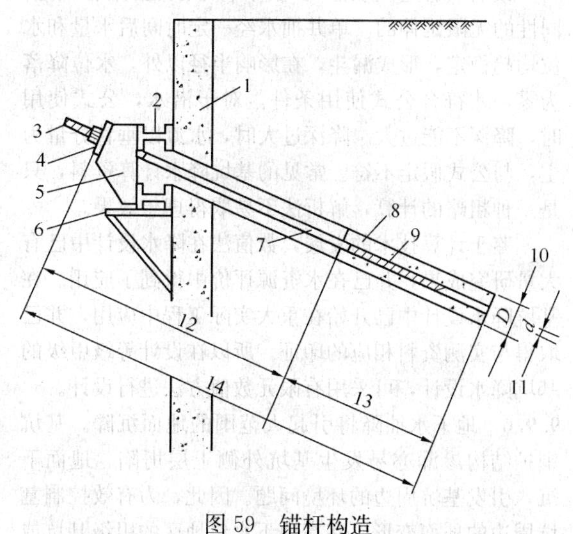


图 59　锚杆构造

1—构筑物；2—腰梁；3—螺母；4—垫板；5—台座；6—托架；7—套管；8—锚固体；9—钢拉杆；10—锚固体直径；11—拉杆直径；12—非锚固段长 $L_0$；13—有效锚固段长 $L_a$；14—锚杆全长 $L$

**9.6.5**　锚杆预应力筋张拉施工工艺控制系数，应根据锚杆张拉工艺特点确定。当锚杆钢筋或钢绞线为单根时，张拉施工工艺控制系数可取 1.0。当锚杆钢筋或钢绞线为多根时，考虑到张拉施工时锚杆钢筋或钢绞线受力的不均匀性，张拉施工工艺控制系数可取 0.9。

**9.6.6**　土层锚杆的锚固段长度及锚杆轴向拉力特征值应根据土层锚杆锚杆试验（附录 Y）的规定确定。

## 9.7　基坑工程逆作法

**9.7.4**　支护结构与主体结构相结合，是指在施工期间利用地下结构外墙或地下结构的梁、板、柱兼作基坑支护体系，不设置或仅设置部分临时围护支护体系的支护方法。与常规的临时支护方法相比，基坑工程采用支护结构与主体结构相结合的设计施工方法具有诸多优点，如由于可同时向地上和地下施工因而可以缩短工程的施工工期；水平梁板支撑刚度大，挡土安全性高，围护结构和土体的变形小，对周围的环境影响小；采用封闭逆作施工，施工现场文明；已完成的地面层可充分利用，地面层先行完成，无需架设栈桥，可作为材料堆置场或施工作业场；避免了采用大量临时支撑的浪费现象，工程经济效益显著。

利用地下结构兼作基坑的支护结构，基坑开挖阶段与永久使用阶段的荷载状况和结构状况有较大的差别，因此应分别进行设计和验算，同时满足各种工况下的承载力极限状态和正常使用阶段极限状态的设计要求。

支护结构作为主体地下结构的一部分时，地下结构梁板与地下连续墙、竖向支承结构之间的节点连接是需要重点考虑的内容。所谓变形协调，主要指地下结构尚未完工之前，处于支护结构承载状态时，其变形与沉降量及差异沉降均应在限值规定内，保证在地下结构完工、转换成主体工程基础承载时，与主体结构设计对变形和沉降要求一致，同时要求承载转换前后，结构的节点连接和防水构造等均应稳定可靠，满足设计要求。

**9.7.5**　“两墙合一”的安全性和可靠性已经得到工程界的普遍认同，并在全国得到了大量应用，已经形成了一整套比较成熟的设计方法。“两墙合一”地下连续墙具有良好的技术经济效果：(1) 刚度大、防水性能好；(2) 将基坑临时围护墙与永久地下室外墙合二为一，节省了常规地下室外墙的工程量；(3) 不需要施工操作空间，可减少直接土方开挖量，并且无需再施工换撑板带和进行回填土工作，经济效果明显，尤其对于红线退界紧张或地下室与邻近建（构）筑物距离极近的地下工程，“两墙合一”可大大减小围护体所占空间，具有其他围护形式无可替代的优势；(4) 基坑开挖到坑底后，在基础内部结构由下而上施工过程中，“两墙合一”的设计无需再施工地下室外墙，因此比常规两墙分离的工程施工工期要节省，同时也避免了长期困扰地下室外墙浇筑施工过程中混凝土的收缩裂缝问题。

**9.7.6** 主体地下结构的水平构件用作支撑时，其设计应符合下列规定：

1 结构水平构件与支撑相结合的设计中可用梁板结构体系作为水平支撑，该结构体系受力明确，可根据施工需要在梁间开设孔洞，并在梁周边预留止水片，在逆作法结束后再浇筑封闭；也可采用结构楼板后作的梁格体系，在开挖阶段仅浇筑框架梁作为内支撑，梁格空间均可作为出土口，基础底板浇筑后再封闭楼板结构。另外，结构水平构件与支撑相结合设计中也可采用无梁楼盖作为水平支撑，其整体性好、支撑刚度大，且便于结构模板体系的施工。在无梁楼盖上设置施工孔洞时，一般需设置边梁并附加止水构造。无梁楼板一般在梁柱节点位置设置一定长宽的柱帽，逆作阶段竖向支承钢立柱的尺寸一般占柱帽尺寸的比例较小，因此，无梁楼盖体系梁柱节点位置钢筋穿越矛盾相对梁板体系缓和、易于解决。

对用作支撑的结构水平构件，当采用梁板体系且结构开口较多时，可简化为仅考虑梁系的作用，进行在一定边界条件下及在周边水平荷载作用下的封闭框架的内力和变形计算，其计算结果是偏安全的。当梁板体系需考虑板的共同作用，或结构为无梁楼盖时，应采用有限元的方法进行整体计算分析，根据计算分析结果并结合工程概念和经验，合理确定用于结构构件设计的内力。

2 支护结构与主体结构相结合的设计方法中，作为竖向支承的立柱桩其竖向变形应严格控制。立柱桩的竖向变形主要包含两个方面：一方面为基坑开挖卸荷引起的立柱向上的回弹隆起；另一方面为已施工完成的水平结构和施工荷载等竖向荷重的加载作用下，立柱桩的沉降。立柱桩竖向变形量和立柱桩间的差异变形过大时，将引发对已施工完成结构的不利结构次应力，因此在主体地下水平结构构件设计时，应通过验算采取必要的措施以控制有害裂缝的产生。

3 主体地下水平结构作为基坑施工期的水平支撑，需承受坑外传来的水土侧向压力。因此水平结构应具有直接的、完整的传力体系。如同层楼板面标高出现较大的高差时，应通过计算采取有效的转换结构以利于水平力的传递。另外，应在结构楼板出现较大面积的缺失区域以及地下各层水平结构梁板的结构分缝以及施工后浇带等位置，通过计算设置必要的水平支撑传力体系。

**9.7.7** 竖向支承结构的设计应符合下列规定：

1 在支护结构与主体结构相结合的工程中，由于逆作阶段结构梁板的自重相当大，立柱较多采用承载力较高而断面小的角钢拼接格构柱或钢管混凝土柱。

2 立柱应根据其垂直度允许偏差计入竖向荷载偏心的影响，偏心距应按计算跨度乘以允许偏差，并按双向偏心考虑。支护结构与主体结构相结合的工程中，利用各层地下结构梁板作为支护结构的水平内支撑体系。水平支撑的刚度可假定为无穷大，因而钢立柱假定为无水平位移。

3 立柱桩在上部荷载及基坑开挖土体应力释放的作用下，发生竖向变形，同时立柱桩承载的不均匀，增加了立柱桩间及立柱桩与地下连续墙之间产生较大沉降的可能，若差异沉降过大，将会使支撑系统产生裂缝，甚至影响结构体系的安全。控制整个结构的不均匀沉降是支护结构与主体结构相结合施工的关键技术之一。目前事先精确计算立柱桩在底板封闭前的沉降或上抬量还有一定困难，完全消除沉降差也是不可能的，但可通过桩底后注浆等措施，增大立柱桩的承载力并减小沉降，从而达到控制立柱沉降差的目的。

## 9.8 岩体基坑工程

**9.8.1～9.8.6** 本节给出岩石基坑和岩土组合基坑的设计原则。

## 9.9 地下水控制

**9.9.1** 在高地下水位地区，深基坑工程设计施工中的关键问题之一是如何有效地实施对地下水的控制。地下水控制失效也是引发基坑工程事故的重要源头。

**9.9.3** 基坑降水设计时对单井降深的计算，通常采用解析法用裘布衣公式计算。使用时，应注意其适用条件，裘布衣公式假定：(1) 进入井中的水流主要是径向水流和水平流；(2) 在整个水流深度上流速是均匀一致的（稳定流状态）。要求含水层是均质、各向同性的无限延伸的。单井抽水经一定时间后水量和水位均趋稳定，形成漏斗，在影响半径以外，水位降落为零，才符合公式使用条件。对于潜水，公式使用时，降深不能过大。降深过大时，水流以垂直分量为主，与公式假定不符。常见的基坑降水计算资料，只是一种粗略的计算，解析法不易取得理想效果。

鉴于计算技术的发展，数值法在降水设计中已有大量研究成果，并已在水资源评价中得到了应用。在基坑降水设计中已开始在重大实际工程中应用，并已取得与实测资料相应的印证。所以在设计等级甲级的基坑降水设计，可采用有限元数值方法进行设计。

**9.9.6** 地下水抽降将引起大范围的地面沉降。基坑围护结构渗漏亦易发生基坑外侧土层坍陷、地面下沉，引发基坑周边的环境问题。因此，为有效控制基坑周边的地面变形，在高地下水位地区的甲级基坑或基坑周边环境保护要求严格时，应进行基坑降水和环境保护的地下水控制专项设计。

地下水控制专项设计应包括降水设计、运营管理以及风险预测及应对等内容：

1 制定基坑降水设计方案：

1）进行工程地下水风险分析，浅层潜水降水的影响，疏干降水效果的估计；

2）承压水突涌风险分析。

2 基坑抗突涌稳定性验算。

3 疏干降水设计计算，疏干井数量，深度。

4 减压设计，当对下部承压水采取减压降水时，确定减压井数量、深度以及减压运营的要求。

5 减压降水的三维数值分析，渗流数值模型的建立，减压降水结果的预测。

6 减压降水对环境影响的分析及应采取的工程措施。

7 支护桩、墙渗漏风险的预测及应对措施。

8 降水措施与管理措施：

1）现场排水系统布置；

2）深井构造、设计、降水井标准；

3）成井施工工艺的确定；

4）降水井运行管理。

深基坑降水和环境保护的专项设计，是一项比较复杂的设计工作。与基坑支护结构（或隔水帷幕）周围的地下水渗流特征及场地水文地质条件、支护结构及隔水帷幕的插入深度、降水井的位置等有关。

## 10 检验与监测

### 10.1 一般规定

**10.1.1** 为设计提供依据的试验为基本试验，应在设计前进行。基本试验应加载到极限或破坏，为设计人员提供足够的设计依据。

**10.1.2** 为验证设计结果或为工程验收提供依据的试验为验收检验。验收检验是利用工程桩、工程锚杆等进行试验，其最大加载量不应小于设计承载力特征值的2倍。

**10.1.3** 抗拔桩的验收检验应控制裂缝宽度，满足耐久性设计要求。

### 10.2 检验

**10.2.1** 本条为强制性条文。基槽（坑）检验工作应包括下列内容：

1 应做好验槽（坑）准备工作，熟悉勘察报告，了解拟建建筑物的类型和特点，研究基础设计图纸及环境监测资料。当遇有下列情况时，应列为验槽（坑）的重点：

1）当持力土层的顶板标高有较大的起伏变化时；

2）基础范围内存在两种以上不同成因类型的地层时；

3）基础范围内存在局部异常土质或坑穴、古井、老地基或古迹遗址时；

4）基础范围内遇有断层破碎带、软弱岩脉以及古河道、湖、沟、坑等不良地质条件时；

5）在雨期或冬期等不良气候条件下施工，基底土质可能受到影响时。

2 验槽（坑）应首先核对基槽（坑）的施工位置。平面尺寸和槽（坑）底标高的容许误差，可视具体的工程情况和基础类型确定。一般情况下，槽（坑）底标高的偏差应控制在0mm～50mm范围内；平面尺寸，由设计中心线向两边量测，长、宽尺寸不应小于设计要求。

验槽（坑）方法宜采用轻型动力触探或袖珍贯入仪等简便易行的方法，当持力层下埋藏有下卧砂层而承压水头高于基底时，则不宜进行钎探，以免造成涌砂。当施工揭露的岩土条件与勘察报告有较大差别或者验槽（坑）人员认为必要时，可有针对性地进行补充勘察测试工作。

3 基槽（坑）检验报告是岩土工程的重要技术档案，应做到资料齐全，及时归档。

**10.2.2** 复合地基提高地基承载力、减少地基变形的能力主要是设置了增强体，与地基土共同作用的结果，所以复合地基应对增强体施工质量进行检验。复合地基载荷试验由于试验的压板面积有限，考虑到大面积荷载的长期作用结果与小面积短时荷载作用的试验结果有一定的差异，故需要对载荷板尺寸限制。条形基础和独立基础复合地基载荷试验的压板宽度的确定宜考虑面积置换率和褥垫层厚度，基础宽度不大时应取基础宽度，基础宽度较大，试验条件达不到时应取较薄厚度褥垫层。

对遇水软化、崩解的风化岩、膨胀性土等特殊土层，不可仅根据试验数据评价承载力等，尚应考虑由于试验条件与实际施工条件的差异带来的潜在风险，试验结果宜考虑一定的折减。

**10.2.3** 在压实填土的施工过程中，取样检验分层土的厚度视施工机械而定，一般情况下宜按200mm～500mm分层进行检验。

**10.2.4** 利用贯入仪检验垫层质量，通过现场对比试验确定其击数与干密度的对应关系。

垫层质量的检验可采用环刀法；在粗粒土垫层中，可采用灌水法、灌砂法进行检验。

**10.2.5** 预压处理的软弱地基，应在预压区内预留孔位，在预压前后堆载不同阶段进行原位十字板剪切试验和取土室内土工试验，检验地基处理效果。

**10.2.6** 强夯地基或强夯置换地基载荷试验的压板面积应考虑压板的尺寸效应，应采用大压板载荷试验，根据处理深度的大小，压板面积可采用$1m^2$～$4m^2$，压板最小直径不得小于1m。

**10.2.7** 砂石桩对桩体采用动力触探方法检验，对桩间土采用标准贯入、静力触探或其他原位测试方法进行检验可检测砂石桩及桩间土的挤密效果。如处理可液化地层时，可按标准贯入击数来检验砂性土的抗液化性。

**10.2.8、10.2.9** 水泥土搅拌桩进行标准贯入试验后对成桩质量有怀疑时可采用双管单动取样器对桩身钻芯取样，制成试块，测试桩身实际强度。钻孔直径不宜小于108mm。由于取芯和试样制作原因，桩身钻芯取样测试的桩身强度应该是较高值，评价时应给予注意。

单桩载荷试验和复合地基载荷试验是检验水泥土搅拌桩质量的最直接有效的方法，一般在龄期28d后进行。

**10.2.10** 本条为强制性条文。刚性桩复合地基单桩的桩身完整性检测可采用低应变法；单桩竖向承载力检测可采用静载荷试验；刚性桩复合地基承载力可采用单桩或多桩复合地基载荷试验。当施工工艺对地基土承载力影响较小、有地区经验时，可采用单桩静载荷试验和桩间土静载荷试验结果确定刚性桩复合地基承载力。

**10.2.11** 预制打入桩、静力压桩应提供经确认的桩顶标高、桩底标高、桩端进入持力层的深度等。其中预制桩还应提供打桩的最后三阵锤贯入度、总锤击数等，静力压桩还应提供最大压力值等。

当预制打入桩、静力压桩的入土深度与勘察资料不符或对桩端下卧层有怀疑时，可采用补勘方法，检查自桩端以上1m起至下卧层$5d$范围内的标准贯入击数和岩土特性。

**10.2.12** 混凝土灌注桩提供经确认的参数应包括桩端进入持力层的深度，对锤击沉管灌注桩，应提供最后三阵锤贯入度、总锤击数等。对钻（冲）孔桩，应提供孔底虚土或沉渣情况等。当锤击沉管灌注桩、冲（钻）孔灌注桩的入土（岩）深度与勘察资料不符或对桩端下卧层有怀疑时，可采用补勘方法，检查自桩端以上1m起至下卧层$5d$范围内的岩土特性。

**10.2.13** 本条为强制性条文。人工挖孔桩应逐孔进行终孔验收，终孔验收的重点是持力层的岩土特征。对单柱单桩的大直径嵌岩桩，承载能力主要取决嵌岩段岩性特征和下卧层的持力性状，终孔时，应用超前钻逐孔对孔底下$3d$或5m深度范围内持力层进行检验，查明是否存在溶洞、破碎带和软夹层等，并提供岩芯抗压强度试验报告。

终孔验收如发现与勘察报告及设计文件不一致，应由设计人提出处理意见。缺少经验时，应进行桩端持力层岩基原位荷载试验。

**10.2.14** 本条为强制性条文。单桩竖向静载试验应在工程桩的桩身质量检验后进行。

**10.2.15** 桩基工程事故，有相当部分是因桩身存在严重的质量问题而造成的。桩基施工完成后，合理地选取工程桩进行完整性检测，评定工程桩质量是十分重要的。抽检方式必须随机、有代表性。常用桩基完整性检测方法有钻孔抽芯法、声波透射法、高应变动力检测法、低应变动力检测法等。其中低应变方法方便灵活，检测速度快，适宜用于预制桩、小直径灌注桩的检测。一般情况下低应变方法能可靠地检测到桩顶下第一个浅部缺陷的界面，但由于激振能量小，当桩身存在多个缺陷或桩周土阻力很大或桩长较大时，难以检测到桩底反射波和深部缺陷的反射波信号，影响检测结果准确度。改进方法是加大激振能量，相对地采用高应变检测方法的效果要好，但对大直径桩，特别是嵌岩桩，高、低应变均难以取得较好的检测效果。钻孔抽芯法通过钻取混凝土芯样和桩底持力层岩芯，既可直观地判别桩身混凝土的连续性，持力层岩土特征及沉渣情况，又可通过芯样试压，了解相应混凝土和岩样的强度，是大直径桩的重要检测方法。不足之处是一孔之见，存在片面性，且检测费用大，效率低。声波透射法通过预埋管逐个剖面检测桩身质量，既能可靠地发现桩身缺陷，又能合理地评定缺陷的位置、大小和形态，不足之处是需要预埋管，检测时缺乏随机性，且只能有效检测桩身质量。实际工作中，将声波透射法与钻孔抽芯法有机地结合起来进行大直径桩质量检测是科学、合理，且是切实有效的检测手段。

直径大于800mm的嵌岩桩，其承载力一般设计得较高，桩身质量是控制承载力的主要因素之一，应采用可靠的钻孔抽芯或声波透射法（或两者组合）进行检测。每个柱下承台的桩抽检数不得少于一根的规定，涵括了单柱单桩的嵌岩桩必须100%检测，但直径大于800mm非嵌岩桩检测数量不少于总桩数的10%。小直径桩其抽检数量宜为20%。

**10.2.16** 工程桩竖向承载力检验可根据建筑物的重要程度确定抽检数量及检验方法。对地基基础设计等级为甲级、乙级的工程，宜采用慢速静荷载加载法进行承载力检验。

对预制桩和满足高应变法适用检测范围的灌注桩，当有静载对比试验时，可采用高应变法检验单桩竖向承载力，抽检数量不得少于总桩数的5%，且不得少于5根。

超过试验能力的大直径嵌岩桩的承载力特征值检验，可根据超前钻及钻孔抽芯法检验报告提供的嵌岩深度、桩端持力层岩石的单轴抗压强度、桩底沉渣情况和桩身混凝土质量，必要时结合桩端岩基荷载试验和桩侧摩阻力试验进行核验。

**10.2.18** 对地下连续墙，应提交经确认的成墙记录，主要包括槽底岩性、入岩深度、槽底标高、槽宽、垂直度、清渣、钢筋笼制作和安装质量、混凝土灌注质量记录及预留试块强度检验报告等。由于高低应变检测数学模型与连续墙不符，对地下连续墙的检测，应采用钻孔抽芯或声波透射法。对承重连续墙，检验槽段不宜少于同条件下总槽段数的20%。

**10.2.19** 岩石锚杆现在已普遍使用。本规范2002版规定检验数量不得少于锚杆总数的3%，为了更好地控制岩石锚杆施工质量，提高检验数量，规定检验数量不得少于锚杆总数的5%，但最少抽检数量不变。

## 10.3 监　　测

**10.3.1** 监测剖面及监测点数量应满足监控到填土区的整体稳定性及边界区边坡的滑移稳定性的要求。

**10.3.2** 本条为强制性条文。由于设计、施工不当造成的基坑事故时有发生，人们认识到基坑工程的监测是实现信息化施工、避免事故发生的有效措施，又是完善、发展设计理论、设计方法和提高施工水平的重要手段。

根据基坑开挖深度及周边环境保护要求确定基坑的地基基础设计等级，依据地基基础设计等级对基坑的监测内容、数量、频次、报警标准及抢险措施提出明确要求，实施动态设计和信息化施工。本条列为强制性条文，使基坑开挖过程必须严格进行第三方监测，确保基坑及周边环境的安全。

**10.3.3** 人工挖孔桩降水、基坑开挖降水等都对环境有一定的影响，为了确保周边环境的安全和正常使用，施工降水过程中应对地下水位变化、周边地形、建筑物的变形、沉降、倾斜、裂缝和水平位移等情况进行监测。

**10.3.4** 预应力锚杆施加的预应力实际值因锁定工艺不同和基坑及周边条件变化而发生改变，需要监测。当监测的锚头预应力不足设计锁定值的70%，且边坡位移超过设计警戒值时，应对预应力锚杆重新进行张拉锁定。

**10.3.5** 监测项目选择应根据基坑支护形式、地质条件、工程规模、施工工况与季节及环境保护的要求等因素综合而定。对设计等级为丙级的基坑也提出了监测要求，对每种等级的基坑均增加了地面沉降监测要求。

**10.3.6** 监测值的变化和周边建（构）筑物、管线允许的最大沉降变形是确定监控报警标准的主要因素，其中周边建（构）筑物原有的沉降与基坑开挖造成的附加沉降叠加后，不能超过允许的最大沉降变形值。

爆破对周边环境的影响程度与炸药量、引爆方式、地质条件、离爆破点距离等有关，实际影响程度需对测点的振动速度和频率进行监测确定。

**10.3.7** 挤土桩施工过程中造成的土体隆起等挤土效应，不但影响周边环境，也会造成邻桩的抬起，严重影响成桩质量和单桩承载力，应实施监控。监测结果反映土体隆起和位移、邻桩桩顶标高及桩位偏差超出设计要求时，应提出处理意见。

**10.3.8** 本条为强制性条文。本条所指的建筑物沉降观测包括从施工开始，整个施工期内和使用期间对建筑物进行的沉降观测。并以实测资料作为建筑物地基基础工程质量检查的依据之一，建筑物施工期的观测日期和次数，应根据施工进度确定，建筑物竣工后的第一年内，每隔2月～3月观测一次，以后适当延长至4月～6月，直至达到沉降变形稳定标准为止。

中华人民共和国国家标准

# 动力机器基础设计规范

Code for design of dynamic machine foundation

**GB 50040—96**

主编部门：中华人民共和国机械工业部
批准部门：中华人民共和国建设部
施行日期：1997年1月1日

# 关于发布国家标准
# 《动力机器基础设计规范》的通知

建标［1996］428号

根据国家计委计综（1987）2390号文的要求，由机械工业部会同有关部门共同修订的《动力机器基础设计规范》已经有关部门会审，现批准《动力机器基础设计规范》GB 50040-96为强制性国家标准，自一九九七年一月一日起施行。原国家标准《动力机器基础设计规范》GBJ 40-79同时废止。

本标准由机械工业部负责管理，具体解释等工作由机械工业部设计研究院负责，出版发行由建设部标准定额研究所负责组织。

**中华人民共和国建设部**

一九九六年七月二十二日

# 目　次

# 1 总 则

**1.0.1** 为了在动力机器基础设计中贯彻执行国家的技术经济政策，确保工程质量，合理地选择有关动力参数和基础形式，做到技术先进、经济合理、安全适用，制订本规范。

**1.0.2** 本规范适用于下列各种动力机器的基础设计：

(1) 活塞式压缩机；

(2) 汽轮机组和电机；

(3) 透平压缩机；

(4) 破碎机和磨机；

(5) 冲击机器(锻锤、落锤)；

(6) 热模锻压力机；

(7) 金属切削机床。

本规范不适用于楼层上的动力机器基础设计。

**1.0.3** 动力机器基础设计时，除采用本规范外，尚应符合国家现行有关标准、规范的规定。

# 2 术语、符号

## 2.1 术 语

**2.1.1** 基组 foundation set

动力机器基础和基础上的机器、附属设备、填土的总称。

**2.1.2** 当量荷载 equivalent load

为便于分析而采用的与作用于原振动系统的动荷载相当的静荷载。

**2.1.3** 框架式基础 frame type foundation

由顶层梁板、柱和底板连接而构成的基础。

**2.1.4** 墙式基础 wall type foundation

由顶板、纵横墙和底板连接而构成的基础。

**2.1.5** 地基刚度 stiffness of subsoil

地基抵抗变形的能力，其值为施加于地基上的力(力矩)与它引起的线变位(角变位)之比。

## 2.2 符 号

**2.2.1** 作用和作用响应

$P_z$——机器的竖向扰力；

$P_x$——机器的水平扰力；

$p$——基础底面平均静压力设计值；

$M_\varphi$——机器的回转扰力矩；

$M_\psi$——机器的扭转扰力矩；

$A_z$——基组(包括基础和基础上的机器附属设备和土等)重心处的竖向振动线位移；

$A_x$——基组重心处或基础构件的水平向振动线位移；

$A_\varphi$——基础的回转振动角位移；

$A_\psi$——基础的扭转振动角位移；

$A_{z\varphi}$——基础顶面控制点在水平扰力 $P_x$、扰力矩 $M_\varphi$ 及竖向扰力 $P_z$ 偏心作用下的竖向振动线位移；

$A_{x\varphi}$——基础顶面控制点在水平扰力 $P_x$、扰力矩 $M_\varphi$ 及竖向扰力 $P_z$ 偏心作用下的水平向振动线位移；

$\omega$——机器扰力的圆频率；

$\omega_{nz}$——基组竖向固有圆频率；

$\omega_{nx}$——基组水平向固有圆频率；

$\omega_{n\varphi}$——基组回转固有圆频率；

$\omega_{n\psi}$——基组扭转固有圆频率；

$\omega_{n1}$——基组水平回转耦合振动第一振型固有圆频率；

$\omega_{n2}$——基组水平回转耦合振动第二振型固有圆频率；

$a$——基础振动加速度；

$V$——基础振动速度。

**2.2.2** 计算指标

$C_z$——天然地基抗压刚度系数；

$C_\varphi$——天然地基抗弯刚度系数；

$C_x$——天然地基抗剪刚度系数；

$C_\psi$——天然地基抗扭刚度系数；

$C_{pz}$——桩尖土的当量抗压刚度系数；

$C_{p\tau}$——桩周各层土的当量抗剪刚度系数；

$K_z$——天然地基抗压刚度；

$K_\varphi$——天然地基抗弯刚度；

$K_x$——天然地基抗剪刚度；

$K_\psi$——天然地基抗扭刚度；

$K_{pz}$——桩基抗压刚度；

$K_{p\varphi}$——桩基抗弯刚度；

$K_{px}$——桩基抗剪刚度；

$K_{p\psi}$——桩基抗扭刚度；

$\zeta_z$——天然地基的竖向阻尼比；

$\zeta_{x\varphi1}$——天然地基的水平回转耦合振动第一振型阻尼比；

$\zeta_{x\varphi2}$——天然地基的水平回转耦合振动第二振型阻尼比；

$\zeta_\psi$——天然地基扭转向阻尼比；

$\zeta_{pz}$——桩基的竖向阻尼比；

$\zeta_{px\varphi1}$——桩基的水平回转耦合振动第一振型阻尼比；

$\zeta_{px\varphi2}$——桩基的水平回转耦合振动第二振型阻尼比；

$\zeta_{p\psi}$——桩基的扭转向阻尼比；

$f_k$——地基承载力标准值；

$f$——地基承载力设计值；

$[A]$——基础的允许振动线位移；

$[V]$——基础的允许振动速度；

$[a]$——基础的允许振动加速度；

$m$——基组的质量。

**2.2.3** 几何参数

$A$——基础底面积；

$A_p$——桩的截面积；

$I$——基础底面通过其形心轴的惯性矩；

$J$——基组通过其重心轴的转动惯量；

$I_z$——基础底面通过其形心轴的极惯性矩；

$J_z$——基组通过其重心轴的极转动惯量；

$h_1$——基组重心至基础顶面的距离；

$h_2$——基组重心至基础底面的距离。

**2.2.4** 计算系数及其他

$\alpha_f$——地基承载力动力折减系数；

$\alpha_z$——基础埋深作用对地基抗压刚度的提高系数；

$\alpha_{x\varphi}$——基础埋深作用对地基抗剪、抗弯、抗扭刚度的提高系数；

$\beta_z$——基础埋深作用对竖向阻尼比的提高系数；

$\beta_{x\varphi}$——基础埋深作用对水平回转耦合振动阻尼比的提高系数；

$\delta_b$——基础埋深比。

## 3 基本设计规定

### 3.1 一般规定

**3.1.1** 基础设计时，应取得下列资料：

(1)机器的型号、转速、功率、规格及轮廓尺寸图等；

(2)机器自重及重心位置；

(3)机器底座外廓图、辅助设备、管道位置和坑、沟、孔洞尺寸以及灌浆层厚度、地脚螺栓和预埋件的位置等；

(4)机器的扰力和扰力矩及其方向；

(5)基础的位置及其邻近建筑物的基础图；

(6)建筑场地的地质勘察资料及地基动力试验资料。

**3.1.2** 动力机器基础宜与建筑物的基础、上部结构以及混凝土地面分开。

**3.1.3** 当管道与机器连接而产生较大振动时，管道与建筑物连接处应采用隔振措施。

**3.1.4** 当动力机器基础的振动对邻近的人员、精密设备、仪器仪表、工厂生产及建筑物产生有害影响时，应采用隔振措施。低频机器和冲击机器的振动对厂房结构的影响，宜符合本规范附录A的规定。

**3.1.5** 动力机器基础设计不得产生有害的不均匀沉降。

**3.1.6** 动力机器基础及毗邻建筑物基础置于天然地基上，当能满足施工要求时，两者的埋深可不在同一标高上，但基础建成后，基底标高差异部分的回填土必须夯实。

**3.1.7** 动力机器基础设置在整体性较好的岩石上时，除锻锤、落锤基础以外，可采用锚桩(杆)基础，其基础设计宜符合本规范附录B的规定。

**3.1.8** 动力机器底座边缘至基础边缘的距离不宜小于100 mm。除锻锤基础以外，在机器底座下应预留二次灌浆层，其厚度不宜小于25 mm。二次灌浆层应在设备安装就位并初调后，用微膨胀混凝土填充密实，且与混凝土基础面结合。

**3.1.9** 动力机器基础底脚螺栓的设置应符合下列规定：

(1) 带弯钩底脚螺栓的埋置深度不应小于20倍螺栓直径，带锚板地脚螺栓的埋置深度不应小于15倍螺栓直径；

(2) 底脚螺栓轴线距基础边缘不应小于4倍螺栓直径，预留孔边距基础边缘不应小于100 mm，当不能满足要求时，应采取加强措施；

(3) 预埋底脚螺栓底面下的混凝土净厚度不应小于50 mm，当为预留孔时，则孔底面下的混凝土净厚度不应小于100 mm。

**3.1.10** 动力机器基础宜采用整体式或装配整体式混凝土结构。

**3.1.11** 动力机器基础的混凝土强度等级不宜低于C15，对按构造要求设计的或不直接承受冲击力的大块式或墙式基础，混凝土的强度等级可采用C10。

**3.1.12** 动力机器基础的钢筋宜采用Ⅰ、Ⅱ级钢筋，不宜采用冷轧钢筋。受冲击力较大的部位，宜采用热轧变形钢筋。钢筋连接不宜采用焊接接头。

**3.1.13** 重要的或对沉降有严格要求的机器，应在其基础上设置永久的沉降观测点，并应在设计图纸中注明要求。在基础施工、机器安装及运行过程中应定期观测，作好记录。

**3.1.14** 基组的总重心与基础底面形心宜位于同一竖线上，当不在同一竖线上时，两者之间的偏心距和平行偏心方向基底边长的比值不应超过下列限值：

(1)对汽轮机组和电机基础　　3%；

(2)对金属切削机床基础以外的一般机器基础：

当地基承载力标准值 $f_k \leqslant 150$ kPa 时　　3%；

当地基承载力标准值 $f_k > 150$ kPa 时　　5%。

**3.1.15** 当在软弱地基上建造大型的和重要的机器以及1 t及1 t以上的锻锤基础时，宜采用人工地基。

**3.1.16** 设计动力机器基础的荷载取值应符合下式规定：

(1)当进行静力计算时，荷载应采用设计值；

(2)当进行动力计算时，荷载应采用标准值。

### 3.2 地基和基础的计算规定

**3.2.1** 动力机器基础底面地基平均静压力设计值应符合下式要求：

$$p \leqslant \alpha_f f \tag{3.2.1}$$

式中　$p$——基础底面地基的平均静压力设计值(kPa)；

$\alpha_f$——地基承载力的动力折减系数；

$f$——地基承载力设计值(kPa)。

**3.2.2** 地基承载力的动力折减系数 $\alpha_f$ 可按下列规定采用：

(1)旋转式机器基础可采用0.8。

(2)锻锤基础可按下式计算：

$$\alpha_f = \frac{1}{1+\beta \dfrac{a}{g}} \tag{3.2.2}$$

式中　$a$——基础的振动加速度($m/s^2$)；

$\beta$——地基土的动沉陷影响系数。

(3)其他机器基础可采用1.0。

**3.2.3** 动力机器基础的地基土类别应按表3.2.3采用。

地基土类别　　表3.2.3

| 土的名称 | 地基土承载力标准值 $f_k$(kPa) | 地基土类别 |
|---|---|---|
| 碎石土 | $f_k > 500$ | 一类土 |
| 粘性土 | $f_k > 250$ | |
| 碎石土 | $300 < f_k \leqslant 500$ | 二类土 |
| 粉土、砂土 | $250 < f_k \leqslant 400$ | |
| 粘性土 | $180 < f_k \leqslant 250$ | |
| 碎石土 | $180 < f_k \leqslant 300$ | 三类土 |
| 粉土、砂土 | $160 < f_k \leqslant 250$ | |
| 粘性土 | $130 < f_k \leqslant 180$ | |
| 粉土、砂土 | $120 < f_k \leqslant 160$ | 四类土 |
| 粘性土 | $80 < f_k \leqslant 130$ | |

**3.2.4** 地基土的动沉陷影响系数 $\beta$ 值，可按下列规定采用：

(1)当为天然地基时，可按表3.2.4的规定采用：

地基土动沉陷影响系数 $\beta$ 值　　表3.2.4

| 地基土类别 | $\beta$ |
|---|---|
| 一　类　土 | 1.0 |
| 二　类　土 | 1.3 |
| 三　类　土 | 2.0 |
| 四　类　土 | 3.0 |

(2)对桩基可按桩尖土层的类别选用。

**3.2.5** 基础底面静压力，应按下列荷载计算：

(1)基础自重和基础上回填土重；

(2)机器自重和传至基础上的其他荷载。

**3.2.6** 动力机器基础的最大振动线位移、速度或加速度，应按本规范有关各章对各种型式机器的规定进行计算，其幅值应满足下列公式的要求：

$$A_f \leqslant [A] \tag{3.2.6-1}$$

$$V_f \leqslant [V] \quad (3.2.6\text{-}2)$$

$$a_f \leqslant [a] \quad (3.2.6\text{-}3)$$

式中 $A_f$ ——计算的基础最大振动线位移(m)；

$V_f$ ——计算的基础最大振动速度(m/s)；

$a_f$ ——计算的基础最大振动加速度(m/s²)；

$[A]$ ——基础的允许振动线位移(m)可按本规范的相应各章规定的数据采用；

$[V]$ ——基础的允许振动速度(m/s)可按本规范的相应各章规定的数据采用；

$[a]$ ——基础的允许振动加速度(m/s²)可按本规范规定的数据采用。

## 3.3 地基动力特征参数

### (Ⅰ) 天然地基

**3.3.1** 天然地基的基本动力特性参数可由现场试验确定，试验方法应按现行国家标准《地基动力特性测试规范》的规定采用。当无条件进行试验并有经验时，可按本规范第3.3.2～3.3.11条规定确定。

**3.3.2** 天然地基的抗压刚度系数值，可按下列规定确定：

(1)当基础底面积大于或等于20 m²时，可按表3.3.2采用；

(2)当基础底面积小于20 m²时，抗压刚度系数值可采用表3.3.2中的数值乘以底面积修正系数，修正系数$\beta_r$值可按下式计算：

$$\beta_r = \sqrt[3]{\frac{20}{A}} \quad (3.3.2)$$

式中 $\beta_r$ ——底面积修正系数；

$A$ ——基础底面积(m²)。

**天然地基的抗压刚度系数 $C_Z$ 值(kN/m³)　　表3.3.2**

| 地基承载力的标准值 $f_k$(kPa) | 土的名称 | | |
|---|---|---|---|
| | 粘性土 | 粉　土 | 砂　土 |
| 300 | 66000 | 59000 | 52000 |
| 250 | 55000 | 49000 | 44000 |
| 200 | 45000 | 40000 | 36000 |
| 150 | 35000 | 31000 | 28000 |
| 100 | 25000 | 22000 | 18000 |
| 80 | 18000 | 16000 | |

**3.3.3** 基础底部由不同土层组成的地基土，其影响深度$h_d$可按下列规定取值。

(1)方形基础可按下式计算：

$$h_d = 2d \quad (3.3.3\text{-}1)$$

式中 $h_d$ ——影响深度(m)；

$d$ ——方形基础的边长(m)。

(2)其他形状的基础可按下式计算

$$h_d = 2\sqrt{A} \quad (3.3.3\text{-}2)$$

**3.3.4** 基础影响地基土深度范围内，由不同土层组成的地基土(图3.3.4)，其抗压刚度系数可按下式计算：

$$C_z = \frac{2/3}{\sum_{i=1}^{n} \frac{1}{C_{zi}} \left[ \frac{1}{1+\frac{2h_{i-1}}{h_d}} - \frac{1}{1+\frac{2h_i}{h_d}} \right]} \quad (3.3.4)$$

式中 $C_{zi}$ ——第$i$层土的抗压刚度系数(kN/m³)；

$h_i$ ——从基础底至$i$层土底面的深度(m)；

$h_{i-1}$ ——从基础底至$i-1$层土底面的深度(m)。

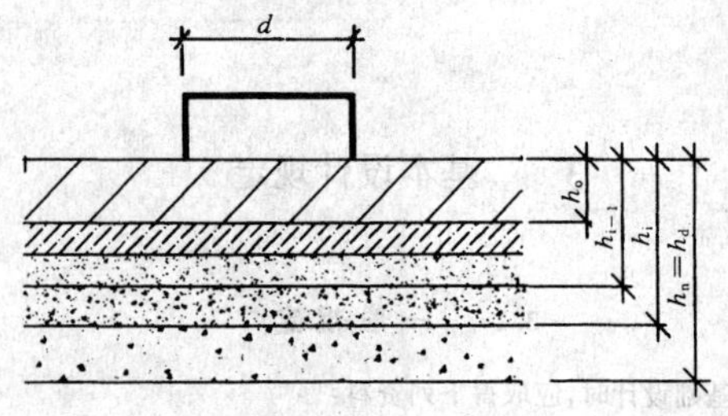


图3.3.4 分层土地基

**3.3.5** 天然地基的抗弯、抗剪、抗扭刚度系数可按下列公式计算：

$$C_\varphi = 2.15 C_z \quad (3.3.5\text{-}1)$$

$$C_x = 0.70 C_z \quad (3.3.5\text{-}2)$$

$$C_\psi = 1.05 C_z \quad (3.3.5\text{-}3)$$

式中 $C_\varphi$ ——天然地基抗弯刚度系数(kN/m³)；

$C_x$ ——天然地基抗剪刚度系数(kN/m³)；

$C_\psi$ ——天然地基抗扭刚度系数(kN/m³)。

**3.3.6** 天然地基的抗压、抗弯、抗剪、抗扭刚度应按下列公式计算：

$$K_z = C_z A \quad (3.3.6\text{-}1)$$

$$K_\varphi = C_\varphi I \quad (3.3.6\text{-}2)$$

$$K_x = C_x A \quad (3.3.6\text{-}3)$$

$$K_\psi = C_\psi I_z \quad (3.3.6\text{-}4)$$

式中 $K_z$ ——天然地基抗压刚度(kN/m)；

$K_\varphi$ ——天然地基抗弯刚度(kN·m)；

$K_x$ ——天然地基抗剪刚度(kN/m)；

$K_\psi$ ——天然地基抗扭刚度(kN·m)；

$I$ ——基础底面通过其形心轴的惯性矩(m⁴)；

$I_z$ ——基础底面通过其形心轴的极惯性矩(m⁴)。

**3.3.7** 当基础采用埋置、地基承载力标准值小于350 kPa，且基础四周回填土与地基土的密度比不小于0.85时，其抗压刚度可乘以提高系数$\alpha_z$，抗弯、抗剪、抗扭刚度可分别乘以提高系数$\alpha_{x\varphi}$。提高系数$\alpha_z$和$\alpha_{x\varphi}$可按下列公式计算：

$$\alpha_z = (1+0.4\delta_b)^2 \quad (3.3.7\text{-}1)$$

$$\alpha_{x\varphi} = (1+1.2\delta_b)^2 \quad (3.3.7\text{-}2)$$

$$\delta_b = \frac{h_t}{\sqrt{A}} \quad (3.3.7\text{-}3)$$

式中 $\alpha_z$ ——基础埋深作用对地基抗压刚度的提高系数；

$\alpha_{x\varphi}$ ——基础埋深作用对地基抗剪、抗弯、抗扭刚度的提高系数；

$\delta_b$ ——基础埋深比，当$\delta_b$大于0.6时，应取0.6；

$h_t$ ——基础埋置深度(m)。

**3.3.8** 基础与刚性地面相连时，地基抗弯、抗剪、抗扭刚度可分别乘以提高系数$\alpha_1$，提高系数可取1.0～1.4，软弱地基土的提高系数可取1.4，其他地基土的提高系数可适当减小。

**3.3.9** 天然地基阻尼比的计算应符合下列规定。

**3.3.9.1** 竖向阻尼比可按下列公式计算。

(1)粘性土：

$$\zeta_z = \frac{0.16}{\sqrt{\overline{m}}} \quad (3.3.9\text{-}1)$$

$$\overline{m} = \frac{m}{\rho A\sqrt{A}} \quad (3.3.9\text{-}2)$$

(2)砂土、粉土：

$$\zeta_z = \frac{0.11}{\sqrt{\overline{m}}} \quad (3.3.9\text{-}3)$$

式中 $\zeta_z$ ——天然地基竖向阻尼比；

$\overline{m}$ ——基组质量比；

$m$ ——基组的质量(t)；

$\rho$ ——地基土的密度($t/m^3$)。

**3.3.9.2** 水平回转向、扭转向阻尼比可按下列公式计算：

$$\zeta_{x\varphi1}=0.5\zeta_z \quad (3.3.9\text{-}4)$$

$$\zeta_{x\varphi2}=\zeta_{x\varphi1} \quad (3.3.9\text{-}5)$$

$$\zeta_{\psi}=\zeta_{x\varphi1} \quad (3.3.9\text{-}6)$$

式中 $\zeta_{x\varphi1}$——天然地基水平回转耦合振动第一振型阻尼比；

$\zeta_{x\varphi2}$——天然地基水平回转耦合振动第二振型阻尼比；

$\zeta_{\psi}$ ——天然地基扭转向阻尼比。

**3.3.10** 埋置基础的天然地基阻尼比，应为明置基础的阻尼比分别乘以基础埋深作用对竖向阻尼比的提高系数 $\beta_z$、地基水平回转向和扭转向阻尼比提高系数 $\beta_{x\varphi}$。阻尼比提高系数可按下列公式计算：

$$\beta_z=1+\delta_b \quad (3.3.10\text{-}1)$$

$$\beta_{x\varphi}=1+2\delta_b \quad (3.3.10\text{-}2)$$

式中 $\beta_z$ ——基础埋深作用对竖向阻尼比的提高系数；

$\beta_{x\varphi}$ —— 基础埋深作用对水平回转向或扭转向阻尼比的提高系数。

**3.3.11** 按本规范第3.3.2～3.3.10条确定的地基动力参数，除冲击机器和热模锻压力机基础外，计算天然地基大块式基础的振动线位移时，应将计算所得的竖向振动线位移值乘以折减系数0.7，水平向振动线位移值乘以折减系数0.85。

### (Ⅱ)桩　基

**3.3.12** 桩基的基本动力参数可由现场试验确定，试验方法应按现行国家标准《地基动力特性测试规范》的规定采用。当无条件进行试验并有经验时，可按本规范第3.3.13～3.3.22条规定确定。

**3.3.13** 预制桩或打入式灌注桩的抗压刚度可按下列公式计算：

$$K_{pz}=n_p k_{pz} \quad (3.3.13\text{-}1)$$

$$k_{pz}=\sum C_{p\tau}A_{p\tau}+C_{pz}A_p \quad (3.3.13\text{-}2)$$

式中 $K_{pz}$——桩基抗压刚度(kN/m)；

$k_{pz}$——单桩的抗压刚度(kN/m)；

$n_p$ ——桩数；

$C_{p\tau}$——桩周各层土的当量抗剪刚度系数($kN/m^3$)；

$A_{p\tau}$——各层土中的桩周表面积($m^2$)；

$C_{pz}$ ——桩尖土的当量抗压刚度系数($kN/m^3$)；

$A_p$ ——桩的截面积($m^2$)。

**3.3.14** 当桩的间距为4～5倍桩截面的直径或边长时，桩周各层土的当量抗剪刚度系数 $C_{p\tau}$ 可按表3.3.14采用。

**桩周土的当量抗剪刚度系数 $C_{p\tau}$ 值($kN/m^3$)　表3.3.14**

| 土的名称 | 土的状态 | 当量抗剪刚度系数 $C_{p\tau}$ |
|---|---|---|
| 淤泥 | 饱和 | 6000～7000 |
| 淤泥质土 | 天然含水量45%～50% | 8000 |
| 粘性土、粉土 | 软塑 | 7000～10000 |
| | 可塑 | 10000～15000 |
| | 硬塑 | 15000～25000 |
| 粉砂、细砂 | 稍密～中密 | 10000～15000 |
| 中砂、粗砂、砾砂 | 稍密～中密 | 20000～25000 |
| 圆砾、卵石 | 稍密 | 15000～20000 |
| | 中密 | 20000～30000 |

**3.3.15** 当桩的间距为4～5倍桩截面的直径或边长时，桩尖土层的当量抗压刚度系数 $C_{pz}$ 值可按表3.3.15采用。

**3.3.16** 预制桩或打入式灌注桩桩基的抗弯刚度可按下式计算：

$$K_{p\varphi}=k_{pz}\sum_{i=1}^{n}r_i^2 \quad (3.3.16)$$

式中 $K_{p\varphi}$——桩基抗弯刚度(kN·m)；

$r_i$ ——第 $i$ 根桩的轴线至基础底面形心回转轴的距离(m)。

**桩尖土的当量抗压刚度系数 $C_{pz}$ 值($kN/m^3$)　表3.3.15**

| 土的名称 | 土的状态 | 桩尖埋置深度(m) | 当量抗压刚度系数 $C_{pz}$ |
|---|---|---|---|
| 粘性土、粉土 | 软塑、可塑 | 10～20 | 500000～800000 |
| | 软塑、可塑 | 20～30 | 800000～1300000 |
| | 硬塑 | 20～30 | 1300000～1600000 |
| 粉砂、细砂 | 中密、密实 | 20～30 | 1000000～1300000 |
| 中砂、粗砂、砾砂、圆砾、卵石 | 中密 | 7～15 | 1000000～1300000 |
| | 密实 | | 1300000～2000000 |
| 页岩 | 中等风化 | | 1500000～2000000 |

**3.3.17** 预制桩或打入式灌注桩桩基的抗剪和抗扭刚度可按下列规定采用：

(1) 抗剪刚度和抗扭刚度可采用相应的天然地基抗剪刚度和抗扭刚度的1.4倍。

(2) 当计入基础埋深和刚性地面作用时，桩基抗剪刚度可按下式计算：

$$K'_{px}=K_x(0.4+\alpha_{x\varphi}\alpha_1) \quad (3.3.17\text{-}1)$$

式中 $K'_{px}$——基础埋深和刚性地面对桩基刚度提高作用后的桩基抗剪刚度(kN/m)。

(3)计入基础埋深和刚性地面作用后的桩基抗扭刚度可按下式计算：

$$K'_{p\psi}=K_{\psi}(0.4+\alpha_{x\varphi}\alpha_1) \quad (3.3.17\text{-}2)$$

式中 $K'_{p\psi}$——基础埋深和刚性地面对桩基刚度提高作用后的桩基抗扭刚度(kN·m)。

(4)当采用端承桩或桩上部土层的地基承载力标准值 $f_k$ 大于或等于200 kPa时，桩基抗剪刚度和抗扭刚度不应大于相应的天然地基抗剪刚度和抗扭刚度。

**3.3.18** 斜桩的抗剪刚度应按下列规定确定：

(1)当桩的斜度大于1：6，其间距为4～5倍桩截面的直径或边长时，斜桩的当量抗剪刚度可采用相应的天然地基抗剪刚度的1.6倍；

(2)当计入基础埋深和刚性地面作用时，斜桩桩基的抗剪刚度可按下式计算：

$$K'_{px}=K_x(0.6+\alpha_{x\varphi}\alpha_1) \quad (3.3.18)$$

**3.3.19** 计算预制桩或打入式灌注桩桩基的固有频率和振动线位移时，其竖向、水平向总质量以及基组的总转动惯量应按下列公式计算：

$$m_{sz}=m+m_0 \quad (3.3.19\text{-}1)$$

$$m_{sx}=m+0.4m_0 \quad (3.3.19\text{-}2)$$

$$m_0=l_t bd\rho \quad (3.3.19\text{-}3)$$

$$J'=J(1+\frac{0.4m_0}{m}) \quad (3.3.19\text{-}4)$$

$$J'_z=J_z(1+\frac{0.4m_0}{m}) \quad (3.3.19\text{-}5)$$

式中 $m_{sz}$——桩基竖向总质量(t)；

$m_{sx}$——桩基水平回转向总质量(t)；

$m_0$ ——竖向振动时，桩和桩间土参加振动的当量质量(t)；

$l_t$ ——桩的折算长度(m)；

$b$ ——基础底面的宽度(m)；

$d$ ——基础底面的长度(m)；

$J'$ ——基组通过其重心轴的总转动惯量(t·$m^2$)；

$J'_z$——基组通过其重心轴的总极转动惯量(t·$m^2$)；

$J$ ——基组通过其重心轴的转动惯量(t·$m^2$)；

$J_z$ ——基组通过其重心轴的极转动惯量(t·$m^2$)。

**3.3.20** 桩的折算长度可按表3.3.20采用。

桩的折算长度 $l_t$ 表 3.3.20

| 桩的入土深度(m) | 桩的折算长度(m) |
| --- | --- |
| 小于或等于 10 | 1.8 |
| 大于或等于 15 | 2.4 |

注：当桩的入土深度为 10～15 m 之间时，可用插入法求 $l_t$。

**3.3.21** 预制桩和打入式灌注桩桩基的阻尼比可按下列规定计算。

**3.3.21.1** 桩基竖向阻尼比可按下列公式计算。

(1) 桩基承台底下为粘性土：

$$\zeta_{pz}=\frac{0.2}{\sqrt{\bar{m}}} \tag{3.3.21-1}$$

(2) 桩基承台底下为砂土、粉土：

$$\zeta_{pz}=\frac{0.14}{\sqrt{\bar{m}}} \tag{3.3.21-2}$$

(3) 端承桩：

$$\zeta_{pz}=\frac{0.10}{\sqrt{\bar{m}}} \tag{3.3.21-3}$$

(4)当桩基承台底与地基土脱空时，其竖向阻尼比可取端承桩的竖向阻尼比。

**3.3.21.2** 桩基水平回转向、扭转向阻尼比可按下列公式计算：

$$\zeta_{px\varphi1}=0.5\zeta_{pz} \tag{3.3.21-4}$$

$$\zeta_{px\varphi2}=\zeta_{px\varphi1} \tag{3.3.21-5}$$

$$\zeta_{p\psi}=\zeta_{px\varphi1} \tag{3.3.21-6}$$

式中 $\zeta_{pz}$ ——桩基竖向阻尼比；

$\zeta_{px\varphi1}$——桩基水平回转耦合振动第一振型阻尼比；

$\zeta_{px\varphi2}$——桩基水平回转耦合振动第二振型阻尼比；

$\zeta_{p\psi}$ ——桩基扭转向阻尼比。

**3.3.22** 计算桩基阻尼比时，可计入桩基承台埋深对阻尼比的提高作用，提高后的桩基竖向、水平回转向以及扭转向阻尼比可按下列规定计算。

(1)摩擦桩：

$$\zeta'_{pz}=\zeta_{pz}(1+0.8\delta) \tag{3.3.22-1}$$

$$\zeta'_{px\varphi1}=\zeta_{px\varphi1}(1+1.6\delta) \tag{3.3.22-2}$$

$$\zeta'_{px\varphi2}=\zeta'_{px\varphi1} \tag{3.3.22-3}$$

$$\zeta'_{p\psi}=\zeta'_{px\varphi1} \tag{3.3.22-4}$$

(2)支承桩：

$$\zeta'_{pz}=\zeta_{pz}(1+\delta) \tag{3.3.22-5}$$

$$\zeta'_{px\varphi1}=\zeta_{px\varphi1}(1+1.4\delta) \tag{3.3.22-6}$$

$$\zeta'_{px\varphi2}=\zeta'_{px\varphi1} \tag{3.3.22-7}$$

$$\zeta'_{p\psi}=\zeta'_{px\varphi1} \tag{3.3.22-8}$$

式中 $\zeta'_{pz}$——桩基承台埋深对阻尼比的提高作用后的桩基竖向阻尼比；

$\zeta'_{px\varphi1}$ ——桩基承台埋深对阻尼比的提高作用后的桩基水平回转耦合振动第一振型阻尼比；

$\zeta'_{px\varphi2}$ ——桩基承台埋深对阻尼比的提高作用后的桩基水平回转耦合振动第二振型阻尼比；

$\zeta'_{p\psi}$ ——桩基承台埋深对阻尼比的提高作用后的桩基扭转向阻尼比。

# 4 活塞式压缩机基础

## 4.1 一般规定

**4.1.1** 活塞式压缩机基础设计时，除应取得本规范第 3.1.1 条规定的有关资料外，尚应由机器制造厂提供下列资料：

(1)由机器的曲柄连杆机构运动所产生的第一谐、二谐机器竖向扰力 $P'_z$、$P''_z$ 和水平扰力 $P'_x$、$P''_x$，第一谐、二谐回转扰力矩 $M'_\theta$、$M''_\theta$ 和扭转扰力矩 $M'_\psi$、$M''_\psi$；

(2)扰力作用点位置；

(3)压缩机曲轴中心线至基础顶面的距离。

**4.1.2** 基础应采用混凝土结构，其形式可为大块式。当机器设置在厂房的二层标高处时，宜采用墙式基础。

## 4.2 构造要求

**4.2.1** 由底板、纵横墙和顶板组成的墙式基础，构件之间的构造连接应保证其整体刚度，各构件的尺寸应符合下列规定：

**4.2.1.1** 基础顶板的厚度应按计算确定，但不宜小于 150 mm；

**4.2.1.2** 顶板悬臂的长度不宜大于 2000 mm；

**4.2.1.3** 机身部分墙的厚度不宜小于 500 mm；

**4.2.1.4** 汽缸部分墙的厚度不宜小于 400 mm；

**4.2.1.5** 底板厚度不宜小于 600 mm；

**4.2.1.6** 底板的悬臂长度可按下列规定采用：

(1)素混凝土底板不宜大于底板厚度；

(2)钢筋混凝土底板，在竖向振动时，不宜大于 2.5 倍板厚，水平振动时，不宜大于 3 倍板厚。

**4.2.2** 基础的配筋应符合下列规定：

**4.2.2.1** 体积为 20～40 m$^3$ 的大块式基础，应在基础顶面配置直径 10 mm，间距 200 mm 的钢筋网；

**4.2.2.2** 体积大于 40 m$^3$ 的大块式基础，应沿四周和顶、底面配置直径 10～14 mm，间距 200～300 mm 的钢筋网；

**4.2.2.3** 墙式基础沿墙面应配置钢筋网，竖向钢筋直径宜为 12～16 mm，水平向钢筋直径宜采用 14～16 mm，钢筋网格间距 200～300 mm。上部梁板的配筋，应按强度计算确定。墙与底板、上部梁板连接处，应适当增加构造配筋；

**4.2.2.4** 基础底板悬臂部分的钢筋配置，应按强度计算确定，并应上下配筋；

**4.2.2.5** 当基础上的开孔或切口尺寸大于 600 mm 时，应沿孔或切口周围配置直径不小于 12 mm，间距不大于 200 mm 的钢筋。

## 4.3 动力计算

**4.3.1** 进行基础的动力计算时，应确定基础上的扰力和扰力矩的方向和位置(图 4.3.1)。

**4.3.2** 基础的振动应同时控制顶面的最大振动线位移和最大振动速度。基础顶面控制点的最大振动线位移不应大于 0.20 mm，最大振动速度不应大于 6.30 mm/s。

对于排气压力大于 100 MPa 的超高压压缩机基础的允许振动值，应按专门规定确定。

**4.3.3** 基组在通过其重心的竖向扰力作用下，其竖向振动线位移和固有圆频率，可按下列公式计算：

$$A_z=\frac{P_z}{K_z}\cdot\frac{1}{\sqrt{\left(1-\frac{\omega^2}{\omega_{nz}^2}\right)^2+4\zeta_z^2\frac{\omega^2}{\omega_{nz}^2}}} \tag{4.3.3-1}$$

$$\omega_{nz}=\sqrt{\frac{K_z}{m}} \tag{4.3.3-2}$$

$$m=m_f+m_m+m_s \tag{4.3.3-3}$$

式中 $A_z$——基组重心处的竖向振动线位移(m)；

$P_z$——机器的竖向扰力(kN)；

$\omega_{nz}$——基组的竖向固有圆频率(rad/s)；

$m_f$——基础的质量(t)；

$m_m$——基础上压缩机及附属设备的质量(t)；

$m_s$——基础上回填土的质量(t)；

ω ——机器的扰力圆频率(rad/s)。

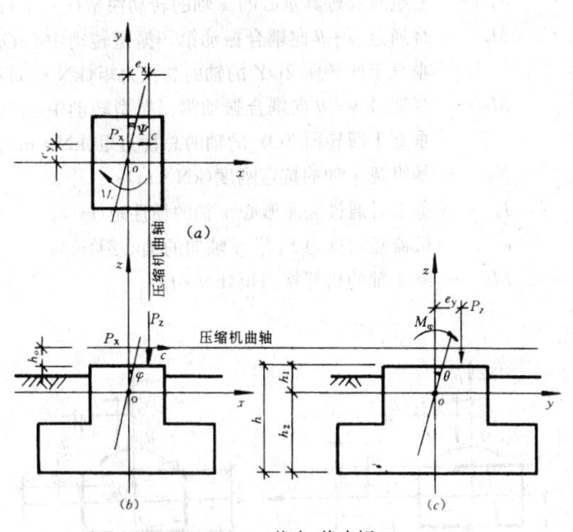


图 4.3.1 扰力、扰力矩

(a)平面图;(b)正立面图;(c)侧立面图

注:o 点为基组重心,即座标原点,c 点为扰力作用点

**4.3.4** 基组在扭转扰力矩 $M_\psi$ 和水平扰力 $P_x$ 沿 y 轴向偏心作用下(图 4.3.4),其水平扭转线位移,可按下列公式计算:

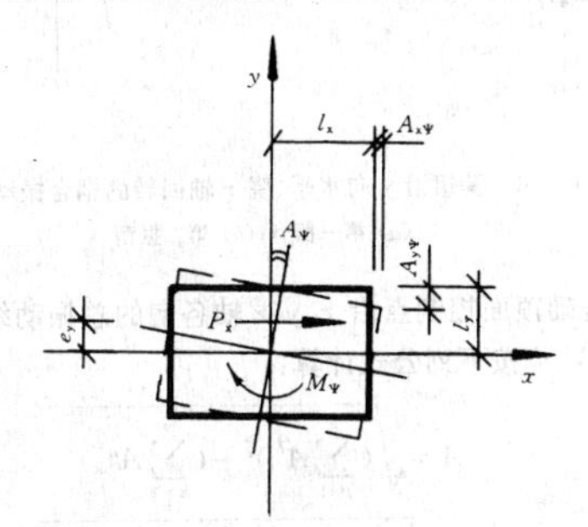

图 4.3.4 基组扭转振动

$$A_{x\psi}=\frac{(M_\psi+P_x e_y)l_y}{K_\psi\sqrt{(1-\frac{\omega^2}{\omega_{n\psi}^2})^2+4\zeta_\psi^2\frac{\omega^2}{\omega_{n\psi}^2}}} \tag{4.3.4-1}$$

$$A_{y\psi}=\frac{(M_\psi+P_x e_y)l_x}{K_\psi\sqrt{(1-\frac{\omega^2}{\omega_{n\psi}^2})^2+4\zeta_\psi^2\frac{\omega^2}{\omega_{n\psi}^2}}} \tag{4.3.4-2}$$

$$\omega_{n\psi}=\sqrt{\frac{K_\psi}{J_z}} \tag{4.3.4-3}$$

式中 $A_{x\psi}$——基础顶面控制点由于扭转振动产生沿x轴向的水平振动线位移(m);

$A_{y\psi}$——基础顶面控制点由于扭转振动产生沿 y 轴向的水平振动线位移(m);

$M_\psi$——机器的扭转扰力矩(kN·m);

$P_x$——机器的水平扰力(kN);

$e_y$——机器水平扰力沿 y 轴向的偏心距(m);

$l_y$—— 基础顶面控制点至扭转轴在 y 轴向的水平距离(m);

$l_x$—— 基础顶面控制点至扭转轴在 x 轴向的水平距离(m);

$J_z$——基组对通过其重心轴的极转动惯量(t·m²);

$\omega_{n\psi}$——基组的扭转振动固有圆频率(rad/s)。

**4.3.5** 基组在水平扰力 $P_x$和竖向扰力 $P_z$沿 x 向偏心矩作用下,产生 x 向水平、绕 y 轴回转的耦合振动(图 4.3.5),其基础顶面控制点的竖向和水平向振动线位移可按下列公式计算:

$$A_{z\varphi\mathrm{p}}=(A_{\varphi1}+A_{\varphi2})l_x \tag{4.3.5-1}$$

$$A_{x\varphi\mathrm{p}}=A_{\varphi1}(\rho_{\varphi1}+h_1)+A_{\varphi2}(h_1-\rho_{\varphi2}) \tag{4.3.5-2}$$

$$A_{\varphi1\mathrm{p}}=\frac{M_{\varphi1}}{(J_y+m\rho_{\varphi1}^2)\omega_{n\varphi1}^2}\cdot\frac{1}{\sqrt{(1-\frac{\omega^2}{\omega_{n\varphi1}^2})^2+4\zeta_{x\varphi1}^2\frac{\omega^2}{\omega_{n\varphi1}^2}}} \tag{4.3.5-3}$$

$$A_{\varphi2\mathrm{p}}=\frac{M_{\varphi2}}{(J_y+m\rho_{\varphi2}^2)\omega_{n\varphi2}^2}\cdot\frac{1}{\sqrt{(1-\frac{\omega^2}{\omega_{n\varphi2}^2})^2+4\zeta_{x\varphi2}^2\frac{\omega^2}{\omega_{n\varphi2}^2}}} \tag{4.3.5-4}$$

$$\omega_{n\varphi1}^2=\frac{1}{2}\left[(\omega_{nx}^2+\omega_{n\varphi}^2)-\sqrt{(\omega_{nx}^2-\omega_{n\varphi}^2)^2+\frac{4mh_2^2}{J_y}\omega_{nx}^4}\right] \tag{4.3.5-5}$$

$$\omega_{n\varphi2}^2=\frac{1}{2}\left[(\omega_{nx}^2+\omega_{n\varphi}^2)+\sqrt{(\omega_{nx}^2-\omega_{n\varphi}^2)^2+\frac{4mh_2^2}{J_y}\omega_{nx}^4}\right] \tag{4.3.5-6}$$

$$\omega_{nx}^2=\frac{K_x}{m} \tag{4.3.5-7}$$

$$\omega_{n\varphi}^2=\frac{K_\varphi+K_x h_2{}^2}{J_y} \tag{4.3.5-8}$$

$$M_{\varphi1}=P_x(h_1+h_0+\rho_{\varphi1})+P_z e_x \tag{4.3.5-9}$$

$$M_{\varphi2}=P_x(h_1+h_0-\rho_{\varphi2})+P_z e_x \tag{4.3.5-10}$$

$$\rho_{\varphi1}=\frac{\omega_{nx}^2 h_2}{\omega_{nx}^2-\omega_{n\varphi1}^2} \tag{4.3.5-11}$$

$$\rho_{\varphi2}=\frac{\omega_{nx}^2 h_2}{\omega_{n\varphi2}^2-\omega_{nx}^2} \tag{4.3.5-12}$$

$$K_\varphi=C_\varphi I_y \tag{4.3.5-13}$$

式中 $A_{z\varphi\mathrm{p}}$——基础顶面控制点,由于x向水平绕y轴回转耦合振动产生的竖向振动线位移(m);

$A_{x\varphi\mathrm{p}}$——基础顶面控制点,由于 x 向水平绕 y 轴回转耦合振动产生的 x 向水平振动线位移(m);

$A_{\varphi1\mathrm{p}}$—— 基组 x−φ 向耦合振动第一振型的回转角位移(rad);

$A_{\varphi2\mathrm{p}}$—— 基组 x−φ 向耦合振动第二振型的回转角位移(rad);

$\rho_{\varphi1}$——基组 x−φ 向耦合振动第一振型转动中心至基组重心的距离(m);

$\rho_{\varphi2}$——基组 x−φ 向耦合振动第二振型转动中心至基组重心的距离(m);

$M_{\varphi1}$——绕通过 x−φ 向耦合振动第一振型转动中心 $O_{\varphi1}$并垂直于回转面 ZOX 的轴的总扰力矩(kN·m);

$M_{\varphi2}$——绕通过 x−φ 向耦合振动第二振型转动中心 $O_{\varphi2}$并垂直于回转面 ZOX 的轴的总扰力矩(kN·m);

$\omega_{n\varphi1}$——基组 x−φ 向耦合振动第一振型的固有圆频率(rad/s);

$\omega_{n\varphi2}$——基组 x−φ 向耦合振动第二振型的固有圆频率(rad/s);

$\omega_{nx}$——基组 x 向水平固有圆频率(rad/s);

$\omega_{n\varphi}$——基组绕 y 轴回转固有圆频率(rad/s);

$h_2$——基组重心至基础底面的距离(m);

$K_\varphi$——基组绕 y 轴的抗弯刚度(kN·m);

$J_y$——基组对通过其重心的 y 轴的转动惯量(t·m²);

$I_y$——基组对通过基础底面形心 y 轴的惯性矩(m⁴);

$e_x$——机器竖向扰力 $P_z$沿 x 轴向的偏心距(m);

$h_1$——基组重心至基础顶面的距离(m);

$h_0$——水平扰力作用线至基础顶面的距离(m);

$\zeta_{x\varphi1}$——基组 x−φ 向耦合振动第一振型阻尼比;

$\zeta_{x\varphi2}$——基组 x−φ 向耦合振动第二振型阻尼比。

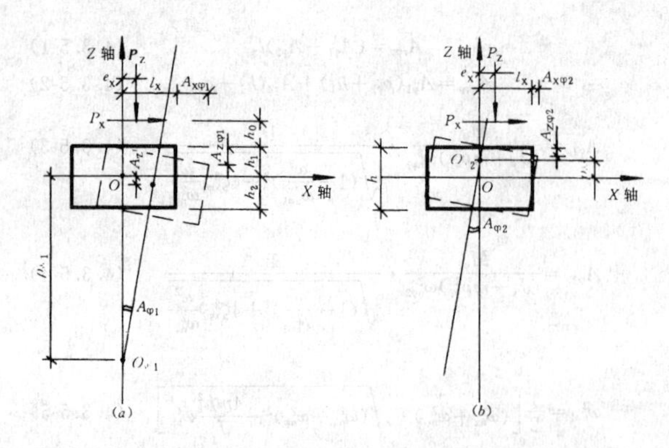


图 4.3.5 基组沿 $x$ 向水平、绕 $y$ 轴回转的耦合振动的振型

(a)第一振型；(b)第二振型

**4.3.6** 基组在回转力矩 $M_\theta$ 和竖向扰力 $P_z$ 沿 $y$ 向偏心矩作用下，产生 $y$ 向水平、绕 $x$ 轴回转的耦合振动(图 4.3.6)，其竖向和水平向振动线位移可按下列公式计算：

$$A_{z\theta}=(A_{\theta1}+A_{\theta2})l_y \tag{4.3.6-1}$$

$$A_{y\theta}=A_{\theta1}(\rho_{\theta1}+h_1)+A_{\theta2}(h_1-\rho_{\theta2}) \tag{4.3.6-2}$$

$$A_{\theta1}=\frac{M_{\theta1}}{(J_x+m\rho_{\theta1}^2)\omega_{n\theta1}^2}\cdot\frac{1}{\sqrt{(1-\frac{\omega^2}{\omega_{n\theta1}^2})^2+4\zeta_{y\theta1}^2\frac{\omega^2}{\omega_{n\theta1}^2}}} \tag{4.3.6-3}$$

$$A_{\theta2}=\frac{M_{\theta2}}{(J_x+m\rho_{\theta2}^2)\omega_{n\theta2}^2}\cdot\frac{1}{\sqrt{(1+\frac{\omega^2}{\omega_{n\theta2}^2})^2+4\zeta_{y\theta2}^2\frac{\omega^2}{\omega_{n\theta2}^2}}} \tag{4.3.6-4}$$

$$\omega_{n\theta1}^2=\frac{1}{2}\left[(\omega_{ny}^2+\omega_{n\theta}^2)-\sqrt{(\omega_{ny}^2-\omega_{n\theta}^2)^2+\frac{4mh_2^2}{J_x}\omega_{ny}^4}\right] \tag{4.3.6-5}$$

$$\omega_{n\theta2}^2=\frac{1}{2}\left[(\omega_{ny}^2+\omega_{n\theta}^2)+\sqrt{(\omega_{ny}^2-\omega_{n\theta}^2)^2+\frac{4mh_2^2}{J_x}\omega_{ny}^4}\right] \tag{4.3.6-6}$$

$$\omega_{ny}^2=\omega_{nx}^2 \tag{4.3.6-7}$$

$$\omega_{n\theta}^2=\frac{K_\theta+K_x{h_2}^2}{J_x} \tag{4.3.6-8}$$

$$M_{\theta1}=M_\theta+P_ze_y \tag{4.3.6-9}$$

$$M_{\theta2}=M_\theta+P_ze_y \tag{4.3.6-10}$$

$$\rho_{\theta1}=\frac{\omega_{ny}^2h_2}{\omega_{ny}^2-\omega_{n\theta1}^2} \tag{4.3.6-11}$$

$$\rho_{\theta2}=\frac{\omega_{ny}^2h_2}{\omega_{n\theta2}^2-\omega_{ny}^2} \tag{4.3.6-12}$$

$$K_\theta=C_\varphi I_x \tag{4.3.6-13}$$

式中 $A_{z\theta}$ —— 基础顶面控制点，由于$y$向水平绕$x$轴回转耦合振动产生的竖向振动线位移(m)；

$A_{y\theta}$ —— 基础顶面控制点，由于 $y$ 向水平绕 $x$ 轴回转耦合振动产生的 $y$ 向水平振动线位移(m)；

$A_{\theta1}$ —— 基组 $y-\theta$ 向耦合振动第一振型的回转角位移(rad)；

$A_{\theta2}$ —— 基组 $y-\theta$ 向耦合振动第二振型的回转角位移(rad)；

$\rho_{\theta1}$ ——基组$y-\theta$向耦合振动第一振型转动中心至基组重心的距离 (m)；

$\rho_{\theta2}$ ——基组$y-\theta$向耦合振动第二振型转动中心至基组重心的距离 (m)；

$\omega_{n\theta1}$ —— 基组 $y-\theta$ 向耦合振动第一振型的固有圆频率(rad/s)；

$\omega_{n\theta2}$ —— 基组 $y-\theta$ 向耦合振动第二振型的固有圆频率(rad/s)；

$\omega_{ny}$ ——基组 $y$ 向水平固有圆频率(rad/s)；

$\omega_{n\theta}$ —— 基组绕 $x$ 轴回转固有圆频率(rad/s)；

$J_x$ —— 基组对通过其重心的 $x$ 轴的转动惯量($t\cdot m^2$)；

$M_{\theta1}$ —— 绕通过 $y-\theta$ 向耦合振动第一振型转动中心 $O_{\theta1}$ 并垂直于回转面 $ZOY$ 的轴的总扰力矩(kN·m)；

$M_{\theta2}$ —— 绕通过 $y-\theta$ 向耦合振动第二振型转动中心 $O_{\theta2}$ 并垂直于回转面 $ZOY$ 的轴的总扰力矩(kN·m)；

$K_\theta$ —— 基组绕 $x$ 轴的抗弯刚度(kN·m)；

$I_x$ —— 基组对通过底面形心 $x$ 轴的惯性矩($m^4$)；

$e_y$ —— 机器竖向扰力 $P_z$ 沿 $y$ 轴向的偏心距(m)；

$M_\theta$ —— 绕 $x$ 轴的机器扰力矩(kN·m)。

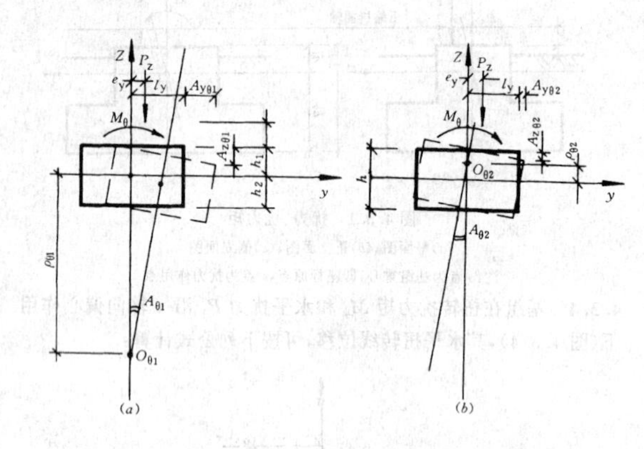


图 4.3.6 基组沿 $y$ 向水平、绕 $x$ 轴回转的耦合振动的振型

(a) 第一振型；(b) 第二振型

**4.3.7** 基础顶面控制点沿 $x$、$y$、$z$ 轴各向的总振动线位移 $A$ 和总振动速度 $V$ 可按下列公式计算：

$$A=\sqrt{(\sum_{j=1}^{n}A'_j)^2+(\sum_{k=1}^{m}A''_k)^2} \tag{4.3.7-1}$$

$$V=\sqrt{(\sum_{j=1}^{n}\omega'A'_j)^2+(\sum_{k=1}^{m}\omega''A''_k)^2} \tag{4.3.7-2}$$

$$\omega'=0.105n \tag{4.3.7-3}$$

$$\omega''=0.210n \tag{4.3.7-4}$$

式中 $A'_j$ —— 在机器第j个一谐扰力或扰力矩作用下，基础顶面控制点的振动线位移(m)；

$A''_k$ —— 在机器第 $k$ 个二谐扰力或扰力矩作用下，基础顶面控制点的振动线位移(m)；

$A$ —— 基础顶面控制点的总振动线位移(m)；

$V$ —— 基础顶面控制点的总振动速度(m/s)；

$\omega'$ —— 机器的一谐扰力和扰力矩圆频率(rad/s)；

$\omega''$ —— 机器的二谐扰力和扰力矩圆频率(rad/s)；

$n$ —— 机器工作转速(r/min)。

## 4.4 联合基础

**4.4.1** 当二台或三台同类型压缩机基础置于同一底板上，构成联合基础(图 4.4.1 所示)且符合下列条件时，可将联合基础作为刚性基础进行动力计算：

**4.4.1.1** 联合基础的底板厚度应满足表 4.4.1 中所列的刚度界限。

**4.4.1.2** 联合基础的固有圆频率应符合下列规定：

竖向型： $\omega\leqslant1.3\ \omega^\circ_{nz}$ (4.4.1-1)

水平串连型、水平并联型： $\omega\leqslant1.3\ \omega^\circ_{n1s}$ (4.4.1-2)

式中 $\omega^\circ_{nz}$ ——联合基础划分为单台基础的竖向固有圆频率(rad/s)；

$\omega_{n1s}$ ——联合基础划分为单台基础的水平回转耦合振动第一振型的固有圆频率(rad/s)。

联合基础的底板在不同地基刚度系数时
各种联合型式的刚度界限 $h_d/L_1$ 值　　表 4.4.1

| 联合基础的联合型式 | 地基抗压刚度系数 $C_Z$ (kN/m³) | | | | | | | |
|---|---|---|---|---|---|---|---|---|
| | 18000 | 20000 | 30000 | 40000 | 50000 | 60000 | 70000 | 80000 |
| 竖向型 | 0.236 | 0.242 | 0.268 | 0.288 | 0.303 | 0.311 | 0.323 | 0.330 |
| 水平串联型 | 0.198 | 0.201 | 0.222 | 0.238 | 0.251 | 0.262 | 0.270 | 0.278 |
| 水平并联型 | 0.175 | 0.177 | 0.186 | 0.192 | 0.196 | 0.198 | 0.199 | 0.200 |

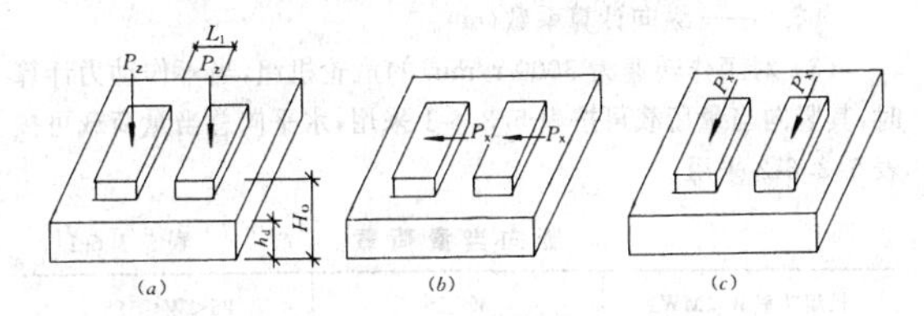

图 4.4.1　联合基础的联合型式
(a)竖向型；(b)水平串联型；(c)水平并联型

**4.4.1.3**　联合基础的底板厚度不应小于 600 mm，且底板厚度与总高度之比应符合下式要求：

$$\frac{h_d}{H_0} \geqslant 0.15 \tag{4.4.1-3}$$

式中　$h_d$ ——联合基础的底板厚度(m)；

$H_0$——联合基础的总高度(m)。

**4.4.2**　当联合基础作为刚性基础进行动力计算时，宜符合本规范第 4.3 节的规定并应对基础各台机器的一、二谐扰力和扰力矩作用下分别计算各向的振动线位移。联合基础顶面控制点的总振动线位移应取各台机器扰力和扰力矩作用下的振动线位移平方之和的开方。

### 4.5　简化计算

**4.5.1**　除立式压缩机以外的功率小于 80 kW 各类压缩机基础和功率小于 500 kW 的对称平衡型压缩机基础，当其质量大于压缩机质量的 5 倍，基础底面的平均静压力设计值小于地基承载力设计值的 1/2 时，可不作动力计算。

**4.5.2**　对于操作层设在厂房底层的大块式基础，在水平扰力作用下，可采用下列简化计算公式验算基础顶面的水平振动线位移：

$$A_{x\varphi o} = 1.2\left(\frac{P_x}{K_x} + \frac{P_x H_h}{K_\varphi} h\right) \frac{\omega_{n1s}^2}{\omega_{n1s}^2 - \omega^2} \tag{4.5.2-1}$$

$$H_h = h_0 + h_1 + h_2$$

$$\omega_{n1s} = \lambda \omega_{nx} \tag{4.5.2-2}$$

式中　$A_{x\varphi o}$——在水平扰力作用下，基础顶面的水平向振动线位移(m)；

$H_h$ ——水平扰力作用线至基础底面的距离(m)；

$\lambda$——频率比。

**4.5.3**　频率比 $\lambda$ 可按表 4.5.3 采用。

频率比 $\lambda$　　表 4.5.3

| $L/h$ | 1.5 | 2.0 | 3.0 |
|---|---|---|---|
| $\lambda$ | 0.7 | 0.8 | 0.9 |

注：$L$ 为基础在水平扰力作用方向的底板边长。

# 5　汽轮机组和电机基础

## 5.1　一般规定

**5.1.1**　本章适用于工作转速 3000 r/min 及以下的汽轮机组(汽轮发电机、汽轮鼓风机)和电机(调相机等)基础设计。

**5.1.2**　汽轮机组和电机基础设计时，除应取得本规范第 3.1.1 条规定的有关资料外，尚应由机器制造厂提供下列资料：

(1) 机器自重的分布、转子自重；

(2) 机器旋转时产生的扰力分布、额定转矩；

(3) 冷却器、油箱等辅助设备及管道荷载；

(4) 短路力矩、凝汽器真空吸力、汽缸温度膨胀力和安装荷载等；

(5) 机器轴系的临界转速；

(6) 热力管道位置及其隔热层外表面的温度值。

**5.1.3**　汽轮机和电机基础，宜采用钢筋混凝土框架结构或预应力混凝土结构。

**5.1.4**　当电机基础采用墙式或大块式基础时，其动力计算和构造可按本规范第 4 章的规定采用。

**5.1.5**　框架式基础的顶部四周应留有变形缝与其他结构隔开，中间平台宜与基础主体结构脱开，当不能脱开时，在两者连接处宜采取隔振措施。

**5.1.6**　汽轮机组的框架式基础宜按多自由度空间力学模型进行多方案分析，合理地确定框架的型式和尺寸。结构选型可按下列原则确定：

(1) 顶板应有足够的质量和刚度。顶板各横梁的静挠度宜接近，顶板的外形和受力应简单，并宜避免偏心荷载；

(2) 在满足强度和稳定性要求的前提下宜适当减小柱的刚度，但其长细比不宜大于 14；

(3) 底板应有一定的刚度，并应结合地基的刚度综合分析确定。

**5.1.7**　框架式基础的底板、可采用井式、梁板式或平板式。

平板式基础底板的厚度或井式、梁板式基础的梁高，可根据地基条件取基础底板长度的 $\frac{1}{15} \sim \frac{1}{20}$，并不应小于柱截面的边长。

**5.1.8**　当基础建造在岩石地基上并符合本规范附录 B 中的规定时，可采用锚桩(杆)基础。

**5.1.9**　对中、高压缩性地基土，应加强地基和基础的刚度及采取其他减少基础不均匀沉降的措施。

**5.1.10**　基础顶板的挑台应做成实腹式，其悬出长度不宜大于 1.5 m，悬臂支座处的截面高度，不应小于悬出长度的 0.75 倍。

## 5.2　框架式基础的动力计算
(机器工作转速 1000～3000r/min)

**5.2.1**　框架式基础的动力计算，应按振动线位移控制。计算振动线位移时，可按本规范附录 C 采用空间多自由度体系的计算方法。一般情况下，只需计算扰力作用点的竖向振动线位移。

**5.2.2**　计算振动线位移时，应采用机器制造厂提供的扰力值，当缺乏扰力资料时，基础的允许振动线位移可按表 5.2.2 采用。

扰力及允许振动线位移　　表 5.2.2

| 机器工作转速(r/min) | | 3000 | 1500 |
|---|---|---|---|
| 计算振动位移时，第 i 点的扰力 $P_{gi}$(kN) | 竖向、横向 | $0.20\,W_{gi}$ | $0.16\,W_{gi}$ |
| | 纵　　向 | $0.10\,W_{gi}$ | $0.08\,W_{gi}$ |
| 允许振动线位移(mm) | | 0.02 | 0.04 |

注：① 表中数值为机器正常运转时的扰力和振动线位移。
② $W_{gi}$ 为作用在基础第 i 点的机器转子重力(kN)，一般为集中到梁中或柱顶的转子重力。

**5.2.3**　计算振动线位移时，宜取在工作转速 ±25% 范围内的最大振动线位移作为工作转速时的计算振动线位移。

**5.2.4**　对小于 75% 工作转速范围内的计算振动线位移，应小于 1.5 倍的允许振动线位移。

**5.2.5**　计算振动线位移时，任意转速的扰力，可按下式计算：

$$P_{oi} = P_{gi}\left(\frac{n_o}{n}\right)^2 \tag{5.2.5}$$

式中　$P_{oi}$——任意转速的扰力(kN)；

$n_o$ ——任意转速(r/min)。

**5.2.6** 当框架式基础按空间多自由度体系进行振动计算时，对机组工作转速等于 3000 r/min 的基础，地基可按刚性考虑，对机器工作转速小于 3000 r/min 的基础，则地基宜按弹性考虑。

**5.2.7** 当有 $m$ 个扰力作用时，质点 i 的振动线位移，可按下式计算：

$$A_i=\sqrt{\sum_{k=1}^{m}(A_{ik})^2} \tag{5.2.7}$$

式中 $A_i$ ——质点 $i$ 的振动线位移(m)；

$A_{ik}$ ——第 $k$ 个扰力对质点 $i$ 产生的振动线位移(m)。

**5.2.8** 当基础为横向框架与纵梁构成的空间框架时，可简化为横向平面框架，按本规范附录 C 采用双自由度体系的计算方法。

**5.2.9** 对工作转速为 3000 r/min，功率为 12.5 MW 及以下的汽轮发电机，当基础为由横向框架与纵梁构成的空间框架，同时满足下列条件时，可不进行动力计算：

(1) 中间框架、纵梁：$W_i \geqslant 6\ W_{gi}$；

(2) 边框架：　　$W_i \geqslant 10\ W_{gi}$。

注：$W_i$ 为集中到梁中或柱顶的总重力(kN)。

## 5.3 框架式基础的承载力计算

（机器工作转速 1000～3000 r/min）

**5.3.1** 基础的承载力计算，荷载分项系数的取值应符合表 5.3.1 的规定。

荷载分项系数　　表 5.3.1

| 荷载种类 | 荷载名称 | 分项系数 |
|---|---|---|
| 永久荷载 | 基础自重、机器自重、安装在基础上的其他设备自重、基础上的填土重、汽缸膨胀力、凝汽器真空吸力、温差产生的作用力 | 1.2 |
| 可变荷载 | 动力荷载(或当量荷载)、顶板活荷载 | 1.4 |
| 偶然荷载 | 短路力矩 | 1.0 |
| 地震荷载 | 地震作用 | 1.3 |

**5.3.2** 计算基础构件动内力时，可按空间多自由度体系直接计算动内力。

**5.3.3** 计算动内力时的扰力值，可取计算振动线位移时所取扰力的 4 倍，并应考虑材料疲劳的影响，对钢筋混凝土构件的疲劳影响系数可取 2.0。

**5.3.4** 当基础为横向框架与纵梁构成的空间框架时，可采用当量荷载进行构件动内力简化计算。

竖向当量荷载可按集中荷载考虑，水平向当量荷载可按作用在纵、横梁轴线上的集中荷载考虑。

**5.3.5** 按当量荷载计算动内力时，应分别按基础的基本振型和高振型进行，并取其较大值作为控制值。

**5.3.6** 按基础的基本振型计算动内力时，其当量荷载可按下列规定计算。

(1) 横向框架上第 $i$ 点的竖向当量荷载可按下式计算，并不应小于 4 倍转子重：

$$N_{zi}=8\,P_{gi}\left(\frac{\omega_{n1}}{\omega}\right)^2\eta_{max} \tag{5.3.6-1}$$

(2) 水平向的总当量荷载可按下列公式计算，并不应小于转子总重，总当量荷载应按刚度分配给各框架：

$$N_x=\xi_x\frac{\sum W_{gi}}{W_t}\sum K_{fxj} \tag{5.3.6-2}$$

$$N_y=\xi_y\frac{\sum W_{gi}}{W_t}\sum K_{fyj} \tag{5.3.6-3}$$

式中 $N_{zi}$——横向框架上第 $i$ 点的竖向当量荷载 (kN)；

$\omega_{n1}$ ——横向框架竖向的第一振型固有圆频率(rad/s)，可按附录 C 中公式(C.2.2-1)计算；

$\eta_{max}$ ——最大动力系数，可采用 8；

$N_x$ ——横向框架的水平向总当量荷载 (kN)；

$N_y$ ——纵向框架的水平向总当量荷载 (kN)；

$W_t$ ——基础顶板全部永久荷载 (kN)，包括顶板自重、设备重和柱子重的一半；

$K_{fxj}$——基础第 $j$ 榀横向框架的水平刚度(kN/m)；

$K_{fyj}$——基础第 $j$ 榀纵向框架的水平刚度(kN/m)；

$\xi_x$ ——横向计算系数(m)；

$\xi_y$ ——纵向计算系数(m)。

(3) 对工作转速为 3000 r/min 的汽轮机组，当不作动力计算时，其竖向当量荷载可按表 5.3.6-1 采用，水平向总当量荷载可按表 5.3.6-2 采用。

竖向当量荷载　　表 5.3.6-1

| 机组功率 $W$ (MW) | $W\leqslant 25$ | $25<W\leqslant 125$ |
|---|---|---|
| $N_{zi}$ | $10\ W_{gi}$ | $6\ W_{gi}$ |

水平向当量荷载　　表 5.3.6-2

| 机组功率 $W$ (MW) | $W\leqslant 25$ | $25<W\leqslant 125$ |
|---|---|---|
| $N_x$、$N_y$ | $2\sum W_{gi}$ | $\sum W_{gi}$ |

(4) 计算简图应分别按图 5.3.6-1、5.3.6-2 采用。

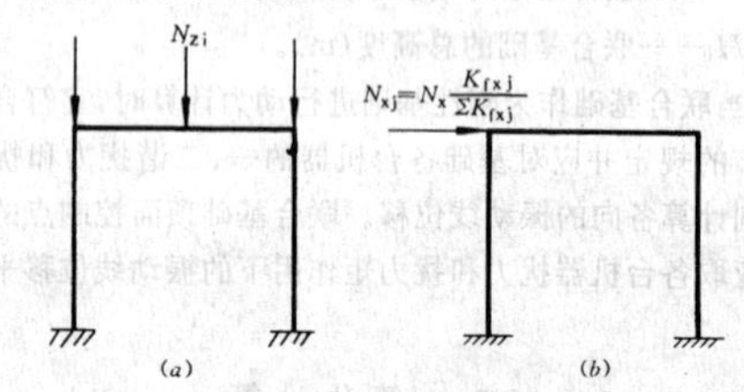


图 5.3.6-1　横向框架

(a) 竖向当量荷载作用；(b) 水平向当量荷载作用

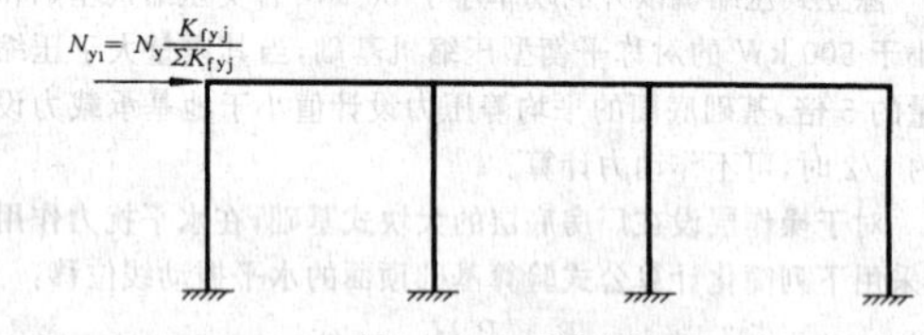


图 5.3.6-2　纵向框架

**5.3.7** 横向、纵向计算系数可按表 5.3.7 取值。

计算系数　　表 5.3.7

| 机器工作转速 (r/min) | 横向计算系数 $\xi_x$ | 纵向计算系数 $\xi_y$ |
|---|---|---|
| 3000 | $12.8\times10^{-4}$ | $6.4\times10^{-4}$ |
| 1500 | $40.0\times10^{-4}$ | $20.0\times10^{-4}$ |

**5.3.8** 考虑基础高振型振动影响时，顶板的横梁、纵梁，应按表 5.3.8 中所列的当量荷载及计算简图 5.3.8-1、5.3.8-2 计算动内力。

考虑高振型影响的当量荷载　　表 5.3.8

| 方向 | 竖向 | 横向 | 纵向 |
|---|---|---|---|
| 荷载 (kN) | $N_{zi}=0.8\ W_{ci}$ | $N_{xi}=0.8\ W_{ci}$ | $N_{yi}=0.4\ W_{ci}$ |

注：$W_{ci}$为构件的自重及其支承的机器重(均布的或集中的)。

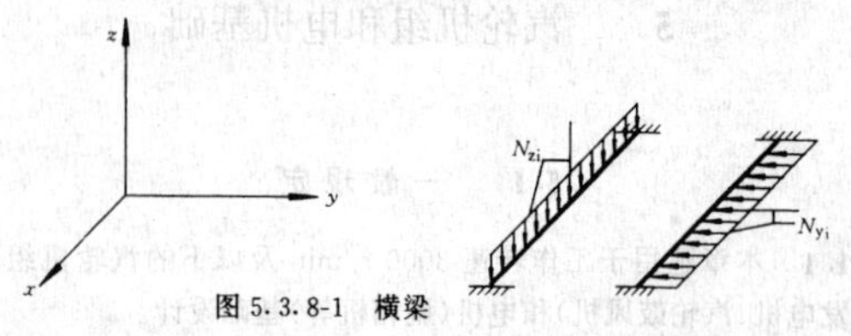


图 5.3.8-1　横梁

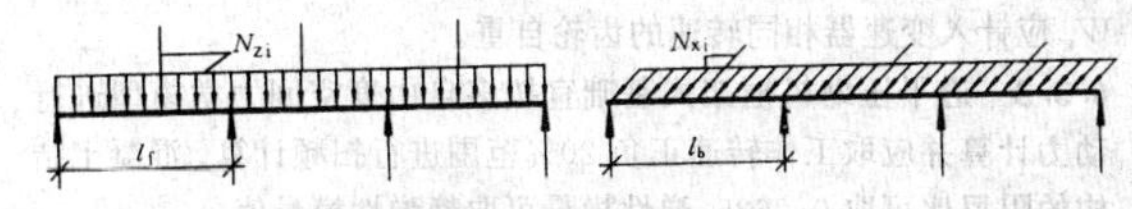


图 5.3.8-2 纵梁

注：$l_f$ 为柱间距；$l_b$ 为横梁间距。

**5.3.9** 当按空间多自由度体系计算动内力时，应取 1.25 倍机器工作转速范围内的最大动内力值作为控制值。

**5.3.10** 在 $m$ 个扰力作用时，质点 $i$ 的动内力，可按下式计算：

$$S_i=\sqrt{\sum_{k=1}^{m}(S_{ik})^2} \quad (5.3.10)$$

式中 $S_i$——质点 $i$ 的动内力(kN)。

$S_{ik}$——第 $k$ 个扰力对 $i$ 点产生的动内力(kN)。

**5.3.11** 基础顶板的纵、横梁应考虑由于构件两侧温差产生的应力，可在梁两侧分别配置温度钢筋，每侧配筋百分率为 0.1%，但对机组功率在 100 MW 及以上的汽轮发电机，其高、中压缸侧的纵梁侧面配筋百分率，应增大至 0.15%。

当基础纵向框架长度大于或等于 40 m 时，应进行纵向框架的温度应力计算。顶板与柱脚的计算温差，在缺乏资料时，可取 20℃。

**5.3.12** 顶板承载力计算应考虑设备安装时的活荷载，活荷载值应根据工艺要求确定，宜采用 20～30 kPa。

**5.3.13** 短路力矩的动力系数可采用 2.0。

**5.3.14** 基础的承载力计算应按下述荷载组合，并取其较大值作为控制值：

(1) 基本组合可由永久荷载与动力荷载(或当量荷载)组合，各项动力荷载只考虑单向作用，其组合系数可取 1.0；

(2) 偶然组合可由永久荷载、动力荷载及短路力矩组合，动力荷载组合系数可取 0.25，短路力矩的组合系数可取 1.0；

(3) 地震作用组合可由永久荷载、动力荷载及地震作用组合，动力荷载组合系数可取 0.25，地震作用组合系数可取 1.0。

## 5.4 低转速电机基础的设计

(机器工作转速 1000 r/min 及以下)

**5.4.1** 当进行低转速电机基础的动力计算时，其扰力，允许振动线位移及当量荷载，可按表 5.4.1 采用。

扰力、允许振动线位移及当量荷载　表 5.4.1

| 机器工作转速(r/min) | | <500 | 500～750 | >750 |
|---|---|---|---|---|
| 计算横向振动线位移的扰力 $P_x$(kN) | | $0.10W_g$ | $0.15W_g$ | $0.20W_g$ |
| 允许振动线位移[A](mm) | | 0.16 | 0.12 | 0.08 |
| 当量荷载(kN) | 竖　向 $N_{zi}$ | $4W_{gi}$ | | $8W_{gi}$ |
| | 横　向 $N_{xi}$ | $2W_{gi}$ | | $2W_{gi}$ |

注：表中当量荷载中，已包括材料的疲劳影响系数 2.0。$W_g$ 为机器转子重(kN)。

**5.4.2** 框架式电机基础，可只计算顶板振动控制点的横向水平振动线位移，其值可按下列公式计算：

$$A_{x\psi}=A_x+A_\psi l_\psi \quad (5.4.2\text{-}1)$$

$$A_x=\frac{P_x}{K_{sx}}\cdot\frac{1}{\sqrt{(1-\frac{\omega^2}{\omega_x^2})^2+\frac{\omega^2}{64\omega_x^2}}} \quad (5.4.2\text{-}2)$$

$$A_\psi=\frac{M_\psi}{K_{s\psi}}\cdot\frac{1}{\sqrt{(1-\frac{\omega^2}{\omega_\psi^2})^2+\frac{\omega^2}{64\omega_\psi^2}}} \quad (5.4.2\text{-}3)$$

$$K_{sx}=\frac{1}{\frac{1}{K_x}+\frac{h_4^2}{K_\varphi}+\frac{1}{\sum K_{fxj}}} \quad (5.4.2\text{-}4)$$

$$K_{s\psi}=\sum K_{fxj}l_{oj}^2 \quad (5.4.2\text{-}5)$$

$$\omega_x=\sqrt{\frac{K_{sx}}{m_e}} \quad (5.4.2\text{-}6)$$

$$\omega_\psi=\sqrt{\frac{K_{s\psi}}{J_w}} \quad (5.4.2\text{-}7)$$

$$\sum K_{fxj}=\sum_{j=1}^{m}\frac{12E_cI_{bj}}{h_j^3}\left(\frac{1+6\delta_j}{2+3\delta_j}\right) \quad (5.4.2\text{-}8)$$

$$\delta_j=\frac{h_jI_{bj}}{l_jI_{cj}} \quad (5.4.2\text{-}9)$$

$$J_w=0.1m_el_d^2 \quad (5.4.2\text{-}10)$$

$$M_\psi=\frac{P_x}{2}l_\psi \quad (5.4.2\text{-}11)$$

式中 $A_{x\psi}$——框架式电机基础顶板振动控制点的横向水平振动线位移(m)；

$A_x$——顶板重心的横向水平振动线位移(m)；

$A_\psi$——顶板的扭转振动角位移(rad)；

$K_{sx}$——基础及地基总的横向水平刚度(kN/m)；

$K_{s\psi}$——基础及地基总的抗扭刚度(kN/m)；

$\omega_x$——顶板的水平横向固有圆频率(r/min)；

$\omega_\psi$——顶板的扭转向固有圆频率(r/min)；

$l_{oj}$——第 $j$ 榀横向框架平面到顶板重心的距离(m)；

$h_4$——基础底板底面至顶板顶面的距离(m)；

$K_{fxj}$——第 $j$ 榀横向框架的水平刚度(kN/m)；

$\delta_j$——无因次系数；

$l_\psi$——基础顶板重心到振动控制点的水平距离(m)；

$I_{bj}$——第 $j$ 榀横向框架横梁的截面惯性矩($m^4$)；

$I_{cj}$——第 $j$ 榀横向框架柱的截面惯性矩($m^4$)；

$h_j$——第 $j$ 榀横向框架柱的计算高度(m)；

$l_j$——第 $j$ 榀横向框架横梁的计算跨度(m)，可取 0.9 倍的两柱子中心线间的距离；

$J_w$——折算质量 $m_s$ 对通过顶板重心竖向轴的惯性矩($t\cdot m^2$)；

$l_d$——顶板的长度(m)；

$m_e$——基组折算质量包括全部机器、基础顶板及柱子质量的 30%(t)；

$E_c$——混凝土的弹性模量(kPa)。

**5.4.3** 当采用大块式和墙式基础时，其动力计算与构造要求，可按本规范第 4 章有关规定采用。

**5.4.4** 15 MV·A 及以下的调相机基础，当采用将运转层设置在室内地坪标高的墙式基础时，可不作振动计算。

**5.4.5** 电机基础的顶板结构构造配筋，可按下列规定采用：

(1) 在顶板梁侧面配置构造钢筋如图 5.4.5，此时，可不验算由动力荷载和温度差产生的平面弯曲应力；

(2) 上部构造钢筋 $A_{g2}$ 的截面，不应小于 $0.1\%b_nh_n$；

(3) 下部构造钢筋 $A_{g1}$ 的截面，不应小于 $0.1\%bh$；

(4) 钢筋直径不应小于 16 mm，其间距宜取 150～250 mm。

**5.4.6** 基础构件的承载力计算，可按本规范第 5.3 节有关规定采用。

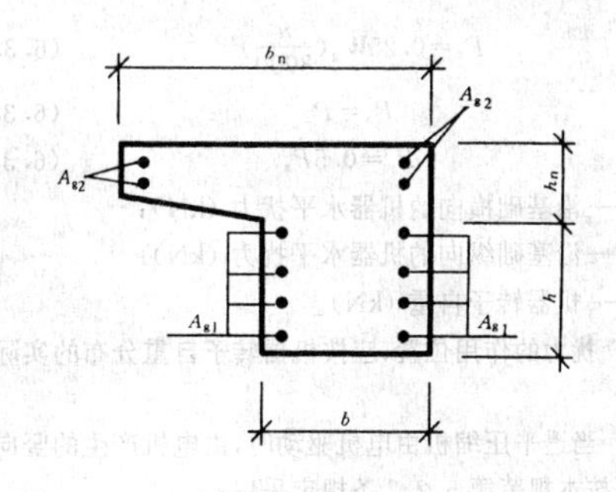


图 5.4.5 梁侧面构造钢筋

## 6　透平压缩机基础

### 6.1　一般规定

6.1.1　本章适用于工作转速大于 3000 r/min 的离心式透平压缩机基础的设计。

6.1.2　透平压缩机基础设计时，应取得本规范第 5.1.2 条规定的资料。

6.1.3　透平压缩机基础宜采用钢筋混凝土框架结构。当采用大块式或墙式基础时，其动力计算和构造可按本规范第 4 章的规定采用。

6.1.4　建造在设防烈度 8 度及以下地震区的框架式基础，可不进行抗震验算。

### 6.2　构造要求

6.2.1　框架式基础的尺寸应符合下列规定：

6.2.1.1　基础底板宜采用矩形板，其厚度可取底板长度的 $\frac{1}{10}\sim\frac{1}{12}$，并不宜小于 800 mm；

6.2.1.2　柱子截面宜采用矩形，其最小宽度宜为柱子净高度的 $\frac{1}{10}\sim\frac{1}{12}$，并不得小于 450 mm；

6.2.1.3　基础顶板厚度不宜小于其净跨度的 1/4，并不得小于 800 mm。

6.2.2　框架式基础的配筋应符合下列规定：

6.2.2.1　底板应沿周边及板顶、板底配置钢筋网，钢筋直径宜为 14～16 mm，间距宜为 200～250 mm。当采用桩基时，钢筋直径宜为 16～20 mm。

6.2.2.2　柱子配筋应按计算确定。竖向钢筋可沿柱截面周边对称配置，直径不宜小于 18 mm；

6.2.2.3　顶板应沿周边及板顶、板底配置钢筋网，钢筋直径宜为 14～16 mm，间距宜为 200～250 mm。在柱宽范围内，应按纵、横向框架梁计算配筋；

6.2.2.4　底板及顶板上的开孔或缺口，当其直径或边长大于 300 mm 时，应沿周边配置加强钢筋，钢筋直径宜为 14～18 mm，间距宜为 200 mm。

### 6.3　动力计算

6.3.1　当透平压缩机转子产生的扰力小于 15 kN、其基础的尺寸符合本规范 6.2.1 条的规定，且设备和生产对基础振动无特殊要求时，可不作动力计算。

6.3.2　透平压缩机基础的扰力值和作用位置由机器制造厂提供，当缺乏资料时，可按下列规定采用：

6.3.2.1　机器的扰力可按下列公式计算：

$$P_z=0.25W_g(\frac{n}{3000})^{3/2} \quad (6.3.2\text{-}1)$$

$$P_x=P_z \quad (6.3.2\text{-}2)$$

$$P_y=0.5P_x \quad (6.3.2\text{-}3)$$

式中　$P_x$——沿基础横向的机器水平扰力 (kN)；

$P_y$——沿基础纵向的机器水平扰力 (kN)；

$W_g$——机器转子自重 (kN)。

6.3.2.2　扰力的作用位置，应按机器转子自重分布的实际情况确定；

6.3.2.3　当透平压缩机由电机驱动时，由电机产生的竖向和水平向扰力可按本规范第 5.2.2 条规定采用；

6.3.2.4　当透平压缩机与驱动机之间有变速器时，计算转子重 $W_g$ 应计入变速器相同转速的齿轮自重。

6.3.3　透平压缩机框架式基础宜按多自由度空间力学模型进行动力计算并应取工作转速正负 20% 范围进行扫频计算。混凝土结构的阻尼比可取 0.0625，弹性模量可取静弹性模量值。

6.3.4　当基础承受 $m$ 个不同频率的扰力作用时，应分别计算各扰力对验算点 $i$ 所产生的振动速度 $V_{ik}$，其最大振动速度 $V$ 可按下式计算：

$$V=\sqrt{\sum_{k=1}^{m}V_{ik}^2} \quad (6.3.4)$$

式中　$V_{ik}$——机器扰力对验算点 $i$ 所产生的振动速度(m/s)。

6.3.5　透平压缩机基础顶面控制点的最大振动速度应小于 5.0 mm/s。

### 6.4　框架式基础的承载力计算

6.4.1　当框架式基础符合下列条件时，可不进行承载力计算：

(1) 顶板的净跨度不大于 4.0 m；

(2) 作用于每榀框架上的机器自重不大于 150 kN；

(3) 基础的构造应满足本规范第 6.2 节的有关规定，且框架柱截面不应小于 600 mm×600 mm，柱中竖向钢筋总配筋率不得小于 1%，框架梁上、下主筋配筋率宜取 0.5%～1.0%，但不宜少于 5 根直径为 25 mm 的 Ⅱ 级钢筋；

(4) 混凝土强度等级宜采用 C 25。

6.4.2　透平压缩机基础承载力计算时，应采用本规范第 5.3.1 条中除地震作用以外的各项荷载分项系数。荷载的组合可按本规范第 5.3.14 条规定采用。

6.4.3　与机器设备有关的荷载资料，应由机器制造厂提供，当无资料时，可按下列规定采用：

(1) 顶板上的检修荷载标准值可取 10 kPa，使用荷载可取 2 kPa；

(2) 凝汽器真空吸力标准值，可按下式计算：

$$P_a=100A_t \quad (6.4.3)$$

式中　$P_a$——凝汽器真空吸力标准值(kN)；

$A_t$——凝汽器与汽轮机接口处的横截面面积($m^2$)。

6.4.4　透平压缩机的扰力当量荷载，按正负方向的集中荷载作用在基础上，其数值可按下列规定采用：

(1) 竖向当量荷载：

$$N_z=5W_g\frac{n}{3000} \quad (6.4.4)$$

式中　$N_z$——竖向当量荷载(kN)。

(2) 横向、纵向当量荷载可分别取竖向当量荷载的 1/4、1/8，分别集中作用在横梁、纵梁轴线上；

(3) 对不承受机器转子自重的基础构件，其当量荷载在竖向和横向均可取构件自重的 1/2，在纵向可取构件自重的 1/4。

## 7　破碎机和磨机基础

### 7.1　破碎机基础

7.1.1　本节适用于旋回式、颚式、圆锥式、锤式和反击式破碎机基础的设计。

7.1.2　破碎机基础设计时，除应取得本规范第 3.1.1 条规定的有关资料外，尚应由机器制造厂提供下列资料：

(1) 破碎机、电机的相互位置及传动方式；

(2) 破碎机扰力作用位置。

7.1.3　基础宜采用钢筋混凝土结构，其形式可为大块式、墙式或框架式。

7.1.4　墙式基础各构件尺寸应符合下列规定：

7.1.4.1 基础顶板的厚度不宜小于 600 mm，且不小于顶板跨度的 1/6；

7.1.4.2 顶板的悬臂长度不宜大于 1500 mm；

7.1.4.3 纵墙的厚度不宜小于 400 mm，高厚比不宜大于 6；

7.1.4.4 横墙的厚度不宜小于 500 mm，高厚比不宜大于 4；

7.1.4.5 基础底板厚度不宜小于 600 mm，且不宜小于墙厚；

7.1.4.6 基础底板悬臂长度不宜大于 2.5 倍底板厚度。

注：纵墙系指与破碎机扰力方向平行的墙，横墙为与破碎机扰力垂直的墙。

7.1.5 框架式基础的底板宜采用平板，其厚不应小于 600 mm。

7.1.6 两台至三台破碎机可设置在同一基础上，构成联合基础，其底板厚度不应小于 800 mm。

7.1.7 当基础建造在岩石地基上并符合本规范附录 B 中第 B.0.1 条规定时，基础可采用锚桩(杆)基础。

7.1.8 基础的动力计算，可只计算水平扰力作用下所产生的振动线位移，并应符合下列规定：

(1) 大块式和墙式基础的动力计算应按本规范第 4.3.3、4.3.5 和 4.3.7 条的规定采用；

(2) 框架式基础的动力计算应按本规范第 5.4.2 条规定采用，但可不计算扭转振动；

(3) 大块式锚杆基础可不作动力计算；

(4) 联合基础的动力计算，其扰力应取两台机器扰力的绝对值之和，并按本规范第 4.3.3、4.3.5 和 4.3.7 条规定的公式计算，计算所得的振动线位移可乘以折减系数 0.75。

7.1.9 破碎机基础顶面的水平向允许振动线位移可按表 7.1.9 采用。

破碎机基础顶面的水平向允许振动线位移　表 7.1.9

| 机器转速 $n$ (r/min) | 允许振动线位移 (mm) |
|---|---|
| $n \leqslant 300$ | 0.25 |
| $300 < n \leqslant 750$ | 0.20 |
| $n > 750$ | 0.15 |

7.1.10 破碎机基础的承载力计算，其荷载应包括构件、机器自重和 4 倍的锤式及反击式破碎机的扰力或 3 倍的其他型式的破碎机扰力。

7.1.11 破碎机基础的配筋，应符合下列规定：

(1) 对于大块式和墙式基础的配筋，可按本规范第 4.2.2 条规定采用；

(2) 框架式基础的配筋，应按计算确定。

### 7.2 磨机基础

7.2.1 本节适用于被碾物料温度为常温状态的管磨机、球(棒)磨机及自磨机基础的设计。

7.2.2 磨机基础设计时，除应取得本规范第 3.1.1 条规定的有关资料外，尚应由机器制造厂提供下列资料：

(1) 磨机、电机和减速器的相互位置及传动方式；

(2) 磨机内碾磨体的总重；

(3) 磨机筒体中心线距基础面的距离。

7.2.3 磨机基础宜采用钢筋混凝土结构，其形式可为大块式、墙式或箱式。

7.2.4 管磨机的磨头和磨尾可分别采用独立基础。球(棒)磨机及自磨机基础，当建造在土质均匀，地基承载力的标准值大于 250 kPa 时，其磨头和磨尾亦可分别采用独立基础。

7.2.5 墙式和大块式基础可不进行动力计算。

7.2.6 在计算基础底面静压力时，其荷载计算除应符合本规范第 3.2.5 条的规定外，尚应考虑作用在磨机每端轴承中心线处的定向水平当量荷载(图 7.2.6)，其值可按下式计算：

$$P_x = 0.15W_r \tag{7.2.6}$$

式中 $P_x$ ——磨机每端轴承中心线处的定向水平当量荷载(kN)；

$W_r$ ——磨机内碾磨体总重(kN)。

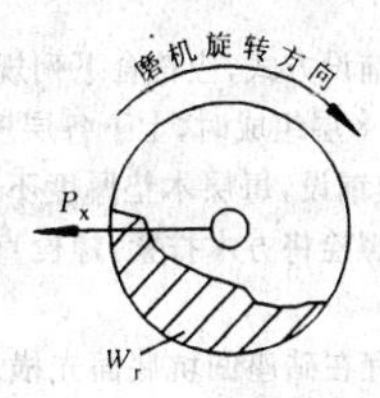


图 7.2.6 定向水平当量荷载

7.2.7 基础的配筋应按本规范第 4.2.2 条规定采用。

## 8 冲击机器基础

### 8.1 锻锤基础

8.1.1 本节适用于落下部分公称质量小于或等于 16 t 的锻锤基础设计。

8.1.2 锻锤基础设计时，除应取得本规范第 3.1.1 条规定的资料外，尚应由机器制造厂提供下列资料：

(1) 落下部分公称质量及实际重；

(2) 砧座及锤架重；

(3) 砧座高度、底面尺寸及砧座顶面对本车间地面的相对标高；

(4) 锤架底面尺寸及地脚螺栓的形式、直径、长度和位置；

(5) 落下部分的最大速度或最大行程、汽缸内径、最大进气压力或最大打击能量；

(6) 单臂锤锤架的重心位置。

8.1.3 锻锤基础的形式宜符合下列规定：

8.1.3.1 不隔振锻锤基础可采用梯形或台阶式的整体大块式基础。5 t 及以下的锻锤，亦可采用正圆锥壳基础，其壳体部分的强度计算及构造要求应符合本规范附录 D 的规定；

8.1.3.2 隔振锻锤基础有隔振器置于砧座下的砧座隔振锻锤基础和隔振器置于基础下的基础隔振锻锤基础两种形式；

8.1.3.3 当地基土为四类土或锻锤基础外形尺寸受限制时，宜采用砧座隔振锻锤基础或人工地基。

8.1.4 锻锤基础宜采用钢筋混凝土结构。大块式基础的混凝土强度等级不宜低于 C15，正圆锥壳基础的混凝土强度等级不宜低于 C20。

8.1.5 砧座垫层的材料应符合下列规定：

8.1.5.1 由方木或胶合方木组成的木垫，宜选用材质均匀、耐腐性较强的一等材，并经干燥及防腐处理。其树种应按现行国家标准《木结构设计规范》的规定采用；

8.1.5.2 木垫的材质应符合下列规定：

(1) 横放木垫可采用 TB20、TB17，对于不大于 1 t 的锻锤，亦可用 TB15、TC17、TC15；

(2) 竖放木垫可采用 TB15、TC17、TC15；

(3) 竖放木垫下的横放木垫可采用 TB20、TB17；

(4) 对于木材表层绝对含水率：当采用方木时不宜大于 25%；当采用胶合方木时不宜大于 15%；

8.1.5.3 对于不大于 5 t 的锻锤可采用橡胶垫，橡胶垫可由普通型运输胶带或普通橡胶板组成，含胶量不宜低于 40%，肖氏硬度宜为 65 Hs。其胶种和材质的选择应符合下列规定：

(1) 胶种宜采用氯丁胶、天然胶或顺丁胶；

(2) 当锻锤使用时间每天超过 16 h 时，宜选用耐热橡胶带(板)；

(3) 运输胶带的力学性能应符合国家标准《运输胶带》的规定。普通橡胶板的力学性能宜符合现行国家标准《工业用硫化橡胶板的性能》的规定。

**8.1.6** 砧座下垫层的铺设方式，应符合下列规定：

(1) 木垫横放并由多层组成时，上下各层应交迭成十字形。最上层沿砧座底面的短边铺设，每层木垫厚度不宜小于 150 mm，并应每隔 0.5～1.0 m 用螺栓将方木拧紧，螺栓直径可按表 8.1.6 选用。

(2) 木垫竖放时，宜在砧座凹坑底面先横放一层厚 100～150 mm 的木垫，然后再沿凹坑用方木立砌，并将顶面刨平。对小于 0.5 t 锻锤可不放横向垫木；

(3) 橡胶垫由一层或数层运输胶带或橡胶板组成，上下各层应顺条通缝迭放，并应在砧座凹坑内满铺；

**横放木垫连接螺栓直径** 表 8.1.6

| 每层木垫厚度(mm) | 螺栓直径(mm) |
|---|---|
| 150 | 20 |
| 200 | 24 |
| 250 | 30 |
| 300 | 36 |

(4) 对砧座隔振锻锤基础可用高阻尼的弹性隔振器替代垫层。

**8.1.7** 砧座垫层下基础部分的最小厚度，应符合表 8.1.7 的规定。

**砧座垫层下基础部分的最小厚度** 表 8.1.7

| 落下部分公称质量(t) | | 最小厚度(mm) |
|---|---|---|
| ≤0.25 | | 600 |
| ≤0.75 | | 800 |
| 1 | | 1000 |
| 2 | | 1200 |
| 3 | 模锻锤 | 1500 |
| | 自由锻锤 | 1750 |
| 5 | | 2000 |
| 10 | | 2750 |
| 16 | | 3500 |

**8.1.8** 锻锤基础，在砧座垫层下 1.5 m 高度范围内，不得设施工缝。砧座垫层下的基础上表面应一次抹平，严禁做找平层，其水平度要求，木垫下，不应大于 1‰，橡胶垫下，不应大于 0.5‰。

**8.1.9** 基础的配筋应符合下列规定：

**8.1.9.1** 砧座垫层下基础上部，应配置水平钢筋网，钢筋直径宜为 10～16 mm，钢筋间距宜为 100～150 mm。钢筋应采用Ⅱ级钢，伸过凹坑内壁的长度，不宜小于 50 倍钢筋直径，一般伸至基础外缘，其层数可按表 8.1.9 采用，各层钢筋网的竖向间距，宜为 100～200 mm，并按上密下疏的原则布置，最上层钢筋网的混凝土保护层厚度宜为 30～35 mm；

**钢筋网层数** 表 8.1.9

| 落下部分公称质量(t) | ≤1 | 2～3 | 5～10 | 16 |
|---|---|---|---|---|
| 钢筋网层数 | 2 | 3 | 4 | 5 |

**8.1.9.2** 砧座凹坑的四周，应配置竖向钢筋网，钢筋间距宜为 100～250 mm，钢筋直径：当锻锤小于 5 t 时，宜采用 12～16 mm；当锻锤大于或等于 5 t 时宜采用 16～20 mm，其竖向钢筋，宜伸至基础底面；

**8.1.9.3** 基础的底面应配置水平钢筋网，钢筋间距宜为 100～250 mm，钢筋直径：当锻锤小于 5 t 时，宜采用 12～18 mm；当锻锤大于或等于 5 t 时，宜采用 18～22 mm；

**8.1.9.4** 基础及基础台阶顶面，砧座凹坑外侧面及大于或等于 2 t 的锻锤基础侧面，应配置直径 12～16 mm、间距 150～250 mm 的钢筋网；

**8.1.9.5** 大于或等于 5 t 的锻锤砧座垫层下的基础部分，尚应沿竖向每隔 800 mm 左右配置一层直径 12～16mm、间距 400 mm 左右的水平钢筋网。

**8.1.10** 砧座凹坑与砧座、垫层的四周间隙中，应采用沥青麻丝填实，并应在间隙顶面 50～100 mm 范围内用沥青浇灌。

**8.1.11** 锻锤基础与厂房基础的净距不宜小于 500 mm。在同一厂房内有多台 10 t 及以上的锻锤时，各台锻锤基础中心线的距离不宜小于 30 m。

**8.1.12** 锻锤基础的允许振动线位移及允许振动加速度应同时满足，并应按下列规定采用：

(1)对于 2～5 t 的锻锤基础，应按表 8.1.12 采用；

(2)小于 2 t 的锻锤基础可按表 8.1.12 数值乘以 1.15；

(3)大于 5 t 的锻锤基础可按表 8.1.12 中数值乘以 0.80。

**锻锤基础允许振动线位移及允许振动加速度** 表 8.1.12

| 土的类别 | 允许振动线位移(mm) | 允许振动加速度($m/s^2$) |
|---|---|---|
| 一类土 | 0.80～1.20 | $0.85g$～$1.3g$ |
| 二类土 | 0.65～0.80 | $0.65g$～$0.85g$ |
| 三类土 | 0.40～0.65 | $0.45g$～$0.65g$ |
| 四类土 | <0.40 | $<0.45g$ |

**8.1.13** 确定锻锤基础允许振动线位移和允许振动加速度时，尚应遵守下列规定：

**8.1.13.1** 对孔隙比较大的粘性土、松散的碎石土、稍密或很湿到饱和的砂土，尤其是细、粉砂以及软塑到可塑的粘性土，允许振动线位移和允许振动加速度应取表 8.1.12 中相应土类的较小值；

**8.1.13.2** 对湿陷性黄土及膨胀土应采取有关措施后，可按表 8.1.12 内相应的地基土类别选用允许振动值；

**8.1.13.3** 当锻锤基础与厂房柱基处在不同土质上时，应按较差的土质选用允许振动值；

**8.1.13.4** 当锻锤基础和厂房柱基均为桩基时，可按桩尖处的土质选用允许振动值。

**8.1.14** 不隔振锻锤基础顶面竖向振动线位移、固有圆频率和振动加速度可按下列公式计算：

$$A_z = k_A \frac{\psi_e V_o W_o}{\sqrt{K_z W}} \tag{8.1.14-1}$$

$$\omega_{nz}^2 = k_\lambda^2 \frac{K_z g}{W} \tag{8.1.14-2}$$

$$a = A_z \omega_{nz}^2 \tag{8.1.14-3}$$

式中 $a$ ——基础的振动加速度($m/s^2$)；

$k_A$ ——振动线位移调整系数；

$k_\lambda$ ——频率调整系数；

$W$ ——基础、砧座、锤架及基础上回填土等的总重(kN)，正圆锥壳基础还应包括壳体内的全部土重。当为桩基时，应包括桩和桩间土参加振动的当量重，可按本规范第 3.3.19 条的规定换算；

$W_o$ ——落下部分的实际重(kN)；

$\psi_e$ ——冲击回弹影响系数；

$V_o$ ——落下部分的最大速度(m/s)。

**8.1.15** 振动线位移调整系和频率调整系数可按下列规定取值：

(1)对除岩石外的天然地基，振动线位移调整系数 $k_A$ 可取 0.6，频率调整系数 $k_\lambda$ 可取 1.6；

(2)对桩基，振动线位移调整系数 $k_A$ 和频率调整系数可取 1.0。

**8.1.16** 冲击回弹影响系数 $\psi_e$ 可按下列规定取值：

(1)对模锻锤，当模锻钢制品时，可取 0.5 $s/m^{1/2}$，模锻有色金属制品时，可取 0.35 $s/m^{1/2}$；

(2)对自由锻锤可取 0.4 $s/m^{1/2}$。

**8.1.17** 锻锤落下部分的最大速度 $V_o$ 可按下列规定确定：

**8.1.17.1** 对单作用的自由下落锤可按下式计算：

$$V_o=0.9\sqrt{2gH} \quad (8.1.17\text{-}1)$$

**8.1.17.2** 对双作用锤可按下式计算：

$$V_o=0.65\sqrt{2gH\frac{P_oA_o+W_o}{W_o}} \quad (8.1.17\text{-}2)$$

**8.1.17.3** 对用锤击能量可按下式计算：

$$V_o=\sqrt{\frac{2.2gu}{W_o}} \quad (8.1.17\text{-}3)$$

式中 $H$ ——落下部分最大行程(m)；

$P_o$ ——汽缸最大进气压力(kPa)；

$A_o$ ——汽缸活塞面积($m^2$)；

$u$ ——锤头最大打击能量(kJ)。

**8.1.18** 建造在软弱粘性土地基上的正圆锥壳基础，当其天然地基抗压刚度系数小于 28000 $kN/m^3$ 时，应取 28000 $kN/m^3$。

**8.1.19** 设计单臂锻锤基础，其锤击中心、基础底面形心和基组重心宜位于同一铅垂线上，当不在同一铅垂线上时，不应采用正圆锥壳基础，可采用大块式基础，但必须使锤击中心对准基础底面形心，且锤击中心对基组重心的偏心距不应大于基础偏心方向边长的 5%。此时，锻锤基础边缘的竖向振动线位移可按下式计算：

$$A_{ez}=A_z(1+3.0\frac{e_h}{b_h}) \quad (8.1.19)$$

式中 $A_{ez}$——锤击中心、基础底面形心与基组重心不在同一铅垂线上时，锤基础边缘的竖向振动线位移(m)；

$e_h$ ——锤击中心对基组重心的偏心距(m)；

$b_h$ ——锻锤基础偏心方向的边长(m)。

**8.1.20** 砧座下垫层的总厚度可按下式计算，并不应小于表 8.1.20 的规定：

$$d_o=\frac{\psi_e^2W_oV_o^2E_1}{f_c^2W_hA_1} \quad (8.1.20)$$

式中 $d_o$ ——砧座下垫层的总厚度(m)；

$f_c$ ——垫层承压强度设计值(kPa)，可按本规范第 8.1.21 条规定采用；

$E_1$ ——垫层的弹性模量(kPa)，可按本规范第 8.1.21 条规定采用；

$W_h$ ——对模锻锤为砧座和锤架的总重，对自由锻锤为砧座重(kN)；

$A_1$ ——砧座底面积($m^2$)

**垫层最小总厚度　　表 8.1.20**

| 落下部分公称质量(t) | 木垫(mm) | 胶带(mm) |
|---|---|---|
| ≤0.25 | 150 | 20 |
| 0.50 | 250 | 20 |
| 0.75 | 300 | 30 |
| 1.00 | 400 | 30 |
| 2.00 | 500 | 40 |
| 3.00 | 600 | 60 |
| 5.00 | 700 | 80 |
| 10.00 | 1000 | — |
| 16.00 | 1200 | — |

**8.1.21** 垫层的承压强度设计值 $f_c$ 和弹性模量 $E_1$，可按表 8.1.21 采用。

**垫层的承压强度设计值和弹性模量　　表 8.1.21**

| 垫层名称 | 木材强度等级 | 承压强度计算值 $f_c$ (kPa) | | 弹性模量 $E_1$ (kPa) |
|---|---|---|---|---|
| 横放木垫 | TB-20、TB-17 | 3000 | | $50\times10^4$ |
| | TC-17 | 1800 | | |
| | TC-15、TB-15 | 1700 | | $30\times10^4$ |
| 竖放木垫 | TC-17、TC-15、TB-15 | 10000 | | $10\times10^6$ |
| 运输胶带 | — | 小于 1 t 的锻锤 | 3000 | $3.8\times10^4$ |
| | | 1～5 t 的锻锤 | 2500 | |

**8.1.22** 垫层上砧座的竖向振动线位移，可按下式计算：

$$A_{z1}=\psi_eW_oV\sqrt{\frac{d_o}{E_1W_hA_1}} \quad (8.1.22)$$

式中 $A_{z1}$——垫层上砧座的竖向振动线位移。

**8.1.23** 砧座的竖向允许振动线位移，应符合下列规定：

**8.1.23.1** 不隔振锻锤基础的砧座竖向允许振动线位移，可按表 8.1.23 采用；

**砧座的竖向允许振动线位移　　表 8.1.23**

| 落下部分公称质量(t) | 竖向允许振动线位移(mm) |
|---|---|
| ≤1.0 | 1.7 |
| 2.0 | 2.0 |
| 3.0 | 3.0 |
| 5.0 | 4.0 |
| 10.0 | 4.5 |
| 16.0 | 5.0 |

**8.1.23.2** 当砧座下采取隔振装置时，砧座竖向允许振动线位移不宜大于 20 mm。

## 8.2 落锤基础

**8.2.1** 本节适用于落锤车间或碎铁场地落锤破碎坑基础的设计。

**8.2.2** 落锤破碎坑基础设计时，除应取得本规范第 3.1.1 条规定的有关资料外，尚应具备下列资料：

(1)落锤锤头重及其最大落程；

(2)破碎坑及砧块的平面尺寸。

**8.2.3** 落锤破碎坑基础的结构形式，应根据生产工艺的需要、破碎坑及砧块的平面尺寸、地基土的类别和落锤的冲击能量综合分析后确定。

**8.2.4** 简易破碎坑基础的设计可按下列规定采用：

(1)当地基土为一、二类土时，可在深度不小于 2 m 的土坑内分层铺砌厚度不小于 1 m 的废钢锭、废铁块，孔隙处应以碎铁块和碎钢颗粒填实，其上铺砌砧块，作为碎铁坑基础；

(2)当地基土为三、四类土时，坑中的废钢锭、废铁块应铺砌在夯实的砂石类垫层上，垫层的厚度可根据落锤冲击能量与地基土的承载力确定，宜取 1～2 m；

(3)简易破碎坑基础可不作动力计算。

**8.2.5** 落锤车间的破碎坑基础应符合下列规定：

**8.2.5.1** 落锤车间的破碎坑基础，应采用带钢筋混凝土圆筒形或矩形坑壁的基础，其埋置深度，应根据地质情况及构造要求确定，宜取 3～6 m；

**8.2.5.2** 对一、二、三类地基土，可不设刚性底板[图 8.2.5(*a*)]，当为四类土时，宜采用带刚性底板的槽形基础[图 8.2.5(*b*)]；

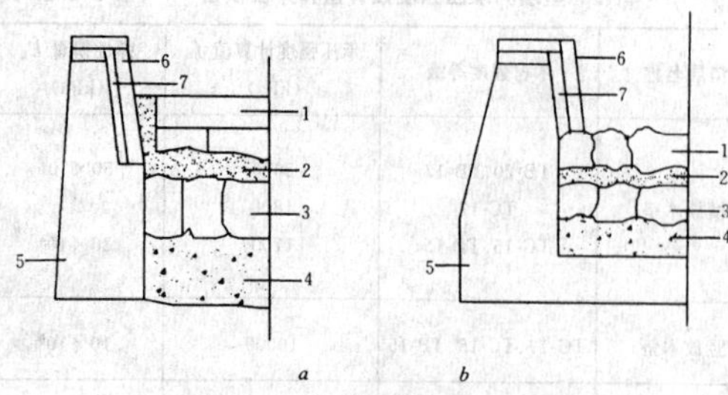


图 8.2.5 钢筋混凝土破碎坑基础

(a)不设刚性底板；(b)带刚性底板

1——砧块；2——碎铁块及碎钢颗粒；3——废钢锭及废铁块；

4——夯实的砂石类垫层；5——钢筋混凝土基础；

6——保护坑壁的钢锭或钢坯；7——橡胶带或方木垫

**8.2.5.3** 基础坑底应铺设厚度不小于 1 m 的砂石类垫层，其上可铺砌废钢锭、废铁块，孔隙处应以碎铁块和碎钢颗粒填实，其厚度可按下列规定确定：

(1)对冲击能量小于或等于 1200 kJ 的落锤，废钢锭、废铁块的铺砌厚度不应小于 1.0 m；

(2)对冲击能量大于 1200 kJ 的落锤，其厚度不应小于 1.5 m；

**8.2.5.4** 破碎坑的最上层铺设砧块。

**8.2.6** 当落锤破碎坑基础建造在饱和的粉、细砂或淤泥质土层上时，地基应作人工加固处理。

**8.2.7** 圆筒形坑壁的厚度可根据落锤的冲击能量采用 300～600 mm，坑壁的内外面应各配一层钢筋网，环向总配筋率不宜小于 1.2%，竖向总配筋率不宜小于 0.5%。

**8.2.8** 矩形破碎坑的设计应符合下列规定：

**8.2.8.1** 矩形坑壁顶部厚度不宜小于 500 mm，底部厚度不宜小于 1500 mm；

**8.2.8.2** 坑壁四周、顶和底面应配筋，其直径为：水平向宜为 18～25 mm，竖向宜为 16～22 mm，钢筋间距宜为 150～200 mm。沿坑壁内转角应增设直径为 12～16 mm，间距为 200 mm 的水平钢筋；

**8.2.8.3** 坑壁外露部分的内侧和顶部，根据可能碰撞的情况，可增设 1～2 层直径为 12～16 mm，间距为 200 mm 的钢筋网；

**8.2.8.4** 当矩形破碎坑的长边大于 18 m，且落锤冲击能量大于 1200 kJ 时，可在坑壁中配置劲性钢筋。

**8.2.9** 对内径或内短边小于 5 m 的槽形破碎坑基础的设计应符合下列规定：

**8.2.9.1** 槽形破碎坑基础的底板厚度不应小于表 8.2.9 中的规定；

**8.2.9.2** 基础底板上部应配置直径为 12～16 mm，间距为 250～300 mm 的钢筋网，底板下部应配置直径为 16～20 mm，间距为 300～400 mm 的钢筋网，其层数应按表 8.2.9 的规定采用，各层钢筋网的竖向距离宜为 100～150 mm。

**槽形基础的底板最小厚度及钢筋网层数　　表 8.2.9**

| 落锤冲击能量 (kJ) | 基础底板最小厚度(m) | | 底板钢筋网层数 | |
|---|---|---|---|---|
| | 圆筒形 | 矩形 | 上部 | 下部 |
| ≤400 | 1.00 | 1.50 | 3 | 2 |
| 1200 | 1.75 | 2.25 | 4～5 | 3 |
| ≥1800 | 2.50 | 3.00 | 6 | 3 |

**8.2.10** 破碎坑基础的钢筋宜采用Ⅱ级钢。

**8.2.11** 破碎坑的砧块应符合下列规定：

**8.2.11.1** 破碎坑的砧块宜采用整块钢板，其厚度不宜小于 500 mm，砧块的自重应符合下式要求：

$$W_b \geqslant 0.5 W_o H \quad (8.2.11)$$

式中 $W_b$——砧块自重(kN)；

$W_o$——落锤锤头重(kN)。

**8.2.11.2** 破碎坑的砧块，采用整块钢板有困难时，亦可用数块钢板或钢锭拼成，必须使钢板或钢锭互相紧密接触，其间隙用碎钢粒填实，并宜采用较大截面与质量的钢锭，其截面的选用应符合下列规定：

(1)当落锤冲击能量小于 1200 kJ 时，钢锭的最小截面为 600 mm×600 mm；

(2)当落锤冲击能量大于或等于 1200 kJ 时，仅采用一层钢锭时，其厚度不应小于 1000 mm，采用二层钢锭时，其最小截面为 600 mm×600 mm；

**8.2.11.3** 砧块与废钢锭、废铁块之间，可填 150～200 mm 厚的碎铁块和钢颗粒，并使其表面平整，接触严密。

**8.2.12** 砧块顶面宜低于钢筋混凝土坑壁的顶面 1.0～2.5 m，坑壁外露的内侧与顶面的保护，应符合下列要求：

**8.2.12.1** 坑内侧与顶面应采用钢锭或钢坯保护，内侧处钢锭截面不宜小于 500 mm×500 mm，顶面处的钢锭或钢坯厚度不宜小于 200 mm，亦可采用厚度不小于 50 mm 的低碳钢钢板予以保护；

**8.2.12.2** 钢锭、钢坯或钢板与混凝土壁表面间应衬以截面不小于 150 mm×150 mm 的方木或厚度不小于 20 mm 的橡胶带。

**8.2.13** 落锤车间内破碎坑基础的竖向振动线位移、固有圆频率和振动加速度，可按下列公式计算：

$$A_z = 1.4 W_o \sqrt{\frac{H}{W K_z}} \quad (8.2.13\text{-}1)$$

$$\omega_{nz}^2 = \frac{K_z g}{W} \quad (8.2.13\text{-}2)$$

$$a = A_z \omega_{nz}^2 \quad (8.2.13\text{-}3)$$

式中 $W$——基础、砧块和填充料等总重(kN)。

**8.2.14** 落锤破碎坑基础的允许振动线位移和允许振动加速度可按表 8.2.14 采用。

**破碎坑基础的允许振动线位移和允许振动加速度　　表 8.2.14**

| 地基土类别 | 一类土 | 二类土 | 三类土 | 四类土 |
|---|---|---|---|---|
| 允许振动线位移 (mm) | 2.5 | | | |
| 允许振动加速度 (m/s²) | (0.9～1.2)$g$ | (0.7～0.9)$g$ | (0.5～0.7)$g$ | (0.4～0.5)$g$ |

注：表中允许振动加速度较大值适用于粘性土，较小值适用于砂土。

# 9　热模锻压力机基础

## 9.1　一般规定

**9.1.1** 本章适用于公称压力不大于 120000 kN 的热模锻压力机(以下简称压力机)基础的设计。

**9.1.2** 压力机基础设计时，除应取得本规范第 3.1.1 条规定的资料外，尚应由机器制造厂提供下列资料：

(1)压力机立柱以上各部件和立柱以下各部件的重力、立柱的重力及最重一套模具的上模和下模的重力；

(2)压力机的重心位置、压力机绕通过其重心平行于主轴的轴的转动惯量、主轴的高度；

(3)压力机起动时，作用于主轴上的竖向扰力、水平向扰力和扰力矩的峰值、脉冲时间及其形式；

(4)压力机立柱的截面、长度及其钢号。当立柱为变截面时，应分别给出各部分的截面和长度。当为装配型压力机时，尚应包括螺栓拉杆的截面、长度及其钢号。

**9.1.3** 压力机基础宜采用地坑式钢筋混凝土结构。当在生产和工艺上不要求有地坑时，小型压力机亦可采用大块式基础。

**9.1.4** 压力机基础的自重，不宜小于1.1～1.5倍压力机重力，对地基软弱可取1.5倍压力机重力。在基础自重相同的条件下，宜增大基础的底面积，减小埋置深度。

**9.1.5** 当采用天然地基时，公称压力10000 kN及以上的压力机基础不宜设置于四类土上（表3.2.3）。

## 9.2 构造要求

**9.2.1** 压力机基础的混凝土强度等级，不应低于C15，对公称压力80000 kN及以上的压力机基础，宜采用C20，对于地坑式基础，当有地下水时，应采用C20防水混凝土。

**9.2.2** 压力机基础侧壁和底板的厚度应按计算确定，但侧壁厚度不应小于200 mm，底板厚度不应小于300 mm。对公称压力20000 kN及以上的压力机基础，侧壁和底板的厚度应相应增加。

**9.2.3** 压力机基础的配筋应按计算确定，但尚应符合下列规定：

**9.2.3.1** 侧壁内外侧、底板上、下部以及台阶顶面和侧面，应配置间距200 mm的钢筋网，其钢筋直径：对公称压力20000 kN及以下的压力机基础，可采用12 mm；公称压力大于20000 kN的压力机基础，可采用14～16 mm；

**9.2.3.2** 在底脚螺栓套筒下端，应加配一层钢筋网，如图9.2.3所示。

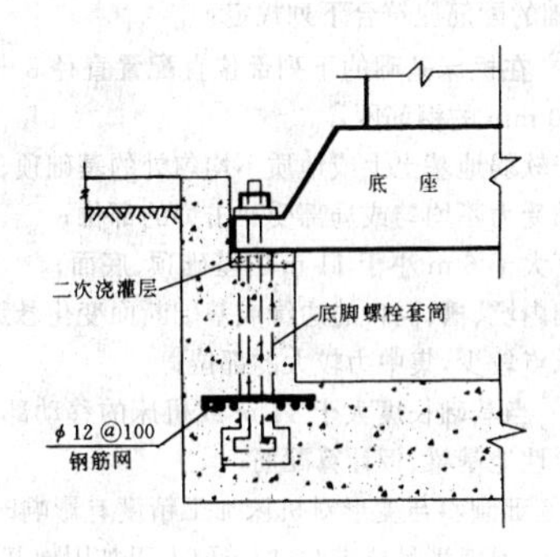


图9.2.3 压力机底座支承

## 9.3 动力计算

**9.3.1** 公称压力小于12500 kN的压力机基础，当无特殊要求时可不作动力计算。

**9.3.2** 压力机基础的动力计算，应根据压力机起动阶段和锻压阶段两种情况进行。起动阶段应计算基础的竖向和水平向振动线位移，锻压阶段只需计算基础的竖向振动线位移。

**9.3.3** 压力机起动阶段，基组在通过其重心的竖向扰力作用下，其竖向振动线位移、固有圆频率和固有周期可按下列公式计算：

$$A_z=\frac{0.6P_{z0}}{K_z}\eta_{max} \quad (9.3.3\text{-}1)$$

$$\omega_{nz}=\sqrt{\frac{K_z}{m}} \quad (9.3.3\text{-}2)$$

$$T_{nz}=\frac{2\pi}{\omega_{nz}} \quad (9.3.3\text{-}3)$$

式中 $P_{z0}$——压力机起动阶段通过基组重心的竖向扰力峰值(kN)；

$T_{nz}$——基组竖向固有周期(s)；

$\eta_{max}$——有阻尼动力系数，可按本规范附录F的规定采用。

**9.3.4** 压力机起动阶段，基组在水平扰力、扰力矩和竖向扰力的偏心作用下产生水平回转耦合振动（图9.3.4），其竖向振动线位移、水平向振动线位移、固有圆频率和固有周期，可按下列公式计算：

$$A_{z\varphi}=A_z+(A_{\varphi1}+A_{\varphi2})l \quad (9.3.4\text{-}1)$$

$$A_{x\varphi}=A_{\varphi1}(h_1+\rho_1)+A_{\varphi2}(h_1-\rho_2) \quad (9.3.4\text{-}2)$$

$$A_{\varphi1}=\frac{0.9M_1}{(J_y+m\rho_1^2)\omega_{n1}^2}\cdot\eta_{1max} \quad (9.3.4\text{-}3)$$

$$A_{\varphi2}=\frac{0.9M_2}{(J_y+m\rho_2^2)\omega_{n2}^2}\cdot\eta_{2max} \quad (9.3.4\text{-}4)$$

$$\omega_{n1}^2=\frac{1}{2}\left[(\omega_{nx}^2+\omega_{n\varphi}^2)-\sqrt{(\omega_{nx}^2-\omega_{n\varphi}^2)^2+\frac{4mh_2^2}{J_y}\omega_{nx}^4}\right] \quad (9.3.4\text{-}5)$$

$$\omega_{n2}^2=\frac{1}{2}\left[(\omega_{nx}^2+\omega_{n\varphi}^2)+\sqrt{(\omega_{nx}^2-\omega_{n\varphi}^2)^2+\frac{4mh_2^2}{J_y}\omega_{nx}^4}\right] \quad (9.3.4\text{-}6)$$

$$\omega_{nx}^2=\frac{K_x}{m} \quad (9.3.4\text{-}7)$$

$$\omega_{n\varphi}^2=\frac{K_\varphi+K_xh_2^2}{J_y} \quad (9.3.4\text{-}8)$$

$$M_1=M+P_x(h_1+h_0+\rho_1)+P_ze_x \quad (9.3.4\text{-}9)$$

$$M_2=M+P_x(h_1+h_0-\rho_2)+P_ze_x \quad (9.3.4\text{-}10)$$

$$\rho_1=\frac{\omega_{nx}^2h_2}{\omega_{nx}^2-\omega_{n1}^2} \quad (9.3.4\text{-}11)$$

$$\rho_2=\frac{\omega_{nx}^2h_2}{\omega_{n2}^2-\omega_{nx}^2} \quad (9.3.4\text{-}12)$$

式中 $A_{z\varphi}$——基础顶面控制点在水平扰力$P_x$、扰力矩$M_\varphi$及竖向扰力$P_z$偏心作用下的竖向振动线位移(m)；

$A_{x\varphi}$——基础顶面控制点在水平扰力$P_x$、扰力矩$M_\varphi$及竖向扰力偏心作用下的水平向振动线位移(m)；

$\omega_{n1}$——基组水平回转耦合振动第一振型的固有频率(rad/s)；

$\omega_{n2}$——基组水平回转耦合振动第二振型的固有频率(rad/s)；

$M_1$——绕通过第一振型转动中心$O_1$并垂直于回转面的轴的总扰力矩(kN·m)；

$M_2$——绕通过第二振型转动中心$O_2$并垂直于回转面的轴的总扰力矩(kN·m)；

$\eta_{1max}$——第一振型有阻尼动力系数，可按本规范附录F的规定采用；

$\eta_{2max}$——第二振型有阻尼动力系数，可按本规范附录F的规定采用。

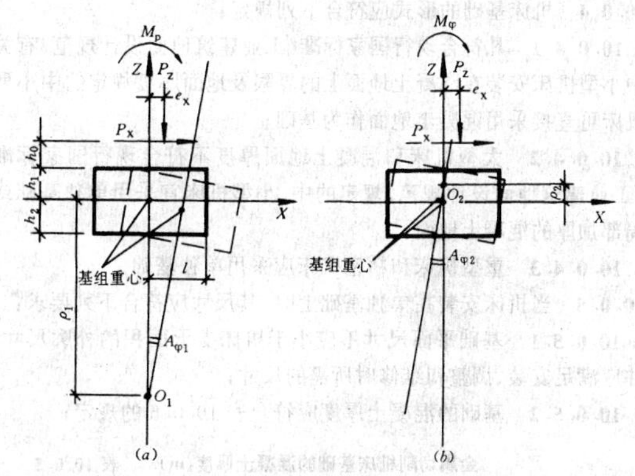


图9.3.4 基组振型

(a)第一振型；(b)第二振型

**9.3.5** 压力机锻压阶段，基组的竖向振动线位移应按下列公式计算：

$$A_z=1.2\frac{P_H}{K_z}\cdot\frac{\omega_{nz}^2}{\omega_{nm}^2-\omega_{nz}^2} \quad (9.3.5\text{-}1)$$

$$\omega_{nm}^2=\frac{K_1}{m_1} \quad (9.3.5\text{-}2)$$

$$m_1=m_u+m_m+0.5m_c \quad (9.3.5\text{-}3)$$

式中 $P_H$——压力机公称压力(kN)；

$\omega_{nm}$——压力机上部质量 $m_1$ 与立柱组成体系的固有圆频率(rad/s)；

$K_1$——压力机各立柱竖向刚度之和(kN/m)；

$m_1$——压力机上部质量(t)；

$m_u$——压力机立柱以上各部件的质量(t)；

$m_m$——最重一套模具的上模质量(t)；

$m_c$——各立柱质量之和(t)，当为装配型压力机，立柱的质量应包括拉杆螺栓的质量在内。

**9.3.6** 压力机基础控制点的允许振动线位移，应按表 9.3.6 采用。

**压力机基础的允许振动线位移　表 9.3.6**

| 基组固有频率 $f_n$(Hz) | 允许振动线位移(mm) |
|---|---|
| $f_n \leqslant 3.6$ | 0.5 |
| $3.6<f_n\leqslant 6.0$ | $1.8/f_n$ |
| $6.0<f_n\leqslant 15.0$ | 0.3 |
| $f_n>15.0$ | $0.1+3/f_n$ |

注：当计算竖向允许振动线位移时，基组固有频率 $f_n$ 可取 $\omega_{nz}/2\pi$；当计算水平向允许振动线位移时，基组固有频率 $f_n$ 可取 $\omega_{n1}/2\pi$。

# 10　金属切削机床基础

**10.0.1** 本章适用于普通或精密的重型及重型以下的金属切削机床和加工中心系列机床基础的设计。

**10.0.2** 机床类型的划分可按下列规定采用：

(1)单机重 100 kN 以下者为中、小型机床；

(2)单机重 100～300 kN 者为大型机床；

(3)单机重 300～1000 kN 者为重型机床。

**10.0.3** 金属切削机床基础设计时，除应取得本规范第 3.1.1 条规定的有关资料外，尚应由机器制造厂提供下列资料：

(1)机床外形尺寸；

(2)当基础倾斜和变形对机床加工精度有影响或计算基础配筋时，尚需要机床及加工件重力的分布情况、机床移动部件或移动加工件的重力及其移动范围。

**10.0.4** 机床基础的形式应符合下列规定：

**10.0.4.1** 凡符合现行国家标准《工业建筑地面设计规范》有关中小型机床安装在混凝土地面上的界限及地面厚度规定的中小型机床可直接采用混凝土地面作为基础；

**10.0.4.2** 大型机床和混凝土地面厚度不符合现行国家标准《工业建筑地面设计规范》规定的中、小型机床宜采用单独基础或局部加厚的混凝土地面；

**10.0.4.3** 重型机床和精密机床应采用单独基础。

**10.0.5** 当机床安装在单独基础上时，其尺寸应符合下列要求：

**10.0.5.1** 基础平面尺寸不应小于机床支承面积的外廓尺寸，并应满足安装、调整和维修时所需的尺寸；

**10.0.5.2** 基础的混凝土厚度应符合表 10.0.5 的规定；

**金属切削机床基础的混凝土厚度(m)　表 10.0.5**

| 机 床 名 称 | 基础的混凝土厚度 |
|---|---|
| 卧式车床 | $0.3+0.070L$ |
| 立式车床 | $0.5+0.150h$ |
| 铣　床 | $0.2+0.150L$ |
| 龙门铣床 | $0.3+0.075L$ |
| 插　床 | $0.3+0.150h$ |
| 龙门刨床 | $0.3+0.070L$ |
| 内圆磨床、无心磨床、平面磨床 | $0.3+0.080L$ |
| 导轨磨床 | $0.4+0.080L$ |
| 螺纹磨床、精密外圆磨床、齿轮磨床 | $0.4+0.100L$ |
| 摇臂钻床 | $0.2+0.130h$ |
| 深孔钻床 | $0.3+0.050L$ |
| 座标镗床 | $0.5+0.150L$ |
| 卧式镗床、落地镗床 | $0.3+0.120L$ |
| 卧式拉床 | $0.3+0.050L$ |
| 齿轮加工机床 | $0.3+0.150L$ |
| 立式钻床 | 0.3～0.6 |
| 牛头刨床 | 0.6～1.0 |

注：①表中 $L$ 为机床外形的长度(m)，$h$ 为其高度(m)，均系机床样本和说明书上提供的外形尺寸。

②表中基础厚度指机床底座下(如垫铁时，指垫铁下)承重部分的混凝土厚度。

**10.0.5.3** 有提高加工精度要求的普通机床，可按表 10.0.5 中基础混凝土厚度增加 5%～10%；

**10.0.5.4** 加工中心系列机床，其基础混凝土厚度可按组合机床的类型，取其精度较高或外形较长者按表 10.0.5 中同类型机床采用。

**10.0.6** 除隔振基础外，其他机床基础可不进行动力计算。

**10.0.7** 基础的配筋应符合下列规定：

**10.0.7.1** 在机床基础的下列部位宜配置直径 8～14 mm，间距 150～250 mm 的钢筋网：

(1)置于软弱地基土上或地质不均匀处的基础顶、底面；

(2)基础受力不均匀或局部受冲击力的部位；

(3)长度大于 6 m 小于 11 m 的基础顶、底面；

(4)基础内坑、槽、洞口的边缘或基础断面变化悬殊部位；

(5)支承点较少，集中力较大的部位；

**10.0.7.2** 当基础长度大于 11 m 或机床的移动部件的重力较大时，宜按弹性地基梁、板计算配筋。

**10.0.8** 当基础倾斜与变形对机床加工精度有影响时，应进行变形验算。当变形不能满足要求时，应采取人工加固地基或增加基础刚度等措施。

**10.0.9** 加工精度要求较高且重力在 500 kN 以上的机床，其基础建造在软弱地基上时，宜对地基采取预压加固措施。预压的重力可采用机床重力及加工件最大重力之和的 1.4～2.0 倍，并按实际荷载情况分布，分阶段达到预压重力，预压时间可根据地基固结情况决定。

**10.0.10** 精密机床应远离动荷载较大的机床。大型、重型机床或精密机床的基础应与厂房柱基础脱开。

**10.0.11** 精密机床基础的设计可分别采取下列措施之一：

**10.0.11.1** 在基础四周设置隔振沟，隔振沟的深度应与基础深度相同，宽度宜为 100 mm，隔振沟内宜空或垫海棉、乳胶等材料；

**10.0.11.2** 在基础四周粘贴泡沫塑料、聚苯乙烯等隔振材料；

**10.0.11.3** 在基础四周设缝与混凝土地面脱开，缝中宜填沥青麻丝等弹性材料；

**10.0.11.4** 精密机床的加工精度要求较高时，根据环境振动条件，可在基础或机床底部另行采取隔振措施。

**10.0.12** 计算由地面传来的振动值，可按本规范附录 E 的规定采用。

# 附录 A　低频机器和冲击机器振动对厂房结构的影响

**A.0.1** 厂房内设有小于或等于 10 Hz 的低频机器，厂房设计宜避开机器的共振区。

**A.0.2** 不隔振锻锤基础的振动影响宜符合下列规定：

**A.0.2.1** 锻锤振动对单层厂房的影响，可按表A.0.2采用，并应采取相应的构造措施。

**锻锤振动对单层厂房的影响　　表A.0.2**

| 落下部分公称质量(t) | 附加动载影响半径(m) | 屋盖结构附加竖向动荷载为静荷载的百分数(%) |
|---|---|---|
| ≤1.0 | 15～25 | 3～5 |
| 2～5 | 30～40 | 5～10 |
| 10～16 | 45～55 | 10～15 |

**A.0.2.2** 附加动荷载应按振动影响最大的一台锻锤计入，柱及吊车梁可不考虑附加动荷载。

**A.0.2.3** 锻锤基础邻近柱基的地基土承载力折减系数，可按下式计算：

$$\alpha_j=\frac{1}{1+0.3\dfrac{a}{g}} \tag{A.0.2}$$

式中　$\alpha_j$——锻锤基础邻近的柱基的地基土承载力折减系数。

**A.0.2.4** 对厂房尚应采取相应的抗振构造措施。

**A.0.3** 落锤振动影响可按下列规定采用：

**A.0.3.1** 落锤碎破设备，宜设置在远离建筑物的地方，其对邻近建筑物的影响半径宜按表A.0.3采用。

**碎铁设备振动对邻近建筑物的影响半径(m)　　A.0.3**

| 地基土类别及状态 | 落锤冲击能量(kJ) | | |
|---|---|---|---|
| | ≤600 | 1200 | ≥1800 |
| 一、二、三类土 | 30 | 40 | 60 |
| 四类土(饱和粉、细砂及淤泥质土除外) | 40 | 50 | 70 |
| 饱和粉、细砂及淤泥质土 | 50 | 80 | 100 |

**A.0.3.2** 当建筑物与碎铁设备的距离小于表A.0.3的规定时，应计入碎铁设备的振动影响；

**A.0.3.3** 落锤破碎坑基础邻近的柱基础的地基承载力折减系数可按本规范第A.0.2.3款的公式计算；

**A.0.3.4** 设计落锤车间时，除应采取相应的抗振构造措施外，尚应根据地基土质情况，在厂房结构净空及节点设计中预留调整的余地并应设置沉降观测点等。

# 附录B　锚桩(杆)基础设计

**B.0.1** 当岩石地基符合下列条件时，可采用锚桩(杆)基础：

(1)岩石的饱和单轴极限抗压强度大于$3\times10^4$ kPa，且地质构造影响轻微，节理、裂隙不发育，无粘土质层理夹层，整体性较好的岩石；

(2)岩石的节理、裂隙虽较发育，但无溶洞、无裂隙水，在采用压力灌浆处理后，尚能构成基本完整状态。

**B.0.2** 锚桩的钢筋应扎成笼形，可采用4～6根主筋，其直径宜为12～16 mm，锚桩的孔径可取100～200 mm。

**B.0.3** 锚杆的钢筋为单根主筋，锚杆的孔径可取3倍主筋直径，但不宜小于主筋直径加50 mm。

**B.0.4** 主筋可采用螺纹或月牙纹钢筋，不宜采用冷加工钢筋。

**B.0.5** 锚桩(杆)孔，宜采用不低于C30的细石混凝土或水泥砂浆浇灌。

**B.0.6** 浇灌前应将钻孔清理干净。

**B.0.7** 锚桩(杆)之间的中距，不应小于锚桩(杆)孔直径的5倍，且不得小于400 mm，并不得大于1200 mm。距基础边缘的净距不宜小于150 mm。锚入岩层深度：当采用锚杆时不应小于锚杆孔直径的20倍；当采用锚桩时不应小于锚桩孔直径的15倍，锚入基础深度，不应小于钢筋直径的25倍。

**B.0.8** 大块式基础的锚桩(杆)主筋总截面面积，可按基础底面积的0.05%～0.12%选取且应均匀配置，但不应小于机器地脚栓的总截面面积。

**B.0.9** 墙式或框架式基础的锚桩(杆)，其主筋的总截面面积不应小于墙内或柱内主筋截面面积的总和。

# 附录C　框架式基础的动力计算

## C.1　空间多自由度体系计算

**C.1.1** 空间力学模型的建立

假设基础为空间多自由度体系，按本附录第C.1.4条的规定，选定质点，每段杆件(质点间的杆件)的质量向两端各集中1/2，可不考虑转动惯量的影响。每一质点考虑6个自由度，即3个线位移和3个角位移。每一段杆件应考虑弯曲、剪切、扭转及伸缩等变形，其力学模型见图C.1.1。

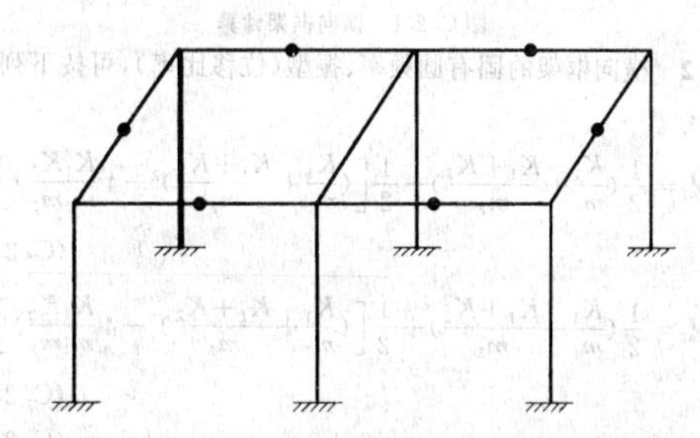

图C.1.1　框架式基础的空间力学模型

**C.1.2** 自由振动计算　按上述力学模型，建立静刚度矩阵[K]与质量矩阵[M]，求解下列广义特征值问题：

$$[K]\{X\}=\omega^2[M]\{X\} \tag{C.1.2}$$

应算出1.4倍工作转速内的全部特征对，每一特征对包括一个特征值$\omega_i^2$及相应的特征向量$\{X\}_i$。

**C.1.3** 强迫振动计算　当采用振型分解法计算振动线位移时，应取1.4倍工作转速内的全部振型进行叠加。结构阻尼比可采用0.0625。

**C.1.4** 力学模型的简化。

**C.1.4.1** 杆件计算尺寸的确定：

(1)柱的计算长度，可取底板顶到横梁中心的距离；

(2)纵横梁的计算跨度，可取支座中心线间的距离。当各框架横梁的跨度之差小于30%时，可取其平均值；

(3)当梁、柱截面较大或有加腋时(图C.1.4)，梁刚性区长度可取$\frac{1}{4}(b+b_1)$，且不应大于横梁的宽度$b$的一半，柱刚性区长度可取$\frac{1}{4}(h+h_1)$，且不应大于纵梁宽度$h$的一半。

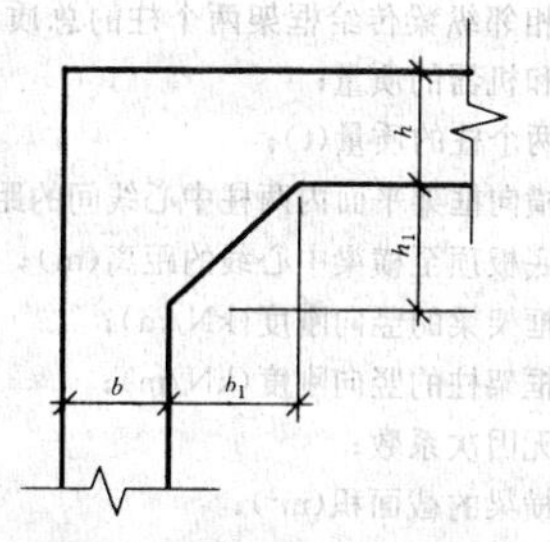


图C.1.4　框架梁加腋示意图

**C.1.4.2** 质点的选取：

(1)柱子与横梁、纵梁交点均可设质点；

(2)横梁中点可设一个质点；

(3)纵梁在有扰力作用处可设质点。若无扰力作用时，亦可在中点设质点，但纵梁跨度很小时，可不设质点；

(4)等截面柱中段，一般不设质点，变截面柱可酌设质点。

**C.1.4.3** 板式结构可划分为纵横梁来计算。

## C.2 两自由度体系的简化计算

**C.2.1** 横向平面框架的竖向振动计算简图见图C.2.1。

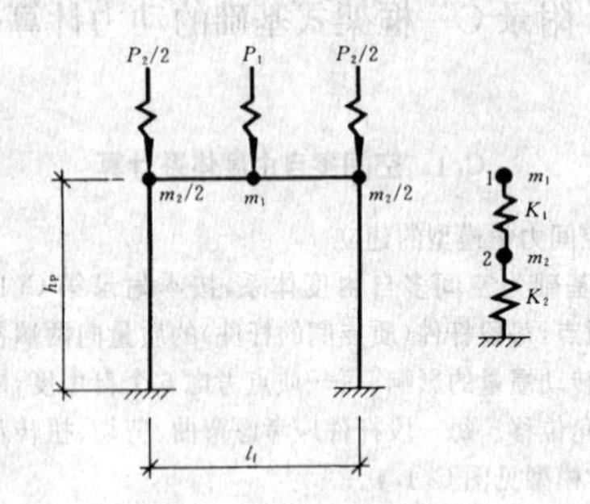


图C.2.1 横向框架计算

**C.2.2** 横向框架的固有圆频率、振型(位移比率)，可按下列公式计算：

$$\omega_{n1}^2=\frac{1}{2}(\frac{K_1}{m_1}+\frac{K_1+K_2}{m_2})-\frac{1}{2}\left[(\frac{K_1}{m_1}+\frac{K_1+K_2}{m_2})^2-4\frac{K_1K_2}{m_1m_2}\right]^{\frac{1}{2}} \tag{C.2.2-1}$$

$$\omega_{n2}^2=\frac{1}{2}(\frac{K_1}{m_1}+\frac{K_1+K_2}{m_2})+\frac{1}{2}\left[(\frac{K_1}{m_1}+\frac{K_1+K_2}{m_2})^2-4\frac{K_1K_2}{m_1m_2}\right]^{\frac{1}{2}} \tag{C.2.2-2}$$

$$m_1=m_m+0.5m_b \tag{C.2.2-3}$$

$$m_2=m_N+0.5(m_c+m_b) \tag{C.2.2-4}$$

$$K_1=\frac{1}{\frac{l_f^3}{96E_cI_b}\cdot\frac{1+2\delta}{2+\delta}+\frac{3}{5}\cdot\frac{l_f}{E_cA_b}} \tag{C.2.2-5}$$

$$K_2=\frac{2E_cA_c}{h_p} \tag{C.2.2-6}$$

$$\delta=\frac{h_pI_b}{l_fI_c} \tag{C.2.2-7}$$

$$X_{21}=\frac{K_1-m_1\omega_{n1}^2}{K_1} \tag{C.2.2-8}$$

$$X_{22}=\frac{K_1-m_1\omega_{n2}^2}{K_1} \tag{C.2.2-9}$$

式中 $\omega_{n1}$——框架的竖向第一振型固有圆频率(rad/s)；

$\omega_{n2}$——框架的竖向第二振型固有圆频率(rad/s)；

$m_1$——集中于横梁中点的质量(t)；

$m_2$——集中于两个柱顶的质量(t)；

$m_m$——集中于横梁中点的机器质量(t)；

$m_b$——横梁的本身质量(t)；

$m_N$——相邻纵梁传给框架两个柱的总质量(t)，包括结构和机器的质量；

$m_c$——两个柱的质量(t)；

$l_f$——横向框架平面内两柱中心线间的距离(m)；

$h_p$——底板顶至横梁中心线的距离(m)；

$K_1$——框架梁的竖向刚度(kN/m)；

$K_2$——框架柱的竖向刚度(kN/m)；

$\delta$——无因次系数；

$A_b$——横梁的截面积($m^2$)；

$A_c$——柱的截面积($m^2$)；

$I_b$——横梁的截面惯性矩($m^4$)；

$I_c$——柱的截面惯性矩($m^4$)；

$X_{21}$——第一振型时2点与1点的位移比率；

$X_{22}$——第二振型时2点与1点的位移比率。

**C.2.3** 横向框架的竖向振动线位移的计算，应符合下列规定：

**C.2.3.1** 当$\omega_{n2}$小于或等于$0.131n$时，应分别按下列情况计算扰频与第一、第二振型固有频率相等时的振动线位移：

(1)当扰频与第一振型固有频率相等时，横梁中点和柱顶的竖向振动线位移可按下列公式计算：

$$A_{11}=\alpha_p\beta_1\eta_{max}\frac{\sqrt{m_{g1}^2+(m_{g2}X_{21})^2}}{m_1+m_2X_{21}^2} \tag{C.2.3-1}$$

$$A_{21}=A_{11}X_{21} \tag{C.2.3-2}$$

(2)当扰频与第二振型固有频率相等时，横梁中点和柱顶的竖向振动线位移可按下列公式计算：

$$A_{12}=\alpha_p\beta_2\eta_{max}\frac{\sqrt{m_{g1}^2+(m_{g2}X_{22})^2}}{m_1+m_2X_{22}^2} \tag{C.2.3-3}$$

$$A_{22}=A_{12}X_{22} \tag{C.2.3-4}$$

式中 $A_{11}$——当扰频与第一振型固有频率相等时，横梁中点的竖向振动线位移(mm)；

$A_{12}$——当扰频与第二振型固有频率相等时，横梁中点的竖向振动线位移(mm)；

$A_{21}$——当扰频与第一振型固有频率相等时，柱顶的竖向振动线位移(mm)；

$A_{22}$——当扰频与第二振型固有频率相等时，柱顶的竖向振动线位移(mm)；

$\beta_1$——第一振型的空间影响系数；

$\beta_2$——第二振型的空间影响系数；

$\eta_{max}$——最大动力系数，可取8；

$\alpha_p$——系数(mm)。

**C.2.3.2** 当$\omega_{n2}$大于$0.131n$时，应按公式(C.2.3-1)和(C.2.3-2)计算横梁中点和柱顶的竖向振动线位移；

**C.2.3.3** 按上述公式计算的振动线位移应符合本规范第5.2.2条和5.2.3条的规定。

**C.2.4** 空间影响系数可按表C.2.4采用。

空间影响系数 表C.2.4

| 框架位置 | $\beta_1$ | $\beta_2$ |
|---|---|---|
| 边框架 | 1.30 | 1.30 |
| 中间框架 | 1.00 | 0.70 |

**C.2.5** 系数$\alpha_p$可根据汽轮发电机的转速由表C.2.5确定。

系数$\alpha_p$(mm) 表C.2.5

| 机器工作转速(r/min) | 3000 | 1500 |
|---|---|---|
| $\alpha_p$ | $2\times10^{-2}$ | $6.4\times10^{-2}$ |

# 附录D 正圆锥壳锻锤基础的强度计算及构造

**D.0.1** 壳体尺寸的确定(图D.0.1)宜符合下列规定：

(1)根据锻锤吨位及地基土类别，确定壳体斜度$l_q$；

(2)壳体厚度 $h_q=0.125l_q$ (D.0.1-1)

(3)环梁宽度 $b_q=0.250l_q$ (D.0.1-2)

(4)环梁高度 $d_q=0.200l_q$ (D.0.1-3)

(5)环梁外径 $R_q=1.83l_q\cos\alpha_q-\frac{h_q}{2\sin\alpha_q}+b_q$ (D.0.1-4)

(6)壳体倾角 $\alpha_q$，可取 35°。

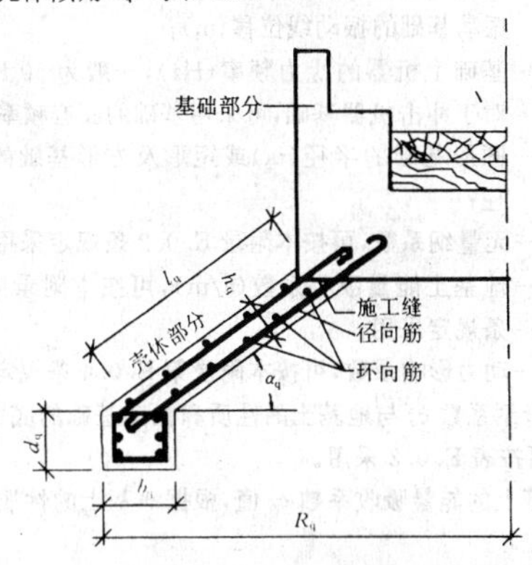


图 D.0.1 壳体示意

**D.0.2** 当计算壳体截面强度时，在壳体顶上的总荷载包括基础自重、锤架和砧座重以及当量荷载的分项系数可取 1.2。当计算当量荷载时，材料疲劳等因素的分项系数 $\mu$ 可取 2.0，回弹系数 $e$ 可取 0.5。

**D.0.3** 壳体顶部的当量荷载可按下式计算：

$$P=(1+e)\frac{W_0V_0}{gT_q}\cdot\mu \tag{D.0.3}$$

式中 $P$ ——壳体顶部的当量荷载(kN)；

$T_q$ ——冲击响应时间(s)，可按本附录 D.0.4 条规定确定；

$\mu$ ——考虑材料疲劳等因素；

$e$ ——回弹系数。

**D.0.4** 冲击响应时间可按下列规定取值：

(1)对 1 t 及以下的锻锤，其砧座下垫层为木垫时，可取 1/200 s，垫层为运输胶带时，可取 1/280 s；

(2)对大于 1 t 的锻锤，其砧座下垫层为木垫时，可取 1/150 s，垫层为运输胶带时，可取 1/200 s。

**D.0.5** 壳体截面强度可按下列公式计算：

(1)径向应力：

$$\sigma_s=1.2P_q\left(\frac{K_qN_{ss}}{h_q}\pm\frac{K_{\varphi q}M_{ss}h_q}{2I_q}\right) \tag{D.0.5-1}$$

(2)环向应力：

$$\sigma_\theta=1.2P_q\left(\frac{K_qN_{\theta\theta}}{h_q}\pm\frac{K_{\varphi q}M_{\theta\theta}h_q}{2I_q}\right) \tag{D.0.5-2}$$

(3)环梁内力：

$$T=1.2P_q(-K_qN_{ss}\cos\alpha_q+K_{\varphi q}Q_{ss}\sin\alpha_q)(1.83l_q\cos\alpha_q) \tag{D.0.5-3}$$

(4)壳体抗拉、抗压刚度：

$$K_q=\frac{E_ch_q}{1-\nu^2} \tag{D.0.5-4}$$

(5)壳体抗弯刚度：

$$K_{\varphi q}=\frac{E_ch_q^3}{12(1-\nu^2)} \tag{D.0.5-5}$$

(6)壳体单位宽度的截面惯性矩：

$$I_q=\frac{h_q^3}{12} \tag{D.0.5-6}$$

式中 $\sigma_s$ ——壳体径向应力(kPa)；

$\sigma_\theta$ ——壳体环向应力(kPa)；

$T$ ——环梁内力(kN)；

$P_q$ ——作用在壳体顶部的总荷载，包括基础自重、锤架和砧座重以及当量荷载(kN)；

$K_q$ ——壳体抗拉、抗压刚度(kN/m)；

$K_{\varphi q}$ ——壳体抗弯刚度(kN/m)；

$I_q$ ——壳体单位宽度的截面惯性矩($m^3$)；

$\nu$ ——钢筋混凝土的泊桑比，可取 0.2；

$N_{ss}$ ——当壳体顶部荷载为 1 kN 时，壳体单位宽度上的径向力参数值(1/kN)，可按本附录第 D.0.6 条规定采用；

$N_{\theta\theta}$ ——当壳体顶部荷载为 1 kN 时，壳体单位宽度上的环向力参数值(1/kN)，可按本附录第 D.0.6 条规定采用；

$Q_{ss}$ ——当壳体顶部荷载为 1 kN 时，壳体单位宽度上的径向剪力参数值[1/(kN·m²)]可按本附录第D.0.6 条规定采用；

$M_{ss}$ ——当壳体顶部荷载为 1 kN 时，壳体单位宽度上的环向弯矩参数值[1/(kN·m)]可按本附录第 D.0.6 条规定采用；

$M_{\theta\theta}$——当壳顶部荷载为 1 kN 时，壳体单位宽度上的环向弯矩参数值[1/(kN·m)]，可按本附录第 D.0.6 条规定采用。

**D.0.6** 壳体的径向、环向力、剪力和弯矩参数值可按下列规定确定：

**D.0.6.1** 当壳体的倾角 $\alpha_q$ 为 35°，地基抗压刚度系数 $C_z$ 值为 28000 kN/m³ 及以上，壳体顶部荷载为 1 kN 时，壳体单位宽度上的径向力参数值、径向弯矩参数值、径向剪力参数值、环向力参数值和环向弯矩参数值可按表 D.0.6 采用。

**D.0.6.2** 当壳体倾角 $\alpha_q$ 为 30°时，表 D.0.6 中各值应乘以 1.2，当壳体倾角 $\alpha_q$ 为 40°时，应乘以 0.8，中间值用插入法计算。

**D.0.6.3** 当壳体基础建造在抗压刚度系数小于 28000 kN/m³ 的地基上时，表 D.0.6 中各值应乘以 1.2。

**正圆锥壳基础内力参数值　　表 D.0.6**

| $lq$ (m) | $N_{ss}$ (1/kN) | $M_{ss}$ [1/(kN·m)] | $Q_{ss}$ [1/(kN·m²)] | $N_{\theta\theta}$ (1/kN) | $M_{\theta\theta}$ [1/(kN·m)] |
|---|---|---|---|---|---|
| 0.80 | $-0.317\times10^{-7}$ | $-0.164\times10^{-5}$ | $0.109\times10^{-4}$ | $0.499\times10^{-7}$ | $-0.228\times10^{-6}$ |
| 1.00 | $-0.203\times10^{-7}$ | $-0.837\times10^{-6}$ | $0.444\times10^{-5}$ | $0.318\times10^{-7}$ | $-0.116\times10^{-6}$ |
| 1.20 | $-0.141\times10^{-7}$ | $-0.483\times10^{-6}$ | $0.214\times10^{-5}$ | $0.220\times10^{-7}$ | $-0.671\times10^{-7}$ |
| 1.40 | $-0.103\times10^{-7}$ | $-0.303\times10^{-6}$ | $0.115\times10^{-5}$ | $0.161\times10^{-7}$ | $-0.421\times10^{-7}$ |
| 1.60 | $-0.789\times10^{-8}$ | $-0.202\times10^{-6}$ | $0.672\times10^{-6}$ | $0.123\times10^{-7}$ | $-0.281\times10^{-7}$ |
| 1.80 | $-0.623\times10^{-8}$ | $-0.142\times10^{-6}$ | $0.419\times10^{-6}$ | $0.968\times10^{-8}$ | $-0.197\times10^{-7}$ |
| 2.00 | $-0.504\times10^{-8}$ | $-0.103\times10^{-6}$ | $0.274\times10^{-6}$ | $0.781\times10^{-8}$ | $-0.143\times10^{-7}$ |
| 2.20 | $-0.416\times10^{-8}$ | $-0.771\times10^{-7}$ | $0.178\times10^{-6}$ | $0.643\times10^{-8}$ | $-0.107\times10^{-7}$ |
| 2.40 | $-0.349\times10^{-8}$ | $-0.592\times10^{-7}$ | $0.131\times10^{-6}$ | $0.539\times10^{-8}$ | $-0.822\times10^{-8}$ |
| 2.60 | $-0.297\times10^{-8}$ | $-0.464\times10^{-7}$ | $0.952\times10^{-7}$ | $0.457\times10^{-8}$ | $-0.644\times10^{-8}$ |
| 2.80 | $-0.256\times10^{-8}$ | $-0.370\times10^{-7}$ | $0.706\times10^{-7}$ | $0.393\times10^{-8}$ | $-0.514\times10^{-8}$ |
| 3.00 | $-0.223\times10^{-8}$ | $-0.300\times10^{-7}$ | $0.534\times10^{-7}$ | $0.341\times10^{-8}$ | $-0.416\times10^{-8}$ |
| 3.20 | $-0.195\times10^{-8}$ | $-0.246\times10^{-7}$ | $0.412\times10^{-7}$ | $0.289\times10^{-8}$ | $-0.342\times10^{-8}$ |
| 3.40 | $-0.173\times10^{-8}$ | $-0.205\times10^{-7}$ | $0.322\times10^{-7}$ | $0.264\times10^{-8}$ | $-0.284\times10^{-8}$ |
| 3.60 | $-0.154\times10^{-8}$ | $-0.172\times10^{-7}$ | $0.256\times10^{-7}$ | $0.234\times10^{-8}$ | $-0.239\times10^{-8}$ |
| 3.80 | $-0.138\times10^{-8}$ | $-0.146\times10^{-7}$ | $0.206\times10^{-7}$ | $0.210\times10^{-8}$ | $-0.202\times10^{-8}$ |
| 4.00 | $-0.125\times10^{-8}$ | $-0.125\times10^{-7}$ | $0.167\times10^{-7}$ | $0.189\times10^{-8}$ | $-0.173\times10^{-8}$ |
| 4.20 | $-0.113\times10^{-8}$ | $-0.107\times10^{-7}$ | $0.137\times10^{-7}$ | $0.170\times10^{-8}$ | $-0.149\times10^{-8}$ |
| 4.40 | $-0.103\times10^{-8}$ | $-0.930\times10^{-8}$ | $0.115\times10^{-7}$ | $0.155\times10^{-8}$ | $-0.129\times10^{-8}$ |
| 4.80 | $-0.860\times10^{-9}$ | $-0.712\times10^{-8}$ | $0.797\times10^{-8}$ | $0.129\times10^{-8}$ | $-0.986\times10^{-9}$ |
| 5.20 | $-0.731\times10^{-9}$ | $-0.557\times10^{-8}$ | $0.576\times10^{-8}$ | $0.109\times10^{-8}$ | $-0.771\times10^{-9}$ |
| 5.60 | $-0.629\times10^{-9}$ | $-0.443\times10^{-8}$ | $0.426\times10^{-8}$ | $0.936\times10^{-9}$ | $-0.613\times10^{-9}$ |
| 6.00 | $-0.546\times10^{-9}$ | $-0.358\times10^{-8}$ | $0.322\times10^{-8}$ | $0.810\times10^{-9}$ | $-0.495\times10^{-9}$ |
| 6.40 | $-0.479\times10^{-9}$ | $-0.293\times10^{-8}$ | $0.247\times10^{-8}$ | $0.707\times10^{-9}$ | $-0.405\times10^{-9}$ |

## 附录E　地面振动衰减的计算

**E.0.1**　当动力机器基础为竖向或水平向振动时，距该基础中心 $r$(m)处地面土的竖向或水平向的振动线位移，应由现场试验确定。当无条件时，可按下列近似公式计算：

$$A_r=A_o\left[\frac{r_o}{r}\xi_o+\sqrt{\frac{r_o}{r}}(1-\xi_o)\right]e^{-f_o\alpha_o(r-r_o)} \quad (E.0.1\text{-}1)$$

对于方形及矩形基础：$r_o=\mu_1\sqrt{\frac{A}{\pi}}$　　(E.0.1-2)

对于圆形基础：　$r_o=\sqrt{\frac{A}{\pi}}$　　(E.0.1-3)

式中　$A_r$——距振动基础中心 $r$ 处地面上的振动线位移(m)；

$A_o$——振动基础的振动线位移(m)；

$f_o$——基础上机器的扰力频率(Hz)，一般为 50 Hz 以下。对于冲击机器基础，可采用基础的固有频率；

$r_o$——圆形基础的半径(m)或矩形及方形基础的当量半径；

$\xi_o$——无量纲系数，可按本附录 E.0.2 条规定采用；

$\alpha_o$——地基土能量吸收系数(s/m)，可按本附录第 E.0.3 条规定采用；

$\mu_1$——动力影响系数，可按本附录第 E.0.4 条规定采用；

**E.0.2**　无量纲系数 $\xi_o$ 与地基土的性质和振动基础的底面积大小有关，其值可按表 E.0.2 采用。

**E.0.3**　地基土上的能量吸收系数 $\alpha_o$ 值，根据地基土的性质，可按表 E.0.3 采用。

系　数 $\xi_o$　　　　表 E.0.2

| 土的名称 | 振动基础的半径或当量半径 $r_o$(m) | | | | | | | |
|---|---|---|---|---|---|---|---|---|
| | 0.5及以下 | 1.0 | 2.0 | 3.0 | 4.0 | 5.0 | 6.0 | 7及以上 |
| 一般粘性土、粉土、砂土 | 0.70～0.95 | 0.55 | 0.45 | 0.40 | 0.35 | 0.25～0.30 | 0.23～0.30 | 0.15～0.20 |
| 饱和软土 | 0.70～0.95 | 0.50～0.55 | 0.40 | 0.35～0.40 | 0.23～0.30 | 0.22～0.30 | 0.20～0.25 | 0.10～0.20 |
| 岩　石 | 0.80～0.95 | 0.70～0.80 | 0.65～0.70 | 0.60～0.65 | 0.55～0.60 | 0.50～0.55 | 0.45～0.50 | 0.25～0.35 |

注：①对于饱和软土，当地下水深 1 m 及以下时，$\xi_o$ 取较小值，1～2.5 m 时取较大值，大于 2.5 m 时取一般粘性土的 $\xi_o$ 值；

②对于岩石覆盖层在 2.5 m 以内时，$\xi_o$ 取较大值，2.5～6 m 时取较小值，超过 6 m 时，取一般粘性土的 $\xi_o$ 值。

地基土能量吸收系数 $\alpha_o$ 值　　　　表 E.0.3

| 地基土名称及状态 | | $\alpha_o$(s/m) |
|---|---|---|
| 岩石(覆盖层 1.5～2.0 m) | 页岩、石灰岩 | (0.385～0.485)×10⁻³ |
| | 砂岩 | (0.580～0.775)×10⁻³ |
| 硬塑的粘土 | | (0.385～0.525)×10⁻³ |
| 中密的块石、卵石 | | (0.850～1.100)×10⁻³ |
| 可塑的粘土和中密的粗砂 | | (0.965～1.200)×10⁻³ |
| 软塑的粘土、粉土和稍密的中砂、粗砂 | | (1.255～1.450)×10⁻³ |
| 淤泥质粘土、粉土和饱和细砂 | | (1.200～1.300)×10⁻³ |
| 新近沉积的粘土和非饱和松散砂 | | (1.800～2.050)×10⁻³ |

注：①同一类地基土上，振动设备大者(如 10 t、16 t 锻锤)，$\alpha_o$ 取小值，振动设备小者取较大值；

②同等情况下，土壤孔隙比大者，$\alpha_o$ 取偏大值，孔隙比小者，$\alpha_o$ 取偏小值。

**E.0.4**　动力影响系数 $\mu_1$，可按表 E.0.4 采用。

动力影响系数 $\mu_1$　　　　表 E.0.4

| 基础底面积 $A$(m²) | $\mu_1$ |
|---|---|
| $A\leqslant10$ | 1.00 |
| 12 | 0.96 |
| 14 | 0.92 |
| 16 | 0.88 |
| $A\geqslant20$ | 0.80 |

## 附录F　压力机基础有阻尼动力系数 $\eta_{max}$ 值的计算

**F.0.1**　压力机在起动阶段所产生的扰力脉冲，包括竖向扰力、水平扰力及扰力矩，其形式一般介于后峰锯齿冲击脉冲和对称三角形冲击脉冲之间，而更接近于后峰锯齿冲击脉冲。因此，分别列出后峰锯齿冲击脉冲和对称三角形冲击脉冲两种情况的动力系数 $\eta_{max}$，其值可按本附录 F.0.2 条规定采用。

**F.0.2**　当扰力为后峰锯齿冲击脉冲或对称三角形冲击脉冲时，基组的有阻尼动力系数 $\eta_{max}$，可按下列规定由表 F.0.2-1、F.0.2-2 查得：

(1)对于竖向有阻尼动力系数 $\eta_{zmax}$，阻尼比 $\zeta$ 和固有周期 $T_n$ 可取基组的竖向阻尼比 $\zeta_z$、固有周期 $T_{nz}$；

(2)对于水平回转耦合振动第一、第二振型有阻尼动力系数 $\eta_{1max}$、$\eta_{2max}$，阻尼比 $\zeta$、固有周期 $T_n$ 可分别取基组的水平回转耦合振动第一、第二振型阻尼比 $\zeta_{x\varphi1}$、$\zeta_{x\varphi2}$、第一、第二振型固有周期 $T_{n1}$、$T_{n2}$；

(3)基组竖向、水平向和回转向扰力或扰力矩脉冲时间 $t_o$ 均相同。

**扰力为后峰锯齿冲击脉冲的 $\eta_{max}$ 值** 表 F.0.2-1

| $t_o/T_n$ \ ζ | 0 | 0.02 | 0.04 | 0.06 | 0.08 | 0.10 | 0.12 | 0.14 | 0.16 | 0.18 | 0.20 | 0.22 | 0.24 | 0.26 | 0.28 | 0.30 |
|---|---|---|---|---|---|---|---|---|---|---|---|---|---|---|---|---|
| 0.1 | 0.3107 | 0.3012 | 0.2923 | 0.2838 | 0.2757 | 0.2681 | 0.2608 | 0.2539 | 0.2473 | 0.2410 | 0.2350 | 0.2293 | 0.2238 | 0.2185 | 0.2135 | 0.2087 |
| 0.2 | 0.6012 | 0.5829 | 0.5656 | 0.5492 | 0.5337 | 0.5189 | 0.5049 | 0.4915 | 0.4788 | 0.4667 | 0.4551 | 0.4440 | 0.4335 | 0.4234 | 0.4137 | 0.4044 |
| 0.3 | 0.8531 | 0.8273 | 0.8030 | 0.7799 | 0.7580 | 0.7372 | 0.7175 | 0.6987 | 0.6808 | 0.6637 | 0.6475 | 0.6319 | 0.6170 | 0.6028 | 0.5892 | 0.5761 |
| 0.4 | 1.0512 | 1.0200 | 0.9906 | 0.9626 | 0.9362 | 0.9110 | 0.8871 | 0.8644 | 0.8428 | 0.8221 | 0.8024 | 0.7836 | 0.7656 | 0.7484 | 0.7320 | 0.7162 |
| 0.5 | 1.1854 | 1.1515 | 1.1194 | 1.0890 | 1.0602 | 1.0328 | 1.0068 | 0.8821 | 0.9585 | 0.9361 | 0.9146 | 0.8941 | 0.8746 | 0.8558 | 0.8378 | 0.8206 |
| 0.6 | 1.2516 | 1.2180 | 1.1862 | 1.1561 | 1.1276 | 1.1005 | 1.0748 | 1.0503 | 1.0269 | 1.0047 | 0.9834 | 0.9630 | 0.9436 | 0.9249 | 0.9070 | 0.8898 |
| 0.7 | 1.2521 | 1.2223 | 1.1941 | 1.1673 | 1.1420 | 1.1179 | 1.0949 | 1.0730 | 1.0521 | 1.0321 | 1.0130 | 0.9946 | 0.9769 | 0.9599 | 0.9436 | 0.9279 |
| 0.8 | 1.1971 | 1.1745 | 1.1531 | 1.1327 | 1.1133 | 1.0947 | 1.0768 | 1.0597 | 1.0432 | 1.0273 | 1.0120 | 0.9971 | 0.9827 | 0.9688 | 0.9553 | 0.9421 |
| 0.9 | 1.1045 | 1.0921 | 1.0802 | 1.0686 | 1.0572 | 1.0460 | 1.0350 | 1.0241 | 1.0134 | 1.0028 | 0.9922 | 0.9818 | 0.9715 | 0.9614 | 0.9513 | 0.9413 |
| 1.0 | 1.0000 | 0.9996 | 0.9984 | 0.9965 | 0.9938 | 0.9906 | 0.9867 | 0.9823 | 0.9774 | 0.9721 | 0.9664 | 0.9604 | 0.9541 | 0.9476 | 0.9409 | 0.9340 |
| 1.1 | 0.9154 | 0.9253 | 0.9332 | 0.9392 | 0.9436 | 0.9465 | 0.9482 | 0.9488 | 0.9483 | 0.9471 | 0.9451 | 0.9424 | 0.9392 | 0.9355 | 0.9314 | 0.9269 |
| 1.2 | 0.8787 | 0.8928 | 0.9043 | 0.9134 | 0.9206 | 0.9260 | 0.9299 | 0.9326 | 0.9341 | 0.9347 | 0.9344 | 0.9334 | 0.9317 | 0.9295 | 0.9268 | 0.9237 |
| 1.3 | 0.8980 | 0.9078 | 0.9157 | 0.9220 | 0.9269 | 0.9305 | 0.9331 | 0.9347 | 0.9355 | 0.9356 | 0.9350 | 0.9339 | 0.9323 | 0.9303 | 0.9279 | 0.9251 |
| 1.4 | 0.9556 | 0.9551 | 0.9546 | 0.9540 | 0.9532 | 0.9522 | 0.9510 | 0.9495 | 0.9478 | 0.9459 | 0.9438 | 0.9414 | 0.9389 | 0.9362 | 0.9333 | 0.9302 |
| 1.5 | 1.0223 | 1.0108 | 1.0011 | 0.9929 | 0.9857 | 0.9795 | 0.9739 | 0.9689 | 0.9643 | 0.9599 | 0.9558 | 0.9519 | 0.9481 | 0.9443 | 0.9406 | 0.9369 |
| 1.6 | 1.0737 | 1.0542 | 1.0379 | 1.0241 | 1.0123 | 1.0022 | 0.9934 | 0.9856 | 0.9787 | 0.9726 | 0.9669 | 0.9617 | 0.9568 | 0.9523 | 0.9479 | 0.9437 |
| 1.7 | 1.0959 | 1.0737 | 1.0550 | 1.0392 | 1.0258 | 1.0142 | 1.0042 | 0.9954 | 0.9876 | 0.9807 | 0.9744 | 0.9686 | 0.9633 | 0.9584 | 0.9537 | 0.9492 |
| 1.8 | 1.0858 | 1.0666 | 1.0504 | 1.0366 | 1.0247 | 1.0144 | 1.0053 | 0.9973 | 0.9901 | 0.9835 | 0.9776 | 0.9721 | 0.9669 | 0.9621 | 0.9575 | 0.9532 |
| 1.9 | 1.0494 | 1.0381 | 1.0284 | 1.0198 | 1.0122 | 1.0052 | 0.9988 | 0.9929 | 0.9873 | 0.9821 | 0.9772 | 0.9725 | 0.9681 | 0.9638 | 0.9597 | 0.9557 |
| 2.0 | 1.0000 | 0.9996 | 0.9985 | 0.9967 | 0.9944 | 0.9916 | 0.9886 | 0.9854 | 0.9820 | 0.9785 | 0.9749 | 0.9713 | 0.9678 | 0.9642 | 0.9607 | 0.9571 |
| 2.1 | 0.9556 | 0.9652 | 0.9718 | 0.9760 | 0.9784 | 0.9793 | 0.9792 | 0.9783 | 0.9767 | 0.9747 | 0.9724 | 0.9698 | 0.9671 | 0.9642 | 0.9612 | 0.9582 |
| 2.2 | 0.9325 | 0.9472 | 0.9577 | 0.9648 | 0.9695 | 0.9724 | 0.9738 | 0.9741 | 0.9736 | 0.9725 | 0.9709 | 0.9690 | 0.9668 | 0.9644 | 0.9618 | 0.9592 |
| 2.3 | 0.9386 | 0.9510 | 0.9598 | 0.9659 | 0.9700 | 0.9724 | 0.9736 | 0.9739 | 0.9735 | 0.9725 | 0.9711 | 0.9693 | 0.9673 | 0.9651 | 0.9628 | 0.9603 |
| 2.4 | 0.9685 | 0.9725 | 0.9753 | 0.9770 | 0.9779 | 0.9781 | 0.9777 | 0.9769 | 0.9758 | 0.9743 | 0.9726 | 0.9707 | 0.9686 | 0.9664 | 0.9641 | 0.9617 |
| 2.5 | 1.0081 | 1.0015 | 0.9965 | 0.9926 | 0.9894 | 0.9866 | 0.9840 | 0.9817 | 0.9794 | 0.9771 | 0.9749 | 0.9726 | 0.9703 | 0.9680 | 0.9657 | 0.9633 |
| 2.6 | 1.0419 | 1.0266 | 1.0152 | 1.0065 | 0.9998 | 0.9944 | 0.9900 | 0.9863 | 0.9830 | 0.9800 | 0.9773 | 0.9747 | 0.9722 | 0.9697 | 0.9673 | 0.9649 |
| 2.7 | 1.0589 | 1.0395 | 1.0251 | 1.0142 | 1.0058 | 0.9992 | 0.9939 | 0.9894 | 0.9856 | 0.9823 | 0.9792 | 0.9764 | 0.9738 | 0.9713 | 0.9688 | 0.9664 |
| 2.8 | 1.0548 | 1.0373 | 1.0241 | 1.0141 | 1.0063 | 1.0000 | 0.9949 | 0.9905 | 0.9868 | 0.9835 | 0.9805 | 0.9777 | 0.9750 | 0.9725 | 0.9701 | 0.9677 |
| 2.9 | 1.0323 | 1.0218 | 1.0137 | 1.0072 | 1.0019 | 0.9973 | 0.9934 | 0.9898 | 0.9867 | 0.9837 | 0.9810 | 0.9784 | 0.9759 | 0.9735 | 0.9711 | 0.9688 |
| 3.0 | 1.0000 | 0.9996 | 0.9985 | 0.9969 | 0.9949 | 0.9928 | 0.9905 | 0.9881 | 0.9857 | 0.9834 | 0.9810 | 0.9787 | 0.9764 | 0.9742 | 0.9720 | 0.9698 |

**扰力为对称三角形冲击脉冲的 $\eta_{max}$ 值** 表 F.0.2-2

| $t_o/T_n$ \ ζ | 0 | 0.02 | 0.04 | 0.06 | 0.08 | 0.10 | 0.12 | 0.14 | 0.16 | 0.18 | 0.20 | 0.22 | 0.24 | 0.26 | 0.28 | 0.30 |
|---|---|---|---|---|---|---|---|---|---|---|---|---|---|---|---|---|
| 0.1 | 0.3116 | 0.3021 | 0.2931 | 0.2845 | 0.2764 | 0.2688 | 0.2615 | 0.2545 | 0.2479 | 0.2416 | 0.2356 | 0.2299 | 0.2244 | 0.2191 | 0.2141 | 0.2092 |
| 0.2 | 0.6079 | 0.5893 | 0.5718 | 0.5551 | 0.5394 | 0.5244 | 0.5102 | 0.4966 | 0.4837 | 0.4714 | 0.4597 | 0.4485 | 0.4377 | 0.4275 | 0.4177 | 0.4083 |
| 0.3 | 0.8747 | 0.8480 | 0.8228 | 0.7988 | 0.7761 | 0.7546 | 0.7341 | 0.7146 | 0.6961 | 0.6784 | 0.6615 | 0.6454 | 0.6300 | 0.6152 | 0.6011 | 0.5876 |
| 0.4 | 1.0997 | 1.0661 | 1.0344 | 1.0043 | 0.9758 | 0.9487 | 0.9230 | 0.8985 | 0.8752 | 0.8530 | 0.8318 | 0.8116 | 0.7922 | 0.7737 | 0.7560 | 0.7390 |
| 0.5 | 1.2732 | 1.2344 | 1.1976 | 1.1628 | 1.1298 | 1.0985 | 1.0688 | 1.0405 | 1.0136 | 0.9880 | 0.9635 | 0.9402 | 0.9179 | 0.8966 | 0.8762 | 0.8567 |
| 0.6 | 1.3919 | 1.3497 | 1.3099 | 1.2722 | 1.2366 | 1.2027 | 1.1706 | 1.1401 | 1.1110 | 1.0834 | 1.0570 | 1.0319 | 1.0079 | 0.9849 | 0.9630 | 0.9420 |
| 0.7 | 1.4657 | 1.4222 | 1.3811 | 1.3422 | 1.3054 | 1.2706 | 1.2375 | 1.2060 | 1.1762 | 1.1477 | 1.1206 | 1.0947 | 1.0700 | 1.0464 | 1.0238 | 1.0022 |
| 0.8 | 1.5049 | 1.4615 | 1.4205 | 1.3818 | 1.3452 | 1.3105 | 1.2775 | 1.2463 | 1.2165 | 1.1882 | 1.1612 | 1.1355 | 1.1109 | 1.0874 | 1.0649 | 1.0434 |
| 0.9 | 1.5172 | 1.4751 | 1.4354 | 1.3979 | 1.3624 | 1.3288 | 1.2969 | 1.2666 | 1.2377 | 1.2103 | 1.1841 | 1.1592 | 1.1353 | 1.1125 | 1.0907 | 1.0698 |
| 1.0 | 1.5085 | 1.4687 | 1.4311 | 1.3956 | 1.3620 | 1.3302 | 1.3001 | 1.2114 | 1.2441 | 1.2182 | 1.1934 | 1.1697 | 1.1471 | 1.1255 | 1.1048 | 1.0849 |
| 1.1 | 1.4835 | 1.4467 | 1.4119 | 1.3791 | 1.3481 | 1.3187 | 1.2908 | 1.2643 | 1.2391 | 1.2151 | 1.1921 | 1.1702 | 1.1492 | 1.1291 | 1.1099 | 1.0914 |
| 1.2 | 1.4460 | 1.4127 | 1.3813 | 1.3517 | 1.3237 | 1.2972 | 1.2721 | 1.2481 | 1.2254 | 1.2036 | 1.1829 | 1.1630 | 1.1440 | 1.1257 | 1.1082 | 1.0913 |
| 1.3 | 1.3991 | 1.3698 | 1.3422 | 1.3162 | 1.2916 | 1.2684 | 1.2463 | 1.2253 | 1.2053 | 1.1861 | 1.1678 | 1.1503 | 1.1334 | 1.1172 | 1.1015 | 1.0864 |
| 1.4 | 1.3456 | 1.3205 | 1.2970 | 1.2749 | 1.2541 | 1.2344 | 1.2156 | 1.1978 | 1.1808 | 1.1645 | 1.1488 | 1.1337 | 1.1192 | 1.1051 | 1.0915 | 1.0782 |
| 1.5 | 1.2879 | 1.2672 | 1.2480 | 1.2300 | 1.2131 | 1.1972 | 1.1820 | 1.1675 | 1.1537 | 1.1403 | 1.1274 | 1.1149 | 1.1027 | 1.0909 | 1.0794 | 1.0681 |
| 1.6 | 1.2279 | 1.2118 | 1.1970 | 1.1834 | 1.1706 | 1.1586 | 1.1472 | 1.1362 | 1.1256 | 1.1152 | 1.1051 | 1.0952 | 1.0855 | 1.0759 | 1.0664 | 1.0570 |
| 1.7 | 1.1676 | 1.1561 | 1.1459 | 1.1367 | 1.1283 | 1.1204 | 1.1128 | 1.1054 | 1.0980 | 1.0907 | 1.0834 | 1.0760 | 1.0686 | 1.0611 | 1.0536 | 1.0460 |
| 1.8 | 1.1086 | 1.1017 | 1.0964 | 1.0920 | 1.0881 | 1.0844 | 1.0807 | 1.0768 | 1.0726 | 1.0682 | 1.0634 | 1.0584 | 1.0531 | 1.0475 | 1.0417 | 1.0358 |
| 1.9 | 1.0523 | 1.0504 | 1.0505 | 1.0514 | 1.0523 | 1.0528 | 1.0528 | 1.0521 | 1.0508 | 1.0489 | 1.0464 | 1.0433 | 1.0398 | 1.0359 | 1.0316 | 1.0269 |
| 2.0 | 1.0000 | 1.0052 | 1.0121 | 1.0186 | 1.0240 | 1.0282 | 1.0312 | 1.0331 | 1.0340 | 1.0340 | 1.0332 | 1.0316 | 1.0294 | 1.0267 | 1.0235 | 1.0199 |
| 2.1 | 0.9605 | 0.9755 | 0.9881 | 0.9983 | 1.0065 | 1.0129 | 1.0176 | 1.0210 | 1.0231 | 1.0241 | 1.0242 | 1.0235 | 1.0222 | 1.0202 | 1.0177 | 1.0147 |
| 2.2 | 0.9562 | 0.9712 | 0.9836 | 0.9937 | 1.0017 | 1.0079 | 1.0126 | 1.0159 | 1.0181 | 1.0192 | 1.0195 | 1.0191 | 1.0179 | 1.0162 | 1.0140 | 1.0114 |
| 2.3 | 0.9799 | 0.9884 | 0.9959 | 1.0023 | 1.0076 | 1.0117 | 1.0148 | 1.0169 | 1.0182 | 1.0187 | 1.0185 | 1.0177 | 1.0163 | 1.0145 | 1.0123 | 1.0097 |
| 2.4 | 1.0160 | 1.0165 | 1.0178 | 1.0192 | 1.0205 | 1.0215 | 1.0221 | 1.0222 | 1.0220 | 1.0213 | 1.0201 | 1.0186 | 1.0168 | 1.0146 | 1.0121 | 1.0094 |
| 2.5 | 1.0546 | 1.0479 | 1.0430 | 1.0394 | 1.0366 | 1.0342 | 1.0321 | 1.0300 | 1.0280 | 1.0258 | 1.0236 | 1.0212 | 1.0186 | 1.0159 | 1.0130 | 1.0099 |
| 2.6 | 1.0904 | 1.0777 | 1.0676 | 1.0596 | 1.0531 | 1.0476 | 1.0429 | 1.0387 | 1.0349 | 1.0313 | 1.0278 | 1.0245 | 1.0211 | 1.0178 | 1.0144 | 1.0110 |
| 2.7 | 1.1207 | 1.1033 | 1.0892 | 1.0776 | 1.0680 | 1.0599 | 1.0530 | 1.0470 | 1.0416 | 1.0367 | 1.0322 | 1.0279 | 1.0239 | 1.0200 | 1.0162 | 1.0124 |
| 2.8 | 1.1442 | 1.1235 | 1.1063 | 1.0922 | 1.0803 | 1.0702 | 1.0615 | 1.0540 | 1.0474 | 1.0414 | 1.0361 | 1.0311 | 1.0265 | 1.0221 | 1.0179 | 1.0138 |
| 2.9 | 1.1605 | 1.1376 | 1.1185 | 1.1026 | 1.0892 | 1.0777 | 1.0679 | 1.0594 | 1.0518 | 1.0452 | 1.0391 | 1.0336 | 1.0286 | 1.0238 | 1.0193 | 1.0150 |
| 3.0 | 1.1695 | 1.1455 | 1.1255 | 1.1087 | 1.0945 | 1.0823 | 1.0718 | 1.0627 | 1.0547 | 1.0476 | 1.0412 | 1.0354 | 1.0300 | 1.0251 | 1.0204 | 1.0160 |

## 附录G　本规范用词说明

**G.0.1**　为便于在执行本规范条文时区别对待，对要求严格程度不同的用词说明如下：

（1）表示很严格，非这样做不可的：

正面词采用“必须”；

反面词采用“严禁”。

（2）表示严格，在正常情况下均应这样做的：

正面词采用“应”；

反面词采用“不应”或“不得”。

（3）表示允许稍有选择，在条件许可时首先应这样做的：

正面词采用“宜”或“可”；

反面词采用“不宜”。

**G.0.2**　条文中指定按其他有关标准、规范执行时，写法为“应符合……的规定”或“应按……执行”。

## 附加说明

### 本规范主编单位、参加单位和主要起草人名单

**主 编 单 位：** 机械工业部设计研究院

**参 加 单 位：** 中国寰球化学工程公司

电力部华北电力设计院

东风汽车公司工厂设计研究院

中国船舶总公司第九设计研究院

冶金工业部长沙黑色冶金矿山设计研究院

冶金工业部建筑研究总院

机械工业部第四设计研究院

机械工业部第一设计研究院

中国石油化工总公司北京设计院

化工部第二设计院

中国兵器工业第五设计研究院

福建省石油化工设计院

湖南大学

化工部第四设计院

吉林化学工业公司设计院

化工部第八设计院

河北省电力勘测设计院

电力部西南电力设计院

电力部电力建设研究所

**主要起草人：** 刘纯康　杨文君　汤来苏　翟荣民　张大德　严竹平　李席珍　吴霞媛　王锡康　叶鹤秀　姜　术　杨先健　王振坤　陈加叶　王瑞兰　刘传声　潘复兰　李静波　王贻荪　谢福辑　戴文斌　贺步学　张芳芑　罗国树　高象波　马士法

中华人民共和国国家标准

# 动力机器基础设计规范

**GB 50040—96**

## 条 文 说 明

# 修 订 说 明

本规范是根据国家计委计标函［1987］78号文的要求，由机械工业部负责主编，具体由机械工业部设计研究院会同化工部中国寰球化学工程公司、电力工业部华北电力设计研究院、冶金部长沙黑色冶金矿山设计研究院、中国船舶工业总公司第九设计研究院、中国汽车工业总公司东风汽车公司工厂设计研究院等共同修订而成，经建设部1996年7月22日以建标［1996］428号文批准，并会同国家技术监督局联合发布。

在本规范的修订过程中，规范修订组会同有关设计、科研单位和大专院校，进行了广泛的调查研究，认真总结了自1979年原规范GBJ 40—79使用以来的工程实践经验和科研成果，并广泛征求了全国有关单位的意见，最后由我部会同有关部门审查定稿。

为了便于广大设计、施工、勘测、科研、学校等单位人员在使用本规范时能正确理解和执行条文规定，《动力机器基础设计规范》修订组根据建设部关于编制标准、规范条文说明的统一要求，按本规范的章、节、条顺序，编写了《动力机器基础设计规范条文说明》，供国内有关部门和单位参考。在使用过程中如发现本条文说明有欠妥之处，请将意见直接函寄北京西三环北路5号机械工业部设计研究院《动力机器基础设计规范》管理组，邮编100081。

# 目　次

# 1 总 则

**1.0.1** 阐明了本规范的指导思想，根据动力机器基础的特点，要求合理地选择地基的有关动力参数。在动力机器基础设计中，地基刚度取小了并不总是安全的，因此，合理地选择地基动力参数就有其重要意义。

**1.0.2** 明确本规范的适用范围。这次修订，在内容上比GBJ40—79增加了透平压缩机基础和热模锻压力机基础两章，删去了原规范中第二章有关爆扩桩桩基刚度的条文和第六章第三节水爆清砂池基础，因为爆扩桩桩基和水爆清砂池基础早已不在设计中采用。

**1.0.3** 设计动力机器基础时，除采用本规范外，尚应符合现行国家标准的有关规定，如基础的静力计算，应符合现行国家标准《混凝土结构设计规范》、《钢结构设计规范》和《建筑地基基础规范》的规定，对于湿陷性黄土和膨胀土的地基处理以及地震区的抗震设计应按国家现行的有关标准、规范执行。

# 2 术语、符号

## 2.1 术 语

**2.1.1～2.1.5** 本节所列的术语均按国家标准《建筑结构设计通用符号、计量单位和基本术语》的规定和本规范的专用名词编写的。

## 2.2 符 号

**2.2.1～2.2.4** 本节中采用的符号是按国家标准《建筑结构设计通用符号、计量单位和基本术语》的规定，并结合本规范的特点，在GBJ40—79常用符号的基础上制定的。

# 3 基本设计规定

## 3.1 一般规定

**3.1.1** 本条规定了设计动力机器基础时所需要的基本设计资料。

**3.1.2** 要求机器基础不宜与建筑物基础、地面及上部结构相连，主要原因是避免机器基础振动直接影响到建筑物。但在不少情况下，工艺布置将机器设置在建筑物的柱子附近，其基础不得不与建筑物基础相连，在一般情况下，机器基础与建筑物基础组成联合基础后，由于基础质量和地基刚度都有所增加，致使其振动辐值势必比单独基础要减小，如能将振动辐值减小到不致使建筑物产生有害影响时，则可以允许机器与建筑物的基础连成一体。

**3.1.3** 受振动的管道不宜直接搁置在建筑物上，以防止建筑物产生局部共振。

**3.1.5** 机器基础强调应避免产生有害的不均匀沉降，所谓有害的不均匀沉降，主要指机器基础产生的不均匀沉陷而导致机器加工精度不能满足、机器转动时产生轴向颤动，主轴轴瓦磨损较大，影响机器寿命或引起管道变形过大而产生附加应力，甚至拉裂等情况。

**3.1.6** 动力机器基础及毗邻建筑物基础，如能满足施工要求，两者的埋深可不置于同一标高上，所谓满足施工要求即开挖较深的基础槽时，放坡不影响浅基础的地基，以及对基底标高差异部分的回填土分层夯实等，这主要考虑到基础底标高以下的地基土是影响基础正常使用的主要部分，不能扰动，以保证质量。

**3.1.10** GBJ40—79提出了动力机器基础用材的要求，这次修改中增加了可以采用装配整体式混凝土结构的内容。因为自GBJ40—79颁布以来，动力机器框架式基础采用装配整体式混凝土结构较多，有了成熟的经验，可以推广应用。

**3.1.12** GBJ40—79对机组的总重心与基础底面形心之间的偏心值提出了要求，这是为了避免基础的不均匀沉陷，同时在计算基础振动时，可以不考虑其偏心影响。

**3.1.13** 对于建造在软弱地基上的大型和重要的机器以及1 t以上的锻锤基础，在过去的实践经验中，容易发生偏沉或沉降过大的问题，因此，本次修订中强调宜采用人工地基。

## 3.2 地基和基础的计算规定

**3.2.6** 本条规定了动力机器基础设计中对验算基础振动幅值的要求。

## 3.3 地基动力特征参数

**3.3.1** 对于天然地基和桩基的基本动力参数，是随着地基土的不同性质和构造而变的，GBJ40—79中的表1所列的抗压刚度系数$C_z$值，在实践过程中并不能普遍应用，必须在现场作原位测定，因此，在修订本规范时将原来规定在一般情况下按表1选用$C_z$值改为一般应由现场试验确定。如设计者有经验，且又无条件做现场试验时，可按本节采用。

**3.3.2** 表3.3.2中所列的抗压刚度系数$C_z$值，在地基承载力的标准值$f_k$一栏内是由80～300 kN/m²而GBJ40—79则为80～1000 kN/m²，在土的名称一栏内去掉了岩石碎石土，仅有粘性土、粉土和砂土，因为在使用GBJ40—79过程中，不断有来函和来人反映岩石碎石土和地耐力$[R]>30\ t/m^2$的$C_z$值与现场实测值相差悬殊，表1中的值有的甚至偏小数倍以上。而且在多年来对岩石碎土的试验研究中，由于岩石不同类别和不同风化程度，其$C_z$值差别很大，还无法提出合适的数值。

**3.3.3** 基础下地基土的影响深度按$2d$考虑。在动荷载作用下，由于地基土的受压面积随深度增加而增大，因此作用在单位面积上的动应力也随深度增加而减小，土层的动变位亦随之减小，根据实验结果，一般在深度$2d$以上的土层可以不考虑动应力的影响。

**3.3.4** 基础下影响深度范围内，由不同土层组成的地基土，其抗压刚度系数的计算公式是按影响深度范围内不同土层受单位动荷载后的总动变位推导而得。

**3.3.5** 规定了地基土抗弯、抗剪和抗扭刚度系数与抗压刚度系数的比例关系，这是根据我国大量实验资料统计得来的。

**3.3.7、3.3.8、3.3.10** 由试验和实测证明，基础埋深和刚性地面对地基刚度和阻尼比的提高有一定的作用。不考虑这两个作用是造成计算值和实测值相差悬殊的主要原因之一。为搞清埋深和地面的作用，编制组就此问题组织有关人员进行了试验研究，试验分别在包头、马鞍山、淮南、湖北应城、太原和上海等地方进行，试验场地的土质有轻亚粘土（粉土）、中砂、砾砂、粘土和黄土状粘土，地基承载力为80～300 Pa，所有试验均采用机械式偏心块变频激振器作振源，对基础不同埋深作水平和垂直向试验，每一次试验可获得反应刚度和阻尼比变化规律的振幅-频率曲线，由大量的实测曲线分析统计获得由于基础埋深作用对地基刚度和阻尼比的提高系数。同时，为了安全起见将埋深比$\delta_b$限制在0.6以内，使刚度和阻尼比的提高有一定的限度。关于扭转刚度和扭转阻尼比，由于试验条件的限制，未做这方面的试验，但考虑到扭转振动时，回填土起着非均匀的抗压作用，这对刚度的提高更为明显，因此本规范暂按水平回转振动的提高系数考虑。

对于地面对地基刚度的提高作用，对此共做了三个实际基础的试验，试验程序有两种：一种是"不埋置→埋置→有地面"；一种是相反的程序，即"有地面→无地面只埋置→不埋置"。前者属新建基础的试验，后者属生产已经多年的老基础的试验。试验结果表明，地面对水平回转刚度的影响很大，可使其刚度提高到1.5～2.2倍，而软弱地基的刚度提高倍数要大于较好的地基，因此规范中规定对于软弱地基其提高系数为1.4，对于其他地基应适当减小。

**3.3.9** 天然地基阻尼比在GBJ40－79中仅按基础的振型分别提出固定的数值，而从长期调查研究中积累了50多个块体基础的现场实测数据，发现阻尼比不仅与振型有关系，而且还与基础的质量比及土质有关，本规范提出的阻尼比计算公式是按55个块体的现场试验数据，按不同土类进行分析统计并取其最低值而得，因为阻尼比取最低值是偏于安全的。

**3.3.11** 根据90多个现场基础块测试结果进行分析，土的参振质量变化范围很大，约为基础本身质量的0.43～2.9倍，它与基础的质量比或底面积的关系都无明显的规律性。为了获得较为接近实际的基础固有频率，对于天然地基，本规范中的基础地基刚度和质量均不考虑参振质量，因此，本规范表3.3.2中的抗压刚度系数$C_z$值是偏低的，至少比实际低43%，这样，虽然对计算基础的固有频率无影响，但使计算基础的振动线位移至少要偏大43%，为此，本规范规定可将计算所得的垂直向振动线位移乘以0.7，而水平回转振动时的参振质量要比垂直向振动一般要小20%，所以对水平向振动的计算振动线位移则乘以0.85。

**3.3.17** 桩基的抗剪和抗扭刚度$K_{xp}$、$K_{\psi p}$可采用天然地基抗剪和抗扭刚度的1.4倍，而GBJ40－79中为1.2倍，这是由于近年来在软土地基对摩擦桩基动力试验中累积数据分析中得出的结论。但是对于地质条件较好，特别是半支承或支承桩，在打桩过程中贯入度较小，每锤击一次，桩本身产生水平摇摆运动，致使桩顶部四周与土脱空，这样就将大大降低桩基的抗剪刚度，例如在南京、北京、合肥等地，其地质情况是：上部为粘土，其地基承载力为180～250 kPa，下部土层为风化岩或碎石类土，桩基测试结果，其抗剪刚度要比天然地基试块的抗剪刚度低7%～42%。因此，在本规范条文中特别规定支承桩或桩上部土层的地基承载力标准值$f_k \geqslant$ 200 kPa的桩基，其抗剪刚度不应大于天然地基的抗剪刚度$K_x$。而且在软土地基的桩基，虽然其抗剪刚度是大于天然地基的抗剪刚度，但经过使用一段时间，桩基承台底面有可能与地基土脱空，仅由桩来支承，此时，桩基抗剪刚度将会大大降低，只能考虑桩本身的抗剪刚度，这要通过现场试验来确定。

**3.3.18** 由于直桩桩基的抗剪刚度与天然地基的抗剪刚度之比由1.2提高到1.4倍，因此斜桩桩基的抗剪刚度与天然地基的抗剪刚度之比也由1.4提高到1.6倍。

**3.3.21** 桩基的阻尼比计算公式，是用38个现场桩基动力性能试验数据统计分析而得。

**3.3.22** GBJ40－79中未考虑桩基承台埋深对阻尼比的提高作用，而实际上承台埋深对阻尼比的影响与天然地基基础埋深对阻尼比的影响是相同的，因此本规范增加了这条规定。其中用的系数0.8～1.6是使承台埋深作用的计算值与天然地基基础埋深作用的计算值一致。

# 4 活塞式压缩机基础

## 4.1 一般规定

**4.1.1** 本条规定了设计活塞式压缩机所需的资料。其中机器的扰力和扰力矩以及作用位置应由制造厂提供，若制造厂不能提供，则应提供压缩机曲柄连杆数量、尺寸、平面布置图和曲柄错角以及各运动部件的质量等资料，由设计人员进行扰力和扰力矩的计算。活塞式压缩机的扰力主要是各列汽缸往复运动质量惯性力之和，各分扰力向曲轴上汽缸布置中心$c$点（见图4.3.1）平移时形成扰力矩，因此活塞式压缩机主要扰力和扰力矩方向依汽缸方向而定，立式压缩机以$P_z$、$M_\varphi$为主，卧式压缩机以$P_x$、$M_\psi$为主。

**4.1.2** 活塞式压缩机应采用整体性较好的混凝土和钢筋混凝土结构，而且动力计算采用单质点模式也要求基组是个刚体，因此，当机器安装在厂房底层时，一般做成高出地面的大块式基础，当机器安装在厂房的二层标高时，则做成墙式基础，但要满足第4.2节构造要求。

## 4.2 构造要求

**4.2.1** 由底板、纵横墙和顶板组成的墙式基础，各部分尺寸除满足设备安装要求外，主要以保证基础整体刚度为原则，各构件之间的联结尤为重要。基础顶板厚度一般是指局部悬臂板厚度，可按固有频率计算防止共振来确定。控制最小厚度和最大悬臂长度以保证动荷载下的强度要求。机身部分和汽缸部分墙厚的规定是根据国内工程实践总结并考虑机身部分墙体大多为封闭型，汽缸部分墙体一般为悬臂进行调整而得。基底悬臂长度的规定是根据模拟基础试验和理论上定性分析得出以保证基础顶面和底板悬臂端点的振动幅值和相位基本满足刚体要求。

**4.2.2** 大块式和墙式基础计算模式为刚体，基础各部分之间基本上没有相对变形，因而一般不必进行强度计算，70年代对某厂红旗牌压缩机装配式基础表面钢筋应力测定仅为70～140 N/cm²，也证实了基础表面钢筋基本上是不受力的。基础体积大于40 m³时配置表面钢筋，目的是防止施工时混凝土水化热形成内外温差，导致温度裂缝。表面钢筋要求细而密，以利于阻止裂缝的扩展。体积为20～40 m³时，基础顶面配筋是防止设备安装、检修时混凝土表面遭受撞击损坏。国内调查资料表明，十多台体积为40 m³左右的块体基础并未配置表面钢筋，只要施工注意养护，使用多年均未出现裂缝。因此要注意基础的施工养护，尤其在冬季，应防止混凝土表面骤冷而造成的裂缝。

底板悬臂部分有局部变形，配筋按强度计算确定。顶板如为梁板结构，也要考虑强度问题。

## 4.3 动力计算

**4.3.1** 机器坐标系$czyz$中原点$c$即为机器扰力作用点。基组坐标系$oxyz$中的原点$o$取基组总重心，坐标轴方向与机器坐标相同。$c$点对$o$点一般均有一定的偏心$e_x$、$e_y$、$h_z$。基组动力计算时，各公式推导均对$oxyz$坐标而言，因而作用于$c$点的$P_z$、$P_x$在振动计算中均先平移至重心$o$，对于水平回转耦合振动，由于采用振型分解法计算，水平扰力直接平移至各振型的转心$o_1$、$o_2$。

**4.3.2** 压缩机基础动力计算的最终目的是要把基础的振动控制在允许范围内，以满足工人正常操作、机器正常运转、对周围建（构）筑物及仪表无不良影响并结合我国国情来确定具体数值。

活塞式压缩机的转速一般小于1000 r/min，属中、低频机器，其基础振动标准应控制速度峰值和位移峰值，转速在300 r/min以下时，应控制位移峰值不超过0.2 mm，转速在300 r/min以上时，应控制振动速度峰值不超过6.3 mm/s。但是通常活塞式压缩机存在两个谐扰力，如果其分别在300 r/min以下和300 r/min以上时，其总振动值不好确定是用位移峰值还是速度峰值来控制，GBJ40－79中采用当量转速$n_d$，概念不够直观，本规范采用双控制，既控制位移峰值又要控制速度峰值，可达到既严密又便于掌握的效果。对于一、二谐扰频均高于300 r/min的压缩机，可只用振动速度峰值控制，对于一、二谐扰频均低于300 r/min的压缩机，可只用位移峰值控制。

对于超高压压缩机，由于气体压力很高，为保证机器和管道安全工作，对振动限值的要求比较严格，应由机器制造厂按专门规定确定。

**4.3.3～4.3.7** 基组（机器、基础及基础底板台阶上的回填土的总称)的振动模式采用质点—弹簧—阻尼器体系，由于考虑了阻尼因素，因而计算结果比较符合实测值，同时还可以解决共振区的计算问题，使基础设计更趋经济合理。基组作为单质点，有六个自由度，其振动可分为竖向、扭转、水平和回转四种形式，当基组总重心与基础底面形心位于同一铅直线上时，基组的竖向和扭转振动是独立的，而水平和回转振动则耦合在一起。

一般一台机器同时存在几种扰力和扰力矩，计算基础顶面控制点的振动线位移和速度幅值时，应分别计算各扰力和扰力矩作用下的振动计算值，当机器存在一、二谐扰力时，必须分别进行振动线位移和速度计算，然后叠加。

基组在通过其重心的竖向扰力作用下产生竖向振动，通过建立运动微分方程求得基组竖向振动固有圆频率 $\omega_{nz}$ 和基组重心处竖向线位移 $A_z$(基组各点的竖向线位移均相同)的计算公式。式中地基动力计算参数可由场地试验块体基础实测来确定，如无条件进行试验，且又是一般动力机器的基础，可由本规范第 3 章求得，一般很难取准，需根据机器的扰力频率，按偏于安全的要求来选取地基动力参数。

扭转振动是在扭转力矩作用下发生的，总扭转力矩除包含机器的扭转力矩 $M_\psi$ 外，还包括水平扰力 $P_x$ 向机组总重心 $o$ 点平移形成的扭转力矩。基础顶面控制点一般指基础角点，此点水平扭转线位移最大，表示为 $x$、$y$ 向两分量。

水平回转耦合振动为双自由度体系振动，第一振型为绕转心 $O_1$ 回转，第二振型为绕转心 $O_2$ 回转，通过建立运动微分方程求得水平回转耦合第一和第二振型固有圆频率 $\omega_{n1}$、$\omega_{n2}$ 和基础顶面控制点的竖向、水平向线位移值。但值得注意的是在计算水平回转振动所引起的竖向振动线位移值 $A_{z\varphi}$ 或 $A_{z\theta}$ 的公式中并不包括因偏心竖向扰力 $P_z$ 平移至基组总重心而产生的基组在通过其重心的竖向扰力作用下产生的竖向振动线位移，因此，当计算在回转力矩和竖向扰力偏心作用下基础顶面控制点的竖向振动线位移时，应将按公式(4.3.6-1)或(4.3.6-2)计算所得的由回转力矩和竖向扰力偏心作用所产生的基础顶面控制点的竖向振动线位移 $A_{z\varphi}$ 或 $A_{z\theta}$ 和公式(4.3.4-1)计算所得的基组在通过其重心的竖向扰力 $P_z$ 作用下的竖向振动线位移 $A_z$ 相叠加。

### 4.4 联合基础

**4.4.1** 工程实践中，大型动力基础的底面积经常受到限制，也常遇到地基承载力较低或允许振动线位移较严的情况，此时，采用联合基础往往是一个有效的处理办法。20 年来化工系统有关的设计单位与冶金部建筑研究总院、机械部合作，在联合基础的试验研究和工程实践方面进行大量工作，积累了丰富的经验。本规范采用的联合基础按刚体进行整体计算的办法是根据模拟基础系列试验和实体基础实测数据，结合理论分析得出的。

联合基础一般只取 2～3 台机器联合，机器过多、底板过长均会带来不利影响。联合型式工程上常用竖向型和并联型。对于卧式压缩机，在有条件时(工艺配管专业配合)应优先采用串联型，即沿活塞运动方向的联合，可大大提高基础底面的抗弯惯性矩，从而较大提高地基抗弯刚度，以提高联合基础的固有频率和降低其振动辐值。本条规定了联合基础按刚性整体计算的条件。条件之一是底板的厚度 $h_d$ 应满足刚性要求，条件之二是扰频的限止，因为当扰频 $\omega$ 小于 1.3 倍的 $\omega^{\circ}_{n}$ 时，基础联合后的固有频率提高，便远离共振区，将达到减小振动辐值的目的；反之，若扰频大于 1.3 倍的 $\omega^{\circ}_{n}$，基础联合后固有频率提高，有可能靠近或落入共振区而达不到减小振动的目的。

### 4.5 简化计算

**4.5.1** 工程设计中经常遇到中、小型压缩机，根据实践经验和综合分析，得出不作动力计算的界限，以便设计人员使用。小型压缩机一般为立式、L 型、W 型，其转速较高和基础较小，扰力也较小(80 kW 以下)的机器，其扰力一般小于 10 kN，一般情况下，采用机器制造厂提供的基础尺寸均能满足振动要求。本规范提出基础质量和底面静压力的要求，一方面保证基础的稳定，另一方面控制底板面积，当机器转速较高，地基刚度较低时，后一条要求对于避开共振区尤为必要。

对称平衡型机器一般由两列、四列或六列汽缸组成，水平扰力相互抵消，一般以一谐扭矩为主，且转速相对较低(一般 $n<500$ r/min)。这类基础多为墙式且底板尺寸较大，故不会发生共振且振动相对比较平稳。需要注意的是 3D22、3M18 这类对置式机器不属于对称平衡型，存在较大的二谐扰力，在软弱地基上也容易发生共振，应慎重对待。

**4.5.2** 基组在水平扰力作用下产生 $x$ 向水平、绕 $y$ 轴回转耦合振动，其动力计算较为复杂，置于厂房底层的中小型卧式或 L 型压缩机基础在工程上经常碰到，给出简化计算公式很有必要。本规范做出如下基本假定：

(1)把耦合振动分为水平和回转两个独立振动；

(2)采用一定的假设求得耦合振动第一振型固有频率的简化计算公式。

值得指出的是本条仅适用于操作层设在底层的扁平型基础。

**4.5.3** 对于块体基础，$\omega_{nx}$ 比较容易计算，采用下列假定，求出联合基础划分为单台基础水平回转耦合振动第一振型的固有圆频率 $\omega_{n1s}$ 与 $\omega_{nx}$ 比值 $\lambda$ 的变化规律，即可算得 $\omega_{n1s}$：

(1)基础为长方体，设置在厂房底层，露出地面 300 mm；

(2)机器质量为基础质量的 10%～20%(根据十多台中小型机器基础统计而得)；

(3)基础底板两方向边长取 1.0～6.0 m；

(4)地基刚度系数变化范围取 20000～68000 kN/m³；

(5)基础埋深分别取 1.0、1.5、2.0、2.5 m。

采用计算机搜索计算，得出 $\omega_{n1s}/\omega_{nx}$ 只与 $L/h$ 有关，经过一定的简化，并考虑仅推荐扁平基础，得出表 4.5.3。

## 5 汽轮机组和电机基础

### 5.1 一般规定

**5.1.1** 明确本章仅适用于机器工作转速 $n\leqslant3000$ r/min 的基础，这是因为本章条文都是建立在对工作转速 $n\leqslant3000$ r/min 的汽轮发电机基础(钢筋混凝土结构)进行实测、研究分析的基础上，因此本条明确了对转速的限制。

**5.1.3** 本条中提出了汽轮发电机基础采用空间框架形式，一般都用现浇混凝土，在 60 年代中期，我国建成了容量为 2.5 kW 的装配式汽轮发电机基础，之后又陆续建成了一批装配式基础，在设计与施工上均有了一定的经验，特别是我国第一台 300 MW 机组采用了预应力装配式汽轮机基础的 1/10 模型试验，通过施工、运行实践表明是设计先进合理的。因此在条文中规定有条件时可采用预应力装配式混凝土结构，因为采用该种结构虽能节约钢材和木模、缩短工期，但必须有设计和施工这种结构的经验和能力才能采用。

**5.1.5** 通过实践证明平台与汽轮发电机基础顶板直接连接时，使平台振动很大，因此两者必须脱开，让汽轮发电机基础独立布置。

**5.1.6** 汽轮发电机基础是一个复杂的空间框架结构、无限多自由度的振动体系，如何改善基础的动力性能是一个十分重要的问题。通过实测、模型试验及对机组功率为 300 MW、200 MW、125 MW 的基础，改变各构件的刚度、质量按空间动力计算程序，进行多方案的对比计算，结果表明：基础的顶板、柱子的质量、刚度搭配合理，就可得到较有利的振型，使体系在计算控制范围内的参振质量增大，从而可使有扰力作用点的振动线位移大为减小。根据上述分析规定了汽轮发电机框架式基础的选型原则。

**5.1.7** 从大量电站建设的实践及收集到的71台汽轮发电机基础的设计来看，我国在汽轮发电机基础底板设计方面已有丰富的经验，认识到底板厚度增减对基础顶板的振动性能影响不大，主要是决定于静力方面的要求，基础底板的作用仅仅是将上部荷载能较均匀地分布到地基上去和将柱脚固定，使之与计算假定一致。根据11台基础的统计，底板厚度与长度之比为1/12.4～1/20。因此，本条规定基础底板厚度为长度的1/15～1/20。这里还需提出，当地基土抗振性较差(如粉细砂)时，底板除应有一定刚度外还应有一定的质量以减少底板的振动。

**5.1.9** 对于高压缩性土，压缩模量较低，一般情况下宜采用人工地基，同时基础底板亦应有一定刚度。对于中压缩性土，其压缩系数变化范围较大，应根据工程具体情况，采取加大底板面积，改变设备安装顺序，使地基预压或采用人工地基以减少基础不均匀沉降。

**5.1.10** 根据实测，汽轮发电机基础采用梁板式挑台时，其振动普遍增大，个别厂的基础挑台振动线位移达100 μm以上，当挑台采用实腹式时，其振动一般较小，故本条明确规定挑台应做成实腹式，且挑出长度不宜大于1.5 m，悬臂支座处截面高度不应小于悬臂长度的0.75倍，以保证挑台不出现过大的振动而对生产运行造成不良影响。

## 5.2 框架式基础的动力计算

**5.2.1、5.2.2** 分五个方面加以说明：

(1)关于采用振动线位移法。明确规定对基础的动力计算采用振动线位移控制的方法，即计算的振动线位移应小于允许振动线位移值。也有人主张采用共振法，即基础的固有频率要避开机器的扰力频率。本规范采用振动线位移控制而不采用频率控制，其主要原因是因为框架式基础按多自由度体系计算，其固有频率非常密集，要使基础的固有频率避开机器的工作转速是难以实现的。

用振动线位移控制的方法从其概念上来说是允许产生共振，只要振动线位移满足要求即可。

(2)关于允许振动线位移。原水利电力部汽轮机组运转规程中规定3000 r/min的汽轮机组轴承振动线位移的合格标准为0.025 mm，根据多台运行基础的振动实测结果，轴承振动线位移与基础振动线位移的平均比值约为1.4，如果要限制基础的振动以免引起轴承的过大振动，则基础的振动线位移辐值应控制在0.025/1.4＝0.018 mm以下方为合理。从振动对人的影响而言，综合国外资料，一般认为应控制在5 mm/s的振动速度以下，对3000 r/min的机组则相应的振动线位移应为0.016 mm(16 μm)。从实测振动线位移幅值来看，对18台机组容量为50～125 MW的基础184个测点数据统计，运行时的竖向振动线位移幅值为6.9 μm，6台机组容量为200～300 MW的基础竖向振动线位移幅值平均为6.1 μm，比允许值小很多，按其出现的机率95%以上的振动线位移均在0.012 mm以下，仅有个别测点超过0.02 mm。我们认为基础的允许振动线位移取0.02 mm较为合适。

(3)关于扰力的取值。对于扰力的取值应该由机器制造厂提供，但目前各制造厂还没有条件提出，还需在规范中给出扰力值，我们利用现有的动平衡资料、轴承动刚度实测资料和激振实测等方法推算扰力值，所得的结果，离散性较大。按上述三种方法计算出的扰力值，当工作转速为3000 r/min，轴承振动线位移幅值为0.03 mm时，平均竖向扰力为0.46 $W_g$，横向水平扰力为0.62 $W_g$，与过去习惯采用0.2 $W_g$出入较大。实际上扰力值与允许振动线位移和阻尼比的取值是相互配套的，在未能准确地测定扰力之前，只能人为地取一个能控制设计的数值。按本规范推荐的方法多次试算结果，竖向振动线位移约为实测平均值的1.8倍就可以起到控制设计的作用，因此0.2 $W_g$这个竖向扰力值配合所采用的计算方法还是可行的。从这个意义上说，规定的扰力值可以认为是一种控制设计用的设计扰力值。

(4)关于采用多自由度体系。框架式基础本来就是一个多自由度体系，过去由于计算工具的限制才简化为一个自由度体系来计算，现在我国电子计算机已十分普遍应用的情况下，改用多自由度体系的计算方法是合理的发展。按多自由度体系的计算方法，其结果比较接近实际情况，因此本规范推荐为主要计算方法，但在此之前所采用的两自由度的计算方法有其简单的优点，多年的实践也证明按此方法设计的基础一般并未发现过大的振动，因此这次修订规范仍保留两自由度体系的简化计算方法。

(5)关于仅控制竖向振动线位移。按原有的振动线位移计算公式上分析，计算的竖向振动线位移幅值总是大于横向和纵向的振动线位移，而三个方向的允许振动线位移是相同的，当竖向振动线位移小于允许值时，其他两个方向的振动线位移也必然满足要求，按空间多自由度系统计算结果也是竖向振动线位移大于其他两个方向的振动线位移。

**5.2.6** 地基的弹性对框架式基础的振动有一定影响，对机器转速为1000 r/min及以下的基础影响较大，对转高频率的机器影响较小，因此规定对3000 r/min机器的基础一般可不考虑地基弹性的影响。对工作转速为1500 r/min及以下的机器基础则宜考虑其影响，考虑地基弹性时，将地基视作弹簧，与第3章的计算原则是一致的。

**5.2.9** 本条主要是根据以往的实践经验，通过统计、实测计算分析而得出来的。

## 5.3 框架式基础的承载力计算

本节对动内力计算分别规定为：

(1)可按空间多自由度体系直接计算构件的动内力；

(2)亦可将机器的动力荷载化为静力当量荷载按条文规定进行简化计算；

(3)对于不作动力计算的基础，其静力当量荷载可直接按条文中列出的数值取用。

本节中采用的简化计算方法，除以基本振型计算动内力外，对顶板的纵、横梁补充了考虑高振型影响时动内力的计算方法，这样就与基础实际的振动情况较接近，并使构件有足够的安全度。

## 5.4 低转速电机基础的设计

**5.4.1** 本条列出了基础动力计算时的主要设计数据，其中，计算横向振动线位移时的机器扰力值应由制造厂提供，当缺乏资料时，可按表5.4.1采用，表中的允许振动线位移基本上是按允许振动速度6.3 mm/s换算而得。其中小于500 r/min按375 r/min换算，即允许振动线位移$[A]=\frac{6.3}{0.105\times375}=0.16$ mm，其他分别按500及750 r/min换算。

**5.4.2** 因为考虑到工作转速为1000 r/min及以下的电机基础总是横向水平振动大于竖向振动，因此只需验算基础的横向水平振动线位移。公式(5.4.2-1)～(5.4.2-11)是简化计算公式，它忽略了基础框架的弹性中心与上部顶板质量中心的偏差，即假定框架的弹性中心与顶板质量中心在同一条水平线上。因此水平与扭转振动就不是耦合的，可以分别按单自由度体系计算其振动线位移，然后再进行叠加。

水平振动计算的基本假定为：

(1)地基假定只有弹性而无惯性；

(2)假定底板无惯性亦无弹性；

(3)质量集中于顶板，顶板在水平横向为刚性；

(4)水平扰力作用于基础顶板，忽略轴承座高度。

计算模型相当于一个集中质量和三个串联弹簧，即地基抗剪弹簧$K_x$、抗弯弹簧$K_\varphi$和框架抗侧移弹簧$K_{fx}$。

# 6 透平压缩机基础

## 6.1 一般规定

**6.1.1** 指出本规范的适用范围。因为确定各章节条文都是建立在对机器工作转速大于 3000 r/min 的透平压缩机和部分汽轮鼓风机，透平发电机基础等的工程实例，测振资料及参考文献的研究分析的基础上。不适用于下列基础的设计：

(1)对于高速旋转式压缩机的块体式和墙式基础，扰力可按本章确定。动力计算参照第 4 章进行。

(2)工作转速低于 3000 r/min 的透平压缩机基础，可参照第 5 章进行设计。

(3)螺杆压缩机组及滑片式压缩机组的基础，若为块体基础应参照第 4 章进行设计。

(4)钢结构基础：目前国内没有实践。

**6.1.3** 钢筋混凝土空间框架是透平压缩机基础最主要的结构形式。在国内、外应用得最广泛。它占地面积小，构件尺寸较经济，可以提供足够的空间布置工艺管道和辅助设备。在计算时可简化为嵌固于底板上的框架；由横梁、纵梁及柱子组成正交结构体系，它与插件结构计算假定比较接近，而且基础各构件受力简单明确，故目前仍采用空间正交框架的动力计算程序。这种结构形式可通过改变构件的截面尺寸，主要是柱子尺寸调整基础的自振来得到良好的动力特性。尽管结构计算简图与结构实际情况有一定的差别，但根据多年的使用经验，计算值与实测值相比较仍能满足工程要求。另外构件的强度计算也可按框架结构进行，从理论计算上可以保证基础有足够的强度和刚度。这种基础的施工技术也较成熟。

无顶板基础是 70 年代引进工程设计中的另一种基础形式，因这种机组的水平钢框架底盘较长，其制造精度要求较高，工艺制作困难，后来很少再用，故本规范没有对无顶板基础作出规定，也不推荐此种基础形式。

**6.1.4** 关于如何考虑地震荷载的问题在国内、外规范和资料中说明的较少，仅在前苏联《动力机器基础设计规范》снипII－19－79 第 1.39 条中规定：当设计建造在地震区的动力机器基础时，大块式基础构件的强度计算应不考虑地震作用。当计算在地震作用下的构架式和墙式基础时，在其荷载组合中不包括由机器产生的动力荷载。从我国 GBJ40－79 中的第 3 条、第 77 条规定看，需要进行荷载组合，按最不利情况来决定是否考虑地震荷载。

按照《建筑抗震设计规范》GBJ11－89 的规定，为简化分析，将压缩机基础视为单自由度体系，进行实例计算最大地震荷载，并按机器工作状况下计算其产生的静力当量荷载，通过实例进行荷载组合，设防烈度为 6～8 度地区，一般情况下基本组合大于偶然组合，因此基础构件强度验算时基本上是由基本组合控制的，故不考虑地震荷载的作用，这样规定给压缩机基础的设计带来了很大的方便。至于设防烈度为 8 度以上时，就要进行基本组合和偶然组合，并取其最不利者进行强度计算。

对于建造在设防烈度为 6～8 度地区的压缩机基础虽不进行地震作用的计算，但在构造上要符合本规定的要求，即能满足《建筑抗震设计规范》GBJ11－89 的要求。

## 6.2 构造要求

**6.2.1** 为使结构简单施工方便，基础底板宜采用矩形平板，但不排除为支承其附属设备而使底板局部突出的情况。透平压缩机基础底板一般都不长，而且体量较小，故无必要采用井式或梁板式结构。但根据基础的具体情况，设计者经方案比较，认为采用梁板式或井式板具有明显有优越性时仍可采用，所以规范中没有对这两种形式加以排除和限制。

关于底板厚度问题，德国规范 DIN4024 对透平压缩机框架式基础底板厚度规定不小于底板长度的 1/10，过去我们的压缩机基础设计都自觉或不自觉地遵照了 DIN4024 的规定来确定底板厚度，对机器转速大于 3000 r/min 的透平压缩机基础底板一般较短，大部分在 10～12 m，很少有超过 15 m 的。根据国内工程实例统计分析，本规范规定底板厚度不得小于柱子宽度，也不宜小于 800 mm，一般取底板长度的 1/10～1/12。规定底板最小厚度的目的是保证底板具有一定的刚度以减小基础的不均匀沉降和降低基础顶板的振动。

柱子截面及截面尺寸的确定。透平压缩机框架式基础的空间较充裕，柱子做成矩形或方形截面是可行的。柱子截面尺寸太小使基础的强度和稳定不满足，过大又造成材料浪费，而且使基础的动力特性不适宜高转速机器基础。规范根据工程实例统计分析给出了柱子截面尺寸的下限，既不宜小于柱子净高的 1/10～1/12，并不得小于 400 mm×400 mm。条文中没有规定柱子截面尺寸的上限，主要考虑此类机组的机器自重、转子重、转速的变化范围较大，故没有给定柱子尺寸上限。从基础的动力特性来看，加大柱子断面不一定有利，柱子柔一些对减小上部振动有利，所以对基础设计者来说是应当明确的：即在满足强度、稳定性要求的前提下宜适当减少刚度、设计成柔性柱子。

基础顶板应有足够的刚度和质量，目前国内、外均无具体规定，本条根据收集到的工程实例进行统计和分析后定为顶板厚度不宜小于净跨度的 1/4，并不宜小于 800 mm。

总之透平压缩机基础的顶板、柱子、底板的断面尺寸选择要使其动力特性适应于机器的工作扰频。

**6.2.2** 对基础构件的配筋要求是在工程实例分析的基础上，按照《混凝土结构设计规范》GBJ10－89和《建筑抗震设计规范》GBJ11－89 的构造要求提出的。

透平压缩机一般均为重要设备基础，设计中常配置较多的钢筋，加之由于振动等方面的原因，构件尺寸一般都大于强度要求，考虑配置较合理的含钢率，即把基础的配筋固定下来，以便于设计人员选用。本条文给出的配筋量既要适应工程常规做法，又应便于施工中混凝土的振捣，保证其密实，故要防止盲目加多配筋的倾向。

## 6.3 动力计算

**6.3.1** 多年来对高转速透平压缩机基础的设计施工、实测和研究各方面积累了较丰富的经验。基础可不作动力计算是建立在保证机组安全正常运转的条件下，从减少计算工作量、加快设计进度出发，根据多年设计经验而制定的。

条文中的扰力 $P$ 是指机组某一主振方向分布扰力的总和。

**6.3.2** 转子的旋转产生的不平衡力称为扰力，它是引起机器和基础振动的主要原因，也是我们进行基础动力计算时的一个很重要的参数。扰力的大小取决于机器轴系的振动特征，机器的制造精度、机组的安装和使用维修等因素，应由机器制造厂提供。

本条提出的扰力计算公式，只能根据转子的工作情况求出它的近似值。按可能产生的最大扰力值作为设计扰力值。在确定扰力计算公式时，一般仍从绕定点作圆周运动的质点的惯性力公式

$$P=mr\omega^2 \tag{1}$$

入手，力求通过机械制造行业的有关标准找出 $r$ 值后，再用上式计算出扰力。如美国石油学会标准 API012(炼油厂用特种用途汽轮机)、API017(炼油厂通用离心压缩机)就有这样的规定："装配好的机器在工厂试验时，在最高连续转速或任何规定运行转速范围内的其他转速下运行，在邻近并相对于每个径向轴承轴的任一平面上，测量振动的双振幅不得超过下述值或 2 密耳(50 μm)"。两者取较小值：

$$\overline{A}=\sqrt{\frac{12000}{n}}+0.25\sqrt{\frac{12000}{n}} \tag{2}$$

式中 $\overline{A}$——包括跳动的未滤波的双振幅，(mil)

$n$——机器工作转速，(r/min)

在式中，第一项为振动值，第二项为跳动值。如果略去跳动的影响（只计振动部分），并近似地认为式(2)中的双振幅的一半为 $r$ 值，即

$$r=\frac{1}{2}\sqrt{\frac{12000}{n}} \quad (\text{mil},\text{毫寸}) \tag{3}$$

将英制单位换算成国际单位制，则

$$r=0.45/\sqrt{\omega} \quad (\text{mm}) \tag{4}$$

将其式(4)代入式(1)，即得本规范扰力计算公式(1)。

关于纵向水平扰力的问题，从理论上讲，机器的扰力存在于转子的旋转平面内，可分解为垂直扰力和横向水平扰力，在纵向不存在扰力，而实际上框架式压缩机基础是个空间多自由度体系，每个质点都处于三维空间中，有其 $x$、$y$、$z$ 三个方向的自频及振型，在基础的振动实测中亦证实了此点，存在着纵向水平振幅。为此假定一个纵向扰力以计算纵向振幅用。本条规定按式(6.3.1-2)取值，通过大量工程实践的振动实测与分析，认为这样考虑是合适的。

条文中的扰力 $P$ 是指机组某一主振方向分布扰力的总和。

**6.3.3** 本条规定了动力计算的计算模型和几个基本参数的取值问题。

框架式基础是一个无限自由度空间结构，按空间多自由度体系分析，从理论上讲要比单自由度简化计算合理，能全面反映基础动力特性，得到更经济合理的设计，从振动实测分析来看，比较接近基础的实际振动情况，尽管存在着简化假定的近似性和原始参数的不精确性，但在计算时考虑了机器工作转速±20%范围内的扫频计算，即对工作转速±20%以内的自频作共振计算，并将所得的最大振幅作为计算振幅，一般计算值大于实测值，满足工程要求。

地基的弹性对框架式基础的振动有一定的影响，其影响是降低了基础的自频，对低频机器基础（例如转速在 1000 r/min 及以下）影响较大，对高频机器基础影响较小，使基础自频远离于机器工作转速，其结果是偏安全的。为减少计算工作量，故可不考虑地基弹性的影响。

混凝土的弹性模量在动力计算时不考虑动态的影响，而按混凝土标号查有关钢筋混凝土规定确定。因弹性模量对结构自频影响较小，如德国 DIN4024 规范取混凝土的弹性模量为 $3\times10^4$ N/mm²，用此值与我国规范中混凝土为 C20 时 $E_c=2.55\times10^4$ N/mm²进行计算比较，其自频大约相差7%左右。

在动力计算中采用了振型分解法求解，阻尼系数采用 E.C.索罗金滞变阻尼理论，为了使各个振型能完全分解，对于钢筑混凝土框架式基础取阻尼系数为一常数，其值为 0.125，阻尼比为 0.0625。

**6.3.4** 当透平压缩机组有多个转子，$m$ 个不同转速时，基础就承受 $m$ 个不同频率的扰力作用。这些扰力的大小和相位都是随机量，从机率上看，每个转子均达到正常运行情况下的最大不平衡，每个扰力均达到最大值是不大可能的，而且扰力的相位也是随机的，极少可能出现各扰力的方向与所计算共振频率的主振型完全相同的情况。则根据概率理论，比较可能出现的最大振动烈度为各扰力产生的振动线速度峰值的平方和再开平方，即为规范所采用的公式(6.3.4)。

**6.3.5** 本条规定了基础振动的限值，基础容许振动线速度峰值的确定原则主要是基础的振动不影响机器的正常运转和生产，其次是基础的振动不应对操作人员造成生理上的不良影响。但在确定具体的限值时，各国根据自己的机器制造行业的标准和经验以及国情，所确定的限值相差很大，在此不例举各国的振动限值。本规定综合国内、外资料及机器运行实践，对于工作转速大于 3000 r/min的机器基础，认为以控制振动线速度峰值 $V\leqslant5$ mm/s 以及相应的均方根值 $V_{rms}\leqslant3.5$ mm/s 作为容许振动限值是比较合适的。通过对 126 台透平压缩机基础在机器正常运转状态下的振动实测的统计，其中只有 7 台超过 5 mm/s，仅占 5.6%，绝大多数基础振动较小，满足振动限值要求。对于机器制造厂家提出的基础振动限值为容许振动线位移时，应转化为振动线速度控制，特别对于有 $m$ 个不同转速时，应按规范中式(6.3.5-1)进行计算。$V_{ij}=A_{ij}\omega_j$，其中 $A_{ij}$为在扰频 $\omega_j$ 作用时在 $i$ 点产生的振动线位移值。

## 6.4 框架式基础的承载力计算

**6.4.1** 根据大量的工程实践调查总结，为简化计算规定了不进行承载力计算的条件。

**6.4.3** 我们常用的冷凝式汽轮机，大部分都是将冷凝器放在汽轮机下面的基础底板上，由于蒸汽的冷凝在冷凝器内形成极高的真空，此时冷凝器与汽轮机的连接处受到由大气压与冷凝器内部气压之间的压差而产生一个较大的拉力，此力的数值为：

$$P_a=\Delta p\cdot A_t=100A_t$$

当冷凝器内形成完全真空时，$\Delta p$ 等于大气压，即 $\Delta p=100$ kPa，故当制造厂未提供真空吸力时，可采用条文中公式。

真空吸力只有在冷凝式汽轮机或中间抽汽式汽轮机做原动机，且冷凝器和汽轮机为柔性连接时（用波纹管道或其他形式的膨胀节）才存在，仅在计算基础构件强度时才考虑此力。

同步电机的短路力矩：同步电机在短路时，转子有外加直流励磁，它的磁场仍起作用，因而在短路瞬间，转子惯性使它仍以原来的转速旋转，此时转子切割闭合的定子线圈造成电机内部瞬时冲击，构成一个以力偶形式出现的力矩称为短路力矩，将短路力矩除以固定电机的螺栓距离 $B$ 即可求得短路力 $P_c$。

根据机电制造部门提出的计算公式乘以动力系数 $M=2$，即化为当量荷载作构件强度计算用：

$$M_c=K_t\frac{9.75P}{n}=\frac{70P}{n}$$

式中取 $9.75K_t=70$，目前，系数 $K_t$ 的取值不一致，如美国凯洛格公司取 $K_t=15$，相当于极限状态，在《透平压缩机基础设计资料汇编》中取 $K_t=5\sim7$。

短路力矩只存在于同步电机中，而透平机的原动机中有同步电机，也有异步电机，在设计中应根据工程实际情况分别对待。

**6.4.4** 压缩机基础强度计算时，除去考虑作用在基础上的静力荷载外，还要考虑作用在基础上的动力荷载。该力是由于转子不平衡力产生的动效应，将它简化成等效静力荷载，该力称之为"当量静力"。各种文献和资料中，这个力的名称有所有同，有称"动力荷载、静力计算时的附加力、临时性的动力荷载、静等效荷载"等等，在设计采用该数值时应正确理解其含义及取值。

现有的一些资料中，当量荷载的计算公式的表达形式大致相同，一般是将转子的不平衡力乘以疲劳系数和动力系数，将它转化为一个等效静力荷载，但其中系数的取值差异较大，其表达式为：

$$N=\eta rP$$

式中 $N$——当量静力；

$\eta$——动力放大系数；

$r$——疲劳系数；

$P$——扰力。

这些公式的概念是建立在单自由度理论基础上的。式(6.4.4)中，疲劳系数取 2，动力放大系数为 10，并简化了表达形式。此式来自冶金部《制氧机等动力机器基础勘察设计暂行条例》，该《条例》已实施了十余年，在其他的行业标准（如化工部设计标准《透平压缩机基础设计暂行规定》、中国石化总公司标准《炼油厂压缩机基础设计技术规定》等）中均采用了此公式，并应用了多年。

# 7 破碎机和磨机基础

## 7.1 破碎机基础

**7.1.3** 由于工艺生产流程的要求，物料破碎后常用皮带输送机运走，因此，在生产中墙式基础用的最多，其次是大块式基础，框架式基础用得较少。

**7.1.4** 本条对墙式基础各构件的尺寸作了规定，这是经过长期的调查研究后所取得的成果。

**7.1.7** 破碎机厂房遇有岩石地基的情况较普遍，应该充分利用岩石地基的有利条件，积极采用锚桩(杆)基础。

**7.1.9** 本条对破碎机基础允许振动线位移作了规定。破碎机的类型较多，机器扰力频率变化范围大，适当进行分档是必要的，如果采用同一振动值控制，势必造成小型机器振动允许值过严，大机器振动允许值过松的弊病。因此本条将振动允许值分为三档：在$n \leqslant 300$ r/min 即破碎机扰频在 5 Hz 及以下时定为一档，300 r/min$<n \leqslant 750$ r/min 即破碎机扰频大于 5 Hz 和小于或等于 12.5 Hz 定为一档，$n>750$ r/min 即破碎机扰频大于12.5 Hz 定为一档。上述三档各自的允许振动线位移值是对以往已有的破碎机基础的实测振动数据经统计分析而确定的。

## 7.2 磨机基础

**7.2.4** 当 $f_k>250$ kPa 时，磨机的磨头和磨尾可分别采用独立基础，其理由为：

(1)以往已有不少设计在 $f_k>250$ kPa 条件下采用头尾独立的球磨机基础，经过多年的生产实践无异常现象；

(2)球磨机机器本身不断改进，使之有条件采用头尾分开的独立基础；

(3)地基承载力 $f_k>250$ kPa 的情况下，球磨机的地基反力使用的较小，沉陷量相对地较小，设计时可以人为地控制其地基反力来减小两独立基础间的差异沉降。

# 8 冲击机器基础

## 8.1 锻锤基础

**8.1.1** 本条将锻锤基础设计的适用范围限制在锻锤落下部分公称质量为16 t 及以下，因为迄今为止我国已经自行设计、施工和使用的最大吨位锻锤为16 t，编制组已对几台16 t 锻锤进行了调查，使用基本正常，故实测总结这些锻锤的设计和使用中的经验，列入条文，以利于大吨位锻锤基础的设计。

**8.1.3** 鉴于近几年来在前苏联和德国等国家对锻锤砧座隔振基础的应用已较普遍，国内亦已在逐步推广采用。而以往使用的隔振锤基均为锻锤基础下隔振的基础，也即将隔振器置于基础块的下面，外面尚有钢筋混凝土基坑用以支承和维修隔振器，占地面积大、埋深较深，土建施工时需先做基坑再捣基础块，然后将基础块顶起来，在基础下面放置隔振器，因此施工周期很长，造价较高。随着技术的进步，人们发现如将隔振器直接置于锻锤砧座下面，不但隔振效果显著，且隔振后的锤基底面尺寸及埋深可以比不隔振的锤基还要小，施工进度与不隔振锤基相同，造价也不比不隔振锤基高，还可以节约车间布置面积，减少振动对厂房及周围环境的影响，改善操作人员的工作条件。因此，在本规范中的第8.1.6、8.1.23条中均对此作出了规定。

正圆锥壳锻锤基础在小于5 t 锤中已在国内推广使用，其特点是可以建造在软弱地基上，效果良好。

**8.1.5** 砧座下木垫的主要作用是使砧座传下的静压力和冲击力能均匀地作用在基础上，同时可缓冲锤击时的振动影响，保护基础混凝土面免受损伤，且便于调整砧座的水平度以保证锻锤的正常工作。因此要求木垫有一定的弹性压缩，并在长期的冲击荷重作用下，只能有较小的变形。对木垫的具体要求是：材质坚韧，受压强度适中，材质均匀，耐久性好，无节疤、腐朽，干缩、翘曲开裂等均较小。根据这些原则，本条规定了木垫选用的树种及含水率，这是经过大量试验研究确定的。关于橡胶垫作为砧座垫层材料已在国内使用多年，效果良好，但只限于5 t 及以下的锻锤可使用。

**8.1.6** 一般锻锤的砧座垫层均由多层横放木垫组成，但在调查中发现已有不少工厂的锻锤基础的砧座垫层采用垫木竖放形式，均有几年乃至十几年的经验，其中最大锻锤吨位为5 t，最小为0.5 t。木垫采用竖放后，有利于采用强度较低的树种和短材。

**8.1.7** 砧座下基础部分的最小厚度，根据收集到的约130个锤基础资料分析而得。

**8.1.9** 本条对基础配筋的规定是根据对国内工程实践经验和大量调查研究资料的分析结合国外的资料而修订的。

**8.1.12** 本条规定了锻锤基础的振动控制标准，根据锻锤吨位的大小和地基土的类别在表8.1.12中分别给出了基础的允许振动线位移和允许振动加速度。其目的在于保证锻锤的正常工作和锻锤车间的结构不致于因过大振动而产生有害影响。但是对于锻锤附近的操作人员会感到振动较大，长期在此环境中，有害身心健康，要解决这一问题，最好的办法是采用隔振基础。

**8.1.14** 本条规定了不隔振锻锤基础的竖向振动线位移和振动加速度的计算方法。公式(8.1.14-1)是根据单自由度体系建立运动微分方程和物体碰撞原理而得。但考虑到锻锤基础振动线位移和固有频率的计算和实测值之间的差异，在计算公式(8.1.14-1)和(8.1.14-2)中分别给以必要的修正系数。修正的原因是多方面的，有由于基础埋深增加了侧面刚度而使地基刚度作必要的修正；有由于土参加振动而在基础质量方面有所修正；有由于阻尼影响的修正等。为此公式中给出了 $k_A$ 即振动线位移调整系数和 $k_\lambda$ 即频率调整系数，其值是根据对28个大于1 t 的锤基础和64个1 t 及以下的锤基础实测数据进行分析统计整理而得。公式(8.1.14-1)中的冲击回弹影响系数是按下式求得的：

$$\psi_e=\frac{1+e}{\sqrt{g}} \tag{5}$$

式中 $e$——回弹系数；对模锻锤：当模锻钢制品时取0.56；模锻有色金属制品时取0.1；对自由锻锤取0.25。

正圆锥壳锤基根据实测的8台壳体锤基的振幅和频率再求振动线位移调整系数和频率调整系数值与大块式锤基础的 $k_A$、$k_\lambda$ 值是接近的。

**8.1.18** 本条规定了正圆锥壳锤基建造在软弱的粘性土地基上，当其天然地基抗压刚度系数小于 28000 kN/m³ 时，应取 28000 kN/m³。这是由于壳体内土壤受有向心压力的作用，可使土的密度增加，地基刚度也相应提高，实测结果也证明了这一点。对于建造在砂性土上或较好的粘性土上的壳体基础，由于实测资料较少，其地基抗压刚度系数暂不予提高，仍按实际 $C_z$ 值选用。

**8.1.19** 根据对锻锤基础实测资料的分析，一般单臂锤，当锤击中心对准基底形心时，其总重心与锤击中心间的偏心值均小于该偏离方向基础边长的5%。如按中心打击公式计算所得之竖向振动线位移乘以系数$(1+3.0\frac{e_h}{b_h})$后的值，绝大部分符合按竖向一回转公式所得的基础边缘竖向振动线位移(因相对偏心距$\frac{e_h}{b_h}\leqslant 5\%$，水平振动影响微小，可忽略不计)。

**8.1.20～8.1.22** 条文中给出了砧座下垫层最小厚度的计算公式以及木材横放和竖放的承压强度计算值与弹性模量。除了计算垫层的最小厚度之外，尚需满足表8.1.20中规定的垫层最小厚度。

对橡胶垫，表中所规定的运输胶带的厚度是由实际生产使用中的经验和实测分析结果所确定的。在实际生产中用运输胶带作为橡胶垫的最大吨位为 3 t 自由锻，考虑 5 t 锤的打击能量与 3 t 自由锻相差不大，因此在表 8.1.20 中将橡胶垫的厚度扩大到 5 t 锤。

### 8.2 落锤基础

**8.2.3～8.2.5** 落锤破碎坑基础的平面尺寸根据一次装满需破碎的废金属数量和规格而定。破碎坑基础形式，一般根据生产需要及破碎金属的数量、材质和规格、破碎坑及其砧平面尺寸、地基土的类别和落锤冲击能量而定。

国内无厂房的简易碎铁设备(如三角破碎架)，一般均不设置钢筋混凝土基础，而采用简易破碎坑基础。当碎铁设备设在厂房或露天厂房时，一般均采用钢筋混凝土破碎坑基础。

破碎坑基础的构造，例如砧块厚度和重量，填充层的材料、规格和厚度，坑壁的保护，坑壁和底板的厚度与配筋量，需根据落锤冲击能量大小确定。本规范根据对国内不同冲击能量的落锤破碎坑基础作了大量的调查研究，对破碎坑基础的构造作了具体的规定。

**8.2.6** 本条主要为了避免落锤基础在软弱地基上产生过大的静、动沉陷或倾斜，同时落锤基础下的静压力亦较大，一般在 150～200 kPa 左右，个别也有达 270 kPa 以上，因此，在软弱地基上的落锤基础，虽然考虑了基础宽度与埋深对地基承载力的修正，一般仍不能满足要求，需要对该类地基作人工加固处理。

**8.2.7～8.2.9** 本条文的规定是总结国内各种类型破碎坑基础的设计和生产使用实践而制订的。圆筒形坑壁厚度一般是 300～600 mm，且均为双面配筋。矩形坑壁根据调查，沿坑壁内转角易产生裂缝，因此规定了沿坑壁内转角应增设钢筋加强，同时坑壁的外露部分的顶部和内侧虽有钢锭或钢坯保护，但冲击力影响较大，且保护也难免在损坏后不能及时修补，因此规定加强配筋的措施。

带钢性底板的槽形破碎坑基础，在长期受落锤很大冲击力作用下，基础设计必须使之有足够的重量和强度，往往需耗费较多的混凝土和钢材，如处理不当，有时会使基础严重倾斜或毁坏。因此在条文中根据不同的落锤冲击能量规定了破碎坑底板的最小厚度和钢筋网层数。

**8.2.11** 国内已建的圆筒形坑壁落锤基础的砧块，大多数采用整块钢板(砧块钢板以采用低碳钢并经退火处理，使用效果很好)，其重量可按公式(8.2.11)计算，这对防止砧块下陷有效，较用钢锭作砧块为好。矩形破碎坑基础的砧块，一般由数块钢板拼成，国内均采用满铺 1～2 层大型钢锭作为砧块，因整块砧块浇注、吊装均较困难，因此允许用大型钢锭拼成砧块，但钢锭截面应尽量大些。

**8.2.12** 简易破碎坑，其砧块顶面一般与地面平或略低于地面。某些圆筒形坑壁的落锤基础的砧块顶面与地面标高差不多，但大部分落锤基础为了减少被破碎的钢铁碎片飞散和便于放置需破碎的废料，砧块顶面低于坑壁顶面。根据破碎坑平面尺寸，一般砧块顶面低于坑壁顶面 1.5～2.6 m。同时为了便于放置坑壁的防护钢锭而将坑壁略向外倾斜。

**8.2.13、8.2.14** 落锤基础振动的大小不至于严重影响锤基结构强度、稳定和正常使用，但过大振动时也可能导致落锤基础产生过大动沉陷或严重倾斜，或使破碎车间结构产生过大的附加动应力和使柱子基础产生过大的动沉陷与倾斜而影响落锤生产的正常进行。根据大量的实测和调查资料的分析给出了破碎坑基础竖向振动线位移和固有圆频率的计算公式及允许振动标准。

## 9 热模锻压力机基础

### 9.1 一般规定

**9.1.1** 本章为新增部分。鉴于近年来国内大、中型热模锻压力机和冲压设备日益增多，故有必要在《动力机器基础设计规范》中增补此项内容。在编写过程中，因冲压压力机基础的测试资料太少，有关公式尚难以验证，故本章暂只适用于公称压力不大于 120000 kN 的热模锻压力机基础(以下简称压力机基础)。

由于本章压力机基础设计方法较过去习惯方法有较大变动(详见第 9.3.2 条)，故设计所需资料增加了第二、三两项要求。这些要求压力机制造厂应能提供。

**9.1.4** 过去一些专著、手册要求压力机基础自重不应小于压力机重量的 1.0～1.2 倍。但在搜集资料时发现某厂一个 20 000 kN 压力机(前西德奥姆科公司 MP 系列)的基础自重虽为压力机重量的 1.43 倍，但在调试时仍因振动线位移过大不能满足生产要求而被迫加固。因此将上限改为 1.5 倍，并将下限也略予提高。实际上基础自重与压力机起动阶段的扰力、扰力矩，以及地基情况等有密切关系，很难用一个简单的系数与压力机自重联系起来。因此，本条规定基础自重不宜小于压力机重量的 1.1～1.5 倍。

在基础自重相同的条件下，力求增大基础面积，减小埋置深度，主要是可以减小基础振动线位移(特别是水平振动线位移)，防止基础产生不均匀沉陷而导致机身倾斜、损坏导轨及传动机构；同时，埋置深度减小后将有利于防水，方便施工，对邻近的厂房柱基埋置深度的影响也可小些。

### 9.2 构造要求

**9.2.1～9.2.3** 关于压力机基础混凝土标号及最小厚度和配筋的规定，主要是在调查了国内 20 多个大、中型压力机基础的实际情况并进行分析综合后确定的。该规定大体上与《机电工程手册》第 38 篇及《动力机器基础设计手册》有关规定相当。遵守该规定，一般能满足承载力、振动和耐久等要求，同时也不至于消耗过多的材料。

### 9.3 动力计算

**9.3.1** 《机械工程手册》第 38 篇及《动力机器基础设计手册》规定：当锻压机公称压力大于 16 000 kN 时，其基础需进行动力计算。由于本章计算和控制压力机基础振动线位移的方法与过去习惯方法相比有较大改变，且对公称压力为 12 500～16 000 kN 的压力机的基础尚缺乏足够的设计与使用经验(某厂一个 16 000 kN 压力机基础因故始终未使用)，故对进行动力计算的压力机基础的范围作了更为严格的控制。

**9.3.2** 以往一些专著、手册及设计单位对压力机基础设计均只要求计算和控制压力机完成锻压工序，滑块回升的瞬间，锻压件反作用于上下模的锻打力(最大值为公称压力)突然消失，曲轴的弹性变形及立柱的弹性伸长也随之突然消失所引起的竖向振动线位移，亦即只计算和控制锻压阶段的竖向振动线位移。但近年来的生产实践和科学试验证明：在压力机起动阶段，即离合器接合后，经过空滑、工作滑动及主动部分(大飞轮)与从动部分(曲轴)完全接合共同升速至稳定转速时(与此同时，滑块开始下行)的振动也很大，有时甚至大于锻压阶段。这是因为在压力机锻压工件的全过程(包括起动、下滑、锻压、回程及制动五个阶段)中，机械系统运动时产生的竖向扰力、水平扰力及扰力矩以起动阶段为最大。更值得注意的是无论起动阶段或锻压阶段，除竖向振动外还有水平振动。某些水平扰力大、作用点高、机座平面尺寸又小的压力机，其起动阶段的水平振动线位移甚至远大于竖向振动线位移。根据对十几台大、中型压力机基础百余条实测的振动曲线分析，在整个锻压工件的全过程中，竖向振动线位移的最大值约有近 2/3 出现在起动阶段，1/3 略多出现在锻压阶段；水平振动线位移的最大值则约 4/5 出现在起动阶段，仅 1/5 出现在锻压阶段，且其幅度与起动阶段相比，大得不多。因此，本条规定了压力机基础的动力计算应考虑起动阶段和锻压阶段两种情况。起动阶段应计算竖向振动线位移和水平振动线位移，而锻压阶段只计算竖向振动线位移即可。

**9.3.3** 在起动阶段，压力机机械系统在运动过程中产生竖向扰力、水平扰力及扰力矩。因此，基组除有垂直振动外，还有水平与回转耦合振动。本条先不考虑垂直扰力对基组重心的偏心，即先推导当垂直扰力通过基组重心时产生的竖向振动线位移计算公式，而因偏心产生的扰力矩则在第9.3.4条水平与回转耦合振动计算中一并考虑。根据理论推导及一些压力机制造厂提供的资料，起动阶段的垂直扰力、水平扰力及扰力矩的脉冲形式均接近于三角形(后峰锯齿三角形或对称三角形)。当扰力脉冲的时间及形状已知，基组即可按单自由度的"质—弹—阻"体系用杜哈米积分求解，从而导出竖向振动线位移计算公式。公式中的有阻尼响应函数最大值，即有阻尼动力系数 $\eta_{max}$ 的求算十分困难，因为有阻尼响应函数 $\eta$ 本身就是一个极为繁冗复杂的以阻尼比 $\zeta$、脉冲时间与无阻尼自振周期之比($\frac{t_0}{T_n}$)及时间 $t$ 为变量的超越函数。要求其最大值，还要先求出产生最大值的时间 $t_{max}$(详见附录F)。因此只能借助计算机算出各种不同阻尼比和不同脉冲时间与无阻尼自振周期之比的 $\eta_{max}$ 值列表备查(表F.0.2-1和表F.0.2-2)。

由于许多因素，如质量中未考虑基础周围土壤，地基刚度系数取值往往会小于实际值，基础埋深和刚性地面对地基刚度的提高系数也不可能准确等，用理论公式算出的振幅值与实测值肯定会有差别，要用调整系数进行修正。通过对若干个大、中型压力机基础的理论计算和实测，用数理分析方法求出两者之间的比值，并考虑一定的安全储备，即可得出调整系数为0.6。引入调整系数即得出公式(9.3.3-1～3)。

**9.3.4** 推导起动阶段水平振动线位移计算公式时，由于水平扰力及扰力矩的脉冲时间和形式均相同(且与竖向扰力相同)，故可用振型分解法求得运动微分方程式的近似解。用同上方法得出调整系数为0.9，即可得出公式(9.3.4-1)及(9.3.4-2)。

**9.3.5** 以往计算压力机锻压阶段竖向振动线位移的计算模式为双自由度"质—弹"体系(图1)，立柱作为上部弹簧，刚度为 $K_1$；地基作为下部弹簧，刚度为 $K_2$。考虑调整系数为0.6，即得计算竖向振动线位移的公式如下：

$$A'_z=0.6\times\left|\frac{2\Delta}{X_2-X_1}\right| \tag{6}$$

$$\Delta=\frac{P_H}{K_1} \tag{7}$$

$$X_1=\frac{K_1}{K_1-m_1\lambda_1^2},\quad X_2=\frac{K_1}{K_1-m_1\lambda_2^2} \tag{8}$$

$$\omega_{n1,n2}^2=\frac{1}{2}\left[\left(\frac{K_1+K_2}{m_2}+\frac{K_1}{m_1}\right)\mp\sqrt{\left(\frac{K_1+K_2}{m_2}+\frac{K_1}{m_1}\right)^2-4\times\frac{K_1K_2}{m_1m_2}}\right] \tag{9}$$

一般情况下，压力机立柱的刚度 $K_1$ 远大于地基的刚度 $K_2$(大十几倍至几十倍)。为简化计算，并使计算模式与起动阶段一致，可不考虑立柱的弹性而把整个基组当作一个刚体。于是基组的振动就变为单自由度体系的振动，扰力则来自体系内部质量 $m_1$ 的来回振动(图2)，其值为 $\Delta K_1\cos\omega_{nm}t$，即 $P_H\cos\omega_{nm}t(\omega_{nm}^2=\frac{K_1}{m_1})$。采用同样的调整系数，即可得出竖向振动线位移计算公式(9.3.5-1)。用此公式算出的竖向振动线位移与按双自由度体系考虑的公式(6)相比，误差一般为1%～2%，可以允许。

关于阻尼问题，原公式(6)未考虑。如考虑阻尼，则基础的竖向位移 $Z_2(t)$ 为

$$Z_2(t)=\frac{\Delta}{X_2-X_1}(e^{-\zeta_{z1}\omega_{n1}t}\cos\omega_{d1}t\cdot e^{-\zeta_{z2}\omega_{n2}t}\cos\omega_{d2}t) \tag{10}$$

式中 $\zeta_{z1}$、$\zeta_{z2}$——分别为立柱和地基的阻尼比；

$\omega_{d1}$、$\omega_{d2}$——分别为双自由度体系第一、第二振型的有阻尼固有圆频率，

$$\omega_{d1}=\omega_{n1}\sqrt{1-\zeta_{z1}^2},\omega_{d2}=\omega_{n2}\sqrt{1-\zeta_{z2}^2} \tag{11}$$

式(10)表明基础的竖向振动为一高频振动叠加于一低频振动上。由于 $\omega_{n2}$ 远大于 $\omega_{n1}$，故当高频振动出现第一个正峰值时，低频振动仍处于接近正峰值处，且由于钢柱的阻尼系数甚小，故此时式(10)括号中两项的绝对值均接近于1。如各以+1代入相加，并引入调整系数0.6，式(10)即与式(6)相同。因此，不考虑阻尼可以允许。

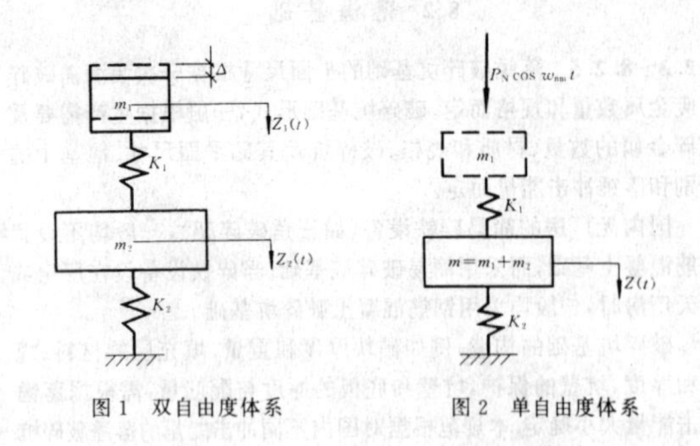


图1 双自由度体系　　图2 单自由度体系

**9.3.6** 确定压力机基础的振动线位移允许值主要应考虑两个因素：(1)设备和生产上的要求。这是一个比较确定的限值，超过此值将不能生产合格的产品，或者压力机及其附属设备将易于损坏；(2)操作工人的要求。它与国情有关，比较有弹性，如制定过严，要增加投资，不利于国家建设；但制定过宽，将造成环境污染，直接或间接给生产和生活带来不良后果，同样也不利于国家建设。过去一些专著及手册规定0.3mm作为压力机基础的振动线位移允许值。根据对某些工厂的十几个正常生产的大、中型压力机基础的实测，在起动阶段测得的最大竖向振动线位移为0.28mm，最大水平振动线位移为0.26mm；在锻压阶段测得的最大竖向振动线位移为0.27mm(实际工作压力小于公称压力，如换算为公称压力则约为0.34mm)，最大水平振动线位移为0.21mm(实际工作压力小于公称压力，如换算为公称压力则约为0.31mm)。因此，采用0.3mm作为振动线位移允许值是能满足设备和生产上的要求的。至于操作工人的要求，根据我国和德国等国的有关规范，大体上要求振动速度(稳态简谐振动)不超过4～6.4mm/s。如以我国采用6.28mm/s为限值，并考虑到压力机基础的振动是由瞬间脉冲所产生的近似有阻尼自由衰减振动，通过换算，在一般压力机基础固有频率为8～15Hz的条件下相当于20.01～27.40mm/s的振动速度。由此算出允许振动线位移为0.398～0.291mm。因此，取0.3mm为振动线位移允许值也大体上能满足操作工人的要求，不会有较大影响。但对固有频率低于6Hz或高于15Hz的压力机基础则应作适当调整，使折算的稳态简谐振动速度大体上仍在4～6.4mm/s范围内，否则将失之过严(低于6Hz)或失之过宽(高于15Hz)。故要求按表8.3.7中所列公式调整，但允许振动线位移最大不得超过0.5mm以免对设备与管道等附属设施连接不利。

# 10 金属切削机床基础

**10.0.1** 补充了适用于"加工中心系列机床基础的设计"的内容，是基于在征询全国各大机床制造厂的意见后确定的，近几年来加工中心系列机床发展较快，如济南第一机床厂提出数控镗铣中心，其基础厚度可参照卧式镗床基础表达式并接近座标镗床基础，北京第三机床厂提出立式钻削中心基础设计，也可参照本规范规定，因此补充了本条例，其选取的基础厚度应按照加工中心各类组合机床特点、性能选取或参照本规范所规定的厚度进行设计。

**10.0.5** 在本条的第4款中增加了加工中心系列机床，基础混凝土厚度可按组合机床的类型，选取精度较高或外形较长者，可按表10.0.5同类机床采用。基于征求全国各大机床制造厂(第一重型

机器厂、沈阳重型机器厂、济南第一机床厂、昆明机床厂、杭州机床厂、上海机床厂等)的意见反馈,核对本厂产品,认为本规范表10.0.5仍有较大范围的实用价值,符合实际,但由于机床加工精度的日益提高,有较多制造厂建议,对提高精度的机床基础应适当将厚度按表列规定增加5%～10%,并认为作上述规定后,可使提高精度的机工保证加工质量,在实践中也得到了验证。并可免于采取不必要措施,有利于节约整个基础工程的投资,所以在本条的第3款中规定了提高精度的机床,按表中基础厚度,增加5%～10%。

**10.0.9** 原规范要求预压重力系数为1.2～2.0倍,此系数相当于变形的基本安全系数,小了则安全作用不大,预压重力与预压时间是成反比的,系数越小,则预压时间相应加长,且预压卸荷后,还有回弹,扣除回弹后,其预沉量则更小,从施工和安装周期来看,应尽量缩短预压这种带有辅助性质的时间,因此在本次规范修订中,将预压重力的下限由1.2改为1.4,而上限2.0不变。

**10.0.11** 在反馈意见中,提出对精密加工机床,四周防振沟及地坪设缝中的填料为沥青、麻丝等弹性材料,此两材料混合在一起,时间久了,常会结成硬块,会减低防振作用,因此,缝中宜填入海棉、泡沫、乳胶等弹性不易变化的材料。另外,防震沟对精密的重型机床,由于基础较深,实际施工时较为困难,近年来,国内外皆有采用在基础四周外挂硬质泡沫塑料或聚苯乙烯板等措施,皆能符合加工要求,因此在条文中作上述补充。

中华人民共和国国家标准

# 钢铁企业冶金设备基础设计规范

Code for design of metallurgical equipment foundation
in iron and steel enterprises

**GB 50696—2011**

主编部门：中 国 冶 金 建 设 协 会
批准部门：中华人民共和国住房和城乡建设部
施行日期：2 0 1 2 年 5 月 1 日

# 中华人民共和国住房和城乡建设部
# 公　　告

## 第1031号
## 关于发布国家标准《钢铁企业冶金设备基础设计规范》的公告

现批准《钢铁企业冶金设备基础设计规范》为国家标准，编号为GB 50696—2011，自2012年5月1日起实施。其中，第3.3.15、6.4.3、6.4.4、7.4.3条为强制性条文，必须严格执行。

本规范由我部标准定额研究所组织中国计划出版社出版发行。

**中华人民共和国住房和城乡建设部**

二〇一一年五月十二日

## 前　　言

本规范是根据原建设部《关于印发〈2006年工程建设标准规范制订、修订计划（第二批）〉的通知》（建标〔2006〕136号）的要求，由中冶赛迪工程技术股份有限公司会同有关单位共同编制完成的。

本规范在编制过程中，规范编制组开展了多项专题研究和必要的试验验证，进行了调查分析，总结了多年来我国钢铁企业冶金设备基础设计、施工和生产使用的实践经验，吸取了近年来的科研成果，与相关的标准规范进行了协调。在此基础上以多种方式广泛征求了有关单位意见，对重点章节进行了反复修改，最后经审查定稿。

本规范共分10章和5个附录，主要技术内容有：总则、术语和符号、基本规定、高炉基础、热风炉基础、转炉基础、电炉基础、连铸机基础、加热炉及热处理炉基础、轧钢设备基础。

本规范中以黑体字标志的条文为强制性条文，必须严格执行。

本规范由住房和城乡建设部负责管理和对强制性条文的解释，中国冶金建设协会负责日常管理，中冶赛迪工程技术股份有限公司负责具体技术内容的解释。在执行过程中，请各单位结合工程实践，认真总结经验，并将意见和建议寄至中冶赛迪工程技术股份有限公司国家标准《钢铁企业冶金设备基础设计规范》管理组（地址：重庆市渝中区双钢路1号，邮政编码：400013，传真：023-63548888），以便今后修订时参考。

本规范主编单位、参编单位、主要起草人和主要审查人：

**主编单位：** 中冶赛迪工程技术股份有限公司

**参编单位：** 中冶南方工程技术有限公司
中冶京诚工程技术有限公司
中冶集团建筑研究总院
中冶东方工程技术有限公司
二重集团（德阳）重型装备有限责任公司
西安建筑科技大学
宝山钢铁股份有限公司
上海宝冶建设有限公司
中国第二十冶金建设公司
武汉钢铁集团股份有限公司
北京纽维逊建筑工程技术有限公司
慧鱼（太仓）建筑锚栓有限公司

**主要起草人：** 董奇石　胡朝晖　薛尚铃　王万里　张玉明　蒙　瑜　肖启华　李书本　杨文琦　朱丹蒙　沈仲安　高　顺　梁义聪　邵鞠民　高艳平　韩晓雷　傅征耀　王怀忠　杨　军　袁彦红　屈海峰　向骏华　管立平　潘　晋

**主要审查人：** 穆海生　郭启蛟　张长信　王创时　杨晓阳　柳建国　郝素英　王　平　朱德林

# 目　次

# Contents

# 1 总 则

**1.0.1** 为在钢铁企业冶金设备基础设计中贯彻执行国家的技术经济政策，做到安全适用、技术先进、经济合理、确保质量、保护环境，制定本规范。

**1.0.2** 本规范适用于钢铁企业炼铁、炼钢和轧钢设备基础设计。

**1.0.3** 钢铁企业冶金设备基础的设计除应执行本规范的规定外，尚应符合国家现行的有关标准的规定。

# 2 术语和符号

## 2.1 术 语

**2.1.1** 冶金设备 metallurgy equipment

用于钢铁企业炼铁、炼钢及轧钢的工艺设备或机器。

**2.1.2** 设备基础 equipment basement，equipment foundation

支承设备或机器，将其各种作用传递至地基上并满足设备或机器安装、生产操作和维修要求的结构物。

**2.1.3** 设备基组 equipment foundation set

设备基础、基础上的设备和机器、附属设备和基础上的填土等的总称。

**2.1.4** 地基变形允许值 allowable value of subsoil deformation

为保证设备基础正常使用和基础上的设备正常生产运行而确定的地基变形控制值。

**2.1.5** 大块式设备基础 massive equipment foundation

采用混凝土或钢筋混凝土大块实体构成的设备基础。

**2.1.6** 墙式设备基础 wall-type equipment foundation

采用钢筋混凝土墙体作为主要支承结构的设备基础。

**2.1.7** 框架式设备基础 frame-type equipment foundation

采用钢筋混凝土框架结构的设备基础。

**2.1.8** 筏板式设备基础 raft-type equipment foundation

采用钢筋混凝土筏式底板的设备基础。

**2.1.9** 坑式设备基础 pit-type equipment foundation

具有钢筋混凝土底板和外围挡土壁形似地坑的设备基础。

**2.1.10** 箱体设备基础 box-type equipment foundation

由钢筋混凝土筏式底板、板式或梁板式顶板、挡土侧墙及必要的纵、横内隔墙和支柱在设备基础内部或外围构成所需的地下空间、形似箱体的基础。

**2.1.11** 连续箱体设备基础 great box-type equipment foundation

为满足轧钢车间连续生产线设备对地下空间需求和地基变形的要求，将在线设备基础、地下室及管线通廊等地下结构连接在一起，具有整体筏式底板，挡土侧墙，顶板及必要的纵、横内隔墙和支柱，且不设永久变形缝的联合基础。

**2.1.12** 地脚螺栓 anchor bolt

埋设在设备基础中用于固定设备或机器的锚栓。

**2.1.13** 死螺栓 dead bolt

在使用期间不可更换的地脚螺栓。

**2.1.14** 活螺栓 renewable bolt

在使用期间可更换的地脚螺栓。

**2.1.15** 大体积混凝土 mass concrete

混凝土结构实体最小几何尺寸不小于 1m 的大体量混凝土，或预计会因混凝土中胶凝材料水化引起的温度变化和收缩而导致有害裂缝产生的混凝土。

**2.1.16** 后浇带 late poured band

现浇超长整体式钢筋混凝土结构中，仅在施工期间设置并保留一定时间后浇筑的临时性带状变形缝。

**2.1.17** 跳仓法 sequence construction method

结合施工分块，将超长整体式钢筋混凝土结构按一定长度间隔交替划分为跳仓块和封仓块，先施工跳仓块，相隔一定时间后施工封仓块形成整体结构的施工方法。

**2.1.18** 当量荷载 equivalent load

为便于分析而采用的与作用于原振动系统的动力作用效应相当的静荷载。

## 2.2 符 号

**2.2.1** 作用和作用效应

$G$——永久荷载；

$Q$——可变荷载；

$N$——轴向力设计值；

$M$——弯矩设计值；

$p_k$——相应于荷载效应标准组合时，基础底面处的平均压力值；

$p_{kmax}$、$p_{kmin}$——相应于荷载效应标准组合时，基础底面边缘的最大、最小压力值；

$Q_k$——相应于荷载效应标准组合时，桩基中单桩所受竖向力；

$H_k$——相应于荷载效应标准组合时，作用于单桩的水平力；

$s$——沉降量，两基础间的净距。

**2.2.2** 计算指标

$E_s$——土的压缩模量；

$f_{ak}$——地基承载力特征值；

$f_a$——修正后的地基承载力特征值；

$R_a$——单桩竖向承载力特征值；

$R_{Ha}$——单桩水平承载力特征值；

$\varphi$——基坑边坡角度。

**2.2.3** 几何参数

$b$——基础底面宽度（最小边长），或力矩作用方向的基础底面边长；

$H$——最大作用水头高度；

$h$——混凝土壁、板厚度，两基础基底标高差；

$h_0$——截面有效高度；

$d$——螺栓直径，钢筋直径。

# 3 基本规定

## 3.1 一般规定

**3.1.1** 冶金设备基础设计时，应依据下列设计资料：

1 车间或生产线的工艺设备布置图，包括设备名称、各设备间关系尺寸及主要设备中心线与车间控制轴线的关系尺寸。

2 设备基础轮廓图，包括平面图和剖面图。图中应注明详细尺寸和标高、坑、沟、洞、设备安装维修通道、安全通道及走梯的位置和尺寸、设备底座外轮廓图以及二次浇灌层的范围和厚度。

3 设备地脚螺栓布置图及设备地脚螺栓表，包括螺栓的形式、直径和长度、各部分尺寸和螺帽数量、埋设位置和标高以及所属设备名称。

4 预埋件布置图，包括预埋件的形状、尺寸，埋设位置和标高，荷载（垂直力、水平力和力矩）及作用点位置和作用方向。

5 设备自重及其重心位置和标高，设备各种工况时的动荷载（力、力矩）及作用点位置、标高和作用方向。

6 物料自重，物料在生产、运动过程中的冲击动荷载。

7 支承在设备基础上的操作平台或地坪的自重、操作和检修活荷载、积灰荷载和其他荷载。

8 基础表面受热温度，耐热、隔热，烘烤、溅渣、铁钢水跑漏防护措施，介质腐蚀及防护，振动及隔振，基础沉降及倾斜控制等要求。

9 与设备基础联合的地下室的布置、尺寸、标高及相关设计资料。

10 与设备基础联合的厂房基础的荷载及相关设计资料。

11 与设备基础有相互影响的邻近厂房基础、地下构筑物和地下管线的布置、标高，与设备基础的关系尺寸及相关设计资料。

12 岩土工程勘察资料。

**3.1.2** 冶金设备基础在规定的设计使用年限内，应满足下列功能要求：

1 在正常施工和正常使用时，能承受可能出现的各种作用。

2 在正常使用时，具有良好的工作性能。

3 在正常维护下，具有足够的耐久性能。

4 在本规范规定的偶然事件发生时和发生后，基础的主要承重结构和地基不应丧失承载能力。

**3.1.3** 冶金设备基础的安全等级宜与所属车间的厂房建筑结构的安全等级相同，且不应低于现行国家标准《建筑结构可靠度设计统一标准》GB 50068 规定中的二级。按承载能力极限状态进行设计时，结构重要性系数 $\gamma_0$ 不应小于 1.0。

**3.1.4** 新建冶金设备基础设计使用年限应为 50 年。

**3.1.5** 冶金设备基础的抗震设计除应符合本规范的相关规定外，尚应符合现行国家标准《构筑物抗震设计规范》GB 50191 的有关规定。

## 3.2 地基方案

**3.2.1** 冶金设备基础的地基方案应依据下列因素确定：

1 基础类别和形式。

2 荷载和作用的性质和大小。

3 工程场地和地基的复杂程度、地层分布和岩土的工程特性、地下水的分布和特征。

4 邻近地面堆载的影响，与邻近建（构）筑物及其基础、地下结构物、地下管线的相互影响。

5 地基承载能力应满足设计要求。

6 地基变形应满足正常生产要求。

**3.2.2** 当工程地质条件较简单，地层分布较均匀且地基的承载能力及变形能满足设计要求时，冶金设备基础宜采用天然地基方案。冶金设备基础不得直接坐在未经处理的欠固结土、液化土（抗震设防地区）及扰动土层上。当地基受力层范围内存在软弱下卧层时，应按现行国家标准《建筑地基基础设计规范》GB 50007 的规定对其进行承载能力及变形验算。当不满足规范要求时，应进行地基处理或采用桩基。

**3.2.3** 同一机组的设备基础宜坐落在同类土层或性状相近的土层上；当采用桩基时，宜选择同类岩土层作为桩端持力层；对以减小差异沉降和基础内力为目标的按变刚度调平设计的桩基，应符合现行行业标准《建筑桩基技术规范》JGJ 94 的有关规定。

**3.2.4** 同一连续生产线设备基础宜采用相同的地基方案。采用天然地基的同一生产线设备基础范围内存在局部软弱下卧层、局部软弱土层或基岩出露时，可采取局部处理措施，但地基的变形应满足生产工艺、设备和结构的要求。

**3.2.5** 对基底位于地下水位以下的坑式或箱体式设备基础及地下室等构筑物，当其抗浮验算不能满足要求时，除可考虑增加基础及结构自重或增加基础上填土压重外，可采用抗拔桩或抗浮锚杆。

**3.2.6** 冶金设备基础建造在边坡坡顶时，坡体的稳定性应符合现行国家标准《建筑地基基础设计规范》GB 50007 的有关规定。当为复杂边坡时，应对坡体的稳定性进行专题评价，地基方案应经充分论证后方可实施。

### 3.3 基础形式和构造

**3.3.1** 冶金设备基础的选型应符合下列规定：

**1** 基础形式应满足生产工艺和设备要求，便于生产操作、设备安装、维护和检修。

**2** 基础形式应简单、规则，结构合理，受力明确，具有足够的刚度，并避免或尽可能减少刚度的突变。

**3** 确定基础形式时，应充分考虑工程地质、水文地质、环境和施工条件。

**3.3.2** 冶金设备基础的形式可根据不同车间、不同设备类型、工艺设备布置和生产操作对空间的需求以及基础受荷的特点，分别采用大块式、墙式、墩式、框架式、筏板式、坑式、箱体式，也可采用将上述形式中的两种或多种相组合的形式。

**3.3.3** 同一设备机组以及直接影响该设备正常运转的相关设备和台架，宜设在同一整体基础上，当不设在同一整体基础上时，各基础间的沉降差必须满足设备正常运转时所允许的限值。

**3.3.4** 同一连续生产线设备基础包括各设备机组基础及与设备基础毗连的地下室等地下结构，宜采用连续箱体式、筏板式等形式的联合整体基础。

**3.3.5** 技术改造工程中为缩短冶金设备基础的施工工期，当有成熟经验且条件许可时，可采用装配整体式或部分装配整体式基础。

**3.3.6** 基础的埋置深度应根据设备类型、地脚螺栓埋置深度、工艺设备对地下空间的需求、管线沟道的埋深、毗连地下室的地坪标高、相邻基础和地下构筑物的埋深、基础的形式和构造、地基和环境条件以及作用在地基上的荷载大小和性质综合确定。在满足地基稳定和变形要求的前提下，基础宜浅埋。高耸设备的基础埋置深度应满足地基承载力、变形和稳定性要求；当为岩质地基时，基础埋深应满足抗滑要求。在季节性冻土地区，基础埋深应考虑地基土冻胀和融陷的影响。

**3.3.7** 设备基础中各专业管线沟道的走向及布置应合理集中，减少交叉重叠，同一基础的基底标高应减少变化。

**3.3.8** 基础各部位构造尺寸应符合下列规定：

**1** 基础垫层厚度不宜小于100mm，宽出基础尺寸不宜小于100mm；对于软弱土层中的防水混凝土结构底板，其混凝土垫层的厚度不应小于150mm。

**2** 设备底座边缘至基础边缘距离不宜小于100mm。

**3** 地脚螺栓布置尺寸及埋置深度应符合本规范第3.5节的规定。

**4** 基础内部单独设置的检修人员通道净宽不宜小于800mm，净高不宜小于2000mm；通过机械设备部件的预留孔尺寸，应考虑检修人员的操作要求。

**5** 基础内部检修人员使用的梯子尺寸：当为斜梯时，宽度不应小于800mm，钢斜梯坡角宜采用45°，混凝土梯坡角宜采用30°；当为直梯时，洞口尺寸宜为800mm×800mm，直梯宽度不宜小于400mm；直梯高度大于3m时宜设置安全护笼。

**6** 管线沟道底板厚度不宜小于200mm，沟道壁厚为单面配筋时不宜小于150mm，双面配筋时不宜小于200mm。

**7** 地下室、筏板式基础、箱体式基础和坑式基础各部位尺寸应符合下列规定：

**1)** 底板厚度不宜小于基础深度的1/10，且不宜小于柱距的1/8。

**2)** 外墙厚度不宜小于墙高的1/10，可随深度变截面。

**3)** 内墙厚度宜取墙高的1/20～1/16，且不应小于200mm。

**4)** 梁板式顶板的厚度不宜小于200mm。

**5)** 柱距宜取5m～8m。

**6)** 柱截面边长不宜小于柱高的1/16，且不宜小于400mm。

**3.3.9** 设备基础与毗邻基础的布置应符合下列规定：

**1** 当较大设备基础近旁设有埋深较浅的较小设备基础时，宜在较大设备基础上悬挑小设备基础（图3.3.9-1）。当不宜悬挑时，可在小基础下的基坑中填充垫层混凝土（图3.3.9-2）。

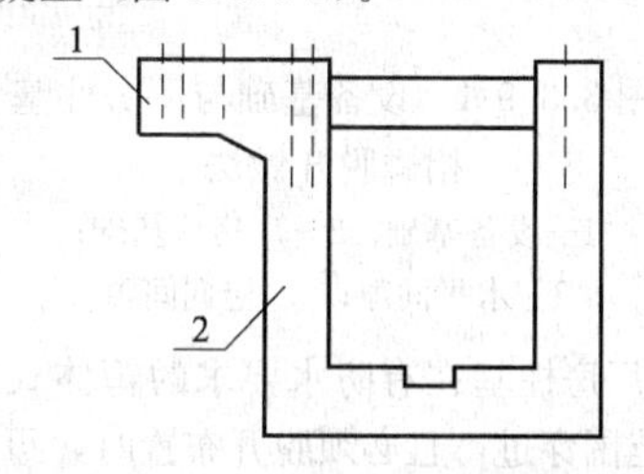


图 3.3.9-1 大基础悬挑出小基础

1—小设备基础；2—较大设备基础

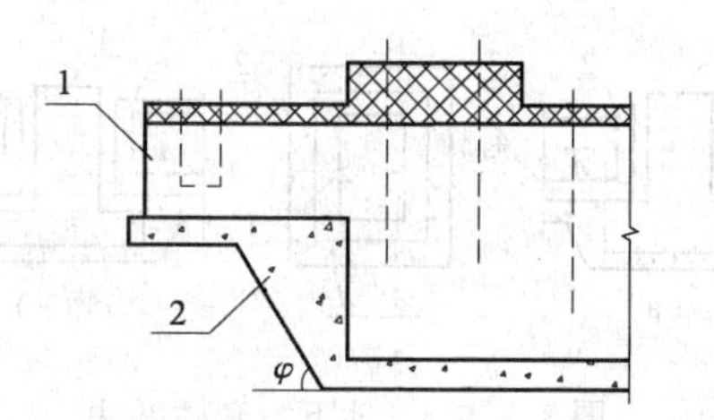


图 3.3.9-2 小基础下填充垫层混凝土

1—小设备基础；2—混凝土垫层；

φ—基坑边坡角度

**2** 当土质地基上的设备基础邻近厂房柱基且底面标高与柱基不一致时（图3.3.9-3），两基础间应根据地基的性状和荷载的大小留有足够的距离，基础间的净距 $s$ 可取两基础底标高差 $h$ 的1倍～2倍。当不

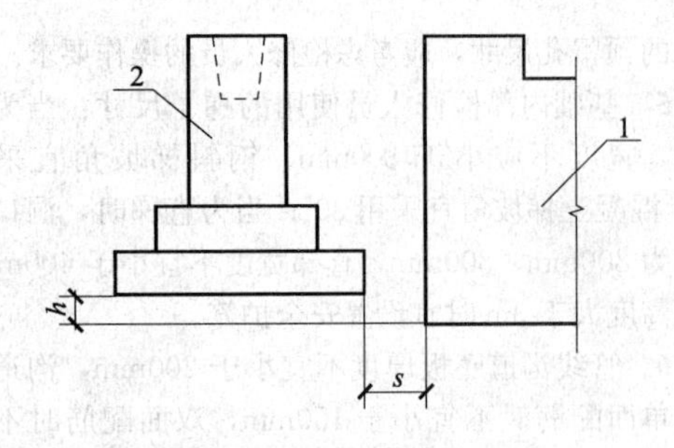


图 3.3.9-3 基础间距的控制尺寸

1—设备基础；2—厂房柱基础

能满足上述要求时，可加厚浅基础下的垫层至深基础的底面标高处；当两基础基底高差较大时，施工时应采取可靠的基坑支护措施，并应考虑浅基础荷载对深基础的影响。

**3** 当设备基础与厂房柱基相碰时，可采用联合筏板式基础。当必须脱开布置时，可将设备基础的相碰部分去除，局部悬挑，与厂房柱基的水平间隙不宜小于 30mm，竖向间隙应满足两基础间的沉降差要求（图 3.3.9-4）。

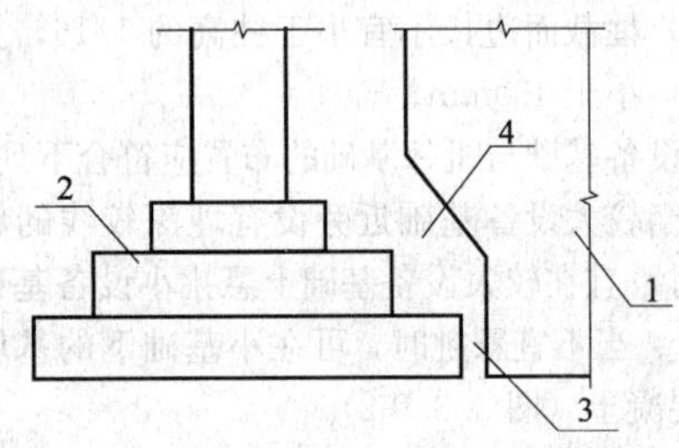


图 3.3.9-4 设备基础与厂房柱基相碰脱开做法

1—设备基础；2—厂房柱基础；3—水平间隙；4—竖向间隙

**4** 当厂房柱基在有防水要求的箱体式设备基础或地下室范围穿过，且必须脱开布置时，可沿柱基短柱周圈设置围合套柱，套柱与厂房柱基短柱的水平间隙不宜小于 50mm（图 3.3.9-5）。

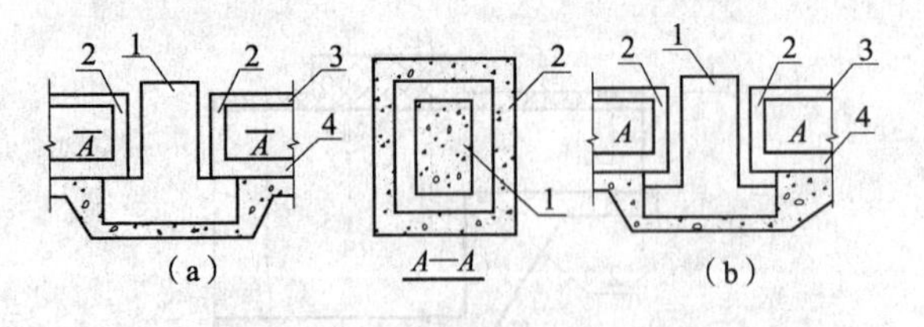


图 3.3.9-5 地下室套柱做法

1—厂房柱基础；2—套柱；3—地下室或箱体式设备基础顶板；4—地下室或箱体式设备基础底板

**3.3.10** 冶金设备基础、地下室和电缆隧道、管廊的布置及防火设计应符合现行国家标准《钢铁冶金企业设计防火规范》GB 50414 的有关规定。

**3.3.11** 底面位于设计地下水位以下，具有防水要求的坑式、箱体式冶金设备基础和地下室、电缆隧道及管廊等地下构筑物，其防水构造、施工和渗漏水的治理应符合现行国家标准《地下工程防水技术规范》GB 50108 的有关规定，但各类设备基础和地下构筑物适用的防水分区和防水方案应按下列规定确定：

**1** 应采用防水混凝土结构自防水为主，并应对施工缝、伸缩缝及穿管线节点采取可靠的防水构造。当防水要求较高时，可根据具体情况增设外涂防水涂料或外贴卷材防水。对于防水要求特别严格的特殊设备基础可采用金属防水层。

**2** 当采用防水混凝土结构自防水时，应设置内排水小沟和集水井等辅助设施。

**3** 位于山区场地的防水要求较高的地下构筑物，当地下水为上层滞水，且具有自流排水条件时，尚可考虑增设外渗排水或盲沟排水系统。

**4** 各类冶金设备基础及地下构筑物的防水分区和防水方案应按本规范附录 C 的规定确定。

**5** 防水混凝土的抗渗等级应按本规范第 3.4.1 条的规定确定。

**3.3.12** 伸缩缝的设置应符合下列规定：

**1** 伸缩缝的设置应与设备及其布置相配合，不得影响机组的正常运转和生产线的正常生产。

**2** 伸缩缝的最大间距可按表 3.3.12 采用。

**表 3.3.12 伸缩缝最大间距**

| 基础形式 | 伸缩缝最大间距（m） |
|---|---|
| 大块式基础 | 50 |
| 框架式基础 | 55 |
| 筏板式基础、箱体式基础 | 40 |
| 地下单独电缆隧道、管廊和地沟 | 30 |

**3** 传动轴为直接传动或刚性连接的设备基础应采用整体基础，不得设置伸缩缝；筏板式基础、连续箱体式基础为满足工艺、设备布置和正常生产要求，可不设置伸缩缝。

**4** 不设置伸缩缝的超长及超宽基础，应设置后浇带分段施工；当有施工经验并采取可靠措施时，也可采用跳仓法分段施工（图 3.3.12）。后浇带的间距可同伸缩缝间距。跳仓法施工的分块长度宜取 20m～30m，不宜大于 40m；底板的分块长度可适当加长，但不宜大于 50m。

**5** 高架式生产线设备基础或平台框架设置双柱伸缩缝时，其双柱基础可采用整体基础，不设变

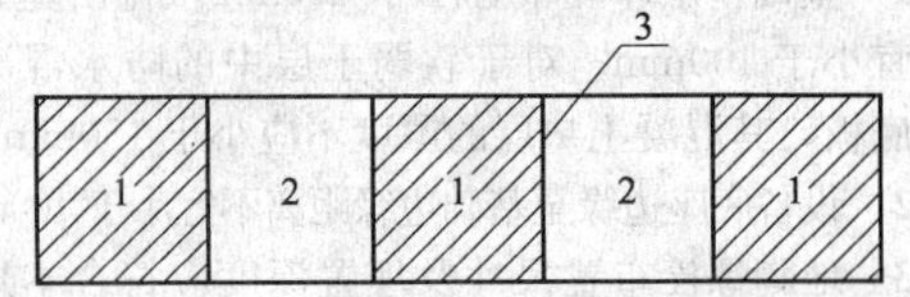


图 3.3.12 跳仓法的分块示意

1—先浇筑的跳仓段；2—后浇筑的封仓段；3—施工缝

形缝。

**6** 在设备基础、设备机组基础、连续箱体式基础或地下室的外壁引出地下隧道或管廊时，宜在隧道或管廊距基础外表面不小于300mm处设置伸缩缝或后浇带。设置伸缩缝时，应考虑基础与隧道或通廊之间产生差异沉降的不利影响，并采取相应的防止措施。

**7** 伸缩缝的缝宽宜取20mm～30mm。有防水要求的地下构筑物的伸缩缝应埋设止水带，当顶板上有渗水可能时，顶板的伸缩缝亦应埋设止水带并与外壁、底板的止水带形成封闭环带。当环境温度为常温时，可采用橡胶止水带；当环境温度高于50℃时，可采用金属止水带。埋设止水带的伸缩缝处，结构厚度不应小于300mm。

**3.3.13** 管线穿出基础或地下室时，应采取柔性接口、设置保护套管等有效措施，防止因不均匀沉降而损坏管线；当有防水要求时，接口构造尚应符合现行国家标准《地下工程防水技术规范》GB 50108的相关规定。

**3.3.14** 地坑、无盖板的吊装孔及平台等周边应设置防护栏杆。防护栏杆应符合现行国家标准《固定式钢梯及平台安全要求 第3部分：工业防护栏杆及钢平台》GB 4053.3的有关规定。

**3.3.15 直接承受溅渣、热烘烤、设备和物料冲击或受酸、碱、油等侵蚀的设备基础应采取相应的防护措施；有可能直接接触跑漏铁钢水或熔渣的基础和地坪应设置防护层，并应采取防止积水的措施。**

**3.3.16** 基底位于完整或较完整岩质地基上的大型设备基础，应考虑基岩对基础收缩的阻滞约束作用。必要时，宜在基础适当范围的基底与基岩间设置隔离层；并在阻碍变形的基底台阶及平面突变受阻侧设置防阻层（图3.3.16-1和图3.3.16-2）。

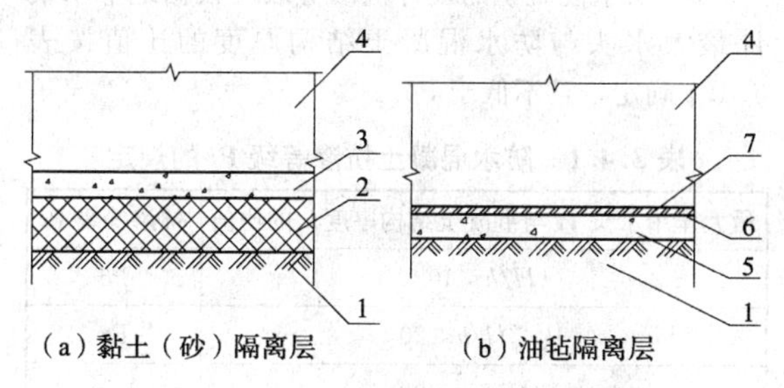


图3.3.16-1 岩石地基的基底防阻措施

1—岩石地基；2—夯实黏土或砂垫层；3—混凝土垫层；4—设备基础；5—混凝土找平层；6—沥青层；7—油毡隔离层

**3.3.17** 工艺、设备对基础沉降和倾斜有控制要求，且坐在非岩质地基上的设备基础应设置沉降观测点，并提出观测要求。沉降观测点的设置和观测应符合本规范附录E的规定。

**3.3.18** 冶金设备基础的配筋应符合各章中的相关规定，对相关章节中未作规定者，应符合下列规定：

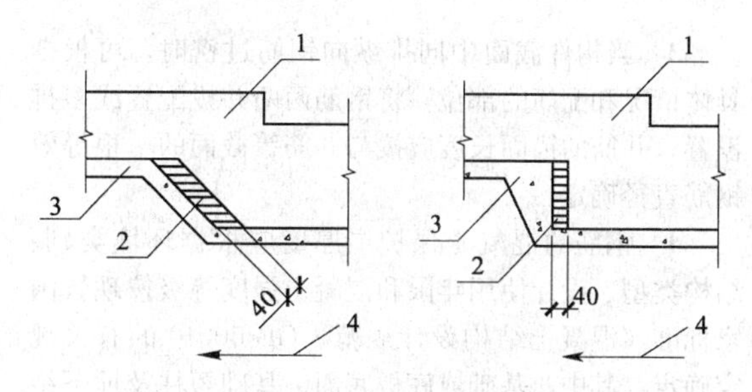


图3.3.16-2 台阶受阻侧面防阻措施

1—设备基础；2—浸沥青木丝板或聚乙烯泡沫板；3—混凝土垫层；4—收缩方向

**1** 冶金设备基础的结构构件按计算确定的纵向受力钢筋的配筋百分率不应小于现行国家标准《混凝土结构设计规范》GB 50010—2010第8.5.1条规定的最小配筋百分率。但下列情况的最小配筋率可适当降低：

1）卧置于地基上的板中的受拉钢筋最小配筋率可取0.15%。

2）对受弯的基础底板和大偏心受压墩墙，因布置或抗浮等要求，致使截面厚度远大于承载的需求时，如有充分依据，其受拉钢筋的最小配筋率可随实际承受的内力与截面极限承载力的比值而变化。

**2** 大块式设备基础及设备基础中墙的侧面水平钢筋和底板顶面、底面钢筋当按构造配置时，不应低于表3.3.18-1和表3.3.18-2的规定。对大体积混凝土，在相同配筋量的前提下，宜选择较小的钢筋直径，相应加密钢筋间距。

**表3.3.18-1 大块式设备基础的构造配筋**

| 配筋部位 | 顶面 | 底面 | 侧面 |
|---|---|---|---|
| 主要设备基础的钢筋直径（mm） | 18～22 | 16～20 | 14～18 |
| 较小的辅助设备基础钢筋直径（mm） | 14～18 | 12～16 | 12～14 |

注：1 钢筋间距为100mm～200mm，顶面钢筋间距不宜大于150mm。

2 当为岩质地基或土质地基上的基础长度大于表3.3.12规定的伸缩缝最大间距而不设伸缩缝时，应适当增大配筋量，钢筋间距应取较小值。

**表3.3.18-2 设备基础墙和底板的构造配筋**

| 结构厚度 $h$（mm） | ≤500 | $500<h\leq1000$ | $1000<h\leq1500$ |
|---|---|---|---|
| 墙侧面水平钢筋直径（mm）底板顶面、底面钢筋直径（mm） | 12～14 | 14～16 | 16～18 |

注：1 钢筋间距为100mm～200mm，墙侧面水平钢筋间距不宜大于150mm。

2 同表3.3.18-1注2。

3　当构件截面中同排纵向钢筋过密时，可根据具体情况和配筋的部位，将钢筋两两并拢配置或多排设置。并筋的锚固长度应按与并筋等截面的单根等效钢筋直径确定。

4　钢筋的混凝土保护层厚度应根据环境类别、结构类型、设计使用年限和混凝土强度等级按现行国家标准《混凝土结构设计规范》GB 50010 的有关规定确定。其中，基础或底板底面、基础短柱及地下结构墙体的外侧面等凡与土直接接触部位的钢筋的混凝土保护层厚度不应小于 40mm；基础或底板底面宜设置混凝土垫层，保护层的厚度从垫层顶面算起。对坑式、箱体式设备基础或地下室底板顶面、外墙内侧等不与土接触部位可不受此限，但应符合板、墙等最小保护层厚度的相应规定。

5　当设备基础或地下室等底板顶面受力钢筋在排水小沟、设备底板抗剪槽以下通长配置而致保护层厚度大于 100mm 时，应在保护层中配置直径 4mm～8mm、间距 100mm～200mm 的钢筋网。

6　不设伸缩缝的超长坑式、箱体式设备基础墙体的侧面水平钢筋可配置在竖向钢筋的外侧。

7　下列构件和部位应按下列规定配置构造加强钢筋：

1）板、墙的洞口边长或直径大于 300mm，以及小于或等于 300mm 但钢筋无法绕置必须切断时，洞口边应配置构造补强钢筋，各边补强钢筋的截面面积不应小于相应方向被切断钢筋的 50%。当洞口边长或直径大于 1000mm 时，对于板的洞边宜布置梁；对于墙，宜沿洞口边布置暗梁及暗柱。

2）墙或坑壁的顶面应在厚度范围内沿墙或坑壁纵向通长配置水平构造钢筋，其直径不宜小于墙体或坑壁的水平配筋，间距不宜大于 150mm。

3）墙或坑壁与大截面的厂房柱基短柱或大块式设备基础整浇连接处，宜在水平钢筋的间距中增设水平小直径附加钢筋，以加密钢筋间距。水平附加钢筋的配筋率不宜小于墙或坑壁水平钢筋配筋率的 15%，伸入墙或坑壁内长度不宜小于 1500mm，锚入柱基短柱或大块式设备基础内的长度应满足锚固长度，且不宜小于 300mm。

4）设备基础受冲击荷载及设备底座下局部承压较大时，应在基础顶面或相应部位增设直径 12mm、间距 100mm 的钢筋网片。钢筋网片可设两层，层间距可取 100mm。

5）承受较大拉力的活螺栓及锚板螺栓，宜在锚板以上配置两层直径 12mm、间距 100mm 的钢筋网片，层间距可取 100mm。网片伸出锚板长度应满足锚固要求。

6）当地脚螺栓或螺栓预留孔至设备基础边缘的距离不满足本规范第 3.5.4 条的规定时，应在相应部位配置加强抗剪钢筋。

7）当二次浇灌层的厚度大于或等于 100mm 时，宜在二次浇灌层中配置直径不小于 6mm、间距不大于 100mm 的钢筋网。

8）设备基础顶面设置的设备底板抗剪槽宜配置加强钢筋。加强钢筋可按抗剪槽外端连线形成的类似矩形、多边形洞口配置。

8　设备基础的配筋凡本条未作规定者，应符合现行国家标准《混凝土结构设计规范》GB 50010 及《建筑地基基础设计规范》GB 50007 的有关规定。

## 3.4　材　　料

**3.4.1**　冶金设备基础采用的混凝土应符合下列规定：

1　基础垫层宜采用 C10；防水混凝土结构底板的垫层应采用 C15；当垫层为泵送混凝土时，可采用 C15。

2　配筋的设备基础，其混凝土强度等级不得低于 C20；对大体积混凝土的设备基础和地下构筑物，其混凝土强度等级宜采用 C25～C35，不宜高于 C40。

3　小型辅助设备基础当为素混凝土时，宜采用 C20。

4　二次浇灌层当其厚度大于或等于 50mm 时，宜采用比基础混凝土强度等级高一级，且不低于 C25 的细石混凝土；当厚度小于 50mm 时，宜采用1：2水泥砂浆；必要时，可采用水泥基灌浆材料代替细石混凝土和水泥砂浆。水泥基灌浆材料的性能应符合现行国家标准《水泥基灌浆材料应用技术规范》GB/T 50448 的有关规定。对于承受较强冲击作用的二次浇灌层可采用掺入钢纤维的细石混凝土。

5　防水混凝土的设计抗渗等级应根据地下水设计最大水头与防水混凝土结构厚度的比值按表 3.4.1 确定，且不低于 P6。

**表 3.4.1　防水混凝土抗渗等级 $Pi$ 的规定**

| 最大作用水头 $H$ 与混凝土结构厚度 $h$ 的比值 | 抗渗等级 $Pi$ |
|---|---|
| $H/h<10$ | P6 |
| $10\leqslant H/h<20$ | P8 |
| $20\leqslant H/h<30$ | P10 |
| $30\leqslant H/h<40$ | P12 |

注：抗渗等级 $Pi$ 的定义系指龄期为 28d 的混凝土标准试件，按标准试验方法施加 $i\times0.1$MPa水压后满足不渗水指标。

6　普通钢筋混凝土和素混凝土冶金设备基础结构表面受热温度不得高于 150℃。对于结构受热温度为 60℃～150℃的普通混凝土，宜采用在温度作用下膨胀系数较小、热稳定性较好的骨料，不得含有金属矿物、云母、硫酸盐和硫化物。在温度作用下混凝土和钢筋的强度取值应符合现行国家标准《烟囱设计规范》GB 50051的有关规定。耐热混凝土的应用应符合国家现行的有关标准的要求。

**7** 冶金设备基础采用的混凝土应根据所处的环境类别和设计使用年限满足现行国家标准《混凝土结构设计规范》GB 50010规定的耐久性的基本要求。

**8** 冶金设备基础和地下构筑物混凝土宜采用普通硅酸盐水泥配制；当为大体积混凝土时，宜选用中、低热硅酸盐水泥或低热矿渣硅酸盐水泥配制；防水混凝土使用的水泥应符合现行国家标准《地下工程防水技术规范》GB 50108的有关规定；当考虑冻融作用时，不得采用火山灰质水泥和粉煤灰硅酸盐水泥；受侵蚀介质作用的混凝土应符合现行国家标准《工业建筑防腐蚀设计规范》GB 50046的有关规定。

**9** 冶金设备基础和地下构筑物混凝土配置中掺用外加剂时，应符合现行国家标准《混凝土外加剂应用技术规范》GB 50119的有关规定，并应根据适应性试验确定外加剂的品种和掺和量。不得采用氯盐作为防冻、早强的掺合剂。

**3.4.2** 冶金设备基础的钢筋应按下列规定选用：

**1** 当钢筋直径为8mm～10mm时，宜采用HPB235级钢筋。

**2** 当钢筋直径为12mm～40mm时，宜采用HRB335级、HRB400级钢筋；当采用直径大于40mm的HRB335级、HRB400级钢筋时，应有可靠的工程经验。

**3.4.3** 受力预埋件的钢材宜采用Q235B钢；当受力需要，也可采用Q345B钢。锚筋宜采用HRB335级或HRB400级钢筋，构造设置的预埋件的锚筋也可采用HPB235级钢筋。焊条型号的选配应符合国家现行相关标准的规定；两种不同级别钢材相焊接，宜按低级别钢材选配焊条。受力预埋件的锚筋严禁采用冷加工钢筋。

## 3.5 地脚螺栓

**3.5.1** 地脚螺栓的布置、形式、直径、性能等级、各部件材质和尺寸以及螺帽个数和螺纹长度应符合设备要求。

**3.5.2** 冶金设备地脚螺栓根据其在使用期内能否更换可分为死螺栓和活螺栓两类：

**1** 死螺栓的常用形式（图3.5.2-1）包括弯钩螺栓、直钩螺栓、U形螺栓、直杆螺栓、锚板螺栓等。

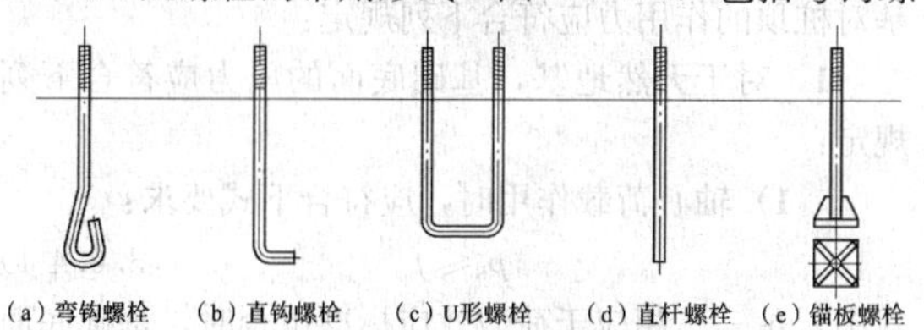


图3.5.2-1 死螺栓的常用形式

**2** 活螺栓的常用形式（图3.5.2-2）包括T形头螺栓、拧入螺栓、对拧螺栓等。

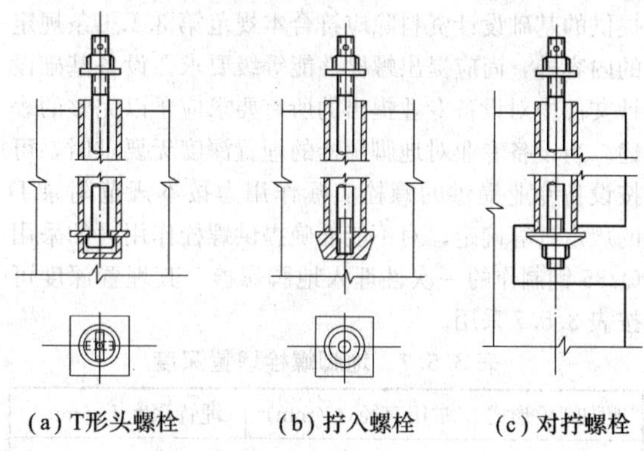


图3.5.2-2 活螺栓的常用形式

**3.5.3** 死螺栓可根据不同需要按下列方法进行埋设：

**1** 一次埋入法：在基础混凝土浇灌前，采用螺栓固定架或定位板将地脚螺栓就位、固定，然后浇灌混凝土，一次埋入地脚螺栓。

**2** 预留孔法：基础混凝土浇灌时，在地脚螺栓所在位置，根据地脚螺栓的形式、尺寸和埋置深度预留相适应的孔洞，待设备安装时，将地脚螺栓在预留孔洞中就位，用细石混凝土或灌浆料灌入孔内固定。

**3** 钻孔锚固法：设备基础混凝土浇灌完毕并达到一定强度后，在螺栓所在位置钻孔，孔径和孔深应根据相关标准按螺栓直径和埋置深度确定，孔内注入规定的胶结材料，插入直杆螺栓，并按规定养护后，安装设备。

**3.5.4** 冶金设备基础地脚螺栓的埋设应符合下列构造尺寸要求，当不符合构造尺寸要求时，应采取相应的加固措施：

**1** 地脚螺栓中心线至基础边缘距离不得小于$4d$（$d$为螺栓直径），且不得小于150mm；对于锚板螺栓，尚不应小于锚板宽度；对于活螺栓尚不应小于固定板宽度。

**2** 地脚螺栓的下端至基础底面距离不得小于100mm。

**3** 后埋螺栓预留孔的设计边长或直径应根据螺栓锚入孔内的外形尺寸依据地脚螺栓相关设计标准确定，螺栓底端至孔底距离不得小于100mm，螺栓孔底至基础底面距离不得小于100mm。

**3.5.5** 直径小于或等于56mm采用一次埋入法施工的地脚螺栓宜在基础顶面设置方形或圆形调整孔。调整孔的边长或直径宜为100mm～180mm，孔深宜为200mm～500mm；调整孔边至基础边缘距离不得小于100mm。

**3.5.6** 无特殊要求的活螺栓，应在螺栓套筒上端200mm范围内填塞浸油麻丝或采用地脚螺栓密封套管进行保护。

**3.5.7** 直径不大于 56mm、性能等级与 Q235 钢或 Q345 钢相当、产品等级为C级的一次埋入地脚螺栓，当由设备基础工程施工单位加工制作时，设备专业所提供的基础设计资料除应符合本规范第 3.1.1 条规定的内容外，尚应提出螺栓性能等级要求。设备基础设计文件中对设备专业提出的所有要求应予以完整的表述。当设备专业对地脚螺栓的埋置深度无要求时，可按设备专业提供的螺栓实际作用力按本规范附录 D 的规定计算确定；对不能准确提供螺栓作用力的采用 Q235 钢制作的一次性埋入地脚螺栓，其埋置深度可按表 3.5.7 采用。

**表 3.5.7　地脚螺栓埋置深度**

| 地脚螺栓形式 | 常用直径 $d$（mm） | 埋置深度 $L$（mm） |
|---|---|---|
| 弯钩螺栓 | 10～56 | （20～25）$d$ |
| 直钩螺栓 | 16～56 | （20～25）$d$ |
| $U$ 形螺栓 | ≤36 | $20d$ |
| 锚板螺栓 | ≥30 | （10～20）$d$ |

注：1　本表适用于基础混凝土强度等级不低于 C20、采用 Q235 钢制作或性能等级与 Q235 钢相当的一次性埋入地脚螺栓。

2　最小埋置深度不小于 300mm。

3　当设备动力作用较大或螺栓处于油侵蚀、高温烘烤等部位时，埋置深度应取较大值，反之可取较小值。

**3.5.8** 当因基础沉降需进行设备标高二次调整时，可将地脚螺栓顶面标高适当提高，并相应加长螺栓和螺纹长度。

**3.5.9** 后埋地脚螺栓的预留孔或一次埋入螺栓的调整孔，当采用埋置钢板圆筒成孔时，宜采用波纹型钢板筒，其最小内径应符合预留孔径要求。

## 3.6　地基基础计算

**3.6.1** 适用于本规范的冶金设备基础设计时，除设备有专门要求者外，可不做动力计算，而采用与设备、物料的动力作用效应相当的当量静力荷载对基础进行静力计算。

**3.6.2** 作用于设备基础上的荷载按随时间的变异性可分为下列三类：

**1**　永久荷载，主要包括以下荷载：

1）设备基础及支承于基础上的建（构）筑物自重。

2）设备及其附属件自重。

3）支承在设备基础上的管道自重。

4）生产期间其变化可以忽略不计的设备上的物料重及管道内的介质重。

5）设备基础上的填土和地坪自重。

6）土的侧压力。

7）水位不变的地下水压力。

**2**　可变荷载，主要包括以下荷载：

1）生产期间其变化不可忽略不计的设备上的物料重。

2）生产期间正常操作工况和特殊工况时设备运转产生的动荷载。

3）生产期间正常操作工况和特殊工况时物料运动的冲击、振动产生的动荷载。

4）屋面、楼面、平台和地坪活荷载，根据不同阶段分为生产操作活荷载和安装、检修活荷载，包括操作、检修人员，工具、可拆卸设备或部件及零星原料和成品的重量及其搁置时的冲击荷载。

5）室外设备或支承在设备基础上的建（构）筑物传来的风荷载、积灰荷载、积雪荷载和吊车荷载。

6）水位变化的地下水压力。地下水设计最高、最低水位的确定，应参照历史记录，考虑季节影响、工程活动和投产后的变化以及可预见的发展因素。

**3**　偶然荷载。

**3.6.3** 冶金设备基础设计应区分施工安装工况、正常操作（运行）工况、生产（运行）中的特殊工况、检修工况、大修工况、偶然状况等不同工况，分别进行下列规定类别的极限状态设计。对所考虑的极限状态，应采用相应荷载效应的最不利组合：

**1**　除偶然状况外，所有工况均应按承载能力极限状态设计。

**2**　正常操作和检修工况尚应按正常使用极限状态设计。

**3**　特殊工况应根据本规范各章规定进行或不进行正常使用极限状态设计。

**4**　施工、安装和大修工况应根据实施方案，必要时进行正常使用极限状态设计。

**5**　对偶然状况，可按承载能力极限状态作用效应的偶然组合进行设计或采取防护措施，使设备基础主要承重结构不致因偶然状况的出现而丧失承载能力。

**3.6.4** 按地基承载力确定冶金设备基础底面积或按单桩承载力确定桩数及其布置时，传至基础或承台底面上的荷载效应应采用正常使用极限状态下荷载效应的标准组合。相应的抗力应采用地基承载力特征值或单桩承载力特征值。设备基础底面对地基的压力或桩基对桩顶的作用力应符合下列规定：

**1**　对于天然地基，基础底面的压力应符合下列规定：

1）轴心荷载作用时，应符合下式要求：

$$p_k \leqslant f_a \qquad (3.6.4\text{-}1)$$

式中：$p_k$——相应于荷载效应标准组合时，基础底面处的平均压力值；

$f_a$——修正后的地基承载力特征值。

2）偏心荷载作用时，除符合式（3.6.4-1）的要求外，尚应符合下列公式要求：

$$p_{kmax} \leqslant 1.2 f_a \quad (3.6.4\text{-}2)$$

$$p_{kmin} \geqslant 0 \quad (3.6.4\text{-}3)$$

式中：$p_{kmax}$、$p_{kmin}$——相应于荷载效应标准组合时，基础底面边缘的最大、最小压力值。

3）对于高炉基础、热风炉基础、转炉基础、电炉基础、连铸机基础及轧钢主要设备基础，其基底边缘最小压力值与最大压力值的比值尚应符合本规范相关章节的规定。

2 对于桩基，单桩桩顶的作用力应符合下列表达式：

1）轴心竖向力作用下，应符合下式要求：

$$Q_k \leqslant R_a \quad (3.6.4\text{-}4)$$

式中：$Q_k$——相应于荷载效应标准组合时，轴心竖向力作用下任一单桩的竖向力；

$R_a$——单桩竖向承载力特征值。

2）偏心竖向力作用下，除满足式（3.6.4-4）外，尚应满足下列要求：

$$Q_{ikmax} \leqslant 1.2R_a \quad (3.6.4\text{-}5)$$

$$Q_{ikmin} \geqslant 0 \quad (3.6.4\text{-}6)$$

式中：$Q_{ikmax}$、$Q_{ikmin}$——相应于荷载效应标准组合偏心竖向力作用下第 $i$ 根桩的最大、最小竖向力。

3）水平力作用下，应符合下式要求：

$$H_{ik} \leqslant R_{Ha} \quad (3.6.4\text{-}7)$$

式中：$H_{ik}$——相应于荷载效应标准组合时，作用于任一单桩的水平力；

$R_{Ha}$——单桩水平承载力特征值。

**3.6.5** 计算冶金设备基础的地基变形时，传至基础底面上的荷载效应应采用正常使用极限状态下荷载效应的准永久组合，准永久值系数见各章规定。不应计入安装、检修荷载及事故荷载；不应计入地震作用；对室外设备或设备基础上支承的建（构）筑物，不应计入风荷载；当风玫瑰图严重偏心时，对室外高耸设备应按现行国家标准《高耸结构设计规范》GB 50135的有关规定考虑风荷载。地基变形允许值应符合本规范各章的有关规定。

**3.6.6** 验算冶金设备基础的抗滑、抗倾覆和抗浮时，荷载效应应按承载能力极限状态下荷载效应的基本组合，但其分项系数均应取为1.0。其稳定性安全系数应符合下列规定：

1 沿基底滑动时，抗滑稳定系数不应小于1.3；沿地基内圆弧面滑动时，抗滑稳定系数不应小于1.2。

2 抗倾覆的稳定系数不应小于1.6。

3 抗浮的稳定系数不应小于1.05。

**3.6.7** 在确定冶金设备基础截面尺寸、计算基础结构内力、确定配筋和验算材料强度时，应按承载能力极限状态下荷载效应的基本组合。结构构件相应的抗力设计值应按现行国家标准《混凝土结构设计规范》GB 50010的有关规定确定。

**3.6.8** 冶金设备基础及地下室、电缆隧道、管廊等地下构筑物的受弯或偏心受压的钢筋混凝土构件应按正常使用极限状态下荷载效应的标准组合并考虑长期作用影响验算荷载作用引起的正截面裂缝宽度。其最大裂缝宽度限值应符合现行国家标准《混凝土结构设计规范》GB 50010的有关规定。

**3.6.9** 冶金设备基础设计在进行承载能力极限状态基本组合或正常使用极限状态标准组合计算时，基本组合荷载分项系数的采用，基本组合或标准组合可变荷载组合值系数的采用应符合下列规定：

1 永久荷载的分项系数：当其效应对结构不利时，对由可变荷载控制的组合，应取1.2；对由永久荷载控制的组合，应取1.35；当其效应对结构有利时，应取1.0。

2 可变荷载的分项系数：一般情况下应取1.4；对标准值大于4kN/m² 的楼面、平台及地坪活荷载应取1.3；对特殊工况时设备、物料的动荷载应取1.2。

3 可变荷载组合值系数应分别按本规范各章规定采用，其中正常操作和特殊工况时设备和物料动荷载的组合值系数当各章无专门规定时，应取1.0。

**3.6.10** 大块式设备基础、设备机组整体基础、较小的坑式设备基础及地下室等，其基底反力可按直线分布考虑。

**3.6.11** 大块式或墙式设备基础由于开洞或空间的需要而形成的连梁、顶板、悬臂梁板、牛腿、挑耳、小柱等部位以及筏式底板或箱基顶板上的设备基础，应具有足够的刚度和承载能力，必须单独进行承载能力验算。

**3.6.12** 大型筏板式或坑式基础宜采用弹性地基上的筏板模型计算；大型连续箱体基础可按其布置和各部分结构特征采用截条法、截块法或分区段进行计算，对于复杂的大型连续箱体基础，当缺乏工程经验时，可进行全长整体分析。

# 4 高炉基础

## 4.1 一般规定

**4.1.1** 本章适用于有效容积为1000m³ 及以上的高炉基础设计。

**4.1.2** 高炉基础的地基设计应符合下列规定：

1 应满足承载力计算的有关规定。

2 应进行地基变形计算并满足规定的变形限值要求。

3 基础的埋置深度尚应符合稳定性要求。

4 当基础位于边坡上时，尚应符合本规范第3.2.6条关于边坡稳定性的规定。

**4.1.3** 高炉基础采用天然地基时，宜坐在同一岩土持力层上。宜选择中密～密实的碎石土和砂土、硬塑黏性土或岩石作为持力层。当采用桩基时，应采用同一桩型；当为端承桩时，宜选择同一岩土层作为桩端持力层。

**4.1.4** 高炉基础的地基变形计算值应符合下列规定：

1 高炉基础平均沉降量计算值不应大于200mm，基础倾斜计算值不应大于0.001。

2 当出铁场的部分厂房柱或平台柱直接支承在高炉基础上时，高炉基础的沉降及与相邻厂房柱基、平台柱基的沉降差尚应符合现行国家标准《建筑地基基础设计规范》GB 50007的有关规定。

## 4.2 基础布置

**4.2.1** 高炉基础的布置应遵照规则、对称的原则，其平面和竖向布置应满足工艺、设备和上部结构的布置及生产操作、设备安装、维修的要求。

**4.2.2** 高炉基础包括高炉本体圆台基座、高炉框架柱基及泥炮等设备基础，宜采用筏板式联合基础（图4.2.2）。在高炉基础范围内的出铁场平台柱可直接支承在基础筏板上。

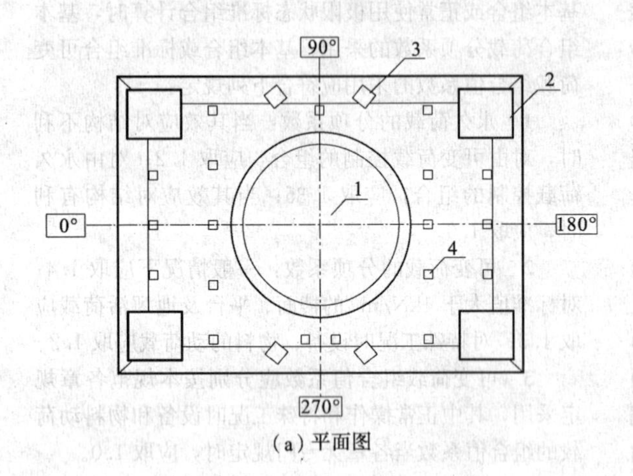

（a）平面图

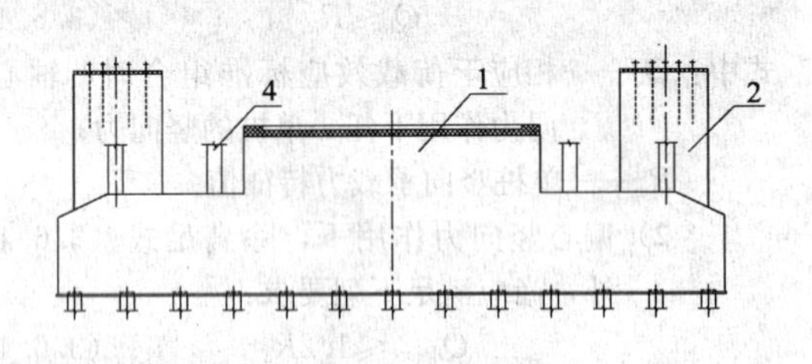

（b）剖面图

图4.2.2 高炉基础的通常形式

1—高炉圆台基座；2—高炉框架柱基础；3—泥炮基础；4—平台柱

**4.2.3** 当高炉框架柱基与高炉本体基础脱开布置时，应考虑二者地基变形的差异对高炉结构和设备、管线的不利影响，并满足工艺、设备和上部结构对变形限值的要求。

**4.2.4** 对不设高炉框架的自立式高炉，其基础宜采用筏板式基础。

## 4.3 地基基础计算

**4.3.1** 高炉基础设计时应根据基础所支承的设备和建（构）筑物的实际情况，考虑表4.3.1中所列的相应荷载。荷载的取值应按本规范附录A确定。

表4.3.1 高炉基础荷载及其分类表

| 作用部位 | 炉壳底 | 炉底 | 高炉框架柱底 | 出铁场平台（包括风口平台）柱底 | 泥炮基础 | 高炉基础本体、地坪及其他 |
|---|---|---|---|---|---|---|
| 永久荷载 | 1. 炉壳及其附属设备自重；<br>2. 炉腹至外封板内衬自重；<br>3. 支承在炉顶的设备自重；<br>4. 炉顶小框架及其支承的设备自重 | 1. 炉腹以下内衬（含炉底）自重；<br>2. 死铁层残铁重；<br>3. 炉底水冷装置层自重；<br>4.* 炉底对基础圆台顶面温度作用 | 1. 高炉框架（含炉体下部框架、炉体上部框架、炉顶框架）自重；<br>2. 炉顶煤气管道（含内衬）及附属平台、设备自重；<br>3. 热风围管（含内衬）及附属设备自重；<br>4. 上料主皮带通廊自重；<br>5. 支承在框架上的设备、管线及设施自重，包括炉顶上料串罐的上部料罐、液压站、润滑站、水冷站等；<br>6. 出铁场厂房传来的屋面、吊车梁自重 | 平台及支承在其上的结构、设施、设备、管线自重 | 1. 基础自重；<br>2. 设备自重；<br>3. 由泥炮基础传来的平台自重 | 1. 基础自重；<br>2. 地坪及填土自重；<br>3. 排水沟、铁路等设施自重 |

续表 4.3.1

| 作用部位 | 炉壳底 | 炉底 | 高炉框架柱底 | 出铁场平台（包括风口平台）柱底 | 泥炮基础 | 高炉基础本体、地坪及其他 |
|---|---|---|---|---|---|---|
| 可变荷载 | 1. 炉料作用在炉壳上的竖向荷载；<br>2. 炉顶小框架传来的称量罐料重；<br>3. 炉顶小框架平台活荷载；<br>4. 风荷载 | 1. 炉底传来的炉料荷载；<br>2. 液态渣铁荷载 | 1. 各层平台操作荷载；<br>2. 各层平台检修荷载；<br>3. 各层平台积灰荷载；<br>4. 上料主皮带上及支承在框架上的设备、管线、设施中的介质或物料荷载；<br>5. 出铁场屋面传来的活荷载、积灰荷载、风荷载、雪荷载；<br>6. 出铁场吊车梁传来的吊车荷载；<br>7. 炉顶框架检修吊车荷载；<br>8. 风荷载；<br>9. 雪荷载 | 1. 平台活荷载；<br>2. 渣、铁沟中渣、铁重 | 1. 设备动荷载；<br>2. 平台活荷载 | 1. 地坪活荷载；<br>2. 铁路火车荷载 |
| 偶然荷载 | 炉内气体爆炸压力，当工艺采取措施能避免发生爆炸事故时，可不考虑 | | | | | |
| 地震作用 | 按现行国家标准《构筑物抗震设计规范》GB 50191 的规定考虑 | | | | | |

注：表中带“*”号者为间接作用。

**4.3.2** 高炉基础设计时应按下列不同工况分别进行规定类别的极限状态设计，并对所考虑的极限状态采用相应荷载效应的最不利组合：

**1** 施工、安装工况，应根据实际施工、安装方案验算。

**2** 生产中的正常操作工况（正常炉况）。

**3** 生产中高炉休风、检修工况（正常炉况）。

**4** 生产中的特殊工况，即发生悬料或坐料或最大液态渣铁荷载时的特殊炉况。

**5** 大修工况，应按实际大修方案验算。

**4.3.3** 高炉基础设计时，所采用的荷载效应最不利组合与相应的抗力限值应符合下列规定。各种工况时的荷载组合及可变荷载的组合值系数、准永久值系数、基本组合的荷载分项系数的取值应符合表 4.3.3 的规定。

**表 4.3.3 高炉基础荷载组合表**

| 组合 | | 工况 | 永久荷载 | 正常炉况可变荷载：炉料荷载：正常 | 正常炉况可变荷载：炉料荷载：休风 | 正常炉况可变荷载：正常液态渣铁 | 正常炉况可变荷载：平台及地坪活荷载：操作 | 正常炉况可变荷载：平台及地坪活荷载：检修 | 正常炉况可变荷载：平台及地坪活荷载：积灰 | 正常炉况可变荷载：风荷载 | 正常炉况可变荷载：泥炮动荷载 | 正常炉况可变荷载：吊车荷载 | 特殊炉况可变荷载：炉料荷载：悬料 | 特殊炉况可变荷载：炉料荷载：坐料 | 特殊炉况可变荷载：最大液态渣铁荷载 |
|---|---|---|---|---|---|---|---|---|---|---|---|---|---|---|---|
| 正常使用极限状态下的标准组合 | 正常炉况 | 正常操作 | ○ | ○ | — | ○ | ○ | — | ○ | ○ | ○ | ○ | — | — | — |
| | | 休风、检修 | ○ | — | ○ | ○ | — | ○ | ○ | ○ | — | ○ | — | — | — |
| | 特殊炉况 | 悬料 | ○ | — | — | ○ | ○ | — | ○ | — | — | — | ○ | — | — |
| | | 坐料 | ○ | — | — | ○ | ○ | — | ○ | — | — | — | — | ○ | — |
| | | 最大液态渣铁荷载 | ○ | ○ | — | — | — | — | ○ | — | ○ | ○ | — | — | ○ |
| 正常使用极限状态下的准永久组合 | | 正常操作 | ○ | ○ | — | ○ | ○ | — | ○ | — | — | — | — | — | — |

续表 4.3.3

| 组合 | | 工况 | 永久荷载 | 正常炉况可变荷载 | | | | | | | | | 特殊炉况可变荷载 | | |
|---|---|---|---|---|---|---|---|---|---|---|---|---|---|---|---|
| | | | | 炉料荷载 | | 正常液态渣铁 | 平台及地坪活荷载 | | | 风荷载 | 泥炮动荷载 | 吊车荷载 | 炉料荷载 | | 最大液态渣铁荷载 |
| | | | | 正常 | 休风 | | 操作 | 检修 | 积灰 | | | | 悬料 | 坐料 | |
| 承载能力极限状态下的基本组合 | 正常炉况 | 正常操作 | ○ | ○ | — | ○ | ○ | — | ○ | ○ | ○ | ○ | — | — | — |
| | | 休风、检修 | ○ | — | ○ | ○ | — | ○ | ○ | ○ | — | ○ | — | — | — |
| | 特殊炉况 | 悬料 | ○ | — | — | ○ | ○ | — | ○ | — | — | — | ○ | — | — |
| | | 坐料 | ○ | — | — | ○ | ○ | — | ○ | — | — | — | — | ○ | — |
| | | 最大液态渣铁荷载 | ○ | ○ | — | — | ○ | — | ○ | — | ○ | ○ | — | — | ○ |
| 可变荷载的组合值系数 | | | — | 1.0 | 1.0 | 1.0 | 0.7 | 0.7 | 0.7 | 0.6 | 1.0 | 0.7 | 1.0 | 1.0 | 1.0 |
| 可变荷载的准永久值系数 | | | — | 1.0 | — | 1.0 | 0.5 | — | 0.5 | 0 | — | — | — | — | — |
| 基本组合的荷载分项系数 | | | 1.2 | 1.4 | | | | | | | | | 1.2 | | |

注：1 表中“○”为应考虑，“—”为不考虑。

2 由永久荷载控制的组合，永久荷载的分项系数应取 1.35。

3 高炉施工、安装或大修应根据实施方案按实际情况进行荷载组合。

**1** 按地基承载力确定高炉基础底面积或按单桩承载力确定桩数及其布置时，荷载效应应分别按正常炉况和特殊炉况时的各种工况，采用正常使用极限状态下的标准组合，并应满足本规范第 3.6.4 条的有关规定。当高炉基础采用天然地基或人工复合地基时，基础底面边缘的最小压力与最大压力的比值尚应符合下列规定：

**1)** 正常炉况时不应小于 0.25。

**2)** 特殊炉况时不应小于 0.10。

**2** 在确定高炉基础或桩承台高度、基础各部位结构内力、配筋和验算材料强度时，应按本规范第 3.6.7 条规定，采用各种工况时的承载能力极限状态下荷载效应的基本组合，并采用相应的分项系数。

**3** 高炉基础的抗滑稳定性计算应符合本规范第 3.6.6 条的规定。

**4** 高炉基础的地基变形计算应按本规范第 3.6.5 条的规定，采用正常操作工况时正常使用极限状态下荷载效应的准永久组合。不考虑平台检修荷载、泥炮动荷载、吊车荷载和雪荷载。除风玫瑰图严重偏心的地区外，可不考虑风荷载。地基变形应符合本规范第 4.1.4 条的规定。

**4.3.4** 高炉基础宜按弹性地基采用弹性理论分析或有限元分析确定其弹性应力分布，可根据应力图形的面积确定所需的配筋量和布置，并应按现行国家标准《混凝土结构设计规范》GB 50010 的规定验算混凝土的强度。必要时，尚可采用钢筋混凝土有限元方法进行分析。

**4.3.5** 当高炉基础筏板刚度较大，且具有工程经验时，高炉基础的计算可采用简化计算方法，假定基底反力为直线分布。

**4.3.6** 高炉框架基础短柱、泥炮基础短柱应单独按其荷载效应的最不利组合确定配筋和验算混凝土强度。当高炉基础的混凝土强度等级低于上述基础时，应对该处筏板进行局部承压承载力验算。高炉基础承受炉底水冷结构梁及出铁场、风口平台柱等集中荷载的部位应进行局部承压承载力验算。

**4.3.7** 当考虑高炉炉底对基础的温度作用效应时，应按正常操作工况和特殊工况时正常使用极限状态下荷载和温度作用效应的标准组合验算基础混凝土压应力、钢筋拉应力，并考虑长期作用影响验算基础裂缝宽度。混凝土的压应力、钢筋的拉应力应符合现行国家标准《烟囱设计规范》GB 50051 对考虑荷载和温度作用下的钢筋混凝土结构混凝土、钢筋的抗力的相关规定。基础的最大裂缝宽度限值应符合本规范第 3.6.8 条的规定。

## 4.4 构造要求

**4.4.1** 高炉基础圆台基座顶面与炉底冷却设备结构层的连接应符合工艺专业要求。冷却设备结构层及其二次灌浆材料、灌浆工艺和质量要求由工艺专业确定。设备结构层外环梁边缘至圆台基座边缘的距离不得小于 200mm。

**4.4.2** 高炉框架柱与柱基短柱宜采用锚栓连接。锚栓的形式、直径和尺寸、材质及布置，柱基短柱顶面二次浇灌层的厚度及抗剪槽的设置应符合框架柱柱脚设计要求。锚栓中心线至柱基短柱边缘的距离不得小于4倍锚栓直径，且不得小于300mm，当为锚板螺栓时尚不得小于锚板边长；框架柱脚底板边缘至柱基短柱边缘的距离不得小于300mm；二次浇灌层的厚度不宜小于50mm。高炉框架柱基短柱底部边缘至高炉基础筏板边缘的距离不宜小于500mm，对于桩基，尚不宜小于桩径。

**4.4.3** 泥炮基础的构造应符合本规范第3章设备基础的相关规定。

**4.4.4** 高炉基础筏板的配筋应符合下列规定：

**1** 基础筏板的底面和顶面钢筋应按计算确定，且应满足本规范第3.3.18条最小配筋率的要求。当筏板顶面计算不需要钢筋时，应按构造配置双向钢筋网，其每个方向的构造配筋百分率均不宜小于0.1%。对需配置较多钢筋的部位可采用多层配置，但不宜超过4层；层间距可取100mm；单层配置时的钢筋间距和多层配置时最外层钢筋间距不得大于200mm，其余各层钢筋间距不得小于最外层钢筋间距，宜取其整数倍数；必要时单层配置和多层配置的最外层钢筋可采用并筋配置。

**2** 基础筏板的底面和顶面的单层配筋或多层配筋的最外层钢筋应双向通长配置。

**3** 基础筏板的侧面应按构造双向配筋。钢筋间距不得大于200mm。

**4** 基础筏板的顶面钢筋与侧面竖向钢筋、侧面竖向钢筋与底面钢筋、侧面水平钢筋于转角处应搭接连接，钢筋的搭接长度应按相搭接钢筋中的较小直径确定。

**4.4.5** 基础圆台基座的配筋应符合下列规定：

**1** 基础圆台基座的顶面应按构造配置双向钢筋网；当圆台基座不需要进行受热温度应力验算时，其侧面应按构造配置双向钢筋网。构造钢筋间距不得大于200mm，侧面环向钢筋在距顶面1.5m的范围内宜适当加密。圆台基座构造钢筋每米宽度内截面面积不宜小于基础筏板的顶面构造钢筋。

**2** 侧面竖筋应锚入基础筏板中并满足锚固长度；顶面钢筋应与侧面竖筋搭接，并满足搭接长度。

**3** 当按炉底温度作用计算确定侧面环向配筋时，应按温度应力的分布配置。当顶面以下局部范围所需环向配筋较多时，可采用多层配置，层间距可取100mm。

**4.4.6** 高炉框架柱基短柱的顶面、泥炮基础的顶面应按构造配置1层双向钢筋网，钢筋直径可取18mm～22mm，钢筋间距可取100mm～150mm；框架柱基短柱和泥炮基础的纵向和横向受力钢筋应按计算确定，并应符合现行国家标准《混凝土结构设计规范》GB 50010的有关规定。

**4.4.7** 高炉基础的下列部位应配置局部加强钢筋：

**1** 圆台基座顶面在炉底冷却装置设备结构层外环梁下部，应按局部承压验算确定加强钢筋。当计算不需要配置局部加强钢筋时，宜按构造设置1层～2层直径不小于12mm、间距不大于100mm的环形钢筋网片，网片伸出外环梁边缘长度应满足锚固要求。

**2** 高炉框架柱基短柱的锚栓、泥炮基础的地脚螺栓采用锚板螺栓或套筒活螺栓时，应按本规范第3.3.18条的规定，在锚板或固定板以上设置构造钢筋网片。

**3** 高炉框架柱基短柱、泥炮基础的二次浇灌层的厚度大于100mm时，应在其中设置加强钢筋网片。钢筋网片的钢筋直径不宜小于12mm，钢筋间距不宜大于100mm。

**4.4.8** 高炉基础应在基础筏板的四角顶面或四角框架柱基短柱外侧距地面500mm处以及圆台基座顶面边缘与高炉中心线相交处设置沉降观测点。沉降观测点的构造和观测要求应符合本规范附录E的规定。

**4.4.9** 高炉基础应按现行国家标准《大体积混凝土施工规范》GB 50496的有关规定施工。

**4.4.10** 高炉基础不得设置垂直施工缝；基础筏板不允许在厚度范围内设置水平施工缝；圆台基座、框架柱基短柱、泥炮基础与基础筏板间不宜设置施工缝，当确有困难时，可在距筏板顶面300mm～500mm处设置水平施工缝，但应采取有效措施，确保基础的整体性。

**4.4.11** 高炉框架柱基短柱上的锚栓、泥炮基础的设备地脚螺栓施工安装时，宜采用螺栓固定架。

**4.4.12** 高炉基础的基坑宜采用砂夹石或稳定的级配高炉矿渣回填。回填时应分层压实，压实系数不应小于0.94。

# 5 热风炉基础

## 5.1 一 般 规 定

**5.1.1** 本章适用于与有效容积1000m³及以上高炉配套的内燃式和外燃式热风炉基础设计。

**5.1.2** 热风炉基础的地基设计要求同高炉基础，应符合本规范第4.1.2条的相应规定。

**5.1.3** 热风炉本体基础、热风炉框架基础以及与热风炉相连的热风、烟气、煤气和空气等管道支架基础当采用天然地基时，宜坐在同一岩土层上。宜选择中密～密实的碎石土和砂土、硬塑黏性土或岩石作为持力层。当采用桩基时，应采用同一桩型；当为端承桩时，宜选择同一岩土层作为桩端持力层。

**5.1.4** 热风炉基础的地基变形计算值应符合下列规定：

**1** 热风炉本体基础平均沉降量计算值不应大于200mm，基础倾斜计算值不应大于0.001。

**2** 邻近热风炉本体基础的热风炉框架及管道支

架的单独基础与热风炉本体基础的沉降差不宜大于两者距离的0.002倍。

## 5.2 基础布置

**5.2.1** 热风炉基础的布置和形式应满足工艺、设备及上部结构的布置及生产操作、设备安装、维修的要求。

**5.2.2** 热风炉本体基础除岩质地基外，应采用整体筏板式联合基础，属同一高炉的多座热风炉本体（当为外燃式时包括蓄热室和燃烧室）应坐在同一基础上。在热风炉本体基础范围内的框架柱、与热风炉连接的管道的支架应支承在热风炉本体基础上。

**5.2.3** 热风炉本体基础外围单独设置的框架柱基础及与热风炉连接的管道的支架基础与热风炉本体基础间宜设置连系梁。

**5.2.4** 岩质地基上的热风炉本体基础，必要时，每两座热风炉之间可设置一道变形缝，缝宽不得小于30mm；但在外燃式热风炉基础的蓄热室和燃烧室之间不得设置变形缝。

## 5.3 地基基础计算

**5.3.1** 热风炉基础设计时应考虑表5.3.1所列的荷载和作用，并应符合下列规定：

1 永久荷载的分项系数应取1.35。

2 热风炉蓄热室内的积灰荷载由工艺专业按格孔堵塞率确定，并按永久荷载考虑。

3 内燃式热风炉炉底、外燃式热风炉蓄热室炉底对基础的温度作用应取炉底垫层与基础接触界面处的温度。

4 平台活荷载中的操作荷载和检修荷载不应同时考虑。当同一平台的检修总荷载小于操作总荷载时，检修工况的平台活荷载可取操作荷载。平台活荷载分项系数取1.4，组合值系数取0.7，操作荷载的准永久值系数取0.5。

5 平台、管道、设备上的积灰荷载标准值采用1.0kN/m²，分项系数取1.4，组合值系数取0.7，准永久值系数取0.5。平台铺板采用格栅板时，可按无积灰考虑。当高炉、出铁场、矿焦槽等灰源具有完善、有效的除尘设施且除尘设备可靠性得到充分保证时，可不考虑积灰荷载。

6 风荷载、雪荷载应按现行国家标准《建筑结构荷载规范》GB 50009的有关规定执行。当设备、管道在生产中其表面温度不可能低于0℃、无积雪可能时，不应考虑雪荷载。

表5.3.1 热风炉本体基础的荷载和作用

| 作用部位 | 炉壳传来 | 内燃式炉底、外燃式蓄热室炉底传来 | 热风炉框架柱传来 | 管道支架传来 | 基础本体 |
|---|---|---|---|---|---|
| 永久荷载 | 1. 炉壳及附属设备和平台自重；<br>2. 与炉壳连接管道传来管道和设备自重；<br>3. 支承在炉壳上的炉顶内衬自重 | 1. 炉底结构层及设备自重；<br>2. 炉内耐火砌体自重；<br>3. 蓄热室内积灰荷载；<br>4. * 炉底对基础的温度作用 | 1. 框架结构和平台自重；<br>2. 支承在框架及平台上的管道及设备自重；<br>3. 外燃式热风炉支承在框架平台上的燃烧室、混风室自重 | 1. 管道（含内衬和保温层）自重；<br>2. 管道支架自重；<br>3. 管道或支架上的平台、设备自重 | 1. 基础自重；<br>2. 基础上回填土及地坪自重 |
| 可变荷载 | 1. 附属平台的操作、检修活荷载；<br>2. 积灰荷载；<br>3. 积雪荷载（有积雪可能时）；<br>4. 风荷载 | — | 1. 平台操作检修活荷载；<br>2. 吊车荷载；<br>3. 积灰荷载；<br>4. 积雪荷载（有积雪可能时）；<br>5. 风荷载 | 1. 平台操作、检修活荷载；<br>2. 积灰荷载；<br>3. 积雪荷载（有积雪可能时）；<br>4. 风荷载；<br>5. 管道推力 | 地坪活荷载 |
| 地震作用 | 按现行国家标准《构筑物抗震设计规范》GB 50191的规定考虑 | | | | |

注：表中带“*”号者为间接作用。

**5.3.2** 热风炉基础设计时，应按下列不同工况进行规定类别的极限状态设计，并对所考虑的极限状态采用相应荷载效应的最不利组合：

1 施工、安装工况，应根据实际施工、安装方案验算。

2 正常操作（运行）工况。

3 检修工况：按检修任一座热风炉（其附属平台活荷载取检修荷载），其余热风炉正常操作（运行）考虑，此时，热风炉框架平台活荷载取检修荷载，并应考虑吊车荷载。

4 大修工况：应考虑任意座任意位置的热风炉被拆除、其余热风炉正常操作（运行）的所有状况，并取其最不利组合。此时热风炉框架平台活荷载取检修荷载，并应考虑吊车荷载。

**5.3.3** 热风炉基础设计时所采用的荷载效应最不利组合与相应抗力的限值应符合下列规定：

1 按地基承载力确定热风炉本体基础底面积或按单桩承载力确定桩数及其布置时，荷载效应应采用正常操作工况和大修工况时正常使用极限状态下的标准组合，并应满足本规范第3.6.4条的有关规定。对于天然地基或人工复合地基上的热风炉基础，其基底压力尚应符合下列规定：

1）正常操作（运行）工况时，基础边缘最小压力与最大压力的比值不应小于0.25。

2）大修工况时，基础底面不应出现零应力区。

2 在确定热风炉基础或承台截面高度，计算基础或承台各部位结构内力，确定配筋和验算材料强度时，应按本规范第3.6.7条的规定，采用本规范第5.3.2条规定的各种工况时承载能力极限状态下荷载效应的基本组合，采用相应的分项系数。

3 热风炉基础的抗滑稳定性计算应符合本规范第3.6.6条的规定。

4 计算热风炉基础的地基变形，应按本规范第3.6.5条规定采用正常操作（运行）工况时，正常使用极限状态下荷载效应的准永久组合。平台活荷载取操作荷载并应乘以相应的准永久值系数。不考虑检修荷载、地坪活荷载、吊车荷载、雪荷载。除风玫瑰图严重偏心者外，可不考虑风荷载。地基变形应符合本规范第5.1.4条的规定。

**5.3.4** 热风炉本体基础的结构分析和计算方法同高炉基础，应符合本规范第4.3.4条和第4.3.5条的相关规定。

**5.3.5** 热风炉炉底对基础温度作用效应的验算同高炉基础，应符合本规范第4.3.7条的相关规定。

## 5.4 构造要求

**5.4.1** 内燃式热风炉或外燃式热风炉蓄热室的炉底结构层及与基础顶面之间垫层的构造、尺寸、材质、施工及灌浆技术要求应由工艺专业确定。炉壳环形支座、热风炉框架和管道支架柱脚与基础的连接构造应分别符合炉壳、框架、支架的设计要求。地脚螺栓的布置和支墩的尺寸尚应符合本规范第3.5节地脚螺栓的相关规定。

**5.4.2** 热风炉本体基础筏板的配筋构造要求同高炉基础筏板，应符合本规范第4.4.4条的相关规定。

**5.4.3** 当热风炉本体基础顶面钢筋通长配置致炉底部位钢筋的混凝土保护层厚度大于100mm时，应在保护层中配置直径不宜小于12mm、间距不宜大于150mm的钢筋网片（图5.4.3）。

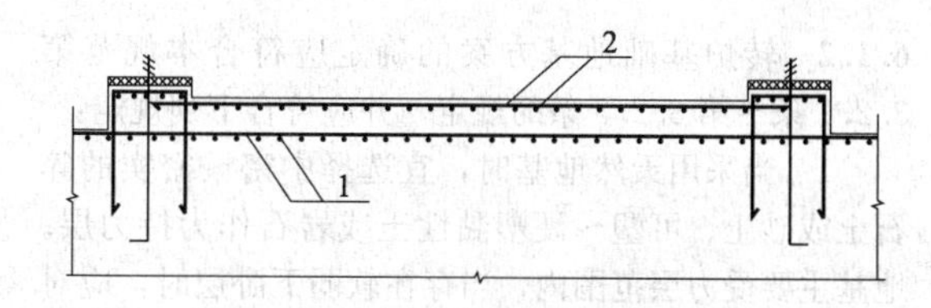


图5.4.3 热风炉基础顶面炉底部位的构造钢筋网片

1—基础顶面通长钢筋；2—构造钢筋网片

**5.4.4** 炉壳支座、框架和管道支架柱脚下的支墩应与基础整浇，并按计算配筋。当计算不需要配筋时，应配置适量构造钢筋。

**5.4.5** 热风炉本体基础应在四角及沿基础纵向边缘每两座热风炉之间的居中位置设置沉降观测点，与每座热风炉相对应的框架和管道支架单独基础亦应设置沉降观测点。沉降观测点的构造和观测要求应符合本规范附录E的规定。

**5.4.6** 热风炉本体基础施工应符合现行国家标准《大体积混凝土施工规范》GB 50496的有关规定。

**5.4.7** 内燃式热风炉及外燃式热风炉蓄热室的地脚螺栓在基础施工中安装就位时，宜采用螺栓固定架。基础完工后，地脚螺栓应配合炉壳安装、炉底和垫层的灌浆、烘炉等施工安装工序，按工艺专业要求适时紧固或放松。待烘炉完成、紧固地脚螺栓后，方可安装地脚螺栓防雨罩（图5.4.7）。

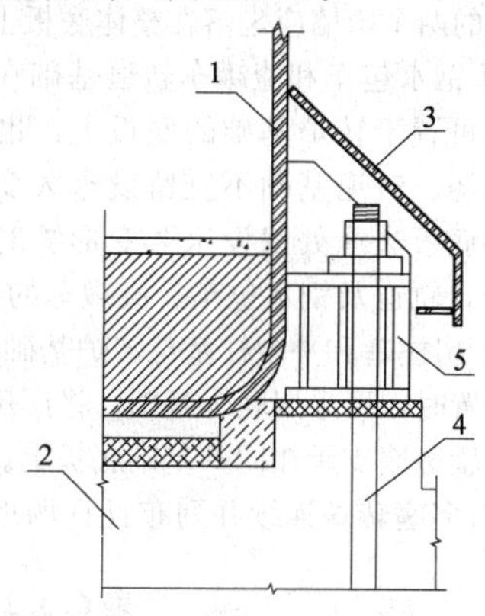


图5.4.7 内燃式热风炉及外燃式热风炉蓄热室地脚螺栓防雨罩

1—炉壳；2—基础；3—防雨罩；4—地脚螺栓；5—炉壳支座

**5.4.8** 热风炉基础基坑回填要求同高炉基础，应符合本规范第4.4.12条的规定。

# 6 转炉基础

## 6.1 一般规定

**6.1.1** 本章适用于公称容量120t及以上、倾动机构为全悬挂式转炉的高墩式基础设计。

**6.1.2** 转炉基础地基方案的确定应符合本规范第3.2.1条～第3.2.3条的规定，并应符合下列规定：

**1** 当采用天然地基时，宜选择中密～密实的碎石土或砂土、可塑～硬塑黏性土或岩石作为持力层。地基主要受力层范围内，当存在软弱下卧层时，应对其进行承载能力的验算并满足现行国家标准《建筑地基基础设计规范》GB 50007的有关要求。

**2** 当采用天然地基不满足要求时，应进行地基处理或采用桩基。

**3** 当采用人工处理复合地基时，应根据对地基承载力和变形控制的要求确定复合地基处理后的指标要求。

**6.1.3** 炉下钢水包车、渣罐车轨道基础宜采用与转炉基础相同的地基方案，宜采用相同的地基持力层或桩端持力层。

**6.1.4** 转炉基础的地基变形计算值应符合下列规定：

**1** 基础平均沉降量不应大于150mm。

**2** 除工艺、设备有特殊要求外，基础倾斜不宜大于0.0005。

**3** 当转炉基础与厂房柱基、平台柱基采用联合基础时，地基变形尚应符合现行国家标准《建筑地基基础设计规范》GB 50007的有关规定。

## 6.2 基础布置

**6.2.1** 转炉基础宜采用钢筋混凝土高墩式结构，支承转炉耳轴的两个墩墙应坐落在整体底板上。

**6.2.2** 炉下钢水包车和渣罐车轨道基础在转炉基础底板范围内可置于转炉基础的底板上，也可与转炉基础底板整浇。轨道基础不宜留设永久变形缝，当在转炉基础底板边缘处留设永久变形缝时，两者的沉降差应符合轨道及钢水包车、渣罐车的运行要求。

**6.2.3** 当厂房柱基和平台柱基与转炉基础相距很近，难以脱开布置时，可采用联合基础，将厂房柱、平台柱与转炉耳轴墩墙支承在同一基础底板上。

**6.2.4** 当有多座转炉连续并列布置且场地受限难以各自形成单独基础时，可将多座转炉基础底板连成整体采用联合筏板式基础。

## 6.3 地基基础计算

**6.3.1** 转炉基础设计时应考虑下列各类荷载和作用：

**1** 永久荷载，主要包括以下荷载：

1）基础自重及耳轴墩墙的保护设施自重。

2）炉体及附属设备自重。

3）转炉托圈温度变形产生的水平推力。

4）支承在转炉基础上的厂房柱、平台柱传来的永久荷载。

5）基础底板上的填土、地坪及地坪上的设施自重。

**2** 可变荷载，主要包括以下荷载：

1）炉中钢水和渣重。

2）正常冶炼设备动荷载：应取电动机启动、制动时的动荷载，应分别考虑转炉绕耳轴正向及反向转动两种情况。

3）钢水激振力：吹氧工作时的钢水扰动力，应考虑可沿耳轴标高处水平360°范围内任意方向作用。

4）顶渣荷载：清除炉口结渣时产生的动荷载，不得与炉中钢水荷载同时组合。

5）事故荷载：冻炉和塌炉时产生的动荷载。

6）支承在转炉基础上的厂房柱、平台柱传来的可变荷载。

7）钢包车、渣罐车荷载。钢包车、渣罐车内钢水和渣重与炉中钢水和渣重不同时参与组合。

**3** 地震作用，按本规范第6.3.7条的规定考虑。

**6.3.2** 转炉基础设计时，应按表6.3.2所列各种工况分别进行荷载效应的最不利组合。各种工况应考虑的荷载以及基本组合的荷载分项系数、可变荷载的准永久值系数及组合值系数应符合表6.3.2的规定。

**表6.3.2 转炉基础各种工况的荷载组合表**

| 工况 | 永久荷载 | | | | | 可变荷载 | | | | | |
|---|---|---|---|---|---|---|---|---|---|---|---|
| | 基础及其保护自重 | 炉体及附属设备自重 | 托圈水平推力 | 填土、地坪及其上设施自重 | 厂房、平台柱传来的永久荷载 | 钢水及渣重 | 正常操作动荷载 | 钢水激振力 | 顶渣动荷载 | 冻炉、塌炉动荷载 | 厂房柱、平台柱传来的可变荷载 |
| 正常冶炼 | ○ | ○ | ○ | ○ | ○ | ○ | ○ | — | — | — | ○ |
| 顶渣 | ○ | ○ | ○ | ○ | ○ | — | — | — | ○ | — | ○ |
| 吹氧 | ○ | ○ | ○ | ○ | ○ | ○ | — | ○ | — | — | ○ |
| 事故 | ○ | ○ | ○ | ○ | ○ | ○ | — | — | — | ○ | ○ |
| 基本组合的荷载分项系数 | 1.2 | | | | | 1.4 | 1.4 | 1.4 | 1.4 | 1.2 | 见表注3 |

续表 6.3.2

| 工况 | 永久荷载 | | | | | 可变荷载 | | | | | |
|---|---|---|---|---|---|---|---|---|---|---|---|
| | 基础及其保护自重 | 炉体及附属设备自重 | 托圈水平推力 | 填土、地坪及其上设施自重 | 厂房、平台柱传来的永久荷载 | 钢水及渣重 | 正常操作动荷载 | 钢水激振力 | 顶渣动荷载 | 冻炉、塌炉动荷载 | 厂房柱、平台柱传来的可变荷载 |
| 可变荷载的准永久值系数 | | | — | | | 1.0 | 1.0 | | — | | 见表注3 |
| 可变荷载的组合值系数 | | | — | | | | | 1.0 | | | 见表注3 |

注：1 表中"○"为考虑，"—"为不考虑。

2 由永久荷载控制的组合，永久荷载的分项系数取1.35。

3 厂房柱、平台柱传来可变荷载的组合值系数、准永久值系数及基本组合的分项系数按现行国家标准《建筑结构荷载规范》GB 50009取值。

**6.3.3** 转炉基础设计时，所采用的荷载效应最不利组合与相应的抗力限值应符合下列规定：

**1** 按地基承载力确定转炉基础底面积或按单桩承载力确定桩数及其布置时，基础或承台底面上的荷载效应应按正常使用极限状态下荷载效应的标准组合，采用表6.3.2所列各种工况时的最不利组合值进行设计，并应满足本规范第3.6.4条的有关规定。采用天然地基或人工复合地基时，尚应符合下列规定：

1）正常冶炼工况时，基础边缘最小压力与最大压力的比值不应小于0.25。

2）其他工况时，基础底面不应出现零应力区。

**2** 在确定转炉基础底板厚度、基础各部位截面尺寸，计算配筋和验算材料强度时，应按本规范第3.6.7条的规定，按承载能力极限状态下荷载效应的基本组合，采用相应的分项系数，按表6.3.2所列各种工况中的最不利组合值进行设计。

**3** 转炉基础的地基变形计算应按本规范第3.6.5条的规定，采用正常冶炼工况时正常使用极限状态下荷载效应的准永久组合。不考虑厂房柱传来的风、雪荷载。地基变形计算值应符合本规范第6.1.4条的规定。

**6.3.4** 转炉基础宜按弹性地基采用弹性理论分析或有限元分析确定其弹性应力分布，可根据应力图形的面积确定所需的配筋量和布置，并应按现行国家标准《混凝土结构设计规范》GB 50010的规定验算混凝土的强度。

**6.3.5** 当转炉基础底板刚度较大且具有实际工程经验时，可采用下列简化计算方法：

**1** 基底压力按直线分布。

**2** 转炉基础底板按倒置板计算。

**3** 转炉耳轴墩墙按偏心受压构件计算。

**6.3.6** 当多座连续并列布置的转炉采用联合筏板式基础时，基础筏板宜按弹性地基板计算。当同一筏板上的多座转炉分期建设时，应考虑预留空置部分的不利影响。

**6.3.7** 在抗震设防区的转炉基础应进行地震作用下的地基抗震承载力验算和基础截面抗震验算。抗震验算时，除应符合现行国家标准《构筑物抗震设计规范》GB 50191的相关规定外，尚应符合下列规定：

**1** 应考虑下列地震作用：

1）炉体及附属设备自重和炉中钢水及渣重由于地震产生的水平地震作用。

2）转炉耳轴墩墙的地面以上部分及其隔热保护设施的自重由于地震产生的水平地震作用。

3）支承在转炉基础上的厂房柱及平台柱传来的地震作用。

**2** 转炉基础可采用底部剪力法在两个主轴方向分别计算水平地震作用并进行抗震验算。

**3** 转炉基础抗震验算时，应分别按正常冶炼和吹氧两种工况进行荷载效应的地震组合，并采取最不利组合值。

**4** 采用天然地基的转炉基础，在地基抗震承载力验算时的荷载效应应采用地震作用效应和其他荷载效应的标准组合。

**5** 转炉基础截面抗震验算时，荷载效应应采用地震作用效应和其他荷载效应的基本组合。荷载分项系数和组合值系数取值应符合下列规定：

1）永久荷载以及炉中钢水和渣重荷载分项系数应采用1.2，但当荷载效应对结构构件承载能力有利时，应采用1.0。

2）水平地震作用的分项系数应采用1.3。

3）除炉中钢水和渣重外的可变荷载，分项系数应采用1.4，组合值系数应采用0.6。

### 6.4 构 造 要 求

**6.4.1** 转炉基础的外形尺寸应满足工艺操作和设备布置要求，其截面与配筋应符合下列规定：

**1** 转炉基础底板的截面与配筋应按计算确定，并应满足本规范第 3.3.18 条规定的最小配筋率的要求。钢筋直径不宜小于 20mm，间距不宜大于 200mm；底板厚度不宜小于 1000mm。

**2** 转炉耳轴墩墙的截面与配筋应按计算确定，并应满足本规范第 3.3.18 条规定的最小配筋率的要求。竖向钢筋直径不宜小于 25mm，间距不宜大于 200mm；横向构造钢筋直径宜取 16mm～20mm，间距不大于 200mm。当有实践经验时，墩墙的最小配筋率可适当降低。

**6.4.2** 应在每个转炉耳轴墩墙便于观测的位置设置永久沉降观测点。沉降观测点的构造和观测要求应符合本规范附录 E 的规定。

**6.4.3 转炉基础及附属设施的下列部位应设置隔热保护措施：**

**1 转炉耳轴墩墙靠转炉侧及前、后侧表面。**

**2 转炉炉下钢水包车及渣罐车轨道基础和两轨道基础间的地坪。**

**6.4.4 在转炉炉体下方的钢水包车及渣罐车两轨道基础间应设置钢包事故坑，坑内应设置有效的排水设施，严禁坑内积水。**

**6.4.5** 转炉基础和地坪的隔热保护措施可采用下列材料和构造（图 6.4.5-1 和图 6.4.5-2）：

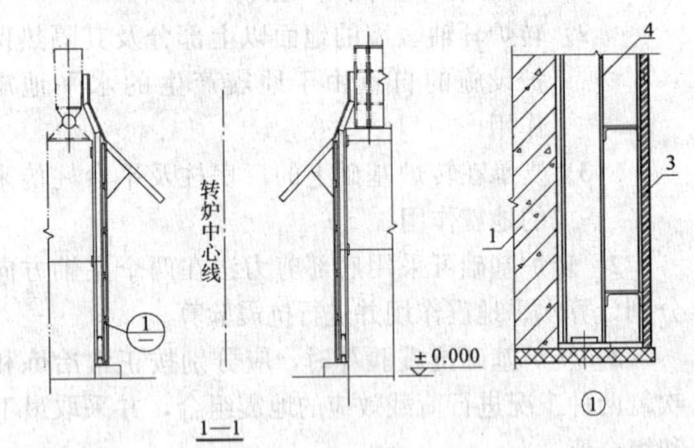


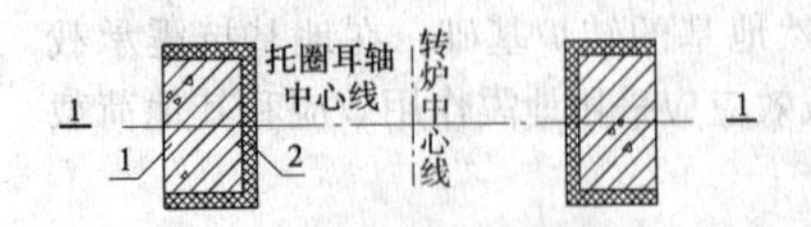


图 6.4.5-1 转炉耳轴墩墙隔热保护示例图

1—墩墙；2—隔热保护层；

3—铸铁板；4—钢结构骨架

**1** 转炉耳轴墩墙的隔热保护可采用铸铁挂板固定在钢结构骨架上，当采用螺栓固定铸铁挂板时，螺栓头不得高出板面。

**2** 转炉炉下钢水包车及渣罐车轨道基础顶面的隔热保护宜铺设耐火砖，轨道基础内侧面的隔热保护

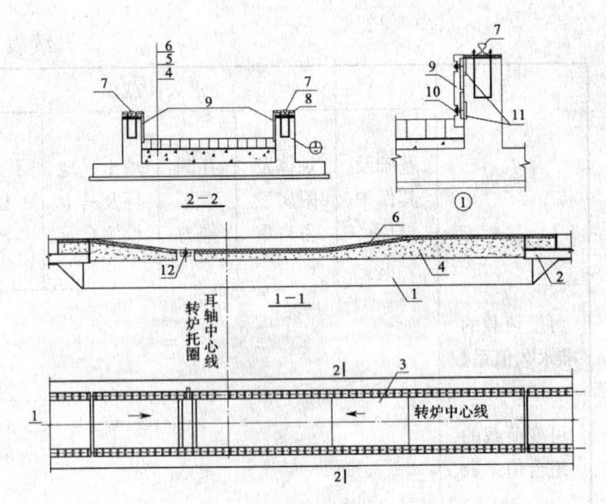


图 6.4.5-2 钢水包车及渣罐车轨道基础保护示例图

1—转炉基础底板；2—转炉基础底板外轨道基础；3—钢包事故坑；4—耐热混凝土；5—水泥砂浆座浆（或砂垫层）；6—花岗岩（或耐火砖或铸铁板）；7—轨道；8—耐火砖；9—铸铁板；10—螺栓；11—预埋件；12—预留排水管

可采用铸铁板。

**3** 转炉炉下钢水包车及渣罐车两轨道基础间的地坪及钢包事故坑坑底可在耐热混凝土基层上铺设花岗岩或铸铁板或耐火砖隔热保护面层。当采用铸铁板或耐火砖时，在面层与基层间应铺设砂垫层，且要求板面平整，尽量减少缝隙；花岗岩面层和基层间可设座浆层或砂垫层。

## 7 电 炉 基 础

### 7.1 一 般 规 定

**7.1.1** 本章适用于公称容量 70t 及以上的高架式电炉的基础设计。

**7.1.2** 地基方案的确定应符合本规范第 3.2.1 条～第 3.2.3 条的规定，并优先考虑采用天然地基；当采用天然地基不满足要求时，应采用复合地基或桩基。

**7.1.3** 炉下钢水包车、渣罐车轨道基础宜采用与电炉基础相同的地基方案，并采用相同的地基持力层或桩端持力层。

**7.1.4** 电炉基础的地基变形计算值应符合下列规定：

**1** 基础平均沉降量不应大于 150mm。

**2** 除工艺、设备有特殊要求外，基础倾斜不宜大于 0.0005。

**3** 当电炉基础与厂房柱基、平台柱基采用联合基础时，地基变形尚应符合现行国家标准《建筑地基基础设计规范》GB 50007 的有关规定。

### 7.2 基 础 布 置

**7.2.1** 电炉基础宜采用钢筋混凝土高墩式结构。电

炉倾动轨道、倾动缸、锁定装置及锁定装置液压缸、旋转台侧倾动装置等基墩宜坐落在同一刚性底板上。电炉基础与厂房柱基础和操作平台柱基础宜脱开布置。当场地受到限制，电炉基础与厂房柱基础和操作平台柱基础难以脱开布置时，可采用联合基础。

**7.2.2** 钢水包车、渣罐车轨道基础可置于电炉基础的底板上或与基础底板整浇。轨道基础在电炉基础底板边缘向外延伸处不宜设置永久变形缝。

**7.2.3** 当有多座电炉连续并排布置且场地受限时，可将多座电炉基础的底板连成整体，采用筏板式联合基础。

## 7.3 地基基础计算

**7.3.1** 电炉基础设计时应考虑下列各类荷载和作用：

**1** 永久荷载，主要包括以下荷载：

1）基础自重及保护设施自重。

2）电炉倾动轨道、倾动缸、锁定装置及锁定装置液压缸等附属设备自重。

3）基础底板上的填土、地坪及地坪上的设施自重。

4）支承在电炉基础上的厂房柱及平台柱传来的永久荷载。

**2** 可变荷载，主要包括以下荷载：

1）冶炼过程中炉体分别处于正常冶炼、出渣、出钢三种工位时的炉体和钢水、钢渣重。

2）炉体各种工位时附属设备相应的动荷载。

3）钢包车、渣罐车荷载。

4）支承在电炉基础上的厂房柱及平台柱传来的可变荷载。

**3** 地震作用，按本规范第7.3.7条的规定考虑。

**7.3.2** 电炉基础设计时，应按炉体正常冶炼、出渣、出钢三种工位分别进行荷载效应组合，并采用最不利组合值。每种工位应考虑炉体和炉中钢水及渣重、炉体及其附属设备相应的动荷载以及可能同时发生的不利可变荷载。

**7.3.3** 电炉基础设计时，所采用的荷载效应最不利组合与相应的抗力限值应符合下列规定：

**1** 按地基承载力确定电炉基础底面积或按单桩承载力确定桩数及其布置时，基础或承台底面上的荷载效应应按炉体各种工位时正常使用极限状态下荷载效应的标准组合，采用最不利组合值进行设计，并应满足本规范第3.6.4条的有关规定。采用天然地基或人工复合地基时，尚应符合下列规定：

1）正常操作冶炼工位时，基础底面边缘最小压力与最大压力的比值不应小于0.25。

2）其他工位时，基础底面不应出现零应力区。

**2** 在确定电炉基础底板厚度、基础各部位截面尺寸，计算配筋和验算材料强度时，应按本规范第3.6.7条的规定，按炉体各种工位时承载能力极限状态下荷载效应的基本组合，采用最不利组合值，并应符合现行国家标准《混凝土结构设计规范》GB 50010相应抗力的规定。永久荷载的分项系数应取1.2；对于由永久荷载控制的组合，永久荷载的分项系数应取1.35；可变荷载的分项系数应取1.4；设备动荷载的组合值系数应取1.0。

**3** 电炉基础地基变形计算应按炉体正常冶炼工位时，正常使用极限状态下荷载效应的准永久组合。不考虑厂房柱传来的风、雪荷载。炉体自重、炉中钢水及渣重以及设备动荷载的准永久值系数应取1.0。地基变形计算值应符合本规范第7.1.4条的规定。

**7.3.4** 电炉基础宜按弹性地基采用弹性理论分析或有限元分析确定其弹性应力分布，可根据应力图形的面积确定所需的配筋量和钢筋布置，并应按现行国家标准《混凝土结构设计规范》GB 50010的规定验算混凝土的强度。

**7.3.5** 当电炉基础底板刚度较大且具有实际工程经验时，可采用下列简化计算方法：

**1** 基底压力按直线分布。

**2** 电炉倾动轨道基础墩墙按偏心受压构件计算。

**3** 电炉基础底板按倒置板计算。

**7.3.6** 当多座连续并列布置的电炉采用筏板式联合基础时，基础筏板宜按弹性地基板计算。当同一筏板上的多座电炉分期建设时，应考虑预留空置部分的不利影响。

**7.3.7** 在抗震设防区的电炉基础应进行地震作用下的地基抗震承载力验算和基础截面抗震验算。抗震验算时，除应符合现行国家标准《构筑物抗震设计规范》GB 50191的有关规定外，尚应符合下列规定：

**1** 应考虑下列地震作用：

1）炉体及附属设备自重和炉中钢水及渣重由于地震产生的水平地震作用。

2）电炉倾动轨道基础墩墙的地面以上部分及其隔热保护设施的自重由于地震产生的水平地震作用。

3）支承在电炉基础上的厂房柱和平台柱传来的地震作用。

**2** 电炉基础可采用底部剪力法在两个主轴方向分别计算水平地震作用，并进行抗震验算。

**3** 电炉基础抗震验算时，应按正常冶炼工位进行荷载效应的地震组合。除永久荷载以及炉体自重、炉中钢水及渣重的荷载效应和地震作用效应组合不乘以组合值系数外，其余可变荷载效应和地震作用组合应乘以组合值系数0.8。

## 7.4 构造要求

**7.4.1** 电炉基础的外形尺寸应满足工艺操作和设备布置要求，其截面与配筋应符合下列规定：

**1** 底板厚度不宜小于1000mm；底板截面和配

筋应按计算确定，并应满足本规范第 3.3.18 条规定的最小配筋率要求。钢筋直径不宜小于 20mm，间距不宜大于 200mm。

**2** 电炉倾动轨道基础墩墙的截面与配筋应按计算确定，并应满足本规范第 3.3.18 条规定的最小配筋率要求。竖向钢筋直径不宜小于 20mm，间距不宜大于 200mm；横向构造钢筋直径宜取 16mm～20mm，间距不大于 200mm。

**7.4.2** 应在每个电炉倾动轨道基础墩墙便于观测的位置设置永久沉降观测点。沉降观测点的构造和观测要求应符合本规范附录 E 的规定。

**7.4.3 电炉基础及附属设施的下列部位应设置隔热保护措施：**

**1 电炉倾动轨道基础墩墙靠电炉侧及前、后侧表面。**

**2 电炉炉下钢包车、渣罐车轨道基础及其通过地段的地坪。**

**3 热泼渣区基础及地坪。**

**4 挡渣墙表面。**

**7.4.4** 电炉基础及附属设施的隔热保护措施可采用下列材料和构造：

**1** 电炉倾动轨道基础墩墙表面的隔热保护可采用栓挂铸铁板［图 7.4.4-1（a）］或贴砌耐火砖［图 7.4.4-1（b）］。

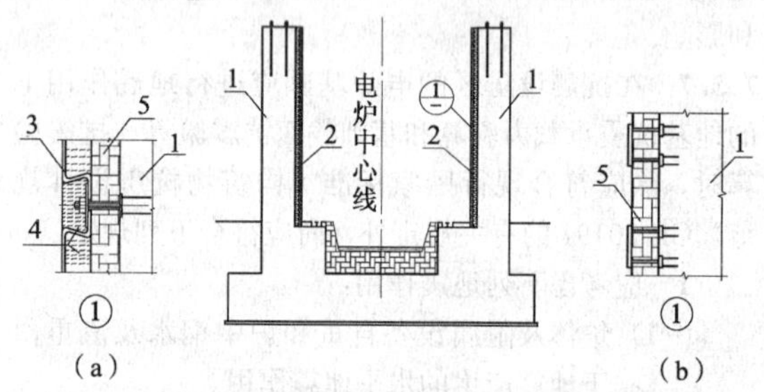


图 7.4.4-1 电炉倾动轨道基础隔热保护示例图

1—墩墙；2—隔热保护层；3—铸铁板；4—水玻璃耐热砂浆抹平；5—耐火砖

**2** 电炉炉下钢包车、渣罐车轨道基础及其通过地段的地坪可采用耐火砖铺砌的隔热保护层，在地坪的耐火砖上面应铺设不小于 100mm 厚的粗砂层（图 7.4.4-2）。

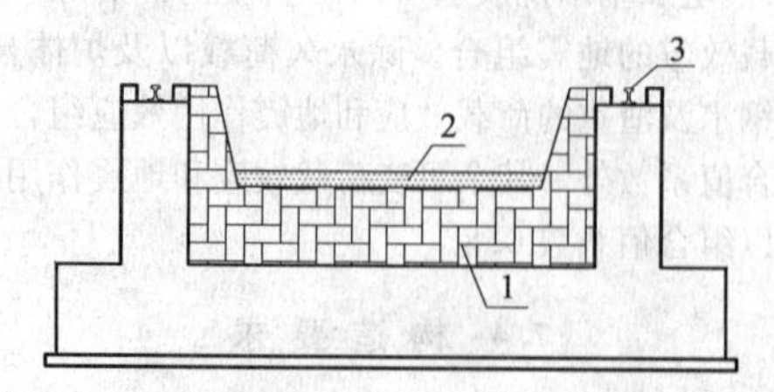


图7.4.4-2 钢包车、渣罐车轨道基础隔热保护示例图

1—耐火砖；2—粗砂；3—钢轨

**3** 热泼渣区基础及地坪的隔热保护可采用表面铺设铸铁板，其下铺设不小于 500mm 厚的夯实干渣层［图 7.4.4-3（a）］或卵石层［图 7.4.4-3（b）］。

**4** 挡渣墙的隔热保护可采用耐火砖砌筑底层，表面栓挂铸铁板的构造做法。铸铁板的锚栓宜采用埋头活螺栓［图 7.4.4-4（a）］；当墙体较厚时，也可采用埋头死螺栓［图 7.4.4-4（b）］。

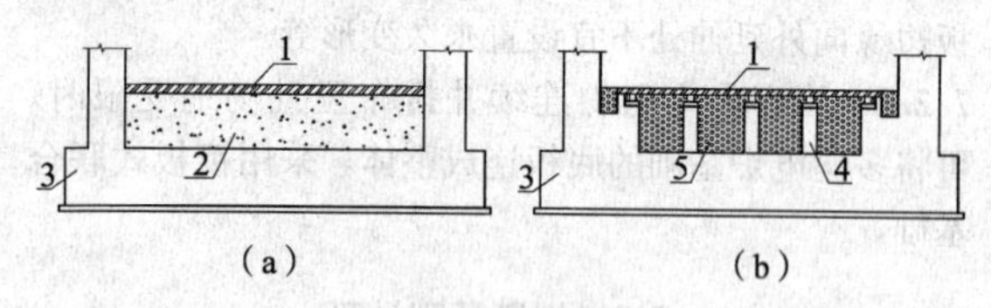


图 7.4.4-3 热泼渣区基础及地坪保护示例图

1—铸铁板；2—干渣夯实；3—基础；4—混凝土墩；5—卵石层（粒径 50mm～100mm，顶部为大块，底部粒径为 50mm）

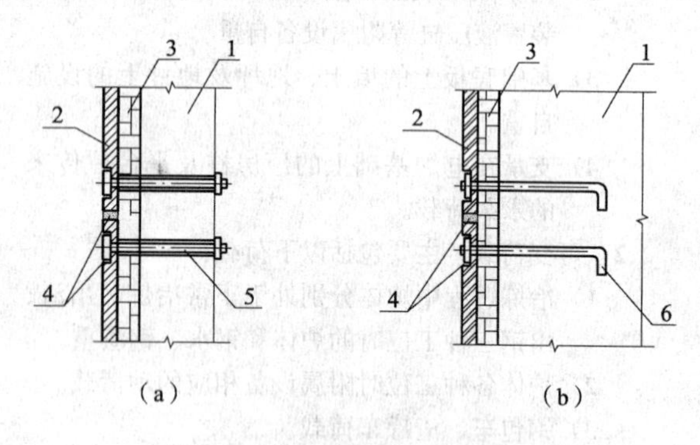


图 7.4.4-4 挡渣墙保护示例图

1—挡渣墙；2—铸铁板；3—耐火砖；4—耐热砂浆（安装后抹平）；5—活螺栓；6—死螺栓

# 8 连铸机基础

## 8.1 一 般 规 定

**8.1.1** 本章适用于板坯连铸、方坯连铸、圆坯连铸等连铸线设备基础设计。

**8.1.2** 连铸机基础地基方案的确定应综合考虑本规范第 3.2.1 条规定的各项因素，必须满足地基承载力、变形和稳定性要求。

**8.1.3** 连铸机基础应视不同的地质条件和荷载情况，按下列规定选择持力层：

**1** 连铸机基础采用天然地基时，宜选择中密～密实的碎石土和砂土、硬塑黏性土或岩石作为持力层。

**2** 在能满足地基承载力和变形要求的情况下，可采用经地基处理后的土层作为基础持力层。

**3** 同一基础宜采用同一岩土层作为基础持力层。当采用桩基础时，宜采用同一桩型，并应选择同一岩土层作为桩端持力层。当同一基础下土层变化较大，无法采用同一持力层时，在满足承载力的前提下，可选用岩土参数相近的土层作为持力层，且应保证基础的沉降及差异沉降满足生产工艺和设备正常运转要求。

**8.1.4** 当连铸线较长，后区基础荷载较小，采用天然地基能满足承载力要求，且经计算基础地基变形满足设计要求时，可在主机区采用桩基，后区辊道采用天然地基。为保证主机区与后区基础沉降变形曲线的平缓和连续性，可在后区辊道基础与主机区基础相连接的适当范围设置沉降过渡段。

**8.1.5** 连铸机设备基础的地基变形除工艺、设备有特殊要求外，应符合下列规定：

1 基础的平均沉降量计算值不应大于150mm。

2 基础在垂直连铸线方向的倾斜计算值不宜大于0.0005。

3 基础沿连铸线方向的局部倾斜计算值不宜大于0.0005。

## 8.2 基 础 布 置

**8.2.1** 连铸机基础的布置和选型应遵照本规范第3.3.1条规定的原则。连铸基础的主机区即大包回转台、事故平台、扇形段二冷密闭室等基础的高耸部分在垂直铸流方向应尽可能对称布置。

**8.2.2** 连铸主机区的基础布置和形式应符合下列规定：

1 连铸机主机区基础宜采用筏板式联合整体基础，大包回转台、事故平台、扇形段二冷密闭室宜设在同一个整体筏板基础上。

2 大包回转台应采用钢筋混凝土墙体或墩墙支承，大包回转台的支承墙体和墩墙在满足工艺、设备要求的基础上，应尽可能保证墙体的完整性。

3 事故平台宜采用钢筋混凝土墙体支承。当荷载较小时，也可采用钢筋混凝土框架支承。

4 扇形段二冷密闭室侧墙当采用钢筋混凝土墙体时，可兼作抽出导轨、连铸平台的支承结构。当抽出导轨支架及连铸平台采用钢结构时，应按现行国家标准《钢结构设计规范》GB 50017的有关规定进行设计，且应保证支承体系有足够的刚度。

**8.2.3** 连铸机后区线上基础包括辊道及冲渣沟基础，切割机、去毛刺机、堆垛机、推钢机、在线修磨、横移台车等设备基础，宜连成整体，采用筏板式联合基础。

## 8.3 地基基础计算

**8.3.1** 连铸机基础设计时，应考虑表8.3.1所列的各类荷载和作用。

**8.3.2** 连铸机基础设计时，应区分下列各种工况，分别按设计规定的极限状态进行相应的荷载效应组合，并采用最不利组合值：

1 施工、安装和大修工况。

2 生产（运行）中的正常操作工况（正常工况）。

3 生产（运行）中的检修工况（正常工况）。

4 生产（运行）中的特殊工况。

5 地震作用。

6 连铸机基础在不同工况时的不同极限状态下荷载效应的不同组合应考虑的荷载以及可变荷载的组合值系数、准永久值系数、基本组合的荷载分项系数的取值应符合表8.3.2的规定。

**表8.3.1 连铸线设备基础荷载**

| 作用部位 | 大包回转台 | 事故平台 | 扇形段二冷室 | 切割机 | 后区线上设备基础 |
|---|---|---|---|---|---|
| 永久荷载 | 1. 回转台、传动设备、液压设备、中包烘烤装置等设备自重；<br>2. 基础结构自重、基础隔热保护层、悬挂轨道、砖墙等附属结构；<br>3. 连铸平台、操作平台、结晶器平台等平台传来永久荷载；<br>4. 管线及其支架等零星设施自重 | 1. 事故包及其他零星设备自重；<br>2. 基础及平台结构自重、基础隔热保护层、悬挂轨道、砖墙、梯子栏杆等附属结构自重；<br>3. 操作平台、管线、溢流槽及其支架、悬挂轨道等零星设施自重 | 1. 扇形段支撑框架、抽出导轨、驱动装置、结晶器、引锭杆、拉矫机及其他零星设备自重；<br>2. 二冷密闭室墙体、设备基础平台及底板、冲渣沟、砖墙等零星设施自重；<br>3. 连铸平台、二冷密闭室顶板、操作平台、结晶器平台等传来的永久荷载；<br>4. 管线及其支架、梯子栏杆自重 | 1. 切割机平台支柱、切头去尾收集装置、收集料斗、辊道设备及其他零星设备永久荷载；<br>2. 设备基础自重，冲渣沟、梯子、栏杆、管线、过桥等零星设施自重；<br>3. 地下部分结构土压力 | 1. 辊道设备、去毛刺机、毛刺运出辊道、去毛刺辊道、推钢机、堆垛机、渣斗及其他零星设备自重；<br>2. 基础自重：包括基础结构自重、冲渣沟等；<br>3. 零星设施：包括管线、盖板、梯子、栏杆、过桥等；<br>4. 土压力 |

续表 8.3.1

| 作用部位 | | 大包回转台 | 事故平台 | 扇形段二冷室 | 切割机 | 后区线上设备基础 |
|---|---|---|---|---|---|---|
| 可变荷载 | 正常工况 | 1. 回转台回转、启动、制动荷载，取放钢包的冲击荷载；<br>2. 传动、液压等设备动荷载；<br>3. 中间包车、中包烘烤、溢流罐、溢流槽、渣罐、钢水罐动荷载；<br>4. 基础各层平台，连铸平台、操作平台、结晶器平台传来的活荷载；<br>5. 管线等零星设施操作或运行动荷载；<br>6. 安装检修活荷载 | 1. 事故平台、操作平台活荷载；<br>2. 事故流槽、悬挂吊车、管线及其他附属设施操作或运行活荷载；<br>3. 安装检修活荷载 | 1. 设备动荷载；<br>2. 设备操作和运转动荷载；<br>3. 冷却水、钢坯等物料动荷载；<br>4. 连铸平台、操作平台、结晶器平台、密闭室顶板传来的活荷载；<br>零星设施的运行或操作荷载；<br>5. 安装检修活荷载 | 1. 设备动荷载；<br>2. 设备操作和运转动荷载；<br>3. 冷却水、钢坯等物料动荷载；<br>4. 零星设施的运行或操作荷载；<br>5. 安装检修活荷载 | 1. 设备动荷载；<br>2. 设备的操作和运转动荷载；<br>3. 冷却水、钢坯等物料动荷载；<br>4. 零星设施的运行或操作荷载；<br>5. 安装检修活荷载；<br>6. 辊道、地下沟、坑等的地下水压力 |
| | 特殊工况 | 1. 因操作不当或设备故障或设备、铸件损坏引起的常见事故或异常状况时的荷载；<br>2. 设备峰值动荷载 | | | | |
| 地震作用 | | 按本规范第 8.3.8 条的规定执行 | | | | |

**表 8.3.2 连铸基础各种工况的荷载组合表**

| 组合 | 工况 | | 永久荷载 | 正常工况可变荷载 | | | | | 特殊工况可变荷载 |
|---|---|---|---|---|---|---|---|---|---|
| | | | | 设备操作和运转荷载 | 平台及地坪活荷载 | | 零星设施正常运转活荷载 | 吊车荷载 | |
| | | | | | 操作 | 检修 | | | |
| 正常使用极限状态下的标准组合 | 正常工况 | 正常操作 | ○ | ○ | ○ | — | ○ | ○ | — |
| | | 检修 | ○ | — | — | ○ | △ | ○ | — |
| | 特殊工况 | 事故或尖峰荷载 | ○ | △ | ○ | — | △ | ○ | — |
| 正常使用极限状态下的准永久组合 | | 正常操作 | ○ | ○ | ○ | — | △ | — | — |
| 承载能力极限状态下的基本组合 | 正常工况 | 正常操作 | ○ | ○ | ○ | — | ○ | ○ | — |
| | | 检修 | ○ | — | — | ○ | ○ | ○ | — |
| | 特殊工况 | 事故或尖峰荷载 | ○ | △ | ○ | — | △ | ○ | ○ |
| 可变荷载的组合值系数 | | | — | 1.0 | 0.7 | 0.7 | 1.0 | 0.7 | 1.0 |
| 可变荷载的准永久值系数 | | | — | 1.0 | 0.5 | — | 0.5 | — | — |
| 基本组合的荷载分项系数 | | | 1.2 | 1.4 | 1.4 (1.3) | | 1.4 | 1.4 | 1.2 |

注：1 表中"○"为应考虑，"—"为不考虑，"△"为与其他可变荷载具有同时发生的可能性时，应考虑，当不具有同时发生的可能性时，不考虑。

2 由永久荷载控制的组合，永久荷载的分项系数应取 1.35。

3 施工、安装或大修应根据实施方案按实际情况进行荷载组合。

4 平台及地坪活荷载当大于 4kN/m$^2$ 时，分项系数应取 1.3（括号中的值）。

**8.3.3** 特殊工况的荷载组合，应根据事故发生的各种可能情况，按最不利情况考虑，在采用尖峰荷载的特殊工况组合中，当尖峰荷载已包含设备静载、正常运转动荷载、事故荷载时，不得重复计算这些荷载的效应。

**8.3.4** 按地基承载力确定连铸机基础的底面积或按单桩承载力确定桩数及其布置时，应分别按正常工况和特殊工况，采用正常使用极限状态下的标准组合，并满足本规范第 3.6.4 条的有关规定。当连铸机主机区基础采用天然地基或人工复合地基时，基础底面边缘的最小压力值与最大压力值的比值，尚应符合下列规定：

**1** 正常工况时不应小于0.25。

**2** 特殊工况时不应小于0.10。

**8.3.5** 在确定连铸机基础或桩承台高度、基础各部位结构内力和配筋及验算材料强度时，应按本规范第3.6.7条的规定，采用各种工况时的承载能力极限状态下荷载效应的基本组合，并采用相应的分项系数。

**8.3.6** 连铸机基础的地基变形计算应符合下列规定：

**1** 计算连铸机基础的地基变形应按本规范第3.6.5条的规定，采用正常操作工况时正常使用极限状态下荷载效应的准永久组合。

**2** 地基变形计算时，应考虑相邻基础和荷载的影响。

**3** 主机区基础的地基变形计算宜考虑基础刚度的影响。

**4** 地基变形计算应计算基础的沉降、倾斜或局部倾斜。地基变形计算值应满足本规范第8.1.5条的规定。

**5** 下列情况可不进行基础变形计算：

1）当具有该地区同类工程成熟经验可供借鉴时。

2）当地基持力层为中风化或微风化基岩时。

**8.3.7** 对承受较大水平荷载的推钢机、缓冲器等基础应进行基础抗倾覆和抗滑移稳定性验算。对基底处于地下水位以下的坑式或箱体基础尚应进行基础抗浮验算，并应符合本规范第3.3.6条的规定。

**8.3.8** 在抗震设防区，对大包回转台和扇形段密闭室墙体等高耸构筑物，应按现行国家标准《构筑物抗震设计规范》GB 50191规定的乙类构筑物进行抗震计算，并采取相应的抗震措施。对于联合基础，计算时应考虑连铸平台等相关部分传来的地震荷载。

**8.3.9** 连铸主机区基础的计算方法和计算模型的选择应符合下列规定：

**1** 大包回转台及其支承墙体宜采用弹性理论分析或有限元及其他数值分析方法进行计算。事故平台、扇形段二冷密闭室墙体及主机区基础筏板式底板宜采用弹性理论分析或有限元分析确定其弹性应力分布。

**2** 当具有工程经验时，连铸机主机区基础底板、事故平台、扇形段二冷密闭室墙体等可采用下列简化计算方法：

1）事故平台当采用钢筋混凝土梁板结构时可按梁板进行计算。当采用墙体支承厚板时，可根据具体情况采用截条法按刚架计算，或按单向或双向板、无梁楼盖等方法进行简化计算。

2）扇形段二冷密闭室墙体的水平承载力可按悬臂结构计算，当墙体与连铸平台梁板间有可靠连接时，可按框架-剪力墙结构的剪力墙计算。

3）主机区基础底板宜按弹性地基上的筏板模型进行计算，当为桩基时，可假定基桩为弹性支点。

## 8.4 构造要求

**8.4.1** 基础变形缝的设置应符合本规范第3.3.12条的规定，并应符合下列规定：

**1** 连铸线设备基础的永久变形缝的设置应满足设备机组正常运转和正常使用要求，并应综合考虑基础布置、结构形式、刚度变化、地基方案及地下水条件确定。

**2** 对与连铸平台相连的连铸机基础，当平台和连铸机基础总宽度大于55m时，应在平台适当位置设置伸缩缝，伸缩缝最大间距应满足本规范表3.3.12的要求。

**3** 与连铸线基础、地下室外壁等相接的电缆隧道、管廊、冲渣沟、地沟等，宜在距基础或地下室外壁表面不小于300mm处设置变形缝，并应考虑电缆隧道、管廊、冲渣沟、地沟等与主体基础或地下室间差异沉降的不利影响，采取相应的防止措施。

**4** 当连铸基础地下部分不设伸缩缝时应按本规范第3.3.12条的规定采取相应措施。

**8.4.2** 基础局部构造尺寸除应符合本规范第3.3.8条的规定外，尚应符合下列规定：

**1** 基础底板、墙，高架基础平台梁、板等的几何尺寸除应满足强度和刚度的要求外，尚应满足预埋件锚筋、地脚螺栓锚固长度的要求。若不能满足上述锚固长度要求时，可采用整体或局部加厚处理。

**2** 连铸机基础、地下液压站、电气室、水阀站等的楼梯和通道的设置和尺寸应符合现行国家标准《钢铁冶金企业设计防火规范》GB 50414的相关规定。

**3** 大包回转台的支承墙体厚度不宜小于800mm，事故平台的支承墙体厚度不宜小于300mm，双流板坯连铸机扇形段铸流外侧墙厚不宜小于600mm，中间墙厚不宜小于400mm。

**4** 主机区墙体在满足工艺、设备专业要求的前提下，应尽量保证墙体的完整性，工艺开洞宜采用开多个小洞口代替开大洞口，在墙体转角、交叉和边缘位置不宜设置洞口。

**5** 在墙体边缘、转角、刚度突变以及洞口边长或直径大于600mm的工艺开洞等处宜设置暗柱、暗梁等边缘构件。当墙厚小于500mm时，边缘构件的截面高度不宜小于500mm；当墙厚为500mm～1000mm时，边缘构件的截面高度不宜小于墙厚；当墙厚大于1000mm时，边缘构件的截面高度不宜小于1000mm。

6 连铸主机区基础底板厚度不宜小于1000mm，后区基础底板厚度不宜小于600mm。

7 连铸主机区基础底板下有管廊、电缆隧道等穿过时，应避开大包回转台支承墙体；对其他承重墙体，宜尽量避开，当必须穿越时，应尽可能垂直穿越。管廊、隧道的壁厚不宜小于600mm。

**8.4.3** 连铸机基础结构构件的配筋应根据计算确定，除应符合本规范第3.3.18条的规定外，尚应符合下列规定：

1 主机区基础底板钢筋直径不宜小于20mm，后区和线外基础底板钢筋直径不宜小于16mm，底板钢筋间距不宜大于200mm。

2 主机区墙体钢筋直径不宜小于20mm，非抗震设防区墙体配筋应符合现行国家标准《混凝土结构设计规范》GB 50010的有关规定，抗震设防区墙体及其边缘构件应符合《构筑物抗震设计规范》GB 50191的规定。

3 大包回转台及其支承墩墙的截面配筋应满足本规范第3.3.18条规定的最小配筋率要求，且应符合下列构造规定：

1）墩墙的竖向钢筋直径不宜小于20mm，间距不宜大于200mm；横向构造钢筋直径宜取16mm～20mm，间距不大于200mm，墩墙应设水平拉结筋，直径宜取8mm～14mm，间距不宜大于600mm。

2）回转台钢筋直径不宜小于22mm，间距不宜大于150mm。

**8.4.4** 连铸机基础沉降观测点的设置和观测要求应符合本规范附录E的规定。

# 9 加热炉及热处理炉基础

## 9.1 一般规定

**9.1.1** 本章适用于钢铁企业下列加热炉及热处理炉基础的设计：

1 加热炉：推钢式加热炉、步进式加热炉、环形加热炉。

2 热处理炉：台车式炉、罩式炉、辊底式炉。

**9.1.2** 加热炉、热处理炉基础应按本规范第3.2.2条的规定优先采用天然地基方案。

**9.1.3** 同一加热炉、热处理炉基础或多座炉连排式布置的联合基础宜坐落在同一土层或性状相近的土层上；当采用桩基时宜选用同一层岩土层作为桩端持力层。

**9.1.4** 除工艺、设备有特殊要求外，加热炉及热处理炉基础的地基变形计算值应符合下列规定：

1 加热炉及热处理炉基础的平均沉降量计算值不应大于100mm，基础倾斜计算值不宜大于0.0005。

2 当加热炉或热处理炉基础与厂房柱基采用联合整体基础时，此联合基础的沉降及与相邻柱基的沉降差尚应满足现行国家标准《建筑地基基础设计规范》GB 50007的相关要求。

## 9.2 基础布置

**9.2.1** 加热炉、热处理炉基础结构的平面和竖向布置及其净空尺寸应满足生产操作、设备安装和维护的要求。

**9.2.2** 加热炉及热处理炉宜采用筏板式基础或由筏板式底板和挡土侧壁组成的地坑式基础。各类加热炉和热处理炉的基础形式可分别按下列规定采用：

1 推钢式加热炉基础、步进式加热炉基础宜采用坑式整体基础。

2 环形加热炉基础结构形式可分为坑式及高架式。坑式大型环形加热炉基础宜采用环形筏板；当基础直径较小时，可采用圆形筏板。环形加热炉基础伸缩缝的留设应与设备相协调。对于高架式基础，当其上部的顶板、立柱留设伸缩缝时，下部的环形筏板或环形地梁可不设伸缩缝。

3 台车式炉基础宜采用筏板式、地基梁式或底板加侧壁式等形式。

4 罩式炉基础可采用坑式或筏板式。

5 辊底式炉基础可采用坑道式基础。

**9.2.3** 连续生产线上多座连排式加热炉基础宜采用联合整体基础，宜与毗连的加热炉地下液压站等地下结构以及厂房柱基连成整体。

## 9.3 地基基础计算

**9.3.1** 加热炉和热处理炉基础计算时，应按炉类别分别考虑下列荷载和作用：

1 加热炉基础应考虑以下荷载：

1）永久荷载，应包括炉体设备自重（包括炉膛自重、炉体工艺钢结构及附属设备自重等）、炉体框架传来的水平荷载及弯矩、基础结构自重、土压力，以及当与厂房柱基础或其他基础形成联合基础时，由厂房柱或其他结构传来的永久荷载等。

2）可变荷载，应包括炉料荷载，设备运行荷载，各层操作平台传来的操作、检修荷载，地坪堆载，地下水压力，以及当与厂房柱基础或其他基础形成联合基础时，由厂房柱或其他结构传来的风荷载、雪荷载、吊车荷载、活荷载等可变荷载。

2 台车式炉基础应考虑以下荷载：

1）永久荷载，应包括炉体（加热室）、行走机构等设备自重，基础自重，土压力等。

2）可变荷载，应包括移动台车及料重、设备运行荷载、安装检修荷载、操作荷载、地下水压力等。

3 罩式炉基础应考虑以下荷载：

1）永久荷载，应包括基础自重、土压力等。

2）可变荷载，应包括设备运行荷载（包括炉料、外罩、内罩等荷载）、安装检修荷载、操作荷载、地下水压力等。

4 辊底式炉基础应考虑以下荷载：

1）永久荷载，应包括炉体设备自重、基础自重、土压力等。

2）可变荷载，应包括炉料荷载、设备运行荷载、安装检修荷载、操作荷载、地下水压力等。

**9.3.2** 加热炉和热处理炉基础应按本规范第3.6.3条规定的各种工况分别进行规定类别的极限状态设计，对所考虑的极限状态进行相应的荷载效应组合，并采用最不利组合值。其中的大修工况应按工程采用的大修方案考虑。当连续并列布置多台加热炉、采用联合整体基础并分期建设时，应考虑预留加热炉空置时的不利工况。

**9.3.3** 加热炉和热处理炉基础应根据不同设计要求，分别按本规范第3.6.4条、第3.6.7条和第3.6.8条的规定进行荷载效应组合，并满足相应的抗力或规定的限值。对于步进式加热炉的炉料荷载，应按步进梁受荷和固定梁受荷两种工位分别组合。

**9.3.4** 加热炉基础和热处理炉基础应按本规范第3.6.5条的规定进行地基变形计算，地基变形的计算值应满足本规范第9.1.4条的规定。当具有该地区同类工程成熟经验可供借鉴时，可不进行地基变形计算。

**9.3.5** 当加热炉或热处理炉基础承受地下水浮力时，应按本规范第3.6.6条的规定进行抗浮稳定性验算。当基础抗浮稳定性不满足规定时，可采取下列措施：

1 增大基础截面尺寸。

2 增大基础底板尺寸，即设置外伸底板，利用外伸板上的土重增加抗浮力。

3 基底设置抗浮锚索（杆）、锚桩。

4 当有自流条件时，可考虑设置外渗排水措施，以降低地下水位。

**9.3.6** 加热炉或热处理炉基础中的构件，如炉墙基础、炉体钢结构立柱基础、炉底机械基础、炉间平台柱基础等均应按照现行国家标准《混凝土结构设计规范》GB 50010进行承载能力极限状态及必要的正常使用极限状态设计。

**9.3.7** 坑式环形加热炉基础的底板宜按搁置在弹性地基上的环形板或圆形板计算。高架式环行加热炉基础顶板和支柱可按环向和径向框架计算，基础底板可按弹性地基上的环形板或梁计算。采用简化计算时，地基压力可按直线分布考虑。

**9.3.8** 筏板式基础宜按搁置在弹性地基上的筏板计算。

**9.3.9** 坑式加热炉基础计算时应按下列规定执行：

1 基础底板计算时应考虑侧壁传来的垂直荷载及弯矩、底板上的设备和操作荷载、支承上部设备和结构的立柱集中荷载及地下水压力（当基础位于地下水位以下时），宜按自由搁置在弹性地基上的板进行结构分析，并进行底板抗弯、抗剪、冲切、局部受压等承载力验算。

2 侧壁计算时应考虑土压力、地下水压力（基础位于地下水位以下部分）和地面超载产生的侧压力及侧壁顶部荷载，宜按下部嵌固的混凝土悬臂板计算。

**9.3.10** 当多座加热炉或加热炉与地下液压站、电气室地下室等采用联合整体基础时，可按下列原则计算：

1 根据工艺布置情况，将基础竖壁视为顶端无支承、下端与底板固接的悬臂板；当竖壁顶端设置抗侧力水平梁或与箱体顶板相接时，可按顶端铰接、下端与底板固接的板计算。

2 基础底板可按自由搁置在弹性地基上的板计算。

3 加热炉的箱体式基础部分，其顶板应充分考虑开孔和荷载分布的变化，其内力计算应按实际结构体系和布置，采用荷载效应的最不利组合，确有经验时也可按连续单向板或双向板、无梁楼盖、连续梁等进行简化计算。

**9.3.11** 对于承受较大水平往复荷载作用的步进梁平移缸及类似设备基础，应具有足够的刚度和承载能力。确定其配筋和验算混凝土强度时，应考虑疲劳影响。

**9.3.12** 当加热炉和热处理炉基础考虑温度作用时，应按荷载效应和温度作用效应的标准组合验算基础混凝土的压应力、钢筋的拉应力，并应符合现行国家标准《烟囱设计规范》GB 50051对钢筋混凝土在荷载和温度作用下混凝土、钢筋抗力的相关规定。

## 9.4 构造要求

**9.4.1** 同一座加热炉、热处理炉基础或同一联合整体加热炉基础不宜设置伸缩缝或沉降缝。当前、后辊道基础与加热炉基础间设置伸缩缝或沉降缝时，其差异沉降不得影响加热件进、出炉正常运行。

**9.4.2** 当加热炉、热处理炉基础长度超过本规范表3.3.12的规定而未设伸缩缝时，应采取适当加强配筋、加密钢筋间距、设置后浇带等措施或采用跳仓法施工，施工期间尚应采取温度收缩裂缝控制措施，防止基础产生有害裂缝。

**9.4.3** 与加热炉、热处理炉基础相接的电缆隧道、管廊、电缆沟、管沟等宜在距炉基础不小于300mm处设置伸缩缝或后浇带。设置伸缩缝时，应考虑差异沉降的影响，并采取相应防止措施。

**9.4.4** 当加热炉、热处理炉基底位于地下水位以下时，应按本规范第3.3.11条规定的防水设计原则，采取本规范附录C规定的防水分区确定相应防水方案和措施，以保证正常生产和安全操作。无论采用防水或渗排水方案，均应在炉坑内设置内排水沟及集水井等辅助的内排水措施。

**9.4.5** 加热炉、热处理炉基础应尽可能避免在外侧墙穿出管线或预留孔槽，严禁后期开槽。当必须穿出管线时，应按本规范第3.3.13条的规定采取相应措施防止管线损坏或渗漏水。

**9.4.6** 加热炉、热处理炉基础的构造尺寸除应符合本规范第3.3.8条的规定外，尚应符合下列规定：

1 步进式加热炉基础底板厚度不宜小于800mm。

2 环形加热炉基础底板和外壁厚度不应小于300mm，支墩截面边长不应小于400mm。

3 罩式炉基础底板厚度不宜小于600mm。

4 辊底式炉基础底板的厚度不应小于600mm，侧壁的厚度不应小于300mm。

5 当基础底板上埋设地脚螺栓时，底板厚度尚应满足地脚螺栓埋置深度要求，地脚螺栓下端至底板底面距离不应小于100mm。

**9.4.7** 加热炉、热处理炉基础的配筋应符合本规范第3.3.18条的规定，并应符合下列规定：

1 基础底板的顶面和底面，侧壁的内、外面及箱体顶板的上、下面宜通长配置双向钢筋网。

2 基础底板和侧墙当考虑工作环境温度影响时，其配筋应按计算确定，且不得小于构造配筋。其构造钢筋直径宜比本规范表3.3.18-1和表3.3.18-2规定的直径提高一级及以上，钢筋间距不得大于150mm。

**9.4.8** 加热炉、热处理炉炉坑出入口侧壁顶端、操作平台、安装孔等处，应根据具体情况按本规范第3.3.14条的规定设置安全栏杆。

**9.4.9** 炉坑基础外墙顶部宜设置通长的构造暗梁，暗梁的宽度宜与墙相同，梁高宜取1.5倍梁宽且不应小于顶板的厚度，其纵向钢筋直径不应小于外墙水平钢筋，间距不宜大于150mm，箍筋直径不应小于8mm，间距不应大于200mm。当炉坑较小、外墙顶部不设置通长暗梁时，应在墙顶面按本规范第3.3.18条的规定配置纵向通长构造钢筋。

**9.4.10** 加热炉、热处理炉基础应在炉坑四角设置沉降观测点，当炉坑较长时，尚应在炉坑两侧增设沉降观测点。沉降观测点的设置和观测要求应符合本规范附录E的规定。

# 10 轧钢设备基础

## 10.1 一般规定

**10.1.1** 本章适用于钢铁企业的热轧、冷轧、轧管、型材等轧钢车间的轧制生产线和辅助生产线的设备基础设计。其中，加热炉和热处理炉基础设计应符合本规范第9章的规定。

**10.1.2** 轧钢设备基础地基方案的选择应符合本规范第3.2节的有关规定。

**10.1.3** 同一连续生产线上的轧钢设备基础与加热炉、热处理炉基础宜采用相同的地基方案。

**10.1.4** 轧钢设备基础的地基变形计算值应符合下列规定：

1 除工艺、设备专业有特殊要求外，轧钢设备基础的平均沉降量计算值不应大于100mm；基础倾斜计算值不宜大于0.0005；连续轧线的局部倾斜计算值不宜大于0.0005。

2 设备基础与厂房柱基采用联合整体基础时，联合基础的沉降及与相邻柱基的沉降差尚应满足现行国家标准《建筑地基基础设计规范》GB 50007的有关要求。

## 10.2 基础布置

**10.2.1** 轧钢设备基础的布置应根据生产工艺特点、设备类型、设备对基础的要求、荷载情况、工程地质及水文地质条件、与毗邻的建（构）筑物基础的关系等因素综合确定，除应符合本规范第3.3节相关条文的规定外，尚应符合下列规定：

1 轧机及其传动设备以及直接影响轧机正常运行的推床、升降台架等相关设备宜设在同一个整体基础上。

2 多机架连轧机组应设在同一个整体基础上。

3 轧机、穿孔机等有较大振动荷载的设备基础应有足够的质量和刚度。

4 设备基础应根据设备布置、管线布置等条件合理布置墙、柱、支墩、梁等结构构件，并应使结构具有足够的强度和刚度。

5 磨床等对外部振动较敏感的设备，其基础设计应采取隔震等措施减小外部振动的影响。

**10.2.2** 热轧设备基础形式应符合下列规定：

1 热连轧主轧线或中厚板主轧线所有设备机组及与设备基础毗连的地下室、电缆隧道、管廊等宜采用连续箱体基础，箱体基础纵、横方向均应有足够的刚度，并应在粗轧、精轧、卷取机组等部位设置大块实体或墩墙，直接将设备荷载传递到基础底板上。

2 横切机组和纵切机组设备基础宜采用坑式与筏板式相结合的形式。

3 平整机组宜采用坑式基础。

**10.2.3** 冷轧设备基础形式应符合下列规定：

1 入口步进梁、开卷机、拉矫机宜采用坑式基础。

2 酸洗机组活套、酸槽工艺段设备基础通常与地下室联合，宜采用筏板支承的框架式或框剪式基础，焊机基础采用大块式基础。

3 轧机设备基础结构形式宜采用大块式与箱体结合的联合基础，轧机荷载通过支墩墙体传递到基础底板上。

4 热镀锌及连续退火设备基础：立式活套宜采用坑式基础，炉段宜采用筏板式基础，锌锅区域宜采用箱体基础。

**10.2.4** 轧管设备基础形式应符合下列规定：

1 主轧线设备基础的结构形式应与工艺设备采用的高架式或地面布置形式相适应。

2 主轧线采用地面布置形式时，穿孔机、轧机、定径机等主要设备基础应采用大块式基础，中间辊道等可采用条形基础或沟道式基础。

3 主轧线采用高架布置形式时，轧线基础宜以高架平台的框架或框架-剪力墙结构形式为主，在穿孔机、轧机、定径机等主要设备部位宜采用大块式基础直接坐落在地基上或支撑在桩基上。

**10.2.5** 型材设备基础形式应符合下列规定：

1 型材主轧线设备基础应根据工艺设备的布置形式（高架布置或地面布置）采用相应的高架或地面布置的结构形式。

2 线材轧机基础以高架平台的框架或剪力墙结构形式为主，但在轧机、齿轮机等部位宜采用大块式基础。

3 棒材轧机基础以大块式或大块式与墙式（或箱体）相结合的形式为主，纵、横墙体的分布应使基础具有足够的整体刚度。也可根据工艺要求采用高架平台的框架或剪力墙结构形式。

4 平、立交替布置的连轧机组应采用整体筏板式基础，筏板上由立柱和柱顶悬臂段构成的立式轧机基础应具有足够的刚度和抗扭性能。

5 小型轧机基础可采用长条形块体基础，并在基础上开槽形成冲渣沟。

6 轨梁轧机基础应采用大块式基础。

**10.2.6** 冷床、台架基础宜采用钢筋混凝土柱墩式结构。柱墩的基础可采用钢筋混凝土筏板基础、条形基础或扩展基础。

**10.2.7** 推钢机基础应采用大块式基础，宜与辊道或其他基础连成整体。

**10.2.8** 剪断机、矫直机等基础宜采用大块式或墙式基础。热锯机宜采用板式基础。

**10.2.9** 辊道基础宜采用墙式基础或条形基础，对多排并列的辊道基础可采用框架式基础。

## 10.3 荷载及其组合

**10.3.1** 轧钢设备基础设计应考虑下列荷载和作用：

1 永久荷载，应包括设备自重、基础自重、基础上的土重、土压力、平台或厂房柱传来的永久荷载等。

2 可变荷载，应包括正常操作荷载，事故荷载，平台、地面均布活荷载等。

3 其他荷载和作用应包括温度作用、地震作用等。

**10.3.2** 设备正常操作荷载、事故荷载标准值应采用设备专业提供的当量荷载值。设备专业对轧制设备当量荷载的计算除有专门标准规定外，可按本规范附录B的规定确定。

**10.3.3** 设备基础的荷载效应应采用各种工况下的最不利组合，参加同一种组合的荷载必须具有同时发生的可能性。轧钢设备基础荷载效应应按表10.3.3-1进行组合。可变荷载的组合值系数、准永久值系数应按表10.3.3-2取值。

**表 10.3.3-1 轧钢设备基础荷载组合表**

| 组合类别 | 工况 | 永久荷载 | 可变荷载 | | | |
|---|---|---|---|---|---|---|
| | | | 正常操作荷载 | 事故荷载 | 平台、地面均布活荷载 | 其他活荷载 |
| 承载能力极限状态的基本组合 | 正常操作 | ○ | ○ | — | ○ | △ |
| | 事故状态 | ○ | △ | ○ | ○ | △ |
| | 安装、检修 | ○ | — | — | ○ | △ |
| 正常使用极限状态的标准组合 | 正常操作 | ○ | ○ | — | ○ | △ |
| | 事故状态 | ○ | △ | ○ | ○ | △ |
| 正常使用极限状态的准永久组合 | 正常操作 | ○ | ○ | — | ○ | △ |

注：1 表中“○”为应考虑，“—”为不考虑，“△”为与其他可变荷载具有同时发生的可能性时，应考虑，当不具有同时发生的可能性时，不考虑。

2 在设备占有的范围内，不应考虑平台、地面均布活荷载。

**表 10.3.3-2 可变荷载组合值系数、准永久值系数表**

| 荷载类别 | | 组合值系数 | 准永久值系数 |
|---|---|---|---|
| 正常操作荷载 | | 1.0 | 1.0 |
| 事故荷载 | 对同一机组设备基础，当在同一时间仅可能发生一种事故时 | 1.0 | 0 |
| | 对同一机组设备基础，当可能同时发生两种或多种事故时 | 1.0<br>(0.7) | 0 |

续表 10.3.3-2

| 荷载类别 | | 组合值系数 | 准永久值系数 |
|---|---|---|---|
| 平台、地面均布活荷载 | 备品备件荷载 | 0.9 | 0.8 |
| | 其他均布活荷载 | 0.7 | 0.5 |
| 其他活荷载（如厂房柱等传来的可变荷载等） | | 按现行国家标准《建筑结构荷载规范》GB 50009 的规定执行 | |

注：1 轧机基础的事故荷载组合及组合值系数见本规范第 10.3.5 条。

2 对同一机组设备基础，当可能同时发生两种或多种事故时，事故荷载的组合值系数，对第一种事故荷载取 1.0，对第二种及第三种事故荷载取 0.7，并依次调换组合值系数，取其最不利的组合。但本规范第 10.3.5 条有特别规定的组合值系数除外。

**10.3.4** 进行承载能力极限状态下荷载效应的基本组合时，轧钢设备基础荷载分项系数应按本规范第 3.6.7 条的规定取值，其中事故荷载属于特殊工况，其分项系数可取 1.2。设备的尖峰荷载已包含了设备静荷载、正常操作荷载、事故荷载，在采用尖峰荷载效应的组合中，不得另加这些荷载的分项效应，尖峰荷载的分项系数可取 1.2。

**10.3.5** 轧机基础的正常操作和事故两种工况的荷载效应，应按下列情况分别进行组合：

1 正常操作工况应进行正常轧制力矩与轧制水平惯性力组合，组合系数应均取 1.0。

2 事故工况应进行下列情况的组合，组合值系数应符合下列规定：

1）断轴力矩与轧制水平惯性力组合，此时断轴力矩组合值系数取 1.0，轧制水平惯性力的组合值系数取 0.7。

2）连轧机之间的水平张力与断轴力矩组合，此时断轴力矩组合值系数取 1.0，水平张力的组合值系数取 0.7。

3）对型材的初轧机，除考虑上述两种事故工况外，尚应考虑正常轧制力矩与轧件顶推床的水平力组合，组合值系数均取 1.0。

**10.3.6** 对高架式布置的轧管、型材设备基础的平台柱和柱基础，当柱的从属平台面积超过 50m$^2$ 时，平台的均布活荷载的标准值可乘以 0.9 的折减系数，但备品备件的区域不应折减。

## 10.4 地基基础计算

**10.4.1** 轧钢设备基础应进行地基承载力和基础强度（包括局部强度）验算。对于推钢机、缓冲器等承受较大水平荷载的基础尚应进行抗倾覆或抗滑移稳定性验算。基底处于地下水位以下的坑式基础或箱体基础尚应进行基础的抗浮验算。

**10.4.2** 轧钢设备基础地基承载力除应满足本规范第 3.6.4 条的规定外，轧机、穿孔机等主要设备基础相应于荷载效应标准组合时，基础底面边缘最小压力值与最大压力值的比值尚应符合下列规定：

1 对正常操作工况，不应小于 0.25。

2 对事故工况，不应小于 0.1。

**10.4.3** 轧钢设备基础应进行地基变形计算，当为下列情况时，可不进行变形计算：

1 基础的持力层为中风化或微风化岩质地基时。

2 具有当地相同地基条件的同类工程经验可供借鉴时。

**10.4.4** 轧钢设备基础地基变形计算应符合下列规定：

1 对大型箱体基础或大型筏板式基础进行地基变形计算时，宜考虑地基与基础的共同作用。当对大型箱体基础采取分区段计算地基变形时，应考虑邻近区段的荷载及基础刚度对地基变形的影响。

2 对埋置较深的大型设备基础，其地基的变形计算宜考虑基坑地基土回弹的影响。其回弹变形量可按现行国家标准《建筑地基基础设计规范》GB 50007 的有关规定计算，也可按该地区同类工程经验估计。

3 设备基础的沉降计算应考虑相邻基础荷载的影响。

**10.4.5** 坑式基础或箱体基础的底板、外侧壁，冲渣沟、铁皮沟的底板、侧壁等受弯或偏心受压构件应进行裂缝宽度验算。计算最大裂缝宽度应符合本规范第 3.6.8 条的规定。

**10.4.6** 大块式基础基底反力可按直线分布进行计算。

**10.4.7** 坑式设备基础可按下列规定进行计算：

1 坑式设备基础基底反力可按直线分布考虑。

2 大型坑式设备基础底板宜按弹性地基上的筏板模型进行计算。

3 坑式设备基础侧壁的土压力宜按静止土压力计算，当侧壁的变形较大时，可按主动土压力计算。

**10.4.8** 主电室地下室、电气室地下室、地下润滑站、地下液压站等地下室可按下列规定进行计算：

1 地下室面积较小时，基底反力可按直线分布考虑。底板可按倒楼盖法计算，侧壁和顶板可按其实际结构及连接情况简化为单向板、双向板或连续板计算。

2 大型地下室可在纵、横两个方向分别截条按弹性地基上的框架计算。顶板的梁板截面设计应按实际结构体系和布置采用荷载效应的最不利组合进行内力计算。有经验时也可根据结构的实际情况，按连续单向板或双向板、无梁楼盖、连续梁等进行简化计算。

3 侧壁土压力应按静止土压力考虑。

**10.4.9** 热轧的大型连续箱体基础可按下列规定进行计算：

1 基础可按工艺布置和结构特征采用截条法、截块法或分区段进行计算。

2 对坐落在天然地基上的不设伸缩缝的大型连续箱体基础，当土的压缩性较高、基础的变形较大或在复杂的地基情况下，且无工程经验时，宜对大型连续箱体基础进行全长整体分析。

3 对箱体基础进行整体计算、截条计算或分区段计算时宜按弹性地基考虑。

4 箱体基础截块计算时，宜按弹性地基考虑。当截块的刚度较大时，地基反力可按直线分布计算。

5 侧壁土压力应按静止土压力考虑。

**10.4.10** 冷轧设备基础中的框架式基础和轧管、型材设备基础中的高架平台式基础可按下列规定进行计算：

1 对轧机、穿孔机等以大块式为主的基础，宜采用截块法进行计算。

2 与轧机、穿孔机基础等连成一体的框架或高架平台宜按空间结构模型进行整体计算。当有经验时，可根据平台结构的实际情况，按框架结构计算，平台板、梁也可按连续单向板或双向板、无梁楼盖、连续梁等进行简化计算。

**10.4.11** 对结构复杂、受力复杂的设备基础或设备基础的结构和受力复杂的局部部位，宜采用有限元法进行结构分析。

**10.4.12** 截条法、截块法、分区段计算应符合下列规定：

1 截条的宽度宜取一个柱距的宽度。截块的范围可从墩、墙或大块基础边缘扩出底板厚度的2.5倍，且不超出相邻柱及底板的实际边界；当有经验时，可大于2.5倍底板厚度，但不宜大于4倍底板厚度。当按工艺布置和结构特征分区段（如粗轧机组区段、精轧机组区段）计算时，计算单元的范围宜向区段分界线外延伸1个～2个柱距宽度。

2 截条法、截块法和区段的计算单元边界条件可取为自由。

3 采用截条法计算时，结构内力及配筋的计算结果适用于该截条方向。与截条方向垂直的结构内力及配筋应根据结构实际的边界条件调整确定。有经验时，垂直于该截条方向的结构可根据实际情况，按连续单向板或双向板、无梁楼盖、连续梁等进行补充计算。

4 采用截块法计算时，边界处的内力及配筋应根据结构与周边实际的边界条件进行调整。

5 采用分区段计算，当计算单元向区段分界线外延伸1个～2个柱距时，区段分界线处的内力和配筋可按计算取值。

**10.4.13** 弹性地基的基床系数应按工程地质资料或现场试验并考虑基础尺寸、地基压缩层厚度等因素综合确定。当有地区经验时，也可根据地基压缩层岩土的性状，按当地同类工程的经验取值。

**10.4.14** 箱体基础、坑式基础的设计，应考虑地下水位变化时对基础的不利影响。

**10.4.15** 在抗震设防区，应按现行国家标准《构筑物抗震设计规范》GB 50191的规定对高架平台等轧钢设备基础进行抗震计算，并采取相应的抗震措施。

## 10.5 构造要求

**10.5.1** 轧钢设备基础结构、构件的布置和构造尺寸除应符合本规范第3.3.8条的规定外，尚应符合下列规定：

1 高架平台式基础各部分尺寸宜符合下列规定：

1）柱距宜取5m～8m。

2）柱截面边长宜取柱高的1/8～1/12，且不宜小于400mm。

3）梁板式结构的顶板厚度不宜小于150mm。

2 各种沟道的底板厚度除应满足计算要求外，尚应符合下列规定：

1）冲渣沟的底板厚度可取基础深度的1/10～1/14，且不宜小于300mm。

2）轧机下部的沟底板厚度不应小于500mm。

3）油管沟、电缆沟底板厚度不宜小于200mm；当有防水要求时，底板厚度不宜小于250mm。

3 梁、板、墙等构件的几何尺寸除应满足强度和刚度的要求外，尚应满足预埋件、地脚螺栓的锚固要求；当构件尺寸不满足预埋件和地脚螺栓的锚固要求时，应加大截面尺寸，当有工程经验时，也可做局部加厚处理。

4 轧制线冲渣沟流槽边上的人行通道宽度不应小于500mm。当通道上方无遮挡结构时，应设置坡度不小于45°的防护板。

5 有防水要求的地下构筑物宜设置内排水沟和集水井。内排水沟宜沿墙脚设置，沟宽度不应小于100mm，深度不宜小于100mm，集水井的尺寸和间距应符合给排水专业的要求。

6 电缆隧道在转角处应设置倒角，倒角应满足电缆转折的要求。

**10.5.2** 当设备基础局部采用悬臂形式时，其外挑部分应有足够的刚度。基础悬挑长度较长或荷载较大时，可采用柱、墙支承，也可采用牛腿支承（图10.5.2）。

**10.5.3** 轧钢设备基础和地下构筑物永久变形缝（伸缩缝及沉降缝）的设置应满足设备机组及生产线正常运转和正常使用要求，并应结合基础的布置、构造形式和刚度变化以及地基和地下水条件综合考虑。

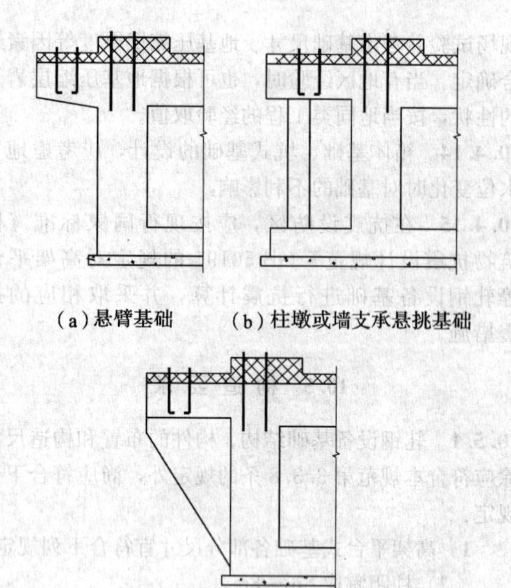


图 10.5.2 悬挑基础的几种构造

1 伸缩缝的设置和构造应满足本规范第 3.3.12 条的规定。

2 轧管、型材等高架平台式基础，伸缩缝的最大间距应符合本规范表 3.3.12 中框架式基础的规定。

3 单独的电缆隧道、管廊或地沟，单独的冲渣沟宜设置变形缝，并应采取措施满足防水要求和防止差异沉降的不利影响。

4 相邻设备基础及地下构筑物，当地基条件不同或荷载相差较大，且允许存在差异沉降或差异沉降能满足使用和结构要求时，可设沉降缝脱开布置。

**10.5.4** 当基础超长不设伸缩缝或伸缩缝的间距超过本规范表 3.3.12 的规定时，应在设计和施工中采取必要的裂缝控制措施：

1 减小地基约束，结构平面和剖面布置应尽量规则，基础及底板底面标高尽可能一致，当无法避免标高变化时，宜在底面标高变化处的收缩变形受阻侧采取防阻措施；当为岩质地基时，应按本规范第 3.3.16 条的规定设置隔离层。

2 应充分考虑温度变化和混凝土收缩对基础和构筑物的影响，应按大体积混凝土要求施工，并应依据同类工程的实践经验合理配置温度构造钢筋。

3 宜设置后浇带分段施工，当有经验时，也可采用跳仓法施工。后浇带的间距或跳仓法分块长度及构造要求应符合本规范第 3.3.12 条第 4 款的规定。

**10.5.5** 有防水要求的轧钢设备基础及地下构筑物应按本规范第 3.3.11 条规定的防水设计原则，按本规范附录 C 规定的防水分区采取相应的防水方案和措施。

**10.5.6** 对轧管、型材等高架平台式基础，应考虑高架平台上设备冷却水、除磷水的合理汇集和排放。伸缩缝的设置除应满足本规范第 10.5.3 条的规定外，宜避开冷却水、除磷水汇集区。

**10.5.7** 对承受反复水平撞击荷载作用的轧管挡板基础及类似设备基础，结构应具有足够的承载能力和刚度，必要时宜采取加强措施。

**10.5.8** 轧制线设备基础中，冲渣沟较深时，应沿纵向每隔 4m～6m 在沟壁间设置钢筋混凝土连系梁。连系梁顶面及穿过冲渣沟的电缆隧道等的顶面应进行防护。

**10.5.9** 设备基础范围内的厂房柱基除本规范第 3.3.9 条第 4 款规定的情况外，宜采用与设备基础整浇的联合整体基础。

**10.5.10** 基础防护应符合下列规定：

1 设备基础的各种坑洞沿口、安装孔边、混凝土斜梯踏步、设有活动盖板的地沟及易受碰撞的基础边缘，应埋设护边角钢或其他形式的护角、护边预埋件。

2 各种洞口的护边角钢在洞口四角宜焊接形成封闭框。

3 大、中型热轧车间冷床柱墩、收集料筐、缓冷坑、热剪切头坑、热卷运输步进梁坑壁、垛板台、成品钢卷鞍座等受高温烘烤的设备基础，应根据工艺专业提供的温度情况，全部或局部采取隔热、散热措施或采用耐热混凝土进行防护。直接接触高温轧件或受高温烘烤的预埋件应采取措施防止其过大变形和翘曲。

4 切头收集坑的侧壁内表面和底板上表面等易受碰撞部位应设置防护层。

5 受酸、碱、油等侵蚀的基础，如酸洗机组、废酸处理站、镀锌设备机组、平整机组等基础应按现行国家标准《工业建筑防腐蚀设计规范》GB 50046 的规定采取防护措施。

6 其他防护措施按照工艺、设备的要求设置。

**10.5.11** 轧钢设备基础的配筋除应满足本规范第 3.3.18 条的规定外，尚应符合下列规定：

1 对计算不需要配筋的大块式刚性基础，宜根据大块式基础的厚度按表 10.5.11 配置构造钢筋，也可根据设备的重要性按本规范表 3.3.18-1 配置构造钢筋。

**表 10.5.11 大块式刚性基础构造配筋**

| 基础厚度 $h$ (mm) | 顶面钢筋网直径 (mm) | 底面钢筋网直径 (mm) | 侧面钢筋网直径 (mm) |
|---|---|---|---|
| $h>3000$ | 22～25 | 20～22 | 18～22 |
| $2500<h\leqslant3000$ | 20～22 | 18～20 | 16～20 |
| $2000<h\leqslant2500$ | 18～20 | 16～18 | 14～18 |
| $1500<h\leqslant2000$ | 16～18 | 14～16 | 12～16 |
| $1000\leqslant h\leqslant1500$ | 14～16 | 14 | 12～14 |

注：1 表中钢筋间距宜为 150mm～200mm。
2 本表适用于土质地基和设置隔离层的岩质地基上的基础。

2 坑式基础的底板、大型连续箱体基础和地下室的底板和顶板，沿上、下表面的纵横向均应配置通长钢筋。

3 大型箱体基础底板上设有较厚的二次浇灌的混凝土地坪时，地坪的顶面应配置直径不小于 6mm、间距不大于 200mm 的防裂钢筋网。当地坪上设置有振动的设备时，在设备底座下每边扩出 200mm～300mm 范围内的混凝土地坪与基础底板间应设置竖向构造拉结钢筋，钢筋的直径不宜小于 10mm，间距不宜大于 400mm。

4 设备基础顶面局部凹凸部分的钢筋配置可按下列规定处理：

1）一般情况下，设备基础基墩突出主体结构高度 $\Delta h<100$mm 时基墩内可不配筋；100mm$\leqslant\Delta h\leqslant$300mm 时基墩顶面和侧面应配置直径 8mm～12mm、间距 150mm 的构造钢筋网（高差大时取大值，高差小时取小值）；当基墩所受水平力较大时应按计算确定。

2）基础面上局部凹坑处的配筋可根据坑的平面尺寸确定：当凹坑边长不大于 300mm 时，基础表面配筋可沿坑边绕开通过；当凹坑边长大于 300mm 时，基础表面配筋遇洞口弯折锚固，凹坑底部应配置直径、间距与基础顶面相同的钢筋网，凹坑边宜配置加强钢筋。

**10.5.12** 轧钢设备基础沉降观测点的设置和观测要求应符合本规范附录 E 的规定。

## 附录 A 高炉基础的荷载

**A.0.1** 高炉内的炉料荷载的标准值应由工艺专业分别按正常炉况时的正常操作、休风、特殊炉况时的悬料、坐料等各种工况确定。同一工况应同时考虑由炉壳和炉底传给基础的炉料荷载。

**A.0.2** 正常炉况时高炉内的液态渣铁荷载应按正常操作时一次出铁量和下渣量的最大值计算，特殊炉况时的最大液态渣铁荷载算至风口。最大液态渣铁荷载与悬料或坐料时炉料荷载不同时考虑。

**A.0.3** 炉底死铁层残铁荷载在高炉基础计算时可作为永久荷载考虑。当炉底残铁荷载按炉底被侵蚀后，与炉缸直径相等的半球体计算时，应扣除被侵蚀的耐材重。

**A.0.4** 高炉基础计算时，高炉炉壳和高炉框架上的设备、管线、设施以及炉底冷却装置等的自重，可与其中的介质即水、油、物料等荷载合并作为永久荷载考虑。

**A.0.5** 由高炉框架、炉壳传给基础的检修、操作平台的操作荷载和检修荷载不应同时考虑。当同一平台的检修总荷载小于操作总荷载时，检修工况的平台活荷载可取操作荷载。

**A.0.6** 检修、操作平台及屋面的积灰荷载标准值应采用 1.0kN/m²。平台铺板采用格栅板时，可按无积灰考虑。对于有完善除尘设施且除尘设备有足够可靠性的高炉，可不考虑积灰荷载。

**A.0.7** 风荷载、雪荷载应按现行国家标准《建筑结构荷载规范》GB 50009 的有关规定取值。

**A.0.8** 当高炉的出铁口多于 1 个时，应分别单独施加泥炮动荷载。

**A.0.9** 炉底基础顶面的受热温度应取炉底冷却装置结构层与基础交接界面处的温度。高炉基础温度应力计算时的周围环境最低或最高温度应分别取冬季或夏季高炉生产时基础周围环境相应的最低温度或最高温度。当缺乏资料时，可取当地冬季最低大气温度或夏季最高大气温度加上高炉生产时基础周围局部环境温度的增高经验值。

**A.0.10** 施工、安装及大修时的荷载应根据实施方案按实际情况考虑。

**A.0.11** 炉内气体爆炸压力应按偶然荷载考虑。当工艺采取措施能避免发生高炉爆炸事故时，可不考虑炉内气体爆炸压力。

**A.0.12** 地震作用应按现行国家标准《构筑物抗震设计规范》GB 50191 的有关规定考虑。

## 附录 B 轧制设备对基础的荷载

**B.0.1** 轧制设备对基础的荷载（力或力矩）可分为表 B.0.1 中所列的三类：

**表 B.0.1 轧制设备基础荷载分类**

| 荷载分类 | 符号 | 定 义 |
|---|---|---|
| 静荷载 | 无 | 始终均匀地作用在一个方向上的荷载，通常指设备本身的重量 |
| 动荷载 | DHZ | 在设备运转中反复出现的荷载，且荷载循环次数很高 |
| 尖峰荷载 | FHZ | 由于事故或操作不当等原因，无规律出现的一次或有限次的荷载，可能会造成轧件损坏或设备损坏，但基础应能承受 |

注：1 尖峰荷载包括了所有的力。静荷载和动荷载之和若小于尖峰荷载的 20%，对于基础荷载计算可忽略不计。

2 动荷载和尖峰荷载受施加荷载的速度和受载零件的刚度等诸多因素影响，通常采用安全（冲击）系数来考虑其动力作用，并以此荷载为当量荷载。

**B.0.2** 轧制设备对基础的荷载应由设备专业提供，表 B.0.2 为设备对基础荷载的计算公式。

**表 B.0.2 轧制设备基础荷载计算公式**

| 主要设备名称 | | | 简图 | 受力示意图 | 计算公式 | |
|---|---|---|---|---|---|---|
| | | | | | 动荷载 DHZ | 尖峰荷载 FHZ |
| 轧机 | 单机架轧机 | 电机直接传动 | $M_n$ $A_0$ $A_1$ $F_{A,T}$ $F_L$ $M_n$ | 40DHZ//110FHZ (1500) 50 50 160DHZ//290FHZ | $M=0.3M_n$<br>$F_A=(A_0-A_1)\cdot\sigma_w$<br>$M$——动荷载力矩；<br>$F_A$——沿轧制方向的动荷载力；<br>$M_n$——轧机的额定轧制力矩；<br>$\sigma_w$——轧件的高温应力，可按具体钢种在不同温度下的抗拉强度取值；<br>$(A_0-A_1)$——轧制前、后轧件截面积的减小量 | $F_T=3A_1\cdot\sigma_w$ 或<br>$F_L=9M_n/D$<br>$F_T$——单机架轧机的推力；<br>$F_L$——单机架轧机的拉力；<br>$D$——轧辊直径；<br>$M_n$——轧机的额定轧制力矩；<br>$\sigma_w$——轧件的高温应力，可按具体钢种在不同温度下的抗拉强度取值<br>注：以 $F_T$ 和 $F_L$ 中较小值作为尖峰荷载（FHZ）在荷载图上标注 |
| | | 齿轮机座传动 | $M_n$ $A_0$ $A_1$ $F_{A,T}$ $F_L$ | | $M=0.9M_n$<br>$F_A=(A_0-A_1)\sigma_w$<br>$M$——动荷载力矩；<br>$F_A$——沿轧制方向的动荷载力；<br>$M_n$——轧机的额定轧制力矩；<br>$\sigma_w$——轧件的高温应力，可按具体钢种在不同温度下的抗拉强度取值；<br>$(A_0-A_1)$——轧制前、后轧件截面积的减小量 | |
| 轧机 | 连轧机 | 齿轮机座传动 | $M_n$ $A_1$ $F_A$ $F_R$ | 40DHZ//110FHZ (1500) 50 50 160DHZ//290FHZ | $M=0.75M_n$<br>$F_A=0.1A_1\cdot\sigma_w$<br>$M_n$——轧机的额定轧制力矩；<br>$\sigma_w$——轧件的高温应力，可按具体钢种在不同温度下的抗拉强度取值；<br>$A_1$——轧制后轧件的截面积 | $F_R=3A_1\cdot\sigma_w$<br>$F_R$——事故状态下的轧件拉断力；<br>$\sigma_w$——轧件的高温应力，可按具体钢种在不同温度下的抗拉强度取值；<br>$A_1$——轧制后轧件的截面积 |
| | 单机 | 二辊轧机 | $M_{h,d}$ $M_1$ $M_2$ $c$ | | $M_{hmax}=2MR\cdot c/D$<br>$M_{hmax}$——作用于轧件上的水平力引起的倾翻力矩；<br>$M_R$——轧件运动不均时产生的惯性倾翻力矩；<br>$c$——轧制中心线至轧座间的距离；<br>D——轧辊直径 | $M_d=M_1$ 或 $M_2$<br>$M_d$——当传动系统发生事故时，传动系统施加于机架上的倾翻力矩；<br>$M_1$ 或 $M_2$——轧制力矩 |

续表 B.0.2

| 主要设备名称 | 简图 | 受力示意图 | 计算公式 | |
|---|---|---|---|---|
| | | | 动荷载 $DHZ$ | 尖峰荷载 $FHZ$ |
| 万向接轴传动 | $F_V$；1500；1200 | 40FHZ (1500)；25；25；40FHZ (1200)；80 | — | $F_V=\frac{2M_n}{D}$<br>$F_V$——机架和传动装置之间的轴向力，集中于上轧辊；<br>$M_n$——轧机的额定轧制力矩；<br>$D$——轧辊直径 |
| 传动装置 减速机 | $M_{输出}$；$M$；$M_{输入}$ | 80DHZ//130FHZ；70 | $M=M_{输入}\pm M_{输出}$<br>$M$——堵转扭矩（齿轮机座施加于基础上的荷载）；<br>$M_{输入}$——输入转矩；<br>$M_{输出}$——输出转矩，当输入与输出同向时，取“+”号；当输入与输出反向时，取“−”号<br>注：上述情况仅适用于平行传动轴，对圆锥齿轮和涡轮蜗杆传动不适用 | $M=k\cdot(M_{输入}\pm M_{输出})$<br>$k$——冲击系数，取值范围为1.5～3；<br>$M$——堵转扭矩（齿轮机座施加于基础上的荷载）；<br>$M_{输入}$——输入转矩；<br>$M_{输出}$——输出转矩，当输入与输出同向时，取“+”号；当输入与输出反向时，取“−”号<br>注：上述情况仅适用于平行传动轴，对圆锥齿轮和涡轮蜗杆传动不适用 |
| 传动装置 齿轮机座 $i=\pm1$ | $M_{输出}$；$M_{输入}$；$M_{停转扭矩}$ | 25DHZ (1200)；120；165DHZ//280FHZ | $M=M_{输入}$<br>$M$——停转扭矩（齿轮机座施加于基础上的荷载）；<br>$M_{输入}$——输入转矩<br>注：上述情况仅适用于平行传动轴，对圆锥齿轮和涡轮蜗杆传动不适用 | $M=2kM_{输入}$<br>$M$——停转扭矩（齿轮机座施加于基础上的荷载）；<br>$M_{输入}$——输入转矩；<br>$k$——冲击系数，取值范围为1.5～3<br>注：上述情况仅适用于平行传动轴，对圆锥齿轮和涡轮蜗杆传动不适用 |
| 电机 | | 10DHZ//20FHZ | $M=(0.5\sim2)M_n$<br>$M_n$——电机的额定工作力矩 | $M=3M_n$<br>$M_n$——电机的额定工作力矩 |
| 曲柄连杆传动 | $G_W$；$a$；$b$；$F_S$；$r$；<15° | 65DHZ//235FHZ (400)；600 | $F_s=k\cdot G_W\frac{a}{b}$<br>$G_w$——提升件重量；<br>$k$——冲击系数，取值范围为2.0～3.0 | $F_s=\frac{15i\cdot M_n}{r}$<br>$r$——曲柄半径；<br>$i$——传动比；<br>$M_n$——额定工作扭矩 |
| 运输链 | $G_w$；$F$；400 | 15DHZ//70FHZ (400) | $F=G_W\cdot\mu$<br>$G_w$——轧件重量；<br>$\mu$——运输链摩擦系数 | $F_R=2F_B$<br>$F_B$——运输链断裂力 |

续表 B.0.2

| 主要设备名称 | 简图 | 受力示意图 | 计算公式 | |
|---|---|---|---|---|
| | | | 动荷载 DHZ | 尖峰荷载 FHZ |
| 液压缸或气缸 | 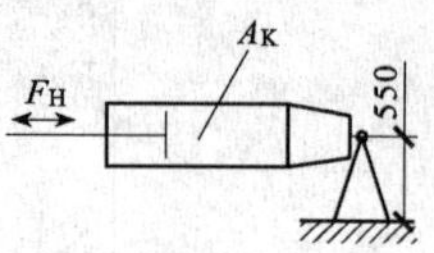 $F_H$ $A_K$ 550 | 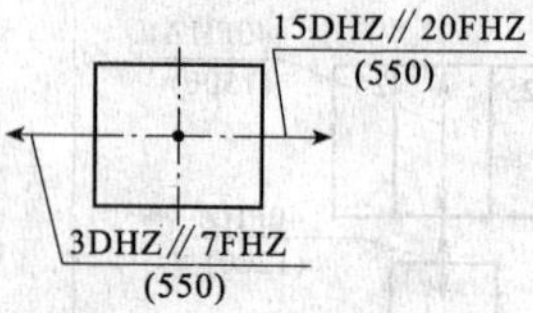 15DHZ//20FHZ (550)<br>3DHZ//7FHZ (550) | $F_H=k\cdot P_n\cdot A_K$<br>$k$——冲击系数，取值范围为 1.5；<br>$A_K$——缸体活塞面积；<br>$P_n$——缸的额定工作压力 | $F_{Hmax}=k\cdot P_{max}\cdot A_K$<br>$k$——冲击系数，取值为 1.5；<br>$A_K$——缸体活塞面积；<br>$P_{max}$——缸的试验压力 |
| 辊道 | 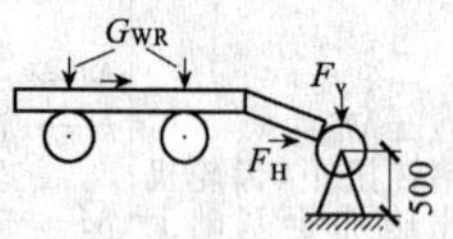 $G_{WR}$ $F_v$ $F_H$ 500 | 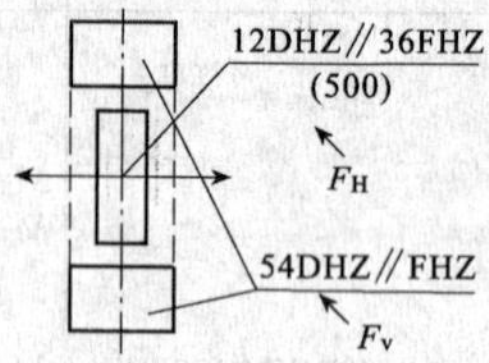 12DHZ//36FHZ (500)<br>$F_H$<br>54DHZ//FHZ<br>$F_v$ | $F_H=G_{WR}\cdot\mu$<br>$F_{vmax}=\frac{1}{2}G_{WR}\times3$<br>$\mu$——辊道的摩擦系数；<br>$G_{WR}$——每根辊子所承受的重量<br>注：轧件偏离中心严重时，应加倍考虑其作用力 | $F_{Hmax}=k\cdot G_{WR}\cdot\mu$<br>$F_{vmax}=\frac{1}{2}G_{WR}\times3$<br>$k$——冲击系数，取值为 3；<br>$\mu$——辊道的摩擦系数；<br>$G_{WR}$——每根辊子所承受的重量 |
| 挡板 弹簧挡板 | 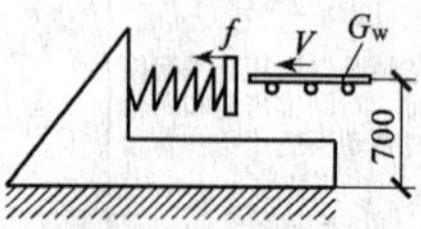 $f$ $V$ $G_w$ 700 | 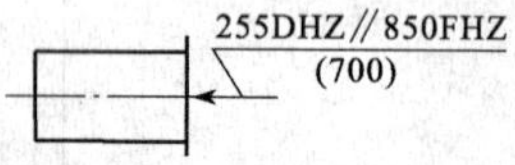 255DHZ//850FHZ (700) | $F=0.3f_{max}$<br>$f_{max}$——弹簧的最大工作力 | $F_{max}=k\frac{G_w\cdot V_{max}^2}{g\cdot S_{max}}$<br>$k$——冲击系数，取值为 1.3；<br>$G_w$——轧件重量；<br>$V_{max}$——轧件的最大速度；<br>$S_{max}$——弹簧最大工作力时的压缩量；<br>$g$——重力加速度 |
| 挡板 固定挡板 | 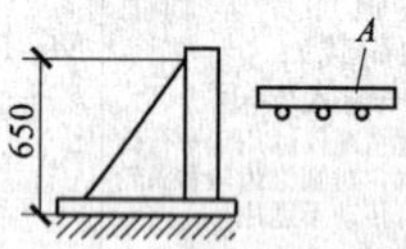 $A$ 650 | 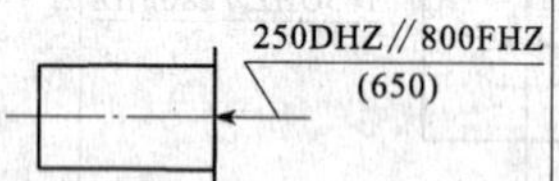 250DHZ//800FHZ (650) | 板材：<br>$F=0.02\sigma_b\cdot A$<br>棒材：<br>$F=0.1\sigma_b\cdot A$<br>$\sigma_b$——轧件的抗压强度；<br>$A$——轧件的截面积 | 板材：<br>$F_{max}=0.1\sigma_b\cdot A$<br>棒材：<br>$F_{max}=\sigma_b\cdot A$<br>$\sigma_b$——轧件的抗压强度；<br>$A$——轧件的截面积 |

**B.0.3** 在基础荷载平面图样中，应表示出荷载的种类、大小、方向和位置（表 B.0.3）。基础荷载图样表示应符合下列规定：

**1** 基础荷载平面图样中，力用直线表示，力矩用弧线箭头表示，水平轴向的力矩用带箭头的椭圆表示，竖直轴向的力矩用带箭头的圆形表示，静荷载和单向脉动荷载用单箭头表示；方向交替变化荷载用双箭头表示。

**2** 荷载的大小应用数值表示，不得用箭头的长度或其他方式表示。

**3** 通过力臂作用于基础上的力应在力的箭头下面括号里注出它们至基础毛面的垂直距离。

**4** 力的单位为 kN，力矩的单位为 kN·m，长度尺寸的单位为 mm。在荷载平面图样中，荷载数值后可不加单位符号。

**5** 垂直作用于基础面的荷载仅需要给出荷载的大小。若有必要，可在荷载的大小之前用“+”或“−”表示荷载方向，“+”表示与重力方向相同，“−”则相反，“+/−”表示荷载方向是交变的。

**6** 在图样中，静荷载仅表示其数值；动荷载在其数值后加后缀“DHZ”；尖峰荷载在其数值后加后缀“FHZ”。动荷载与尖峰荷载之间用双斜线“//”隔开。对于在同一张图样中重复出现的荷载用后缀“CF”表示。

**7** 符号说明：

纯数值表示竖直荷载（如重量），作用于有粗边框的平面上。以后缀“DHZ”表示的力（⟵）或力矩（↶ ↷）为重复出现的动荷载。以后缀“FHZ”表示的力或力矩为操作不当或事故状态下的尖峰荷载。引出线下部括弧内的数值，表示荷载对于基础上设备底板底面的作用力臂。

**8** 对于特殊荷载可用侧视图或专门的受力图表示。

表 B.0.3　荷载平面图中的符号规则示意图

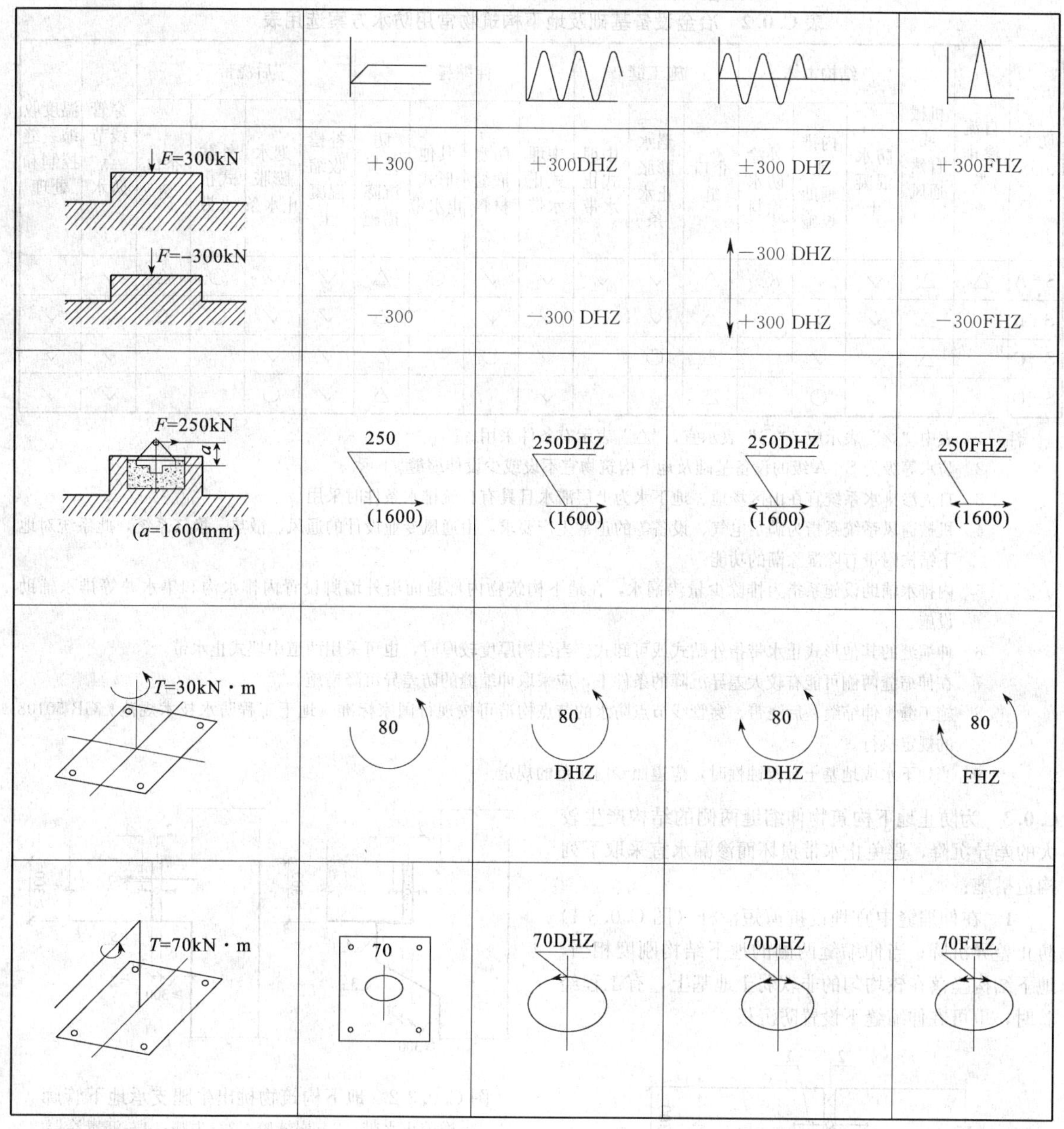


## 附录 C　冶金设备基础及地下构筑物防水方案

**C.0.1**　有防水要求的冶金设备基础及地下构筑物根据其重要性和使用要求，可按表 C.0.1 划分防水分区：

**表 C.0.1　冶金设备基础及地下构筑物防水分区**

| 防水分区 | 设备基础和地下构筑物名称 |
|---|---|
| S—A | 主要生产线连续箱体基础，主电室地下室，坑式、箱体式主要设备基础，加热炉、热处理炉基础，地下烟道等 |

续表 C.0.1

| 防水分区 | 设备基础和地下构筑物名称 |
|---|---|
| S—B | 空调机房，润滑站，液压站，风机房，水泵房，主电缆隧道，坑式、箱体式次要设备基础 |
| S—C | 冲渣沟，水道管廊，一般电缆隧道 |
| S—D | 对渗漏水无严格要求的地下防水构筑物 |

注：1　对表中未列出者可参照表中类似的设备基础和地下构筑物确定防水分区。
　　2　不同防水分区的防水要求由高到低的排列为：S—A、S—B、S—C、S—D。

**C.0.2**　冶金设备基础及地下构筑物的防水方案可根据其不同的防水分区，结合工程具体情况，按表 C.0.2 选用：

表 C.0.2 冶金设备基础及地下构筑物常用防水方案选用表

| 防水分区 | 自流渗排水 | 机械或自然通风 | 结构本体 | | | 施工缝 | | | 伸缩缝 | | | | 后浇带 | | | | 穿管线节点防水 | 温度收缩裂缝控制和处理 |
|---|---|---|---|---|---|---|---|---|---|---|---|---|---|---|---|---|---|---|
| | | | 防水混凝土 | 内排水辅助设施 | 外涂防水涂料 | 企口缝 | 遇水膨胀止水条 | 中埋式止水带 | 中埋式止水带 | 防水嵌缝材料 | 其他形式止水带 | 防差异沉降措施 | 补偿收缩混凝土 | 遇水膨胀止水条 | 外贴式止水带 | 企口缝 | | |
| S－A | △ | △ | ✓ | ✓ | ○ | △ | ✓ | ✓ | ✓ | ✓ | ○ | △ | ✓ | ✓ | ○ | △ | ✓ | ✓ |
| S－B | | △ | ✓ | ✓ | | △ | ✓ | ○ | ✓ | ✓ | | △ | ✓ | ✓ | ○ | △ | ✓ | ✓ |
| S－C | | △ | ✓ | ✓ | | △ | ○ | | ✓ | ○ | | △ | ✓ | ✓ | | | ✓ | ✓ |
| S－D | | | ✓ | ○ | | △ | | | ✓ | | | △ | ✓ | ○ | | | ✓ | ✓ |

注：1 表中"✓"表示应，"○"表示宜，"△"表示有条件采用。
2 防水等级为 S－A 级的设备基础及地下构筑物宜不设或少设伸缩缝。
3 自流渗排水系统宜在山区场地、地下水为上层滞水且具有自流排水条件时采用。
4 机械通风系统系指为满足电气、设备等的正常生产要求，由通风专业设计的通风、散热、换气系统，此系统对地下结构附带有除湿除潮的功能。
5 内排水辅助设施系指为排除少量渗漏水，在地下构筑物内部地面沿外墙脚设置内排水沟和集水井等排水辅助设施。
6 伸缩缝的其他形式止水带指外贴式或可卸式。当结构厚度较厚时，也可采用两道中埋式止水带。
7 在伸缩缝两侧可能有较大差异沉降的条件下，应采取伸缩缝的防差异沉降措施。
8 施工缝、伸缩缝、后浇带、穿管线节点防水的节点构造可按现行国家标准《地下工程防水技术规范》GB 50108 的规定执行。
9 当地下水或地基土有侵蚀性时，应遵照专门规范的规定。

**C.0.3** 为防止地下构筑物伸缩缝两侧的结构产生较大的差异沉降，避免止水带损坏而渗漏水宜采取下列构造措施：

**1** 在伸缩缝中宜埋设抗剪短滑杆（图 C.0.3-1）防止差异沉降；当伸缩缝两侧的地下结构刚度相当，地下结构坐落在较均匀的非软弱土地基上，有工程经验时，也可在伸缩缝下设置防沉板。

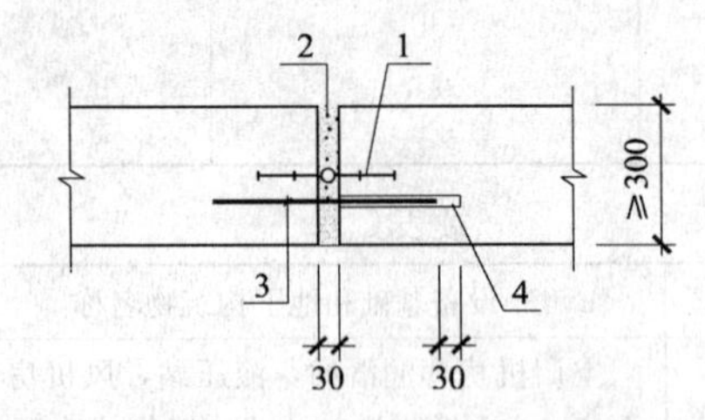

图 C.0.3-1 伸缩缝抗剪短滑杆构造
1—橡胶止水带；2—嵌缝胶；3—抗剪短滑杆；4—钢管套筒，内灌黄油

**2** 在设备基础或地下构筑物的外壁引出地下通廊时，应在通廊距基础或地下构筑物外表面不小于300mm处设置伸缩缝。为防止伸缩缝两侧的沉降差异，可在伸缩缝中设置抗剪短滑杆；当地下通廊沉降大于设备基础时，宜在伸缩缝下方由设备基础外壁挑出牛腿（图 C.0.3-2）；必要时，可设置适当长度的通廊过渡段（图 C.0.3-3）。

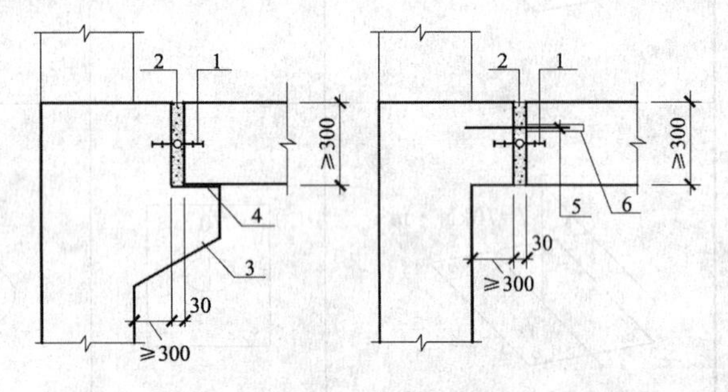

图 C.0.3-2 地下构筑物挑出牛腿支承地下管廊
1—橡胶止水带；2—嵌缝胶；3—牛腿；4—沥青涂层

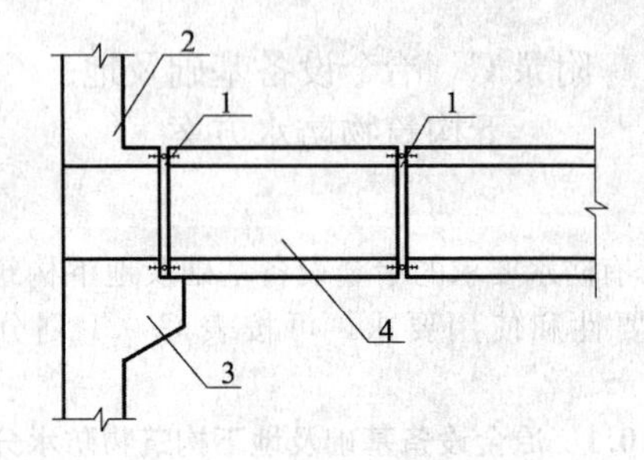

图 C.0.3-3 地下管廊的过渡段
1—伸缩缝；2—地下构筑物外墙；3—牛腿；4—过渡段

**3** 抗剪短滑杆应采用 HPB235 级光圆钢筋，宜布置在止水带的背水侧，并靠近截面中心处。当设置

在止水带的迎水侧时，钢筋应采取防锈措施。钢筋的直径和间距应根据伸缩缝两侧的结构特点和差异沉降的情况确定，抗剪短滑杆钢筋直径不宜小于18mm，间距不宜大于250mm，长度不宜小于20$d$（$d$为钢筋直径）。

## 附录D 冶金设备基础地脚螺栓锚固设计

**D.0.1** 本附录适用于符合下列各项条件的冶金设备基础的地脚螺栓的锚固设计：

**1** 直径为56mm及以下的一次埋入地脚螺栓。

**2** 地脚螺栓采用现行国家标准《碳素结构钢》GB/T 700规定的Q235钢或《低合金高强度结构钢》GB/T 1591规定的Q345钢制成。

**3** 螺栓、螺母、垫圈及标准紧固件的形式、规格和制作要求应符合现行国家或行业相关标准的规定。

**4** 设备基础混凝土强度不低于C20。

**D.0.2** 地脚螺栓的设计使用年限、安全等级应与设备基础一致。

**D.0.3** 地脚螺栓的锚固设计应按承载能力极限状态下荷载效应的基本组合或偶然组合，采用下列极限状态设计表达式：

$$\gamma_0 S \leqslant R \tag{D.0.3}$$

式中：$\gamma_0$——重要性系数；

$S$——承载能力极限状态荷载效应的设计值；

$R$——地脚螺栓抗拉承载力设计值，应取按螺栓本身受拉破坏、混凝土锥体破坏及螺栓与混凝土粘结破坏三种破坏模式计算得出的承载力设计值中的最小值。

**D.0.4** 地脚螺栓本身受拉承载力设计值应按下式计算：

$$N_t^a = \frac{\pi d_e^2}{4} f_t^a \tag{D.0.4}$$

式中：$N_t^a$——一个地脚螺栓的抗拉承载力设计值；

$d_e$——地脚螺栓在螺纹处的有效直径；

$f_t^a$——地脚螺栓的抗拉强度设计值。

**D.0.5** 混凝土锥体破坏时地脚螺栓的抗拉承载力设计值应按以下规定计算：

**1** 当地脚螺栓混凝土锥体范围内无钢筋配置时，地脚螺栓混凝土锥体破坏抗拉承载力设计值应按下式计算：

$$N_t^b = 0.7\pi h_e f_t (h_e + d_s/2) \frac{A_e}{A_s} \tag{D.0.5-1}$$

式中：$N_t^b$——混凝土锥体破坏地脚螺栓的抗拉承载力设计值；

$d_s$——地脚螺栓端部有效直径；

$f_t$——混凝土抗拉强度设计值；

$h_e$——地脚螺栓有效锚固长度（应满足本规范第3.5.7条的规定）；

$A_e$——混凝土锥体实际投影面积；

$A_s$——混凝土锥体理想完整投影面积。

**2** 当地脚螺栓周围配置有箍筋及弯起钢筋时，地脚螺栓混凝土锥体破坏抗拉承载力设计值应按下式计算：

$$N_t^b = 0.35\pi f_t (h_e + d_s/2) \frac{A_e}{A_s} + 0.8 f_y A_{svu} + 0.8 f_y A_{sbu} \sin\alpha \tag{D.0.5-2}$$

式中：$A_{svu}$——与呈45°破坏锥体斜截面相交的全部箍筋截面面积；

$A_{sbu}$——与呈45°破坏锥体斜截面相交的全部弯起钢筋截面面积；

$\alpha$——弯起钢筋与板底面的夹角；

$f_y$——钢筋抗拉强度的设计值。

**3** 当地脚螺栓边距或埋入深度不满足要求时，可采用增设钢筋网、增加弯起钢筋予以加强。

**D.0.6** 当地脚螺栓为直杆螺栓时，应验算螺杆与混凝土之间的粘结破坏承载力。接触面平均粘结力取值宜根据试验结果确定，当具有工程经验时，也可采用经验值。

## 附录E 冶金设备基础沉降观测要点

**E.0.1** 沉降观测点的布置应能全面反映设备基础及与其相连的建（构）筑物地基变形特征，应根据结构类型、平面和竖向布置、荷载特征和分布、地质情况和地基基础方案等综合因素确定。

**E.0.2** 冶金设备基础的沉降观测点的布置宜符合下列规定：

**1** 主轧机、主电机、飞剪、卷取机、传动设备、连铸机大包回转台等主要设备基础均应在四角布点；当一个机组为整体基础时，一个机组基础的布点总数不宜少于6个点。

**2** 辊道、运输链、铁皮冲渣沟、连续退火炉、涂镀设备基础及类似基础和构筑物应沿纵轴线两侧对称布点，间隔不宜大于18m。

**3** 加热炉基础宜在四角并沿周边布点，间隔不宜大于18m。

**4** 高炉基础应在基础四角或四角框架柱基短柱处布点，并宜在基础周边与纵、横主轴线相交处对称布点。当基础的尺寸过大时宜适当增设观测点，其间距不宜大于18m。

**5** 热风炉及类似连排式构筑物设备基础应在基础四角及沿基础两长边上每两个相邻热风炉间的居中位置布点。

6　转炉基础应在耳轴座支承墩墙便于观测的位置布点，电炉基础应在倾动轨道基础顶面两端便于观测的位置设置沉降观测点。

7　地下室应于四角布点。当地下室面积较大时，除四角外，尚应沿周边和内部纵、横墙及柱轴线增设观测点，其间隔不宜大于18m。

8　对于大型筏板式和连续箱体设备基础的布点，除应分别遵照各部分相应的布点要求外，尚应结合地基和基础的整体变形特征、厂房柱基观测点的布置、施工及安装以及方便观测等因素，从总体上进行合理调整。

9　沉降观测点宜设置在块体基础顶面或墙、柱、墩上。测点的布设位置应观测方便，便于标志的保护，且不妨碍建（构）筑物的使用和交通。

**E.0.3**　沉降观测标志的形式和埋设要求应符合下列规定：

1　过程观测标志可采用$\phi$30mm燕尾形或直钩形铆钉埋设在基础顶面或基础底板顶面（图E.0.3-1）。

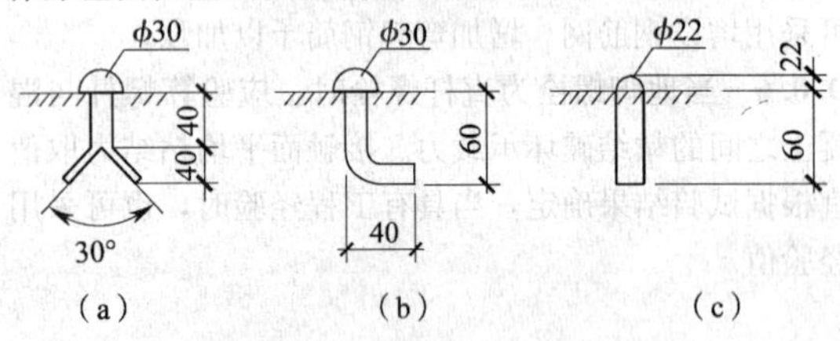


图 E.0.3-1　过程观测标志

2　在垫层浇灌完、基础浇灌前即进行首次观测的过程观测标志应将铆钉头焊在角钢三角架上（图E.0.3-2）。

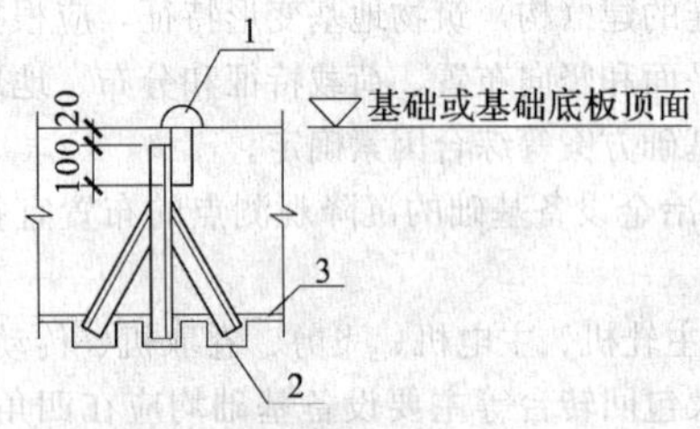


图 E.0.3-2　垫层上的过程观测标志

1—$\phi$30铆钉头；2—三角架支承小墩；3—垫层

3　永久观测标志应采用$\phi$30mm燕尾形或直钩形铆钉埋设在基础顶面的观测标志保护坑中，保护坑应设置盖板［图E.0.3-3（a）］；也可设置在墙体或柱身上距地面约500mm处［图E.0.3-3（b）、（c）、（d）］。

4　过程观测标志采用Q235钢制作，永久观测标志宜采用不锈钢制作。

5　观测标志的外露部分应涂油漆防止锈蚀。铆钉头的油漆颜色宜采用红色或橙色。

6　应及时在观测标志的设置部位标示观测点的编号。

7　同一观测点位随施工向上转点时，转点前、后所设观测标志的平面位置允许有必要的挪位，但应在1.5m的范围内。

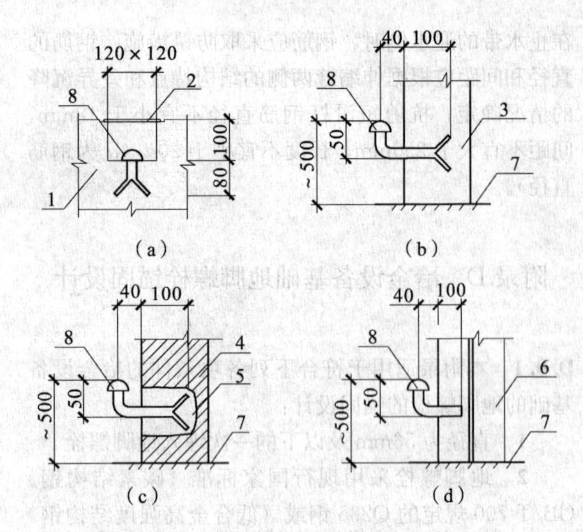


图 E.0.3-3　永久观测标志

1—基础；2—盖板；3—混凝土墙或柱；4—砖墙或砖柱；5—1：2水泥砂浆；6—钢柱；7—地面；8—观测标志

8　确定观测标志埋设部位时应考虑方便观测，不妨碍生产操作和交通的原则。

**E.0.4**　观测时间和次数应根据设备基础和地下构筑物的重要性，对沉降的敏感程度，工艺、设备对沉降的控制要求，地基条件，施工建设的不同阶段荷载变化情况等因素确定，并应满足下列规定：

1　主要设备基础（包括地下室）施工期间宜在垫层浇灌完、底板浇灌完、顶板浇灌完、设备安装前、设备安装完、投产前分别观测1次，施工期间每年观测次数不少于2次～4次。投产后一年内每半年观测1次，投产一年后，每年观测1次直至沉降稳定。当观测点位较多时，可在同类结构、同类地基的观测点中选择3处在垫层完成后、底板浇灌前进行首次观测，其余可在底板浇完后进行首次观测。

2　设备基础的首次观测可在底板浇灌完进行，其后的观测时间和次数与主要设备基础相同。

3　采用岩石地基或支承在岩石上的端承桩的设备基础，可在基础浇灌完以及交工时各观测1次。投产后一年复测1次。

4　当发现沉降异常时，应根据情况增加观测次数。

5　应配合工程进展，及时做好观测点的转点工作，应避免漏测或观测数据不连续。

6　沉降观测的施测方案、测量方法和精度应按现行行业标准《建筑变形测量规程》JGJ/T 8的有关规定执行。

7　应做好观测记录，并随记观测时的气象资料。

**E.0.5**　在施工期间，沉降观测由施工单位实施，施工结束时，应将沉降观测资料作为竣工资料的一部分移交建设单位（业主）的对口管理部门继续实施观测，直至沉降稳定为止。沉降稳定的判别和观测期限应符合现行行业标准《建筑变形测量规程》JGJ/T 8的有关规定。

## 本规范用词说明

**1** 为便于在执行本规范条文时区别对待，对要求严格程度不同的用词说明如下：

**1）** 表示很严格，非这样做不可的：
正面词采用“必须”，反面词采用“严禁”；

**2）** 表示严格，在正常情况下均应这样做的：
正面词采用“应”，反面词采用“不应”或“不得”；

**3）** 表示允许稍有选择，在条件许可时首先应这样做的：
正面词采用“宜”，反面词采用“不宜”；

**4）** 表示有选择，在一定条件下可以这样做的，采用“可”。

**2** 条文中指明应按其他有关标准执行的写法为：“应符合……的规定”或“应按……执行”。

## 引用标准名录

《建筑地基基础设计规范》GB 50007
《建筑结构荷载规范》GB 50009
《混凝土结构设计规范》GB 50010
《钢结构设计规范》GB 50017
《工业建筑防腐蚀设计规范》GB 50046
《烟囱设计规范》GB 50051
《建筑结构可靠度设计统一标准》GB 50068
《地下工程防水技术规范》GB 50108
《混凝土外加剂应用技术规范》GB 50119
《高耸结构设计规范》GB 50135
《构筑物抗震设计规范》GB 50191
《钢铁冶金企业设计防火规范》GB 50414
《水泥基灌浆材料应用技术规范》GB/T 50448
《大体积混凝土施工规范》GB 50496
《碳素结构钢》GB/T 700
《低合金高强度结构钢》GB/T 1591
《固定式钢梯及平台安全要求　第3部分：工业防护栏杆及钢平台》GB 4053.3
《建筑变形测量规程》JGJ/T 8
《建筑桩基技术规范》JGJ 94

中华人民共和国国家标准

# 钢铁企业冶金设备基础设计规范

GB 50696—2011

## 条 文 说 明

# 制 定 说 明

《钢铁企业冶金设备基础设计规范》GB 50696—2011，经住房和城乡建设部 2011 年 5 月 12 日以第 1031 号公告批准发布。

为便于广大设计、施工、科研、学校等单位有关人员在使用本规范时能正确理解和执行条文规定，《钢铁企业冶金设备基础设计规范》编制组按章、节、条顺序编制了本规范的条文说明，对条文规定的目的、依据以及执行中需注意的有关事项进行了说明。但是，本条文说明不具备与规范正文同等的法律效力，仅供使用者作为理解和把握规范规定的参考。

# 目　次

## 1 总 则

**1.0.1** 本条是制定本规范的指导思想，也是冶金设备基础设计必须遵守的总原则。

**1.0.2** 本条为适用于采用本规范设计的冶金设备基础，包括了钢铁企业炼铁、炼钢和轧钢生产中的主要工艺设备或生产线的设备基础。工艺设备的装备、技术水平应符合国家《钢铁产业发展政策》的规定。

## 2 术语和符号

### 2.1 术 语

**2.1.1** 冶金设备在本规范中是指用于钢铁企业炼铁、炼钢和轧钢生产的工艺设备或机器，包括设备机组和生产线成套设备。

**2.1.2** 本条用设备基础的功能特征与其他基础作出界定。第一，支承设备；第二，将设备的各种作用传递给地基；第三，满足设备安装、生产和维修要求。

**2.1.10、2.1.11** 为减小对软土地基的附加压力或减少混凝土用量，20世纪70年代初，国内在少数轧钢设备基础工程中曾尝试采用箱形基础，但由于基础的布置、构造、施工及配筋等多种原因，效果并不理想。此后在引进的武钢一米七轧机热轧工程中，为满足工艺、设备、给排水、电气、通风等一、二主体专业对轧机机组基础内部及外围地下空间的需求，采用了由筏式底板，板式或梁板式顶板，外墙，必要的纵、横内墙和支柱并与轧机机组基础联合形成的形似箱体的地下构筑物，称其为箱体设备基础，该术语一直沿用至今。

实际上，武钢一米七热轧轧制线设备基础自3台加热炉开始，经大立辊、4台粗轧机、飞剪、7台精轧机至3台卷取机的设备基础、地下液压站、润滑站、电气地下室、管线通廊等联合形成了一个总长约600m的复杂的大型箱体基础，为满足变形和防水要求，全长不设永久变形缝。在湖北省建设武钢一米七轧机工程指挥部组织设计、施工、科研单位于1979年完成的专题研究成果《一米七热轧箱体基础》一书中，称其为大型箱体连续整体基础。本规范将具有上述主要特征的设备基础称为连续箱体设备基础。

**2.1.12～2.1.14** 在相关标准和资料中，对埋设在设备基础中用于固定设备或机器的锚栓称谓繁多，根据冶金设备制造单位、设备基础设计单位和施工单位的习惯，本规范仍采用原《冶金工业轧钢设备基础设计规程》YS 14—79 和《冶金工业工业炉基础设计规程》YS 15—79 中地脚螺栓这一术语，并按使用期间可否更换的特点分为活螺栓和死螺栓两大类。

**2.1.15** 大体积混凝土这一术语系直接采用现行国家标准《大体积混凝土施工规范》GB 50496 的规定。

### 2.2 符 号

符号是根据现行国家标准《建筑结构设计术语和符号标准》GB/T 50083 的规定编制的。涉及《混凝土结构设计规范》GB 50010、《建筑地基基础设计规范》GB 50007 及《建筑结构荷载规范》GB 50009 等现行国家规范的符号，按相应规范的符号直接采用。

## 3 基 本 规 定

### 3.1 一 般 规 定

**3.1.1** 冶金设备基础设计应根据工艺、设备、给排水、电气、通风等专业提供的基础设计资料和岩土工程勘察资料进行。各专业提出的基础设计资料是冶金设备基础设计的基本依据。当设计中需对基础设计资料调整时，必须通过协商，取得有关专业确认。岩土工程勘察资料是冶金设备基础设计的必要依据。对于复杂地基条件下的重要冶金设备基础，必要时尚应按设计要求进行专门勘察和专题论证。

本条为冶金设备基础在施工图设计阶段应取得的设计资料。当设备基础与车间厂房基础采用联合基础时，尚应取得相关厂房基础设计资料。在可行性、初步设计及方案设计阶段，应根据冶金设备基础设计内容取得其中相应的设计资料，必要时尚应了解当地的工程经验，并取得相关资料。

**3.1.2** 本条采用现行国家标准《建筑结构可靠度设计统一标准》GB 50068 的规定，其中“正常使用”是针对冶金设备基础而言。在本规范规定的设计使用年限内，冶金设备基础（包括地基）应能承受的可能出现的各种作用包括正常操作（运行）状况以及由于操作不当或设备故障引起的异常状况即生产事故状况的各种作用。冶金设备基础设计时，将生产事故分为四级，其中：0级，指设备运行异常使保护装置启动等仅引起生产中断，无任何损坏的事件；1级，物料状态异常或加工件损坏；2级，设备损坏；3级，基础遭破坏。基础（应包括地基）遭破坏的3级事故是不允许发生的。

**3.1.3** 冶金设备基础破坏后果的严重性与所属车间厂房应基本一致，目前，钢铁企业炼铁、炼钢、轧钢车间主厂房设计时，安全等级通常按二级考虑，因此本规范规定冶金设备基础的安全等级不应低于二级；按承载能力极限状态设计时的结构重要性系数不应小于1.0。

**3.1.4** 本规范规定新建冶金设备基础的设计使用年限应为50年，基于以下三点：

1 冶金设备基础的设计使用年限应与所属车间厂房相匹配，而钢铁企业的厂房结构应按现行国家标准《建筑结构可靠度设计统一标准》GB 50068 规定的普通房屋和构筑物考虑，其设计使用年限为50年。

**2** 冶金设备基础不属于易更换构件，因此其设计使用年限不得短于设备的一代役龄，当设备按预期大修或拆换后，其设备基础应仍能继续正常使用。

**3** 根据钢铁企业冶金技术和规模不断发展的状况，冶金设备基础的设计使用年限没有必要按大于50年考虑。

## 3.2 地 基 方 案

**3.2.1** 冶金设备基础地基方案设计必须从设备、基础、地基、环境四个方面及其相互影响综合考虑。地基承载力和变形应满足设计要求。在地基方案设计中的核心问题是变形问题。

**3.2.2** 当符合本条规定的前提条件时，推荐采用天然地基。从确保稳定性和防止过大变形考虑，本条规定未经处理的欠固结土（包括新近冲填土）、液化土（地震设防区）及扰动土层不得作持力层。对于特殊岩土地区，应遵循相应地区的专门规范。

**3.2.3** 同一机组各设备基础间的差异沉降或整体基础的倾斜，通常有较严格的限值。已有工程经验表明，由于影响地基变形因素的复杂性，冶金设备基础地基变形的计算值与实测值之间相差往往较大，且不同个例间的差别也较大。本条规定同一机组设备基础采用相同的或性状相近的持力层，有利于差异沉降和倾斜的控制。

**3.2.4** 对于轧钢车间轧制线等连续生产线设备基础，为使轧件走行快速平稳，避免跑偏或抛钢，且使咬钢顺利，以保证产品质量和生产效率，因此对基础的沉降和倾斜限制严格，特别是不允许两组辊道间、辊道与轧机等设备机组间产生突变的台阶式沉降差。工程实践表明，同一连续生产线设备基础采用相同的地基方案，有利于全线变形曲线的平缓、连续。

采用天然地基的同一生产线设备基础范围内存在局部软弱下卧层时，可考虑采用有足够刚度的联合整体筏板式或箱体式基础的跨越方案，但地基的变形应满足生产工艺、设备和结构要求，否则应对局部软弱下卧层进行处理；当局部软弱土层已经出露时，应换填或进行加固处理。当采用人工处理地基时，可根据相应部位承载能力和变形控制要求，确定对应的处理后的指标要求。当局部基岩出露时，应在该范围内设置褥垫层。

**3.2.5** 坑式、箱体式设备基础或地下室等地下构筑物当采用桩基时，在其抗浮验算的抗力中可计入基桩的抗拔力；当为岩质地基时，抗浮验算的抗力不足部分，可设置相应数量的抗浮锚杆。但基桩和锚杆的允许抗拔力，应取基础上浮变形允许值所对应的抗拔力，且不得大于抗拔承载力特征值。

**3.2.6** 在边坡坡顶建造冶金设备基础时，应确保边坡的稳定性。确定基础的地基方案时，应结合边坡支挡方案的确定，考虑相互间的影响。当高炉基础等大荷载设备基础建造在不可避开的复杂地质状况的高边坡上时，应扩大勘察范围，进行专题研究，提出可行性研究报告，地基方案应经充分论证后方可实施。

## 3.3 基础形式和构造

**3.3.2～3.3.4** 自20世纪70、80年代以来，随着我国钢铁产业的发展和钢铁企业设备装备水平的提高，对冶金设备基础形式设计提出了提供较大设备布置空间和更为严格的变形控制要求，尤其是在轧钢车间的设计上。现代冶金设备基础除采用传统的大块式、墙式、墩式外，框架式高架平台、坑式、整体筏板式和箱体式以及连续箱体基础的应用已较普遍，并积累了许多设计、施工经验。

**3.3.5** 20世纪60年代，武钢2800中板工程中的台架等13组基础采用了装配整体式，由于构件型号太多，施工较麻烦，其后应用较少。目前，在日益增多的改造工程中，缩短工期成为焦点问题之一。2005年梅钢热轧改造工程设备基础采用了异地分块预制钢筋笼、现场就位拼接、整体浇灌混凝土的施工方案，缩短了车间停产时间。由于装配整体式或部分装配整体式设备基础应用实例尚不多，因此应在总结经验的基础上，根据工程的具体条件采用。

**3.3.7** 管线明敷是现代钢铁企业设备布置的特征之一，电缆隧道、水、风、油等管道通廊和沟道的布置是设备基础布置和形式设计时不可忽略的重要组成部分。为使设备基础形式简单、规则，避免或减少基底标高和基础刚度的突变，应配合一、二主体专业在设备基础和地下室布置时，使各种管线合理集中明敷，隧道、通廊和沟道布置有序，减少其交叉重叠。

**3.3.8** 本条为冶金设备基础各部位构造尺寸的通用规定，当各章因其特殊性另作规定者，应按各章规定执行。

**1** 软弱土层中防水混凝土结构底板下的混凝土垫层厚度不应小于150mm，是依据现行国家标准《地下工程防水技术规范》GB 50108的规定制定的。

**5** 基础内部检修人员使用的梯子从方便通行和安全出发，推荐采用斜梯；当净空受限，斜梯无法布置且通行很少处也可采用直梯。因不便于施工和使用，不宜采用U形爬梯。

**7** 本款给出的地下室、筏基、箱基、坑基等各部位构造尺寸是依据近年来实际工程的调研结果，在设计采用时，可根据具体情况予以调整。

**3.3.9** 设备基础与毗邻基础相碰或基底标高不一致是设计中的常遇问题，本条根据工程经验给出了通常处理方法。其中第4款是针对有防水要求的箱体基础或地下室范围内有厂房柱基穿过且不得整浇，必须脱开布置时，提出可采用套柱的建议。要求脱开布置的原因如下：

**1** 箱体基础或地下室内布置精密仪器，为避免或减小吊车运行的振动影响时。

**2** 厂房柱基荷载很大，其沉降远大于箱体基础或地下室的沉降时。

**3** 箱体基础或地下室与既有厂房柱基整浇连接很困难时。

**4** 厂房柱基采用桩基或岩质地基，沉降较小，箱基或地下室采用土质地基沉降较大时。

图 3.3.9-5（a）适用于上述情况之 2、3；图 3.3.9-5（b）对以上四种情况均适用，图 3.3.9-5（b）中套柱与厂房柱基的竖向间隙应满足差异沉降要求，且不得小于 100mm。

**3.3.10** 现行国家标准《钢铁冶金企业设计防火规范》GB 50414 覆盖了本规范涉及的所有冶金设备基础及地下室、电缆隧道、管廊等地下构筑物的布置、材料、构造等防火要求，应严格执行，相关内容在本规范中不再作重复规定。

**3.3.11** 冶金设备基础和地下构筑物防水设计在执行现行国家标准《地下工程防水技术规范》GB 50108 时应充分考虑钢铁企业的特点和长期积累的工程经验，各类冶金设备基础和地下构筑物，其适用的防水分区及防水方案应按本条规定确定。

钢铁企业的筏式、坑式、箱体设备基础和地下室、电缆隧道、管廊等地下构筑物所形成的地下空间的功能是布置设备和管线，为保证正常生产，往往设置了必要的机械通风设施以排除设备、管线在生产过程中发生的热量。因此即使有少量地下水渗入，只要能及时排除，就不会对地下空间的湿度产生很大影响。长期的工程实践形成的钢铁企业地下构筑物防水设计的原则是：以结构自防水为主，采用可靠的节点防水构造，设置内排水辅助设施，有条件时可采用外渗排水系统。

**1** 钢铁企业普遍采用了以防水混凝土结构自防水为主的方案。在地下水丰富的地区，可增设外涂防水涂料，而外贴防水卷材的做法较少应用。实际上，渗漏严重且难以堵漏的是穿管线节点和伸缩缝，应引起足够重视，可采用现行国家标准《地下工程防水技术规范》GB 50108 规定的混凝土结构细部构造防水做法。应用钢板防水层的典型实例是过去的地坑式电炉基础，而现在的新建电炉公称容量较大，准入条件为 70t，多为高架式，基础已无需采用钢板防水层。

**2** 既然允许有少量渗漏，因而应设置包括排水小沟和集水井的内排水系统，集水井排水系统由给排水专业设计。当由于生产或防火需要，地下构筑物中原本就需要设置内排水系统时，两者可合并考虑。排除渗漏水的排水水沟因水量很少，可不设坡度。

**3** 外渗排水在 20 世纪 50 年代武钢初期建设中应用较多。由于外渗排水层本身就是地下水汇积层，若附近无下水道及可供利用的生产用排水泵，而需专门设置排水系统及专用泵房时，一次性投资及长期成本均很高。20 世纪 90 年代初，位于山区的攀钢 1450 热轧工程，场地呈台阶式布置，地下水为上层滞水，其轧制线连续箱体基础在不同区段分别采用了底板下渗排水层或外围盲管排水，排水管坡向下面台阶，穿出挡土墙自流排水。效果好，投资也少，但施工要麻烦些。因此本款规定，当为上层滞水，水量较少，且有自流排水条件时，可考虑采用外渗排水系统，并委托给排水专业设计。

**3.3.12** 关于伸缩缝的规定说明如下：

**1** 设置伸缩缝时，应与设备及其布置相配合，不得影响设备、设备机组和生产线的正常生产，应控制以下三点：

1）同一设备或具有同一底座的一组设备，如一组辊道，不得跨坐在伸缩缝上。

2）设备与设备之间设置伸缩缝时，伸缩缝两边基础的沉降差应满足设备允许的限值。

3）当管道通过伸缩缝时，不应阻碍伸缩缝变形，并应采取措施避免伸缩缝变形对管道产生不利影响。

**2** 表 3.3.12 规定的伸缩缝最大间距是依据现行国家标准《混凝土结构设计规范》GB 50010，结合原《冶金工业轧钢设备基础设计规程》YS 14—79 确定的。其中，根据目前工程的实际情况，大块式设备基础按配筋基础考虑；筏基和箱体基础，结构复杂，根据大量施工分块的实际工程经验，确定为 40m；单独电缆隧道、管廊和地沟，在实际工程中，温度收缩裂缝较多，规定为 30m。

**3** 为保证传动轴为直接传动或刚性连接机组的正常运转，应采用整体基础，不得设置伸缩缝。筏基、连续箱体基础若设置伸缩缝，不但造成防水的薄弱环节，而且伸缩缝处基础的差异沉降将给正常生产带来不利影响。自 20 世纪 70 年代引进武钢一米七轧机工程以来，我国的相关设计、施工、科研单位对不设伸缩缝的连续箱体基础温度收缩裂缝控制研究取得了许多成果，在设计、施工上积累了很多经验。不设伸缩缝的连续箱体设备基础在我国钢铁企业工程建设中已得到普遍应用。

**4** 1949 年的苏联《动力机械基础设计技术规范》Ty—60—49 曾规定，在特殊情况下，钢筋混凝土压延基础过长、不能用伸缩缝分割时，允许在施工中设置临时缝，以避免因收缩而引起的龟裂现象。临时缝在概念上与后浇带相通。随着不设伸缩缝的连续箱体基础的普遍应用，在钢铁企业工程建设中，后浇带已成为一项成熟的设计、施工技术。进入 21 世纪以来，为克服后浇带浇灌间隔时间长、施工较麻烦的缺点，有经验的施工单位在钢铁企业一些大型工程中采用跳仓法施工工艺，同时采取大体积混凝土裂缝控制措施，获得了较好的效果和成功的经验。

5 地面以上高架式设备基础或平台框架设置双柱伸缩缝时，其双柱基础采用不设变形缝的整体基础可防止伸缩缝两边产生差异沉降。

6 在设备基础、地下室的外壁引出电缆隧道或管廊时，由于刚度突变，温度收缩应力集中，易产生裂缝，因此宜在交接处设置伸缩缝或后浇带。为构造需要，方便施工，设缝位置宜距设备基础或地下室外壁不小于300mm。设置伸缩缝时，应考虑缝两边结构差异沉降对结构和防水的不利影响，可根据实际情况选用本规范附录C给出的防止措施。

7 伸缩缝缝宽过大，对止水带和填缝材料不利，过小则施工困难，本款采用现行国家标准《地下工程防水技术规范》GB 50108的推荐宽度。止水带的材质应适应伸缩缝所在位置的环境温度。为保证止水带的埋设质量，此处结构厚度不应小于300mm。

**3.3.15** 本条为强制性条文。直接承受溅渣、热烘烤、设备和物料冲击或受酸、碱、油等侵蚀的设备基础，其防护措施的设置是冶金设备基础重要的设计内容。应在工程经验的基础上，选用高效、环保、耐久性好且具有价格优势的材料，采用合理可靠、施工方便、便于修补或更换的构造。对于有直接接触跑漏铁钢水或熔渣的基础和地坪，其防护层的设置应便于事故处理，并应采取严格的防止积水措施，以避免发生打炮事故。当设置集排水坑时，应远离接触铁钢水和熔渣的地段，必须排水通畅，并采取杜绝倒灌的措施。

**3.3.16** 为削弱岩质地基对设备基础温度收缩变形的约束，应根据情况采取以下相应的防阻措施：

1 当基础长度大于20m、小于伸缩缝最大间距时，可在基础两端1/4基础长度范围内的基底与岩石间设置隔离层；当基础长度大于伸缩缝最大间距，且不设伸缩缝时，宜全长设置隔离层。

2 在一个温度区段中，宜将基础底面的最深部位设在中部，且向两端逐渐抬高，呈对称坡形或台阶形。当不符合上述情况时，在基础收缩变形受阻侧宜设置防阻层。当基础平面不规则时，基础凹凸部位的受阻侧也宜设置防阻层。

3 隔离层和防阻层的材料应因地制宜，且不得对地下水和环境产生污染。

**3.1.17** 沉降观测资料是冶金设备基础施工、设备安装、试车投产等工序交接的必要资料，是投产后非正常生产和事故分析的基本资料之一，也是本规范制定沉降和倾斜允许值的依据。沉降观测点的设置和观测要求是非岩质地基上有沉降和倾斜控制要求的冶金设备基础设计不可或缺的部分。由于沉降观测工作历时长，并由施工、安装、生产单位分阶段实施，因此资料的衔接、管理、收集难度大，沉降观测工作有待进一步加强。

**3.3.18** 本条为冶金设备基础配筋的一般规定，各类基础的特殊要求见各章规定。

1 最小配筋率分为以下三个层次：

1）冶金设备基础结构构件按计算确定的纵向受力钢筋的最小配筋百分率原则上按现行国家标准《混凝土结构设计规范》GB 50010—2010第8.5.1条的规定执行。

2）对卧置于地基上的基础底板或筏板中的受拉钢筋最小配筋率可适当降低，按现行国家标准《混凝土结构设计规范》GB 50010—2010第8.5.2条取0.15%。

3）对卧置于地基上的板和大偏心受压的墩墙，因布置或抗浮等要求，致使其截面厚度很大，如转炉基础、电炉基础的墩墙，若仍采用现行国家标准《混凝土结构设计规范》GB 50010—2010第8.5.1条规定的最小配筋率，则有可能会出现在相同的荷载条件下，截面尺寸越大，配筋越多的不合理情况，这与工程实际有较大的出入。为此规定，对此类内力较小、截面厚度很大的基础底板和墩墙，其受拉钢筋的最小配筋率可随实际承载的内力与截面极限承载力的比值而变化。这与国内外有关规范针对这一情况的规定是基本一致的。对内力较小、截面厚度很大的冶金设备基础底板和大偏心受压墩墙，其受拉钢筋的最小配筋率可根据工程经验采用我国现行行业标准《水工混凝土结构设计规范》DL/T 50517—2009或现行国家标准《混凝土结构设计规范》GB 50010—2010的相关规定确定。

2 20世纪70、80年代后，特别是进入21世纪以来，冶金设备基础所采用的混凝土强度等级已有较大提高，作为主要抵抗温度收缩应力、防止产生温度收缩裂缝的构造配筋应与混凝土强度等级相协调。本款规定的构造配筋量系根据目前实际工程的配筋水平，在《冶金工业轧钢设备基础设计规程》YS 14—79规定的基础上作了适量调高。考虑到冶金设备基础在设备运行和生产过程中，很难避免一定的振动和冲击作用，因而取消了原《冶金工业轧钢设备基础设计规程》YS 14—79中无筋（即不配筋）的规定。此外，当为大体积混凝土时，按工程经验，建议钢筋间距不宜大于150mm。

4 现行国家标准《混凝土结构设计规范》GB 50010规定，基础中钢筋的保护层厚度不应小于40mm。根据冶金设备基础的实际情况，本款明确了此规定的适用范围为与土直接接触的部位。对于坑式、箱体设备基础或地下室底板顶面、外墙内侧等不与土接触部位的保护层厚度应符合板、墙等的相应规定，因为这些部位若采用较厚的保护层，对防止混凝土表面温度收缩裂缝不利。

5 当设备基础或地下室底板顶面设置排水小沟和较多的设备抗剪槽时，往往将底板顶面钢筋通长配置在排水小沟和抗剪槽以下，以致加大了钢筋的保护层厚度。为防止产生表面裂缝，根据工程经验，规定保护层厚度大于100mm时，应配置一层细而密的防裂钢筋网。

**7** 根据工程经验，本款对若干构件和部位的局部构造加强钢筋作出了规定。其中坑式或箱体基础的坑壁或墙在与大截面厂房柱基短柱或大块式设备基础整浇连接附近，因刚度突变，温度收缩应力集中，易产生竖向裂缝。加密水平钢筋间距对防止裂缝有利。实际工程中的做法是在坑壁或墙的连接端部1500mm～2000mm范围内的水平钢筋的每个间距中加配小直径附加水平钢筋进行构造加密。附加水平钢筋配筋量可取原水平钢筋的15%，锚入柱基短柱或设备基础的长度应符合锚固长度，且不小于300mm。

## 3.4 材　料

**3.4.1** 关于混凝土的规定说明如下：

**1** 防水混凝土结构底板的垫层应采用C15，与现行国家标准《地下工程防水技术规范》GB 50108一致；因很难配制出低于C15的泵送混凝土，因此建议当垫层为泵送混凝土时可采用C15。

**2** 本款对大体积混凝土强度等级的建议与现行国家标准《大体积混凝土施工规范》GB 50496一致。

**4** 二次浇灌层采用水泥基灌浆材料逐渐增多，应注意此材料必须符合相关规范和标准的规定。据宝钢经验，长期受冲击作用的辊道等基础的二次浇灌层易开裂破损，采用掺加钢纤维的细石混凝土后，得到很大改善。

**5** 因冶金设备基础和地下构筑物的埋置深度变化较大，钢铁企业所在场地的设计地下水位的差别也大，因此防水混凝土的设计抗渗等级应根据地下水设计最大水头与防水结构厚度的比值确定。

**6** 冶金设备基础和地下构筑物承重结构的混凝土的受热温度不应高于150℃，这与现行国家标准《烟囱设计规范》GB 50051一致；当结构受热温度为60℃～150℃时，应对骨料的选用进行限制，应采用温度膨胀系数较小、热稳定性较好的骨料配制。

## 3.5 地 脚 螺 栓

**3.5.2** 地脚螺栓的形式繁多，各行业对其分类和称谓也不尽相同。本条对冶金设备地脚螺栓的常用形式和分类的规定是在原《冶金工业轧钢设备基础设计规程》YS 14—79规定的基础上，结合工程实际，并经与现行行业标准《地脚螺栓相关要素》JB/ZQ 4171、《设备基础内地脚螺栓预留孔及埋设件的简化表示法》JB/ZQ 4173、《地脚螺栓》JB/ZQ 4363、《直角地脚螺栓》JB/ZQ 4364等标准对照综合确定的。

在原《冶金工业轧钢设备基础设计规程》YS 14—79中，死螺栓还有弯折螺栓、爪式螺栓这两种形式，因在实际的工程中并不常用，故本条未列出这两种形式的螺栓。

**3.5.5** 调整孔的边长及孔深可参考现行行业标准《直角地脚螺栓》JB/ZQ 4364的有关规定，直径不大于56mm的地脚螺栓可根据地脚螺栓直径直接取用表1给出的尺寸。

**表1　地脚螺栓调整孔尺寸一览表**

| 螺栓规格 | M16 | M20 | M24 | M30 | M36 | M42 | M48 | M56 |
|---|---|---|---|---|---|---|---|---|
| 孔边长或直径（mm） | — | 100 | 100 | 130 | 130 | 160 | 160 | 180 |
| 孔深（mm） | — | 200 | 200 | 300 | 300 | 400 | 400 | 500 |

**3.5.6** 埋置在冶金设备基础中的活螺栓是靠固定板锚固，通常在套筒内不浇灌混凝土。为防止渣块等落入套筒，可采用填砂或在套筒上端填塞浸油麻丝。由于填砂后清孔困难，因此推荐采用在套筒上端填塞浸油麻丝。地脚螺栓密封套管能防止二次灌浆时浆料进入套筒，密封套管的材料为海绵塑料或软橡胶，也可起到较好的保护作用。地脚螺栓密封套管的选取应符合现行行业标准《地脚螺栓密封套管》JB/ZQ 4764的有关规定。

**3.5.7** 地脚螺栓通常由设备制造商供货，设备基础施工图应按设备专业提供的设备地脚螺栓布置图和螺栓表，包括螺栓的形式、直径和长度、各部分尺寸和螺帽数量、埋设位置和标高等给予完整的表述，以便设备基础施工埋置地脚螺栓时，符合设备要求。

在实际工程中，特别是大型轧钢设备基础工程，有大量的直径小于或等于56mm的一次性埋入地脚螺栓，为解决其供货时间赶不上设备基础施工工期要求的问题，往往由设备基础工程施工单位进行地脚螺栓的制作，为此，设备基础施工图尚应给出设备专业提出的地脚螺栓材质或性能等级要求。当设备专业未提出埋置深度时，可按设备专业提出的螺栓实际作用力计算确定。当不能准确提供作用力时，可按本规范表3.5.7确定埋置深度。

表3.5.7采用自原《冶金工业轧钢设备基础设计规程》YS 14—79，该规程规定的地脚螺栓埋置深度是依据1966年冶金部建筑研究院的试验研究成果和国内外工程实践经验确定的。对地脚螺栓埋置深度的试验共进行了三批，包括不同形式、不同埋置深度地脚螺栓抗拔静力破坏试验、爪式螺栓和活螺栓的400万次动力试验，以及爪式螺栓和直钩螺栓的光弹模拟试验。考虑到实际情况的复杂性，规程中规定的埋置深度比试验研究成果和工程实践经验略为偏大，但比此前通常采用的（30～40）$d$（$d$为螺栓直径）已减小很多。经多年实践表明，该规定是安全可靠的。在采用表3.5.7确定地脚螺栓埋置深度时，地脚螺栓的形式、直径、材质或性能等级以及基础混凝土强度等

级应符合该表的相应规定。

**3.5.8** 当考虑基础沉降需进行设备标高二次调整时，一般可将地脚螺栓露出部分加长 10mm～30mm，并相应加长螺栓和螺纹长度。对沉降较大的设备基础，应根据基础的沉降计算或工程经验确定，并宜取得有关专业的同意。

**3.5.9** 后埋地脚螺栓预留孔的成孔曾采用薄钢板圆筒或锥形筒，在基础混凝土浇灌时其变形很大，对螺栓的埋设和锚固不利，处理也相当麻烦。波纹型钢板筒可克服上述缺点。

### 3.6 地基基础计算

**3.6.1** 适用于本规范的冶金设备基础，由于基础本身及其在设计使用期内所承受的设备、物料动态作用的复杂性，试图采用结构动力学方法对基础进行动力效应分析至今仍是相当困难的。根据国内外冶金设备基础工程设计的实际情况，本规范采用业界普遍接受并一直沿用的工程实用方法，即由设备或工艺专业将动态作用按工程经验适当增大其量值得到等效当量静态作用，亦即动荷载；冶金设备基础设计时，可不进行动力计算，只需以动荷载代替动态作用对基础进行静力计算。

**3.6.2** 为与现行国家标准《建筑结构荷载规范》GB 50009、《建筑地基基础设计规范》GB 50007 及《混凝土结构设计规范》GB 50010 相协调，作用于冶金设备基础上的荷载采用按随时间的变异性分类，分为永久荷载、可变荷载和偶然荷载三类。对于在生产或设备运行过程中因操作不当或设备故障导致的停机、物料状态异常或被加工件损坏以及设备损坏等事故产生的动荷载应划为可变荷载。为区别于正常操作工况的动荷载，在本规范第 3.6.3 条中规定为特殊工况时的特殊可变荷载。在特殊可变荷载发生时和发生后，设备基础应能正常使用，不得损坏。不得将特殊可变荷载按偶然荷载考虑。偶然荷载是指由于爆炸、撞击等突发事件产生的爆炸力、撞击力等荷载。

**3.6.3** 本条规定了冶金设备基础在设计使用期间的基本工况及其设计原则。对于不同的设备，则在相关各章中，根据其特点及施工、安装、生产、维修等实际情况分别作出相应工况的具体规定。本条中的生产（运行）的特殊工况，是指因操作不当或设备故障导致的停机、物料状态异常或被加工件损坏以及设备损坏等一般事故状况；此时设备或物料的事故动荷载为特殊可变荷载。本条中的偶然状况，是指对于本规范第 3.6.2 条第 3 款规定的偶然荷载，应按偶然状况考虑。

**3.6.4** 按地基承载力确定冶金设备基础底面积或按单桩承载力确定桩数及其布置时，本条关于荷载效应组合及抗力的规定采用了现行国家标准《建筑地基基础设计规范》GB 50007 规定的原则，即传至基础或承台底面上的荷载效应应采用正常使用极限状态下荷载效应的标准组合。相应的抗力应采用地基承载力特征值或单桩承载力特征值。

为减小基础因不均匀沉降引起的倾斜，冶金设备基础基底压力或任一单桩桩顶的竖向力除满足现行国家标准《建筑地基基础设计规范》GB 50007 的规定外，尚要求在偏心荷载作用下，基底边缘最小压力或任一单桩桩顶的最小竖向力不应小于 0。对于倾斜限制严格的基础，尚要求基底边缘最小压力与最大压力的比值应大于或等于相关各章规定的最小比值。

**3.6.5** 计算冶金设备基础的地基变形时，传至基础底面上的荷载效应应采用正常使用极限状态下的准永久组合，这与现行国家标准《建筑地基基础设计规范》GB 50007 的规定一致。可变荷载的准永久值系数则根据不同冶金设备基础的实际情况在相关各章中作出具体规定。不应计入地震作用和风荷载。高炉等高耸设备当其处在风玫瑰严重偏心的地区时，应按现行国家标准《高耸结构设计规范》GB 50135 的规定考虑风荷载。对于安装、检修活荷载和生产中的事故荷载即特殊工况时的特殊可变荷载，由于其频度较低，持续时间很短，计算时不应考虑；而应考虑正常操作工况的活荷载和设备、物料动荷载。

**3.6.6** 关于冶金设备基础的抗滑、抗倾覆和抗浮稳定性验算的规定与现行国家标准《建筑地基基础设计规范》GB 50007 规定的原则相一致。根据冶金设备基础长期工程实践经验，抗浮的稳定系数规定为不应小于 1.05，能保证其安全性，但设计最高地下水位的取值应符合本规范第 3.6.2 条的规定。

**3.6.7** 在确定基础截面尺寸、计算基础结构内力、确定配筋和验算材料强度时，所采用的极限状态和荷载效应的组合与现行国家标准《建筑地基基础设计规范》GB 50007 规定的原则相一致。

**3.6.8** 冶金设备基础及地下室、电缆隧道、管廊等地下构筑物的受弯或偏心受压构件在荷载作用下的裂缝控制验算和最大裂缝宽度限值原则上应符合现行国家标准《混凝土结构设计规范》GB 50010 中裂缝控制等级三级的规定。

对偏心受压构件，当轴向压力对截面重心的偏心距与截面有效高度的比值不大于 0.55 时，可不进行裂缝宽度的验算。

**3.6.9** 冶金设备基础在进行承载能力极限状态的基本组合时，荷载的分项系数取值除特殊工况时的动荷载即特殊可变荷载取 1.2 外，其余均与现行国家标准《建筑结构荷载规范》GB 50009 一致。作为冶金设备基础主要可变荷载，正常操作工况或特殊工况时的设备、物料动荷载，其荷载效应的组合值系数原则上应取 1.0。当同一组合中两种动荷载可能同时出现，但其中一种动荷载出现的概率较小时，可对出现概率较小的动荷载取小于 1.0 的组合值系数。具体规定见本规范有关章节。

# 4 高炉基础

## 4.1 一般规定

**4.1.1** 国家《钢铁产业发展政策》明确规定，新建高炉的准入条件为有效容积必须达到1000m³及以上；沿海深水港地区建设钢铁项目，高炉有效容积必须大于3000m³。据此，本章系针对有效容积为1000m³及以上高炉基础设计制定，不适用于有效容积小于1000m³的高炉基础设计。

**4.1.4** 原《工业与民用建筑地基基础设计规范》TJ 7—74曾规定高炉基础的倾斜容许值为0.0015。其后的上海市《地基基础设计规范》DBJ 08—11—89和DGJ 08—11—1999均对高炉基础中心沉降量和倾斜容许值作出了规定，同时给出了两例高炉基础实测变形值，见表2。表中4063m³高炉的实测变形值远小于容许变形值，255m³高炉的实测值与容许变形值相近。

随着高炉炉容的增大，以及装备水平和冶炼强度的提升，对高炉基础沉降和倾斜的限值也应越加严格。表3为2座3000m³级和3座4000m³级高炉的基础沉降和倾斜实测值，其量值均很小。

**表2 上海市《地基基础设计规范》DBJ 08—11—89、DGJ 08—11—1999容许变形值和实测变形值**

| 建筑物和地基基础类型 | | 容许变形值 | | 实测变形值 | | | |
|---|---|---|---|---|---|---|---|
| | | 基础中心沉降量（mm） | 基础倾斜 | 高炉容积（m³） | 沉降量（mm） | 倾斜 | 备注 |
| 高炉 | 桩基 | 150～250 | 0.0015 | 255 | 290；310 | 0.0009～0.0014 | 直径490mm管桩，桩长22m |
| | | | | 4063 | 90 | 0.00007～0.00013 | 直径900mm钢管桩，桩长64m |

**表3 高炉基础沉降倾斜实测值**

| 高炉名称 | 有效容积（m³） | 测量起/止日期 | 累计沉降平均值（mm） | 累计最大沉降（mm） | 累计最小沉降（mm） | 最大沉降差（mm） | 倾斜 | 备注 |
|---|---|---|---|---|---|---|---|---|
| A厂6号高炉 | 3200 | 2003.1.19/2004.7.17 | 6.64 | 9.80 | — | 5.40 | — | 挖孔桩，长19.4m，桩端Q3硬塑粉质黏土 |
| A厂7号高炉 | 3200 | 2005.2/2006.6 | 2.30 | 2.70 | — | 0.60 | — | 钻孔灌柱桩，长16.0m～30.2m |
| C厂1号高炉 | 4063 | 1986.1.28/2005.10.15 | 138.60 | 143.30 | 133.50 | 9.80 | 0.00025 | 钢管桩，长64m，桩端粉细砂层 |
| C厂2号高炉 | 4063 | 1991.10.24/2005.10.15 | 147.30 | 151.40 | 143.20 | 8.20 | 0.00027 | 同上 |
| C厂3号高炉 | 4350 | 1994.11.9/2005.10.15 | 108.10 | 111.50 | 103.80 | 7.70 | 0.00015 | 同上 |

由于大型高炉基础的荷载很大，对地基基础方案确定的控制因素往往是很高地基承载能力的要求。对于布置合理、选型恰当的高炉基础，当地基承载能力能满足设计要求时，地基的变形值一般很小。经综合权衡上述情况，并考虑到现有沉降观测资料数量较少，覆盖面也较窄，为与设计现状相协调衔接，本条在表2容许变形值的基础上向适当偏严调整，规定基础平均沉降允许值为200mm，基础倾斜允许值为0.001。

## 4.2 基础布置

**4.2.1～4.2.4** 高炉基础的平面和竖向布置应满足工艺、设备和上部结构的布置及生产操作、设备安装、维修的要求。高炉本体是一个沿着竖向中心线变直径的旋转体高耸容器，从炉顶至炉底在高温高压下完成炉料变成铁水的冶炼过程；作为支承设备、管道和操作、检修平台的高炉框架四根柱子也在互为90°的两个方向对高炉中心线呈对称布置。为减小高炉基础不均匀沉降引起的倾斜，减小高炉本体与高炉框架及设备、管道间的差异沉降，针对高炉及高炉框架的上述特点，本节对高炉基础的布置和选型作出了以下规定：

1 高炉基础的布置应遵循规则、对称的原则。

2 除岩质地基外，推荐采用筏板式联合基础。

## 4.3 地基基础计算

**4.3.1** 高炉内的炉料荷载在生产过程中不同炉况不同状态时，其值变化很大，不可忽略不计，因此在表4.3.1中划为可变荷载。1975年由重庆钢铁设计研究院等7个钢铁和冶金设计院编写、冶金工业出版社出版的《炼铁设计参考资料》根据当时的相关设计标准、规范和工程经验曾将炉料荷载按不同炉况分为三类：正常炉况为主要荷载，悬料时为附加荷载，崩料或坐料时为特殊荷载。该资料对荷载分类方法说明如下：主要荷载为经常或固定作用于建筑结构上的荷载；附加荷载为不经常或临时作用于建筑结构上的荷载；特殊荷载为因事故而产生的偶然作用于建筑结构上的荷载，如容器内气体爆炸产生的压力，由于生产操作制度被破坏或各种设备发生事故时引起的荷载，地震作用。

该资料将崩料、坐料与容器内气体爆炸压力及地震作用均划在特殊荷载一类中。这本资料在我国高炉设计界影响广泛，但上述内容与现行的相关设计规范和标准显然是不协调的。本规范根据现行国家标准《建筑结构可靠度设计统一标准》GB 50068规定的原则，结合冶金设备基础的特殊性对其荷载的分类在第3.6.2条中作出了明确规定，并在第3.6.3条关于各种工况的规定中，将因操作不当或设备故障导致的事故状况引起的荷载规定为特殊工况时的特殊可变荷载。据此，高炉在特殊炉况即悬料、坐料时的炉料荷载及最大液态渣铁荷载应属特殊可变荷载。但也有一种意见认为，坐料很少发生，按照设计的习惯可作为偶然作用考虑。为了解悬料、坐料发生频度的现状，规范组对三家钢铁企业的12座高炉进行了随机调查，结果见表4～表6。

**表4 D厂特殊炉况出现次数统计表**

| 时间 | | 2007年1月～5月 | 2007年1月～4月 |
|---|---|---|---|
| 高炉编号 | | 6 | 7 |
| 有效容积（$m^3$） | | 2600 | 2600 |
| 常压处理异常炉况 | 累计次数 | 41 | 55 |
| | 日最多次数 | 2 | 3 |
| 坐料 | 累计次数 | 23 | 40 |
| | 日最多次数 | 2 | 3 |

**表5 G厂特殊炉况出现次数统计表**

| 时间 | 2006年全年 | | | | | |
|---|---|---|---|---|---|---|
| 高炉编号 | 1 | 2 | 3 | 7 | 10 | 11 |
| 有效容积（$m^3$） | 3200 | 3200 | 3200 | 2500 | 2500 | 2500 |
| 悬料累计次数 | 7 | 6 | 14 | 12 | 7 | 6 |
| 坐料累计次数 | 7 | 6 | 14 | 12 | 7 | 6 |
| 崩料累计次数 | 8 | 8 | 9 | 26 | 21 | 3 |

注：崩料指局部炉料崩塌。

**表6 C厂特殊炉况出现次数统计表**

| 时间 | 2004年10月～2005年9月 | | | 2006年全年 | | | |
|---|---|---|---|---|---|---|---|
| 高炉编号 | 1 | 2 | 3 | 1 | 2 | 3 | 4 |
| 有效容积（$m^3$） | 4063 | 4063 | 4350 | 4063 | 4063 | 4350 | 4350 |
| 悬料累计次数 | 0 | 0 | 0 | 0 | 0 | 0 | 1 |
| 坐料累计次数 | 0 | 0 | 0 | 0 | 0 | 0 | 1 |
| 滑料累计次数 | 22 | 4 | 2 | 0 | 27 | 4 | 1 |
| 崩料累计次数 | 45 | 0 | 3 | 5 | 0 | 1 | 0 |

注：滑料指某一部位（如炉喉处）炉料下滑一小段。崩料指局部炉料崩塌。

调查资料表明，不同厂家不同高炉发生悬料、坐料的频度离散性较大，但总体来看已不能作为偶然突发事件对待。因此，将悬料、坐料荷载划为特殊可变荷载是合适的。考虑到悬料、坐料荷载的作用时间与正常炉况相比毕竟是短暂的，因此在按承载能力极限状态计算时，可适当降低其分项系数取值。本规范规定正常炉况炉料荷载分项系数取1.4，特殊炉况炉料荷载分项系数取1.2。

**4.3.2** 高炉基础设计时，应按不同的工况分别进行规定类别的极限状态设计，并对所考虑的极限状态采用相应荷载效应的最不利组合。在高炉生产时，正常炉况包括正常操作和休风、检修两种工况；特殊炉况包括悬料、坐料和最大液态渣铁三种工况。崩料、滑料时的炉料荷载比坐料时小，考虑坐料工况后可不再考虑崩料、滑料工况的计算。施工、安装和大修阶段应根据不同的实施方案，考虑相应的工况。

**4.3.3** 高炉基础的计算应符合本规范第3.6.4条～第3.6.7条的规定。其中，对于天然地基或人工复合地基时正常使用极限状态下标准组合的基底边缘最小压力与最大压力的比值，正常炉况不应小于0.25；特殊炉况不应小于0.1。

表4.3.3中，炉料荷载应同时考虑同一工况时分别由炉壳和炉底传给基础的荷载；不论正常炉况或特殊炉况，一种工况只能考虑该工况相应的一种炉料荷载；悬料或坐料工况时的液态渣铁荷载应考虑正常液态渣铁荷载；最大液态渣铁荷载工况时，应考虑正常操作炉料荷载。

**4.3.7** 现代大型高炉在炉底与基础圆台基座间设置了炉底冷却装置，其作用是将炉底的热量带走，以使炉底铁水凝固线（1150℃）不致下移，而同时也使圆台基座顶面受热温度大大降低。由于温度较低，因而工艺专业和生产企业均不太关注基础受热问题，在工艺提供的基础设计资料中，已不提出基础受热温度要求。为了验证基础实际受热温度，规范组于2007年11月随机调查了C厂3号和4号两座4350$m^3$高炉基础圆台基座的受热温度，分别为45℃和38℃，但测温点埋设在距基座顶面以下约1m处。作为普通钢筋混凝土结构，其受热温度应符合本规范第3.4.1条的要求。对基础进行荷载和温度作用下的应力和裂缝宽度验算时，基础圆台基座面的受热温度应取工艺专业提供的最高温度，基础其余表面温度应分别按最高和最低环境温度考虑，并采用最不利组合值。

在温度作用下混凝土的压应力、钢筋的拉应力的抗力可按现行国家标准《烟囱设计规范》GB 50051的规定确定。

# 5 热风炉基础

## 5.1 一般规定

**5.1.1** 热风炉是高炉炼铁与高炉配套的重要设备。本章适用于与符合国家《钢铁产业发展政策》准入条件的高炉配套的热风炉基础设计。本章内容包括我国目前普遍采用的内燃式和外燃式两种热风炉的基础设计。

**5.1.4** 热风炉基础的地基变形允许值，在工程设计时通常按高炉基础的规定采用，本规范采用与高炉基础相同的允许值。

## 5.2 基础布置

**5.2.2～5.2.4** 一座高炉通常配置3座～4座连排式布置的热风炉，助燃空气、混合煤气、热风、烟道等各条主管道通过各自的支管与每座热风炉相连，系统复杂，布置紧凑，且管道直径和刚度较大，不允许相邻热风炉之间产生明显的差异沉降，因此热风炉基础除应符合本章有关地基设计的规定外，对于非岩质地基上的热风炉本体基础，应采用整体筏板式联合基础，且其外围框架柱及管道支架的单独基础与本体基础间宜设置连系梁。对于岩质地基上的外燃式热风炉基础，由于同一座热风炉的燃烧室与蓄热室在顶部是连通的，因此在两者间不得设置基础变形缝。

## 5.3 地基基础计算

**5.3.1** 关于热风炉基础设计时的荷载和作用说明如下：

**1** 热风炉基础的荷载效应按承载能力极限状态下的基本组合计算时，永久荷载为控制荷载，因此其分项系数取1.35。

**2** 热风炉炉底基础表面的受热温度与热风炉炉底部的工作温度、炉底结构层和垫层的构造和尺寸、材料的隔热性能以及环境温度有关。由于受热温度很低，在设计和生产中很少关注基础受热温度问题。在1975年由重庆钢铁设计院等7个单位编写，冶金工业出版社出版的《炼铁设计参考资料》中，曾提到："热风炉炉底基础面上的正常工作温度，一般小于250°C"。除此之外，未查阅到有关热风炉基础炉底温度作用的相关资料和文献，也未收集到基础受热温度的实测资料及基础因受热受损的情况报告。实际上，在现代大型热风炉基础设计中，往往存在以下情况，即热风炉基础多采用普通钢筋混凝土结构，而工艺专业也不对基础提出受热温度要求。工艺专业在确定炉底结构层及垫层构造、材料和厚度时，应将与基础接触界面处的温度控制在基础受热的适应能力之内。

**5.3.2** 大修工况应考虑任意座任意位置的热风炉被拆除、其余热风炉留置的所有状况，即考虑任意位置的一座热风炉进行大修或者任意位置的两座及以上的热风炉同时进行大修的各种可能。例如，同一基础上有三座热风炉，大修时可能存在以下五种状况：端部一座被拆除时，其余两座留置；中间一座被拆除时，两端的两座留置；一端和中间的热风炉被拆除时，另一端的一座留置；两端的两座被拆除时，中间的一座留置；三座全拆除。当为四座热风炉时，按上述状况类推。

### 5.4 构 造 要 求

**5.4.7** 热风炉炉底垫层在压力灌浆之前应紧固地脚螺栓。考虑到烘炉时炉壳可能上升，因此在烘炉前要求放松地脚螺栓。有一种意见认为炉壳下段变形很小，对地脚螺栓影响不大，因此本条规定应按工艺专业要求适时紧固或放松。为方便地脚螺栓紧固、放松操作，应待地脚螺栓最终紧固后方可安装防雨罩。

## 6 转 炉 基 础

### 6.1 一 般 规 定

**6.1.1** 根据国家《钢铁产业发展政策》的规定，新建转炉的公称容量不应小于120t，沿海深水港地区建设钢铁项目，新建转炉的公称容量应大于200t。所以本章是针对120t及以上转炉制定的，不适用于小于120t的转炉基础设计。

转炉的倾动机构分为半悬挂式和全悬挂式，全悬挂式又分为扭力杆形式和扭力座形式两种。半悬挂式倾动机对转炉基础有很大的水平力及力矩作用，转炉容量越大，基础的受力越大，因此半悬挂式倾动机目前已被淘汰。采用全悬挂倾动机后基础的受力得到了很大改善。据调查，20世纪90年代以后我国设计的炼钢转炉均采用全悬挂式倾动机。

**6.1.2** 规范组对一批已建和在建的120t及以上转炉基础的基底压力进行了统计（表7为其中的8座），基底压力基本在250kPa～350kPa之间。当地基承载力特征值小于250kPa时，如采用天然地基，为了满足转炉基础对地基承载力和变形的要求需要增大转炉基础底板的面积和厚度，不利于工艺布置，在投资上也不节省，所以当地基承载力特征值小于250kPa时，转炉基础应采用桩基或进行地基处理。

**表7 转炉基础基底压力标准值统计表**

| 3台120t转炉 | 2台150t转炉 | 2台210t转炉 | 1台210t转炉 |
|---|---|---|---|
| 282kPa | 305kPa | 341kPa | 360kPa |

注：以上均为联合基础。

**6.1.4** 本条地基变形允许值的规定，系依据炼钢转炉（含电炉）基础沉降和倾斜的实测资料（表8），并考虑了现行国家标准《炼钢机械设备工程安装验收规范》GB 50403对设备安装的允许偏差要求确定的。

**表8 炼钢设备基础沉降统计资料**

| 工程名称 | 观测时间段 | | 累计沉降值（mm） | | | 倾斜 | 备注 |
|---|---|---|---|---|---|---|---|
| | | | 最大 | 最小 | 平均 | | |
| A厂三炼钢1#转炉基础 | 1997.6.22 | 2001.6.22 | 3.25 | 0.8 | 2.19 | — | 人工挖孔桩 |
| A厂三炼钢2#转炉基础 | 1997.6.22 | 2001.6.22 | 2.36 | 0.28 | 1.05 | — | |
| C厂一炼钢转炉基础 | 1985.9.06 | 2006.6.15 | 121.6 | 114.5 | 117.7 | 0.00036 | 桩基 |
| C厂二炼钢转炉基础 | 1998.12.24 | 2006.8.15 | 35.2 | 27.7 | 33.0 | 0.00038 | |
| C厂电炉基础 | 1997.6.05 | 2006.8.15 | 49.9 | 46.7 | 48.2 | 0.00032 | |

### 6.2 基 础 布 置

**6.2.1** 转炉基础结构形式取决于设备类型和转炉的容量。随着设备类型和转炉容量的改变，基础结构形式也随之变化，根据调查，转炉基础结构形式主要有：支墩式（或墙式）、挖空墙式、构架式、高墩式等。

由于高墩式基础能够容易满足大容量转炉对基础承载能力和整体刚度的要求；同时布置紧凑的全悬挂倾动机构的采用，减小了基础的截面尺寸，节省了材料，因此目前高墩式基础在容量大于或等于120t的转炉基础中被普遍采用。高墩式基础还有以下优点：

1 结构形式简单，施工方便。

2 基础有足够的强度和刚度，即使基础混凝土因受高温烘烤产生局部开裂及脱落时，也对整体刚度和强度的影响较小。

3 基础表面平整，设置隔热保护措施施工方便，构造可靠，不易脱落。

4 用钢量少，综合经济指标较低。

**6.2.3** 通常情况下，厂房柱基础与设备基础力求脱开布置以避免相互影响。但是由于转炉基础、平台柱基础、厂房柱基础承受荷载很大，基础尺寸较大且场地受限难以脱开，目前，大型转炉采用联合基础，将厂房柱、平台柱与转炉耳轴墩墙支承在同一基础底板上的情况是很普遍的，经调查均能够正常使用。

## 6.3 地基基础计算

**6.3.1** 为与现行国家标准《建筑结构荷载规范》GB 50009对荷载的分类相协调，本章将转炉基础所受的荷载按随时间的变异性分为永久荷载和可变荷载。其中将转炉中的钢水及渣重以及冶炼过程中产生的动荷载，如正常冶炼设备动荷载、钢水激振力、顶渣荷载、事故荷载划为可变荷载。随着转炉炉体温度的变化，转炉托圈温度变形会对转炉基础产生水平推力，转炉炉体温度恒定后，托圈温度变形产生的水平推力也将基本保持不变，所以本规范将托圈温度推力按永久荷载考虑。

由于工艺设备专业在提供转炉动荷载时已考虑冲击（安全）系数，故本规范对转炉动荷载不再乘以动力系数。

**6.3.2** 转炉冶炼时产生的动荷载随着操作工况的不同，差别很大，一般应按下列几种工况考虑：

**1** 正常冶炼工况：电动机启动、制动时的扭振力矩峰值较最大倾动净力矩值大很多。其扭振力矩峰值和同一炉中最大倾动净力矩值的比值称为设备动载系数。电动机启动、制动时所产生的动荷载虽是瞬时的，却是经常产生的，所以应把它视为正常冶炼时的动荷载。原《冶金工业工业炉基础设计规程》YS 15—79中给出的设备动载系数的实测结果为：某120t转炉为1.4～1.8；另一个120t转炉为1.17～1.46；某15t转炉为1.6～1.75，统计表明设备动载系数大部分在1.4～1.8之间。目前设备电机均采用软启动，设备动载系数大大降低，据调查一般不大于1.2。

**2** 顶渣工况：顶渣时产生的动荷载大小，主要取决于顶渣的方式与炉口的结构形式等。目前炉口的结构形式普遍采用水冷炉口，非水冷炉口很少采用。水冷炉口结渣较少，目前工艺普遍采用修炉机清理炉口结渣，以前采用的清渣方法如顶渣或吊渣，工艺已禁止使用。采用水冷炉口及修炉机清渣后，清渣产生的动荷载已大大减小，一般已不成为控制荷载。

顶渣，即在大操作平台上倾斜地安置重轨，顶紧炉口渣瘤，然后开动转炉将渣瘤顶除；吊渣，即用吊车及钢丝绳将渣瘤吊起。

**3** 吹氧工况：由于转炉吹氧时，氧枪不可能做到正对转炉中心，而使吹炼时钢水搅动的作用力不能平衡，对任意方向均可能产生这种不平衡的扰动力，称之为激振力。特别在转炉后期，由于炉衬遭受侵蚀的程度不同，炉型变化很大，这种不平衡的扰动力更大。此外，在处理事故时（如冻炉等）也同样会产生很大的扰动力。有的资料提出钢水的激振力约为钢水及渣总重的20%，也有资料提出钢水的激振力按炉体总重的15%计算，两者差距很大，激振力的大小还有待进一步研究。激振力假定通过转炉耳轴水平作用于基础的任意方向。由于吹氧时转炉已停止转动，故不应与其他动荷载叠加。

**4** 事故工况：转炉的事故情况主要指塌炉、冻炉等特殊情况。在处理这些事故时的最大倾动力矩值较正常情况时最大倾动净力矩值大很多。根据国内外资料，事故时最大倾动力矩值一般为正常情况时最大倾动净力矩值的2倍～3倍。

**6.3.7** 转炉坐落在基础顶部，转炉基础常见顶标高见表9，地震会对转炉基础产生很大的水平力，所以本章规定抗震设防区的转炉基础设计时应考虑地震作用。

炉体及附属设备自重和钢水及渣重、转炉耳轴墩墙的地面以上部分及其保护设施自重的地震作用可按单质点模型，采用底部剪力法简化计算。

厂房和平台计算地震作用时，建筑的重力荷载代表值应取结构和构配件自重标准值和各可变荷载组合值之和。各可变荷载的组合值系数可按现行国家标准《建筑抗震设计规范》GB 50011的规定采用。

**表9 转炉基础顶面标高统计表**

| 120t转炉 | 180t转炉 | 210t转炉 |
|---|---|---|
| ＞6m | ＞7m | ＞8m |

注：以车间地坪标高为±0.000计。

由于顶渣由人工操作，可以随时终止，故在顶渣工况时不同时考虑地震作用。

由于事故工况极少发生，在事故工况发生地震的概率就更低，所以在事故工况时也不考虑地震作用。

地震发生时，转炉处在正常冶炼工况和吹氧工况的概率较大，所以本章规定仅在这两种工况时考虑地震作用。由于工艺提供的正常冶炼工况和吹氧工况荷载均为峰值荷载，比正常荷载大很多（经调查，基本上为1.6倍及以上），再考虑到地震作用与此时的设备动荷载同时产生在同一方向叠加的概率因素，所以规定转炉基础地震作用效应组合时，这两种工况动荷载的组合值系数取0.6。

## 6.4 构造要求

**6.4.1** 由于采用全悬挂式倾动机构，转炉及倾动机构全部坐在墩墙上，所以工艺设备专业按布置要求墩墙截面尺寸都很大。计算表明，转炉基础墩墙大多为构造配筋，但即使按现行国家标准《混凝土结构设计规范》GB 50010规定的最小配筋率配置，也需要很多钢筋，在墩墙短边往往需要配置3排～4排钢筋。实际工程调查表明，许多转炉基础墩墙的配筋率只达到0.05%（表10），转炉基础使用正常，没有发现破损或异常现象。

表 10 转炉基础高墩配筋率调查统计表

| 基础部位 | 截面尺寸<br>$b \times h$（mm） | 短边配筋 | 长边配筋 | 墩墙短边配筋率<br>（%） | 墩墙长边配筋率<br>（%） |
|---|---|---|---|---|---|
| A厂 210t 转炉 | | | | | |
| 驱动端 | 5000×8000 | 28@150 | 28@150 | 0.051 | 0.082 |
| 游动端 | 2600×6000 | 28@150 | 28@150 | 0.068 | 0.158 |
| 箍筋 | — | 20@300 | — | — | — |
| B钢厂 120t 转炉 | | | | | |
| 驱动端 | 5100×9000 | 25@200 | 25@200 | 0.028 | 0.048 |
| 游动端 | 2000×5200 | 25@200 | 25@200 | 0.047 | 0.123 |
| 箍筋 | — | 20@200 | — | — | — |
| C钢厂 250t 转炉 | | | | | |
| 驱动端 | 5500×9500 | 32@150 | 32@150 | 0.056 | 0.097 |
| 游动端 | 2600×6000 | 32@150 | 32@150 | 0.089 | 0.206 |
| 箍筋 | — | 20@200 | — | — | — |
| D钢厂 120t 转炉 | | | | | |
| 驱动端 | 5300×9000 | 28@150 | 28@200 | 0.046 | 0.058 |
| 游动端 | 2000×5200 | 28@150 | 28@200 | 0.079 | 0.154 |
| 箍筋 | — | 20@200 | — | — | — |

**6.4.3** 本条为强制性条文。根据以往实测数据，转炉在冶炼过程中，靠渣道侧转炉基础隔热保护层外表面的温度约为 50℃～80℃，出钢、出渣时局部温度可高达 100℃～150℃，耳轴支墩间距较小时竟高达 195℃，随着转炉容量的加大，温度还要高一些。因此耳轴墩墙应采取可靠的隔热保护措施。

**6.4.4** 本条为强制性条文。在生产过程中，为防止事故漏钢，应在两轨道基础间设置钢包事故坑，坑的位置及尺寸应满足工艺专业要求。由于钢水温度非常高，为避免遇水发生爆炸，应设置有效的排水设施避免坑内积水。

**6.4.5** 在以往的设计中，转炉基础隔热保护措施主要有半砖厚骨架墙隔热保护层、自承重砖墙隔热保护层及铸铁板隔热保护层等形式。铸铁板具有热渣不易粘结，结渣后便于铲除，强度高，能经受清渣时的敲击，所占净空小等优点，使用效果良好，但铸铁板的工程造价相对较高。目前，由于转炉公称容量的加大，考虑到综合经济比较上的优势，铸铁板隔热保护层已被普遍采用。

实践表明，轨道基础间采用花岗岩地坪使用效果很好，但造价相对较高。

本条仅列出了目前较常用的隔热保护措施，设计时也可采用其他有成熟经验的保护措施。

# 7 电炉基础

## 7.1 一般规定

**7.1.1** 根据国家《钢铁产业发展政策》，新建电炉的公称容量应大于或等于 70t，所以本章是针对 70t 及以上电炉制定的，不适用于小于 70t 的电炉基础设计。

**7.1.2** 根据工程经验及对电炉基础的基底压力的统计，当地基承载力特征值小于 160kPa 时，电炉基础宜采用复合地基或桩基。

**7.1.4** 见本规范第 6.1.4 条的条文说明。

## 7.2 基础布置

**7.2.1** 电炉炉体坐在倾动轨道基础上，由倾动缸、锁定装置及锁定装置液压缸、旋转台侧倾动装置控制炉体倾动。为防止各设备基础间产生不均匀沉降，所以要求将各设备基础坐在同一整体底板上。电炉基础形式有高墩式和地坑式。高墩式基础便于工艺布置和生产操作，且结构形式简单、施工方便、基础防水要求低，目前被普遍采用。

## 7.3 地基基础计算

**7.3.1** 冶炼过程中电炉基础上的荷载分布见图 1，倾动平台（摇架）的荷载在冶炼位时为 $A-B$；出钢

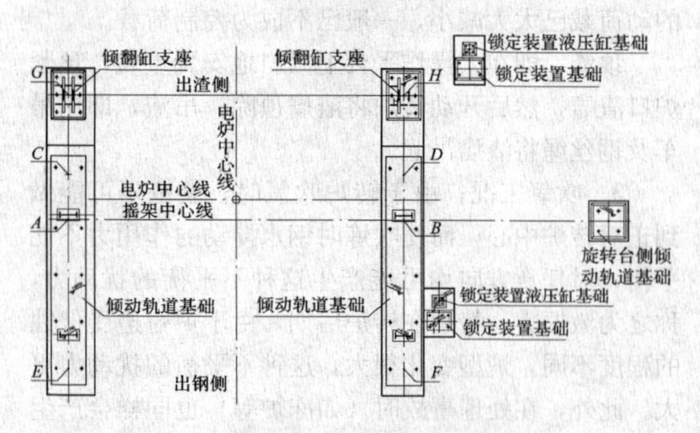


图 1 电炉基础支墩荷载布置图

或出渣时，随着炉子倾动，荷载点在 $C-D$ 和 $E-F$ 之间移动。

为与现行国家标准《建筑结构荷载规范》GB 50009 对荷载的分类相协调，本章将电炉基础所受的荷载按永久荷载和可变荷载进行分类。

由于工艺设备专业在提供电炉动荷载时已考虑冲击（安全）系数，故本规范对电炉动荷载不再乘以动力系数。

### 7.4 构造要求

**7.4.1** 根据工艺设备专业要求，电炉高墩截面尺寸往往很大。计算表明，墩墙大多为构造配筋，但即使按现行国家标准《混凝土结构设计规范》GB 50010 规范的最小配筋率配置，也需要很多钢筋，往往在墩墙短边要配 3 排～4 排钢筋。实际工程调查表明，墩墙配筋率按 0.05%配筋的电炉基础，使用正常，没有发现破损和异常现象。因此当有工程经验时，可适当降低墩墙的最小配筋率。

**7.4.3** 本条为强制性条文。电炉在冶炼、出渣、出钢生产过程中，温度较高，因此应对电炉基础墩墙、热泼渣区、挡渣墙表面及轨道基础采取可靠的隔热保护措施。

**7.4.4** 本条仅列出了目前较常用的隔热保护措施，设计时也可采用其他有成熟经验的保护措施。

## 8 连铸机基础

### 8.1 一般规定

**8.1.1** 本章规定主要针对弧形连铸机基础设计，立弯式、超低头、水平连铸机等连铸设备基础可参照本章规定进行设计。

**8.1.3、8.1.4** 连铸机主机，特别是大包回转台区域荷载很大，对基础的沉降和倾斜的要求严格，故主机基础应严格控制基础沉降和倾斜。未经处理的松散砂土、碎石土，流塑、软塑和可塑黏土及其他软弱土层均不应直接作为连铸主机基础持力层。连铸机后区生产线长、荷载小、对基础沉降和倾斜控制的要求不如主机区严格，因此，在满足生产工艺要求的情况下，也可采用与主机区不同的地基方案。此时，为保证主机区与后区间地基变形曲线的平缓和连续，可设置沉降过渡段以确保不同地基方案交界处不致出现突变的差异沉降。

**8.1.5** 主机区设备对差异沉降要求很高，但设备设计考虑了一定的设备底板标高调整空间，约在 10mm 范围内，可以通过加垫板等方法调整设备底板标高。但设备底板标高的调整不能过于频繁，以免影响生产，故应对基础的沉降和倾斜予以限制。本条基础的沉降和倾斜的允许值系依据实测资料（表 11）并考虑了现行国家标准《炼钢机械设备工程安装验收规范》GB 50403 对设备安装的允许偏差而规定的，目前连铸基础的实测沉降资料还比较缺乏，需要进一步积累。对后区设备基础，在设备底板标高可调或基础沉降不影响设备运行的情况下，变形允许值可适当放宽。

**表 11 连铸机设备基础沉降统计资料**

| 工程名称 | 观测时间段 | | 累计沉降值（mm） | | | 备注 |
|---|---|---|---|---|---|---|
| | | | 最大 | 最小 | 平均 | |
| C厂1连铸1#连铸机设备基础 | 1989.7.10 | 2006.7.10 | 99.8 | 59.4 | 81.6 | 桩基 |
| C厂1连铸2#连铸机设备基础 | 1989.7.10 | 2006.7.10 | 94.2 | 68.3 | 78.1 | |
| C厂管坯连铸设备基础 | 1997.6.05 | 2006.8.10 | 52.3 | 42.8 | 45.9 | |
| C厂二连铸横移台车东区基础 | 1998.12.24 | 2006.8.15 | 34.2 | 21.1 | 26.6 | |

### 8.2 基础布置

**8.2.2** 主机区做成联合整体筏板基础有利于二冷室、事故平台底板分担大包台荷载，可以有效地降低基底压力，增加大包回转台的抗倾覆能力。大包回转台荷载很大，对结构变形敏感，应采用刚度较大的支承结构，事故平台可视事故包荷载情况和平台跨度大小，结合工艺布置要求采用相适应的结构形式。二冷室支承结构同时承担抽出导轨、结晶器、铸坯夹持结构、拉矫装置等设备荷载及连铸平台荷载，同时支承辊等铸坯夹持设备对位移和变形限制严格，故应保证其足够的刚度，以满足生产工艺要求。

### 8.3 地基基础计算

**8.3.1** 可变荷载考虑了设备动荷载、可移动设备（钢水罐、中间包等）及物料（钢水、钢坯、冷却水等）产生的可变荷载、平台活荷载等。

回转台静止状态时钢包产生的竖向力及力矩以及回转台回转、启动、制动及钢包取放时产生的水平力、竖向力和力矩，均作为可变荷载考虑。

特殊工况荷载指在生产过程中发生的如设备故障、设备损坏、铸坯拉漏等特殊工况下产生的荷载。与偶然状况相比，特殊工况发生的频率高得多，但荷载值相对小得多。

**8.3.2** 连铸机基础设计时，地震作用按本规范第8.3.8条的规定执行。

**8.3.4** 主机区基础，特别是大包回转台质心高、荷载作用点高、荷载大，在偏心荷载反复作用下，基础易产生倾斜。因此要求在正常工况和特殊工况时基底边缘最小压力与最大压力的比值应满足本条规定。

**8.3.8** 对大包回转台和扇形段密闭室墙体等高耸构筑物，应按现行国家标准《构筑物抗震设计规范》GB 50191规定的乙类构筑物进行抗震计算。结构抗震计算应采用弹性理论分析和有限元及其他数值分析方法。当具有工程经验时，可采用底部剪力法根据现行国家标准《构筑物抗震设计规范》GB 50191有关章节的规定进行简化计算。计算重力荷载代表值时，作为可变荷载计算的物料荷载组合值系数应取1.0。基础的抗震措施可参照现行国家标准《构筑物抗震设计规范》GB 50191中的墙、柱等的构造措施采用。

**8.3.9** 对大包回转台，扇形段二冷室等受力情况极其复杂的结构，宜对各种工况荷载组合的受荷状况和受力过程进行弹性理论分析和数值模拟分析，以确定基础的实际受力状况和薄弱环节。目前在实际工程设计中，往往以工程经验为主，较多采用简化的计算分析方法。随着设备水平的提升和计算手段的改进，应对设计计算提出更高的要求。受现有设计条件、计算手段等因素的影响，对主机区基础进行完整精细的弹性理论分析和数值分析计算很难做到时，仍允许在有较多可靠的工程实践经验的基础上，对结构做简化计算。

### 8.4 构造要求

**8.4.1** 主机区基础地下部分一般不设变形缝，可设后浇带或采用跳仓法施工。当连铸平台与主机区基础连接时，地上部分结构按本规范第3.3.12条框架式基础的规定，伸缩缝最大间距可取为55m。次要结构与主体结构相连时，变形缝应设置于次要结构上。连铸主机区与后区采用不同的地基方案时，通过设置沉降过渡段可调节基础的局部倾斜且不出现突变的差异沉降。

## 9 加热炉及热处理炉基础

### 9.1 一般规定

**9.1.1** 目前我国钢铁企业中所采用的加热炉形式主要以步进式、环形加热炉为主，推钢式加热炉仅在部分企业中采用，而全蓄热式加热炉国内采用的极少，积累的经验也很少，故而本章适用范围中未予包括。其他形式加热炉可参照本章执行。轧钢产品热处理主要是退火、正火、高温回火，有时也有淬火，本章给出的热处理炉包含使用比较广泛的三种基本炉型：台车式炉、罩式炉和辊底式炉。

**9.1.4** 加热炉和热处理炉地基变形允许值的规定，最核心的是保证设备安装后所产生的沉降和倾斜以及变形缝的沉降差应满足工艺设备生产的要求。当工艺设备不提要求时，地基的变形允许值是根据基础变形的实测资料（表12），参考《轧机机械设备工程安装验收规范》GB 50386对设备安装允许偏差的规定，且与本规范第10章轧钢设备基础的沉降要求相协调而确定的。目前沉降实测资料的收集尚不够多，设备的荷载及地基的情况差异较大，设备基础的实测沉降变化也大，但从工程实际看，规定基础的计算沉降不大于100mm，计算倾斜不大于0.0005，在满足本规范第3.2节的有关要求的前提下，本条是容易满足的。

**表12 加热炉基础沉降统计资料**

| 工程名称 | 观测时间段 | | 累计沉降值（mm） | | | 备注 |
|---|---|---|---|---|---|---|
| | | | 最大 | 最小 | 平均 | |
| A厂1700热轧加热炉设备基础 | 1976.9 | 1979.3 | 22.0 | — | — | 天然地基投产前基础倾斜为0.00016投产后基础倾斜为0.00012 |
| C厂1热轧加热炉设备基础 | 1990.6.25 | 2006.3.15 | 84.5 | 66.7 | 71.0 | 桩基 |
| C厂2热轧加热炉设备基础 | 1997.7.22 | 2006.8.10 | 23.3 | 13.6 | 16.4 | |
| C厂钢管环形加热炉设备基础 | 1987.9.25 | 2006.7.15 | 107.3 | 101.7 | 104.6 | |

### 9.2 基础布置

**9.2.2** 各类加热炉和热处理炉的基础形式分述如下：

1 推钢式加热炉基础主要包括炉坑及炉体框架、推送机构、烟道等基础（图2），宜采用坑式整体基础。

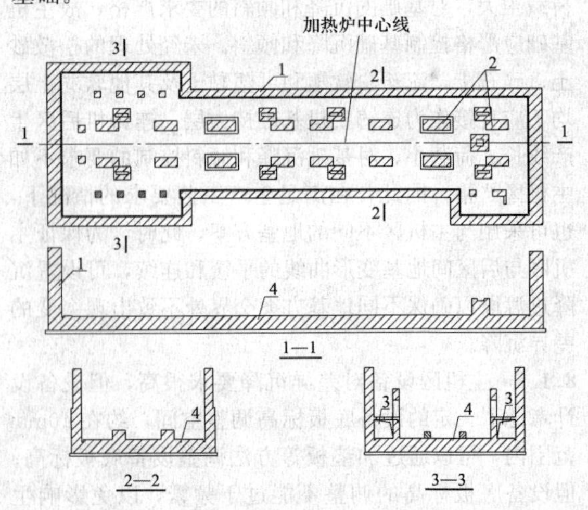


图2 推钢式加热炉基础布置示例图

1—炉墙；2—炉底机械基础；3—烟道；4—基础底板

2　步进式加热炉基础：主要包括炉坑及炉体框架、炉底机械、烟道、平移缸等基础（图 3），宜采用坑式整体基础。

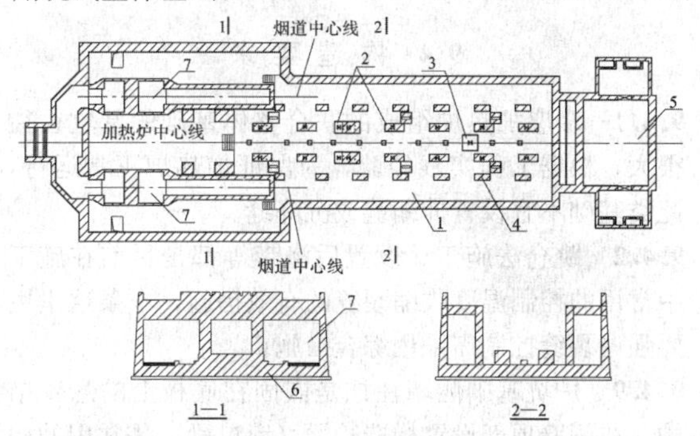


图 3　步进式加热炉基础布置示例图

1—炉坑；2—炉底机械基础；3—平移缸基础；4—炉体框架基础；5—液压站；6—基础底板；7—烟道

3　环形加热炉基础：主要包括炉坑及炉体框架、炉底机械、驱动装置、烟道、装出料机等基础，常用形式有坑式（图 4）和高架式（图 5）。

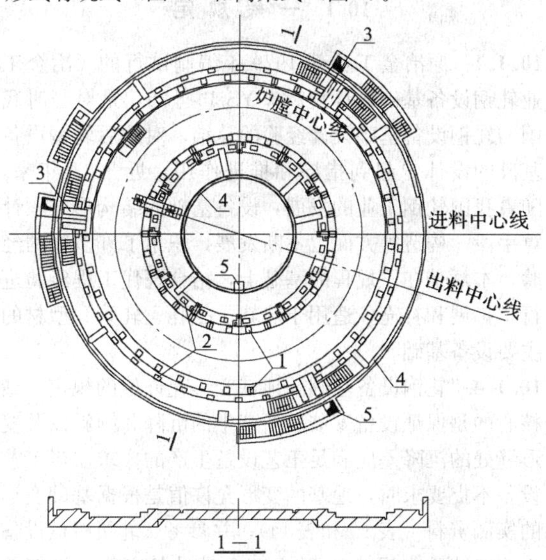


图 4　环形加热炉基础布置示例图

1—炉底机械；2—炉体框架；3—驱动装置；4—排水沟；5—集水坑

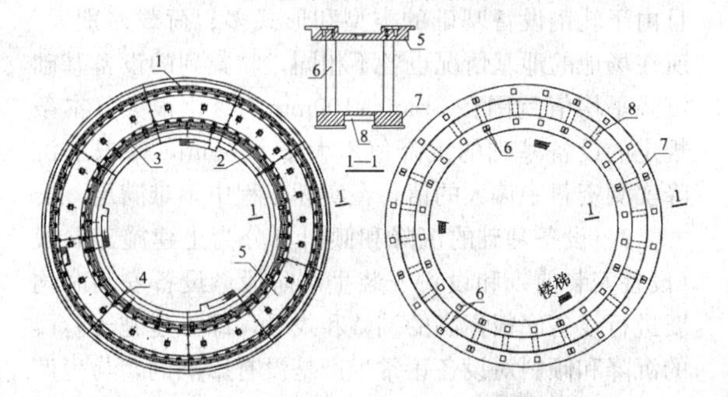


图 5　高架环形加热炉基础布置示例图

1—外支撑辊；2—内支撑辊；3—炉墙支撑立柱；4—伸缩缝；5—顶板；6—立柱；7—环形底板；8—拉梁

4　台车式炉基础：基础主要包括炉体及行走机构、台车轨道等基础（图 6），宜采用筏板式、地基梁式或底板加侧壁式等形式。

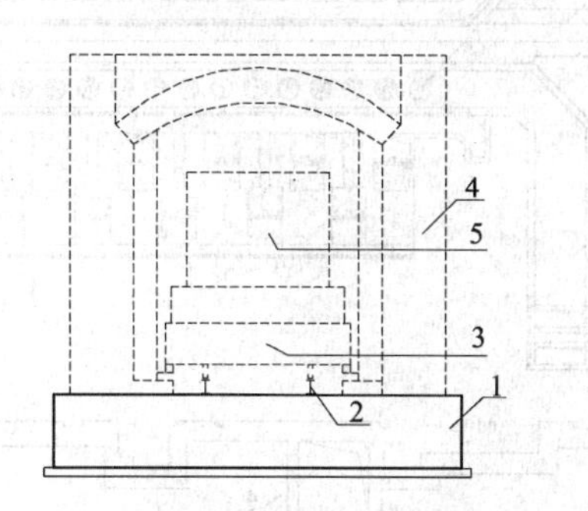

图 6　台车式炉基础示例图

1—基础；2—轨道；3—台车；4—炉体；5—工件

5　罩式炉基础：主要包括退火炉台、阀站、调压站、最终冷却台基础等，基础结构形式可采用坑式或筏板式。带地下室的坑式罩式退火炉基础的炉台、阀站等设备置于设备钢结构平台上，以立柱形式架空，整体置于由钢筋混凝土筏板和挡土侧壁组成的坑式基础内（图 7）。

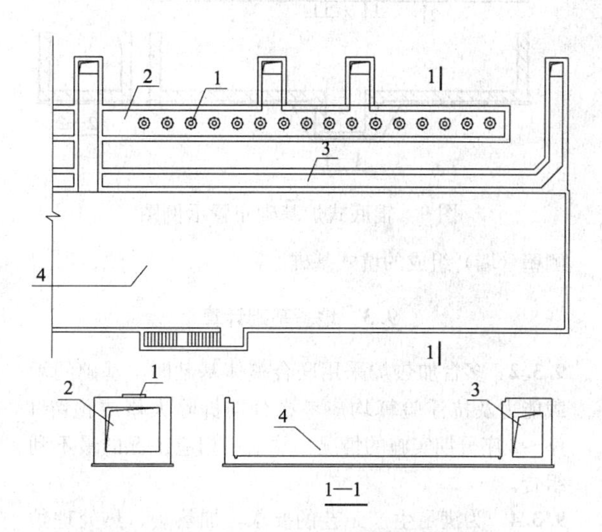


图 7　地坑式罩式退火炉基础布置示意图

1—终冷台；2—风道；3—烟道；4—基坑

采用筏板式基础时，罩式退火炉设备直接放置于基础筏板顶面，沿厂房纵向平行布置退火炉台、终冷台、钢卷运输车、电缆沟。钢卷运输车基础可单独设置，当与炉基础毗邻时，也可与炉基础联合成整体（图 8）。

6　辊底式炉基础：基础主要包括炉坑、烟道等基础。基础结构形式可采用坑道式，宜与相邻电缆隧道联合成整体（图 9）。

**9.2.3**　轧钢工程中 3 座～4 座加热炉采用联合整体基础的很多，此类联合基础常采用筏板式底板和挡土

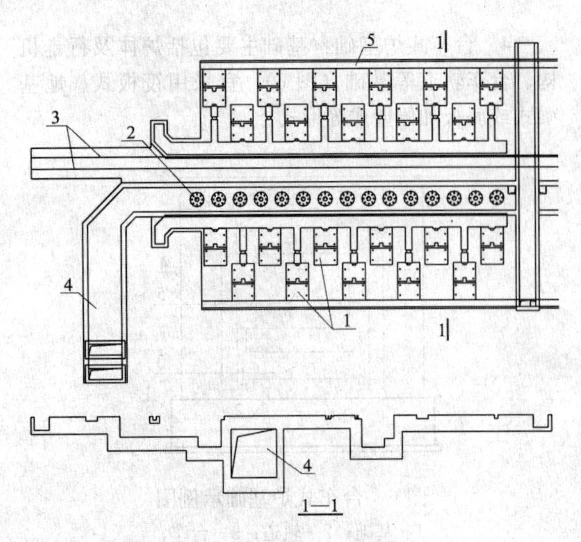


图8　筏板式罩式退火炉设备基础布置示例图

1—炉台；2—终冷台；3—钢卷运输轨道；
4—风道；5—电缆沟

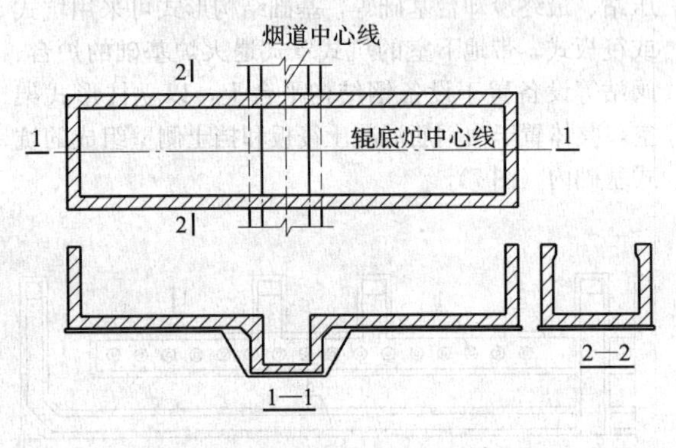


图9　辊底式炉基础布置示例图

侧壁（墙）组成的坑式基础。

### 9.3　地基基础计算

**9.3.2**　多台加热炉采用联合整体基础时，基础的承载能力及抗浮验算均应考虑分期拆除大修或预留1座～2座分期实施的情况，并采用相应工况的最不利组合。

**9.3.4**　为满足生产工艺的要求，加热炉、热处理炉基础一般均需进行地基变形计算，但在地质条件相同，且具有已建同类加热炉、热处理炉基础的实测资料和工程经验时，也可不进行地基变形计算。

**9.3.5**　联合整体基础在地下水位较高的地区，往往抗浮设计成为主要控制因素，根据以往经验，可采用设置外伸底板、基底设置抗浮锚索（杆）、锚桩等有效措施。

**9.3.11**　步进梁加热炉炉底机械中移动梁的传动机构常采用液压传动机构，而应用较普遍的液压传动机构的结构形式为斜块滑轮式，采用液压油缸驱动。其基础往往为一悬臂结构，在液压油缸（平移缸）较大往复水平荷载的长期作用下极易损坏，故在设计时应考虑疲劳影响。当基础尺寸受工艺、设备布置限制时，可考虑在混凝土基础中设置钢骨等加强措施。

### 9.4　构造要求

**9.4.1**　多座加热炉组成的联合整体基础的基坑往往很大，根据工程实践经验，为保证加热炉正常运行，此类基础不宜设置伸缩缝或沉降缝。

**9.4.2**　跳仓法施工、设置后浇带等都是目前在施工中常用的控制温度收缩裂缝的有效措施，本条这里主要强调裂缝控制需采用综合措施。

**9.4.9**　炉坑基础侧墙往往是嵌固在底板上的悬臂结构，在侧墙顶部设置构造暗梁（锁口梁）是常用的构造措施，实践表明，这样有利于改善侧壁受力、减少裂缝。

## 10　轧钢设备基础

### 10.1　一般规定

**10.1.1**　原冶金工业部1979年编制试行的《冶金工业轧钢设备基础设计规程》YS 14－79，是对当时我国的轧钢设备基础设计经验的总结，对此后轧钢设备基础的设计曾起到指导和推进作用。近30多年来，随着我国轧钢工业的发展，设备基础的结构形式、计算手段、构造等方面也不断发展，积累了许多新的经验。本章是在原规程的基础上，结合现代工程经验进行了扩展和补充，适用于热轧、冷轧、轧管、型材的主要设备基础。

**10.1.4**　轧钢设备基础的地基变形允许值的规定，最核心的是保证设备安装后所产生的沉降和倾斜以及变形缝处的沉降差应满足工艺设备生产的要求。当工艺设备不提要求时，地基的变形允许值是根据基础变形的实测资料（表13和表14），并参考《轧机机械设备工程安装验收规范》GB 50386对设备安装允许偏差的规定而提出的。应该指出的是：

1　目前设备基础地基变形的实测资料还比较少，且由于轧钢设备基础的类型和形式多、荷载差别大，所在场地的地基情况也各不相同，收集到的设备基础沉降平均值范围在3mm～100mm，变化很大。本条规定的设备基础的沉降值不大于100mm，采取了沉降实测资料中偏大的值，在实际工程中不难满足。

2　设备基础的沉降和倾斜可分为土建施工阶段（设备安装前）和设备安装生产阶段。设备安装时均要进行设备底板标高的调整和找平，即土建施工阶段的沉降和倾斜对设备正常生产是没有影响的，与生产直接相关的是安装设备后的沉降和倾斜。对于热轧设备基础，设备施工阶段的沉降量一般可以占到总沉降量的40%～60%。

**表 13　轧钢设备基础沉降统计资料**

| 工程名称 | | 观测时间段 | | 累计沉降值（mm） | | | 备注 |
|---|---|---|---|---|---|---|---|
| | | | | 最大 | 最小 | 平均 | |
| A厂1700热轧加热炉设备基础 | | 1976.9 | 1979.3 | 22.0 | — | — | 天然地基 |
| A厂1700热轧主轧线设备基础 | | 1975.8 | 1979.3 | 17.0 | 8.0 | 13.0 | |
| B厂2250热轧主轧线设备基础 | | 2005.5.16 | 2006.5.15 | 53.0 | 22.0 | 38.0 | |
| G厂1780热轧主轧线设备基础 | | 1999.8.27 | 2001.2.5 | 8.4 | 0.5 | 2.8 | |
| C厂2050热轧加热炉设备基础 | | 1990.6.25 | 2006.3.15 | 84.5 | 66.7 | 71.0 | 桩基 |
| C厂1580热轧加热炉设备基础 | | 1997.7.22 | 2006.8.10 | 23.3 | 13.6 | 16.4 | |
| C厂2050热轧主轧线设备基础 | | 1990.6.25 | 2006.3.15 | 82.9 | 68.0 | 78.5 | |
| C厂1580热轧主轧线设备基础 | | 1997.7.22 | 2006.9.15 | 18.8 | 15.1 | 16.8 | |
| C厂2030冷轧五机架设备基础 | | 1998.9.7 | 2006.5.15 | 79.4 | 66.2 | 69.6 | |
| C厂1550冷轧五机架设备基础 | | 2001.2.10 | 2006.5.15 | 10.0 | 2.9 | 5.2 | |
| C厂1800冷轧设备基础 | 酸洗设备基础 | 2003.7.24 | 2004.2.19 | 26.9 | 14.4 | — | — |
| | 轧机设备基础 | 2003.10.4 | 2004.2.16 | 17.1 | 14.5 | — | — |
| | 连退设备基础 | 2003.12.31 | 2004.11.25 | 34.0 | 24.0 | — | — |
| | $1^{\#}$热镀锌设备基础 | 2003.12.21 | 2004.3.29 | 31.3 | 10.1 | — | — |
| | $2^{\#}$热镀锌设备基础 | 2004.1.6 | 2004.10.12 | 21.0 | 2.0 | — | — |
| | 精整设备基础$3^{\#}$、$4^{\#}$线 | 2004.10.2 | 2005.4.27 | 11.0 | 2.0 | — | — |

**表 14　轧钢设备基础（含加热炉基础）倾斜统计资料**

| 工程名称 | | 观测时间段 | | 倾斜 | | 备注 |
|---|---|---|---|---|---|---|
| | | | | 投产前 | 投产后 | |
| A厂1700热轧加热炉设备基础 | | 1976.9 | 1977.10 | 1/6300(0.00016) | — | 安装 |
| | | 1977.10 | 1979.3 | — | 1/8300(0.00012) | 投产 |
| A厂1700热轧工程 | 主轧线柱基 | 1975.8 | 1976.9 | 1/4125(0.00024) | — | 安装 |
| | 精轧机设备基础 | 1976.9 | 1979.3 | — | 1/16500(0.00006) | 投产 |
| G厂1780热轧主轧线精轧机基础 | | 1999.8.27 | 2001.2.5 | — | 1/4248(0.00024) | — |
| B厂2250热轧工程 | 主轧线柱基 | 2005.5.16 | 2006.5.15 | 1/9571～1/7500 (0.00010～0.00013) | — | — |
| | 精轧机设备基础 | 2005.10.15 | 2006.1.24 | 1/6790～1/4183 (0.00015～0.00024) | — | |
| C厂2冷轧厂柱基沉降资料 | 热卷区 | 1999.8.30 | 2004.8.28 | 1/4000(0.00025) | | 平均值 |
| | 酸洗机组和磨床区 | 1999.8.30 | 2004.8.28 | 1/10000(0.0001) | | 平均值 |
| | 五机架冷轧机组和轧后库 | 1999.8.30 | 2004.8.28 | 1/9615(0.00010) | | 平均值 |
| | 连退和电镀锌机组 | 1999.8.30 | 2004.8.28 | 1/8475(0.00012) | | 平均值 |
| | 剪切机组和成品库 | 1999.8.30 | 2004.8.28 | 1/6849(0.00015) | | 平均值 |

注：设备基础与厂房柱基相连形成联合基础时，部分设备基础的沉降和倾斜值系参考厂房柱基的沉降值和倾斜值给出。

3 由于设备基础的不均匀沉降、设备加工精度超差等原因，设备标高是允许进行二次调整的，但基础沉降和倾斜过大，设备标高调整频繁，对设备正常运行是不利的。

4 对轧机、穿孔机等重要的设备机组基础，地基变形及不均匀沉降应严格控制，必要时宜进行安装调试前的堆载预压。

## 10.2 基 础 布 置

**10.2.1** 轧钢设备基础的布置和选型应注意以下几点：

1 为满足连续高速轧制生产的需要，多机架连轧机应设在同一整体基础上，整体基础应有足够的刚度，不允许在多机架连轧机间设置变形缝。轧机及传动设备（主电机、减速机、齿轮机）以及直接影响轧机运行的推床、升降台架等宜设在同一整体基础上。当有特殊情况需在主电机与减速机之间设置变形缝时，缝两侧基础的沉降及沉降差必须控制在设备允许的范围内。

2 轧机、穿孔机等设备运行时，其动荷载很大，为减少动力作用引起的设备基础的振动，设计中为增大设备基础的质量和刚度，一般按工程经验控制设备基础自重与设备重量的比值达到3～5及以上。

3 轧钢设备基础因设备布置及电气、给排水、通风、液压等专业的管线布置，在设备基础上开孔较多，在孔洞处基础结构构件的布置应保证设备基础的刚度和强度。

4 为了避免或减小对精密设备生产加工精度的影响，对磨床等较精密的设备应按照设备专业的要求采取隔振等措施，并与其他设备基础及厂房柱基脱开。对冷轧的激光焊机，当周边的设备振动或者因吊车运行而导致厂房柱基振动对其有较大的影响时，激光焊机基础也应采取隔离、脱开等构造措施，减小外部振动的影响。

**10.2.2** 热轧从工艺上可分为热轧带钢和热轧宽厚板两大类，其主轧线基础一般为带地下室的大型箱体基础。热轧带钢连续箱体基础长达几百米，宽达几十米，自20世纪70年代武钢1700mm大型热连轧工程采用不设缝的连续箱体基础后至今，连续箱体基础在热轧工程中已得到普遍采用。

**10.2.4** 轧管设备的地面布置形式系指主轧线的设备沿地面进行布置，基础的顶面标高为0.000附近。高架布置方式系指主轧线的设备布置在高架平台上，其中主要的设备如穿孔机、轧机、定径机等采用大块式或墙式基础直接坐落在地基上，与之相连的辅助设备基础布置在单层框架式平台上。

高架布置方式主要有两方面的优点：

1 可充分利用高架平台下的空间，灵活地布置各种辅助用房（如液压站、稀油站、泵站）、电缆桥架、公辅管线等，方便了工艺布置及维修。

2 施工周期短、施工简便，尤其是在地下水位高的地区，避免了大面积地下工程的基坑支护、地下结构防水、检修等问题。

高架布置方式在热轧管生产线中被普遍采用。

**10.2.5** 型材生产线基础的选型说明如下：

1 目前国内外线材轧机生产线采用高架式布置较多。

2 棒材轧机生产线一般多为地面布置形式，采用块体基础。中小型棒材也有采用高架布置形式的，主要是棒材、线材轧机的相关设备重量较轻，管线的布置、液压润滑站等均可利用平台下的空间，还可避免地下开挖的降水与支护作业。但应将轧机、剪子等动力荷载较大的设备采用块体基础直接坐落至地基上。对于冲渣沟，应根据其深度和结构计算要求来确定采用吊挂在框架梁下还是作为参与受力的剪力墙结构。

3 对于大型型材、轨梁等轧线基础，多为地面布置方式。但中、小型材生产线基础近些年来也有采用高架式布置的实例。

4 平、立交替布置的连轧机组由于立式轧机基础高度较大，又带有悬臂，应具有足够的刚度和抗扭性能，平、立轧机基础一般应采用具有整体筏板的联合基础。

## 10.3 荷载及其组合

**10.3.1** 轧钢设备基础的荷载是依据现行国家标准《建筑结构可靠度设计统一标准》GB 50068规定的原则，并考虑轧钢设备基础荷载的特点进行分类的。

可变荷载可分为正常操作荷载，事故荷载，平台、地面均布活荷载等以下几类：

1 正常操作荷载：是指轧钢设备正常运转和轧件运动产生的动荷载以及轧件运输和堆放时的冲击和振动产生的动荷载。

2 事故荷载：是指在操作不当或事故状态下产生的动荷载。如轧机断轴、轧件顶推床、冷床上钢材卡轨、热锯断锯片等事故时作用于基础上的荷载。

3 平台、地面均布活荷载：是指设备安装、检修及正常生产时，在基础、平台、地下室顶板、底板或地坪上由于堆放设备及部件、检修工具、原料或成品，布置管线以及人员活动等引起的荷载。其中，生产期间在指定区域堆放的备品备件等引起的荷载，称为备品备件荷载。

4 其他活荷载：当设备基础与厂房柱等基础形成联合基础时，由厂房柱等上部结构传来的活荷载、水位变化的地下水压力等。

据规范组调查，轧钢设备在调试期间，设备事故经常发生，即使在正常生产过程中，对设备基础有较大影响的事故，如轧机的断辊断轴等事故，其发生的频率也达到每（1～2）年1次，所以将事故荷载划分为可变荷载是合适的。

**10.3.2** 设备专业提供的设备动荷载已经将设备的动力作用转化为等效的静力荷载，进行基础设计时，其动力作用效应可按当量荷载考虑。本规范附录B为设备对基础作用的当量荷载的一般计算公式。附录B中的“荷载”是结构专业的用词，在设备专业中一般习惯称为“载荷”。“荷载”和“载荷”，两者同义。

**10.3.3** 目前设备厂家提供的荷载资料大多是针对单个设备的最不利设备荷载，而在进行结构设计时，这些——针对单个设备的最不利荷载有些是不可能同时发生的，如热连轧F1～F7精轧机之间的断带水平力，当在F1～F2之间产生时，其余的断带水平力是不存在的（而提供的资料是每个轧机均有断带水平力），不能将每个轧机间的断带水平力都同时参与组合。还有一种情况是同一设备进行不同操作时的荷载，如轧机的换辊荷载与正常轧制荷载也是不可能同时组合的。在进行基础的荷载组合时，应特别注意参与组合的荷载应具有同时发生的可能性。

平台、地面均布活荷载包括安装、检修活荷载和正常操作活荷载，在荷载组合时，应注意这两类活荷载是对应于不同的工况。

**10.3.4** 考虑到事故荷载与正常操作荷载相比作用时间短，发生的频率相对较小，在进行设备基础承载力极限状态的基本组合时，事故荷载的分项系数可降低到1.2，这符合本规范第3.6.7条的规定。

**10.3.5** 轧机基础的荷载组合沿用原《冶金工业轧钢设备基础设计规程》YS 14—79的有关规定，并按正常操作工况和事故工况分别进行组合。连轧机之间的水平张力和断轴力矩属于两种事故荷载，在理论上有可能同时发生，原《冶金工业轧钢设备基础设计规程》YS 14—79规定两者的组合值系数均取1.0，随着轧钢工艺的发展，自动化控制水平的提高，这两种事故荷载同时发生均达到最大荷载值的概率非常之小，在调查中尚没有发现两事故同时发生的实例，故本规范将水平张力的组合值系数降到了0.7。随着轧钢工艺的进步，初轧机基本被淘汰，但在型材生产线上仍有少量运用，故保留了正常轧制力矩与轧件顶推床的水平力组合。

**10.3.6** 轧管、型材等高架平台除备品备件荷载外，其余的均布活荷载值一般是按安装、检修时堆放的材料或设备确定的，在计算柱和基础时，可进行荷载折减。

### 10.4 地基基础计算

**10.4.2** 本条沿用了原《冶金工业轧钢设备基础设计规程》YS 14—79的规定，对主要的设备基础，控制其基底边缘最小、最大压力比值的目的是防止设备基础过大的倾斜。

**10.4.12** 截条法、截块法及分区段计算是在轧钢设备基础设计中常用的简化计算方法。截条法是将计算的结构简化为弹性地基上的单元宽度的结构进行计算，实质上是把空间问题简化为平面应变问题，截条的计算单元划分应具有代表性。分区段计算时，可根据设备基础的工艺布置和结构特征划分区段（如热连轧的粗轧机组区段、精轧机组区段），区段计算单元的长度宜向区段分界线外延伸1个～2个柱距，以考虑边缘效应的影响。图10是以热连轧连续箱体基础中的精轧机组区段和层流冷却区段为例的区段和截条划分示意图。

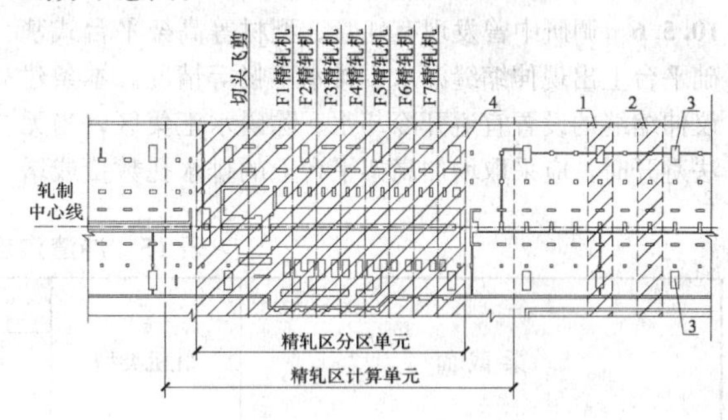


图10 截条、分区划分示意图

1—带厂房柱的截条计算单元；2—不带厂房柱的截条计算单元；3—厂房柱基；4—区段分界线

**10.4.13** 基床系数是地基土在外力作用下产生单位变位时所需的应力，也称弹性抗力系数或地基反力系数，可表达为：

$$K=\frac{P}{S} \tag{3}$$

式中：$K$——基床系数（MPa/m）；

$P$——地基土所受的应力（MPa）；

$S$——地基的变位（m）。

基床系数用于模拟地基土与基础的相互作用，计算基础内力及变位。基床系数与地基土的类别、土的状况、物理力学特性、基础的形状及作用面积受力状况、地基压缩层厚度等因素有关。确定基床系数时，应考虑基础的尺寸效应和地基压缩层厚度的影响，基础的尺寸越大，压缩层厚度越大，基床系数越小。

关于地基基床系数的计算方法和经验值，国内已有部分规范作出了相关的规定。如《干船坞水工结构设计规范》JTJ 252—87的附录二提供了“根据$K_0$、$E_0$值确定基床系数$K$的计算方法”，附录四给出了“地基基床系数$K$参考值表”；《地下铁道、轻轨交通岩土工程勘察规范》GB 50307—1999附录F给出了“基床系数$K$的经验值”，该规范第10.3.1条～第10.3.3条的条文说明中还给出了国内外部分基床系数的试验成果及经验值。以上有关基床系数的经验值及研究成果可供冶金设备基础设计时参考。

### 10.5 构造要求

**10.5.5** 本规范附录C“冶金设备基础及地下构筑物

防水方案”是根据冶金钢铁企业的特点和长期积累的工程经验，并结合现行国家标准《地下工程防水技术规范》GB 50108 制定的，防水的原则及有关解释详见本规范第 3.3.11 条的条文说明。

有防水要求的轧钢设备基础，为防止伸缩缝两侧出现较大的差异沉降损坏止水带而在伸缩缝下设置防沉板这一传统做法，在软土地区实践证明效果并不理想，没有成熟的经验时防沉板不宜采用。本规范附录 C 推荐的抗剪短滑杆、外挑牛腿、设置过渡段等构造做法，在工程实践中效果较好。

**10.5.6** 调研中曾发现有轧管、型材等高架平台式基础平台上出现伸缩缝漏水、排水不畅等情况。本条建议伸缩缝的设置宜避开冷却水、除磷水汇集区，当无法避开时，应采取增加高架平台上的排水孔数量或增大排水孔直径、加大平台上的排水断面、选择适应于水温及腐蚀性介质的止水带等措施，保证排水通畅，避免在伸缩缝处漏水。

**10.5.7** 在调研中发现，轧管的混凝土挡板基础由于承受反复水平撞击荷载等作用，工作一段时间后，挡板基础出现破损现象较多。故本条从构造上提出要求：挡板基础应有足够的承载能力和刚度，必要时可采取设置钢骨或采用钢结构挡板、挡板前设置缓冲装置等措施。

**10.5.8** 轧制线基础中的冲渣沟连系梁截面尺寸及配筋应由工艺资料和计算确定。原《冶金工业轧钢设备基础设计规程》YS 14—79 给出了冲渣沟连系梁截面尺寸及配筋的建议值（表 15），可供设计参考使用。冲渣沟连系梁顶面的防护通常采用铁屑混凝土或钢板保护。

**表 15 冲渣沟连系梁截面和配筋**

| 梁截面 | 轧机类型 | 截面尺寸及配筋 | | | |
|---|---|---|---|---|---|
| | | $b \times h$ (mm) | 上部配筋 | 下部配筋 | 构造钢筋 |
| 铁屑混凝土<br>构造钢筋 后焊钢板<br>预埋件<br>上筋<br>下筋<br>b | 大型轧机基础 | 700×1200 | 5 Φ 20 | 5 Φ 20 | Φ 12@200 |
| | 中型轧机基础 | 400×600 | 4 Φ 16 | 4 Φ 16 | Φ 10@200 |

**10.5.11** 轧钢设备基础中的大块式基础的构造配筋，其主要作用是约束混凝土，承受设备冲击、温度应力、混凝土干缩等荷载或作用，防止或减少混凝土表面有害裂缝的出现。基础上、下表面构造钢筋的配筋率经对实际工程的调查统计一般在 0.05%～0.08%。

基础顶面的构造配筋比底面要求严格，是考虑以下原因：大块式基础的顶面直接承受荷载冲击和受热烘烤以及油污等作用；混凝土的干缩影响、基础顶面一般较严重；混凝土水化热所产生的内部约束应力，基础顶面一般高于基础底面；基础底面因受到地温的作用，施工阶段一般不受寒流的直接冲击。但在实际工程中，大块式基础顶面和底面采用相同的配筋也是比较普遍的。

## 附录 A 高炉基础的荷载

**A.0.4** 高炉炉壳和高炉框架上的设备、管线、设施以及炉底冷却装置中的介质，即水、油、物料等，其荷载在高炉基础总荷载中所占比例极小，且其变化也可忽略不计，为简化计算，可与设备、管线、设施的自重合并作为永久荷载考虑。

**A.0.6** 现行国家标准《建筑结构荷载规范》GB 50009 规定，高炉容积大于 620m³ 时，距离高炉 50m 以内的屋面积灰荷载标准值采用 1.00kN/m²，组合值系数、频遇值系数和准永久值系数均取 1.0。考虑到 1000m³ 及以上大型高炉的现状，其除尘设施和清灰状况均有较大改善，且积灰荷载是通过基础上支承的框架柱、平台柱和厂房柱传给基础的，因此，为安全起见，本条规定屋面及操作平台的积灰荷载标准值仍采用 1.00kN/m²，但组合值系数则采用 0.7，准永久值系数采用 0.5。

现行国家标准《高炉炼铁工艺设计规范》GB 50427 对于高炉区所有产尘点的除尘措施作出了严格要求，并明确规定：高炉炼铁区域的所有建（构）筑物均不宜再考虑积灰荷载。因而本条相应规定：对于有完善除尘设施且除尘设备有足够可靠性的高炉，可不考虑积灰荷载。

## 附录 B 轧制设备对基础的荷载

**B.0.1** 根据轧制设备对基础的荷载（力或力矩）的性质，分为静荷载、动荷载、尖峰荷载三种，本条对三种荷载进行了定义。

**B.0.2** 轧制设备对基础荷载的计算公式说明如下：

**1** 单机架轧机和连轧机：基础荷载产生于万向接轴不等的轧制力矩或轧件上的纵向力（连轧时为推力，轧材在轧槽中卡头时形成的压力），万向接轴轴向移动力可以认为是事故状态。电机直接传动时，动荷载为额定轧制力矩的30%；人字齿轮机座传动时，由于轧辊可能扭曲变形，动荷载为额定轧制力矩的90%。轧制方向上轧材被咬入时的动荷载 $F_A$ 可按自由出口机架（单机架），由轧件的高温应力 $\sigma_w$ 和压下面积（$A_0-A_1$）近似计算。连轧机带张力轧制动荷载可达拉断力的10%（由高温应力 $\sigma_w$ 和出口面积 $A_1$ 计算）。

连轧机的尖峰荷载（FHZ）为轧材的拉断力 $F_R$，单机架轧机的尖峰荷载（FHZ）为推力 $F_T$，由热态强度 $\sigma_w$、出口面积 $A_1$ 和冲击系数 $k$ 计算。此外，单机架轧机的拉力 $F_L$ 可以由额定轧制力矩、轧辊半径和冲击系数来计算。较小的数值（$F_T$ 或 $F_L$）作为尖峰荷载（FHZ）标注在荷载图样上。

**2** 二辊轧机：在轧制过程中，由于轧制速度的变化使轧件产生的惯性力，前、后张力差，以及在穿孔机上顶杆的作用力都会在轧件上作用水平力，水平力引起的倾翻力矩则为动荷载。在一般情况下，水平力是随着各种轧制工艺条件的改变而变化的。其最大值由轧辊直径和惯性力矩计算。

**3** 万向接轴：万向接轴具有自由的力矩向量，在一定偏转角下工作，没有动荷载。发生重大事故时，必须考虑机架和传动装置之间万向接轴的轴向位移，而在其花键槽产生了摩擦移动力。就一般的摩擦情况和尺寸情况来说，这个移动力可由额定轧制力矩和轧辊半径进行近似计算而作为尖峰荷载。

**4** 减速机：传动装置一般是由于减速机箱体的反转力矩作用于基础上的，即所谓固定力矩。

在输入轴和输出轴转动方向不同时，动荷载固定力矩是输入力矩与输出力矩之和，反之是差。在减速比大的减速机上，固定力矩可以用输出力矩来代替。

人字齿轮机座速比为 $i=\pm1$，只要两个输出轴所承受的荷载相等，其力矩相抵消，则固定力矩就等于输入力矩。

当输出力矩集中在第二个人字齿轮轴上时（最危险的情况），固定力矩等于两倍的输入力矩即为尖峰力矩。采用万向接轴，还要加上轴向移动力带来的倾翻力矩，但方向上差90°。

**5** 电机：电机对基础的作用是纯力矩，动荷载一般为额定力矩的1/2至2倍。尖峰荷载等于倾翻力矩和堵转力矩之和，一般为额定力矩的3倍。

**6** 曲柄传动：在曲柄连杆传动中，由于曲柄作用可以产生任意大的作用力。一般情况下，多数用负载，如抬高某个部件的重量来限制它。其动荷载可以通过重量乘以冲击系数 $k=2\sim3$ 来计算。尖峰荷载要考虑曲柄连杆行程的限制，若没有保护装置（如安全销等）限制它，则可以假设曲柄达到水平位置前10°，相当于有效力臂长，为曲柄半径的1/5（20%），因此，就整个半径而言，其作用力是它的5倍，其余从10°至0°的曲柄行程，作用力从5倍开始将无限升高，连杆移动的距离仅仅还剩下1.5%，最大到2%的曲柄半径。这样小的行程一般只有几个毫米，既可以利用零件的弹性变形，也可以利用塑性变形，稍微增加点力来克服，而不至于损害基础。尖峰荷载因此可以由倾翻力矩、减速机传动比和曲柄半径的20%来计算。

**7** 运输链：用运输链运输轧件，一般是以轧件重量和摩擦系数计算出的最大加速度作用力作为基础的动荷载。如果传动轴和转向轮之间的链条张紧力结构上没有直接克服，而是让基础承受，那么作为基础的静荷载还要增加这种链的作用力。运输链的尖峰荷载是链节拉断力乘以动载系数，条件是其中有一条链子被卡死了。

**8** 液压缸：动荷载可以通过作用于活塞面上的额定工作压力计算。尖峰荷载用调节的最大压力乘以冲击系数 $k=1.5$ 求得。

**9** 弹簧挡板：动荷载一般来说是很小的，因为很高的撞击速度经过回弹造成时间损失，因此是可以克服的。弹簧力的增大与撞击速度成正比（但不是平方关系）。正常工作时，轧件以5%～30%的最高速度撞击。因此可以将挡板最大弹簧力的30%作为动荷载（DHZ）。

**10** 固定挡板：这里只能通过轧件的撞击变形来克服力，换句话说，是用轧件的抗压强度和断面来计算挡板的负荷。对动荷载，棒材按10%，板材按2%的计算挡板负荷考虑。对尖峰荷载，棒材按100%，板材按10%的计算挡板负荷。就棒材来说，不会出现几根同时以最大速度撞击的情况，而板材由于头部舌头形状或边部尖角使撞击减缓。

**11** 辊道：垂直方向上的动荷载也是尖峰荷载，采用轧件重量乘以冲击系数计算，冲击系数取3。水平方向上的动荷载采用轧件重量和摩擦系数计算的最大加速度力。这个力乘以冲击系数3为水平尖峰荷载。因为冲击系数3乘以摩擦系数0.33近似等于1，所以水平尖峰荷载就等于重量。轧件重量是每一个辊子所承受的重量。轧件偏离中心严重时应加倍考虑其作用力。辊道台架的重量按静荷载一起考虑。

**B.0.3** 本条对在基础荷载平面图中应表示出的荷载的种类、大小、方向和位置作出了基本规定。

## 附录D 冶金设备基础地脚螺栓锚固设计

**D.0.4** 依据现行国家标准《钢结构设计规范》GB

50017，对于锚栓，钢材 $f_t^a$ 的取值为：Q235 取 140MPa，Q345 取 180MPa。

**D.0.5** 地脚螺栓受拉而引起混凝土破坏时，理想的破坏模式为沿地脚螺栓破坏端头底面外沿向上 45°方向扩展。

根据试验结果，地脚螺栓混凝土锥体破坏的抗拉承载力设计值可按现行国家标准《混凝土结构设计规范》GB 50010 中受冲切承载力的计算方法进行简化计算。考虑到实际工程设计中边距不够及试验时试件尺寸的问题，本条引入了面积修正系数。

对于地脚螺栓端部有效直径 $d_s$ 的取值，当地脚螺栓为直钩式或弯钩式时，可取为地脚螺栓的直径；当地脚螺栓为锚板式时，可取为锚板的直径或边长。

**D.0.6** 当地脚螺栓为直杆式时，其承载力可能由螺栓与混凝土的粘结力控制，影响粘结力的因素很多，宜根据试验确定，接触面平均粘结力试验应符合实际混凝土强度等级、螺栓类型、螺栓表面粗糙程度、粘结材料的厚度和物理力学性能、施工工艺和质量等条件。原冶金部建筑研究总院在 C15～C25 混凝土中，对直径 19mm～50mm 采用 Q235 钢制作的地脚螺栓的试验结果表明，其平均极限破坏粘结力为 3.6MPa。

中华人民共和国国家标准

# 液压振动台基础技术规范

Technical code for hydraulic vibrator foundation

**GB 50699—2011**

主编部门：中 国 兵 器 工 业 集 团 公 司
批准部门：中华人民共和国住房和城乡建设部
施行日期：2 0 1 2 年 5 月 1 日

# 中华人民共和国住房和城乡建设部
# 公　告

第 1033 号

关于发布国家标准

《液压振动台基础技术规范》的公告

现批准《液压振动台基础技术规范》为国家标准，编号为GB 50699—2011，自 2012 年 5 月 1 日起实施。其中，第 8.0.1 条为强制性条文，必须严格执行。

本规范由我部标准定额研究所组织中国计划出版社出版发行。

**中华人民共和国住房和城乡建设部**

二〇一一年五月十二日

## 前　言

本规范是根据原建设部《关于印发〈2006 年工程建设标准规范制订、修订计划（第二批）〉的通知》（建标〔2006〕136 号）的要求，由五洲工程设计研究院会同有关单位编制完成。

本规范在编制过程中，编制组进行了广泛深入的调查研究，总结并参考了国内外先进技术经验，在全国范围内，多次征求了有关单位及业内专家意见，对一些重要问题进行了专题研究和反复讨论，最后经审查定稿。

本规范的特点在于液压振动台频率宽，激振力大，需用地基阻尼控制共振，根据实测、分析和比较，采用双峰法并发展为多峰法，提高了振动台基础的地基阻尼比，可使设计经济，但比弹性半空间等效集总体系莱斯默比拟法的地基阻尼比为低，不失安全；又在于当阻尼比较大，位移或加速度幅频响应曲线峰点不明显或消失时，采用速度幅频响应曲线相对宽度计算阻尼比。

本规范共分 8 章和 2 个附录，主要技术内容包括：总则、术语和符号、基本规定、地基动力特征参数测定、基础动力计算、基础构造、基础施工和检验等。

本规范中以黑体字标志的条文为强制性条文，必须严格执行。

本规范由住房和城乡建设部负责管理和对强制性条文的解释，中国兵器工业集团公司负责日常管理，五洲工程设计研究院负责具体技术内容的解释。执行过程中如有意见或建议，请寄送五洲工程设计研究院科技质量部（地址：北京市宣武区西便门内大街 85 号，邮政编码：100053），以便今后修订时参考。

本规范主编单位、参加单位、主要起草人和主要审查人：

**主 编 单 位：** 五洲工程设计研究院（中国五洲工程设计有限公司）

**参 加 单 位：** 北京东方振动和噪声技术研究所
中国地震局工程力学研究所
中国航空工业规划设计研究院

**主要起草人：** 吴邦达　马冬霞　吴丽波

**主要审查人：** 应怀樵　杨先健　黄浩华　俞渭雄　单志康　茅玉泉　吴成元　李友鹏　邹　宏

# 目　次

# Contents

# 1 总 则

**1.0.1** 为了在液压振动台基础的建造中贯彻执行国家的技术经济政策，做到技术先进、安全适用、经济合理、确保质量，编制本规范。

**1.0.2** 本规范适用于车辆道路模拟、建（构）筑物地震模拟等试验中使用的液压振动台地基基础的勘察、设计、测试、施工和验收。

**1.0.3** 液压振动台基础的技术要求除应执行本规范外，尚应符合国家现行有关标准的规定。

# 2 术语和符号

## 2.1 术 语

**2.1.1** 基组 foundation set

液压振动台基础和基础上的机器、附属设备、填土的总称。

**2.1.2** 地基刚度 stiffness of subsoil

地基抵抗变形的能力，其值为施加于地基上的力（力矩）与它引起的线位移（角位移）之比。

**2.1.3** 水平回转耦合振动 vibration coupled with translating and rocking

基础沿一水平轴平移并绕另一水平轴同时产生回转振动的耦合振动。

## 2.2 符 号

**2.2.1** 作用和响应：

1 用于动力计算：

$P_z$——激振器的竖向扰力；

$P_x$——激振器的水平扰力；

$p_k$——标准静荷载下基础底面平均静压力；

$M_\varphi$——激振器的回转扰力矩的总称；

$M_\psi$——激振器的扭转扰力矩；

$A_z$——基组重心处的竖向振动线位移；

$A_x$——基组重心处的水平向振动线位移；

$A_\varphi$——基础的回转振动角位移的总称；

$A_\psi$——基础的扭转振动角位移的总称；

$A_{z\varphi}$——基础顶面控制点在水平扰力 $P_x$、扰力矩 $M_\varphi$ 及竖向扰力 $P_z$ 偏心作用下的竖向振动线位移；

$A_{x\varphi}$——基础顶面控制点在水平扰力 $P_x$、扰力矩 $M_\varphi$ 及竖向扰力 $P_z$ 偏心作用下的水平向振动线位移；

$\omega$——激振器扰力的圆频率；

$\omega_{nz}$——基组竖向固有圆频率；

$\omega_{nx}$——基组水平向固有圆频率；

$\omega_{n\varphi}$——基组回转固有圆频率；

$\omega_{n\psi}$——基组扭转固有圆频率；

$\omega_{n1}$——基组水平回转耦合振动第一振型固有圆频率的总称；

$\omega_{n2}$——基组水平回转耦合振动第二振型固有圆频率的总称。

2 用于测试分析：

$A_m$——基础竖向振动位移幅频响应曲线峰点线位移的总称；

$A_{m1}$——基础水平回转耦合振动位移幅频响应曲线第一振型峰点水平线位移；

$A_{z\varphi_1}$、$A_{z\varphi_2}$——第一、二台传感器测出的基础水平回转耦合振动位移幅频响应曲线第一振型峰点竖向线位移；

$A_{m\psi}$——基础扭转振动位移幅频响应曲线峰点水平线位移的总称；

$f_{nd}$——基础竖向有阻尼固有频率；

$f_m$——基础竖向振动幅频响应曲线峰点频率的总称；

$f_{m1}$——基础水平回转耦合振动幅频响应曲线第一振型峰点频率的总称；

$f_{nz}$——基础竖向无阻尼固有频率；

$f_{n1}$——基础水平回转耦合振动第一振型无阻尼固有频率；

$f_{nx}$——基础水平向无阻尼固有频率；

$f_{n\varphi}$——基础回转无阻尼固有频率；

$f_{m\psi}$——基础扭转振动幅频响应曲线峰点频率的总称；

$f_{n\psi}$——基础扭转振动无阻尼固有频率。

**2.2.2** 计算指标：

$C_z$——天然地基抗压刚度系数；

$C_\varphi$——天然地基抗弯刚度系数；

$C_x$——天然地基抗剪刚度系数；

$C_\psi$——天然地基抗扭刚度系数；

$K_z$——天然地基抗压刚度；

$K_\varphi$——天然地基抗弯刚度；

$K_x$——天然地基抗剪刚度；

$K_\psi$——天然地基抗扭刚度；

$k_{pz}$——单桩抗压刚度；

$K_{p\varphi}$——桩基抗弯刚度；

$m$——基组的质量，为 $m_f$、$m_m$ 及 $m_s$ 之和；

$m_f$——基础的质量；

$m_m$——基础上机器设备的质量；

$m_s$——基础上回填土的质量（用于埋置的阶梯形基础）；

$m_z$——基础竖向振动的参振总质量，包括基组质量和地基参振质量；

$m_{x\varphi}$——基础水平回转耦合振动的参振总质量，包括基组质量和地基参振质量；

$m_\psi$——基础扭转振动的参振总质量，包括基组质量和地基参振质量；

$\overline{m}$——基组质量比；

$\zeta_z$——天然地基的竖向阻尼比；

$\zeta_{x\varphi 1}$——天然地基的水平回转向耦合振动第一振型阻尼比；

$\zeta_{x\varphi 2}$——天然地基的水平回转向耦合振动第二振型阻尼比；

$\zeta_\psi$——天然地基扭转向阻尼比。

**2.2.3** 几何参数：

$A$——基础底面积；

$I$——基础底面对通过其形心轴的惯性矩；

$J$——基组对通过其重心轴的转动惯量；

$I_z$——基础底面对通过其形心轴的极惯性矩；

$J_z$——基组通过其重心轴的极转动惯量；

$h$——基础高度；

$h_1$——基组质心至基础顶面的距离；

$h_2$——基组质心至基础底面的距离。

# 3 基本规定

## 3.1 一般规定

**3.1.1** 液压振动台基础设计时应取得下列资料：

**1** 激振器的个数、每个质量及运动部分质量；

**2** 激振器的扰力及扰力矩大小、方向及作用位置；

**3** 激振器激振频率范围；

**4** 激振器最大行程、速度及加速度；

**5** 附加设备质量及扰力与扰力矩大小、方向及作用位置；

**6** 设备底座详图，包括附加设备位置、预埋螺栓位置、管沟位置及其孔洞尺寸。

**3.1.2** 液压振动台基础设计时应取得所在建筑物的下列资料：

**1** 建筑物的施工图；

**2** 在建筑物内位置及邻近部分的建筑物基础详图及管沟布置图；

**3** 建筑物的地质勘察资料，振动台基础底面应布置钻孔，孔深应至硬土层或岩层或不小于20m，提供土层压缩波、剪切波波速、剪切模量及泊松比。

**4** 地基动力特性参数的测试资料。

**3.1.3** 振动台基础应与建筑物基础及上部结构分开，净距分别不应小于100mm及50mm。当两者基础紧邻，基础底面应同深。

**3.1.4** 振动台基础顶部四周应与混凝土地面分开，缝宽应为50mm，深应为500mm，可用聚苯乙烯泡沫板填塞，可不做隔振缝。基础四周的回填土应分层夯实，压实系数 $\lambda_c$ 不应小于0.94。

**3.1.5** 有振动的管道应与建筑物脱开，必要时可用柔性连接。有振动的管沟应与建筑物基础用缝分开。

**3.1.6** 振动台所在的建筑物在构造上应按抗震设防烈度不低于7度设计，且不低于当地设防烈度要求，应将屋面荷载增加5%～10%计算屋面板、屋架及托架，但不应传给柱子及基础。

**3.1.7** 振动台基础在天然地基上时，承载力特征值 $f_{ak}$ 小于150kPa的应进行地基处理或用桩基。

**3.1.8** 基组的重心与基础底面形心宜在同一竖线上。

## 3.2 地基和基础的计算规定

**3.2.1** 液压振动台基础底面地基平均静压力应符合下式的要求：

$$p_k \leqslant 0.8 f_a \tag{3.2.1}$$

式中：$p_k$——标准静载荷下基础底面平均静压力（kPa），标准荷载为基础自重及其上的回填土重及机器自重（kN）；

$f_a$——修正后的地基承载力特征值（kPa）。

**3.2.2** 液压振动台基础顶面的振动容许值应符合下列规定：

**1** 最大振动线位移不应大于0.10mm；

**2** 最大振动加速度不应大于0.1g。

注：g为重力加速度。

## 3.3 地基动力特征参数

### Ⅰ 天然地基

**3.3.1** 液压振动台基础在天然地基上的基本动力参数可由现场试验确定，试验方法应按本规范第4章方法进行。当无条件进行试验并有经验时，可按本规范第3.3.2条～第3.3.8条规定确定，并对块体基础计算所得的竖向或水平向振动线位移，可不按现行国家标准《动力机器基础设计规范》GB 50040—96中第3.3.11条进行折减，但应按本规范第8章检验。

**3.3.2** 天然地基的抗压刚度系数 $C_z$ 可按下列规定取用：

**1** 当基础底面积大于或等于20m² 及埋深不小于2.0m时，可按图3.3.2采用，并乘以系数 $\eta$，$\eta$ 的取值应符合下列规定：

1）当 $f_{ak}$ 大于300kPa，$\eta$ 取1.0；

2）当 $f_{ak}$ 不大于300kPa，黏性土 $\eta$ 取1.1，粉土 $\eta$ 取1.0，砂土 $\eta$ 取0.9。

**2** 当基础底面积小于20m²，大于10m² 时，抗压刚度系数 $C_z$ 可采用图3.3.2中的数值乘以底面积修正系数 $\beta_r$。$\beta_r$ 可按下式进行计算：

$$\beta_r = \sqrt[3]{\frac{20}{A}} \tag{3.3.2}$$

式中：$A$——基础底面积（m²）。

**3.3.3** 天然地基的抗弯、抗剪、抗扭刚度系数可按现行国家标准《动力机器基础设计规范》GB 50040—96第3.3.5条计算。

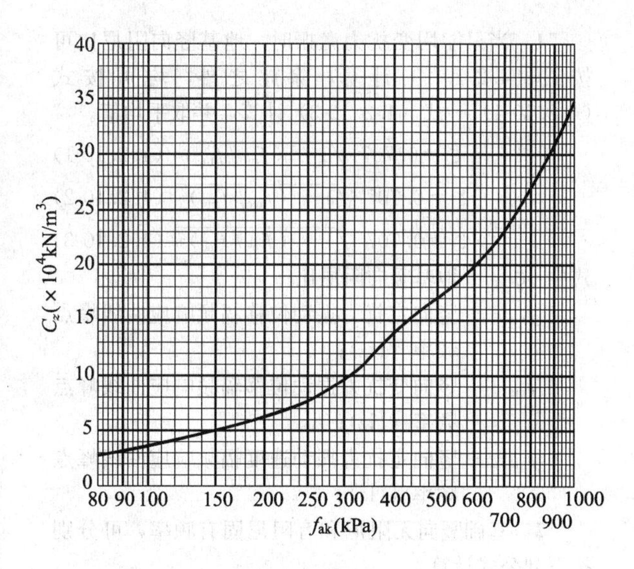


图 3.3.2 天然地基的抗压刚度系数 $C_z$ 与地基承载力特征值 $f_{ak}$ 关系统计曲线

**3.3.4** 天然地基的抗压、抗弯、抗剪、抗扭刚度可按现行国家标准《动力机器基础设计规范》GB 50040—96 第 3.3.6 条计算。

**3.3.5** 天然地基抗压刚度系数的埋深提高系数可按现行国家标准《动力机器基础设计规范》GB 50040—96 第 3.3.7 条计算。

**3.3.6** 天然地基抗压刚度系数值按本规范第 3.3.2 条及第 3.3.5 条提高后的总值不得大于现行国家标准《动力机器基础设计规范》GB 50040—96 表 3.3.2 内的数值的 2 倍。

**3.3.7** 天然地基阻尼比可按下述方法进行计算：

1 竖向阻尼比可按下列公式计算：

$$\zeta_z=\frac{0.18}{\sqrt{(1-\nu)\ \overline{m}}} \qquad (3.3.7\text{-}1)$$

$$\overline{m}=\frac{m}{\rho A^{1.5}} \qquad (3.3.7\text{-}2)$$

式中：$\zeta_z$——天然地基的竖向阻尼比；

$\overline{m}$——基组质量比，不宜大于 0.8，否则可调整基础尺寸；

$m$——基组的质量（t）；

$\rho$——地基土的密度（$t/m^3$）；

$\nu$——地基土的泊松比，按本规范第 3.1.2 条得出。

2 水平回转向、扭转向阻尼比可按现行国家标准《动力机器基础设计规范》GB 50040—96 第 3.3.9.2 款计算。

**3.3.8** 埋置基础的天然地基阻尼比，埋深提高系数可按现行国家标准《动力机器基础设计规范》GB 50040—96 第 3.3.10 条计算。提高后的阻尼比，$\zeta_z$ 不应大于 0.5，$\zeta_{x\varphi1}$、$\zeta_\psi$ 不应大于 0.3。

Ⅱ 桩 基

**3.3.9** 桩基的基本动力参数可由现场试验确定，试验方法应按本规范第 4 章方法进行。当无条件进行试验并有经验时，可按本规范第 3.3.10 条、第 3.3.11 条规定确定，但应按本规范第 8 章检验。

**3.3.10** 桩基刚度可按现行国家标准《动力机器基础设计规范》GB 50040—96 第 3.3.13 条～第 3.3.18 条规定确定。计算桩基的固有频率和振动线位移时所需参数可按该规范第 3.3.19 条、第 3.3.20 条规定确定。

**3.3.11** 摩擦桩桩基竖向阻尼比 $\zeta_{pz}$ 可取无桩时承台在天然地基上的阻尼比增加 0.05，可按现行国家标准《动力机器基础设计规范》GB 50040—96 第 3.3.21.2 款确定水平回转向、扭转向阻尼比，并可按该规范第 3.3.22 条确定桩承台埋深对阻尼比的提高作用，提高后的 $\zeta_{pz}$ 不应大于 0.5，$\zeta_{px\varphi1}$、$\zeta_{p\psi}$ 不应大于 0.3。

# 4 地基动力特征参数测试

## 4.1 一 般 规 定

**4.1.1** 振动台基础设计前，宜在现场进行模块基础试验。

**4.1.2** 模块基础应建在拟建基础附近具有类似结构的原状土层上，其尺寸可为 2.0m×1.5m×1.0m，数量不宜少于 2 个，混凝土强度等级不应低于 C25。当工程需要，尺寸可适当加大，长宽比不应大于 1.5，高宽比不应大于 0.6。此时，模块基础的基组质量比 $\overline{m}$ 宜与设计基础接近。

**4.1.3** 当模块基础用桩基时，可按现行国家标准《地基动力特性测试规范》GB/T 50269—97 第 4.3.2 条进行，桩距、桩截面及混凝土强度等级应与拟建基础的桩相同，桩长应达到拟建基础桩尖地层。

**4.1.4** 模块基础基坑坑壁至模块基础的四周距离应大于 500mm，坑底土层应保持原状结构，坑底面应保持水平面。

**4.1.5** 模块基础的施工尺寸应准确，其顶面应抹平抹光，预埋激振器连接螺栓位置应准确，施工时可采用定位模具。螺栓位置、大小及长度应由测试单位按激振器要求提供。

## 4.2 测试内容及数据处理

**4.2.1** 模块基础用激振法测试应包括强迫振动和自由振动，并应沿竖向和纵横水平方向分别测试，且应分明置和埋置两种情况，埋置时四周回填土应分层夯实，压实系数 $\lambda_c$ 不应小于 0.94。

**4.2.2** 用激振法测试时，除另有说明外，应按现行国家标准《地基动力特性测试规范》GB/T 50269—97 第 4 章的规定进行。测试幅频响应时，激振扰力频率宜在 3Hz～50Hz 范围内变化，对于硬土层或岩层应提高。频率间隔在共振区内应小于1Hz，在共振区外应为1Hz～2Hz，逐个测试。基础共振时的线位移不宜大于0.1mm。

**4.2.3** 模块基础强迫振动的数据处理，可按现行国家标准《地基动力特性测试规范》GB/T 50269—97第4.5.1条的规定进行。

**4.2.4** 模块基础自由振动的测试方法及数据处理，可按现行国家标准《地基动力特性测试规范》GB/T 50269—97第4.4节、第4.5节的规定进行，可用波形起始段无滞后的位移传感器。

**4.2.5** 模块基础地基振动测试应提供下列地基动力参数：

1 地基竖向及水平回转向第一振型以及扭转向的阻尼比；

2 地基抗压、抗剪、抗弯和抗扭刚度系数；

3 地基竖向和水平回转向以及扭转向的参振质量。

**4.2.6** 模块基础桩基振动测试应提供下列动力参数：

1 桩基竖向和水平回转向第一振型以及扭转向的阻尼比；

2 单桩的抗压刚度；

3 桩基抗剪和抗扭刚度系数；

4 桩基竖向和水平回转向以及扭转向的参振质量。

**4.2.7** 测试结果应包括下列内容：

1 测试的各种幅频响应曲线及幅频数据表；

2 地基动力参数测试值的分析计算表；

3 地基动力参数的设计值分析计算表；

4 上述第4.2.5条、第4.2.6条的地基动力参数。

**4.2.8** 数据处理结果，应得到下列幅频响应曲线：

1 基础竖向振动为基础竖向线位移的幅频响应曲线（$A_z$-$f$）；

2 基础水平回转耦合振动为基础顶面测试点沿$x$轴的水平线位移的幅频响应曲线（$A_{x\varphi}$-$f$），及基础顶面测试点由回转振动产生的竖向线位移的幅频响应曲线（$A_{z\varphi}$-$f$）；

3 基础扭转振动为基础顶面测试点在扭转扰力矩作用下的水平线位移的幅频响应曲线（$A_{x\psi}$-$f$）。

**4.2.9** 测试时宜分别用定扰力、变扰力激振。当用定扰力激振时，应同时得出位移、速度及加速度随频率变化的幅频响应曲线。当只能用定扰力激振时，可用其加速度幅频响应曲线峰点频率$f_{ma}$代替本规范第4.2.10条～第4.2.12条有关公式中的变扰力位移幅频响应曲线峰点频率$f_{me}$。当只能用变扰力激振时，可将变扰力（$P$）的位移幅频曲线（$A$-$f$）化作单位定扰力位移幅频响应曲线（$A/P$-$f$），并得出峰点频率。

**4.2.10** 地基竖向动力特征参数可按下列公式计算：

1 当只能用变扰力激振时，地基竖向阻尼比可按式（4.2.10-1）计算，除此之外，均可按式（4.2.10-1）～式（4.2.10-3）计算，并取平均值。

$$\zeta_z=0.707\sqrt{1-(f_{mc}/f_{me})} \quad (4.2.10\text{-}1)$$

$$\zeta_z=0.707\sqrt{1-(f_{mc}/f_{mv})^2} \quad (4.2.10\text{-}2)$$

$$\zeta_z=0.707\sqrt{1-(f_{mv}/f_{me})^2} \quad (4.2.10\text{-}3)$$

式中：$\zeta_z$——地基竖向阻尼比；

$f_{mc}$——竖向定扰力振动位移辐频响应曲线峰点频率（Hz）；

$f_{me}$——竖向变扰力振动位移辐频响应曲线峰点频率（Hz）；

$f_{mv}$——竖向定扰力振动速度幅频响应曲线峰点频率（Hz）。

2 基础竖向无阻尼和有阻尼固有频率，可分别按下列公式计算：

$$f_{nz}=\sqrt{f_{mc}\cdot f_{me}} \quad (4.2.10\text{-}4)$$

$$f_{nd}=f_{nz}\sqrt{1-\zeta_z^2} \quad (4.2.10\text{-}5)$$

式中：$f_{nz}$——基础竖向无阻尼固有频率（Hz）；

$f_{nd}$——基础竖向有阻尼固有频率（Hz），可用冲击法测试做验证。

注：1 $f_{nz}$应接近$f_{mv}$，允许偏差为10%，相差较大时，应研究$f_{mc}$与$f_{me}$的取点是否合理，或测试精度是否可靠。

2 当有关曲线峰点不明显或消失（$\zeta_z=0.6\sim1.0$）时，可用附录B计算$\zeta_z$。

3 基础的参振总质量、地基抗压刚度和抗压刚度系数、单桩抗压刚度和桩基抗弯刚度，可分别依次按下列公式计算：

$$m_z=\frac{K_z}{(2\pi f_{nz})^2} \quad (4.2.10\text{-}6)$$

$$K_z=\frac{P_c}{A_{mc}}\cdot\frac{1}{2\zeta_z\sqrt{1-\zeta_z^2}} \quad (4.2.10\text{-}7)$$

$$C_z=\frac{K_z}{A} \quad (4.2.10\text{-}8)$$

$$k_{pz}=\frac{K_z}{n_p} \quad (4.2.10\text{-}9)$$

$$K_{p\varphi}=k_{pz}\sum_{i=1}^{n}r_i^2 \quad (4.2.10\text{-}10)$$

式中：$m_z$——基础竖向振动的参振总质量（t），包括基础，激振设备及地基参振质量，当大于基础质量$m_f$的2倍时，应取$m_z$等于$2m_f$；

$K_z$——地基抗压刚度（kN/m）；

$P_c$——定扰力值（kN）；

$A_{mc}$——定扰力竖向振动辐频响应曲线峰点线位移（m）。

$C_z$——地基抗压刚度系数（kN/m³）；

$k_{pz}$——单桩抗压刚度（kN/m）；

$K_{p\varphi}$——桩基抗弯刚度（kN·m）；

$r_i$——第 $i$ 根桩中线至基础底面形心回转轴的距离（m）；

$n_p$——桩数。

**4.2.11** 地基在轴 $x$ 向水平回转向动力特征参数应按下列公式计算：

**1** 当只能用变扰力激振时，地基水平回转耦合第一振型阻尼比可按式（4.2.11-1）计算，除此之外，均可按式（4.2.11-1）～式（4.2.10-3）计算，并取平均值。

$$\zeta_{x\varphi_1}=0.707\sqrt{1-(f_{m1c}/f_{m1e})} \quad (4.2.11\text{-}1)$$

$$\zeta_{x\varphi_1}=0.707\sqrt{1-(f_{m1c}/f_{m1v})^2} \quad (4.2.11\text{-}2)$$

$$\zeta_{x\varphi_1}=0.707\sqrt{1-(f_{m1v}/f_{m1e})^2} \quad (4.2.11\text{-}3)$$

式中：$\zeta_{x\varphi_1}$——基础水平回转向第一振型阻尼比；

$f_{m1c}$——水平定扰力振动水平回转位移 $A_{x\varphi}$-$f$ 幅频响应曲线第一振型峰点频率（Hz）；

$f_{m1e}$——水平变扰力振动水平回转位移 $A_{x\varphi}$-$f$ 幅频响应曲线第一振型峰点频率（Hz）；

$f_{m1v}$——水平定扰力振动水平回转速度 $V_{x\varphi}$-$f$ 幅频响应曲线第一振型峰点频率（Hz）。

**2** 基础无阻尼固有频率可按下式计算：

$$f_{n1}=\sqrt{f_{m1c}f_{m1e}} \quad (4.2.11\text{-}4)$$

式中：$f_{n1}$——基础水平回转耦合振动第一振型无阻尼固有频率（Hz）；

注：$f_{n1}$应接近 $f_{m1v}$，允许偏差为10%，相差较大时，应研究 $f_{m1c}$与 $f_{m1e}$的取点是否合理，或测试精度是否可靠。

**3** 基础水平回转振动的参振总质量，应按下列公式计算：

$$m_{x\varphi}=\frac{P_x(\rho_1+h_3)(\rho_1+h_1)}{A_{m1}(2\pi f_{n1})^2}\cdot\frac{1}{2\zeta_{x\varphi_1}\sqrt{1-\zeta_{x\varphi_1}^2}}\cdot\frac{1}{i^2+\rho_1^2} \quad (4.2.11\text{-}5)$$

$$\rho_1=A_x/\Phi_{m1} \quad (4.2.11\text{-}6)$$

$$\Phi_{m1}=\frac{|A_{z\varphi_1}|+|A_{z\varphi_2}|}{l_1} \quad (4.2.11\text{-}7)$$

$$A_x=A_{m1}-h_1\Phi_{m1} \quad (4.2.11\text{-}8)$$

$$i=\sqrt{\frac{1}{12}(l^2+h^2)} \quad (4.2.11\text{-}9)$$

式中：$m_{x\varphi}$——基础水平回转耦合振动的参振总质量（t），包括基础、激振设备和地基参振质量，当 $m_{x\varphi}$ 大于基础质量的1.4倍时，应取1.4倍；

$P_x$——作用于 $x$ 方向的水平定扰力（kN）；

$\rho_1$——基础第一振型转动中心至基础质心距离（m）

$i$——基础回转半径（m）；

$\Phi_{m1}$——基础第一振型峰点的回转角位移（rad）；

$A_{z\varphi_1}$——第一台传感器测出的基础水平回转耦合振动第一振型竖向峰点线位移（m）；

$A_{z\varphi_2}$——第二台传感器测出的基础水平回传耦合振动第一振型竖向峰点线位移（m）；

$l_1$——两台竖向传感器的间距（m）；

$A_x$——基础质心处的水平向线位移（m）；

$A_{m1}$——基础水平回转耦合振动第一振型水平向峰点线位移（m）；

$h_1$——基础质心至基础顶面的距离（m）；

$l$——平行于扰力方向的基础边长（m）；

$h$——基础高度（m）；

$h_3$——基础质心至激振器水平扰力距离（m）。

**4** 地基抗剪刚度和抗剪刚度系数、抗弯刚度和抗剪刚度系数，应按下列公式计算：

$$K_x=m_{x\varphi}(2\pi f_{nx})^2 \quad (4.2.11\text{-}10)$$

$$f_{nx}=f_{n1}/\sqrt{1-h_2/\rho_1} \quad (4.2.11\text{-}11)$$

$$C_x=\frac{K_x}{A} \quad (4.2.11\text{-}12)$$

$$K_\varphi=J(2\pi f_{n\varphi})^2-K_x h_2^2 \quad (4.2.11\text{-}13)$$

$$f_{n\varphi}=\sqrt{\rho_1\frac{h_2}{i^2}f_{nx}^2+f_{n1}^2} \quad (4.2.11\text{-}14)$$

$$C_\varphi=\frac{K_\varphi}{I} \quad (4.2.11\text{-}15)$$

式中：$K_x$——地基抗剪刚度（kN/m）；

$f_{nx}$——基础水平向无阻尼固有频率（Hz）；

$C_x$——抗剪刚度系数（kN/m³）；

$K_\varphi$——地基抗弯刚度（kN·m）；

$f_{n\varphi}$——基础回转无阻尼固有频率（Hz）；

$h_2$——基组质心至基础底面的距离（m）；

$C_\varphi$——抗弯刚度系数（kN/m³）；

$J$——基础对通过其重心轴的转动惯量（t·m²）；

$I$——基础底面对通过其形心轴的惯性矩（m⁴）。

**4.2.12** 地基扭转向动力特征参数应按下列公式计算：

**1** 当只能用变扰力激振时，地基扭转向阻尼比可按式（4.2.12-1）计算，除此之外，均可按式（4.2.12-1）～式（4.2.12-3）计算，并取平均值：

$$\zeta_\psi=0.707\sqrt{1-(f_{m\psi c}/f_{m\psi e})} \quad (4.2.12\text{-}1)$$

$$\zeta_\psi=0.707\sqrt{1-(f_{m\psi c}/f_{m\psi v})^2} \quad (4.2.12\text{-}2)$$

$$\zeta_\psi=0.707\sqrt{1-(f_{m\psi v}/f_{m\psi e})^2} \quad (4.2.12\text{-}3)$$

式中：$\zeta_\psi$——地基扭转向阻尼比；

$f_{m\psi c}$——定扰力扭转振动水平位移 $A_{x\psi}$-$f$ 辐频响

应曲线峰点频率；

$f_{m\psi c}$——变扰力扭转振动水平位移 $A_{x\psi}$-$f$ 辐频响应曲线峰点频率；

$f_{m\psi v}$——定扰力扭转振动速度 $V_{x\psi}$-$f$ 辐频响应曲线峰点频率。

2 基础扭转振动无阻尼固有频率可按下式计算：

$$f_{n\psi}=\sqrt{f_{m\psi c}\cdot f_{m\psi e}} \quad (4.2.12\text{-}4)$$

式中：$f_{n\psi}$——基础扭转振动无阻尼固有频率（Hz）。

注：$f_{n\psi}$应接近于$f_{m\psi v}$，允许偏差为10%，相差较大时应研究$f_{m\psi v}$与$f_{m\psi e}$的取点是否合理，或测试精度是否可靠。

3 基础扭转振动的参振总质量，应按下列公式计算：

$$m_{\psi}=\frac{12J_z}{l^2+b^2} \quad (4.2.12\text{-}5)$$

$$J_z=\frac{M_{\psi}l_{\psi}}{A_{m\psi c}\omega_{n\psi}^2}\cdot\frac{1}{2\zeta_{\psi}\sqrt{1-\zeta_{\psi}^2}} \quad (4.2.12\text{-}6)$$

$$\omega_{n\psi}=2\pi f_{n\psi} \quad (4.2.12\text{-}7)$$

式中：$m_{\psi}$——基础扭转振动的参振总质量（t），包括基础、激振设备和地基参振质量（t）；

$J_z$——基础通过其重心轴的极转动惯量（t·m²）；

$M_{\psi}$——激振设备的定扰力扭转力矩（kN·m）；

$l_{\psi}$——扭转轴至实测点的距离（m）；

$A_{m\psi c}$——定扰力扭转振动水平位移 $A_{x\psi}$-$f$ 幅频响应曲线峰点线位移（m）；

$\omega_{n\psi}$——基础扭转振动无阻尼固有圆频率（rad/s）；

$b$——基础宽度（m）。

4 地基的抗扭刚度和抗扭刚度系数，可分别按式（4.2.12-8）和式（4.2.12-9）计算：

$$K_{\psi}=J_z\cdot\omega_{n\psi}^2 \quad (4.2.12\text{-}8)$$

$$C_{\psi}=K_{\psi}/I_z \quad (4.2.12\text{-}9)$$

式中：$K_{\psi}$——地基抗扭刚度（kN·m）；

$C_{\psi}$——地基抗扭刚度系数（kN/m³）；

$I_z$——基础底面对通过其形心轴的极惯性矩（m⁴）。

**4.2.13** 由明置模块基础或桩基础测试的地基阻尼比、地基刚度系数及地基参加振动的当量质量用于设计振动台基础时，应进行有关换算，可按现行国家标准《地基动力特性测试规范》GB/T 50269 第4.6节的规定进行。换算后的设计值，$\zeta_z$ 不应大于0.5，$\zeta_{x\varphi 1}$、$\zeta_{\psi}$ 不应大于0.3。且天然地基的抗压刚度系数 $C_z$，不应大于现行国家标准《动力机器设计规范》GB 50040 表3.3.2规定的2倍。

## 5 基础动力计算

**5.0.1** 基础动力计算，除应按现行国家标准《动力机器基础设计规范》GB 50040—96 第4.3.3条～第4.3.6条公式计算外，尚应符合本规范附录A的规定。

**5.0.2** 基础动力计算时，如有多个激振器，可根据实际使用情况，当激振力不同时达到最大值时可以折减，其折减系数由工艺单位提出。

## 6 基础构造

**6.0.1** 钢筋混凝土振动台块体基础宜扁平，宜为方形或矩形，平面尺寸长宽比不宜大于1.5，高宽比不宜大于0.6，必要时可在底部放阶加宽。放置激振器的凹坑坑壁厚度不宜小于0.6m，凹坑底板厚不宜小于2m。混凝土强度等级不低于C25，应采用低水化热水泥。

**6.0.2** 基础主要钢筋应用钢号HRB335，根据激振力大小、基础大小和施工时钢筋骨架的稳定性进行配筋，直径不应小于ϕ12。顶面、底面、四周及坑内外壁可用200mm×200mm钢筋网，放置激振器的坑底应用双层钢筋网，并应上下错开。基础内部配500mm×500mm×500mm三向钢筋网。

**6.0.3** 基础底面应设置混凝土垫层厚100mm，四周应宽出底面100mm，混凝土强度等级宜采用C15。

**6.0.4** 基础在管道洞孔或缺口处应将被截断钢筋同面积的各半分别补加于洞口左右两侧和上下两面。

## 7 基础施工

**7.0.1** 基础应预埋螺栓与基座板连接或直接与设备连接，应严格保证螺栓位置准确。基座板及螺栓应由工厂提供，基座板应留灌浆孔。

**7.0.2** 与设备或管道连接的专用预埋件或支座（支架）应由工厂提供，并应由土建施工预埋。

**7.0.3** 基础施工时应严格控制水灰比和坍落度，且应分层连续浇灌，每层厚度应按施工实际条件确定，不应留施工缝。混凝土应严格振捣密实，不得有空隙孔洞。

**7.0.4** 基础施工时应采取措施避免混凝土凝固时产生温度裂缝，浇灌时天气温度不宜过高或过低。施工时间宜在春、秋季节，在冬季应采取保暖措施，在夏季对砂石骨料应采取冷却措施，必要时可用冰屑代替水拌和混凝土。

**7.0.5** 基座板底应用二次浇灌层，并应用灌浆料填塞密实，浇前应用加压的水将原有混凝土面冲洗干净，并应充分浸润保证灌浆料与基座板的紧密结合。

**7.0.6** 施工中应用调平螺栓调平基座板，调平螺栓应先行润滑。然后拧紧地脚螺栓，检查基座板的装配公差。其后浇灌浆料，待凝固后松开调平螺栓。待砂浆及混凝土达到设计强度后，应对每个地脚螺栓施加预应力，大小应由设计规定。

**7.0.7** 在条件许可时，基础坑可在建筑物屋盖施工后在室内开挖，以免雨水浸泡地基，并应预留 30cm 厚土层作保护，并应在浇混凝土基础垫层时挖除。

**7.0.8** 基础施工应符合现行国家标准《混凝土结构工程施工质量验收规范》GB 50204 的有关规定。

## 8 检 验

**8.0.1 液压振动台的混凝土基础施工完毕并达到设计强度后，必须对基础进行振动测试以作检验。**

**8.0.2** 在设备安装调试后，应用设备激振器激振进行测试，并应满足本规范第 3.2.2 条规定；同时，检验地基动力参数测试值与设计值是否接近。

## 附录 A 基础动力计算基本公式

**A.0.1** 基础动力计算时，应确定基础上的扰力和扰力矩的方向和作用位置（图 A.0.1）。

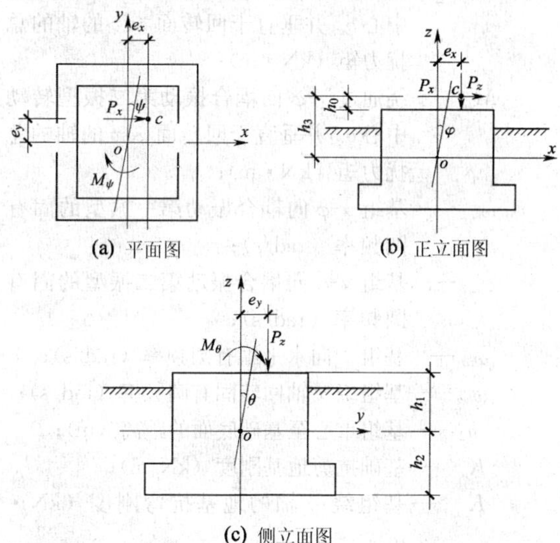


图 A.0.1 扰力、扰力矩示意图

注：o 点为基组重心，即坐标原点；c 点为扰力作用点。

**A.0.2** 基组在通过其重心的竖向扰力 $P_z$ 作用下，其竖向振动线位移和固有圆频率的计算应符合下列规定：

1 线位移和固有频率可分别按式（A.0.2-1）、（A.0.2-2）计算。

$$A_z=\frac{P_z}{K_z}\frac{1}{\sqrt{(1-\frac{\omega^2}{\omega_{nz}^2})^2+4\zeta_z^2\frac{\omega^2}{\omega_{nz}^2}}} \quad (A.0.2\text{-}1)$$

$$\omega_{nz}=\sqrt{\frac{K_z}{m}} \quad (A.0.2\text{-}2)$$

$$m=m_f+m_m+m_s \quad (A.0.2\text{-}3)$$

式中：$A_z$——基组重心处的竖向线位移（m）；

$P_z$——激振器的竖向扰力（kN）；

$\omega_{nz}$——基组的竖向固有圆频率（rad/s）；

$m$——基组竖向振动的总质量（t）；

$m_f$——基础的质量（t）；

$m_m$——基础上机器设备的质量（t）；

$m_s$——基础上回填土的质量（t）；

$K_z$——基础的地基抗压刚度（kN/m）；

$\omega$——激振器扰力的圆频率（rad/s）；

$\zeta_z$——地基的竖向阻尼比。

2 最大线位移 $A_{zmax}$ 可按下列公式计算：

1）当 $P_z$ 为定扰力，且 $\omega=\omega_{nz}\sqrt{1-2\zeta_z^2}$ 时：

$$A_{zmax}=\frac{P_z}{K_z}\cdot\frac{1}{2\zeta_z\sqrt{1-\zeta_z^2}} \quad (A.0.2\text{-}4)$$

2）当 $P_z$ 为变扰力，且 $\omega=\frac{\omega_{nz}}{\sqrt{1-2\zeta_z^2}}$ 时：

$$A_{zmax}=\frac{P_z}{K_z}\cdot\frac{1}{2\zeta_z\sqrt{1-\zeta_z^2}}(1-2\zeta_z^2) \quad (A.0.2\text{-}5)$$

式中：$A_{zmax}$——基组垂心处的竖向最大线位移（m）。

**A.0.3** 基组在水平扰力 $P_x$ 和竖向扰力 $P_z$ 沿 $x$ 向偏心矩作用下，产生 $x$ 向水平、绕 $y$ 轴回转（即 $x$-$\varphi$ 向）的耦合振动（图 A.0.3），其基础顶面控制点的竖向和水平线位移的计算，并应符合下列规定：

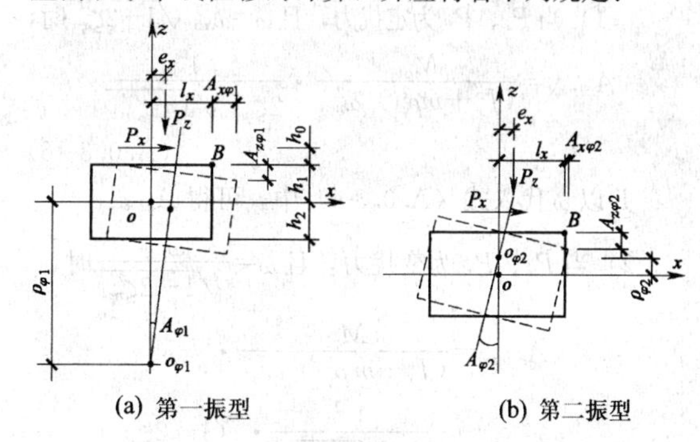


图 A.0.3 基组沿 $x$ 向水平、绕 $y$ 轴回转的耦合振动的振型

1 基础顶面控制的竖向和水平线位移应分别按下列公式计算：

$$A_{z\varphi}=(A_{\varphi1}+A_{\varphi2})\ l_x \quad (A.0.3\text{-}1)$$

$$A_{x\varphi}=A_{\varphi1}(\rho_{\varphi1}+h_1)+A_{\varphi2}(h_1-\rho_{\varphi2}) \quad (A.0.3\text{-}2)$$

$$A_{\varphi1}=\frac{M_{\varphi1}}{(J_y+m\rho_{\varphi1}^2)\ \omega_{n\varphi1}^2}\cdot\frac{1}{\sqrt{(1-\frac{\omega^2}{\omega_{n\varphi1}^2})^2+4\zeta_{x\varphi1}^2\frac{\omega^2}{\omega_{n\varphi1}^2}}} \quad (A.0.3\text{-}3)$$

$$A_{\varphi2}=\frac{M_{\varphi2}}{(J_y+m\rho_{\varphi2}^2)\ \omega_{n\varphi2}^2}\cdot\frac{1}{\sqrt{(1-\frac{\omega^2}{\omega_{n\varphi2}^2})^2+4\zeta_{x\varphi2}^2\frac{\omega^2}{\omega_{n\varphi2}^2}}} \quad (A.0.3\text{-}4)$$

$$\omega_{n\varphi1}^2=\frac{1}{2}\left[(\omega_{nx}^2+\omega_{n\varphi}^2)-\sqrt{(\omega_{nx}^2-\omega_{n\varphi}^2)^2+\frac{4mh_2^2}{J_y}\omega_{nx}^4}\right] \quad (A.0.3\text{-}5)$$

$$\omega_{n\varphi2}^2=\frac{1}{2}\left[(\omega_{nx}^2+\omega_{n\varphi}^2)+\sqrt{(\omega_{nx}^2-\omega_{n\varphi}^2)^2+\frac{4mh_2^2}{J_y}\omega_{nx}^4}\right] \quad (A.0.3\text{-}6)$$

$$\omega_{nx}^2=\frac{K_x}{m} \quad (A.0.3\text{-}7)$$

$$\omega_{n\varphi}^2=\frac{K_\varphi+K_xh_2^2}{J_y} \quad (A.0.3\text{-}8)$$

$$K_\varphi=C_\varphi I_y\alpha_{x\varphi} \quad (A.0.3\text{-}9)$$

$$M_{\varphi1}=P_x(h_1+h_0+\rho_{\varphi1})+P_ze_x \quad (A.0.3\text{-}10)$$

$$M_{\varphi2}=P_x(h_1+h_0-\rho_{\varphi2})+P_ze_x \quad (A.0.3\text{-}11)$$

$$\rho_{\varphi1}=\frac{\omega_{nx}^2h_2}{\omega_{nx}^2-\omega_{n\varphi1}^2} \quad (A.0.3\text{-}12)$$

$$\rho_{\varphi2}=\frac{\omega_{nx}^2h_2}{\omega_{n\varphi2}^2-\omega_{nx}^2} \quad (A.0.3\text{-}13)$$

**2** 最大竖向和水平线位移$A_{z\varphi\max}$、$A_{x\varphi\max}$的计算应符合下列规定：

情况1：可分别按下列公式计算。

$$A_{z\varphi\max}=(A_{\varphi1\max}+A_{\varphi2})\,l_x \quad (A.0.3\text{-}14)$$

$$A_{x\varphi\max}=A_{\varphi1\max}(\rho_{\varphi1}+h_1)+A_{\varphi2}(h_1-\rho_{\varphi2}) \quad (A.0.3\text{-}15)$$

**1**）当$P_x$、$P_z$为定扰力，且$\omega=\omega_{n\varphi1}\sqrt{1-2\zeta_{x\varphi1}^2}$时，

$$A_{\varphi1\max}=\frac{M_{\varphi1}}{(J_y+m\rho_{\varphi1}^2)\,\omega_{n\varphi1}^2}\cdot\frac{1}{2\zeta_{x\varphi1}\sqrt{1-\zeta_{x\varphi1}^2}} \quad (A.0.3\text{-}16)$$

并以$\omega$代入式（A.0.3-4）中，可得$A_{\varphi2}$。

**2**）当$P_x$、$P_z$为变扰力，且$\omega=\frac{\omega_{n\varphi1}}{\sqrt{1-2\zeta_{x\varphi1}^2}}$时，

$$A_{\varphi1\max}=\frac{M_{\varphi1}}{(J_y+m\rho_{\varphi1}^2)\,\omega_{n\varphi1}^2}\cdot\frac{1}{2\zeta_{x\varphi1}\sqrt{1-\zeta_{x\varphi1}^2}}\cdot(1-2\zeta_{x\varphi1}^2) \quad (A.0.3\text{-}17)$$

此时，$M_{\varphi1}$用变扰力计算，并以$\omega$代入式(A.0.3-4)中可得$A_{\varphi2}$。

情况2：可分别按下列公式计算：

$$A_{z\varphi\max}=(A_{\varphi1}+A_{\varphi2\max})\,l_x \quad (A.0.3\text{-}18)$$

$$A_{x\varphi\mathrm{man}}=A_{\varphi1}(\rho_{\varphi1}+h_1)+A_{\varphi2\max}(h_1-\rho_{\varphi2}) \quad (A.0.3\text{-}19)$$

**1**）当$P_x$、$P_z$为定扰力，且$\omega=\omega_{n\varphi2}\sqrt{1-2\zeta_{x\varphi2}^2}$时，

$$A_{\varphi2\max}=\frac{M_{\varphi2}}{(J_y+m\rho_{\varphi2}^2)\,\omega_{n\varphi2}^2}\cdot\frac{1}{2\zeta_{x\varphi2}\sqrt{1-\zeta_{x\varphi2}^2}} \quad (A.0.3\text{-}20)$$

并以$\omega$代入式（A.0.3-3）中，可得$A_{\varphi1}$。

**2**）当$P_x$、$P_z$为变扰力，且$\omega=\frac{\omega_{n\varphi2}}{\sqrt{1-2\zeta_{x\varphi2}^2}}$时，

$$A_{\varphi2\max}=\frac{M_{\varphi2}}{(J_y+m\rho_{\varphi2}^2)\,\omega_{n\varphi2}^2}\cdot\frac{1}{2\zeta_{x\varphi2}\sqrt{1-\zeta_{x\varphi2}^2}}\cdot(1-2\zeta_{x\varphi2}^2) \quad (A.0.3\text{-}21)$$

此时，$M_{\varphi2}$用变扰力计算，并以$\omega$代入式（A.0.3-3）中可得$A_{\varphi1}$。

式中：$A_{z\varphi}$——基础顶面控制点，由于$x$向水平绕$y$轴回转耦合振动产生的竖向线位移（m）；

$A_{x\varphi}$——基础顶面控制点，由于$x$向水平绕$y$轴回转耦合振动产生的$x$向水平线位移（m）；

$A_{\varphi1}$——基组$x$-$\varphi$向耦合振动第一振型的回转角位移（rad）；

$A_{\varphi2}$——基组$x$-$\varphi$向耦合振动第二振型的回转角位移（rad）；

$\rho_{\varphi1}$——基组$x$-$\varphi$向耦合振动第一振型转动中心至基组重心的距离（m）；

$\rho_{\varphi2}$——基组$x$-$\varphi$向耦合振动第二振型转动中心至基组重心的距离（m）；

$M_{\varphi1}$——绕通过$x$-$\varphi$向耦合振动第一振型转动中心$o_{\varphi1}$并垂直于回转面$zox$的轴的总扰力矩（kN·m）；

$M_{\varphi2}$——绕通过$x$-$\varphi$向耦合振动第二振型转动中心$o_{\varphi2}$并垂直于回转面$zox$的轴的总扰力矩（kN·m）；

$\omega_{n\varphi1}$——基组$x$-$\varphi$向耦合振动第一振型的固有圆频率（rad/s）；

$\omega_{n\varphi2}$——基组$x$-$\varphi$向耦合振动第二振型的固有圆频率（rad/s）；

$\omega_{nx}$——基组$x$向水平固有圆频率（rad/s）；

$\omega_{n\varphi}$——基组绕$y$轴回转固有圆频率（rad/s）；

$h_2$——基组重心至基础底面的距离（m）；

$K_x$——基础抗剪地基刚度（kN/m）；

$K_\varphi$——基组绕$y$轴的地基抗弯刚度（kN·m）；

$J_y$——基组对通过其重心的$y$轴的转动惯量（t·m$^2$）；

$I_y$——基础底面对通过其形心$y$轴的惯性矩（m$^4$）；

$C_\varphi$——地基抗弯刚度系数；

$\alpha_{x\varphi}$——见现行国家标准《动力机器基础设计规范》GB 50040—96中式（3.3.7-2）；

$e_x$——激振器竖向扰力沿$x$轴向的偏心距（m）；

$h_1$——基组重心至基础顶面的距离（m）；

$h_0$——水平扰力作用线至基础顶面的距离（m）；

$\zeta_{x\varphi1}$——基组$x$-$\varphi$向耦合振动第一振型阻尼比；

$\zeta_{x\varphi2}$——基组$x$-$\varphi$向耦合振动第二振型阻尼比；

$A_{\varphi 1\max}$——基组 $x$-$\varphi$ 向耦合振动第一振型最大回转角位移（rad）；

$A_{\varphi 2\max}$——基组 $x$-$\varphi$ 向耦合振动第二振型最大回转角位移（rad）；

$A_{z\varphi\max}$——基础顶面控制点，由 $x$ 向水平绕 $y$ 轴回转耦合振动产生的最大竖向线位移；

$A_{x\varphi\max}$——基础顶面控制点，由 $x$ 向水平绕 $y$ 轴回转耦合振动产生的最大 $x$ 向水平线位移。

**3** 最大线位移的选取应符合下列规定：

1）定扰力作用时：按情况 1、2 分别计算，两者中取最大者。

2）变扰力作用时：按情况 1、2 分别计算，两者中取最大者。

**A.0.4** 基组在回转力矩 $M_\theta$ 和竖向扰力 $P_z$ 沿 $y$ 向偏心矩作用下，产生 $y$ 向水平、绕 $x$ 轴回转（即 $y$-$\theta$ 向）的耦合振动（图A.0.4），其竖向和水平向线位移的计算，应符合下列规定：

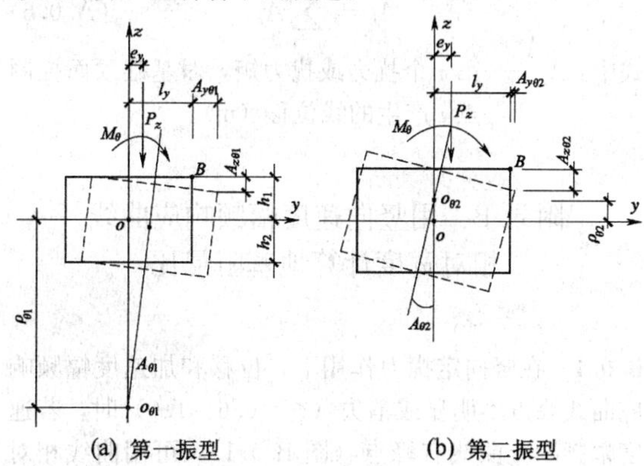


图 A.0.4 基组沿 $y$ 向水平、绕 $x$ 轴回转的耦合振动的振型

**1** 竖向和水平线位移应分别按下列公式计算：

$$A_{z\theta}=(A_{\theta1}+A_{\theta2})\,l_y \quad (A.0.4\text{-}1)$$

$$A_{y\theta}=A_{\theta1}(\rho_{\theta1}+h_1)+A_{\theta2}(h_1-\rho_{\theta2}) \quad (A.0.4\text{-}2)$$

$$A_{\theta1}=\frac{M_{\theta1}}{(J_x+m\rho_{\theta1}^2)\,\omega_{n\theta1}^2}\cdot\frac{1}{\sqrt{(1-\frac{\omega^2}{\omega_{n\theta1}^2})^2+4\zeta_{y\theta1}^2\frac{\omega^2}{\omega_{n\theta1}^2}}} \quad (A.0.4\text{-}3)$$

$$A_{\theta2}=\frac{M_{\theta1}}{(J_x+m\rho_{\theta2}^2)\,\omega_{n\theta2}^2}\cdot\frac{1}{\sqrt{(1-\frac{\omega^2}{\omega_{n\theta2}^2})^2+4\zeta_{y\theta2}^2\frac{\omega^2}{\omega_{n\theta2}^2}}} \quad (A.0.4\text{-}4)$$

$$\omega_{n\theta1}^2=\frac{1}{2}\left[(\omega_{ny}^2+\omega_{n\theta}^2)-\sqrt{(\omega_{ny}^2-\omega_{n\theta}^2)^2+\frac{4mh_2^2}{J_x}\omega_{ny}^4}\right] \quad (A.0.4\text{-}5)$$

$$\omega_{n\theta2}^2=\frac{1}{2}\left[(\omega_{ny}^2+\omega_{n\theta}^2)+\sqrt{(\omega_{ny}^2-\omega_{n\theta}^2)^2+\frac{4mh_2^2}{J_x}\omega_{ny}^4}\right] \quad (A.0.4\text{-}6)$$

$$\omega_{ny}^2=\omega_{nx}^2 \quad (A.0.4\text{-}7)$$

$$\omega_{n\theta}^2=\frac{K_\theta+K_x h_2^2}{J_x} \quad (A.0.4\text{-}8)$$

$$K_\theta=C_\varphi I_x \alpha_{x\varphi} \quad (A.0.4\text{-}9)$$

$$M_{\theta1}=M_\theta+P_z e_y \quad (A.0.4\text{-}10)$$

$$M_{\theta2}=M_\theta+P_z e_y \quad (A.0.4\text{-}11)$$

$$\rho_{\theta1}=\frac{\omega_{ny}^2 h_2}{\omega_{ny}^2-\omega_{n\theta1}^2} \quad (A.0.4\text{-}12)$$

$$\rho_{\theta2}=\frac{\omega_{ny}^2 h_2}{\omega_{n\theta2}^2-\omega_{ny}^2} \quad (A.0.4\text{-}13)$$

式中：$A_{z\theta}$——基础顶面控制点，由于 $y$ 向水平绕 $x$ 轴回转耦合振动产生的竖向线位移（m）；

$A_{y\theta}$——基础顶面控制点，由于 $y$ 向水平绕 $x$ 轴回转耦合振动产生的 $y$ 向水平线位移（m）。

$A_{\theta1}$——基组 $y$-$\theta$ 向耦合振动第一振型的回转角位移（rad）；

$A_{\theta2}$——基组 $y$-$\theta$ 向耦合振动第二振型的回转角位移（rad）；

$\rho_{\theta1}$——基组 $y$-$\theta$ 向耦合振动第一振型转动中心至基组重心的距离（m）；

$\rho_{\theta2}$——基组 $y$-$\theta$ 向耦合振动第二振型转动中心至基组重心的距离（m）；

$\omega_{n\theta1}$——基组 $y$-$\theta$ 向耦合振动第一振型的固有圆频率（rad/s）；

$\omega_{n\theta2}$——基组 $y$-$\theta$ 向耦合振动第二振型的固有圆频率（rad/s）；

$\omega_{ny}$——基组绕 $y$ 轴回转固有圆频率（rad/s）；

$\omega_{n\theta}$——基组绕 $x$ 轴回转固有圆频率（rad/s）；

$J_x$——基组对通过其重心的 $x$ 轴的转动惯量（$t\cdot m^2$）；

$K_\theta$——基组绕 $x$ 轴的地基抗弯刚度（kN·m）；

$I_x$——基础底面对通过其形心 $x$ 轴的惯性矩（$m^4$）；

$M_{\theta1}$——绕通过 $y$-$\theta$ 向耦合振动第一振型转动中心 $o_{\theta1}$ 并垂直于回转面 $zoy$ 的轴的总扰力（kN·m）；

$M_{\theta2}$——绕通过 $y$-$\theta$ 向耦合振动第二振型转动中心 $o_{\theta2}$ 并垂直于回转面 $zoy$ 的轴的总扰力（kN·m）；

$M_\theta$——绕 $x$ 轴的激振器扰力矩（kN·m）；

$e_y$——激振器竖向扰力 $P_z$ 沿 $y$ 轴向的偏心距（m）；

$\alpha_{x\varphi}$——见式（A.0.3-9）的说明；

$\zeta_{\theta1}$——基组 $y$-$\theta$ 向耦合振动第一振型阻尼比；

$\zeta_{\theta2}$——基组 $y$-$\theta$ 向耦合振动第二振型阻尼比。

**2** 最大竖向和水平线位移 $A_{z\theta\max}$、$A_{y\theta\max}$ 的计算和

选取，可分别以 $y$ 代 $x$，$\theta$ 代 $\varphi$，代入式（A.0.3-14）～式（A.0.3-21），并按有关说明进行。

**A.0.5** 基组在扭转扰力矩 $M_\psi$ 和水平扰力 $P_x$ 沿 $y$ 轴向偏心作用下（图 A.0.5），产生绕 $z$ 轴的扭转振动，其水平扭转振动线位移的计算，应符合下列规定：

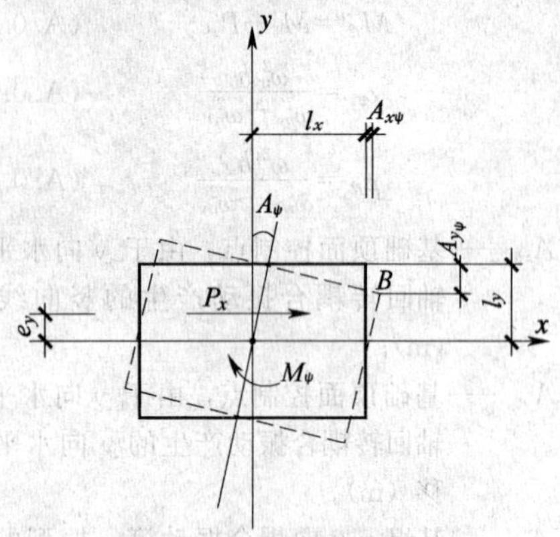


图 A.0.5 基组扭转振动示意图

注：$B$ 点为基础顶面控制点。

1 水平扭转线位移可按下列公式计算：

$$A_{x\psi}=\frac{(M_\psi+P_xe_y)\ l_y}{K_\psi\sqrt{(1-\frac{\omega^2}{\omega_{n\psi}^2})^2+4\zeta_\psi^2\frac{\omega^2}{\omega_{n\psi}^2}}} \quad (A.0.5\text{-}1)$$

$$A_{y\psi}=\frac{(M_\psi+P_xe_y)\ l_x}{K_\psi\sqrt{(1-\frac{\omega^2}{\omega_{n\psi}^2})^2+4\zeta_\psi^2\frac{\omega^2}{\omega_{n\psi}^2}}} \quad (A.0.5\text{-}2)$$

$$\omega_{n\psi}=\sqrt{\frac{K_\psi}{J_z}} \quad (A.0.5\text{-}3)$$

2 最大线位移 $A_{x\psi\max}$、$A_{y\psi\max}$ 的计算，应符合下列规定：

1）当 $P_x$ 和 $M_\psi$ 为定扰力或由定扰力产生，且 $\omega=\omega_{n\psi}\sqrt{1-2\zeta_\psi^2}$ 时，可分别按下列公式计算：

$$A_{x\psi\max}=\frac{(M_\psi+P_xe_x)\ l_y}{K_\psi\cdot 2\zeta_\psi\ \sqrt{1-\zeta_\psi^2}} \quad (A.0.5\text{-}4)$$

$$A_{y\psi\max}=\frac{(M_\psi+P_xe_y)\ l_x}{K_\psi\cdot 2\zeta_\psi\ \sqrt{1-\zeta_\psi^2}} \quad (A.0.5\text{-}5)$$

2）当 $P_x$ 和 $M_\psi$ 为变扰力或由变扰力产生，且 $\omega=\frac{\omega_{n\psi}}{\sqrt{1-2\zeta_\psi^2}}$ 时，可分别按下列公式计算：

$$A_{x\psi\max}=\frac{(M_\psi+P_xe_y)\ l_y}{K_\psi\cdot 2\zeta_\psi\ \sqrt{1-\zeta_\psi^2}}\cdot(1-2\zeta_\psi^2) \quad (A.0.5\text{-}6)$$

$$A_{y\psi\max}=\frac{(M_\psi+P_xe_y)\ l_x}{K_\psi\cdot 2\zeta_\psi\ \sqrt{1-\zeta_\psi^2}}\cdot(1-2\zeta_\psi^2) \quad (A.0.5\text{-}7)$$

式中：$A_{x\psi}$——基础顶面控制点 $B$ 由于扭转振动产生沿 $x$ 轴向的水平线位移（m）；

$A_{y\psi}$——基础顶面控制点 $B$ 由于扭转振动产生沿 $y$ 轴向的水平线位移（m）；

$M_\psi$——激振器的扭转扰力矩（kN·m）；

$P_x$——激振器的水平扰力（kN）；

$e_y$——激振器的水平扰力沿 $y$ 轴向的偏心距（m）；

$l_y$——基础顶面控制点至扭转轴在 $y$ 轴向的水平距离（m）；

$l_x$——基础顶面控制点至扭转轴 $x$ 轴向的水平距离（m）；

$J_z$——基组对通过其重心轴的极转动惯量（t·m²）；

$K_\psi$——基础的地基抗扭刚度（kN·m）；

$\omega_{n\psi}$——基组的扭转振动固有圆频率（rad/s）；

$A_{x\psi\max}$——基础顶面控制点 $B$ 由扭转振动产生沿 $x$ 轴的最大水平线位移；

$A_{y\psi\max}$——基础顶面控制点 $B$ 由扭转振动产生沿 $y$ 轴的最大水平线位移。

**A.0.6** 基础顶面控制点 $i$ 沿 $x$、$y$、$z$ 轴各向的总振动线位移 $A_i$ 可按下式计算：

$$A_i=\sum_{j=1}^{n}A_j \quad (A.0.6)$$

式中：$A_j$——第 $j$ 个扰力或扰力矩，对基础顶面控制点 $i$ 产生的线位移（m）。

## 附录 B 用竖向速度幅频响应曲线相对宽度计算地基阻尼比

**B.0.1** 在竖向定扰力作用下，位移和加速度幅频响应曲线峰点不明显或消失（$\zeta_z=0.6\sim1.0$）时，若速度幅频响应曲线有峰点（图 B.0.1），可用曲线相对宽度按下列公式计算地基竖向阻尼比：

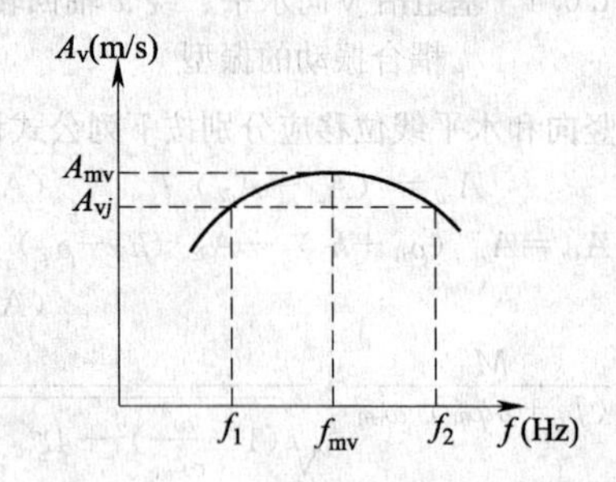


图 B.0.1 竖向速度幅频响应曲线

注：$f_{mv}=f_{nz}$。

$$\zeta_z=\frac{\sum_{j=1}^{n}\zeta_{zj}}{n} \quad (B.0.1\text{-}1)$$

$$\zeta_{zj}=\left\{\frac{1}{2\left(\frac{1}{\beta_j^2}-1\right)}\left[\sqrt{1+\frac{(\alpha_2^2-\alpha_1^2)^2}{4}}-1\right]\right\}^{\frac{1}{2}} \quad (B.0.1\text{-}2)$$

$$\alpha_i=\frac{f_i}{f_{mv}} \qquad i=1,2 \quad (B.0.1\text{-}3)$$

$$\beta_j=\frac{A_{vj}}{A_{mv}} \qquad j=1，2，3 \qquad (B.0.1\text{-}4)$$

式中：$\zeta_z$——地基竖向阻尼比；

$\zeta_{zj}$——对应于 $\beta_j$（振幅比）的地基竖向阻尼比，$\beta_j$ 在速度幅频响应曲线峰点附近取点，点数为3；

$f_{mv}$——速度幅频响应曲线峰点频率（Hz）；

$A_{mv}$——速度辐频响应曲线峰点振幅（m/s）；

$A_{vj}$——速度辐频响应曲线上 $\beta_j$ 所对应的振幅（m/s）；

$\alpha_i$——频率比；

$f_i$——速度幅频响应曲线上对应于 $A_{vj}$ 的频率 Hz。

**B.0.2** 基础的参振总质量、地基抗压刚度和抗压刚度系数、单桩抗压刚度和桩基抗弯刚度，可分别按下列公式计算：

$$m_z=\frac{K_z}{(2\pi f_{mv})^2} \qquad (B.0.2\text{-}1)$$

$$K_z=\frac{P_c}{A_{mv}}\cdot\frac{2\pi f_{mv}}{2\zeta_z} \qquad (B.0.2\text{-}2)$$

$$C_z=\frac{K_z}{A} \qquad (B.0.2\text{-}3)$$

$$k_{pz}=\frac{K_z}{n_p} \qquad (B.0.2\text{-}4)$$

$$K_{p\varphi}=k_{pz}\sum_{i=1}^{n}r_i^2 \qquad (B.0.2\text{-}5)$$

式中：$m_z$——基础竖向振动的参振总质量（t），包括基础，激振设备及地基参振质量，当大于基础质量 $m_f$ 的2倍时，应取 $m_z$ 等于 $2m_f$；

$K_z$——地基抗压刚度（kN/m）；

$P_c$——定扰力值（kN）；

$C_z$——地基抗压刚度系数（kN/m³）；

$k_{pz}$——单桩抗压刚度（kN/m）；

$K_{p\varphi}$——桩基抗弯刚度（kN·m）；

$r_i$——第 $i$ 根桩中线至基础底面形心回转轴的距离（m）；

$n_p$——桩数。

**B.0.3** 由第B.0.1条计算的模块或桩基的竖向地基阻尼比，当按第4.2.13条进行有关换算时，换算后的设计值 $\zeta_z$，可大于0.5，但不应大于0.8，$\zeta_{x\varphi1}$ 及 $\zeta_\varphi$ 可取为 $0.5\zeta_z$。

## 本规范用词说明

**1** 为便于在执行本规范条文时区别对待，对要求严格程度不同的用词说明如下：

**1）** 表示很严格，非这样做不可的：
正面词采用“必须”；反面词采用“严禁”。

**2）** 表示严格，在正常情况下均应这样做的：
正面词采用“应”，反面词采用“不应”或“不得”。

**3）** 表示允许稍有选择，在条件许可时首先应这样做的：
正面词采用“宜”，反面词采用“不宜”。

**4）** 表示有选择，在一定条件下可以这样做的，采用“可”。

**2** 条文中指明应按其他有关标准执行的写法为：“应符合……的规定”或“应按……执行”。

## 引用标准名录

《动力机器基础设计规范》GB 50040—96
《地基动力特性测试规范》GB/T 50269—97
《混凝土结构工程施工质量验收规范》GB 50204

中华人民共和国国家标准

# 液压振动台基础技术规范

**GB 50699—2011**

## 条 文 说 明

# 制 定 说 明

本规范在制定过程中，对液压振动台基础进行了振动测试、调查研究、征求意见、总结了经验和教训。

自从20世纪70年代末我国改革开放以来，从国外引进不少液压振动台，时至今日，仍在引进，国内亦力争自行制造。由于液压振动台频率范围宽，扰力大，能进行定扰力、变扰力及随机振动等试验，因而用途广泛。大多用于车辆道路模拟、建筑物及构筑物地震模拟等试验，特别在国防工业，在兵器、航天、航空、航海及核动力等领域用得更多。

振动台基础为大型强振基础，设计要求较高，既要满足产品试验要求，又要保证建筑结构安全以及不影响工作环境、不影响周围居民生活。而现行国家标准《动力机器基础设计规范》GB 50040不包括此类振动台基础，因此设计中缺乏依据，包括国外设计的在内，已出现不少问题：有的使地面裂缝、墙壁裂缝；有的使周围居民不安，只得限制使用；有的由于振动很大不得不加固改造，甚至拆除重建。这些问题大多属于设计不当、构造不周所致，因此需要制定规范以保质量。

由于液压振动台的频带宽，由低而高，基础无法避免共振，且激振力又大，需由地基阻尼控制，需充分发挥阻尼作用。为此多年前规范编制组建立测试研究课题，对国内不少振动台基础及模块基础进行测试，经分析与比较，认为可以提高，因此本规范对本类基础提高了地基阻尼比，可使设计经济。

本规范在测试过程中，不断使用新仪器和新技术，例如用起始波形无滞后的位移传感器测冲击，用全息实时分析新技术同时得出位移、速度及加速度振动响应曲线，为多峰法提供便利。模块基础的激振用新研制的激振力较大、频率较高、波形清晰、能携带的电磁激振器，避免了长期以来用激振频率不高的机械式偏心块激振器，在地基刚度高的地层上测不到峰点的缺点。

总的说来，本规范在理论分析及测试技术与方法上，引用了新的科技成果。

为了使用方便，并与国家规范协调，不致造成混乱，术语、符号、公式尽量参考或引用国家规范。

为了广大设计、施工、科研、学校等单位有关人员在使用本规范时能正确理解和执行条文规定，本规范编制组按章、节、条顺序编制了本标准的条文说明，对条文规定的目的、依据以及执行中需注意的有关事项进行了说明，还着重对强制性条文的强制性理由作了解释。但是本条文说明不具备与标准正文同等的法律效力，仅供使用者作为理解和把握规范规定的参考。

# 目　次

# 1 总 则

**1.0.1** 本条说明规范中心思想是既技术先进，又安全可靠。

**1.0.2** 本条说明本规范使用的有关范围。若用于类似的振动设备基础，应考虑有无不同的要求。

**1.0.3** 设计液压振动台基础时，除本规范已有规定外，尚应符合现行国家标准《动力机器基础设计规范》GB 50040—96、《地基动力特性测试规范》GB/T 50269—97、《建筑地基基础设计规范》GB 50007 及《混凝土结构设计规范》GB 50010 的规定，以及其他有关国家现行规范。

# 2 术语和符号

## 2.1 术 语

**2.1.1～2.1.3** 对本规范中需要定义或解释的主要术语作了规定。凡规范条文中已作规定或意义明确不需解释的未列出。

## 2.2 符 号

**2.2.1～2.2.3** 本规范中已将主要符号列出。为便于查阅按"作用和响应"、"计算指标"、"几何参数"分类列出。

# 3 基本规定

## 3.1 一般规定

**3.1.1** 本条规定了设计液压振动台基础时所需要的工艺设备资料。

**3.1.2** 本条规定了设计液压振动台基础时所需要的建筑场地资料。

**3.1.3** 液压振动台基础必须与建筑物基础及上部结构分开，以避免基础振动直接传递到建筑物。当两者基础远离，基础底面可不同深，视具体情况在设计中确定。

**3.1.4** 基础用浅缝与混凝土地面分开，可避免地面相接处裂缝。不做隔振缝，可增加地基阻尼比及刚度。

**3.1.5** 有振动的管道、管沟与建筑物及其基础脱开，以免传递振动或产生局部共振。

**3.1.6** 因第 3.2.2 条规定基础振动速度不应大于 0.1g，相当于 7 度地震时的加速度，故建筑物在构造上不应低于 7 度要求。根据实测，基础振动时屋面梁或屋架的加速度为 0.05g～0.1g，故屋面荷载应增加 5%～10%。

**3.1.7** 振动台基础地基必须有一定的强度，以免受振动沉降。

**3.1.8** 要求基组的重心与基础底面形心在同一竖线上，以免产生偏心。当不在同一竖线上时，可参照现行国家标准《动力机器基础设计规范》GB 50040—96 第 3.1.14 条处理。

## 3.2 地基和基础的计算规定

**3.2.2** 根据国内一些液压振动台基础的使用情况和测试情况，一般控制基础的振动线位移不大于 0.10mm，振动加速度不大于 0.1g是适宜的，可保证建筑结构安全。如果振动影响邻近精密设备，可根据设备要求，考虑基础振动限制值，必要时可对振动台基础进行主动隔振，或对精密设备基础进行被动隔振，一般可在工房位置布置上将两者远离。

## 3.3 地基动力特征参数

### Ⅰ 天 然 地 基

**3.3.2** 图 3.3.2 是一条根据一些振动台基础和模块基础实测统计的曲线，基础有一定的埋深和底面积，并与地基承载力特征值对应。由于本规范的天然地基阻尼比及刚度系数均已提高，因此对计算所得竖向或水平向线位移不进行折减。

**3.3.7** 此处系引用地基半空间等效集总体系莱斯默比拟法公式，折减 50%而得公式（3.3.7-1）。这是与多峰法分析的阻尼比作比较并参考国内外资料得出的。

### Ⅱ 桩 基

**3.3.11** 摩擦桩桩基竖向阻尼比是根据一些振动台桩基础和其他桩基础的测试得出的。

# 4 地基动力特征参数测试

## 4.1 一般规定

**4.1.1** 液压振动台基础比较大，设计前可在现场进行模块基础试验，以取得实际的地基动力特性参数，可使设计经济合理、安全可靠。

**4.1.2** 由于地基动力特征参数与基础大小及埋深关系很大，必要时可适当加大模块基础及埋深，在硬土层或岩层，亦宜加大，以使更符合实际。

**4.1.5** 模块基础上预埋螺栓位置，必须注明要求准确，以便激振器顺利安装。过去在测试中经常出现螺栓位置不准，安装困难，延误工作。

## 4.2 测试内容及数据处理

**4.2.1～4.2.8** 这几条说明测试内容及数据处理

内容。

**4.2.9** 测试时最好能分别用定扰力、变扰力激振。激振时，一个测点最好能同时用两、三种传感器，能直接得出位移、速度及加速度幅频响应曲线，也可用全息实时分析新技术得出，较为简便。有的激振器只能做定扰力激振，可用定扰力作用下的加速度幅频响应曲线峰点频率代替变扰力作用下的线位移幅频响应曲线峰点频率。由于有的激振器只能做变扰力激振，可将变扰力($P$)幅频响应曲线化为单位定扰力幅频响应曲线，即在变扰力线位移幅频($A$-$f$)曲线的 $f$ 轴上取点 $f_i$，在曲线上可得对应点 $A_i$，相应的扰力为 $P_i=m_0e(2\pi f_i)^2$，$m_0$ 为激振器旋转部分质量，$e$ 为其偏心距。$A_i/P_i$ 即为在单位定扰力作用下的线位移，逐点进行，可得单位定扰力幅频($A/P$-$f$)响应曲线。

**4.2.10～4.2.12** 在现行国家标准《地基动力特性测试规范》GB/T 50269 中，第 4.5.3 条、第 4.5.6 条、第 4.5.10 条计算地基阻尼比是用只能计算单一位移幅频响应曲线的点峰法，本规范将其改用多峰法，用位移、速度及加速度多根曲线共同分析。

经推导，点峰法公式可由位移幅频响应曲线相对宽度峰点左半宽（图 1）导出，得出的阻尼比随频率增大而减小，在共振区偏低（图 2）。由于长期以来它是作为国家动力机器基础设计规范的阻尼比取值依据，因而规范值偏低。由于该规范不包括液压振动台基础，因此不宜引用，以免使基础设计偏大而不经济。与使用正常的按半空间理论等效体系比拟法设计的大型液压振动台基础实例相比，按其设计基础要加大很多，要多用几百乃至一千多立方米的钢筋混凝土，有的多用 1 倍以上。有的还需加大房屋跨度，更不经济。

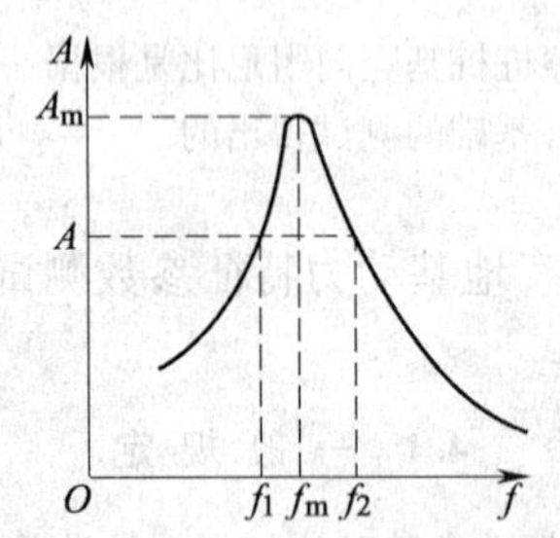


图 1　位移响应曲线相对宽度

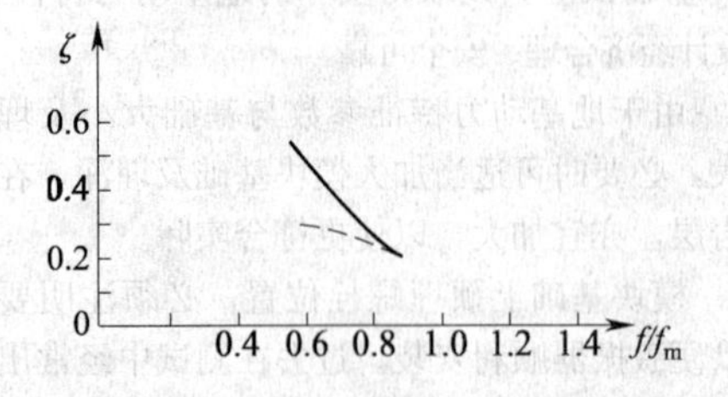


图2　用点峰法分析位移响应曲线的 $\zeta$

注：实线为变扰力 $P_e$ 作用，$f_m$ 为 $f_{me}$；虚线为定扰力 $P_c$ 作用，$f_m$ 为 $f_{mc}$；$f_m$ 为峰点频率。

对于多峰法，因有多条曲线共同分析，由于只用点与峰的频率比，不用振幅比，直接求出阻尼比。在公式推导中，只假定固有频率相等，其变化较小；未假定参振质量、地基刚度相等，因其随频率变化较大。根据实测与分析，用多峰法得出的阻尼比较大。多峰法系由双峰法发展而成，原始的双峰法，系用机械式偏心块激振器的变扰力曲线，并化作单位定扰力曲线，用两者峰点频率作计算，由于变扰力曲线有时峰点不明显，不便确定而不便计算，因此有的测试单位曾弃而不用，同样原因也不用点峰法。后来增测了定扰力的速度与加速度曲线，其峰点频率 $f_{mv}$ 为 $f_n$，$f_{ma}$ 可代替 $f_{me}$，这样便可计算，并形成多峰法，因此是否用速度与加速度曲线是两法的区别。

又经实测波速，用于半空间理论等效集总体系比拟法得出的阻尼比一般很大。因其假定地基为匀质弹性体，实际上远非匀质，且有分层，有的底下尚有硬层，使振波反射，减少了辐射阻尼，应予折减，与多峰法分析的阻尼比作比较，约需折减 50%。以某实际大型液压振动台基础设计为例，用现行国家标准《动力机器基础设计规范》GB 50040—96、双峰法、半空间等效集总体系比拟法得出的阻尼比，包括埋深提高在内，分别为 0.19、0.51、0.95，前者过小、后者过大。因此目前以用双峰法或多峰法分析为宜，其值比现行国家标准《动力机器基础设计规范》GB 50040—96 中规定的大，较为经济，比等效集总体系的为小，不失安全。

当地基阻尼比较大，位移及加速度响应曲线峰点不明显，甚至消失（$\zeta=0.6\sim1.0$），此时点峰法或多峰法不能用，但只要速度响应曲线尚有峰点，可用其曲线相对宽度全宽导出计算公式，见附录 B。在此与位移曲线（图 1）不同，在共振区的阻尼比不低，可以使用。从而较大的阻尼比亦能计算，由于为首次试用，现只用于竖向。

## 5　基础动力计算

**5.0.1** 基础的动力计算可按现行国家标准《动力机器基础设计规范》GB 50040—96 中第 4.3 节有关条文进行，由于该节只是计算某一工作频率（定频）时的位移，而液压振动台的扰力频带宽，由低而高（变频），故需求出最大位移而作补充，为了便于说明和使用，已将补充公式插在其后，一并列入附录 A。

## 6　基 础 构 造

**6.0.1** 本条系根据基础整体稳定性，并参考了国内不少振动台基础尺寸而提出的。

**6.0.2** 基础配筋需根据激振力大小和基础大小进行配置。

## 7 基 础 施 工

**7.0.1** 激振器的连接是一个很重要的问题，不少激振器需经常移动，固定于基座板的T形槽内，而基座板又固定于基础上，通过基座板可使激振力均匀分布于基础。如果激振器位置固定不变，且出力不大，亦可直接固定于基础上。基础上的预埋螺栓必须准确，施工中不能扰动，需用定位模具。固定基座板的螺栓需加预应力，可使连接处长期受压而牢固，不致松动。

**7.0.3、7.0.4** 由于基础为大块式，与普通大体积基础不同，应具有耐振性，力求避免混凝土凝固时产生的水化热而裂纹裂缝，需要从材料、施工操作、施工时间严格考虑。

**7.0.7** 可使基础在室内施工，夏天阴凉，有利降温，冬天便于取暖，有利冬季施工。由于基坑后开挖，基础底与邻近房屋柱基础底是否同深，有否影响，应事先考虑。

## 8 检　　验

**8.0.1** 液压振动台的混凝土基础施工完毕，对基础应进行振动测试，按本规范第8.0.2条检查是否满足有关规定，并积累资料，为今后设计参考。由于涉及振动是否影响建筑结构安全，故此条测试为强制性条文，应予遵守。

## 附录A 基础动力计算基本公式

**A.0.2** 式（A.0.2-5）为简化公式，将式（A.0.2-4）中的 $P_z$ 等量于最大线位移时的变扰力值，即

$$P_z=m_o e_o\left(\frac{\omega_n}{\sqrt{1-2\zeta_z^2}}\right)^2 \qquad (1)$$

将式（1）代入式（A.0.2-4）可得

$$A_{zcmax}=\frac{m_o e_o}{m\omega_n^2}\left(\frac{\omega_n}{\sqrt{1-2\zeta_z^2}}\right)^2\cdot\frac{1}{2\zeta_z\sqrt{1-\zeta_z^2}}$$

$$=\frac{m_o e_o}{m}\cdot\frac{1}{2\zeta_z\sqrt{1-\zeta_z^2}}\cdot\frac{1}{1-2\zeta_z^2}$$

$$=A_{zemax}\cdot\frac{1}{1-2\zeta_z^2}$$

$$或\quad A_{zemax}=A_{zcmax}\cdot(1-2\zeta_z^2) \qquad (2)$$

式中：$A_{zcmax}$——定扰力作用时的最大线位移（m）；

$A_{zemax}$——变扰力作用时的最大线位移（m）；

$m_o$——激振器旋转（运动）部分质量（t）；

$e_o$——激振器旋转（运动）部分偏心距（固定行程）（m）。

式（2）即式（A.0.2-5）的简写式，为定、变扰力等量时的两者最大线位移之间的关系式，可用 $\zeta_z$ 表示，两者可互求，可用以简化计算。

**A.0.3、A.0.5** 式（A.0.3-17）、式（A.0.3-21）、式（A.0.5-6）、式（A.0.5-7）亦为简化公式，推导与式（A.0.2-5）类似而从略。

## 附录B 用竖向速度幅频响应曲线相对宽度计算地基阻尼比

**B.0.1** 式（B.0.1-2）不适用于只取曲线左半宽而令 $\alpha_2$ 为零时的计算，另有公式（从略），取曲线半宽有误差，宜用全宽。

当 $\zeta_z<0.6$，式（B.0.1-2）虽亦可计算，由于首次试用，暂不用。当 $\zeta_z>0.6$，可使最大线位移接近或等于当量静位移；有时在工作频率限度内，不需质量也可控制加速度。

中华人民共和国行业标准

# 建筑桩基技术规范

Technical code for building pile foundations

**JGJ 94—2008**

**J 793—2008**

批准部门：中华人民共和国住房和城乡建设部

施行日期：2 0 0 8 年 1 0 月 1 日

# 中华人民共和国住房和城乡建设部
# 公　告

## 第 18 号

### 关于发布行业标准《建筑桩基技术规范》的公告

现批准《建筑桩基技术规范》为行业标准，编号为 JGJ 94－2008，自 2008 年 10 月 1 日起实施。其中，第 3.1.3、3.1.4、5.2.1、5.4.2、5.5.1、5.5.4、5.9.6、5.9.9、5.9.15、8.1.5、8.1.9、9.4.2 条为强制性条文，必须严格执行。原行业标准《建筑桩基技术规范》JGJ 94－94 同时废止。

本规范由我部标准定额研究所组织中国建筑工业出版社出版发行。

**中华人民共和国住房和城乡建设部**

2008 年 4 月 22 日

## 前　言

本规范是根据建设部《关于印发〈二〇〇二～二〇〇三年度工程建设城建、建工行业标准制订、修订计划〉的通知》建标［2003］104 号文的要求，由中国建筑科学研究院会同有关设计、勘察、施工、研究和教学单位，对《建筑桩基技术规范》JGJ 94－94 修订而成。

在修订过程中，开展了专题研究，进行了广泛的调查分析，总结了近年来我国桩基础设计、施工经验，吸纳了该领域新的科研成果，以多种方式广泛征求了全国有关单位的意见，并进行了试设计，对主要问题进行了反复修改，最后经审查定稿。

本规范主要技术内容有：基本设计规定、桩基构造、桩基计算、灌注桩施工、混凝土预制桩与钢桩施工、承台施工、桩基工程质量检查和验收及有关附录。

本规范修订增加的内容主要有：减少差异沉降和承台内力的变刚度调平设计；桩基耐久性规定；后注浆灌注桩承载力计算与施工工艺；软土地基减沉复合疏桩基础设计；考虑桩径因素的 Mindlin 解计算单桩、单排桩和疏桩基础沉降；抗压桩与抗拔桩桩身承载力计算；长螺旋钻孔压灌混凝土后插钢筋笼灌注桩施工方法；预应力混凝土空心桩承载力计算与沉桩等。调整的主要内容有：基桩和复合基桩承载力设计取值与计算；单桩侧阻力和端阻力经验参数；嵌岩桩嵌岩段侧阻和端阻综合系数；等效作用分层总和法计算桩基沉降经验系数；钻孔灌注桩孔底沉渣厚度控制标准等。

本规范中以黑体字标志的条文为强制性条文，必须严格执行。

本规范由住房和城乡建设部负责管理和对强制性条文的解释，由中国建筑科学研究院负责具体技术内容的解释。


本规范主编单位：中国建筑科学研究院（地址：北京市北三环东路 30 号；邮编：100013）。

本规范参编单位：北京市勘察设计研究院有限公司
现代设计集团华东建筑设计研究院有限公司
上海岩土工程勘察设计研究院有限公司
天津大学
福建省建筑科学研究院
中冶集团建筑研究总院
机械工业勘察设计研究院
中国建筑东北设计院
广东省建筑科学研究院
北京筑都方圆建筑设计有限公司
广州大学

本规范主要起草人：黄　强　刘金砺　高文生
刘金波　沙志国　侯伟生
邱明兵　顾晓鲁　吴春林
顾国荣　王卫东　张　炜
杨志银　唐建华　张丙吉
杨　斌　曹华先　张季超

# 目　次

## 1 总　　则

**1.0.1** 为了在桩基设计与施工中贯彻执行国家的技术经济政策，做到安全适用、技术先进、经济合理、确保质量、保护环境，制定本规范。

**1.0.2** 本规范适用于建筑（包括构筑物）桩基的设计、施工及验收。

**1.0.3** 桩基的设计与施工，应综合考虑工程地质与水文地质条件、上部结构类型、使用功能、荷载特征、施工技术条件与环境；应重视地方经验，因地制宜，注重概念设计，合理选择桩型、成桩工艺和承台形式，优化布桩，节约资源；应强化施工质量控制与管理。

**1.0.4** 在进行桩基设计、施工及验收时，除应符合本规范外，尚应符合国家现行有关标准、规范的规定。

## 2 术语、符号

### 2.1 术　　语

**2.1.1** 桩基　pile foundation

由设置于岩土中的桩和与桩顶连接的承台共同组成的基础或由柱与桩直接连接的单桩基础。

**2.1.2** 复合桩基　composite pile foundation

由基桩和承台下地基土共同承担荷载的桩基础。

**2.1.3** 基桩　foundation pile

桩基础中的单桩。

**2.1.4** 复合基桩　composite foundation pile

单桩及其对应面积的承台下地基土组成的复合承载基桩。

**2.1.5** 减沉复合疏桩基础　composite foundation with settlement-reducing piles

软土地基天然地基承载力基本满足要求的情况下，为减小沉降采用疏布摩擦型桩的复合桩基。

**2.1.6** 单桩竖向极限承载力　ultimate vertical bearing capacity of a single pile

单桩在竖向荷载作用下到达破坏状态前或出现不适于继续承载的变形时所对应的最大荷载，它取决于土对桩的支承阻力和桩身承载力。

**2.1.7** 极限侧阻力　ultimate shaft resistance

相应于桩顶作用极限荷载时，桩身侧表面所发生的岩土阻力。

**2.1.8** 极限端阻力　ultimate tip resistance

相应于桩顶作用极限荷载时，桩端所发生的岩土阻力。

**2.1.9** 单桩竖向承载力特征值　characteristic value of the vertical bearing capacity of a single pile

单桩竖向极限承载力标准值除以安全系数后的承载力值。

**2.1.10** 变刚度调平设计　optimized design of pile foundation stiffness to reduce differential settlement

考虑上部结构形式、荷载和地层分布以及相互作用效应，通过调整桩径、桩长、桩距等改变基桩支承刚度分布，以使建筑物沉降趋于均匀、承台内力降低的设计方法。

**2.1.11** 承台效应系数　pile cap effect coefficient

竖向荷载下，承台底地基土承载力的发挥率。

**2.1.12** 负摩阻力　negative skin friction，negative shaft resistance

桩周土由于自重固结、湿陷、地面荷载作用等原因而产生大于基桩的沉降所引起的对桩表面的向下摩阻力。

**2.1.13** 下拉荷载　downdrag

作用于单桩中性点以上的负摩阻力之和。

**2.1.14** 土塞效应　plugging effect

敞口空心桩沉桩过程中土体涌入管内形成的土塞，对桩端阻力的发挥程度的影响效应。

**2.1.15** 灌注桩后注浆　post grouting for cast-in-situ pile

灌注桩成桩后一定时间，通过预设于桩身内的注浆导管及与之相连的桩端、桩侧注浆阀注入水泥浆，使桩端、桩侧土体（包括沉渣和泥皮）得到加固，从而提高单桩承载力，减小沉降。

**2.1.16** 桩基等效沉降系数　equivalent settlement coefficient for calculating settlement of pile foundations

弹性半无限体中群桩基础按 Mindlin（明德林）解计算沉降量 $w_M$ 与按等代墩基 Boussinesq（布辛奈斯克）解计算沉降量 $w_B$ 之比，用以反映 Mindlin 解应力分布对计算沉降的影响。

### 2.2 符　　号

**2.2.1** 作用和作用效应

$F_k$——按荷载效应标准组合计算的作用于承台顶面的竖向力；

$G_k$——桩基承台和承台上土自重标准值；

$H_k$——按荷载效应标准组合计算的作用于承台底面的水平力；

$H_{ik}$——按荷载效应标准组合计算的作用于第 $i$ 基桩或复合基桩的水平力；

$M_{xk}$、$M_{yk}$——按荷载效应标准组合计算的作用于承台底面的外力，绕通过桩群形心的 $x$、$y$ 主轴的力矩；

$N_{ik}$——荷载效应标准组合偏心竖向力作用下第 $i$ 基桩或复合基桩的竖向力；

$Q_g^n$——作用于群桩中某一基桩的下拉荷载；

$q_f$——基桩切向冻胀力。

**2.2.2** 抗力和材料性能

$E_s$——土的压缩模量；

$f_t$、$f_c$——混凝土抗拉、抗压强度设计值；

$f_{rk}$——岩石饱和单轴抗压强度标准值；

$f_s$、$q_c$——静力触探双桥探头平均侧阻力、平均端阻力；

$m$——桩侧地基土水平抗力系数的比例系数；

$p_s$——静力触探单桥探头比贯入阻力；

$q_{sik}$——单桩第 $i$ 层土的极限侧阻力标准值；

$q_{pk}$——单桩极限端阻力标准值；

$Q_{sk}$、$Q_{pk}$——单桩总极限侧阻力、总极限端阻力标准值；

$Q_{uk}$——单桩竖向极限承载力标准值；

$R$——基桩或复合基桩竖向承载力特征值；

$R_a$——单桩竖向承载力特征值；

$R_{ha}$——单桩水平承载力特征值；

$R_h$——基桩水平承载力特征值；

$T_{gk}$——群桩呈整体破坏时基桩抗拔极限承载力标准值；

$T_{uk}$——群桩呈非整体破坏时基桩抗拔极限承载力标准值；

$\gamma$、$\gamma_e$——土的重度、有效重度。

**2.2.3** 几何参数

$A_p$——桩端面积；

$A_{ps}$——桩身截面面积；

$A_c$——计算基桩所对应的承台底净面积；

$B_c$——承台宽度；

$d$——桩身设计直径；

$D$——桩端扩底设计直径；

$l$——桩身长度；

$L_c$——承台长度；

$s_a$——基桩中心距；

$u$——桩身周长；

$z_n$——桩基沉降计算深度（从桩端平面算起）。

**2.2.4** 计算系数

$\alpha_E$——钢筋弹性模量与混凝土弹性模量的比值；

$\eta_c$——承台效应系数；

$\eta_f$——冻胀影响系数；

$\zeta_r$——桩嵌岩段侧阻和端阻综合系数；

$\psi_{si}$、$\psi_p$——大直径桩侧阻力、端阻力尺寸效应系数；

$\lambda_p$——桩端土塞效应系数；

$\lambda$——基桩抗拔系数；

$\psi$——桩基沉降计算经验系数；

$\psi_c$——成桩工艺系数；

$\psi_e$——桩基等效沉降系数；

$\alpha$、$\bar{\alpha}$——Boussinesq 解的附加应力系数、平均附加应力系数。

# 3 基本设计规定

## 3.1 一 般 规 定

**3.1.1** 桩基础应按下列两类极限状态设计：

1 承载能力极限状态：桩基达到最大承载能力、整体失稳或发生不适于继续承载的变形；

2 正常使用极限状态：桩基达到建筑物正常使用所规定的变形限值或达到耐久性要求的某项限值。

**3.1.2** 根据建筑规模、功能特征、对差异变形的适应性、场地地基和建筑物体形的复杂性以及由于桩基问题可能造成建筑破坏或影响正常使用的程度，应将桩基设计分为表 3.1.2 所列的三个设计等级。桩基设计时，应根据表 3.1.2 确定设计等级。

**表 3.1.2 建筑桩基设计等级**

| 设计等级 | 建 筑 类 型 |
|---|---|
| 甲级 | （1）重要的建筑；<br>（2）30 层以上或高度超过 100m 的高层建筑；<br>（3）体型复杂且层数相差超过 10 层的高低层（含纯地下室）连体建筑；<br>（4）20 层以上框架-核心筒结构及其他对差异沉降有特殊要求的建筑；<br>（5）场地和地基条件复杂的 7 层以上的一般建筑及坡地、岸边建筑；<br>（6）对相邻既有工程影响较大的建筑 |
| 乙级 | 除甲级、丙级以外的建筑 |
| 丙级 | 场地和地基条件简单、荷载分布均匀的 7 层及 7 层以下的一般建筑 |

**3.1.3 桩基应根据具体条件分别进行下列承载能力计算和稳定性验算：**

**1 应根据桩基的使用功能和受力特征分别进行桩基的竖向承载力计算和水平承载力计算；**

**2 应对桩身和承台结构承载力进行计算；对于桩侧土不排水抗剪强度小于 10kPa 且长径比大于 50 的桩，应进行桩身压屈验算；对于混凝土预制桩，应按吊装、运输和锤击作用进行桩身承载力验算；对于钢管桩，应进行局部压屈验算；**

**3 当桩端平面以下存在软弱下卧层时，应进行软弱下卧层承载力验算；**

**4 对位于坡地、岸边的桩基，应进行整体稳定性验算；**

**5 对于抗浮、抗拔桩基，应进行基桩和群桩的抗拔承载力计算；**

**6 对于抗震设防区的桩基，应进行抗震承载力**

验算。

**3.1.4** 下列建筑桩基应进行沉降计算：

**1 设计等级为甲级的非嵌岩桩和非深厚坚硬持力层的建筑桩基；**

**2 设计等级为乙级的体形复杂、荷载分布显著不均匀或桩端平面以下存在软弱土层的建筑桩基；**

**3 软土地基多层建筑减沉复合疏桩基础。**

**3.1.5** 对受水平荷载较大，或对水平位移有严格限制的建筑桩基，应计算其水平位移。

**3.1.6** 应根据桩基所处的环境类别和相应的裂缝控制等级，验算桩和承台正截面的抗裂和裂缝宽度。

**3.1.7** 桩基设计时，所采用的作用效应组合与相应的抗力应符合下列规定：

1 确定桩数和布桩时，应采用传至承台底面的荷载效应标准组合；相应的抗力应采用基桩或复合基桩承载力特征值。

2 计算荷载作用下的桩基沉降和水平位移时，应采用荷载效应准永久组合；计算水平地震作用、风载作用下的桩基水平位移时，应采用水平地震作用、风载效应标准组合。

3 验算坡地、岸边建筑桩基的整体稳定性时，应采用荷载效应标准组合；抗震设防区，应采用地震作用效应和荷载效应的标准组合。

4 在计算桩基结构承载力、确定尺寸和配筋时，应采用传至承台顶面的荷载效应基本组合。当进行承台和桩身裂缝控制验算时，应分别采用荷载效应标准组合和荷载效应准永久组合。

5 桩基结构安全等级、结构设计使用年限和结构重要性系数 $\gamma_0$ 应按现行有关建筑结构规范的规定采用，除临时性建筑外，重要性系数 $\gamma_0$ 应不小于1.0。

6 对桩基结构进行抗震验算时，其承载力调整系数 $\gamma_{RE}$ 应按现行国家标准《建筑抗震设计规范》GB 50011的规定采用。

**3.1.8** 桩筏基础以减小差异沉降和承台内力为目标的变刚度调平设计，宜结合具体条件按下列规定实施：

1 对于主裙楼连体建筑，当高层主体采用桩基时，裙房（含纯地下室）的地基或桩基刚度宜相对弱化，可采用天然地基、复合地基、疏桩或短桩基础。

2 对于框架-核心筒结构高层建筑桩基，应强化核心筒区域桩基刚度（如适当增加桩长、桩径、桩数、采用后注浆等措施），相对弱化核心筒外围桩基刚度（采用复合桩基，视地层条件减小桩长）。

3 对于框架-核心筒结构高层建筑天然地基承载力满足要求的情况下，宜于核心筒区域局部设置增强刚度、减小沉降的摩擦型桩。

4 对于大体量筒仓、储罐的摩擦型桩基，宜按内强外弱原则布桩。

5 对上述按变刚度调平设计的桩基，宜进行上部结构—承台—桩—土共同工作分析。

**3.1.9** 软土地基上的多层建筑物，当天然地基承载力基本满足要求时，可采用减沉复合疏桩基础。

**3.1.10** 对于本规范第3.1.4条规定应进行沉降计算的建筑桩基，在其施工过程及建成后使用期间，应进行系统的沉降观测直至沉降稳定。

## 3.2 基本资料

**3.2.1** 桩基设计应具备以下资料：

1 岩土工程勘察文件：

1）桩基按两类极限状态进行设计所需用岩土物理力学参数及原位测试参数；

2）对建筑场地的不良地质作用，如滑坡、崩塌、泥石流、岩溶、土洞等，有明确判断、结论和防治方案；

3）地下水位埋藏情况、类型和水位变化幅度及抗浮设计水位，土、水的腐蚀性评价，地下水浮力计算的设计水位；

4）抗震设防区按设防烈度提供的液化土层资料；

5）有关地基土冻胀性、湿陷性、膨胀性评价。

2 建筑场地与环境条件的有关资料：

1）建筑场地现状，包括交通设施、高压架空线、地下管线和地下构筑物的分布；

2）相邻建筑物安全等级、基础形式及埋置深度；

3）附近类似工程地质条件场地的桩基工程试桩资料和单桩承载力设计参数；

4）周围建筑物的防振、防噪声的要求；

5）泥浆排放、弃土条件；

6）建筑物所在地区的抗震设防烈度和建筑场地类别。

3 建筑物的有关资料：

1）建筑物的总平面布置图；

2）建筑物的结构类型、荷载，建筑物的使用条件和设备对基础竖向及水平位移的要求；

3）建筑结构的安全等级。

4 施工条件的有关资料：

1）施工机械设备条件，制桩条件，动力条件，施工工艺对地质条件的适应性；

2）水、电及有关建筑材料的供应条件；

3）施工机械的进出场及现场运行条件。

5 供设计比较用的有关桩型及实施的可行性的资料。

**3.2.2** 桩基的详细勘察除应满足现行国家标准《岩土工程勘察规范》GB 50021的有关要求外，尚应满足下列要求：

1 勘探点间距：

1）对于端承型桩（含嵌岩桩）：主要根据桩端持力层顶面坡度决定，宜为12～24m。当相邻两个勘察点揭露出的桩端持力层层面坡度大于10%或持力层起伏较大、地层分布复杂时，应根据具体工程条件适当加密勘探点。

2）对于摩擦型桩：宜按20～35m布置勘探孔，但遇到土层的性质或状态在水平方向分布变化较大，或存在可能影响成桩的土层时，应适当加密勘探点。

3）复杂地质条件下的柱下单桩基础应按柱列线布置勘探点，并宜每桩设一勘探点。

2 勘探深度：

1）宜布置1/3～1/2的勘探孔为控制性孔。对于设计等级为甲级的建筑桩基，至少应布置3个控制性孔；设计等级为乙级的建筑桩基，至少应布置2个控制性孔。控制性孔应穿透桩端平面以下压缩层厚度；一般性勘探孔应深入预计桩端平面以下3～5倍桩身设计直径，且不得小于3m；对于大直径桩，不得小于5m。

2）嵌岩桩的控制性钻孔应深入预计桩端平面以下不小于3～5倍桩身设计直径，一般性钻孔应深入预计桩端平面以下不小于1～3倍桩身设计直径。当持力层较薄时，应有部分钻孔钻穿持力岩层。在岩溶、断层破碎带地区，应查明溶洞、溶沟、溶槽、石笋等的分布情况，钻孔应钻穿溶洞或断层破碎带进入稳定土层，进入深度应满足上述控制性钻孔和一般性钻孔的要求。

3 在勘探深度范围内的每一地层，均应采取不扰动试样进行室内试验或根据土质情况选用有效的原位测试方法进行原位测试，提供设计所需参数。

## 3.3 桩的选型与布置

**3.3.1** 基桩可按下列规定分类：

1 按承载性状分类：

1）摩擦型桩：

摩擦桩：在承载能力极限状态下，桩顶竖向荷载由桩侧阻力承受，桩端阻力小到可忽略不计；

端承摩擦桩：在承载能力极限状态下，桩顶竖向荷载主要由桩侧阻力承受。

2）端承型桩：

端承桩：在承载能力极限状态下，桩顶竖向荷载由桩端阻力承受，桩侧阻力小到可忽略不计；

摩擦端承桩：在承载能力极限状态下，桩顶竖向荷载主要由桩端阻力承受。

2 按成桩方法分类：

1）非挤土桩：干作业法钻（挖）孔灌注桩、泥浆护壁法钻（挖）孔灌注桩、套管护壁法钻（挖）孔灌注桩；

2）部分挤土桩：冲孔灌注桩、钻孔挤扩灌注桩、搅拌劲芯桩、预钻孔打入（静压）预制桩、打入（静压）式敞口钢管桩、敞口预应力混凝土空心桩和H型钢桩；

3）挤土桩：沉管灌注桩、沉管夯（挤）扩灌注桩、打入（静压）预制桩、闭口预应力混凝土空心桩和闭口钢管桩。

3 按桩径（设计直径$d$）大小分类：

1）小直径桩：$d \leqslant 250$mm；

2）中等直径桩：$250\text{mm} < d < 800$mm；

3）大直径桩：$d \geqslant 800$mm。

**3.3.2** 桩型与成桩工艺应根据建筑结构类型、荷载性质、桩的使用功能、穿越土层、桩端持力层、地下水位、施工设备、施工环境、施工经验、制桩材料供应条件等，按安全适用、经济合理的原则选择。选择时可按本规范附录A进行。

1 对于框架-核心筒等荷载分布很不均匀的桩筏基础，宜选择基桩尺寸和承载力可调性较大的桩型和工艺。

2 挤土沉管灌注桩用于淤泥和淤泥质土层时，应局限于多层住宅桩基。

3 抗震设防烈度为8度及以上地区，不宜采用预应力混凝土管桩（PC）和预应力混凝土空心方桩（PS）。

**3.3.3** 基桩的布置应符合下列条件：

1 基桩的最小中心距应符合表3.3.3的规定；当施工中采取减小挤土效应的可靠措施时，可根据当地经验适当减小。

**表3.3.3 基桩的最小中心距**

| 土类与成桩工艺 | | 排数不少于3排且桩数不少于9根的摩擦型桩桩基 | 其他情况 |
|---|---|---|---|
| 非挤土灌注桩 | | $3.0d$ | $3.0d$ |
| 部分挤土桩 | 非饱和土、饱和非黏性土 | $3.5d$ | $3.0d$ |
| | 饱和黏性土 | $4.0d$ | $3.5d$ |
| 挤土桩 | 非饱和土、饱和非黏性土 | $4.0d$ | $3.5d$ |
| | 饱和黏性土 | $4.5d$ | $4.0d$ |

续表 3.3.3

<table>
<tr><th colspan="2">土类与成桩工艺</th><th>排数不少于3排且桩数不少于9根的摩擦型桩桩基</th><th>其他情况</th></tr>
<tr><td colspan="2">钻、挖孔扩底桩</td><td>2D或D+2.0m<br>（当D＞2m）</td><td>1.5D或D+1.5m<br>（当D＞2m）</td></tr>
<tr><td rowspan="2">沉管夯扩、钻孔挤扩桩</td><td>非饱和土、饱和非黏性土</td><td>2.2D且4.0d</td><td>2.0D且3.5d</td></tr>
<tr><td>饱和黏性土</td><td>2.5D且4.5d</td><td>2.2D且4.0d</td></tr>
</table>

注：1 $d$—— 圆桩设计直径或方桩设计边长，$D$ —— 扩大端设计直径。

2 当纵横向桩距不相等时，其最小中心距应满足“其他情况”一栏的规定。

3 当为端承桩时，非挤土灌注桩的“其他情况”一栏可减小至 $2.5d$。

**2** 排列基桩时，宜使桩群承载力合力点与竖向永久荷载合力作用点重合，并使基桩受水平力和力矩较大方向有较大抗弯截面模量。

**3** 对于桩箱基础、剪力墙结构桩筏（含平板和梁板式承台）基础，宜将桩布置于墙下。

**4** 对于框架-核心筒结构桩筏基础应按荷载分布考虑相互影响，将桩相对集中布置于核心筒和柱下；外围框架柱宜采用复合桩基，有合适桩端持力层时，桩长宜减小。

**5** 应选择较硬土层作为桩端持力层。桩端全断面进入持力层的深度，对于黏性土、粉土不宜小于 $2d$，砂土不宜小于 $1.5d$，碎石类土不宜小于 $1d$。当存在软弱下卧层时，桩端以下硬持力层厚度不宜小于 $3d$。

**6** 对于嵌岩桩，嵌岩深度应综合荷载、上覆土层、基岩、桩径、桩长诸因素确定；对于嵌入倾斜的完整和较完整岩的全断面深度不宜小于 $0.4d$ 且不小于0.5m，倾斜度大于30%的中风化岩，宜根据倾斜度及岩石完整性适当加大嵌岩深度；对于嵌入平整、完整的坚硬岩和较硬岩的深度不宜小于 $0.2d$，且不应小于0.2m。

## 3.4 特殊条件下的桩基

**3.4.1** 软土地基的桩基设计原则应符合下列规定：

**1** 软土中的桩基宜选择中、低压缩性土层作为桩端持力层；

**2** 桩周围软土因自重固结、场地填土、地面大面积堆载、降低地下水位、大面积挤土沉桩等原因而产生的沉降大于基桩的沉降时，应视具体工程情况分析计算桩侧负摩阻力对基桩的影响；

**3** 采用挤土桩和部分挤土桩时，应采取消减孔隙水压力和挤土效应的技术措施，并应控制沉桩速率，减小挤土效应对成桩质量、邻近建筑物、道路、地下管线和基坑边坡等产生的不利影响；

**4** 先成桩后开挖基坑时，必须合理安排基坑挖土顺序和控制分层开挖的深度，防止土体侧移对桩的影响。

**3.4.2** 湿陷性黄土地区的桩基设计原则应符合下列规定：

**1** 基桩应穿透湿陷性黄土层，桩端应支承在压缩性低的黏性土、粉土、中密和密实砂土以及碎石类土层中；

**2** 湿陷性黄土地基中，设计等级为甲、乙级建筑桩基的单桩极限承载力，宜以浸水载荷试验为主要依据；

**3** 自重湿陷性黄土地基中的单桩极限承载力，应根据工程具体情况分析计算桩侧负摩阻力的影响。

**3.4.3** 季节性冻土和膨胀土地基中的桩基设计原则应符合下列规定：

**1** 桩端进入冻深线或膨胀土的大气影响急剧层以下的深度，应满足抗拔稳定性验算要求，且不得小于4倍桩径及1倍扩大端直径，最小深度应大于1.5m；

**2** 为减小和消除冻胀或膨胀对桩基的作用，宜采用钻（挖）孔灌注桩；

**3** 确定基桩竖向极限承载力时，除不计入冻胀、膨胀深度范围内桩侧阻力外，还应考虑地基土的冻胀、膨胀作用，验算桩基的抗拔稳定性和桩身受拉承载力；

**4** 为消除桩基受冻胀或膨胀作用的危害，可在冻胀或膨胀深度范围内，沿桩周及承台作隔冻、隔胀处理。

**3.4.4** 岩溶地区的桩基设计原则应符合下列规定：

**1** 岩溶地区的桩基，宜采用钻、冲孔桩；

**2** 当单桩荷载较大，岩层埋深较浅时，宜采用嵌岩桩；

**3** 当基岩面起伏很大且埋深较大时，宜采用摩擦型灌注桩。

**3.4.5** 坡地、岸边桩基的设计原则应符合下列规定：

**1** 对建于坡地、岸边的桩基，不得将桩支承于边坡潜在的滑动体上。桩端进入潜在滑裂面以下稳定岩土层内的深度，应能保证桩基的稳定；

**2** 建筑桩基与边坡应保持一定的水平距离；建筑场地内的边坡必须是完全稳定的边坡，当有崩塌、滑坡等不良地质现象存在时，应按现行国家标准《建筑边坡工程技术规范》GB 50330 的规定进行整治，确保其稳定性；

**3** 新建坡地、岸边建筑桩基工程应与建筑边坡工程统一规划，同步设计，合理确定施工顺序；

**4** 不宜采用挤土桩；

5　应验算最不利荷载效应组合下桩基的整体稳定性和基桩水平承载力。

**3.4.6**　抗震设防区桩基的设计原则应符合下列规定：

1　桩进入液化土层以下稳定土层的长度(不包括桩尖部分)应按计算确定；对于碎石土，砾、粗、中砂，密实粉土，坚硬黏性土尚不应小于(2～3)$d$，对其他非岩石土尚不宜小于(4～5)$d$；

2　承台和地下室侧墙周围应采用灰土、级配砂石、压实性较好的素土回填，并分层夯实，也可采用素混凝土回填；

3　当承台周围为可液化土或地基承载力特征值小于40kPa（或不排水抗剪强度小于15kPa）的软土，且桩基水平承载力不满足计算要求时，可将承台外每侧1/2承台边长范围内的土进行加固；

4　对于存在液化扩展的地段，应验算桩基在土流动的侧向作用力下的稳定性。

**3.4.7**　可能出现负摩阻力的桩基设计原则应符合下列规定：

1　对于填土建筑场地，宜先填土并保证填土的密实性，软土场地填土前应采取预设塑料排水板等措施，待填土地基沉降基本稳定后方可成桩；

2　对于有地面大面积堆载的建筑物，应采取减小地面沉降对建筑物桩基影响的措施；

3　对于自重湿陷性黄土地基，可采用强夯、挤密土桩等先行处理，消除上部或全部土的自重湿陷；对于欠固结土宜采取先期排水预压等措施；

4　对于挤土沉桩，应采取消减超孔隙水压力、控制沉桩速率等措施；

5　对于中性点以上的桩身可对表面进行处理，以减少负摩阻力。

**3.4.8**　抗拔桩基的设计原则应符合下列规定：

1　应根据环境类别及水、土对钢筋的腐蚀、钢筋种类对腐蚀的敏感性和荷载作用时间等因素确定抗拔桩的裂缝控制等级；

2　对于严格要求不出现裂缝的一级裂缝控制等级，桩身应设置预应力筋；对于一般要求不出现裂缝的二级裂缝控制等级，桩身宜设置预应力筋；

3　对于三级裂缝控制等级，应进行桩身裂缝宽度计算；

4　当基桩抗拔承载力要求较高时，可采用桩侧后注浆、扩底等技术措施。

### 3.5　耐久性规定

**3.5.1**　桩基结构的耐久性应根据设计使用年限、现行国家标准《混凝土结构设计规范》GB 50010的环境类别规定以及水、土对钢、混凝土腐蚀性的评价进行设计。

**3.5.2**　二类和三类环境中，设计使用年限为50年的桩基结构混凝土耐久性应符合表3.5.2的规定。

**表3.5.2　二类和三类环境桩基结构混凝土耐久性的基本要求**

| 环境类别 | | 最大水灰比 | 最小水泥用量(kg/m³) | 混凝土最低强度等级 | 最大氯离子含量(%) | 最大碱含量(kg/m³) |
|---|---|---|---|---|---|---|
| 二 | a | 0.60 | 250 | C25 | 0.3 | 3.0 |
| | b | 0.55 | 275 | C30 | 0.2 | 3.0 |
| 三 | | 0.50 | 300 | C30 | 0.1 | 3.0 |

注：1　氯离子含量系指其与水泥用量的百分率；

2　预应力构件混凝土中最大氯离子含量为0.06%，最小水泥用量为300kg/m³；混凝土最低强度等级应按表中规定提高两个等级；

3　当混凝土中加入活性掺合料或能提高耐久性的外加剂时，可适当降低最小水泥用量；

4　当使用非碱活性骨料时，对混凝土中碱含量不作限制；

5　当有可靠工程经验时，表中混凝土最低强度等级可降低一个等级。

**3.5.3**　桩身裂缝控制等级及最大裂缝宽度应根据环境类别和水、土介质腐蚀性等级按表3.5.3规定选用。

**表3.5.3　桩身的裂缝控制等级及最大裂缝宽度限值**

| 环境类别 | | 钢筋混凝土桩 | | 预应力混凝土桩 | |
|---|---|---|---|---|---|
| | | 裂缝控制等级 | $w_{lim}$(mm) | 裂缝控制等级 | $w_{lim}$(mm) |
| 二 | a | 三 | 0.2(0.3) | 二 | 0 |
| | b | 三 | 0.2 | 二 | 0 |
| 三 | | 三 | 0.2 | 一 | 0 |

注：1　水、土为强、中腐蚀性时，抗拔桩裂缝控制等级应提高一级；

2　二a类环境中，位于稳定地下水位以下的基桩，其最大裂缝宽度限值可采用括弧中的数值。

**3.5.4**　四类、五类环境桩基结构耐久性设计可按国家现行标准《港口工程混凝土结构设计规范》JTJ 267和《工业建筑防腐蚀设计规范》GB 50046等执行。

**3.5.5**　对三、四、五类环境桩基结构，受力钢筋宜采用环氧树脂涂层带肋钢筋。

## 4　桩基构造

### 4.1　基桩构造

#### Ⅰ　灌注桩

**4.1.1**　灌注桩应按下列规定配筋：

1　配筋率：当桩身直径为300～2000mm时，正截面配筋率可取0.65%～0.2%（小直径桩取高值）；对受荷载特别大的桩、抗拔桩和嵌岩端承桩应根据计算确定配筋率，并不应小于上述规定值；

**2** 配筋长度：

1）端承型桩和位于坡地、岸边的基桩应沿桩身等截面或变截面通长配筋；

2）摩擦型灌注桩配筋长度不应小于 2/3 桩长；当受水平荷载时，配筋长度尚不宜小于 $4.0/\alpha$（$\alpha$ 为桩的水平变形系数）；

3）对于受地震作用的基桩，桩身配筋长度应穿过可液化土层和软弱土层，进入稳定土层的深度不应小于本规范第 3.4.6 条的规定；

4）受负摩阻力的桩、因先成桩后开挖基坑而随地基土回弹的桩，其配筋长度应穿过软弱土层并进入稳定土层，进入的深度不应小于(2～3)$d$；

5）抗拔桩及因地震作用、冻胀或膨胀力作用而受拔力的桩，应等截面或变截面通长配筋。

**3** 对于受水平荷载的桩，主筋不应小于 8$\phi$12；对于抗压桩和抗拔桩，主筋不应少于 6$\phi$10；纵向主筋应沿桩身周边均匀布置，其净距不应小于 60mm；

**4** 箍筋应采用螺旋式，直径不应小于 6mm，间距宜为200～300mm；受水平荷载较大的桩基、承受水平地震作用的桩基以及考虑主筋作用计算桩身受压承载力时，桩顶以下 5$d$ 范围内的箍筋应加密，间距不应大于 100mm；当桩身位于液化土层范围内时箍筋应加密；当考虑箍筋受力作用时，箍筋配置应符合现行国家标准《混凝土结构设计规范》GB 50010 的有关规定；当钢筋笼长度超过 4m 时，应每隔 2m 设一道直径不小于 12mm 的焊接加劲箍筋。

**4.1.2** 桩身混凝土及混凝土保护层厚度应符合下列要求：

**1** 桩身混凝土强度等级不得小于 C25，混凝土预制桩尖强度等级不得小于 C30；

**2** 灌注桩主筋的混凝土保护层厚度不应小于 35mm，水下灌注桩的主筋混凝土保护层厚度不得小于 50mm；

**3** 四类、五类环境中桩身混凝土保护层厚度应符合国家现行标准《港口工程混凝土结构设计规范》JTJ 267、《工业建筑防腐蚀设计规范》GB 50046 的相关规定。

**4.1.3** 扩底灌注桩扩底端尺寸应符合下列规定(见图 4.1.3)：

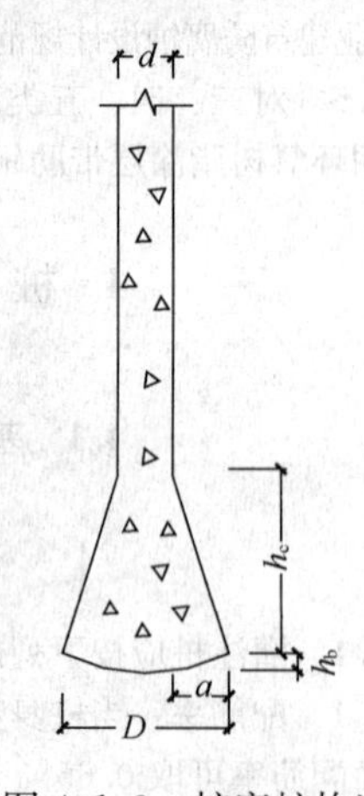

图 4.1.3　扩底桩构造

**1** 对于持力层承载力较高、上覆土层较差的抗压桩和桩端以上有一定厚度较好土层的抗拔桩，可采用扩底；扩底端直径与桩身直径之比 $D/d$，应根据承载力要求及扩底端侧面和桩端持力层土性特征以及扩底施工方法确定；挖孔桩的 $D/d$ 不应大于 3，钻孔桩的 $D/d$ 不应大于 2.5；

**2** 扩底端侧面的斜率应根据实际成孔及土体自立条件确定，$a/h_c$可取 1/4～1/2，砂土可取 1/4，粉土、黏性土可取 1/3～1/2；

**3** 抗压桩扩底端底面宜呈锅底形，矢高 $h_b$ 可取(0.15～0.20) $D$。

## Ⅱ　混凝土预制桩

**4.1.4** 混凝土预制桩的截面边长不应小于 200mm；预应力混凝土预制实心桩的截面边长不宜小于 350mm。

**4.1.5** 预制桩的混凝土强度等级不宜低于 C30；预应力混凝土实心桩的混凝土强度等级不应低于 C40；预制桩纵向钢筋的混凝土保护层厚度不宜小于 30mm。

**4.1.6** 预制桩的桩身配筋应按吊运、打桩及桩在使用中的受力等条件计算确定。采用锤击法沉桩时，预制桩的最小配筋率不宜小于 0.8%。静压法沉桩时，最小配筋率不宜小于 0.6%，主筋直径不宜小于 14mm，打入桩桩顶以下(4～5)$d$ 长度范围内箍筋应加密，并设置钢筋网片。

**4.1.7** 预制桩的分节长度应根据施工条件及运输条件确定；每根桩的接头数量不宜超过 3 个。

**4.1.8** 预制桩的桩尖可将主筋合拢焊在桩尖辅助钢筋上，对于持力层为密实砂和碎石类土时，宜在桩尖处包以钢钣桩靴，加强桩尖。

## Ⅲ　预应力混凝土空心桩

**4.1.9** 预应力混凝土空心桩按截面形式可分为管桩、空心方桩；按混凝土强度等级可分为预应力高强混凝土管桩（PHC）和空心方桩（PHS)、预应力混凝土管桩（PC）和空心方桩（PS)。离心成型的先张法预应力混凝土桩的截面尺寸、配筋、桩身极限弯矩、桩身竖向受压承载力设计值等参数可按本规范附录 B 确定。

**4.1.10** 预应力混凝土空心桩桩尖形式宜根据地层性质选择闭口形或敞口形；闭口形分为平底十字形和锥形。

**4.1.11** 预应力混凝土空心桩质量要求，尚应符合国家现行标准《先张法预应力混凝土管桩》GB 13476 和《预应力混凝土空心方桩》JG 197 及其他的有关标准规定。

**4.1.12** 预应力混凝土桩的连接可采用端板焊接连接、法兰连接、机械啮合连接、螺纹连接。每根桩的接头数量不宜超过 3 个。

**4.1.13** 桩端嵌入遇水易软化的强风化岩、全风化岩和非饱和土的预应力混凝土空心桩，沉桩后，应对桩端以上约2m范围内采取有效的防渗措施，可采用微膨胀混凝土填芯或在内壁预涂柔性防水材料。

### Ⅳ 钢 桩

**4.1.14** 钢桩可采用管型、H型或其他异型钢材。

**4.1.15** 钢桩的分段长度宜为12～15m。

**4.1.16** 钢桩焊接接头应采用等强度连接。

**4.1.17** 钢桩的端部形式，应根据桩所穿越的土层、桩端持力层性质、桩的尺寸、挤土效应等因素综合考虑确定，并可按下列规定采用：

**1** 钢管桩可采用下列桩端形式：

1）敞口：

带加强箍（带内隔板、不带内隔板）；不带加强箍（带内隔板、不带内隔板）。

2）闭口：

平底；锥底。

**2** H型钢桩可采用下列桩端形式：

1）带端板；

2）不带端板：

锥底；

平底（带扩大翼、不带扩大翼）。

**4.1.18** 钢桩的防腐处理应符合下列规定：

**1** 钢桩的腐蚀速率当无实测资料时可按表4.1.18确定；

**2** 钢桩防腐处理可采用外表面涂防腐层、增加腐蚀余量及阴极保护；当钢管桩内壁同外界隔绝时，可不考虑内壁防腐。

**表4.1.18 钢桩年腐蚀速率**

| 钢桩所处环境 | | 单面腐蚀率（mm/y） |
|---|---|---|
| 地面以上 | 无腐蚀性气体或腐蚀性挥发介质 | 0.05～0.1 |
| 地面以下 | 水位以上 | 0.05 |
| | 水位以下 | 0.03 |
| | 水位波动区 | 0.1～0.3 |

## 4.2 承台构造

**4.2.1** 桩基承台的构造，除应满足抗冲切、抗剪切、抗弯承载力和上部结构要求外，尚应符合下列要求：

**1** 柱下独立桩基承台的最小宽度不应小于500mm，边桩中心至承台边缘的距离不应小于桩的直径或边长，且桩的外边缘至承台边缘的距离不应小于150mm。对于墙下条形承台梁，桩的外边缘至承台梁边缘的距离不应小于75mm，承台的最小厚度不应小于300mm。

**2** 高层建筑平板式和梁板式筏形承台的最小厚度不应小于400mm，多层建筑墙下布桩的筏形承台的最小厚度不应小于200mm。

**3** 高层建筑箱形承台的构造应符合《高层建筑筏形与箱形基础技术规范》JGJ 6的规定。

**4.2.2** 承台混凝土材料及其强度等级应符合结构混凝土耐久性的要求和抗渗要求。

**4.2.3** 承台的钢筋配置应符合下列规定：

**1** 柱下独立桩基承台钢筋应通长配置[见图4.2.3(a)]，对四桩以上（含四桩）承台宜按双向均匀布置，对三桩的三角形承台应按三向板带均匀布置，且最里面的三根钢筋围成的三角形应在柱截面范围内[见图4.2.3(b)]。钢筋锚固长度自边桩内侧（当为圆桩时，应将其直径乘以0.8等效为方桩）算起，不应小于$35d_g$（$d_g$为钢筋直径）；当不满足时应将钢筋向上弯折，此时水平段的长度不应小于$25d_g$，弯折段长度不应小于$10d_g$。承台纵向受力钢筋的直径不应小于12mm，间距不应大于200mm。柱下独立桩基承台的最小配筋率不应小于0.15%。

**2** 柱下独立两桩承台，应按现行国家标准《混凝土结构设计规范》GB 50010中的深受弯构件配置纵向受拉钢筋、水平及竖向分布钢筋。承台纵向受力钢筋端部的锚固长度及构造应与柱下多桩承台的规定相同。

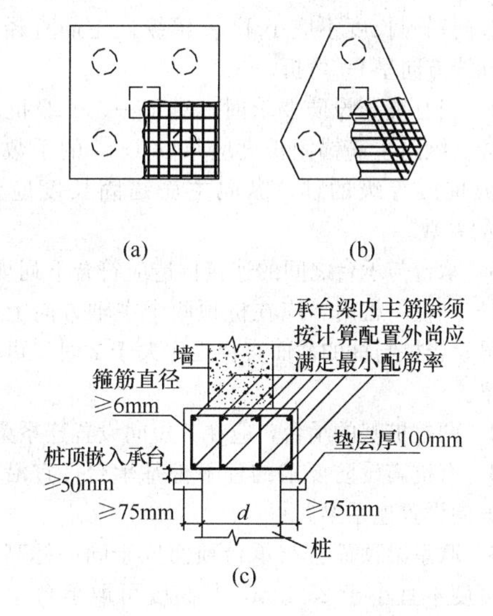


图4.2.3 承台配筋示意

(a) 矩形承台配筋；(b) 三桩承台配筋；(c) 墙下承台梁配筋图

**3** 条形承台梁的纵向主筋应符合现行国家标准《混凝土结构设计规范》GB 50010关于最小配筋率的规定［见图4.2.3（c）］，主筋直径不应小于12mm，架立筋直径不应小于10mm，箍筋直径不应小于6mm。承台梁端部纵向受力钢筋的锚固长度及构造应与柱下多桩承台的规定相同。

4 筏形承台板或箱形承台板在计算中当仅考虑局部弯矩作用时，考虑到整体弯曲的影响，在纵横两个方向的下层钢筋配筋率不宜小于0.15%；上层钢筋应按计算配筋率全部连通。当筏板的厚度大于2000mm时，宜在板厚中间部位设置直径不小于12mm、间距不大于300mm的双向钢筋网。

5 承台底面钢筋的混凝土保护层厚度，当有混凝土垫层时，不应小于50mm，无垫层时不应小于70mm；此外尚不应小于桩头嵌入承台内的长度。

**4.2.4** 桩与承台的连接构造应符合下列规定：

1 桩嵌入承台内的长度对中等直径桩不宜小于50mm；对大直径桩不宜小于100mm。

2 混凝土桩的桩顶纵向主筋应锚入承台内，其锚入长度不宜小于35倍纵向主筋直径。对于抗拔桩，桩顶纵向主筋的锚固长度应按现行国家标准《混凝土结构设计规范》GB 50010确定。

3 对于大直径灌注桩，当采用一柱一桩时可设置承台或将桩与柱直接连接。

**4.2.5** 柱与承台的连接构造应符合下列规定：

1 对于一柱一桩基础，柱与桩直接连接时，柱纵向主筋锚入桩身内长度不应小于35倍纵向主筋直径。

2 对于多桩承台，柱纵向主筋应锚入承台不小于35倍纵向主筋直径；当承台高度不满足锚固要求时，竖向锚固长度不应小于20倍纵向主筋直径，并向柱轴线方向呈90°弯折。

3 当有抗震设防要求时，对于一、二级抗震等级的柱，纵向主筋锚固长度应乘以1.15的系数；对于三级抗震等级的柱，纵向主筋锚固长度应乘以1.05的系数。

**4.2.6** 承台与承台之间的连接构造应符合下列规定：

1 一柱一桩时，应在桩顶两个主轴方向上设置连系梁。当桩与柱的截面直径之比大于2时，可不设连系梁。

2 两桩桩基的承台，应在其短向设置连系梁。

3 有抗震设防要求的柱下桩基承台，宜沿两个主轴方向设置连系梁。

4 联系梁顶面宜与承台顶面位于同一标高。联系梁宽度不宜小于250mm，其高度可取承台中心距的1/10～1/15，且不宜小于400mm。

5 联系梁配筋应按计算确定，梁上下部配筋不宜小于2根直径12mm钢筋；位于同一轴线上的相邻跨联系梁纵筋应连通。

**4.2.7** 承台和地下室外墙与基坑侧壁间隙应灌注素混凝土或搅拌流动性水泥土，或采用灰土、级配砂石、压实性较好的素土分层夯实，其压实系数不宜小于0.94。

# 5 桩基计算

## 5.1 桩顶作用效应计算

**5.1.1** 对于一般建筑物和受水平力（包括力矩与水平剪力）较小的高层建筑群桩基础，应按下列公式计算柱、墙、核心筒群桩中基桩或复合基桩的桩顶作用效应：

1 竖向力

轴心竖向力作用下

$$N_k = \frac{F_k + G_k}{n} \tag{5.1.1-1}$$

偏心竖向力作用下

$$N_{ik} = \frac{F_k + G_k}{n} \pm \frac{M_{xk} y_i}{\sum y_j^2} \pm \frac{M_{yk} x_i}{\sum x_j^2} \tag{5.1.1-2}$$

2 水平力

$$H_{ik} = \frac{H_k}{n} \tag{5.1.1-3}$$

式中 $F_k$——荷载效应标准组合下，作用于承台顶面的竖向力；

$G_k$——桩基承台和承台上土自重标准值，对稳定的地下水位以下部分应扣除水的浮力；

$N_k$——荷载效应标准组合轴心竖向力作用下，基桩或复合基桩的平均竖向力；

$N_{ik}$——荷载效应标准组合偏心竖向力作用下，第$i$基桩或复合基桩的竖向力；

$M_{xk}$、$M_{yk}$——荷载效应标准组合下，作用于承台底面，绕通过桩群形心的$x$、$y$主轴的力矩；

$x_i$、$x_j$、$y_i$、$y_j$——第$i$、$j$基桩或复合基桩至$y$、$x$轴的距离；

$H_k$——荷载效应标准组合下，作用于桩基承台底面的水平力；

$H_{ik}$——荷载效应标准组合下，作用于第$i$基桩或复合基桩的水平力；

$n$——桩基中的桩数。

**5.1.2** 对于主要承受竖向荷载的抗震设防区低承台桩基，在同时满足下列条件时，桩顶作用效应计算可不考虑地震作用：

1 按现行国家标准《建筑抗震设计规范》GB 50011规定可不进行桩基抗震承载力验算的建筑物；

2 建筑场地位于建筑抗震的有利地段。

**5.1.3** 属于下列情况之一的桩基，计算各基桩的作用效应、桩身内力和位移时，宜考虑承台（包括地下墙体）与基桩协同工作和土的弹性抗力作用，其计算方法可按本规范附录C进行：

**1** 位于8度和8度以上抗震设防区的建筑，当其桩基承台刚度较大或由于上部结构与承台协同作用能增强承台的刚度时；

**2** 其他受较大水平力的桩基。

## 5.2 桩基竖向承载力计算

**5.2.1** 桩基竖向承载力计算应符合下列要求：

**1** 荷载效应标准组合：

轴心竖向力作用下

$$N_k \leqslant R \tag{5.2.1-1}$$

偏心竖向力作用下，除满足上式外，尚应满足下式的要求：

$$N_{kmax} \leqslant 1.2R \tag{5.2.1-2}$$

**2** 地震作用效应和荷载效应标准组合：

轴心竖向力作用下

$$N_{Ek} \leqslant 1.25R \tag{5.2.1-3}$$

偏心竖向力作用下，除满足上式外，尚应满足下式的要求：

$$N_{Ekmax} \leqslant 1.5R \tag{5.2.1-4}$$

式中 $N_k$——荷载效应标准组合轴心竖向力作用下，基桩或复合基桩的平均竖向力；

$N_{kmax}$——荷载效应标准组合偏心竖向力作用下，桩顶最大竖向力；

$N_{Ek}$——地震作用效应和荷载效应标准组合下，基桩或复合基桩的平均竖向力；

$N_{Ekmax}$——地震作用效应和荷载效应标准组合下，基桩或复合基桩的最大竖向力；

$R$——基桩或复合基桩竖向承载力特征值。

**5.2.2** 单桩竖向承载力特征值 $R_a$ 应按下式确定：

$$R_a = \frac{1}{K} Q_{uk} \tag{5.2.2}$$

式中 $Q_{uk}$——单桩竖向极限承载力标准值；

$K$——安全系数，取 $K=2$。

**5.2.3** 对于端承型桩基、桩数少于4根的摩擦型柱下独立桩基、或由于地层土性、使用条件等因素不宜考虑承台效应时，基桩竖向承载力特征值应取单桩竖向承载力特征值。

**5.2.4** 对于符合下列条件之一的摩擦型桩基，宜考虑承台效应确定其复合基桩的竖向承载力特征值：

**1** 上部结构整体刚度较好、体型简单的建（构）筑物；

**2** 对差异沉降适应性较强的排架结构和柔性构筑物；

**3** 按变刚度调平原则设计的桩基刚度相对弱化区；

**4** 软土地基的减沉复合疏桩基础。

**5.2.5** 考虑承台效应的复合基桩竖向承载力特征值可按下列公式确定：

不考虑地震作用时 $$R = R_a + \eta_c f_{ak} A_c \tag{5.2.5-1}$$

考虑地震作用时 $$R = R_a + \frac{\zeta_a}{1.25} \eta_c f_{ak} A_c \tag{5.2.5-2}$$

$$A_c = (A - nA_{ps})/n \tag{5.2.5-3}$$

式中 $\eta_c$——承台效应系数，可按表5.2.5取值；

$f_{ak}$——承台下1/2承台宽度且不超过5m深度范围内各层土的地基承载力特征值按厚度加权的平均值；

$A_c$——计算基桩所对应的承台底净面积；

$A_{ps}$——桩身截面面积；

$A$——承台计算域面积对于柱下独立桩基，$A$ 为承台总面积；对于桩筏基础，$A$ 为柱、墙筏板的1/2跨距和悬臂边2.5倍筏板厚度所围成的面积；桩集中布置于单片墙下的桩筏基础，取墙两边各1/2跨距围成的面积，按条形承台计算 $\eta_c$；

$\zeta_a$——地基抗震承载力调整系数，应按现行国家标准《建筑抗震设计规范》GB 50011采用。

当承台底为可液化土、湿陷性土、高灵敏度软土、欠固结土、新填土时，沉桩引起超孔隙水压力和土体隆起时，不考虑承台效应，取 $\eta_c = 0$。

**表5.2.5 承台效应系数 $\eta_c$**

| $B_c/l$ \ $s_a/d$ | 3 | 4 | 5 | 6 | >6 |
|---|---|---|---|---|---|
| ≤0.4 | 0.06～0.08 | 0.14～0.17 | 0.22～0.26 | 0.32～0.38 | 0.50～0.80 |
| 0.4～0.8 | 0.08～0.10 | 0.17～0.20 | 0.26～0.30 | 0.38～0.44 | |
| >0.8 | 0.10～0.12 | 0.20～0.22 | 0.30～0.34 | 0.44～0.50 | |
| 单排桩条形承台 | 0.15～0.18 | 0.25～0.30 | 0.38～0.45 | 0.50～0.60 | |

注：1 表中 $s_a/d$ 为桩中心距与桩径之比；$B_c/l$ 为承台宽度与桩长之比。当计算基桩为非正方形排列时，$s_a = \sqrt{A/n}$，$A$ 为承台计算域面积，$n$ 为总桩数。

2 对于桩布置于墙下的箱、筏承台，$\eta_c$ 可按单排桩条形承台取值。

3 对于单排桩条形承台，当承台宽度小于1.5$d$ 时，$\eta_c$ 按非条形承台取值。

4 对于采用后注浆灌注桩的承台，$\eta_c$ 宜取低值。

5 对于饱和黏性土中的挤土桩基、软土地基上的桩基承台，$\eta_c$ 宜取低值的0.8倍。

## 5.3 单桩竖向极限承载力

### Ⅰ 一般规定

**5.3.1** 设计采用的单桩竖向极限承载力标准值应符合下列规定：

1　设计等级为甲级的建筑桩基，应通过单桩静载试验确定；

2　设计等级为乙级的建筑桩基，当地质条件简单时，可参照地质条件相同的试桩资料，结合静力触探等原位测试和经验参数综合确定；其余均应通过单桩静载试验确定；

3　设计等级为丙级的建筑桩基，可根据原位测试和经验参数确定。

**5.3.2**　单桩竖向极限承载力标准值、极限侧阻力标准值和极限端阻力标准值应按下列规定确定：

1　单桩竖向静载试验应按现行行业标准《建筑基桩检测技术规范》JGJ 106 执行；

2　对于大直径端承型桩，也可通过深层平板（平板直径应与孔径一致）载荷试验确定极限端阻力；

3　对于嵌岩桩，可通过直径为 0.3m 岩基平板载荷试验确定极限端阻力标准值，也可通过直径为 0.3m 嵌岩短墩载荷试验确定极限侧阻力标准值和极限端阻力标准值；

4　桩的极限侧阻力标准值和极限端阻力标准值宜通过埋设桩身轴力测试元件由静载试验确定。并通过测试结果建立极限侧阻力标准值和极限端阻力标准值与土层物理指标、岩石饱和单轴抗压强度以及与静力触探等土的原位测试指标间的经验关系，以经验参数法确定单桩竖向极限承载力。

## Ⅱ　原位测试法

**5.3.3**　当根据单桥探头静力触探资料确定混凝土预制桩单桩竖向极限承载力标准值时，如无当地经验，可按下式计算：

$$Q_{uk}=Q_{sk}+Q_{pk}=u\sum q_{sik}l_i+\alpha p_{sk}A_p \quad (5.3.3\text{-}1)$$

当 $p_{sk1}\leqslant p_{sk2}$ 时

$$p_{sk}=\frac{1}{2}(p_{sk1}+\beta\cdot p_{sk2}) \quad (5.3.3\text{-}2)$$

当 $p_{sk1}>p_{sk2}$ 时

$$p_{sk}=p_{sk2} \quad (5.3.3\text{-}3)$$

式中　$Q_{sk}$、$Q_{pk}$——分别为总极限侧阻力标准值和总极限端阻力标准值；

$u$——桩身周长；

$q_{sik}$——用静力触探比贯入阻力值估算的桩周第 $i$ 层土的极限侧阻力；

$l_i$——桩周第 $i$ 层土的厚度；

$\alpha$——桩端阻力修正系数，可按表 5.3.3-1 取值；

$p_{sk}$——桩端附近的静力触探比贯入阻力标准值（平均值）；

$A_p$——桩端面积；

$p_{sk1}$——桩端全截面以上 8 倍桩径范围内的比贯入阻力平均值；

$p_{sk2}$——桩端全截面以下 4 倍桩径范围内的比贯入阻力平均值，如桩端持力层为密实的砂土层，其比贯入阻力平均值超过 20MPa 时，则需乘以表 5.3.3-2 中系数 C 予以折减后，再计算 $p_{sk}$；

$\beta$——折减系数，按表 5.3.3-3 选用。

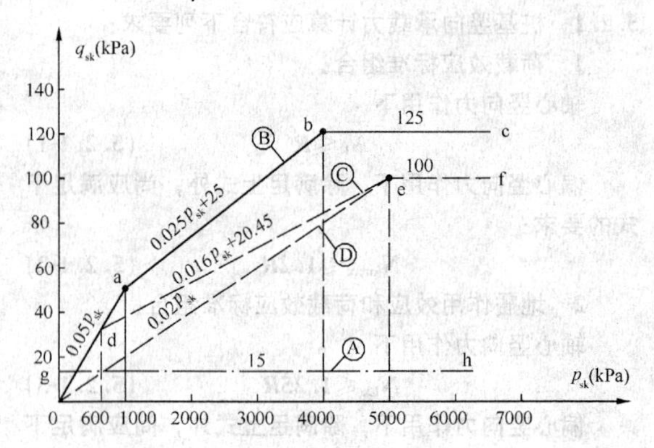


图 5.3.3　$q_{sk}$-$p_{sk}$ 曲线

注：1　$q_{sik}$ 值应结合土工试验资料，依据土的类别、埋藏深度、排列次序，按图 5.3.3 折线取值；图 5.3.3 中，直线Ⓐ（线段 gh）适用于地表下 6m 范围内的土层；折线Ⓑ（线段 oabc）适用于粉土及砂土土层以上（或无粉土及砂土土层地区）的黏性土；折线Ⓒ（线段 odef）适用于粉土及砂土土层以下的黏性土；折线Ⓓ（线段 oef）适用于粉土、粉砂、细砂及中砂。

2　$p_{sk}$ 为桩端穿过的中密～密实砂土、粉土的比贯入阻力平均值；$p_{sl}$ 为砂土、粉土的下卧软土层的比贯入阻力平均值。

3　采用的单桥探头，圆锥底面积为 15cm²，底部带 7cm 高滑套，锥角 60°。

4　当桩端穿过粉土、粉砂、细砂及中砂层底面时，折线Ⓓ估算的 $q_{sik}$ 值需乘以表 5.3.3-4 中系数 $\eta_s$ 值。

**表 5.3.3-1　桩端阻力修正系数 $\alpha$ 值**

| 桩长（m） | $l<15$ | $15\leqslant l\leqslant 30$ | $30<l\leqslant 60$ |
|---|---|---|---|
| $\alpha$ | 0.75 | 0.75～0.90 | 0.90 |

注：桩长 15m≤$l$≤30m，$\alpha$ 值按 $l$ 值直线内插；$l$ 为桩长（不包括桩尖高度）。

**表 5.3.3-2　系　数　C**

| $p_{sk}$（MPa） | 20～30 | 35 | >40 |
|---|---|---|---|
| 系数 $C$ | 5/6 | 2/3 | 1/2 |

**表 5.3.3-3　折减系数 $\beta$**

| $p_{sk2}/p_{sk1}$ | ≤5 | 7.5 | 12.5 | ≥15 |
|---|---|---|---|---|
| $\beta$ | 1 | 5/6 | 2/3 | 1/2 |

注：表 5.3.3-2、表 5.3.3-3 可内插取值。

表 5.3.3-4　系数 $\eta_s$ 值

| $p_{sk}/p_{sl}$ | ≤5 | 7.5 | ≥10 |
|---|---|---|---|
| $\eta_s$ | 1.00 | 0.50 | 0.33 |

**5.3.4**　当根据双桥探头静力触探资料确定混凝土预制桩单桩竖向极限承载力标准值时，对于黏性土、粉土和砂土，如无当地经验时可按下式计算：

$$Q_{uk} = Q_{sk} + Q_{pk} = u\sum l_i \cdot \beta_i \cdot f_{si} + \alpha \cdot q_c \cdot A_p \quad (5.3.4)$$

式中　$f_{si}$——第 $i$ 层土的探头平均侧阻力（kPa）；

$q_c$——桩端平面上、下探头阻力，取桩端平面以上 $4d$（$d$ 为桩的直径或边长）范围内按土层厚度的探头阻力加权平均值（kPa），然后再和桩端平面以下 $1d$ 范围内的探头阻力进行平均；

$\alpha$——桩端阻力修正系数，对于黏性土、粉土取 2/3，饱和砂土取 1/2；

$\beta_i$——第 $i$ 层土桩侧阻力综合修正系数，黏性土、粉土：$\beta_i = 10.04(f_{si})^{-0.55}$；砂土：$\beta_i = 5.05(f_{si})^{-0.45}$。

注：双桥探头的圆锥底面积为 $15cm^2$，锥角 60°，摩擦套筒高 21.85cm，侧面积 $300cm^2$。

### Ⅲ　经验参数法

**5.3.5**　当根据土的物理指标与承载力参数之间的经验关系确定单桩竖向极限承载力标准值时，宜按下式估算：

$$Q_{uk} = Q_{sk} + Q_{pk} = u\sum q_{sik} l_i + q_{pk} A_p \quad (5.3.5)$$

式中　$q_{sik}$——桩侧第 $i$ 层土的极限侧阻力标准值，如无当地经验时，可按表 5.3.5-1 取值；

$q_{pk}$——极限端阻力标准值，如无当地经验时，可按表 5.3.5-2 取值。

表 5.3.5-1　桩的极限侧阻力标准值 $q_{sik}$（kPa）

| 土的名称 | 土的状态 | | 混凝土预制桩 | 泥浆护壁钻(冲)孔桩 | 干作业钻孔桩 |
|---|---|---|---|---|---|
| 填土 | — | | 22～30 | 20～28 | 20～28 |
| 淤泥 | — | | 14～20 | 12～18 | 12～18 |
| 淤泥质土 | — | | 22～30 | 20～28 | 20～28 |
| 黏性土 | 流塑 | $I_L>1$ | 24～40 | 21～38 | 21～38 |
| | 软塑 | $0.75<I_L\leqslant 1$ | 40～55 | 38～53 | 38～53 |
| | 可塑 | $0.50<I_L\leqslant 0.75$ | 55～70 | 53～68 | 53～66 |
| | 硬可塑 | $0.25<I_L\leqslant 0.50$ | 70～86 | 68～84 | 66～82 |
| | 硬塑 | $0<I_L\leqslant 0.25$ | 86～98 | 84～96 | 82～94 |
| | 坚硬 | $I_L\leqslant 0$ | 98～105 | 96～102 | 94～104 |
| 红黏土 | $0.7<a_w\leqslant 1$ | | 13～32 | 12～30 | 12～30 |
| | $0.5<a_w\leqslant 0.7$ | | 32～74 | 30～70 | 30～70 |
| 粉土 | 稍密 | $e>0.9$ | 26～46 | 24～42 | 24～42 |
| | 中密 | $0.75\leqslant e\leqslant 0.9$ | 46～66 | 42～62 | 42～62 |
| | 密实 | $e<0.75$ | 66～88 | 62～82 | 62～82 |
| 粉细砂 | 稍密 | $10<N\leqslant 15$ | 24～48 | 22～46 | 22～46 |
| | 中密 | $15<N\leqslant 30$ | 48～66 | 46～64 | 46～64 |
| | 密实 | $N>30$ | 66～88 | 64～86 | 64～86 |
| 中砂 | 中密 | $15<N\leqslant 30$ | 54～74 | 53～72 | 53～72 |
| | 密实 | $N>30$ | 74～95 | 72～94 | 72～94 |
| 粗砂 | 中密 | $15<N\leqslant 30$ | 74～95 | 74～95 | 76～98 |
| | 密实 | $N>30$ | 95～116 | 95～116 | 98～120 |
| 砾砂 | 稍密 | $5<N_{63.5}\leqslant 15$ | 70～110 | 50～90 | 60～100 |
| | 中密（密实） | $N_{63.5}>15$ | 116～138 | 116～130 | 112～130 |
| 圆砾、角砾 | 中密、密实 | $N_{63.5}>10$ | 160～200 | 135～150 | 135～150 |
| 碎石、卵石 | 中密、密实 | $N_{63.5}>10$ | 200～300 | 140～170 | 150～170 |
| 全风化软质岩 | — | $30<N\leqslant 50$ | 100～120 | 80～100 | 80～100 |
| 全风化硬质岩 | — | $30<N\leqslant 50$ | 140～160 | 120～140 | 120～150 |
| 强风化软质岩 | — | $N_{63.5}>10$ | 160～240 | 140～200 | 140～220 |
| 强风化硬质岩 | — | $N_{63.5}>10$ | 220～300 | 160～240 | 160～260 |

注：1　对于尚未完成自重固结的填土和以生活垃圾为主的杂填土，不计算其侧阻力；

2　$a_w$ 为含水比，$a_w = w/w_l$，$w$ 为土的天然含水量，$w_l$ 为土的液限；

3　$N$ 为标准贯入击数；$N_{63.5}$ 为重型圆锥动力触探击数；

4　全风化、强风化软质岩和全风化、强风化硬质岩系指其母岩分别为 $f_{rk}\leqslant 15MPa$、$f_{rk}>30MPa$ 的岩石。

**表 5.3.5-2　桩的极限端阻力标准值 $q_{pk}$（kPa）**

| 土名称 | 桩型 / 土的状态 | | 混凝土预制桩桩长 $l$（m） | | | | 泥浆护壁钻（冲）孔桩桩长 $l$（m） | | | | 干作业钻孔桩桩长 $l$（m） | | |
|---|---|---|---|---|---|---|---|---|---|---|---|---|---|
| | | | $l \leqslant 9$ | $9 < l \leqslant 16$ | $16 < l \leqslant 30$ | $l > 30$ | $5 \leqslant l < 10$ | $10 \leqslant l < 15$ | $15 \leqslant l < 30$ | $30 \leqslant l$ | $5 \leqslant l < 10$ | $10 \leqslant l < 15$ | $15 \leqslant l$ |
| 黏性土 | 软塑 | $0.75 < I_L \leqslant 1$ | 210～850 | 650～1400 | 1200～1800 | 1300～1900 | 150～250 | 250～300 | 300～450 | 300～450 | 200～400 | 400～700 | 700～950 |
| | 可塑 | $0.50 < I_L \leqslant 0.75$ | 850～1700 | 1400～2200 | 1900～2800 | 2300～3600 | 350～450 | 450～600 | 600～750 | 750～800 | 500～700 | 800～1100 | 1000～1600 |
| | 硬可塑 | $0.25 < I_L \leqslant 0.50$ | 1500～2300 | 2300～3300 | 2700～3600 | 3600～4400 | 800～900 | 900～1000 | 1000～1200 | 1200～1400 | 850～1100 | 1500～1700 | 1700～1900 |
| | 硬塑 | $0 < I_L \leqslant 0.25$ | 2500～3800 | 3800～5500 | 5500～6000 | 6000～6800 | 1100～1200 | 1200～1400 | 1400～1600 | 1600～1800 | 1600～1800 | 2200～2400 | 2600～2800 |
| 粉土 | 中密 | $0.75 \leqslant e \leqslant 0.9$ | 950～1700 | 1400～2100 | 1900～2700 | 2500～3400 | 300～500 | 500～650 | 650～750 | 750～850 | 800～1200 | 1200～1400 | 1400～1600 |
| | 密实 | $e < 0.75$ | 1500～2600 | 2100～3000 | 2700～3600 | 3600～4400 | 650～900 | 750～950 | 900～1100 | 1100～1200 | 1200～1700 | 1400～1900 | 1600～2100 |
| 粉砂 | 稍密 | $10 < N \leqslant 15$ | 1000～1600 | 1500～2300 | 1900～2700 | 2100～3000 | 350～500 | 450～600 | 600～700 | 650～750 | 500～950 | 1300～1600 | 1500～1700 |
| | 中密、密实 | $N > 15$ | 1400～2200 | 2100～3000 | 3000～4500 | 3800～5500 | 600～750 | 750～900 | 900～1100 | 1100～1200 | 900～1000 | 1700～1900 | 1700～1900 |
| 细砂 | 中密、密实 | $N > 15$ | 2500～4000 | 3600～5000 | 4400～6000 | 5300～7000 | 650～850 | 900～1200 | 1200～1500 | 1500～1800 | 1200～1600 | 2000～2400 | 2400～2700 |
| 中砂 | | | 4000～6000 | 5500～7000 | 6500～8000 | 7500～9000 | 850～1050 | 1100～1500 | 1500～1900 | 1900～2100 | 1800～2400 | 2800～3800 | 3600～4400 |
| 粗砂 | | | 5700～7500 | 7500～8500 | 8500～10000 | 9500～11000 | 1500～1800 | 2100～2400 | 2400～2600 | 2600～2800 | 2900～3600 | 4000～4600 | 4600～5200 |
| 砾砂 | | $N > 15$ | 6000～9500 | | 9000～10500 | | 1400～2000 | | 2000～3200 | | 3500～5000 | | |
| 角砾、圆砾 | | $N_{63.5} > 10$ | 7000～10000 | | 9500～11500 | | 1800～2200 | | 2200～3600 | | 4000～5500 | | |
| 碎石、卵石 | | $N_{63.5} > 10$ | 8000～11000 | | 10500～13000 | | 2000～3000 | | 3000～4000 | | 4500～6500 | | |
| 全风化软质岩 | | $30 < N \leqslant 50$ | 4000～6000 | | | | 1000～1600 | | | | 1200～2000 | | |
| 全风化硬质岩 | | $30 < N \leqslant 50$ | 5000～8000 | | | | 1200～2000 | | | | 1400～2400 | | |
| 强风化软质岩 | | $N_{63.5} > 10$ | 6000～9000 | | | | 1400～2200 | | | | 1600～2600 | | |
| 强风化硬质岩 | | $N_{63.5} > 10$ | 7000～11000 | | | | 1800～2800 | | | | 2000～3000 | | |

注：1　砂土和碎石类土中桩的极限端阻力取值，宜综合考虑土的密实度，桩端进入持力层的深径比 $h_b/d$，土愈密实，$h_b/d$ 愈大，取值愈高；

2　预制桩的岩石极限端阻力指桩端支承于中、微风化基岩表面或进入强风化岩、软质岩一定深度条件下极限端阻力；

3　全风化、强风化软质岩和全风化、强风化硬质岩指其母岩分别为 $f_{rk} \leqslant 15MPa$、$f_{rk} > 30MPa$ 的岩石。

**5.3.6** 根据土的物理指标与承载力参数之间的经验关系，确定大直径桩单桩极限承载力标准值时，可按下式计算：

$$Q_{uk}=Q_{sk}+Q_{pk}=u\sum\psi_{si}q_{sik}l_i+\psi_p q_{pk}A_p \quad (5.3.6)$$

式中 $q_{sik}$——桩侧第 $i$ 层土极限侧阻力标准值，如无当地经验值时，可按本规范表5.3.5-1取值，对于扩底桩斜面及变截面以上 $2d$ 长度范围不计侧阻力；

$q_{pk}$——桩径为800mm的极限端阻力标准值，对于干作业挖孔（清底干净）可采用深层载荷板试验确定；当不能进行深层载荷板试验时，可按表5.3.6-1取值；

$\psi_{si}$、$\psi_p$——大直径桩侧阻力、端阻力尺寸效应系数，按表5.3.6-2取值。

$u$——桩身周长，当人工挖孔桩桩周护壁为振捣密实的混凝土时，桩身周长可按护壁外直径计算。

**表5.3.6-1 干作业挖孔桩（清底干净，$D$=800mm）极限端阻力标准值 $q_{pk}$**（kPa）

| 土名称 | | 状态 | | |
|---|---|---|---|---|
| 黏性土 | | $0.25<I_L\leqslant0.75$ | $0<I_L\leqslant0.25$ | $I_L\leqslant0$ |
| | | 800～1800 | 1800～2400 | 2400～3000 |
| 粉土 | | — | $0.75\leqslant e\leqslant0.9$ | $e<0.75$ |
| | | — | 1000～1500 | 1500～2000 |
| 砂土、碎石类土 | | 稍密 | 中密 | 密实 |
| | 粉砂 | 500～700 | 800～1100 | 1200～2000 |
| | 细砂 | 700～1100 | 1200～1800 | 2000～2500 |
| | 中砂 | 1000～2000 | 2200～3200 | 3500～5000 |
| | 粗砂 | 1200～2200 | 2500～3500 | 4000～5500 |
| | 砾砂 | 1400～2400 | 2600～4000 | 5000～7000 |
| | 圆砾、角砾 | 1600～3000 | 3200～5000 | 6000～9000 |
| | 卵石、碎石 | 2000～3000 | 3300～5000 | 7000～11000 |

注：1 当桩进入持力层的深度 $h_b$ 分别为：$h_b\leqslant D$，$D<h_b\leqslant4D$，$h_b>4D$ 时，$q_{pk}$ 可相应取低、中、高值。

2 砂土密实度可根据标贯击数判定，$N\leqslant10$ 为松散，$10<N\leqslant15$ 为稍密，$15<N\leqslant30$ 为中密，$N>30$ 为密实。

3 当桩的长径比 $l/d\leqslant8$ 时，$q_{pk}$ 宜取较低值。

4 当对沉降要求不严时，$q_{pk}$ 可取高值。

**表5.3.6-2 大直径灌注桩侧阻力尺寸效应系数 $\psi_{si}$、端阻力尺寸效应系数 $\psi_p$**

| 土类型 | 黏性土、粉土 | 砂土、碎石类土 |
|---|---|---|
| $\psi_{si}$ | $(0.8/d)^{1/5}$ | $(0.8/d)^{1/3}$ |
| $\psi_p$ | $(0.8/D)^{1/4}$ | $(0.8/D)^{1/3}$ |

注：当为等直径桩时，表中 $D=d$。

## Ⅳ 钢管桩

**5.3.7** 当根据土的物理指标与承载力参数之间的经验关系确定钢管桩单桩竖向极限承载力标准值时，可按下列公式计算：

$$Q_{uk}=Q_{sk}+Q_{pk}=u\sum q_{sik}l_i+\lambda_p q_{pk}A_p \quad (5.3.7\text{-}1)$$

当 $h_b/d<5$ 时， $\lambda_p=0.16h_b/d$ (5.3.7-2)

当 $h_b/d\geqslant5$ 时， $\lambda_p=0.8$ (5.3.7-3)

式中 $q_{sik}$、$q_{pk}$——分别按本规范表5.3.5-1、表5.3.5-2取与混凝土预制桩相同值；

$\lambda_p$——桩端土塞效应系数，对于闭口钢管桩 $\lambda_p=1$，对于敞口钢管桩按式（5.3.7-2）、（5.3.7-3）取值；

$h_b$——桩端进入持力层深度；

$d$——钢管桩外径。

对于带隔板的半敞口钢管桩，应以等效直径 $d_e$ 代替 $d$ 确定 $\lambda_p$；$d_e=d/\sqrt{n}$；其中 $n$ 为桩端隔板分割数（见图5.3.7）。

图5.3.7 隔板分割

## Ⅴ 混凝土空心桩

**5.3.8** 当根据土的物理指标与承载力参数之间的经验关系确定敞口预应力混凝土空心桩单桩竖向极限承载力标准值时，可按下列公式计算：

$$Q_{uk}=Q_{sk}+Q_{pk}=u\sum q_{sik}l_i+q_{pk}(A_j+\lambda_p A_{p1}) \quad (5.3.8\text{-}1)$$

当 $h_b/d_1<5$ 时， $\lambda_p=0.16h_b/d_1$ (5.3.8-2)

当 $h_b/d_1\geqslant5$ 时， $\lambda_p=0.8$ (5.3.8-3)

式中 $q_{sik}$、$q_{pk}$——分别按本规范表5.3.5-1、表5.3.5-2取与混凝土预制桩相同值；

$A_j$——空心桩桩端净面积：

管桩：$A_j=\frac{\pi}{4}(d^2-d_1^2)$；

空心方桩：$A_j=b^2-\frac{\pi}{4}d_1^2$；

$A_{p1}$——空心桩敞口面积：$A_{p1}=\frac{\pi}{4}d_1^2$；

$\lambda_p$——桩端土塞效应系数；

$d$、$b$——空心桩外径、边长；

$d_1$——空心桩内径。

## Ⅵ 嵌岩桩

**5.3.9** 桩端置于完整、较完整基岩的嵌岩桩单桩竖向极限承载力，由桩周土总极限侧阻力和嵌岩段总极限阻力组成。当根据岩石单轴抗压强度确定单桩竖向极限承载力标准值时，可按下列公式计算：

$$Q_{uk}=Q_{sk}+Q_{rk} \quad (5.3.9\text{-}1)$$

$$Q_{sk}=u\sum q_{sik}l_i \quad (5.3.9\text{-}2)$$

$$Q_{rk}=\zeta_r f_{rk}A_p \quad (5.3.9\text{-}3)$$

式中 $Q_{sk}$、$Q_{rk}$——分别为土的总极限侧阻力标准值、嵌岩段总极限阻力标准值；

$q_{sik}$——桩周第 $i$ 层土的极限侧阻力，无当地经验时，可根据成桩工艺按本规范表 5.3.5-1 取值；

$f_{rk}$——岩石饱和单轴抗压强度标准值，黏土岩取天然湿度单轴抗压强度标准值；

$\zeta_r$——桩嵌岩段侧阻和端阻综合系数，与嵌岩深径比 $h_r/d$、岩石软硬程度和成桩工艺有关，可按表 5.3.9 采用；表中数值适用于泥浆护壁成桩，对于干作业成桩（清底干净）和泥浆护壁成桩后注浆，$\zeta_r$ 应取表列数值的 1.2 倍。

**表 5.3.9 桩嵌岩段侧阻和端阻综合系数 $\zeta_r$**

| 嵌岩深径比 $h_r/d$ | 0 | 0.5 | 1.0 | 2.0 | 3.0 | 4.0 | 5.0 | 6.0 | 7.0 | 8.0 |
|---|---|---|---|---|---|---|---|---|---|---|
| 极软岩、软岩 | 0.60 | 0.80 | 0.95 | 1.18 | 1.35 | 1.48 | 1.57 | 1.63 | 1.66 | 1.70 |
| 较硬岩、坚硬岩 | 0.45 | 0.65 | 0.81 | 0.90 | 1.00 | 1.04 | — | — | — | — |

注：1 极软岩、软岩指 $f_{rk}\leqslant 15\text{MPa}$，较硬岩、坚硬岩指 $f_{rk}>30\text{MPa}$，介于二者之间可内插取值。

2 $h_r$ 为桩身嵌岩深度，当岩面倾斜时，以坡下方嵌岩深度为准；当 $h_r/d$ 为非表列值时，$\zeta_r$ 可内插取值。

## Ⅶ 后注浆灌注桩

**5.3.10** 后注浆灌注桩的单桩极限承载力，应通过静载试验确定。在符合本规范第 6.7 节后注浆技术实施规定的条件下，其后注浆单桩极限承载力标准值可按下式估算：

$$Q_{uk}=Q_{sk}+Q_{gsk}+Q_{gpk}=u\sum q_{sjk}l_j+u\sum\beta_{si}q_{sik}l_{gi}+\beta_p q_{pk}A_p \quad (5.3.10)$$

式中 $Q_{sk}$——后注浆非竖向增强段的总极限侧阻力标准值；

$Q_{gsk}$——后注浆竖向增强段的总极限侧阻力标准值；

$Q_{gpk}$——后注浆总极限端阻力标准值；

$u$——桩身周长；

$l_j$——后注浆非竖向增强段第 $j$ 层土厚度；

$l_{gi}$——后注浆竖向增强段内第 $i$ 层土厚度：对于泥浆护壁成孔灌注桩，当为单一桩端后注浆时，竖向增强段为桩端以上 12m；当为桩端、桩侧复式注浆时，竖向增强段为桩端以上 12m 及各桩侧注浆断面以上 12m，重叠部分应扣除；对于干作业灌注桩，竖向增强段为桩端以上、桩侧注浆断面上下各 6m；

$q_{sik}$、$q_{sjk}$、$q_{pk}$——分别为后注浆竖向增强段第 $i$ 土层初始极限侧阻力标准值、非竖向增强段第 $j$ 土层初始极限侧阻力标准值、初始极限端阻力标准值；根据本规范第 5.3.5 条确定；

$\beta_{si}$、$\beta_p$——分别为后注浆侧阻力、端阻力增强系数，无当地经验时，可按表 5.3.10 取值。对于桩径大于 800mm 的桩，应按本规范表 5.3.6-2 进行侧阻和端阻尺寸效应修正。

**表 5.3.10 后注浆侧阻力增强系数 $\beta_{si}$，端阻力增强系数 $\beta_p$**

| 土层名称 | 淤泥淤泥质土 | 黏性土粉土 | 粉砂细砂 | 中砂 | 粗砂砾砂 | 砾石卵石 | 全风化岩强风化岩 |
|---|---|---|---|---|---|---|---|
| $\beta_{si}$ | 1.2～1.3 | 1.4～1.8 | 1.6～2.0 | 1.7～2.1 | 2.0～2.5 | 2.4～3.0 | 1.4～1.8 |
| $\beta_p$ | — | 2.2～2.5 | 2.4～2.8 | 2.6～3.0 | 3.0～3.5 | 3.2～4.0 | 2.0～2.4 |

注：干作业钻、挖孔桩，$\beta_p$ 按表列值乘以小于 1.0 的折减系数。当桩端持力层为黏性土或粉土时，折减系数取 0.6；为砂土或碎石土时，取 0.8。

**5.3.11** 后注浆钢导管注浆后可等效替代纵向主筋。

## Ⅷ 液化效应

**5.3.12** 对于桩身周围有液化土层的低承台桩基，当承台底面上下分别有厚度不小于 1.5m、1.0m 的非液化土或非软弱土层时，可将液化土层极限侧阻力乘以土层液化影响折减系数计算单桩极限承载力标准值。土层液化影响折减系数 $\psi_l$ 可按表 5.3.12 确定。

表 5.3.12 土层液化影响折减系数$\psi_l$

| $\lambda_N = \frac{N}{N_{cr}}$ | 自地面算起的液化土层深度 $d_L$（m） | $\psi_l$ |
|---|---|---|
| $\lambda_N \leqslant 0.6$ | $d_L \leqslant 10$<br>$10 < d_L \leqslant 20$ | 0<br>1/3 |
| $0.6 < \lambda_N \leqslant 0.8$ | $d_L \leqslant 10$<br>$10 < d_L \leqslant 20$ | 1/3<br>2/3 |
| $0.8 < \lambda_N \leqslant 1.0$ | $d_L \leqslant 10$<br>$10 < d_L \leqslant 20$ | 2/3<br>1.0 |

注：1 $N$ 为饱和土标贯击数实测值；$N_{cr}$ 为液化判别标贯击数临界值；

2 对于挤土桩当桩距不大于 $4d$，且桩的排数不少于 5 排、总桩数不少于 25 根时，土层液化影响折减系数可按表列值提高一档取值；桩间土标贯击数达到 $N_{cr}$ 时，取 $\psi_l = 1$。

当承台底面上下非液化土层厚度小于以上规定时，土层液化影响折减系数 $\psi_l$ 取 0。

### 5.4 特殊条件下桩基竖向承载力验算

#### Ⅰ 软弱下卧层验算

**5.4.1** 对于桩距不超过 $6d$ 的群桩基础，桩端持力层下存在承载力低于桩端持力层承载力 1/3 的软弱下卧层时，可按下列公式验算软弱下卧层的承载力（见图 5.4.1）：

$$\sigma_z + \gamma_m z \leqslant f_{az} \quad (5.4.1\text{-}1)$$

$$\sigma_z = \frac{(F_k + G_k) - 3/2(A_0 + B_0) \cdot \sum q_{sik} l_i}{(A_0 + 2t \cdot \tan\theta)(B_0 + 2t \cdot \tan\theta)} \quad (5.4.1\text{-}2)$$

式中 $\sigma_z$——作用于软弱下卧层顶面的附加应力；

$\gamma_m$——软弱层顶面以上各土层重度（地下水位以下取浮重度）按厚度加权平均值；

$t$——硬持力层厚度；

$f_{az}$——软弱下卧层经深度 $z$ 修正的地基承载力特征值；

$A_0$、$B_0$——桩群外缘矩形底面的长、短边边长；

$q_{sik}$——桩周第 $i$ 层土的极限侧阻力标准值，无当地经验时，可根据成桩工艺按本规范表 5.3.5-1 取值；

$\theta$——桩端硬持力层压力扩散角，按表 5.4.1 取值。

表 5.4.1 桩端硬持力层压力扩散角 $\theta$

| $E_{s1}/E_{s2}$ | $t = 0.25B_0$ | $t \geqslant 0.50B_0$ |
|---|---|---|
| 1 | 4° | 12° |
| 3 | 6° | 23° |
| 5 | 10° | 25° |
| 10 | 20° | 30° |

注：1 $E_{s1}$、$E_{s2}$ 为硬持力层、软弱下卧层的压缩模量；

2 当 $t < 0.25B_0$ 时，取 $\theta = 0°$，必要时，宜通过试验确定；当 $0.25B_0 < t < 0.50B_0$ 时，可内插取值。

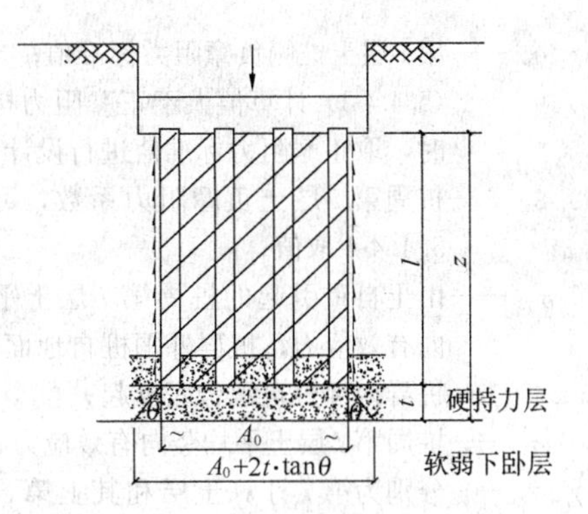


图 5.4.1 软弱下卧层承载力验算

#### Ⅱ 负摩阻力计算

**5.4.2 符合下列条件之一的桩基，当桩周土层产生的沉降超过基桩的沉降时，在计算基桩承载力时应计入桩侧负摩阻力：**

**1 桩穿越较厚松散填土、自重湿陷性黄土、欠固结土、液化土层进入相对较硬土层时；**

**2 桩周存在软弱土层，邻近桩侧地面承受局部较大的长期荷载，或地面大面积堆载（包括填土）时；**

**3 由于降低地下水位，使桩周土有效应力增大，并产生显著压缩沉降时。**

**5.4.3** 桩周土沉降可能引起桩侧负摩阻力时，应根据工程具体情况考虑负摩阻力对桩基承载力和沉降的影响；当缺乏可参照的工程经验时，可按下列规定验算。

1 对于摩擦型基桩可取桩身计算中性点以上侧阻力为零，并可按下式验算基桩承载力：

$$N_k \leqslant R_a \quad (5.4.3\text{-}1)$$

2 对于端承型基桩除应满足上式要求外，尚应考虑负摩阻力引起基桩的下拉荷载 $Q_g^n$，并可按下式验算基桩承载力：

$$N_k + Q_g^n \leqslant R_a \quad (5.4.3\text{-}2)$$

3 当土层不均匀或建筑物对不均匀沉降较敏感时，尚应将负摩阻力引起的下拉荷载计入附加荷载验算桩基沉降。

注：本条中基桩的竖向承载力特征值 $R_a$ 只计中性点以下部分侧阻值及端阻值。

**5.4.4** 桩侧负摩阻力及其引起的下拉荷载，当无实测资料时可按下列规定计算：

1 中性点以上单桩桩周第 $i$ 层土负摩阻力标准值，可按下列公式计算：

$$q_{si}^n = \xi_{ni} \sigma'_i \quad (5.4.4\text{-}1)$$

当填土、自重湿陷性黄土湿陷、欠固结土层产生固结和地下水降低时：$\sigma'_i = \sigma'_{\gamma i}$

当地面分布大面积荷载时：$\sigma'_i = p + \sigma'_{\gamma i}$

$$\sigma'_{\gamma i} = \sum_{e=1}^{i-1} \gamma_e \Delta z_e + \frac{1}{2} \gamma_i \Delta z_i \quad (5.4.4\text{-}2)$$

式中 $q_{si}^{n}$——第 $i$ 层土桩侧负摩阻力标准值；当按式(5.4.4-1)计算值大于正摩阻力标准值时，取正摩阻力标准值进行设计；

$\xi_{ni}$——桩周第 $i$ 层土负摩阻力系数，可按表5.4.4-1取值；

$\sigma'_{\gamma i}$——由土自重引起的桩周第 $i$ 层土平均竖向有效应力；桩群外围桩自地面算起，桩群内部桩自承台底算起；

$\sigma'_{i}$——桩周第 $i$ 层土平均竖向有效应力；

$\gamma_i$、$\gamma_e$——分别为第 $i$ 计算土层和其上第 $e$ 土层的重度，地下水位以下取浮重度；

$\Delta z_i$、$\Delta z_e$——第 $i$ 层土、第 $e$ 层土的厚度；

$p$——地面均布荷载。

**表 5.4.4-1 负摩阻力系数 $\xi_n$**

| 土类 | $\xi_n$ |
|---|---|
| 饱和软土 | 0.15～0.25 |
| 黏性土、粉土 | 0.25～0.40 |
| 砂土 | 0.35～0.50 |
| 自重湿陷性黄土 | 0.20～0.35 |

注：1 在同一类土中，对于挤土桩，取表中较大值，对于非挤土桩，取表中较小值；
2 填土按其组成取表中同类土的较大值。

**2** 考虑群桩效应的基桩下拉荷载可按下式计算：

$$Q_g^n = \eta_n \cdot u \sum_{i=1}^{n} q_{si}^n l_i \quad (5.4.4\text{-}3)$$

$$\eta_n = s_{ax} \cdot s_{ay} \Big/ \left[\pi d \left(\frac{q_s^n}{\gamma_m} + \frac{d}{4}\right)\right] \quad (5.4.4\text{-}4)$$

式中 $n$——中性点以上土层数；

$l_i$——中性点以上第 $i$ 土层的厚度；

$\eta_n$——负摩阻力群桩效应系数；

$s_{ax}$、$s_{ay}$——分别为纵、横向桩的中心距；

$q_s^n$——中性点以上桩周土层厚度加权平均负摩阻力标准值；

$\gamma_m$——中性点以上桩周土层厚度加权平均重度（地下水位以下取浮重度）。

对于单桩基础或按式(5.4.4-4)计算的群桩效应系数 $\eta_n > 1$ 时，取 $\eta_n = 1$。

**3** 中性点深度 $l_n$ 应按桩周土层沉降与桩沉降相等的条件计算确定，也可参照表5.4.4-2确定。

**表 5.4.4-2 中性点深度 $l_n$**

| 持力层性质 | 黏性土、粉土 | 中密以上砂 | 砾石、卵石 | 基岩 |
|---|---|---|---|---|
| 中性点深度比 $l_n/l_0$ | 0.5～0.6 | 0.7～0.8 | 0.9 | 1.0 |

注：1 $l_n$、$l_0$——分别为自桩顶算起的中性点深度和桩周软弱土层下限深度；
2 桩穿过自重湿陷性黄土层时，$l_n$ 可按表列值增大10%（持力层为基岩除外）；
3 当桩周土层固结与桩基固结沉降同时完成时，取 $l_n = 0$；
4 当桩周土层计算沉降量小于20mm时，$l_n$ 应按表列值乘以0.4～0.8折减。

### Ⅲ 抗拔桩基承载力验算

**5.4.5** 承受拔力的桩基，应按下列公式同时验算群桩基础呈整体破坏和呈非整体破坏时基桩的抗拔承载力：

$$N_k \leqslant T_{gk}/2 + G_{gp} \quad (5.4.5\text{-}1)$$

$$N_k \leqslant T_{uk}/2 + G_p \quad (5.4.5\text{-}2)$$

式中 $N_k$——按荷载效应标准组合计算的基桩拔力；

$T_{gk}$——群桩呈整体破坏时基桩的抗拔极限承载力标准值，可按本规范第5.4.6条确定；

$T_{uk}$——群桩呈非整体破坏时基桩的抗拔极限承载力标准值，可按本规范第5.4.6条确定；

$G_{gp}$——群桩基础所包围体积的桩土总自重除以总桩数，地下水位以下取浮重度；

$G_p$——基桩自重，地下水位以下取浮重度，对于扩底桩应按本规范表5.4.6-1确定桩、土柱体周长，计算桩、土自重。

**5.4.6** 群桩基础及其基桩的抗拔极限承载力的确定应符合下列规定：

**1** 对于设计等级为甲级和乙级建筑桩基，基桩的抗拔极限承载力应通过现场单桩上拔静载荷试验确定。单桩上拔静载荷试验及抗拔极限承载力标准值取值可按现行行业标准《建筑基桩检测技术规范》JGJ 106进行。

**2** 如无当地经验时，群桩基础及设计等级为丙级建筑桩基，基桩的抗拔极限载力取值可按下列规定计算：

1）群桩呈非整体破坏时，基桩的抗拔极限承载力标准值可按下式计算：

$$T_{uk} = \sum \lambda_i q_{sik} u_i l_i \quad (5.4.6\text{-}1)$$

式中 $T_{uk}$——基桩抗拔极限承载力标准值；

$u_i$——桩身周长，对于等直径桩取 $u = \pi d$；对于扩底桩按表5.4.6-1取值；

$q_{sik}$——桩侧表面第 $i$ 层土的抗压极限侧阻力标准值，可按本规范表5.3.5-1取值；

$\lambda_i$——抗拔系数，可按表5.4.6-2取值。

**表 5.4.6-1 扩底桩破坏表面周长 $u_i$**

| 自桩底起算的长度 $l_i$ | $\leqslant(4\sim10)d$ | $>(4\sim10)d$ |
|---|---|---|
| $u_i$ | $\pi D$ | $\pi d$ |

注：$l_i$ 对于软土取低值，对于卵石、砾石取高值；$l_i$ 取值按内摩擦角增大而增加。

**表 5.4.6-2 抗拔系数 $\lambda$**

| 土 类 | $\lambda$ 值 |
|---|---|
| 砂土 | 0.50～0.70 |
| 黏性土、粉土 | 0.70～0.80 |

注：桩长 $l$ 与桩径 $d$ 之比小于 20 时，$\lambda$ 取小值。

2）群桩呈整体破坏时，基桩的抗拔极限承载力标准值可按下式计算：

$$T_{gk}=\frac{1}{n}u_l\sum\lambda_i q_{sik}l_i \quad (5.4.6\text{-}2)$$

式中 $u_l$ ——桩群外围周长。

**5.4.7** 季节性冻土上轻型建筑的短桩基础，应按下列公式验算其抗冻拔稳定性：

$$\eta_f q_f u z_0 \leqslant T_{gk}/2+N_G+G_{gp} \quad (5.4.7\text{-}1)$$

$$\eta_f q_f u z_0 \leqslant T_{uk}/2+N_G+G_p \quad (5.4.7\text{-}2)$$

式中 $\eta_f$ ——冻深影响系数，按表 5.4.7-1 采用；

$q_f$ ——切向冻胀力，按表 5.4.7-2 采用；

$z_0$ ——季节性冻土的标准冻深；

$T_{gk}$ ——标准冻深线以下群桩呈整体破坏时基桩抗拔极限承载力标准值，可按本规范第 5.4.6 条确定；

$T_{uk}$ ——标准冻深线以下单桩抗拔极限承载力标准值，可按本规范第 5.4.6 条确定；

$N_G$ ——基桩承受的桩承台底面以上建筑物自重、承台及其上土重标准值。

**表 5.4.7-1 冻深影响系数 $\eta_f$ 值**

| 标准冻深（m） | $z_0\leqslant2.0$ | $2.0<z_0\leqslant3.0$ | $z_0>3.0$ |
|---|---|---|---|
| $\eta_f$ | 1.0 | 0.9 | 0.8 |

**表 5.4.7-2 切向冻胀力 $q_f$（kPa）值**

| 冻胀性分类 / 土 类 | 弱冻胀 | 冻胀 | 强冻胀 | 特强冻胀 |
|---|---|---|---|---|
| 黏性土、粉土 | 30～60 | 60～80 | 80～120 | 120～150 |
| 砂土、砾（碎）石（黏、粉粒含量＞15%） | ＜10 | 20～30 | 40～80 | 90～200 |

注：1 表面粗糙的灌注桩，表中数值应乘以系数 1.1～1.3；

2 本表不适用于含盐量大于 0.5%的冻土。

**5.4.8** 膨胀土上轻型建筑的短桩基础，应按下列公式验算群桩基础呈整体破坏和非整体破坏的抗拔稳定性：

$$u\sum q_{ei}l_{ei}\leqslant T_{gk}/2+N_G+G_{gp} \quad (5.4.8\text{-}1)$$

$$u\sum q_{ei}l_{ei}\leqslant T_{uk}/2+N_G+G_p \quad (5.4.8\text{-}2)$$

式中 $T_{gk}$ ——群桩呈整体破坏时，大气影响急剧层下稳定土层中基桩的抗拔极限承载力标准值，可按本规范第 5.4.6 条计算；

$T_{uk}$ ——群桩呈非整体破坏时，大气影响急剧层下稳定土层中基桩的抗拔极限承载力标准值，可按本规范第 5.4.6 条计算；

$q_{ei}$ ——大气影响急剧层中第 $i$ 层土的极限胀切力，由现场浸水试验确定；

$l_{ei}$ ——大气影响急剧层中第 $i$ 层土的厚度。

## 5.5 桩基沉降计算

**5.5.1 建筑桩基沉降变形计算值不应大于桩基沉降变形允许值。**

**5.5.2** 桩基沉降变形可用下列指标表示：

1 沉降量；

2 沉降差；

3 整体倾斜：建筑物桩基础倾斜方向两端点的沉降差与其距离之比值；

4 局部倾斜：墙下条形承台沿纵向某一长度范围内桩基础两点的沉降差与其距离之比值。

**5.5.3** 计算桩基沉降变形时，桩基变形指标应按下列规定选用：

1 由于土层厚度与性质不均匀、荷载差异、体形复杂、相互影响等因素引起的地基沉降变形，对于砌体承重结构应由局部倾斜控制；

2 对于多层或高层建筑和高耸结构应由整体倾斜值控制；

3 当其结构为框架、框架-剪力墙、框架-核心筒结构时，尚应控制柱（墙）之间的差异沉降。

**5.5.4 建筑桩基沉降变形允许值，应按表 5.5.4 规定采用。**

**表 5.5.4 建筑桩基沉降变形允许值**

| 变 形 特 征 | | 允许值 |
|---|---|---|
| 砌体承重结构基础的局部倾斜 | | 0.002 |
| 各类建筑相邻柱（墙）基的沉降差<br>（1）框架、框架—剪力墙、框架—核心筒结构<br>（2）砌体墙填充的边排柱<br>（3）当基础不均匀沉降时不产生附加应力的结构 | | <br>$0.002l_0$<br>$0.0007l_0$<br>$0.005l_0$ |
| 单层排架结构（柱距为 6m）桩基的沉降量（mm） | | 120 |
| 桥式吊车轨面的倾斜（按不调整轨道考虑）<br>纵向<br>横向 | | <br>0.004<br>0.003 |
| 多层和高层建筑的整体倾斜 | $H_g\leqslant24$ | 0.004 |
| | $24<H_g\leqslant60$ | 0.003 |
| | $60<H_g\leqslant100$ | 0.0025 |
| | $H_g>100$ | 0.002 |

续表 5.5.4

| 变形特征 | | 允许值 |
|---|---|---|
| 高耸结构桩基的整体倾斜 | $H_g \leqslant 20$ | 0.008 |
| | $20 < H_g \leqslant 50$ | 0.006 |
| | $50 < H_g \leqslant 100$ | 0.005 |
| | $100 < H_g \leqslant 150$ | 0.004 |
| | $150 < H_g \leqslant 200$ | 0.003 |
| | $200 < H_g \leqslant 250$ | 0.002 |
| 高耸结构基础的沉降量（mm） | $H_g \leqslant 100$ | 350 |
| | $100 < H_g \leqslant 200$ | 250 |
| | $200 < H_g \leqslant 250$ | 150 |
| 体型简单的剪力墙结构高层建筑桩基最大沉降量（mm） | — | 200 |

注：$l_0$ 为相邻柱（墙）二测点间距离，$H_g$ 为自室外地面算起的建筑物高度（m）。

**5.5.5** 对于本规范表 5.5.4 中未包括的建筑桩基沉降变形允许值，应根据上部结构对桩基沉降变形的适应能力和使用要求确定。

### Ⅰ 桩中心距不大于 6 倍桩径的桩基

**5.5.6** 对于桩中心距不大于 6 倍桩径的桩基，其最终沉降量计算可采用等效作用分层总和法。等效作用面位于桩端平面，等效作用面积为桩承台投影面积，等效作用附加压力近似取承台底平均附加压力。等效作用面以下的应力分布采用各向同性均质直线变形体理论。计算模式如图 5.5.6 所示，桩基任一点最终沉

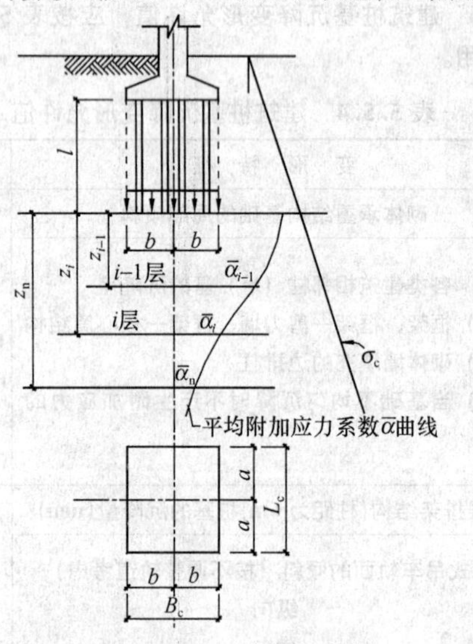


图 5.5.6 桩基沉降计算示意图

降量可用角点法按下式计算：

$$s = \psi \cdot \psi_e \cdot s' = \psi \cdot \psi_e \cdot \sum_{j=1}^{m} p_{0j} \sum_{i=1}^{n} \frac{z_{ij}\bar{\alpha}_{ij} - z_{(i-1)j}\bar{\alpha}_{(i-1)j}}{E_{si}} \tag{5.5.6}$$

式中 $s$——桩基最终沉降量（mm）；

$s'$——采用布辛奈斯克（Boussinesq）解，按实体深基础分层总和法计算出的桩基沉降量（mm）；

$\psi$——桩基沉降计算经验系数，当无当地可靠经验时可按本规范第 5.5.11 条确定；

$\psi_e$——桩基等效沉降系数，可按本规范第 5.5.9 条确定；

$m$——角点法计算点对应的矩形荷载分块数；

$p_{0j}$——第 $j$ 块矩形底面在荷载效应准永久组合下的附加压力（kPa）；

$n$——桩基沉降计算深度范围内所划分的土层数；

$E_{si}$——等效作用面以下第 $i$ 层土的压缩模量（MPa），采用地基土在自重压力至自重压力加附加压力作用时的压缩模量；

$z_{ij}$、$z_{(i-1)j}$——桩端平面第 $j$ 块荷载作用面至第 $i$ 层土、第 $i-1$ 层土底面的距离（m）；

$\bar{\alpha}_{ij}$、$\bar{\alpha}_{(i-1)j}$——桩端平面第 $j$ 块荷载计算点至第 $i$ 层土、第 $i-1$ 层土底面深度范围内平均附加应力系数，可按本规范附录 D 选用。

**5.5.7** 计算矩形桩基中点沉降时，桩基沉降量可按下式简化计算：

$$s = \psi \cdot \psi_e \cdot s' = 4 \cdot \psi \cdot \psi_e \cdot p_0 \sum_{i=1}^{n} \frac{z_i\bar{\alpha}_i - z_{i-1}\bar{\alpha}_{i-1}}{E_{si}} \tag{5.5.7}$$

式中 $p_0$——在荷载效应准永久组合下承台底的平均附加压力；

$\bar{\alpha}_i$、$\bar{\alpha}_{i-1}$——平均附加应力系数，根据矩形长宽比 $a/b$ 及深宽比 $\frac{z_i}{b} = \frac{2z_i}{B_c}$，$\frac{z_{i-1}}{b} = \frac{2z_{i-1}}{B_c}$，可按本规范附录 D 选用。

**5.5.8** 桩基沉降计算深度 $z_n$ 应按应力比法确定，即计算深度处的附加应力 $\sigma_z$ 与土的自重应力 $\sigma_c$ 应符合下列公式要求：

$$\sigma_z \leqslant 0.2\sigma_c \tag{5.5.8-1}$$

$$\sigma_z = \sum_{j=1}^{m} a_j p_{0j} \tag{5.5.8-2}$$

式中 $a_j$——附加应力系数，可根据角点法划分的矩形长宽比及深宽比按本规范附录 D 选用。

**5.5.9** 桩基等效沉降系数 $\psi_e$ 可按下列公式简化计算：

$$\psi_e = C_0 + \frac{n_b - 1}{C_1(n_b - 1) + C_2} \tag{5.5.9-1}$$

$$n_b = \sqrt{n \cdot B_c / L_c} \quad (5.5.9\text{-}2)$$

式中 $n_b$——矩形布桩时的短边布桩数，当布桩不规则时可按式（5.5.9-2）近似计算，$n_b > 1$；$n_b = 1$时，可按本规范式（5.5.14）计算；

$C_0$、$C_1$、$C_2$——根据群桩距径比 $s_a/d$、长径比 $l/d$ 及基础长宽比 $L_c/B_c$，按本规范附录E确定；

$L_c$、$B_c$、$n$——分别为矩形承台的长、宽及总桩数。

**5.5.10** 当布桩不规则时，等效距径比可按下列公式近似计算：

圆形桩 $$s_a/d = \sqrt{A}/(\sqrt{n} \cdot d) \quad (5.5.10\text{-}1)$$

方形桩 $$s_a/d = 0.886\sqrt{A}/(\sqrt{n} \cdot b) \quad (5.5.10\text{-}2)$$

式中 $A$——桩基承台总面积；

$b$——方形桩截面边长。

**5.5.11** 当无当地可靠经验时，桩基沉降计算经验系数 $\psi$ 可按表 5.5.11 选用。对于采用后注浆施工工艺的灌注桩，桩基沉降计算经验系数应根据桩端持力土层类别，乘以 0.7（砂、砾、卵石）～0.8（黏性土、粉土）折减系数；饱和土中采用预制桩（不含复打、复压、引孔沉桩）时，应根据桩距、土质、沉桩速率和顺序等因素，乘以 1.3～1.8 挤土效应系数，土的渗透性低，桩距小，桩数多，沉桩速率快时取大值。

**表 5.5.11 桩基沉降计算经验系数 $\psi$**

| $\overline{E}_s$(MPa) | ≤10 | 15 | 20 | 35 | ≥50 |
|---|---|---|---|---|---|
| $\psi$ | 1.2 | 0.9 | 0.65 | 0.50 | 0.40 |

注：1 $\overline{E}_s$ 为沉降计算深度范围内压缩模量的当量值，可按下式计算：$\overline{E}_s = \Sigma A_i / \Sigma \frac{A_i}{E_{si}}$，式中 $A_i$ 为第 $i$ 层土附加压力系数沿土层厚度的积分值，可近似按分块面积计算；

2 $\psi$ 可根据 $\overline{E}_s$ 内插取值。

**5.5.12** 计算桩基沉降时，应考虑相邻基础的影响，采用叠加原理计算；桩基等效沉降系数可按独立基础计算。

**5.5.13** 当桩基形状不规则时，可采用等效矩形面积计算桩基等效沉降系数，等效矩形的长宽比可根据承台实际尺寸和形状确定。

## Ⅱ 单桩、单排桩、疏桩基础

**5.5.14** 对于单桩、单排桩、桩中心距大于 6 倍桩径的疏桩基础的沉降计算应符合下列规定：

**1** 承台底地基土不分担荷载的桩基。桩端平面以下地基中由基桩引起的附加应力，按考虑桩径影响的明德林（Mindlin）解附录F计算确定。将沉降计算点水平面影响范围内各基桩对应力计算点产生的附加应力叠加，采用单向压缩分层总和法计算土层的沉降，并计入桩身压缩 $s_e$。桩基的最终沉降量可按下列公式计算：

$$s = \psi \sum_{i=1}^{n} \frac{\sigma_{zi}}{E_{si}} \Delta z_i + s_e \quad (5.5.14\text{-}1)$$

$$\sigma_{zi} = \sum_{j=1}^{m} \frac{Q_j}{l_j^2} [\alpha_j I_{p,ij} + (1-\alpha_j) I_{s,ij}] \quad (5.5.14\text{-}2)$$

$$s_e = \xi_e \frac{Q_j l_j}{E_c A_{ps}} \quad (5.5.14\text{-}3)$$

**2** 承台底地基土分担荷载的复合桩基。将承台底土压力对地基中某点产生的附加应力按 Boussinesq 解（附录D）计算，与基桩产生的附加应力叠加，采用与本条第1款相同方法计算沉降。其最终沉降量可按下列公式计算：

$$s = \psi \sum_{i=1}^{n} \frac{\sigma_{zi} + \sigma_{zci}}{E_{si}} \Delta z_i + s_e \quad (5.5.14\text{-}4)$$

$$\sigma_{zci} = \sum_{k=1}^{u} \alpha_{ki} \cdot p_{c,k} \quad (5.5.14\text{-}5)$$

式中 $m$——以沉降计算点为圆心，0.6 倍桩长为半径的水平面影响范围内的基桩数；

$n$——沉降计算深度范围内土层的计算分层数；分层数应结合土层性质，分层厚度不应超过计算深度的 0.3 倍；

$\sigma_{zi}$——水平面影响范围内各基桩对应力计算点桩端平面以下第 $i$ 层土 1/2 厚度处产生的附加竖向应力之和；应力计算点应取与沉降计算点最近的桩中心点；

$\sigma_{zci}$——承台压力对应力计算点桩端平面以下第 $i$ 计算土层 1/2 厚度处产生的应力；可将承台板划分为 $u$ 个矩形块，可按本规范附录D采用角点法计算；

$\Delta z_i$——第 $i$ 计算土层厚度（m）；

$E_{si}$——第 $i$ 计算土层的压缩模量（MPa），采用土的自重压力至土的自重压力加附加压力作用时的压缩模量；

$Q_j$——第 $j$ 桩在荷载效应准永久组合作用下（对于复合桩基应扣除承台底土分担荷载），桩顶的附加荷载（kN）；当地下室埋深超过 5m 时，取荷载效应准永久组合作用下的总荷载为考虑回弹再压缩的等代附加荷载；

$l_j$——第 $j$ 桩桩长（m）；

$A_{ps}$——桩身截面面积；

$\alpha_j$——第 $j$ 桩总桩端阻力与桩顶荷载之比，近似取极限总端阻力与单桩极限承载力之比；

$I_{p,ij}$、$I_{s,ij}$——分别为第 $j$ 桩的桩端阻力和桩侧阻力对计算轴线第 $i$ 计算土层 1/2 厚度处的应力影响系数，可按本规范附录F确定；

$E_c$——桩身混凝土的弹性模量；

$p_{c,k}$——第 $k$ 块承台底均布压力，可按 $p_{c,k}=\eta_{c,k}\cdot f_{ak}$ 取值，其中 $\eta_{c,k}$ 为第 $k$ 块承台底板的承台效应系数，按本规范表 5.2.5 确定；$f_{ak}$ 为承台底地基承载力特征值；

$\alpha_{ki}$——第 $k$ 块承台底角点处，桩端平面以下第 $i$ 计算土层 1/2 厚度处的附加应力系数，可按本规范附录 D 确定；

$s_e$——计算桩身压缩；

$\xi_e$——桩身压缩系数。端承型桩，取 $\xi_e=1.0$；摩擦型桩，当 $l/d\leqslant30$ 时，取 $\xi_e=2/3$；$l/d\geqslant50$ 时，取 $\xi_e=1/2$；介于两者之间可线性插值；

$\psi$——沉降计算经验系数，无当地经验时，可取 1.0。

**5.5.15** 对于单桩、单排桩、疏桩复合桩基础的最终沉降计算深度 $Z_n$，可按应力比法确定，即 $Z_n$ 处由桩引起的附加应力 $\sigma_z$、由承台土压力引起的附加应力 $\sigma_{zc}$ 与土的自重应力 $\sigma_c$ 应符合下式要求：

$$\sigma_z+\sigma_{zc}=0.2\sigma_c \tag{5.5.15}$$

### 5.6 软土地基减沉复合疏桩基础

**5.6.1** 当软土地基上多层建筑，地基承载力基本满足要求（以底层平面面积计算）时，可设置穿过软土层进入相对较好土层的疏布摩擦型桩，由桩和桩间土共同分担荷载。该种减沉复合疏桩基础，可按下列公式确定承台面积和桩数：

$$A_c=\xi\frac{F_k+G_k}{f_{ak}} \tag{5.6.1-1}$$

$$n\geqslant\frac{F_k+G_k-\eta_c f_{ak}A_c}{R_a} \tag{5.6.1-2}$$

式中 $A_c$——桩基承台总净面积；

$f_{ak}$——承台底地基承载力特征值；

$\xi$——承台面积控制系数，$\xi\geqslant0.60$；

$n$——基桩数；

$\eta_c$——桩基承台效应系数，可按本规范表 5.2.5 取值。

**5.6.2** 减沉复合疏桩基础中点沉降可按下列公式计算：

$$s=\psi(s_s+s_{sp}) \tag{5.6.2-1}$$

$$s_s=4p_0\sum_{i=1}^{m}\frac{z_i\overline{\alpha}_i-z_{(i-1)}\overline{\alpha}_{(i-1)}}{E_{si}} \tag{5.6.2-2}$$

$$s_{sp}=280\frac{\overline{q}_{su}}{\overline{E}_s}\cdot\frac{d}{(s_a/d)^2} \tag{5.6.2-3}$$

$$p_0=\eta_p\frac{F-nR_a}{A_c} \tag{5.6.2-4}$$

式中 $s$——桩基中心点沉降量；

$s_s$——由承台底地基土附加压力作用下产生的中点沉降（见图 5.6.2）；

$s_{sp}$——由桩土相互作用产生的沉降；

$p_0$——按荷载效应准永久值组合计算的假想天然地基平均附加压力（kPa）；

$E_{si}$——承台底以下第 $i$ 层土的压缩模量，应取自重压力至自重压力与附加压力段的模量值；

$m$——地基沉降计算深度范围的土层数；沉降计算深度按 $\sigma_z=0.1\sigma_c$ 确定，$\sigma_z$ 可按本规范第 5.5.8 条确定；

$\overline{q}_{su}$、$\overline{E}_s$——桩身范围内按厚度加权的平均桩侧极限摩阻力、平均压缩模量；

$d$——桩身直径，当为方形桩时，$d=1.27b$（$b$ 为方形桩截面边长）；

$s_a/d$——等效距径比，可按本规范第 5.5.10 条执行；

$z_i$、$z_{i-1}$——承台底至第 $i$ 层、第 $i-1$ 层土底面的距离；

$\overline{\alpha}_i$、$\overline{\alpha}_{i-1}$——承台底至第 $i$ 层、第 $i-1$ 层土层底范围内的角点平均附加应力系数；根据承台等效面积的计算分块矩形长宽比 $a/b$ 及深宽比 $z_i/b=2z_i/B_c$，由本规范附录 D 确定；其中承台等效宽度 $B_c=B\sqrt{A_c}/L$；$B$、$L$ 为建筑物基础外缘平面的宽度和长度；

$F$——荷载效应准永久值组合下，作用于承台底的总附加荷载（kN）；

$\eta_p$——基桩刺入变形影响系数；按桩端持力层土质确定，砂土为 1.0，粉土为 1.15，黏性土为 1.30。

$\psi$——沉降计算经验系数，无当地经验时，可取 1.0。

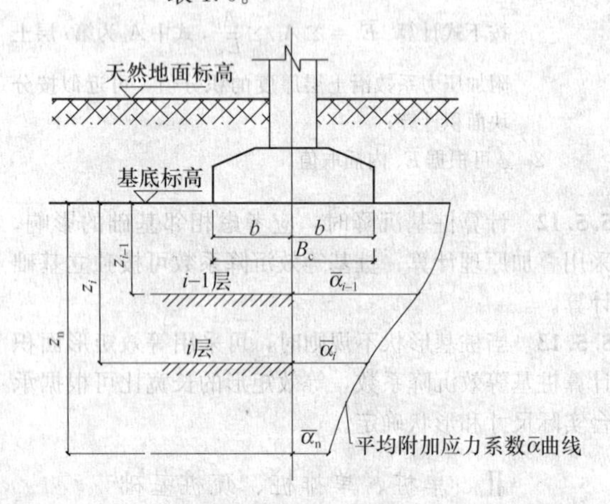


图 5.6.2 复合疏桩基础沉降计算的分层示意图

### 5.7 桩基水平承载力与位移计算

#### Ⅰ 单桩基础

**5.7.1** 受水平荷载的一般建筑物和水平荷载较小的高大建筑物单桩基础和群桩中基桩应满足下式要求：

$$H_{ik} \leqslant R_h \quad (5.7.1)$$

式中 $H_{ik}$——在荷载效应标准组合下，作用于基桩 $i$ 桩顶处的水平力；

$R_h$——单桩基础或群桩中基桩的水平承载力特征值，对于单桩基础，可取单桩的水平承载力特征值 $R_{ha}$。

**5.7.2** 单桩的水平承载力特征值的确定应符合下列规定：

**1** 对于受水平荷载较大的设计等级为甲级、乙级的建筑桩基，单桩水平承载力特征值应通过单桩水平静载试验确定，试验方法可按现行行业标准《建筑基桩检测技术规范》JGJ 106 执行。

**2** 对于钢筋混凝土预制桩、钢桩、桩身配筋率不小于0.65%的灌注桩，可根据静载试验结果取地面处水平位移为10mm（对于水平位移敏感的建筑物取水平位移6mm）所对应的荷载的75%为单桩水平承载力特征值。

**3** 对于桩身配筋率小于0.65%的灌注桩，可取单桩水平静载试验的临界荷载的75%为单桩水平承载力特征值。

**4** 当缺少单桩水平静载试验资料时，可按下列公式估算桩身配筋率小于0.65%的灌注桩的单桩水平承载力特征值：

$$R_{ha} = \frac{0.75\alpha\gamma_m f_t W_0}{\nu_M}(1.25 + 22\rho_g)\left(1 \pm \frac{\zeta_N N_k}{\gamma_m f_t A_n}\right) \quad (5.7.2\text{-}1)$$

式中 $\alpha$——桩的水平变形系数，按本规范第5.7.5条确定；

$R_{ha}$——单桩水平承载力特征值，±号根据桩顶竖向力性质确定，压力取“+”，拉力取“−”；

$\gamma_m$——桩截面模量塑性系数，圆形截面 $\gamma_m = 2$，矩形截面 $\gamma_m = 1.75$；

$f_t$——桩身混凝土抗拉强度设计值；

$W_0$——桩身换算截面受拉边缘的截面模量，圆形截面为：

$$W_0 = \frac{\pi d}{32}[d^2 + 2(\alpha_E - 1)\rho_g d_0^2]$$

方形截面为：

$$W_0 = \frac{b}{6}[b^2 + 2(\alpha_E - 1)\rho_g b_0^2],$$

其中 $d$ 为桩直径，$d_0$ 为扣除保护层厚度的桩直径；$b$ 为方形截面边长，$b_0$ 为扣除保护层厚度的桩截面宽度；$\alpha_E$ 为钢筋弹性模量与混凝土弹性模量的比值；

$\nu_M$——桩身最大弯距系数，按表5.7.2取值，当单桩基础和单排桩基纵向轴线与水平力方向相垂直时，按桩顶铰接考虑；

$\rho_g$——桩身配筋率；

$A_n$——桩身换算截面积，圆形截面为：$A_n = \frac{\pi d^2}{4}[1 + (\alpha_E - 1)\rho_g]$；方形截面为：$A_n = b^2[1 + (\alpha_E - 1)\rho_g]$

$\zeta_N$——桩顶竖向力影响系数，竖向压力取0.5；竖向拉力取1.0；

$N_k$——在荷载效应标准组合下桩顶的竖向力（kN）。

**表5.7.2 桩顶（身）最大弯矩系数 $\nu_M$ 和桩顶水平位移系数 $\nu_x$**

| 桩顶约束情况 | 桩的换算埋深（$\alpha h$） | $\nu_M$ | $\nu_x$ |
|---|---|---|---|
| 铰接、自由 | 4.0 | 0.768 | 2.441 |
| | 3.5 | 0.750 | 2.502 |
| | 3.0 | 0.703 | 2.727 |
| | 2.8 | 0.675 | 2.905 |
| | 2.6 | 0.639 | 3.163 |
| | 2.4 | 0.601 | 3.526 |
| 固 接 | 4.0 | 0.926 | 0.940 |
| | 3.5 | 0.934 | 0.970 |
| | 3.0 | 0.967 | 1.028 |
| | 2.8 | 0.990 | 1.055 |
| | 2.6 | 1.018 | 1.079 |
| | 2.4 | 1.045 | 1.095 |

注：1 铰接（自由）的 $\nu_M$ 系桩身的最大弯矩系数，固接的 $\nu_M$ 系桩顶的最大弯矩系数；
2 当 $\alpha h > 4$ 时取 $\alpha h = 4.0$。

**5** 对于混凝土护壁的挖孔桩，计算单桩水平承载力时，其设计桩径取护壁内直径。

**6** 当桩的水平承载力由水平位移控制，且缺少单桩水平静载试验资料时，可按下式估算预制桩、钢桩、桩身配筋率不小于0.65%的灌注桩单桩水平承载力特征值：

$$R_{ha} = 0.75\frac{\alpha^3 EI}{\nu_x}\chi_{0a} \quad (5.7.2\text{-}2)$$

式中 $EI$——桩身抗弯刚度，对于钢筋混凝土桩，$EI = 0.85E_c I_0$；其中 $E_c$ 为混凝土弹性模量，$I_0$ 为桩身换算截面惯性矩：圆形截面为 $I_0 = W_0 d_0/2$；矩形截面为 $I_0 = W_0 b_0/2$；

$\chi_{0a}$——桩顶允许水平位移；

$\nu_x$——桩顶水平位移系数，按表5.7.2取值，取值方法同 $\nu_M$。

**7** 验算永久荷载控制的桩基的水平承载力时，应将上述2～5款方法确定的单桩水平承载力特征值乘以调整系数0.80；验算地震作用桩基的水平承载力时，应将按上述2～5款方法确定的单桩水平承载力特征值乘以调整系数 1.25。

## Ⅱ 群桩基础

**5.7.3** 群桩基础（不含水平力垂直于单排桩基纵向轴线和力矩较大的情况）的基桩水平承载力特征值应考虑由承台、桩群、土相互作用产生的群桩效应，可按下列公式确定：

$$R_h = \eta_h R_{ha} \quad (5.7.3\text{-}1)$$

考虑地震作用且 $s_a/d \leqslant 6$ 时：

$$\eta_h = \eta_i \eta_r + \eta_l \quad (5.7.3\text{-}2)$$

$$\eta_i = \frac{\left(\frac{s_a}{d}\right)^{0.015n_2+0.45}}{0.15n_1 + 0.10n_2 + 1.9} \quad (5.7.3\text{-}3)$$

$$\eta_l = \frac{m\chi_{0a} B'_c h_c^2}{2n_1 n_2 R_{ha}} \quad (5.7.3\text{-}4)$$

$$\chi_{0a} = \frac{R_{ha} \nu_x}{\alpha^3 EI} \quad (5.7.3\text{-}5)$$

其他情况：

$$\eta_h = \eta_i \eta_r + \eta_l + \eta_b \quad (5.7.3\text{-}6)$$

$$\eta_b = \frac{\mu P_c}{n_1 n_2 R_{ha}} \quad (5.7.3\text{-}7)$$

$$B'_c = B_c + 1 \quad (5.7.3\text{-}8)$$

$$P_c = \eta_c f_{ak}(A - nA_{ps}) \quad (5.7.3\text{-}9)$$

式中 $\eta_h$——群桩效应综合系数；

$\eta_i$——桩的相互影响效应系数；

$\eta_r$——桩顶约束效应系数（桩顶嵌入承台长度 50～100mm 时），按表 5.7.3-1 取值；

$\eta_l$——承台侧向土水平抗力效应系数（承台外围回填土为松散状态时取 $\eta_l=0$）；

$\eta_b$——承台底摩阻效应系数；

$s_a/d$——沿水平荷载方向的距径比；

$n_1$，$n_2$——分别为沿水平荷载方向与垂直水平荷载方向每排桩中的桩数；

$m$——承台侧向土水平抗力系数的比例系数，当无试验资料时可按本规范表 5.7.5 取值；

$\chi_{0a}$——桩顶（承台）的水平位移允许值，当以位移控制时，可取 $\chi_{0a}=10$mm（对水平位移敏感的结构物取 $\chi_{0a}=6$mm）；当以桩身强度控制（低配筋率灌注桩）时，可近似按本规范式（5.7.3-5）确定；

$B'_c$——承台受侧向土抗力一边的计算宽度（m）；

$B_c$——承台宽度（m）；

$h_c$——承台高度（m）；

$\mu$——承台底与地基土间的摩擦系数，可按表 5.7.3-2 取值；

$P_c$——承台底地基土分担的竖向总荷载标准值；

$\eta_c$——按本规范第 5.2.5 条确定；

$A$——承台总面积；

$A_{ps}$——桩身截面面积。

**表 5.7.3-1 桩顶约束效应系数 $\eta_r$**

| 换算深度 $\alpha h$ | 2.4 | 2.6 | 2.8 | 3.0 | 3.5 | ≥4.0 |
|---|---|---|---|---|---|---|
| 位移控制 | 2.58 | 2.34 | 2.20 | 2.13 | 2.07 | 2.05 |
| 强度控制 | 1.44 | 1.57 | 1.71 | 1.82 | 2.00 | 2.07 |

注：$\alpha=\sqrt[5]{\frac{mb_0}{EI}}$，$h$ 为桩的入土长度。

**表 5.7.3-2 承台底与地基土间的摩擦系数 $\mu$**

| 土的类别 | | 摩擦系数 $\mu$ |
|---|---|---|
| 黏性土 | 可塑 | 0.25～0.30 |
| | 硬塑 | 0.30～0.35 |
| | 坚硬 | 0.35～0.45 |
| 粉土 | 密实、中密（稍湿） | 0.30～0.40 |
| 中砂、粗砂、砾砂 | | 0.40～0.50 |
| 碎石土 | | 0.40～0.60 |
| 软岩、软质岩 | | 0.40～0.60 |
| 表面粗糙的较硬岩、坚硬岩 | | 0.65～0.75 |

**5.7.4** 计算水平荷载较大和水平地震作用、风载作用的带地下室的高大建筑物桩基的水平位移时，可考虑地下室侧墙、承台、桩群、土共同作用，按本规范附录 C 方法计算基桩内力和变位，与水平外力作用平面相垂直的单排桩基础可按本规范附录 C 中表 C.0.3-1 计算。

**5.7.5** 桩的水平变形系数和地基土水平抗力系数的比例系数 $m$ 可按下列规定确定：

**1** 桩的水平变形系数 $\alpha$（1/m）

$$\alpha = \sqrt[5]{\frac{mb_0}{EI}} \quad (5.7.5)$$

式中 $m$——桩侧土水平抗力系数的比例系数；

$b_0$——桩身的计算宽度（m）；

圆形桩：当直径 $d \leqslant 1$m 时，$b_0 = 0.9(1.5d + 0.5)$；

当直径 $d > 1$m 时，$b_0 = 0.9(d+1)$；

方形桩：当边宽 $b \leqslant 1$m 时，$b_0 = 1.5b + 0.5$；

当边宽 $b > 1$m 时，$b_0 = b + 1$；

$EI$——桩身抗弯刚度，按本规范第 5.7.2 条的规定计算。

**2** 地基土水平抗力系数的比例系数 $m$，宜通过单桩水平静载试验确定，当无静载试验资料时，可按

表 5.7.5 取值。

**表 5.7.5 地基土水平抗力系数的比例系数 $m$ 值**

| 序号 | 地基土类别 | 预制桩、钢桩 | | 灌注桩 | |
|---|---|---|---|---|---|
| | | $m$ (MN/m⁴) | 相应单桩在地面处水平位移(mm) | $m$ (MN/m⁴) | 相应单桩在地面处水平位移(mm) |
| 1 | 淤泥；淤泥质土；饱和湿陷性黄土 | 2～4.5 | 10 | 2.5～6 | 6～12 |
| 2 | 流塑($I_L>1$)、软塑($0.75<I_L\leqslant1$)状黏性土；$e>0.9$ 粉土；松散粉细砂；松散、稍密填土 | 4.5～6.0 | 10 | 6～14 | 4～8 |
| 3 | 可塑($0.25<I_L\leqslant0.75$)状黏性土、湿陷性黄土；$e=0.75\sim0.9$ 粉土；中密填土；稍密细砂 | 6.0～10 | 10 | 14～35 | 3～6 |
| 4 | 硬塑($0<I_L\leqslant0.25$)、坚硬($I_L\leqslant0$)状黏性土、湿陷性黄土；$e<0.75$ 粉土；中密的中粗砂；密实老填土 | 10～22 | 10 | 35～100 | 2～5 |
| 5 | 中密、密实的砾砂、碎石类土 | — | — | 100～300 | 1.5～3 |

注：1 当桩顶水平位移大于表列数值或灌注桩配筋率较高（≥0.65%）时，$m$ 值应适当降低；当预制桩的水平向位移小于 10mm 时，$m$ 值可适当提高；

2 当水平荷载为长期或经常出现的荷载时，应将表列数值乘以 0.4 降低采用；

3 当地基为可液化土层时，应将表列数值乘以本规范表 5.3.12 中相应的系数 $\psi_l$。

## 5.8 桩身承载力与裂缝控制计算

**5.8.1** 桩身应进行承载力和裂缝控制计算。计算时应考虑桩身材料强度、成桩工艺、吊运与沉桩、约束条件、环境类别等因素，除按本节有关规定执行外，尚应符合现行国家标准《混凝土结构设计规范》GB 50010、《钢结构设计规范》GB 50017 和《建筑抗震设计规范》GB 50011 的有关规定。

### Ⅰ 受压桩

**5.8.2** 钢筋混凝土轴心受压桩正截面受压承载力应符合下列规定：

**1** 当桩顶以下 5d 范围的桩身螺旋式箍筋间距不大于 100mm，且符合本规范第 4.1.1 条规定时：

$$N\leqslant\psi_c f_c A_{ps}+0.9f'_y A'_s \qquad (5.8.2\text{-}1)$$

**2** 当桩身配筋不符合上述 1 款规定时：

$$N\leqslant\psi_c f_c A_{ps} \qquad (5.8.2\text{-}2)$$

式中 $N$——荷载效应基本组合下的桩顶轴向压力设计值；

$\psi_c$——基桩成桩工艺系数，按本规范第 5.8.3 条规定取值；

$f_c$——混凝土轴心抗压强度设计值；

$f'_y$——纵向主筋抗压强度设计值；

$A'_s$——纵向主筋截面面积。

**5.8.3** 基桩成桩工艺系数 $\psi_c$ 应按下列规定取值：

**1** 混凝土预制桩、预应力混凝土空心桩：$\psi_c=0.85$；

**2** 干作业非挤土灌注桩：$\psi_c=0.90$；

**3** 泥浆护壁和套管护壁非挤土灌注桩、部分挤土灌注桩、挤土灌注桩：$\psi_c=0.7\sim0.8$；

**4** 软土地区挤土灌注桩：$\psi_c=0.6$。

**5.8.4** 计算轴心受压混凝土桩正截面受压承载力时，一般取稳定系数 $\varphi=1.0$。对于高承台基桩、桩身穿越可液化土或不排水抗剪强度小于 10kPa（地基承载力特征值小于 25kPa）的软弱土层的基桩，应考虑压屈影响，可按本规范式（5.8.2-1）、式（5.8.2-2）计算所得桩身正截面受压承载力乘以 $\varphi$ 折减。其稳定系数 $\varphi$ 可根据桩身压屈计算长度 $l_c$ 和桩的设计直径 $d$（或矩形桩短边尺寸 $b$）确定。桩身压屈计算长度可根据桩顶的约束情况、桩身露出地面的自由长度 $l_0$、桩的入土长度 $h$、桩侧和桩底的土质条件按表 5.8.4-1 确定。桩的稳定系数 $\varphi$ 可按表 5.8.4-2 确定。

**表 5.8.4-1 桩身压屈计算长度 $l_c$**

| 桩顶铰接 | | | |
|---|---|---|---|
| 桩底支于非岩石土中 | | 桩底嵌于岩石内 | |
| $h<\frac{4.0}{\alpha}$ | $h\geqslant\frac{4.0}{\alpha}$ | $h<\frac{4.0}{\alpha}$ | $h\geqslant\frac{4.0}{\alpha}$ |
| （图：$l_0$、$h$） | | （图：$l_0$、$h$） | |
| $l_c=1.0\times(l_0+h)$ | $l_c=0.7\times\left(l_0+\frac{4.0}{\alpha}\right)$ | $l_c=0.7\times(l_0+h)$ | $l_c=0.7\times\left(l_0+\frac{4.0}{\alpha}\right)$ |
| 桩顶固接 | | | |
| 桩底支于非岩石土中 | | 桩底嵌于岩石内 | |
| $h<\frac{4.0}{\alpha}$ | $h\geqslant\frac{4.0}{\alpha}$ | $h<\frac{4.0}{\alpha}$ | $h\geqslant\frac{4.0}{\alpha}$ |

续表 5.8.4-1

| 桩顶固接 | | | |
|---|---|---|---|
| 桩底支于非岩石土中 | | 桩底嵌于岩石内 | |
| $l_0$<br>$h$ | | $l_0$<br>$h$ | |
| $l_c=0.7\times(l_0+h)$ | $l_c=0.5\times\left(l_0+\frac{4.0}{\alpha}\right)$ | $l_c=0.5\times(l_0+h)$ | $l_c=0.5\times\left(l_0+\frac{4.0}{\alpha}\right)$ |

注：1 表中 $\alpha=\sqrt[5]{\frac{mb_0}{EI}}$；

2 $l_0$ 为高承台基桩露出地面的长度，对于低承台桩基，$l_0=0$；

3 $h$ 为桩的入土长度，当桩侧有厚度为 $d_l$ 的液化土层时，桩露出地面长度 $l_0$ 和桩的入土长度 $h$ 分别调整为，$l'_0=l_0+(1-\psi_l)d_l$，$h'=h-(1-\psi_l)d_l$，$\psi_l$ 按表 5.3.12 取值；

4 当存在 $f_{ak}<25$kPa 的软弱土时，按液化土处理。

**表 5.8.4-2 桩身稳定系数 $\varphi$**

| $l_c/d$ | ≤7 | 8.5 | 10.5 | 12 | 14 | 15.5 | 17 | 19 | 21 | 22.5 | 24 |
|---|---|---|---|---|---|---|---|---|---|---|---|
| $l_c/b$ | ≤8 | 10 | 12 | 14 | 16 | 18 | 20 | 22 | 24 | 26 | 28 |
| $\varphi$ | 1.00 | 0.98 | 0.95 | 0.92 | 0.87 | 0.81 | 0.75 | 0.70 | 0.65 | 0.60 | 0.56 |
| $l_c/d$ | 26 | 28 | 29.5 | 31 | 33 | 34.5 | 36.5 | 38 | 40 | 41.5 | 43 |
| $l_c/b$ | 30 | 32 | 34 | 36 | 38 | 40 | 42 | 44 | 46 | 48 | 50 |
| $\varphi$ | 0.52 | 0.48 | 0.44 | 0.40 | 0.36 | 0.32 | 0.29 | 0.26 | 0.23 | 0.21 | 0.19 |

注：$b$ 为矩形桩短边尺寸，$d$ 为桩直径。

**5.8.5** 计算偏心受压混凝土桩正截面受压承载力时，可不考虑偏心距的增大影响，但对于高承台基桩、桩身穿越可液化土或不排水抗剪强度小于 10kPa（地基承载力特征值小于 25kPa）的软弱土层的基桩，应考虑桩身在弯矩作用平面内的挠曲对轴向力偏心距的影响，应将轴向力对截面重心的初始偏心矩 $e_i$ 乘以偏心矩增大系数 $\eta$，偏心距增大系数 $\eta$ 的具体计算方法可按现行国家标准《混凝土结构设计规范》GB 50010 执行。

**5.8.6** 对于打入式钢管桩，可按以下规定验算桩身局部压屈：

**1** 当 $t/d=\frac{1}{50}\sim\frac{1}{80}$，$d\leqslant600$mm，最大锤击压应力小于钢材强度设计值时，可不进行局部压屈验算；

**2** 当 $d>600$mm，可按下式验算：

$$t/d\geqslant f'_y/0.388E \tag{5.8.6-1}$$

**3** 当 $d\geqslant900$mm，除按（5.8.6-1）式验算外，尚应按下式验算：

$$t/d\geqslant\sqrt{f'_y/14.5E} \tag{5.8.6-2}$$

式中 $t$、$d$——钢管桩壁厚、外径；

$E$、$f'_y$——钢材弹性模量、抗压强度设计值。

## Ⅱ 抗 拔 桩

**5.8.7** 钢筋混凝土轴心抗拔桩的正截面受拉承载力应符合下式规定：

$$N\leqslant f_yA_s+f_{py}A_{py} \tag{5.8.7}$$

式中 $N$——荷载效应基本组合下桩顶轴向拉力设计值；

$f_y$、$f_{py}$——普通钢筋、预应力钢筋的抗拉强度设计值；

$A_s$、$A_{py}$——普通钢筋、预应力钢筋的截面面积。

**5.8.8** 对于抗拔桩的裂缝控制计算应符合下列规定：

**1** 对于严格要求不出现裂缝的一级裂缝控制等级预应力混凝土基桩，在荷载效应标准组合下混凝土不应产生拉应力，应符合下式要求：

$$\sigma_{ck}-\sigma_{pc}\leqslant0 \tag{5.8.8-1}$$

**2** 对于一般要求不出现裂缝的二级裂缝控制等级预应力混凝土基桩，在荷载效应标准组合下的拉应力不应大于混凝土轴心受拉强度标准值，应符合下列公式要求：

在荷载效应标准组合下：$\sigma_{ck}-\sigma_{pc}\leqslant f_{tk}$ (5.8.8-2)

在荷载效应准永久组合下：$\sigma_{cq}-\sigma_{pc}\leqslant0$ (5.8.8-3)

**3** 对于允许出现裂缝的三级裂缝控制等级基桩，按荷载效应标准组合计算的最大裂缝宽度应符合下列规定：

$$w_{max}\leqslant w_{lim} \tag{5.8.8-4}$$

式中 $\sigma_{ck}$、$\sigma_{cq}$——荷载效应标准组合、准永久组合下正截面法向应力；

$\sigma_{pc}$——扣除全部应力损失后，桩身混凝土的预应力；

$f_{tk}$——混凝土轴心抗拉强度标准值；

$w_{max}$——按荷载效应标准组合计算的最大裂缝宽度，可按现行国家标准《混凝土结构设计规范》GB 50010 计算；

$w_{lim}$——最大裂缝宽度限值，按本规范表 3.5.3 取用。

**5.8.9** 当考虑地震作用验算桩身抗拔承载力时，应根据现行国家标准《建筑抗震设计规范》GB 50011 的规定，对作用于桩顶的地震作用效应进行调整。

## Ⅲ 受水平作用桩

**5.8.10** 对于受水平荷载和地震作用的桩，其桩身受弯承载力和受剪承载力的验算应符合下列规定：

**1** 对于桩顶固端的桩，应验算桩顶正截面弯矩；对于桩顶自由或铰接的桩，应验算桩身最大弯矩截面处的正截面弯矩；

**2** 应验算桩顶斜截面的受剪承载力；

**3** 桩身所承受最大弯矩和水平剪力的计算，可按本规范附录C计算；

**4** 桩身正截面受弯承载力和斜截面受剪承载力，应按现行国家标准《混凝土结构设计规范》GB 50010 执行；

**5** 当考虑地震作用验算桩身正截面受弯和斜截面受剪承载力时，应根据现行国家标准《建筑抗震设计规范》GB 50011 的规定，对作用于桩顶的地震作用效应进行调整。

### Ⅳ 预制桩吊运和锤击验算

**5.8.11** 预制桩吊运时单吊点和双吊点的设置，应按吊点（或支点）跨间正弯矩与吊点处的负弯矩相等的原则进行布置。考虑预制桩吊运时可能受到冲击和振动的影响，计算吊运弯矩和吊运拉力时，可将桩身重力乘以1.5的动力系数。

**5.8.12** 对于裂缝控制等级为一级、二级的混凝土预制桩、预应力混凝土管桩，可按下列规定验算桩身的锤击压应力和锤击拉应力：

**1** 最大锤击压应力 $\sigma_p$ 可按下式计算：

$$\sigma_p=\frac{\alpha\sqrt{2eE\gamma_p H}}{\left[1+\frac{A_c}{A_H}\sqrt{\frac{E_c\cdot\gamma_c}{E_H\cdot\gamma_H}}\right]\left[1+\frac{A}{A_c}\sqrt{\frac{E\cdot\gamma_p}{E_c\cdot\gamma_c}}\right]} \quad (5.8.12)$$

式中 $\sigma_p$——桩的最大锤击压应力；

$\alpha$——锤型系数；自由落锤为1.0；柴油锤取1.4；

$e$——锤击效率系数；自由落锤为0.6；柴油锤取0.8；

$A_H$、$A_c$、$A$——锤、桩垫、桩的实际断面面积；

$E_H$、$E_c$、$E$——锤、桩垫、桩的纵向弹性模量；

$\gamma_H$、$\gamma_c$、$\gamma_p$——锤、桩垫、桩的重度；

$H$——锤落距。

**2** 当桩需穿越软土层或桩存在变截面时，可按表5.8.12确定桩身的最大锤击拉应力。

**表 5.8.12 最大锤击拉应力 $\sigma_t$ 建议值（kPa）**

| 应力类别 | 桩 类 | 建议值 | 出现部位 |
|---|---|---|---|
| 桩轴向拉应力值 | 预应力混凝土管桩 | $(0.33\sim0.5)\sigma_p$ | ①桩刚穿越软土层时；②距桩尖(0.5～0.7)倍桩长处 |
| | 混凝土及预应力混凝土桩 | $(0.25\sim0.33)\sigma_p$ | |
| 桩截面环向拉应力或侧向拉应力 | 预应力混凝土管桩 | $0.25\sigma_p$ | 最大锤击压应力相应的截面 |
| | 混凝土及预应力混凝土桩（侧向） | $(0.22\sim0.25)\sigma_p$ | |

**3** 最大锤击压应力和最大锤击拉应力分别不应超过混凝土的轴心抗压强度设计值和轴心抗拉强度设计值。

## 5.9 承台计算

### Ⅰ 受弯计算

**5.9.1** 桩基承台应进行正截面受弯承载力计算。承台弯距可按本规范第5.9.2～5.9.5条的规定计算，受弯承载力和配筋可按现行国家标准《混凝土结构设计规范》GB 50010 的规定进行。

**5.9.2** 柱下独立桩基承台的正截面弯矩设计值可按下列规定计算：

**1** 两桩条形承台和多桩矩形承台弯矩计算截面取在柱边和承台变阶处［见图5.9.2(a)］，可按下列公式计算：

$$M_x=\sum N_i y_i \quad (5.9.2\text{-}1)$$

$$M_y=\sum N_i x_i \quad (5.9.2\text{-}2)$$

式中 $M_x$、$M_y$——分别为绕 $X$ 轴和绕 $Y$ 轴方向计算截面处的弯矩设计值；

$x_i$、$y_i$——垂直 $Y$ 轴和 $X$ 轴方向自桩轴线到相应计算截面的距离；

$N_i$——不计承台及其上土重，在荷载效应基本组合下的第 $i$ 基桩或复合基桩竖向反力设计值。

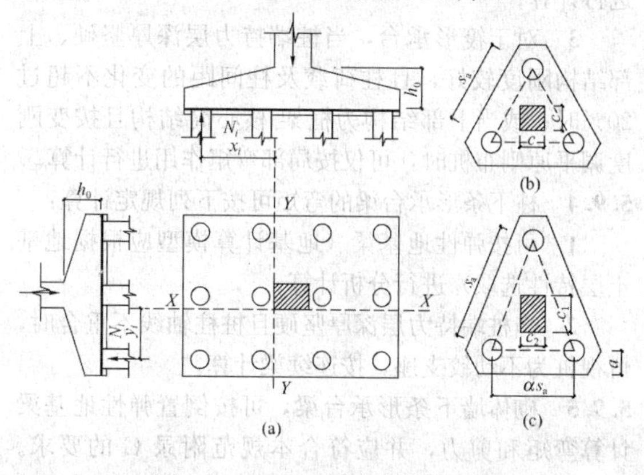


图 5.9.2 承台弯矩计算示意

(a) 矩形多桩承台；(b) 等边三桩承台；(c) 等腰三桩承台

**2** 三桩承台的正截面弯矩值应符合下列要求：

**1）** 等边三桩承台［见图5.9.2(b)］

$$M=\frac{N_{max}}{3}\left(s_a-\frac{\sqrt{3}}{4}c\right) \quad (5.9.2\text{-}3)$$

式中 $M$——通过承台形心至各边边缘正交截面范围内板带的弯矩设计值；

$N_{max}$——不计承台及其上土重，在荷载效应基本组合下三桩中最大基桩或复合基桩竖向反力设计值；

$s_a$——桩中心距；

$c$——方柱边长，圆柱时 $c=0.8d$（$d$ 为圆柱直径）。

2）等腰三桩承台［见图 5.9.2（c）］

$$M_1=\frac{N_{max}}{3}\left(s_a-\frac{0.75}{\sqrt{4-\alpha^2}}c_1\right) \quad (5.9.2\text{-}4)$$

$$M_2=\frac{N_{max}}{3}\left(\alpha s_a-\frac{0.75}{\sqrt{4-\alpha^2}}c_2\right) \quad (5.9.2\text{-}5)$$

式中 $M_1$、$M_2$——分别为通过承台形心至两腰边缘和底边边缘正交截面范围内板带的弯矩设计值；

$s_a$——长向桩中心距；

$\alpha$——短向桩中心距与长向桩中心距之比，当 $\alpha$ 小于 0.5 时，应按变截面的二桩承台设计；

$c_1$、$c_2$——分别为垂直于、平行于承台底边的柱截面边长。

**5.9.3** 箱形承台和筏形承台的弯矩可按下列规定计算：

**1** 箱形承台和筏形承台的弯矩宜考虑地基土层性质、基桩分布、承台和上部结构类型和刚度，按地基—桩—承台—上部结构共同作用原理分析计算；

**2** 对于箱形承台，当桩端持力层为基岩、密实的碎石类土、砂土且深厚均匀时；或当上部结构为剪力墙；或当上部结构为框架-核心筒结构且按变刚度调平原则布桩时，箱形承台底板可仅按局部弯矩作用进行计算；

**3** 对于筏形承台，当桩端持力层深厚坚硬、上部结构刚度较好，且柱荷载及柱间距的变化不超过20%时；或当上部结构为框架-核心筒结构且按变刚度调平原则布桩时，可仅按局部弯矩作用进行计算。

**5.9.4** 柱下条形承台梁的弯矩可按下列规定计算：

**1** 可按弹性地基梁（地基计算模型应根据地基土层特性选取）进行分析计算；

**2** 当桩端持力层深厚坚硬且桩柱轴线不重合时，可视桩为不动铰支座，按连续梁计算。

**5.9.5** 砌体墙下条形承台梁，可按倒置弹性地基梁计算弯矩和剪力，并应符合本规范附录 G 的要求。对于承台上的砌体墙，尚应验算桩顶部位砌体的局部承压强度。

## Ⅱ 受冲切计算

**5.9.6 桩基承台厚度应满足柱（墙）对承台的冲切和基桩对承台的冲切承载力要求。**

**5.9.7** 轴心竖向力作用下桩基承台受柱（墙）的冲切，可按下列规定计算：

**1** 冲切破坏锥体应采用自柱（墙）边或承台变阶处至相应桩顶边缘连线所构成的锥体，锥体斜面与承台底面之夹角不应小于45°（见图 5.9.7）。

**2** 受柱（墙）冲切承载力可按下列公式计算：

$$F_l\leqslant\beta_{hp}\beta_0 u_m f_t h_0 \quad (5.9.7\text{-}1)$$

$$F_l=F-\sum Q_i \quad (5.9.7\text{-}2)$$

$$\beta_0=\frac{0.84}{\lambda+0.2} \quad (5.9.7\text{-}3)$$

式中 $F_l$——不计承台及其上土重，在荷载效应基本组合下作用于冲切破坏锥体上的冲切力设计值；

$f_t$——承台混凝土抗拉强度设计值；

$\beta_{hp}$——承台受冲切承载力截面高度影响系数，当 $h\leqslant 800$mm 时，$\beta_{hp}$ 取 1.0，$h\geqslant 2000$mm 时，$\beta_{hp}$ 取 0.9，其间按线性内插法取值；

$u_m$——承台冲切破坏锥体一半有效高度处的周长；

$h_0$——承台冲切破坏锥体的有效高度；

$\beta_0$——柱（墙）冲切系数；

$\lambda$——冲跨比，$\lambda=a_0/h_0$，$a_0$ 为柱（墙）边或承台变阶处到桩边水平距离；当 $\lambda<0.25$ 时，取 $\lambda=0.25$；当 $\lambda>1.0$ 时，取 $\lambda=1.0$；

$F$——不计承台及其上土重，在荷载效应基本组合作用下柱（墙）底的竖向荷载设计值；

$\sum Q_i$——不计承台及其上土重，在荷载效应基本组合下冲切破坏锥体内各基桩或复合基桩的反力设计值之和。

**3** 对于柱下矩形独立承台受柱冲切的承载力可按下列公式计算（图 5.9.7）：

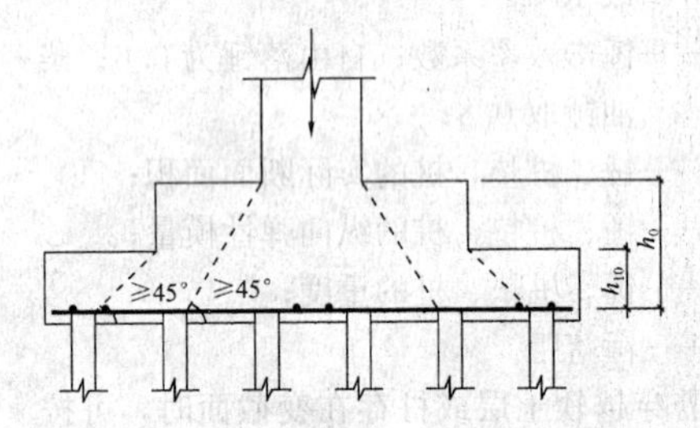


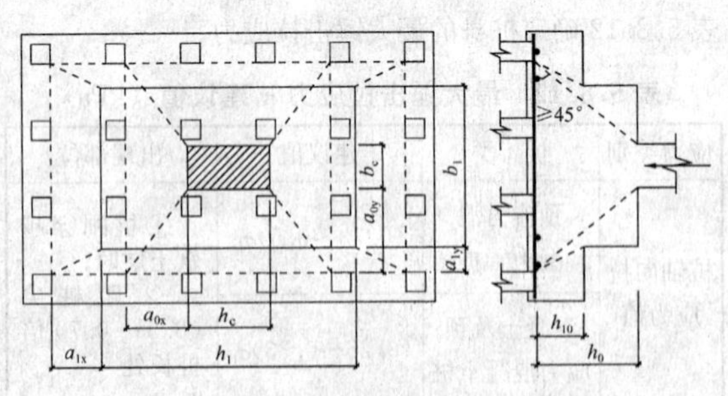


图 5.9.7 柱对承台的冲切计算示意

$$F_l\leqslant 2\left[\beta_{0x}(b_c+a_{0y})+\beta_{0y}(h_c+a_{0x})\right]\beta_{hp}f_t h_0 \quad (5.9.7\text{-}4)$$

式中 $\beta_{0x}$、$\beta_{0y}$——由式（5.9.7-3）求得，$\lambda_{0x}=a_{0x}/h_0$，$\lambda_{0y}=a_{0y}/h_0$；$\lambda_{0x}$、$\lambda_{0y}$ 均

应满足 0.25～1.0 的要求；

$h_c$、$b_c$——分别为 $x$、$y$ 方向的柱截面的边长；

$a_{0x}$、$a_{0y}$——分别为 $x$、$y$ 方向柱边至最近桩边的水平距离。

4 对于柱下矩形独立阶形承台受上阶冲切的承载力可按下列公式计算（见图 5.9.7）：

$$F_l \leqslant 2[\beta_{1x}(b_1 + a_{1y}) + \beta_{1y}(h_1 + a_{1x})]\beta_{hp} f_t h_{10} \tag{5.9.7-5}$$

式中 $\beta_{1x}$、$\beta_{1y}$——由式（5.9.7-3）求得，$\lambda_{1x} = a_{1x}/h_{10}$，$\lambda_{1y} = a_{1y}/h_{10}$；$\lambda_{1x}$、$\lambda_{1y}$ 均应满足 0.25～1.0 的要求；

$h_1$、$b_1$——分别为 $x$、$y$ 方向承台上阶的边长；

$a_{1x}$、$a_{1y}$——分别为 $x$、$y$ 方向承台上阶边至最近桩边的水平距离。

对于圆柱及圆桩，计算时应将其截面换算成方柱及方桩，即取换算柱截面边长 $b_c = 0.8d_c$（$d_c$ 为圆柱直径），换算桩截面边长 $b_p = 0.8d$（$d$ 为圆桩直径）。

对于柱下两桩承台，宜按深受弯构件（$l_0/h<5.0$，$l_0=1.15l_n$，$l_n$ 为两桩净距）计算受弯、受剪承载力，不需要进行受冲切承载力计算。

**5.9.8** 对位于柱（墙）冲切破坏锥体以外的基桩，可按下列规定计算承台受基桩冲切的承载力：

1 四桩以上（含四桩）承台受角桩冲切的承载力可按下列公式计算（见图 5.9.8-1）：

$$N_l \leqslant [\beta_{1x}(c_2 + a_{1y}/2) + \beta_{1y}(c_1 + a_{1x}/2)]\beta_{hp} f_t h_0 \tag{5.9.8-1}$$

$$\beta_{1x} = \frac{0.56}{\lambda_{1x} + 0.2} \tag{5.9.8-2}$$

$$\beta_{1y} = \frac{0.56}{\lambda_{1y} + 0.2} \tag{5.9.8-3}$$

式中 $N_l$——不计承台及其上土重，在荷载效应基本组合作用下角桩（含复合基桩）反力设计值；

$\beta_{1x}$、$\beta_{1y}$——角桩冲切系数；

$a_{1x}$、$a_{1y}$——从承台底角桩顶内边缘引 45°冲切线与承台顶面相交点至角桩内边缘的水平距离；当柱（墙）边或承台变阶处位于该 45°线以内时，则取由柱（墙）边或承台变阶处与桩内边缘连线为冲切锥体的锥线（见图 5.9.8-1）；

$h_0$——承台外边缘的有效高度；

$\lambda_{1x}$、$\lambda_{1y}$——角桩冲跨比，$\lambda_{1x} = a_{1x}/h_0$，$\lambda_{1y} = a_{1y}/h_0$，其值均应满足 0.25～1.0 的要求。

2 对于三桩三角形承台可按下列公式计算受角桩冲切的承载力（见图 5.9.8-2）：

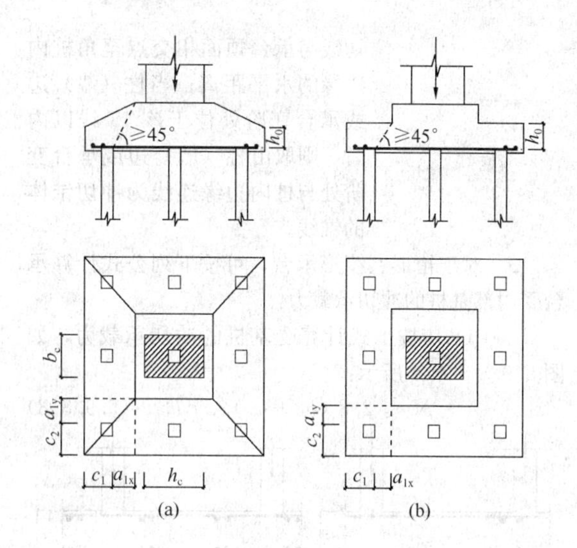


图 5.9.8-1 四桩以上（含四桩）承台角桩冲切计算示意

（a）锥形承台；（b）阶形承台

底部角桩：

$$N_l \leqslant \beta_{11}(2c_1 + a_{11})\beta_{hp} \tan\frac{\theta_1}{2} f_t h_0 \tag{5.9.8-4}$$

$$\beta_{11} = \frac{0.56}{\lambda_{11} + 0.2} \tag{5.9.8-5}$$

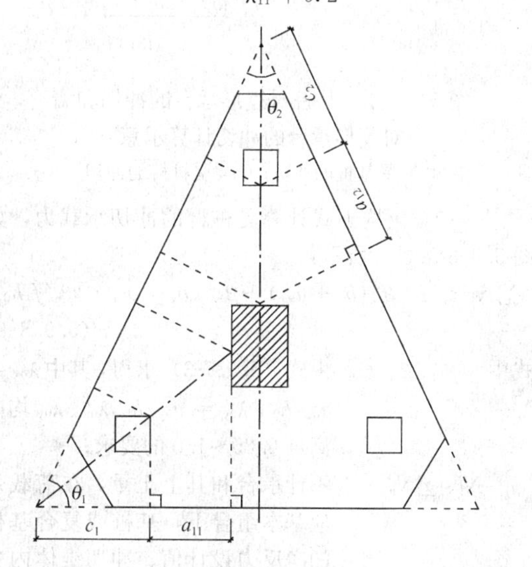


图 5.9.8-2 三桩三角形承台角桩冲切计算示意

顶部角桩：

$$N_l \leqslant \beta_{12}(2c_2 + a_{12})\beta_{hp} \tan\frac{\theta_2}{2} f_t h_0 \tag{5.9.8-6}$$

$$\beta_{12} = \frac{0.56}{\lambda_{12} + 0.2} \tag{5.9.8-7}$$

式中 $\lambda_{11}$、$\lambda_{12}$——角桩冲跨比，$\lambda_{11} = a_{11}/h_0$，$\lambda_{12} = a_{12}/h_0$，其值均应满足 0.25～1.0 的要求；

$a_{11}$、$a_{12}$——从承台底角桩顶内边缘引 45°冲切线与承台顶面相交点至角桩内边缘的水平距离；当柱（墙）边或承台变阶处位于该 45°线以内时，则取由柱（墙）边或承台变阶处与桩内边缘连线为冲切锥体的锥线。

**3** 对于箱形、筏形承台，可按下列公式计算承台受内部基桩的冲切承载力：

**1）** 应按下式计算受基桩的冲切承载力，如图 5.9.8-3（a）所示：

$$N_l \leqslant 2.8\,(b_p + h_0)\,\beta_{hp} f_t h_0 \qquad (5.9.8\text{-}8)$$

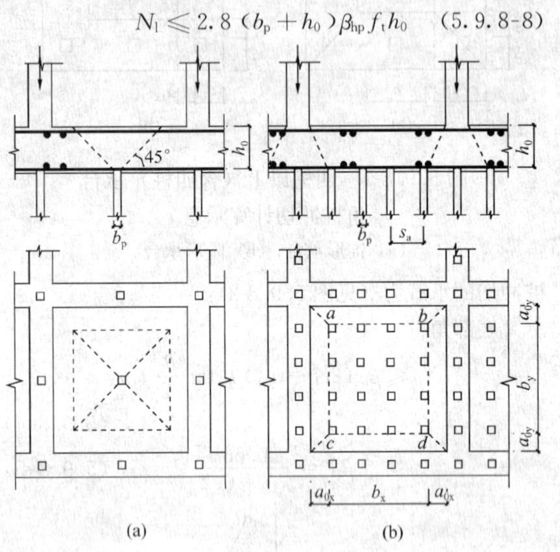


图 5.9.8-3　基桩对筏形承台的冲切和墙对筏形承台的冲切计算示意

（a）受基桩的冲切；（b）受桩群的冲切

**2）** 应按下式计算受桩群的冲切承载力，如图 5.9.8-3（b）所示：

$$\sum N_{li} \leqslant 2\left[\beta_{0x}(b_y + a_{0y}) + \beta_{0y}(b_x + a_{0x})\right]\beta_{hp} f_t h_0 \qquad (5.9.8\text{-}9)$$

式中　$\beta_{0x}$、$\beta_{0y}$——由式（5.9.7-3）求得，其中 $\lambda_{0x} = a_{0x}/h_0$，$\lambda_{0y} = a_{0y}/h_0$，$\lambda_{0x}$、$\lambda_{0y}$ 均应满足 0.25～1.0 的要求；

$N_l$、$\sum N_{li}$——不计承台和其上土重，在荷载效应基本组合下，基桩或复合基桩的净反力设计值、冲切锥体内各基桩或复合基桩反力设计值之和。

## Ⅲ　受剪计算

**5.9.9　柱（墙）下桩基承台，应分别对柱（墙）边、变阶处和桩边联线形成的贯通承台的斜截面的受剪承载力进行验算。当承台悬挑边有多排基桩形成多个斜截面时，应对每个斜截面的受剪承载力进行验算。**

**5.9.10**　柱下独立桩基承台斜截面受剪承载力应按下列规定计算：

**1**　承台斜截面受剪承载力可按下列公式计算（见图 5.9.10-1）：

$$V \leqslant \beta_{hs}\alpha f_t b_0 h_0 \qquad (5.9.10\text{-}1)$$

$$\alpha = \frac{1.75}{\lambda + 1} \qquad (5.9.10\text{-}2)$$

$$\beta_{hs} = \left(\frac{800}{h_0}\right)^{1/4} \qquad (5.9.10\text{-}3)$$

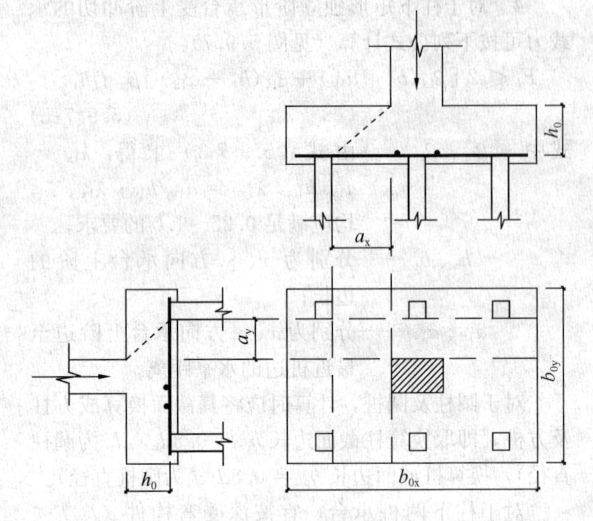


图 5.9.10-1　承台斜截面受剪计算示意

式中　$V$——不计承台及其上土自重，在荷载效应基本组合下，斜截面的最大剪力设计值；

$f_t$——混凝土轴心抗拉强度设计值；

$b_0$——承台计算截面处的计算宽度；

$h_0$——承台计算截面处的有效高度；

$\alpha$——承台剪切系数；按式（5.9.10-2）确定；

$\lambda$——计算截面的剪跨比，$\lambda_x = a_x/h_0$，$\lambda_y = a_y/h_0$，此处，$a_x$，$a_y$ 为柱边（墙边）或承台变阶处至 $y$、$x$ 方向计算一排桩的桩边的水平距离，当 $\lambda < 0.25$ 时，取 $\lambda = 0.25$；当 $\lambda > 3$ 时，取 $\lambda = 3$；

$\beta_{hs}$——受剪切承载力截面高度影响系数；当 $h_0 < 800$mm 时，取 $h_0 = 800$mm；当 $h_0 > 2000$mm 时，取 $h_0 = 2000$mm；其间按线性内插法取值。

**2**　对于阶梯形承台应分别在变阶处（$A_1 - A_1$，$B_1 - B_1$）及柱边处（$A_2 - A_2$，$B_2 - B_2$）进行斜截面受剪承载力计算（见图 5.9.10-2）。

计算变阶处截面（$A_1 - A_1$，$B_1 - B_1$）的斜截面受剪承载力时，其截面有效高度均为 $h_{10}$，截面计算宽度分别为 $b_{y1}$ 和 $b_{x1}$。

计算柱边截面（$A_2 - A_2$，$B_2 - B_2$）的斜截面受剪承载力时，其截面有效高度均为 $h_{10} + h_{20}$，截面计算宽度分别为：

对 $A_2 - A_2$
$$b_{y0} = \frac{b_{y1}\cdot h_{10} + b_{y2}\cdot h_{20}}{h_{10} + h_{20}} \qquad (5.9.10\text{-}4)$$

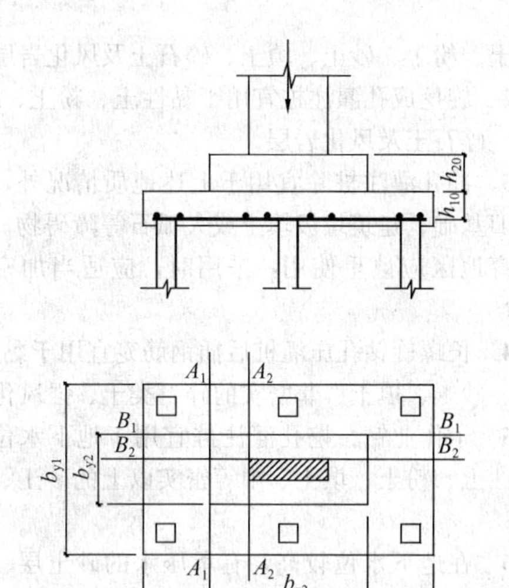


图 5.9.10-2　阶梯形承台斜截面受剪计算示意

对 $B_2—B_2$　　$b_{x0}=\dfrac{b_{x1}\cdot h_{10}+b_{x2}\cdot h_{20}}{h_{10}+h_{20}}$

(5.9.10-5)

**3**　对于锥形承台应对变阶处及柱边处（$A—A$ 及 $B—B$）两个截面进行受剪承载力计算（见图 5.9.10-3），截面有效高度均为 $h_0$，截面的计算宽度分别为：

对 $A—A$　　$b_{y0}=\left[1-0.5\dfrac{h_{20}}{h_0}\left(1-\dfrac{b_{y2}}{b_{y1}}\right)\right]b_{y1}$

(5.9.10-6)

对 $B—B$　　$b_{x0}=\left[1-0.5\dfrac{h_{20}}{h_0}\left(1-\dfrac{b_{x2}}{b_{x1}}\right)\right]b_{x1}$

(5.9.10-7)

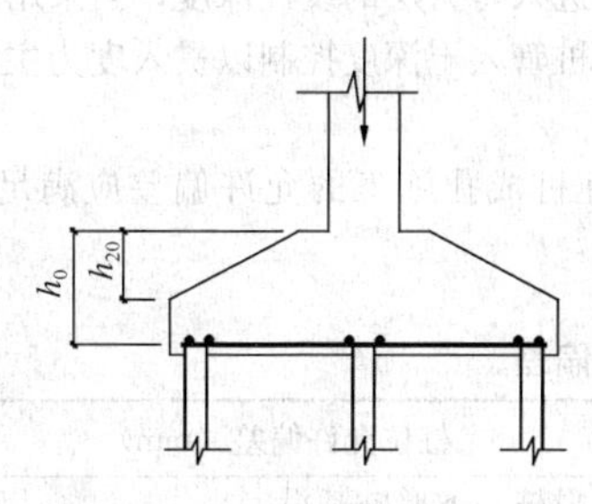


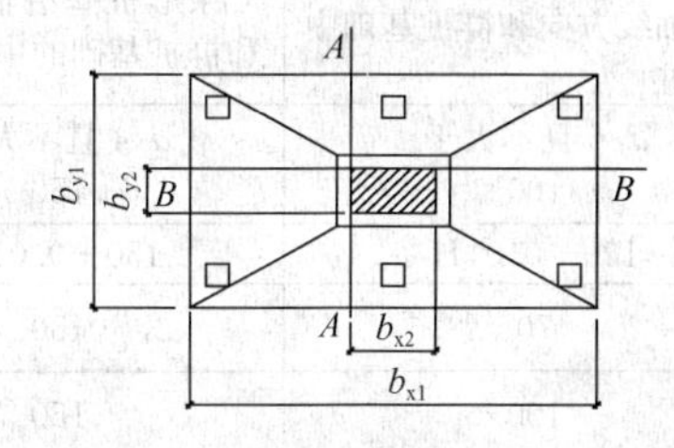


图 5.9.10-3　锥形承台斜截面受剪计算示意

**5.9.11**　梁板式筏形承台的梁的受剪承载力可按现行国家标准《混凝土结构设计规范》GB 50010 计算。

**5.9.12**　砌体墙下条形承台梁配有箍筋，但未配弯起钢筋时，斜截面的受剪承载力可按下式计算：

$$V\leqslant 0.7f_tbh_0+1.25f_{yv}\frac{A_{sv}}{s}h_0 \quad (5.9.12)$$

式中　$V$——不计承台及其上土自重，在荷载效应基本组合下，计算截面处的剪力设计值；

$A_{sv}$——配置在同一截面内箍筋各肢的全部截面面积；

$s$——沿计算斜截面方向箍筋的间距；

$f_{yv}$——箍筋抗拉强度设计值；

$b$——承台梁计算截面处的计算宽度；

$h_0$——承台梁计算截面处的有效高度。

**5.9.13**　砌体墙下承台梁配有箍筋和弯起钢筋时，斜截面的受剪承载力可按下式计算：

$$V\leqslant 0.7f_tbh_0+1.25f_y\frac{A_{sv}}{s}h_0+0.8f_yA_{sb}\sin\alpha_s$$

(5.9.13)

式中　$A_{sb}$——同一截面弯起钢筋的截面面积；

$f_y$——弯起钢筋的抗拉强度设计值；

$\alpha_s$——斜截面上弯起钢筋与承台底面的夹角。

**5.9.14**　柱下条形承台梁，当配有箍筋但未配弯起钢筋时，其斜截面的受剪承载力可按下式计算：

$$V\leqslant\frac{1.75}{\lambda+1}f_tbh_0+f_y\frac{A_{sv}}{s}h_0 \quad (5.9.14)$$

式中　$\lambda$——计算截面的剪跨比，$\lambda=a/h_0$，$a$ 为柱边至桩边的水平距离；当 $\lambda<1.5$ 时，取 $\lambda=1.5$；当 $\lambda>3$ 时，取 $\lambda=3$。

### Ⅳ　局部受压计算

**5.9.15　对于柱下桩基，当承台混凝土强度等级低于柱或桩的混凝土强度等级时，应验算柱下或桩上承台的局部受压承载力。**

### Ⅴ　抗震验算

**5.9.16**　当进行承台的抗震验算时，应根据现行国家标准《建筑抗震设计规范》GB 50011 的规定对承台顶面的地震作用效应和承台的受弯、受冲切、受剪承载力进行抗震调整。

# 6　灌注桩施工

## 6.1　施工准备

**6.1.1**　灌注桩施工应具备下列资料：

**1**　建筑场地岩土工程勘察报告；

**2**　桩基工程施工图及图纸会审纪要；

**3**　建筑场地和邻近区域内的地下管线、地下构筑物、危房、精密仪器车间等的调查资料；

**4**　主要施工机械及其配套设备的技术性能资料；

**5**　桩基工程的施工组织设计；

**6**　水泥、砂、石、钢筋等原材料及其制品的质检报告；

**7**　有关荷载、施工工艺的试验参考资料。

**6.1.2** 钻孔机具及工艺的选择，应根据桩型、钻孔深度、土层情况、泥浆排放及处理条件综合确定。

**6.1.3** 施工组织设计应结合工程特点，有针对性地制定相应质量管理措施，主要应包括下列内容：

1 施工平面图：标明桩位、编号、施工顺序、水电线路和临时设施的位置；采用泥浆护壁成孔时，应标明泥浆制备设施及其循环系统；

2 确定成孔机械、配套设备以及合理施工工艺的有关资料，泥浆护壁灌注桩必须有泥浆处理措施；

3 施工作业计划和劳动力组织计划；

4 机械设备、备件、工具、材料供应计划；

5 桩基施工时，对安全、劳动保护、防火、防雨、防台风、爆破作业、文物和环境保护等方面应按有关规定执行；

6 保证工程质量、安全生产和季节性施工的技术措施。

**6.1.4** 成桩机械必须经鉴定合格，不得使用不合格机械。

**6.1.5** 施工前应组织图纸会审，会审纪要连同施工图等应作为施工依据，并应列入工程档案。

**6.1.6** 桩基施工用的供水、供电、道路、排水、临时房屋等临时设施，必须在开工前准备就绪，施工场地应进行平整处理，保证施工机械正常作业。

**6.1.7** 基桩轴线的控制点和水准点应设在不受施工影响的地方。开工前，经复核后应妥善保护，施工中应经常复测。

**6.1.8** 用于施工质量检验的仪表、器具的性能指标，应符合现行国家相关标准的规定。

## 6.2 一 般 规 定

**6.2.1** 不同桩型的适用条件应符合下列规定：

1 泥浆护壁钻孔灌注桩宜用于地下水位以下的黏性土、粉土、砂土、填土、碎石土及风化岩层；

2 旋挖成孔灌注桩宜用于黏性土、粉土、砂土、填土、碎石土及风化岩层；

3 冲孔灌注桩除宜用于上述地质情况外，还能穿透旧基础、建筑垃圾填土或大孤石等障碍物。在岩溶发育地区应慎重使用，采用时，应适当加密勘察钻孔；

4 长螺旋钻孔压灌桩后插钢筋笼宜用于黏性土、粉土、砂土、填土、非密实的碎石类土、强风化岩；

5 干作业钻、挖孔灌注桩宜用于地下水位以上的黏性土、粉土、填土、中等密实以上的砂土、风化岩层；

6 在地下水位较高，有承压水的砂土层、滞水层、厚度较大的流塑状淤泥、淤泥质土层中不得选用人工挖孔灌注桩；

7 沉管灌注桩宜用于黏性土、粉土和砂土；夯扩桩宜用于桩端持力层为埋深不超过 20m 的中、低压缩性黏性土、粉土、砂土和碎石类土。

**6.2.2** 成孔设备就位后，必须平整、稳固，确保在成孔过程中不发生倾斜和偏移。应在成孔钻具上设置控制深度的标尺，并应在施工中进行观测记录。

**6.2.3** 成孔的控制深度应符合下列要求：

1 摩擦型桩：摩擦桩应以设计桩长控制成孔深度；端承摩擦桩必须保证设计桩长及桩端进入持力层深度。当采用锤击沉管法成孔时，桩管入土深度控制应以标高为主，以贯入度控制为辅。

2 端承型桩：当采用钻（冲）、挖掘成孔时，必须保证桩端进入持力层的设计深度；当采用锤击沉管法成孔时，桩管入土深度控制以贯入度为主，以控制标高为辅。

**6.2.4** 灌注桩成孔施工的允许偏差应满足表 6.2.4 的要求。

**表 6.2.4 灌注桩成孔施工允许偏差**

| 成孔方法 | | 桩径允许偏差（mm） | 垂直度允许偏差（%） | 桩位允许偏差（mm） | |
|---|---|---|---|---|---|
| | | | | 1～3 根桩、条形桩基沿垂直轴线方向和群桩基础中的边桩 | 条形桩基沿轴线方向和群桩基础的中间桩 |
| 泥浆护壁钻、挖、冲孔桩 | $d\leqslant1000$mm | ±50 | 1 | $d/6$ 且不大于 100 | $d/4$ 且不大于 150 |
| | $d>1000$mm | ±50 | | $100+0.01H$ | $150+0.01H$ |
| 锤击（振动）沉管振动冲击沉管成孔 | $d\leqslant500$mm | −20 | 1 | 70 | 150 |
| | $d>500$mm | | | 100 | 150 |
| 螺旋钻、机动洛阳铲干作业成孔 | | −20 | 1 | 70 | 150 |
| 人工挖孔桩 | 现浇混凝土护壁 | ±50 | 0.5 | 50 | 150 |
| | 长钢套管护壁 | ±20 | 1 | 100 | 200 |

注：1 桩径允许偏差的负值是指个别断面；

2 $H$ 为施工现场地面标高与桩顶设计标高的距离；$d$ 为设计桩径。

**6.2.5** 钢筋笼制作、安装的质量应符合下列要求：

**1** 钢筋笼的材质、尺寸应符合设计要求，制作允许偏差应符合表6.2.5的规定；

**表6.2.5 钢筋笼制作允许偏差**

| 项　　目 | 允许偏差（mm） |
| --- | --- |
| 主筋间距 | ±10 |
| 箍筋间距 | ±20 |
| 钢筋笼直径 | ±10 |
| 钢筋笼长度 | ±100 |

**2** 分段制作的钢筋笼，其接头宜采用焊接或机械式接头（钢筋直径大于20mm），并应遵守国家现行标准《钢筋机械连接通用技术规程》JGJ 107、《钢筋焊接及验收规程》JGJ 18和《混凝土结构工程施工质量验收规范》GB 50204的规定；

**3** 加劲箍宜设在主筋外侧，当因施工工艺有特殊要求时也可置于内侧；

**4** 导管接头处外径应比钢筋笼的内径小100mm以上；

**5** 搬运和吊装钢筋笼时，应防止变形，安放应对准孔位，避免碰撞孔壁和自由落下，就位后应立即固定。

**6.2.6** 粗骨料可选用卵石或碎石，其粒径不得大于钢筋间最小净距的1/3。

**6.2.7** 检查成孔质量合格后应尽快灌注混凝土。直径大于1m或单桩混凝土量超过25m³的桩，每根桩桩身混凝土应留有1组试件；直径不大于1m的桩或单桩混凝土量不超过25m³的桩，每个灌注台班不得少于1组；每组试件应留3件。

**6.2.8** 在正式施工前，宜进行试成孔。

**6.2.9** 灌注桩施工现场所有设备、设施、安全装置、工具配件以及个人劳保用品必须经常检查，确保完好和使用安全。

## 6.3 泥浆护壁成孔灌注桩

### Ⅰ 泥浆的制备和处理

**6.3.1** 除能自行造浆的黏性土层外，均应制备泥浆。泥浆制备应选用高塑性黏土或膨润土。泥浆应根据施工机械、工艺及穿越土层情况进行配合比设计。

**6.3.2** 泥浆护壁应符合下列规定：

**1** 施工期间护筒内的泥浆面应高出地下水位1.0m以上，在受水位涨落影响时，泥浆面应高出最高水位1.5m以上；

**2** 在清孔过程中，应不断置换泥浆，直至灌注水下混凝土；

**3** 灌注混凝土前，孔底500mm以内的泥浆相对密度应小于1.25；含砂率不得大于8%；黏度不得大于28s；

**4** 在容易产生泥浆渗漏的土层中应采取维持孔壁稳定的措施。

**6.3.3** 废弃的浆、渣应进行处理，不得污染环境。

### Ⅱ 正、反循环钻孔灌注桩的施工

**6.3.4** 对孔深较大的端承型桩和粗粒土层中的摩擦型桩，宜采用反循环工艺成孔或清孔，也可根据土层情况采用正循环钻进，反循环清孔。

**6.3.5** 泥浆护壁成孔时，宜采用孔口护筒，护筒设置应符合下列规定：

**1** 护筒埋设应准确、稳定，护筒中心与桩位中心的偏差不得大于50mm；

**2** 护筒可用4～8mm厚钢板制作，其内径应大于钻头直径100mm，上部宜开设1～2个溢浆孔；

**3** 护筒的埋设深度：在黏性土中不宜小于1.0m；砂土中不宜小于1.5m。护筒下端外侧应采用黏土填实；其高度尚应满足孔内泥浆面高度的要求；

**4** 受水位涨落影响或水下施工的钻孔灌注桩，护筒应加高加深，必要时应打入不透水层。

**6.3.6** 当在软土层中钻进时，应根据泥浆补给情况控制钻进速度；在硬层或岩层中的钻进速度应以钻机不发生跳动为准。

**6.3.7** 钻机设置的导向装置应符合下列规定：

**1** 潜水钻的钻头上应有不小于$3d$长度的导向装置；

**2** 利用钻杆加压的正循环回转钻机，在钻具中应加设扶正器。

**6.3.8** 如在钻进过程中发生斜孔、塌孔和护筒周围冒浆、失稳等现象时，应停钻，待采取相应措施后再进行钻进。

**6.3.9** 钻孔达到设计深度，灌注混凝土之前，孔底沉渣厚度指标应符合下列规定：

**1** 对端承型桩，不应大于50mm；

**2** 对摩擦型桩，不应大于100mm；

**3** 对抗拔、抗水平力桩，不应大于200mm。

### Ⅲ 冲击成孔灌注桩的施工

**6.3.10** 在钻头锥顶和提升钢丝绳之间应设置保证钻头自动转向的装置。

**6.3.11** 冲孔桩孔口护筒，其内径应大于钻头直径200mm，护筒应按本规范第6.3.5条设置。

**6.3.12** 泥浆的制备、使用和处理应符合本规范第6.3.1～6.3.3条的规定。

**6.3.13** 冲击成孔质量控制应符合下列规定：

**1** 开孔时，应低锤密击，当表土为淤泥、细砂等软弱土层时，可加黏土块夹小片石反复冲击造壁，孔内泥浆面应保持稳定；

**2** 在各种不同的土层、岩层中成孔时，可按照

表 6.3.13 的操作要点进行；

**3** 进入基岩后，应采用大冲程、低频率冲击，当发现成孔偏移时，应回填片石至偏孔上方 300～500mm 处，然后重新冲孔；

**4** 当遇到孤石时，可预爆或采用高低冲程交替冲击，将大孤石击碎或挤入孔壁；

**5** 应采取有效的技术措施防止扰动孔壁、塌孔、扩孔、卡钻和掉钻及泥浆流失等事故；

**6** 每钻进 4～5m 应验孔一次，在更换钻头前或容易缩孔处，均应验孔；

**7** 进入基岩后，非桩端持力层每钻进 300～500mm 和桩端持力层每钻进 100～300m 时，应清孔取样一次，并应做记录。

**表 6.3.13 冲击成孔操作要点**

| 项 目 | 操 作 要 点 |
|---|---|
| 在护筒刃脚以下 2m 范围内 | 小冲程 1m 左右，泥浆相对密度 1.2～1.5，软弱土层投入黏土块夹小片石 |
| 黏性土层 | 中、小冲程 1～2m，泵入清水或稀泥浆，经常清除钻头上的泥块 |
| 粉砂或中粗砂层 | 中冲程 2～3m，泥浆相对密度 1.2～1.5，投入黏土块，勤冲、勤掏渣 |
| 砂卵石层 | 中、高冲程 3～4m，泥浆相对密度 1.3 左右，勤掏渣 |
| 软弱土层或塌孔回填重钻 | 小冲程反复冲击，加黏土块夹小片石，泥浆相对密度 1.3～1.5 |

注：1 土层不好时提高泥浆相对密度或加黏土块；

2 防黏钻可投入碎砖石。

**6.3.14** 排渣可采用泥浆循环或抽渣筒等方法，当采用抽渣筒排渣时，应及时补给泥浆。

**6.3.15** 冲孔中遇到斜孔、弯孔、梅花孔、塌孔及护筒周围冒浆、失稳等情况时，应停止施工，采取措施后方可继续施工。

**6.3.16** 大直径桩孔可分级成孔，第一级成孔直径应为设计桩径的 0.6～0.8 倍。

**6.3.17** 清孔宜按下列规定进行：

**1** 不易塌孔的桩孔，可采用空气吸泥清孔；

**2** 稳定性差的孔壁应采用泥浆循环或抽渣筒排渣，清孔后灌注混凝土之前的泥浆指标应按本规范第 6.3.1 条执行；

**3** 清孔时，孔内泥浆面应符合本规范第 6.3.2 条的规定；

**4** 灌注混凝土前，孔底沉渣允许厚度应符合本规范第 6.3.9 条的规定。

## Ⅳ 旋挖成孔灌注桩的施工

**6.3.18** 旋挖钻成孔灌注桩应根据不同的地层情况及地下水位埋深，采用干作业成孔和泥浆护壁成孔工艺，干作业成孔工艺可按本规范第 6.6 节执行。

**6.3.19** 泥浆护壁旋挖钻机成孔应配备成孔和清孔用泥浆及泥浆池（箱），在容易产生泥浆渗漏的土层中可采取提高泥浆相对密度，掺入锯末、增黏剂提高泥浆黏度等维持孔壁稳定的措施。

**6.3.20** 泥浆制备的能力应大于钻孔时的泥浆需求量，每台套钻机的泥浆储备量不应少于单桩体积。

**6.3.21** 旋挖钻机施工时，应保证机械稳定、安全作业，必要时可在场地辅设能保证其安全行走和操作的钢板或垫层（路基板）。

**6.3.22** 每根桩均应安设钢护筒，护筒应满足本规范第 6.3.5 条的规定。

**6.3.23** 成孔前和每次提出钻斗时，应检查钻斗和钻杆连接销子、钻斗门连接销子以及钢丝绳的状况，并应清除钻斗上的渣土。

**6.3.24** 旋挖钻机成孔应采用跳挖方式，钻斗倒出的土距桩孔口的最小距离应大于 6m，并应及时清除。应根据钻进速度同步补充泥浆，保持所需的泥浆面高度不变。

**6.3.25** 钻孔达到设计深度时，应采用清孔钻头进行清孔，并应满足本规范第 6.3.2 条和第 6.3.3 条要求。孔底沉渣厚度控制指标应符合本规范第 6.3.9 条规定。

## Ⅴ 水下混凝土的灌注

**6.3.26** 钢筋笼吊装完毕后，应安置导管或气泵管二次清孔，并应进行孔位、孔径、垂直度、孔深、沉渣厚度等检验，合格后应立即灌注混凝土。

**6.3.27** 水下灌注的混凝土应符合下列规定：

**1** 水下灌注混凝土必须具备良好的和易性，配合比应通过试验确定；坍落度宜为 180～220mm；水泥用量不应少于 360kg/m³（当掺入粉煤灰时水泥用量可不受此限）；

**2** 水下灌注混凝土的含砂率宜为 40%～50%，并宜选用中粗砂；粗骨料的最大粒径应小于 40mm；并应满足本规范第 6.2.6 条的要求；

**3** 水下灌注混凝土宜掺外加剂。

**6.3.28** 导管的构造和使用应符合下列规定：

**1** 导管壁厚不宜小于 3mm，直径宜为 200～250mm；直径制作偏差不应超过 2mm，导管的分节长度可视工艺要求确定，底管长度不宜小于 4m，接头宜采用双螺纹方扣快速接头；

**2** 导管使用前应试拼装、试压，试水压力可取为 0.6～1.0MPa；

**3** 每次灌注后应对导管内外进行清洗。

**6.3.29** 使用的隔水栓应有良好的隔水性能，并应保证顺利排出；隔水栓宜采用球胆或与桩身混凝土强度等级相同的细石混凝土制作。

**6.3.30** 灌注水下混凝土的质量控制应满足下列要求：

**1** 开始灌注混凝土时，导管底部至孔底的距离宜为300～500mm；

**2** 应有足够的混凝土储备量，导管一次埋入混凝土灌注面以下不应少于0.8m；

**3** 导管埋入混凝土深度宜为2～6m。严禁将导管提出混凝土灌注面，并应控制提拔导管速度，应有专人测量导管埋深及管内外混凝土灌注面的高差，填写水下混凝土灌注记录；

**4** 灌注水下混凝土必须连续施工，每根桩的灌注时间应按初盘混凝土的初凝时间控制，对灌注过程中的故障应记录备案；

**5** 应控制最后一次灌注量，超灌高度宜为0.8～1.0m，凿除泛浆后必须保证暴露的桩顶混凝土强度达到设计等级。

## 6.4 长螺旋钻孔压灌桩

**6.4.1** 当需要穿越老黏土、厚层砂土、碎石土以及塑性指数大于25的黏土时，应进行试钻。

**6.4.2** 钻机定位后，应进行复检，钻头与桩位点偏差不得大于20mm，开孔时下钻速度应缓慢；钻进过程中，不宜反转或提升钻杆。

**6.4.3** 钻进过程中，当遇到卡钻、钻机摇晃、偏斜或发生异常声响时，应立即停钻，查明原因，采取相应措施后方可继续作业。

**6.4.4** 根据桩身混凝土的设计强度等级，应通过试验确定混凝土配合比；混凝土坍落度宜为180～220mm；粗骨料可采用卵石或碎石，最大粒径不宜大于30mm；可掺加粉煤灰或外加剂。

**6.4.5** 混凝土泵型号应根据桩径选择，混凝土输送泵管布置宜减少弯道，混凝土泵与钻机的距离不宜超过60m。

**6.4.6** 桩身混凝土的泵送压灌应连续进行，当钻机移位时，混凝土泵料斗内的混凝土应连续搅拌，泵送混凝土时，料斗内混凝土的高度不得低于400mm。

**6.4.7** 混凝土输送泵管宜保持水平，当长距离泵送时，泵管下面应垫实。

**6.4.8** 当气温高于30℃时，宜在输送泵管上覆盖隔热材料，每隔一段时间应洒水降温。

**6.4.9** 钻至设计标高后，应先泵入混凝土并停顿10～20s，再缓慢提升钻杆。提钻速度应根据土层情况确定，且应与混凝土泵送量相匹配，保证管内有一定高度的混凝土。

**6.4.10** 在地下水位以下的砂土层中钻进时，钻杆底部活门应有防止进水的措施，压灌混凝土应连续进行。

**6.4.11** 压灌桩的充盈系数宜为1.0～1.2。桩顶混凝土超灌高度不宜小于0.3～0.5m。

**6.4.12** 成桩后，应及时清除钻杆及泵管内残留混凝土。长时间停置时，应采用清水将钻杆、泵管、混凝土泵清洗干净。

**6.4.13** 混凝土压灌结束后，应立即将钢筋笼插至设计深度。钢筋笼插设宜采用专用插筋器。

## 6.5 沉管灌注桩和内夯沉管灌注桩

### Ⅰ 锤击沉管灌注桩施工

**6.5.1** 锤击沉管灌注桩施工应根据土质情况和荷载要求，分别选用单打法、复打法或反插法。

**6.5.2** 锤击沉管灌注桩施工应符合下列规定：

**1** 群桩基础的基桩施工，应根据土质、布桩情况，采取消减负面挤土效应的技术措施，确保成桩质量；

**2** 桩管、混凝土预制桩尖或钢桩尖的加工质量和埋设位置应与设计相符，桩管与桩尖的接触应有良好的密封性。

**6.5.3** 灌注混凝土和拔管的操作控制应符合下列规定：

**1** 沉管至设计标高后，应立即检查和处理桩管内的进泥、进水和吞桩尖等情况，并立即灌注混凝土；

**2** 当桩身配置局部长度钢筋笼时，第一次灌注混凝土应先灌至笼底标高，然后放置钢筋笼，再灌至桩顶标高。第一次拔管高度应以能容纳第二次灌入的混凝土量为限。在拔管过程中应采用测锤或浮标检测混凝土面的下降情况；

**3** 拔管速度应保持均匀，对一般土层拔管速度宜为1m/min，在软弱土层和软硬土层交界处拔管速度宜控制在0.3～0.8m/min；

**4** 采用倒打拔管的打击次数，单动汽锤不得少于50次/min，自由落锤小落距轻击不得少于40次/min；在管底未拔至桩顶设计标高之前，倒打和轻击不得中断。

**6.5.4** 混凝土的充盈系数不得小于1.0；对于充盈系数小于1.0的桩，应全长复打，对可能断桩和缩颈桩，应进行局部复打。成桩后的桩身混凝土顶面应高于桩顶设计标高500mm以内。全长复打时，桩管入土深度宜接近原桩长，局部复打应超过断桩或缩颈区1m以上。

**6.5.5** 全长复打桩施工时应符合下列规定：

**1** 第一次灌注混凝土应达到自然地面；

**2** 拔管过程中应及时清除粘在管壁上和散落在地面上的混凝土；

**3** 初打与复打的桩轴线应重合；

**4** 复打施工必须在第一次灌注的混凝土初凝之前完成。

**6.5.6** 混凝土的坍落度宜为80～100mm。

## Ⅱ 振动、振动冲击沉管灌注桩施工

**6.5.7** 振动、振动冲击沉管灌注桩应根据土质情况和荷载要求，分别选用单打法、复打法、反插法等。单打法可用于含水量较小的土层，且宜采用预制桩尖；反插法及复打法可用于饱和土层。

**6.5.8** 振动、振动冲击沉管灌注桩单打法施工的质量控制应符合下列规定：

1 必须严格控制最后30s的电流、电压值，其值按设计要求或根据试桩和当地经验确定；

2 桩管内灌满混凝土后，应先振动5～10s，再开始拔管，应边振边拔，每拔出0.5～1.0m，停拔，振动5～10s；如此反复，直至桩管全部拔出；

3 在一般土层内，拔管速度宜为1.2～1.5m/min，用活瓣桩尖时宜慢，用预制桩尖时可适当加快；在软弱土层中宜控制在0.6～0.8m/min。

**6.5.9** 振动、振动冲击沉管灌注桩反插法施工的质量控制应符合下列规定：

1 桩管灌满混凝土后，先振动再拔管，每次拔管高度0.5～1.0m，反插深度0.3～0.5m；在拔管过程中，应分段添加混凝土，保持管内混凝土面始终不低于地表面或高于地下水位1.0～1.5m以上，拔管速度应小于0.5m/min；

2 在距桩尖处1.5m范围内，宜多次反插以扩大桩端部断面；

3 穿过淤泥夹层时，应减慢拔管速度，并减少拔管高度和反插深度，在流动性淤泥中不宜使用反插法。

**6.5.10** 振动、振动冲击沉管灌注桩复打法的施工要求可按本规范第6.5.4条和第6.5.5条执行。

## Ⅲ 内夯沉管灌注桩施工

**6.5.11** 当采用外管与内夯管结合锤击沉管进行夯压、扩底、扩径时，内夯管应比外管短100mm，内夯管底端可采用闭口平底或闭口锥底（见图6.5.11）。

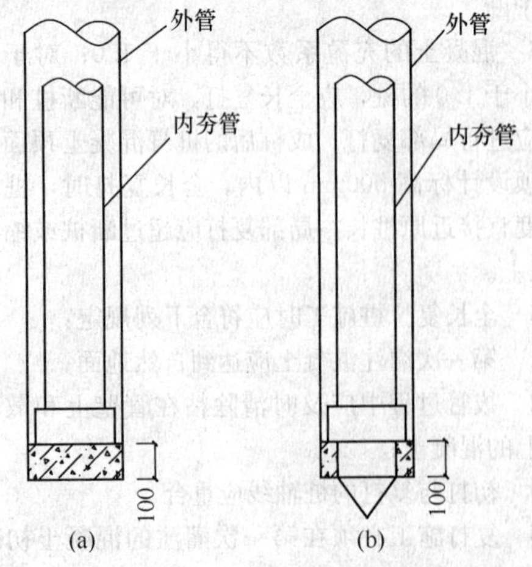


图6.5.11 内外管及管塞

(a) 平底内夯管；(b) 锥底内夯管

**6.5.12** 外管封底可采用干硬性混凝土、无水混凝土配料，经夯击形成阻水、阻泥管塞，其高度可为100mm。当内、外管间不会发生间隙涌水、涌泥时，亦可不采用上述封底措施。

**6.5.13** 桩端夯扩头平均直径可按下列公式估算：

一次夯扩 $$D_1=d_0\sqrt{\frac{H_1+h_1-C_1}{h_1}} \quad (6.5.13\text{-}1)$$

二次夯扩 $$D_2=d_0\sqrt{\frac{H_1+H_2+h_2-C_1-C_2}{h_2}} \quad (6.5.13\text{-}2)$$

式中 $D_1$、$D_2$——第一次、第二次夯扩扩头平均直径（m）；

$d_0$——外管直径（m）；

$H_1$、$H_2$——第一次、第二次夯扩工序中，外管内灌注混凝土面从桩底算起的高度（m）；

$h_1$、$h_2$——第一次、第二次夯扩工序中，外管从桩底算起的上拔高度（m），分别可取 $H_1/2$，$H_2/2$；

$C_1$、$C_2$——第一次、二次夯扩工序中，内外管同步下沉至离桩底的距离，均可取为0.2m（见图6.5.13）。

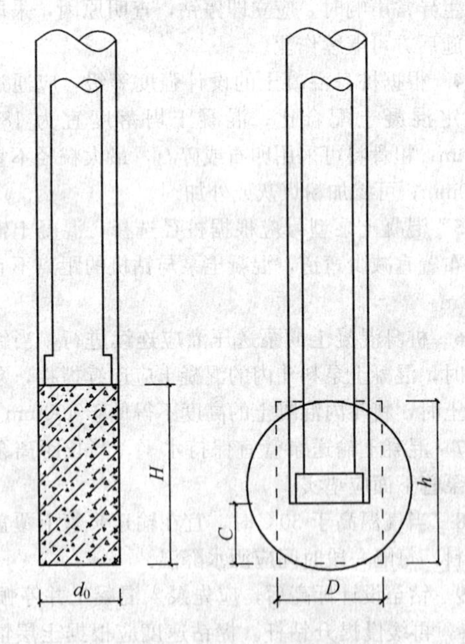


图6.5.13 扩底端

**6.5.14** 桩身混凝土宜分段灌注；拔管时内夯管和桩锤应施压于外管中的混凝土顶面，边压边拔。

**6.5.15** 施工前宜进行试成桩，并应详细记录混凝土的分次灌注量、外管上拔高度、内管夯击次数、双管同步沉入深度，并应检查外管的封底情况，有无进水、涌泥等，经核定后可作为施工控制依据。

## 6.6 干作业成孔灌注桩

### Ⅰ 钻孔（扩底）灌注桩施工

**6.6.1** 钻孔时应符合下列规定：

**1** 钻杆应保持垂直稳固，位置准确，防止因钻杆晃动引起扩大孔径；

**2** 钻进速度应根据电流值变化，及时调整；

**3** 钻进过程中，应随时清理孔口积土，遇到地下水、塌孔、缩孔等异常情况时，应及时处理。

**6.6.2** 钻孔扩底桩施工，直孔部分应按本规范第6.6.1、6.6.3、6.6.4条规定执行，扩底部位尚应符合下列规定：

**1** 应根据电流值或油压值，调节扩孔刀片削土量，防止出现超负荷现象；

**2** 扩底直径和孔底的虚土厚度应符合设计要求。

**6.6.3** 成孔达到设计深度后，孔口应予保护，应按本规范第6.2.4条规定验收，并应做好记录。

**6.6.4** 灌注混凝土前，应在孔口安放护孔漏斗，然后放置钢筋笼，并应再次测量孔内虚土厚度。扩底桩灌注混凝土时，第一次应灌到扩底部位的顶面，随即振捣密实；浇筑桩顶以下5m范围内混凝土时，应随浇筑随振捣，每次浇筑高度不得大于1.5m。

### Ⅱ 人工挖孔灌注桩施工

**6.6.5** 人工挖孔桩的孔径（不含护壁）不得小于0.8m，且不宜大于2.5m；孔深不宜大于30m。当桩净距小于2.5m时，应采用间隔开挖。相邻排桩跳挖的最小施工净距不得小于4.5m。

**6.6.6** 人工挖孔桩混凝土护壁的厚度不应小于100mm，混凝土强度等级不应低于桩身混凝土强度等级，并应振捣密实；护壁应配置直径不小于8mm的构造钢筋，竖向筋应上下搭接或拉接。

**6.6.7** 人工挖孔桩施工应采取下列安全措施：

**1** 孔内必须设置应急软爬梯供人员上下；使用的电葫芦、吊笼等应安全可靠，并配有自动卡紧保险装置，不得使用麻绳和尼龙绳吊挂或脚踏井壁凸缘上下；电葫芦宜用按钮式开关，使用前必须检验其安全起吊能力；

**2** 每日开工前必须检测井下的有毒、有害气体，并应有相应的安全防范措施；当桩孔开挖深度超过10m时，应有专门向井下送风的设备，风量不宜少于25L/s；

**3** 孔口四周必须设置护栏，护栏高度宜为0.8m；

**4** 挖出的土石方应及时运离孔口，不得堆放在孔口周边1m范围内，机动车辆的通行不得对井壁的安全造成影响；

**5** 施工现场的一切电源、电路的安装和拆除必须遵守现行行业标准《施工现场临时用电安全技术规范》JGJ 46的规定。

**6.6.8** 开孔前，桩位应准确定位放样，在桩位外设置定位基准桩，安装护壁模板必须用桩中心点校正模板位置，并应由专人负责。

**6.6.9** 第一节井圈护壁应符合下列规定：

**1** 井圈中心线与设计轴线的偏差不得大于20mm；

**2** 井圈顶面应比场地高出100～150mm，壁厚应比下面井壁厚度增加100～150mm。

**6.6.10** 修筑井圈护壁应符合下列规定：

**1** 护壁的厚度、拉接钢筋、配筋、混凝土强度等级均应符合设计要求；

**2** 上下节护壁的搭接长度不得小于50mm；

**3** 每节护壁均应在当日连续施工完毕；

**4** 护壁混凝土必须保证振捣密实，应根据土层渗水情况使用速凝剂；

**5** 护壁模板的拆除应在灌注混凝土24h之后；

**6** 发现护壁有蜂窝、漏水现象时，应及时补强；

**7** 同一水平面上的井圈任意直径的极差不得大于50mm。

**6.6.11** 当遇有局部或厚度不大于1.5m的流动性淤泥和可能出现涌土涌砂时，护壁施工可按下列方法处理：

**1** 将每节护壁的高度减小到300～500mm，并随挖、随验、随灌注混凝土；

**2** 采用钢护筒或有效的降水措施。

**6.6.12** 挖至设计标高后，应清除护壁上的泥土和孔底残渣、积水，并应进行隐蔽工程验收。验收合格后，应立即封底和灌注桩身混凝土。

**6.6.13** 灌注桩身混凝土时，混凝土必须通过溜槽；当落距超过3m时，应采用串筒，串筒末端距孔底高度不宜大于2m；也可采用导管泵送；混凝土宜采用插入式振捣器振实。

**6.6.14** 当渗水量过大时，应采取场地截水、降水或水下灌注混凝土等有效措施。严禁在桩孔中边抽水边开挖，同时不得灌注相邻桩。

## 6.7 灌注桩后注浆

**6.7.1** 灌注桩后注浆工法可用于各类钻、挖、冲孔灌注桩及地下连续墙的沉渣（虚土）、泥皮和桩底、桩侧一定范围土体的加固。

**6.7.2** 后注浆装置的设置应符合下列规定：

**1** 后注浆导管应采用钢管，且应与钢筋笼加劲筋绑扎固定或焊接；

**2** 桩端后注浆导管及注浆阀数量宜根据桩径大小设置：对于直径不大于1200mm的桩，宜沿钢筋笼圆周对称设置2根；对于直径大于1200mm而不大于2500mm的桩，宜对称设置3根；

3　对于桩长超过15m且承载力增幅要求较高者，宜采用桩端桩侧复式注浆；桩侧后注浆管阀设置数量应综合地层情况、桩长和承载力增幅要求等因素确定，可在离桩底5～15m以上、桩顶8m以下，每隔6～12m设置一道桩侧注浆阀，当有粗粒土时，宜将注浆阀设置于粗粒土层下部，对于干作业成孔灌注桩宜设于粗粒土层中部；

4　对于非通长配筋桩，下部应有不少于2根与注浆管等长的主筋组成的钢筋笼通底；

5　钢筋笼应沉放到底，不得悬吊，下笼受阻时不得撞笼、墩笼、扭笼。

**6.7.3**　后注浆阀应具备下列性能：

1　注浆阀应能承受1MPa以上静水压力；注浆阀外部保护层应能抵抗砂石等硬质物的刮撞而不致使注浆阀受损；

2　注浆阀应具备逆止功能。

**6.7.4**　浆液配比、终止注浆压力、流量、注浆量等参数设计应符合下列规定：

1　浆液的水灰比应根据土的饱和度、渗透性确定，对于饱和土，水灰比宜为0.45～0.65；对于非饱和土，水灰比宜为0.7～0.9（松散碎石土、砂砾宜为0.5～0.6）；低水灰比浆液宜掺入减水剂；

2　桩端注浆终止注浆压力应根据土层性质及注浆点深度确定，对于风化岩、非饱和黏性土及粉土，注浆压力宜为3～10MPa；对于饱和土层注浆压力宜为1.2～4MPa，软土宜取低值，密实黏性土宜取高值；

3　注浆流量不宜超过75L/min；

4　单桩注浆量的设计应根据桩径、桩长、桩端桩侧土层性质、单桩承载力增幅及是否复式注浆等因素确定，可按下式估算：

$$G_c=\alpha_p d+\alpha_s nd \tag{6.7.4}$$

式中　$\alpha_p$、$\alpha_s$——分别为桩端、桩侧注浆量经验系数，$\alpha_p=1.5\sim1.8$，$\alpha_s=0.5\sim0.7$；对于卵、砾石、中粗砂取较高值；

$n$——桩侧注浆断面数；

$d$——基桩设计直径（m）；

$G_c$——注浆量，以水泥质量计（t）。

对独立单桩、桩距大于$6d$的群桩和群桩初始注浆的数根基桩的注浆量应按上述估算值乘以1.2的系数；

5　后注浆作业开始前，宜进行注浆试验，优化并最终确定注浆参数。

**6.7.5**　后注浆作业起始时间、顺序和速率应符合下列规定：

1　注浆作业宜于成桩2d后开始；不宜迟于成桩30d后；

2　注浆作业与成孔作业点的距离不宜小于8～10m；

3　对于饱和土中的复式注浆顺序宜先桩侧后桩端；对于非饱和土宜先桩端后桩侧；多断面桩侧注浆应先上后下；桩侧桩端注浆间隔时间不宜少于2h；

4　桩端注浆应对同一根桩的各注浆导管依次实施等量注浆；

5　对于桩群注浆宜先外围、后内部。

**6.7.6**　当满足下列条件之一时可终止注浆：

1　注浆总量和注浆压力均达到设计要求；

2　注浆总量已达到设计值的75%，且注浆压力超过设计值。

**6.7.7**　当注浆压力长时间低于正常值或地面出现冒浆或周围桩孔串浆，应改为间歇注浆，间歇时间宜为30～60min，或调低浆液水灰比。

**6.7.8**　后注浆施工过程中，应经常对后注浆的各项工艺参数进行检查，发现异常应采取相应处理措施。当注浆量等主要参数达不到设计值时，应根据工程具体情况采取相应措施。

**6.7.9**　后注浆桩基工程质量检查和验收应符合下列要求：

1　后注浆施工完成后应提供水泥材质检验报告、压力表检定证书、试注浆记录、设计工艺参数、后注浆作业记录、特殊情况处理记录等资料；

2　在桩身混凝土强度达到设计要求的条件下，承载力检验应在注浆完成20d后进行，浆液中掺入早强剂时可于注浆完成15d后进行。

# 7　混凝土预制桩与钢桩施工

## 7.1　混凝土预制桩的制作

**7.1.1**　混凝土预制桩可在施工现场预制，预制场地必须平整、坚实。

**7.1.2**　制桩模板宜采用钢模板，模板应具有足够刚度，并应平整，尺寸应准确。

**7.1.3**　钢筋骨架的主筋连接宜采用对焊和电弧焊，当钢筋直径不小于20mm时，宜采用机械接头连接。主筋接头配置在同一截面内的数量，应符合下列规定：

1　当采用对焊或电弧焊时，对于受拉钢筋，不得超过50%；

2　相邻两根主筋接头截面的距离应大于$35d_g$（$d_g$为主筋直径），并不应小于500mm；

3　必须符合现行行业标准《钢筋焊接及验收规程》JGJ 18和《钢筋机械连接通用技术规程》JGJ 107的规定。

**7.1.4**　预制桩钢筋骨架的允许偏差应符合表7.1.4的规定。

表 7.1.4 预制桩钢筋骨架的允许偏差

| 项次 | 项 目 | 允许偏差（mm） |
|---|---|---|
| 1 | 主筋间距 | ±5 |
| 2 | 桩尖中心线 | 10 |
| 3 | 箍筋间距或螺旋筋的螺距 | ±20 |
| 4 | 吊环沿纵轴线方向 | ±20 |
| 5 | 吊环沿垂直于纵轴线方向 | ±20 |
| 6 | 吊环露出桩表面的高度 | ±10 |
| 7 | 主筋距桩顶距离 | ±5 |
| 8 | 桩顶钢筋网片位置 | ±10 |
| 9 | 多节桩桩顶预埋件位置 | ±3 |

**7.1.5** 确定桩的单节长度时应符合下列规定：

1 满足桩架的有效高度、制作场地条件、运输与装卸能力；

2 避免在桩尖接近或处于硬持力层中时接桩。

**7.1.6** 浇注混凝土预制桩时，宜从桩顶开始灌筑，并应防止另一端的砂浆积聚过多。

**7.1.7** 锤击预制桩的骨料粒径宜为5～40mm。

**7.1.8** 锤击预制桩，应在强度与龄期均达到要求后，方可锤击。

**7.1.9** 重叠法制作预制桩时，应符合下列规定：

1 桩与邻桩及底模之间的接触面不得粘连；

2 上层桩或邻桩的浇筑，必须在下层桩或邻桩的混凝土达到设计强度的30%以上时，方可进行；

3 桩的重叠层数不应超过4层。

**7.1.10** 混凝土预制桩的表面应平整、密实，制作允许偏差应符合表7.1.10的规定。

表 7.1.10 混凝土预制桩制作允许偏差

| 桩 型 | 项 目 | 允许偏差(mm) |
|---|---|---|
| 钢筋混凝土实心桩 | 横截面边长 | ±5 |
| | 桩顶对角线之差 | ≤5 |
| | 保护层厚度 | ±5 |
| | 桩身弯曲矢高 | 不大于1‰桩长且不大于20 |
| | 桩尖偏心 | ≤10 |
| | 桩端面倾斜 | ≤0.005 |
| | 桩节长度 | ±20 |
| 钢筋混凝土管桩 | 直径 | ±5 |
| | 长度 | ±0.5%桩长 |
| | 管壁厚度 | −5 |
| | 保护层厚度 | +10，−5 |
| | 桩身弯曲(度)矢高 | 1‰桩长 |
| | 桩尖偏心 | ≤10 |
| | 桩头板平整度 | ≤2 |
| | 桩头板偏心 | ≤2 |

**7.1.11** 本规范未作规定的预应力混凝土桩的其他要求及离心混凝土强度等级评定方法，应符合国家现行标准《先张法预应力混凝土管桩》GB 13476和《预应力混凝土空心方桩》JG 197的规定。

## 7.2 混凝土预制桩的起吊、运输和堆放

**7.2.1** 混凝土实心桩的吊运应符合下列规定：

1 混凝土设计强度达到70%及以上方可起吊，达到100%方可运输；

2 桩起吊时应采取相应措施，保证安全平稳，保护桩身质量；

3 水平运输时，应做到桩身平稳放置，严禁在场地上直接拖拉桩体。

**7.2.2** 预应力混凝土空心桩的吊运应符合下列规定：

1 出厂前应作出厂检查，其规格、批号、制作日期应符合所属的验收批号内容；

2 在吊运过程中应轻吊轻放，避免剧烈碰撞；

3 单节桩可采用专用吊钩勾住桩两端内壁直接进行水平起吊；

4 运至施工现场时应进行检查验收，严禁使用质量不合格及在吊运过程中产生裂缝的桩。

**7.2.3** 预应力混凝土空心桩的堆放应符合下列规定：

1 堆放场地应平整坚实，最下层与地面接触的垫木应有足够的宽度和高度。堆放时桩应稳固，不得滚动；

2 应按不同规格、长度及施工流水顺序分别堆放；

3 当场地条件许可时，宜单层堆放；当叠层堆放时，外径为500～600mm的桩不宜超过4层，外径为300～400mm的桩不宜超过5层；

4 叠层堆放桩时，应在垂直于桩长度方向的地面上设置2道垫木，垫木应分别位于距桩端1/5桩长处；底层最外缘的桩应在垫木处用木楔塞紧；

5 垫木宜选用耐压的长木枋或枕木，不得使用有棱角的金属构件。

**7.2.4** 取桩应符合下列规定：

1 当桩叠层堆放超过2层时，应采用吊机取桩，严禁拖拉取桩；

2 三点支撑自行式打桩机不应拖拉取桩。

## 7.3 混凝土预制桩的接桩

**7.3.1** 桩的连接可采用焊接、法兰连接或机械快速连接（螺纹式、啮合式）。

**7.3.2** 接桩材料应符合下列规定：

1 焊接接桩：钢钣宜采用低碳钢，焊条宜采用E43；并应符合现行行业标准《建筑钢结构焊接技术规程》JGJ 81要求。

2 法兰接桩：钢钣和螺栓宜采用低碳钢。

**7.3.3** 采用焊接接桩除应符合现行行业标准《建筑

钢结构焊接技术规程》JGJ 81 的有关规定外，尚应符合下列规定：

1　下节桩段的桩头宜高出地面 0.5m；

2　下节桩的桩头处宜设导向箍；接桩时上下节桩段应保持顺直，错位偏差不宜大于 2mm；接桩就位纠偏时，不得采用大锤横向敲打；

3　桩对接前，上下端钣表面应采用铁刷子清刷干净，坡口处应刷至露出金属光泽；

4　焊接宜在桩四周对称地进行，待上下桩节固定后拆除导向箍再分层施焊；焊接层数不得少于 2 层，第一层焊完后必须把焊渣清理干净，方可进行第二层（的）施焊，焊缝应连续、饱满；

5　焊好后的桩接头应自然冷却后方可继续锤击，自然冷却时间不宜少于 8min；严禁采用水冷却或焊好即施打；

6　雨天焊接时，应采取可靠的防雨措施；

7　焊接接头的质量检查宜采用探伤检测，同一工程探伤抽样检验不得少于 3 个接头。

**7.3.4**　采用机械快速螺纹接桩的操作与质量应符合下列规定：

1　接桩前应检查桩两端制作的尺寸偏差及连接件，无受损后方可起吊施工，其下节桩端宜高出地面 0.8m；

2　接桩时，卸下上下节桩两端的保护装置后，应清理接头残物，涂上润滑脂；

3　应采用专用接头锥度对中，对准上下节桩进行旋紧连接；

4　可采用专用链条式扳手进行旋紧，（臂长 1m，卡紧后人工旋紧再用铁锤敲击板臂，）锁紧后两端板尚应有 1～2mm 的间隙。

**7.3.5**　采用机械啮合接头接桩的操作与质量应符合下列规定：

1　将上下接头钣清理干净，用扳手将已涂抹沥青涂料的连接销逐根旋入上节桩Ⅰ型端头钣的螺栓孔内，并用钢模板调整好连接销的方位；

2　剔除下节桩Ⅱ型端头钣连接槽内泡沫塑料保护块，在连接槽内注入沥青涂料，并在端头钣面周边抹上宽度 20mm、厚度 3mm 的沥青涂料；当地基土、地下水含中等以上腐蚀介质时，桩端钣板面应满涂沥青涂料；

3　将上节桩吊起，使连接销与Ⅱ型端头钣上各连接口对准，随即将连接销插入连接槽内；

4　加压使上下节桩的桩头钣接触，完成接桩。

### 7.4　锤 击 沉 桩

**7.4.1**　沉桩前必须处理空中和地下障碍物，场地应平整，排水应畅通，并应满足打桩所需的地面承载力。

**7.4.2**　桩锤的选用应根据地质条件、桩型、桩的密集程度、单桩竖向承载力及现有施工条件等因素确定，也可按本规范附录 H 选用。

**7.4.3**　桩打入时应符合下列规定：

1　桩帽或送桩帽与桩周围的间隙应为 5～10mm；

2　锤与桩帽、桩帽与桩之间应加设硬木、麻袋、草垫等弹性衬垫；

3　桩锤、桩帽或送桩帽应和桩身在同一中心线上；

4　桩插入时的垂直度偏差不得超过 0.5%。

**7.4.4**　打桩顺序要求应符合下列规定：

1　对于密集桩群，自中间向两个方向或四周对称施打；

2　当一侧毗邻建筑物时，由毗邻建筑物处向另一方向施打；

3　根据基础的设计标高，宜先深后浅；

4　根据桩的规格，宜先大后小，先长后短。

**7.4.5**　打入桩（预制混凝土方桩、预应力混凝土空心桩、钢桩）的桩位偏差，应符合表 7.4.5 的规定。斜桩倾斜度的偏差不得大于倾斜角正切值的 15%（倾斜角系桩的纵向中心线与铅垂线间夹角）。

**表 7.4.5　打入桩桩位的允许偏差**

| 项　　目 | 允许偏差(mm) |
|---|---|
| 带有基础梁的桩：(1)垂直基础梁的中心线<br>(2)沿基础梁的中心线 | $100+0.01H$<br>$150+0.01H$ |
| 桩数为 1～3 根桩基中的桩 | 100 |
| 桩数为 4～16 根桩基中的桩 | 1/2 桩径或边长 |
| 桩数大于 16 根桩基中的桩：(1)最外边的桩<br>(2)中间桩 | 1/3 桩径或边长<br>1/2 桩径或边长 |

注：$H$ 为施工现场地面标高与桩顶设计标高的距离。

**7.4.6**　桩终止锤击的控制应符合下列规定：

1　当桩端位于一般土层时，应以控制桩端设计标高为主，贯入度为辅；

2　桩端达到坚硬、硬塑的黏性土、中密以上粉土、砂土、碎石类土及风化岩时，应以贯入度控制为主，桩端标高为辅；

3　贯入度已达到设计要求而桩端标高未达到时，应继续锤击 3 阵，并按每阵 10 击的贯入度不应大于设计规定的数值确认，必要时，施工控制贯入度应通过试验确定。

**7.4.7**　当遇到贯入度剧变，桩身突然发生倾斜、位移或有严重回弹、桩顶或桩身出现严重裂缝、破碎等情况时，应暂停打桩，并分析原因，采取相应措施。

**7.4.8**　当采用射水法沉桩时，应符合下列规定：

1　射水法沉桩宜用于砂土和碎石土；

2　沉桩至最后1～2m时，应停止射水，并采用锤击至规定标高，终锤控制标准可按本规范第7.4.6条有关规定执行。

**7.4.9**　施打大面积密集桩群时，应采取下列辅助措施：

1　对预钻孔沉桩，预钻孔孔径可比桩径（或方桩对角线）小50～100mm，深度可根据桩距和土的密实度、渗透性确定，宜为桩长的1/3～1/2；施工时应随钻随打；桩架宜具备钻孔锤击双重性能；

2　对饱和黏性土地基，应设置袋装砂井或塑料排水板；袋装砂井直径宜为70～80mm，间距宜为1.0～1.5m，深度宜为10～12m；塑料排水板的深度、间距与袋装砂井相同；

3　应设置隔离板桩或地下连续墙；

4　可开挖地面防震沟，并可与其他措施结合使用，防震沟沟宽可取0.5～0.8m，深度按土质情况决定；

5　应控制打桩速率和日打桩量，24小时内休止时间不应少于8h；

6　沉桩结束后，宜普遍实施一次复打；

7　应对不少于总桩数10%的桩顶上涌和水平位移进行监测；

8　沉桩过程中应加强邻近建筑物、地下管线等的观测、监护。

**7.4.10**　预应力混凝土管桩的总锤击数及最后1.0m沉桩锤击数应根据桩身强度和当地工程经验确定。

**7.4.11**　锤击沉桩送桩应符合下列规定：

1　送桩深度不宜大于2.0m；

2　当桩顶打至接近地面需要送桩时，应测出桩的垂直度并检查桩顶质量，合格后应及时送桩；

3　送桩的最后贯入度应参考相同条件下不送桩时的最后贯入度并修正；

4　送桩后遗留的桩孔应立即回填或覆盖；

5　当送桩深度超过2.0m且不大于6.0m时，打桩机应为三点支撑履带自行式或步履式柴油打桩机；桩帽和桩锤之间应用竖纹硬木或盘圆层叠的钢丝绳作“锤垫”，其厚度宜取150～200mm。

**7.4.12**　送桩器及衬垫设置应符合下列规定：

1　送桩器宜做成圆筒形，并应有足够的强度、刚度和耐打性。送桩器长度应满足送桩深度的要求，弯曲度不得大于1/1000；

2　送桩器上下两端面应平整，且与送桩器中心轴线相垂直；

3　送桩器下端面应开孔，使空心桩内腔与外界连通；

4　送桩器应与桩匹配：套筒式送桩器下端的套筒深度宜取250～350mm，套管内径应比桩外径大20～30mm；插销式送桩器下端的插销长度宜取200～300mm，杆销外径应比（管）桩内径小20～30mm，对于腔内存有余浆的管桩，不宜采用插销式送桩器；

5　送桩作业时，送桩器与桩头之间应设置1～2层麻袋或硬纸板等衬垫。内填弹性衬垫压实后的厚度不宜小于60mm。

**7.4.13**　施工现场应配备桩身垂直度观测仪器（长条水准尺或经纬仪）和观测人员，随时量测桩身的垂直度。

## 7.5　静压沉桩

**7.5.1**　采用静压沉桩时，场地地基承载力不应小于压桩机接地压强的1.2倍，且场地应平整。

**7.5.2**　静力压桩宜选择液压式和绳索式压桩工艺；宜根据单节桩的长度选用顶压式液压压桩机和抱压式液压压桩机。

**7.5.3**　选择压桩机的参数应包括下列内容：

1　压桩机型号、桩机质量（不含配重）、最大压桩力等；

2　压桩机的外型尺寸及拖运尺寸；

3　压桩机的最小边桩距及最大压桩力；

4　长、短船型履靴的接地压强；

5　夹持机构的型式；

6　液压油缸的数量、直径，率定后的压力表读数与压桩力的对应关系；

7　吊桩机构的性能及吊桩能力。

**7.5.4**　压桩机的每件配重必须用量具核实，并将其质量标记在该件配重的外露表面；液压式压桩机的最大压桩力应取压桩机的机架重量和配重之和乘以0.9。

**7.5.5**　当边桩空位不能满足中置式压桩机施压条件时，宜利用压边桩机构或选用前置式液压压桩机进行压桩，但此时应估计最大压桩能力减少造成的影响。

**7.5.6**　当设计要求或施工需要采用引孔法压桩时，应配备螺旋钻孔机，或在压桩机上配备专用的螺旋钻。当桩端需进入较坚硬的岩层时，应配备可入岩的钻孔桩机或冲孔桩机。

**7.5.7**　最大压桩力不宜小于设计的单桩竖向极限承载力标准值，必要时可由现场试验确定。

**7.5.8**　静力压桩施工的质量控制应符合下列规定：

1　第一节桩下压时垂直度偏差不应大于0.5%；

2　宜将每根桩一次性连续压到底，且最后一节有效桩长不宜小于5m；

3　抱压力不应大于桩身允许侧向压力的1.1倍；

4　对于大面积桩群，应控制日压桩量。

**7.5.9**　终压条件应符合下列规定：

1　应根据现场试压桩的试验结果确定终压标准；

2　终压连续复压次数应根据桩长及地质条件等因素确定。对于入土深度大于或等于8m的桩，复压次数可为2～3次；对于入土深度小于8m的桩，复压次数可为3～5次；

3 稳压压桩力不得小于终压力，稳定压桩的时间宜为5～10s。

**7.5.10** 压桩顺序宜根据场地工程地质条件确定，并应符合下列规定：

1 对于场地地层中局部含砂、碎石、卵石时，宜先对该区域进行压桩；

2 当持力层埋深或桩的入土深度差别较大时，宜先施压长桩后施压短桩。

**7.5.11** 压桩过程中应测量桩身的垂直度。当桩身垂直度偏差大于1%时，应找出原因并设法纠正；当桩尖进入较硬土层后，严禁用移动机架等方法强行纠偏。

**7.5.12** 出现下列情况之一时，应暂停压桩作业，并分析原因，采用相应措施：

1 压力表读数显示情况与勘察报告中的土层性质明显不符；

2 桩难以穿越硬夹层；

3 实际桩长与设计桩长相差较大；

4 出现异常响声；压桩机械工作状态出现异常；

5 桩身出现纵向裂缝和桩头混凝土出现剥落等异常现象；

6 夹持机构打滑；

7 压桩机下陷。

**7.5.13** 静压送桩的质量控制应符合下列规定：

1 测量桩的垂直度并检查桩头质量，合格后方可送桩，压桩、送桩作业应连续进行；

2 送桩应采用专制钢质送桩器，不得将工程桩用作送桩器；

3 当场地上多数桩的有效桩长小于或等于15m或桩端持力层为风化软质岩，需要复压时，送桩深度不宜超过1.5m；

4 除满足本条上述3款规定外，当桩的垂直度偏差小于1%，且桩的有效桩长大于15m时，静压桩送桩深度不宜超过8m；

5 送桩的最大压桩力不宜超过桩身允许抱压压桩力的1.1倍。

**7.5.14** 引孔压桩法质量控制应符合下列规定：

1 引孔宜采用螺旋钻干作业法；引孔的垂直度偏差不宜大于0.5%；

2 引孔作业和压桩作业应连续进行，间隔时间不宜大于12h；在软土地基中不宜大于3h；

3 引孔中有积水时，宜采用开口型桩尖。

**7.5.15** 当桩较密集，或地基为饱和淤泥、淤泥质土及黏性土时，应设置塑料排水板、袋装砂井消减超孔压或采取引孔等措施，并可按本规范第7.4.9条执行。在压桩施工过程中应对总桩数10%的桩设置上涌和水平偏位观测点，定时检测桩的上浮量及桩顶水平偏位值，若上涌和偏位值较大，应采取复压等措施。

**7.5.16** 对预制混凝土方桩、预应力混凝土空心桩、钢桩等压入桩的桩位偏差，应符合本规范表7.4.5的规定。

## 7.6 钢桩（钢管桩、H型桩及其他异型钢桩）施工

### Ⅰ 钢桩的制作

**7.6.1** 制作钢桩的材料应符合设计要求，并应有出厂合格证和试验报告。

**7.6.2** 现场制作钢桩应有平整的场地及挡风防雨措施。

**7.6.3** 钢桩制作的允许偏差应符合表7.6.3的规定，钢桩的分段长度应满足本规范第7.1.5条的规定，且不宜大于15m。

**表7.6.3 钢桩制作的允许偏差**

| 项目 | | 容许偏差（mm） |
|---|---|---|
| 外径或断面尺寸 | 桩端部 | ±0.5%外径或边长 |
| | 桩身 | ±0.1%外径或边长 |
| 长度 | | ＞0 |
| 矢高 | | ≤1‰桩长 |
| 端部平整度 | | ≤2（H型桩≤1） |
| 端部平面与桩身中心线的倾斜值 | | ≤2 |

**7.6.4** 用于地下水有侵蚀性的地区或腐蚀性土层的钢桩，应按设计要求作防腐处理。

### Ⅱ 钢桩的焊接

**7.6.5** 钢桩的焊接应符合下列规定：

1 必须清除桩端部的浮锈、油污等脏物，保持干燥；下节桩顶经锤击后变形的部分应割除；

2 上下节桩焊接时应校正垂直度，对口的间隙宜为2～3mm；

3 焊丝（自动焊）或焊条应烘干；

4 焊接应对称进行；

5 应采用多层焊，钢管桩各层焊缝的接头应错开，焊渣应清除；

6 当气温低于0℃或雨雪天及无可靠措施确保焊接质量时，不得焊接；

7 每个接头焊接完毕，应冷却1min后方可锤击；

8 焊接质量应符合国家现行标准《钢结构工程施工质量验收规范》GB 50205和《建筑钢结构焊接技术规程》JGJ 81的规定，每个接头除应按表7.6.5规定进行外观检查外，还应按接头总数的5%进行超声或2%进行X射线拍片检查，对于同一工程，探伤抽样检验不得少于3个接头。

表 7.6.5 接桩焊缝外观允许偏差

| 项　　目 | 允许偏差（mm） |
| --- | --- |
| 上下节桩错口： | |
| ①钢管桩外径≥700mm | 3 |
| ②钢管桩外径＜700mm | 2 |
| H 型钢桩 | 1 |
| 咬边深度（焊缝） | 0.5 |
| 加强层高度（焊缝） | 2 |
| 加强层宽度（焊缝） | 3 |

**7.6.6** H 型钢桩或其他异型薄壁钢桩，接头处应加连接板，可按等强度设置。

### Ⅲ 钢桩的运输和堆放

**7.6.7** 钢桩的运输与堆放应符合下列规定：

**1** 堆放场地应平整、坚实、排水通畅；

**2** 桩的两端应有适当保护措施，钢管桩应设保护圈；

**3** 搬运时应防止桩体撞击而造成桩端、桩体损坏或弯曲；

**4** 钢桩应按规格、材质分别堆放，堆放层数：$\phi$900mm 的钢桩，不宜大于 3 层；$\phi$600mm 的钢桩，不宜大于 4 层；$\phi$400mm 的钢桩，不宜大于 5 层；H 型钢桩不宜大于 6 层。支点设置应合理，钢桩的两侧应采用木楔塞住。

### Ⅵ 钢桩的沉桩

**7.6.8** 当钢桩采用锤击沉桩时，可按本规范第 7.4 节有关条文实施；当采用静压沉桩时，可按本规范第 7.5 节有关条文实施。

**7.6.9** 对敞口钢管桩，当锤击沉桩有困难时，可在管内取土助沉。

**7.6.10** 锤击 H 型钢桩时，锤重不宜大于 4.5t 级（柴油锤），且在锤击过程中桩架前应有横向约束装置。

**7.6.11** 当持力层较硬时，H 型钢桩不宜送桩。

**7.6.12** 当地表层遇有大块石、混凝土块等回填物时，应在插入 H 型钢桩前进行触探，并应清除桩位上的障碍物。

## 8 承 台 施 工

### 8.1 基坑开挖和回填

**8.1.1** 桩基承台施工顺序宜先深后浅。

**8.1.2** 当承台埋置较深时，应对邻近建筑物及市政设施采取必要的保护措施，在施工期间应进行监测。

**8.1.3** 基坑开挖前应对边坡支护形式、降水措施、挖土方案、运土路线及堆土位置编制施工方案，若桩基施工引起超孔隙水压力，宜待超孔隙水压力大部分消散后开挖。

**8.1.4** 当地下水位较高需降水时，可根据周围环境情况采用内降水或外降水措施。

**8.1.5 挖土应均衡分层进行，对流塑状软土的基坑开挖，高差不应超过 1m。**

**8.1.6** 挖出的土方不得堆置在基坑附近。

**8.1.7** 机械挖土时必须确保基坑内的桩体不受损坏。

**8.1.8** 基坑开挖结束后，应在基坑底做出排水盲沟及集水井，如有降水设施仍应维持运转。

**8.1.9 在承台和地下室外墙与基坑侧壁间隙回填土前，应排除积水，清除虚土和建筑垃圾，填土应按设计要求选料，分层夯实，对称进行。**

### 8.2 钢筋和混凝土施工

**8.2.1** 绑扎钢筋前应将灌注桩桩头浮浆部分和预制桩桩顶锤击面破碎部分去除，桩体及其主筋埋入承台的长度应符合设计要求；钢管桩尚应加焊桩顶连接件；并应按设计施作桩头和垫层防水。

**8.2.2** 承台混凝土应一次浇筑完成，混凝土入槽宜采用平铺法。对大体积混凝土施工，应采取有效措施防止温度应力引起裂缝。

## 9 桩基工程质量检查和验收

### 9.1 一 般 规 定

**9.1.1** 桩基工程应进行桩位、桩长、桩径、桩身质量和单桩承载力的检验。

**9.1.2** 桩基工程的检验按时间顺序可分为三个阶段：施工前检验、施工检验和施工后检验。

**9.1.3** 对砂、石子、水泥、钢材等桩体原材料质量的检验项目和方法应符合国家现行有关标准的规定。

### 9.2 施工前检验

**9.2.1** 施工前应严格对桩位进行检验。

**9.2.2** 预制桩（混凝土预制桩、钢桩）施工前应进行下列检验：

**1** 成品桩应按选定的标准图或设计图制作，现场应对其外观质量及桩身混凝土强度进行检验；

**2** 应对接桩用焊条、压桩用压力表等材料和设备进行检验。

**9.2.3** 灌注桩施工前应进行下列检验：

1 混凝土拌制应对原材料质量与计量、混凝土配合比、坍落度、混凝土强度等级等进行检查；

2 钢筋笼制作应对钢筋规格、焊条规格、品种、焊口规格、焊缝长度、焊缝外观和质量、主筋和箍筋的制作偏差等进行检查，钢筋笼制作允许偏差应符合本规范表 6.2.5 的要求。

### 9.3 施 工 检 验

**9.3.1** 预制桩（混凝土预制桩、钢桩）施工过程中应进行下列检验：

1 打入（静压）深度、停锤标准、静压终止压力值及桩身（架）垂直度检查；

2 接桩质量、接桩间歇时间及桩顶完整状况；

3 每米进尺锤击数、最后 1.0m 进尺锤击数、总锤击数、最后三阵贯入度及桩尖标高等。

**9.3.2** 灌注桩施工过程中应进行下列检验：

1 灌注混凝土前，应按照本规范第 6 章有关施工质量要求，对已成孔的中心位置、孔深、孔径、垂直度、孔底沉渣厚度进行检验；

2 应对钢筋笼安放的实际位置等进行检查，并填写相应质量检测、检查记录；

3 干作业条件下成孔后应对大直径桩桩端持力层进行检验。

**9.3.3** 对于沉管灌注桩施工工序的质量检查宜按本规范第 9.1.1～9.3.2 条有关项目进行。

**9.3.4** 对于挤土预制桩和挤土灌注桩，施工过程均应对桩顶和地面土体的竖向和水平位移进行系统观测；若发现异常，应采取复打、复压、引孔、设置排水措施及调整沉桩速率等措施。

### 9.4 施工后检验

**9.4.1** 根据不同桩型应按本规范表 6.2.4 及表 7.4.5 规定检查成桩桩位偏差。

**9.4.2 工程桩应进行承载力和桩身质量检验。**

**9.4.3** 有下列情况之一的桩基工程，应采用静荷载试验对工程桩单桩竖向承载力进行检测，检测数量应根据桩基设计等级、施工前取得试验数据的可靠性因素，按现行行业标准《建筑基桩检测技术规范》JGJ 106 确定：

1 工程施工前已进行单桩静载试验，但施工过程变更了工艺参数或施工质量出现异常时；

2 施工前工程未按本规范第 5.3.1 条规定进行单桩静载试验的工程；

3 地质条件复杂、桩的施工质量可靠性低；

4 采用新桩型或新工艺。

**9.4.4** 有下列情况之一的桩基工程，可采用高应变动测法对工程桩单桩竖向承载力进行检测：

1 除本规范第 9.4.3 条规定条件外的桩基；

2 设计等级为甲、乙级的建筑桩基静载试验检测的辅助检测。

**9.4.5** 桩身质量除对预留混凝土试件进行强度等级检验外，尚应进行现场检测。检测方法可采用可靠的动测法，对于大直径桩还可采取钻芯法、声波透射法；检测数量可根据现行行业标准《建筑基桩检测技术规范》JGJ 106 确定。

**9.4.6** 对专用抗拔桩和对水平承载力有特殊要求的桩基工程，应进行单桩抗拔静载试验和水平静载试验检测。

### 9.5 基桩及承台工程验收资料

**9.5.1** 当桩顶设计标高与施工场地标高相近时，基桩的验收应待基桩施工完毕后进行；当桩顶设计标高低于施工场地标高时，应待开挖到设计标高后进行验收。

**9.5.2** 基桩验收应包括下列资料：

1 岩土工程勘察报告、桩基施工图、图纸会审纪要、设计变更单及材料代用通知单等；

2 经审定的施工组织设计、施工方案及执行中的变更单；

3 桩位测量放线图，包括工程桩位线复核签证单；

4 原材料的质量合格和质量鉴定书；

5 半成品如预制桩、钢桩等产品的合格证；

6 施工记录及隐蔽工程验收文件；

7 成桩质量检查报告；

8 单桩承载力检测报告；

9 基坑挖至设计标高的基桩竣工平面图及桩顶标高图；

10 其他必须提供的文件和记录。

**9.5.3** 承台工程验收时应包括下列资料：

1 承台钢筋、混凝土的施工与检查记录；

2 桩头与承台的锚筋、边桩离承台边缘距离、承台钢筋保护层记录；

3 桩头与承台防水构造及施工质量；

4 承台厚度、长度和宽度的量测记录及外观情况描述等。

**9.5.4** 承台工程验收除符合本节规定外，尚应符合现行国家标准《混凝土结构工程施工质量验收规范》GB 50204 的规定。

## 附录 A 桩型与成桩工艺选择

**A.0.1** 桩型与成桩工艺应根据建筑结构类型、荷载性质、桩的使用功能、穿越土层、桩端持力层、地下水位、施工设备、施工环境、施工经验、制桩材料供应等条件选择。可按表 A.0.1 进行。

## 表 A.0.1 桩型与成桩工艺选择

| 桩类 | | | 桩径 桩身 (mm) | 桩径 扩底端 (mm) | 最大桩长 (m) | 穿越土层 一般黏性土及其填土 | 淤泥和淤泥质土 | 粉土 | 砂土 | 碎石土 | 季节性冻土膨胀土 | 黄土 非自重湿陷性黄土 | 黄土 自重湿陷性黄土 | 中间有硬夹层 | 中间有砂夹层 | 中间有砾石夹层 | 桩端进入持力层 硬黏性土 | 密实砂土 | 碎石土 | 软质岩石和风化岩石 | 地下水位 以上 | 以下 | 对环境影响 振动和噪声 | 排浆 | 孔底有无挤密 |
|---|---|---|---|---|---|---|---|---|---|---|---|---|---|---|---|---|---|---|---|---|---|---|---|---|---|
| 非挤土成桩 | 干作业法 | 长螺旋钻孔灌注桩 | 300～800 | — | 28 | ○ | × | ○ | △ | × | ○ | ○ | △ | × | △ | × | ○ | ○ | △ | △ | ○ | × | 无 | 无 | 无 |
| | | 短螺旋钻孔灌注桩 | 300～800 | — | 20 | ○ | × | ○ | △ | × | ○ | ○ | × | × | △ | × | ○ | ○ | × | × | ○ | × | 无 | 无 | 无 |
| | | 钻孔扩底灌注桩 | 300～600 | 800～1200 | 30 | ○ | × | ○ | × | × | ○ | ○ | △ | × | △ | × | ○ | ○ | △ | △ | ○ | × | 无 | 无 | 无 |
| | | 机动洛阳铲成孔灌注桩 | 300～500 | — | 20 | ○ | × | △ | × | × | ○ | ○ | △ | △ | × | △ | ○ | ○ | × | × | ○ | × | 无 | 无 | 无 |
| | | 人工挖孔扩底灌注桩 | 800～2000 | 1600～3000 | 30 | ○ | × | △ | △ | △ | ○ | ○ | ○ | ○ | △ | △ | ○ | △ | △ | ○ | ○ | △ | 无 | 无 | 无 |
| | 泥浆护壁法 | 潜水钻成孔灌注桩 | 500～800 | — | 50 | ○ | ○ | ○ | △ | × | △ | △ | × | × | △ | × | ○ | ○ | △ | × | ○ | ○ | 无 | 有 | 无 |
| | | 反循环钻成孔灌注桩 | 600～1200 | — | 80 | ○ | ○ | ○ | △ | △ | △ | ○ | ○ | ○ | ○ | △ | ○ | ○ | △ | ○ | ○ | ○ | 无 | 有 | 无 |
| | | 正循环钻成孔灌注桩 | 600～1200 | — | 80 | ○ | ○ | ○ | △ | △ | △ | ○ | ○ | ○ | ○ | △ | ○ | ○ | △ | ○ | ○ | ○ | 无 | 有 | 无 |
| | | 旋挖成孔灌注桩 | 600～1200 | — | 60 | ○ | △ | ○ | △ | △ | △ | ○ | ○ | ○ | △ | △ | ○ | ○ | ○ | ○ | ○ | ○ | 无 | 有 | 无 |
| | | 钻孔扩底灌注桩 | 600～1200 | 1000～1600 | 30 | ○ | ○ | ○ | △ | △ | △ | ○ | ○ | ○ | ○ | △ | ○ | △ | △ | △ | ○ | ○ | 无 | 有 | 无 |
| | 套管护壁 | 贝诺托灌注桩 | 800～1600 | — | 50 | ○ | ○ | ○ | ○ | ○ | △ | ○ | △ | ○ | ○ | ○ | ○ | ○ | ○ | ○ | ○ | ○ | 无 | 无 | 无 |
| | | 短螺旋钻孔灌注桩 | 300～800 | — | 20 | ○ | ○ | ○ | ○ | × | △ | ○ | △ | △ | △ | △ | ○ | ○ | △ | △ | ○ | ○ | 无 | 无 | 无 |
| 部分挤土成桩 | 灌注桩 | 冲击成孔灌注桩 | 600～1200 | — | 50 | ○ | △ | △ | △ | ○ | △ | × | × | ○ | ○ | ○ | ○ | ○ | ○ | ○ | ○ | ○ | 有 | 有 | 无 |
| | | 长螺旋钻孔压灌桩 | 300～800 | — | 25 | ○ | △ | ○ | ○ | △ | ○ | ○ | ○ | △ | △ | △ | ○ | ○ | △ | △ | ○ | △ | 无 | 无 | 无 |
| | | 钻孔挤扩多支盘桩 | 700～900 | 1200～1600 | 40 | ○ | ○ | ○ | △ | △ | △ | ○ | ○ | ○ | ○ | △ | ○ | ○ | △ | × | ○ | ○ | 无 | 有 | 无 |
| | 预制桩 | 预钻孔打入式预制桩 | 500 | — | 50 | ○ | ○ | ○ | △ | × | ○ | ○ | ○ | ○ | ○ | △ | ○ | ○ | △ | △ | ○ | ○ | 有 | 无 | 有 |
| | | 静压混凝土（预应力混凝土）敞口管桩 | 800 | — | 60 | ○ | ○ | ○ | △ | × | △ | ○ | ○ | △ | △ | △ | ○ | ○ | ○ | △ | ○ | ○ | 无 | 无 | 有 |
| | | H 型钢桩 | 规格 | — | 80 | ○ | ○ | ○ | ○ | ○ | △ | △ | △ | ○ | ○ | ○ | ○ | ○ | ○ | ○ | ○ | ○ | 有 | 无 | 无 |
| | | 敞口钢管桩 | 600～900 | — | 80 | ○ | ○ | ○ | ○ | △ | △ | ○ | ○ | ○ | ○ | ○ | ○ | ○ | ○ | ○ | ○ | ○ | 有 | 无 | 有 |
| 挤土成桩 | 灌注桩 | 内夯沉管灌注桩 | 325，377 | 460～700 | 25 | ○ | ○ | ○ | △ | △ | ○ | ○ | ○ | × | △ | × | ○ | △ | △ | × | ○ | ○ | 有 | 无 | 有 |
| | 预制桩 | 打入式混凝土预制桩<br>闭口钢管桩、混凝土管桩 | 500×500<br>1000 | — | 60 | ○ | ○ | ○ | △ | △ | △ | ○ | ○ | ○ | ○ | △ | ○ | ○ | △ | △ | ○ | ○ | 有 | 无 | 有 |
| | | 静压桩 | 1000 | — | 60 | ○ | ○ | △ | △ | △ | △ | ○ | △ | △ | △ | × | ○ | ○ | △ | × | ○ | ○ | 无 | 无 | 有 |

注：表中符号○表示比较合适；△表示有可能采用；×表示不宜采用。

# 附录B　预应力混凝土空心桩基本参数

**B.0.1**　离心成型的先张法预应力混凝土管桩的基本参数可按表B.0.1选用。

**表 B.0.1　预应力混凝土管桩的配筋和力学性能**

| 品种 | 外径 $d$ (mm) | 壁厚 $t$ (mm) | 单节桩长 (m) | 混凝土强度等级 | 型号 | 预应力钢筋 | 螺旋筋规格 | 混凝土有效预压应力 (MPa) | 抗裂弯矩检验值 $M_{cr}$ (kN·m) | 极限弯矩检验值 $M_u$ (kN·m) | 桩身竖向承载力设计值 $R_p$ (kN) | 理论质量 (kg/m) |
|---|---|---|---|---|---|---|---|---|---|---|---|---|
| 预应力高强混凝土管桩(PHC) | 300 | 70 | ≤11 | C80 | A | 6ϕ7.1 | $\phi^b4$ | 3.8 | 23 | 34 | 1410 | 131 |
| | | | | | AB | 6ϕ9.0 | | 5.3 | 28 | 45 | | |
| | | | | | B | 8ϕ9.0 | | 7.2 | 33 | 59 | | |
| | | | | | C | 8ϕ10.7 | | 9.3 | 38 | 76 | | |
| | 400 | 95 | ≤12 | C80 | A | 10ϕ7.1 | $\phi^b4$ | 3.6 | 52 | 77 | 2550 | 249 |
| | | | | | AB | 10ϕ9.0 | | 4.9 | 63 | 104 | | |
| | | | | | B | 12ϕ9.0 | | 6.6 | 75 | 135 | | |
| | | | | | C | 12ϕ10.7 | | 8.5 | 87 | 174 | | |
| | 500 | 100 | ≤15 | C80 | A | 10ϕ9.0 | $\phi^b5$ | 3.9 | 99 | 148 | 3570 | 327 |
| | | | | | AB | 10ϕ10.7 | | 5.3 | 121 | 200 | | |
| | | | | | B | 13ϕ10.7 | | 7.2 | 144 | 258 | | |
| | | | | | C | 13ϕ12.6 | | 9.5 | 166 | 332 | | |
| | 500 | 125 | ≤15 | C80 | A | 10ϕ9.0 | $\phi^b5$ | 3.5 | 99 | 148 | 4190 | 368 |
| | | | | | AB | 10ϕ10.7 | | 4.7 | 121 | 200 | | |
| | | | | | B | 13ϕ10.7 | | 6.2 | 144 | 258 | | |
| | | | | | C | 13ϕ12.6 | | 8.2 | 166 | 332 | | |
| | 550 | 100 | ≤15 | C80 | A | 11ϕ9.0 | $\phi^b5$ | 3.9 | 125 | 188 | 4020 | 368 |
| | | | | | AB | 11ϕ10.7 | | 5.3 | 154 | 254 | | |
| | | | | | B | 15ϕ10.7 | | 6.9 | 182 | 328 | | |
| | | | | | C | 15ϕ12.6 | | 9.2 | 211 | 422 | | |
| | 550 | 125 | ≤15 | C80 | A | 11ϕ9.0 | $\phi^b5$ | 3.4 | 125 | 188 | 4700 | 434 |
| | | | | | AB | 11ϕ10.7 | | 4.7 | 154 | 254 | | |
| | | | | | B | 15ϕ10.7 | | 6.1 | 182 | 328 | | |
| | | | | | C | 15ϕ12.6 | | 7.9 | 211 | 422 | | |
| | 600 | 110 | ≤15 | C80 | A | 13ϕ9.0 | $\phi^b5$ | 3.9 | 164 | 246 | 4810 | 440 |
| | | | | | AB | 13ϕ10.7 | | 5.5 | 201 | 332 | | |
| | | | | | B | 17ϕ10.7 | | 7 | 239 | 430 | | |
| | | | | | C | 17ϕ12.6 | | 9.1 | 276 | 552 | | |
| | 600 | 130 | ≤15 | C80 | A | 13ϕ9.0 | $\phi^b5$ | 3.5 | 164 | 246 | 5440 | 499 |
| | | | | | AB | 13ϕ10.7 | | 4.8 | 201 | 332 | | |
| | | | | | B | 17ϕ10.7 | | 6.2 | 239 | 430 | | |
| | | | | | C | 17ϕ12.6 | | 8.2 | 276 | 552 | | |

续表 B.0.1

| 品种 | 外径 $d$ (mm) | 壁厚 $t$ (mm) | 单节桩长 (m) | 混凝土强度等级 | 型号 | 预应力钢筋 | 螺旋筋规格 | 混凝土有效预压应力 (MPa) | 抗裂弯矩检验值 $M_{cr}$ (kN·m) | 极限弯矩检验值 $M_u$ (kN·m) | 桩身竖向承载力设计值 $R_p$ (kN) | 理论质量 (kg/m) |
|---|---|---|---|---|---|---|---|---|---|---|---|---|
| 预应力高强混凝土管桩(PHC) | 800 | 110 | ≤15 | C80 | A | 15ϕ10.7 | $\phi^{b}6$ | 4.4 | 367 | 550 | 6800 | 620 |
| | | | | | AB | 15ϕ12.6 | | 6.1 | 451 | 743 | | |
| | | | | | B | 22ϕ12.6 | | 8.2 | 535 | 962 | | |
| | | | | | C | 27ϕ12.6 | | 11 | 619 | 1238 | | |
| | 1000 | 130 | ≤15 | C80 | A | 22ϕ10.7 | $\phi^{b}6$ | 4.4 | 689 | 1030 | 10080 | 924 |
| | | | | | AB | 22ϕ12.6 | | 6 | 845 | 1394 | | |
| | | | | | B | 30ϕ12.6 | | 8.3 | 1003 | 1805 | | |
| | | | | | C | 40ϕ12.6 | | 10.9 | 1161 | 2322 | | |
| 预应力混凝土管桩(PC) | 300 | 70 | ≤11 | C60 | A | 6ϕ7.1 | $\phi^{b}4$ | 3.8 | 23 | 34 | 1070 | 131 |
| | | | | | AB | 6ϕ9.0 | | 5.2 | 28 | 45 | | |
| | | | | | B | 8ϕ9.0 | | 7.1 | 33 | 59 | | |
| | | | | | C | 8ϕ10.7 | | 9.3 | 38 | 76 | | |
| | 400 | 95 | ≤12 | C60 | A | 10ϕ7.1 | $\phi^{b}4$ | 3.7 | 52 | 77 | 1980 | 249 |
| | | | | | AB | 10ϕ9.0 | | 5.0 | 63 | 104 | | |
| | | | | | B | 13ϕ9.0 | | 6.7 | 75 | 135 | | |
| | | | | | C | 13ϕ10.7 | | 9.0 | 87 | 174 | | |
| | 500 | 100 | ≤15 | C60 | A | 10ϕ9.0 | $\phi^{b}5$ | 3.9 | 99 | 148 | 2720 | 327 |
| | | | | | AB | 10ϕ10.7 | | 5.4 | 121 | 200 | | |
| | | | | | B | 14ϕ10.7 | | 7.2 | 144 | 258 | | |
| | | | | | C | 14ϕ12.6 | | 9.8 | 166 | 332 | | |
| | 550 | 100 | ≤15 | C60 | A | 11ϕ9.0 | $\phi^{b}5$ | 3.9 | 125 | 188 | 3060 | 368 |
| | | | | | AB | 11ϕ10.7 | | 5.4 | 154 | 254 | | |
| | | | | | B | 15ϕ10.7 | | 7.2 | 182 | 328 | | |
| | | | | | C | 15ϕ12.6 | | 9.7 | 211 | 422 | | |
| | 600 | 110 | ≤15 | C60 | A | 13ϕ9.0 | $\phi^{b}5$ | 3.9 | 164 | 246 | 3680 | 440 |
| | | | | | AB | 13ϕ10.7 | | 5.4 | 201 | 332 | | |
| | | | | | B | 18ϕ10.7 | | 7.2 | 239 | 430 | | |
| | | | | | C | 18ϕ12.6 | | 9.8 | 276 | 552 | | |

**B.0.2** 离心成型的先张法预应力混凝土空心方桩的基本参数可按表B.0.2选用。

**表 B.0.2 预应力混凝土空心方桩的配筋和力学性能**

| 品种 | 边长 $b$ (mm) | 内径 $d_l$ (mm) | 单节桩长 (m) | 混凝土强度等级 | 预应力钢筋 | 螺旋筋规格 | 混凝土有效预压应力 (MPa) | 抗裂弯矩 $M_{cr}$ (kN·m) | 极限弯矩 $M_u$ (kN·m) | 桩身竖向承载力设计值 $R_p$(kN) | 理论质量 (kg/m) |
|---|---|---|---|---|---|---|---|---|---|---|---|
| 预应力高强混凝土空心方桩(PHS) | 300 | 160 | ≤12 | C80 | $8\phi^{D}7.1$ | $\phi^{b}4$ | 3.7 | 37 | 48 | 1880 | 185 |
| | | | | | $8\phi^{D}9.0$ | $\phi^{b}4$ | 5.9 | 48 | 77 | | |
| | 350 | 190 | ≤12 | C80 | $8\phi^{D}9.0$ | $\phi^{b}4$ | 4.4 | 66 | 93 | 2535 | 245 |
| | 400 | 250 | ≤14 | C80 | $8\phi^{D}9.0$ | $\phi^{b}4$ | 3.8 | 88 | 110 | 2985 | 290 |
| | | | | | $8\phi^{D}10.7$ | $\phi^{b}4$ | 5.3 | 102 | 155 | | |
| | 450 | 250 | ≤15 | C80 | $12\phi^{D}9.0$ | $\phi^{b}5$ | 4.1 | 135 | 185 | 4130 | 400 |
| | | | | | $12\phi^{D}10.7$ | $\phi^{b}5$ | 5.7 | 160 | 261 | | |
| | | | | | $12\phi^{D}12.6$ | $\phi^{b}5$ | 7.9 | 190 | 352 | | |
| | 500 | 300 | ≤15 | C80 | $12\phi^{D}9.0$ | $\phi^{b}5$ | 3.5 | 170 | 210 | 4830 | 470 |
| | | | | | $12\phi^{D}10.7$ | $\phi^{b}5$ | 4.9 | 198 | 295 | | |
| | | | | | $12\phi^{D}12.6$ | $\phi^{b}5$ | 6.8 | 234 | 406 | | |
| | 550 | 350 | ≤15 | C80 | $16\phi^{D}9.0$ | $\phi^{b}5$ | 4.1 | 237 | 310 | 5550 | 535 |
| | | | | | $16\phi^{D}10.7$ | $\phi^{b}5$ | 5.7 | 278 | 440 | | |
| | | | | | $16\phi^{D}12.6$ | $\phi^{b}5$ | 7.8 | 331 | 582 | | |
| | 600 | 380 | ≤15 | C80 | $20\phi^{D}9.0$ | $\phi^{b}5$ | 4.2 | 315 | 430 | 6640 | 645 |
| | | | | | $20\phi^{D}10.7$ | $\phi^{b}5$ | 5.9 | 370 | 596 | | |
| | | | | | $20\phi^{D}12.6$ | $\phi^{b}5$ | 8.1 | 440 | 782 | | |
| 预应力混凝土空心方桩(PS) | 300 | 160 | ≤12 | C60 | $8\phi^{D}7.1$ | $\phi^{b}4$ | 3.7 | 35 | 48 | 1440 | 185 |
| | | | | | $8\phi^{D}9.0$ | $\phi^{b}4$ | 5.9 | 46 | 77 | | |
| | 350 | 190 | ≤12 | C60 | $8\phi^{D}9.0$ | $\phi^{b}4$ | 4.4 | 63 | 93 | 1940 | 245 |
| | 400 | 250 | ≤14 | C60 | $8\phi^{D}9.0$ | $\phi^{b}4$ | 3.8 | 85 | 110 | 2285 | 290 |
| | | | | | $8\phi^{D}10.7$ | $\phi^{b}4$ | 5.3 | 99 | 155 | | |
| | 450 | 250 | ≤15 | C60 | $12\phi^{D}9.0$ | $\phi^{b}5$ | 4.1 | 129 | 185 | 3160 | 400 |
| | | | | | $12\phi^{D}10.7$ | $\phi^{b}5$ | 5.7 | 152 | 256 | | |
| | | | | | $12\phi^{D}12.6$ | $\phi^{b}5$ | 7.8 | 182 | 331 | | |
| | 500 | 300 | ≤15 | C60 | $12\phi^{D}9.0$ | $\phi^{b}5$ | 3.5 | 163 | 210 | 3700 | 470 |
| | | | | | $12\phi^{D}10.7$ | $\phi^{b}5$ | 4.9 | 189 | 295 | | |
| | | | | | $12\phi^{D}12.6$ | $\phi^{b}5$ | 6.7 | 223 | 388 | | |
| | 550 | 350 | ≤15 | C60 | $16\phi^{D}9.0$ | $\phi^{b}5$ | 4.1 | 225 | 310 | 4250 | 535 |
| | | | | | $16\phi^{D}10.7$ | $\phi^{b}5$ | 5.6 | 266 | 426 | | |
| | | | | | $16\phi^{D}12.6$ | $\phi^{b}5$ | 7.7 | 317 | 558 | | |
| | 600 | 380 | ≤15 | C60 | $20\phi^{D}9.0$ | $\phi^{b}5$ | 4.2 | 300 | 430 | 5085 | 645 |
| | | | | | $20\phi^{D}10.7$ | $\phi^{b}5$ | 5.9 | 355 | 576 | | |
| | | | | | $20\phi^{D}12.6$ | $\phi^{b}5$ | 8.0 | 425 | 735 | | |

## 附录C 考虑承台（包括地下墙体）、基桩协同工作和土的弹性抗力作用计算受水平荷载的桩基

**C.0.1** 基本假定：

**1** 将土体视为弹性介质，其水平抗力系数随深度线性增加（m法），地面处为零。

对于低承台桩基，在计算桩基时，假定桩顶标高处的水平抗力系数为零并随深度增长。

**2** 在水平力和竖向压力作用下，基桩、承台、地下墙体表面上任一点的接触应力（法向弹性抗力）与该点的法向位移$\delta$成正比。

**3** 忽略桩身、承台、地下墙体侧面与土之间的黏着力和摩擦力对抵抗水平力的作用。

**4** 按复合桩基设计时，即符合本规范第5.2.5条规定，可考虑承台底土的竖向抗力和水平摩阻力。

**5** 桩顶与承台刚性连接（固接），承台的刚度视为无穷大。因此，只有当承台的刚度较大，或由于上部结构与承台的协同作用使承台的刚度得到增强的情况下，才适于采用此种方法计算。

计算中考虑土的弹性抗力时，要注意土体的稳定性。

**C.0.2** 基本计算参数：

**1** 地基土水平抗力系数的比例系数$m$，其值按本规范第5.7.5条规定采用。

当基桩侧面为几种土层组成时，应求得主要影响深度

$h_m=2(d+1)$米范围内的$m$值作为计算值（见图C.0.2）。

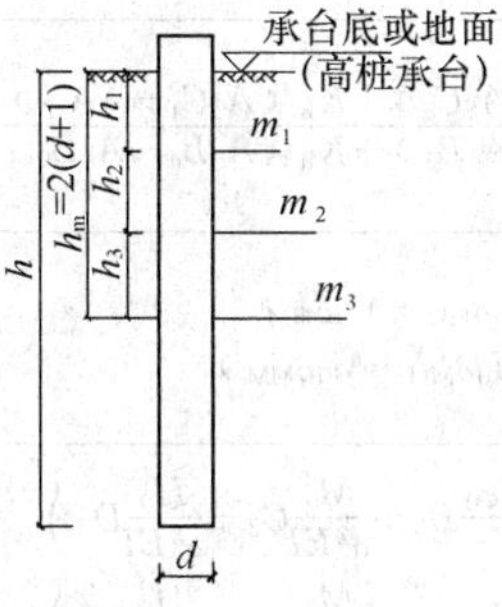

图 C.0.2

当$h_m$深度内存在两层不同土时：

$$m=\frac{m_1h_1^2+m_2(2h_1+h_2)h_2}{h_m^2} \qquad (C.0.2\text{-}1)$$

当$h_m$深度内存在三层不同土时：

$$m=\frac{m_1h_1^2+m_2(2h_1+h_2)h_2+m_3(2h_1+2h_2+h_3)h_3}{h_m^2} \qquad (C.0.2\text{-}2)$$

**2** 承台侧面地基土水平抗力系数$C_n$：

$$C_n=m\cdot h_n \qquad (C.0.2\text{-}3)$$

式中 $m$——承台埋深范围地基土的水平抗力系数的比例系数（MN/m$^4$）；

$h_n$——承台埋深（m）。

**3** 地基土竖向抗力系数$C_0$、$C_b$和地基土竖向抗力系数的比例系数$m_0$：

**1）** 桩底面地基土竖向抗力系数$C_0$

$$C_0=m_0h \qquad (C.0.2\text{-}4)$$

式中 $m_0$——桩底面地基土竖向抗力系数的比例系数（MN/m$^4$），近似取$m_0=m$；

$h$——桩的入土深度（m），当$h$小于10m时，按10m计算。

**2）** 承台底地基土竖向抗力系数$C_b$

$$C_b=m_0h_n\eta_c \qquad (C.0.2\text{-}5)$$

式中 $h_n$——承台埋深(m)，当$h_n$小于1m时，按1m计算；

$\eta_c$——承台效应系数，按本规范第5.2.5条确定。

不随岩层埋深而增长，其值按表C.0.2采用。

**表C.0.2 岩石地基竖向抗力系数$C_R$**

| 岩石饱和单轴抗压强度标准值$f_{rk}$（kPa） | $C_R$（MN/m$^3$） |
|---|---|
| 1000<br>≥25000 | 300<br>15000 |

注：$f_{rk}$为表列数值的中间值时，$C_R$采用插入法确定。

**4** 岩石地基的竖向抗力系数$C_R$

**5** 桩身抗弯刚度$EI$：按本规范第5.7.2条第6款的规定计算确定。

**6** 桩身轴向压力传递系数$\xi_N$：

$$\xi_N=0.5\sim1.0$$

摩擦型桩取小值，端承型桩取大值。

**7** 地基土与承台底之间的摩擦系数$\mu$，按本规范表5.7.3-2取值。

**C.0.3** 计算公式：

**1** 单桩基础或垂直于外力作用平面的单排桩基础，见表C.0.3-1。

**2** 位于（或平行于）外力作用平面的单排（或多排）桩低承台桩基，见表C.0.3-2。

**3** 位于（或平行于）外力作用平面的单排（或多排）桩高承台桩基，见表C.0.3-3。

**C.0.4** 确定地震作用下桩基计算参数和图式的几个问题：

**1** 当承台底面以上土层为液化层时，不考虑承台侧面土体的弹性抗力和承台底土的竖向弹性抗力与摩阻力，此时，令$C_n=C_b=0$，可按表C.0.3-3高承台公式计算。

**2** 当承台底面以上为非液化层，而承台底面与承台底面下土体可能发生脱离时（承台底面以下有欠固结、自重湿陷、震陷、液化土体时），不考虑承台底地基土的竖向弹性抗力和摩阻力，只考虑承台侧面土体的弹性抗力，宜按表C.0.3-3高承台图式进行计算；但计算承台单位变位引起的桩顶、承台、地下墙体的反力和时，应考虑承台和地下墙体侧面土体弹性抗力的影响。可按表C.0.3-2的步骤5的公式计算（$C_b=0$）。

**3** 当桩顶以下2（$d+1$）米深度内有液化夹层时，其水平抗力系数的比例系数综合计算值$m$，系将液化层的$m$值按本规范表5.3.12折减后，代入式（C.0.2-1）或式（C.0.2-2）中计算确定。

**表 C.0.3-1　单桩基础或垂直于外力作用平面的单排桩基础**

| | 计算步骤 | | | 内容 | 备注 |
|---|---|---|---|---|---|
| 1 | 确定荷载和计算图式 | | | | 桩底支撑在非岩石类土中或基岩表面 |
| 2 | 确定基本参数 | | | $m$、$EI$、$\alpha$ | 详见附录 C.0.2 |
| 3 | 求地面处桩身内力 | | 弯距（$F\times L$）<br>水平力（$F$） | $M_0=\frac{M}{n}+\frac{H}{n}l_0$　$H_0=\frac{H}{n}$ | $n$——单排桩的桩数；低承台桩时，令 $l_0=0$ |
| 4 | 求单位力作用于桩身地面处，桩身在该处产生的变位 | $H_0=1$ 作用时 | 水平位移（$F^{-1}\times L$） | $\delta_{HH}=\frac{1}{\alpha^3 EI}\times\frac{(B_3D_4-B_4D_3)+K_h(B_2D_4-B_4D_2)}{(A_3B_4-A_4B_3)+K_h(A_2B_4-A_4B_2)}$ | 桩底支承于非岩石类土中，且当 $h\geqslant 2.5/\alpha$，可令 $K_h=0$；桩底支承于基岩面上，且当 $h\geqslant 3.5/\alpha$，可令 $K_h=0$。$K_h$ 计算见本表注③。系数 $A_1$……$D_4$、$A_f$、$B_f$、$C_f$ 根据 $\overline{h}=\alpha h$ 查表 C.0.3-4 中相应 $\overline{h}$ 的值确定 |
| | | | 转角（$F^{-1}$） | $\delta_{MH}=\frac{1}{\alpha^2 EI}\times\frac{(A_3D_4-A_4D_3)+K_h(A_2D_4-A_4D_2)}{(A_3B_4-A_4B_3)+K_h(A_2B_4-A_4B_2)}$ | |
| | | $M_0=1$ 作用时 | 水平位移（$F^{-1}$） | $\delta_{HM}=\delta_{MH}$ | |
| | | | 转角（$F^{-1}\times L^{-1}$） | $\delta_{MM}=\frac{1}{\alpha EI}\times\frac{(A_3C_4-A_4C_3)+K_h(A_2C_4-A_4C_2)}{(A_3B_4-A_4B_3)+K_h(A_2B_4-A_4B_2)}$ | |
| 5 | 求地面处桩身的变位 | | 水平位移（$L$）转角（弧度） | $x_0=H_0\delta_{HH}+M_0\delta_{HM}$<br>$\varphi_0=-(H_0\delta_{MH}+M_0\delta_{MM})$ | |
| 6 | 求地面以下任一深度的桩身内力 | | 弯距（$F\times L$）<br>水平力（$F$） | $M_y=\alpha^2 EI\left(x_0A_3+\frac{\varphi_0}{\alpha}B_3+\frac{M_0}{\alpha^2 EI}C_3+\frac{H_0}{\alpha^3 EI}D_3\right)$<br>$H_y=\alpha^3 EI\left(x_0A_4+\frac{\varphi_0}{\alpha}B_4+\frac{M_0}{\alpha^2 EI}C_4+\frac{H_0}{\alpha^3 EI}D_4\right)$ | |
| 7 | 求桩顶水平位移 | | （$L$） | $\Delta=x_0-\varphi_0 l_0+\Delta_0$ 其中 $\Delta_0=\frac{Hl_0^3}{3nEI}+\frac{Ml_0^2}{2nEI}$ | |
| 8 | 求桩身最大弯距及其位置 | | 最大弯距位置（$L$） | 由 $\frac{\alpha M_0}{H_0}=C_\mathrm{I}$ 查表 C.0.3-5 得相应的 $\alpha y$，$y_{M\max}=\frac{\alpha y}{\alpha}$ | $C_\mathrm{I}$、$D_\mathrm{II}$ 查表 C.0.3-5 |
| | | | 最大弯距（$F\times L$） | $M_{\max}=\frac{H_0D_\mathrm{II}}{\alpha}$ | |

注：1　$\delta_{HH}$、$\delta_{MH}$、$\delta_{HM}$、$\delta_{MM}$ 的图示意义：

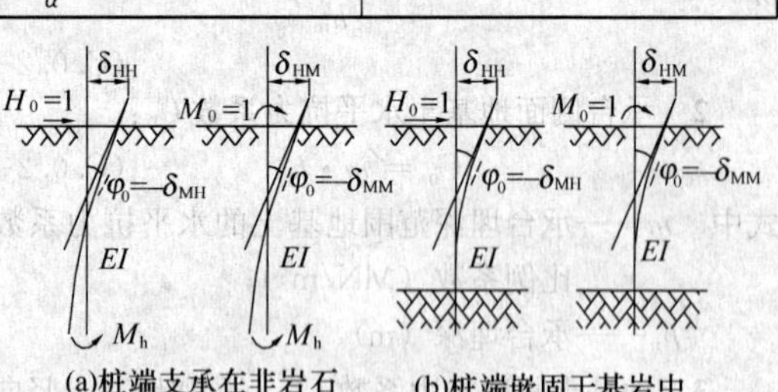


(a)桩端支承在非岩石类土中或基岩表面　　(b)桩端嵌固于基岩中

2　当桩底嵌固于基岩中时，$\delta_{HH}$……$\delta_{MM}$ 按下列公式计算：

$\delta_{HH}=\frac{1}{\alpha^3 EI}\times\frac{B_2D_1-B_1D_2}{A_2B_1-A_1B_2}$；$\delta_{MH}=\frac{1}{\alpha^2 EI}\times\frac{A_2D_1-A_1D_2}{A_2B_1-A_1B_2}$；

$\delta_{HM}=\delta_{MH}$

$\delta_{MM}=\frac{1}{\alpha EI}\times\frac{A_2C_1-A_1C_2}{A_2B_1-A_1B_2}$；

3　系数 $K_h$　$K_h=\frac{C_0 I_0}{\alpha EI}$

式中：$C_0$、$\alpha$、$E$、$I$——详见附录 C.0.2；

$I_0$——桩底截面惯性矩；对于非扩底 $I_0=I$。

4　表中 $F$、$L$ 分别为表示力、长度的量纲。

## 表 C.0.3-2 位于（或平行于）外力作用平面的单排（或多排）桩低承台桩基

| 计算步骤 | | | | 内容 | 备注 |
|---|---|---|---|---|---|
| 1 | 确定荷载和计算图式 | | | $N+G$、$H$、$M$、$h_0$、$x$、$c_n$、$h$、$EI$、$i$、1 2 $y$ | 坐标原点应选在桩群对称点上或重心上 |
| 2 | 确定基本计算参数 | | | $m$、$m_0$、$EI$、$\alpha$、$\xi_N$、$C_0$、$C_b$、$\mu$ | 详见附录 C.0.2 |
| 3 | 求单位力作用于桩顶时，桩顶产生的变位 | $H=1$ 作用时 | 水平位移（$F^{-1}\times L$） | $\delta_{HH}$ | 公式同表 C.0.3-1 中步骤 4，且 $K_h=0$；当桩底嵌入基岩中时，应按表 C.0.3-1 注 2 计算。 |
| | | | 转角（$F^{-1}$） | $\delta_{MH}$ | |
| | | $M=1$ 作用时 | 水平位移（$F^{-1}$） | $\delta_{HM}=\delta_{MH}$ | |
| | | | 转角（$F^{-1}\times L^{-1}$） | $\delta_{MM}$ | |
| 4 | 求桩顶发生单位变位时，在桩顶引起的内力 | 发生单位竖向位移时 | 轴向力（$F\times L^{-1}$） | $\rho_{NN}=\dfrac{1}{\dfrac{\zeta_N h}{EA}+\dfrac{1}{C_0 A_0}}$ | $\xi_N$、$C_0$、$A_0$——见附录 C.0.2<br>$E$、$A$——桩身弹性模量和横截面面积 |
| | | 发生单位水平位移时 | 水平力（$F\times L^{-1}$） | $\rho_{HH}=\dfrac{\delta_{MM}}{\delta_{HH}\delta_{MM}-\delta_{MH}^2}$ | |
| | | | 弯距($F$) | $\rho_{MH}=\dfrac{\delta_{MH}}{\delta_{HH}\delta_{MM}-\delta_{MH}^2}$ | |
| | | 发生单位转角时 | 水平力($F$) | $\rho_{HM}=\rho_{MH}$ | |
| | | | 弯距($F\times L$) | $\rho_{MM}=\dfrac{\delta_{HH}}{\delta_{HH}\delta_{MM}-\delta_{MH}^2}$ | |
| 5 | 求承台发生单位变位时所有桩顶、承台和侧墙引起的反力和 | 发生单位竖向位移时 | 竖向反力（$F\times L^{-1}$） | $\gamma_{VV}=n\rho_{NN}+C_b A_b$ | $B_0=B+1$<br>$B$——垂直于力作用面方向的承台宽；<br>$A_b$、$I_b$、$F^c$、$S^c$ 和 $I^c$——详见本表附注 3、4<br>$n$——基桩数<br>$x_i$——坐标原点至各桩的距离<br>$K_i$——第 $i$ 排桩的桩数 |
| | | | 水平反力（$F\times L^{-1}$） | $\gamma_{UV}=\mu C_b A_b$ | |
| | | 发生单位水平位移时 | 水平反力（$F\times L^{-1}$） | $\gamma_{UU}=n\rho_{HH}+B_0 F^c$ | |
| | | | 反弯距（$F$） | $\gamma_{\beta U}=-n\rho_{MH}+B_0 S^c$ | |
| | | 发生单位转角时 | 水平反力（$F$） | $\gamma_{U\beta}=\gamma_{\beta U}$ | |
| | | | 反弯距（$F\times L$） | $\gamma_{\beta\beta}=n\rho_{MM}+\rho_{NN}\Sigma K_i x_i^2+B_0 I^c+C_b I^c$ | |
| 6 | 求承台变位 | 竖向位移（$L$） | | $V=\dfrac{(N+G)}{\gamma_{VV}}$ | |
| | | 水平位移（$L$） | | $U=\dfrac{\gamma_{\beta\beta}H-\gamma_{U\beta}M}{\gamma_{UU}\gamma_{\beta\beta}-\gamma_{U\beta}^2}-\dfrac{(N+G)\gamma_{UV}\gamma_{\beta\beta}}{\gamma_{VV}(\gamma_{UU}\gamma_{\beta\beta}-\gamma_{U\beta}^2)}$ | |
| | | 转角(弧度) | | $\beta=\dfrac{\gamma_{UU}M-\gamma_{U\beta}H}{\gamma_{UU}\gamma_{\beta\beta}-\gamma_{U\beta}^2}+\dfrac{(N+G)\gamma_{UV}\gamma_{U\beta}}{\gamma_{VV}(\gamma_{UU}\gamma_{\beta\beta}-\gamma_{U\beta}^2)}$ | |
| 7 | 求任一基桩桩顶内力 | 轴向力（$F$） | | $N_{0i}=(V+\beta\cdot x_i)\rho_{NN}$ | $x_i$ 在原点以右取正，以左取负 |
| | | 水平力（$F$） | | $H_{0i}=U\rho_{HH}-\beta\rho_{HM}$ | |
| | | 弯距（$F\times L$） | | $M_{0i}=\beta\rho_{MM}-U\rho_{MH}$ | |
| 8 | 求任一深度桩身弯距 | 弯距（$F\times L$） | | $M_y=\alpha^2 EI\left(UA_3+\dfrac{\beta}{\alpha}B_3+\dfrac{M_0}{\alpha^2 EI}C_3+\dfrac{H_0}{\alpha^3 EI}D_3\right)$ | $A_3$、$B_3$、$C_3$、$D_3$ 查表 C.0.3-4，当桩身变截面配筋时作该项计算 |

续表 C.0.3-2

| 计算步骤 | | | 内容 | 备注 |
|---|---|---|---|---|
| 9 | 求任一基桩桩身最大弯距及其位置 | 最大弯矩位置（$L$） | $y_{M\max}$ | 计算公式同表 C.0.3-1 |
| | | 最大弯距（$F\times L$） | $M_{\max}$ | |
| 10 | 求承台和侧墙的弹性抗力 | 水平抗力（$F$） | $H_E=UB_0F^c+\beta B_0S^c$ | 10、11、12 项为非必算内容 |
| | | 反弯距（$F\times L$） | $M_E=UB_0S^c+\beta B_0I^c$ | |
| 11 | 求承台底地基土的弹性抗力和摩阻力 | 竖向抗力（$F$） | $N_b=VC_bA_b$ | |
| | | 水平抗力（$F$） | $H_b=\mu N_b$ | |
| | | 反弯距（$F\times L$） | $M_b=\beta C_bI_b$ | |
| 12 | 校核水平力的计算结果 | | $\sum H_i+H_E+H_b=H$ | |

注：1　$\rho_{NN}$、$\rho_{HH}$、$\rho_{MH}$、$\rho_{HM}$和$\rho_{MM}$的图示意义：

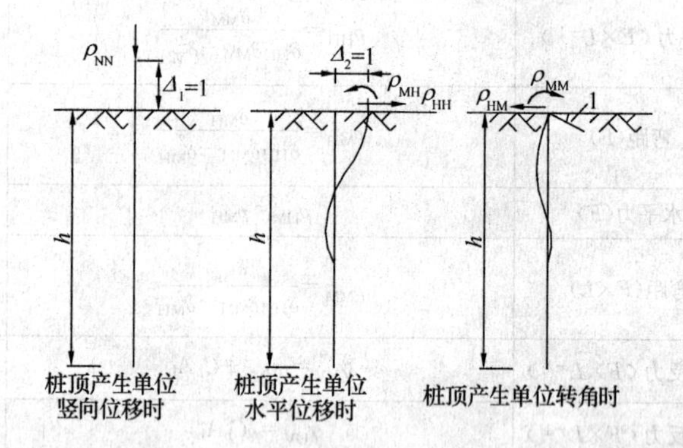


2　$A_0$——单桩桩底压力分布面积，对于端承型桩，$A_0$为单桩的底面积，对于摩擦型桩，取下列二公式计算值之较小者：

$$A_0=\pi\left(h\mathrm{tg}\frac{\varphi_m}{4}+\frac{d}{2}\right)^2\quad A_0=\frac{\pi}{4}s^2$$

式中　$h$——桩入土深度；

$\varphi_m$——桩周各土层内摩擦角的加权平均值；

$d$——桩的设计直径；

$s$——桩的中心距。

3　$F^c$、$S^c$、$I^c$——承台底面以上侧向水平抗力系数 C 图形的面积、对于底面的面积矩、惯性矩：

$$F^c=\frac{C_nh_n}{2}$$

$$S^c=\frac{C_nh_n^2}{6}$$

$$I^c=\frac{C_nh_n^3}{12}$$

4　$A_b$、$I_b$——承台底与地基土的接触面积、惯性矩：

$$A_b=F-nA$$

$$I_b=I_F-\Sigma AK_ix_i^2$$

式中　$F$——承台底面积；

$nA$——各基桩桩顶横截面积和。

**表 C.0.3-3　位于（或平行于）外力作用平面的单排（或多排）桩高承台桩基**

| 计算步骤 | | | | 内容 | 备注 |
|---|---|---|---|---|---|
| 1 | 确定荷载和计算图式 | | | | 坐标原点应选在桩群对称点上或重心上 |
| 2 | 确定基本计算参数 | | | $m$、$m_0$、$EI$、$\alpha$、$\xi_N$、$C_0$ | 详见附录 C.0.2 |
| 3 | 求单位力作用于桩身地面处，桩身在该处产生的变位 | | | $\delta_{HH}$、$\delta_{MH}$、$\delta_{HM}$、$\delta_{MM}$ | 公式同表 C.0.3-2 |
| 4 | 求单位力作用于桩顶时，桩顶产生的变位 | $H_i=1$ 作用时 | 水平位移（$F^{-1}\times L$） | $\delta'_{HH}=\frac{l_0^3}{3EI}+\delta_{MM}l_0^2+2\delta_{MH}l_0+\delta_{HH}$ | |
| | | | 转角（$F^{-1}$） | $\delta'_{HM}=\frac{l_0^2}{2EI}+\delta_{MM}l_0+\delta_{MH}$ | |
| | | $M_i=1$ 作用时 | 水平位移（$F^{-1}$） | $\delta'_{HM}=\delta'_{MH}$ | |
| | | | 转角（$F^{-1}\times L^{-1}$） | $\delta'_{MM}=\frac{l_0}{EI}+\delta_{MM}$ | |
| 5 | 求桩顶发生单位变位时，桩顶引起的内力 | 发生单位竖向位移时 | 轴向力（$F\times L^{-1}$） | $\rho_{NN}=\frac{1}{\frac{l_0+\zeta_N h}{EA}+\frac{1}{C_0A_0}}$ | |
| | | 发生单位水平位移时 | 水平力（$F\times L^{-1}$） | $\rho_{HH}=\frac{\delta'_{MM}}{\delta'_{HM}\delta'_{MM}-\delta'^2_{MH}}$ | |
| | | | 弯距($F$) | $\rho_{MH}=\frac{\delta'_{MH}}{\delta'_{HH}\delta'_{MM}-\delta'^2_{MH}}$ | |
| | | 发生单位转角时 | 水平力($F$) | $\rho_{HM}=\rho_{MH}$ | |
| | | | 弯距（$F\times L$） | $\rho_{MM}=\frac{\delta'_{HH}}{\delta'_{HH}\delta'_{MM}-\delta'^2_{MH}}$ | |
| 6 | 求承台发生单位变位时，所有桩顶引起的反力和 | 发生单位竖向位移时 | 竖向反力（$F\times L^{-1}$） | $\gamma_{VV}=n\rho_{NN}$ | $n$——基桩数<br>$x_i$——坐标原点至各桩的距离<br>$K_i$——第 $i$ 排桩的根数 |
| | | 发生单位水平位移时 | 水平反力($F\times L^{-1}$) | $\gamma_{UU}=n\rho_{HH}$ | |
| | | | 反弯距($F$) | $\gamma_{\beta U}=-n\rho_{MH}$ | |
| | | 发生单位转角时 | 水平反力($F$) | $\gamma_{U\beta}=\gamma_{\beta U}$ | |
| | | | 反弯距($F\times L$) | $\gamma_{\beta\beta}=n\rho_{MM}+\rho_{NN}\Sigma K_i x_i^2$ | |
| 7 | 求承台变位 | 竖直位移（$L$） | | $V=\frac{N+G}{\gamma_{VV}}$ | |
| | | 水平位移（$L$） | | $U=\frac{\gamma_{\beta\beta}H-\gamma_{U\beta}M}{\gamma_{UU}\gamma_{\beta\beta}-\gamma^2_{U\beta}}$ | |
| | | 转角(弧度) | | $\beta=\frac{\gamma_{UU}M-\gamma_{U\beta}H}{\gamma_{UU}\gamma_{\beta\beta}-\gamma^2_{U\beta}}$ | |
| 8 | 求任一基桩桩顶内力 | 竖向力（$F$） | | $N_i=(V+\beta\cdot x_i)\rho_{NN}$ | $x_i$ 在原点 $O$ 以右取正，以左取负 |
| | | 水平力（$F$） | | $H_i=u\rho_{HH}-\beta\rho_{HM}=\frac{H}{n}$ | |
| | | 弯距（$F\times L$） | | $M_i=\beta\rho_{MM}-U\rho_{MH}$ | |

续表 C.0.3-3

| 计算步骤 | | | 内容 | 备注 |
|---|---|---|---|---|
| 9 | 求地面处任一基桩桩身截面上的内力 | 水平力（$F$） | $H_{0i}=H_i$ | |
| | | 弯距（$F\times L$） | $M_{0i}=M_i+H_il_0$ | |
| 10 | 求地面处任一基桩桩身的变位 | 水平位移（$L$） | $x_{0i}=H_{0i}\delta_{HH}+M_{0i}\delta_{HM}$ | |
| | | 转角（弧度） | $\varphi_{0i}=-(H_{0i}\delta_{MH}+M_{0i}\delta_{MM})$ | |
| 11 | 求任一基桩地面下任一深度桩身截面内力 | 弯距（$F\times L$） | $M_{yi}=\alpha^2EI\left(x_{0i}A_3+\frac{\varphi_{0i}}{\alpha}B_3+\frac{M_{0i}}{\alpha^2EI}C_3+\frac{H_{0i}}{\alpha^3EI}D_3\right)$ | $A_3$……$D_4$ 查表 C.0.3-4，当桩身变截面配筋时作该项计算 |
| | | 水平力（$F$） | $H_{yi}=\alpha^3EI\left(x_{0i}A_4+\frac{\varphi_{0i}}{\alpha}B_4+\frac{M_{0i}}{\alpha^2EI}C_4+\frac{H_{0i}}{\alpha^3EI}D_4\right)$ | |
| 12 | 求任一基桩桩身最大弯距及其位置 | 最大弯距位置（$L$） | $y_{M\max}$ | 计算公式同表 C.0.3-1 |
| | | 最大弯距（$F\times L$） | $M_{\max}$ | |

**表 C.0.3-4　影响函数值表**

| 换算深度 $\bar{h}=\alpha y$ | $A_3$ | $B_3$ | $C_3$ | $D_3$ | $A_4$ | $B_4$ | $C_4$ | $D_4$ | $B_3D_4-B_4D_3$ | $A_3B_4-A_4B_3$ | $B_2D_4-B_4D_2$ |
|---|---|---|---|---|---|---|---|---|---|---|---|
| 0 | 0.00000 | 0.00000 | 1.00000 | 0.00000 | 0.00000 | 0.0000 | 0.00000 | 1.00000 | 0.00000 | 0.00000 | 1.00000 |
| 0.1 | −0.00017 | −0.00001 | 1.00000 | 0.10000 | −0.00500 | −0.00033 | −0.00001 | 1.00000 | 0.00002 | 0.00000 | 1.00000 |
| 0.2 | −0.00133 | −0.00013 | 0.99999 | 0.20000 | −0.02000 | −0.00267 | −0.00020 | 0.99999 | 0.00040 | 0.00000 | 1.00004 |
| 0.3 | −0.00450 | −0.00067 | 0.99994 | 0.30000 | −0.04500 | −0.00900 | −0.00101 | 0.99992 | 0.00203 | 0.00001 | 1.00029 |
| 0.4 | −0.01067 | −0.00213 | 0.99974 | 0.39998 | −0.08000 | −0.02133 | −0.00320 | 0.99966 | 0.00640 | 0.00006 | 1.00120 |
| 0.5 | −0.02083 | −0.00521 | 0.99922 | 0.49991 | −0.12499 | −0.04167 | −0.00781 | 0.99896 | 0.01563 | 0.00022 | 1.00365 |
| 0.6 | −0.03600 | −0.01080 | 0.99806 | 0.59974 | −0.17997 | −0.07199 | −0.01620 | 0.99741 | 0.03240 | 0.00065 | 1.00917 |
| 0.7 | −0.05716 | −0.02001 | 0.99580 | 0.69935 | −0.24490 | −0.11433 | −0.03001 | 0.99440 | 0.06006 | 0.00163 | 1.01962 |
| 0.8 | −0.08532 | −0.03412 | 0.99181 | 0.79854 | −0.31975 | −0.17060 | −0.05120 | 0.98908 | 0.10248 | 0.00365 | 1.03824 |
| 0.9 | −0.12144 | −0.05466 | 0.98524 | 0.89705 | −0.40443 | −0.24284 | −0.08198 | 0.98032 | 0.16426 | 0.00738 | 1.06893 |
| 1.0 | −0.16652 | −0.08329 | 0.97501 | 0.99445 | −0.49881 | −0.33298 | −0.12493 | 0.96667 | 0.25062 | 0.01390 | 1.11679 |
| 1.1 | −0.22152 | −0.12192 | 0.95975 | 1.09016 | −0.60268 | −0.44292 | −0.18285 | 0.94634 | 0.36747 | 0.02464 | 1.18823 |
| 1.2 | −0.28737 | −0.17260 | 0.93783 | 1.18342 | −0.71573 | −0.57450 | −0.25886 | 0.91712 | 0.52158 | 0.04156 | 1.29111 |
| 1.3 | −0.36496 | −0.23760 | 0.90727 | 1.27320 | −0.83753 | −0.72950 | −0.35631 | 0.87638 | 0.72057 | 0.06724 | 1.43498 |
| 1.4 | −0.45515 | −0.31933 | 0.86575 | 1.35821 | −0.96746 | −0.90954 | −0.47883 | 0.82102 | 0.97317 | 0.10504 | 1.63125 |
| 1.5 | −0.55870 | −0.42039 | 0.81054 | 1.43680 | −1.10468 | −1.11609 | −0.63027 | 0.74745 | 1.28938 | 0.15916 | 1.89349 |
| 1.6 | −0.67629 | −0.54348 | 0.73859 | 1.50695 | −1.24808 | −1.35042 | −0.81466 | 0.65156 | 1.68091 | 0.23497 | 2.23776 |
| 1.7 | −0.80848 | −0.69144 | 0.64637 | 1.56621 | −1.39623 | −1.61346 | −1.03616 | 0.52871 | 2.16145 | 0.33904 | 2.68296 |
| 1.8 | −0.95564 | −0.86715 | 0.52997 | 1.61162 | −1.54728 | −1.90577 | −1.29909 | 0.37368 | 2.74734 | 0.47951 | 3.25143 |
| 1.9 | −1.11796 | −1.07357 | 0.38503 | 1.63969 | −1.69889 | −2.22745 | −1.60770 | 0.18071 | 3.45833 | 0.66632 | 3.96945 |
| 2.0 | −1.29535 | −1.31361 | 0.20676 | 1.64628 | −1.84818 | −2.57798 | −1.96620 | −0.05652 | 4.31831 | 0.91158 | 4.86824 |
| 2.2 | −1.69334 | −1.90567 | −0.27087 | 1.57538 | −2.12481 | −3.35952 | −2.84858 | −0.69158 | 6.61044 | 1.63962 | 7.36356 |
| 2.4 | −2.14117 | −2.66329 | −0.94885 | 1.35201 | −2.33901 | −4.22811 | −3.97323 | −1.59151 | 9.95510 | 2.82366 | 11.13130 |
| 2.6 | −2.62126 | −3.59987 | −1.87734 | 0.91679 | −2.43695 | −5.14023 | −5.35541 | −2.82106 | 14.86800 | 4.70118 | 16.74660 |
| 2.8 | −3.10341 | −4.71748 | −3.10791 | 0.19729 | −2.34558 | −6.02299 | −6.99007 | −4.44491 | 22.15710 | 7.62658 | 25.06510 |
| 3.0 | −3.54058 | −5.99979 | −4.68788 | −0.89126 | −1.96928 | −6.76460 | −8.84029 | −6.51972 | 33.08790 | 12.13530 | 37.38070 |
| 3.5 | −3.91921 | −9.54367 | −10.34040 | −5.85402 | 1.07408 | −6.78895 | −13.69240 | −13.82610 | 92.20900 | 36.85800 | 101.36900 |
| 4.0 | −1.61428 | −11.7307 | −17.91860 | −15.07550 | 9.24368 | −0.35762 | −15.61050 | −23.14040 | 266.06100 | 109.01200 | 279.99600 |

注：表中 $y$ 为桩身计算截面的深度；$\alpha$ 为桩的水平变形系数。

续表 C.0.3-4

| 换算深度 $\bar{h}=\alpha y$ | $A_2B_4-A_4B_2$ | $A_3D_4-A_4D_3$ | $A_2D_4-A_4D_2$ | $A_3C_4-A_4C_3$ | $A_2C_4-A_4C_2$ | $A_f=\frac{B_3D_4-B_4D_3}{A_3B_4-A_4B_3}$ | $B_f=\frac{A_3D_4-A_4D_3}{A_3B_4-A_4B_3}$ | $C_f=\frac{A_3C_4-A_4C_3}{A_3B_4-A_4B_3}$ | $\frac{B_2D_1-B_1D_2}{A_2B_1-A_1B_2}$ | $\frac{A_2D_1-A_1D_2}{A_2B_1-A_1B_2}$ | $\frac{A_2C_1-C_2A_1}{A_2B_1-A_1B_2}$ |
|---|---|---|---|---|---|---|---|---|---|---|---|
| 0 | 0.00000 | 0.00000 | 0.00000 | 0.00000 | 0.00000 | ∞ | ∞ | ∞ | 0.00000 | 0.00000 | 0.00000 |
| 0.1 | 0.00500 | 0.00033 | 0.00003 | 0.00500 | 0.00050 | 1800.00 | 24000.00 | 36000.00 | 0.00033 | 0.00500 | 0.10000 |
| 0.2 | 0.02000 | 0.00267 | 0.00033 | 0.02000 | 0.00400 | 450.00 | 3000.000 | 22500.10 | 0.00269 | 0.02000 | 0.20000 |
| 0.3 | 0.04500 | 0.00900 | 0.00169 | 0.04500 | 0.01350 | 200.00 | 888.898 | 4444.590 | 0.00900 | 0.04500 | 0.30000 |
| 0.4 | 0.07999 | 0.02133 | 0.00533 | 0.08001 | 0.03200 | 112.502 | 375.017 | 1406.444 | 0.02133 | 0.07999 | 0.39996 |
| 0.5 | 0.12504 | 0.04167 | 0.01302 | 0.12505 | 0.06251 | 72.102 | 192.214 | 576.825 | 0.04165 | 0.12495 | 0.49988 |
| 0.6 | 0.18013 | 0.07203 | 0.02701 | 0.18020 | 0.10804 | 50.012 | 111.179 | 278.134 | 0.07192 | 0.17893 | 0.59962 |
| 0.7 | 0.24535 | 0.11443 | 0.05004 | 0.24559 | 0.17161 | 36.740 | 70.001 | 150.236 | 0.11406 | 0.24448 | 0.69902 |
| 0.8 | 0.32091 | 0.17094 | 0.03539 | 0.32150 | 0.25632 | 28.108 | 46.884 | 88.179 | 0.16985 | 0.31867 | 0.79783 |
| 0.9 | 0.40709 | 0.24374 | 0.13685 | 0.40842 | 0.36533 | 22.245 | 33.009 | 55.312 | 0.24092 | 0.40199 | 0.89562 |
| 1.0 | 0.50436 | 0.33507 | 0.20873 | 0.50714 | 0.50194 | 18.028 | 24.102 | 36.480 | 0.32855 | 0.49374 | 0.99179 |
| 1.1 | 0.61351 | 0.44739 | 0.30600 | 0.61893 | 0.66965 | 14.915 | 18.160 | 25.122 | 0.43351 | 0.59294 | 1.08560 |
| 1.2 | 0.73565 | 0.58346 | 0.43412 | 0.74562 | 0.87232 | 12.550 | 14.039 | 17.941 | 0.55589 | 0.69811 | 1.17605 |
| 1.3 | 0.87244 | 0.74650 | 0.59910 | 0.88991 | 1.11429 | 10.716 | 11.102 | 13.235 | 0.69488 | 0.80737 | 1.26199 |
| 1.4 | 1.02612 | 0.94032 | 0.80887 | 1.05550 | 1.40059 | 9.265 | 8.952 | 10.049 | 0.84855 | 0.91831 | 1.34213 |
| 1.5 | 1.19981 | 1.16960 | 1.07061 | 1.24752 | 1.73720 | 8.101 | 7.349 | 7.838 | 1.01382 | 1.02816 | 1.41516 |
| 1.6 | 1.39771 | 1.44015 | 1.39379 | 1.47277 | 2.13135 | 7.154 | 6.129 | 6.268 | 1.18632 | 1.13380 | 1.47990 |
| 1.7 | 1.62522 | 1.75934 | 1.78918 | 1.74019 | 2.59200 | 6.375 | 5.189 | 5.133 | 1.36088 | 1.23219 | 1.53540 |
| 1.8 | 1.88946 | 2.13653 | 2.26933 | 2.06147 | 3.13039 | 5.730 | 4.456 | 4.300 | 1.53179 | 1.32058 | 1.58115 |
| 1.9 | 2.19944 | 2.58362 | 2.84909 | 2.45147 | 3.76049 | 5.190 | 3.878 | 3.680 | 1.69343 | 1.39688 | 1.61718 |
| 2.0 | 2.56664 | 3.11583 | 3.54638 | 2.92905 | 4.49999 | 4.737 | 3.418 | 3.213 | 1.84091 | 1.43979 | 1.64405 |
| 2.2 | 3.53366 | 4.51846 | 5.38469 | 4.24806 | 6.40196 | 4.032 | 2.756 | 2.591 | 2.08041 | 1.54549 | 1.67490 |
| 2.4 | 4.95288 | 6.57004 | 8.02219 | 6.28800 | 9.09220 | 3.526 | 2.327 | 2.227 | 2.23974 | 1.58566 | 1.68520 |
| 2.6 | 7.07178 | 9.62890 | 11.82060 | 9.46294 | 12.97190 | 3.161 | 2.048 | 2.013 | 2.32965 | 1.59617 | 1.68665 |
| 2.8 | 10.26420 | 14.25710 | 17.33620 | 14.40320 | 18.66360 | 2.905 | 1.869 | 1.889 | 2.37119 | 1.59262 | 1.68717 |
| 3.0 | 15.09220 | 21.32850 | 25.42750 | 22.06800 | 27.12570 | 2.727 | 1.758 | 1.818 | 2.38547 | 1.58606 | 1.69051 |
| 3.5 | 41.01820 | 60.47600 | 67.49820 | 64.76960 | 72.04850 | 2.502 | 1.641 | 1.757 | 2.38891 | 1.58435 | 1.71100 |
| 4.0 | 114.7220 | 176.7060 | 185.9960 | 190.8340 | 200.0470 | 2.441 | 1.625 | 1.751 | 2.40074 | 1.59979 | 1.73218 |

**表 C.0.3-5　桩身最大弯距截面系数 $C_I$、最大弯距系数 $D_{II}$**

| 换算深度 $\bar{h}=\alpha y$ | $C_I$ | | | | | | $D_{II}$ | | | | | |
|---|---|---|---|---|---|---|---|---|---|---|---|---|
| | $\alpha h=4.0$ | $\alpha h=3.5$ | $\alpha h=3.0$ | $\alpha h=2.8$ | $\alpha h=2.6$ | $\alpha h=2.4$ | $\alpha h=4.0$ | $\alpha h=3.5$ | $\alpha h=3.0$ | $\alpha h=2.8$ | $\alpha h=2.6$ | $\alpha h=2.4$ |
| 0.0 | ∞ | ∞ | ∞ | ∞ | ∞ | ∞ | ∞ | ∞ | ∞ | ∞ | ∞ | ∞ |
| 0.1 | 131.252 | 129.489 | 120.507 | 112.954 | 102.805 | 90.196 | 131.250 | 129.551 | 120.515 | 113.017 | 102.839 | 90.226 |
| 0.2 | 34.186 | 33.699 | 31.158 | 29.090 | 26.326 | 22.939 | 34.315 | 33.818 | 31.282 | 29.218 | 26.451 | 23.065 |
| 0.3 | 15.544 | 15.282 | 14.013 | 13.003 | 11.671 | 10.064 | 15.738 | 15.476 | 14.206 | 13.197 | 11.864 | 10.258 |
| 0.4 | 8.781 | 8.605 | 7.799 | 7.176 | 6.368 | 5.409 | 9.039 | 8.862 | 8.057 | 7.434 | 6.625 | 5.667 |
| 0.5 | 5.539 | 5.403 | 4.821 | 4.385 | 3.829 | 3.183 | 5.855 | 5.720 | 5.138 | 4.702 | 4.147 | 3.502 |
| 0.6 | 3.710 | 3.597 | 3.141 | 2.811 | 2.400 | 1.931 | 4.086 | 3.973 | 3.519 | 3.189 | 2.778 | 2.310 |
| 0.7 | 2.566 | 2.465 | 2.089 | 1.826 | 1.506 | 1.150 | 2.999 | 2.899 | 2.525 | 2.263 | 1.943 | 1.587 |
| 0.8 | 1.791 | 1.699 | 1.377 | 1.160 | 0.902 | 0.623 | 2.282 | 2.191 | 1.871 | 1.655 | 1.398 | 1.119 |
| 0.9 | 1.238 | 1.151 | 0.867 | 0.683 | 0.471 | 0.248 | 1.784 | 1.698 | 1.417 | 1.235 | 1.024 | 0.800 |
| 1.0 | 0.824 | 0.740 | 0.484 | 0.327 | 0.149 | −0.032 | 1.425 | 1.342 | 1.091 | 0.934 | 0.758 | 0.577 |
| 1.1 | 0.503 | 0.420 | 0.187 | 0.049 | −0.100 | −0.247 | 1.157 | 1.077 | 0.848 | 0.713 | 0.564 | 0.416 |
| 1.2 | 0.246 | 0.163 | −0.052 | −0.172 | −0.299 | −0.418 | 0.952 | 0.873 | 0.664 | 0.546 | 0.420 | 0.299 |
| 1.3 | 0.034 | −0.049 | −0.249 | −0.355 | −0.465 | −0.557 | 0.792 | 0.714 | 0.522 | 0.418 | 0.311 | 0.212 |
| 1.4 | −0.145 | −0.229 | −0.416 | −0.508 | −0.597 | −0.672 | 0.666 | 0.588 | 0.410 | 0.319 | 0.229 | 0.148 |
| 1.5 | −0.299 | −0.384 | −0.559 | −0.639 | −0.712 | −0.769 | 0.563 | 0.486 | 0.321 | 0.241 | 0.166 | 0.101 |

续表 C.0.3-5

| 换算深度 $\bar{h}=\alpha y$ | $C_{\mathrm{I}}$ | | | | | | $D_{\mathrm{II}}$ | | | | | |
|---|---|---|---|---|---|---|---|---|---|---|---|---|
| | $\alpha h=4.0$ | $\alpha h=3.5$ | $\alpha h=3.0$ | $\alpha h=2.8$ | $\alpha h=2.6$ | $\alpha h=2.4$ | $\alpha h=4.0$ | $\alpha h=3.5$ | $\alpha h=3.0$ | $\alpha h=2.8$ | $\alpha h=2.6$ | $\alpha h=2.4$ |
| 1.6 | −0.434 | −0.521 | −0.634 | −0.753 | −0.812 | −0.853 | 0.480 | 0.402 | 0.250 | 0.181 | 0.118 | 0.067 |
| 1.7 | −0.555 | −0.645 | −0.796 | −0.854 | −0.898 | −0.025 | 0.411 | 0.333 | 0.193 | 0.134 | 0.082 | 0.043 |
| 1.8 | −0.665 | −0.756 | −0.896 | −0.943 | −0.975 | −0.987 | 0.353 | 0.276 | 0.147 | 0.097 | 0.055 | 0.026 |
| 1.9 | −0.768 | −0.862 | −0.988 | −1.024 | −1.043 | −1.043 | 0.304 | 0.227 | 0.110 | 0.068 | 0.035 | 0.014 |
| 2.0 | −0.865 | −0.961 | −1.073 | −1.098 | −1.105 | −1.092 | 0.263 | 0.186 | 0.081 | 0.046 | 0.022 | 0.007 |
| 2.2 | −1.048 | −1.148 | −1.225 | −1.227 | −1.210 | −1.176 | 0.196 | 0.122 | 0.040 | 0.019 | 0.006 | 0.001 |
| 2.4 | −1.230 | −1.328 | −1.360 | −1.338 | −1.299 | 0 | 0.145 | 0.075 | 0.016 | 0.005 | 0.001 | 0 |
| 2.6 | −1.420 | −1.507 | −1.482 | −1.434 | 0 | | 0.106 | 0.043 | 0.005 | 0.001 | 0 | |
| 2.8 | −1.635 | −1.692 | −1.593 | 0 | | | 0.074 | 0.021 | 0.001 | 0 | | |
| 3.0 | −1.893 | −1.886 | 0 | | | | 0.049 | 0.008 | 0 | | | |
| 3.5 | −2.994 | 0 | | | | | 0.010 | 0 | | | | |
| 4.0 | 0 | | | | | | 0 | | | | | |

注：表中 $\alpha$ 为桩的水平变形系数；$y$ 为桩身计算截面的深度；$h$ 为桩长。当 $\alpha h>4.0$ 时，按 $\alpha h=4.0$ 计算。

## 附录 D　Boussinesq（布辛奈斯克）解的附加应力系数 $\alpha$、平均附加应力系数 $\bar{\alpha}$

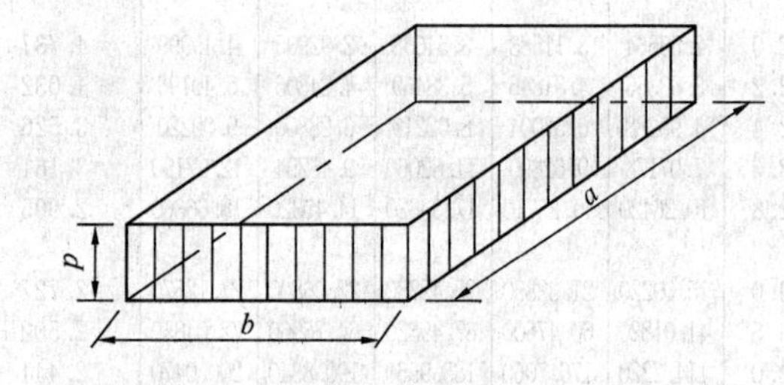


**D.0.1**　矩形面积上均布荷载作用下角点的附加应力系数 $\alpha$、平均附加应力系数 $\bar{\alpha}$ 应按表 D.0.1-1、D.0.1-2 确定。

**表 D.0.1-1　矩形面积上均布荷载作用下角点附加应力系数 $\alpha$**

| $z/b$ ＼ $a/b$ | 1.0 | 1.2 | 1.4 | 1.6 | 1.8 | 2.0 | 3.0 | 4.0 | 5.0 | 6.0 | 10.0 | 条形 |
|---|---|---|---|---|---|---|---|---|---|---|---|---|
| 0.0 | 0.250 | 0.250 | 0.250 | 0.250 | 0.250 | 0.250 | 0.250 | 0.250 | 0.250 | 0.250 | 0.250 | 0.250 |
| 0.2 | 0.249 | 0.249 | 0.249 | 0.249 | 0.249 | 0.249 | 0.249 | 0.249 | 0.249 | 0.249 | 0.249 | 0.249 |
| 0.4 | 0.240 | 0.242 | 0.243 | 0.243 | 0.244 | 0.244 | 0.244 | 0.244 | 0.244 | 0.244 | 0.244 | 0.244 |
| 0.6 | 0.223 | 0.228 | 0.230 | 0.232 | 0.232 | 0.233 | 0.234 | 0.234 | 0.234 | 0.234 | 0.234 | 0.234 |
| 0.8 | 0.200 | 0.207 | 0.212 | 0.215 | 0.216 | 0.218 | 0.220 | 0.220 | 0.220 | 0.220 | 0.220 | 0.220 |
| 1.0 | 0.175 | 0.185 | 0.191 | 0.195 | 0.198 | 0.200 | 0.203 | 0.204 | 0.204 | 0.204 | 0.205 | 0.205 |
| 1.2 | 0.152 | 0.163 | 0.171 | 0.176 | 0.179 | 0.182 | 0.187 | 0.188 | 0.189 | 0.189 | 0.189 | 0.189 |
| 1.4 | 0.131 | 0.142 | 0.151 | 0.157 | 0.161 | 0.164 | 0.171 | 0.173 | 0.174 | 0.174 | 0.174 | 0.174 |
| 1.6 | 0.112 | 0.124 | 0.133 | 0.140 | 0.145 | 0.148 | 0.157 | 0.159 | 0.160 | 0.160 | 0.160 | 0.160 |
| 1.8 | 0.097 | 0.108 | 0.117 | 0.124 | 0.129 | 0.133 | 0.143 | 0.146 | 0.147 | 0.148 | 0.148 | 0.148 |
| 2.0 | 0.084 | 0.095 | 0.103 | 0.110 | 0.116 | 0.120 | 0.131 | 0.135 | 0.136 | 0.137 | 0.137 | 0.137 |
| 2.2 | 0.073 | 0.083 | 0.092 | 0.098 | 0.104 | 0.108 | 0.121 | 0.125 | 0.126 | 0.127 | 0.128 | 0.128 |
| 2.4 | 0.064 | 0.073 | 0.081 | 0.088 | 0.093 | 0.098 | 0.111 | 0.116 | 0.118 | 0.118 | 0.119 | 0.119 |
| 2.6 | 0.057 | 0.065 | 0.072 | 0.079 | 0.084 | 0.089 | 0.102 | 0.107 | 0.110 | 0.111 | 0.112 | 0.112 |

续表 D.0.1-1

| a/b<br>z/b | 1.0 | 1.2 | 1.4 | 1.6 | 1.8 | 2.0 | 3.0 | 4.0 | 5.0 | 6.0 | 10.0 | 条形 |
|---|---|---|---|---|---|---|---|---|---|---|---|---|
| 2.8 | 0.050 | 0.058 | 0.065 | 0.071 | 0.076 | 0.080 | 0.094 | 0.100 | 0.102 | 0.104 | 0.105 | 0.105 |
| 3.0 | 0.045 | 0.052 | 0.058 | 0.064 | 0.069 | 0.073 | 0.087 | 0.093 | 0.096 | 0.097 | 0.099 | 0.099 |
| 3.2 | 0.040 | 0.047 | 0.053 | 0.058 | 0.063 | 0.067 | 0.081 | 0.087 | 0.090 | 0.092 | 0.093 | 0.094 |
| 3.4 | 0.036 | 0.042 | 0.048 | 0.053 | 0.057 | 0.061 | 0.075 | 0.081 | 0.085 | 0.086 | 0.088 | 0.089 |
| 3.6 | 0.033 | 0.038 | 0.043 | 0.048 | 0.052 | 0.056 | 0.069 | 0.076 | 0.080 | 0.082 | 0.084 | 0.084 |
| 3.8 | 0.030 | 0.035 | 0.040 | 0.044 | 0.048 | 0.052 | 0.065 | 0.072 | 0.075 | 0.077 | 0.080 | 0.080 |
| 4.0 | 0.027 | 0.032 | 0.036 | 0.040 | 0.044 | 0.048 | 0.060 | 0.067 | 0.071 | 0.073 | 0.076 | 0.076 |
| 4.2 | 0.025 | 0.029 | 0.033 | 0.037 | 0.041 | 0.044 | 0.056 | 0.063 | 0.067 | 0.070 | 0.072 | 0.073 |
| 4.4 | 0.023 | 0.027 | 0.031 | 0.034 | 0.038 | 0.041 | 0.053 | 0.060 | 0.064 | 0.066 | 0.069 | 0.070 |
| 4.6 | 0.021 | 0.025 | 0.028 | 0.032 | 0.035 | 0.038 | 0.049 | 0.056 | 0.061 | 0.063 | 0.066 | 0.067 |
| 4.8 | 0.019 | 0.023 | 0.026 | 0.029 | 0.032 | 0.035 | 0.046 | 0.053 | 0.058 | 0.060 | 0.064 | 0.064 |
| 5.0 | 0.018 | 0.021 | 0.024 | 0.027 | 0.030 | 0.033 | 0.043 | 0.050 | 0.055 | 0.057 | 0.061 | 0.062 |
| 6.0 | 0.013 | 0.015 | 0.017 | 0.020 | 0.022 | 0.024 | 0.033 | 0.039 | 0.043 | 0.046 | 0.051 | 0.052 |
| 7.0 | 0.009 | 0.011 | 0.013 | 0.015 | 0.016 | 0.018 | 0.025 | 0.031 | 0.035 | 0.038 | 0.043 | 0.045 |
| 8.0 | 0.007 | 0.009 | 0.010 | 0.011 | 0.013 | 0.014 | 0.020 | 0.025 | 0.028 | 0.031 | 0.037 | 0.039 |
| 9.0 | 0.006 | 0.007 | 0.008 | 0.009 | 0.010 | 0.011 | 0.016 | 0.020 | 0.024 | 0.026 | 0.032 | 0.035 |
| 10.0 | 0.005 | 0.006 | 0.007 | 0.007 | 0.008 | 0.009 | 0.013 | 0.017 | 0.020 | 0.022 | 0.028 | 0.032 |
| 12.0 | 0.003 | 0.004 | 0.005 | 0.005 | 0.006 | 0.006 | 0.009 | 0.012 | 0.014 | 0.017 | 0.022 | 0.026 |
| 14.0 | 0.002 | 0.003 | 0.003 | 0.004 | 0.004 | 0.005 | 0.007 | 0.009 | 0.011 | 0.013 | 0.018 | 0.023 |
| 16.0 | 0.002 | 0.002 | 0.003 | 0.003 | 0.003 | 0.004 | 0.005 | 0.007 | 0.009 | 0.010 | 0.014 | 0.020 |
| 18.0 | 0.001 | 0.002 | 0.002 | 0.002 | 0.003 | 0.003 | 0.004 | 0.006 | 0.007 | 0.008 | 0.012 | 0.018 |
| 20.0 | 0.001 | 0.001 | 0.002 | 0.002 | 0.002 | 0.002 | 0.004 | 0.005 | 0.006 | 0.007 | 0.010 | 0.016 |
| 25.0 | 0.001 | 0.001 | 0.001 | 0.001 | 0.001 | 0.002 | 0.002 | 0.003 | 0.004 | 0.004 | 0.007 | 0.013 |
| 30.0 | 0.001 | 0.001 | 0.001 | 0.001 | 0.001 | 0.001 | 0.002 | 0.002 | 0.003 | 0.003 | 0.005 | 0.011 |
| 35.0 | 0.000 | 0.000 | 0.001 | 0.001 | 0.001 | 0.001 | 0.001 | 0.002 | 0.002 | 0.002 | 0.004 | 0.009 |
| 40.0 | 0.000 | 0.000 | 0.000 | 0.000 | 0.001 | 0.001 | 0.001 | 0.001 | 0.001 | 0.002 | 0.003 | 0.008 |

注：$a$——矩形均布荷载长度（m）；$b$——矩形均布荷载宽度（m）；$z$——计算点离桩端平面垂直距离（m）。

表 D.0.1-2　矩形面积上均布荷载作用下角点平均附加应力系数 $\bar{\alpha}$

| $z/b$ \ $a/b$ | 1.0 | 1.2 | 1.4 | 1.6 | 1.8 | 2.0 | 2.4 | 2.8 | 3.2 | 3.6 | 4.0 | 5.0 | 10.0 |
|---|---|---|---|---|---|---|---|---|---|---|---|---|---|
| 0.0 | 0.2500 | 0.2500 | 0.2500 | 0.2500 | 0.2500 | 0.2500 | 0.2500 | 0.2500 | 0.2500 | 0.2500 | 0.2500 | 0.2500 | 0.2500 |
| 0.2 | 0.2496 | 0.2497 | 0.2497 | 0.2498 | 0.2498 | 0.2498 | 0.2498 | 0.2498 | 0.2498 | 0.2498 | 0.2498 | 0.2498 | 0.2498 |
| 0.4 | 0.2474 | 0.2479 | 0.2481 | 0.2483 | 0.2483 | 0.2484 | 0.2485 | 0.2485 | 0.2485 | 0.2485 | 0.2485 | 0.2485 | 0.2485 |
| 0.6 | 0.2423 | 0.2437 | 0.2444 | 0.2448 | 0.2451 | 0.2452 | 0.2454 | 0.2455 | 0.2455 | 0.2455 | 0.2455 | 0.2455 | 0.2456 |
| 0.8 | 0.2346 | 0.2372 | 0.2387 | 0.2395 | 0.2400 | 0.2403 | 0.2407 | 0.2408 | 0.2409 | 0.2409 | 0.2410 | 0.2410 | 0.2410 |
| 1.0 | 0.2252 | 0.2291 | 0.2313 | 0.2326 | 0.2335 | 0.2340 | 0.2346 | 0.2349 | 0.2351 | 0.2352 | 0.2352 | 0.2353 | 0.2353 |
| 1.2 | 0.2149 | 0.2199 | 0.2229 | 0.2248 | 0.2260 | 0.2268 | 0.2278 | 0.2282 | 0.2285 | 0.2286 | 0.2287 | 0.2288 | 0.2289 |
| 1.4 | 0.2043 | 0.2102 | 0.2140 | 0.2146 | 0.2180 | 0.2191 | 0.2204 | 0.2211 | 0.2215 | 0.2217 | 0.2218 | 0.2220 | 0.2221 |
| 1.6 | 0.1939 | 0.2006 | 0.2049 | 0.2079 | 0.2099 | 0.2113 | 0.2130 | 0.2138 | 0.2143 | 0.2146 | 0.2148 | 0.2150 | 0.2152 |
| 1.8 | 0.1840 | 0.1912 | 0.1960 | 0.1994 | 0.2018 | 0.2034 | 0.2055 | 0.2066 | 0.2073 | 0.2077 | 0.2079 | 0.2082 | 0.2084 |
| 2.0 | 0.1746 | 0.1822 | 0.1875 | 0.1912 | 0.1980 | 0.1958 | 0.1982 | 0.1996 | 0.2004 | 0.2009 | 0.2012 | 0.2015 | 0.2018 |
| 2.2 | 0.1659 | 0.1737 | 0.1793 | 0.1833 | 0.1862 | 0.1883 | 0.1911 | 0.1927 | 0.1937 | 0.1943 | 0.1947 | 0.1952 | 0.1955 |
| 2.4 | 0.1578 | 0.1657 | 0.1715 | 0.1757 | 0.1789 | 0.1812 | 0.1843 | 0.1862 | 0.1873 | 0.1880 | 0.1885 | 0.1890 | 0.1895 |
| 2.6 | 0.1503 | 0.1583 | 0.1642 | 0.1686 | 0.1719 | 0.1745 | 0.1779 | 0.1799 | 0.1812 | 0.1820 | 0.1825 | 0.1832 | 0.1838 |
| 2.8 | 0.1433 | 0.1514 | 0.1574 | 0.1619 | 0.1654 | 0.1680 | 0.1717 | 0.1739 | 0.1753 | 0.1763 | 0.1769 | 0.1777 | 0.1784 |
| 3.0 | 0.1369 | 0.1449 | 0.1510 | 0.1556 | 0.1592 | 0.1619 | 0.1658 | 0.1682 | 0.1698 | 0.1708 | 0.1715 | 0.1725 | 0.1733 |
| 3.2 | 0.1310 | 0.1390 | 0.1450 | 0.1497 | 0.1533 | 0.1562 | 0.1602 | 0.1628 | 0.1645 | 0.1657 | 0.1664 | 0.1675 | 0.1685 |
| 3.4 | 0.1256 | 0.1334 | 0.1394 | 0.1441 | 0.1478 | 0.1508 | 0.1550 | 0.1577 | 0.1595 | 0.1607 | 0.1616 | 0.1628 | 0.1639 |
| 3.6 | 0.1205 | 0.1282 | 0.1342 | 0.1389 | 0.1427 | 0.1456 | 0.1500 | 0.1528 | 0.1548 | 0.1561 | 0.1570 | 0.1583 | 0.1595 |
| 3.8 | 0.1158 | 0.1234 | 0.1293 | 0.1340 | 0.1378 | 0.1408 | 0.1452 | 0.1482 | 0.1502 | 0.1516 | 0.1526 | 0.1541 | 0.1554 |
| 4.0 | 0.1114 | 0.1189 | 0.1248 | 0.1294 | 0.1332 | 0.1362 | 0.1408 | 0.1438 | 0.1459 | 0.1474 | 0.1485 | 0.1500 | 0.1516 |
| 4.2 | 0.1073 | 0.1147 | 0.1205 | 0.1251 | 0.1289 | 0.1319 | 0.1365 | 0.1396 | 0.1418 | 0.1434 | 0.1445 | 0.1462 | 0.1479 |
| 4.4 | 0.1035 | 0.1107 | 0.1164 | 0.1210 | 0.1248 | 0.1279 | 0.1325 | 0.1357 | 0.1379 | 0.1396 | 0.1407 | 0.1425 | 0.1444 |
| 4.6 | 0.1000 | 0.1070 | 0.1127 | 0.1172 | 0.1209 | 0.1240 | 0.1287 | 0.1319 | 0.1342 | 0.1359 | 0.1371 | 0.1390 | 0.1410 |
| 4.8 | 0.0967 | 0.1036 | 0.1091 | 0.1136 | 0.1173 | 0.1204 | 0.1250 | 0.1283 | 0.1307 | 0.1324 | 0.1337 | 0.1357 | 0.1379 |
| 5.0 | 0.0935 | 0.1003 | 0.1057 | 0.1102 | 0.1139 | 0.1169 | 0.1216 | 0.1249 | 0.1273 | 0.1291 | 0.1304 | 0.1325 | 0.1348 |
| 5.2 | 0.0906 | 0.0972 | 0.1026 | 0.1070 | 0.1106 | 0.1136 | 0.1183 | 0.1217 | 0.1241 | 0.1259 | 0.1273 | 0.1295 | 0.1320 |
| 5.4 | 0.0878 | 0.0943 | 0.0996 | 0.1039 | 0.1075 | 0.1105 | 0.1152 | 0.1186 | 0.1210 | 0.1229 | 0.1243 | 0.1265 | 0.1292 |
| 5.6 | 0.0852 | 0.0916 | 0.0968 | 0.1010 | 0.1046 | 0.1076 | 0.1122 | 0.1156 | 0.1181 | 0.1200 | 0.1215 | 0.1238 | 0.1266 |
| 5.8 | 0.0828 | 0.0890 | 0.0941 | 0.0983 | 0.1018 | 0.1047 | 0.1094 | 0.1128 | 0.1153 | 0.1172 | 0.1187 | 0.1211 | 0.1240 |
| 6.0 | 0.0805 | 0.0866 | 0.0916 | 0.0957 | 0.0991 | 0.1021 | 0.1067 | 0.1101 | 0.1126 | 0.1146 | 0.1161 | 0.1185 | 0.1216 |
| 6.2 | 0.0783 | 0.0842 | 0.0891 | 0.0932 | 0.0966 | 0.0995 | 0.1041 | 0.1075 | 0.1101 | 0.1120 | 0.1136 | 0.1161 | 0.1193 |
| 6.4 | 0.0762 | 0.0820 | 0.0869 | 0.0909 | 0.0942 | 0.0971 | 0.1016 | 0.1050 | 0.1076 | 0.1096 | 0.1111 | 0.1137 | 0.1171 |
| 6.6 | 0.0742 | 0.0799 | 0.0847 | 0.0886 | 0.0919 | 0.0948 | 0.0993 | 0.1027 | 0.1053 | 0.1073 | 0.1088 | 0.1114 | 0.1149 |
| 6.8 | 0.0723 | 0.0779 | 0.0826 | 0.0865 | 0.0898 | 0.0926 | 0.0970 | 0.1004 | 0.1030 | 0.1050 | 0.1066 | 0.1092 | 0.1129 |
| 7.0 | 0.0705 | 0.0761 | 0.0806 | 0.0844 | 0.0877 | 0.0904 | 0.0949 | 0.0982 | 0.1008 | 0.1028 | 0.1044 | 0.1071 | 0.1109 |
| 7.2 | 0.0688 | 0.0742 | 0.0787 | 0.0825 | 0.0857 | 0.0884 | 0.0928 | 0.0962 | 0.0987 | 0.1008 | 0.1023 | 0.1051 | 0.1090 |
| 7.4 | 0.0672 | 0.0725 | 0.0769 | 0.0806 | 0.0838 | 0.0865 | 0.0908 | 0.0942 | 0.0967 | 0.0988 | 0.1004 | 0.1031 | 0.1071 |
| 7.6 | 0.0656 | 0.0709 | 0.0752 | 0.0789 | 0.0820 | 0.0846 | 0.0889 | 0.0922 | 0.0948 | 0.0968 | 0.0984 | 0.1012 | 0.1054 |
| 7.8 | 0.0642 | 0.0693 | 0.0736 | 0.0771 | 0.0802 | 0.0828 | 0.0871 | 0.0904 | 0.0929 | 0.0950 | 0.0966 | 0.0994 | 0.1036 |
| 8.0 | 0.0627 | 0.0678 | 0.0720 | 0.0755 | 0.0785 | 0.0811 | 0.0853 | 0.0886 | 0.0912 | 0.0932 | 0.0948 | 0.0976 | 0.1020 |
| 8.2 | 0.0614 | 0.0663 | 0.0705 | 0.0739 | 0.0769 | 0.0795 | 0.0837 | 0.0869 | 0.0894 | 0.0914 | 0.0931 | 0.0959 | 0.1004 |
| 8.4 | 0.0601 | 0.0649 | 0.0690 | 0.0724 | 0.0754 | 0.0779 | 0.0820 | 0.0852 | 0.0878 | 0.0893 | 0.0914 | 0.0943 | 0.0938 |
| 8.6 | 0.0588 | 0.0636 | 0.0676 | 0.0710 | 0.0739 | 0.0764 | 0.0805 | 0.0836 | 0.0862 | 0.0882 | 0.0898 | 0.0927 | 0.0973 |
| 8.8 | 0.0576 | 0.0623 | 0.0663 | 0.0696 | 0.0724 | 0.0749 | 0.0790 | 0.0821 | 0.0846 | 0.0866 | 0.0882 | 0.0912 | 0.0959 |

续表 D.0.1-2

| $z/b$ \ $a/b$ | 1.0 | 1.2 | 1.4 | 1.6 | 1.8 | 2.0 | 2.4 | 2.8 | 3.2 | 3.6 | 4.0 | 5.0 | 10.0 |
|---|---|---|---|---|---|---|---|---|---|---|---|---|---|
| 9.2 | 0.0554 | 0.0599 | 0.0637 | 0.0670 | 0.0697 | 0.0721 | 0.0761 | 0.0792 | 0.0817 | 0.0837 | 0.0853 | 0.0882 | 0.0931 |
| 9.6 | 0.0533 | 0.0577 | 0.0614 | 0.0645 | 0.0672 | 0.0696 | 0.0734 | 0.0765 | 0.0789 | 0.0809 | 0.0825 | 0.0855 | 0.0905 |
| 10.0 | 0.0514 | 0.0556 | 0.0592 | 0.0622 | 0.0649 | 0.0672 | 0.0710 | 0.0739 | 0.0763 | 0.0783 | 0.0799 | 0.0829 | 0.0880 |
| 10.4 | 0.0496 | 0.0537 | 0.0572 | 0.0601 | 0.0627 | 0.0649 | 0.0686 | 0.0716 | 0.0739 | 0.0759 | 0.0775 | 0.0804 | 0.0857 |
| 10.8 | 0.0479 | 0.0519 | 0.0553 | 0.0581 | 0.0606 | 0.0628 | 0.0664 | 0.0693 | 0.0717 | 0.0736 | 0.0751 | 0.0781 | 0.0834 |
| 11.2 | 0.0463 | 0.0502 | 0.0535 | 0.0563 | 0.0587 | 0.0609 | 0.0664 | 0.0672 | 0.0695 | 0.0714 | 0.0730 | 0.0759 | 0.0813 |
| 11.6 | 0.0448 | 0.0486 | 0.0518 | 0.0545 | 0.0569 | 0.0590 | 0.0625 | 0.0652 | 0.0675 | 0.0694 | 0.0709 | 0.0738 | 0.0793 |
| 12.0 | 0.0435 | 0.0471 | 0.0502 | 0.0529 | 0.0552 | 0.0573 | 0.0606 | 0.0634 | 0.0656 | 0.0674 | 0.0690 | 0.0719 | 0.0774 |
| 12.8 | 0.0409 | 0.0444 | 0.0474 | 0.0499 | 0.0521 | 0.0541 | 0.0573 | 0.0599 | 0.0621 | 0.0639 | 0.0654 | 0.0682 | 0.0739 |
| 13.6 | 0.0387 | 0.0420 | 0.0448 | 0.0472 | 0.0493 | 0.0512 | 0.0543 | 0.0568 | 0.0589 | 0.0607 | 0.0621 | 0.0649 | 0.0707 |
| 14.4 | 0.0367 | 0.0398 | 0.0425 | 0.0488 | 0.0468 | 0.0486 | 0.0516 | 0.0540 | 0.0561 | 0.0577 | 0.0592 | 0.0619 | 0.0677 |
| 15.2 | 0.0349 | 0.0379 | 0.0404 | 0.0426 | 0.0446 | 0.0463 | 0.0492 | 0.0515 | 0.0535 | 0.0551 | 0.0565 | 0.0592 | 0.0650 |
| 16.0 | 0.0332 | 0.0361 | 0.0385 | 0.0407 | 0.0425 | 0.0442 | 0.0469 | 0.0492 | 0.0511 | 0.0527 | 0.0540 | 0.0567 | 0.0625 |
| 18.0 | 0.0297 | 0.0323 | 0.0345 | 0.0364 | 0.0381 | 0.0396 | 0.0422 | 0.0442 | 0.0460 | 0.0475 | 0.0487 | 0.0512 | 0.0570 |
| 20.0 | 0.0269 | 0.0292 | 0.0312 | 0.0330 | 0.0345 | 0.0359 | 0.0383 | 0.0402 | 0.0418 | 0.0432 | 0.0444 | 0.0468 | 0.0524 |

**D.0.2** 矩形面积上三角形分布荷载作用下角点的附加应力系数 $\alpha$、平均附加应力系数 $\bar{\alpha}$ 应按表 D.0.2 确定。

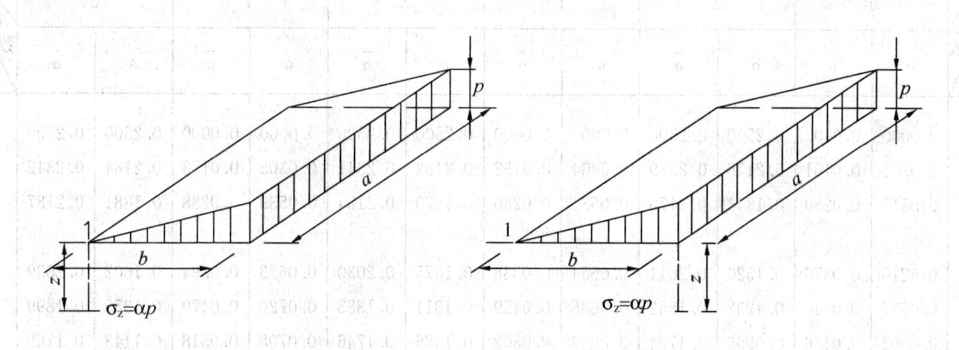


**表 D.0.2 矩形面积上三角形分布荷载作用下的附加应力系数 $\alpha$ 与平均附加应力系数 $\bar{\alpha}$**

| $a/b$ | 0.2 | | | | 0.4 | | | | 0.6 | | | | $a/b$ |
|---|---|---|---|---|---|---|---|---|---|---|---|---|---|
| 点 | 1 | | 2 | | 1 | | 2 | | 1 | | 2 | | 点 |
| 系数 $z/b$ | $\alpha$ | $\bar{\alpha}$ | $\alpha$ | $\bar{\alpha}$ | $\alpha$ | $\bar{\alpha}$ | $\alpha$ | $\bar{\alpha}$ | $\alpha$ | $\bar{\alpha}$ | $\alpha$ | $\bar{\alpha}$ | 系数 $z/b$ |
| 0.0 | 0.0000 | 0.0000 | 0.2500 | 0.2500 | 0.0000 | 0.0000 | 0.2500 | 0.2500 | 0.0000 | 0.0000 | 0.2500 | 0.2500 | 0.0 |
| 0.2 | 0.0223 | 0.0112 | 0.1821 | 0.2161 | 0.0280 | 0.0140 | 0.2115 | 0.2308 | 0.0296 | 0.0148 | 0.2165 | 0.2333 | 0.2 |
| 0.4 | 0.0269 | 0.0179 | 0.1094 | 0.1810 | 0.0420 | 0.0245 | 0.1604 | 0.2084 | 0.0487 | 0.0270 | 0.1781 | 0.2153 | 0.4 |

续表 D.0.2

| a/b | 0.2 | | | | 0.4 | | | | 0.6 | | | | a/b |
|---|---|---|---|---|---|---|---|---|---|---|---|---|---|
| 点 | 1 | | 2 | | 1 | | 2 | | 1 | | 2 | | 点 |
| 系数 z/b | $\alpha$ | $\bar{\alpha}$ | $\alpha$ | $\bar{\alpha}$ | $\alpha$ | $\bar{\alpha}$ | $\alpha$ | $\bar{\alpha}$ | $\alpha$ | $\bar{\alpha}$ | $\alpha$ | $\bar{\alpha}$ | 系数 z/b |
| 0.6 | 0.0259 | 0.0207 | 0.0700 | 0.1505 | 0.0448 | 0.0308 | 0.1165 | 0.1851 | 0.0560 | 0.0355 | 0.1405 | 0.1966 | 0.6 |
| 0.8 | 0.0232 | 0.0217 | 0.0480 | 0.1277 | 0.0421 | 0.0340 | 0.0853 | 0.1640 | 0.0553 | 0.0405 | 0.1093 | 0.1787 | 0.8 |
| 1.0 | 0.0201 | 0.0217 | 0.0346 | 0.1104 | 0.0375 | 0.0351 | 0.0638 | 0.1461 | 0.0508 | 0.0430 | 0.0852 | 0.1624 | 1.0 |
| 1.2 | 0.0171 | 0.0212 | 0.0260 | 0.0970 | 0.0324 | 0.0351 | 0.0491 | 0.1312 | 0.0450 | 0.0439 | 0.0673 | 0.1480 | 1.2 |
| 1.4 | 0.0145 | 0.0204 | 0.0202 | 0.0865 | 0.0278 | 0.0344 | 0.0386 | 0.1187 | 0.0392 | 0.0436 | 0.0540 | 0.1356 | 1.4 |
| 1.6 | 0.0123 | 0.0195 | 0.0160 | 0.0779 | 0.0238 | 0.0333 | 0.0310 | 0.1082 | 0.0339 | 0.0427 | 0.0440 | 0.1247 | 1.6 |
| 1.8 | 0.0105 | 0.0186 | 0.0130 | 0.0709 | 0.0204 | 0.0321 | 0.0254 | 0.0993 | 0.0294 | 0.0415 | 0.0363 | 0.1153 | 1.8 |
| 2.0 | 0.0090 | 0.0178 | 0.0108 | 0.0650 | 0.0176 | 0.0308 | 0.0211 | 0.0917 | 0.0255 | 0.0401 | 0.0304 | 0.1071 | 2.0 |
| 2.5 | 0.0063 | 0.0157 | 0.0072 | 0.0538 | 0.0125 | 0.0276 | 0.0140 | 0.0769 | 0.0183 | 0.0365 | 0.0205 | 0.0908 | 2.5 |
| 3.0 | 0.0046 | 0.0140 | 0.0051 | 0.0458 | 0.0092 | 0.0248 | 0.0100 | 0.0661 | 0.0135 | 0.0330 | 0.0148 | 0.0786 | 3.0 |
| 5.0 | 0.0018 | 0.0097 | 0.0019 | 0.0289 | 0.0036 | 0.0175 | 0.0038 | 0.0424 | 0.0054 | 0.0236 | 0.0056 | 0.0476 | 5.0 |
| 7.0 | 0.0009 | 0.0073 | 0.0010 | 0.0211 | 0.0019 | 0.0133 | 0.0019 | 0.0311 | 0.0028 | 0.0180 | 0.0029 | 0.0352 | 7.0 |
| 10.0 | 0.0005 | 0.0053 | 0.0004 | 0.0150 | 0.0009 | 0.0097 | 0.0010 | 0.0222 | 0.0014 | 0.0133 | 0.0014 | 0.0253 | 10.0 |

| a/b | 0.8 | | | | 1.0 | | | | 1.2 | | | | a/b |
|---|---|---|---|---|---|---|---|---|---|---|---|---|---|
| 点 | 1 | | 2 | | 1 | | 2 | | 1 | | 2 | | 点 |
| 系数 z/b | $\alpha$ | $\bar{\alpha}$ | $\alpha$ | $\bar{\alpha}$ | $\alpha$ | $\bar{\alpha}$ | $\alpha$ | $\bar{\alpha}$ | $\alpha$ | $\bar{\alpha}$ | $\alpha$ | $\bar{\alpha}$ | 系数 z/b |
| 0.0 | 0.0000 | 0.0000 | 0.2500 | 0.2500 | 0.0000 | 0.0000 | 0.2500 | 0.2500 | 0.0000 | 0.0000 | 0.2500 | 0.2500 | 0.0 |
| 0.2 | 0.0301 | 0.0151 | 0.2178 | 0.2339 | 0.0304 | 0.0152 | 0.2182 | 0.2341 | 0.0305 | 0.0153 | 0.2184 | 0.2342 | 0.2 |
| 0.4 | 0.0517 | 0.0280 | 0.1844 | 0.2175 | 0.0531 | 0.0285 | 0.1870 | 0.2184 | 0.0539 | 0.0288 | 0.1881 | 0.2187 | 0.4 |
| 0.6 | 0.6210 | 0.0376 | 0.1520 | 0.2011 | 0.0654 | 0.0388 | 0.1575 | 0.2030 | 0.0673 | 0.0394 | 0.1602 | 0.2039 | 0.6 |
| 0.8 | 0.0637 | 0.0440 | 0.1232 | 0.1852 | 0.0688 | 0.0459 | 0.1311 | 0.1883 | 0.0720 | 0.0470 | 0.1355 | 0.1899 | 0.8 |
| 1.0 | 0.0602 | 0.0476 | 0.0996 | 0.1704 | 0.0666 | 0.0502 | 0.1086 | 0.1746 | 0.0708 | 0.0518 | 0.1143 | 0.1769 | 1.0 |
| 1.2 | 0.0546 | 0.0492 | 0.0807 | 0.1571 | 0.0615 | 0.0525 | 0.0901 | 0.1621 | 0.0664 | 0.0546 | 0.0962 | 0.1649 | 1.2 |
| 1.4 | 0.0483 | 0.0495 | 0.0661 | 0.1451 | 0.0554 | 0.0534 | 0.0751 | 0.1507 | 0.0606 | 0.0559 | 0.0817 | 0.1541 | 1.4 |
| 1.6 | 0.0424 | 0.0490 | 0.0547 | 0.1345 | 0.0492 | 0.0533 | 0.0628 | 0.1405 | 0.0545 | 0.0561 | 0.0696 | 0.1443 | 1.6 |
| 1.8 | 0.0371 | 0.0480 | 0.0457 | 0.1252 | 0.0435 | 0.0525 | 0.0534 | 0.1313 | 0.0487 | 0.0556 | 0.0596 | 0.1354 | 1.8 |
| 2.0 | 0.0324 | 0.0467 | 0.0387 | 0.1169 | 0.0384 | 0.0513 | 0.0456 | 0.1232 | 0.0434 | 0.0547 | 0.0513 | 0.1274 | 2.0 |
| 2.5 | 0.0236 | 0.0429 | 0.0265 | 0.1000 | 0.0284 | 0.0478 | 0.0318 | 0.1063 | 0.0326 | 0.0513 | 0.0365 | 0.1107 | 2.5 |
| 3.0 | 0.0176 | 0.0392 | 0.0192 | 0.0871 | 0.0214 | 0.0439 | 0.0233 | 0.0931 | 0.0249 | 0.0476 | 0.0270 | 0.0976 | 3.0 |
| 5.0 | 0.0071 | 0.0285 | 0.0074 | 0.0576 | 0.0088 | 0.0324 | 0.0091 | 0.0624 | 0.0104 | 0.0356 | 0.0108 | 0.0661 | 5.0 |
| 7.0 | 0.0038 | 0.0219 | 0.0038 | 0.0427 | 0.0047 | 0.0251 | 0.0047 | 0.0465 | 0.0056 | 0.0277 | 0.0056 | 0.0496 | 7.0 |
| 10.0 | 0.0019 | 0.0162 | 0.0019 | 0.0308 | 0.0023 | 0.0186 | 0.0024 | 0.0336 | 0.0028 | 0.0207 | 0.0028 | 0.0359 | 10.0 |

续表 D.0.2

| a/b | 1.4 | | | | 1.6 | | | | 1.8 | | | | a/b |
|---|---|---|---|---|---|---|---|---|---|---|---|---|---|
| 点 | 1 | | 2 | | 1 | | 2 | | 1 | | 2 | | 点 |
| 系数 z/b | $\alpha$ | $\bar{\alpha}$ | $\alpha$ | $\bar{\alpha}$ | $\alpha$ | $\bar{\alpha}$ | $\alpha$ | $\bar{\alpha}$ | $\alpha$ | $\bar{\alpha}$ | $\alpha$ | $\bar{\alpha}$ | 系数 z/b |
| 0.0 | 0.0000 | 0.0000 | 0.2500 | 0.2500 | 0.0000 | 0.0000 | 0.2500 | 0.2500 | 0.0000 | 0.0000 | 0.2500 | 0.2500 | 0.0 |
| 0.2 | 0.0305 | 0.0153 | 0.2185 | 0.2343 | 0.0306 | 0.0153 | 0.2185 | 0.2343 | 0.0306 | 0.0153 | 0.2185 | 0.2343 | 0.2 |
| 0.4 | 0.0543 | 0.0289 | 0.1886 | 0.2189 | 0.0545 | 0.0290 | 0.1889 | 0.2190 | 0.0546 | 0.0290 | 0.1891 | 0.2190 | 0.4 |
| 0.6 | 0.0684 | 0.0397 | 0.1616 | 0.2043 | 0.0690 | 0.0399 | 0.1625 | 0.2046 | 0.0649 | 0.0400 | 0.1630 | 0.2047 | 0.6 |
| 0.8 | 0.0739 | 0.0476 | 0.1381 | 0.1907 | 0.0751 | 0.0480 | 0.1396 | 0.1912 | 0.0759 | 0.0482 | 0.1405 | 0.1915 | 0.8 |
| 1.0 | 0.0735 | 0.0528 | 0.1176 | 0.1781 | 0.0753 | 0.0534 | 0.1202 | 0.1789 | 0.0766 | 0.0538 | 0.1215 | 0.1794 | 1.0 |
| 1.2 | 0.0698 | 0.0560 | 0.1007 | 0.1666 | 0.0721 | 0.0568 | 0.1037 | 0.1678 | 0.0738 | 0.0574 | 0.1055 | 0.1684 | 1.2 |
| 1.4 | 0.0644 | 0.0575 | 0.0864 | 0.1562 | 0.0672 | 0.0586 | 0.0897 | 0.1576 | 0.0692 | 0.0594 | 0.0921 | 0.1585 | 1.4 |
| 1.6 | 0.0586 | 0.0580 | 0.0743 | 0.1467 | 0.0616 | 0.0594 | 0.0780 | 0.1484 | 0.0639 | 0.0603 | 0.0806 | 0.1494 | 1.6 |
| 1.8 | 0.0528 | 0.0578 | 0.0644 | 0.1381 | 0.0560 | 0.0593 | 0.0681 | 0.1400 | 0.0585 | 0.0604 | 0.0709 | 0.1413 | 1.8 |
| 2.0 | 0.0474 | 0.0570 | 0.0560 | 0.1303 | 0.0507 | 0.0587 | 0.0596 | 0.1324 | 0.0533 | 0.0599 | 0.0625 | 0.1338 | 2.0 |
| 2.5 | 0.0362 | 0.0540 | 0.0405 | 0.1139 | 0.0393 | 0.0560 | 0.0440 | 0.1163 | 0.0419 | 0.0575 | 0.0469 | 0.1180 | 2.5 |
| 3.0 | 0.0280 | 0.0503 | 0.0303 | 0.1008 | 0.0307 | 0.0525 | 0.0333 | 0.1033 | 0.0331 | 0.0541 | 0.0359 | 0.1052 | 3.0 |
| 5.0 | 0.0120 | 0.0382 | 0.0123 | 0.0690 | 0.0135 | 0.0403 | 0.0139 | 0.0714 | 0.0148 | 0.0421 | 0.0154 | 0.0734 | 5.0 |
| 7.0 | 0.0064 | 0.0299 | 0.0066 | 0.0520 | 0.0073 | 0.0318 | 0.0074 | 0.0541 | 0.0081 | 0.0333 | 0.0083 | 0.0558 | 7.0 |
| 10.0 | 0.0033 | 0.0224 | 0.0032 | 0.0379 | 0.0037 | 0.0239 | 0.0037 | 0.0395 | 0.0041 | 0.0252 | 0.0042 | 0.0409 | 10.0 |

| a/b | 2.0 | | | | 3.0 | | | | 4.0 | | | | a/b |
|---|---|---|---|---|---|---|---|---|---|---|---|---|---|
| 点 | 1 | | 2 | | 1 | | 2 | | 1 | | 2 | | 点 |
| 系数 z/b | $\alpha$ | $\bar{\alpha}$ | $\alpha$ | $\bar{\alpha}$ | $\alpha$ | $\bar{\alpha}$ | $\alpha$ | $\bar{\alpha}$ | $\alpha$ | $\bar{\alpha}$ | $\alpha$ | $\bar{\alpha}$ | 系数 z/b |
| 0.0 | 0.0000 | 0.0000 | 0.2500 | 0.2500 | 0.0000 | 0.0000 | 0.2500 | 0.2500 | 0.0000 | 0.0000 | 0.2500 | 0.2500 | 0.0 |
| 0.2 | 0.0306 | 0.0153 | 0.2185 | 0.2343 | 0.0306 | 0.0153 | 0.2186 | 0.2343 | 0.0306 | 0.0153 | 0.2186 | 0.2343 | 0.2 |
| 0.4 | 0.0547 | 0.0290 | 0.1892 | 0.2191 | 0.0548 | 0.0290 | 0.1894 | 0.2192 | 0.0549 | 0.0291 | 0.1894 | 0.2192 | 0.4 |
| 0.6 | 0.0696 | 0.0401 | 0.1633 | 0.2048 | 0.0701 | 0.0402 | 0.1638 | 0.2050 | 0.0702 | 0.0402 | 0.1639 | 0.2050 | 0.6 |
| 0.8 | 0.0764 | 0.0483 | 0.1412 | 0.1917 | 0.0773 | 0.0486 | 0.1423 | 0.1920 | 0.0776 | 0.0487 | 0.1424 | 0.1920 | 0.8 |
| 1.0 | 0.0774 | 0.0540 | 0.1225 | 0.1797 | 0.0790 | 0.0545 | 0.1244 | 0.1803 | 0.0794 | 0.0546 | 0.1248 | 0.1803 | 1.0 |
| 1.2 | 0.0749 | 0.0577 | 0.1069 | 0.1689 | 0.0774 | 0.0584 | 0.1096 | 0.1697 | 0.0779 | 0.0586 | 0.1103 | 0.1699 | 1.2 |
| 1.4 | 0.0707 | 0.0599 | 0.0937 | 0.1591 | 0.0739 | 0.0609 | 0.0973 | 0.1603 | 0.0748 | 0.0612 | 0.0982 | 0.1605 | 1.4 |
| 1.6 | 0.0656 | 0.0609 | 0.0826 | 0.1502 | 0.0697 | 0.0623 | 0.0870 | 0.1517 | 0.0708 | 0.0626 | 0.0882 | 0.1521 | 1.6 |
| 1.8 | 0.0604 | 0.0611 | 0.0730 | 0.1422 | 0.0652 | 0.0628 | 0.0782 | 0.1441 | 0.0666 | 0.0633 | 0.0797 | 0.1445 | 1.8 |
| 2.0 | 0.0553 | 0.0608 | 0.0649 | 0.1348 | 0.0607 | 0.0629 | 0.0707 | 0.1371 | 0.0624 | 0.0634 | 0.0726 | 0.1377 | 2.0 |
| 2.5 | 0.0440 | 0.0586 | 0.0491 | 0.1193 | 0.0504 | 0.0614 | 0.0559 | 0.1223 | 0.0529 | 0.0623 | 0.0585 | 0.1233 | 2.5 |
| 3.0 | 0.0352 | 0.0554 | 0.0380 | 0.1067 | 0.0419 | 0.0589 | 0.0451 | 0.1104 | 0.0449 | 0.0600 | 0.0482 | 0.1116 | 3.0 |
| 5.0 | 0.0161 | 0.0435 | 0.0167 | 0.0749 | 0.0214 | 0.0480 | 0.0221 | 0.0797 | 0.0248 | 0.0500 | 0.0256 | 0.0817 | 5.0 |
| 7.0 | 0.0089 | 0.0347 | 0.0091 | 0.0572 | 0.0124 | 0.0391 | 0.0126 | 0.0619 | 0.0152 | 0.0414 | 0.0154 | 0.0642 | 7.0 |
| 10.0 | 0.0046 | 0.0263 | 0.0046 | 0.0403 | 0.0066 | 0.0302 | 0.0066 | 0.0462 | 0.0084 | 0.0325 | 0.0083 | 0.0485 | 10.0 |

续表 D.0.2

| a/b |  6.0 | | | | 8.0 | | | | 10.0 | | | | a/b |
|---|---|---|---|---|---|---|---|---|---|---|---|---|---|
| 点 | 1 | | 2 | | 1 | | 2 | | 1 | | 2 | | 点 |
| z/b 系数 | $\alpha$ | $\bar{\alpha}$ | $\alpha$ | $\bar{\alpha}$ | $\alpha$ | $\bar{\alpha}$ | $\alpha$ | $\bar{\alpha}$ | $\alpha$ | $\bar{\alpha}$ | $\alpha$ | $\bar{\alpha}$ | 系数 z/b |
| 0.0 | 0.0000 | 0.0000 | 0.2500 | 0.2500 | 0.0000 | 0.0000 | 0.2500 | 0.2500 | 0.0000 | 0.0000 | 0.2500 | 0.2500 | 0.0 |
| 0.2 | 0.0306 | 0.0153 | 0.2186 | 0.2343 | 0.0306 | 0.0153 | 0.2186 | 0.2343 | 0.0306 | 0.0153 | 0.2186 | 0.2343 | 0.2 |
| 0.4 | 0.0549 | 0.0291 | 0.1894 | 0.2192 | 0.0549 | 0.0291 | 0.1894 | 0.2192 | 0.0549 | 0.0291 | 0.1894 | 0.2192 | 0.4 |
| 0.6 | 0.0702 | 0.0402 | 0.1640 | 0.2050 | 0.0702 | 0.0402 | 0.1640 | 0.2050 | 0.0702 | 0.0402 | 0.1640 | 0.2050 | 0.6 |
| 0.8 | 0.0776 | 0.0487 | 0.1426 | 0.1921 | 0.0776 | 0.0487 | 0.1426 | 0.1921 | 0.0776 | 0.0487 | 0.1426 | 0.1921 | 0.8 |
| 1.0 | 0.0795 | 0.0546 | 0.1250 | 0.1804 | 0.0796 | 0.0546 | 0.1250 | 0.1804 | 0.0796 | 0.0546 | 0.1250 | 0.1804 | 1.0 |
| 1.2 | 0.0782 | 0.0587 | 0.1105 | 0.1700 | 0.0783 | 0.0587 | 0.1105 | 0.1700 | 0.0783 | 0.0587 | 0.1105 | 0.1700 | 1.2 |
| 1.4 | 0.0752 | 0.0613 | 0.0986 | 0.1606 | 0.0752 | 0.0613 | 0.0987 | 0.1606 | 0.0753 | 0.0613 | 0.0987 | 0.1606 | 1.4 |
| 1.6 | 0.0714 | 0.0628 | 0.0887 | 0.1523 | 0.0715 | 0.0628 | 0.0888 | 0.1523 | 0.0715 | 0.0628 | 0.0889 | 0.1523 | 1.6 |
| 1.8 | 0.0673 | 0.0635 | 0.0805 | 0.1447 | 0.0675 | 0.0635 | 0.0806 | 0.1448 | 0.0675 | 0.0635 | 0.0808 | 0.1448 | 1.8 |
| 2.0 | 0.0634 | 0.0637 | 0.0734 | 0.1380 | 0.0636 | 0.0638 | 0.0736 | 0.1380 | 0.0636 | 0.0638 | 0.0738 | 0.1380 | 2.0 |
| 2.5 | 0.0543 | 0.0627 | 0.0601 | 0.1237 | 0.0547 | 0.0628 | 0.0604 | 0.1238 | 0.0548 | 0.0628 | 0.0605 | 0.1239 | 2.5 |
| 3.0 | 0.0469 | 0.0607 | 0.0504 | 0.1123 | 0.0474 | 0.0609 | 0.0509 | 0.1124 | 0.0476 | 0.0609 | 0.0511 | 0.1125 | 3.0 |
| 5.0 | 0.0283 | 0.0515 | 0.0290 | 0.0833 | 0.0296 | 0.0519 | 0.0303 | 0.0837 | 0.0301 | 0.0521 | 0.0309 | 0.0839 | 5.0 |
| 7.0 | 0.0186 | 0.0435 | 0.0190 | 0.0663 | 0.0204 | 0.0442 | 0.0207 | 0.0671 | 0.0212 | 0.0445 | 0.0216 | 0.0674 | 7.0 |
| 10.0 | 0.0111 | 0.0349 | 0.0111 | 0.0509 | 0.0128 | 0.0359 | 0.0130 | 0.0520 | 0.0139 | 0.0364 | 0.0141 | 0.0526 | 10.0 |

**D.0.3** 圆形面积上均布荷载作用下中点的附加应力系数 $\alpha$、平均附加应力系数 $\bar{\alpha}$ 应按表 D.0.3 确定。

**表 D.0.3 ($d$) 圆形面积上均布荷载作用下中点的附加应力系数 $\alpha$ 与平均附加应力系数 $\bar{\alpha}$**

| z/r | 圆形 | | z/r | 圆形 | |
|---|---|---|---|---|---|
| | $\alpha$ | $\bar{\alpha}$ | | $\alpha$ | $\bar{\alpha}$ |
| 0.0 | 1.000 | 1.000 | 2.6 | 0.187 | 0.560 |
| 0.1 | 0.999 | 1.000 | 2.7 | 0.175 | 0.546 |
| 0.2 | 0.992 | 0.998 | 2.8 | 0.165 | 0.532 |
| 0.3 | 0.976 | 0.993 | 2.9 | 0.155 | 0.519 |
| 0.4 | 0.949 | 0.986 | 3.0 | 0.146 | 0.507 |
| 0.5 | 0.911 | 0.974 | 3.1 | 0.138 | 0.495 |
| 0.6 | 0.864 | 0.960 | 3.2 | 0.130 | 0.484 |
| 0.7 | 0.811 | 0.942 | 3.3 | 0.124 | 0.473 |
| 0.8 | 0.756 | 0.923 | 3.4 | 0.117 | 0.463 |
| 0.9 | 0.701 | 0.901 | 3.5 | 0.111 | 0.453 |
| 1.0 | 0.647 | 0.878 | 3.6 | 0.106 | 0.443 |
| 1.1 | 0.595 | 0.855 | 3.7 | 0.101 | 0.434 |
| 1.2 | 0.547 | 0.831 | 3.8 | 0.096 | 0.425 |
| 1.3 | 0.502 | 0.808 | 3.9 | 0.091 | 0.417 |
| 1.4 | 0.461 | 0.784 | 4.0 | 0.087 | 0.409 |
| 1.5 | 0.424 | 0.762 | 4.1 | 0.083 | 0.401 |
| 1.6 | 0.390 | 0.739 | 4.2 | 0.079 | 0.393 |
| 1.7 | 0.360 | 0.718 | 4.3 | 0.076 | 0.386 |
| 1.8 | 0.332 | 0.697 | 4.4 | 0.073 | 0.379 |
| 1.9 | 0.307 | 0.677 | 4.5 | 0.070 | 0.372 |
| 2.0 | 0.285 | 0.658 | 4.6 | 0.067 | 0.365 |
| 2.1 | 0.264 | 0.640 | 4.7 | 0.064 | 0.359 |
| 2.2 | 0.245 | 0.623 | 4.8 | 0.062 | 0.353 |
| 2.3 | 0.229 | 0.606 | 4.9 | 0.059 | 0.347 |
| 2.4 | 0.210 | 0.590 | 5.0 | 0.057 | 0.341 |
| 2.5 | 0.200 | 0.574 | | | |

**D.0.4** 圆形面积上三角形分布荷载作用下边点的附加应力系数 $\alpha$、平均附加应力系数 $\bar{\alpha}$ 应按表 D.0.4 确定。

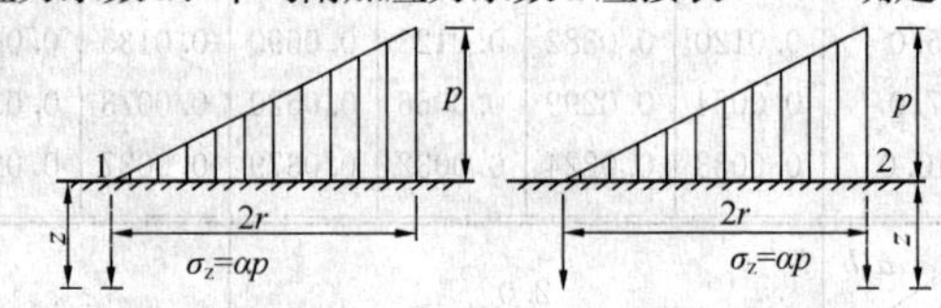


$r$—圆形面积的半径

**表 D.0.4 圆形面积上三角形分布荷载作用下边点的附加应力系数 $\alpha$ 与平均附加应力系数 $\bar{\alpha}$**

| 点 | 1 | | 2 | |
|---|---|---|---|---|
| z/r 系数 | $\alpha$ | $\bar{\alpha}$ | $\alpha$ | $\bar{\alpha}$ |
| 0.0 | 0.000 | 0.000 | 0.500 | 0.500 |
| 0.1 | 0.016 | 0.008 | 0.465 | 0.483 |
| 0.2 | 0.031 | 0.016 | 0.433 | 0.466 |
| 0.3 | 0.044 | 0.023 | 0.403 | 0.450 |
| 0.4 | 0.054 | 0.030 | 0.376 | 0.435 |
| 0.5 | 0.063 | 0.035 | 0.349 | 0.420 |
| 0.6 | 0.071 | 0.041 | 0.324 | 0.406 |
| 0.7 | 0.078 | 0.045 | 0.300 | 0.393 |
| 0.8 | 0.083 | 0.050 | 0.279 | 0.380 |
| 0.9 | 0.088 | 0.054 | 0.258 | 0.368 |
| 1.0 | 0.091 | 0.057 | 0.238 | 0.356 |
| 1.1 | 0.092 | 0.061 | 0.221 | 0.344 |
| 1.2 | 0.093 | 0.063 | 0.205 | 0.333 |
| 1.3 | 0.092 | 0.065 | 0.190 | 0.323 |
| 1.4 | 0.091 | 0.067 | 0.177 | 0.313 |
| 1.5 | 0.089 | 0.069 | 0.165 | 0.303 |
| 1.6 | 0.087 | 0.070 | 0.154 | 0.294 |
| 1.7 | 0.085 | 0.071 | 0.144 | 0.286 |
| 1.8 | 0.083 | 0.072 | 0.134 | 0.278 |
| 1.9 | 0.080 | 0.072 | 0.126 | 0.270 |
| 2.0 | 0.078 | 0.073 | 0.117 | 0.263 |
| 2.1 | 0.075 | 0.073 | 0.110 | 0.255 |
| 2.2 | 0.072 | 0.073 | 0.104 | 0.249 |
| 2.3 | 0.070 | 0.073 | 0.097 | 0.242 |

续表 D.0.4

| z/r \ 点 系数 | 1 α | 1 $\bar{\alpha}$ | 2 α | 2 $\bar{\alpha}$ |
|---|---|---|---|---|
| 2.4 | 0.067 | 0.073 | 0.091 | 0.236 |
| 2.5 | 0.064 | 0.072 | 0.086 | 0.230 |
| 2.6 | 0.062 | 0.072 | 0.081 | 0.225 |
| 2.7 | 0.059 | 0.071 | 0.078 | 0.219 |
| 2.8 | 0.057 | 0.071 | 0.074 | 0.214 |
| 2.9 | 0.055 | 0.070 | 0.070 | 0.209 |
| 3.0 | 0.052 | 0.070 | 0.067 | 0.204 |
| 3.1 | 0.050 | 0.069 | 0.064 | 0.200 |
| 3.2 | 0.048 | 0.069 | 0.061 | 0.196 |
| 3.3 | 0.046 | 0.068 | 0.059 | 0.192 |
| 3.4 | 0.045 | 0.067 | 0.055 | 0.188 |
| 3.5 | 0.043 | 0.067 | 0.053 | 0.184 |

续表 D.0.4

| z/r \ 点 系数 | 1 α | 1 $\bar{\alpha}$ | 2 α | 2 $\bar{\alpha}$ |
|---|---|---|---|---|
| 3.6 | 0.041 | 0.066 | 0.051 | 0.180 |
| 3.7 | 0.040 | 0.065 | 0.048 | 0.177 |
| 3.8 | 0.038 | 0.065 | 0.046 | 0.173 |
| 3.9 | 0.037 | 0.064 | 0.043 | 0.170 |
| 4.0 | 0.036 | 0.063 | 0.041 | 0.167 |
| 4.2 | 0.033 | 0.062 | 0.038 | 0.161 |
| 4.4 | 0.031 | 0.061 | 0.034 | 0.155 |
| 4.6 | 0.029 | 0.059 | 0.031 | 0.150 |
| 4.8 | 0.027 | 0.058 | 0.029 | 0.145 |
| 5.0 | 0.025 | 0.057 | 0.027 | 0.140 |

# 附录 E 桩基等效沉降系数 $\psi_e$ 计算参数

**E.0.1** 桩基等效沉降系数应按表 E.0.1-1～表 E.0.1-5 中列出的参数，采用本规范式（5.5.9-1）和式（5.5.9-2）计算。

**表 E.0.1-1 ($s_a/d=2$)**

| l/d | $L_c/B_c$ | 1 | 2 | 3 | 4 | 5 | 6 | 7 | 8 | 9 | 10 |
|---|---|---|---|---|---|---|---|---|---|---|---|
| 5 | $C_0$ | 0.203 | 0.282 | 0.329 | 0.363 | 0.389 | 0.410 | 0.428 | 0.443 | 0.456 | 0.468 |
| | $C_1$ | 1.543 | 1.687 | 1.797 | 1.845 | 1.915 | 1.949 | 1.981 | 2.047 | 2.073 | 2.098 |
| | $C_2$ | 5.563 | 5.356 | 5.086 | 5.020 | 4.878 | 4.843 | 4.817 | 4.704 | 4.690 | 4.681 |
| 10 | $C_0$ | 0.125 | 0.188 | 0.228 | 0.258 | 0.282 | 0.301 | 0.318 | 0.333 | 0.346 | 0.357 |
| | $C_1$ | 1.487 | 1.573 | 1.653 | 1.676 | 1.731 | 1.750 | 1.768 | 1.828 | 1.844 | 1.860 |
| | $C_2$ | 7.000 | 6.260 | 5.737 | 5.535 | 5.292 | 5.191 | 5.114 | 4.949 | 4.903 | 4.865 |
| 15 | $C_0$ | 0.093 | 0.146 | 0.180 | 0.207 | 0.228 | 0.246 | 0.262 | 0.275 | 0.287 | 0.298 |
| | $C_1$ | 1.508 | 1.568 | 1.637 | 1.647 | 1.696 | 1.707 | 1.718 | 1.776 | 1.787 | 1.798 |
| | $C_2$ | 8.413 | 7.252 | 6.520 | 6.208 | 5.878 | 5.722 | 5.604 | 5.393 | 5.320 | 5.259 |
| 20 | $C_0$ | 0.075 | 0.120 | 0.151 | 0.175 | 0.194 | 0.211 | 0.225 | 0.238 | 0.249 | 0.260 |
| | $C_1$ | 1.548 | 1.592 | 1.654 | 1.656 | 1.701 | 1.706 | 1.712 | 1.770 | 1.777 | 1.783 |
| | $C_2$ | 9.783 | 8.236 | 7.310 | 6.897 | 6.486 | 6.280 | 6.123 | 5.870 | 5.771 | 5.689 |
| 25 | $C_0$ | 0.063 | 0.103 | 0.131 | 0.152 | 0.170 | 0.186 | 0.199 | 0.211 | 0.221 | 0.231 |
| | $C_1$ | 1.596 | 1.628 | 1.686 | 1.679 | 1.722 | 1.722 | 1.724 | 1.783 | 1.786 | 1.789 |
| | $C_2$ | 11.118 | 9.205 | 8.094 | 7.583 | 7.095 | 6.841 | 6.647 | 6.353 | 6.230 | 6.128 |
| 30 | $C_0$ | 0.055 | 0.090 | 0.116 | 0.135 | 0.152 | 0.166 | 0.179 | 0.190 | 0.200 | 0.209 |
| | $C_1$ | 1.646 | 1.669 | 1.724 | 1.711 | 1.753 | 1.748 | 1.745 | 1.806 | 1.806 | 1.806 |
| | $C_2$ | 12.426 | 10.159 | 8.868 | 8.264 | 7.700 | 7.400 | 7.170 | 6.836 | 6.689 | 6.568 |
| 40 | $C_0$ | 0.044 | 0.073 | 0.095 | 0.112 | 0.126 | 0.139 | 0.150 | 0.160 | 0.169 | 0.177 |
| | $C_1$ | 1.754 | 1.761 | 1.812 | 1.787 | 1.827 | 1.814 | 1.803 | 1.867 | 1.861 | 1.855 |
| | $C_2$ | 14.984 | 12.036 | 10.396 | 9.610 | 8.900 | 8.509 | 8.211 | 7.797 | 7.605 | 7.446 |

续表 E. 0. 1-1

| $l/d$ \ $L_c/B_c$ | | 1 | 2 | 3 | 4 | 5 | 6 | 7 | 8 | 9 | 10 |
|---|---|---|---|---|---|---|---|---|---|---|---|
| 50 | $C_0$ | 0.036 | 0.062 | 0.081 | 0.096 | 0.108 | 0.120 | 0.129 | 0.138 | 0.147 | 0.154 |
| | $C_1$ | 1.865 | 1.860 | 1.909 | 1.873 | 1.911 | 1.889 | 1.872 | 1.939 | 1.927 | 1.916 |
| | $C_2$ | 17.492 | 13.885 | 11.905 | 10.945 | 10.090 | 9.613 | 9.247 | 8.755 | 8.519 | 8.323 |
| 60 | $C_0$ | 0.031 | 0.054 | 0.070 | 0.084 | 0.095 | 0.105 | 0.114 | 0.122 | 0.130 | 0.137 |
| | $C_1$ | 1.979 | 1.962 | 2.010 | 1.962 | 1.999 | 1.970 | 1.945 | 2.016 | 1.998 | 1.981 |
| | $C_2$ | 19.967 | 15.719 | 13.406 | 12.274 | 11.278 | 10.715 | 10.284 | 9.713 | 9.433 | 9.200 |
| 70 | $C_0$ | 0.028 | 0.048 | 0.063 | 0.075 | 0.085 | 0.094 | 0.102 | 0.110 | 0.117 | 0.123 |
| | $C_1$ | 2.095 | 2.067 | 2.114 | 2.055 | 2.091 | 2.054 | 2.021 | 2.097 | 2.072 | 2.049 |
| | $C_2$ | 22.423 | 17.546 | 14.901 | 13.602 | 12.465 | 11.818 | 11.322 | 10.672 | 10.349 | 10.080 |
| 80 | $C_0$ | 0.025 | 0.043 | 0.056 | 0.067 | 0.077 | 0.085 | 0.093 | 0.100 | 0.106 | 0.112 |
| | $C_1$ | 2.213 | 2.174 | 2.220 | 2.150 | 2.185 | 2.139 | 2.099 | 2.178 | 2.147 | 2.119 |
| | $C_2$ | 24.868 | 19.370 | 16.398 | 14.933 | 13.655 | 12.925 | 12.364 | 11.635 | 11.270 | 10.964 |
| 90 | $C_0$ | 0.022 | 0.039 | 0.051 | 0.061 | 0.070 | 0.078 | 0.085 | 0.091 | 0.097 | 0.103 |
| | $C_1$ | 2.333 | 2.283 | 2.328 | 2.245 | 2.280 | 2.225 | 2.177 | 2.261 | 2.223 | 2.189 |
| | $C_2$ | 27.307 | 21.195 | 17.897 | 16.267 | 14.849 | 14.036 | 13.411 | 12.603 | 12.194 | 11.853 |
| 100 | $C_0$ | 0.021 | 0.036 | 0.047 | 0.057 | 0.065 | 0.072 | 0.078 | 0.084 | 0.090 | 0.095 |
| | $C_1$ | 2.453 | 2.392 | 2.436 | 2.341 | 2.375 | 2.311 | 2.256 | 2.344 | 2.299 | 2.259 |
| | $C_2$ | 29.744 | 23.024 | 19.400 | 17.608 | 16.049 | 15.153 | 14.464 | 13.575 | 13.123 | 12.745 |

注：$L_c$——群桩基础承台长度；$B_c$——群桩基础承台宽度；$l$——桩长；$d$——桩径。

**表 E. 0. 1-2 （$s_a/d=3$）**

| $l/d$ \ $L_c/B_c$ | | 1 | 2 | 3 | 4 | 5 | 6 | 7 | 8 | 9 | 10 |
|---|---|---|---|---|---|---|---|---|---|---|---|
| 5 | $C_0$ | 0.203 | 0.318 | 0.377 | 0.416 | 0.445 | 0.468 | 0.486 | 0.502 | 0.516 | 0.528 |
| | $C_1$ | 1.483 | 1.723 | 1.875 | 1.955 | 2.045 | 2.098 | 2.144 | 2.218 | 2.256 | 2.290 |
| | $C_2$ | 3.679 | 4.036 | 4.006 | 4.053 | 3.995 | 4.007 | 4.014 | 3.938 | 3.944 | 3.948 |
| 10 | $C_0$ | 0.125 | 0.213 | 0.263 | 0.298 | 0.324 | 0.346 | 0.364 | 0.380 | 0.394 | 0.406 |
| | $C_1$ | 1.419 | 1.559 | 1.662 | 1.705 | 1.770 | 1.801 | 1.828 | 1.891 | 1.913 | 1.935 |
| | $C_2$ | 4.861 | 4.723 | 4.460 | 4.384 | 4.237 | 4.193 | 4.158 | 4.038 | 4.017 | 4.000 |
| 15 | $C_0$ | 0.093 | 0.166 | 0.209 | 0.240 | 0.265 | 0.285 | 0.302 | 0.317 | 0.330 | 0.342 |
| | $C_1$ | 1.430 | 1.533 | 1.619 | 1.646 | 1.703 | 1.723 | 1.741 | 1.801 | 1.817 | 1.832 |
| | $C_2$ | 5.900 | 5.435 | 5.010 | 4.855 | 4.641 | 4.559 | 4.496 | 4.340 | 4.300 | 4.267 |
| 20 | $C_0$ | 0.075 | 0.138 | 0.176 | 0.205 | 0.227 | 0.246 | 0.262 | 0.276 | 0.288 | 0.299 |
| | $C_1$ | 1.461 | 1.542 | 1.619 | 1.635 | 1.687 | 1.700 | 1.712 | 1.772 | 1.783 | 1.793 |
| | $C_2$ | 6.879 | 6.137 | 5.570 | 5.346 | 5.073 | 4.958 | 4.869 | 4.679 | 4.623 | 4.577 |
| 25 | $C_0$ | 0.063 | 0.118 | 0.153 | 0.179 | 0.200 | 0.218 | 0.233 | 0.246 | 0.258 | 0.268 |
| | $C_1$ | 1.500 | 1.565 | 1.637 | 1.644 | 1.693 | 1.699 | 1.706 | 1.767 | 1.774 | 1.780 |
| | $C_2$ | 7.822 | 6.826 | 6.127 | 5.839 | 5.511 | 5.364 | 5.252 | 5.030 | 4.958 | 4.899 |
| 30 | $C_0$ | 0.055 | 0.104 | 0.136 | 0.160 | 0.180 | 0.196 | 0.210 | 0.223 | 0.234 | 0.244 |
| | $C_1$ | 1.542 | 1.595 | 1.663 | 1.662 | 1.709 | 1.711 | 1.712 | 1.775 | 1.777 | 1.780 |
| | $C_2$ | 8.741 | 7.506 | 6.680 | 6.331 | 5.949 | 5.772 | 5.638 | 5.383 | 5.297 | 5.226 |
| 40 | $C_0$ | 0.044 | 0.085 | 0.112 | 0.133 | 0.150 | 0.165 | 0.178 | 0.189 | 0.199 | 0.208 |
| | $C_1$ | 1.632 | 1.667 | 1.729 | 1.715 | 1.759 | 1.750 | 1.743 | 1.808 | 1.804 | 1.799 |
| | $C_2$ | 10.535 | 8.845 | 7.774 | 7.309 | 6.822 | 6.588 | 6.410 | 6.093 | 5.978 | 5.883 |

续表 E. 0. 1-2

| $l/d$ \ $L_c/B_c$ | | 1 | 2 | 3 | 4 | 5 | 6 | 7 | 8 | 9 | 10 |
|---|---|---|---|---|---|---|---|---|---|---|---|
| 50 | $C_0$ | 0.036 | 0.072 | 0.096 | 0.114 | 0.130 | 0.143 | 0.155 | 0.165 | 0.174 | 0.182 |
| | $C_1$ | 1.726 | 1.746 | 1.805 | 1.778 | 1.819 | 1.801 | 1.786 | 1.855 | 1.843 | 1.832 |
| | $C_2$ | 12.292 | 10.168 | 8.860 | 8.284 | 7.694 | 7.405 | 7.185 | 6.805 | 6.662 | 6.543 |
| 60 | $C_0$ | 0.031 | 0.063 | 0.084 | 0.101 | 0.115 | 0.127 | 0.137 | 0.146 | 0.155 | 0.163 |
| | $C_1$ | 1.822 | 1.828 | 1.885 | 1.845 | 1.885 | 1.858 | 1.834 | 1.907 | 1.888 | 1.870 |
| | $C_2$ | 14.029 | 11.486 | 9.944 | 9.259 | 8.568 | 8.224 | 7.962 | 7.520 | 7.348 | 7.206 |
| 70 | $C_0$ | 0.028 | 0.056 | 0.075 | 0.090 | 0.103 | 0.114 | 0.123 | 0.132 | 0.140 | 0.147 |
| | $C_1$ | 1.920 | 1.913 | 1.968 | 1.916 | 1.954 | 1.918 | 1.885 | 1.962 | 1.936 | 1.911 |
| | $C_2$ | 15.756 | 12.801 | 11.029 | 10.237 | 9.444 | 9.047 | 8.742 | 8.238 | 8.038 | 7.871 |
| 80 | $C_0$ | 0.025 | 0.050 | 0.068 | 0.081 | 0.093 | 0.103 | 0.112 | 0.120 | 0.127 | 0.134 |
| | $C_1$ | 2.019 | 2.000 | 2.053 | 1.988 | 2.025 | 1.979 | 1.938 | 2.019 | 1.985 | 1.954 |
| | $C_2$ | 17.478 | 14.120 | 12.117 | 11.220 | 10.325 | 9.874 | 9.527 | 8.959 | 8.731 | 8.540 |
| 90 | $C_0$ | 0.022 | 0.045 | 0.062 | 0.074 | 0.085 | 0.095 | 0.103 | 0.110 | 0.117 | 0.123 |
| | $C_1$ | 2.118 | 2.087 | 2.139 | 2.060 | 2.096 | 2.041 | 1.991 | 2.076 | 2.036 | 1.998 |
| | $C_2$ | 19.200 | 15.442 | 13.210 | 12.208 | 11.211 | 10.705 | 10.316 | 9.684 | 9.427 | 9.211 |
| 100 | $C_0$ | 0.021 | 0.042 | 0.057 | 0.069 | 0.097 | 0.087 | 0.095 | 0.102 | 0.108 | 0.114 |
| | $C_1$ | 2.218 | 2.174 | 2.225 | 2.133 | 2.168 | 2.103 | 2.044 | 2.133 | 2.086 | 2.042 |
| | $C_2$ | 20.925 | 16.770 | 14.307 | 13.201 | 12.101 | 11.541 | 11.110 | 10.413 | 10.127 | 9.886 |

注：$L_c$——群桩基础承台长度；$B_c$——群桩基础承台宽度；$l$——桩长；$d$——桩径。

**表 E. 0. 1-3　($s_a/d=4$)**

| $l/d$ \ $L_c/B_c$ | | 1 | 2 | 3 | 4 | 5 | 6 | 7 | 8 | 9 | 10 |
|---|---|---|---|---|---|---|---|---|---|---|---|
| 5 | $C_0$ | 0.203 | 0.354 | 0.422 | 0.464 | 0.495 | 0.519 | 0.538 | 0.555 | 0.568 | 0.580 |
| | $C_1$ | 1.445 | 1.786 | 1.986 | 2.101 | 2.213 | 2.286 | 2.349 | 2.434 | 2.484 | 2.530 |
| | $C_2$ | 2.633 | 3.243 | 3.340 | 3.444 | 3.431 | 3.466 | 3.488 | 3.433 | 3.447 | 3.457 |
| 10 | $C_0$ | 0.125 | 0.237 | 0.294 | 0.332 | 0.361 | 0.384 | 0.403 | 0.419 | 0.433 | 0.445 |
| | $C_1$ | 1.378 | 1.570 | 1.695 | 1.756 | 1.830 | 1.870 | 1.906 | 1.972 | 2.000 | 2.027 |
| | $C_2$ | 3.707 | 3.873 | 3.743 | 3.729 | 3.630 | 3.612 | 3.597 | 3.500 | 3.490 | 3.482 |
| 15 | $C_0$ | 0.093 | 0.185 | 0.234 | 0.269 | 0.296 | 0.317 | 0.335 | 0.351 | 0.364 | 0.376 |
| | $C_1$ | 1.384 | 1.524 | 1.626 | 1.666 | 1.729 | 1.757 | 1.781 | 1.843 | 1.863 | 1.881 |
| | $C_2$ | 4.571 | 4.458 | 4.188 | 4.107 | 3.951 | 3.904 | 3.866 | 3.736 | 3.712 | 3.693 |
| 20 | $C_0$ | 0.075 | 0.153 | 0.198 | 0.230 | 0.254 | 0.275 | 0.291 | 0.306 | 0.319 | 0.331 |
| | $C_1$ | 1.408 | 1.521 | 1.611 | 1.638 | 1.695 | 1.713 | 1.730 | 1.791 | 1.805 | 1.818 |
| | $C_2$ | 5.361 | 5.024 | 4.636 | 4.502 | 4.297 | 4.225 | 4.169 | 4.009 | 3.973 | 3.944 |
| 25 | $C_0$ | 0.063 | 0.132 | 0.173 | 0.202 | 0.225 | 0.244 | 0.260 | 0.274 | 0.286 | 0.297 |
| | $C_1$ | 1.441 | 1.534 | 1.616 | 1.633 | 1.686 | 1.698 | 1.708 | 1.770 | 1.779 | 1.786 |
| | $C_2$ | 6.114 | 5.578 | 5.081 | 4.900 | 4.650 | 4.555 | 4.482 | 4.293 | 4.246 | 4.208 |
| 30 | $C_0$ | 0.055 | 0.117 | 0.154 | 0.181 | 0.203 | 0.221 | 0.236 | 0.249 | 0.261 | 0.271 |
| | $C_1$ | 1.477 | 1.555 | 1.633 | 1.640 | 1.691 | 1.696 | 1.701 | 1.764 | 1.768 | 1.771 |
| | $C_2$ | 6.843 | 6.122 | 5.524 | 5.298 | 5.004 | 4.887 | 4.799 | 4.581 | 4.524 | 4.477 |

续表 E.0.1-3

| $l/d$ \ $L_c/B_c$ | | 1 | 2 | 3 | 4 | 5 | 6 | 7 | 8 | 9 | 10 |
|---|---|---|---|---|---|---|---|---|---|---|---|
| 40 | $C_0$ | 0.044 | 0.095 | 0.127 | 0.151 | 0.170 | 0.186 | 0.200 | 0.212 | 0.223 | 0.233 |
| | $C_1$ | 1.555 | 1.611 | 1.681 | 1.673 | 1.720 | 1.714 | 1.708 | 1.774 | 1.770 | 1.765 |
| | $C_2$ | 8.261 | 7.195 | 6.402 | 6.093 | 5.713 | 5.556 | 5.436 | 5.163 | 5.085 | 5.021 |
| 50 | $C_0$ | 0.036 | 0.081 | 0.109 | 0.130 | 0.148 | 0.162 | 0.175 | 0.186 | 0.196 | 0.205 |
| | $C_1$ | 1.636 | 1.674 | 1.740 | 1.718 | 1.762 | 1.745 | 1.730 | 1.800 | 1.787 | 1.775 |
| | $C_2$ | 9.648 | 8.258 | 7.277 | 6.887 | 6.424 | 6.227 | 6.077 | 5.749 | 5.650 | 5.569 |
| 60 | $C_0$ | 0.031 | 0.071 | 0.096 | 0.115 | 0.131 | 0.144 | 0.156 | 0.166 | 0.175 | 0.183 |
| | $C_1$ | 1.719 | 1.742 | 1.805 | 1.768 | 1.810 | 1.783 | 1.758 | 1.832 | 1.811 | 1.791 |
| | $C_2$ | 11.021 | 9.319 | 8.152 | 7.684 | 7.138 | 6.902 | 6.721 | 6.338 | 6.219 | 6.120 |
| 70 | $C_0$ | 0.028 | 0.063 | 0.086 | 0.103 | 0.117 | 0.130 | 0.140 | 0.150 | 0.158 | 0.166 |
| | $C_1$ | 1.803 | 1.811 | 1.872 | 1.821 | 1.861 | 1.824 | 1.789 | 1.867 | 1.839 | 1.812 |
| | $C_2$ | 12.387 | 10.381 | 9.029 | 8.485 | 7.856 | 7.580 | 7.369 | 6.929 | 6.789 | 6.672 |
| 80 | $C_0$ | 0.025 | 0.057 | 0.077 | 0.093 | 0.107 | 0.118 | 0.128 | 0.137 | 0.145 | 0.152 |
| | $C_1$ | 1.887 | 1.882 | 1.940 | 1.876 | 1.914 | 1.866 | 1.822 | 1.904 | 1.868 | 1.834 |
| | $C_2$ | 13.753 | 11.447 | 9.911 | 9.291 | 8.578 | 8.262 | 8.020 | 7.524 | 7.362 | 7.226 |
| 90 | $C_0$ | 0.022 | 0.051 | 0.071 | 0.085 | 0.098 | 0.108 | 0.117 | 0.126 | 0.133 | 0.140 |
| | $C_1$ | 1.972 | 1.953 | 2.009 | 1.931 | 1.967 | 1.909 | 1.857 | 1.943 | 1.899 | 1.858 |
| | $C_2$ | 15.119 | 12.518 | 10.799 | 10.102 | 9.305 | 8.949 | 8.674 | 8.122 | 7.938 | 7.782 |
| 100 | $C_0$ | 0.021 | 0.047 | 0.065 | 0.079 | 0.090 | 0.100 | 0.109 | 0.117 | 0.123 | 0.130 |
| | $C_1$ | 2.057 | 2.025 | 2.079 | 1.986 | 2.021 | 1.953 | 1.891 | 1.981 | 1.931 | 1.883 |
| | $C_2$ | 16.490 | 13.595 | 11.691 | 10.918 | 10.036 | 9.639 | 9.331 | 8.722 | 8.515 | 8.339 |

注：$L_c$——群桩基础承台长度；$B_c$——群桩基础承台宽度；$l$——桩长；$d$——桩径。

**表 E.0.1-4　($s_a/d=5$)**

| $l/d$ \ $L_c/B_c$ | | 1 | 2 | 3 | 4 | 5 | 6 | 7 | 8 | 9 | 10 |
|---|---|---|---|---|---|---|---|---|---|---|---|
| 5 | $C_0$ | 0.203 | 0.389 | 0.464 | 0.510 | 0.543 | 0.567 | 0.587 | 0.603 | 0.617 | 0.628 |
| | $C_1$ | 1.416 | 1.864 | 2.120 | 2.277 | 2.416 | 2.514 | 2.599 | 2.695 | 2.761 | 2.821 |
| | $C_2$ | 1.941 | 2.652 | 2.824 | 2.957 | 2.973 | 3.018 | 3.045 | 3.008 | 3.023 | 3.033 |
| 10 | $C_0$ | 0.125 | 0.260 | 0.323 | 0.364 | 0.394 | 0.417 | 0.437 | 0.453 | 0.467 | 0.480 |
| | $C_1$ | 1.349 | 1.593 | 1.740 | 1.818 | 1.902 | 1.952 | 1.996 | 2.065 | 2.099 | 2.131 |
| | $C_2$ | 2.959 | 3.301 | 3.255 | 3.278 | 3.208 | 3.206 | 3.201 | 3.120 | 3.116 | 3.112 |
| 15 | $C_0$ | 0.093 | 0.202 | 0.257 | 0.295 | 0.323 | 0.345 | 0.364 | 0.379 | 0.393 | 0.405 |
| | $C_1$ | 1.351 | 1.528 | 1.645 | 1.697 | 1.766 | 1.800 | 1.829 | 1.893 | 1.916 | 1.938 |
| | $C_2$ | 3.724 | 3.825 | 3.649 | 3.614 | 3.492 | 3.465 | 3.442 | 3.329 | 3.314 | 3.301 |
| 20 | $C_0$ | 0.075 | 0.168 | 0.218 | 0.252 | 0.278 | 0.299 | 0.317 | 0.332 | 0.345 | 0.357 |
| | $C_1$ | 1.372 | 1.513 | 1.615 | 1.651 | 1.712 | 1.735 | 1.755 | 1.818 | 1.834 | 1.849 |
| | $C_2$ | 4.407 | 4.316 | 4.036 | 3.957 | 3.792 | 3.745 | 3.708 | 3.566 | 3.542 | 3.522 |
| 25 | $C_0$ | 0.063 | 0.145 | 0.190 | 0.222 | 0.246 | 0.267 | 0.283 | 0.298 | 0.310 | 0.322 |
| | $C_1$ | 1.399 | 1.517 | 1.609 | 1.633 | 1.690 | 1.705 | 1.717 | 1.781 | 1.791 | 1.800 |
| | $C_2$ | 5.049 | 4.792 | 4.418 | 4.301 | 4.096 | 4.031 | 3.982 | 3.812 | 3.780 | 3.754 |

续表 E.0.1-4

| $l/d$ | $L_c/B_c$ | 1 | 2 | 3 | 4 | 5 | 6 | 7 | 8 | 9 | 10 |
|---|---|---|---|---|---|---|---|---|---|---|---|
| 30 | $C_0$ | 0.055 | 0.128 | 0.170 | 0.199 | 0.222 | 0.241 | 0.257 | 0.271 | 0.283 | 0.294 |
| | $C_1$ | 1.431 | 1.531 | 1.617 | 1.630 | 1.684 | 1.692 | 1.697 | 1.762 | 1.767 | 1.770 |
| | $C_2$ | 5.668 | 5.258 | 4.796 | 4.644 | 4.401 | 4.320 | 4.259 | 4.063 | 4.022 | 3.990 |
| 40 | $C_0$ | 0.044 | 0.105 | 0.141 | 0.167 | 0.188 | 0.205 | 0.219 | 0.232 | 0.243 | 0.253 |
| | $C_1$ | 1.498 | 1.573 | 1.650 | 1.646 | 1.695 | 1.689 | 1.683 | 1.751 | 1.746 | 1.741 |
| | $C_2$ | 6.865 | 6.176 | 5.547 | 5.331 | 5.013 | 4.902 | 4.817 | 4.568 | 4.512 | 4.467 |
| 50 | $C_0$ | 0.036 | 0.089 | 0.121 | 0.144 | 0.163 | 0.179 | 0.192 | 0.204 | 0.214 | 0.224 |
| | $C_1$ | 1.569 | 1.623 | 1.695 | 1.675 | 1.720 | 1.703 | 1.868 | 1.758 | 1.743 | 1.730 |
| | $C_2$ | 8.034 | 7.085 | 6.296 | 6.018 | 5.628 | 5.486 | 5.379 | 5.078 | 5.006 | 4.948 |
| 60 | $C_0$ | 0.031 | 0.078 | 0.106 | 0.128 | 0.145 | 0.159 | 0.171 | 0.182 | 0.192 | 0.201 |
| | $C_1$ | 1.642 | 1.678 | 1.745 | 1.710 | 1.753 | 1.724 | 1.697 | 1.772 | 1.749 | 1.727 |
| | $C_2$ | 9.192 | 7.994 | 7.046 | 6.709 | 6.246 | 6.074 | 5.943 | 5.590 | 5.502 | 5.429 |
| 70 | $C_0$ | 0.028 | 0.069 | 0.095 | 0.114 | 0.130 | 0.143 | 0.155 | 0.165 | 0.174 | 0.182 |
| | $C_1$ | 1.715 | 1.735 | 1.799 | 1.748 | 1.789 | 1.749 | 1.712 | 1.791 | 1.760 | 1.730 |
| | $C_2$ | 10.345 | 8.905 | 7.800 | 7.403 | 6.868 | 6.664 | 6.509 | 6.104 | 5.999 | 5.911 |
| 80 | $C_0$ | 0.025 | 0.063 | 0.086 | 0.104 | 0.118 | 0.131 | 0.141 | 0.151 | 0.159 | 0.167 |
| | $C_1$ | 1.788 | 1.793 | 1.854 | 1.788 | 1.827 | 1.776 | 1.730 | 1.812 | 1.773 | 1.737 |
| | $C_2$ | 11.498 | 9.820 | 8.558 | 8.102 | 7.493 | 7.258 | 7.077 | 6.620 | 6.497 | 6.393 |
| 90 | $C_0$ | 0.022 | 0.057 | 0.079 | 0.095 | 0.109 | 0.120 | 0.130 | 0.139 | 0.147 | 0.154 |
| | $C_1$ | 1.861 | 1.851 | 1.909 | 1.830 | 1.866 | 1.805 | 1.749 | 1.835 | 1.789 | 1.745 |
| | $C_2$ | 12.653 | 10.741 | 9.321 | 8.805 | 8.123 | 7.854 | 7.647 | 7.138 | 6.996 | 6.876 |
| 100 | $C_0$ | 0.021 | 0.052 | 0.072 | 0.088 | 0.100 | 0.111 | 0.120 | 0.129 | 0.136 | 0.143 |
| | $C_1$ | 1.934 | 1.909 | 1.966 | 1.871 | 1.905 | 1.834 | 1.769 | 1.859 | 1.805 | 1.755 |
| | $C_2$ | 13.812 | 11.667 | 10.089 | 9.512 | 8.755 | 8.453 | 8.218 | 7.657 | 7.495 | 7.358 |

注：$L_c$——群桩基础承台长度；$B_c$——群桩基础承台宽度；$l$——桩长；$d$——桩径。

**表 E.0.1-5　($s_a/d=6$)**

| $l/d$ | $L_c/B_c$ | 1 | 2 | 3 | 4 | 5 | 6 | 7 | 8 | 9 | 10 |
|---|---|---|---|---|---|---|---|---|---|---|---|
| 5 | $C_0$ | 0.203 | 0.423 | 0.506 | 0.555 | 0.588 | 0.613 | 0.633 | 0.649 | 0.663 | 0.674 |
| | $C_1$ | 1.393 | 1.956 | 2.277 | 2.485 | 2.658 | 2.789 | 2.902 | 3.021 | 3.099 | 3.179 |
| | $C_2$ | 1.438 | 2.152 | 2.365 | 2.503 | 2.538 | 2.581 | 2.603 | 2.586 | 2.596 | 2.599 |
| 10 | $C_0$ | 0.125 | 0.281 | 0.350 | 0.393 | 0.424 | 0.449 | 0.468 | 0.485 | 0.499 | 0.511 |
| | $C_1$ | 1.328 | 1.623 | 1.793 | 1.889 | 1.983 | 2.044 | 2.096 | 2.169 | 2.210 | 2.247 |
| | $C_2$ | 2.421 | 2.870 | 2.881 | 2.927 | 2.879 | 2.886 | 2.887 | 2.818 | 2.817 | 2.815 |
| 15 | $C_0$ | 0.093 | 0.219 | 0.279 | 0.318 | 0.348 | 0.371 | 0.390 | 0.406 | 0.419 | 0.423 |
| | $C_1$ | 1.327 | 1.540 | 1.671 | 1.733 | 1.809 | 1.848 | 1.882 | 1.949 | 1.975 | 1.999 |
| | $C_2$ | 3.126 | 3.366 | 3.256 | 3.250 | 3.153 | 3.139 | 3.126 | 3.024 | 3.015 | 3.007 |

续表 E.0.1-5

| $l/d$ | | $L_c/B_c$ 1 | 2 | 3 | 4 | 5 | 6 | 7 | 8 | 9 | 10 |
|---|---|---|---|---|---|---|---|---|---|---|---|
| 20 | $C_0$ | 0.075 | 0.182 | 0.236 | 0.272 | 0.300 | 0.322 | 0.340 | 0.355 | 0.369 | 0.380 |
| | $C_1$ | 1.344 | 1.513 | 1.625 | 1.669 | 1.735 | 1.762 | 1.785 | 1.850 | 1.868 | 1.884 |
| | $C_2$ | 3.740 | 3.815 | 3.607 | 3.565 | 3.428 | 3.398 | 3.374 | 3.243 | 3.227 | 3.214 |
| 25 | $C_0$ | 0.063 | 0.157 | 0.207 | 0.024 | 0.266 | 0.287 | 0.304 | 0.319 | 0.332 | 0.343 |
| | $C_1$ | 1.368 | 1.509 | 1.610 | 1.640 | 1.700 | 1.717 | 1.731 | 1.796 | 1.807 | 1.816 |
| | $C_2$ | 4.311 | 4.242 | 3.950 | 3.877 | 3.703 | 3.659 | 3.625 | 3.468 | 3.445 | 3.427 |
| 30 | $C_0$ | 0.055 | 0.139 | 0.184 | 0.216 | 0.240 | 0.260 | 0.276 | 0.291 | 0.303 | 0.314 |
| | $C_1$ | 1.395 | 1.516 | 1.608 | 1.627 | 1.683 | 1.692 | 1.699 | 1.765 | 1.769 | 1.773 |
| | $C_2$ | 4.858 | 4.659 | 4.288 | 4.187 | 3.977 | 3.921 | 3.879 | 3.694 | 3.666 | 3.643 |
| 40 | $C_0$ | 0.044 | 0.114 | 0.153 | 0.181 | 0.203 | 0.221 | 0.236 | 0.249 | 0.261 | 0.271 |
| | $C_1$ | 1.455 | 1.545 | 1.627 | 1.626 | 1.676 | 1.671 | 1.664 | 1.733 | 1.727 | 1.721 |
| | $C_2$ | 5.912 | 5.477 | 4.957 | 4.804 | 4.528 | 4.447 | 4.386 | 4.151 | 4.111 | 4.078 |
| 50 | $C_0$ | 0.036 | 0.097 | 0.132 | 0.157 | 0.177 | 0.193 | 0.207 | 0.219 | 0.230 | 0.240 |
| | $C_1$ | 1.517 | 1.584 | 1.659 | 1.640 | 1.687 | 1.669 | 1.650 | 1.723 | 1.707 | 1.691 |
| | $C_2$ | 6.939 | 6.287 | 5.624 | 5.423 | 5.080 | 4.974 | 4.896 | 4.610 | 4.557 | 4.514 |
| 60 | $C_0$ | 0.031 | 0.085 | 0.116 | 0.139 | 0.157 | 0.172 | 0.185 | 0.196 | 0.207 | 0.216 |
| | $C_1$ | 1.581 | 1.627 | 1.698 | 1.662 | 1.706 | 1.675 | 1.645 | 1.722 | 1.697 | 1.672 |
| | $C_2$ | 7.956 | 7.097 | 6.292 | 6.043 | 5.634 | 5.504 | 5.406 | 5.071 | 5.004 | 4.948 |
| 70 | $C_0$ | 0.028 | 0.076 | 0.104 | 0.125 | 0.141 | 0.156 | 0.168 | 0.178 | 0.188 | 0.196 |
| | $C_1$ | 1.645 | 1.673 | 1.740 | 1.688 | 1.728 | 1.686 | 1.646 | 1.726 | 1.692 | 1.660 |
| | $C_2$ | 8.968 | 7.908 | 6.964 | 6.667 | 6.191 | 6.035 | 5.917 | 5.532 | 5.450 | 5.382 |
| 80 | $C_0$ | 0.025 | 0.068 | 0.094 | 0.113 | 0.129 | 0.142 | 0.153 | 0.163 | 0.172 | 0.180 |
| | $C_1$ | 1.708 | 1.720 | 1.783 | 1.716 | 1.754 | 1.700 | 1.650 | 1.734 | 1.692 | 1.652 |
| | $C_2$ | 9.981 | 8.724 | 7.640 | 7.293 | 6.751 | 6.569 | 6.428 | 5.994 | 5.896 | 5.814 |
| 90 | $C_0$ | 0.022 | 0.062 | 0.086 | 0.104 | 0.118 | 0.131 | 0.141 | 0.150 | 0.159 | 0.167 |
| | $C_1$ | 1.772 | 1.768 | 1.827 | 1.745 | 1.780 | 1.716 | 1.657 | 1.744 | 1.694 | 1.648 |
| | $C_2$ | 10.997 | 9.544 | 8.319 | 7.924 | 7.314 | 7.103 | 6.939 | 6.457 | 6.342 | 6.244 |
| 100 | $C_0$ | 0.021 | 0.057 | 0.079 | 0.096 | 0.110 | 0.121 | 0.131 | 0.140 | 0.148 | 0.155 |
| | $C_1$ | 1.835 | 1.815 | 1.872 | 1.775 | 1.808 | 1.733 | 1.665 | 1.755 | 1.698 | 1.646 |
| | $C_2$ | 12.016 | 10.370 | 9.004 | 8.557 | 7.879 | 7.639 | 7.450 | 6.919 | 6.787 | 6.673 |

注：$L_c$——群桩基础承台长度；$B_c$——群桩基础承台宽度；$l$——桩长；$d$——桩径

## 附录F 考虑桩径影响的 Mindlin（明德林）解应力影响系数

**F.0.1** 本规范第5.5.14条规定基桩引起的附加应力应根据考虑桩径影响的明德林解按下列公式计算：

$$\sigma_z = \sigma_{zp} + \sigma_{zsr} + \sigma_{zst} \quad (F.0.1\text{-}1)$$

$$\sigma_{zp} = \frac{\alpha Q}{l^2} I_p \quad (F.0.1\text{-}2)$$

$$\sigma_{zsr} = \frac{\beta Q}{l^2} I_{sr} \quad (F.0.1\text{-}3)$$

$$\sigma_{zst} = \frac{(1-\alpha-\beta)Q}{l^2} I_{st} \quad (F.0.1\text{-}4)$$

式中 $\sigma_{zp}$——端阻力在应力计算点引起的附加应力；

$\sigma_{zsr}$——均匀分布侧阻力在应力计算点引起的附加应力；

$\sigma_{zst}$——三角形分布侧阻力在应力计算点引起的附加应力；

$\alpha$——桩端阻力比；

$\beta$——均匀分布侧阻力比；

$l$——桩长；

$I_p$、$I_{sr}$、$I_{st}$——考虑桩径影响的明德林解应力影响系数，按F.0.2条确定。

**F.0.2** 考虑桩径影响的明德林解应力影响系数，将端阻力和侧阻力简化为图F.0.2的形式，求解明德林解应力影响系数。

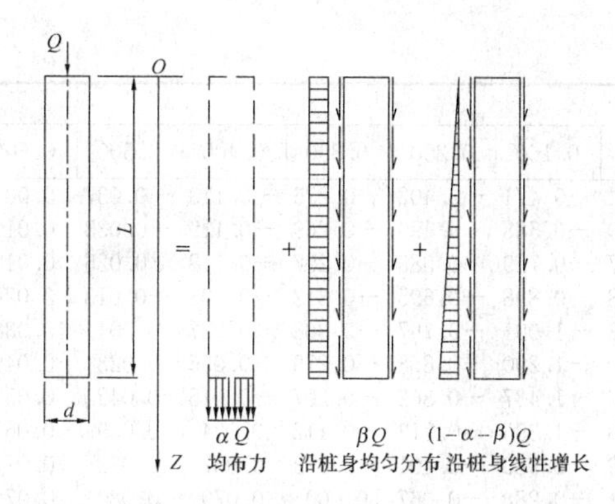


图 F.0.2 单桩荷载分担及侧阻力、端阻力分布

**1** 考虑桩径影响，沿桩身轴线的竖向应力系数解析式：

$$I_{\mathrm{p}}=\frac{l^2}{\pi\cdot r^2}\cdot\frac{1}{4(1-\mu)}\left\{2(1-\mu)-\frac{(1-2\mu)(z-l)}{\sqrt{r^2+(z-l)^2}}-\frac{(1-2\mu)(z-l)}{z+l}+\frac{(1-2\mu)(z-l)}{\sqrt{r^2+(z+l)^2}}-\frac{(z-l)^3}{[r^2+(z-l)^2]^{3/2}}+\frac{(3-4\mu)z}{z+l}-\frac{(3-4\mu)z(z+l)^2}{[r^2+(z+l)^2]^{3/2}}-\frac{l(5z-l)}{(z+l)^2}+\frac{l(z+l)(5z-l)}{[r^2+(z+l)^2]^{3/2}}+\frac{6lz}{(z+l)^2}-\frac{6zl(z+l)^3}{[r^2+(z+l)^2]^{5/2}}\right\} \tag{F.0.2-1}$$

$$I_{\mathrm{sr}}=\frac{l}{2\pi r}\cdot\frac{1}{4(1-\mu)}\left\{\frac{2(2-\mu)r}{\sqrt{r^2+(z-l)^2}}-\frac{2(2-\mu)r^2+2(1-2\mu)z(z+l)}{r\sqrt{r^2+(z+l)^2}}+\frac{2(1-2\mu)z^2}{r\sqrt{r^2+z^2}}-\frac{4z^2[r^2-(1+\mu)z^2]}{r(r^2+z^2)^{3/2}}-\frac{4(1+\mu)z(z+l)^3-4z^2r^2-r^4}{r[r^2+(z+l)^2]^{3/2}}-\frac{r^3}{[r^2+(z-l)^2]^{3/2}}-\frac{6z^2[z^4-r^4]}{r(r^2+z^2)^{5/2}}-\frac{6z[zr^4-(z+l)^5]}{r[r^2+(z+l)^2]^{5/2}}\right\} \tag{F.0.2-2}$$

$$I_{\mathrm{st}}=\frac{l}{\pi r}\cdot\frac{1}{4(1-\mu)}\left\{\frac{2(2-\mu)r}{\sqrt{r^2+(z-l)^2}}+\frac{2(1-2\mu)z^2(z+l)-2(2-\mu)(4z+l)r^2}{lr\sqrt{r^2+(z+l)^2}}+\frac{8(2-\mu)zr^2-2(1-2\mu)z^3}{lr\sqrt{r^2+z^2}}+\frac{12z^7+6zr^4(r^2-z^2)}{lr(r^2+z^2)^{5/2}}+\frac{15zr^4+2(5+2\mu)z^2(z+l)^3-4\mu zr^4-4z^3r^2-r^2(z+l)^3}{lr[r^2+(z+l)^2]^{3/2}}-\frac{6zr^4(r^2-z^2)+12z^2(z+l)^5}{lr[r^2+(z+l)^2]^{5/2}}+\frac{6z^3r^2-2(5+2\mu)z^5-2(7-2\mu)zr^4}{lr[r^2+z^2]^{3/2}}-\frac{zr^3+(z-l)^3r}{l[r^2+(z-l)^2]^{3/2}}+2(2-\mu)\frac{r}{l}\ln\frac{(\sqrt{r^2+(z-l)^2}+z-l)(\sqrt{r^2+(z+l)^2}+z+l)}{[\sqrt{r^2+z^2}+z]^2}\right\} \tag{F.0.2-3}$$

式中 $\mu$——地基土的泊松比；

$r$——桩身半径；

$l$——桩长；

$z$——计算应力点离桩顶的竖向距离。

**2** 考虑桩径影响，明德林解竖向应力影响系数表，1）桩端以下桩身轴线上（$n=\rho/l=0$）各点的竖向应力影响系数，系按式（F.0.2-1）～式（F.0.2-3）计算，其值列于表 F.0.2-1～表 F.0.2-3。2）水平向有效影响范围内桩的竖向应力影响系数，系按数值积分法计算，其值列于表 F.0.2-1～表 F.0.2-3。表中：$m=z/l$；$n=\rho/l$；$\rho$ 为相邻桩至计算桩轴线的水平距离。

**表 F.0.2-1 考虑桩径影响，均布桩端阻力竖向应力影响系数 $I_{\mathrm{p}}$**

| $l/d$ | 10 | | | | | | | | | | | | |
|---|---|---|---|---|---|---|---|---|---|---|---|---|---|
| $m$ \ $n$ | 0.000 | 0.020 | 0.040 | 0.060 | 0.080 | 0.100 | 0.120 | 0.160 | 0.200 | 0.300 | 0.400 | 0.500 | 0.600 |
| 0.500 | | | | −0.600 | −0.581 | −0.558 | −0.531 | −0.468 | −0.400 | −0.236 | −0.113 | −0.037 | 0.004 |
| 0.550 | | | | −0.779 | −0.751 | −0.716 | −0.675 | −0.585 | −0.488 | −0.270 | −0.119 | −0.034 | 0.010 |
| 0.600 | | | | −1.021 | −0.976 | −0.922 | −0.860 | −0.725 | −0.587 | −0.297 | −0.119 | −0.026 | 0.018 |
| 0.650 | | | | −1.357 | −1.283 | −1.196 | −1.099 | −0.893 | −0.694 | −0.314 | −0.109 | −0.013 | 0.027 |
| 0.700 | | | | −1.846 | −1.717 | −1.568 | −1.408 | −1.086 | −0.797 | −0.311 | −0.088 | 0.003 | 0.038 |
| 0.750 | | | | −2.589 | −2.349 | −2.080 | −1.805 | −1.289 | −0.873 | −0.279 | −0.057 | 0.022 | 0.049 |
| 0.800 | | | | −3.781 | −3.289 | −2.772 | −2.276 | −1.448 | −0.875 | −0.212 | −0.018 | 0.041 | 0.059 |
| 0.850 | | | | −5.787 | −4.666 | −3.606 | −2.701 | −1.434 | −0.737 | −0.117 | 0.023 | 0.059 | 0.067 |
| 0.900 | | | | −9.175 | −6.341 | −4.137 | −2.625 | −1.047 | −0.426 | −0.015 | 0.057 | 0.072 | 0.072 |
| 0.950 | | | | −13.522 | −6.132 | −2.699 | −1.262 | −0.327 | −0.078 | 0.059 | 0.079 | 0.080 | 0.075 |
| 1.004 | 62.563 | 62.378 | 60.503 | 1.756 | 0.367 | 0.208 | 0.157 | 0.123 | 0.111 | 0.100 | 0.093 | 0.085 | 0.078 |
| 1.008 | 61.245 | 60.784 | 55.653 | 4.584 | 0.705 | 0.325 | 0.214 | 0.144 | 0.121 | 0.102 | 0.093 | 0.086 | 0.078 |
| 1.012 | 59.708 | 58.836 | 50.294 | 7.572 | 1.159 | 0.468 | 0.280 | 0.166 | 0.131 | 0.105 | 0.094 | 0.086 | 0.078 |
| 1.016 | 57.894 | 56.509 | 45.517 | 9.951 | 1.729 | 0.643 | 0.356 | 0.190 | 0.142 | 0.108 | 0.095 | 0.086 | 0.078 |
| 1.020 | 55.793 | 53.863 | 41.505 | 11.637 | 2.379 | 0.853 | 0.446 | 0.217 | 0.154 | 0.110 | 0.096 | 0.087 | 0.078 |
| 1.024 | 53.433 | 51.008 | 38.145 | 12.763 | 3.063 | 1.094 | 0.549 | 0.248 | 0.167 | 0.113 | 0.097 | 0.087 | 0.078 |
| 1.028 | 50.868 | 48.054 | 35.286 | 13.474 | 3.737 | 1.360 | 0.666 | 0.282 | 0.181 | 0.116 | 0.098 | 0.087 | 0.078 |
| 1.040 | 42.642 | 39.423 | 28.667 | 14.106 | 5.432 | 2.227 | 1.084 | 0.406 | 0.230 | 0.126 | 0.101 | 0.089 | 0.079 |
| 1.060 | 30.269 | 27.845 | 21.170 | 13.000 | 6.839 | 3.469 | 1.849 | 0.677 | 0.342 | 0.148 | 0.108 | 0.091 | 0.080 |
| 1.080 | 21.437 | 19.955 | 16.036 | 11.179 | 6.992 | 4.152 | 2.467 | 0.980 | 0.481 | 0.176 | 0.117 | 0.094 | 0.081 |
| 1.100 | 15.575 | 14.702 | 12.379 | 9.386 | 6.552 | 4.348 | 2.834 | 1.254 | 0.631 | 0.211 | 0.127 | 0.098 | 0.083 |
| 1.120 | 11.677 | 11.153 | 9.734 | 7.831 | 5.896 | 4.240 | 2.977 | 1.465 | 0.773 | 0.250 | 0.140 | 0.103 | 0.085 |
| 1.140 | 9.017 | 8.692 | 7.795 | 6.548 | 5.208 | 3.977 | 2.960 | 1.601 | 0.893 | 0.292 | 0.154 | 0.109 | 0.087 |
| 1.160 | 7.146 | 6.937 | 6.349 | 5.509 | 4.565 | 3.650 | 2.845 | 1.669 | 0.985 | 0.334 | 0.170 | 0.115 | 0.090 |
| 1.180 | 5.791 | 5.651 | 5.254 | 4.672 | 3.996 | 3.310 | 2.678 | 1.684 | 1.048 | 0.374 | 0.187 | 0.122 | 0.094 |
| 1.200 | 4.782 | 4.686 | 4.410 | 3.996 | 3.503 | 2.986 | 2.489 | 1.659 | 1.083 | 0.411 | 0.204 | 0.130 | 0.097 |
| 1.300 | 2.252 | 2.230 | 2.167 | 2.067 | 1.938 | 1.788 | 1.627 | 1.302 | 1.010 | 0.513 | 0.277 | 0.170 | 0.119 |
| 1.400 | 1.312 | 1.306 | 1.284 | 1.250 | 1.204 | 1.149 | 1.087 | 0.949 | 0.807 | 0.506 | 0.312 | 0.201 | 0.140 |
| 1.500 | 0.866 | 0.863 | 0.854 | 0.839 | 0.820 | 0.795 | 0.767 | 0.701 | 0.629 | 0.451 | 0.311 | 0.215 | 0.154 |
| 1.600 | 0.619 | 0.617 | 0.613 | 0.606 | 0.596 | 0.583 | 0.569 | 0.534 | 0.494 | 0.387 | 0.290 | 0.215 | 0.160 |

续表 F.0.2-1

| $l/d$ | 15 | | | | | | | | | | | | |
|---|---|---|---|---|---|---|---|---|---|---|---|---|---|
| $m$ \ $n$ | 0.000 | 0.020 | 0.040 | 0.060 | 0.080 | 0.100 | 0.120 | 0.160 | 0.200 | 0.300 | 0.400 | 0.500 | 0.600 |
| 0.500 | | | -0.619 | -0.605 | -0.585 | -0.562 | -0.534 | -0.471 | -0.402 | -0.236 | -0.113 | -0.037 | 0.004 |
| 0.550 | | | -0.808 | -0.786 | -0.757 | -0.721 | -0.680 | -0.588 | -0.490 | -0.269 | -0.119 | -0.033 | 0.010 |
| 0.600 | | | -1.067 | -1.032 | -0.986 | -0.930 | -0.867 | -0.729 | -0.589 | -0.297 | -0.118 | -0.025 | 0.018 |
| 0.650 | | | -1.433 | -1.375 | -1.299 | -1.208 | -1.108 | -0.898 | -0.695 | -0.312 | -0.108 | -0.013 | 0.028 |
| 0.700 | | | -1.981 | -1.876 | -1.742 | -1.587 | -1.422 | -1.091 | -0.797 | -0.308 | -0.087 | 0.004 | 0.038 |
| 0.750 | | | -2.850 | -2.645 | -2.389 | -2.108 | -1.820 | -1.290 | -0.868 | -0.275 | -0.056 | 0.023 | 0.049 |
| 0.800 | | | -4.342 | -3.889 | -3.355 | -2.805 | -2.286 | -1.437 | -0.862 | -0.207 | -0.016 | 0.042 | 0.059 |
| 0.850 | | | -7.174 | -5.996 | -4.747 | -3.609 | -2.668 | -1.395 | -0.713 | -0.112 | 0.024 | 0.059 | 0.067 |
| 0.900 | | | -13.179 | -9.428 | -6.231 | -3.949 | -2.469 | -0.980 | -0.401 | -0.012 | 0.057 | 0.072 | 0.072 |
| 0.950 | | | -25.874 | -11.676 | -4.925 | -2.196 | -1.061 | -0.288 | -0.067 | 0.060 | 0.079 | 0.080 | 0.076 |
| 1.004 | 139.202 | 137.028 | 6.771 | 0.657 | 0.288 | 0.189 | 0.151 | 0.122 | 0.111 | 0.100 | 0.093 | 0.085 | 0.078 |
| 1.008 | 134.212 | 127.885 | 16.907 | 1.416 | 0.502 | 0.283 | 0.201 | 0.141 | 0.120 | 0.102 | 0.093 | 0.086 | 0.078 |
| 1.012 | 127.849 | 116.582 | 24.338 | 2.473 | 0.771 | 0.392 | 0.256 | 0.161 | 0.130 | 0.105 | 0.094 | 0.086 | 0.078 |
| 1.016 | 120.095 | 104.985 | 28.589 | 3.784 | 1.109 | 0.522 | 0.320 | 0.184 | 0.140 | 0.107 | 0.095 | 0.086 | 0.078 |
| 1.020 | 111.316 | 94.178 | 30.723 | 5.224 | 1.516 | 0.677 | 0.394 | 0.209 | 0.152 | 0.110 | 0.096 | 0.087 | 0.078 |
| 1.024 | 102.035 | 84.503 | 31.544 | 6.655 | 1.981 | 0.858 | 0.478 | 0.236 | 0.164 | 0.113 | 0.097 | 0.087 | 0.078 |
| 1.028 | 92.751 | 75.959 | 31.545 | 7.976 | 2.487 | 1.062 | 0.575 | 0.267 | 0.177 | 0.116 | 0.098 | 0.087 | 0.078 |
| 1.040 | 67.984 | 55.962 | 29.127 | 10.814 | 4.040 | 1.776 | 0.927 | 0.379 | 0.223 | 0.126 | 0.101 | 0.089 | 0.079 |
| 1.060 | 40.837 | 35.291 | 22.966 | 12.108 | 5.919 | 2.983 | 1.625 | 0.627 | 0.328 | 0.147 | 0.108 | 0.091 | 0.080 |
| 1.080 | 26.159 | 23.586 | 17.507 | 11.187 | 6.586 | 3.808 | 2.255 | 0.914 | 0.460 | 0.174 | 0.116 | 0.094 | 0.081 |
| 1.100 | 17.897 | 16.610 | 13.391 | 9.640 | 6.442 | 4.160 | 2.679 | 1.187 | 0.605 | 0.208 | 0.127 | 0.098 | 0.083 |
| 1.120 | 12.923 | 12.226 | 10.406 | 8.106 | 5.921 | 4.162 | 2.881 | 1.406 | 0.746 | 0.246 | 0.139 | 0.103 | 0.085 |
| 1.140 | 9.737 | 9.332 | 8.241 | 6.781 | 5.281 | 3.962 | 2.911 | 1.555 | 0.868 | 0.288 | 0.153 | 0.108 | 0.087 |
| 1.160 | 7.588 | 7.339 | 6.652 | 5.693 | 4.648 | 3.666 | 2.827 | 1.637 | 0.963 | 0.329 | 0.169 | 0.115 | 0.090 |
| 1.180 | 6.075 | 5.915 | 5.463 | 4.813 | 4.073 | 3.340 | 2.678 | 1.663 | 1.030 | 0.369 | 0.185 | 0.122 | 0.093 |
| 1.200 | 4.973 | 4.866 | 4.558 | 4.104 | 3.570 | 3.019 | 2.499 | 1.647 | 1.070 | 0.406 | 0.202 | 0.130 | 0.097 |
| 1.300 | 2.291 | 2.269 | 2.202 | 2.097 | 1.962 | 1.807 | 1.640 | 1.307 | 1.010 | 0.511 | 0.276 | 0.170 | 0.118 |
| 1.400 | 1.325 | 1.318 | 1.296 | 1.261 | 1.214 | 1.157 | 1.094 | 0.953 | 0.809 | 0.505 | 0.311 | 0.201 | 0.139 |
| 1.500 | 0.871 | 0.868 | 0.859 | 0.844 | 0.824 | 0.799 | 0.770 | 0.704 | 0.630 | 0.451 | 0.310 | 0.215 | 0.154 |
| 1.600 | 0.621 | 0.620 | 0.615 | 0.608 | 0.598 | 0.586 | 0.571 | 0.536 | 0.496 | 0.388 | 0.290 | 0.215 | 0.160 |

| $l/d$ | 20 | | | | | | | | | | | | |
|---|---|---|---|---|---|---|---|---|---|---|---|---|---|
| $m$ \ $n$ | 0.000 | 0.020 | 0.040 | 0.060 | 0.080 | 0.100 | 0.120 | 0.160 | 0.200 | 0.300 | 0.400 | 0.500 | 0.600 |
| 0.500 | | | -0.621 | -0.606 | -0.587 | -0.563 | -0.535 | -0.472 | -0.402 | -0.236 | -0.113 | -0.037 | 0.004 |
| 0.550 | | | -0.811 | -0.789 | -0.759 | -0.723 | -0.682 | -0.589 | -0.491 | -0.269 | -0.118 | -0.033 | 0.010 |
| 0.600 | | | -1.071 | -1.036 | -0.989 | -0.933 | -0.869 | -0.731 | -0.590 | -0.296 | -0.117 | -0.025 | 0.018 |
| 0.650 | | | -1.440 | -1.381 | -1.304 | -1.213 | -1.112 | -0.899 | -0.696 | -0.312 | -0.107 | -0.013 | 0.028 |
| 0.700 | | | -1.993 | -1.887 | -1.751 | -1.594 | -1.426 | -1.092 | -0.797 | -0.307 | -0.086 | 0.004 | 0.038 |
| 0.750 | | | -2.875 | -2.665 | -2.404 | -2.117 | -1.826 | -1.290 | -0.867 | -0.273 | -0.055 | 0.023 | 0.049 |
| 0.800 | | | -4.396 | -3.927 | -3.378 | -2.816 | -2.288 | -1.432 | -0.857 | -0.205 | -0.016 | 0.042 | 0.059 |
| 0.850 | | | -7.309 | -6.069 | -4.773 | -3.608 | -2.656 | -1.382 | -0.705 | -0.110 | 0.024 | 0.059 | 0.067 |
| 0.900 | | | -13.547 | -9.494 | -6.176 | -3.877 | -2.414 | -0.957 | -0.392 | -0.011 | 0.058 | 0.072 | 0.072 |
| 0.950 | | | -25.714 | -10.848 | -4.530 | -2.043 | -1.000 | -0.275 | -0.064 | 0.060 | 0.079 | 0.080 | 0.076 |
| 1.004 | 244.665 | 222.298 | 2.507 | 0.549 | 0.270 | 0.184 | 0.149 | 0.121 | 0.111 | 0.100 | 0.093 | 0.085 | 0.078 |
| 1.008 | 231.267 | 181.758 | 6.607 | 1.118 | 0.459 | 0.271 | 0.196 | 0.140 | 0.120 | 0.102 | 0.093 | 0.086 | 0.078 |
| 1.012 | 213.422 | 152.271 | 11.947 | 1.893 | 0.691 | 0.372 | 0.249 | 0.160 | 0.130 | 0.105 | 0.094 | 0.086 | 0.078 |
| 1.016 | 192.367 | 130.925 | 17.172 | 2.882 | 0.981 | 0.491 | 0.309 | 0.182 | 0.140 | 0.107 | 0.095 | 0.086 | 0.078 |
| 1.020 | 170.266 | 114.368 | 21.429 | 4.037 | 1.330 | 0.632 | 0.379 | 0.206 | 0.151 | 0.110 | 0.096 | 0.087 | 0.078 |
| 1.024 | 148.975 | 100.844 | 24.487 | 5.275 | 1.735 | 0.796 | 0.458 | 0.232 | 0.163 | 0.113 | 0.097 | 0.087 | 0.078 |
| 1.028 | 129.596 | 89.450 | 26.439 | 6.511 | 2.184 | 0.983 | 0.549 | 0.262 | 0.175 | 0.116 | 0.098 | 0.087 | 0.078 |
| 1.040 | 85.457 | 63.853 | 27.680 | 9.582 | 3.636 | 1.647 | 0.881 | 0.370 | 0.221 | 0.126 | 0.101 | 0.089 | 0.079 |
| 1.060 | 46.430 | 38.661 | 23.310 | 11.634 | 5.588 | 2.825 | 1.554 | 0.611 | 0.323 | 0.146 | 0.108 | 0.091 | 0.080 |
| 1.080 | 28.320 | 25.133 | 17.998 | 11.118 | 6.418 | 3.685 | 2.183 | 0.893 | 0.453 | 0.174 | 0.116 | 0.094 | 0.081 |
| 1.100 | 18.875 | 17.385 | 13.759 | 9.705 | 6.387 | 4.088 | 2.623 | 1.164 | 0.597 | 0.207 | 0.126 | 0.098 | 0.083 |
| 1.120 | 13.422 | 12.647 | 10.654 | 8.197 | 5.921 | 4.130 | 2.846 | 1.386 | 0.737 | 0.245 | 0.139 | 0.103 | 0.085 |
| 1.140 | 10.016 | 9.577 | 8.407 | 6.863 | 5.303 | 3.953 | 2.892 | 1.539 | 0.859 | 0.286 | 0.153 | 0.108 | 0.087 |
| 1.160 | 7.755 | 7.490 | 6.763 | 5.758 | 4.676 | 3.670 | 2.819 | 1.626 | 0.955 | 0.327 | 0.169 | 0.115 | 0.090 |
| 1.180 | 6.181 | 6.013 | 5.540 | 4.863 | 4.099 | 3.349 | 2.677 | 1.656 | 1.024 | 0.367 | 0.185 | 0.122 | 0.093 |
| 1.200 | 5.044 | 4.931 | 4.612 | 4.142 | 3.593 | 3.030 | 2.502 | 1.643 | 1.065 | 0.404 | 0.202 | 0.129 | 0.097 |
| 1.300 | 2.306 | 2.283 | 2.215 | 2.108 | 1.971 | 1.813 | 1.645 | 1.308 | 1.010 | 0.510 | 0.275 | 0.170 | 0.118 |
| 1.400 | 1.330 | 1.323 | 1.301 | 1.265 | 1.218 | 1.160 | 1.096 | 0.954 | 0.810 | 0.505 | 0.311 | 0.201 | 0.139 |
| 1.500 | 0.873 | 0.870 | 0.861 | 0.846 | 0.826 | 0.801 | 0.772 | 0.705 | 0.631 | 0.451 | 0.310 | 0.215 | 0.154 |
| 1.600 | 0.622 | 0.621 | 0.616 | 0.609 | 0.599 | 0.586 | 0.572 | 0.536 | 0.496 | 0.388 | 0.290 | 0.214 | 0.160 |

续表 F.0.2-1

| $l/d$ | 25 | | | | | | | | | | | |
|---|---|---|---|---|---|---|---|---|---|---|---|---|
| $m$ \ $n$ | 0.000 | 0.020 | 0.040 | 0.060 | 0.080 | 0.100 | 0.120 | 0.160 | 0.200 | 0.300 | 0.400 | 0.500 | 0.600 |
| 0.500 | | | −0.622 | −0.607 | −0.588 | −0.564 | −0.536 | −0.472 | −0.402 | −0.236 | −0.112 | −0.037 | 0.004 |
| 0.550 | | | −0.812 | −0.790 | −0.760 | −0.724 | −0.683 | −0.590 | −0.491 | −0.269 | −0.118 | −0.033 | 0.010 |
| 0.600 | | | −1.073 | −1.037 | −0.991 | −0.934 | −0.870 | −0.731 | −0.590 | −0.296 | −0.117 | −0.025 | 0.018 |
| 0.650 | | | −1.444 | −1.384 | −1.306 | −1.215 | −1.113 | −0.900 | −0.696 | −0.311 | −0.107 | −0.012 | 0.028 |
| 0.700 | | | −1.999 | −1.892 | −1.755 | −1.597 | −1.428 | −1.093 | −0.796 | −0.307 | −0.086 | 0.004 | 0.038 |
| 0.750 | | | −2.886 | −2.674 | −2.411 | −2.122 | −1.828 | −1.290 | −0.866 | −0.273 | −0.055 | 0.023 | 0.049 |
| 0.800 | | | −4.422 | −3.945 | −3.389 | −2.821 | −2.290 | −1.430 | −0.855 | −0.205 | −0.016 | 0.042 | 0.059 |
| 0.850 | | | −7.373 | −6.103 | −4.785 | −3.607 | −2.650 | −1.375 | −0.701 | −0.109 | 0.024 | 0.059 | 0.067 |
| 0.900 | | | −13.719 | −9.519 | −6.147 | −3.843 | −2.388 | −0.946 | −0.388 | −0.011 | 0.058 | 0.072 | 0.072 |
| 0.950 | | | −25.463 | −10.446 | −4.355 | −1.975 | −0.973 | −0.270 | −0.062 | 0.060 | 0.079 | 0.080 | 0.076 |
| 1.004 | 377.628 | 178.408 | 1.913 | 0.511 | 0.263 | 0.182 | 0.148 | 0.121 | 0.111 | 0.100 | 0.093 | 0.085 | 0.078 |
| 1.008 | 348.167 | 161.588 | 4.792 | 1.019 | 0.442 | 0.267 | 0.195 | 0.140 | 0.120 | 0.102 | 0.093 | 0.086 | 0.078 |
| 1.012 | 309.027 | 146.104 | 8.847 | 1.700 | 0.660 | 0.364 | 0.246 | 0.159 | 0.129 | 0.105 | 0.094 | 0.086 | 0.078 |
| 1.016 | 265.983 | 131.641 | 13.394 | 2.574 | 0.930 | 0.478 | 0.305 | 0.181 | 0.140 | 0.107 | 0.095 | 0.086 | 0.078 |
| 1.020 | 224.824 | 118.197 | 17.660 | 3.613 | 1.257 | 0.613 | 0.372 | 0.205 | 0.150 | 0.110 | 0.096 | 0.087 | 0.078 |
| 1.024 | 188.664 | 105.842 | 21.169 | 4.756 | 1.637 | 0.770 | 0.450 | 0.231 | 0.162 | 0.113 | 0.097 | 0.087 | 0.078 |
| 1.028 | 158.336 | 94.627 | 23.753 | 5.931 | 2.062 | 0.949 | 0.537 | 0.260 | 0.175 | 0.116 | 0.098 | 0.087 | 0.078 |
| 1.040 | 96.846 | 67.688 | 26.679 | 9.029 | 3.464 | 1.592 | 0.860 | 0.366 | 0.220 | 0.125 | 0.101 | 0.089 | 0.079 |
| 1.060 | 49.548 | 40.374 | 23.390 | 11.390 | 5.436 | 2.754 | 1.522 | 0.603 | 0.321 | 0.146 | 0.108 | 0.091 | 0.080 |
| 1.080 | 29.440 | 25.906 | 18.214 | 11.073 | 6.336 | 3.628 | 2.151 | 0.883 | 0.450 | 0.173 | 0.116 | 0.094 | 0.081 |
| 1.100 | 19.363 | 17.765 | 13.931 | 9.731 | 6.358 | 4.054 | 2.598 | 1.154 | 0.593 | 0.206 | 0.126 | 0.098 | 0.083 |
| 1.120 | 13.666 | 12.851 | 10.772 | 8.237 | 5.920 | 4.114 | 2.829 | 1.376 | 0.732 | 0.244 | 0.139 | 0.103 | 0.085 |
| 1.140 | 10.150 | 9.695 | 8.485 | 6.901 | 5.313 | 3.949 | 2.883 | 1.532 | 0.855 | 0.285 | 0.153 | 0.108 | 0.087 |
| 1.160 | 7.835 | 7.562 | 6.816 | 5.788 | 4.689 | 3.671 | 2.815 | 1.621 | 0.952 | 0.327 | 0.168 | 0.115 | 0.090 |
| 1.180 | 6.232 | 6.059 | 5.576 | 4.887 | 4.112 | 3.353 | 2.677 | 1.653 | 1.021 | 0.366 | 0.185 | 0.122 | 0.093 |
| 1.200 | 5.077 | 4.963 | 4.637 | 4.160 | 3.604 | 3.035 | 2.503 | 1.641 | 1.063 | 0.403 | 0.202 | 0.129 | 0.097 |
| 1.300 | 2.312 | 2.289 | 2.221 | 2.113 | 1.975 | 1.816 | 1.647 | 1.309 | 1.010 | 0.509 | 0.275 | 0.170 | 0.118 |
| 1.400 | 1.332 | 1.325 | 1.303 | 1.267 | 1.219 | 1.162 | 1.097 | 0.955 | 0.810 | 0.505 | 0.310 | 0.201 | 0.139 |
| 1.500 | 0.874 | 0.871 | 0.862 | 0.847 | 0.826 | 0.801 | 0.772 | 0.705 | 0.631 | 0.451 | 0.310 | 0.215 | 0.154 |
| 1.600 | 0.623 | 0.621 | 0.617 | 0.609 | 0.599 | 0.587 | 0.572 | 0.537 | 0.496 | 0.388 | 0.290 | 0.214 | 0.160 |

| $l/d$ | 30 | | | | | | | | | | | | |
|---|---|---|---|---|---|---|---|---|---|---|---|---|---|
| $m$ \ $n$ | 0.000 | 0.020 | 0.040 | 0.060 | 0.080 | 0.100 | 0.120 | 0.160 | 0.200 | 0.300 | 0.400 | 0.500 | 0.600 |
| 0.500 | | −0.631 | −0.622 | −0.608 | −0.588 | −0.564 | −0.536 | −0.472 | −0.403 | −0.236 | −0.112 | −0.037 | 0.004 |
| 0.550 | | −0.827 | −0.813 | −0.791 | −0.761 | −0.725 | −0.683 | −0.590 | −0.491 | −0.269 | −0.118 | −0.033 | 0.010 |
| 0.600 | | −1.096 | −1.074 | −1.038 | −0.991 | −0.935 | −0.871 | −0.732 | −0.590 | −0.296 | −0.117 | −0.025 | 0.018 |
| 0.650 | | −1.483 | −1.445 | −1.386 | −1.308 | −1.216 | −1.114 | −0.900 | −0.696 | −0.311 | −0.107 | −0.012 | 0.028 |
| 0.700 | | −2.071 | −2.002 | −1.895 | −1.757 | −1.598 | −1.429 | −1.093 | −0.796 | −0.306 | −0.086 | 0.004 | 0.038 |
| 0.750 | | −3.032 | −2.892 | −2.679 | −2.414 | −2.124 | −1.829 | −1.290 | −0.865 | −0.272 | −0.054 | 0.023 | 0.049 |
| 0.800 | | −4.764 | −4.436 | −3.955 | −3.395 | −2.824 | −2.290 | −1.429 | −0.854 | −0.204 | −0.015 | 0.042 | 0.059 |
| 0.850 | | −8.367 | −7.408 | −6.122 | −4.791 | −3.606 | −2.646 | −1.372 | −0.699 | −0.109 | 0.025 | 0.059 | 0.067 |
| 0.900 | | −17.766 | −13.813 | −9.532 | −6.130 | −3.824 | −2.374 | −0.941 | −0.386 | −0.010 | 0.058 | 0.072 | 0.072 |
| 0.950 | | −53.070 | −25.276 | −10.224 | −4.262 | −1.940 | −0.959 | −0.267 | −0.062 | 0.060 | 0.079 | 0.080 | 0.076 |
| 1.004 | 536.535 | 67.314 | 1.695 | 0.493 | 0.259 | 0.181 | 0.148 | 0.121 | 0.111 | 0.100 | 0.093 | 0.085 | 0.078 |
| 1.008 | 480.071 | 114.047 | 4.129 | 0.973 | 0.433 | 0.264 | 0.194 | 0.140 | 0.120 | 0.102 | 0.093 | 0.086 | 0.078 |
| 1.012 | 407.830 | 125.866 | 7.619 | 1.610 | 0.644 | 0.359 | 0.245 | 0.159 | 0.129 | 0.105 | 0.094 | 0.086 | 0.078 |
| 1.016 | 335.065 | 123.804 | 11.742 | 2.429 | 0.905 | 0.471 | 0.302 | 0.180 | 0.139 | 0.107 | 0.095 | 0.086 | 0.078 |
| 1.020 | 271.631 | 116.207 | 15.857 | 3.410 | 1.220 | 0.603 | 0.369 | 0.204 | 0.150 | 0.110 | 0.096 | 0.087 | 0.078 |
| 1.024 | 220.202 | 106.561 | 19.459 | 4.502 | 1.587 | 0.757 | 0.445 | 0.230 | 0.162 | 0.113 | 0.097 | 0.087 | 0.078 |
| 1.028 | 179.778 | 96.493 | 22.283 | 5.641 | 1.999 | 0.932 | 0.531 | 0.259 | 0.174 | 0.116 | 0.098 | 0.087 | 0.078 |
| 1.040 | 104.344 | 69.738 | 26.055 | 8.735 | 3.375 | 1.563 | 0.850 | 0.364 | 0.219 | 0.125 | 0.101 | 0.089 | 0.079 |
| 1.060 | 51.415 | 41.346 | 23.409 | 11.251 | 5.354 | 2.717 | 1.505 | 0.599 | 0.320 | 0.146 | 0.108 | 0.091 | 0.080 |
| 1.080 | 30.085 | 26.343 | 18.329 | 11.045 | 6.290 | 3.597 | 2.133 | 0.878 | 0.448 | 0.173 | 0.116 | 0.094 | 0.081 |
| 1.100 | 19.639 | 17.978 | 14.025 | 9.744 | 6.342 | 4.035 | 2.584 | 1.148 | 0.591 | 0.206 | 0.126 | 0.098 | 0.083 |
| 1.120 | 13.802 | 12.964 | 10.836 | 8.259 | 5.919 | 4.105 | 2.820 | 1.371 | 0.730 | 0.244 | 0.139 | 0.103 | 0.085 |
| 1.140 | 10.224 | 9.760 | 8.528 | 6.921 | 5.318 | 3.946 | 2.878 | 1.528 | 0.853 | 0.285 | 0.153 | 0.108 | 0.087 |
| 1.160 | 7.879 | 7.602 | 6.845 | 5.805 | 4.695 | 3.672 | 2.813 | 1.618 | 0.950 | 0.326 | 0.168 | 0.115 | 0.090 |
| 1.180 | 6.259 | 6.084 | 5.596 | 4.900 | 4.118 | 3.356 | 2.676 | 1.651 | 1.019 | 0.366 | 0.185 | 0.122 | 0.093 |
| 1.200 | 5.095 | 4.980 | 4.651 | 4.170 | 3.610 | 3.038 | 2.503 | 1.640 | 1.062 | 0.403 | 0.202 | 0.129 | 0.097 |
| 1.300 | 2.316 | 2.293 | 2.224 | 2.116 | 1.977 | 1.818 | 1.648 | 1.310 | 1.010 | 0.509 | 0.275 | 0.169 | 0.118 |
| 1.400 | 1.333 | 1.326 | 1.304 | 1.268 | 1.220 | 1.163 | 1.098 | 0.955 | 0.811 | 0.505 | 0.310 | 0.200 | 0.139 |
| 1.500 | 0.874 | 0.872 | 0.862 | 0.847 | 0.827 | 0.802 | 0.773 | 0.705 | 0.631 | 0.451 | 0.310 | 0.215 | 0.154 |
| 1.600 | 0.623 | 0.621 | 0.617 | 0.610 | 0.599 | 0.587 | 0.572 | 0.537 | 0.496 | 0.388 | 0.290 | 0.214 | 0.160 |

续表 F. 0. 2-1

| $l/d$ | 40 | | | | | | | | | | | |
|---|---|---|---|---|---|---|---|---|---|---|---|---|
| $m$ \ $n$ | 0.000 | 0.020 | 0.040 | 0.060 | 0.080 | 0.100 | 0.120 | 0.160 | 0.200 | 0.300 | 0.400 | 0.500 | 0.600 |
| 0.500 | | −0.631 | −0.622 | −0.608 | −0.588 | −0.564 | −0.536 | −0.472 | −0.403 | −0.236 | −0.112 | −0.036 | 0.004 |
| 0.550 | | −0.827 | −0.814 | −0.791 | −0.762 | −0.725 | −0.684 | −0.590 | −0.491 | −0.269 | −0.118 | −0.033 | 0.010 |
| 0.600 | | −1.097 | −1.075 | −1.039 | −0.992 | −0.936 | −0.872 | −0.732 | −0.591 | −0.296 | −0.117 | −0.025 | 0.018 |
| 0.650 | | −1.485 | −1.447 | −1.387 | −1.309 | −1.217 | −1.115 | −0.901 | −0.696 | −0.311 | −0.107 | −0.012 | 0.028 |
| 0.700 | | −2.074 | −2.006 | −1.898 | −1.759 | −1.600 | −1.431 | −1.094 | −0.796 | −0.306 | −0.086 | 0.004 | 0.038 |
| 0.750 | | −3.039 | −2.899 | −2.684 | −2.418 | −2.126 | −1.831 | −1.290 | −0.865 | −0.272 | −0.054 | 0.023 | 0.049 |
| 0.800 | | −4.781 | −4.449 | −3.965 | −3.401 | −2.826 | −2.291 | −1.428 | −0.853 | −0.204 | −0.015 | 0.042 | 0.059 |
| 0.850 | | −8.418 | −7.443 | −6.140 | −4.797 | −3.606 | −2.643 | −1.368 | −0.696 | −0.108 | 0.025 | 0.059 | 0.067 |
| 0.900 | | −17.982 | −13.906 | −9.543 | −6.114 | −3.805 | −2.360 | −0.935 | −0.384 | −0.010 | 0.058 | 0.072 | 0.072 |
| 0.950 | | −54.543 | −25.054 | −10.003 | −4.171 | −1.905 | −0.945 | −0.264 | −0.061 | 0.060 | 0.079 | 0.080 | 0.076 |
| 1.004 | 924.755 | 26.114 | 1.523 | 0.477 | 0.255 | 0.180 | 0.147 | 0.121 | 0.111 | 0.100 | 0.093 | 0.085 | 0.078 |
| 1.008 | 769.156 | 68.377 | 3.614 | 0.931 | 0.425 | 0.262 | 0.193 | 0.139 | 0.120 | 0.102 | 0.093 | 0.086 | 0.078 |
| 1.012 | 595.591 | 97.641 | 6.633 | 1.529 | 0.630 | 0.355 | 0.243 | 0.159 | 0.129 | 0.105 | 0.094 | 0.086 | 0.078 |
| 1.016 | 449.984 | 109.641 | 10.343 | 2.298 | 0.881 | 0.465 | 0.300 | 0.180 | 0.139 | 0.107 | 0.095 | 0.086 | 0.078 |
| 1.020 | 341.526 | 110.416 | 14.244 | 3.224 | 1.185 | 0.594 | 0.366 | 0.203 | 0.150 | 0.110 | 0.096 | 0.087 | 0.078 |
| 1.024 | 263.543 | 105.215 | 17.851 | 4.267 | 1.541 | 0.744 | 0.441 | 0.229 | 0.162 | 0.113 | 0.097 | 0.087 | 0.078 |
| 1.028 | 207.450 | 97.302 | 20.843 | 5.369 | 1.940 | 0.916 | 0.526 | 0.258 | 0.174 | 0.116 | 0.098 | 0.087 | 0.079 |
| 1.040 | 112.989 | 71.701 | 25.382 | 8.448 | 3.288 | 1.535 | 0.839 | 0.362 | 0.219 | 0.125 | 0.101 | 0.089 | 0.079 |
| 1.060 | 53.411 | 42.340 | 23.410 | 11.109 | 5.272 | 2.680 | 1.488 | 0.596 | 0.319 | 0.146 | 0.108 | 0.091 | 0.080 |
| 1.080 | 30.754 | 26.788 | 18.440 | 11.014 | 6.245 | 3.566 | 2.116 | 0.872 | 0.447 | 0.173 | 0.116 | 0.094 | 0.081 |
| 1.100 | 19.920 | 18.194 | 14.119 | 9.755 | 6.325 | 4.016 | 2.570 | 1.143 | 0.589 | 0.206 | 0.126 | 0.098 | 0.083 |
| 1.120 | 13.939 | 13.078 | 10.900 | 8.281 | 5.917 | 4.096 | 2.811 | 1.366 | 0.728 | 0.244 | 0.139 | 0.103 | 0.085 |
| 1.140 | 10.300 | 9.825 | 8.571 | 6.941 | 5.323 | 3.944 | 2.873 | 1.524 | 0.850 | 0.284 | 0.153 | 0.108 | 0.087 |
| 1.160 | 7.923 | 7.642 | 6.874 | 5.822 | 4.702 | 3.673 | 2.811 | 1.615 | 0.948 | 0.326 | 0.168 | 0.115 | 0.090 |
| 1.180 | 6.287 | 6.110 | 5.616 | 4.912 | 4.125 | 3.358 | 2.676 | 1.649 | 1.018 | 0.366 | 0.185 | 0.122 | 0.093 |
| 1.200 | 5.113 | 4.997 | 4.665 | 4.180 | 3.615 | 3.040 | 2.504 | 1.639 | 1.061 | 0.402 | 0.201 | 0.129 | 0.097 |
| 1.300 | 2.320 | 2.297 | 2.227 | 2.119 | 1.980 | 1.820 | 1.649 | 1.310 | 1.009 | 0.509 | 0.275 | 0.169 | 0.118 |
| 1.400 | 1.334 | 1.327 | 1.305 | 1.269 | 1.221 | 1.163 | 1.098 | 0.956 | 0.811 | 0.505 | 0.310 | 0.200 | 0.139 |
| 1.500 | 0.875 | 0.872 | 0.863 | 0.848 | 0.827 | 0.802 | 0.773 | 0.706 | 0.632 | 0.451 | 0.310 | 0.215 | 0.154 |
| 1.600 | 0.623 | 0.622 | 0.617 | 0.610 | 0.600 | 0.587 | 0.572 | 0.537 | 0.496 | 0.388 | 0.290 | 0.214 | 0.160 |

| $l/d$ | 50 | | | | | | | | | | | |
|---|---|---|---|---|---|---|---|---|---|---|---|---|
| $m$ \ $n$ | 0.000 | 0.020 | 0.040 | 0.060 | 0.080 | 0.100 | 0.120 | 0.160 | 0.200 | 0.300 | 0.400 | 0.500 | 0.600 |
| 0.500 | | −0.632 | −0.623 | −0.608 | −0.589 | −0.564 | −0.537 | −0.473 | −0.403 | −0.236 | −0.112 | −0.036 | 0.004 |
| 0.550 | | −0.828 | −0.814 | −0.792 | −0.762 | −0.725 | −0.684 | −0.590 | −0.491 | −0.269 | −0.118 | −0.033 | 0.010 |
| 0.600 | | −1.097 | −1.075 | −1.040 | −0.993 | −0.936 | −0.872 | −0.732 | −0.591 | −0.296 | −0.117 | −0.025 | 0.018 |
| 0.650 | | −1.486 | −1.448 | −1.388 | −1.310 | −1.217 | −1.115 | −0.901 | −0.696 | −0.311 | −0.107 | −0.012 | 0.028 |
| 0.700 | | −2.076 | −2.007 | −1.899 | −1.760 | −1.601 | −1.431 | −1.094 | −0.796 | −0.306 | −0.086 | 0.004 | 0.038 |
| 0.750 | | −3.042 | −2.902 | −2.686 | −2.420 | −2.127 | −1.831 | −1.290 | −0.865 | −0.272 | −0.054 | 0.023 | 0.049 |
| 0.800 | | −4.789 | −4.456 | −3.969 | −3.403 | −2.828 | −2.291 | −1.428 | −0.852 | −0.203 | −0.015 | 0.042 | 0.059 |
| 0.850 | | −8.441 | −7.460 | −6.149 | −4.800 | −3.605 | −2.641 | −1.367 | −0.696 | −0.108 | 0.025 | 0.059 | 0.067 |
| 0.900 | | −18.083 | −13.950 | −9.548 | −6.106 | −3.797 | −2.354 | −0.933 | −0.383 | −0.010 | 0.058 | 0.072 | 0.072 |
| 0.950 | | −55.231 | −24.939 | −9.900 | −4.129 | −1.889 | −0.938 | −0.263 | −0.060 | 0.060 | 0.079 | 0.080 | 0.076 |
| 1.004 | 1392.355 | 18.855 | 1.455 | 0.470 | 0.254 | 0.180 | 0.147 | 0.121 | 0.111 | 0.100 | 0.093 | 0.085 | 0.078 |
| 1.008 | 1063.621 | 53.265 | 3.413 | 0.913 | 0.421 | 0.261 | 0.192 | 0.139 | 0.120 | 0.102 | 0.093 | 0.086 | 0.078 |
| 1.012 | 754.349 | 84.366 | 6.241 | 1.495 | 0.623 | 0.353 | 0.242 | 0.159 | 0.129 | 0.105 | 0.094 | 0.086 | 0.078 |
| 1.016 | 533.576 | 101.473 | 9.768 | 2.241 | 0.871 | 0.462 | 0.299 | 0.180 | 0.139 | 0.107 | 0.095 | 0.086 | 0.078 |
| 1.020 | 387.082 | 106.414 | 13.556 | 3.143 | 1.170 | 0.590 | 0.364 | 0.203 | 0.150 | 0.110 | 0.096 | 0.087 | 0.078 |
| 1.024 | 289.666 | 103.778 | 17.142 | 4.164 | 1.520 | 0.738 | 0.438 | 0.229 | 0.161 | 0.113 | 0.097 | 0.087 | 0.078 |
| 1.028 | 223.218 | 97.234 | 20.188 | 5.248 | 1.914 | 0.908 | 0.523 | 0.257 | 0.174 | 0.116 | 0.098 | 0.087 | 0.079 |
| 1.040 | 117.472 | 72.569 | 25.055 | 8.317 | 3.249 | 1.522 | 0.835 | 0.361 | 0.219 | 0.125 | 0.101 | 0.089 | 0.079 |
| 1.060 | 54.386 | 42.810 | 23.404 | 11.042 | 5.235 | 2.663 | 1.481 | 0.594 | 0.318 | 0.146 | 0.108 | 0.091 | 0.080 |
| 1.080 | 31.073 | 26.999 | 18.490 | 10.999 | 6.223 | 3.552 | 2.108 | 0.870 | 0.446 | 0.173 | 0.116 | 0.094 | 0.081 |
| 1.100 | 20.053 | 18.296 | 14.162 | 9.760 | 6.317 | 4.007 | 2.563 | 1.140 | 0.588 | 0.206 | 0.126 | 0.098 | 0.083 |
| 1.120 | 14.004 | 13.132 | 10.930 | 8.290 | 5.916 | 4.092 | 2.806 | 1.364 | 0.727 | 0.244 | 0.139 | 0.103 | 0.085 |
| 1.140 | 10.335 | 9.856 | 8.591 | 6.951 | 5.325 | 3.942 | 2.870 | 1.522 | 0.849 | 0.284 | 0.153 | 0.108 | 0.087 |
| 1.160 | 7.944 | 7.660 | 6.887 | 5.829 | 4.705 | 3.673 | 2.810 | 1.613 | 0.947 | 0.326 | 0.168 | 0.115 | 0.090 |
| 1.180 | 6.300 | 6.122 | 5.625 | 4.918 | 4.128 | 3.359 | 2.676 | 1.648 | 1.017 | 0.365 | 0.185 | 0.122 | 0.093 |
| 1.200 | 5.122 | 5.005 | 4.672 | 4.184 | 3.618 | 3.042 | 2.504 | 1.639 | 1.060 | 0.402 | 0.201 | 0.129 | 0.097 |
| 1.300 | 2.321 | 2.298 | 2.229 | 2.120 | 1.981 | 1.821 | 1.650 | 1.310 | 1.009 | 0.509 | 0.275 | 0.169 | 0.118 |
| 1.400 | 1.335 | 1.328 | 1.305 | 1.269 | 1.221 | 1.164 | 1.099 | 0.956 | 0.811 | 0.505 | 0.310 | 0.200 | 0.139 |
| 1.500 | 0.875 | 0.872 | 0.863 | 0.848 | 0.827 | 0.802 | 0.773 | 0.706 | 0.632 | 0.451 | 0.310 | 0.215 | 0.154 |
| 1.600 | 0.623 | 0.622 | 0.617 | 0.610 | 0.600 | 0.587 | 0.572 | 0.537 | 0.497 | 0.388 | 0.290 | 0.214 | 0.160 |

续表 F.0.2-1

| $l/d$ | 60 | | | | | | | | | | | |
|---|---|---|---|---|---|---|---|---|---|---|---|---|
| $m$ \ $n$ | 0.000 | 0.020 | 0.040 | 0.060 | 0.080 | 0.100 | 0.120 | 0.160 | 0.200 | 0.300 | 0.400 | 0.500 | 0.600 |
| 0.500 | | −0.632 | −0.623 | −0.608 | −0.589 | −0.565 | −0.537 | −0.473 | −0.403 | −0.236 | −0.112 | −0.036 | 0.004 |
| 0.550 | | −0.828 | −0.814 | −0.792 | −0.762 | −0.726 | −0.684 | −0.590 | −0.491 | −0.269 | −0.118 | −0.033 | 0.010 |
| 0.600 | | −1.098 | −1.076 | −1.040 | −0.993 | −0.936 | −0.872 | −0.732 | −0.591 | −0.296 | −0.117 | −0.025 | 0.018 |
| 0.650 | | −1.486 | −1.448 | −1.389 | −1.310 | −1.218 | −1.116 | −0.901 | −0.696 | −0.311 | −0.107 | −0.012 | 0.028 |
| 0.700 | | −2.077 | −2.008 | −1.900 | −1.761 | −1.601 | −1.431 | −1.094 | −0.796 | −0.306 | −0.086 | 0.004 | 0.038 |
| 0.750 | | −3.044 | −2.903 | −2.688 | −2.421 | −2.128 | −1.832 | −1.290 | −0.864 | −0.272 | −0.054 | 0.023 | 0.049 |
| 0.800 | | −4.793 | −4.459 | −3.972 | −3.405 | −2.828 | −2.291 | −1.427 | −0.852 | −0.203 | −0.015 | 0.042 | 0.059 |
| 0.850 | | −8.454 | −7.469 | −6.153 | −4.802 | −3.605 | −2.640 | −1.366 | −0.695 | −0.108 | 0.025 | 0.059 | 0.067 |
| 0.900 | | −18.139 | −13.973 | −9.551 | −6.101 | −3.792 | −2.350 | −0.931 | −0.382 | −0.010 | 0.058 | 0.072 | 0.072 |
| 0.950 | | −55.606 | −24.874 | −9.844 | −4.106 | −1.881 | −0.935 | −0.262 | −0.060 | 0.060 | 0.079 | 0.080 | 0.076 |
| 1.004 | 1919.968 | 16.202 | 1.420 | 0.466 | 0.253 | 0.179 | 0.147 | 0.121 | 0.111 | 0.100 | 0.093 | 0.085 | 0.078 |
| 1.008 | 1339.951 | 46.658 | 3.312 | 0.904 | 0.419 | 0.260 | 0.192 | 0.139 | 0.120 | 0.102 | 0.093 | 0.086 | 0.078 |
| 1.012 | 880.499 | 77.527 | 6.043 | 1.476 | 0.620 | 0.352 | 0.242 | 0.159 | 0.129 | 0.105 | 0.094 | 0.086 | 0.078 |
| 1.016 | 592.844 | 96.782 | 9.474 | 2.211 | 0.865 | 0.460 | 0.299 | 0.180 | 0.139 | 0.107 | 0.095 | 0.086 | 0.078 |
| 1.020 | 417.074 | 103.916 | 13.198 | 3.101 | 1.162 | 0.587 | 0.363 | 0.203 | 0.150 | 0.110 | 0.096 | 0.087 | 0.078 |
| 1.024 | 306.046 | 102.769 | 16.767 | 4.110 | 1.509 | 0.735 | 0.437 | 0.228 | 0.161 | 0.113 | 0.097 | 0.087 | 0.078 |
| 1.028 | 232.784 | 97.065 | 19.836 | 5.184 | 1.900 | 0.904 | 0.521 | 0.257 | 0.174 | 0.116 | 0.098 | 0.087 | 0.079 |
| 1.040 | 120.052 | 73.026 | 24.874 | 8.247 | 3.228 | 1.515 | 0.832 | 0.361 | 0.218 | 0.125 | 0.101 | 0.089 | 0.079 |
| 1.060 | 54.929 | 43.067 | 23.399 | 11.006 | 5.214 | 2.654 | 1.477 | 0.593 | 0.318 | 0.146 | 0.108 | 0.091 | 0.080 |
| 1.080 | 31.250 | 27.114 | 18.517 | 10.990 | 6.212 | 3.544 | 2.103 | 0.869 | 0.445 | 0.173 | 0.116 | 0.094 | 0.081 |
| 1.100 | 20.126 | 18.351 | 14.185 | 9.763 | 6.312 | 4.002 | 2.560 | 1.139 | 0.587 | 0.206 | 0.126 | 0.098 | 0.083 |
| 1.120 | 14.040 | 13.161 | 10.947 | 8.296 | 5.916 | 4.090 | 2.804 | 1.363 | 0.726 | 0.243 | 0.138 | 0.103 | 0.085 |
| 1.140 | 10.354 | 9.873 | 8.602 | 6.956 | 5.326 | 3.942 | 2.869 | 1.521 | 0.849 | 0.284 | 0.153 | 0.108 | 0.087 |
| 1.160 | 7.955 | 7.670 | 6.895 | 5.833 | 4.707 | 3.673 | 2.809 | 1.613 | 0.947 | 0.325 | 0.168 | 0.115 | 0.090 |
| 1.180 | 6.307 | 6.128 | 5.630 | 4.922 | 4.130 | 3.359 | 2.676 | 1.647 | 1.017 | 0.365 | 0.184 | 0.122 | 0.093 |
| 1.200 | 5.127 | 5.009 | 4.675 | 4.187 | 3.620 | 3.042 | 2.505 | 1.638 | 1.060 | 0.402 | 0.201 | 0.129 | 0.097 |
| 1.300 | 2.322 | 2.299 | 2.230 | 2.121 | 1.981 | 1.821 | 1.650 | 1.310 | 1.009 | 0.509 | 0.275 | 0.169 | 0.118 |
| 1.400 | 1.335 | 1.328 | 1.306 | 1.270 | 1.222 | 1.164 | 1.099 | 0.956 | 0.811 | 0.505 | 0.310 | 0.200 | 0.139 |
| 1.500 | 0.875 | 0.872 | 0.863 | 0.848 | 0.828 | 0.802 | 0.773 | 0.706 | 0.632 | 0.451 | 0.310 | 0.215 | 0.154 |
| 1.600 | 0.623 | 0.622 | 0.617 | 0.610 | 0.600 | 0.587 | 0.572 | 0.537 | 0.497 | 0.388 | 0.290 | 0.214 | 0.160 |

| $l/d$ | 70 | | | | | | | | | | | |
|---|---|---|---|---|---|---|---|---|---|---|---|---|
| $m$ \ $n$ | 0.000 | 0.020 | 0.040 | 0.060 | 0.080 | 0.100 | 0.120 | 0.160 | 0.200 | 0.300 | 0.400 | 0.500 | 0.600 |
| 0.500 | | −0.632 | −0.623 | −0.608 | −0.589 | −0.565 | −0.537 | −0.473 | −0.403 | −0.236 | −0.112 | −0.036 | 0.004 |
| 0.550 | | −0.828 | −0.814 | −0.792 | −0.762 | −0.726 | −0.684 | −0.590 | −0.492 | −0.269 | −0.118 | −0.033 | 0.010 |
| 0.600 | | −1.098 | −1.076 | −1.040 | −0.993 | −0.936 | −0.872 | −0.732 | −0.591 | −0.296 | −0.117 | −0.025 | 0.018 |
| 0.650 | | −1.486 | −1.449 | −1.389 | −1.310 | −1.218 | −1.116 | −0.901 | −0.696 | −0.311 | −0.107 | −0.012 | 0.028 |
| 0.700 | | −2.078 | −2.008 | −1.900 | −1.761 | −1.601 | −1.432 | −1.094 | −0.796 | −0.306 | −0.086 | 0.004 | 0.038 |
| 0.750 | | −3.045 | −2.904 | −2.688 | −2.421 | −2.128 | −1.832 | −1.290 | −0.864 | −0.272 | −0.054 | 0.023 | 0.049 |
| 0.800 | | −4.795 | −4.462 | −3.973 | −3.406 | −2.829 | −2.292 | −1.427 | −0.852 | −0.203 | −0.015 | 0.042 | 0.059 |
| 0.850 | | −8.462 | −7.474 | −6.156 | −4.802 | −3.605 | −2.640 | −1.365 | −0.695 | −0.108 | 0.025 | 0.060 | 0.067 |
| 0.900 | | −18.172 | −13.987 | −9.553 | −6.099 | −3.789 | −2.348 | −0.930 | −0.382 | −0.010 | 0.058 | 0.072 | 0.072 |
| 0.950 | | −55.833 | −24.833 | −9.810 | −4.093 | −1.876 | −0.933 | −0.261 | −0.060 | 0.060 | 0.079 | 0.080 | 0.076 |
| 1.004 | 2487.589 | 14.895 | 1.400 | 0.464 | 0.252 | 0.179 | 0.147 | 0.121 | 0.111 | 0.100 | 0.093 | 0.085 | 0.078 |
| 1.008 | 1586.401 | 43.156 | 3.254 | 0.898 | 0.418 | 0.260 | 0.192 | 0.139 | 0.120 | 0.102 | 0.093 | 0.086 | 0.078 |
| 1.012 | 978.338 | 73.579 | 5.929 | 1.465 | 0.617 | 0.351 | 0.242 | 0.159 | 0.129 | 0.105 | 0.094 | 0.086 | 0.078 |
| 1.016 | 635.104 | 93.901 | 9.302 | 2.193 | 0.862 | 0.459 | 0.298 | 0.180 | 0.139 | 0.107 | 0.095 | 0.086 | 0.078 |
| 1.020 | 437.410 | 102.308 | 12.987 | 3.075 | 1.157 | 0.586 | 0.363 | 0.203 | 0.150 | 0.110 | 0.096 | 0.087 | 0.078 |
| 1.024 | 316.808 | 102.082 | 16.544 | 4.077 | 1.502 | 0.733 | 0.437 | 0.228 | 0.161 | 0.113 | 0.097 | 0.087 | 0.078 |
| 1.028 | 238.940 | 96.915 | 19.626 | 5.146 | 1.891 | 0.902 | 0.521 | 0.257 | 0.174 | 0.116 | 0.098 | 0.087 | 0.079 |
| 1.040 | 121.661 | 73.297 | 24.763 | 8.205 | 3.216 | 1.511 | 0.831 | 0.360 | 0.218 | 0.125 | 0.101 | 0.089 | 0.079 |
| 1.060 | 55.262 | 43.223 | 23.396 | 10.984 | 5.202 | 2.648 | 1.474 | 0.592 | 0.318 | 0.146 | 0.108 | 0.091 | 0.080 |
| 1.080 | 31.357 | 27.184 | 18.534 | 10.985 | 6.205 | 3.540 | 2.101 | 0.868 | 0.445 | 0.173 | 0.116 | 0.094 | 0.081 |
| 1.100 | 20.170 | 18.385 | 14.200 | 9.764 | 6.310 | 3.999 | 2.558 | 1.138 | 0.587 | 0.206 | 0.126 | 0.098 | 0.083 |
| 1.120 | 14.061 | 13.179 | 10.957 | 8.299 | 5.916 | 4.088 | 2.803 | 1.362 | 0.726 | 0.243 | 0.138 | 0.103 | 0.085 |
| 1.140 | 10.365 | 9.883 | 8.608 | 6.959 | 5.327 | 3.941 | 2.868 | 1.520 | 0.849 | 0.284 | 0.153 | 0.108 | 0.087 |
| 1.160 | 7.962 | 7.676 | 6.899 | 5.836 | 4.708 | 3.673 | 2.809 | 1.612 | 0.946 | 0.325 | 0.168 | 0.115 | 0.090 |
| 1.180 | 6.311 | 6.132 | 5.633 | 4.924 | 4.131 | 3.360 | 2.676 | 1.647 | 1.016 | 0.365 | 0.184 | 0.122 | 0.093 |
| 1.200 | 5.129 | 5.011 | 4.677 | 4.188 | 3.620 | 3.043 | 2.505 | 1.638 | 1.060 | 0.402 | 0.201 | 0.129 | 0.097 |
| 1.300 | 2.323 | 2.300 | 2.230 | 2.121 | 1.982 | 1.821 | 1.650 | 1.310 | 1.009 | 0.508 | 0.275 | 0.169 | 0.118 |
| 1.400 | 1.335 | 1.328 | 1.306 | 1.270 | 1.222 | 1.164 | 1.099 | 0.956 | 0.811 | 0.504 | 0.310 | 0.200 | 0.139 |
| 1.500 | 0.875 | 0.872 | 0.863 | 0.848 | 0.828 | 0.802 | 0.773 | 0.706 | 0.632 | 0.451 | 0.310 | 0.215 | 0.154 |
| 1.600 | 0.623 | 0.622 | 0.617 | 0.610 | 0.600 | 0.587 | 0.572 | 0.537 | 0.497 | 0.388 | 0.290 | 0.214 | 0.160 |

续表 F.0.2-1

| $l/d$ | 80 | | | | | | | | | | | | |
|---|---|---|---|---|---|---|---|---|---|---|---|---|---|
| $m$ \ $n$ | 0.000 | 0.020 | 0.040 | 0.060 | 0.080 | 0.100 | 0.120 | 0.160 | 0.200 | 0.300 | 0.400 | 0.500 | 0.600 |
| 0.500 | | −0.632 | −0.623 | −0.608 | −0.589 | −0.565 | −0.537 | −0.473 | −0.403 | −0.236 | −0.112 | −0.036 | 0.004 |
| 0.550 | | −0.828 | −0.814 | −0.792 | −0.762 | −0.726 | −0.684 | −0.590 | −0.492 | −0.269 | −0.118 | −0.033 | 0.010 |
| 0.600 | | −1.098 | −1.076 | −1.040 | −0.993 | −0.936 | −0.872 | −0.732 | −0.591 | −0.296 | −0.117 | −0.025 | 0.018 |
| 0.650 | | −1.487 | −1.449 | −1.389 | −1.310 | −1.218 | −1.116 | −0.901 | −0.696 | −0.311 | −0.107 | −0.012 | 0.028 |
| 0.700 | | −2.078 | −2.009 | −1.900 | −1.761 | −1.602 | −1.432 | −1.094 | −0.796 | −0.306 | −0.086 | 0.004 | 0.038 |
| 0.750 | | −3.046 | −2.905 | −2.689 | −2.422 | −2.129 | −1.832 | −1.290 | −0.864 | −0.272 | −0.054 | 0.023 | 0.049 |
| 0.800 | | −4.797 | −4.463 | −3.974 | −3.406 | −2.829 | −2.292 | −1.427 | −0.852 | −0.203 | −0.015 | 0.042 | 0.059 |
| 0.850 | | −8.467 | −7.478 | −6.158 | −4.803 | −3.605 | −2.639 | −1.365 | −0.694 | −0.108 | 0.025 | 0.060 | 0.067 |
| 0.900 | | −18.194 | −13.997 | −9.554 | −6.097 | −3.787 | −2.347 | −0.930 | −0.382 | −0.010 | 0.058 | 0.072 | 0.072 |
| 0.950 | | −55.980 | −24.806 | −9.788 | −4.084 | −1.872 | −0.931 | −0.261 | −0.060 | 0.060 | 0.079 | 0.080 | 0.076 |
| 1.004 | 3076.311 | 14.141 | 1.388 | 0.462 | 0.252 | 0.179 | 0.147 | 0.121 | 0.111 | 0.100 | 0.093 | 0.085 | 0.078 |
| 1.008 | 1799.624 | 41.060 | 3.217 | 0.894 | 0.417 | 0.259 | 0.192 | 0.139 | 0.120 | 0.102 | 0.093 | 0.086 | 0.078 |
| 1.012 | 1053.864 | 71.096 | 5.856 | 1.458 | 0.616 | 0.351 | 0.242 | 0.159 | 0.129 | 0.105 | 0.094 | 0.086 | 0.078 |
| 1.016 | 665.764 | 92.018 | 9.193 | 2.182 | 0.860 | 0.459 | 0.298 | 0.180 | 0.139 | 0.107 | 0.095 | 0.086 | 0.078 |
| 1.020 | 451.655 | 101.227 | 12.853 | 3.059 | 1.154 | 0.585 | 0.362 | 0.203 | 0.150 | 0.110 | 0.096 | 0.087 | 0.078 |
| 1.024 | 324.188 | 101.604 | 16.401 | 4.056 | 1.498 | 0.732 | 0.436 | 0.228 | 0.161 | 0.113 | 0.097 | 0.087 | 0.078 |
| 1.028 | 243.104 | 96.798 | 19.490 | 5.122 | 1.886 | 0.900 | 0.520 | 0.257 | 0.174 | 0.116 | 0.098 | 0.087 | 0.079 |
| 1.040 | 122.727 | 73.470 | 24.691 | 8.177 | 3.208 | 1.508 | 0.830 | 0.360 | 0.218 | 0.125 | 0.101 | 0.089 | 0.079 |
| 1.060 | 55.480 | 43.325 | 23.393 | 10.969 | 5.194 | 2.645 | 1.473 | 0.592 | 0.318 | 0.146 | 0.108 | 0.091 | 0.080 |
| 1.080 | 31.427 | 27.230 | 18.544 | 10.982 | 6.200 | 3.537 | 2.099 | 0.868 | 0.445 | 0.173 | 0.116 | 0.094 | 0.081 |
| 1.100 | 20.199 | 18.407 | 14.209 | 9.765 | 6.308 | 3.997 | 2.556 | 1.137 | 0.587 | 0.206 | 0.126 | 0.098 | 0.083 |
| 1.120 | 14.075 | 13.190 | 10.963 | 8.301 | 5.915 | 4.087 | 2.802 | 1.361 | 0.726 | 0.243 | 0.138 | 0.103 | 0.085 |
| 1.140 | 10.373 | 9.889 | 8.613 | 6.961 | 5.327 | 3.941 | 2.868 | 1.520 | 0.848 | 0.284 | 0.153 | 0.108 | 0.087 |
| 1.160 | 7.966 | 7.680 | 6.902 | 5.837 | 4.708 | 3.673 | 2.809 | 1.612 | 0.946 | 0.325 | 0.168 | 0.115 | 0.090 |
| 1.180 | 6.314 | 6.135 | 5.635 | 4.925 | 4.131 | 3.360 | 2.676 | 1.647 | 1.016 | 0.365 | 0.184 | 0.122 | 0.093 |
| 1.200 | 5.131 | 5.013 | 4.679 | 4.189 | 3.621 | 3.043 | 2.505 | 1.638 | 1.060 | 0.402 | 0.201 | 0.129 | 0.097 |
| 1.300 | 2.323 | 2.300 | 2.231 | 2.122 | 1.982 | 1.821 | 1.650 | 1.310 | 1.009 | 0.508 | 0.275 | 0.169 | 0.118 |
| 1.400 | 1.335 | 1.328 | 1.306 | 1.270 | 1.222 | 1.164 | 1.099 | 0.956 | 0.811 | 0.504 | 0.310 | 0.200 | 0.139 |
| 1.500 | 0.875 | 0.872 | 0.863 | 0.848 | 0.828 | 0.802 | 0.773 | 0.706 | 0.632 | 0.451 | 0.310 | 0.215 | 0.154 |
| 1.600 | 0.623 | 0.622 | 0.617 | 0.610 | 0.600 | 0.587 | 0.572 | 0.537 | 0.497 | 0.388 | 0.290 | 0.214 | 0.160 |

| $l/d$ | 90 | | | | | | | | | | | | |
|---|---|---|---|---|---|---|---|---|---|---|---|---|---|
| $m$ \ $n$ | 0.000 | 0.020 | 0.040 | 0.060 | 0.080 | 0.100 | 0.120 | 0.160 | 0.200 | 0.300 | 0.400 | 0.500 | 0.600 |
| 0.500 | | −0.632 | −0.623 | −0.608 | −0.589 | −0.565 | −0.537 | −0.473 | −0.403 | −0.236 | −0.112 | −0.036 | 0.004 |
| 0.550 | | −0.828 | −0.814 | −0.792 | −0.762 | −0.726 | −0.684 | −0.590 | −0.492 | −0.269 | −0.118 | −0.033 | 0.010 |
| 0.600 | | −1.098 | −1.076 | −1.040 | −0.993 | −0.936 | −0.872 | −0.732 | −0.591 | −0.296 | −0.117 | −0.025 | 0.018 |
| 0.650 | | −1.487 | −1.449 | −1.389 | −1.311 | −1.218 | −1.116 | −0.901 | −0.696 | −0.311 | −0.107 | −0.012 | 0.028 |
| 0.700 | | −2.078 | −2.009 | −1.900 | −1.761 | −1.602 | −1.432 | −1.094 | −0.796 | −0.306 | −0.086 | 0.004 | 0.038 |
| 0.750 | | −3.046 | −2.905 | −2.689 | −2.422 | −2.129 | −1.832 | −1.290 | −0.864 | −0.271 | −0.054 | 0.023 | 0.049 |
| 0.800 | | −4.798 | −4.464 | −3.975 | −3.407 | −2.829 | −2.292 | −1.427 | −0.851 | −0.203 | −0.015 | 0.042 | 0.059 |
| 0.850 | | −8.471 | −7.480 | −6.159 | −4.803 | −3.605 | −2.639 | −1.365 | −0.694 | −0.108 | 0.025 | 0.060 | 0.067 |
| 0.900 | | −18.209 | −14.003 | −9.554 | −6.096 | −3.786 | −2.346 | −0.929 | −0.382 | −0.010 | 0.058 | 0.072 | 0.072 |
| 0.950 | | −56.081 | −24.787 | −9.773 | −4.078 | −1.870 | −0.930 | −0.261 | −0.060 | 0.060 | 0.079 | 0.080 | 0.076 |
| 1.004 | 3669.635 | 13.662 | 1.379 | 0.461 | 0.252 | 0.179 | 0.147 | 0.121 | 0.111 | 0.100 | 0.093 | 0.085 | 0.078 |
| 1.008 | 1980.993 | 39.699 | 3.192 | 0.892 | 0.417 | 0.259 | 0.192 | 0.139 | 0.120 | 0.102 | 0.093 | 0.086 | 0.078 |
| 1.012 | 1112.459 | 69.431 | 5.807 | 1.454 | 0.615 | 0.351 | 0.242 | 0.158 | 0.129 | 0.105 | 0.094 | 0.086 | 0.078 |
| 1.016 | 688.476 | 90.724 | 9.119 | 2.174 | 0.858 | 0.458 | 0.298 | 0.179 | 0.139 | 0.107 | 0.095 | 0.086 | 0.078 |
| 1.020 | 461.944 | 100.469 | 12.761 | 3.048 | 1.151 | 0.584 | 0.362 | 0.203 | 0.150 | 0.110 | 0.096 | 0.087 | 0.078 |
| 1.024 | 329.440 | 101.263 | 16.303 | 4.042 | 1.495 | 0.731 | 0.436 | 0.228 | 0.161 | 0.113 | 0.097 | 0.087 | 0.078 |
| 1.028 | 246.040 | 96.709 | 19.397 | 5.105 | 1.882 | 0.899 | 0.520 | 0.256 | 0.174 | 0.116 | 0.098 | 0.087 | 0.079 |
| 1.040 | 123.468 | 73.588 | 24.641 | 8.159 | 3.202 | 1.507 | 0.829 | 0.360 | 0.218 | 0.125 | 0.101 | 0.089 | 0.079 |
| 1.060 | 55.631 | 43.395 | 23.391 | 10.959 | 5.189 | 2.642 | 1.472 | 0.592 | 0.318 | 0.146 | 0.108 | 0.091 | 0.080 |
| 1.080 | 31.475 | 27.261 | 18.551 | 10.979 | 6.197 | 3.535 | 2.098 | 0.867 | 0.445 | 0.173 | 0.116 | 0.094 | 0.081 |
| 1.100 | 20.219 | 18.422 | 14.215 | 9.766 | 6.307 | 3.996 | 2.555 | 1.137 | 0.586 | 0.206 | 0.126 | 0.098 | 0.083 |
| 1.120 | 14.084 | 13.198 | 10.967 | 8.302 | 5.915 | 4.087 | 2.801 | 1.361 | 0.725 | 0.243 | 0.138 | 0.103 | 0.085 |
| 1.140 | 10.378 | 9.894 | 8.616 | 6.962 | 5.328 | 3.941 | 2.867 | 1.520 | 0.848 | 0.284 | 0.153 | 0.108 | 0.087 |
| 1.160 | 7.969 | 7.683 | 6.904 | 5.839 | 4.709 | 3.673 | 2.809 | 1.612 | 0.946 | 0.325 | 0.168 | 0.115 | 0.090 |
| 1.180 | 6.316 | 6.137 | 5.636 | 4.926 | 4.132 | 3.360 | 2.676 | 1.647 | 1.016 | 0.365 | 0.184 | 0.122 | 0.093 |
| 1.200 | 5.132 | 5.014 | 4.680 | 4.190 | 3.621 | 3.043 | 2.505 | 1.638 | 1.059 | 0.402 | 0.201 | 0.129 | 0.097 |
| 1.300 | 2.323 | 2.300 | 2.231 | 2.122 | 1.982 | 1.822 | 1.651 | 1.310 | 1.009 | 0.508 | 0.275 | 0.169 | 0.118 |
| 1.400 | 1.336 | 1.328 | 1.306 | 1.270 | 1.222 | 1.164 | 1.099 | 0.956 | 0.811 | 0.504 | 0.310 | 0.200 | 0.139 |
| 1.500 | 0.875 | 0.872 | 0.863 | 0.848 | 0.828 | 0.802 | 0.773 | 0.706 | 0.632 | 0.451 | 0.310 | 0.215 | 0.154 |
| 1.600 | 0.623 | 0.622 | 0.617 | 0.610 | 0.600 | 0.587 | 0.572 | 0.537 | 0.497 | 0.388 | 0.290 | 0.214 | 0.160 |

续表 F. 0. 2-1

| $l/d$ | 100 | | | | | | | | | | | | |
|---|---|---|---|---|---|---|---|---|---|---|---|---|---|
| $m$ \ $n$ | 0.000 | 0.020 | 0.040 | 0.060 | 0.080 | 0.100 | 0.120 | 0.160 | 0.200 | 0.300 | 0.400 | 0.500 | 0.600 |
| 0.500 | | −0.632 | −0.623 | −0.608 | −0.589 | −0.565 | −0.537 | −0.473 | −0.403 | −0.236 | −0.112 | −0.036 | 0.004 |
| 0.550 | | −0.828 | −0.814 | −0.792 | −0.762 | −0.726 | −0.684 | −0.590 | −0.492 | −0.269 | −0.118 | −0.033 | 0.010 |
| 0.600 | | −1.098 | −1.076 | −1.040 | −0.993 | −0.936 | −0.872 | −0.732 | −0.591 | −0.296 | −0.117 | −0.025 | 0.018 |
| 0.650 | | −1.487 | −1.449 | −1.389 | −1.311 | −1.218 | −1.116 | −0.901 | −0.696 | −0.311 | −0.107 | −0.012 | 0.028 |
| 0.700 | | −2.078 | −2.009 | −1.901 | −1.761 | −1.602 | −1.432 | −1.094 | −0.796 | −0.306 | −0.086 | 0.004 | 0.038 |
| 0.750 | | −3.047 | −2.906 | −2.689 | −2.422 | −2.129 | −1.832 | −1.290 | −0.864 | −0.271 | −0.054 | 0.023 | 0.049 |
| 0.800 | | −4.799 | −4.465 | −3.975 | −3.407 | −2.829 | −2.292 | −1.427 | −0.851 | −0.203 | −0.015 | 0.042 | 0.059 |
| 0.850 | | −8.473 | −7.482 | −6.160 | −4.804 | −3.605 | −2.639 | −1.364 | −0.694 | −0.108 | 0.025 | 0.060 | 0.067 |
| 0.900 | | −18.220 | −14.007 | −9.555 | −6.095 | −3.785 | −2.345 | −0.929 | −0.381 | −0.010 | 0.058 | 0.072 | 0.072 |
| 0.950 | | −56.153 | −24.774 | −9.762 | −4.074 | −1.868 | −0.930 | −0.261 | −0.060 | 0.060 | 0.079 | 0.080 | 0.076 |
| 1.004 | 4254.172 | 13.337 | 1.373 | 0.461 | 0.252 | 0.179 | 0.147 | 0.121 | 0.111 | 0.100 | 0.093 | 0.085 | 0.078 |
| 1.008 | 2133.993 | 38.762 | 3.174 | 0.890 | 0.416 | 0.259 | 0.192 | 0.139 | 0.120 | 0.102 | 0.093 | 0.086 | 0.078 |
| 1.012 | 1158.357 | 68.260 | 5.773 | 1.450 | 0.615 | 0.351 | 0.241 | 0.158 | 0.129 | 0.105 | 0.094 | 0.086 | 0.078 |
| 1.016 | 705.653 | 89.797 | 9.066 | 2.169 | 0.857 | 0.458 | 0.298 | 0.179 | 0.139 | 0.107 | 0.095 | 0.086 | 0.078 |
| 1.020 | 469.584 | 99.919 | 12.696 | 3.040 | 1.150 | 0.584 | 0.362 | 0.203 | 0.150 | 0.110 | 0.096 | 0.087 | 0.078 |
| 1.024 | 333.298 | 101.011 | 16.233 | 4.032 | 1.493 | 0.731 | 0.436 | 0.228 | 0.161 | 0.113 | 0.097 | 0.087 | 0.078 |
| 1.028 | 248.182 | 96.640 | 19.330 | 5.093 | 1.880 | 0.898 | 0.519 | 0.256 | 0.174 | 0.116 | 0.098 | 0.087 | 0.079 |
| 1.040 | 124.004 | 73.672 | 24.605 | 8.145 | 3.198 | 1.505 | 0.828 | 0.360 | 0.218 | 0.125 | 0.101 | 0.089 | 0.079 |
| 1.060 | 55.739 | 43.445 | 23.390 | 10.952 | 5.185 | 2.640 | 1.471 | 0.592 | 0.318 | 0.146 | 0.108 | 0.091 | 0.080 |
| 1.080 | 31.509 | 27.283 | 18.556 | 10.978 | 6.195 | 3.533 | 2.097 | 0.867 | 0.445 | 0.173 | 0.116 | 0.094 | 0.081 |
| 1.100 | 20.233 | 18.432 | 14.220 | 9.766 | 6.306 | 3.995 | 2.555 | 1.137 | 0.586 | 0.206 | 0.126 | 0.098 | 0.083 |
| 1.120 | 14.091 | 13.204 | 10.971 | 8.303 | 5.915 | 4.086 | 2.801 | 1.361 | 0.725 | 0.243 | 0.138 | 0.103 | 0.085 |
| 1.140 | 10.382 | 9.897 | 8.618 | 6.963 | 5.328 | 3.941 | 2.867 | 1.519 | 0.848 | 0.284 | 0.153 | 0.108 | 0.087 |
| 1.160 | 7.971 | 7.685 | 6.905 | 5.839 | 4.709 | 3.674 | 2.809 | 1.612 | 0.946 | 0.325 | 0.168 | 0.115 | 0.090 |
| 1.180 | 6.317 | 6.138 | 5.637 | 4.926 | 4.132 | 3.360 | 2.675 | 1.647 | 1.016 | 0.365 | 0.184 | 0.122 | 0.093 |
| 1.200 | 5.133 | 5.015 | 4.680 | 4.190 | 3.622 | 3.043 | 2.505 | 1.638 | 1.059 | 0.402 | 0.201 | 0.129 | 0.097 |
| 1.300 | 2.324 | 2.300 | 2.231 | 2.122 | 1.982 | 1.822 | 1.651 | 1.310 | 1.009 | 0.508 | 0.275 | 0.169 | 0.118 |
| 1.400 | 1.336 | 1.328 | 1.306 | 1.270 | 1.222 | 1.164 | 1.099 | 0.956 | 0.811 | 0.504 | 0.310 | 0.200 | 0.139 |
| 1.500 | 0.875 | 0.872 | 0.863 | 0.848 | 0.828 | 0.802 | 0.773 | 0.706 | 0.632 | 0.451 | 0.310 | 0.215 | 0.154 |
| 1.600 | 0.623 | 0.622 | 0.617 | 0.610 | 0.600 | 0.587 | 0.572 | 0.537 | 0.497 | 0.388 | 0.290 | 0.214 | 0.160 |

**表 F. 0. 2-2　考虑桩径影响，沿桩身均布侧阻力竖向应力影响系数 $I_{sr}$**

| $l/d$ | 10 | | | | | | | | | | | | |
|---|---|---|---|---|---|---|---|---|---|---|---|---|---|
| $m$ \ $n$ | 0.000 | 0.020 | 0.040 | 0.060 | 0.080 | 0.100 | 0.120 | 0.160 | 0.200 | 0.300 | 0.400 | 0.500 | 0.600 |
| 0.500 | | | | 0.498 | 0.490 | 0.480 | 0.469 | 0.441 | 0.409 | 0.322 | 0.241 | 0.175 | 0.125 |
| 0.550 | | | | 0.517 | 0.509 | 0.499 | 0.488 | 0.460 | 0.428 | 0.340 | 0.257 | 0.189 | 0.137 |
| 0.600 | | | | 0.550 | 0.541 | 0.530 | 0.517 | 0.487 | 0.452 | 0.358 | 0.271 | 0.201 | 0.147 |
| 0.650 | | | | 0.600 | 0.589 | 0.575 | 0.559 | 0.523 | 0.482 | 0.376 | 0.284 | 0.211 | 0.156 |
| 0.700 | | | | 0.672 | 0.656 | 0.638 | 0.617 | 0.569 | 0.518 | 0.395 | 0.296 | 0.220 | 0.163 |
| 0.750 | | | | 0.773 | 0.750 | 0.723 | 0.692 | 0.626 | 0.559 | 0.413 | 0.305 | 0.226 | 0.169 |
| 0.800 | | | | 0.921 | 0.883 | 0.839 | 0.791 | 0.694 | 0.604 | 0.428 | 0.312 | 0.231 | 0.173 |
| 0.850 | | | | 1.140 | 1.071 | 0.994 | 0.916 | 0.769 | 0.647 | 0.440 | 0.316 | 0.235 | 0.177 |
| 0.900 | | | | 1.483 | 1.342 | 1.196 | 1.060 | 0.838 | 0.680 | 0.446 | 0.318 | 0.237 | 0.179 |
| 0.950 | | | | 2.066 | 1.721 | 1.415 | 1.183 | 0.879 | 0.695 | 0.447 | 0.319 | 0.238 | 0.181 |
| 1.004 | 2.801 | 2.925 | 3.549 | 3.062 | 1.969 | 1.496 | 1.214 | 0.885 | 0.696 | 0.446 | 0.318 | 0.238 | 0.183 |
| 1.008 | 2.797 | 2.918 | 3.484 | 3.010 | 1.966 | 1.495 | 1.213 | 0.885 | 0.695 | 0.445 | 0.318 | 0.238 | 0.183 |
| 1.012 | 2.789 | 2.905 | 3.371 | 2.917 | 1.959 | 1.493 | 1.212 | 0.884 | 0.695 | 0.445 | 0.318 | 0.238 | 0.183 |
| 1.016 | 2.776 | 2.882 | 3.236 | 2.807 | 1.948 | 1.490 | 1.211 | 0.884 | 0.695 | 0.445 | 0.318 | 0.238 | 0.183 |
| 1.020 | 2.756 | 2.850 | 3.098 | 2.696 | 1.932 | 1.485 | 1.209 | 0.883 | 0.694 | 0.445 | 0.318 | 0.238 | 0.183 |
| 1.024 | 2.730 | 2.808 | 2.966 | 2.589 | 1.912 | 1.480 | 1.207 | 0.882 | 0.694 | 0.445 | 0.317 | 0.238 | 0.183 |
| 1.028 | 2.696 | 2.757 | 2.843 | 2.489 | 1.887 | 1.473 | 1.204 | 0.881 | 0.693 | 0.444 | 0.317 | 0.238 | 0.183 |
| 1.040 | 2.555 | 2.569 | 2.525 | 2.232 | 1.797 | 1.442 | 1.190 | 0.877 | 0.691 | 0.444 | 0.317 | 0.238 | 0.183 |
| 1.060 | 2.247 | 2.223 | 2.121 | 1.907 | 1.627 | 1.365 | 1.154 | 0.865 | 0.685 | 0.442 | 0.316 | 0.238 | 0.184 |
| 1.080 | 1.940 | 1.910 | 1.817 | 1.661 | 1.467 | 1.273 | 1.102 | 0.847 | 0.677 | 0.440 | 0.315 | 0.238 | 0.184 |
| 1.100 | 1.676 | 1.652 | 1.579 | 1.465 | 1.325 | 1.179 | 1.043 | 0.823 | 0.666 | 0.437 | 0.314 | 0.237 | 0.184 |
| 1.120 | 1.462 | 1.443 | 1.389 | 1.304 | 1.200 | 1.089 | 0.981 | 0.794 | 0.652 | 0.433 | 0.313 | 0.237 | 0.184 |
| 1.140 | 1.289 | 1.275 | 1.234 | 1.171 | 1.092 | 1.006 | 0.920 | 0.762 | 0.635 | 0.428 | 0.311 | 0.236 | 0.184 |
| 1.160 | 1.148 | 1.138 | 1.107 | 1.059 | 0.998 | 0.931 | 0.861 | 0.729 | 0.616 | 0.423 | 0.309 | 0.235 | 0.184 |
| 1.180 | 1.032 | 1.024 | 1.001 | 0.964 | 0.917 | 0.863 | 0.806 | 0.695 | 0.596 | 0.417 | 0.307 | 0.235 | 0.183 |
| 1.200 | 0.936 | 0.930 | 0.911 | 0.882 | 0.845 | 0.802 | 0.756 | 0.662 | 0.575 | 0.410 | 0.304 | 0.233 | 0.183 |
| 1.300 | 0.628 | 0.626 | 0.619 | 0.609 | 0.595 | 0.578 | 0.559 | 0.517 | 0.472 | 0.367 | 0.286 | 0.225 | 0.180 |
| 1.400 | 0.465 | 0.464 | 0.461 | 0.456 | 0.450 | 0.442 | 0.432 | 0.411 | 0.386 | 0.321 | 0.262 | 0.213 | 0.174 |
| 1.500 | 0.364 | 0.364 | 0.362 | 0.360 | 0.356 | 0.352 | 0.347 | 0.334 | 0.320 | 0.278 | 0.236 | 0.198 | 0.165 |
| 1.600 | 0.297 | 0.296 | 0.295 | 0.294 | 0.292 | 0.289 | 0.286 | 0.278 | 0.269 | 0.241 | 0.211 | 0.182 | 0.155 |

续表 F.0.2-2

| l/d | 15 | | | | | | | | | | | | |
|---|---|---|---|---|---|---|---|---|---|---|---|---|---|
| m \ n | 0.000 | 0.020 | 0.040 | 0.060 | 0.080 | 0.100 | 0.120 | 0.160 | 0.200 | 0.300 | 0.400 | 0.500 | 0.600 |
| 0.500 | | | 0.508 | 0.502 | 0.494 | 0.484 | 0.472 | 0.444 | 0.411 | 0.323 | 0.241 | 0.175 | 0.125 |
| 0.550 | | | 0.527 | 0.521 | 0.513 | 0.503 | 0.491 | 0.463 | 0.430 | 0.340 | 0.257 | 0.189 | 0.137 |
| 0.600 | | | 0.561 | 0.555 | 0.546 | 0.534 | 0.521 | 0.490 | 0.454 | 0.359 | 0.271 | 0.201 | 0.147 |
| 0.650 | | | 0.614 | 0.606 | 0.594 | 0.580 | 0.564 | 0.526 | 0.484 | 0.377 | 0.284 | 0.211 | 0.156 |
| 0.700 | | | 0.691 | 0.679 | 0.663 | 0.644 | 0.622 | 0.572 | 0.520 | 0.396 | 0.296 | 0.220 | 0.163 |
| 0.750 | | | 0.804 | 0.785 | 0.760 | 0.731 | 0.699 | 0.630 | 0.561 | 0.413 | 0.305 | 0.226 | 0.169 |
| 0.800 | | | 0.973 | 0.940 | 0.898 | 0.850 | 0.799 | 0.697 | 0.605 | 0.428 | 0.311 | 0.231 | 0.173 |
| 0.850 | | | 1.241 | 1.174 | 1.094 | 1.008 | 0.923 | 0.770 | 0.646 | 0.439 | 0.316 | 0.234 | 0.177 |
| 0.900 | | | 1.703 | 1.544 | 1.370 | 1.204 | 1.059 | 0.834 | 0.676 | 0.444 | 0.318 | 0.236 | 0.179 |
| 0.950 | | | 2.597 | 2.119 | 1.697 | 1.385 | 1.160 | 0.868 | 0.690 | 0.446 | 0.318 | 0.237 | 0.181 |
| 1.004 | 4.206 | 4.682 | 4.571 | 2.553 | 1.830 | 1.435 | 1.181 | 0.873 | 0.689 | 0.444 | 0.317 | 0.238 | 0.182 |
| 1.008 | 4.191 | 4.625 | 4.384 | 2.546 | 1.829 | 1.434 | 1.181 | 0.872 | 0.689 | 0.444 | 0.317 | 0.238 | 0.182 |
| 1.012 | 4.158 | 4.511 | 4.135 | 2.534 | 1.825 | 1.433 | 1.180 | 0.872 | 0.689 | 0.444 | 0.317 | 0.238 | 0.183 |
| 1.016 | 4.103 | 4.352 | 3.892 | 2.513 | 1.821 | 1.431 | 1.179 | 0.871 | 0.688 | 0.443 | 0.317 | 0.238 | 0.183 |
| 1.020 | 4.024 | 4.172 | 3.672 | 2.484 | 1.814 | 1.428 | 1.177 | 0.870 | 0.688 | 0.443 | 0.317 | 0.238 | 0.183 |
| 1.024 | 3.921 | 3.984 | 3.477 | 2.446 | 1.805 | 1.424 | 1.176 | 0.869 | 0.687 | 0.443 | 0.317 | 0.238 | 0.183 |
| 1.028 | 3.800 | 3.798 | 3.302 | 2.402 | 1.793 | 1.420 | 1.173 | 0.869 | 0.687 | 0.443 | 0.317 | 0.238 | 0.183 |
| 1.040 | 3.381 | 3.288 | 2.872 | 2.248 | 1.744 | 1.400 | 1.164 | 0.865 | 0.685 | 0.442 | 0.316 | 0.238 | 0.183 |
| 1.060 | 2.715 | 2.622 | 2.349 | 1.976 | 1.624 | 1.346 | 1.136 | 0.855 | 0.680 | 0.440 | 0.316 | 0.238 | 0.183 |
| 1.080 | 2.207 | 2.144 | 1.971 | 1.732 | 1.487 | 1.271 | 1.094 | 0.839 | 0.673 | 0.438 | 0.315 | 0.237 | 0.184 |
| 1.100 | 1.838 | 1.797 | 1.684 | 1.525 | 1.352 | 1.187 | 1.042 | 0.818 | 0.662 | 0.435 | 0.314 | 0.237 | 0.184 |
| 1.120 | 1.565 | 1.538 | 1.462 | 1.353 | 1.227 | 1.101 | 0.985 | 0.792 | 0.649 | 0.432 | 0.312 | 0.236 | 0.184 |
| 1.140 | 1.358 | 1.339 | 1.287 | 1.209 | 1.117 | 1.020 | 0.926 | 0.762 | 0.633 | 0.427 | 0.311 | 0.236 | 0.184 |
| 1.160 | 1.196 | 1.183 | 1.146 | 1.089 | 1.019 | 0.944 | 0.869 | 0.730 | 0.616 | 0.422 | 0.309 | 0.235 | 0.184 |
| 1.180 | 1.067 | 1.057 | 1.030 | 0.987 | 0.934 | 0.875 | 0.814 | 0.697 | 0.596 | 0.416 | 0.306 | 0.234 | 0.183 |
| 1.200 | 0.962 | 0.955 | 0.934 | 0.901 | 0.860 | 0.813 | 0.763 | 0.665 | 0.576 | 0.409 | 0.304 | 0.233 | 0.183 |
| 1.300 | 0.636 | 0.634 | 0.627 | 0.616 | 0.601 | 0.584 | 0.564 | 0.520 | 0.473 | 0.367 | 0.286 | 0.225 | 0.180 |
| 1.400 | 0.468 | 0.467 | 0.464 | 0.459 | 0.453 | 0.444 | 0.435 | 0.412 | 0.387 | 0.321 | 0.262 | 0.213 | 0.174 |
| 1.500 | 0.366 | 0.366 | 0.364 | 0.361 | 0.358 | 0.353 | 0.348 | 0.336 | 0.321 | 0.279 | 0.236 | 0.198 | 0.165 |
| 1.600 | 0.298 | 0.297 | 0.296 | 0.295 | 0.293 | 0.290 | 0.287 | 0.279 | 0.270 | 0.242 | 0.211 | 0.182 | 0.155 |
| l/d | 20 | | | | | | | | | | | | |
| m \ n | 0.000 | 0.020 | 0.040 | 0.060 | 0.080 | 0.100 | 0.120 | 0.160 | 0.200 | 0.300 | 0.400 | 0.500 | 0.600 |
| 0.500 | | | 0.509 | 0.503 | 0.495 | 0.485 | 0.473 | 0.444 | 0.412 | 0.323 | 0.241 | 0.175 | 0.125 |
| 0.550 | | | 0.529 | 0.523 | 0.514 | 0.504 | 0.492 | 0.463 | 0.430 | 0.341 | 0.257 | 0.189 | 0.137 |
| 0.600 | | | 0.563 | 0.556 | 0.547 | 0.536 | 0.522 | 0.491 | 0.454 | 0.359 | 0.272 | 0.201 | 0.147 |
| 0.650 | | | 0.616 | 0.608 | 0.596 | 0.582 | 0.565 | 0.527 | 0.484 | 0.377 | 0.284 | 0.211 | 0.156 |
| 0.700 | | | 0.694 | 0.682 | 0.666 | 0.646 | 0.623 | 0.573 | 0.520 | 0.396 | 0.295 | 0.219 | 0.163 |
| 0.750 | | | 0.809 | 0.789 | 0.764 | 0.734 | 0.701 | 0.631 | 0.562 | 0.413 | 0.304 | 0.226 | 0.169 |
| 0.800 | | | 0.981 | 0.947 | 0.903 | 0.854 | 0.802 | 0.698 | 0.605 | 0.428 | 0.311 | 0.231 | 0.173 |
| 0.850 | | | 1.258 | 1.187 | 1.102 | 1.013 | 0.925 | 0.770 | 0.646 | 0.438 | 0.315 | 0.234 | 0.177 |
| 0.900 | | | 1.742 | 1.565 | 1.378 | 1.206 | 1.058 | 0.832 | 0.675 | 0.444 | 0.317 | 0.236 | 0.179 |
| 0.950 | | | 2.684 | 2.123 | 1.684 | 1.374 | 1.152 | 0.865 | 0.688 | 0.445 | 0.318 | 0.237 | 0.181 |
| 1.004 | 5.608 | 6.983 | 3.947 | 2.445 | 1.791 | 1.416 | 1.171 | 0.868 | 0.687 | 0.443 | 0.317 | 0.238 | 0.182 |
| 1.008 | 5.567 | 6.487 | 3.913 | 2.441 | 1.790 | 1.415 | 1.170 | 0.868 | 0.687 | 0.443 | 0.317 | 0.238 | 0.182 |
| 1.012 | 5.476 | 5.949 | 3.841 | 2.434 | 1.787 | 1.414 | 1.170 | 0.867 | 0.687 | 0.443 | 0.317 | 0.238 | 0.182 |
| 1.016 | 5.328 | 5.476 | 3.737 | 2.421 | 1.783 | 1.412 | 1.168 | 0.867 | 0.686 | 0.443 | 0.317 | 0.238 | 0.183 |
| 1.020 | 5.129 | 5.069 | 3.613 | 2.403 | 1.778 | 1.410 | 1.167 | 0.866 | 0.686 | 0.443 | 0.317 | 0.238 | 0.183 |
| 1.024 | 4.895 | 4.715 | 3.479 | 2.379 | 1.771 | 1.407 | 1.165 | 0.865 | 0.685 | 0.442 | 0.317 | 0.238 | 0.183 |
| 1.028 | 4.643 | 4.405 | 3.344 | 2.349 | 1.762 | 1.403 | 1.163 | 0.864 | 0.685 | 0.442 | 0.316 | 0.238 | 0.183 |
| 1.040 | 3.902 | 3.657 | 2.958 | 2.231 | 1.722 | 1.386 | 1.155 | 0.861 | 0.683 | 0.441 | 0.316 | 0.238 | 0.183 |
| 1.060 | 2.951 | 2.804 | 2.428 | 1.991 | 1.619 | 1.338 | 1.129 | 0.851 | 0.678 | 0.440 | 0.315 | 0.237 | 0.183 |
| 1.080 | 2.326 | 2.243 | 2.028 | 1.754 | 1.491 | 1.269 | 1.091 | 0.837 | 0.671 | 0.437 | 0.314 | 0.237 | 0.183 |
| 1.100 | 1.904 | 1.855 | 1.724 | 1.546 | 1.360 | 1.189 | 1.041 | 0.816 | 0.661 | 0.435 | 0.313 | 0.237 | 0.184 |
| 1.120 | 1.605 | 1.575 | 1.490 | 1.370 | 1.236 | 1.105 | 0.986 | 0.791 | 0.648 | 0.431 | 0.312 | 0.236 | 0.184 |
| 1.140 | 1.384 | 1.364 | 1.306 | 1.223 | 1.125 | 1.024 | 0.928 | 0.762 | 0.633 | 0.427 | 0.310 | 0.236 | 0.184 |
| 1.160 | 1.214 | 1.200 | 1.160 | 1.099 | 1.027 | 0.949 | 0.871 | 0.730 | 0.615 | 0.422 | 0.308 | 0.235 | 0.183 |
| 1.180 | 1.080 | 1.070 | 1.040 | 0.996 | 0.940 | 0.879 | 0.817 | 0.698 | 0.596 | 0.416 | 0.306 | 0.234 | 0.183 |
| 1.200 | 0.971 | 0.964 | 0.942 | 0.908 | 0.865 | 0.817 | 0.766 | 0.666 | 0.576 | 0.409 | 0.304 | 0.233 | 0.183 |
| 1.300 | 0.639 | 0.637 | 0.630 | 0.618 | 0.604 | 0.586 | 0.565 | 0.521 | 0.474 | 0.368 | 0.286 | 0.225 | 0.180 |
| 1.400 | 0.469 | 0.468 | 0.465 | 0.460 | 0.454 | 0.445 | 0.436 | 0.413 | 0.388 | 0.321 | 0.262 | 0.213 | 0.174 |
| 1.500 | 0.367 | 0.366 | 0.365 | 0.362 | 0.359 | 0.354 | 0.349 | 0.336 | 0.321 | 0.279 | 0.236 | 0.198 | 0.165 |
| 1.600 | 0.298 | 0.298 | 0.297 | 0.295 | 0.293 | 0.290 | 0.287 | 0.279 | 0.270 | 0.242 | 0.211 | 0.182 | 0.155 |

续表 F.0.2-2

| $l/d$ | 25 | | | | | | | | | | | | |
|---|---|---|---|---|---|---|---|---|---|---|---|---|---|
| $m$ \ $n$ | 0.000 | 0.020 | 0.040 | 0.060 | 0.080 | 0.100 | 0.120 | 0.160 | 0.200 | 0.300 | 0.400 | 0.500 | 0.600 |
| 0.500 | | | 0.510 | 0.504 | 0.496 | 0.486 | 0.473 | 0.445 | 0.412 | 0.323 | 0.241 | 0.175 | 0.125 |
| 0.550 | | | 0.529 | 0.523 | 0.515 | 0.505 | 0.493 | 0.464 | 0.431 | 0.341 | 0.257 | 0.189 | 0.137 |
| 0.600 | | | 0.564 | 0.557 | 0.548 | 0.536 | 0.523 | 0.491 | 0.455 | 0.359 | 0.272 | 0.201 | 0.147 |
| 0.650 | | | 0.617 | 0.609 | 0.597 | 0.582 | 0.566 | 0.527 | 0.485 | 0.377 | 0.284 | 0.211 | 0.155 |
| 0.700 | | | 0.696 | 0.683 | 0.667 | 0.647 | 0.624 | 0.574 | 0.521 | 0.396 | 0.295 | 0.219 | 0.163 |
| 0.750 | | | 0.811 | 0.791 | 0.765 | 0.735 | 0.702 | 0.632 | 0.562 | 0.413 | 0.304 | 0.226 | 0.169 |
| 0.800 | | | 0.985 | 0.950 | 0.906 | 0.855 | 0.803 | 0.699 | 0.605 | 0.428 | 0.311 | 0.231 | 0.173 |
| 0.850 | | | 1.266 | 1.192 | 1.106 | 1.015 | 0.927 | 0.770 | 0.646 | 0.438 | 0.315 | 0.234 | 0.176 |
| 0.900 | | | 1.761 | 1.574 | 1.382 | 1.207 | 1.058 | 0.831 | 0.674 | 0.444 | 0.317 | 0.236 | 0.179 |
| 0.950 | | | 2.720 | 2.122 | 1.678 | 1.369 | 1.149 | 0.863 | 0.687 | 0.445 | 0.318 | 0.237 | 0.181 |
| 1.004 | 7.005 | 9.219 | 3.759 | 2.402 | 1.774 | 1.408 | 1.166 | 0.866 | 0.686 | 0.443 | 0.317 | 0.238 | 0.182 |
| 1.008 | 6.914 | 7.657 | 3.740 | 2.398 | 1.773 | 1.407 | 1.166 | 0.866 | 0.686 | 0.443 | 0.317 | 0.238 | 0.182 |
| 1.012 | 6.717 | 6.731 | 3.699 | 2.392 | 1.771 | 1.406 | 1.165 | 0.865 | 0.686 | 0.443 | 0.317 | 0.238 | 0.182 |
| 1.016 | 6.415 | 6.063 | 3.634 | 2.382 | 1.767 | 1.404 | 1.164 | 0.865 | 0.685 | 0.442 | 0.317 | 0.238 | 0.183 |
| 1.020 | 6.045 | 5.536 | 3.547 | 2.368 | 1.762 | 1.402 | 1.162 | 0.864 | 0.685 | 0.442 | 0.317 | 0.238 | 0.183 |
| 1.024 | 5.648 | 5.099 | 3.445 | 2.348 | 1.756 | 1.399 | 1.161 | 0.863 | 0.684 | 0.442 | 0.316 | 0.238 | 0.183 |
| 1.028 | 5.254 | 4.725 | 3.334 | 2.323 | 1.748 | 1.395 | 1.159 | 0.862 | 0.684 | 0.442 | 0.316 | 0.238 | 0.183 |
| 1.040 | 4.227 | 3.852 | 2.986 | 2.220 | 1.712 | 1.380 | 1.151 | 0.859 | 0.682 | 0.441 | 0.316 | 0.237 | 0.183 |
| 1.060 | 3.079 | 2.898 | 2.463 | 1.996 | 1.616 | 1.334 | 1.127 | 0.850 | 0.677 | 0.439 | 0.315 | 0.237 | 0.183 |
| 1.080 | 2.387 | 2.293 | 2.054 | 1.764 | 1.493 | 1.268 | 1.089 | 0.835 | 0.670 | 0.437 | 0.314 | 0.237 | 0.183 |
| 1.100 | 1.937 | 1.884 | 1.743 | 1.556 | 1.364 | 1.189 | 1.041 | 0.815 | 0.660 | 0.434 | 0.313 | 0.237 | 0.184 |
| 1.120 | 1.625 | 1.592 | 1.503 | 1.378 | 1.240 | 1.107 | 0.986 | 0.790 | 0.648 | 0.431 | 0.312 | 0.236 | 0.184 |
| 1.140 | 1.397 | 1.375 | 1.316 | 1.229 | 1.129 | 1.026 | 0.929 | 0.762 | 0.632 | 0.427 | 0.310 | 0.236 | 0.184 |
| 1.160 | 1.223 | 1.208 | 1.167 | 1.104 | 1.030 | 0.951 | 0.872 | 0.731 | 0.615 | 0.422 | 0.308 | 0.235 | 0.183 |
| 1.180 | 1.086 | 1.076 | 1.045 | 1.000 | 0.943 | 0.881 | 0.818 | 0.698 | 0.596 | 0.416 | 0.306 | 0.234 | 0.183 |
| 1.200 | 0.976 | 0.968 | 0.946 | 0.911 | 0.867 | 0.818 | 0.767 | 0.666 | 0.576 | 0.409 | 0.303 | 0.233 | 0.183 |
| 1.300 | 0.640 | 0.638 | 0.631 | 0.620 | 0.605 | 0.587 | 0.566 | 0.521 | 0.474 | 0.368 | 0.286 | 0.225 | 0.180 |
| 1.400 | 0.470 | 0.469 | 0.466 | 0.461 | 0.454 | 0.446 | 0.436 | 0.413 | 0.388 | 0.321 | 0.262 | 0.213 | 0.173 |
| 1.500 | 0.367 | 0.367 | 0.365 | 0.362 | 0.359 | 0.354 | 0.349 | 0.336 | 0.321 | 0.279 | 0.236 | 0.198 | 0.165 |
| 1.600 | 0.298 | 0.298 | 0.297 | 0.295 | 0.293 | 0.291 | 0.287 | 0.280 | 0.270 | 0.242 | 0.211 | 0.182 | 0.155 |

| $l/d$ | 30 | | | | | | | | | | | | |
|---|---|---|---|---|---|---|---|---|---|---|---|---|---|
| $m$ \ $n$ | 0.000 | 0.020 | 0.040 | 0.060 | 0.080 | 0.100 | 0.120 | 0.160 | 0.200 | 0.300 | 0.400 | 0.500 | 0.600 |
| 0.500 | | 0.514 | 0.510 | 0.504 | 0.496 | 0.486 | 0.474 | 0.445 | 0.412 | 0.323 | 0.241 | 0.175 | 0.125 |
| 0.550 | | 0.533 | 0.530 | 0.524 | 0.515 | 0.505 | 0.493 | 0.464 | 0.431 | 0.341 | 0.257 | 0.189 | 0.137 |
| 0.600 | | 0.568 | 0.564 | 0.557 | 0.548 | 0.537 | 0.523 | 0.491 | 0.455 | 0.359 | 0.272 | 0.201 | 0.147 |
| 0.650 | | 0.623 | 0.618 | 0.609 | 0.597 | 0.583 | 0.566 | 0.528 | 0.485 | 0.378 | 0.284 | 0.211 | 0.155 |
| 0.700 | | 0.704 | 0.696 | 0.684 | 0.667 | 0.647 | 0.625 | 0.574 | 0.521 | 0.396 | 0.295 | 0.219 | 0.163 |
| 0.750 | | 0.824 | 0.812 | 0.792 | 0.766 | 0.736 | 0.703 | 0.632 | 0.562 | 0.413 | 0.304 | 0.226 | 0.168 |
| 0.800 | | 1.010 | 0.987 | 0.952 | 0.907 | 0.856 | 0.803 | 0.699 | 0.605 | 0.428 | 0.311 | 0.231 | 0.173 |
| 0.850 | | 1.321 | 1.270 | 1.195 | 1.108 | 1.016 | 0.927 | 0.770 | 0.645 | 0.438 | 0.315 | 0.234 | 0.176 |
| 0.900 | | 1.919 | 1.772 | 1.579 | 1.384 | 1.207 | 1.058 | 0.831 | 0.674 | 0.444 | 0.317 | 0.236 | 0.179 |
| 0.950 | | 3.402 | 2.738 | 2.120 | 1.674 | 1.366 | 1.147 | 0.862 | 0.686 | 0.445 | 0.318 | 0.237 | 0.181 |
| 1.004 | 8.395 | 8.783 | 3.673 | 2.380 | 1.765 | 1.403 | 1.164 | 0.865 | 0.686 | 0.443 | 0.317 | 0.237 | 0.182 |
| 1.008 | 8.222 | 7.799 | 3.658 | 2.377 | 1.764 | 1.402 | 1.163 | 0.865 | 0.685 | 0.443 | 0.317 | 0.238 | 0.182 |
| 1.012 | 7.859 | 6.970 | 3.627 | 2.371 | 1.762 | 1.401 | 1.162 | 0.864 | 0.685 | 0.443 | 0.317 | 0.238 | 0.182 |
| 1.016 | 7.350 | 6.307 | 3.577 | 2.362 | 1.759 | 1.400 | 1.161 | 0.864 | 0.685 | 0.442 | 0.317 | 0.238 | 0.183 |
| 1.020 | 6.781 | 5.761 | 3.507 | 2.349 | 1.754 | 1.397 | 1.160 | 0.863 | 0.684 | 0.442 | 0.316 | 0.238 | 0.183 |
| 1.024 | 6.216 | 5.299 | 3.420 | 2.331 | 1.748 | 1.395 | 1.158 | 0.862 | 0.684 | 0.442 | 0.316 | 0.237 | 0.183 |
| 1.028 | 5.692 | 4.899 | 3.322 | 2.309 | 1.741 | 1.391 | 1.157 | 0.861 | 0.683 | 0.442 | 0.316 | 0.237 | 0.183 |
| 1.040 | 4.436 | 3.964 | 2.997 | 2.214 | 1.707 | 1.376 | 1.148 | 0.858 | 0.681 | 0.441 | 0.316 | 0.237 | 0.183 |
| 1.060 | 3.156 | 2.951 | 2.482 | 1.998 | 1.614 | 1.332 | 1.125 | 0.849 | 0.677 | 0.439 | 0.315 | 0.237 | 0.183 |
| 1.080 | 2.422 | 2.321 | 2.069 | 1.769 | 1.494 | 1.267 | 1.088 | 0.835 | 0.670 | 0.437 | 0.314 | 0.237 | 0.183 |
| 1.100 | 1.956 | 1.900 | 1.753 | 1.561 | 1.366 | 1.190 | 1.040 | 0.815 | 0.660 | 0.434 | 0.313 | 0.237 | 0.184 |
| 1.120 | 1.636 | 1.602 | 1.510 | 1.382 | 1.243 | 1.108 | 0.986 | 0.790 | 0.647 | 0.431 | 0.312 | 0.236 | 0.184 |
| 1.140 | 1.404 | 1.382 | 1.321 | 1.233 | 1.131 | 1.027 | 0.929 | 0.762 | 0.632 | 0.427 | 0.310 | 0.236 | 0.184 |
| 1.160 | 1.227 | 1.213 | 1.170 | 1.107 | 1.032 | 0.952 | 0.873 | 0.731 | 0.615 | 0.422 | 0.308 | 0.235 | 0.183 |
| 1.180 | 1.089 | 1.079 | 1.048 | 1.002 | 0.945 | 0.882 | 0.819 | 0.699 | 0.596 | 0.416 | 0.306 | 0.234 | 0.183 |
| 1.200 | 0.978 | 0.970 | 0.948 | 0.913 | 0.869 | 0.819 | 0.768 | 0.666 | 0.576 | 0.409 | 0.303 | 0.233 | 0.183 |
| 1.300 | 0.641 | 0.639 | 0.632 | 0.620 | 0.605 | 0.587 | 0.566 | 0.521 | 0.474 | 0.368 | 0.285 | 0.225 | 0.180 |
| 1.400 | 0.470 | 0.469 | 0.466 | 0.461 | 0.455 | 0.446 | 0.436 | 0.414 | 0.388 | 0.322 | 0.262 | 0.213 | 0.173 |
| 1.500 | 0.367 | 0.367 | 0.365 | 0.363 | 0.359 | 0.354 | 0.349 | 0.336 | 0.321 | 0.279 | 0.236 | 0.198 | 0.165 |
| 1.600 | 0.298 | 0.298 | 0.297 | 0.295 | 0.293 | 0.291 | 0.287 | 0.280 | 0.270 | 0.242 | 0.211 | 0.182 | 0.155 |

续表 F.0.2-2

| l/d | 40 | | | | | | | | | | | |
|---|---|---|---|---|---|---|---|---|---|---|---|---|
| m \ n | 0.000 | 0.020 | 0.040 | 0.060 | 0.080 | 0.100 | 0.120 | 0.160 | 0.200 | 0.300 | 0.400 | 0.500 | 0.600 |
| 0.500 | | 0.514 | 0.511 | 0.505 | 0.496 | 0.486 | 0.474 | 0.445 | 0.412 | 0.323 | 0.241 | 0.175 | 0.125 |
| 0.550 | | 0.534 | 0.530 | 0.524 | 0.516 | 0.505 | 0.493 | 0.464 | 0.431 | 0.341 | 0.257 | 0.189 | 0.137 |
| 0.600 | | 0.569 | 0.565 | 0.558 | 0.549 | 0.537 | 0.523 | 0.491 | 0.455 | 0.359 | 0.272 | 0.201 | 0.147 |
| 0.650 | | 0.624 | 0.618 | 0.610 | 0.598 | 0.583 | 0.566 | 0.528 | 0.485 | 0.378 | 0.284 | 0.211 | 0.155 |
| 0.700 | | 0.705 | 0.697 | 0.685 | 0.668 | 0.648 | 0.625 | 0.575 | 0.521 | 0.396 | 0.295 | 0.219 | 0.163 |
| 0.750 | | 0.826 | 0.813 | 0.793 | 0.767 | 0.737 | 0.703 | 0.632 | 0.562 | 0.413 | 0.304 | 0.226 | 0.168 |
| 0.800 | | 1.013 | 0.989 | 0.953 | 0.908 | 0.857 | 0.804 | 0.700 | 0.605 | 0.428 | 0.311 | 0.231 | 0.173 |
| 0.850 | | 1.326 | 1.275 | 1.199 | 1.110 | 1.017 | 0.928 | 0.770 | 0.645 | 0.438 | 0.315 | 0.234 | 0.176 |
| 0.900 | | 1.935 | 1.782 | 1.584 | 1.386 | 1.208 | 1.057 | 0.830 | 0.674 | 0.443 | 0.317 | 0.236 | 0.179 |
| 0.950 | | 3.481 | 2.755 | 2.119 | 1.671 | 1.363 | 1.145 | 0.861 | 0.686 | 0.445 | 0.318 | 0.237 | 0.181 |
| 1.004 | 11.147 | 7.840 | 3.595 | 2.359 | 1.757 | 1.399 | 1.161 | 0.864 | 0.685 | 0.443 | 0.317 | 0.237 | 0.182 |
| 1.008 | 10.671 | 7.490 | 3.583 | 2.356 | 1.755 | 1.398 | 1.161 | 0.864 | 0.685 | 0.443 | 0.317 | 0.237 | 0.182 |
| 1.012 | 9.805 | 6.975 | 3.560 | 2.351 | 1.753 | 1.397 | 1.160 | 0.863 | 0.685 | 0.442 | 0.317 | 0.237 | 0.182 |
| 1.016 | 8.791 | 6.438 | 3.520 | 2.343 | 1.750 | 1.395 | 1.159 | 0.863 | 0.684 | 0.442 | 0.316 | 0.237 | 0.183 |
| 1.020 | 7.821 | 5.934 | 3.464 | 2.331 | 1.746 | 1.393 | 1.158 | 0.862 | 0.684 | 0.442 | 0.316 | 0.237 | 0.183 |
| 1.024 | 6.967 | 5.476 | 3.392 | 2.315 | 1.740 | 1.391 | 1.156 | 0.861 | 0.683 | 0.442 | 0.316 | 0.237 | 0.183 |
| 1.028 | 6.240 | 5.066 | 3.306 | 2.294 | 1.733 | 1.387 | 1.154 | 0.860 | 0.683 | 0.441 | 0.316 | 0.237 | 0.183 |
| 1.040 | 4.674 | 4.078 | 3.006 | 2.207 | 1.701 | 1.373 | 1.146 | 0.857 | 0.681 | 0.441 | 0.316 | 0.237 | 0.183 |
| 1.060 | 3.237 | 3.006 | 2.500 | 2.000 | 1.613 | 1.330 | 1.123 | 0.848 | 0.676 | 0.439 | 0.315 | 0.237 | 0.183 |
| 1.080 | 2.458 | 2.349 | 2.084 | 1.774 | 1.494 | 1.267 | 1.087 | 0.834 | 0.669 | 0.437 | 0.314 | 0.237 | 0.183 |
| 1.100 | 1.975 | 1.916 | 1.763 | 1.566 | 1.367 | 1.190 | 1.040 | 0.814 | 0.660 | 0.434 | 0.313 | 0.237 | 0.184 |
| 1.120 | 1.647 | 1.612 | 1.517 | 1.387 | 1.245 | 1.109 | 0.986 | 0.790 | 0.647 | 0.431 | 0.312 | 0.236 | 0.184 |
| 1.140 | 1.411 | 1.388 | 1.326 | 1.236 | 1.133 | 1.029 | 0.930 | 0.761 | 0.632 | 0.426 | 0.310 | 0.236 | 0.184 |
| 1.160 | 1.232 | 1.217 | 1.174 | 1.110 | 1.034 | 0.953 | 0.873 | 0.731 | 0.615 | 0.421 | 0.308 | 0.235 | 0.183 |
| 1.180 | 1.093 | 1.082 | 1.051 | 1.004 | 0.946 | 0.883 | 0.819 | 0.699 | 0.596 | 0.416 | 0.306 | 0.234 | 0.183 |
| 1.200 | 0.980 | 0.973 | 0.950 | 0.914 | 0.870 | 0.820 | 0.768 | 0.667 | 0.576 | 0.409 | 0.303 | 0.233 | 0.183 |
| 1.300 | 0.642 | 0.639 | 0.632 | 0.621 | 0.606 | 0.587 | 0.567 | 0.522 | 0.474 | 0.368 | 0.285 | 0.225 | 0.180 |
| 1.400 | 0.471 | 0.470 | 0.467 | 0.462 | 0.455 | 0.446 | 0.437 | 0.414 | 0.388 | 0.322 | 0.262 | 0.213 | 0.173 |
| 1.500 | 0.367 | 0.367 | 0.365 | 0.363 | 0.359 | 0.355 | 0.349 | 0.336 | 0.321 | 0.279 | 0.236 | 0.198 | 0.165 |
| 1.600 | 0.298 | 0.298 | 0.297 | 0.296 | 0.293 | 0.291 | 0.288 | 0.280 | 0.270 | 0.242 | 0.211 | 0.182 | 0.155 |

| l/d | 50 | | | | | | | | | | | |
|---|---|---|---|---|---|---|---|---|---|---|---|---|
| m \ n | 0.000 | 0.020 | 0.040 | 0.060 | 0.080 | 0.100 | 0.120 | 0.160 | 0.200 | 0.300 | 0.400 | 0.500 | 0.600 |
| 0.500 | | 0.514 | 0.511 | 0.505 | 0.497 | 0.486 | 0.474 | 0.445 | 0.412 | 0.323 | 0.241 | 0.175 | 0.125 |
| 0.550 | | 0.534 | 0.530 | 0.524 | 0.516 | 0.505 | 0.493 | 0.464 | 0.431 | 0.341 | 0.257 | 0.189 | 0.137 |
| 0.600 | | 0.569 | 0.565 | 0.558 | 0.549 | 0.537 | 0.524 | 0.492 | 0.455 | 0.359 | 0.272 | 0.201 | 0.147 |
| 0.650 | | 0.624 | 0.619 | 0.610 | 0.598 | 0.583 | 0.567 | 0.528 | 0.485 | 0.378 | 0.284 | 0.211 | 0.155 |
| 0.700 | | 0.705 | 0.697 | 0.685 | 0.668 | 0.648 | 0.625 | 0.575 | 0.521 | 0.396 | 0.295 | 0.219 | 0.163 |
| 0.750 | | 0.826 | 0.814 | 0.794 | 0.768 | 0.737 | 0.703 | 0.632 | 0.562 | 0.413 | 0.304 | 0.226 | 0.168 |
| 0.800 | | 1.014 | 0.990 | 0.954 | 0.909 | 0.858 | 0.804 | 0.700 | 0.605 | 0.428 | 0.311 | 0.231 | 0.173 |
| 0.850 | | 1.329 | 1.277 | 1.200 | 1.111 | 1.018 | 0.928 | 0.770 | 0.645 | 0.438 | 0.315 | 0.234 | 0.176 |
| 0.900 | | 1.943 | 1.787 | 1.587 | 1.386 | 1.208 | 1.057 | 0.830 | 0.674 | 0.443 | 0.317 | 0.236 | 0.179 |
| 0.950 | | 3.519 | 2.762 | 2.118 | 1.669 | 1.362 | 1.144 | 0.861 | 0.686 | 0.444 | 0.317 | 0.237 | 0.181 |
| 1.004 | 13.842 | 7.494 | 3.561 | 2.349 | 1.753 | 1.397 | 1.160 | 0.864 | 0.685 | 0.443 | 0.317 | 0.237 | 0.182 |
| 1.008 | 12.845 | 7.283 | 3.551 | 2.346 | 1.751 | 1.396 | 1.159 | 0.863 | 0.685 | 0.443 | 0.317 | 0.237 | 0.182 |
| 1.012 | 11.311 | 6.907 | 3.530 | 2.341 | 1.749 | 1.395 | 1.159 | 0.863 | 0.684 | 0.442 | 0.317 | 0.237 | 0.182 |
| 1.016 | 9.780 | 6.454 | 3.495 | 2.334 | 1.746 | 1.393 | 1.158 | 0.862 | 0.684 | 0.442 | 0.316 | 0.237 | 0.182 |
| 1.020 | 8.471 | 5.990 | 3.444 | 2.323 | 1.742 | 1.391 | 1.156 | 0.862 | 0.683 | 0.442 | 0.316 | 0.237 | 0.183 |
| 1.024 | 7.406 | 5.547 | 3.377 | 2.307 | 1.737 | 1.389 | 1.155 | 0.861 | 0.683 | 0.442 | 0.316 | 0.237 | 0.183 |
| 1.028 | 6.546 | 5.138 | 3.298 | 2.288 | 1.730 | 1.385 | 1.153 | 0.860 | 0.682 | 0.441 | 0.316 | 0.237 | 0.183 |
| 1.040 | 4.796 | 4.131 | 3.010 | 2.203 | 1.699 | 1.371 | 1.145 | 0.857 | 0.681 | 0.441 | 0.316 | 0.237 | 0.183 |
| 1.060 | 3.276 | 3.032 | 2.508 | 2.001 | 1.612 | 1.329 | 1.123 | 0.848 | 0.676 | 0.439 | 0.315 | 0.237 | 0.183 |
| 1.080 | 2.475 | 2.363 | 2.090 | 1.776 | 1.495 | 1.266 | 1.087 | 0.834 | 0.669 | 0.437 | 0.314 | 0.237 | 0.183 |
| 1.100 | 1.983 | 1.924 | 1.768 | 1.568 | 1.368 | 1.190 | 1.040 | 0.814 | 0.659 | 0.434 | 0.313 | 0.237 | 0.183 |
| 1.120 | 1.652 | 1.617 | 1.521 | 1.389 | 1.246 | 1.109 | 0.986 | 0.790 | 0.647 | 0.431 | 0.312 | 0.236 | 0.184 |
| 1.140 | 1.414 | 1.391 | 1.328 | 1.238 | 1.134 | 1.029 | 0.930 | 0.761 | 0.632 | 0.426 | 0.310 | 0.236 | 0.184 |
| 1.160 | 1.234 | 1.219 | 1.176 | 1.111 | 1.035 | 0.953 | 0.874 | 0.731 | 0.615 | 0.421 | 0.308 | 0.235 | 0.183 |
| 1.180 | 1.094 | 1.083 | 1.052 | 1.005 | 0.947 | 0.884 | 0.820 | 0.699 | 0.596 | 0.416 | 0.306 | 0.234 | 0.183 |
| 1.200 | 0.982 | 0.974 | 0.951 | 0.915 | 0.871 | 0.821 | 0.769 | 0.667 | 0.576 | 0.409 | 0.303 | 0.233 | 0.183 |
| 1.300 | 0.642 | 0.640 | 0.633 | 0.621 | 0.606 | 0.588 | 0.567 | 0.522 | 0.475 | 0.368 | 0.285 | 0.225 | 0.180 |
| 1.400 | 0.471 | 0.470 | 0.467 | 0.462 | 0.455 | 0.447 | 0.437 | 0.414 | 0.388 | 0.322 | 0.262 | 0.213 | 0.173 |
| 1.500 | 0.367 | 0.367 | 0.365 | 0.363 | 0.359 | 0.355 | 0.349 | 0.336 | 0.321 | 0.279 | 0.236 | 0.198 | 0.165 |
| 1.600 | 0.298 | 0.298 | 0.297 | 0.296 | 0.294 | 0.291 | 0.288 | 0.280 | 0.270 | 0.242 | 0.211 | 0.182 | 0.155 |

续表 F. 0. 2-2

| l/d | 60 | | | | | | | | | | | | |
|---|---|---|---|---|---|---|---|---|---|---|---|---|---|
| m \ n | 0.000 | 0.020 | 0.040 | 0.060 | 0.080 | 0.100 | 0.120 | 0.160 | 0.200 | 0.300 | 0.400 | 0.500 | 0.600 |
| 0.500 | | 0.515 | 0.511 | 0.505 | 0.497 | 0.486 | 0.474 | 0.446 | 0.412 | 0.323 | 0.241 | 0.175 | 0.125 |
| 0.550 | | 0.534 | 0.530 | 0.524 | 0.516 | 0.506 | 0.493 | 0.465 | 0.431 | 0.341 | 0.257 | 0.189 | 0.137 |
| 0.600 | | 0.569 | 0.565 | 0.558 | 0.549 | 0.537 | 0.524 | 0.492 | 0.455 | 0.359 | 0.272 | 0.201 | 0.147 |
| 0.650 | | 0.624 | 0.619 | 0.610 | 0.598 | 0.584 | 0.567 | 0.528 | 0.485 | 0.378 | 0.284 | 0.211 | 0.155 |
| 0.700 | | 0.705 | 0.698 | 0.685 | 0.668 | 0.648 | 0.626 | 0.575 | 0.521 | 0.396 | 0.295 | 0.219 | 0.163 |
| 0.750 | | 0.826 | 0.814 | 0.794 | 0.768 | 0.737 | 0.704 | 0.632 | 0.562 | 0.413 | 0.304 | 0.226 | 0.168 |
| 0.800 | | 1.014 | 0.991 | 0.955 | 0.909 | 0.858 | 0.805 | 0.700 | 0.606 | 0.428 | 0.311 | 0.231 | 0.173 |
| 0.850 | | 1.330 | 1.278 | 1.201 | 1.111 | 1.018 | 0.928 | 0.770 | 0.645 | 0.438 | 0.315 | 0.234 | 0.176 |
| 0.900 | | 1.947 | 1.789 | 1.588 | 1.387 | 1.208 | 1.057 | 0.830 | 0.674 | 0.443 | 0.317 | 0.236 | 0.179 |
| 0.950 | | 3.540 | 2.766 | 2.117 | 1.668 | 1.361 | 1.144 | 0.860 | 0.685 | 0.444 | 0.317 | 0.237 | 0.181 |
| 1.004 | 16.456 | 7.330 | 3.543 | 2.344 | 1.751 | 1.396 | 1.159 | 0.863 | 0.685 | 0.443 | 0.317 | 0.237 | 0.182 |
| 1.008 | 14.714 | 7.168 | 3.534 | 2.341 | 1.749 | 1.395 | 1.159 | 0.863 | 0.685 | 0.443 | 0.317 | 0.237 | 0.182 |
| 1.012 | 12.449 | 6.856 | 3.514 | 2.336 | 1.747 | 1.394 | 1.158 | 0.863 | 0.684 | 0.442 | 0.317 | 0.237 | 0.182 |
| 1.016 | 10.458 | 6.451 | 3.481 | 2.329 | 1.744 | 1.392 | 1.157 | 0.862 | 0.684 | 0.442 | 0.316 | 0.237 | 0.182 |
| 1.020 | 8.890 | 6.013 | 3.433 | 2.318 | 1.740 | 1.390 | 1.156 | 0.861 | 0.683 | 0.442 | 0.316 | 0.237 | 0.183 |
| 1.024 | 7.677 | 5.581 | 3.369 | 2.303 | 1.735 | 1.388 | 1.154 | 0.861 | 0.683 | 0.442 | 0.316 | 0.237 | 0.183 |
| 1.028 | 6.729 | 5.175 | 3.293 | 2.284 | 1.728 | 1.384 | 1.152 | 0.860 | 0.682 | 0.441 | 0.316 | 0.237 | 0.183 |
| 1.040 | 4.865 | 4.161 | 3.011 | 2.202 | 1.697 | 1.370 | 1.145 | 0.856 | 0.680 | 0.441 | 0.316 | 0.237 | 0.183 |
| 1.060 | 3.298 | 3.047 | 2.513 | 2.001 | 1.611 | 1.329 | 1.122 | 0.848 | 0.676 | 0.439 | 0.315 | 0.237 | 0.183 |
| 1.080 | 2.484 | 2.370 | 2.094 | 1.778 | 1.495 | 1.266 | 1.087 | 0.834 | 0.669 | 0.437 | 0.314 | 0.237 | 0.183 |
| 1.100 | 1.988 | 1.928 | 1.771 | 1.570 | 1.369 | 1.190 | 1.040 | 0.814 | 0.659 | 0.434 | 0.313 | 0.237 | 0.183 |
| 1.120 | 1.655 | 1.619 | 1.523 | 1.390 | 1.246 | 1.109 | 0.987 | 0.790 | 0.647 | 0.431 | 0.312 | 0.236 | 0.184 |
| 1.140 | 1.416 | 1.393 | 1.330 | 1.239 | 1.135 | 1.029 | 0.930 | 0.761 | 0.632 | 0.426 | 0.310 | 0.236 | 0.184 |
| 1.160 | 1.236 | 1.220 | 1.177 | 1.112 | 1.035 | 0.954 | 0.874 | 0.731 | 0.615 | 0.421 | 0.308 | 0.235 | 0.183 |
| 1.180 | 1.095 | 1.084 | 1.053 | 1.006 | 0.948 | 0.884 | 0.820 | 0.699 | 0.596 | 0.416 | 0.306 | 0.234 | 0.183 |
| 1.200 | 0.982 | 0.974 | 0.951 | 0.916 | 0.871 | 0.821 | 0.769 | 0.667 | 0.576 | 0.409 | 0.303 | 0.233 | 0.183 |
| 1.300 | 0.642 | 0.640 | 0.633 | 0.621 | 0.606 | 0.588 | 0.567 | 0.522 | 0.475 | 0.368 | 0.285 | 0.225 | 0.180 |
| 1.400 | 0.471 | 0.470 | 0.467 | 0.462 | 0.455 | 0.447 | 0.437 | 0.414 | 0.388 | 0.322 | 0.262 | 0.213 | 0.173 |
| 1.500 | 0.367 | 0.367 | 0.365 | 0.363 | 0.359 | 0.355 | 0.349 | 0.336 | 0.321 | 0.279 | 0.236 | 0.198 | 0.165 |
| 1.600 | 0.298 | 0.298 | 0.297 | 0.296 | 0.294 | 0.291 | 0.288 | 0.280 | 0.270 | 0.242 | 0.211 | 0.182 | 0.155 |

| l/d | 70 | | | | | | | | | | | | |
|---|---|---|---|---|---|---|---|---|---|---|---|---|---|
| m \ n | 0.000 | 0.020 | 0.040 | 0.060 | 0.080 | 0.100 | 0.120 | 0.160 | 0.200 | 0.300 | 0.400 | 0.500 | 0.600 |
| 0.500 | | 0.515 | 0.511 | 0.505 | 0.497 | 0.486 | 0.474 | 0.446 | 0.413 | 0.323 | 0.241 | 0.175 | 0.125 |
| 0.550 | | 0.534 | 0.530 | 0.524 | 0.516 | 0.506 | 0.493 | 0.465 | 0.431 | 0.341 | 0.257 | 0.189 | 0.137 |
| 0.600 | | 0.569 | 0.565 | 0.558 | 0.549 | 0.537 | 0.524 | 0.492 | 0.455 | 0.359 | 0.272 | 0.201 | 0.147 |
| 0.650 | | 0.624 | 0.619 | 0.610 | 0.598 | 0.584 | 0.567 | 0.528 | 0.485 | 0.378 | 0.284 | 0.211 | 0.155 |
| 0.700 | | 0.705 | 0.698 | 0.685 | 0.669 | 0.648 | 0.626 | 0.575 | 0.521 | 0.396 | 0.295 | 0.219 | 0.163 |
| 0.750 | | 0.827 | 0.814 | 0.794 | 0.768 | 0.737 | 0.704 | 0.632 | 0.562 | 0.413 | 0.304 | 0.226 | 0.168 |
| 0.800 | | 1.015 | 0.991 | 0.955 | 0.909 | 0.858 | 0.805 | 0.700 | 0.606 | 0.428 | 0.311 | 0.231 | 0.173 |
| 0.850 | | 1.331 | 1.278 | 1.201 | 1.111 | 1.018 | 0.928 | 0.770 | 0.645 | 0.438 | 0.315 | 0.234 | 0.176 |
| 0.900 | | 1.949 | 1.791 | 1.589 | 1.387 | 1.208 | 1.057 | 0.830 | 0.674 | 0.443 | 0.317 | 0.236 | 0.179 |
| 0.950 | | 3.552 | 2.768 | 2.117 | 1.668 | 1.361 | 1.143 | 0.860 | 0.685 | 0.444 | 0.317 | 0.237 | 0.181 |
| 1.004 | 18.968 | 7.238 | 3.533 | 2.341 | 1.749 | 1.395 | 1.159 | 0.863 | 0.685 | 0.443 | 0.317 | 0.237 | 0.182 |
| 1.008 | 16.288 | 7.100 | 3.523 | 2.338 | 1.748 | 1.394 | 1.158 | 0.863 | 0.684 | 0.443 | 0.317 | 0.237 | 0.182 |
| 1.012 | 13.303 | 6.822 | 3.504 | 2.334 | 1.746 | 1.393 | 1.158 | 0.862 | 0.684 | 0.442 | 0.317 | 0.237 | 0.182 |
| 1.016 | 10.933 | 6.445 | 3.473 | 2.326 | 1.743 | 1.392 | 1.157 | 0.862 | 0.684 | 0.442 | 0.316 | 0.237 | 0.182 |
| 1.020 | 9.170 | 6.024 | 3.426 | 2.316 | 1.739 | 1.390 | 1.155 | 0.861 | 0.683 | 0.442 | 0.316 | 0.237 | 0.183 |
| 1.024 | 7.853 | 5.601 | 3.365 | 2.301 | 1.734 | 1.387 | 1.154 | 0.860 | 0.683 | 0.442 | 0.316 | 0.237 | 0.183 |
| 1.028 | 6.845 | 5.197 | 3.290 | 2.282 | 1.727 | 1.384 | 1.152 | 0.860 | 0.682 | 0.441 | 0.316 | 0.237 | 0.183 |
| 1.040 | 4.909 | 4.178 | 3.012 | 2.200 | 1.697 | 1.370 | 1.144 | 0.856 | 0.680 | 0.441 | 0.316 | 0.237 | 0.183 |
| 1.060 | 3.311 | 3.055 | 2.515 | 2.001 | 1.611 | 1.328 | 1.122 | 0.847 | 0.676 | 0.439 | 0.315 | 0.237 | 0.183 |
| 1.080 | 2.490 | 2.375 | 2.096 | 1.778 | 1.495 | 1.266 | 1.086 | 0.833 | 0.669 | 0.437 | 0.314 | 0.237 | 0.183 |
| 1.100 | 1.991 | 1.930 | 1.772 | 1.570 | 1.369 | 1.190 | 1.040 | 0.814 | 0.659 | 0.434 | 0.313 | 0.237 | 0.183 |
| 1.120 | 1.657 | 1.621 | 1.524 | 1.391 | 1.247 | 1.109 | 0.987 | 0.790 | 0.647 | 0.431 | 0.312 | 0.236 | 0.184 |
| 1.140 | 1.417 | 1.394 | 1.330 | 1.239 | 1.135 | 1.029 | 0.930 | 0.761 | 0.632 | 0.426 | 0.310 | 0.236 | 0.183 |
| 1.160 | 1.236 | 1.221 | 1.177 | 1.112 | 1.035 | 0.954 | 0.874 | 0.731 | 0.615 | 0.421 | 0.308 | 0.235 | 0.183 |
| 1.180 | 1.095 | 1.085 | 1.053 | 1.006 | 0.948 | 0.884 | 0.820 | 0.699 | 0.596 | 0.415 | 0.306 | 0.234 | 0.183 |
| 1.200 | 0.983 | 0.975 | 0.952 | 0.916 | 0.871 | 0.821 | 0.769 | 0.667 | 0.576 | 0.409 | 0.303 | 0.233 | 0.183 |
| 1.300 | 0.642 | 0.640 | 0.633 | 0.621 | 0.606 | 0.588 | 0.567 | 0.522 | 0.475 | 0.368 | 0.285 | 0.225 | 0.180 |
| 1.400 | 0.471 | 0.470 | 0.467 | 0.462 | 0.455 | 0.447 | 0.437 | 0.414 | 0.388 | 0.322 | 0.262 | 0.213 | 0.173 |
| 1.500 | 0.367 | 0.367 | 0.365 | 0.363 | 0.359 | 0.355 | 0.349 | 0.337 | 0.321 | 0.279 | 0.236 | 0.198 | 0.165 |
| 1.600 | 0.298 | 0.298 | 0.297 | 0.296 | 0.294 | 0.291 | 0.288 | 0.280 | 0.270 | 0.242 | 0.211 | 0.182 | 0.155 |

续表 F.0.2-2

| $l/d$ | 80 | | | | | | | | | | | | |
|---|---|---|---|---|---|---|---|---|---|---|---|---|---|
| $m$ \ $n$ | 0.000 | 0.020 | 0.040 | 0.060 | 0.080 | 0.100 | 0.120 | 0.160 | 0.200 | 0.300 | 0.400 | 0.500 | 0.600 |
| 0.500 | | 0.515 | 0.511 | 0.505 | 0.497 | 0.486 | 0.474 | 0.446 | 0.413 | 0.323 | 0.241 | 0.175 | 0.125 |
| 0.550 | | 0.534 | 0.530 | 0.524 | 0.516 | 0.506 | 0.493 | 0.465 | 0.431 | 0.341 | 0.257 | 0.189 | 0.137 |
| 0.600 | | 0.569 | 0.565 | 0.558 | 0.549 | 0.537 | 0.524 | 0.492 | 0.455 | 0.359 | 0.272 | 0.201 | 0.147 |
| 0.650 | | 0.624 | 0.619 | 0.610 | 0.598 | 0.584 | 0.567 | 0.528 | 0.485 | 0.378 | 0.284 | 0.211 | 0.155 |
| 0.700 | | 0.706 | 0.698 | 0.685 | 0.669 | 0.648 | 0.626 | 0.575 | 0.521 | 0.396 | 0.295 | 0.219 | 0.163 |
| 0.750 | | 0.827 | 0.814 | 0.794 | 0.768 | 0.737 | 0.704 | 0.632 | 0.562 | 0.413 | 0.304 | 0.226 | 0.168 |
| 0.800 | | 1.015 | 0.991 | 0.955 | 0.910 | 0.858 | 0.805 | 0.700 | 0.606 | 0.428 | 0.311 | 0.231 | 0.173 |
| 0.850 | | 1.332 | 1.279 | 1.202 | 1.112 | 1.018 | 0.928 | 0.770 | 0.645 | 0.438 | 0.315 | 0.234 | 0.176 |
| 0.900 | | 1.951 | 1.792 | 1.589 | 1.387 | 1.208 | 1.057 | 0.830 | 0.674 | 0.443 | 0.317 | 0.236 | 0.179 |
| 0.950 | | 3.560 | 2.770 | 2.117 | 1.667 | 1.360 | 1.143 | 0.860 | 0.685 | 0.444 | 0.317 | 0.237 | 0.181 |
| 1.004 | 21.355 | 7.180 | 3.526 | 2.339 | 1.749 | 1.395 | 1.159 | 0.863 | 0.685 | 0.443 | 0.317 | 0.237 | 0.182 |
| 1.008 | 17.597 | 7.056 | 3.517 | 2.336 | 1.747 | 1.394 | 1.158 | 0.863 | 0.684 | 0.442 | 0.317 | 0.237 | 0.182 |
| 1.012 | 13.949 | 6.799 | 3.498 | 2.332 | 1.745 | 1.393 | 1.157 | 0.862 | 0.684 | 0.442 | 0.317 | 0.237 | 0.182 |
| 1.016 | 11.273 | 6.440 | 3.467 | 2.324 | 1.742 | 1.391 | 1.156 | 0.862 | 0.684 | 0.442 | 0.316 | 0.237 | 0.182 |
| 1.020 | 9.365 | 6.031 | 3.422 | 2.314 | 1.738 | 1.389 | 1.155 | 0.861 | 0.683 | 0.442 | 0.316 | 0.237 | 0.183 |
| 1.024 | 7.973 | 5.613 | 3.361 | 2.299 | 1.733 | 1.387 | 1.154 | 0.860 | 0.683 | 0.442 | 0.316 | 0.237 | 0.183 |
| 1.028 | 6.924 | 5.211 | 3.288 | 2.281 | 1.726 | 1.384 | 1.152 | 0.860 | 0.682 | 0.441 | 0.316 | 0.237 | 0.183 |
| 1.040 | 4.937 | 4.190 | 3.012 | 2.200 | 1.696 | 1.369 | 1.144 | 0.856 | 0.680 | 0.441 | 0.316 | 0.237 | 0.183 |
| 1.060 | 3.320 | 3.061 | 2.517 | 2.002 | 1.611 | 1.328 | 1.122 | 0.847 | 0.676 | 0.439 | 0.315 | 0.237 | 0.183 |
| 1.080 | 2.494 | 2.377 | 2.098 | 1.779 | 1.495 | 1.266 | 1.086 | 0.833 | 0.669 | 0.437 | 0.314 | 0.237 | 0.183 |
| 1.100 | 1.993 | 1.932 | 1.773 | 1.571 | 1.369 | 1.190 | 1.040 | 0.814 | 0.659 | 0.434 | 0.313 | 0.237 | 0.183 |
| 1.120 | 1.658 | 1.622 | 1.524 | 1.391 | 1.247 | 1.110 | 0.987 | 0.790 | 0.647 | 0.431 | 0.312 | 0.236 | 0.184 |
| 1.140 | 1.418 | 1.395 | 1.331 | 1.239 | 1.135 | 1.030 | 0.930 | 0.761 | 0.632 | 0.426 | 0.310 | 0.236 | 0.183 |
| 1.160 | 1.237 | 1.221 | 1.178 | 1.113 | 1.035 | 0.954 | 0.874 | 0.731 | 0.615 | 0.421 | 0.308 | 0.235 | 0.183 |
| 1.180 | 1.096 | 1.085 | 1.054 | 1.006 | 0.948 | 0.884 | 0.820 | 0.699 | 0.596 | 0.415 | 0.306 | 0.234 | 0.183 |
| 1.200 | 0.983 | 0.975 | 0.952 | 0.916 | 0.871 | 0.821 | 0.769 | 0.667 | 0.576 | 0.409 | 0.303 | 0.233 | 0.183 |
| 1.300 | 0.642 | 0.640 | 0.633 | 0.621 | 0.606 | 0.588 | 0.567 | 0.522 | 0.475 | 0.368 | 0.285 | 0.225 | 0.180 |
| 1.400 | 0.471 | 0.470 | 0.467 | 0.462 | 0.455 | 0.447 | 0.437 | 0.414 | 0.388 | 0.322 | 0.262 | 0.213 | 0.173 |
| 1.500 | 0.368 | 0.367 | 0.365 | 0.363 | 0.359 | 0.355 | 0.349 | 0.337 | 0.321 | 0.279 | 0.236 | 0.198 | 0.165 |
| 1.600 | 0.298 | 0.298 | 0.297 | 0.296 | 0.294 | 0.291 | 0.288 | 0.280 | 0.270 | 0.242 | 0.211 | 0.182 | 0.155 |

| $l/d$ | 90 | | | | | | | | | | | | |
|---|---|---|---|---|---|---|---|---|---|---|---|---|---|
| $m$ \ $n$ | 0.000 | 0.020 | 0.040 | 0.060 | 0.080 | 0.100 | 0.120 | 0.160 | 0.200 | 0.300 | 0.400 | 0.500 | 0.600 |
| 0.500 | | 0.515 | 0.511 | 0.505 | 0.497 | 0.486 | 0.474 | 0.446 | 0.413 | 0.323 | 0.241 | 0.175 | 0.125 |
| 0.550 | | 0.534 | 0.530 | 0.524 | 0.516 | 0.506 | 0.493 | 0.465 | 0.431 | 0.341 | 0.257 | 0.189 | 0.137 |
| 0.600 | | 0.569 | 0.565 | 0.558 | 0.549 | 0.537 | 0.524 | 0.492 | 0.455 | 0.359 | 0.272 | 0.201 | 0.147 |
| 0.650 | | 0.624 | 0.619 | 0.610 | 0.598 | 0.584 | 0.567 | 0.528 | 0.485 | 0.378 | 0.284 | 0.211 | 0.155 |
| 0.700 | | 0.706 | 0.698 | 0.685 | 0.669 | 0.649 | 0.626 | 0.575 | 0.521 | 0.396 | 0.295 | 0.219 | 0.163 |
| 0.750 | | 0.827 | 0.814 | 0.794 | 0.768 | 0.738 | 0.704 | 0.632 | 0.562 | 0.413 | 0.304 | 0.226 | 0.168 |
| 0.800 | | 1.015 | 0.992 | 0.955 | 0.910 | 0.858 | 0.805 | 0.700 | 0.606 | 0.428 | 0.311 | 0.231 | 0.173 |
| 0.850 | | 1.332 | 1.279 | 1.202 | 1.112 | 1.018 | 0.928 | 0.770 | 0.645 | 0.438 | 0.315 | 0.234 | 0.176 |
| 0.900 | | 1.952 | 1.793 | 1.590 | 1.387 | 1.208 | 1.057 | 0.830 | 0.673 | 0.443 | 0.317 | 0.236 | 0.179 |
| 0.950 | | 3.566 | 2.770 | 2.116 | 1.667 | 1.360 | 1.143 | 0.860 | 0.685 | 0.444 | 0.317 | 0.237 | 0.181 |
| 1.004 | 23.603 | 7.142 | 3.521 | 2.338 | 1.748 | 1.394 | 1.159 | 0.863 | 0.685 | 0.443 | 0.317 | 0.237 | 0.182 |
| 1.008 | 18.680 | 7.026 | 3.512 | 2.335 | 1.747 | 1.394 | 1.158 | 0.863 | 0.684 | 0.442 | 0.317 | 0.237 | 0.182 |
| 1.012 | 14.444 | 6.783 | 3.494 | 2.330 | 1.745 | 1.393 | 1.157 | 0.862 | 0.684 | 0.442 | 0.317 | 0.237 | 0.182 |
| 1.016 | 11.523 | 6.436 | 3.464 | 2.323 | 1.742 | 1.391 | 1.156 | 0.862 | 0.684 | 0.442 | 0.316 | 0.237 | 0.182 |
| 1.020 | 9.505 | 6.034 | 3.419 | 2.313 | 1.738 | 1.389 | 1.155 | 0.861 | 0.683 | 0.442 | 0.316 | 0.237 | 0.183 |
| 1.024 | 8.058 | 5.621 | 3.359 | 2.298 | 1.733 | 1.386 | 1.154 | 0.860 | 0.683 | 0.442 | 0.316 | 0.237 | 0.183 |
| 1.028 | 6.980 | 5.220 | 3.286 | 2.280 | 1.726 | 1.383 | 1.152 | 0.859 | 0.682 | 0.441 | 0.316 | 0.237 | 0.183 |
| 1.040 | 4.957 | 4.198 | 3.013 | 2.199 | 1.696 | 1.369 | 1.144 | 0.856 | 0.680 | 0.441 | 0.316 | 0.237 | 0.183 |
| 1.060 | 3.326 | 3.065 | 2.518 | 2.002 | 1.610 | 1.328 | 1.122 | 0.847 | 0.676 | 0.439 | 0.315 | 0.237 | 0.183 |
| 1.080 | 2.496 | 2.379 | 2.099 | 1.779 | 1.495 | 1.266 | 1.086 | 0.833 | 0.669 | 0.437 | 0.314 | 0.237 | 0.183 |
| 1.100 | 1.995 | 1.933 | 1.774 | 1.571 | 1.369 | 1.190 | 1.040 | 0.814 | 0.659 | 0.434 | 0.313 | 0.237 | 0.183 |
| 1.120 | 1.659 | 1.623 | 1.525 | 1.391 | 1.247 | 1.110 | 0.987 | 0.790 | 0.647 | 0.431 | 0.312 | 0.236 | 0.184 |
| 1.140 | 1.418 | 1.395 | 1.331 | 1.240 | 1.135 | 1.030 | 0.930 | 0.761 | 0.632 | 0.426 | 0.310 | 0.236 | 0.183 |
| 1.160 | 1.237 | 1.222 | 1.178 | 1.113 | 1.036 | 0.954 | 0.874 | 0.731 | 0.615 | 0.421 | 0.308 | 0.235 | 0.183 |
| 1.180 | 1.096 | 1.085 | 1.054 | 1.006 | 0.948 | 0.884 | 0.820 | 0.699 | 0.596 | 0.415 | 0.306 | 0.234 | 0.183 |
| 1.200 | 0.983 | 0.975 | 0.952 | 0.916 | 0.871 | 0.821 | 0.769 | 0.667 | 0.576 | 0.409 | 0.303 | 0.233 | 0.183 |
| 1.300 | 0.642 | 0.640 | 0.633 | 0.621 | 0.606 | 0.588 | 0.567 | 0.522 | 0.475 | 0.368 | 0.285 | 0.225 | 0.180 |
| 1.400 | 0.471 | 0.470 | 0.467 | 0.462 | 0.455 | 0.447 | 0.437 | 0.414 | 0.388 | 0.322 | 0.262 | 0.213 | 0.173 |
| 1.500 | 0.368 | 0.367 | 0.365 | 0.363 | 0.359 | 0.355 | 0.349 | 0.337 | 0.321 | 0.279 | 0.236 | 0.198 | 0.165 |
| 1.600 | 0.298 | 0.298 | 0.297 | 0.296 | 0.294 | 0.291 | 0.288 | 0.280 | 0.270 | 0.242 | 0.211 | 0.182 | 0.155 |

续表 F.0.2-2

| l/d | 100 | | | | | | | | | | | | |
|---|---|---|---|---|---|---|---|---|---|---|---|---|---|
| m \ n | 0.000 | 0.020 | 0.040 | 0.060 | 0.080 | 0.100 | 0.120 | 0.160 | 0.200 | 0.300 | 0.400 | 0.500 | 0.600 |
| 0.500 | | 0.515 | 0.511 | 0.505 | 0.497 | 0.486 | 0.474 | 0.446 | 0.413 | 0.323 | 0.241 | 0.175 | 0.125 |
| 0.550 | | 0.534 | 0.530 | 0.524 | 0.516 | 0.506 | 0.493 | 0.465 | 0.431 | 0.341 | 0.257 | 0.189 | 0.137 |
| 0.600 | | 0.569 | 0.565 | 0.558 | 0.549 | 0.537 | 0.524 | 0.492 | 0.455 | 0.359 | 0.272 | 0.201 | 0.147 |
| 0.650 | | 0.624 | 0.619 | 0.610 | 0.598 | 0.584 | 0.567 | 0.528 | 0.485 | 0.378 | 0.284 | 0.211 | 0.155 |
| 0.700 | | 0.706 | 0.698 | 0.685 | 0.669 | 0.649 | 0.626 | 0.575 | 0.521 | 0.396 | 0.295 | 0.219 | 0.163 |
| 0.750 | | 0.827 | 0.814 | 0.794 | 0.768 | 0.738 | 0.704 | 0.633 | 0.562 | 0.413 | 0.304 | 0.226 | 0.168 |
| 0.800 | | 1.015 | 0.992 | 0.955 | 0.910 | 0.858 | 0.805 | 0.700 | 0.606 | 0.428 | 0.311 | 0.231 | 0.173 |
| 0.850 | | 1.332 | 1.279 | 1.202 | 1.112 | 1.018 | 0.928 | 0.770 | 0.645 | 0.438 | 0.315 | 0.234 | 0.176 |
| 0.900 | | 1.953 | 1.793 | 1.590 | 1.388 | 1.208 | 1.057 | 0.830 | 0.673 | 0.443 | 0.317 | 0.236 | 0.179 |
| 0.950 | | 3.570 | 2.771 | 2.116 | 1.667 | 1.360 | 1.143 | 0.860 | 0.685 | 0.444 | 0.317 | 0.237 | 0.181 |
| 1.004 | 25.703 | 7.115 | 3.518 | 2.337 | 1.748 | 1.394 | 1.159 | 0.863 | 0.685 | 0.443 | 0.317 | 0.237 | 0.182 |
| 1.008 | 19.574 | 7.004 | 3.509 | 2.334 | 1.746 | 1.393 | 1.158 | 0.863 | 0.684 | 0.442 | 0.317 | 0.237 | 0.182 |
| 1.012 | 14.827 | 6.771 | 3.491 | 2.329 | 1.744 | 1.392 | 1.157 | 0.862 | 0.684 | 0.442 | 0.317 | 0.237 | 0.182 |
| 1.016 | 11.710 | 6.433 | 3.461 | 2.322 | 1.741 | 1.391 | 1.156 | 0.862 | 0.684 | 0.442 | 0.316 | 0.237 | 0.182 |
| 1.020 | 9.609 | 6.037 | 3.417 | 2.312 | 1.737 | 1.389 | 1.155 | 0.861 | 0.683 | 0.442 | 0.316 | 0.237 | 0.183 |
| 1.024 | 8.121 | 5.626 | 3.358 | 2.298 | 1.732 | 1.386 | 1.153 | 0.860 | 0.683 | 0.442 | 0.316 | 0.237 | 0.183 |
| 1.028 | 7.020 | 5.227 | 3.285 | 2.279 | 1.726 | 1.383 | 1.152 | 0.859 | 0.682 | 0.441 | 0.316 | 0.237 | 0.183 |
| 1.040 | 4.971 | 4.203 | 3.013 | 2.199 | 1.695 | 1.369 | 1.144 | 0.856 | 0.680 | 0.441 | 0.316 | 0.237 | 0.183 |
| 1.060 | 3.330 | 3.068 | 2.519 | 2.002 | 1.610 | 1.328 | 1.122 | 0.847 | 0.676 | 0.439 | 0.315 | 0.237 | 0.183 |
| 1.080 | 2.498 | 2.381 | 2.099 | 1.779 | 1.495 | 1.266 | 1.086 | 0.833 | 0.669 | 0.437 | 0.314 | 0.237 | 0.183 |
| 1.100 | 1.995 | 1.934 | 1.775 | 1.571 | 1.369 | 1.190 | 1.040 | 0.814 | 0.659 | 0.434 | 0.313 | 0.237 | 0.183 |
| 1.120 | 1.659 | 1.623 | 1.525 | 1.391 | 1.247 | 1.110 | 0.987 | 0.790 | 0.647 | 0.431 | 0.312 | 0.236 | 0.184 |
| 1.140 | 1.418 | 1.395 | 1.332 | 1.240 | 1.135 | 1.030 | 0.930 | 0.761 | 0.632 | 0.426 | 0.310 | 0.236 | 0.183 |
| 1.160 | 1.237 | 1.222 | 1.178 | 1.113 | 1.036 | 0.954 | 0.874 | 0.731 | 0.615 | 0.421 | 0.308 | 0.235 | 0.183 |
| 1.180 | 1.096 | 1.085 | 1.054 | 1.006 | 0.948 | 0.885 | 0.820 | 0.699 | 0.596 | 0.415 | 0.306 | 0.234 | 0.183 |
| 1.200 | 0.983 | 0.975 | 0.952 | 0.916 | 0.871 | 0.821 | 0.769 | 0.667 | 0.576 | 0.409 | 0.303 | 0.233 | 0.183 |
| 1.300 | 0.642 | 0.640 | 0.633 | 0.622 | 0.606 | 0.588 | 0.567 | 0.522 | 0.475 | 0.368 | 0.285 | 0.225 | 0.180 |
| 1.400 | 0.471 | 0.470 | 0.467 | 0.462 | 0.455 | 0.447 | 0.437 | 0.414 | 0.388 | 0.322 | 0.262 | 0.213 | 0.173 |
| 1.500 | 0.368 | 0.367 | 0.365 | 0.363 | 0.359 | 0.355 | 0.349 | 0.337 | 0.321 | 0.279 | 0.236 | 0.198 | 0.165 |
| 1.600 | 0.298 | 0.298 | 0.297 | 0.296 | 0.294 | 0.291 | 0.288 | 0.280 | 0.270 | 0.242 | 0.211 | 0.182 | 0.155 |

**表 F.0.2-3　考虑桩径影响，沿桩身线性增长侧阻力竖向应力影响系数 $I_{st}$**

| l/d | 10 | | | | | | | | | | | | |
|---|---|---|---|---|---|---|---|---|---|---|---|---|---|
| m \ n | 0.000 | 0.020 | 0.040 | 0.060 | 0.080 | 0.100 | 0.120 | 0.160 | 0.200 | 0.300 | 0.400 | 0.500 | 0.600 |
| 0.500 | | | | −0.899 | −0.681 | −0.518 | −0.391 | −0.209 | −0.089 | 0.061 | 0.105 | 0.107 | 0.092 |
| 0.550 | | | | −0.842 | −0.625 | −0.464 | −0.340 | −0.164 | −0.049 | 0.088 | 0.123 | 0.119 | 0.102 |
| 0.600 | | | | −0.753 | −0.539 | −0.383 | −0.263 | −0.097 | 0.007 | 0.122 | 0.143 | 0.132 | 0.111 |
| 0.650 | | | | −0.626 | −0.418 | −0.268 | −0.156 | −0.006 | 0.081 | 0.163 | 0.165 | 0.144 | 0.118 |
| 0.700 | | | | −0.448 | −0.250 | −0.111 | −0.012 | 0.111 | 0.173 | 0.208 | 0.186 | 0.155 | 0.125 |
| 0.750 | | | | −0.199 | −0.019 | 0.099 | 0.177 | 0.257 | 0.281 | 0.256 | 0.208 | 0.166 | 0.132 |
| 0.800 | | | | 0.154 | 0.301 | 0.383 | 0.423 | 0.433 | 0.403 | 0.302 | 0.227 | 0.175 | 0.137 |
| 0.850 | | | | 0.671 | 0.751 | 0.761 | 0.733 | 0.632 | 0.527 | 0.344 | 0.243 | 0.183 | 0.142 |
| 0.900 | | | | 1.463 | 1.390 | 1.251 | 1.096 | 0.828 | 0.637 | 0.377 | 0.257 | 0.190 | 0.146 |
| 0.950 | | | | 2.781 | 2.278 | 1.797 | 1.433 | 0.974 | 0.714 | 0.404 | 0.269 | 0.196 | 0.150 |
| 1.004 | 4.437 | 4.686 | 5.938 | 5.035 | 2.956 | 2.096 | 1.604 | 1.059 | 0.768 | 0.427 | 0.281 | 0.203 | 0.154 |
| 1.008 | 4.450 | 4.694 | 5.836 | 4.953 | 2.963 | 2.104 | 1.610 | 1.064 | 0.771 | 0.429 | 0.282 | 0.204 | 0.155 |
| 1.012 | 4.454 | 4.689 | 5.635 | 4.790 | 2.964 | 2.110 | 1.616 | 1.068 | 0.774 | 0.430 | 0.283 | 0.204 | 0.155 |
| 1.016 | 4.449 | 4.665 | 5.390 | 4.592 | 2.956 | 2.114 | 1.622 | 1.072 | 0.778 | 0.432 | 0.284 | 0.205 | 0.155 |
| 1.020 | 4.431 | 4.622 | 5.138 | 4.388 | 2.938 | 2.116 | 1.626 | 1.076 | 0.781 | 0.433 | 0.285 | 0.205 | 0.156 |
| 1.024 | 4.398 | 4.559 | 4.897 | 4.194 | 2.911 | 2.115 | 1.629 | 1.080 | 0.783 | 0.435 | 0.286 | 0.206 | 0.156 |
| 1.028 | 4.351 | 4.478 | 4.673 | 4.014 | 2.876 | 2.111 | 1.631 | 1.083 | 0.786 | 0.436 | 0.287 | 0.206 | 0.156 |
| 1.040 | 4.128 | 4.161 | 4.096 | 3.552 | 2.734 | 2.080 | 1.629 | 1.091 | 0.794 | 0.441 | 0.289 | 0.208 | 0.157 |
| 1.060 | 3.600 | 3.557 | 3.373 | 2.976 | 2.457 | 1.975 | 1.595 | 1.095 | 0.803 | 0.448 | 0.293 | 0.210 | 0.159 |
| 1.080 | 3.060 | 3.007 | 2.836 | 2.547 | 2.190 | 1.836 | 1.530 | 1.086 | 0.807 | 0.454 | 0.297 | 0.213 | 0.161 |
| 1.100 | 2.599 | 2.554 | 2.420 | 2.210 | 1.954 | 1.690 | 1.447 | 1.064 | 0.804 | 0.458 | 0.301 | 0.215 | 0.162 |
| 1.120 | 2.226 | 2.192 | 2.092 | 1.937 | 1.749 | 1.548 | 1.356 | 1.031 | 0.795 | 0.461 | 0.304 | 0.217 | 0.164 |
| 1.140 | 1.927 | 1.902 | 1.827 | 1.713 | 1.571 | 1.418 | 1.264 | 0.992 | 0.780 | 0.463 | 0.306 | 0.219 | 0.165 |
| 1.160 | 1.687 | 1.668 | 1.613 | 1.527 | 1.419 | 1.299 | 1.176 | 0.948 | 0.761 | 0.462 | 0.308 | 0.221 | 0.167 |
| 1.180 | 1.493 | 1.478 | 1.436 | 1.370 | 1.286 | 1.192 | 1.093 | 0.902 | 0.738 | 0.460 | 0.310 | 0.223 | 0.168 |
| 1.200 | 1.332 | 1.321 | 1.289 | 1.238 | 1.172 | 1.097 | 1.017 | 0.857 | 0.713 | 0.457 | 0.311 | 0.224 | 0.170 |
| 1.300 | 0.838 | 0.834 | 0.823 | 0.806 | 0.783 | 0.755 | 0.723 | 0.653 | 0.580 | 0.419 | 0.304 | 0.226 | 0.174 |
| 1.400 | 0.591 | 0.590 | 0.585 | 0.577 | 0.567 | 0.554 | 0.539 | 0.505 | 0.466 | 0.368 | 0.284 | 0.220 | 0.173 |
| 1.500 | 0.447 | 0.446 | 0.444 | 0.440 | 0.434 | 0.428 | 0.420 | 0.401 | 0.379 | 0.318 | 0.259 | 0.209 | 0.168 |
| 1.600 | 0.354 | 0.353 | 0.352 | 0.350 | 0.347 | 0.343 | 0.338 | 0.327 | 0.313 | 0.274 | 0.232 | 0.194 | 0.161 |

续表 F.0.2-3

| $l/d$ | 10 | | | | | | | | | | | | |
|---|---|---|---|---|---|---|---|---|---|---|---|---|---|
| $m$ \ $n$ | 0.000 | 0.020 | 0.040 | 0.060 | 0.080 | 0.100 | 0.120 | 0.160 | 0.200 | 0.300 | 0.400 | 0.500 | 0.600 |
| 0.500 | | | −1.210 | −0.892 | −0.674 | −0.512 | −0.385 | −0.204 | −0.085 | 0.064 | 0.107 | 0.107 | 0.093 |
| 0.550 | | | −1.150 | −0.834 | −0.617 | −0.457 | −0.333 | −0.158 | −0.045 | 0.091 | 0.125 | 0.120 | 0.102 |
| 0.600 | | | −1.057 | −0.744 | −0.531 | −0.374 | −0.255 | −0.090 | 0.012 | 0.125 | 0.144 | 0.132 | 0.111 |
| 0.650 | | | −0.922 | −0.614 | −0.407 | −0.258 | −0.147 | 0.001 | 0.086 | 0.165 | 0.165 | 0.144 | 0.119 |
| 0.700 | | | −0.731 | −0.431 | −0.234 | −0.098 | 0.000 | 0.119 | 0.178 | 0.210 | 0.187 | 0.155 | 0.125 |
| 0.750 | | | −0.459 | −0.173 | 0.004 | 0.118 | 0.192 | 0.266 | 0.286 | 0.257 | 0.208 | 0.166 | 0.132 |
| 0.800 | | | −0.058 | 0.196 | 0.335 | 0.408 | 0.441 | 0.442 | 0.406 | 0.302 | 0.227 | 0.175 | 0.137 |
| 0.850 | | | 0.564 | 0.746 | 0.802 | 0.793 | 0.751 | 0.636 | 0.527 | 0.342 | 0.243 | 0.183 | 0.142 |
| 0.900 | | | 1.609 | 1.596 | 1.453 | 1.273 | 1.099 | 0.820 | 0.630 | 0.375 | 0.256 | 0.189 | 0.146 |
| 0.950 | | | 3.584 | 2.907 | 2.239 | 1.742 | 1.391 | 0.953 | 0.703 | 0.401 | 0.268 | 0.196 | 0.150 |
| 1.004 | 7.095 | 8.049 | 7.900 | 4.012 | 2.678 | 1.973 | 1.538 | 1.034 | 0.755 | 0.424 | 0.280 | 0.203 | 0.154 |
| 1.008 | 7.096 | 7.972 | 7.562 | 4.018 | 2.687 | 1.981 | 1.545 | 1.038 | 0.759 | 0.425 | 0.281 | 0.203 | 0.154 |
| 1.012 | 7.063 | 7.778 | 7.097 | 4.012 | 2.694 | 1.989 | 1.551 | 1.042 | 0.762 | 0.427 | 0.282 | 0.204 | 0.155 |
| 1.016 | 6.985 | 7.496 | 6.641 | 3.989 | 2.697 | 1.994 | 1.556 | 1.047 | 0.765 | 0.428 | 0.283 | 0.204 | 0.155 |
| 1.020 | 6.857 | 7.167 | 6.230 | 3.948 | 2.697 | 1.999 | 1.561 | 1.051 | 0.768 | 0.430 | 0.284 | 0.205 | 0.155 |
| 1.024 | 6.682 | 6.822 | 5.866 | 3.891 | 2.691 | 2.002 | 1.566 | 1.054 | 0.771 | 0.431 | 0.284 | 0.205 | 0.156 |
| 1.028 | 6.469 | 6.481 | 5.542 | 3.821 | 2.681 | 2.003 | 1.569 | 1.058 | 0.774 | 0.433 | 0.285 | 0.206 | 0.156 |
| 1.040 | 5.713 | 5.540 | 4.750 | 3.563 | 2.619 | 1.992 | 1.573 | 1.067 | 0.782 | 0.437 | 0.288 | 0.207 | 0.157 |
| 1.060 | 4.493 | 4.318 | 3.801 | 3.097 | 2.441 | 1.931 | 1.556 | 1.074 | 0.792 | 0.444 | 0.292 | 0.210 | 0.159 |
| 1.080 | 3.568 | 3.450 | 3.123 | 2.676 | 2.221 | 1.826 | 1.509 | 1.069 | 0.796 | 0.450 | 0.296 | 0.212 | 0.160 |
| 1.100 | 2.903 | 2.826 | 2.615 | 2.320 | 2.000 | 1.700 | 1.441 | 1.052 | 0.795 | 0.455 | 0.299 | 0.215 | 0.162 |
| 1.120 | 2.417 | 2.367 | 2.227 | 2.025 | 1.795 | 1.568 | 1.359 | 1.025 | 0.788 | 0.458 | 0.302 | 0.217 | 0.164 |
| 1.140 | 2.054 | 2.020 | 1.924 | 1.782 | 1.614 | 1.440 | 1.273 | 0.989 | 0.776 | 0.460 | 0.305 | 0.219 | 0.165 |
| 1.160 | 1.775 | 1.752 | 1.683 | 1.580 | 1.455 | 1.321 | 1.188 | 0.948 | 0.758 | 0.460 | 0.307 | 0.221 | 0.167 |
| 1.180 | 1.555 | 1.538 | 1.488 | 1.412 | 1.317 | 1.212 | 1.105 | 0.905 | 0.737 | 0.458 | 0.309 | 0.222 | 0.168 |
| 1.200 | 1.379 | 1.366 | 1.329 | 1.271 | 1.197 | 1.115 | 1.029 | 0.860 | 0.713 | 0.455 | 0.310 | 0.224 | 0.169 |
| 1.300 | 0.852 | 0.848 | 0.836 | 0.818 | 0.793 | 0.763 | 0.730 | 0.657 | 0.582 | 0.419 | 0.303 | 0.226 | 0.173 |
| 1.400 | 0.597 | 0.595 | 0.590 | 0.582 | 0.572 | 0.558 | 0.543 | 0.508 | 0.468 | 0.369 | 0.284 | 0.220 | 0.173 |
| 1.500 | 0.450 | 0.449 | 0.446 | 0.442 | 0.437 | 0.430 | 0.422 | 0.403 | 0.380 | 0.318 | 0.259 | 0.209 | 0.168 |
| 1.600 | 0.355 | 0.355 | 0.353 | 0.351 | 0.348 | 0.344 | 0.339 | 0.328 | 0.314 | 0.274 | 0.232 | 0.194 | 0.161 |
| $l/d$ | 20 | | | | | | | | | | | | |
| $m$ \ $n$ | 0.000 | 0.020 | 0.040 | 0.060 | 0.080 | 0.100 | 0.120 | 0.160 | 0.200 | 0.300 | 0.400 | 0.500 | 0.600 |
| 0.500 | | | −1.207 | −0.890 | −0.672 | −0.509 | −0.383 | −0.202 | −0.084 | 0.065 | 0.107 | 0.107 | 0.093 |
| 0.550 | | | −1.147 | −0.831 | −0.615 | −0.455 | −0.331 | −0.156 | −0.043 | 0.092 | 0.125 | 0.120 | 0.102 |
| 0.600 | | | −1.054 | −0.740 | −0.527 | −0.371 | −0.253 | −0.088 | 0.014 | 0.125 | 0.145 | 0.132 | 0.111 |
| 0.650 | | | −0.918 | −0.609 | −0.402 | −0.254 | −0.143 | 0.003 | 0.088 | 0.166 | 0.166 | 0.144 | 0.119 |
| 0.700 | | | −0.725 | −0.425 | −0.229 | −0.093 | 0.004 | 0.122 | 0.180 | 0.210 | 0.187 | 0.155 | 0.126 |
| 0.750 | | | −0.448 | −0.164 | 0.012 | 0.125 | 0.197 | 0.269 | 0.288 | 0.257 | 0.208 | 0.166 | 0.132 |
| 0.800 | | | −0.040 | 0.212 | 0.347 | 0.417 | 0.448 | 0.445 | 0.407 | 0.302 | 0.226 | 0.175 | 0.137 |
| 0.850 | | | 0.600 | 0.773 | 0.820 | 0.804 | 0.757 | 0.637 | 0.527 | 0.342 | 0.243 | 0.182 | 0.142 |
| 0.900 | | | 1.694 | 1.642 | 1.473 | 1.279 | 1.099 | 0.818 | 0.628 | 0.374 | 0.256 | 0.189 | 0.146 |
| 0.950 | | | 3.771 | 2.920 | 2.217 | 1.722 | 1.376 | 0.946 | 0.700 | 0.400 | 0.268 | 0.196 | 0.150 |
| 1.004 | 9.793 | 12.556 | 6.649 | 3.796 | 2.599 | 1.936 | 1.517 | 1.025 | 0.751 | 0.422 | 0.280 | 0.202 | 0.154 |
| 1.008 | 9.754 | 11.616 | 6.610 | 3.806 | 2.608 | 1.944 | 1.524 | 1.030 | 0.754 | 0.424 | 0.281 | 0.203 | 0.154 |
| 1.012 | 9.616 | 10.588 | 6.496 | 3.809 | 2.616 | 1.951 | 1.530 | 1.034 | 0.758 | 0.426 | 0.281 | 0.203 | 0.155 |
| 1.016 | 9.361 | 9.685 | 6.317 | 3.801 | 2.621 | 1.957 | 1.535 | 1.038 | 0.761 | 0.427 | 0.282 | 0.204 | 0.155 |
| 1.020 | 9.003 | 8.912 | 6.096 | 3.783 | 2.624 | 1.962 | 1.540 | 1.042 | 0.764 | 0.429 | 0.283 | 0.204 | 0.155 |
| 1.024 | 8.573 | 8.243 | 5.855 | 3.752 | 2.622 | 1.966 | 1.545 | 1.046 | 0.767 | 0.430 | 0.284 | 0.205 | 0.156 |
| 1.028 | 8.106 | 7.656 | 5.610 | 3.709 | 2.617 | 1.968 | 1.549 | 1.049 | 0.769 | 0.432 | 0.285 | 0.205 | 0.156 |
| 1.040 | 6.721 | 6.253 | 4.909 | 3.524 | 2.574 | 1.963 | 1.554 | 1.058 | 0.777 | 0.436 | 0.287 | 0.207 | 0.157 |
| 1.060 | 4.947 | 4.667 | 3.949 | 3.121 | 2.427 | 1.913 | 1.542 | 1.066 | 0.787 | 0.443 | 0.291 | 0.209 | 0.159 |
| 1.080 | 3.795 | 3.638 | 3.229 | 2.715 | 2.227 | 1.820 | 1.501 | 1.063 | 0.793 | 0.449 | 0.295 | 0.212 | 0.160 |
| 1.100 | 3.028 | 2.936 | 2.689 | 2.358 | 2.013 | 1.701 | 1.438 | 1.048 | 0.792 | 0.454 | 0.299 | 0.214 | 0.162 |
| 1.120 | 2.493 | 2.436 | 2.278 | 2.056 | 1.811 | 1.573 | 1.360 | 1.022 | 0.786 | 0.457 | 0.302 | 0.217 | 0.163 |
| 1.140 | 2.103 | 2.066 | 1.960 | 1.806 | 1.628 | 1.447 | 1.276 | 0.988 | 0.774 | 0.459 | 0.305 | 0.219 | 0.165 |
| 1.160 | 1.808 | 1.783 | 1.709 | 1.599 | 1.468 | 1.328 | 1.191 | 0.948 | 0.757 | 0.459 | 0.307 | 0.221 | 0.166 |
| 1.180 | 1.579 | 1.561 | 1.508 | 1.427 | 1.328 | 1.219 | 1.110 | 0.905 | 0.736 | 0.458 | 0.308 | 0.222 | 0.168 |
| 1.200 | 1.396 | 1.382 | 1.343 | 1.282 | 1.206 | 1.121 | 1.033 | 0.861 | 0.713 | 0.454 | 0.309 | 0.224 | 0.169 |
| 1.300 | 0.857 | 0.853 | 0.841 | 0.822 | 0.797 | 0.766 | 0.733 | 0.658 | 0.583 | 0.419 | 0.303 | 0.226 | 0.173 |
| 1.400 | 0.599 | 0.597 | 0.592 | 0.584 | 0.573 | 0.560 | 0.544 | 0.509 | 0.469 | 0.369 | 0.284 | 0.220 | 0.173 |
| 1.500 | 0.451 | 0.450 | 0.447 | 0.443 | 0.438 | 0.431 | 0.423 | 0.403 | 0.381 | 0.318 | 0.259 | 0.209 | 0.168 |
| 1.600 | 0.356 | 0.355 | 0.354 | 0.352 | 0.349 | 0.345 | 0.340 | 0.328 | 0.315 | 0.274 | 0.232 | 0.194 | 0.161 |

续表 F.0.2-3

| l/d | 25 | | | | | | | | | | | | |
|---|---|---|---|---|---|---|---|---|---|---|---|---|---|
| m \ n | 0.000 | 0.020 | 0.040 | 0.060 | 0.080 | 0.100 | 0.120 | 0.160 | 0.200 | 0.300 | 0.400 | 0.500 | 0.600 |
| 0.500 | | | −1.206 | −0.889 | −0.671 | −0.508 | −0.382 | −0.202 | −0.083 | 0.065 | 0.107 | 0.107 | 0.093 |
| 0.550 | | | −1.146 | −0.830 | −0.614 | −0.453 | −0.330 | −0.155 | −0.042 | 0.092 | 0.125 | 0.120 | 0.102 |
| 0.600 | | | −1.052 | −0.739 | −0.526 | −0.370 | −0.252 | −0.087 | 0.015 | 0.126 | 0.145 | 0.132 | 0.111 |
| 0.650 | | | −0.916 | −0.607 | −0.401 | −0.252 | −0.142 | 0.005 | 0.089 | 0.166 | 0.166 | 0.144 | 0.119 |
| 0.700 | | | −0.722 | −0.422 | −0.226 | −0.091 | 0.006 | 0.123 | 0.181 | 0.210 | 0.187 | 0.155 | 0.126 |
| 0.750 | | | −0.443 | −0.160 | 0.015 | 0.128 | 0.200 | 0.271 | 0.289 | 0.257 | 0.208 | 0.166 | 0.132 |
| 0.800 | | | −0.031 | 0.219 | 0.353 | 0.422 | 0.450 | 0.446 | 0.408 | 0.302 | 0.226 | 0.175 | 0.137 |
| 0.850 | | | 0.617 | 0.786 | 0.829 | 0.809 | 0.760 | 0.638 | 0.526 | 0.342 | 0.242 | 0.182 | 0.141 |
| 0.900 | | | 1.734 | 1.663 | 1.482 | 1.281 | 1.098 | 0.816 | 0.627 | 0.374 | 0.256 | 0.189 | 0.146 |
| 0.950 | | | 3.849 | 2.920 | 2.206 | 1.712 | 1.369 | 0.943 | 0.698 | 0.399 | 0.268 | 0.196 | 0.150 |
| 1.004 | 12.508 | 16.972 | 6.271 | 3.709 | 2.565 | 1.919 | 1.508 | 1.021 | 0.749 | 0.422 | 0.280 | 0.202 | 0.154 |
| 1.008 | 12.381 | 13.914 | 6.261 | 3.720 | 2.575 | 1.927 | 1.514 | 1.026 | 0.752 | 0.424 | 0.280 | 0.203 | 0.154 |
| 1.012 | 12.039 | 12.117 | 6.208 | 3.725 | 2.583 | 1.934 | 1.520 | 1.030 | 0.756 | 0.425 | 0.281 | 0.203 | 0.155 |
| 1.016 | 11.487 | 10.831 | 6.105 | 3.722 | 2.588 | 1.940 | 1.526 | 1.034 | 0.759 | 0.427 | 0.282 | 0.204 | 0.155 |
| 1.020 | 10.795 | 9.822 | 5.959 | 3.710 | 2.592 | 1.946 | 1.531 | 1.038 | 0.762 | 0.428 | 0.283 | 0.204 | 0.155 |
| 1.024 | 10.046 | 8.988 | 5.781 | 3.688 | 2.592 | 1.950 | 1.535 | 1.042 | 0.765 | 0.430 | 0.284 | 0.205 | 0.156 |
| 1.028 | 9.301 | 8.278 | 5.584 | 3.655 | 2.588 | 1.952 | 1.539 | 1.046 | 0.768 | 0.431 | 0.285 | 0.205 | 0.156 |
| 1.040 | 7.355 | 6.630 | 4.959 | 3.500 | 2.553 | 1.949 | 1.546 | 1.055 | 0.775 | 0.436 | 0.287 | 0.207 | 0.157 |
| 1.060 | 5.196 | 4.846 | 4.015 | 3.129 | 2.420 | 1.905 | 1.535 | 1.063 | 0.786 | 0.443 | 0.291 | 0.209 | 0.159 |
| 1.080 | 3.912 | 3.732 | 3.279 | 2.733 | 2.228 | 1.817 | 1.497 | 1.060 | 0.791 | 0.449 | 0.295 | 0.212 | 0.160 |
| 1.100 | 3.091 | 2.990 | 2.724 | 2.375 | 2.019 | 1.702 | 1.436 | 1.046 | 0.791 | 0.453 | 0.299 | 0.214 | 0.162 |
| 1.120 | 2.530 | 2.469 | 2.302 | 2.071 | 1.818 | 1.576 | 1.360 | 1.021 | 0.785 | 0.457 | 0.302 | 0.216 | 0.163 |
| 1.140 | 2.127 | 2.087 | 1.977 | 1.818 | 1.635 | 1.450 | 1.277 | 0.987 | 0.773 | 0.459 | 0.305 | 0.219 | 0.165 |
| 1.160 | 1.824 | 1.797 | 1.721 | 1.608 | 1.474 | 1.332 | 1.193 | 0.948 | 0.756 | 0.459 | 0.307 | 0.220 | 0.166 |
| 1.180 | 1.590 | 1.571 | 1.517 | 1.434 | 1.333 | 1.223 | 1.112 | 0.906 | 0.736 | 0.457 | 0.308 | 0.222 | 0.168 |
| 1.200 | 1.404 | 1.390 | 1.350 | 1.288 | 1.211 | 1.124 | 1.035 | 0.862 | 0.713 | 0.454 | 0.309 | 0.223 | 0.169 |
| 1.300 | 0.859 | 0.855 | 0.843 | 0.824 | 0.798 | 0.768 | 0.734 | 0.659 | 0.583 | 0.419 | 0.303 | 0.226 | 0.173 |
| 1.400 | 0.600 | 0.598 | 0.593 | 0.585 | 0.574 | 0.561 | 0.545 | 0.509 | 0.469 | 0.369 | 0.284 | 0.220 | 0.173 |
| 1.500 | 0.451 | 0.450 | 0.448 | 0.444 | 0.438 | 0.431 | 0.423 | 0.404 | 0.381 | 0.319 | 0.259 | 0.209 | 0.168 |
| 1.600 | 0.356 | 0.356 | 0.354 | 0.352 | 0.349 | 0.345 | 0.340 | 0.329 | 0.315 | 0.274 | 0.232 | 0.194 | 0.161 |

| l/d | 30 | | | | | | | | | | | | |
|---|---|---|---|---|---|---|---|---|---|---|---|---|---|
| m \ n | 0.000 | 0.020 | 0.040 | 0.060 | 0.080 | 0.100 | 0.120 | 0.160 | 0.200 | 0.300 | 0.400 | 0.500 | 0.600 |
| 0.500 | | −1.759 | −1.206 | −0.888 | −0.670 | −0.508 | −0.382 | −0.201 | −0.082 | 0.065 | 0.107 | 0.108 | 0.093 |
| 0.550 | | −1.698 | −1.145 | −0.829 | −0.613 | −0.453 | −0.329 | −0.155 | −0.042 | 0.092 | 0.125 | 0.120 | 0.102 |
| 0.600 | | −1.603 | −1.051 | −0.738 | −0.525 | −0.369 | −0.251 | −0.087 | 0.015 | 0.126 | 0.145 | 0.132 | 0.111 |
| 0.650 | | −1.463 | −0.915 | −0.606 | −0.400 | −0.251 | −0.141 | 0.005 | 0.089 | 0.166 | 0.166 | 0.144 | 0.119 |
| 0.700 | | −1.263 | −0.720 | −0.420 | −0.225 | −0.089 | 0.007 | 0.124 | 0.181 | 0.211 | 0.187 | 0.155 | 0.126 |
| 0.750 | | −0.973 | −0.441 | −0.157 | 0.017 | 0.129 | 0.201 | 0.272 | 0.289 | 0.257 | 0.208 | 0.166 | 0.132 |
| 0.800 | | −0.536 | −0.026 | 0.223 | 0.356 | 0.424 | 0.452 | 0.447 | 0.408 | 0.302 | 0.226 | 0.175 | 0.137 |
| 0.850 | | 0.177 | 0.627 | 0.793 | 0.833 | 0.812 | 0.761 | 0.638 | 0.526 | 0.342 | 0.242 | 0.182 | 0.141 |
| 0.900 | | 1.507 | 1.756 | 1.675 | 1.486 | 1.282 | 1.098 | 0.816 | 0.627 | 0.374 | 0.256 | 0.189 | 0.146 |
| 0.950 | | 4.706 | 3.888 | 2.919 | 2.199 | 1.707 | 1.366 | 0.941 | 0.697 | 0.399 | 0.268 | 0.196 | 0.150 |
| 1.004 | 15.226 | 16.081 | 6.097 | 3.664 | 2.547 | 1.910 | 1.503 | 1.019 | 0.748 | 0.422 | 0.279 | 0.202 | 0.154 |
| 1.008 | 14.944 | 14.179 | 6.096 | 3.676 | 2.557 | 1.918 | 1.509 | 1.024 | 0.751 | 0.423 | 0.280 | 0.203 | 0.154 |
| 1.012 | 14.281 | 12.577 | 6.062 | 3.682 | 2.565 | 1.925 | 1.515 | 1.028 | 0.755 | 0.425 | 0.281 | 0.203 | 0.155 |
| 1.016 | 13.323 | 11.303 | 5.988 | 3.681 | 2.571 | 1.932 | 1.521 | 1.032 | 0.758 | 0.426 | 0.282 | 0.204 | 0.155 |
| 1.020 | 12.240 | 10.258 | 5.874 | 3.672 | 2.575 | 1.937 | 1.526 | 1.036 | 0.761 | 0.428 | 0.283 | 0.204 | 0.155 |
| 1.024 | 11.162 | 9.376 | 5.728 | 3.654 | 2.575 | 1.941 | 1.530 | 1.040 | 0.764 | 0.429 | 0.284 | 0.205 | 0.156 |
| 1.028 | 10.159 | 8.616 | 5.557 | 3.626 | 2.573 | 1.944 | 1.534 | 1.043 | 0.766 | 0.431 | 0.285 | 0.205 | 0.156 |
| 1.040 | 7.763 | 6.846 | 4.979 | 3.486 | 2.541 | 1.942 | 1.541 | 1.053 | 0.774 | 0.435 | 0.287 | 0.207 | 0.157 |
| 1.060 | 5.344 | 4.949 | 4.050 | 3.132 | 2.416 | 1.901 | 1.532 | 1.061 | 0.785 | 0.442 | 0.291 | 0.209 | 0.159 |
| 1.080 | 3.978 | 3.786 | 3.307 | 2.741 | 2.229 | 1.815 | 1.495 | 1.059 | 0.790 | 0.448 | 0.295 | 0.212 | 0.160 |
| 1.100 | 3.126 | 3.020 | 2.743 | 2.384 | 2.022 | 1.702 | 1.435 | 1.045 | 0.790 | 0.453 | 0.299 | 0.214 | 0.162 |
| 1.120 | 2.551 | 2.488 | 2.316 | 2.079 | 1.822 | 1.577 | 1.360 | 1.020 | 0.784 | 0.457 | 0.302 | 0.216 | 0.163 |
| 1.140 | 2.140 | 2.099 | 1.986 | 1.824 | 1.639 | 1.452 | 1.278 | 0.987 | 0.773 | 0.458 | 0.304 | 0.218 | 0.165 |
| 1.160 | 1.833 | 1.806 | 1.728 | 1.613 | 1.477 | 1.334 | 1.194 | 0.948 | 0.756 | 0.459 | 0.307 | 0.220 | 0.166 |
| 1.180 | 1.596 | 1.577 | 1.522 | 1.438 | 1.336 | 1.224 | 1.113 | 0.906 | 0.736 | 0.457 | 0.308 | 0.222 | 0.168 |
| 1.200 | 1.408 | 1.394 | 1.354 | 1.291 | 1.213 | 1.126 | 1.036 | 0.862 | 0.713 | 0.454 | 0.309 | 0.223 | 0.169 |
| 1.300 | 0.860 | 0.856 | 0.844 | 0.825 | 0.799 | 0.769 | 0.734 | 0.660 | 0.584 | 0.419 | 0.303 | 0.226 | 0.173 |
| 1.400 | 0.600 | 0.599 | 0.594 | 0.586 | 0.575 | 0.561 | 0.545 | 0.509 | 0.469 | 0.369 | 0.284 | 0.220 | 0.173 |
| 1.500 | 0.451 | 0.451 | 0.448 | 0.444 | 0.439 | 0.432 | 0.423 | 0.404 | 0.381 | 0.319 | 0.259 | 0.209 | 0.168 |
| 1.600 | 0.356 | 0.356 | 0.354 | 0.352 | 0.349 | 0.345 | 0.340 | 0.329 | 0.315 | 0.275 | 0.232 | 0.194 | 0.161 |

## 续表 F. 0. 2-3

| $l/d$ | 40 | | | | | | | | | | | | |
|---|---|---|---|---|---|---|---|---|---|---|---|---|---|
| $m$ \ $n$ | 0.000 | 0.020 | 0.040 | 0.060 | 0.080 | 0.100 | 0.120 | 0.160 | 0.200 | 0.300 | 0.400 | 0.500 | 0.600 |
| 0.500 | | −1.759 | −1.205 | −0.888 | −0.670 | −0.507 | −0.381 | −0.201 | −0.082 | 0.066 | 0.108 | 0.108 | 0.093 |
| 0.550 | | −1.698 | −1.145 | −0.829 | −0.612 | −0.452 | −0.329 | −0.154 | −0.042 | 0.092 | 0.125 | 0.120 | 0.102 |
| 0.600 | | −1.602 | −1.050 | −0.737 | −0.524 | −0.369 | −0.250 | −0.086 | 0.015 | 0.126 | 0.145 | 0.132 | 0.111 |
| 0.650 | | −1.462 | −0.913 | −0.605 | −0.399 | −0.250 | −0.140 | 0.006 | 0.090 | 0.166 | 0.166 | 0.144 | 0.119 |
| 0.700 | | −1.261 | −0.718 | −0.419 | −0.223 | −0.088 | 0.008 | 0.125 | 0.182 | 0.211 | 0.187 | 0.155 | 0.126 |
| 0.750 | | −0.970 | −0.438 | −0.155 | 0.019 | 0.131 | 0.203 | 0.272 | 0.290 | 0.257 | 0.208 | 0.166 | 0.132 |
| 0.800 | | −0.531 | −0.022 | 0.227 | 0.359 | 0.426 | 0.454 | 0.448 | 0.408 | 0.302 | 0.226 | 0.175 | 0.137 |
| 0.850 | | 0.188 | 0.636 | 0.799 | 0.838 | 0.814 | 0.763 | 0.638 | 0.526 | 0.341 | 0.242 | 0.182 | 0.141 |
| 0.900 | | 1.542 | 1.778 | 1.686 | 1.491 | 1.284 | 1.098 | 0.815 | 0.626 | 0.373 | 0.256 | 0.189 | 0.146 |
| 0.950 | | 4.869 | 3.924 | 2.917 | 2.193 | 1.702 | 1.362 | 0.940 | 0.696 | 0.399 | 0.268 | 0.196 | 0.150 |
| 1.004 | 20.636 | 14.185 | 5.940 | 3.622 | 2.530 | 1.901 | 1.498 | 1.017 | 0.747 | 0.421 | 0.279 | 0.202 | 0.154 |
| 1.008 | 19.770 | 13.545 | 5.945 | 3.634 | 2.539 | 1.909 | 1.504 | 1.021 | 0.750 | 0.423 | 0.280 | 0.203 | 0.154 |
| 1.012 | 18.119 | 12.571 | 5.925 | 3.641 | 2.548 | 1.916 | 1.510 | 1.026 | 0.754 | 0.425 | 0.281 | 0.203 | 0.155 |
| 1.016 | 16.165 | 11.550 | 5.873 | 3.642 | 2.554 | 1.923 | 1.516 | 1.030 | 0.757 | 0.426 | 0.282 | 0.204 | 0.155 |
| 1.020 | 14.288 | 10.589 | 5.786 | 3.635 | 2.558 | 1.928 | 1.521 | 1.034 | 0.760 | 0.428 | 0.283 | 0.204 | 0.155 |
| 1.024 | 12.638 | 9.718 | 5.667 | 3.621 | 2.559 | 1.933 | 1.526 | 1.038 | 0.763 | 0.429 | 0.284 | 0.205 | 0.156 |
| 1.028 | 11.236 | 8.937 | 5.522 | 3.597 | 2.557 | 1.936 | 1.530 | 1.041 | 0.765 | 0.431 | 0.284 | 0.205 | 0.156 |
| 1.040 | 8.228 | 7.066 | 4.993 | 3.470 | 2.530 | 1.935 | 1.537 | 1.051 | 0.773 | 0.435 | 0.287 | 0.207 | 0.157 |
| 1.060 | 5.500 | 5.055 | 4.083 | 3.134 | 2.411 | 1.896 | 1.528 | 1.059 | 0.784 | 0.442 | 0.291 | 0.209 | 0.159 |
| 1.080 | 4.047 | 3.840 | 3.334 | 2.750 | 2.230 | 1.814 | 1.493 | 1.057 | 0.789 | 0.448 | 0.295 | 0.212 | 0.160 |
| 1.100 | 3.162 | 3.051 | 2.762 | 2.393 | 2.025 | 1.702 | 1.434 | 1.044 | 0.789 | 0.453 | 0.298 | 0.214 | 0.162 |
| 1.120 | 2.572 | 2.506 | 2.329 | 2.086 | 1.825 | 1.578 | 1.360 | 1.019 | 0.784 | 0.456 | 0.302 | 0.216 | 0.163 |
| 1.140 | 2.153 | 2.111 | 1.996 | 1.830 | 1.642 | 1.454 | 1.278 | 0.987 | 0.772 | 0.458 | 0.304 | 0.218 | 0.165 |
| 1.160 | 1.842 | 1.814 | 1.735 | 1.618 | 1.480 | 1.335 | 1.195 | 0.948 | 0.756 | 0.458 | 0.306 | 0.220 | 0.166 |
| 1.180 | 1.602 | 1.583 | 1.526 | 1.442 | 1.338 | 1.226 | 1.114 | 0.906 | 0.736 | 0.457 | 0.308 | 0.222 | 0.168 |
| 1.200 | 1.413 | 1.399 | 1.357 | 1.294 | 1.215 | 1.127 | 1.037 | 0.863 | 0.713 | 0.454 | 0.309 | 0.223 | 0.169 |
| 1.300 | 0.862 | 0.858 | 0.845 | 0.826 | 0.800 | 0.769 | 0.735 | 0.660 | 0.584 | 0.419 | 0.303 | 0.226 | 0.173 |
| 1.400 | 0.601 | 0.599 | 0.594 | 0.586 | 0.575 | 0.562 | 0.546 | 0.510 | 0.469 | 0.369 | 0.284 | 0.220 | 0.173 |
| 1.500 | 0.452 | 0.451 | 0.448 | 0.444 | 0.439 | 0.432 | 0.424 | 0.404 | 0.381 | 0.319 | 0.259 | 0.209 | 0.168 |
| 1.600 | 0.356 | 0.356 | 0.355 | 0.352 | 0.349 | 0.345 | 0.340 | 0.329 | 0.315 | 0.275 | 0.232 | 0.194 | 0.161 |

| $l/d$ | 50 | | | | | | | | | | | | |
|---|---|---|---|---|---|---|---|---|---|---|---|---|---|
| $m$ \ $n$ | 0.000 | 0.020 | 0.040 | 0.060 | 0.080 | 0.100 | 0.120 | 0.160 | 0.200 | 0.300 | 0.400 | 0.500 | 0.600 |
| 0.500 | | −1.758 | −1.205 | −0.887 | −0.669 | −0.507 | −0.381 | −0.200 | −0.082 | 0.066 | 0.108 | 0.108 | 0.093 |
| 0.550 | | −1.697 | −1.144 | −0.828 | −0.612 | −0.452 | −0.329 | −0.154 | −0.041 | 0.093 | 0.125 | 0.120 | 0.102 |
| 0.600 | | −1.601 | −1.050 | −0.737 | −0.524 | −0.368 | −0.250 | −0.086 | 0.016 | 0.126 | 0.145 | 0.132 | 0.111 |
| 0.650 | | −1.461 | −0.913 | −0.605 | −0.398 | −0.250 | −0.140 | 0.006 | 0.090 | 0.166 | 0.166 | 0.144 | 0.119 |
| 0.700 | | −1.260 | −0.718 | −0.418 | −0.223 | −0.088 | 0.008 | 0.125 | 0.182 | 0.211 | 0.187 | 0.155 | 0.126 |
| 0.750 | | −0.969 | −0.437 | −0.154 | 0.020 | 0.132 | 0.203 | 0.273 | 0.290 | 0.257 | 0.208 | 0.166 | 0.132 |
| 0.800 | | −0.528 | −0.020 | 0.229 | 0.360 | 0.427 | 0.454 | 0.448 | 0.409 | 0.302 | 0.226 | 0.175 | 0.137 |
| 0.850 | | 0.193 | 0.641 | 0.803 | 0.840 | 0.816 | 0.763 | 0.638 | 0.526 | 0.341 | 0.242 | 0.182 | 0.141 |
| 0.900 | | 1.558 | 1.789 | 1.691 | 1.493 | 1.284 | 1.098 | 0.815 | 0.626 | 0.373 | 0.256 | 0.189 | 0.146 |
| 0.950 | | 4.947 | 3.940 | 2.916 | 2.190 | 1.699 | 1.360 | 0.939 | 0.696 | 0.398 | 0.268 | 0.196 | 0.150 |
| 1.004 | 25.958 | 13.491 | 5.873 | 3.603 | 2.522 | 1.897 | 1.495 | 1.016 | 0.747 | 0.421 | 0.279 | 0.202 | 0.154 |
| 1.008 | 24.069 | 13.126 | 5.879 | 3.615 | 2.532 | 1.905 | 1.502 | 1.020 | 0.750 | 0.423 | 0.280 | 0.203 | 0.154 |
| 1.012 | 21.098 | 12.429 | 5.864 | 3.622 | 2.540 | 1.912 | 1.508 | 1.025 | 0.753 | 0.424 | 0.281 | 0.203 | 0.155 |
| 1.016 | 18.118 | 11.575 | 5.820 | 3.624 | 2.546 | 1.919 | 1.513 | 1.029 | 0.756 | 0.426 | 0.282 | 0.204 | 0.155 |
| 1.020 | 15.572 | 10.695 | 5.745 | 3.619 | 2.551 | 1.924 | 1.519 | 1.033 | 0.759 | 0.427 | 0.283 | 0.204 | 0.155 |
| 1.024 | 13.503 | 9.854 | 5.638 | 3.605 | 2.552 | 1.929 | 1.523 | 1.037 | 0.762 | 0.429 | 0.284 | 0.205 | 0.156 |
| 1.028 | 11.836 | 9.077 | 5.503 | 3.583 | 2.551 | 1.932 | 1.527 | 1.040 | 0.765 | 0.431 | 0.284 | 0.205 | 0.156 |
| 1.040 | 8.466 | 7.170 | 4.998 | 3.463 | 2.524 | 1.931 | 1.535 | 1.050 | 0.773 | 0.435 | 0.287 | 0.207 | 0.157 |
| 1.060 | 5.577 | 5.105 | 4.098 | 3.135 | 2.409 | 1.894 | 1.527 | 1.058 | 0.783 | 0.442 | 0.291 | 0.209 | 0.159 |
| 1.080 | 4.080 | 3.866 | 3.347 | 2.754 | 2.230 | 1.813 | 1.492 | 1.057 | 0.789 | 0.448 | 0.295 | 0.212 | 0.160 |
| 1.100 | 3.179 | 3.065 | 2.771 | 2.397 | 2.027 | 1.702 | 1.434 | 1.043 | 0.789 | 0.453 | 0.298 | 0.214 | 0.162 |
| 1.120 | 2.581 | 2.515 | 2.335 | 2.090 | 1.827 | 1.579 | 1.360 | 1.019 | 0.783 | 0.456 | 0.302 | 0.216 | 0.163 |
| 1.140 | 2.159 | 2.117 | 2.000 | 1.833 | 1.644 | 1.455 | 1.279 | 0.987 | 0.772 | 0.458 | 0.304 | 0.218 | 0.165 |
| 1.160 | 1.846 | 1.818 | 1.738 | 1.620 | 1.481 | 1.336 | 1.195 | 0.948 | 0.756 | 0.458 | 0.306 | 0.220 | 0.166 |
| 1.180 | 1.605 | 1.585 | 1.529 | 1.443 | 1.340 | 1.227 | 1.114 | 0.906 | 0.736 | 0.457 | 0.308 | 0.222 | 0.168 |
| 1.200 | 1.415 | 1.401 | 1.359 | 1.296 | 1.216 | 1.128 | 1.037 | 0.863 | 0.713 | 0.454 | 0.309 | 0.223 | 0.169 |
| 1.300 | 0.862 | 0.858 | 0.846 | 0.826 | 0.801 | 0.770 | 0.735 | 0.660 | 0.584 | 0.419 | 0.303 | 0.226 | 0.173 |
| 1.400 | 0.601 | 0.599 | 0.594 | 0.586 | 0.575 | 0.562 | 0.546 | 0.510 | 0.469 | 0.369 | 0.284 | 0.220 | 0.173 |
| 1.500 | 0.452 | 0.451 | 0.449 | 0.444 | 0.439 | 0.432 | 0.424 | 0.404 | 0.381 | 0.319 | 0.259 | 0.209 | 0.168 |
| 1.600 | 0.356 | 0.356 | 0.355 | 0.352 | 0.349 | 0.345 | 0.340 | 0.329 | 0.315 | 0.275 | 0.233 | 0.194 | 0.161 |

续表 F. 0. 2-3

| l/d | 60 | | | | | | | | | | | | |
|---|---|---|---|---|---|---|---|---|---|---|---|---|---|
| m \ n | 0.000 | 0.020 | 0.040 | 0.060 | 0.080 | 0.100 | 0.120 | 0.160 | 0.200 | 0.300 | 0.400 | 0.500 | 0.600 |
| 0.500 | | −1.758 | −1.205 | −0.887 | −0.669 | −0.507 | −0.381 | −0.200 | −0.082 | 0.066 | 0.108 | 0.108 | 0.093 |
| 0.550 | | −1.697 | −1.144 | −0.828 | −0.612 | −0.452 | −0.328 | −0.154 | −0.041 | 0.093 | 0.125 | 0.120 | 0.102 |
| 0.600 | | −1.601 | −1.050 | −0.737 | −0.524 | −0.368 | −0.250 | −0.086 | 0.016 | 0.126 | 0.145 | 0.132 | 0.111 |
| 0.650 | | −1.461 | −0.913 | −0.604 | −0.398 | −0.250 | −0.140 | 0.006 | 0.090 | 0.166 | 0.166 | 0.144 | 0.119 |
| 0.700 | | −1.260 | −0.717 | −0.417 | −0.222 | −0.087 | 0.008 | 0.125 | 0.182 | 0.211 | 0.187 | 0.155 | 0.126 |
| 0.750 | | −0.968 | −0.436 | −0.153 | 0.021 | 0.132 | 0.203 | 0.273 | 0.290 | 0.257 | 0.208 | 0.166 | 0.132 |
| 0.800 | | −0.527 | −0.018 | 0.230 | 0.361 | 0.428 | 0.455 | 0.448 | 0.409 | 0.302 | 0.226 | 0.175 | 0.137 |
| 0.850 | | 0.196 | 0.643 | 0.804 | 0.841 | 0.816 | 0.764 | 0.638 | 0.526 | 0.341 | 0.242 | 0.182 | 0.141 |
| 0.900 | | 1.566 | 1.794 | 1.694 | 1.494 | 1.284 | 1.098 | 0.814 | 0.626 | 0.373 | 0.256 | 0.189 | 0.146 |
| 0.950 | | 4.990 | 3.948 | 2.915 | 2.188 | 1.698 | 1.360 | 0.938 | 0.695 | 0.398 | 0.267 | 0.196 | 0.150 |
| 1.004 | 31.136 | 13.161 | 5.837 | 3.593 | 2.518 | 1.895 | 1.494 | 1.015 | 0.746 | 0.421 | 0.279 | 0.202 | 0.154 |
| 1.008 | 27.775 | 12.894 | 5.845 | 3.604 | 2.527 | 1.903 | 1.500 | 1.020 | 0.750 | 0.423 | 0.280 | 0.203 | 0.154 |
| 1.012 | 23.351 | 12.325 | 5.832 | 3.612 | 2.536 | 1.910 | 1.507 | 1.024 | 0.753 | 0.424 | 0.281 | 0.203 | 0.155 |
| 1.016 | 19.460 | 11.565 | 5.792 | 3.614 | 2.542 | 1.917 | 1.512 | 1.028 | 0.756 | 0.426 | 0.282 | 0.204 | 0.155 |
| 1.020 | 16.399 | 10.738 | 5.722 | 3.610 | 2.547 | 1.922 | 1.517 | 1.032 | 0.759 | 0.427 | 0.283 | 0.204 | 0.155 |
| 1.024 | 14.037 | 9.920 | 5.621 | 3.597 | 2.548 | 1.927 | 1.522 | 1.036 | 0.762 | 0.429 | 0.284 | 0.205 | 0.156 |
| 1.028 | 12.197 | 9.149 | 5.493 | 3.576 | 2.547 | 1.930 | 1.526 | 1.040 | 0.765 | 0.430 | 0.284 | 0.205 | 0.156 |
| 1.040 | 8.602 | 7.226 | 5.000 | 3.459 | 2.522 | 1.930 | 1.533 | 1.049 | 0.773 | 0.435 | 0.287 | 0.207 | 0.157 |
| 1.060 | 5.619 | 5.133 | 4.106 | 3.135 | 2.408 | 1.893 | 1.526 | 1.058 | 0.783 | 0.442 | 0.291 | 0.209 | 0.159 |
| 1.080 | 4.098 | 3.880 | 3.354 | 2.756 | 2.230 | 1.812 | 1.492 | 1.056 | 0.789 | 0.448 | 0.295 | 0.212 | 0.160 |
| 1.100 | 3.188 | 3.073 | 2.776 | 2.400 | 2.028 | 1.702 | 1.434 | 1.043 | 0.789 | 0.453 | 0.298 | 0.214 | 0.162 |
| 1.120 | 2.587 | 2.520 | 2.339 | 2.092 | 1.828 | 1.579 | 1.360 | 1.019 | 0.783 | 0.456 | 0.302 | 0.216 | 0.163 |
| 1.140 | 2.162 | 2.120 | 2.003 | 1.835 | 1.645 | 1.455 | 1.279 | 0.987 | 0.772 | 0.458 | 0.304 | 0.218 | 0.165 |
| 1.160 | 1.848 | 1.820 | 1.740 | 1.622 | 1.482 | 1.337 | 1.196 | 0.948 | 0.756 | 0.458 | 0.306 | 0.220 | 0.166 |
| 1.180 | 1.606 | 1.587 | 1.530 | 1.444 | 1.340 | 1.227 | 1.114 | 0.906 | 0.736 | 0.457 | 0.308 | 0.222 | 0.168 |
| 1.200 | 1.416 | 1.402 | 1.360 | 1.296 | 1.217 | 1.129 | 1.037 | 0.863 | 0.713 | 0.454 | 0.309 | 0.223 | 0.169 |
| 1.300 | 0.862 | 0.858 | 0.846 | 0.827 | 0.801 | 0.770 | 0.735 | 0.660 | 0.584 | 0.419 | 0.303 | 0.226 | 0.173 |
| 1.400 | 0.601 | 0.600 | 0.595 | 0.586 | 0.575 | 0.562 | 0.546 | 0.510 | 0.470 | 0.369 | 0.284 | 0.220 | 0.173 |
| 1.500 | 0.452 | 0.451 | 0.449 | 0.445 | 0.439 | 0.432 | 0.424 | 0.404 | 0.381 | 0.319 | 0.259 | 0.209 | 0.168 |
| 1.600 | 0.356 | 0.356 | 0.355 | 0.352 | 0.349 | 0.345 | 0.340 | 0.329 | 0.315 | 0.275 | 0.233 | 0.194 | 0.161 |
| l/d | 70 | | | | | | | | | | | | |
| m \ n | 0.000 | 0.020 | 0.040 | 0.060 | 0.080 | 0.100 | 0.120 | 0.160 | 0.200 | 0.300 | 0.400 | 0.500 | 0.600 |
| 0.500 | | −1.758 | −1.204 | −0.887 | −0.669 | −0.507 | −0.381 | −0.200 | −0.082 | 0.066 | 0.108 | 0.108 | 0.093 |
| 0.550 | | −1.697 | −1.144 | −0.828 | −0.612 | −0.452 | −0.328 | −0.154 | −0.041 | 0.093 | 0.125 | 0.120 | 0.102 |
| 0.600 | | −1.601 | −1.050 | −0.736 | −0.524 | −0.368 | −0.250 | −0.086 | 0.016 | 0.126 | 0.145 | 0.132 | 0.111 |
| 0.650 | | −1.461 | −0.912 | −0.604 | −0.398 | −0.250 | −0.140 | 0.006 | 0.090 | 0.166 | 0.166 | 0.144 | 0.119 |
| 0.700 | | −1.260 | −0.717 | −0.417 | −0.222 | −0.087 | 0.009 | 0.125 | 0.182 | 0.211 | 0.187 | 0.155 | 0.126 |
| 0.750 | | −0.968 | −0.436 | −0.153 | 0.021 | 0.133 | 0.204 | 0.273 | 0.290 | 0.257 | 0.208 | 0.166 | 0.132 |
| 0.800 | | −0.526 | −0.018 | 0.230 | 0.362 | 0.428 | 0.455 | 0.448 | 0.409 | 0.302 | 0.226 | 0.175 | 0.137 |
| 0.850 | | 0.198 | 0.645 | 0.805 | 0.842 | 0.817 | 0.764 | 0.638 | 0.526 | 0.341 | 0.242 | 0.182 | 0.141 |
| 0.900 | | 1.572 | 1.798 | 1.696 | 1.495 | 1.285 | 1.098 | 0.814 | 0.626 | 0.373 | 0.256 | 0.189 | 0.146 |
| 0.950 | | 5.016 | 3.953 | 2.915 | 2.187 | 1.697 | 1.359 | 0.938 | 0.695 | 0.398 | 0.267 | 0.196 | 0.150 |
| 1.004 | 36.118 | 12.976 | 5.816 | 3.587 | 2.515 | 1.894 | 1.493 | 1.015 | 0.746 | 0.421 | 0.279 | 0.202 | 0.154 |
| 1.008 | 30.900 | 12.756 | 5.824 | 3.598 | 2.525 | 1.902 | 1.500 | 1.020 | 0.749 | 0.423 | 0.280 | 0.203 | 0.154 |
| 1.012 | 25.046 | 12.255 | 5.813 | 3.606 | 2.533 | 1.909 | 1.506 | 1.024 | 0.753 | 0.424 | 0.281 | 0.203 | 0.155 |
| 1.016 | 20.400 | 11.552 | 5.775 | 3.608 | 2.540 | 1.915 | 1.511 | 1.028 | 0.756 | 0.426 | 0.282 | 0.204 | 0.155 |
| 1.020 | 16.954 | 10.759 | 5.708 | 3.604 | 2.544 | 1.921 | 1.517 | 1.032 | 0.759 | 0.427 | 0.283 | 0.204 | 0.155 |
| 1.024 | 14.385 | 9.957 | 5.611 | 3.592 | 2.546 | 1.925 | 1.521 | 1.036 | 0.762 | 0.429 | 0.284 | 0.205 | 0.156 |
| 1.028 | 12.427 | 9.191 | 5.486 | 3.571 | 2.545 | 1.929 | 1.525 | 1.040 | 0.764 | 0.430 | 0.284 | 0.205 | 0.156 |
| 1.040 | 8.687 | 7.261 | 5.002 | 3.457 | 2.520 | 1.929 | 1.533 | 1.049 | 0.772 | 0.435 | 0.287 | 0.207 | 0.157 |
| 1.060 | 5.645 | 5.150 | 4.111 | 3.135 | 2.407 | 1.892 | 1.525 | 1.058 | 0.783 | 0.442 | 0.291 | 0.209 | 0.159 |
| 1.080 | 4.109 | 3.888 | 3.358 | 2.757 | 2.230 | 1.812 | 1.491 | 1.056 | 0.789 | 0.448 | 0.295 | 0.212 | 0.160 |
| 1.100 | 3.194 | 3.078 | 2.779 | 2.401 | 2.028 | 1.702 | 1.434 | 1.043 | 0.789 | 0.453 | 0.298 | 0.214 | 0.162 |
| 1.120 | 2.590 | 2.523 | 2.341 | 2.093 | 1.829 | 1.579 | 1.360 | 1.019 | 0.783 | 0.456 | 0.302 | 0.216 | 0.163 |
| 1.140 | 2.164 | 2.122 | 2.004 | 1.836 | 1.645 | 1.455 | 1.279 | 0.987 | 0.772 | 0.458 | 0.304 | 0.218 | 0.165 |
| 1.160 | 1.849 | 1.821 | 1.741 | 1.622 | 1.483 | 1.337 | 1.196 | 0.948 | 0.756 | 0.458 | 0.306 | 0.220 | 0.166 |
| 1.180 | 1.607 | 1.588 | 1.531 | 1.445 | 1.341 | 1.228 | 1.114 | 0.906 | 0.736 | 0.457 | 0.308 | 0.222 | 0.168 |
| 1.200 | 1.417 | 1.402 | 1.361 | 1.297 | 1.217 | 1.129 | 1.037 | 0.863 | 0.713 | 0.454 | 0.309 | 0.223 | 0.169 |
| 1.300 | 0.863 | 0.859 | 0.846 | 0.827 | 0.801 | 0.770 | 0.736 | 0.660 | 0.584 | 0.419 | 0.303 | 0.226 | 0.173 |
| 1.400 | 0.601 | 0.600 | 0.595 | 0.586 | 0.575 | 0.562 | 0.546 | 0.510 | 0.470 | 0.369 | 0.284 | 0.220 | 0.173 |
| 1.500 | 0.452 | 0.451 | 0.449 | 0.445 | 0.439 | 0.432 | 0.424 | 0.404 | 0.381 | 0.319 | 0.259 | 0.209 | 0.168 |
| 1.600 | 0.356 | 0.356 | 0.355 | 0.352 | 0.349 | 0.345 | 0.340 | 0.329 | 0.315 | 0.275 | 0.233 | 0.194 | 0.161 |

续表 F.0.2-3

| l/d | 80 | | | | | | | | | | | | |
|---|---|---|---|---|---|---|---|---|---|---|---|---|---|
| m \ n | 0.000 | 0.020 | 0.040 | 0.060 | 0.080 | 0.100 | 0.120 | 0.160 | 0.200 | 0.300 | 0.400 | 0.500 | 0.600 |
| 0.500 | | −1.758 | −1.204 | −0.887 | −0.669 | −0.507 | −0.381 | −0.200 | −0.082 | 0.066 | 0.108 | 0.108 | 0.093 |
| 0.550 | | −1.697 | −1.144 | −0.828 | −0.612 | −0.452 | −0.328 | −0.154 | −0.041 | 0.093 | 0.125 | 0.120 | 0.102 |
| 0.600 | | −1.601 | −1.050 | −0.736 | −0.524 | −0.368 | −0.250 | −0.086 | 0.016 | 0.126 | 0.145 | 0.132 | 0.111 |
| 0.650 | | −1.461 | −0.912 | −0.604 | −0.398 | −0.249 | −0.139 | 0.006 | 0.090 | 0.166 | 0.166 | 0.144 | 0.119 |
| 0.700 | | −1.259 | −0.717 | −0.417 | −0.222 | −0.087 | 0.009 | 0.125 | 0.182 | 0.211 | 0.187 | 0.155 | 0.126 |
| 0.750 | | −0.968 | −0.436 | −0.153 | 0.021 | 0.133 | 0.204 | 0.273 | 0.290 | 0.257 | 0.208 | 0.166 | 0.132 |
| 0.800 | | −0.526 | −0.017 | 0.230 | 0.362 | 0.428 | 0.455 | 0.448 | 0.409 | 0.302 | 0.226 | 0.175 | 0.137 |
| 0.850 | | 0.199 | 0.646 | 0.806 | 0.842 | 0.817 | 0.764 | 0.638 | 0.526 | 0.341 | 0.242 | 0.182 | 0.141 |
| 0.900 | | 1.575 | 1.800 | 1.697 | 1.495 | 1.285 | 1.098 | 0.814 | 0.625 | 0.373 | 0.256 | 0.189 | 0.146 |
| 0.950 | | 5.032 | 3.956 | 2.914 | 2.186 | 1.697 | 1.359 | 0.938 | 0.695 | 0.398 | 0.267 | 0.196 | 0.150 |
| 1.004 | 40.860 | 12.861 | 5.803 | 3.583 | 2.513 | 1.893 | 1.493 | 1.015 | 0.746 | 0.421 | 0.279 | 0.202 | 0.154 |
| 1.008 | 33.500 | 12.667 | 5.811 | 3.594 | 2.523 | 1.901 | 1.499 | 1.019 | 0.749 | 0.423 | 0.280 | 0.203 | 0.154 |
| 1.012 | 26.328 | 12.207 | 5.800 | 3.602 | 2.532 | 1.908 | 1.505 | 1.024 | 0.753 | 0.424 | 0.281 | 0.203 | 0.155 |
| 1.016 | 21.074 | 11.541 | 5.765 | 3.605 | 2.538 | 1.915 | 1.511 | 1.028 | 0.756 | 0.426 | 0.282 | 0.204 | 0.155 |
| 1.020 | 17.339 | 10.770 | 5.699 | 3.601 | 2.543 | 1.920 | 1.516 | 1.032 | 0.759 | 0.427 | 0.283 | 0.204 | 0.155 |
| 1.024 | 14.622 | 9.979 | 5.604 | 3.589 | 2.544 | 1.925 | 1.521 | 1.036 | 0.762 | 0.429 | 0.284 | 0.205 | 0.156 |
| 1.028 | 12.582 | 9.218 | 5.482 | 3.568 | 2.543 | 1.928 | 1.525 | 1.039 | 0.764 | 0.430 | 0.284 | 0.205 | 0.156 |
| 1.040 | 8.743 | 7.283 | 5.002 | 3.455 | 2.519 | 1.928 | 1.532 | 1.049 | 0.772 | 0.435 | 0.287 | 0.207 | 0.157 |
| 1.060 | 5.662 | 5.161 | 4.114 | 3.136 | 2.407 | 1.892 | 1.525 | 1.058 | 0.783 | 0.442 | 0.291 | 0.209 | 0.159 |
| 1.080 | 4.116 | 3.894 | 3.360 | 2.758 | 2.230 | 1.812 | 1.491 | 1.056 | 0.788 | 0.448 | 0.295 | 0.212 | 0.160 |
| 1.100 | 3.197 | 3.081 | 2.781 | 2.402 | 2.028 | 1.702 | 1.433 | 1.043 | 0.789 | 0.453 | 0.298 | 0.214 | 0.162 |
| 1.120 | 2.592 | 2.524 | 2.342 | 2.094 | 1.829 | 1.580 | 1.360 | 1.019 | 0.783 | 0.456 | 0.301 | 0.216 | 0.163 |
| 1.140 | 2.166 | 2.123 | 2.005 | 1.836 | 1.646 | 1.455 | 1.279 | 0.986 | 0.772 | 0.458 | 0.304 | 0.218 | 0.165 |
| 1.160 | 1.850 | 1.822 | 1.741 | 1.623 | 1.483 | 1.337 | 1.196 | 0.948 | 0.756 | 0.458 | 0.306 | 0.220 | 0.166 |
| 1.180 | 1.608 | 1.588 | 1.531 | 1.445 | 1.341 | 1.228 | 1.115 | 0.906 | 0.736 | 0.457 | 0.308 | 0.222 | 0.168 |
| 1.200 | 1.417 | 1.403 | 1.361 | 1.297 | 1.217 | 1.129 | 1.038 | 0.863 | 0.713 | 0.454 | 0.309 | 0.223 | 0.169 |
| 1.300 | 0.863 | 0.859 | 0.847 | 0.827 | 0.801 | 0.770 | 0.736 | 0.660 | 0.584 | 0.419 | 0.303 | 0.226 | 0.173 |
| 1.400 | 0.601 | 0.600 | 0.595 | 0.587 | 0.575 | 0.562 | 0.546 | 0.510 | 0.470 | 0.369 | 0.284 | 0.220 | 0.173 |
| 1.500 | 0.452 | 0.451 | 0.449 | 0.445 | 0.439 | 0.432 | 0.424 | 0.404 | 0.381 | 0.319 | 0.259 | 0.209 | 0.168 |
| 1.600 | 0.356 | 0.356 | 0.355 | 0.352 | 0.349 | 0.345 | 0.340 | 0.329 | 0.315 | 0.275 | 0.233 | 0.194 | 0.161 |

| l/d | 90 | | | | | | | | | | | | |
|---|---|---|---|---|---|---|---|---|---|---|---|---|---|
| m \ n | 0.000 | 0.020 | 0.040 | 0.060 | 0.080 | 0.100 | 0.120 | 0.160 | 0.200 | 0.300 | 0.400 | 0.500 | 0.600 |
| 0.500 | | −1.758 | −1.204 | −0.887 | −0.669 | −0.507 | −0.381 | −0.200 | −0.082 | 0.066 | 0.108 | 0.108 | 0.093 |
| 0.550 | | −1.697 | −1.144 | −0.828 | −0.612 | −0.452 | −0.328 | −0.154 | −0.041 | 0.093 | 0.125 | 0.120 | 0.102 |
| 0.600 | | −1.601 | −1.050 | −0.736 | −0.524 | −0.368 | −0.249 | −0.086 | 0.016 | 0.126 | 0.145 | 0.132 | 0.111 |
| 0.650 | | −1.460 | −0.912 | −0.604 | −0.398 | −0.249 | −0.139 | 0.006 | 0.090 | 0.166 | 0.166 | 0.144 | 0.119 |
| 0.700 | | −1.259 | −0.717 | −0.417 | −0.222 | −0.087 | 0.009 | 0.125 | 0.182 | 0.211 | 0.187 | 0.155 | 0.126 |
| 0.750 | | −0.967 | −0.435 | −0.152 | 0.022 | 0.133 | 0.204 | 0.273 | 0.290 | 0.257 | 0.208 | 0.166 | 0.132 |
| 0.800 | | −0.525 | −0.017 | 0.231 | 0.362 | 0.428 | 0.455 | 0.448 | 0.409 | 0.302 | 0.226 | 0.175 | 0.137 |
| 0.850 | | 0.200 | 0.646 | 0.807 | 0.842 | 0.817 | 0.764 | 0.639 | 0.526 | 0.341 | 0.242 | 0.182 | 0.141 |
| 0.900 | | 1.578 | 1.801 | 1.697 | 1.495 | 1.285 | 1.098 | 0.814 | 0.625 | 0.373 | 0.256 | 0.189 | 0.146 |
| 0.950 | | 5.044 | 3.958 | 2.914 | 2.186 | 1.696 | 1.358 | 0.938 | 0.695 | 0.398 | 0.267 | 0.196 | 0.150 |
| 1.004 | 45.330 | 12.784 | 5.793 | 3.580 | 2.512 | 1.892 | 1.492 | 1.015 | 0.746 | 0.421 | 0.279 | 0.202 | 0.154 |
| 1.008 | 35.651 | 12.606 | 5.802 | 3.592 | 2.522 | 1.900 | 1.499 | 1.019 | 0.749 | 0.423 | 0.280 | 0.203 | 0.154 |
| 1.012 | 27.309 | 12.174 | 5.792 | 3.600 | 2.530 | 1.908 | 1.505 | 1.024 | 0.752 | 0.424 | 0.281 | 0.203 | 0.155 |
| 1.016 | 21.569 | 11.532 | 5.757 | 3.602 | 2.537 | 1.914 | 1.511 | 1.028 | 0.756 | 0.426 | 0.282 | 0.204 | 0.155 |
| 1.020 | 17.616 | 10.777 | 5.693 | 3.598 | 2.541 | 1.920 | 1.516 | 1.032 | 0.759 | 0.427 | 0.283 | 0.204 | 0.155 |
| 1.024 | 14.790 | 9.994 | 5.600 | 3.587 | 2.543 | 1.924 | 1.521 | 1.036 | 0.761 | 0.429 | 0.283 | 0.205 | 0.156 |
| 1.028 | 12.691 | 9.236 | 5.479 | 3.566 | 2.542 | 1.927 | 1.525 | 1.039 | 0.764 | 0.430 | 0.284 | 0.205 | 0.156 |
| 1.040 | 8.782 | 7.298 | 5.003 | 3.454 | 2.518 | 1.927 | 1.532 | 1.049 | 0.772 | 0.435 | 0.287 | 0.207 | 0.157 |
| 1.060 | 5.674 | 5.168 | 4.116 | 3.136 | 2.406 | 1.891 | 1.525 | 1.057 | 0.783 | 0.442 | 0.291 | 0.209 | 0.159 |
| 1.080 | 4.121 | 3.898 | 3.362 | 2.759 | 2.230 | 1.812 | 1.491 | 1.056 | 0.788 | 0.448 | 0.295 | 0.212 | 0.160 |
| 1.100 | 3.200 | 3.083 | 2.783 | 2.402 | 2.029 | 1.702 | 1.433 | 1.043 | 0.789 | 0.453 | 0.298 | 0.214 | 0.162 |
| 1.120 | 2.594 | 2.526 | 2.343 | 2.094 | 1.829 | 1.580 | 1.360 | 1.019 | 0.783 | 0.456 | 0.301 | 0.216 | 0.163 |
| 1.140 | 2.166 | 2.124 | 2.006 | 1.837 | 1.646 | 1.456 | 1.279 | 0.986 | 0.772 | 0.458 | 0.304 | 0.218 | 0.165 |
| 1.160 | 1.851 | 1.822 | 1.742 | 1.623 | 1.483 | 1.337 | 1.196 | 0.948 | 0.756 | 0.458 | 0.306 | 0.220 | 0.166 |
| 1.180 | 1.608 | 1.589 | 1.532 | 1.446 | 1.341 | 1.228 | 1.115 | 0.906 | 0.736 | 0.457 | 0.308 | 0.222 | 0.168 |
| 1.200 | 1.417 | 1.403 | 1.361 | 1.297 | 1.218 | 1.129 | 1.038 | 0.863 | 0.713 | 0.454 | 0.309 | 0.223 | 0.169 |
| 1.300 | 0.863 | 0.859 | 0.847 | 0.827 | 0.801 | 0.770 | 0.736 | 0.660 | 0.584 | 0.419 | 0.303 | 0.226 | 0.173 |
| 1.400 | 0.601 | 0.600 | 0.595 | 0.587 | 0.576 | 0.562 | 0.546 | 0.510 | 0.470 | 0.369 | 0.284 | 0.220 | 0.173 |
| 1.500 | 0.452 | 0.451 | 0.449 | 0.445 | 0.439 | 0.432 | 0.424 | 0.404 | 0.381 | 0.319 | 0.259 | 0.209 | 0.168 |
| 1.600 | 0.356 | 0.356 | 0.355 | 0.352 | 0.349 | 0.345 | 0.340 | 0.329 | 0.315 | 0.275 | 0.233 | 0.194 | 0.161 |

续表 F.0.2-3

| $l/d$ | 100 | | | | | | | | | | | | |
|---|---|---|---|---|---|---|---|---|---|---|---|---|---|
| $m$ \ $n$ | 0.000 | 0.020 | 0.040 | 0.060 | 0.080 | 0.100 | 0.120 | 0.160 | 0.200 | 0.300 | 0.400 | 0.500 | 0.600 |
| 0.500 | | −1.758 | −1.204 | −0.887 | −0.669 | −0.507 | −0.381 | −0.200 | −0.082 | 0.066 | 0.108 | 0.108 | 0.093 |
| 0.550 | | −1.697 | −1.144 | −0.828 | −0.612 | −0.452 | −0.328 | −0.154 | −0.041 | 0.093 | 0.125 | 0.120 | 0.102 |
| 0.600 | | −1.601 | −1.049 | −0.736 | −0.524 | −0.368 | −0.249 | −0.085 | 0.016 | 0.127 | 0.145 | 0.132 | 0.111 |
| 0.650 | | −1.460 | −0.912 | −0.604 | −0.397 | −0.249 | −0.139 | 0.007 | 0.090 | 0.166 | 0.166 | 0.144 | 0.119 |
| 0.700 | | −1.259 | −0.717 | −0.417 | −0.222 | −0.087 | 0.009 | 0.125 | 0.182 | 0.211 | 0.187 | 0.155 | 0.126 |
| 0.750 | | −0.967 | −0.435 | −0.152 | 0.022 | 0.133 | 0.204 | 0.273 | 0.290 | 0.257 | 0.208 | 0.166 | 0.132 |
| 0.800 | | −0.525 | −0.017 | 0.231 | 0.362 | 0.428 | 0.455 | 0.448 | 0.409 | 0.302 | 0.226 | 0.175 | 0.137 |
| 0.850 | | 0.201 | 0.647 | 0.807 | 0.843 | 0.817 | 0.764 | 0.639 | 0.526 | 0.341 | 0.242 | 0.182 | 0.141 |
| 0.900 | | 1.579 | 1.803 | 1.698 | 1.495 | 1.285 | 1.098 | 0.814 | 0.625 | 0.373 | 0.256 | 0.189 | 0.146 |
| 0.950 | | 5.052 | 3.960 | 2.914 | 2.186 | 1.696 | 1.358 | 0.938 | 0.695 | 0.398 | 0.267 | 0.196 | 0.150 |
| 1.004 | 49.507 | 12.730 | 5.787 | 3.578 | 2.511 | 1.892 | 1.492 | 1.015 | 0.746 | 0.421 | 0.279 | 0.202 | 0.154 |
| 1.008 | 37.430 | 12.563 | 5.795 | 3.590 | 2.521 | 1.900 | 1.499 | 1.019 | 0.749 | 0.423 | 0.280 | 0.203 | 0.154 |
| 1.012 | 28.070 | 12.149 | 5.786 | 3.598 | 2.530 | 1.907 | 1.505 | 1.024 | 0.752 | 0.424 | 0.281 | 0.203 | 0.155 |
| 1.016 | 21.941 | 11.524 | 5.752 | 3.600 | 2.536 | 1.914 | 1.510 | 1.028 | 0.755 | 0.426 | 0.282 | 0.204 | 0.155 |
| 1.020 | 17.820 | 10.782 | 5.689 | 3.596 | 2.541 | 1.919 | 1.516 | 1.032 | 0.759 | 0.427 | 0.283 | 0.204 | 0.155 |
| 1.024 | 14.913 | 10.005 | 5.596 | 3.585 | 2.543 | 1.924 | 1.520 | 1.036 | 0.761 | 0.429 | 0.283 | 0.205 | 0.156 |
| 1.028 | 12.771 | 9.249 | 5.477 | 3.565 | 2.541 | 1.927 | 1.524 | 1.039 | 0.764 | 0.430 | 0.284 | 0.205 | 0.156 |
| 1.040 | 8.810 | 7.309 | 5.003 | 3.453 | 2.517 | 1.927 | 1.532 | 1.048 | 0.772 | 0.435 | 0.287 | 0.207 | 0.157 |
| 1.060 | 5.682 | 5.174 | 4.118 | 3.136 | 2.406 | 1.891 | 1.525 | 1.057 | 0.783 | 0.442 | 0.291 | 0.209 | 0.159 |
| 1.080 | 4.125 | 3.900 | 3.364 | 2.759 | 2.230 | 1.812 | 1.491 | 1.056 | 0.788 | 0.448 | 0.295 | 0.212 | 0.160 |
| 1.100 | 3.202 | 3.085 | 2.783 | 2.403 | 2.029 | 1.702 | 1.433 | 1.043 | 0.789 | 0.453 | 0.298 | 0.214 | 0.162 |
| 1.120 | 2.595 | 2.527 | 2.344 | 2.095 | 1.829 | 1.580 | 1.360 | 1.019 | 0.783 | 0.456 | 0.301 | 0.216 | 0.163 |
| 1.140 | 2.167 | 2.124 | 2.006 | 1.837 | 1.646 | 1.456 | 1.279 | 0.986 | 0.772 | 0.458 | 0.304 | 0.218 | 0.165 |
| 1.160 | 1.851 | 1.823 | 1.742 | 1.623 | 1.483 | 1.337 | 1.196 | 0.948 | 0.756 | 0.458 | 0.306 | 0.220 | 0.166 |
| 1.180 | 1.609 | 1.589 | 1.532 | 1.446 | 1.341 | 1.228 | 1.115 | 0.906 | 0.736 | 0.457 | 0.308 | 0.222 | 0.168 |
| 1.200 | 1.417 | 1.403 | 1.361 | 1.297 | 1.218 | 1.129 | 1.038 | 0.863 | 0.713 | 0.454 | 0.309 | 0.223 | 0.169 |
| 1.300 | 0.863 | 0.859 | 0.847 | 0.827 | 0.801 | 0.770 | 0.736 | 0.660 | 0.584 | 0.419 | 0.303 | 0.226 | 0.173 |
| 1.400 | 0.601 | 0.600 | 0.595 | 0.587 | 0.576 | 0.562 | 0.546 | 0.510 | 0.470 | 0.369 | 0.284 | 0.220 | 0.173 |
| 1.500 | 0.452 | 0.451 | 0.449 | 0.445 | 0.439 | 0.432 | 0.424 | 0.404 | 0.381 | 0.319 | 0.259 | 0.209 | 0.168 |
| 1.600 | 0.356 | 0.356 | 0.355 | 0.352 | 0.349 | 0.345 | 0.340 | 0.329 | 0.315 | 0.275 | 0.233 | 0.194 | 0.161 |

**F.0.3** 桩侧阻力分布可采用下列模式：

基桩侧阻力分布简化为沿桩身均匀分布模式，即取 $\beta=1-\alpha$[式(F.0.1-1)中 $\sigma_{zst}=0$]。当有测试依据时，可根据测试结果分别采用沿深度线性增长的正三角形分布[$\beta=0$,式(F.0.1-1)中 $\sigma_{zsr}=0$]、正梯形分布（均布+正三角形分布）或倒梯形分布（均布−正三角形分布）等。

**F.0.4** 长、短桩竖向应力影响系数应按下列原则计算：

**1** 计算长桩 $l_1$ 对短桩 $l_2$ 影响时，应以长桩的 $m_1=z/l_1=l_2/l_1$ 为起始计算点，向下计算对短桩桩端以下不同深度产生的竖向应力影响系数；

**2** 计算短桩 $l_2$ 对长桩 $l_1$ 影响时，应以短桩的 $m_2=z/l_2=l_1/l_2$ 为起始计算点，向下计算对长桩桩端以下不同深度产生的竖向应力影响系数；

**3** 当计算点下正应力叠加结果为负值时，应按零取值。

## 附录G 按倒置弹性地基梁计算砌体墙下条形桩基承台梁

**G.0.1** 按倒置弹性地基梁计算砌体墙下条形桩基连续承台梁时，先求得作用于梁上的荷载，然后按普通连续梁计算其弯距和剪力。弯距和剪力的计算公式可根据图 G.0.1 所示计算简图，分别按表 G.0.1 采用。

**表 G.0.1 砌体墙下条形桩基连续承台梁内力计算公式**

| 内力 | 计算简图编号 | 内力计算公式 |
|---|---|---|
| 支座弯距 | (a)、(b)、(c) | $M=-p_0\dfrac{a_0^2}{12}\left(2-\dfrac{a_0}{L_c}\right)$ (G.0.1-1) |
| | (d) | $M=-q\dfrac{L_c^2}{12}$ (G.0.1-2) |
| 跨中弯距 | (a)、(c) | $M=p_0\dfrac{a_0^3}{12L_c}$ (G.0.1-3) |
| | (b) | $M=\dfrac{p_0}{12}\left[L_c\left(6a_0-3L_c+0.5\dfrac{L_c^2}{a_0}\right)-a_0^2\left(4-\dfrac{a_0}{L_c}\right)\right]$ (G.0.1-4) |
| | (d) | $M=\dfrac{qL_c^2}{24}$ (G.0.1-5) |
| 最大剪力 | (a)、(b)、(c) | $Q=\dfrac{p_0a_0}{2}$ (G.0.1-6) |
| | (d) | $Q=\dfrac{qL}{2}$ (G.0.1-7) |

注：当连续承台梁少于6跨时，其支座与跨中弯距应按实际跨数和图 G.0.1-1 求计算公式。

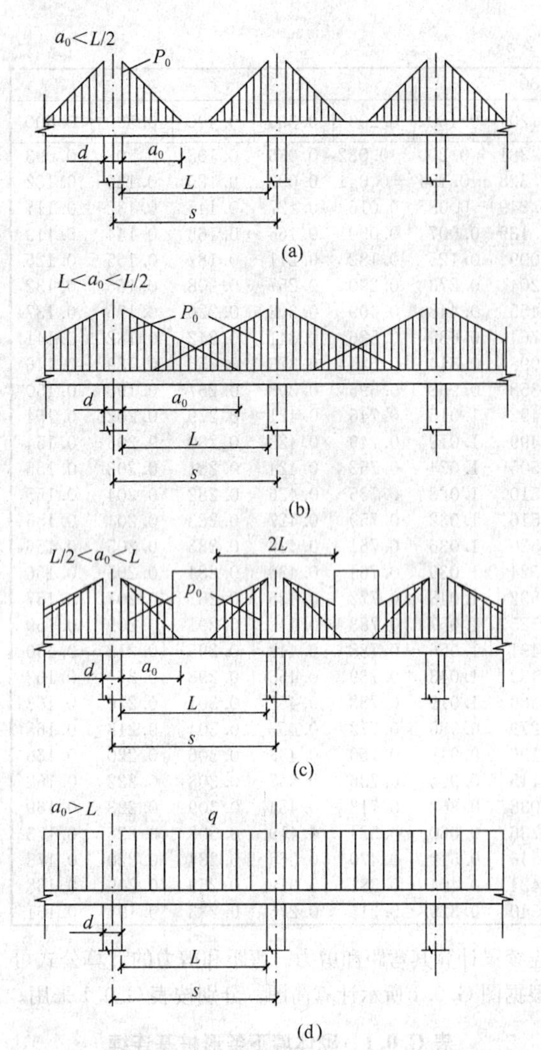


图 G.0.1　砌体墙下条形桩基连续承台梁计算简图

式（G.0.1-1）～式（G.0.1-7）中：

$p_0$——线荷载的最大值（kN/m），按下式确定：

$$p_0=\frac{qL_c}{a_0} \quad (G.0.1\text{-}8)$$

$a_0$——自桩边算起的三角形荷载图形的底边长度，分别按下列公式确定：

中间跨
$$a_0=3.14\sqrt[3]{\frac{E_nI}{E_kb_k}} \quad (G.0.1\text{-}9)$$

边　跨
$$a_0=2.4\sqrt[3]{\frac{E_nI}{E_kb_k}} \quad (G.0.1\text{-}10)$$

式中　$L_c$——计算跨度，$L_c=1.05L$；

$L$——两相邻桩之间的净距；

$s$——两相邻桩之间的中心距；

$d$——桩身直径；

$q$——承台梁底面以上的均布荷载；

$E_nI$——承台梁的抗弯刚度；

$E_n$——承台梁混凝土弹性模量；

$I$——承台梁横截面的惯性矩；

$E_k$——墙体的弹性模量；

$b_k$——墙体的宽度。

当门窗口下布有桩，且承台梁顶面至门窗口的砌体高度小于门窗口的净宽时，则应按倒置的简支梁计算该段梁的弯距，即取门窗净宽的1.05倍为计算跨度，取门窗下桩顶荷载为计算集中荷载进行计算。

## 附录H　锤击沉桩锤重的选用

**H.0.1**　锤击沉桩的锤重可根据表H.0.1选用。

**表H.0.1　锤重选择表**

| 锤　型 | | | 柴油锤（t） | | | | | | |
|---|---|---|---|---|---|---|---|---|---|
| | | | D25 | D35 | D45 | D60 | D72 | D80 | D100 |
| 锤的动力性能 | | 冲击部分质量（t） | 2.5 | 3.5 | 4.5 | 6.0 | 7.2 | 8.0 | 10.0 |
| | | 总质量（t） | 6.5 | 7.2 | 9.6 | 15.0 | 18.0 | 17.0 | 20.0 |
| | | 冲击力（kN） | 2000～2500 | 2500～4000 | 4000～5000 | 5000～7000 | 7000～10000 | ＞10000 | ＞12000 |
| | | 常用冲程（m） | 1.8～2.3 | | | | | | |
| | | 预制方桩、预应力管桩的边长或直径（mm） | 350～400 | 400～450 | 450～500 | 500～550 | 550～600 | 600以上 | 600以上 |
| | | 钢管桩直径（mm） | 400 | 600 | 900 | 900～1000 | 900以上 | 900以上 | |
| 持力层 | 黏性土粉土 | 一般进入深度（m） | 1.5～2.5 | 2.0～3.0 | 2.5～3.5 | 3.0～4.0 | 3.0～5.0 | | |
| | | 静力触探比贯入阻力 $P_s$ 平均值（MPa） | 4 | 5 | ＞5 | ＞5 | ＞5 | | |
| | 砂土 | 一般进入深度（m） | 0.5～1.5 | 1.0～2.0 | 1.5～2.5 | 2.0～3.0 | 2.5～3.5 | 4.0～5.0 | 5.0～6.0 |
| | | 标准贯入击数 $N_{63.5}$（未修正） | 20～30 | 30～40 | 40～45 | 45～50 | 50 | ＞50 | ＞50 |
| 锤的常用控制贯入度（cm/10击） | | | 2～3 | | 3～5 | 4～8 | | 5～10 | 7～12 |
| 设计单桩极限承载力（kN） | | | 800～1600 | 2500～4000 | 3000～5000 | 5000～7000 | 7000～10000 | ＞10000 | ＞10000 |

注：1　本表仅供选锤用；

2　本表适用于桩端进入硬土层一定深度的长度为20～60m的钢筋混凝土预制桩及长度为40～60m的钢管桩。

## 本规范用词说明

1 为了便于在执行本规范条文时区别对待，对于要求严格程度不同的用词说明如下：

1）表示很严格，非这样做不可的：
正面词采用"必须"，反面词采用"严禁"。

2）表示严格，在正常情况下均应这样做的：
正面词采用"应"，反面词采用"不应"或"不得"。

3）表示允许稍有选择，在条件允许时首先应这样做的：
正面词采用"宜"，反面词采用"不宜"。
表示有选择，在一定条件下可以这样做的，采用"可"。

2 条文中指明应按其他有关标准、规范执行的，写法为："应按……执行"或"应符合……的规定（或要求）"。

# 中华人民共和国行业标准

# 建筑桩基技术规范

**JGJ 94—2008**

## 条 文 说 明

# 前　言

《建筑桩基技术规范》JGJ 94—2008，经住房和城乡建设部 2008 年 4 月 22 日以第 18 号公告批准、发布。

本规范的主编单位是中国建筑科学研究院，参编单位是北京市勘察设计研究院有限公司、现代设计集团华东建筑设计研究院有限公司、上海岩土工程勘察设计研究院有限公司、天津大学、福建省建筑科学研究院、中冶集团建筑研究总院、机械工业勘察设计研究院、中国建筑东北设计院、广东省建筑科学研究院、北京筑都方圆建筑设计有限公司、广州大学。

为便于广大设计、施工、科研、学校等单位有关人员在使用本标准时能正确理解和执行条文规定，《建筑桩基技术规范》编制组按章、节、条顺序编制了本规范的条文说明，供使用者参考。在使用中如发现本条文说明有不妥之处，请将意见函寄中国建筑科学研究院。

# 目　次

# 1 总 则

**1.0.1～1.0.3** 桩基的设计与施工要实现安全适用、技术先进、经济合理、确保质量、保护环境的目标，应综合考虑下列诸因素，把握相关技术要点。

**1** 地质条件。建设场地的工程地质和水文地质条件，包括地层分布特征和土性、地下水赋存状态与水质等，是选择桩型、成桩工艺、桩端持力层及抗浮设计等的关键因素。因此，场地勘察做到完整可靠，设计和施工者对于勘察资料做出正确解析和应用均至关重要。

**2** 上部结构类型、使用功能与荷载特征。不同的上部结构类型对于抵抗或适应桩基差异沉降的性能不同，如剪力墙结构抵抗差异沉降的能力优于框架、框架-剪力墙、框架-核心筒结构；排架结构适应差异沉降的性能优于框架、框架-剪力墙、框架-核心筒结构。建筑物使用功能的特殊性和重要性是决定桩基设计等级的依据之一；荷载大小与分布是确定桩型、桩的几何参数与布桩所应考虑的主要因素。地震作用在一定条件下制约桩的设计。

**3** 施工技术条件与环境。桩型与成桩工艺的优选，在综合考虑地质条件、单桩承载力要求前提下，尚应考虑成桩设备与技术的既有条件，力求既先进且实际可行、质量可靠；成桩过程产生的噪声、振动、泥浆、挤土效应等对于环境的影响应作为选择成桩工艺的重要因素。

**4** 注重概念设计。桩基概念设计的内涵是指综合上述诸因素制定该工程桩基设计的总体构思。包括桩型、成桩工艺、桩端持力层、桩径、桩长、单桩承载力、布桩、承台形式、是否设置后浇带等，它是施工图设计的基础。概念设计应在规范框架内，考虑桩、土、承台、上部结构相互作用对于承载力和变形的影响，既满足荷载与抗力的整体平衡，又兼顾荷载与抗力的局部平衡，以优化桩型选择和布桩为重点，力求减小差异变形，降低承台内力和上部结构次内力，实现节约资源、增强可靠性和耐久性。可以说，概念设计是桩基设计的核心。

# 2 术语、符号

## 2.1 术 语

术语以《建筑桩基技术规范》JGJ94—94为基础，根据本规范内容，作了相应的增补、修订和删节；增加了减沉复合疏桩基础、变刚度调平设计、承台效应系数、灌注桩后注浆、桩基等效沉降系数。

## 2.2 符 号

符号以沿用《建筑桩基技术规范》JGJ 94—94既有符号为主，根据规范条文的变化作了相应调整，主要是由于桩基竖向和水平承载力计算由原规范按荷载效应基本组合改为按标准组合。共有四条：2.2.1作用和作用效应；2.2.2抗力和材料性能：用单桩竖向承载力特征值、单桩水平承载力特征值取代原规范的竖向和水平承载力设计值；2.2.3几何参数；2.2.4计算系数。

# 3 基本设计规定

## 3.1 一 般 规 定

**3.1.1** 本条说明桩基设计的两类极限状态的相关内容。

**1** 承载能力极限状态

原《建筑桩基技术规范》JGJ 94—94采用桩基承载能力概率极限状态分项系数的设计法，相应的荷载效应采用基本组合。本规范改为以综合安全系数$K$代替荷载分项系数和抗力分项系数，以单桩极限承载力和综合安全系数$K$为桩基抗力的基本参数。这意味着承载能力极限状态的荷载效应基本组合的荷载分项系数为1.0，亦即为荷载效应标准组合。本规范作这种调整的原因如下：

1）与现行国家标准《建筑地基基础设计规范》（GB 50007）的设计原则一致，以方便使用。

2）关于不同桩型和成桩工艺对极限承载力的影响，实际上已反映于单桩极限承载力静载试验值或极限侧阻力与极限端阻力经验参数中，因此承载力随桩型和成桩工艺的变异特征已在单桩极限承载力取值中得到较大程度反映，采用不同的承载力分项系数意义不大。

3）鉴于地基土性的不确定性对基桩承载力可靠性影响目前仍处于研究探索阶段，原《建筑桩基技术规范》JGJ 94—94的承载力概率极限状态设计模式尚属不完全的可靠性分析设计。

关于桩身、承台结构承载力极限状态的抗力仍采用现行国家标准《混凝土结构设计规范》GB 50010、《钢结构设计规范》GB 50017（钢桩）规定的材料强度设计值，作用力采用现行国家标准《建筑结构荷载规范》GB 50009规定的荷载效应基本组合设计值计算确定。

**2** 正常使用极限状态

由于问题的复杂性，以桩基的变形、抗裂、裂缝宽度为控制内涵的正常使用极限状态计算，如同上部结构一样从未实现基于可靠性分析的概率极限状态设计。因此桩基正常使用极限状态设计计算维持原《建筑桩基技术规范》JGJ 94—94 规范的规定。

**3.1.2** 划分建筑桩基设计等级，旨在界定桩基设计的复杂程度、计算内容和应采取的相应技术措施。桩基设计等级是根据建筑物规模、体型与功能特征、场地地质与环境的复杂程度，以及由于桩基问题可能造成建筑物破坏或影响正常使用的程度划分为三个等级。

甲级建筑桩基，第一类是（1）重要的建筑；（2）30层以上或高度超过100m的高层建筑。这类建筑物的特点是荷载大、重心高、风载和地震作用水平剪力大，设计时应选择基桩承载力变幅大、布桩具有较大灵活性的桩型，基础埋置深度足够大，严格控制桩基的整体倾斜和稳定。第二类是（3）体型复杂且层数相差超过10层的高低层（含纯地下室）连体建筑物；（4）20层以上框架-核心筒结构及其他对于差异沉降有特殊要求的建筑物。这类建筑物由于荷载与刚度分布极为不均，抵抗和适应差异变形的性能较差，或使用功能上对变形有特殊要求（如冷藏库、精密生产工艺的多层厂房、液面控制严格的贮液罐体、精密机床和透平设备基础等）的建（构）筑物桩基，须严格控制差异变形乃至沉降量。桩基设计中，首先，概念设计要遵循变刚度调平设计原则；其二，在概念设计的基础上要进行上部结构——承台——桩土的共同作用分析，计算沉降等值线、承台内力和配筋。第三类是（5）场地和地基条件复杂的7层以上的一般建筑物及坡地、岸边建筑；（6）对相邻既有工程影响较大的建筑物。这类建筑物自身无特殊性，但由于场地条件、环境条件的特殊性，应按桩基设计等级甲级设计。如场地处于岸边高坡、地基为半填半挖、基底同置于岩石和土质地层、岩溶极为发育且岩面起伏很大、桩身范围有较厚自重湿陷性黄土或可液化土等等，这种情况下首先应把握好桩基的概念设计，控制差异变形和整体稳定、考虑负摩阻力等至关重要；又如在相邻既有工程的场地上建造新建筑物，包括基础跨越地铁、基础埋深大于紧邻的重要或高层建筑物等，此时如何确定桩基传递荷载和施工不致影响既有建筑物的安全成为设计施工应予控制的关键因素。

丙级建筑桩基的要素同时包含两方面，一是场地和地基条件简单，二是荷载分布较均匀、体型简单的7层及7层以下一般建筑；桩基设计较简单，计算内容可视具体情况简略。

乙级建筑桩基，为甲级、丙级以外的建筑桩基，设计较甲级简单，计算内容应根据场地与地基条件、建筑物类型酌定。

**3.1.3** 关于桩基承载力计算和稳定性验算，是承载能力极限状态设计的具体内容，应结合工程具体条件有针对性地进行计算或验算，条文所列6项内容中有的为必算项，有的为可算项。

**3.1.4、3.1.5** 桩基变形涵盖沉降和水平位移两大方面，后者包括长期水平荷载、高烈度区水平地震作用以及风荷载等引起的水平位移；桩基沉降是计算绝对沉降、差异沉降、整体倾斜和局部倾斜的基本参数。

**3.1.6** 根据基桩所处环境类别，参照现行《混凝土结构设计规范》GB 50010 关于结构构件正截面的裂缝控制等级分为三级：一级严格要求不出现裂缝的构件，按荷载效应标准组合计算的构件受拉边缘混凝土不应产生拉应力；二级一般要求不出现裂缝的构件，按荷载效应标准组合计算的构件受拉边缘混凝土拉应力不应大于混凝土轴心抗拉强度标准值；按荷载效应准永久组合计算构件受拉边缘混凝土不宜产生拉应力；三级允许出现裂缝的构件，应按荷载效应标准组合计算裂缝宽度。最大裂缝宽度限值见本规范表3.5.3。

**3.1.7** 桩基设计所采用的作用效应组合和抗力是根据计算或验算的内容相适应的原则确定。

**1** 确定桩数和布桩时，由于抗力是采用基桩或复合基桩极限承载力除以综合安全系数 $K=2$ 确定的特征值，故采用荷载分项系数 $\gamma_G$、$\gamma_Q=1$ 的荷载效应标准组合。

**2** 计算荷载作用下基桩沉降和水平位移时，考虑土体固结变形时效特点，应采用荷载效应准永久组合；计算水平地震作用、风荷载作用下桩基的水平位移时，应按水平地震作用、风载作用效应的标准组合。

**3** 验算坡地、岸边建筑桩基整体稳定性采用综合安全系数，故其荷载效应采用 $\gamma_G$、$\gamma_Q=1$ 的标准组合。

**4** 在计算承台结构和桩身结构时，应与上部混凝土结构一致，承台顶面作用效应应采用基本组合，其抗力应采用包含抗力分项系数的设计值；在进行承台和桩身的裂缝控制验算时，应与上部混凝土结构一致，采用荷载效应标准组合和荷载效应准永久组合。

**5** 桩基结构作为结构体系的一部分，其安全等级、结构设计使用年限，应与混凝土结构设计规范一致。考虑到桩基结构的修复难度更大，故结构重要性系数 $\gamma_0$ 除临时性建筑外，不应小于1.0。

**3.1.8** 本条说明关于变刚度调平设计的相关内容。

变刚度调平概念设计旨在减小差异变形、降低承台内力和上部结构次内力，以节约资源，提高建筑物使用寿命，确保正常使用功能。以下就传统设计存在的问题、变刚度调平设计原理与方法、试验验证、工程应用效果进行说明。

**1** 天然地基箱基的变形特征

图1所示为北京中信国际大厦天然地基箱形基础竣工时和使用3.5年相应的沉降等值线。该大厦高104.1m，框架-核心筒结构；双层箱基，高11.8m；地基为砂砾与黏性土交互层；1984年建成至今20年，最大沉降由6.0cm发展至12.5cm，最大差异沉

降 $\Delta s_{max}=0.004L_0$，超过规范允许值 $[\Delta s_{max}]=0.002L_0$（$L_0$ 为二测点距离）一倍，碟形沉降明显。这说明加大基础的抗弯刚度对于减小差异沉降的效果并不突出，但材料消耗相当可观。

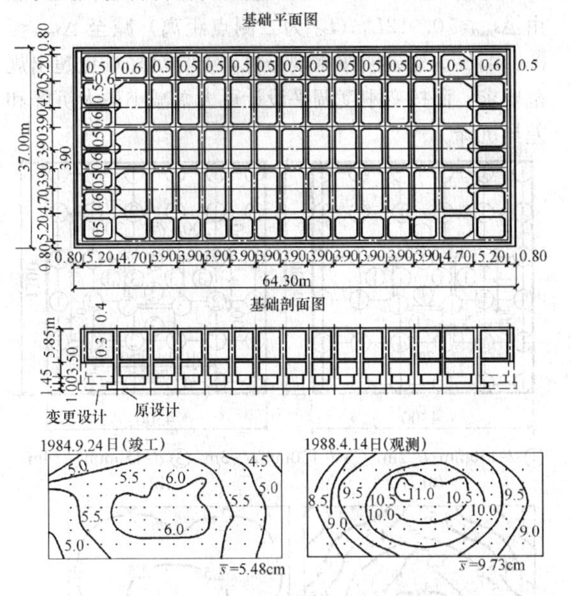


图 1 北京中信国际大厦箱基沉降等值线（$s$ 单位：cm）

**2 均匀布桩的桩筏基础的变形特征**

图 2 为北京南银大厦桩筏基础建成一年的沉降等值线。该大厦高 113m，框架-核心筒结构；采用 $\phi$400PHC 管桩，桩长 $l=11$m，均匀布桩；考虑到预制桩沉桩出现上浮，对所有桩实施了复打；筏板厚 2.5m；建成一年，最大差异沉降$[\Delta s_{max}]=0.002L_0$。由于桩端以下有黏性土下卧层，桩长相对较短，预计最终最大沉降量将达 7.0cm 左右，$\Delta s_{max}$ 将超过允许值。沉降分布与天然地基上箱基类似，呈明显碟形。

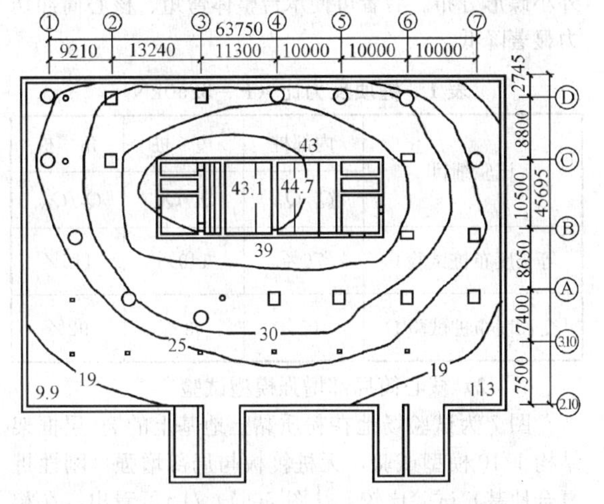

图 2 南银大厦桩筏基础沉降等值线（建成一年，$s$ 单位：mm）

**3 均匀布桩的桩顶反力分布特征**

图 3 所示为武汉某大厦桩箱基础的实测桩顶反力分布。该大厦为 22 层框架-剪力墙结构，桩基为 $\phi$500PHC 管桩，桩长 22m，均匀布桩，桩距 $3.3d$，桩数 344 根，桩端持力层为粗中砂。由图 3 看出，随荷载和结构刚度增加，中、边桩反力差增大，最终达 1∶1.9，呈马鞍形分布。

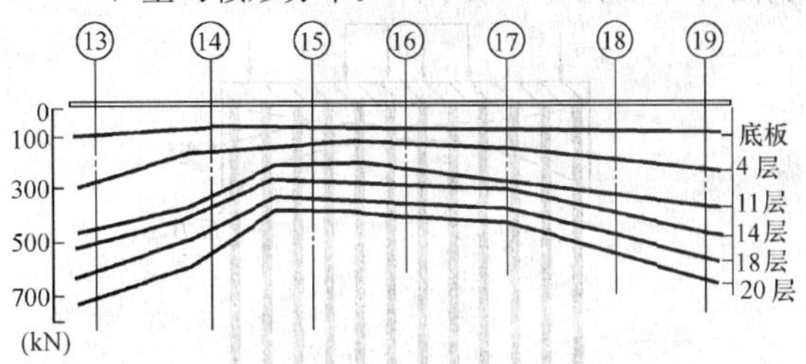


图 3 武汉某大厦桩箱基础桩顶反力实测结果

**4 碟形沉降和马鞍形反力分布的负面效应**

**1）碟形沉降**

约束状态下的非均匀变形与荷载一样也是一种作用，受作用体将产生附加应力。箱筏基础或桩承台的碟形沉降，将引起自身和上部结构的附加弯、剪内力乃至开裂。

**2）马鞍形反力分布**

天然地基箱筏基础土反力的马鞍形反力分布的负面效应将导致基础的整体弯矩增大。以图 1 北京中信国际大厦为例，土反力按《高层建筑箱形与筏形基础技术规范》JGJ 6—99 所给反力系数，近似计算中间单位宽板带核心筒一侧的附加弯矩较均布反力增加 16.2%。根据图 3 所示桩箱基础实测反力内外比达 1∶1.9，由此引起的整体弯矩增量比中信国际大厦天然地基的箱基更大。

**5 变刚度调平概念设计**

天然地基和均匀布桩的初始竖向支承刚度是均匀分布的，设置于其上的刚度有限的基础（承台）受均布荷载作用时，由于土与土、桩与桩、土与桩的相互作用导致地基或桩群的竖向支承刚度分布发生内弱外强变化，沉降变形出现内大外小的碟形分布，基底反力出现内小外大的马鞍形分布。

当上部结构为荷载与刚度内大外小的框架-核心筒结构时，碟形沉降会更趋明显[见图 4(a)]，上述工程实例证实了这一点。为避免上述负面效应，突破传统设计理念，通过调整地基或基桩的竖向支承刚度分布，促使差异沉降减到最小，基础或承台内力和上部结构次应力显著降低。这就是变刚度调平概念设计的内涵。

**1）局部增强变刚度**

在天然地基满足承载力要求的情况下，可对荷载集度高的区域如核心筒等实施局部增强处理，包括采用局部桩基与局部刚性桩复合地基[见图 4(c)]。

**2）桩基变刚度**

对于荷载分布较均匀的大型油罐等构筑物，宜按变桩距、变桩长布桩（图 5）以抵消因相互作用对中心区支承刚度的削弱效应。对于框架-核心筒和框架-剪力墙结构，应按荷载分布考虑相互作用，将桩相对集中布置于核心筒和柱下，对于外围框架区应适当弱化，按复合桩基设计，桩长宜减小（当有合适桩端持力层时），如图 4(b)所示。

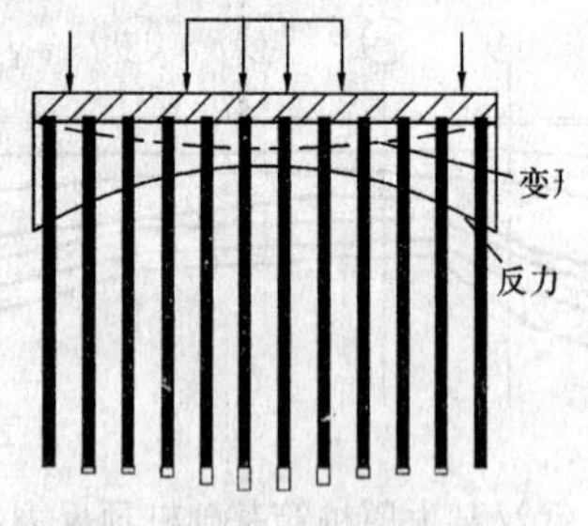


(a)

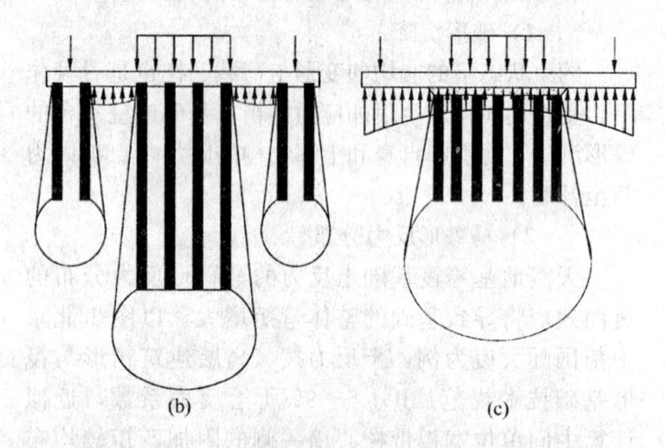


图 4　框架-核心筒结构均匀布桩与变刚度布桩

（a）均匀布桩；（b）桩基-复合桩基；

（c）局部刚性桩复合地基或桩基

**3）主裙连体变刚度**

对于主裙连体建筑基础，应按增强主体（采用桩基）、弱化裙房（采用天然地基、疏短桩、复合地基、褥垫增沉等）的原则设计。

**4）上部结构—基础—地基（桩土）共同工作分析**

在概念设计的基础上，进行上部结构—基础—地基（桩土）共同作用分析计算，进一步优化布桩，并确定承台内力与配筋。

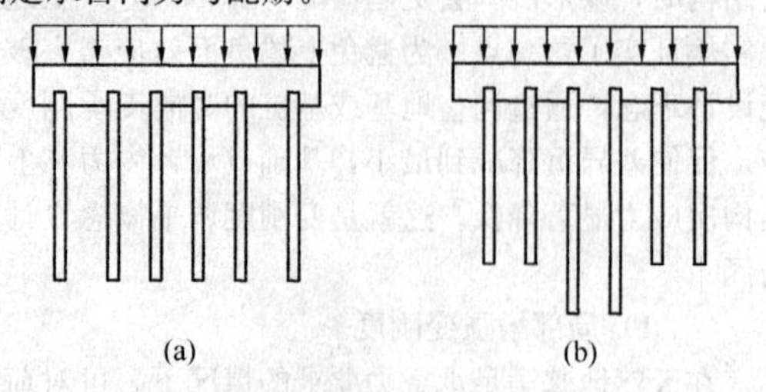


图 5　均布荷载下变刚度布桩模式

（a）变桩距；（b）变桩长

**6　试验验证**

**1）变桩长模型试验**

在石家庄某现场进行了 20 层框架-核心筒结构 1/10现场模型试验。从图 6 看出，等桩长布桩（$d$＝150mm，$l$＝2m）与变桩长（$d$＝150mm，$l$＝2m、3m、4m）布桩相比，在总荷载 $F$＝3250kN 下，其最大沉降由 $s_{max}$＝6mm 减至 $s_{max}$＝2.5mm，最大沉降差由 $\Delta s_{max} \leqslant 0.012L_0$（$L_0$ 为二测点距离）减至 $\Delta s_{max} \leqslant 0.0005L_0$。这说明按常规布桩，差异沉降难免超出规范要求，而按变刚度调平设计可大幅减小最大沉降和差异沉降。

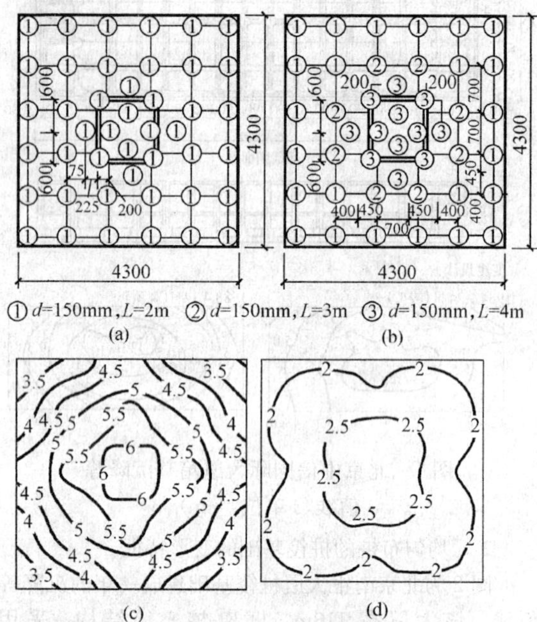


图 6　等桩长与变桩长桩基模型试验（$P$＝3250kN）

（a）等长度布桩试验 C；（b）变长度布桩试验 D；

（c）等长度布桩沉降等值线；（d）变长度布桩沉降等值线

由表 1 桩顶反力测试结果看出，等桩长桩基桩顶反力呈内小外大马鞍形分布，变桩长桩基转变为内大外小碟形分布。后者可使承台整体弯矩、核心筒冲切力显著降低。

**表 1　桩顶反力比（$F$＝3250kN）**

| 试验细目 | 内部桩 | 边　桩 | 角　桩 |
|---|---|---|---|
| | $Q_i/Q_{av}$ | $Q_b/Q_{bv}$ | $Q_c/Q_{av}$ |
| 等长度布桩试验 C | 76％ | 140％ | 115％ |
| 变长度布桩试验 D | 105％ | 93％ | 92％ |

**2）核心筒局部增强模型试验**

图 7 为试验场地在粉质黏土地基上的 20 层框架结构 1/10 模型试验，无桩筏板与局部增强（刚性桩复合地基）试验比较。从图 7(a)、(b)可看出，在相同荷载（$F$＝3250kN）下，后者最大沉降量 $s_{max}$＝8mm，外围沉降为 7.8mm，差异沉降接近于零；而前者最大沉降量 $s_{max}$＝20mm，外围最大沉降量 $s_{min}$＝10mm，最大相对差异沉降 $\Delta s_{max}/L_0$＝0.4％＞容许值

0.2%。可见，在天然地基承载力满足设计要求的情况下，采用对荷载集度高的核心区局部增强措施，其调平效果十分显著。

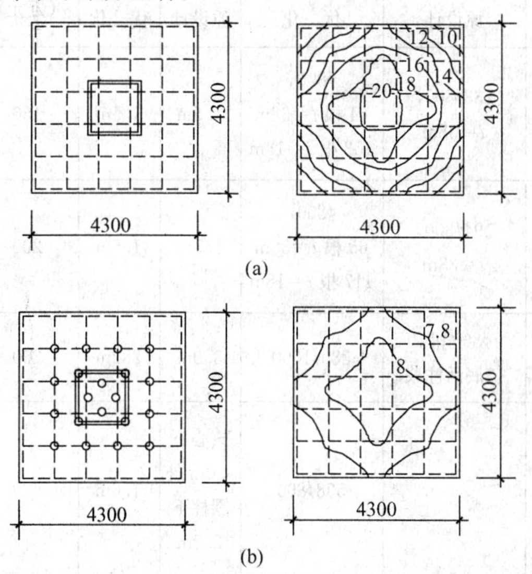


图7 核心筒区局部增强（刚性桩复合地基）与无桩筏板模型试验（$P=3250$kN）

(a) 无桩筏板；

(b) 核心区刚性桩复合地基（$d=150$mm，$L=2$m）

7 工程应用

采用变刚度调平设计理论与方法结合后注浆技术对北京皇君庙电信楼、山东农行大厦、北京长青大厦、北京电视台、北京呼家楼等27项工程的桩基设计进行了优化，取得了良好的技术经济效益（部分工程见表2）。最大沉降 $s_{max}\leqslant 38$mm，最大差异沉降 $\Delta s_{max}\leqslant 0.0008L_0$，节约投资逾亿元。

**3.1.9** 软土地区多层建筑，若采用天然地基，其承载力许多情况下满足要求，但最大沉降往往超过20cm，差异变形超过允许值，引发墙体开裂者多见。20世纪90年代以来，首先在上海采用以减小沉降为目标的疏布小截面预制桩复合桩基，简称为减沉复合疏桩基础，上海称其为沉降控制复合桩基。近年来，这种减沉复合疏桩基础在温州、天津、济南等地也相继应用。

对于减沉复合疏桩基础应用中要注意把握三个关键技术，一是桩端持力层不应是坚硬岩层、密实砂、卵石层，以确保基桩受荷能产生刺入变形，承台底基土能有效分担份额很大的荷载；二是桩距应在5～6$d$以上，使桩间土受桩牵连变形较小，确保桩间土较充分发挥承载作用；三是由于基桩数量少而疏，成桩质量可靠性应严加控制。

**表2 变刚度调平设计工程实例**

| 工程名称 | 层数（层）/高度（m） | 建筑面积（m²） | 结构形式 | 桩数 | | 承台板厚 | | 节约投资（万元） |
|---|---|---|---|---|---|---|---|---|
| | | | | 原设计 | 优化 | 原设计 | 优化 | |
| 农行山东省分行大厦 | 44/170 | 80000 | 框架-核心筒，主裙连体 | 377$\phi$1000 | 146$\phi$1000 | — | — | 300 |
| 北京皇君庙电信大厦 | 18/150 | 66308 | 框架-剪力墙，主裙连体 | 373$\phi$800<br>391$\phi$1000 | 302$\phi$800 | — | — | 400 |
| 北京盛富大厦 | 26/100 | 60000 | 框架-核心筒，主裙连体 | 365$\phi$1000 | 120$\phi$1000 | — | — | 150 |
| 北京机械工业经营大厦 | 27/99.8 | 41700 | 框架-核心筒，主裙连体 | 桩基 | 复合地基 | — | — | 60 |
| 北京长青大厦 | 26/99.6 | 240000 | 框架-核心筒，主裙连体 | 1251$\phi$800 | 860$\phi$800 | — | 1.4m | 959 |
| 北京紫云大厦 | 32/113 | 68000 | 框架-核心筒，主裙连体 | — | 92$\phi$1000 | — | — | 50 |
| BTV综合业务楼 | 41/255 | — | 框架-核心筒 | — | 126$\phi$1000 | 3m | 2m | — |
| BTV演播楼 | 11/48 | 183000 | 框架-剪力墙 | — | 470$\phi$800 | — | — | 1100 |
| BTV生活楼 | 11/52 | — | 框架-剪力墙 | — | 504$\phi$600 | — | — | — |
| 万豪国际大酒店 | 33/128 | — | 框架-核心筒，主裙连体 | — | 162$\phi$800 | — | — | — |

续表 2

| 工程名称 | 层数（层）/高度（m） | 建筑面积（m²） | 结构形式 | 桩数 | | 承台板厚 | | 节约投资（万元） |
|---|---|---|---|---|---|---|---|---|
| | | | | 原设计 | 优化 | 原设计 | 优化 | |
| 北京嘉美风尚中心公寓式酒店 | 28/99.8 | 180000 | 框架-剪力墙，主群连体 | 233$\phi$800，$l$=38m | $\phi$800，64 根 $l$=38m 152 根 $l$=18m | 1.5m | 1.5m | 150 |
| 北京嘉美风尚中心办公楼 | 24/99.8 | | 框架-剪力墙，主群连体 | 194$\phi$800，$l$=38m | $\phi$800，65 根 $l$=38m 117 根 $l$=18m | 1.5m | 1.5m | 200 |
| 北京财源国际中心西塔 | 36/156.5 | 220000 | 框架-核心筒 | $\phi$800 桩，扩底后注浆 | 280$\phi$1000 | 3.0m | 2.2m | 200 |
| 北京悠乐汇B区酒店、商业及写字楼（共3栋塔楼） | 28/99.15 | 220000 | 框架-核心筒，主群连体 | — | 558$\phi$800 | 核心下3.0m外围柱下2.2m | 1.6m | 685 |

**3.1.10** 对于按规范第 3.1.4 条进行沉降计算的建筑桩基，在施工过程及建成后使用期间，必须进行系统的沉降观测直至稳定。系统的沉降观测，包含四个要点：一是桩基完工之后即应在柱、墙脚部位设置测点，以测量地基的回弹再压缩量。待地下室建造出地面后，将测点移至地面柱、墙脚部成为长期测点，并加设保护措施；二是对于框架-核心筒、框架-剪力墙结构，应于内部柱、墙和外围柱、墙上设置测点，以获取建筑物内、外部的沉降和差异沉降值；三是沉降观测应委托专业单位负责进行，施工单位自测自检平行作业，以资校对；四是沉降观测应事先制定观测间隔时间和全程计划，观测数据和所绘曲线应作为工程验收内容，移交建设单位存档，并按相关规范观测直至稳定。

## 3.2 基本资料

**3.2.1、3.2.2** 为满足桩基设计所需的基本资料，除建筑场地工程地质、水文地质资料外，对于场地的环境条件、新建工程的平面布置、结构类型、荷载分布、使用功能上的特殊要求、结构安全等级、抗震设防烈度、场地类别、桩的施工条件、类似地质条件的试桩资料等，都是桩基设计所需的基本资料。根据工程与场地条件，结合桩基工程特点，对勘探点间距、勘探深度、原位试验这三方面制定合理完整的勘探方案，以满足桩型、桩端持力层、单桩承载力、布桩等概念设计阶段和施工图设计阶段的资料要求。

## 3.3 桩的选型与布置

**3.3.1、3.3.2** 本条说明桩的分类与选型的相关内容。

1 应正确理解桩的分类内涵

1）按承载力发挥性状分类

承载性状的两个大类和四个亚类是根据其在极限承载力状态下，总侧阻力和总端阻力所占份额而定。承载性状的变化不仅与桩端持力层性质有关，还与桩的长径比、桩周土层性质、成桩工艺等有关。对于设计而言，应依据基桩竖向承载性状合理配筋、计算负摩阻力引起的下拉荷载、确定沉降计算图式、制定灌注桩沉渣控制标准和预制桩锤击和静压终止标准等。

2）按成桩方法分类

按成桩挤土效应分类，经大量工程实践证明是必要的，也是借鉴国外相关标准的规定。成桩过程中有无挤土效应，涉及设计选型、布桩和成桩过程质量控制。

成桩过程的挤土效应在饱和黏性土中是负面的，会引发灌注桩断桩、缩颈等质量事故，对于挤土预制混凝土桩和钢桩会导致桩体上浮，降低承载力，增大沉降；挤土效应还会造成周边房屋、市政设施受损；在松散土和非饱和填土中则是正面的，会起到加密、提高承载力的作用。

对于非挤土桩，由于其既不存在挤土负面效应，又具有穿越各种硬夹层、嵌岩和进入各类硬持力层的能力，桩的几何尺寸和单桩的承载力可调空间大。因此钻、挖孔灌注桩使用范围大，尤以高重建筑物更为合适。

3）按桩径大小分类

桩径大小影响桩的承载力性状，大直径钻（挖、冲）孔桩成孔过程中，孔壁的松弛变形导致侧阻力降低的效应随桩径增大而增大，桩端阻力则随直径增大而减小。这种尺寸效应与土的性质有关，黏性土、粉土与砂土、碎石类土相比，尺寸效应相对较弱。另外侧阻和端阻的尺寸效应与桩身直径 $d$、桩底直径 $D$ 呈双曲线函数关系，尺寸效应系数：$\psi_{si}=(0.8/d)^m$；$\psi_p=(0.8/D)^n$。

**2** 应避免基桩选型常见误区

**1）凡嵌岩桩必为端承桩**

将嵌岩桩一律视为端承桩会导致将桩端嵌岩深度不必要地加大，施工周期延长，造价增加。

**2）挤土灌注桩也可应用于高层建筑**

沉管挤土灌注桩无需排土排浆，造价低。20世纪80年代曾风行于南方各省，由于设计施工对于这类桩的挤土效应认识不足，造成的事故极多，因而21世纪以来趋于淘汰。然而，重温这类桩使用不当的教训仍属必要。某28层建筑，框架-剪力墙结构；场地地层自上而下为饱和粉质黏土、粉土、黏土；采用 $\phi500$、$l=22m$、沉管灌注桩，梁板式筏形承台，桩距3.6$d$，均匀满堂布桩；成桩过程出现明显地面隆起和桩上浮；建至12层底板即开裂，建成后梁板式筏形承台的主次梁及部分与核心筒相连的框架梁开裂。最后采取加固措施，将梁板式筏形承台主次梁两侧加焊钢板，梁与梁之间充填混凝土变为平板式筏形承台。

鉴于沉管灌注桩应用不当的普遍性及其严重后果，本次规范修订中，严格控制沉管灌注桩的应用范围，在软土地区仅限于多层住宅单排桩条基使用。

**3）预制桩的质量稳定性高于灌注桩**

近年来，由于沉管灌注桩事故频发，PHC和PC管桩迅猛发展，取代沉管灌注桩。毋庸置疑，预应力管桩不存在缩颈、夹泥等质量问题，其质量稳定性优于沉管灌注桩，但是与钻、挖、冲孔灌注桩比较则不然。首先，沉桩过程的挤土效应常常导致断桩（接头处）、桩端上浮、增大沉降，以及对周边建筑物和市政设施造成破坏等；其次，预制桩不能穿透硬夹层，往往使得桩长过短，持力层不理想，导致沉降过大；其三，预制桩的桩径、桩长、单桩承载力可调范围小，不能或难于按变刚度调平原则优化设计。因此，预制桩的使用要因地、因工程对象制宜。

**4）人工挖孔桩质量稳定可靠**

人工挖孔桩在低水位非饱和土中成孔，可进行彻底清孔，直观检查持力层，因此质量稳定性较高。但是，设计者对于高水位条件下采用人工挖孔桩的潜在隐患认识不足。有的边挖孔边抽水，以至将桩侧细颗粒淘走，引起地面下沉，甚至导致护壁整体滑脱，造成人身事故；还有的将相邻桩新灌注混凝土的水泥颗粒带走，造成离析；在流动性淤泥中实施强制性挖孔，引起大量淤泥发生侧向流动，导致土体滑移将桩体推歪、推断。

**5）凡扩底可提高承载力**

扩底桩用于持力层较好、桩较短的端承型灌注桩，可取得较好的技术经济效益。但是，若将扩底不适当应用，则可能走进误区。如：在饱和单轴抗压强度高于桩身混凝土强度的基岩中扩底，是不必要的；在桩侧土层较好、桩长较大的情况下扩底，一则损失扩底端以上部分侧阻力，二则增加扩底费用，可能得失相当或失大于得；将扩底端放置于有软弱下卧层的薄硬土层上，既无增强效应，还可能留下安全隐患。

近年来，全国各地研发的新桩型，有的已取得一定的工程应用经验，编制了推荐性专业标准或企业标准，各有其适用条件。由于选用不当，造成事故者也不少见。

**3.3.3** 基桩的布置是桩基概念设计的主要内涵，是合理设计、优化设计的主要环节。

**1** 基桩的最小中心距。基桩最小中心距规定基于两个因素确定。第一，有效发挥桩的承载力，群桩试验表明对于非挤土桩，桩距3～4$d$时，侧阻和端阻的群桩效应系数接近或略大于1；砂土、粉土略高于黏性土。考虑承台效应的群桩效率则均大于1。但桩基的变形因群桩效应而增大，亦即桩基的竖向支承刚度因桩土相互作用而降低。

基桩最小中心距所考虑的第二个因素是成桩工艺。对于非挤土桩而言，无需考虑挤土效应问题；对于挤土桩，为减小挤土负面效应，在饱和黏性土和密实土层条件下，桩距应适当加大。因此最小桩距的规定，考虑了非挤土、部分挤土和挤土效应，同时考虑桩的排列与数量等因素。

**2** 考虑力系的最优平衡状态。桩群承载力合力点宜与竖向永久荷载合力作用点重合，以减小荷载偏心的负面效应。当桩基受水平力时，应使基桩受水平力和力矩较大方向有较大的抗弯截面模量，以增强桩基的水平承载力，减小桩基的倾斜变形。

**3** 桩箱、桩筏基础的布桩原则。为改善承台的受力状态，特别是降低承台的整体弯矩、冲切力和剪切力，宜将桩布置于墙下和梁下，并适当弱化外围。

**4** 框架-核心筒结构的优化布桩。为减小差异变形、优化反力分布、降低承台内力，应按变刚度调平原则布桩。也就是根据荷载分布，作到局部平衡，并考虑相互作用对于桩土刚度的影响，强化内部核心筒和剪力墙区，弱化外围框架区。调整基桩支承刚度的具体作法是：对于刚度强化区，采取加大桩长（有多层持力层）、或加大桩径（端承型桩）、减小桩距（满足最小桩距）；对于刚度相对弱化区，除调整桩的几何尺寸外，宜按复合桩基设计。由此改变传统设计带来的碟形沉降和马鞍形反力分布，降低冲切力、剪切力和弯矩，优化承台设计。

**5** 关于桩端持力层选择和进入持力层的深度要求。桩端持力层是影响基桩承载力的关键性因素，不仅制约桩端阻力而且影响侧阻力的发挥，因此选择较硬土层为桩端持力层至关重要；其次，应确保桩端进入持力层的深度，有效发挥其承载力。进入持力层的深度除考虑承载性状外尚应同成桩工艺可行性相结合。本款是综合以上二因素结合工程经验确定的。

**6** 关于嵌岩桩的嵌岩深度原则上应按计算确定，计算中综合反映荷载、上覆土层、基岩性质、桩径、桩长诸因素，但对于嵌入倾斜的完整和较完整岩的深度不宜小于 $0.4d$（以岩面坡下方深度计），对于倾斜度大于30%的中风化岩，宜根据倾斜度及岩石完整程度适当加大嵌岩深度，以确保基桩的稳定性。

## 3.4 特殊条件下的桩基

**3.4.1** 本条说明关于软土地基桩基的设计原则。

**1** 软土地基特别是沿海深厚软土区，一般坚硬地层埋置很深，但选择较好的中、低压缩性土层作为桩端持力层仍有可能，且十分重要。

**2** 软土地区桩基因负摩阻力而受损的事故不少，原因各异。一是有些地区覆盖有新近沉积的欠固结土层；二是采取开山或吹填围海造地；三是使用过程地面大面积堆载；四是邻近场地降低地下水；五是大面积挤土沉桩引起超孔隙水压和土体上涌等等。负摩阻力的发生和危害是可以预防、消减的。问题是设计和施工者的事先预测和采取应对措施。

**3** 挤土沉桩在软土地区造成的事故不少，一是预制桩接头被拉断、桩体侧移和上涌，沉管灌注桩发生断桩、缩颈；二是邻近建筑物、道路和管线受到破坏。设计时要因地制宜选择桩型和工艺，尽量避免采用沉管灌注桩。对于预制桩和钢桩的沉桩，应采取减小孔压和减轻挤土效应的措施，包括施打塑料排水板、应力释放孔、引孔沉桩、控制沉桩速率等。

**4** 关于基坑开挖对已成桩的影响问题。在软土地区，考虑到基桩施工有利的作业条件，往往采取先成桩后开挖基坑的施工程序。由于基坑开挖得不均衡，形成“坑中坑”，导致土体蠕变滑移将基桩推歪推断，有的水平位移达1m多，造成严重的质量事故。这类事故自20世纪80年代以来，从南到北屡见不鲜。因此，软土场地在已成桩的条件下开挖基坑，必须严格实行均衡开挖，高差不应超过1m，不得在坑边弃土，以确保已成基桩不因土体滑移而发生水平位移和折断。

**3.4.2** 本条说明湿陷性黄土地区桩基的设计原则。

**1** 湿陷性黄土地区的桩基，由于土的自重湿陷对基桩产生负摩阻力，非自重湿陷性土由于浸水削弱桩侧阻力，承台底土抗力也随之消减，导致基桩承载力降低。为确保基桩承载力的安全可靠性，桩端持力层应选择低压缩性的黏性土、粉土、中密和密实土以及碎石类土层。

**2** 湿陷性黄土地基中的单桩极限承载力的不确定性较大，故设计等级为甲、乙级桩基工程的单桩极限承载力的确定，强调采用浸水载荷试验方法。

**3** 自重湿陷性黄土地基中的单桩极限承载力，应视浸水可能性、桩端持力层性质、建筑桩基设计等级等因素考虑负摩阻力的影响。

**3.4.3** 本条说明季节性冻土和膨胀土地基中的桩基的设计原则。

主要应考虑冻胀和膨胀对于基桩抗拔稳定性问题，避免冻胀或膨胀力作用下产生上拔变形，乃至因累积上拔变形而引起建筑物开裂。因此，对于荷载不大的多层建筑桩基设计应考虑以下诸因素：桩端进入冻深线或膨胀土的大气影响急剧层以下一定深度；宜采用无挤土效应的钻、挖孔桩；对桩基的抗拔稳定性和桩身受拉承载力进行验算；对承台和桩身上部采取隔冻、隔胀处理。

**3.4.4** 本条说明岩溶地区桩基的设计原则。

主要考虑岩溶地区的基岩表面起伏大，溶沟、溶槽、溶洞往往较发育，无风化岩层覆盖等特点，设计应把握三方面要点：一是基桩选型和工艺宜采用钻、冲孔灌注桩，以利于嵌岩；二是应控制嵌岩最小深度，以确保倾斜基岩上基桩的稳定；三是当基岩的溶蚀极为发育，溶沟、溶槽、溶洞密布，岩面起伏很大，而上覆土层厚度较大时，考虑到嵌岩桩桩长变异性过大，嵌岩施工难以实施，可采用较小桩径（$\phi500\sim\phi700$）密布非嵌岩桩，并后注浆，形成整体性和刚度很大的块体基础。如宜春邮电大楼即是一例，楼高80m，框架-剪力墙结构，地质条件与上述情况类似，原设计为嵌岩桩，成桩过程出现个别桩充盈系数达20以上，后改为Φ700灌注桩，利用上部20m左右较好的土层，实施桩端桩侧后注浆，筏板承台。建成后沉降均匀，最大不超过10mm。

**3.4.5** 本条说明坡地、岸边建筑桩基的设计原则。

坡地、岸边建筑桩基的设计，关键是确保其整体稳定性，一旦失稳既影响自身建筑物的安全也会波及相邻建筑的安全。整体稳定性涉及这样三个方面问题：一是建筑场地必须是稳定的，如果存在软弱土层或岩土界面等潜在滑移面，必须将桩支承于稳定岩土层以下足够深度，并验算桩基的整体稳定性和基桩的水平承载力；二是建筑桩基外缘与坡顶的水平距离必须符合有关规范规定；边坡自身必须是稳定的或经整治后确保其稳定性；三是成桩过程不得产生挤土效应。

**3.4.6** 本条说明抗震设防区桩基的设计原则。

桩基较其他基础形式具有较好的抗震性能，但设计中应把握这样三点：一是基桩进入液化土层以下稳定土层的长度不应小于本条规定的最小值；二是为确保承台和地下室外墙土抗力能分担水平地震作用，肥槽回填质量必须确保；三是当承台周围为软土和可液化土，且桩基水平承载力不满足要求时，可对外侧土体进行适当加固以提高水平抗力。

**3.4.7** 本条说明可能出现负摩阻力的桩基的设计原则。

**1** 对于填土建筑场地，宜先填土后成桩，为保证填土的密实性，应根据填料及下卧层性质，对低水位场地应分层填土分层辗压或分层强夯，压实系数不应小于0.94。为加速下卧层固结，宜采取插塑料排水板等措施。

**2** 室内大面积堆载常见于各类仓库、炼钢、轧钢车间，由堆载引起上部结构开裂乃至破坏的事故不少。要防止堆载对桩基产生负摩阻力，对堆载地基进行加固处理是措施之一，但造价往往偏高。对与堆载相邻的桩基采用刚性排桩进行隔离，对预制桩表面涂层处理等都是可供选用的措施。

**3** 对于自重湿陷性黄土，采用强夯、挤密土桩等处理，消除土层的湿陷性，属于防止负摩阻力的有效措施。

**3.4.8** 本条说明关于抗拔桩基的设计原则。

建筑桩基的抗拔问题主要出现于两种情况，一种是建筑物在风荷载、地震作用下的局部非永久上拔力；另一种是抵抗超补偿地下室地下水浮力的抗浮桩。对于前者，抗拔力与建筑物高度、风压强度、抗震设防等级等因素相关。当建筑物设有地下室时，由于风荷载、地震引起的桩顶拔力显著减小，一般不起控制作用。

随着近年地下空间的开发利用，抗浮成为较普遍的问题。抗浮有多种方式，包括地下室底板上配重(如素混凝土或钢渣混凝土)、设置抗浮桩。后者具有较好的灵活性、适用性和经济性。对于抗浮桩基的设计，首要问题是根据场地勘察报告关于环境类别，水、土腐蚀性，参照现行《混凝土结构设计规范》GB 50010确定桩身的裂缝控制等级，对于不同裂缝控制等级采取相应设计原则。对于抗浮荷载较大的情况宜采用桩侧后注浆、扩底灌注桩，当裂缝控制等级较高时，可采用预应力桩；以岩层为主的地基宜采用岩石锚杆抗浮。其次，对于抗浮桩承载力应按本规范进行单桩和群桩抗拔承载力计算。

### 3.5 耐久性规定

**3.5.2** 二、三类环境桩基结构耐久性设计，对于混凝土的基本要求应根据现行《混凝土结构设计规范》GB 50010规定执行，最大水灰比、最小水泥用量、混凝土最低强度等级、混凝土的最大氯离子含量、最大碱含量应符合相应的规定。

**3.5.3** 关于二、三类环境桩基结构的裂缝控制等级的判别，应按现行《混凝土结构设计规范》GB 50010规定的环境类别和水、土对混凝土结构的腐蚀性等级制定，对桩基结构正截面尤其是对抗拔桩的抗裂和裂缝宽度控制进行设计计算。

## 4 桩基构造

### 4.1 基桩构造

**4.1.1** 本条说明关于灌注桩的配筋率、配筋长度和箍筋的配置的相关内容。

灌注桩的配筋与预制桩不同之处是无需考虑吊装、锤击沉桩等因素。正截面最小配筋率宜根据桩径确定，如$\phi$300mm桩，配6$\phi$10mm，$A_g=471mm^2$，$\mu_g=A_g/A_{ps}=0.67\%$；又如$\phi$2000mm桩，配16$\phi$22mm，$A_g=6280mm^2$，$\mu_g=A_g/A_{ps}=0.2\%$。另外，从承受水平力的角度考虑，桩身受弯截面模量为桩径的3次方，配筋对水平抗力的贡献随桩径增大显著增大。从以上两方面考虑，规定正截面最小配筋率为0.2%～0.65%，大桩径取低值，小桩径取高值。

关于配筋长度，主要考虑轴向荷载的传递特征及荷载性质。对于端承桩应通长等截面配筋，摩擦型桩宜分段变截面配筋；当桩较长也可部分长度配筋，但不宜小于2/3桩长。当受水平力时，尚不应小于反弯点下限$4.0/\alpha$；当有可液化层、软弱土层时，纵向主筋应穿越这些土层进入稳定土层一定深度。对于抗拔桩应根据桩长、裂缝控制等级、桩侧土性等因素通长等截面或变截面配筋。对于受水平荷载桩，其极限承载力受配筋率影响大，主筋不应小于8$\phi$12，以保证受拉区主筋不小于3$\phi$12。对于抗压桩和抗拔桩，为保证桩身钢筋笼的成型刚度以及桩身承载力的可靠性，主筋不应小于6$\phi$10；$d\leqslant400$mm时，不应小于4$\phi$10。

关于箍筋的配置，主要考虑三方面因素。一是箍筋的受剪作用，对于地震设防地区，基桩桩顶要承受较大剪力和弯矩，在风载等水平力作用下也同样如此，故规定桩顶$5d$范围箍筋应适当加密，一般间距为100mm；二是箍筋在轴压荷载下对混凝土起到约束加强作用，可大幅提高桩身受压承载力，而桩顶部分荷载最大，故桩顶部位箍筋应适当加密；三是为控制钢筋笼的刚度，根据桩身直径不同，箍筋直径一般为$\phi6\sim\phi12$，加劲箍为$\phi12\sim\phi18$。

**4.1.2** 桩身混凝土的最低强度等级由原规定C20提高到C25，这主要是根据《混凝土结构设计规范》GB 50010规定，设计使用年限为50年，环境类别为二a时，最低强度等级为C25；环境类别为二b时，最低强度等级为C30。

**4.1.13** 根据广东省采用预应力管桩的经验，当桩端持力层为非饱和状态的强风化岩时，闭口桩沉桩后一定时间由于桩端构造缝隙浸水导致风化岩软化，端阻力有显著降低现象。经研究，沉桩后立刻灌入微膨胀性混凝土至桩端以上约2m，能起到防止渗水软化现象发生。

## 4.2 承台构造

**4.2.1** 承台除满足抗冲切、抗剪切、抗弯承载力和上部结构的需要外，尚需满足如下构造要求才能保证实现上述要求。

**1** 承台最小宽度不应小于 500mm，桩中心至承台边缘的距离不宜小于桩直径或边长，边缘挑出部分不应小于 150mm，主要是为满足嵌固及斜截面承载力（抗冲切、抗剪切）的要求。对于墙下条形承台梁，其边缘挑出部分可减少至 75mm，主要是考虑到墙体与承台梁共同工作可增强承台梁的整体刚度，受力情况良好。

**2** 承台的最小厚度规定为不应小于 300mm，高层建筑平板式筏形基础承台最小厚度不应小于 400mm，是为满足承台基本刚度、桩与承台的连接等构造需要。

**4.2.2** 承台混凝土强度等级应满足结构混凝土耐久性要求，对设计使用年限为 50 年的承台，根据现行《混凝土结构设计规范》GB 50010 的规定，当环境类别为二 a 类别时不应低于 C25，二 b 类别时不应低于 C30。有抗渗要求时，其混凝土的抗渗等级应符合有关标准的要求。

**4.2.3** 承台的钢筋配置除应满足计算要求外，尚需满足构造要求。

**1** 柱下独立桩基承台的受力钢筋应通长配置，主要是为保证桩基承台的受力性能良好，根据工程经验及承台受弯试验对矩形承台将受力钢筋双向均匀布置；对三桩的三角形承台应按三向板带均匀布置，为提高承台中部的抗裂性能，最里面的三根钢筋围成的三角形应在柱截面范围内。承台受力钢筋的直径不宜小于 12mm，间距不宜大于 200mm。主要是为满足施工及受力要求。独立桩基承台的最小配筋率不应小于 0.15%。具体工程的实际最小配筋率宜考虑结构安全等级、基桩承载力等因素综合确定。

**2** 柱下独立两桩承台，当桩距与承台有效高度之比小于 5 时，其受力性能属深受弯构件范畴，因而宜按现行《混凝土结构设计规范》GB 50010 中的深受弯构件配置纵向受拉钢筋、水平及竖向分布钢筋。

**3** 条形承台梁纵向主筋应满足现行《混凝土结构设计规范》GB 50010 关于最小配筋率 0.2% 的要求以保证具有最小抗弯能力。关于主筋、架立筋、箍筋直径的要求是为满足施工及受力要求。

**4** 筏板承台在计算中仅考虑局部弯矩时，由于未考虑实际存在的整体弯距的影响，因此需要加强构造，故规定纵横两个方向的下层钢筋配筋率不宜小于 0.15%；上层钢筋按计算钢筋全部连通。当筏板厚度大于 2000mm 时，在筏板中部设置直径不小于 12mm、间距不大于 300mm 的双向钢筋网，是为减小大体积混凝土温度收缩的影响，并提高筏板的抗剪承载力。

**5** 承台底面钢筋的混凝土保护层厚度除应符合现行《混凝土结构设计规范》GB 50010 的要求外，尚不应小于桩头嵌入承台的长度。

**4.2.4** 本条说明桩与承台的连接构造要求。

**1** 桩嵌入承台的长度规定是根据实际工程经验确定。如果桩嵌入承台深度过大，会降低承台的有效高度，使受力不利。

**2** 混凝土桩的桩顶纵向主筋锚入承台内的长度一般情况下为 35 倍直径，对于专用抗拔桩，桩顶纵向主筋的锚固长度应按现行《混凝土结构设计规范》GB 50010 的受拉钢筋锚固长度确定。

**3** 对于大直径灌注桩，当采用一柱一桩时，连接构造通常有两种方案：一是设置承台，将桩与柱通过承台相连接；二是将桩与柱直接相连。实际工程根据具体情况选择。

关于桩与承台连接的防水构造问题：

当前工程实践中，桩与承台连接的防水构造形式繁多，有的用防水卷材将整个桩头包裹起来，致使桩与承台无连接，仅是将承台支承于桩顶；有的虽设有防水措施，但在钢筋与混凝土或底板与桩之间形成渗水通道，影响桩及底板的耐久性。本规范建议的防水构造如图 8。

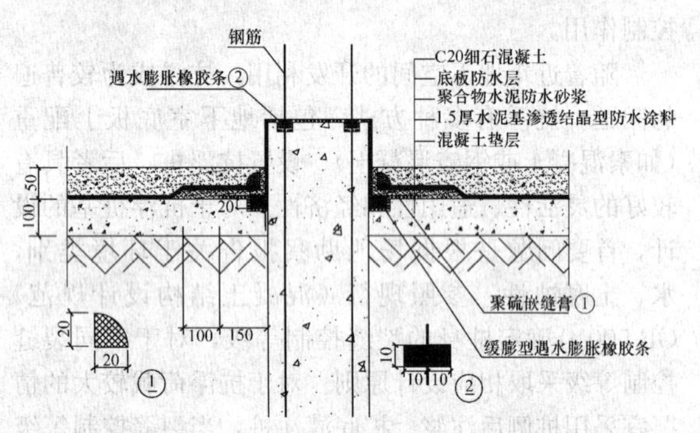


图 8　桩与承台连接的防水构造

具体操作时要注意以下几点：

1）桩头要剔凿至设计标高，并用聚合物水泥防水砂浆找平；桩侧剔凿至混凝土密实处；

2）破桩后如发现渗漏水，应采取相应堵漏措施；

3）清除基层上的混凝土、粉尘等，用清水冲洗干净；基面要求潮湿，但不得有明水；

4）沿桩头根部及桩头钢筋根部分别剔凿 20mm×25mm 及 10mm×10mm 的凹槽；

5）涂刷水泥基渗透结晶型防水涂料必须连续、均匀，待第二层涂料呈半干状态后开始喷水养护，养护时间不小于三天；

6）待膨胀型止水条紧密、连续、牢固地填塞于凹槽后，方可施工聚合物水泥防水砂浆层；

7）聚硫嵌缝膏嵌填时，应保护好垫层防水层，并与之搭接严密；

8）垫层防水层及聚硫嵌缝膏施工完成后，应及时做细石混凝土保护层。

**4.2.6** 本条说明承台与承台之间的连接构造要求。

**1** 一柱一桩时，应在桩顶两个相互垂直方向上设置连系梁，以保证桩基的整体刚度。当桩与柱的截面直径之比大于2时，在水平力作用下，承台水平变位较小，可以认为满足结构内力分析时柱底为固端的假定。

**2** 两桩桩基承台短向抗弯刚度较小，因此应设置承台连系梁。

**3** 有抗震设防要求的柱下桩基承台，由于地震作用下，建筑物的各桩基承台所受的地震剪力和弯矩是不确定的，因此在纵横两方向设置连系梁，有利于桩基的受力性能。

**4** 连系梁顶面与承台顶面位于同一标高，有利于直接将柱底剪力、弯矩传递至承台。

连系梁的截面尺寸及配筋一般按下述方法确定：以柱剪力作用于梁端，按轴心受压构件确定其截面尺寸，配筋则取与轴心受压相同的轴力（绝对值），按轴心受拉构件确定。在抗震设防区也可取柱轴力的1/10为梁端拉压力的粗略方法确定截面尺寸及配筋。连系梁最小宽度和高度尺寸的规定，是为了确保其平面外有足够的刚度。

**5** 连系梁配筋除按计算确定外，从施工和受力要求，其最小配筋量为上下配置不小于2$\phi$12钢筋。

**4.2.7** 承台和地下室外墙的肥槽回填土质量至关重要。在地震和风载作用下，可利用其外侧土抗力分担相当大份额的水平荷载，从而减小桩顶剪力分担，降低上部结构反应。但工程实践中，往往忽视肥槽回填质量，以至出现浸水湿陷，导致散水破坏，给桩基结构在遭遇地震工况下留下安全隐患。设计人员应加以重视，避免这种情况发生。一般情况下，采用灰土和压实性较好的素土分层夯实；当施工中分层夯实有困难时，可采用素混凝土回填。

# 5 桩基计算

## 5.1 桩顶作用效应计算

**5.1.1** 关于桩顶竖向力和水平力的计算，应是在上部结构分析将荷载凝聚于柱、墙底部的基础上进行。这样，对于柱下独立桩基，按承台为刚性板和反力呈线性分布的假定，得到计算各基桩或复合基桩的桩顶竖向力和水平力公式(5.1.1-1)～(5.1.1-3)。对于桩筏、桩箱基础，则按各柱、剪力墙、核心筒底部荷载分别按上述公式进行桩顶竖向力和水平力的计算。

**5.1.3** 属于本条所列的第一种情况，为了考虑其在高烈度地震作用或风载作用下桩基承台和地下室侧墙的侧向土抗力，合理的计算基桩的水平承载力和位移，宜按附录C进行承台——桩——土协同作用分析。属于本条所列的第二种情况，高承台桩基（使用要求架空的大型储罐、上部土层液化、湿陷）和低承台桩基，在较大水平力作用下，为使基桩桩顶竖向力、剪力、弯矩分配符合实际，也需按附录C进行计算，尤其是当桩径、桩长不等时更为必要。

## 5.2 桩基竖向承载力计算

**5.2.1、5.2.2** 关于桩基竖向承载力计算，本规范采用以综合安全系数$K=2$取代原规范的荷载分项系数$\gamma_G$、$\gamma_Q$和抗力分项系数$\gamma_s$、$\gamma_p$，以单桩竖向极限承载力标准值$Q_{uk}$或极限侧阻力标准值$q_{sik}$、极限端阻力标准值$q_{pk}$、桩的几何参数$a_k$为参数确定抗力，以荷载效应标准组合$S_k$为作用力的设计表达式：

$$S_k \leqslant R(Q_{uk}, K)$$

$$\text{或}\ S_k \leqslant R(q_{sik}, q_{pk}, a_k, K)$$

采用上述承载力极限状态设计表达式，桩基安全度水准与《建筑桩基技术规范》JGJ 94—94相比，有所提高。这是由于（1）建筑结构荷载规范的均布活载标准值较前提高了1/4（办公楼、住宅），荷载组合系数提高了17%；由此使以土的支承阻力制约的桩基承载力安全度有所提高；（2）基本组合的荷载分项系数由1.25提高至1.35（以永久荷载控制的情况）；（3）钢筋和混凝土强度设计值略有降低。以上（2）、（3）因素使桩基结构承载力安全度有所提高。

**5.2.4** 对于本条规定的考虑承台竖向土抗力的四种情况：一是上部结构刚度较大、体形简单的建（构）筑物，由于其可适应较大的变形，承台分担的荷载份额往往也较大；二是对于差异变形适应性较强的排架结构和柔性构筑物桩基，采用考虑承台效应的复合桩基不致降低安全度；三是按变刚度调平原则设计的核心筒外围框架柱桩基，适当增加沉降、降低基桩支承刚度，可达到减小差异沉降、降低承台外围基桩反力、减小承台整体弯距的目标；四是软土地区减沉复合疏桩基础，考虑承台效应按复合桩基设计是该方法的核心。以上四种情况，在近年工程实践中的应用已取得成功经验。

**5.2.5** 本条说明关于承台效应及复合桩基承载力计算的相关内容

**1** 承台效应系数

摩擦型群桩在竖向荷载作用下，由于桩土相对位移，桩间土对承台产生一定竖向抗力，成为桩基竖向承载力的一部分而分担荷载，称此种效应为承台效应。承台底地基土承载力特征值发挥率为承台效应系数。承台效应和承台效应系数随下列因素影响而变化。

1）桩距大小。桩顶受荷载下沉时，桩周土

受桩侧剪应力作用而产生竖向位移 $w_r$

$$w_r = \frac{1+\mu_s}{E_o} q_s d \ln \frac{nd}{r}$$

由上式看出，桩周土竖向位移随桩侧剪应力 $q_s$ 和桩径 $d$ 增大而线性增加，随与桩中心距离 $r$ 增大，呈自然对数关系减小，当距离 $r$ 达到 $nd$ 时，位移为零；而 $nd$ 根据实测结果约为（6～10）$d$，随土的变形模量减小而减小。显然，土竖向位移愈小，土反力愈大，对于群桩，桩距愈大，土反力愈大。

**2）** 承台土抗力随承台宽度与桩长之比 $B_c/l$ 减小而减小。现场原型试验表明，当承台宽度与桩长之比较大时，承台土反力形成的压力泡包围整个桩群，由此导致桩侧阻力、端阻力发挥值降低，承台底土抗力随之加大。由图 9 看出，在相同桩数、桩距条件下，承台分担荷载比随 $B_c/l$ 增大而增大。

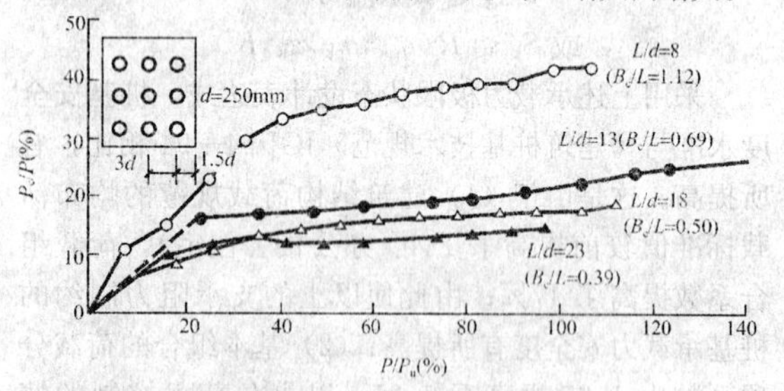


图 9　粉土中承台分担荷载比 $P_c/P$ 随承台宽度与桩长比 $B_c/L$ 的变化

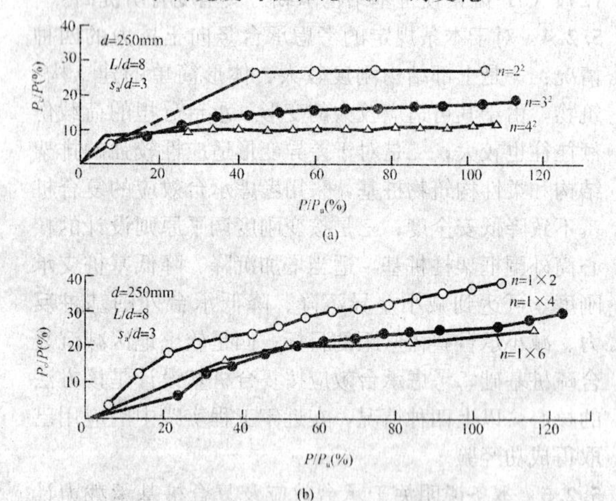


图 10　粉土中多排群桩和单排群桩承台分担荷载比

（a）多排桩；（b）单排桩

**3）** 承台土抗力随区位和桩的排列而变化。承台内区（桩群包络线以内）由于桩土相互影响明显，土的竖向位移加大，导致内区土反力明显小于外区（承台悬挑部分），即呈马鞍形分布。从图 10（a）还可看出，桩数由 $2^2$ 增至 $3^2$、$4^2$，承台分担荷载比 $P_c/P$ 递减，这也反映出承台内、外区面积比随桩数增多而增大导致承台土抗力随之降低。对于单排桩条基，由于承台外区面积比大，故其土抗力显著大于多排桩桩基。图 10 所示多排和单排桩基承台分担荷载比明显不同证实了这一点。

**4）** 承台土抗力随荷载的变化。由图 9、图 10 看出，桩基受荷后承台底产生一定土抗力，随荷载增加土抗力及其荷载分担比的变化分二种模式。一种模式是，到达工作荷载（$P_u/2$）时，荷载分担比 $P_c/P$ 趋于稳值，也就是说土抗力和荷载增速是同步的；这种变化模式出现于 $B_c/l \leqslant 1$ 和多排桩。对于 $B_c/l > 1$ 和单排桩桩基属于第二种变化模式，$P_c/P$ 在荷载达到 $P_u/2$ 后仍随荷载水平增大而持续增长；这说明这两种类型桩基承台土抗力的增速持续大于荷载增速。

**5）** 承台效应系数模型试验实测、工程实测与计算比较（见表 3、表 4）。

**2　复合基桩承载力特征值**

根据粉土、粉质黏土、软土地基群桩试验取得的承台土抗力的变化特征（见表 3），结合 15 项工程桩基承台土抗力实测结果（见表 4），给出承台效应系数 $\eta_c$。承台效应系数 $\eta_c$ 按距径比 $s_a/d$ 和承台宽度与桩长比 $B_c/l$ 确定（见本规范表 5.2.5）。相应于单根桩的承台抗力特征值为 $\eta_c f_{ak} A_c$，由此得规范式（5.2.5-1）、式（5.2.5-2）。对于单排条形桩基的 $\eta_c$，如前所述大于多排桩群桩，故单独给出其 $\eta_c$ 值。但对于承台宽度小于 1.5$d$ 的条形基础，内区面积比大，故 $\eta_c$ 按非条基取值。上述承台土抗力计算方法，较 JGJ 94—94 简化，不区分承台内外区面积比。按该法计算，对于柱下独立桩基计算值偏小，对于大桩群筏形承台差别不大。$A_c$ 为计算基桩对应的承台底净面积。关于承台计算域 $A$、基桩对应的承台面积 $A_c$ 和承台效应系数 $\eta_c$，具体规定如下：

**1）** 柱下独立桩基：$A$ 为全承台面积。

**2）** 桩筏、桩箱基础：按柱、墙侧 1/2 跨距，悬臂边取 2.5 倍板厚处确定计算域，桩距、桩径、桩长不同，采用上式分区计算，或取平均 $s_a$、$B_c/l$ 计算 $\eta_c$。

**3）** 桩集中布置于墙下的剪力墙高层建筑桩筏基础：计算域自墙两边外扩各 1/2 跨距，对于悬臂板自墙边外扩 2.5 倍板厚，按条基计算 $\eta_c$。

**4）** 对于按变刚度调平原则布桩的核心筒外围平板式和梁板式筏形承台复合桩基：计算域为自柱侧 1/2 跨，悬臂板边取 2.5 倍板厚处围成。

**表 3　承台效应系数模型试验实测与计算比较**

| 序号 | 土类 | 桩径 | 长径比 | 距径比 | 桩数 | 承台宽与桩长比 | 承台底土承载力特征值 | 桩端持力层 | 实测土抗力平均值 | 承台效应系数 | |
|---|---|---|---|---|---|---|---|---|---|---|---|
| | | $d$(mm) | $l/d$ | $s_a/d$ | $r\times m$ | $B_c/l$ | $f_{ak}$(kPa) | | (kPa) | 实测 $\eta_c$ | 计算 $\eta_c$ |
| 1 | 粉土 | 250 | 18 | 3 | 3×3 | 0.50 | 125 | 粉黏 | 32 | 0.26 | 0.16 |
| 2 | 粉土 | 250 | 8 | 3 | 3×3 | 1.125 | 125 | 粉黏 | 40 | 0.32 | 0.18 |
| 3 | 粉土 | 250 | 13 | 3 | 3×3 | 0.692 | 125 | 粉黏 | 35 | 0.28 | 0.16 |
| 4 | 粉土 | 250 | 23 | 3 | 3×3 | 0.391 | 125 | 粉黏 | 30 | 0.24 | 0.14 |
| 5 | 粉土 | 250 | 18 | 4 | 3×3 | 0.611 | 125 | 粉黏 | 34 | 0.27 | 0.22 |
| 6 | 粉土 | 250 | 18 | 6 | 3×3 | 0.833 | 125 | 粉黏 | 60 | 0.48 | 0.44 |
| 7 | 粉土 | 250 | 18 | 3 | 1×4 | 0.167 | 125 | 粉黏 | 40 | 0.32 | 0.30 |
| 8 | 粉土 | 250 | 18 | 3 | 2×4 | 0.333 | 125 | 粉黏 | 32 | 0.26 | 0.14 |
| 9 | 粉土 | 250 | 18 | 3 | 3×4 | 0.507 | 125 | 粉黏 | 30 | 0.24 | 0.15 |
| 10 | 粉土 | 250 | 18 | 3 | 4×4 | 0.667 | 125 | 粉黏 | 29 | 0.23 | 0.16 |
| 11 | 粉土 | 250 | 18 | 3 | 2×2 | 0.333 | 125 | 粉黏 | 40 | 0.32 | 0.14 |
| 12 | 粉土 | 250 | 18 | 3 | 1×6 | 0.167 | 125 | 粉黏 | 32 | 0.26 | 0.14 |
| 13 | 粉土 | 250 | 18 | 3 | 3×3 | 0.500 | 125 | 粉黏 | 28 | 0.22 | 0.15 |
| 14 | 粉黏 | 150 | 11 | 3 | 6×6 | 1.55 | 75 | 砾砂 | 13.3 | 0.18 | 0.18 |
| 15 | 粉黏 | 150 | 11 | 3.75 | 5×5 | 1.55 | 75 | 砾砂 | 21.1 | 0.28 | 0.23 |
| 16 | 粉黏 | 150 | 11 | 5 | 4×4 | 1.55 | 75 | 砾砂 | 27.7 | 0.37 | 0.37 |
| 17 | 粉黏 | 114 | 17.5 | 3.5 | 3×9 | 0.50 | 200 | 粉黏 | 48 | 0.24 | 0.19 |
| 18 | 粉土 | 325 | 12.3 | 4 | 2×2 | 1.55 | 150 | 粉土 | 51 | 0.34 | 0.24 |
| 19 | 淤泥质黏土 | 100 | 45 | 3 | 4×4 | 0.267 | 40 | 黏土 | 11.2 | 0.28 | 0.13 |
| 20 | 淤泥质黏土 | 100 | 45 | 4 | 4×4 | 0.333 | 40 | 黏土 | 12.0 | 0.30 | 0.21 |
| 21 | 淤泥质黏土 | 100 | 45 | 6 | 4×4 | 0.467 | 40 | 黏土 | 14.4 | 0.36 | 0.38 |
| 22 | 淤泥质黏土 | 100 | 45 | 6 | 3×3 | 0.333 | 40 | 黏土 | 16.4 | 0.41 | 0.36 |

**表 4　承台效应系数工程实测与计算比较**

| 序号 | 建筑结构 | 桩径 | 桩长 | 距径比 | 承台平面尺寸 | 承台宽与桩长比 | 承台底土承载力特征值 | 计算承台效应系数 | 承台土抗力 | | 实测 $p'_c$/计算 $p_c$ |
|---|---|---|---|---|---|---|---|---|---|---|---|
| | | $d$(mm) | $l$(m) | $s_a/d$ | (m²) | $B_c/l$ | $f_{ak}$(kPa) | | 计算 $p_c$ | 实测 $p'_c$ | |
| 1 | 22层框架—剪力墙 | 550 | 22.0 | 3.29 | 42.7×24.7 | 1.12 | 80 | 0.15 | 12 | 13.4 | 1.12 |
| 2 | 25层框架—剪力墙 | 450 | 25.8 | 3.94 | 37.0×37.0 | 1.44 | 90 | 0.20 | 18 | 25.3 | 1.40 |
| 3 | 独立柱基 | 400 | 24.5 | 3.55 | 5.6×4.4 | 0.18 | 60 | 0.21 | 17.1 | 17.7 | 1.04 |
| 4 | 20层剪力墙 | 400 | 7.5 | 3.75 | 29.7×16.7 | 2.95 | 90 | 0.20 | 18.0 | 20.4 | 1.13 |
| 5 | 12层剪力墙 | 450 | 25.5 | 3.82 | 25.5×12.9 | 0.506 | 80 | 0.80 | 23.2 | 33.8 | 1.46 |
| 6 | 16层框架—剪力墙 | 500 | 26.0 | 3.14 | 44.2×12.3 | 0.456 | 80 | 0.23 | 16.1 | 15 | 0.93 |
| 7 | 32层剪力墙 | 500 | 54.6 | 4.31 | 27.5×24.5 | 0.453 | 80 | 0.27 | 18.9 | 19 | 1.01 |
| 8 | 26层框架—核心筒 | 609 | 53.0 | 4.26 | 38.7×36.4 | 0.687 | 80 | 0.33 | 26.4 | 29.4 | 1.11 |
| 9 | 7层砖混 | 400 | 13.5 | 4.6 | 439 | 0.163 | 79 | 0.18 | 13.7 | 14.4 | 1.05 |
| 10 | 7层砖混 | 400 | 13.5 | 4.6 | 335 | 0.111 | 79 | 0.18 | 14.2 | 18.5 | 1.30 |
| 11 | 7层框架 | 380 | 15.5 | 4.15 | 14.7×17.7 | 0.98 | 110 | 0.17 | 19.0 | 19.5 | 1.03 |
| 12 | 7层框架 | 380 | 15.5 | 4.3 | 10.5×39.6 | 0.73 | 110 | 0.16 | 18.0 | 24.5 | 1.36 |
| 13 | 7层框架 | 380 | 15.5 | 4.4 | 9.1×36.3 | 0.61 | 110 | 0.18 | 19.3 | 32.1 | 1.66 |
| 14 | 7层框架 | 380 | 15.5 | 4.3 | 10.5×39.6 | 0.73 | 110 | 0.16 | 19.1 | 19.4 | 1.02 |
| 15 | 某油田塔基 | 325 | 4.0 | 5.5 | φ=6.9 | 1.4 | 120 | 0.50 | 60 | 66 | 1.10 |

不能考虑承台效应的特殊条件：可液化土、湿陷性土、高灵度软土、欠固结土、新填土、沉桩引起孔隙水压力和土体隆起等，这是由于这些条件下承台土抗力随时可能消失。

对于考虑地震作用时，按本规范式（5.2.5-2）计算复合基桩承载力特征值。由于地震作用下轴心竖向力作用下基桩承载力按本规范式（5.2.1-3）提高25%，故地基土抗力乘以$\zeta_a/1.25$系数，其中$\zeta_a$为地基抗震承载力调整系数；除以1.25是与本规范式（5.2.1-3）相适应的。

**3** 忽略侧阻和端阻的群桩效应的说明

影响桩基的竖向承载力的因素包含三个方面，一是基桩的承载力；二是桩土相互作用对于桩侧阻力和端阻力的影响，即侧阻和端阻的群桩效应；三是承台底土抗力分担荷载效应。对于第三部分，上面已就条文的规定作了说明。对于第二部分，在《建筑桩基技术规范》JGJ 94—94中规定了侧阻的群桩效应系数$\eta_s$，端阻的群桩效应系数$\eta_p$。所给出的$\eta_s$、$\eta_p$源自不同土质中的群桩试验结果。其总的变化规律是：对于侧阻力，在黏性土中因群桩效应而削弱，即非挤土桩在常用桩距条件下$\eta_s$小于1，在非密实的粉土、砂土中因群桩效应产生沉降硬化而增强，即$\eta_s$大于1；对于端阻力，在黏性土和非黏性土中，均因相邻桩桩端土互逆的侧向变形而增强，即$\eta_p>1$。但侧阻、端阻的综合群桩效应系数$\eta_{sp}$对于非单一黏性土大于1，单一黏性土当桩距为$3\sim4d$时略小于1。计入承台土抗力的综合群桩效应系数略大于1，非黏性土群桩较黏性土更大一些。就实际工程而言，桩所穿越的土层往往是两种以上性质土层交互出现，且水平向变化不均，由此计算群桩效应确定承载力较为繁琐。另据美国、英国规范规定，当桩距$s_a\geqslant3d$时不考虑群桩效应。本规范第3.3.3条所规定的最小桩距除桩数少于3排和9根桩的非挤土端承桩群桩外，其余均不小于$3d$。鉴于此，本规范关于侧阻和端阻的群桩效应不予考虑，即取$\eta_s=\eta_p=1.0$。这样处理，方便设计，多数情况下可留给工程更多安全储备。对单一黏性土中的小桩距低承台桩基，不应再另行计入承台效应。

关于群桩沉降变形的群桩效应，由于桩—桩、桩—土、土—桩、土—土的相互作用导致桩群的竖向刚度降低，压缩层加深，沉降增大，则是概念设计布桩应考虑的问题。

## 5.3 单桩竖向极限承载力

**5.3.1** 本条说明不同桩基设计等级对于单桩竖向极限承载力标准值确定方法的要求。

目前对单桩竖向极限承载力计算受土强度参数、成桩工艺、计算模式不确定性影响的可靠度分析仍处于探索阶段的情况下，单桩竖向极限承载力仍以原位原型试验为最可靠的确定方法，其次是利用地质条件相同的试桩资料和原位测试及端阻力、侧阻力与土的物理指标的经验关系参数确定。对于不同桩基设计等级应采用不同可靠性水准的单桩竖向极限承载力确定的方法。单桩竖向极限承载力的确定，要把握两点，一是以单桩静载试验为主要依据，二是要重视综合判定的思想。因为静载试验一则数量少，二则在很多情况下如地下室土方尚未开挖，设计前进行完全与实际条件相符的试验不可能。因此，在设计过程中，离不开综合判定。

本规范规定采用单桩极限承载力标准值作为桩基承载力设计计算的基本参数。试验单桩极限承载力标准值指通过不少于2根的单桩现场静载试验确定的，反映特定地质条件、桩型与工艺、几何尺寸的单桩极限承载力代表值。计算单桩极限承载力标准值指根据特定地质条件、桩型与工艺、几何尺寸、以极限侧阻力标准值和极限端阻力标准值的统计经验值计算的单桩极限承载力标准值。

**5.3.2** 本条主旨是说明单桩竖向极限承载力标准值及其参数包括侧阻力、端阻力以及嵌岩桩嵌岩段的侧阻力、端阻力如何根据具体情况通过试验直接测定，并建立承载力参数与土层物性指标、静探等原位测试指标的相关关系以及岩石侧阻、端阻与饱和单轴抗压强度等的相关关系。直径为0.3m的嵌岩短墩试验，其嵌岩深度根据岩层软硬程度确定。

**5.3.5** 根据土的物理指标与承载力参数之间的经验关系计算单桩竖向极限承载力，核心问题是经验参数的收集，统计分析，力求涵盖不同桩型、地区、土质，具有一定的可靠性和较大适用性。

原《建筑桩基技术规范》JGJ 94—94收集的试桩资料经筛选得到完整资料229根，涵盖11个省市。本次修订又共收集试桩资料416根，其中预制桩资料88根，水下钻（冲）孔灌注桩资料184根，干作业钻孔灌注桩资料144根。前后合计总试桩数为645根。以原规范表列$q_{sik}$、$q_{pk}$为基础对新收集到的资料进行试算调整，其间还参考了上海、天津、浙江、福建、深圳等省市地方标准给出的经验值，最终得到本规范表5.3.5-1、表5.3.5-2所列各桩型的$q_{sik}$、$q_{pk}$经验值。

对按各桩型建议的$q_{sik}$、$q_{pk}$经验值计算统计样本的极限承载力$Q_{uk}$，各试桩的极限承载力实测值$Q'_u$与计算值$Q_{uk}$比较，$\eta=Q'_u/Q_{uk}$，将统计得到预制桩（317根）、水下钻（冲）孔桩（184根）、干作业钻孔桩（144根）的$\eta$按0.1分位与其频数$N$之间的关系，$Q'_u/Q_{uk}$平均值及均方差$S_n$分别表示于图11～图13。

**5.3.6** 本条说明关于大直径桩（$d\geqslant800$mm）极限侧阻力和极限端阻力的尺寸效应。

1）大直径桩端阻力的尺寸效应。大直径桩静载试验$Q$-$S$曲线均呈缓变型，反映出

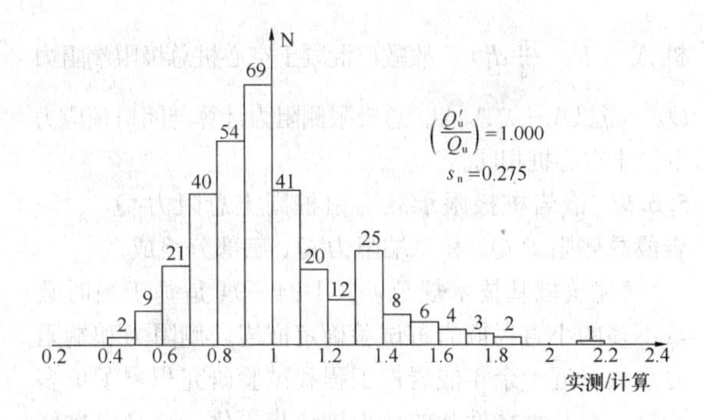


图 11　预制桩（317 根）极限承载力实测/计算频数分布

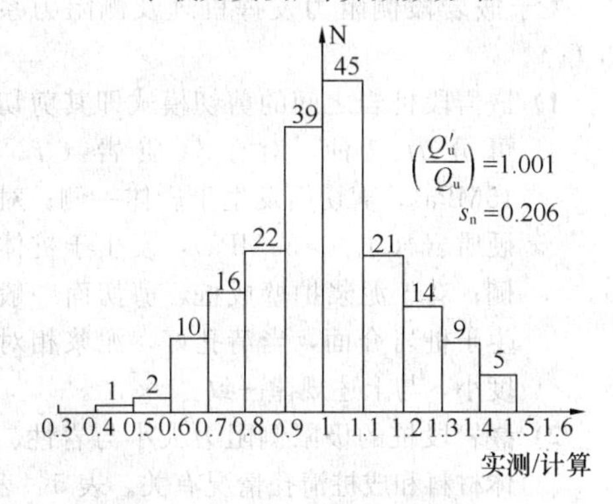


图 12　水下钻(冲)孔桩(184 根)极限承载力实测/计算频数分布

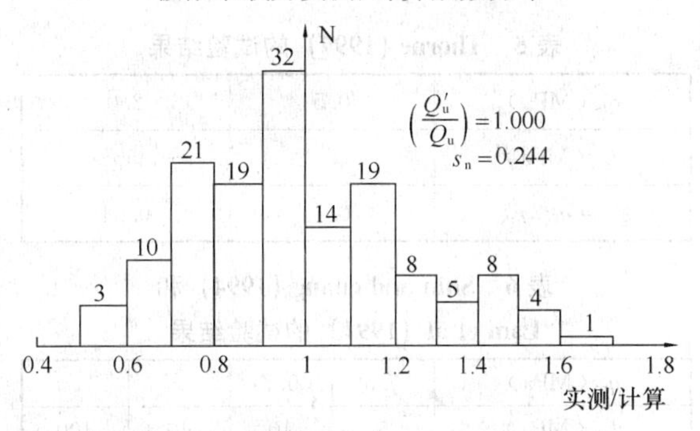


图 13　干作业钻孔桩（144 根）极限承载力实测/计算频数分布

其端阻力以压剪变形为主导的渐进破坏。G. G. Meyerhof（1988）指出，砂土中大直径桩的极限端阻随桩径增大而呈双曲线减小。根据这一特性，将极限端阻的尺寸效应系数表示为：

$$\psi_p=\left(\frac{0.8}{D}\right)^n$$

式中　$D$——桩端直径；

$n$——经验指数，对于黏性土、粉土，$n=1/4$；对于砂土、碎石土，$n=1/3$。

图 14 为试验结果与上式计算端阻尺寸效应系数 $\psi_p$ 的比较。

**2**）大直径桩侧阻尺寸效应系数

桩成孔后产生应力释放，孔壁出现松弛变形，导致侧阻力有所降低，侧阻力随桩径增大呈双曲线型减小（图 15 H. Brandl. 1988）。本规范建议采用如下表达式进行侧阻尺寸效应计算。

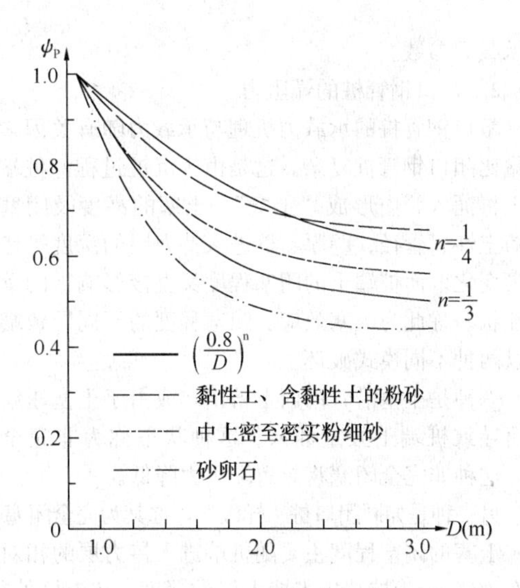


图 14　大直径桩端阻尺寸效应系数 $\psi_p$ 与桩径 $D$ 关系计算与试验比较

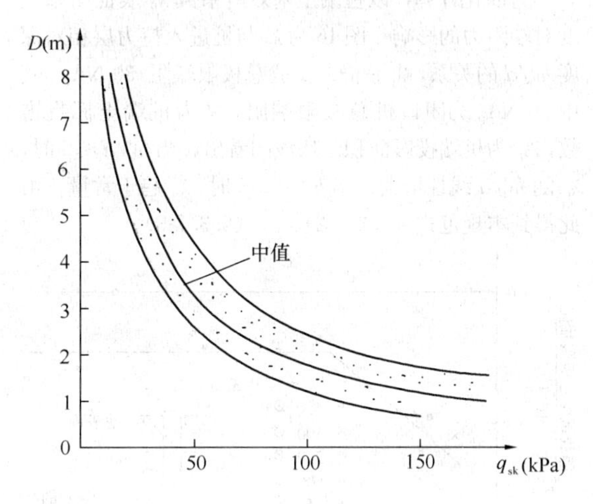


图 15　砂、砾土中极限侧阻力随桩径的变化

$$\psi_s=\left(\frac{0.8}{d}\right)^m$$

式中　$d$——桩身直径；

$m$——经验指数；黏性土、粉土 $m=1/5$；砂土、碎石 $m=1/3$。

**5.3.7**　本条说明关于钢管桩的单桩竖向极限承载力的相关内容。

**1**　闭口钢管桩

闭口钢管桩的承载变形机理与混凝土预制桩相同。钢管桩表面性质与混凝土桩表面虽有所不同，但大量试验表明，两者的极限侧阻力可视为相等，因为除坚硬黏性土外，侧阻剪切破坏面是发生于靠近桩表面的土体中，而不是发生于桩土介面。因此，闭口钢管桩承载力的计算可采用与混凝土预制桩相同的模式与承载力参数。

2　敞口钢管桩的端阻力

敞口钢管桩的承载力机理与承载力随有关因素的变化比闭口钢管桩复杂。这是由于沉桩过程，桩端部分土将涌入管内形成“土塞”。土塞的高度及闭塞效果随土性、管径、壁厚、桩进入持力层的深度等诸多因素变化。而桩端土的闭塞程度又直接影响桩的承载力性状。称此为土塞效应。闭塞程度的不同导致端阻力以两种不同模式破坏。

一种是土塞沿管内向上挤出，或由于土塞压缩量大而导致桩端土大量涌入。这种状态称为非完全闭塞，这种非完全闭塞将导致端阻力降低。

另一种是如同闭口桩一样破坏，称其为完全闭塞。

土塞的闭塞程度主要随桩端进入持力层的相对深度 $h_b/d$（$h_b$ 为桩端进入持力层的深度，$d$ 为桩外径）而变化。

为简化计算，以桩端土塞效应系数 $\lambda_p$ 表征闭塞程度对端阻力的影响。图 16 为 $\lambda_p$ 与桩进入持力层相对深度 $h_b/d$ 的关系，$\lambda_p$＝静载试验总极限端阻/30 $NA_p$。其中 30 $NA_p$ 为闭口桩总极限端阻，$N$ 为桩端土标贯击数，$A_p$ 为桩端投影面积。从该图看出，当 $h_b/d \leqslant 5$ 时，$\lambda_p$ 随 $h_b/d$ 线性增大；当 $h_b/d > 5$ 时，$\lambda_p$ 趋于常量。由此得到本规范式（5.3.7-2）、式（5.3.7-3）。

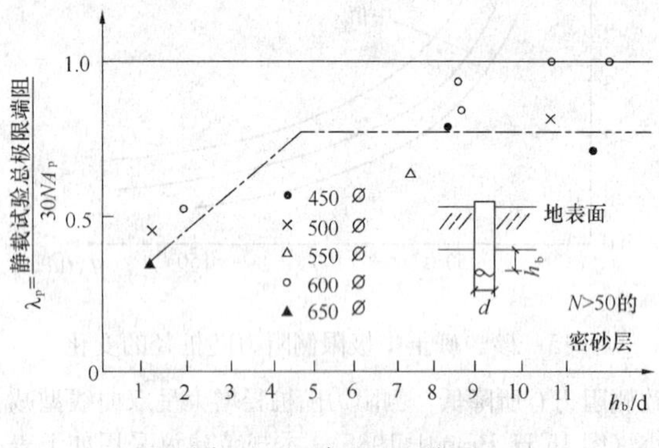


图 16　$\lambda_p$ 与 $h_b/d$ 关系
（日本钢管桩协会，1986）

**5.3.8**　混凝土敞口空心桩单桩竖向极限承载力的计算。与实心混凝土预制桩相同的是，桩端阻力由于桩端敞口，类似于钢管桩也存在桩端的土塞效应；不同的是，混凝土空心桩壁厚度较钢管桩大得多，计算端阻力时，不能忽略空心桩壁端部提供的端阻力，故分为两部分：一部分为空心桩壁端部的端阻力，另一部分为敞口部分端阻力。对于后者类似于钢管桩的承载机理，考虑桩端土塞效应系数 $\lambda_p$，$\lambda_p$ 随桩端进入持力层的相对深度 $h_b/d_1$ 而变化（$d_1$ 为空心桩内径），按本规范式(5.3.8-2)、式(5.3.8-3)计算确定。敞口部分端阻力为 $\lambda_p q_{pk} A_{p1}$（$A_{p1}=\frac{\pi}{4}d_1^2$，$d_1$ 为空心内径），管壁端部端阻力为 $q_{pk}A_j$（$A_j$ 为桩端净面积，圆形管桩 $A_j=\frac{\pi}{4}(d^2-d_1^2)$，空心方桩 $A_j=b^2-\frac{\pi}{4}d_1^2$）。故敞口混凝土空心桩总极限端阻力 $Q_{pk}=q_{pk}(A_j+\lambda_p A_{p1})$。总极限侧阻力计算与闭口预应力混凝土空心桩相同。

**5.3.9**　嵌岩桩极限承载力由桩周土总阻力 $Q_{sk}$、嵌岩段总侧阻力 $Q_{rk}$ 和总端阻力 $Q_{pk}$ 三部分组成。

《建筑桩基技术规范》JGJ 94—94 是基于当时数量不多的小直径嵌岩桩试验确定嵌岩段侧阻力和端阻力系数，近十余年嵌岩桩工程和试验研究积累了更多资料，对其承载性状的认识进一步深化，这是本次修订的良好基础。

1　关于嵌岩段侧阻力发挥机理及侧阻力系数 $\zeta_s(q_{rs}/f_{rk})$

1）嵌岩段桩岩之间的剪切模式即其剪切面可分为三种，对于软质岩（$f_{rk} \leqslant$ 15MPa），剪切面发生于岩体一侧；对于硬质岩（$f_{rk}>$30MPa），发生于桩体一侧；对于泥浆护壁成桩，剪切面一般发生于桩岩介面，当清孔好，泥浆相对密度小，与上述规律一致。

2）嵌岩段桩的极限侧阻力大小与岩性、桩体材料和成桩清孔情况有关。表 5～表 8 是部分不同岩性嵌岩段极限侧阻力 $q_{rs}$ 和侧阻系数 $\zeta_s$。

**表 5　Thorne (1997) 的试验结果**

| $q_{rs}$（MPa） | 0.5 | 2.0 |
|---|---|---|
| $f_{rk}$（MPa） | 5 | 50 |
| $\zeta_s=q_{rs}/f_{rk}$ | 0.1 | 0.04 |

**表 6　Shin and chung (1994) 和 Lam et al (1991) 的试验结果**

| $q_{rs}$（MPa） | 0.5 | 0.7 | 1.2 | 2.0 |
|---|---|---|---|---|
| $f_{rk}$（MPa） | 5 | 10 | 40 | 100 |
| $\zeta_s=q_{rs}/f_{rk}$ | 0.1 | 0.07 | 0.03 | 0.02 |

**表 7　王国民论文所述试验结果**

| 岩　类 | 砂砾岩 | 中粗砂岩 | 中细砂岩 | 黏土质粉砂岩 | 粉细砂岩 |
|---|---|---|---|---|---|
| $q_{rs}$（MPa） | 0.7～0.8 | 0.5～0.6 | 0.8 | 0.7 | 0.6 |
| $f_{rk}$（MPa） | 7.5 | — | 4.76 | 7.5 | 8.3 |
| $\zeta_s=q_{rs}/f_{rk}$ | 0.1 | — | 0.168 | 0.09 | 0.072 |

**表 8　席宁中论文所述试验结果**

| 模拟材料 | M5 砂浆 | | C30 混凝土 | |
|---|---|---|---|---|
| $q_{rs}$（MPa） | 1.3 | 1.7 | 2.2 | 2.7 |
| $f_{rk}$（MPa） | 3.34 | | 20.1 | |
| $\zeta_s=q_{rs}/f_{rk}$ | 0.39 | 0.51 | 0.11 | 0.13 |

由表5～表8看出实测 $\zeta_s$ 较为离散，但总的规律是岩石强度愈高，$\zeta_s$ 愈低。作为规范经验值，取嵌岩段极限侧阻力峰值，硬质岩 $q_{s1}=0.1f_{rk}$，软质岩 $q_{s1}=0.12f_{rk}$。

3）根据有限元分析，硬质岩（$E_r>E_p$）嵌岩段侧阻力分布呈单驼峰形分布，软质岩（$E_r<E_p$）嵌岩段呈双驼峰形分布。为计算侧阻系数 $\zeta_s$ 的平均值，将侧阻力分布概化为图17。各特征点侧阻力为：

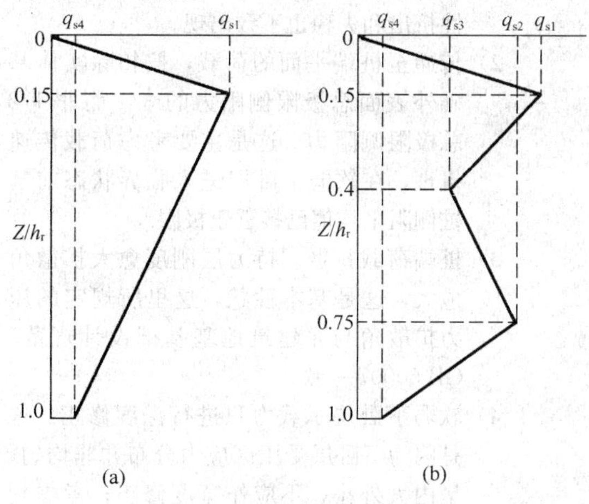


图17　嵌岩段侧阻力分布概化

（a）硬质岩；（b）软质岩

硬质岩　$q_{s1}=0.1f_r$，$q_{s4}=\dfrac{d}{4h_r}q_{s1}$

软质岩　$q_{s1}=0.12f_r$，$q_{s2}=0.8q_{s1}$，$q_{s3}=0.6q_{s1}$，$q_{s4}=\dfrac{d}{4h_r}q_{s1}$

分别计算出硬质岩 $h_r=0.5d$，$1d$，$2d$，$3d$，$4d$；软质岩 $h_r=0.5d$，$1d$，$2d$，$3d$，$4d$，$5d$，$6d$，$7d$，$8d$ 情况下的嵌岩段侧阻力系数 $\zeta_s$ 如表9所示。

**2　嵌岩桩极限端阻力发挥机理及端阻力系数 $\zeta_p$（$\zeta_p=q_{rp}/f_{rk}$）。**

1）嵌岩桩端阻性状

图18所示不同桩、岩刚度比（$E_p/E_r$）干作业条件下，桩端分担荷载比 $F_b/F_t$（$F_b$——总桩端阻力；$F_t$——岩面桩顶荷载）随嵌岩深径比 $d_r/r_0$（$2h_r/d$）的变化。从图中看出，桩端总阻力 $F_b$ 随 $E_p/E_r$ 增大而增大，随深径比 $d_r/r_0$ 增大而减小。

2）端阻系数 $\zeta_p$

Thorne（1997）所给端阻系数 $\zeta_p=0.25\sim0.75$；吴其芳等通过孔底载荷板（$d=0.3$m）试验得到 $\zeta_p=1.38\sim4.50$，相应的岩石 $f_{rk}=1.2\sim5.2$MPa，载荷板在岩石中埋深0.5～4m。总的说来，$\zeta_p$ 是随岩石饱和单轴抗压强度 $f_{rk}$ 降低而增大，随嵌岩深度增加而减小，受清底情况影响较大。

基于以上端阻性状及有关试验资料，给出硬质岩

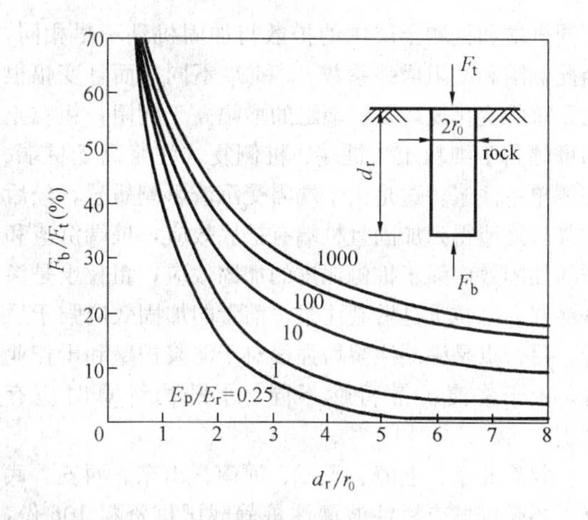


图18　嵌岩桩端阻分担荷载比随桩岩刚度比和嵌岩深径比的变化（引自Pells and Turner，1979）

和软质岩的端阻系数 $\zeta_p$ 如表9所示。

**3　嵌岩段总极限阻力简化计算**

嵌岩段总极限阻力由总极限侧阻力和总极限端阻力组成：

$$\begin{aligned}Q_{rk}&=Q_{rs}+Q_{rp}\\&=\zeta_s f_{rk}\pi dh_r+\zeta_p f_{rk}\frac{\pi}{4}d^2\\&=\left[\zeta_s\frac{4h_r}{d}+\zeta_{rp}\right]f_{rk}\frac{\pi}{4}d^2\end{aligned}$$

令
$$\zeta_s\frac{4h_r}{d}+\zeta_{rp}=\zeta_r$$

称 $\zeta_r$ 为嵌岩段侧阻和端阻综合系数。故嵌岩段总极限阻力标准值可按如下简化公式计算：

$$Q_{rk}=\zeta_r f_{rk}\frac{\pi}{4}d^2$$

其中 $\zeta_r$ 可按表9确定。

**表9　嵌岩段侧阻力系数 $\zeta_s$、端阻系数 $\zeta_p$ 及侧阻和端阻综合系数 $\zeta_r$**

| 嵌岩深径比 $h_r/d$ | | 0 | 0.5 | 1.0 | 2.0 | 3.0 | 4.0 | 5.0 | 6.0 | 7.0 | 8.0 |
|---|---|---|---|---|---|---|---|---|---|---|---|
| 极软岩软岩 | $\zeta_s$ | 0.0 | 0.052 | 0.056 | 0.056 | 0.054 | 0.051 | 0.048 | 0.045 | 0.042 | 0.040 |
| | $\zeta_p$ | 0.60 | 0.70 | 0.73 | 0.73 | 0.70 | 0.66 | 0.61 | 0.55 | 0.48 | 0.42 |
| | $\zeta_r$ | 0.60 | 0.80 | 0.95 | 1.18 | 1.35 | 1.48 | 1.57 | 1.63 | 1.66 | 1.70 |
| 较硬岩坚硬岩 | $\zeta_s$ | 0.0 | 0.050 | 0.052 | 0.050 | 0.045 | 0.040 | — | — | — | — |
| | $\zeta_p$ | 0.45 | 0.55 | 0.60 | 0.50 | 0.46 | 0.40 | — | — | — | — |
| | $\zeta_r$ | 0.45 | 0.65 | 0.81 | 0.90 | 1.00 | 1.04 | — | — | — | — |

**5.3.10**　后注浆灌注桩单桩极限承载力计算模式与普通灌注桩相同，区别在于侧阻力和端阻力乘以增强系数 $\beta_{si}$ 和 $\beta_p$。$\beta_{si}$ 和 $\beta_p$ 系通过数十根不同土层中的后注浆灌注桩与未注浆灌注桩静载对比试验求得。浆液在

不同桩端和桩侧土层中的扩散与加固机理不尽相同，因此侧阻和端阻增强系数 $\beta_{si}$ 和 $\beta_p$ 不同，而且变幅很大。总的变化规律是：端阻的增幅高于侧阻，粗粒土的增幅高于细粒土。桩端、桩侧复式注浆高于桩端、桩侧单一注浆。这是由于端阻受沉渣影响敏感，经后注浆后沉渣得到加固且桩端有扩底效应，桩端沉渣和土的加固效应强于桩侧泥皮的加固效应；粗粒土是渗透注浆，细粒土是劈裂注浆，前者的加固效应强于后者。另一点是桩侧注浆增强段对于泥浆护壁和干作业桩，由于浆液扩散特性不同，承载力计算时应有区别。

收集北京、上海、天津、河南、山东、西安、武汉、福州等城市后注浆灌注桩静载试桩资料 106 份，根据本规范第 5.3.10 条的计算公式求得 $Q_{u计}$，其中 $q_{sik}$、$q_{pk}$ 取勘察报告提供的经验值或本规范所列经验值；增强系数 $\beta_{si}$、$\beta_p$ 取本规范表 5.3.10 所列上限值。计算值 $Q_{u计}$ 与实测值 $Q_{u实}$ 散点图如图 19 所示。该图显示，实测值均位于 45°线以上，即均高于或接近于计算值。这说明后注浆灌注桩极限承载力按规范第 5.3.10 条计算的可靠性是较高的。

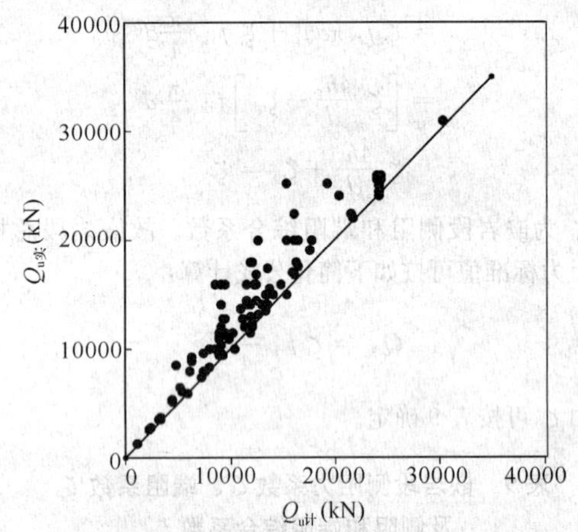


图 19 后注浆灌注桩单桩极限承载力实测值与计算值关系

**5.3.11** 振动台试验和工程地震液化实际观测表明，首先土层的地震液化严重程度与土层的标贯数 $N$ 与液化临界标贯数 $N_{cr}$ 之比 $\lambda_N$ 有关，$\lambda_N$ 愈小液化愈严重；其二，土层的液化并非随地震同步出现，而显示滞后，即地震过后若干小时乃至一二天后才出现喷水冒砂。这说明，桩的极限侧阻力并非瞬间丧失，而且并非全部损失，而上部有无一定厚度非液化覆盖层对此也有很大影响。因此，存在 3.5m 厚非液化覆盖层时，桩侧阻力根据 $\lambda_N$ 值和液化土层埋深乘以不同的折减系数。

## 5.4 特殊条件下桩基竖向承载力验算

**5.4.1** 桩距不超过 $6d$ 的群桩，当桩端平面以下软弱下卧层承载力与桩端持力层相差过大（低于持力层的 1/3）且荷载引起的局部压力超出其承载力过多时，将引起软弱下卧层侧向挤出，桩基偏沉，严重者引起整体失稳。对于本条软弱下卧层承载力验算公式着重说明四点：

**1）** 验算范围。规定在桩端平面以下受力层范围存在低于持力层承载力 1/3 的软弱下卧层。实际工程持力层以下存在相对软弱土层是常见现象，只有当强度相差过大时才有必要验算。因下卧层地基承载力与桩端持力层差异过小，土体的塑性挤出和失稳也不致出现。

**2）** 传递至桩端平面的荷载，按扣除实体基础外表面总极限侧阻力的 3/4 而非 1/2 总极限侧阻力。这是主要考虑荷载传递机理，在软弱下卧层进入临界状态前基桩侧阻平均值已接近于极限。

**3）** 桩端荷载扩散。持力层刚度愈大扩散角愈大，这是基本性状，这里所规定的压力扩散角与《建筑地基基础设计规范》GB 50007 一致。

**4）** 软弱下卧层承载力只进行深度修正。这是因为下卧层受压区应力分布并非均匀，呈内大外小，不应作宽度修正；考虑到承台底面以上土已挖除且可能和土体脱空，因此修正深度从承台底部计算至软弱土层顶面。另外，既然是软弱下卧层，即多为软弱黏性土，故深度修正系数取 1.0。

**5.4.3** 桩周负摩阻力对基桩承载力和沉降的影响，取决于桩周负摩阻力强度、桩的竖向承载类型，因此分三种情况验算。

**1** 对于摩擦型桩，由于受负摩阻力沉降增大，中性点随之上移，即负摩阻力、中性点与桩顶荷载处于动态平衡。作为一种简化，取假想中性点（按桩端持力层性质取值）以上摩阻力为零验算基桩承载力。

**2** 对于端承型桩，由于桩受负摩阻力后桩不发生沉降或沉降量很小，桩土无相对位移或相对位移很小，中性点无变化，故负摩阻力构成的下拉荷载应作为附加荷载考虑。

**3** 当土层分布不均匀或建筑物对不均匀沉降较敏感时，由于下拉荷载是附加荷载的一部分，故应将其计入附加荷载进行沉降验算。

**5.4.4** 本条说明关于负摩阻力及下拉荷载计算的相关内容。

**1** 负摩阻力计算

负摩阻力对基桩而言是一种主动作用。多数学者认为桩侧负摩阻力的大小与桩侧土的有效应力有关，不同负摩阻力计算式中也多反映有效应力因素。大量试验与工程实测结果表明，以负摩阻力有效应力法计算较接近于实际。因此本规范规定如下有效应力法为负摩阻力计算方法。

$$q_{ni} = k \cdot \mathrm{tg}\varphi' \cdot \sigma_i = \zeta_n \cdot \sigma'_i$$

式中 $q_{ni}$——第 $i$ 层土桩侧负摩阻力；

$k$——土的侧压力系数；

$\varphi'$——土的有效内摩擦角；

$\sigma'_i$——第 $i$ 层土的平均竖向有效应力；

$\zeta_n$——负摩阻力系数。

$\zeta_n$ 与土的类别和状态有关，对于粗粒土，$\zeta_n$ 随土的粒度和密实度增加而增大；对于细粒土，则随土的塑性指数、孔隙比、饱和度增大而降低。综合有关文献的建议值和各类土中的测试结果，给出如本规范表 5.4.4-1 所列 $\zeta_n$ 值。由于竖向有效应力随上覆土层自重增大而增加，当 $q_{ni} = \zeta_n \cdot \sigma'_i$ 超过土的极限侧阻力 $q_{sk}$ 时，负摩阻力不再增大。故当计算负摩阻力 $q_{ni}$ 超过极限侧摩阻力时，取极限侧摩阻力值。

下面列举饱和软土中负摩阻力实测与按规范方法计算的比较（图 20）。

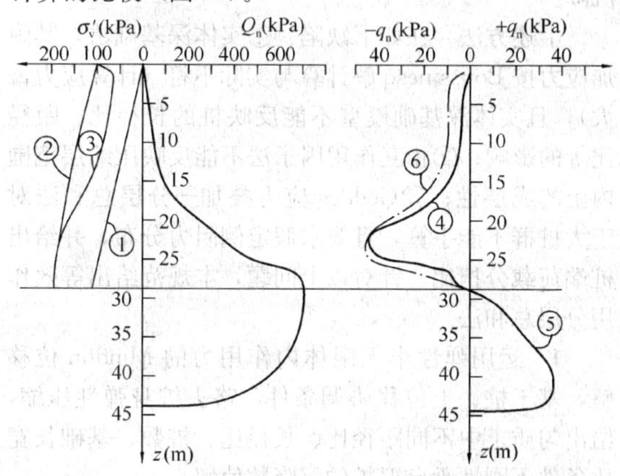


图 20 采用有效应力法计算负摩阻力图

① 土的计算自重应力 $\sigma_c = \gamma_m z$，$\gamma_m$——土的浮重度加权平均值；

② 竖向应力 $\sigma_v = \sigma_z + \sigma_c$；

③ 竖向有效应力 $\sigma'_v = \sigma_v - u$，$u$——实测孔隙水压力；

④ 由实测桩身轴力 $Q_n$，求得的负摩阻力 $-q_n$；

⑤ 由实测桩身轴力 $Q_n$，求得的正摩阻力 $+q_n$；

⑥ 由实测孔隙水压力，按有效应力法计算的负摩阻力。

某电厂的贮煤场位于厚 70～80m 的第四系全新统海相地层上，上部为厚 20～35m 的低强度、高压缩性饱和软黏土。用底面积为 35m×35m、高度为 4.85m 的土石堆载模拟煤堆荷载，堆载底面压力为 99kPa，在堆载中心设置了一根入土 44m 的 $\phi$610 闭口钢管桩，桩端进入超固结黏土、粉质黏土和粉土层中。在钢管桩内采用应变计量测了桩身应变，从而得到桩身正、负摩阻力分布图、中性点位置；在桩周土中埋设了孔隙水压力计，测得地基中不同深度的孔隙水压力变化。

按本规范式（5.4.4-1）估算，得图 20 所示曲线。

由图中曲线比较可知，计算值与实测值相近。

**2** 关于中性点的确定

当桩穿越厚度为 $l_0$ 的高压缩土层，桩端设置于较坚硬的持力层时，在桩的某一深度 $l_n$ 以上，土的沉降大于桩的沉降，在该段桩长内，桩侧产生负摩阻力；$l_n$ 深度以下的可压缩层内，土的沉降小于桩的沉降，土对桩产生正摩阻力，在 $l_n$ 深度处，桩土相对位移为零，既没有负摩阻力，又没有正摩阻力，习惯上称该点为中性点。中性点截面桩身的轴力最大。

一般来说，中性点的位置，在初期多少是有变化的，它随着桩的沉降增加而向上移动，当沉降趋于稳定，中性点也将稳定在某一固定的深度 $l_n$ 处。

工程实测表明，在高压缩性土层 $l_0$ 的范围内，负摩阻力的作用长度，即中性点的稳定深度 $l_n$，是随桩端持力层的强度和刚度的增大而增加的，其深度比 $l_n/l_0$ 的经验值列于本规范表 5.4.4-2 中。

**3** 关于负摩阻力的群桩效应的考虑

对于单桩基础，桩侧负摩阻力的总和即为下拉荷载。

对于桩距较小的群桩，其基桩的负摩阻力因群桩效应而降低。这是由于桩侧负摩阻力是由桩侧土体沉降而引起，若群桩中各桩表面单位面积所分担的土体重量小于单桩的负摩阻力极限值，将导致基桩负摩阻力降低，即显示群桩效应。计算群桩中基桩的下拉荷载时，应乘以群桩效应系数 $\eta_n < 1$。

本规范推荐按等效圆法计算其群桩效应，即独立单桩单位长度的负摩阻力由相应长度范围内半径 $r_e$ 形成的土体重量与之等效，得

$$\pi d q_s^n = \left(\pi r_e^2 - \frac{\pi d^2}{4}\right)\gamma_m$$

解上式得

$$r_e = \sqrt{\frac{d q_s^n}{\gamma_m} + \frac{d^2}{4}}$$

式中 $r_e$——等效圆半径（m）；

$d$——桩身直径（m）；

$q_s^n$——单桩平均极限负摩阻力标准值（kPa）；

$\gamma_m$——桩侧土体加权平均重度（kN/m³）；地下水位以下取浮重度。

以群桩各基桩中心为圆心，以 $r_e$ 为半径做圆，由各圆的相交点作矩形。矩形面积 $A_r = s_{ax} \cdot s_{ay}$ 与圆面积 $A_e = \pi r_e^2$ 之比，即为负摩阻力群桩效应系数。

$$\eta_n = A_r/A_e = \frac{s_{ax} \cdot s_{ay}}{\pi r_e^2} = s_{ax} \cdot s_{ay} / \pi d\left(\frac{q_s^n}{\gamma_m} + \frac{d}{4}\right)$$

式中 $s_{ax}$、$s_{ay}$——分别为纵、横向桩的中心距。$\eta_n \leqslant 1$，当计算 $\eta_n > 1$ 时，取 $\eta_n = 1$。

**5.4.5** 桩基的抗拔承载力破坏可能呈单桩拔出或群桩整体拔出，即呈非整体破坏或整体破坏模式，对两

种破坏的承载力均应进行验算。

**5.4.6** 本条说明关于群桩基础及其基桩的抗拔极限承载力的确定问题。

**1** 对于设计等级为甲、乙级建筑桩基应通过单桩现场上拔试验确定单桩抗拔极限承载力。群桩的抗拔极限承载力难以通过试验确定，故可通过计算确定。

**2** 对于设计等级为丙级建筑桩基可通过计算确定单桩抗拔极限承载力，但应进行工程桩抗拔静载试验检测。单桩抗拔极限承载力计算涉及如下三个问题：

1）单桩抗拔承载力计算分为两大类：一类为理论计算模式，以土的抗剪强度及侧压力系数为参数按不同破坏模式建立的计算公式；另一类是以抗拔桩试验资料为基础，采用抗压极限承载力计算模式乘以抗拔系数 $\lambda$ 的经验性公式。前一类公式影响其剪切破坏面模式的因素较多，包括桩的长径比、有无扩底、成桩工艺、地层土性等，不确定因素多，计算较为复杂。为此，本规范采用后者。

2）关于抗拔系数 $\lambda$（抗拔极限承载力/抗压极限承载力）。

从表10所列部分单桩抗拔抗压极限承载力之比即抗拔系数 $\lambda$ 看出，灌注桩高于预制桩，长桩高于短桩，黏性土高于砂土。本规范表5.4.6-2给出的 $\lambda$ 是基于上述试验结果并参照有关规范给出的。

**表10 抗拔系数 $\lambda$ 部分试验结果**

| 资料来源 | 工艺 | 桩径 $d$(m) | 桩长 $l$(m) | $l/d$ | 土质 | $\lambda$ |
|---|---|---|---|---|---|---|
| 无锡国棉一厂 | 钻孔桩 | 0.6 | 20 | 33 | 黏性土 | 0.6～0.8 |
| 南通200kV泰刘线 | 反循环 | 0.45 | 12 | 26.7 | 粉土 | 0.9 |
| 南通1979年试验 | 反循环 | — | 9<br>12 | | 黏性土<br>黏性土 | 0.79<br>0.98 |
| 四航局广州试验 | 预制桩 | — | — | 13～33 | 砂土 | 0.38～0.53 |
| 甘肃建研所 | 钻孔桩 | — | — | — | 天然黄土<br>饱和黄土 | 0.78<br>0.5 |
| 《港口工程桩基规范》(JTJ 254) | — | — | — | — | 黏性土 | 0.8 |

3）对于扩底抗拔桩的抗拔承载力。扩底桩的抗拔承载力破坏模式，随土的内摩擦角大小而变，内摩擦角愈大，受扩底影响的破坏柱体愈长。桩底以上长度约4～10$d$范围内，破裂柱体直径增大至扩底直径 $D$；超过该范围以上部分，破裂面缩小至桩土界面。按此模型给出扩底抗拔承载力计算周长 $u_i$，如本规范表5.4.6-1。

## 5.5 桩基沉降计算

**5.5.6～5.5.9** 桩距小于和等于6倍桩径的群桩基础，在工作荷载下的沉降计算方法，目前有两大类。一类是按实体深基础计算模型，采用弹性半空间表面荷载下Boussinesq应力解计算附加应力，用分层总和法计算沉降；另一类是以半无限弹性体内部集中力作用下的Mindlin解为基础计算沉降。后者主要分为两种，一种是Poulos提出的相互作用因子法；第二种是Geddes对Mindlin公式积分而导出集中力作用于弹性半空间内部的应力解，按叠加原理，求得群桩桩端平面下各单桩附加应力和，按分层总和法计算群桩沉降。

上述方法存在如下缺陷：①实体深基础法，其附加应力按Boussinesq解计算与实际不符（计算应力偏大），且实体深基础模型不能反映桩的长径比、距径比等的影响；②相互作用因子法不能反映压缩层范围内土的成层性；③Geddes应力叠加—分层总和法对于大桩群不能手算，且要求假定侧阻力分布，并给出桩端荷载分担比。针对以上问题，本规范给出等效作用分层总和法。

**1** 运用弹性半无限体内作用力的Mindlin位移解，基于桩、土位移协调条件，略去桩身弹性压缩，给出匀质土中不同距径比、长径比、桩数、基础长宽比条件下刚性承台群桩的沉降数值解：

$$w_M = \frac{\overline{Q}}{E_s d}\overline{w}_M \tag{1}$$

式中 $\overline{Q}$——群桩中各桩的平均荷载；

$E_s$——均质土的压缩模量；

$d$——桩径；

$\overline{w}_M$——Mindlin解群桩沉降系数，随群桩的距径比、长径比、桩数、基础长宽比而变。

**2** 运用弹性半无限体表面均布荷载下的Boussinesq解，不计实体深基础侧阻力和应力扩散，求得实体深基础的沉降：

$$w_B = \frac{P}{aE_s}\overline{w}_B \tag{2}$$

式中

$$\overline{w}_B = \frac{1}{4\pi}\left[\ln\frac{\sqrt{1+m^2}+m}{\sqrt{1+m^2}-m} + m\ln\frac{\sqrt{1+m^2}+1}{\sqrt{1+m^2}-1}\right] \tag{3}$$

$m$——矩形基础的长宽比；$m=a/b$；

$P$ ——矩形基础上的均布荷载之和。

由于数据过多，为便于分析应用，当 $m \leqslant 15$ 时，式（3）经统计分析后简化为

$$\overline{w}_B = (m + 0.6336)/(1.1951m + 4.6275) \quad (4)$$

由此引起的误差在 2.1%以内。

**3** 两种沉降解之比：

相同基础平面尺寸条件下，对于按不同几何参数刚性承台群桩 Mindlin 位移解沉降计算值 $w_M$ 与不考虑群桩侧面剪应力和应力不扩散实体深基础 Boussinesq 解沉降计算值 $w_B$ 二者之比为等效沉降系数 $\psi_e$ 。按实体深基础 Boussinesq 解分层总和法计算沉降 $w_B$ ，乘以等效沉降系数 $\psi_e$ ，实质上纳入了按 Mindlin 位移解计算桩基础沉降时，附加应力及桩群几何参数的影响，称此为等效作用分层总和法。

$$\psi_e = \frac{w_M}{w_B} = \frac{\dfrac{\overline{Q}}{E_s \cdot d} \cdot \overline{w}_M}{\dfrac{n_a \cdot n_b \cdot \overline{Q} \cdot \overline{w}_B}{a \cdot E_s}}$$

$$= \frac{\overline{w}_M}{\overline{w}_B} \cdot \frac{a}{n_a \cdot n_b \cdot d} \quad (5)$$

式中　$n_a$、$n_b$ ——分别为矩形桩基础长边布桩数和短边布桩数。

为应用方便，将按不同距径比 $s_a/d=2$、3、4、5、6，长径比 $l/d=5$、10、15…100，总桩数 $n=4$…600，各种布桩形式（$n_a/n_b=1$，2，…10），桩基承台长宽比 $L_c/B_c=1$、2…10，对式（5）计算出的 $\psi_e$ 进行回归分析，得到本规范式（5.5.9-1）。

**4** 等效作用分层总和法桩基最终沉降量计算式

$$s = \psi \cdot \psi_e \cdot s' = \psi \cdot \psi_e \cdot \sum_{j=1}^{m} p_{oj} \sum_{i=1}^{n} \frac{z_{ij}\,\overline{\alpha}_{ij} - z_{(i-1)j}\,\overline{\alpha}_{(i-1)j}}{E_{si}} \quad (6)$$

沉降计算公式与习惯使用的等代实体深基础分层总和法基本相同，仅增加一个等效沉降系数 $\psi_e$ 。其中要注意的是：等效作用面位于桩端平面，等效作用面积为桩基承台投影面积，等效作用附加压力取承台底附加压力，等效作用面以下（等代实体深基底以下）的应力分布按弹性半空间 Boussinesq 解确定，应力系数为角点下平均附加应力系数 $\overline{\alpha}$ 。各分层沉降量 $\Delta s'_i = p_0 \dfrac{z_i\,\overline{\alpha}_i - z_{(i-1)}\,\overline{\alpha}_{(i-1)}}{E_{si}}$ ，其中 $z_i$、$z_{(i-1)}$ 为有效作用面至 $i$、$i-1$ 层层底的深度；$\overline{\alpha}_i$、$\overline{\alpha}_{(i-1)}$ 为按计算分块长宽比 $a/b$ 及深宽比 $z_i/b$、$z_{(i-1)}/b$ ，由附录 D 确定。$p_0$ 为承台底面荷载效应准永久组合附加压力，将其作用于桩端等效作用面。

**5.5.11** 本条说明关于桩基沉降计算经验系数 $\psi$ 。本次规范修编时，收集了软土地区的上海、天津，一般第四纪土地区的北京、沈阳，黄土地区的西安等共计 150 份已建桩基工程的沉降观测资料，得出实测沉降与计算沉降之比 $\psi$ 与沉降计算深度范围内压缩模量当量值 $\overline{E}_s$ 的关系如图 21 所示，同时给出 $\psi$ 值列于本规范表 5.5.11。

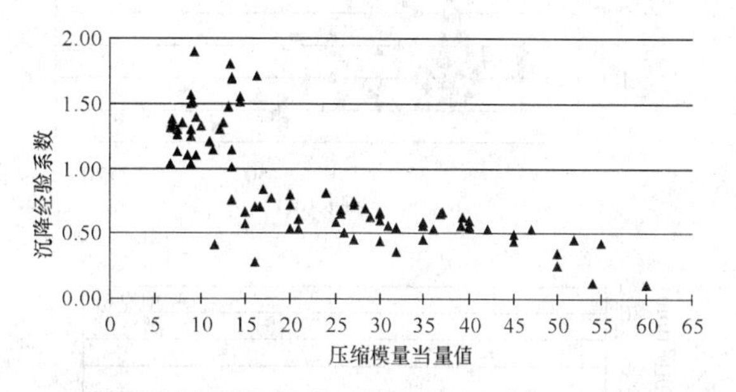


图 21　沉降经验系数 $\psi$ 与压缩模量当量值 $\overline{E}_s$ 的关系

关于预制桩沉桩挤土效应对桩基沉降的影响问题。根据收集到的上海、天津、温州地区预制桩和灌注桩基础沉降观测资料共计 110 份，将实测最终沉降量与桩长关系散点图分别表示于图 22（a）、（b）、（c）。图 22 反映出一个共同规律：预制桩基础的最终沉降量显著大于灌注桩基础的最终沉降量，桩长愈小，其差异愈大。这一现象反映出预制桩因挤土沉桩产生桩土上涌导致沉降增大的负面效应。由于三个地区地层条件存在差异，桩端持力层、桩长、桩距、沉桩工艺流程等因素变化，使得预制桩挤土效应不同。为使计算沉降更符合实际，建立以灌注桩基础实测沉降与计算沉降之比 $\psi$ 随桩端压缩层范围内模量当量值 $\overline{E}_s$ 而变的经验值，对于饱和土中未经复打、复压、引孔沉桩的预制桩基础按本规范表 5.5.11 所列值再乘以挤土效应系数 1.3～1.8，对于桩数多、桩距小、沉桩速率快、土体渗透性低的情况，挤土效应系数取大值；对于后注浆灌注桩则乘以 0.7～0.8 折减系数。

**5.5.14** 本条说明关于单桩、单排桩、疏桩（桩距大于 6$d$）基础的最终沉降量计算。工程实际中，采用一柱一桩或一柱两桩、单排桩、桩距大于 6$d$ 的疏桩基础并非罕见。如：按变刚度调平设计的框架-核心筒结构工程中，刚度相对弱化的外围桩基，柱下布 1～3桩者居多；剪力墙结构，常采取墙下布桩（单排桩）；框架和排架结构建筑桩基按一柱一桩或一柱二桩布置也不少。有的设计考虑承台分担荷载，即设计为复合桩基，此时承台多数为平板式或梁板式筏形承台；另一种情况是仅在柱、墙下单独设置承台，或即使设计为满堂筏形承台，由于承台底土层为软土、欠固结土、可液化、湿陷性土等原因，承台不分担荷载，或因使用要求，变形控制严格，只能考虑桩的承载作用。首先，就桩数、桩距等而言，这类桩基不能应用等效作用分层总和法，需要另行给出沉降计算方法。其次，对于复合桩基和普通桩基的计算模式应予区分。

单桩、单排桩、疏桩复合桩基沉降计算模式是基于新推导的 Mindlin 解计入桩径影响公式计算桩的附加应力，以 Boussinesq 解计算承台底压力引起的附加

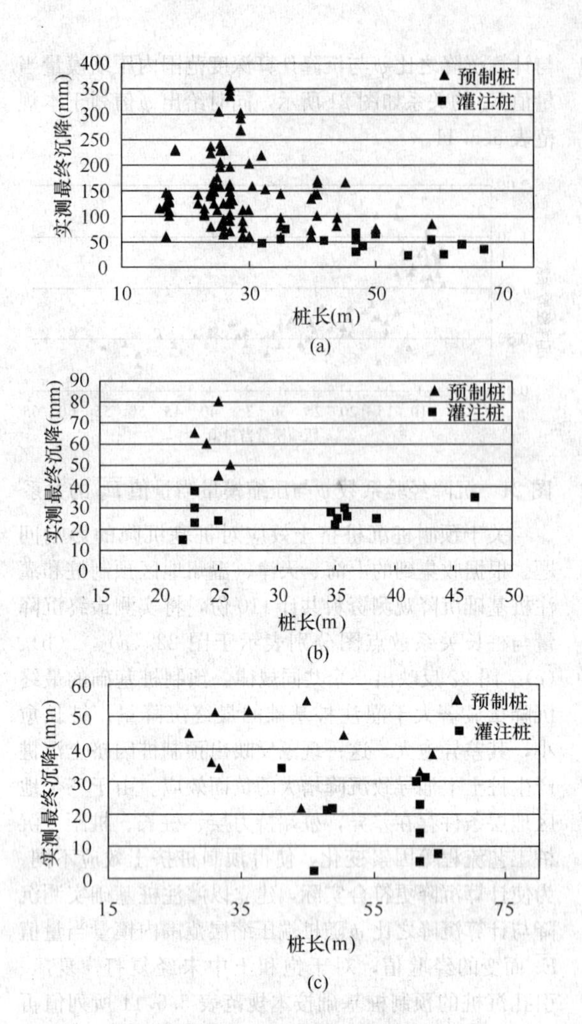


图 22　预制桩基础与灌注桩基础实测沉降量与桩长关系

(a) 上海地区；(b) 天津地区；(c) 温州地区

应力，将二者叠加按分层总和法计算沉降，计算式为本规范式（5.5.14-1）～式（5.5.14-5）。

计算时应注意，沉降计算点取底层柱、墙中心点，应力计算点应取与沉降计算点最近的桩中心点，见图 23。当沉降计算点与应力计算点不重合时，二者的沉降并不相等，但由于承台刚度的作用，在工程实践的意义上，近似取二者相同。本规范中，应力计算点的沉降包含桩端以下土层的压缩和桩身压缩，桩端以下土层的压缩应按桩端以下轴线处的附加应力计算（桩身以外土中附加应力远小于轴线处）。

承台底压力引起的沉降实际上包含两部分，一部分为回弹再压缩变形，另一部分为超出土自重部分的附加压力引起的变形。对于前者的计算较为复杂，一是回弹再压缩量对于整个基础而言分布是不均的，坑中央最大，基坑边缘最小；二是再压缩层深度及其分布难以确定。若将此二部分压缩变形分别计算，目前尚难解决。故计算时近似将全部承台底压力等效为附加压力计算沉降。

这里应着重说明三点：一是考虑单排桩、疏桩基础在基坑开挖（软土地区往往是先成桩后开挖；非软

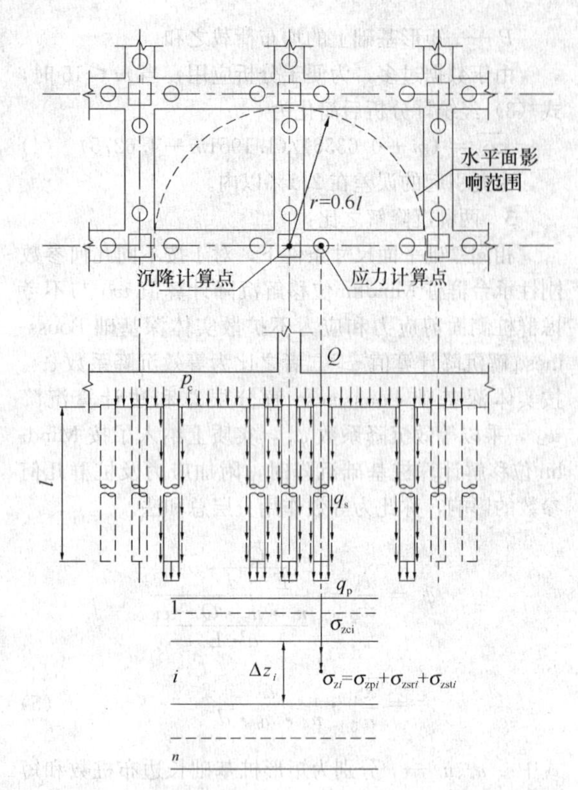


图 23　单桩、单排桩、疏桩基础沉降计算示意图

土地区，则是开挖一定深度后再成桩）时，桩对土体的回弹约束效应小，故应将回弹再压缩计入沉降量；二是当基坑深度小于 5m 时，回弹量很小，可忽略不计；三是中、小桩距桩基的桩对于土体回弹的约束效应导致回弹量减小，故其回弹再压缩可予忽略。

计算复合桩基沉降时，假定承台底附加压力为均布，$p_c=\eta_c f_{ak}$，$\eta_c$ 按 $s_a>6d$ 取值，$f_{ak}$ 为地基承载力特征值，对全承台分块按式（5.5.14-5）计算桩端平面以下土层的应力 $\sigma_{zci}$，与基桩产生的应力 $\sigma_{zi}$ 叠加，按本规范式（5.5.14-4）计算最终沉降量。若核心筒桩群在计算点 0.6 倍桩长范围以内，应考虑其影响。

单桩、单排桩、疏桩常规桩基，取承台压力 $p_c=0$，即按本规范式（5.5.14-1）进行沉降计算。

这里应着重说明上述计算式有关的五个问题：

**1**　单桩、单排桩、疏桩桩基沉降计算深度相对于常规群桩要小得多，而由 Mindlin 解导出得 Geddes 应力计算式模型是作用于桩轴线的集中力，因而其桩端平面以下一定范围内应力集中现象极明显，与一定直径桩的实际性状相差甚大，远远超出土的强度，用于计算压缩层厚度很小的桩基沉降显然不妥。Geddes 应力系数与考虑桩径的 Mindlin 应力系数相比，其差异变化的特点是：愈近桩端差异愈大，桩端下 $l/10$ 处二者趋向接近；桩的长径比愈小差异愈大，如 $l/d=10$ 时，桩端以下 0.008 $l$ 处，Geddes 解端阻产生的竖向应力为考虑桩径的 44 倍，侧阻（按均布）产生的竖向应力为考虑桩径的 8 倍。而单桩、单排桩、疏

桩的桩端以下压缩层又较小，由此带来的误差过大。故对 Mindlin 应力解考虑桩径因素求解，桩端、桩侧阻力的分布如附录 F 图 F.0.2 所示。为便于使用，求得基桩长径比 $l/d=10,15,20,25,30,40\sim100$ 的应力系数 $I_p$、$I_{sr}$、$I_{st}$ 列于附录 F。

**2** 关于土的泊松比 $\nu$ 的取值。土的泊松比 $\nu=0.25\sim0.42$；鉴于对计算结果不敏感，故统一取 $\nu=0.35$ 计算应力系数。

**3** 关于相邻基桩的水平面影响范围。对于相邻基桩荷载对计算点竖向应力的影响，以水平距离 $\rho=0.6l$（$l$ 为计算点桩长）范围内的桩为限，即取最大 $n=\rho/l=0.6$。

**4** 沉降计算经验系数 $\psi$。这里仅对收集到的部分单桩、双桩、单排桩的试验资料进行计算。若无当地经验，取 $\psi=1.0$。对部分单桩、单排桩沉降进行计算与实测的对比，列于表 11。

**5** 关于桩身压缩。由表 11 单桩、单排桩计算与实测沉降比较可见，桩身压缩比 $s_e/s$ 随桩的长径比 $l/d$ 增大和桩端持力层刚度增大而增加。如 CCTV 新台址桩基，长径比 $l/d$ 为 43 和 28，桩端持力层为卵砾、中粗砂层，$E_s\geqslant100$MPa，桩身压缩分别为 22mm，$s_e/s=88\%$；14.4mm，$s_e/s=59\%$。因此，本规范第 5.5.14 条规定应计入桩身压缩。这是基于单桩、单排桩总沉降量较小，桩身压缩比例超过 50%，若忽略桩身压缩，则引起的误差过大。

**6** 桩身弹性压缩的计算。基于桩身材料的弹性假定及桩侧阻力呈矩形、三角形分布，由下式可简化计算桩身弹性压缩量：

$$s_e=\frac{1}{AE_p}\int_0^l\left[Q_0-\pi d\int_0^z q_s(z)\mathrm{d}z\right]\mathrm{d}z=\xi_e\frac{Q_0 l}{AE_p}$$

对于端承型桩，$\xi_e=1.0$；对于摩擦型桩，随桩侧阻力份额增加和桩长增加，$\xi_e$ 减小；$\xi_e=1/2\sim2/3$。

**表 11 单桩、单排桩计算与实测沉降对比**

| 项目 | | 桩顶特征荷载（kN） | 桩长/桩径（m） | 压缩模量（MPa） | 计算沉降（mm） | | | 实测沉降（mm） | $S_{实测}/S_{计}$ | 备注 |
|---|---|---|---|---|---|---|---|---|---|---|
| | | | | | 桩端土压缩（mm） | 桩身压缩（mm） | 预估总沉降量（mm） | | | |
| 长青大厦 | 4# | 2400 | 17.8/0.8 | 100 | 0.8 | 1.4 | 2.2 | 1.76 | 0.80 | — |
| | 3# | 5600 | | | 2.9 | 3.4 | 6.3 | 5.60 | 0.89 | — |
| | 2# | 4800 | | | 2.3 | 2.9 | 5.2 | 5.66 | 1.09 | — |
| | 1# | 4000 | | | 1.8 | 2.4 | 4.2 | 4.93 | 1.17 | — |
| | | 2400 | | | 0.9 | 1.5 | 2.4 | 3.04 | 1.27 | — |
| 皇冠大厦 | 465# | 6000 | 15/0.8 | 100 | 3.6 | 2.8 | 6.4 | 4.74 | 0.74 | — |
| | 467# | 5000 | | | 2.9 | 2.3 | 5.2 | 4.55 | 0.88 | — |
| 北京SOHO | S1 | 8000 | 29.5/1.0 | 70 | 2.8 | 4.7 | 7.5 | 13.30 | 1.77 | — |
| | S2 | 6500 | 29.5/0.8 | | 3.8 | 6.5 | 10.3 | 9.88 | 0.96 | — |
| | S3 | 8000 | 29.5/1.0 | | 2.8 | 4.7 | 7.5 | 9.61 | 1.28 | — |
| 洛口试桩[①] | D-8 | 316 | 4.5/0.25 | 8 | 16.0 | | | 20 | 1.25 | — |
| | G-19 | 280 | 4.5/0.25 | | 28.7 | | | 23.9 | 0.83 | — |
| | G-24 | 201.7 | 4.5/0.25 | | 28.0 | | | 30 | 1.07 | — |
| 北京电视中心 | S1 | 7200 | 27/1.0 | 70 | 2.6 | 3.9 | 6.5 | 7.41 | 1.14 | — |
| | S2 | 7200 | 27/1.0 | | 2.6 | 3.9 | 6.5 | 9.59 | 1.48 | — |
| | S3 | 7200 | 27/1.0 | | 2.6 | 3.9 | 6.5 | 6.48 | 1.00 | — |
| | S4 | 5600 | 27/0.8 | | 2.5 | 4.8 | 7.3 | 8.84 | 1.21 | — |
| | S5 | 5600 | 27/0.8 | | 2.5 | 4.8 | 7.3 | 7.82 | 1.07 | — |
| | S6 | 5600 | 27/0.8 | | 2.5 | 4.8 | 7.3 | 8.18 | 1.12 | — |

续表 11

| 项目 | | 桩顶特征荷载（kN） | 桩长/桩径（m） | 压缩模量（MPa） | 计算沉降（mm） | | | 实测沉降（mm） | $S_{实测}/S_{计}$ | 备注 |
|---|---|---|---|---|---|---|---|---|---|---|
| | | | | | 桩端土压缩（mm） | 桩身压缩（mm） | 预估总沉降量（mm） | | | |
| 北京银泰中心 | A-S1 | 9600 | 30/1.1 | 70 | 2.9 | 4.5 | 7.4 | 3.99 | 0.54 | — |
| | A-S1-1 | 6800 | | | 1.6 | 3.2 | 4.8 | 2.59 | 0.54 | — |
| | A-S1-2 | 6800 | | | 1.6 | 3.2 | 4.8 | 3.16 | 0.66 | — |
| | B-S3 | 9600 | | | 2.9 | 4.5 | 7.4 | 3.87 | 0.52 | — |
| | B1-14 | 5100 | | | 1.0 | 2.4 | 3.4 | 1.53 | 0.45 | — |
| | B-S1-2 | 5100 | | | 1.0 | 2.4 | 3.4 | 1.96 | 0.58 | — |
| | C-S2 | 9600 | | | 2.9 | 4.5 | 7.4 | 4.28 | 0.58 | — |
| | C-S1-1 | 5100 | | | 1.0 | 2.4 | 3.4 | 3.09 | 0.91 | — |
| | C-S1-2 | 5100 | | | 1.0 | 2.4 | 3.4 | 2.85 | 0.84 | — |
| CCTV② | TP-A1 | 33000 | 51.7/1.2 | 120 | 3.3 | 22.5 | 25.8 | 21.78 | 0.85 | 1.98 |
| | TP-A2 | 30250 | 51.7/1.2 | | 2.5 | 20.6 | 23.1 | 21.44 | 0.93 | 5.22 |
| | TP-A3 | 33000 | 53.4/1.2 | | 3.0 | 23.2 | 26.2 | 18.78 | 0.72 | 1.78 |
| | TP-B1 | 33000 | 33.4/1.2 | 100 | 10.0 | 14.5 | 24.5 | 20.92 | 0.85 | 5.38 |
| | TP-B2 | 33000 | 33.4/1.2 | | 10.0 | 14.5 | 24.5 | 14.50 | 0.59 | 3.79 |
| | TP-B3 | 35000 | 33.4/1.2 | | 11.0 | 15.4 | 26.4 | 21.80 | 0.83 | 3.32 |

注：① 洛口试桩为单排桩（分别是单排 2 桩、4 桩、6 桩），采用桩顶极限荷载。

② CCTV 试桩备注栏为实测桩端沉降，采用桩顶极限荷载。

**5.5.15** 上述单桩、单排桩、疏桩基础及其复合桩基的沉降计算深度均采用应力比法，即按 $\sigma_z + \sigma_{zc} = 0.2\sigma_c$ 确定。

关于单桩、单排桩、疏桩复合桩基沉降计算方法的可靠性问题。从表 11 单桩、单排桩静载试验实测与计算比较来看，还是具有较大可靠性。采用考虑桩径因素的 Mindlin 解进行单桩应力计算，较之 Geddes 集中应力公式应该说是前进了一大步。其缺陷与其他手算方法一样，不能考虑承台整体和上部结构刚度调整沉降的作用。因此，这种手算方法主要用于初步设计阶段，最终应采用上部结构—承台—桩土共同作用有限元方法进行分析。

为说明本规范第 3.1.8 条变刚度调平设计要点及本规范第 5.5.14 条疏桩复合桩基沉降计算过程，以某框架-核心筒结构为例，叙述如下。

1 概念设计

1）桩型、桩径、桩长、桩距、桩端持力层、单桩承载力

该办公楼由地上 36 层、地下 7 层与周围地下 7 层车库连成一体，基础埋深 26m。框架-核心筒结构。建筑标准层平面图见图 24，立面图见图 25，主体高度 156m。拟建场地地层柱状土如图 26 所示，第⑨层为卵石—圆砾，第⑬层为细—中砂，是桩基础良好持力层。采用后注浆灌注桩桩筏基础，设计桩径 1000mm。按强化核心筒桩基的竖向支承刚度、相对弱化外围框架柱桩基竖向支承刚度的总体思路，核心筒采用常规桩基，桩长 25m，外围框架采用复合桩基，桩长 15m。核心筒桩端持力层选为第⑬层细—中砂，单桩承载力特征值 $R_a = 9500$kN，桩距 $s_a = 3d$；外围边框架柱采用复合桩基础，荷载由桩土共同承担，单桩承载力特征值 $R_a = 7000$kN。

2）承台结构形式

由于变刚度调平布桩起到减小承台筏板整体弯距和冲切力的作用，板厚可减少。核心筒承台采用平板式，厚度 $h_1 = 2200$mm；外围框架采用梁板式筏板承台，梁截面 $b_b \times h_b = 2000\text{mm} \times 2200\text{mm}$，板厚 $h_2 = 1600$mm 。与主体相连裙房（含地下室）采用天然地基，梁板式片筏基础。

2 基桩承载力计算与布桩

1）核心筒

荷载效应标准组合(含承台自重)：$N_{ck} = 843592$kN；

基桩承载力特征值 $R_a = 9500$kN，每个核心筒布桩 90 根，并使桩反力合力点与荷载重心接近重合。偏心距如下：

左核心筒荷载偏心距离：$\Delta X = -0.04$m；$\Delta Y = 0.26$m

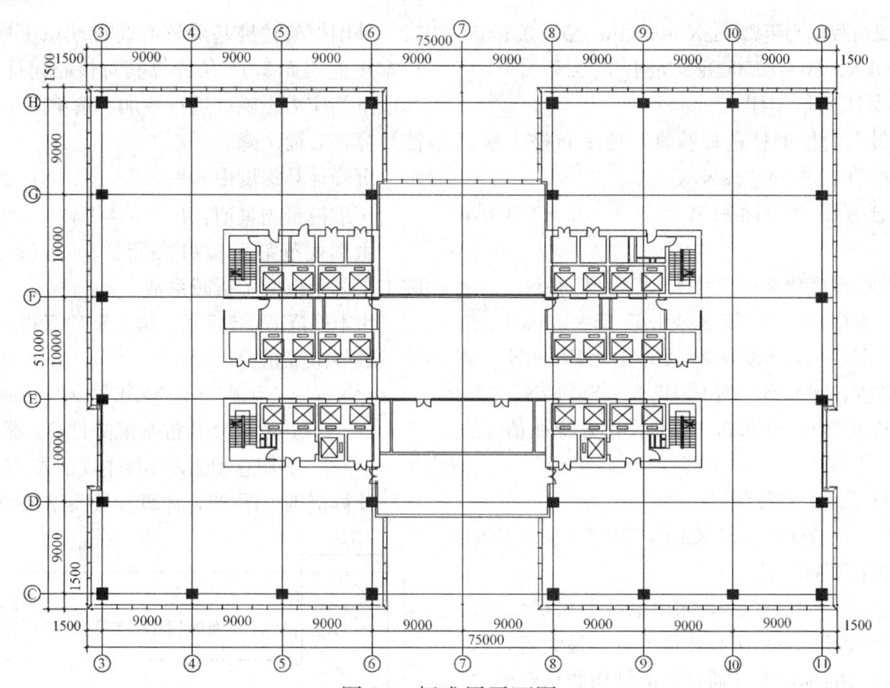

图 24　标准层平面图

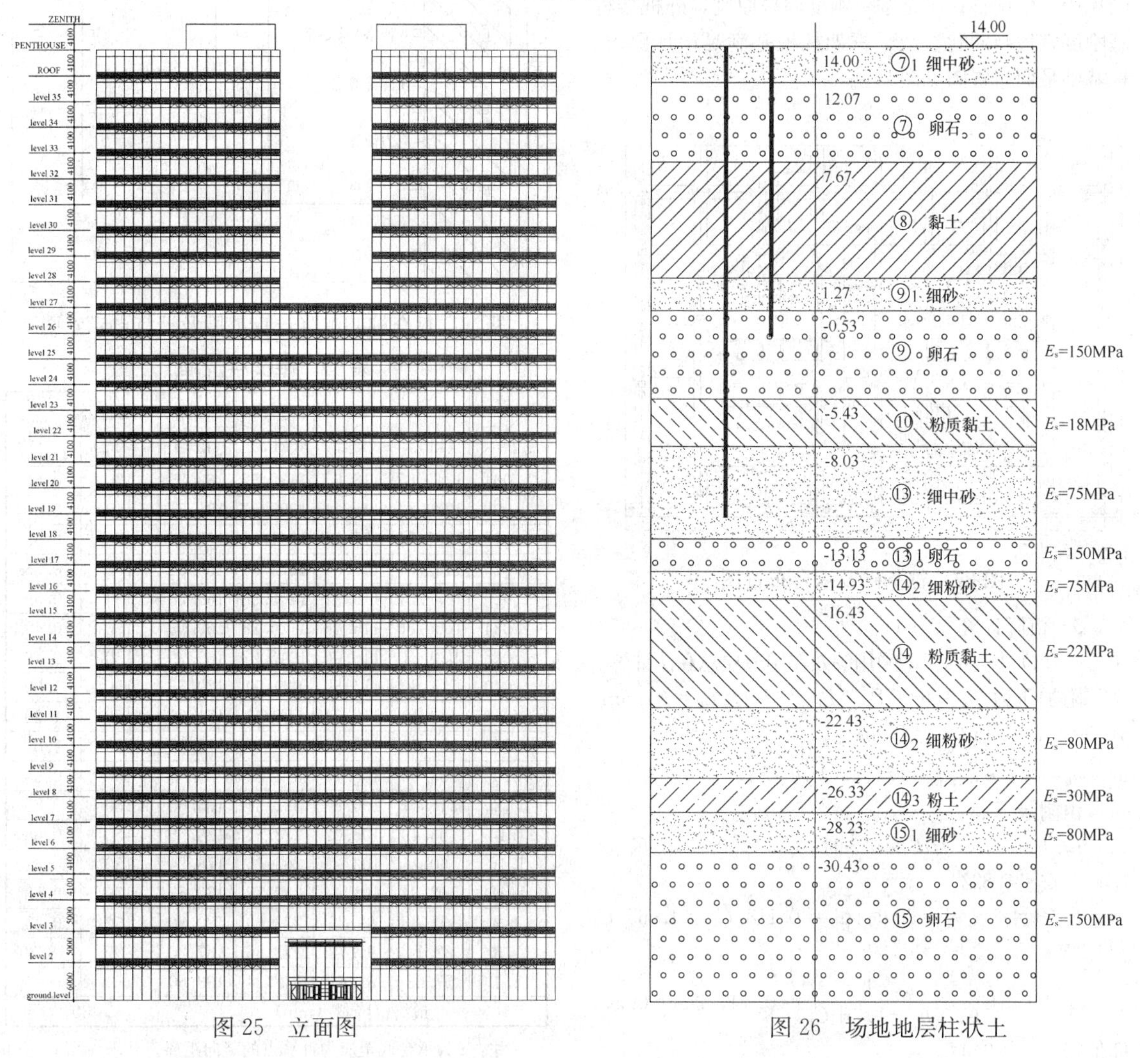

图 25　立面图

图 26　场地地层柱状土

右核心筒荷载偏心距离：$\Delta X$=0.04m；$\Delta Y$=0.15m

9500kN×90=855000kN>843592kN

**2**）外围边框架柱

选荷载最大的框架柱进行验算，柱下布桩 3 根。桩底荷载标准值 $F_k$=36025kN，

单根复合基桩承台面积 $A_c$=（9×7.5－2.36）/3=21.7m²

承台梁自重 $G_{kb}$=2.0×2.2×14.5×25=1595kN

承台板自重 $G_{ks}$=5.5×3.5×2×1.6×25=1540kN

承台上土重 $G$=5.5×3.5×2×0.6×18=415.8kN

总重 $G_k$=1595+1540+415.8=3550.8kN

承台效应系数 $\eta_c$ 取 0.7，地基承载力特征值 $f_{ak}$=350kPa

复合基桩承载力特征值

$R=R_a+\eta_c f_{ak} A_c$=7000+0.7×350×21.7=12317kN

复合基桩荷载标准值

（$F_k$+$G_k$）/3=13192kN，超出承载力6.6%。考虑到以下二个因素，一是所验算柱为荷载最大者，这种荷载与承载力的局部差异通过上部结构和承台的共同作用得到调整；二是按变刚度调平原则，外框架桩基刚度宜适当弱化。故外框架柱桩基满足设计要求。桩基础平面布置图见图 27。

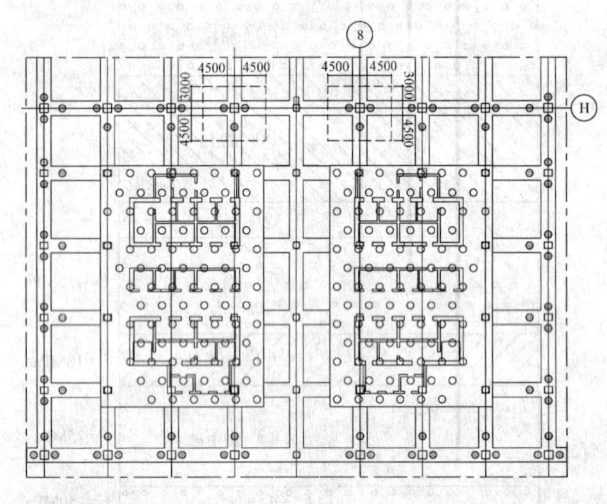


图 27　桩基础及承台布置图

**3**　沉降计算

**1**）核心筒沉降采用等效作用分层总和法计算

附加压力 $p_0$=680kPa，$L_c$=32m，$B_c$=21.5m，$n$=90，$d$=1.0m，$l$=25m；

$n_b=\sqrt{n\cdot B_c/L_c}$=7.75，$l/d$=25，$s_a/d$=3

由附录 E 得：

$L_c/B_c$=1，$l/d$=25 时，$C_0$=0.063，$C_1$=1.500，$C_2$=7.822

$L_c/B_c$=2，$l/d$=25 时，$C_0$=0.118，$C_1$=1.565，$C_2$=6.826

$$\psi_{c1}=C_0+\frac{n_b-1}{C_1(n_b-1)+C_2}=0.44,\ \psi_{c2}=0.50,$$

插值得：$\psi_c$=0.47

外围框架柱桩基对核心筒桩端以下应力的影响，按本规范第 5.5.14 条计算其对核心筒计算点桩端平面以下的应力影响，进行叠加，按单向压缩分层总和法计算核心筒沉降。

沉降计算深度由 $\sigma_z=0.2\sigma_c$ 得：$z_n$=20m

压缩模量当量值：$\overline{E_s}$=35MPa

由本规范第 5.5.11 条得：$\psi$=0.5；采用后注浆施工工艺乘以 0.7 折减系数

由本规范第 5.5.7 条及第 5.5.12 条得：$s'$=272mm

最终沉降量：

$s=\psi\cdot\psi_c\cdot s'$=0.5×0.7×0.47×272mm=45mm

**2**）边框架复合桩基沉降计算，采用复合应力分层总和法，即按本规范式（5.5.14-4）

计算范围见图 28，计算参数及结果列于表 12。

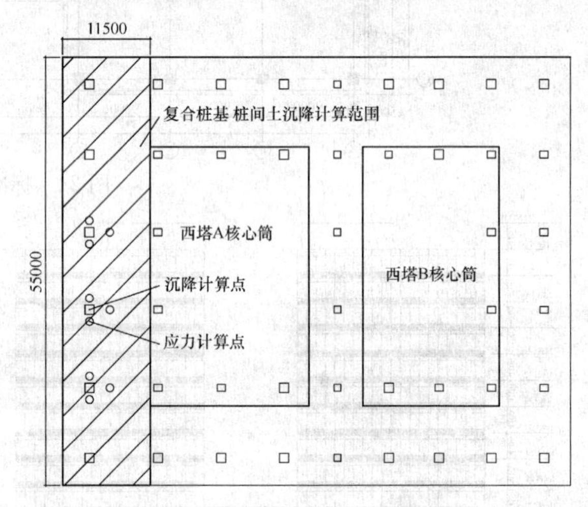


图 28　复合桩基沉降计算范围及计算点示意图

**表 12　框架柱沉降**

| $z/l$ \ $\sigma$ | $\sigma_{zi}$ (kPa) | $\sigma_{zci}$ (kPa) | $\Sigma\sigma$ (kPa) | $0.2\sigma_{ci}$ (kPa) | $E_s$ (MPa) | 分层沉降 (mm) |
|---|---|---|---|---|---|---|
| 1.004 | 1319.87 | 118.65 | 1438.52 | 168.25 | 150 | 0.62 |
| 1.008 | 1279.44 | 118.21 | 1397.65 | 168.51 | 150 | 0.60 |
| 1.012 | 1227.14 | 117.77 | 1344.91 | 168.76 | 150 | 0.58 |
| 1.016 | 1162.57 | 117.34 | 1279.91 | 169.02 | 150 | 0.55 |
| 1.020 | 1088.67 | 116.91 | 1205.58 | 169.28 | 150 | 0.52 |
| 1.024 | 1009.80 | 116.48 | 1126.28 | 169.53 | 150 | 0.49 |
| 1.028 | 930.21 | 116.06 | 1046.27 | 169.79 | 150 | 0.46 |
| 1.040 | 714.80 | 114.80 | 829.60 | 170.56 | 150 | 1.09 |
| 1.060 | 473.19 | 112.74 | 585.93 | 171.84 | 150 | 1.30 |
| 1.080 | 339.68 | 110.73 | 450.41 | 173.12 | 150 | 1.01 |
| 1.100 | 263.05 | 108.78 | 371.83 | 174.4 | 150 | 0.85 |
| 1.120 | 215.47 | 106.87 | 322.34 | 175.68 | 150 | 0.75 |
| 1.14 | 183.49 | 105.02 | 288.51 | 176.96 | 150 | 0.68 |
| 1.16 | 160.24 | 103.21 | 263.45 | 178.24 | 150 | 0.62 |
| 1.18 | 142.34 | 101.44 | 243.78 | 179.52 | 150 | 0.58 |
| 1.2 | 127.88 | 99.72 | 227.60 | 180.80 | 150 | 0.55 |
| 1.3 | 82.14 | 91.72 | 173.86 | 187.20 | 18 | 18.30 |
| 1.4 | 57.63 | 84.61 | 142.24 | 193.60 | — | — |
| 最终沉降量（mm） | | | | | | 30 |

注：$z$ 为承台底至应力计算点的竖向距离。

沉降计算荷载应考虑回弹再压缩，采用准永久荷载效应组合的总荷载为等效附加荷载；桩顶荷载取$Q=7000\text{kN}$；

承台土压力，近似取 $p_{ck}=\eta_c f_{ak}=245\text{kPa}$；

用应力比法得计算深度：$z_n=6.0\text{m}$，桩身压缩量 $s_e=2\text{mm}$。

最终沉降量，$s=\psi\cdot s'+s_e=0.7\times30.0+2.0=23\text{mm}$（采用后注浆乘以 0.7 折减系数）。

上述沉降计算只计入相邻基桩对桩端平面以下应力的影响，未考虑筏板整体刚度和上部结构刚度对调整差异沉降的贡献，故实际差异沉降比上述计算值要小。

**4** 按上部结构刚度—承台—桩土相互作用有限元法计算沉降。按共同作用有限元分析程序计算所得沉降等值线如图 29 所示。从中看出，最大沉降为 40mm，最大差异沉降 $\Delta s_{max}=0.0005L_0$，仅为规范允许值的 1/4。

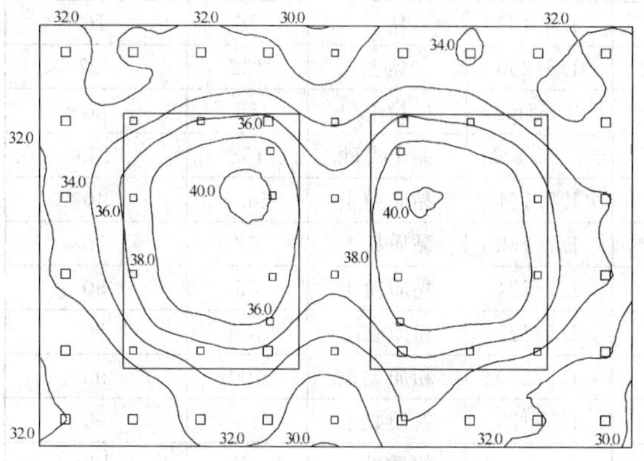


图 29 共同作用分析沉降等值线

## 5.6 软土地基减沉复合疏桩基础

**5.6.1** 软土地基减沉复合疏桩基础的设计应遵循两个原则，一是桩和桩间土在受荷变形过程中始终确保两者共同分担荷载，因此单桩承载力宜控制在较小范围，桩的横截面尺寸一般宜选择 ϕ200～ϕ400（或 200mm×200mm～300mm×300mm），桩应穿越上部软土层，桩端支承于相对较硬土层；二是桩距 $s_a>(5\sim6)d$，以确保桩间土的荷载分担比足够大。

减沉复合疏桩基础承台型式可采用两种，一种是筏式承台，多用于承载力小于荷载要求和建筑物对差异沉降控制较严或带有地下室的情况；另一种是条形承台，但承台面积系数（承台与首层面积相比）较大，多用于无地下室的多层住宅。

桩数除满足承载力要求外，尚应经沉降计算最终确定。

**5.6.2** 本条说明减沉复合疏桩基础的沉降计算。

对于复合疏桩基础而言，与常规桩基相比其沉降性状有两个特点。一是桩的沉降发生塑性刺入的可能性大，在受荷变形过程中桩、土分担荷载比随土体固结而使其在一定范围变动，随固结变形逐渐完成而趋于稳定。二是桩间土体的压缩固结受承台压力作用为主，受桩、土相互作用影响居次。由于承台底面桩、土的沉降是相等的，桩基的沉降既可通过计算桩的沉降，也可通过计算桩间土沉降实现。桩的沉降包含桩端平面以下土的压缩和塑性刺入（忽略桩的弹性压缩），同时应考虑承台土反力对桩沉降的影响。桩间土的沉降包含承台底土的压缩和桩对土的影响。为了回避桩端塑性刺入这一难以计算的问题，本规范采取计算桩间土沉降的方法。

基础平面中点最终沉降计算式为：$s=\psi(s_s+s_{sp})$。

**1** 承台底地基土附加应力作用下的压缩变形沉降 $s_s$。按 Boussinesq 解计算土中的附加应力，按单向压缩分层总和法计算沉降，与常规浅基沉降计算模式相同。

关于承台底附加压力 $p_0$，考虑到桩的刺入变形导致承台分担荷载量增大，故计算 $p_0$ 时乘以刺入变形影响系数，对于黏性土 $\eta_p=1.30$，粉土 $\eta_p=1.15$，砂土 $\eta_p=1.0$。

**2** 关于桩对土影响的沉降增加值 $s_{sp}$。桩侧阻力引起桩周土的沉降，按桩侧剪切位移传递法计算，桩侧土离桩中心任一点 $r$ 的竖向位移为：

$$w_r=\frac{\tau_0 r_0}{G_s}\int_r^{r_m}\frac{dr}{r}=\frac{\tau_0 r_0}{G_s}\ln\frac{r_m}{r} \tag{7}$$

减沉桩桩端阻力比例较小，端阻力对承台底地基土位移的影响也较小，予以忽略。

式（7）中，$\tau_0$ 为桩侧阻力平均值；$r_0$ 为桩半径；$G_s$ 为土的剪切模量，$G_s=E_0/2(1+\nu)$，$\nu$ 为泊松比，软土取 $\nu=0.4$；$E_0$ 为土的变形模量，其理论关系式 $E_0=1-\frac{2\nu^2}{(1-\nu)}E_s\approx0.5E_s$，$E_s$ 为土的压缩模量；软土桩侧土剪切位移最大半径 $r_m$，软土地区取 $r_m=8d$。将式（7）进行积分，求得任一基桩桩周碟形位移体积，为：

$$V_{sp}=\int_0^{2\pi}\int_{r_0}^{r_m}\frac{\tau_0 r_0}{G_s}r\ln\frac{r_m}{r}\mathrm{d}r\mathrm{d}\theta$$
$$=\frac{2\pi\tau_0 r_0}{G_s}\left(\frac{r_0^2}{2}\ln\frac{r_0}{r_m}+\frac{r_m^2}{4}-\frac{r_0^2}{4}\right) \tag{8}$$

桩对土的影响值 $s_{sp}$ 为单一基桩桩周位移体积除以圆面积$\pi(r_m^2-r_0^2)$；另考虑桩距较小时剪切位移的重叠效应，当桩侧土剪切位移最大半径 $r_m$ 大于平均桩距$\bar{s}_a$时，引入近似重叠系数$\pi(r_m/\bar{s}_a)^2$，则

$$s_{sp}=\frac{V_{sp}}{\pi(r_m^2-r_0^2)}\cdot\pi\frac{r_m^2}{\bar{s}_a^2}$$
$$=\frac{\frac{8(1+\nu)\pi\tau_0 r_0}{E_s}\left(\frac{r_0^2}{2}\ln\frac{r_0}{r_m}+\frac{r_m^2}{4}-\frac{r_0^2}{4}\right)}{\pi(r_m^2-r_0^2)}\cdot\pi\frac{r_m^2}{\bar{s}_a{}^2}$$
$$=\frac{(1+\nu)8\pi\tau_0}{4E_s}\cdot\frac{1}{(\bar{s}_a/d)^2}\cdot\frac{r_m^2\left(\frac{r_0^2}{2}\ln\frac{r_0}{r_m}+\frac{r_m^2}{4}-\frac{r_0^2}{4}\right)}{(r_m^2-r_0^2)r_0}$$

因 $r_m=8d \gg r_0$，且 $\tau_0=q_{su}$，$v=0.4$，故上式简化为：

$$s_{sp}=\frac{280q_{su}}{E_s}\cdot\frac{d}{(s_a/d)^2}$$

因此，$s=\psi(s_s+s_{sp})$；$s_s=4p_0\sum_{i=1}^{m}\frac{z_i\overline{\alpha}_i-z_{(i-1)}\overline{\alpha}_{(i-1)}}{E_{si}}$，

$$s_{sp}=280\frac{\overline{q_{su}}}{\overline{E_s}}\cdot\frac{d}{(s_a/d)^2}$$

一般地，$\overline{q_{su}}=30\text{kPa}$，$\overline{E_s}=2\text{MPa}$，$s_a/d=6$，$d=0.4\text{m}$

$$s_{sp}=\frac{280\ \overline{q_{su}}}{\overline{E_s}}\cdot\frac{d}{(s_a/d)^2}=280\times\frac{30\ (\text{kPa})}{2\ (\text{MPa})}\times\frac{1}{36}\times0.4\ (\text{m})$$
$=47\text{mm}$。

**3　条形承台减沉复合疏桩基础沉降计算**

无地下室多层住宅多数将承台设计为墙下条形承台板，条基之间净距较小，若按实际平面计算相邻影响十分繁锁，为此，宜将其简化为等效平板式承台，按角点法分块计算基础中点沉降。

**4　工程验证**

**表 13　软土地基减沉复合疏桩基础计算沉降与实测沉降**

| 名称（编号） | 建筑物层数（地下）/附加压力（kN） | 基础平面尺寸（m×m） | 桩径 $d$(m)/桩长 $L$(m) | 承台埋深（m）/桩数 | 桩端持力层 | 计算沉降（mm） | 按实测推算的最终沉降（mm） |
|---|---|---|---|---|---|---|---|
| 上海××× | 6/61210 | 53×11.7 | 0.2×0.2/16 | 1.6/161 | 黏土 | 108 | 77 |
| 上海××× | 6/52100 | 52.5×11 | 0.2×0.2/16 | 1.6/148 | 黏土 | 76 | 81 |
| 上海××× | 6/49718 | 42×11 | 0.2×0.2/16 | 1.6/118 | 黏土 | 120 | 69 |
| 上海××× | 6/43076 | 40×10 | 0.2×0.2/16 | 1.6/139 | 黏土 | 76 | 76 |
| 上海××× | 6/45490 | 58×12 | 0.2×0.2/16 | 1.6/250 | 黏土 | 132 | 127 |
| 绍兴××× | 6/49505 | 35×10 | $\phi$0.4/12 | 1.45/142 | 粉土 | 55 | 50 |
| 上海××× | 6/43500 | 40×9 | 0.2× 0.2/16 | 1.27/152 | 黏土夹砂 | 158 | 150 |
| 天津××× | —/56864 | 46×16 | $\phi$0.42/10 | 1.7/161 | 黏质粉土 | 63.7 | 40 |
| 天津××× | —/62507 | 52×15 | $\phi$0.42/10 | 1.7/176 | 黏质粉土 | 62 | 50 |
| 天津××× | —/74017 | 62×15 | $\phi$0.42/10 | 1.7/224 | 黏质粉土 | 55 | 50 |
| 天津××× | —/62000 | 52×14 | 0.35× 0.35/17 | 1.5/127 | 粉质黏土 | 100 | 80 |
| 天津××× | —/106840 | 84×15 | 0.35× 0.35/17 | 1.5/220 | 粉质黏土 | 100 | 90 |
| 天津××× | —/64200 | 54×14 | 0.35× 0.35/17 | 1.5/135 | 粉质黏土 | 95 | 90 |
| 天津××× | —/82932 | 56×18 | 0.35× 0.35/12.5 | 1.5/155 | 粉质黏土 | 161 | 120 |

## 5.7　桩基水平承载力与位移计算

**5.7.2**　本条说明单桩水平承载力特征值的确定。

影响单桩水平承载力和位移的因素包括桩身截面抗弯刚度、材料强度、桩侧土质条件、桩的入土深度、桩顶约束条件。如对于低配筋率的灌注桩，通常是桩身先出现裂缝，随后断裂破坏；此时，单桩水平承载力由桩身强度控制。对于抗弯性能强的桩，如高配筋率的混凝土预制桩和钢桩，桩身虽未断裂，但由于桩侧土体塑性隆起，或桩顶水平位移大大超过使用允许值，也认为桩的水平承载力达到极限状态。此时，单桩水平承载力由位移控制。由桩身强度控制和桩顶水平位移控制两种工况均受桩侧土水平抗力系数的比例系数 $m$ 的影响，但是，前者受影响较小，呈 $m^{1/5}$ 的关系；后者受影响较大，呈 $m^{3/5}$ 的关系。对于受水平荷载较大的建筑桩基，应通过现场单桩水平承载力试验确定单桩水平承载力特征值。对于初设阶段可通过规范所列的按桩身承载力控制的本规范式（5.7.2-1）和按桩顶水平位移控制的本规范式（5.7.2-2）进行计算。最后对工程桩进行静载试验检测。

**5.7.3**　建筑物的群桩基础多数为低承台，且多数带地下室，故承台侧面和地下室外墙侧面均能分担水平荷载，对于带地下室桩基受水平荷载较大时应按本规范附录C计算基桩、承台与地下室外墙水平抗力及位移。本条适用于无地下室，作用于承台顶面的弯矩较小的情况。本条所述群桩效应综合系数法，是以单桩水平承载力特征值 $R_{ha}$ 为基础，考虑四种群桩效应，求得群桩综合效应系数 $\eta_h$，单桩水平承载力特征值乘以 $\eta_h$ 即得群桩中基桩的水平承载力特征值 $R_h$。

**1**　桩的相互影响效应系数 $\eta_i$

桩的相互影响随桩距减小、桩数增加而增大，沿荷载方向的影响远大于垂直于荷载作用方向，根据23组双桩、25组群桩的水平荷载试验结果的统计分析，得到相互影响系数 $\eta_i$，见本规范式（5.7.3-3）。

**2**　桩顶约束效应系数 $\eta_r$

建筑桩基桩顶嵌入承台的深度较浅，为5～10cm，实际约束状态介于铰接与固接之间。这种有限约束连接既能减小桩顶水平位移（相对于桩顶自由），又能降低桩顶约束弯矩（相对于桩顶固接），重

新分配桩身弯矩。

根据试验结果统计分析表明，由于桩顶的非完全嵌固导致桩顶弯矩降低至完全嵌固理论值的40%左右，桩顶位移较完全嵌固增大约25%。

为确定桩顶约束效应对群桩水平承载力的影响，以桩顶自由单桩与桩顶固接单桩的桩顶位移比 $R_x$、最大弯矩比 $R_M$ 基准进行比较，确定其桩顶约束效应系数为：

当以位移控制时

$$\eta_r = \frac{1}{1.25}R_x$$

$$R_x = \frac{\chi_0^o}{\chi_0^r}$$

当以强度控制时

$$\eta_r = \frac{1}{0.4}R_M$$

$$R_M = \frac{M_{max}^o}{M_{max}^r}$$

式中 $\chi_0^o$、$\chi_0^r$——分别为单位水平力作用下桩顶自由、桩顶固接的桩顶水平位移；

$M_{max}^o$、$M_{max}^r$——分别为单位水平力作用下桩顶自由的桩，其桩身最大弯矩；桩顶固接的桩，其桩顶最大弯矩。

将 $m$ 法对应的桩顶有限约束效应系数 $\eta_r$ 列于本规范表5.7.3-1。

**3** 承台侧向土抗力效应系数 $\eta_l$

桩基发生水平位移时，面向位移方向的承台侧面将受到土的弹性抗力。由于承台位移一般较小，不足以使其发挥至被动土压力，因此承台侧向土抗力应采用与桩相同的方法——线弹性地基反力系数法计算。该弹性总土抗力为：

$$\Delta R_{hl} = \chi_{0a}B'_c\int_0^{h_c}K_n(z)\mathrm{d}z$$

按 $m$ 法，$K_n(z)=mz$（m法），则

$$\Delta R_{hl} = \frac{1}{2}m\chi_{0a}B'_c h_c^2$$

由此得本规范式（5.7.3-4）承台侧向土抗力效应系数 $\eta_l$。

**4** 承台底摩阻效应系数 $\eta_b$

本规范规定，考虑地震作用且 $s_a/d\leqslant 6$ 时，不计入承台底的摩阻效应，即 $\eta_b=0$；其他情况应计入承台底摩阻效应。

**5** 群桩中基桩的群桩综合效应系数分别由本规范式（5.7.3-2）和式（5.7.3-6）计算。

**5.7.5** 按 $m$ 法计算桩的水平承载力。桩的水平变形系数 $\alpha$，由桩身计算宽度 $b_0$、桩身抗弯刚度 $EI$、以及土的水平抗力系数沿深度变化的比例系数 $m$ 确定，$\alpha=\sqrt[5]{\frac{mb_0}{EI}}$。$m$ 值，当无条件进行现场试验测定时，可采用本规范表5.7.5的经验值。这里应指出，$m$ 值对于同一根桩并非定值，与荷载呈非线性关系，低荷载水平下，$m$ 值较高；随荷载增加，桩侧土的塑性区逐渐扩展而降低。因此，$m$ 取值应与实际荷载、允许位移相适应。如根据试验结果求低配筋率桩的 $m$，应取临界荷载 $H_{cr}$ 及对应位移 $\chi_{cr}$ 按下式计算

$$m = \frac{\left(\frac{H_{cr}}{\chi_{cr}}v_x\right)^{\frac{5}{3}}}{b_0(EI)^{\frac{2}{3}}} \tag{9}$$

对于配筋率较高的预制桩和钢桩，则应取允许位移及其对应的荷载按上式计算 $m$。

根据所收集到的具有完整资料参加统计的试桩，灌注桩114根，相应桩径 $d$=300～1000mm,其中 $d$=300～600mm占60%；预制桩85根。统计前，将水平承载力主要影响深度[2(d+1)]内的土层划分为5类，然后分别按上式（9）计算 $m$ 值。对各类土层的实测 $m$ 值采用最小二乘法统计，取 $m$ 值置信区间按可靠度大于95%，即 $m=\overline{m}-1.96\sigma_m$，$\sigma_m$ 为均方差，统计经验值 $m$ 值列于本规范表5.7.5。表中预制桩、钢桩的 $m$ 值系根据水平位移为10 mm时求得，故当其位移小于10mm时，$m$ 应予适当提高；对于灌注桩，当水平位移大于表列值时，则应将 $m$ 值适当降低。

## 5.8 桩身承载力与裂缝控制计算

**5.8.2、5.8.3** 钢筋混凝土轴向受压桩正截面受压承载力计算，涉及以下三方面因素：

**1** 纵向主筋的作用。轴向受压桩的承载性状与上部结构柱相近，较柱的受力条件更为有利的是桩周受土的约束，侧阻力使轴向荷载随深度递减，因此，桩身受压承载力由桩顶下一定区段控制。纵向主筋的配置，对于长摩擦型桩和摩擦端承桩可随深度变断面或局部长度配置。纵向主筋的承压作用在一定条件下可计入桩身受压承载力。

**2** 箍筋的作用。箍筋不仅起水平抗剪作用，更重要的是对混凝土起侧向约束增强作用。图30是带箍筋与不带箍筋混凝土轴压应力-应变关系。由图看出，带箍筋的约束混凝土轴压强度较无约束混凝土提高80%左右，且其应力-应变关系改善。因此，本规范明确规定凡桩顶5d范围箍筋间距不大于100mm者，均可考虑纵向主筋的作用。

**3** 成桩工艺系数 $\psi_c$。桩身混凝土的受压承载力

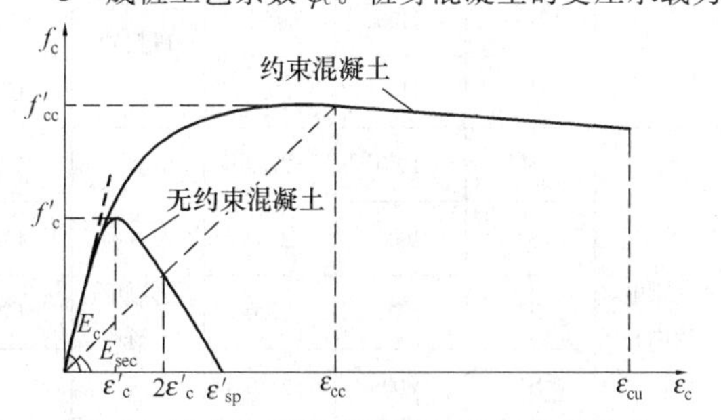


图30 约束与无约束混凝土应力-应变关系

（引自 Mander et al 1984）

是桩身受压承载力的主要部分，但其强度和截面变异受成桩工艺的影响。就其成桩环境、质量可控度不同，将成桩工艺系数 $\psi_c$ 规定如下。$\psi_c$ 取值在原 JGJ 94—94 规范的基础上，汲取了工程试桩的经验数据，适当提高了安全度。

混凝土预制桩、预应力混凝土空心桩：$\psi_c=0.85$；主要考虑在沉桩后桩身常出现裂缝。

干作业非挤土灌注桩（含机钻、挖、冲孔桩、人工挖孔桩）：$\psi_c=0.90$；泥浆护壁和套管护壁非挤土灌注桩、部分挤土灌注桩、挤土灌注桩：$\psi_c=0.7\sim0.8$；软土地区挤土灌注桩：$\psi_c=0.6$。对于泥浆护壁非挤土灌注桩应视地层土质取 $\psi_c$ 值，对于易塌孔的流塑状软土、松散粉土、粉砂，$\psi_c$ 宜取 0.7。

**4　桩身受压承载力计算及其与静载试验比较**

本规范规定，对于桩顶以下 $5d$ 范围箍筋间距不大于 100mm 者，桩身受压承载力设计值可考虑纵向主筋按本规范式(5.8.2-1)计算，否则只考虑桩身混凝土的受压承载力。对于按本规范式（5.8.2-1）计算桩身受压承载力的合理性及其安全度，从所收集到的 43 根泥浆护壁后注浆钻孔灌注桩静载试验结果与桩身极限受压承载力计算值 $R_u$ 进行比较，以检验桩身受压承载力计算模式的合理性和安全性（列于表 14）。其中 $R_u$ 按如下关系计算：

$$R_u=\frac{2R_p}{1.35}$$

$$R_p=\psi_c f_c A_{ps}+0.9f'_y A'_s$$

其中 $R_p$ 为桩身受压承载力设计值；$\psi_c$ 为成桩工艺系数；$f_c$ 为混凝土轴心抗压强度设计值；$f'_y$ 为主筋受压强度设计值；$A_{ps}$、$A'_s$ 为桩身和主筋截面积，其中 $A'_s$ 包含后注浆钢管截面积；1.35 系数为单桩承载力特征值与设计值的换算系数（综合荷载分项系数）。

从表 14 可见，虽然后注浆桩由于土的支承阻力（侧阻、端阻）大幅提高，绝大部分试桩未能加载至破坏，但其荷载水平是相当高的。最大加载值 $Q_{max}$ 与桩身受压承载力极限值 $R_u$ 之比 $Q_{max}/R_u$ 均大于 1，且无一根桩桩身被压坏。

以上计算与试验结果说明三个问题：一是影响混凝土受压承载力的成桩工艺系数，对于泥浆护壁非挤土桩一般取 $\psi_c=0.8$ 是合理的；二是在桩顶 $5d$ 范围箍筋加密情况下计入纵向主筋承载力是合理的；三是按本规范公式计算桩身受压承载力的安全系数高于由土的支承阻力确定的单桩承载力特征值安全系数 $K=2$，桩身承载力的安全可靠性处于合理水平。

**表 14　灌注桩（泥浆护壁、后注浆）桩身受压承载力计算与试验结果**

| 工程名称 | 桩号 | 桩径 $d$（mm） | 桩长 $L$（m） | 桩端持力层 | 桩身混凝土等级 | 主筋 | 桩顶 $5d$ 箍筋 | 最大加载 $Q_{max}$（kN） | 沉降（mm） | 桩身受压极限承载力 $R_u$（kN） | $\frac{Q_{max}}{R_u}$ |
|---|---|---|---|---|---|---|---|---|---|---|---|
| 银泰中心A座 | A-S1 | 1100 | 30.0 | ⑨层卵砾、砾粗砂 | C40 | 10$\phi$22 | $\phi$8@100 | $24\times10^3$ | 16.31 | $22.76\times10^3$ | >1.05 |
| | AS1-1 | 1100 | 30.0 | | C40 | 10$\phi$22 | $\phi$8@100 | $17\times10^3$ | 7.65 | $22.76\times10^3$ | |
| | AS1-2 | 1100 | 30.0 | | C40 | 10$\phi$22 | $\phi$8@100 | $17\times10^3$ | 10.11 | $22.76\times10^3$ | |
| 银泰中心B座 | B-S3 | 1100 | 30.0 | ⑨层卵砾、砾粗砂 | C40 | 10$\phi$22 | $\phi$8@100 | $24\times10^3$ | 16.70 | $22.76\times10^3$ | >1.05 |
| | B1-14 | 1100 | 30.0 | | C40 | 10$\phi$22 | $\phi$8@100 | $17\times10^3$ | 10.34 | $22.76\times10^3$ | |
| | BS1-2 | 1100 | 30.0 | | C40 | 10$\phi$22 | $\phi$8@100 | $17\times10^3$ | 10.62 | $22.76\times10^3$ | |
| 银泰中心C座 | C-S2 | 1100 | 30.0 | ⑨层卵砾、砾粗砂 | C40 | 10$\phi$22 | $\phi$8@100 | $24\times10^3$ | 18.71 | $22.76\times10^3$ | >1.05 |
| | CS1-1 | 1100 | 30.0 | | C40 | 10$\phi$22 | $\phi$8@100 | $17\times10^3$ | 14.89 | $22.76\times10^3$ | |
| | S1-2 | 1100 | 30.0 | | C40 | 10$\phi$22 | $\phi$8@100 | $17\times10^3$ | 13.14 | $22.76\times10^3$ | |
| 北京电视中心 | S1 | 1000 | 27.0 | ⑦层卵砾、砾 | C40 | 12$\phi$20 | $\phi$8@100 | $18\times10^3$ | 21.94 | $19.01\times10^3$ | — |
| | S2 | 1000 | 27.0 | | C40 | 12$\phi$20 | $\phi$8@100 | $18\times10^3$ | 27.38 | $19.01\times10^3$ | — |
| | S3 | 1000 | 27.0 | | C40 | 12$\phi$20 | $\phi$8@100 | $18\times10^3$ | 24.78 | $19.01\times10^3$ | — |
| | S4 | 800 | 27.0 | | C40 | 10$\phi$20 | $\phi$8@100 | $14\times10^3$ | 25.81 | $12.40\times10^3$ | >1.13 |
| | S6 | 800 | 27.0 | | C40 | 10$\phi$20 | $\phi$8@100 | $16.8\times10^3$ | 29.86 | $12.40\times10^3$ | >1.35 |

续表 14

| 工程名称 | 桩号 | 桩径 $d$（mm） | 桩长 $L$（m） | 桩端持力层 | 桩身混凝土等级 | 主筋 | 桩顶 $5d$ 箍筋 | 最大加载 $Q_{max}$（kN） | 沉降（mm） | 桩身受压极限承载力 $R_u$（kN） | $\frac{Q_{max}}{R_u}$ |
|---|---|---|---|---|---|---|---|---|---|---|---|
| 财富中心一期公寓 | 22# | 800 | 24.6 | ⑦层卵砾 | C40 | 12ϕ18 | ϕ8@100 | $13.8\times10^3$ | 12.32 | $11.39\times10^3$ | >1.12 |
| | 21# | 800 | 24.6 | | C40 | 12ϕ18 | ϕ8@100 | $13.8\times10^3$ | 12.17 | $11.39\times10^3$ | >1.12 |
| | 59# | 800 | 24.6 | | C40 | 12ϕ18 | ϕ8@100 | $13.8\times10^3$ | 14.98 | $11.39\times10^3$ | >1.12 |
| 财富中心二期办公楼 | 64# | 800 | 25.2 | ⑦层卵砾 | C40 | 12ϕ18 | ϕ8@100 | $13.7\times10^3$ | 17.30 | $11.39\times10^3$ | >1.11 |
| | 1# | 800 | 25.2 | | C40 | 12ϕ18 | ϕ8@100 | $13.7\times10^3$ | 16.12 | $11.39\times10^3$ | >1.11 |
| | 127# | 800 | 25.2 | | C40 | 12ϕ18 | ϕ8@100 | $13.7\times10^3$ | 16.34 | $11.39\times10^3$ | >1.11 |
| 财富中心二期公寓 | 402# | 800 | 21.0 | ⑦层卵砾 | C40 | 12ϕ18 | ϕ8@100 | $13.0\times10^3$ | 18.60 | $11.39\times10^3$ | >1.05 |
| | 340# | 800 | 21.0 | | C40 | 12ϕ18 | ϕ8@100 | $13.0\times10^3$ | 14.35 | $11.39\times10^3$ | >1.05 |
| | 93# | 800 | 21.0 | | C40 | 12ϕ18 | ϕ8@100 | $13.0\times10^3$ | 12.64 | $11.39\times10^3$ | >1.05 |
| 财富中心酒店 | 16# | 800 | 22.0 | ⑦层卵砾 | C40 | 12ϕ18 | ϕ8@100 | $13.0\times10^3$ | 13.72 | $11.39\times10^3$ | >1.05 |
| | 148# | 800 | 22.0 | | C40 | 12ϕ18 | ϕ8@100 | $13.0\times10^3$ | 14.27 | $11.39\times10^3$ | >1.05 |
| | 226# | 800 | 22.0 | | C40 | 12ϕ18 | ϕ8@100 | $13.0\times10^3$ | 13.66 | $11.39\times10^3$ | >1.05 |
| 首都国际机场航站楼 | NB-T | 800 | 30.8 | 粉砂、粉土 | C40 | 10ϕ22 | ϕ8@100 | $16.0\times10^3$ | 37.43 | $19.89\times10^3$ | >1.26 |
| | NB-T | 800 | 41.8 | | C40 | 16ϕ22 | ϕ8@100 | $28.0\times10^3$ | 53.72 | $19.89\times10^3$ | >1.57 |
| | NB-T | 1000 | 30.8 | | C40 | 16ϕ22 | ϕ8@100 | $18.0\times10^3$ | 37.65 | $11.70\times10^3$ | — |
| | NC-T | 800 | 25.5 | | C40 | 10ϕ22 | ϕ8@100 | $12.8\times10^3$ | 43.50 | $18.30\times10^3$ | >1.12 |
| | NC-T | 1000 | 25.5 | | C40 | 12ϕ22 | ϕ8@100 | $16.0\times10^3$ | 68.44 | $11.70\times10^3$ | >1.13 |
| | ND-T | 800 | 27.65 | | C40 | 10ϕ22 | ϕ8@100 | $14.4\times10^3$ | 62.33 | $11.70\times10^3$ | >1.23 |
| | ND-T | 1000 | 38.65 | | C40 | 16ϕ22 | ϕ8@100 | $24.5\times10^3$ | 61.03 | $19.89\times10^3$ | >1.03 |
| | ND-T | 1000 | 27.65 | | C40 | 12ϕ22 | ϕ8@100 | $20.0\times10^3$ | 67.56 | $19.39\times10^3$ | >1.40 |
| | ND-T | 800 | 38.65 | | C40 | 12ϕ22 | ϕ8@100 | $18.0\times10^3$ | 69.27 | $12.91\times10^3$ | >1.42 |
| 中央电视台 | TP-A1 | 1200 | 51.70 | 中粗砂、卵砾 | C40 | 24ϕ25 | ϕ10@100 | $33.0\times10^3$ | 21.78 | $29.4\times10^3$ | >1.12 |
| | TP-A2 | 1200 | 51.70 | | C40 | 24ϕ25 | ϕ10@100 | $30.0\times10^3$ | 31.44 | $29.4\times10^3$ | >1.03 |
| | TP-A3 | 1200 | 53.40 | | C40 | 24ϕ25 | ϕ10@100 | $33.0\times10^3$ | 18.78 | $29.4\times10^3$ | >1.12 |
| | TP-B2 | 1200 | 33.40 | | C40 | 24ϕ25 | ϕ10@100 | $33.0\times10^3$ | 14.50 | $29.4\times10^3$ | >1.12 |
| | TP-B3 | 1200 | 33.40 | | C40 | 24ϕ25 | ϕ8@100 | $35.0\times10^3$ | 21.80 | $29.4\times10^3$ | >1.19 |
| | TP-C1 | 800 | 23.40 | | C40 | 16ϕ20 | ϕ8@100 | $17.6\times10^3$ | 18.50 | $13.0\times10^3$ | >1.35 |
| | TP-C2 | 800 | 22.60 | | C40 | 16ϕ20 | ϕ8@100 | $17.6\times10^3$ | 18.65 | $13.0\times10^3$ | >1.35 |
| | TP-C3 | 800 | 22.60 | | C40 | 16ϕ20 | ϕ8@100 | $17.6\times10^3$ | 18.14 | $13.0\times10^3$ | >1.35 |

这里应强调说明一个问题，在工程实践中常见有静载试验中桩头被压坏的现象，其实这是试桩桩头处理不当所致。试桩桩头未按现行行业标准《建筑基桩检测技术规范》JGJ 106 规定进行处理，如：桩顶千斤顶接触不平整引起应力集中；桩顶混凝土再处理后强度过低；桩顶未加钢板围裹或未设箍筋等，由此导致桩头先行破坏。很明显，这种由于试验处置不当而引发无法真实评价单桩承载力的现象是应该而且完全可以杜绝的。

**5.8.4** 本条说明关于桩身稳定系数的相关内容。工程实践中，桩身处于土体内，一般不会出现压屈失稳问题，但下列两种情况应考虑桩身稳定系数确定桩身受压承载力，即将按本规范第 5.8.2 条计算的桩身受压承载力乘以稳定系数 $\varphi$。一是桩的自由长度较大（这种情况只见于少数构筑物桩基）、桩周围为可液化土；二是桩周围为超软弱土，即土的不排水抗剪强度小于 10kPa。当桩的计算长度与桩径比 $l_c/d>7.0$ 时要按本规范表 5.8.4-2 确定 $\varphi$ 值。而桩的压屈计算长度 $l_c$ 与桩顶、桩端约束条件有关，$l_c$ 的具体确定方法按本规范表 5.8.4-1 规定执行。

**5.8.7、5.8.8** 对于抗拔桩桩身正截面设计应满足受拉承载力，同时应按裂缝控制等级，进行裂缝控制计算。

1 桩身承载力设计

本规范式（5.8.7）中预应力筋的受拉承载力为 $f_{py}A_{py}$，由于目前工程实践中多数为非预应力抗拔桩，故该项承载力为零。近来较多工程将预应力混凝土空心桩用于抗拔桩，此时桩顶与承台连接系通过桩顶管中埋设吊筋浇注混凝土芯，此时应确保加芯的抗拔承载力。对抗拔灌注桩施加预应力，由于构造、工艺较复杂，实践中应用不多，仅限于单桩承载力要求高的条件。从目前既有工程应用情况看，预应力灌注桩要处理好两个核心问题，一是无粘结预应力筋在桩身下部的锚固：宜于端部加锚头，并剥掉 2m 长左右塑料套管，以确保端头有效锚固。二是张拉锁定，有两种模式，一种是于桩顶预埋张拉锁定垫板，桩顶张拉锁定；另一种是在承台浇注预留张拉锁定平台，张拉锁定后，第二次浇注承台锁定锚头部分。

2 裂缝控制

首先根据本规范第 3.5 节耐久性规定，参考现行《混凝土结构设计规范》GB 50010，按环境类别和腐蚀性介质弱、中、强等级诸因素划分抗拔桩裂缝控制等级，对于不同裂缝控制等级桩基采取相应措施。对于严格要求不出现裂缝的一级和一般要求不出现裂缝的二级裂缝控制等级基桩，宜设预应力筋；对于允许出现裂缝的三级裂缝控制等级基桩，应按荷载效应标准组合计算裂缝最大宽度 $w_{max}$，使其不超过裂缝宽度限值，即 $w_{max}\leqslant w_{lim}$。

**5.8.10** 当桩处于成层土中且土层刚度相差大时，水平地震作用下，软硬土层界面处的剪力和弯距将出现突增，这是基桩震害的主要原因之一。因此，应采用地震反应的时程分析方法分析软硬土层界面处的地震作用效应，进而采取相应的措施。

## 5.9 承 台 计 算

**5.9.1** 本条对桩基承台的弯矩及其正截面受弯承载力和配筋的计算原则作出规定。

**5.9.2** 本条对柱下独立桩基承台的正截面弯矩设计值的取值计算方法系依据承台的破坏试验资料作出规定。20 世纪 80 年代以来，同济大学、郑州工业大学（郑州工学院）、中国石化总公司、洛阳设计院等单位进行的大量模型试验表明，柱下多桩矩形承台呈“梁式破坏”，即弯曲裂缝在平行于柱边两个方向交替出现，承台在两个方向交替呈梁式承担荷载（见图 31），最大弯矩产生在平行于柱边两个方向的屈服线处。利用极限平衡原理导得柱下多桩矩形承台两个方向的承台正截面弯矩为本规范式（5.9.2-1）、式（5.9.2-2）。

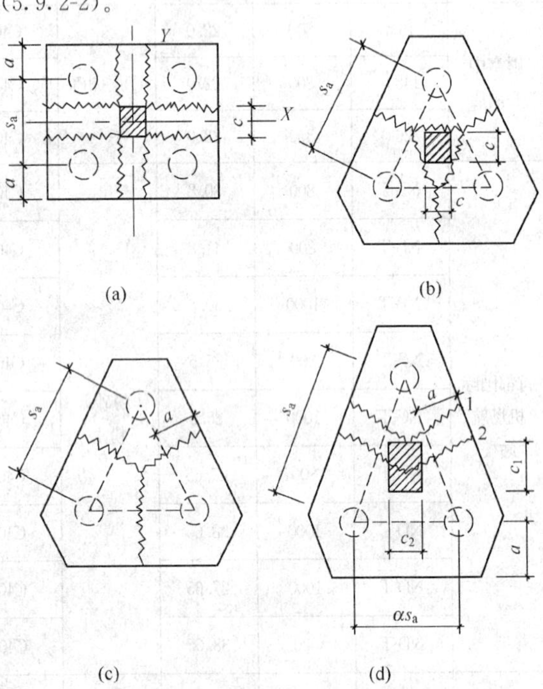


图 31 承台破坏模式

（a）四桩承台；（b）等边三桩承台；
（c）等边三桩承台；（d）等腰三桩承台

对柱下三桩三角形承台进行的模型试验，其破坏模式也为“梁式破坏”。由于三桩承台的钢筋一般均平行于承台边呈三角形配置，因而等边三桩承台具有代表性的破坏模式见图 31（b），可利用钢筋混凝土板的屈服线理论按机动法基本原理推导，得通过柱边屈服曲线的等边三桩承台正截面弯矩计算公式：

$$M=\frac{N_{max}}{3}\left(s_a-\frac{\sqrt{3}}{2}c\right) \qquad (10)$$

由图 31（c）的等边三桩承台最不利破坏模式，可得另一公式：

$$M=\frac{N_{\max}}{3}s_{a} \tag{11}$$

考虑到图 31（b）的屈服线产生在柱边，过于理想化，而图 31（c）的屈服线未考虑柱的约束作用，其弯矩偏于安全。根据试件破坏的多数情况采用式（10）、式（11）两式的平均值作为本规范的弯矩计算公式，即得到本规范式（5.9.2-3）。

对等腰三桩承台，其典型的屈服线基本上都垂直于等腰三桩承台的两个腰，试件通常在长跨发生弯曲破坏，其屈服线见图 31（d）。按梁的理论可导出承台正截面弯矩的计算公式：

当屈服线 2 通过柱中心时 $$M_1=\frac{N_{\max}}{3}s_{a} \tag{12}$$

当屈服线 1 通过柱边时 $$M_2=\frac{N_{\max}}{3}\left(s_{a}-\frac{1.5}{\sqrt{4-\alpha^2}}c_1\right) \tag{13}$$

式（12）未考虑柱的约束影响，偏于安全；而式（13）又不够安全，因而本规范采用该两式的平均值确定等腰三桩承台的正截面弯矩，即本规范式（5.9.2-4）、式（5.9.2-5）。

上述关于三桩承台计算的 $M$ 值均指通过承台形心与相应承台边正交截面的弯矩设计值，因而可按此相应宽度采用三向均匀配筋。

**5.9.3** 本条对箱形承台和筏形承台的弯矩计算原则进行规定。

1 对箱形承台及筏形承台的弯矩宜按地基——桩——承台——上部结构共同作用的原理分析计算。这是考虑到结构的实际受力情况具有共同作用的特性，因而分析计算应反映这一特性。

2 对箱形承台，当桩端持力层为基岩、密实的碎石类土、砂土且深厚均匀时；或当上部结构为剪力墙；或当上部结构为框架一核心筒结构且按变刚度调平原则布桩时，由于基础各部分的沉降变形较均匀，桩顶反力分布较均匀，整体弯矩较小，因而箱形承台顶、底板可仅考虑局部弯矩作用进行计算、忽略基础的整体弯矩，但需在配筋构造上采取措施承受实际上存在的一定数量的整体弯矩。

3 对筏形承台，当桩端持力层深厚坚硬、上部结构刚度较好，且柱荷载及柱间距变化不超过 20％时；或当上部结构为框架一核心筒结构且按变刚度调平原则布桩时，由于基础各部分的沉降变形均较均匀，整体弯矩较小，因而可仅考虑局部弯矩作用进行计算，忽略基础的整体弯矩，但需在配筋构造上采取措施承受实际上存在的一定数量的整体弯矩。

**5.9.4** 本条对柱下条形承台梁的弯矩计算方法根据桩端持力层情况不同，规定可按下列两种方法计算。

1 按弹性地基梁（地基计算模型应根据地基土层特性选取）进行分析计算，考虑桩、柱垂直位移对承台梁内力的影响。

2 当桩端持力层深厚坚硬且桩柱轴线不重合时，可将桩视为不动铰支座，采用结构力学方法，按连续梁计算。

**5.9.5** 本条对砌体墙下条形承台梁的弯矩和剪力计算方法规定可按倒置弹性地基梁计算。将承台上的砌体墙视为弹性半无限体，根据弹性理论求解承台梁上的荷载，进而求得承台梁的弯矩和剪力。为方便设计，附录 G 已列出承台梁不同位置处的弯矩和剪力计算公式。对于承台上的砌体墙，尚应验算桩顶以上部分砌体的局部承压强度，防止砌体发生压坏。

**5.9.7** 本条对桩基承台受柱（墙）冲切承载力的计算方法作出规定：

1 根据冲切破坏的试验结果进行简化计算，取冲切破坏锥体为自柱（墙）边或承台变阶处至相应桩顶边缘连线所构成的锥体。锥体斜面与承台底面之夹角不小于 45°。

2 对承台受柱的冲切承载力按本规范式（5.9.7-1）～式（5.9.7-3）计算。依据现行国家标准《混凝土结构设计规范》GB 50010，对冲切系数作了调整。对混凝土冲切破坏承载力由 $0.6f_{t}u_{m}h_{o}$ 提高至 $0.7f_{t}u_{m}h_{o}$，即冲切系数 $\beta_0$ 提高了 16.7％，故本规范将其表达式 $\beta_0=0.72/(\lambda+0.2)$ 调整为 $\beta_0=0.84/(\lambda+0.2)$。

3 关于最小冲跨比取值，由原 $\lambda=0.2$ 调整为 $\lambda=0.25$，$\lambda$ 满足 0.25～1.0。

根据现行《混凝土结构设计规范》GB 50010 的规定，需考虑承台受冲切承载力截面高度影响系数 $\beta_{hp}$。

必须强调对圆柱及圆桩计算时应将其截面换算成方柱或方桩，即取换算柱截面边长 $b_{c}=0.8d_{c}$（$d_{c}$ 为圆柱直径），换算桩截面边长 $b_{p}=0.8d$，以确定冲切破坏锥体。

**5.9.8** 本条对承台受柱冲切破坏锥体以外基桩的冲切承载力的计算方法作出规定，这些规定与《建筑桩基技术规范》JGJ 94—94 的计算模式相同。同时按现行《混凝土结构设计规范》GB 50010 规定，对冲切系数 $\beta_0$ 进行调整，并增加受冲切承载力截面高度影响系数 $\beta_{hp}$。

**5.9.9** 本条对柱（墙）下桩基承台斜截面的受剪承载力计算作出规定。由于剪切破坏面通常发生在柱边（墙边）与桩边连线形成的贯通承台的斜截面处，因而受剪计算斜截面取在柱边处。当柱（墙）承台悬挑边有多排基桩时，应对多个斜截面的受剪承载力进行计算。

**5.9.10** 本条说明柱下独立桩基承台的斜截面受剪承载力的计算。

1 斜截面受剪承载力的计算公式是以《建筑桩基

技术规范》JGJ 94—94 计算模式为基础，根据现行《混凝土结构设计规范》GB 50010 规定，斜截面受剪承载力由按混凝土受压强度设计值改为按受拉强度设计值进行计算，作了相应调整。即由原承台剪切系数 $\alpha=0.12/(\lambda+0.3)(0.3\leqslant\lambda<1.4)$、$\alpha=0.20/(\lambda+1.5)(1.4\leqslant\lambda<3.0)$调整为 $\alpha=1.75/(\lambda+1)(0.25\leqslant\lambda\leqslant3.0)$。最小剪跨比取值由 $\lambda=0.3$ 调整为 $\lambda=0.25$。

2 对柱下阶梯形和锥形、矩形承台斜截面受剪承载力计算时的截面计算有效高度和宽度的确定作出相应规定，与《建筑桩基技术规范》JGJ 94—94 规定相同。

**5.9.11** 本条对梁板式筏形承台的梁的受剪承载力计算作出规定，求得各计算斜截面的剪力设计值后，其受剪承载力可按现行《混凝土结构设计规范》GB 50010的有关公式进行计算。

**5.9.12** 本条对配有箍筋但未配弯起钢筋的砌体墙下条形承台梁，规定其斜截面的受剪承载力可按本规范式（5.9.12）计算。该公式来源于《混凝土结构设计规范》GB 50010—2002。

**5.9.13** 本条对配有箍筋和弯起钢筋的砌体墙下条形承台梁，规定其斜截面的受剪承载力可按本规范式(5.9.13）计算，该公式来源同上。

**5.9.14** 本条对配有箍筋但未配弯起钢筋的柱下条形承台梁，由于梁受集中荷载，故规定其斜截面的受剪承载力可按本规范式（5.9.14）计算，该公式来源同上。

**5.9.15** 承台混凝土强度等级低于柱或桩的混凝土强度等级时，应按现行《混凝土结构设计规范》GB 50010 的规定验算柱下或桩顶承台的局部受压承载力，避免承台发生局部受压破坏。

**5.9.16** 对处于抗震设防区的承台受弯、受剪、受冲切承载力进行抗震验算时，应根据现行《建筑抗震设计规范》GB 50011，将上部结构传至承台顶面的地震作用效应乘以相应的调整系数；同时将承载力除以相应的抗震调整系数 $\gamma_{RE}$，予以提高。

# 6 灌注桩施工

## 6.2 一 般 规 定

**6.2.1** 在岩溶发育地区采用冲、钻孔桩应适当加密勘察钻孔。在较复杂的岩溶地段施工时经常会发生偏孔、掉钻、卡钻及泥浆流失等情况，所以应在施工前制定出相应的处理方案。

人工挖孔桩在地质、施工条件较差时，难以保证施工人员的安全工作条件，特别是遇有承压水、流动性淤泥层、流砂层时，易引发安全和质量事故，因此不得选用此种工艺。

**6.2.3** 当很大深度范围内无良好持力层时的摩擦桩，应按设计桩长控制成孔深度。当桩较长且桩端置于较好持力层时，应以确保桩端置于较好持力层作主控标准。

## 6.3 泥浆护壁成孔灌注桩

**6.3.2** 清孔后要求测定的泥浆指标有三项，即相对密度、含砂率和黏度。它们是影响混凝土灌注质量的主要指标。

**6.3.9** 灌注混凝土之前，孔底沉渣厚度指标规定，对端承型桩不应大于 50mm；对摩擦型桩不应大于100mm。首先这是多年灌注桩的施工经验；其二，近年对于桩底不同沉渣厚度的试桩结果表明，沉渣厚度大小不仅影响端阻力的发挥，而且也影响侧阻力的发挥值。这是近年来灌注桩承载性状的重要发现之一，故对原规范关于摩擦桩沉渣厚度≤300mm 作修订。

**6.3.18～6.3.24** 旋挖钻机重量较大、机架较高、设备较昂贵，保证其安全作业很重要。强调其作业的注意事项，这是总结近几年的施工经验后得出的。

**6.3.25** 旋挖钻机成孔，孔底沉渣（虚土）厚度较难控制，目前积累的工程经验表明，采用旋挖钻机成孔时，应采用清孔钻头进行清渣清孔，并采用桩端后注浆工艺保证桩端承载力。

**6.3.27** 细骨料宜选用中粗砂，是根据全国多数地区的使用经验和条件制订，少数地区若无中粗砂而选用其他砂，可通过试验进行选定，也可用合格的石屑代替。

**6.3.30** 条文中规定了最小的埋管深度宜为 2～6m，是为了防止导管拔出混凝土面造成断桩事故，但埋管也不宜太深，以免造成埋管事故。

## 6.4 长螺旋钻孔压灌桩

**6.4.1～6.4.13** 长螺旋钻孔压灌桩成桩工艺是国内近年开发且使用较广的一种新工艺，适用于地下水位以上的黏性土、粉土、素填土、中等密实以上的砂土，属非挤土成桩工艺，该工艺有穿透力强、低噪声、无振动、无泥浆污染、施工效率高、质量稳定等特点。

长螺旋钻孔压灌桩成桩施工时，为提高混凝土的流动性，一般宜掺入粉煤灰。每方混凝土的粉煤灰掺量宜为 70～90kg，坍落度应控制在 160～200mm，这主要是考虑保证施工中混合料的顺利输送。坍落度过大，易产生泌水、离析等现象，在泵压作用下，骨料与砂浆分离，导致堵管。坍落度过小，混合料流动性差，也容易造成堵管。另外所用粗骨料石子粒径不宜大于 30mm。

长螺旋钻孔压灌桩成桩，应准确掌握提拔钻杆时间，钻至预定标高后，开始泵送混凝土，管内空气从排气阀排出，待钻杆内管及输送软、硬管内混凝土达到连续时提钻。若提钻时间较晚，在泵送压力下钻头处的水泥浆液被挤出，容易造成管路堵塞。应杜绝在泵送混凝土前提拔钻杆，以免造成桩端处存在虚土或桩端混合料离析、端阻力减小。提拔钻杆中应连续泵料，特别是在饱和砂土、饱和粉土层中不得停泵待料，避免造成混凝土离析、桩身缩径和断桩，目前施工多采用商品混凝土或现场用两台 $0.5m^3$ 的强制式搅拌机拌制。

灌注桩后插钢筋笼工艺近年有较大发展，插笼深度提高到目前 20～30m，较好地解决了地下水位以下压灌桩的配筋问题。但后插钢筋笼的导向问题没有得到很好的解决，施工时应注意根据具体条件采取综合措施控制钢筋笼的垂直度和保护层有效厚度。

### 6.5 沉管灌注桩和内夯沉管灌注桩

振动沉管灌注成桩若混凝土坍落度过大，将导致桩顶浮浆过多，桩体强度降低。

### 6.6 干作业成孔灌注桩

人工挖孔桩在地下水疏干状态不佳时，对桩端及时采用低水混凝土封底是保证桩基础承载力的关键之一。

### 6.7 灌注桩后注浆

灌注桩桩底后注浆和桩侧后注浆技术具有以下特点：一是桩底注浆采用管式单向注浆阀，有别于构造复杂的注浆预载箱、注浆囊、U形注浆管，实施开敞式注浆，其竖向导管可与桩身完整性声速检测兼用，注浆后可代替纵向主筋；二是桩侧注浆是外置于桩土界面的弹性注浆管阀，不同于设置于桩身内的袖阀式注浆管，可实现桩身无损注浆。注浆装置安装简便、成本较低、可靠性高，适用于不同钻具成孔的锥形和平底孔型。

**6.7.1** 灌注桩后注浆（Cast-in-place pile post grouting，简写 PPG）是灌注桩的辅助工法。该技术旨在通过桩底桩侧后注浆固化沉渣（虚土）和泥皮，并加固桩底和桩周一定范围的土体，以大幅提高桩的承载力，增强桩的质量稳定性，减小桩基沉降。对于干作业的钻、挖孔灌注桩，经实践表明均取得良好成效。故本规定适用于除沉管灌注桩外的各类钻、挖、冲孔灌注桩。该技术目前已应用于全国二十多个省市的数以千计的桩基工程中。

**6.7.2** 桩底后注浆管阀的设置数量应根据桩径大小确定，最少不少于 2 根，对于 $d$>1200mm 桩应增至 3 根。目的在于确保后注浆浆液扩散的均匀对称及后注浆的可靠性。桩侧注浆断面间距视土层性质、桩长、承载力增幅要求而定，宜为 6～12m。

**6.7.4～6.7.5** 浆液水灰比是根据大量工程实践经验提出的。水灰比过大容易造成浆液流失，降低后注浆的有效性，水灰比过小会增大注浆阻力，降低可注性，乃至转化为压密注浆。因此，水灰比的大小应根据土层类别、土的密实度、土是否饱和诸因素确定。当浆液水灰比不超过 0.5 时，加入减水、微膨胀等外加剂在于增加浆液的流动性和对土体的增强效应。确保最佳注浆量是确保桩的承载力增幅达到要求的重要因素，过量注浆会增加不必要的消耗，应通过试注浆确定。这里推荐的用于预估注浆量公式是以大量工程经验确定有关参数推导提出的。关于注浆作业起始时间和顺序的规定是大量工程实践经验的总结，对于提高后注浆的可靠性和有效性至关重要。

**6.7.6～6.7.9** 规定终止注浆的条件是为了保证后注浆的预期效果及避免无效过量注浆。采用间歇注浆的目的是通过一定时间的休止使已压入浆提高抗浆液流失阻力，并通过调整水灰比消除规定中所述的两种不正常现象。实践过程曾发生过高压输浆管接口松脱或爆管而伤人的事故，因此，操作人员应采取相应的安全防护措施。

## 7 混凝土预制桩与钢桩施工

### 7.1 混凝土预制桩的制作

**7.1.3** 预制桩在锤击沉桩过程中要出现拉应力，对于受水平、上拔荷载桩桩身拉应力是不可避免的，故按现行《混凝土结构工程施工质量验收规范》GB 50204的规定，同一截面的主筋接头数量不得超过主筋数量的 50%，相邻主筋接头截面的距离应大于 $35d_g$。

**7.1.4** 本规范表 7.1.4 中 7 和 8 项次应予以强调。按以往经验，如制作时质量控制不严，造成主筋距桩顶面过近，甚至与桩顶齐平，在锤击时桩身容易产生纵向裂缝，被迫停锤。网片位置不准，往往也会造成桩顶被击碎事故。

**7.1.5** 桩尖停在硬层内接桩，如电焊连接耗时较长，桩周摩阻得到恢复，使进一步锤击发生困难。对于静力压桩，则沉桩更困难，甚至压不下去。若采用机械式快速接头，则可避免这种情况。

**7.1.8** 根据实践经验，凡达到强度与龄期的预制桩大都能顺利打入土中，很少打裂；而仅满足强度不满足龄期的预制桩打裂或打断的比例较大。为使沉桩顺利进行，应做到强度与龄期双控。

### 7.3 混凝土预制桩的接桩

管桩接桩有焊接、法兰连接和机械快速连接三种方式。本规范对不同连接方式的技术要点和质量控制环节作出相应规定，以避免以往工程实践中常见的由于接桩质量问题导致沉桩过程由于锤击拉应力和土体上涌接头被拉断的事故。

### 7.4 锤击沉桩

**7.4.3** 桩帽或送桩帽的规格应与桩的断面相适应，太小会将桩顶打碎，太大易造成偏心锤击。插桩应控制其垂直度，才能确保沉桩的垂直度，重要工程插桩均应采用二台经纬仪从两个方向控制垂直度。

**7.4.4** 沉桩顺序是沉桩施工方案的一项重要内容。以往施工单位不注意合理安排沉桩顺序造成事故的事例很多，如桩位偏移、桩体上涌、地面隆起过多、建筑物破坏等。

**7.4.6** 本条所规定的停止锤击的控制原则适用于一般情况，实践中也存在某些特例。如软土中的密集桩群，由于大量桩沉入土中产生挤土效应，对后续桩的沉桩带来困难，如坚持按设计标高控制很难实现。按贯入度控制的桩，有时也会出现满足不了设计要求的情况。对于重要建筑，强调贯入度和桩端标高均达到设计要求，即实行双控是必要的。因此确定停锤标准是较复杂的，宜借鉴经验与通过静载试验综合确定停锤标准。

**7.4.9** 本条列出的一些减少打桩对邻近建筑物影响的措施是对多年实践经验的总结。如某工程，未采取任何措施沉桩地面隆起达 15～50cm，采用预钻孔措施后地面隆起则降为 2～10cm。控制打桩速率减少挤土隆起也是有效措施之一。对于经检测，确有桩体上涌的情况，应实施复打。具体用哪一种措施要根据工程实际条件，综合分析确定，有时可同时采用几种措施。即使采取了措施，也应加强监测。

### 7.6 钢桩（钢管桩、H型桩及其他异型钢桩）施工

**7.6.3** 钢桩制作偏差不仅要在制作过程中控制，运到工地后在施打前还应检查，否则沉桩时会发生困难，甚至成桩失败。这是因为出厂后在运输或堆放过程中会因措施不当而造成桩身局部变形。此外，出厂成品均为定尺钢桩，而实际施工时都是由数根焊接而成，但不会正好是定尺桩的组合，多数情况下，最后一节为非定尺桩，这就要进行切割。因此要对切割后的节段及拼接后的桩进行外形尺寸检验。

**7.6.5** 焊接是钢桩施工中的关键工序，必须严格控制质量。如焊丝不烘干，会引起烧焊时含氢量高，使焊缝容易产生气孔而降低其强度和韧性，因而焊丝必须在 200～300℃温度下烘干 2h。据有关资料，未烘干的焊丝其含氢量为 12ml/100gm，经过 300℃温度烘干 2h 后，减少到 9.5mL/100gm。

现场焊接受气候的影响较大，雨天烧焊时，由于水分蒸发会有大量氢气混入焊缝内形成气孔。大于 10m/s 的风速会使自保护气体和电弧火焰不稳定。雨天或刮风条件下施工，必须采取防风避雨措施，否则质量不能保证。

焊缝温度未冷却到一定温度就锤击，易导致焊缝出现裂缝。浇水骤冷更易使之发生脆裂。因此，必须对冷却时间予以限定且要自然冷却。有资料介绍，1min 停歇，母材温度即降至 300℃，此时焊缝强度可以经受锤击压力。

外观检查和无破损检验是确保焊接质量的重要环节。超声或拍片的数量应视工程的重要程度和焊接人员的技术水平而定，这里提供的数量，仅是一般工程的要求。还应注意，检验应实行随机抽样。

**7.6.6** H型钢桩或其他薄壁钢桩不同于钢管桩，其断面与刚度本来很小，为保证原有的刚度和强度不致因焊接而削弱，一般应加连接板。

**7.6.7** 钢管桩出厂时，两端应有防护圈，以防坡口受损；对 H 型桩，因其刚度不大，若支点不合理，堆放层数过多，均会造成桩体弯曲，影响施工。

**7.6.9** 钢管桩内取土，需配以专用抓斗，若要穿透砂层或硬土层，可在桩下端焊一圈钢箍以增强穿透力，厚度为 8～12mm，但需先试沉桩，方可确定采用。

**7.6.10** H型钢桩，其刚度不如钢管桩，且两个方向的刚度不一，很容易在刚度小的方向发生失稳，因而要对锤重予以限制。如在刚度小的方向设约束装置有利于顺利沉桩。

**7.6.11** H型钢桩送桩时，锤的能量损失约 1/3～4/5，故桩端持力层较好时，一般不送桩。

**7.6.12** 大块石或混凝土块容易嵌入 H 钢桩的槽口内，随桩一起沉入下层土内，如遇硬土层则使沉桩困难，甚至继续锤击导致桩体失稳，故应事先清除桩位上的障碍物。

## 8 承台施工

### 8.1 基坑开挖和回填

**8.1.3** 目前大型基坑越来越多，且许多工程位于建筑群中或闹市区。完善的基坑开挖方案，对确保邻近建筑物和公用设施（煤气管线、上下水道、电缆等）的安全至关重要。本条中所列的各项工作均应慎重研究以定出最佳方案。

**8.1.4** 外降水可降低主动土压力，增加边坡的稳定；内降水可增加被动土压，减少支护结构的变形，且利于机具在基坑内作业。

**8.1.5** 软土地区基坑开挖分层均衡进行极其重要。某电厂厂房基础，桩断面尺寸为 450mm ×450mm，基坑开挖深度 4.5m。由于没有分层挖土，由基坑的一边挖至另一边，先挖部分的桩体发生很大水平位移，有些桩由于位移过大而断裂。类似的由于基坑开挖失当而引起的事故在软土地区屡见不鲜。因此对挖土顺序必须合理适当，严格均衡开挖，高差不应超过 1m；不得于坑边弃土；对已成桩须妥善保护，不得

让挖土设备撞击；对支护结构和已成桩应进行严密监测。

### 8.2 钢筋和混凝土施工

**8.2.2** 大体积承台日益增多，钢厂、电厂、大型桥墩的承台一次浇注混凝土量近万方，厚达3～4m。对这种桩基承台的浇注，事先应作充分研究。当浇注设备适应时，可用平铺法；如不适应，则应从一端开始采用滚浇法，以减少混凝土的浇注面。对水泥用量，减少温差措施均需慎重研究；措施得当，可实现一次浇注。

## 9 桩基工程质量检查和验收

**9.1.1～9.1.3** 现行国家标准《建筑地基基础工程施工质量验收规范》GB 50202和行业标准《建筑基桩检测技术规范》JGJ 106以强制性条文规定必须对基桩承载力和桩身完整性进行检验。桩身质量与基桩承载力密切相关，桩身质量有时会严重影响基桩承载力，桩身质量检测抽样率较高，费用较低，通过检测可减少桩基安全隐患，并可为判定基桩承载力提供参考。

**9.2.1～9.4.5** 对于具体的检测项目，应根据检测目的、内容和要求，结合各检测方法的适用范围和检测能力，考虑工程重要性、设计要求、地质条件、施工因素等情况选择检测方法和检测数量。影响桩基承载力和桩身质量的因素存在于桩基施工的全过程中，仅有施工后的试验和施工后的验收是不全面、不完整的。桩基施工过程中出现的局部地质条件与勘察报告不符、工程桩施工参数与施工前的试验参数不同、原材料发生变化、设计变更、施工单位变更等情况，都可能产生质量隐患，因此，加强施工过程中的检验是有必要的。不同阶段的检验要求可参照现行《建筑地基基础工程施工质量验收规范》GB 50202和现行《建筑基桩检测技术规范》JGJ 106执行。

中华人民共和国行业标准

# 载体桩设计规程

Specification for design of ram-compacted piles with bearing base

**JGJ 135—2007**
**J 121—2007**

批准部门：中华人民共和国建设部
施行日期：2007年10月1日

# 中华人民共和国建设部
# 公　　告

第 649 号

## 建设部关于发布行业标准《载体桩设计规程》的公告

现批准《载体桩设计规程》为行业标准，编号为 JGJ 135－2007，自 2007 年 10 月 1 日起实施。其中，第 4.5.1、4.5.4 条为强制性条文，必须严格执行。原行业标准《复合载体夯扩桩设计规程》JGJ/T 135－2001 同时废止。

本规程由建设部标准定额研究所组织中国建筑工业出版社出版发行。

中华人民共和国建设部
2007 年 6 月 4 日

## 前　　言

根据建设部建标［2004］66 号文件要求，编制组在广泛调查研究，认真总结近年来的实践经验，并在广泛征求意见的基础上全面修订了本规程。

本规程的主要技术内容：载体桩基的计算，承台设计和载体桩基工程质量检查与检测。

本规程的主要修订内容：1. 增加了载体桩桩顶作用效应的计算；2. 对用于初步设计时载体桩承载力特征值估算的参数 $A_e$ 进行了修订；3. 增加了当载体桩持力层下存在软弱下卧层时，软弱下卧层承载力的验算；4. 对原规程中沉降计算公式进行了修订。

本规程由建设部负责管理和对强制性条文的解释，由主编单位负责具体技术内容的解释。

本规程主编单位：北京波森特岩土工程有限公司（地址：北京市昌平区东小口镇太平家园 31 号楼；邮政编码：102218；puissant@126.com）

本规程参编单位：中国建筑科学研究院
清华大学
天津大学建筑设计研究院
天津中怡建筑设计有限公司
北京建筑工程研究院
哈尔滨波森特建筑安装工程有限公司
陕西波森特岩土工程有限公司

本规程主要起草人员：王继忠　杨启安　李广信　闫明礼　凌光容　方继圣　沈保汉　杨立杰　麻水歧　孙玉文　戚银生　葛宝亮　季　强　杨浩军　蔺忠彦　马治国

# 目　次

# 1 总　则

**1.0.1** 为了使载体桩的设计做到安全适用、技术先进、经济合理、确保质量，制定本规程。

**1.0.2** 本规程适用于工业与民用建筑和构筑物的载体桩设计。

**1.0.3** 载体桩设计应因地制宜，综合考虑地质条件、环境条件、建筑物结构类型、荷载特征及施工设备等因素。

**1.0.4** 载体桩设计，除应符合本规程规定外，尚应符合国家现行有关标准的规定。

# 2 术语、符号

## 2.1 术　语

**2.1.1** 填充料　filling material

为挤密桩端地基土体而填入的材料，包括碎砖、碎混凝土块、水泥拌合物、碎石、卵石及矿渣等。

**2.1.2** 挤密土体　soil in compacted zone

夯实填充料时周围被挤密的地基土体。

**2.1.3** 载体　bearing base

由混凝土、夯实填充料、挤密土体三部分构成的承载体。

**2.1.4** 载体桩　ram-compacted piles with bearing base

由混凝土桩身和载体构成的桩。

**2.1.5** 载体桩桩长　length of the ram-compacted piles with bearing base

载体桩的桩长，包括混凝土桩身长度和载体高度。

**2.1.6** 被加固土层　strengthened soil stratum

载体所在的土层。

**2.1.7** 载体桩的持力层　bearing stratum for ram-compacted piles with composite bearing base

直接承受载体桩传递的荷载的土层。

**2.1.8** 三击贯入度　the total penetration of three drives

指填充料夯实完毕后，以锤径为 355mm，质量为 3500kg 的柱锤，落距为 6.0m，连续三次锤击的累计下沉量。

## 2.2 符　号

$A_e$——载体等效计算面积；

$A_p$——桩身截面面积；

$d$——混凝土桩身直径；

$e$——土的孔隙比；

$E_{si}$——桩基沉降计算范围内第 $i$ 层土的压缩模量；

$f_a$——经深度修正后的载体桩持力层地基承载力特征值；

$f_{az}$——软弱下卧层顶面处经深度修正后地基承载力特征值；

$F_k$——相应于承载能力极限状态时，荷载效应标准组合下上部结构传到承台顶面的竖向力；

$F$——相应于正常使用极限状态时，荷载效应准永久组合下作用于承台顶面的竖向力；

$F'$——相应于正常使用极限状态时，荷载效应准永久组合下上部结构传递到承台梁上单位长度的竖向力；

$G_k$——承台和承台上土自重标准值；

$H_{ik}$——相应于承载能力极限状态时，荷载效应标准组合下作用于任一根载体桩桩顶的水平力；

$I_L$——土的液性指数；

$l$——混凝土桩身长度；

$l_i$——混凝土桩身长度范围内第 $i$ 层土的土层厚度；

$N$——相应于承载能力极限状态时，荷载效应基本组合下作用于载体桩单桩上竖向力设计值；

$N_k$——相应于承载能力极限状态时，荷载效应标准组合下作用于任一根载体桩桩顶的竖向力；

$N_{Ek}$——在地震作用效应和荷载效应标准组合下，每一根载体桩的竖向承载力；

$Q_u$——载体桩单桩竖向极限承载力；

$p_0$——相应于荷载效应准永久组合时压缩层顶部的附加压力；

$R_a$——单桩竖向承载力特征值；

$s$——桩基最终沉降量；

$\bar{\alpha}_i$——载体桩基础底面（或沉降计算面）计算点至第 $i$ 层土底面深度范围内平均附加应力系数；

$\sigma_c$——地基土自重应力；

$\sigma_z$——地基土某点的附加应力。

# 3 基本规定

**3.0.1** 对无相近地质条件下成桩试验资料的载体桩设计，应事先进行成孔、成桩试验和载荷试验确定设计及施工参数。

**3.0.2** 被加固土层宜为粉土、砂土、碎石土及可塑、硬塑状态的黏性土。当软塑状态的黏性土、素填土、杂填土和湿陷性黄土经过成桩试验和载荷试验确定载体桩的承载力满足要求时，也可作为被加固土层。在湿陷性黄土地区采用载体桩时，载体桩必须穿透湿陷性黄土层。

**3.0.3** 载体桩桩间距不宜小于3倍桩径，且载体施工时不得影响到相邻桩的施工质量。当被加固土层为粉土、砂土或碎石土时，桩间距不宜小于1.6m；当被加固土层为含水量较高的黏性土时，桩间距不宜小于2.0m。

**3.0.4** 桩身长度应由所选择的被加固土层和持力层的埋深及承台底标高确定。

**3.0.5** 桩身构造应符合下列规定：

**1** 桩身混凝土强度等级，灌注桩不得低于C25，预制桩不得低于C30；

**2** 主筋混凝土保护层厚度不应小于35mm；

**3** 载体桩桩身正截面配筋率可取0.20%～0.65%（小直径桩取大值，大直径桩取小值），对抗压和抗拔桩主筋不应少于6$\phi$10，对受水平力的桩主筋不应少于8$\phi$12；箍筋可采用直径不小于$\phi$6、间距不大于300mm的螺旋箍筋，在桩顶3～5倍桩身直径范围内箍筋应适当加密，钢筋笼应沿混凝土桩身通长配筋；当钢筋笼的长度超过4m时，应每隔2m设一道直径不小于12mm的焊接加劲箍筋；

**4** 抗压桩纵筋伸入承台的锚固长度不得小于30倍主筋直径；抗拔桩桩顶纵向主筋的锚固长度应按现行国家标准《混凝土结构设计规范》GB 50010确定。

**3.0.6** 载体施工时的填料量应以三击贯入度控制。对于桩径为300～500mm的载体桩，其填料量不宜大于1.8m³；当填料量大于1.8m³时，应另选被加固土层或改变施工参数。

**3.0.7** 当桩身进入承压水土层时，应采取有效措施，防止发生突涌。

**3.0.8** 在桩基础施工时，应采取相应措施控制相邻桩的上浮量。对于桩身混凝土已达到终凝的相邻桩，其上浮量不宜大于20mm；对于桩身混凝土处于流动状态的相邻桩，其上浮量不宜大于50mm。

**3.0.9** 当采用载体桩作为复合地基中的增强体时，载体桩桩身可不配筋。

# 4 载体桩计算

## 4.1 一般规定

**4.1.1** 验算竖向力作用下载体桩竖向承载力时，应符合下列规定：

**1** 荷载效应标准组合

轴心竖向力作用下

$$N_k \leqslant R_a \qquad (4.1.1\text{-}1)$$

偏心竖向力作用下，除应满足式（4.1.1-1）外，尚应满足下式要求：

$$N_{kmax} \leqslant 1.2R_a \qquad (4.1.1\text{-}2)$$

式中 $N_k$——相应于荷载效应标准组合时，作用于任一根载体桩桩顶的竖向力（kN）；

$N_{kmax}$——相应于荷载效应标准组合时，偏心竖向力作用于承台顶时载体桩桩顶所受的最大竖向力（kN）；

$R_a$——单桩竖向承载力特征值（kN）。

**2** 地震作用效应组合

轴心竖向力作用下

$$N_{Ek} \leqslant 1.25R_a \qquad (4.1.1\text{-}3)$$

偏心竖向力作用下，除应满足上式外，尚应满足下式要求：

$$N_{Ekmax} \leqslant 1.5R_a \qquad (4.1.1\text{-}4)$$

式中 $N_{Ek}$——地震作用效应和荷载效应标准组合下，每一根载体桩的竖向力（kN）；

$N_{Ekmax}$——地震作用效应和荷载效应标准组合下，载体桩上的最大竖向力（kN）。

**4.1.2** 承受竖向荷载为主的低承台桩基，当地面下无液化土层且桩承台周围无淤泥、淤泥质土或地基土承载力特征值不小于100kPa的填土时，下列建筑可不进行桩基抗震承载力验算：

1）砌体房屋；

2）抗震设防烈度为7度和8度时，一般单层厂房、单层空旷房屋、不超过8层且高度在25m以内的一般民用框架房屋及与其基础荷载相当的多层框架厂房；

3）现行国家标准《建筑抗震设计规范》GB 50011规定可不进行上部结构抗震验算的建筑物。

**4.1.3** 水平力作用下，基桩水平承载力应符合下式要求：

$$H_{ik} \leqslant R_h \qquad (4.1.3)$$

式中 $H_{ik}$——相应于荷载效应标准组合时，作用于任一根载体桩桩顶的水平力（kN）；

$R_h$——单桩水平承载力特征值（kN）。

## 4.2 载体桩桩顶作用效应计算

**4.2.1** 对于一般建筑物和受水平力较小的高大建筑物，桩径和桩长相同的载体桩群桩基础，应按下列公式计算群桩中载体桩的桩顶作用效应：

**1** 竖向力

承台上轴心竖向力作用下

$$N_k = \frac{F_k + G_k}{n} \qquad (4.2.1\text{-}1)$$

偏心竖向力作用下

$$N_{ik} = \frac{F_k + G_k}{n} \pm \frac{M_{xk} y_i}{\sum y_j^2} \pm \frac{M_{yk} x_i}{\sum x_j^2} \qquad (4.2.1\text{-}2)$$

式中 $N_{ik}$——相应于荷载效应标准组合时，偏心竖向力作用于承台顶时第 $i$ 根载体桩桩顶所受的竖向力（kN）；

$F_k$——相应于荷载效应标准组合时，上部结构传到承台顶面的竖向力（kN）；

$G_k$——载体桩的承台和承台上土自重标准值，对于地下水以下部分应扣除水的浮力（kN）；

$M_{xk}$、$M_{yk}$——相应于荷载效应标准组合时，对承台底面通过载体桩群桩形心的 $x$、$y$ 轴的力矩（kN·m）；

$x_i$、$x_j$、$y_i$、$y_j$——第 $i$、$j$ 根载体桩至 $y$、$x$ 轴的距离（m）。

**2** 水平力作用下

$$H_{ik}=\frac{H_k}{n} \quad (4.2.1\text{-}3)$$

式中 $H_k$——相应于荷载效应标准组合时，作用于承台底面的水平力（kN）；

$n$——桩基中载体桩的数量。

### 4.3 单桩竖向承载力

**4.3.1** 为设计提供依据时，单桩竖向承载力特征值应通过竖向静载荷试验确定。在同一条件下，试桩数量不应少于3根，试验应按本规程附录A进行。

单桩竖向承载力特征值应按下式计算：

$$R_a=Q_u/K \quad (4.3.1)$$

式中 $Q_u$——载体桩单桩竖向极限承载力（kN）；

$K$——安全系数，取 $K=2$。

**4.3.2** 初步设计时，单桩竖向承载力特征值可采用下列经验公式估算：

$$R_a=f_a\cdot A_e \quad (4.3.2)$$

式中 $f_a$——经深度修正后的载体桩持力层地基承载力特征值（kPa），应按现行国家标准《建筑地基基础设计规范》GB 50007执行；

$A_e$——载体等效计算面积（$m^2$），在没有当地经验值时其值可按表4.3.2选用。

**表 4.3.2 载体等效计算面积 $A_e$（$m^2$）**

| 被加固土层土性 | | 三击贯入度（cm） | | | | |
|---|---|---|---|---|---|---|
| | | <10 | 10 | 20 | 30 | >30 |
| 黏性土 | $0.75<I_L\leqslant1.0$ | — | 2.0～2.3 | 1.6～1.9 | 1.4～1.7 | <1.8 |
| | $0.25<I_L\leqslant0.75$ | — | 2.3～2.6 | 1.9～2.2 | 1.7～2.0 | <2.1 |
| | $0.0<I_L\leqslant0.25$ | 2.7～3.2 | 2.6～2.9 | 2.2～2.6 | 2.0～2.3 | <2.2 |
| 粉土 | $e>0.8$ | 2.4～2.7 | 2.2～2.5 | 1.9～2.2 | 1.6～1.9 | <1.7 |
| | $0.7<e\leqslant0.8$ | 2.7～3.0 | 2.5～2.8 | 2.2～2.5 | 1.9～2.2 | <2.0 |
| | $e\leqslant0.7$ | 3.0～3.4 | 2.8～3.1 | 2.5～2.8 | 2.2～2.5 | <2.3 |
| 粉砂细砂 | 中密 | 2.7～3.1 | 2.4～2.8 | 2.1～2.5 | 1.8～2.2 | <1.9 |
| | 稍密 | 3.1～3.5 | 2.8～3.2 | 2.5～2.9 | 2.2～2.6 | <2.2 |
| 中砂粗砂 | 中密 | 2.9～3.4 | 2.7～3.1 | 2.4～2.8 | 1.9～2.4 | — |
| | 稍密 | 3.4～3.8 | 3.1～3.5 | 2.8～3.2 | 2.4～2.8 | — |
| 碎石土 | 中密 | 3.2～3.8 | 2.9～3.4 | 2.6～3.0 | — | — |
| | 稍密 | 3.8～4.5 | 3.4～3.8 | 3.0～3.4 | — | — |
| 杂填土 | | 2.4～2.9 | 2.1～2.5 | 1.8～2.2 | 1.5～1.9 | <1.6 |

注：当桩长超过10m时，应计入桩侧阻的影响。

**4.3.3** 桩身混凝土强度应满足承载力要求，桩身强度应按下式验算：

$$N\leqslant\psi_c f_c A_p \quad (4.3.3)$$

式中 $N$——相应于荷载效应基本组合时，作用于载体桩单桩上竖向力设计值（kPa）；

$f_c$——混凝土轴心抗压强度设计值（kPa），应符合现行国家标准《混凝土结构设计规范》GB 50010的规定；

$A_p$——桩身截面面积（$m^2$）；

$\psi_c$——成桩工艺系数，桩身为预制桩时取0.8，现场灌注时取0.75。

**4.3.4** 载体桩基础持力层下受力范围内存在软弱下卧层时，应进行软弱下卧层承载力验算。

**4.3.5** 软弱下卧层承载力应按下式验算：

$$\sigma_{pz}+\gamma_i z\leqslant f_{az} \quad (4.3.5\text{-}1)$$

$$\sigma_{pz}=\frac{F_k+G_k-\gamma A d_h-2(L_0+B_0)\sum q_{sik}l_i}{(L_0+2\Delta R+2t\cdot\tan\theta)(B_0+2\Delta R+2t\cdot\tan\theta)} \quad (4.3.5\text{-}2)$$

式中 $\sigma_{pz}$——相应于荷载效应标准组合时作用于软弱下卧层顶面的附加应力（kPa）；

$\gamma$——承台底以上土的加权平均重度（$kN/m^3$）；

$z$——地面至软弱下卧层顶面的距离（m）；

$d_h$——承台埋深（m）；

$A$——承台面积（$m^2$）；

$\gamma_i$——软弱层顶面以上各土层（地下水位以下

取浮重度）的加权平均重度（kN/m³）；

$q_{sik}$——第 $i$ 层土极限侧阻力标准值，根据经验确定或按国家现行标准《建筑桩基技术规范》JGJ 94 确定（kPa）；

$l_i$——混凝土桩身长度范围内第 $i$ 层土的土层厚度（m）；

$t$——载体底面计算位置至软弱层顶面的距离（m）；

$f_{az}$——软弱下卧层顶面处经深度修正后地基承载力特征值（kN/m²），深度修正系数 $\eta_d$ 取 1.0；

$L_0$、$B_0$——承台下最外侧桩桩身沿竖向投影形成矩形的长边和短边的边长（m），见图 4.3.5；

$\Delta R$——等效计算距离（m），可取 0.6～1.0m，当 $A_e$ 值较小时，取小值；$A_e$ 值较大时，取大值；

$\theta$——压力扩散角（°），可按表 4.3.5 取值。

**表 4.3.5　地基压力扩散角**

| $E_{s1}/E_{s2}$ | 压力扩散角 | |
|---|---|---|
| | $t=0.25B_k$ | $t\geqslant 0.50B_k$ |
| 3 | 6° | 23° |
| 5 | 10° | 25° |
| 10 | 20° | 30° |

注：1　$B_k=B_0+2\Delta R$；

2　$E_{s1}$ 为上层地基土压缩模量；$E_{s2}$ 为软弱下卧层地基土压缩模量；

3　$t<0.25B_k$ 扩散角取 0°；$t>0.5B_k$ 扩散角取 $0.5B_k$ 对应的扩散角；

4　当 $E_{s1}/E_{s2}<3$ 时，按均质土层考虑应力分布，不考虑压力扩散角。

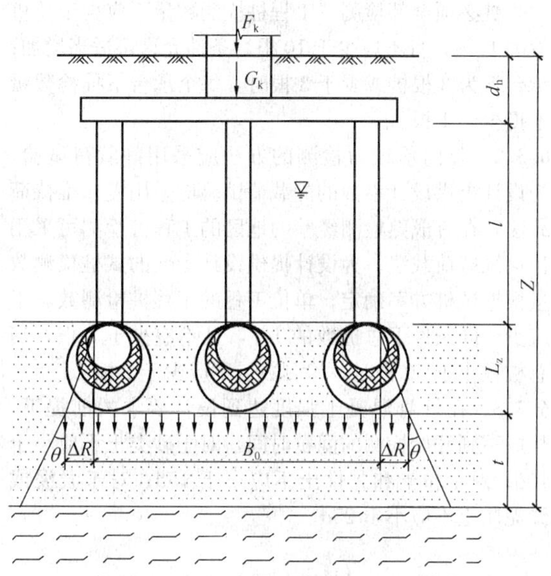


图 4.3.5　软弱下卧层计算示意

$l$——混凝土桩身长度；$L_Z$——载体高度，由当地经验确定，无经验时可取 2m

## 4.4　单桩水平承载力

**4.4.1**　对于受水平荷载较大、建筑桩基设计等级为甲级的建筑物的载体桩基，载体桩的水平承载力特征值应通过单桩载荷试验来确定，检测数量为总桩数的 1%，且不应少于 3 根。

**4.4.2**　当桩身配筋率小于 0.65% 时，可取单桩水平静载荷试验的临界荷载为单桩水平承载力特征值；当配筋率不小于 0.65% 时，可按静载荷试验结果取基底标高处桩顶水平位移为 10mm 所对应的荷载为单桩水平承载力特征值。

**4.4.3**　当缺少单桩水平静载荷试验资料时，载体桩水平承载力估算可按国家现行标准《建筑桩基技术规范》JGJ 94 执行。

## 4.5　载体桩基沉降计算

**4.5.1　对于下列建筑物的载体桩基应进行沉降计算：**

**1　建筑桩基设计等级为甲级的载体桩基；**

**2　体形复杂、荷载不均匀或桩端以下存在软弱下卧层的设计等级为乙级的载体桩基；**

**3　地基条件复杂、对沉降要求严格的载体桩基。**

**4.5.2**　载体桩基变形特征可分为沉降量、沉降差、倾斜和局部倾斜。

**4.5.3**　由于土层厚度与性质不均匀、荷载差异、体形复杂等因素引起的桩基变形，对于砌体承重结构应由局部倾斜控制；对于框架结构和单层排架结构应由相邻柱基的沉降差控制；对于多层或高层建筑和高耸结构应由倾斜值控制；必要时尚应控制平均沉降量。

**4.5.4　建筑物载体桩基沉降变形计算值不应大于建筑物桩基沉降变形允许值。**

**4.5.5**　建筑物桩基沉降变形允许值应按国家现行标准《建筑桩基技术规范》JGJ 94 的规定执行。

**4.5.6**　载体桩基沉降计算宜按等代实体基础采用单向压缩分层总和法进行计算，沉降计算位置从混凝土桩身下 2m 开始计算，等代实体面积为载体外边缘投影面积，边长可近似取承台下外围桩投影形成矩形的边长加 2 倍的 $\Delta R$，附加压力可近似取混凝土桩身下 2m 处的附加压力。

**4.5.7**　桩基沉降应按下列公式计算（图 4.5.7）：

$$s=\psi_p p_0\sum_{i=1}^{n}\frac{z_i\bar{\alpha}_i-z_{i-1}\bar{\alpha}_{i-1}}{E_{si}}\quad(4.5.7\text{-}1)$$

对于独立承台基础：

$$p_0=\frac{F+G_k-\gamma d_h A-2(L_0+B_0)\sum q_{sia}l_i}{(L_0+2\Delta R)(B_0+2\Delta R)}\quad(4.5.7\text{-}2)$$

对于墙下布桩条形承台梁基础：

$$p_0=\frac{F'+G'_k-\gamma d_h B_0-2\sum q_{sia}l_i}{B_0+2\Delta R}\quad(4.5.7\text{-}3)$$

式中 $s$——桩基最终沉降量（m）；

$\psi_p$——沉降计算经验系数，根据地区沉降观测资料及经验确定；当没有相关经验系数时，可按现行国家标准《建筑地基基础设计规范》GB 50007 执行；

$p_0$——对应荷载效应准永久组合时压缩土层顶部的附加压力（kPa）；

$n$——桩基沉降计算范围内所划分的土层数；

$z_i$、$z_{i-1}$——载体桩基沉降计算面至第 $i$ 层土、第$i-1$ 层土底面的距离（m）；

$\bar{\alpha}_i$、$\bar{\alpha}_{i-1}$——载体桩基础底面（或沉降计算面）计算点至第 $i$ 层、第 $i-1$ 层土底面深度范围内平均附加应力系数，可按现行国家标准《建筑地基基础设计规范》GB 50007 规定执行；

$E_{si}$——桩基沉降计算范围内第 $i$ 层土的压缩模量，取土的自重压力至土的自重压力与附加压力之和的压力段计算（MPa）；

$q_{sia}$——桩侧阻力特征值；

$A$——承台面积（$m^2$）；

$d_h$——承台埋深（m）；

$F$——相应于正常使用极限状态时，荷载效应准永久组合下作用于承台顶面的竖向力（kN）；

$F'$——相应于正常使用极限状态时，荷载效应准永久组合下上部结构传递到承台梁上单位长度的竖向力（kN/m）；

$G'_k$——承台和承台上土的单位长度上自重标准值（kN/m）。

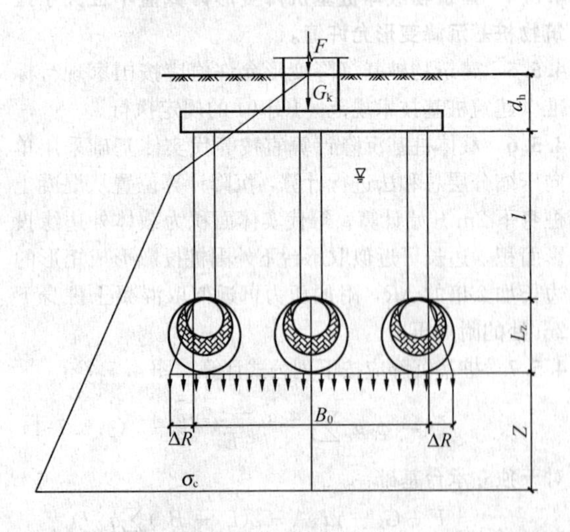


图 4.5.7 沉降计算示意

**4.5.8** 载体桩基沉降计算深度（$z_n$）处的附加应力与土自重应力 $\sigma_c$ 应符合下式要求：

$$\sigma_z = 0.2\sigma_c \tag{4.5.8}$$

式中 $\sigma_z$——$z_n$ 深度的附加应力（kPa）。

# 5 承台（梁）设计

**5.1** 承台的抗弯、抗剪、抗冲切验算方法应按国家现行标准《建筑桩基技术规范》JGJ 94 执行。

**5.2** 承台（梁）的构造应按国家现行标准《建筑桩基技术规范》JGJ 94 执行。

# 6 载体桩基工程质量检查与检测

## 6.1 一 般 规 定

**6.1.1** 对无相近地质条件下成桩试验资料的工程，必须进行试桩，试桩设计方案由载体桩设计人员提供。试桩与工程桩必须进行成桩质量的检查和桩身完整性及承载力的检测。

## 6.2 成桩质量检查

**6.2.1** 施工单位应提供施工过程中与桩身质量有关的资料，包括原材料的力学性能检验报告，试件留置数量及制作养护方法、混凝土抗压强度试验报告、钢筋笼制作质量检查报告。

**6.2.2** 对载体应检查下列项目：

**1** 填料量；

**2** 夯填混凝土量；

**3** 每击贯入度；

**4** 三击贯入度。

## 6.3 单桩桩身完整性及承载力检测

**6.3.1** 桩身完整性检测，可采用低应变动测法检测。试验桩必须全部检测。工程桩检测数量不应少于总桩数的 10%，且不应少于 10 根，条件允许可适当增加；承台下为 3 根桩或少于 3 根时，每个承台下抽检数量不得少于 1 根。

**6.3.2** 竖向承载力检测的方法应采用静载荷试验，为设计提供设计参数的静载荷试验应采用慢速维持荷载法，在有成熟检测经验的地区的工程桩检测可采用快速维持荷载法。为设计提供设计参数的试桩检测数量根据试桩方案确定；单位工程的工程桩检测数量不应少于同条件下总桩数的 1%，且不应少于 3 根，当总桩数小于 50 根时，检测数量不应少于 2 根。

**6.3.3** 在桩身混凝土强度达到设计要求的前提下，从成桩到开始检测的间歇时间，对于砂类土不应小于 10d；对于粉土和黏性土不应小于 15d；对于淤泥或淤泥质土不应小于 25d。

# 附录 A 载体桩竖向静载荷试验

**A.0.1** 载体桩竖向静载荷试验宜采用慢速维持荷载

法，当作为工程桩验收时也可采用快速维持荷载法进行试验（即每隔1h加一级荷载）。

**A.0.2** 加载反力装置可采用堆载或锚桩，也可采用堆载和锚桩相结合。

**A.0.3** 试桩、锚桩（压重平台支座）和基准桩之间的中心距离应符合表A.0.3的规定。

**表A.0.3 试桩、锚桩和基准桩之间的中心距离**

| 反力系统 | 试桩与锚桩（或压重平台支座墩边） | 试桩与基准桩 | 基准桩与锚桩（或压重平台支座墩边） |
|---|---|---|---|
| 锚桩横梁反力装置<br>压重平台反力装置 | ≥4*d*且>2.0m | ≥4*d*且>2.0m | ≥4*d*且>2.0m |

注：*d*为桩身直径。

**A.0.4** 加荷分级不应少于8级，每级加荷量宜为预估极限荷载的1/8～1/10。

**A.0.5** 慢速维持荷载法测读桩沉降量的间隔时间：每级加载后，每第5、10、15min时应各测读一次，以后每隔15min读一次，累计1h后可每隔0.5h读一次。

**A.0.6** 稳定标准：在每级荷载作用下，桩的沉降量应稳定，即连续两次在每小时内的沉降量应小于0.1mm。

**A.0.7** 出现下列情况之一时可终止加载：

**1** 某级荷载作用下，桩的沉降量为前一级荷载作用下沉降量的5倍且总沉降大于60mm；

**2** 某级荷载作用下，桩的沉降量大于前一级荷载作用下沉降量的2倍，且经24h尚未达到相对稳定；

**3** 达到设计要求的最大加载量；

**4** 当采用锚桩法时，锚桩的上拔量已达到允许值；

**5** 曲线呈缓变型，桩顶沉降累计达到60mm。

**A.0.8** 卸载观测时每级卸载值应为加载值的2倍。卸载后应隔15min测读一次，读两次后，隔0.5h再读一次，即可卸下一级荷载。全部卸载后，隔3～4h再测读一次。

**A.0.9** 单根载体桩竖向极限承载力的确定应符合下列规定：

**1** 根据沉降随荷载变化的特征确定：当陡降段明显时，取相应于陡降段起点的荷载值；

**2** 根据沉降随时间变化的特征确定：取$s$-lg$t$曲线尾部出现明显向下弯曲的前一级荷载值；

**3** 当出现本规程A.0.7第2款的情况，取前一级荷载值；

**4** $Q$-$s$曲线呈缓变型时，取桩顶总沉降量为60mm所对应的荷载值。

**A.0.10** 参加统计的试桩，当满足其极差不超过平均值的30%时，可取其平均值为单桩竖向极限承载力。极差超过平均值的30%时，可增加试桩数量，分析极差过大的原因，结合工程具体情况确定极限承载力。对桩数为3根及3根以下的桩基，应取最小值作为单桩极限承载力。

将单桩竖向极限承载力除以安全系数2，可作为单桩竖向承载力特征值$R_a$。

## 本规程用词说明

**1** 为便于在执行本规程条文时区别对待，对要求严格程度不同的用词，说明如下：

**1）** 表示很严格，非这样做不可的：
正面词采用"必须"；
反面词采用"严禁"。

**2）** 表示严格，在正常情况下均应这样做的：
正面词采用"应"；
反面词采用"不应"或"不得"。

**3）** 表示允许稍有选择，在条件许可时首先应这样做的：
正面词采用"宜"；
反面词采用"不宜"。

表示有选择，在一定条件下可以这样做的，采用"可"。

**2** 条文中指明应按其他有关标准执行的写法为"应按……执行"或"应符合……规定（或要求）"。

中华人民共和国行业标准

# 载体桩设计规程

**JGJ 135—2007**

## 条 文 说 明

# 目　　次

# 1 总　　则

**1.0.1**　原复合载体夯扩桩简称复合载体桩，现称载体桩。设计载体桩时首先应从建筑安全考虑，确定方案是否可行，然后再根据建筑物的安全等级、建筑场地情况、结构形式和结构荷载，确定桩长、桩径等设计参数；并考虑施工工艺对环境的影响，确定最优设计方案。

**1.0.3**　载体桩成孔一般采用柱锤夯击、护筒跟进成孔，再对桩端土体进行填料和夯击，必然对桩端周围土体产生一定的挤土效应，故施工时必须根据建筑物所处的地质条件和周围的环境条件，综合考虑施工方法。地质条件是指被加固土层应具有良好的可挤密性、足够的厚度、土层稳定和埋深适宜，不具备这些条件时不宜采用。为减小桩身施工时的挤土效应，可以采用螺旋钻成孔。当拟建场地周围有建筑物时，为减小施工对已建建筑物的影响，可以采用无振感的施工方法进行施工，或者采取适当的减振、隔振措施。

# 2 术语、符号

## 2.1 术　　语

**2.1.1**　填充料是为了增强混凝土桩端下土体的挤密效果而填充的材料。碎砖、碎混凝土块、水泥拌合物、碎石、卵石及矿渣等都可以作为填充料，其中水泥拌合物指水泥和粉煤灰与粗骨料按一定比例掺合的混合物。对于某些地质条件较好、挤密效果佳的土层，在施工载体桩时，可以不投填充料而对桩端土体直接夯实。

**2.1.2**　挤密土体是填充料周围被夯实挤密的土体，距离填充料越远，对挤密土体的影响越小。

**2.1.3**　载体由三部分组成：混凝土、夯实填充料、挤密土体。从混凝土、夯实填充料到挤密土体，其压缩模量逐渐降低，应力逐渐扩散。根据施工经验以及对桩端周围土体取样分析，载体的影响范围深度约为3～5m、直径约为2～3m，即施工完毕时，桩端下深3～5m，直径2～3m范围的土体都得到了有效挤密，载体的构造见图1。

**2.1.4**　载体桩指由混凝土桩身和载体构成的桩。施工时采用柱锤夯击，护筒跟进成孔，达到设计标高后，柱锤夯出护筒底一定深度，再分批向孔内投入填充料，用柱锤反复夯实，达到设计要求后再填入混凝土夯实，形成载体，最后再施工混凝土桩身。从受力原理分析，混凝土桩身相当于传力杆，载体相当于无筋扩展基础。根据桩身混凝土的施工方法、施工材料及受力条件等的不同，载体桩有现浇钢筋混凝土桩身载体桩、素混凝土桩身载体桩和预制桩身载体桩。载

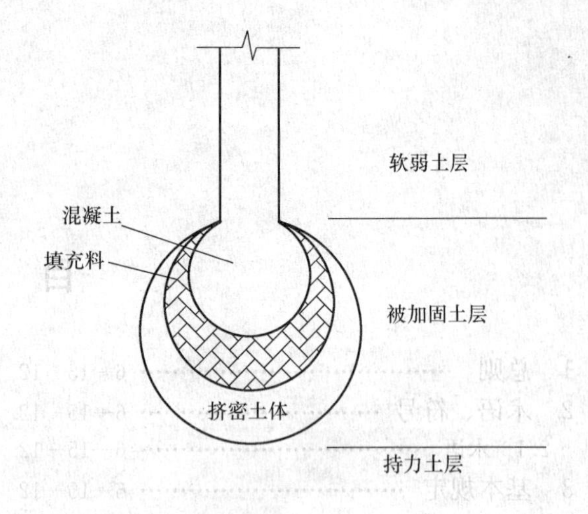


图1　载体构造示意

体桩着重研究载体的受力，其核心为土体密实，承载力主要源于载体。

**2.1.5**　载体桩桩长包括两部分：混凝土桩身长度和载体高度，其中混凝土桩身长度即从承台底到载体顶的高度，载体的高度因桩端土体土性和三击贯入度的不同而不同，一般深度约为3～5m。在进行设计时，从安全角度考虑，常常取2m作为载体的计算高度。

**2.1.6**　被加固土层指载体所在的土层，被加固土层的土性直接影响到土体的挤密效果，影响到载体等效计算面积$A_e$。土颗粒粒径越大，土体的挤密效果也就越好，$A_e$就越大。为保证土体的挤密效果，必须保证加固土层要有一定的埋深，若埋深太浅，载体周围约束力太小，施工时候容易引起土体的隆起而达不到设计的挤密效果。

**2.1.7**　载体桩持力层指直接承受载体传递荷载的土层。上部荷载通过桩身传递到载体，并最终传递到持力层。

**2.1.8**　三击贯入度是采用锤径355mm，质量为3500kg的柱锤，落距为6.0m，连续三次锤击的累计下沉量。当填料夯实完毕后，正常的贯入度应该为第二次测得的贯入度不大于前一次的贯入度，若发现不符合此规律，应分析查明原因，处理完毕后重新测量。

# 3 基 本 规 定

**3.0.1**　与其他桩基础相比，载体桩的承载力主要来源于载体，而载体的受力和等效计算面积与桩端土体的性质密切相关，因此当无类似地质条件下的成桩试验资料时，应在设计或施工前进行成孔、成桩试验以确定沉管深度、封堵措施、填料用量、三击贯入度和混凝土充盈系数等施工参数，并试验其承载力以确定设计参数是否经济合理。

**3.0.2**　随着近几年的研究，载体桩的应用已经取得

了长足的进展。对于软塑状态的黏土、素填土、杂填土和湿陷性黄土，只要经过成桩和载荷试验确定承载力满足设计要求，也可作为被加固土层。黄土作为被加固土层时，经过填料夯击，使桩身下土体的结构发生变化，在载体周围一定范围内湿陷性被消除，设计时保证载体桩桩长穿过湿陷性黄土。表1为某工程载体桩载体周围土在施工前后物理力学参数指标的变化。试验桩混凝土桩身长度为9.0m，桩间距1.8m，三击贯入度为12cm，土样从9.0m深度处开始取样，每米取一组，取样水平位置位于两试桩中心连线的中点。由试验数据分析可见，混凝土桩身下4m范围内，经过载体的施工，黄土的湿陷系数明显降低，湿陷性被消除。

**表1　某工程载体桩施工前后载体周围土的物理力学参数指标变化**

| 土样编号 | 取土深度(m) | 天然密度($g/cm^3$) | | 孔隙比 | | 压缩模量(MPa) | | 湿陷系数 | |
|---|---|---|---|---|---|---|---|---|---|
| | | 原状土 | 施工后 | 原状土 | 施工后 | 原状土 | 施工后 | 原状土 | 施工后 |
| 1 | 9.0 | 1.39 | 1.58 | 0.94 | 0.709 | 5.7 | 14.2 | 0.034 | 0.002 |
| 2 | 10.0 | 1.46 | 1.50 | 0.906 | 0.807 | 7.6 | 15.3 | 0.019 | 0.005 |
| 3 | 11.0 | 1.42 | 1.45 | 0.891 | 0.793 | 8.8 | 16.4 | 0.024 | 0.012 |
| 4 | 12.0 | 1.41 | 1.41 | 0.915 | 0.875 | 7.6 | 9.3 | 0.029 | 0.014 |
| 5 | 13.0 | 1.38 | 1.42 | 0.957 | 0.901 | 5.4 | 6.7 | 0.023 | 0.015 |

**3.0.3**　设计中应根据地质条件和设计荷载，确定合适的桩间距。合适的桩间距是指既能满足设计要求，又不至于影响到相邻载体桩受力，且造价最经济的桩间距。桩间距过小时，施工载体时产生的侧向挤土压力可能导致邻桩载体偏移；当桩长较短且土层抗剪强度较低时，可能导致土体剪切滑裂面的形成，从而使地面隆起、邻桩桩身上移，造成断桩或桩身与载体脱离等缺陷。

在某住宅小区采用桩径410mm，桩长约5.0m的载体桩，载体被加固土层为黏土层，经取土和土工试验发现：在夯实填充料外表面沿水平方向0～300cm处土体孔隙比的变化如表2所示，沿水平方向90cm范围内，孔隙比变化明显，但超过90cm后孔隙比变化减小。实测夯实填充料水平轴直径为105cm，沿水平方向90cm范围内土体的孔隙比都有一定的变化，则被加固区范围约为2m。

**表2　土体孔隙比沿与填充料表面水平距离的变化**

| 取样点号 | 1 | 2 | 3 | 4 | 5 |
|---|---|---|---|---|---|
| 距填充料外表面水平距离(cm) | 0 | 30 | 60 | 90 | 300 |
| 孔隙比 | 0.613 | 0.647 | 0.704 | 0.730 | 0.730 |

上述试验是在黏土中进行的，模型箱载体桩试验结果表明，当被加固土层为砂土时，其影响范围小于黏性土，由于抗剪强度较高、剪切滑裂面不易开展和固结快，最小影响区域直径约为1.6m。根据工程实践经验和室内试验，桩径为300～500mm的载体桩，当被加固土层为粉土、砂土或碎石土时，最小桩距为1.6m；当被加固土层为黏性土时，由于黏性土影响范围大，最小桩距为2.0m。当桩径大于500mm时，由于其影响区域大，其最小桩间距应适当增加，以成孔试验确定的最小桩间距为准。

**3.0.6**　每种土的孔隙比不同，土的内摩擦角不同，在相同约束和夯击能量下，土体的挤密效果也不同，为达到设计要求的三击贯入度所需填料量也不相同。考虑到施工的相互影响，填料量并非越多越好，填料过大，容易影响到相邻载体的施工质量。

根据施工经验，对于桩径为300～500mm的载体桩，一般载体施工填料都在900块砖以内，干硬性混凝土的填量在$0.5m^3$以内时，其体积约为$1.8m^3$，超过此填料量时容易影响到周围载体桩的承载能力，故本条规定填料体积约$1.8m^3$。当填料超过$1.8m^3$时，必须调整设计方案。对于桩径较大的桩，由于该类型的桩间距也大，其填料量可适当增加，具体填料量根据成桩试验数据确定。

对于压缩模量大，承载力高的碎石类土或粗砂砾砂等土，由于土颗粒间摩擦大，土体的挤密效果好，施工时可以成孔到设计标高后采用柱锤直接夯实，也能得到较好的施工效果。

某小区，场区内地面下2～12m范围为杂填土，其下为卵石层，承载力为350kPa，设计载体桩桩长为2～12m，桩径为450mm和600mm，施工载体时，沉管到设计标高后直接夯击，三击贯入度满足要求后再填入$0.3m^3$干硬性混凝土、放置钢筋笼和浇筑混凝土。施工完毕经检测承载力全部大于2000kN，加载到4000kN时变形仅为13mm，取得了良好的效果。

**3.0.7**　在承压含水层内进行载体施工时，一旦封堵失效会造成施工困难，并且影响施工质量，故应采取有效措施，防止突涌，避免承压水进入护筒。随着施工技术的日趋成熟，施工控制措施也越来越多。由于载体影响深度为3～5m，在透水层以上一定距离的不透水层内进行填料夯击，可有效地防止承压水进入护筒，同时又能取得良好的效果，此距离可依据承压水压力和土体的抗剪强度确定；当混凝土桩身进入透水层较深时，可在施工过程中向护筒内填料夯实形成砖塞，堵住承压水，边沉管边夯击最终将护筒沉至设计位置；也可以采用在施工现场适当的位置钻孔，消除承压水的水压力，减小承压水的影响等。

某工程东距河流约20.0m，地下水较为丰富，地下水位约在自然地面下3.0m，且为承压水。本工程以卵石作为载体桩持力层，其渗透系数较大，若不采取一定的措施，成孔到设计标高后，容易造成承压水进入护筒，从而影响施工质量。为防止出现这种情况，施工时用锤夯击，将护筒预沉入设计位置上不透水层一定深度后，提出护筒，用彩条布和塑料布将护筒底口扎实，再将护筒缓慢放入到预先沉好的孔中，当护筒底沉到孔底后，立即通过护筒上部所开的投料口投入适量的水泥和砖头，使其在护筒底口形成一定厚度的砖塞，其作用一是隔水；二是通过砖塞与护筒间的摩擦力，在夯锤的夯击能量下，将护筒带至设计深度，边填料边夯实，同时沉护筒。护筒沉至设计深度后，用夯锤将砖塞击出护筒底口，并及时投入填充料夯击，当三击贯入度满足设计要求后，再填入设计方量的干硬性混凝土夯击，按照常规载体桩施工方法进行施工。施工完毕后经检测，单桩承载力都满足设计要求，混凝土质量也都满足要求。

**3.0.8** 由于载体桩为挤土桩，施工时容易影响到相邻桩的施工质量，造成缩径或桩身与载体间产生裂缝。可以通过控制相邻桩的上浮量来保证桩身的质量。

**3.0.9** 载体桩可用于复合地基中，当作为复合地基中的增强体，桩身可不配筋。载体桩复合地基的设计可参照国家现行标准《建筑地基处理技术规范》JGJ 79中水泥粉煤灰碎石桩法的有关规定。

# 4 载体桩计算

## 4.1 一 般 规 定

载体桩水平承载力和竖向承载力验算应按现行国家标准《建筑地基基础设计规范》GB 50007 执行。在偏心荷载作用下，承受轴力最大的边桩，验算承载力时其承载力特征值提高20%。

## 4.2 载体桩桩顶作用效应计算

承台下单桩竖向力的计算采用正常使用极限状态下标准组合的竖向力。

公式（4.2.1-1）和（4.2.1-2）成立必须满足三个假定条件：（1）承台为绝对刚性的，受弯矩作用时呈平面转动，不产生挠曲；（2）桩与承台为铰接相连，只传递轴力和水平力，不传递弯矩；（3）各桩刚度相等，当各桩刚度不等时应按实际刚度进行计算。

## 4.3 单桩竖向承载力

**4.3.2** 由于载体桩的载荷曲线都比较平缓，由载荷曲线分析，其侧摩阻所占比例比较小，尤其对于桩长小于10m的载体桩，其侧摩阻力所占比例更小。为方便计算，在进行载体桩承载力估算时，采用式（4.3.2）对载体桩承载力特征值进行设计估算。

2001年版《复合载体夯扩桩设计规程》编写时，由于当时收集的工程资料有限，对 $A_e$ 的取值偏于保守。通过近几年工程总结，发现实际单桩承载力往往比按设计规程计算出的单桩承载力高，为了更好发挥载体桩的优势，节约资源，新规程对 $A_e$ 进行了修正。

本次修订共收集到静载荷试验数据1500多条，对其中某些未做到极限状态且变形太小的曲线进行剔除，其他的桩采用逆斜率法推算其极限承载力。通过桩端持力层的承载力，反算出对应不同土层、不同三击贯入度的 $A_e$，表3为部分载体桩反算出的 $A_e$ 值。对不同被加固土层、不同三击贯入度下的 $A_e$ 值进行回归分析得出本规程表4.3.2。对部分实际工程的载体桩承载力按表4.3.2进行计算，其实测值与计算值之比的频数图见图2～图4。

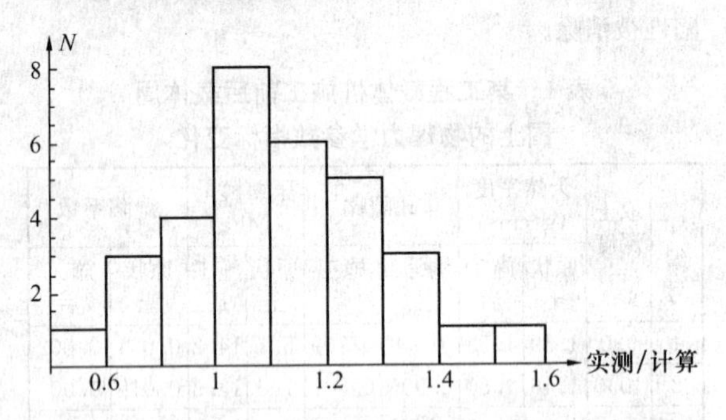


图2 以密实细砂作为被加固土层的载体桩（32根）承载力特征值实测/计算频数分布图

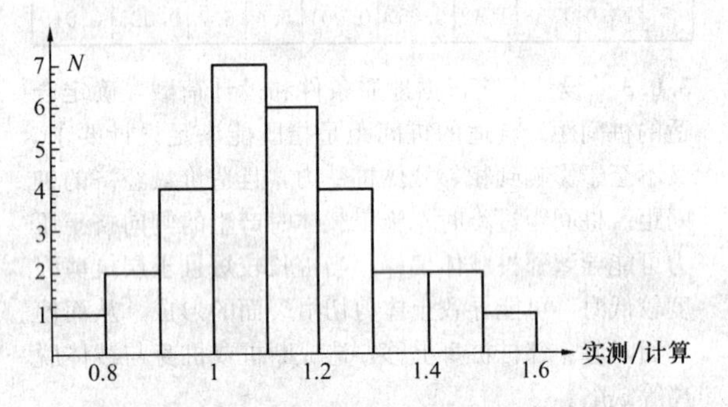


图3 以卵石作为被加固土层的载体桩（29根）承载力特征值实测/计算频数分布图

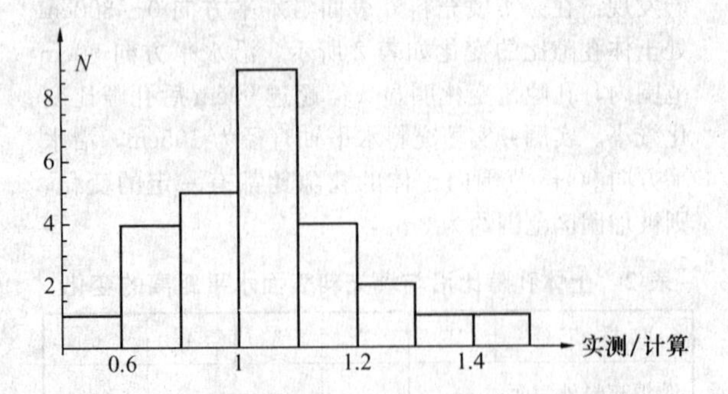


图4 以粉土作为被加固土层的载体桩（27根）承载力特征值实测/计算频数分布图

在使用该表时应注意以下几点：

**1)** 表中三击贯入度是采用锤径为355mm、

质量3500kg柱锤、落距为6.0m进行测量的，施工中若采用非标准锤或非标准落距进行测量时，设计时$A_e$可根据当地工程实践经验确定，也可参考表中取值进行适当调整后使用。

**表3 部分载体桩反算的$A_e$统计表**

| 编号 | 工程名称 | 桩径(mm) | 桩长(m) | 持力层承载力(kPa) | | 持力层土性 | 三击贯入度(cm) | 单桩承载力(kN) | $A_e$($m^2$) |
|---|---|---|---|---|---|---|---|---|---|
| | | | | 特征值 | 修正后特征值 | | | | |
| 1 | 北京结核病研究所门诊楼 | 410 | 5.5 | 180 | 439.2 | 黏土 | 14 | 1274 | 2.91 |
| 2 | 北京汇佳科教园1号楼 | 410 | 7.5 | 120 | 445 | 黏土 | 16 | 1268 | 2.85 |
| 3 | 北京汇佳科教园2号楼 | 410 | 7.2 | 120 | 436.8 | 粉黏 | 12 | 1332 | 3.05 |
| 4 | 北京吉利大学17号楼 | 400 | 3.0 | 160 | 347.2 | 粉黏 | 15 | 760 | 2.19 |
| 5 | 北京善缘小区12号楼 | 410 | 7.5 | 160 | 461 | 粉黏 | 22 | 1014 | 2.22 |
| 6 | 天津龙富园小区2号楼 | 410 | 6.1 | 130 | 405 | 粉黏 | 16 | 822 | 2.03 |
| 7 | 丰彩企业技术有限公司办公楼 | 420 | 4.6 | 220 | 347 | 粉黏 | 8 | 1083 | 3.12 |
| 8 | 安徽巢湖金和纸业有限公司厂房 | 410 | 5.5 | 250 | 520.7 | 黏土 | 21 | 989 | 1.93 |
| 9 | 北京木材一厂办公楼 | 410 | 6 | 120 | 216 | 粉土 | 20 | 486 | 2.25 |
| 10 | 北京南宫苑住宅小区2号楼 | 410 | 3.5 | 180 | 410 | 粉土 | 9 | 1312 | 3.20 |
| 11 | 西湖苑住宅小区2号楼 | 410 | 3.8 | 135 | 390 | 粉土 | 21 | 858 | 2.20 |
| 12 | 山东魏桥创业集团电厂 | 426 | 5.5 | 140 | 387 | 粉土 | 8 | 1316 | 3.44 |
| 13 | 山东泉林纸业6号楼漂洗选票车间 | 400 | 5.5 | 160 | 484 | 粉土 | 11 | 1476 | 3.05 |
| 14 | 山东泉林纸业7号楼漂洗选票车间 | 400 | 5.6 | 160 | 487 | 粉土 | 17 | 1364 | 2.81 |
| 15 | 河北慧谷科技城科普教育中心办公楼 | 410 | 2.2 | 150 | 355 | 粉土 | 8 | 1278 | 3.63 |
| 16 | 廊坊尖塔银行 | 420 | 4.0 | 100 | 179 | 粉土 | 30 | 324 | 1.81 |
| 17 | 天津大学宿舍楼 | 420 | 4.0 | 130 | 200 | 粉土 | 30 | 398 | 1.99 |
| 18 | 北京光迅花园-4 | 410 | 5.0 | 140 | 556 | 细砂 | 12 | 1640 | 2.95 |
| 19 | 北京光迅花园-4 | 410 | 5.0 | 140 | 556 | 细砂 | 8 | 1779 | 3.21 |
| 20 | 北京吉利大学6号教学楼 | 450 | 3.0 | 160 | 530 | 细砂 | 9 | 1643 | 3.10 |
| 21 | 新乡新亚纸业厂房 | 420 | 4.5 | 180 | 752 | 细砂 | 14 | 2030 | 2.70 |
| 22 | 新乡市行政中心办公楼1号楼 | 420 | 5.0 | 250 | 734 | 细砂 | 21 | 1762 | 2.42 |
| 23 | 新乡医学院学术交流中心综合楼 | 420 | 5.3 | 230 | 728 | 细砂 | 15 | 2148 | 2.95 |
| 24 | 河南周口江河大厦 | 400 | 7.0 | 300 | 870 | 细砂 | 7 | 2741 | 3.15 |
| 25 | 山东聊城金泰大厦 | 400 | 8.5 | 180 | 852 | 细砂 | 12 | 2471 | 2.90 |
| 26 | 山东潍坊30万吨白卡纸工程 | 420 | 6.2 | 180 | 682 | 细砂 | 9 | 2114 | 3.10 |
| 27 | 辽宁盘锦市河畔小区D组团住宅楼 | 410 | 5.2 | 220 | 679 | 细砂 | 11 | 1935 | 2.85 |
| 28 | 北京大兴黄村危改工程 | 450 | 8.2 | 350 | 350 | 细砂 | 10 | 1050 | 3.00 |
| 29 | 北京晋元庄小区 | 600 | 8.5 | 350 | 1205 | 卵石 | 10 | 4278 | 3.55 |
| 30 | 北京南宫苑住宅小区6号楼 | 410 | 3.5 | 250 | 765 | 卵石 | 9 | 2869 | 3.75 |
| 31 | 北京绿化三大队宿舍楼 | 420 | 4 | 250 | 804 | 卵石 | 9 | 1785 | 2.22 |
| 32 | 北京晋元庄商场 | 600 | 2.5 | 350 | 1102 | 卵石 | 7 | 4353 | 3.95 |
| 33 | 装甲兵学院办公楼 | 400 | 4.5 | 400 | 1073 | 卵石 | 15 | 3595 | 3.35 |
| 34 | 山东青岛海港花园 | 410 | 8.5 | 270 | 765 | 粗砂 | 13 | 2601 | 3.40 |
| 35 | 哈尔滨试验桩 | 400 | 4.8 | 190 | 747 | 粗砂 | 11 | 2241 | 3.00 |

续表 3

| 编号 | 工程名称 | 桩径(mm) | 桩长(m) | 持力层承载力（kPa） | | 持力层土性 | 三击贯入度（cm） | 单桩承载力（kN） | $A_e$ ($m^2$) |
|---|---|---|---|---|---|---|---|---|---|
| | | | | 特征值 | 修正后特征值 | | | | |
| 36 | 辽宁鞍山公安局税务稽查处办公楼 | 410 | 5.1 | 180 | 821 | 粗砂 | 15 | 2135 | 2.60 |
| 37 | 黑龙江牡丹江军分区 2 号综合楼 | 400 | 6 | 230 | 942 | 粗砂 | 8 | 3438 | 3.65 |
| 38 | 黑龙江牡丹江军分区 2 号综合楼 | 400 | 6 | 220 | 910 | 粗砂 | 11 | 3049 | 3.35 |
| 39 | 河南豫联能源集团二期工程试桩 | 600 | 20 | 210 | 713 | 湿陷性黄土 | 9 | 2282 | 3.20 |
| 40 | 陕西军区正和医院综合楼 | 410 | 9.5 | 160 | 436 | 湿陷性黄土 | 8 | 1482 | 3.40 |
| 41 | 长安房地产开发公司长信花园 | 500 | 10.5 | 150 | 448 | 湿陷性黄土 | 13 | 1299 | 2.90 |
| 42 | 陕西水电工程局第二工程处综合楼 | 410 | 10 | 120 | 409 | 湿陷性黄土 | 16 | 1023 | 2.50 |
| 43 | 汇佳科教楼及教务楼 | 410 | 10 | 250 | 1315 | 中砂 | 11 | 4208 | 3.20 |
| 44 | 梅口市长白山建材市场工程 | 450 | 4 | 300 | 870 | 中砂 | 15 | 2610 | 3.00 |

2）由于施工大直径桩必须采用大直径的护筒和重锤，设计大直径桩时须考虑锤和护筒直径对三击贯入度的影响。

3）收集的工程资料中，桩长大部分都在 10m 以内，桩径为 400～450mm，对于桩长大于 10m 或桩径大于 450mm 的载体桩，设计时要考虑桩长和桩径对承载力的影响，设计计算时 $A_e$ 可根据静载荷试验反算取值或根据当地经验将表 4.3.2 中 $A_e$ 乘一系数 $\lambda$ 进行计算，$\lambda$ 可取 1.1～1.3。

4）软塑和可塑状态的黏性土中三击贯入度小于 10cm 的工程资料较少，故表中未给出 $A_e$ 的取值。当在该类土中设计三击贯入度小于 10cm 的载体桩时 $A_e$ 应根据设计经验或当地工程经验取值。

图 2 为以密实细砂作为被加固土层，三击贯入度小于 10cm 的载体桩承载力实测与计算的频数分布图；图 3 为以卵石作为被加固土层三击贯入度小于 10cm 的载体桩承载力实测与计算的频数分布图；图 4 为以粉土作为被加固土层三击贯入度小于 10cm 的载体桩承载力实测与计算的频数分布图。通过计算分析，承载力特征值实测/计算的平均值都大于 1。

**4.3.3** 为确保桩身混凝土强度，现行国家标准《建筑地基基础设计规范》GB 50007 对灌注桩成桩工艺系数取 0.6～0.7，预制桩取 0.75。由于载体桩桩长较短，混凝土质量易保证，成桩工艺系数可适当提高。对桩身采用现场浇筑混凝土的载体桩成桩工艺系数取 0.75，当桩身采用预制桩身时，取 0.80。

**4.3.5** 当载体桩持力层下存在软弱下卧层，且其压缩模量与持力层压缩模量之比小于 1/3 时，应进行软弱下卧层承载力验算。当载体桩的间距不超过 3.0m，应力传递到下卧层顶时，相互叠加，因此载体桩破坏时呈整体冲剪破坏，按实体基础进行软弱下卧层承载力的验算。等代实体基础的附加应力扩散平面从载体等效计算面开始计算，取混凝土桩身下 2m。根据经验等代实体等效作用面比常规群桩的等效作用面大，边长为群桩外围桩形成的投影边长加 2 倍等效计算距离。

## 4.4 单桩水平承载力

**4.4.1～4.4.3** 单桩水平承载力与许多因素有关，单桩水平承载力特征值应通过单桩水平载荷试验确定。对柔性载体桩和半刚性载体桩承载力的估算可以参考桩基础的水平承载力计算公式进行计算；对于载体桩，由于载体的约束作用，其水平承载力比相同长度的普通桩基承载力高，以水平载荷试验确定其水平承载力。载体桩的水平承载力除了包括桩侧土的抗力外，还包括承台底阻力和承台侧面水平抗力，故带承台桩基的水平载荷试验能反映桩基在水平力作用下的实际工作状况。

带承台桩基水平载荷试验采用单向多循环加载方法或慢速维持荷载法，用以确定长期荷载作用下的桩基水平承载力和地基土水平反力系数。加载分级及每级荷载稳定标准可参照国家现行标准《建筑桩基技术规范》JGJ 94 执行。当加载至桩身破坏或位移超过30～40mm（软土取大值）时停止加载。

根据试验数据绘制的荷载位移 $H_0$-$X_0$ 曲线及荷载位移梯度 $H_0$-（$\Delta X_0/\Delta H_0$）曲线，取 $H_0$-（$\Delta X_0/\Delta H_0$）曲线的第一拐点为水平临界荷载，取第二拐点或 $H_0$-$t$-$X_0$ 曲线明显陡降的前一级荷载为水平极限荷载。若桩身设有应力测读装置，还可根据最大弯矩变化特征综合判定载体桩单桩水平临界荷载和极限荷载。

### 4.5 载体桩基沉降计算

**4.5.6** 由于载体桩桩间距一般为 1.8～2.4m，桩和桩间土受力呈整体变形，故按等代实体基础进行变形验算。计算方法采用单向压缩分层总和法，等效作用面取载体底面，即混凝土桩身下 2m，等效计算面积为载体桩（包括载体）形成的实体投影面面积，等代实体边长为外围桩形成的投影边长加 2 倍载体的等效计算距离。

**4.5.7** 由于桩体刚度大，变形小，且载体等效计算位置到混凝土桩底之间是由混凝土和填料挤密形成，压缩模量很大，变形也较小，故沉降计算时不考虑桩身及载体的变形。载体以下土体其压缩模量也大于持力土层的压缩模量，沉降计算时采用持力土层的压缩模量进行设计计算，这样偏于安全。

当考虑相邻基础的影响时，按应力叠加原理采用角点法计算沉降。

沉降计算结果随计算模式、土性参数的不确定性而与实际沉降有所偏差。因此，不论采用何种理论计算均须引入沉降计算经验系数 $\psi_p$ 对计算结果进行修正。

## 6 载体桩基工程质量检查与检测

### 6.2 成桩质量检查

**6.2.2** 载体桩施工时除了要进行常规原材料检测、试块检测、钢筋笼偏差和桩位偏差检查外，还包括有关载体施工的 4 项检查：填料量、夯填混凝土量、每击贯入度和三击贯入度。

### 6.3 单桩桩身完整性及承载力检测

**6.3.1** 由于载体桩承载力主要来源于载体，而载体的施工主要由三击贯入度进行控制，且桩身混凝土在护筒中浇筑，质量易保证，故低应变完整性检测的数量规定为总桩数的 10%～20%，条件允许时可适当增加。

中华人民共和国行业标准

# 高层建筑筏形与箱形基础技术规范

Technical code for tall building raft foundations and box foundations

**JGJ 6—2011**

批准部门：中华人民共和国住房和城乡建设部
施行日期：2 0 1 1 年 1 2 月 1 日

# 中华人民共和国住房和城乡建设部
# 公　　告

第904号

## 关于发布行业标准《高层建筑筏形与箱形基础技术规范》的公告

现批准《高层建筑筏形与箱形基础技术规范》为行业标准，编号为JGJ 6-2011，自2011年12月1日起实施。其中，第3.0.2、3.0.3、6.1.7条为强制性条文，必须严格执行。原行业标准《高层建筑箱形与筏形基础技术规范》JGJ 6-99同时废止。

本规范由我部标准定额研究所组织中国建筑工业出版社出版发行。

中华人民共和国住房和城乡建设部

2011年1月28日

## 前　　言

根据原建设部《关于印发〈2005年工程建设标准规范制订、修订计划〉的通知》（建标［2005］84号）的要求，规范编制组经广泛调查研究，认真总结实践经验，参考有关国际标准和国外先进标准，并在广泛征求意见的基础上，修订本规范。

本规范的主要技术内容是：1 总则；2 术语和符号；3 基本规定；4 地基勘察；5 地基计算；6 结构设计与构造要求；7 施工；8 检测与监测。

本规范修订的主要技术内容是：1. 增加了筏形与箱形基础稳定性计算方法；2. 增加了大面积整体基础的沉降计算和构造要求；3. 修订了高层建筑筏形与箱形基础的沉降计算公式；4. 修订了筏形与箱形基础底板的冲切、剪切计算方法；5. 修订了桩筏、桩箱基础板的设计计算方法；6. 修订了筏形与箱形基础整体弯矩的简化计算方法；7. 根据新的研究成果和实践经验修订了原规范执行过程中发现的一些问题。

本规范中以黑体字标志的条文为强制性条文，必须严格执行。

本规范由住房和城乡建设部负责管理和对强制性条文的解释，由中国建筑科学研究院负责具体技术内容的解释。执行过程中如有意见或建议，请寄送中国建筑科学研究院（地址：北京市北三环东路30号；邮政编码：100013）。

本规范主编单位：中国建筑科学研究院

本规范参编单位：北京市建筑设计研究院
上海现代建筑设计集团申元岩土工程有限公司
北京市勘察设计研究院有限公司
中国建筑西南勘察设计研究院有限公司
中国建筑设计研究院
广东省建筑设计研究院
同济大学

本规范主要起草人员：钱力航　宫剑飞　侯光瑜　裴　捷　王曙光　唐建华　康景文　尤天直　罗赤宇　楼晓明　薛慧立　谭永坚

本规范主要审查人员：许溶烈　李广信　胡庆昌　顾晓鲁　章家驹　武　威　沈保汉　林立岩　陈祥福

# 目 次

# Contents

# 1 总 则

**1.0.1** 为了在高层建筑筏形与箱形基础的设计与施工中做到安全适用、环保节能、经济合理、确保质量、技术先进，制定本规范。

**1.0.2** 本规范适用于高层建筑筏形与箱形基础的设计、施工与监测。

**1.0.3** 高层建筑筏形与箱形基础的设计与施工，应综合分析整个建筑场地的地质条件、施工方法、施工顺序、使用要求以及与相邻建筑的相互影响。

**1.0.4** 在进行高层建筑筏形与箱形基础的设计、施工与监测时，除应符合本规范外，尚应符合国家现行有关标准的规定。

# 2 术语和符号

## 2.1 术 语

**2.1.1** 筏形基础 raft foundation

柱下或墙下连续的平板式或梁板式钢筋混凝土基础。

**2.1.2** 箱形基础 box foundation

由底板、顶板、侧墙及一定数量内隔墙构成的整体刚度较好的单层或多层钢筋混凝土基础。

**2.1.3** 桩筏基础 piled raft foundation

与群桩连接的筏形基础。

**2.1.4** 桩箱基础 piled box foundation

与群桩连接的箱形基础。

## 2.2 符 号

$A$——基础底面面积；

$A_1$——上过梁的有效截面积；

$A_2$——下过梁的有效截面积；

$b$——基础底面宽度（最小边长）；或平行于剪力方向的基础边长之和；或墙体的厚度；或矩形均布荷载宽度；

$b_w$——筏板计算截面单位宽度；

$c$——土的黏聚力；

$c_1$——与弯矩作用方向一致的冲切临界截面的边长；

$c_2$——垂直于 $c_1$ 的冲切临界截面的边长；

$c_{AB}$——沿弯矩作用方向，冲切临界截面重心至冲切临界截面最大剪应力点的距离；

$c_{cu}$——土的固结不排水三轴试验所得的黏聚力；

$c_{uu}$——土的不固结不排水三轴试验所得的黏聚力；

$d$——基础埋置深度；或地下室墙的间距；

$d_c$——控制性勘探孔的深度；

$d_g$——一般性勘探孔的深度；

$e$——偏心距；

$E_s$——土的压缩模量；

$E'_s$——土的回弹再压缩模量；

$E_0$——土的变形模量；或静止土压力；

$E_a$——主动土压力；

$E_p$——被动土压力；

$f_a$——修正后的地基承载力特征值；

$f_{aE}$——调整后的地基抗震承载力；

$f_{ak}$——地基承载力特征值；

$f_c$——混凝土轴心抗压强度设计值；

$f_h$——土与混凝土之间摩擦系数；

$f_t$——混凝土轴心抗拉强度设计值；

$F$——上部结构传至基础顶面的竖向力值；

$F_1$——基底摩擦力合力；

$F_2$——平行于剪力方向的侧壁摩擦力合力；

$F_l$——冲切力；

$G$——恒载；

$h_0$——扩大部分墙体的竖向有效高度；或筏板的有效高度；

$H$——自室外地面算起的建筑物高度；

$I$——截面惯性矩；

$I_s$——冲切临界截面对其重心的极惯性矩；

$K_r$——抗倾覆稳定性安全系数；

$K_s$——基床系数；或抗滑移稳定性安全系数；

$K_v$——基准基床系数；

$l$——垂直于剪力方向的基础边长；或基础底面长度；或洞口的净宽；或上部结构弯曲方向的柱距；或矩形均布荷载长度；

$l_{n1}$——计算板格的短边的净长度；

$l_{n2}$——计算板格的长边的净长度；

$M$——作用于基础底面的力矩或截面的弯矩；

$M_1$——上过梁的弯矩设计值；

$M_2$——下过梁的弯矩设计值；

$M_c$——倾覆力矩；

$M_r$——抗倾覆力矩；

$M_R$——抗滑力矩；

$M_S$——滑动力矩；

$M_{unb}$——作用在冲切临界截面重心上的不平衡弯矩；

$p$——基础底面处平均压力；

$p_0$——准永久组合下的基础底面处的附加压力；

$p_c$——基础底面处地基土的自重压力；

$p_k$——基础底面处的平均压力值；

$p_n$——扣除底板自重及其上土自重后的基底平均反力设计值；

$P$——竖向总荷载；

$q_1$——作用在上过梁上的均布荷载设计值；

$q_2$——作用在下过梁上的均布荷载设计值；

$q_u$——土的无侧限抗压强度；

$Q$——作用在筏形或箱形基础顶面的风荷载、水平地震作用或其他水平荷载；

$s$——沉降量；

$S$——荷载效应基本组合设计值；

$u_m$——冲切临界截面的最小周长；

$V$——扩大部分墙体根部的竖向剪力设计值；

$V_1$——上过梁的剪力设计值；

$V_2$——下过梁的剪力设计值；

$V_s$——距内筒、柱或墙边缘 $h_0$ 处，由基底反力平均值产生的剪力设计值；

$W$——基础底面的抵抗矩；

$z_n$——地基沉降计算深度；

$\alpha$——附加应力系数；

$\bar{\alpha}$——平均附加应力系数；

$\alpha_m$——不平衡弯矩通过弯曲传递的分配系数；

$\alpha_s$——不平衡弯矩通过冲切临界截面上的偏心剪力传递的分配系数；

$\beta$——沉降计算深度调整系数；或与高层建筑层数或基底压力有关的经验系数；

$\beta_{hp}$——受冲切承载力截面高度影响系数；

$\beta_{hs}$——受剪切承载力截面高度影响系数；

$\beta_s$——柱截面长边与短边的比值；

$\gamma$——土的重度；

$\zeta_a$——地基抗震承载力调整系数；

$\eta$——基础沉降计算修正系数；或内筒冲切临界截面周长影响系数；

$\mu$——剪力分配系数；

$\tau$——剪应力；

$\varphi$——土的内摩擦角；

$\varphi_{cu}$——土的固结不排水三轴试验所得的内摩擦角；

$\varphi_{uu}$——土的不固结不排水三轴试验所得的内摩擦角；

$\psi_s$——沉降计算经验系数；

$\psi'$——考虑回弹影响的沉降计算经验系数。

## 3 基本规定

**3.0.1** 高层建筑筏形与箱形基础的设计等级，应按现行国家标准《建筑地基基础设计规范》GB 50007确定。

**3.0.2 高层建筑筏形与箱形基础的地基设计应进行承载力和地基变形计算。对建造在斜坡上的高层建筑，应进行整体稳定验算。**

**3.0.3 高层建筑筏形与箱形基础设计和施工前应进行岩土工程勘察，为设计和施工提供依据。**

**3.0.4** 高层建筑筏形与箱形基础设计时，所采用的荷载效应最不利组合与相应的抗力限值应符合下列规定：

**1** 按修正后地基承载力特征值确定基础底面积及埋深或按单桩承载力特征值确定桩数时，传至基础或承台底面上的荷载效应应按正常使用极限状态下荷载效应的标准组合计算；

**2** 计算地基变形时，传至基础底面上的荷载效应应按正常使用极限状态下荷载效应的准永久组合计算，不应计入风荷载和地震作用，相应的限值应为地基变形允许值；

**3** 计算地下室外墙土压力、地基或斜坡稳定及滑坡推力时，荷载效应应按承载能力极限状态下荷载效应的基本组合计算，但其荷载分项系数均为1.0；

**4** 在进行基础构件的承载力设计或验算时，上部结构传来的荷载效应组合和相应的基底反力，应采用承载能力极限状态下荷载效应的基本组合及相应的荷载分项系数；当需要验算基础裂缝宽度时，应采用正常使用极限状态荷载效应标准组合；

**5** 基础设计安全等级、结构设计使用年限、结构重要性系数应按国家现行有关标准的规定采用，但结构重要性系数 $\gamma_0$ 不应小于1.0。

**3.0.5** 荷载组合应符合下列规定：

**1** 在正常使用极限状态下，荷载效应的标准组合值 $S_k$ 应用下式表示：

$$S_k = S_{Gk} + S_{Q1k} + \psi_{c2} S_{Q2k} + \cdots\cdots + \psi_{ci} S_{Qik} \tag{3.0.5-1}$$

式中：$S_{Gk}$——按永久荷载标准值 $G_k$ 计算的荷载效应值；

$S_{Qik}$——按可变荷载标准值 $Q_{ik}$ 计算的荷载效应值；

$\psi_{ci}$——可变荷载 $Q_i$ 的组合值系数，按现行国家标准《建筑结构荷载规范》GB 50009的规定取值。

**2** 荷载效应的准永久组合值 $S_k$ 应用下式表示：

$$S_k = S_{Gk} + \psi_{q1} S_{Q1k} + \psi_{q2} S_{Q2k} + \cdots\cdots + \psi_{qi} S_{Qik} \tag{3.0.5-2}$$

式中：$\psi_{qi}$——准永久值系数，按现行国家标准《建筑结构荷载规范》GB 50009的规定取值。

承载能力极限状态下，由可变荷载效应控制的基本组合设计值 $S$，应用下式表达：

$$S = \gamma_G S_{Gk} + \gamma_{Q1} S_{Q1k} + \gamma_{Q2} \psi_{c2} S_{Q2k} + \cdots\cdots + \gamma_{Qi} \psi_{ci} S_{Qik} \tag{3.0.5-3}$$

式中：$\gamma_G$——永久荷载的分项系数，按现行国家标准《建筑结构荷载规范》GB 50009的规定取值；

$\gamma_{Qi}$——第 $i$ 个可变荷载的分项系数，按现行国家标准《建筑结构荷载规范》GB 50009的规定取值。

**3** 对由永久荷载效应控制的基本组合，也可采用简化规则，荷载效应基本组合的设计值 $S$ 按下式确定：

$$S = 1.35S_k \leqslant R \qquad (3.0.5\text{-}4)$$

式中：$R$——结构构件抗力的设计值，按有关建筑结构设计规范的规定确定；

$S_k$——荷载效应的标准组合值。

**3.0.6** 从基础施工阶段至竣工后建筑物沉降稳定以前，应对地基变形及基础工作状况进行监测。

# 4 地基勘察

## 4.1 一般规定

**4.1.1** 高层建筑筏形与箱形基础设计前，应通过工程勘察查明场地工程地质条件和不良地质作用，并应提供资料完整、评价正确、建议合理的岩土工程勘察报告。

**4.1.2** 岩土工程勘察宜按可行性研究勘察、初步勘察和详细勘察三个阶段进行；对于复杂场地、复杂地基以及特殊土地基，尚应根据筏形与箱形基础设计、地基处理或施工过程中可能出现的岩土工程问题进行施工勘察或专项勘察；对重大及特殊工程，或当场地水文地质条件对地基评价和地下室抗浮以及施工降水有重大影响时，应进行专门的水文地质勘察。

**4.1.3** 岩土工程勘察前，应取得与勘察阶段相应的建筑和结构设计文件，包括建筑及地下室的平面图、剖面图、地下室设计深度、荷载情况、可能采用的基础方案及支护结构形式等。

**4.1.4** 岩土工程勘察应符合下列规定：

1 应查明建筑场地及其邻近地段内不良地质作用的类型、成因、分布范围、发展趋势和危害程度，提出治理方案的建议；

2 应查明建筑场地的地层结构、成因年代以及各岩土层的物理力学性质，评价地基均匀性和承载力；

3 应查明埋藏的古河道、浜沟、墓穴、防空洞、孤石等埋藏物和人工地下设施等对工程不利的埋藏物；

4 应查明地下水埋藏情况、类型、水位及其变化幅度；判定土和水对建筑材料的腐蚀性；

5 对场地抗震设防烈度大于或等于6度的地区，应对场地和地基的地震效应进行评价；

6 应提出地基基础方案的评价和建议以及相应的基础设计和施工建议；

7 对需进行地基变形计算的建筑物，应提供变形计算所需的参数，预测建筑物的变形特征；

8 当基础埋深低于地下水位时，应提出地下水控制的建议和分析地下水控制对相邻建筑物的影响，并提供有关的技术参数；

9 对基坑工程应提出放坡开挖、坑壁支护、环境保护和监测工作的方案和建议，并提出基坑稳定计算所需参数；

10 对边坡工程应提供边坡稳定计算参数，评价边坡稳定性，提出整治潜在的不稳定边坡措施的建议。

**4.1.5** 当工程需要时，应在专项勘察的基础上，根据建筑物基础埋深、场地岩土工程条件，论证地下水在建筑施工和使用期间可能产生的变化及其对工程和环境的影响，提出抗浮设计水位的建议。

**4.1.6** 勘察文件的编制，除应符合本规范的要求外，尚应符合国家现行标准《岩土工程勘察规范》GB 50021、《高层建筑岩土工程勘察规程》JGJ 72等相关标准的规定。

## 4.2 勘探要求

**4.2.1** 在布置勘探点和确定勘探孔的深度时，应考虑建筑物的体形、荷载分布和地层的复杂程度，并能满足对建筑物纵横两个方向地层结构和地基进行均匀性评价的要求。

**4.2.2** 勘探点间距和数量应符合下列规定：

1 勘探点间距宜为15m～35m，地层变化复杂时取低值。

2 勘探点宜沿建筑物周边、角点和中心点布置，并宜在建筑层数或荷载变化较大的位置增加勘探点。

3 对单桩承载力较大的一柱一桩工程，宜在每个柱下设置一个勘探点。

4 对处于断裂破碎带、冲沟地段、地裂缝等不良地质作用发育的场地及位于斜坡上或坡脚下的高层建筑，勘察点的布置和数量应满足整体稳定性验算和评价的需要。

5 对于基坑支护工程，勘探点应均匀布置在基坑周边。在软土或地质条件复杂的地区，勘探点宜布置在从基坑边到不小于2倍基坑开挖深度的范围内。当开挖边界外无法布置勘探点时，应通过调查取得相关资料。

6 单幢建筑的勘探点不应少于5个，其中控制性勘探点的数量不应少于勘探点总数的1/3，且不应少于2个。

**4.2.3** 勘探孔的深度应符合下列规定：

1 一般性勘探孔的深度应大于主要受力层的深度，可按下式估算：

$$d_g = d + \alpha_g \beta b \qquad (4.2.3\text{-}1)$$

式中：$d_g$——一般性勘探孔的深度（m）；

$d$——基础埋置深度（m）；

$\alpha_g$——与土层有关的经验系数，根据地基主要受力土层的类别按表4.2.3取值；

$\beta$——与高层建筑层数或基底压力有关的经验系数，对地基基础设计等级为甲级的高层建筑可取 1.1，对设计等级为甲级以外的高层建筑可取 1.0；

$b$——基础底面宽度（m），对圆形基础或环形基础，按最大直径计算；对形状不规则的基础，按面积等代成方形、矩形或圆形面积的宽度或直径计算。

2 控制性勘探孔的深度应大于地基压缩层深度，可按下式估算：

$$d_c = d + \alpha_c \beta b \qquad (4.2.3\text{-}2)$$

式中：$d_c$——控制性勘探孔的深度（m）；

$\alpha_c$——与土层有关的经验系数，根据地基主要压缩层土类按表 4.2.3 取值。

**表 4.2.3 经验系数 $\alpha_c$、$\alpha_g$**

| 经验系数＼土类 | 岩土类别 | | | | |
|---|---|---|---|---|---|
| | 碎石土 | 砂 土 | 粉 土 | 黏性土 | 软 土 |
| $\alpha_c$ | 0.5～0.7 | 0.7～0.9 | 0.9～1.2 | 1.0～1.5 | 1.5～2.0 |
| $\alpha_g$ | 0.3～0.4 | 0.4～0.5 | 0.5～0.7 | 0.6～0.9 | 1.0～1.5 |

注：1 表中范围值对同类土中，地质年代老、密实或地下水位深者取小值，反之取大值；

2 在软土地区，取值时应考虑基础宽度，当 $b>60$m 时取小值；$b\leqslant 20$m 时取大值。

3 抗震设防区的勘探孔深度尚应符合现行国家标准《建筑抗震设计规范》GB 50011 的有关规定。

4 桩筏和桩箱基础控制性勘探孔应穿透桩端平面以下的压缩层；一般性勘探孔应达到桩端平面以下（3～5）倍桩身设计直径的深度，且不应小于桩端平面以下 3m；对于大直径桩不应小于桩端平面以下 5m；当钻至预计深度遇到软弱土层时，勘探孔深度应加深。

5 当需要对处于断裂破碎带、冲沟地段、地裂缝等不良地质作用发育场地及位于斜坡上或坡脚下的高层建筑进行整体稳定性验算时，控制性勘察孔的深度应满足验算和评价的需要。

6 当需对土的湿陷性、膨胀性、地震液化、场地覆盖层厚度、地下水渗透性等进行特殊评价时，勘探孔的深度应按相关规范的要求确定。

**4.2.4** 采取土试样和进行原位测试的勘探孔，应符合下列规定：

1 采取土试样和进行原位测试的勘探点数量，应根据地层结构、地基土的均匀性和设计要求确定，宜占勘探点总数的1/2～2/3，对于单幢建筑不应少于 3 个；

2 地基持力层和主要受力土层采取的原状土样每层不应少于 6 件，或原位测试数据不应少于 6 组。

## 4.3 室内试验与现场原位测试

**4.3.1** 室内压缩试验所施加的最大压力值应大于土的有效自重压力与预计的附加压力之和。压缩系数和压缩模量应取土的有效自重压力至土的有效自重压力与附加压力之和的压力段进行计算，当需分析深基坑开挖卸荷和再加荷对地基变形的影响时，应进行回弹再压缩试验，其压力的施加应模拟实际加卸荷的应力状态。

**4.3.2** 抗剪强度试验方法应根据建筑物施工速率、地层排水条件确定，宜采用不固结不排水剪试验或快剪试验。

**4.3.3** 地基基础设计等级为甲级建筑物的地基承载力和变形计算参数，宜通过平板载荷试验取得。

**4.3.4** 在查明黏性土、粉土、砂土的均匀性和承载力及变形特征时，宜进行静力触探、标准贯入试验和旁压试验。

**4.3.5** 确定粉土和砂土的密实度或判别其地震液化的可能性时，宜进行标准贯入试验。

**4.3.6** 在查明碎石土的均匀性和承载力时，宜进行重型或超重型动力触探试验。

**4.3.7** 当抗震设计需要提供相关参数时，应进行波速试验。

**4.3.8** 当设计需要地基土的基床系数时，应进行基床系数载荷试验。基床系数载荷试验应按本规范附录 A 的规定执行。

**4.3.9** 对重要建筑、地质条件复杂、特殊土、有特殊设计要求的场地，宜采用两种以上原位测试方法，通过对比试验确定岩土参数。

**4.3.10** 大直径桩的桩端阻力应根据现行行业标准《高层建筑岩土工程勘察规程》JGJ 72 的规定，通过深层荷载试验确定。

## 4.4 地 下 水

**4.4.1** 应根据场地特点和工程需要，查明下列水文地质状况，并提出相应的工程建议：

1 地下水类型和赋存状态；

2 主要含水层的分布规律及岩性特征；

3 年降水量、蒸发量及其变化规律和对地下水的影响等区域性资料；

4 地下水的补给排泄条件、地表水与地下水的补排关系及其对地下水位的影响；

5 勘察时的地下水位、历史最高水位、近（3～5）年最高水位、常年水位变化幅度或水位变化趋势及其主要影响因素；

6 当场地内存在对工程有影响的多层地下水时，应分别查明每层地下水的类型、水位和年变化规律，以及地下水分布特征对地基和基础施工可能造成的影响；

7 当地下水可能对地基或基坑开挖造成影响时，应根据地基基础形式或基坑支护方案对地下水控制措施提出建议；

8 当地下水位可能高于基础埋深并存在基础抗浮问题时，应提出与建筑物抗浮有关的建议；

9 应查明场区是否存在对地下水和地表水的污染源及其可能的污染程度，提出相应工程措施的建议。

**4.4.2** 当场地水文地质条件对地基评价和地下室抗浮以及施工降水有重大影响时，或对重大及特殊工程，除应进行专门的水文地质勘察外，对缺少地下水位相关资料的地区尚宜设置地下水位长期观测孔。

**4.4.3** 含水层的渗透系数等水文地质参数，宜根据岩土层特性和工程需要，采用抽水试验、渗水试验或注水试验等试验获得。

**4.4.4** 在评价地下水对工程及环境的作用和影响时，应包括下列内容：

1 地下水对基础及建筑物的上浮作用；

2 地下水位变化对地基变形和地基承载力的影响；

3 地下水对边坡稳定性的不利影响；

4 地下水产生潜蚀、流土、管涌的可能性；

5 不同排水条件下静水压力和渗透力对支挡结构的影响；

6 施工期间降水或隔水措施的可行性及其对地基、基坑稳定和邻近工程的影响。

**4.4.5** 地下水的物理、化学作用的评价应包括下列内容：

1 对混凝土、金属材料的腐蚀性；

2 对软质岩石、强风化岩石、残积土、湿陷性土、膨胀岩土和盐渍岩土等特殊地基，地下水的聚集和散失所产生的软化、崩解、湿陷、胀缩和潜蚀等有害作用；

3 在冻土地区，地下水对土的冻胀和融陷的影响。

**4.4.6** 对地下水采取降低水位措施时，应符合下列规定：

1 设计降水深度应在基坑底面0.5m以下；

2 应防止细颗粒土在降水过程中流失；

3 应防止承压水引起的基坑底部突涌。

# 5 地 基 计 算

## 5.1 一 般 规 定

**5.1.1** 高层建筑筏形与箱形基础的地基应进行承载力和变形计算，当基础埋深不符合本规范第5.2.3条的要求或地基土层不均匀时应进行基础的抗滑移和抗倾覆稳定性验算及地基的整体稳定性验算。

**5.1.2** 当多幢新建相邻高层建筑的基础距离较近时，应分析各高层建筑之间的相互影响。当新建高层建筑的基础和既有建筑的基础距离较近时，应分析新旧建筑的相互影响，验算新旧建筑的地基承载力、地基变形和地基稳定性。

**5.1.3** 对单幢建筑物，在地基均匀的条件下，筏形与箱形基础的基底平面形心宜与结构竖向永久荷载重心重合；当不能重合时，在荷载效应准永久组合下，偏心距$e$宜符合下式规定：

$$e \leqslant 0.1\frac{W}{A} \tag{5.1.3}$$

式中：$W$——与偏心距方向一致的基础底面边缘抵抗矩（$m^3$）；

$A$——基础底面积（$m^2$）。

**5.1.4** 大面积整体基础上的建筑宜均匀对称布置。当整体基础面积较大且其上建筑数量较多时，可将整体基础按单幢建筑的影响范围分块，每幢建筑的影响范围可根据荷载情况、基础刚度、地下结构及裙房刚度、沉降后浇带的位置等因素确定。每幢建筑竖向永久荷载重心宜与影响范围内的基底平面形心重合。当不能重合时，宜符合本规范第5.1.3条的规定。

**5.1.5** 下列桩筏与桩箱基础应进行沉降计算：

1 地基基础设计等级为甲级的非嵌岩桩和桩端为非深厚坚硬土层的桩筏、桩箱基础；

2 地基基础设计等级为乙级的体形复杂、荷载不均匀或桩端以下存在软弱下卧层的桩筏、桩箱基础；

3 摩擦型桩的桩筏、桩箱基础。

**5.1.6** 对于地质条件不复杂、荷载较均匀、沉降无特殊要求的端承型桩筏、桩箱基础，当有可靠地区经验时，可不进行沉降计算。

**5.1.7** 筏形与箱形基础的整体倾斜值，可根据荷载偏心、地基的不均匀性、相邻荷载的影响和地区经验进行计算。

## 5.2 基础埋置深度

**5.2.1** 高层建筑筏形与箱形基础的埋置深度，应按下列条件确定：

1 建筑物的用途，有无地下室、设备基础和地下设施，基础的形式和构造；

2 作用在地基上的荷载大小和性质；

3 工程地质和水文地质条件；

4 相邻建筑物基础的埋置深度；

5 地基土冻胀和融陷的影响；

6 抗震要求。

**5.2.2** 高层建筑筏形与箱形基础的埋置深度应满足地基承载力、变形和稳定性要求。

**5.2.3** 在抗震设防区，除岩石地基外，天然地基上的筏形与箱形基础的埋置深度不宜小于建筑物高度的1/15；桩筏与桩箱基础的埋置深度（不计桩长）不宜小于建筑物高度的1/18。

### 5.3 承载力计算

**5.3.1** 筏形与箱形基础的底面压力应符合下列公式规定：

**1** 当受轴心荷载作用时

$$p_k \leqslant f_a \quad (5.3.1\text{-}1)$$

式中：$p_k$——相应于荷载效应标准组合时，基础底面处的平均压力值（kPa）；

$f_a$——修正后的地基承载力特征值（kPa）。

**2** 当受偏心荷载作用时，除应符合式（5.3.1-1）规定外，尚应符合下式规定：

$$p_{kmax} \leqslant 1.2 f_a \quad (5.3.1\text{-}2)$$

式中：$p_{kmax}$——相应于荷载效应标准组合时，基础底面边缘的最大压力值（kPa）。

**3** 对于非抗震设防的高层建筑筏形与箱形基础，除应符合式（5.3.1-1）、式（5.3.1-2）的规定外，尚应符合下式规定：

$$p_{kmin} \geqslant 0 \quad (5.3.1\text{-}3)$$

式中：$p_{kmin}$——相应于荷载效应标准组合时，基础底面边缘的最小压力值（kPa）。

**5.3.2** 筏形与箱形基础的底面压力，可按下列公式确定：

**1** 当受轴心荷载作用时

$$p_k = \frac{F_k + G_k}{A} \quad (5.3.2\text{-}1)$$

式中：$F_k$——相应于荷载效应标准组合时，上部结构传至基础顶面的竖向力值（kN）；

$G_k$——基础自重和基础上的土重之和，在稳定的地下水位以下的部分，应扣除水的浮力（kN）；

$A$——基础底面面积（$m^2$）。

**2** 当受偏心荷载作用时

$$p_{kmax} = \frac{F_k + G_k}{A} + \frac{M_k}{W} \quad (5.3.2\text{-}2)$$

$$p_{kmin} = \frac{F_k + G_k}{A} - \frac{M_k}{W} \quad (5.3.2\text{-}3)$$

式中：$M_k$——相应于荷载效应标准组合时，作用于基础底面的力矩值（kN·m）；

$W$——基础底面边缘抵抗矩（$m^3$）。

**5.3.3** 对于抗震设防的建筑，筏形与箱形基础的底面压力除应符合第5.3.1条的要求外，尚应按下列公式验算地基抗震承载力：

$$p_{kE} \leqslant f_{aE} \quad (5.3.3\text{-}1)$$

$$p_{max} \leqslant 1.2 f_{aE} \quad (5.3.3\text{-}2)$$

$$f_{aE} = \zeta_a f_a \quad (5.3.3\text{-}3)$$

式中：$p_{kE}$——相应于地震作用效应标准组合时，基础底面的平均压力值（kPa）；

$p_{max}$——相应于地震作用效应标准组合时，基础底面边缘的最大压力值（kPa）；

$f_{aE}$——调整后的地基抗震承载力（kPa）；

$\zeta_a$——地基抗震承载力调整系数，按表5.3.3确定。

在地震作用下，对于高宽比大于4的高层建筑，基础底面不宜出现零应力区；对于其他建筑，当基础底面边缘出现零应力时，零应力区的面积不应超过基础底面面积的15%；与裙房相连且采用天然地基的高层建筑，在地震作用下主楼基础底面不宜出现零应力区。

**表5.3.3 地基抗震承载力调整系数 $\zeta_a$**

| 岩土名称和性状 | $\zeta_a$ |
|---|---|
| 岩石，密实的碎石土，密实的砾、粗、中砂，$f_{ak}\leqslant$300kPa的黏性土和粉土 | 1.5 |
| 中密、稍密的碎石土，中密和稍密的砾、粗、中砂，密实和中密的细、粉砂，150kPa$\leqslant f_{ak}<$300kPa的黏性土和粉土 | 1.3 |
| 稍密的细、粉砂，100kPa$\leqslant f_{ak}<$150kPa的黏性土和粉土，新近沉积的黏性土和粉土 | 1.1 |
| 淤泥，淤泥质土，松散的砂，填土 | 1.0 |

注：$f_{ak}$为地基承载力的特征值。

**5.3.4** 地基承载力特征值可由载荷试验等原位测试或按理论公式并结合工程实践经验综合确定。

**5.3.5** 地基承载力特征值应按现行国家标准《建筑地基基础设计规范》GB 50007的规定进行深度和宽度修正。

### 5.4 变形计算

**5.4.1** 高层建筑筏形与箱形基础的地基变形计算值，不应大于建筑物的地基变形允许值，建筑物的地基变形允许值应按地区经验确定，当无地区经验时应符合现行国家标准《建筑地基基础设计规范》GB 50007的规定。

**5.4.2** 当采用土的压缩模量计算筏形与箱形基础的最终沉降量 $s$ 时，应按下列公式计算：

$$s = s_1 + s_2 \quad (5.4.2\text{-}1)$$

$$s_1 = \psi' \sum_{i=1}^{m} \frac{p_c}{E'_{si}} (z_i \bar{\alpha}_i - z_{i-1} \bar{\alpha}_{i-1}) \quad (5.4.2\text{-}2)$$

$$s_2 = \psi_s \sum_{i=1}^{n} \frac{p_0}{E_{si}} (z_i \bar{\alpha}_i - z_{i-1} \bar{\alpha}_{i-1}) \quad (5.4.2\text{-}3)$$

式中：$s$——最终沉降量（mm）；

$s_1$——基坑底面以下地基土回弹再压缩引起的沉降量（mm）；

$s_2$——由基底附加压力引起的沉降量（mm）；

$\psi'$——考虑回弹影响的沉降计算经验系数，无经验时取 $\psi'=1$；

$\psi_s$——沉降计算经验系数，按地区经验采用；当缺乏地区经验时，可按现行国家标准《建筑地基基础设计规范》GB 50007的有关规定采用；

$p_c$——相当于基础底面处地基土的自重压力的基底压力（kPa），计算时地下水位以下部分取土的浮重度（kN/m³）；

$p_0$——准永久组合下的基础底面处的附加压力（kPa）；

$E'_{si}$、$E_{si}$——基础底面下第 $i$ 层土的回弹再压缩模量和压缩模量（MPa），按本规范第 4.3.1 条试验要求取值；

$m$——基础底面以下回弹影响深度范围内所划分的地基土层数；

$n$——沉降计算深度范围内所划分的地基土层数；

$z_i$、$z_{i-1}$——基础底面至第 $i$ 层、第 $i-1$ 层底面的距离（m）；

$\bar{\alpha}_i$、$\bar{\alpha}_{i-1}$——基础底面计算点至第 $i$ 层、第 $i-1$ 层底面范围内平均附加应力系数，按本规范附录 B 采用。

式（5.4.2-2）中的沉降计算深度应按地区经验确定，当无地区经验时可取基坑开挖深度；式（5.4.2-3）中的沉降计算深度可按现行国家标准《建筑地基基础设计规范》GB 50007 确定。

**5.4.3** 当采用土的变形模量计算筏形与箱形基础的最终沉降量 $s$ 时，应按下式计算：

$$s = p_k b\eta \sum_{i=1}^{n} \frac{\delta_i - \delta_{i-1}}{E_{0i}} \quad (5.4.3)$$

式中：$p_k$——长期效应组合下的基础底面处的平均压力标准值（kPa）；

$b$——基础底面宽度（m）；

$\delta_i$、$\delta_{i-1}$——与基础长宽比 $L/b$ 及基础底面至第 $i$ 层土和第 $i-1$ 层土底面的距离深度 $z$ 有关的无因次系数，可按本规范附录 C 中的表 C 确定；

$E_{0i}$——基础底面下第 $i$ 层土的变形模量（MPa），通过试验或按地区经验确定；

$\eta$——沉降计算修正系数，可按表 5.4.3 确定。

**表 5.4.3 修正系数 $\eta$**

| $m=\frac{2z_n}{b}$ | $0<m\leqslant 0.5$ | $0.5<m\leqslant 1$ | $1<m\leqslant 2$ | $2<m\leqslant 3$ | $3<m\leqslant 5$ | $5<m\leqslant\infty$ |
|---|---|---|---|---|---|---|
| $\eta$ | 1.00 | 0.95 | 0.90 | 0.80 | 0.75 | 0.70 |

**5.4.4** 按式（5.4.3）进行沉降计算时，沉降计算深度 $z_n$ 宜按下式计算：

$$z_n = (z_m + \xi b)\beta \quad (5.4.4)$$

式中：$z_m$——与基础长宽比有关的经验值（m），可按表 5.4.4-1 确定；

$\xi$——折减系数，可按表 5.4.4-1 确定；

$\beta$——调整系数，可按表 5.4.4-2 确定。

**表 5.4.4-1 $z_m$ 值和折减系数 $\xi$**

| $L/b$ | ≤1 | 2 | 3 | 4 | ≥5 |
|---|---|---|---|---|---|
| $z_m$ | 11.6 | 12.4 | 12.5 | 12.7 | 13.2 |
| $\xi$ | 0.42 | 0.49 | 0.53 | 0.60 | 1.00 |

**表 5.4.4-2 调整系数 $\beta$**

| 土 类 | 碎 石 | 砂 土 | 粉 土 | 黏性土 | 软 土 |
|---|---|---|---|---|---|
| $\beta$ | 0.30 | 0.50 | 0.60 | 0.75 | 1.00 |

**5.4.5** 带裙房高层建筑的大面积整体筏形基础的沉降宜按上部结构、基础与地基共同作用的方法进行计算。

**5.4.6** 对于多幢建筑下的同一大面积整体筏形基础，可根据每幢建筑及其影响范围按上部结构、基础与地基共同作用的方法分别进行沉降计算，并可按变形叠加原理计算整体筏形基础的沉降。

## 5.5 稳定性计算

**5.5.1** 高层建筑在承受地震作用、风荷载或其他水平荷载时，筏形与箱形基础的抗滑移稳定性（图 5.5.1）应符合下式的要求：

$$K_s Q \leqslant F_1 + F_2 + (E_p - E_a)l \quad (5.5.1)$$

式中：$F_1$——基底摩擦力合力（kN）；

$F_2$——平行于剪力方向的侧壁摩擦力合力（kN）；

$E_a$、$E_p$——垂直于剪力方向的地下结构外墙面单位长度上主动土压力合力、被动土压力合力（kN/m）；

$l$——垂直于剪力方向的基础边长（m）；

$Q$——作用在基础顶面的风荷载、水平地震作用或其他水平荷载（kN）。风荷载、地震作用分别按现行国家标准《建筑结构荷载规范》GB 50009、《建筑抗震设计规范》GB 50011 确定，其他水平荷载按实际发生的情况确定；

$K_s$——抗滑移稳定性安全系数，取 1.3。

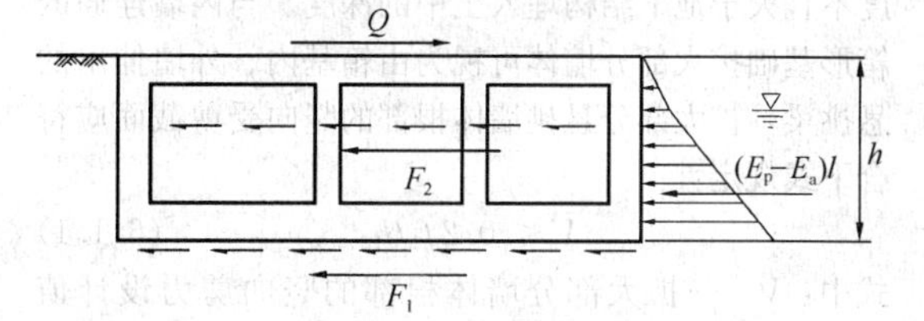


图 5.5.1 抗滑移稳定性验算示意

**5.5.2** 高层建筑在承受地震作用、风荷载、其他水平荷载或偏心竖向荷载时，筏形与箱形基础的抗倾覆稳定性应符合下式的要求：

$$K_r M_c \leqslant M_r \quad (5.5.2)$$

式中：$M_r$——抗倾覆力矩（kN·m）；

$M_c$——倾覆力矩（kN·m）；

$K_r$——抗倾覆稳定性安全系数，取1.5。

**5.5.3** 当地基内存在软弱土层或地基土质不均匀时，应采用极限平衡理论的圆弧滑动面法验算地基整体稳定性。其最危险的滑动面上诸力对滑动中心所产生的抗滑力矩与滑动力矩应符合下式规定：

$$KM_S \leqslant M_R \tag{5.5.3}$$

式中：$M_R$——抗滑力矩（kN·m）；

$M_S$——滑动力矩（kN·m）；

$K$——整体稳定性安全系数，取1.2。

**5.5.4** 当建筑物地下室的一部分或全部在地下水位以下时，应进行抗浮稳定性验算。抗浮稳定性验算应符合下式的要求：

$$F'_k + G_k \geqslant K_f F_f \tag{5.5.4}$$

式中：$F'_k$——上部结构传至基础顶面的竖向永久荷载（kN）；

$G_k$——基础自重和基础上的土重之和（kN）；

$F_f$——水浮力（kN），在建筑物使用阶段按与设计使用年限相应的最高水位计算；在施工阶段，按分析地质状况、施工季节、施工方法、施工荷载等因素后确定的水位计算；

$K_f$——抗浮稳定安全系数，可根据工程重要性和确定水位时统计数据的完整性取1.0～1.1。

# 6 结构设计与构造要求

## 6.1 一般规定

**6.1.1** 筏形和箱形基础的平面尺寸，应根据工程地质条件、上部结构布置、地下结构底层平面及荷载分布等因素，按本规范第5章有关规定确定。当需要扩大底板面积时，宜优先扩大基础的宽度。当采用整体扩大箱形基础方案时，扩大部分的墙体应与箱形基础的内墙或外墙连通成整体，且扩大部分墙体的挑出长度不宜大于地下结构埋入土中的深度。与内墙连通的箱形基础扩大部分墙体可视为由箱基内、外墙伸出的悬挑梁，扩大部分悬挑墙体根部的竖向受剪截面应符合下式规定：

$$V \leqslant 0.2 f_c b h_0 \tag{6.1.1}$$

式中：$V$——扩大部分墙体根部的竖向剪力设计值（kN）；

$f_c$——混凝土轴心抗压强度设计值（kPa）；

$b$——扩大部分墙体的厚度（m）；

$h_0$——扩大部分墙体的竖向有效高度（m）。

当扩大部分墙体的挑出长度大于地下结构埋入土中的深度时，箱基基底反力及内力应按弹性地基理论进行分析。计算分析时应根据土层情况和地区经验选用地基模型和参数。

**6.1.2** 筏形与箱形基础地下室施工完成后，应及时进行基坑回填。回填土应按设计要求选料。回填时应先清除基坑内的杂物，在相对的两侧或四周同时进行并分层夯实，回填土的压实系数不应小于0.94。

**6.1.3** 当地下室的四周外墙与土层紧密接触时，上部结构的嵌固部位按下列规定确定：

1 上部结构为剪力墙结构，地下室为单层或多层箱形基础地下室，地下一层结构顶板可作为上部结构的嵌固部位。

2 上部结构为框架、框架-剪力墙或框架-核心筒结构时：

1）地下室为单层箱形基础，箱形基础的顶板可作为上部结构的嵌固部位[图6.1.3(a)]；

2）对采用筏形基础的单层或多层地下室以及采用箱形基础的多层地下室，当地下一层的结构侧向刚度$K_B$大于或等于与其相连的上部结构底层楼层侧向刚度$K_F$的1.5倍时，地下一层结构顶板可作为的结构上部结构的嵌固部位[图6.1.3(b)、(c)]；

3）对大底盘整体筏形基础，当地下室内、外墙与主体结构墙体之间的距离符合表6.1.3要求时，地下一层的结构侧向刚度可计入该范围内的地下室内、外墙刚度，但此范围内的侧向刚度不能重复使用于相邻塔楼。当$K_B$小于$1.5K_F$时，建筑物的嵌固部位可设在筏形基础或箱形基础的顶部，结构整体计算分析时宜考虑基底土和基侧土的阻抗，可在地下室与周围土层之间设置适当的弹簧和阻尼器来模拟。

**表6.1.3 地下室墙与主体结构墙之间的最大间距 $d$**

| 非抗震设计 | 抗震设防烈度 | | |
|---|---|---|---|
| | 6度，7度 | 8度 | 9度 |
| $d \leqslant 50$m | $d \leqslant 40$m | $d \leqslant 30$m | $d \leqslant 20$m |

**6.1.4** 当地下一层结构顶板作为上部结构的嵌固部位时，应能保证将上部结构的地震作用或水平力传递到地下室抗侧力构件上，沿地下室外墙和内墙边缘的板面不应有大洞口；地下一层结构顶板应采用梁板式楼盖，板厚不应小于180mm，其混凝土强度等级不宜小于C30；楼面应采用双层双向配筋，且每层每个方向的配筋率不宜小于0.25%。

**6.1.5** 地下室的抗震等级、构件的截面设计以及抗震构造措施应符合现行国家标准《建筑抗震设计规范》GB 50011的有关规定。剪力墙底部加强部位的高度应从地下室顶板算起；当结构嵌固在基础顶面时，剪力墙底部加强部位的范围亦应从地面算起，并

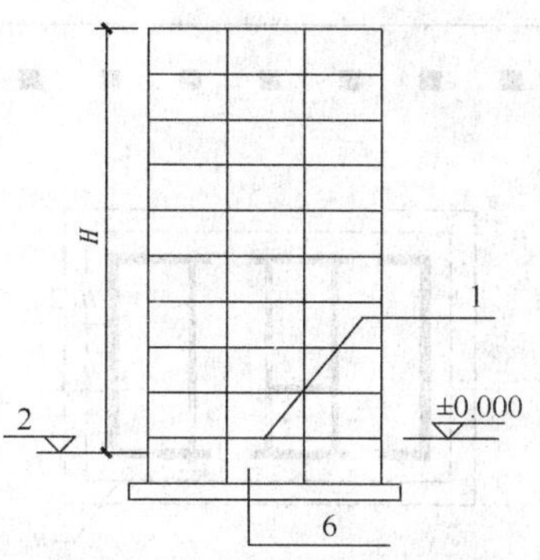


(a) 地下室为箱基、上部结构为框架或框架-剪力墙结构时的嵌固部位

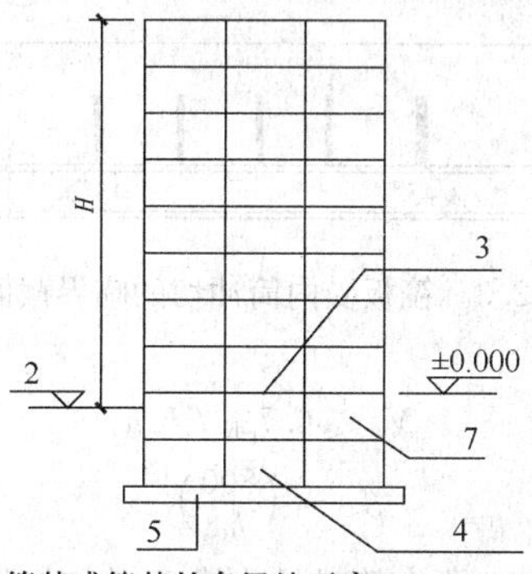


(b) 采用筏基或箱基的多层地下室，$K_B \geqslant 1.5K_F$，上部结构为框架或框架-剪力墙结构时的嵌固部位

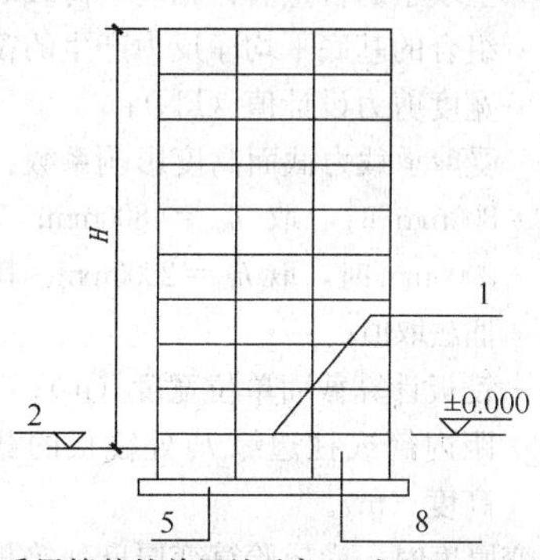


(c) 采用筏基的单层地下室，$K_B \geqslant 1.5K_F$，上部结构为框架或框架-剪力墙结构时的嵌固部位

图 6.1.3　上部结构的嵌固部位示意

1—嵌固部位：地下室顶板；2—室外地坪；3—嵌固部位：地下一层顶板；4—地下二层（或地下二层为箱基）；5—筏基；6—地下室为箱基；7—地下一层；8—单层地下室

将底部加强部位延伸至基础顶面。

**6.1.6**　当四周与土体紧密接触带地下室外墙的整体式筏形和箱形基础建于Ⅲ、Ⅳ类场地时，按刚性地基假定计算的基底水平地震剪力和倾覆力矩可根据结构刚度、埋置深度、场地类别、土质情况、抗震设防烈度以及工程经验折减。

**6.1.7　基础混凝土应符合耐久性要求。筏形基础和桩箱、桩筏基础的混凝土强度等级不应低于 C30；箱形基础的混凝土强度等级不应低于 C25。**

**6.1.8**　当采用防水混凝土时，防水混凝土的抗渗等级应按表 6.1.8 选用。对重要建筑，宜采用自防水并设置架空排水层。

**表 6.1.8　防水混凝土抗渗等级**

| 埋置深度 $d$（m） | 设计抗渗等级 | 埋置深度 $d$（m） | 设计抗渗等级 |
|---|---|---|---|
| $d<10$ | P6 | $20 \leqslant d<30$ | P10 |
| $10 \leqslant d<20$ | P8 | $30 \leqslant d$ | P12 |

## 6.2　筏形基础

**6.2.1**　平板式筏形基础和梁板式筏形基础的选型应根据地基土质、上部结构体系、柱距、荷载大小、使用要求以及施工等条件确定。框架－核心筒结构和筒中筒结构宜采用平板式筏形基础。

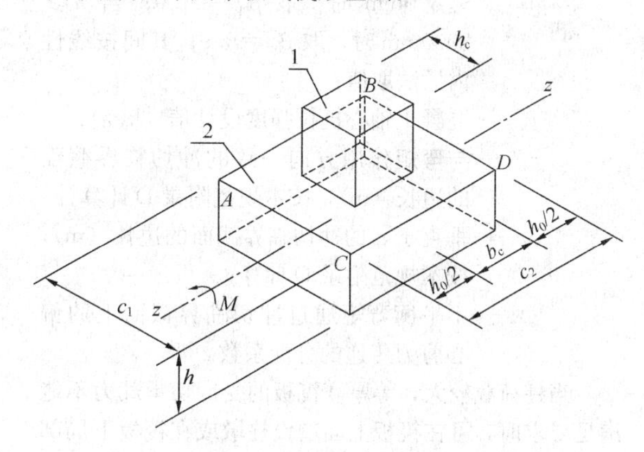


图 6.2.2　内柱冲切临界截面示意

1—柱；2—筏板

**6.2.2**　平板式筏基的板厚除应符合受弯承载力的要求外，尚应符合受冲切承载力的要求。验算时应计入作用在冲切临界截面重心上的不平衡弯矩所产生的附加剪力。筏板的最小厚度不应小于 500mm。对基础的边柱和角柱进行冲切验算时，其冲切力应分别乘以 1.1 和 1.2 的增大系数。距柱边 $h_0/2$ 处冲切临界截面（图 6.2.2）的最大剪应力 $\tau_{\max}$ 应符合下列公式的规定：

$$\tau_{\max}=\frac{F_l}{u_m h_0}+\alpha_s\frac{M_{\text{unb}}c_{AB}}{I_s} \quad (6.2.2\text{-}1)$$

$$\tau_{\max}\leqslant 0.7(0.4+1.2/\beta_s)\beta_{hp}f_t \quad (6.2.2\text{-}2)$$

$$\alpha_s=1-\frac{1}{1+\frac{2}{3}\sqrt{\left(\frac{c_1}{c_2}\right)}} \quad (6.2.2\text{-}3)$$

式中：$F_l$——相应于荷载效应基本组合时的冲切力（kN），对内柱取轴力设计值与筏板冲切破坏锥体内的基底反力设计值之差；对基础的边柱和角柱，取轴力设计值与筏板冲切临界截面范围内的基底反力设计值之差；计算基底反力值时应扣除底板及其上填土的自重；

$u_m$——距柱边缘不小于 $h_0/2$ 处的冲切临界截面的最小周长（m），按本规范附录D计算；

$h_0$——筏板的有效高度（m）；

$M_{unb}$——作用在冲切临界截面重心上的不平衡弯矩（kN·m）；

$c_{AB}$——沿弯矩作用方向，冲切临界截面重心至冲切临界截面最大剪应力点的距离（m），按本规范附录D计算；

$I_s$——冲切临界截面对其重心的极惯性矩（$m^4$），按本规范附录D计算；

$\beta_s$——柱截面长边与短边的比值：当 $\beta_s<2$ 时，$\beta_s$ 取2；当 $\beta_s>4$ 时，$\beta_s$ 取4；

$\beta_{hp}$——受冲切承载力截面高度影响系数：当 $h\leqslant800$mm时，取 $\beta_{hp}=1.0$；当 $h\geqslant2000$mm时，取 $\beta_{hp}=0.9$；其间按线性内插法取值；

$f_t$——混凝土轴心抗拉强度设计值（kPa）；

$c_1$——与弯矩作用方向一致的冲切临界截面的边长（m），按本规范附录D计算；

$c_2$——垂直于 $c_1$ 的冲切临界截面的边长（m），按本规范附录D计算；

$\alpha_s$——不平衡弯矩通过冲切临界截面上的偏心剪力传递的分配系数。

当柱荷载较大，等厚度筏板的受冲切承载力不能满足要求时，可在筏板上面增设柱墩或在筏板下局部增加板厚或采用抗冲切钢筋等提高受冲切承载能力。

**6.2.3** 平板式筏基在内筒下的受冲切承载力应符合下式规定：

$$\frac{F_1}{u_m h_0}\leqslant0.7\beta_{hp}f_t/\eta \qquad (6.2.3\text{-}1)$$

式中：$F_1$——相应于荷载效应基本组合时的内筒所承受的轴力设计值与内筒下筏板冲切破坏锥体内的基底反力设计值之差（kN）。计算基底反力值时应扣除底板及其上填土的自重；

$u_m$——距内筒外表面 $h_0/2$ 处冲切临界截面的周长（m）（图6.2.3）；

$h_0$——距内筒外表面 $h_0/2$ 处筏板的截面有效高度（m）；

$\eta$——内筒冲切临界截面周长影响系数，取1.25。

当需要考虑内筒根部弯矩的影响时，距内筒外表面 $h_0/2$ 处冲切临界截面的最大剪应力可按本规范式（6.2.2-1）计算，此时最大剪应力应符合下式规定：

$$\tau_{max}\leqslant0.7\beta_{hp}f_t/\eta \qquad (6.2.3\text{-}2)$$

**6.2.4** 平板式筏基除应符合受冲切承载力的规定外，尚应按下列公式验算距内筒和柱边缘 $h_0$ 处截面的受剪承载力：

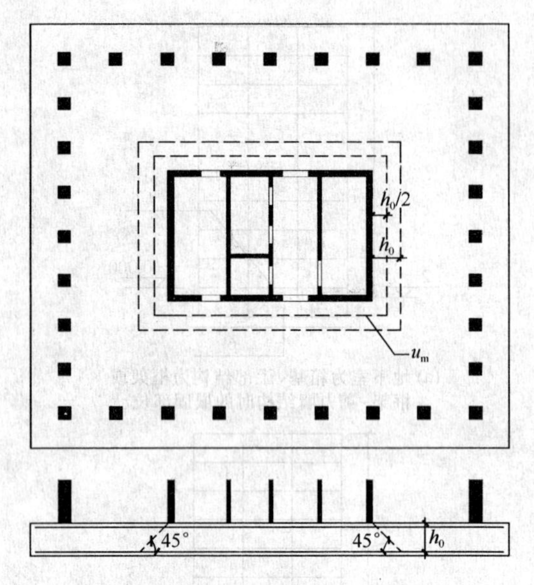

图6.2.3 筏板受内筒冲切的临界截面位置

$$V_s\leqslant0.7\beta_{hs}f_tb_wh_0 \qquad (6.2.4\text{-}1)$$

$$\beta_{hs}=\left(\frac{800}{h_0}\right)^{1/4} \qquad (6.2.4\text{-}2)$$

式中：$V_s$——距内筒或柱边缘 $h_0$ 处，扣除底板及其上填土的自重后，相应于荷载效应基本组合的基底平均净反力产生的筏板单位宽度剪力设计值（kN）；

$\beta_{hs}$——受剪承载力截面高度影响系数：当 $h_0<800$mm时，取 $h_0=800$mm；当 $h_0>2000$mm时，取 $h_0=2000$mm；其间按内插法取值；

$b_w$——筏板计算截面单位宽度（m）；

$h_0$——距内筒或柱边缘 $h_0$ 处筏板的截面有效高度（m）。

当筏板变厚度时，尚应验算变厚度处筏板的截面受剪承载力。

**6.2.5** 梁板式筏基底板的厚度应符合受弯、受冲切和受剪承载力的要求，且不应小于400mm；板厚与最大双向板格的短边净跨之比尚不应小于1/14。梁板式筏基梁的高跨比不宜小于1/6。

**6.2.6** 梁板式筏基的基础梁除应符合正截面受弯承载力的要求外，尚应验算柱边缘处或梁柱连接面八字角边缘处基础梁斜截面受剪承载力。

**6.2.7** 梁板式筏形基础梁和平板式筏形基础底板的顶面应符合底层柱下局部受压承载力的要求。对抗震设防烈度为9度的高层建筑，验算柱下基础梁、板局部受压承载力时，尚应按现行国家标准《建筑抗震设计规范》GB 50011的要求，考虑竖向地震作用对柱轴力的影响。

**6.2.8** 地下室底层柱、剪力墙与梁板式筏基的基础梁连接的构造应符合下列规定：

1　当交叉基础梁的宽度小于柱截面的边长时，交叉基础梁连接处宜设置八字角，柱角和八字角之间的净距不宜小于50mm[图6.2.8(a)]；

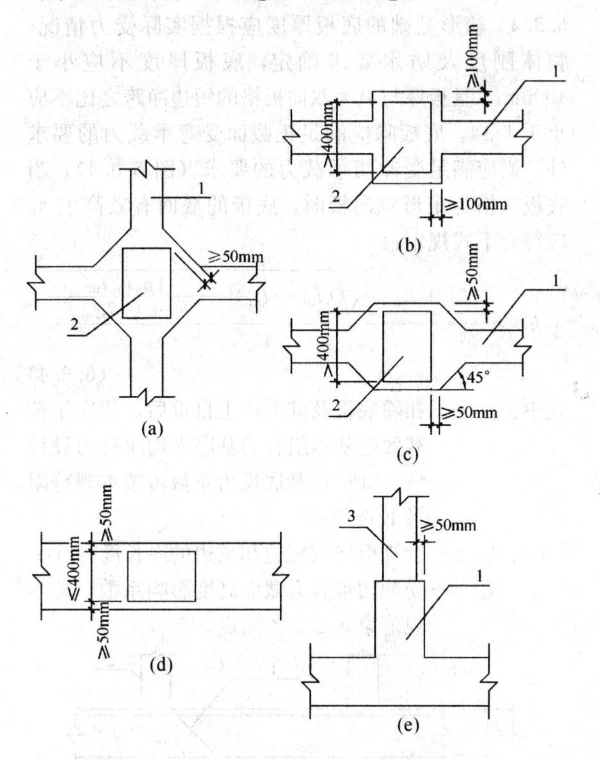


图6.2.8　地下室底层柱和剪力墙与梁板式筏基的基础梁连接构造

1—基础梁；2—柱；3—墙

2　当单向基础梁与柱连接、且柱截面的边长大于400mm时，可按图6.2.8(b)、图6.2.8(c)采用，柱角和八字角之间的净距不宜小于50mm；当柱截面的边长小于或等于400mm时，可按图6.2.8(d)采用；

3　当基础梁与剪力墙连接时，基础梁边至剪力墙边的距离不宜小于50mm[图6.2.8(e)]。

**6.2.9**　筏形基础地下室的外墙厚度不应小于250mm，内墙厚度不宜小于200mm。墙体内应设置双面钢筋，钢筋不宜采用光面圆钢筋。钢筋配置量除应满足承载力要求外，尚应考虑变形、抗裂及外墙防渗等要求。水平钢筋的直径不应小于12mm，竖向钢筋的直径不应小于10mm，间距不应大于200mm。当筏板的厚度大于2000mm时，宜在板厚中间部位设置直径不小于12mm、间距不大于300mm的双向钢筋。

**6.2.10**　当地基土比较均匀、地基压缩层范围内无软弱土层或可液化土层、上部结构刚度较好，柱网和荷载较均匀、相邻柱荷载及柱间距的变化不超过20%，且平板式筏基板的厚跨比或梁板式筏基梁的高跨比不小于1/6时，筏形基础可仅考虑底板局部弯曲作用，计算筏形基础的内力时，基底反力可按直线分布，并扣除底板及其上填土的自重。

当不符合上述要求时，筏基内力可按弹性地基梁板等理论进行分析。计算分析时应根据土层情况和地区经验选用地基模型和参数。

**6.2.11**　对有抗震设防要求的结构，嵌固端处的框架结构底层柱根截面组合弯矩设计值应按现行国家标准《建筑抗震设计规范》GB 50011的规定乘以与其抗震等级相对应的增大系数。

**6.2.12**　当梁板式筏基的基底反力按直线分布计算时，其基础梁的内力可按连续梁分析，边跨的跨中弯矩以及第一内支座的弯矩值宜乘以1.2的增大系数。考虑到整体弯曲的影响，梁板式筏基的底板和基础梁的配筋除应满足计算要求外，基础梁和底板的顶部跨中钢筋应按实际配筋全部连通，纵横方向的底部支座钢筋尚应有1/3贯通全跨。底板上下贯通钢筋的配筋率均不应小于0.15%。

**6.2.13**　按基底反力直线分布计算的平板式筏基，可按柱下板带和跨中板带分别进行内力分析，并应符合下列要求：

1　柱下板带中在柱宽及其两侧各0.5倍板厚且不大于1/4板跨的有效宽度范围内，其钢筋配置量不应小于柱下板带钢筋的一半，且应能承受部分不平衡弯矩$\alpha_m M_{unb}$，$M_{unb}$为作用在冲切临界截面重心上的部分不平衡弯矩，$\alpha_m$可按下式计算：

$$\alpha_m = 1 - \alpha_s \tag{6.2.13}$$

式中：$\alpha_m$——不平衡弯矩通过弯曲传递的分配系数；

$\alpha_s$——按本规范式（6.2.2-3）计算。

2　考虑到整体弯曲的影响，筏板的柱下板带和跨中板带的底部钢筋应有1/3贯通全跨，顶部钢筋应按实际配筋全部连通，上下贯通钢筋的配筋率均不应小于0.15%。

3　有抗震设防要求、平板式筏基的顶面作为上部结构的嵌固端、计算柱下板带截面组合弯矩设计值时，柱根内力应考虑乘以与其抗震等级相应的增大系数。

**6.2.14**　带裙房高层建筑筏形基础的沉降缝和后浇带设置应符合下列要求：

1　当高层建筑与相连的裙房之间设置沉降缝时，高层建筑的基础埋深应大于裙房基础的埋深，其值不应小于2m。地面以下沉降缝的缝隙应用粗砂填实[图6.2.14(a)]。

2　当高层建筑与相连的裙房之间不设置沉降缝时，宜在裙房一侧设置用于控制沉降差的后浇带。当高层建筑基础面积满足地基承载力和变形要求时，后浇带宜设在与高层建筑相邻裙房的第一跨内。当需要满足高层建筑地基承载力、降低高层建筑沉降量，减小高层建筑与裙房间的沉降差而增大高层建筑基础面积时，后浇带可设在距主楼边柱的第二跨内，此时尚应满足下列条件：

1）地基土质应较均匀；

2）裙房结构刚度较好且基础以上的地下室和裙房结构层数不应少于两层；

3）后浇带一侧与主楼连接的裙房基础底板厚度应与高层建筑的基础底板厚度相同［图6.2.14(b)］。

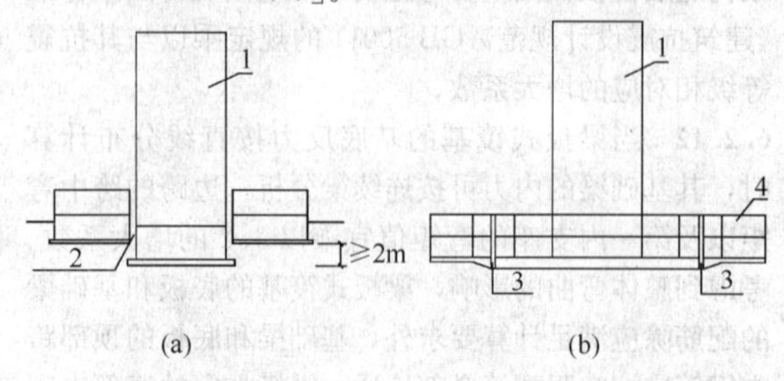


图6.2.14　后浇带（沉降缝）示意

1—高层；2—室外地坪以下用粗砂填实；3—后浇带；4—裙房及地下室

根据沉降实测值和计算值确定的后期沉降差满足设计要求后，后浇带混凝土方可进行浇筑。

3　当高层建筑与相连的裙房之间不设沉降缝和后浇带时，高层建筑及与其紧邻一跨裙房的筏板应采用相同厚度，裙房筏板的厚度宜从第二跨裙房开始逐渐变化，应同时满足主、裙楼基础整体性和基础板的变形要求；应进行地基变形和基础内力的验算，验算时应分析地基与结构间变形的相互影响，并应采取有效措施防止产生有不利影响的差异沉降。

**6.2.15**　在同一大面积整体筏形基础上有多幢高层和低层建筑时，筏基的结构计算宜考虑上部结构、基础与地基土的共同作用。筏基可采用弹性地基梁板的理论进行整体计算；也可按各建筑物的有效影响区域将筏基划分为若干单元分别进行计算，计算时应考虑各单元的相互影响和交界处的变形协调条件。

**6.2.16**　带裙房的高层建筑下的大面积整体筏形基础，其主楼下筏板的整体挠曲值不应大于0.5‰，主楼与相邻的裙房柱的差异沉降不应大于跨度的1‰。

**6.2.17**　在同一大面积整体筏形基础上有多幢高层和低层建筑时，各建筑物的筏板厚度应各自满足冲切及剪切要求。

**6.2.18**　在大面积整体筏形基础上设置后浇带时，应符合本规范第6.2.14条以及第7.4节的规定。

## 6.3　箱形基础

**6.3.1**　箱形基础的内、外墙应沿上部结构柱网和剪力墙纵横均匀布置，当上部结构为框架或框剪结构时，墙体水平截面总面积不宜小于箱基水平投影面积的1/12；当基础平面长宽比大于4时，纵墙水平截面面积不宜小于箱形基础水平投影面积的1/18。在计算墙体水平截面面积时，可不扣除洞口部分。

**6.3.2**　箱形基础的高度应满足结构承载力和刚度的要求，不宜小于箱形基础长度（不包括底板悬挑部分）的1/20，且不宜小于3m。

**6.3.3**　高层建筑同一结构单元内，箱形基础的埋置深度宜一致，且不得局部采用箱形基础。

**6.3.4**　箱形基础的底板厚度应根据实际受力情况、整体刚度及防水要求确定，底板厚度不应小于400mm，且板厚与最大双向板格的短边净跨之比不应小于1/14。底板除应满足正截面受弯承载力的要求外，尚应满足受冲切承载力的要求（图6.3.4）。当底板区格为矩形双向板时，底板的截面有效高度$h_0$应符合下式规定：

$$h_0 \geqslant \frac{(l_{n1}+l_{n2})-\sqrt{(l_{n1}+l_{n2})^2-\dfrac{4p_n l_{n1} l_{n2}}{p_n+0.7\beta_{hp} f_t}}}{4} \tag{6.3.4}$$

式中：$p_n$——扣除底板及其上填土自重后，相应于荷载效应基本组合的基底平均净反力设计值（kPa）；基底反力系数可按本规范附录E选用；

$l_{n1}$、$l_{n2}$——计算板格的短边和长边的净长度（m）；

$\beta_{hp}$——受冲切承载力截面高度影响系数，按本规范第6.2.2条确定。

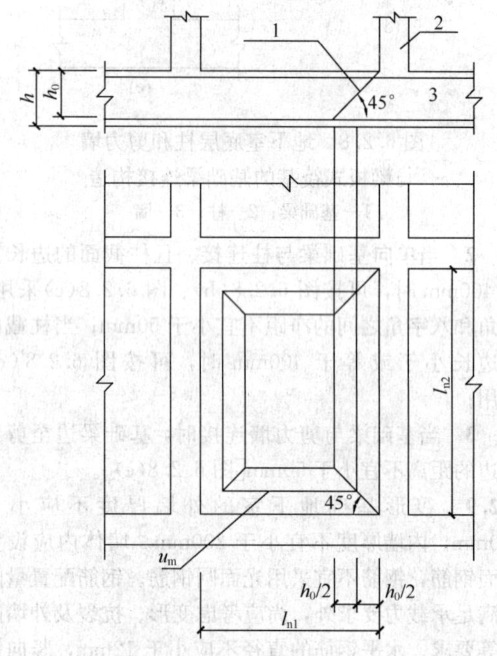


图6.3.4　底板的冲切计算示意

1—冲切破坏锥体的斜截面；2—墙；3—底板

**6.3.5**　箱形基础的底板应满足斜截面受剪承载力的要求。当底板板格为矩形双向板时，其斜截面受剪承载力可按下式计算：

$$V_s \leqslant 0.7\beta_{hs} f_t (l_{n2}-2h_0) h_0 \tag{6.3.5}$$

式中：$V_s$——距墙边缘$h_0$处，作用在图6.3.5阴影部分面积上的扣除底板及其上填土自重后，相应于荷载效应基本组合的基底平均净反力产生的剪力设计值（kN）；

$\beta_{hs}$——受剪承载力截面高度影响系数，按本规范式（6.2.4-2）确定。

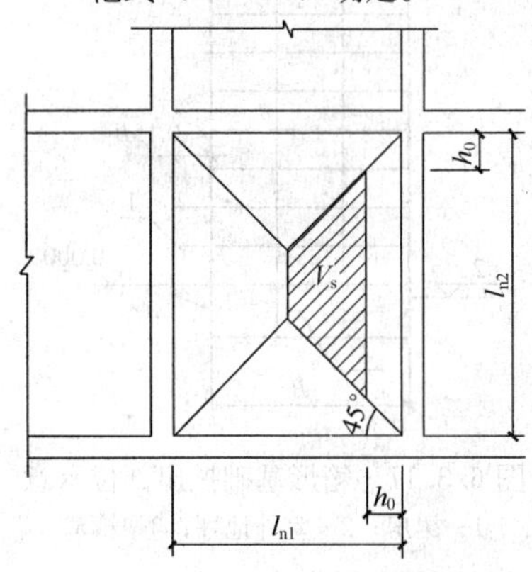


图 6.3.5 $V_s$计算方法的示意

当底板板格为单向板时，其斜截面受剪承载力应按本规范式（6.2.4-1）计算，其中 $V_s$ 为支座边缘处由基底平均净反力产生的剪力设计值。

**6.3.6** 箱形基础的墙身厚度应根据实际受力情况、整体刚度及防水要求确定。外墙厚度不应小于250mm；内墙厚度不宜小于200mm。墙体内应设置双面钢筋，竖向和水平钢筋的直径均不应小于10mm，间距不应大于200mm。除上部为剪力墙外，内、外墙的墙顶处宜配置两根直径不小于20mm的通长构造钢筋。

**6.3.7** 当地基压缩层深度范围内的土层在竖向和水平方向较均匀、且上部结构为平、立面布置较规则的剪力墙、框架、框架-剪力墙体系时，箱形基础的顶、底板可仅按局部弯曲计算，计算时地基反力应扣除板的自重。顶、底板钢筋配置量除满足局部弯曲的计算要求外，跨中钢筋应按实际配筋全部连通，支座钢筋尚应有1/4贯通全跨，底板上下贯通钢筋的配筋率均不应小于0.15%。

**6.3.8** 对不符合本规范第6.3.7条要求的箱形基础，应同时计算局部弯曲及整体弯曲作用。计算整体弯曲时应采用上部结构、箱形基础和地基共同作用的分析方法；底板局部弯曲产生的弯矩应乘以0.8折减系数；箱形基础的自重应按均布荷载处理；基底反力可按本规范附录E确定。对等柱距或柱距相差不大于20%的框架结构，箱形基础整体弯矩的简化计算可按本规范附录F进行。

在箱形基础顶、底板配筋时，应综合考虑承受整体弯曲的钢筋与局部弯曲的钢筋的配置部位，使截面各部位的钢筋能充分发挥作用。

**6.3.9** 当地下室箱形基础的墙体面积率不能满足本规范第6.3.1条要求时，箱形基础的内力可按截条法，或其他有效计算方法确定。

**6.3.10** 箱形基础的内、外墙，除与上部剪力墙连接者外，各片墙的墙身的竖向受剪截面应符合本规范式（6.1.1）要求。

计算各片墙竖向剪力设计值时，可按地基反力系数表确定的地基反力按基础底板等角分线与板中分线所围区域传给对应的纵横基础墙（图6.3.10），并假设底层柱为支点，按连续梁计算基础墙上各点竖向剪力。对不符合本规范第6.3.1条和第6.3.7条要求的箱形基础，尚应考虑整体弯曲的影响。

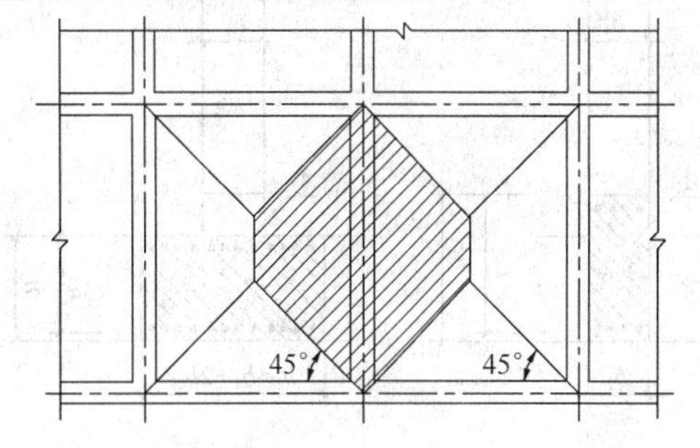


图 6.3.10 计算墙竖向剪力时地基反力分配图

**6.3.11** 箱基上的门洞宜设在柱间居中部位，洞边至上层柱中心的水平距离不宜小于1.2m，洞口上过梁的高度不宜小于层高的1/5，洞口面积不宜大于柱距与箱形基础全高乘积的1/6。

墙体洞口周围应设置加强钢筋，洞口四周附加钢筋面积不应小于洞口内被切断钢筋面积的一半，且不应少于两根直径为14mm的钢筋，此钢筋应从洞口边缘处延长40倍钢筋直径。

**6.3.12** 单层箱基洞口上、下过梁的受剪截面应分别符合下列公式的规定：

当 $h_i/b \leqslant 4$ 时

$$V_i \leqslant 0.25 f_c A_i\ (i=1，为上过梁；i=2，为下过梁) \tag{6.3.12-1}$$

当 $h_i/b \geqslant 6$ 时

$$V_i \leqslant 0.20 f_c A_i\ (i=1，为上过梁；i=2，为下过梁) \tag{6.3.12-2}$$

当 $4 < h_i/b < 6$ 时，按线性内插法确定。

$$V_1 = \mu V + \frac{q_1 l}{2} \tag{6.3.12-3}$$

$$V_2 = (1-\mu)V + \frac{q_2 l}{2} \tag{6.3.12-4}$$

$$\mu = \frac{1}{2}\left(\frac{b_1 h_1}{b_1 h_1 + b_2 h_2} + \frac{b_1 h_1^3}{b_1 h_1^3 + b_2 h_2^3}\right) \tag{6.3.12-5}$$

式中：$V_1$、$V_2$——上、下过梁的剪力设计值(kN)；

$V$——洞口中点处的剪力设计值(kN)；

$\mu$——剪力分配系数；

$q_1$、$q_2$——作用在上、下过梁上的均布荷载设计值(kPa)；

$l$——洞口的净宽；

$A_1$、$A_2$——上、下过梁的有效截面积($m^2$)，

可按图 6.3.12(a)及图 6.3.12(b)的阴影部分计算，并取其中较大值。

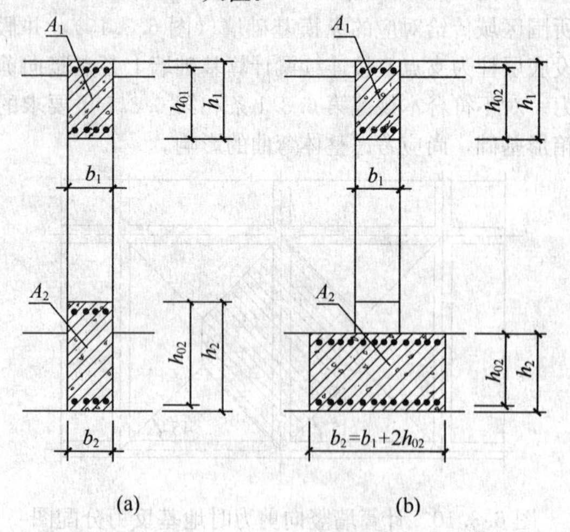


图 6.3.12　洞口上下过梁的有效截面积

多层箱基洞口过梁的剪力设计值也可按式(6.3.12-1)～式(6.3.12-5)计算。

**6.3.13**　单层箱基洞口上、下过梁截面的顶部和底部纵向钢筋，应分别按式(6.3.13-1)、式(6.3.13-2)求得的弯矩设计值配置：

$$M_1 = \mu V \frac{l}{2} + \frac{q_1 l^2}{12} \qquad (6.3.13\text{-}1)$$

$$M_2 = (1-\mu) V \frac{l}{2} + \frac{q_2 l^2}{12} \qquad (6.3.13\text{-}2)$$

式中：$M_1$、$M_2$——上、下过梁的弯矩设计值(kN·m)。

**6.3.14**　底层柱与箱形基础交接处，柱边和墙边或柱角和八字角之间的净距不宜小于 50mm，并应验算底层柱下墙体的局部受压承载力；当不能满足时，应增加墙体的承压面积或采取其他有效措施。

**6.3.15**　底层柱纵向钢筋伸入箱形基础的长度应符合下列规定：

**1**　柱下三面或四面有箱形基础墙的内柱，除四角钢筋应直通基底外，其余钢筋可终止在顶板底面以下 40 倍钢筋直径处；

**2**　外柱、与剪力墙相连的柱及其他内柱的纵向钢筋应直通到基底。

**6.3.16**　当箱形基础的外墙设有窗井时，窗井的分隔墙应与内墙连成整体。窗井分隔墙可视作由箱形基础内墙伸出的挑梁。窗井底板应按支承在箱形基础外墙、窗井外墙和分隔墙上的单向板或双向板计算。

**6.3.17**　与高层建筑相连的门厅等低矮结构单元的基础，可采用从箱形基础挑出的基础梁方案（图 6.3.17）。挑出长度不宜大于 0.15 倍箱形基础宽度，并应验算挑梁产生的偏心荷载对箱基的不利影响。挑出部分下面应填充一定厚度的松散材料，或采取其他能保证其自由下沉的措施。

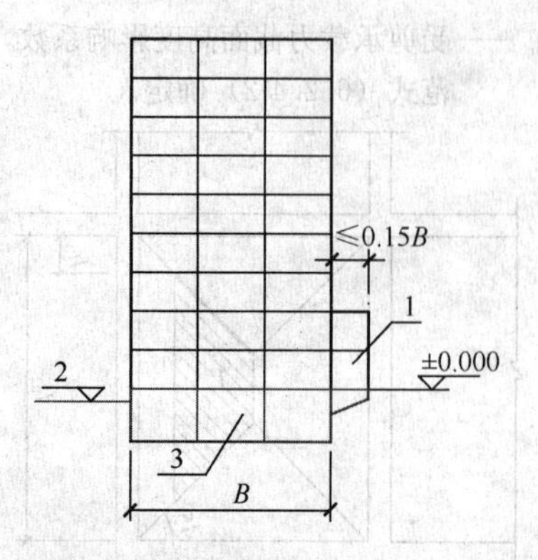


图 6.3.17　箱形基础挑出部位示意

1—裙房；2—室外地坪；3—箱基

**6.3.18**　当箱形基础兼作人防地下室时，箱形基础的设计和构造尚应符合现行国家标准《人民防空地下室设计规范》GB 50038 的规定。

## 6.4　桩筏与桩箱基础

**6.4.1**　当筏形基础或箱形基础下的天然地基承载力或沉降值不能满足设计要求时，可采用桩筏或桩箱基础。桩的类型应根据工程地质状况、结构类型、荷载性质、施工条件以及经济指标等因素决定。桩的设计应符合国家现行标准《建筑地基基础设计规范》GB 50007 和《建筑桩基技术规范》JGJ 94 的规定，抗震设防区的桩基尚应符合现行国家标准《建筑抗震设计规范》GB 50011的规定。

**6.4.2**　桩筏或桩箱基础中桩的布置应符合下列原则：

**1**　桩群承载力的合力作用点宜与结构竖向永久荷载合力作用点相重合；

**2**　同一结构单元应避免同时采用摩擦桩和端承桩；

**3**　桩的中心距应符合现行行业标准《建筑桩基技术规范》JGJ 94 的相关规定；

**4**　宜根据上部结构体系、荷载分布情况以及基础整体变形特征，将桩集中在上部结构主要竖向构件（柱、墙和筒）下面，桩的数量宜与上部荷载的大小和分布相对应；

**5**　对框架-核心筒结构宜通过调整桩径、桩长或桩距等措施，加强核心筒外缘 1 倍底板厚度范围以内的支承刚度，以减小基础差异沉降和基础整体弯矩；

**6**　有抗震设防要求的框架-剪力墙结构，对位于基础边缘的剪力墙，当考虑其两端应力集中影响时，宜适当增加墙端下的布桩量；当桩端为非岩石持力层时，宜将地震作用产生的弯矩乘以 0.8 的降低系数。

**6.4.3**　桩上的筏形与箱形基础计算应符合下列规定：

**1**　均匀布桩的梁板式筏形与箱形基础的底板厚度，以及平板式筏形基础的厚度应符合受冲切和受剪切承载力的规定。梁板式筏形与箱形基础底板的受冲切承载力和受剪承载力，以及平板式筏基上的结构墙、柱、核心筒、桩对筏板的受冲切承载力和受剪承载力可按国家现行标准《建筑地基基础设计规范》GB 50007和《建筑桩基技术规范》JGJ 94 进行计算。

当平板式筏形基础柱下板的厚度不能满足受冲切承载力要求时，可在筏板上增设柱墩或在筏板内设置抗冲切钢筋提高受冲切承载力。

**2** 对底板厚度符合受冲切和受剪切承载力规定的箱形基础、基础板的厚跨比或基础梁的高跨比不小于 1/6 的平板式和梁板式筏形基础，当桩端持力层较坚硬且均匀、上部结构为框架、剪力墙、框剪结构，柱距及柱荷载的变化不超过 20%时，筏形基础和箱形基础底板的板与梁的内力可仅按局部弯矩作用进行计算。计算时先将基础板上的竖向荷载设计值按静力等效原则移至基础底面桩群承载力重心处，弯矩引起的桩顶不均匀反力按直线分布计算，求得各桩顶反力，并将桩顶反力均匀分配到相关的板格内，按倒楼盖法计算箱形基础底板和筏形基础板、梁的内力。内力计算时应扣除底板、基础梁及其上填土的自重。当桩顶反力与相关的墙或柱的荷载效应相差较大时，应调整桩位再次计算桩顶反力。

**3** 对框架-核心筒结构以及不符合本条第 2 款要求的结构，当桩筏、桩箱基础均匀布桩时，可将基桩简化为弹簧，按支承于弹簧上的梁板结构进行桩筏、桩箱基础的整体弯曲和局部弯曲计算。当上述结构按本规范第 6.4.2 条第 5 款布桩时，可仅按局部弯矩作用进行计算。基桩的弹簧系数可取桩顶压力与桩顶沉降量之比，并结合地区经验确定；当群桩效应不明显、桩基沉降量较小时，桩的弹簧系数可根据单桩静荷载试验的荷载-位移曲线按桩顶荷载和桩顶沉降量之比确定。

**6.4.4** 基桩的构造及桩与筏形或箱形基础的连接应符合现行行业标准《建筑桩基技术规范》JGJ 94 的规定。

**6.4.5** 桩上筏形与箱形基础的构造应符合下列规定：

**1** 桩上筏形与箱形基础的混凝土强度等级不应低于 C30；垫层混凝土强度等级不应低于 C10，垫层厚度不应小于 70mm；

**2** 当箱形基础的底板和筏板仅按局部弯矩计算时，其配筋除应满足局部弯曲的计算要求外，箱基底板和筏板顶部跨中钢筋应全部连通，箱基底板和筏基的底部支座钢筋应分别有 1/4 和 1/3 贯通全跨，上下贯通钢筋的配筋率均不应小于 0.15%；

**3** 底板下部纵向受力钢筋的保护层厚度在有垫层时不应小于 50mm，无垫层时不应小于 70mm，此外尚不应小于桩头嵌入底板内的长度；

**4** 均匀布桩的梁板式筏基的底板和箱基底板的厚度除应满足承载力计算要求外，其厚度与最大双向板格的短边净跨之比不应小于 1/14，且不应小于 400mm；平板式筏基的板厚不应小于 500mm；

**5** 当筏板厚度大于 2000mm 时，宜在板厚中间设置直径不小于 12mm、间距不大于 300mm 的双向钢筋网。

**6.4.6** 当基础板的混凝土强度等级低于柱或桩的混凝土强度等级时，应验算柱下或桩上基础板的局部受压承载力。

**6.4.7** 当抗拔桩常年位于地下水位以下时，可按现行国家标准《混凝土结构设计规范》GB 50010 关于控制裂缝宽度的方法进行设计。

# 7 施 工

## 7.1 一 般 规 定

**7.1.1** 高层建筑筏形与箱形基础的施工组织设计应依据基础设计施工图、基坑支护设计施工图、场地的工程地质、水文地质资料等进行编制，并应对降水和隔水、支护结构、地基处理、土方开挖、基础混凝土浇筑等施工项目的顺序和相互之间的搭接进行合理安排。

**7.1.2** 高层建筑筏形与箱形基础的施工组织设计应包括下列内容：

**1** 降水和隔水施工；

**2** 周围废旧建（构）筑物基础和废旧管道处理；

**3** 地基处理；

**4** 基坑支护结构施工、土方开挖、堆放和运输；

**5** 基础和地下室施工，基础施工各阶段的抗浮验算和措施；

**6** 施工监测和信息化施工；

**7** 周围既有建筑和环境保护及应急抢险预案等。

**7.1.3** 基坑施工前，应对周围的既有建（构）筑物、道路和地下管线的状态进行详细调查；对裂缝、下沉、倾斜等损坏迹象，应做好标记和影像、文字记录；对需要保护的原有建（构）筑物、道路和地下管线的位移应确定控制标准，必要时应采取加固措施。

**7.1.4** 对下列基坑的施工方案应组织专家进行可行性和安全性论证：

**1** 重要建（构）筑物附近的基坑；

**2** 工程地质条件复杂的基坑；

**3** 深度超过 5m 的基坑；

**4** 有特殊要求的基坑。

**7.1.5** 基坑支护结构应由专业设计单位进行。在软土地区基坑的设计与施工中宜分析土体的蠕变和空间尺度对支护结构位移的影响，规定允许位移量，并制定控制位移的技术措施。

**7.1.6** 基坑支护的设计使用期限应满足基础施工的要求，且不应小于一年。

**7.1.7** 在基坑施工过程中存在下列情况时，应进行地基土加固处理：

1　基坑及周围的土层不能满足开挖、放坡及基础的正常施工条件；

2　基坑内地基不能满足基坑侧壁的稳定要求；

3　对影响范围内须保护的建（构）筑物、道路和地下管线的影响超过其承受能力。

**7.1.8**　基坑内外地基土加固处理应与支护结构统一进行设计。

**7.1.9**　基坑开挖完成后，应立即进行基础施工。当不能立即进行基础施工时，应采取防止基坑底部积水和土体扰动的保护措施。

**7.1.10**　基坑施工过程中应对降水、隔水系统、支护结构、各类观察点和监测点采取保护措施，并应根据施工组织设计做好监测记录，及时反馈信息，发现异常情况应及时处理。

## 7.2　地下水控制

**7.2.1**　当地表水、地下水影响基坑施工时，应采取排水、截水、隔水、人工降低地下水位或降低承压水压力的措施；在可能发生流砂、管涌等现象的场区，不得采用明沟排水。

**7.2.2**　地下水控制方案应根据水文地质资料、基坑开挖深度、支护方式及降水影响区域内建（构）筑物、管线对降水反应的敏感程度等因素确定。

**7.2.3**　对未设置隔水帷幕的基坑，宜将地下水位降低至基坑底面以下0.5m～1.0m。对已设置隔水帷幕的基坑，应对坑内土体进行临时疏干。

**7.2.4**　应对降水影响范围进行估算。对降水影响区域内的危房、重要建筑、变形敏感的建（构）筑物，除在降水过程中应进行监测外，尚应估算由降水引起的附加沉降。如沉降超过允许值，应采取隔水、回灌等措施或对建（构）筑物进行加固。

**7.2.5**　降水工程的施工应符合现行国家标准《建筑地基基础工程施工质量验收规范》GB 50202的规定，并严格控制出水的含沙量。当发现抽出的水体中有较多泥沙时，应立即封井停止抽水。

**7.2.6**　严禁施工用水、废旧管道渗漏的水和雨水等积聚在坑外土体中并严禁其流入基坑。应随时做好坑内临时排水明沟和集水井，保证大气降水能及时排出。当基坑及其汇水面积较大时，应计算暴雨可能产生的汇水水量，并准备足够的排水泵等应急设备。

**7.2.7**　降水方案可选用轻型井点、喷射井点、深井井点和真空深井井点。轻型井点的降水深度不宜超过6m，大于6m时可采用多级轻型井点。轻型井点的真空设备可采用真空泵、隔膜泵或射流泵。真空泵应与总管放在同一标高。

**7.2.8**　喷射井点可在降水深度不超过8m时采用。喷射井点的喷射器应放到井点管的滤管中，直接在滤管附近形成真空。

**7.2.9**　当降水深度大于6m，且土层的渗透系数大于$1.0\times10^{-5}$cm/s时，宜采用自流深井井点。自流深井井点宜采用通长滤管。

**7.2.10**　当降水深度大于6m，且土层的渗透系数小于$1.0\times10^{-5}$cm/s时，宜采用在深井井管内施加真空的真空深井井点。真空深井井点应在开挖面以下的井底设置滤管，滤管长度宜为4m。当降水深度较深时，可设置多个滤管。真空深井井点可疏干的面积宜取其周围$150m^2$～$300m^2$。

**7.2.11**　深井井点的井管宜用外径为250mm～300mm的钢管，井孔直径不宜小于700mm。管壁与孔壁之间应回填不小于200mm的洁净砾砂滤层。真空泵宜采用柱塞泵。应始终保持砾砂滤层和滤层中稳定的真空度。抽水期间井内真空度不应小于0.7。井孔上部接近土体表面处应用黏土封闭，开挖后裸露的滤管也应及时拆除或封闭，防止漏气。

**7.2.12**　降水井点的平面布置应与土方开挖的分层、分块和顺序相结合，并应与坑内支撑的布置相结合。放坡开挖的基坑，井点管至坑边的距离不应小于1m。机房至坑边的距离不应小于1.5m，地面应夯实填平。降水完毕后，应根据工程特点和土方回填进度陆续关闭和拔除井点管。轻型井点管拔除后应立即用砂土将井孔回填密实。对于深井井点，应制定专门的封井措施，防止承压水在停止降水后向上冲冒。

**7.2.13**　当基坑底面以下存在渗透性较强、含承压水的土层时，应按下式验算坑底突涌的危险性：

$$\sigma_{ww}\leqslant\frac{1}{K}\sum_{i}\gamma_{i}\cdot h_{i}\qquad(7.2.13)$$

式中：$\gamma_i$——含承压水土层顶面到基坑底面第$i$层土的重度（$kN/m^3$）；

$h_i$——含承压水土层顶面到基坑底面第$i$层土的厚度（m）；

$\sigma_{ww}$——含承压水土层顶面处的水头压力（kPa）；

$K$——安全系数，可取$K=1.05$。

**7.2.14**　在施工阶段应根据地下水位和基础施工的实际情况按本规范第5.5.4条进行抗浮稳定验算；在确定抗浮验算水位时，尚应考虑岩石裂隙水积聚等因素的影响。

**7.2.15**　可采取延长降水井抽水时间或在基底设置倒滤层等措施减小基底水压力，防止地下室上浮。

## 7.3　基坑开挖

**7.3.1**　在下列情况下，基坑开挖时应采取支护措施：

1　基坑深度较大，不具备自然放坡施工条件；

2　地基土质松软，地下水位高或有丰盛上层滞水；

3　基坑开挖可能危及邻近建（构）筑物、道路及地下管线的安全与使用。

**7.3.2** 基坑支护结构应根据当地工程经验，综合分析水文地质条件、基坑开挖深度、场地条件及周围环境等因素进行设计、施工。

**7.3.3** 当支护结构的水平位移和周围建（构）筑物的沉降达到预警值时，应加强观测，并分析原因；达到控制值时，应采取应急措施，确保基坑及周围建（构）筑物的安全。

**7.3.4** 基坑开挖时，应在地面和坑内设置排水系统；必要时应对基坑顶部一定范围进行硬化封闭；冬期和雨期施工时，应采取有效措施，防止地基土的冻胀和浸泡。

**7.3.5** 在基坑隔水帷幕的施工中，应加强防水薄弱部位的观察和处理，并应制订防止接缝处渗水的措施。

**7.3.6** 基坑周边的施工荷载严禁超过设计规定的限值，施工荷载至基坑边的距离不得小于1m。当有重型机械需在基坑边作业时，应采取确保机械和基坑安全的措施。

**7.3.7** 在基坑开挖过程中，严禁损坏支护结构、降水设施和工程桩；应避免挖土机械直接压在支撑上。对工程监测设施，宜设置醒目的提示标志和可靠的保护构架进行保护。

**7.3.8** 采用钢筋混凝土内支撑的基坑，当支撑长度大于50m时，宜分析支撑混凝土收缩和昼夜温差变化引起的热胀冷缩对支护结构的影响。当基坑的长度和宽度均大于100m时，宜采用中心岛法、逆作法等方法，减小混凝土收缩不利影响。

**7.3.9** 基坑开挖应根据支护结构特点、开挖土体的性质、大小、深度和形状按设计流程分块、分层进行，严禁超挖。在软土中挖土的分层厚度不宜大于3m，并应采取措施，防止因土体流动造成桩基损坏。

**7.3.10** 当开挖过程中出现坑内临时土坡时，应在施工组织设计中注明放坡坡度，防止土坡失稳。

**7.3.11** 挖土机械宜放置在高于挖土标高的台阶上，向下挖土，边挖边退，减少挖土机械对刚挖出土面的扰动。当挖到坑底时，应在基坑设计底面以上保留200mm～300mm土层，由人工挖除。

**7.3.12** 基坑开挖至设计标高并经验收合格后，应立即进行垫层施工，防止暴晒和雨水浸泡造成地基土破坏。

**7.3.13** 在软土地区地面堆土时应均衡进行，堆土量不应超过地基承载力特征值。不应危及在建和既有建筑物的安全。

**7.3.14** 当地下连续墙作为永久结构一部分时，其施工应符合下列规定：

1 应进行二次清槽或采用槽底注浆等方法，确保沉渣满足要求；

2 应采用抗渗性能强的墙幅间的接头形式，或在接头的内侧或外侧增设抗渗措施；

3 与板、柱、梁、内衬墙等的连接可采用预埋钢筋、钢板和钢筋接驳器等形式。

**7.3.15** 在软弱地基上采用逆作法施工时，应采取措施保证施工期间受力桩及桩上钢构架柱的垂直度和平面位置精度。

**7.3.16** 当用于基坑支护的钢板桩需回收时，应逐根拔除，并应及时用土将拔桩留下的孔洞回填密实。

## 7.4 筏形与箱形基础施工

**7.4.1** 筏形与箱形基础的施工应符合现行国家标准《混凝土结构工程施工及验收规范》GB 50204的有关规定。

**7.4.2** 当筏形与箱形基础的长度超过40m时，应设置永久性的沉降缝和温度收缩缝。当不设置永久性的沉降缝和温度收缩缝时，应采取设置沉降后浇带、温度后浇带、诱导缝或用微膨胀混凝土、纤维混凝土浇筑基础等措施。

**7.4.3** 后浇带的宽度不宜小于800mm，在后浇带处，钢筋应贯通。后浇带两侧应采用钢筋支架和钢丝网隔断，保持带内的清洁，防止钢筋锈蚀或被压弯、踩弯。并应保证后浇带两侧混凝土的浇注质量。

**7.4.4** 后浇带浇筑混凝土前，应将缝内的杂物清理干净，做好钢筋的除锈工作，并将两侧混凝土凿毛，涂刷界面剂。后浇带混凝土应采用微膨胀混凝土，且强度等级应比原结构混凝土强度等级增大一级。

**7.4.5** 沉降后浇带混凝土浇筑之前，其两侧宜设置临时支护，并应限制施工荷载，防止混凝土浇筑及拆除模板过程中支撑松动、移位。

**7.4.6** 沉降后浇带应在其两侧的差异沉降趋于稳定后再浇筑混凝土。

**7.4.7** 温度后浇带从设置到浇筑混凝土的时间不宜少于两个月。

**7.4.8** 后浇带混凝土浇筑时的环境温度宜低于两侧混凝土浇筑时的环境温度。后浇带混凝土浇筑完毕后，应做好养护工作。

**7.4.9** 当地下室有防水要求时，地下室后浇带不宜留成直槎，并应做好后浇带与整体基础连接处的防水处理。

**7.4.10** 桩筏与桩箱基础底板与桩连接的防水做法应符合现行行业标准《建筑桩基技术规范》JGJ 94的规定。

**7.4.11** 基础混凝土应采用同一品种水泥、掺合料、外加剂和同一配合比。

**7.4.12** 大体积混凝土施工应符合下列规定：

1 宜采用掺合料和外加剂改善混凝土和易性，减少水泥用量，降低水化热，其用量应通过试验确定。掺合料和外加剂的质量应符合现行国家标准《混凝土质量控制标准》GB 50164的规定；

2　宜连续浇筑，少设施工缝；宜采用斜面式薄层浇捣，利用自然流淌形成斜坡，浇筑时应采取防止混凝土将钢筋推离设计位置的措施；采用分仓浇筑时，相邻仓块浇筑的间隔时间不宜少于14d；

3　宜采用蓄热法或冷却法养护，其内外温差不宜大于25℃；

4　必须进行二次抹面，减少表面收缩裂缝，必要时可在混凝土表层设置钢丝网。

**7.4.13**　混凝土的泌水宜采用抽水机抽吸或在侧模上设置泌水孔排除。

# 8　检测与监测

## 8.1　一 般 规 定

**8.1.1**　高层建筑筏形与箱形基础施工以前应编制检测与监测方案。检测与监测方案应根据建筑场地的地质条件和工程需要确定。方案中应包括工程概况、环境状况、地质条件、检测与监测项目、测点布置、传感器埋设与测试方法、监测项目的设计值和报警值、读数的间隔时间和数据速报制度。

**8.1.2**　高层建筑筏形与箱形基础应进行沉降观测。重要的、体形复杂的高层建筑，尚应进行地基反力和基础内力的监测。在软土地区或工程需要时，宜进行地基土分层沉降和基坑回弹观测。

**8.1.3**　地下水位变化对拟建工程或周边环境有较大影响时，应进行地下水位监测。在施工降水和回灌过程中，尚应对各个相关的含水土层进行水位监测。

**8.1.4**　基坑开挖时，应对支护结构的位移、变形和内力进行监测。

**8.1.5**　基坑开挖后，应对开挖揭露的地基状况进行检验，当发现与勘察报告和设计文件不一致或遇到异常情况时，应进行处理。

**8.1.6**　监测与检测数据应真实、完整，测试工作完成后，应提交监测或检测报告。

## 8.2　施 工 监 测

**8.2.1**　施工过程中应按监测方案对影响区域内的建（构）筑物、道路和地下管线的变形进行监测，监测数据应作为调整施工进度和工艺的依据。

**8.2.2**　对承受地下水浮力的工程，地下水位的监测应进行至荷载大于浮力并确认建筑物安全时方可停止。

**8.2.3**　在进行筏形与箱形基础大体积混凝土施工时，应对其表面和内部的温度进行监测。

## 8.3　基 坑 检 验

**8.3.1**　基坑检验应包括下列内容：

1　核对基坑的位置、平面尺寸、坑底标高是否与勘察和设计文件一致；

2　核对基坑侧面和基坑底的土质及地下水状况是否与勘察报告一致；

3　检查是否有洞穴、古墓、古井、暗沟、防空掩体及地下埋设物，并查清其位置、深度、性状；

4　检查基坑底土是否受到施工的扰动及扰动的范围和深度；

5　冬、雨期施工时应检查基坑底土是否受冻，是否受浸泡、冲刷或干裂等，并应查明受影响的范围和深度；对开挖完成后未能立即浇筑混凝土的基坑，应检查基坑底的保护措施；

6　对地基土，可采用轻型圆锥动力触探进行检验；轻型圆锥动力触探的规格及操作应符合现行国家标准《岩土工程勘察规范》GB 50021的规定；

7　基坑检验尚应符合现行国家标准《建筑地基基础工程施工质量验收规范》GB 50202的有关规定。

**8.3.2**　对经过处理的地基，应检验地基处理的质量是否符合设计要求。

**8.3.3**　对桩筏与桩箱基础，基坑开挖后，应检验桩的位置、桩顶标高、桩头混凝土质量及预留插入底板的钢筋长度是否符合设计要求。

**8.3.4**　应根据基坑检验发现的问题，提出关于设计和施工的处理意见。

**8.3.5**　当现场检验结果与勘察报告有较大差异时，应进行补充勘察。

## 8.4　建筑物沉降观测

**8.4.1**　建筑物沉降观测应设置永久性高程基准点，每个场地永久性高程基准点的数量不得少于3个。高程基准点应设置在变形影响范围以外，高程基准点的标石应埋设在基岩或稳定的地层中，并应保证在观测期间高程基准点的标高不发生变动。

**8.4.2**　沉降观测点的布设，应根据建筑物体形、结构特点、工程地质条件等确定。宜在建筑物中心点、角点及周边每隔10m～15m或每隔（2～3）根柱处布设观测点，并应在基础类型、埋深和荷载有明显变化及可能发生差异沉降的两侧布设观测点。

**8.4.3**　沉降观测的水准测量级别和精度应根据建筑物的重要性、使用要求、环境影响、工程地质条件及预估沉降量等因素按现行行业标准《建筑变形测量规范》JGJ 8的有关规定确定。

**8.4.4**　沉降观测应从完成基础底板施工时开始，在施工和使用期间连续进行长期观测，直至沉降稳定终止。

**8.4.5**　沉降稳定的控制标准宜按沉降观测期间最后100d的平均沉降速率不大于0.01mm/d采用。

# 附录A　基床系数载荷试验要点

**A.0.1**　本试验要点适用于测求弹性地基基床系数。

**A.0.2** 平板载荷试验应布置在有代表性的地点进行，每个场地不宜少于3组试验，且应布置于基础底面标高处。

**A.0.3** 载荷试验的试坑直径不应小于承压板直径的3倍。

**A.0.4** 用于基床系数载荷试验的标准承压板应为圆形，其直径应为0.30m。

**A.0.5** 试验最大加载量应达到破坏。承压板的安装、加荷分级、观测时间、稳定标准和终止加荷条件等，应符合现行国家标准《建筑地基基础设计规范》GB 50007浅层平板载荷试验要点的要求。

**A.0.6** 根据载荷试验成果分析要求，应绘制 $p$-$s$ 曲线，必要时绘制各级荷载下 $s$-$t$ 或 $s$-lg$t$ 曲线，根据 $p$-$s$ 曲线拐点，结合 $s$-lg$t$ 曲线特征，确定比例界限压力。

**A.0.7** 确定地基土基床系数 $K_s$ 应符合下列要求：

**1** 根据标准承压板载荷试验 $p$-$s$ 曲线，应按下式计算基准基床系数 $K_v$：

$$K_v = p/s \qquad (A.0.7\text{-}1)$$

式中：$p$——实测 $p$-$s$ 曲线比例界限压力，若 $p$-$s$ 曲线无明显直线段，$p$ 可取极限压力之半（kPa）；

$s$——为相应于该 $p$ 值的沉降量（m）。

**2** 根据实际基础尺寸，修正后的地基土基准基床系数 $K_{vl}$ 应按下式计算：

黏性土：
$$K_{vl} = \frac{0.30}{b}K_v \qquad (A.0.7\text{-}2)$$

砂土：
$$K_{vl} = \left(\frac{b+0.30}{2b}\right)^2 K_v \qquad (A.0.7\text{-}3)$$

式中：$b$——基础底面宽度（m）。

**3** 根据实际基础形状，修正后的地基基床系数 $K_{sl}$ 应按下式计算：

黏性土：
$$K_{sl} = K_{vl}\frac{2l+b}{3l} \qquad (A.0.7\text{-}4)$$

砂土：
$$K_{sl} = K_{vl} \qquad (A.0.7\text{-}5)$$

式中：$l$——基础底面长度（m）。

## 附录B 附加应力系数 $\alpha$、平均附加应力系数 $\bar{\alpha}$

**B.0.1** 矩形面积上均布荷载下角点的附加应力系数 $\alpha$、平均附加应力系数 $\bar{\alpha}$ 应按表B.0.1-1、表B.0.1-2确定。

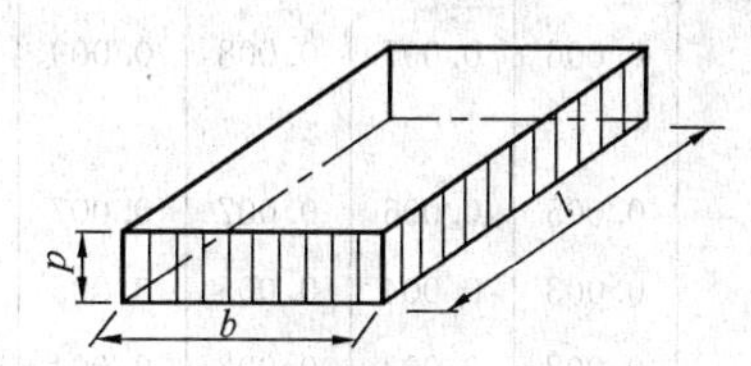


**表B.0.1-1 矩形面积上均布荷载作用下角点附加应力系数 $\alpha$**

| $z/b$ \ $l/b$ | 1.0 | 1.2 | 1.4 | 1.6 | 1.8 | 2.0 | 3.0 | 4.0 | 5.0 | 6.0 | 10.0 | 条形 |
|---|---|---|---|---|---|---|---|---|---|---|---|---|
| 0.0 | 0.250 | 0.250 | 0.250 | 0.250 | 0.250 | 0.250 | 0.250 | 0.250 | 0.250 | 0.250 | 0.250 | 0.250 |
| 0.2 | 0.249 | 0.249 | 0.249 | 0.249 | 0.249 | 0.249 | 0.249 | 0.249 | 0.249 | 0.249 | 0.249 | 0.249 |
| 0.4 | 0.240 | 0.242 | 0.243 | 0.243 | 0.244 | 0.244 | 0.244 | 0.244 | 0.244 | 0.244 | 0.244 | 0.244 |
| 0.6 | 0.223 | 0.228 | 0.230 | 0.232 | 0.232 | 0.233 | 0.234 | 0.234 | 0.234 | 0.234 | 0.234 | 0.234 |
| 0.8 | 0.200 | 0.207 | 0.212 | 0.215 | 0.216 | 0.218 | 0.220 | 0.220 | 0.220 | 0.220 | 0.220 | 0.220 |
| 1.0 | 0.175 | 0.185 | 0.191 | 0.195 | 0.198 | 0.200 | 0.203 | 0.204 | 0.204 | 0.204 | 0.205 | 0.205 |
| 1.2 | 0.152 | 0.163 | 0.171 | 0.176 | 0.179 | 0.182 | 0.187 | 0.188 | 0.189 | 0.189 | 0.189 | 0.189 |
| 1.4 | 0.131 | 0.142 | 0.151 | 0.157 | 0.161 | 0.164 | 0.171 | 0.173 | 0.174 | 0.174 | 0.174 | 0.174 |
| 1.6 | 0.112 | 0.124 | 0.133 | 0.140 | 0.145 | 0.148 | 0.157 | 0.159 | 0.160 | 0.160 | 0.160 | 0.160 |
| 1.8 | 0.097 | 0.108 | 0.117 | 0.124 | 0.129 | 0.133 | 0.143 | 0.146 | 0.147 | 0.148 | 0.148 | 0.148 |
| 2.0 | 0.084 | 0.095 | 0.103 | 0.110 | 0.116 | 0.120 | 0.131 | 0.135 | 0.136 | 0.137 | 0.137 | 0.137 |
| 2.2 | 0.073 | 0.083 | 0.092 | 0.098 | 0.104 | 0.108 | 0.121 | 0.125 | 0.126 | 0.127 | 0.128 | 0.128 |
| 2.4 | 0.064 | 0.073 | 0.081 | 0.088 | 0.093 | 0.098 | 0.111 | 0.116 | 0.118 | 0.118 | 0.119 | 0.119 |
| 2.6 | 0.057 | 0.065 | 0.072 | 0.079 | 0.084 | 0.089 | 0.102 | 0.107 | 0.110 | 0.111 | 0.112 | 0.112 |
| 2.8 | 0.050 | 0.058 | 0.065 | 0.071 | 0.076 | 0.080 | 0.094 | 0.100 | 0.102 | 0.104 | 0.105 | 0.105 |
| 3.0 | 0.045 | 0.052 | 0.058 | 0.064 | 0.069 | 0.073 | 0.087 | 0.093 | 0.096 | 0.097 | 0.099 | 0.099 |

续表 B.0.1-1

| $z/b$ \ $l/b$ | 1.0 | 1.2 | 1.4 | 1.6 | 1.8 | 2.0 | 3.0 | 4.0 | 5.0 | 6.0 | 10.0 | 条形 |
|---|---|---|---|---|---|---|---|---|---|---|---|---|
| 3.2 | 0.040 | 0.047 | 0.053 | 0.058 | 0.063 | 0.067 | 0.081 | 0.087 | 0.090 | 0.092 | 0.093 | 0.094 |
| 3.4 | 0.036 | 0.042 | 0.048 | 0.053 | 0.057 | 0.061 | 0.075 | 0.081 | 0.085 | 0.086 | 0.088 | 0.089 |
| 3.6 | 0.033 | 0.038 | 0.043 | 0.048 | 0.052 | 0.056 | 0.069 | 0.076 | 0.080 | 0.082 | 0.084 | 0.084 |
| 3.8 | 0.030 | 0.035 | 0.040 | 0.044 | 0.048 | 0.052 | 0.065 | 0.072 | 0.075 | 0.077 | 0.080 | 0.080 |
| 4.0 | 0.027 | 0.032 | 0.036 | 0.040 | 0.044 | 0.048 | 0.060 | 0.067 | 0.071 | 0.073 | 0.076 | 0.076 |
| 4.2 | 0.025 | 0.029 | 0.033 | 0.037 | 0.041 | 0.044 | 0.056 | 0.063 | 0.067 | 0.070 | 0.072 | 0.073 |
| 4.4 | 0.023 | 0.027 | 0.031 | 0.034 | 0.038 | 0.041 | 0.053 | 0.060 | 0.064 | 0.066 | 0.069 | 0.070 |
| 4.6 | 0.021 | 0.025 | 0.028 | 0.032 | 0.035 | 0.038 | 0.049 | 0.056 | 0.061 | 0.063 | 0.066 | 0.067 |
| 4.8 | 0.019 | 0.023 | 0.026 | 0.029 | 0.032 | 0.035 | 0.046 | 0.053 | 0.058 | 0.060 | 0.064 | 0.064 |
| 5.0 | 0.018 | 0.021 | 0.024 | 0.027 | 0.030 | 0.033 | 0.043 | 0.050 | 0.055 | 0.057 | 0.061 | 0.062 |
| 6.0 | 0.013 | 0.015 | 0.017 | 0.020 | 0.022 | 0.024 | 0.033 | 0.039 | 0.043 | 0.046 | 0.051 | 0.052 |
| 7.0 | 0.009 | 0.011 | 0.013 | 0.015 | 0.016 | 0.018 | 0.025 | 0.031 | 0.035 | 0.038 | 0.043 | 0.045 |
| 8.0 | 0.007 | 0.009 | 0.010 | 0.011 | 0.013 | 0.014 | 0.020 | 0.025 | 0.028 | 0.031 | 0.037 | 0.039 |
| 9.0 | 0.006 | 0.007 | 0.008 | 0.009 | 0.010 | 0.011 | 0.016 | 0.020 | 0.024 | 0.026 | 0.032 | 0.035 |
| 10.0 | 0.005 | 0.006 | 0.007 | 0.007 | 0.008 | 0.009 | 0.013 | 0.017 | 0.020 | 0.022 | 0.028 | 0.032 |
| 12.0 | 0.003 | 0.004 | 0.005 | 0.005 | 0.006 | 0.006 | 0.009 | 0.012 | 0.014 | 0.017 | 0.022 | 0.026 |
| 14.0 | 0.002 | 0.003 | 0.003 | 0.004 | 0.004 | 0.005 | 0.007 | 0.009 | 0.011 | 0.013 | 0.018 | 0.023 |
| 16.0 | 0.002 | 0.002 | 0.003 | 0.003 | 0.003 | 0.004 | 0.005 | 0.007 | 0.009 | 0.010 | 0.014 | 0.020 |
| 18.0 | 0.001 | 0.002 | 0.002 | 0.002 | 0.003 | 0.003 | 0.004 | 0.006 | 0.007 | 0.008 | 0.012 | 0.018 |
| 20.0 | 0.001 | 0.001 | 0.002 | 0.002 | 0.002 | 0.002 | 0.004 | 0.005 | 0.006 | 0.007 | 0.010 | 0.016 |
| 25.0 | 0.001 | 0.001 | 0.001 | 0.001 | 0.001 | 0.002 | 0.002 | 0.003 | 0.004 | 0.004 | 0.007 | 0.013 |
| 30.0 | 0.001 | 0.001 | 0.001 | 0.001 | 0.001 | 0.001 | 0.002 | 0.002 | 0.003 | 0.003 | 0.005 | 0.011 |
| 35.0 | 0.000 | 0.000 | 0.001 | 0.001 | 0.001 | 0.001 | 0.001 | 0.002 | 0.002 | 0.002 | 0.004 | 0.009 |
| 40.0 | 0.000 | 0.000 | 0.000 | 0.000 | 0.001 | 0.001 | 0.001 | 0.001 | 0.001 | 0.002 | 0.003 | 0.008 |

注：$l$—矩形均布荷载长度（m）；$b$—矩形均布荷载宽度（m）；$z$—计算点离基础底面或桩端平面垂直距离（m）。

**表 B.0.1-2　矩形面积上均布荷载作用下角点平均附加应力系数 $\bar{\alpha}$**

| $z/b$ \ $l/b$ | 1.0 | 1.2 | 1.4 | 1.6 | 1.8 | 2.0 | 2.4 | 2.8 | 3.2 | 3.6 | 4.0 | 5.0 | 10.0 |
|---|---|---|---|---|---|---|---|---|---|---|---|---|---|
| 0.0 | 0.2500 | 0.2500 | 0.2500 | 0.2500 | 0.2500 | 0.2500 | 0.2500 | 0.2500 | 0.2500 | 0.2500 | 0.2500 | 0.2500 | 0.2500 |
| 0.2 | 0.2496 | 0.2497 | 0.2497 | 0.2498 | 0.2498 | 0.2498 | 0.2498 | 0.2498 | 0.2498 | 0.2498 | 0.2498 | 0.2498 | 0.2498 |
| 0.4 | 0.2474 | 0.2479 | 0.2481 | 0.2483 | 0.2483 | 0.2484 | 0.2485 | 0.2485 | 0.2485 | 0.2485 | 0.2485 | 0.2485 | 0.2485 |
| 0.6 | 0.2423 | 0.2437 | 0.2444 | 0.2448 | 0.2451 | 0.2452 | 0.2454 | 0.2455 | 0.2455 | 0.2455 | 0.2455 | 0.2455 | 0.2456 |
| 0.8 | 0.2346 | 0.2372 | 0.2387 | 0.2395 | 0.2400 | 0.2403 | 0.2407 | 0.2408 | 0.2409 | 0.2409 | 0.2410 | 0.2410 | 0.2410 |
| 1.0 | 0.2252 | 0.2291 | 0.2313 | 0.2326 | 0.2335 | 0.2340 | 0.2346 | 0.2349 | 0.2351 | 0.2352 | 0.2352 | 0.2353 | 0.2353 |
| 1.2 | 0.2149 | 0.2199 | 0.2229 | 0.2248 | 0.2260 | 0.2268 | 0.2278 | 0.2282 | 0.2285 | 0.2286 | 0.2287 | 0.2288 | 0.2289 |
| 1.4 | 0.2043 | 0.2102 | 0.2140 | 0.2146 | 0.2180 | 0.2191 | 0.2204 | 0.2211 | 0.2215 | 0.2217 | 0.2218 | 0.2220 | 0.2221 |
| 1.6 | 0.1939 | 0.2006 | 0.2049 | 0.2079 | 0.2099 | 0.2113 | 0.2130 | 0.2138 | 0.2143 | 0.2146 | 0.2148 | 0.2150 | 0.2152 |
| 1.8 | 0.1840 | 0.1912 | 0.1960 | 0.1994 | 0.2018 | 0.2034 | 0.2055 | 0.2066 | 0.2073 | 0.2077 | 0.2079 | 0.2082 | 0.2084 |

续表 B. 0. 1-2

| $z/b$ \ $l/b$ | 1. 0 | 1. 2 | 1. 4 | 1. 6 | 1. 8 | 2. 0 | 2. 4 | 2. 8 | 3. 2 | 3. 6 | 4. 0 | 5. 0 | 10. 0 |
|---|---|---|---|---|---|---|---|---|---|---|---|---|---|
| 2. 0 | 0. 1746 | 0. 1822 | 0. 1875 | 0. 1912 | 0. 1980 | 0. 1958 | 0. 1982 | 0. 1996 | 0. 2004 | 0. 2009 | 0. 2012 | 0. 2015 | 0. 2018 |
| 2. 2 | 0. 1659 | 0. 1737 | 0. 1793 | 0. 1833 | 0. 1862 | 0. 1883 | 0. 1911 | 0. 1927 | 0. 1937 | 0. 1943 | 0. 1947 | 0. 1952 | 0. 1955 |
| 2. 4 | 0. 1578 | 0. 1657 | 0. 1715 | 0. 1757 | 0. 1789 | 0. 1812 | 0. 1843 | 0. 1862 | 0. 1873 | 0. 1880 | 0. 1885 | 0. 1890 | 0. 1895 |
| 2. 6 | 0. 1503 | 0. 1583 | 0. 1642 | 0. 1686 | 0. 1719 | 0. 1745 | 0. 1779 | 0. 1799 | 0. 1812 | 0. 1820 | 0. 1825 | 0. 1832 | 0. 1838 |
| 2. 8 | 0. 1433 | 0. 1514 | 0. 1574 | 0. 1619 | 0. 1654 | 0. 1680 | 0. 1717 | 0. 1739 | 0. 1753 | 0. 1763 | 0. 1769 | 0. 1777 | 0. 1784 |
| 3. 0 | 0. 1369 | 0. 1449 | 0. 1510 | 0. 1556 | 0. 1592 | 0. 1619 | 0. 1658 | 0. 1682 | 0. 1698 | 0. 1708 | 0. 1715 | 0. 1725 | 0. 1733 |
| 3. 2 | 0. 1310 | 0. 1390 | 0. 1450 | 0. 1497 | 0. 1533 | 0. 1562 | 0. 1602 | 0. 1628 | 0. 1645 | 0. 1657 | 0. 1664 | 0. 1675 | 0. 1685 |
| 3. 4 | 0. 1256 | 0. 1334 | 0. 1394 | 0. 1441 | 0. 1478 | 0. 1508 | 0. 1550 | 0. 1577 | 0. 1595 | 0. 1607 | 0. 1616 | 0. 1628 | 0. 1639 |
| 3. 6 | 0. 1205 | 0. 1282 | 0. 1342 | 0. 1389 | 0. 1427 | 0. 1456 | 0. 1500 | 0. 1528 | 0. 1548 | 0. 1561 | 0. 1570 | 0. 1583 | 0. 1595 |
| 3. 8 | 0. 1158 | 0. 1234 | 0. 1293 | 0. 1340 | 0. 1378 | 0. 1408 | 0. 1452 | 0. 1482 | 0. 1502 | 0. 1516 | 0. 1526 | 0. 1541 | 0. 1554 |
| 4. 0 | 0. 1114 | 0. 1189 | 0. 1248 | 0. 1294 | 0. 1332 | 0. 1362 | 0. 1408 | 0. 1438 | 0. 1459 | 0. 1474 | 0. 1485 | 0. 1500 | 0. 1516 |
| 4. 2 | 0. 1073 | 0. 1147 | 0. 1205 | 0. 1251 | 0. 1289 | 0. 1319 | 0. 1365 | 0. 1396 | 0. 1418 | 0. 1434 | 0. 1445 | 0. 1462 | 0. 1479 |
| 4. 4 | 0. 1035 | 0. 1107 | 0. 1164 | 0. 1210 | 0. 1248 | 0. 1279 | 0. 1325 | 0. 1357 | 0. 1379 | 0. 1396 | 0. 1407 | 0. 1425 | 0. 1444 |
| 4. 6 | 0. 1000 | 0. 1107 | 0. 1127 | 0. 1172 | 0. 1209 | 0. 1240 | 0. 1287 | 0. 1319 | 0. 1342 | 0. 1359 | 0. 1371 | 0. 1390 | 0. 1410 |
| 4. 8 | 0. 0967 | 0. 1036 | 0. 1091 | 0. 1136 | 0. 1173 | 0. 1204 | 0. 1250 | 0. 1283 | 0. 1307 | 0. 1324 | 0. 1337 | 0. 1357 | 0. 1379 |
| 5. 0 | 0. 0935 | 0. 1003 | 0. 1057 | 0. 1102 | 0. 1139 | 0. 1169 | 0. 1216 | 0. 1249 | 0. 1273 | 0. 1291 | 0. 1304 | 0. 1325 | 0. 1348 |
| 5. 2 | 0. 0906 | 0. 0972 | 0. 1026 | 0. 1070 | 0. 1106 | 0. 1136 | 0. 1183 | 0. 1217 | 0. 1241 | 0. 1259 | 0. 1273 | 0. 1295 | 0. 1320 |
| 5. 4 | 0. 0878 | 0. 0943 | 0. 0996 | 0. 1039 | 0. 1075 | 0. 1105 | 0. 1152 | 0. 1186 | 0. 1210 | 0. 1229 | 0. 1243 | 0. 1265 | 0. 1292 |
| 5. 6 | 0. 0852 | 0. 0916 | 0. 0968 | 0. 1010 | 0. 1046 | 0. 1076 | 0. 1122 | 0. 1156 | 0. 1181 | 0. 1200 | 0. 1215 | 0. 1238 | 0. 1266 |
| 5. 8 | 0. 0828 | 0. 0890 | 0. 0941 | 0. 0983 | 0. 1018 | 0. 1047 | 0. 1094 | 0. 1128 | 0. 1153 | 0. 1172 | 0. 1187 | 0. 1211 | 0. 1240 |
| 6. 0 | 0. 0805 | 0. 0866 | 0. 0916 | 0. 0957 | 0. 0991 | 0. 1021 | 0. 1067 | 0. 1101 | 0. 1126 | 0. 1146 | 0. 1161 | 0. 1185 | 0. 1216 |
| 6. 2 | 0. 0783 | 0. 0842 | 0. 0891 | 0. 0932 | 0. 0966 | 0. 0995 | 0. 1041 | 0. 1075 | 0. 1101 | 0. 1120 | 0. 1136 | 0. 1161 | 0. 1193 |
| 6. 4 | 0. 0762 | 0. 0820 | 0. 0869 | 0. 0909 | 0. 0942 | 0. 0971 | 0. 1016 | 0. 1050 | 0. 1076 | 0. 1096 | 0. 1111 | 0. 1137 | 0. 1171 |
| 6. 6 | 0. 0742 | 0. 0799 | 0. 0847 | 0. 0886 | 0. 0919 | 0. 0948 | 0. 0993 | 0. 1027 | 0. 1053 | 0. 1073 | 0. 1088 | 0. 1114 | 0. 1149 |
| 6. 8 | 0. 0723 | 0. 0779 | 0. 0826 | 0. 0865 | 0. 0898 | 0. 0926 | 0. 0970 | 0. 1004 | 0. 1030 | 0. 1050 | 0. 1066 | 0. 1092 | 0. 1129 |
| 7. 0 | 0. 0705 | 0. 0761 | 0. 0806 | 0. 0844 | 0. 0877 | 0. 0904 | 0. 0949 | 0. 0982 | 0. 1008 | 0. 1028 | 0. 1044 | 0. 1071 | 0. 1109 |
| 7. 2 | 0. 0688 | 0. 0742 | 0. 0787 | 0. 0825 | 0. 0857 | 0. 0884 | 0. 0928 | 0. 0962 | 0. 0987 | 0. 1008 | 0. 1023 | 0. 1051 | 0. 1090 |
| 7. 4 | 0. 0672 | 0. 0725 | 0. 0769 | 0. 0806 | 0. 0838 | 0. 0865 | 0. 0908 | 0. 0942 | 0. 0967 | 0. 0988 | 0. 1004 | 0. 1031 | 0. 1071 |
| 7. 6 | 0. 0656 | 0. 0709 | 0. 0752 | 0. 0789 | 0. 0820 | 0. 0846 | 0. 0889 | 0. 0922 | 0. 0948 | 0. 0968 | 0. 0984 | 0. 1012 | 0. 1054 |
| 7. 8 | 0. 0642 | 0. 0693 | 0. 0736 | 0. 0771 | 0. 0802 | 0. 0828 | 0. 0871 | 0. 0904 | 0. 0929 | 0. 0950 | 0. 0966 | 0. 0994 | 0. 1036 |
| 8. 0 | 0. 0627 | 0. 0678 | 0. 0720 | 0. 0755 | 0. 0785 | 0. 0811 | 0. 0853 | 0. 0886 | 0. 0912 | 0. 0932 | 0. 0948 | 0. 0976 | 0. 1020 |
| 8. 2 | 0. 0614 | 0. 0663 | 0. 0705 | 0. 0739 | 0. 0769 | 0. 0795 | 0. 0837 | 0. 0869 | 0. 0894 | 0. 0914 | 0. 0931 | 0. 0959 | 0. 1004 |
| 8. 4 | 0. 0601 | 0. 0649 | 0. 0690 | 0. 0724 | 0. 0754 | 0. 0779 | 0. 0820 | 0. 0852 | 0. 0878 | 0. 0893 | 0. 0914 | 0. 0943 | 0. 0938 |
| 8. 6 | 0. 0588 | 0. 0636 | 0. 0676 | 0. 0710 | 0. 0739 | 0. 0764 | 0. 0805 | 0. 0836 | 0. 0862 | 0. 0882 | 0. 0898 | 0. 0927 | 0. 0973 |

续表 B.0.1-2

| $l/b$ <br> $z/b$ | 1.0 | 1.2 | 1.4 | 1.6 | 1.8 | 2.0 | 2.4 | 2.8 | 3.2 | 3.6 | 4.0 | 5.0 | 10.0 |
|---|---|---|---|---|---|---|---|---|---|---|---|---|---|
| 8.8 | 0.0576 | 0.0623 | 0.0663 | 0.0696 | 0.0724 | 0.0749 | 0.0790 | 0.0821 | 0.0846 | 0.0866 | 0.0882 | 0.0912 | 0.0959 |
| 9.2 | 0.0554 | 0.0599 | 0.0637 | 0.0670 | 0.0697 | 0.0721 | 0.0761 | 0.0792 | 0.0817 | 0.0837 | 0.0853 | 0.0882 | 0.0931 |
| 9.6 | 0.0533 | 0.0577 | 0.0614 | 0.0645 | 0.0672 | 0.0696 | 0.0734 | 0.0765 | 0.0789 | 0.0809 | 0.0825 | 0.0855 | 0.0905 |
| 10.0 | 0.0514 | 0.0556 | 0.0592 | 0.0622 | 0.0649 | 0.0672 | 0.0710 | 0.0739 | 0.0763 | 0.0783 | 0.0799 | 0.0829 | 0.0880 |
| 10.4 | 0.0496 | 0.0537 | 0.0572 | 0.0601 | 0.0627 | 0.0649 | 0.0686 | 0.0716 | 0.0739 | 0.0759 | 0.0775 | 0.0804 | 0.0857 |
| 10.8 | 0.0479 | 0.0519 | 0.0553 | 0.0581 | 0.0606 | 0.0628 | 0.0664 | 0.0693 | 0.0717 | 0.0736 | 0.0751 | 0.0781 | 0.0834 |
| 11.2 | 0.0463 | 0.0502 | 0.0535 | 0.0563 | 0.0587 | 0.0609 | 0.0664 | 0.0672 | 0.0695 | 0.0714 | 0.0730 | 0.0759 | 0.0813 |
| 11.6 | 0.0448 | 0.0486 | 0.0518 | 0.0545 | 0.0569 | 0.0590 | 0.0625 | 0.0652 | 0.0675 | 0.0694 | 0.0709 | 0.0738 | 0.0793 |
| 12.0 | 0.0435 | 0.0471 | 0.0502 | 0.0529 | 0.0552 | 0.0573 | 0.0606 | 0.0634 | 0.0656 | 0.0674 | 0.0690 | 0.0719 | 0.0774 |
| 12.8 | 0.0409 | 0.0444 | 0.0474 | 0.0499 | 0.0521 | 0.0541 | 0.0573 | 0.0599 | 0.0621 | 0.0639 | 0.0654 | 0.0682 | 0.0739 |
| 13.6 | 0.0387 | 0.0420 | 0.0448 | 0.0472 | 0.0493 | 0.0512 | 0.0543 | 0.0568 | 0.0589 | 0.0607 | 0.0621 | 0.0649 | 0.0707 |
| 14.4 | 0.0367 | 0.0398 | 0.0425 | 0.0488 | 0.0468 | 0.0486 | 0.0516 | 0.0540 | 0.0561 | 0.0577 | 0.0592 | 0.0619 | 0.0677 |
| 15.2 | 0.0349 | 0.0379 | 0.0404 | 0.0426 | 0.0446 | 0.0463 | 0.0492 | 0.0515 | 0.0535 | 0.0551 | 0.0565 | 0.0592 | 0.0650 |
| 16.0 | 0.0332 | 0.0361 | 0.0385 | 0.0407 | 0.0425 | 0.0442 | 0.0469 | 0.0492 | 0.0511 | 0.0527 | 0.0540 | 0.0567 | 0.0625 |
| 18.0 | 0.0297 | 0.0323 | 0.0345 | 0.0364 | 0.0381 | 0.0396 | 0.0422 | 0.0442 | 0.0460 | 0.0475 | 0.0487 | 0.0512 | 0.0570 |
| 20.0 | 0.0269 | 0.0292 | 0.0312 | 0.0330 | 0.0345 | 0.0359 | 0.0383 | 0.0402 | 0.0418 | 0.0432 | 0.0444 | 0.0468 | 0.0524 |

**B.0.2** 矩形面积上三角形分布荷载下角点的附加应力系数 $\alpha$、平均附加应力系数 $\bar{\alpha}$ 应按表 B.0.2 确定。

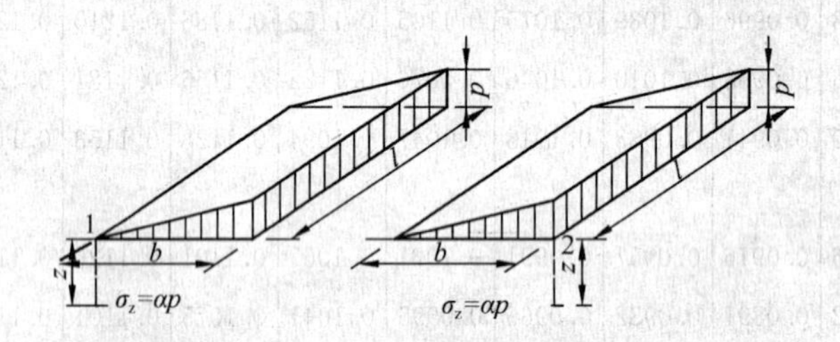


**表 B.0.2 矩形面积上三角形分布荷载作用下的附加应力系数 $\alpha$ 与平均附加应力系数 $\bar{\alpha}$**

| $l/b$ | 0.2 | | | | 0.4 | | | | 0.6 | | | | $l/b$ |
|---|---|---|---|---|---|---|---|---|---|---|---|---|---|
| 点 | 1 | | 2 | | 1 | | 2 | | 1 | | 2 | | 点 |
| $z/b$ 系数 | $\alpha$ | $\bar{\alpha}$ | $\alpha$ | $\bar{\alpha}$ | $\alpha$ | $\bar{\alpha}$ | $\alpha$ | $\bar{\alpha}$ | $\alpha$ | $\bar{\alpha}$ | $\alpha$ | $\bar{\alpha}$ | 系数 $z/b$ |
| 0.0 | 0.0000 | 0.0000 | 0.2500 | 0.2500 | 0.0000 | 0.0000 | 0.2500 | 0.2500 | 0.0000 | 0.0000 | 0.2500 | 0.2500 | 0.0 |
| 0.2 | 0.0223 | 0.0112 | 0.1821 | 0.2161 | 0.0280 | 0.0140 | 0.2115 | 0.2308 | 0.0296 | 0.0148 | 0.2165 | 0.2333 | 0.2 |
| 0.4 | 0.0269 | 0.0179 | 0.1094 | 0.1810 | 0.0420 | 0.0245 | 0.1604 | 0.2084 | 0.0487 | 0.0270 | 0.1781 | 0.2153 | 0.4 |
| 0.6 | 0.0259 | 0.0207 | 0.0700 | 0.1505 | 0.0448 | 0.0308 | 0.1165 | 0.1851 | 0.0560 | 0.0355 | 0.1405 | 0.1966 | 0.6 |
| 0.8 | 0.0232 | 0.0217 | 0.0480 | 0.1277 | 0.0421 | 0.0340 | 0.0853 | 0.1640 | 0.0553 | 0.0405 | 0.1093 | 0.1787 | 0.8 |
| 1.0 | 0.0201 | 0.0217 | 0.0346 | 0.1104 | 0.0375 | 0.0351 | 0.0638 | 0.1461 | 0.0508 | 0.0430 | 0.0852 | 0.1624 | 1.0 |
| 1.2 | 0.0171 | 0.0212 | 0.0260 | 0.0970 | 0.0324 | 0.0351 | 0.0491 | 0.1312 | 0.0450 | 0.0439 | 0.0673 | 0.1480 | 1.2 |
| 1.4 | 0.0145 | 0.0204 | 0.0202 | 0.0865 | 0.0278 | 0.0344 | 0.0386 | 0.1187 | 0.0392 | 0.0436 | 0.0540 | 0.1356 | 1.4 |

续表 B.0.2

| $l/b$ | 0.2 | | | | 0.4 | | | | 0.6 | | | | $l/b$ |
|---|---|---|---|---|---|---|---|---|---|---|---|---|---|
| 点 | 1 | | 2 | | 1 | | 2 | | 1 | | 2 | | 点 |
| 系数 $z/b$ | $\alpha$ | $\bar{\alpha}$ | $\alpha$ | $\bar{\alpha}$ | $\alpha$ | $\bar{\alpha}$ | $\alpha$ | $\bar{\alpha}$ | $\alpha$ | $\bar{\alpha}$ | $\alpha$ | $\bar{\alpha}$ | 系数 $z/b$ |
| 1.6 | 0.0123 | 0.0195 | 0.0160 | 0.0779 | 0.0238 | 0.0333 | 0.0310 | 0.1082 | 0.0339 | 0.0427 | 0.0440 | 0.1247 | 1.6 |
| 1.8 | 0.0105 | 0.0186 | 0.0130 | 0.0709 | 0.0204 | 0.0321 | 0.0254 | 0.0993 | 0.0294 | 0.0415 | 0.0363 | 0.1153 | 1.8 |
| 2.0 | 0.0090 | 0.0178 | 0.0108 | 0.0650 | 0.0176 | 0.0308 | 0.0211 | 0.0917 | 0.0255 | 0.0401 | 0.0304 | 0.1071 | 2.0 |
| 2.5 | 0.0063 | 0.0157 | 0.0072 | 0.0538 | 0.0125 | 0.0276 | 0.0140 | 0.0769 | 0.0183 | 0.0365 | 0.0205 | 0.0908 | 2.5 |
| 3.0 | 0.0046 | 0.0140 | 0.0051 | 0.0458 | 0.0092 | 0.0248 | 0.0100 | 0.0661 | 0.0135 | 0.0330 | 0.0148 | 0.0786 | 3.0 |
| 5.0 | 0.0018 | 0.0097 | 0.0019 | 0.0289 | 0.0036 | 0.0175 | 0.0038 | 0.0424 | 0.0054 | 0.0236 | 0.0056 | 0.0476 | 5.0 |
| 7.0 | 0.0009 | 0.0073 | 0.0010 | 0.0211 | 0.0019 | 0.0133 | 0.0019 | 0.0311 | 0.0028 | 0.0180 | 0.0029 | 0.0352 | 7.0 |
| 10.0 | 0.0005 | 0.0053 | 0.0004 | 0.0150 | 0.0009 | 0.0097 | 0.0010 | 0.0222 | 0.0014 | 0.0133 | 0.0014 | 0.0253 | 10.0 |

| $l/b$ | 0.8 | | | | 1.0 | | | | 1.2 | | | | $l/b$ |
|---|---|---|---|---|---|---|---|---|---|---|---|---|---|
| 点 | 1 | | 2 | | 1 | | 2 | | 1 | | 2 | | 点 |
| 系数 $z/b$ | $\alpha$ | $\bar{\alpha}$ | $\alpha$ | $\bar{\alpha}$ | $\alpha$ | $\bar{\alpha}$ | $\alpha$ | $\bar{\alpha}$ | $\alpha$ | $\bar{\alpha}$ | $\alpha$ | $\bar{\alpha}$ | 系数 $z/b$ |
| 0.0 | 0.0000 | 0.0000 | 0.2500 | 0.2500 | 0.0000 | 0.0000 | 0.2500 | 0.2500 | 0.0000 | 0.0000 | 0.2500 | 0.2500 | 0.0 |
| 0.2 | 0.0301 | 0.0151 | 0.2178 | 0.2339 | 0.0304 | 0.0152 | 0.2182 | 0.2341 | 0.0305 | 0.0153 | 0.2184 | 0.2342 | 0.2 |
| 0.4 | 0.0517 | 0.0280 | 0.1844 | 0.2175 | 0.0531 | 0.0285 | 0.1870 | 0.2184 | 0.0539 | 0.0288 | 0.1881 | 0.2187 | 0.4 |
| 0.6 | 0.0621 | 0.0376 | 0.1520 | 0.2011 | 0.0654 | 0.0388 | 0.1575 | 0.2030 | 0.0673 | 0.0394 | 0.1602 | 0.2039 | 0.6 |
| 0.8 | 0.0637 | 0.0440 | 0.1232 | 0.1852 | 0.0688 | 0.0459 | 0.1311 | 0.1883 | 0.0720 | 0.0470 | 0.1355 | 0.1899 | 0.8 |
| 1.0 | 0.0602 | 0.0476 | 0.0996 | 0.1704 | 0.0666 | 0.0502 | 0.1086 | 0.1746 | 0.0708 | 0.0518 | 0.1143 | 0.1769 | 1.0 |
| 1.2 | 0.0546 | 0.0492 | 0.0807 | 0.1571 | 0.0615 | 0.0525 | 0.0901 | 0.1621 | 0.0664 | 0.0546 | 0.0962 | 0.1649 | 1.2 |
| 1.4 | 0.0483 | 0.0495 | 0.0661 | 0.1451 | 0.0554 | 0.0534 | 0.0751 | 0.1507 | 0.0606 | 0.0559 | 0.0817 | 0.1541 | 1.4 |
| 1.6 | 0.0424 | 0.0490 | 0.0547 | 0.1345 | 0.0492 | 0.0533 | 0.0628 | 0.1405 | 0.0545 | 0.0561 | 0.0696 | 0.1443 | 1.6 |
| 1.8 | 0.0371 | 0.0480 | 0.0457 | 0.1252 | 0.0435 | 0.0525 | 0.0534 | 0.1313 | 0.0487 | 0.0556 | 0.0596 | 0.1354 | 1.8 |
| 2.0 | 0.0324 | 0.0467 | 0.0387 | 0.1169 | 0.0384 | 0.0513 | 0.0456 | 0.1232 | 0.0434 | 0.0547 | 0.0513 | 0.1274 | 2.0 |
| 2.5 | 0.0236 | 0.0429 | 0.0265 | 0.1000 | 0.0284 | 0.0478 | 0.0318 | 0.1063 | 0.0326 | 0.0513 | 0.0365 | 0.1107 | 2.5 |
| 3.0 | 0.0176 | 0.0392 | 0.0192 | 0.0871 | 0.0214 | 0.0439 | 0.0233 | 0.0931 | 0.0249 | 0.0476 | 0.0270 | 0.0976 | 3.0 |
| 5.0 | 0.0071 | 0.0285 | 0.0074 | 0.0576 | 0.0088 | 0.0324 | 0.0091 | 0.0624 | 0.0104 | 0.0356 | 0.0108 | 0.0661 | 5.0 |
| 7.0 | 0.0038 | 0.0219 | 0.0038 | 0.0427 | 0.0047 | 0.0251 | 0.0047 | 0.0465 | 0.0056 | 0.0277 | 0.0056 | 0.0496 | 7.0 |
| 10.0 | 0.0019 | 0.0162 | 0.0019 | 0.0308 | 0.0023 | 0.0186 | 0.0024 | 0.0336 | 0.0028 | 0.0207 | 0.0028 | 0.0359 | 10.0 |

| $l/b$ | 1.4 | | | | 1.6 | | | | 1.8 | | | | $l/b$ |
|---|---|---|---|---|---|---|---|---|---|---|---|---|---|
| 点 | 1 | | 2 | | 1 | | 2 | | 1 | | 2 | | 点 |
| 系数 $z/b$ | $\alpha$ | $\bar{\alpha}$ | $\alpha$ | $\bar{\alpha}$ | $\alpha$ | $\bar{\alpha}$ | $\alpha$ | $\bar{\alpha}$ | $\alpha$ | $\bar{\alpha}$ | $\alpha$ | $\bar{\alpha}$ | 系数 $z/b$ |
| 0.0 | 0.0000 | 0.0000 | 0.2500 | 0.2500 | 0.0000 | 0.0000 | 0.2500 | 0.2500 | 0.0000 | 0.0000 | 0.2500 | 0.2500 | 0.0 |
| 0.2 | 0.0305 | 0.0153 | 0.2185 | 0.2343 | 0.0306 | 0.0153 | 0.2185 | 0.2343 | 0.0306 | 0.0153 | 0.2185 | 0.2343 | 0.2 |
| 0.4 | 0.0543 | 0.0289 | 0.1886 | 0.2189 | 0.0545 | 0.0290 | 0.1889 | 0.2190 | 0.0546 | 0.0290 | 0.1891 | 0.2190 | 0.4 |
| 0.6 | 0.0684 | 0.0397 | 0.1616 | 0.2043 | 0.0690 | 0.0399 | 0.1625 | 0.2046 | 0.0649 | 0.0400 | 0.1630 | 0.2047 | 0.6 |
| 0.8 | 0.0739 | 0.0476 | 0.1381 | 0.1907 | 0.0751 | 0.0480 | 0.1396 | 0.1912 | 0.0759 | 0.0482 | 0.1405 | 0.1915 | 0.8 |
| 1.0 | 0.0735 | 0.0528 | 0.1176 | 0.1781 | 0.0753 | 0.0534 | 0.1202 | 0.1789 | 0.0766 | 0.0538 | 0.1215 | 0.1794 | 1.0 |
| 1.2 | 0.0698 | 0.0560 | 0.1007 | 0.1666 | 0.0721 | 0.0568 | 0.1037 | 0.1678 | 0.0738 | 0.0574 | 0.1055 | 0.1684 | 1.2 |
| 1.4 | 0.0644 | 0.0575 | 0.0864 | 0.1562 | 0.0672 | 0.0586 | 0.0897 | 0.1576 | 0.0692 | 0.0594 | 0.0921 | 0.1585 | 1.4 |
| 1.6 | 0.0586 | 0.0580 | 0.0743 | 0.1467 | 0.0616 | 0.0594 | 0.0780 | 0.1484 | 0.0639 | 0.0603 | 0.0806 | 0.1494 | 1.6 |

续表 B.0.2

| l/b | 1.4 | | | | 1.6 | | | | 1.8 | | | | l/b |
|---|---|---|---|---|---|---|---|---|---|---|---|---|---|
| 点 | 1 | | 2 | | 1 | | 2 | | 1 | | 2 | | 点 |
| 系数 z/b | $\alpha$ | $\bar{\alpha}$ | $\alpha$ | $\bar{\alpha}$ | $\alpha$ | $\bar{\alpha}$ | $\alpha$ | $\bar{\alpha}$ | $\alpha$ | $\bar{\alpha}$ | $\alpha$ | $\bar{\alpha}$ | 系数 z/b |
| 1.8 | 0.0528 | 0.0578 | 0.0644 | 0.1381 | 0.0560 | 0.0593 | 0.0681 | 0.1400 | 0.0585 | 0.0604 | 0.0709 | 0.1413 | 1.8 |
| 2.0 | 0.0474 | 0.0570 | 0.0560 | 0.1303 | 0.0507 | 0.0587 | 0.0596 | 0.1324 | 0.0533 | 0.0599 | 0.0625 | 0.1338 | 2.0 |
| 2.5 | 0.0362 | 0.0540 | 0.0405 | 0.1139 | 0.0393 | 0.0560 | 0.0440 | 0.1163 | 0.0419 | 0.0575 | 0.0469 | 0.1180 | 2.5 |
| 3.0 | 0.0280 | 0.0503 | 0.0303 | 0.1008 | 0.0307 | 0.0525 | 0.0333 | 0.1033 | 0.0331 | 0.0541 | 0.0359 | 0.1052 | 3.0 |
| 5.0 | 0.0120 | 0.0382 | 0.0123 | 0.0690 | 0.0135 | 0.0403 | 0.0139 | 0.0714 | 0.0148 | 0.0421 | 0.0154 | 0.0734 | 5.0 |
| 7.0 | 0.0064 | 0.0299 | 0.0066 | 0.0520 | 0.0073 | 0.0318 | 0.0074 | 0.0541 | 0.0081 | 0.0333 | 0.0083 | 0.0558 | 7.0 |
| 10.0 | 0.0033 | 0.0224 | 0.0032 | 0.0379 | 0.0037 | 0.0239 | 0.0037 | 0.0395 | 0.0041 | 0.0252 | 0.0042 | 0.0409 | 10.0 |

| l/b | 2.0 | | | | 3.0 | | | | 4.0 | | | | l/b |
|---|---|---|---|---|---|---|---|---|---|---|---|---|---|
| 点 | 1 | | 2 | | 1 | | 2 | | 1 | | 2 | | 点 |
| 系数 z/b | $\alpha$ | $\bar{\alpha}$ | $\alpha$ | $\bar{\alpha}$ | $\alpha$ | $\bar{\alpha}$ | $\alpha$ | $\bar{\alpha}$ | $\alpha$ | $\bar{\alpha}$ | $\alpha$ | $\bar{\alpha}$ | 系数 z/b |
| 0.0 | 0.0000 | 0.0000 | 0.2500 | 0.2500 | 0.0000 | 0.0000 | 0.2500 | 0.2500 | 0.0000 | 0.0000 | 0.2500 | 0.2500 | 0.0 |
| 0.2 | 0.0306 | 0.0153 | 0.2185 | 0.2343 | 0.0306 | 0.0153 | 0.2186 | 0.2343 | 0.0306 | 0.0153 | 0.2186 | 0.2343 | 0.2 |
| 0.4 | 0.0547 | 0.0290 | 0.1892 | 0.2191 | 0.0548 | 0.0290 | 0.1894 | 0.2192 | 0.0549 | 0.0291 | 0.1894 | 0.2192 | 0.4 |
| 0.6 | 0.0696 | 0.0401 | 0.1633 | 0.2048 | 0.0701 | 0.0402 | 0.1638 | 0.2050 | 0.0702 | 0.0402 | 0.1639 | 0.2050 | 0.6 |
| 0.8 | 0.0764 | 0.0483 | 0.1412 | 0.1917 | 0.0773 | 0.0486 | 0.1423 | 0.1920 | 0.0776 | 0.0487 | 0.1424 | 0.1920 | 0.8 |
| 1.0 | 0.0774 | 0.0540 | 0.1225 | 0.1797 | 0.0790 | 0.0545 | 0.1244 | 0.1803 | 0.0794 | 0.0546 | 0.1248 | 0.1803 | 1.0 |
| 1.2 | 0.0749 | 0.0577 | 0.1069 | 0.1689 | 0.0774 | 0.0584 | 0.1096 | 0.1697 | 0.0779 | 0.0586 | 0.1103 | 0.1699 | 1.2 |
| 1.4 | 0.0707 | 0.0599 | 0.0937 | 0.1591 | 0.0739 | 0.0609 | 0.0973 | 0.1603 | 0.0748 | 0.0612 | 0.0982 | 0.1605 | 1.4 |
| 1.6 | 0.0656 | 0.0609 | 0.0826 | 0.1502 | 0.0697 | 0.0623 | 0.0870 | 0.1517 | 0.0708 | 0.0626 | 0.0882 | 0.1521 | 1.6 |
| 1.8 | 0.0604 | 0.0611 | 0.0730 | 0.1422 | 0.0652 | 0.0628 | 0.0782 | 0.1441 | 0.0666 | 0.0633 | 0.0797 | 0.1445 | 1.8 |
| 2.0 | 0.0553 | 0.0608 | 0.0649 | 0.1348 | 0.0607 | 0.0629 | 0.0707 | 0.1371 | 0.0624 | 0.0634 | 0.0726 | 0.1377 | 2.0 |
| 2.5 | 0.0440 | 0.0586 | 0.0491 | 0.1193 | 0.0504 | 0.0614 | 0.0559 | 0.1223 | 0.0529 | 0.0623 | 0.0585 | 0.1233 | 2.5 |
| 3.0 | 0.0352 | 0.0554 | 0.0380 | 0.1067 | 0.0419 | 0.0589 | 0.0451 | 0.1104 | 0.0449 | 0.0600 | 0.0482 | 0.1116 | 3.0 |
| 5.0 | 0.0161 | 0.0435 | 0.0167 | 0.0749 | 0.0214 | 0.0480 | 0.0221 | 0.0797 | 0.0248 | 0.0500 | 0.0256 | 0.0817 | 5.0 |
| 7.0 | 0.0089 | 0.0347 | 0.0091 | 0.0572 | 0.0124 | 0.0391 | 0.0126 | 0.0619 | 0.0152 | 0.0414 | 0.0154 | 0.0642 | 7.0 |
| 10.0 | 0.0046 | 0.0263 | 0.0046 | 0.0403 | 0.0066 | 0.0302 | 0.0066 | 0.0462 | 0.0084 | 0.0325 | 0.0083 | 0.0485 | 10.0 |

| l/b | 6.0 | | | | 8.0 | | | | 10.0 | | | | l/b |
|---|---|---|---|---|---|---|---|---|---|---|---|---|---|
| 点 | 1 | | 2 | | 1 | | 2 | | 1 | | 2 | | 点 |
| 系数 z/b | $\alpha$ | $\bar{\alpha}$ | $\alpha$ | $\bar{\alpha}$ | $\alpha$ | $\bar{\alpha}$ | $\alpha$ | $\bar{\alpha}$ | $\alpha$ | $\bar{\alpha}$ | $\alpha$ | $\bar{\alpha}$ | 系数 z/b |
| 0.0 | 0.0000 | 0.0000 | 0.2500 | 0.2500 | 0.0000 | 0.0000 | 0.2500 | 0.2500 | 0.0000 | 0.0000 | 0.2500 | 0.2500 | 0.0 |
| 0.2 | 0.0306 | 0.0153 | 0.2186 | 0.2343 | 0.0306 | 0.0153 | 0.2186 | 0.2343 | 0.0306 | 0.0153 | 0.2186 | 0.2343 | 0.2 |
| 0.4 | 0.0549 | 0.0291 | 0.1894 | 0.2192 | 0.0549 | 0.0291 | 0.1894 | 0.2192 | 0.0549 | 0.0291 | 0.1894 | 0.2192 | 0.4 |
| 0.6 | 0.0702 | 0.0402 | 0.1640 | 0.2050 | 0.0702 | 0.0402 | 0.1640 | 0.2050 | 0.0702 | 0.0402 | 0.1640 | 0.2050 | 0.6 |
| 0.8 | 0.0776 | 0.0487 | 0.1426 | 0.1921 | 0.0776 | 0.0487 | 0.1426 | 0.1921 | 0.0776 | 0.0487 | 0.1426 | 0.1921 | 0.8 |
| 1.0 | 0.0795 | 0.0546 | 0.1250 | 0.1804 | 0.0796 | 0.0546 | 0.1250 | 0.1804 | 0.0796 | 0.0546 | 0.1250 | 0.1804 | 1.0 |
| 1.2 | 0.0782 | 0.0587 | 0.1105 | 0.1700 | 0.0783 | 0.0587 | 0.1105 | 0.1700 | 0.0783 | 0.0587 | 0.1105 | 0.1700 | 1.2 |
| 1.4 | 0.0752 | 0.0613 | 0.0986 | 0.1606 | 0.0752 | 0.0613 | 0.0987 | 0.1606 | 0.0753 | 0.0613 | 0.0987 | 0.1606 | 1.4 |
| 1.6 | 0.0714 | 0.0628 | 0.0887 | 0.1523 | 0.0715 | 0.0628 | 0.0888 | 0.1523 | 0.0715 | 0.0628 | 0.0889 | 0.1523 | 1.6 |
| 1.8 | 0.0673 | 0.0635 | 0.0805 | 0.1447 | 0.0675 | 0.0635 | 0.0806 | 0.1448 | 0.0675 | 0.0635 | 0.0808 | 0.1448 | 1.8 |
| 2.0 | 0.0634 | 0.0637 | 0.0734 | 0.1380 | 0.0636 | 0.0638 | 0.0736 | 0.1380 | 0.0636 | 0.0638 | 0.0738 | 0.1380 | 2.0 |
| 2.5 | 0.0543 | 0.0627 | 0.0601 | 0.1237 | 0.0547 | 0.0628 | 0.0604 | 0.1238 | 0.0548 | 0.0628 | 0.0605 | 0.1239 | 2.5 |
| 3.0 | 0.0469 | 0.0607 | 0.0504 | 0.1123 | 0.0474 | 0.0609 | 0.0509 | 0.1124 | 0.0476 | 0.0609 | 0.0511 | 0.1125 | 3.0 |
| 5.0 | 0.0283 | 0.0515 | 0.0290 | 0.0833 | 0.0296 | 0.0519 | 0.0303 | 0.0837 | 0.0301 | 0.0521 | 0.0309 | 0.0839 | 5.0 |
| 7.0 | 0.0186 | 0.0435 | 0.0190 | 0.0663 | 0.0204 | 0.0442 | 0.0207 | 0.0671 | 0.0212 | 0.0445 | 0.0216 | 0.0674 | 7.0 |
| 10.0 | 0.0111 | 0.0349 | 0.0111 | 0.0509 | 0.0128 | 0.0359 | 0.0130 | 0.0520 | 0.0139 | 0.0364 | 0.0141 | 0.0526 | 10.0 |

**B.0.3** 圆形面积上均布荷载下角点的附加应力系数α、平均附加应力系数$\bar{\alpha}$应按表B.0.3确定。

**表B.0.3 圆形面积上均布荷载作用下中点的附加应力系数α与平均附加应力系数$\bar{\alpha}$**

| z/r | 圆形 | | z/r | 圆形 | |
|---|---|---|---|---|---|
| | α | $\bar{\alpha}$ | | α | $\bar{\alpha}$ |
| 0.0 | 1.000 | 1.000 | 2.6 | 0.187 | 0.560 |
| 0.1 | 0.999 | 1.000 | 2.7 | 0.175 | 0.546 |
| 0.2 | 0.992 | 0.998 | 2.8 | 0.165 | 0.532 |
| 0.3 | 0.976 | 0.993 | 2.9 | 0.155 | 0.519 |
| 0.4 | 0.949 | 0.986 | 3.0 | 0.146 | 0.507 |
| 0.5 | 0.911 | 0.974 | 3.1 | 0.138 | 0.495 |
| 0.6 | 0.864 | 0.960 | 3.2 | 0.130 | 0.484 |
| 0.7 | 0.811 | 0.942 | 3.3 | 0.124 | 0.473 |
| 0.8 | 0.756 | 0.923 | 3.4 | 0.117 | 0.463 |
| 0.9 | 0.701 | 0.901 | 3.5 | 0.111 | 0.453 |
| 1.0 | 0.647 | 0.878 | 3.6 | 0.106 | 0.443 |
| 1.1 | 0.595 | 0.855 | 3.7 | 0.101 | 0.434 |
| 1.2 | 0.547 | 0.831 | 3.8 | 0.096 | 0.425 |
| 1.3 | 0.502 | 0.808 | 3.9 | 0.091 | 0.417 |
| 1.4 | 0.461 | 0.784 | 4.0 | 0.087 | 0.409 |
| 1.5 | 0.424 | 0.762 | 4.1 | 0.083 | 0.401 |
| 1.6 | 0.390 | 0.739 | 4.2 | 0.079 | 0.393 |
| 1.7 | 0.360 | 0.718 | 4.3 | 0.076 | 0.386 |
| 1.8 | 0.332 | 0.697 | 4.4 | 0.073 | 0.379 |
| 1.9 | 0.307 | 0.677 | 4.5 | 0.070 | 0.372 |
| 2.0 | 0.285 | 0.658 | 4.6 | 0.067 | 0.365 |
| 2.1 | 0.264 | 0.640 | 4.7 | 0.064 | 0.359 |
| 2.2 | 0.245 | 0.623 | 4.8 | 0.062 | 0.353 |
| 2.3 | 0.229 | 0.606 | 4.9 | 0.059 | 0.347 |
| 2.4 | 0.210 | 0.590 | 5.0 | 0.057 | 0.341 |
| 2.5 | 0.200 | 0.574 | | | |

**B.0.4** 圆形面积上三角形分布荷载下角点的附加应力系数α、平均附加应力系数$\bar{\alpha}$应按表B.0.4确定。

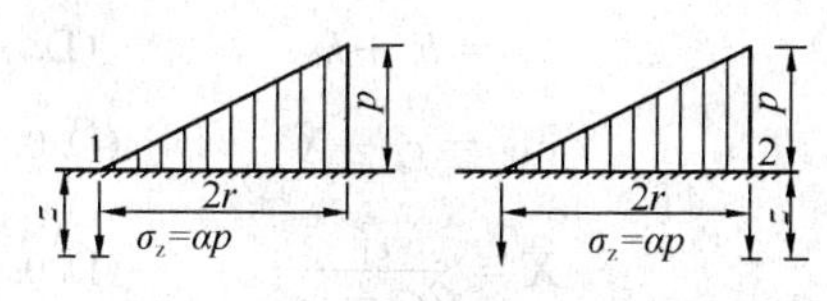


r—圆形面积的半径

**表B.0.4 圆形面积上三角形分布荷载作用下边点的附加应力系数α与平均附加应力系数$\bar{\alpha}$**

续表B.0.4

| z/r \ 点/系数 | 1 | | 2 | |
|---|---|---|---|---|
| | α | $\bar{\alpha}$ | α | $\bar{\alpha}$ |
| 0.0 | 0.000 | 0.000 | 0.500 | 0.500 |
| 0.1 | 0.016 | 0.008 | 0.465 | 0.483 |
| 0.2 | 0.031 | 0.016 | 0.433 | 0.466 |
| 0.3 | 0.044 | 0.023 | 0.403 | 0.450 |
| 0.4 | 0.054 | 0.030 | 0.376 | 0.435 |
| 0.5 | 0.063 | 0.035 | 0.349 | 0.420 |
| 0.6 | 0.071 | 0.041 | 0.324 | 0.406 |
| 0.7 | 0.078 | 0.045 | 0.300 | 0.393 |
| 0.8 | 0.083 | 0.050 | 0.279 | 0.380 |
| 0.9 | 0.088 | 0.054 | 0.258 | 0.368 |
| 1.0 | 0.091 | 0.057 | 0.238 | 0.356 |
| 1.1 | 0.092 | 0.061 | 0.221 | 0.344 |
| 1.2 | 0.093 | 0.063 | 0.205 | 0.333 |
| 1.3 | 0.092 | 0.065 | 0.190 | 0.323 |
| 1.4 | 0.091 | 0.067 | 0.177 | 0.313 |
| 1.5 | 0.089 | 0.069 | 0.165 | 0.303 |
| 1.6 | 0.087 | 0.070 | 0.154 | 0.294 |
| 1.7 | 0.085 | 0.071 | 0.144 | 0.286 |
| 1.8 | 0.083 | 0.072 | 0.134 | 0.278 |
| 1.9 | 0.080 | 0.072 | 0.126 | 0.270 |
| 2.0 | 0.078 | 0.073 | 0.117 | 0.263 |
| 2.1 | 0.075 | 0.073 | 0.110 | 0.255 |
| 2.2 | 0.072 | 0.073 | 0.104 | 0.249 |
| 2.3 | 0.070 | 0.073 | 0.097 | 0.242 |
| 2.4 | 0.067 | 0.073 | 0.091 | 0.236 |
| 2.5 | 0.064 | 0.072 | 0.086 | 0.230 |
| 2.6 | 0.062 | 0.072 | 0.081 | 0.225 |
| 2.7 | 0.059 | 0.071 | 0.078 | 0.219 |
| 2.8 | 0.057 | 0.071 | 0.074 | 0.214 |
| 2.9 | 0.055 | 0.070 | 0.070 | 0.209 |
| 3.0 | 0.052 | 0.070 | 0.067 | 0.204 |
| 3.1 | 0.050 | 0.069 | 0.064 | 0.200 |
| 3.2 | 0.048 | 0.069 | 0.061 | 0.196 |
| 3.3 | 0.046 | 0.068 | 0.059 | 0.192 |
| 3.4 | 0.045 | 0.067 | 0.055 | 0.188 |
| 3.5 | 0.043 | 0.067 | 0.053 | 0.184 |
| 3.6 | 0.041 | 0.066 | 0.051 | 0.180 |
| 3.7 | 0.040 | 0.065 | 0.048 | 0.177 |
| 3.8 | 0.038 | 0.065 | 0.046 | 0.173 |
| 3.9 | 0.037 | 0.064 | 0.043 | 0.170 |
| 4.0 | 0.036 | 0.063 | 0.041 | 0.167 |
| 4.2 | 0.033 | 0.062 | 0.038 | 0.161 |
| 4.4 | 0.031 | 0.061 | 0.034 | 0.155 |
| 4.6 | 0.029 | 0.059 | 0.031 | 0.150 |
| 4.8 | 0.027 | 0.058 | 0.029 | 0.145 |
| 5.0 | 0.025 | 0.057 | 0.027 | 0.140 |

## 附录C　按$E_0$计算沉降时的$\delta$系数

**表C　δ　系　数**

| $m=\frac{2z}{b}$ | $n=\frac{l}{b}$ | | | | | | $n\geqslant 10$ |
|---|---|---|---|---|---|---|---|
| | 1 | 1.4 | 1.8 | 2.4 | 3.2 | 5 | |
| 0.0 | 0.000 | 0.000 | 0.000 | 0.000 | 0.000 | 0.000 | 0.000 |
| 0.4 | 0.100 | 0.100 | 0.100 | 0.100 | 0.100 | 0.100 | 0.104 |
| 0.8 | 0.200 | 0.200 | 0.200 | 0.200 | 0.200 | 0.200 | 0.208 |
| 1.2 | 0.299 | 0.300 | 0.300 | 0.300 | 0.300 | 0.300 | 0.311 |
| 1.6 | 0.380 | 0.394 | 0.397 | 0.397 | 0.397 | 0.397 | 0.412 |
| 2.0 | 0.446 | 0.472 | 0.482 | 0.486 | 0.486 | 0.486 | 0.511 |
| 2.4 | 0.499 | 0.538 | 0.556 | 0.565 | 0.567 | 0.567 | 0.605 |
| 2.8 | 0.542 | 0.592 | 0.618 | 0.635 | 0.640 | 0.640 | 0.687 |
| 3.2 | 0.577 | 0.637 | 0.671 | 0.696 | 0.707 | 0.709 | 0.763 |
| 3.6 | 0.606 | 0.676 | 0.717 | 0.750 | 0.768 | 0.772 | 0.831 |
| 4.0 | 0.630 | 0.708 | 0.756 | 0.796 | 0.820 | 0.830 | 0.892 |
| 4.4 | 0.650 | 0.735 | 0.789 | 0.837 | 0.867 | 0.883 | 0.949 |
| 4.8 | 0.668 | 0.759 | 0.819 | 0.873 | 0.908 | 0.932 | 1.001 |
| 5.2 | 0.683 | 0.780 | 0.834 | 0.904 | 0.948 | 0.977 | 1.050 |
| 5.6 | 0.697 | 0.798 | 0.867 | 0.933 | 0.981 | 1.018 | 1.096 |
| 6.0 | 0.708 | 0.814 | 0.887 | 0.958 | 1.011 | 1.056 | 1.138 |
| 6.4 | 0.719 | 0.828 | 0.904 | 0.980 | 1.031 | 1.090 | 1.178 |
| 6.8 | 0.728 | 0.841 | 0.920 | 1.000 | 1.065 | 1.122 | 1.215 |
| 7.2 | 0.736 | 0.852 | 0.935 | 1.019 | 1.088 | 1.152 | 1.251 |
| 7.6 | 0.744 | 0.863 | 0.948 | 1.036 | 1.109 | 1.180 | 1.285 |
| 8.0 | 0.751 | 0.872 | 0.960 | 1.051 | 1.128 | 1.205 | 1.316 |
| 8.4 | 0.757 | 0.881 | 0.970 | 1.065 | 1.146 | 1.229 | 1.347 |
| 8.8 | 0.762 | 0.888 | 0.980 | 1.078 | 1.162 | 1.251 | 1.376 |
| 9.2 | 0.768 | 0.896 | 0.989 | 1.089 | 1.178 | 1.272 | 1.404 |
| 9.6 | 0.772 | 0.902 | 0.998 | 1.100 | 1.192 | 1.291 | 1.431 |
| 10.0 | 0.777 | 0.908 | 1.005 | 1.110 | 1.205 | 1.309 | 1.456 |
| 11.0 | 0.786 | 0.922 | 1.022 | 1.132 | 1.238 | 1.349 | 1.506 |
| 12.0 | 0.794 | 0.933 | 1.037 | 1.151 | 1.257 | 1.384 | 1.550 |

注：$b$—矩形基础的长度与宽度；

$z$—基础底面至该层土底面的距离。

## 附录D　冲切临界截面周长及极惯性矩计算

**D.0.1**　冲切临界截面的周长$u_m$以及冲切临界截面对其重心的极惯性矩$I_s$，应根据柱所处的部位分别按下列公式进行计算：

**1**　内柱

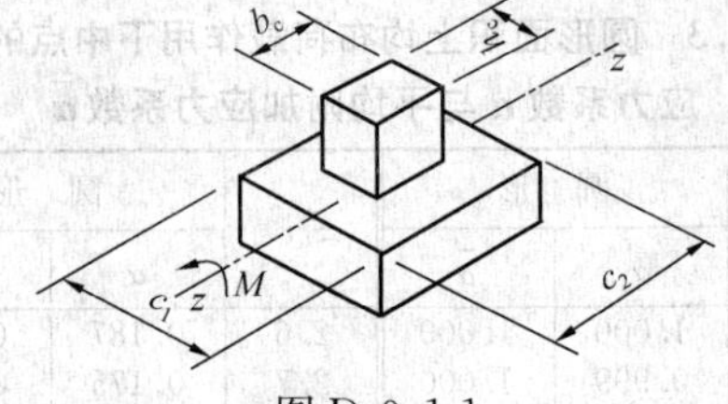


图D.0.1-1

$$u_m=2c_1+2c_2 \quad (D.0.1-1)$$

$$I_s=\frac{c_1h_0^3}{6}+\frac{c_1^3h_0}{6}+\frac{c_2h_0c_1^2}{2} \quad (D.0.1-2)$$

$$c_1=h_c+h_0 \quad (D.0.1-3)$$

$$c_2=b_c+h_0 \quad (D.0.1-4)$$

$$c_{AB}=\frac{c_1}{2} \quad (D.0.1-5)$$

式中：$h_c$——与弯矩作用方向一致的柱截面的边长（m）；

$b_c$——垂直于$h_c$的柱截面边长（m）。

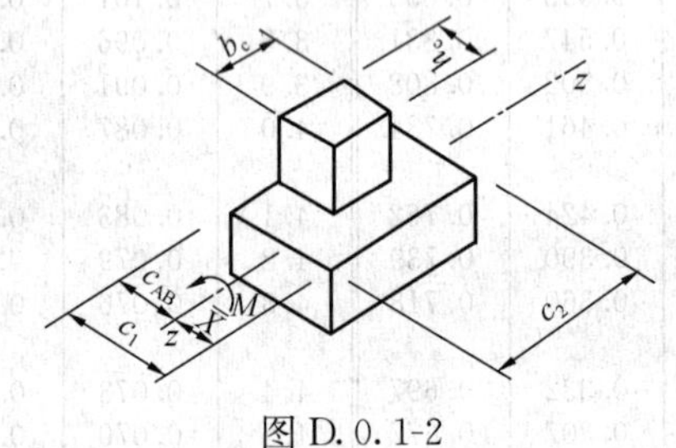


图D.0.1-2

**2**　边柱

$$u_m=2c_1+c_2 \quad (D.0.1-6)$$

$$I_s=\frac{c_1h_0^3}{6}+\frac{c_1^3h_0}{6}+2h_0c_1\left(\frac{c_1}{2}-\overline{X}\right)^2+c_2h_0\overline{X}^2 \quad (D.0.1-7)$$

$$c_1=h_c+\frac{h_0}{2} \quad (D.0.1-8)$$

$$c_2=b_c+h_0 \quad (D.0.1-9)$$

$$c_{AB}=c_1-\overline{X} \quad (D.0.1-10)$$

$$\overline{X}=\frac{c_1^2}{2c_1+c_2} \quad (D.0.1-11)$$

式中：$\overline{X}$——冲切临界截面重心位置（m）。

式（D.0.1-6）～式（D.0.1-11）适用于柱外侧齐筏板边缘的边柱。对外伸式筏板，边柱柱下筏板冲切临界截面的计算模式应根据边柱外侧筏板的悬挑长度和柱子的边长确定。当边柱外侧的悬挑长度小于或等于（$h_0+0.5b_c$）时，冲切临界截面可计算至垂直于自由边的板端，计算$c_1$及$I_s$值时应计及边柱外侧的悬挑长度；当边柱外侧筏板的悬挑长度大于（$h_0+0.5b_c$）时，边柱柱下筏板冲切临界截面的计算模式同中柱。

**3** 角柱

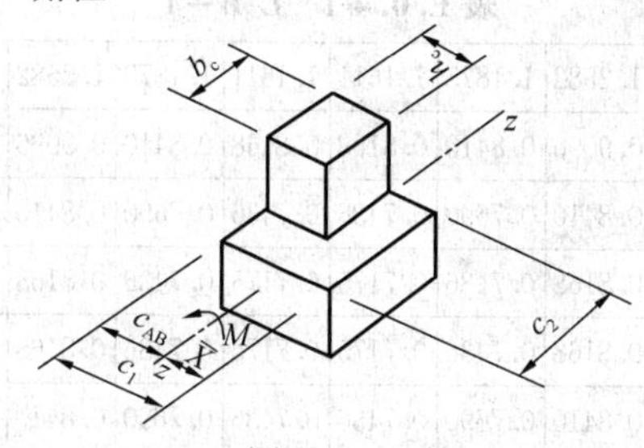


图 D.0.1-3

$$u_m = c_1 + c_2 \quad (D.0.1\text{-}12)$$

$$I_s = \frac{c_1 h_0^3}{12} + \frac{c_1^3 h_0}{12} + c_1 h_0 \left(\frac{c_1}{2} - \overline{X}\right)^2 + c_2 h_0 \overline{X}^2 \quad (D.0.1\text{-}13)$$

$$c_1 = h_c + \frac{h_0}{2} \quad (D.0.1\text{-}14)$$

$$c_2 = b_c + \frac{h_0}{2} \quad (D.0.1\text{-}15)$$

$$c_{AB} = c_1 - \overline{X} \quad (D.0.1\text{-}16)$$

$$\overline{X} = \frac{c_1^2}{2c_1 + 2c_2} \quad (D.0.1\text{-}17)$$

式中：$\overline{X}$ ——冲切临界截面重心位置（m）。

式（D.0.1-12）～式（D.0.1-17）适用于柱两相邻外侧齐筏板边缘的角柱。对外伸式筏板，角柱柱下筏板冲切临界截面的计算模式应根据角柱外侧筏板的悬挑长度和柱子的边长确定。当角柱两相邻外侧筏板的悬挑长度分别小于或等于（$h_0 + 0.5b_c$）和（$h_0 + 0.5h_c$）时，冲切临界截面可计算至垂直于自由边的板端，计算 $c_1$、$c_2$ 及 $I_s$ 值应计及角柱外侧筏板的悬挑长度；当角柱两相邻外侧筏板的悬挑长度大于（$h_0 + 0.5b_c$）和（$h_0 + 0.5h_c$）时，角柱柱下筏板冲切临界截面的计算模式同中柱。

# 附录E 地基反力系数

**E.0.1** 黏性土地基反力系数应按下列表值确定。

**表 E.0.1-1 L/B=1**

| 1.381 | 1.179 | 1.128 | 1.108 | 1.108 | 1.128 | 1.179 | 1.381 |
|---|---|---|---|---|---|---|---|
| 1.179 | 0.952 | 0.898 | 0.879 | 0.879 | 0.898 | 0.952 | 1.179 |
| 1.128 | 0.898 | 0.841 | 0.821 | 0.821 | 0.841 | 0.898 | 1.128 |
| 1.108 | 0.879 | 0.821 | 0.800 | 0.800 | 0.821 | 0.879 | 1.108 |
| 1.108 | 0.879 | 0.821 | 0.800 | 0.800 | 0.821 | 0.879 | 1.108 |
| 1.128 | 0.898 | 0.841 | 0.821 | 0.821 | 0.841 | 0.898 | 1.128 |
| 1.179 | 0.952 | 0.898 | 0.879 | 0.879 | 0.898 | 0.952 | 1.179 |
| 1.381 | 1.179 | 1.128 | 1.108 | 1.108 | 1.128 | 1.179 | 1.381 |

**表 E.0.1-2 L/B=2～3**

| 1.265 | 1.115 | 1.075 | 1.061 | 1.061 | 1.075 | 1.115 | 1.265 |
|---|---|---|---|---|---|---|---|
| 1.073 | 0.904 | 0.865 | 0.853 | 0.853 | 0.865 | 0.904 | 1.073 |
| 1.046 | 0.875 | 0.835 | 0.822 | 0.822 | 0.835 | 0.875 | 1.046 |
| 1.073 | 0.904 | 0.865 | 0.853 | 0.853 | 0.865 | 0.904 | 1.073 |
| 1.265 | 1.115 | 1.075 | 1.061 | 1.061 | 1.075 | 1.115 | 1.265 |

**表 E.0.1-3 L/B=4～5**

| 1.229 | 1.042 | 1.014 | 1.003 | 1.003 | 1.014 | 1.042 | 1.229 |
|---|---|---|---|---|---|---|---|
| 1.096 | 0.929 | 0.904 | 0.895 | 0.895 | 0.904 | 0.929 | 1.096 |
| 1.081 | 0.918 | 0.893 | 0.884 | 0.884 | 0.893 | 0.918 | 1.081 |
| 1.096 | 0.929 | 0.904 | 0.895 | 0.895 | 0.904 | 0.929 | 1.096 |
| 1.229 | 1.042 | 1.014 | 1.003 | 1.003 | 1.014 | 1.042 | 1.229 |

**表 E.0.1-4 L/B=6～8**

| 1.214 | 1.053 | 1.013 | 1.008 | 1.008 | 1.013 | 1.053 | 1.214 |
|---|---|---|---|---|---|---|---|
| 1.083 | 0.939 | 0.903 | 0.899 | 0.899 | 0.903 | 0.939 | 1.083 |
| 1.069 | 0.927 | 0.892 | 0.888 | 0.888 | 0.892 | 0.927 | 1.069 |
| 1.083 | 0.939 | 0.903 | 0.899 | 0.899 | 0.903 | 0.939 | 1.083 |
| 1.214 | 1.053 | 1.013 | 1.008 | 1.008 | 1.013 | 1.053 | 1.214 |

**E.0.2** 软土地基反力系数按表 E.0.2 确定。

**表 E.0.2 软土地基反力系数**

| 0.906 | 0.966 | 0.814 | 0.738 | 0.738 | 0.814 | 0.966 | 0.906 |
|---|---|---|---|---|---|---|---|
| 1.124 | 1.197 | 1.009 | 0.914 | 0.914 | 1.009 | 1.197 | 1.124 |
| 1.235 | 1.314 | 1.109 | 1.006 | 1.006 | 1.109 | 1.314 | 1.235 |
| 1.124 | 1.197 | 1.009 | 0.914 | 0.914 | 1.009 | 1.197 | 1.124 |
| 0.906 | 0.966 | 0.811 | 0.738 | 0.738 | 0.811 | 0.966 | 0.906 |

**E.0.3** 黏性土地基异形基础地基反力系数按下列表值确定。

**表 E.0.3-1**

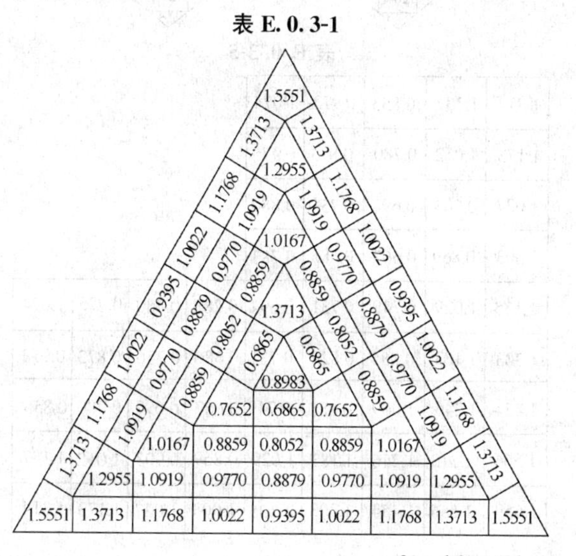

表 E. 0. 3-2

| 1.3151 | 1.1594 | 1.0409 | 1.1594 | 1.3151 |
|---|---|---|---|---|
| 1.1678 | 1.0294 | 0.9315 | 1.0294 | 1.1678 |
| 1.0085 | 0.8546 | 0.8055 | 0.8546 | 1.0085 |
| 0.9118 | 0.8041 | 0.7207 | 0.8041 | 0.9118 |

| 1.3151 | 1.1678 | 1.0085 | 0.9118 |
|---|---|---|---|
| 1.1594 | 1.0294 | 0.8546 | 0.8041 |
| 1.0409 | 0.9315 | 0.8055 | 0.7207 |
| 1.1594 | 1.0294 | 0.8546 | 0.8041 |
| 1.3151 | 1.1678 | 1.0085 | 0.9118 |

| 0.9118 | 1.0085 | 1.1678 | 1.3151 |
|---|---|---|---|
| 0.8041 | 0.8546 | 1.0294 | 1.1594 |
| 0.7207 | 0.8055 | 0.9315 | 1.0409 |
| 0.8041 | 0.8546 | 1.0294 | 1.1594 |
| 0.9118 | 1.0085 | 1.1678 | 1.3151 |

表 E. 0. 3-3

| | | | | | | | | | | |
|---|---|---|---|---|---|---|---|---|---|---|
| | | | 1.4799 | 1.3443 | 1.2086 | 1.3443 | 1.4799 | | | |
| | | | 1.2336 | 1.1199 | 1.0312 | 1.1199 | 1.2336 | | | |
| | | | 0.9623 | 0.8726 | 0.8127 | 0.8726 | 0.9623 | | | |
| 1.4799 | 1.2336 | 0.9623 | 0.7850 | 0.7009 | 0.6673 | 0.7009 | 0.7850 | 0.9623 | 1.2336 | 1.4799 |
| 1.3443 | 1.1199 | 0.8726 | 0.7009 | 0.6024 | 0.5693 | 0.6024 | 0.7009 | 0.8726 | 1.1199 | 1.3443 |
| 1.2086 | 1.0312 | 0.8127 | 0.6673 | 0.5693 | 0.4996 | 0.5693 | 0.6673 | 0.8127 | 1.0312 | 1.2086 |
| 1.3443 | 1.1199 | 0.8726 | 0.7009 | 0.6024 | 0.5693 | 0.6024 | 0.7009 | 0.8726 | 1.1199 | 1.3443 |
| 1.4799 | 1.2336 | 0.9623 | 0.7850 | 0.7009 | 0.6673 | 0.7009 | 0.7850 | 0.9623 | 1.2336 | 1.4799 |
| | | | 0.9623 | 0.8726 | 0.8127 | 0.8726 | 0.9623 | | | |
| | | | 1.2336 | 1.1199 | 1.0312 | 1.1199 | 1.2336 | | | |
| | | | 1.4799 | 1.3443 | 1.2086 | 1.3443 | 1.4799 | | | |

表 E. 0. 3-4

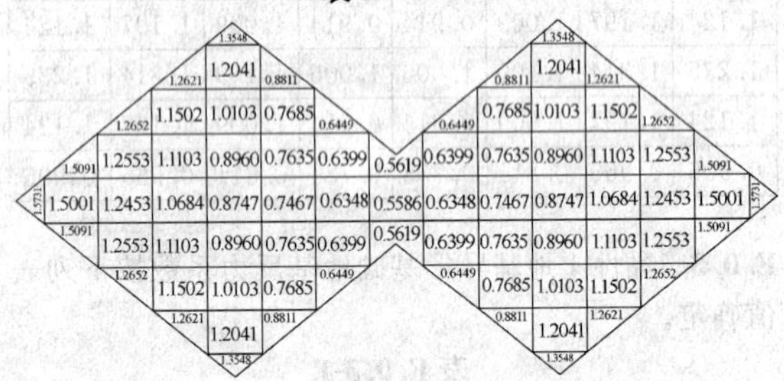
1.3548 1.3548
1.2621 1.2041 0.8811 0.8811 1.2041 1.2621
1.2652 1.1502 1.0103 0.7685 0.6449 0.6449 0.7685 1.0103 1.1502 1.2652
1.5091 1.2553 1.1103 0.8960 0.7635 0.6399 0.5619 0.6399 0.7635 0.8960 1.1103 1.2553 1.5091
1.5731 1.5001 1.2453 1.0684 0.8747 0.7467 0.6348 0.5586 0.6348 0.7467 0.8747 1.0684 1.2453 1.5001 1.5731
1.5091 1.2553 1.1103 0.8960 0.7635 0.6399 0.5619 0.6399 0.7635 0.8960 1.1103 1.2553 1.5091
1.2652 1.1502 1.0103 0.7685 0.6449 0.6449 0.7685 1.0103 1.1502 1.2652
1.2621 1.2041 0.8811 0.8811 1.2041 1.2621
1.3548 1.3548

表 E. 0. 3-5

| | | | | | | | | |
|---|---|---|---|---|---|---|---|---|
| 1.314 | 1.137 | 0.855 | 0.973 | 1.074 | | | | |
| 1.173 | 1.012 | 0.780 | 0.873 | 0.975 | | | | |
| 1.027 | 0.903 | 0.697 | 0.756 | 0.880 | | | | |
| 1.003 | 0.869 | 0.667 | 0.686 | 0.783 | | | | |
| 1.135 | 1.029 | 0.749 | 0.731 | 0.694 | 0.783 | 0.880 | 0.975 | 1.074 |
| 1.303 | 1.183 | 0.885 | 0.829 | 0.731 | 0.686 | 0.756 | 0.873 | 0.973 |
| 1.454 | 1.246 | 1.069 | 0.885 | 0.749 | 0.667 | 0.697 | 0.780 | 0.855 |
| 1.566 | 1.313 | 1.246 | 1.183 | 1.029 | 0.869 | 0.903 | 1.012 | 1.137 |
| 1.659 | 1.566 | 1.454 | 1.303 | 1.135 | 1.003 | 1.027 | 1.173 | 1.314 |

**E. 0. 4** 砂土地基反力系数应按下列表值确定。

表 E. 0. 4-1 $L/B=1$

| | | | | | | | |
|---|---|---|---|---|---|---|---|
| 1.5875 | 1.2582 | 1.1875 | 1.1611 | 1.1611 | 1.1875 | 1.2582 | 1.5875 |
| 1.2582 | 0.9096 | 0.8410 | 0.8168 | 0.8168 | 0.8410 | 0.9096 | 1.2582 |
| 1.1875 | 0.8410 | 0.7690 | 0.7436 | 0.7436 | 0.7690 | 0.8410 | 1.1875 |
| 1.1611 | 0.8168 | 0.7436 | 0.7175 | 0.7175 | 0.7436 | 0.8168 | 1.1611 |
| 1.1611 | 0.8168 | 0.7436 | 0.7175 | 0.7175 | 0.7436 | 0.8168 | 1.1611 |
| 1.1875 | 0.8410 | 0.7690 | 0.7436 | 0.7436 | 0.7690 | 0.8410 | 1.1875 |
| 1.2582 | 0.9096 | 0.8410 | 0.8168 | 0.8168 | 0.8410 | 0.9096 | 1.2582 |
| 1.5875 | 1.2582 | 1.1875 | 1.1611 | 1.1611 | 1.1875 | 1.2582 | 1.5875 |

表 E. 0. 4-2 $L/B=2\sim3$

| | | | | | | | |
|---|---|---|---|---|---|---|---|
| 1.409 | 1.166 | 1.109 | 1.088 | 1.088 | 1.109 | 1.166 | 1.409 |
| 1.108 | 0.847 | 0.798 | 0.781 | 0.781 | 0.798 | 0.847 | 1.108 |
| 1.069 | 0.812 | 0.762 | 0.745 | 0.745 | 0.762 | 0.812 | 1.069 |
| 1.108 | 0.847 | 0.798 | 0.781 | 0.781 | 0.798 | 0.847 | 1.108 |
| 1.409 | 1.166 | 1.109 | 1.088 | 1.088 | 1.109 | 1.166 | 1.409 |

表 E. 0. 4-3 $L/B=4\sim5$

| | | | | | | | |
|---|---|---|---|---|---|---|---|
| 1.395 | 1.212 | 1.166 | 1.149 | 1.149 | 1.166 | 1.212 | 1.395 |
| 0.992 | 0.828 | 0.794 | 0.783 | 0.783 | 0.794 | 0.828 | 0.992 |
| 0.989 | 0.818 | 0.783 | 0.772 | 0.772 | 0.783 | 0.818 | 0.989 |
| 0.992 | 0.828 | 0.794 | 0.783 | 0.783 | 0.794 | 0.828 | 0.992 |
| 1.395 | 1.212 | 1.166 | 1.149 | 1.149 | 1.166 | 1.212 | 1.395 |

注：1 以上各表表示将基础底面（包括底板悬挑部分）划分为若干区格，每区格基底反力 $=\dfrac{\text{上部结构竖向荷载加箱形基础自重和挑出部分台阶上的自重}}{\text{基底面积}}\times$ 该区格的反力系数。

2 本附录适用于上部结构与荷载比较匀称的框架结构，地基土比较均匀、底板悬挑部分不宜超过0.8m，不考虑相邻建筑物的影响以及满足本规范构造要求的单幢建筑物的箱形基础。当纵横方向荷载不很匀称时，应分别将不匀称荷载对纵横方向对称轴所产生的力矩值所引起的地基不均匀反力和由附表计算的反力进行叠加。力矩引起的地基不均匀反力按直线变化计算。

3 本规范表 E. 0. 3-2 中，三个翼和核心三角形区域的反力与荷载应各自平衡，核心三角形区域内的反力可按均布考虑。

# 附录 F　筏形或箱形基础整体弯矩的简化计算

**F. 0. 1** 框架结构等效刚度 $E_B I_B$ 可按下列公式计算（图 F. 0. 1）：

$$E_B I_B = \sum_{i=1}^{n}\left[E_b I_{bi}\left(1+\frac{K_{ui}+K_{li}}{2K_{bi}+K_{ui}+K_{li}}m^2\right)\right]$$

(F.0.1)

式中：　$E_b$——梁、柱的混凝土弹性模量（kPa）；

$K_{ui}$、$K_{li}$、$K_{bi}$——第 $i$ 层上柱、下柱和梁的线刚度（$m^3$），其值分别为 $\frac{I_{ui}}{h_{ui}}$、$\frac{I_{li}}{h_{li}}$ 和 $\frac{I_{bi}}{l}$；

$I_{ui}$、$I_{li}$、$I_{bi}$——第 $i$ 层上柱、下柱和梁的截面惯性矩（$m^4$）；

$h_{ui}$、$h_{li}$——第 $i$ 层上柱及下柱的高度（m）；

$L$——上部结构弯曲方向的总长度（m）；

$l$——上部结构弯曲方向的柱距（m）；

$m$——在弯曲方向的节间数；

$n$——建筑物层数，当层数不大于 5 层时，$n$ 取实际层数；当层数大于 5 层时，$n$ 取 5。

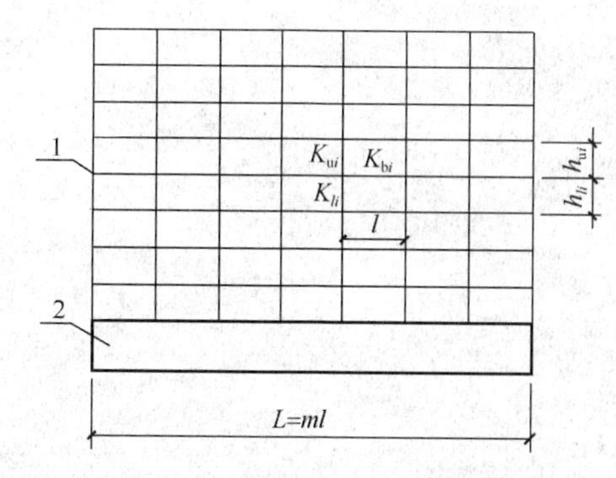


图 F.0.1　式（F.0.1）中符号的示意

1—第 $i$ 层；2—基础

式（F.0.1）用于等柱距的框架结构。对柱距相差不超过 20%的框架结构也可适用，此时，$l$ 取柱距的平均值。

**F.0.2**　筏形与箱形基础的整体弯矩可将上部框架简化为等代梁并通过结构的底层柱与筏形或箱形基础连接，按图 F.0.2 所示计算模型进行计算。上部框架结构等效刚度 $E_B I_B$ 可按式（F.0.1）计算。当上部结构存在剪力墙时，可按实际情况布置在图 F.0.2 上，一并进行分析。

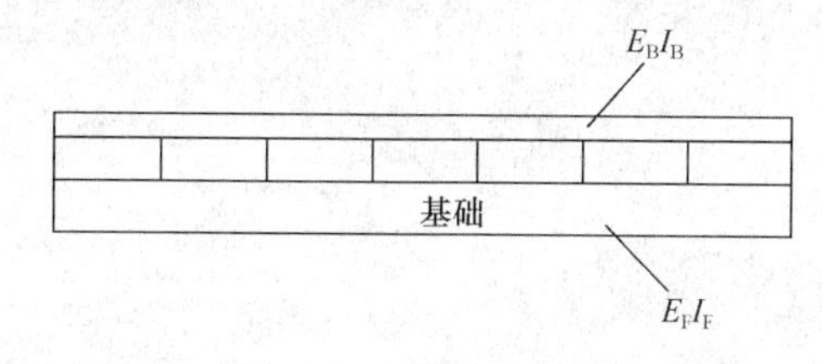


图 F.0.2

在图 F.0.2 中，$E_F I_F$ 为筏形与箱形基础的刚度，其中 $E_F$ 为筏形与箱形基础的混凝土弹性模量；$I_F$ 为按工字形截面计算的箱形基础截面惯性矩、按倒 T 字形截面计算的梁板式筏形基础的截面惯性矩、或按基础底板全宽计算的平板式筏形基础截面惯性矩；工字形截面的上、下翼缘宽度分别为箱形基础顶、底板的全宽，腹板厚度为在弯曲方向的墙体厚度的总和；倒 T 字形截面的下翼缘宽度为筏形基础底板的全宽，腹板厚度为在弯曲方向的基础梁宽度的总和。

## 本规范用词说明

**1**　为便于在执行本规范条文时区别对待，对要求严格程度不同的用词说明如下：

**1）** 表示很严格，非这样做不可的：
正面词采用“必须”，反面词采用“严禁”；

**2）** 表示严格，在正常情况下均应这样做的：
正面词采用“应”，反面词采用“不应”或“不得”；

**3）** 表示允许稍有选择，在条件许可时首先应这样做的：
正面词采用“宜”，反面词采用“不宜”；

**4）** 表示有选择，在一定条件下可以这样做的，采用“可”。

**2**　条文中指明应按其他有关标准执行的写法为：“应符合……的规定”或“应按……执行”。

## 引用标准名录


**1**《建筑地基基础设计规范》GB 50007

**2**《建筑结构荷载规范》GB 50009

**3**《混凝土结构设计规范》GB 50010

**4**《建筑抗震设计规范》GB 50011

**5**《岩土工程勘察规范》GB 50021

**6**《人民防空地下室设计规范》GB 50038

**7**《混凝土质量控制标准》GB 50164

**8**《建筑地基基础工程施工质量验收规范》GB 50202

**9**《混凝土结构工程施工及验收规范》GB 50204

**10**《建筑变形测量规范》JGJ 8

**11**《高层建筑岩土工程勘察规程》JGJ 72

**12**《建筑桩基技术规范》JGJ 94

中华人民共和国行业标准

# 高层建筑筏形与箱形基础技术规范

**JGJ 6—2011**

## 条 文 说 明

# 修 订 说 明

《高层建筑筏形与箱形基础技术规范》JGJ 6－2011，经住房和城乡建设部2011年1月28日以第904号公告批准、发布。

本规范是在《高层建筑箱形与筏形基础技术规范》JGJ 6－99的基础上修订而成，上一版的主编单位是中国建筑科学研究院，参编单位是北京市建筑设计研究院、北京市勘察设计研究院、上海市建筑设计研究院、中国兵器工业勘察设计研究院、辽宁省建筑设计研究院、北京市建工集团总公司，主要起草人员是：何颐华、钱力航、侯光瑜、袁炳麟、彭安宁、黄强、谭永坚、裴捷、章家驹、郑孟祥、余志成。本次修订的主要技术内容是：1. 增加了筏形与箱形基础稳定性计算方法；2. 增加了大面积整体基础的沉降计算和构造要求；3. 修订了高层建筑筏形与箱形基础的沉降计算公式；4. 修订了箱筏基础底板的冲切、剪切计算方法；5. 修订了桩箱、桩筏基础板的设计计算方法；6. 修订了筏形与箱形基础整体弯矩的简化计算方法；7. 根据新的研究成果和实践经验修订了原规范执行过程中发现的一些问题。

本规范修订过程中，编制组对国内外高层建筑设计施工的应用情况进行了广泛的调查研究，总结了我国工程建设中高层建筑筏形和箱形基础设计、施工领域的实践经验，同时参考了国外先进技术法规、技术标准，通过室内模型试验和现场原位测试取得了能够反映我国当前高层建筑领域设计与施工整体水平的重要技术参数。

为便于广大设计、施工、科研、学校等单位有关人员在使用本规范时能正确理解和执行条文规定，《高层建筑筏形与箱形基础技术规范》编制组按章、节、条顺序编制了本规范的条文说明，对条文规定的目的、依据以及执行中需注意的有关事项进行了说明。但是，本条文说明不具备与规范正文同等的法律效力，仅供使用者作为理解和把握规范规定的参考。

# 目　次

# 1 总 则

**1.0.1** 说明了制定本规范的目的是在高层建筑筏形和箱形基础的设计与施工中贯彻国家的技术政策，做到安全适用、环保节能、经济合理、确保质量、技术先进。

**1.0.2** 规定了本规范的适用范围是高层建筑筏形和箱形基础的设计、施工与监测。因为作为本规范编制依据的工程实测资料、研究成果和工程经验均来自高层建筑。高层建筑的一个重要特点是上部结构参与筏形或箱形基础的共同作用以后，使筏形或箱形基础呈现出刚性基础的特征，而一般基础并不完全具备这种特征。

**1.0.3** 说明了高层建筑筏形和箱形基础在设计与施工时应综合分析各种因素，这些因素都非常重要，如忽略某个因素，甚至可能造成严重的工程事故。这一条必须引起设计施工人员的重视。

**1.0.4** 说明了在进行高层建筑筏形和箱形基础的设计、施工与监测时，执行本规范与执行国家现行有关标准的关系。

# 3 基 本 规 定

**3.0.2** 高层建筑筏形与箱形基础在进行地基设计时，首先应进行承载力和地基变形计算。在受轴心荷载、偏心荷载及地震作用下，基础底面压力均应符合本规范关于承载力的规定；地基变形计算值，不应大于建筑物的地基变形允许值；对建造在斜坡上或边坡附近的高层建筑，应进行整体稳定验算。只有当承载力和地基变形和稳定性均满足相应规定时，才能保证采用筏形与箱形基础的高层建筑的安全和正常使用。

**3.0.3** 岩土工程勘察是为高层建筑筏形与箱形基础设计和施工提供最基本的地质、地形、水文资料和参数的，是进行合理设计和科学施工的基本依据，所以本规范对此作了严格的规定。

# 4 地 基 勘 察

## 4.1 一 般 规 定

**4.1.1** 2000年1月30日由国务院颁发的《建设工程质量管理条例》第5条规定："从事建设工程活动，必须严格执行基本建设程序，坚持先勘察、后设计、再施工的原则"。结合目前勘察设计市场的实际情况，故在地基勘察章节一般规定中，特别强调各方建设主体必须遵守基本建设程序的规定，在进行高层建筑筏形与箱形基础设计前，应先进行岩土工程勘察，查明场地工程地质条件，同时对岩土工程勘察提出了工作要求。

**4.1.2** 本条规定岩土工程勘察宜分阶段进行。勘察单位应根据设计阶段和工程任务的具体要求进行相应阶段的勘察工作。不过在实际工作中，由于项目的特殊性或业主的开发要求，即使复杂场地、复杂地基以及特殊土地基勘察，不一定能清晰划分阶段，甚至是并为一次完成。只要岩土工程勘察能满足高层建筑筏形与箱形基础设计对地基计算的需求，并解决施工过程中可能出现的岩土工程问题就可以。

对于专项勘察，应结合工程需要，可穿插在三个勘察阶段或施工勘察的不同时期进行。专项勘察可以是单项岩土问题勘察，也可是专项问题研究或咨询。

**4.1.3** 在岩土工程勘察前，应详细了解建设方和设计方要求，取得与勘察阶段相应的设计资料，特别是在初步勘察和详细勘察时，应主动通过建设方搜集相关的建筑与结构设计文件，包括建筑总平面图、建筑结构类型、建筑层数、总高度、荷载及荷载效应组合、地下室层数、基础埋深、预计的地基基础形式、可能的基坑支护方案以及设计方的技术要求等，以便合理地进行勘察工作量的策划，有针对性地进行岩土工程评价，提出相应的地基基础方案及相关建议。但在不具备上述条件的情况下，也可先按方格网布点进行勘察，且勘察点应适当加密。在具备本条规定的条件后，根据实际需要进一步完善勘察方案。

**4.1.4** 本条规定了岩土工程勘察工作的基本内容和要求。此外，还应满足《岩土工程勘察规范》GB 50021、《高层建筑岩土工程勘察规程》JGJ 72和《建筑工程勘察文件编制深度规定》等相关要求。

**4.1.5** 建筑物抗浮设计水位与场地的工程地质和水文地质条件以及建筑物使用期内地下水位的变化趋势有关。而地下水位的变化趋势受人为因素和政府水资源政策控制的影响，因此抗浮设计水位是一个技术经济指标。抗浮设计水位的确定是十分复杂的问题，需要进行深入的研究工作。条文中的专项工作是指依据本场地的历史最高水位、近（3～5）年最高地下水位、勘探时地下水位、基础埋深、建筑荷载等资料，综合考虑建筑物使用期间地下水人工采取量和地区地下水补给条件的变化，确定抗浮设计水位。

## 4.2 勘 探 要 求

**4.2.1** 本条规定了布置勘探点和确定勘探孔深度应考虑的因素和遵循的基本原则，重点探明高层建筑地基的均匀性，防止发生倾斜。

**4.2.2** 勘探点间距的规定是参照现行行业标准《高层建筑岩土工程勘察规程》JGJ 72提出的。单幢高层建筑的勘探点不应少于5个，其中控制性深孔不应少于2个是为满足倾斜和差异沉降分析的要求规定的。大直径桩因其承受荷载较大，结构对其沉降量要求较严，因此，当地基条件复杂时，宜在每个桩下都布置有钻孔，以取得准确可靠的地质资料。

**4.2.3** 勘探孔深度的确定原则是依照国家现行标准《高层建筑岩土工程勘察规程》JGJ 72、《建筑抗震设计规范》GB 50011 和《建筑桩基技术规范》JGJ 94 提出的。此外，本条还重点强调特殊土场地，尤其是对处于断裂破碎带等不良地质作用发育、位于斜坡附近对整体稳定性有影响以及抗震设防有要求的场地，其控制性勘察孔应满足的基本要求。

### 4.3 室内试验与现场原位测试

**4.3.1** 高层建筑的荷载大，地基压缩层的深度也大，因此，在确定土的压缩模量时，必须考虑土的自重压力的影响。计算地基变形时应取土的有效自重压力至土的有效自重压力与附加压力之和的压力段来计算压缩模量。

当基坑开挖较深时，尤其是软土地区，应考虑卸荷对地基土性状和基础沉降的影响，应进行回弹再压缩试验以及模拟地基土和基坑侧壁土体的卸荷试验。

计算地基变形时，需取得地基压缩层范围内各土层的压缩模量或变形模量，但遇到难于取到原状土样的土层（如软土、砂土和碎石土）而使变形计算产生困难，为解决这类土进行地基变形计算所需的计算参数问题，可以考虑利用适当的原位测试方法（如标准贯入试验、重型动力触探等），将测试数据与地区的建筑物沉降观测资料以反演方法算出的变形参数建立统计关系。

**4.3.2** 由于试验方法不同，测得的抗剪强度指标也明显不同，因此试验方法应根据地基的加荷及卸荷速率和地基土的排水条件综合选择。

直剪和三轴剪切试验是室内试验抗剪强度的基本手段。其中，三轴剪力试验的土样受力条件比较清楚，测得的抗剪强度指标也比较符合实际情况。直剪试验具有操作方便、造价低等优点。多年的实践经验表明：对有经验的地区，采用直剪试验也可满足工程需要。

**4.3.3** 载荷试验是确定地基承载力较为可靠的方法，本条规定了地基基础设计等级为甲级的建筑物宜通过载荷试验确定地基承载力和变形计算参数。

对于极破碎或易软化的岩基或类似同类土的岩石地基，除应进行岩基平板载荷试验外，还宜进行压板面积不小于 500mm×500mm 的载荷试验，进行对比研究，以便确定地基的实际性状和地基承载力的修正方式及变形参数，积累地区工程经验。

**4.3.10** 用深层载荷试验确定大直径桩端阻力时，应特别注意试验压板周边的约束条件，因实际工作中经常出现将无约束条件的深井载荷试验结果误当作桩端阻力进行使用。进行深井载荷试验时，除满足压板直径不小于 800mm 和周边约束土层厚度不小于压板直径外，压板边缘与约束土体的距离不应大于 1/3 的压板直径。

### 4.4 地 下 水

**4.4.1** 地下水埋藏情况是地基基础设计和基坑设计施工的重要依据。近年来由于地下水引发的工程事故时有发生，因此查明地下水赋存状态是勘察阶段的一项重要任务。地基勘察除应满足本条规定的要求外，在有条件时还应掌握与建筑物设计使用年限相同时间周期内的最高水位、水位变化幅度或水位变化趋势及其主要影响因素。

**4.4.2** 由于高层建筑筏形和箱形基础的埋深较深，场地的地下水对筏基、箱基的设计和施工影响都很大，如水压力的计算、永久性抗浮和防水的设计以及施工降水和施工阶段的抗浮等。因此，当场地水文地质条件对地基评价和地下室抗浮以及施工降水有重大影响时，或对重大及特殊工程，应通过专门的水文地质勘察探明场地的地下水类型、水位和水质情况，分析地下水位的变化幅度和变化趋势。对于重要建筑物或缺少区域水文地质资料的地区，应设置地下水长期观测孔。

## 5 地 基 计 算

### 5.1 一 般 规 定

**5.1.1** 高层建筑筏形和箱形基础的地基承载力和变形计算在正常情况下均应进行，而抗滑移和抗倾覆稳定性验算及地基的整体稳定性验算仅当基础埋深不符合本规范 5.2.3 条的要求或地基土层不均匀时应进行计算，对此在第 5.2.2 条、第 5.2.3 条中还将进一步说明。

**5.1.2** 无论是新建建筑与原有建筑，还是新建建筑物之间，当基础相距较近时，相互之间的影响总是存在的。距离过近，影响过大，就会危及建筑物的安全或正常使用。因此分析建筑物之间的相互影响，验算新旧建筑物的地基承载力、地基变形和地基稳定性是必要的。决定建筑物相邻影响距离大小的因素，主要有“影响建筑”的沉降量和“被影响建筑”的刚度等。“影响建筑”的沉降量与地基土的压缩性、建筑物的荷载大小有关，而“被影响建筑”的刚度则与其结构形式、长高比以及地基土的性质有关。现行国家标准《建筑地基基础设计规范》GB 50007 根据国内 55 个工程实例的调查和分析规定，当“影响建筑物”的平均沉降小于 7cm 或“被影响建筑物”具有较好刚度、长高比小于 1.5 时，一般可不考虑对相邻建筑的影响。当“影响建筑物”的平均沉降大于 40cm 时，相邻建筑基础之间的距离应大于 12m。这些规定对于高层建筑筏形与箱形基础也是可以参考的。

当相邻建筑物较近时，应采取措施减小相互影响：①尽量减小"影响建筑物"的沉降量；②新建建筑物的基础埋深不宜大于原有建筑基础；③选择对地基变形不敏感的结构形式；④采用施工后浇带；⑤设置沉降缝：⑥施工时采取措施，保护或加固原有建筑物地基等。

**5.1.3** 对单幢建筑物，在均匀地基的条件下，基础底面的压力和基础的整体倾斜主要取决于永久荷载与可变荷载效应组合产生的偏心距大小。对基底平面为矩形的箱基，在偏心荷载作用下，基础抗倾覆稳定系数 $K_F$ 可用下式表示：

$$K_F = \frac{y}{e} = \frac{\gamma B}{e} = \frac{\gamma}{\frac{e}{B}} \tag{1}$$

式中：$B$——与组合荷载竖向合力偏心方向平行的箱基边长；

$e$——作用在基底平面的组合荷载全部竖向合力对基底面积形心的偏心距；

$y$——基底平面形心至最大受压边缘的距离，$\gamma$ 为 $y$ 与 $B$ 的比值。

从式中可以看出 $e/B$ 直接影响着抗倾覆稳定系数 $K_F$，$K_F$ 随着 $e/B$ 的增大而降低，因此容易引起较大的倾斜。表1三个典型工程的实测证实了在地基条件相同时，$e/B$ 越大，则倾斜越大。

**表1 $e/B$ 值与整体倾斜的关系**

| 地基条件 | 工程名称 | 横向偏心距 $e$（m） | 基底宽度 $B$（m） | $\frac{e}{B}$ | 实测倾斜（‰） |
|---|---|---|---|---|---|
| 上海软土地基 | 胸科医院 | 0.164 | 17.9 | $\frac{1}{109}$ | 2.1（有相邻影响） |
| 上海软土地基 | 某研究所 | 0.154 | 14.8 | $\frac{1}{96}$ | 2.7 |
| 北京硬土地基 | 中医医院 | 0.297 | 12.6 | $\frac{1}{42}$ | 1.716（唐山地震北京烈度为6度，未发现明显变化） |

高层建筑由于楼身质心高，荷载重，当箱形基础开始产生倾斜后，建筑物总重对箱形基础底面形心将产生新的倾覆力矩增量，而倾覆力矩的增量又产生新的倾斜增量，倾斜可能随时间而增长，直至地基变形稳定为止。因此，为避免箱基产生倾斜，应尽量使结构竖向永久荷载与基础平面形心重合，当偏心难以避免时，则应规定竖向合力偏心距的限值。本规范根据实测资料并参考《公路桥涵设计通用规范》JTG D60－2004对桥墩合力偏心距的限制，规定了在永久荷载与楼（屋）面活载组合时，$e \leqslant 0.1\frac{W}{A}$。从实测结果来看，这个限制对硬土地区稍严格，当有可靠依据时可适当放松。

**5.1.4** 大面积整体基础上的建筑宜均匀对称布置，使建筑物荷载与整体基础的形心尽量重合。但在实际工程中要做到二者重合是比较困难的。根据中国建筑科学研究院地基所黄熙龄、袁勋、宫剑飞等人的研究成果，多幢建筑下的大面积整体基础，具有以下一些特征：

**1** 大型地下框架厚筏的变形与高层建筑的布置、荷载的大小有关。筏板变形具有以高层建筑为变形中心的不规则变形特征，高层建筑间的相互影响与加载历程有关。高层建筑本身的变形仍具有刚性结构的特征，框架-筏板结构具有扩散高层建筑荷载的作用。

**2** 各塔楼独立作用下产生的变形效应通过以各个塔楼下面一定范围内的区域为沉降中心，各自沿径向向外围衰减，并在其共同的影响范围内相互叠加。地基反力的分布规律与此相同（图1）。

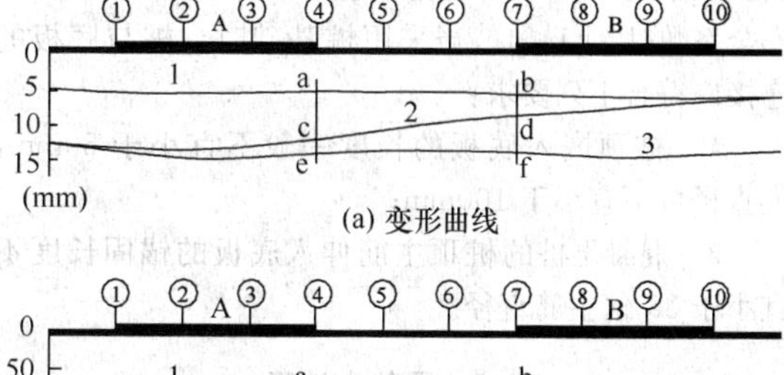

(a) 变形曲线

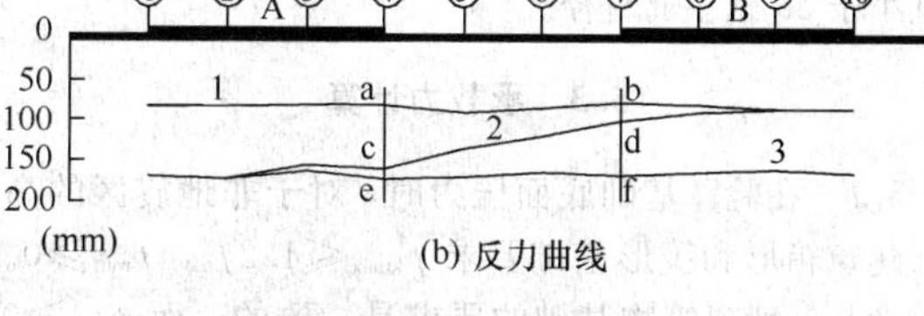

(b) 反力曲线

图1 双塔楼不同加载路径反力、变形曲线

1—主楼A、B同步加载至800kN；2—主楼A由800kN加载至1600kN，主楼B持载800kN；3—主楼B由800kN加载至1600kN，主楼A持载1600kN

**3** 双塔楼共同作用下的沉降变形曲线基本上可以看作是每个塔楼单独作用下的沉降变形曲线的叠加，见图1。

**4** 由于主楼荷载扩散范围的有限性和地基变形的连续性，在通常的楼层范围内，对于同一大底盘框架厚筏基础上的多个高层建筑，应用叠加原理计算基础的沉降变形和地基反力是可行的。

因此可以将整体基础按单幢建筑分块进行近似计算，每幢建筑的有效影响范围可按主楼外边缘向外延伸一跨确定，影响范围内的基底平面形心宜与结构竖向永久荷载重心重合。当不能重合时，宜符合本规范第5.1.3条的规定。

**5.1.5、5.1.6** 桩筏与桩箱基础是否应进行沉降计算的规定与现行行业标准《建筑桩基技术规范》JGJ 94的规定是一致的。

## 5.2 基础埋置深度

**5.2.2** 在确定高层建筑筏形和箱形基础的埋置深度时，满足地基承载力、变形和稳定性要求是必须的，是前提。有一定的埋置深度才能保证基础的抗倾覆和抗滑移稳定性，也能使地基土的承载力得到充分发挥。

**5.2.3** 在抗震设防区，除岩石地基外，天然地基上的筏形和箱形基础的埋置深度不宜小于建筑物高度的1/15、桩筏或桩箱基础的埋置深度（不计桩长）不宜小于建筑物高度的1/18是高层建筑筏形和箱形基础埋深的经验值，是根据工程经验经过统计分析得到的。北京市勘察设计研究院张在明等研究了高层建筑地基整体稳定性与基础埋深的关系，以二幢分别为15层和25层的居住建筑，抗震设防烈度为8度，地震作用按《建筑抗震设计规范》GBJ 11—89计算，并考虑了地基的种种不利因素，用圆弧滑动面法进行分析，其结论是25层的建筑物，埋深1.8m，其稳定安全系数为1.44，如果埋深达到3.8m（1/17.8），则安全系数达到1.64。当采用桩基础时，桩与底板的连接应符合下列要求：

1 桩顶嵌入底板的长度一般不宜小于50mm，大直径桩不宜小于100mm；

2 混凝土桩的桩顶主筋伸入底板的锚固长度不宜小于35倍主筋直径。

## 5.3 承载力计算

**5.3.1** 在验算基础底面压力时，对于非地震区的高层建筑箱形和筏形基础要求 $p_{kmax} \leqslant 1.2f_a$，$p_{min} \geqslant 0$。前者与一般建筑物基础的要求是一致的，而 $p_{min} \geqslant 0$ 是根据高层建筑的特点提出的。因为高层建筑的高度大，重量大，本身对倾斜的限制也比较严格，所以它对地基的强度和变形的要求也较一般建筑严格。

**5.3.3** 对于地震区的高层建筑筏形和箱形基础，在验算地基抗震承载力时，采用了地基抗震承载力设计值 $f_{aE}$，即：

$$f_{aE} = \zeta_a f_a \tag{2}$$

式中 $f_a$ 为经过深度和宽度修正后的地基承载力特征值（kPa）。这是总结工程实践经验以后确定的。

## 5.4 变形计算

**5.4.1** 建筑物的地基变形计算值，不应大于地基变形允许值，地基变形允许值应按地区经验确定，当无地区经验时应符合现行国家标准《建筑地基基础设计规范》GB 50007的规定。

**5.4.2** 建于天然地基上的建筑物，其基础施工时均需先开挖基坑。此时地基土受力性状的改变，相当于卸除该深度土自重压力 $p_c$ 的荷载，卸载后地基即发生回弹变形。在建筑物从砌筑基础以至建成投入使用期间，地基处于逐步加载受荷的过程中。当外荷小于或等于 $p_c$ 时，地基沉降变形 $s_1$ 是由地基回弹转化为再压缩的变形。当外荷大于 $p_c$ 时，除上述 $s_1$ 回弹再压缩地基沉降变形外，还由于附加压力 $p_0 = p - p_c$ 产生地基固结沉降变形 $s_2$。对基础埋置深的建筑物地基最终沉降变形皆应由 $s_1 + s_2$ 组成；如按分层总和法计算地基最终沉降，即如本规范中式（5.4.2-1）～式（5.4.2-3）所示。

由于建筑物基础埋置深度不同，地基的回弹再压缩变形 $s_1$ 在量值程度上有较大差别。如果建筑物的基础埋深小，该回弹再压缩变形 $s_1$ 值甚小，计算沉降时可以忽略不计。这样考虑正是常规的仅以附加压力 $p_0$ 计算沉降的方法，也就是按式（5.4.2-3）计算的 $s_2$ 沉降部分。

应该指出高层建筑箱基和筏基由于基础埋置较深，因此地基回弹再压缩变形 $s_1$ 往往在总沉降中占重要地位，甚至有些高层建筑设置（3～4）层（甚至更多层）地下室时，总荷载有可能等于或小于 $p_c$，这样的高层建筑地基沉降变形将仅由地基回弹再压缩变形决定。由此看来，对于高层建筑筏基和箱基在计算地基最终沉降变形中 $s_1$ 部分的变形不但不应忽略，而应予以重视和考虑。

式（5.4.2-2）中所用的回弹再压缩模量 $E'_s$ 和压缩模量 $E_s$ 应按本规范第4.3.1条的试验要求取得。按式（5.4.2-1）～式（5.4.2-3）计算最终沉降，实际上也考虑了应力历史对地基土固结的影响。

式（5.4.2-3）中沉降计算经验系数 $\psi_s$ 可按地区经验采用；由于该系数仅用于对 $s_2$ 部分的沉降进行调整，这样就与现行国家标准《建筑地基基础设计规范》GB 50007相一致，故在缺乏经验地区时可按现行国家标准《建筑地基基础设计规范》GB 50007的有关规定采用。地基沉降回弹再压缩变形 $s_1$ 部分的经验系数 $\psi'$ 亦可按地区经验确定，但目前有经验的地区和单位较少，尚须不断积累，目前暂可按 $\psi' = 1$ 考虑。

按式（5.4.2-3）计算时，基础中点的沉降计算深度可按现行国家标准《建筑地基基础设计规范》GB 50007采用，不另作说明。而按式（5.4.2-2）计算时，沉降计算深度可取基坑开挖深度。

**5.4.3** 本规范除在第5.4.2条规定采用室内压缩模量计算沉降量外，又在第5.4.3条规定了按变形模量计算沉降的方法。设计人员可以根据工程的具体情况选择其中任一种方法进行沉降计算。或者采用两种方法计算，进行比较，根据工程经验预估沉降量。

高层建筑筏形与箱形基础地基的沉降计算与一般中小型基础有所不同，如前所述，高层建筑除具有基础面积大、埋置深，尚有地基回弹等影响。因此，利用本条方法计算地基沉降变形时尚应遵守以下原则：

1 关于计算荷载问题

我国地基沉降变形计算是以附加压力作为计算荷载，并且已积累了很多经验。一些高层建筑基础埋置较深，根据使用要求及地质条件，有时将筏形与箱形基础做成补偿基础，此种情况下，附加压力很小或等于零。如按附加压力为计算荷载，则其沉降变形也很小或等于零。但实际上并非如此，由于筏形或箱形基础的基坑面积大，基坑开挖深度深，基坑底土回弹不能忽视，当建筑物荷载增加到一定程度时，基础仍然会有沉降变形，该变形即为回弹再压缩变形。

为了使沉降计算与实际变形接近，采用总荷载作为地基沉降计算压力的建议，对于埋置深度很深、面积很大的基础是适宜的。也比采用附加压力计算合理。一方面近似考虑了深埋基础（或补偿基础）计算中的复杂问题，另一方面也近似解决了大面积开挖基坑坑底的回弹再压缩问题。

**2　关于地基变形模量问题**

采用野外载荷试验资料算得的变形模量 $E_0$，基本上解决了试验土样扰动的问题。土中应力状态在载荷板下与实际情况比较接近。因此，有关资料指出在地基沉降计算公式中宜采用原位载荷试验所确定的变形模量最理想。其缺点是试验工作量大，时间较长。目前我国采用旁压仪确定变形模量或标准贯入试验及触探资料，间接推算与原位载荷试验建立关系以确定变形模量，也是一种有前途的方法。例如我国《深圳地区建筑地基基础设计试行规程》就规定了花岗岩残积土的变形模量可根据标准贯入锤击数 $N$ 确定。

**3　大基础的地基压缩层深度问题**

高层建筑筏形及箱形基础宽度一般都大于 10m，可按大基础考虑。由何颐华《大基础地基压缩层深度计算方法的研究》一文可知大基础地基压缩层的深度 $z_n$ 与基础宽度 B、土的类别有密切的关系。该资料已根据不同基础宽度 $B$ 计算了方形、矩形及带形基础地基压缩层 $z_n$，并将计算结果 $z_n$ 与 $B$ 绘成曲线。由曲线可知在基础宽度 $B$＝10m～30m（带形基础为 10m～20m）的区段间，$z_n$ 与 $B$ 的曲线近似直线关系。从而得到了地基压缩层深度的计算公式。又根据工程实测的地基压缩层深度对计算值作了调整，即乘一调整系数 $\beta$ 值，对砂类土 $\beta$＝0.5，一般黏土 $\beta$＝0.75，软弱土 $\beta$＝1.00，最后得到了大基础地基压缩层 $z_n$ 的近似计算式（5.4.4）。利用该式计算地基压缩层深度 $z_n$ 并与工程实测作了对比，一般接近实际，而且简易实用。

**4　高层建筑筏形及箱形基础地基沉降变形计算方法**

目前，国内外高层建筑筏形及箱形基础采用的地基沉降变形计算方法一般有分层总和法与弹性理论法。地基是处于三向应力状态下的，土是分层的，地基的变形是在有效压缩层深度范围之内的。很多学者在三向应力状态下计算地基沉降变形量的研究中作了大量工作。本条所述方法以弹性理论为依据，考虑了地基中的三向应力作用、有效压缩层、基础刚度、形状及尺寸等因素对基础沉降变形的影响，给出了在均布荷载下矩形刚性基础沉降变形的近似解及带形刚性基础沉降变形的精确解，计算结果与实测结果比较接近，见表 2。

**表 2　按本规范第 5.4.3 条计算的地基沉降与实测值比较表**

| 序号 | 工程类别 | 地基土的类别 | 土层厚度（m） | 本条方法计算值（cm） | 工程实测值（cm） |
|---|---|---|---|---|---|
| 1 | 郑州黄和平大厦 | 粉细砂土<br>黏质粉土<br>粉质黏土 | 2.30<br>5.20<br>2.10 | 3.6 | 已下沉 3.0cm<br>预计 3.75cm |
| 2 | 深圳上海宾馆 | 花岗岩残积土 | 20.0 | 3.6 | 2.6～2.8 |
| 3 | 深圳长城大厦 C | 花岗岩残积土 | 13.0 | 1.7 | 1.5 |
| 4 | 深圳长城大厦 B | 花岗岩残积土 | 13.0 | 1.42 | 1.49 |
| 5 | 深圳长城大厦 B737 点 | 花岗岩残积土 | 13.0 | 1.80 | 1.94 |
| 6 | 深圳长城大厦 D | 花岗岩残积土 | 13.0 | 1.48 | 1.47 |
| 7 | 深圳中航工贸大厦 | 花岗岩残积土 | 20.0 | 2.75 | 2.80 |
| 8 | 直径 38m 的烟筒基础 | 黏　土<br>黏质砂土<br>黏　土 | 3.0<br>1.5<br>— | 10.3 | 9.0 |
| 9 | 直径 38m 的烟筒基础 | 黏　土<br>黏质砂土<br>黏　土 | 3.5<br>2.5<br>— | 9.6 | 10.0 |
| 10 | 直径 23m 的烟筒基础 | 黏　土<br>黑黏土<br>细　砂<br>黑黏土<br>石灰岩 | 5.6<br>4.0<br>6.0<br>4.7<br>— | 8.8 | 8.0 |
| 11 | 直径 32m 的烟筒基础 | 坍陷黏土<br>黏质砂土<br>黏　土 | 1.0<br>5.0<br>— | 10.3 | 9.0 |
| 12 | 直径 41m 的烟筒基础 | 细　砂<br>粗　砂<br>黏　土<br>泥灰岩 | 11.0<br>5.0<br>3.0<br>— | 6.5 | 4.5 |
| 13 | 直径 36m 的烟筒基础 | 细　砂<br>粗　砂<br>黏质砂土<br>泥灰岩<br>硬泥灰岩 | 2.5<br>3.0<br>1.0<br>5.0<br>— | 4.5 | 4.8 |
| 14 | 直径 32m 的烟筒基础 | 细　砂<br>粉　砂<br>粗　砂<br>黏　土 | 5.0<br>5.5<br>5.5<br>— | 3.9 | 2.4 |
| 15 | 直径 21.5m 的烟筒基础 | 细　砂<br>中　砂<br>细　砂<br>中　砂<br>黏　土 | 2.0<br>2.0<br>3.0<br>9.5<br>— | 3.2 | 2.5 |
| 16 | 直径 30m 的烟筒基础 | 细　砂<br>中　砂<br>黏　土<br>黏　土<br>石灰岩 | 2.5<br>4.0<br>5.0<br>35.0<br>— | 13.7 | 15 |

**5.4.5** 带裙房高层建筑的大面积整体筏形基础的沉降按上部结构、基础与地基共同作用的方法进行计算是比较合理的。设计人员可根据所在单位的技术条件酌情采用。

**5.4.6** 对于多幢建筑下的同一大面积整体筏形基础，可按叠加原理计算基础的沉降的原因，可参看第5.1.4条的说明。

### 5.5 稳定性计算

**5.5.1** 高层建筑承受各种竖向荷载和水平荷载的作用，地质条件也千差万别，本规范规定通过抗滑移稳定性、抗倾覆稳定性、抗浮稳定性和地基整体滑动稳定性这四种稳定性的验算来保证高层建筑的安全。当高层建筑在承受较强地震作用、风荷载或其他水平荷载时，筏形与箱形基础应验算其抗滑移稳定性。抗滑移的力是基底摩擦力、平行于剪力方向的侧壁摩擦力和垂直于剪力方向被动土压力的合力。计算基底摩擦力$F_1$时，除了按基础底面的竖向总压力和土与混凝土之间摩擦系数计算外，还应按地基土抗剪强度进行计算，取二者中的小值作为其抗滑移的力，是安全的。

土与混凝土之间的摩擦系数可根据试验或经验取值，也可参照现行国家标准《建筑地基基础设计规范》GB 50007 中关于挡土墙设计时按墙面平滑与填土摩擦的情况取值，其值如表3所示。

**表3 土对挡土墙基底的摩擦系数**

| 土 的 类 别 | | 摩擦系数 |
|---|---|---|
| 黏性土 | 可塑 | 0.25～0.30 |
| | 硬塑 | 0.30～0.35 |
| | 坚硬 | 0.35～0.45 |
| 粉土 | | 0.30～0.40 |
| 中砂、粗砂、砾砂 | | 0.40～0.50 |
| 碎石土 | | 0.40～0.60 |
| 软质岩 | | 0.40～0.60 |
| 表面粗糙的硬质岩 | | 0.65～0.75 |

注：1 对易风化的软质岩和塑性指数$I_P$大于22的黏性土，基底摩擦系数应通过试验定；

2 对碎石土，可根据其密实程度、填充物状况、风化程度等确定。

**5.5.2** 高层建筑在承受较强地震作用、风荷载、其他水平荷载或偏心竖向荷载时，应验算筏形和箱形基础的抗倾覆稳定性，验算的公式是明了的。

**5.5.3** 当非岩石地基内存在软弱土层或地基土质不均匀时，应采用极限平衡理论的圆弧滑动面法验算地基整体滑动稳定性。其计算方法是成熟的，可见于一般教科书。

**5.5.4** 建筑物地下室、地下车库、水池等由于水浮力的作用，上浮的事故常有发生。因此，当筏形和箱形基础部分或全部在地下水位以下时，应进行抗浮验算。抗浮验算的关键是地下水位的确定。抗浮验算用的地下水位应由勘察单位提供。

抗浮设防水位应在研究场区各层地下水的赋存条件、场区地下水与区域性水文地质条件之间的关系、各层地下水的变化趋势以及引起这种变化的客观条件的基础上，经综合分析确定：

**1** 当有长期水位观测资料时，抗浮设防水位可根据历史最高水位和建筑物使用期间可能发生的变化来确定；

**2** 当无长期水位观测资料或资料缺乏时，按勘察期间实测最高稳定水位并结合场地地形地貌、地下水补给、排泄条件等因素综合确定；

**3** 场地有承压水且与潜水有水力联系时，应实测承压水水位并考虑其对抗浮设防水位的影响；

**4** 在可能发生地面积水和洪水泛滥的地区，可取地面标高为抗浮设防水位；

**5** 施工期间的抗浮设防水位可根据施工地区、季节和现场的具体情况，按近（3～5）年的最高水位确定。

水浮力、结构永久荷载的分项系数应取1.0。

## 6 结构设计与构造要求

### 6.1 一 般 规 定

**6.1.1** 箱形基础的平面尺寸，通常是先将上部结构底层平面或地下室布置确定后，再根据荷载分布情况验算地基承载力、沉降量和倾斜值。若不满足要求则需调整其底面积和形状，将基础底板一侧或全部适当挑出，或将箱形基础整体加大，或增加埋深以满足地基承载力和变形的要求。

当采用整体扩大箱形基础方案时，扩大部分的墙体应与箱形基础的内墙或外墙连通成整体，且扩大部分墙体的挑出长度不宜大于地下结构埋入土中的深度，以保证主楼荷载有效地扩散到悬挑的墙体上。

对平面为矩形的箱形基础，沉降观察结果表明纵向相对挠曲要比横向大得多，为防止由于加大基础的纵向尺寸而引起纵向挠曲的增加，当需要扩大基底面积时，以及增加基础抗倾覆能力，宜优先扩大基础的宽度。

**6.1.2** 试验资料和理论分析都表明，回填土的质量影响着基础的埋置作用，如果不能保证填土和地下室外墙之间的有效接触，将减弱土对基础的约束作用，降低基侧土对地下结构的阻抗和基底土对基础的转动阻抗。因此，应注意地下室四周回填土应均匀分层夯实。

**6.1.3** 在设计中通常都假定上部结构嵌固在基础结构上，实际上这一假定只有在刚性地基的条件下才能实现。对绝大多数都属柔性地基的地基土而言，在水平力作用下结构底部以及地基都会出现转动，因此所谓嵌固实质上是指异常接近于固定的计算基面而已。本条款中的嵌固即属此意。

1989年，美国旧金山市一幢257.9m高的钢结构建筑，地下室采用钢筋混凝土剪力墙加强，其下为2.7m厚的筏板，基础持力层为黏性土和密实性砂土，基岩位于室外地面下48m～60m处。在强震作用下，地下室除了产生52.4mm的整体水平位移外，还产生了万分之三的整体转角。实测记录反映了两个基本情况：其一是地下室经过剪力墙加强后其变形呈现出与刚体变形相似的特征；其二是地下结构的转角体现了柔性地基的影响。在强震作用下，既然四周与土层接触的具有外墙的地下室其变形与刚体变形基本一致，那么在抗震设计中可假设地下结构为一刚体，上部结构嵌固在地下室的顶板上，而在嵌固部位处增加一个大小与柔性地基相同的转角。

对有抗震设防要求的高层建筑，基础结构设计中的一个重要原则是，要保证上部结构在强震作用下能实现预期的耗能机制，要求基础结构的刚度和强度大于上部结构刚度，逼使上部结构先于基础结构屈服，保证上部结构进入非弹性阶段时，基础结构仍具有足够的承载力，始终能承受上部结构传来的荷载并将荷载安全传递到地基上。

四周外墙与土层紧密接触、且具有较多纵横墙的箱形基础和带有外围挡土墙的厚筏基础其特点是刚度较大，能承受上部结构屈服超强所产生的内力。同时地震作用逼使与地下室接触的土层发生相应的变形，导致土对地下室外墙及底板产生抗力，约束了地下结构的变形，从而提高了基侧土对地下结构的阻抗和基底土对基础的转动阻抗。

当上部结构为框架、框架-剪力墙或框架-核心筒结构时：采用筏形基础的单、多层地下室，其非基础部分的地下室除外围挡土墙外，地下室内部结构布置基本与上部结构相同。数据分析表明，由于地下室外墙参与工作，其层间侧向刚度一般都大于上部结构，为保证上部结构在地震作用下出现预期的耗能机制，本规范参考了1993年北京市建筑设计研究院胡庆昌《带地下室的高层建筑抗震设计》以及罗马尼亚有关规范，规定了当上部结构嵌固在地下一层顶板时，地下一层的层间侧向刚度大于或等于与其相连的上部结构楼层刚度的1.5倍；对于大底盘基础，当地下室基础墙与主楼剪力墙的间距符合表6.1.3要求时，可将该基础墙的刚度计入地下室层间侧向刚度内，但该范围内的侧向刚度不能重叠使用于相邻建筑。

当上部结构为剪力墙结构、采用的箱基其净高又较大，在忽略箱基周边土的有利条件下，箱形基础墙的侧向刚度与相邻上部结构底层剪力墙侧向刚度之比会达不到1.5倍的要求。如何处理此类结构计算简图的嵌固部位，目前有两种不同的看法：其一是将上部结构的嵌固部位定在箱基底板的上皮，将箱基底板视作筏板；其二是将箱基视作为箱式筏基，上部结构的嵌固部位定在箱基的顶部。JGJ 6－99在编制时曾做了大量分析工作，计算结果表明，在地震作用下，第二种计算模型算得的基底剪力大于第一种计算模型算得的基底剪力。

图2为一典型的一梯十户高层住宅，层高为2.7m，基础为单层箱基，埋深取建筑物高度的1/15，箱形基础高度不小于3m。抗震设防烈度为8度，场地类别为Ⅱ类，设计地震分组为第一组。上部结构按嵌固在基底和箱基顶部两种计算简图进行计算。计算结果列于表4中，表中$F_0$、$F_1$分别表示基底和首层结构的总水平地震作用标准值；$M_0$、$M_1$分别表示基底和首层结构的倾覆力矩标准值。从表中我们可以看到第二种计算模型算得的结果大于第一种计算模型算得的结果。从基础变形角度来看，由于第一种计算模型将底板与刚度很大的基础墙割开，把上部结构置于厚度较薄的底板上，因而算得的地基变形值远大于规范规定的变形允许值。此外，考虑到地震发生时四周与土壤接触的箱基其变形与刚体变形基本一致的事实，对单、多层箱基的地下室，上部为剪力墙结构时，本规范推荐其嵌固部位取地下一层箱基的顶部。

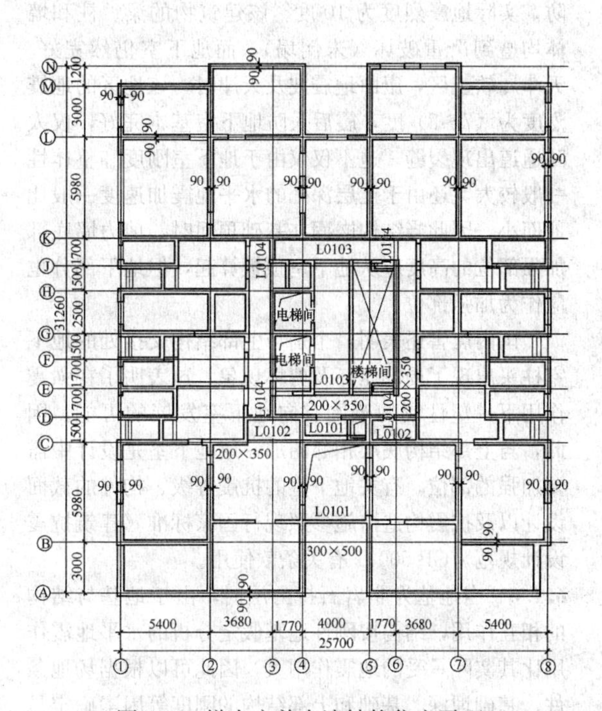


图2　一梯十户剪力墙结构住宅平面

**表 4　剪力墙结构单层箱基-地基交接面上水平地震作用和倾覆力矩比较**

| 层数 | 楼高 (m) | 箱高 (m) | 嵌固在箱基底 | | | | | 嵌固在箱基顶 | | | |
|---|---|---|---|---|---|---|---|---|---|---|---|
| | | | $T_1$ (s) | $F_0$ (kN) | $M_0$ (kN·m) | $F_1$ (kN) | $M_1$ (kN·m) | $T_1$ (sec) | $F_0$ (kN) | $M_0^*$ (kN·m) | $M_1$ (kN·m) |
| 12 | 32.4 | 3.0 | 0.449 | 13587 | 324328 | 13438 | 285467 | 0.416 | 13590 | 337814 | 297044 |
| 15 | 40.5 | 3.0 | 0.599 | 13314 | 375378 | 13189 | 338338 | 0.562 | 13526 | 390538 | 349460 |
| 18 | 48.6 | 3.2 | 0.761 | 13310 | 425756 | 13182 | 387595 | 0.721 | 13197 | 441788 | 399558 |
| 21 | 56.7 | 3.8 | 0.903 | 13805 | 492980 | 13648 | 447470 | 0.856 | 13609 | 512933 | 461239 |
| 24 | 64.8 | 4.3 | 1.033 | 15965 | 620964 | 15746 | 563341 | 0.975 | 15643 | 649564 | 582299 |
| 27 | 72.9 | 4.8 | 1.207 | 15879 | 677473 | 15631 | 609637 | 1.148 | 15684 | 707500 | 632217 |

注：* 表示 $M_0=M_1+F_0\times$箱高

**6.1.4**　当地下一层结构顶板作为上部结构的嵌固部位时，为保证上部结构的地震等水平作用能有效通过楼板传递到地下室抗侧力构件中，地下一层结构顶板上开设洞口的面积不宜过大；沿地下室外墙和内墙边缘的楼板不应有大洞口；地下一层结构顶板应采用梁板式楼盖；楼板的厚度、混凝土强度等级及配筋率不应过小。本规范提出地下一层结构顶板的厚度不应小于 180mm 的要求，不仅旨在保证楼板具有一定的传递水平作用的整体刚度外，还旨在有效减小基础变形和整体弯曲度以及基础内力，使结构受力、变形合理而且经济。

**6.1.5**　国内震害调查表明，唐山地震中绝大多数地面以上的工程均遭受严重破坏，而地下人防工程基本完好。如新华旅社上部结构为 8 层组合框架，8 度设防，实际地震烈度为 10 度。该建筑物的梁、柱和墙体均遭到严重破坏（未倒塌），而地下室仍然完好。天津属软土区，唐山地震波及天津时，该地区的地震烈度为（7～8）度，震后人防地下室基本完好，仅人防通道出现裂缝。这不仅仅由于地下室刚度和整体性一般较大，还由于土层深处的水平地震加速度一般比地面小，因此当结构嵌固在基础顶面时，剪力墙底部加强部位的高度应从地下室顶板算起，但地下部分也应作为加强部位。

国内震害还表明，个别与上部结构交接处的地下室柱头出现了局部压坏及剪坏现象。这表明了在强震作用下，塑性铰的范围有向地下室发展的可能。因此，与上部结构底层相邻的那一层地下室是设计中需要加强的部位。有关地下室的抗震等级、构件的截面设计以及抗震构造措施参照现行国家标准《建筑抗震设计规范》GB 50011 有关条款使用。

**6.1.6**　当地基为非岩石持力层时，由于地基与结构的相互作用，结构按刚性地基假定分析的水平地震作用比其实际承受的地震作用大，因此可以根据场地条件、基础埋深、基础和上部结构的刚度等因素确定是否对水平地震作用进行适当折减。

实测地震记录及理论分析表明，土中的水平地震加速度一般随深度而渐减，较大的基础埋深，可以减少来自基底的地震输入，例如日本取地表下 20m 深处的地震系数为地表的 0.5 倍；法国规定筏基或带地下室的建筑的地震作用比一般的建筑少 20%。同时，较大的基础埋深，可以增加基础侧面的摩擦阻力和土的被动土压力，增强土对基础的嵌固作用。

通过对比美国“UBC 和 NEMA386”、法国、希腊等国规范以及本规范编制时所作的计算分析工作，建议：

对四周与土层紧密接触带地下室外墙的整体式的筏基和箱基，结构基本自振周期处于特征周期的 1.2 倍至 5 倍范围时，场地类别为Ⅲ和Ⅳ类、抗震设防烈度为 8 度和 9 度，按刚性地基假定分析的基底水平地震剪力和倾覆力矩可分别折减 10%和 15%，但该折减系数不能与现行国家标准《建筑抗震设计规范》GB 50011 第 5.2 节中提出的折减系数同时使用。

**6.1.7**　筏形和箱形基础除应通过计算使之符合受弯、受冲切和受剪承载力的要求外，为了保证其整体刚度、防渗能力和耐久性，本规范不仅对筏形和箱形基础的构造作出了规定，还对其抗裂性提出了要求。而要满足这些要求，最根本的保证则是基础混凝土的强度，所以本规范对此作出了强制性规定。

## 6.2　筏 形 基 础

**6.2.1**　框架-核心筒结构和筒中筒结构的核心筒竖向刚度大，荷载集中，需要基础具有足够的刚度和承载能力将核心筒的荷载扩散至地基。与梁板式筏基相比，平板式筏基具有抗冲切及抗剪切能力强的特点，且构造简单，施工便捷，经大量工程实践和部分工程事故分析，平板式筏基具有更好的适应性。

**6.2.2**　N. W. Hanson 和 J. M. Hanson 在他们的“混凝土板柱之间剪力和弯矩的传递”试验报告中指出：板与柱之间的不平衡弯矩传递，一部分不平衡弯矩是通过临界截面周边的弯曲应力 $T$ 和 $C$ 来传递，而一部分不平衡弯矩则通过临界截面上的偏心剪力对临界截面重心产生的弯矩来传递的，如图3所示。因此，在验算距柱边 $h_0/2$ 处的冲切临界截面剪应力时，除需考虑竖向荷载产生的剪应力外，尚应考虑作用在冲切临界截面重心上的不平衡弯矩所产生的附加剪应力。本规范式（6.2.2-1）右侧第一项是根据现行国家标准《混凝土结构设计规范》GB 50010 在集中力作用下的受冲切承载力计算公式换算而得，右侧第二项是引自美国 ACI 318 规范中有关的计算规定。

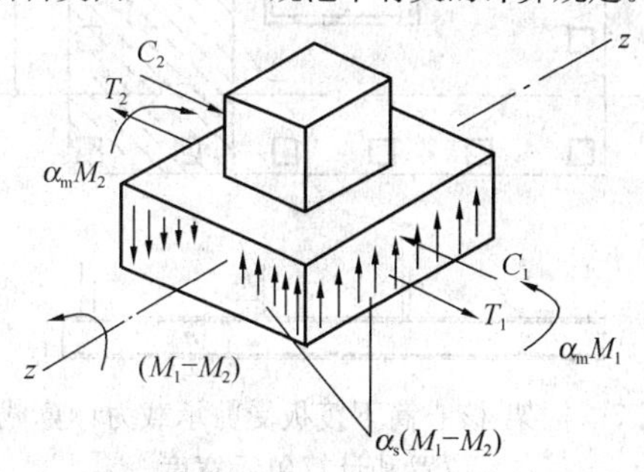


图3 板与柱不平衡弯矩传递示意

关于式（6.2.2-1）中冲切力取值的问题，国内外大量试验结果表明，内柱的冲切破坏呈完整的锥体状，我国工程实践中一直沿用柱所承受的轴向力设计值减去冲切破坏锥体范围内相应的地基反力作为冲切力；对边柱和角柱，中国建筑科学研究院地基所试验结果表明，其冲切破坏锥体近似为1/2和1/4圆台体，本规范参考了国外经验，取柱轴力设计值减去冲切临界截面范围内相应的地基反力作为冲切力设计值。本规范中的角柱和边柱是相对于基础平面而言的，大量计算结果表明，受基础盆形挠曲的影响，基础的角柱和边柱产生了附加的压力。中国建筑科学研究院地基所滕延京和石金龙在《柱下筏板基础角柱边柱冲切性状的研究报告》中，将角柱、边柱和中柱的冲切破坏荷载与规范公式计算的冲切破坏荷载进行了对比，计算结果表明，角柱和边柱下筏板的冲切承载力的“安全系数”偏低，约为1.45和1.6。为使角柱和边柱与中柱抗冲切具有基本一致的安全度，本次规范修订时将角柱和边柱的冲切力乘以了放大系数1.2和1.1。

式（6.2.2-1）中的 $M_{unb}$ 是指作用在柱边 $h_0/2$ 处冲切临界截面重心上的弯矩，对边柱它包括由柱根处轴力设计值 $N$ 和该处筏板冲切临界截面范围内相应的地基反力 $P$ 对临界截面重心产生的弯矩。由于本条款中筏板和上部结构是分别计算的，因此计算 $M$ 值时尚应包括柱子根部的弯矩 $M_c$，如图4所示，$M$ 的表达式为：

$$M_{unb} = Ne_N - Pe_p \pm M_c$$

对于内柱，由于对称关系，柱截面形心与冲切临界截面重心重合，$e_N = e_p = 0$，因此冲切临界截面重心上的弯矩，取柱根弯矩。

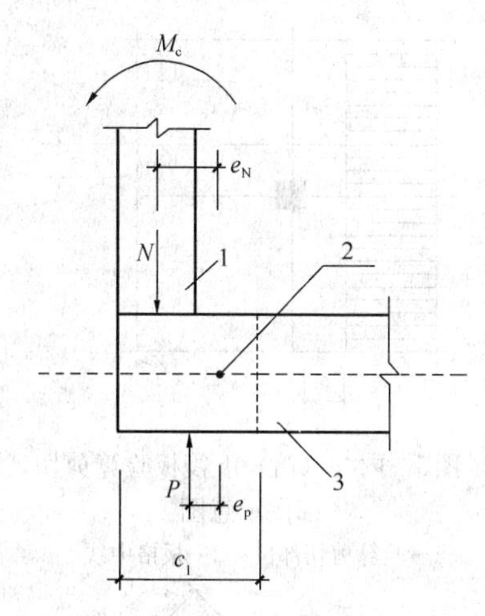


图4 边柱 $M_{unb}$ 计算示意图

1—冲切临界截面重心；2—柱；3—筏板

本规范的式（6.2.2-2）是引自我国现行国家标准《建筑地基基础设计规范》GB 50007，式中包含了柱截面长、短边比值的影响，适用于包括扁柱和单片剪力墙在内的平板式筏基。

对有抗震设防要求的平板式筏基，尚应验算地震作用组合的临界截面的最大剪应力 $\tau_{E,max}$，此时式（6.2.2-1）和式（6.2.2-2）应改写为：

$$\tau_{E,max} = \frac{V_{sE}}{A_s} + \alpha_s \frac{M_E}{I_s} C_{AB} \tag{3}$$

$$\tau_{E,max} \leqslant \frac{0.7}{\gamma_{RE}}(0.4 + \frac{1.2}{\beta_s})\beta_{hp} f_t \tag{4}$$

式中：$V_{sE}$——考虑地震作用组合后的冲切力设计值（kN）；

$M_E$——考虑地震作用组合后的冲切临界截面重心上的弯矩（kN·m）；

$A_s$——距柱边 $h_0/2$ 处的冲切临界截面的筏板有效面积($m^2$)；

$\gamma_{RE}$——抗震调整系数，取0.85。

**6.2.3** Venderbilt 在他的“连续板的抗剪强度”试验报告中指出：混凝土受冲切承载力随比值 $u_m/h_0$ 的增加而降低。在框架核心筒结构中，内筒占有相当大的面积，因而距内筒外表面 $h_0/2$ 处的冲切临界截面周长是很大的，在 $h_0$ 保持不变的条件下，内筒下筏板的受冲切承载力实际上是降低了，因此需要局部提高内筒下筏板的厚度。本规范引用了我国现行国家标准《建筑地基基础设计规范》GB 50007 给出的内筒下筏板受冲切承载力计算公式。对于处在基础边缘的筒体下的筏板受冲切承载力应按现行国家标准《混凝土结构设计规范》GB 50010 中有关公式计算。

**6.2.4** 本规范明确了取距内柱和内筒边缘 $h_0$ 处作为验算筏板受剪的部位，如图5所示；角柱下验算筏板受剪的部位取距柱角 $h_0$ 处，如图6所示。式（6.2.4-1）中的 $V_s$ 即作用在图5或图6中阴影面积上的地基平均净反力设计值除以验算截面处的板格中至中的长

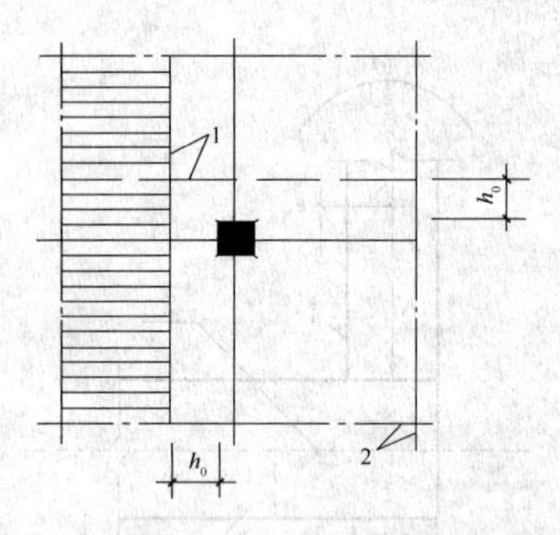


图5　内柱（筒）下筏板验算剪切部位示意图

1—验算剪切部位；2—板格中线

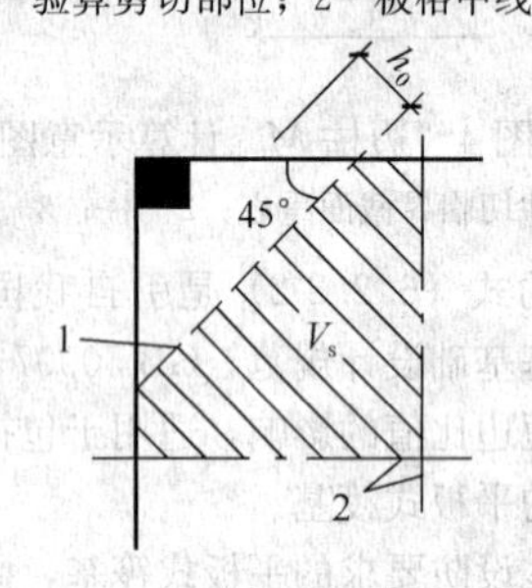


图6　角柱（筒）下筏板验算剪切部位示意图

1—验算剪切部位；2—板格中线

度（内柱）、或距角柱角点 $h_0$ 处 45°斜线的长度（角柱）。国内筏板试验报告表明：筏板的裂缝首先出现在板的角部，设计中需适当考虑角点附近土反力的集中效应，乘以 1.2 增大系数。当角柱下筏板受剪承载力不满足规范要求时，可采用适当加大底层角柱横截面或局部增加筏板角隅板厚等有效措施，以期降低受剪截面处的剪力。

对上部为框架-核心筒结构的平板式筏形基础，设计人应根据工程的具体情况采用符合实际的计算模型或根据实测确定的地基反力来验算距核心筒 $h_0$ 处的筏板受剪承载力。当边柱与核心筒之间的距离较大时，式（6.2.4-1）中的 $V_s$ 即作用在图 7 中阴影面积上的地基平均净反力设计值与边柱轴力设计值之差除以 $b$（图 7），$b$ 取核心筒两侧紧邻跨的跨中分线之间。当主楼核心筒外侧有两排以上框架柱或边柱与核心筒之间的距离较小时，设计人应根据工程具体情况慎重确定筏板受剪承载力验算单元的计算宽度。

**6.2.10**　中国建筑科学研究院地基所黄熙龄和郭天强在他们的框架柱-筏基础模型试验报告中指出，在均匀地基上，上部结构刚度较好，柱网和荷载分布较均匀，且基础梁的截面高度大于或等于 1/6 的梁板式筏形基础，可不考虑筏板的整体弯曲影响，只按局部弯曲计算，地基反力可按直线分布。试验是在粉质黏土和碎石土两种不同类型的土层上进行的，筏基平面尺寸为 3220mm×2200mm，厚度为 150mm（图 8），其

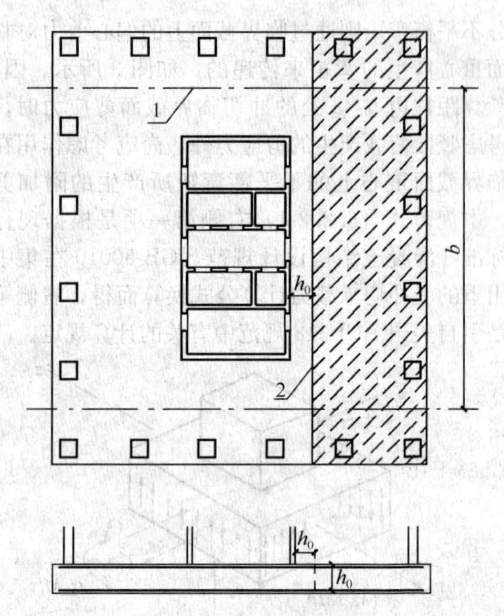


图7　框架-核心筒下筏板受剪承载力计算截面位置和计算单元宽度

1—混凝土核心筒与柱之间的分界线；2—剪切计算截面；$b$—验算单元的计算宽度

上为三榀单层框架（图 9）。试验结果表明，土质无

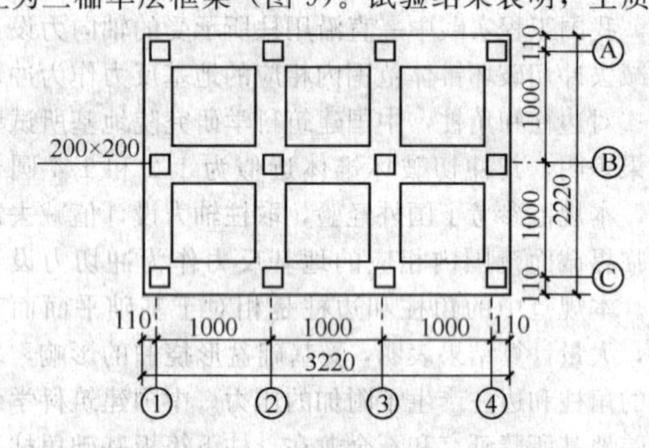


图8　模型试验平面图

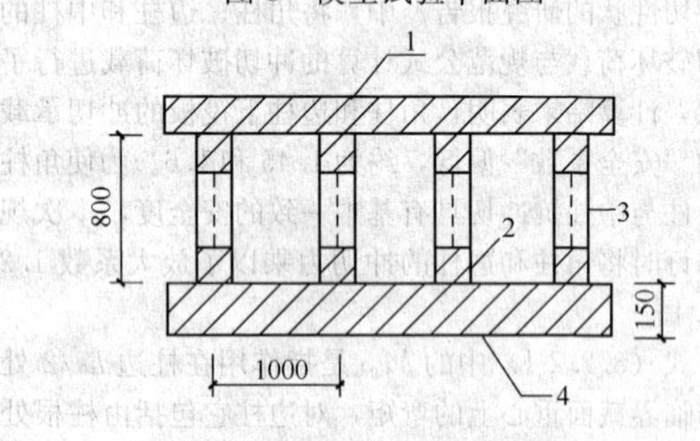


图9　模型试验Ⓑ轴剖面图

1—框架梁；2—柱；3—传感器；4—筏板

论是粉质黏土还是碎石土，沉降都相当均匀（图 10），筏板的整体挠曲约为万分之三，整体挠曲相似于箱形基础。基础内力的分布规律，按整体分析法（考虑上部结构作用）与倒梁板法是一致的，且倒梁板法计算出来的弯矩值还略大于整体分析法（图 11）。规定的基础梁高度大于或等于 1/6 柱距的条件是根据柱距 $l$ 与文克勒地基模型中的弹性特征系数 $\lambda$

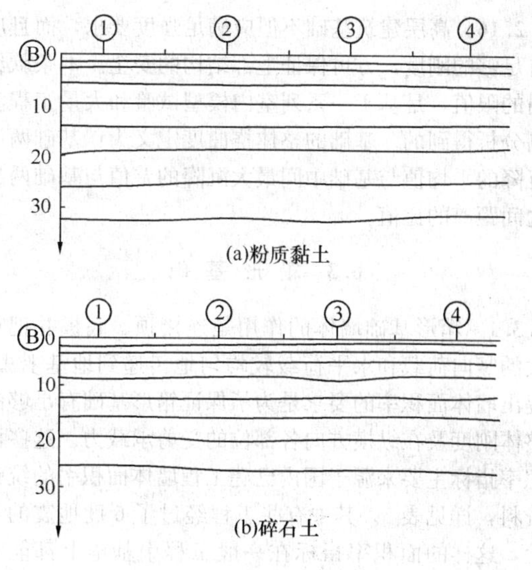


图 10 Ⓑ轴线沉降曲线

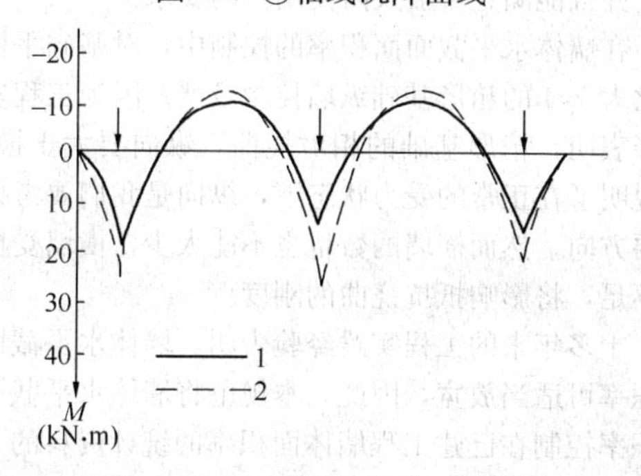


图 11 整体分析法与倒梁板法弯矩计算结果比较

1—整体（考虑上部结构刚度）；2—倒梁板法

的乘积$\lambda l \leqslant 1.75$作了对比，分析结果表明，当高跨比大于或等于1/6时，对一般柱距及中等压缩性的地基都可考虑地基反力为直线分布。当不满足上述条件时，宜按弹性地基梁法计算内力，分析时采用的地基模型应结合地区经验进行选择。

对于单幢平板式筏基，当地基土比较均匀，地基压缩层范围内无软弱土层或液化土层，上部结构刚度较好，柱网和荷载分布较均匀，相邻荷载及柱间的变化不超过20%，筏板厚度满足受冲切和受剪切承载力要求，且筏板的厚跨比不小于1/6时，平板式筏基可仅考虑局部弯曲作用。筏形基础内力可按直线分布进行计算。当不满足上述条件时，宜按弹性地基理论计算内力。

对于地基土、结构布置和荷载分布不符合本条款要求的结构，如框架-核心筒结构等，核心筒和周边框架柱之间竖向荷载差异较大，一般情况下核心筒下的基底反力大于周边框架柱下基底反力，因此不适用于本条款提出的简化计算方法，应采用能正确反映结构实际受力情况的计算方法。

**6.2.13** 工程实践表明，在柱宽及其两侧一定范围的有效宽度内，其钢筋配置量不应小于柱下板带配筋量的一半，且应能承受板与柱之间一部分不平衡弯矩$\alpha_m M_{unb}$，以保证板柱之间的弯矩传递，并使筏板在地震作用过程中处于弹性状态。条款中有效宽度的范围，是根据筏板较厚的特点，以小于1/4板跨为原则而提出来的。有效宽度范围如图12所示。

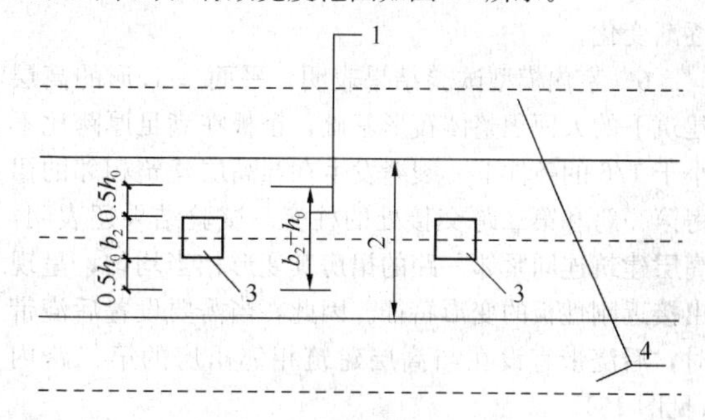


图 12 两侧有效宽度范围的示意

1—有效宽度范围内的钢筋应不小于柱下板带配筋量的一半，且能承担$\alpha_m M_{unb}$；2—柱下板带；3—柱；4—跨中板带

对于筏板的整体弯曲影响，本条款通过构造措施予以保证，要求柱下板带和跨中板带的底部钢筋应有1/3贯通全跨，顶部钢筋按实际配筋全部连通，上下贯通钢筋配筋率均不应小于0.15%。

**6.2.14** 中国建筑科学研究院地基所黄熙龄、袁勋、宫剑飞、朱红波等通过大比例室内模型试验及实际工程的原位沉降观测，得到以下结论：

**1** 厚筏基础具备扩散主楼荷载的作用，扩散范围与相邻裙房地下室的层数、间距以及筏板的厚度有关。在满足本规范给定的条件下，主楼荷载向周围扩散，影响范围不超过三跨，并随着距离的增大扩散能力逐渐衰减。

**2** 多塔楼作用下大底盘厚筏基础（厚跨比不小于1/6）的变形特征为：各塔楼独立作用下产生的变形通过以各个塔楼下面一定范围内的区域为沉降中心，各自沿径向向外围衰减，并在其共同影响范围内相互叠加而形成。

**3** 多塔楼作用下大底盘厚筏基础的基底反力的分布规律为：各塔楼荷载以其塔楼下某一区域为中心，通过各自塔楼周围的裙房基础沿径向向外围扩散，并随着距离的增大扩散能力逐渐衰减，在其共同荷载扩散范围内，基底反力相互叠加。

**4** 基于上述试验结果，在同一大面积整体筏形基础上有多幢高层和低层建筑时，沉降可以高层建筑为单元将筏基划分为若干块按弹性理论进行计算，并考虑各单元的相互影响，当各单元间交界处的变形协调时，便可将计算的沉降值进行叠加。

**5** 室内模型试验和工程实测结果表明，当高层建筑与相连的裙房之间不设沉降缝和后浇带时，高层建筑的荷载通过裙房基础向周围扩散并逐渐减小，因此与高层建筑邻近一定范围内裙房基础下的地基反力相对较大。当与高层建筑紧邻的裙房的基础板厚度突然减小过多时，有可能出现基础板的截面承载力不够而发生破坏或因其变形过大造成裂缝不满足要求。因此本条款提出高层建筑及与其紧邻一跨的裙房筏板应采用相同厚度，裙房筏板的厚度宜从第二跨裙房开始逐渐变化。

**6** 室内模型试验结果表明，平面呈L形的高层建筑下的大面积整体筏形基础，筏板在满足厚跨比不小于1/6的条件下，裂缝发生在与高层建筑相邻的裙房第一跨和第二跨交接处的柱旁。试验结果还表明，高层建筑连同紧邻一跨的裙房其变形相当均匀，呈现出接近刚性板的变形特征。因此，当需要设置后浇带时，后浇带宜设在与高层建筑相邻裙房的第二跨内（见图13）。

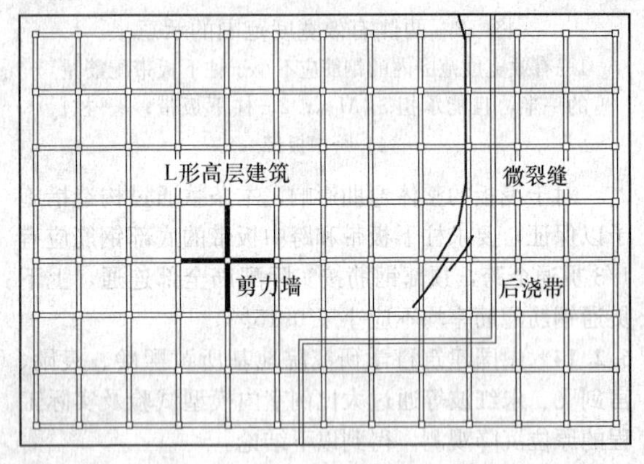


图13 后浇带（沉降缝）示意图

**6.2.15** 在同一大面积整体筏形基础上有多幢高层和低层建筑时，筏基的结构计算宜考虑上部结构、基础与地基土的共同作用，进行整体计算。对塔楼数目较多且塔裙之间平面布局较复杂的工程，设计时可能存在一定难度。基于中国建筑科学研究院地基所的研究成果，对于同一大面积整体筏形基础上的复杂工程，建议可按高层建筑物的有效影响区域将筏基划分为若干单元分别按弹性理论进行计算，计算时宜考虑上部结构、基础与地基土的共同作用。采用这种方法计算时，需要根据各单元间交界处的变形协调条件，依据沉降达到基本稳定的时间长短或工程经验，控制和调整各建筑单元之间的沉降差后，得到整体筏基的计算结果。

**6.2.16** 高层建筑基础不但应满足强度要求，而且应有足够的刚度，方可保证上部结构的安全。本条款给出的限值，是基于一系列室内模型试验和大量工程实测分析得到的。基础的整体挠曲度定义为：基础两端沉降的平均值与基础中间最大沉降的差值与基础两端之间距离的比值。

## 6.3 箱形基础

**6.3.1** 箱形基础墙体的作用是连接顶、底板并把很大的竖向荷载和水平荷载较均匀地传递到地基上去。提出墙体面积率的要求是为了保证箱形基础有足够的整体刚度及在纵横方向各部位的受剪承载力。这些面积率指标主要来源于国内已建工程墙体面积率的统计资料，详见表5。其中有些工程经过了6度地震的考验，这样的面积率指标在一般工程中基本上都能达到，并且能满足一般人防使用上的要求。

在墙体水平截面面积率的控制中，对基础平面长宽比大于4的箱形基础纵墙控制较严。因为工程实测沉降表明，箱形基础的相对挠曲，纵向要大于横向。这说明了在正常的受力状态下，纵向是我们要考虑的主要方向。然而横墙的数量也不能太少，横墙受剪面积不足，将影响抵抗挠曲的刚度。

十多年来的工程实践经验表明，墙体水平截面总面积率可适当放宽，因此，本规范将墙体水平截面总面积率控制在已建工程墙体面积率的统计资料的下限值，由原规范的1/10改为1/12。

**6.3.2** 本规范提出箱形基础高度不宜小于基础长度的1/20，且不宜小于3m的要求，旨在要求箱形基础具有一定的刚度，能适应地基的不均匀沉降，满足使用功能上的要求，减少不均匀沉降引起的上部结构附加应力。制定这种控制条件的依据是：从已建工程的统计资料来看，箱形基础的高度与长度的比值在1/3.8至1/21.1之间，这些工程的实测相对挠曲值，软土地区一般都在万分之三以下，硬土地区一般都小于万分之一，除个别工程，由于施工中拔钢板桩将基底下的土带出，使部分外纵墙出现上大下小内外贯通裂缝外（裂缝最宽处达2mm），其他工程并没有出现异常现象，刚度都较好。表6给出了北京、上海、西安、保定等地的12项工程的实测最大相对挠曲资料。

表5 箱形基础工程实例表

| 序号 | 工程名称 | 上部结构体系 | 层数 | 建筑高度 $H$ (m) | 箱基埋深 $h'$ (m) | 箱基高度 $h$ (m) | 箱基长度 $L$ (m) | 箱基宽度 $B$ (m) | $\frac{L}{B}$ | 箱基面积 $A$ (m²) | $\frac{h'}{H}$ | $\frac{h}{H}$ | $\frac{h}{L}$ | $\frac{顶板厚}{底板厚}$ (cm) | $\frac{内墙厚}{外墙厚}$ (cm) | 横墙总长 (m) | 纵墙总长 (m) | 每平米箱基面积上墙体长度 (cm) | | | $\frac{墙体水平截面积}{箱基面积}$ | | |
|---|---|---|---|---|---|---|---|---|---|---|---|---|---|---|---|---|---|---|---|---|---|---|---|
| | | | | | | | | | | | | | | | | | | 横向 | 纵向 | 纵横 | 横墙 | 纵墙 | 横+纵 |
| 1 | 北京展览馆 | 框剪 | | 44.95 (94.5) | 4.25 | 4.25 | 48.5 | 45.2 | 1.07 | 2192 | $\frac{1}{10.6}$ $\left(\frac{1}{19.9}\right)$ | $\frac{1}{10.6}$ | $\frac{1}{11.4}$ | $\frac{20}{100}$ | $\frac{50}{50}$ | 289 | 309 | 13.2 | 14.1 | 27.3 | $\frac{1}{15.2}$ | $\frac{1}{14.2}$ | $\frac{1}{7.33}$ |

续表 5

| 序号 | 工程名称 | 上部结构体系 | 层数 | 建筑高度 $H$ (m) | 箱基埋深 $h'$ (m) | 箱基高度 $h$ (m) | 箱基长度 $L$ (m) | 箱基宽度 $B$ (m) | $\frac{L}{B}$ | 箱基面积 $A$ ($m^2$) | $\frac{h'}{H}$ | $\frac{h}{H}$ | $\frac{h}{L}$ | 顶板厚/底板厚 (cm) | 内墙厚/外墙厚 (cm) | 横墙总长 (m) | 纵墙总长 (m) | 每平米箱基面积上墙体长度 (cm) | | | 墙体水平截面积/箱基面积 | | |
|---|---|---|---|---|---|---|---|---|---|---|---|---|---|---|---|---|---|---|---|---|---|---|---|
| | | | | | | | | | | | | | | | | | | 横向 | 纵向 | 纵横 | 横墙 | 纵墙 | 横+纵 |
| 2 | 民族文化宫 | 框剪 | 13 | 62.1 | 6 | 5.92 | 22.4 | 22.4 | 1 | 502 | 1/10.4 | 1/10.5 | 1/3.8 | 40/60 | 40～50/40 | 134 | 134 | 26.8 | 26.8 | 57.6 | 1/8.6 | 1/8.6 | 1/4.3 |
| 3 | 三里屯外交公寓 | 框剪 | 10 | 37.5 | 4 | 3.05 | 41.6 | 14.1 | 2.95 | 585 | 1/9.3 | 1/12.2 | 1/13.6 | 25/40(加腋) | 30/35 | 127 | 146 | 21.7 | 24.9 | 46.6 | 1/14.3 | 1/12.2 | 1/6.6 |
| 4 | 中国图片社 | 框架 | 7 | 33.8 | 4.45 | 3.6 | 17.6 | 13.7 | 1.27 | 241 | 1/7.6 | 1/9.4 | 1/4.9 | 20/40 | 40/40 | 69 | 70 | 28.4 | 29.2 | 57.6 | 1/8.8 | 1/8.6 | 1/4.34 |
| 5 | 外交公寓16号楼 | 剪力墙 | 17 | 54.7 | 7.65 | 9.06 | 36 | 13 | 2.77 | 468 | 1/7.2 | 1/6.1 | 1/4 | 10、8、20/180 | 30/35 | 117 | 144 | 23.1 | 30.7 | 53.8 | 1/12.9 | 1/10 | 1/5.63 |
| 6 | 外贸谈判楼 | 框剪 | 10 | 36.9 | 4.7 | 3.5 | 31.5 | 21 | 1.5 | 662 | 1/7.9 | 1/10.5 | 1/9 | 40/60 | 20～35/35 | 147 | 179 | 22 | 27 | 49 | 1/14.8 | 1/11.8 | 1/6.55 |
| 7 | 中医病房楼 | 框架 | 10 | 38.3 | 6 (3.2) | 5.35 | 86.8 | 12.6 | 6.9 | 1096 | 1/6.4(12) | 1/7.2 | 1/16.2 | 30/70 | 20/30 | 158 | 347 | 14.5 | 31.7 | 46.2 | 1/27.7 | 1/12.6 | 1/8.7 |
| 8 | 双井服务楼 | 框剪 | 11 | 35.8 | 7 | 3.6 | 44.8 | 11.4 | 3.03 | 511 | 1/5.1 | 1/9.9 | 1/12.4 | 10、20/80 | 30/35 | 91 | 134 | 17.8 | 26.3 | 44.1 | 1/14.3 | 1/12.2 | 1/6.6 |
| 9 | 水规院住宅 | 框剪 | 10 | 27.8 | 4.2 | 3.25 | 63 | 9.9 | 6.4 | 624 | 1/6.6 | 1/8.6 | 1/19.4 | 25/50 | 20/30 | 109 | 189 | 17.5 | 30.3 | 47.8 | 1/28.7 | 1/12.4 | 1/8.65 |
| 10 | 总参住宅 | 框剪 | 14 | 35.5 | 4.9 | 3.52 | 73.8 | 10.8 | 6.83 | 797 | 1/7.9 | 1/10.9 | 1/21 | 25/65 | 20～35/25 | 140 | 221 | 17.6 | 27.8 | 45.4 | 1/25.9 | 1/14.4 | 1/9.3 |
| 11 | 前三门604号楼 | 剪力墙 | 11 | 30.2 | 3.6 | 3.3 | 45 | 9.9 | 4.55 | 446 | 1/8.4 | 1/9.4 | 1/14 | 30/50 | 18/30 | 149 | 135 | 33.2 | 30.3 | 63.5 | 1/15.3 | 1/12.7 | 1/6.95 |
| 12 | 中科有机所实验室 | 预制框架 | 7 | 27.48 | 3.1 | 3.2 | 69.6 | 16.8 | 4.12 | 1169 | 1/9 | 1/18.4 | 1/21.1 | 40/40 | 25、30、40/30 | 210.6 | 278.4 | 18 | 23.8 | 41.8 | | 1/14 | 1/8.6 |
| 13 | 广播器材厂彩电车间 | 预制框架 | 7 | 27.23 | 3.1 | 3.1 | 18.3 | 15.3 | 1.19 | 234 | 1/8.8 | 1/7.8 | 1/6.1 | 20、40/50 | 30/30 | 55.2 | 67.2 | 23.59 | 28.72 | 52.31 | | 1/16.1 | 1/6.4 |
| 14 | 胸科医院外科大楼 | 框剪 | 10 | 36.7 | 6.0 | 5 | 45.5 | 17.9 | 2.54 | 814 | 1/6.1 | 1/7.3 | 1/9.1 | 40/50 | 20、25/30 | 187.1 | 273 | 22.98 | 33.54 | 56.52 | | 1/12.8 | 1/7.7 |
| 15 | 科技情报站综合楼 | 框架 | 8 | 34.1 | 2.85 | 3.25 | 30.25 | 12 | 2.5 | 363 | 1/12 | 1/10.5 | 1/9.3 | 40/50 | 20/30 | 72 | 91 | 19.83 | 24.93 | 44.76 | | 1/14.2 | 1/8.5 |

续表 5

| 序号 | 工程名称 | 上部结构体系 | 层数 | 建筑高度 $H$ (m) | 箱基埋深 $h'$ (m) | 箱基高度 $h$ (m) | 箱基长度 $L$ (m) | 箱基宽度 $B$ (m) | $\frac{L}{B}$ | 箱基面积 $A$ (m²) | $\frac{h'}{H}$ | $\frac{h}{H}$ | $\frac{h}{L}$ | 顶板厚/底板厚 (cm) | 内墙厚/外墙厚 (cm) | 横墙总长 (m) | 纵墙总长 (m) | 每平米箱基面积上墙体长度 (cm) | | | 墙体水平截面积/箱基面积 | | |
|---|---|---|---|---|---|---|---|---|---|---|---|---|---|---|---|---|---|---|---|---|---|---|---|
| | | | | | | | | | | | | | | | | | | 横向 | 纵向 | 纵横 | 横墙 | 纵墙 | 横+纵 |
| 16 | 武宁旅馆 | 框架 | 10 | 34.9 | 4.0 | 5.2 | 51.4 | 13.4 | 3.83 | 689 | $\frac{1}{8.7}$ | $\frac{1}{6.7}$ | $\frac{1}{9.9}$ | $\frac{20}{30}$ | $\frac{25}{25}$ | 108.2 | 174 | 15.71 | 25.29 | 41 | | $\frac{1}{15.8}$ | $\frac{1}{9.8}$ |
| 17 | 615号工程试验楼 | 预制框架 | 8 | 31.3 | 2.69 | 3.1 | 55.8 | 16.5 | 3.38 | 922 | $\frac{1}{11.6}$ | $\frac{1}{10.1}$ | $\frac{1}{18}$ | $\frac{40}{50}$ | $\frac{25、30}{30}$ | 489.6 | 222 | 53.13 | 24.11 | 77.24 | | $\frac{1}{15.1}$ | $\frac{1}{8.9}$ |
| 18 | 邮电520厂交换机生产楼 | 框剪（现柱预梁） | 9 | 40.4 | 3.85 | 4.6 | 34.8 | 32.6 | 1.07 | 850 | $\frac{1}{8.8}$ | $\frac{1}{8.8}$ | $\frac{1}{7.5}$ | $\frac{25}{50}$ | $\frac{25}{25}$ | 228 | 161 | 26.83 | 18.99 | 75.82 | | $\frac{1}{20.1}$ | $\frac{1}{8.7}$ |
| 19 | 起重电器厂综合楼北楼 | 框剪（现柱预梁） | 5～9 | 32.3 | 2.85 | 3.1 | 34.7 | 12.4 | 2.8 | 430 | $\frac{1}{11.3}$ | $\frac{1}{10.4}$ | $\frac{1}{11.2}$ | $\frac{40}{40}$ | $\frac{25、30}{25、30、40}$ | 84 | 114 | 19.52 | 26.49 | 46.01 | | $\frac{1}{13}$ | $\frac{1}{7.7}$ |
| 20 | 宝钢生活区旅馆 | 框剪（现柱预梁） | 9 | 28.78 | 3.9 | 4.66 | 48.5 | 16 | 5.27 | 1063 | $\frac{1}{7.4}$ | $\frac{1}{6.2}$ | $\frac{1}{18.1}$ | $\frac{30}{40}$ | $\frac{20、25、30}{25}$ | 312.8 | 246 | 29.44 | 23.15 | 52.59 | | $\frac{1}{16.9}$ | $\frac{1}{8.2}$ |
| 21 | 邮电医院病房楼 | 框架 | 8 | 28.9 | 2.71 | 3.35 | 46.3 | 14.3 | 3.23 | 750 | $\frac{1}{10.4}$ | $\frac{1}{8.6}$ | $\frac{1}{13.8}$ | $\frac{40}{50}$ | $\frac{25、40}{30}$ | 162.3 | 159 | 21.65 | 21.97 | 43.62 | | $\frac{1}{18.2}$ | $\frac{1}{8.8}$ |
| 22 | 医疗研究所实验楼 | 框架 | 7 | 27 | 3.26 | 3.61 | 42.7 | 14.8 | 2.88 | 706 | $\frac{1}{8.3}$ | $\frac{1}{7.5}$ | $\frac{1}{11.8}$ | $\frac{35}{50}$ | $\frac{25}{30}$ | 134.8 | 170.8 | 19.1 | 24.2 | 43.3 | | $\frac{1}{15}$ | $\frac{1}{8.2}$ |
| 23 | 上海展览馆 | 框架 | 14 | 91.8 | 0.5 | 7.27 | 46.5 | 46.5 | 1 | 2159 | $\frac{1}{18.3}$ | $\frac{1}{12.6}$ | $\frac{1}{6.4}$ | $\frac{20}{100}$ | $\frac{40}{50}$ | 311 | 311 | 14.4 | 14.4 | 28.8 | | | |
| 24 | 西安铁一局综合楼 | 框架 | 7～9 | 25.6～34 | 4.45 | 4.15 | 64.8 | 14.1 | 4.6 | 914 | $\frac{1}{5.76}$ | $\frac{1}{6.18}$ | $\frac{1}{15.6}$ | $\frac{35}{30}$ | $\frac{30}{30}$ | 102.6 | 165.2 | 11.22 | 18.2 | 29.32 | | $\frac{18}{41}$ | $\frac{1}{11.36}$ |
| 25 | 康乐路12层住宅 | 剪力墙 | 12 | 37.5 | 5.4 | 5.70 | 67.6 | 11.7 | 5.78 | 787.3 | $\frac{1}{6.9}$ | $\frac{1}{3.8}$ | $\frac{1}{11.8}$ | $\frac{30}{50}$ | $\frac{25、30}{40}$ | | | | | | | | |
| 26 | 华盛路12层住宅 | 框架 | 12 | 36.8 | 5.55 | 3.55 | 55.8 | 12.5 | 4.46 | 697.5 | $\frac{1}{6.6}$ | $\frac{1}{10.3}$ | $\frac{1}{15.7}$ | $\frac{30}{50}$ | $\frac{30}{24～30}$ | 178.5 | 167 | 25.6 | 23.9 | 49.5 | | $\frac{1}{13.3}$ | $\frac{1}{7.2}$ |
| 27 | 北站旅馆 | 框架 | 8 | 28.52 | 3.08 | 3.25 | 41.1 | 14.7 | 2.80 | 742.3 | $\frac{1}{9.2}$ | $\frac{1}{8.8}$ | $\frac{1}{12.6}$ | $\frac{25}{25}$ | $\frac{砖24}{20}$ | 126.9 | 193.8 | 17.1 | 26.1 | 43.2 | | $\frac{1}{17.5}$ | $\frac{1}{6.4}$ |

**表 6 建筑物实测最大相对挠曲**

| 工程名称 | 主要基础持力层 | 上部结构 | 层数 / 建筑总高（m） | 箱基长度（m） / 箱基高度（m） | $\frac{\Delta s}{L}\times10^{-4}$ |
|---|---|---|---|---|---|
| 北京水规院住宅 | 第四纪黏性土与砂卵石交互层 | 框架剪力墙 | $\frac{9}{27.8}$ | $\frac{63}{3.25}$ | 0.80 |
| 北京604住宅 | 第四纪黏性土与砂卵石交互层 | 现浇剪力墙及外挂板 | $\frac{10}{30.2}$ | $\frac{45}{3.3}$ | 0.60 |
| 北京中医病房楼 | 第四纪中、轻砂黏与黏砂交互层 | 预制框架及外挂板 | $\frac{10}{38.3}$ | $\frac{86.8}{5.35}$ | 0.46 |
| 北京总参住宅 | 第四纪中、轻砂黏与黏砂交互层 | 预制框剪结构 | $\frac{14}{35.5}$ | $\frac{73.8}{3.52}$ | 0.546 |
| 上海四平路住宅 | 淤泥及淤泥质土 | 现浇剪力墙 | $\frac{12}{35.8}$ | $\frac{50.1}{3.68}$ | 1.40 |
| 上海胸科医院外科大楼 | 淤泥及淤泥质土 | 预制框架 | $\frac{10}{36.7}$ | $\frac{45.5}{5.0}$ | 1.78 |
| 上海国际妇幼保健院 | 淤泥及淤泥质土 | 预制框架 | $\frac{7}{29.8}$ | $\frac{50.65}{3.15}$ | 2.78 |
| 上海中波1号楼 | 淤泥及淤泥质土 | 现浇框架 | $\frac{7}{23.7}$ | $\frac{25.60}{3.30}$ | 1.30 |
| 上海康乐路住宅 | 淤泥及淤泥质土 | 现浇剪力墙底框架 | $\frac{12}{37.5}$ | $\frac{67.6}{5.7}$ | −3.4 |
| 上海华盛路住宅 | 淤泥及淤泥质土 | 预制框剪及外挂板 | $\frac{12}{36.8}$ | $\frac{55.8}{3.55}$ | −1.8 |
| 西安宾馆 | 非湿陷性黄土 | 现浇剪力墙 | $\frac{15}{51.8}$ | $\frac{62}{7.0}$ | 0.89 |
| 保定冷库 | 亚黏土含淤泥 | 现浇无梁楼盖 | $\frac{5}{22.2}$ | $\frac{54.6}{4.5}$ | 0.37 |

注：$\frac{\Delta s}{L}$为正值时表示基底变形呈盆状，即“∪”状。

**6.3.4** 为使基础底板具有一定刚度以减少其下地基土反力不均匀程度和避免基础底板因板厚过小而产生较大裂缝，底板厚度最小限值由原《高层建筑箱形与筏形基础技术规范》JGJ 6－99 中的 300mm 改为 400mm，并规定了板厚与最大双向板格的短边净跨之比不应小于 1/14。

**6.3.5** 本规范箱形基础和梁板式筏基双向底板受冲切承载力和受剪承载力验算方法源于 1980 年颁布实施的《高层建筑箱形基础设计与施工规程》JGJ 6－80。验算底板受剪承载力时，《高层建筑箱形基础设计与施工规程》JGJ 6－80 规定了以距墙边 $h_0$（底板的有效高度）处作为验算底板受剪承载力的部位。《建筑地基基础设计规范》GB 50007－2002 在编制时，对北京市十余幢已建的箱形基础进行调查及复算，调查结果表明按此规定计算的底板并没有发现异常现象，情况良好。多年工程实践表明按《高层建筑箱形基础设计与施工规程》JGJ 6－80 提出的方法计算此类双向板是可行的。表 7 和表 8 给出了部分已建工程有关箱形基础双向底板的信息，以及箱形基础双向底板按不同规范计算剪切所需的 $h_0$。分析比较结果表明，取距支座边缘 $h_0$ 处作为验算双向底板受剪承载力的部位，并将梯形受荷面积上的平均净反力摊在（$l_{n2}-2h_0$）上的计算结果与工程实际的板厚以及按ACI318计算结果是十分接近的。

**表7 已建工程箱形基础双向底板信息表**

| 序号 | 工程名称 | 板格尺寸（m×m） | 地基净反力标准值（kPa） | 支座宽度（m） | 混凝土强度等级 | 底板实用厚度h（mm） |
|---|---|---|---|---|---|---|
| ① | 海军军医院门诊楼 | 7.2×7.5 | 231.2 | 0.60 | C25 | 550 |
| ② | 望京Ⅱ区1#楼 | 6.3×7.2 | 413.6 | 0.20 | C25 | 850 |
| ③ | 望京Ⅱ区2#楼 | 6.3×7.2 | 290.4 | 0.20 | C25 | 700 |
| ④ | 望京Ⅱ区3#楼 | 6.3×7.2 | 384.0 | 0.20 | C25 | 850 |
| ⑤ | 松榆花园1#楼 | 8.1×8.4 | 616.8 | 0.25 | C35 | 1200 |
| ⑥ | 中鑫花园 | 6.15×9.0 | 414.4 | 0.30 | C30 | 900 |
| ⑦ | 天创成 | 7.9×10.1 | 595.5 | 0.25 | C30 | 1300 |
| ⑧ | 沙板庄小区 | 6.4×8.7 | 434.0 | 0.20 | C30 | 1000 |

**表8 已建工程箱形基础双向底板剪切计算分析**

| 序号 | 双向底板剪切计算的$h_0$（mm） | | | 按GB 50007双向底板冲切计算的$h_0$（mm） | 工程实用厚度h（mm） |
|---|---|---|---|---|---|
| | GB 50010 | ACI-318 | GB 50007 | | |
| | 梯形土反力摊在$l_{n2}$上 | | 梯形土反力摊在（$l_{n2}-2h_0$）上 | | |
| | 支座边缘 | 距支座边$h_0$ | 距支座边$h_0$ | | |
| ① | 600 | 584 | 514 | 470 | 550 |
| ② | 1200 | 853 | 820 | 710 | 850 |
| ③ | 760 | 680 | 620 | 540 | 700 |
| ④ | 1090 | 815 | 770 | 670 | 850 |
| ⑤ | 1880 | 1160 | 1260 | 1000 | 1200 |
| ⑥ | 1210 | 915 | 824 | 700 | 900 |
| ⑦ | 2350 | 1355 | 1440 | 1120 | 1300 |
| ⑧ | 1300 | 950 | 890 | 740 | 1000 |

**6.3.6** 箱形基础的墙身厚度，除应按实际受力情况进行验算外，还规定了内、外墙的最小厚度，即外墙不应小于250mm，内墙不宜小于200mm，这一限制是在保证箱形基础整体刚度的条件下及分析了大量工程实例的基础上提出的，统计资料列于表5。这一限制，也是配合本标准第6.3.1条使用的。

**6.3.7** 箱基分析实质上是一个求解地基—基础—上部结构协同工作的课题。近40年来，国内外不少学者先后对这一课题进行了研究，在非线性地基模型及其参数的选择、上下协同工作机理的研究上取得了不少成果。特别是20世纪70年代后期以来，国内一些科研、设计单位结合具体工程在现场进行了包括基底接触应力、箱基钢筋应力以及基础沉降观测等一系列测试，积累了大量宝贵资料，为箱基的研究和分析提供了可靠的依据。

建筑物沉降观测结果和理论研究表明，对平面布置规则、立面沿高度大体一致的单幢建筑物，当箱基下压缩土层范围内沿竖向和水平方向土层较均匀时，箱形基础的纵向挠曲曲线的形状呈盆状形。纵向挠曲曲线的曲率并不随着楼层的增加、荷载的增大而始终增大。最大的曲率发生在施工期间的某一临界层，该临界层与上部结构形式及影响其刚度形成的施工方式有关。当上部结构最初几层施工时，由于其混凝土尚处于软塑状态，上部结构的刚度还未形成，上部结构只能以荷载的形式施加在箱基的顶部，因而箱基的整体挠曲曲线的曲率随着楼层的升高而逐渐增大，其工作犹如弹性地基上的梁或板。当楼层上升至一定的高度之后，最早施工的下面几层结构随着时间的推移，它的刚度就陆续形成，一般情况下，上部结构刚度的形成时间约滞后三层左右。在刚度形成之后，上部结构要满足变形协调条件，符合呈盆状形的箱形基础沉降曲线，中间柱子或中间墙段将产生附加的拉力，而边柱或尽端墙段则产生附加的压力。上部结构内力重分布的结果，导致了箱基整体挠曲及其弯曲应力的降低。在进行装修阶段，由于上部结构的刚度已基本完成，装修阶段所增加的荷载又使箱基的整体挠曲曲线的曲率略有增加。图14给出了北京中医医院病房楼各施工阶段（1～5）的箱基纵向沉降曲线图，从图中可以清楚看出箱基整体挠曲曲线的基本变化规律。

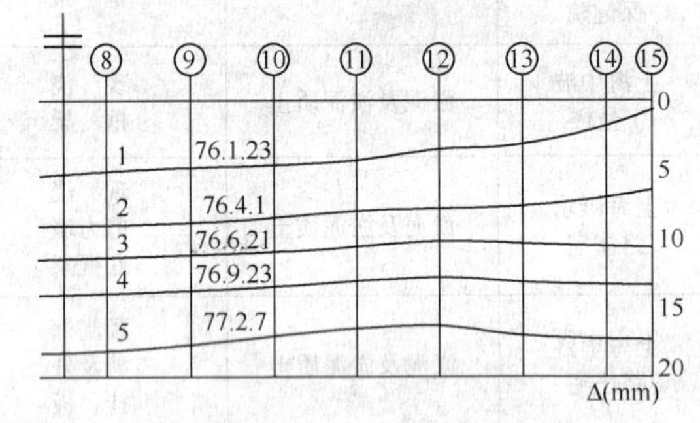


图14 北京中医医院病房楼箱形基础纵向沉降曲线图

1—四层；2—八层；3—主体完工；4—装修阶段Ⅰ；5—装修阶段Ⅱ

国内大量测试表明，箱基顶、底板钢筋实测应力，一般只有$20N/mm^2\sim30N/mm^2$，最高也不过$50N/mm^2$。造成钢筋应力偏低的因素很多，除了上部结构参与工作以及箱基端部土层出现塑性变形，导致箱基整体弯曲应力降低等因素外，主要原因是：

（1）箱形基础弯曲受拉区的混凝土参与了工作。为保证上部结构和箱基在使用荷载下不致出现裂缝，本规范在编制时曾利用实测纵向相对挠曲值来反演箱基的抗裂度。反演时挑选了上部结构刚度相对较弱的框架结构、框剪结构下的箱形基础作为分析对象。分析时假定箱形基础自身为一挠曲单元，其整体挠曲曲线近似为圆弧形，箱基中点的弯矩$M=\frac{8\Delta sEI}{L^2}$，按受弯构件验算箱基的抗裂度，验算时箱基的混凝土强度等级为C20，EI为混凝土的长期刚度，其值取$0.5E_cI$。表9列出了按现行《混凝土结构设计规范》GB 50010计算的几个典型工程的箱形基础抗裂度。上海国际妇幼保健院是我们目前收集到的箱形基础纵向相对挠曲最大的一个，其纵向相对挠曲值$\frac{\Delta s}{L}$为$2.78\times10^{-4}$，验算的抗裂度为1.13。应该指出的是，验算时箱形基础的刚度是按实腹工字形截面计算的，没有考虑墙身洞口对刚度的削弱影响，实际的抗裂度要稍大于计算值。因此，一般情况下按本规范提出的箱基高度和墙率设计的箱形基础，其抗裂度可满足混凝土结构设计规范的要求。

（2）箱形基础底板下土反力存在向墙下集中的现象，对5个工程的箱形基础的14块双向底板的墙下和跨中实测反力值进行多元回归分析，结果表明一般情况下双向板的跨中平均土反力约为墙下平均土反力的85%。计算结果表明箱基底板截面并未开裂，混凝土及钢筋均处于弹性受力阶段。这也是钢筋应力偏小的主要原因之一。

（3）基底与土之间的摩擦力影响。地基与基础的关系实质上是一个不同材性、不同结构的整体。从接触条件来讲，箱基受力后它与土壤之间应保持接触原则。箱基整体挠曲不仅反映了点与点之间的沉降差，也反映了基础与地基之间沿水平方向的变形。这种水平方向的变形值虽然很小，但引发出的基底与土壤之间的摩擦力，却对箱基产生一定的影响。摩擦力对箱基中和轴所产生的弯矩其方向总是与整体弯矩相反。一般情况下，箱基顶、底板在基底摩擦力作用下分别处于拉、压状态，与呈盆状变形的箱基顶、底板的受力状态相反，从而改善了底板的受力状态，降低了底板的钢筋应力。

因此，当地基压缩层深度范围内的土层在竖向和水平方向较均匀、且上部结构为平、立面布置较规则的剪力墙、框架、框架-剪力墙体系时，箱形基础的顶、底板可仅按局部弯曲计算。

考虑到整体弯曲的影响，箱基顶、底板纵横方向的部分支座钢筋应贯通全跨，跨中钢筋按实际配筋全部连通。箱基顶、底板纵横方向的支座钢筋贯通全跨的比例，由原《高层建筑箱形与筏形基础技术规范》JGJ 6-99中的1/2～1/3改为1/4。底板上下贯通钢筋的配筋率均不应小于0.15%。

**表9　按实测纵向相对挠曲反演箱基抗裂度**

| 建筑物名称 | 上部结构 | 箱高 $h$ (m) | 箱长 $L$ (m) | $\frac{h}{L}$ | $\frac{\Delta s}{L}\times10^{-4}$ | 抗裂度 |
|---|---|---|---|---|---|---|
| 北京中医病房楼 | 框架 | 5.35 | 86.8 | $\frac{1}{16.2}$ | 0.47 | 8.44 |
| 北京水规院住宅 | 框架-剪力墙 | 3.25 | 63 | $\frac{1}{19.4}$ | 0.8 | 5.58 |
| 北京总参住宅 | 框架-剪力墙 | 3.52 | 73.8 | $\frac{1}{21}$ | 0.546 | 9.23 |
| 上海国际妇幼保健院 | 框架 | 3.15 | 50.65 | $\frac{1}{16.1}$ | 2.78 | 1.13 |

**6.3.8**　1980年颁布的《高层建筑箱形基础设计与施工规程》JGJ 6-80，提出了在分析整体弯曲作用时，将上部结构简化为等代梁，按照无榫连接的双梁原理，将上部结构框架等效刚度$E_BI_B$和箱形基础刚度$E_FI_F$叠加得总刚度，按静定梁分析各截面的弯矩和剪力，并按刚度比将弯矩分配给箱基的计算原则。这个考虑了上部结构抗弯刚度的简化方法，是符合共同工作机理的。但是，国内许多研究人员的分析结果表明，上部结构刚度对基础的贡献并不是随着层数的增加而简单的增加，而是随着层数的增加逐渐衰减。例如，上海同济大学朱百里、曹名葆、魏道垛分析了每层楼的竖向刚度$K_{vy}$对基础贡献的百分比，其结果见表10。从表中可以看到上部结构刚度的贡献是有限的，结果是符合圣维南原理的。

**表10　楼层竖向刚度$K_{VY}$对减小基础内力的贡献**

| 层 | 一 | 二 | 三 | 四～六 | 七～九 | 十～十二 | 十三～十五 |
|---|---|---|---|---|---|---|---|
| $K_{VY}$的贡献(%) | 17.0 | 16.0 | 14.3 | 9.6 | 4.6 | 2.2 | 1.2 |

北京工业大学孙家乐、武建勋则利用二次曲线型内力分布函数，考虑了柱子的压缩变形，推导出连分式框架结构等效刚度公式。利用该公式算出的结果，也说明了上部结构刚度的贡献是有限的，见图15。

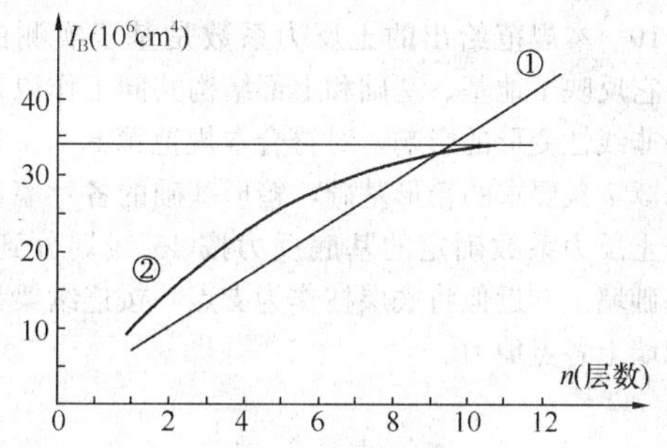


图15　等效刚度计算结果

①—按《高层建筑箱形基础设计与施工规程》JGJ 6-80的等效刚度计算结果；②—按北工大提出的连分式等效刚度计算结果

因此，在确定框架结构刚度对箱基的贡献时，《高层建筑箱形与筏形基础技术规范》JGJ 6-99规范在《高层建筑箱形基础设计与施工规程》JGJ 6-80的框架结构等效刚度公式的基础上，提出了对层数的限制，规定了框架结构参与工作的层数不多于8层，该限制是综合了上部框架结构竖向刚度、弯曲刚度以及剪切刚度的影响。

在本规范修订中总结了近十年来工程实践经验，同时考虑到计算机的普及，提出了如本规范附录F中图F.0.2所示的更接近实际情况的整体弯曲作用分析计算模型，即将上部框架简化为等代梁并以底层柱与筏形或箱形基础连接。修改后的计算模型的最大优点是，其计算结果可反映由于上部结构参与工作而发生的荷载重分布现象，为设计人员提供了一种估算上部结构底层竖向构件次应力的简化方法。此外，根据上部结构各层对箱基的贡献大小以及工程实践，本次规范修改时将框架结构参与工作的层数最大限值由8层修改为5层。

在计算底板局部弯曲内力时，考虑到双向板周边与墙体连接产生的推力作用，注意到双向板实测跨中反压力小于墙下实测反压力的情况，对底板为双向板的局部弯曲内力采用0.8的折减系数。

箱形基础的地基反力，可按附录E采用，也可参照其他有效方法确定。地基反力系数表，系中国建筑科学研究院地基所根据北京地区一般黏性土和上海淤泥质黏性土上高层建筑实测反力资料以及收集到的西安、沈阳等地的实测成果研究编制的。

当荷载、柱距相差较大，箱基长度大于上部结构的长度（悬挑部分大于1m）时，或者建筑物平面布置复杂、地基不均匀时，箱基内力宜根据土—箱基或土—箱基—上部结构协同工作的计算程序进行分析。

**6.3.9** 当墙体水平截面面积率较小时，其内力和整体挠曲变形应采取能反映其实际受力和变形情况的有效计算方法确定。此时，为保证箱形基础刚度分布较均匀应注意内墙布置尽可能均匀对称，并且横墙间距不宜过大。

**6.3.10** 本规范给出的土反力系数是基于实测的结果，它反映了地基、基础和上部结构共同工作以及地基的非线性变形的影响。对符合本规范第6.3.1条和第6.3.7条要求的箱形基础，箱形基础的各片墙可直接按土反力系数确定的基底反力按45°线划分到纵、横基础墙上，近似将底层柱作为支点，按连续梁计算基础墙上各点剪力。

# 7 施　　工

## 7.1 一般规定

**7.1.1** 不同的建设工程项目具有不同的特点，因此，筏形与箱形基础的施工组织设计除应根据建筑场地、工程地质和水文地质资料以及现场环境等条件外，还应分析工程项目的特殊性和施工难点，以明晰施工控制的关键点，尤其对施工过程中可能出现的问题有一个清醒的认识和必要的准备。

**7.1.6** 大多数高层建筑基础埋置深度较深，有的超过20m。深基坑支护设计合理与否直接影响建筑物的施工工期与造价，影响邻近建筑物的安全。有的工程采用永久性支护方案即把支护结构作为地下室外墙，取得较好的经济效益，施工前应做好准备工作，施工时能顺利进行，保证质量。

**7.1.10** 监测工作不仅限于施工过程，有些内容应延续至现场施工结束。观测和监测结果是对建设工程实际状态的真实反映，对观测和监测资料的及时整理和分析及反馈是作好施工过程控制以及处理异常情况的基本要求。

## 7.2 地下水控制

**7.2.1** 降水的目的是为了降低地下水位、疏干基坑、固结土体、稳定边坡、防止流砂与管涌，便于基坑开挖与基础施工。边坡失稳、流砂与管涌的发生一般都与地下水有关，尤其是与地下水的动水压力梯度的增大有关。

目前降水、隔水方案很多，如：井点降水（包括轻型井点、真空井点）、地下连续墙支护与隔水、支护桩配以搅拌桩或高压旋喷桩隔水、降水与回灌相结合疏干基坑和保持坑外地下水位等等。采用哪种方法进行地下水控制除考虑本条所列的因素外还应考虑经济效益和地区成熟的经验与技术。

**7.2.5** 在施工中常发生由于降水对邻近建筑物、道路及管线产生不良影响的工程事故。降水产生不良影响的原因主要有两个，一是降水引起地下水位下降使土体产生固结沉降，二是降水过程带出大量土颗粒，在土体中产生孔洞、孔洞塌陷造成沉降。

**7.2.12** 一定要注意使排水远离基坑边坡，如边坡被水浸泡，土的抗剪强度、黏聚力立即下降，容易引起基坑坍塌和滑坡。

**7.2.14** 当基础埋置深度大，而地下水位较高时尤其要重视水浮力，必须满足抗浮要求。当建筑物高低层采用整体基础时，要验算高低层结合处基础板的负弯矩和抗裂强度，需要时，可在低层部分的基础下打抗拔桩或拉锚。

## 7.3 基坑开挖

**7.3.1** 基坑开挖是否要支护视具体情况而定，各地区差异很大，即使同一地区也不尽相同，本条所列三种情况应予以重视。由于支护属临时性措施，因此在保证安全的前提下还应考虑经济性。

采用自然放坡一定要谨慎，作稳定性分析时，土的物理力学指标的选用必须符合实际。需要指出的是土的力学指标对含水量的变化非常敏感，虽然计算得十分安全，往往一场大雨之后严重的塌方就发生了。施工时一定要考虑好应急措施。

7.3.2　我国地域辽阔，基坑支护方法很多，作为一种临时性的支护结构，应充分考虑土质、结构特点以及地区，因地制宜进行支护设计。

7.3.3　基坑及周边环境的沉降及水平位移的允许值、报警值的确定因要求不同而不同，应结合环境条件和特殊要求并结合地区工程经验。

7.3.4　坑内排水可设排水沟和集水坑，由水泵排出基坑。在严寒地区冬期施工要做好保温措施，由于季节变化易出现基础板底面与地基脱开。

7.3.6　由于施工场地狭小，常常发生坑边堆载超过设计规定的现象，因此，在施工过程中必须严格控制。

7.3.12　防止雨水浸泡地基是避免地基性状改变的基本条件，对膨胀土和湿陷性严重的地基尤显其重要性。基坑开挖完成并经验收合格后，应立即进行垫层施工，防止暴晒和雨水浸泡造成地基土破坏。

### 7.4　筏形与箱形基础施工

7.4.2　筏形和箱形基础长度超 40m，基础墙体都易发生裂缝（垂直分布），外墙上的裂缝对防水不利，处理费用很高。

7.4.4　后浇带施工做法很多，或事先把钢筋贯通，用钢丝网模隔断，接缝前用人工将混凝土表面凿毛，或直接采用齿口连接拉板网放置在施工缝处模板内侧，待拆模后，表面露出拉板网齿槽，增加新老混凝土之间的咬接，或钢筋也有事先不贯通的，先在缝的两侧伸出受力钢筋，但不相连，而在基础混凝土浇筑三至四星期之后再将伸出的钢筋等强焊接。

7.4.9　差异沉降容易造成基础板开裂，对于有防水要求的基础，后浇带的防水处理要考虑这一因素，施工缝与后浇带的防水处理要与整片基础同时做好，不要在此处断缝。并要采取必要的保护措施，防止施工时损坏。

7.4.11　混凝土外加剂与掺合料的应用技术性很强，应通过试验。

7.4.12　大体积混凝土的养护以前多采用冷却法，而目前蓄热养护法正被许多工程人员所接受，效果也很理想。

二次抹面工作很重要，应及时进行，否则一旦泥水混入则难以处理，二次抹面不但具有补强效果，而且对防渗也有很大作用。

## 8　检测与监测

### 8.1　一 般 规 定

8.1.1　现场监测是指在工程施工及使用过程中对岩土体性状的变化、建筑物内部结构工作状态和使用状态、对相邻建筑和地下设施等周边环境的影响所引起的变化进行的系统的现场观测工作，并视其变化规律和发展趋势，作出预测或预警反应。

现场监测应作出系统的监测方案，监测方案应包括监测目的、监测项目、监测方法等。监测项目和要求随工程地质条件和工程的具体情况确定，难以在规范条文中作出具体的规定，应由设计人员根据工程需要，在设计文件中明确。

8.1.2　由于地基沉降计算方法还不完善，变形参数和经验修正系数不能完全反映地基实际的应力状态和变形特性，因此预估沉降和实际沉降往往有较大出入。为了积累科研数据，提高沉降预测和地基基础设计的水平，本条规定在工程需要时，可进行地基反力、基础内力的测试以及分层沉降观测、基坑回弹观测等特殊项目的监测工作。

8.1.3　近年来，由于地下水引发的工程事故很多，因此本条规定当地下水水位的升降以及施工排水对拟建工程和邻近工程有较大影响时，应进行地下水位的监测，以规避工程风险。

### 8.2　施 工 监 测

8.2.2　随着地下空间的利用，高层建筑与裙房、深大地下室及地下车库连为一体的工程日益增多，抗浮问题尤为突出。一般情况下，正常使用阶段存在的抗浮问题会受到人们关注，设计人将进行专门的抗浮设计；施工期间存在的抗浮问题，则应该通过施工降排水和地下水位监测解决和控制，但这一点往往被人们所忽视。近年来，因施工期间停止降水，地下水位过早升高而发生的工程问题常有发生。如：某工程设有4层地下室，因场区地下水位较高，采取施工降水措施。但结构施工至±0.000时，施工停止了降水，也未通知设计人。两个月后，发现整个地下室上浮，最大处可达20cm。之后又重新开始降水，并在地下室内施加一定的重量，使地下室下沉至原位。因此施工期间的抗浮问题应该引起重视，同时作好地下水位监测，确保工程安全。

8.2.3　混凝土结构在建设和使用过程中出现不同程度、不同形式的裂缝，这是一个相当普遍的现象，大体积混凝土结构出现裂缝更普遍。在全国调查的高层建筑地下结构中，底板出现裂缝的现象占调查总数的20%左右，地下室的外墙混凝土出现裂缝的现象占调查总数的80%左右。据裂缝原因分析，属于由变形（温度、湿度、地基沉降）引起的约占80%以上，属于荷载引起的约占20%左右。为避免大体积混凝土工程在浇筑过程中，由于水泥水化热引起的混凝土内部温度和温度应力的剧烈变化，从而导致混凝土发生裂缝，需对混凝土表面和内部的温度进行监测，采取有效措施控制混凝土浇筑块体因水化热引起的升温速度、混凝土浇筑块体的内外温差及降温速度，防止混凝土出现有害的温度裂缝（包括混凝土收缩）。

## 8.3 基 坑 检 验

**8.3.1** 本条规定的基坑与基槽开挖后应检验的内容，是对几十年来工程实践，特别是北京地区工程实践经验的总结。关于钎探（本规范改为轻型圆锥动力触探），北京市建设工程质量监督总站及北京市勘察设计管理处曾于1987年6月18日联合发文［市质监总站质字（87）第35号、市设管处管字（87）第1号］，规定“钎探钎锤一律按《工业与民用建筑地基基础设计规范》附录四之二，轻便触探器穿心锤的质量10kg，钎探杆直径$\phi$25焊上圆锥头，净长度1.5m～1.8m，上部穿心锤自由净落距离等于500mm”。因此，标准的钎探与轻型圆锥动力触探意义相同，本条条文作了相应的规定。

**8.3.4** 基坑检验过程中当发现洞穴、古墓、古井、暗沟、防空掩体及地下埋设物，或槽底土质受到施工的扰动、受冻、浸泡和冲刷、干裂等，应在现场提出对设计和施工处理的建议。

## 8.4 建筑物沉降观测

**8.4.1** 本条重点强调了水准点的埋设要求。目前有些工程在进行建筑物沉降观测时，通常使用浅埋或施工单位设置的普通水准点。由于水准点不稳定，并时常受周围环境和区域沉降的影响，致使建筑物实测沉降较小、甚至出现“上浮”。实际上这种情况所获得的实测沉降数据只是建筑物的相对沉降，不能真实反映建筑物的实际沉降量。因此水准点的埋设质量直接影响建筑物沉降观测的准确性。

**8.4.4** 高层建筑地下室埋置较深，为获取完整的沉降观测资料，沉降观测应从基础底板浇筑后立即进行埋点观测。由于高层建筑荷载较大，地基压缩层较深，一般地基土固结变形都需要较长的时间。大量实测工程也证明，高层建筑在结构封顶或竣工后，其后期沉降还是较大的。但目前多数建筑物仅在施工期间进行沉降观测，甚至在结构主体封顶或竣工后立刻停止沉降观测。不仅没有了解建筑物竣工后的沉降发展规律，而且也未真正获取建筑物完整的实测沉降数据。建筑物沉降观测工作量不大，经费较低，但确有较高的应用价值。设计单位和建设方即可依据观测结果规避建设风险，也可积累工程经验，为优化类似工程的地基基础设计方案提供可靠依据。

**8.4.5** 现行行业规范《建筑变形测量规范》JGJ 8规定的稳定标准沉降速率为（1～4）mm/100d，主要是根据北京、上海、天津、济南和西安5个城市的稳定控制指标确定的。其中，北京、上海和济南为1mm/100d；天津为（1～1.7）mm/100d；西安为（2～4）mm/100d。实际应用中，稳定标准应根据不同地区地基土压缩性综合确定。

中华人民共和国行业标准

# 三岔双向挤扩灌注桩设计规程

Design specification for cast-in-place piles with expanded branches and bells by 3-way extruding arms

**JGJ 171—2009**

批准部门：中华人民共和国住房和城乡建设部

施行日期：2 0 0 9 年 1 0 月 1 日

# 中华人民共和国住房和城乡建设部
# 公　　告

第 273 号

## 关于发布行业标准《三岔双向挤扩灌注桩设计规程》的公告

现批准《三岔双向挤扩灌注桩设计规程》为行业标准，编号为 JGJ 171－2009，自 2009 年 10 月 1 日起实施。其中，第 3.0.3、4.0.2 条为强制性条文，必须严格执行。

本规程由我部标准定额研究所组织中国建筑工业出版社出版发行。

**中华人民共和国住房和城乡建设部**

2009 年 4 月 7 日

## 前　　言

根据原建设部《关于印发〈2006 年工程建设标准规范制订、修订计划（第一批）〉的通知》（建标[2006] 77 号）的要求，本规程由北京中阔地基基础技术有限公司会同有关单位经认真总结三岔双向挤扩灌注桩的科研成果、工程实践经验，在广泛征求意见的基础上编制而成。

本规程的主要内容是：总则、术语和符号、基本规定、构造、设计、质量检查与检测要点以及相关附录。其中包括三岔双向挤扩灌注桩的设计原则、竖向承载力和水平承载力的计算、沉降计算等内容。

本规程中以黑体字标志的条文为强制性条文，必须严格执行。

本规程由住房和城乡建设部负责管理和对强制性条文的解释，由北京中阔地基基础技术有限公司负责具体技术内容的解释（地址：北京市海淀区蓝靛厂东路 2 号院金源时代商务中心 2 号楼 C 座 9D；邮政编码：100097）。

本规程主编单位：北京中阔地基基础技术有限公司

本规程参编单位：北京市建筑工程研究院
中国建筑科学研究院
清华大学土木水利学院
同济大学土木工程学院
天津中阔建筑工程有限公司
济南同圆建筑设计研究院有限公司
天津市勘察院
山东中阔基础工程有限公司
机械工业第三勘察设计研究院

本规程参加单位：河北省建设勘察研究院有限公司
江苏省建筑科学研究院有限公司
陕西地质工程总公司

本规程主要起草人：沈保汉　贺德新　李广信
钱力航　宰金璋　吴永红
韩克胜　王思增　刘振亮
孙君平　郭桂霞　袁海涛
田忠生　贺建东　陈宗年
鲍生谋　王　衍

本规程主要审查人员：王梦恕　陈祥福　崔玖江
彭念祖　包琦玮　柳建国
王　园　王利华　孙世国
唐建华　曾昭礼　武建伟

# 目次

# Contents

# 1 总 则

**1.0.1** 为了使三岔双向挤扩灌注桩基础设计做到安全适用、经济合理、确保质量，制定本规程。

**1.0.2** 本规程适用于工业与民用建（构）筑物三岔双向挤扩灌注桩基础的设计、检查与检测。

**1.0.3** 三岔双向挤扩灌注桩的设计，应综合考虑地质条件、上部结构类型、使用功能、荷载特征、施工技术条件与环境等因素，因地制宜地选择相应的成孔与挤扩工艺和技术参数并合理地确定承力盘（岔）的位置。

**1.0.4** 三岔双向挤扩灌注桩的设计、检查与检测除应符合本规程外，尚应符合国家现行有关标准的规定。

# 2 术语和符号

## 2.1 术 语

**2.1.1** 三岔双向挤扩灌注桩 cast-in-place piles with expanded branches and bells by 3-way extruding arms

三岔双向挤扩灌注桩是在预钻（冲）孔内，放入专用的三岔双缸双向液压挤扩装置，按承载力要求和地层土质条件在桩身适当部位，通过挤扩装置双向油缸的内外活塞杆作大小相等方向相反的竖向位移带动三对等长挤扩臂对土体进行水平向挤压，挤扩出互成120°夹角的3岔状或$3n$岔（$n$为同一水平面上的转位挤扩次数）状的上下对称的扩大形腔或经多次挤扩形成近似双圆锥盘状的上下对称的扩大腔，成腔后提出三岔双缸双向液压挤扩装置，放入钢筋笼，灌注混凝土，制成由桩身、承力岔、承力盘和桩根共同承载的钢筋混凝土灌注桩。

**2.1.2** 承力岔 branch bearing

用三岔双缸双向液压挤扩装置在桩孔外侧沿径向对称挤扩，形成一定宽度的上下对称的楔形腔，此后岔腔与桩孔同时灌注混凝土所形成的楔形体，称为承力岔。承力岔按同一水平面上的转位挤扩次数可分为3岔型（一次挤扩）和$3n$岔型（$n$次挤扩）。承力岔可简称“岔”。

**2.1.3** 承力盘 bell bearing

在桩孔同一标高处，用三岔双缸双向液压挤扩装置在桩孔外侧沿径向水平挤扩，经过7次以上的转位挤扩，在桩孔周围土体中形成一近似双圆锥盘状的上下对称的扩大腔，此后盘腔与桩孔同时灌注混凝土形成的盘体，称为承力盘。承力盘可简称“盘”。

**2.1.4** 扩径体 expanded body

承力岔和承力盘的统称。

**2.1.5** 桩身 pile shaft

桩的等直径部分。

**2.1.6** 桩根 root of pile

底承力盘以下的桩身部分。

**2.1.7** 三岔双缸双向液压挤扩装置 hydraulic extruding-expanding devices with 3-way and double-cylinder

在桩周土体中挤扩形成承力岔和承力盘腔体的三岔双缸双向液压挤扩专用设备。

**2.1.8** 挤扩压力 extrusion-expansion pressure

三岔双缸双向液压挤扩装置对土体进行挤扩时，液压站压力表上显示的压力值。

**2.1.9** 首次挤扩压力值 pressure value of extrusion first time

对土体进行第一次挤扩时，压力表上显示的最大压力值，简称首扩压力值。

**2.1.10** 承力盘腔直径检测器 check meter of diameter of bell cavity

用于测定三岔双向挤扩灌注桩承力盘腔直径的机械式专用检测装置，简称盘径检测器。

**2.1.11** 基桩 foundation pile

桩基础中的单桩。

## 2.2 符 号

**2.2.1** 作用和作用效应

$N$——相应于荷载效应基本组合时的桩顶竖向压力设计值；

$N_k$——按荷载效应标准组合计算的单桩拉拔力。

**2.2.2** 抗力和材料性能

$f_c$——混凝土轴心抗压强度设计值；

$G_{gp}$——群桩基础及其所包围的桩间土总自重标准值除以总桩数；

$G_p$——基桩桩体及承力盘以上部分土体的自重标准值；

$P$——挤扩压力；

$Q_{Bk}$——单桩总极限盘端阻力标准值；

$Q_{bk}$——单桩总极限岔端阻力标准值；

$Q_{pk}$——单桩总极限桩端阻力标准值；

$Q_{sk}$——单桩总极限侧阻力标准值；

$Q_{uk}$——单桩竖向抗压极限承载力标准值；

$q_{Bik}$——单桩第$i$个盘的持力土层极限盘端阻力标准值；

$q_{bik}$——单桩第$i$个岔的持力土层极限岔端阻力标准值；

$q_{pk}$——单桩极限桩（盘、岔）端阻力标准值；

$q_{sik}$——单桩第$i$层土的极限侧阻力标准值；

$R_a$——单桩竖向抗压承载力特征值；

$R_{Ta}$——单桩竖向抗拔承载力特征值；

$T_{gk}$——群桩基础呈整体破坏时，基桩抗拔极限承载力标准值；

$T_{uk}$——群桩基础呈非整体破坏时，基桩抗拔极限承载力标准值。

**2.2.3** 几何参数

$A$——桩身设计截面面积；

$A_p$——桩端设计截面面积；

$A_{pD}$——在水平投影面上的承力盘（扣除桩身设计截面面积）设计截面面积；

$A_{pd}$——在水平投影面上的承力岔（扣除桩身设计截面面积）设计截面面积；

$a$——承力盘（岔）宽度；

$b$——挤扩臂宽度、承力岔厚度；

$c$——承力盘（岔）外沿高度；

$D$——承力盘设计直径、承力岔外接圆设计直径；

$D_g$——承力盘公称直径、承力岔外接圆公称直径；

$D_s$——挤扩承力盘腔实际直径，简称挤扩盘（岔）径；

$d$——桩身设计直径；

$h$——承力盘（岔）高度；

$h_b$——桩端进入持力层的深度；

$l$——桩身长度；

$l_D$——承力盘、承力岔的竖向中心间距；

$l_f$——桩根长度；

$n$——同一水平面上的转位挤扩次数或桩基中的桩数；

$s_a$——桩的中心距；

$u$——桩身或桩根周长；

$V_{Bg}$——承力盘公称体积；

$V_{bg}$——承力岔公称体积。

**2.2.4** 计算系数

$\alpha$——桩的水平变形系数；

$\alpha_t$——荷载性质系数；

$\xi_i$——等效抗拔长度系数；

$\lambda_i$——抗拔侧阻力折减系数；

$\eta$——总盘端阻力调整系数；

$\psi_c$——工作条件系数；

$\psi_D$——三岔双向挤扩灌注桩基沉降修正系数。

## 3 基本规定

**3.0.1** 对无相近地质条件下成桩试验资料的三岔双向挤扩灌注桩（附录A）设计，应预先进行成孔、成盘（岔）腔、成桩试验和载荷试验，确定设计及施工参数。

**3.0.2** 桩基的详细勘察除应符合现行国家标准《岩土工程勘察规范》GB 50021 的有关规定外，当相邻勘探点所揭露的可作承力盘（岔）持力土层的层面坡度大于10%时，宜加密勘探点，查明该持力土层的分布情况。

**3.0.3 淤泥及淤泥质土层、松散状态的砂土层、可液化土层、湿陷性黄土层、大气影响深度以内的膨胀土层、遇水丧失承载力的强风化岩层不得作为抗压三岔双向挤扩灌注桩的承力盘和承力岔的持力土层。**

**3.0.4** 可塑-硬塑状态的黏性土、稍密-密实状态的粉土和砂土、中密-密实状态的卵砾石层和残积土层、全风化岩、强风化岩层宜作为抗压三岔双向挤扩灌注桩的承力盘和承力岔的持力土层。

**3.0.5** 承力盘的持力土层厚度不宜小于$3d$（$d$为桩身设计直径）；当有软弱下卧层时，承力盘的持力土层厚度不宜小于$4d$。承力岔的持力土层厚度不宜小于$2d$；当有软弱下卧层时，承力岔的持力土层厚度不宜小于$3d$。

**3.0.6** 承力盘底进入持力土层的深度不宜小于$0.5\sim1.0h$（$h$为承力盘和承力岔的高度），承力岔底进入持力土层的深度不宜小于$1.0h$。

**3.0.7** 宜选择较硬土层作为桩端持力土层。桩端全断面进入持力土层的深度，对于黏性土、粉土时不宜小于$2.0d$；砂土不宜小于$1.5d$；碎石类土不宜小于$1.0d$。当存在软弱下卧层时，桩端以下硬持力层厚度不宜小于$3d$。

**3.0.8** 相邻桩的最小中心距不宜小于$3.0d$，并不宜小于$1.5D$（$D$为承力盘设计直径）。当$D$大于2m时，桩的最小中心距不宜小于$D+1$（m）。

**3.0.9** 承力盘的竖向中心间距：当持力土层为砂土时，不宜小于$2.5D$；当持力土层为黏性土、粉土时不宜小于$2.0D$。

承力岔的竖向中心间距不宜小于$1.5D$。承力岔与承力盘的竖向中心间距：当持力土层为粉细砂时，不宜小于$2.0D$；当持力土层为黏性土、粉土时不宜小于$1.5D$。

**3.0.10** 桩根长度不宜小于$2.0d$。

**3.0.11** 抗拔三岔双向挤扩灌注桩的承力盘（岔）宜设置在持力土层的下部。

**3.0.12** 三岔双向挤扩灌注桩施工应采用三岔双缸双向液压挤扩装置（附录B），主要技术参数可按本规程附录C的规定确定，并应符合下列要求：

1 桩身直径可选用450～1500mm，承力盘（岔）直径应根据桩身直径、承载力要求和三岔双缸双向挤扩装置的类别及型号确定；

2 三岔双缸双向挤扩装置主要技术参数应符合本规程附录C的规定；

3 承力盘腔直径检测器应符合本规程附录D的规定；

4 三岔双向挤扩灌注桩主要参数应符合本规程附录E的规定。

## 4 构 造

**4.0.1** 三岔双向挤扩灌注桩的配筋应符合下列规定：

1　截面配筋率可取0.40%～0.65%，对大直径桩宜取低值；承受水平荷载较大的桩及抗拔桩的配筋率应按计算确定；

2　桩身直径大于600mm的桩，主筋长度不宜小于桩长的2/3；

3　位于坡地岸边的基桩应通长配筋；

4　对于受地震作用的基桩，桩身配筋长度应穿过可液化土层和软弱土层，进入稳定土层的深度不应小于$4.0/\alpha$（$\alpha$为桩的水平变形系数）；

5　对于承受水平荷载或较大弯矩的基桩，配筋长度应通过计算确定，且不应小于$4.0/\alpha$，并应穿过软弱土层进入稳定土层；

6　对于仅设置一个底承力盘的基桩宜通长配筋；

7　专用抗拔基桩以及因地震作用、冻胀或膨胀力作用而受拔力的基桩，应等截面或变截面通长配筋；

8　主筋的最小直径与布置及箍筋的形式、直径、间距与配置，以及桩的水平变形系数（$\alpha$）应符合现行行业标准《建筑桩基技术规范》JGJ 94的规定。

**4.0.2　三岔双向挤扩灌注桩桩身混凝土强度等级不得低于C25。**

**4.0.3**　三岔双向挤扩灌注桩桩身混凝土保护层厚度应符合下列规定：

1　主筋的混凝土保护层厚度，在干作业成孔时不应小于35mm；在水下灌注混凝土时，不应小于50mm；

2　四类、五类环境中桩身混凝土保护层厚度应符合国家现行标准《港口工程混凝土结构设计规范》JTJ 267、《工业建筑防腐蚀设计规范》GB 50046的相关规定。

# 5　设　　计

## 5.1　单桩竖向抗压承载力确定

**5.1.1**　对于设计等级为甲级和地质条件复杂的乙级建筑的桩基，施工前单桩竖向抗压极限承载力标准值应通过单桩静载试验确定。在同一条件下的试桩数量不宜少于总桩数的1%，且不应少于3根；当工程桩总数在50根以内时，不应少于2根。单桩的竖向抗压静载试验，应按本规程附录F的规定进行。

**5.1.2**　单桩竖向抗压承载力特征值$R_a$应按下式计算：

$$R_a = \frac{1}{K}Q_{uk} \tag{5.1.2}$$

式中　$K$——安全系数，可取$K=2$；

$Q_{uk}$——单桩竖向抗压极限承载力标准值（kN）。

**5.1.3**　初步设计时，当根据土的物理指标与承载力参数之间的经验关系确定单桩竖向抗压极限承载力标准值$Q_{uk}$，可按下式估算：

$$Q_{uk} = Q_{sk} + Q_{Bk} + Q_{pk} = u\Sigma q_{sik} l_i + \eta \Sigma q_{Bjk} A_{pD} + q_{pk} A_p \tag{5.1.3-1}$$

$$A_p = \frac{\pi}{4}d^2 \tag{5.1.3-2}$$

$$A_{pD} = \frac{\pi}{4}(D^2 - d^2) \tag{5.1.3-3}$$

式中　$Q_{uk}$——单桩竖向抗压极限承载力标准值(kN)；

$Q_{sk}$——单桩总极限侧阻力标准值（kN）；

$Q_{Bk}$——单桩总极限盘端阻力标准值（kN）；

$Q_{pk}$——单桩总极限桩端阻力标准值（kN）；

$q_{sik}$——单桩第$i$层土的极限侧阻力标准值（kPa），如无当地经验值时，可按本规程表G.0.1取值；

$q_{Bjk}$——单桩第$i$个盘的持力土层极限盘端阻力标准值（kPa），如无当地经验值时，可按本规程表G.0.2取值；

$q_{pk}$——极限端阻力标准值（kPa），如无当地经验值时，可按本规程表G.0.2取值；

$u$——桩身或桩根周长（m）；

$l_i$——桩穿过第$i$层土的厚度（m）；

$\eta$——总盘端阻力调整系数，单个和2个承力盘时$\eta=1.00$；3个及3个以上承力盘时$\eta=0.93$；

$A_{pD}$——承力盘设计截面面积（$m^2$），按承力盘在水平投影面上的面积扣除桩身设计截面面积计算；

$A_p$——桩端设计截面面积（$m^2$）；

$D$——承力盘设计直径（m）；

$d$——桩身设计直径（m）。

## 5.2　桩基竖向抗拔承载力验算

**5.2.1**　承受拉拔力的三岔双向挤扩灌注桩基，应按下列公式同时验算群桩基础及其基桩的抗拔承载力，并应按现行国家标准《混凝土结构设计规范》GB 50010的规定验算基桩材料的抗拉承载力。

$$N_k \leqslant \frac{1}{2}T_{gk} + G_{gp} \tag{5.2.1-1}$$

$$N_k \leqslant \frac{1}{2}T_{uk} + G_p \tag{5.2.1-2}$$

式中　$N_k$——按荷载效应标准组合计算的基桩拉拔力（kN）；

$T_{gk}$——群桩基础呈整体破坏时，基桩的抗拔极限承载力标准值（kN），应按本规程第5.2.2条确定；

$T_{uk}$——群桩基础呈非整体破坏时，基桩抗拔极限承载力标准值（kN），应按本规程第5.2.2条确定；

$G_{gp}$——群桩基础及其所包围的桩间土总自重标准值除以总桩数，地下水位以下的部分应扣除浮力，应按本规程表5.2.2-1和5.2.2-2计算三岔双向挤扩灌注群桩和土体的尺寸及桩土的自重标准值；

$G_p$——基桩桩体及承力盘以上部分土体的自重标准值，计算地下水位以下部分的基桩自重时，应扣除浮力；三岔双向挤扩灌注桩及承力盘以上部分土体的直径和长度，应按本规程表5.2.2-1和5.2.2-2确定。

**5.2.2** 单桩竖向抗拔极限承载力标准值的确定应符合下列规定：

**1** 对于设计等级为甲级和乙级的桩基，基桩的抗拔极限承载力标准值应通过单桩竖向抗拔静载试验确定。在同一条件下的试桩数量不宜少于总桩数的1%，且不应少于3根。单桩竖向抗拔静载试验，应按现行行业标准《建筑基桩检测技术规范》JGJ 106的规定进行。单位工程同一条件下的单桩竖向抗拔承载力特征值可按单桩抗拔极限承载力标准值的一半取值。

**2** 初步设计时，基桩竖向抗拔承载力特征值（$R_{Ta}$）可按下式计算：

$$R_{Ta}=\frac{1}{2}T_{uk} \qquad (5.2.2\text{-}1)$$

**1）** 当群桩基础呈非整体破坏时，基桩抗拔极限承载力标准值可按下式估算：

$$T_{uk}=\Sigma\lambda_i q_{sik}u_i l_i \qquad (5.2.2\text{-}2)$$

式中 $T_{uk}$——基桩抗拔极限承载力标准值（kN）；

$q_{sik}$——单桩第$i$层土的抗压极限侧阻力标准值（kPa），如无当地经验时，可按本规程表G.0.1取值；

$u_i$——桩身周长（m），可按表5.2.2-1和表5.2.2-2取值；

$l_i$——桩的破坏表面穿过的第$i$层土的厚度（m）；

$\lambda_i$——抗拔侧阻力折减系数，可按表5.2.2-3取值。

**表5.2.2-1　承力盘和桩身破坏表面周长（$u_i$）**

| 自承力盘中心起算的长度 $l_i$ | $\leqslant\xi_i D$ | $>\xi_i D$ |
|---|---|---|
| $u_i$ | $\pi D$ | $\pi d$ |

注：表中$\xi_i$为等效抗拔长度系数，按表5.2.2-2取值。

**表5.2.2-2　等效抗拔长度系数（$\xi_i$）**

| 承力盘以上土的类型 | 黏性土、粉土 | 砂土 | | 角砾、圆砾、碎石、卵石 |
|---|---|---|---|---|
| | | 松散、稍密 | 中密、密实 | |
| $\xi_i$ | 2～4 | 4～5 | 5～8 | 7～10 |

注：1　当最上部承力盘距地面的距离，或者某承力盘到上一个承力盘的间距小于表中的$\xi_i D$时，按实际距离计算$l_i$；

2　当承力盘以上的持力土层厚度小于表中$\xi_i D$时，可根据盘以上各层土的性质综合确定系数$\xi_i$；

3　土的强度高时$\xi_i$取大值，土层埋深小时$\xi_i$取小值。

**表5.2.2-3　抗拔侧阻力折减系数（$\lambda_i$）**

| 土类 | $\lambda_i$ | 土类 | $\lambda_i$ |
|---|---|---|---|
| 砂土 | 0.50～0.70 | 黏性土、粉土 | 0.70～0.80 |

注：当桩长$l$与桩径之比小于20时，$\lambda_i$取小值。

**2）** 当群桩基础呈整体破坏时，基桩抗拔极限承载力标准值可按下式计算：

$$T_{gk}=\frac{1}{n}\Sigma\lambda_i q_{sik}u_i l_i \qquad (5.2.2\text{-}3)$$

式中 $T_{gk}$——基桩抗拔极限承载力标准值；

$u_i$——桩群外围周长，可按本规程表5.2.2-1和表5.2.2-2分段计算；

$n$——桩基中桩数。

## 5.3　单桩水平承载力计算

**5.3.1** 对于承受水平荷载较大的、设计等级为甲级的建筑桩基，其单桩水平承载力特征值应通过单桩水平静载试验确定。必要时可进行带承台或加竖向荷载的桩水平静载试验。试验宜采用慢速维持荷载法，应按现行行业标准《建筑基桩检测技术规范》JGJ 106的规定进行。

**5.3.2** 三岔双向挤扩灌注桩可按桩身设计直径为$d$的等截面灌注桩，根据现行行业标准《建筑桩基技术规范》JGJ 94的规定进行水平承载力与位移计算。

## 5.4　桩身强度验算

**5.4.1** 三岔双向挤扩灌注桩桩身混凝土强度应满足桩的承载力设计要求。当轴心受压时，桩身强度应符合下式规定：

$$N\leqslant\psi_c f_c A \qquad (5.4.1)$$

式中 $N$——相应于荷载效应基本组合时的桩顶竖向压力设计值（kN）；

$\psi_c$——工作条件系数，取0.80～0.90，泥浆护壁成孔时取低值，干作业成孔时取高值；

$f_c$——混凝土轴心抗压强度设计值（kPa），应按现行国家标准《混凝土结构设计规范》GB 50010取值；

$A$——桩身设计截面面积（$m^2$）。

**5.4.2** 当三岔双向挤扩灌注桩的桩身设计直径（$d$）、承力盘（岔）设计直径（$D$）和高度（$h$）符合本规程附录C的规定时，可不进行承力盘（岔）的抗剪和抗冲切验算。

**5.4.3** 对于抗拔桩的裂缝控制计算，应符合现行行业标准《建筑桩基技术规范》JGJ 94的规定。

### 5.5 桩基沉降计算

**5.5.1** 当三岔双向挤扩灌注桩基需要进行沉降验算时，其沉降计算和沉降允许值应符合现行行业标准《建筑桩基技术规范》JGJ 94的有关规定，其最终沉降量可按本规程第5.5.2条的规定计算。

**5.5.2** 三岔双向挤扩灌注桩基最终沉降量应按下式计算：

$$s = \psi_D s_z \quad (5.5.2)$$

式中 $s$——三岔双向挤扩灌注桩基的最终沉降量（mm）；

$\psi_D$——桩基沉降修正系数，根据地区沉降观测资料及经验确定，无地区经验时可取$\psi_D=0.6\sim0.8$；

$s_z$——按等截面桩基计算的最终沉降量（mm），即将三岔双向挤扩灌注桩的桩身直径$d$作为设计直径，底承力盘平面作为桩端平面，按现行行业标准《建筑桩基技术规范》JGJ 94的有关规定计算的最终沉降量，计算时尚应符合下列规定：

a 对于桩中心距小于或等于$3D$的桩基，$s_z$可采用现行行业标准《建筑桩基技术规范》JGJ 94的等效作用分层总和法计算；

b 对于桩中心距大于$3D$的桩基，$s_z$宜按现行行业标准《建筑桩基技术规范》JGJ 94关于单桩、单排桩或疏桩基础的有关规定计算，其中桩身压缩量应按本规程第5.5.3条确定。

**5.5.3** 三岔双向挤扩灌注桩身压缩量可按下式简化计算：

$$s_e = \frac{Ql_m}{E_c A} \quad (5.5.3)$$

式中 $s_e$——三岔双向挤扩灌注桩身压缩量（mm）；

$Q$——相应于荷载准永久组合时的桩顶竖向力（kN）；

$l_m$——顶承力盘平面以上的桩身长度（m）；

$E_c$——桩身混凝土的弹性模量（MPa）；

$A$——桩身设计横截面面积（$m^2$）。

**5.5.4** 设计等级为甲级的三岔双向挤扩灌注桩基础宜进行沉降观测。

## 6 质量检查与检测要点

### 6.1 质量检查要点

**6.1.1** 三岔双向挤扩灌注桩的施工质量检查的要点包括对成孔、清孔、成腔、钢筋笼制作及混凝土灌注主要工序，以及对承力盘(岔)的数量和盘(岔)的位置的检查，并应符合表6.1.1的规定。

**表6.1.1 三岔双向挤扩灌注桩施工质量检查标准**

| 检查项目 | | 允许偏差或允许值 | | 检查方法 |
|---|---|---|---|---|
| | | 单位 | 数值 | |
| 成孔 | 桩位 | — | — | 应按国家现行标准执行 |
| | 泥浆护壁成孔 | mm | ±50 | 用井径仪或超声波孔壁测定仪检测 |
| | 干作业成孔 | mm | −20 | 用钢尺或井径仪检测 |
| | 孔深 | mm | +300 | 1 用重锤测量；2 测钻杆钻具长度 |
| | 成孔垂直度 | % | <1 | 1 以挤扩装置自然入孔检查；2 用测斜仪 |
| 清孔 | 虚土厚度（抗压桩） | mm | <100 | 用重锤测量 |
| | 虚土厚度（抗拔桩） | mm | <200 | 用重锤测量 |
| 成腔 | 盘径 | % | −4 | 用承力盘腔直径检测器检测 |
| | 泥浆相对密度 | — | <1.25 | 用比重计测量 |
| 钢筋笼制作 | — | — | — | 应按国家现行标准执行 |
| 混凝土灌注 | 混凝土坍落度（泥浆护壁） | mm | 160～220 | 用坍落度仪测定 |
| | 混凝土坍落度（干作业） | mm | 70～100 | 用坍落度仪测定 |
| | 混凝土强度 | — | — | 应符合设计要求 |
| | 混凝土充盈系数 | — | >1 | 检查混凝土实际灌注量 |
| | 桩顶标高 | mm | +30、−50 | 用水准仪测量 |

**6.1.2** 本规程第6.1.1条未规定的施工质量检查项目，尚应符合现行国家标准《建筑地基基础工程施工质量验收规范》GB 50202的相关规定。

**6.1.3** 三岔双向挤扩灌注桩的成孔记录应按本规程附录H填写。

**6.1.4** 三岔双向挤扩灌注桩的挤扩记录应按本规程附录J填写。

### 6.2 检测要点

**6.2.1** 三岔双向挤扩灌注桩基的工程桩应进行单桩承载力和桩身完整性的抽样检测。

**6.2.2** 工程桩的竖向抗压承载力检测应符合现行行业标准《建筑桩基技术规范》JGJ 94的有关规定，检测数量应符合现行行业标准《建筑基桩检测技术规范》JGJ 106 的有关规定。

**6.2.3** 当有本地区相近条件的对比验证资料时，高应变法也可作为本规程第 6.2.2 条规定条件下单桩竖向抗压承载力的验收检测的补充。抽检数量不宜少于总桩数的 5%，且不得少于 5 根。

**6.2.4** 桩身完整性检测可采用低应变法。设计等级为甲级或地质条件复杂的三岔双向挤扩灌注桩，抽检数量不应少于工程桩总数的 30%，且不得少于 20 根；其他设计等级桩基工程的抽检数量不应少于总桩数的 20%，且不得少于 10 根；柱下三桩或三桩以下承台的抽检数量不得少于 1 根。

对于桩身设计直径大于 800mm 的三岔双向挤扩灌注桩的桩身完整性检测，除可采用低应变法外，也可选用声波透射法、钻芯法，后两者的抽检数量不应少于总桩数的 10%。

## 附录 A 三岔双向挤扩灌注桩的构造

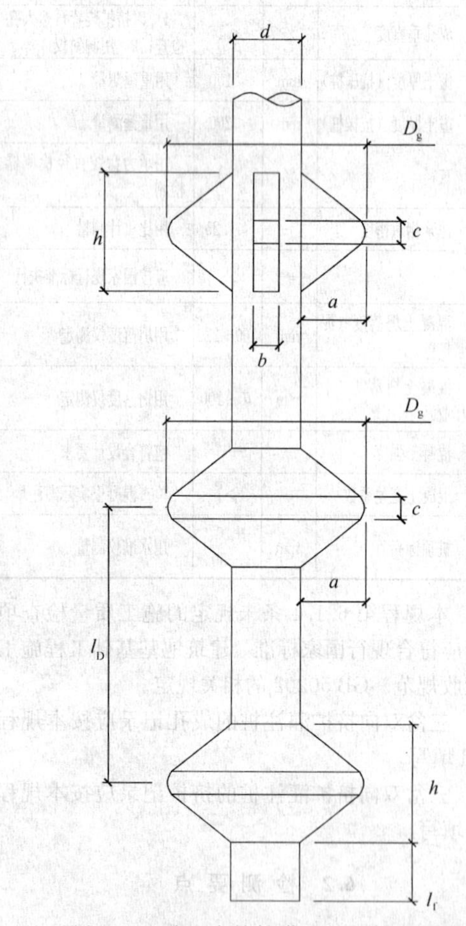


图 A 三岔双向挤扩灌注桩的构造示意

$a$—承力盘（岔）宽度；$b$—承力岔厚度；$c$—承力盘（岔）外沿高度；$d$—桩身设计直径；$h$—承力盘（岔）高度；$D_g$—承力盘（岔）公称直径；$l_D$—承力盘竖向间距；$l_f$—桩根长度

## 附录 B 三岔双缸双向液压挤扩装置

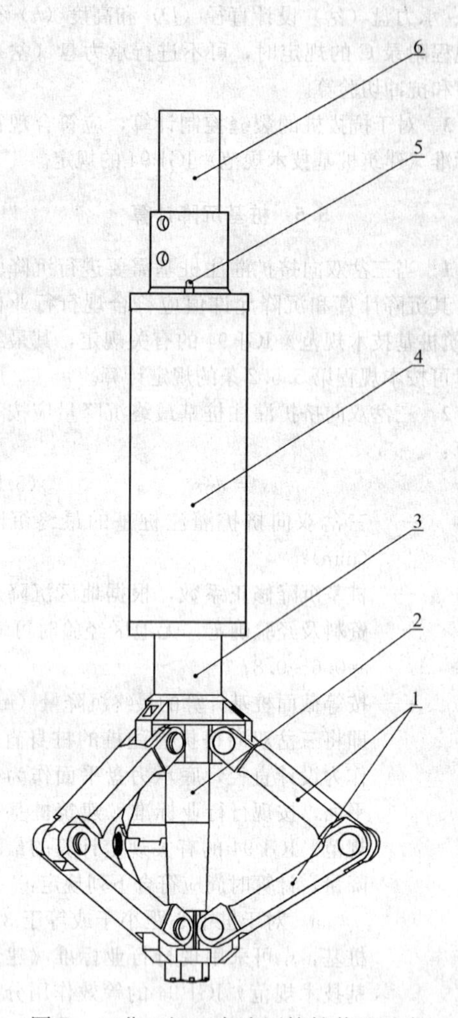


图 B 三岔双缸双向液压挤扩装置示意

1—三岔挤扩臂；2—内活塞杆；3—外活塞杆；4—缸筒；5—油管；6—接长杆

## 附录 C 三岔双缸双向液压挤扩装置主要技术参数

**表 C 三岔双缸双向液压挤扩装置主要技术参数**

| 设备型号<br>参数 | 98-400 型 | 98-500 型 | 98-600 型 | 06-800 型 | 06-1000 型 |
|---|---|---|---|---|---|
| 桩身设计直径（mm） | 450～550 | 500～650 | 600～800 | 800～1200 | 1200～1500 |
| 承力盘(岔)公称直径(mm) | 1000 | 1200 | 1550 | 2050 | 2550 |

续表 C

| 参数 \ 设备型号 | 98-400 型 | 98-500 型 | 98-600 型 | 06-800 型 | 06-1000 型 |
|---|---|---|---|---|---|
| 承力盘(岔)设计直径(mm) | 900 | 1100 | 1400 | 1900 | 2400 |
| 挤扩呈公称直径时两挤扩臂夹角（°） | 70 | 70 | 70 | 70 | 70 |
| 挤扩臂收回时最小直径(mm) | 380 | 450 | 580 | 750 | 950 |
| 液压系统额定工作压力(MPa) | 25 | 25 | 25 | 25 | 25 |
| 油缸公称输出压力（kN） | 1256 | 1256 | 2198 | 4270 | 4270 |
| 油泵流量(L/min) | 25 | 25 | 63 | 63 | 63 |
| 电机功率(kW) | 18.5 | 18.5 | 37 | 37 | 37 |

注：表中承力盘（岔）公称直径可根据实际工程需要作适当变动，随之相应的承力盘（岔）设计直径和桩身设计直径也作相应变动。

## 附录 D　承力盘腔直径检测器

**D.0.1**　承力盘腔直径检测器（图 D）的检测方法应符合下列规定：

**1**　检测前，应对承力盘腔直径检测器进行测量标定，建立测杆张开状态时的直径（即盘径）和主、副测绳零点间距的承力盘腔直径与落差关系表；

**2**　将检测器放入到承力盘位置深度后，应放松副测绳，使测杆完全张开处于挤扩腔内，此时应提直副测绳；

**3**　应在孔口处测量主测绳与副测绳零点之间落差；

**4**　根据落差并由承力盘腔直径与落差关系表可查出相应的承力盘腔直径。

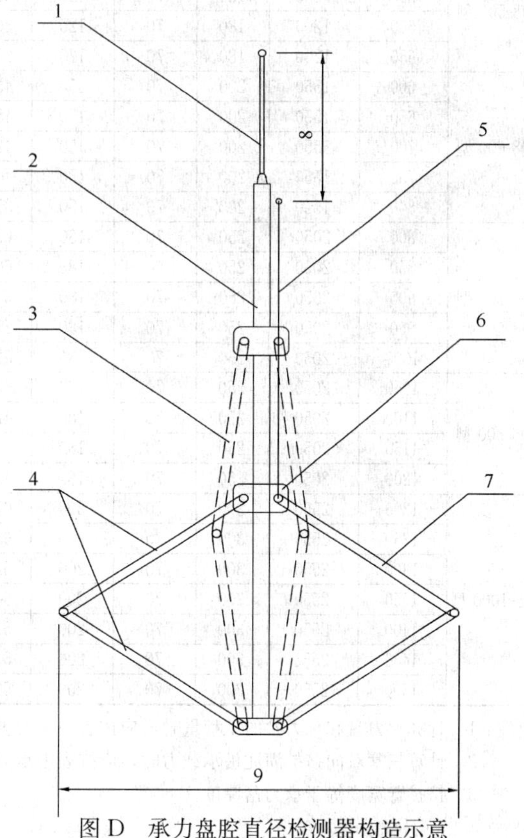


图 D　承力盘腔直径检测器构造示意

1—主测绳；2—主杆；3—收缩状态；4—测杆；5—副测绳；6—配重；7—张开状态；8—落差；9—承力盘腔直径

## 附录 E　三岔双向挤扩灌注桩主要参数

**表 E　三岔双向挤扩灌注桩主要参数**

| 三岔双缸双向液压挤扩装置型号 | 桩身设计直径 $d$ (mm) | 承力盘(岔)公称直径 $D_g$ (mm) | 挤扩臂宽度 $b$ (mm) | 挤扩呈公称直径时挤扩臂夹角 (°) | 承力盘(岔)外沿高度 $c$ (mm) | 承力盘(岔)宽度 $a$ (mm) | 承力盘(岔)高度 $h$ (mm) | 承力盘公称体积 $V_{Bg}$ ($m^3$) | 承力岔公称体积 $V_{bg}$ ($m^3$) | 计算承载力参数：承力盘(岔)设计直径 $D$ (mm) | 计算承载力参数：承力盘设计截面面积 $A_{pD}$ ($m^2$) | 计算承载力参数：承力岔设计截面面积 $A_{pd}$ ($m^2$) | 计算承载力参数：桩身设计截面面积 $A$ ($m^2$) |
|---|---|---|---|---|---|---|---|---|---|---|---|---|---|
| 98-400 型 | 450 | 1000 | 150 | 70 | 100 | 275 | 485 | 0.168 | 0.036 | 900 | 0.477 | 0.101 | 0.159 |
| | 500 | 1000 | 150 | 70 | 100 | 250 | 450 | 0.150 | 0.031 | 900 | 0.440 | 0.090 | 0.196 |
| | 550 | 1000 | 150 | 70 | 100 | 225 | 415 | 0.133 | 0.026 | 900 | 0.398 | 0.079 | 0.237 |

续表 E

| 三岔双缸双向液压挤扩装置型号 | 桩身设计直径 $d$ (mm) | 承力盘(岔)公称直径 $D_g$ (mm) | 挤扩臂宽度 $b$ (mm) | 挤扩呈公称直径时挤扩臂夹角 (°) | 承力盘(岔)外沿高度 $c$ (mm) | 承力盘(岔)宽度 $a$ (mm) | 承力盘(岔)高度 $h$ (mm) | 承力盘公称体积 $V_{Bg}$ ($m^3$) | 承力岔公称体积 $V_{bg}$ ($m^3$) | 计算承载力参数 | | | |
|---|---|---|---|---|---|---|---|---|---|---|---|---|---|
| | | | | | | | | | | 承力盘(岔)设计直径 $D$ (mm) | 承力盘设计截面面积 $A_{pD}$ ($m^2$) | 承力岔设计截面面积 $A_{pd}$ ($m^2$) | 桩身设计截面面积 $A$ ($m^2$) |
| 98-500 型 | 500 | 1200 | 180 | 70 | 120 | 350 | 610 | 0.309 | 0.069 | 1100 | 0.754 | 0.162 | 0.196 |
| | 550 | 1200 | 180 | 70 | 120 | 325 | 575 | 0.285 | 0.061 | 1100 | 0.712 | 0.149 | 0.237 |
| | 600 | 1200 | 180 | 70 | 120 | 300 | 540 | 0.260 | 0.053 | 1100 | 0.667 | 0.135 | 0.283 |
| | 650 | 1200 | 180 | 70 | 120 | 275 | 505 | 0.234 | 0.046 | 1100 | 0.618 | 0.122 | 0.332 |
| 98-600 型 | 600 | 1550 | 200 | 70 | 150 | 450 | 815 | 0.695 | 0.138 | 1400 | 1.256 | 0.240 | 0.283 |
| | 650 | 1550 | 200 | 70 | 150 | 450 | 780 | 0.655 | 0.126 | 1400 | 1.207 | 0.225 | 0.332 |
| | 700 | 1550 | 200 | 70 | 150 | 425 | 745 | 0.615 | 0.114 | 1400 | 1.154 | 0.210 | 0.385 |
| | 750 | 1550 | 200 | 70 | 150 | 400 | 710 | 0.574 | 0.103 | 1400 | 1.097 | 0.195 | 0.442 |
| | 800 | 1550 | 200 | 70 | 150 | 375 | 675 | 0.532 | 0.093 | 1400 | 1.036 | 0.180 | 0.502 |
| 06-800 型 | 800 | 2050 | 250 | 70 | 180 | 625 | 1055 | 1.547 | 0.290 | 1900 | 2.331 | 0.413 | 0.502 |
| | 850 | 2050 | 250 | 70 | 180 | 600 | 1020 | 1.480 | 0.270 | 1900 | 2.267 | 0.394 | 0.567 |
| | 900 | 2050 | 250 | 70 | 180 | 575 | 985 | 1.411 | 0.251 | 1900 | 2.198 | 0.375 | 0.636 |
| | 950 | 2050 | 250 | 70 | 180 | 550 | 950 | 1.341 | 0.233 | 1900 | 2.125 | 0.356 | 0.708 |
| | 1000 | 2050 | 250 | 70 | 180 | 525 | 915 | 1.269 | 0.216 | 1900 | 2.049 | 0.338 | 0.785 |
| 06-800 型 | 1050 | 2050 | 250 | 70 | 180 | 500 | 880 | 1.197 | 0.199 | 1900 | 1.968 | 0.319 | 0.865 |
| | 1100 | 2050 | 250 | 70 | 180 | 475 | 845 | 1.124 | 0.183 | 1900 | 1.884 | 0.300 | 0.950 |
| | 1150 | 2050 | 250 | 70 | 180 | 450 | 810 | 1.051 | 0.167 | 1900 | 1.796 | 0.281 | 1.038 |
| | 1200 | 2050 | 250 | 70 | 180 | 425 | 775 | 0.978 | 0.152 | 1900 | 1.703 | 0.263 | 1.130 |
| 06-1000 型 | 1200 | 2550 | 300 | 70 | 200 | 675 | 1145 | 2.445 | 0.409 | 2400 | 3.391 | 0.540 | 1.130 |
| | 1250 | 2550 | 300 | 70 | 200 | 650 | 1110 | 2.337 | 0.383 | 2400 | 3.295 | 0.518 | 1.227 |
| | 1300 | 2550 | 300 | 70 | 200 | 625 | 1075 | 2.227 | 0.359 | 2400 | 3.195 | 0.495 | 1.327 |
| | 1350 | 2550 | 300 | 70 | 200 | 600 | 1040 | 2.117 | 0.335 | 2400 | 3.091 | 0.473 | 1.431 |
| | 1400 | 2550 | 300 | 70 | 200 | 575 | 1005 | 2.007 | 0.312 | 2400 | 2.983 | 0.450 | 1.539 |
| | 1450 | 2550 | 300 | 70 | 200 | 550 | 970 | 1.897 | 0.290 | 2400 | 2.871 | 0.428 | 1.650 |
| | 1500 | 2550 | 300 | 70 | 200 | 525 | 935 | 1.786 | 0.268 | 2400 | 2.755 | 0.405 | 1.766 |

注：1 计算承力盘和承力岔的工程量时，应按表中承力盘和承力岔的公称体积 $V_{Bg}$ 和 $V_{bg}$ 取值；

2 计算三岔双向挤扩灌注桩承载力时，应按表中承力盘和承力岔的设计直径 $D$、设计截面面积 $A_{pD}$ 和 $A_{pd}$ 取值；

3 挤扩臂宽度等于承力岔厚度。

# 附录 F 单桩竖向抗压静载试验

## F.1 一 般 规 定

**F.1.1** 本方法适用于检测单桩的竖向抗压承载力。

**F.1.2** 当埋设有测量桩身应力、应变、桩端反力的传感器或位移杆时，可测定桩的分层侧阻力、盘端阻力、岔端阻力和桩端阻力或桩身截面的位移量。

**F.1.3** 为设计提供依据的试验桩，宜加载至破坏；当桩的承载力以桩身强度控制时，可按设计要求的加载量进行。

**F.1.4** 对工程桩抽样检测时，加载量不宜小于设计要求的单桩承载力特征值的 2 倍。

## F.2 仪器设备及其安装

**F.2.1** 仪器设备及其安装应按现行行业标准《建筑基桩检测技术规范》JGJ 106 的规定执行。三岔双向挤扩灌注桩的试桩与锚桩的中心距不应小于 2 倍承力盘设计直径。

## F.3 现 场 检 测

**F.3.1** 试桩的成桩工艺和质量控制标准应与工程桩一致。

**F.3.2** 桩顶部宜高出试坑底面，试坑底面宜与桩承台底面标高一致。混凝土桩头加固可按现行行业标准《建筑基桩检测技术规范》JGJ 106 的规定执行，其中桩顶应设置钢筋网片 3～4 层，间距宜为 60～100mm。

**F.3.3** 检测前，应对试桩进行桩身完整性检测，也宜对锚桩进行桩身完整性检测。

**F.3.4** 试验加卸载方式应按现行行业标准《建筑基桩检测技术规范》JGJ 106 的规定执行。

**F.3.5** 静载试验应采用慢速维持荷载法，其试验步骤应按现行行业标准《建筑基桩检测技术规范》

JGJ 106的规定执行。当作为工程桩验收时也可采用快速维持荷载法进行试验(即每隔1h加一级荷载)。

**F.3.6** 当出现下列情况之一时，可终止加载：

**1** 桩顶荷载-桩顶沉降($Q$-$s$)曲线上有可判定极限承载力的陡降段；当$Q$-$s$曲线呈缓变型时，桩顶总沉降量超过承力盘设计直径的5%；

**2** 某级荷载作用下，桩顶沉降量大于前一级荷载作用下沉降量的2倍，且经24h尚未达到相对稳定标准；

**3** 已达到设计要求的最大加载量；

**4** 当工程桩作锚桩时，锚桩上拔量已达到允许值。

### F.4 检测数据的整理

**F.4.1** 确定单桩竖向抗压承载力时，应绘制竖向荷载-沉降($Q$-$s$)曲线、沉降-荷载对数($s$-lg$Q$)曲线、沉降-时间对数($s$-lg$t$)曲线，需要时也可绘制其他辅助分析所需曲线。

**F.4.2** 当进行桩身应力、应变和桩端反力测定时，应整理出有关数据的记录表，并按现行行业标准《建筑基桩检测技术规范》JGJ 106-2003附录A绘制桩身轴力分布图，计算不同土层的分层侧阻力、盘端阻力、岔端阻力和桩端阻力值。

### F.5 单桩竖向抗压极限承载力($Q_u$)的确定

**F.5.1** 根据沉降随荷载变化的特征确定：对于陡降型$Q$-$s$曲线，取其发生明显陡降的起始点对应的荷载值；对于缓变型$Q$-$s$曲线可根据沉降量确定，可取$s=0.05D$($D$为承力盘设计直径)对应的荷载值。

**F.5.2** 根据沉降随荷载对数变化的特征确定：对于$s$-lg$Q$曲线，取其末段直线段的起始点对应的荷载值。

**F.5.3** 根据沉降随时间变化的特征确定：取$s$-lg$t$曲线尾部出现明显向下弯曲的前一级荷载值。

**F.5.4** 出现本规程第F.3.6条第2款情况时，可取前一级荷载值。

**F.5.5** 按上述方法判断有困难时，可结合其他辅助分析方法综合判定。对桩基沉降有特殊要求时，应根据具体情况选取。

**F.5.6** 单桩竖向抗压极限承载力统计值的确定应符合现行行业标准《建筑基桩检测技术规范》JGJ 106的规定。

**F.5.7** 单桩竖向抗压承载力特征值($R_a$)应按单桩竖向抗压极限承载力统计值的1/2取值。

**F.5.8** 检测报告内容应符合现行行业标准《建筑基桩检测技术规范》JGJ 106的规定。

## 附录G 三岔双向挤扩灌注桩的极限侧阻力标准值、极限盘端阻力标准值和极限桩端阻力标准值

**G.0.1** 三岔双向挤扩灌注桩的极限侧阻力标准值可按表G.0.1取值。

**表G.0.1 三岔双向挤扩灌注桩的极限侧阻力标准值$q_{sik}$(kPa)**

| 土的名称 | 土的状态 | | $q_{sik}$ (kPa) |
|---|---|---|---|
| 填　土 | — | | 16～22 |
| 淤　泥 | — | | 10～14 |
| 淤泥质土 | — | | 16～22 |
| 黏性土 | 流塑 | $I_L>1$ | 20～30 |
| | 软塑 | $0.75<I_L\leqslant1$ | 30～40 |
| | 可塑 | $0.50<I_L\leqslant0.75$ | 40～54 |
| | 硬可塑 | $0.25<I_L\leqslant0.50$ | 54～66 |
| | 硬塑 | $0<I_L\leqslant0.25$ | 66～75 |
| | 坚硬 | $I_L\leqslant0$ | 75～83 |
| 红黏土 | $0.7<a_w\leqslant1$ | | 12～26 |
| | $0.5<a_w\leqslant0.7$ | | 26～60 |
| 粉　土 | 稍密 | $e>0.9$ | 20～35 |
| | 中密 | $0.75\leqslant e\leqslant0.9$ | 35～54 |
| | 密实 | $e<0.75$ | 54～68 |
| 粉细砂 | 稍密 | $10<N\leqslant15$ | 20～35 |
| | 中密 | $15<N\leqslant30$ | 35～54 |
| | 密实 | $N>30$ | 54～68 |
| 中　砂 | 稍密 | $10<N\leqslant15$ | 30～45 |
| | 中密 | $15<N\leqslant30$ | 45～60 |
| | 密实 | $N>30$ | 60～77 |
| 粗　砂 | 稍密 | $10<N\leqslant15$ | 40～60 |
| | 中密 | $15<N\leqslant30$ | 60～80 |
| | 密实 | $N>30$ | 80～100 |
| 砾　砂 | 稍密 | $10<N_{63.5}\leqslant15$ | 60～80 |
| | 中密 | $15<N_{63.5}\leqslant30$ | 80～100 |
| | 密实 | $N_{63.5}>30$ | 100～120 |
| 圆砾、角砾 | 稍密 | $5<N_{63.5}\leqslant10$ | 65～85 |
| | 中密 | $10<N_{63.5}\leqslant20$ | 85～125 |
| | 密实 | $N_{63.5}>20$ | 125～170 |
| 碎石、卵石 | 稍密 | $5<N_{63.5}\leqslant10$ | 80～120 |
| | 中密 | $10<N_{63.5}\leqslant20$ | 120～160 |
| | 密实 | $N_{63.5}>20$ | 160～320 |

注：1 对于尚未完成自重固结的填土和以生活垃圾为主的杂填土，不计算其侧阻力；

2 $a_w$为含水比，$a_w=w/w_L$，$w$为天然含水量，$w_L$为液限，$e$为孔隙比，$I_L$为液性指数；

3 $N$为标准贯入击数，$N_{63.5}$为重型圆锥动力触探击数；

4 表中数值适用于老沉积土；对于新近沉积土，$q_{sik}$应按土的状态，降一级取值。

**G.0.2** 三岔双向挤扩灌注桩的极限盘端阻力标准值和极限桩端阻力标准值可按表G.0.2取值。

**表 G.0.2　三岔双向挤扩灌注桩的极限盘端阻力标准值 $q_{Brk}$ 和极限桩端阻力标准值 $q_{pk}$（kPa）**

| 土的名称 | 土的状态 | | 桩入土深度 $l$（m） | | | | | |
|---|---|---|---|---|---|---|---|---|
| | | | $5\leqslant l<10$ | $10\leqslant l<15$ | $15\leqslant l<20$ | $20\leqslant l<25$ | $25\leqslant l<30$ | $l\geqslant 30$ |
| 黏性土 | 软塑 | $0.75<I_L\leqslant 1$ | 100～150 | 150～250 | 200～300 | 300～375 | 375～450 | 450～525 |
| | 可塑 | $0.50<I_L\leqslant 0.75$ | 250～350 | 350～450 | 450～550 | 550～625 | 625～700 | 700～775 |
| | 硬可塑 | $0.25<I_L\leqslant 0.50$ | 550～700 | 700～800 | 800～900 | 900～975 | 975～1050 | 1050～1125 |
| | 硬塑 | $0<I_L\leqslant 0.25$ | 750～1000 | 1000～1200 | 1200～1400 | 1400～1550 | 1550～1700 | 1700～1850 |
| 粉　土 | 中密 | $0.75\leqslant e\leqslant 0.9$ | 250～350 | 300～500 | 450～650 | 575～725 | 650～800 | 725～900 |
| | 密实 | $e<0.75$ | 550～800 | 650～900 | 750～1000 | 800～1000 | 850～1050 | 925～1050 |
| 粉　砂 | 稍密 | $10<N\leqslant 15$ | 200～400 | 350～500 | 450～550 | 550～625 | 625～700 | 725～800 |
| | 中密 | $15<N\leqslant 20$ | 400～650 | 650～800 | 800～900 | 900～1000 | 1000～1100 | 1000～1150 |
| | 密实 | $>20$ | 600～750 | 750～900 | 900～1050 | 1050～1150 | 1150～1350 | 1300～1450 |
| 细　砂 | 稍密 | $10<N\leqslant 15$ | 350～550 | 500～650 | 600～700 | 700～775 | 775～850 | 800～875 |
| | 中密 | $15<N\leqslant 30$ | 700～900 | 900～1000 | 1000～1150 | 1150～1300 | 1300～1450 | 1450～1600 |
| | 密实 | $>30$ | 800～1000 | 1000～1100 | 1100～1250 | 1250～1400 | 1400～1650 | 1600～1850 |
| 中　砂 | 中密 | $15<N\leqslant 30$ | 950～1100 | 1100～1300 | 1300～1450 | 1450～1600 | 1600～1750 | 1750～1900 |
| | 密实 | $>30$ | 1050～1250 | 1250～1400 | 1400～1550 | 1550～1700 | 1700～1850 | 1850～2050 |
| 粗　砂 | 中密 | $15<N\leqslant 30$ | 1650～1900 | 1900～2150 | 2150～2300 | 2300～2400 | 2400～2500 | 2500～2600 |
| | 密实 | $>30$ | 1750～2000 | 2000～2250 | 2250～2400 | 2400～2500 | 2500～2600 | 2600～2700 |
| 砾　砂 | 中密 | $15<N\leqslant 30$ | 1700～1900 | 1900～2300 | 2300～2500 | 2500～2600 | 2600～2700 | 2700～2800 |
| | 密实 | $>30$ | 1800～2000 | 2000～2400 | 2500～2600 | 2700～2800 | 2800～2900 | 2900～3000 |
| 角砾、圆砾 | 中密、密实 | $N_{63.5}>10$ | 1800～2100 | 2100～2500 | 2500～2700 | 2700～2800 | 2800～2900 | 2900～3200 |
| 碎石、卵石 | 中密、密实 | $N_{63.5}>10$ | 2000～2300 | 2300～2700 | 2700～2900 | 2900～3000 | 3000～3100 | 3100～3300 |

注：1　砂土和碎石类土中桩的极限桩端阻力取值，宜综合考虑土的密实度、桩端进入持力层的深度比 $h_b/d$ 及成孔方法；密实的、$h_b/d$ 大的土和干作业成孔时宜取高值；

2　$I_L$ 为液性指数，$e$ 为孔隙比，$N$ 为标准贯入击数，$N_{63.5}$ 为重型圆锥动力触探击数；

3　极限岔端阻力标准值 $q_{Brk}$ 按同条件的极限盘端阻力标准值 $q_{Brk}$ 取值；

4　表中数值适用于老沉积土；对于新近沉积土，$q_{Brk}$ 和 $q_{pk}$ 应按土的状态，降一级取值。

# 附录 H　三岔双向挤扩灌注桩成孔记录表

**表 H　三岔双向挤扩灌注桩成孔记录表**

施工单位：　　　　　　　　　　　　　　　　　　施工日期：　年　月　日

<table>
<tr><td colspan="3">桩　号</td><td colspan="3"></td><td colspan="2">成孔方式</td><td></td><td>钻机编号</td><td></td></tr>
<tr><td colspan="3">护筒标高（m）</td><td></td><td>孔底标高（m）</td><td></td><td colspan="2">设计孔深（m）</td><td></td><td>钻机型号</td><td></td></tr>
<tr><td colspan="3">设计桩径（mm）</td><td></td><td>实际孔深（m）</td><td></td><td colspan="2">实际孔底标高(m)</td><td></td><td>钻头类型</td><td></td></tr>
<tr><td colspan="3">成孔时间</td><td rowspan="2">本班进尺（m）</td><td rowspan="2">累计进尺（m）</td><td rowspan="2">钻孔偏位情况</td><td rowspan="2">泥浆相对密度</td><td rowspan="2">地质情况</td><td rowspan="2" colspan="2">发生事故及处理方法</td><td rowspan="2">机长签字</td></tr>
<tr><td>月</td><td>日</td><td>时</td></tr>
<tr><td></td><td></td><td></td><td></td><td></td><td></td><td></td><td></td><td colspan="2"></td><td></td></tr>
<tr><td></td><td></td><td></td><td></td><td></td><td></td><td></td><td></td><td colspan="2"></td><td></td></tr>
<tr><td></td><td></td><td></td><td></td><td></td><td></td><td></td><td></td><td colspan="2"></td><td></td></tr>
<tr><td></td><td></td><td></td><td></td><td></td><td></td><td></td><td></td><td colspan="2"></td><td></td></tr>
<tr><td></td><td></td><td></td><td></td><td></td><td></td><td></td><td></td><td colspan="2"></td><td></td></tr>
<tr><td></td><td></td><td></td><td></td><td></td><td></td><td></td><td></td><td colspan="2"></td><td></td></tr>
<tr><td></td><td></td><td></td><td></td><td></td><td></td><td></td><td></td><td colspan="2"></td><td></td></tr>
</table>

记录员：　　　　　　检验员：　　　　　　技术负责人：　　　　　　现场监理：

# 附录J 三岔双向挤扩灌注桩挤扩记录表

**表J 三岔双向挤扩灌注桩挤扩记录表**

工程名称：

| 施工单位 | | | | | | 施工日期 | 年 月 日 |
|---|---|---|---|---|---|---|---|
| 桩号 | | 护筒标高（m） | | 桩身设计直径（mm） | | 钻机编号 | |
| 设计桩长（m） | | 设计孔深（m） | | 实际孔深（m） | | 挤扩机编号 | |
| 承力盘设计直径（mm） | | | | | | 作业班号 | |

| 盘位序号 | 盘位标高（m） | 盘位深度（m） | 作业时间 | 日 时 分 至 日 时 分 | | | | | | | |
|---|---|---|---|---|---|---|---|---|---|---|---|
| 一盘（顶盘） | | | 挤扩压力 $P$（MPa） | | | | | | | | |
| | | | 1 | 2 | 3 | 4 | 5 | 6 | … | $m$ | |
| | | | | | | | | | | | |
| | | | 挤扩盘径 $D_s$（mm） | | | | | | | | |
| 二盘 | | | 挤扩压力 $P$（MPa） | | | | | | | | |
| | | | 1 | 2 | 3 | 4 | 5 | 6 | … | $m$ | |
| | | | | | | | | | | | |
| | | | 挤扩盘径 $D_s$（mm） | | | | | | | | |
| 三盘 | | | 挤扩压力 $P$（MPa） | | | | | | | | |
| | | | 1 | 2 | 3 | 4 | 5 | 6 | … | $m$ | |
| | | | | | | | | | | | |
| | | | 挤扩盘径 $D_s$（mm） | | | | | | | | |
| 四盘 | | | 挤扩压力 $P$（MPa） | | | | | | | | |
| | | | 1 | 2 | 3 | 4 | 5 | 6 | … | $m$ | |
| | | | | | | | | | | | |
| | | | 挤扩盘径 $D_s$（mm） | | | | | | | | |
| …… | | | 挤扩压力 $P$（MPa） | | | | | | | | |
| | | | 1 | 2 | 3 | 4 | 5 | 6 | … | $m$ | |
| | | | | | | | | | | | |
| | | | 挤扩盘径 $D_s$（mm） | | | | | | | | |
| $n$盘（底盘） | | | 挤扩压力 $P$（MPa） | | | | | | | | |
| | | | 1 | 2 | 3 | 4 | 5 | 6 | … | $m$ | |
| | | | | | | | | | | | |
| | | | 挤扩盘径 $D_s$（mm） | | | | | | | | |

有关情况说明：

| 监理： | 工程负责人： | 校核人： | 记录人： |
|---|---|---|---|
| 年 月 日 | 年 月 日 | 年 月 日 | 年 月 日 |

## 本规程用词说明

1 为便于在执行本规程条文时区别对待，对于要求严格程度不同的用词说明如下：

1）表示很严格，非这样做不可的：
正面词采用“必须”，反面词采用“严禁”；

2）表示严格，在正常情况下均应这样做的：
正面词采用“应”，反面词采用“不应”或“不得”；

3）表示允许稍有选择，在条件允许时首先应这样做的：
正面词采用“宜”，反面词采用“不宜”；
表示有选择，在一定条件下可以这样做的，采用“可”。

2 条文中指明应按其他有关标准、规范执行的写法为：“应按……执行”或“应符合……的规定（或要求）”。

## 引用标准名录

1 《混凝土结构设计规范》GB 50010
2 《岩土工程勘察规范》GB 50021
3 《工业建筑防腐蚀设计规范》GB 50046
4 《建筑地基基础工程施工质量验收规范》GB 50202
5 《建筑桩基技术规范》JGJ 94
6 《建筑基桩检测技术规范》JGJ 106
7 《港口工程混凝土结构设计规范》JTJ 267

中华人民共和国行业标准

# 三岔双向挤扩灌注桩设计规程

**JGJ 171—2009**

## 条 文 说 明

# 目　次

# 1 总 则

**1.0.1～1.0.3** 三岔双向挤扩灌注桩通过沿桩身不同部位设置的承力盘和承力岔，使等直径灌注桩成为变截面多支点的端承摩擦桩或摩擦端承桩，从而改变桩的受力机理，显著提高单桩承载力，增加桩基稳定性，减小桩基础沉降，降低桩基工程造价。

三岔双向挤扩灌注桩可有以下若干种类型：多节3岔型桩、多节$3n$岔型桩、单节、两节与多节承力盘桩及多节3岔（或$3n$岔）与承力盘组合桩。

三岔双向挤扩灌注桩的设计要实现安全适用、经济合理、确保质量、节能环保和技术先进等目标，应综合考虑下列各因素，把握相关技术要点。

**1** 地质条件：建设场地的地质条件，包括地层分布特性与土性，地下水赋存状态与水质等，不仅是在特定荷载条件下确定桩径、桩长的主要因素，也是选择承力盘（岔）的主要依据。因此，场地勘察做到完整可靠，使设计人员可根据具体工程的地质条件，采用优化设计方法，从而提高设计质量。

**2** 上部结构类型、使用功能与荷载特征：上部结构有砌体、排架、框架、剪力墙、框剪、框筒及筒体等不同的结构形式，结构构件有不同的平面和竖向布置状况，致使每个建筑物都具有不同的刚度和整体性，其抗震性能及对地基变形有不同的适应能力。荷载特征是指荷载的动静态，恒载与可变荷载的大小，偶然荷载的大小，竖向压、拔荷载的大小，竖向荷载的偏心距，水平荷载的大小及其变化特征。建筑物使用功能不同，对地基基础的要求也不同。而不同的桩端与盘（岔）端持力层、承力盘（岔）的数量及其排列与布置等，则具有不同的竖向和水平承载力与变形性状。因此如何与上部结构相协调，如何适应上部结构是三岔双向挤扩灌注桩的布置与计算应考虑的内容。

**3** 施工技术条件与环境：指三岔双向挤扩灌注桩成孔成桩设备、技术及其成熟性，施工现场的设备运转、弃土及排污要求等。

对于其他行业（例如电厂、机场、港口、石油化工、公路和铁路桥涵等）采用三岔双向挤扩灌注桩的工程，本规程亦可参照使用，但同时应满足相应的行业标准的规定。

三岔双向挤扩灌注桩已成功应用于国华黄骅电厂、大唐王滩电厂及京能官厅风电场等工程，成功应用于大广高速公路滹沱河分洪道特大桥、幸福渠大桥，唐曹高速公路南堡盐场特大桥，沿海高速公路（乐亭段）跨线桥等工程，还成功应用于中石油江苏液化天然气储罐桩基工程。

# 2 术语和符号

## 2.1 术 语

**2.1.1** 三岔双向挤扩灌注桩是指采用三岔双缸双向液压挤扩装置完成挤扩腔体的挤扩灌注桩。该桩既可在地下水位以下的桩孔中挤扩成腔，也可在地下水位以上的桩孔中挤扩成腔。

**2.1.2** 承力岔的宽度、高度和厚度取决于三岔双缸双向液压挤扩装置的技术参数。承力岔的作用是作为竖向承载力的补充；增加三岔双向挤扩灌注桩的整体刚度及稳定性；在三岔双向挤扩灌注桩的上部桩身的较硬土层中设置承力岔以增加对水平荷载的抗力；当某些地层挤扩承力盘腔体可能会引起塌孔的情况，此时设置承力岔则因挤扩次数仅为1次，对土体扰动少而且能够保证承力岔腔体不坍塌。

**2.1.3** 承力盘可设置在桩身有效深度范围内较好土层中，以充分发挥三岔双向挤扩灌注桩的竖向承载力，承力盘的数量取决于建设场地的地质条件和荷载特征。承力盘的总盘端阻力是三岔双向挤扩灌注桩极限承载力的重要组成部分，因此承力盘腔的形成是三岔双向挤扩灌注桩的关键工序。

**2.1.7** 三岔双缸双向液压挤扩装置采用双液压缸、双向相对位移带动三对等长挤扩臂，挤扩时上下挤扩臂表面与土体紧密接触，从三个方向对土体进行横向挤压，使盘（岔）腔上下土体受到均衡压力，挤扩空腔顶壁土体不易坍塌，盘（岔）腔成型效果好。

**2.1.9** 每个承力盘腔的首次挤扩压力值可反映出该处地层的软硬程度，地面液压站的压力表指示数可以直观准确地显示该数值。在一定量的范围内通过对三岔双缸双向液压挤扩装置深度的调整，可有效地控制设计所选择的承力盘（岔）持力土层的位置，保证单桩承载力能充分满足设计要求，同时还可掌握相关地层的厚薄软硬变化，弥补勘察精度的不足。挤扩装置可以容易地借助于起重设备的升降进行入孔深度的调整，这种主动调控性能是三岔双向挤扩灌注桩施工工艺的突出特点。需要说明的是，因地层土质条件不同，使用挤扩装置型号不同，首次挤扩压力值仅对同一工程同一地层具有相对的参考意义。

**2.1.10** 承力盘腔的形成是三岔双向挤扩灌注桩施工的关键工序，施工中应确保挤扩腔体的位置和尺寸符合设计要求，为此研制出与三岔双缸双向液压挤扩装置配套的承力盘腔直径检测器，它是用于测定三岔双向挤扩灌注桩承力盘腔直径的机械式专用检测装置，其特点是操作方便，测试数据可靠。实践表明，该检测器的测试精度高于超声波孔壁测定仪和井径仪，后两者均无法准确测定承力盘直径。

## 3 基 本 规 定

**3.0.3、3.0.4** 本条对三岔双向挤扩灌注桩的承力盘（岔）的设置持力土层作出规定。

**1** 埋有实测内力元件的30余根三岔双向挤扩灌注桩试验结果表明，按地层土质、桩长、桩身直径、承力盘（岔）直径与数量及承力盘（岔）持力层等不同情况，从荷载传递机理看，三岔双向挤扩灌注桩可分属于端承摩擦桩或摩擦端承桩，而承力盘（岔）是三岔双向挤扩灌注桩的重要的承载部分。因此选择结构稳定、压缩性较小、承载能力较高的土层作为承力盘（岔）的持力土层对于保证三岔双向挤扩灌注桩的承载能力是十分重要的。实际工程经验表明，视承载要求，可塑-硬塑状态的黏性土层、稍密-密实状态的粉土和砂土层、中密-密实状态的卵砾石层及残积土层、全风化岩或强风化岩均可作为承力盘（岔）的持力层。

按现行国家标准《岩土工程勘察规范》GB 50021—2001和《建筑地基基础设计规范》GB 50007—2002的规定，可塑-硬塑状态的黏性土是指 $0.25<I_L\leqslant 0.75$ 至 $0<I_L\leqslant 0.25$（$I_L$ 为液性指数）的黏性土；稍密-密实状态的砂土是指 $10<N\leqslant 15$ 至 $N>30$（$N$ 为标准贯入试验锤击数）的砂土；中密-密实状态的卵砾石层是指 $10<N_{63.5}\leqslant 20$ 至 $N_{63.5}>20$（$N_{63.5}$ 为重型圆锥动力触探锤击数）的卵砾石。按现行国家标准《岩土工程勘察规范》GB 50021—2001的规定，稍密-密实状态的粉土是指 $e>0.9$ 至 $e<0.75$ 的粉土。

工程实践还表明，承力盘（岔）应设置在可塑-硬塑状态的黏性土层中或稍密-密实状态（$N<40$）的粉土和砂土层中；承力盘也可设置在密实状态（$N\geqslant 40$）的粉土和砂土层或中密-密实状态的卵砾石层的上层面上；底承力盘也可设置在残积土层、全风化岩或强风化岩层的上层面上。对于黏性土、粉土和砂土交互分层的地基中选用三岔双向挤扩灌注桩是很合适的。

以上的关于承力盘（岔）的设置原则基于以下情况：在地下水位以下的可塑-硬塑状态的黏性土层中或稍密-密实状态（$N<40$）的粉土和砂土层中挤扩盘（岔）腔时，由于存在一定水头压力，并有一定相对密度泥浆的保护，盘（岔）空腔形状完整不易坍塌。在埋深不足够深的密实状态（$N\geqslant 40$）的粉土和砂土层中挤扩盘（岔）腔时，由于侧向约束过小，容易产生剪胀现象而使盘（岔）空腔形状不完整，故抗压桩的承力盘（岔）宜设置在该两类土层的顶面上。在中密-密实状态的卵砾石层中挤扩盘（岔）空腔时，视土层密实度情况可能会遇到下列两种现象，一是现有的挤扩装置挤不动，二是现有的挤扩装置可以挤动，但盘（岔）空腔形状不完整，故抗压桩的承力盘（岔）宜设置在该卵砾石层的顶面上。

山东省济南市某住宅小区采用1岔1盘的三岔双向挤扩灌注桩（桩身直径650mm，承力盘、岔设计直径1400mm，桩长11.58m和11.88m），底承力盘设置在强风化闪长岩的顶面上，单桩极限承载力分别为5712kN和5550kN，这与底承力盘设置在强风化闪长岩之内的效果完全相同，这是三岔双向挤扩灌注桩与普通灌注桩不同的一个显著特点，且经济效益显著。

**2** 在软弱土层、松散土层和一些特殊性质土层中设置承力盘（岔）难以发挥承载作用。淤泥及淤泥质土层、松散状态的砂土层和可能液化土层，除因承载能力弱不起作用外，还由于挤扩时土易发生流动或坍落，致使承力盘（岔）腔难以成型。故第3.0.3条规定，淤泥及淤泥质土层、松散状态的砂土层和可液化土层不得作为承力盘（岔）的持力土层。

按现行国家标准《建筑地基基础设计规范》GB 50007—2002的规定，淤泥为在静水或缓慢的流水环境中沉积，并经生物化学作用形成，其天然含水量大于液限、天然孔隙比大于或等于1.5的黏性土；天然含水量大于液限而天然孔隙比小于1.5但大于或等于1.0的黏性土或粉土为淤泥质土；松散状态的砂土层是指 $N\leqslant 10$ 的砂土层。饱和砂土和饱和粉土的液化判别应符合现行国家标准《建筑抗震设计规范》GB 50011的规定。

湿陷性黄土属于非饱和的结构不稳定土，在一定压力作用下受水浸湿时，其结构迅速破坏，并发生显著的附加下沉。现行国家标准《湿陷性黄土地区建筑规范》GB 50025—2004规定，“在湿陷性黄土场地采用桩基础，桩端必须穿透湿陷性黄土层，并应符合下列要求：1. 在非自重湿陷性黄土场地，桩端应支承在压缩性较低的非湿陷性黄土层中；2. 在自重湿陷性黄土场地，桩端应支承在可靠的岩（或土）层中”，故第3.0.3条规定，湿陷性黄土层不得作为承力盘（岔）的持力层。膨胀土是一种非饱和的、结构不稳定的高塑性黏性土，它的黏粒成分主要由亲水性矿物组成，在环境湿度变化影响下可产生强烈的胀缩变形。现行国家标准《膨胀土地区建筑技术规范》GBJ 112—87规定，“桩尖应锚固在非膨胀土层或伸入大气影响急剧层以下的土层中”，故第3.0.3条规定，大气影响深度以内的膨胀土层不得作为承力盘（岔）的持力层。某些遇水极易软化的强风化岩（例如泥岩、粉砂质泥岩等）挤压遇水后会发生崩解、软化成泥浆状，强度很低，降低盘（岔）端阻力，故第3.0.3条规定，遇水丧失承载力的强风化岩层不得作为承力盘（岔）的持力土层。

第3.0.3条为强制性条文。

**3.0.5** 承力盘（岔）进入持力土层的最小厚度主要是考虑尽量提高承力盘（岔）端阻力的要求。对于薄持力土层，且盘端持力土层下有软弱下卧层时，当盘（岔）进入持力土层过厚，反而会降低盘（岔）端阻力。考虑到承力盘和承力岔两者发挥承载作用不同，故两者要求的持力土层厚度略有差别。

**3.0.6** 抗压三岔双向挤扩灌注桩的承力盘（岔）应设置在承载土层的上部。本条规定是为了确保承力盘（岔）进入持力土层的深度，有效地发挥其端阻力。

**3.0.7** 本条的规定与现行行业标准《建筑桩基技术规范》JGJ 94—2008 第 3.3.3 条第 5 款一致。

**3.0.8** 本条是参照现行行业标准《建筑桩基技术规范》JGJ 94—2008 第 3.3.3 条关于扩底桩的有关规定而制定的。

**3.0.9** 三岔双向挤扩灌注桩承受竖向荷载时，为使承力盘（岔）充分地发挥其承载作用，避免相邻承力盘（岔）产生应力作用区的重叠，根据国内外多节钻扩桩及我国各地区三岔双向挤扩灌注桩工程实践的经验，并考虑到承力盘（岔）持力土层的特性，本条规定承力盘的竖向中心间距、承力岔的竖向中心间距及承力岔与承力盘的竖向中心间距。

**3.0.10** 工程实践表明，为保证挤扩过程中底承力盘腔的完整性，桩根长度不宜小于 $2.0d$。

**3.0.11** 抗拔三岔双向挤扩灌注桩的承力盘（岔）宜设置在持力土层的下部，其设置原则如下：承力盘（岔）应设置在可塑-硬塑状态的黏性土层中或稍密-密实状态（$N<40$）的粉土和砂土层中；承力盘（岔）也可设置在密实状态（$N\geqslant40$）的粉土和砂土层或中密-密实状态的卵砾石层的底面下。其他要求，如承力盘（岔）的持力土层厚度、承力盘（岔）进入持力土层的深度、相邻桩的最小中心距和承力盘（岔）的竖向中心间距均与抗压三岔双向挤扩灌注桩相同。为了充分发挥三岔双向挤扩灌注桩的抗拔承载力，顶承力盘（岔）的埋深不宜太小。

**3.0.12** 传统的挤扩灌注桩的挤扩盘（支）空腔是采用单向液压缸单向往下挤压的挤扩装置完成的。三岔双向挤扩灌注桩是对传统挤扩灌注桩进行了多方面实质性改进而发展起来的一种新型挤扩灌注桩，其承力盘（岔）空腔是采用三岔双缸双向液压挤扩装置完成的，该装置的特点是双液压缸双向相对位移带动三对等长挤扩臂在同一水平面上呈 120°夹角的三个方向水平挤压土体，挤扩臂始终与土体接触，承力盘（岔）腔上下土体受到均衡挤压力，土体扰动小，加之挤扩臂外表面呈圆弧状，承力盘（岔）腔顶壁土体不易坍塌，承力盘（岔）腔成型效果好（图 1）。此外，一次挤扩，3 对挤扩臂同时工作，3 对挤扩臂所对应的三个上下腔土体同时受力，完成水平向和竖向均对称的 3 岔形扩大腔，挤扩装置能准确与桩孔轴心对中，这是三岔双缸双向液压挤扩装置的另外一些特点。

为确保三岔双向挤扩灌注桩的质量，本条规定，三岔双向挤扩灌注桩施工必须采用三岔双缸双向液压

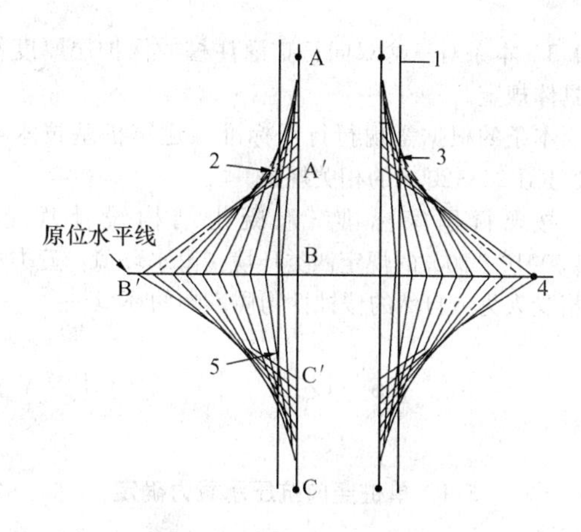


图 1 三岔双缸双向挤扩装置的运动轨迹
1—桩孔壁；2—上挤扩臂；3—盘（岔）腔壁；
4—挤扩臂铰点轨迹；5—下挤扩臂

挤扩装置。

三岔双向挤扩灌注桩构造示意、三岔双缸双向液压挤扩装置示意与主要技术参数、承力盘腔直径检测器和三岔双向挤扩灌注桩主要参数分别列于本规程附录 A～附录 E。

## 4 构 造

**4.0.1** 关于三岔双向挤扩灌注桩的配筋率和配筋长度，本条主要参照现行行业标准《建筑桩基技术规范》JGJ 94—2008 第 4.1.1 条的相关规定，同时考虑到三岔双向挤扩灌注桩属于端承摩擦桩或摩擦端承桩，作了以下规定：

**1** 截面配筋率为 0.40%～0.65%。

**4、5** $\alpha$ 为桩的水平变形系数

$$\alpha=\sqrt[5]{\frac{mb_0}{EI}} \tag{1}$$

式中 $m$——桩侧土水平抗力系数的比例系数；

$b_0$——桩身的计算宽度；

$EI$——桩身抗剪刚度。

$m$、$b_0$、$EI$ 的计算按现行行业标准《建筑桩基技术规范》JGJ 94 的相关规定执行。

**6** 对于仅设置一个底承力盘的三岔双向挤扩灌注桩，为确保其正常承载，宜通长配筋。

**4.0.2** 本条根据现行国家标准《混凝土结构设计规范》GB 50010—2002 第 3.4.1 条和第 3.4.2 条的规定，设计使用年限为 50 年的结构混凝土，环境类别为二 a 时，最低混凝土强度等级为 C25；环境类别为二 b 时，最低强度等级为 C30，当有可靠工程经验时，处于一类和二类环境中的最低混凝土强度等级可降低一个等级。由于三岔双向挤扩灌注桩与直孔灌注桩相比承载力大幅提高，设计时混凝土最低强度等级为 C25。

本条文为强制性条文。

**4.0.3** 本条对三岔双向挤扩灌注桩的保护层厚度作出具体规定。

本条的根据是现行行业标准《建筑桩基技术规范》JGJ 94—2008 的相关规定。

按现行国家标准《混凝土结构设计规范》GB 50010—2002的规定四类环境指海水环境，五类环境指受人为或自然的侵蚀性物质影响的环境。

# 5 设 计

## 5.1 单桩竖向抗压承载力确定

**5.1.1** 三岔双向挤扩灌注桩是近十年来研制开发出来的新桩型。施工前进行单桩竖向抗压静载试验，目的是为设计提供可靠依据。对设计等级高且缺乏地区经验的工程，为获得既可靠又准确的设计施工参数，前期试桩尤为重要。本条规定的试桩数量，与现行国家标准《建筑地基基础设计规范》GB 50007—2002和现行行业标准《建筑基桩检测技术规范》JGJ 106—2003 基本一致，但当工程桩总数在 50 根以内时，试桩数量与现行行业标准《建筑基桩检测技术规范》JGJ 106—2003 一致。

**5.1.2** 单桩竖向抗压承载力特征值的计算公式与现行行业标准《建筑桩基技术规范》JGJ 94—2008 第5.2.2 条一致。

**5.1.3** 三岔双向挤扩灌注桩单桩竖向抗压极限承载力标准值估算公式理应包含下列 4 项：

$$Q_{uk} = Q_{sk} + Q_{bk} + Q_{Bk} + Q_{pk} \quad (2)$$

式中 $Q_{sk}$、$Q_{bk}$、$Q_{Bk}$ 和 $Q_{pk}$ 分别为单桩总极限侧阻力标准值、单桩总极限岔端阻力标准值、单桩总极限盘端阻力标准值和单桩总极限桩端阻力标准值。

为进行承载力参数统计分析，共收集各地 83 根有效试桩资料，这些试桩分布于北京、天津、山东、黑龙江、河北、山西、福建、江苏、浙江等地。分析中首先对所有试桩逐一核实地层柱状图和土的物理力学特性，然后根据 11 根埋设测试元件的试桩资料，按实测数据划分出桩身侧阻力、承力盘（岔）端阻力和桩端阻力，经统计分析编制成表；此后根据 83 根试桩资料按式（2）验算承载力，经统计分析，调整形成附录 G；最后简化为规程计算式（5.1.3-1）。

式（2）中各分项可表达为如下各式：

$$Q_{sk} = Q_{ssk} + Q'_{bsk} + Q_{bsk} \quad (3)$$

$$Q_{ssk} = u\Sigma q_{sik} l_i \quad (4)$$

$$Q'_{bsk} = \Sigma(u - mb) q_{sik} h \quad (5)$$

$$Q_{bsk} = \Sigma ma q_{sik} h \quad (6)$$

$$Q_{bk} = \Sigma mab q_{bik} \quad (7)$$

$$Q_{Bk} = \eta\Sigma q_{Bik} A_{pD} \quad (8)$$

$$Q_{pk} = q_{pk} A_p \quad (9)$$

式中 $Q_{ssk}$——单桩桩身（不计承力岔段的桩身）和桩根的总极限侧阻力标准值；

$Q'_{bsk}$——单桩承力岔之间的桩身总极限侧阻力标准值；

$Q_{bsk}$——单桩承力岔总极限侧阻力标准值；

$q_{sik}$——单桩第 $i$ 层土的极限侧阻力标准值；

$q_{bik}$——单桩第 $i$ 个岔的持力土层极限岔端阻力标准值；

$q_{Bik}$——单桩第 $i$ 个盘的持力土层极限盘端阻力标准值；

$q_{pk}$——单桩极限桩端阻力标准值；

$u$——桩身或桩根周长；

$A_p$——桩端设计截面面积；

$A_{pD}$——承力盘设计截面面积，按承力盘在水平投影面上的面积扣除桩身设计截面面积计算；

$l_i$——桩穿过第 $i$ 层土的厚度；

$m$——承力岔单个分岔数，$m=3n$；

$n$——挤扩次数；

$a$——承力岔宽度；

$b$——承力岔厚度；

$h$——承力盘（岔）高度。

由于三岔双向挤扩灌注桩的承力盘（岔）及桩端通常设置于较好的持力土层上，单桩静载荷试验的 $Q$-$s$ 曲线一般呈缓变型。单桩承载力的取值宜按沉降控制，并考虑上部结构对沉降的敏感性确定。取值方法是以对应桩顶沉降量 $s=0.005D$ 时的荷载值为竖向抗压承载力特征值和对应于 $s$-lg$Q$ 曲线的末段直线段起始点与桩顶沉降量 $s=0.05D$ 时的荷载值为极限承载力综合分析得出。本次统计所收集到的试桩资料，由于受加载量的限制，大部分没有加载至极限荷载，故采用逆斜率法拟合外推，并结合 $s$-lg$Q$ 曲线的末段直线段起始点法和 $Q_{0.05D}$（即桩顶沉降量等于承力盘设计直径 5%时所对应的荷载）法判定极限承载力。

当三岔双向挤扩灌注桩的承力盘（岔）及桩端设置在一般持力土层上时，单桩静载荷试验的 $Q$-$s$ 曲线也会呈现陡降型的情况，此时按 $Q$-$s$ 曲线明显陡降的起始点法、$s$-lg$Q$ 曲线末段近乎竖向陡降的起始点法和 $s$-lg$t$ 曲线尾部明显转折法综合判定极限承载力。

对主要土层为第四纪全新世新近沉积土的山东省东营、菏泽、滨州、聊城、广饶、高唐及江苏省淮安等地区的 39 根试桩的承载力验算，若不考虑地质年代，估算值平均高于实测值 18.97%，标准差 0.1490；若将第四纪全新世新近沉积土层的状态降一等级后验算，估算值平均低于实测值 14.07%，标准差 0.1065，具有一定的安全储备，见图 2（图中 $Q_u$ 为单桩极限承载力实测值；$Q'_u$ 为单桩极限承载力估算值）。因此，建议对于主要土层为第四纪全新世新近沉积土，应将土层的状态降一等级后使用附录 G（表 G.0.1 和表 G.0.2）。此外，在承力盘（岔）或桩

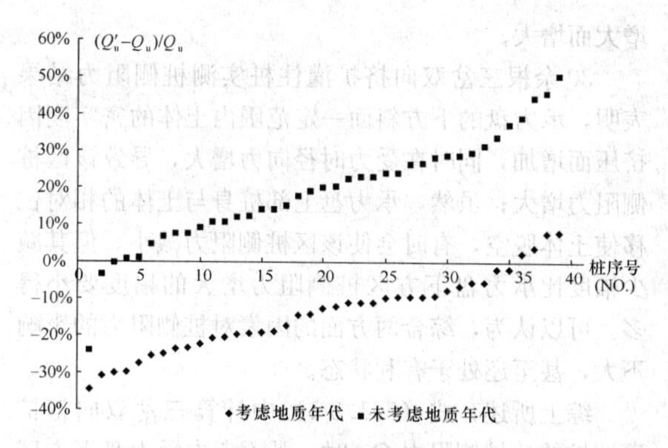


图 2　主要土层为第四纪全新世新近沉积土地区三岔双向挤扩灌注桩极限承载力的估算值与实测值比值

端应力扩散范围内可能埋藏有相对软弱的夹层时，应引起足够的注意，适当调低相应计算参数。

为验证计算式（2）的可靠性，将极限承载力实测值与计算值之比作为随机变量进行统计分析，其频数分布如图 4 所示。由图 3、图 4 可知，实测值与计算值之比为 1.0～1.2 之间者占 52%，实测值大于计算值者占 86%。经统计分析，实测值与计算值之比的平均值为 1.1495，标准差为 0.1554，变异系数为 0.1352，具有 95%保证率的置信区间为［0.8760，1.4466］。说明计算值较实测值略偏小，具有必要的安全储备。

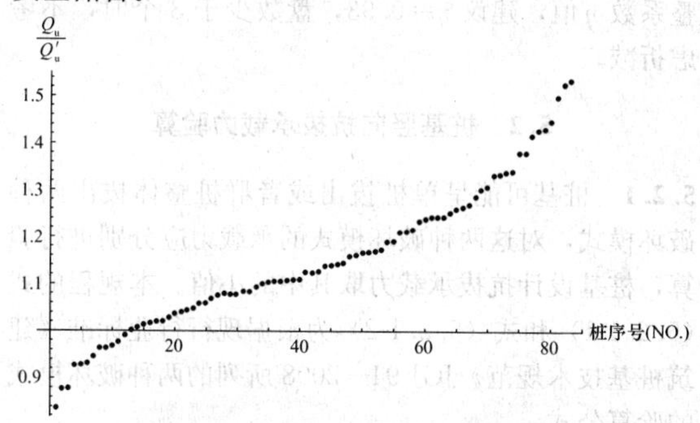


图 3　三岔双向挤扩灌注桩极限承载力实测值与式（2）极限承载力估算值的比值

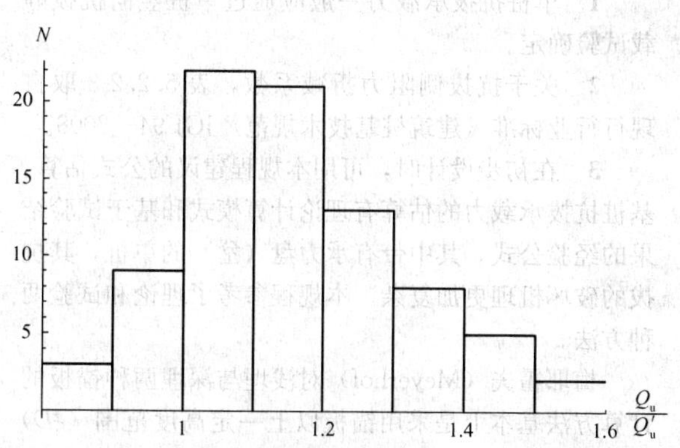


图 4　三岔双向挤扩灌注桩极限承载力实测值与式（2）极限承载力估算值的比值频数分布

承力岔的主要作用是作为竖向抗压承载力的补充，增加桩的整体刚度，式（2）比较繁琐。为简化计算，在式（2）中将承力岔承载力忽略不计，简化后成为计算式（5.1.3-1）。对 30 根设置有一组 3 承力岔的三岔双向挤扩灌注桩（其中，1 岔 1 盘三岔双向挤扩灌注桩 3 根，1 岔 2 盘三岔双向挤扩灌注桩 20 根，1 岔 3 盘三岔双向挤扩灌注桩 7 根）按规程计算式（5.1.3-1）简化计算后发现，估算值减小 1.30%～5.60%，平均减小 3.0%，见图 5。将极限承载力实测值与简化计算式（5.1.3-1）估算值之比作为随机

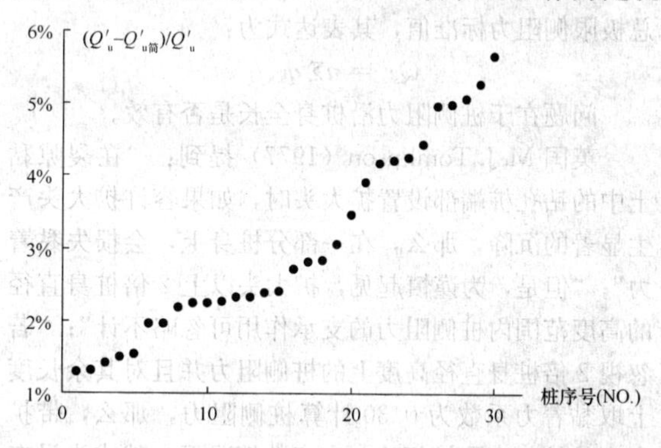


图 5　三岔双向挤扩灌注桩的式（2）极限承载力估算值与式（5.1.3-1）简化的极限承载力估算值的比值

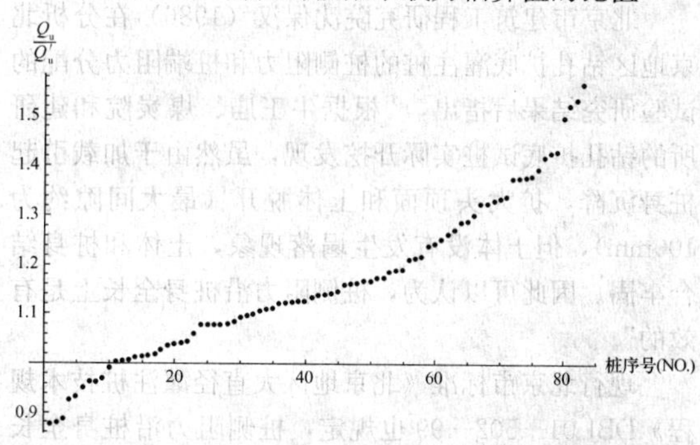


图 6　三岔双向挤扩灌注桩极限承载力实测值与式（5.1.3-1）简化的极限承载力估算值的比值

变量进行统计分析，如图 6、图 7 所示。实测值与计

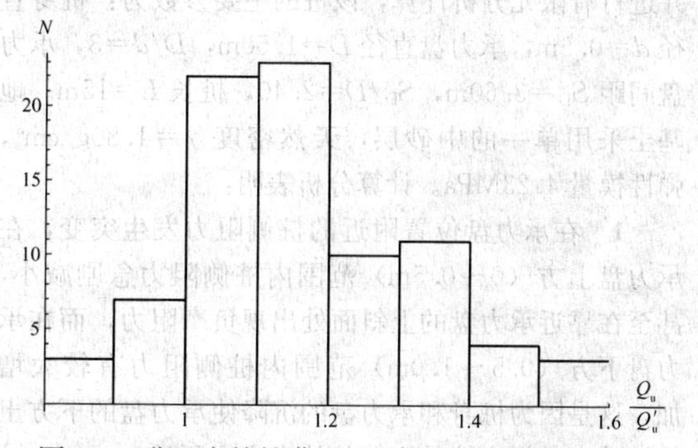


图 7　三岔双向挤扩灌注桩极限承载力实测值与式（5.1.3-1）简化的极限承载力估算值的比值频数分布

算值之比为1.00～1.20之间者占54%，实测值大于计算值者占88%。实测与计算值之比的平均值为1.1628，标准差为0.1600，变异系数为0.1376，具有95%保证率的置信区间为[0.8760，1.4299]。

如果设有3组或3组以上3承力岔的三岔双向挤扩灌注桩，在式（5.1.3-1）中可计入单桩总极限岔端阻力标准值$Q_{bk}$，此时$Q_{bk}=\Sigma q_{bik}A_{pd}$。

由式（3）可知单桩总极限侧阻力标准值$Q_{sk}$包含$Q_{ssk}$、$Q'_{bsk}$和$Q_{bsk}$ 3项，因$Q_{bsk}$占$Q_{sk}$的比例很小，故可忽略不计。因此，$Q_{sk}$为单桩全部桩身和桩根的总极限侧阻力标准值，其表达式为：

$$Q_{sk}=u\Sigma q_{sik}l_i$$

问题在于桩侧阻力沿桩身全长是否有效。

英国M.J.Tomlinson（1977）提到："在裂隙黏土中的钻孔桩端部设置扩大头时，如果容许扩大头产生显著的沉降，那么，在一部分桩身上，会损失黏着力"；"但是，为谨慎起见，扩大头以上2倍桩身直径的高度范围内桩侧阻力的支承作用可忽略不计"；"若忽视2倍桩身直径高度上的桩侧阻力并且对其余长度上取黏着力系数为0.30计算桩侧阻力，那么，带扩大头的桩与直孔桩相比，在多数情况下，就成为没有吸引力的建议"。另外，还需要注意的是，Tomlinson没有研究桩身设置多个扩大头的情况。

北京市建筑工程研究院沈保汉（1986）在分析北京地区钻孔扩底灌注桩的桩侧阻力和桩端阻力分配的试验研究结果后指出，"根据牛王庙、煤炭院和建研所的钻孔扩底试桩实际开挖发现，虽然由于加载引起桩身沉降，扩大头顶面和土体脱开（最大间隙约为100mm），但土体没有发生塌落现象，土体和桩身结合牢固。因此可以认为，桩侧阻力沿桩身全长上是有效的"。

现行北京市标准《北京地区大直径灌注桩技术规程》DBJ 01—502—99也规定，桩侧阻力沿桩身全长上是有效的。

清华大学常冬冬（2001）在硕士学位论文中说明了具有4个承力盘的三岔双向挤扩灌注桩，在各级桩顶荷载下的桩侧阻力的分布和发展情况的研究结果，并进行有限元分析计算，该桩的主要参数为：桩身直径$d=0.5$m，承力盘直径$D=1.50$m，$D/d=3$，承力盘间距$S_D=3.60$m，$S_D/D=2.40$，桩长$L=15$m。地基土采用单一的中砂层，天然密度$\gamma=1.80\text{g/cm}^3$，弹性模量4.23MPa。计算分析表明：

**1** 在承力盘位置附近的桩侧阻力发生突变，在承力盘上方（0～0.5m）范围内桩侧阻力急剧减小，甚至在靠近承力盘的上斜面处出现负摩阻力，而在承力盘下方（0.5～1.0m）范围内桩侧阻力有较大增加，这是因为桩身和承力盘的沉降使承力盘的下方土体被挤密并提高该处土体的约束应力所致；

**2** 承力盘对桩侧阻力的影响程度随桩顶荷载的增大而增大。

30余根三岔双向挤扩灌注桩实测桩侧阻力结果表明，承力盘的下方斜面一定范围内土体的密实度因挤压而增加，同时在受力时径向力增大，导致该区桩侧阻力增大；虽然，承力盘上部桩身与土体的相对位移使土体脱空，有时会使该区桩侧阻力减小，但其减少幅度比承力盘下方区桩侧阻力增大的幅度要小得多。可以认为，综合两方面的因素对桩侧阻力的影响不大，甚至还处于有利状态。

综上所述，式（5.1.3-1）中计算三岔双向挤扩灌注桩的总桩侧阻力$Q_{sk}$时，既不考虑承力盘下方区桩侧阻力的增大，也不考虑承力盘上方区桩侧阻力的减小，即桩侧阻力$q_{sik}$沿桩身全长是有效的（承力盘高度范围内不计侧阻力），是偏于安全的。

三岔双向挤扩灌注桩的承力盘腔是通过三岔双缸双向液压挤扩装置挤压成孔，盘端土体经挤压后密度提高，几乎没有扰动、松弛或回弹现象，这与钻扩成孔或挖扩成孔工艺显著不同，故在式（5.1.3-1）中$Q_{Bk}$的计算不考虑端阻尺寸效应系数。

30余根三岔双向挤扩灌注桩实测盘端阻力的结果表明，各承力盘分担桩顶荷载的比例是不一样的。通常情况是，顶承力盘先受力，以下各承力盘逐渐发挥出更大的承载力。基于上述情况，式（5.1.3-1）中$Q_{Bk}$为各承力盘端阻力的叠加值乘以总盘端阻力调整系数$\eta$值，建议$\eta=0.93$，盘数少于3个时，不考虑折减。

## 5.2 桩基竖向抗拔承载力验算

**5.2.1** 桩基可能呈单桩拔出或者群桩整体拔出两种破坏模式，对这两种破坏模式的承载力应分别进行验算，桩基设计抗拔承载力取其中的小值。本规程的式（5.2.1-1）和式（5.2.1-2）为根据现行行业标准《建筑桩基技术规范》JGJ 94—2008所列的两种破坏模式的验算公式。

**5.2.2** 本条是关于群桩和单桩的抗拔承载力确定问题。

**1** 单桩抗拔承载力一般应通过单桩竖向抗拔静载试验确定。

**2** 关于抗拔侧阻力折减系数，表5.2.2-3取自现行行业标准《建筑桩基技术规范》JGJ 94—2008。

**3** 在初步设计时，可用本规程建议的公式估算。基桩抗拔承载力的估算有理论计算模式和基于试验结果的经验公式。其中带有承力盘（岔）的单桩，其抗拔的破坏机理更加复杂。本规程参考了理论和试验两种方法。

梅耶霍夫（Meyerhof）对浅埋与深埋两种锚板的计算方法基本上是采用锚板以上一定高度范围（$\xi D$）用直径为锚板直径$D$的破裂柱面计算侧阻力。原行业标准《建筑桩基技术规范》JGJ 94—94对于扩底桩也是采用相似的方法，但是该规范规定在扩底以上高度5$d$（$d$为桩身直径）范围内，按扩底直径的破裂柱面计算侧阻力，超过5$d$部分按桩身与土的界面计算。这种计算没有考虑不同土类中土的内摩擦角对破裂柱面高度的影响，该规范修订时（即现行行业标准《建筑桩基技术规范》JGJ 94—2008）改为（4～8）$d$，随土的摩擦角增加而增加，但是仍然偏小。例如梅耶霍夫建议，当土的内摩擦角$\varphi$=20°～45°时，破裂柱面高度可达（2.5～9.0）$D$，$D$为锚板直径。三岔双向挤扩灌注桩的承力盘可参考这种计算方法。

有的试验表明，扩底或承力盘的深度对于破裂柱面高度有影响，埋深越大，高度与直径的比值越小，所以承力盘不宜过深过多，也不宜过浅（$\geqslant \xi D$）。

本规程给出的表5.2.2-2基于梅耶霍夫的建议值，通过已经取得的一些试验结果验证，表明表中数值基本合理，以下举例说明：

**例1** 室外大比例尺模型桩竖向抗拔静载试验，桩身直径为$d$=0.2m，桩长$L$=4.7m，承力盘直径为$D$=0.6m，承力盘位于密实细砂土层中。桩顶上拔量为18mm时，实测承力盘的抗拔极限端阻力约为180kN，总抗拔极限阻力大于318kN。如果全长用直径为0.6m的破裂柱面计算侧阻力，与试验结果很接近，亦即$\xi_i \approx 7 \sim 8$。由于承力盘的埋深小于5m，侧阻力均乘以0.8的修正系数（表1）。

**表1 用承力盘以上范围采用$D$=0.6m计算侧阻力得到的总极限抗拔力**

| 土层编号 | 深度范围(m) | 单位极限摩阻力$q_{sik}$(kPa) | $\lambda_i$ | $\lambda_i q_{sik} u_i l_i$ (kN) |
|---|---|---|---|---|
| ①填土 | 0～0.7 | 16 | 0.7 | 18.5 |
| ②粉质黏土(硬塑) | 0.7～2.6 | 65.6 | 0.7 | 164.5 |
| ③粉质黏土(可塑) | 2.6～3.7 | 49.6 | 0.7 | 72 |
| ④密实细砂 | 3.7～4.7 | 56 | 0.6 | 63 |
| 合计 | 318kN | | | |

**例2** 北京官厅水库南岸风力发电场，基础采用三岔双向挤扩灌注桩基础。桩周土层主要为承载力较高的粉土及粉质黏土，在现场进行了单桩载荷试验，3根为抗拔试桩。桩长22m，桩身直径700mm，在−9.7m和−19.4m处分别设置了两个承力盘，直径为1500mm。3根桩（L1、L2、L3）在上拔荷载为2000kN时的桩顶上拔量分别为9.23mm、9.10mm和9.86mm。其上拔荷载—桩顶上拔量曲线无陡降段，最后几级基本呈直线，经两种方法外推其抗拔极限承载力接近于试验外推值。由于试验最后一级的实际桩顶上拔量偏小，用双曲线外推的抗拔极限承载力也偏小（表2）。

**表2 外推的抗拔极限承载力与估算结果比较**

| 桩 号 | L1 | L2 | L3 |
|---|---|---|---|
| 2000kN时桩顶上拔量(mm) | 9.23 | 9.10 | 9.86 |
| 双曲线法外推值（kN） | 2400 (32.14mm) | 2400 (25.34mm) | 2400 (17.78mm) |
| 本规程计算值（kN） | 2585 | | $\lambda$=0.7，$\xi_i$=3.0 |

**例3** 天津宁发花园东苑工程中进行了3根三岔双向挤扩灌注桩的抗拔静载试验，桩周主要为粉质黏土，处于可塑到流塑状态。分别编号为T1，T2和T3。桩长25.5m，桩身直径650mm，在−16.5m设置一个承力岔，在−20m和−24m处分别设置了两个承力盘，设计盘径为1400mm，混凝土强度等级为C25。试验外推结果与估算结果见表3，其中考虑桩的自重及三个承力盘与其周围的土体自重为482kN时，计算结果更符合抗拔极限承载力试验外推值。

**表3 抗拔极限承载力比较**

| 桩 号 | T1 | T2 | T3 |
|---|---|---|---|
| 试验最大荷载（kN） | 2500 (17.03mm) | 2500 (15.52mm) | 2500 (22.94mm) |
| 双曲线法外推值（kN） | 3000 (27mm) | 3000 (31mm) | 2750 (34.5mm) |
| 本规程计算值（kN）(自重482kN) | 2782 | 2770 | 2715 |

### 5.3 单桩水平承载力计算

**5.3.1** 影响三岔双向挤扩灌注桩水平承载力的因素除桩的抗弯强度（它取决于桩身截面尺寸、承力盘或承力岔的位置与尺寸、配筋情况及混凝土强度等）、桩顶允许位移和地基土的物理力学性能外，还有桩顶嵌固情况、承力盘（岔）与桩端的约束情况、桩顶竖向荷载的大小以及承台的底面阻力和侧面抗力等。三岔双向挤扩灌注桩是带有一个或多个扩径体的变截面桩，要按某一种分析计算法较准确地确定其单桩水平承载力是困难的，故对于承受水平荷载较大的设计等级为甲级的三岔双向挤扩灌注桩基，应按水平静载试验确定其单桩水平承载力特征值。

根据设计要求，三岔双向挤扩灌注桩的水平静载试验可进行桩顶自由的单桩试验，加竖向荷载的单桩试验及带承台的单桩或多桩试验等。

### 5.4 桩身强度验算

**5.4.1** 三岔双向挤扩灌注桩的桩身钢筋混凝土正截

面轴心受压承载力验算，应符合式（5.4.1）的规定，该式的物理意义是，在考虑桩工作条件影响因素的情况时，荷载效应基本组合下的桩顶轴向压力设计值不得大于桩身材料的混凝土轴心抗压承载力设计值。

钢筋混凝土轴向受压桩正截面受压承载力的计算涉及标准试块与桩身受力状态的差异、纵向主筋的作用、箍筋的作用及成孔成桩工艺等因素。三岔双向挤扩灌注桩属于端承摩擦桩和摩擦端承桩，桩身材料强度的合理确定对于单桩承载力的充分发挥有十分重要的意义。

现行国家标准《混凝土结构设计规范》GB 50010—2002 中定义混凝土抗压强度等级是按没有横向约束的立方体抗压强度标准值作为基本指标，而实际工程中的桩身材料，却是处于复合受力工作状态。国内外对圆柱体混凝土试件周围的加液试验结果表明，当侧向液压值不是很大时，最大主压力轴向极限强度随着侧向压应力数值的增加而提高。上述试件的受力状态比较贴切地模拟桩身受力的实际情况。

轴向受压桩的承载性状与上部结构柱相近，较柱的受力条件更为有利的是桩周受土的约束，而且侧阻力使轴向荷载随深度递减，因此桩身受压承载力由桩顶下一定区段控制。纵向主筋的承压作用在一定条件下可计入桩身受压承载力。

箍筋不仅起水平抗剪作用，更重要的是起侧向约束增强作用。密排的箍筋约束桩身的变形，抑制桩身内部细小裂缝的开展和贯通，从而使桩身混凝土抗压能力得以提高。曼德尔等（Mander et al，1984）指出，带箍筋约束的混凝土轴心抗压强度较无约束混凝土提高 80%左右，且其应力-应变关系得到改善。现行行业标准《建筑桩基技术规范》JGJ 94—2008 规定，凡桩顶以下 5$d$ 范围箍筋间距不大于 100mm 时，均可考虑纵向主筋的作用。

由此可见，桩身抗压能力，不仅局限于桩身混凝土材料本身，还包括纵向主筋和箍筋的贡献。

此外，桩身混凝土强度和截面变异受成孔成桩工艺的影响。现行行业标准《建筑桩基技术规范》JGJ 94—2008，就其成桩环境、质量可控程度不同，规定成孔工艺系数如下：干作业非挤土灌注桩为 0.90，泥浆护壁和套管护壁的非挤土灌注桩、部分挤土灌注桩为 0.75～0.80。

综上所述式（5.4.1）中工作条件系数 $\psi_c$ 应综合考虑桩身受力状态、纵向主筋与箍筋的作用及成孔成桩工艺等因素。

对于式（5.4.1）验算桩身强度，从所收集到的 63 组 172 根泥浆护壁成孔三岔双向挤扩灌注桩及 4 组 12 根干作业成孔三岔双向挤扩灌注桩静载试验结果与桩身受压极限承载力计算值 $R_u$ 进行比较，以检验桩身受压承载力计算模式的合理性和安全性（列于表 4 和表 5）。其中 $R_u$ 按下列公式计算：

$$R_u = f_c A$$

表 4 和表 5 未考虑纵向主筋的承压作用和箍筋的侧向约束增强作用。

从表 4 可见，对比结果有三种情况，表中 $Q_{max}$ 为试桩最大加载值。

第一大组中有 17 根桩（武汉 WW-1 号桩至南阳 HNR-3 号桩），$\psi_c = Q_{max}/R_u = 1.27～2.00$，即使加载值较大，还未见桩身压碎的情况。第二大组中有 56 根桩（天津 T191-1 号桩至济南 SJBN-1 号桩），$\psi_c = Q_{max}/R_u = 0.77～1.27$，该大组的加载值略偏小。第三大组中有 16 根桩（济南 SJW-1 号桩至乐亭 HYGG-2 号桩），$\psi_c = Q_{max}/R_u = 0.59～0.78$，该大组的加载值均偏小，故 $\psi_c$ 也偏小，表明加载值还有较大的上升空间，这样 $\psi_c$ 值还可增大。

**表 4　泥浆护壁成孔三岔双向挤扩灌注桩桩身受压承载力计算与试验结果**

| 试桩地点 | 桩号 | 桩径 $d$ (mm) | 桩身横截面积 $A$ (m²) | 桩长 $L$ (m) | 岔/盘数 (个) | 试桩桩身混凝土强度等级 | $f_c$ (MPa) | 主筋 | 桩顶 5d 下箍筋 | 最大加载 $Q_{max}$ (kN) | 桩顶沉降 (mm) | 试桩桩身抗压极限承载力 $R_u$ (kN) | $\frac{Q_{max}}{R_u}$ |
|---|---|---|---|---|---|---|---|---|---|---|---|---|---|
| 武汉 | WW-1 | 620 | 0.3018 | 24.0 | 0/4 | C30 | 14.3 | 8$\phi$16 | $\phi$8@100 | 6656 | 40.12 | 4315.08 | 1.54 |
| | WW-2 | 620 | 0.3018 | 24.0 | 0/4 | C30 | 14.3 | 8$\phi$16 | $\phi$8@100 | 5554 | 25.93 | 4315.08 | 1.29 |
| | WW-3 | 620 | 0.3018 | 24.0 | 0/4 | C30 | 14.3 | 8$\phi$16 | $\phi$8@100 | 6032 | 36.57 | 4315.08 | 1.40 |
| 天津 | TL-1 | 700 | 0.3847 | 29.7 | 0/3 | C30 | 14.3 | 6$\phi$18 | $\phi$6@100 | 7600 | 37.76 | 5500.50 | 1.38 |
| | TL-3 | 700 | 0.3847 | 29.7 | 0/3 | C30 | 14.3 | 6$\phi$18 | $\phi$6@100 | 7200 | 46.45 | 5500.50 | 1.31 |
| 济南 | SJB-1 | 620 | 0.3018 | 26.4 | 0/2 | C30 | 14.3 | 8$\phi$14 | $\phi$8@100 | 5845 | 16.66 | 4315.08 | 1.35 |
| | SJB-3 | 620 | 0.3018 | 26.5 | 0/2 | C30 | 14.3 | 8$\phi$14 | $\phi$8@100 | 5500 | 19.93 | 4315.08 | 1.27 |
| 东营 | DC-1 | 600 | 0.2826 | 32.3 | 0/4 | C20 | 9.6 | 8$\phi$12 | $\phi$6@100 | 4400 | 14.74 | 2712.96 | 1.62 |
| | DC-3 | 600 | 0.2826 | 32.3 | 0/4 | C20 | 9.6 | 8$\phi$12 | $\phi$6@100 | 3960 | 22.93 | 2712.96 | 1.46 |

续表 4

| 试桩地点 | 桩号 | 桩径 $d$（mm） | 桩身横截面积 $A$（$m^2$） | 桩长 $L$（m） | 岔/盘数（个） | 试桩桩身混凝土强度等级 | $f_c$（MPa） | 主筋 | 桩顶 5d 下箍筋 | 最大加载 $Q_{max}$（kN） | 桩顶沉降（mm） | 试桩桩身抗压极限承载力 $R_u$（kN） | $\frac{Q_{max}}{R_u}$ |
|---|---|---|---|---|---|---|---|---|---|---|---|---|---|
| 王滩 | HTW-1 | 700 | 0.3847 | 34.3 | 0/2 | C30 | 14.3 | 10$\phi$18 | $\phi$8@100 | 9000 | 69.33 | 5500.50 | 1.64 |
| | HTW-2 | 700 | 0.3847 | 34.3 | 0/2 | C30 | 14.3 | 10$\phi$18 | $\phi$8@100 | 10400 | 40.00 | 5500.50 | 1.89 |
| | HTW-3 | 700 | 0.3847 | 34.2 | 0/2 | C30 | 14.3 | 10$\phi$18 | $\phi$8@100 | 11000 | 54.54 | 5500.50 | 2.00 |
| 南京 | NLK-2 | 700 | 0.3847 | 52.7 | 0/3 | C35 | 16.7 | 16$\phi$12 | $\phi$8@100 | 10800 | 30.89 | 6423.66 | 1.68 |
| 孝感 | HXL-1 | 650 | 0.3317 | 22.0 | 0/3 | C30 | 14.3 | 8$\phi$16 | $\phi$8@100 | 7200 | 21.76 | 4742.77 | 1.52 |
| | HXL-3 | 550 | 0.2375 | 22.0 | 0/3 | C30 | 14.3 | 8$\phi$16 | $\phi$8@100 | 4840 | 29.07 | 3395.71 | 1.43 |
| 南阳 | HNR-1 | 600 | 0.2826 | 11.5 | 0/1 | C40 | 19.1 | 12$\phi$16 | $\phi$8@100 | 8320 | 42.47 | 5397.66 | 1.54 |
| | HNR-3 | 600 | 0.2826 | 11.5 | 0/1 | C40 | 19.1 | 12$\phi$16 | $\phi$8@100 | 7680 | 47.37 | 5397.66 | 1.42 |
| 天津 | T191-1 | 700 | 0.3847 | 34.9 | 0/4 | C35 | 16.7 | 10$\phi$18 | $\phi$8@100 | 7500 | 53.07 | 6423.66 | 1.17 |
| | T191-2 | 700 | 0.3847 | 34.9 | 0/4 | C35 | 16.7 | 10$\phi$18 | $\phi$8@100 | 6000 | 37.55 | 6423.66 | 0.93 |
| 大港 | TD-2 | 620 | 0.3018 | 25.0 | 1/2 | C30 | 14.3 | 10$\phi$18 | $\phi$8@100 | 4000 | 49.80 | 4315.08 | 0.93 |
| 德州 | SDL-1 | 650 | 0.3317 | 32.0 | 0/3 | C35 | 16.7 | 8$\phi$14 | $\phi$8@100 | 4773 | 37.06 | 5538.76 | 0.86 |
| 东营 | DD-1 | 450 | 0.1590 | 23.8 | 0/2 | C25 | 11.9 | 6$\phi$14 | $\phi$6@100 | 1870 | 20.10 | 1891.65 | 0.99 |
| 济南 | SJH-1 | 650 | 0.3317 | 26.3 | 1/3 | C40 | 19.1 | 8$\phi$14 | $\phi$8@100 | 5720 | 13.57 | 6334.75 | 0.90 |
| 济南 | SJS-1 | 650 | 0.3317 | 11.6 | 1/1 | C30 | 14.3 | 8$\phi$14 | $\phi$8@100 | 4284 | 16.76 | 4742.77 | 0.90 |
| | SJS-3 | 650 | 0.3317 | 10.1 | 1/1 | C30 | 14.3 | 8$\phi$14 | $\phi$8@100 | 4500 | 9.53 | 4742.77 | 0.95 |
| 滨州 | LB-1 | 650 | 0.3317 | 33.2 | 0/4 | C35 | 16.7 | 10$\phi$16 | $\phi$8@100 | 4500 | 26.71 | 5538.76 | 0.81 |
| | LB-3 | 500 | 0.1963 | 31.5 | 0/3 | C35 | 16.7 | 10$\phi$16 | $\phi$8@100 | 3600 | 56.11 | 3277.38 | 1.10 |
| 济南 | SJS-2 | 650 | 0.3317 | 12.9 | 1/1 | C30 | 14.3 | 8$\phi$14 | $\phi$8@100 | 4500 | 17.79 | 4742.77 | 0.95 |
| | SJS-4 | 650 | 0.3317 | 9.6 | 1/1 | C30 | 14.3 | 8$\phi$14 | $\phi$8@100 | 4200 | 16.93 | 4742.77 | 0.89 |
| 济南 | JWL-1 | 650 | 0.3317 | 11.8 | 1/2 | C30 | 14.3 | 8$\phi$14 | $\phi$8@100 | 5000 | 13.39 | 4742.77 | 1.05 |
| 济宁 | SJSL-1 | 650 | 0.3317 | 18.9 | 1/2 | C25 | 11.9 | 8$\phi$14 | $\phi$8@100 | 4400 | 30.48 | 3946.78 | 1.11 |
| | SJSL-2 | 650 | 0.3317 | 18.8 | 1/2 | C25 | 11.9 | 8$\phi$14 | $\phi$8@100 | 4800 | 31.93 | 3946.78 | 1.22 |
| | SJSL-3 | 650 | 0.3317 | 18.8 | 1/2 | C25 | 11.9 | 8$\phi$14 | $\phi$8@100 | 4600 | 14.46 | 3946.78 | 1.17 |
| 聊城 | SLW-1 | 500 | 0.1963 | 18.0 | 0/2 | C30 | 14.3 | 6$\phi$14 | $\phi$6@100 | 2600 | 11.32 | 2806.38 | 0.93 |
| 淮安 | JHJ-1 | 700 | 0.3847 | 27.7 | 0/4 | C30 | 14.3 | 10$\phi$16 | $\phi$8@100 | 5500 | 41.74 | 5500.50 | 1.00 |
| | JHJ-3 | 700 | 0.3847 | 27.9 | 0/4 | C30 | 14.3 | 10$\phi$16 | $\phi$8@100 | 5800 | 37.41 | 5500.50 | 1.05 |
| 包头 | BL-1 | 500 | 0.1963 | 17.1 | 0/4 | C30 | 14.3 | 8$\phi$14 | $\phi$8@100 | 2986 | 33.63 | 2806.38 | 1.06 |
| | BL-2 | 620 | 0.3018 | 16.0 | 0/3 | C30 | 14.3 | 8$\phi$14 | $\phi$8@100 | 4983 | 40.95 | 4315.08 | 1.15 |
| | BL-3 | 500 | 0.1963 | 18.0 | 0/4 | C30 | 14.3 | 8$\phi$14 | $\phi$8@100 | 3424 | 27.28 | 2806.38 | 1.22 |
| | BL-4 | 620 | 0.3018 | 17.6 | 0/3 | C30 | 14.3 | 8$\phi$14 | $\phi$8@100 | 3828 | 28.87 | 4315.08 | 0.89 |
| | BL-5 | 620 | 0.3018 | 17.6 | 0/3 | C30 | 14.3 | 8$\phi$14 | $\phi$8@100 | 4003 | 40.81 | 4315.08 | 0.93 |
| | BL-6 | 500 | 0.1963 | 15.1 | 0/3 | C30 | 14.3 | 8$\phi$14 | $\phi$8@100 | 2602 | 25.52 | 2806.38 | 0.93 |
| | BL-7 | 500 | 0.1963 | 15.1 | 0/3 | C30 | 14.3 | 8$\phi$14 | $\phi$8@100 | 2384 | 30.32 | 2806.38 | 0.85 |
| 王滩 | HTW-4 | 700 | 0.3847 | 22.0 | 0/1 | C30 | 14.3 | 10$\phi$18 | $\phi$8@100 | 5400 | 50.80 | 5500.50 | 0.98 |
| | HTW-5 | 700 | 0.3847 | 21.9 | 0/1 | C30 | 14.3 | 10$\phi$18 | $\phi$8@100 | 5600 | 50.48 | 5500.50 | 1.02 |
| | HTW-6 | 700 | 0.3847 | 21.5 | 0/1 | C30 | 14.3 | 10$\phi$18 | $\phi$8@100 | 4800 | 51.89 | 5500.50 | 0.87 |

续表 4

| 试桩地点 | 桩号 | 桩径 $d$（mm） | 桩身横截面积 $A$（$m^2$） | 桩长 $L$（m） | 岔/盘数（个） | 试桩桩身混凝土强度等级 | $f_c$（MPa） | 主筋 | 桩顶 5d 下箍筋 | 最大加载 $Q_{max}$（kN） | 桩顶沉降（mm） | 试桩桩身抗压极限承载力 $R_u$（kN） | $\frac{Q_{max}}{R_u}$ |
|---|---|---|---|---|---|---|---|---|---|---|---|---|---|
| 广饶 | SGR-1 | 610 | 0.2921 | 18.8 | 1/2 | C30 | 14.3 | 8ϕ16 | ϕ8@100 | 3960 | 37.69 | 4177.01 | 0.95 |
| | SGR-2 | 610 | 0.2921 | 18.8 | 1/2 | C30 | 14.3 | 8ϕ16 | ϕ8@100 | 4400 | 30.79 | 4177.01 | 1.05 |
| | SGR-4 | 500 | 0.1963 | 18.8 | 1/2 | C30 | 14.3 | 8ϕ16 | ϕ8@100 | 2880 | 37.18 | 2806.38 | 1.03 |
| 南阳 | HNR-4 | 700 | 0.3847 | 29.6 | 0/2 | C40 | 19.1 | 12ϕ16 | ϕ8@100 | 8320 | 42.47 | 7346.82 | 1.13 |
| 东营 | SLD-1 | 650 | 0.3317 | 31.4 | 0/4 | C25 | 11.9 | 8ϕ14 | ϕ8@100 | 5000 | 15.36 | 3946.78 | 1.27 |
| | SLD-2 | 650 | 0.3317 | 31.4 | 1/3 | C25 | 11.9 | 8ϕ14 | ϕ8@100 | 4500 | 32.99 | 3946.78 | 1.14 |
| | SLD-3 | 650 | 0.3317 | 31.1 | 1/3 | C25 | 11.9 | 8ϕ14 | ϕ8@100 | 4635 | 26.48 | 3946.78 | 1.17 |
| 邹平 | SZC-1 | 650 | 0.3317 | 23.5 | 0/2 | C25 | 11.9 | 10ϕ16 | ϕ8@100 | 4550 | 17.09 | 3946.78 | 1.15 |
| | SZC-2 | 650 | 0.3317 | 22.2 | 0/2 | C25 | 11.9 | 10ϕ16 | ϕ8@100 | 4900 | 18.20 | 3946.78 | 1.24 |
| 西安 | SXD-1 | 700 | 0.3847 | 28.2 | 0/4 | C35 | 16.7 | 10ϕ16 | ϕ8@100 | 7200 | 23.59 | 6423.66 | 1.12 |
| 高唐 | SGS-1 | 650 | 0.3317 | 29.7 | 0/3 | C25 | 11.9 | 10ϕ16 | ϕ8@100 | 4026 | 31.55 | 3946.78 | 1.02 |
| | SGS-2 | 650 | 0.3317 | 22.2 | 0/3 | C25 | 11.9 | 10ϕ16 | ϕ8@100 | 3250 | 26.15 | 3946.78 | 0.82 |
| | SGS-3 | 650 | 0.3317 | 23.7 | 0/3 | C25 | 11.9 | 10ϕ16 | ϕ8@100 | 3025 | 10.84 | 3946.78 | 0.77 |
| | SGS-4 | 650 | 0.3317 | 29.4 | 0/4 | C25 | 11.9 | 10ϕ16 | ϕ8@100 | 3850 | 18.99 | 3946.78 | 0.98 |
| | SGS-5 | 650 | 0.3317 | 29.6 | 0/3 | C25 | 11.9 | 10ϕ16 | ϕ8@100 | 3780 | 23.93 | 3946.78 | 0.96 |
| 平湖 | ZPH-1 | 800 | 0.5024 | 62.0 | 0/5 | C35 | 16.7 | 12ϕ18 | ϕ6.5@100 | 10000 | 24.74 | 8390.08 | 1.19 |
| 济南 | SJBY-1 | 700 | 0.3847 | 24.9 | 0/3 | C45 | 21.1 | 12ϕ25 | ϕ8@100 | 7000 | 14.30 | 8116.12 | 0.86 |
| 荷泽 | SHJ-1 | 650 | 0.3317 | 30.4 | 0/3 | C40 | 19.1 | 9ϕ25 | ϕ8@100 | 5091 | 13.82 | 6334.75 | 0.80 |
| | SHJ-2 | 650 | 0.3317 | 31.9 | 0/3 | C40 | 19.1 | 9ϕ25 | ϕ8@100 | 5091 | 14.58 | 6334.75 | 0.80 |
| 济南 | SJQS-1 | 650 | 0.3317 | 12.5 | 0/2 | C30 | 14.3 | 8ϕ22 | ϕ8@100 | 4681 | 45.43 | 4742.77 | 0.99 |
| 济南 | SJCD-1 | 500 | 0.1963 | 21.8 | 0/4 | C45 | 21.1 | 6ϕ16 | ϕ8@100 | 3600 | 12.74 | 4140.88 | 0.87 |
| 天津 | TNF-2 | 700 | 0.3847 | 46.5 | 2/5 | C40 | 19.1 | 12ϕ16 | ϕ8@100 | 8250 | 37.97 | 7346.82 | 1.12 |
| 北京 | BHC-1 | 700 | 0.3847 | 36.1 | 0/3 | C35 | 16.7 | 10ϕ20 | ϕ8@100 | 6000 | 14.77 | 6423.66 | 0.93 |
| 厦门 | FXCY-1 | 900 | 0.6359 | 37.6 | 0/3 | C40 | 19.1 | 22ϕ28 | ϕ8@100 | 9350 | 54.00 | 12144.74 | 0.77 |
| | FXCY-2 | 900 | 0.6359 | 37.0 | 0/3 | C40 | 19.1 | 22ϕ28 | ϕ8@100 | 12570 | 54.00 | 12144.74 | 1.04 |
| | FXCY-3 | 900 | 0.6359 | 37.8 | 0/3 | C40 | 19.1 | 22ϕ28 | ϕ8@100 | 12800 | 16.60 | 12144.74 | 1.05 |
| 济南 | SJBN-1 | 650 | 0.3317 | 16.0 | 0/2 | C30 | 14.3 | 8ϕ14 | ϕ8@100 | 3800 | 15.00 | 4742.77 | 0.80 |
| 济南 | SJW-1 | 650 | 0.3317 | 16.0 | 1/1 | C30 | 14.3 | 8ϕ14 | ϕ8@100 | 2840 | 18.01 | 4742.77 | 0.60 |
| | SJW-3 | 650 | 0.3317 | 16.0 | 1/1 | C30 | 14.3 | 8ϕ14 | ϕ8@100 | 2730 | 25.41 | 4742.77 | 0.58 |
| 菏泽 | SLH-1 | 650 | 0.3317 | 24.0 | 1/2 | C35 | 16.7 | 10ϕ16 | ϕ8@100 | 3480 | 12.60 | 5538.76 | 0.63 |
| 菏泽 | SCY-1 | 700 | 0.3847 | 29.8 | 0/4 | C40 | 19.1 | 8ϕ22 | ϕ8@100 | 5182 | 19.57 | 7346.82 | 0.71 |

续表 4

| 试桩地点 | 桩号 | 桩径 $d$ (mm) | 桩身横截面积 $A$ ($m^2$) | 桩长 $L$ (m) | 岔/盘数 (个) | 试桩桩身混凝土强度等级 | $f_c$ (MPa) | 主筋 | 桩顶 5d 下箍筋 | 最大加载 $Q_{max}$ (kN) | 桩顶沉降 (mm) | 试桩桩身抗压极限承载力 $R_u$ (kN) | $\frac{Q_{max}}{R_u}$ |
|---|---|---|---|---|---|---|---|---|---|---|---|---|---|
| 济南 | SJRT-1 | 600 | 0.2826 | 11.5 | 0/1 | C40 | 19.1 | 10$\phi$16 | $\phi$8@100 | 3700 | 15.96 | 5397.66 | 0.69 |
| 北京 | BGFD-1 | 700 | 0.3847 | 22.0 | 0/2 | C35 | 16.7 | 12$\phi$16 | $\phi$8@100 | 4500 | 26.45 | 6423.66 | 0.70 |
| 唐山 | HTC-1 | 1500 | 1.7663 | 50.7 | 0/3 | C30 | 14.3 | 12$\phi$20 | $\phi$10@100 | 15000 | 11.72 | 25257.38 | 0.59 |
| 东营 | DJ-1 | 450 | 0.1590 | 17.6 | 1/2 | C30 | 14.3 | 6$\phi$14 | $\phi$6@100 | 1700 | 11.18 | 2273.16 | 0.75 |
| 东营 | STSZ-1 | 650 | 0.3317 | 24.4 | 1/2 | C25 | 11.9 | 8$\phi$16 | $\phi$8@100 | 2900 | 24.82 | 3946.78 | 0.73 |
| | STSZ-4 | 650 | 0.3317 | 25.0 | 1/2 | C25 | 11.9 | 8$\phi$16 | $\phi$8@100 | 2800 | 35.30 | 3946.78 | 0.71 |
| 商丘 | HMQ-1 | 700 | 0.3847 | 35.7 | 0/2 | C40 | 19.1 | 12$\phi$16 | $\phi$8@100 | 5500 | 14.86 | 7346.82 | 0.75 |
| | HMQ-3 | 700 | 0.3847 | 36.0 | 0/2 | C40 | 19.1 | 12$\phi$16 | $\phi$8@100 | 5750 | 25.58 | 7346.82 | 0.78 |
| 济南 | SJCD-3 | 500 | 0.1963 | 18.2 | 0/3 | C45 | 21.1 | 6$\phi$16 | $\phi$8@100 | 2800 | 12.53 | 4140.88 | 0.68 |
| | SJCD-4 | 700 | 0.3847 | 21.9 | 0/4 | C45 | 21.1 | 6$\phi$16 | $\phi$8@100 | 6000 | 9.68 | 8116.12 | 0.74 |
| | SJCD-6 | 500 | 0.1963 | 18.1 | 0/3 | C45 | 21.1 | 6$\phi$16 | $\phi$8@100 | 2520 | 15.33 | 4140.88 | 0.61 |
| 乐亭 | HYGG-2 | 1100 | 0.9499 | 20.7 | 0/2 | C30 | 14.3 | 10$\phi$22 | $\phi$8@100 | 9600 | 21.81 | 13582.86 | 0.71 |

注：1　同一组试桩相同的情况，仅列出一根试桩的数据；

2　泥浆护壁成孔含正循环钻成孔、反循环钻成孔及旋挖（钻斗钻）成孔。

**表 5　干作业成孔三岔双向挤扩灌注桩桩身受压承载力计算与试验结果**

| 试桩地点 | 桩号 | 桩径 $d$ (mm) | 桩身横截面积 $A$ ($m^2$) | 桩长 $L$ (m) | 岔/盘数 (个) | 试桩桩身混凝土强度等级 | $f_c$ (MPa) | 主筋 | 桩顶 5d 下箍筋 | 最大加载 $Q_{max}$ (kN) | 桩顶沉降 (mm) | 试桩桩身抗压极限承载力 $R_u$ (kN) | $\frac{Q_{max}}{R_u}$ |
|---|---|---|---|---|---|---|---|---|---|---|---|---|---|
| 济宁 | SJSL-1 | 650 | 0.3317 | 18.9 | 1/2 | C25 | 11.9 | 8$\phi$14 | $\phi$8@100 | 4400 | 30.48 | 3946.78 | 1.11 |
| | SJSL-2 | 650 | 0.3317 | 18.8 | 1/2 | C25 | 11.9 | 8$\phi$14 | $\phi$8@100 | 4800 | 31.93 | 3946.78 | 1.22 |
| | SJSL-3 | 650 | 0.3317 | 18.8 | 1/2 | C25 | 11.9 | 8$\phi$14 | $\phi$8@100 | 4600 | 14.46 | 3946.78 | 1.17 |
| 徐州 | JXX-1 | 450 | 0.1590 | 14.0 | 0/3 | C35 | 16.7 | 6$\phi$14 | $\phi$6@100 | 1980 | 7.02 | 2654.67 | 0.75 |
| | JXX-2 | 450 | 0.1590 | 15.5 | 0/3 | C35 | 16.7 | 6$\phi$14 | $\phi$6@100 | 2000 | 6.37 | 2654.67 | 0.75 |
| | JXX-3 | 450 | 0.1590 | 15.3 | 0/3 | C35 | 16.7 | 6$\phi$14 | $\phi$6@100 | 2000 | 6.24 | 2654.67 | 0.75 |
| 宝日希勒 | NBZK-1 | 700 | 0.3847 | 17.0 | 0/3 | C30 | 14.3 | 12$\phi$18 | $\phi$8@100 | 6000 | 29.61 | 5500.50 | 1.09 |
| | NBZK-2 | 700 | 0.3847 | 17.0 | 0/3 | C30 | 14.3 | 12$\phi$18 | $\phi$8@100 | 5250 | 34.69 | 5500.50 | 0.95 |
| | NBZK-3 | 700 | 0.3847 | 17.0 | 0/3 | C30 | 14.3 | 12$\phi$18 | $\phi$8@100 | 6750 | 32.81 | 5500.50 | 1.23 |
| | NBZK-4 | 700 | 0.3847 | 25.0 | 0/4 | C30 | 14.3 | 12$\phi$18 | $\phi$8@100 | 7000 | 10.77 | 5500.50 | 1.27 |
| | NBZK-5 | 700 | 0.3847 | 25.0 | 0/4 | C30 | 14.3 | 12$\phi$18 | $\phi$8@100 | 7000 | 9.84 | 5500.50 | 1.27 |
| | NBZK-6 | 700 | 0.3847 | 25.0 | 0/4 | C30 | 14.3 | 12$\phi$18 | $\phi$8@100 | 7000 | 9.78 | 5500.50 | 1.27 |

注：干作业成孔含长螺旋钻成孔和旋挖（钻斗钻）成孔。

从表 5 可见，对比结果有两种情况，表中 $Q_{max}$ 亦为试桩最大加载值。

第一大组中有 3 组试桩（济宁 SJSL 一组，宝日希勒 NBZK 两组），$\psi_c = Q_{max}/R_u = 0.95 \sim 1.27$。第二大组中仅有徐州 JXX 一组，因最大加载值偏小，$\psi_c = Q_{max}/R_u = 0.75$，即 $\psi_c$ 偏小，表明加载值还有较大的上升空间，这样 $\psi_c$ 值还可增大。

综上所述，本条取 $\psi_c = 0.80 \sim 0.90$，泥浆护壁成孔时取低值，干作业成孔时取高值，既合理又安全。

这里应强调说明一个问题，在工程实践中常见有静载试验中桩头或桩身被压坏的现象，其实这往往是试桩桩头处理不当所致，试桩桩头未按国家现行标准《建筑基桩检测技术规范》JGJ 106—2003 附录 B“混凝土桩桩头处理”的规定进行处理，如：桩顶千斤顶接触不平整引起应力集中，桩顶混凝土再处理后强度过低，加载偏心过大，桩顶未加钢板围裹或未设箍筋等，由此导致桩头先行破坏。很明显，这种由于试验处置不当而导致无法真实评价单桩承载力的现象是应该而且完全可以防止的。

**5.4.2** 本条是关于三岔双向挤扩灌注桩的承力盘（岔）的抗剪和抗冲切验算。

1 抗剪验算

根据现行国家标准《混凝土结构设计规范》GB 50010—2002式（7.5.1-1）规定，该式可用于三岔双向挤扩灌注桩承力盘（岔）的抗剪验算，验算公式如下：

$$V \leqslant 0.25 f_c A_v \tag{10}$$

式中 $V$——承力盘（岔）承受的最大剪力设计值；

$f_c$——混凝土轴心抗压强度设计值；

$A_v$——承力盘（岔）剪切截面积。

根据对 30 余根三岔双向挤扩灌注桩实测承力盘（岔）端阻力的统计，视承力盘（岔）的位置和土层情况，极限盘（岔）端阻力为 208～2928kPa。为用上述公式进行验算，取本规程附录 G 表 G.0.2 中最大值，即 $q_{Bk}=q_{bk}=3300$kPa；桩身混凝土强度等级取最低值，即 C25，$f_c=11900$kPa。以下按相应于 5 种承力盘（岔）设计直径的最大和最小承力盘高度的情况列表 6 和表 7 进行抗剪验算。

1）承力盘抗剪验算

**表 6 承力盘抗剪验算**

| 桩身设计直径 $d$(mm) | 450 | 550 | 500 | 650 | 600 | 800 | 800 | 1200 | 1200 | 1500 |
|---|---|---|---|---|---|---|---|---|---|---|
| 承力盘设计直径 $D$(mm) | 900 | 900 | 1100 | 1100 | 1400 | 1400 | 1900 | 1900 | 2400 | 2400 |
| 承力盘高度 $h$(mm) | 485 | 415 | 610 | 505 | 815 | 675 | 1055 | 775 | 1145 | 935 |
| 承力盘设计截面面积 $A_{pD}$(m²) | 0.477 | 0.398 | 0.754 | 0.618 | 1.256 | 1.036 | 2.331 | 1.703 | 3.391 | 2.755 |
| 承力盘最大剪力设计值 $V=3300\cdot A_{pD}$(kN) | 1574 | 1313 | 2488 | 2039 | 4145 | 3419 | 7692 | 5619 | 11190 | 9091 |
| 承力盘总剪切抗力[V] $[V]=0.25f_c\cdot\pi dh$(kN) | 2039 | 2132 | 2849 | 3066 | 4568 | 5044 | 7884 | 8688 | 12835 | 13101 |

2）承力岔抗剪验算

**表 7 承力岔抗剪验算**

| 桩身设计直径 $d$ (mm) | 450 | 550 | 500 | 650 | 600 | 800 | 800 | 1200 | 1200 | 1500 |
|---|---|---|---|---|---|---|---|---|---|---|
| 承力岔设计直径 $D$ (mm) | 900 | 900 | 1100 | 1100 | 1400 | 1400 | 1900 | 1900 | 2400 | 2400 |
| 承力岔高度 $h$ (mm) | 485 | 415 | 610 | 505 | 815 | 675 | 1055 | 775 | 1145 | 935 |
| 承力岔厚度 $b$ (mm) | 150 | 150 | 180 | 180 | 200 | 200 | 250 | 250 | 300 | 300 |
| 承力岔设计截面面积 $A_{pd}$ (m²) | 0.101 | 0.079 | 0.162 | 0.122 | 0.240 | 0.180 | 0.413 | 0.263 | 0.540 | 0.405 |
| 承力岔最大剪力设计值 $V$ $V=3300\cdot A_{pd}$ (kN) | 330 | 261 | 535 | 403 | 792 | 594 | 1363 | 868 | 1782 | 1337 |
| 承力盘总剪切抗力 [V] $[V]=0.25f_c\cdot 3bh$ (kN) | 649 | 556 | 980 | 811 | 1455 | 1205 | 2354 | 1729 | 3066 | 2503 |

承力盘（岔）抗剪验算结果表明，当三岔双向挤扩灌注桩的桩身设计直径 $d$、承力盘（岔）设计直径 $D$ 和高度 $h$ 符合附录 C 的规定时，可不进行承力盘（岔）的抗剪验算。

2 抗冲切验算

吉林大学钱永梅（2002）在博士学位论文中研究了双坡形式的承力盘（相当于三岔双向挤扩灌注桩的承力盘）的冲切破坏问题，主要论点如下：

1）基本假定

①承力盘冲切破坏形态类似于斜拉破坏，其所形成的圆台斜裂面与水平面大致成 45°倾角，是一种脆性破坏，如图 8 所示；

②桩顶外荷载属于轴心作用荷载；

③承力盘下的土为均质各向同性的。

2）冲切理论分析

参考混凝土独立基础冲切

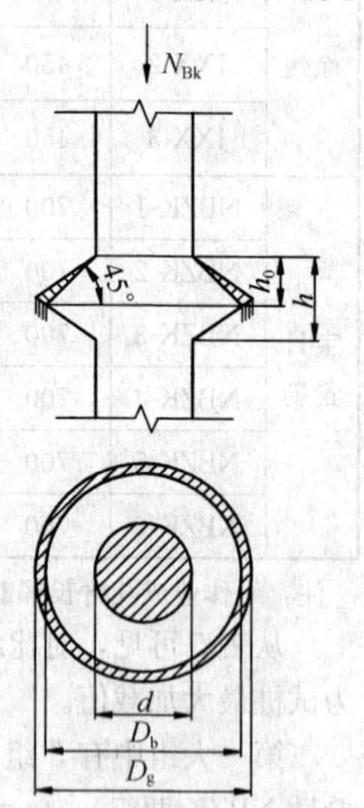


图 8 冲切破坏计算

破坏理论，承力盘在承受桩顶传来的荷载时，如果沿桩周边的承力盘高度不够，就会发生如图8所示的由于冲切承载力不足的截面，呈圆台斜裂面破坏，为了保证不发生冲切破坏，必须使冲切面以外的地基反力所产生的冲切力 $F_L$ 不超过冲切面处混凝土的抗冲切能力，如图8所示。

根据上述理论，承力盘高度需满足如下条件：

$$F_L \leqslant 0.7 f_t \cdot L_m \cdot h_0 \tag{11}$$

$$F_L = q_{Bk} \cdot A_L$$

$$L_m = \frac{d + D_b}{2}\pi$$

$$D_b = d + 2h_0$$

$$h_0 = \frac{h(D_g - d)}{h + D_g - d}$$

$$q_{Bk} = \frac{N_{Bk}}{A} = \frac{N_{Bk}}{\pi\left[\left(\frac{D_g}{2}\right)^2 - \left(\frac{d}{2}\right)^2\right]} = \frac{4N_{Bk}}{\pi(D_g^2 - d^2)}$$

式中 $F_L$——盘端地基所产生的冲切力；

$f_t$——混凝土抗拉强度设计值；

$L_m$——混凝土抗冲切破坏面中截面周长；

$d$——桩身设计直径；

$D_b$——冲切破坏圆台斜截面的下边直径；

$h$——承力盘高度；

$h_0$——承力盘有效高度；

$D_g$——承力盘公称直径；

$A_L$——考虑冲切荷载时取用的圆环面积，图8中的阴影部分；

$q_{Bk}$——相当于在荷载效应基本组合时承力盘的轴向压力设计值 $N_{Bk}$ 作用下的盘端阻力；

$A$——扣除桩身设计截面面积，在水平投影面上的承力盘公称截面面积。

经转换后，式（11）可变为

$$N_{Bk} \leqslant 2.2 f_t \cdot h_0 (d + h_0) \frac{D_g^2 - d^2}{D_g^2 - (d + 2h_0)^2} \tag{12}$$

式（12）中采用承力盘公称直径以考虑冲切破坏的不利情况，需要说明的是，式（12）是参考钱永梅博士学位论文中第4.2章式（7）并最终经本规程编制组修正后得出的。

表8按相应于5种承力盘公称直径的最大和最小桩身设计直径与承力盘高度的情况列表进行抗冲切验算。验算时 $q_{Bk}$ 取最大值，即 $q_{Bk}$ =3300kPa；桩身混凝土强度等级取最低值，即C25，$f_t$=1270kPa。

承力盘抗冲切验算结果表明，当三岔双向挤扩灌注桩的桩身设计直径 $d$、承力盘公称直径 $D_g$ 和高度 $h$ 符合附录C的规定时，可不进行承力盘的抗冲切验算，进而也可推断可不进行承力岔的抗冲切验算。

**表8 承力盘抗冲切验算**

| 桩身设计直径 $d$ (mm) | 450 | 550 | 500 | 650 | 600 | 800 | 800 | 1200 | 1200 | 1500 |
|---|---|---|---|---|---|---|---|---|---|---|
| 承力盘公称直径 $D_g$ (mm) | 1000 | 1000 | 1200 | 1200 | 1550 | 1550 | 2050 | 2050 | 2550 | 2550 |
| 承力盘高度 $h$ (mm) | 485 | 415 | 610 | 505 | 815 | 675 | 1055 | 775 | 1145 | 935 |
| 承力盘轴向压力设计值 $N_{Bk}=0.785q_{Bk}(D_g^2-d^2)$ (kN) | 1878 | 1643 | 2803 | 2396 | 4810 | 4151 | 8390 | 6506 | 11922 | 10015 |
| 式（11）右部 (kN) | 5987 | 8930 | 7914 | 12260 | 11820 | 16729 | 18499 | 31531 | 28813 | 38236 |

## 5.5 桩基沉降计算

**5.5.2** 三岔双向挤扩灌注桩基是一种变截面灌注桩基础，其荷载传递规律和沉降机理均不同于等截面灌注桩基础。鉴于其荷载传递和沉降机理的复杂性，目前还不足以提出理论严密而又简便易行的计算方法，只能采取以现行计算方法为基本依据，再根据工程实践经验加以修正的办法来确定变截面灌注桩基的沉降量。

理论研究与工程实践证明，三岔双向挤扩灌注桩独特的施工工艺和荷载传递规律决定其沉降必然小于等截面灌注桩基础的沉降：

**1** 三岔双向挤扩灌注桩的荷载大部分通过承力盘的底面传递给各持力土层，而各承力盘持力土层的压缩性均很低。

**2** 由于三岔双缸双向液压挤扩装置的水平向强力挤压，各承力盘腔底面土体明显压密，这有利于减小承力盘的沉降。

**3** 承力盘腔的底面是向桩孔倾斜的坡面，水平倾斜角为35°，这就使得钻孔泥渣无法存留，从而保证从受荷一开始承力盘的支承刚度就能得以发挥；而底承力盘下面“桩根”的存在，更可消除钻孔泥浆沉淀对沉降的影响，因此沉降很小。

**4** 三岔双向挤扩灌注桩的桩周应力和承力盘下端土中的应力收敛较快，桩距较大，这就使得桩间土中的桩周应力互不重叠；桩基础底端土体中的附加应力也互不重叠或不产生具有工程意义的应力重叠。这就是说，三岔双向挤扩灌注桩基础一般不产生不利的群桩效应。所以，与等截面灌注桩基础相比，三岔双向挤扩灌注桩基础底端土体中的附加应力和压缩层厚度均大大减小，因此，沉降小且稳定快。

本规程提出的沉降计算公式正是基于一个被理论和实践证明的规律：三岔双向挤扩灌注桩基与相同桩身设计直径的等截面桩基的沉降，具有一定的相关性；而且，三岔双向挤扩灌注桩基的沉降量较类似条件下相同桩身设计直径的等截面灌注桩基的沉降量小得多。因此，本规程提出先以等截面灌注桩基础的现行沉降计算方法，即按现行行业标准《建筑桩基技术规范》JGJ 94 的公式计算沉降量 $s_z$，再进行适当修正的方法来确定三岔双向挤扩灌注桩基的最终沉降量 $s$。

实际工程沉降观测资料表明，三岔双向挤扩灌注桩基的沉降量较同类条件下的相同桩身设计直径的等截面灌注桩基的沉降量减小 30%～60%。为安全起见，本规程取修正系数 $\psi_D=0.6\sim0.8$。若当地已有可靠的经验，亦可采用小于 0.6 的修正系数。

具体说来，按照桩基础的布桩情况，$s_z$ 分为两类进行计算：

1）对于桩中心距小于或等于 3$D$ 的桩基，即桩基础作为群桩基础工作时，$s_z$ 可采用现行行业标准《建筑桩基技术规范》JGJ 94—2008 公式（5.5.6）的等效作用分层总和法计算；

2）对于桩中心距大于 3$D$ 的桩基，即桩基础作为单桩、单排桩或疏桩基础工作时，$s_z$ 宜按现行行业标准《建筑桩基技术规范》JGJ 94 关于单桩、单排桩或疏桩基础的有关规定计算；由于三岔双向挤扩灌注桩的承载力高，桩距一般较大，因此，三岔双向挤扩灌注桩基础常属于单桩基础或疏桩基础，所以，其沉降量常需按此计算。

部分三岔双向挤扩灌注桩工程的实测沉降资料如表 9 所示。

**表 9　三岔双向挤扩灌注桩工程实测沉降资料**

| 地区 | 工程名称 | 层数 | 桩身设计直径（mm） | 承力岔（盘）设计直径（mm） | 承力岔/盘数（个） | 桩长（m） | 桩数（根） | 最大实测沉降量（mm） | 实测平均沉降量（mm） | 观测天数（d） | 盘端、桩端持力土层 | 相关的等截面桩基础的沉降范围（mm） |
|---|---|---|---|---|---|---|---|---|---|---|---|---|
| 济南 | 数码港七号住宅楼 | 11 | 650 | 1400 | 1/1 | 9.60～14.80 | 135 | 8.89 | 4.77 | 500 | 全风化闪长岩 | 10～20 |
| 济南 | 长泰大厦 | 29 | 750 | 1400 | 0/3 | 22.00 | 170 | 3.88 | 2.58 | 102 | 黏土、粉质黏土 | 20～50 |
| 济南 | 槐荫政务中心大厦 | 16 | 650 | 1400 | 1/3 | 25.00 | 229 | 7.64 | 5.05 | 198 | 卵石、黏土、粉质黏土 | 20～50 |
| 菏泽 | 联通菏泽分公司 | 11 | 650 | 1400 | 1/2 | 20.50 | 175 | 13.50 | 12.25 | 310 | 粉土 | 20～50 |
| 武汉 | 伟业大厦 | 19 | 620 | 1400 | 0/4 | 24.00 | 174 | 12.83 | 9.16 | 302 | 粉砂、粉细砂 | 20～30 |
| 滨州 | 联通枢纽楼 | 8 | 650 | 1400 | 1/3 | 27.50～29.50 | 126 | 5.00 | 4.50 | 395 | 粉质黏土、黏土 | 20～40 |

表 9 中等截面灌注桩基础的相关性是指与三岔双向挤扩灌注桩的地质条件类似和竖向抗压承载力相同的条件。以武汉伟业大厦三岔挤扩灌注桩基础为例，观测天数为 302d，实测沉降速率已小于 0.01mm/d，表示沉降已稳定。武汉地区的工程实践表明，类似于伟业大厦的工程条件，若采用直径为 620mm 的等截面灌注桩，则桩长需 40m 左右，并且桩端要入岩，其桩基础最终沉降量将达到 20～30mm。

由此可见，本规程第 5.5.2 条是一种简化方法。其主要优点是：与现行有关规范保持一致，并最大限度地利用了行业标准《建筑桩基技术规范》JGJ 94 的成果；本规程建议的方法对于设计人员来说十分熟悉，便于操作；同时基本符合三岔双向挤扩灌注桩基础的沉降规律。

**5.5.3**　关于三岔双向挤扩灌注桩的桩身压缩量计算，本规程采取了简化的做法，即仅计算顶承力盘平面以上的桩身的压缩量。这是基于以下考虑：

**1**　顶承力盘平面以上桩身的应力较高，桩顶荷载经过顶承力盘分担以后，顶承力盘平面以下桩身的应力大大减小，因此顶承力盘平面以下桩身的压缩量较小；

2 顶承力盘平面以下各段桩身的轴力和桩身应力很难确定，因此难以准确计算它们的压缩量；

3 桩身的压缩是弹性变形，在结构封顶后即基本完成，对建筑物后期的沉降，特别是不均匀沉降不产生明显影响，因此，即使忽略微量的桩身压缩变形，也不会影响建筑物的沉降分析结果。

**5.5.4** 基于沉降观测的重要性和必要性，本条规定设计等级为甲级的三岔双向挤扩灌注桩基础宜进行沉降观测。

## 6 质量检查与检测要点

### 6.1 质量检查要点

**6.1.1** 现行国家标准《建筑地基基础工程施工质量验收规范》GB 50202—2002 和现行行业标准《建筑基桩检测技术规范》JGJ 106—2003 均以强制性条文规定必须对基桩承载力和桩身完整性进行检验。三岔双向挤扩灌注桩的桩身和承力盘（岔）的质量及孔底虚土厚度等与基桩承载力密切相关。因此，为加强三岔双向挤扩灌注桩施工过程中的检验，本条规定三岔双向挤扩灌注桩的施工质量检查应包括5个主要工序的检查，除检查成孔、清孔、钢筋笼制作及混凝土灌注等4项常规施工质量外，还应重点检查挤扩承力盘腔的质量。承力盘腔的质量主要指承力盘腔的直径、标高、持力土层、间距、挤扩次数、旋转角度及首次挤扩压力值等参数和内容，其盘腔直径用三岔双向挤扩灌注桩专用的机械式承力盘腔直径检测器进行检测。

混凝土灌注前的孔底虚土，对于干作业成孔的三岔双向挤扩灌注桩主要是指钻具的扰动土、孔口和孔壁的回落土；对于泥浆护壁成孔的三岔双向挤扩灌注桩主要是指沉渣。本条对使用功能不同的桩，规定不同的允许虚土厚度标准。

**6.1.2** 本条规定第6.1.1条未作规定的施工检查标准，如：三岔双向挤扩灌注桩的平面位置的允许偏差、钢筋笼质量检验标准等均应符合现行国家标准《建筑地基基础工程施工质量验收规范》GB 50202—2002 中表5.1.4、表5.6.4-1和表5.6.4-2等相关规定，其中表5.6.4-2规定混凝土灌注桩主控检查项目为桩位、孔深、桩体质量检验、混凝土强度和承载力，对于三岔双向挤扩灌注桩的主控项目除包括上述5个项目外还应包括承力盘（岔）的数量和盘（岔）位置。

### 6.2 检测要点

**6.2.1、6.2.2** 这两条符合现行国家标准《建筑地基基础工程施工质量验收规范》GB 50202—2002 和现行行业标准《建筑基桩检测技术规范》JGJ 106—2003 的有关规定。

**6.2.3** 本条强调当有本地区相近条件的对比验证资料时，高应变法可作为单桩竖向抗压承载力的验收检测的补充。

## 附录B 三岔双缸双向液压挤扩装置

三岔双缸双向液压挤扩装置是通过液压动力推动与双向油缸相连的内外活塞杆作大小相等方向相反的位移，带动三对等长挤扩臂在桩身孔壁的设计部位土体中扩展和回收以形成承力岔腔或承力盘腔的机械设备。

该装置在挤扩时上下挤扩臂表面与土体紧密接触，以夹角为120°三方向水平挤压土体，使盘（岔）腔上下土体受到均衡压力，土体扰动小，加之挤扩臂外表面呈圆弧状，挤扩空腔顶壁土体不易坍塌，盘（岔）腔成型效果好；此外，挤扩装置能准确与桩孔轴心对中。

## 附录C 三岔双缸双向液压挤扩装置主要技术参数

表中列出已研制开发出的5种型号三岔双缸双向液压挤扩装置的主要技术参数。表中承力盘（岔）的公称直径是指对应于挤扩装置上下挤扩臂的夹角为70°时所形成的挤扩盘（岔）腔直径。

考虑到承力盘（岔）的竖向剖面形状的特点和保证一定的承载安全度，承力盘（岔）设计直径略小于承力盘（岔）公称直径。

三岔双向挤扩灌注桩的扩径率和扩大率列于表10。

**表10 三岔双向挤扩灌注桩的扩径率和扩大率**

| 设备型号<br>参数 | 98-400型 | 98-500型 | 98-600型 | 06-800型 | 06-1000型 |
|---|---|---|---|---|---|
| 桩身设计直径 $d$（mm） | 450～550 | 500～650 | 600～800 | 800～1200 | 1200～1500 |
| 承力盘（岔）公称直径 $D_g$（mm） | 1000 | 1200 | 1550 | 2050 | 2550 |
| 扩径率Ⅰ（$D_g/d$） | 2.22～1.82 | 2.40～1.85 | 2.58～1.94 | 2.56～1.71 | 2.13～1.70 |
| 承力盘（岔）设计直径 $D$（mm） | 900 | 1100 | 1400 | 1900 | 2400 |
| 扩径率Ⅱ（$D/d$） | 2.00～1.64 | 2.20～1.69 | 2.33～1.75 | 2.38～1.58 | 2.00～1.60 |
| 桩身设计截面面积 $A$（$m^2$） | 0.159～0.237 | 0.196～0.332 | 0.283～0.502 | 0.502～1.130 | 1.130～1.766 |
| 承力盘设计截面面积 $A_{pD}$（$m^2$） | 0.477～0.398 | 0.754～0.618 | 1.256～1.036 | 2.331～1.703 | 3.391～2.755 |
| 扩大率 $A_{pD}/A$ | 3.00～1.68 | 3.85～1.86 | 4.44～2.06 | 4.64～1.51 | 3.00～1.56 |

由表10可知三岔双向挤扩灌注桩的扩径率Ⅰ为1.70～2.58，扩径率Ⅱ为1.58～2.38，扩大率为1.51～4.64。扩径率和扩大率的大小直接影响单桩总极限盘端阻力和单桩竖向抗压极限承载力的大小。因此，合理地选择三岔双向挤扩灌注桩的尺寸参数也是很重要的。

需要说明的是，本规程表C中三岔双缸双向液压挤扩装置主要技术参数表是根据现行设备型号汇编而成。今后根据实际工程需要，设备型号将会增加和变动。

## 附录D 承力盘腔直径检测器

**D.0.1** 表11为承力盘腔直径与落差关系举例。

**表11 承力盘腔直径与落差关系表**

（以98-600型挤扩设备使用举例）

| 落差（mm） | 盘径（mm） | 落差（mm） | 盘径（mm） |
|---|---|---|---|
| 300 | 1180 | 600 | 1440 |
| 350 | 1220 | 650 | 1480 |
| 400 | 1280 | 700 | 1500 |
| 450 | 1320 | 750 | 1540 |
| 500 | 1380 | 800 | 1580 |
| 550 | 1400 | 850 | 1620 |

注：表中承力盘腔直径与落差的关系值在使用前应检查测定，才能保证量测准确。

## 附录E 三岔双向挤扩灌注桩主要参数

计算承力盘和承力岔的工程量时应按表E中承力盘和承力岔的公称体积$V_{Bg}$和$V_{bg}$取值。

承力盘公称体积$V_{Bg}$可按下式计算：

$$V_{Bg}=2\cdot\frac{\pi}{3}\left(\frac{h-c}{2}\right)\left(\frac{D_g^2+d^2+D_gd}{4}\right)+\frac{\pi}{4}D_g^2\cdot c-\frac{\pi}{4}d^2h$$

简化后，可得：

$$V_{Bg}=0.785[0.333(h-c)(D_g^2+d^2+D_gd)+D_g^2c-d^2h] \tag{13}$$

承力岔公称体积$V_{bg}$可按下式计算：

$$V_{bg}=3\left(c\cdot a\cdot b+a\cdot\frac{h-c}{2}\cdot b\right)$$

简化后，可得：

$$V_{bg}=0.75b(D_g-d)(h+c) \tag{14}$$

式中 $V_{Bg}$——承力盘公称体积；

$V_{bg}$——承力岔公称体积；

$h$——承力盘高度；

$c$——承力盘外沿高度；

$D_g$——承力盘公称直径；

$d$——桩身设计直径。

## 附录F 单桩竖向抗压静载试验

### F.1 一般规定

**F.1.1** 单桩抗压静载试验是公认的检测基桩竖向抗压承载力最直观、最可靠的传统方法。本规程对惯用的维持荷载法作出技术规定。

**F.1.2** 对于三岔双向挤扩灌注桩的内力测试，可测定分层侧阻力、盘端阻力、岔端阻力和桩端阻力或桩身截面的位移量。

**F.1.3** 本条明确规定为设计提供依据的静载试验宜加载至破坏，即试验应进行到能判定单桩极限承载力为止。

**F.1.4** 本条规定的目的在于要保证工程桩有足够的安全储备。

### F.2 仪器设备及其安装

**F.2.1** 三岔双向挤扩灌注桩的试桩、锚桩（或压重平台支墩边）和基准桩之间的中心距离除应符合现行行业标准《建筑基桩检测技术规范》JGJ 106—2003 表4.2.5的规定外，本条规定三岔双向挤扩灌注桩的试桩与锚桩的中心距不应小于2倍承力盘设计直径。

### F.3 现场检测

**F.3.1** 本条是为使试桩具有代表性而提出的。

**F.3.3** 本条是为保证静载试验能顺利进行而提出的。

**F.3.6** 本条第1款规定三岔双向挤扩灌注桩总沉降量超过承力盘设计直径的5%可终止加载，是根据三岔双向挤扩灌注桩承载特性并经大量试桩的数据分析得出的。

### F.5 单桩竖向抗压极限承载力（$Q_u$）的确定

**F.5.1～F.5.3** 规程编制组对近200根三岔双向挤扩灌注桩的竖向抗压静载试验的分析结果表明，对于呈缓变型$Q$-$s$曲线的三岔双向挤扩灌注桩，其抗压极限承载力可按$s$-lg$Q$曲线的末段直线段的起始点法、$Q$-$s$曲线第二拐点法、$s$-lg$t$曲线尾部明显弯折法和$Q_{0.05D}$法（即桩顶沉降量等于承力盘直径5%时所对应的荷载）综合判定；对于呈陡降型$Q$-$s$曲线的三岔双向挤扩灌注桩，其抗压极限承载力可按$Q$-$s$曲线明显陡降的起始点法，$s$-lg$Q$曲线末段近乎竖向陡降的起始点法和$s$-lg$t$曲线尾部明显转折法，综合判定。

第 F. 5. 1～F. 5. 3 条的规定是基于上述结果得出的。

**F. 5. 5** 按上述方法判定抗压极限承载力有困难时，可结合其他辅助分析方法（如百分率法、逆斜率法及波兰玛珠基维奇法等）综合判定。

**F. 5. 7** 为现行行业标准《建筑基桩检测技术规范》JGJ 106—2003 第 4. 4. 4 条的强制性规定。

## 附录 G 三岔双向挤扩灌注桩的极限侧阻力标准值、极限盘端阻力标准值和极限桩端阻力标准值

**G. 0. 1** 本条是关于三岔双向挤扩灌注桩的极限侧阻力标准值。

表 G. 0. 1 中数值适用于老沉积土；对于新近沉积土，$q_{sik}$ 应按土的状态，降一级取值。

**G. 0. 2** 本条是关于三岔双向挤扩灌注桩的极限盘端阻力和极限桩端阻力标准值。

表 G. 0. 2 中数值适用于老沉积土；对于新近沉积土，$q_{Bik}$、$q_{bik}$ 和 $q_{pk}$ 应按土的状态，降一级取值。

工程实践表明，多数承力盘均设置在 10～30m 的土层中，故本表增设 $15 \leqslant l < 20$、$20 \leqslant l < 25$ 和 $25 \leqslant l < 30$ 三个档次，便于设计选择应用。

需要说明的是，本附录关于上述土类的划分是按现行国家标准《岩土工程勘察规范》GB 50021—2001 第 3. 3. 1 条的规定，即“晚更新世 $Q_3$ 及其以前沉积的土，应定为老沉积土；第四纪全新世中近期沉积的土，应定为新近沉积土”。就北京地区的土质而言，老沉积土的土质比较均匀，压缩性较低，强度较高，层次分布比较有规律；新近沉积土的工程性能明显不如老沉积土，强度较低，黏性土的结构性较差，压缩性较高，砂类土的密度较差，层次分布的规律通常比较凌乱。《北京地区建筑地基基础勘察设计规范》DBJ 01—501—92 表 6. 3. 2—1 和表 6. 3. 2—2 分别为老沉积土和新近沉积土的地基承载力标准值 $f_{ka}$ 取值表，表中显示在相同的压缩模量 $E_s$ 的情况下，后者的 $f_{ka}$ 要比前者的 $f_{ka}$ 低 14%～25%。

考虑到干作业成孔的三岔双向挤扩灌注桩基工程不多，表 G. 0. 1 和表 G. 0. 2 中的值未区分干作业成孔和泥浆护壁成孔，统一按泥浆护壁成孔取值，这样对干作业成孔的三岔双向挤扩灌注桩更偏于安全，待今后积累更多的干作业成孔三岔双向挤扩灌注桩试验资料后，在进行本规程修订时再适当调整取值范围。

中华人民共和国行业标准

# 逆作复合桩基技术规程

Technical specification for composite pile foundation with top-down method

**JGJ/T 186—2009**

批准部门：中华人民共和国住房和城乡建设部
施行日期：2 0 1 0 年 7 月 1 日

# 中华人民共和国住房和城乡建设部
# 公　　告

第 422 号

## 关于发布行业标准《逆作复合桩基技术规程》的公告

现批准《逆作复合桩基技术规程》为行业标准，编号为 JGJ/T 186－2009，自 2010 年 7 月 1 日起实施。

本规程由我部标准定额研究所组织中国建筑工业出版社出版发行。

中华人民共和国住房和城乡建设部

2009 年 10 月 30 日

# 前　　言

根据住房和城乡建设部《关于印发〈2008 年工程建设标准规范制订、修订计划（第一批）〉的通知》（建标［2008］102 号）的要求，规程编制组经广泛调查研究，认真总结实践经验，参考有关国际标准和国外先进标准，并在广泛征求意见的基础上，制定本规程。

本规程的主要内容是：1. 总则；2. 术语和符号；3. 基本规定；4. 设计；5. 施工；6. 检测与验收。

本规程由住房和城乡建设部负责管理，由江苏南通六建建设集团有限公司负责具体技术内容的解释。执行过程中，如有意见或建议，请寄送江苏南通六建建设集团有限公司（地址：江苏省如皋市福寿路 336 号，邮编：226500）。

本规程主编单位：江苏南通六建建设集团有限公司
江苏江中集团有限公司

本规程参编单位：东南大学
北京市建筑工程研究院
南通市建筑设计研究院有限公司
湖北省建筑科学研究院
天津市勘察院

本规程主要起草人：石光明　龚维明　邹科华
穆保岗　沈保汉　褚国栋
周家谟　吴永红　赵　艳
程　晔　过　超　陈小兰
耿中原　黄宏成　刘　斌

本规程主要审查人：钱力航　汤小军　蒋明镜
王建华　蔡正银　张孟喜
瞿启忠　金如元　夏长春

# 目次

# Contents

# 1 总 则

**1.0.1** 为了在逆作复合桩基的设计与施工中保证建筑物基础的安全适用，做到技术先进，经济合理，确保质量，保护环境，制定本规程。

**1.0.2** 本规程适用于地基土为黏性土及中密、稍密的砂土的逆作复合桩基的设计、施工、检测及验收，也适用于既有建筑物的地基基础加固；不适用于高灵敏性的黏性土。

**1.0.3** 逆作复合桩基的设计与施工应综合考虑工程地质与水文地质条件、上部结构类型、荷载特征、施工技术条件与环境、检测条件等因素。

**1.0.4** 本规程规定了逆作复合桩基的设计与施工的基本技术要求。当本规程与国家法律、行政法规的规定相抵触时，应按国家法律、行政法规的规定执行。

**1.0.5** 采用逆作复合桩基技术的工程除应符合本规程的规定外，尚应符合国家现行有关标准的规定。

# 2 术语和符号

## 2.1 术 语

**2.1.1** 复合桩基 composite pile foundation

由基桩和承台下地基土共同承担荷载的桩基础。

**2.1.2** 逆作复合桩基 composite pile foundation with top-down method

先进行建筑物基础底板和部分上部结构的施工，而后同时进行上部结构、压桩以及封桩施工的复合桩基。

## 2.2 符 号

**2.2.1** 作用和作用效应

$F_{1k}$——压桩前，荷载效应标准组合下，施工到 $N_1$ 层时作用于承台顶面的竖向力；

$F_{2k}$——压桩后封桩前，荷载效应标准组合下，施工到 $N_2$ 层时上部结构增加的竖向力；

$F_{3k}$——封桩后，荷载效应标准组合下，增加的竖向力；

$F_{1q}$——压桩前，荷载效应准永久组合下，施工到 $N_1$ 层时作用于承台顶面的竖向力；

$F_{2q}$——压桩后封桩前，荷载效应准永久组合下，施工到 $N_2$ 层时上部结构增加的竖向力；

$F_{3q}$——封桩后，荷载效应准永久组合下，增加的竖向力；

$F_k$——荷载效应标准组合下，上部结构总竖向力与承台及承台上土自重；

$G_k$——桩基承台和承台上土自重标准值；

$M_{xk}$、$M_{yk}$——按荷载效应标准组合计算的作用于承台底面的外力，绕通过群桩形心的 $x$ 轴、$y$ 轴的力矩；

$P_{pk}$——荷载效应标准组合下，$F_k$ 作用下群桩的竖向力；

$P'_{pk}$——荷载效应标准组合下，由于封桩后的固结沉降导致原地基土转移给桩体的竖向力（kN）；

$P_{sk}$——荷载效应标准组合下，$F_k$ 作用下地基土的竖向力；

$P$——压桩力。

**2.2.2** 抗力和材料性能

$E_0$——土体的变形模量；

$E_p$——桩身弹性模量；

$E_s$——土的压缩模量；

$f_a$——修正后的地基承载力特征值；

$f_y$——锚固筋抗拉强度设计值；

$K_p$——群桩刚度；

$K_{pr}$——复合桩基刚度；

$K_{ps}$——复合地基刚度；

$K_r$——承台刚度；

$k_p$——单桩刚度；

$k_v$——竖向渗透系数；

$P_{max}$——最大压桩力设计值；

$P_{uk}$——沉桩总阻力标准值；

$p_{sk}$——桩端附近的静力触探单桥探头比贯入阻力标准值；

$Q_{uk}$——单桩竖向极限承载力标准值；

$q_{sik}$——单桩第 $i$ 层土的极限侧阻力标准值；

$q_{2s}$——滑移区侧摩阻力；

$q_{3s}$——挤压区侧摩阻力；

$q_p$——桩端阻力；

$s_1$——压桩前浅基础的沉降；

$s_2$——基础上抬量；

$s_3$——开始压桩至封桩前的沉降；

$s_4$——封桩后的沉降；

$U_{t1}$——压桩前，在 $F_{1k}$ 荷载作用下基础沉降的固结度；

$U_{t2}$——封桩前，在荷载 $F_{1k}+F_{2k}$ 作用下基础沉降的固结度。

**2.2.3** 几何参数

$A$——承台底总面积；

$A_c$——承台底净面积；

$A_p$——桩端截面积；

$B_c$——承台的宽度；

$d'$——锚固筋直径；

$H$——压缩土层的最远排水距离；

$L_c$——承台的长度；
$l$——桩身长度；
$l_a$——锚固筋的锚固长度；
$l_p$——桩的入土深度；
$l_1$——无侧阻区土层厚度；
$l_2$——滑移区土层厚度；
$l_3$——挤压区土层厚度；
$l_{2i}$、$l_{3i}$——滑移区、挤压区单位土层厚度；
$r_0$——桩半径；
$r_m$——单桩位移影响范围；
$r_r$——承台的等效半径；
$r_p$——单桩等效半径；
$u$——桩身周长；
$V_p$——单桩体积；
$x_i$、$y_i$——第 $i$ 排桩中心至 $y$ 轴、$x$ 轴的距离；
$z_n$——浅基础阶段，地基变形计算深度。

**2.2.4** 计算系数

$K_v$——垂直位移系数；
$K_0$——安全系数；
$K_1$——体积变化系数；
$K_2$——施工影响系数；
$m$——桩端处土层的桩端冲击系数；
$n$——桩数；
$n_i$——挤压区土的桩周冲击系数；
$n_0$——每个桩孔预埋锚固筋数；
$p_m$——垂直压力作用下的影响系数；
$T_v$——时间因子；
$u_l$——桩身的压缩变形系数；
$\alpha$——承台长度与宽度之比；
$\alpha_{rp}$——复合桩基中群桩对承台的影响系数；
$\beta$——桩端土与桩端以下土的剪变模量比；
$\nu$——土体泊松比；
$\omega$——与场地有关的系数；
$\lambda_p$——桩的荷载分担比；
$\lambda_s$——地基土的荷载分担比；
$\lambda'$——桩土刚度比；
$\xi$——天然地基承载力特征值的利用系数；
$\zeta$——单桩极限承载力利用系数；
$\zeta$——修正系数；
$\rho$——桩端尺寸效应折算系数；
$\bar{\omega}$——桩身平均剪变模量与桩端土剪变模量比。

## 3 基本规定

**3.0.1** 逆作复合桩基设计前，应完成下列工作：

1 搜集详细的岩土工程勘察资料、基础及上部结构设计资料等；

2 根据工程要求确定采用逆作复合桩基的目的和技术经济指标；

3 了解当地的施工条件、施工经验和使用情况等；

4 调查邻近建筑、地下工程和有关管线等情况，了解建筑场地的环境情况。

**3.0.2** 逆作复合桩基应符合建筑物对地基承载力和变形的要求。

**3.0.3** 本规程中的基桩应为受压桩。

**3.0.4** 施工中应有专人负责质量控制和监测，并应做好施工记录。施工结束后应按有关规定进行工程质量检验和验收。

## 4 设计

### 4.1 一般规定

**4.1.1** 逆作复合桩基应按压桩前、压桩和封桩后三个施工阶段相应的受力状态进行计算分析。

**4.1.2** 在进行逆作复合桩基设计时，应按本规程附录A进行变形计算。

**4.1.3** 对于受水平荷载较大的基桩，其桩身受弯承载力和受剪承载力的验算应符合现行行业标准《建筑桩基技术规范》JGJ 94的有关规定。

### 4.2 构造

**4.2.1** 逆作复合桩基中桩的构造应符合下列规定：

1 桩由一根首节桩和多根中间节桩组成，桩节长度由建筑物底层净高和压桩架高度确定，每节桩长宜为2m。首节桩应设桩尖，中间节桩端部构造和接桩应符合本规程第5.4.3条和第5.4.4条的规定；

2 桩身最小配筋率不应小于0.6%，主筋直径不应小于10mm；

3 桩型选择可采用钢桩、钢筋混凝土桩等预制桩，各类型桩的构造应符合现行行业标准《建筑桩基技术规范》JGJ 94的有关规定。

**4.2.2** 逆作复合桩基中承台的构造应符合下列规定：

1 承台施工时应在设计桩位处预留孔，孔洞（图4.2.2）宜对称布置，形状可做成上小下大的截头锥形，上部孔口边长应比桩身横截面的边长大

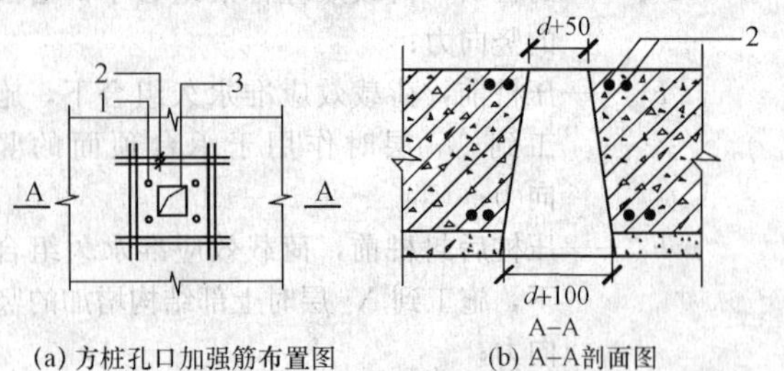

(a) 方桩孔口加强筋布置图　(b) A–A剖面图

图4.2.2 压桩孔构造图

1—预留锚固筋孔；2—孔口加强筋；3—预留孔；
$d$—桩身设计边长或直径

50mm，下部孔口边长应比桩身横截面的边长大100mm，且上部孔口应加强；

**2** 承台构造除应符合本规程的规定外，尚应符合现行行业标准《建筑桩基技术规范》JGJ 94的有关规定。

**4.2.3** 桩与承台的连接构造应符合下列规定：

**1** 锚固筋与压桩孔的间距宜为150mm（图4.2.3-1a），锚固筋与周围结构的最小间距不应小于150mm（图4.2.3-1b），锚固筋或压桩孔边缘至承台边缘的最小间距不应小于200mm（图4.2.3-1c）。

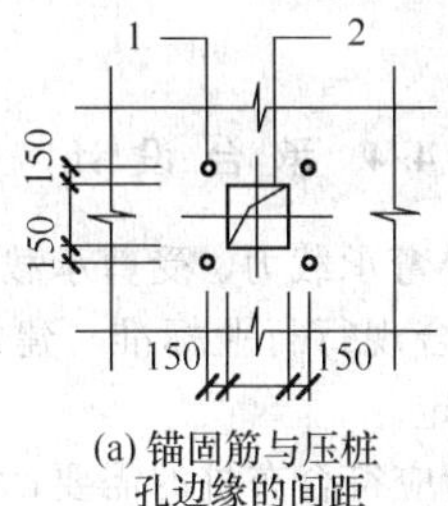


(a) 锚固筋与压桩孔边缘的间距

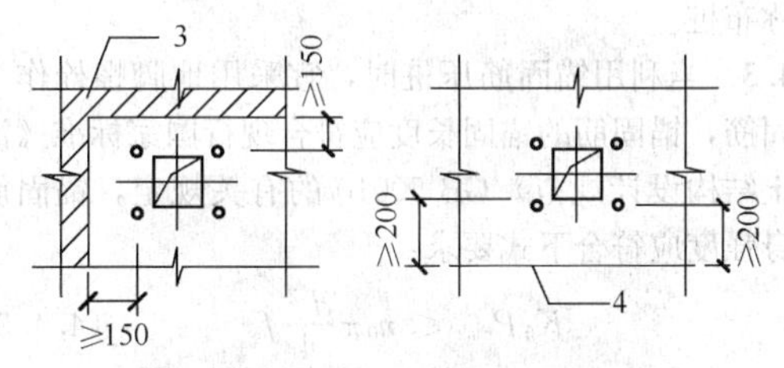


(b) 锚固筋与周围结构的最小间距　(c) 锚固筋或压桩孔边缘至承台边缘的最小间距

图4.2.3-1　锚固筋与压桩孔布置构造要求

1—预留锚固筋；2—压桩孔；3—高出承台表面的结构；4—承台边缘

**2** 封桩（图4.2.3-2）完毕后浇筑防水现浇层时，桩口应设与锚固筋焊接的加强筋（图4.2.3-3），加强筋宜用2$\Phi$18；

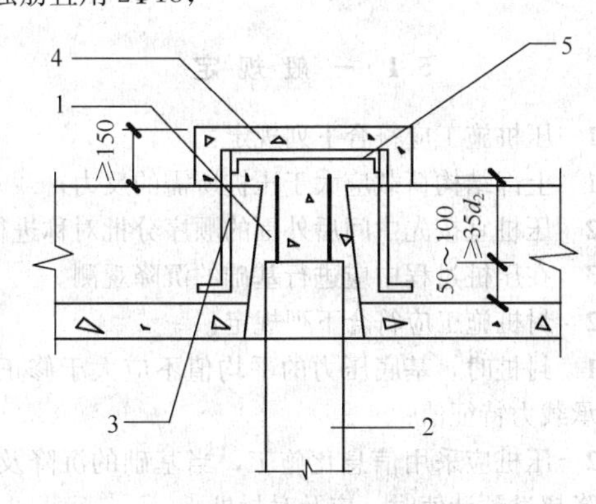


图4.2.3-2　封桩构造

1—C30以上微膨胀早强混凝土；2—桩；3—锚固筋；4—防水现浇层；5—加强筋

注：图中$d_2$为桩身钢筋直径。

**3** 桩与承台的连接构造除应满足本规程的规定外，尚应符合现行行业标准《建筑桩基技术规范》JGJ 94的有关规定。

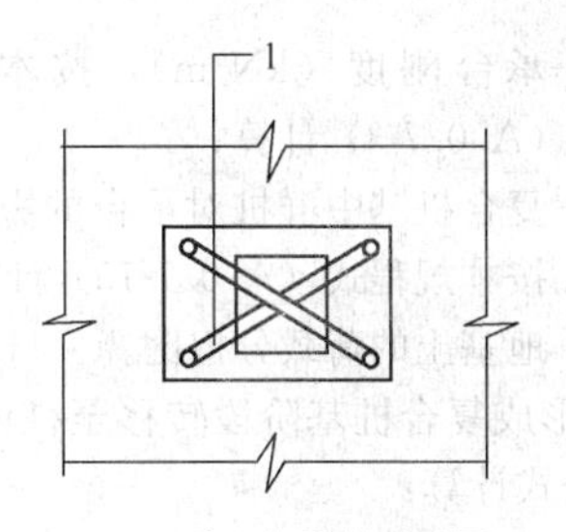


(a) 孔口加强筋平面图

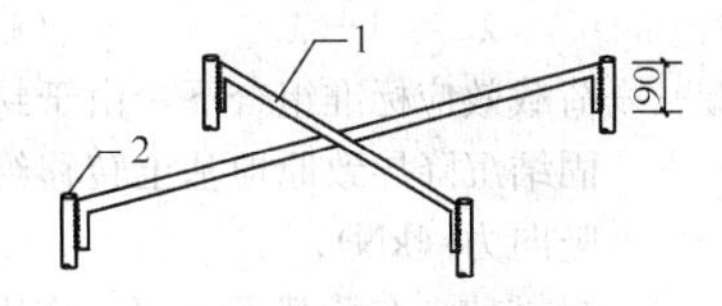


(b) 孔口加强筋示意图

图4.2.3-3　桩顶封口加强筋大样

1—加强筋；2—锚固筋

## 4.3　逆作复合桩基荷载分配及计算

**4.3.1** 在压桩前施工阶段，地基土所承受的荷载应按下式计算：

$$P_{1sk}=G_k+F_{1k} \tag{4.3.1}$$

式中　$P_{1sk}$——荷载效应标准组合下，$F_{1k}$作用下地基土的竖向力（kN）；

$G_k$——桩基承台和承台上土自重标准值（kN）；

$F_{1k}$——压桩前，荷载效应标准组合下，施工到$N_1$层时作用于承台顶面的竖向力（kN）。

**4.3.2** 在压桩阶段，地基土所分担的荷载增量应按下式计算：

$$P_{2sk}=F_{2k} \tag{4.3.2}$$

式中　$P_{2sk}$——荷载效应标准组合下，$F_{2k}$作用下地基土的竖向力（kN）；

$F_{2k}$——压桩后封桩前，荷载效应标准组合下，施工到$N_2$层时上部结构增加的竖向力（kN）。

**4.3.3** 封桩后继续施工阶段，封桩后增加$N_3$层上部结构所增加的竖向力，由地基土承担的部分应按下列公式计算：

$$P_{3sk}=\lambda_s F_{3k} \tag{4.3.3-1}$$

$$\lambda_s=\frac{(1-\alpha_{rp})K_r}{K_p+K_r(1-2\alpha_{rp})} \tag{4.3.3-2}$$

式中　$P_{3sk}$——荷载效应标准组合下，$F_{3k}$作用下地基土的竖向力（kN）；

$F_{3k}$——封桩后，荷载效应标准组合下，增加的竖向力（kN）；

$K_p$——群桩刚度（kN/m），按本规程式（A.0.7-13）计算；

$K_r$ ——承台刚度（kN/m），按本规程式（A.0.7-3）计算；

$\alpha_{rp}$ ——复合桩基中群桩对承台的影响系数，按本规程式（A.0.7-15）计算；

$\lambda_s$ ——地基土的荷载分担比。

**4.3.4** 封桩后形成复合桩基阶段转移至桩体承担的荷载可按下列公式计算：

$$P'_{pk}=\lambda_p(1-U_{t2})(F_{1k}+F_{2k}) \quad (4.3.4\text{-}1)$$

$$\lambda_p=1-\lambda_s \quad (4.3.4\text{-}2)$$

式中 $P'_{pk}$——荷载效应标准组合下，由于封桩后的固结沉降导致原地基土转移给桩体的竖向力（kN）；

$U_{t2}$ ——封桩前，在荷载 $F_{1k}+F_{2k}$ 作用下基础沉降的固结度，可按本规程式（A.0.7-1）计算；

$\lambda_p$ ——桩的荷载分担比。

**4.3.5** 在总荷载作用下承台底地基土和桩承受的荷载可分别按下列公式计算：

$$P_{sk}=F_{1k}+F_{2k}+G_k+\frac{(1-\alpha_{rp})K_r}{K_p+K_r(1-2\alpha_{rp})}F_{3k}-P'_{pk} \quad (4.3.5\text{-}1)$$

$$F_k=F_{1k}+G_k+F_{2k}+F_{3k} \quad (4.3.5\text{-}2)$$

$$P_{pk}=F_k-P_{sk} \quad (4.3.5\text{-}3)$$

式中 $F_k$ ——荷载效应标准组合下，上部结构总竖向力与承台及承台上土自重（kN）；

$P_{sk}$ ——荷载效应标准组合下，$F_k$ 作用下地基土的竖向力（kN）；

$P_{pk}$ ——荷载效应标准组合下，$F_k$ 作用下群桩的竖向力（kN）。

**4.3.6** 逆作复合桩基竖向承载力的计算应符合下列公式要求：

$$P_{sk}\leqslant \xi f_a A_c \quad (4.3.6\text{-}1)$$

$$F_k\leqslant n\zeta Q_{uk}+\xi f_a A_c \quad (4.3.6\text{-}2)$$

式中 $f_a$ ——修正后的地基承载力特征值（kPa）；

$Q_{uk}$ ——单桩竖向极限承载力标准值（kN）；

$A_c$ ——承台底净面积（$m^2$）；

$\xi$ ——天然地基承载力特征值的利用系数，取 0.5；

$\zeta$ ——单桩极限承载力利用系数，可取 0.8～0.9，当竖向荷载偏心时取小值。

**4.3.7** 逆作复合桩基的桩数（$n$）可按下式确定：

$$n\geqslant\frac{F_k-\xi f_a A_c}{\zeta Q_{uk}} \quad (4.3.7)$$

**4.3.8** 作用于基桩顶部的竖向荷载标准值（$P_{ik}$）可按下式计算：

$$P_{ik}=\frac{F_k-\xi f_a A_c}{n}+\frac{M_{xk}y_i}{\sum y_i^2}+\frac{M_{yk}x_i^2}{\sum x_i^2} \quad (4.3.8)$$

式中 $M_{xk}$、$M_{yk}$ ——按荷载效应标准组合计算的作用于承台底面的外力，绕通过群桩形心的 $x$ 轴、$y$ 轴的力矩（kN·m）；

$x_i$、$y_i$ ——第 $i$ 排桩中心至 $y$ 轴、$x$ 轴的距离（m）。

**4.3.9** 逆作复合桩基中基桩的桩身承载力应按现行行业标准《建筑桩基技术规范》JGJ 94 的规定进行验算。

**4.3.10** 逆作复合桩基的沉降不得超过建筑物的沉降允许值，并应符合现行国家标准《建筑地基基础设计规范》GB 50007 的有关规定。沉降计算可按本规程附录 A 进行。

### 4.4 承台设计

**4.4.1** 承台的受弯承载力、受剪承载力、受冲切承载力计算，应符合现行行业标准《建筑桩基技术规范》JGJ 94 的规定。

**4.4.2** 承台设计应符合布桩的需要，每个承台下宜对称布桩。

**4.4.3** 当利用锚固筋压桩时，宜采用地脚螺栓作为锚固筋，锚固筋的锚固长度应符合现行国家标准《混凝土结构设计规范》GB 50010 的有关规定，锚固筋自身强度应符合下式要求：

$$K_0P_{max}\leqslant n_0\pi\frac{d'^2}{4}f_y \quad (4.4.3)$$

式中 $K_0$ ——安全系数，取 1.2；

$P_{max}$ ——最大压桩力设计值（kN）；

$n_0$ ——每个桩孔预埋锚固筋数；

$f_y$ ——锚固筋抗拉强度设计值（kN/$mm^2$）；

$d'$ ——锚固筋直径（mm）。

## 5 施 工

### 5.1 一般规定

**5.1.1** 压桩施工应符合下列规定：

1 上部结构荷载应大于压桩所需的反力；

2 压桩宜按先中间后外围的顺序分批对称进行；

3 在压桩过程中应进行基础的沉降观测。

**5.1.2** 封桩施工应符合下列规定：

1 封桩时，基底压力的平均值不应大于修正后地基承载力特征值；

2 压桩应采用信息化施工，当基础的沉降及差异沉降超过预计值时，应及时封桩；

3 封桩宜从承台中间部分开始；

4 封桩应采用高于承台混凝土强度等级的微膨胀早强混凝土，冬期施工时宜掺加早强剂。

### 5.2 施工准备

**5.2.1** 逆作复合桩基施工应具备下列资料：

1 建筑物场地工程地质资料和必要的水文地质资料；

2 桩基工程施工图（包括同一单位工程中所有的桩基础）及图纸会审纪要；

3 建筑场地和邻近区域内的地下管线（包括管道、电缆）、地下构筑物危房、精密仪器车间等的调查资料；

4 主要施工机械及其配套设备的技术性能资料；

5 桩基工程的施工组织设计或施工方案；

6 水泥、砂、石、钢筋等原材料及预制桩的质检报告；

7 有关荷载、施工工艺的试验参考资料。

**5.2.2** 施工组织设计应结合工程特点有针对性地制定相应质量管理措施，并应包括下列内容：

1 施工平面图：应标明桩位、编号、施工顺序、水电线路和临时设施的位置；

2 施工作业计划和劳动力组织计划；

3 机械设备、备（配）件、工具（包括质量检查工具）、材料供应计划；

4 保证工程质量、安全生产和季节性（即冬、雨期）施工的技术措施。

**5.2.3** 压桩机械必须经鉴定合格，不合格机械不得使用。

**5.2.4** 施工前应组织图纸会审，会审纪要连同施工图等应作为施工依据并列入工程档案。

## 5.3 承 台 施 工

**5.3.1** 承台施工前应清除地下障碍物。

**5.3.2** 承台埋置较深时，应对临近建筑物、市政设施采取必要的保护措施，在施工期间应进行监测。

**5.3.3** 承台施工中必须熟悉承台施工图、准确定位压桩孔，绑扎承台钢筋时应同时绑扎锚固筋。

**5.3.4** 承台混凝土应一次浇筑完成，混凝土入槽宜用平铺法。大体积承台混凝土施工，应采取有效措施防止温度应力引起裂缝。

## 5.4 压桩及封桩施工

**5.4.1** 压桩机械或锚固筋应根据压桩力的估算值选取，压桩阻力的分布形式可按图5.4.1所示采用。

压桩所需的压桩力可按下式估算：

$$P_{\mathrm{uk}}=u\cdot\sum_{0}^{j_1} l_{3i}\cdot q_{\mathrm{s3k}}\cdot n_i+u\cdot\sum_{0}^{j_2} l_{2i}\cdot q_{\mathrm{s2k}}+\rho\cdot m\cdot q_{\mathrm{pk}}\cdot A_{\mathrm{p}} \quad (5.4.1)$$

式中 $P_{\mathrm{uk}}$ ——沉桩总阻力标准值（kN）；

$j_1$——$l_3$ 区段土的分层数；

$j_2$——$l_2$ 区段土的分层数；

$l_{2i}$、$l_{3i}$ ——滑移区、挤压区单位土层厚度（m），宜按土质分层情况划分；

$u$——桩身周长（m）；

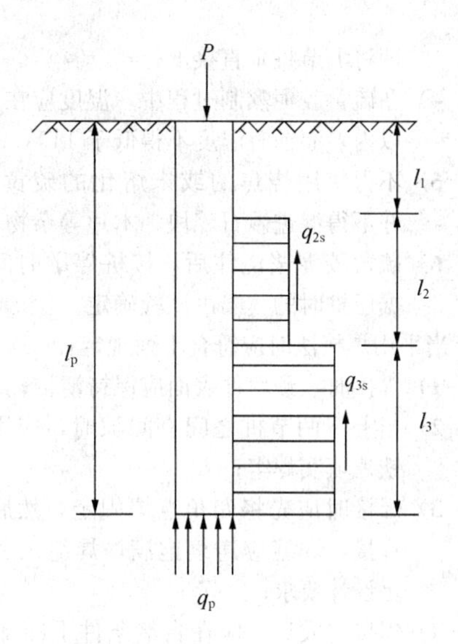


图5.4.1 压桩阻力的分布形式

$A_{\mathrm{p}}$ ——桩端截面积（m²）；

$q_{\mathrm{s3k}}$、$q_{\mathrm{s2k}}$ ——用静力触探比贯入阻力值估算的桩周挤压区和滑移区土的极限侧阻力标准值（kPa）；

$q_{\mathrm{pk}}$——桩端附近的静力触探比贯入阻力标准值（kPa）；

$n_i$ ——挤压区土的桩周冲击系数，黏土取2.5～3.5，砂土取2～3；

$m$ ——桩端处土层的桩端冲击系数，黏土取2，砂土取1.2～1.5；

$\rho$——桩端尺寸效应折算系数，取0.4～0.6。

**5.4.2** 压桩施工应符合下列规定：

1 压桩架应保持竖直并应与锚固筋可靠连接，在施工过程中应随时检查、调整；

2 桩节应垂直就位，千斤顶与桩节轴线应保持在同一垂直线上，桩顶上应设桩垫和桩帽；

3 压桩应一次压至设计标高，不得中途停顿；

4 在压桩过程中，严禁向桩孔内填塞石、砂等杂物。

**5.4.3** 接桩施工应符合下列规定：

1 对于承受竖向压力为主的桩可采用硫黄胶泥锚接法连接，对于承受较大水平力或穿过一定厚度硬土层的桩宜采用焊接法连接。

2 当采用硫黄胶泥锚接法时应符合下列规定：

1）接桩锚筋应先清刷干净和调直，锚筋长度、锚筋孔深度和平面位置均应经检查符合设计要求后方可接桩；

2）锚筋孔内应干燥、无杂质和无污染，不得因孔深不够而切断锚筋；

3）接桩时，锚筋孔内应先灌满硫黄胶泥，并在桩顶面满铺厚度为（10～20）mm硫黄胶泥，灌铺时间不得超过2min，并随即将上节桩垂直接上；

4）在硫黄胶泥熬制过程中，温度应在170℃以内，灌铺时温度不得低于140℃；

5）不得使用烧焦的或未熔化的硫黄胶泥，并不得混进砂石碎块、木片等杂物；

6）硫黄胶泥浆浇注后，接桩停歇时间应根据压桩时的气温由试验确定。

3 当采用焊接法时应符合下列规定：

1）焊接时，预埋件表面应保持清洁；

2）当上下两节桩之间有间隙时，应用楔形铁片填实焊牢；

3）焊接时应先将四角点焊固定，然后对称焊接，焊缝应连续饱满，焊缝尺寸应满足设计要求；

4）焊接完成后，应在自然条件下冷却8min后方可继续压桩。

**5.4.4** 桩头处理应符合下列规定：

1 桩端应压到设计标高，桩顶应嵌入承台50mm～100mm，主筋嵌入承台内的锚固长度不应小于$35d_2$；

2 当压桩力达到设计要求，最后一节桩尚未压至设计标高时，经设计方同意后，方可截除外露的桩头；

3 截桩前应将桩头固定，不得在悬臂状态下截桩。

**5.4.5** 封桩施工应符合下列规定：

1 封桩前应将桩孔内的杂物清理干净、排除积水；

2 应采用双面焊将锚固筋和交叉加强钢筋焊接，焊缝长度不应小于$5d_1$（$d_1$为交叉加强钢筋直径）；

3 封桩宜对称均衡进行。

## 6 检测与验收

### 6.1 检 测

**6.1.1** 基桩应进行静载荷试验，检测数量不得少于总桩数的1%，且不得少于3根；当总桩数少于50根时，不得少于2根。试桩的桩位应由设计人员根据上部结构受荷情况与施工记录等要求选取，试验方法应按现行行业标准《建筑基桩检测技术规范》JGJ 106的要求进行。

**6.1.2** 采用逆作复合桩基的建筑物应按现行行业标准《建筑变形测量规范》JGJ 8的规定进行沉降观测。

**6.1.3** 为确保基桩正常工作，应进行桩身完整性的检测。

### 6.2 验 收

**6.2.1** 压桩过程中，应按本规程附录B做好施工记录。

**6.2.2** 逆作复合桩基验收时应提供下列资料：

1 原材料的质量合格证和质量鉴定文件；

2 桩位平面布置图与桩位编号图；

3 预制桩静荷载试验报告；

4 隐蔽工程验收记录；

5 静压桩的施工记录表；

6 基桩完整性检测报告；

7 封桩混凝土强度试验报告；

8 工程验收记录。

## 附录A 逆作复合桩基沉降计算

**A.0.1** 逆作复合桩基的沉降曲线（图A.0.1-1），简化计算沉降曲线（图A.0.1-2），沉降应按式（A.0.1）计算：

$$s = s_1 - s_2 + s_3 + s_4 \tag{A.0.1}$$

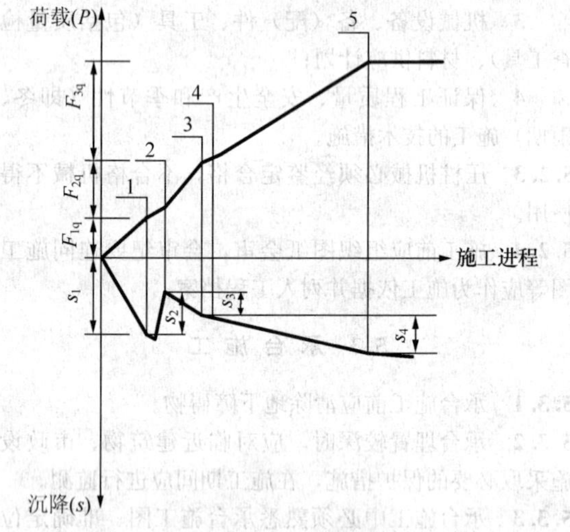


图A.0.1-1 $P$-$s$曲线图

1—压桩开始；2—压桩结束；3—封桩开始；4—封桩结束；5—结构封顶

式中 $s_1$——压桩前浅基础的沉降（mm）；

$s_2$——基础上抬量（mm）；

$s_3$——开始压桩至封桩前的沉降（mm）；

$s_4$——封桩后的沉降（mm）。

**A.0.2** 浅基础的固结沉降应按下式计算：

$$s_1 = \frac{F_{1k}}{K_r} U_{t1} \tag{A.0.2}$$

式中 $U_{t1}$——压桩前，在$F_{1k}$荷载作用下基础沉降的固结度，按本规程式（A.0.7-1）计算。

**A.0.3** 基础上抬量应按下式估算：

$$s_2 = \frac{nV_p}{A} \cdot K_1 \cdot K_2 \cdot K_v \tag{A.0.3}$$

式中 $n$——桩数；

$V_p$——单桩体积（$m^3$）；

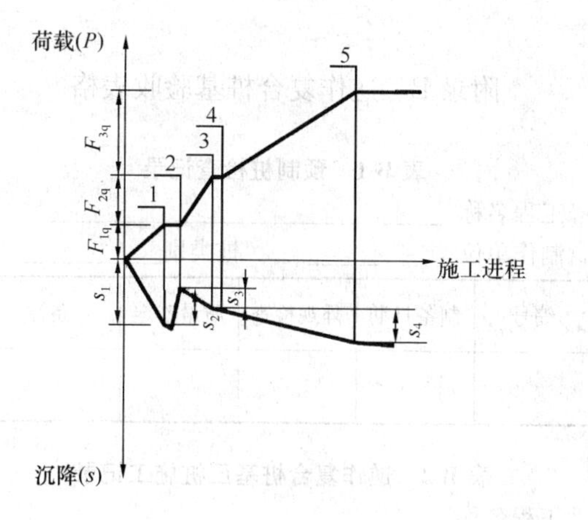


图 A.0.1-2 简化计算 P-s 曲线

1—压桩开始；2—压桩结束；3—封桩开始；4—封桩结束；5—结构封顶

$A$——基础总面积（$m^2$）；

$K_1$——体积变化系数，取 0.7～0.95；

$K_2$——施工影响系数，取 0.55～0.8；

$K_v$——垂直位移系数，取 0.33～0.4。

**A.0.4** 压桩后封桩前的基础沉降应按下式计算：

$$s_3=\frac{K_r}{K_{ps}}(s_{c1}-s_1)\cdot\frac{F_{1k}+F_{2k}}{F_{1k}}\cdot U_{t2} \quad (A.0.4)$$

式中 $K_{ps}$——复合地基刚度（kN/m），应按本规程式（A.0.7-5）计算；

$s_{c1}$——压桩前，在荷载 $F_{1k}$ 作用下承台的最终沉降值（mm）；

$U_{t2}$——压桩后封桩前，在 $F_{1k}+F_{2k}$ 荷载作用下基础沉降的固结度，按本规程式（A.0.7-1）计算。

**A.0.5** 封桩后基础沉降应按下式计算：

$$s_4=\frac{F_{3q}}{K_{pr}}+\frac{F_{1k}+F_{2k}}{K_{pr}}(1-U_{t2}) \quad (A.0.5)$$

式中 $F_{3q}$——封桩后，荷载效应准永久组合下，所增加的竖向力（kN）；

$K_{pr}$——封桩后，复合桩基的刚度（kN/m），应按本规程式（A.0.7-14）计算。

**A.0.6** 总沉降量 $s$ 应按下式计算：

$$s=s_1+\frac{K_r}{K_{ps}}(s_{c1}-s_1)\cdot\frac{F_{1k}+F_{2k}}{F_{1k}}\cdot U_{t2}+\frac{F_{3q}}{K_{pr}}+\frac{F_{1k}+F_{2k}}{K_{pr}}(1-U_{t2})-s_2 \quad (A.0.6)$$

式中 $s_1$——压桩前浅基础的沉降（mm）；

$s_2$——基础上抬量（mm）；

$s_{c1}$——压桩前，在荷载 $F_{1k}$ 作用下承台最终沉降值（mm）；

$K_r$——承台刚度（kN/m）；

$K_{ps}$——复合地基刚度（kN/m）；

$K_{pr}$——复合桩基刚度（kN/m）；

$U_{t2}$——压桩后封桩前，在 $F_{1k}+F_{2k}$ 荷载作用下基础沉降的固结度；

$F_{1k}$——压桩前，荷载效应标准组合下，施工到 $N_1$ 层时作用于承台顶面的竖向力（kN）；

$F_{1k}+F_{2k}$——压桩后封桩前，荷载效应标准组合下，施工到 $N_2$ 层时上部结构的总竖向力（kN）；

$F_{3q}$——封桩后，荷载效应准永久组合下，所增加的竖向力（kN）；

**A.0.7** 计算参数的取值应符合下列规定：

**1** 承台下地基土固结沉降中固结度的计算应按 Terzaghi 一维固结理论，并应按照下列公式计算：

$$U_{ti}=1-\frac{8}{\pi^2}e^{-\frac{\pi^2}{4}T_v}\ (i=1,2) \quad (A.0.7-1)$$

$$T_v=\frac{k_vE_st}{\gamma_wH_0^2} \quad (A.0.7-2)$$

式中 $U_{ti}$——$t_i$ 时刻土的固结度（$i$=1，2）；

$t$——时间（s）；

$T_v$——时间因子；

$k_v$——竖向渗透系数（m/s）；

$E_s$——土的压缩模量（kPa），采用地基土在自重应力至自重应力加附加压力作用时的压缩模量；

$\gamma_w$——水的重度（$kN/m^3$）；

$H_0$——压缩土层的最远排水距离（m）。

**2** 承台刚度应按以下公式计算：

$$K_r=\frac{E_0}{(1-\nu^2)P_m}B_c \quad (A.0.7-3)$$

$$p_m=\frac{2}{\pi}\left[\ln(\alpha+\sqrt{1+\alpha^2})+\alpha\ln\frac{1+\sqrt{1+\alpha^2}}{\alpha}+\frac{1+\alpha^3-(1+\alpha^2)^{3/2}}{3\alpha}\right] \quad (A.0.7-4)$$

式中 $K_r$——承台刚度（kN/m）；

$E_0$——土体的变形模量（kPa），取地基变形计算深度范围内的加权平均值；

$\nu$——土体泊松比，黏土取 0.25～0.35，砂土取0.2～0.25；

$P_m$——垂直压力作用下的影响系数；

$B_c$——承台宽度（m）；

$\alpha$——承台长度与宽度之比。

**3** 复合地基刚度应按下式计算：

$$K_{ps}=\frac{z_n}{z_n-l_p}K_r \quad (A.0.7-5)$$

式中 $K_{ps}$——复合地基刚度（kN/m）；

$z_n$——浅基础阶段地基沉降计算深度（m），应符合现行国家标准《建筑地基基础设计规范》GB 50007 的有关规定。

4 单桩刚度应按下列公式计算：

$$k_p=\frac{\left(\frac{4}{\beta(1-\nu)}\right)+\frac{2\pi\cdot\bar{\omega}\tanh(u_l)}{\zeta u_l}\cdot\frac{l}{r_0}}{1+\frac{1}{\pi\cdot\lambda'}\left(\frac{4}{\beta(1-\nu)}\right)\cdot\frac{\tanh(u_l)}{u_l}\cdot\frac{l}{r_0}}G_l r_0 \tag{A.0.7-6}$$

$$\zeta=Ln\left\{0.25+[2.5\rho(1-\nu)-0.25\beta]\frac{l}{r_0}\right\} \tag{A.0.7-7}$$

$$\beta=G_l/G_b \tag{A.0.7-8}$$

$$\bar{\omega}=G_{l/2}/G_l \tag{A.0.7-9}$$

$$\lambda'=E_p/G_l \tag{A.0.7-10}$$

$$u_l=\left(\frac{2}{\zeta\lambda}\right)^{1/2}\cdot\frac{L}{r_0} \tag{A.0.7-11}$$

式中 $k_p$——单桩刚度（kN/m）；

$\beta$——桩端土与桩端以下土的剪变模量比；

$G_l$——桩端土的剪变模量（kPa）；

$G_b$——桩端以下土体的剪变模量（kPa）；

$\bar{\omega}$——桩身平均剪变模量与桩端土剪变模量比；

$G_{l/2}$——桩身平均剪变模量，对于匀质土取1；

$\lambda'$——桩土刚度比；

$E_p$——桩身弹性模量（kPa）；

$r_0$——桩半径（m）；

$\zeta$——修正系数；

$\nu$——土体泊松比；

$u_l$——桩身的压缩变形系数。

5 群桩刚度应按下式计算：

$$K_p=n^{1-\omega}k_p \tag{A.0.7-12}$$

式中 $K_p$——群桩刚度（kN/m）；

$n$——桩数；

$\omega$——与场地有关的系数，对黏性土可取0.5，砂质土可取0.3～0.4。

6 复合桩基刚度按下列公式计算：

$$K_{pr}=\frac{K_p+K_r(1-2\alpha_{rp})}{1-(K_r/K_p)\alpha_{rp}^2} \tag{A.0.7-13}$$

$$\alpha_{rp}=1-\frac{\ln(r_r/r_p)}{\ln(r_m/r_p)} \tag{A.0.7-14}$$

$$r_m=2.5\rho(1-\nu)l \tag{A.0.7-15}$$

$$r_r=\sqrt{L_c\cdot B_c/(n\cdot\pi)} \tag{A.0.7-16}$$

式中 $K_{pr}$——复合桩基刚度（kN/m）；

$r_m$——单桩位移影响范围（m），在该范围以外认为由桩体引起的沉降为0；

$r_p$——单桩等效半径（m）；

$\nu$——土体泊松比；

$l$——桩身长度（m）；

$r_r$——承台的等效半径（m）；

$L_c$——承台的长度（m）；

$B_c$——承台的宽度（m）。

# 附录B 逆作复合桩基验收表格

**表B-1 预制桩检查记录**

工程名称＿＿＿＿＿＿＿＿

制作单位＿＿＿＿＿＿ 桩类别＿＿＿＿＿＿

| 编号 | 制备日期 | 外观检查 | 质量鉴定 | 备注 |
|---|---|---|---|---|
| | | | | |

**表B-2 逆作复合桩基压桩施工记录**

工程名称＿＿＿＿＿＿＿＿

压桩日期＿＿＿＿＿＿ 桩号＿＿＿＿＿＿

最终入土深度＿＿＿＿＿＿（m）

最终压桩力＿＿＿＿＿＿（kN）

| 桩段序号 | 压桩时间 | 桩段入土深度（m） | | 压桩力（kN） | |
|---|---|---|---|---|---|
| | | 设计 | 施工 | 设计 | 施工 |
| | | | | | |
| | | | | | |
| | | | | | |
| | | | | | |
| | | | | | |
| | | | | | |
| | | | | | |
| | | | | | |
| | | | | | |

**表B-3 隐蔽工程验收记录**

工程名称＿＿＿＿＿＿＿＿

施工单位＿＿＿＿＿＿＿＿

施工日期＿＿＿＿＿＿＿＿

| 桩 位 | 是否清孔 | 锚固筋锚固深度（m） | 加强筋焊缝长度（mm） |
|---|---|---|---|
| | | | |
| | | | |
| | | | |
| | | | |
| | | | |

## 本规程用词说明

**1** 为了便于在执行本规程条文时区别对待，对于要求严格程度不同的用词说明如下：

1）表示很严格，非这样做不可的用词：

正面词采用“必须”，反面词采用“严禁”；

2）表示严格，在正常情况下均应这样做的用词：
正面词采用“应”，反面词采用“不应”或“不得”；

3）表示允许稍有选择，在条件许可时首先应该这样做的用词：
正面词采用“宜”，反面词采用“不宜”。

4）表示有选择，在一定条件下可以这样做的，采用“可”。

2 条文中指明应按其他有关标准执行的，写法为：“应符合……的规定”或“应按……执行”。

## 引用标准名录


1 《建筑地基基础设计规范》GB 50007

2 《混凝土结构设计规范》GB 50010

3 《建筑变形测量规范》JGJ 8

4 《建筑桩基技术规范》JGJ 94

5 《建筑基桩检测技术规范》JGJ 106

中华人民共和国行业标准

# 逆作复合桩基技术规程

JGJ/T 186—2009

## 条 文 说 明

# 制 定 说 明

《逆作复合桩基技术规程》JGJ/T 186 - 2009 经住房和城乡建设部 2009 年 10 月 30 日以第 422 号公告批准、发布。

本规程制定过程中，编制组对国内逆作复合桩基技术进行了调查研究，全面总结了已有的工程经验，并开展了一系列室内模型试验。

为便于广大设计、施工、科研、学校等单位人员在使用本标准时能正确理解和执行条文规定，《逆作复合桩基技术规程》编制组按章、节、条的顺序编制了本规程的条文说明，对条文规定的目的、依据以及执行中需注意的有关事项进行了说明。但是本条文说明不具备与标准正文同等的法律效力，仅供使用者作为理解和把握标准规定的参考。在使用中如果发现本条文说明有不妥之处，请将意见函寄江苏南通六建建设集团有限公司。

# 目　次

## 1 总 则

**1.0.2** 对于地基土为黏性土及中密、稍密的砂土的基础设计，如按传统的桩基础设计，桩承担全部荷载，则往往需要的桩数过多，既不经济又增加施工工期。采用逆作复合桩基，考虑地基土的承载能力，桩设计为摩擦桩，允许桩发生刺入沉降以发挥地基土的承载能力，对于端承桩不适用于本规程。

**1.0.3** 当受到建筑物层高以及场地的限制，大型施工机械不能进入场地时，一般采用静力压入方式进行桩基施工。静压桩具有无噪声、无泥浆、无油烟污染等优点，属于环保型施工；而且静压桩压入施工时不像锤击桩那样会在桩身产生动应力，桩头和桩身不会受损，从而可以降低对桩身的强度等级要求，节约钢材和水泥，保证成桩质量。

**1.0.4** 本规程适用于桩和承台、条形基础、筏形基础、箱形基础等共同工作的逆作复合桩基，在此表述以承台为例。

对本规范所采用的符号、单位和术语，按《建筑结构设计术语和符号标准》GB/T 50083 的规定，一方面力求与《混凝土结构设计规范》GB 50010、《建筑地基基础设计规范》GB 50007 以及《建筑桩基技术规范》JGJ 94 协调一致，另一方面有关桩基础的专业术语和符号采用国际土力学与基础工程学会的统一规定。这样，既方便国内应用，又有利于国际交流。

## 3 基 本 规 定

**3.0.3** 逆作复合桩基中的基桩在压桩过程中受压桩机施加的压力或者承受通过锚固筋传递的压力，封桩后参与基础受力，承受上部结构的荷载。无论是在施工过程中还是在封桩以后，基桩总是承受压力。可以采用接近于竖向受压桩实际工作条件的试验方法——单桩竖向受压静载试验确定单桩竖向受压极限承载力和单桩竖向受压承载力特征值，判定竖向受压承载力是否满足设计要求，测量桩端沉降和桩身压缩量，评价桩基的施工质量。

**3.0.4** 施工技术人员应掌握采用逆作复合桩基的目的、设计原理、技术要求和质量标准等。当出现异常情况时，应及时会同有关部门妥善解决。

## 4 设 计

### 4.1 一 般 规 定

**4.1.1** 逆作复合桩基的设计应按下列三个阶段进行：

1 压桩前阶段：在设计埋深处施工桩基承台，同时按设计桩位预留桩孔和锚固筋；

2 压桩阶段：施工若干层上部结构，当上部结构自重荷载大于压桩所需反力，但小于天然地基的承载力时，可按设计方案通过承台预留桩孔分批进行压桩；

3 封桩后阶段：包括封桩后上部结构继续施工阶段及竣工后的正常使用阶段。

对应三阶段的受力状态为：

1 浅基础阶段：在压桩之前，上部结构荷载 $F_1$ 全部由承台底地基土承担，完成对土体的部分预压。土体与承台底部保持严密接触，此阶段的沉降对应于图 1 中的 $s_1$；

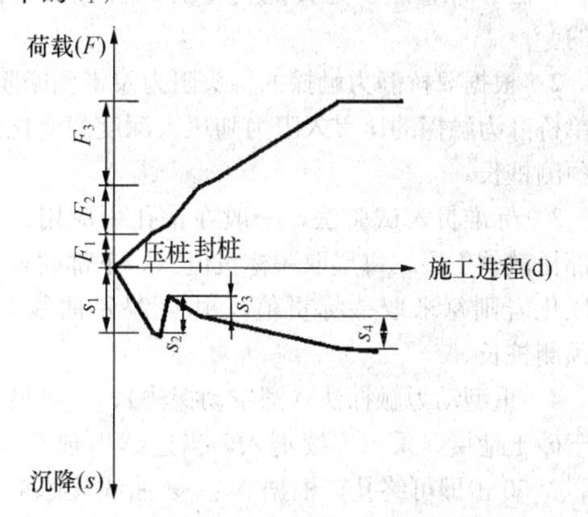


图 1 施工、荷载、沉降特性曲线

2 复合地基阶段：压桩后、封桩前，承台与桩体没有可靠连接，桩体不直接参与基础受力，这一阶段的荷载 $F_2$ 仍然由地基土承担。相当数量预制桩的压入有两个效果，其一为加固作用，改变了土体的结构刚度；其二为地基土会有一定程度的上抬量 $s_2$。随着上部结构荷载继续增加，封桩前复合地基阶段的沉降量为 $s_3$。从图 1 中可以明显地看出复合地基阶段的沉降速率小于浅基础阶段，沉降量亦小于浅基础阶段，现象的本质在于桩的介入对原地基土有加固作用；

3 复合桩基阶段：封桩以后，承台与桩体形成可靠连接，桩体参与基础受力，分担后期荷载 $F_3$。复合桩基阶段的沉降量为 $s_4$，由于封桩后桩直接参与基础的受力和抵抗沉降变形，依照弹性理论可认为封桩后基础刚度变大，基础的沉降量和沉降速率再次减小。

### 4.2 构 造

**4.2.1** 一般工业与民用建筑的底层净高有限，不一定满足采用逆作复合桩基方法设计的单桩长度，这时需要将基桩分节，但有条件时，应适当加长。

确定桩长时要对静压桩穿透土层的能力，即沉桩可能性进行预测。最好根据压桩力曲线确定桩长，这样一方面能保证承载力，另一方面能保证桩端持力层厚度。

影响静压桩穿透土层能力的因素，主要取决于压桩机的压桩力、锚固筋的承载力以及土层的物理力学性质、厚度及其层状变化等；同时也受桩截面大小，地下水位高低及终压前的稳定时间和稳定次数等的影响。可以根据不同地区静压桩贯穿土层的类别、性质，结合土层的标准贯入试验锤击数 $N$ 和部分实测的压桩力曲线的特点，确定或预测桩长。具体做法有：

**1** 根据试压记录绘制压桩力曲线，即压入阻力 $P$ 随压入深度 $Z$ 变化绘制的 $P$-$Z$ 曲线来预测桩长，这种方法非常直观，是其他类型的沉桩方法无法比拟的。

**2** 根据双桥静力触探的锥头阻力及锥侧摩阻力，或单桥静力触探的比贯入阻力随压入深度的变化曲线来预测桩长。

**3** 标准贯入试验法，一般在钻孔中应用，对于上部松散软土层，每层取一标贯值 $N$，下部硬素土至强风化岩则每米取一标贯值，根据 $N$-$Z$ 曲线分析，来预测桩长。

**4** 重型动力触探法（圆锥动探法），一般最适合用于砂土地层。采用连续击入，当连续出现 6～8 个 $N_{63.5}>50$ 击即可终孔，根据 $N_{63.5}$-$Z$ 曲线规律来预测压入桩长。

**5** 地质类比法，在无钻孔控制（或两孔之间），或者无动力触探资料的地段，应该根据附近的地质情况进行详细的地层状况（厚度变化及岩土的各物理力学指标）的类比，从而推测该处的压入桩长。

**4.2.2** 当压桩孔在承台边缘转角处，压桩力较大时，应设置受拉构造钢筋。

**4.2.3** 桩头与承台的连接是逆作法复合桩基静压桩施工的重要环节之一，必须连接可靠。桩头伸入承台的长度，一般为（50～100）mm。承台厚度不宜小于350mm，承台边缘距边桩的距离不宜小于200mm。桩与承台的连接，采用强度等级高于承台混凝土的微膨胀早强混凝土。在浇筑混凝土前，压桩孔内的泥水、杂物必须清理干净，应对孔壁做凿毛处理，以增加新老混凝土的黏结力。

### 4.3 逆作复合桩基荷载分配及计算

**4.3.1** 压桩前施工阶段，基础的受力特性与天然地基上的浅基础受力特性一致，上部结构荷载与承台自重及承台上土自重全部由地基土承担。

**4.3.2** 在压桩阶段，桩体和承台尚未形成有效连接，此时天然地基刚度明显改善，但是由于在桩位处预留孔洞，桩体上方并没有直接承受荷载，只是由于桩体加入而使复合土体变形模量增大，沉降速率明显降低，在桩数较多的饱和黏土中，结构有可能整体上抬（并非所有逆作法工艺中都会出现这种情况），所以直到封桩前，土体将承担全部上部荷载。

**4.3.3** 封桩完毕后，桩与承台已建立可靠连接，承台在荷载分配中发挥了作用，此后增加的上部荷载将在桩和承台之间进行分配，基础的受力进入了复合桩基阶段。封桩后增加 $N_3$ 层上部结构所增加的竖向力 $F_{3k}$ 在桩土之间的分配与桩、土及其整个基础的刚度有关。分别由式（A.0.7-13）和式（A.0.7-3）得到群桩及承台刚度，并引入复合桩基中群桩对承台的影响系数 $\alpha_{rp}$，将 $\lambda_s$ 定义为地基土的荷载分担比，竖向力 $F_{3k}$ 分配给地基土的荷载即为 $\lambda_s$ 与 $F_{3k}$ 的乘积。

**4.3.4** 本规程式（4.3.3-1）所确定的是在封桩后的第三阶段所增加的竖向力 $F_{3k}$ 分配给土体的荷载，由于封桩前，在荷载$F_{1k}+F_{2k}$作用下基础的固结沉降并未完全完成，在第三阶段，原本在封桩前全部由土体承担的荷载 $F_{1k}+F_{2k}$ 由于封桩后桩体的介入，将有一部分转移至桩体承担，转移荷载量的大小与封桩前地基土的固结度有关，如果在封桩之前，地基土的固结沉降全部完成，则固结度为1，由式（4.3.4-1）可看出，在第三阶段不会发生荷载的转移，只有第三阶段的荷载在桩、土之间进行分配。

**4.3.7** 逆作复合桩基在实际工程应用中，实配桩数有可能多于按公式计算桩数，这样就导致了桩体极限承载力不能完全发挥。实配桩数的增加会引起基础上抬量的增加，而基础的上抬量是沉降计算的重要组分，应考虑压桩时间的早晚进行合理的基础上抬量估算。若实配桩数增加过量，将导致群桩刚度过大，桩体荷载水平远低于极限承载力水平。有关分析表明：桩数的增加并不能无限地增加群桩刚度，适当地减少桩数将使第三阶段有更多的荷载分配给土体，并使整体沉降量略有增加，但只要在沉降的容许范围内，便可以节约材料，并减少沉桩施工时的附加沉降。

### 4.4 承台设计

**4.4.2** 桩基逆作法中的承台设计与传统的浅基础没有本质上的区别，承台的厚度通常由桩或柱（墙）的抗冲切来控制，由于桩的反力位置常常在靠近支座，所以承台设计应考虑布桩的需要。为了施工方便，每个承台下桩数宜为偶数并对称布桩。

## 5 施 工

### 5.1 一般规定

**5.1.1** 压桩施工前，应该保证基底压力平均值不应大于地基承载力特征值。

一定层数的上部结构施工完成时，开始在地下部分进行分批压桩，为了防止过大的挤土效应，在周围环境允许的条件下，先压中间部分桩，再压外围部分桩。为防止压桩力过大和承台受力突变，压桩不能一次进行，建议分批跳压。

**5.1.2** 封桩的具体时机有两种，一种为立即封桩，另一种则为延后封桩，一般采用延后封桩。封桩越晚，则土体承受荷载增加，在第三阶段本该由土体承受的荷载向桩体转移量将减少乃至没有，这种作法可以明确控制桩土荷载分担比例。由于第二阶段的复合地基刚度较大，一般情况下沉降速率很小。压桩后迅速封桩，则前两阶段施加荷载下的固结沉降尚未完成，将有较多的荷载发生转移，桩体受力增大，相应对桩数和桩长的要求提高。当然，如果前期荷载下结构沉降值偏大，可以压桩后立即封桩，使桩体刚度提前介入以减少沉降。

由于土层厚度与性质不均匀，荷载差异，体型复杂等因素引起的地基变形，对于砌体承重结构应由局部倾斜控制；对于框架结构应由相邻柱基的沉降差控制；对于多层或高层建筑和高耸结构应由倾斜值控制。基础沉降预计值一般由经验确定，在没有相近工程经验参考的条件下应由设计、施工、监理和业主共同确定。一般多层建筑物在施工期间完成的沉降量，对于砂土可认为其最终沉降量已完成80%以上，对于其他低压缩性土可认为已完成最终沉降量的50%～80%，对于中压缩性土可认为已完成20%～50%，对于高压缩性土可认为已完成5%～20%。建筑物的地基变形允许值应遵循《建筑地基基础设计规范》GB 50007的有关规定。

### 5.4 压桩及封桩施工

**5.4.1** 静压桩桩侧阻力可分为无侧阻区、滑移区、挤压区三个区域。无侧阻区：由于桩身横向晃动，浅层土体位移会使桩与土体间形成小的裂缝，加上在超孔隙水压力作用下孔隙水沿桩侧的渗流作用，会使上部桩侧摩阻力接近于零，$l_1=(0.15\sim0.3)l_p$；滑移区：由于土体结构扰动，超孔隙水压力作用和孔隙水沿桩侧的渗流作用，使桩身中部桩侧土软化，降低桩侧单位摩阻力，当桩的入土深度 $l_p$ 小于30m时，$l_2$ 取距挤压区顶部（0.5～0.6）$l_p$，当入土深度 $l_p$ 达到45m～60m时，$l_2$可取距挤压区顶部（0.4～0.5）$l_p$；挤压区：在桩贯入的同时，桩端处土体产生向桩端附近的水平压力，使桩端附近单位摩阻力增大，但因桩对土体产生的扰动影响和孔隙水压力的作用，又降低了土体强度，在上述因素的共同作用下，桩端下部土层接近于或稍大于原状土强度，挤压区厚度可取距桩端5～8倍桩直径，当桩径很大且土质硬时取小值，反之取大值。

**5.4.2** 对于表层为杂填土的情况，场地整平时应该首先清除土中的大体积障碍物以防止对后期压桩产生影响。

**5.4.3** 承受竖向压力的桩，是指承受竖向压力为主的桩。

压桩过程中桩节就位必须保持垂直，使千斤顶与桩节轴线保持在同一垂线上，桩顶应做好保护措施。可在桩顶垫上30mm～40mm的木板或是多层麻袋，套上桩帽，然后再进行压桩。

采用硫黄胶泥锚接法时，接桩前要把上、下两节桩的端头用钢丝刷刷净，把预留钢筋调直，清除粘在上面的砂土、铁锈等杂物，并把底桩的预留孔清理干净。接桩时先把烧好的硫黄胶泥溶液浇在底桩的预留孔内及桩头表面，再将上节桩的预埋筋伸进底桩的预留孔内，然后将上节桩与底桩的表面紧密接触，并施加一定的压力。根据外界温度和桩截面大小，分别等3min～10min，待胶泥冷却后方可继续压桩。当遇到个别桩头表面与桩身不垂直时，要在底桩上加一个临时护套，以便储存一定厚度的胶泥，保证上节桩的垂直度，待胶泥干硬后，再拆除护套，按常规办法压桩。

硫黄胶泥锚接的影响因素较多，如原材料的配合比、胶泥制作的好坏、成品胶泥熔化的温度、锚接时浇筑时间的控制等。硫黄胶泥的配合比可以根据试验确定，其原材料为工业硫黄、建筑用中砂、普通硅酸盐42.5级水泥和聚硫橡胶，配合比（重量比）如下：工业硫黄：中砂：水泥：聚硫橡胶为37：15：47：1。聚硫橡胶可以以石蜡代替，但会使胶泥的物理性能略差。

熬制硫黄胶泥前必须将水泥和中砂烘干，按比例拌匀，待硫黄熔化且温度升至120℃～130℃时加入，待升温至150℃～160℃时将聚硫橡胶加入。这期间必须不停地搅拌，否则会因局部升温太快而燃烧。温度必须严格控制在170℃内，待完全脱水后（一般需要2h～3h），降温成型而成成品硫黄胶泥。

采用焊接工艺，接桩前先将预制桩的预埋钢帽表面处理干净，接桩时上、下节桩的中心线偏差不得大于10mm，两接触面尽量平整，当接触面有间隙时应用铁片填实焊牢，减少焊接变形，焊接应连续饱满。

**5.4.4** 接桩前可以先用楔块把桩固定住，然后用凿子开3cm～5cm深的沟槽，露出的钢筋加以切割，以便摘除桩头。

**5.4.5** 封桩时可以利用锚固筋和交叉钢筋焊接以加强封口的锚固能力，保证桩与承台连接成一体参与基础受力。

## 6 检测与验收

### 6.1 检 测

**6.1.1** 静压桩竖向承载力检验可根据建筑物的重要程度确定抽检数量及检验方法。对地基基础设计等级为甲、乙级的工程，宜采用慢速静荷载加载法进行承载力检验。

**6.1.2** 沉降观测应包括施工阶段的沉降观测以及工程竣工后的沉降观测。

## 附录A 逆作复合桩基沉降计算

**A.0.1** 逆作复合桩基的最终沉降由四部分组成。首先，在压桩前，施工的 $N_1$ 层总竖向荷载 $F_{1q}$ 将引起基础产生 $s_1$ 沉降；在压桩时，挤土效应将使建筑物产生整体上抬，上抬量 $s_2$ 的大小与沉桩数量、桩的类型、施工顺序等因素有关；压桩结束后，若并不马上封桩，基础处于复合地基阶段，压桩后封桩前施工的 $N_2$ 层的总竖向荷载 $F_{2q}$ 引起的基础沉降为 $s_3$；封桩以后，为复合桩基阶段，在继续施工的 $N_3$ 层的总竖向荷载值 $F_{3q}$ 作用下产生沉降 $s_4$。

**A.0.2** 在压桩前，施工的 $N_1$ 层总竖向荷载 $F_{1q}$ 将引起基础产生 $s_1$ 的固结沉降，因为在 $F_{1q}$ 作用下，地基土尚未达到最终沉降，故该段沉降与压桩前的施工时间以及土的渗透系数有关，可采用 Terzaghi 一维固结理论方法求得。

**A.0.3** 压桩引起的基础上抬量，目前暂无完善的理论方法对其进行计算，可以把沉桩过程模拟在半无限弹性介质中的孔洞扩张问题，根据桩压入土中体积大小按式（A.0.3）进行简单估算。

**A.0.4** 压桩后封桩前，由于桩体的压入增加了地基土刚度，基础沉降速率减小，按照桩土变形的特点，可利用式（A.0.4）计算这一阶段基础的沉降量。

**A.0.5** 封桩后，基础的沉降由两部分组成，其一为继续施工的 $N_3$ 层的总竖向荷载值 $F_{3q}$ 作用下引起的基础沉降，第二部分沉降是由于封桩前在荷载 $F_{1k}+F_{2k}$ 作用下地基土的固结沉降并未完成，在封桩后仍将引起基础的沉降，两部分沉降均可采用弹性理论按式（A.0.5）计算。

**A.0.7** 计算参数的取值应符合下列规定：

2 为了表征承台的刚度特征，可将承台视为弹性地基上的刚性板，取承台的平均沉降来计算承台的刚度：

$$s_r = pL_c\frac{1-\nu^2}{E_0}p_m \tag{1}$$

$$K_r = \frac{pL_cB_c}{s_r} \tag{2}$$

将式（1）代入式（2），即可得到承台刚度计算公式（A.0.7-3）。

4 工程中，可通过基桩的现场静载荷试验获得单桩的竖向支撑刚度，且从压桩完成到开始静载荷试验的间歇时间需满足有关规定。当缺乏试桩资料时，对于摩擦桩，可采用剪切位移法求得单桩的刚度。

5 群桩刚度计算可由单桩刚度推广而得，式（A.0.7-13）为群桩刚度计算经验公式，建立群桩刚度与单桩刚度之间的关系式，对于确定的桩长、桩径、土性而言，群桩刚度与单桩刚度呈幂指数关系。要求得群桩刚度精确解，同样可采用剪切位移法，考虑群桩的相互影响，编制电算程序获得，也可在电算结果的基础上，拟合出针对实际应用工程土质条件的 $\omega$ 值。

6 引入柔度矩阵考虑桩基础中群桩刚度和承台刚度的影响，可建立封桩后复合桩基刚度与位移的矩阵方程表达式：

$$\begin{bmatrix} 1/K_p & \alpha_{pr}/K_r \\ \alpha_{rp}/K_p & 1/K_r \end{bmatrix}\begin{Bmatrix} P_p \\ P_r \end{Bmatrix} = \begin{Bmatrix} w_p \\ w_r \end{Bmatrix} \tag{3}$$

式中 $w_p$——复合桩基阶段群桩的平均沉降；

$w_r$——复合桩基中承台的平均沉降，当承台为绝对刚性时，复合桩基的沉降与群桩及承台沉降有 $w_p=w_r=w_{pr}$；

$P_r$——承台所分担的荷载；

$P_p$——群桩所分担的荷载；

$\alpha_{pr}$——复合桩基中承台对群桩的影响系数；

$\alpha_{rp}$——复合桩基中群桩对承台的影响系数。

令矩阵的对角元素 $\alpha_{pr}/K_r=\alpha_{rp}/K_p$，可得到群桩分担的荷载 $P_p$、承台分担的荷载 $P_r$ 表达式如下：

$$P_p = \frac{[1-K_r(\alpha_{rp}/K_p)]w_{pr}}{(1/K_p)-K_r(\alpha_{rp}/K_p)^2} \tag{4}$$

$$P_r = \frac{[(K_r/K_p)-K_r(\alpha_{rp}/K_p)]w_{pr}}{(1/K_p)-K_r(\alpha_{rp}/K_p)^2} \tag{5}$$

$$K_{pr} = \frac{P_r+P_c}{w_{pr}} \tag{6}$$

将式（4）、（5）代入式（6），可得复合桩基刚度表达式（A.0.7-14），联立式（4）、（5）还可得地基土的荷载分担比表达式（4.3.3-2）。

中华人民共和国行业标准

# 大直径扩底灌注桩技术规程

Technical specification for large-diameter belled cast-in-place pile foundation

**JGJ/T 225—2010**

批准部门：中华人民共和国住房和城乡建设部
施行日期：2 0 1 1 年 8 月 1 日

# 中华人民共和国住房和城乡建设部
# 公　　告

第800号

## 关于发布行业标准《大直径扩底灌注桩技术规程》的公告

现批准《大直径扩底灌注桩技术规程》为行业标准，编号为JGJ/T 225－2010，自2011年8月1日起实施。

本规程由我部标准定额研究所组织中国建筑工业出版社出版发行。

**中华人民共和国住房和城乡建设部**

2010年11月4日

## 前　言

根据住房和城乡建设部《关于印发〈2008年工程建设标准规范制订、修订计划（第一批）〉的通知》（建标［2008］102号）的要求，规程编制组经广泛调查研究，认真总结实践经验，参考有关国际标准和国外先进标准，并在广泛征求意见的基础上，制订了本规程。

本规程的主要技术内容有：总则、术语和符号、基本规定、设计基本资料与勘察要求、基本构造、设计计算、施工、质量检验等。

本规程由住房和城乡建设部负责管理，由合肥工业大学负责具体技术内容的解释。在执行过程中如有意见或建议，请寄送合肥工业大学（地址：合肥市屯溪路193号合肥工业大学建筑设计研究院；邮政编码：230009）。

**本规程主编单位**：合肥工业大学
浙江省东阳第三建筑工程有限公司

**本规程参编单位**：同济大学
中国建筑科学研究院
建设综合勘察研究设计院
东南大学
机械工业勘察设计研究院
河海大学
深圳市勘察测绘院有限公司
天津市市政工程设计研究院

**本规程主要起草人员**：高广运　杨成斌　刘志宏　滕延京　顾宝和　张文华　刘松玉　张　炜　高　盟　谢建民　刘汉龙　吴春萍　阮　翔　毛由田　冯世进　何仕英　李明生

**本规程主要审查人员**：高大钊　钱力航　龚晓南　刘厚健　顾国荣　袁内镇　周宏磊　赵明华　葛兴杰　梁志荣　周同和　缪俊发

# 目次

# Contents

# 1 总　　则

**1.0.1** 为在大直径扩底灌注桩勘察、设计、施工及质量检验中做到技术先进、经济合理、安全适用、确保质量、保护环境，制定本规程。

**1.0.2** 本规程适用于建筑工程的大直径扩底灌注桩的勘察、设计、施工及质量检验。

**1.0.3** 大直径扩底灌注桩的勘察、设计、施工及质量检验，应综合分析建筑场地的工程地质与水文地质条件、上部结构类型、施工技术条件与环境，合理选择成孔工艺，强化施工安全与质量管理，优化布桩，节约资源。

**1.0.4** 大直径扩底灌注桩的勘察、设计、施工及质量检验除应符合本规程外，尚应符合国家现行有关标准的规定。

# 2 术语和符号

## 2.1 术　　语

**2.1.1** 大直径扩底灌注桩　large-diameter belled cast-in-place pile

由机械或人工成孔，桩底部扩大，现场灌注混凝土，桩身直径不小于800mm、桩长不小于5.0m的桩。简称大直径扩底桩。

**2.1.2** 扩大端　enlarged tip

大直径扩底桩底部扩大部分。

**2.1.3** 桩身　pile shaft

大直径扩底桩桩顶到扩大端顶部的等直径段部分。

**2.1.4** 大直径扩底桩单桩竖向承载力特征值　characteristic value of the vertical bearing capacity of large-diameter belled pile

由单桩载荷试验测定的大直径扩底桩荷载-沉降曲线规定的变形所对应的压力值。当能确定单桩极限荷载时，将其除以安全系数2，即为单桩竖向抗压承载力特征值。对于荷载-沉降曲线呈缓变形的试桩，取桩顶沉降小于等于10mm的荷载作为单桩竖向承载力特征值；当结构变形允许时，可适当增加沉降取值，但最大沉降值不应大于15mm。

## 2.2 符　　号

**2.2.1** 作用和作用效应

$F_k$——按荷载效应标准组合计算的作用于承台顶面的竖向力；

$G_k$——桩基承台和承台上的土自重标准值；

$G_{fk}$——大直径扩底桩自重标准值；

$M_{xk}$、$M_{yk}$——作用于承台底面，绕通过群桩形心的$x$、$y$主轴的力矩标准值；

$N_{ik}$——荷载效应标准组合偏心竖向力作用下第$i$基桩的竖向力；

$N_k$——桩顶的竖向作用力标准值；

$N_{kmax}$——偏心竖向力作用下桩顶的最大竖向力标准值；

$N_{Ek}$——地震作用效应和荷载效应标准组合下，桩顶的平均竖向力；

$N_{Ekmax}$——地震作用效应和荷载效应标准组合下，桩顶的最大竖向力；

$p_b$——桩底平均附加压力标准值；

$Q$——荷载效应准永久组合作用下，桩顶的附加荷载；

$\sigma_z$——作用于软弱下卧层顶面的平均附加压力标准值。

**2.2.2** 抗力和材料性能

$c_p$——超声波在泥浆介质中的传播速度；

$E_c$——桩体混凝土的弹性模量；

$E_{s1-2}$——桩端持力层土体的压缩模量；

$E_0$——桩端持力层土体的变形模量；

$f_{az}$——软弱下卧层经深度修正后的地基承载力特征值；

$I$——伞形孔径仪恒定直流电源电流；

$q_{pa}$——单桩端阻力特征值；

$q_{sia}$——单桩第$i$层土的桩侧阻力特征值；

$q_{sik}$——单桩第$i$层土的桩侧极限侧阻力标准值；

$q_{sk}$——扩大端变截面以上桩长范围内按土层厚度计算的单桩加权平均极限侧阻力标准值；

$R_a$——大直径扩底桩单桩竖向承载力特征值；

$s$——大直径扩底桩基础单桩竖向变形；

$s_1$——桩身轴向压缩变形；

$s_2$——桩端下土的沉降变形；

$S_r$——桩侧非自重湿陷性黄土浸水前按土层厚度计算的饱和度加权平均值；

$t_1$、$t_2$——超声波检测对称探头的实测声时；

$\Delta V$——伞形孔径仪信号电位差；

$\Delta\gamma$——桩体混凝土重度与土体重度差值；

$\gamma_G$——桩体混凝土重度；

$\gamma_0$——桩入土深度范围内土层重度的加权平均值；

$\gamma_m$——软弱下卧层顶面以上各土层重度的加权平均值；

$\theta$——桩端硬持力层压力扩散角度。

**2.2.3** 几何参数

$A_p$——桩底扩大端水平投影面积；

$A_{ps}$——扩大端变截面以上桩身截面积；

$a$——扩大端半径；

$b$——扩大端半径与桩身半径之差；

$D$——扩大端直径；

$D_0$——伞形孔径仪起始孔径；

$d$——桩身直径、钻孔实测孔径或钻具外径；

$d_0$——钻孔护筒直径；

$d'$——超声波检测两方向相反换能器的发射（接收）面之间的距离；

$e$——超声波检测时孔的偏心距；

$h_a$——扩大段斜边高度；

$h_b$——最大桩径段高度；

$h_c$——扩大端矢高；

$J$——超声波检测的孔径计算垂直度；

$L$——扩大端变截面以上桩身长度；

$l$——桩长或实测桩孔深度；

$l_i$——第 $i$ 层土的厚度；

$l_m$——桩入土深度；

$n$——桩数；

$t$——持力层厚度；

$V$——大直径扩底桩桩孔体积；

$x_i$、$x_j$——第 $i$、$j$ 根基桩至 $y$ 轴的距离；

$y_i$、$y_j$——第 $i$、$j$ 根基桩至 $x$ 轴的距离。

**2.2.4** 计算系数

$I_p$——大直径扩底桩沉降影响系数；

$K$——非自重湿陷性黄土浸水饱和后桩侧阻力折减系数；

$k$——伞形孔径仪仪器常数。

# 3 基本规定

**3.0.1** 大直径扩底桩宜在桩端岩土层能提供较大竖向承载力，且底部适宜扩大时采用。当缺乏地区经验时，应通过试验确定其适用性。

软弱土层、湿陷性或溶陷性土层、存在不稳定溶洞、土洞、采空区及扩大端施工时容易坍塌的土层，未经处理不得采用大直径扩底桩基础。

**3.0.2** 根据建筑物的重要性、荷载大小及地基复杂程度，可按下列规定将大直径扩底桩分为三个设计等级：

**1** 符合下列条件之一的大直径扩底桩，可定为甲级：

1）单柱荷载大于10000kN；

2）一柱多桩；

3）相邻扩底桩的荷载差别较大；

4）同一建筑结构单元桩端置于性质明显不同的岩土上；

5）有软弱下卧层；

6）结构特殊或地基复杂的重要建筑物。

**2** 除甲级和丙级以外的均可定为乙级的大直径扩底桩。

**3** 荷载分布均匀的七层及以下民用建筑或与其荷载类似的工业建筑的大直径扩底桩，可定为丙级。

**3.0.3** 大直径扩底桩的布置应符合下列规定：

**1** 对于柱基础，宜采用一柱一桩；当柱荷载较大或持力层较弱时，亦可采用群桩基础，此时桩顶应设置承台，桩的承载力中心应与竖向永久荷载的合力作用点重合；

**2** 对于承重墙下的桩基础，应根据荷载大小、桩的承载力以及承台梁尺寸等进行综合分析后布桩，并应优先选用沿墙体轴线布置单排桩的方案；

**3** 对于剪力墙结构、筒体结构，应沿其墙体轴线布桩；

**4** 桩的中心距不宜小于1.5倍桩的扩大端直径；

**5** 扩大端的净距不应小于0.5m；

**6** 应选择承载能力高的岩土层为持力层；同一建筑结构单元的桩宜设置在同一岩土层上。

**3.0.4** 当同一建筑结构单元的相邻大直径扩底桩的荷载差别较大时，可通过调整桩端扩大端面积协调地基变形。

**3.0.5** 大直径扩底桩设计时，应进行下列计算和验算：

**1** 桩基竖向承载力计算；

**2** 桩身和承台结构承载力计算；

**3** 软弱下卧层承载力和沉降验算；

**4** 坡地、岸边的整体稳定性验算；

**5** 抗拔桩的抗拔承载力计算和桩身裂缝控制验算，其中裂缝控制验算可按现行行业标准《建筑桩基技术规范》JGJ 94 的规定进行；

**6** 设计等级为甲级和乙级时（嵌岩桩除外）的沉降和变形计算；

**7** 当桩承受水平荷载时，应进行水平承载力验算；当对桩的水平位移有严格限制及工程施工可使桩产生水平位移时，应计算桩的水平位移；

**8** 对于抗震设防区，应进行桩的抗震承载力计算。

**3.0.6** 大直径扩底桩设计前应具备设计基本资料，并应进行岩土工程勘察。

**3.0.7** 大直径扩底桩设计所采用的荷载效应组合和相应的抗力限值应符合下列规定：

**1** 按单桩承载力确定扩大端面积和桩数时，传至承台底面的荷载效应应按正常使用极限状态下荷载的标准组合，相应的抗力应采用单桩承载力特征值；

**2** 计算桩基变形时，传至承台底面的荷载效应应按正常使用极限状态下荷载效应的准永久组合，不应计入风荷载和地震作用，相应的限值为桩基变形的允许值；计算水平地震作用、水平风荷载作用下桩基水平位移时，应采用水平地震作用、水平风荷载作用效应标准组合；

**3** 验算坡地、岸边桩基的整体稳定性及验算抗拔稳定性时，应采用荷载效应的基本组合，但其分项系数均应取1.0；抗震设防区，应采用地震作用效应和荷载效应的标准组合；

**4** 验算桩基结构承载力、确定桩身尺寸和配筋时，上部结构传来的荷载效应组合和相应的地基反力，应按承载能力极限状态下荷载效应的基本组合，采用相应的分项系数；当需验算桩基结构裂缝宽度时，应采用正常使用极限状态荷载效应标准组合和准永久组合；

**5** 桩基结构安全等级、结构设计使用年限、结构重要性系数应按国家现行有关建筑结构标准的规定采用，但结构重要性系数不应小于1.0。

**3.0.8** 大直径扩底桩基结构的耐久性应根据设计使用年限、现行国家标准《混凝土结构设计规范》GB 50010的环境类别规定及水、土对钢筋和混凝土的腐蚀性评价进行设计，并应符合本规程附录A的规定。

**3.0.9** 大直径扩底桩灌注混凝土前，应对持力层的岩土性质和扩底形状进行检验。

**3.0.10** 大直径扩底桩成孔、成桩工艺的选择宜符合下列规定：

**1** 当场地地下水丰富，周边建（构）筑物密集，降水可能对周边环境产生不良影响时，宜采用钻孔扩底灌注桩；

**2** 当地下水位在持力层以下或地下水量小且不至造成塌孔时，可采用人工挖孔扩底灌注桩。

**3.0.11** 在人工挖孔大直径扩底桩施工时，应制定切实可行的安全措施，并应严格执行。

**3.0.12** 大直径扩底桩遇有下列特殊地质条件时，应进行专门处理：

**1** 天然和人工洞穴；

**2** 孤石、囊状强风化带或其他软硬明显不同且分布无规律的岩土层；

**3** 高压力水头的承压水；

**4** 缺乏大直径扩底桩工程经验的特殊岩土。

**3.0.13** 大直径扩底桩的桩端持力层选择宜符合下列规定：

**1** 持力层宜选择中密以上的粉土、砂土、卵砾石和全风化或强风化岩体，且层位稳定；

**2** 当无软弱下卧层时，桩端下持力层厚度不宜小于2.5倍桩的扩大端直径；当存在相对软弱下卧层时，持力层的厚度不宜小于2.0倍桩的扩大端直径，且不宜小于5m；

**3** 桩端下（2.0～2.5）倍桩的扩大端直径范围内应无软弱夹层、断裂带和洞隙，且在桩端应力扩散范围内应无岩体临空面。

# 4 设计基本资料与勘察要求

## 4.1 设计基本资料

**4.1.1** 设计前，应取得下列建筑场地与环境条件的有关资料：

**1** 建筑场地现状，包括交通设施、高压架空线、地下管线和地下构筑物分布；

**2** 相邻建筑物安全等级、基础形式及埋置深度；

**3** 附近类似工程地质条件的试桩资料和单桩承载力设计参数；

**4** 泥浆排放及弃土条件；

**5** 抗震设防烈度和场地类别。

**4.1.2** 设计前，应取得下列建筑物有关资料：

**1** 建筑物总平面布置图；

**2** 建筑物的结构类型、荷载，建筑物的使用条件和设备对基础竖向及水平位移的要求；

**3** 建筑结构的安全等级。

**4.1.3** 设计前，应取得下列有关施工条件资料：

**1** 施工机械设备条件、动力条件，施工工艺对地质条件的适应性；

**2** 水、电条件及有关建筑材料的供应状况；

**3** 施工机械的进出场及现场运行条件。

**4.1.4** 设计前，应取得下列岩土工程勘察资料：

**1** 对建筑场地的滑坡、崩塌、泥石流、岩溶、土洞等不良地质作用的判断、结论和防治方案；

**2** 推荐桩端持力层，提供持力层标高、层厚及层面变化等值线图；关于成孔成桩工艺、施工工法及桩端入土深度的建议；

**3** 设计所需用的岩土物理力学参数及原位测试参数；

**4** 验算桩基沉降的计算参数；

**5** 地下水埋藏情况、类型和水位变化幅度及抗浮设计水位，土、水的腐蚀性评价；

**6** 抗震设防区的液化土层资料及液化评价；

**7** 地基土的冻胀性、湿陷性、膨胀性、溶陷性评价；

**8** 成桩可能性，桩基施工对环境影响的评价与对策，其他应注意事项的建议。

## 4.2 勘察要求

**4.2.1** 大直径扩底桩的岩土工程勘察应符合现行国家标准《岩土工程勘察规范》GB 50021的规定，并应符合下列规定：

**1** 应查明拟建场地各岩土层的类型、成因、深度、分布、工程特性和变化规律；

**2** 应查明场地水文地质状况，包括地下水类型、埋藏深度、地下水位变化幅度和地下水对桩身材料的腐蚀性等；

**3** 应选择合理的桩端持力层；采用土层作为桩端持力层时，应查明其承载力及变形特性；采用基岩作为桩端持力层时，应查明基岩的岩性、构造、岩面变化、风化程度，确定其坚硬程度、完整性和基本质量等级，判定有无洞穴、临空面、破碎岩体或软弱夹层、风化球体等；

4 应查明不良地质作用，提供可液化土层和特殊性岩土的分布及其对桩基的危害程度，并提出防治措施的建议。

**4.2.2** 勘探点应按建筑轴线布设，其间距应能控制桩端持力层层面和厚度的变化，宜为12m～24m。当相邻勘探点所揭露桩端持力层面坡度大于10%，且单向倾伏时，勘探孔应加密。对于荷载较大或地基复杂的一柱一桩工程，桩位确定后应逐桩勘察。勘探深度应能满足沉降计算的要求，控制性勘探孔的深度应达到预计桩端持力层顶面以下（3.0～5.0）倍桩的扩大端直径；一般性勘探孔的深度应达到预计桩端持力层顶面以下（2.0～3.0）倍桩的扩大端直径；控制性勘探孔的比例宜为勘探孔总数的1/3～1/2。

**4.2.3** 勘察成果应满足用不同方法确定大直径扩底桩承载力的要求，并应符合下列规定：

1 通过原型桩静载试验确定大直径扩底桩承载力时，应提供符合试验要求的地基分层和分层岩土参数；

2 根据经验参数确定大直径扩底桩承载力时，应提供各分层岩土的室内试验或原位测试成果。

**4.2.4** 勘察深度范围内的每一岩土层，均应采取原状岩土试样进行室内试验或进行原位测试。室内试验和原位测试宜符合下列规定：

1 室内试验项目应包括：密度、含水量、液限、塑限、压缩试验等，每一主要岩土层试验数据不应少于6组，必要时应进行无侧限抗压强度试验和三轴试验。对进行液化判定的饱和粉土，应进行黏粒含量分析。当需要进行变形验算时，对桩端平面以下压缩层范围内的土层，应测求其压缩性指标，试验压力不应小于实际土的有效自重压力与附加压力之和。

2 在选择大直径扩底桩桩基持力层时，可采用原位测试评价桩端土的端阻力和变形模量，并宜符合下列规定：

1）一般岩土体可采用标准贯入试验、旁压试验；

2）对于不含碎石的砂土、粉土和黏性土也可选择静力触探试验；

3）对砂土、碎石土及软岩也可选择重型或超重型动力触探试验；

4）原位测试成果应结合地区工程经验综合分析后使用。

**4.2.5** 当大直径扩底桩端承于全风化岩和强风化岩时，确定其强度的试验应符合下列规定：

1 应采取不少于6组的岩样进行饱和状态的单轴抗压强度试验；

2 对黏土质岩，在确保施工期间及使用期不致遭水浸泡时，也可采取天然湿度岩样进行单轴抗压强度试验；

3 对取样有困难的破碎风化岩体，可进行点荷载强度试验，其试验标准和岩体单轴抗压强度的换算应符合现行国家标准《工程岩体试验方法标准》GB/T 50266、《工程岩体分级标准》GB 50218的规定。

# 5 基本构造

## 5.1 大直径扩底灌注桩构造

**5.1.1** 大直径扩底桩扩大端尺寸应符合下列规定（图5.1.1）：

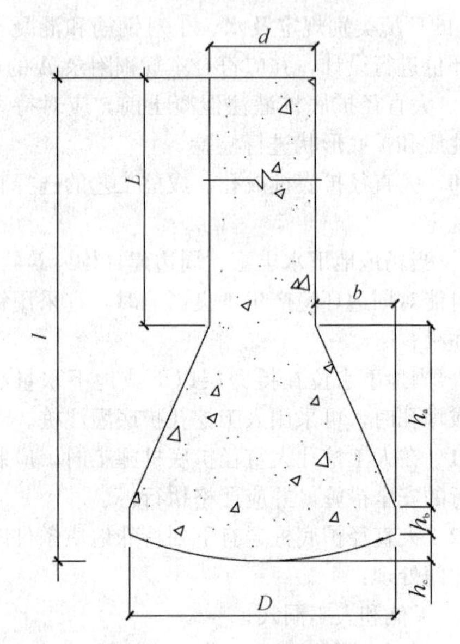


图5.1.1 大直径扩底桩几何尺寸示意图

$d$—桩身直径；$D$—扩大端直径；$l$—桩长；$L$—扩大端变截面以上桩身长度；$h_c$—扩大端矢高；$h_a$—扩大段斜边高度；$h_b$—最大桩径段高度；$b$—扩大端半径与桩身半径之差

1 扩大端直径与桩身直径之比（$D/d$）不宜大于3.0。

2 扩大端的矢高（$h_c$）宜取（0.30～0.35）倍桩的扩大端直径，基岩面倾斜较大时，桩的底面可做成台阶状。

3 扩底端侧面的斜率（$b/h_a$），对于砂土不宜大于1/4；对于粉土和黏性土不宜大于1/3；对于卵石层、风化岩不宜大于1/2。

4 桩端进入持力层深度，对于粉土、砂土、全风化、强风化软质岩等，可取扩大段斜边高度（$h_a$），且不小于桩身直径（$d$）；对于卵石、碎石土、强风化硬质岩等，可取0.5倍扩大段斜边高度且不小于0.5m。同时，桩端进入持力层的深度不宜大于持力层厚度的0.3倍。

**5.1.2** 大直径扩底桩桩身构造配筋应符合下列规定：

**1** 桩身正截面的最小配筋率不应小于0.3%，主筋应沿桩身横截面周边均匀布置；对于抗拔桩和受荷载特别大的桩，应根据计算确定配筋率；

**2** 箍筋直径不应小于8mm，间距宜为200mm～300mm，宜用螺旋箍筋或焊接环状箍筋；对于承受较大水平荷载或处于抗震设防烈度大于等于8度地区的桩，箍筋直径不应小于10mm，桩顶部3倍至5倍桩径范围内（桩径小取大值，桩径大取小值）箍筋间距应加密至100mm；

**3** 扩大端变截面以上，纵向受力钢筋应沿等直径段桩身通长配置；

**4** 当钢筋笼长度超过4m时，每隔2m宜设一道直径为18mm至25mm的加劲箍筋；每隔4m在加劲箍内设一道井字加强支撑，其钢筋直径不宜小于16mm；加劲箍筋、井字加强支撑、箍筋与主筋之间宜采用焊接；

**5** 除抗拔桩外，桩端扩大部分可不配筋；

**6** 主筋保护层厚度有地下水、无护壁时不应小于50mm；无地下水、有护壁时不应小于35mm。

**5.1.3** 当水下灌注混凝土施工时，桩身混凝土的强度等级不应低于C30；干法施工时，桩身混凝土的强度等级不应低于C25；护壁混凝土的强度等级不宜低于桩身混凝土的强度等级。

## 5.2 承台与连系梁构造

**5.2.1** 大直径扩底桩桩基承台应满足受冲切、受剪切、受弯承载力和上部构造要求，并应符合下列规定：

**1** 大直径扩底桩宜采用正方形或矩形现浇承台，承台高度不宜小于500mm，且应大于连系梁的高度50mm；承台底面的边长应大于或等于桩身直径加400mm（图5.2.1）；

**2** 采用预制柱的大直径扩底桩承台，应符合现行国家标准《建筑地基基础设计规范》GB 50007的要求；

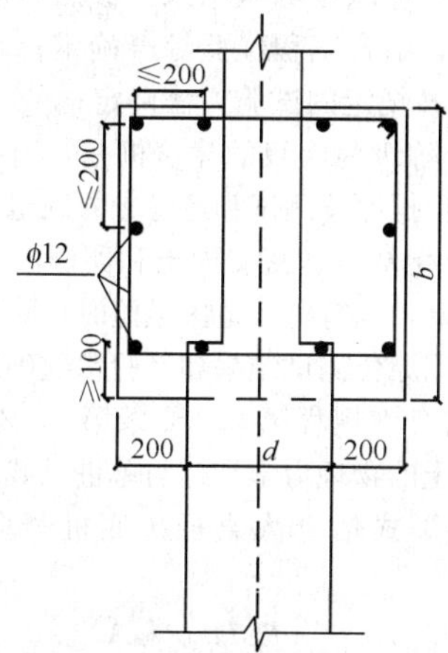


图5.2.1 承台构造（单位：mm）

$b$—承台高于地连梁高度50mm；$d$—桩径

**3** 承台混凝土应符合结构混凝土耐久性的基本要求；

**4** 承台钢筋的混凝土保护层厚度应符合下列规定：

1）承台底面：有混凝土垫层时，不应小于50mm；无垫层时不应小于70mm；且不应小于桩头嵌入承台内的高度；

2）承台侧面：不应小于35mm。

**5** 一柱一桩的承台宜按本规程图5.2.1配置受力钢筋，且不宜小于$\phi$12@200mm。

**5.2.2** 连系梁的设置应符合下列规定：

**1** 承台侧面应设置双向连系梁，连系梁截面高度应取柱中心距的1/10～1/15，且不宜小于400mm；梁的宽度不应小于250mm；当利用墙梁兼作连系梁时，梁的宽度不应小于墙宽；

**2** 当承台连系梁仅为符合构造要求设置时，可取所连柱最大竖向力设计值的10%作为连系梁的拉力，并应按轴心受拉构件进行截面设计；

**3** 连系梁的一侧纵向钢筋应按受拉钢筋锚固的要求锚入承台；其最小配筋率应符合现行国家标准《混凝土结构设计规范》GB 50010的要求。

**4** 连系梁的混凝土应符合结构混凝土耐久性的基本要求。

**5.2.3** 条形承台梁的纵向主筋除需按计算配置外尚应符合现行国家标准《混凝土结构设计规范》GB 50010中最小配筋率的规定，主筋直径不应小于12mm，架立筋直径不应小于Ⅱ级10mm，箍筋直径不应小于8mm。

**5.2.4** 大直径扩底桩、柱与承台的连接构造应符合下列规定：

**1** 桩顶部嵌入承台的长度不宜小于100mm；

**2** 桩顶部纵向主筋应锚入承台内，其锚固长度不应小于35倍纵向主筋直径；对于抗拔桩，桩顶部纵向主筋的锚固长度应符合现行国家标准《混凝土结构设计规范》GB 50010中受拉钢筋锚固的规定；

**3** 采用一桩一柱时，当建筑体系简单、柱网规则、相邻柱荷载相差较小、地基沉降较小、水平力较小时，可不设置承台；

**4** 对于不设置承台的一柱一桩基础，柱纵向主筋锚入桩身内的长度不应小于35倍纵向主筋直径；柱主筋与桩主筋宜焊接，并应符合现行国家标准《混凝土结构设计规范》GB 50010中钢筋焊接连接的规定；

**5** 对于多桩承台，柱纵向主筋锚入承台内的长度不应小于35倍纵向主筋直径；当承台高度不满足锚固要求时，竖向锚固长度不应小于25倍纵向主筋直径，并应向柱轴线方向呈90°弯折；

**6** 当有抗震设防要求时，对于一、二级抗震等级的柱，纵向主筋锚固长度应乘以1.15的系数；对于三级抗震等级的柱，纵向主筋锚固长度应乘以1.05的系数。

**5.2.5** 一柱多桩的板式承台和条式承台，应进行内力计算，可按现行行业标准《建筑桩基技术规范》JGJ 94验算承台受弯承载力、受冲切承载力、受剪承载力和局部受压承载力，并确定承台板或承台梁的截面高度和配筋。

# 6 设计计算

## 6.1 桩顶作用效应计算

**6.1.1** 对于一般建筑物的大直径扩底群桩基础，应按下列公式计算柱、墙、核心筒群桩中基桩的桩顶作用效应：

轴心竖向力作用下，应按下式计算：

$$N_k = \frac{F_k + G_k}{n} \quad (6.1.1\text{-}1)$$

偏心竖向力作用下，应按下式计算：

$$N_{ik} = \frac{F_k + G_k}{n} \pm \frac{M_{xk} y_i}{\sum y_j^2} \pm \frac{M_{yk} x_i}{\sum x_j^2} \quad (6.1.1\text{-}2)$$

式中：$N_k$——荷载效应标准组合轴心竖向力作用下，基桩的平均竖向力（kN）；

$N_{ik}$——荷载效应标准组合偏心竖向力作用下，第 $i$ 基桩的竖向力（kN）；

$F_k$——荷载效应标准组合下，作用于承台顶面的竖向力（kN）；

$G_k$——桩基承台及承台上土自重标准值（kN），对稳定地下水位以下部分应扣除水的浮力；

$n$——桩数；

$M_{xk}$、$M_{yk}$——荷载效应标准组合下，作用于承台底面，绕通过群桩形心的 $x$、$y$ 主轴的力矩（kN·m）；

$x_i$、$x_j$、$y_i$、$y_j$——第 $i$、$j$ 根基桩至 $y$、$x$ 轴的距离（m）。

**6.1.2** 对于主要承受竖向荷载的抗震设防区低承台大直径扩底桩基，在同时满足下列条件时，桩顶作用效应计算可不考虑地震力作用：

1 按现行国家标准《建筑抗震设计规范》GB 50011规定可不进行桩基抗震承载力验算的建筑物；

2 建筑场地位于建筑抗震的有利地段。

**6.1.3** 大直径扩底桩为端承型桩基，不宜考虑承台效应，基桩竖向承载力特征值应取单桩竖向承载力特征值。

## 6.2 竖向承载力与沉降计算

**6.2.1** 大直径扩底桩桩基竖向承载力计算应符合下列规定：

1 荷载效应标准组合

轴心竖向力作用下，应符合下式要求：

$$N_k \leqslant R_a \quad (6.2.1\text{-}1)$$

偏心竖向力作用下，除符合上式要求外，尚应符合下式要求：

$$N_{kmax} \leqslant 1.2R_a \quad (6.2.1\text{-}2)$$

2 地震作用效应和荷载效应标准组合

轴心竖向力作用下，应符合下式要求：

$$N_{Ek} \leqslant 1.25R_a \quad (6.2.1\text{-}3)$$

偏心竖向力作用下，除符合上式要求外，尚应符合下式的要求：

$$N_{Ekmax} \leqslant 1.5R_a \quad (6.2.1\text{-}4)$$

式中：$N_k$——荷载效应标准组合轴心竖向力作用下，基桩的平均竖向力（kN）；

$N_{kmax}$——荷载效应标准组合偏心竖向力作用下，桩顶最大竖向力（kN）；

$N_{Ek}$——地震作用效应和荷载效应标准组合下，基桩的平均竖向力（kN）；

$N_{Ekmax}$——地震作用效应和荷载效应标准组合下，基桩的最大竖向力（kN）；

$R_a$——大直径扩底桩单桩竖向承载力特征值（kN）。

**6.2.2** 大直径扩底桩单桩竖向承载力特征值的确定应符合下列规定：

1 设计等级为甲级的建筑桩基，应通过单桩静载荷试验确定，试验方法应符合本规程附录B的规定；同一条件下的试桩数量，不宜少于总桩数的1%，且不应少于3根；当有可靠地区经验时，可通过深层载荷试验与等直径纯摩擦桩载荷试验相结合的间接试验法确定；

2 设计等级为乙级的建筑桩基，当有可靠地区经验时，可根据原位测试结果，参照地质条件相同的试桩资料，结合工程经验综合确定；否则均应按本规程附录B规定的试验方法确定；

3 设计等级为丙级的建筑桩基，当有可靠地区经验时，可根据原位测试和经验参数确定；

4 以风化基岩、密实砂土和卵砾石为桩端持力层的建筑桩基，当有可靠地区经验时，除甲级建筑桩基外，可根据原位测试结果和经验参数确定。

**6.2.3** 当符合本规程第6.2.2条第2、3、4款规定时，可根据土的物理力学指标与单桩承载力参数间的经验关系按下式估算大直径扩底桩竖向承载力特征值：

$$R_a = \pi d \sum l_i q_{sia} + A_p q_{pa} \quad (6.2.3)$$

式中：$d$——桩身直径（m）；

$l_i$——第 $i$ 层土的厚度（m）；

$q_{sia}$——第 $i$ 层土的桩侧阻力特征值（kPa），由当地经验确定或按表 6.2.3-1 取值；

$A_p$——桩底扩大端水平投影面积（$m^2$）；

$q_{pa}$——桩端阻力特征值（kPa），根据当地经验确定或按表 6.2.3-2 取值。

**表 6.2.3-1　大直径扩底桩侧阻力特征值 $q_{sia}$（kPa）**

| 岩土名称 | 土的状态 | | 泥浆护壁钻孔桩及干作业挖孔桩 |
|---|---|---|---|
| 人工填土 | 完成自重固结 | | 10～15 |
| 黏性土 | 流塑 | $I_L>1$ | 10～20 |
| | 软塑 | $0.75<I_L\leqslant 1$ | 20～26 |
| | 可塑 | $0.50<I_L\leqslant 0.75$ | 26～34 |
| | 硬可塑 | $0.25<I_L\leqslant 0.50$ | 34～42 |
| | 硬塑 | $0<I_L\leqslant 0.25$ | 42～48 |
| | 坚硬 | $I_L\leqslant 0$ | 48～52 |
| 粉土 | 稍密 | $e>0.9$ | 12～21 |
| | 中密 | $0.75\leqslant e\leqslant 0.9$ | 21～31 |
| | 密实 | $e<0.75$ | 31～41 |
| 粉细砂 | 稍密 | $10<N\leqslant 15$ | 11～23 |
| | 中密 | $15<N\leqslant 30$ | 23～32 |
| | 密实 | $N>30$ | 32～43 |
| 中砂 | 中密 | $15<N\leqslant 30$ | 26～36 |
| | 密实 | $N>30$ | 36～47 |
| 粗砂 | 中密 | $15<N\leqslant 30$ | 37～48 |
| | 密实 | $N>30$ | 48～60 |
| 砾砂 | 稍密 | $5<N_{63.5}\leqslant 15$ | 25～50 |
| | 中密（密实） | $N_{63.5}>15$ | 56～65 |
| 圆砾、角砾 | 中密、密实 | $N_{63.5}>10$ | 68～75 |
| 碎石、卵石 | 中密、密实 | $N_{63.5}>10$ | 70～85 |
| 全风化软质岩 | — | $30<N\leqslant 50$ | 40～50 |
| 全风化硬质岩 | — | $30<N\leqslant 50$ | 60～75 |
| 强风化软质岩 | — | $N>50$ | 70～110 |
| 强风化硬质岩 | — | $N>50$ | 80～130 |

注：1　岩石的坚硬程度和风化程度按现行国家标准《岩土工程勘察规范》GB 50021 确定；

2　$N$ 为标准贯入击数，$N_{63.5}$ 为重型圆锥动力触探击数；

3　侧阻力值，可根据岩土体条件和施工情况等取其上限或下限，表中数值可内插；

4　扩底桩扩大头斜面及变截面以上 $2d$ 长度范围内不应计入桩侧阻力（$d$ 为桩身直径）；当桩周为淤泥、新近沉积土、可液化土层及以生活垃圾为主的杂填土时，也不应计入此类土层的桩侧阻力；当扩底桩桩长小于 6.0m 时，不宜计入桩侧阻力。

**表 6.2.3-2　大直径扩底桩端阻力特征值 $q_{pa}$（kPa）**

| 土类及状态 | | 桩入土深度（m） | 扩底直径 $D$（m） | | | | | |
|---|---|---|---|---|---|---|---|---|
| | | | 1.0 | 1.5 | 2.0 | 2.5 | 3.0 | 3.5 |
| 黏性土 | 可塑 | $5\leqslant l_m<10$ | 490～650 | 440～590 | 420～555 | 390～515 | 370～490 | 350～470 |
| | | $10\leqslant l_m<15$ | 650～790 | 590～715 | 555～675 | 515～630 | 490～595 | 470～570 |
| | | $15\leqslant l_m\leqslant 30$ | 790～1050 | 715～950 | 675～895 | 630～835 | 595～790 | 570～750 |
| | 硬塑 | $5\leqslant l_m<10$ | 850～980 | 780～885 | 725～840 | 675～780 | 640～740 | 610～705 |
| | | $10\leqslant l_m<15$ | 980～1140 | 885～1030 | 840～975 | 780～905 | 740～860 | 705～820 |
| | | $15\leqslant l_m\leqslant 30$ | 1140～1380 | 1030～1245 | 975～1180 | 905～1100 | 860～1040 | 820～990 |
| 粉土 | 中密 | $5\leqslant l_m<10$ | 540～690 | 485～620 | 460～590 | 430～550 | 405～520 | 390～495 |
| | | $10\leqslant l_m<15$ | 690～860 | 620～780 | 590～735 | 550～680 | 520～650 | 495～620 |
| | | $15\leqslant l_m\leqslant 30$ | 860～1080 | 780～975 | 735～920 | 680～860 | 650～810 | 620～780 |
| | 密实 | $5\leqslant l_m<10$ | 650～780 | 590～705 | 555～665 | 515～620 | 490～585 | 465～560 |
| | | $10\leqslant l_m<15$ | 780～940 | 705～850 | 665～800 | 620～745 | 585～705 | 560～675 |
| | | $15\leqslant l_m\leqslant 30$ | 940～1150 | 850～1040 | 800～980 | 745～915 | 705～865 | 675～830 |
| 砂土 | 细砂 | $5\leqslant l_m<10$ | 680～850 | 590～740 | 550～690 | 500～620 | 465～580 | 435～540 |
| | | $10\leqslant l_m<15$ | 850～980 | 740～860 | 690～795 | 620～720 | 580～670 | 540～630 |
| | | $15\leqslant l_m\leqslant 30$ | 980～1260 | 860～1100 | 795～1020 | 720～930 | 670～860 | 630～810 |
| | 中砂 | $5\leqslant l_m<10$ | 750～920 | 650～805 | 610～745 | 550～680 | 510～630 | 480～590 |
| | | $10\leqslant l_m<15$ | 920～1080 | 805～940 | 745～875 | 680～795 | 630～740 | 590～695 |
| | | $15\leqslant l_m\leqslant 30$ | 1080～1380 | 940～1205 | 875～1120 | 795～1020 | 740～940 | 695～890 |

续表 6.2.3-2

| 土类及状态 | | 桩入土深度(m) | 扩底直径 $D$ (m) | | | | | |
|---|---|---|---|---|---|---|---|---|
| | | | 1.0 | 1.5 | 2.0 | 2.5 | 3.0 | 3.5 |
| 砂土 | 粗砂 | $5\leqslant l_m<10$ | 840～1020 | 730～890 | 680～830 | 620～750 | 570～690 | 540～650 |
| | | $10\leqslant l_m<15$ | 1020～1200 | 890～1050 | 830～970 | 750～885 | 690～820 | 650～770 |
| | | $15\leqslant l_m\leqslant 30$ | 1200～1550 | 1050～1350 | 970～1255 | 885～1140 | 820～1060 | 770～995 |
| 卵石 | | $5\leqslant l_m<10$ | 1750～2150 | 1530～1880 | 1420～1740 | 1290～1580 | 1195～1470 | 1120～1380 |
| | | $10\leqslant l_m<15$ | 2150～2650 | 1880～2310 | 1740～2150 | 1580～1950 | 1470～1810 | 1380～1700 |
| | | $15\leqslant l_m\leqslant 30$ | 2650～3650 | 2310～3190 | 2150～2960 | 1950～2690 | 1810～2500 | 1700～2350 |
| 全风化岩 | | $30<N\leqslant 50$ | 900～1400 | 800～1200 | 700～1100 | 650～950 | 600～950 | 550～900 |
| 强风化岩 | | $50<N\leqslant 100$ | 1400～1800 | 1200～1600 | 1100～1500 | 1000～1350 | 950～1250 | 900～1200 |
| | | $N>100$ | 2200～2500 | 1900～2200 | 1800～2000 | 1600～1850 | 1400～1700 | 1250～1500 |

注：1 应控制桩端沉渣厚度不大于50mm，否则应注浆加固；
2 岩石的风化程度应按现行国家标准《岩土工程勘察规范》GB 50021 确定；
3 $N$ 为标准贯入击数；
4 砂土和卵石为中密—密实状态；
5 端阻力值，可根据岩土体条件和施工情况等取其上限或下限，表中数值可内插；
6 风化岩的端阻力特征值可由岩基载荷试验确定，试验应符合现行国家标准《建筑地基基础设计规范》GB 50007 的要求；试验数量宜为总桩数的5%，且不少于5个。

**6.2.4** 非自重湿陷性黄土场地设计等级为甲级的建筑桩基，应由原型桩浸水载荷试验确定承载力特征值。当有可靠地区经验时，浸水饱和后非自重湿陷性黄土的桩侧阻力折减系数 $K$，可按表 6.2.4 的规定取值。

**表 6.2.4 非自重湿陷性黄土的桩侧阻力折减系数**

| $S_r$ | ≥0.90 | 0.85 | 0.80 | 0.75 | 0.70 | 0.65 | 0.60 | 0.55 | ≤0.50 |
|---|---|---|---|---|---|---|---|---|---|
| $K$ | 1.00 | 0.98 | 0.88 | 0.81 | 0.74 | 0.68 | 0.61 | 0.54 | 0.47 |

注：$S_r$为扩底桩桩侧黄土浸水前按土层厚度计算的饱和度加权平均值；可由$S_r$值内插法确定 $K$。

**6.2.5** 根据原位测试和经验参数确定单桩承载力特征值的大直径扩底桩，当桩端下持力层厚度 2.0$D$ 内存在与持力层压缩模量之比不大于 0.6 的软弱下卧层时，应按下列公式验算软弱下卧层的承载力（图 6.2.5）：

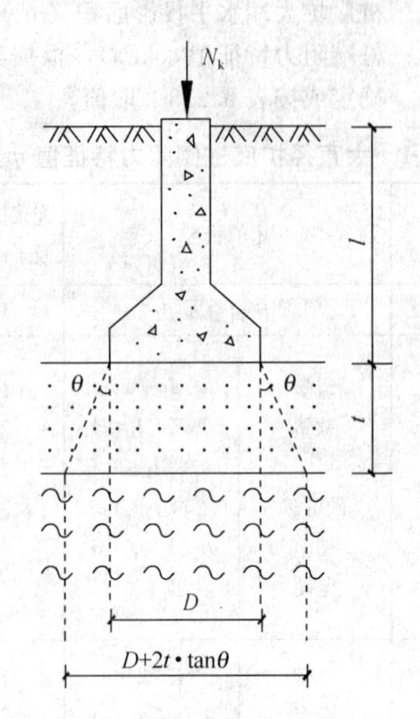


图 6.2.5 扩底桩软弱下卧层验算

$$\sigma_z+\gamma_m(l+t)\leqslant f_{az} \qquad (6.2.5\text{-}1)$$

$$\sigma_z=\frac{4(N_k+V\cdot\Delta\gamma-\pi d\cdot\Sigma q_{sik}l_i)}{\pi(D+2t\cdot\tan\theta)^2} \qquad (6.2.5\text{-}2)$$

$$\Delta\gamma=\gamma_G-\gamma_m \qquad (6.2.5\text{-}3)$$

式中：$\sigma_z$——作用于软弱下卧层顶面的平均附加应力标准值（kPa）；

$\gamma_m$——软弱下卧层顶面以上各土层重度（地下水以下取浮重度）按土层厚度计算的加权平均值（kN/m³）；

$l$——桩长（m）；

$t$——硬持力层厚度（m）；

$f_{az}$——软弱下卧层经深度修正后的地基承载力特征值（kPa）；

$N_k$——桩顶的竖向作用力标准值（kN）；

$V$——大直径扩底桩桩孔体积（m³）；

$\Delta\gamma$——桩体混凝土重度与土体重度差（kN/m³）；

$\gamma_G$——桩体混凝土重度（kN/m³）；

$d$——桩身直径（m）；

$D$——扩大端直径（m）；

$q_{sik}$——第 $i$ 层土的桩侧极限侧阻力标准值（kPa），根据当地经验或按照本规程表 6.2.3-1 确定，$q_{sik}=2q_{sia}$；

$l_i$——第 $i$ 层土的厚度（m）；

$\theta$——桩端硬持力层压力扩散角度，按表 6.2.5 取值。

表 6.2.5 桩端硬持力层压力扩散角 $\theta$

| $E_{s1}/E_{s2}$ | $t=0.25D$ | $t\geqslant 0.5D$ |
|---|---|---|
| 3 | 6° | 23° |
| 5 | 10° | 25° |
| 10 | 20° | 30° |

注：1 $E_{s1}$、$E_{s2}$分别为持力层、软弱下卧层的压缩模量；
2 $E_{s1}/E_{s2}=1$ 为内插时使用，当 $t=0.25D$ 时，取 $\theta=4°$；当 $t\geqslant 0.5D$ 时，取 $\theta=12°$；
3 当 $t<0.25D$ 时，取 $\theta=0°$；$t$ 介于 $0.25D$ 与 $0.5D$ 之间时可内插取值。

**6.2.6** 大直径扩底桩单桩竖向变形可按下列公式计算：

$$s=s_1+s_2 \quad (6.2.6\text{-}1)$$

$$s_1=\frac{QL}{E_c A_{ps}} \quad (6.2.6\text{-}2)$$

$$s_2=\frac{DI_\rho p_b}{2E_0} \quad (6.2.6\text{-}3)$$

$$p_b=(N_k+G_{fk})/A_p-(\pi d q_{sk} L/A_p)-\gamma_0 l_m \quad (6.2.6\text{-}4)$$

式中：$s$——大直径扩底桩基础单桩竖向变形（mm）；

$s_1$——桩身轴向压缩变形（mm）；

$s_2$——桩端下土的沉降变形（mm）；

$Q$——荷载效应准永久组合作用下，桩顶的附加荷载标准值（kN）；

$L$——扩大端变截面以上桩身长度（m）；

$E_c$——桩体混凝土的弹性模量（MPa）；

$A_{ps}$——扩大端变截面以上桩身截面面积（$m^2$）；

$I_\rho$——大直径扩底桩沉降影响系数，与大直径扩底桩入土深度 $l_m$、扩大端半径 $a$ 及持力层土体的泊松比有关，可按表 6.2.6-1 的规定取值；

$p_b$——桩底平均附加压力标准值（kPa）；

$E_0$——桩端持力层土体的变形模量（MPa），可由深层载荷试验确定；当无深层载荷试验数据时应取 $E_0=\beta_0 E_{s1-2}$，其中 $E_{s1-2}$ 为桩端持力层土体的压缩模量；$\beta_0$ 为室内土工试验压缩模量换算为计算变形模量的修正系数，应按表 6.2.6-2 的规定取值；

$G_{fk}$——大直径扩底桩自重标准值（kN）；

$A_p$——桩底扩大端水平投影面积（$m^2$）；

$q_{sk}$——扩大端变截面以上桩长范围内按土层厚度计算的加权平均极限侧阻力标准值（kPa），应由当地经验或按照本规程表 6.2.3-1 确定，$q_{sik}=2q_{sia}$；

$\gamma_0$——桩入土深度范围内土层重度的加权平均值（$kN/m^3$）；

$l_m$——桩入土深度（m）。

表 6.2.6-1 大直径扩底桩沉降影响系数

| $l_m/a$ | 2.0 | 3.0 | 4.0 | 5.0 | 6.0 | 7.0 |
|---|---|---|---|---|---|---|
| $I_\rho$ | 0.837 | 0.768 | 0.741 | 0.702 | 0.681 | 0.664 |
| $l_m/a$ | 8.0 | 9.0 | 10.0 | 11.0 | 12.0 | 15.0 |
| $I_\rho$ | 0.652 | 0.641 | 0.625 | 0.611 | 0.598 | 0.565 |

注：可由 $l_m/a$ 值内插法确定 $I_\rho$；当 $l_m/a>15$ 时，$I_\rho$应按 0.565 取值。

表 6.2.6-2 大直径扩底桩桩端土体计算变形模量的修正系数

| $E_{s1-2}$/MPa | 10.0 | 12.0 | 15.0 | 18.0 | 20.0 | 25.0 | 28.0 |
|---|---|---|---|---|---|---|---|
| $\beta_0$ | 1.30 | 1.55 | 1.87 | 2.20 | 2.30 | 2.40 | 2.50 |

注：可由 $E_{s1-2}$值内插法确定 $\beta_0$；$E_{s1-2}>28.0$MPa 时，可由深层载荷试验确定 $E_0$。

**6.2.7** 机械成孔大直径扩底桩，当桩端沉渣厚度大于 50mm 时，应采用桩端后注浆加固。

**6.2.8** 当大直径扩底桩穿过欠固结土、可液化土、自重湿陷性黄土或由于大面积地面堆载、降低地下水位等使桩周土体承受荷载而产生显著压缩沉降时，应考虑桩的负侧阻力或侧阻力折减，并可按现行行业标准《建筑桩基技术规范》JGJ 94 的有关规定进行计算。

**6.2.9** 当存在相邻荷载时，可按现行国家标准《建筑地基基础设计规范》GB 50007 的规定，考虑相邻荷载计算大直径扩底桩桩基沉降。

**6.2.10** 验算大直径扩底桩桩身承载力时，不宜计入钢筋的受压作用。

## 6.3 水平承载力和抗拔承载力

**6.3.1** 大直径扩底桩单桩水平承载力宜通过现场水平载荷试验确定，试验宜采用慢速维持荷载法，试验方法和承载力取值应按现行行业标准《建筑基桩检测技术规范》JGJ 106 执行。

**6.3.2** 受水平荷载作用的大直径扩底群桩，当考虑承台（包括地下墙体）、基桩协同工作和土的弹性抗力作用时，可按现行行业标准《建筑桩基技术规范》JGJ 94 的有关规定计算基桩内力和位移。

**6.3.3** 当验算地震作用下的桩身抗拔承载力时，应根据现行国家标准《建筑抗震设计规范》GB 50011 的规定，对作用于桩顶的地震作用效应进行调整。

**6.3.4** 对于设计等级为甲级和乙级的大直径扩底桩的单桩抗拔极限承载力，应通过现场单桩抗拔静载荷试验确定，试验应符合现行行业标准《建筑基桩检测技术规范》JGJ 106 的规定。丙级大直径扩底桩的单桩抗拔极限承载力，可按现行行业标准《建筑桩基技术规范》JGJ 94 的有关规定计算。

## 7 施 工

### 7.1 一般规定

**7.1.1** 大直径扩底桩施工前应具备下列资料：

1 建筑场地岩土工程详细勘察报告；

2 桩基工程施工图设计文件及图纸会审纪要；

3 建筑场地和邻近区域地面建筑物及地下管线、地下构筑物等调查资料；

4 主要施工机械及其配套设备的技术性能资料；

5 桩基工程的施工组织设计或专项施工方案；

6 水泥、砂、石、钢筋等原材料的质量检验报告；

7 设计荷载、施工工艺的试验资料。

**7.1.2** 成孔施工工艺选择应符合下列规定：

1 在地下水位以下成孔时宜采用泥浆护壁工艺；

2 在黏性土、粉土、砂土、碎石土及风化岩层中，可采用旋挖成孔工艺；

3 在地下水位以上或降水后可采用干作业钻、挖成孔工艺；

4 在地下水位较高，有承压水的砂土层、厚度较大的流塑淤泥和淤泥质土层中不宜选用人工挖孔施工工艺。

**7.1.3** 成孔设备就位后，应保持平整、稳固，在成孔过程中不得发生倾斜和偏移。在成孔钻具上应设置控制深度的标尺，并应在施工中进行观测和记录。

**7.1.4** 桩端进入持力层的实际深度应由工程勘察人员、监理工程师、设计和施工技术人员共同确认。

**7.1.5** 灌注桩成孔施工的允许误差应符合表 7.1.5 的规定：

**表 7.1.5 灌注桩成孔施工允许误差**

| 成孔方法 | | 桩径偏差（mm） | 垂直度允许偏差（%） | 桩位允许偏差（mm） |
|---|---|---|---|---|
| 钻、挖孔扩底桩 | | ±50 | ±1.0 | ≤$d/4$且不大于100mm |
| 人工挖孔扩底桩 | 现浇混凝土护壁 | ±50 | ±0.5 | |
| | 长钢套管护壁 | ±20 | ±1.0 | |

注：桩径允许偏差的负值是指个别断面。

**7.1.6** 钢筋笼制作、安装的质量应符合下列规定：

1 钢筋的材质、数量、尺寸应符合设计要求；

2 制作允许偏差应符合表 7.1.6 的规定；

**表 7.1.6 钢筋笼制作允许偏差**

| 项 目 | 允许偏差（mm） |
|---|---|
| 主筋间距 | ±10 |
| 箍筋间距 | ±20 |
| 钢筋笼直径 | ±10 |
| 钢筋笼长度 | ±100 |

3 分段制作的钢筋笼，宜采用焊接或机械连接接头，并应符合国家现行标准《混凝土结构工程施工质量验收规范》GB 50204、《钢筋机械连接技术规程》JGJ 107、《钢筋焊接及验收规程》JGJ 18 的有关规定；

4 加劲箍筋宜设在主筋外侧，当施工工艺有特殊要求时也可置于内侧；

5 灌注混凝土的导管接头处外径应比钢筋笼的内径小 100mm 以上；

6 搬运和吊装钢筋笼时，应防止变形；安放时应对准孔位，自由落下，避免碰撞孔壁，就位后应立即固定。

**7.1.7** 桩体混凝土粗骨料可选用卵石或碎石，其骨料粒径不得大于 50mm，且不宜大于主筋最小净距的 1/3。

**7.1.8** 大直径扩底桩在大批量施工前，宜先进行成桩试验施工。

**7.1.9** 应防止钢筋笼在灌注混凝土时上浮或下沉，应将钢筋笼固定在孔口上，宜将部分纵向钢筋伸到孔底。

### 7.2 施工准备

**7.2.1** 应调查周边环境，桩基施工的供水、供电、通信、道路、排水、泥浆排放等设施应准备就绪，施工场地应进行平整，施工机械应能正常作业。

**7.2.2** 应建立桩基轴线控制网，场地测量基准控制点和水准点应设在不受施工影响处。开工前，基准控制点和水准点经复核后应妥善保护，施工中应经常复测。

**7.2.3** 施工前应向作业人员进行安全、技术交底。

**7.2.4** 应根据桩型、钻孔深度、土层情况、泥浆排放、环境条件等因素综合确定钻孔机具及施工工艺。

**7.2.5** 大直径扩底桩的施工组织设计或专项施工方案，应包括下列内容：

1 施工平面图，图中应标明桩位、桩位编号、施工顺序、水电线路和临时设施的位置；采用泥浆护壁成孔时，尚应标明泥浆制备设施及其循环系统的布设位置；

2 成孔、扩底、钢筋笼安放和混凝土灌注的施工工艺及技术要求，对于泥浆护壁应有泥浆制备和处理措施；

3 施工作业计划和劳动力组织计划；

4 施工机械设备、配件、工具、材料供应计划；

5 爆破作业、文物和环境保护技术措施；

6 保证工程质量、安全生产和季节性施工的技术措施；

7 成桩机械检验、维护措施；

8 应急预案。

## 7.3 泥浆护壁成孔大直径扩底灌注桩

### Ⅰ 泥浆的制备和处理

**7.3.1** 采用泥浆护壁成孔工艺施工时，除能自行造浆的黏性土层外，均应制备泥浆。泥浆制备应选用高塑性黏土或膨润土。泥浆应根据施工机械、施工工艺及穿过土层的情况进行配合比设计。

**7.3.2** 一台钻机应有一套泥浆循环系统，每套泥浆循环系统应设置用于配制和储存优质泥浆及清孔换浆的储浆池，其容量不应小于桩孔的容积；应设置用于钻进（含扩底钻进）泥浆的循环池，其容量不宜小于桩孔容积的1/2；应设置沉淀储渣池，其容量不宜小于$20m^3$；尚应设置相应的循环沟槽。泥浆循环系统中池、沟、槽均应用砖砌成，施工完毕应拆除砖块后用土回填夯实。

**7.3.3** 泥浆护壁施工应符合下列规定：

1 施工期间护筒内的泥浆面应高出地下水位1.0m以上，在受水位涨落影响时，泥浆面应高出最高水位1.5m以上；

2 成孔时孔内泥浆液面应保持稳定，且不宜低于硬地面30cm；

3 在容易产生泥浆渗漏的土层中应采取保证孔壁稳定的措施；

4 开孔时宜用密度为$1.2g/cm^3$的泥浆；在黏性土层、粉土层中钻进时，泥浆密度宜控制在$1.3g/cm^3$以下。

**7.3.4** 废弃的浆、渣应进行集中处理，不得污染环境。

### Ⅱ 正、反循环钻孔扩底灌注桩

**7.3.5** 钻机定位后，应用钢丝绳将护筒上口挂戴在钻架底盘上，成孔过程中钻机塔架头部滑轮组、固转器与钻头应始终保持在同一铅垂线上，保证钻头在吊紧的状态下钻进。

**7.3.6** 孔深较大的端承型桩，宜采用反循环工艺成孔或清孔，也可根据土层情况采用正循环钻进、反循环清孔。

**7.3.7** 泥浆护壁成孔应设孔口护筒，并应符合下列规定：

1 护筒位置应准确，护筒中心与桩位中心的允许偏差应为±50mm；护筒埋设应稳固；

2 护筒宜用厚度为4mm～8mm的钢板制作，内径应大于钻头直径100mm，其上部宜开设1～2个溢浆孔；

3 护筒的埋设深度：在黏性土中不宜小于1.0m；砂土中不宜小于1.5m；其高度应满足孔内泥浆面高度的要求；

4 受水位涨落影响或在水下钻进施工，护筒应加高加深，必要时应打入不透水层。

**7.3.8** 宜采用与钻机配套的标准直径钻头成孔，并应根据成孔的充盈系数确定钻头的直径大小，应保证成桩的充盈系数不小于1.10。

**7.3.9** 钻机设置的垂直度导向装置应符合下列规定：

1 潜水钻的钻具上应有长度不小于3倍钻头直径的导向装置；

2 利用钻杆加压的正循环回转钻机，在钻具上应加设扶正器。

**7.3.10** 钻孔应采用钻机自重加压法钻进。开机钻进时，应先轻压、慢转，并适当控制泥浆泵量。当钻机进入正常工作状态时，可逐渐加大转速与钻压，加压时钻机不应晃动，保证及时排渣。钻孔的技术参数宜按下列规定控制：

1 钻压：不大于10kPa；

2 转速：30r/min～60r/min；

3 泥浆泵量：$50m^3/h$～$75m^3/h$；

4 当遇到岩层或砂层时，应调整钻压与转速，以整机不发生跳动为准；

5 当遇到松软土层时，应根据泥浆补给情况控制钻进速度；

6 当遇到有易塌孔土层时，应适当加大泥浆相对密度。

**7.3.11** 钻进过程中如发生斜孔、塌孔和护筒周围冒浆时，应停止钻进，待采取相应措施后再行钻进。

**7.3.12** 灌注混凝土前孔底沉渣厚度应符合下列规定：

1 竖向承载的扩底桩，不应大于50mm；

2 抗拔或抗水平力的扩底桩，不应大于200mm。

**7.3.13** 大直径扩底灌注桩扩底尺寸除应符合本规程第5.1.1条的规定外，尚应符合下列规定（图7.3.13）：

1 扩孔边锥角（$\alpha$）：风化基岩中宜取$\theta=22°$～

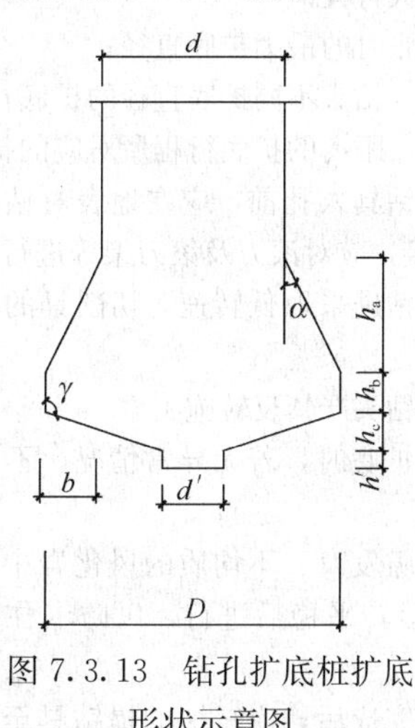


图7.3.13 钻孔扩底桩扩底形状示意图

$\alpha$—扩孔边锥角；$\gamma$—扩孔底锥角；$d'$、$h'$—沉渣孔的直径及深度

28°，较稳定土层宜取15°～25°；

**2** 扩孔底锥角（$\gamma$）：宜取105°～135°；

**3** 最大桩径段高度（$h_b$）：宜取0.3m～0.4m；

**4** 沉渣孔：直径宜取0.2m～0.3m；深度宜取0.1m～0.3m。

**7.3.14** 扩底钻进宜采用泵吸反循环钻进工艺施工，并宜符合下列规定：

**1** 施工流程宜为：直孔段钻进成孔→第一次清孔换浆→换扩底钻头扩底钻进→第二次清孔换浆→检验扩底尺寸及形状→安放钢筋笼→下导管及第三次清孔换浆→灌注混凝土成桩；

**2** 扩底钻进施工前，应根据扩底直径确定钻机的扩底行程，并固定好钻头的行程限位器；当开始扩底钻进时，应先轻压、慢转，逐渐转入正常工作状态。当转至所标注行程时，应放松钻具钢丝绳；

**3** 清孔换浆应符合下列规定：

1）第一次清孔换浆应将钻具提离孔底300mm～500mm，用泵吸反循环工艺吸净孔底沉渣；

2）第三次清孔换浆可利用混凝土灌注导管和砂石泵组进行，置换出来的泥浆相对密度应小于1.15，含砂率应小于6%，泥浆黏度应控制在18s～25s；

**4** 扩底施工中应采取下列孔壁稳定措施：

1）孔内静水压力宜保持在15kPa～20kPa；

2）钻进时应选用优质泥浆并及时置换；

3）应精心操作，防止孔内水压激变以及人为扰动孔壁。

**7.3.15** 扩底钻进施工操作应符合下列规定：

**1** 每一种规格的扩底钻具使用前均应做张、收试验，准确测量下列数据，并应符合设计要求：

1）全收和全张时的钻头长度，钻头扩底时的最大行程；

2）全张时的最大扩底直径；

3）同一钻头不同扩底直径的扩底行程；

4）任一距离的扩底行程所对应的扩底直径。

**2** 扩底钻具入孔前，应在地表对钻具各部位焊接、销轴连接，应对滚刀及滚刀架等进行整体检验。

**3** 扩底钻进采取低转速，切削具的线速度宜取1.5m/s。

**4** 扩底钻头严禁反转施工。

**5** 正常扩底时，若无异常情况，不得无故提动钻具。

**6** 在裂隙发育、不均质的风化岩中扩底时，施加压力应在运转平稳后进行，以防卡住钻机，造成事故。

**7** 扩底完成后，应轻缓的提钻具至孔外。当出现提钻受阻时，不得强提、猛拉，应上下窜动钻具；当钻头脱离孔底时，可轻轻旋转钻头并收拢。

**8** 扩底钻头提出孔外后，应及时冲洗、检查，发现问题应及时维修。

### Ⅲ 水下混凝土灌注

**7.3.16** 在第三次清孔检验合格后，应立即灌注混凝土。

**7.3.17** 水下灌注的混凝土应符合下列规定：

**1** 应具备良好的和易性；配合比应通过试验确定；坍落度宜为（180～220）mm；水泥用量不宜少于360kg/m³；

**2** 混凝土的含砂率宜为40%～50%，并宜选用中粗砂；

**3** 混凝土宜掺加外加剂。

**7.3.18** 灌注混凝土的导管应符合下列规定：

**1** 导管壁厚不宜小于3mm，直径宜为200mm～250mm，直径允许偏差应为±2mm；导管的分节长度可视工艺要求确定，底管长度不宜小于4m，接头宜采用矩形双螺纹快速接头；

**2** 导管使用前应进行试拼装、试压，试水压力可取0.6MPa～1.0MPa；

**3** 导管应连接可靠、接头严密，接口宜用“O”形密封圈；导管吊入桩孔时，位置应居孔中，应防止刮擦钢筋笼和碰撞孔壁；

**4** 导管下应设置隔水塞，隔水塞应有良好的隔水性能，并应保证顺利排出；

**5** 每次使用后应对导管内外进行清洗。

**7.3.19** 水下混凝土灌注施工应符合下列规定：

**1** 开始灌注混凝土时，导管底部至孔底的距离宜为0.3m～0.5m；

**2** 应始终保持导管埋入混凝土深度大于2m，并宜小于或等于4m，严禁将导管提出混凝土灌注面；应控制提拔导管速度，并应跟踪测量导管埋入混凝土灌注面的高差及导管内外混凝土的高差，及时填写水下混凝土灌注记录；

**3** 水下混凝土灌注应连续施工，每根桩混凝土的灌注时间应按初盘混凝土的初凝时间控制；

**4** 应控制混凝土的灌注量，超灌高度宜为0.8m～1.0m；凿除泛浆后，应保证暴露的桩顶混凝土强度达到设计等级。

## 7.4 干作业成孔大直径扩底灌注桩

### Ⅰ 钻孔扩底灌注桩

**7.4.1** 钻孔施工应符合下列规定：

**1** 钻杆应保持垂直稳固，位置准确，应防止因钻杆晃动引起扩径；

**2** 钻进速度应根据电流值变化及时调整；

**3** 钻进过程中，应随时清理孔口积土，遇到地下水、塌孔、缩孔等异常情况时，应及时处理。

**7.4.2** 扩底部位施工应符合下列规定：

**1** 应根据电流值或油压值，调节扩孔刀片削土量，防止出现超负荷现象；

**2** 扩底直径和孔底的虚土厚度应符合设计要求。

**7.4.3** 成孔扩底达到设计深度后，应保护孔口，并应按本规程规定进行验收，及时作好记录。

**7.4.4** 当扩底成孔发现桩底硬质岩残积土或页岩、泥岩等发生软化时，应重新启动钻机将其清除。

**7.4.5** 灌注混凝土前，应在孔口安放护孔漏斗，然后放置钢筋笼，并应再次测量孔内虚土厚度。灌注混凝土时，第一次应灌到扩大端的顶面，并随即振捣密实；灌注桩顶以下5m范围内混凝土时，应随灌注随振捣密实，每次灌注高度不应大于1.5m。

### Ⅱ 人工挖孔扩底灌注桩

**7.4.6** 人工挖孔大直径扩底灌注桩的桩身直径不宜小于0.8m；孔深不宜大于30m。当相邻桩间净距小于2.5m时，应采取间隔开挖措施。相邻排桩间隔开挖的最小施工净距不得小于4.5m。

**7.4.7** 人工挖孔大直径扩底灌注桩的混凝土护壁厚度及护壁配筋应符合下列规定：

**1** 当桩身直径不大于1.5m时，混凝土护壁厚度不宜小于100mm，护壁应配置直径不小于8mm的环形和竖向构造钢筋，钢筋水平和竖向间距不宜大于200mm，钢筋应设于护壁混凝土中间，竖向钢筋应上下搭接或焊接；

**2** 当桩身直径大于1.5m且小于2.5m时，混凝土护壁厚度宜为120mm～150mm；应在护壁厚度方向配置双层直径为8mm的环形和竖向构造钢筋，钢筋水平和竖向间距不宜大于200mm，竖向钢筋应上下搭接或焊接；

**3** 当桩身直径大于等于2.5m且小于4m时，混凝土护壁厚度宜为200mm，应在护壁厚度方向配置双层直径为8mm的环形和竖向构造钢筋，钢筋水平和竖向间距不宜大于200mm，竖向钢筋应上下搭接或焊接。

**7.4.8** 开始挖孔前，桩位应准确定位放线，应在桩位外设置定位基准桩，安装护壁模板时应采用定位基准桩校正模板位置。

**7.4.9** 第一节护壁井圈应符合下列规定：

**1** 井圈中心线与设计轴线的偏差不得大于20mm；

**2** 井圈顶面应高于场地地面100mm～150mm，第一节井圈的壁厚应比下一节井圈的壁厚加厚100mm～150mm，并应按本规程第7.4.7条的规定配置构造钢筋。

**7.4.10** 人工挖孔大直径扩底桩施工时，每节挖孔的深度不宜大于1.0m；每节挖土应按先中间、后周边的次序进行。当遇有厚度不大于1.5m的淤泥或流砂层时，应将每节开挖和护壁的深度控制在0.3m～0.5m，并应随挖随验，随做护壁，或采用钢护筒护壁施工，并应采取有效的降水措施。

**7.4.11** 扩孔段施工应分节进行，应边挖、边扩、边做护壁，严禁将扩大端一次挖至桩底后再进行扩孔施工。

**7.4.12** 人工挖孔桩应在上节护壁混凝土强度大于3.0MPa后，方可进行下节土方开挖施工。

**7.4.13** 当渗水量过大时，应采取截水、降水等有效措施。严禁在桩孔中边抽水边开挖。

**7.4.14** 护壁井圈施工应符合下列规定：

**1** 每节护壁的长度宜为0.5m～1.0m；

**2** 上下节护壁的搭接长度不得小于50mm；

**3** 每节护壁均应在当日连续施工完毕；

**4** 护壁混凝土应振捣密实，如孔壁少量渗水可在混凝土中掺入速凝剂，当孔壁渗水较多或出现流砂时，应采用钢护筒等有效措施；

**5** 护壁模板的拆除应在灌注混凝土24h后进行；

**6** 当护壁有孔洞、露筋、漏水现象时，应及时补强；

**7** 同一水平面上的井圈直径的允许偏差应为50mm。

**7.4.15** 当挖至设计标高后，应清除护壁上的泥土和孔底残渣、积水，隐蔽工程验收后应立即封底和灌注桩身混凝土。当桩底岩土因浸水等软化时，应清除干净后方可灌注混凝土。

**7.4.16** 灌注桩身混凝土时宜采用串筒或溜管，串筒或溜管末端距混凝土灌注面高度不宜大于2m；也可采用导管泵送灌注混凝土。混凝土应垂直灌入桩孔内，并连续灌注，宜利用混凝土的大坍落度和下冲力使其密实。桩顶5m以内混凝土应分层振捣密实，分层灌注厚度不应大于1.5m。

**7.4.17** 钢筋笼制作应符合本规程第5.1.2条的规定。

## 7.5 大直径扩底灌注桩后注浆

**7.5.1** 大直径扩底灌注桩后注浆装置的设置及施工应符合下列规定：

**1** 后注浆导管应采用直径为30mm～50mm的钢管，且应与钢筋笼的加强箍筋固定牢固；

**2** 桩端后注浆导管及注浆阀的数量宜根据桩径大小设置，直径不大于1200mm的桩，宜沿钢筋笼圆周对称设置5～7根；

**3** 当桩长超过15m且单桩承载力增幅要求较高时，宜采用桩端、桩侧复式注浆；

**4** 对于非通长配筋桩，下部应有不少于2根与注浆管等长的主筋组成的钢筋笼通底；

**5** 钢筋笼应沉放到底，不得悬吊，下笼受阻时不得撞笼、墩笼、扭笼。

**7.5.2** 后注浆阀应符合下列规定：

**1** 注浆阀应能承受设计要求的静水压力；注浆阀外部保护层应能抵抗砂石等硬质物的刮撞；

**2** 注浆阀应具备逆止功能。

**7.5.3** 浆液配比、终止注浆压力、流量、注浆量等参数设计应符合下列规定：

**1** 浆液的水灰比应根据土的饱和度、渗透性确定，对于饱和土，水灰比宜为0.45～0.65；对于非饱和的松散碎石土、砾砂土等水灰比宜为0.5～0.6；低水灰比浆液宜掺入减水剂。

**2** 注浆终止时的注浆压力应根据土层性质及注浆点深度确定，风化岩、非饱和黏性土及粉土，注浆压力宜为3MPa～10MPa；饱和土层注浆压力宜为1.2MPa～4MPa。软土宜取低值，密实黏性土宜取高值。

**3** 注浆流量不宜大于75L/min。

**4** 单桩注浆量的设计应根据桩径、桩长、桩端和桩侧土层性质、单桩承载力增幅及是否复式注浆等因素确定，可按下式估算：

$$G_c = \alpha_p D + \alpha_s n d \tag{7.5.3}$$

式中：$G_c$——注浆量，以水泥质量计（t）；

$\alpha_p$、$\alpha_s$——分别为桩端、桩侧注浆经验系数，$\alpha_p=1.5\sim1.8$，$\alpha_s=0.5\sim0.7$，对于卵砾石、中粗砂取高值，一般黏性土取低值；

$D$——扩大端直径（m）；

$n$——桩侧注浆断面数；

$d$——桩身直径（m）。

对独立单桩、桩距大于$6d$的群桩和群桩初始注浆的数根基桩的注浆量，应按公式（7.5.3）估算，并将估算值乘以1.2的系数。

**5** 后注浆作业开始前，宜通过注浆试验优化并确定注浆参数。

**7.5.4** 注浆前应对注浆管及设施进行压水试验。

**7.5.5** 后注浆作业起始时间、顺序和速率应符合下列规定：

**1** 注浆作业宜于成桩2d后开始；

**2** 注浆作业与成桩作业点的距离不宜小于10m；

**3** 对于饱和土，宜先桩侧后桩端注浆；对于非饱和土，宜先桩端后桩侧；对于多断面桩侧注浆，应先上后下；桩侧和桩端注浆间隔时间不宜少于2h；

**4** 桩端注浆时，应对同一根桩的各注浆导管依次实施等量注浆；

**5** 对于群桩注浆宜先外围、后内部；

**6** 应记录注浆压力、注浆量和注浆管的变化，并用百分表检测桩的上抬量。

**7.5.6** 当满足下列条件之一时，即可终止注浆：

**1** 注浆总量和注浆压力均达到设计要求；

**2** 注浆总量达到设计值的75%及以上，且注浆压力超过设计值。

**7.5.7** 当注浆压力长时间低于正常值或地面出现冒浆或周围桩孔出现串浆时，应改为间歇注浆，间歇时间宜为30min～60min，或调低浆液水灰比。

## 7.6 安全措施

**7.6.1** 机械设备应由考核合格的专业机械工操作，并应持证上岗。

**7.6.2** 对大直径扩底灌注桩施工机械设备的操作应符合现行行业标准《建筑机械使用安全技术规程》JGJ 33的规定，应对机械设备、设施、工具配件以及个人劳保用品经常检查，应确保完好和使用安全。

**7.6.3** 桩孔口应设置围栏或护栏、盖板等安全防护设施，每个作业班结束时，应对孔口防护进行逐一检查，严禁非施工作业人员入内。

**7.6.4** 在距未灌注混凝土的桩孔5m范围内，场地堆载不应超过15kN/m²，不应有运输车辆行走。对于软土地基，在表层地基土影响范围内禁止堆载。

**7.6.5** 雨、雪、冰冻天气应采取相应的安全措施，雨后施工应排除积水。

**7.6.6** 人工挖孔大直径扩底桩施工应采取下列安全措施：

**1** 孔内应设置应急软爬梯供作业人员上下；操作人员不得使用麻绳、尼龙绳吊挂或脚踏井壁上下；使用的电葫芦、吊笼等应安全可靠，并应配有自由下落卡紧保险装置；电葫芦宜用按钮式开关，使用前应检验其安全起吊能力，并经过动力试验；

**2** 每日开工前应检测孔内是否有有毒、有害气体，并应有安全防范措施；当桩孔挖深超过3m～5m时，应配置向孔内作业面送风的设备，风量不应少于25L/s；

**3** 在孔口应设置防止杂物掉落孔内的活动盖板；

**4** 挖出的土方应及时运离孔口，不得堆放在孔口周边5m的范围内；当孔深大于6m时，应采用机械动力提升土石方，提升机构应有反向锁定装置。

**7.6.7** 应控制注浆的压力，严禁超压运作。试压时注浆管口应远离人群。

**7.6.8** 钻头吊入护筒内后，应关好钻架底层铁门，防止杂物落入桩孔。

**7.6.9** 启动、下钻及钻进时，须设专人收、放电缆和进浆管。使用潜水电钻成孔设备时，应设有过载保护装置，在阻力过大时应能自动切断电源。

**7.6.10** 废弃泥浆、渣土应有序排放，严禁随意流淌或倾倒。泥浆池应设置围栏。

**7.6.11** 工地临时用电线路架设及用电设施，应按现行行业标准《施工现场临时用电安全技术规范》JGJ 46的有关规定执行。

# 8 质 量 检 验

## 8.1 一 般 规 定

**8.1.1** 大直径扩底桩质量检验应包括下列内容：

1 桩体原材料检验；

2 成孔检验；

3 成桩检验；

4 后注浆检验；

5 桩承台检验。

**8.1.2** 大直径扩底桩质量检验要求，应符合表8.1.2的规定。

**表 8.1.2 大直径扩底桩质量检验要求**

| 序 | 检查项目 | 允许偏差 | 检查方法 |
| --- | --- | --- | --- |
| 1 | 桩位 | ≤$d$/4 且不大于 100mm | 开挖后量桩中心 |
| 2 | 孔深 | +300mm<br>0 | 测钻具长度或用重锤测量 |
| 3 | 混凝土强度 | 设计要求 | 试件报告或钻芯取样送检 |
| 4 | 沉渣厚度 | ≤50mm | 用沉渣测定仪或重锤测量 |
| 5 | 桩径 | ±50mm | 用伞形孔径仪或超声波检测 |
| 6 | 垂直度 | <1.0% | 测钻杆的垂直度或用超声波探测 |
| 7 | 钢筋笼安装深度 | ±100mm | 用钢尺量 |
| 8 | 混凝土充盈系数 | >1.0 | 检查桩的实际灌注量 |
| 9 | 桩顶标高 | +30mm<br>−50mm | 用水准仪量 |

**8.1.3** 大直径扩底桩钢筋笼质量检验要求，应符合表8.1.3的规定。

**表 8.1.3 大直径扩底桩钢筋笼质量检验要求**

| 项目 | 序 | 检查项目 | 允许偏差 | 检查方法 | 备 注 |
| --- | --- | --- | --- | --- | --- |
| 主控项目 | 1 | 主筋间距 | ±10mm | 用钢尺量 | 主筋、加劲筋电焊搭接时，单面焊缝长度大于 10$d$，焊缝饱满 |
| | 2 | 钢筋笼整体长度 | ±100mm | 用钢尺量 | |
| 一般项目 | 1 | 钢筋材质检验 | 设计要求 | 抽样送检 | |
| | 2 | 箍筋间距 | ±20mm | 用钢尺量 | |
| | 3 | 钢筋笼直径 | ±10mm | 用钢尺量 | |

**8.1.4** 桩体原材料质量检验应符合现行国家标准《建筑地基基础工程施工质量验收规范》GB 50202 的规定。

**8.1.5** 承台工程的检验除应符合本规程的规定外，尚应符合现行国家标准《混凝土结构工程施工质量验收规范》GB 50204 的规定。

## 8.2 成孔质量检验

**8.2.1** 大直径扩底桩成孔施工前，应试成孔，其数量在每个场地不应少于 2 个。对于有经验的建筑场地，试成孔可结合工程桩进行。

**8.2.2** 成孔质量检验应包括：孔深、孔径、垂直度、扩大端尺寸、孔底沉渣厚度等。

**8.2.3** 人工成孔时，应逐孔检验桩端持力层岩土性质、进入持力层深度、扩大端孔径、桩身孔径和垂直度，孔底虚土应清理干净。持力层为风化基岩时，宜采用点荷载法逐孔测试风化岩的强度。

**8.2.4** 机械成孔时，应逐孔检验桩端持力层岩土性质、进入持力层深度、扩大端孔径、桩身孔径、垂直度和孔底沉渣厚度。

**8.2.5** 机械成孔桩扩大端孔径及桩身孔径可采用超声波法或伞形孔径仪进行检验，并应符合本规程附录C、附录D的规定。伞形孔径仪的标定方法应符合本规程附录E的规定。

**8.2.6** 机械成孔的孔底沉渣厚度应符合本规程第7.3.12条的规定，可采用沉渣测定仪检测，并应符合下列规定：

1 沉渣厚度检测宜在清孔完毕后、灌注混凝土前进行；

2 检测至少应进行 3 次，应取 3 次检测数据的平均值为最终检测结果。

**8.2.7** 沉渣测定仪应符合下列规定：

1 检测仪器、设备应是有计量器具生产许可证的厂家生产的合格产品，并应在标定有效期内使用；

2 检测仪器、设备应具有良好的稳定性及绝缘性，且应具备检测工作所必需的防尘、防潮、防振等功能，并应能在－10℃～＋40℃温度范围内正常工作；

3 检测精度应满足评价要求。

**8.2.8** 大直径扩底桩成孔施工允许偏差应符合本规程表8.1.2的要求。

## 8.3 成桩质量检验

**8.3.1** 大直径扩底桩成桩质量检验项目应包括：钢筋笼制作与吊放、混凝土灌注、混凝土强度、桩位、桩身完整性、单桩承载力等。

**8.3.2** 钢筋笼制作前应对钢筋与焊条规格、品种、质量、主筋和箍筋的制作偏差等进行检查，钢筋笼制作偏差应符合本规程第 8.3.3 条的规定。

**8.3.3** 钢筋笼制作与吊放应按设计要求施工，除应符合本规程表 8.1.3 的规定外，尚应符合下列规定：

1 钢筋保护层允许偏差为±10mm；

2 钢筋笼就位后，顶面和底面标高允许偏差为±50mm。

**8.3.4** 应对钢筋笼安装进行检查，并应填写相应质量检测、检查记录。

**8.3.5** 拌制混凝土时，应对原材料计量、混凝土配合比、坍落度等进行检查；

**8.3.6** 成桩后应对桩位偏差、混凝土强度、桩顶标高等进行检验，并应符合本规程表 8.1.2 的规定。

**8.3.7** 每灌注 50m³ 混凝土必须有 1 组试件，每根桩必须有 1 组试件。

**8.3.8** 大直径扩底桩可采用钻芯法或声波透射法进行桩身完整性检验，抽检数量不应少于总桩数的 30%，且不应少于 10 根；采用低应变法检验桩身完整性时，检验数量应为 100%。钻芯法或声波透射法检验应符合现行行业标准《建筑基桩检测技术规范》JGJ 106 的规定。

**8.3.9** 大直径扩底桩应进行承载力检测，并应符合下列规定：

1 当采用单桩静载试验检测承载力时，检验数量不应少于同条件下总桩数的 1%，且不应少于 3 根；当总桩数少于 50 根时，检测数量不应少于 2 根；

2 在桩身混凝土强度达到设计要求的条件下，后注浆桩承载力检测应在注浆 20d 后进行，浆液中掺入早强剂时可于注浆 15d 后进行。

**8.3.10** 大直径扩底桩单桩竖向抗压静载试验应符合本规程附录 B 的要求，单桩竖向抗拔承载力和单桩水平承载力的静载试验应符合现行行业标准《建筑基桩检测技术规范》JGJ 106 的规定。

**8.3.11** 大直径扩底桩质量合格判定应符合下列规定：

1 桩身所用的原材料合格；每桩留有桩身混凝土试件，其抗压强度应符合设计要求；

2 桩身直径、扩大端尺寸、桩身入土深度、桩端进入持力层深度应符合设计要求；

3 桩的平面位置和成孔质量应符合现行国家标准《建筑地基基础工程施工质量验收规范》GB 50202 的规定；

4 桩身完整性经检验合格；

5 单桩承载力特征值符合设计要求。

### 8.4 大直径扩底灌注桩及承台质量验收

**8.4.1** 大直径扩底桩及承台工程的验收应符合现行国家标准《建筑地基基础工程施工质量验收规范》GB 50202 的规定。

**8.4.2** 当桩顶设计标高与施工场地标高相近时，大直径扩底桩桩基工程应待成桩完毕后验收；当桩顶设计标高低于施工场地标高时，应待开挖到设计标高后进行验收。

**8.4.3** 大直径扩底桩验收应包括下列资料：

1 工程地质勘察报告、竣工图、图纸会审纪要、设计变更单及材料代用通知单等；

2 经审定的施工组织设计、施工方案及执行中变更情况；

3 桩位测量放线图，包括工程桩桩位线复核签证单；

4 原材料的质量合格证和质量检验报告；

5 施工记录及隐蔽工程验收文件；

6 成孔质量检验报告；

7 成桩质量检验报告；

8 单桩承载力检验报告或基岩载荷检验报告；

9 其他必须提供的文件和记录。

**8.4.4** 后注浆大直径扩底桩验收，除应符合本规程 8.4.3 条的要求外，尚应包括下列资料：

1 水泥材质检验报告；

2 压力表检定证书；

3 设计工艺参数；

4 试注浆记录；

5 后注浆作业记录；

6 特殊情况处理记录等资料。

**8.4.5** 承台工程验收时应包括下列资料：

1 承台钢筋、混凝土的施工与检验记录；

2 桩头与承台的锚筋、边桩离承台边缘距离、承台钢筋保护层检验记录；

3 承台厚度、长宽和宽度的检验记录及混凝土外观检验记录等。

## 附录 A 耐久性规定

**A.0.1** 二类和三类环境中，设计使用年限为 50 年的桩基结构混凝土耐久性应符合表 A.0.1 的规定。

**表 A.0.1 二类和三类环境桩基结构混凝土耐久性的基本要求**

| 环境类别 | | 最大水灰比 | 最小水泥用量（kg/m³） | 混凝土最低强度等级 | 最大氯离子含量（%） | 最大碱含量（kg/m³） |
|---|---|---|---|---|---|---|
| 二 | a | 0.55 | 250 | C25 | 0.3 | 3.0 |
| | b | 0.50 | 275 | C30 | 0.2 | 3.0 |
| 三 | | 0.45 | 300 | C35 | 0.1 | 3.0 |

注：1 氯离子含量系指其与水泥用量的百分率；

2 当混凝土中加入活性掺合料或能提高耐久性的外加剂时，可适当降低最小水泥用量；

3 当使用非碱活性骨料时，对混凝土中碱含量不作限制；

4 当有可靠工程经验时，表中混凝土最低强度等级可降低一个等级。

**A.0.2** 桩身裂缝控制等级及最大裂缝宽度应根据环境类别和水、土介质腐蚀性等级按表A.0.2规定选用。

**表A.0.2 桩身的裂缝控制等级及最大裂缝宽度限值**

| 环境类别 | | 钢筋混凝土 | | 预应力混凝土 | |
|---|---|---|---|---|---|
| | | 裂缝控制等级 | $w_{lim}$(mm) | 裂缝控制等级 | $w_{lim}$(mm) |
| 二 | a | 三 | 0.2 (0.3) | 二 | 0 |
| | b | 三 | 0.2 | 二 | 0 |
| 三 | | 三 | 0.2 | 二 | 0 |

注：1 水、土为强、中腐蚀时，抗拔桩裂缝控制等级应提高一级；

2 二a环境中，位于稳定地下水位以下的基桩，其最大裂缝宽度限值可采用括弧中的数值。

**A.0.3** 四类、五类环境桩基结构耐久性设计可按现行行业标准《港口工程混凝土结构设计规范》JTJ 267和现行国家标准《工业建筑防腐蚀设计规范》GB 50046等执行。

**A.0.4** 对三、四、五类环境桩基结构，受力钢筋宜采用环氧树脂涂层带肋钢筋。

## 附录B 大直径扩底灌注桩单桩竖向抗压承载力静载试验要点

**B.0.1** 本试验要点适用于测求大直径扩底桩单桩竖向抗压承载力特征值。

**B.0.2** 大直径扩底桩单桩竖向抗压承载力静载试验应采用锚桩横梁反力装置或锚桩压重联合反力装置，且加载反力装置能提供的反力不得小于最大加载量的1.2倍。

**B.0.3** 为设计提供依据的竖向抗压静载荷试验应采用慢速维持荷载法。

**B.0.4** 试验加载应分级进行，采用逐级等量加载；分级荷载宜为最大加载量或预估极限承载力的1/10，其中第一级可取分级荷载的2倍。

**B.0.5** 每级荷载加载后，在第5min、10min、15min、30min、45min、60min时测读桩顶沉降量$s$，以后每隔30min测读一次。

**B.0.6** 在每一小时内桩顶沉降不超过0.1mm，且连续出现两次（从分级荷载施加后第30min开始，按1.5h连续三次每30min的沉降观测值计算）后，可判定试桩在本级荷载作用下已经相对稳定，可施加下一级荷载。

**B.0.7** 终止加载条件应符合下列规定之一：

**1** 某级荷载作用下，桩顶沉降量应大于前一级荷载作用下沉降量的5倍；

**2** 某级荷载作用下，桩顶沉降量应大于前一级荷载作用下沉降量的2倍，且经24h沉降量尚不能达到稳定标准；

**3** 当荷载达到锚桩抗拔承载力或当工程桩作锚桩时，锚桩上拔量应已达到允许值；

**4** 当桩端持力层为坚硬土层或风化软岩，且不存在软弱下卧层时，最大加载量应不小于单桩承载力特征值的2倍；

**5** 荷载-沉降曲线有可判定单桩极限承载力的陡降段，可终止加载；缓变型曲线可加载至桩顶总沉降量大于60mm～80mm；在特殊情况下，可根据具体要求加载至桩顶累计沉降量大于100mm。

**B.0.8** 卸载时，每级荷载维持1h（按第15min、30min、60min测读桩顶沉降量），即可卸下一级荷载。卸载至零后，应测读桩顶残余沉降量，维持时间3h（测读时间为第15min、30min，以后每隔30min测读一次）。

**B.0.9** 大直径扩底桩单桩竖向抗压承载力特征值应按下列要求确定：

**1** 当单桩极限荷载能确定，将单桩极限荷载除以安全系数2，作为单桩竖向抗压承载力特征值；

**2** 对缓变形荷载-沉降曲线的试桩，取沉降小于等于10mm的荷载作为单桩竖向抗压承载力特征值；结构变形允许时，可适当增加沉降取值，但最大沉降值不得超过15mm。

**B.0.10** 大直径扩底桩单桩竖向抗压承载力统计特征值的确定应符合下列规定：

**1** 参加统计的试桩结果，当满足其极差不超过平均值30%时，取其平均值作为单桩竖向抗压承载力特征值。

**2** 当极差超过平均值的30%时，应分析极差过大的原因，结合工程具体情况综合确定，必要时可增加试桩数量。

**3** 对多桩的柱下承台，或工程桩抽检数量少于3根时，应取低值。

**B.0.11** 施工后的工程桩验收检测宜采用慢速维持荷载法。

**B.0.12** 当需要测试桩侧阻力和端阻力时，可在桩身内埋设量测桩身应力、应变、桩底反力的传感器或位移杆，具体应按现行行业标准《建筑桩基检测技术规范》JGJ 106执行。

## 附录C 大直径钻孔扩底灌注桩超声波成孔检测方法

**C.0.1** 本方法适用于泥浆护壁大直径钻孔扩底桩孔

的垂直度、孔径检测。

**C.0.2** 被检测的大直径钻孔扩底桩的孔径不应大于5.0m。

**C.0.3** 超声波检测时，孔内泥浆性能应符合表C.0.3的规定。

**表C.0.3 泥浆性能指标**

| 项　目 | 性能指标 |
|---|---|
| 重度（$kN/m^3$） | <12.0 |
| 黏度（s） | 18～25 |
| 含砂量 | <4% |

**C.0.4** 检测中应采取有效手段，保证检测信号清晰有效。

**C.0.5** 检测中探头升降速度不宜大于10m/min。

**C.0.6** 超声波法检测仪器设备应符合下列规定：

1 孔径检测精度不应低于0.2%；

2 孔深度检测精度不应低于0.3%；

3 测量系统应为超声波脉冲系统；

4 超声波工作频率应满足检测精度要求；

5 脉冲重复频率应满足检测精度要求；

6 检测通道应至少为两通道；

7 记录方式应为模拟式或数字式；

8 应具有自校功能。

**C.0.7** 超声波法检测仪器进入现场前应利用自校程序进行自校，每孔测试前利用护筒直径的作为标准距离标定仪器系统。标定应至少进行2次。

**C.0.8** 标定完成后应及时锁定标定旋钮，在同一孔的检测进程中不得变动。

**C.0.9** 超声波法成孔检测，应在钻孔清孔完毕、孔中泥浆气泡基本消散后进行。

**C.0.10** 仪器探头宜对准护筒中心。

**C.0.11** 检测宜自孔口至孔底或自孔底至孔口连续进行。

**C.0.12** 应正交$x-x'$、$y-y'$两方向检测，直径大于4.0m的桩孔、试成孔及静载试桩孔应增加检测方位。

**C.0.13** 应标明检测剖面$x-x'$、$y-y'$等走向与实际方位的关系。

**C.0.14** 成孔后经检测满足规定的要求，应立即灌注混凝土；如隔置时间长，应在成孔后每小时内等间隔检测不宜少于3次，每次应定向检测。

**C.0.15** 超声波在泥浆介质中传播速度可按下式计算：

$$c_p = 2(d_0 - d')/(t_1 + t_2) \quad (C.0.15)$$

式中：$c_p$——超声波在泥浆介质中传播的速度（m/s）；

$d_0$——护筒直径（m）；

$d'$——两方向相反换能器的发射（接收）面之间的距离（m）；

$t_1$、$t_2$——对称探头的实测声时（s）。

**C.0.16** 孔径$d$可按下式计算：

$$d = d' + c_p \cdot (t_1 + t_2)/2 \quad (C.0.16)$$

式中：$d$——孔径（m）；

其余符号意义同上。

**C.0.17** 孔径的垂直度$J$可按下式计算：

$$J = (e/l) \times 100\% \quad (C.0.17)$$

式中：$e$——孔的偏心距（m）；

$l$——实测孔深度（m）。

**C.0.18** 现场检测记录图应符合下列规定：

1 应有明显的刻度标记，能准确显示任何深度截面的孔径及孔壁的形状；

2 应标记检测时间、设计孔径、检测方向及孔底深度。

## 附录D 大直径钻孔扩底灌注桩伞形孔径仪孔径检测方法

**D.0.1** 钻孔扩底桩成孔孔径检测，应在钻孔、清孔完毕后进行。

**D.0.2** 伞形孔径仪必须是具有计量器具生产许可证的厂家生产的合格产品。现场检测前应按照本规程附录E的要求标定。伞形孔径仪标定后的恒定电流源电流、量程、仪器常数及起始孔径在检测过程中不得变动。

**D.0.3** 伞形孔径仪应符合下列规定：

1 被测孔径小于1.2m时，孔径检测误差应为±15mm，被测孔径大于等于1.2m时，孔径检测误差应为±25mm；

2 孔深检测精度不低于0.3%；

3 探头绝缘性能不小于100MΩ/500V，在潮湿情况下不小于2MΩ/500V；

4 应在−10～+40℃温度范围内正常工作，并具备检测工作必需的防尘、防潮、防振等功能。

**D.0.4** 检测前应校正好自动记录仪的走纸与孔口滑轮的同步关系。

**D.0.5** 检测前应将深度起算面与钻孔钻进深度起算面对齐，以此计算孔深。

**D.0.6** 孔径检测应自孔底向孔口连续进行。

**D.0.7** 检测中探头应匀速上提，提升速度应不大于10m/min。孔径变化较大处，应降低探头提升速度。

**D.0.8** 检测结束时，应根据孔口护筒直径的检测结果，再次标定仪器的测量误差，必要时应重新标定后再次检测。

**D.0.9** 孔径记录图应符合下列规定：

1 应有清晰的孔径、深度刻度标记，能准确显示任意深度截面的孔径；

2 应有设计孔径基准线、基准零线及同步记录深度标记；

3 记录图纵横比例尺，应根据设计孔径及孔深合理设定，并应满足分析精度需要。

**D.0.10** 桩端扩大端孔径及桩身孔径可按下式计算：

$$D' = D_0 + k \times \Delta V / I \qquad (D.0.10)$$

式中：$D_0$——起始孔径（m）；

$k$——仪器常数（m/Ω）；

$\Delta V$——信号电位差（V）；

$I$——恒定电流源电流（A）。

## 附录E 伞形孔径仪标定方法

**E.0.1** 伞形孔径仪的标定应在专用标定架上进行。标定架应定期送交国家法定计量检测机构检定合格。

**E.0.2** 标定架刻度误差应为±1mm。

**E.0.3** 伞形孔径仪应按下列步骤进行标定：

1 连孔径仪，打开电源，确认设备工作正常；

2 按从小到大、从大到小的顺序，分别将四条测臂置于标定架不同直径$D'$的刻度点，记录仪器每次测量值$d$；

3 将各次的直径—测量值数据组，按最小二乘法拟合出$D'$—$d$的线性方程：

$$d = D_0 + k \times D' \qquad (E.0.3)$$

式中：$k$——斜率（仪器常数）；

$D_0$——截距（起始孔径）。

4 将方程求出的仪器常数及起始孔径输入记录仪；

5 将测臂置于标定架不同直径刻度点3次，分别记录各次仪器测量值；

6 将上述3次标准直径分别代入线性方程，计算出方程的测量值；

7 对应不同标准直径，比较方程测量值与仪器测量值的差值。

**E.0.4** 根据上述标定的结果，若仪器测量值与方程测量值之差满足规范精度要求，表明仪器正常，可以进行检测。否则需重新标定确定仪器常数及起始孔径，若精度仍不满足要求，仪器必须返厂维修。

## 本规程用词说明

1 为便于在执行本规程条文时区别对待，对要求严格程度不同的用词说明如下：

1）表示很严格，非这样做不可的：
正面词采用“必须”，反面词采用“严禁”；

2）表示严格，在正常情况下均应这样做的：
正面词采用“应”，反面词采用“不应”或“不得”；

3）表示允许稍有选择，在条件许可时首先应这样做的：
正面词采用“宜”，反面词采用“不宜”；

4）表示有选择，在一定条件下可以这样做的，采用“可”。

2 条文中指明应按其他有关标准执行的写法为：“应符合……的规定”或“应按……执行”。

## 引用标准名录

1 《建筑地基基础设计规范》GB 50007
2 《混凝土结构设计规范》GB 50010
3 《建筑抗震设计规范》GB 50011
4 《岩土工程勘察规范》GB 50021
5 《工业建筑防腐蚀设计规范》GB 50046
6 《建筑地基基础工程施工质量验收规范》GB 50202
7 《混凝土结构工程施工质量验收规范》GB 50204
8 《工程岩体分级标准》GB 50218
9 《工程岩体试验方法标准》GB/T 50266
10 《钢筋焊接及验收规程》JGJ 18
11 《建筑机械使用安全技术规程》JGJ 33
12 《施工现场临时用电安全技术规范》JGJ 46
13 《建筑桩基技术规范》JGJ 94
14 《建筑基桩检测技术规范》JGJ 106
15 《钢筋机械连接技术规程》JGJ 107
16 《港口工程混凝土结构设计规范》JTJ 267

# 中华人民共和国行业标准

# 大直径扩底灌注桩技术规程

**JGJ/T 225—2010**

## 条 文 说 明

# 制 定 说 明

《大直径扩底灌注桩技术规程》JGJ/T 225－2010经住房和城乡建设部2010年11月4日以800号公告批准、发布。

本规程制订过程中，编制组对国内大直径扩底灌注桩的应用情况进行了调查研究，总结了我国大直径扩底灌注桩的实践经验，开展了相关室内模型试验、数值模拟分析和现场试验。

为便于广大设计、施工、科研、学校等单位有关人员在使用本标准时能正确理解和执行条文规定，《大直径扩底灌注桩技术规程》编制组按章、节、条顺序编制了本规程的条文说明，对条文规定的目的、依据以及执行中需注意的有关事项进行了说明。但是，本条文说明不具备与标准正文同等的法律效力，仅供使用者作为理解和把握标准规定的参考。

# 目　次

# 1 总 则

**1.0.1** 随着我国工程建设的快速发展，具有较高承载性状的大直径扩底灌注桩，在高层建筑等大型、重要工程中得到广泛应用。大直径扩底灌注桩有以下特点：

**1** 大直径扩底灌注桩以桩端承载力为主，绝大多数载荷试验得不到明显的极限荷载，载荷试验曲线基本上均呈缓变型，没有明显直线段，也无明显的破坏荷载，甚至比例界限也不明显，极限承载力标准值无法由载荷试验直接确定。

**2** 根据大直径扩底灌注桩静压桩试验结果分析和其受力机理分析，大直径扩底桩具有很高的端承潜力。

**3** 大直径扩底桩的沉降变形以桩底土的竖向压缩变形为主，而这种变形又与桩底土的特性密切相关。因此大直径扩底桩的设计必须以沉降变形和承载力双向控制。

由于大直径扩底桩的以上特点，与普通的等直径桩的承载特性不同，现行的地基基础设计标准和建筑桩基技术标准显然不能完全适用于该桩型，因此特编制本规程，用于扩底桩的设计与施工。

**1.0.2** 本规程所指的建筑工程，包括构筑物。

# 2 术语和符号

## 2.1 术 语

**2.1.1** 基础埋深小于等于5m时，施工难度小，习惯上称为浅基础。而桩基为深基础，因此本规程规定大直径扩底桩桩长不小于5m。

**2.1.4** 本规程规定大直径扩底桩单桩竖向抗压承载力特征值，是由单桩载荷试验测定的地基土压力变形曲线拟线性段内规定的变形所对应的压力值，其取值应按下列要求确定：

**1** 当能确定单桩极限荷载，将单桩极限荷载除以安全系数2，作为单桩竖向抗压承载力特征值。

**2** 对缓变形荷载-沉降曲线的试桩，取沉降小于等于10mm的荷载作为单桩竖向抗压承载力特征值。结构变形允许时，可适当增加沉降取值，但最大沉降值不得超过15mm。桩顶沉降取值，应根据端承岩土体的条件和性质综合确定，通常土质越硬取值越小。确定大直径扩底桩单桩竖向承载力特征值的桩顶沉降取值，应扣除桩身压缩变形，桩身压缩计算见本规程第6.2.6条。

大直径扩底桩载荷试验曲线多为缓变形，无明显极限荷载，因此，工程中也有取桩顶沉降量 $s$ 与扩底直径 $D$ 之比 $s/D=0.01$ 为承载力特征值的，但必须满足上部结构对变形的要求。

# 3 基本规定

**3.0.1** 大直径扩底桩的适用条件可以归纳为以下几点：

**1** 由于大直径扩底桩以端阻力为主，故在一定深度范围内应有承载能力较高、稳定性较好的持力层，如中密、密实的砂土或碎石土，坚硬、硬塑状态的粉土和黏性土，强风化以上的硬质岩以及中风化、微风化的软岩、较软岩等。有承载力较高的持力层才能发挥扩底桩的优势，但承载力很高的岩石，由于承载力主要由桩身强度控制，故一般不需扩底。

**2** 无论人工还是机械扩底，施工时都有一个临空面，松散土层容易垮塌，故"适宜于底部扩大"是采用扩底桩不可或缺的条件。

**3** 大直径扩底桩的竖向承载力很高，可达数千甚至数万千牛，故常用于单柱荷载较大的框架结构、框剪结构、排架结构、巨型柱以及剪力墙、筒结构等的基础，常采用一柱一桩，用于轻型建筑和砌体结构往往不经济。

**4** 大直径扩底桩有较高的水平向承载力和抗拔力，可用于水平向荷载较高的工程和拔力较大的工程。

**5** 人工开挖的扩底桩，适宜在狭小的施工场地上应用，但在地下水位以下施工时，应采取有效降水和支护措施后开挖、扩底。

**6** 大直径扩底桩的设计和施工，经验性很强，故无论用于竖向、水平向或抗拔，均需有一定的经验，否则，应通过试验确定其适用性。

**3.0.2** 为了便于设计时区别对待，需划分大直径扩底桩的设计等级。设计等级的划分主要依据设计的复杂性、技术的难易程度以及地基问题对建筑物安全和正常使用可能造成影响的严重程度，建筑物的规模和重要性、荷载大小、地基的复杂程度是主要因素。本条规定与现行国家标准《建筑地基基础设计规范》GB 50007的原则和精神一致，并根据扩底桩的特殊情况进一步具体化。

大直径扩底桩主要用于柱基础，且大多采用一柱一桩，故单柱荷载很大的扩底桩应列为甲级；荷载特别大时采用一柱多桩，设计时还要考虑双桩、三桩(或更多)的合理布置和协调，应力叠加更使地基变形复杂化，故应列为甲级；当同一建筑结构单元的相邻单柱荷载差别较大或桩底置于性质明显不同的岩土层上时，易产生相邻柱基的差异沉降，设计难度较大，故列为甲级；有软弱下卧层时，地基承载力和地基变形的计算比较复杂，故也列为甲级。由于结构和地质条件多种多样，不胜枚举，故规定其他结构特殊或地质条件复杂的大直径扩底桩设计等级应列为甲级，例如结构对差异沉降特别敏感，现行国家标准《建筑地基基础设计规范》GB 50007 地基设计等级为甲级以及本规程第 3.0.12 条列出的地质条件等。

剪力墙结构、筒结构和箱筏基础下采用大直径扩底桩时，设计等级可参照柱基础确定。

**3.0.3** 大直径扩底桩均为非挤土桩，故对桩的间距和净距没有特殊要求。采用一柱一桩时桩距较大，相互间没有影响。但当采用一柱多桩且净距较小时，应考虑土中应力的叠加对地基变形的影响，具体计算见本规程第 6 章。净距过小，施工中可能发生桩与桩互相连通，故规定不应小于 0.5m。

**3.0.4** 由于大直径扩底桩的承载力高，由载荷试验不易确定其单桩极限承载力，故按变形控制设计是一条重要原则。当同一建筑结构单元的相邻大直径扩底桩的荷载差别较大时，可通过调整桩端扩大端的面积来协调变形。

**3.0.6** 大直径扩底桩设计应有充分的设计依据，岩土工程勘察应根据工程情况，按不同设计等级提供必要的试验、测试资料和设计参数，严禁单纯依靠工程经验，不作勘察进行设计。

**3.0.7** 本条依据相关标准，规定了大直径扩底桩基础设计时应采用的荷载组合和相应的抗力限值。

**3.0.8** 桩基础结构耐久性设计应按现行国家标准《混凝土结构设计规范》GB 50010 有关规定执行。

**3.0.9** 影响大直径扩底桩承载力和变形的主要因素是桩端持力层的岩土性质和扩底尺寸，故灌注混凝土前应逐孔检验，是否与勘察报告相符，是否满足设计要求，发现问题应及时解决和处理。检验方法和要求按本规程第 8 章执行。

**3.0.10** 成孔、成桩工艺应根据工程地质及水文地质条件、施工条件、场地周围环境及经济指标等因素综合分析确定。

**3.0.11** 人工挖孔扩底存在安全隐患，故施工前编制施工组织设计时应有针对性地提出有效而切实可行的安全措施和应急预案，并在施工过程中严格执行。

**3.0.12** 当遇本条所述的特殊地质条件时，无论勘察、设计、施工、检验、检测，均须根据具体情况采取专门措施，以确保施工安全、工程安全。

**3.0.13** 本条为合理选择大直径扩底桩桩端持力层的规定：

**1** 持力层选择风化岩指全风化或强风化岩，因为端承于中等风化时通常不需要扩底，为嵌岩桩。

**2** 软弱下卧层的定义见本规程第 6.2.5 条的条文说明。有软弱下卧层时桩端下土中附加应力的影响深度为 $2.0D$，无软弱下卧层时桩端下附加应力的影响深度为 $2.5D$。

**3** 桩端下$(2.0\sim2.5)D$范围内应力扩散范围内无岩体临空面，指端承于全风化或强风化岩时。

扩底桩桩端下均质土中附加应力的影响深度约为 $2.5D$，即压缩层主要集中在桩底下 $2.5D$ 范围内；当持力层厚度小于 $2.5D$，下卧层较为软弱时，地基变形较大，承载力降低，且增加设计计算的复杂性，故规定桩端下持力层厚度不宜小于 $2.5D$。而存在软弱下卧层时土中附加应力的影响深度约为 $2.0D$。

持力层厚度 $2.5D$ 内如有不同土层时，除达到本规程第 6.2.5 条规定的为软弱下卧层外，不考虑土层的差异对桩端下土中附加应力的影响，即影响深度仍取 $2.5D$。存在软弱下卧层时按本规程第 6 章的规定计算大直径扩底桩的承载力和沉降。

# 4 设计基本资料与勘察要求

## 4.1 设计基本资料

**4.1.1** 除建筑场地工程地质、水文地质资料外，场地的环境条件、新建工程的平面布置、结构类型、荷载分布、使用功能上的特殊要求、结构安全等级、抗震设防烈度、场地类别、桩的施工条件、类似地质条件的试桩资料等，这些都是大直径扩底桩设计所需的基本资料。

## 4.2 勘察要求

**4.2.1** 由于大直径扩底桩是端承型桩，因此勘察工作的关键是准确获得确定桩端承载力和变形特性的参数，推荐选择合理的桩端持力层。大量工程统计分析表明，大直径扩底桩桩端埋深通常在 30.0m 内。

**4.2.2** 荷载较大或复杂地基的一柱一桩工程，在桩位确定后应进行逐桩勘察。荷载较大是指一般单桩荷载大于 20000kN，持力层通常为风化基岩及密实的砂土、碎石土的扩底桩，这类扩底桩桩基承载力很难通过单桩静载试验确定，施工验槽时重点对持力层的性质及扩底的直径进行检验，检测的重点是桩身混凝土质量及完整性；复杂地基是指桩端持力层岩土种类多、均匀性差、性质变化大的地基，由于持力层不均匀很容易造成持力层误判，一旦出现差错或事故，后果严重，因此规定在桩位确定后必须按桩位进行逐桩勘察。由于大直径扩底桩的桩端持力层多为低压缩的地层，通常为中密、密实的粉土、砂土和碎石土及全风化和强风化岩。桩端全断面进入持力层的深度可取 $1.0h_a$（$h_a$为扩大段斜边高度，见本规程图 5.1.1），桩端下主要压缩层厚$(2.0\sim2.5)D$，勘探孔深应能满足压缩层的厚度，故规定控制性勘探孔的深度应深入预计桩端持力层顶面以下$(3.0\sim5.0)D$，一般性勘探孔的深度应达到预计桩端下$(2.0\sim3.0)D$。$D$ 大的桩取小值，$D$ 小的桩取大值。

**4.2.3** 勘察阶段应根据确定大直径扩底桩承载力的不同方法分别提供工程勘察资料和相关岩土参数，本规程首推由原型桩静载试验确定大直径扩底桩承载力，其次是根据经验参数分别确定大直径扩底桩侧阻特征值、端阻特征值的方法。

**4.2.4** 对于无法取样的粗颗粒土，其压缩性指标由原位测试确定，详见本规程第6.2.6条的条文说明。

**4.2.5** 本条为大直径扩底桩端承于全风化岩和强风化岩体时其强度试验的规定。对黏土质软岩，浸水饱和后通常不能进行试验或强度显著降低，在确保施工期间及使用期不致遭水浸泡时，也可采取天然湿度岩样进行单轴抗压强度试验。

# 5 基本构造

## 5.1 大直径扩底灌注桩构造

**5.1.1** 大直径扩底桩扩大端尺寸的要求，可以归纳为以下几点：

1 扩大端直径与桩身直径比 $D/d$ 之规定，主要考虑了施工的安全性、难易程度及扩大端受力均匀性，应根据承载力要求及扩大端侧面和桩端持力层土质确定。行业标准《建筑桩基技术规范》JGJ 94－2008中规定挖孔桩的 $D/d$ 不应大于3.0，钻孔桩的 $D/d$ 不应大于2.5。事实上，对于钻孔扩底桩 $D/d$ 亦可达3.0，人工挖孔更易实现。故本规程规定 $D/d$ 一般不宜大于3.0。

2 根据大量数值模拟结果，结合工程实践，扩大端的矢高取(0.30～0.35)$D$时，扩底桩的桩端应力分布较均匀、受力合理，桩端承载力性状较佳。因此，本规程对矢高的建议值(0.30～0.35)$D$，与行业标准《建筑桩基技术规范》JGJ 94－2008中规定取(0.15～0.2)$D$相比有所增大。

3 扩底端侧面的斜率 $b/h_a$ 应根据实际成孔及扩底端侧面土体的自立条件确定。对于砂卵石层，根据密实度或胶结程度 $b/h_a$ 可进行调整。风化岩的规定主要参照广东省地方标准《建筑地基基础设计规范》DBJ 15－31－2003。

4 为防止桩端在某些极端条件下发生滑移，保证持力层提供足够的承载力，使扩底桩正常工作，充分发挥其承载力高的特性，根据数值模拟结果，结合工程实践，本规程规定桩端进入持力层的深度为(0.5～1.0)$h_a$，对风化岩的规定主要参照行业标准《建筑桩基技术规范》JGJ 94－2008及广东省地方标准《建筑地基基础设计规范》DBJ 15－31－2003的规定。并规定桩端进入持力层的深度不宜大于持力层厚度的0.3倍。

**5.1.2** 关于桩身配筋可以归纳为以下几点：

1 大直径扩底灌注桩的配筋无需考虑吊装、锤击沉桩等因素。正截面最小配筋率宜根据桩径确定，且不应小于0.3%。

2 箍筋的配置，主要考虑三方面因素。一是箍筋的受剪作用，通常桩顶受到较大的剪力和弯矩，故在桩顶部应适当加密；二是箍筋在轴压作用下对混凝土起约束加强作用，可提高其受压承载力，因此桩顶部分的箍筋应加密；三是提高钢筋笼的刚度，便于施工。

3 本款的规定，对于承受较大水平荷载的桩或处于抗震设防烈度大于或等于8度地区的桩，桩顶部(3～5)$d$(桩径小取大值，桩径大取小值)范围内箍筋间距应加密至100mm，可取 $d \leqslant 1.0$m为小桩径，$d \geqslant 1.5$m为大桩径。

4 大直径扩底桩作为承压桩进行设计时，按本条第3款之规定，“扩大端变截面以上，纵向受力主筋应沿等直径段通长配置”，这里的“通长”不包括扩大端高度，其桩端扩大部分无需配筋；但若作为抗拔桩设计时，纵向受力主筋的长度应包括扩大端高度 $h_c$，具体配筋应由计算确定。

**5.1.3** 关于混凝土强度等级：本规程规定在干法施工时，混凝土强度应与行业标准《建筑桩基技术规范》JGJ 94－2008中规定的桩身混凝土强度保持一致，提高到C25。考虑到水下灌注施工时，不确定性因素多，混凝土质量控制较困难，规定混凝土强度等级提高一个等级，为C30。

## 5.2 承台与连系梁构造

**5.2.1** 关于承台构造可以归纳为以下几点：

1 承台分为现浇式承台和预制柱承台两类，实际工程中应根据具体情况选择，且多采用现浇承台。

2 承台尺寸的设计应根据上部柱直径的大小及其布置情况、下部大直径扩底桩的布桩形式、桩长、桩数等情况综合确定。

3 桩嵌入承台的深度的规定与行业标准《建筑桩基技术规范》JGJ 94－2008中的规定相同，嵌入深度不宜太大，否则会降低承台的有效高度，不利于受力。

4 承台混凝土的强度等级：对设计使用年限为50年的承台，根据现行国家标准《混凝土结构设计规范》GB 50010的规定，当环境类别为二a类别时不应低于C25，二b类别时不应低于C30。有抗渗要求时，其混凝土的抗渗等级应符合有关标准的要求。

**5.2.5** 当采用一柱一桩的设计形式时，除考虑设置承台外，亦可考虑将柱与桩直接相连接，实际工程根据具体情况选择。

# 6 设计计算

## 6.1 桩顶作用效应计算

**6.1.1** 大直径扩底桩通常能满足高层建筑物框架、框剪、筒体、空间网架等结构体系或其他重型结构物承载的要求，且常可设计一柱一桩，不需桩顶承台，大大简化基础结构。

关于桩顶竖向力的计算，应是在上部结构分析将荷载凝聚于柱、墙底部的基础上进行。这样，对于柱下独立桩基，按承台为刚性板和反力呈线性分布的假定，得到计算各基桩的桩顶竖向力式（6.1.1-1）和式（6.1.1-2）。对于桩筏、桩箱基础，则按各柱、剪力墙、核心筒底部荷载分别按上述公式进行桩顶竖向力的计算。

**6.1.3** 大直径扩底桩为端承型桩基，即使设计为群桩基础，一般也不考虑承台效应，即基桩竖向承载力特征值取单桩竖向承载力特征值。

## 6.2 竖向承载力与沉降计算

**6.2.2** 由原型桩静载试验确定大直径扩底桩的承载力是本规程的一个基本原则。

设计等级为甲级的建筑桩基，应通过尺寸与实体相同的原型桩静载试验确定其承载力。由于绝大多数大直径扩底桩载荷试验不能获得极限荷载，甚至比例界限也不明显，所以由极限承载力获得承载力特征值与多数情况不符。对于以端承为主的扩底桩而言，端阻力充分发挥时所需沉降量较大，通常不符合建筑物对沉降的要求。故本规程采用承载力特征值而不采用极限值，规定以满足设计要求的沉降值（一般控制扩底桩的变形为10mm～15mm）所对应的荷载为大直径扩底桩承载力特征值。

由于扩底桩承载力较高，有时高达数万千牛，进行大吨位原型桩试验加载较困难。因此，在确实无原型桩试验条件时，可通过小尺寸深层载荷试验结合等直径纯摩擦桩载荷试验的方法确定工程原型扩底桩的承载力，简称间接试验法。如图1所示，S1为深层载荷试验，S4桩端填塞稻草，相当于纯摩擦桩。由图2可知，S1的荷载沉降曲线为缓变形，取 $s$＝10mm所对应的承载力值为其承载力特征值，为1080kN。载荷板面积为 $0.5024m^2$，其端阻力特征值

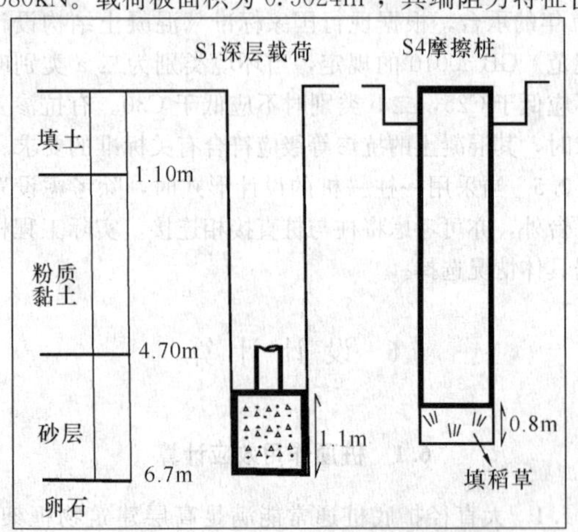


图1 摩擦桩和深层载荷试验剖面

为2149.5kPa。摩擦桩的摩阻力特征值为360kN。实际扩底桩的扩底直径 $D$ 为1.6m，故其承载力特征值为2149.5×2.0096＝4320kN，经尺寸效应修正，即 $4320\times(0.8/1.6)^{1/3}=3428$kN。所以，可以求得扩底桩的承载力特征值为3428＋360＝3788kN。

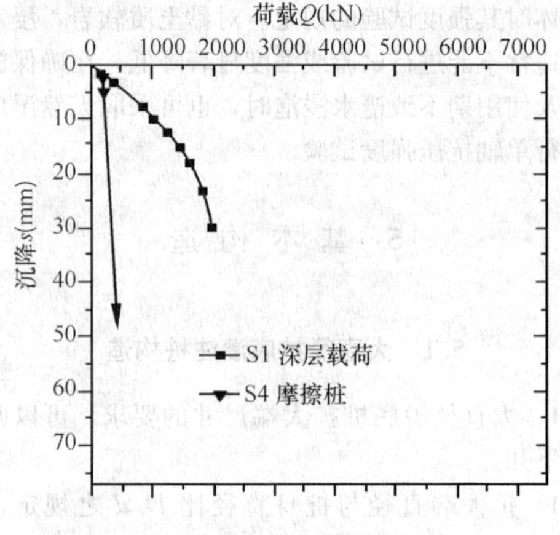


图2 荷载-沉降曲线

本规程收集不同场地的试验资料7组，对两种确定扩底桩承载力特征值的试验方法作了对比，见表1。通过对比，两者的误差在5.5%以内，可见间接试验法精度高。因此，在无条件进行原型桩试验时，有地区经验时，可采用深层载荷试验结合等直径纯摩擦载荷试验间接求得扩底桩的承载力特征值(详细内容可参见：高广运、蒋建平、顾宝和．两种静载试验确定大直径扩底桩竖向承载力，地下空间，2003，23(3)：272-276；高广运、蒋建平、顾宝和．砂卵石层上大直径扩底短墩竖向承载性状，岩土力学，2004，25(3)：359-362)。

**表1 间接试验法与原型桩静载试验承载力特征值对比**

| 试验场地 | 持力层 | 桩身直径(m) | 扩底直径(m) | 桩入土深度(m) | 间接法试验(kN) | 原型桩试验(kN) | 两种试验误差 |
|---|---|---|---|---|---|---|---|
| 1 | 卵石 | 0.80 | 1.60 | 6.75 | 3788 | 3750 | 1.0% |
| 2 | 卵石 | 0.80 | 1.60 | 5.20 | 3720 | 3750 | 0.8% |
| 3 | 粉土 | 0.80 | 3.00 | 6.00 | 3876 | 3850 | 0.7% |
| 4 | 粉细砂 | 1.00 | 3.40 | 6.50 | 3478 | 3500 | 0.6% |
| 5 | 粗砂 | 1.20 | 3.00 | 6.85 | 4520 | 4560 | 0.9% |
| 6 | 粗砂 | 1.20 | 3.40 | 14.60 | 4760 | 4980 | 4.4% |
| 7 | 粗砂 | 1.20 | 3.00 | 14.50 | 4510 | 4280 | 5.4% |

大直径扩底桩为端承型，通常端阻占单桩竖向承载力的80%以上，因此准确获得端阻力是大直径扩底桩设计的关键。可通过深层载荷试验确定桩端土的承载力，试验要点可参考现行行业标准《高层建筑岩土工程勘察规程》JGJ 72。

大直径扩底桩多以风化岩、密实砂土和卵砾石为桩端持力层，该类岩土体的相关力学指标通常由原位测试确定，故这里强调原位测试。规定对设计等级为乙级的建筑桩基，当有可靠地区经验时，可由原位测试结果，参照地质条件相同的试桩资料，结合工程经验综合确定承载力。

对于持力层为风化岩和砂土、碎石土的大直径扩底桩，由于原型桩承载力很高，静载试验难度大，故规定该类桩除设计等级为甲级外，当有可靠地区经验时，可根据原位测试结果和经验参数确定承载力。

**6.2.3** 根据土的物理指标与承载力参数之间的经验关系计算确定扩底桩单桩竖向承载力特征值，关键是收集到涵盖不同尺寸、不同地区、不同土质条件下的经验参数，使统计分析结果具有代表性和工程适用性。

大直径扩底桩的桩端持力层多为低压缩的地层，如中密—密实的粉土、砂土、卵砾石和全风化或强风化岩。

本规程共收集完整试桩资料164根、深层载荷试验98组，涵盖十余个省市，多为编制组成员所做的试验。对收集的资料进行统计分析，并参考行业标准《建筑桩基技术规范》JGJ 94－2008和北京、天津、浙江、福建、广东、山西、西安、深圳等地的经验值及部分地区地方标准，最终按不同扩底直径给出了端阻力特征值 $q_{pa}$ 的经验值表6.2.3-2，以及侧阻力特征值 $q_{sia}$ 的经验值表6.2.3-1。

对按不同扩底直径建议的 $q_{sia}$ 和 $q_{pa}$ 的经验值计算统计样本的竖向承载力特征值 $R_a$，各试桩的承载力实测值 $R'_a$ 与计算值 $R_a$ 比较，$\eta=R'_a/R_a$，将统计得到的174根桩的 $\eta$ 按0.1分为与其频数 $N$ 之间的关系，$R'_a/R_a$ 的平均值及均方差 $S_n$ 表示于图3。

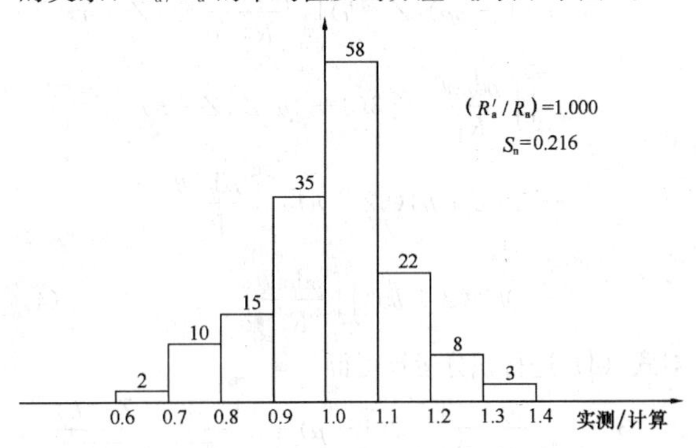


图3　承载力特征值实测/计算频数分布

扩底变截面以上 $2d$ 长度范围内桩土可能脱离接触，形成临空面。因此按式（6.2.3）计算桩承载力时需扣除此部分侧阻力。为安全起见，对于桩长不大于6m或桩周为淤泥、新近沉积土、可液化土层以及以生活垃圾为主的杂填土时，不应计入侧阻力。风化岩的端阻力特征值可按现行国家标准《建筑地基基础设计规范》GB 50007由岩基载荷试验确定。

表6.2.3-1和表6.2.3-2，侧阻力和端阻力特征值未区分人工挖孔、机械成孔分别提供。原因是干、湿作业侧阻力几乎无差异，由现行行业标准《建筑桩基技术规范》JGJ 94及北京和福建省等地方标准中可验证，因此广东省地方标准《建筑地基基础设计规范》DBJ 15－31－2003未区分干、湿作业。而干、湿作业的桩端阻力差异大，前者明显大于后者，因为干作业时桩端沉渣易于清理，因此关键是控制机械成孔桩的桩端沉渣，故规定应控制桩端沉渣≤5cm，否则应注浆加固，以保证桩端阻力正常发挥。表6.2.3-1和表6.2.3-2的侧阻力特征值和端阻力特征值，可根据岩土体条件和施工情况等作适当调整，取其上限或下限值。表中数据可内插取值。

统计发现，端承于风化岩时，桩长对端阻的影响很小，因此没有考虑桩长因素，与现行行业标准《建筑桩基技术规范》JGJ 94及广东、福建等地方标准一致。

**6.2.4** 非自重湿陷性黄土场地设计等级为甲级的建筑桩基，应由原型桩浸水载荷试验确定承载力特征值。当无条件进行浸水载荷试验而有可靠地区经验时，浸水饱和后黄土的桩侧阻力折减系数可按表6.2.4执行，即仅进行天然土的桩基试验。

浸水饱和后非自重湿陷性黄土的桩侧阻力有不同程度降低，即浸水饱和后桩的极限侧阻力有折减，折减系数与浸水前土体的饱和度密切相关，二者为线性关系。本条规定依据是豫西地区非自重湿陷性黄土场地中40余根灌注桩浸水前后的竖向承载力静载荷试验（详细内容可参见：高广运、王文东、吴世明．黄土中灌注桩竖向承载力试验分析，岩土工程学报，1998，20（3）：73-79）。

**6.2.5** 存在软弱下卧层的大直径扩底桩，应力和位移的有效影响深度距桩端下约2.0$D$（无软弱下卧层时有效影响深度约为2.5$D$），为保证桩端有足够的承载力，存在软弱下卧层时持力层厚度不宜小于2.0$D$。持力层厚度小于2.0$D$时，将引起桩端承载力的降低，此时，应按本条之规定进行软弱下卧层承载力的验算。行业标准《建筑桩基技术规范》JGJ 94－2008中规定软弱下卧层验算的范围为软弱下卧层模量与持力层模量之比小于1/3，而软弱下卧层对大直径扩底桩的影响较等直径桩灵敏，当下卧层模量与持力层模量之比小于0.6时，桩端承载力将大大降低。根据数值模拟的结果，结合工程实践经验，本规程规定下卧层模量与持力层模量之比小于0.6时必须进行软弱下卧层承载力的验算。

对本条软弱下卧层承载力的验算说明如下：

**1**）验算条件和范围：规定当桩端下持力层厚度2.0$D$内存在与持力层压缩模量之比小于0.6的软弱下卧层时进行验算。

**2**）桩端荷载扩散：压力扩散角与现行国家标

准《建筑地基基础设计规范》GB 50007一致。

3）软弱下卧层的承载力仅进行深度修正。

有关式（6.2.5-2）的推导可参见中国建筑工业出版社1998年出版的《地基及基础》（华南理工大学等四院校合编）、《土力学与基础工程》（高大钊主编）。

**6.2.6** 扩底桩的竖向变形由两部分组成：桩身的压缩变形 $s_1$ 和扩底桩桩端下土体的沉降变形 $s_2$，前者可由弹性理论求解。桩端下土的沉降变形 $s_2$ 可根据Mindlin基本解答求得。

Mindlin（1936）利用Kelvin解答求得了弹性半无限空间体内作用集中力时的解答。假设在弹性半无限空间体内深度 $h$ 处作用有集中力 $P$，如图4所示，自半无限体表面（地表）深度 $Z$ 处任意点的竖向应力和位移可用式（1）～式（2）表示：

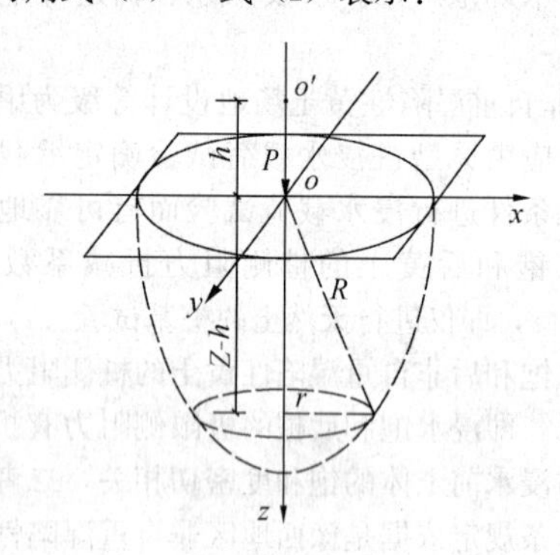


图4 Mindlin基本解示意图

$$\sigma_z=\frac{P}{8\pi(1-\mu)}\left[-\frac{(1-2\mu)(Z-h)}{R_1^3}+\frac{(1-2\mu)(Z-h)}{R_2^3}-\frac{3(Z-h)^3}{R_1^5}-\frac{3(3-4\mu)Z(Z+h)^2-3h(Z+h)(5Z-h)}{R_2^5}-\frac{30hZ(Z+h)^3}{R_2^7}\right] \quad (1)$$

$$w_z=\frac{P(1+\mu)}{8\pi(1-\mu)E}\left[\frac{3-4\mu}{R_1}+\frac{(Z-h)^2}{R_1^3}+\frac{(5-12\mu+8\mu^2)}{R^2}+\frac{(3-4\mu)(Z+h)^2-2hZ}{R_2^3}+\frac{6(Z+h)^2Zh}{R_2^5}\right] \quad (2)$$

式中：$R_1=[r^2+(Z-h)^2]^{1/2}$，$R_2=[r^2+(Z+h)^2]^{1/2}$；$\mu$ 为泊松比。

对于扩底桩基础，作用在地基内部的是一个圆形均布荷载，因此Mindlin解答不能直接用于求解其应力分布，必须将其基本解答推广到均布荷载的情况。

假设地面以下深度 $h$ 处有一圆形均布荷载作用，圆半径为 $a$，均布荷载大小为 $q$，如图5所示。极坐标系下，在圆形均布荷载内部取微分 $q\rho d\rho d\theta$，则该微面积上的荷载大小为 $q\rho d\rho d\theta$。由 $q\rho d\rho d\theta$ 在距离 $o$ 点以下距离地面深度 $Z$ 处产生的竖向应力可由式（1）得：

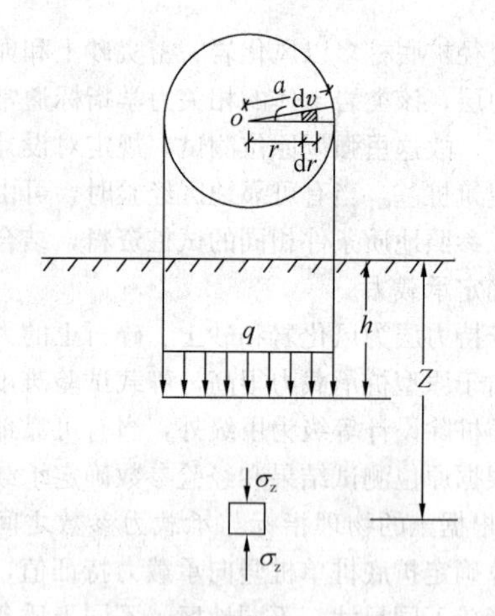


图5 土体内作用圆形均布荷载示意图

$$d\sigma_z=\frac{q\rho d\rho d\theta}{8\pi(1-\mu)}\left[-\frac{(1-2\mu)(Z-h)}{R_1^3}+\frac{(1-2\mu)(Z-h)}{R_2^3}-\frac{3(Z-h)^3}{R_1^5}-\frac{3(3-4\mu)Z(Z+h)^2-3h(Z+h)(5Z-h)}{R_2^5}-\frac{30hZ(Z+h)^3}{R_2^7}\right] \quad (3)$$

式中：$R_1=[\rho^2+(Z-h)^2]^{1/2}$；$R_2=[\rho^2+(Z+h)^2]^{1/2}$

在均布荷载圆面积内对式（3）积分，则由圆形均布荷载在自地面以下深度 $Z$ 处产生的应力为：

$$\sigma_z=\frac{q}{8\pi(1-\mu)}\left\{-(1-2\mu)(Z-h)\int_0^{2\pi}\int_0^{a}\frac{\rho d\rho d\theta}{R_1^3}+(1-2\mu)(Z-h)\int_0^{2\pi}\int_0^{a}\frac{\rho d\rho d\theta}{R_2^3}-3(Z-h)^3\int_0^{2\pi}\int_0^{a}\frac{\rho d\rho d\theta}{R_1^5}-[3(3-4\mu)Z(Z+h)^2-3h(Z+h)(5Z-h)]\int_0^{2\pi}\int_0^{a}\frac{\rho d\rho d\theta}{R_2^5}-30hZ(Z+h)^3\int_0^{2\pi}\int_0^{a}\frac{\rho d\rho d\theta}{R_2^7}\right\} \quad (4)$$

对式（4）进行积分运算可得

$$\sigma_z=\frac{q}{4(1-\mu)}\left\{-2(1-\mu)+\frac{(1-2\mu)(Z-h)}{\sqrt{a^2+(Z-h)^2}}+\frac{(1-2\mu)(Z-h)}{Z+h}-\frac{(1-2\mu)(Z-h)}{\sqrt{a^2+(Z+h)^2}}+\frac{(Z-h)^3}{[a^2+(Z-h)^2]^{3/2}}-\frac{(3-4\mu)Z}{Z+h}+\frac{(3-4\mu)Z(Z+h)^2}{[a^2+(Z+h)^2]^{3/2}}+\frac{h(5Z-h)}{(Z+h)^2}-\frac{h(5Z-h)(Z+h)}{[a^2+(Z+h)^2]^{3/2}}\right.$$

$$-\frac{6hZ}{(Z+h)^2}+\frac{6hZ\,(Z+h)^3}{[a^2+(Z+h)^2]^{5/2}}\Bigg\} \tag{5}$$

同理可得

$$\mathrm{d}w_z=\frac{(1+\mu)q\rho\mathrm{d}\rho\mathrm{d}\theta}{8\pi(1-\mu)E}\Bigg[\frac{3-4\mu}{R_1}+\frac{(Z-h)^2}{R_1^3}+\frac{(5-12\mu+8\mu^2)}{R_2}+\frac{(3-4\mu)(Z+h)^2-2hZ}{R_2^3}+\frac{6(Z+h)^2Zh}{R_2^5}\Bigg] \tag{6}$$

对式（6）进行积分运算可得

$$w_z=\frac{1+\mu}{4(1-\mu)}\Bigg\{\frac{(3-4\mu)a}{\sqrt{a^2+(Z-h)^2}+(Z-h)}+\frac{(Z-h)a}{\sqrt{a^2+(Z-h)^2}[\sqrt{a^2+(Z-h)^2}+(Z-h)]}+\frac{(5-12\mu+8\mu^2)a}{\sqrt{a^2+(Z+h)^2}+(Z+h)}+\frac{[(3-4\mu)(Z+h)^2-2hZ]a}{(Z+h)\sqrt{a^2+(Z+h)^2}[\sqrt{a^2+(Z+h)^2}+(Z+h)]}+\frac{2hZ\{[a^2+(Z+h)^2]^2+[a^2+(Z+h)^2](Z+h)^2+(Z+h)^4\}a}{(Z+h)[a^2+(Z+h)^2]^{3/2}\{[a^2+(Z+h)^2]^{3/2}+(Z+h)^3\}}\Bigg\}\times\frac{qa}{E} \tag{7}$$

令

$$I_\rho=\frac{1+\mu}{4(1-\mu)}\Bigg\{\frac{(3-4\mu)a}{\sqrt{a^2+(Z-h)^2}+(Z-h)}+\frac{(Z-h)a}{\sqrt{a^2+(Z-h)^2}[\sqrt{a^2+(Z-h)^2}+(Z-h)]}+\frac{(5-12\mu+8\mu^2)a}{\sqrt{a^2+(Z+h)^2}+(Z+h)}+\frac{[(3-4\mu)(Z+h)^2-2hZ]a}{(Z+h)\sqrt{a^2+(Z+h)^2}[\sqrt{a^2+(Z+h)^2}+(Z+h)]}+\frac{2hZ\{[a^2+(Z+h)^2]^2+[a^2+(Z+h)^2](Z+h)^2+(Z+h)^4\}a}{(Z+h)[a^2+(Z+h)^2]^{3/2}\{[a^2+(Z+h)^2]^{3/2}+(Z+h)^3\}}\Bigg\} \tag{8}$$

则式（7）变为

$$w_z=\frac{I_\rho qa}{E} \tag{9}$$

本规程规定用式（9）计算扩底桩桩端下土的沉降变形 $s_2$，即

$$s_2=\frac{I_\rho q_b a}{E_0}=\frac{DI_\rho q_b}{2E_0} \tag{10}$$

即本规程的式（6.2.6-3）。

为使用方便，本规程按式（8）计算给出了桩的入土深度与扩底半径之比等于 2.0～15.0 的沉降影响系数 $I_\rho$，见本规程的表 6.2.6-1。其中土体的泊松比取适用于桩端持力层岩土体的一般值 $\mu$=0.35。

对于桩端持力层土体的变形模量 $E_0$，本规程采用顾宝和等提出的用深层平板静力载荷试验测定土的变形模量。但是对同一建筑物下所有的扩底桩位进行深层载荷试验有时难以实现。为此，本规程根据收集的扩底桩工程实测沉降和原型扩底桩静载试验结果，建立了工程中常用的扩底桩桩端持力层土体室内土工试验压缩模量 $E_{s1\text{-}2}$ 与计算变形模量 $E_0$ 间的关系。发现 $E_0$ 与 $E_{s1\text{-}2}$ 二者近似为线性关系，如图 6，$E_0=\beta_0E_{s1\text{-}2}$。为使用方便，给出了由桩端持力层 $E_{s1\text{-}2}$ 换算为对应变形模量的修正系数 $\beta_0$，即表 6.2.6-2。本规程的修正系数 $\beta_0$，已在端承于中密—密实的粉土、砂土、卵砾石和风化岩的大量扩底桩工程中应用，并得到验证（可参见：顾宝和、周红、朱小林．深层平板静力载荷试验测定土的变形模量，工程勘察，2000，27（4）；高广运．黄土层中扩底墩基础的沉降计算和实测，工业建筑，1995，25（1）：30-36）。

表 6.2.6-2 中，$E_{s1\text{-}2}$ 是桩端下主要持力层(2.0～2.5)$D$ 范围土体压缩模量(分层平均值)，持力层厚度取值：无软弱下卧层时为 2.5$D$，有软弱下卧层时为 2.0$D$。对于无法直接获得压缩模量的砂卵石、碎石土及风化岩，可由标准贯入试验等原位测试确定所需的变形指标。

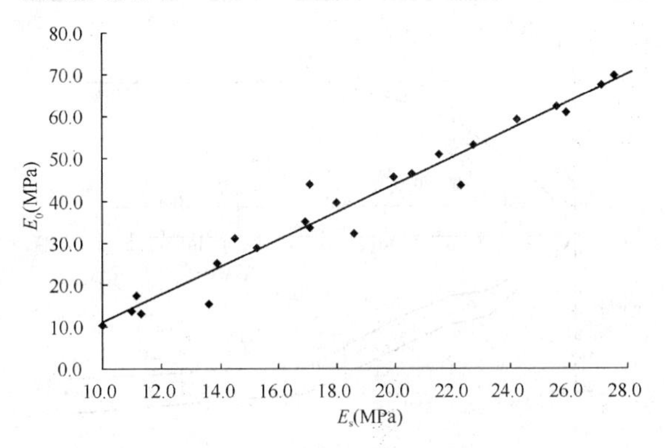


图 6　扩底桩 $E_0$ 与 $E_{s1\text{-}2}$ 的散点分布

关于本规程所用扩底桩沉降计算方法，现列举如下部分工程实例。

（1）工程实例 1——国家机械委四院情报楼

该建筑物为框架结构，8 层。基础方案选型时，对“黄土层中扩底墩的变形和承载力能否满足要求”有不同意见，要求进行变形计算和沉降观测等，另外还有卵石（顶板埋深 23.0m～25.0m）上扩底墩和灌注桩等基础方案供选择。

场区为Ⅰ级非自重湿陷性，上部约 5.0m 以上为杂填土和新近堆积黄土，其下为黄土状黏性土、砂层和卵石层，持力层为黄土状粉土（顶板埋深 13.0m～14.0m）。虽然场区局部有不同程度浸水，但对含砂量较大的持力层影响较小。以 3 号钻孔土的变形指标及对应桩基为例计算如下：以 $a$=1.6m，$I_\rho$=0.63，$q$=485.8kPa，$\beta_0$=1.42，$E_{s1\text{-}2}$=11.2MPa，由本规程式（6.2.6-3）计算最终沉降量 $s$=30.8mm。

在建筑物周围设置了三个深埋水准基点，共布设沉降观测点 10 个。观测工作从第 2 层开始，以后每增高 1～2 层观测一次，至建成并使用一年多，观测历时 34 个月。沉降观测结果见表 2，部分沉降实测与计算值对比见表 3。选择两个测点作沉降-时间-荷

载关系曲线，见图7。

**表2　国家机械委四院情报楼高层部分沉降观测结果（mm）**

| 时间 | 观测点号 | | | | | | | | | | 工况进展 |
|---|---|---|---|---|---|---|---|---|---|---|---|
| | 1 | 2 | 3 | 4 | 5 | 6 | 7 | 8 | 9 | 10 | |
| 1988.7.9 | 0 | 0 | 0 | 0 | 0 | 0 | 0 | 0 | 0 | 0 | 完成第2层 |
| 1988.10.18 | | | | | 2.0 | 0.1 | 1.2 | 1.5 | | 3.5 | 完成第3层 |
| 1988.11.30 | 3.0 | | 3.0 | | 4.0 | 0.8 | 0.1 | 3.2 | 1.2 | 4.0 | 完成第5层 |
| 1989.3.14 | 6.4 | 1.5 | 5.8 | 3.4 | 7.4 | 5.1 | 6.0 | 6.9 | 4.7 | 9.3 | 完成第7层 |
| 1989.6.24 | 8.5 | 3.8 | 8.2 | 5.2 | 9.4 | 6.5 | 7.3 | 8.6 | 8.7 | 12.3 | 完成第8层（封顶） |
| 1990.2.12 | 11.4 | 8.3 | 10.2 | | 18.3 | 7.5 | 10.9 | 18.1 | 20.0 | 21.1 | 装饰 |
| 1990.7.13 | | | 11.3 | | 21.1 | 10.8 | 11.0 | 18.6 | 19.9 | 21.8 | 使用 |
| 1991.6.5 | | | 13.0 | 12.7 | 23.0 | 12.4 | 12.6 | 19.5 | 20.7 | 24.1 | 使用 |

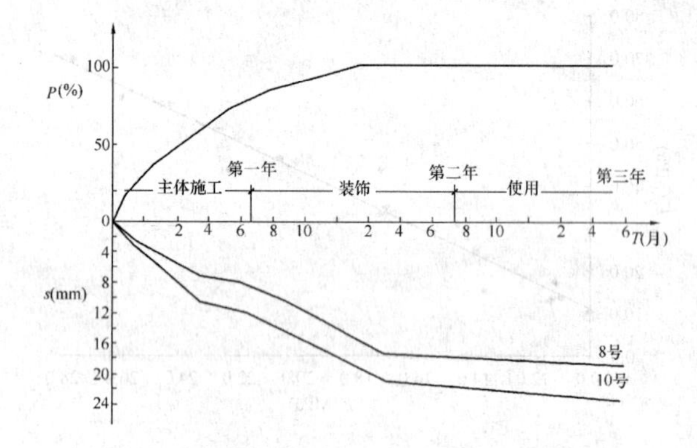


图7　国家机械委四院情报楼高层部分实测荷载-沉降-时间关系曲线

**表3　国家机械委四院情报楼高层部分沉降实测与计算值对比**

| 孔号/观测点号 | 桩径/桩长（m） | 扩底直径 $D$(m) | 单柱荷载（kN） | 实测沉降（mm） | 计算沉降（mm） | 误差（%） |
|---|---|---|---|---|---|---|
| 1/3、4 | 1.1/14.0 | 3.2 | 4020 | 12.9（均值） | 12.9 | 0 |
| 2/3 | 1.1/14.0 | 3.2 | 4020 | 13.0 | 13.3 | 2.31 |
| 3/10 | 1.1/14.5 | 3.2 | 4020 | 24.1 | 30.8 | 27.80 |
| 6/8 | 1.0/14.5 | 2.7 | 2600 | 19.5 | 20.5 | 5.13 |
| 8/6 | 0.8/13.6 | 2.1 | 1500 | 12.4 | 17.2 | 38.71 |

（2）工程实例2——三门峡百货大楼

该建筑物为框架剪力墙结构，5层，有一埋深－4.6m地下室。自重湿陷场地，于1986年9月进行勘察设计，1988年12月建成，至今使用良好。自重湿陷土层深达12.0m，为Ⅲ级自重湿陷场地，摩阻力为主的灌注桩和灰土挤密桩及换土垫层等地基基础方案都不适宜，最终采用埋深13.5m的土层上扩底桩方案。

地层结构为：上部12.0m以上为欠压密强湿陷黄土状粉土，其下为正常固结黄土状粉土和粉质黏土，以2号测点为例计算：$a$＝1.85m，$I_{\rho}$＝0.636，$q$＝345.29kPa，$\beta_0$ ＝ 2.09，$E_{s1\text{-}2}$ ＝17.1MPa，$s\approx$ 11.4mm。比较计算值与建筑物使用2年后的最终沉降观测值，如表4所示，可知二者最大误差36.25％，平均误差16％。

**表4　三门峡百货大楼沉降实测与计算值对比**

| 孔号/观测点号 | 桩径/桩长（m） | 扩底直径 $D$(m) | 单柱荷载（kN） | 实测沉降（mm） | 计算沉降（mm） | 误差（%） |
|---|---|---|---|---|---|---|
| 1/1 | 0.8/13.5 | 3.0 | 2500 | 9.0 | 8.5 | 5.56 |
| 1/2 | 1.0/13.5 | 3.7 | 4000 | 9.0 | 11.4 | 26.67 |
| 6/3 | 1.0/13.5 | 4.2 | 5000 | 8.0 | 10.9 | 36.25 |
| 7/5 | 1.0/13.5 | 3.7 | 4000 | 10.0 | 10.3 | 3.00 |
| 8/6 | 1.0/13.5 | 4.2 | 5000 | 14.0 | 11.0 | 21.43 |
| 3/7 | 1.0/13.5 | 3.7 | 4000 | 9.0 | 7.5 | 16.67 |

（3）工程实例3——中国人民解放军合肥炮兵学院12号学院宿舍楼

该建筑物高15层，框架剪力墙结构。基础工程设计方案比选后采用人工挖孔扩底混凝土灌注桩，设计工程桩总数为89根，桩身直径为900mm～1000mm，桩端直径为900mm～1800mm，桩身混凝土设计强度等级为C35，弹性模量为$3.15\times10^4$MPa。桩端持力层为场地第7层中风化泥质砂岩。以26号桩（桩长23.46m，桩身直径1000mm，扩底直径1830mm）相应沉降测点（8号观测点）为例进行计算，因为持力层为中风化泥质砂岩，桩端压缩量较小，桩的沉降量主要由桩身压缩引起。由本规程式（6.2.6-2）计算得到桩身压缩量为7.11mm。因桩端中风化岩压缩性低，根据由本规程式（6.2.6-3）计算的桩端土沉降量为1.96mm，二者之和9.07mm为最终沉降量。比较建筑物竣工后5个月内的最终沉降量观测值，如表5所示，可知计算与实测误差为12.8％。

（4）工程实例4——中国人民解放军合肥炮兵学院研究生楼

该建筑物高14～15层，框架结构，占地面积（78.0×16.0）$m^2$。基础工程方案比选后采用人工挖孔混凝土灌注桩，设计桩身混凝土强度等级为C35。建设场地地形平坦，地貌单元为南淝河Ⅱ级阶地的坳沟与水塘。经勘察，场地分为七层。以65号桩相应沉降测点（3号观测点）为例计算，桩长12.01m，桩身直径1200mm，扩底直径2400mm，桩端持力层为第5层黏土，层厚4.8m～11.50m，硬塑-坚硬状态。其中：$a$＝1.2m，$I_{\rho}$＝0.625，$q$＝451.3kPa，$\beta_0$＝

1.98，$E_{s1-2}=16$MPa，$E_0=31.68$MPa，由本规程式（6.2.7-3）计算得沉降量 $s\approx10.68$mm。比较建筑物竣工1年后的最终沉降观测值，如表6所示，可知二者误差为1.7%。

**表5　中国人民解放军合肥炮兵学院12号学院宿舍楼26号桩沉降观测结果汇总表**

| 第一次 | | | 第二次 | | | 第三次 | | |
|---|---|---|---|---|---|---|---|---|
| 2006-2-19 | | | 2006-2-23 | | | 2006-3-2 | | |
| 工程进度：一层顶 | | | 工程进度：二层顶 | | | 工程进度：三层顶 | | |
| 观测值（m） | 变化量（mm） | 累计（mm） | 观测值（m） | 变化量（mm） | 累计（mm） | 观测值（m） | 变化量（mm） | 累计（mm） |
| 1.1035 | — | — | 1.1035 | 0 | 0 | 1.1025 | 1.0 | 1.0 |
| 第四次 | | | 第五次 | | | 第六次 | | |
| 2006-3-15 | | | 2006-3-24 | | | 2006-4-5 | | |
| 工程进度：四层顶 | | | 工程进度：六层顶 | | | 工程进度：八层顶 | | |
| 观测值（m） | 变化量（mm） | 累计（mm） | 观测值（m） | 变化量（mm） | 累计（mm） | 观测值（m） | 变化量（mm） | 累计（mm） |
| 1.1015 | 1.0 | 2.0 | 1.1005 | 1.0 | 3.0 | 1.0994 | 1.1 | 4.1 |
| 第七次 | | | 第八次 | | | 第九次 | | |
| 2006-4-12 | | | 2006-4-22 | | | 2006-5-14 | | |
| 工程进度：十一层顶 | | | 工程进度：十二层顶 | | | 工程进度：十三层顶 | | |
| 观测值（m） | 变化量（mm） | 累计（mm） | 观测值（m） | 变化量（mm） | 累计（mm） | 观测值（m） | 变化量（mm） | 累计（mm） |
| 1.0994 | 0 | 4.1 | 1.0994 | 0 | 4.1 | 1.0951 | 4.3 | 8.4 |
| 第十次 | | | 第十一次 | | | | | |
| 2006-6-16 | | | 2006-7-21 | | | | | |
| 工程进度：装饰装修 | | | 工程进度：竣工验收 | | | | | |
| 观测值（m） | 变化量（mm） | 累计（mm） | 观测值（m） | 变化量（mm） | 累计（mm） | 观测值（m） | 变化量（mm） | 累计（mm） |
| 1.0951 | 0 | 8.4 | 1.0931 | 2.0 | 10.4 | | | |

**6.2.7**　大直径扩底桩为端承型桩，而水下机械成孔时桩端沉渣厚度通常不满足表6.2.3-2桩端沉渣厚度小于等于50mm的要求，端阻力将显著降低，采用桩端注浆可保证其正常发挥端承力。

**6.2.8**　当大直径扩底桩穿过欠固结土（松散填土、新近沉积土）、可液化土、自重湿陷性黄土或由于大面积地面堆载、降低地下水位等使桩周土体承受荷载而产生显著压缩沉降时，应考虑桩的负侧阻力或侧阻力折减，可按现行行业标准《建筑桩基技术规范》JGJ 94的有关规定计算。只有当桩周土体产生显著压缩沉降即桩-土间有显著的位移时，才会出现桩的负侧阻力或侧阻力折减。有地区经验时，桩的负侧阻力或侧阻力折减可根据当地经验确定。

**表6　中国人民解放军合肥炮兵学院研究生楼65号桩沉降观测结果汇总表**

| 第一次 | | | 第二次 | | | 第三次 | | |
|---|---|---|---|---|---|---|---|---|
| 2005-5-29 | | | 2005-6-3 | | | 2006-6-15 | | |
| 工程进度：四层顶 | | | 工程进度：五层顶 | | | 工程进度：七层顶 | | |
| 观测值（m） | 变化量（mm） | 累计（mm） | 观测值（m） | 变化量（mm） | 累计（mm） | 观测值（m） | 变化量（mm） | 累计（mm） |
| 1.4975 | — | — | 1.4785 | 1.0 | 1.0 | 1.4785 | 0 | 1.0 |
| 第四次 | | | 第五次 | | | 第六次 | | |
| 2005-6-22 | | | 2005-7-1 | | | 2005-7-10 | | |
| 工程进度：九层顶 | | | 工程进度：十一层顶 | | | 工程进度：十三层顶 | | |
| 观测值（m） | 变化量（mm） | 累计（mm） | 观测值（m） | 变化量（mm） | 累计（mm） | 观测值（m） | 变化量（mm） | 累计（mm） |
| 1.4785 | 0 | 1.0 | 1.4785 | 0 | 1.0 | 1.4745 | 4.0 | 5.0 |
| 第七次 | | | 第八次 | | | 第九次 | | |
| 2005-7-18 | | | 2005-9-2 | | | 2005-10-10 | | |
| 工程进度：十五层顶 | | | 工程进度：填充墙砌筑结束 | | | 工程进度：竣工 | | |
| 观测值（m） | 变化量（mm） | 累计（mm） | 观测值（m） | 变化量（mm） | 累计（mm） | 观测值（m） | 变化量（mm） | 累计（mm） |
| 1.4745 | 0 | 5.0 | 1.4735 | 1.0 | 6.0 | 1.4715 | 2.0 | 8.0 |
| 第十次 | | | 第十一次 | | | | | |
| 2005-12-10 | | | 2006-3-10 | | | | | |
| 竣工后两个月 | | | 竣工后五个月 | | | | | |
| 观测值（m） | 变化量（mm） | 累计（mm） | 观测值（m） | 变化量（mm） | 累计（mm） | 观测值（m） | 变化量（mm） | 累计（mm） |
| 1.4690 | 2.5 | 10.5 | 1.4690 | 0 | 10.5 | | | |

## 6.3　水平承载力和抗拔承载力

应由现场静载荷试验确定大直径扩底桩的水平承载力、抗拔承载力是本规程的基本原则。试验应按现行行业标准《建筑基桩检测技术规范》JGJ 106执行。根据工程的重要性，可进行带承台桩的水平承载力载荷试验。

第6.3.2条是针对符合行业标准《建筑桩基技术规范》JGJ 94-2008附录C的情况，计算基桩的内力和位移。

# 7　施　　工

## 7.1　一般规定

**7.1.4**　大直径扩底桩为端承型桩，对持力层的要求高，应按设计控制成孔深度，以确保桩端置于设计标高的持力层。

## 7.3 泥浆护壁成孔大直径扩底灌注桩

### Ⅰ 泥浆的制备和处理

**7.3.2** 泥浆循环系统，扩底桩施工应进行三次清孔换浆，现场宜采用C15～C20混凝土铺设地面，主要车辆通道混凝土地面厚度宜为(15～20)cm。

**7.3.3** 在清孔过程中，应不断置换泥浆，直至灌注水下混凝土为止。

### Ⅱ 正、反循环钻孔扩底灌注桩

**7.3.5** 钻机定位应准确、水平、稳固，钻机转盘中心与护筒中心的允许偏差不宜大于50mm。成孔时孔内泥浆液面应保持稳定，且不宜低于硬地面30cm。注入孔口的泥浆及排出孔口泥浆性能指标，应根据地质情况和钻机的机械性能进行合理调整。

**7.3.8** 水下作业钻扩桩适用于地下水位以下的填土层、黏性土层、粉土层、砂土层和粒径不大的砂砾（卵）石层，其扩底部宜设置于较硬（密）实的黏土层、粉土层、砂土层和砂砾（卵）石层，有的扩孔钻头可在基岩中钻进。我国水下作业钻扩桩常采用YKD、MRR和MRS扩底钻头，这3种系列扩底钻头系由国土资源部勘探所研制开发成功的，主要采用扩刀下开方式。

YKD系列液压扩底钻头，主要由钻头体、回转接头、泵站和检测控制台等部分组成，钻头体为三翼下开式结构，刀头采用硬质合金，可用于钻进黏性土层、砂层、砂砾层以及粒径小于5mm的卵石层。该系列钻头成孔直径0.6m～2.4m，扩底直径1.2m～4.0m，扩底角15°～25°。

MRR系列滚刀扩底钻头，该钻头的基本结构为下开式，采用对称双翼，中心管为四方结构，以便能可靠地将扭矩传递到扩孔翼上，扩孔翼本身为箱式结构。破岩刀具为CG型滚刀，它采用高强度、高硬度的合金为刀齿，以冲击、静压加剪切的方式破碎岩石可以实现体积破碎，而所需的钻进压力和扭矩均相对较小。该扩底钻头，主要用于在各种岩石中进行扩底，如各种砂岩、石灰岩、花岗岩等。扩底前，需采用滚刀钻头或组合牙轮钻头钻进，当钻头在预定基岩中成孔后，再将扩底钻头下入孔底。该系列钻头成孔直径0.8m～2.4m，扩底直径1.6m～4.0m，扩底角30°。

MRS系列扩底钻头，主要用于黏性土层、砂层、砂砾层中扩底，其基本结构为三翼或四翼下开式，刀齿为硬质合金。主要部件包括扩底翼、加压架、底盘和连杆等。特点是结构简单、操作容易、加工方便和成本低廉。用该钻头扩底前，需用普通刮刀钻头钻进成孔，然后下入扩底钻头。钻头成孔直径0.5m～2.4m，扩底直径1.0m～4.0m，扩底角20°～25°。带可扩张切削工具的钻头。

### Ⅲ 水下混凝土灌注

**7.3.16** 钢筋笼吊装前，应安置导管与气泵第三次清孔，并应检验孔位、孔径、垂直度、孔深、沉渣厚度等，检验合格后应立即灌注混凝土。

**7.3.18** 导管的管径要满足混凝土灌注速度要求。导管长度按桩孔深来考虑，导管距孔底约300mm～500mm。灌注混凝土时，导管埋入混凝土中的长度不应小于2000mm，混凝土灌注表面每上升4m～5m时，应拆除相应数量的导管。当混凝土倒入漏斗，而桩孔口泥浆不返浆，稍稍将孔中漏斗往上提，混凝土仍不能迅速地向下移动，此时应拆提导管。在灌注混凝土时应准确测量混凝土面的深度，在保证导管埋入混凝土中不小于2000mm前提下，及时拆管。隔水塞，在混凝土开始灌注时起隔水作用，保证初灌混凝土质量，隔水塞宜采用与桩身混凝土强度等级相同的细石混凝土制作。

## 7.4 干作业成孔大直径扩底灌注桩

### Ⅰ 钻孔扩底灌注桩

干作业钻扩桩适用于地下水位以上的填土层、黏性土层、粉土层、砂土层和粒径不大的砾砂层，其扩底部宜设置于较硬（密）实的黏土层、粉土层、砂土层和砾砂层。在选择该类钻扩桩的扩底部持力层时，需考虑：①在有效桩长范围内，没有地下水或上层滞水；②在钻深范围内的土层应不塌落、不缩颈、孔壁能保持直立；③扩底部与桩根底部应置于中密以上的黏性土、粉土或砂土层上；④持力层应有一定厚度，且水平方向分布均匀。

**7.4.4** 干作业钻孔扩底，对遇水后软化的岩层作桩端持力层，检查时发现凡是软化的土层必须重新清理后才能灌注混凝土。

### Ⅱ 人工挖孔扩底灌注桩

人工成孔的大直径扩底灌注桩涉及人工挖孔，为保证施工安全，宜增加场地的限制使用条件，如地基土中存在较厚的流塑状泥或软塑状土、松散及稍密的砂层或厚度超过3m的中密、密实砂层，桩径不小于1.2m等。广东省是采用人工挖孔桩较早、较为广泛的地区，现已发文限制使用，并严格审批。

**7.4.6** 对人工挖孔桩桩长、桩径的规定主要出于安全的考虑。如深圳地区规定："最小直径应视桩长而定，挖孔桩桩长小于10m，桩径不小于1200mm；桩长在10m～15m时，桩径不小于1200mm；桩长在15m～30m时，桩径不小于1400mm；桩长超过30m时，需经专门研究决定"。国内某些地区禁止采用人工挖孔桩作业，主要原因是出于安全考虑，故本条和本规程7.6.6条提出一些必要的安全措施。

7.4.7 现行行业标准《建筑桩基技术规范》JGJ 94－2008中6.6.10条规定："护壁的厚度、拉接钢筋、配筋、混凝土强度等级均应符合设计要求"，具体如何设计，没有给出具体要求，本规程对此作具体规定。人工挖孔桩混凝土护壁的厚度不应小于100mm，护壁厚度宜依桩径大小、土层状况、施工安全性计算确定，桩径大，护壁厚度应加大。部分地区施工过程中遇到设计施工的挖孔桩图纸护壁最小厚度均在150mm以上。

7.4.15 对桩端持力层验收提出具体要求，使桩基承载能力满足设计要求。

7.4.16 人工挖孔桩混凝土灌注时，常因坍落高度太大而使混凝土离析，从而产生桩身混凝土断层和夹层等质量事故，本条是对混凝土输送作出相应的技术规定。

### 7.5 大直径扩底灌注桩后注浆

后注浆可提高承载力，这里有两个问题：一是后注浆是一种补救措施；二是后注浆本身就是扩底桩的工法内容，本条规定属于后者。在工程实践中，后注浆对邻近中细砂层正在施工的钻孔有显著影响，易造成塌孔。

7.5.3 式（7.5.3）是经验公式，在编写注浆方案时作参考。主要是通过同类工程桩和相应土层总结施工经验，分析具体工程情况，作出综合判断后提出配比方案，也可通过试桩后确定。

7.5.4 注浆前压水试验是验证工程桩可灌性能和确定注浆参数的主要手段，是必须实施的一个步骤。

7.5.5 注浆顺序应根据土的饱和度、注浆部位等因素综合确定。

7.5.6 何时终止注浆应满足设计要求，包括注浆量、注浆压力，现场应由施工、设计、监理、勘察共同商定。当桩底下有溶洞时，注浆总量明显高于原设计估量时，应另行处理。

7.5.7 在注浆过程中，应经常检查注浆工艺参数，若发生异常，本条提出一些应采取的技术措施。

### 7.6 安全措施

7.6.1 特种作业人员考核是指特殊工种必须持由安全部门颁发的证件上岗。

7.6.11 加强用电安全管理，电工必须持证上岗；现场设备必须具有接地装置，做到一机一闸一保险和三级漏电保护；严禁私自拉接照明线路，现场实行轮流值班制，便于及时处理突发事故。

## 8 质量检验

### 8.1 一般规定

8.1.1～8.1.5 大直径扩底桩的质量检验，主要包括桩体原材料、成孔质量、桩身质量、后注浆检验和桩承台检验。现行国家标准《建筑地基基础工程施工质量验收规范》GB 50202和现行行业标准《建筑基桩检测技术规范》JGJ 106以强制性条文规定必须对基桩承载力和桩身完整性进行检验。如何保证在各种不同的地质条件下的成孔质量，目前无论是施工部门还是设计部门，尚缺少应有的重视和有效措施。大直径钻孔扩底灌注桩以端承力为主，如何有效控制成孔质量，确保工程安全，就尤其重要。

将大直径扩底桩质量检验要求进行归纳，见本规程表8.1.2。将大直径扩底桩钢筋笼质量检验要求进行归纳，见表8.1.3。

### 8.2 成孔质量检验

8.2.1 成孔施工前应试成孔，其目的是研究成孔的可能性，并确定相关的施工工艺、参数等。

8.2.2～8.2.4 大直径钻孔扩底桩成孔的孔径、孔深、垂直度及孔底沉渣厚度检测的主要目的为：其一，作为第三方检测，可以有效地控制成孔施工质量；其二，规范大直径钻孔灌注桩成孔检测的方法和技术；其三，钻孔灌注桩成孔检测可以成为指导施工的主要辅助手段。

由于大直径扩底桩的工程重要性，因此规定桩端持力层岩土性质、进入持力层深度、扩大端孔径、桩身孔径、垂直度和孔底沉渣厚度100%检测。

点荷载法可测试桩端风化岩的强度，试验标准及与岩石单轴抗压强度的换算关系应分别按现行国家标准《工程岩体试验标准》GB/T 50266及《工程岩体分级标准》GB 50218中有关规定进行，可参见本规程第4.2.5条。

8.2.5～8.2.7 本节方法适用于检测建筑工程中的大直径钻孔扩底灌注桩成孔的孔径、垂直度、孔深及孔底沉渣厚度。检测方法为超声波法或接触式仪器组合法。

机械成孔桩扩大端孔径及桩身孔径可采用超声波法或伞形孔径仪进行检验，第8.2.5条主要来源于天津市工程建设标准《基桩检测技术规程》DB 29-38-2002、天津市工程建设标准《钻孔灌注桩成孔、地下连续墙成槽检测技术规程》DB 29-112-2004。

接触式仪器组合法，系采用伞形孔径仪、沉渣测定仪分别检测成孔孔径及沉渣厚度，是由多种仪器设备组合形成的检测系统。因相对于超声波法，采用接触式仪器组合法检测时，各种仪器的检测探头必须保持对孔壁或孔底的接触，所以属于接触式检测方法。

根据现行国家标准《建筑地基基础工程施工质量验收规范》GB 50202，沉渣厚度可以采用沉渣仪或重锤测量，目前国内已经出现了多种沉渣厚度测定方法，主要有测锤法、电阻率法、电容法、声波法等。本规程规定只要是具有计量器具生产许可证的厂家生产的合格产品，并能在标定有效期内使用，其检测精度能够满足沉渣厚度的评价要求的仪器设备或工具，均可用于沉渣厚度检测。

从定性上讲，沉渣可以定义为钻孔灌注桩成孔后，淤积于孔底部的非原状沉淀物。从定量上准确区分沉渣和下部原状地层，目前还有一定难度。所以对于沉渣厚度的检测，实际上是利用有效的沉渣测定仪或其他检测工具，检测估算沉渣厚度。

伞形孔径仪桩孔直径检测结果，是探头4个测臂各自检测结果的平均值，对于非轴对称孔径变化桩孔的检测存在一定误差。

检测机构应通过省级以上计量行政主管部门的计量认证。如果检测机构未能通过计量认证考核，其提供的数据和成果报告不具备法律效力。

### 8.3 成桩质量检验

**8.3.8** 桩身完整性检测为工程桩验收检测必检项目之一，对甲、乙、丙级建筑桩基都要适用，故规定100%逐桩检测。

钻芯法或声波透射法检验应符合现行行业标准《建筑基桩检测技术规范》JGJ106 的规定。钻芯法适用于检测大直径扩底桩的桩长、桩身混凝土强度、桩底沉渣厚度和桩身完整性，判定或鉴别桩端持力层岩土性状。声波透射法适用于已预埋声测管的大直径扩底桩的桩身完整性检测，判定桩身缺陷的程度并确定其位置。

**8.3.10** 动测法试验对扩底桩承载力检测不适用，故规定对工程桩承载力的检测应采用静载试验法。

中华人民共和国行业标准

# 塔式起重机混凝土基础工程技术规程

Technical specification for concrete foundation engineering of tower cranes

**JGJ/T 187—2009**

批准部门：中华人民共和国住房和城乡建设部
施行日期：2 0 1 0 年 7 月 1 日

# 中华人民共和国住房和城乡建设部
# 公　　告

第421号

## 关于发布行业标准《塔式起重机混凝土基础工程技术规程》的公告

现批准《塔式起重机混凝土基础工程技术规程》为行业标准，编号为JGJ/T 187－2009，自2010年7月1日起实施。

本规程由我部标准定额研究所组织中国建筑工业出版社出版发行。

**中华人民共和国住房和城乡建设部**

2009年10月30日

## 前　　言

根据住房和城乡建设部《关于印发〈2008年工程建设标准规范制订、修订计划（第一批）〉的通知》（建标［2008］102号）的要求，规程编制组经广泛调查研究，认真总结实践经验，参考有关国际标准和国外先进标准，并在广泛征求意见的基础上，制定了本规程。

本规程的主要技术内容是：1. 总则；2. 术语和符号；3. 基本规定；4. 地基计算；5. 板式和十字形基础；6. 桩基础；7. 组合式基础；8. 施工及质量验收。

本规程由住房和城乡建设部负责管理，由华丰建设股份有限公司负责具体技术内容的解释。执行过程中如有意见或建议，请寄送华丰建设股份有限公司（地址：浙江省宁波市科技园区江南路1017号，邮政编码：315040）。

本规程主编单位：华丰建设股份有限公司
中国建筑科学研究院

本规程参编单位：浙江大学
浙江大学宁波理工学院
歌山建设集团有限公司
华锦建设股份有限公司
浙江省建设机械集团有限公司
中建六局第二建筑工程有限公司

本规程主要起草人：华锦耀　罗文龙　王兼嵘
谢新宇　吴佳雄　方鹏飞
吕国玉　赵剑泉　吴恩宁
张　辉

本规程主要审查人：钱力航　潘秋元　樊良本
张振拴　李耀良　刘启安
顾仲文　刘兴旺
朱良锋

# 目　次

# Contents

## 1 总　则

**1.0.1** 为了在塔式起重机（以下简称塔机）混凝土基础工程的设计与施工中做到安全适用、技术先进、经济合理、确保质量、保护环境、方便施工，制定本规程。

**1.0.2** 本规程适用于建筑工程施工过程中的塔机混凝土基础工程的设计及施工。

**1.0.3** 塔机混凝土基础工程的设计与施工应根据地质勘察资料，综合考虑工程结构类型及布置、施工条件、环境影响、使用条件和工程造价等因素，因地制宜，做到科学设计、精心施工。

**1.0.4** 本规程规定了塔机混凝土基础工程的设计与施工的基本技术要求。当本规程与国家法律、行政法规的规定相抵触时，应按国家法律、行政法规的规定执行。

**1.0.5** 塔机混凝土基础工程的设计与施工，除应符合本规程规定外，尚应符合国家现行有关标准的规定。

## 2 术语和符号

### 2.1 术　语

**2.1.1** 塔式起重机混凝土基础　concrete foundation of tower crane

用于安装固定塔机、保证塔机正常使用且传递其各种作用到地基的混凝土结构。

**2.1.2** 组合式基础　combined foundation

由若干格构式钢柱或钢管柱与其下端连接的基桩以及上端连接的混凝土承台或型钢平台组成的基础。

**2.1.3** 十字形基础　cross foundation

由长度和截面相同的两条相互垂直等分且节点加腋的混凝土条形基础组成的基础。

**2.1.4** 塔式起重机的独立状态　independent state of tower crane

塔机与邻近建筑物无任何连接的状态。

**2.1.5** 塔式起重机的附着状态　attachment state of tower crane

塔机通过附着装置与邻近建筑物连接的状态。

**2.1.6** 塔式起重机自重荷载　dead load of tower crane

塔机各部分（包括平衡重）的重力作用。

**2.1.7** 塔式起重机起重荷载　lifting load of tower crane

塔机总起重量的重力作用。

**2.1.8** 基本风压　reference wind pressure

作用在塔机上风荷载的基准压力。

**2.1.9** 工作状态　in-service state

塔机处于司机控制之下进行作业的状态（吊载运转、空载运转或间歇停机）。

**2.1.10** 非工作状态　out of service state

塔机处于所有机构停止运动、切断动力电源、不吊载，并采取防风保护措施的状态。

**2.1.11** 最大起重力矩　maximum load moment

最大额定起重量重力与其在设计确定的各种组合臂长中所能达到的最大工作幅度的乘积。

**2.1.12** 结构充实率　structural adequacy ratio

塔机迎风面杆件和节点净投影面积除以迎风面轮廓面积的值。

**2.1.13** 等效均布风荷载　equivalent uniform wind load

根据荷载效应相等的原则，将塔机沿计算高度分布的风荷载标准值换算为均布的风荷载标准值。

**2.1.14** 塔式起重机的基础节　the based segment of tower crane

塔机塔身和基础相连接的一节。

**2.1.15** 塔式起重机的预埋节　the embedded segment of tower crane

塔机塔身预埋入基础且和基础节相连接的一节。

### 2.2 符　号

**2.2.1** 作用和作用效应

$F_{gk}$——塔机各部分的自重荷载标准值；

$F_g$——考虑荷载分项系数的塔机自重荷载设计值；

$F_{qk}$——塔机的起重荷载标准值；

$F_q$——考虑荷载分项系数的塔机起重荷载设计值；

$F_k$——荷载效应标准组合时，塔机作用于基础顶面的竖向力；

$F$——荷载效应基本组合时，塔机作用于基础的竖向力；

$F_{vk}$——荷载效应标准组合时，塔机作用于基础顶面的水平力；

$F_v$——荷载效应基本组合时，塔机作用于基础顶面的水平力；

$G_k$——基础自重及其上土的自重标准值；

$G$——考虑荷载分项系数的基础自重及其上土的自重；

$M_k$——塔机作用于基础的力矩或截面的弯矩标准值；

$M$——塔机作用于基础的力矩或截面的弯矩设计值；

$M_{sk}$——塔机风荷载作用于基础顶面的力矩标准值；

$M_s$——塔机风荷载作用于基础顶面的力矩设

计值；

$N$——作用于格构式钢柱的轴心力设计值；

$P_k$——相应于荷载效应标准组合时，基础底面处的平均压力值；

$P_i$——相应于荷载效应基本组合时，基础 $i$ 截面对应的底面压力设计值；

$Q_k$——相应于荷载效应标准组合时的单桩所受竖向力标准值；

$Q$——相应于荷载效应基本组合时的单桩轴向压力设计值；

$Q'$——相应于荷载效应基本组合时的单桩轴向拔力设计值；

$q_{sk}$——塔机所受风均布线荷载标准值；

$q_s$——塔机所受风均布线荷载设计值；

$T_k$——塔机作用于基础的扭矩标准值；

$T$——塔机作用于基础的扭矩设计值；

$w_0$——基本风压。

**2.2.2** 抗力和材料性能

$f_a$——修正后的地基承载力特征值；

$f_{ak}$——地基承载力特征值；

$f_{spk}$——复合地基承载力特征值；

$f_c$——混凝土轴心受压强度设计值；

$f_y$——普通钢筋强度设计值；

$q_{pa}$——桩端土的承载力特征值；

$q_{sa}$——桩周土的摩阻力特征值；

$R_a$——单桩竖向承载力特征值；

$R'_a$——单桩竖向抗拔承载力特征值。

**2.2.3** 几何参数

$A$——基础底面面积；

$A_p$——桩的截面积；

$B$——塔机的塔身桁架结构宽度；

$b$——矩形基础底面或基础梁截面的宽度；

$d$——桩身直径、方桩截面边长或基础埋置深度；

$H$——塔机的计算高度或格构式钢柱的总长度；

$H_0$——塔机的起重高度或格构式钢柱的计算长度；

$h$——基础或基础梁截面的高度；

$h_0$——基础截面有效高度；

$L$——矩形承台对角线上两端桩轴线的距离；

$l$——矩形基础底面长度；

$U_p$——桩的截面周长。

**2.2.4** 计算系数

$\alpha$——塔机的风向系数；

$\alpha_0$——塔机桁架结构的平均充实率；

$\beta_z$——风振系数；

$\eta_b$——基础宽度的承载力修正系数；

$\eta_d$——基础埋深的承载力修正系数；

$\lambda$——基桩抗拔系数或轴心受压构件的长细比；

$\mu_z$——风压等效高度变化系数；

$\mu_s$——风荷载体型系数；

$\varphi$——轴心受压构件的稳定系数。

## 3 基本规定

**3.0.1** 塔机的基础形式应根据工程地质、荷载大小与塔机稳定性要求、现场条件、技术经济指标，并结合塔机制造商提供的《塔机使用说明书》的要求确定。

**3.0.2** 塔机基础的设计应按独立状态下的工作状态和非工作状态的荷载分别计算。塔机基础工作状态的荷载应包括塔机和基础的自重荷载、起重荷载、风荷载，并应计入可变荷载的组合系数，其中起重荷载不应计入动力系数；非工作状态下的荷载应包括塔机和基础的自重荷载、风荷载。

**3.0.3** 塔机工作状态的基本风压应按 0.20kN/m$^2$ 取用，风荷载作用方向应按起重力矩同向计算；非工作状态的基本风压应按现行国家标准《建筑结构荷载规范》GB 50009 中给出的50年一遇的风压取用，且不小于 0.35kN/m$^2$，风荷载作用方向应从平衡臂吹向起重臂；塔机的风荷载可按本规程附录 A 的规定进行简化计算。

**3.0.4** 塔机基础和地基应分别按下列规定进行计算：

1 塔机基础及地基均应满足承载力计算的有关规定；

2 不符合本规程第 4.2.1 条规定的塔机基础应进行地基变形计算；

3 不符合本规程第 4.3.1 条规定的塔机基础应进行稳定性计算。

**3.0.5** 地基基础设计时所采用的荷载效应最不利组合与相应的抗力限值应符合下列规定：

1 按地基承载力确定基础底面积及埋深或按单桩承载力确定桩数时，传至基础或承台底面上的荷载效应应按正常使用极限状态下荷载效应的标准组合，相应的抗力应采用地基承载力特征值或单桩承载力特征值；

2 计算地基变形时，传至基础底面上的荷载效应应按正常使用极限状态下荷载效应的准永久组合，相应的限值应为地基变形允许值；

3 计算基坑边坡或斜坡稳定性，荷载效应应按承载能力极限状态下荷载效应的基本组合计算，其分项系数均应取 1.0；

4 在确定基础或桩承台高度、计算基础内力、确定配筋和验算材料强度时，传给基础的荷载效应组合和相应的基底反力，应按承载能力极限状态下荷载效应的基本组合计算，并应采用相应的分项系数；

5　基础设计的结构重要性系数应取1.0。

**3.0.6**　塔机基础设计缺少计算资料时，可采用塔机制造商提供的《塔机使用说明书》的基础荷载，包括工作状态和非工作状态的垂直荷载、水平荷载、倾覆力矩、扭矩以及非工作状态的基本风压；若非工作状态时塔机现场的基本风压大于《塔机使用说明书》提供的基本风压，则应按本规程附录A的规定对风荷载予以换算。

**3.0.7**　塔机独立状态的计算高度（$H$）应按基础顶面至锥形塔帽一半处高度或平头式塔机的臂架顶取值。

**3.0.8**　塔机地基基础设计，可以所在工程的《岩土工程勘察报告》作为地质条件的依据，必要时应在设定的塔机基础位置补充勘探点。

## 4　地基计算

### 4.1　地基承载力计算

**4.1.1**　塔机在独立状态时，作用于基础的荷载应包括塔机作用于基础顶的竖向荷载标准值（$F_k$）、水平荷载标准值（$F_{vk}$）、倾覆力矩（包括塔机自重、起重荷载、风荷载等引起的力矩）荷载标准值（$M_k$）、扭矩荷载标准值（$T_k$），以及基础及其上土的自重荷载标准值（$G_k$），见图4.1.1。

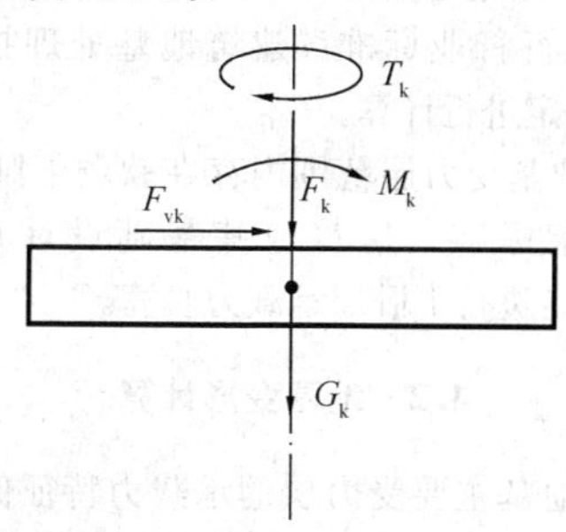


图4.1.1　基础荷载

**4.1.2**　矩形基础地基承载力计算应符合下列规定：

1　基础底面压力应符合下列公式要求：

1）当轴心荷载作用时：

$$p_k \leqslant f_a \tag{4.1.2-1}$$

式中：$p_k$——相应于荷载效应标准组合时，基础底面处的平均压力值；

$f_a$——修正后的地基承载力特征值。

2）当偏心荷载作用时，除符合式（4.1.2-1）要求外，尚应符合下式要求：

$$p_{kmax} \leqslant 1.2f_a \tag{4.1.2-2}$$

式中：$p_{kmax}$——相应于荷载效应标准组合时，基础底面边缘的最大压力值。

2　基础底面的压力可按下列公式确定：

1）当轴心荷载作用时：

$$p_k = \frac{F_k + G_k}{bl} \tag{4.1.2-3}$$

式中：$F_k$——塔机作用于基础顶面的竖向荷载标准值；

$G_k$——基础及其上土的自重标准值；

$b$——矩形基础底面的短边长度；

$l$——矩形基础底面的长边长度。

2）当偏心荷载作用时：

$$p_{kmax} = \frac{F_k + G_k}{bl} + \frac{M_k + F_{vk} \cdot h}{W} \tag{4.1.2-4}$$

式中：$M_k$——相应于荷载效应标准组合时，作用于矩形基础顶面短边方向的力矩值；

$F_{vk}$——相应于荷载效应标准组合时，作用于矩形基础顶面短边方向的水平荷载值；

$h$——基础的高度；

$W$——基础底面的抵抗矩。

3）当偏心距$e > \frac{b}{6}$时（图4.1.2），$p_{kmax}$应按下式计算：

$$p_{kmax} = \frac{2(F_k + G_k)}{3la} \tag{4.1.2-5}$$

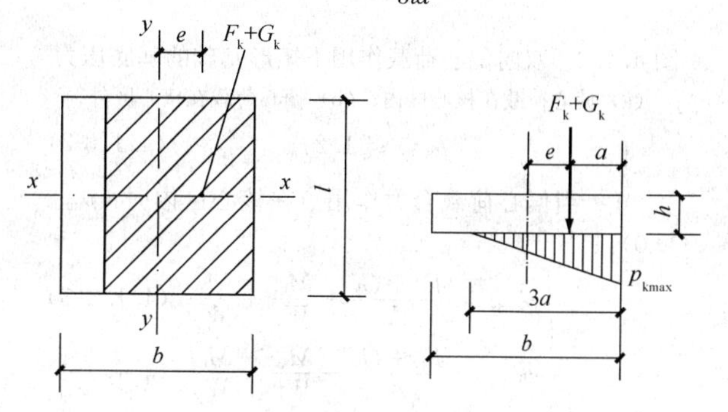


图4.1.2　单向偏心荷载$\left(e > \frac{b}{6}\right)$作用下的基底压力计算示意

式中：$a$——合力作用点至基础底面最大压力边缘的距离。

3　偏心距$e$应按式（4.1.2-6）计算，并应符合式（4.1.2-7）要求：

$$e = \frac{M_k + F_{kv} \cdot h}{F_k + G_k} \tag{4.1.2-6}$$

$$e \leqslant b/4 \tag{4.1.2-7}$$

4　当塔机基础为十字形时，可采用简化计算法，即倾覆力矩标准值（$M_k$）、水平荷载标准值（$F_{vk}$）仅由与其作用方向相同的条形基础承载，竖向荷载标准值（$F_k$和$G_k$）应由全部基础承载。

**4.1.3**　方形基础和底面边长比小于或等于1.1的矩形基础应按双向偏心受压作用验算地基承载力，塔机倾覆力矩的作用方向应取基础对角线方向（图4.1.3），基础底面的压力应符合下列公式要求：

$$p_k \leqslant f_a \tag{4.1.3-1}$$

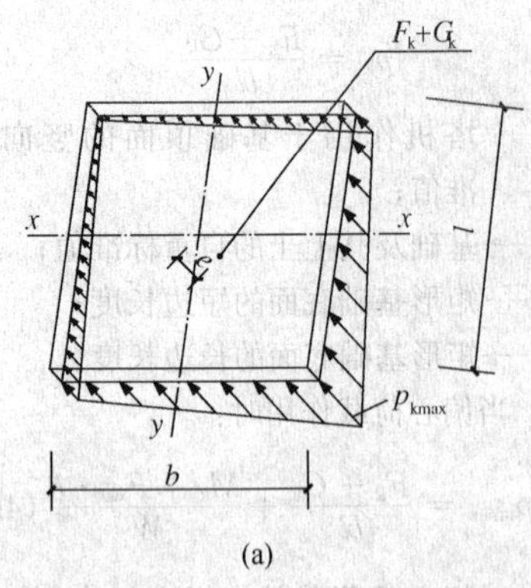

(a)

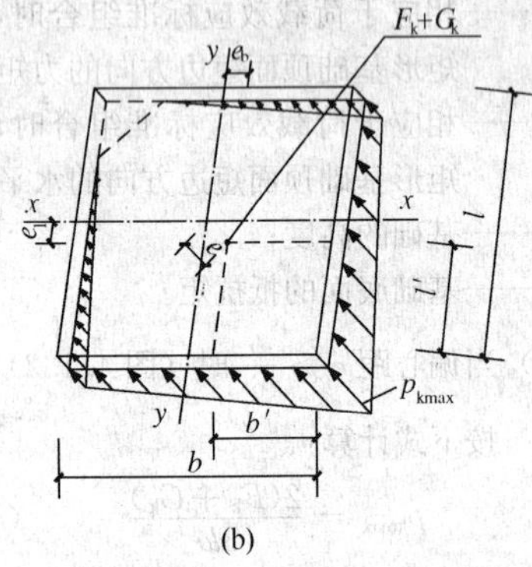

(b)

图 4.1.3 双向偏心荷载作用下矩形基础的基底压力

(a) 偏心荷载在核心区内；(b) 偏心荷载在核心区外

$$p_{kmax} \leqslant 1.2 f_a \quad (4.1.3\text{-}2)$$

1 当偏心荷载合力作用点在核心区内时（$p_{kmin} \geqslant 0$）：

$$p_{kmax} = \frac{F_k + G_k}{A} + \frac{M_{kx}}{W_x} + \frac{M_{ky}}{W_y} \quad (4.1.3\text{-}3)$$

$$p_{kmin} = \frac{F_k + G_k}{A} - \frac{M_{kx}}{W_x} - \frac{M_{ky}}{W_y} \quad (4.1.3\text{-}4)$$

式中：$p_{kmax}$、$p_{kmin}$——相应于荷载效应标准组合时，基础底面边缘的最大、最小压力值；

$F_k$——塔机作用于基础顶面的竖向荷载标准值；

$G_k$——基础及其上土的自重标准值；

$A$——基础底面面积；

$M_{kx}$、$M_{ky}$——相应于荷载效应标准组合时，作用于基础底面对 $x$、$y$ 轴的力矩值；

$W_x$、$W_y$——基础底面对 $x$、$y$ 轴的抵抗矩。

2 当偏心荷载合力作用点在核心区外时（$p_{kmin} < 0$）：

$$p_{kmax} = \frac{F_k + G_k}{3b'l'} \quad (4.1.3\text{-}5)$$

$$e = \frac{M_k + F_{kv} \cdot h}{F_k + G_k} \quad (4.1.3\text{-}6)$$

$$b'l' \geqslant 0.125bl \quad (4.1.3\text{-}7)$$

$$b' = \frac{b}{2} - e_b \quad (4.1.3\text{-}8)$$

$$l' = \frac{l}{2} - e_l \quad (4.1.3\text{-}9)$$

式中：$F_{kv}$——相应于荷载效应标准组合时，作用于基础顶面的水平荷载值；

$e$——偏心距；

$b$——方形基础和底面边长比小于或等于 1.1 的矩形基础 $x$ 方向的底面边长；

$l$——方形基础和底面边长比小于或等于 1.1 的矩形基础 $y$ 方向的底面边长；

$h$——基础的高度；

$b'$——偏心荷载合力作用点至 $e_b$ 一侧 $x$ 方向基础边缘的距离；

$l'$——偏心荷载合力作用点至 $e_l$ 一侧 $y$ 方向基础边缘的距离；

$e_b$——偏心距在 $x$ 方向的投影长度；

$e_l$——偏心距在 $y$ 方向的投影长度。

**4.1.4** 基础底面允许部分脱开地基土的面积不应大于底面全面积的 1/4。

**4.1.5** 地基承载力特征值按《岩土工程勘察报告》取用，当基础宽度大于 3m 或埋置深度大于 0.5m 时，应将《岩土工程勘察报告》提供的地基承载力特征值或荷载试验等方法确定的地基承载力特征值，按现行国家标准《建筑地基基础设计规范》GB 50007 的规定进行修正。

**4.1.6** 对于经过地基处理的复合地基的承载力特征值，应按现行行业标准《建筑地基处理技术规范》JGJ 79 的规定进行计算。

**4.1.7** 当地基受力层范围内存在软弱下卧层时，应按现行国家标准《建筑地基基础设计规范》GB 50007 的规定进行下卧层承载力验算。

## 4.2 地基变形计算

**4.2.1** 当地基主要受力层的承载力特征值（$f_{ak}$）不小于 130kPa 或小于 130kPa 但有地区经验，且黏性土的状态不低于可塑（液性指数 $I_L$ 不大于 0.75）、砂土的密实度不低于稍密时，可不进行塔机基础的天然地基变形验算，其他塔机基础的天然地基均应进行变形验算。

注：地基主要受力层指塔机板式基础下为 1.5$b$（$b$ 为基础底面宽度），十字形基础下为 3$b$（$b$ 为其中任一条形基础的底面宽度），且厚度不小于 5m 范围内的地基土层。

**4.2.2** 当塔机基础符合下列情况之一时，应进行地基变形验算：

1 基础附近地面有堆载可能引起地基产生过大的不均匀沉降；

2 地基持力层下有软弱下卧层或厚度较大的填土。

**4.2.3** 基础下的地基变形计算可按现行国家标准

《建筑地基基础设计规范》GB 50007 的规定执行。

**4.2.4** 基础的沉降量不得大于 50mm；倾斜率($\tan\theta$)不得大于 0.001，且应按下式计算：

$$\tan\theta = \frac{|s_1 - s_2|}{b} \quad (4.2.4)$$

式中：$\theta$——基础底面的倾角（°）；

$s_1$、$s_2$——基础倾斜方向两边缘的最终沉降量(mm)；

$b$——基础倾斜方向的基底宽度（mm)。

### 4.3 地基稳定性计算

**4.3.1** 当塔机基础底标高接近边坡坡底或基坑底部，并符合下列要求之一时，可不作地基稳定性验算（图 4.3.1)：

**1** $a$ 不小于 2.0m，$c$ 不大于 1.0m，$f_{ak}$ 不小于 130kN/m²，且地基持力层下无软弱下卧层；

**2** 采用桩基础。

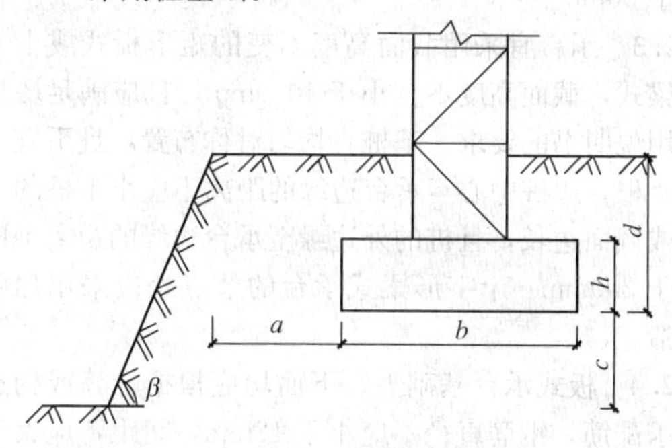


图 4.3.1 基础位于边坡的示意

$a$—基础底面外边缘线至坡顶的水平距离；$b$—垂直于坡顶边缘线的基础底面边长；$c$—基础底面至坡（坑）底的竖向距离；$d$—基础埋置深度；$\beta$—边坡坡角

**4.3.2** 处于边坡内且不符合本规程第 4.3.1 条规定的塔机基础，应根据地区经验采用圆弧滑动面方法进行边坡的稳定性分析。

## 5 板式和十字形基础

### 5.1 一般规定

**5.1.1** 混凝土基础的形式构造应根据塔机制造商提供的《塔机使用说明书》及现场工程地质等要求，选用板式基础或十字形基础。

**5.1.2** 确定基础底面尺寸和计算基础承载力时，基底压力应符合本规程第 4 章地基计算的规定；基础配筋应按受弯构件计算确定。

**5.1.3** 基础埋置深度的确定应综合考虑工程地质、塔机的荷载大小和相邻环境条件及地基土冻胀影响等因素。基础顶面标高不宜超出现场自然地面。在冻土地区的基础应采取构造措施避免基底及基础侧面的土受冻胀作用。

### 5.2 构造要求

**5.2.1** 基础高度应满足塔机预埋件的抗拔要求，且不宜小于 1000mm，不宜采用坡形或台阶形截面的基础。

**5.2.2** 基础的混凝土强度等级不应低于 C25，垫层混凝土强度等级不应低于 C10，混凝土垫层厚度不宜小于 100mm。

**5.2.3** 板式基础在基础表层和底层配置直径不应小于 12mm、间距不应大于 200mm 的钢筋，且上、下层主筋应用间距不大于 500mm 的竖向构造钢筋连接；十字形基础主筋应按梁式配筋，主筋直径不应小于 12mm，箍筋直径不应小于 8mm 且间距不应大于 200mm，侧向构造纵筋的直径不应小于 10mm 且间距不应大于 200mm。板式和十字形基础架立筋的截面积不宜小于受力筋截面积的一半。

**5.2.4** 预埋于基础中的塔机基础节锚栓或预埋节，应符合塔机制造商提供的《塔机使用说明书》规定的构造要求，并应有支盘式锚固措施。

**5.2.5** 矩形基础的长边与短边长度之比不宜大于 2，宜采用方形基础，十字形基础的节点处应采用加腋构造。

### 5.3 基础计算

**5.3.1** 基础的配筋应按现行国家标准《混凝土结构设计规范》GB 50010 有关规定进行受弯、受剪计算。

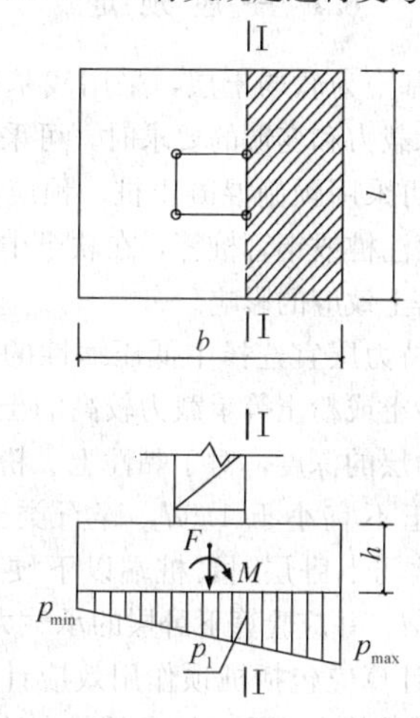


图 5.3.2 板式基础基底压力示意

**5.3.2** 计算板式基础承载力时，应将塔机作用于基础的 4 根立柱所包围的面积作为塔身柱截面，计算受弯、受剪的最危险截面取柱边缘处（图 5.3.2)。基底净反力应采用式（5.3.2）求得的基底平均压力设计值($p$)。

$$p = \frac{p_{max} + p_1}{2} \quad (5.3.2)$$

式中：$p_{max}$——按本规程第 4.1 节规定且采用荷载效

应基本组合计算的基底边缘的最大压力值；

$p_1$——按本规程第4.1节规定且采用荷载效应基本组合计算的塔机立柱边的基底压力值。

**5.3.3** 计算十字形基础时，倾覆力矩设计值（$M$）和水平荷载设计值（$F_v$）应按其中任一条形基础纵向作用计算，竖向荷载设计值（$F$）应由全部基础承受（图5.3.3）。

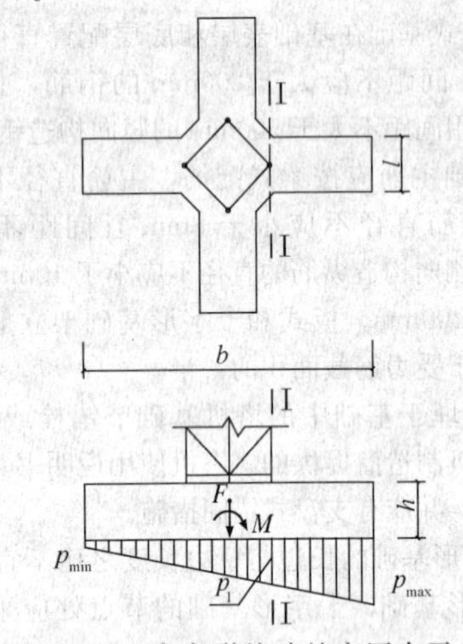


图5.3.3　十字形基础基底压力示意

# 6　桩基础

## 6.1　一般规定

**6.1.1** 当地基土为软弱土层，采用浅基础不能满足塔机对地基承载力和变形的要求时，可采用桩基础。

**6.1.2** 基桩可采用预制混凝土桩、预应力混凝土管桩、混凝土灌注桩或钢管桩等，在软土中采用挤土桩时，应考虑挤土效应的影响。

**6.1.3** 桩端持力层宜选择中低压缩性的黏性土、中密或密实的砂土或粉土等承载力较高的土层。桩端全断面进入持力层的深度，对于黏性土、粉土不宜小于$2d$，对于砂土不宜小于$1.5d$，碎石类土不宜小于$1d$；当存在软弱下卧层时，桩端以下硬持力土层厚度不宜小于$3d$，并应验算下卧层的承载力。

**6.1.4** 桩基计算应包括桩顶作用效应计算、桩基竖向抗压及抗拔承载力计算、桩身承载力计算、桩承台计算等，可不计算桩基的沉降变形。

**6.1.5** 桩基础设计应符合现行行业标准《建筑桩基技术规范》JGJ 94的规定。

**6.1.6** 当塔机基础位于岩石地基时，必要时可采用岩石锚杆基础。

## 6.2　构造要求

**6.2.1** 桩基构造应符合现行行业标准《建筑桩基技术规范》JGJ 94的规定。预埋件应按《塔机使用说明书》布置。桩身和承台的混凝土强度等级不应小于C25，混凝土预制桩强度等级不应小于C30，预应力混凝土实心桩的混凝土强度等级不应小于C40。

**6.2.2** 基桩应按计算和构造要求配置钢筋。纵向钢筋的最小配筋率，对于灌注桩不宜小于0.20%～0.65%（小直径桩取高值）；对于预制桩不宜小于0.8%；对于预应力混凝土管桩不宜小于0.45%。纵向钢筋应沿桩周边均匀布置，其净距不应小于60mm，非预应力混凝土桩的纵向钢筋不应小于6Φ12。箍筋应采用螺旋式，直径不应小于6mm，间距宜为200mm～300mm。桩顶以下5倍基桩直径范围内的箍筋间距应加密，间距不应大于100mm。当基桩属抗拔桩或端承桩时，应等截面或变截面通长配筋。灌注桩和预制桩主筋的混凝土保护层厚度不应小于35mm，水下灌注桩主筋的混凝土保护层厚度不应小于50mm。

**6.2.3** 承台宜采用截面高度不变的矩形板式或十字形梁式，截面高度不宜小于1000mm，且应满足塔机使用说明书的要求。基桩宜均匀对称布置，且不宜少于4根，边桩中心至承台边缘的距离不应小于桩的直径或截面边长，且桩的外边缘至承台边缘的距离不应小于200mm。十字形梁式承台的节点处应采用加腋构造。

**6.2.4** 板式承台基础上、下面均应根据计算或构造要求配筋，钢筋直径不应小于12mm，间距不应大于200mm，上、下层钢筋之间应设置竖向架立筋，宜沿对角线配置暗梁。十字形承台应按两个方向的梁分别配筋，承受正、负弯矩的主筋应按计算配置，箍筋不宜小于$\phi 8$，间距不宜大于200mm。

**6.2.5** 当桩径（$d$）小于800mm时，基桩嵌入承台的长度不宜小于50mm；当桩径（$d$）不小于800mm时，基桩嵌入承台的长度不宜小于100mm。

**6.2.6** 基桩主筋伸入承台基础的锚固长度不应小于$35d$（主筋直径），对于抗拔桩，桩顶主筋的锚固长度应按现行国家标准《混凝土结构设计规范》GB 50010确定。对预应力混凝土管桩和钢管桩，宜采用植于桩芯混凝土不少于6Φ20的主筋锚入承台基础。预应力混凝土管桩和钢管桩中的桩芯混凝土长度不应小于2倍桩径，且不应小于1000mm，其强度等级宜比承台提高一级。

## 6.3　桩基计算

**6.3.1** 桩顶作用效应，应取沿矩形或方形承台对角线方向（即塔机塔身截面的对角线方向）的倾覆力矩和水平荷载及竖向荷载进行计算。当采用十字形承台时，倾覆力矩和水平荷载的作用应取其中任一条形承台按其纵向作用进行计算，竖向荷载应按全部基桩承受进行计算。

**6.3.2** 基桩的桩顶作用效应应按下列公式计算：

1 轴心竖向力作用下：

$$Q_{k}=\frac{F_{k}+G_{k}}{n} \quad (6.3.2\text{-}1)$$

2 偏心竖向力作用下：

$$Q_{kmax}=\frac{F_{k}+G_{k}}{n}+\frac{M_{k}+F_{vk}h}{L} \quad (6.3.2\text{-}2)$$

$$Q_{kmin}=\frac{F_{k}+G_{k}}{n}-\frac{M_{k}+F_{vk}h}{L} \quad (6.3.2\text{-}3)$$

式中：$Q_{k}$——荷载效应标准组合轴心竖向力作用下，基桩的平均竖向力；

$Q_{kmax}$——荷载效应标准组合偏心竖向力作用下，角桩的最大竖向力；

$Q_{kmin}$——荷载效应标准组合偏心竖向力作用下，角桩的最小竖向力；

$F_{k}$——荷载效应标准组合时，作用于桩基承台顶面的竖向力；

$G_{k}$——桩基承台及其上土的自重标准值，水下部分按浮重度计；

$n$——桩基中的桩数；

$M_{k}$——荷载效应标准组合时，沿矩形或方形承台的对角线方向，或沿十字形承台中任一条形承台纵向作用于承台顶面的力矩；

$F_{vk}$——荷载效应标准组合时，塔机作用于承台顶面的水平力；

$h$——承台的高度；

$L$——矩形承台对角线或十字形承台中任一条形承台两端基桩的轴线距离。

**6.3.3** 桩基竖向承载力应符合下列公式要求：

$$Q_{k}\leqslant R_{a} \quad (6.3.3\text{-}1)$$

$$Q_{kmax}\leqslant 1.2R_{a} \quad (6.3.3\text{-}2)$$

式中：$R_{a}$——单桩竖向承载力特征值。

**6.3.4** 单桩竖向承载力特征值可按下式计算：

$$R_{a}=u\sum q_{sia}\cdot l_{i}+q_{pa}\cdot A_{p} \quad (6.3.4)$$

式中：$u$——桩身周长；

$q_{sia}$——第 $i$ 层岩土的桩侧阻力特征值；

$l_{i}$——第 $i$ 层岩土的厚度；

$q_{pa}$——桩端端阻力特征值；

$A_{p}$——桩底端横截面面积。

**6.3.5** 桩的抗拔承载力应符合下列公式要求：

$$Q'_{k}\leqslant R'_{a} \quad (6.3.5\text{-}1)$$

$$R'_{a}=u\sum \lambda_{i}q_{sia}l_{i}+G_{p} \quad (6.3.5\text{-}2)$$

式中：$Q'_{k}$——按荷载效应标准组合计算的基桩拔力，即按本规程公式（6.3.2-3）计算 $Q_{kmin}$ 出现的负值（取其绝对值）；

$R'_{a}$——单桩竖向抗拔承载力特征值；

$\lambda_{i}$——抗拔系数，当无试验资料且桩的入土深度不小于6.0m时，可根据土质和桩的入土深度，取 $\lambda_{i}=0.5\sim0.8$（砂性土，桩入土较浅时取低值；黏性土和粉土，桩入土较深时取高值）；

$G_{p}$——桩身的重力标准值，水下部分按浮重度计。

**6.3.6** 桩身承载力计算

1 轴心受压桩桩身承载力应符合下式规定：

$$Q\leqslant\psi_{c}f_{c}A_{ps}+0.9f'_{y}A'_{s} \quad (6.3.6\text{-}1)$$

式中：$Q$——荷载效应基本组合下的桩顶轴向压力设计值；

$\psi_{c}$——基桩成桩工艺系数，混凝土预制桩和预应力混凝土空心桩取0.85；干作业非挤土灌注桩取0.90；泥浆护壁和套管护壁非挤土灌注桩和挤土灌注桩取0.70～0.80；软土地区挤土灌注桩取0.60；

$f_{c}$——混凝土轴心抗压强度设计值；

$A_{ps}$——桩身截面面积；

$f'_{y}$——纵向主筋抗压强度设计值；

$A'_{s}$——纵向主筋截面面积。

2 轴心抗拔桩桩身承载力应符合下式规定：

$$Q'\leqslant f_{y}A_{s}+f_{py}A_{ps} \quad (6.3.6\text{-}2)$$

式中：$Q'$——荷载效应基本组合下的桩顶轴向拉力设计值；

$f_{y}$、$f_{py}$——普通钢筋、预应力钢筋的抗拉强度设计值；

$A_{s}$、$A_{ps}$——普通钢筋、预应力钢筋的截面面积。

3 轴心抗拔桩的裂缝控制宜按三级裂缝控制等级计算。

## 6.4 承台计算

### Ⅰ 受弯及受剪计算

**6.4.1** 桩基承台应进行受弯、受剪承载力计算，应将塔机作用于承台的4根立柱所包围的面积作为柱截面，承台弯矩、剪力应按本规程第6.4.2条和第6.4.3条规定计算，受弯、受剪承载力和配筋应按现行国家标准《混凝土结构设计规范》GB 50010的规定进行计算。

**6.4.2** 多桩矩形承台弯矩的计算截面应取在塔机基础节柱边（见图6.4.2，$h_{0}$ 为承台在柱边截面的有效高度），弯矩可按下列公式计算：

$$M_{x}=\sum N_{i}y_{i} \quad (6.4.2\text{-}1)$$

$$M_{y}=\sum N_{i}x_{i} \quad (6.4.2\text{-}2)$$

式中：$M_{x}$、$M_{y}$——分别为绕 $x$ 轴、$y$ 轴方向计算截面处的弯矩设计值；

$x_{i}$、$y_{i}$——分别为垂直 $y$ 轴、$x$ 轴方向自桩轴线到相应计算截面的距离；

$N_{i}$——不计承台自重及其上土重，在荷载效应基本组合下的第 $i$ 桩的竖向反力设计值。

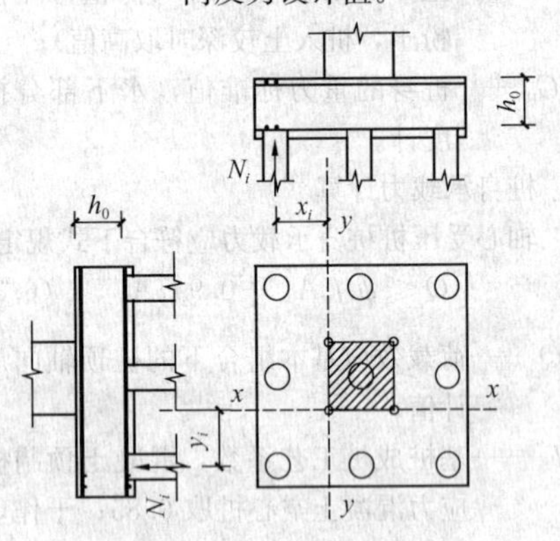

图 6.4.2　承台弯矩计算示意

**6.4.3**　板式承台应按现行行业标准《建筑桩基技术规范》JGJ 94 的规定进行截面受剪承载力验算。

**6.4.4**　当板式承台基础下沿对角线布置 4～5 根基桩时，宜在桩顶配置暗梁（图 6.4.5-1）。

**6.4.5**　对于十字形梁式承台和板式承台中暗梁的弯矩与剪力计算，应视基桩为不动铰支座，可按简支梁或连续梁计算（图 6.4.5-1、图 6.4.5-2），倾覆力矩设计值 $M$ 应按其中任一梁纵向作用，竖向荷载设计值 $F$ 应由全部基础承受。连续梁宜对称配置承受正、负弯矩的主筋；简支梁架立筋的截面积不宜小于受力筋截面积的一半。暗梁计算截面的宽度应不小于桩径。

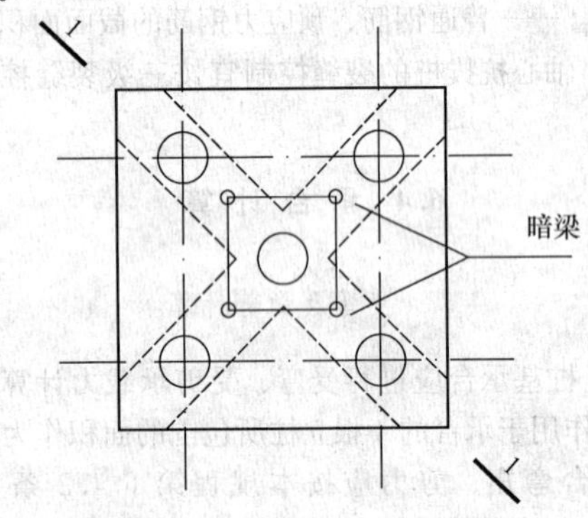


图 6.4.5-1　板式承台暗梁平面

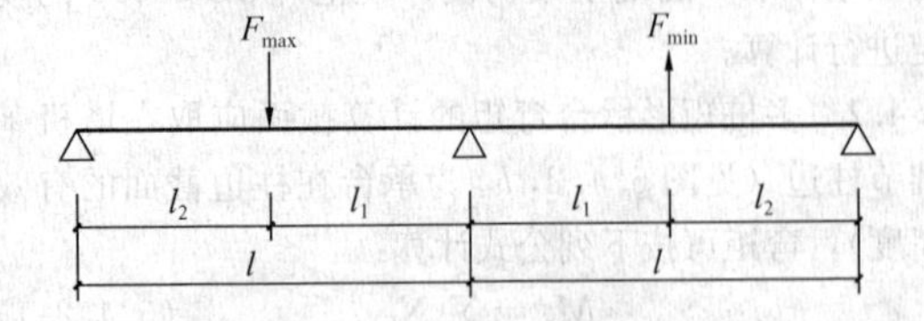

图 6.4.5-2　暗梁（1-1 截面）计算简图

注：图中 $l$ 为对角线方向的基桩轴线间距，集中荷载（$F_{max}$、$F_{min}$）作用点的尺寸（$l_1$、$l_2$）按塔机立柱的实际间距确定。

塔机对角线上两立柱对基础的集中荷载设计值可按下式计算：

$$F_{\min}^{\max} = \frac{F}{4} \pm \frac{M}{L_1} \qquad (6.4.5)$$

式中：$F_{\min}^{\max}$——塔机倾覆力矩沿塔身截面对角线方向作用时，相应对角线上两立柱对基础的集中荷载设计值；

$F$——塔机荷载效应基本组合时作用于基础顶的竖向荷载；

$M$——塔机荷载效应基本组合时作用于基础顶的倾覆力矩；

$L_1$——塔机塔身截面对角线上两立柱轴线间的距离。

## Ⅱ　受冲切计算

**6.4.6**　桩基承台厚度应满足基桩对承台的冲切承载力要求。

**6.4.7**　对位于塔机塔身柱冲切破坏锥体以外的基桩，承台受角桩冲切的承载力可按下式计算（图 6.4.7）：

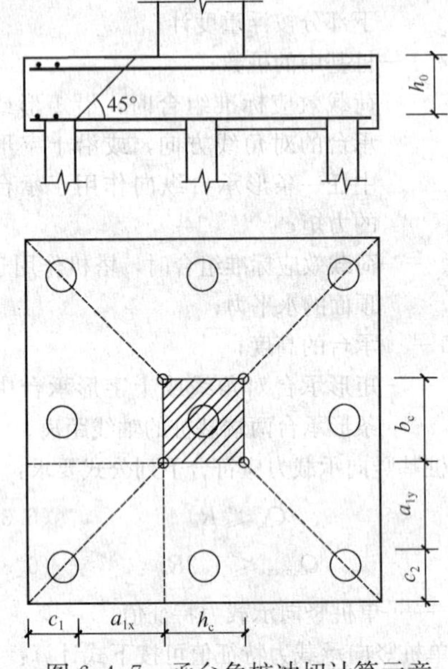

图 6.4.7　承台角桩冲切计算示意

$$N_l \leqslant [\beta_{1x}(c_2 + a_{1y}/2) + \beta_{1y}(c_1 + a_{1x}/2)]\beta_{hp} \cdot f_t \cdot h_0 \qquad (6.4.7\text{-}1)$$

$$\beta_{1x} = \frac{0.56}{\lambda_{1x} + 0.2} \qquad (6.4.7\text{-}2)$$

$$\beta_{1y} = \frac{0.56}{\lambda_{1y} + 0.2} \qquad (6.4.7\text{-}3)$$

式中：$N_l$——荷载效应基本组合时，不计承台及其上土重的角桩桩顶的竖向力设计值；

$\beta_{1x}$、$\beta_{1y}$——角桩冲切系数；

$c_1$、$c_2$——角桩内边缘至承台外边缘的水平距离；

$a_{1x}$、$a_{1y}$——从承台底角桩顶内边缘引 45°冲切线与承台顶面相交点至角桩内边缘的水平距离；当塔机塔身柱边位于该 45°线以内时，则取由塔机塔身柱边与桩内边缘连线为冲切锥体的锥线；

$\beta_{hp}$ ——承台受冲切承载力截面高度影响系数，当 $h \leqslant 800$mm 时，$\beta_{hp}$ 取 1.0；$h \geqslant 2000$mm 时，$\beta_{hp}$ 取 0.9；其间按线性内插法取值；

$f_t$ ——承台混凝土抗拉强度设计值；

$h_0$ ——承台外边缘的有效高度；

$\lambda_{1x}$，$\lambda_{1y}$ ——角桩冲跨比，其值应满足 0.25～1.0，$\lambda_{1x}=\dfrac{a_{1x}}{h_0}$，$\lambda_{1y}=\dfrac{a_{1y}}{h_0}$。

# 7 组合式基础

## 7.1 一 般 规 定

**7.1.1** 当塔机安装于地下室基坑中，根据地下室结构设计、围护结构的布置和工程地质条件及施工方便的原则，塔机基础可设置于地下室底板下、顶板上或底板至顶板之间。

**7.1.2** 组合式基础可由混凝土承台或型钢平台、格构式钢柱或钢管柱及灌注桩或钢管桩等组成（图7.1.2）。

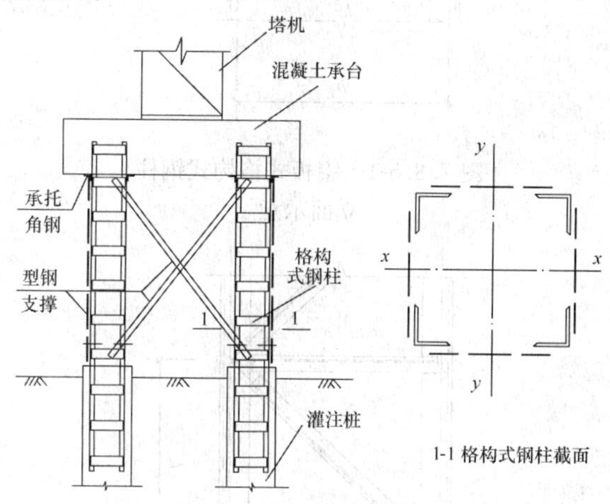


图 7.1.2 组合式基础立面示意

**7.1.3** 混凝土承台、基桩应按本规程第 6 章桩基础的相关规定进行设计。

**7.1.4** 型钢平台的设计应符合现行国家标准《钢结构设计规范》GB 50017 的有关规定，由厚钢板和型钢主次梁焊接或螺栓连接而成，型钢主梁应连接于格构式钢柱，宜采用焊接连接。

**7.1.5** 塔机在地下室中的基桩宜避开底板的基础梁、承台及后浇带或加强带。

**7.1.6** 随着基坑土方的分层开挖，应在格构式钢柱外侧四周及时设置型钢支撑，将各格构式钢柱连接为整体（图 7.1.2）。型钢支撑的截面积不宜小于格构式钢柱分肢的截面积，与钢柱分肢及缀件的连接焊缝厚度不宜小于 6mm，绕角焊缝长度不宜小于 200mm。当格构式钢柱的计算长度（$H_0$）超过 8m 时，宜设置水平型钢剪刀撑，剪刀撑的竖向间距不宜超过 6m，其构造要求同竖向型钢支撑。

## 7.2 基 础 构 造

**7.2.1** 混凝土承台构造应符合现行行业标准《建筑桩基技术规范》JGJ 94 和《塔机使用说明书》及本规程第 5.2 节、第 6.2 节规定。

**7.2.2** 格构式钢柱的布置应与下端的基桩轴线重合且宜采用焊接四肢组合式对称构件，截面轮廓尺寸不宜小于 400mm×400mm，分肢宜采用等边角钢，且不宜小于 L90mm×8mm；缀件宜采用缀板式，也可采用缀条（角钢）式。格构式钢柱伸入承台的长度不宜低于承台厚度的中心。格构式钢柱的构造应符合现行国家标准《钢结构设计规范》GB 50017 的规定，其中缀件的构造应符合本规程附录 B 的规定。

**7.2.3** 灌注桩的构造应符合现行行业标准《建筑桩基技术规范》JGJ 94 的规定，其截面尺寸应满足格构式钢柱插入基桩钢筋笼的要求。灌注桩在格构式钢柱插入部位的箍筋应加密，间距不应大于 100mm。

**7.2.4** 格构式钢柱上端伸入混凝土承台的锚固长度应满足抗拔要求，宜在邻接承台底面处焊接承托角钢（规格同分肢），下端伸入灌注桩的锚固长度不宜小于 2.0m，且应与基桩的纵筋焊接。

## 7.3 基 础 计 算

**7.3.1** 混凝土承台基础计算应符合现行国家标准《混凝土结构设计规范》GB 50010 和现行行业标准《建筑桩基技术规范》JGJ 94 的规定。可视格构式钢柱为基桩，应按本规程第 6.4 节规定进行受弯、受剪承载力计算。

**7.3.2** 格构式钢柱应按轴心受压构件设计，并应符合下列公式规定：

1 格构式钢柱受压整体稳定性应符合下式要求：

$$\frac{N_{max}}{\varphi A} \leqslant f \tag{7.3.2-1}$$

式中：$N_{max}$ ——格构式钢柱单柱最大轴心受压力设计值，应符合本规程第 6.3 节规定且取荷载效应的基本组合值计算；

$A$ ——构件毛截面面积，即分肢毛截面面积之和；

$f$ ——钢材抗拉、抗压强度设计值；

$\varphi$ ——轴心受压构件的稳定系数，应根据构件的换算长细比 $\lambda_{0max}$ 和钢材屈服强度，按现行国家标准《钢结构设计规范》GB 50017－2003 的规定“按 b 类截面查表 C-2”取用。

2 格构式钢柱的换算长细比应符合下式要求：

$$\lambda_{0max} \leqslant [\lambda] \tag{7.3.2-2}$$

式中：$\lambda_{0max}$——格构式钢柱绕两主轴 $x$、$y$ 的换算长细比中大值（图 7.3.2）；

$[\lambda]$——轴心受压构件允许长细比，取 150。

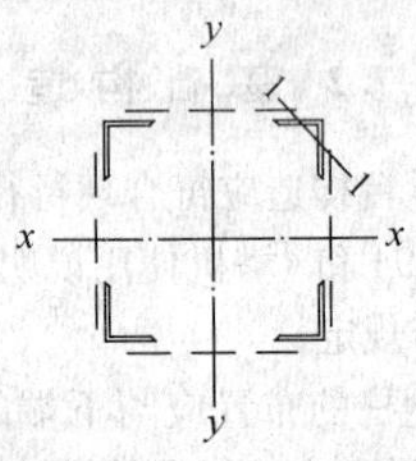


图 7.3.2 格构式组合构件截面

**3** 格构式钢柱分肢的长细比应符合下列公式要求：

当缀件为缀板时：

$$\lambda_1 \leqslant 0.5\lambda_{0max}, 且 \lambda_1 \leqslant 40 \qquad (7.3.2\text{-}3)$$

当缀件为缀条时：

$$\lambda_1 \leqslant 0.7\lambda_{0max} \qquad (7.3.2\text{-}4)$$

式中：$\lambda_1$——格构式钢柱分肢对最小刚度轴 1-1 的长细比（图 7.3.2），其计算长度应取两缀板间或横缀条间的净距离。

**7.3.3** 格构式轴心受压构件换算长细比（$\lambda_0$）应按下列公式计算：

当缀件为缀板时（图 7.3.2）：

$$\lambda_{0x} = \sqrt{\lambda_x^2 + \lambda_1^2} \qquad (7.3.3\text{-}1)$$

$$\lambda_{0y} = \sqrt{\lambda_y^2 + \lambda_1^2} \qquad (7.3.3\text{-}2)$$

当缀件为缀条时（图 7.3.2）：

$$\lambda_{0x} = \sqrt{\lambda_x^2 + 40A/A_{1x}} \qquad (7.3.3\text{-}3)$$

$$\lambda_{0y} = \sqrt{\lambda_y^2 + 40A/A_{1y}} \qquad (7.3.3\text{-}4)$$

$$\lambda_x = H_0 / \sqrt{I_x/(4A_0)} \qquad (7.3.3\text{-}5)$$

$$\lambda_y = H_0 / \sqrt{I_y/(4A_0)} \qquad (7.3.3\text{-}6)$$

$$I_x = 4[I_{x0} + A_0 \ (a/2 - Z_0)^2] \qquad (7.3.3\text{-}7)$$

$$I_y = 4[I_{y0} + A_0 \ (a/2 - Z_0)^2] \qquad (7.3.3\text{-}8)$$

式中：$A_{1x}$——构件截面中垂直于 $x$ 轴的各斜缀条的毛截面面积之和；

$A_{1y}$——构件截面中垂直于 $y$ 轴的各斜缀条的毛截面面积之和；

$\lambda_x(\lambda_y)$——整个构件对 $x$ 轴（$y$ 轴）的长细比；

$H_0$——格构式钢柱的计算长度，取承台厚度中心至格构式钢柱底的长度；

$A_0$——格构式钢柱分肢的截面面积；

$I$——格构式钢柱的截面惯性矩；

$I_{x0}$——格构式钢柱的分肢平行于分肢形心 $x$ 轴的惯性矩；

$I_{y0}$——格构式钢柱的分肢平行于分肢形心 $y$ 轴的惯性矩；

$a$——格构式钢柱的截面边长；

$Z_0$——分肢形心轴距分肢外边缘距离。

**7.3.4** 缀件所受剪力应按下式计算：

$$V = \frac{Af}{85}\sqrt{\frac{f_y}{235}} \qquad (7.3.4)$$

式中：$A$——为格构式钢柱四肢的毛截面面积之和，$A = 4A_0$；

$f$——钢材的抗拉、抗压强度设计值；

$f_y$——钢材的强度标准值（屈服强度）。

剪力 $V$ 值可认为沿构件全长不变，此剪力应由构件两侧承受该剪力的缀件面平均分担。

**7.3.5** 缀件设计（图 7.3.5-1、图 7.3.5-2）应符合下列公式要求

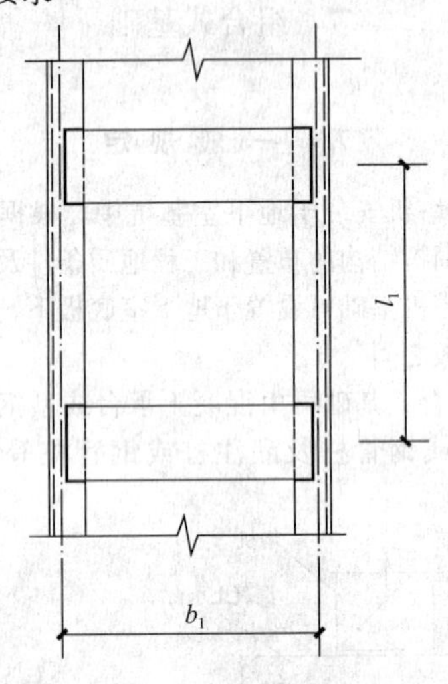


图 7.3.5-1 缀板式格构式钢柱立面示意

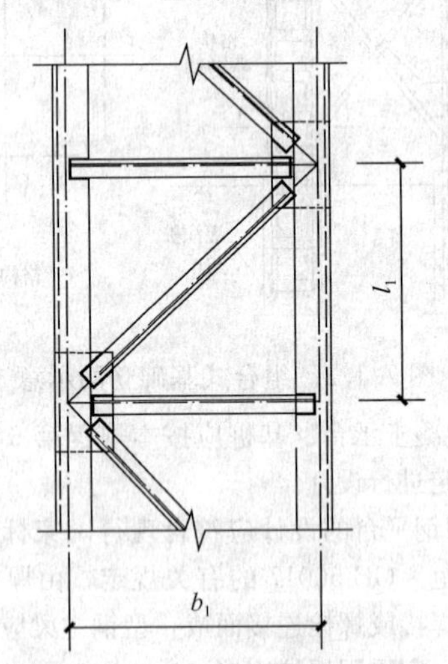


图 7.3.5-2 缀条式格构式钢柱立面示意

**1** 缀板应按受弯构件设计，弯矩和剪力值应按下列公式计算：

$$M_0 = \frac{Vl_1}{4} \qquad (7.3.5\text{-}1)$$

$$V_0 = \frac{Vl_1}{2 \cdot b_1} \qquad (7.3.5\text{-}2)$$

2　斜缀条应按轴心受压构件设计，轴向压力值应按下式计算：

$$N_0=\frac{V}{2\cdot\cos\alpha} \tag{7.3.5-3}$$

式中：$M_0$——单个缀板承受的弯矩；

$V_0$——单个缀板承受的剪力；

$N_0$——单个斜缀条承受的轴向压力；

$b_1$——分肢型钢形心轴之间的距离；

$l_1$——格构式钢柱的一个节间长度，即相邻缀板轴线距离；

$\alpha$——斜缀条和水平面的夹角。

**7.3.6**　格构式钢柱的连接焊缝应按现行国家标准《钢结构设计规范》GB 50017进行设计，并应符合本规程附录B的规定。

# 8　施工及质量验收

## 8.1　基 础 施 工

**8.1.1**　基础施工前应按塔机基础设计及施工方案做好准备工作，必要时塔机基础的基坑应采取支护及降排水措施。

**8.1.2**　基础的钢筋绑扎和预埋件安装后，应按设计要求检查验收，合格后方可浇捣混凝土，浇捣中不得碰撞、移位钢筋或预埋件，混凝土浇筑后应及时保湿养护。基础四周应回填土方并夯实。

**8.1.3**　安装塔机时基础混凝土应达到80%以上设计强度，塔机运行使用时基础混凝土应达到100%设计强度。

**8.1.4**　基础混凝土施工中，在基础顶面四角应作好沉降及位移观测点，并作好原始记录，塔机安装后应定期观测并记录，沉降量和倾斜率不应超过本规程第4.2.4条规定。

**8.1.5**　吊装组合式基础的格构式钢柱时，垂直度和上端偏位值不应大于本规程表8.5.5规定的允许值。格构式钢柱分肢应位于灌注桩的钢筋笼内且应与灌注桩的主筋焊接牢固。

**8.1.6**　对组合式基础，随着基坑土方的分层开挖，应按本规程第7.1.6条规定采用逆作法设置格构式钢柱的型钢支撑。

**8.1.7**　基坑开挖中应保护好组合式基础的格构式钢柱。开挖到设计标高后，应立即浇筑工程混凝土基础的垫层，宜在组合式基础的混凝土承台或型钢平台投影范围加厚垫层（不宜小于200mm）并掺入早强剂。格构式钢柱在底板厚度的中央位置，应在分肢型钢上焊接止水钢板。

**8.1.8**　基础的防雷接地应按现行行业标准《建筑机械使用安全技术规程》JGJ 33的规定执行。

## 8.2　地基土检查验收

**8.2.1**　塔机基础的基坑开挖后应按现行国家标准《建筑地基基础工程施工质量验收规范》GB 50202的规定进行验槽，应检验坑底标高、长度和宽度、坑底平整度及地基土性是否符合设计要求，地质条件是否符合岩土工程勘察报告。

**8.2.2**　基础土方开挖工程质量检验标准应符合现行国家标准《建筑地基基础工程施工质量验收规范》GB 50202的规定。

**8.2.3**　地基加固工程应在正式施工前进行试验段施工，并应论证设定的施工参数及加固效果。为验证加固效果所进行的载荷试验，其最大加载压力不应小于设计要求压力值的2倍。

**8.2.4**　经地基处理后的复合地基的承载力应达到设计要求的标准。检验方法应按现行行业标准《建筑地基处理技术规范》JGJ 79的规定执行。

**8.2.5**　地基土的检验除符合本节规定外，尚应符合现行国家标准《建筑地基基础工程施工质量验收规范》GB 50202的有关规定，必要时应检验塔机基础下的复合地基。

## 8.3　基础检查验收

**8.3.1**　钢材、水泥、砂、石子、外加剂等原材料进场时，应按现行国家标准《混凝土结构工程施工质量验收规范》GB 50204和《钢结构工程施工质量验收规范》GB 50205的规定作材料性能检验。

**8.3.2**　基础的钢筋绑扎后，应作隐蔽工程验收。隐蔽工程应包括塔机基础节的预埋件或预埋节等。验收合格后方可浇筑混凝土。

**8.3.3**　基础混凝土的强度等级必须符合设计要求。用于检查结构构件混凝土强度的试件，应在混凝土的浇筑地点随机抽取。取样与试件留置应符合现行国家标准《混凝土结构工程施工质量验收规范》GB 50204的有关规定。

**8.3.4**　基础结构的外观质量不应有严重缺陷，不宜有一般缺陷，对已经出现的严重缺陷或一般缺陷应采用相关处理方案进行处理，重新验收合格后方可安装塔机。

**8.3.5**　基础的尺寸允许偏差应符合表8.3.5的规定。

**表8.3.5　塔机基础尺寸允许偏差和检验方法**

| 项　目 | 允许偏差（mm） | 检验方法 |
| --- | --- | --- |
| 标高 | ±20 | 水准仪或拉线、钢尺检查 |
| 平面外形尺寸（长度、宽度、高度） | ±20 | 钢尺检查 |
| 表面平整度 | 10、$L/1000$ | 水准仪或拉线、钢尺检查 |
| 洞穴尺寸 | ±20 | 钢尺检查 |

续表 8.3.5

| 项目 | | 允许偏差（mm） | 检验方法 |
|---|---|---|---|
| 预埋锚栓 | 标高（顶部） | ±20 | 水准仪或拉线、钢尺检查 |
| | 中心距 | ±2 | 钢尺检查 |

注：表中 $L$ 为矩形或十字形基础的长边。

**8.3.6** 基础工程验收除应符合本节要求外，尚应符合现行国家标准《混凝土结构工程施工质量验收规范》GB 50204 的规定。

### 8.4 桩基检查验收

**8.4.1** 预制桩（包括预制混凝土桩、预应力混凝土管桩、钢桩）施工过程中应进行下列检验：

**1** 打入深度、停锤标准、静压终止压力值及桩身（或架）垂直度检查；

**2** 接桩质量、接桩间歇时间及桩顶完整状况；

**3** 每米进尺锤击数、最后 1.0m 锤击数、总锤击数、最后三阵贯入度及桩尖标高等。

**8.4.2** 灌注桩施工过程中应进行下列检验：

**1** 灌注混凝土前，应按现行行业标准《建筑桩基技术规范》JGJ 94 的规定，对已成孔的中心位置、孔深、孔径、垂直度、孔底沉渣厚度进行检验；

**2** 应对钢筋笼安放的实际位置等进行检查，并应填写相应质量检测、检查记录。

**8.4.3** 混凝土灌注桩的强度等级应按现行行业标准《建筑桩基技术规范》JGJ 94 的规定进行检验。

**8.4.4** 成桩桩位偏差的检查应按现行国家标准《建筑地基基础工程施工质量验收规范》GB 50202 和行业标准《建筑桩基技术规范》JGJ 94 的规定执行。

**8.4.5** 桩基宜随同主体结构基础的工程桩进行承载力和桩身质量检验。

**8.4.6** 基桩与承台的连接构造以及主筋的锚固长度应符合本规程第 6.2 节规定和现行行业标准《建筑桩基技术规范》JGJ 94 的规定。

### 8.5 格构式钢柱检查验收

**8.5.1** 钢材及焊接材料的品种、规格、性能等应符合国家产品标准和设计要求。焊条等焊接材料与母材的匹配应符合设计要求及现行行业标准《建筑钢结构焊接技术规程》JGJ 81 的规定。

**8.5.2** 焊工应经考试合格并取得合格证书。

**8.5.3** 焊缝厚度应符合设计要求，焊缝表面不得有裂纹、焊瘤、气孔、夹渣、弧坑裂纹、电弧擦伤等缺陷。

**8.5.4** 格构式钢柱及缀件的拼接误差应符合设计要求及现行国家标准《钢结构工程施工质量验收规范》GB 50205 的规定。

**8.5.5** 格构式钢柱的安装误差应符合表 8.5.5 的规定。

**表 8.5.5 格构式钢柱安装的允许偏差**

| 项目 | 允许偏差（mm） | 检验方法 |
|---|---|---|
| 柱端中心线对轴线的偏差 | 0～20 | 用吊线和钢尺检查 |
| 柱基准点标高 | ±10 | 用水准仪检查 |
| 柱轴线垂直度 | $0.5H/100$ 且≤35 | 用经纬仪或吊线和钢尺检查 |

注：表中 $H$ 为格构式钢柱的总长度。

# 附录 A 塔机风荷载计算

## A.1 风荷载标准值计算

**A.1.1** 垂直于塔机表面上的风荷载标准值（$w_k$），应按下式计算：

$$w_k = 0.8\beta_z\mu_s\mu_z w_0 \quad \text{(A.1.1)}$$

式中：$w_k$ ——风荷载标准值（$kN/m^2$）；

$\beta_z$ ——风振系数；

$\mu_s$ ——风荷载体型系数；

$\mu_z$ ——风压等效高度变化系数；

$w_0$ ——基本风压（$kN/m^2$）；

**A.1.2** 塔机的风振系数可根据不同的基本风压（$w_0$）和地面粗糙度类别及塔机的计算高度（$H$）按表 A.1.2 确定。

**表 A.1.2 塔机风振系数 $\beta_Z$**

| $w_0$ ($kN/m^2$) | 地面粗糙度类别 | | | | | | | | | | | | | | | |
|---|---|---|---|---|---|---|---|---|---|---|---|---|---|---|---|---|
| | A | | | | B | | | | C | | | | D | | | |
| | $H$（m） | | | | $H$（m） | | | | $H$（m） | | | | $H$（m） | | | |
| | 30 | 40 | 45 | 50 | 30 | 40 | 45 | 50 | 30 | 40 | 45 | 50 | 30 | 40 | 45 | 50 |
| 0.20 | 1.48 | 1.48 | 1.49 | 1.49 | 1.59 | 1.59 | 1.59 | 1.59 | 1.80 | 1.77 | 1.77 | 1.77 | 2.24 | 2.13 | 2.11 | 2.09 |
| 0.25 | 1.49 | 1.49 | 1.50 | 1.50 | 1.61 | 1.61 | 1.61 | 1.61 | 1.82 | 1.79 | 1.79 | 1.79 | 2.24 | 2.15 | 2.14 | 2.11 |
| 0.30 | 1.50 | 1.50 | 1.51 | 1.51 | 1.62 | 1.62 | 1.62 | 1.62 | 1.83 | 1.81 | 1.81 | 1.80 | 2.26 | 2.17 | 2.16 | 2.14 |
| 0.35 | 1.51 | 1.51 | 1.52 | 1.52 | 1.63 | 1.63 | 1.63 | 1.63 | 1.84 | 1.82 | 1.82 | 1.82 | 2.28 | 2.19 | 2.18 | 2.16 |
| 0.40 | 1.52 | 1.52 | 1.53 | 1.53 | 1.64 | 1.64 | 1.64 | 1.64 | 1.85 | 1.83 | 1.83 | 1.83 | 2.30 | 2.21 | 2.20 | 2.18 |
| 0.45 | 1.53 | 1.53 | 1.53 | 1.54 | 1.65 | 1.65 | 1.65 | 1.65 | 1.87 | 1.85 | 1.85 | 1.84 | 2.31 | 2.22 | 2.21 | 2.19 |
| 0.50 | 1.53 | 1.53 | 1.54 | 1.55 | 1.66 | 1.65 | 1.66 | 1.66 | 1.88 | 1.86 | 1.86 | 1.85 | 2.33 | 2.24 | 2.23 | 2.21 |
| 0.55 | 1.54 | 1.54 | 1.55 | 1.55 | 1.67 | 1.66 | 1.66 | 1.67 | 1.89 | 1.87 | 1.87 | 1.86 | 2.34 | 2.26 | 2.24 | 2.22 |

续表 A.1.2

| $w_0$ (kN/m²) | 地面粗糙度类别 | | | | | | | | | | | | | | | |
|---|---|---|---|---|---|---|---|---|---|---|---|---|---|---|---|---|
| | A H (m) | | | | B H (m) | | | | C H (m) | | | | D H (m) | | | |
| | 30 | 40 | 45 | 50 | 30 | 40 | 45 | 50 | 30 | 40 | 45 | 50 | 30 | 40 | 45 | 50 |
| 0.60 | 1.54 | 1.55 | 1.55 | 1.56 | 1.67 | 1.67 | 1.67 | 1.67 | 1.90 | 1.88 | 1.87 | 1.87 | 2.35 | 2.27 | 2.25 | 2.23 |
| 0.65 | 1.55 | 1.55 | 1.56 | 1.56 | 1.68 | 1.67 | 1.68 | 1.68 | 1.90 | 1.88 | 1.88 | 1.88 | 2.36 | 2.28 | 2.27 | 2.24 |
| 0.70 | 1.55 | 1.56 | 1.56 | 1.57 | 1.68 | 1.68 | 1.69 | 1.69 | 1.91 | 1.89 | 1.89 | 1.88 | 2.37 | 2.29 | 2.28 | 2.26 |
| 0.75 | 1.56 | 1.56 | 1.57 | 1.58 | 1.69 | 1.69 | 1.69 | 1.69 | 1.92 | 1.90 | 1.89 | 1.89 | 2.38 | 2.30 | 2.29 | 2.27 |
| 0.80 | 1.56 | 1.57 | 1.57 | 1.58 | 1.70 | 1.69 | 1.70 | 1.70 | 1.93 | 1.90 | 1.90 | 1.90 | 2.39 | 2.31 | 2.30 | 2.28 |
| 0.85 | 1.57 | 1.57 | 1.58 | 1.59 | 1.70 | 1.70 | 1.70 | 1.70 | 1.93 | 1.91 | 1.91 | 1.91 | 2.40 | 2.32 | 2.31 | 2.29 |
| 0.90 | 1.57 | 1.57 | 1.59 | 1.59 | 1.70 | 1.70 | 1.71 | 1.71 | 1.94 | 1.91 | 1.91 | 1.92 | 2.41 | 2.33 | 2.31 | 2.29 |
| 0.95 | 1.57 | 1.58 | 1.59 | 1.60 | 1.71 | 1.71 | 1.71 | 1.71 | 1.95 | 1.92 | 1.92 | 1.92 | 2.42 | 2.34 | 2.32 | 2.30 |
| 1.00 | 1.58 | 1.58 | 1.60 | 1.60 | 1.71 | 1.71 | 1.72 | 1.72 | 1.95 | 1.92 | 1.93 | 1.93 | 2.43 | 2.34 | 2.33 | 2.31 |
| 1.05 | 1.58 | 1.59 | 1.60 | 1.60 | 1.71 | 1.72 | 1.72 | 1.73 | 1.96 | 1.93 | 1.93 | 1.93 | 2.44 | 2.35 | 2.34 | 2.31 |
| 1.10 | 1.59 | 1.59 | 1.60 | 1.61 | 1.72 | 1.72 | 1.73 | 1.73 | 1.96 | 1.94 | 1.94 | 1.94 | 2.44 | 2.36 | 2.35 | 2.32 |
| 1.15 | 1.59 | 1.60 | 1.61 | 1.61 | 1.72 | 1.72 | 1.73 | 1.74 | 1.97 | 1.94 | 1.95 | 1.94 | 2.45 | 2.37 | 2.35 | 2.33 |
| 1.20 | 1.59 | 1.60 | 1.61 | 1.62 | 1.73 | 1.73 | 1.74 | 1.74 | 1.97 | 1.95 | 1.95 | 1.95 | 2.46 | 2.37 | 2.36 | 2.33 |
| 1.25 | 1.59 | 1.60 | 1.61 | 1.62 | 1.73 | 1.74 | 1.74 | 1.74 | 1.98 | 1.95 | 1.95 | 1.95 | 2.47 | 2.38 | 2.36 | 2.34 |
| 1.30 | 1.60 | 1.61 | 1.62 | 1.62 | 1.73 | 1.74 | 1.75 | 1.75 | 1.98 | 1.96 | 1.96 | 1.96 | 2.47 | 2.39 | 2.37 | 2.34 |
| 1.35 | 1.60 | 1.61 | 1.62 | 1.63 | 1.74 | 1.74 | 1.75 | 1.75 | 1.98 | 1.96 | 1.96 | 1.96 | 2.48 | 2.39 | 2.37 | 2.35 |
| 1.40 | 1.60 | 1.61 | 1.62 | 1.63 | 1.74 | 1.74 | 1.75 | 1.76 | 1.99 | 1.97 | 1.97 | 1.97 | 2.49 | 2.40 | 2.38 | 2.36 |
| 1.45 | 1.60 | 1.61 | 1.62 | 1.63 | 1.75 | 1.75 | 1.76 | 1.76 | 1.99 | 1.97 | 1.97 | 1.97 | 2.49 | 2.40 | 2.38 | 2.36 |
| 1.50 | 1.61 | 1.62 | 1.63 | 1.63 | 1.75 | 1.75 | 1.76 | 1.76 | 1.99 | 1.97 | 1.97 | 1.98 | 2.50 | 2.41 | 2.39 | 2.37 |

注：1 地面粗糙度的类别按现行国家标准《建筑结构荷载规范》GB 50009 第 7.2.1 条确定。

2 此表分别按塔机独立计算高度（$H$）为 30m、40m、45m、50m 编制，当计算高度（$H$）在 30m～40m、40m～45m 或 45m～50m 之间，可按线性插入法查表取值。

3 此表按锥形塔帽小车变幅的塔机编制，其他类型的塔机应按现行国家标准《高耸结构设计规范》GB 50135 的规定自行计算。

**A.1.3** 塔机的风荷载体型系数（$\mu_s$），当塔身为型钢或方钢管杆件的桁架时，取 1.95；当塔身为圆钢管杆件的桁架时，可根据不同的基本风压（$w_0$）和风压等效高度变化系数（$\mu_z$）按表 A.1.3 确定。

**表 A.1.3 塔机圆钢管杆件桁架的体型系数 $\mu_s$**

| 风压等效高度变化系数 $\mu_z$ | 基本风压 $w_0$（kN/m²） | | | | | | | | | | | |
|---|---|---|---|---|---|---|---|---|---|---|---|---|
| | 0.20 | 0.30 | 0.40 | 0.50 | 0.60 | 0.70 | 0.80 | 0.90 | 1.00 | 1.20 | 1.40 | 1.50 |
| 0.62 | 1.80 | 1.80 | 1.80 | 1.76 | 1.73 | 1.70 | 1.66 | 1.63 | 1.59 | 1.52 | 1.45 | 1.42 |
| 0.65 | 1.80 | 1.80 | 1.79 | 1.76 | 1.72 | 1.68 | 1.65 | 1.61 | 1.57 | 1.50 | 1.43 | 1.39 |
| 0.66 | 1.80 | 1.80 | 1.79 | 1.75 | 1.72 | 1.68 | 1.64 | 1.61 | 1.57 | 1.49 | 1.42 | 1.38 |
| 0.69 | 1.80 | 1.80 | 1.78 | 1.74 | 1.71 | 1.67 | 1.63 | 1.59 | 1.55 | 1.47 | 1.40 | 1.36 |
| 0.84 | 1.80 | 1.80 | 1.75 | 1.70 | 1.66 | 1.61 | 1.56 | 1.51 | 1.47 | 1.37 | 1.28 | 1.23 |
| 0.92 | 1.80 | 1.78 | 1.73 | 1.68 | 1.63 | 1.58 | 1.53 | 1.47 | 1.42 | 1.32 | 1.22 | 1.16 |

续表 A.1.3

| 风压等效高度变化系数 $\mu_z$ | 基本风压 $w_0$（kN/m²） | | | | | | | | | | | |
|---|---|---|---|---|---|---|---|---|---|---|---|---|
| | 0.20 | 0.30 | 0.40 | 0.50 | 0.60 | 0.70 | 0.80 | 0.90 | 1.00 | 1.20 | 1.40 | 1.50 |
| 0.96 | 1.80 | 1.78 | 1.72 | 1.67 | 1.62 | 1.56 | 1.51 | 1.45 | 1.40 | 1.29 | 1.18 | 1.13 |
| 0.99 | 1.80 | 1.77 | 1.72 | 1.66 | 1.61 | 1.55 | 1.49 | 1.44 | 1.38 | 1.27 | 1.16 | 1.11 |
| 1.20 | 1.80 | 1.74 | 1.67 | 1.60 | 1.53 | 1.47 | 1.40 | 1.33 | 1.27 | 1.13 | 1.00 | 0.93 |
| 1.29 | 1.79 | 1.72 | 1.65 | 1.58 | 1.50 | 1.43 | 1.36 | 1.29 | 1.22 | 1.07 | 0.93 | 0.90 |
| 1.34 | 1.79 | 1.71 | 1.64 | 1.56 | 1.49 | 1.41 | 1.34 | 1.26 | 1.19 | 1.04 | 0.90 | 0.90 |
| 1.39 | 1.78 | 1.70 | 1.63 | 1.55 | 1.47 | 1.39 | 1.31 | 1.24 | 1.16 | 1.00 | 0.90 | 0.77 |
| 1.54 | 1.77 | 1.68 | 1.59 | 1.51 | 1.42 | 1.33 | 1.25 | 1.16 | 1.07 | 0.90 | 0.90 | 0.90 |
| 1.65 | 1.75 | 1.66 | 1.57 | 1.48 | 1.38 | 1.29 | 1.20 | 1.11 | 1.01 | 0.90 | 0.90 | 0.90 |
| 1.69 | 1.75 | 1.65 | 1.56 | 1.46 | 1.37 | 1.28 | 1.18 | 1.09 | 0.99 | 0.90 | 0.90 | 0.90 |
| 1.73 | 1.74 | 1.65 | 1.55 | 1.45 | 1.36 | 1.26 | 1.16 | 1.07 | 0.97 | 0.90 | 0.90 | 0.90 |

注：当风压等效高度变化系数（$\mu_z$）、基本风压（$w_0$）处于表列中间值时，可按线性插入法取值。

**A.1.4** 塔机的风压高度变化系数，可采用等效高度变化系数（$\mu_z$）将风荷载转化为等效均布线荷载，当塔机独立计算高度（$H$）为 30m、40m、45m、50m，根据不同的地面粗糙度，可按表 A.1.4 确定。

**表 A.1.4 塔机风压等效高度变化系数 $\mu_z$**

| 塔机独立计算高度 $H$（m） | 地面粗糙度类别 | | | |
|---|---|---|---|---|
| | A | B | C | D |
| 30 | 1.54 | 1.20 | 0.84 | 0.62 |
| 40 | 1.65 | 1.29 | 0.92 | 0.65 |
| 45 | 1.69 | 1.34 | 0.96 | 0.66 |
| 50 | 1.73 | 1.39 | 0.99 | 0.69 |

注：当塔机独立计算高度（$H$）为 30m～40m，或 40m～45m 及 45m～50m 之间，可按线性插入法查表取值。

**A.1.5** 当风沿着塔机塔身方形截面的对角线方向吹时（图 A.1.5），风荷载应乘以风向系数（$\alpha$），即 $\alpha$ 取为风向着方形截面任一边作用时的 1.2 倍。

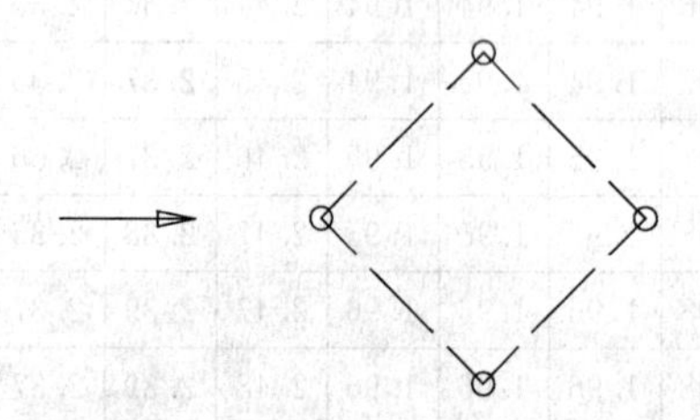

图 A.1.5 沿塔机塔身截面对角线的风向

**A.1.6** 塔身前后片桁架的平均充实率（$\alpha_0$），对塔身无加强标准节的塔机宜取 0.35；对塔身的加强标准节占爬升架以下一半的塔机宜取 0.40；加强标准节处于中间值时可按线性插入法取值。

## A.2 独立塔机工作状态时风荷载计算

**A.2.1** 工作状态时塔机风荷载的等效均布线荷载标准值应按下列公式计算：

$$q_{sk} = w_k A/H \quad (A.2.1\text{-}1)$$

$$w_k = 0.8\beta_z \mu_s \mu_z w_0 \quad (A.2.1\text{-}2)$$

$$A = \alpha_0 BH \quad (A.2.1\text{-}3)$$

式中：$q_{sk}$——塔机工作状态时，风荷载的等效均布线荷载标准值（kN/m）；

$w_0$——塔机工作状态时，基本风压值取 0.20kN/m²；

$A$——塔身单片桁架结构迎风面积（m²）；

$\alpha_0$——塔身前后片桁架的平均充实率；

$B$——塔身桁架结构宽度（m）；

$H$——塔机独立状态下计算高度（m）。

**A.2.2** 工作状态时，作用在塔机上风荷载的水平合力标准值应按下式计算：

$$F_{sk} = q_{sk} \cdot H \quad (A.2.2)$$

式中：$F_{sk}$——作用在塔机上风荷载的水平合力标准值（kN）。

**A.2.3** 工作状态时，风荷载作用在基础顶面的力矩标准值应按下式计算：

$$M_{sk} = 0.5F_{sk} \cdot H \quad (A.2.3)$$

式中：$M_{sk}$——风荷载作用在基础顶面的力矩标准值（kN·m），应按起重力矩同方向计算。

## A.3 独立塔机非工作状态时风荷载计算

**A.3.1** 非工作状态时塔机风荷载的等效均布线荷载标准值应按下列公式计算：

$$q'_{sk} = w'_k A/H \quad (A.3.1\text{-}1)$$

$$w'_k = 0.8\beta_z \mu_s \mu_z w'_0 \quad (A.3.1\text{-}2)$$

$$A = \alpha_0 BH \quad (A.3.1\text{-}3)$$

式中：$q'_{sk}$——非工作状态时，风荷载的等效均布线荷载标准值（kN/m）；

$w'_k$——非工作状态时，风荷载标准值（kN/m²）；

$w'_0$——非工作状态时的基本风压（kN/m²），应按当地 50 年一遇的风压取用，且不小于 0.35kN/m²。

**A.3.2** 非工作状态时，作用在塔机上风荷载的水平合力标准值应按下式计算：

$$F'_{sk} = q'_{sk} \cdot H \quad (A.3.2)$$

式中：$F'_{sk}$——非工作状态时，作用在塔机上风荷载的水平合力标准值（kN）。

**A.3.3** 非工作状态时，风荷载作用在基础顶面上的力矩标准值应按下式计算：

$$M'_{sk} = 0.5F'_{sk} \cdot H \quad (A.3.3)$$

式中：$M'_{sk}$——风荷载作用在基础顶面上的力矩标准值(kN·m)，应按从平衡臂吹向起重臂计算。

# 附录 B 格构式钢柱缀件的构造要求

**B.0.1** 缀板型格构式钢柱（图 B.0.1）中，同一截面处缀板的线刚度之和不应小于格构式钢柱分肢线刚度的 6 倍。缀板尺寸应取为：

缀板高度：$d \geqslant \frac{2}{3}b_1$；

缀板厚度：$t \geqslant \frac{1}{40}b_1$ 且 $t \geqslant 6\text{mm}$；

缀板间距：$l_1 \leqslant 2b_1$，且应符合本规程公式（7.3.2-3）中分肢长细比的规定。

式中：$b_1$——分肢型钢形心轴之间的距离。

**B.0.2** 缀条型格构式钢柱（图 B.0.2）中，斜缀条与构件轴线间的夹角应在 40°～60°范围内。缀条截面常用单个角钢，不宜小于 L56×5，长细比不宜大于 80。横缀条间距（$l_1$）应符合本规程公式（7.3.2-4）

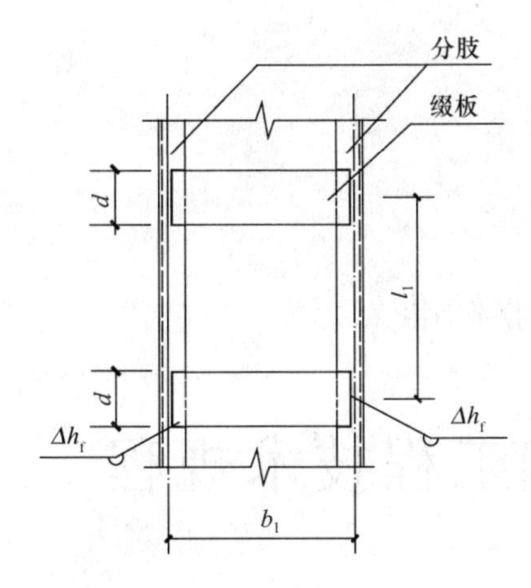


图 B.0.1 缀板式
格构式钢柱立面图

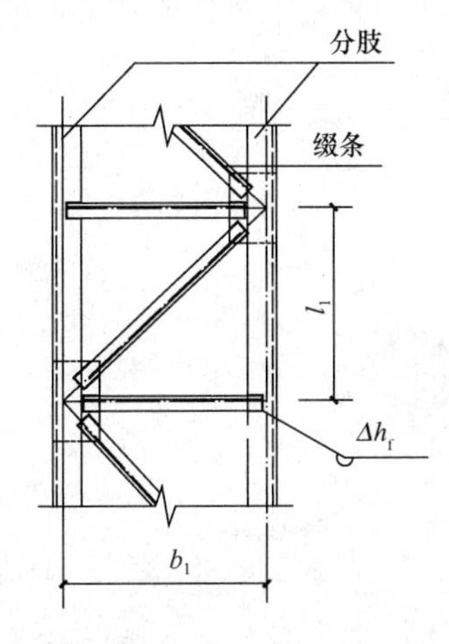


图 B.0.2 缀条式格
构式钢柱立面图

中分肢长细比的规定。

**B.0.3** 缀件与格构式钢柱分肢应电焊连接，缀件与分肢搭接的长度不宜小于分肢截面宽度的一半，否则应采用节点板连接。对缀板宜采用绕角焊（图 B.0.1），对缀条宜采用三面围焊（图 B.0.2）。角焊缝的焊脚尺寸 $h_f$ 不宜小于 5mm，且不宜大于缀件的厚度。

## 本规程用词说明

**1** 为便于在执行本规程条文时区别对待，对要求严格程度不同的用词说明如下：

**1)** 表示很严格，非这样做不可的：
正面词采用“必须”，反面词采用“严禁”；

**2)** 表示严格，在正常情况下均应这样做的：
正面词采用“应”，反面词采用“不应”或“不得”；

**3)** 表示允许稍有选择，在条件允许时首先应该这样做的：
正面词采用“宜”，反面词采用“不宜”；

**4)** 表示有选择，在一定条件下可以这样做的，采用“可”。

**2** 条文中指明应按其他有关标准执行的写法为：“应符合……的规定”或“应按……执行”。

## 引用标准名录

1 《建筑地基基础设计规范》GB 50007
2 《建筑结构荷载规范》GB 50009
3 《混凝土结构设计规范》GB 50010
4 《钢结构设计规范》GB 50017
5 《高耸结构设计规范》GB 50135
6 《建筑地基基础工程施工质量验收规范》GB 50202
7 《混凝土结构工程施工质量验收规范》GB 50204
8 《钢结构工程施工质量验收规范》GB 50205
9 《建筑机械使用安全技术规程》JGJ 33
10 《建筑地基处理技术规范》JGJ 79
11 《建筑钢结构焊接技术规程》JGJ 81
12 《建筑桩基技术规范》JGJ 94

中华人民共和国行业标准

# 塔式起重机混凝土基础工程技术规程

JGJ/T 187—2009

## 条 文 说 明

# 制 订 说 明

《塔式起重机混凝土基础工程技术规程》JGJ/T 187-2009，经住房和城乡建设部2009年10月30日以第421号公告批准、发布。

本规程制订过程中，编制组开展多项专题研究，进行了大量的调查研究和分析验证，总结了我国塔机混凝土基础设计和施工的实践经验，同时参考了国外先进技术标准，与相关的国家和行业标准进行了协调，且广泛征求了有关单位和专家的意见，最后经审查定稿。

为便于广大设计、施工、科研、学校等单位有关人员在使用本规程时能正确理解和执行条文规定，《塔式起重机混凝土基础工程技术规程》编制组按章、节、条顺序编制了本规程的条文说明，对条文规定的目的、依据以及执行中需注意的有关事项进行了说明。但是，本条文说明不具备与规程正文同等的法律效力，仅供使用者作为理解和把握规程规定的参考。在使用中如发现本条文说明有不妥之处，请将意见函寄华丰建设股份有限公司（地址：浙江省宁波市科技园区江南路1017号，邮政编码：315040）。

# 目　次

# 1 总 则

**1.0.1** 本条说明制定本规程的目的和指导思想。

**1.0.2** 本条说明本规程的适用范围。建筑工程调查表明，塔机基础大部分采用固定式混凝土结构，故本规程对塔机混凝土基础的设计原则、计算公式、施工方法以及质量检查验收作出的规定均针对塔机的固定式混凝土基础。

**1.0.3** 本条说明本规程各章节内容的共性要求。

# 2 术语和符号

## 2.1 术 语

本节给出15个有关塔机混凝土基础工程方面的专用术语，根据现行国家标准《建筑结构设计术语和符号标准》GB/T 50083、《建筑结构荷载规范》GB 50009、《塔式起重机》GB/T 5031、《塔式起重机设计规范》GB/T 13752的相应内容综合而成。

塔机的自重荷载、起重荷载、起重力矩均按《塔机使用说明书》进行计算分析。结构充实率意义与《建筑结构荷载规范》GB 50009中挡风系数意义相同，即桁架杆件和节点挡风的净投影面积除以桁架的轮廓面积。

## 2.2 符 号

本节符号按现行国家标准《工程结构设计基本术语和通用符号》GBJ 132和《建筑结构设计术语和符号标准》GB/T 50083的规定，并结合《建筑地基基础设计规范》GB 50007、《建筑结构荷载规范》GB 50009、《高耸结构设计规范》GB 50135、《塔式起重机设计规范》GB/T 13752及现行行业标准《建筑桩基技术规范》JGJ 94的相应内容综合而成。

# 3 基 本 规 定

**3.0.1** 塔机的固定式混凝土基础形式有板式（矩形、方形等）、十字形、桩基及组合式基础。

**3.0.2** 塔机在独立状态时，所承受的风荷载等水平荷载及倾覆力矩、扭矩对基础的作用效应最大；附着状态（安装附墙装置后）时，塔机虽然增加了标准节自重，但对基础设计起控制作用的各种水平荷载及倾覆力矩、扭矩等主要由附墙装置承担，故附着状态可不计算，本条是塔机基础设计的基本原则。

根据现行国家标准《建筑结构荷载规范》GB 50009－2001（2006年版）第4.6节规定，设计地基基础时不应计入起重荷载的动力系数。

**3.0.3** 工作状态基本风压按现行国家标准《塔式起重机设计规范》GB/T 13752的规定为0.25kN/m²；按现行国家标准《塔式起重机》GB/T 5031的规定，此风压为塔机顶部值，且是单一的风力系数，小于本规程的风荷载多项系数之乘积；按现行行业标准《建筑机械使用安全技术规程》JGJ 33的规定，六级及以上大风应立即停止作业，相应的基本风压为0.12kN/m²；综合上述规定，故取工作状态的基本风压为0.20kN/m²。

非工作状态时，按现行国家标准《高耸结构设计规范》GB 50135－2006第4.2.1条规定，取当地50年一遇的基本风压，且不得小于0.35kN/m²。塔机起重臂的受风面积大于平衡臂，风荷载作用下迅速稳定时，从平衡臂吹向起重臂，实际情况如此。

根据《建筑结构荷载规范》GB 50009－2001（2006年版）第7.5.1条规定，塔机基础设计不应计入阵风系数。

**3.0.4** 根据现行国家标准《建筑地基基础设计规范》GB 50007的规定和塔机的使用特点，本条规定了地基基础设计的原则，各类塔机的地基基础均应满足承载力计算的有关规定，作出了可不做地基变形验算和稳定性验算的规定，将地基变形验算和稳定性验算控制在合适的范围。基坑支护结构和边坡支护结构若已考虑塔机基础的荷载，则边坡稳定性验算可不进行。

**3.0.5** 根据现行国家标准《建筑地基基础设计规范》GB 50007的规定和塔机的使用特点，将设计塔机地基基础不同内容时所采用的荷载与作用的不同组合值以及相应的抗力限值作出明确的规定。

**3.0.6** 塔机基础设计缺少计算资料指塔机制造商提供的《塔机使用说明书》中没有塔机各部分的构造、自重及重心位置的说明，即无法按本规程第6.3.1条～6.4.7条条文说明的实例那样分析计算塔机的荷载。非工作状态下塔机现场的基本风压大于《塔机使用说明书》提供的基本风压，应按本规程附录A的规定对风荷载引起的倾覆力矩予以换算，否则不安全；可采用简化的换算方法，将现场基本风压超出《塔机使用说明书》基本风压的差值按本规程附录A的规定进行计算，将计算所得的倾覆力矩、水平荷载分别与《塔机使用说明书》提供的倾覆力矩、水平荷载同向叠加。

**3.0.7** 平头式塔机指臂架与塔身为T形结构形式的上回转塔机。

**3.0.8** “必要时应在设定的塔机基础位置补充勘探点”，指工程的《岩土工程勘察报告》无法满足塔机进行基础设计的情况。

# 4 地 基 计 算

## 4.1 地基承载力计算

**4.1.1** 分析塔机制造商的《塔机使用说明书》提供

的荷载案例，可参考本规程第6.3.1条～6.4.7条的条文说明中图4所示的各荷载及相应尺寸。

塔机在工作状态、非工作状态的荷载标准组合值有明显差异时，可只取最不利者计算，否则应分别验算地基承载力。塔机基础实际施工时，为了方便塔机拆卸，多数不在基础顶面填土，故本规程基础自重标准值（$G_k$）是否含基顶填土重量，应按实际施工中基础顶面有否填土计算。考虑建筑工程施工后期的工作需要，基础顶面埋深宜在竣工的地面标高0.5m以下。

**4.1.2** 地基承载力特征值应按现行国家标准《建筑地基基础设计规范》GB 50007－2002第5.2.4条的规定进行修正。塔机在独立状态时，无论工作状态或非工作状态的荷载组合，作用于基础的荷载多数为偏心荷载，故本规程主要规定了偏心荷载作用下的计算公式。本条所列公式适用于矩形基础，且倾覆力矩标准值（$M_k$）、水平荷载标准值（$F_{vk}$）应沿矩形基础的短边方向作用。矩形基础底面的长宽比小于或等于1.1时应按方形基础计算。限制偏心距的规定与本规程第4.1.4条规定一致。

当塔机基础为十字形时，采用简化计算法，即倾覆力矩标准值（$M_k$）、水平荷载标准值（$F_{vk}$）仅由其中一条形基础承载，基础底面的抵抗矩（$W$）宜计入节点加腋部分；竖向荷载仍由全部基础承载。

**4.1.3** 塔机倾覆力矩并非始终和基础的两边$b$或$l$平行作用，实际上倾覆力矩随着起重臂的转动是多向性作用，故应按最危险方向即沿方形基础和底面边长小于或等于1∶1的矩形基础对角线方向作用，此时基础底面的抵抗矩$W$最小，倾覆力矩均按塔机塔身截面的对角线计算。公式（4.1.3-3）、（4.1.3-4）、（4.1.3-5）、（4.1.3-6）、（4.1.3-7）取自现行国家标准《高耸结构设计规范》GB 50135－2006第7.2.2条和第7.2.3条规定。基础在核心区内受荷载合力作用是指板式基础底面没有部分脱开地基土，即$p_{kmin}$不小于0；$M_{kx}$、$M_{ky}$取作用于基础底面沿塔机塔身截面对角线方向的倾覆力矩在$x$、$y$轴的投影值。

**4.1.4** 本条文取自现行国家标准《高耸结构设计规范》GB 50135的规定，考虑塔机倾覆后果的严重性，比现行国家标准《塔式起重机设计规范》GB/T 13752的规定有所提高。可通过控制偏心距符合本条规定的要求：对矩形基础偏心距（$e$）不大于$\frac{b}{4}$；对方形基础和底面边长比小于或等于1.1的矩形基础偏心距（$e$）不大于$0.21b$（倾覆力矩沿塔身截面的对角线作用）。

### 4.2 地基变形计算

**4.2.1** 本条规定参照了现行国家标准《高耸结构设计规范》GB 50135－2006表7.1.1规定，并考虑塔机基础的使用特点，作出可不做地基变形验算的规定，将地基变形的验算控制在较少的范围。

**4.2.2** 本条规定取自现行国家标准《高耸结构设计规范》GB 50135－2006第7.1.1条。

**4.2.3** 根据现行行业标准《建筑机械使用安全技术规程》JGJ 33－2001第4.4.17条规定，塔机的塔身垂直度偏差值不大于4/1000是塔机正常工作的必要条件，塔机基础工作周期虽不长，但地基变形过大会涉及安全，故作出地基变形计算的规定。

**4.2.4** 本条规定参照现行国家标准《高耸结构设计规范》GB 50135和现行行业标准《建筑机械使用安全技术规程》JGJ 33作出规定。

### 4.3 地基稳定性计算

**4.3.1** 根据本条规定的参数和塔机制造商提供的常用塔机荷载数据，按现行国家标准《建筑边坡工程技术规范》GB 50330的规定，经过验算，符合要求。

**4.3.2** 根据现行国家标准《建筑边坡工程技术规范》GB 50330的规定，采用圆弧滑动面条分法分析边坡地基稳定性系数。

## 5 板式和十字形基础

### 5.1 一般规定

**5.1.2** 根据现行国家标准《建筑地基基础设计规范》GB 50007的规定，天然地基和复合地基承载的塔机基础，基底压力均需满足地基承载力计算的规定；工程实践表明，塔机固定式混凝土基础均为扩展基础，故作出本条规定。

**5.1.3** 本章基础的内容主要针对天然或复合地基上的基础，桩基承台的有关规定见本规程第6章桩基础。考虑基础的稳定要求，作出基础埋深的规定，且有利于工程的后期施工，见本规程第4.1.1条的条文说明。

### 5.2 构造要求

**5.2.2** 本条对塔机基础混凝土结构的最低混凝土强度等级作了规定，该条规定是保证基础承载力的基本条件。现行行业标准《建筑机械使用安全技术规程》JGJ 33－2001的第4.4.2条规定塔机基础的混凝土强度不低于C35，但该条规定的依据（现行国家标准《塔式起重机安全规程》GB 5144－2006第10.6节）并未规定混凝土的最低强度等级。考虑塔机的使用特点，故此条规定比现行国家标准《混凝土结构设计规范》GB 50010规定的最低混凝土强度等级提高了一级。

**5.2.3** 考虑塔机基础的重要性，本条文的规定比现行国家标准《建筑地基基础设计规范》GB 50007－

2002第8.2节规定略提高。塔机基础在倾覆力矩作用下，基础受到塔机锚栓等的上拔力作用，产生负弯矩，故规定了基础架立筋的截面积不宜小于受力筋截面积的一半，必要时主筋宜上、下层对称配筋。

**5.2.4** 塔机基础节锚栓和预埋节的构造可参照本规程第6.4.6条的条文说明。

**5.2.5** 考虑矩形基础的长边与短边之比大于2时，不利于短边方向的抗倾覆稳定性，即长边方向的材料不能充分利用，故规定了长短边长的比值限制。十字形基础的节点处采用加腋构造，有利于基础的稳定和避免应力集中。

### 5.3 基础计算

**5.3.1** 根据现行国家标准《混凝土结构设计规范》GB 50010－2002第7.6节的规定，塔机基础在剪力和扭矩共同作用下，验算其剪应力之和应不大于$0.25\beta_c f_c$（$\beta_c$为混凝土强度影响系数，对强度等级C25～C50时，$\beta_c$等于1）。考虑一般塔机基础所受的扭矩$T_k$较小，例如QTZ63塔机的$T_k$等于228kN·m，QTZ80塔机的$T_k$等于305kN·m，ZJ6012塔机的$T_k$等于350kN·m，ZJ7030塔机的$T_k$等于660kN·m，远小于混凝土基础1/4的开裂扭矩［$T$］；对方形基础长5m、宽5m、高1.2m，且混凝土强度等级为C25时，［$T$］为7880kN·m。故简化设计中可不考虑扭矩的作用。

当塔机基础节设有斜撑时，可简化为无斜撑计算，但基础钢筋宜按对称式配置正负弯矩筋。按现行国家标准《建筑地基基础设计规范》GB 50007－2002第8.2.7条规定，本节所列公式中的荷载不包括基础及其上土的自重。净反力是指扣除基础及其上土自重后传至基础底面的压应力。

**5.3.2** 塔机的塔身是立体桁架式钢结构，力的作用机理和结构构造类同于格构式钢柱，故规定了塔机的4根立柱所包围的面积作为塔身柱截面。

倾覆力矩设计值$M$按基础主轴$x$、$y$方向分别作用，计算基底压力，再计算基础的内力、配筋。按公式(5.3.2)计算出塔机的塔身柱边基础截面的内力弯矩与精确计算值相比，误差一般在5%内。

**5.3.3** 为了和本规程上述公式中符号一致，即倾覆力矩作用方向的基础底面边长为$b$，故注图5.3.3中条形基础纵向尺寸为$b$，横向尺寸为$l$。

## 6 桩基础

### 6.1 一般规定

**6.1.2** 根据工程地质情况、塔机的荷载、施工条件、施工场地环境等因素，通过技术经济比较分析后选用桩型，一般塔机基础的基桩可随同工程桩的桩型。考虑挤土桩对桩和周围环境的影响，可按现行行业标准《建筑桩基技术规范》JGJ 94－2008第7.4.9条规定采取相应的防挤土措施。

**6.1.3** 本条文摘自现行行业标准《建筑桩基技术规范》JGJ 94的规定。

**6.1.4** 根据现行行业标准《建筑桩基技术规范》JGJ 94－2008第3.1.4条规定和塔机桩基础的实际情况，规定了可不计算桩基的沉降变形。

### 6.2 构造要求

**6.2.1、6.2.2** 当塔机基桩属抗拔桩或端承桩时，根据现行行业标准《建筑桩基技术规范》JGJ 94－2008第4.1.1条规定，应等截面或变截面通长配筋。考虑塔机基础使用的特点，纵向钢筋直径略有提高。预应力混凝土管桩的混凝土强度等级和配筋构造按国家标准图集《预应力混凝土管桩》03SG409取用。

**6.2.3** 考虑塔机基础使用的特点，承台下的基桩宜按$x$、$y$轴双向均匀对称式布置，且不宜少于4根，以满足塔机任意方向倾覆力矩的作用。基桩外边缘至承台边缘距离的规定比现行行业标准《建筑桩基技术规范》JGJ 94略有提高。目前国内塔机基础也有采用大直径的单桩承台，其水平承载力和位移经验算应符合现行行业标准《建筑桩基技术规范》JGJ 94的要求。

**6.2.4** 考虑塔机基础承台的特殊性，适用的承台形式主要为矩形板式和十字形梁式，当板式承台下布置4～5根桩时，宜沿对角线设置桩顶暗梁，且塔机基础节的立柱位于暗梁上。

### 6.3 桩基计算

**6.3.1** 考虑塔机倾覆力矩作用方向的可变性，故倾覆力矩和水平荷载应按承台的对角线作用（最危险方向）布置，计算出角桩的受压和受拔荷载最大值；非角桩可采用与角桩相同的截面配筋，以方便施工。当采用十字形承台时，采用简化计算，即倾覆力矩和水平荷载仅由其中一条形承台下的基桩承载，竖向荷载仍由全部基桩承受。

**6.3.2** 根据现行行业标准《建筑桩基技术规范》JGJ 94的规定和塔机的使用特点以及建筑工程资料，塔机基础的桩型一般与工程桩相同，承台下的基桩常采用均匀对称式布置。塔机的倾覆力矩沿矩形或方形承台对角线方向或十字形承台中任一条形基础作用时，角桩的桩顶竖向力最大。为了简化计算，假定非角桩仅参与承受竖向荷载。当承台下布置4或5根桩时（图6.4.5-1），公式（6.3.2-2）、（6.3.2-3）属精确计算式。

**6.3.4** 塔机基础的单桩竖向承载力特征值可根据地质条件和桩型相同工程桩的静载试桩资料确定；考虑塔机基础的基桩使用特点，即基桩长度不同于工程桩，故作出本条经验参数法的规定。

**6.3.5** 本条规定取自现行行业标准《建筑桩基技术规范》JGJ 94－2008第5.8.8条规定。

**6.3.6** 考虑塔机基础的基桩使用时间较短，可按允许出现裂缝的三级裂缝控制等级计算，见现行行业标准《建筑桩基技术规范》JGJ 94－2008第5.8.8条规定。

## 6.4 承台计算

### Ⅰ 受弯及受剪计算

**6.4.2** 本条文参照现行行业标准《建筑桩基技术规范》JGJ 94的承台受弯计算公式，将塔机的4根立柱所包围的面积简化为塔身柱截面考虑（图6.4.2的阴影部分）。当塔机基础节设有斜撑时，可简化为无斜撑计算，同时在承台上面参照正弯矩值配置负弯矩筋。考虑塔机基础承台均不用三桩承台，故略掉三桩承台的受弯计算公式。

**6.4.3** 本条板式承台指无暗梁的情况，设置暗梁的计算按本规程第6.4.5条规定。

**6.4.4** 暗梁的钢筋按本规程第6.4.5条计算配置，配置暗梁的板式承台的表层和底层钢筋按本规程第6.2.4条构造要求配置。

**6.4.5** 当承台基础下布置4根或5根基桩时，承台梁可分别按集中荷载作用下的简支梁或连续梁计算。根据现行行业标准《建筑桩基技术规范》JGJ 94的规定，采用荷载效应的基本组合值，不计承台及其上土自重。图6.4.5-2中的集中荷载按实际情况的$F_{max}$或$F_{min}$值布置，图中支座（基桩）按实际情况布置。板式承台应按本规程本节规定计算受冲切承载力。

### Ⅱ 受冲切计算

**6.4.6** 塔机与混凝土基础的连接形式有：通过预埋于基础的锚栓连接塔机基础节（图1）、直接将预埋节预埋于基础（图2）。由于锚栓下部有二道支盘式锚固构造，预埋节的立柱底有支盘和立柱之间有横杆

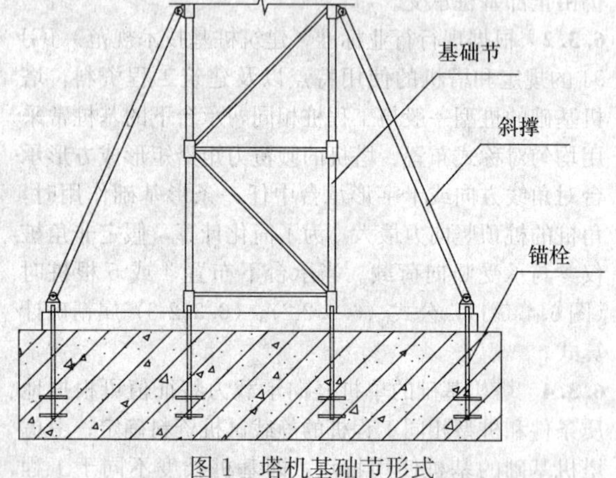

图1 塔机基础节形式

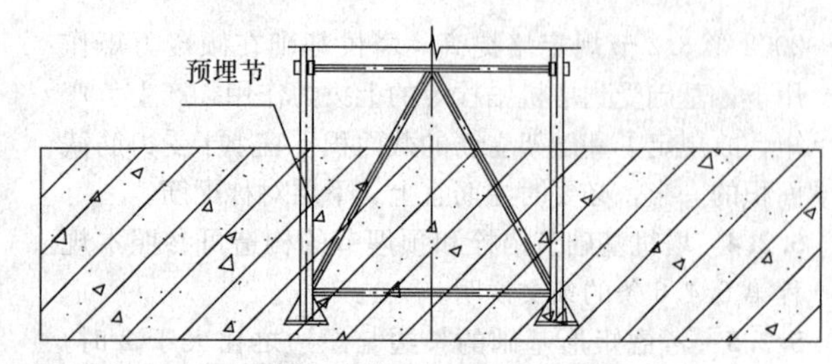

图2 塔机预埋节形式

连接且与基础钢筋连接，故在承台厚度满足本规程第6.2节构造要求和《塔机使用说明书》的要求下，塔机立柱对承台的冲切可不验算，本规程只规定了基桩对承台的冲切计算。

**6.4.7** 塔机的倾覆力矩沿矩形或方形承台的对角线方向作用时，角桩的桩顶作用力最大，且冲切破坏锥体的侧面积最小，故仅规定承台受角桩冲切的承载力要求。

为简化计算，将塔机基础节的4根立柱所包围的面积作为塔身柱截面，当角桩轴线位于塔机塔身柱冲切破坏锥体以内时，且承台高度符合构造要求，可不进行承台受角桩冲切的承载力计算。

**6.3.1～6.4.7** 桩基础设计实例

### Ⅰ塔机及桩基概况

**1** 塔机概况

根据工程实况，采用塔机型号为QTZ60，塔身为方钢管桁架结构，塔身桁架结构宽度为1.6m，最大起重量为6t，最大起重力矩为69t·m，最大吊物幅度50m，结构充实率$\alpha_0$＝0.35，独立状态塔机最大起吊高度40m，塔机计算高度43m（取至锥形塔帽的一半高度），现场为B类地面粗糙度。塔机以独立状态计算，分工作状态和非工作状态两种工况分别进行基础的受力分析。

**2** 桩基概况

根据现场的《岩土工程勘察报告》和工程桩的选型，塔基的基桩选用先张法预应力混凝土管桩PC-AB550（100）-11.10.9a，桩身的混凝土强度等级为C60，桩端持力层为可塑状态的粉质黏土，单桩竖向承载力特征值$R_a$＝750kN，单桩竖向抗拔承载力特征值$R'_a$＝550kN，承台尺寸$b\times l\times h$＝4800mm×4800mm×1250mm，承台埋置深度为1.5m，承台顶面不覆土。塔机工作地点为深圳市，在丰水期的地下水位为自然地面下1m，桩基础平面示意图及A-A剖面图如图3所示。

### Ⅱ 桩基所受荷载的计算分析

塔机QTZ60的竖向荷载简图如图4所示。图中各参数摘自浙江建机集团生产的QTZ60塔机的使用说明书。各种型号规格的塔机荷载简图应按实画出并计算。

**1** 自重荷载及起重荷载

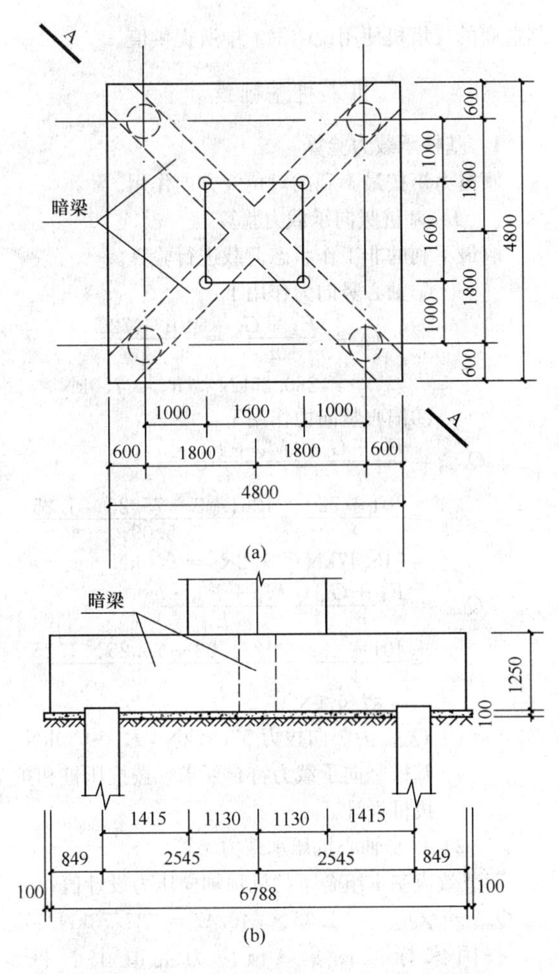


图 3　桩基平面示意及 A-A 剖面图

（a）桩基平面示意；（b）A-A 剖面图

**1）** 塔机自重标准值

$$F_{k1}=401.00\text{ kN}$$

**2）** 基础自重标准值

$$G_k=4.8\times4.8\times1.25\times25=720.00\text{ kN}$$

丰水期：$G'_k=4.8\times4.8\times1.25\times(25-10)=432.00\text{ kN}$

**3）** 起重荷载标准值

$$F_{qk}=60.00\text{ kN}$$

**2　风荷载计算**

**1）** 工作状态下塔机塔身截面对角线方向所受风荷载标准值（见本规程附录 A）

①塔机所受风均布线荷载标准值（$w_0=0.20\text{ kN/m}^2$）

$$\begin{aligned}q_{sk}&=0.8\alpha\beta_z\mu_s\mu_z w_0\alpha_0 BH/H\\&=0.8\times1.2\times1.59\times1.95\times1.32\\&\quad\times0.20\times0.35\times1.6\\&=0.44\text{kN/m}\end{aligned}$$

②塔机所受风荷载水平合力标准值

$$F_{vk}=q_{sk}\cdot H=0.44\times43=18.92\text{kN}$$

③基础顶面风荷载产生的力矩标准值

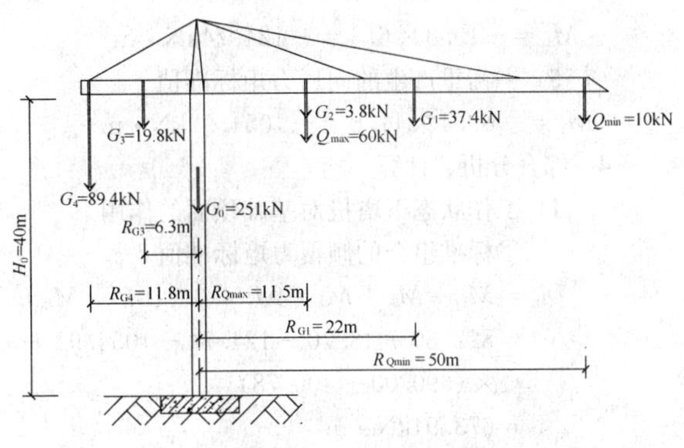


图 4　QTZ60 塔机竖向荷载简图

图中：$G_0$——塔身自重；

$G_1$——起重臂自重；

$G_2$——小车和吊钩自重；

$G_3$——平衡臂自重；

$G_4$——平衡块自重；

$Q_{max}$——最大起重荷载；

$Q_{min}$——最小起重荷载；

$R_{Gi}$——塔机各分部重心至塔身中心的距离；

$R_{Qi}$——最大或最小起重荷载至塔身中心相应的最大距离。

$$\begin{aligned}M_{sk}&=0.5F_{vk}\cdot H=0.5\times18.92\times43\\&=406.78\text{kN}\cdot\text{m}\end{aligned}$$

**2）** 非工作状态下塔机塔身截面对角线方向所受风荷载标准值（见本规程附录 A）

①塔机所受风线荷载标准值（深圳市 $w'_0=0.75\text{ kN/m}^2$）

$$\begin{aligned}q'_{sk}&=0.8\alpha\beta_z\mu_s\mu_z w'_0\alpha_0 BH/H\\&=0.8\times1.2\times1.69\times1.95\times1.32\\&\quad\times0.75\times0.35\times1.6\\&=1.75\text{kN/m}\end{aligned}$$

②塔机所受风荷载水平合力标准值

$$F'_{vk}=q'_{sk}\cdot H=1.75\times43=75.25\text{kN}$$

③基础顶面风荷载产生的力矩标准值

$$\begin{aligned}M'_{sk}&=0.5F'_{sk}\cdot H=0.5\times75.25\\&\quad\times43\\&=1617.88\text{kN}\cdot\text{m}\end{aligned}$$

**3　塔机的倾覆力矩**

塔机自身产生的倾覆力矩，向前（起重臂方向）为正，向后为负。

**1）** 大臂自重产生的向前力矩标准值

$$M_1=37.4\times22=822.80\text{kN}\cdot\text{m}$$

**2）** 最大起重荷载产生的最大向前起重力矩标准值（$Q_{max}$ 比 $Q_{min}$ 产生的力矩大）

$$M_2=60\times11.5=690.00\text{kN}\cdot\text{m}$$

**3）** 小车位于上述位置时的向前力矩标准值

$$M_3=3.8\times11.5=43.70\text{kN}\cdot\text{m}$$

**4）** 平衡臂产生的向后力矩标准值

$M_4 = -19.8 \times 6.3 = -124.74\text{kN} \cdot \text{m}$

**5**）平衡重产生的向后力矩标准值

$M_5 = -89.4 \times 11.8 = -1054.92\text{kN} \cdot \text{m}$

**4** 综合分析、计算

**1**）工作状态下塔机对基础顶面的作用

①标准组合的倾覆力矩标准值

$$M_k = M_1 + M_3 + M_4 + M_5 + 0.9(M_2 + M_{sk})$$
$$= 822.80 + 43.70 - 124.74 - 1054.92 + 0.9 \times (690.00 + 406.78)$$
$$= 673.94\text{kN} \cdot \text{m}$$

②水平荷载标准值 $F_{vk} = 18.92\text{ kN}$

③竖向荷载标准值

塔机自重：$F_{k1} = 401.00\text{ kN}$

基础自重：$G_k = 720.00\text{ kN}$

起重荷载：$F_{qk} = 60.00\text{ kN}$

$$F_k = F_{k1} + G_k + F_{qk} = 401.00 + 720.00 + 60.00 = 1181.00\text{kN}$$

**2**）非工作状态下塔机对基础顶面的作用

①标准组合的倾覆力矩标准值

$$M'_k = M_1 + M_4 + M_5 + M'_{sk}$$
$$= 822.80 - 124.74 - 1054.92 + 1617.88$$
$$= 1261.02\text{kN} \cdot \text{m}$$

无起重荷载，小车收拢于塔身边，故没有力矩 $M_2$、$M_3$。

②水平荷载标准值 $F'_{vk} = 75.25\text{ kN}$

③竖向荷载标准值

塔机自重：$F_{k1} = 401.00\text{ kN}$

基础自重：$G_k = 720.00\text{ kN}$

$$F'_k = F_{k1} + G_k = 401.00 + 720.00 = 1121.00\text{kN}$$

根据现行国家标准《建筑结构荷载规范》GB 50009－2001（2006年版）第3.2.4条规定，工作状态的荷载效应组合标准值（$S_k$）按下式计算：

$$S_k = S_{Gk} + 0.9\sum_{i=1}^{n} S_{Qik}$$

式中：$S_{Gk}$——按永久荷载标准值计算的荷载效应值；

$S_{Qik}$——按可变荷载标准值计算的荷载效应值。

比较上述两种工况的计算，可知本例塔机在非工作状态时对基础传递的倾覆力矩最大，故应按非工作状态的荷载组合进行地基基础设计。控制工况下（非工作状态）的倾覆力矩标准值小于塔机制造商的《塔机使用说明书》中所提供值，原因是塔机制造商的提供值系按现行国家标准《塔式起重机设计规范》GB/T 13752规定的基本风压 $0.80\text{kN/m}^2$（离地面高度20m以下）、$1.10\text{kN/m}^2$（离地面高度20m以上）计算。若塔机现场的基本风压大于 $1.00\text{kN/m}^2$，按本规程规定进行计算的结果，倾覆力矩标准值大于塔机制造商的《塔机使用说明书》中所提供值。

## Ⅲ 桩基础设计

**1** 基桩承载力验算

倾覆力矩按最不利的对角线方向作用。

**1**）基桩竖向承载力验算

取最不利的非工作状态荷载进行验算。

①轴心竖向力作用下：

$$Q_k = \frac{F'_k + G_k}{n} = \frac{401 + 720}{4} = 280.25\text{kN} < R_a = 750\text{kN}$$

②偏心竖向力作用下：

$$Q_{kmax} = \frac{F'_k + G_k}{n} + \frac{M'_k + F'_{vk} \cdot h}{L}$$
$$= \frac{401 + 720}{4} + \frac{1261.02 + 75.25 \times 1.25}{5.09}$$
$$= 546.47\text{kN} < 1.2R_a = 900\text{kN}$$

$$Q_{kmin} = \frac{F'_k + G'_k}{n} - \frac{M'_k + F'_{vk} \cdot h}{L}$$
$$= \frac{401 + 432}{4} - \frac{1261.02 + 75.25 \times 1.25}{5.09}$$
$$= -57.97\text{kN}$$

$Q_{kmin}$ 为竖向拔力 $57.97\text{kN} < R'_a = 550\text{kN}$

基桩竖向承载力符合要求，按抗压桩和抗拔桩设计。

**2**）桩身轴心抗压承载力验算

荷载效应基本组合下的桩顶轴向压力设计值：

$$Q_{max} = \gamma Q_{kmax} = 1.35 \times 546.47 = 737.73\text{kN}$$

查国家标准图集《预应力混凝土管桩》03SG409得：

先张法预应力混凝土管桩 PC-AB550（100）-11.10.9a 桩身结构竖向承载力设计值：

$$N = 2700\text{kN}$$
$$Q_{max} < N$$

桩身轴心受压承载力符合要求。

**3**）桩身轴心抗拔承载力验算

荷载效应基本组合下的桩顶轴向拉力设计值：

$$Q' = \gamma Q_{kmin} = 1.35 \times 57.97 = 78.26\text{kN}$$
$$N' = f_y A_s + f_{py} A_{ps} = 0 + 1040 \times 11 \times 90 = 1029.6\text{kN}$$
$$Q' < N'$$

桩身轴心抗拔承载力符合要求，预应力混凝土管桩的连接按国家标准图集《预应力混凝土管桩》03SG409等强度焊接，预应力混凝土管桩与承台的连接应符合本规程第6.2.6条规定。

**2** 桩基承台计算

计算承台受弯、受剪及受冲切承载力时，不计承台及其上土自重。

**1**）承台受冲切验算

角桩轴线位于塔机塔身柱的冲切破坏锥体以内，且承台高度符合构造要求，故可不进行承台受角桩冲切的承载力验算。

2）承台暗梁配筋计算

承台暗梁截面 $b\times h=600\text{mm}\times1250\text{mm}$，混凝土强度等级为 C25，钢筋采用 HRB335，混凝土保护层厚度为 50mm（即预应力管桩嵌入承台的长度）。

①荷载计算

塔机塔身截面对角线上立杆的荷载设计值：

$$F_{\min}^{\max}=\frac{\gamma F'_{\mathrm{k}}}{n}\pm\frac{\gamma M'_{\mathrm{k}}}{L}=\frac{1.35\times401}{4}\pm\frac{1.35\times1261.02}{2.26}$$

$$=\begin{cases}888.60\text{kN}\\-617.92\text{kN}\end{cases}$$

暗梁计算简图如下：

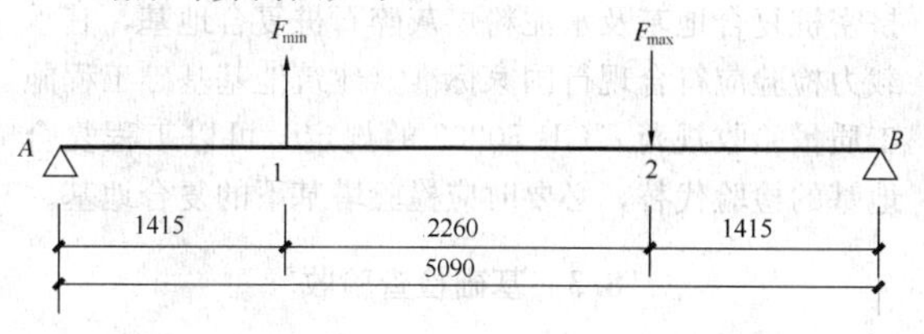


图 5　暗梁计算简图

②受弯计算

A、B 支座反力为：

$R_{\mathrm{A}}=-199.11\text{kN}$（支座反力向下）；$R_{\mathrm{B}}=469.79\text{kN}$（支座反力向上）。

最大弯矩在截面 2 位置，弯矩设计值：

$$M_2=469.79\times1.415=664.75\text{kN}\cdot\text{m}$$

根据现行国家标准《混凝土结构设计规范》GB 50010－2002 第 7.2.1 条规定，按强度等级为 C25 混凝土，钢筋为 HRB335 的矩形截面单筋梁计算，配筋为：

$$A_{\mathrm{s}}=1899\ \text{mm}^2$$

实配 6Φ20，$A_{\mathrm{s}}=1884\ \text{mm}^2\approx1899\ \text{mm}^2$，相差 0.8%，符合要求。

③受剪计算

按现行国家标准《混凝土结构设计规范》GB 50010－2002 第 7.5.7 条、第 10.2.9～10.2.11 条规定设计。

最大剪力在 B 支座截面，剪力设计值：

$$V_{\max}=469.79\ \text{kN}$$

混凝土受剪承载力：

$$\frac{1.75}{\lambda+1}f_{\mathrm{t}}bh_0=\frac{1.75}{1.5+1}\times1.27\times600\times1190$$

$$=634.75\text{kN}>V_{\max}$$

式中计算截面的剪跨比：$\lambda=\frac{a}{h_0}=\frac{1.415}{1.19}<1.5$，取 $\lambda=1.5$。

箍筋按构造要求进行配筋，$\phi8@200$（4 肢箍）。

3　桩承台配筋

1）暗梁配筋截面简图如图 6 所示。架立筋为 6Φ14，受力筋为 6Φ20，箍筋为 $\phi8@200$（4 肢箍）。

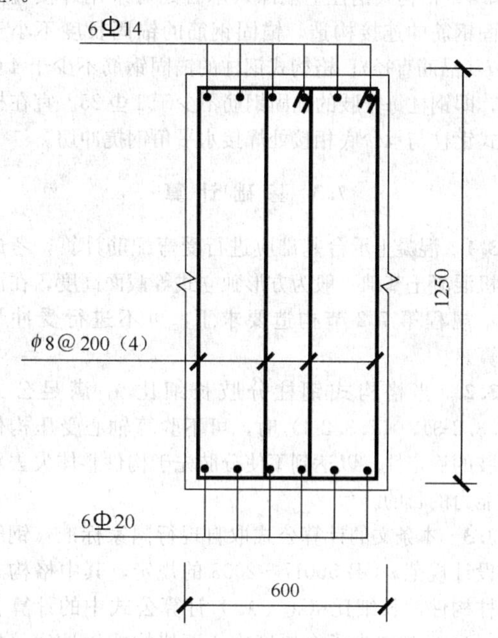


图 6　暗梁截面配筋简图

2）承台基础上下面均配钢筋网Φ12 双向@200。

# 7　组合式基础

## 7.1　一般规定

**7.1.1**　为满足地下室基坑围护结构施工和基坑挖土的需要，并考虑拆除方便，一般塔机基础承台宜布置于顶板之上，且留有切割格构式钢柱的净空间。若利用地下室底板作为塔机基础，应经过工程设计单位同意。若塔机基础布置于底板下，应符合本规程第 5、6 章的规定。

**7.1.5**　考虑地下室底板的基础梁、承台的水平钢筋容易和格构式钢柱相碰，后浇带和加强带迟于底板浇捣混凝土，不利于塔机基础稳定，故作出本条规定。

**7.1.6**　格构式钢柱的型钢支撑斜杆和水平面的夹角宜按 45°～60°布置。格构式钢柱计算高度见本规程第 7.3.3 条规定。参照现行国家标准《钢结构设计规范》GB 50017－2003 第 8.4 节规定，设置水平型钢剪刀撑有利于增强基础的抗扭承载力。

## 7.2　基础构造

**7.2.1**　格构式钢柱的外边缘至承台边缘的距离，以及钢柱下端基桩的外边缘至承台（投影）边缘的距离不小于 200mm。

**7.2.2**　缀条式格构式钢柱的缀件采用角钢，缀板式格构式钢柱的缀件采用钢板，宜采用后者，以利于插入灌注桩的钢筋笼中，且构造简单。

**7.2.4** 格构式钢柱上端深入承台处可采用焊接竖向锚固钢筋的连接构造，锚固钢筋的锚固长度不小于35$d$（锚筋直径）；格构式钢柱的锚固钢筋不少于4Φ25，即钢柱每分肢的锚固钢筋不少于1Φ25。宜在格构式钢柱与承台底相接处焊接水平角钢抗冲切。

### 7.3 基础计算

**7.3.1** 混凝土承台基础应进行受弯配筋计算，考虑塔机混凝土基础一般为方形独立式等截面高度，在满足本规程第7.2节构造要求下，可不进行受冲切验算。

**7.3.2** 当格构式钢柱分肢长细比 $\lambda_1$ 满足公式(7.3.2-3)、(7.3.2-4)时，可不验算轴心受压构件分肢的稳定性，以达到不使分肢先于构件整体失去承载能力的目的。

**7.3.3** 本条文的计算公式取自现行国家标准《钢结构设计规范》GB 50017－2003的规定，其中格构式钢柱构件的长细比（$\lambda_x$、$\lambda_y$）计算公式中的计算长度（$H_0$）规定为承台厚度中心至格构式钢柱底（插入灌注桩的底端）的高度，系参照现行行业标准《建筑桩基技术规范》JGJ 94－2008第5.8.4条的规定，按格构式钢柱的上、下端近似为铰接考虑，故下端嵌入灌注桩应有最小长度的规定，且当基坑开挖至设计标高时，应快速浇捣混凝土垫层，详见本规程第8.1.7条基础施工的有关规定。格构式钢柱截面宜设计为方形，即 $\lambda_{0x}$ 等于 $\lambda_{0y}$，$\lambda_x$ 等于 $\lambda_y$。若有特殊情况，截面也可设计为其他形式，其长细比按现行国家标准《钢结构设计规范》GB 50017的规定计算。本条的公式和图7.3.2所示的格构式组合构件截面相一致。

**7.3.5** 本条文公式中的 $M_0$、$V_0$、$N_0$ 均指单个缀件的内力。格构式钢柱的缀板在满足本规程附录B格构式钢柱缀件的构造要求时，本条文的公式可不验算。

## 8 施工及质量验收

### 8.1 基础施工

**8.1.3** 塔机安装应在基础验收合格后进行，一次性安装高度不宜超过《塔机使用说明书》规定的最大独立高度的一半，宜分次升高至所需的最大独立高度。

**8.1.4** 基础沉降及位移观测方法同建筑主体结构工程。

**8.1.5** 格构式钢柱和灌注桩的钢筋笼焊接后一起沉入孔位，垂直度和上端偏位值容易因疏忽失去控制，故作出此条规定。

**8.1.6** 随着基坑土方的分层开挖，承台基础下的各格构式钢柱之间逆作式（自上而下）及时设置竖向型钢支撑（图7.1.2），较高（$H_0$不小于8m）格构式钢柱设置水平剪刀撑，有利于抗塔机回转产生的扭矩。

**8.1.7** 基坑开挖到设计标高时，由于柱脚没有水平构件，是格构式钢柱受力最不利的状态，故规定了本条条文。

### 8.2 地基土检查验收

**8.2.3～8.2.5** 塔机基础下采用水泥土搅拌桩复合地基、高压喷射注浆桩复合地基、砂桩地基、土和灰土挤密桩复合地基及水泥粉煤灰碎石桩复合地基，其承载力检验应符合现行国家标准《建筑地基基础工程施工质量验收规范》GB 50202的规定。可以工程复合地基的检验代替，必要时应检验塔基下的复合地基。

### 8.3 基础检查验收

**8.3.4** 本条规定取自现行国家标准《混凝土结构工程施工质量验收规范》GB50204的相关规定。

**8.3.5** 本条规定考虑塔机基础属临时结构，参照现行国家标准《混凝土结构工程施工质量验收规范》GB 50204－2002的表8.3.2-2，略有放宽。

### 8.4 桩基检查验收

**8.4.5** 塔机基础的基桩检验可以用本工程同样条件下的工程桩作替代，进行承载力和桩身质量的检验，当桩型或地质条件不同时，宜按现行行业标准《建筑基桩检测技术规范》JGJ 106的规定，单独进行塔机基础的基桩检测。

### 8.5 格构式钢柱检查验收

**8.5.5** 本条规定参照现行国家标准《钢结构工程施工质量验收规范》GB 50205的规定，考虑塔机基础为临时性结构，格构式钢柱随同灌注桩的钢筋笼安放就位，故本规程表8.5.5的允许偏差略有放宽。

## 附录A 塔机风荷载计算

### A.1 风荷载标准值计算

**A.1.1** 0.8为风压修正系数。一般塔机在单位工程上的使用时间为2年～3年，按30年一遇的基本风压已属安全（国家现行行业标准《建筑施工扣件式钢管脚手架安全技术规范》JGJ130规定按30年一遇的基本风压计算，且乘以0.7修正系数；国家现行行业标准《建筑施工模板安全技术规范》JGJ 162规定按10年一遇的基本风压计算），本规程取50年一遇的基本风压，同时考虑风荷载的风振动力作用传至基础时将会削弱，故此对风压进行折减修正，修正系数取0.8。本条公式中其他系数可查现行国家标准《建筑结构荷载规范》GB 50009 以及《高耸结构设计规范》GB 50135 的有关规定，可按本附录查表取值。按本规程第 3.0.3 条规定，工作状态下的基本风压取 0.20kN/m$^2$；非工作状态下取当地 50 年一遇的基本风压，但不小于 0.35kN/m$^2$。

**A.1.2** 制定塔机风振系数（$\beta_z$）说明如下：

根据现行国家标准《建筑结构荷载规范》GB 50009 和《高耸结构设计规范》GB 50135 的规定，按照不同的基本风压（$w_0$）、塔机的计算高度（$H$）以及地面粗糙度类别，计算出不同的塔机风振系数（$\beta_z$），以方便应用。

1 混凝土基础的塔机桁架结构的基本自振周期（$T$）

根据现行国家标准《建筑结构荷载规范》GB 50009—2001（2006 年版）的附录 E 简化计算：

$$T = 0.012H$$

式中：$H$——塔机的计算高度。

2 脉动增大系数（$\xi$）

以基本风压（$w_0$）和基本自振周期（$T$）代入公式 $w_0T^2$，且按现行国家标准《高耸结构设计规范》GB 50135－2006第 4.2.9 条注 3 的规定，对于 A、B、C、D 类地面的基本风压分别乘以粗糙度系数 1.38、1.00、0.62、0.32，按现行国家标准《高耸结构设计规范》GB 50135－2006 表 4.2.9-1 查出无维护钢结构的脉动增大系数（$\xi$）。

3 根据现行国家标准《高耸结构设计规范》GB 50135－2006 规定的公式计算：

$$\beta_z = 1 + \xi\varepsilon_1\varepsilon_2$$

式中：$\beta_z$——风振系数；

$\xi$——脉动增大系数；

$\varepsilon_1$——考虑风压脉动和风压高度变化的影响系数，按塔机独立计算高度（$H$）和相应的地面粗糙度查现行国家标准《高耸结构设计规范》GB 50135－2006 表 4.2.9-2 确定；

$\varepsilon_2$——考虑振型和结构外形的影响系数，按塔机重心的相对高度 $\dfrac{Z}{H} = 0.65$，塔身顶部和底部的宽度比为 1，且考虑现行国家标准《高耸结构设计规范》GB 50135－2006第 4.2.9 条注 5 的规定，查 GB 50135－2006 表 4.2.9-3 确定。

**A.1.3** 制定塔机风荷载体型系数（$\mu_z$）说明如下：

根据现行国家标准《建筑结构荷载规范》GB 50009 的规定，按照塔身为前后片桁架式结构，并分别考虑桁架由钢管或型钢组成，计算出不同的风荷载体型（简化）系数，以方便应用。$\mu_s$ 均指塔机桁架杆件净迎风投影面积的风荷载体型系数。

根据现行国家标准《建筑结构荷载规范》GB 50009－2001（2006 年版）表 7.3.1 的规定：

单榀桁架的整体体型系数：$\mu_{st} = \phi\mu'_s$ (1)

$n$ 榀桁架的整体体型系数：$\mu_{stw} = \mu_{st}\dfrac{1-\eta^n}{1-\eta}$ (2)

式中：$\mu_{st}$——单榀桁架的整体体型系数；

$\mu'_s$——桁架构件的体型系数，对方钢管或型钢杆件按《建筑结构荷载规范》GB 50009－2001（2006 年版）表 7.3.1 第 31 项采用；对圆钢管杆件按第 36（b）项采用；

$\phi$——桁架的挡风系数 $\phi = \dfrac{A_n}{A}$，即本规程的结构充实率 $\alpha_0$；

$n$——塔机的塔身前后桁架榀数，取 $n = 2$；

$\eta$——查《建筑结构荷载规范》GB 50009－2001（2006 年版）表 7.3.1 第 32 项，取 $\eta = 0.5$；

$\mu_{stw}$——$n$ 榀桁架的整体体型系数。

1 型钢或方钢管杆件桁架

单榀桁架的整体体型系数：$\mu_{st} = \phi\mu'_s = 1.3\phi$

塔身的整体体型系数：$\mu_{stw} = \mu_{st}\dfrac{1-\eta^2}{1-\eta} = 1.3\phi \times \dfrac{1-0.5^2}{1-0.5} = 1.95\phi$

塔身桁架迎风面净投影面积的体型系数：$\mu_s = \dfrac{\mu_{stw}}{\phi} = \dfrac{1.95\phi}{\phi} = 1.95$

2 圆钢管杆件桁架

塔机的计算高度为 30m～50m，塔机立杆、横杆、斜腹杆的钢管加权平均直径取 90mm。考虑塔身立杆、横杆、腹杆表面均无凸出高度，即表面凸出高度 $\Delta \approx 0$。

根据不同的计算高度及地面粗糙度类别，按本规程表 A.1.4 查取风压等效高度变化系数（$\mu_z$）；按风压等效高度变化系数（$\mu_z$）、塔身杆件表面情况 $\Delta \approx 0$、杆件高宽比 $\dfrac{H}{d} > 25$ 以及基本风压（$w_0$），根据《建筑结构荷载规范》GB 50009－2001（2006 年版）表 7.3.1 第 36（b）项，插入法查出 $\mu'_s$，然后根据上述公式（1）、（2）计算塔身桁架迎风净投影面积的体型系数（$\mu_s$）。

**A.1.4** 本条规定说明可以通过塔机独立计算高度（$H$）和地面粗糙度类别查表确定塔机的风压等效高度变化系数，以便简化计算。

风压等效高度变化系数（$\mu_z$）编制过程如下：按现行国家标准《建筑结构荷载规范》GB 50009－2001（2006 年版）第 7.2.2 条规定，分别查出 A、B、C、D 类地面在不同高度处的风压高度变化系数，并画出以 $w_0$ 为单位的实际风压图（图 7），然后根据风荷载作用于基础顶面的合力相等原则，计算出均布线荷载的等效系数（$\mu_{z1}$）；再根据风荷载作用于基础顶面的力矩相等原则，计算出均布线荷载的等效系数（$\mu_{z2}$），最终取系数 $\mu_{z1}$ 和 $\mu_{z2}$ 的平均值作为该塔机风荷载的等效高度变化系数（$\mu_z$），见图8。

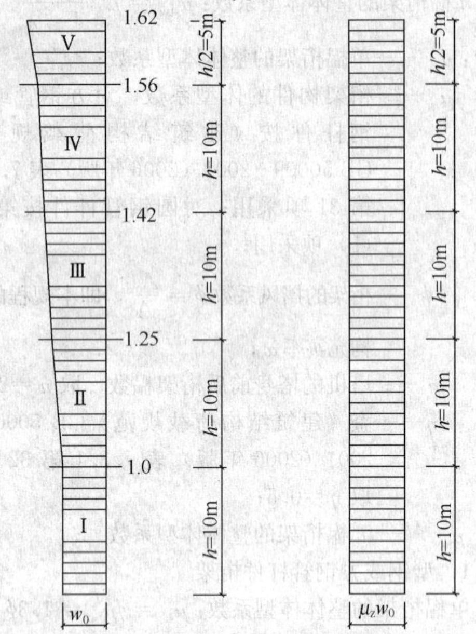


图7 考虑高度变化系数的实际风压图　　图8 简化高度变化系数的等效风压图

取 $\mu_{z1}$ 与 $\mu_{z2}$ 的平均值作为塔机风荷载的等效高度变化系数，经分析表明，虽然风荷载作用于基础顶面的力矩少了4.0%，但风荷载的合力大了5.0%，故风荷载合力乘以基础高度的力矩增大值可弥补前者至基本相等。

**A.1.5** 本条文取自现行国家标准《塔式起重机设计规范》GB/T 13752-92第4.2节、第4.3节规定，应按矩形基础或十字形基础上塔机的实际布置情况，决定是否乘以风向系数（$\alpha$）。

**A.1.6** 塔机桁架结构的平均充实率（$\alpha_0$），已考虑塔身桁架、爬梯、爬升架、司机室、平衡重及电器箱等迎风面积。

### A.2 独立塔机工作状态时风荷载计算

**A.2.2、A.2.3** 独立塔机工作状态的风荷载计算实例

塔机独立状态计算高度为 $H$=40m，塔身方钢管桁架的截面为1.6m×1.6m，无加强标准节。在工作状态下，基本风压取值为0.20kN/m²，地面粗糙度为B类。

**1** 工作状态时塔机风荷载的等效均布线荷载标准值计算：

$$q_{sk}=w_kA/H=0.8\beta_z\mu_s\mu_z w_0\alpha_0 BH/H$$
$$=0.8\times1.59\times1.95\times1.29\times w_0\times0.35\times1.6H/H$$
$$=1.79w_0=1.79\times0.20$$
$$=0.36\text{kN/m}$$

**2** 工作状态时塔机风荷载的水平合力标准值：

$$F_{sk}=q_{sk}\cdot H=0.36\times40=14.4\text{kN}$$

**3** 工作状态时风荷载作用在基础顶面的力矩标准值：

$$M_{sk}=0.5F_{sk}\cdot H=0.5\times14.4\times40=288\text{kN}\cdot\text{m}$$

**4** 当风沿着塔机塔身方形截面的对角线方向吹时，上述风荷载效应值应乘以风向系数（$\alpha$）。

### A.3 独立塔机非工作状态时风荷载计算

**A.3.1～A.3.3** 独立塔机非工作状态的风荷载计算实例

塔机独立状态计算高度为 $H$=40m，塔身方钢管桁架的截面为1.6m×1.6m，无加强标准节。在非工作状态下，按现行国家标准《建筑结构荷载规范》GB 50009，基本风压取值为0.75kN/m²（深圳市），地面粗糙度为B类。

**1** 非工作状态时塔机风荷载的等效均布线荷载标准值计算：

$$q'_{sk}=w'_kA/H=0.8\beta_z\mu_s\mu_z w'_0\alpha_0 BH/H$$
$$=0.8\times1.69\times1.95\times1.29\times w'_0\times0.35\times1.6H/H$$
$$=1.9w'_0=1.9\times0.75$$
$$=1.43\text{kN/m}$$

**2** 非工作状态时塔机风荷载的水平合力标准值：

$$F'_{sk}=q'_{sk}\cdot H=1.43\times40=57.2\text{kN}$$

**3** 非工作状态时风荷载作用在基础顶面的力矩标准值：

$$M'_{sk}=0.5F'_{sk}\cdot H=0.5\times57.2\times40=1144.00\text{kN}\cdot\text{m}$$

**4** 当风沿着塔机塔身方形截面的对角线方向吹时，上述风荷载效应值应乘以风向系数（$\alpha$）。

## 附录B 格构式钢柱缀件的构造要求

**B.0.1** 根据现行国家标准《钢结构设计规范》GB 50017-2003第8.4.1条规定，作出缀板线刚度的规定；对4肢组合式钢柱，柱的同一截面处缀板的线刚度之和为4块缀板的线刚度之和。为方便格构式钢柱插入灌注桩中，宜优先选用缀板作为缀件，缀板高度取为厘米的整数倍。

采用缀条式格构式钢柱时，图B.0.2中节点板可设置于分肢型钢的外侧或内侧。

中华人民共和国行业标准

# 混凝土预制拼装塔机基础技术规程

Technical specification for prefabricated concrete block assembled base of tower crane

**JGJ/T 197—2010**

批准部门：中华人民共和国住房和城乡建设部
施行日期：2 0 1 1 年 1 月 1 日

# 中华人民共和国住房和城乡建设部
# 公　　告

## 第726号

### 关于发布行业标准《混凝土预制拼装塔机基础技术规程》的公告

现批准《混凝土预制拼装塔机基础技术规程》为行业标准，编号为JGJ/T 197-2010，自2011年1月1日起实施。

本规程由我部标准定额研究所组织中国建筑工业出版社出版发行。

**中华人民共和国住房和城乡建设部**

2010年8月3日

## 前　　言

根据住房和城乡建设部《关于印发〈2008年工程建设标准规范制订、修订计划（第一批）〉的通知》（建标［2008］102号）的要求，规程编制组经广泛调查研究，认真总结实践经验，参考有关国际标准和国外先进标准，并在广泛征求意见的基础上，制定本规程。

本规程的主要技术内容是：1. 总则；2. 术语和符号；3. 基本规定；4. 设计；5. 制作与检验；6. 拼装与验收；7. 运输、维护与报废。

本规程由住房和城乡建设部负责管理，由江苏省苏中建设集团股份有限公司负责具体技术内容的解释。执行过程中，如有意见或建议，请寄送江苏省苏中建设集团股份有限公司（地址：江苏省南通市海安中坝南路18号，邮政编码：226600）。

**本规程主编单位：** 江苏省苏中建设集团股份有限公司

**本规程参编单位：** 南京工业大学
东南大学
江苏省建筑科学研究院有限公司
南京建工建筑机械安全检测所
江苏建华建设有限公司
南通市第七建筑安装工程有限公司
淮安市金塔塔机基础制造有限公司

**本规程主要起草人员：** 从卫民　李延和　钱　红　岳晨曦　李　明　崔田田　张　健　陈忠范　徐　朗　潘丽玲　徐　健

**本规程主要审查人员：** 钱力航　茅承钧　顾泰昌　陈礼建　李守林　张耀庭　胡　成　罗洪富　姜　宁　张文明

# 目　次

# Contents

# 1 总 则

**1.0.1** 为使混凝土预制拼装塔机基础在设计、安装、验收和使用中做到安全适用、技术先进、经济合理、保证质量、重复利用，制定本规程。

**1.0.2** 本规程适用于小车变幅水平臂额定起重力矩不超过400kN·m的塔式起重机预制混凝土基础的设计、制作、拼装、验收和使用维护。

**1.0.3** 本规程规定了混凝土预制拼装塔机基础的基本技术要求。当本规程与国家法律、行政法规的规定相抵触时，应按国家法律、行政法规的规定执行。

**1.0.4** 混凝土预制拼装塔机基础的设计、制作、安装、验收、使用及维护除应符合本规程外，尚应符合国家现行有关标准的规定。

# 2 术语和符号

## 2.1 术 语

**2.1.1** 混凝土预制拼装塔机基础 prefabricated concrete block assembled base of tower crane

通过拼装连接索将经过专门设计的混凝土预制件拼装成一体，用于传递塔式起重机荷载至地基的基础。简称预制塔机基础。

**2.1.2** 中心件 cruciform block

置于预制塔机基础中心部位的十字形混凝土预制件。

**2.1.3** 过渡件 extending block

扩展预制塔机基础长度的混凝土预制件。

**2.1.4** 端件 outer block

预制塔机基础端部的混凝土预制件。

**2.1.5** 配重块 ballast block

搁置于过渡件、端件之间且中部悬空用以抗倾覆的混凝土预制件。

**2.1.6** 定位剪力键 shear resisting positioning couplings

设置在相邻预制件之间用于限制预制件连接的形位公差并起到抗剪作用的钢制耦合件。

**2.1.7** 拼装连接索 joining strand

将预制件连接成整体的预应力钢绞线。

**2.1.8** 配件 fittings

与预制件和拼装连接索配套使用的螺栓、螺母、垫圈、垫板、锚具、承压板等的总称。

## 2.2 符 号

**2.2.1** 材料性能

$f_c$——混凝土轴心抗压强度设计值；

$f_{ptk}$——预应力钢绞线强度标准值；

$f_t$——混凝土轴心抗拉强度设计值；

$f_t^b$——螺栓抗拉强度设计值；

$f_y$——钢筋的抗拉强度设计值；

$f_{yv}$——箍筋抗拉强度设计值；

$f_v$——定位剪力键钢材的抗剪强度设计值。

**2.2.2** 作用、作用效应及承载力

$f_a$——修正后的地基承载力特征值；

$f_{ak}$——地基主要受力层的承载力特征值；

$F$——预制塔机基础与塔式起重机连接处单根主肢杆上的地脚螺栓的最大拉力设计值；

$F_{hk}^t$——塔式起重机作用在其基础顶面上的水平荷载标准值；

$F_v$——塔式起重机作用在其基础顶面上的垂直荷载设计值；

$F_{vk}^b$——塔式起重机作用在其基础底面上的垂直荷载标准值；

$F_{vk}^t$——塔式起重机作用在其基础顶面上的垂直荷载标准值；

$F_y$——每根地脚螺栓的预紧力；

$G_k$——预制塔机基础自重及配重的标准值；

$M$——塔式起重机作用在其基础底面上的弯矩设计值；

$M_k^b$——塔式起重机作用在其基础底面上的弯矩标准值；

$M_k^t$——塔式起重机作用在其基础顶面上的弯矩标准值；

$M_{max}$——预制塔机基础梁截面内的最大弯矩设计值；

$M_R$——抗滑力矩；

$M_S$——滑动力矩；

$M_{stb}$——预制塔机基础抵抗倾覆的力矩值；

$M_{dst}$——塔式起重机作用在其基础上的倾覆力矩值；

$M_y$——螺栓副的预紧力矩；

$N$——单个地脚螺栓的拉力设计值；

$N_{p0}$——拼装连接索考虑损失后的拉力的合力设计值；

$p_{k,m}$——预制塔机基础底面上的平均压力标准值；

$p_{k,max}$——预制塔机基础底面边缘处的最大压力标准值；

$p_{k,min}$——预制塔机基础底面边缘处的最小压力标准值；

$V$——剪力设计值；

$\sigma_{con}$——预应力钢绞线张拉控制应力；

$\sigma_l$——预应力钢绞线的预应力损失值；

$\sigma_{pe}$——预应力钢绞线的有效预应力。

**2.2.3** 几何参数

$A$——预制塔机基础底面积；

$A_0$——混凝土基础换算截面面积；

$A_p$——预应力钢绞线截面面积；

$A_{p1}$——单根预应力钢绞线的截面面积；

$A_s$——预制塔机基础翼缘受力钢筋的截面面积；

$A_{so}$——定位剪力键的截面总面积；

$A_{sv}$——同一截面内各肢箍筋的全部截面面积；

$a$——塔身截面对角线上两根主肢杆形心间距；

$b$——预制塔机基础梁截面的宽度；

$b_0$——基础端件的宽度；

$d$——螺栓的公称直径；

$d_e$——螺栓的有效直径；

$h$——预制塔机基础梁截面高度；

$h_0$——截面有效高度；

$l$——预制塔机基础底面的长度；

$l_0$——预制塔机基础最小的抗倾覆力臂；

$W_{min}$——预制塔机基础的最小截面抵抗矩。

**2.2.4** 计算系数及其他

$K_{stb}$——抗倾覆稳定性系数；

$n$——基础底部预应力钢绞线数量；塔机每根主肢杆上的地脚螺栓数量；

$\alpha$——荷载不均匀系数。

# 3 基 本 规 定

**3.0.1** 预制塔机基础应由定位剪力键和拼装连接索将中心件、过渡件、端件连接而成，配重块应按计算配置。

**3.0.2** 预制塔机基础应安装牢固、连接可靠。

**3.0.3** 预制塔机基础应拼装便利，在正常维护下应能重复使用。

**3.0.4** 预制件的混凝土强度等级不应低于C40，其相关指标应符合现行国家标准《混凝土结构设计规范》GB 50010的规定。

**3.0.5** 混凝土预制件应配置HRB400级或HRB335级钢筋，其相关指标应符合现行国家标准《混凝土结构设计规范》GB 50010的规定。

**3.0.6** 拼装连接索应采用抗拉强度标准值 $f_{ptk}$ 为1860N/mm²的无粘结高强低松弛预应力钢绞线，其相关指标应符合现行国家标准《预应力混凝土用钢绞线》GB/T 5224的规定。

**3.0.7** 预埋件、承压板等宜采用Q235、Q345、Q390和Q420钢，其相关指标应符合现行国家标准《钢结构设计规范》GB 50017的规定。

**3.0.8** 地脚螺栓应采用40Cr钢并经调质处理，调质后其极限抗拉强度不应小于750N/mm²，屈服强度不得小于550N/mm²，相关指标应符合现行国家标准《紧固件机械性能》GB 3098的规定。

**3.0.9** 锚具质量应符合现行国家标准《预应力筋用锚具、夹具和连接器》GB/T 14370的要求。

# 4 设 计

## 4.1 一 般 规 定

**4.1.1** 预制塔机基础的设计计算应符合现行国家标准《建筑地基基础设计规范》GB 50007的规定，其地基基础设计等级宜取为丙级。

**4.1.2** 预制塔机基础的地基承载力特征值不应低于80kN/m²。地基承载力特征值及相应设计指标宜根据岩土工程勘察报告取值，当持力层为表层土且岩土工程勘察报告中未提供表层土承载力时，可通过现场测试确定。

**4.1.3** 预制件设计应符合下列要求：

1 预制件设计应构造简单、坚固耐用，便于制作、运输和拼装；

2 整体平面布置应合理规范；

3 截面形式宜采用倒T形，其截面尺寸宜符合建筑模数。

**4.1.4** 预制塔机基础设计包括下列内容：

1 基础底面承载力验算、地基稳定性验算、基础抗倾覆验算、基础承载力计算；

2 受拉区拼装连接索根据计算确定，并按构造要求布置受压区拼装连接索；

3 编写预制塔机基础设计说明；

4 绘制预制塔机基础平面布置组合图；

5 绘制预制件配筋图及模板图；

6 绘制预埋件和拼装连接索布置图；

7 绘制定位剪力键详图和布置图。

## 4.2 结构设计计算

**4.2.1** 作用在预制塔机基础上的荷载及其荷载效应组合应符合下列规定：

1 作用在预制塔机基础顶面的荷载应由塔式起重机生产厂家按现行国家标准《塔式起重机设计规范》GB/T 13752提供。塔式起重机作用在基础顶面上的垂直荷载标准值、水平荷载标准值、弯矩标准值及扭矩标准值分别为 $F_{vk}^t$、$F_{hk}^t$、$M_k^t$、$T_k^t$（图4.2.1-1）。

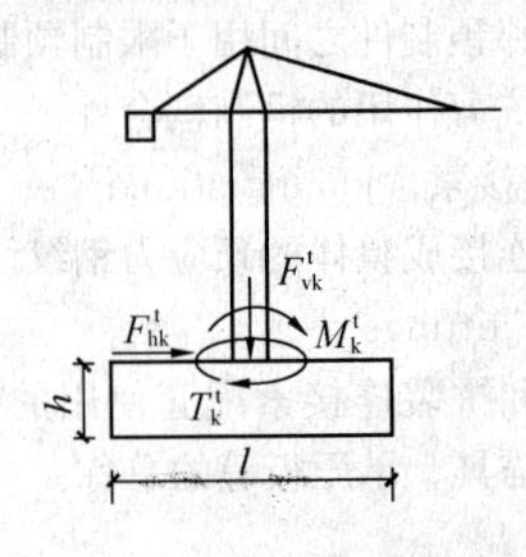


图4.2.1-1 基础顶面荷载标准值

2 对预制塔机基础的底面压力进行验算时，作用在基础底面上的荷载应采用标准组合。标准组合中取用的垂直荷载标准值和弯矩标准值应按下列公式计算：

$$F_{vk}^{b}=F_{vk}^{t}+G_{k} \quad (4.2.1\text{-}1)$$

$$M_{k}^{b}=M_{k}^{t}+F_{hk}^{t}\cdot h \quad (4.2.1\text{-}2)$$

式中：$F_{vk}^{b}$——作用在基础底面上的垂直荷载标准值（kN）；

$G_{k}$——预制塔机基础的自重及配重的标准值（kN）；

$M_{k}^{b}$——预制塔机基础作用在其基础底面上的弯矩标准值（kN·m）；

$h$——预制塔机基础梁截面高度（mm）。

**3** 对预制塔机基础进行抗倾覆验算时，应采用荷载基本组合设计值。倾覆力矩和抗倾覆力矩应按下列公式计算（图 4.2.1-2）：

$$M_{stb}=0.9l_{0}\times F_{vk}^{b} \quad (4.2.1\text{-}3)$$

$$M_{dst}=1.4M_{k}^{t}+1.0F_{hk}^{t}h \quad (4.2.1\text{-}4)$$

$$l_{0}=\frac{\sqrt{2}}{4}(l+b_{0}) \quad (4.2.1\text{-}5)$$

式中：$M_{stb}$——预制塔机基础抵抗倾覆的力矩值（kN·m）；

$M_{dst}$——塔式起重机作用在基础上的倾覆力矩值（kN·m）；

$l_{0}$——预制塔机基础最小的抗倾覆力臂（mm）；

$b_{0}$——基础端件的宽度（mm）；

$l$——预制塔机基础底面的长度（mm）。

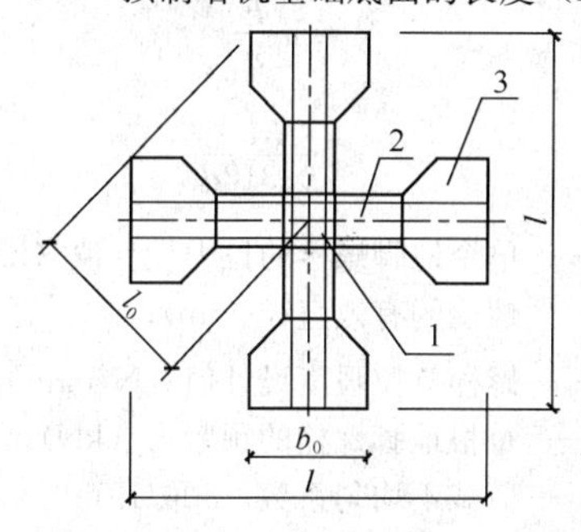


图 4.2.1-2 最小抗倾覆力臂示意图

1—中心件；2—过渡件；3—端件

**4** 对预制塔机基础进行截面承载力计算时，垂直荷载设计值和弯矩设计值应按下列公式计算：

$$F_{v}=1.35F_{vk}^{t} \quad (4.2.1\text{-}6)$$

$$M=1.4M_{k}^{t}+1.0F_{hk}^{t}h \quad (4.2.1\text{-}7)$$

式中：$F_{v}$——塔式起重机作用在其基础顶面上的垂直荷载设计值（kN）；

$M$——塔式起重机作用在其基础底面上的弯矩设计值（kN·m）。

**4.2.2** 预制塔机基础的地基承载力应符合下列规定：

**1** 塔式起重机在偏心荷载作用下基础底面的压力应按下式确定（图 4.2.2）：

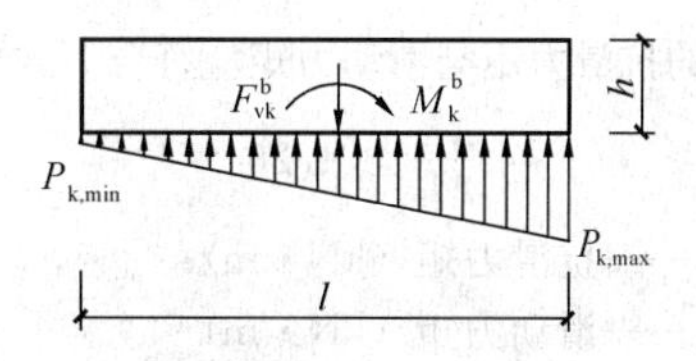


图 4.2.2 基底压力示意图

$$\left.\begin{matrix}p_{k,max}\\p_{k,min}\end{matrix}\right\}=\frac{F_{vk}^{b}}{A}\pm\frac{M_{k}^{b}}{W_{min}} \quad (4.2.2\text{-}1)$$

式中：$p_{k,max}$——预制塔机基础底面边缘的最大压力标准值（kN/m²）；

$p_{k,min}$——预制塔机基础底面边缘的最小压力标准值（kN/m²）；

$W_{min}$——预制塔机基础的最小截面抵抗矩（m³）；

$A$——预制塔机基础底面积（m²）。

**2** 基础底面的压力，应符合下列公式要求：

$$p_{k,m}\leqslant f_{a} \quad (4.2.2\text{-}2)$$

$$p_{k,max}\leqslant 1.2f_{a} \quad (4.2.2\text{-}3)$$

式中：$p_{k,m}$——预制塔机基础底面上的平均压力标准值（kN/m²）；

$f_{a}$——经过宽度和深度修正后的地基承载力特征值（kPa）。

当基底出现零应力区时，偏心距 $e$ 应小于 $l/4$；偏心距 $e$（m）应按下列公式计算：

$$e=\frac{M_{k}^{b}}{F_{vk}^{b}} \quad (4.2.2\text{-}4)$$

**4.2.3** 预制塔机基础的地基稳定性计算应符合下列规定：

**1** 当预制塔机基础底面标高接近土坡底或基坑底（图 4.2.3），当 $h'$ 不大于 1.0m、$a'$ 不小于 2.0m、$f_{ak}$ 不小于 130kN/m² 且地基持力层无软弱下卧层时，可不做地基稳定性验算。

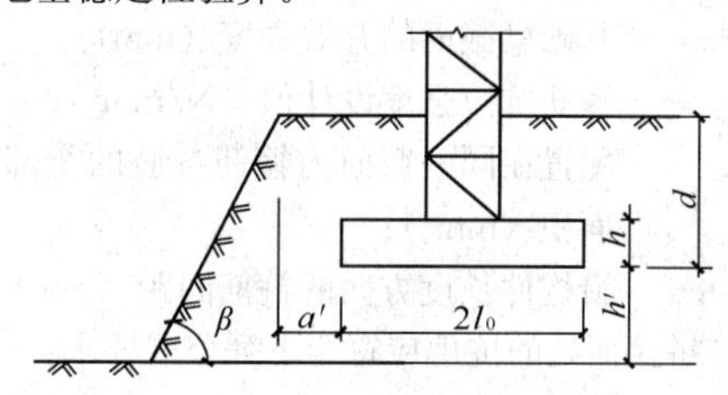


图 4.2.3 基础底面外边缘至坡顶的水平距离示意

$a'$—基础底面外边缘至坡顶的水平距离；$2l_0$—垂直于坡顶边缘线的基础底面边长；$h'$—基础底面至坡（坑）底的竖向距离；$d$—基础的埋置深度；$\beta$—边坡坡角

**2** 当预制塔机基础处于边坡内且不符合上款规定时，应进行边坡的稳定性验算，可按现行国家标准《建筑边坡工程技术规范》GB 50330 的规定，按圆弧滑动面法进行计算。最危险滑动面上的诸力对滑动中心所产生的抗滑力矩与滑动力矩应符合下式要求：

$$\frac{M_R}{M_S} \geqslant 1.25 \qquad (4.2.3)$$

式中：$M_R$——抗滑力矩（kN·m）；

$M_S$——滑动力矩（kN·m）。

**4.2.4** 预制塔机基础的抗倾覆稳定性应符合下式要求：

$$K_{stb} \leqslant \frac{M_{stb}}{M_{dst}} \qquad (4.2.4)$$

式中：$K_{stb}$——抗倾覆稳定性系数：当预制塔机基础有埋深时，$K_{stb}$应按不小于2.0取值；无埋深时，$K_{stb}$应按不小于2.2取值。

**4.2.5** 倒T形预制件在受拉翼缘中配置的受力钢筋截面面积应按下式计算，且应满足最小配筋率的要求：

$$A_s = \frac{M_I}{0.9 f_y h_0} \qquad (4.2.5)$$

式中：$M_I$——预制塔机基础倒T形预制件中的最大弯矩设计值（kN·m）；

$A_s$——预制塔机基础翼缘每米长的受力钢筋的截面面积（mm²）；

$f_y$——钢筋的抗拉强度设计值（N/mm²）；

$h_0$——预制塔机基础翼缘的有效高度（mm）。

**4.2.6** 预制塔机基础梁的受剪承载力应符合下列规定：

1 整体抗剪应符合下式要求：

$$V \leqslant 0.65\left(0.7 f_t b h_0 + 1.25 f_{yv} \frac{A_{sv}}{s} h_0\right) \qquad (4.2.6\text{-}1)$$

式中：$V$——构件斜截面上的最大剪力设计值（kN）；

$f_t$——混凝土轴心抗拉强度设计值（N/mm²）；

$b$——基础梁截面的宽度（mm）；

$h_0$——基础梁截面的有效高度（mm）；

$f_{yv}$——箍筋抗拉强度设计值（N/mm²）；

$A_{sv}$——配置在同一截面内箍筋各肢的全部截面面积（mm²）；

$s$——沿构件长度方向的箍筋间距（mm）。

2 拼接面处的抗剪应符合下列公式要求：

$$V \leqslant 0.5 N_{p0} \qquad (4.2.6\text{-}2)$$

$$A_{so} \geqslant (V - 0.2 N_{p0}) / f_v \qquad (4.2.6\text{-}3)$$

式中：$V$——拼接面处的剪力设计值（kN）；

$N_{p0}$——拼装连接索考虑损失后的拉力的合力设计值(kN)：当$N_{p0}$大于$0.3 f_c A_0$时，应取$N_{p0}$等于$0.3 f_c A_0$，此处，$A_0$为构件的换算截面面积，$f_c$为混凝土轴心抗压强度设计值；

$A_{so}$——定位剪力键的截面总面积（mm²）；

$f_v$——定位剪力键钢材的抗剪强度设计值（N/mm²）。

**4.2.7** 预制塔机基础地脚螺栓的设计应符合下列规定：

1 地脚螺栓孔附加横向箍筋总截面面积$A_{sv}$应符合下列公式要求：

$$A_{sv} \geqslant \frac{F}{0.8 f_{yv}} \qquad (4.2.7\text{-}1)$$

$$F = \frac{M_k^t}{a} - \frac{F_{vk}^t}{4} \qquad (4.2.7\text{-}2)$$

式中：$A_{sv}$——承受地脚螺栓拉力所需的附加横向钢筋总截面面积（mm²）；

$F$——预制塔机基础与塔式起重机连接处单根主肢杆上地脚螺栓组的最大拉力设计值（kN），见图4.2.7；

$a$——塔身截面对角线上两根主肢杆形心间距（mm）。

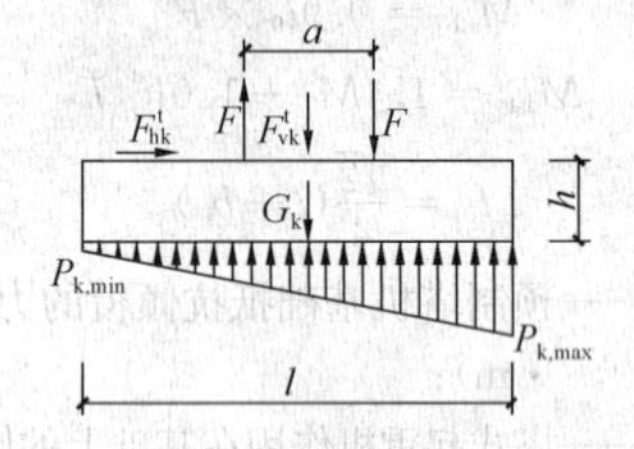


图4.2.7 地脚螺栓受力示意图

2 地脚螺栓的拉力应按下列公式验算：

$$N \leqslant \frac{\pi d_e^2}{4} f_t^b - F_y \qquad (4.2.7\text{-}3)$$

$$N = \alpha \frac{F}{n} \qquad (4.2.7\text{-}4)$$

$$F_y \leqslant \frac{M_y}{0.318 d} \qquad (4.2.7\text{-}5)$$

式中：$N$——单个地脚螺栓的拉力设计值（kN）；

$d_e$——螺栓的有效直径(mm)；

$f_t^b$——螺栓抗拉强度设计值（N/mm²）；

$F_y$——每根地脚螺栓的预紧力（kN）；

$\alpha$——荷载不均匀系数，$\alpha$取1.1；

$n$——每根主肢杆上的地脚螺栓数量（个）；

$M_y$——螺栓副的预紧力矩（kN·m），按塔式起重机说明书或现行国家标准《塔式起重机设计规范》GB/T 13752的有关规定取值；

$d$——螺栓的公称直径（mm）。

**4.2.8** 预制塔机基础拼装连接索的设计应符合下列规定：

1 拼装连接索施加的有效预应力应按下式计算：

$$\sigma_{pe} = \sigma_{con} - \sigma_l \qquad (4.2.8\text{-}1)$$

式中：$\sigma_{pe}$——预应力钢绞线的有效预应力（N/mm²）；

$\sigma_{con}$——预应力钢绞线张拉控制应力（N/mm²），可取$\sigma_{con} = 0.55 f_{ptk}$；

$\sigma_l$——预应力钢绞线的预应力损失值，$\sigma_l$取

200N/mm²；

$f_{ptk}$——预应力钢绞线强度标准值（N/mm²）。

2 预应力钢绞线的截面面积和根数可按下列公式计算：

$$A_p \geqslant \frac{M_{max}}{0.9h_0\sigma'_{pe}} \quad (4.2.8\text{-}2)$$

$$n = \frac{A_p}{A_{p1}} \quad (4.2.8\text{-}3)$$

式中：$A_p$——预应力钢绞线截面面积（mm²）；

$M_{max}$——预制塔机基础梁截面内的最大弯矩设计值(kN·m)；

$\sigma'_{pe}$——考虑拼接缝影响，经折减后的有效预应力(N/mm²)，$\sigma'_{pe}=0.85\sigma_{pe}$；

$h_0$——预制塔机基础梁的有效高度，取基础截面顶部到下部钢绞线合力点的距离(mm)；

$n$——基础底部预应力钢绞线数量（根），取整数；

$A_{p1}$——单根预应力钢绞线的截面面积（mm²）。

**4.2.9** 对预制塔机基础预应力张拉和锚固端、地脚螺栓孔部位，应按现行国家标准《混凝土结构设计规范》GB 50010进行局部受压承载力计算，并配置必要的间接钢筋网或螺旋式钢筋。

**4.2.10** 对符合本规程适用范围的，即额定起重力矩不超过400kN·m的塔式起重机基础，可不进行正常使用极限状态裂缝控制验算和挠度验算。

### 4.3 构造要求

**4.3.1** 预制塔机基础下应设置强度等级为C15的素混凝土垫层，垫层厚度应不小于100mm；垫层上宜设置5mm～10mm细砂作为滑动层。

**4.3.2** 预制件（基础梁）箍筋直径不应小于8mm，且不应小于受力筋直径的25%。箍筋宜采用对焊封闭箍筋；也可采用末端做成135°弯钩、弯钩端部平直段长度不应小于10倍箍筋直径的搭接封闭箍筋。

**4.3.3** 地脚螺栓孔口周围应设置双向$\phi$6@100网片作为抗裂钢筋。

**4.3.4** 地脚螺栓的直径不应小于24mm。

**4.3.5** 预制件拼接面处的角部应设置截面不小于50mm×5mm的防碰撞等边角钢。

**4.3.6** 张拉端及固定端应配置构造钢筋网片$\phi$6@100或螺旋钢筋。

**4.3.7** 受压区（基础顶面）拼装连接索的预应力钢绞线不应少于2根。

**4.3.8** 预制塔机基础内穿拼装连接索的孔应按水平直线布置，十字梁两个方向孔高差不应大于25mm。

**4.3.9** 地脚螺栓预留孔处，梁两侧应配置2根Φ12构造钢筋。

**4.3.10** 拼接面处定位剪力键的数量不应少于3个，定位剪力键距截面边缘的距离不得小于100mm。

**4.3.11** 预制塔机基础倒T形预制件翼缘高度不应小于200mm；当翼缘高度大于250mm时，宜采用变厚度翼板，翼板坡度不应大于1∶3。

**4.3.12** 当预制件梁腹板高度大于450mm时，应在梁两侧面沿高度配置纵向构造钢筋，每侧纵向构造钢筋的截面面积不应小于腹板截面面积的0.1%，且其间距不宜大于200mm。

**4.3.13** 张拉端、固定端的承压板厚度不应小于12mm。

**4.3.14** 预制件梁底板配置的非预应力纵向受力钢筋的最小配筋率不应小于0.15%。

**4.3.15** 预制件梁底板中受力钢筋的混凝土保护层厚度不应小于40mm。

**4.3.16** 定位剪力键的锚筋应设置3根不小于Φ12的钢筋，且长度不应小于300mm。

## 5 制作与检验

### 5.1 预制件的制作与检验

**5.1.1** 预制件应在固定场所集中制作与检验。

**5.1.2** 预制件应严格按照设计图纸加工制作。

**5.1.3** 预制件所使用的材料，应具有合格证、检验试验报告。

**5.1.4** 预制件制作过程的质量控制应符合现行国家标准《混凝土结构工程施工质量验收规范》GB 50204的相关规定。

**5.1.5** 预制件的制作允许偏差与检验方法应符合表5.1.5的要求。

**表5.1.5 预制件尺寸允许偏差与检验方法**

| 项目 | 允许偏差(mm) | 检验方法 |
|---|---|---|
| 轴线 | +5<br>0 | 钢尺检查 |
| 几何尺寸 | ±5 | 角尺和量尺检查 |
| 表面平整度 | +5<br>0 | 2m靠尺和塞尺检查 |
| 预埋件中心线位置 | +5<br>0 | 钢尺检查 |
| 预留孔中心线位置 | ±3 | 钢尺检查 |
| 预留洞中心线位置 | ±10 | 钢尺检查 |
| 主筋保护层厚度 | +10<br>−5 | 钢尺或保护层厚度测定仪量测 |

续表 5.1.5

| 项　　目 | 允许偏差（mm） | 检验方法 |
|---|---|---|
| 对角线差 | +10<br>0 | 钢尺量两个对角线 |

## 5.2 拼装连接索及配件的检验

**5.2.1** 拼装连接索的检验应符合下列规定：

**1** 首次使用钢绞线的检验应按现行行业标准《无粘结预应力混凝土结构技术规程》JGJ 92 的有关规定执行，并应具有产品出厂合格证和出厂检验报告。

**2** 重复使用的钢绞线应符合下列要求：

1）钢绞线不应产生塑性变形；

2）单根钢丝不得产生脆断或裂缝；

3）钢绞线不得出现明显锈蚀脱皮，因锈蚀使截面面积减少 5%以上的钢绞线不得使用；

4）钢绞线使用次数不得超过 20 次；

5）钢绞线在同一夹持区使用不应超过 6 次。

**5.2.2** 锚具、地脚螺栓等质量要求应按本规程第 3.0.8、3.0.9 条规定执行。

## 5.3 出 厂 检 验

**5.3.1** 应对预制件的几何尺寸、数量以及拼装质量逐件进行实测检验。

**5.3.2** 应对配件的数量、型号、形状尺寸进行检查。

**5.3.3** 按本规程第 5.3.1 条、第 5.3.2 条要求检验合格后，应出具产品出厂合格证。

# 6 拼装与验收

## 6.1 一 般 规 定

**6.1.1** 拼装前应制定合理的拼装方案。预制塔机基础的拼装宜符合本规程附录 A 的规定。

**6.1.2** 拼装单位应具有预应力施工资质，拼装应由专门人员施工。

**6.1.3** 预制塔机基础严禁设置在积水浸泡的地基和冻土地基上。使用过程中严禁基槽内积水。当预制塔机基础位于不良工程地质环境时，应有保证基础及地基稳定的技术措施。

**6.1.4** 张拉用千斤顶和压力表应配套标定、配套使用；张拉设备的标定期限不应超过半年；当张拉设备出现不正常现象时或千斤顶检修后，应重新标定。

**6.1.5** 吊装预制件时应设专人指挥，预制件起吊应平稳，不得偏斜和大幅度摆动。

**6.1.6** 钢绞线在张拉或拆除时，严禁在基础梁两端正前方站人或穿越，工作人员应位于千斤顶侧面操作。

## 6.2 拼　　装

**6.2.1** 预制塔机基础拼装可按图 6.2.1 所示流程进行：

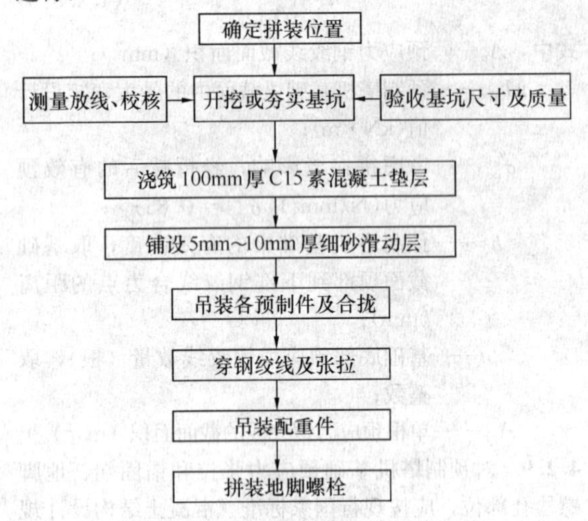


图 6.2.1　预制塔机基础拼装流程

**6.2.2** 预制塔机基础拼装前应进行下列准备工作：

**1** 确认拼装位置的地基承载力特征值；

**2** 收集相邻建筑、道路、管线、边坡等相关资料；

**3** 拼装场地的道路应平整坚实、无障碍物，并满足运输和吊装要求；

**4** 依据设计要求清点预制件和配件数量，核对型号；

**5** 根据设计和相关规范的要求检查预制件和配件质量；

**6** 必须对拼装机具进行校核、检查；

**7** 组织拼装人员进行技术交底。

**6.2.3** 预制塔机基础的拼装应符合下列规定：

**1** 拼装位置应符合项目施工组织设计的要求；

**2** 基坑的尺寸及深度应达到设计要求，开挖后应对基坑底部进行夯实；

**3** 素混凝土垫层的平整度不得大于 5mm；

**4** 在预制件吊装过程中不应破坏砂滑动层，构件高差、平整度应满足设计要求；

**5** 预制件应按设计要求吊装，起吊时绳索与构件水平面夹角不宜小于 45°；

**6** 应按平面布置依次吊装中心件、过渡件、端件，定位剪力键的凹件与凸件应紧密咬合，预制件的间隙不应大于 8mm；

**7** 预制件的中心位置应与轴线重合；

**8** 预制件的拼接面缝隙内不得有杂物；

**9** 配重块应搁置于基础边缘，中部应悬空，并与基础有可靠连接；配重块搁置未达设计配置的总重量前，不得安装塔机；

**10** 地脚螺栓的预留长度应满足使用要求；

**11** 预制塔机基础周边包括张拉索端部应砌挡墙围护，挡墙下部留泄水孔。

**6.2.4** 拼装连接索应按下列规定进行施工：

**1** 拼装连接索的张拉程序和张拉力应符合预制塔机基础的设计要求；

**2** 拼装连接索张拉首先应进行合拢张拉，待拼装构件完全合拢后再正式进行逐根对称张拉；张拉时应严格控制油泵压力表值，读数偏差不得大于 0.5MPa，张拉过程应由监理人员进行现场监督，并应按本规程附录 B 填写拼装连接索张拉施工记录表；

**3** 张拉后，各预制件的拼接应严密，预制件拼接面缝隙不应大于 0.2mm，构件间的高差不应大于 2mm；

**4** 拼装连接索的锚具及保留的钢绞线外露部分应设置全密封的防护套，在套上防护套之前应先在锚具外露钢绞线上涂覆油脂或其他可清洗的防腐材料。

## 6.3 验　收

**6.3.1** 预制塔机基础拼装质量应符合下列要求：

**1** 预制塔机基础底部与垫层之间缝隙应用黄砂塞紧；

**2** 张拉力应满足设计要求；

**3** 预制塔机基础的表面不得有结构性裂纹；

**4** 预制塔机基础的压重应符合设计要求；

**5** 地脚螺栓连接不得松动，螺栓副预紧力矩应符合塔式起重机说明书的要求；

**6** 锚具、夹片应清洁，张拉后锚具及外露钢绞线应满涂防腐油脂，并用专用护套套牢；

**7** 当预制塔机基础无埋深时，端件周边应抹 40mm×40mm、强度等级为 M15 的水泥砂浆带。

**6.3.2** 预制塔机基础的拼装允许偏差及检验方法应符合表 6.3.2 的规定。

**表 6.3.2　预制塔机基础拼装允许偏差及检验方法**

| 项　目 | 允许偏差 | 检验方法 |
| --- | --- | --- |
| 构件轴线 | $^{+3}_{0}$mm | 钢尺检查 |
| 整体尺寸 | $^{+15}_{-10}$mm | 钢尺检查 |
| 预制件间高差 | $^{+2}_{0}$mm | 水平仪测量 |
| 预制件拼接面缝隙 | $^{+0.2}_{0}$mm | 裂缝观察仪观测 |
| 预制件与垫层之间缝隙 | $^{+2}_{0}$mm | 塞尺检查 |
| 安装面水平度 | $^{+1}_{0}$‰ | 水平仪测量 |

**6.3.3** 预制塔机基础验收后，应按本规程附录 C 填写预制塔机基础拼装验收记录表。

**6.3.4** 正常使用三个月或遇六级以上风、暴雨后，应对预制塔机基础进行检查，并应按本规程附录 D 填写预制塔机基础安全使用巡查记录表。

## 6.4 拆除和堆放

**6.4.1** 预制塔机基础拆除应符合下列规定：

**1** 基础上方的塔机拆除完毕，回填材料清理后，方可进行拆除；

**2** 张拉端、固定端头应留出足够的工作面；

**3** 退锚时工作锚具距锚环不应小于 200mm，退锚拉力应缓慢增加，当夹片退出 2mm～3mm 后，即刻用专用工具拔出，不得用手取出；

**4** 退锚时钢绞线最大拉应力不应大于 $0.75f_{ptk}$；

**5** 钢绞线全部抽出以前不得拆除预制塔机基础。

**6.4.2** 拆除预制塔机基础工艺流程应按图 6.4.2 所示流程进行。

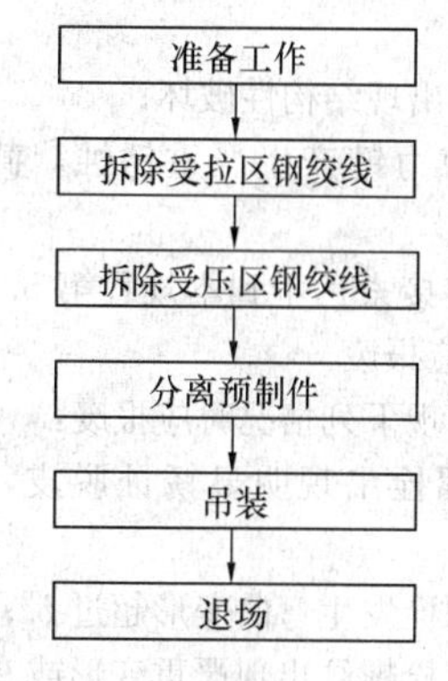


图 6.4.2　拆除预制塔机基础工艺流程

**6.4.3** 拆除钢绞线应采用张拉千斤顶并与工作锚栓相应的卸荷座按下列程序操作：

**1** 将卸荷座穿过钢绞线套在工作锚上；

**2** 将千斤顶安装到钢绞线上，锚固好后进行缓慢张拉；

**3** 当锚固端夹片松动时，方可用钳子自卸荷座出口处拔出夹片；

**4** 缓慢回油使钢绞线松动，最后卸下千斤顶等设备，抽出钢绞线。

**6.4.4** 预制件的堆放应符合下列规定：

**1** 堆放场地应平整、坚实；

2 预制件之间连接面、定位剪力键凹孔处不得有杂物，并应按预制件的编号进行堆放。

## 7 运输、维护与报废

### 7.1 运 输

**7.1.1** 预制件运输应根据其长度、高度、重量选用合适的车辆。

**7.1.2** 预制件在运输车辆上应水平放置，并用绳索绑扎牢固，预制件与绳索接触的边角应采用柔性衬垫。

### 7.2 维 护

**7.2.1** 当预制件有非结构性破损时，应进行修补后方可继续使用。

**7.2.2** 配件使用一个周期后，应按下列要求进行维护：

1 钢绞线应涂防腐油，外加套管保护；

2 螺栓螺纹用钢丝刷刷净，满涂防腐油脂；

3 定位剪力键的凹凸面用钢丝刷刷去浮锈，满涂防腐油脂；

4 外露铁件用钢丝刷刷去浮锈，涂防锈漆二度。

### 7.3 报 废

**7.3.1** 预制塔机基础预制件出现下列情况时应报废：

1 预制件在主要受力部位出现宽度大于0.3mm的裂缝；

2 预制件出现结构性破坏；

3 定位剪力键产生严重锈蚀，截面面积减少10%以上。

**7.3.2** 拼装连接索达不到本规程第5.2.1条中的重复使用要求时应报废。

**7.3.3** 配件出现下列情况时应报废：

1 地脚螺栓出现明显锈蚀脱皮，截面面积减少10%；

2 地脚螺栓发生弯曲变形超过5°；

3 地脚螺栓螺纹出现严重变形或有严重锈蚀；

4 地脚螺栓使用次数达10次以上；

5 夹片出现断裂或平绞破损超过5%；

6 锚环出现裂缝、变形或环面出现塑性变形；

7 压板出现塑性变形达到5%以上弯度；

8 压板出现明显锈蚀脱皮，截面面积减少10%以上。

## 附录A 预制塔机基础拼装结构图

**A.0.1** 预制塔机基础可按图A.0.1进行拼装。图中的配重块为满配示意，实际工程应用的配重块应按计算配置。

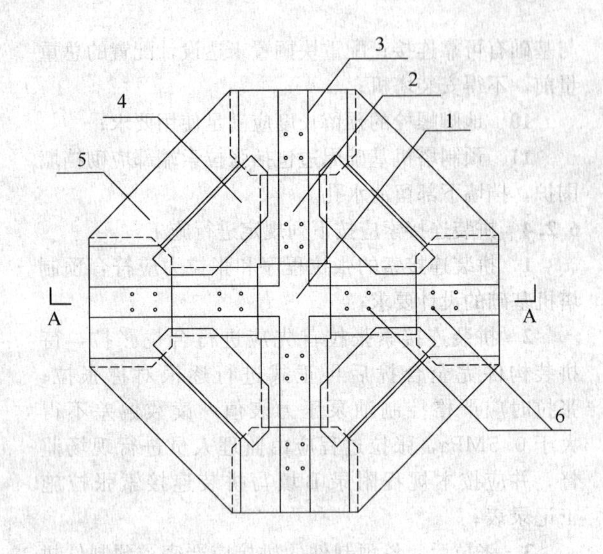


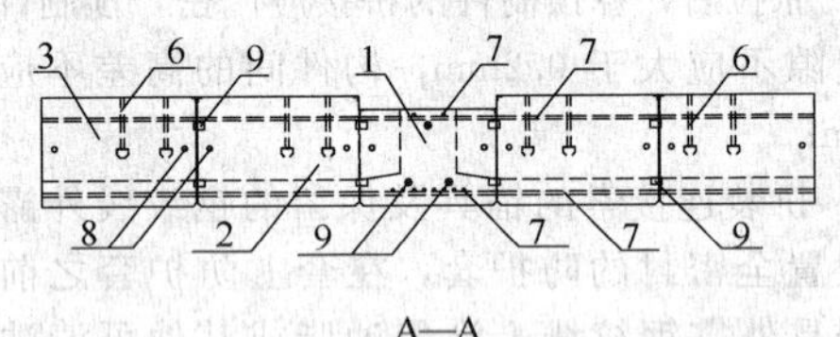


图A.0.1 拼装结构图

1—中心件；2—过渡件；3—端件；4—配重块；5—配重块；6—地脚螺栓孔；7—预应力孔；8—吊装孔；9—定位剪力键

**A.0.2** 预制塔机基础组成件应由中心件(图A.0.2-1)、过渡件(图A.0.2-2)、端件(图A.0.2-3)、定位剪力键(图A.0.2-4)构成。

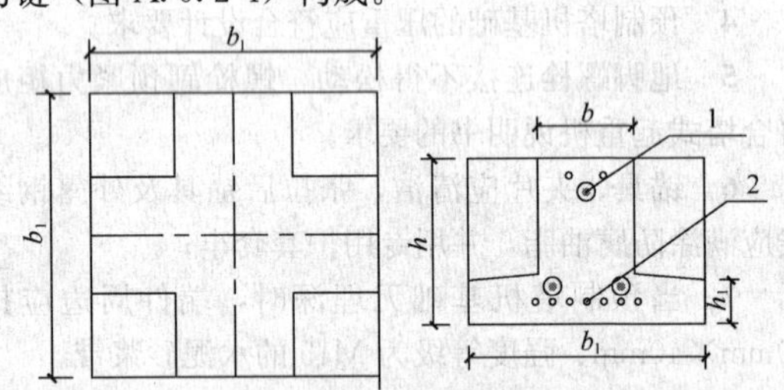


图A.0.2-1 中心件

1—定位剪力键；2—预应力孔

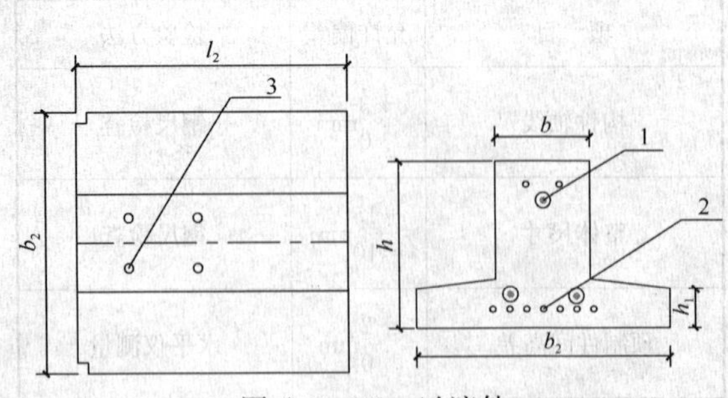


图A.0.2-2 过渡件

1—定位剪力键；2—预应力孔；3—地脚螺栓孔

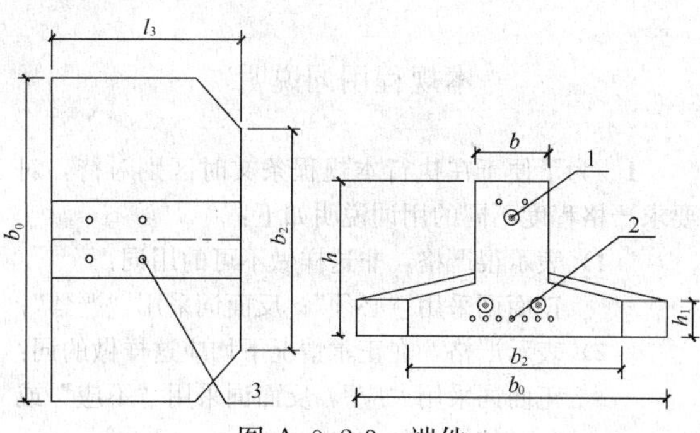


图 A.0.2-3　端件

1—定位剪力键；2—预应力孔；3—地脚螺栓孔

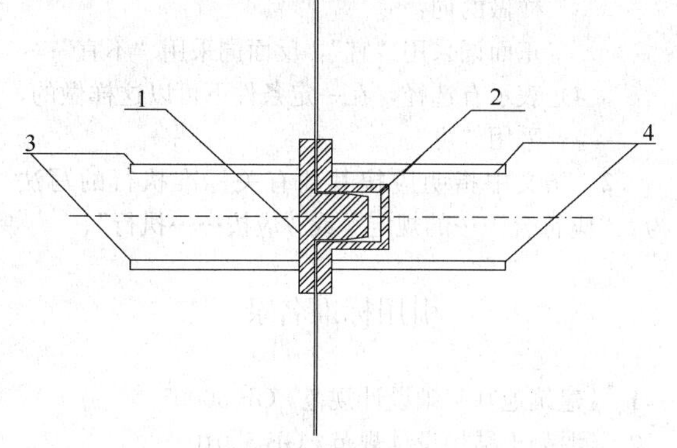


图 A.0.2-4　定位剪力键构造示意图

1—凸件；2—凹件；3—焊接于凸件上的钢筋；4—焊接于凹件上的钢筋

# 附录 B　拼装连接索张拉施工记录表

**表 B　拼装连接索张拉施工记录表**

| 工程名称 | | | | 施工地点 | | |
|---|---|---|---|---|---|---|
| 施工单位 | | | | 项目负责人 | | |
| 钢绞线规格 | | | 设计张拉应力 | | 要求压力表读数 | |
| 张拉设备 | | | 张拉日期 | | 操作人 | |
| 序号 | 位置 | 编号 | 张拉时间 | 压力表（测力计）读数 | | 复测读数 |
| | | | | | | |
| | | | | | | |
| | | | | | | |
| | | | | | | |
| | | | | | | |
| | | | | | | |
| | | | | | | |
| | | | | | | |
| | | | | | | |
| | | | | | | |
| | | | | | | |
| | | | | | | |
| | | | | | | |
| | | | | | | |
| | | | | | | |
| | | | | | | |
| | | | | | | |
| | | | | | | |
| | | | | | | |
| | | | | | | |
| | | | | | | |
| | | | | | | |

张拉记录人：　　　　监理工程师（建设单位负责人）：　　　　质检员：

# 附录 C　预制塔机基础拼装验收记录表

**表 C　预制塔机基础拼装验收记录表**

| 工程名称 | | 预制塔机基础拼装施工单位 | | | |
|---|---|---|---|---|---|
| 塔机类型 | | 基础类型 | | | |
| 检　查　项　目 | | | 验收标准 | 检查数值 | 结　论 |
| 地基承载力特征值（kN/m²） | | | 设计要求 | | |
| 配重块总重量（kN） | | | 设计要求 | | |
| 垫层平整度（mm） | | | 6.2.3.3 | | |
| 预制件拼装后整体尺寸（mm） | | | 6.3.2 | | |
| 预制件表面破损情况 | | | 7.3.1 | | |
| 张拉后预制件之间缝隙（mm） | | | 6.3.2 | | |
| 预制件与垫层之间缝隙（mm） | | | 6.3.2 | | |
| 钢绞线、锚具表面锈蚀或破损情况 | | | 7.3.2 | | |
| 外露钢绞线、锚具保护 | | | 7.2.2 | | |
| 承压板受力后情况 | | | 7.3.3 | | |
| 基础周边的围护挡墙 | | | 6.2.3 | | |
| 安装面水平度 | | | 6.3.2 | | |
| | | | | | |
| | | | | | |
| | | | | | |
| 验收结果 | 预制塔机基础拼装单位（盖章）<br>代表（签字）：<br>年　月　日 | | | | |
| 验收结论 | 工程监理人员（签字）：<br>塔机使用单位代表（签字）：<br>年　月　日 | | | | |

注：表中“验收标准”栏中数字指本规程的条款号。

# 附录D 预制塔机基础安全使用巡查记录表

**表D 预制塔机基础安全使用巡查记录表**

编号： 巡查时间：

<table>
<tr><td>工程名称</td><td></td><td colspan="2">塔机使用单位</td><td colspan="2"></td></tr>
<tr><td>塔机型号</td><td></td><td colspan="2">塔机基础类型</td><td colspan="2"></td></tr>
<tr><td>巡查地点</td><td></td><td colspan="2">工地负责人</td><td colspan="2"></td></tr>
<tr><td colspan="4">检查内容</td><td>检查标准</td><td>检查结果</td></tr>
<tr><td rowspan="2">基础</td><td colspan="3">基础上方配重</td><td>设计要求</td><td></td></tr>
<tr><td colspan="3">预制件之间缝隙</td><td>6.3.2</td><td></td></tr>
<tr><td rowspan="4">螺栓及锚固压板</td><td colspan="3">地脚螺栓连接紧固情况</td><td>6.3.1</td><td></td></tr>
<tr><td colspan="3">锚固压板变形情况</td><td>7.3.3</td><td></td></tr>
<tr><td colspan="3">地脚螺栓涂油及保护</td><td>7.2.2</td><td></td></tr>
<tr><td colspan="3">地脚螺栓弯曲变形</td><td>7.3.3</td><td></td></tr>
<tr><td rowspan="3">钢绞线及锚具</td><td colspan="3">端头压板变形</td><td>7.3.3</td><td></td></tr>
<tr><td colspan="3">张拉端伸出部分防护</td><td>6.3.1</td><td></td></tr>
<tr><td colspan="3">锚具、夹片、防护套异常情况</td><td>7.3.3</td><td></td></tr>
<tr><td rowspan="4">周边围护及地基</td><td colspan="3">基础周边挡土墙情况</td><td>6.2.3</td><td></td></tr>
<tr><td colspan="3">基础局部沉降引起的塔身倾斜</td><td>≤2‰</td><td></td></tr>
<tr><td colspan="3">基础周边环境</td><td>6.1.3</td><td></td></tr>
<tr><td colspan="3">邻近深基坑情况</td><td>6.1.3</td><td></td></tr>
<tr><td>巡查单位意见</td><td>巡查人（签字）：<br>年 月 日</td><td>塔机使用单位意见</td><td>负责人（签字）：<br>年 月 日</td><td>监理单位意见</td><td>监理工程师(签字)：<br>年 月 日</td></tr>
</table>

注：1 检查结果达不到标准的，暂停使用并调整，经再次检查合格后方可使用；

2 表中“检查标准”栏中数字指本规程的条款号。

# 本规程用词说明

**1** 为了便于在执行本规程条文时区别对待，对要求严格程度不同的用词说明如下：

1）表示很严格，非这样做不可的用词：
正面词采用“必须”；反面词采用“严禁”；

2）表示严格，在正常情况下均应这样做的词：
正面词采用“应”，反面词采用“不应”或“不得”；

3）表示允许稍有选择，在条件允许时首先这样做的词：
正面词采用“宜”，反面词采用“不宜”；

4）表示有选择，在一定条件下可以这样做的，采用“可”。

**2** 条文中指明应按其他有关标准执行的写法为：“应符合……的规定”或“应按……执行”。

# 引用标准名录


**1** 《建筑地基基础设计规范》GB 50007

**2** 《混凝土结构设计规范》GB 50010

**3** 《钢结构设计规范》GB 50017

**4** 《混凝土结构工程施工质量验收规范》GB 50204

**5** 《建筑边坡工程技术规范》GB 50330

**6** 《紧固件机械性能》GB 3098

**7** 《预应力混凝土用钢绞线》GB/T 5224

**8** 《塔式起重机设计规范》GB/T 13752

**9** 《预应力筋用锚具、夹具和连接器》GB/T 14370

**10** 《无粘结预应力混凝土结构技术规程》JGJ 92

中华人民共和国行业标准

# 混凝土预制拼装塔机基础技术规程

JGJ/T 197—2010

## 条 文 说 明

# 制 订 说 明

《混凝土预制拼装塔机基础技术规程》JGJ/T 197－2010，经住房和城乡建设部2010年8月3日以第726号公告批准发布。

本规程制订过程中，编制组进行了大量的调查分析，开展了多项专题研究和验证性试验，总结了我国工程建设3万多台次预制拼装塔机基础应用的工程实践经验，参考了国内外先进的相关文献资料，首次规范了混凝土预制拼装塔机基础的设计，制作与检验，拼装与验收，运输、维护与报废，较全面地体现了预制拼装塔机基础的安全适用、技术先进、经济合理、保证质量、重复利用、节能环保的总体要求。

为便于广大设计、施工、科研、学校等单位有关人员在使用本规程时能正确理解和执行条文规定，《混凝土预制拼装塔机基础技术规程》编制组按章、节、条、款顺序编制了本规程的条文说明，对条文规定的目的、依据、及执行过程中需注意的有关事项进行了说明。但是，本条文说明不具备与标准正文同等的法律效力，仅供使用者作为理解和把握标准规定的参考。

# 目　次

# 1 总 则

**1.0.1** 预制塔机基础是一项自成体系的成套技术，该技术适应了建筑工业化、机械化、高效、快捷、文明施工和节能环保的要求，已在江苏、安徽、山东、河南、四川、陕西、山西等省推广应用3万多台次。为促进预制塔机基础技术的发展和保证安全施工，在总结现有实践经验的基础上制定了本规程。

**1.0.2** 本条界定了本规程的适用范围，供预制塔机基础的设计、制作、拼装单位应用。额定起重力矩为塔机制造厂家提供的起重性能表（或曲线）所给出的额定起重力与相应的工作幅度的乘积，在塔式起重机使用过程中不应超过此限值。

**1.0.4** 本规程主要针对倒T形的基础截面形式。其他基础截面形式，除应执行本规程以外，尚应结合具体情况，符合国家现行有关标准的规定要求。

# 2 术语和符号

## 2.1 术 语

本规程列出8个术语是为了使与预制塔机基础有关的俗称和不统一的称呼在本规程及今后的使用中形成单一的概念，利用已知或根据其概念特征赋予其涵义，但不一定是术语的准确定义。

## 2.2 符 号

本规程的符号按照以下次序以字母的顺序列出：

——大写拉丁字母位于小写字母之前（A、a、B、b等）；

——无脚标的字母位于有脚标的字母之前（B、$B_m$、C、$C_m$等）；

——希腊字母位于拉丁字母之后；

公式中的符号概念已在正文中表述的不再列出。

# 3 基 本 规 定

**3.0.1** 本条简明地说明了预制塔机基础组成部分。预制件包括中心件、过渡件、端件、配重块；拼装连接索是指将预制件连接成整体的预应力钢绞线；配件包括固定张拉装置零件、螺栓、螺母、垫圈、垫板等。

**3.0.2** 预制件之间是通过钢绞线张拉连接，拼接面处由预应力拼装面的摩擦力及定位剪力键抗剪，预制塔机基础与塔式起重机之间通过地脚螺栓连接。为保证预制塔机基础拼装、使用安全，组成预制塔机基础的各系统之间的连接应保证安全可靠。

**3.0.4** 预制塔机基础的预制件主要为钢筋混凝土构件，由于预制件之间采用高强钢绞线预应力技术进行连接，结构体系属于无粘结后张拉预应力结构，根据《混凝土结构设计规范》GB 50010第4.1.2条规定，要求混凝土强度等级不应低于C40。

**3.0.5** 本规程在钢筋方面提倡使用HRB400级钢筋，与预制件的混凝土强度等级C40相匹配。

**3.0.6** 拼装连接索的作用是先采用穿索方式将预制件串联在一起，然后对索施加预应力使各个预制件连成整体组成共同受力的预制塔机基础。

在不考虑现场安装条件，仅将预制塔机基础拼装在空旷的地面上时，各种类型的预应力钢绞线和预应力钢筋均可作拼装连接索。从经济合理、安全可靠、实际应用和方便操作等因素上考虑，拼装连接索应具备如下几方面的性能：

1）应具备较高的强度。索的强度较高，设计计算所需的索的根数就少，则便于预制件的截面尺寸控制、拼装预制件时施工方便。

2）应具备可装拆功能。预制塔机基础是可重复使用的拼装式基础。要求拼装连接索的锚固系统能够装拆。换句话说要求拼装连接索张拉锚固可靠，又能拆除基础时退锚方便。

3）应具备一定的柔软性。预制塔机基础的使用场地是各式各样的，大多数情况下预制塔机基础的基槽深度为0.5m～0.8m，特殊情况下基础埋深为零（直接使用混凝土地面为预制塔机基础的持力层）或基础埋深大于1.0m（表层杂填土为新填土或属于软弱土层，层厚大于1.0m）。在基槽内具有一定深度时，要求索要具有一定的柔软性才能便于穿索施工。

经过对现有的预应力钢筋和钢绞线进行适用性分析和大量的实际使用经验总结，$f_{ptk}=1860\ N/mm^2$的无粘结高强低松弛预应力钢绞线是适合的选择之一。

**3.0.7** 为了扩大钢材在预制塔机基础中的应用范围，本条列入了《钢结构设计规范》GB 50017中规定的牌号，当采用其他牌号的钢材时，尚应符合相应有关标准的规定和要求。

**3.0.8** 传统塔机基础的地脚螺栓通常采用45号钢或45号钢经调质处理，本规程中的塔机基础是预制拼装塔机基础且是多次重复使用的，对地脚螺栓的要求应更高，采用40Cr并经调质处理后，提高了螺栓机械性能，其许用应力不应小于《塔式起重机设计规范》GB/T 13752－92标准中规定螺栓连接的许用应力的1.7倍。

# 4 设　计

## 4.1 一 般 规 定

**4.1.1** 塔式起重机基础为临时性结构，选择设计等级为丙级，因基础在双向预应力作用下，基础整体刚度较大，均匀的沉降变形对塔机在独立高度的使用没有影响，一般情况下可不进行地基变形验算。

**4.1.2** 本条文规定了地基承载力特征值的最低值及地基承载力的主要确定方法。由于岩土工程勘察报告中常常不提供表层土的承载力特征值，甚至不提供表层土的相关参数，针对预制塔机基础的地基持力层多数为表层土的情况，本文提出了表层土地基承载力特征值可通过现场测试。现场测试可选用轻型动力触探和静力触探试验等方法。

**4.1.3** 本条对预制塔机基础的结构构造、整体平面布置、截面形式等设计作出了规定。

**4.1.4** 本条规定了预制塔机基础设计应包含的内容。

## 4.2 结构设计计算

**4.2.1** 本条主要是对作用在预制塔机基础顶面上的标准荷载的取值和对预制塔机基础在进行基础底面压力验算、抗倾覆验算、基础截面设计时所应选用的荷载分别作出的规定。

根据现行国家标准《塔式起重机设计规范》GB/T 13752－92 第 4.6.3 条规定，混凝土基础的抗倾覆稳定性验算和地面压应力验算均用到了塔式起重机作用在基础上的荷载 $M$、$F_v$、$F_h$，这些荷载是生产厂商经过工况分析，选取最不利工况时的荷载组合确定出的荷载值并在使用说明书中给出。

《塔式起重机设计规范》GB/T 13752－92 采用许用应力法，地面许用压应力是按《工业与民用建筑地基基础设计规范》TJ 7－74 地基土的容许承载力确定的。现在使用的《建筑地基基础设计规范》GB 50007－2002 为概率极限状态设计方法，鉴于《工业与民用建筑地基基础设计规范》TJ 7－74 地基土容许承载力与《建筑地基基础设计规范》GB 50007－2002 中的地基承载力特征值相当，可以近似认为《塔式起重机设计规范》GB/T 13752－92 规范中的 $M$、$F_v$、$F_h$（由生产厂商提供，具体分为工作状态和非工作状态两种情况。设计时应分别按工作状态和非工作状态进行计算，从安全角度比较后取值）与《建筑地基基础设计规范》GB 50007－2002 规范中的荷载标准值对应，即与本条中出现的 $M_k$、$F_{vk}$、$F_{hk}$ 相对应。

由于塔式起重机荷载中永久荷载为自重，可变荷载为风荷载、起升荷载、运行冲击荷载等，生产厂商给出的垂直荷载 $F_v$、水平荷载 $F_h$ 及弯矩 $M$ 中均没有具体组合方法，所以本条第 2～4 款中给出了与《建筑地基基础设计规范》GB 50007－2002 对应的荷载组合值：

1）塔式起重机的垂直荷载 $F_{vk}$ 主要由自重，起升荷载等所占比例较小，所以属于永久荷载控制的情况。

①标准组合时荷载分项系数取 1.0；

②基本组合时垂直荷载分项系数取 1.35；

③计算抗倾覆弯矩时垂直荷载分项系数按照《建筑结构荷载规范》GB 50009 规范第 3.2.5 条规定取 0.9。

2）塔式起重机作用在基础顶面的水平荷载 $F_{hk}$ 主要由风荷载组成，属于可变荷载，在计算中乘上基础高度组合到弯矩中去。在弯矩的组合中，该项不起控制作用。

①在标准组合中荷载分项系数取 1.0，荷载组合值系数取 0.6，则 $1\times0.6=0.6<1.0$，从安全角度取 1.0；

②在基本组合中荷载分项系数取 1.4，荷载组合系数取 0.6，则 $1.4\times0.6=0.84<1.0$，从安全角度取 1.0。

3）塔式起重机作用在基础顶面的弯矩 $M_k$ 主要由风荷载和起升荷载产生，属于可变荷载且起控制作用。

①在标准组合中荷载分项系数取 1.0，荷载组合值系数取 1.0；

②在基本组合中荷载分项系数取 1.4。

**4.2.2** 本条主要是按照现行国家标准《建筑地基基础设计规范》GB 50007－2002 中 5.2 节的相关规定确定的。本规程中的预制塔机基础为十字形或近似十字形基础，与矩形基础的计算有所不同，用本条款公式（4.2.2-1）计算 $p_{k,max}$、$p_{k,min}$ 时可采用简化计算，即作用在基础底面上的弯矩标准值 $M_k^b$ 仅由与其作用方向相同的条形基础承载，且与此对应的截面抵抗矩为 $W_{min}$，垂直荷载 $F_{vk}^b$ 由全部基础承载；公式（4.2.2-2）、（4.2.2-3）中的 $f_a$ 根据地质勘察报告取值，未提供表层土地基承载力特征值时，按本规程 4.1.2 条中的方法确定。当地基承载力达不到设计要求，应对地基进行处理。地基处理应符合《建筑地基处理技术规程》JGJ 79 的规定，处理方案应有注册结构工程师或注册岩土工程师签章。对于基底出现零应力区时偏心距值的取定，根据《塔式起重机设计规范》GB/T 13752－92 第 4.6.3 条规定，混凝土基础的抗倾覆稳定性公式中 $e\leqslant b/3$，此时在该偏心距范围内对应的基础脱开地基土的面积不大于 1/2 的基础底面面积，本条款中的偏心距 $e$ 取小于 $l/4$，对于目前所使用的预制塔机基础，经计算沿十字梁方向基础脱开地基土的面积小于 1/6 的基础底面面积，沿十字梁 45°方向基础脱开地基土的面积小于 1/16 的基础底面面积，均在规范规定的范围内。

**4.2.3** 本条规定1中的参数和塔机制造商提供的常用塔机荷载数据，按现行国家标准《建筑边坡工程技术规范》GB 50330 的规定，经过验算符合要求；本条规定2可根据《建筑边坡工程技术规范》GB 50330－2002 第5.2.3条中的公式计算。

**4.2.4** 预制塔机基础的抗倾覆稳定性计算是涉及塔吊安全使用的重要内容，其抗倾覆稳定性应符合《塔式起重机设计规范》GB/T 13752 及《塔式起重机安全规程》GB 5144 的要求；本条给出了抗倾覆稳定性验算的公式，式中抗倾覆稳定性系数 $K_{stb}$ 由《塔式起重机设计规范》抗倾覆稳定性验算中偏心距的要求推算为1.5，考虑预制塔机基础的形状与整体现浇塔机基础的区别并偏于安全，有埋深（预制塔机基础的顶面位于地表以下）时为2.0，无埋深时提高到2.2。

**4.2.5** 预制塔机基础的截面设计计算是设计制造预制塔机基础混凝土预制件、连接件以及拼装要求的主要工作。该截面设计计算的方法主要参照《混凝土结构设计规范》GB 50010 的有关规定和公式，公式中的 $0.9h_0$ 为截面内力臂的近似值。

**4.2.6** 本条中基础梁的受剪承载力计算分两块进行，一是对基础整体梁的抗剪计算，另一个是对拼接面处的抗剪计算。基础整体梁的受剪承载力计算公式（4.2.6-1）是根据《混凝土结构设计规范》GB 50010 第7.5.4条中公式（7.5.4-1）、（7.5.4-2）、（7.5.4-3）稍作调整，因为本规程中的预制塔机基础是通过拼装连接索将预制件连成整体，其构成形式类同节段式混凝土桥梁，因此参照 AASHOT《节段式混凝土桥梁设计和施工指导性规范》第8.3.6条，抗剪强度折减系数取为0.65；由预加力所提高的构件受剪承载力 $0.05N_{p0}$，为偏于安全，忽略不计。拼接面处的剪力设计值 $V$ 为上部塔机传递给预制塔机基础的垂直荷载、弯矩、水平荷载在拼接面处产生的剪力的矢量和；若塔机生产厂家提供扭矩值时，则在计算剪力合力时应予以考虑，否则不予考虑。公式（4.2.6-2）中的 $0.5N_{p0}$ 是考虑由预加力在混凝土面与面之间的摩擦所增加的拼接面处的剪力设计值，式中0.5的摩擦系数，依据《重力式码头设计与施工规范》JTJ 290－98 第3.4.10条规定，混凝土面与混凝土面摩擦系数为0.55，本式中取0.5偏于安全。公式（4.2.6-3）再设置定位剪力键是为了提高拼接面处的安全度，且便于拼装施工，精确定位。

**4.2.7** 地脚螺栓孔应设于梁的中下部，参照《混凝土结构设计规范》GB 50010 第10.2.13条的规定，地脚螺栓的拉力应全部由附加箍筋承受，箍筋应沿地脚螺栓孔两侧布置，并从梁底伸到梁顶，做成封闭式。为提高可靠度，附加箍筋的设计强度 $f_{yv}$ 乘以降低系数0.8。

根据《机械设计（下）》（西北工业大学主编，1979年1月第一版）式（17-26），螺栓的预紧力 $F_y$ 与预紧力矩 $M_y$ 之间的关系式为：

$$F_y=\frac{M_y}{\frac{d_2}{2}\tan(\alpha+\varphi_v)+\frac{f}{3}\left(\frac{D_0^3-d^2}{D_0^2-d^2}\right)}$$

式中：$d$——螺纹公称直径（mm）；

$d_2$——螺纹中径（mm），$d_2\approx0.9d$；

$\alpha$——螺纹升角（°），$\alpha\approx2.5°$；

$\varphi_v$——三角螺纹的当量摩擦角(°)，$\varphi_v=\tan^{-1}f_v$，$f_v=0.3\sim0.4$，取 $f_v=0.35$ 时，$\varphi_v=\tan^{-1}0.35=19.29°$；

$f$——螺母与支承面间的摩擦系数，对于加工过的金属表面，$f=0.2$；

$D_0$——螺母环形支承面的外径（mm），可近似取 $D_0=1.7d$。

将以上各参数代入上式，可整理得公式（4.2.7-5）。

**4.2.8** 根据《混凝土结构设计规范》GB 50010 第6.1.3条规定并考虑到体外张拉和重复使用等因素，取 $\sigma_{con}=0.55f_{ptk}$。由于拼装连接索的作用类似于粘结预应力束，参照美国公路桥梁规范（AASHTO）规定，$\sigma_l=221\text{N/mm}^2\sim228\text{N/mm}^2$，美国后张混凝土协会（PTI）建议 $\sigma_l=138\text{N/mm}^2$，本规程建议取 $\sigma_l=200\ \text{N/mm}^2$。关于 $\sigma'_{pe}$ 计算式中的0.85系数是参照 AASHOT《节段式混凝土桥梁设计和施工指导性规范》第8.3.6条抗弯强度折减系数取为0.85。

**4.2.9** 本条按《混凝土结构设计规范》GB 50010－2002 第7.8节的内容确定。

**4.2.10** 预制塔机基础可以认为是采用倒楼盖形式的弹性地基梁，这种形式不会产生很大的挠度，因此不需进行挠度验算。如果在使用状态下截面内产生拉应力，则裂缝将集中发生在拼接缝处，所以对于额定起重力矩不超过400kN·m的塔式起重机基础，可不进行裂缝验算。

### 4.3 构造要求

**4.3.1～4.3.16** 针对预制塔机基础的预制件提出了具体的构造要求，这些要求是必须保证的。

## 5 制作与检验

### 5.1 预制件的制作与检验

**5.1.1** 预制塔机基础对预制件的质量要求较高，应采用工厂化制作。

**5.1.5** 为保证预制塔机基础的整体性，对预制件尺寸的允许偏差要求比现行国家标准《混凝土结构工程施工质量验收规范》GB 50204 高。

### 5.2 拼装连接索及配件的检验

**5.2.1、5.2.2** 拼装连接索及配件的质量直接影响预制塔机基础的安全使用，拼装连接索及配件质量必须满足相应要求。

## 6 拼装与验收

### 6.1 一般规定

**6.1.1** 本条要求施工现场的管理人员在组织预制塔机基础施工时，应结合施工现场的场地、起重作业量、作业人员的情况及可能出现的问题做通盘考虑和安排，制定具体的拼装方案。为清楚反映预制塔机基础的拼装构成，附录A给出了截面形式为倒T形的预制塔机基础的拼装结构图。

**6.1.2** 由于预制塔机基础拼装具有预应力张拉施工等技术要求，预制塔机基础拼装单位应有预应力施工的资质，施工操作的人员应经过专门的培训。

**6.1.3** 经积水浸泡的地基的承载力将会减小以致达不到预制拼装基础对地基承载力的要求，冻土地基也存在同样的情况。另外，由于基槽内积水使拼装连接索的锚固装置浸泡于水中会对其锚固性能造成不利影响。条文对此作出严格的禁止规定，并在本规程的第6.2.4条第4款对锚具及钢绞线外露部分的防腐处理和套上防护套保护处理作出具体规定。当预制拼装基础位于深基坑边或一面有堆载时，应按本规程的第4.2.3条进行抗滑移稳定性验算。

**6.1.4** 本条对张拉机具提出相应的要求。

**6.1.5、6.1.6** 本条是安全施工要求，拼装施工过程必须做到安全、可靠、高效。“安全第一，预防为主，综合治理”是安全生产的基本方针，操作人员应严格遵守“不伤害自己、不伤害他人和不被他人伤害”的现场安全施工的“三不”原则，为防止钢绞线在张拉和拆除时发生意外，特制定本条文。

### 6.2 拼　　装

**6.2.2** 拼装前的准备工作

**2** 为确保塔机基础在拼装和使用过程中做到安全、合理、高效的安全生产，须掌握相关环境资料。

**4** 预制塔机基础的拼装施工是按预制件设计“对号入座”，保证拼装顺利进行。

**6** 为使拼装达到设计要求应检查机具精度及性能。

**7** 预制塔机基础拼装前通过技术交底，将拼装要点和质量要求落实到班组和操作人员，这是确保拼装施工质量的必要措施。

**6.2.3** 本条对拼装施工过程中的各个方面作出具体规定和要求。

**6.2.4** 拼装连接索张拉施工是整个拼装施工的关键，张拉过程及张拉值记录应由监理人员进行现场监督，以确保拼装施工质量。本条文第4款对锚具及外露钢绞线的防腐处理和保护是确保该基础安全使用的措施之一。

### 6.3 验　　收

质量验收及安全使用巡查是预制塔机基础施工及使用管理中的关键控制点之一，本节条文分别就拼装质量、拼装允许偏差检验方法、安装验收的记录和安全使用巡查记录等给出了具体规定。本规定所涉及部分应按照国家标准《混凝土结构工程施工质量验收规范》GB 50204和《建筑地基基础工程施工质量验收规范》GB 50202执行。

### 6.4 拆除和堆放

**6.4.1～6.4.3** 规定了预制塔机基础的拆除程序、拆除过程中的具体要求和方法。

**6.4.4** 预制塔机基础是重复使用的预制件拼装组成的基础，对堆放提出了相关要求，否则会使预制件受损。

## 7 运输、维护与报废

### 7.1 运　　输

**7.1.1、7.1.2** 预制件运输车辆的选择及预制件在车上的位置、绑扎方法等是运输过程中注意成品保护的重要环节，为保证预制件从出厂到拼装现场的质量不因运输过程中的装车、绑扎等方法不当造成预制件降低质量水平和使用效果而提出的要求。

### 7.2 维　　护

**7.2.1、7.2.2** 对使用后的预制件及配件的维护，重点从影响预制件及配件重复使用质量方面，提出了具体维护方法的要求。

### 7.3 报　　废

**7.3.1～7.3.3** 预制件和配件的质量影响到预制塔机基础的安全使用。因此，该条详细的给出多项报废要求，应严格执行。

# 中华人民共和国行业标准

# 建筑基坑支护技术规程

Technical specification for retaining and protection of building foundation excavations

**JGJ 120—2012**

批准部门：中华人民共和国住房和城乡建设部
施行日期：2 0 1 2 年 1 0 月 1 日

# 中华人民共和国住房和城乡建设部
# 公　　告

## 第1350号

## 关于发布行业标准《建筑基坑支护技术规程》的公告

现批准《建筑基坑支护技术规程》为行业标准，编号为JGJ 120－2012，自2012年10月1日起实施。其中，第3.1.2、8.1.3、8.1.4、8.1.5、8.2.2条为强制性条文，必须严格执行。原行业标准《建筑基坑支护技术规程》JGJ 120－99同时废止。

本规程由我部标准定额研究所组织中国建筑工业出版社出版发行。

**中华人民共和国住房和城乡建设部**

2012年4月5日

## 前　　言

根据原建设部《〈关于印发二〇〇四年度工程建设城建、建工行业标准制订、修订计划〉的通知》（建标［2004］66号）的要求，规程编制组经广泛调查研究，认真总结实践经验，参考有关国际标准和国外先进标准，并在广泛征求意见的基础上，修订了《建筑基坑支护技术规程》JGJ 120－99。

本规程主要技术内容是：基本规定、支挡式结构、土钉墙、重力式水泥土墙、地下水控制、基坑开挖与监测。

本次修订的主要技术内容是：1. 调整和补充了支护结构的几种稳定性验算；2. 调整了部分稳定性验算表达式；3. 强调了变形控制设计原则；4. 调整了选用土的抗剪强度指标的规定；5. 新增了双排桩结构；6. 改进了不同施工工艺下锚杆粘结强度取值的有关规定；7. 充实了内支撑结构设计的有关规定；8. 新增了支护与主体结构结合及逆作法；9. 新增了复合土钉墙；10. 引入了土钉墙土压力调整系数；11. 充实了各种类型支护结构构造与施工的有关规定；12. 强调了地下水资源的保护；13. 改进了降水设计方法；14. 充实了截水设计与施工的有关规定；15. 充实了地下水渗透稳定性验算的有关规定；16. 充实了基坑开挖的有关规定；17. 新增了应急措施；18. 取消了逆作拱墙。

本规程中以黑体字标志的条文为强制性条文，必须严格执行。

本规程由住房和城乡建设部负责管理和对强制性条文的解释，由中国建筑科学研究院负责具体技术内容的解释。执行过程中如有意见或建议，请寄送中国建筑科学研究院地基基础研究所（地址：北京市北三环东路30号，邮编：100013）。

本规程主编单位：中国建筑科学研究院

本规程参编单位：中冶建筑研究总院有限公司
华东建筑设计研究院有限公司
同济大学
深圳市勘察研究院有限公司
福建省建筑科学研究院
机械工业勘察设计研究院
广东省建筑科学研究院
深圳市住房和建设局
广州市城乡建设委员会
中国岩土工程研究中心

本规程主要起草人员：杨　斌　黄　强　杨志银
王卫东　杨生贵　杨　敏
左怀西　刘小敏　侯伟生
白生翔　朱玉明　张　炜
冯　禄　徐其功　李荣强
陈如桂　魏章和

本规程主要审查人员：顾晓鲁　顾宝和　张旷成
丁金粟　程良奎　袁内镇
桂业琨　钱力航　刘国楠
秦四清

# 目　次

# Contents

# 1 总　　则

**1.0.1** 为了在建筑基坑支护设计、施工中做到安全适用、保护环境、技术先进、经济合理、确保质量，制定本规程。

**1.0.2** 本规程适用于一般地质条件下临时性建筑基坑支护的勘察、设计、施工、检测、基坑开挖与监测。对湿陷性土、多年冻土、膨胀土、盐渍土等特殊土或岩石基坑，应结合当地工程经验应用本规程。

**1.0.3** 基坑支护设计、施工与基坑开挖，应综合考虑地质条件、基坑周边环境要求、主体地下结构要求、施工季节变化及支护结构使用期等因素，因地制宜、合理选型、优化设计、精心施工、严格监控。

**1.0.4** 基坑支护工程除应符合本规程的规定外，尚应符合国家现行有关标准的规定。

# 2 术语和符号

## 2.1 术　　语

**2.1.1** 基坑　excavations

为进行建（构）筑物地下部分的施工由地面向下开挖出的空间。

**2.1.2** 基坑周边环境　surroundings around excavations

与基坑开挖相互影响的周边建（构）筑物、地下管线、道路、岩土体与地下水体的统称。

**2.1.3** 基坑支护　retaining and protection for excavations

为保护地下主体结构施工和基坑周边环境的安全，对基坑采用的临时性支挡、加固、保护与地下水控制的措施。

**2.1.4** 支护结构　retaining and protection structure

支挡或加固基坑侧壁的结构。

**2.1.5** 设计使用期限　design workable life

设计规定的从基坑开挖到预定深度至完成基坑支护使用功能的时段。

**2.1.6** 支挡式结构　retaining structure

以挡土构件和锚杆或支撑为主的，或仅以挡土构件为主的支护结构。

**2.1.7** 锚拉式支挡结构　anchored retaining structure

以挡土构件和锚杆为主的支挡式结构。

**2.1.8** 支撑式支挡结构　strutted retaining structure

以挡土构件和支撑为主的支挡式结构。

**2.1.9** 悬臂式支挡结构　cantilever retaining structure

仅以挡土构件为主的支挡式结构。

**2.1.10** 挡土构件　structural member for earth retaining

设置在基坑侧壁并嵌入基坑底面的支挡式结构竖向构件。例如，支护桩、地下连续墙。

**2.1.11** 排桩　soldier pile wall

沿基坑侧壁排列设置的支护桩及冠梁组成的支挡式结构部件或悬臂式支挡结构。

**2.1.12** 双排桩　double-row-piles wall

沿基坑侧壁排列设置的由前、后两排支护桩和梁连接成的刚架及冠梁组成的支挡式结构。

**2.1.13** 地下连续墙　diaphragm wall

分槽段用专用机械成槽、浇筑钢筋混凝土所形成的连续地下墙体。亦可称为现浇地下连续墙。

**2.1.14** 锚杆　anchor

由杆体（钢绞线、预应力螺纹钢筋、普通钢筋或钢管）、注浆固结体、锚具、套管所组成的一端与支护结构构件连接，另一端锚固在稳定岩土体内的受拉杆件。杆体采用钢绞线时，亦可称为锚索。

**2.1.15** 内支撑　strut

设置在基坑内的由钢筋混凝土或钢构件组成的用以支撑挡土构件的结构部件。支撑构件采用钢材、混凝土时，分别称为钢内支撑、混凝土内支撑。

**2.1.16** 冠梁　capping beam

设置在挡土构件顶部的将挡土构件连为整体的钢筋混凝土梁。

**2.1.17** 腰梁　waling

设置在挡土构件侧面的连接锚杆或内支撑杆件的钢筋混凝土梁或钢梁。

**2.1.18** 土钉　soil nail

植入土中并注浆形成的承受拉力与剪力的杆件。例如，钢筋杆体与注浆固结体组成的钢筋土钉，击入土中的钢管土钉。

**2.1.19** 土钉墙　soil nailing wall

由随基坑开挖分层设置的、纵横向密布的土钉群、喷射混凝土面层及原位土体所组成的支护结构。

**2.1.20** 复合土钉墙　composite soil nailing wall

土钉墙与预应力锚杆、微型桩、旋喷桩、搅拌桩中的一种或多种组成的复合型支护结构。

**2.1.21** 重力式水泥土墙　gravity cement-soil wall

水泥土桩相互搭接成格栅或实体的重力式支护结构。

**2.1.22** 地下水控制　groundwater control

为保证支护结构、基坑开挖、地下结构的正常施工，防止地下水变化对基坑周边环境产生影响所采用的截水、降水、排水、回灌等措施。

**2.1.23** 截水帷幕　curtain for cutting off drains

用以阻隔或减少地下水通过基坑侧壁与坑底流入

基坑和控制基坑外地下水位下降的幕墙状竖向截水体。

**2.1.24** 落底式帷幕 closed curtain for cutting off drains

底端穿透含水层并进入下部隔水层一定深度的截水帷幕。

**2.1.25** 悬挂式帷幕 unclosed curtain for cutting off drains

底端未穿透含水层的截水帷幕。

**2.1.26** 降水 dewatering

为防止地下水通过基坑侧壁与坑底流入基坑，用抽水井或渗水井降低基坑内外地下水位的方法。

**2.1.27** 集水明排 open pumping

用排水沟、集水井、泄水管、输水管等组成的排水系统将地表水、渗漏水排泄至基坑外的方法。

## 2.2 符 号

**2.2.1** 作用和作用效应

$E_{ak}$、$E_{pk}$——主动土压力、被动土压力标准值；

$G$——支护结构和土的自重；

$J$——渗透力；

$M$——弯矩设计值；

$M_k$——作用标准组合的弯矩值；

$N$——轴向拉力或轴向压力设计值；

$N_k$——作用标准组合的轴向拉力值或轴向压力值；

$p_{ak}$、$p_{pk}$——主动土压力强度、被动土压力强度标准值；

$p_0$——基础底面附加压力的标准值；

$p_s$——分布土反力；

$p_{s0}$——分布土反力初始值；

$P$——预加轴向力；

$q$——降水井的单井流量；

$q_0$——均布附加荷载标准值；

$s$——降水引起的建筑物基础或地面的固结沉降量；

$s_d$——基坑地下水位的设计降深；

$S_d$——作用组合的效应设计值；

$S_k$——作用标准组合的效应或作用标准值的效应；

$u$——孔隙水压力；

$V$——剪力设计值；

$V_k$——作用标准组合的剪力值；

$v$——挡土构件的水平位移。

**2.2.2** 材料性能和抗力

$C$——正常使用极限状态下支护结构位移或建筑物基础、地面沉降的限值；

$c$——土的黏聚力；

$E_c$——锚杆的复合弹性模量；

$E_m$——锚杆固结体的弹性模量；

$E_s$——锚杆杆体或支撑的弹性模量或土的压缩模量；

$f_{cs}$——水泥土开挖龄期时的轴心抗压强度设计值；

$f_{py}$——预应力筋的抗拉强度设计值；

$f_y$——普通钢筋的抗拉强度设计值；

$k$——土的渗透系数；

$R_k$——锚杆或土钉的极限抗拔承载力标准值；

$q_{sk}$——土与锚杆或土钉的极限粘结强度标准值；

$q_0$——单井出水能力；

$R_d$——结构构件的抗力设计值；

$R$——影响半径；

$\gamma$——土的天然重度；

$\gamma_{cs}$——水泥土墙的重度；

$\gamma_w$——地下水的重度；

$\varphi$——土的内摩擦角。

**2.2.3** 几何参数

$A$——构件的截面面积；

$A_p$——预应力筋的截面面积；

$A_s$——普通钢筋的截面面积；

$b$——截面宽度；

$d$——桩、锚杆、土钉的直径或基础埋置深度；

$h$——基坑深度或构件截面高度；

$H$——潜水含水层厚度；

$l_d$——挡土构件的嵌固深度；

$l_0$——受压支撑构件的长度；

$M$——承压水含水层厚度；

$r_w$——降水井半径；

$\beta$——土钉墙坡面与水平面的夹角；

$\alpha$——锚杆、土钉的倾角或支撑轴线与水平面的夹角。

**2.2.4** 设计参数和计算系数

$k_s$——土的水平反力系数；

$k_R$——弹性支点轴向刚度系数；

$K$——安全系数；

$K_a$——主动土压力系数；

$K_p$——被动土压力系数；

$m$——土的水平反力系数的比例系数；

$\alpha$——支撑松弛系数；

$\gamma_F$——作用基本组合的综合分项系数；

$\gamma_0$——支护结构重要性系数；

$\zeta$——坡面倾斜时的主动土压力折减系数；

$\lambda$——支撑不动点调整系数；

$\mu$——墙体材料的抗剪断系数；

$\psi_w$——沉降计算经验系数。

## 3 基本规定

### 3.1 设计原则

**3.1.1** 基坑支护设计应规定其设计使用期限。基坑支护的设计使用期限不应小于一年。

**3.1.2 基坑支护应满足下列功能要求：**

**1 保证基坑周边建（构）筑物、地下管线、道路的安全和正常使用；**

**2 保证主体地下结构的施工空间。**

**3.1.3** 基坑支护设计时，应综合考虑基坑周边环境和地质条件的复杂程度、基坑深度等因素，按表3.1.3采用支护结构的安全等级。对同一基坑的不同部位，可采用不同的安全等级。

**表3.1.3 支护结构的安全等级**

| 安全等级 | 破坏后果 |
|---|---|
| 一级 | 支护结构失效、土体过大变形对基坑周边环境或主体结构施工安全的影响很严重 |
| 二级 | 支护结构失效、土体过大变形对基坑周边环境或主体结构施工安全的影响严重 |
| 三级 | 支护结构失效、土体过大变形对基坑周边环境或主体结构施工安全的影响不严重 |

**3.1.4** 支护结构设计时应采用下列极限状态：

1 承载能力极限状态

1）支护结构构件或连接因超过材料强度而破坏，或因过度变形而不适于继续承受荷载，或出现压屈、局部失稳；

2）支护结构和土体整体滑动；

3）坑底因隆起而丧失稳定；

4）对支挡式结构，挡土构件因坑底土体丧失嵌固能力而推移或倾覆；

5）对锚拉式支挡结构或土钉墙，锚杆或土钉因土体丧失锚固能力而拔动；

6）对重力式水泥土墙，墙体倾覆或滑移；

7）对重力式水泥土墙、支挡式结构，其持力土层因丧失承载能力而破坏；

8）地下水渗流引起的土体渗透破坏。

2 正常使用极限状态

1）造成基坑周边建（构）筑物、地下管线、道路等损坏或影响其正常使用的支护结构位移；

2）因地下水位下降、地下水渗流或施工因素而造成基坑周边建（构）筑物、地下管线、道路等损坏或影响其正常使用的土体变形；

3）影响主体地下结构正常施工的支护结构位移；

4）影响主体地下结构正常施工的地下水渗流。

**3.1.5** 支护结构、基坑周边建筑物和地面沉降、地下水控制的计算和验算应采用下列设计表达式：

1 承载能力极限状态

1）支护结构构件或连接因超过材料强度或过度变形的承载能力极限状态设计，应符合下式要求：

$$\gamma_0 S_d \leqslant R_d \tag{3.1.5-1}$$

式中：$\gamma_0$——支护结构重要性系数，应按本规程第3.1.6条的规定采用；

$S_d$——作用基本组合的效应（轴力、弯矩等）设计值；

$R_d$——结构构件的抗力设计值。

对临时性支护结构，作用基本组合的效应设计值应按下式确定：

$$S_d = \gamma_F S_k \tag{3.1.5-2}$$

式中：$\gamma_F$——作用基本组合的综合分项系数，应按本规程第3.1.6条的规定采用；

$S_k$——作用标准组合的效应。

2）整体滑动、坑底隆起失稳、挡土构件嵌固段推移、锚杆与土钉拔动、支护结构倾覆与滑移、土体渗透破坏等稳定性计算和验算，均应符合下式要求：

$$\frac{R_k}{S_k} \geqslant K \tag{3.1.5-3}$$

式中：$R_k$——抗滑力、抗滑力矩、抗倾覆力矩、锚杆和土钉的极限抗拔承载力等土的抗力标准值；

$S_k$——滑动力、滑动力矩、倾覆力矩、锚杆和土钉的拉力等作用标准值的效应；

$K$——安全系数。

2 正常使用极限状态

由支护结构水平位移、基坑周边建筑物和地面沉降等控制的正常使用极限状态设计，应符合下式要求：

$$S_d \leqslant C \tag{3.1.5-4}$$

式中：$S_d$——作用标准组合的效应（位移、沉降等）设计值；

$C$——支护结构水平位移、基坑周边建筑物和地面沉降的限值。

**3.1.6** 支护结构构件按承载能力极限状态设计时，作用基本组合的综合分项系数不应小于1.25。对安全等级为一级、二级、三级的支护结构，其结构重要性系数分别不应小于1.1、1.0、0.9。各类稳定性安全系数应按本规程各章的规定取值。

**3.1.7** 支护结构重要性系数与作用基本组合的效应设计值的乘积（$\gamma_0 S_d$）可采用下列内力设计值表示：

弯矩设计值

$$M=\gamma_0\gamma_F M_k \tag{3.1.7-1}$$

剪力设计值

$$V=\gamma_0\gamma_F V_k \tag{3.1.7-2}$$

轴向力设计值

$$N=\gamma_0\gamma_F N_k \tag{3.1.7-3}$$

式中：$M$——弯矩设计值（kN·m）；

$M_k$——作用标准组合的弯矩值（kN·m）；

$V$——剪力设计值（kN）；

$V_k$——作用标准组合的剪力值（kN）；

$N$——轴向拉力设计值或轴向压力设计值（kN）；

$N_k$——作用标准组合的轴向拉力或轴向压力值（kN）。

**3.1.8** 基坑支护设计应按下列要求设定支护结构的水平位移控制值和基坑周边环境的沉降控制值：

1 当基坑开挖影响范围内有建筑物时，支护结构水平位移控制值、建筑物的沉降控制值应按不影响其正常使用的要求确定，并应符合现行国家标准《建筑地基基础设计规范》GB 50007 中对地基变形允许值的规定；当基坑开挖影响范围内有地下管线、地下构筑物、道路时，支护结构水平位移控制值、地面沉降控制值应按不影响其正常使用的要求确定，并应符合现行相关标准对其允许变形的规定；

2 当支护结构构件同时用作主体地下结构构件时，支护结构水平位移控制值不应大于主体结构设计对其变形的限值；

3 当无本条第1款、第2款情况时，支护结构水平位移控制值应根据地区经验按工程的具体条件确定。

**3.1.9** 基坑支护应按实际的基坑周边建筑物、地下管线、道路和施工荷载等条件进行设计。设计中应提出明确的基坑周边荷载限值、地下水和地表水控制等基坑使用要求。

**3.1.10** 基坑支护设计应满足下列主体地下结构的施工要求：

1 基坑侧壁与主体地下结构的净空间和地下水控制应满足主体地下结构及其防水的施工要求；

2 采用锚杆时，锚杆的锚头及腰梁不应妨碍地下结构外墙的施工；

3 采用内支撑时，内支撑及腰梁的设置应便于地下结构及其防水的施工。

**3.1.11** 支护结构按平面结构分析时，应按基坑各部位的开挖深度、周边环境条件、地质条件等因素划分设计计算剖面。对每一计算剖面，应按其最不利条件进行计算。对电梯井、集水坑等特殊部位，宜单独划分计算剖面。

**3.1.12** 基坑支护设计应规定支护结构各构件施工顺序及相应的基坑开挖深度。基坑开挖各阶段和支护结构使用阶段，均应符合本规程第3.1.4条、第3.1.5条的规定。

**3.1.13** 在季节性冻土地区，支护结构设计应根据冻胀、冻融对支护结构受力和基坑侧壁的影响采取相应的措施。

**3.1.14** 土压力及水压力计算、土的各类稳定性验算时，土、水压力的分、合算方法及相应的土的抗剪强度指标类别应符合下列规定：

1 对地下水位以上的黏性土、黏质粉土，土的抗剪强度指标应采用三轴固结不排水抗剪强度指标 $c_{cu}$、$\varphi_{cu}$或直剪固结快剪强度指标 $c_{cq}$、$\varphi_{cq}$，对地下水位以上的砂质粉土、砂土、碎石土，土的抗剪强度指标应采用有效应力强度指标 $c'$、$\varphi'$；

2 对地下水位以下的黏性土、黏质粉土，可采用土压力、水压力合算方法；此时，对正常固结和超固结土，土的抗剪强度指标应采用三轴固结不排水抗剪强度指标 $c_{cu}$、$\varphi_{cu}$或直剪固结快剪强度指标 $c_{cq}$、$\varphi_{cq}$，对欠固结土，宜采用有效自重压力下预固结的三轴不固结不排水抗剪强度指标 $c_{uu}$、$\varphi_{uu}$；

3 对地下水位以下的砂质粉土、砂土和碎石土，应采用土压力、水压力分算方法；此时，土的抗剪强度指标应采用有效应力强度指标 $c'$、$\varphi'$，对砂质粉土，缺少有效应力强度指标时，也可采用三轴固结不排水抗剪强度指标 $c_{cu}$、$\varphi_{cu}$或直剪固结快剪强度指标 $c_{cq}$、$\varphi_{cq}$代替，对砂土和碎石土，有效应力强度指标 $\varphi'$可根据标准贯入试验实测击数和水下休止角等物理力学指标取值；土压力、水压力采用分算方法时，水压力可按静水压力计算；当地下水渗流时，宜按渗流理论计算水压力和土的竖向有效应力；当存在多个含水层时，应分别计算各含水层的水压力；

4 有可靠的地方经验时，土的抗剪强度指标尚可根据室内、原位试验得到的其他物理力学指标，按经验方法确定。

**3.1.15** 支护结构设计时，应根据工程经验分析判断计算参数取值和计算分析结果的合理性。

## 3.2 勘察要求与环境调查

**3.2.1** 基坑工程的岩土勘察应符合下列规定：

1 勘探点范围应根据基坑开挖深度及场地的岩土工程条件确定；基坑外宜布置勘探点，其范围不宜小于基坑深度的1倍；当需要采用锚杆时，基坑外勘探点的范围不宜小于基坑深度的2倍；当基坑外无法布置勘探点时，应通过调查取得相关勘察资料并结合场地内的勘察资料进行综合分析；

**2** 勘探点应沿基坑边布置，其间距宜取 15m～25m；当场地存在软弱土层、暗沟或岩溶等复杂地质条件时，应加密勘探点并查明其分布和工程特性；

**3** 基坑周边勘探孔的深度不宜小于基坑深度的 2 倍；基坑面以下存在软弱土层或承压水含水层时，勘探孔深度应穿过软弱土层或承压水含水层；

**4** 应按现行国家标准《岩土工程勘察规范》GB 50021的规定进行原位测试和室内试验并提出各层土的物理性质指标和力学指标；对主要土层和厚度大于 3m 的素填土，应按本规程第 3.1.14 条的规定进行抗剪强度试验并提出相应的抗剪强度指标；

**5** 当有地下水时，应查明各含水层的埋深、厚度和分布，判断地下水类型、补给和排泄条件；有承压水时，应分层测量其水头高度；

**6** 应对基坑开挖与支护结构使用期内地下水位的变化幅度进行分析；

**7** 当基坑需要降水时，宜采用抽水试验测定各含水层的渗透系数与影响半径；勘察报告中应提出各含水层的渗透系数；

**8** 当建筑地基勘察资料不能满足基坑支护设计与施工要求时，应进行补充勘察。

**3.2.2** 基坑支护设计前，应查明下列基坑周边环境条件：

**1** 既有建筑物的结构类型、层数、位置、基础形式和尺寸、埋深、使用年限、用途等；

**2** 各种既有地下管线、地下构筑物的类型、位置、尺寸、埋深等；对既有供水、污水、雨水等地下输水管线，尚应包括其使用状况及渗漏状况；

**3** 道路的类型、位置、宽度、道路行驶情况、最大车辆荷载等；

**4** 基坑开挖与支护结构使用期内施工材料、施工设备等临时荷载的要求；

**5** 雨期时的场地周围地表水汇流和排泄条件。

### 3.3 支护结构选型

**3.3.1** 支护结构选型时，应综合考虑下列因素：

**1** 基坑深度；

**2** 土的性状及地下水条件；

**3** 基坑周边环境对基坑变形的承受能力及支护结构失效的后果；

**4** 主体地下结构和基础形式及其施工方法、基坑平面尺寸及形状；

**5** 支护结构施工工艺的可行性；

**6** 施工场地条件及施工季节；

**7** 经济指标、环保性能和施工工期。

**3.3.2** 支护结构应按表 3.3.2 选型。

**表 3.3.2 各类支护结构的适用条件**

<table>
<tr><td rowspan="2" colspan="2">结构类型</td><td colspan="3">适 用 条 件</td></tr>
<tr><td>安全等级</td><td colspan="2">基坑深度、环境条件、土类和地下水条件</td></tr>
<tr><td rowspan="5">支挡式结构</td><td>锚拉式结构</td><td rowspan="5">一级<br>二级<br>三级</td><td>适用于较深的基坑</td><td rowspan="5">1 排桩适用于可采用降水或截水帷幕的基坑<br>2 地下连续墙宜同时用作主体地下结构外墙，可同时用于截水<br>3 锚杆不宜用在软土层和高水位的碎石土、砂土层中<br>4 当邻近基坑有建筑物地下室、地下构筑物等，锚杆的有效锚固长度不足时，不应采用锚杆<br>5 当锚杆施工会造成基坑周边建（构）筑物的损害或违反城市地下空间规划等规定时，不应采用锚杆</td></tr>
<tr><td>支撑式结构</td><td>适用于较深的基坑</td></tr>
<tr><td>悬臂式结构</td><td>适用于较浅的基坑</td></tr>
<tr><td>双排桩</td><td>当锚拉式、支撑式和悬臂式结构不适用时，可考虑采用双排桩</td></tr>
<tr><td>支护结构与主体结构结合的逆作法</td><td>适用于基坑周边环境条件很复杂的深基坑</td></tr>
<tr><td rowspan="4">土钉墙</td><td>单一土钉墙</td><td rowspan="4">二级<br>三级</td><td>适用于地下水位以上或降水的非软土基坑，且基坑深度不宜大于 12m</td><td rowspan="4">当基坑潜在滑动面内有建筑物、重要地下管线时，不宜采用土钉墙</td></tr>
<tr><td>预应力锚杆复合土钉墙</td><td>适用于地下水位以上或降水的非软土基坑，且基坑深度不宜大于 15m</td></tr>
<tr><td>水泥土桩复合土钉墙</td><td>用于非软土基坑时，基坑深度不宜大于 12m；用于淤泥质土基坑时，基坑深度不宜大于 6m；不宜用在高水位的碎石土、砂土层中</td></tr>
<tr><td>微型桩复合土钉墙</td><td>适用于地下水位以上或降水的基坑，用于非软土基坑时，基坑深度不宜大于 12m；用于淤泥质土基坑时，基坑深度不宜大于 6m</td></tr>
<tr><td colspan="2">重力式水泥土墙</td><td>二级<br>三级</td><td colspan="2">适用于淤泥质土、淤泥基坑，且基坑深度不宜大于 7m</td></tr>
<tr><td colspan="2">放坡</td><td>三级</td><td colspan="2">1 施工场地满足放坡条件<br>2 放坡与上述支护结构形式结合</td></tr>
</table>

注：1 当基坑不同部位的周边环境条件、土层性状、基坑深度等不同时，可在不同部位分别采用不同的支护形式；
2 支护结构可采用上、下部以不同结构类型组合的形式。

**3.3.3** 采用两种或两种以上支护结构形式时，其结合处应考虑相邻支护结构的相互影响，且应有可靠的过渡连接措施。

**3.3.4** 支护结构上部采用土钉墙或放坡、下部采用支挡式结构时，上部土钉墙应符合本规程第 5 章的规定，支挡式结构应考虑上部土钉墙或放坡的作用。

**3.3.5** 当坑底以下为软土时，可采用水泥土搅拌桩、高压喷射注浆等方法对坑底土体进行局部或整体加固。水泥土搅拌桩、高压喷射注浆加固体可采用格栅或实体形式。

**3.3.6** 基坑开挖采用放坡或支护结构上部采用放坡时，应按本规程第 5.1.1 条的规定验算边坡的滑动稳定性，边坡的圆弧滑动稳定安全系数（$K_s$）不应小于 1.2。放坡坡面应设置防护层。

## 3.4 水平荷载

**3.4.1** 计算作用在支护结构上的水平荷载时，应考虑下列因素：

1 基坑内外土的自重（包括地下水）；

2 基坑周边既有和在建的建（构）筑物荷载；

3 基坑周边施工材料和设备荷载；

4 基坑周边道路车辆荷载；

5 冻胀、温度变化及其他因素产生的作用。

**3.4.2** 作用在支护结构上的土压力应按下列规定确定：

1 支护结构外侧的主动土压力强度标准值、支护结构内侧的被动土压力强度标准值宜按下列公式计算（图3.4.2）：

1）对地下水位以上或水土合算的土层

$$p_{ak}=\sigma_{ak}K_{a,i}-2c_i\sqrt{K_{a,i}} \tag{3.4.2-1}$$

$$K_{a,i}=\tan^2\left(45°-\frac{\varphi_i}{2}\right) \tag{3.4.2-2}$$

$$p_{pk}=\sigma_{pk}K_{p,i}+2c_i\sqrt{K_{p,i}} \tag{3.4.2-3}$$

$$K_{p,i}=\tan^2\left(45°+\frac{\varphi_i}{2}\right) \tag{3.4.2-4}$$

式中：$p_{ak}$——支护结构外侧，第 $i$ 层土中计算点的主动土压力强度标准值（kPa）；当 $p_{ak}<0$ 时，应取 $p_{ak}=0$；

$\sigma_{ak}$、$\sigma_{pk}$——分别为支护结构外侧、内侧计算点的土中竖向应力标准值（kPa），按本规程第3.4.5条的规定计算；

$K_{a,i}$、$K_{p,i}$——分别为第 $i$ 层土的主动土压力系数、被动土压力系数；

$c_i$、$\varphi_i$——分别为第 $i$ 层土的黏聚力（kPa）、内摩擦角（°）；按本规程第3.1.14条的规定取值；

$p_{pk}$——支护结构内侧，第 $i$ 层土中计算点的被动土压力强度标准值（kPa）。

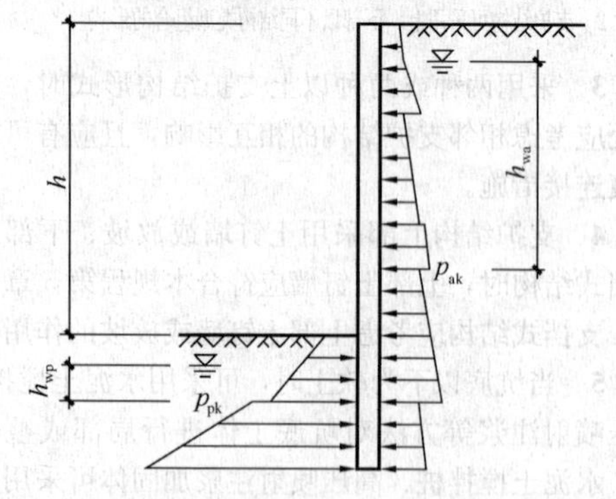


图3.4.2 土压力计算

2）对于水土分算的土层

$$p_{ak}=(\sigma_{ak}-u_a)K_{a,i}-2c_i\sqrt{K_{a,i}}+u_a \tag{3.4.2-5}$$

$$p_{pk}=(\sigma_{pk}-u_p)K_{p,i}+2c_i\sqrt{K_{p,i}}+u_p \tag{3.4.2-6}$$

式中：$u_a$、$u_p$——分别为支护结构外侧、内侧计算点的水压力（kPa）；对静止地下水，按本规程第3.4.4条的规定取值；当采用悬挂式截水帷幕时，应考虑地下水从帷幕底向基坑内的渗流对水压力的影响。

2 在土压力影响范围内，存在相邻建筑物地下墙体等稳定界面时，可采用库仑土压力理论计算界面内有限滑动楔体产生的主动土压力，此时，同一土层的土压力可采用沿深度线性分布形式，支护结构与土之间的摩擦角宜取零。

3 需要严格限制支护结构的水平位移时，支护结构外侧的土压力宜取静止土压力。

4 有可靠经验时，可采用支护结构与土相互作用的方法计算土压力。

**3.4.3** 对成层土，土压力计算时的各土层计算厚度应符合下列规定：

1 当土层厚度较均匀、层面坡度较平缓时，宜取邻近勘察孔的各土层厚度，或同一计算剖面内各土层厚度的平均值；

2 当同一计算剖面内各勘察孔的土层厚度分布不均时，应取最不利勘察孔的各土层厚度；

3 对复杂地层且距勘探孔较远时，应通过综合分析土层变化趋势后确定土层的计算厚度；

4 当相邻土层的土性接近，且对土压力的影响可以忽略不计或有利时，可归并为同一计算土层。

**3.4.4** 静止地下水的水压力可按下列公式计算：

$$u_a=\gamma_w h_{wa} \tag{3.4.4-1}$$

$$u_p=\gamma_w h_{wp} \tag{3.4.4-2}$$

式中：$\gamma_w$——地下水重度（kN/m³），取 $\gamma_w=10$kN/m³；

$h_{wa}$——基坑外侧地下水位至主动土压力强度计算点的垂直距离（m）；对承压水，地下水位取测压管水位；当有多个含水层时，应取计算点所在含水层的地下水位；

$h_{wp}$——基坑内侧地下水位至被动土压力强度计算点的垂直距离（m）；对承压水，地下水位取测压管水位。

**3.4.5** 土中竖向应力标准值应按下式计算：

$$\sigma_{ak}=\sigma_{ac}+\sum\Delta\sigma_{k,j} \tag{3.4.5-1}$$

$$\sigma_{pk}=\sigma_{pc} \tag{3.4.5-2}$$

式中：$\sigma_{ac}$——支护结构外侧计算点，由土的自重产生的竖向总应力（kPa）；

$\sigma_{pc}$——支护结构内侧计算点，由土的自重产生的竖向总应力（kPa）；

$\Delta\sigma_{k,j}$——支护结构外侧第 $j$ 个附加荷载作用下计算点的土中附加竖向应力标准值（kPa），应根据附加荷载类型，按本规程第3.4.6条～第3.4.8条计算。

**3.4.6** 均布附加荷载作用下的土中附加竖向应力标准值应按下式计算（图3.4.6）：

$$\Delta\sigma_{k} = q_{0} \quad (3.4.6)$$

式中：$q_0$——均布附加荷载标准值（kPa）。

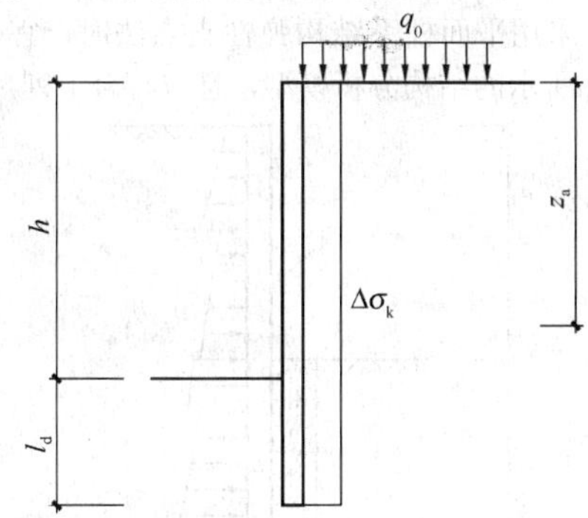


图3.4.6 均布竖向附加荷载作用下的土中附加竖向应力计算

**3.4.7** 局部附加荷载作用下的土中附加竖向应力标准值可按下列规定计算：

**1** 对条形基础下的附加荷载（图3.4.7a）：

当 $d+a/\tan\theta \leqslant z_{a} \leqslant d+(3a+b)/\tan\theta$ 时

$$\Delta\sigma_{k} = \frac{p_{0}b}{b+2a} \quad (3.4.7\text{-}1)$$

式中：$p_0$——基础底面附加压力标准值（kPa）；

$d$——基础埋置深度（m）；

$b$——基础宽度（m）；

$a$——支护结构外边缘至基础的水平距离（m）；

$\theta$——附加荷载的扩散角（°），宜取 $\theta=45°$；

$z_a$——支护结构顶面至土中附加竖向应力计算点的竖向距离。

当 $z_{a} < d+a/\tan\theta$ 或 $z_{a} > d+(3a+b)/\tan\theta$ 时，取 $\Delta\sigma_{k}=0$。

**2** 对矩形基础下的附加荷载（图3.4.7a）：

当 $d+a/\tan\theta \leqslant z_{a} \leqslant d+(3a+b)/\tan\theta$ 时

$$\Delta\sigma_{k} = \frac{p_{0}bl}{(b+2a)(l+2a)} \quad (3.4.7\text{-}2)$$

式中：$b$——与基坑边垂直方向上的基础尺寸（m）；

$l$——与基坑边平行方向上的基础尺寸（m）。

当 $z_{a} < d+a/\tan\theta$ 或 $z_{a} > d+(3a+b)/\tan\theta$ 时，取 $\Delta\sigma_{k}=0$。

**3** 对作用在地面的条形、矩形附加荷载，按本条第1、2款计算土中附加竖向应力标准值 $\Delta\sigma_k$ 时，应取 $d=0$（图3.4.7b）。

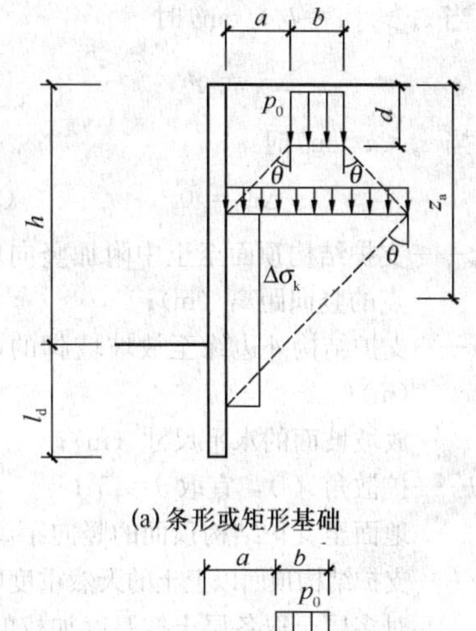


(a) 条形或矩形基础

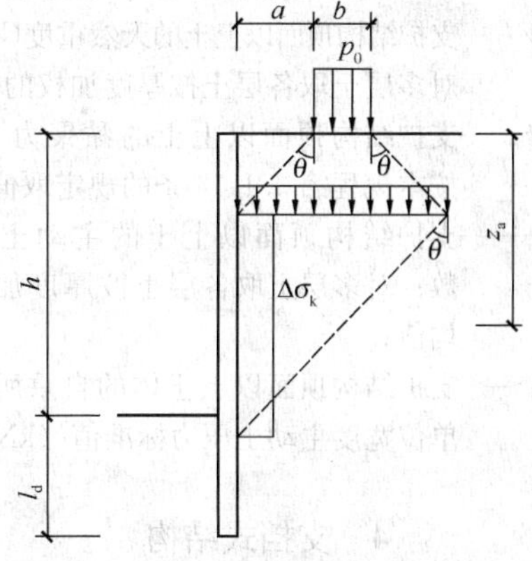


(b) 作用在地面的条形或矩形附加荷载

图3.4.7 局部附加荷载作用下的土中附加竖向应力计算

**3.4.8** 当支护结构顶部低于地面，其上方采用放坡或土钉墙时，支护结构顶面以上土体对支护结构的作用宜按库仑土压力理论计算，也可将其视作附加荷载并按下列公式计算土中附加竖向应力标准值（图3.4.8）：

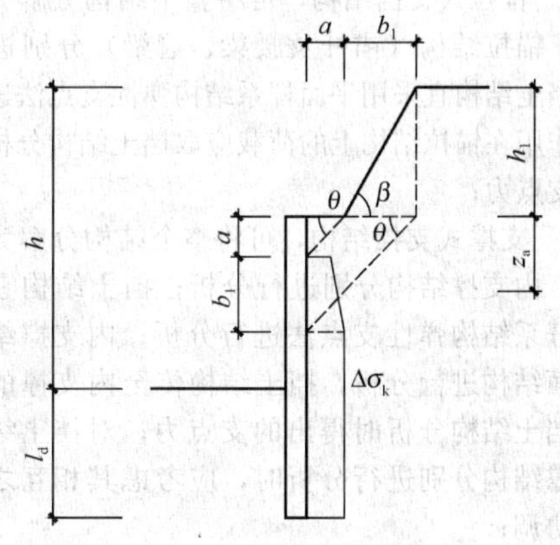


图3.4.8 支护结构顶部以上采用放坡或土钉墙时土中附加竖向应力计算

**1** 当 $a/\tan\theta \leqslant z_{a} \leqslant (a+b_{1})/\tan\theta$ 时

$$\Delta\sigma_{k} = \frac{\gamma h_{1}}{b_{1}}(z_{a}-a) + \frac{E_{ak1}(a+b_{1}-z_{a})}{K_{a}b_{1}^{2}} \quad (3.4.8\text{-}1)$$

$$E_{ak1} = \frac{1}{2}\gamma h_{1}^{2}K_{a} - 2ch_{1}\sqrt{K_{a}} + \frac{2c^{2}}{\gamma} \quad (3.4.8\text{-}2)$$

**2** 当 $z_a > (a+b_1)/\tan\theta$ 时

$$\Delta\sigma_k = \gamma h_1 \qquad (3.4.8\text{-}3)$$

**3** 当 $z_a < a/\tan\theta$ 时

$$\Delta\sigma_k = 0 \qquad (3.4.8\text{-}4)$$

式中：$z_a$——支护结构顶面至土中附加竖向应力计算点的竖向距离（m）；

$a$——支护结构外边缘至放坡坡脚的水平距离（m）；

$b_1$——放坡坡面的水平尺寸（m）；

$\theta$——扩散角（°），宜取 $\theta=45°$；

$h_1$——地面至支护结构顶面的竖向距离（m）；

$\gamma$——支护结构顶面以上土的天然重度（$kN/m^3$）；对多层土取各层土按厚度加权的平均值；

$c$——支护结构顶面以上土的黏聚力（kPa）；按本规程第 3.1.14 条的规定取值；

$K_a$——支护结构顶面以上土的主动土压力系数；对多层土取各层土按厚度加权的平均值；

$E_{ak1}$——支护结构顶面以上土体的自重所产生的单位宽度主动土压力标准值（kN/m）。

# 4 支挡式结构

## 4.1 结 构 分 析

**4.1.1** 支挡式结构应根据结构的具体形式与受力、变形特性等采用下列分析方法：

**1** 锚拉式支挡结构，可将整个结构分解为挡土结构、锚拉结构（锚杆及腰梁、冠梁）分别进行分析；挡土结构宜采用平面杆系结构弹性支点法进行分析；作用在锚拉结构上的荷载应取挡土结构分析时得出的支点力；

**2** 支撑式支挡结构，可将整个结构分解为挡土结构、内支撑结构分别进行分析；挡土结构宜采用平面杆系结构弹性支点法进行分析；内支撑结构可按平面结构进行分析，挡土结构传至内支撑的荷载应取挡土结构分析时得出的支点力；对挡土结构和内支撑结构分别进行分析时，应考虑其相互之间的变形协调；

**3** 悬臂式支挡结构、双排桩，宜采用平面杆系结构弹性支点法进行分析；

**4** 当有可靠经验时，可采用空间结构分析方法对支挡式结构进行整体分析或采用结构与土相互作用的分析方法对支挡式结构与基坑土体进行整体分析。

**4.1.2** 支挡式结构应对下列设计工况进行结构分析，并应按其中最不利作用效应进行支护结构设计：

**1** 基坑开挖至坑底时的状况；

**2** 对锚拉式和支撑式支挡结构，基坑开挖至各层锚杆或支撑施工面时的状况；

**3** 在主体地下结构施工过程中需要以主体结构构件替换支撑或锚杆的状况；此时，主体结构构件应满足替换后各设计工况下的承载力、变形及稳定性要求；

**4** 对水平内支撑式支挡结构，基坑各边水平荷载不对等的各种状况。

**4.1.3** 采用平面杆系结构弹性支点法时，宜采用图 4.1.3-1 所示的结构分析模型，且应符合下列规定：

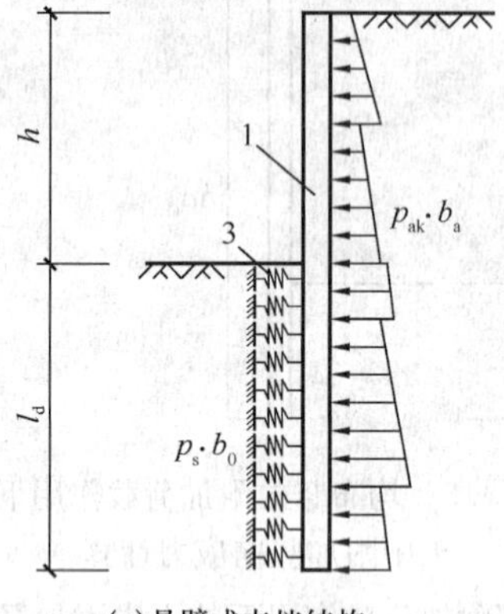


(a)悬臂式支挡结构

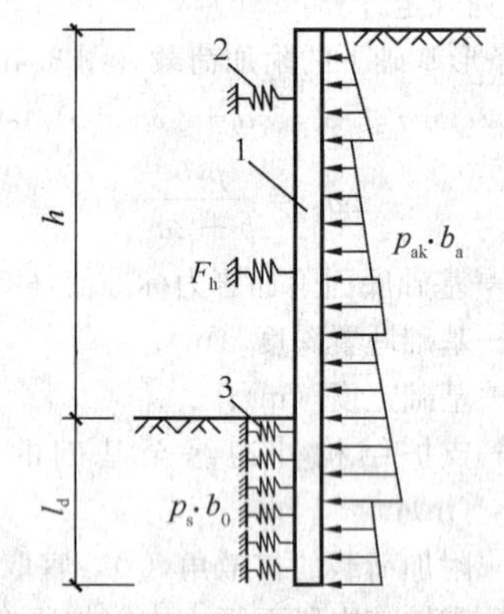


(b)锚拉式支挡结构或支撑式支挡结构

图 4.1.3-1 弹性支点法计算

1—挡土结构；2—由锚杆或支撑简化而成的弹性支座；3—计算土反力的弹性支座

**1** 主动土压力强度标准值可按本规程第 3.4 节的有关规定确定；

**2** 土反力可按本规程第 4.1.4 条确定；

**3** 挡土结构采用排桩时，作用在单根支护桩上的主动土压力计算宽度应取排桩间距，土反力计算宽度（$b_0$）应按本规程第 4.1.7 条确定（图 4.1.3-2）；

**4** 挡土结构采用地下连续墙时，作用在单幅地下连续墙上的主动土压力计算宽度和土反力计算宽度（$b_0$）应取包括接头的单幅墙宽度；

**5** 锚杆和内支撑对挡土结构的约束作用应按弹性支座考虑，并应按本规程第 4.1.8 条确定。

**4.1.4** 作用在挡土构件上的分布土反力应符合下列规定：

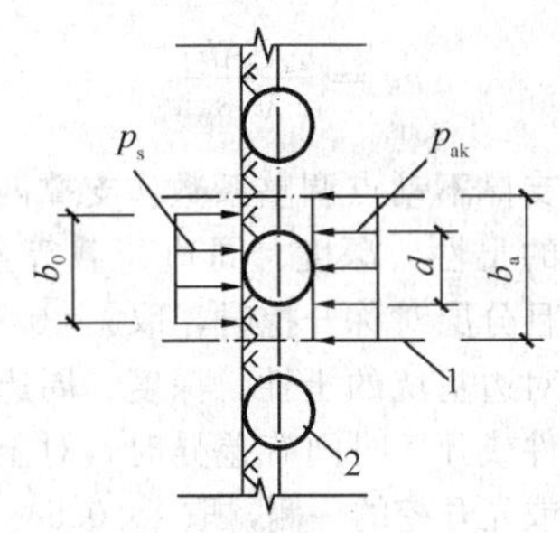


(a) 圆形截面排桩计算宽度

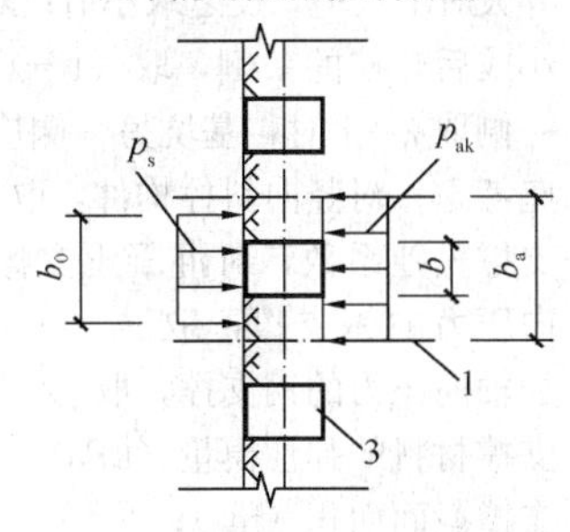


(b) 矩形或工字形截面排桩计算宽度

图 4.1.3-2　排桩计算宽度

1—排桩对称中心线；2—圆形桩；

3—矩形桩或工字形桩

**1**　分布土反力可按下式计算：

$$p_s = k_s v + p_{s0} \quad (4.1.4\text{-}1)$$

**2**　挡土构件嵌固段上的基坑内侧土反力应符合下列条件，当不符合时，应增加挡土构件的嵌固长度或取 $P_{sk}=E_{pk}$时的分布土反力。

$$P_{sk} \leqslant E_{pk} \quad (4.1.4\text{-}2)$$

式中：$p_s$——分布土反力（kPa）；

$k_s$——土的水平反力系数（kN/m$^3$），按本规程第 4.1.5 条的规定取值；

$v$——挡土构件在分布土反力计算点使土体压缩的水平位移值（m）；

$p_{s0}$——初始分布土反力(kPa)；挡土构件嵌固段上的基坑内侧初始分布土反力可按本规程公式(3.4.2-1)或公式(3.4.2-5)计算，但应将公式中的 $p_{ak}$用 $p_{s0}$代替、$\sigma_{ak}$用 $\sigma_{pk}$代替、$u_a$ 用 $u_p$ 代替，且不计（$2c_i\sqrt{K_{a,i}}$）项；

$P_{sk}$——挡土构件嵌固段上的基坑内侧土反力标准值（kN），通过按公式（4.1.4-1）计算的分布土反力得出；

$E_{pk}$——挡土构件嵌固段上的被动土压力标准值（kN），通过按本规程公式（3.4.2-3）或公式（3.4.2-6）计算的被动土压力强度标准值得出。

**4.1.5**　基坑内侧土的水平反力系数可按下式计算：

$$k_s = m(z-h) \quad (4.1.5)$$

式中：$m$——土的水平反力系数的比例系数（kN/m$^4$），按本规程第 4.1.6 条确定；

$z$——计算点距地面的深度（m）；

$h$——计算工况下的基坑开挖深度（m）。

**4.1.6**　土的水平反力系数的比例系数宜按桩的水平荷载试验及地区经验取值，缺少试验和经验时，可按下列经验公式计算：

$$m = \frac{0.2\varphi^2 - \varphi + c}{v_b} \quad (4.1.6)$$

式中：$m$——土的水平反力系数的比例系数（MN/m$^4$）；

$c$、$\varphi$——分别为土的黏聚力（kPa）、内摩擦角（°），按本规程第 3.1.14 条的规定确定；对多层土，按不同土层分别取值；

$v_b$——挡土构件在坑底处的水平位移量（mm），当此处的水平位移不大于 10mm 时，可取 $v_b$=10mm。

**4.1.7**　排桩的土反力计算宽度应按下列公式计算(图 4.1.3-2)：

对圆形桩

$$b_0 = 0.9(1.5d+0.5) \quad (d \leqslant 1\text{m}) \quad (4.1.7\text{-}1)$$

$$b_0 = 0.9(d+1) \quad (d > 1\text{m}) \quad (4.1.7\text{-}2)$$

对矩形桩或工字形桩

$$b_0 = 1.5b+0.5 \quad (b \leqslant 1\text{m}) \quad (4.1.7\text{-}3)$$

$$b_0 = b+1 \quad (b > 1\text{m}) \quad (4.1.7\text{-}4)$$

式中：$b_0$——单根支护桩上的土反力计算宽度（m）；当按公式（4.1.7-1）～公式（4.1.7-4）计算的 $b_0$ 大于排桩间距时，$b_0$ 取排桩间距；

$d$——桩的直径（m）；

$b$——矩形桩或工字形桩的宽度（m）。

**4.1.8**　锚杆和内支撑对挡土结构的作用力应按下式确定：

$$F_h = k_R(v_R - v_{R0}) + P_h \quad (4.1.8)$$

式中：$F_h$——挡土结构计算宽度内的弹性支点水平反力（kN）；

$k_R$——挡土结构计算宽度内弹性支点刚度系数（kN/m）；采用锚杆时可按本规程第 4.1.9 条的规定确定，采用内支撑时可按本规程第 4.1.10 条的规定确定；

$v_R$——挡土构件在支点处的水平位移值（m）；

$v_{R0}$——设置锚杆或支撑时，支点的初始水平位移值（m）；

$P_h$——挡土结构计算宽度内的法向预加力（kN）；采用锚杆或竖向斜撑时，取 $P_h=P\cdot\cos\alpha\cdot b_a/s$；采用水平对撑时，取

$P_h = P \cdot b_a / s$；对不预加轴向压力的支撑，取 $P_h = 0$；采用锚杆时，宜取 $P = 0.75N_k \sim 0.9N_k$，采用支撑时，宜取 $P = 0.5N_k \sim 0.8N_k$；

$P$——锚杆的预加轴向拉力值或支撑的预加轴向压力值（kN）；

$\alpha$——锚杆倾角或支撑仰角（°）；

$b_a$——挡土结构计算宽度（m），对单根支护桩，取排桩间距，对单幅地下连续墙，取包括接头的单幅墙宽度；

$s$——锚杆或支撑的水平间距（m）；

$N_k$——锚杆轴向拉力标准值或支撑轴向压力标准值（kN）。

**4.1.9** 锚拉式支挡结构的弹性支点刚度系数应按下列规定确定：

**1** 锚拉式支挡结构的弹性支点刚度系数宜通过本规程附录A规定的基本试验按下式计算：

$$k_R = \frac{(Q_2 - Q_1)b_a}{(s_2 - s_1)s} \quad (4.1.9\text{-}1)$$

式中：$Q_1$、$Q_2$——锚杆循环加荷或逐级加荷试验中（$Q$-$s$）曲线上对应锚杆锁定值与轴向拉力标准值的荷载值（kN）；对锁定前进行预张拉的锚杆，应取循环加荷试验中在相当于预张拉荷载的加载量下卸载后的再加载曲线上的荷载值；

$s_1$、$s_2$——（$Q$-$s$）曲线上对应于荷载为 $Q_1$、$Q_2$ 的锚头位移值（m）；

$s$——锚杆水平间距（m）。

**2** 缺少试验时，弹性支点刚度系数也可按下式计算：

$$k_R = \frac{3E_sE_cA_pAb_a}{[3E_cAl_f + E_sA_p(l - l_f)]s} \quad (4.1.9\text{-}2)$$

$$E_c = \frac{E_sA_p + E_m(A - A_p)}{A} \quad (4.1.9\text{-}3)$$

式中：$E_s$——锚杆杆体的弹性模量（kPa）；

$E_c$——锚杆的复合弹性模量（kPa）；

$A_p$——锚杆杆体的截面面积（m²）；

$A$——注浆固结体的截面面积（m²）；

$l_f$——锚杆的自由段长度（m）；

$l$——锚杆长度（m）；

$E_m$——注浆固结体的弹性模量（kPa）。

**3** 当锚杆腰梁或冠梁的挠度不可忽略不计时，应考虑梁的挠度对弹性支点刚度系数的影响。

**4.1.10** 支撑式支挡结构的弹性支点刚度系数宜通过对内支撑结构整体进行线弹性结构分析得出的支点力与水平位移的关系确定。对水平对撑，当支撑腰梁或冠梁的挠度可忽略不计时，计算宽度内弹性支点刚度系数可按下式计算：

$$k_R = \frac{\alpha_R EAb_a}{\lambda l_0 s} \quad (4.1.10)$$

式中：$\lambda$——支撑不动点调整系数：支撑两对边基坑的土性、深度、周边荷载等条件相近，且分层对称开挖时，取 $\lambda = 0.5$；支撑两对边基坑的土性、深度、周边荷载等条件或开挖时间有差异时，对土压力较大或先开挖的一侧，取 $\lambda = 0.5 \sim 1.0$，且差异大时取大值，反之取小值；对土压力较小或后开挖的一侧，取（$1 - \lambda$）；当基坑一侧取 $\lambda = 1$ 时，基坑另一侧应按固定支座考虑；对竖向斜撑构件，取 $\lambda = 1$；

$\alpha_R$——支撑松弛系数，对混凝土支撑和预加轴向压力的钢支撑，取 $\alpha_R = 1.0$，对不预加轴向压力的钢支撑，取 $\alpha_R = 0.8 \sim 1.0$；

$E$——支撑材料的弹性模量（kPa）；

$A$——支撑截面面积（m²）；

$l_0$——受压支撑构件的长度（m）；

$s$——支撑水平间距（m）。

**4.1.11** 结构分析时，按荷载标准组合计算的变形值不应大于按本规程第3.1.8条确定的变形控制值。

## 4.2 稳定性验算

**4.2.1** 悬臂式支挡结构的嵌固深度（$l_d$）应符合下式嵌固稳定性的要求（图4.2.1）：

$$\frac{E_{pk}a_{p1}}{E_{ak}a_{a1}} \geq K_e \quad (4.2.1)$$

式中：$K_e$——嵌固稳定安全系数；安全等级为一级、二级、三级的悬臂式支挡结构，$K_e$ 分别不应小于1.25、1.2、1.15；

$E_{ak}$、$E_{pk}$——分别为基坑外侧主动土压力、基坑内侧被动土压力标准值（kN）；

$a_{a1}$、$a_{p1}$——分别为基坑外侧主动土压力、基坑内侧被动土压力合力作用点至挡土构件底端的距离（m）。

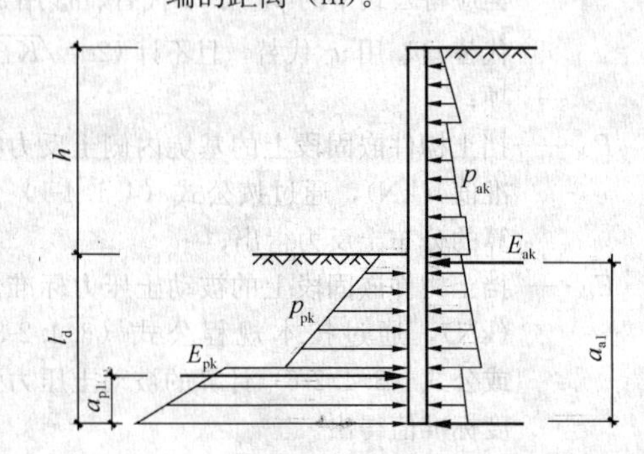


图4.2.1 悬臂式结构嵌固稳定性验算

**4.2.2** 单层锚杆和单层支撑的支挡式结构的嵌固深度（$l_d$）应符合下式嵌固稳定性的要求（图4.2.2）：

$$\frac{E_{pk}a_{p2}}{E_{ak}a_{a2}} \geqslant K_e \quad (4.2.2)$$

式中：$K_e$——嵌固稳定安全系数；安全等级为一级、二级、三级的锚拉式支挡结构和支撑式支挡结构，$K_e$分别不应小于1.25、1.2、1.15；

$a_{a2}$、$a_{p2}$——基坑外侧主动土压力、基坑内侧被动土压力合力作用点至支点的距离（m）。

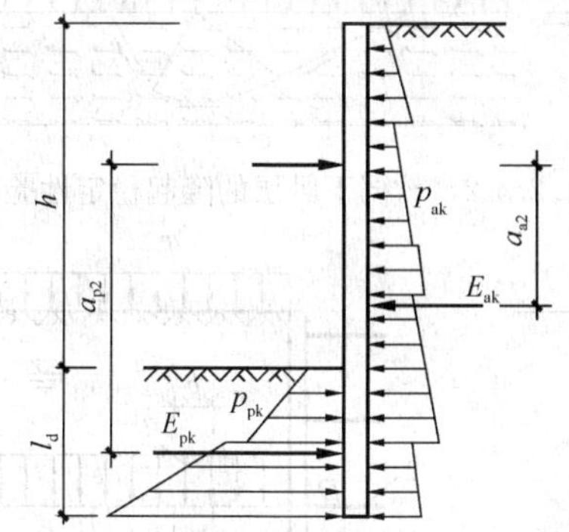


图 4.2.2 单支点锚拉式支挡结构和支撑式支挡结构的嵌固稳定性验算

**4.2.3** 锚拉式、悬臂式支挡结构和双排桩应按下列规定进行整体滑动稳定性验算：

1 整体滑动稳定性可采用圆弧滑动条分法进行验算；

2 采用圆弧滑动条分法时，其整体滑动稳定性应符合下列规定（图 4.2.3）：

$$\min\{K_{s,1}, K_{s,2}, \cdots, K_{s,i}, \cdots\} \geqslant K_s \quad (4.2.3\text{-}1)$$

$$K_{s,i} = \frac{\sum\{c_j l_j + [(q_j b_j + \Delta G_j)\cos\theta_j - u_j l_j]\tan\varphi_j\} + \sum R'_{k,k}[\cos(\theta_k + \alpha_k) + \psi_v]/s_{x,k}}{\sum(q_j b_j + \Delta G_j)\sin\theta_j} \quad (4.2.3\text{-}2)$$

式中：$K_s$——圆弧滑动稳定安全系数；安全等级为一级、二级、三级的支挡式结构，$K_s$分别不应小于1.35、1.3、1.25；

$K_{s,i}$——第$i$个圆弧滑动体的抗滑力矩与滑动力矩的比值；抗滑力矩与滑动力矩之比的最小值宜通过搜索不同圆心及半径的所有潜在滑动圆弧确定；

$c_j$、$\varphi_j$——分别为第$j$土条滑弧面处土的黏聚力（kPa）、内摩擦角（°），按本规程第3.1.14条的规定取值；

$b_j$——第$j$土条的宽度（m）；

$\theta_j$——第$j$土条滑弧面中点处的法线与垂直面的夹角（°）；

$l_j$——第$j$土条的滑弧长度（m），取$l_j = b_j/\cos\theta_j$；

$q_j$——第$j$土条上的附加分布荷载标准值（kPa）；

$\Delta G_j$——第$j$土条的自重（kN），按天然重度计算；

$u_j$——第$j$土条滑弧面上的水压力（kPa）；采用落底式截水帷幕时，对地下水位以下的砂土、碎石土、砂质粉土，在基坑外侧，可取$u_j = \gamma_w h_{wa,j}$，在基坑内侧，可取$u_j = \gamma_w h_{wp,j}$；滑弧面在地下水位以上或对地下水位以下的黏性土，取$u_j = 0$；

$\gamma_w$——地下水重度（kN/m$^3$）；

$h_{wa,j}$——基坑外侧第$j$土条滑弧面中点的压力水头（m）；

$h_{wp,j}$——基坑内侧第$j$土条滑弧面中点的压力水头（m）；

$R'_{k,k}$——第$k$层锚杆在滑动面以外的锚固段的极限抗拔承载力标准值与锚杆杆体受拉承载力标准值（$f_{ptk}A_p$）的较小值（kN）；锚固段的极限抗拔承载力应按本规程第4.7.4条的规定计算，但锚固段应取滑动面以外的长度；对悬臂式、双排桩支挡结构，不考虑$\sum R'_{k,k}[\cos(\theta_k + \alpha_k) + \psi_v]/s_{x,k}$项；

$\alpha_k$——第$k$层锚杆的倾角（°）；

$\theta_k$——滑弧面在第$k$层锚杆处的法线与垂直面的夹角（°）；

$s_{x,k}$——第$k$层锚杆的水平间距（m）；

$\psi_v$——计算系数；可按$\psi_v = 0.5\sin(\theta_k + \alpha_k)\tan\varphi$取值；

$\varphi$——第$k$层锚杆与滑弧交点处土的内摩擦角（°）。

3 当挡土构件底端以下存在软弱下卧土层时，整体稳定性验算滑动面中应包括由圆弧与软弱土层层面组成的复合滑动面。

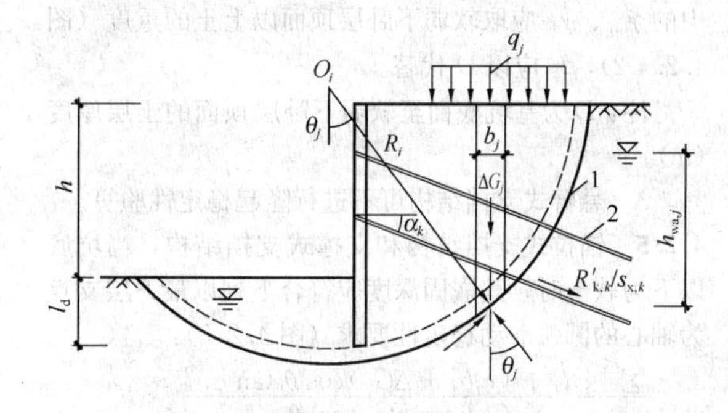


图 4.2.3 圆弧滑动条分法整体稳定性验算

1—任意圆弧滑动面；2—锚杆

**4.2.4** 支挡式结构的嵌固深度应符合下列坑底隆起稳定性要求：

1 锚拉式支挡结构和支撑式支挡结构的嵌固深度应符合下列规定（图 4.2.4-1）：

$$\frac{\gamma_{m2} l_d N_q + c N_c}{\gamma_{m1}(h+l_d)+q_0} \geqslant K_b \quad (4.2.4\text{-}1)$$

$$N_q = \tan^2\left(45^\circ + \frac{\varphi}{2}\right) e^{\pi \tan\varphi} \quad (4.2.4\text{-}2)$$

$$N_c = (N_q - 1)/\tan\varphi \quad (4.2.4\text{-}3)$$

式中：$K_b$——抗隆起安全系数；安全等级为一级、二级、三级的支护结构，$K_b$ 分别不应小于 1.8、1.6、1.4；

$\gamma_{m1}$、$\gamma_{m2}$——分别为基坑外、基坑内挡土构件底面以上土的天然重度（kN/m³）；对多层土，取各层土按厚度加权的平均重度；

$l_d$——挡土构件的嵌固深度（m）；

$h$——基坑深度（m）；

$q_0$——地面均布荷载（kPa）；

$N_c$、$N_q$——承载力系数；

$c$、$\varphi$——分别为挡土构件底面以下土的黏聚力（kPa）、内摩擦角（°），按本规程第 3.1.14 条的规定取值。

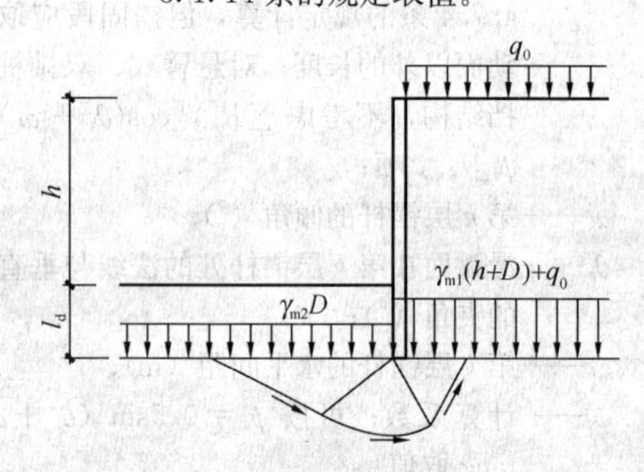


图 4.2.4-1　挡土构件底端平面下土的隆起稳定性验算

2　当挡土构件底面以下有软弱下卧层时，坑底隆起稳定性的验算部位尚应包括软弱下卧层。软弱下卧层的隆起稳定性可按公式（4.2.4-1）验算，但式中的 $\gamma_{m1}$、$\gamma_{m2}$ 应取软弱下卧层顶面以上土的重度（图 4.2.4-2），$l_d$ 应以 $D$ 代替。

注：$D$ 为基坑底面至软弱下卧层顶面的土层厚度（m）。

3　悬臂式支挡结构可不进行隆起稳定性验算。

**4.2.5**　锚拉式支挡结构和支撑式支挡结构，当坑底以下为软土时，其嵌固深度应符合下列以最下层支点为轴心的圆弧滑动稳定性要求（图 4.2.5）：

$$\frac{\sum\left[c_j l_j + (q_j b_j + \Delta G_j)\cos\theta_j \tan\varphi_j\right]}{\sum (q_j b_j + \Delta G_j)\sin\theta_j} \geqslant K_r$$

（4.2.5）

式中：$K_r$——以最下层支点为轴心的圆弧滑动稳定安全系数；安全等级为一级、二级、三级的支挡式结构，$K_r$ 分别不应小于 2.2、1.9、1.7；

$c_j$、$\varphi_j$——分别为第 $j$ 土条在滑弧面处土的黏聚力

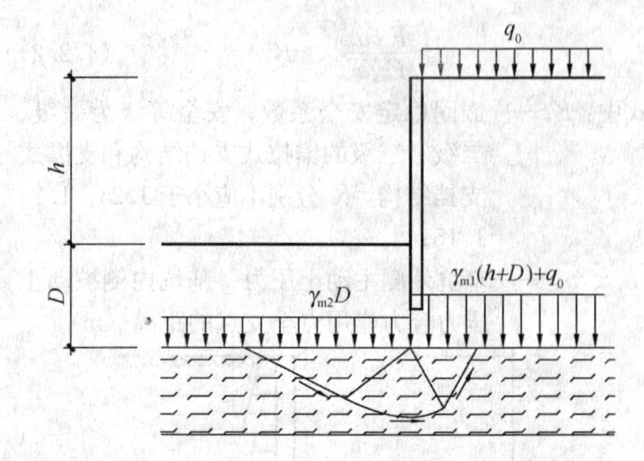


图 4.2.4-2　软弱下卧层的隆起稳定性验算

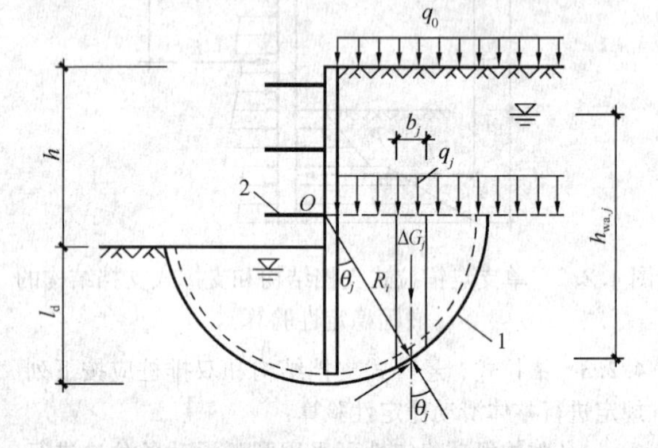


图 4.2.5　以最下层支点为轴心的圆弧滑动稳定性验算

1—任意圆弧滑动面；2—最下层支点

（kPa）、内摩擦角（°），按本规程第 3.1.14 条的规定取值；

$l_j$——第 $j$ 土条的滑弧长度（m），取 $l_j = b_j/\cos\theta_j$；

$q_j$——第 $j$ 土条顶面上的竖向压力标准值（kPa）；

$b_j$——第 $j$ 土条的宽度（m）；

$\theta_j$——第 $j$ 土条滑弧面中点处的法线与垂直面的夹角（°）；

$\Delta G_j$——第 $j$ 土条的自重（kN），按天然重度计算。

**4.2.6**　采用悬挂式截水帷幕或坑底以下存在水头高于坑底的承压水含水层时，应按本规程附录 C 的规定进行地下水渗透稳定性验算。

**4.2.7**　挡土构件的嵌固深度除应满足本规程第 4.2.1 条～第 4.2.6 条的规定外，对悬臂式结构，尚不宜小于 0.8$h$；对单支点支挡式结构，尚不宜小于 0.3$h$；对多支点支挡式结构，尚不宜小于 0.2$h$。

注：$h$ 为基坑深度。

## 4.3　排桩设计

**4.3.1**　排桩的桩型与成桩工艺应符合下列要求：

1　应根据土层的性质、地下水条件及基坑周边

环境要求等选择混凝土灌注桩、型钢桩、钢管桩、钢板桩、型钢水泥土搅拌桩等桩型；

**2** 当支护桩施工影响范围内存在对地基变形敏感、结构性能差的建筑物或地下管线时，不应采用挤土效应严重、易塌孔、易缩径或有较大振动的桩型和施工工艺；

**3** 采用挖孔桩且成孔需要降水时，降水引起的地层变形应满足周边建筑物和地下管线的要求，否则应采取截水措施。

**4.3.2** 混凝土支护桩的正截面和斜截面承载力应符合下列规定：

**1** 沿周边均匀配置纵向钢筋的圆形截面支护桩，其正截面受弯承载力宜按本规程第B.0.1条的规定进行计算；

**2** 沿受拉区和受压区周边局部均匀配置纵向钢筋的圆形截面支护桩，其正截面受弯承载力宜按本规程第B.0.2条～第B.0.4条的规定进行计算；

**3** 圆形截面支护桩的斜截面承载力，可用截面宽度为$1.76r$和截面有效高度为$1.6r$的矩形截面代替圆形截面后，按现行国家标准《混凝土结构设计规范》GB 50010对矩形截面斜截面承载力的规定进行计算，但其剪力设计值应按本规程第3.1.7条确定，计算所得的箍筋截面面积应作为支护桩圆形箍筋的截面面积；

**4** 矩形截面支护桩的正截面受弯承载力和斜截面受剪承载力，应按现行国家标准《混凝土结构设计规范》GB 50010的有关规定进行计算，但其弯矩设计值和剪力设计值应按本规程第3.1.7条确定。

注：$r$为圆形截面半径。

**4.3.3** 型钢、钢管、钢板支护桩的受弯、受剪承载力应按现行国家标准《钢结构设计规范》GB 50017的有关规定进行计算，但其弯矩设计值和剪力设计值应按本规程第3.1.7条确定。

**4.3.4** 采用混凝土灌注桩时，对悬臂式排桩，支护桩的桩径宜大于或等于600mm；对锚拉式排桩或支撑式排桩，支护桩的桩径宜大于或等于400mm；排桩的中心距不宜大于桩直径的2.0倍。

**4.3.5** 采用混凝土灌注桩时，支护桩的桩身混凝土强度等级、钢筋配置和混凝土保护层厚度应符合下列规定：

**1** 桩身混凝土强度等级不宜低于C25；

**2** 纵向受力钢筋宜选用HRB400、HRB500钢筋，单桩的纵向受力钢筋不宜少于8根，其净间距不应小于60mm；支护桩顶部设置钢筋混凝土构造冠梁时，纵向钢筋伸入冠梁的长度宜取冠梁厚度；冠梁按结构受力构件设置时，桩身纵向受力钢筋伸入冠梁的锚固长度应符合现行国家标准《混凝土结构设计规范》GB 50010对钢筋锚固的有关规定；当不能满足锚固长度的要求时，其钢筋末端可采取机械锚固措施；

**3** 箍筋可采用螺旋式箍筋；箍筋直径不应小于纵向受力钢筋最大直径的1/4，且不应小于6mm；箍筋间距宜取100mm～200mm，且不应大于400mm及桩的直径；

**4** 沿桩身配置的加强箍筋应满足钢筋笼起吊安装要求，宜选用HPB300、HRB400钢筋，其间距宜取1000mm～2000mm；

**5** 纵向受力钢筋的保护层厚度不应小于35mm；采用水下灌注混凝土工艺时，不应小于50mm；

**6** 当采用沿截面周边非均匀配置纵向钢筋时，受压区的纵向钢筋根数不应少于5根；当施工方法不能保证钢筋的方向时，不应采用沿截面周边非均匀配置纵向钢筋的形式；

**7** 当沿桩身分段配置纵向受力主筋时，纵向受力钢筋的搭接应符合现行国家标准《混凝土结构设计规范》GB 50010的相关规定。

**4.3.6** 支护桩顶部应设置混凝土冠梁。冠梁的宽度不宜小于桩径，高度不宜小于桩径的0.6倍。冠梁钢筋应符合现行国家标准《混凝土结构设计规范》GB 50010对梁的构造配筋要求。冠梁用作支撑或锚杆的传力构件或按空间结构设计时，尚应按受力构件进行截面设计。

**4.3.7** 在有主体建筑地下管线的部位，冠梁宜低于地下管线。

**4.3.8** 排桩桩间土应采取防护措施。桩间土防护措施宜采用内置钢筋网或钢丝网的喷射混凝土面层。喷射混凝土面层的厚度不宜小于50mm，混凝土强度等级不宜低于C20，混凝土面层内配置的钢筋网的纵横向间距不宜大于200mm。钢筋网或钢丝网宜采用横向拉筋与两侧桩体连接，拉筋直径不宜小于12mm，拉筋锚固在桩内的长度不宜小于100mm。钢筋网宜采用桩间土内打入直径不小于12mm的钢筋钉固定，钢筋钉打入桩间土中的长度不宜小于排桩净间距的1.5倍且不应小于500mm。

**4.3.9** 采用降水的基坑，在有可能出现渗水的部位应设置泄水管，泄水管应采取防止土颗粒流失的反滤措施。

**4.3.10** 排桩采用素混凝土桩与钢筋混凝土桩间隔布置的钻孔咬合桩形式时，支护桩的桩径可取800mm～1500mm，相邻桩咬合长度不宜小于200mm。素混凝土桩应采用塑性混凝土或强度等级不低于C15的超缓凝混凝土，其初凝时间宜控制在40h～70h之间，坍落度宜取12mm～14mm。

### 4.4 排桩施工与检测

**4.4.1** 排桩的施工应符合现行行业标准《建筑桩基技术规范》JGJ 94对相应桩型的有关规定。

**4.4.2** 当排桩桩位邻近的既有建筑物、地下管线、地下构筑物对地基变形敏感时，应根据其位置、类型、材料特性、使用状况等相应采取下列控制地基变形的防护措施：

1 宜采取间隔成桩的施工顺序；对混凝土灌注桩，应在混凝土终凝后，再进行相邻桩的成孔施工；

2 对松散或稍密的砂土、稍密的粉土、软土等易坍塌或流动的软弱土层，对钻孔灌注桩宜采取改善泥浆性能等措施，对人工挖孔桩宜采取减小每节挖孔和护壁的长度、加固孔壁等措施；

3 支护桩成孔过程出现流砂、涌泥、塌孔、缩径等异常情况时，应暂停成孔并及时采取有针对性的措施进行处理，防止继续塌孔；

4 当成孔过程中遇到不明障碍物时，应查明其性质，且在不会危害既有建筑物、地下管线、地下构筑物的情况下方可继续施工。

**4.4.3** 对混凝土灌注桩，其纵向受力钢筋的接头不宜设置在内力较大处。同一连接区段内，纵向受力钢筋的连接方式和连接接头面积百分率应符合现行国家标准《混凝土结构设计规范》GB 50010 对梁类构件的规定。

**4.4.4** 混凝土灌注桩采用分段配置不同数量的纵向钢筋时，钢筋笼制作和安放时应采取控制非通长钢筋竖向定位的措施。

**4.4.5** 混凝土灌注桩采用沿桩截面周边非均匀配置纵向受力钢筋时，应按设计的钢筋配置方向进行安放，其偏转角度不得大于10°。

**4.4.6** 混凝土灌注桩设有预埋件时，应根据预埋件用途和受力特点的要求，控制其安装位置及方向。

**4.4.7** 钻孔咬合桩的施工可采用液压钢套管全长护壁、机械冲抓成孔工艺，其施工应符合下列要求：

1 桩顶应设置导墙，导墙宽度宜取 3m～4m，导墙厚度宜取 0.3m～0.5m；

2 相邻咬合桩应按先施工素混凝土桩、后施工钢筋混凝土桩的顺序进行；钢筋混凝土桩应在素混凝土桩初凝前，通过成孔时切割部分素混凝土桩身形成与素混凝土桩的互相咬合，但应避免过早切割；

3 钻机就位及吊设第一节钢套管时，应采用两个测斜仪贴附在套管外壁并用经纬仪复核套管垂直度，其垂直度允许偏差应为 0.3%；液压套管应正反扭动加压下切；抓斗在套管内取土时，套管底部应始终位于抓土面下方，且抓土面与套管底的距离应大于 1.0m；

4 孔内虚土和沉渣应清除干净，并用抓斗夯实孔底；灌注混凝土时，套管应随混凝土浇筑逐段提拔；套管应垂直提拔，阻力过大时应转动套管同时缓慢提拔。

**4.4.8** 除有特殊要求外，排桩的施工偏差应符合下列规定：

1 桩位的允许偏差应为 50mm；

2 桩垂直度的允许偏差应为 0.5%；

3 预埋件位置的允许偏差应为 20mm；

4 桩的其他施工允许偏差应符合现行行业标准《建筑桩基技术规范》JGJ 94 的规定。

**4.4.9** 冠梁施工时，应将桩顶浮浆、低强度混凝土及破碎部分清除。冠梁混凝土浇筑采用土模时，土面应修理整平。

**4.4.10** 采用混凝土灌注桩时，其质量检测应符合下列规定：

1 应采用低应变动测法检测桩身完整性，检测桩数不宜少于总桩数的 20%，且不得少于 5 根；

2 当根据低应变动测法判定的桩身完整性为Ⅲ类或Ⅳ类时，应采用钻芯法进行验证，并应扩大低应变动测法检测的数量。

### 4.5 地下连续墙设计

**4.5.1** 地下连续墙的正截面受弯承载力、斜截面受剪承载力应按现行国家标准《混凝土结构设计规范》GB 50010 的有关规定进行计算，但其弯矩、剪力设计值应按本规程第 3.1.7 条确定。

**4.5.2** 地下连续墙的墙体厚度宜根据成槽机的规格，选取 600mm、800mm、1000mm 或 1200mm。

**4.5.3** 一字形槽段长度宜取 4m～6m。当成槽施工可能对周边环境产生不利影响或槽壁稳定性较差时，应取较小的槽段长度。必要时，宜采用搅拌桩对槽壁进行加固。

**4.5.4** 地下连续墙的转角处或有特殊要求时，单元槽段的平面形状可采用 L 形、T 形等。

**4.5.5** 地下连续墙的混凝土设计强度等级宜取 C30～C40。地下连续墙用于截水时，墙体混凝土抗渗等级不宜小于 P6。当地下连续墙同时作为主体地下结构构件时，墙体混凝土抗渗等级应满足现行国家标准《地下工程防水技术规范》GB 50108 等相关标准的要求。

**4.5.6** 地下连续墙的纵向受力钢筋应沿墙身两侧均匀配置，可按内力大小沿墙体纵向分段配置，但通长配置的纵向钢筋不应小于总数的 50%；纵向受力钢筋宜选用 HRB400、HRB500 钢筋，直径不宜小于 16mm，净间距不宜小于 75mm。水平钢筋及构造钢筋宜选用 HPB300 或 HRB400 钢筋，直径不宜小于 12mm，水平钢筋间距宜取 200mm～400mm。冠梁按构造设置时，纵向钢筋伸入冠梁的长度宜取冠梁厚度。冠梁按结构受力构件设置时，墙身纵向受力钢筋伸入冠梁的锚固长度应符合现行国家标准《混凝土结构设计规范》GB 50010 对钢筋锚固的有关规定。当不能满足锚固长度的要求时，其钢筋末端可采取机械锚固措施。

**4.5.7** 地下连续墙纵向受力钢筋的保护层厚度，在基坑内侧不宜小于 50mm，在基坑外侧不宜小于

70mm。

**4.5.8** 钢筋笼端部与槽段接头之间、钢筋笼端部与相邻墙段混凝土面之间的间隙不应大于150mm，纵向钢筋下端500mm长度范围内宜按1∶10的斜度向内收口。

**4.5.9** 地下连续墙的槽段接头应按下列原则选用：

1 地下连续墙宜采用圆形锁口管接头、波纹管接头、楔形接头、工字形钢接头或混凝土预制接头等柔性接头；

2 当地下连续墙作为主体地下结构外墙，且需要形成整体墙体时，宜采用刚性接头；刚性接头可采用一字形或十字形穿孔钢板接头、钢筋承插式接头等；当采取地下连续墙顶设置通长冠梁、墙壁内侧槽段接缝位置设置结构壁柱、基础底板与地下连续墙刚性连接等措施时，也可采用柔性接头。

**4.5.10** 地下连续墙墙顶应设置混凝土冠梁。冠梁宽度不宜小于墙厚，高度不宜小于墙厚的0.6倍。冠梁钢筋应符合现行国家标准《混凝土结构设计规范》GB 50010对梁的构造配筋要求。冠梁用作支撑或锚杆的传力构件或按空间结构设计时，尚应按受力构件进行截面设计。

## 4.6 地下连续墙施工与检测

**4.6.1** 地下连续墙的施工应根据地质条件的适应性等因素选择成槽设备。成槽施工前应进行成槽试验，并应通过试验确定施工工艺及施工参数。

**4.6.2** 当地下连续墙邻近的既有建筑物、地下管线、地下构筑物对地基变形敏感时，地下连续墙的施工应采取有效措施控制槽壁变形。

**4.6.3** 成槽施工前，应沿地下连续墙两侧设置导墙，导墙宜采用混凝土结构，且混凝土强度等级不宜低于C20。导墙底面不宜设置在新近填土上，且埋深不宜小于1.5m。导墙的强度和稳定性应满足成槽设备和顶拔接头管施工的要求。

**4.6.4** 成槽前，应根据地质条件进行护壁泥浆材料的试配及室内性能试验，泥浆配比应按试验确定。泥浆拌制后应贮放24h，待泥浆材料充分水化后方可使用。成槽时，泥浆的供应及处理设备应满足泥浆使用量的要求，泥浆的性能应符合相关技术指标的要求。

**4.6.5** 单元槽段宜采用间隔一个或多个槽段的跳幅施工顺序。每个单元槽段，挖槽分段不宜超过3个。成槽时，护壁泥浆液面应高于导墙底面500mm。

**4.6.6** 槽段接头应满足混凝土浇筑压力对其强度和刚度的要求。安放槽段接头时，应紧贴槽段垂直缓慢沉放至槽底。遇到阻碍时，槽段接头应在清除障碍后入槽。混凝土浇灌过程中应采取防止混凝土产生绕流的措施。

**4.6.7** 地下连续墙有防渗要求时，应在吊放钢筋笼前，对槽段接头和相邻墙段混凝土面用刷槽器等方法进行清刷，清刷后的槽段接头和混凝土面不得夹泥。

**4.6.8** 钢筋笼制作时，纵向受力钢筋的接头不宜设置在受力较大处。同一连接区段内，纵向受力钢筋的连接方式和连接接头面积百分率应符合现行国家标准《混凝土结构设计规范》GB 50010对板类构件的规定。

**4.6.9** 钢筋笼应设置定位垫块，垫块在垂直方向上的间距宜取3m～5m，在水平方向上宜每层设置2块～3块。

**4.6.10** 单元槽段的钢筋笼宜整体装配和沉放。需要分段装配时，宜采用焊接或机械连接，钢筋接头的位置宜选在受力较小处，并应符合现行国家标准《混凝土结构设计规范》GB 50010对钢筋连接的有关规定。

**4.6.11** 钢筋笼应根据吊装的要求，设置纵横向起吊桁架；桁架主筋宜采用HRB400级钢筋，钢筋直径不宜小于20mm，且应满足吊装和沉放过程中钢筋笼的整体性及钢筋笼骨架不产生塑性变形的要求。钢筋连接点出现位移、松动或开焊时，钢筋笼不得入槽，应重新制作或修整完好。

**4.6.12** 地下连续墙应采用导管法浇筑混凝土。导管拼接时，其接缝应密闭。混凝土浇筑时，导管内应预先设置隔水栓。

**4.6.13** 槽段长度不大于6m时，混凝土宜采用两根导管同时浇筑；槽段长度大于6m时，混凝土宜采用三根导管同时浇筑。每根导管分担的浇筑面积应基本均等。钢筋笼就位后应及时浇筑混凝土。混凝土浇筑过程中，导管埋入混凝土面的深度宜在2.0m～4.0m之间，浇筑液面的上升速度不宜小于3m/h。混凝土浇筑面宜高于地下连续墙设计顶面500mm。

**4.6.14** 除有特殊要求外，地下连续墙的施工偏差应符合现行国家标准《建筑地基基础工程施工质量验收规范》GB 50202的规定。

**4.6.15** 冠梁的施工应符合本规程第4.4.9条的规定。

**4.6.16** 地下连续墙的质量检测应符合下列规定：

1 应进行槽壁垂直度检测，检测数量不得小于同条件下总槽段数的20%，且不应少于10幅；当地下连续墙作为主体地下结构构件时，应对每个槽段进行槽壁垂直度检测；

2 应进行槽底沉渣厚度检测；当地下连续墙作为主体地下结构构件时，应对每个槽段进行槽底沉渣厚度检测；

3 应采用声波透射法对墙体混凝土质量进行检测，检测墙段数量不宜少于同条件下总墙段数的20%，且不得少于3幅，每个检测墙段的预埋超声波管数不应少于4个，且宜布置在墙身截面的四边中点处；

4 当根据声波透射法判定的墙身质量不合格时，应采用钻芯法进行验证；

5 地下连续墙作为主体地下结构构件时，其质量检测尚应符合相关标准的要求。

## 4.7 锚 杆 设 计

**4.7.1** 锚杆的应用应符合下列规定：

1 锚拉结构宜采用钢绞线锚杆；承载力要求较低时，也可采用钢筋锚杆；当环境保护不允许在支护结构使用功能完成后锚杆杆体滞留在地层内时，应采用可拆芯钢绞线锚杆；

2 在易塌孔的松散或稍密的砂土、碎石土、粉土、填土层，高液性指数的饱和黏性土层，高水压力的各类土层中，钢绞线锚杆、钢筋锚杆宜采用套管护壁成孔工艺；

3 锚杆注浆宜采用二次压力注浆工艺；

4 锚杆锚固段不宜设置在淤泥、淤泥质土、泥炭、泥炭质土及松散填土层内；

5 在复杂地质条件下，应通过现场试验确定锚杆的适用性。

**4.7.2** 锚杆的极限抗拔承载力应符合下式要求：

$$\frac{R_k}{N_k} \geqslant K_t \tag{4.7.2}$$

式中：$K_t$——锚杆抗拔安全系数；安全等级为一级、二级、三级的支护结构，$K_t$ 分别不应小于 1.8、1.6、1.4；

$N_k$——锚杆轴向拉力标准值（kN），按本规程第 4.7.3 条的规定计算；

$R_k$——锚杆极限抗拔承载力标准值（kN），按本规程第 4.7.4 条的规定确定。

**4.7.3** 锚杆的轴向拉力标准值应按下式计算：

$$N_k = \frac{F_h s}{b_a \cos\alpha} \tag{4.7.3}$$

式中：$N_k$——锚杆轴向拉力标准值（kN）；

$F_h$——挡土构件计算宽度内的弹性支点水平反力（kN），按本规程第 4.1 节的规定确定；

$s$——锚杆水平间距（m）；

$b_a$——挡土结构计算宽度（m）；

$\alpha$——锚杆倾角（°）。

**4.7.4** 锚杆极限抗拔承载力应按下列规定确定：

1 锚杆极限抗拔承载力应通过抗拔试验确定，试验方法应符合本规程附录 A 的规定。

2 锚杆极限抗拔承载力标准值也可按下式估算，但应通过本规程附录 A 规定的抗拔试验进行验证：

$$R_k = \pi d \sum q_{sk,i} l_i \tag{4.7.4}$$

式中：$d$——锚杆的锚固体直径（m）；

$l_i$——锚杆的锚固段在第 $i$ 土层中的长度（m）；锚固段长度为锚杆在理论直线滑动面以外的长度，理论直线滑动面按本规程第 4.7.5 条的规定确定；

$q_{sk,i}$——锚固体与第 $i$ 土层的极限粘结强度标准值（kPa），应根据工程经验并结合表 4.7.4 取值。

**表 4.7.4 锚杆的极限粘结强度标准值**

| 土的名称 | 土的状态或密实度 | $q_{sk}$（kPa） | |
|---|---|---|---|
| | | 一次常压注浆 | 二次压力注浆 |
| 填土 | | 16～30 | 30～45 |
| 淤泥质土 | | 16～20 | 20～30 |
| 黏性土 | $I_L>1$ | 18～30 | 25～45 |
| | $0.75<I_L\leqslant1$ | 30～40 | 45～60 |
| | $0.50<I_L\leqslant0.75$ | 40～53 | 60～70 |
| | $0.25<I_L\leqslant0.50$ | 53～65 | 70～85 |
| | $0<I_L\leqslant0.25$ | 65～73 | 85～100 |
| | $I_L\leqslant0$ | 73～90 | 100～130 |
| 粉土 | $e>0.90$ | 22～44 | 40～60 |
| | $0.75\leqslant e\leqslant0.90$ | 44～64 | 60～90 |
| | $e<0.75$ | 64～100 | 80～130 |
| 粉细砂 | 稍密 | 22～42 | 40～70 |
| | 中密 | 42～63 | 75～110 |
| | 密实 | 63～85 | 90～130 |
| 中砂 | 稍密 | 54～74 | 70～100 |
| | 中密 | 74～90 | 100～130 |
| | 密实 | 90～120 | 130～170 |
| 粗砂 | 稍密 | 80～130 | 100～140 |
| | 中密 | 130～170 | 170～220 |
| | 密实 | 170～220 | 220～250 |
| 砾砂 | 中密、密实 | 190～260 | 240～290 |
| 风化岩 | 全风化 | 80～100 | 120～150 |
| | 强风化 | 150～200 | 200～260 |

注：1 采用泥浆护壁成孔工艺时，应按表取低值后再根据具体情况适当折减；

2 采用套管护壁成孔工艺时，可取表中的高值；

3 采用扩孔工艺时，可在表中数值基础上适当提高；

4 采用二次压力分段劈裂注浆工艺时，可在表中二次压力注浆数值基础上适当提高；

5 当砂土中的细粒含量超过总质量的 30%时，表中数值应乘以 0.75；

6 对有机质含量为 5%～10%的有机质土，应按表取值后适当折减；

7 当锚杆锚固段长度大于 16m 时，应对表中数值适当折减。

3 当锚杆锚固段主要位于黏土层、淤泥质土层、填土层时，应考虑土的蠕变对锚杆预应力损失的影响，并应根据蠕变试验确定锚杆的极限抗拔承载力。锚杆的蠕变试验应符合本规程附录 A 的规定。

**4.7.5** 锚杆的非锚固段长度应按下式确定，且不应小于 5.0m（图 4.7.5）：

$$l_{\mathrm{f}} \geqslant \frac{(a_1 + a_2 - d\tan\alpha)\sin\left(45^\circ - \frac{\varphi_{\mathrm{m}}}{2}\right)}{\sin\left(45^\circ + \frac{\varphi_{\mathrm{m}}}{2} + \alpha\right)} + \frac{d}{\cos\alpha} + 1.5 \tag{4.7.5}$$

式中：$l_{\mathrm{f}}$——锚杆非锚固段长度（m）；

$\alpha$——锚杆倾角（°）；

$a_1$——锚杆的锚头中点至基坑底面的距离（m）；

$a_2$——基坑底面至基坑外侧主动土压力强度与基坑内侧被动土压力强度等值点 $O$ 的距离（m）；对成层土，当存在多个等值点时应按其中最深的等值点计算；

$d$——挡土构件的水平尺寸（m）；

$\varphi_{\mathrm{m}}$——$O$ 点以上各土层按厚度加权的等效内摩擦角（°）。

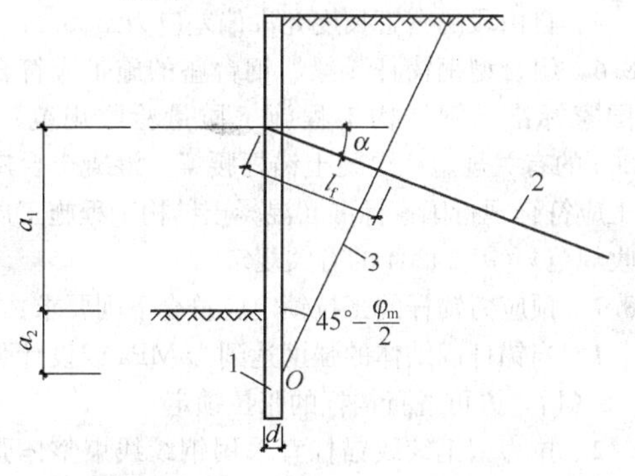


图 4.7.5 理论直线滑动面

1—挡土构件；2—锚杆；3—理论直线滑动面

**4.7.6** 锚杆杆体的受拉承载力应符合下式规定：

$$N \leqslant f_{\mathrm{py}} A_{\mathrm{p}} \tag{4.7.6}$$

式中：$N$——锚杆轴向拉力设计值（kN），按本规程第 3.1.7 条的规定计算；

$f_{\mathrm{py}}$——预应力筋抗拉强度设计值（kPa）；当锚杆杆体采用普通钢筋时，取普通钢筋的抗拉强度设计值；

$A_{\mathrm{p}}$——预应力筋的截面面积（$\mathrm{m}^2$）。

**4.7.7** 锚杆锁定值宜取锚杆轴向拉力标准值的（0.75～0.9）倍，且应与本规程第 4.1.8 条中的锚杆预加轴向拉力值一致。

**4.7.8** 锚杆的布置应符合下列规定：

**1** 锚杆的水平间距不宜小于 1.5m；对多层锚杆，其竖向间距不宜小于 2.0m；当锚杆的间距小于 1.5m 时，应根据群锚效应对锚杆抗拔承载力进行折减或改变相邻锚杆的倾角；

**2** 锚杆锚固段的上覆土层厚度不宜小于 4.0m；

**3** 锚杆倾角宜取 15°～25°，不应大于 45°，不应小于 10°；锚杆的锚固段宜设置在强度较高的土层内；

**4** 当锚杆上方存在天然地基的建筑物或地下构筑物时，宜避开易塌孔、变形的土层。

**4.7.9** 钢绞线锚杆、钢筋锚杆的构造应符合下列规定：

**1** 锚杆成孔直径宜取 100mm～150mm；

**2** 锚杆自由段的长度不应小于 5m，且应穿过潜在滑动面并进入稳定土层不小于 1.5m；钢绞线、钢筋杆体在自由段应设置隔离套管；

**3** 土层中的锚杆锚固段长度不宜小于 6m；

**4** 锚杆杆体的外露长度应满足腰梁、台座尺寸及张拉锁定的要求；

**5** 锚杆杆体用钢绞线应符合现行国家标准《预应力混凝土用钢绞线》GB/T 5224 的有关规定；

**6** 钢筋锚杆的杆体宜选用预应力螺纹钢筋、HRB400、HRB500 螺纹钢筋；

**7** 应沿锚杆杆体全长设置定位支架；定位支架应能使相邻定位支架中点处锚杆杆体的注浆固结体保护层厚度不小于 10mm，定位支架的间距宜根据锚杆杆体的组装刚度确定，对自由段宜取 1.5m～2.0m；对锚固段宜取 1.0m～1.5m；定位支架应能使各根钢绞线相互分离；

**8** 锚具应符合现行国家标准《预应力筋用锚具、夹具和连接器》GB/T 14370 的规定；

**9** 锚杆注浆应采用水泥浆或水泥砂浆，注浆固结体强度不宜低于 20MPa。

**4.7.10** 锚杆腰梁可采用型钢组合梁或混凝土梁。锚杆腰梁应按受弯构件设计。锚杆腰梁的正截面、斜截面承载力，对混凝土腰梁，应符合现行国家标准《混凝土结构设计规范》GB 50010 的规定；对型钢组合腰梁，应符合现行国家标准《钢结构设计规范》GB 50017 的规定。当锚杆锚固在混凝土冠梁上时，冠梁应按受弯构件设计。

**4.7.11** 锚杆腰梁应根据实际约束条件按连续梁或简支梁计算。计算腰梁内力时，腰梁的荷载应取结构分析时得出的支点力设计值。

**4.7.12** 型钢组合腰梁可选用双槽钢或双工字钢，槽钢之间或工字钢之间应用缀板焊接为整体构件，焊缝连接应采用贴角焊。双槽钢或双工字钢之间的净间距应满足锚杆杆体平直穿过的要求。

**4.7.13** 采用型钢组合腰梁时，腰梁应满足在锚杆集中荷载作用下的局部受压稳定与受扭稳定的构造要求。当需要增加局部受压和受扭稳定性时，可在型钢翼缘端口处配置加劲肋板。

**4.7.14** 混凝土腰梁、冠梁宜采用斜面与锚杆轴线垂直的梯形截面；腰梁、冠梁的混凝土强度等级不宜低于 C25。采用梯形截面时，截面的上边水平尺寸不宜小于250mm。

**4.7.15** 采用楔形钢垫块时，楔形钢垫块与挡土构件、腰梁的连接应满足受压稳定性和锚杆垂直分力作用下的受剪承载力要求。采用楔形现浇混凝土垫块时，混凝土垫块应满足抗压强度和锚杆垂直分力作用下的受剪承载力要求，且其强度等级不宜低于C25。

### 4.8 锚杆施工与检测

**4.8.1** 当锚杆穿过的地层附近存在既有地下管线、地下构筑物时，应在调查或探明其位置、尺寸、走向、类型、使用状况等情况后再进行锚杆施工。

**4.8.2** 锚杆的成孔应符合下列规定：

**1** 应根据土层性状和地下水条件选择套管护壁、干成孔或泥浆护壁成孔工艺，成孔工艺应满足孔壁稳定性要求；

**2** 对松散和稍密的砂土、粉土，碎石土，填土，有机质土，高液性指数的饱和黏性土宜采用套管护壁成孔工艺；

**3** 在地下水位以下时，不宜采用干成孔工艺；

**4** 在高塑性指数的饱和黏性土层成孔时，不宜采用泥浆护壁成孔工艺；

**5** 当成孔过程中遇不明障碍物时，在查明其性质前不得钻进。

**4.8.3** 钢绞线锚杆和钢筋锚杆杆体的制作安装应符合下列规定：

**1** 钢绞线锚杆杆体绑扎时，钢绞线应平行、间距均匀；杆体插入孔内时，应避免钢绞线在孔内弯曲或扭转；

**2** 当锚杆杆体选用HRB400、HRB500钢筋时，其连接宜采用机械连接、双面搭接焊、双面帮条焊；采用双面焊时，焊缝长度不应小于杆体钢筋直径的5倍；

**3** 杆体制作和安放时应除锈、除油污、避免杆体弯曲；

**4** 采用套管护壁工艺成孔时，应在拔出套管前将杆体插入孔内；采用非套管护壁成孔时，杆体应匀速推送至孔内；

**5** 成孔后应及时插入杆体及注浆。

**4.8.4** 钢绞线锚杆和钢筋锚杆的注浆应符合下列规定：

**1** 注浆液采用水泥浆时，水灰比宜取0.5～0.55；采用水泥砂浆时，水灰比宜取0.4～0.45，灰砂比宜取0.5～1.0，拌合用砂宜选用中粗砂；

**2** 水泥浆或水泥砂浆内可掺入提高注浆固结体早期强度或微膨胀的外加剂，其掺入量宜按室内试验确定；

**3** 注浆管端部至孔底的距离不宜大于200mm；注浆及拔管过程中，注浆管口应始终埋入注浆液面内，应在水泥浆液从孔口溢出后停止注浆；注浆后浆液面下降时，应进行孔口补浆；

**4** 采用二次压力注浆工艺时，注浆管应在锚杆末端 $l_a/4$～$l_a/3$ 范围内设置注浆孔，孔间距宜取500mm～800mm，每个注浆截面的注浆孔宜取2个；二次压力注浆液宜采用水灰比0.5～0.55的水泥浆；二次注浆管应固定在杆体上，注浆管的出浆口应有逆止构造；二次压力注浆应在水泥浆初凝后、终凝前进行，终止注浆的压力不应小于1.5MPa；

注：$l_a$ 为锚杆的锚固段长度。

**5** 采用二次压力分段劈裂注浆工艺时，注浆宜在固结体强度达到5MPa后进行，注浆管的出浆孔宜沿锚固段全长设置，注浆应由内向外分段依次进行；

**6** 基坑采用截水帷幕时，地下水位以下的锚杆注浆应采取孔口封堵措施；

**7** 寒冷地区在冬期施工时，应对注浆液采取保温措施，浆液温度应保持在5℃以上。

**4.8.5** 锚杆的施工偏差应符合下列要求：

**1** 钻孔孔位的允许偏差应为50mm；

**2** 钻孔倾角的允许偏差应为3°；

**3** 杆体长度不应小于设计长度；

**4** 自由段的套管长度允许偏差应为±50mm。

**4.8.6** 组合型钢锚杆腰梁、钢台座的施工应符合现行国家标准《钢结构工程施工质量验收规范》GB 50205的有关规定；混凝土锚杆腰梁、混凝土台座的施工应符合现行国家标准《混凝土结构工程施工质量验收规范》GB 50204的有关规定。

**4.8.7** 预应力锚杆的张拉锁定应符合下列要求：

**1** 当锚杆固结体的强度达到15MPa或设计强度的75%后，方可进行锚杆的张拉锁定；

**2** 拉力型钢绞线锚杆宜采用钢绞线束整体张拉锁定的方法；

**3** 锚杆锁定前，应按本规程表4.8.8的检测值进行锚杆预张拉；锚杆张拉应平缓加载，加载速率不宜大于 $0.1N_k$/min；在张拉值下的锚杆位移和压力表压力应能保持稳定，当锚头位移不稳定时，应判定此根锚杆不合格；

**4** 锁定时的锚杆拉力应考虑锁定过程的预应力损失量；预应力损失量宜通过对锁定前、后锚杆拉力的测试确定；缺少测试数据时，锁定时的锚杆拉力可取锁定值的1.1倍～1.15倍；

**5** 锚杆锁定应考虑相邻锚杆张拉锁定引起的预应力损失，当锚杆预应力损失严重时，应进行再次锁定；锚杆出现锚头松弛、脱落、锚具失效等情况时，应及时进行修复并对其进行再次锁定；

**6** 当锚杆需要再次张拉锁定时，锚具外杆体长度和完好程度应满足张拉要求。

**4.8.8** 锚杆抗拔承载力的检测应符合下列规定：

**1** 检测数量不应少于锚杆总数的5%，且同一土层中的锚杆检测数量不应少于3根；

2　检测试验应在锚固段注浆固结体强度达到15MPa或达到设计强度的75%后进行；

3　检测锚杆应采用随机抽样的方法选取；

4　抗拔承载力检测值应按表4.8.8确定；

5　检测试验应按本规程附录A的验收试验方法进行；

6　当检测的锚杆不合格时，应扩大检测数量。

**表4.8.8　锚杆的抗拔承载力检测值**

| 支护结构的安全等级 | 抗拔承载力检测值与轴向拉力标准值的比值 |
|---|---|
| 一级 | ≥1.4 |
| 二级 | ≥1.3 |
| 三级 | ≥1.2 |

## 4.9　内支撑结构设计

**4.9.1**　内支撑结构可选用钢支撑、混凝土支撑、钢与混凝土的混合支撑。

**4.9.2**　内支撑结构选型应符合下列原则：

1　宜采用受力明确、连接可靠、施工方便的结构形式；

2　宜采用对称平衡性、整体性强的结构形式；

3　应与主体地下结构的结构形式、施工顺序协调，应便于主体结构施工；

4　应利于基坑土方开挖和运输；

5　需要时，可考虑内支撑结构作为施工平台。

**4.9.3**　内支撑结构应综合考虑基坑平面形状及尺寸、开挖深度、周边环境条件、主体结构形式等因素，选用有立柱或无立柱的下列内支撑形式：

1　水平对撑或斜撑，可采用单杆、桁架、八字形支撑；

2　正交或斜交的平面杆系支撑；

3　环形杆系或环形板系支撑；

4　竖向斜撑。

**4.9.4**　内支撑结构宜采用超静定结构。对个别次要构件失效会引起结构整体破坏的部位宜设置冗余约束。内支撑结构的设计应考虑地质和环境条件的复杂性、基坑开挖步序的偶然变化的影响。

**4.9.5**　内支撑结构分析应符合下列原则：

1　水平对撑与水平斜撑，应按偏心受压构件进行计算；支撑的轴向压力应取支撑间距内挡土构件的支点力之和；腰梁或冠梁应按以支撑为支座的多跨连续梁计算，计算跨度可取相邻支撑点的中心距；

2　矩形基坑的正交平面杆系支撑，可分解为纵横两个方向的结构单元，并分别按偏心受压构件进行计算；

3　平面杆系支撑、环形杆系支撑，可按平面杆系结构采用平面有限元法进行计算；计算时应考虑基坑不同方向上的荷载不均匀性；建立的计算模型中，约束支座的设置应与支护结构实际位移状态相符，内支撑结构边界向基坑外位移处应设置弹性约束支座，向基坑内位移处不应设置支座，与边界平行方向应根据支护结构实际位移状态设置支座；

4　内支撑结构应进行竖向荷载作用下的结构分析；设有立柱时，在竖向荷载作用下内支撑结构宜按空间框架计算，当作用在内支撑结构上的竖向荷载较小时，内支撑结构的水平构件可按连续梁计算，计算跨度可取相邻立柱的中心距；

5　竖向斜撑应按偏心受压杆件进行计算；

6　当有可靠经验时，宜采用三维结构分析方法，对支撑、腰梁与冠梁、挡土构件进行整体分析。

**4.9.6**　内支撑结构分析时，应同时考虑下列作用：

1　由挡土构件传至内支撑结构的水平荷载；

2　支撑结构自重；当支撑作为施工平台时，尚应考虑施工荷载；

3　当温度改变引起的支撑结构内力不可忽略不计时，应考虑温度应力；

4　当支撑立柱下沉或隆起量较大时，应考虑支撑立柱与挡土构件之间差异沉降产生的作用。

**4.9.7**　混凝土支撑构件及其连接的受压、受弯、受剪承载力计算应符合现行国家标准《混凝土结构设计规范》GB 50010的规定；钢支撑结构构件及其连接的受压、受弯、受剪承载力及各类稳定性计算应符合现行国家标准《钢结构设计规范》GB 50017的规定。支撑的承载力计算应考虑施工偏心误差的影响，偏心距取值不宜小于支撑计算长度的1/1000，且对混凝土支撑不宜小于20mm，对钢支撑不宜小于40mm。

**4.9.8**　支撑构件的受压计算长度应按下列规定确定：

1　水平支撑在竖向平面内的受压计算长度，不设置立柱时，应取支撑的实际长度；设置立柱时，应取相邻立柱的中心间距；

2　水平支撑在水平平面内的受压计算长度，对无水平支撑杆件交汇的支撑，应取支撑的实际长度；对有水平支撑杆件交汇的支撑，应取与支撑相交的相邻水平支撑杆件的中心间距；当水平支撑杆件的交汇点不在同一水平面内时，水平平面内的受压计算长度宜取与支撑相交的相邻水平支撑杆件中心间距的1.5倍；

3　对竖向斜撑，应按本条第1、2款的规定确定受压计算长度。

**4.9.9**　预加轴向压力的支撑，预加力值宜取支撑轴向压力标准值的（0.5～0.8）倍，且应与本规程第4.1.8条中的支撑预加轴向压力一致。

**4.9.10**　立柱的受压承载力可按下列规定计算：

1　在竖向荷载作用下，内支撑结构按框架计算时，立柱应按偏心受压构件计算；内支撑结构的水平构件按连续梁计算时，立柱可按轴心受压构件计算；

2 立柱的受压计算长度应按下列规定确定：

1）单层支撑的立柱、多层支撑底层立柱的受压计算长度应取底层支撑至基坑底面的净高度与立柱直径或边长的5倍之和；

2）相邻两层水平支撑间的立柱受压计算长度应取此两层水平支撑的中心间距；

3 立柱的基础应满足抗压和抗拔的要求。

**4.9.11** 内支撑的平面布置应符合下列规定：

1 内支撑的布置应满足主体结构的施工要求，宜避开地下主体结构的墙、柱；

2 相邻支撑的水平间距应满足土方开挖的施工要求；采用机械挖土时，应满足挖土机械作业的空间要求，且不宜小于4m；

3 基坑形状有阳角时，阳角处的支撑应在两边同时设置；

4 当采用环形支撑时，环梁宜采用圆形、椭圆形等封闭曲线形式，并应按使环梁弯矩、剪力最小的原则布置辐射支撑；环形支撑宜采用与腰梁或冠梁相切的布置形式；

5 水平支撑与挡土构件之间应设置连接腰梁；当支撑设置在挡土构件顶部时，水平支撑应与冠梁连接；在腰梁或冠梁上支撑点的间距，对钢腰梁不宜大于4m，对混凝土梁不宜大于9m；

6 当需要采用较大水平间距的支撑时，宜根据支撑冠梁、腰梁的受力和承载力要求，在支撑端部两侧设置八字斜撑杆与冠梁、腰梁连接，八字斜撑杆宜在主撑两侧对称布置，且斜撑杆的长度不宜大于9m，斜撑杆与冠梁、腰梁之间的夹角宜取45°～60°；

7 当设置支撑立柱时，临时立柱应避开主体结构的梁、柱及承重墙；对纵横双向交叉的支撑结构，立柱宜设置在支撑的交汇点处；对用作主体结构柱的立柱，立柱在基坑支护阶段的负荷不得超过主体结构的设计要求；立柱与支撑端部及立柱之间的间距应根据支撑构件的稳定要求和竖向荷载的大小确定，且对混凝土支撑不宜大于15m，对钢支撑不宜大于20m；

8 当采用竖向斜撑时，应设置斜撑基础，且应考虑与主体结构底板施工的关系。

**4.9.12** 支撑的竖向布置应符合下列规定：

1 支撑与挡土构件连接处不应出现拉力；

2 支撑应避开主体地下结构底板和楼板的位置，并应满足主体地下结构施工对墙、柱钢筋连接长度的要求；当支撑下方的主体结构楼板在支撑拆除前施工时，支撑底面与下方主体结构楼板间的净距不宜小于700mm；

3 支撑至坑底的净高不宜小于3m；

4 采用多层水平支撑时，各层水平支撑宜布置在同一竖向平面内，层间净高不宜小于3m。

**4.9.13** 混凝土支撑的构造应符合下列规定：

1 混凝土的强度等级不应低于C25；

2 支撑构件的截面高度不宜小于其竖向平面内计算长度的1/20；腰梁的截面高度（水平尺寸）不宜小于其水平方向计算跨度的1/10，截面宽度（竖向尺寸）不应小于支撑的截面高度；

3 支撑构件的纵向钢筋直径不宜小于16mm，沿截面周边的间距不宜大于200mm；箍筋的直径不宜小于8mm，间距不宜大于250mm。

**4.9.14** 钢支撑的构造应符合下列规定：

1 钢支撑构件可采用钢管、型钢及其组合截面；

2 钢支撑受压杆件的长细比不应大于150，受拉杆件长细比不应大于200；

3 钢支撑连接宜采用螺栓连接，必要时可采用焊接连接；

4 当水平支撑与腰梁斜交时，腰梁上应设置牛腿或采用其他能够承受剪力的连接措施；

5 采用竖向斜撑时，腰梁和支撑基础上应设置牛腿或采用其他能够承受剪力的连接措施；腰梁与挡土构件之间应采用能够承受剪力的连接措施；斜撑基础应满足竖向承载力和水平承载力要求。

**4.9.15** 立柱的构造应符合下列规定：

1 立柱可采用钢格构、钢管、型钢或钢管混凝土等形式；

2 当采用灌注桩作为立柱基础时，钢立柱锚入桩内的长度不宜小于立柱长边或直径的4倍；

3 立柱长细比不宜大于25；

4 立柱与水平支撑的连接可采用铰接；

5 立柱穿过主体结构底板的部位，应有有效的止水措施。

**4.9.16** 混凝土支撑构件的构造，应符合现行国家标准《混凝土结构设计规范》GB 50010的有关规定。钢支撑构件的构造，应符合现行国家标准《钢结构设计规范》GB 50017的有关规定。

## 4.10 内支撑结构施工与检测

**4.10.1** 内支撑结构的施工与拆除顺序，应与设计工况一致，必须遵循先支撑后开挖的原则。

**4.10.2** 混凝土支撑的施工应符合现行国家标准《混凝土结构工程施工质量验收规范》GB 50204的规定。

**4.10.3** 混凝土腰梁施工前应将排桩、地下连续墙等挡土构件的连接表面清理干净，混凝土腰梁应与挡土构件紧密接触，不得留有缝隙。

**4.10.4** 钢支撑的安装应符合现行国家标准《钢结构工程施工质量验收规范》GB 50205的规定。

**4.10.5** 钢腰梁与排桩、地下连续墙等挡土构件间隙的宽度宜小于100mm，并应在钢腰梁安装定位后，用强度等级不低于C30的细石混凝土填充密实或采用其他可靠连接措施。

**4.10.6** 对预加轴向压力的钢支撑，施加预压力时应符合下列要求：

1 对支撑施加压力的千斤顶应有可靠、准确的计量装置；

2 千斤顶压力的合力点应与支撑轴线重合，千斤顶应在支撑轴线两侧对称、等距放置，且应同步施加压力；

3 千斤顶的压力应分级施加，施加每级压力后应保持压力稳定10min后方可施加下一级压力；预压力加至设计规定值后，应在压力稳定10min后，方可按设计预压力值进行锁定；

4 支撑施加压力过程中，当出现焊点开裂、局部压曲等异常情况时应卸除压力，在对支撑的薄弱处进行加固后，方可继续施加压力；

5 当监测的支撑压力出现损失时，应再次施加预压力。

**4.10.7** 对钢支撑，当夏期施工产生较大温度应力时，应及时对支撑采取降温措施。当冬期施工降温产生的收缩使支撑端头出现空隙时，应及时用铁楔将空隙楔紧或采用其他可靠连接措施。

**4.10.8** 支撑拆除应在替换支撑的结构构件达到换撑要求的承载力后进行。当主体结构底板和楼板分块浇筑或设置后浇带时，应在分块部位或后浇带处设置可靠的传力构件。支撑的拆除应根据支撑材料、形式、尺寸等具体情况采用人工、机械和爆破等方法。

**4.10.9** 立柱的施工应符合下列要求：

1 立柱桩混凝土的浇筑面宜高于设计桩顶500mm；

2 采用钢立柱时，立柱周围的空隙应用碎石回填密实，并宜辅以注浆措施；

3 立柱的定位和垂直度宜采用专门措施进行控制，对格构柱、H型钢柱，尚应同时控制转向偏差。

**4.10.10** 内支撑的施工偏差应符合下列要求：

1 支撑标高的允许偏差应为30mm；

2 支撑水平位置的允许偏差应为30mm；

3 临时立柱平面位置的允许偏差应为50mm，垂直度的允许偏差应为1/150。

## 4.11 支护结构与主体结构的结合及逆作法

**4.11.1** 支护结构与主体结构可采用下列结合方式：

1 支护结构的地下连续墙与主体结构外墙相结合；

2 支护结构的水平支撑与主体结构水平构件相结合；

3 支护结构的竖向支承立柱与主体结构竖向构件相结合。

**4.11.2** 支护结构与主体结构相结合时，应分别按基坑支护各设计状况与主体结构各设计状况进行设计。与主体结构相关的构件之间的结点连接、变形协调与防水构造应满足主体结构的设计要求。按支护结构设计时，作用在支护结构上的荷载除应符合本规程第3.4节、第4.9节的规定外，尚应同时考虑施工时的主体结构自重及施工荷载；按主体结构设计时，作用在主体结构外墙上的土压力宜采用静止土压力。

**4.11.3** 地下连续墙与主体结构外墙相结合时，可采用单一墙、复合墙或叠合墙结构形式，其结合应符合下列要求（图4.11.3）：

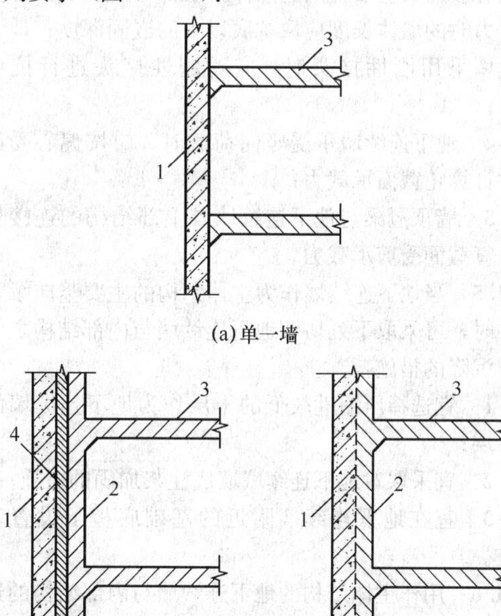


图4.11.3 地下连续墙与主体结构外墙结合的形式

1—地下连续墙；2—衬墙；3—楼盖；4—衬垫材料

1 对于单一墙，永久使用阶段应按地下连续墙承担全部外墙荷载进行设计；

2 对于复合墙，地下连续墙内侧应设置混凝土衬墙；地下连续墙与衬墙之间的结合面应按不承受剪力进行构造设计，永久使用阶段水平荷载作用下的墙体内力宜按地下连续墙与衬墙的刚度比例进行分配；

3 对于叠合墙，地下连续墙内侧应设置混凝土衬墙；地下连续墙与衬墙之间的结合面应按承受剪力进行连接构造设计，永久使用阶段地下连续墙与衬墙应按整体考虑，外墙厚度应取地下连续墙与衬墙厚度之和。

**4.11.4** 地下连续墙与主体结构外墙相结合时，主体结构各设计状况下地下连续墙的计算分析应符合下列规定：

1 水平荷载作用下，地下连续墙应按以楼盖结构为支承的连续板或连续梁进行计算，结构分析尚应考虑与支护阶段地下连续墙内力、变形叠加的工况；

2 地下连续墙应进行裂缝宽度验算；除特殊要求外，应按现行国家标准《混凝土结构设计规范》GB 50010的规定，按环境类别选用不同的裂缝控制等级及最大裂缝宽度限值；

3 地下连续墙作为主要竖向承重构件时，应分别按承载能力极限状态和正常使用极限状态验算地下连续墙的竖向承载力和沉降量；地下连续墙的竖向承载力宜通过现场静载荷试验确定；无试验条件时，可按钻孔灌注桩的竖向承载力计算公式进行估算，墙身截面有效周长应取与周边土体接触部分的长度，计算侧阻力时的墙体长度应取坑底以下的嵌固深度；地下连续墙采用刚性接头时，应对刚性接头进行抗剪验算；

4 地下连续墙承受竖向荷载时，应按偏心受压构件计算正截面承载力；

5 墙顶冠梁与地下连续墙及上部结构的连接处应验算截面受剪承载力。

**4.11.5** 当地下连续墙作为主体结构的主要竖向承重构件时，可采取下列协调地下连续墙与内部结构之间差异沉降的措施：

1 宜选择压缩性较低的土层作为地下连续墙的持力层；

2 宜采取对地下连续墙墙底注浆加固的措施；

3 宜在地下连续墙附近的基础底板下设置基础桩。

**4.11.6** 用作主体结构的地下连续墙与内部结构的连接及防水构造应符合下列规定：

1 地下连续墙与主体结构的连接可采用墙内预埋弯起钢筋、钢筋接驳器、钢板等，预埋钢筋直径不宜大于20mm，并应采用HPB300钢筋；连接钢筋直径大于20mm时，宜采用钢筋接驳器连接；无法预埋钢筋或埋设精度无法满足设计要求时，可采用预埋钢板的方式；

2 地下连续墙墙段间的竖向接缝宜设置防渗和止水构造；有条件时，可在墙体内侧接缝处设扶壁式构造柱或框架柱；当地下连续墙内侧设有构造衬墙时，应在地下连续墙与衬墙间设置排水通道；

3 地下连续墙与结构顶板、底板的连接接缝处，应按地下结构的防水等级要求，设置刚性止水片、遇水膨胀橡胶止水条或预埋注浆管注浆止水等构造措施。

**4.11.7** 水平支撑与主体结构水平构件相结合时，支护阶段用作支撑的楼盖的计算分析应符合下列规定：

1 应符合本规程第4.9节的有关规定；

2 当楼盖结构兼作为施工平台时，应按水平和竖向荷载同时作用进行计算；

3 同层楼板面存在高差的部位，应验算该部位构件的受弯、受剪、受扭承载能力；必要时，应设置可靠的水平向转换结构或临时支撑等措施；

4 结构楼板的洞口及车道开口部位，当洞口两侧的梁板不能满足传力要求时，应采用设置临时支撑等措施；

5 各层楼盖设结构分缝或后浇带处，应设置水平传力构件，其承载力应通过计算确定。

**4.11.8** 水平支撑与主体结构水平构件相结合时，主体结构各设计状况下主体结构楼盖的计算分析应考虑与支护阶段楼盖内力、变形叠加的工况。

**4.11.9** 当楼盖采用梁板结构体系时，框架梁截面的宽度，应根据梁柱节点位置框架梁主筋穿过的要求，适当大于竖向支承立柱的截面宽度。当框架梁宽度在梁柱节点位置不能满足主筋穿过的要求时，在梁柱节点位置应采取梁的宽度方向加腋、环梁节点、连接环板等措施。

**4.11.10** 竖向支承立柱与主体结构竖向构件相结合时，支护阶段立柱和立柱桩的计算分析除应符合本规程第4.9.10条的规定外，尚应符合下列规定：

1 立柱及立柱桩的承载力与沉降计算时，立柱及立柱桩的荷载应包括支护阶段施工的主体结构自重及其所承受的施工荷载，并应按其安装的垂直度允许偏差考虑竖向荷载偏心的影响；

2 在主体结构底板施工前，立柱基础之间及立柱与地下连续墙之间的差异沉降不宜大于20mm，且不宜大于柱距的1/400。

**4.11.11** 在主体结构的短暂与持久设计状况下，宜考虑立柱基础之间的差异沉降及立柱与地下连续墙之间的差异沉降引起的结构次应力，并应采取防止裂缝产生的措施。立柱桩采用钻孔灌注桩时，可采用后注浆措施减小立柱桩的沉降。

**4.11.12** 竖向支承立柱与主体结构竖向构件相结合时，一根结构柱位置宜布置一根立柱及立柱桩。当一根立柱无法满足逆作施工阶段的承载力与沉降要求时，也可采用一根结构柱位置布置多根立柱和立柱桩的形式。

**4.11.13** 与主体结构竖向构件结合的立柱的构造应符合下列规定：

1 立柱应根据支护阶段承受的荷载要求及主体结构设计要求，采用格构式钢立柱、H型钢立柱或钢管混凝土立柱等形式；立柱桩宜采用灌注桩，并应尽量利用主体结构的基础桩；

2 立柱采用角钢格构柱时，其边长不宜小于420mm；采用钢管混凝土柱时，钢管直径不宜小于500mm；

3 外包混凝土形成主体结构框架柱的立柱，其形式与截面应与地下结构梁板和柱的截面与钢筋配置相协调，其节点构造应保证结构整体受力与节点连接的可靠性；立柱应在地下结构底板混凝土浇筑完后，逐层在立柱外侧浇筑混凝土形成地下结构框架柱；

4 立柱与水平构件连接节点的抗剪钢筋、栓钉或钢牛腿等抗剪构造应根据计算确定；

5 采用钢管混凝土立柱时，插入立柱桩的钢管的混凝土保护层厚度不应小于100mm。

**4.11.14** 地下连续墙与主体结构外墙相结合时，地下连续墙的施工应符合下列规定：

1 地下连续墙成槽施工应采用具有自动纠偏功能的设备；

2 地下连续墙采用墙底后注浆时，可将墙段折算成截面面积相等的桩后，按现行行业标准《建筑桩基技术规范》JGJ 94 的有关规定确定后注浆参数，后注浆的施工应符合该规范的有关规定。

**4.11.15** 竖向支承立柱与主体结构竖向构件相结合时，立柱及立柱桩的施工除应符合本规程第 4.10.9 条规定外，尚应符合下列要求：

1 立柱采用钢管混凝土柱时，宜通过现场试充填试验确定钢管混凝土柱的施工工艺与施工参数；

2 立柱桩采用后注浆时，后注浆的施工应符合现行行业标准《建筑桩基技术规范》JGJ 94 有关灌注桩后注浆施工的规定。

**4.11.16** 主体结构采用逆作法施工时，应在地下各层楼板上设置用于垂直运输的孔洞。楼板的孔洞应符合下列规定：

1 同层楼板上需要设置多个孔洞时，孔洞的位置应考虑楼板作为内支撑的受力和变形要求，并应满足合理布置施工运输的要求；

2 孔洞宜尽量利用主体结构的楼梯间、电梯井或无楼板处等结构开口；孔洞的尺寸应满足土方、设备、材料等垂直运输的施工要求；

3 结构楼板上的运输预留孔洞、立柱预留孔洞部位，应验算水平支撑力和施工荷载作用下的应力和变形，并应采取设置边梁或增强钢筋配置等加强措施；

4 对主体结构逆作施工后需要封闭的临时孔洞，应根据主体结构对孔洞处二次浇筑混凝土的结构连接要求，预先在洞口周边设置连接钢筋或抗剪预埋件等结构连接措施；有防水要求的洞口应设置刚性止水片、遇水膨胀橡胶止水条或预埋注浆管注浆止水等构造措施。

**4.11.17** 逆作的主体结构的梁、板、柱，其混凝土浇筑应采用下列措施：

1 主体结构的梁板等构件宜采用支模法浇筑混凝土；

2 由上向下逐层逆作主体结构的墙、柱时，墙、柱的纵向钢筋预先埋入下方土层内的钢筋连接段应采取防止钢筋污染的措施，与下层墙、柱钢筋的连接应符合现行国家标准《混凝土结构设计规范》GB 50010 对钢筋连接的规定；浇筑下层墙、柱混凝土前，应将已浇筑的上层墙、柱混凝土的结合面及预留连接钢筋、钢板表面的泥土清除干净；

3 逆作浇筑各层墙、柱混凝土时，墙、柱的模板顶部宜做成向上开口的喇叭形，且上层梁板在柱、墙节点处宜预留墙、柱的混凝土浇捣孔；墙、柱混凝土与上层墙、柱的结合面应浇筑密实、无收缩裂缝；

4 当前后两次浇筑的墙、柱混凝土结合面可能出现裂缝时，宜在结合面处的模板上预留充填裂缝的压力注浆孔。

**4.11.18** 与主体结构结合的地下连续墙、立柱及立柱桩，其施工偏差应符合下列规定：

1 除有特殊要求外，地下连续墙的施工偏差应符合现行国家标准《建筑地基基础工程施工质量验收规范》GB 50202 的规定；

2 立柱及立柱桩的平面位置允许偏差应为 10mm；

3 立柱的垂直度允许偏差应为 1/300；

4 立柱桩的垂直度允许偏差应为 1/200。

**4.11.19** 竖向支承立柱与主体结构竖向构件相结合时，立柱及立柱桩的检测应符合下列规定：

1 应对全部立柱进行垂直度与柱位进行检测；

2 应采用敲击法对钢管混凝土立柱进行检验，检测数量应大于立柱总数的 20%；当发现立柱缺陷时，应采用声波透射法或钻芯法进行验证，并扩大敲击法检测数量。

**4.11.20** 与支护结构结合的主体结构构件的设计、施工、检测，应符合本规程第 4.5 节、第 4.6 节、第 4.9 节、第 4.10 节的有关规定。

## 4.12 双排桩设计

**4.12.1** 双排桩可采用图 4.12.1 所示的平面刚架结构模型进行计算。

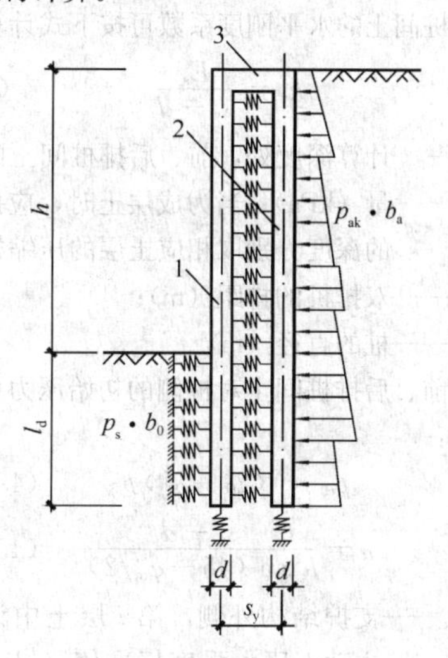


图 4.12.1 双排桩计算

1—前排桩；2—后排桩；3—刚架梁

**4.12.2** 采用图 4.12.1 的结构模型时，作用在后排桩上的主动土压力应按本规程第 3.4 节的规定计算，前排桩嵌固段上的土反力应按本规程第 4.1.4 条确定，作用在单根后排支护桩上的主动土压力计算宽度应取排桩间距，土反力计算宽度应按本规程第 4.1.7 条的规定取值（图 4.12.2）。前、后排桩间土对桩侧的压力可按下式计算：

$$p_c = k_c \Delta v + p_{c0} \quad (4.12.2)$$

式中：$p_c$——前、后排桩间土对桩侧的压力（kPa）；可按作用在前、后排桩上的压力相等考虑；

$k_c$——桩间土的水平刚度系数（kN/m³）；

$\Delta v$——前、后排桩水平位移的差值（m）；当其相对位移减小时为正值；当其相对位移增加时，取 $\Delta v=0$；

$p_{c0}$——前、后排桩间土对桩侧的初始压力（kPa），按本规程第 4.12.4 条计算。

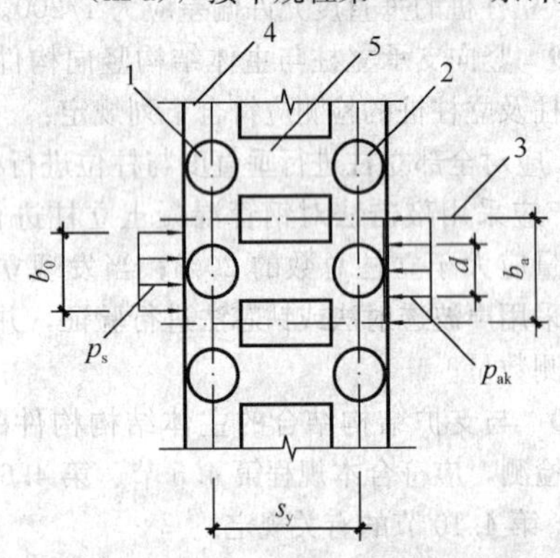

图 4.12.2 双排桩桩顶连梁及计算宽度

1—前排桩；2—后排桩；3—排桩对称中心线；4—桩顶冠梁；5—刚架梁

**4.12.3** 桩间土的水平刚度系数可按下式计算：

$$k_c = \frac{E_s}{s_y - d} \quad (4.12.3)$$

式中：$E_s$——计算深度处，前、后排桩间土的压缩模量（kPa）；当为成层土时，应按计算点的深度分别取相应土层的压缩模量；

$s_y$——双排桩的排距（m）；

$d$——桩的直径（m）。

**4.12.4** 前、后排桩间土对桩侧的初始压力可按下列公式计算：

$$p_{c0} = (2\alpha - \alpha^2) p_{ak} \quad (4.12.4\text{-}1)$$

$$\alpha = \frac{s_y - d}{h \tan(45 - \varphi_m/2)} \quad (4.12.4\text{-}2)$$

式中：$p_{ak}$——支护结构外侧，第 $i$ 层土中计算点的主动土压力强度标准值（kPa），按本规程第 3.4.2 条的规定计算；

$h$——基坑深度（m）；

$\varphi_m$——基坑底面以上各土层按厚度加权的等效内摩擦角平均值（°）；

$\alpha$——计算系数，当计算的 $\alpha$ 大于 1 时，取 $\alpha=1$。

**4.12.5** 双排桩的嵌固深度（$l_d$）应符合下式嵌固稳定性的要求（图 4.12.5）：

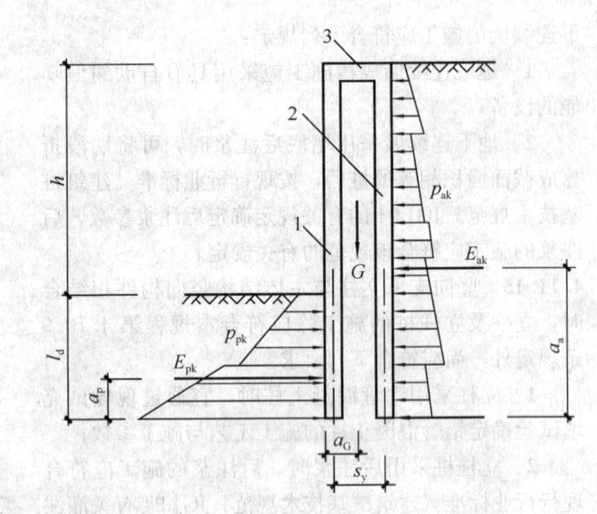

图 4.12.5 双排桩抗倾覆稳定性验算

1—前排桩；2—后排桩；3—刚架梁

$$\frac{E_{pk} a_p + G a_G}{E_{ak} a_a} \geqslant K_e \quad (4.12.5)$$

式中：$K_e$——嵌固稳定安全系数；安全等级为一级、二级、三级的双排桩，$K_e$ 分别不应小于 1.25、1.2、1.15；

$E_{ak}$、$E_{pk}$——分别为基坑外侧主动土压力、基坑内侧被动土压力标准值（kN）；

$a_a$、$a_p$——分别为基坑外侧主动土压力、基坑内侧被动土压力合力作用点至双排桩底端的距离（m）；

$G$——双排桩、刚架梁和桩间土的自重之和（kN）；

$a_G$——双排桩、刚架梁和桩间土的重心至前排桩边缘的水平距离（m）。

**4.12.6** 双排桩排距宜取 $2d$～$5d$。刚架梁的宽度不应小于 $d$，高度不宜小于 $0.8d$，刚架梁高度与双排桩排距的比值宜取 1/6～1/3。

**4.12.7** 双排桩结构的嵌固深度，对淤泥质土，不宜小于 $1.0h$；对淤泥，不宜小于 $1.2h$；对一般黏性土、砂土，不宜小于 $0.6h$。前排桩端宜置于桩端阻力较高的土层。采用泥浆护壁灌注桩时，施工时的孔底沉渣厚度不应大于 50mm，或应采用桩底后注浆加固沉渣。

**4.12.8** 双排桩应按偏心受压、偏心受拉构件进行支护桩的截面承载力计算，刚架梁应根据其跨高比按普通受弯构件或深受弯构件进行截面承载力计算。双排桩结构的截面承载力和构造应符合现行国家标准《混凝土结构设计规范》GB 50010 的有关规定。

**4.12.9** 前、后排桩与刚架梁节点处，桩的受拉钢筋与刚架梁受拉钢筋的搭接长度不应小于受拉钢筋锚固长度的 1.5 倍，其节点构造尚应符合现行国家标准《混凝土结构设计规范》GB 50010 对框架顶层端节点的有关规定。

# 5 土 钉 墙

## 5.1 稳定性验算

**5.1.1** 土钉墙应按下列规定对基坑开挖的各工况进行整体滑动稳定性验算：

**1** 整体滑动稳定性可采用圆弧滑动条分法进行验算。

**2** 采用圆弧滑动条分法时，其整体滑动稳定性应符合下列规定（图 5.1.1）：

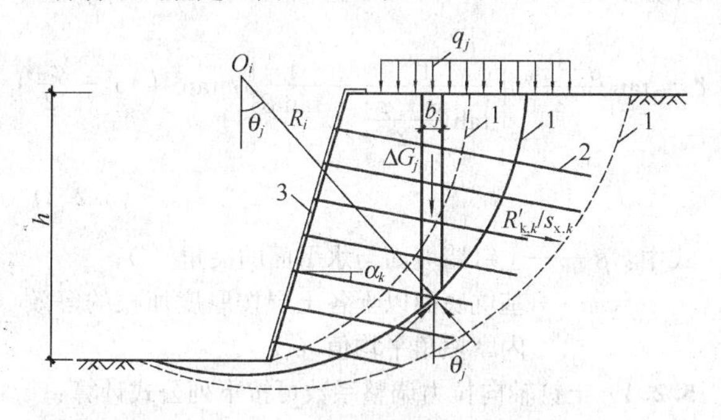


(a)土钉墙在地下水位以上

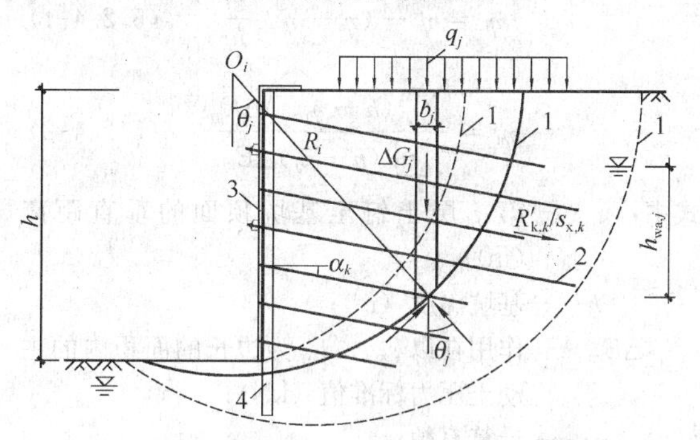


(b)水泥土桩或微型桩复合土钉墙

图 5.1.1 土钉墙整体滑动稳定性验算

1—滑动面；2—土钉或锚杆；3—喷射混凝土面层；4—水泥土桩或微型桩

$$\min\{K_{s,1},K_{s,2}\cdots,K_{s,i},\cdots\}\geqslant K_s \tag{5.1.1-1}$$

$$K_{s,i}=\frac{\Sigma[c_jl_j+(q_jb_j+\Delta G_j)\cos\theta_j\tan\varphi_j]+\Sigma R'_{k,k}[\cos(\theta_k+\alpha_k)+\psi_v]/s_{x,k}}{\Sigma(q_jb_j+\Delta G_j)\sin\theta_j} \tag{5.1.1-2}$$

式中：$K_s$——圆弧滑动稳定安全系数；安全等级为二级、三级的土钉墙，$K_s$ 分别不应小于 1.3、1.25；

$K_{s,i}$——第 $i$ 个圆弧滑动体的抗滑力矩与滑动力矩的比值；抗滑力矩与滑动力矩之比的最小值宜通过搜索不同圆心及半径的所有潜在滑动圆弧确定；

$c_j$、$\varphi_j$——分别为第 $j$ 土条滑弧面处土的黏聚力（kPa）、内摩擦角（°），按本规程第 3.1.14 条的规定取值；

$b_j$——第 $j$ 土条的宽度（m）；

$\theta_j$——第 $j$ 土条滑弧面中点处的法线与垂直面的夹角（°）；

$l_j$——第 $j$ 土条的滑弧长度（m），取 $l_j=b_j/\cos\theta_j$；

$q_j$——第 $j$ 土条上的附加分布荷载标准值（kPa）；

$\Delta G_j$——第 $j$ 土条的自重（kN），按天然重度计算；

$R'_{k,k}$——第 $k$ 层土钉或锚杆在滑动面以外的锚固段的极限抗拔承载力标准值与杆体受拉承载力标准值（$f_{yk}A_s$ 或 $f_{ptk}A_p$）的较小值（kN）；锚固段的极限抗拔承载力应按本规程第 5.2.5 条和第 4.7.4 条的规定计算，但锚固段应取圆弧滑动面以外的长度；

$\alpha_k$——第 $k$ 层土钉或锚杆的倾角（°）；

$\theta_k$——滑弧面在第 $k$ 层土钉或锚杆处的法线与垂直面的夹角（°）；

$s_{x,k}$——第 $k$ 层土钉或锚杆的水平间距（m）；

$\psi_v$——计算系数；可取 $\psi_v=0.5\sin(\theta_k+\alpha_k)\tan\varphi$；

$\varphi$——第 $k$ 层土钉或锚杆与滑弧交点处土的内摩擦角（°）。

**3** 水泥土桩复合土钉墙，在需要考虑地下水压力的作用时，其整体稳定性应按本规程公式（4.2.3-1）、公式（4.2.3-2）验算，但 $R'_{k,k}$ 应按本条的规定取值。

**4** 当基坑面以下存在软弱下卧土层时，整体稳定性验算滑动面中应包括由圆弧与软弱土层层面组成的复合滑动面。

**5** 微型桩、水泥土桩复合土钉墙，滑弧穿过其嵌固段的土条可适当考虑桩的抗滑作用。

**5.1.2** 基坑底面下有软土层的土钉墙结构应进行坑底隆起稳定性验算，验算可采用下列公式（图 5.1.2）。

$$\frac{\gamma_{m2}DN_q+cN_c}{(q_1b_1+q_2b_2)/(b_1+b_2)}\geqslant K_b \tag{5.1.2-1}$$

$$N_q=\tan^2\left(45^\circ+\frac{\varphi}{2}\right)e^{\pi\tan\varphi} \tag{5.1.2-2}$$

$$N_c=(N_q-1)/\tan\varphi \tag{5.1.2-3}$$

$$q_1=0.5\gamma_{m1}h+\gamma_{m2}D \tag{5.1.2-4}$$

$$q_2=\gamma_{m1}h+\gamma_{m2}D+q_0 \tag{5.1.2-5}$$

式中：$K_b$——抗隆起安全系数；安全等级为二级、三级的土钉墙，$K_b$ 分别不应小于 1.6、1.4；

$q_0$——地面均布荷载（kPa）；

$\gamma_{m1}$——基坑底面以上土的天然重度（kN/

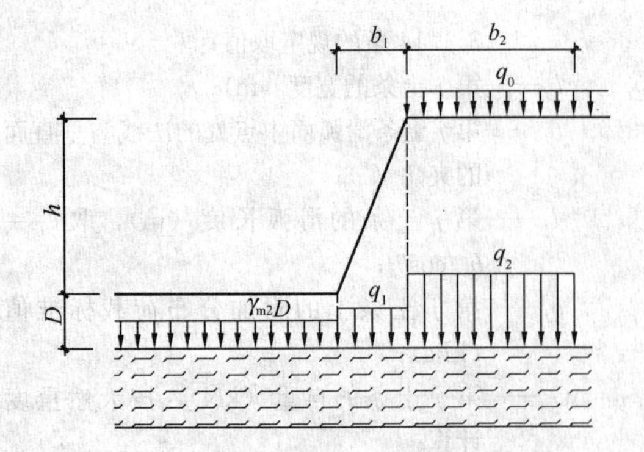


图 5.1.2　基坑底面下有软土层的土钉墙隆起稳定性验算

$m^3$）；对多层土取各层土按厚度加权的平均重度；

$h$——基坑深度（m）；

$\gamma_{m2}$——基坑底面至抗隆起计算平面之间土层的天然重度（$kN/m^3$）；对多层土取各层土按厚度加权的平均重度；

$D$——基坑底面至抗隆起计算平面之间土层的厚度（m）；当抗隆起计算平面为基坑底平面时，取$D=0$；

$N_c$、$N_q$——承载力系数；

$c$、$\varphi$——分别为抗隆起计算平面以下土的黏聚力（kPa）、内摩擦角（°），按本规程第 3.1.14 条的规定取值；

$b_1$——土钉墙坡面的宽度（m）；当土钉墙坡面垂直时取 $b_1=0$；

$b_2$——地面均布荷载的计算宽度（m），可取 $b_2=h$。

**5.1.3**　土钉墙与截水帷幕结合时，应按本规程附录 C 的规定进行地下水渗透稳定性验算。

## 5.2　土钉承载力计算

**5.2.1**　单根土钉的极限抗拔承载力应符合下式规定：

$$\frac{R_{k,j}}{N_{k,j}} \geqslant K_t \tag{5.2.1}$$

式中：$K_t$——土钉抗拔安全系数；安全等级为二级、三级的土钉墙，$K_t$ 分别不应小于 1.6、1.4；

$N_{k,j}$——第 $j$ 层土钉的轴向拉力标准值（kN），应按本规程第 5.2.2 条的规定计算；

$R_{k,j}$——第 $j$ 层土钉的极限抗拔承载力标准值（kN），应按本规程第 5.2.5 条的规定确定。

**5.2.2**　单根土钉的轴向拉力标准值可按下式计算：

$$N_{k,j} = \frac{1}{\cos\alpha_j}\zeta\eta_j p_{ak,j} s_{x,j} s_{z,j} \tag{5.2.2}$$

式中：$N_{k,j}$——第 $j$ 层土钉的轴向拉力标准值（kN）；

$\alpha_j$——第 $j$ 层土钉的倾角（°）；

$\zeta$——墙面倾斜时的主动土压力折减系数，可按本规程第 5.2.3 条确定；

$\eta_j$——第 $j$ 层土钉轴向拉力调整系数，可按本规程公式（5.2.4-1）计算；

$p_{ak,j}$——第 $j$ 层土钉处的主动土压力强度标准值（kPa），应按本规程第 3.4.2 条确定；

$s_{x,j}$——土钉的水平间距（m）；

$s_{z,j}$——土钉的垂直间距（m）。

**5.2.3**　坡面倾斜时的主动土压力折减系数可按下式计算：

$$\zeta = \tan\frac{\beta-\varphi_m}{2}\left(\frac{1}{\tan\frac{\beta+\varphi_m}{2}}-\frac{1}{\tan\beta}\right)\Bigg/\tan^2\left(45°-\frac{\varphi_m}{2}\right) \tag{5.2.3}$$

式中：$\beta$——土钉墙坡面与水平面的夹角（°）；

$\varphi_m$——基坑底面以上各土层按厚度加权的等效内摩擦角平均值（°）。

**5.2.4**　土钉轴向拉力调整系数可按下列公式计算：

$$\eta_j = \eta_a - (\eta_a - \eta_b)\frac{z_j}{h} \tag{5.2.4-1}$$

$$\eta_a = \frac{\sum(h-\eta_b z_j)\Delta E_{aj}}{\sum(h-z_j)\Delta E_{aj}} \tag{5.2.4-2}$$

式中：$z_j$——第 $j$ 层土钉至基坑顶面的垂直距离（m）；

$h$——基坑深度（m）；

$\Delta E_{aj}$——作用在以 $s_{x,j}$、$s_{z,j}$ 为边长的面积内的主动土压力标准值（kN）；

$\eta_a$——计算系数；

$\eta_b$——经验系数，可取 0.6～1.0；

$n$——土钉层数。

**5.2.5**　单根土钉的极限抗拔承载力应按下列规定确定：

**1**　单根土钉的极限抗拔承载力应通过抗拔试验确定，试验方法应符合本规程附录 D 的规定。

**2**　单根土钉的极限抗拔承载力标准值也可按下式估算，但应通过本规程附录 D 规定的土钉抗拔试验进行验证：

$$R_{k,j} = \pi d_j \Sigma q_{sk,i} l_i \tag{5.2.5}$$

式中：$d_j$——第 $j$ 层土钉的锚固体直径（m）；对成孔注浆土钉，按成孔直径计算，对打入钢管土钉，按钢管直径计算；

$q_{sk,i}$——第 $j$ 层土钉与第 $i$ 土层的极限粘结强度标准值（kPa）；应根据工程经验并结合表 5.2.5 取值；

$l_i$——第 $j$ 层土钉滑动面以外的部分在第 $i$ 土

层中的长度（m），直线滑动面与水平面的夹角取$\frac{\beta+\varphi_m}{2}$。

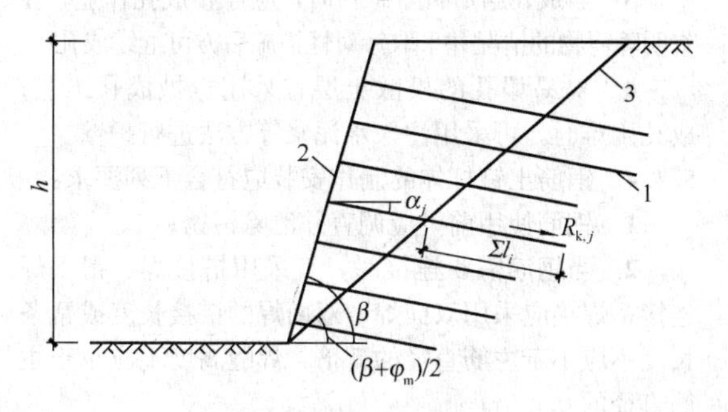


图 5.2.5　土钉抗拔承载力计算

1—土钉；2—喷射混凝土面层；3—滑动面

3　对安全等级为三级的土钉墙，可按公式（5.2.5）确定单根土钉的极限抗拔承载力。

4　当按本条第（1～3）款确定的土钉极限抗拔承载力标准值大于 $f_{yk}A_s$ 时，应取 $R_{k,j}=f_{yk}A_s$。

**表 5.2.5　土钉的极限粘结强度标准值**

| 土的名称 | 土的状态 | $q_{sk}$（kPa） | |
|---|---|---|---|
| | | 成孔注浆土钉 | 打入钢管土钉 |
| 素填土 | | 15～30 | 20～35 |
| 淤泥质土 | | 10～20 | 15～25 |
| 黏性土 | $0.75<I_L\leqslant1$ | 20～30 | 20～40 |
| | $0.25<I_L\leqslant0.75$ | 30～45 | 40～55 |
| | $0<I_L\leqslant0.25$ | 45～60 | 55～70 |
| | $I_L\leqslant0$ | 60～70 | 70～80 |
| 粉土 | | 40～80 | 50～90 |
| 砂土 | 松散 | 35～50 | 50～65 |
| | 稍密 | 50～65 | 65～80 |
| | 中密 | 65～80 | 80～100 |
| | 密实 | 80～100 | 100～120 |

**5.2.6**　土钉杆体的受拉承载力应符合下列规定：

$$N_j \leqslant f_y A_s \quad (5.2.6)$$

式中：$N_j$——第 $j$ 层土钉的轴向拉力设计值（kN），按本规程第 3.1.7 的规定计算；

$f_y$——土钉杆体的抗拉强度设计值（kPa）；

$A_s$——土钉杆体的截面面积（m²）。

## 5.3　构　造

**5.3.1**　土钉墙、预应力锚杆复合土钉墙的坡比不宜大于 1：0.2；当基坑较深、土的抗剪强度较低时，宜取较小坡比。对砂土、碎石土、松散填土，确定土钉墙坡度时应考虑开挖时坡面的局部自稳能力。微型桩、水泥土桩复合土钉墙，应采用微型桩、水泥土桩与土钉墙面层贴合的垂直墙面。

注：土钉墙坡比指其墙面垂直高度与水平宽度的比值。

**5.3.2**　土钉墙宜采用洛阳铲成孔的钢筋土钉。对易塌孔的松散或稍密的砂土、稍密的粉土、填土，或易缩径的软土宜采用打入式钢管土钉。对洛阳铲成孔或钢管土钉打入困难的土层，宜采用机械成孔的钢筋土钉。

**5.3.3**　土钉水平间距和竖向间距宜为 1m～2m；当基坑较深、土的抗剪强度较低时，土钉间距应取小值。土钉倾角宜为 5°～20°。土钉长度应按各层土钉受力均匀、各土钉拉力与相应土钉极限承载力的比值相近的原则确定。

**5.3.4**　成孔注浆型钢筋土钉的构造应符合下列要求：

1　成孔直径宜取 70mm～120mm；

2　土钉钢筋宜选用 HRB400、HRB500 钢筋，钢筋直径宜取 16mm～32mm；

3　应沿土钉全长设置对中定位支架，其间距宜取 1.5m～2.5m，土钉钢筋保护层厚度不宜小于 20mm；

4　土钉孔注浆材料可采用水泥浆或水泥砂浆，其强度不宜低于 20MPa。

**5.3.5**　钢管土钉的构造应符合下列要求：

1　钢管的外径不宜小于 48mm，壁厚不宜小于 3mm；钢管的注浆孔应设置在钢管末端 $l/2$～$2l/3$ 范围内；每个注浆截面的注浆孔宜取 2 个，且应对称布置，注浆孔的孔径宜取 5mm～8mm，注浆孔外应设置保护倒刺；

2　钢管的连接采用焊接时，接头强度不应低于钢管强度；钢管焊接可采用数量不少于 3 根、直径不小于 16mm 的钢筋沿截面均匀分布拼焊，双面焊接时钢筋长度不应小于钢管直径的 2 倍。

注：$l$ 为钢管土钉的总长度。

**5.3.6**　土钉墙高度不大于 12m 时，喷射混凝土面层的构造应符合下列要求：

1　喷射混凝土面层厚度宜取 80mm～100mm；

2　喷射混凝土设计强度等级不宜低于 C20；

3　喷射混凝土面层中应配置钢筋网和通长的加强钢筋，钢筋网宜采用 HPB300 级钢筋，钢筋直径宜取 6mm～10mm，钢筋间距宜取 150mm～250mm；钢筋网间的搭接长度应大于 300mm；加强钢筋的直径宜取 14mm～20mm；当充分利用土钉杆体的抗拉强度时，加强钢筋的截面面积不应小于土钉杆体截面面积的 1/2。

**5.3.7**　土钉与加强钢筋宜采用焊接连接，其连接应满足承受土钉拉力的要求；当在土钉拉力作用下喷射混凝土面层的局部受冲切承载力不足时，应采用设置承压钢板等加强措施。

**5.3.8**　当土钉墙后存在滞水时，应在含水层部位的墙面设置泄水孔或采取其他疏水措施。

**5.3.9**　采用预应力锚杆复合土钉墙时，预应力锚杆应符合下列要求：

1　宜采用钢绞线锚杆；

2　用于减小地面变形时，锚杆宜布置在土钉墙的较上部位；用于增强面层抵抗土压力的作用时，锚杆应布置在土压力较大及墙背土层较软弱的部位；

3 锚杆的拉力设计值不应大于土钉墙墙面的局部受压承载力；

4 预应力锚杆应设置自由段，自由段长度应超过土钉墙坡体的潜在滑动面；

5 锚杆与喷射混凝土面层之间应设置腰梁连接，腰梁可采用槽钢腰梁或混凝土腰梁，腰梁与喷射混凝土面层应紧密接触，腰梁规格应根据锚杆拉力设计值确定；

6 除应符合上述规定外，锚杆的构造尚应符合本规程第4.7节有关构造的规定。

**5.3.10** 采用微型桩垂直复合土钉墙时，微型桩应符合下列要求：

1 应根据微型桩施工工艺对土层特性和基坑周边环境条件的适用性选用微型钢管桩、型钢桩或灌注桩等桩型；

2 采用微型桩时，宜同时采用预应力锚杆；

3 微型桩的直径、规格应根据对复合墙面的强度要求确定；采用成孔后插入微型钢管桩、型钢桩的工艺时，成孔直径宜取130mm～300mm，对钢管，其直径宜取48mm～250mm，对工字钢，其型号宜取Ⅰ10～Ⅰ22，孔内应灌注水泥浆或水泥砂浆并充填密实；采用微型混凝土灌注桩时，其直径宜取200mm～300mm；

4 微型桩的间距应满足土钉墙施工时桩间土的稳定性要求；

5 微型桩伸入坑底的长度宜大于桩径的5倍，且不应小于1m；

6 微型桩应与喷射混凝土面层贴合。

**5.3.11** 采用水泥土桩复合土钉墙时，水泥土桩应符合下列要求：

1 应根据水泥土桩施工工艺对土层特性和基坑周边环境条件的适用性选用搅拌桩、旋喷桩等桩型；

2 水泥土桩伸入坑底的长度宜大于桩径的2倍，且不应小于1m；

3 水泥土桩应与喷射混凝土面层贴合；

4 桩身28d无侧限抗压强度不宜小于1MPa；

5 水泥土桩用作截水帷幕时，应符合本规程第7.2节对截水的要求。

## 5.4 施工与检测

**5.4.1** 土钉墙应按土钉层数分层设置土钉、喷射混凝土面层、开挖基坑。

**5.4.2** 当有地下水时，对易产生流砂或塌孔的砂土、粉土、碎石土等土层，应通过试验确定土钉施工工艺及其参数。

**5.4.3** 钢筋土钉的成孔应符合下列要求：

1 土钉成孔范围内存在地下管线等设施时，应在查明其位置并避开后，再进行成孔作业；

2 应根据土层的性状选用洛阳铲、螺旋钻、冲击钻、地质钻等成孔方法，采用的成孔方法应能保证孔壁的稳定性、减小对孔壁的扰动；

3 当成孔遇不明障碍物时，应停止成孔作业，在查明障碍物的情况并采取针对性措施后方可继续成孔；

4 对易塌孔的松散土层宜采用机械成孔工艺；成孔困难时，可采用注入水泥浆等方法进行护壁。

**5.4.4** 钢筋土钉杆体的制作安装应符合下列要求：

1 钢筋使用前，应调直并清除污锈；

2 当钢筋需要连接时，宜采用搭接焊、帮条焊连接；焊接应采用双面焊，双面焊的搭接长度或帮条长度不应小于主筋直径的5倍，焊缝高度不应小于主筋直径的0.3倍；

3 对中支架的截面尺寸应符合对土钉杆体保护层厚度的要求，对中支架可选用直径6mm～8mm的钢筋焊制；

4 土钉成孔后应及时插入土钉杆体，遇塌孔、缩径时，应在处理后再插入土钉杆体。

**5.4.5** 钢筋土钉的注浆应符合下列要求：

1 注浆材料可选用水泥浆或水泥砂浆；水泥浆的水灰比宜取0.5～0.55；水泥砂浆的水灰比宜取0.4～0.45，同时，灰砂比宜取0.5～1.0，拌合用砂宜选用中粗砂，按重量计的含泥量不得大于3%；

2 水泥浆或水泥砂浆应拌合均匀，一次拌合的水泥浆或水泥砂浆应在初凝前使用；

3 注浆前应将孔内残留的虚土清除干净；

4 注浆应采用将注浆管插至孔底、由孔底注浆的方式，且注浆管端部至孔底的距离不宜大于200mm；注浆及拔管时，注浆管出浆口应始终埋入注浆液面内，应在新鲜浆液从孔口溢出后停止注浆；注浆后，当浆液液面下降时，应进行补浆。

**5.4.6** 打入式钢管土钉的施工应符合下列要求：

1 钢管端部应制成尖锥状；钢管顶部宜设置防止施打变形的加强构造；

2 注浆材料应采用水泥浆；水泥浆的水灰比宜取0.5～0.6；

3 注浆压力不宜小于0.6MPa；应在注浆至钢管周围出现返浆后停止注浆；当不出现返浆时，可采用间歇注浆的方法。

**5.4.7** 喷射混凝土面层的施工应符合下列要求：

1 细骨料宜选用中粗砂，含泥量应小于3%；

2 粗骨料宜选用粒径不大于20mm的级配砾石；

3 水泥与砂石的重量比宜取1∶4～1∶4.5，砂率宜取45%～55%，水灰比宜取0.4～0.45；

4 使用速凝剂等外加剂时，应通过试验确定外加剂掺量；

5 喷射作业应分段依次进行，同一分段内应自下而上均匀喷射，一次喷射厚度宜为30mm～80mm；

6 喷射作业时，喷头应与土钉墙面保持垂直，其距离宜为0.6m～1.0m；

7　喷射混凝土终凝2h后应及时喷水养护；

8　钢筋与坡面的间隙应大于20mm；

9　钢筋网可采用绑扎固定；钢筋连接宜采用搭接焊，焊缝长度不应小于钢筋直径的10倍；

10　采用双层钢筋网时，第二层钢筋网应在第一层钢筋网被喷射混凝土覆盖后铺设。

**5.4.8**　土钉墙的施工偏差应符合下列要求：

1　土钉位置的允许偏差应为100mm；

2　土钉倾角的允许偏差应为3°；

3　土钉杆体长度不应小于设计长度；

4　钢筋网间距的允许偏差应为±30mm；

5　微型桩桩位的允许偏差应为50mm；

6　微型桩垂直度的允许偏差应为0.5%。

**5.4.9**　复合土钉墙中预应力锚杆的施工应符合本规程第4.8节的有关规定。微型桩的施工应符合现行行业标准《建筑桩基技术规范》JGJ 94的有关规定。水泥土桩的施工应符合本规程第7.2节的有关规定。

**5.4.10**　土钉墙的质量检测应符合下列规定：

1　应对土钉的抗拔承载力进行检测，土钉检测数量不宜少于土钉总数的1%，且同一土层中的土钉检测数量不应少于3根；对安全等级为二级、三级的土钉墙，抗拔承载力检测值分别不应小于土钉轴向拉力标准值的1.3倍、1.2倍；检测土钉应采用随机抽样的方法选取；检测试验应在注浆固结体强度达到10MPa或达到设计强度的70%后进行，应按本规程附录D的试验方法进行；当检测的土钉不合格时，应扩大检测数量；

2　应进行土钉墙面层喷射混凝土的现场试块强度试验，每500m² 喷射混凝土面积的试验数量不应少于一组，每组试块不应少于3个；

3　应对土钉墙的喷射混凝土面层厚度进行检测，每500m² 喷射混凝土面积的检测数量不应少于一组，每组的检测点不应少于3个；全部检测点的面层厚度平均值不应小于厚度设计值，最小厚度不应小于厚度设计值的80%；

4　复合土钉墙中的预应力锚杆，应按本规程第4.8.8条的规定进行抗拔承载力检测；

5　复合土钉墙中的水泥土搅拌桩或旋喷桩用作截水帷幕时，应按本规程第7.2.14条的规定进行质量检测。

## 6　重力式水泥土墙

### 6.1　稳定性与承载力验算

**6.1.1**　重力式水泥土墙的滑移稳定性应符合下式规定（图6.1.1）：

$$\frac{E_{pk}+(G-u_m B)\tan\varphi+cB}{E_{ak}}\geqslant K_{sl}\quad(6.1.1)$$

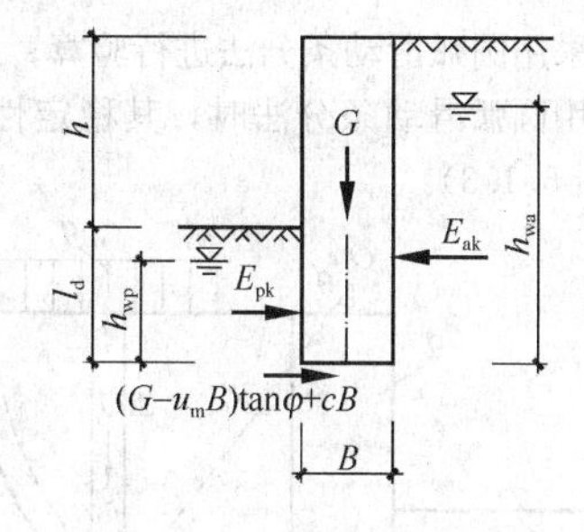


图6.1.1　滑移稳定性验算

式中：$K_{sl}$——抗滑移安全系数，其值不应小于1.2；

$E_{ak}$、$E_{pk}$——分别为水泥土墙上的主动土压力、被动土压力标准值(kN/m)，按本规程第3.4.2条的规定确定；

$G$——水泥土墙的自重（kN/m）；

$u_m$——水泥土墙底面上的水压力（kPa）；水泥土墙底位于含水层时，可取$u_m=\gamma_w(h_{wa}+h_{wp})/2$，在地下水位以上时，取$u_m=0$；

$c$、$\varphi$——分别为水泥土墙底面下土层的黏聚力（kPa）、内摩擦角（°），按本规程第3.1.14条的规定取值；

$B$——水泥土墙的底面宽度（m）；

$h_{wa}$——基坑外侧水泥土墙底处的压力水头（m）；

$h_{wp}$——基坑内侧水泥土墙底处的压力水头（m）。

**6.1.2**　重力式水泥土墙的倾覆稳定性应符合下式规定（图6.1.2）：

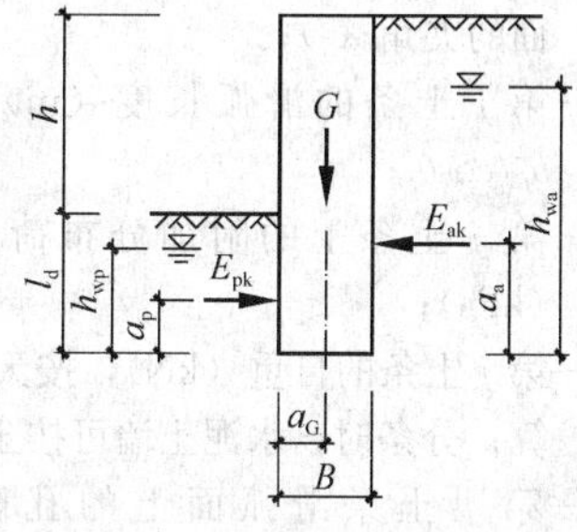


图6.1.2　倾覆稳定性验算

$$\frac{E_{pk}a_p+(G-u_m B)a_G}{E_{ak}a_a}\geqslant K_{ov}\quad(6.1.2)$$

式中：$K_{ov}$——抗倾覆安全系数，其值不应小于1.3；

$a_a$——水泥土墙外侧主动土压力合力作用点至墙趾的竖向距离（m）；

$a_p$——水泥土墙内侧被动土压力合力作用点至墙趾的竖向距离（m）；

$a_G$——水泥土墙自重与墙底水压力合力作用点至墙趾的水平距离（m）。

**6.1.3**　重力式水泥土墙应按下列规定进行圆弧滑动稳定性验算：

1 可采用圆弧滑动条分法进行验算；

2 采用圆弧滑动条分法时，其稳定性应符合下列规定（图 6.1.3）：

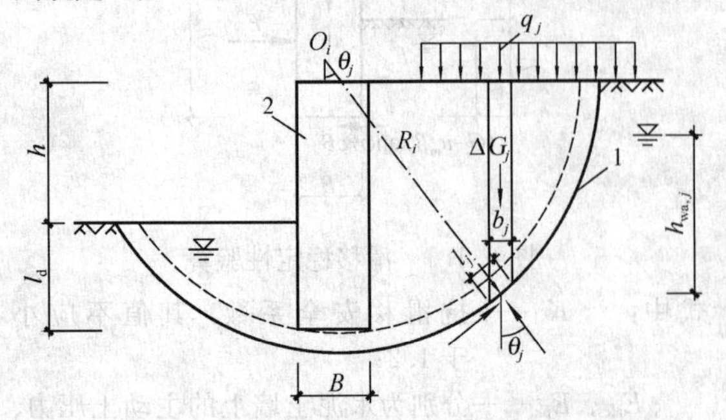


图 6.1.3 整体滑动稳定性验算

$$\min\{K_{s,1},K_{s,2},\cdots,K_{s,i}\cdots\}\geqslant K_s \tag{6.1.3-1}$$

$$K_{s,i}=\frac{\Sigma\{c_jl_j+[(q_jb_j+\Delta G_j)\cos\theta_j-u_jl_j]\tan\varphi_j\}}{\Sigma(q_jb_j+\Delta G_j)\sin\theta_j} \tag{6.1.3-2}$$

式中：$K_s$——圆弧滑动稳定安全系数，其值不应小于 1.3；

$K_{s,i}$——第 $i$ 个圆弧滑动体的抗滑力矩与滑动力矩的比值；抗滑力矩与滑动力矩之比的最小值宜通过搜索不同圆心及半径的所有潜在滑动圆弧确定；

$c_j$、$\varphi_j$——分别为第 $j$ 土条滑弧面处土的黏聚力（kPa）、内摩擦角（°）；按本规程第 3.1.14 条的规定取值；

$b_j$——第 $j$ 土条的宽度（m）；

$\theta_j$——第 $j$ 土条滑弧面中点处的法线与垂直面的夹角（°）；

$l_j$——第 $j$ 土条的滑弧长度（m）；取 $l_j=b_j/\cos\theta_j$；

$q_j$——第 $j$ 土条上的附加分布荷载标准值（kPa）；

$\Delta G_j$——第 $j$ 土条的自重（kN），按天然重度计算；分条时，水泥土墙可按土体考虑；

$u_j$——第 $j$ 土条滑弧面上的孔隙水压力（kPa）；对地下水位以下的砂土、碎石土、砂质粉土，当地下水是静止的或渗流水力梯度可忽略不计时，在基坑外侧，可取 $u_j=\gamma_w h_{wa,j}$，在基坑内侧，可取 $u_j=\gamma_w h_{wp,j}$；滑弧面在地下水位以上或对地下水位以下的黏性土，取 $u_j=0$；

$\gamma_w$——地下水重度（kN/m³）；

$h_{wa,j}$——基坑外侧第 $j$ 土条滑弧面中点的压力水头（m）；

$h_{wp,j}$——基坑内侧第 $j$ 土条滑弧面中点的压力水头（m）。

3 当墙底以下存在软弱下卧土层时，稳定性验算的滑动面中应包括由圆弧与软弱土层层面组成的复合滑动面。

**6.1.4** 重力式水泥土墙，其嵌固深度应符合下列坑底隆起稳定性要求：

1 隆起稳定性可按本规程公式（4.2.4-1）～公式（4.2.4-3）验算，但公式中 $\gamma_{m1}$ 应取基坑外墙底面以上土的重度，$\gamma_{m2}$ 应取基坑内墙底面以上土的重度，$l_d$ 应取水泥土墙的嵌固深度，$c$、$\varphi$ 应取水泥土墙底面以下土的黏聚力、内摩擦角；

2 当重力式水泥土墙底面以下有软弱下卧层时，隆起稳定性验算的部位应包括软弱下卧层，此时，公式（4.2.4-1）～公式（4.2.4-3）中的 $\gamma_{m1}$、$\gamma_{m2}$ 应取软弱下卧层顶面以上土的重度，$l_d$ 应以 $D$ 代替。

注：$D$ 为坑底至软弱下卧层顶面的土层厚度（m）。

**6.1.5** 重力式水泥土墙墙体的正截面应力应符合下列规定：

1 拉应力：

$$\frac{6M_i}{B^2}-\gamma_{cs}z\leqslant 0.15f_{cs} \tag{6.1.5-1}$$

2 压应力：

$$\gamma_0\gamma_F\gamma_{cs}z+\frac{6M_i}{B^2}\leqslant f_{cs} \tag{6.1.5-2}$$

3 剪应力：

$$\frac{E_{aki}-\mu G_i-E_{pki}}{B}\leqslant\frac{1}{6}f_{cs} \tag{6.1.5-3}$$

式中：$M_i$——水泥土墙验算截面的弯矩设计值（kN·m/m）；

$B$——验算截面处水泥土墙的宽度（m）；

$\gamma_{cs}$——水泥土墙的重度（kN/m³）；

$z$——验算截面至水泥土墙顶的垂直距离（m）；

$f_{cs}$——水泥土开挖龄期时的轴心抗压强度设计值（kPa），应根据现场试验或工程经验确定；

$\gamma_F$——荷载综合分项系数，按本规程第 3.1.6 条取用；

$E_{aki}$、$E_{pki}$——分别为验算截面以上的主动土压力标准值、被动土压力标准值（kN/m），可按本规程第 3.4.2 条的规定计算；验算截面在坑底以上时，取 $E_{pk,i}=0$；

$G_i$——验算截面以上的墙体自重（kN/m）；

$\mu$——墙体材料的抗剪断系数，取 0.4～0.5。

**6.1.6** 重力式水泥土墙的正截面应力验算应包括下列部位：

1 基坑面以下主动、被动土压力强度相等处；

2 基坑底面处；

3 水泥土墙的截面突变处。

**6.1.7** 当地下水位高于坑底时，应按本规程附录C的规定进行地下水渗透稳定性验算。

## 6.2 构　　造

**6.2.1** 重力式水泥土墙宜采用水泥土搅拌桩相互搭接成格栅状的结构形式，也可采用水泥土搅拌桩相互搭接成实体的结构形式。搅拌桩的施工工艺宜采用喷浆搅拌法。

**6.2.2** 重力式水泥土墙的嵌固深度，对淤泥质土，不宜小于 $1.2h$，对淤泥，不宜小于 $1.3h$；重力式水泥土墙的宽度，对淤泥质土，不宜小于 $0.7h$，对淤泥，不宜小于 $0.8h$。

注：$h$ 为基坑深度。

**6.2.3** 重力式水泥土墙采用格栅形式时，格栅的面积置换率，对淤泥质土，不宜小于0.7；对淤泥，不宜小于0.8；对一般黏性土、砂土，不宜小于0.6。格栅内侧的长宽比不宜大于2。每个格栅内的土体面积应符合下式要求：

$$A \leqslant \delta \frac{cu}{\gamma_{m}} \quad (6.2.3)$$

式中：$A$——格栅内的土体面积（$m^2$）；

$\delta$——计算系数；对黏性土，取 $\delta=0.5$；对砂土、粉土，取 $\delta=0.7$；

$c$——格栅内土的黏聚力（kPa），按本规程第3.1.14条的规定确定；

$u$——计算周长（m），按图6.2.3计算；

$\gamma_{m}$——格栅内土的天然重度（$kN/m^3$）；对多层土，取水泥土墙深度范围内各层土按厚度加权的平均天然重度。

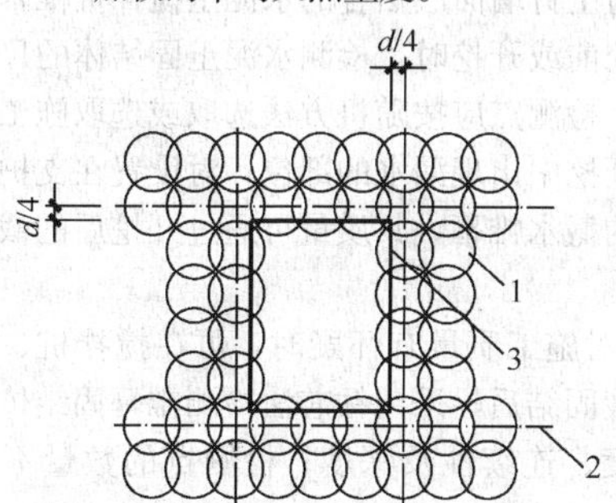


图6.2.3　格栅式水泥土墙

1—水泥土桩；2—水泥土桩中心线；3—计算周长

**6.2.4** 水泥土搅拌桩的搭接宽度不宜小于150mm。

**6.2.5** 当水泥土墙兼作截水帷幕时，应符合本规程第7.2节对截水的要求。

**6.2.6** 水泥土墙体的28d无侧限抗压强度不宜小于0.8MPa。当需要增强墙体的抗拉性能时，可在水泥土桩内插入杆筋。杆筋可采用钢筋、钢管或毛竹。杆筋的插入深度宜大于基坑深度。杆筋应锚入面板内。

**6.2.7** 水泥土墙顶面宜设置混凝土连接面板，面板厚度不宜小于150mm，混凝土强度等级不宜低于C15。

## 6.3 施工与检测

**6.3.1** 水泥土搅拌桩的施工应符合现行行业标准《建筑地基处理技术规范》JGJ 79的规定。

**6.3.2** 重力式水泥土墙的质量检测应符合下列规定：

1 应采用开挖方法检测水泥土搅拌桩的直径、搭接宽度、位置偏差；

2 应采用钻芯法检测水泥土搅拌桩的单轴抗压强度、完整性、深度。单轴抗压强度试验的芯样直径不应小于80mm。检测桩数不应少于总桩数的1%，且不应少于6根。

# 7 地下水控制

## 7.1 一 般 规 定

**7.1.1** 地下水控制应根据工程地质和水文地质条件、基坑周边环境要求及支护结构形式选用截水、降水、集水明排方法或其组合。

**7.1.2** 当降水会对基坑周边建（构）筑物、地下管线、道路等造成危害或对环境造成长期不利影响时，应采用截水方法控制地下水。采用悬挂式帷幕时，应同时采用坑内降水，并宜根据水文地质条件结合坑外回灌措施。

**7.1.3** 地下水控制设计应符合本规程第3.1.8条对基坑周边建（构）筑物、地下管线、道路等沉降控制值的要求。

**7.1.4** 当坑底以下有水头高于坑底的承压水时，各类支护结构均应按本规程第C.0.1条的规定进行承压水作用下的坑底突涌稳定性验算。当不满足突涌稳定性要求时，应对该承压水含水层采取截水、减压措施。

## 7.2 截　　水

**7.2.1** 基坑截水应根据工程地质条件、水文地质条件及施工条件等，选用水泥土搅拌桩帷幕、高压旋喷或摆喷注浆帷幕、地下连续墙或咬合式排桩。支护结构采用排桩时，可采用高压旋喷或摆喷注浆与排桩相互咬合的组合帷幕。对碎石土、杂填土、泥炭质土、泥炭、pH值较低的土或地下水流速较大时，水泥土搅拌桩帷幕、高压喷射注浆帷幕宜通过试验确定其适用性或外加剂品种及掺量。

**7.2.2** 当坑底以下存在连续分布、埋深较浅的隔水层时，应采用落底式帷幕。落底式帷幕进入下卧隔水层的深度应满足下式要求，且不宜小于1.5m：

$$l \geqslant 0.2\Delta h - 0.5b \quad (7.2.2)$$

式中：$l$——帷幕进入隔水层的深度（m）；

$\Delta h$——基坑内外的水头差值（m）；

$b$——帷幕的厚度（m）。

**7.2.3** 当坑底以下含水层厚度大而需采用悬挂式帷幕时，帷幕进入透水层的深度应满足本规程第 C.0.2 条、第 C.0.3 条对地下水从帷幕底绕流的渗透稳定性要求，并应对帷幕外地下水位下降引起的基坑周边建（构）筑物、地下管线沉降进行分析。

**7.2.4** 截水帷幕在平面布置上应沿基坑周边闭合。当采用沿基坑周边非闭合的平面布置形式时，应对地下水沿帷幕两端绕流引起的渗流破坏和地下水位下降进行分析。

**7.2.5** 采用水泥土搅拌桩帷幕时，搅拌桩直径宜取 450mm～800mm，搅拌桩的搭接宽度应符合下列规定：

**1** 单排搅拌桩帷幕的搭接宽度，当搅拌深度不大于 10m 时，不应小于 150mm；当搅拌深度为 10m～15m 时，不应小于 200mm；当搅拌深度大于 15m 时，不应小于 250mm；

**2** 对地下水位较高、渗透性较强的地层，宜采用双排搅拌桩截水帷幕；搅拌桩的搭接宽度，当搅拌深度不大于 10m 时，不应小于 100mm；当搅拌深度为 10m～15m 时，不应小于 150mm；当搅拌深度大于 15m 时，不应小于 200mm。

**7.2.6** 搅拌桩水泥浆液的水灰比宜取 0.6～0.8。搅拌桩的水泥掺量宜取土的天然质量的 15%～20%。

**7.2.7** 水泥土搅拌桩帷幕的施工应符合现行行业标准《建筑地基处理技术规范》JGJ 79 的有关规定。

**7.2.8** 搅拌桩的施工偏差应符合下列要求：

**1** 桩位的允许偏差应为 50mm；

**2** 垂直度的允许偏差应为 1%。

**7.2.9** 采用高压旋喷、摆喷注浆帷幕时，注浆固结体的有效半径宜通过试验确定；缺少试验时，可根据土的类别及其密实程度、高压喷射注浆工艺，按工程经验采用。摆喷注浆的喷射方向与摆喷点连线的夹角宜取 10°～25°，摆动角度宜取 20°～30°。水泥土固结体的搭接宽度，当注浆孔深度不大于 10m 时，不应小于 150mm；当注浆孔深度为 10m～20m 时，不应小于 250mm；当注浆孔深度为 20m～30m 时，不应小于 350mm。对地下水位较高、渗透性较强的地层，可采用双排高压喷射注浆帷幕。

**7.2.10** 高压喷射注浆水泥浆液的水灰比宜取 0.9～1.1，水泥掺量宜取土的天然质量的 25%～40%。

**7.2.11** 高压喷射注浆应按水泥土固结体的设计有效半径与土的性状确定喷射压力、注浆流量、提升速度、旋转速度等工艺参数，对较硬的黏性土、密实的砂土和碎石土宜取较小提升速度、较大喷射压力。当缺少类似土层条件下的施工经验时，应通过现场试验确定施工工艺参数。

**7.2.12** 高压喷射注浆帷幕的施工应符合下列要求：

**1** 采用与排桩咬合的高压喷射注浆帷幕时，应先进行排桩施工，后进行高压喷射注浆施工；

**2** 高压喷射注浆的施工作业顺序应采用隔孔分序方式，相邻孔喷射注浆的间隔时间不宜小于 24h；

**3** 喷射注浆时，应由下而上均匀喷射，停止喷射的位置宜高于帷幕设计顶面 1m；

**4** 可采用复喷工艺增大固结体半径、提高固结体强度；

**5** 喷射注浆时，当孔口的返浆量大于注浆量的 20%时，可采用提高喷射压力等措施；

**6** 当因浆液渗漏而出现孔口不返浆的情况时，应将注浆管停置在不返浆处持续喷射注浆，并宜同时采用从孔口填入中粗砂、注浆液掺入速凝剂等措施，直至出现孔口返浆；

**7** 喷射注浆后，当浆液析水、液面下降时，应进行补浆；

**8** 当喷射注浆因故中途停喷后，继续注浆时应与停喷前的注浆体搭接，其搭接长度不应小于 500mm；

**9** 当注浆孔邻近既有建筑物时，宜采用速凝浆液进行喷射注浆；

**10** 高压旋喷、摆喷注浆帷幕的施工尚应符合现行行业标准《建筑地基处理技术规范》JGJ 79 的有关规定。

**7.2.13** 高压喷射注浆的施工偏差应符合下列要求：

**1** 孔位的允许偏差应为 50mm；

**2** 注浆孔垂直度的允许偏差应为 1%。

**7.2.14** 截水帷幕的质量检测应符合下列规定：

**1** 与排桩咬合的高压喷射注浆、水泥土搅拌桩帷幕，与土钉墙面层贴合的水泥土搅拌桩帷幕，应在基坑开挖前或开挖时，检测水泥土固结体的尺寸、搭接宽度；检测点应按随机方法选取或选取施工中出现异常、开挖中出现漏水的部位；对设置在支护结构外侧单独的截水帷幕，其质量可通过开挖后的截水效果判断；

**2** 对施工质量有怀疑时，可在搅拌桩、高压喷射注浆液固结后，采用钻芯法检测帷幕固结体的单轴抗压强度、连续性及深度；检测点的数量不应少于 3 处。

## 7.3 降　　水

**7.3.1** 基坑降水可采用管井、真空井点、喷射井点等方法，并宜按表 7.3.1 的适用条件选用。

**表 7.3.1 各种降水方法的适用条件**

| 方法 | 土类 | 渗透系数（m/d） | 降水深度（m） |
|---|---|---|---|
| 管井 | 粉土、砂土、碎石土 | 0.1～200.0 | 不限 |

续表 7.3.1

| 方 法 | 土类 | 渗透系数 (m/d) | 降水深度 (m) |
|---|---|---|---|
| 真空井点 | 黏性土、粉土、砂土 | 0.005～20.0 | 单级井点<6<br>多级井点<20 |
| 喷射井点 | 黏性土、粉土、砂土 | 0.005～20.0 | <20 |

**7.3.2** 降水后基坑内的水位应低于坑底 0.5m。当主体结构有加深的电梯井、集水井时，坑底应按电梯井、集水井底面考虑或对其另行采取局部地下水控制措施。基坑采用截水结合坑外减压降水的地下水控制方法时，尚应规定降水井水位的最大降深值和最小降深值。

**7.3.3** 降水井在平面布置上应沿基坑周边形成闭合状。当地下水流速较小时，降水井宜等间距布置；当地下水流速较大时，在地下水补给方向宜适当减小降水井间距。对宽度较小的狭长形基坑，降水井也可在基坑一侧布置。

**7.3.4** 基坑地下水位降深应符合下式规定：

$$s_i \geqslant s_d \tag{7.3.4}$$

式中：$s_i$——基坑内任一点的地下水位降深（m）；

$s_d$——基坑地下水位的设计降深（m）。

**7.3.5** 当含水层为粉土、砂土或碎石土时，潜水完整井的地下水位降深可按下式计算（图 7.3.5-1、图 7.3.5-2）：

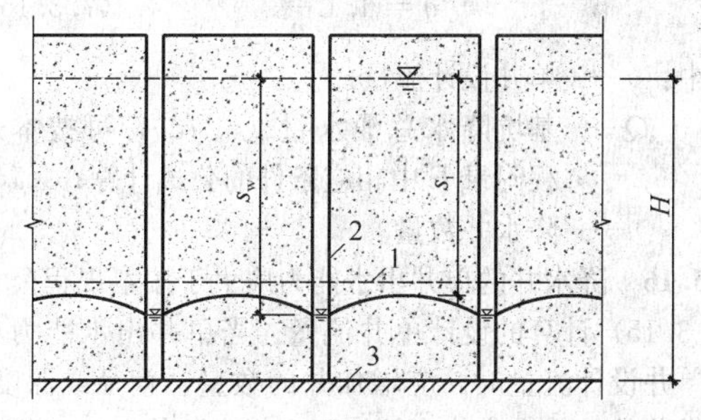


图 7.3.5-1 潜水完整井地下水位降深计算

1—基坑面；2—降水井；3—潜水含水层底板

$$s_i = H - \sqrt{H^2 - \sum_{j=1}^{n} \frac{q_j}{\pi k} \ln \frac{R}{r_{ij}}} \tag{7.3.5}$$

式中：$s_i$——基坑内任一点的地下水位降深（m）；基坑内各点中最小的地下水位降深可取各个相邻降水井连线上地下水位降深的最小值，当各降水井的间距和降深相同时，可取任一相邻降水井连线中点的地下水位降深；

$H$——潜水含水层厚度（m）；

$q_j$——按干扰井群计算的第 $j$ 口降水井的单井流量（$m^3/d$）；

$k$——含水层的渗透系数（m/d）；

$R$——影响半径（m），应按现场抽水试验确定；缺少试验时，也可按本规程公式（7.3.7-1）、公式（7.3.7-2）计算并结合当地工程经验确定；

$r_{ij}$——第 $j$ 口井中心至地下水位降深计算点的距离（m）；当 $r_{ij}>R$ 时，应取 $r_{ij}=R$；

$n$——降水井数量。

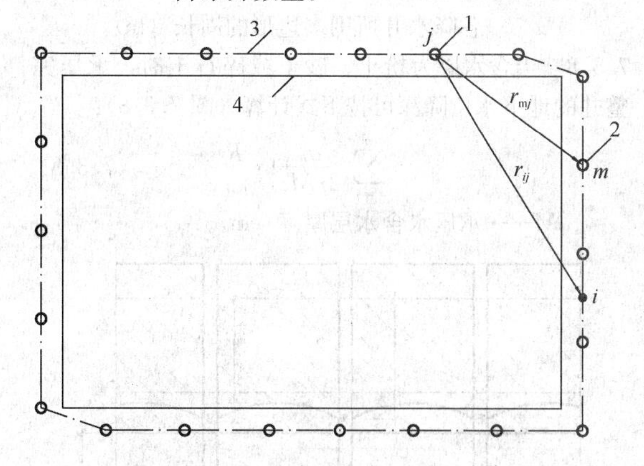


图 7.3.5-2 计算点与降水井的关系

1—第 $j$ 口井；2—第 $m$ 口井；3—降水井所围面积的边线；4—基坑边线

**7.3.6** 对潜水完整井，按干扰井群计算的第 $j$ 个降水井的单井流量可通过求解下列 $n$ 维线性方程组计算：

$$s_{w,m} = H - \sqrt{H^2 - \sum_{j=1}^{n} \frac{q_j}{\pi k} \ln \frac{R}{r_{jm}}} \quad (m = 1, \cdots, n) \tag{7.3.6}$$

式中：$s_{w,m}$——第 $m$ 口井的井水位设计降深（m）；

$r_{jm}$——第 $j$ 口井中心至第 $m$ 口井中心的距离（m）；当 $j=m$ 时，应取降水井半径 $r_w$；当 $r_{jm}>R$ 时，应取 $r_{jm}=R$。

**7.3.7** 当含水层为粉土、砂土或碎石土，各降水井所围平面形状近似圆形或正方形且各降水井的间距、降深相同时，潜水完整井的地下水位降深也可按下列公式计算：

$$s_i = H - \sqrt{H^2 - \frac{q}{\pi k} \sum_{j=1}^{n} \ln \frac{R}{2r_0 \sin \frac{(2j-1)\pi}{2n}}} \tag{7.3.7-1}$$

$$q = \frac{\pi k (2H - s_w) s_w}{\ln \frac{R}{r_w} + \sum_{j=1}^{n-1} \ln \frac{R}{2r_0 \sin \frac{j\pi}{n}}} \tag{7.3.7-2}$$

式中：$q$——按干扰井群计算的降水井单井流量（$m^3/d$）；

$r_0$——井群的等效半径（m）；井群的等效半径应按各降水井所围多边形与等效圆的周长相等确定，取 $r_0=u/(2\pi)$；当 $r_0>R/$

$(2\sin((2j-1)\pi/2n))$时，公式(7.3.7-1)中应取 $r_0=R/(2\sin((2j-1)\pi/2n))$；当 $r_0>R/(2\sin(j\pi/n))$时，公式(7.3.7-2)中应取 $r_0=R/(2\sin(j\pi/n))$；

$j$——第 $j$ 口降水井；

$s_w$——井水位的设计降深（m）；

$r_w$——降水井半径（m）；

$u$——各降水井所围多边形的周长（m）。

**7.3.8** 当含水层为粉土、砂土或碎石土时，承压完整井的地下水位降深可按下式计算（图 7.3.8）：

$$s_i=\sum_{j=1}^{n}\frac{q_j}{2\pi Mk}\ln\frac{R}{r_{ij}} \tag{7.3.8}$$

$M$——承压水含水层厚度（m）。

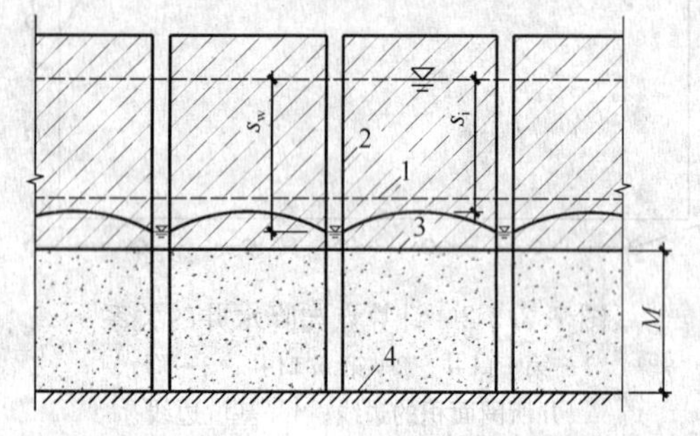


图 7.3.8 承压水完整井地下水位降深计算

1—基坑面；2—降水井；3—承压水含水层顶板；4—承压水含水层底板

**7.3.9** 对承压完整井，按干扰井群计算的第 $j$ 个降水井的单井流量可通过求解下列 $n$ 维线性方程组计算：

$$s_{w,m}=\sum_{j=1}^{n}\frac{q_j}{2\pi Mk}\ln\frac{R}{r_{jm}}\quad(m=1,\cdots,n) \tag{7.3.9}$$

**7.3.10** 当含水层为粉土、砂土或碎石土，各降水井所围平面形状近似圆形或正方形且各降水井的间距、降深相同时，承压完整井的地下水位降深也可按下列公式计算：

$$s_i=\frac{q}{2\pi Mk}\sum_{j=1}^{n}\ln\frac{R}{2r_0\sin\frac{(2j-1)\pi}{2n}} \tag{7.3.10-1}$$

$$q=\frac{2\pi Mks_w}{\ln\frac{R}{r_w}+\sum_{j=1}^{n-1}\ln\frac{R}{2r_0\sin\frac{j\pi}{n}}} \tag{7.3.10-2}$$

式中：$r_0$——井群的等效半径(m)；井群的等效半径应按各降水井所围多边形与等效圆的周长相等确定，取 $r_0=u/(2\pi)$；当 $r_0>R/(2\sin((2j-1)\pi/2n))$时，公式(7.3.10-1)中应取 $r_0=R/(2\sin((2j-1)\pi/2n))$；当 $r_0>R/(2\sin(j\pi/n))$时，公式(7.3.10-2)中应取 $r_0=R/(2\sin(j\pi/n))$。

**7.3.11** 含水层的影响半径宜通过试验确定。缺少试验时，可按下列公式计算并结合当地经验取值：

**1** 潜水含水层

$$R=2s_w\sqrt{kH} \tag{7.3.11-1}$$

**2** 承压水含水层

$$R=10s_w\sqrt{k} \tag{7.3.11-2}$$

式中：$R$——影响半径（m）；

$s_w$——井水位降深（m）；当井水位降深小于10m时，取 $s_w=10$m；

$k$——含水层的渗透系数（m/d）；

$H$——潜水含水层厚度（m）。

**7.3.12** 当基坑降水影响范围内存在隔水边界、地表水体或水文地质条件变化较大时，可根据具体情况，对按本规程第 7.3.5 条～第 7.3.10 条计算的单井流量和地下水位降深进行适当修正或采用非稳定流方法、数值法计算。

**7.3.13** 降水井间距和井水位设计降深，除应符合公式（7.3.4）的要求外，尚应根据单井流量和单井出水能力并结合当地经验确定。

**7.3.14** 真空井点降水的井间距宜取 0.8mm～2.0m；喷射井点降水的井间距宜取 1.5m～3.0m；当真空井点、喷射井点的井口至设计降水水位的深度大于 6m时，可采用多级井点降水，多级井点上下级的高差宜取 4m～5m。

**7.3.15** 降水井的单井设计流量可按下式计算：

$$q=1.1\frac{Q}{n} \tag{7.3.15}$$

式中：$q$——单井设计流量；

$Q$——基坑降水总涌水量（$m^3$/d），可按本规程附录 E 中相应条件的公式计算；

$n$——降水井数量。

**7.3.16** 降水井的单井出水能力应大于按本规程公式（7.3.15）计算的设计单井流量。当单井出水能力小于单井设计流量时，应增加井的数量、直径或深度。各类井的单井出水能力可按下列规定取值：

**1** 真空井点出水能力可取 36 $m^3$/d～60$m^3$/d；

**2** 喷射井点出水能力可按表 7.3.16 取值；

**表 7.3.16 喷射井点的出水能力**

| 外管直径(mm) | 喷射管 | | 工作水压力(MPa) | 工作水流量($m^3$/d) | 设计单井出水流量($m^3$/d) | 适用含水层渗透系数(m/d) |
|---|---|---|---|---|---|---|
| | 喷嘴直径(mm) | 混合室直径(mm) | | | | |
| 38 | 7 | 14 | 0.6～0.8 | 112.8～163.2 | 100.8～138.2 | 0.1～5.0 |
| 68 | 7 | 14 | 0.6～0.8 | 110.4～148.8 | 103.2～138.2 | 0.1～5.0 |
| 100 | 10 | 20 | 0.6～0.8 | 230.4 | 259.2～388.8 | 5.0～10.0 |
| 162 | 19 | 40 | 0.6～0.8 | 720.0 | 600.0～720.0 | 10.0～20.0 |

3 管井的单井出水能力可按下式计算：

$$q_0 = 120\pi r_s l \sqrt[3]{k} \quad (7.3.16)$$

式中：$q_0$——单井出水能力（$m^3/d$）；

$r_s$——过滤器半径（m）；

$l$——过滤器进水部分的长度（m）；

$k$——含水层渗透系数（m/d）。

**7.3.17** 含水层的渗透系数应按下列规定确定：

1 宜按现场抽水试验确定；

2 对粉土和黏性土，也可通过原状土样的室内渗透试验并结合经验确定；

3 当缺少试验数据时，可根据土的其他物理指标按工程经验确定。

**7.3.18** 管井的构造应符合下列要求：

1 管井的滤管可采用无砂混凝土滤管、钢筋笼、钢管或铸铁管。

2 滤管内径应按满足单井设计流量要求而配置的水泵规格确定，宜大于水泵外径 50mm。滤管外径不宜小于 200mm。管井成孔直径应满足填充滤料的要求。

3 井管与孔壁之间填充的滤料宜选用磨圆度好的硬质岩石成分的圆砾，不宜采用棱角形石渣料、风化料或其他黏质岩石成分的砾石。滤料规格宜满足下列要求：

1）砂土含水层

$$D_{50} = 6d_{50} \sim 8d_{50} \quad (7.3.18\text{-}1)$$

式中：$D_{50}$——小于该粒径的填料质量占总填粒质量50%所对应的填料粒径（mm）；

$d_{50}$——含水层中小于该粒径的土颗粒质量占总土颗粒质量 50%所对应的土颗粒粒径（mm）。

2）$d_{20}$小于 2mm 的碎石土含水层

$$D_{50} = 6d_{20} \sim 8d_{20} \quad (7.3.18\text{-}2)$$

式中：$d_{20}$——含水层中小于该粒径的土颗粒质量占总土颗粒质量 20%所对应的土颗粒粒径（mm）。

3）对 $d_{20}$ 大于或等于 2mm 的碎石土含水层，宜充填粒径为 10mm～20mm 的滤料。

4）滤料的不均匀系数应小于 2。

4 采用深井泵或深井潜水泵抽水时，水泵的出水量应根据单井出水能力确定，水泵的出水量应大于单井出水能力的 1.2 倍。

5 井管的底部应设置沉砂段，井管沉砂段长度不宜小于 3m。

**7.3.19** 真空井点的构造应符合下列要求：

1 井管宜采用金属管，管壁上渗水孔宜按梅花状布置，渗水孔直径宜取 12mm～18mm，渗水孔的孔隙率应大于 15%，渗水段长度应大于 1.0m；管壁外应根据土层的粒径设置滤网；

2 真空井管的直径应根据单井设计流量确定，井管直径宜取 38mm～110mm；井的成孔直径应满足填充滤料的要求，且不宜大于 300mm；

3 孔壁与井管之间的滤料宜采用中粗砂，滤料上方应使用黏土封堵，封堵至地面的厚度应大于 1m。

**7.3.20** 喷射井点的构造应符合下列要求：

1 喷射井点过滤器的构造应符合本规程第 7.3.19 条第 1 款的规定；喷射器混合室直径可取 14mm，喷嘴直径可取 6.5mm；

2 井的成孔直径宜取 400mm～600mm，井孔应比滤管底部深 1m 以上；

3 孔壁与井管之间填充滤料的要求应符合本规程第 7.3.19 条第 3 款的规定；

4 工作水泵可采用多级泵，水泵压力宜大于 2MPa。

**7.3.21** 管井的施工应符合下列要求：

1 管井的成孔施工工艺应适合地层特点，对不易塌孔、缩颈的地层宜采用清水钻进；钻孔深度宜大于降水井设计深度 0.3m～0.5m；

2 采用泥浆护壁时，应在钻进到孔底后清除孔底沉渣并立即置入井管、注入清水，当泥浆比重不大于 1.05 时，方可投入滤料；遇塌孔时不得置入井管，滤料填充体积不应小于计算量的 95%；

3 填充滤料后，应及时洗井，洗井应直至过滤器及滤料滤水畅通，并应抽水检验井的滤水效果。

**7.3.22** 真空井点和喷射井点的施工应符合下列要求：

1 真空井点和喷射井点的成孔工艺可选用清水或泥浆钻进、高压水套管冲击工艺（钻孔法、冲孔法或射水法），对不易塌孔、缩颈的地层也可选用长螺旋钻机成孔；成孔深度宜大于降水井设计深度 0.5m～1.0m；

2 钻进到设计深度后，应注水冲洗钻孔、稀释孔内泥浆；滤料填充应密实均匀，滤料宜采用粒径为 0.4mm～0.6mm 的纯净中粗砂；

3 成井后应及时洗孔，并应抽水检验井的滤水效果；抽水系统不应漏水、漏气；

4 抽水时的真空度应保持在 55kPa 以上，且抽水不应间断。

**7.3.23** 抽水系统在使用期的维护应符合下列要求：

1 降水期间应对井水位和抽水量进行监测，当基坑侧壁出现渗水时，应检查井的抽水效果，并采取有效措施；

2 采用管井时，应对井口采取防护措施，井口宜高于地面 200mm 以上，应防止物体坠入井内；

3 冬季负温环境下，应对抽排水系统采取防冻措施。

**7.3.24** 抽水系统的使用期应满足主体结构的施工要求。当主体结构有抗浮要求时，停止降水的时间应满足主体结构施工期的抗浮要求。

**7.3.25** 当基坑降水引起的地层变形对基坑周边环境

产生不利影响时，宜采用回灌方法减少地层变形量。回灌方法宜采用管井回灌，回灌应符合下列要求：

1 回灌井应布置在降水井外侧，回灌井与降水井的距离不宜小于6m；回灌井的间距应根据回灌水量的要求和降水井的间距确定；

2 回灌井宜进入稳定水面不小于1m，回灌井过滤器应置于渗透性强的土层中，且宜在透水层全长设置过滤器；

3 回灌水量应根据水位观测孔中的水位变化进行控制和调节，回灌后的地下水位不应高于降水前的水位。采用回灌水箱时，箱内水位应根据回灌水量的要求确定；

4 回灌用水应采用清水，宜用降水井抽水进行回灌；回灌水质应符合环境保护要求。

**7.3.26** 当基坑面积较大时，可在基坑内设置一定数量的疏干井。

**7.3.27** 基坑排水系统的输水能力应满足基坑降水的总涌水量要求。

### 7.4 集 水 明 排

**7.4.1** 对坑底汇水、基坑周边地表汇水及降水井抽出的地下水，可采用明沟排水；对坑底渗出的地下水，可采用盲沟排水；当地下室底板与支护结构间不能设置明沟时，也可采用盲沟排水。

**7.4.2** 排水沟的截面应根据设计流量确定，排水沟的设计流量应符合下式规定：

$$Q \leqslant V/1.5 \quad (7.4.2)$$

式中：$Q$——排水沟的设计流量（$m^3/d$）；

$V$——排水沟的排水能力（$m^3/d$）。

**7.4.3** 明沟和盲沟的坡度不宜小于0.3%。采用明沟排水时，沟底应采取防渗措施。采用盲沟排出坑底渗出的地下水时，其构造、填充料及其密实度应满足主体结构的要求。

**7.4.4** 沿排水沟宜每隔30m～50m设置一口集水井；集水井的净截面尺寸应根据排水流量确定。集水井应采取防渗措施。

**7.4.5** 基坑坡面渗水宜采用渗水部位插入导水管排出。导水管的间距、直径及长度应根据渗水量及渗水土层的特性确定。

**7.4.6** 采用管道排水时，排水管道的直径应根据排水量确定。排水管的坡度不宜小于0.5%。排水管道材料可选用钢管、PVC管。排水管道上宜设置清淤孔，清淤孔的间距不宜大于10m。

**7.4.7** 基坑排水设施与市政管网连接口之间应设置沉淀池。明沟、集水井、沉淀池使用时应排水畅通并应随时清理淤积物。

### 7.5 降水引起的地层变形计算

**7.5.1** 降水引起的地层压缩变形量可按下式计算：

$$s = \psi_w \sum \frac{\Delta\sigma'_{zi} \Delta h_i}{E_{si}} \quad (7.5.1)$$

式中：$s$——计算剖面的地层压缩变形量（m）；

$\psi_w$——沉降计算经验系数，应根据地区工程经验取值，无经验时，宜取$\psi_w = 1$；

$\Delta\sigma'_{zi}$——降水引起的地面下第$i$土层的平均附加有效应力（kPa）；对黏性土，应取降水结束时土的固结度下的附加有效应力；

$\Delta h_i$——第$i$层土的厚度（m）；土层的总计算厚度应按渗流分析或实际土层分布情况确定；

$E_{si}$——第$i$层土的压缩模量（kPa）；应取土的自重应力至自重应力与附加有效应力之和的压力段的压缩模量。

**7.5.2** 基坑外土中各点降水引起的附加有效应力宜按地下水稳定渗流分析方法计算；当符合非稳定渗流条件时，可按地下水非稳定渗流计算。附加有效应力也可根据本规程第7.3.5条、第7.3.6条计算的地下水位降深，按下列公式计算（图7.5.2）：

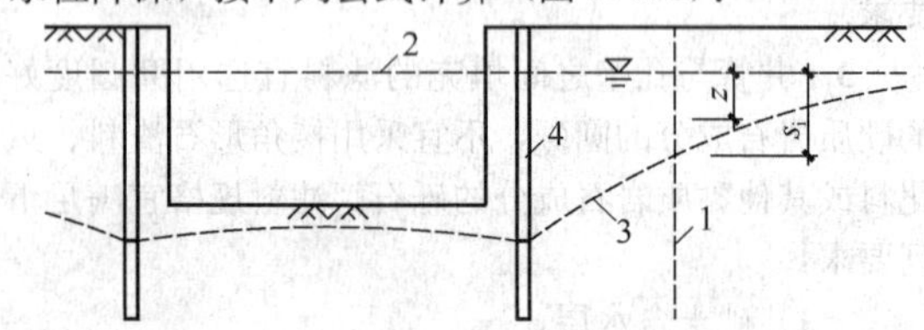


图7.5.2 降水引起的附加有效应力计算
1—计算剖面1；2—初始地下水位；
3—降水后的水位；4—降水井

1 第$i$土层位于初始地下水位以上时

$$\Delta\sigma'_{zi} = 0 \quad (7.5.2\text{-}1)$$

2 第$i$土层位于降水后水位与初始地下水位之间时

$$\Delta\sigma'_{zi} = \gamma_w z \quad (7.5.2\text{-}2)$$

3 第$i$土层位于降水后水位以下时

$$\Delta\sigma'_{zi} = \lambda_i \gamma_w s_i \quad (7.5.2\text{-}3)$$

式中：$\gamma_w$——水的重度（$kN/m^3$）；

$z$——第$i$层土中点至初始地下水位的垂直距离（m）；

$\lambda_i$——计算系数，应按地下水渗流分析确定，缺少分析数据时，也可根据当地工程经验取值；

$s_i$——计算剖面对应的地下水位降深（m）。

**7.5.3** 确定土的压缩模量时，应考虑土的超固结比对压缩模量的影响。

## 8 基坑开挖与监测

### 8.1 基 坑 开 挖

**8.1.1** 基坑开挖应符合下列规定：

1 当支护结构构件强度达到开挖阶段的设计强度时，方可下挖基坑；对采用预应力锚杆的支护结构，应在锚杆施加预加力后，方可下挖基坑；对土钉墙，应在土钉、喷射混凝土面层的养护时间大于2d后，方可下挖基坑；

2 应按支护结构设计规定的施工顺序和开挖深度分层开挖；

3 锚杆、土钉的施工作业面与锚杆、土钉的高差不宜大于500mm；

4 开挖时，挖土机械不得碰撞或损害锚杆、腰梁、土钉墙面、内支撑及其连接件等构件，不得损害已施工的基础桩；

5 当基坑采用降水时，应在降水后开挖地下水位以下的土方；

6 当开挖揭露的实际土层性状或地下水情况与设计依据的勘察资料明显不符，或出现异常现象、不明物体时，应停止开挖，在采取相应处理措施后方可继续开挖；

7 挖至坑底时，应避免扰动基底持力土层的原状结构。

**8.1.2** 软土基坑开挖除应符合本规程第8.1.1条的规定外，尚应符合下列规定：

1 应按分层、分段、对称、均衡、适时的原则开挖；

2 当主体结构采用桩基础且基础桩已施工完成时，应根据开挖面下软土的性状，限制每层开挖厚度，不得造成基础桩偏位；

3 对采用内支撑的支护结构，宜采用局部开槽方法浇筑混凝土支撑或安装钢支撑；开挖到支撑作业面后，应及时进行支撑的施工；

4 对重力式水泥土墙，沿水泥土墙方向应分区段开挖，每一开挖区段的长度不宜大于40m。

**8.1.3 当基坑开挖面上方的锚杆、土钉、支撑未达到设计要求时，严禁向下超挖土方。**

**8.1.4 采用锚杆或支撑的支护结构，在未达到设计规定的拆除条件时，严禁拆除锚杆或支撑。**

**8.1.5 基坑周边施工材料、设施或车辆荷载严禁超过设计要求的地面荷载限值。**

**8.1.6** 基坑开挖和支护结构使用期内，应按下列要求对基坑进行维护：

1 雨期施工时，应在坑顶、坑底采取有效的截排水措施；对地势低洼的基坑，应考虑周边汇水区域地面径流向基坑汇水的影响；排水沟、集水井应采取防渗措施；

2 基坑周边地面宜作硬化或防渗处理；

3 基坑周边的施工用水应有排放措施，不得渗入土体内；

4 当坑体渗水、积水或有渗流时，应及时进行疏导、排泄、截断水源；

5 开挖至坑底后，应及时进行混凝土垫层和主体地下结构施工；

6 主体地下结构施工时，结构外墙与基坑侧壁之间应及时回填。

**8.1.7** 支护结构或基坑周边环境出现本规程第8.2.23条规定的报警情况或其他险情时，应立即停止开挖，并应根据危险产生的原因和可能进一步发展的破坏形式，采取控制或加固措施。危险消除后，方可继续开挖。必要时，应对危险部位采取基坑回填、地面卸土、临时支撑等应急措施。当危险由地下水管道渗漏、坑体渗水造成时，应及时采取截断渗漏水源、疏排渗水等措施。

## 8.2 基坑监测

**8.2.1** 基坑支护设计应根据支护结构类型和地下水控制方法，按表8.2.1选择基坑监测项目，并应根据支护结构的具体形式、基坑周边环境的重要性及地质条件的复杂性确定监测点部位及数量。选用的监测项目及其监测部位应能够反映支护结构的安全状态和基坑周边环境受影响的程度。

**表8.2.1 基坑监测项目选择**

| 监测项目 | 支护结构的安全等级 | | |
|---|---|---|---|
| | 一级 | 二级 | 三级 |
| 支护结构顶部水平位移 | 应测 | 应测 | 应测 |
| 基坑周边建（构）筑物、地下管线、道路沉降 | 应测 | 应测 | 应测 |
| 坑边地面沉降 | 应测 | 应测 | 宜测 |
| 支护结构深部水平位移 | 应测 | 应测 | 选测 |
| 锚杆拉力 | 应测 | 应测 | 选测 |
| 支撑轴力 | 应测 | 应测 | 选测 |
| 挡土构件内力 | 应测 | 宜测 | 选测 |
| 支撑立柱沉降 | 应测 | 宜测 | 选测 |
| 挡土构件、水泥土墙沉降 | 应测 | 宜测 | 选测 |
| 地下水位 | 应测 | 应测 | 选测 |
| 土压力 | 宜测 | 选测 | 选测 |
| 孔隙水压力 | 宜测 | 选测 | 选测 |

注：表内各监测项目中，仅选择实际基坑支护形式所含有的内容。

**8.2.2 安全等级为一级、二级的支护结构，在基坑开挖过程与支护结构使用期内，必须进行支护结构的水平位移监测和基坑开挖影响范围内建（构）筑物、地面的沉降监测。**

**8.2.3** 支挡式结构顶部水平位移监测点的间距不宜大于20m，土钉墙、重力式挡墙顶部水平位移监测点的间距不宜大于15m，且基坑各边的监测点不应少于3个。基坑周边有建筑物的部位、基坑各边中部及地质条件较差的部位应设置监测点。

**8.2.4** 基坑周边建筑物沉降监测点应设置在建筑物的结构墙、柱上，并应分别沿平行、垂直于坑边的方向上布设。在建筑物邻基坑一侧，平行于坑边方向上的测点间距不宜大于 15m。垂直于坑边方向上的测点，宜设置在柱、隔墙与结构缝部位。垂直于坑边方向上的布点范围应能反映建筑物基础的沉降差。必要时，可在建筑物内部布设测点。

**8.2.5** 地下管线沉降监测，当采用测量地面沉降的间接方法时，其测点应布设在管线正上方。当管线上方为刚性路面时，宜将测点设置于刚性路面下。对直埋的刚性管线，应在管线节点、竖井及其两侧等易破裂处设置测点。测点水平间距不宜大于 20m。

**8.2.6** 道路沉降监测点的间距不宜大于 30m，且每条道路的监测点不应少于 3 个。必要时，沿道路宽度方向可布设多个测点。

**8.2.7** 对坑边地面沉降、支护结构深部水平位移、锚杆拉力、支撑轴力、立柱沉降、挡土构件沉降、水泥土墙沉降、挡土构件内力、地下水位、土压力、孔隙水压力进行监测时，监测点应布设在邻近建筑物、基坑各边中部及地质条件较差的部位，监测点或监测面不宜少于 3 个。

**8.2.8** 坑边地面沉降监测点应设置在支护结构外侧的土层表面或柔性地面上。与支护结构的水平距离宜在基坑深度的 0.2 倍范围以内。有条件时，宜沿坑边垂直方向在基坑深度的（1～2）倍范围内设置多个测点，每个监测面的测点不宜少于 5 个。

**8.2.9** 采用测斜管监测支护结构深部水平位移时，对现浇混凝土挡土构件，测斜管应设置在挡土构件内，测斜管深度不应小于挡土构件的深度；对土钉墙、重力式挡墙，测斜管应设置在紧邻支护结构的土体内，测斜管深度不宜小于基坑深度的 1.5 倍。测斜管顶部应设置水平位移监测点。

**8.2.10** 锚杆拉力监测宜采用测量锚杆杆体总拉力的锚头压力传感器。对多层锚杆支挡式结构，宜在同一剖面的每层锚杆上设置测点。

**8.2.11** 支撑轴力监测点宜设置在主要支撑构件、受力复杂和影响支撑结构整体稳定性的支撑构件上。对多层支撑支挡式结构，宜在同一剖面的每层支撑上设置测点。

**8.2.12** 挡土构件内力监测点应设置在最大弯矩截面处的纵向受拉钢筋上。当挡土构件采用沿竖向分段配置钢筋时，应在钢筋截面面积减小且弯矩较大部位的纵向受拉钢筋上设置测点。

**8.2.13** 支撑立柱沉降监测点宜设置在基坑中部、支撑交汇处及地质条件较差的立柱上。

**8.2.14** 当挡土构件下部为软弱持力土层，或采用大倾角锚杆时，宜在挡土构件顶部设置沉降监测点。

**8.2.15** 当监测地下水位下降对基坑周边建筑物、道路、地面等沉降的影响时，地下水位监测点应设置在降水井或截水帷幕外侧且宜尽量靠近被保护对象。基坑内地下水位的监测点可设置在基坑内或相邻降水井之间。当有回灌井时，地下水位监测点应设置在回灌井外侧。水位观测管的滤管应设置在所测含水层内。

**8.2.16** 各类水平位移观测、沉降观测的基准点应设置在变形影响范围外，且基准点数量不应少于两个。

**8.2.17** 基坑各监测项目采用的监测仪器的精度、分辨率及测量精度应能反映监测对象的实际状况。

**8.2.18** 各监测项目应在基坑开挖前或测点安装后测得稳定的初始值，且次数不应少于两次。

**8.2.19** 支护结构顶部水平位移的监测频次应符合下列要求：

**1** 基坑向下开挖期间，监测不应少于每天一次，直至开挖停止后连续三天的监测数值稳定；

**2** 当地面、支护结构或周边建筑物出现裂缝、沉降，遇到降雨、降雪、气温骤变，基坑出现异常的渗水或漏水，坑外地面荷载增加等各种环境条件变化或异常情况时，应立即进行连续监测，直至连续三天的监测数值稳定；

**3** 当位移速率大于前次监测的位移速率时，则应进行连续监测；

**4** 在监测数值稳定期间，应根据水平位移稳定值的大小及工程实际情况定期进行监测。

**8.2.20** 支护结构顶部水平位移之外的其他监测项目，除应根据支护结构施工和基坑开挖情况进行定期监测外，尚应在出现下列情况时进行监测，直至连续三天的监测数值稳定。

**1** 出现本规程第 8.2.19 条第 2、3 款的情况时；

**2** 锚杆、土钉或挡土构件施工时，或降水井抽水等引起地下水位下降时，应进行相邻建筑物、地下管线、道路的沉降观测。

**8.2.21** 对基坑监测有特殊要求时，各监测项目的测点布置、量测精度、监测频度等应根据实际情况确定。

**8.2.22** 在支护结构施工、基坑开挖期间以及支护结构使用期内，应对支护结构和周边环境的状况随时进行巡查，现场巡查时应检查有无下列现象及其发展情况：

**1** 基坑外地面和道路开裂、沉陷；

**2** 基坑周边建（构）筑物、围墙开裂、倾斜；

**3** 基坑周边水管漏水、破裂，燃气管漏气；

**4** 挡土构件表面开裂；

**5** 锚杆锚头松动，锚具夹片滑动，腰梁及支座变形，连接破损等；

**6** 支撑构件变形、开裂；

**7** 土钉墙土钉滑脱，土钉墙面层开裂和错动；

**8** 基坑侧壁和截水帷幕渗水、漏水、流砂等；

**9** 降水井抽水异常，基坑排水不通畅。

**8.2.23** 基坑监测数据、现场巡查结果应及时整理和反馈。当出现下列危险征兆时应立即报警：

1　支护结构位移达到设计规定的位移限值；

2　支护结构位移速率增长且不收敛；

3　支护结构构件的内力超过其设计值；

4　基坑周边建（构）筑物、道路、地面的沉降达到设计规定的沉降、倾斜限值；基坑周边建（构）筑物、道路、地面开裂；

5　支护结构构件出现影响整体结构安全性的损坏；

6　基坑出现局部坍塌；

7　开挖面出现隆起现象；

8　基坑出现流土、管涌现象。

# 附录A　锚杆抗拔试验要点

## A.1　一般规定

**A.1.1**　试验锚杆的参数、材料、施工工艺及其所处的地质条件应与工程锚杆相同。

**A.1.2**　锚杆抗拔试验应在锚固段注浆固结体强度达到15MPa或达到设计强度的75%后进行。

**A.1.3**　加载装置（千斤顶、油压系统）的额定压力必须大于最大试验压力，且试验前应进行标定。

**A.1.4**　加载反力装置的承载力和刚度应满足最大试验荷载的要求，加载时千斤顶应与锚杆同轴。

**A.1.5**　计量仪表（位移计、压力表）的精度应满足试验要求。

**A.1.6**　试验锚杆宜在自由段与锚固段之间设置消除自由段摩阻力的装置。

**A.1.7**　最大试验荷载下的锚杆杆体应力，不应超过其极限强度标准值的0.85倍。

## A.2　基本试验

**A.2.1**　同一条件下的极限抗拔承载力试验的锚杆数量不应少于3根。

**A.2.2**　确定锚杆极限抗拔承载力的试验，最大试验荷载不应小于预估破坏荷载，且试验锚杆的杆体截面面积应符合本规程第A.1.7条对锚杆杆体应力的规定。必要时，可增加试验锚杆的杆体截面面积。

**A.2.3**　锚杆极限抗拔承载力试验宜采用多循环加载法，其加载分级和锚头位移观测时间应按表A.2.3确定。

**表A.2.3　多循环加载试验的加载分级与锚头位移观测时间**

| 循环次数 | 分级荷载与最大试验荷载的百分比（%） | | | | | | |
|---|---|---|---|---|---|---|---|
| | 初始荷载 | 加载过程 | | | 卸载过程 | | |
| 第一循环 | 10 | 20 | 40 | 50 | 40 | 20 | 10 |
| 第二循环 | 10 | 30 | 50 | 60 | 50 | 30 | 10 |
| 第三循环 | 10 | 40 | 60 | 70 | 60 | 40 | 10 |
| 第四循环 | 10 | 50 | 70 | 80 | 70 | 50 | 10 |
| 第五循环 | 10 | 60 | 80 | 90 | 80 | 60 | 10 |
| 第六循环 | 10 | 70 | 90 | 100 | 90 | 70 | 10 |
| 观测时间（min） | 5 | 5 | 5 | 10 | 5 | 5 | 5 |

**A.2.4**　当锚杆极限抗拔承载力试验采用单循环加载法时，其加载分级和锚头位移观测时间应按本规程表A.2.3中每一循环的最大荷载及相应的观测时间逐级加载和卸载。

**A.2.5**　锚杆极限抗拔承载力试验，其锚头位移测读和加卸载应符合下列规定：

1　初始荷载下，应测读锚头位移基准值3次，当每间隔5min的读数相同时，方可作为锚头位移基准值；

2　每级加、卸载稳定后，在观测时间内测读锚头位移不应少于3次；

3　在每级荷载的观测时间内，当锚头位移增量不大于0.1mm时，可施加下一级荷载；否则应延长观测时间，并应每隔30min测读锚头位移1次，当连续两次出现1h内的锚头位移增量小于0.1mm时，可施加下一级荷载；

4　加至最大试验荷载后，当未出现本规程第A.2.6条规定的终止加载情况，且继续加载后满足本规程第A.1.7条对锚杆杆体应力的要求时，宜继续进行下一循环加载，加卸载的各分级荷载增量宜取最大试验荷载的10%。

**A.2.6**　锚杆试验中遇下列情况之一时，应终止继续加载：

1　从第二级加载开始，后一级荷载产生的单位荷载下的锚头位移增量大于前一级荷载产生的单位荷载下的锚杆位移增量的5倍；

2　锚头位移不收敛；

3　锚杆杆体破坏。

**A.2.7**　多循环加载试验应绘制锚杆的荷载-位移（$Q$-$s$）曲线、荷载-弹性位移（$Q$-$s_e$）曲线和荷载-塑性位移（$Q$-$s_p$）曲线。锚杆的位移不应包括试验反力装置的变形。

**A.2.8**　锚杆极限抗拔承载力标准值应按下列方法确定：

1　锚杆的极限抗拔承载力，在某级试验荷载下出现本规程第A.2.6条规定的终止继续加载情况时，应取终止加载时的前一级荷载值；未出现时，应取终止加载时的荷载值；

2　参加统计的试验锚杆，当极限抗拔承载力的极差不超过其平均值的30%时，锚杆极限抗拔承载力标准值可取平均值；当级差超过平均值的30%时，宜增加试验锚杆数量，并应根据级差过大的原因，按实际情况重新进行统计后确定锚杆极限抗拔承载力标准值。

### A.3 蠕变试验

**A.3.1** 蠕变试验的锚杆数量不应少于三根。

**A.3.2** 蠕变试验的加载分级和锚头位移观测时间应按表A.3.2确定。在观测时间内荷载必须保持恒定。

**表A.3.2 蠕变试验的加载分级与锚头位移观测时间**

| 加载分级 | $0.50N_k$ | $0.75N_k$ | $1.00N_k$ | $1.20N_k$ | $1.50N_k$ |
|---|---|---|---|---|---|
| 观测时间 $t_2$（min） | 10 | 30 | 60 | 90 | 120 |
| 观测时间 $t_1$（min） | 5 | 15 | 30 | 45 | 60 |

注：表中 $N_k$ 为锚杆轴向拉力标准值。

**A.3.3** 每级荷载按时间间隔1min、5min、10min、15min、30min、45min、60min、90min、120min记录蠕变量。

**A.3.4** 试验时应绘制每级荷载下锚杆的蠕变量-时间对数（$s$-lg$t$）曲线。蠕变率应按下式计算：

$$k_c = \frac{s_2 - s_1}{\lg t_2 - \lg t_1} \quad \text{(A.3.4)}$$

式中：$k_c$——锚杆蠕变率；

$s_1$——$t_1$ 时间测得的蠕变量（mm）；

$s_2$——$t_2$ 时间测得的蠕变量（mm）。

**A.3.5** 锚杆的蠕变率不应大于2.0mm。

### A.4 验收试验

**A.4.1** 锚杆抗拔承载力检测试验，最大试验荷载不应小于本规程第4.8.8条规定的抗拔承载力检测值。

**A.4.2** 锚杆抗拔承载力检测试验可采用单循环加载法，其加载分级和锚头位移观测时间应按表A.4.2确定。

**表A.4.2 单循环加载试验的加载分级与锚头位移观测时间**

| 最大试验荷载 | | 分级荷载与锚杆轴向拉力标准值 $N_k$ 的百分比（%） | | | | | | |
|---|---|---|---|---|---|---|---|---|
| $1.4N_k$ | 加载 | 10 | 40 | 60 | 80 | 100 | 120 | 140 |
| | 卸载 | 10 | 30 | 50 | 80 | 100 | 120 | — |
| $1.3N_k$ | 加载 | 10 | 40 | 60 | 80 | 100 | 120 | 130 |
| | 卸载 | 10 | 30 | 50 | 80 | 100 | 120 | — |
| $1.2N_k$ | 加载 | 10 | 40 | 60 | 80 | 100 | — | 120 |
| | 卸载 | 10 | 30 | 50 | 80 | 100 | — | — |
| 观测时间（min） | | 5 | 5 | 5 | 5 | 5 | 5 | 10 |

**A.4.3** 锚杆抗拔承载力检测试验，其锚头位移测读和加、卸载应符合下列规定：

**1** 初始荷载下，应测读锚头位移基准值3次，当每间隔5min的读数相同时，方可作为锚头位移基准值；

**2** 每级加、卸载稳定后，在观测时间内测读锚头位移不应少于3次；

**3** 当观测时间内锚头位移增量不大于1.0mm时，可视为位移收敛；否则，观测时间应延长至60min，并应每隔10min测读锚头位移1次；当该60min内锚头位移增量小于2.0mm时，可视为锚头位移收敛，否则视为不收敛。

**A.4.4** 锚杆试验中遇本规程第A.2.6条规定的终止继续加载情况时，应终止继续加载。

**A.4.5** 单循环加载试验应绘制锚杆的荷载-位移（$Q$-$s$）曲线。锚杆的位移不应包括试验反力装置的变形。

**A.4.6** 检测试验中，符合下列要求的锚杆应判定合格：

**1** 在抗拔承载力检测值下，锚杆位移稳定或收敛；

**2** 在抗拔承载力检测值下测得的弹性位移量应大于杆体自由段长度理论弹性伸长量的80%。

## 附录B 圆形截面混凝土支护桩的正截面受弯承载力计算

**B.0.1** 沿周边均匀配置纵向钢筋的圆形截面钢筋混凝土支护桩，其正截面受弯承载力应符合下列规定（图B.0.1）：

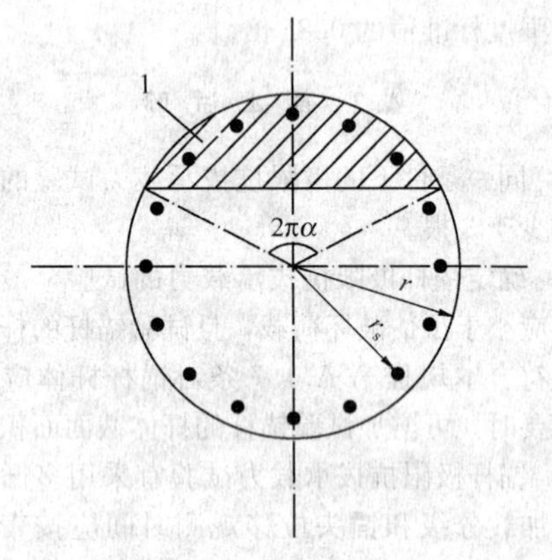


图B.0.1 沿周边均匀配置纵向钢筋的圆形截面

1—混凝土受压区

$$M \leqslant \frac{2}{3} f_c A r \frac{\sin^3 \pi\alpha}{\pi} + f_y A_s r_s \frac{\sin \pi\alpha + \sin \pi\alpha_t}{\pi} \quad \text{(B.0.1-1)}$$

$$\alpha f_c A \left(1 - \frac{\sin 2\pi\alpha}{2\pi\alpha}\right) + (\alpha - \alpha_t) f_y A_s = 0 \quad \text{(B.0.1-2)}$$

$$\alpha_t = 1.25 - 2\alpha \quad \text{(B.0.1-3)}$$

式中：$M$——桩的弯矩设计值（kN·m），按本规程第3.1.7的规定计算；

$f_c$——混凝土轴心抗压强度设计值（$kN/m^2$）；当混凝土强度等级超过C50时，$f_c$ 应以 $\alpha_1 f_c$ 代替，当混凝土强度等级为C50时，取 $\alpha_1=1.0$，当混凝土强度等级为C80时，取 $\alpha_1=0.94$，其间按线性内插法确定；

$A$——支护桩截面面积（$m^2$）；

$r$——支护桩的半径（m）；

$\alpha$——对应于受压区混凝土截面面积的圆心角（rad）与 $2\pi$ 的比值；

$f_y$——纵向钢筋的抗拉强度设计值（$kN/m^2$）；

$A_s$——全部纵向钢筋的截面面积（$m^2$）；

$r_s$——纵向钢筋重心所在圆周的半径（m）；

$\alpha_t$——纵向受拉钢筋截面面积与全部纵向钢筋截面面积的比值，当 $\alpha>0.625$ 时，取 $\alpha_t=0$。

注：本条适用于截面内纵向钢筋数量不少于6根的情况。

**B.0.2** 沿受拉区和受压区周边局部均匀配置纵向钢筋的圆形截面钢筋混凝土支护桩，其正截面受弯承载力应符合下列规定（图B.0.2）：

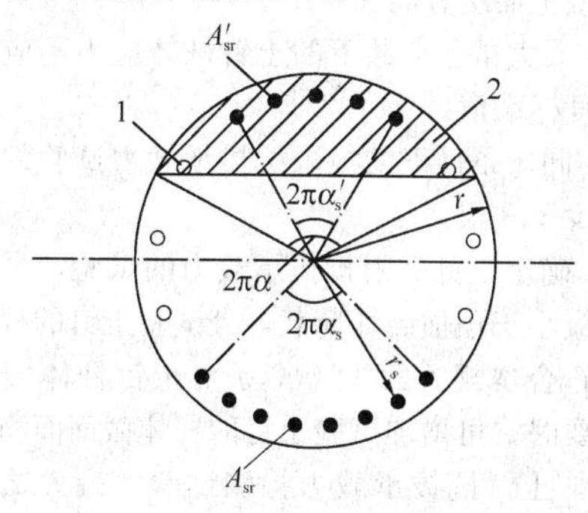


图B.0.2 沿受拉区和受压区周边局部均匀配置纵向钢筋的圆形截面

1—构造钢筋；2—混凝土受压区

$$M\leqslant\frac{2}{3}f_cAr\frac{\sin^3\pi\alpha}{\pi}+f_yA_{sr}r_s\frac{\sin\pi\alpha_s}{\pi\alpha_s}+f_yA'_{sr}r_s\frac{\sin\pi\alpha'_s}{\pi\alpha'_s}\tag{B.0.2-1}$$

$$\alpha f_cA\left(1-\frac{\sin2\pi\alpha}{2\pi\alpha}\right)+f_y(A'_{sr}-A_{sr})=0\tag{B.0.2-2}$$

$$\cos\pi\alpha\geqslant1-\left(1+\frac{r_s}{r}\cos\pi\alpha_s\right)\xi_b\tag{B.0.2-3}$$

$$\alpha\geqslant\frac{1}{3.5}\tag{B.0.2-4}$$

式中：$\alpha$——对应于混凝土受压区截面面积的圆心角（rad）与 $2\pi$ 的比值；

$\alpha_s$——对应于受拉钢筋的圆心角（rad）与 $2\pi$ 的比值；$\alpha_s$ 宜取1/6～1/3，通常可取0.25；

$\alpha'_s$——对应于受压钢筋的圆心角（rad）与 $2\pi$ 的比值，宜取 $\alpha'_s\leqslant0.5\alpha$；

$A_{sr}$、$A'_{sr}$——分别为沿周边均匀配置在圆心角 $2\pi\alpha_s$、$2\pi\alpha'_s$ 内的纵向受拉、受压钢筋的截面面积（$m^2$）；

$\xi_b$——矩形截面的相对界限受压区高度，应按现行国家标准《混凝土结构设计规范》GB 50010的规定取值。

注：本条适用于截面受拉区内纵向钢筋数量不少于3根的情况。

**B.0.3** 沿受拉区和受压区周边局部均匀配置的纵向钢筋数量，宜使按本规程公式（B.0.2-2）计算的 $\alpha$ 大于1/3.5，当 $\alpha<1/3.5$时，其正截面受弯承载力应符合下列规定：

$$M\leqslant f_yA_{sr}\left(0.78r+r_s\frac{\sin\pi\alpha_s}{\pi\alpha_s}\right)\tag{B.0.3}$$

**B.0.4** 沿圆形截面受拉区和受压区周边实际配置的均匀纵向钢筋的圆心角应分别取为 $2\frac{n-1}{n}\pi\alpha_s$ 和 $2\frac{m-1}{m}\pi\alpha'_s$。配置在圆形截面受拉区的纵向钢筋，其按全截面面积计算的配筋率不宜小于0.2%和 $0.45f_t/f_y$ 的较大值。在不配置纵向受力钢筋的圆周范围内应设置周边纵向构造钢筋，纵向构造钢筋直径不应小于纵向受力钢筋直径的1/2，且不应小于10mm；纵向构造钢筋的环向间距不应大于圆截面的半径和250mm的较小值。

注：1 $n$、$m$ 为受拉区、受压区配置均匀纵向钢筋的根数；

2 $f_t$ 为混凝土抗拉强度设计值。

## 附录C 渗透稳定性验算

**C.0.1** 坑底以下有水头高于坑底的承压水含水层，且未用截水帷幕隔断其基坑内外的水力联系时，承压水作用下的坑底突涌稳定性应符合下式规定（图C.0.1）：

$$\frac{D\gamma}{h_w\gamma_w}\geqslant K_h\tag{C.0.1}$$

式中：$K_h$——突涌稳定安全系数；$K_h$不应小于1.1；

$D$——承压水含水层顶面至坑底的土层厚度（m）；

$\gamma$——承压水含水层顶面至坑底土层的天然重度（$kN/m^3$）；对多层土，取按土层厚度加权的平均天然重度；

$h_w$——承压水含水层顶面的压力水头高度（m）；

$\gamma_w$——水的重度（$kN/m^3$）。

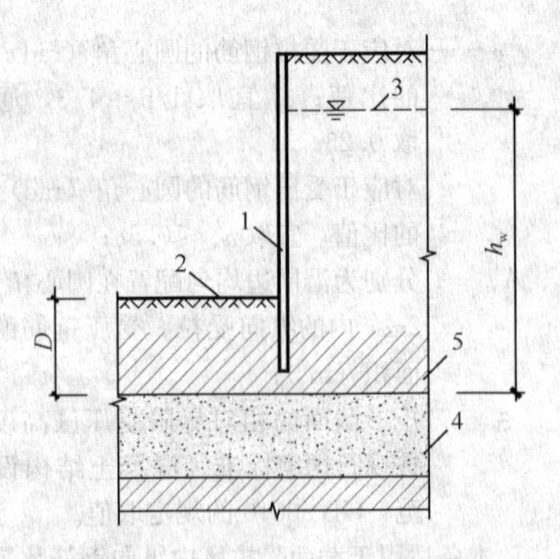

图 C.0.1　坑底土体的突涌稳定性验算

1—截水帷幕；2—基底；3—承压水测管水位；
4—承压水含水层；5—隔水层

**C.0.2**　悬挂式截水帷幕底端位于碎石土、砂土或粉土含水层时，对均质含水层，地下水渗流的流土稳定性应符合下式规定（图 C.0.2），对渗透系数不同的非均质含水层，宜采用数值方法进行渗流稳定性分析。

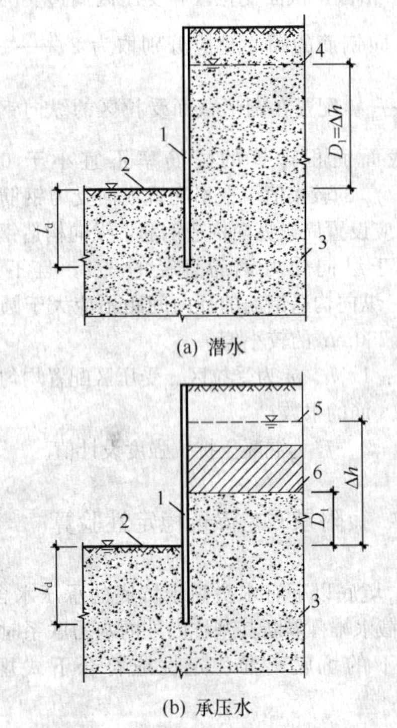

(a) 潜水

(b) 承压水

图C.0.2　采用悬挂式帷幕截水时的流土稳定性验算

1—截水帷幕；2—基坑底面；3—含水层；
4—潜水水位；5—承压水测管水位；
6—承压水含水层顶面

$$\frac{(2l_{\mathrm{d}}+0.8D_{1})\gamma'}{\Delta h\gamma_{\mathrm{w}}}\geqslant K_{\mathrm{f}} \qquad (\text{C.0.2})$$

式中：$K_{\mathrm{f}}$——流土稳定性安全系数；安全等级为一、二、三级的支护结构，$K_{\mathrm{f}}$ 分别不应小于 1.6、1.5、1.4；

$l_{\mathrm{d}}$——截水帷幕在坑底以下的插入深度（m）；

$D_1$——潜水面或承压水含水层顶面至基坑底面的土层厚度（m）；

$\gamma'$——土的浮重度（kN/m³）；

$\Delta h$——基坑内外的水头差（m）；

$\gamma_{\mathrm{w}}$——水的重度（kN/m³）。

**C.0.3**　坑底以下为级配不连续的砂土、碎石土含水层时，应进行土的管涌可能性判别。

## 附录 D　土钉抗拔试验要点

**D.0.1**　试验土钉的参数、材料、施工工艺及所处的地质条件应与工程土钉相同。

**D.0.2**　土钉抗拔试验应在注浆固结体强度达到 10MPa 或达到设计强度的 70%后进行。

**D.0.3**　加载装置（千斤顶、油压系统）的额定压力必须大于最大试验压力，且试验前应进行标定。

**D.0.4**　加荷反力装置的承载力和刚度应满足最大试验荷载的要求，加载时千斤顶应与土钉同轴。

**D.0.5**　计量仪表（位移计、压力表）的精度应满足试验要求。

**D.0.6**　在土钉墙面层上进行试验时，试验土钉应与喷射混凝土面层分离。

**D.0.7**　最大试验荷载下的土钉杆体应力不应超过其屈服强度标准值。

**D.0.8**　同一条件下的极限抗拔承载力试验的土钉数量不应少于 3 根。

**D.0.9**　确定土钉极限抗拔承载力的试验，最大试验荷载不应小于预估破坏荷载，且试验土钉的杆体截面面积应符合本规程第 D.0.7 条对土钉杆体应力的规定。必要时，可增加试验土钉的杆体截面面积。

**D.0.10**　土钉抗拔承载力检测试验，最大试验荷载不应小于本规程第 5.4.10 条规定的抗拔承载力检测值。

**D.0.11**　确定土钉极限抗拔承载力的试验和土钉抗拔承载力检测试验可采用单循环加载法，其加载分级和土钉位移观测时间应按表 D.0.11 确定。

**表 D.0.11　单循环加载试验的加载分级与土钉位移观测时间**

| 观测时间（min） | | 5 | 5 | 5 | 5 | 5 | 10 |
|---|---|---|---|---|---|---|---|
| 加载量与最大试验荷载的百分比（%） | 初始荷载 | — | — | — | — | — | 10 |
| | 加载 | 10 | 50 | 70 | 80 | 90 | 100 |
| | 卸载 | 10 | 20 | 50 | 80 | 90 | — |

注：单循环加载试验用于土钉抗拔承载力检测时，加至最大试验荷载后，可一次卸载至最大试验荷载的 10%。

**D.0.12**　土钉极限抗拔承载力试验，其土钉位移测读和加卸载应符合下列规定：

1 初始荷载下，应测读土钉位移基准值3次，当每间隔5min的读数相同时，方可作为土钉位移基准值；

2 每级加、卸载稳定后，在观测时间内测读土钉位移不应少于3次；

3 在每级荷载的观测时间内，当土钉位移增量不大于0.1mm时，可施加下一级荷载；否则应延长观测时间，并应每隔30min测读土钉位移1次；当连续两次出现1h内的土钉位移增量小于0.1mm时，可施加下一级荷载。

**D.0.13** 土钉抗拔承载力检测试验，其土钉位移测读和加、卸载应符合下列规定：

1 初始荷载下，应测读土钉位移基准值3次，当每间隔5min的读数相同时，方可作为土钉位移基准值；

2 每级加、卸载稳定后，在观测时间内测读土钉位移不应少于3次；

3 当观测时间内土钉位移增量不大于1.0mm时，可视为位移收敛；否则，观测时间应延长至60min，并应每隔10min测读土钉位移1次；当该60min内土钉位移增量小于2.0mm时，可视为土钉位移收敛，否则视为不收敛。

**D.0.14** 土钉试验中遇下列情况之一时，应终止继续加载：

1 从第二级加载开始，后一级荷载产生的单位荷载下的土钉位移增量大于前一级荷载产生的单位荷载下的土钉位移增量的5倍；

2 土钉位移不收敛；

3 土钉杆体破坏。

**D.0.15** 试验应绘制土钉的荷载-位移（$Q$-$s$）曲线。土钉的位移不应包括试验反力装置的变形。

**D.0.16** 土钉极限抗拔承载力标准值应按下列方法确定：

1 土钉的极限抗拔承载力，在某级试验荷载下出现本规程D.0.14条规定的终止继续加载情况时，应取终止加载时的前一级荷载值；未出现时，应取终止加载时的荷载值；

2 参加统计的试验土钉，当满足其级差不超过平均值的30%时，土钉极限抗拔承载力标准值可取平均值；当级差超过平均值的30%时，宜增加试验土钉数量，并应根据级差过大的原因，按实际情况重新进行统计后确定土钉极限抗拔承载力标准值。

**D.0.17** 检测试验中，在抗拔承载力检测值下，土钉位移稳定或收敛应判定土钉合格。

## 附录E 基坑涌水量计算

**E.0.1** 群井按大井简化时，均质含水层潜水完整井的基坑降水总涌水量可按下式计算（图E.0.1）：

$$Q=\pi k\frac{(2H-s_{\mathrm{d}})s_{\mathrm{d}}}{\ln\left(1+\dfrac{R}{r_0}\right)} \tag{E.0.1}$$

式中：$Q$——基坑降水总涌水量（$m^3/d$）；

$k$——渗透系数（m/d）；

$H$——潜水含水层厚度（m）；

$s_d$——基坑地下水位的设计降深（m）；

$R$——降水影响半径（m）；

$r_0$——基坑等效半径（m）；可按 $r_0=\sqrt{A/\pi}$ 计算；

$A$——基坑面积（$m^2$）。

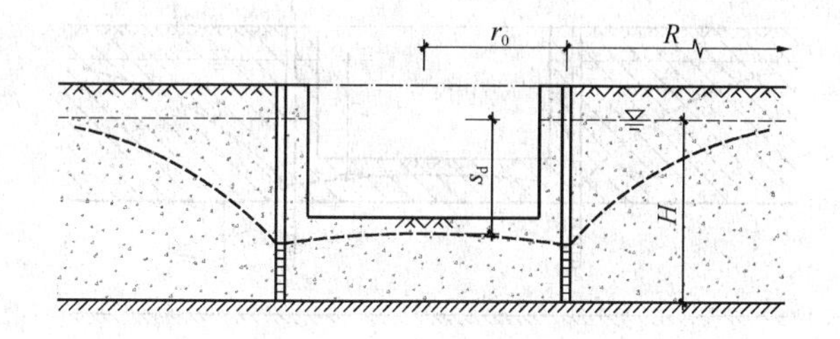


图E.0.1 均质含水层潜水完整井的基坑涌水量计算

**E.0.2** 群井按大井简化时，均质含水层潜水非完整井的基坑降水总涌水量可按下列公式计算（图E.0.2）：

$$Q=\pi k\frac{H^2-h^2}{\ln\left(1+\dfrac{R}{r_0}\right)+\dfrac{h_{\mathrm{m}}-l}{l}\ln\left(1+0.2\dfrac{h_{\mathrm{m}}}{r_0}\right)} \tag{E.0.2-1}$$

$$h_{\mathrm{m}}=\frac{H+h}{2} \tag{E.0.2-2}$$

式中：$h$——降水后基坑内的水位高度（m）；

$l$——过滤器进水部分的长度（m）。

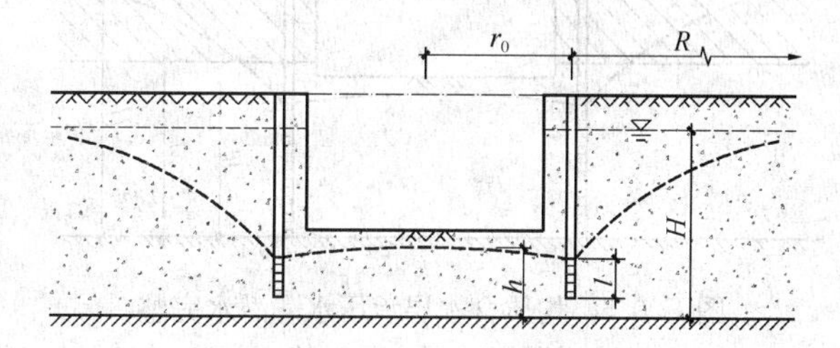


图E.0.2 均质含水层潜水非完整井的基坑涌水量计算

**E.0.3** 群井按大井简化时，均质含水层承压水完整井的基坑降水总涌水量可按下式计算（图E.0.3）：

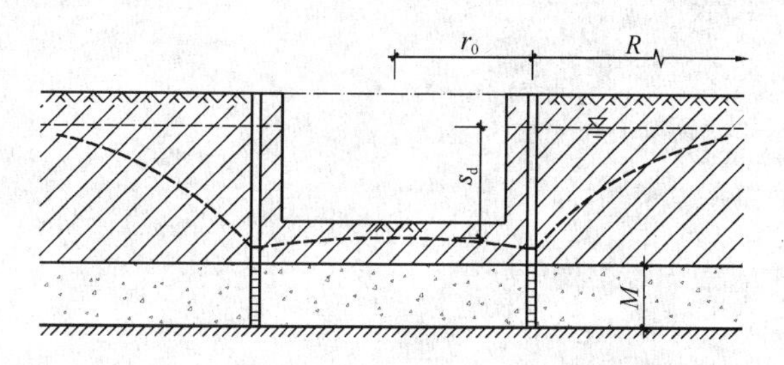


图E.0.3 均质含水层承压水完整井的基坑涌水量计算

$$Q = 2\pi k \frac{Ms_{\rm d}}{\ln\left(1+\frac{R}{r_0}\right)} \quad (E.0.3)$$

式中：$M$——承压水含水层厚度（m）。

**E.0.4** 群井按大井简化时，均质含水层承压水非完整井的基坑降水总涌水量可按下式计算（图E.0.4）：

$$Q = 2\pi k \frac{Ms_{\rm d}}{\ln\left(1+\frac{R}{r_0}\right)+\frac{M-l}{l}\ln\left(1+0.2\frac{M}{r_0}\right)} \quad (E.0.4)$$

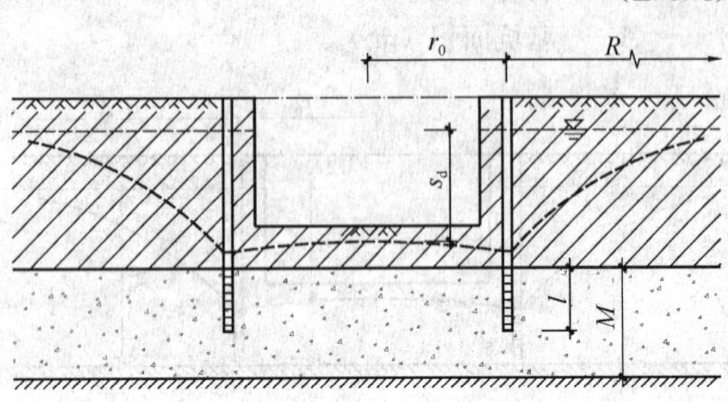


图E.0.4 均质含水层承压水非完整井的基坑涌水量计算

**E.0.5** 群井按大井简化时，均质含水层承压水—潜水完整井的基坑降水总涌水量可按下式计算（图E.0.5）：

$$Q = \pi k \frac{(2H_0-M)M-h^2}{\ln\left(1+\frac{R}{r_0}\right)} \quad (E.0.5)$$

式中：$H_0$——承压水含水层的初始水头。

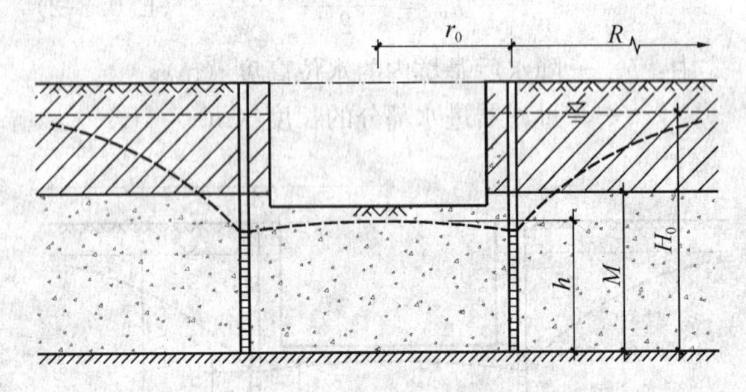


图E.0.5 均质含水层承压水—潜水完整井的基坑涌水量计算

## 本规程用词说明

**1** 为便于在执行本规程条文时区别对待，对要求严格程度不同的用词说明如下：

**1）** 表示很严格，非这样做不可的：
正面词采用“必须”，反面词采用“严禁”；

**2）** 表示严格，在正常情况下均应这样做的：
正面词采用“应”，反面词采用“不应”或“不得”；

**3）** 表示允许稍有选择，在条件许可时首先应这样做的：
正面词采用“宜”，反面词采用“不宜”；

**4）** 表示有选择，在一定条件下可以这样做的，采用“可”。

**2** 条文中指明应按其他有关标准执行的写法为：“应符合……的规定”或“应按……执行”。

## 引用标准名录

**1** 《建筑地基基础设计规范》GB 50007

**2** 《混凝土结构设计规范》GB 50010

**3** 《钢结构设计规范》GB 50017

**4** 《岩土工程勘察规范》GB 50021

**5** 《地下工程防水技术规范》GB 50108

**6** 《建筑地基基础工程施工质量验收规范》GB 50202

**7** 《混凝土结构工程施工质量验收规范》GB 50204

**8** 《钢结构工程施工质量验收规范》GB 50205

**9** 《预应力混凝土用钢绞线》GB/T 5224

**10** 《预应力筋用锚具、夹具和连接器》GB/T 14370

**11** 《建筑地基处理技术规范》JGJ 79

**12** 《建筑桩基技术规范》JGJ 94

中华人民共和国行业标准

# 建筑基坑支护技术规程

**JGJ 120—2012**

## 条 文 说 明

# 修订说明

《建筑基坑支护技术规程》JGJ 120－2012，经住房和城乡建设部2012年4月5日以第1350号公告批准、发布。

本规程是在《建筑基坑支护技术规程》JGJ120—99基础上修订而成，上一版的主编单位是中国建筑科学研究院，参编单位是深圳市勘察研究院、福建省建筑科学研究院、同济大学、冶金部建筑研究总院、广州市建筑科学研究院、江西省新大地建设监理公司、北京市勘察设计研究院、机械部第三勘察研究院、深圳市工程质量监督检验总站、重庆市建筑设计研究院、肇庆市建设工程质量监督站，主要起草人是黄强、杨斌、李荣强、侯伟生、杨敏、杨志银、陈新余、陈如桂、刘小敏、胡建林、白生翔、张在明、刘金砺、魏章和、李子新、李瑞茹、王铁宏、郑生庆、张昌定。本次修订的主要技术内容是：1. 调整和补充了支护结构的几种稳定性验算；2. 调整了部分稳定性验算表达式；3. 强调了变形控制设计原则；4. 调整了选用土的抗剪强度指标的规定；5. 新增了双排桩结构；6. 改进了不同施工工艺下锚杆粘结强度取值的有关规定；7. 充实了内支撑结构设计的有关规定；8. 新增了支护与主体结构结合及逆作法；9. 新增了复合土钉墙；10. 引入了土钉墙土压力调整系数；11. 充实了各种类型支护结构构造与施工的有关规定；12. 强调了地下水资源的保护；13. 改进了降水设计方法；14. 充实了截水设计与施工的有关规定；15. 充实了地下水渗透稳定性验算的有关规定；16. 充实了基坑开挖的有关规定；17. 新增了应急措施；18. 取消了逆作拱墙。

本规程修订过程中，编制组进行了国内基坑支护应用情况的调查研究，总结了我国工程建设中基坑支护领域的实践经验，同时参考了国外先进技术法规、技术标准，通过试验、工程验证及征求意见取得了本规程修订技术内容的有关重要技术参数。

为便于广大设计、施工、科研、学校等单位有关人员在使用本规程时能正确理解和执行条文规定，《建筑基坑支护技术规程》编制组按章、节、条顺序编制了本规程的条文说明，对条文规定的目的、依据以及执行中需注意的有关事项进行了说明，还着重对强制性条文的强制性理由作了解释。但是，本条文说明不具备与规程正文同等的法律效力，仅供使用者作为理解和把握规程规定的参考。

# 目　次

# 1 总 则

**1.0.1** 本规程在《建筑基坑支护技术规程》JGJ 120-99（以下简称原规程）基础上修订，原规程是我国第一本建筑基坑支护技术标准，自1999年9月1日施行以来，对促进我国各地区在基坑支护设计方法与施工技术上的规范化，提高基坑工程的设计施工质量起到了积极作用。基坑工程在建筑行业内是属于高风险的技术领域，全国各地基坑工程事故的发生率虽然逐年减少，但仍不断地出现。不合理的设计与低劣的施工质量是造成这些基坑事故的主要原因。基坑工程中保证环境安全与工程安全，提高支护技术水平，控制施工质量，同时合理地降低工程造价，是从事基坑工程工作的技术与管理人员应遵守的基本原则。

基坑支护在功能上的一个显著特点是，它不仅用于为主体地下结构的施工创造条件和保证施工安全，更为重要的是要保护周边环境不受到危害。基坑支护在保护环境方面的要求，对城镇地域尤为突出。对此，工程建设及监理单位、基坑支护设计施工单位乃至工程建设监督管理部门应该引起高度关注。

**1.0.2** 本条明确了本规程的适用范围。本规程的规定限于临时性基坑支护，支护结构是按临时性结构考虑的，因此，规程中有关结构和构造的规定未考虑耐久性问题，荷载及其分项系数按临时作用考虑。地下水控制的一些方法也是仅按适合临时性措施考虑的。一般土质地层是指全国范围内第四纪全新世 $Q_4$ 与晚更新世 $Q_3$ 沉积土中，除去某些具有特殊物理力学及工程特性的特殊土类之外的各种土类地层。现行国家标准《岩土工程勘察规范》GB 50021 中定义的有些特殊土是属于适用范围以内的，如软土、混合土、填土、残积土，但是对湿陷性土、多年冻土、膨胀土等特殊土，本规程中采用的土压力计算与稳定分析方法等尚不能考虑这些土固有的特殊性质的影响。对这些特殊土地层，应根据地区经验在充分考虑其特殊性质对基坑支护的影响后，再按本规程的相关内容进行设计与施工。对岩质地层，因岩石压力的形成机理与土质地层不同，本规程未涉及岩石压力的计算，但有关支护结构的内容，岩石地层的基坑支护可以参照。本规程未涵盖的其他内容，应通过专门试验、分析并结合实际经验加以解决。

**1.0.4** 基坑支护技术涉及岩土与结构的多门学科及技术，对结构工程领域的混凝土结构、钢结构等，对岩土工程领域的桩、地基处理方法、岩土锚固、地下水渗流等，对湿陷性黄土、多年冻土、膨胀土、盐渍土、岩石基坑等和按抗震要求设计时，需要同时采用相应规范。因此，在应用本规程时，尚应根据具体的问题，遵守其他相关规范的要求。

# 3 基 本 规 定

## 3.1 设 计 原 则

**3.1.1** 基坑支护是为主体结构地下部分施工而采取的临时措施，地下结构施工完成后，基坑支护也就随之完成其用途。由于支护结构的使用期短（一般情况在一年之内），因此，设计时采用的荷载一般不需考虑长期作用。如果基坑开挖后支护结构的使用持续时间较长，荷载可能会随时间发生改变，材料性能和基坑周边环境也可能会发生变化。所以，为了防止人们忽略由于延长支护结构使用期而带来的荷载、材料性能、基坑周边环境等条件的变化，避免超越设计状况，设计时应确定支护结构的使用期限，并应在设计文件中给出明确规定。

支护结构的支护期限规定不小于一年，除考虑主体地下结构施工工期的因素外，也是考虑到施工季节对支护结构的影响。一年中的不同季节，地下水位、气候、温度等外界环境的变化会使土的性状及支护结构的性能随之改变，而且有时影响较大。受各种因素的影响，设计预期的施工季节并不一定与实际施工的季节相同，即使对支护结构使用期不足一年的工程，也应使支护结构一年四季都能适用。因而，本规程规定支护结构使用期限应不小于一年。

对大多数建筑工程，一年的支护期能满足主体地下结构的施工周期要求，对有特殊施工周期要求工程，应该根据实际情况延长支护期限并应对荷载、结构构件的耐久性等设计条件作相应考虑。

**3.1.2** 基坑支护工程是为主体结构地下部分的施工而采取的临时性措施。因基坑开挖涉及基坑周边环境安全，支护结构除满足主体结构施工要求外，还需满足基坑周边环境要求。支护结构的设计和施工应把保护基坑周边环境安全放在重要位置。本条规定了基坑支护应具有的两种功能。首先基坑支护应具有防止基坑的开挖危害周边环境的功能，这是支护结构的首要的功能。其次，应具有保证工程自身主体结构施工安全的功能，应为主体地下结构施工提供正常施工的作业空间及环境，提供施工材料、设备堆放和运输的场地、道路条件，隔断基坑内外地下水、地表水以保证地下结构和防水工程的正常施工。该条规定的目的，是明确基坑支护工程不能为了考虑本工程项目的要求和利益，而损害环境和相邻建（构）筑物所有权人的利益。

**3.1.3** 安全等级表 3.1.3 仍维持了原规程对支护结构安全等级的原则性划分方法。本规程依据国家标准《工程结构可靠性设计统一标准》GB 50153-2008 对结构安全等级确定的原则，以破坏后果严重程度，将支护结构划分为三个安全等级。对基坑支护而言，破坏后果具体表现为支护结构破坏、土体过大变形对基坑周边环境及主体结构施工安全的影响。支护结构的安全等级，主要反映在设计时支护结构及其构件的重要性系数和各种稳定性安全系数的取值上。

本规程对支护结构安全等级采用原则性划分方法而未采用定量划分方法，是考虑到基坑深度、周边建筑物距离及埋深、结构及基础形式、土的性状等因素对破坏后果的影响程度难以用统一标准界定，不能保证普遍适用，定量化的方法对具体工程可能会出现不合理的情况。

设计者及发包商在按本规程表3.1.3的原则选用支护结构安全等级时应掌握的原则是：基坑周边存在受影响的重要既有住宅、公共建筑、道路或地下管线等时，或因场地的地质条件复杂、缺少同类地质条件下相近基坑深度的经验时，支护结构破坏、基坑失稳或过大变形对人的生命、经济、社会或环境影响很大，安全等级应定为一级。当支护结构破坏、基坑过大变形不会危及人的生命、经济损失轻微、对社会或环境的影响不大时，安全等级可定为三级。对大多数基坑，安全等级应该定为二级。

对内支撑结构，当基坑一侧支撑失稳破坏会殃及基坑另一侧支护结构因受力改变而使支护结构形成连续倒塌时，相互影响的基坑各边支护结构应取相同的安全等级。

**3.1.4** 依据国家标准《工程结构可靠性设计统一标准》GB 50153-2008的规定并结合基坑工程自身的特殊性，本条对承载能力极限状态与正常使用极限状态这两类极限状态在基坑支护中的具体表现形式进行了归类，目的是使工程技术人员能够对基坑支护各类结构的各种破坏形式有一个总体认识，设计时对各种破坏模式和影响正常使用的状态进行控制。

**3.1.5** 本条的极限状态设计方法的通用表达式依据国家标准《工程结构可靠性设计统一标准》GB 50153-2008而定，是本规程各章各种支护结构统一的设计表达式。

对承载能力极限状态，由材料强度控制的结构构件的破坏类型采用极限状态设计法，按公式（3.1.5-1）给出的表达式进行设计计算和验算，荷载效应采用荷载基本组合的设计值，抗力采用结构构件的承载力设计值并考虑结构构件的重要性系数。涉及岩土稳定性的承载能力极限状态，采用单一安全系数法，按公式（3.1.5-3）给出的表达式进行计算和验算。本规程的修订，对岩土稳定性的承载能力极限状态问题恢复了传统的单一安全系数法，一是由于新制定的国家标准《工程结构可靠性设计统一标准》GB 50153-2008中明确提出了可以采用单一安全系数法，不会造成与基本规范不协调统一的问题；二是由于国内岩土工程界目前仍普遍认可单一安全系数法，单一安全系数法适于岩土工程问题。

以支护结构水平位移限值等为控制指标的正常使用极限状态的设计表达式也与有关结构设计规范保持一致。

**3.1.6** 原规程的荷载综合分项系数取1.25，是依据原国家标准《建筑结构荷载规范》GBJ 9-87而定的。但随着我国建筑结构可靠度设计标准的提高，国家标准《建筑结构荷载规范》GB 50009-2001已将永久荷载、可变荷载的分项系数调高，对由永久荷载效应控制的永久荷载分项系数取 $\gamma_G = 1.35$。各结构规范也均相应对此进行了调整。由于本规程对象是临时性支护结构，在修订时，也研究讨论了荷载分项系数如何取值问题。如荷载综合分项系数由1.25调为1.35，这样将会大大增加支护结构的工程造价。在征求了国内一些专家、学者的意见后，认为还是维持原规程的规定为好，支护结构构件按承载能力极限状态设计时的作用基本组合综合分项系数 $\gamma_F$ 仍取1.25。其理由如下：其一，支护结构是临时性结构，一般来说，支护结构使用时间不会超过一年，正常施工条件下最长的工程也小于两年，在安全储备上与主体建筑结构应有所区别。其二，荷载综合分项系数的调高只影响支护结构构件的承载力设计，如增加挡土构件的截面配筋、锚杆的钢绞线数量等，并未提高有关岩土的稳定性安全系数，如圆弧滑动稳定性、隆起稳定性、锚杆抗拔力、倾覆稳定性等，而大部分基坑工程事故主要还是岩土类型的破坏形式。为避免与《工程结构可靠性设计统一标准》GB 50153及《建筑结构荷载规范》GB 50009-2001的荷载分项系数取值不一致带来的不统一问题，其系数称为荷载综合分项系数，荷载综合分项系数中包括了临时性结构对荷载基本组合下的调整。

支护结构的重要性系数，遵循《工程结构可靠性设计统一标准》GB 50153的规定，对安全等级为一级、二级、三级的支护结构可分别取1.1、1.0及0.9。当需要提高安全标准时，支护结构的重要性系数可以根据具体工程的实际情况取大于上述数值。

**3.1.7** 本规程的结构构件极限状态设计表达式（3.1.5-1）在具体应用到各种结构构件的承载力计算时，将公式中的荷载基本组合的效应设计值 $S_d$ 与结构构件的重要性系数 $\gamma_0$ 相乘后，用内力设计值代替。这样在各章的结构构件承载力计算时，各具体表达式或公式中就不再出现重要性系数 $\gamma_0$，因为 $\gamma_0$ 已含在内力设计值中了。根据内力的具体意义，其设计值可为弯矩设计值 $M$、剪力设计值 $V$ 或轴向拉力、压力设计值 $N$ 等。公式（3.1.7-1）～公式（3.1.7-3）中，弯矩值 $M_k$、剪力值 $V_k$ 及轴向拉力、压力值 $N_k$ 按荷载标准组合计算。对于作用在支护结构上的土压力荷载的标准值，当按朗肯或库仑方法计算时，土性参数黏聚力 $c$、摩擦角 $\varphi$ 及土的重度 $\gamma$ 按本规程第3.1.15条的规定取值，朗肯土压力荷载的标准值按本规程第

3.3.4条的有关公式计算。

**3.1.8** 支护结构的水平位移是反映支护结构工作状况的直观数据，对监控基坑与基坑周边环境安全能起到相当重要的作用，是进行基坑工程信息化施工的主要监测内容。因此，本规程规定应在设计文件中提出明确的水平位移控制值，作为支护结构设计的一个重要指标。本条对支护结构水平位移控制值的取值提出了三点要求：第一，是支护结构正常使用的要求，应根据本条第1款的要求，按基坑周边建筑、地下管线、道路等环境对象对基坑变形的适应能力及主体结构设计施工的要求确定，保护基坑周边环境的安全与正常使用。由于基坑周边环境条件的多样性和复杂性，不同环境对象对基坑变形的适应能力及要求不同，所以，目前还很难定出统一的、定量的限值以适合各种情况。如支护结构位移和周边建筑物沉降限值按统一标准考虑，可能会出现有些情况偏严、有些情况偏松的不合理地方。目前还是由设计人员根据工程的实际条件，具体问题具体分析确定较好。所以，本规程未给出正常使用要求下具体的支护结构水平位移控制值和建筑物沉降控制值。支护结构水平位移控制值和建筑物沉降控制值如何定的合理是个难题，今后应对此问题开展深入具体的研究工作，积累试验、实测数据，进行理论分析研究，为合理确定支护结构水平位移控制值打下基础。同时，本款提出支护结构水平位移控制值和环境保护对象沉降控制值应符合现行国家标准《建筑地基基础设计规范》GB 50007中对地基变形允许值的要求及相关规范对地下管线、地下构筑物、道路变形的要求，在执行时会存在沉降值是从建筑物等建设时还是基坑支护施工前开始度量的问题，按这些规范要求应从建筑物等建设时算起，但基坑周边建筑物等从建设到基坑支护施工前这段时间又可能缺少地基变形的数据，存在操作上的困难，需要工程相关人员斟酌掌握。第二，当支护结构构件同时用作主体地下结构构件时，支护结构水平位移控制值不应大于主体结构设计对其变形的限值的规定，是主体结构设计对支护结构构件的要求。这种情况有时在采用地下连续墙和内支撑结构时会作为一个控制指标。第三，当基坑周边无需要保护的建筑物等时，设计文件中也要设定支护结构水平位移控制值，这是出于控制支护结构承载力和稳定性等达到极限状态的要求。实测位移是检验支护结构受力和稳定状态的一种直观方法，岩土失稳或结构破坏前一般会产生一定的位移量，通常变形速率增长且不收敛，而在出现位移速率增长前，会有较大的累积位移量。因此，通过支护结构位移从某种程度上能反映支护结构的稳定状况。由于基坑支护破坏形式和土的性质的多样性，难以建立稳定极限状态与位移的定量关系，本规程没有规定此情况下的支护结构水平位移控制值，而应根据地区经验确定。国内一些地方基坑支护技术标准根据当地经验提出了支护结构水平位移的量化要求，如：北京市地方标准《建筑基坑支护技术规程》DB 11/489-2007中规定，“当无明确要求时，最大水平变形限值：一级基坑为0.002$h$，二级基坑为0.004$h$，三级基坑为0.006$h$。”深圳市标准《深圳地区建筑深基坑支护技术规范》SJG 05-96中规定，当无特殊要求时的支护结构最大水平位移允许值见表1：

**表1 支护结构最大水平位移允许值**

| 安全等级 | 支护结构最大水平位移允许值（mm） | |
|---|---|---|
| | 排桩、地下连续墙、坡率法、土钉墙 | 钢板桩、深层搅拌 |
| 一级 | 0.0025$h$ | — |
| 二级 | 0.0050$h$ | 0.0100$h$ |
| 三级 | 0.0100$h$ | 0.0200$h$ |

注：表中$h$为基坑深度（mm）。

新修订的深圳市标准《深圳地区建筑深基坑支护技术规范》对支护结构水平位移控制值又作了一定调整，如表2所示：

**表2 支护结构顶部最大水平位移允许值（mm）**

| 安全等级 | 排桩、地下连续墙加内支撑支护 | 排桩、地下连续墙加锚杆支护，双排桩，复合土钉墙 | 坡率法，土钉墙或复合土钉墙，水泥土挡墙，悬臂式排桩，钢板桩等 |
|---|---|---|---|
| 一级 | 0.002$h$与30mm的较小值 | 0.003$h$与40mm的较小值 | |
| 二级 | 0.004$h$与50mm的较小值 | 0.006$h$与60mm的较小值 | 0.01$h$与80mm的较小值 |
| 三级 | | 0.01$h$与80mm的较小值 | 0.02$h$与100mm的较小值 |

注：表中$h$为基坑深度（mm）。

湖北省地方标准《基坑工程技术规程》DB 42/159-2004中规定，“基坑监测项目的监控报警值，如设计有要求时，以设计要求为依据，如设计无具体要求时，可按如下变形量控制：

重要性等级为一级的基坑，边坡土体、支护结构水平位移（最大值）监控报警值为30mm；重要性等级为二级的基坑，边坡土体、支护结构水平位移（最大值）监控报警值为60mm。”

**3.1.9** 本条有两个含义：第一，防止设计的盲目性。基坑支护的首要功能是保护周边环境（建筑物、地下管线、道路等）的安全和正常使用，同时基坑周边建筑物、地下管线、道路又对支护结构产生附加荷载、对支护结构施工造成障碍，管线中地下水的渗漏会降低土的强度。因此，支护结构设计必须要针对情况选择合理的方案，支护结构变形和地下水控制方法要按基坑周边建筑物、地下管线、道路的变形要求进行控制，基坑周边建筑物、地下管线、道路、施工荷载对支护结构产生的附加荷载、对施工的不利影响等因素要在设计时仔细地加以考虑。第二，设计中应提出明确的基坑周边荷载限值、地下水和地表水控制等基坑使用要求，这些设计条件和基坑使用要求应作为重要内容在设计文件中明确体现，支护结构设计总平面图、剖面图上应准确标出，设计说明中应写明施工注意事项，以防止在支护结构施工和使用期间的实际状况超过这些设计条件，从而酿成安全事故和恶果。

**3.1.10** 基坑支护的另一个功能是提供安全的主体地下结构施工环境。支护结构的设计与施工除应保护基坑周边环境安全外，还应满足主体结构施工及使用对基坑的要求。

**3.1.11** 支护结构简化为平面结构模型计算时，沿基坑周边的各个竖向平面的设计条件常常是不同的。除了各部位基坑深度、周边环境条件及附加荷载可能不同外，地质条件的变异性是支护结构不同于上部结构的一个很重要的特性。自然形成的成层土，各土层的分布及厚度往往在基坑尺度的范围内就存在较大的差异。因而，当基坑深度、周边环境及地质条件存在差异时，这些差异对支护结构的土压力荷载的影响不可忽略。本条强调了按基坑周边的实际条件划分设计与计算剖面的原则和要求，具体划分为多少个剖面根据工程的实际情况来确定，每一个剖面也应按剖面内的最不利情况取设计计算参数。

**3.1.12** 由于基坑支护工程具有基坑开挖与支护结构施工交替进行的特点，所以，支护结构的计算应按基坑开挖与支护结构的实际过程分工况计算，且设计计算的工况应与实际施工的工况相一致。大多数情况下，基坑开挖到坑底时内力与变形最大，但少数情况下，支护结构某构件的受力状况不一定随开挖进程是递增的，也会出现开挖过程某个中间工况的内力最大。设计文件中应指明支护结构各构件施工顺序及相应的基坑开挖深度，以防止在基坑开挖过程中，未按设计工况完成某项施工内容就开挖到下一步基坑深度，从而造成基坑超挖。由于基坑超挖使支护结构实际受力状态大大超过设计要求而使基坑垮塌的实际工程事故，其教训是十分惨痛的。

**3.1.14** 本条对各章土压力、土的各种稳定性验算公式中涉及的土的抗剪强度指标的试验方法进行了归纳并作出统一规定。因为土的抗剪强度指标随排水、固结条件及试验方法的不同有多种类型的参数，不同试验方法做出的抗剪强度指标的结果差异很大，计算和验算时不能任意取用，应采用与基坑开挖过程土中孔隙水的排水和应力路径基本一致的试验方法得到的指标。由于各章有关公式很多，在各个公式中一一指明其试验方法和指标类型难免重复累赘，因此，在这里作出统一说明，应用具体章节的公式计算时，应与此对照，防止误用。

根据土的有效应力原理，理论上对各种土均采用水土分算方法计算土压力更合理，但实际工程应用时，黏性土的孔隙水压力计算问题难以解决，因此对黏性土采用总应力法更为实用，可以通过将土与水作为一体的总应力强度指标反映孔隙水压力的作用。砂土采用水土分算计算土压力是可以做到的，因此本规程对砂土采用水土分算方法。原规程对粉土是按水土合算方法，本规程修订改为黏质粉土用水土合算，砂质粉土用水土分算。

根据土力学中有效应力原理，土的抗剪强度与有效应力存在相关关系，也就是说只有有效抗剪强度指标才能真实地反映土的抗剪强度。但在实际工程中，黏性土无法通过计算得到孔隙水压力随基坑开挖过程的变化情况，从而也就难以采用有效应力方法计算支护结构的土压力、水压力和进行基坑稳定性分析。从实际情况出发，本条规定在计算土压力与进行土的稳定分析时，黏性土应采用总应力法。采用总应力法时，土的强度指标按排水条件是采用不排水强度指标还是固结不排水强度指标应根据基坑开挖过程的应力路径和实际排水情况确定。由于基坑开挖过程是卸载过程，基坑外侧的土中总应力是小主应力减小，大主应力不增加，基坑内侧的土中竖向总应力减小，同时，黏性土在剪切过程可看作是不排水的。因此认为，土压力计算与稳定性分析时，均采用固结快剪较符合实际情况。

对于地下水位以下的砂土，可认为剪切过程水能排出而不出现超静水压力。对静止地下水，孔隙水压力可按水头高度计算。所以，采用有效应力方法并取相应的有效强度指标较为符合实际情况，但砂土难以用三轴剪切试验与直接剪切试验得到原状土的抗剪强度指标，要通过其他方法测得。

土的抗剪强度指标试验方法有三轴剪切试验与直接剪切试验。理论上讲，用三轴试验更科学合理，但目前大量工程勘察仅提供了直接剪切试验的抗剪强度指标，致使采用直接剪切试验强度指标设计计算的基坑工程为数不少，在支护结构设计上积累了丰富的工程经验。从目前的岩土工程试验技术的实际发展状况看，直接剪切试验尚会与三轴剪切试验并存，不会被三轴剪切试验完全取代。同时，相关的勘察规范也未对采用哪种抗剪强度试验方法作出明确规定。因此，为适应目前的现实状况，本规程采用了上述两种试验方法均可选用的处理办法。但从发展的角度，应提倡用三轴剪切试验强度指标，但应与已有成熟工程应用经验的直接剪切试验指标进行对比。目前，在缺少三轴剪切试验强度指标的情况下，用直接剪切试验强度指标计算土压力和验算土的稳定性是符合我国现实情况的。

为避免个别工程勘察项目抗剪强度试验数据粗糙对直接取用抗剪强度试验参数所带来的设计不安全或不合理，选取土的抗剪强度指标时，尚需将剪切试验的抗剪强度指标与土的其他室内与原位试验的物理力学参数进行对比分析，判断其试验指标的可靠性，防止误用。当抗剪强度指标与其他物理力学参数的相关性较差，或岩土勘察资料中缺少符合实际基坑开挖条件的试验方法的抗剪强度指标时，在有经验时应结合类似工程经验和相邻、相近场地的岩土勘察试验数据并通过可靠的综合分析判断后合理取值。缺少经验时，则应取偏于安全的试验方法得出的抗剪强度指标。

## 3.2 勘察要求与环境调查

**3.2.1** 本条提出的是除常规建筑物勘察之外，针对基坑工程的特殊勘察要求。建筑基坑支护的岩土工程勘察通常在建筑物岩土工程勘察过程中一并进行，但基坑支护设计和施工对岩土勘察的要求有别于主体建筑的要求，勘察的重点部位是基坑外对支护结构和周边环境有影响的范围，而主体建筑的勘察孔通常只需布置在基坑范围以内。目前，大多数基坑工程使用的勘察报告，其勘察钻孔均在基坑内，只能根据这些钻孔的地质剖面代替基坑外的地层分布情况。当场地土层分布较均匀时，采用基坑内的勘察孔是可以的，但土层分布起伏大或某些软弱土层仅局部存在时，会使基坑支护设计的岩土依据与实际情况偏离，从而造成基坑工程风险。因此，有条件的场地应按本条要求增设勘察孔，当建筑物岩土工程勘察不能满足基坑支护设计施工要求时应进行补充勘察。

当基坑面以下有承压含水层时，由于在基坑开挖后坑内土自重压力的减少，如承压水头高于基坑底面应考虑是否会产生含水层水压力作用下顶破上覆土层的突涌破坏。因此，基坑面以下存在承压含水层时，勘探孔深度应能满足测出承压含水层水头的需要。

**3.2.2** 基坑周边环境条件是支护结构设计的重要依据之一。城市内的新建建筑物周围通常存在既有建筑物、各种市政地下管线、道路等，而基坑支护的作用主要是保护其周边环境不受损害。同时，基坑周边即有建筑物荷载会增加作用在支护结构上的荷载，支护结构的施工也需要考虑周边建筑物地下室、地下管线、地下构筑物等的影响。实际工程中因对基坑周边环境因素缺乏准确了解或忽视而造成的工程事故经常发生，为了使基坑支护设计具有针对性，应查明基坑周边环境条件，并按这些环境条件进行设计，施工时应防止对其造成损坏。

## 3.3 支护结构选型

**3.3.1、3.3.2** 在本规程中，支挡式结构是由挡土构件和锚杆或支撑组成的一类支护结构体系的统称，其结构类型包括：排桩－锚杆结构、排桩－支撑结构、地下连续墙－锚杆结构、地下连续墙－支撑结构、悬臂式排桩或地下连续墙、双排桩等，这类支护结构都可用弹性支点法的计算简图进行结构分析。支挡式结构受力明确，计算方法和工程实践相对成熟，是目前应用最多也较为可靠的支护结构形式。支挡式结构的具体形式应根据本规程第 3.3.1 条、第 3.3.2 条中的选型因素和适用条件选择。锚拉式支挡结构（排桩－锚杆结构、地下连续墙－锚杆结构）和支撑式支挡结构（排桩－支撑结构、地下连续墙－支撑结构）易于控制水平变形，挡土构件内力分布均匀，当基坑较深或基坑周边环境对支护结构位移的要求严格时，常采用这种结构形式。悬臂式支挡结构顶部位移较大，内力分布不理想，但可省去锚杆和支撑，当基坑较浅且基坑周边环境对支护结构位移的限制不严格时，可采用悬臂式支挡结构。双排桩支挡结构是一种刚架结构形式，其内力分布特性明显优于悬臂式结构，水平变形也比悬臂式结构小得多，适用的基坑深度比悬臂式结构略大，但占用的场地较大，当不适合采用其他支护结构形式且在场地条件及基坑深度均满足要求的情况下，可采用双排桩支挡结构。

仅从技术角度讲，支撑式支挡结构比锚拉式支挡结构适用范围更宽，但内支撑的设置给后期主体结构施工造成很大障碍，所以，当能用其他支护结构形式时，人们一般不愿意首选内支撑结构。锚拉式支挡结构可以给后期主体结构施工提供很大的便利，但有些条件下是不适合使用锚杆的，本条列举了不适合采用锚拉式结构的几种情况。另外，锚杆长期留在地下，给相邻地域的使用和地下空间开发造成障碍，不符合保护环境和可持续发展的要求。一些国家在法律上禁止锚杆侵入红线之外的地下区域，但我国绝大部分地方目前还没有这方面的限制。

土钉墙是一种经济、简便、施工快速、不需大型施工设备的基坑支护形式。曾经一段时期，在我国部分省市，不管环境条件如何、基坑多深，几乎不受限制的应用土钉墙，甚至有人说用土钉墙支护的基坑深度能达到 18m～20m。即使基坑周边既有浅基础建筑物很近时，也贸然采用土钉墙。一段时间内，土钉墙支护的基坑工程险情不断、事故频繁。土钉墙支护的基坑之所以在基坑坍塌事故中所占比例大，除去施工质量因素外，主要原因之一是在土钉墙的设计理论还不完善的现状下，将常规的经验设计参数用于基坑深度或土质条件超限的基坑工程中。目前的土钉墙设计方法，主要按土钉墙整体滑动稳定性控制，同时对单根土钉抗拔力控制，而土钉墙面层及连接按构造设计。土钉墙设计与支挡式结构相比，一些问题尚未解决或没有成熟、统一的认识。如：①土钉墙作为一种结构形式，没有完整的实用结构分析方法，工作状况下土钉拉力、面层受力问题没有得到解决。面层设计只能通过构造要求解决，本规程规定了面层构造要求，但限定在深度12m以内的非软土、无地下水条件下的基坑。②土钉墙位移计算问题没有得到根本解决。由于国内土钉墙的通常作法是土钉不施加预应力，只有在基坑有一定变形后土钉才会达到工作状态下的受力水平，因此，理论上土钉墙位移和沉降较大。当基坑周边变形影响范围内有建筑物等时，是不适合采用土钉墙支护的。

土钉墙与水泥土桩、微型桩及预应力锚杆组合形成的复合土钉墙，主要有下列几种形式：①土钉墙+预应力锚杆；②土钉墙+水泥土桩；③土钉墙+水泥土桩+预应力锚杆；④土钉墙+微型桩+预应力锚杆。不同的组合形式作用不同，应根据实际工程需要选择。

水泥土墙是一种非主流的支护结构形式，适用的土质条件较窄，实际工程应用也不广泛。水泥土墙一般用在深度不大的软土基坑。这种条件下，锚杆没有合适的锚固土层，不能提供足够的锚固力，内支撑又会增加主体地下结构施工的难度。这时，当经济、工期、技术可行性等的综合比较较优时，一般才会选择水泥土墙这种支护方式。水泥土墙一般采用搅拌桩，墙体材料是水泥土，其抗拉、抗剪强度较低。按梁式结构设计时性能很差，与混凝土材料无法相比。因此，只有按重力式结构设计时，才会具有一定优势。本规程对水泥土墙的规定，均指重力式结构。

水泥土墙用于淤泥质土、淤泥基坑时，基坑深度不宜大于7m。由于按重力式设计，需要较大的墙宽。当基坑深度大于7m时，随基坑深度增加，墙的宽度、深度都太大，经济上、施工成本和工期都不合适，墙的深度不足会使墙位移、沉降，宽度不足，会使墙开裂甚至倾覆。

搅拌桩水泥土墙虽然也可用于黏性土、粉土、砂土等土类的基坑，但一般不如选择其他支护形式更优。特殊情况下，搅拌桩水泥土墙对这些土类还是可以用的。由于目前国内搅拌桩成桩设备的动力有限，土的密实度、强度较低时才能钻进和搅拌。不同成桩设备的最大钻进搅拌深度不同，新生产、引进的搅拌设备的能力也在不断提高。

## 3.4 水平荷载

**3.4.1** 支护结构作为分析对象时，作用在支护结构上的力或间接作用为荷载。除土体直接作用在支护结构上形成土压力之外，周边建筑物、施工材料、设备、车辆等荷载虽未直接作用在支护结构上，但其作用通过土体传递到支护结构上，也对支护结构上土压力的大小产生影响。土的冻胀、温度变化也会使土压力发生改变。本条列出影响土压力的常见因素，其目的是为了在土压力计算时，要把各种影响因素考虑全。基坑周边建筑物、施工材料、设备、车辆等附加荷载传递到支护结构上的附加竖向应力的计算，本规程第3.4.6条、第3.4.7条给出了简化的具体计算公式。

**3.4.2** 挡土结构上的土压力计算是个比较复杂的问题，从土力学这门学科的土压力理论上讲，根据不同的计算理论和假定，得出了多种土压力计算方法，其中有代表性的经典理论如朗肯土压力、库仑土压力。由于每种土压力计算方法都有各自的适用条件与局限性，也就没有一种统一的且普遍适用的土压力计算方法。

由于朗肯土压力方法的假定概念明确，与库仑土压力理论相比具有能直接得出土压力的分布，从而适合结构计算的优点，受到工程设计人员的普遍接受。因此，原规程采用的是朗肯土压力。原规程施行后，经过十多年国内基坑工程应用的考验，实践证明是可行的，本规程将继续采用。但是，由于朗肯土压力是建立在半无限土体的假定之上，在实际基坑工程中基坑的边界条件有时不符合这一假定，如基坑邻近有建筑物的地下室时，支护结构与地下室之间是有限宽度的土体；再如，对排桩顶面低于自然地面的支护结构，是将桩顶以上土的自重化作均布荷载作用在桩顶平面上，然后再按朗肯公式计算土压力。但是当桩顶位置较低时，将桩顶以上土层的自重折算成荷载后计算的土压力会明显小于这部分土重实际产生的土压力。对于这类基坑边界条件，按朗肯土压力计算会有较大误差。所以，当朗肯土压力方法不能适用时，应考虑采用其他计算方法解决土压力的计算精度问题。

库仑土压力理论（滑动楔体法）的假定适用范围较广，对上面提到的两种情况，库仑方法能够计算出土压力的合力。但其缺点是如何解决成层土的土压力分布问题。为此，本规程规定在不符合按朗肯土压力计算条件下，可采用库仑方法计算土压力。但库仑方法在考虑墙背摩擦角时计算的被动土压力偏大，不应用于被动土压力的计算。

考虑结构与土相互作用的土压力计算方法，理论上更科学，从长远考虑该方法应是岩土工程中支挡结构计算技术的一个发展方向。从促进技术发展角度，对先进的计算方法不应加以限制。但是，目前考虑结构与土相互作用的土压力计算方法在工程应用上尚不够成熟，现阶段只有在有经验时才能采用，如方法使用不当反而会弄巧成拙。

总之，本规程考虑到适应实际工程特殊情况及土压力计算技术发展的需要，对土压力计算方法适当放宽，但同时对几种计算方法的适用条件也作了原则规定。本规程未采纳一些土力学书中的经验土压力方法。

本条各公式是朗肯土压力理论的主动、被动土压力计算公式。水土合算与水土分算时，其公式采用不同的形式。

**3.4.3** 天然形成的成层土，各土层的分布和厚度是不均匀的。为尽量使土压力的计算准确，应按土层分布和厚度的变化情况将土层沿基坑划分为不同的剖面分别计算土压力。但场地任意位置的土层标高及厚度是由岩土勘察相邻钻探孔的各土层层面实测标高及通过分析土层分布趋势，在相邻勘察孔之间连线而成。即使土层计算剖面划分的再细，各土层的计算厚度还是会与实际地层存在一定差异，本条规定的划分土层厚度的原则，其目的是要求做到计算的土压力不小于实际的土压力。

# 4 支挡式结构

## 4.1 结构分析

**4.1.1** 支挡式结构应根据具体形式与受力、变形特性等采用下列分析方法：

第1～3款方法的分析对象为支护结构本身，不包括土体。土体对支护结构的作用视作荷载或约束。这种分析方法将支护结构看作杆系结构，一般都按线弹性考虑，是目前最常用和成熟的支护结构分析方法，适用于大部分支挡式结构。

本条第1款针对锚拉式支挡结构，是对如何将空间结构分解为两类平面结构的规定。首先将结构的挡土构件部分（如：排桩、地下连续墙）取作分析对象，按梁计算。挡土结构宜采用平面杆系结构弹性支点法进行分析。

由于挡土结构端部嵌入土中，土对结构变形的约束作用与通常结构支承不同，土的变形影响不可忽略，不能看作固支端。锚杆作为梁的支承，其变形的影响同样不可忽略，也不能作为铰支座或滚轴支座。因此，挡土结构按梁计算时，土和锚杆对挡土结构的支承应简化为弹性支座，应采用本节规定的弹性支点法计算简图。经计算分析比较，分别用弹性支点法和非弹性支座计算的挡土结构内力和位移相差较大，说明按非弹性支座进行简化是不合适的。

腰梁、冠梁的计算较为简单，只需以挡土结构分析时得出的支点力作为荷载，根据腰梁、冠梁的实际约束情况，按简支梁或连续梁算出其内力，将支点力转换为锚杆轴力。

本条第2款针对支撑式支挡结构，其结构的分解简化原则与锚拉式支挡结构相同。同样，首先将结构的挡土构件部分（如：排桩、地下连续墙）取作分析对象，按梁计算。挡土结构宜采用平面杆系结构弹性支点法进行分析。分解出的内支撑结构按平面结构进行分析，将挡土结构分析时得出的支点力作为荷载反向加至内支撑上，内支撑计算分析的具体要求见本规程第4.9节。值得注意的是，将支撑式支挡结构分解为挡土结构和内支撑结构并分别独立计算时，在其连接处是应满足变形协调条件的。当计算的变形不协调时，应调整在其连接处简化的弹性支座的弹簧刚度等约束条件，直至满足变形协调。

本条第3款悬臂式支挡结构是支撑式和锚拉式支挡结构的特例，对挡土结构而言，只是将锚杆或支撑所简化的弹性支座取消即可。双排桩支挡结构按平面刚架简化，具体计算模型见本规程第4.12节。

本条第4款针对空间结构体系和针对支护结构与土为一体进行整体分析的两种方法。

实际的支护结构一般都是空间结构。空间结构的分析方法复杂，当有条件时，希望根据受力状态的特点和结构构造，将实际结构分解为简单的平面结构进行分析。本规程有关支挡式结构计算分析的内容主要是针对平面结构的。但会遇到一些特殊情况，按平面结构简化难以反映实际结构的工作状态。此时，需要按空间结构模型分析。但空间结构的分析方法复杂，不同问题要不同对待，难以作出细化的规定。通常，需要在有经验时，才能建立出合理的空间结构模型。按空间结构分析时，应使结构的边界条件与实际情况足够接近，这需要设计人员有较强的结构设计经验和水平。

考虑结构与土相互作用的分析方法是岩土工程中先进的计算方法，是岩土工程计算理论和计算方法的发展方向，但需要可靠的理论依据和试验参数。目前，将该类方法对支护结构计算分析的结果直接用于工程设计中尚不成熟，仅能在已有成熟方法计算分析结果的基础上用于分析比较，不能滥用。采用该方法的前提是要有足够把握和经验。

传统和经典的极限平衡法可以手算，在许多教科书和技术手册中都有介绍。由于该方法的一些假定与实际受力状况有一定差别，且不能计算支护结构位移，目前已很少采用了。经与弹性支点法的计算对比，在有些情况下，特别是对多支点结构，两者的计算弯矩与剪力差别较大。本规程取消了极限平衡法计算支护结构的方法。

**4.1.2** 基坑支护结构的有些构件，如锚杆与支撑，是随基坑开挖过程逐步设置的，基坑需按锚杆或支撑的位置逐层开挖。支护结构设计状况，是指设计时就要拟定锚杆和支撑与基坑开挖的关系，设计好开挖与锚杆或支撑设置的步骤，对每一开挖过程支护结构的受力与变形状态进行分析。因此，支护结构施工和基坑开挖时，只有按设计的开挖步骤才能满足符合设计受力状况的要求。一般情况下，基坑开挖到基底时受力与变形最大，但有时也会出现开挖中间过程支护结构内力最大，支护结构构件的截面或锚杆抗拔力按开挖中间过程确定的情况。特别是，当用结构楼板作为支撑替代锚杆或支护结构的支撑时，此时支护结构构件的内力可能会是最大的。

**4.1.3～4.1.10** 这几条是对弹性支点法计算方法的规定。弹性支点法的计算要求，总体上保持了原规程的模式，主要在以下方面做了变动：

**1** 土的反力项由 $p_s=k_s v_s$ 改为 $p_s=k_s v_s+p_{s0}$，即增加了常数项 $p_{s0}$，同时，基坑面以下的土压力分布由不考虑该处的自重作用的矩形分布改为考虑土的自重作用的随深度线性增长的三角形分布。修改后，挡土结构嵌固段两侧的土压力之和没有变化，但按朗肯土压力计算时，基坑外侧基坑面上方和下方均采用主动土压力荷载，形式上直观、与其他章节表达统一、计算简化。

**2** 增加了挡土构件嵌固段的土反力上限值控制条件 $P_{sk}\leqslant E_{pk}$。由于土反力与土的水平反力系数的关系采用线弹性模型，计算出的土反力将随位移 $v$ 增加线性增长。但实际上土的抗力是有限的，如采用摩尔－库仑强度准则，则不应超过被动土压力，即以 $P_{sk}=E_{pk}$作为土反力的上限。

**3** 计算土的水平反力系数的比例 $m$ 值的经验公式（4.1.6），是根据大量实际工程的单桩水平载荷试验，按公式 $m=\left[\frac{H_{cr}}{x_{cr}}\right]^{\frac{5}{3}}/b_0(EI)^{\frac{2}{3}}$，经与土层的 $c$、$\varphi$ 值进行统计建立的。本次修订取消了按原规程公式(C.3.1)的计算方法，该公式引自《建筑桩基技术规范》JGJ 94，需要通过单桩水平荷载试验得到单桩水平临界荷载，实际应用中很难实现，因此取消。

**4** 排桩嵌固段土反力的计算宽度，将原规程的方形桩公式改为矩形桩公式，同时适用于工字形桩，比原规程的适用范围扩大。同时，对桩径或桩的宽度大于1m的情况，改用公式(4.1.7-2)和公式(4.1.7-4)计算。

**5** 在水平对撑的弹性支点刚度系数的计算公式中，增加了基坑两对边荷载不对称时的考虑方法。

## 4.2 稳定性验算

**4.2.1、4.2.2** 原规程对支挡式结构弹性支点法的计算过程的规定是：先计算挡土构件的嵌固深度，然后再进行结构计算。这样的计算方法使计算过程简化，省去了某些验算内容。因为按原规程规定的方法确定挡土构件嵌固深度后，一些原本需要验算的稳定性问题自然满足要求了。但这样带来了一个问题，嵌固深度必须按原规程的计算方法确定，假如设计需要嵌固深度短一些，可能按此设计的支护结构会不能满足原规程未作规定的某种稳定性要求。另外对有些缺少经验的设计者，可能会误以为不需考虑这些稳定性问题，而忽视必要的土力学概念。从以上思路考虑，本规程将嵌固深度计算改为验算，可供设计选择的嵌固深度范围增大了，但同时也就需要增加各种稳定性验算的内容，使计算过程相对繁琐了。第4.2.1条是对悬臂结构嵌固深度验算的规定，是绕挡土构件底部转动的整体极限平衡，控制的是挡土构件的倾覆稳定性。第4.2.2条对单支点结构嵌固深度验算的规定，是绕支点转动的整体极限平衡，控制的是挡土构件嵌固段的踢脚稳定性。悬臂结构绕挡土构件底部转动的力矩平衡和单支点结构绕支点转动的力矩平衡都是嵌固段土的抗力对转动点的抵抗力矩起稳定性控制作用，因此，其安全系数称为嵌固稳定安全系数。重力式水泥土墙绕墙底转动的力矩平衡，抵抗力矩中墙体重力占一定比例，因此其安全系数称为抗倾覆安全系数。双排桩绕挡土构件底部转动的力矩平衡，抵抗力矩包括嵌固段土的抗力对转动点的力矩和重力对转动点的力矩两部分，但由于嵌固段土的抗力作用在总的抵抗力矩中占主要部分，因此其安全系数也称为嵌固稳定安全系数 $K_{em}$。

**4.2.3** 锚拉式支挡结构的整体滑动稳定性验算公式（4.2.3-2）以瑞典条分法边坡稳定性计算公式为基础，在力的极限平衡关系上，增加了锚杆拉力对圆弧滑动体圆心的抗滑力矩项。极限平衡状态分析时，仍以圆弧滑动土体为分析对象，假定滑动面上土的剪力达到极限强度的同时，滑动面外锚杆拉力也达到极限拉力（正常设计情况下，锚杆极限拉力由锚杆与土之间的粘结力达到极限强度控制，但有时由锚杆杆体强度或锚杆注浆固结体对杆体的握裹力控制）。

滑弧稳定性验算应采用搜索的方法寻找最危险滑弧。由于目前程序计算已能满足在很短时间对圆心及圆弧半径以微小步长变化的所有滑动体完成搜索，所以不提倡采用经典教科书中先设定辅助线，然后在辅助线上寻找最危险滑弧圆心的简易方法。最危险滑弧的搜索范围限于通过挡土构件底端和在挡土构件下方的各个滑弧。因支护结构的平衡性和结构强度已通过结构分析解决，在截面抗剪强度满足剪应力作用下的抗剪要求后，挡土构件不会被剪断。因此，穿过挡土构件的各滑弧不需验算。

为了适用于地下水位以下的圆弧滑动体，并考虑到滑弧同时穿过砂土、黏性土的计算问题，对原规程整体滑动稳定性验算公式作了修改。此种情况下，在滑弧面上，黏性土的抗剪强度指标需要采用总应力强度指标，砂土的抗剪强度指标需要采用有效应力强度指标，并应考虑水压力的作用。公式（4.2.3-2）是通过将土骨架与孔隙水一起取为隔离体进行静力平衡分析的方法，可用于滑弧同时穿过砂土、黏性土的整体稳定性验算公式，与原规程公式相比增加了孔隙水压力一项。

**4.2.4** 对深度较大的基坑，当嵌固深度较小、土的强度较低时，土体从挡土构件底端以下向基坑内隆起挤出是锚拉式支挡结构和支撑式支挡结构的一种破坏模式。这是一种土体丧失竖向平衡状态的破坏模式，由于锚杆和支撑只能对支护结构提供水平方向的平衡力，对隆起破坏不起作用，对特定基坑深度和土性，只能通过增加挡土构件嵌固深度来提高抗隆起稳定性。

本规程抗隆起稳定性的验算方法，采用目前常用的地基极限承载力的Prandtl（普朗德尔）极限平衡理论公式，但Prandtl理论公式的有些假定与实际情况存在差异，具体应用有一定局限性。如：对无黏性土，当嵌固深度为零时，计算的抗隆起安全系数$K_{he}=0$，而实际上在一定基坑深度内是不会出现隆起的。因此，当挡土构件嵌固深度很小时，不能采用该公式验算坑底隆起稳定性。

抗隆起稳定性计算是一个复杂的问题。需要说明的是，当按本规程抗隆起稳定性验算公式计算的安全系数不满足要求时，虽然不一定发生隆起破坏，但可能会带来其他不利后果。由于Prandtl理论公式忽略了支护结构底以下滑动区内土的重力对隆起的抵抗作用，抗隆起安全系数与滑移线深度无关，对浅部滑移体和深部滑移体得出的安全系数是一样的，与实际情况有一定偏差。基坑外挡土构件底部以上的土体重量简化为作用在该平面上的柔性均布荷载，并忽略了该部分土中剪应力对隆起的抵抗作用。对浅部滑移体，如果考虑挡土构件底端平面以上土中剪应力，抗隆起安全系数会有明显提高；当滑移体逐步向深层扩展时，虽然该剪应力抵抗隆起的作用在总抗力中所占比例随之逐渐减小，但滑动区内土的重力抵抗隆起的作用则会逐渐增加。如在抗隆起验算公式中考虑土中剪力对隆起的抵抗作用，挡土构件底端平面土中竖向应力将减小。这样，作用在挡土构件上的土压力也会相应增大，会降低支护结构的安全性。因此，本规程抗隆起稳定性验算公式，未考虑该剪应力的有利作用。

**4.2.5** 本条以最下层支点为转动轴心的圆弧滑动模式的稳定性验算方法是我国软土地区习惯采用的方法。特别是上海地区，在这方面积累了大量工程经验，实际工程中常常以这种方法作为挡土构件嵌固深度的控制条件。该方法假定破坏面为通过桩、墙底的圆弧形，以力矩平衡条件进行分析。现有资料中，力矩平衡的转动点有的取在最下道支撑或锚拉点处，有的取在开挖面处。本规程验算公式取转动点在最下道支撑或锚拉点处。在平衡力系中，桩、墙在转动点截面处的抗弯力矩在嵌固深度近于零时，会使计算结果出现反常情况，在正常设计的嵌固深度下，与总的抵抗力矩相比所占比例很小，因此在公式（4.2.5）中被忽略不计。

上海市标准《基坑工程设计规程》DBJ 08-61-97中抗隆起分项系数的取值，对安全等级为一级、二级、三级的基坑分别取2.5、2.0和1.7，工程实践表明，这些抗隆起分项系数偏大，很多工程都难以达到。新编制的上海基坑工程技术规范，根据几十个实际基坑工程抗隆起验算结果，拟将安全等级为一级、二级、三级的支护结构抗隆起分项系数分别调整为2.2、1.9和1.7。因此本规程参照上海规范，对安全等级为一级、二级、三级的支挡结构，其安全系数分别取2.2、1.9和1.7。

**4.2.6** 地下水渗透稳定性的验算方法和规定，对本章支挡式结构和本规程其他章的复合土钉墙、重力式水泥土墙是相同的，故统一放在本规程附录。

## 4.3 排桩设计

**4.3.1** 国内实际基坑工程中，排桩的桩型采用混凝土灌注桩的占绝大多数，但有些情况下，适合采用型钢桩、钢管桩、钢板桩或预制桩等，有时也可以采用SMW工法施工的内置型钢水泥土搅拌桩。这些桩型用作挡土构件时，与混凝土灌注桩的结构受力类型是相同的，可按本章支挡式支护结构进行设计计算。但采用这些桩型时，应考虑其刚度、构造及施工工艺上的不同特点，不能盲目使用。

**4.3.2** 圆形截面支护桩，沿受拉区和受压区周边局部均匀配置纵向钢筋的正截面受弯承载力计算公式中，因纵向受拉、受压钢筋集中配置在圆心角$2\pi\alpha_s$、$2\pi\alpha_s'$内的做法很少采用，本次修订将原规程公式中集中配置钢筋有关项取消。同时，增加了圆形截面支护桩的斜截面承载力计算要求。由于现行国家标准《混凝土结构设计规范》GB 50010中没有圆形截面的斜截面承载力计算公式，所以采用了将圆形截面等代成矩形截面，然后再按上述规范中矩形截面的斜截面承载力公式计算的方法，即“可用截面宽度$b$为$1.76r$和截面有效高度$h_0$为$1.6r$的矩形截面代替圆形截面后，按现行国家标准《混凝土结构设计规范》GB 50010对矩形截面斜截面承载力的规定进行计算，此处，$r$为圆形截面半径。等效成矩形截面的混凝土支护桩，应将计算所得的箍筋截面面积作为圆形箍筋的截面面积，且应满足该规范对梁的箍筋配置的要求。”

**4.3.4** 本条规定悬臂桩桩径不宜小于600mm、锚拉式排桩与支撑式排桩桩径不宜小于400mm，是通常情况下桩径的下限，桩径的选取主要还是应按弯矩大小与变形要求确定，以达到受力与桩承载力匹配，同时还要满足经济合理和施工条件的要求。特殊情况下，排桩间距的确定还要考虑桩间土的稳定性要求。根据工程经验，对大桩径或黏性土，排桩的净间距在900mm以内，对小桩径或砂土，排桩的净间距在600mm以内较常见。

**4.3.5** 该条对混凝土灌注桩的构造规定，以保证排桩作为混凝土构件的基本受力性能。有些情况下支护桩不宜采用非均匀配置纵向钢筋，如，采用泥浆护壁水下灌注混凝土成桩工艺而钢筋笼顶端低于泥浆面，钢筋笼顶与桩的孔口高差较大等难以控制钢筋笼方向的情况。

**4.3.6** 排桩冠梁低于地下管线是从后期主体结构施工上考虑的。因为，当排桩及冠梁高于后期主体结构各种地下管线的标高时，会给后续的施工造成障碍，需将其凿除。所以，排桩桩顶的设计标高，在不影响支护桩顶以上部分基坑的稳定与基坑外环境对变形的要求时，宜避开主体建筑地下管线通过的位置。一般情况，主体建筑各种管线引出接口的埋深不大，是容易做到的，但如果将桩顶降至管线以下，影响了支护结构的稳定或变形要求，则应首先按基坑稳定或变形要求确定桩顶设计标高。

**4.3.7** 冠梁是排桩结构的组成部分，应符合梁的构造要求。当冠梁上不设置锚杆或支撑时，冠梁可以仅按构造要求设计，按构造配筋。此时，冠梁的作用是将排桩连成整体，调整各个桩受力的不均匀性，不需对冠梁进行受力计算。当冠梁上设置锚杆或支撑时，冠梁起到传力作用，除需满足构造要求外，应按梁的内力进行截面设计。

**4.3.9** 泄水管的构造与规格应根据土的性状及地下水特点确定。一些实际工程中，泄水管采用长度不小于300mm，内径不小于40mm的塑料或竹制管，泄水管外壁包裹土工布并按含水土层的粒径大小设置反滤层。

## 4.4 排桩施工与检测

**4.4.1** 基坑支护中支护桩的常用桩型与建筑桩基相同，主要桩型的施工要求在现行国家行业标准《建筑桩基技术规范》JGJ 94中已作规定。因此，本规程仅对桩用于基坑支护时的一些特殊施工要求进行了规定，对桩的常规施工要求不再重复。

**4.4.2** 本条是对当桩的附近存在既有建筑物、地下管线等环境且需要保护时，应注意的一些桩的施工问题。这些问题处理不当，经常会造成基坑周边建筑物、地下管线等被损害的工程事故。因具体工程的条件不同，应具体问题具体分析，结合实际情况采取相应的有效保护措施。

**4.4.3** 支护桩的截面配筋一般由受弯或受剪承载力控制，为保证内力较大截面的纵向受拉钢筋的强度要求，接头不宜设置在该处。同一连接区段内，纵向受力钢筋的连接方式和连接接头面积百分率应符合现行国家标准《混凝土结构设计规范》GB 50010对梁类构件的规定。

**4.4.7** 相互咬合形成竖向连续体的排桩是一种新型的排桩结构，是本次规程修订新增的内容。排桩采用咬合的形式，其目的是使排桩既能作为挡土构件，又能起到截水作用，从而不用另设截水帷幕。由于需要达到截水的效果，对咬合排桩的施工垂直度就有严格的要求，否则，当桩与桩之间产生间隙，将会影响截水效果。通常咬合排桩是采用钢筋混凝土桩与素混凝土桩相互搭接，由配有钢筋的桩承受土压力荷载，素混凝土桩只用于截水。目前，这种兼作截水的支护结构形式已在一些工程上采用，施工质量能够得到保证时，其截水效果是良好的。

液压钢套管护壁、机械冲抓成孔工艺是咬合排桩的一种形式，其施工要点如下：

**1** 在桩顶预先设置导墙，导墙宽度取(3～4)m，厚度取(0.3～0.5)m；

**2** 先施作素混凝土桩，并在混凝土接近初凝时施作与其相交的钢筋混凝土桩；

**3** 压入第一节钢套管时，在钢套管相互垂直的两个竖向平面上进行垂直度控制，其垂直度偏差不得大于3‰；

**4** 抓土过程中，套管内抓斗取土与套管压入同步进行，抓土面在套管底面以上的高度应始终大于1.0m；

**5** 成孔后，夯实孔底；混凝土浇筑过程中，浇筑混凝土与提拔套管同步进行，混凝土面应始终高于套管底面；套管应垂直提拔；提拔阻力大时，可转动套管并缓慢提拔。

**4.4.9** 冠梁通过传递剪力调整桩与桩之间力的分配，当锚杆或支撑设置在冠梁上时，通过冠梁将排桩上的土压力传递到锚杆与支撑上。由于冠梁与桩的连接处是混凝土两次浇筑的结合面，如该结合面薄弱或钢筋锚固不够时，会剪切破坏不能传递剪力。因此，应保证冠梁与桩结合面的施工质量。

## 4.5 地下连续墙设计

**4.5.1** 地下连续墙作为混凝土受弯构件，可直接按现行国家标准《混凝土结构设计规范》GB 50010的有关规定进行截面与配筋设计，但因为支护结构与永久性结构的内力设计值取值规定不同，荷载分项系数不同，按上述规范的有关公式计算截面承载力时，内力应按本规程的有关规定取值。

**4.5.2** 目前地下连续墙在基坑工程中已有广泛的应用，尤其在深大基坑和环境条件要求严格的基坑工程，以及支护结构与主体结构相结合的工程。按现有施工设备能力，现浇地下连续墙最大墙厚可达1500mm，采用特制挖槽机械的薄层地下连续墙，最小墙厚仅450mm。常用成槽机的规格为600mm、800mm、1000mm或1200mm墙厚。

**4.5.3** 对环境条件要求高、槽段深度较深，以及槽段形状复杂的基坑工程，应通过槽壁稳定性验算，合理划分槽段的长度。

**4.5.9** 槽段接头是地下连续墙的重要部件，工程中常用的施工接头如图1、图2所示。

**4.5.10** 地下连续墙采用分幅施工，墙顶设置通长的冠梁将地下连续墙连成结构整体。冠梁宜与地下连续墙迎土面平齐，以避免凿除导墙，用导墙对墙顶以上挡土护坡。

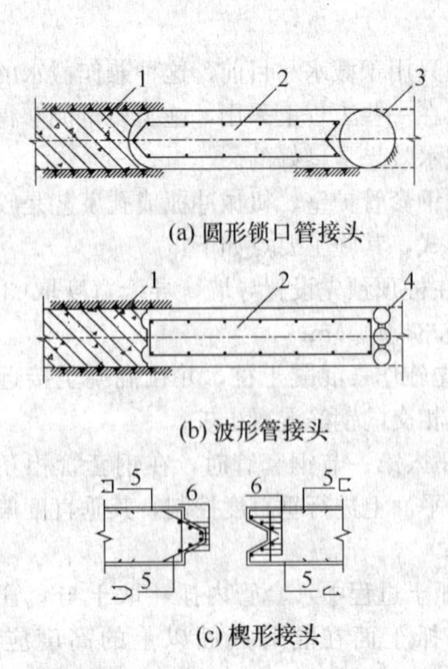


(a) 圆形锁口管接头

(b) 波形管接头

(c) 楔形接头

(d) 工字形型钢接头

图1 地下连续墙柔性接头

1—先行槽段；2—后续槽段；3—圆形锁扣管；4—波形管；5—水平钢筋；6—端头纵筋；7—工字钢接头；8—地下连续墙钢筋；9—止浆板

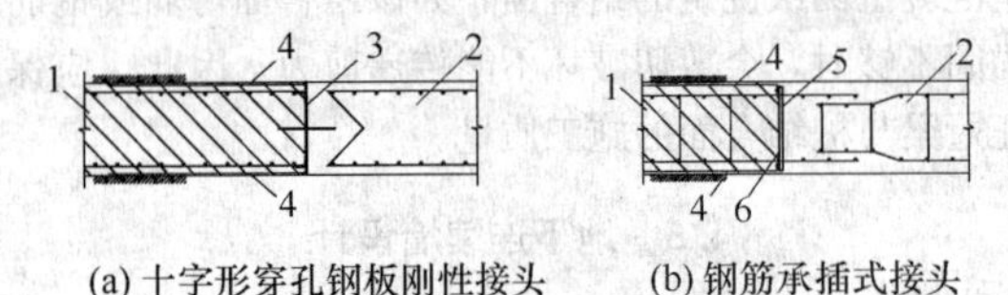


(a) 十字形穿孔钢板刚性接头　(b) 钢筋承插式接头

图2 地下连续墙刚性接头

1—先行槽段；2—后续槽段；3—十字钢板；4—止浆片；5—加强筋；6—隔板

### 4.6 地下连续墙施工与检测

**4.6.1** 为了确保地下连续墙成槽的质量，应根据不同的深度情况、地质条件选择合适的成槽设备。在软土中成槽可采用常规的抓斗式成槽设备，当在硬土层或岩层中成槽施工时，可选用钻抓、抓铣结合的成槽工艺。成槽机宜配备有垂直度显示仪表和自动纠偏装置，成槽过程中利用成槽机上的垂直度仪表及自动纠偏装置来保证成槽垂直度。

**4.6.2** 当地下连续墙邻近既有建（构）筑物或对变形敏感的地下管线时，应根据相邻建筑物的结构和基础形式、相邻地下管线的类型、位置、走向和埋藏深度及场地的工程地质和水文地质特性等因素，按其允许变形要求采取相应的防护措施。如：

**1** 采取间隔成槽的施工顺序，并在浇筑的混凝土终凝后，进行相邻槽段的成槽施工；

**2** 对松散或稍密的砂土和碎土石、稍密的粉土、软土等易坍塌的软弱土层，地下连续墙成槽时，可采取改善泥浆性质、槽壁预加固、控制单幅槽段宽度和挖槽速度等措施增强槽壁稳定性。

**4.6.3** 导墙是控制地下连续墙轴线位置及成槽质量的关键环节。导墙的形式有预制和现浇钢筋混凝土两种，现浇导墙较常用，质量易保证。现浇导墙形状有“L”、倒“L”、“[”等形状，可根据地质条件选用。当土质较好时，可选用倒“L”形；采用“L”形导墙时，导墙背后应注意回填夯实。导墙上部宜与道路连成整体。当浅层土质较差时，可预先加固导墙两侧土体，并将导墙底部加深至原状土上。两侧导墙净距通常大于设计槽宽40mm～50mm，以便于成槽施工。

导墙顶部可高出地面100mm～200mm以防止地表水流入导墙沟，同时为了减少地表水的渗透，墙侧应用密实的黏性土回填，不应使用垃圾及其他透水材料。导墙拆模后，应在导墙间加设支撑，可采用上下两道槽钢或木撑，支撑水平间距一般2m左右，并禁止重型机械在尚未达到强度的导墙附近作业，以防止导墙位移或开裂。

**4.6.4** 护壁泥浆的配比试验、室内性能试验、现场成槽试验对保证槽壁稳定性是很有必要的，尤其在松散或渗透系数较大的土层中成槽，更应注意适当增大泥浆黏度，调整好泥浆配合比。对槽底稠泥浆和沉淀渣土的清除可以采用底部抽吸同时上部补浆的方法，使底部泥浆比重降至1.2，减少槽底沉渣厚度。当泥浆配比不合适时，可能会出现槽壁较严重的坍塌，这时应将槽段回填，调整施工参数后再重新成槽。有时，调整泥浆配比能解决槽壁坍塌问题。

**4.6.5** 每幅槽段的长度，决定挖槽的幅数和次序。常用作法是：对三抓成槽的槽段，采用先抓两边后抓中间的顺序；相邻两幅地下连续墙槽段深度不一致时，先施工深的槽段，后施工浅的槽段。

**4.6.6** 地下连续墙水下浇筑混凝土时，因成槽时槽壁坍塌或槽段接头安放不到位等原因都会导致混凝土绕流，混凝土一旦形成绕流会对相邻幅槽段的成槽和墙体质量产生不良影响，因此在工程中要重视混凝土绕流问题。

**4.6.10** 当单元槽段的钢筋笼必须分段装配沉放时，上下段钢筋笼的连接在保证质量的情况下应尽量采用连接快速的方式。

**4.6.14** 因《建筑地基基础工程施工质量验收规范》GB 50202已对地下连续墙施工偏差有详细、全面的规定，本规程不再对此进行规定。

### 4.7 锚 杆 设 计

**4.7.1** 锚杆有多种类型，基坑工程中主要采用钢绞线锚杆，当设计的锚杆承载力较低时，有时也采用钢筋锚杆。有些地区也采用过自钻式锚杆，将钻杆留在孔内作为锚杆杆体。自钻式锚杆不需要预先成孔，与先成孔再置入杆体的钢绞线、钢筋锚杆相比，施工对地层变形影响小，但其承载力较低，目前很少采用。从锚杆杆体材料上讲，钢绞线锚杆杆体为预应力钢绞线，具有强度高、性能好、运输安装方便等优点，由于其抗拉强度设计值是普通热轧钢筋的4倍左右，是性价比最好的杆体材料。预应力钢绞线锚杆在张拉锁定的可操作性、施加预应力的稳定性方面均优于钢筋。因此，预应力钢绞线锚杆应用最多、也最有发展前景。随着锚杆技术的发展，钢绞线锚杆又可细分为多种类型，最常用的是拉力型预应力锚杆，还有拉力分散型锚杆、压力型预应力锚杆、压力分散型锚杆，压力型锚杆可应用钢绞线回收技术，适应愈来愈引起人们关注的环境保护的要求。这些内容可参见中国工程建设标准化协会标准《岩土锚杆（索）技术规程》CECS 22：2005。

锚杆成孔工艺主要有套管护壁成孔、螺旋钻杆干成孔、浆液护壁成孔等。套管护壁成孔工艺下的锚杆孔壁松弛小、对土体扰动小、对周边环境的影响最小。工程实践中，螺旋钻杆成孔、浆液护壁成孔工艺锚杆承载力低、成孔施工导致周边建筑物地基沉降的情况时有发生。设计和施工时应根据锚杆所处的土质、承载力大小等因素，选定锚杆的成孔工艺。

目前常用的锚杆注浆工艺有一次常压注浆和二次压力注浆。一次常压注浆是浆液在自重压力作用下充填锚杆孔。二次压力注浆需满足两个指标，一是第二次注浆时的注浆压力，一般需不小于1.5MPa，二是第二次注浆时的注浆量。满足这两个指标的关键是控制浆液不从孔口流失。一般的做法是：在一次注浆液初凝后一定时间，开始进行二次注浆，或者在锚杆锚固段起点处设置止浆装置。可重复分段劈裂注浆工艺（袖阀管注浆工艺）是一种较好的注浆方法，可增加二次压力注浆量和沿锚固段的注浆均匀性，并可对锚杆实施多次注浆，但这种方法目前在工程中的应用还不普遍。

**4.7.2** 本次修订，锚杆长度设计采用了传统的安全系数法，锚杆杆体截面设计仍采用原规程的分项系数法。原规程中，锚杆承载力极限状态的设计表达式是采用分项系数法，其荷载分项系数、抗力分项系数和重要性系数三者的乘积在数值上相当于安全系数。其乘积，对于安全等级为一级、二级、三级的支护结构分别为1.7875、1.625、1.4625。实践证明，该安全储备是合适的。本次修订规定临时支护结构中的锚杆抗拔安全系数对于安全等级为一级、二级、三级的支护结构分别取1.8、1.6、1.4，与原规程取值相当。需要注意的是，当锚杆为永久结构构件时，其安全系数取值不能按照本规程的规定，需符合其他有关技术标准的规定。

**4.7.4** 本条强调了锚杆极限抗拔力应通过现场抗拔试验确定的取值原则。由于锚杆抗拔试验的目的是确定或验证在特定土层条件、施工工艺下锚固体与土体之间的粘结强度、锚杆长度等设计参数是否正确，因而试验时应使锚杆在极限承载力下，其破坏形式是锚杆摩阻力达到极限粘结强度时的拔出破坏，而不应是锚杆杆体被拉断。为防止锚杆杆体应力达到极限抗拉强度先于锚杆摩阻力达到极限粘结强度，必要时，试验锚杆可适当增加预应力筋的截面面积。

本次规程修订，从20多个地区共收集到500多根锚杆试验资料，对所收集资料进行了统计分析，并进行了不同成孔工艺、不同注浆工艺条件下锚杆抗拔承载力的专题研究。根据上述资料，对原规程表4.4.3进行了修订和扩充，形成本规程表4.7.4。需要注意的是，由于我国各地区相同土类的土性亦存在差异，施工水平也参差不齐，因此，使用该表数值时应根据当地经验和不同的施工工艺合理使用。二次高压注浆的注浆压力、注浆量、注浆方法（普通二次压力注浆和可重复分段压力注浆）的不同，均会影响土体与锚固体的实际极限粘结强度的数值。

**4.7.5** 锚杆自由段长度是锚杆杆体不受注浆固结体约束可自由伸长的部分，也就是杆体用套管与注浆固结体隔离的部分。锚杆的非锚杆段是理论滑动面以内的部分，与锚杆自由段有所区别。锚杆自由段应超过理论滑动面（大于非锚固段长度）。锚杆总长度为非锚固段长度加上锚固段长度。

锚杆的自由段长度越长，预应力损失越小，锚杆拉力越稳定。自由段长度过小，锚杆张拉锁定后的弹性伸长较小，锚具变形、预应力筋回缩等因素引起的预应力损失较大，同时，受支护结构位移的影响也越敏感，锚杆拉力会随支护结构位移有较大幅度增加，严重时锚杆会因杆体应力超过其强度发生脆性破坏。因此，锚杆的自由段长度除了满足本条规定外，尚需满足不小于5m的规定。自由段越长，锚杆拉力对锚头位移越不敏感。在实际基坑工程设计时，如计算的自由段较短，宜适当增加自由段长度。

**4.7.8** 锚杆布置是以排和列的群体形式出现的，如果其间距太小，会引起锚杆周围的高应力区叠加，从而影响锚杆抗拔力和增加锚杆位移，即产生"群锚效应"，所以本条规定了锚杆的最小水平间距和竖向间距。

为了使锚杆与周围土层有足够的接触应力，本条规定锚固体上覆土层厚度不宜小于4.0m，上覆土层厚度太小，其接触应力也小，锚杆与土的粘结强度会较低。当锚杆采用二次高压注浆时，上覆土层有一定厚度才能保证在较高注浆压力作用下注浆不会从地表溢出或流入地下管线内。

理论上讲，锚杆水平倾角越小，锚杆拉力的水平分力所占比例越大。但是锚杆水平倾角太小，会降低浆液向锚杆周围土层内渗透，影响注浆效果。锚杆水平倾角越大，锚杆拉力的水平分力所占比例越小，锚杆拉力的有效部分减小或需要更长的锚杆长度，也就越不经济。同时锚杆的竖向分力较大，对锚头连接要求更高并使挡土构件有向下变形的趋势。本条规定了适宜的水平倾角的范围值，设计时，应按尽量使锚杆锚固段进入粘结强度较高土层的原则确定锚杆倾角。

锚杆施工时的塌孔、对地层的扰动，会引起锚杆上部土体的下沉，若锚杆之上存在建筑物、构筑物等，锚杆成孔造成的地基变形可能使其发生沉降甚至损坏，此类事故在实际工程中时有发生。因此，设置锚杆需避开易塌孔、变形的地层。

根据有关参考资料，当土层锚杆间距为 1.0m 时，考虑群锚效应的锚杆抗拔力折减系数可取 0.8，锚杆间距在 1.0m～1.5m 之间时，锚杆抗拔力折减系数可按此内插。

**4.7.11** 腰梁是锚杆与挡土结构之间的传力构件。钢筋混凝土腰梁一般是整体现浇，梁的长度较长，应按连续梁设计。组合型钢腰梁需在现场安装拼接，每节一般按简支梁设计，腰梁较长时，则可按连续梁设计。

**4.7.12** 根据工程经验，在常用的锚杆拉力、锚杆间距条件下，槽钢的规格常在［18～［36 之间选用，工字钢的规格常在 I16～I32 之间选用。具体工程中锚杆腰梁规格取值与锚杆的设计拉力和锚杆间距有关，应根据按第 4.7.11 条规定计算的腰梁内力确定。锚杆的设计拉力或锚杆间距越大，内力越大，腰梁型钢的规格也就会越大。组合型钢腰梁的双型钢焊接为整体，可增加腰梁的整体稳定性，保证双型钢共同受力。

**4.7.13** 对于组合型钢腰梁，锚杆拉力通过锚具、垫板以集中力的形式作用在型钢上。当垫板厚度不够大时，在较大的局部压力作用下，型钢腹板会出现局部失稳，型钢翼缘会出现局部弯曲，从而导致腰梁失效，进而引起整个支护结构的破坏。因此，设计需考虑腰梁的局部受压稳定性。加强型钢腰梁的受扭承载力及局部受压稳定性有多种措施和方法，如：可在型钢翼缘端口、锚杆锚具位置处配置加劲肋（图 3），肋板厚度一般不小于 8mm。

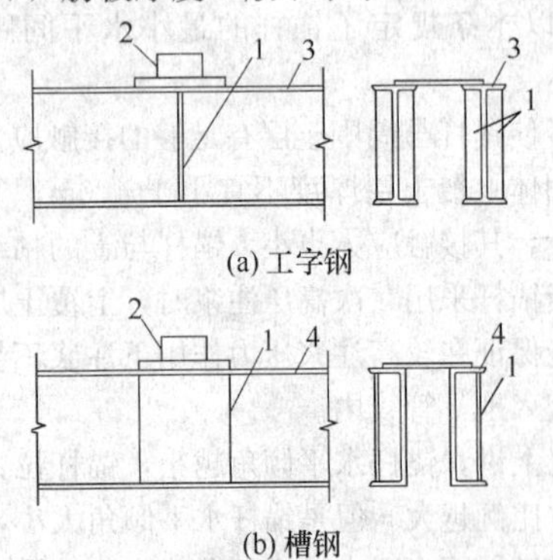


图 3 钢腰梁的局部加强构造形式

1—加强肋板；2—锚头；3—工字钢；4—槽钢

**4.7.14** 混凝土腰梁截面的上边水平尺寸不宜小于 250mm，是考虑到混凝土浇筑、振捣的施工要求而定。

**4.7.15** 组合型钢腰梁与挡土构件之间的连接构造，需有足够的承载力和刚度。连接构造一般不能有变形，或者变形相对于腰梁的变形可忽略不计。

## 4.8 锚杆施工与检测

**4.8.2** 锚杆成孔是锚杆施工的一个关键环节，主要应注意以下问题：①塌孔。造成锚杆杆体不能插入，使注浆液掺入杂物而影响固结体完整性和强度、影响握裹力和粘结强度，使钻孔周围土体塌落、建筑物基础下沉等。②遇障碍物。使锚杆达不到设计长度，如果碰到电力、通信、煤气管线等地下管线会使其损坏并酿成严重后果。③孔壁形成泥皮。在高塑性指数的饱和黏性土层及采用螺旋钻杆成孔时易出现这种情况，使粘结强度和锚杆抗拔力大幅度降低。④涌水涌砂。当采用帷幕截水时，在地下水位以下特别是承压水土层成孔会出现孔内向外涌水冒砂，造成无法成孔、钻孔周围土体坍塌、地面或建筑物基础下沉、注浆液被水稀释不能形成固结体、锚头部位长期漏水等。

**4.8.7** 锚杆张拉锁定时，张拉值大于锚杆轴向拉力标准值，然后将拉力在锁定值的（1.1～1.15）倍进行锁定。第一，是为了在锚杆锁定时对每根锚杆进行过程检验，当锚杆抗拔力不足时可事先发现，减少锚杆的质量隐患。第二，通过张拉可检验在设计荷载下锚杆各连接节点的可靠性。第三，可减小锁定后锚杆的预应力损失。

工程实测表明，锚杆张拉锁定后一般预应力损失较大，造成预应力损失的主要因素有土体蠕变、锚头及连接的变形、相邻锚杆影响等。锚杆锁定时的预应力损失约为 10%～15%。当采用的张拉千斤顶在锁定时不会产生预应力损失，则锁定时的拉力不需提高 10%～15%。

钢绞线多余部分宜采用冷切割方法切除，采用热切割时，钢绞线过热会使锚具夹片表面硬度降低，造成钢绞线滑动，降低锚杆预应力。当锚杆需要再次张拉锁定时，锚具外的杆体预留长度应满足张拉要求。确保锚杆不用再张拉时，冷切割的锚具外的杆体保留长度一般不小于 50mm，热切割时，一般不小于 80mm。

## 4.9 内支撑结构设计

**4.9.1** 钢支撑，不仅具有自重轻、安装和拆除方便、施工速度快、可以重复利用等优点，而且安装后能立即发挥支撑作用，对减小由于时间效应而产生的支护结构位移十分有效，因此，对形状规则的基坑常采用钢支撑。但钢支撑节点构造和安装相对复杂，需要具有一定的施工技术水平。

混凝土支撑是在基坑内现浇而成的结构体系，布置形式和方式基本不受基坑平面形状的限制，具有刚度大、整体性好、施工技术相对简单等优点，所以，应用范围较广。但混凝土支撑需要较长的制作和养护时间，制作后不能立即发挥支撑作用，需要达到一定的材料强度后，才能进行其下的土方开挖。此外，拆除混凝土支撑工作量大，一般需要采用爆破方法拆除，支撑材料不能重复使用，从而产生大量的废弃混凝土垃圾需要处理。

**4.9.3** 内支撑结构形式很多，从结构受力形式划分，可主要归纳为以下几类（图4）：①水平对撑或斜撑，包括单杆、桁架、八字形支撑。②正交或斜交的平面杆系支撑。③环形杆系或板系支撑。④竖向斜撑。每类内支撑形式又可根据具体情况有多种布置形式。一般来说，对面积不大、形状规则的基坑常采用水平对撑或斜撑；对面积较大或形状不规则的基坑有时需采用正交或斜交的平面杆系支撑；对圆形、方形及近似圆形的多边形的基坑，为能形成较大开挖空间，可采用环形杆系或环形板系支撑；对深度较浅、面积较大基坑，可采用竖向斜撑，但需注意，在设置斜撑基础、安装竖向斜撑前，无撑支护结构应能够满足承载力、变形和整体稳定要求。对各类支撑形式，支撑结构的布置要重视支撑体系总体刚度的分布，避免突变，尽可能使水平力作用中心与支撑刚度中心保持一致。

**4.9.5** 实际工程中支撑和冠梁及腰梁、排桩或地下

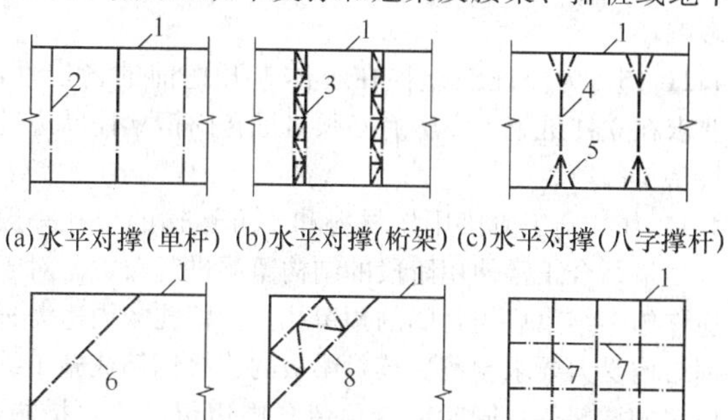


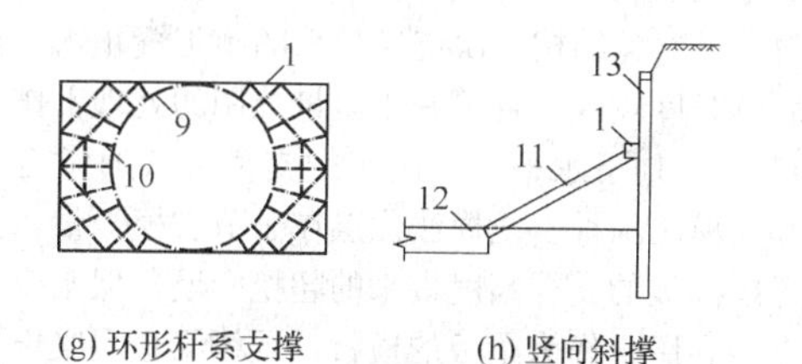


图4 内支撑结构常用类型

1—腰梁或冠梁；2—水平单杆支撑；3—水平桁架支撑；4—水平支撑主杆；5—八字撑杆；6—水平角撑；7—水平正交支撑；8—水平斜交支撑；9—环形支撑；10—支撑杆；11—竖向斜撑；12—竖向斜撑基础；13—挡土构件

连续墙以及立柱等连接成一体并形成空间结构。因此，在一般情况下应考虑支撑体系在平面上各点的不同变形与排桩、地下连续墙的变形协调作用而优先采用整体分析的空间分析方法。但是，支护结构的空间分析方法由于建立模型相对复杂，部分模型参数的确定也没有积累足够的经验，因此，目前将空间支护结构简化为平面结构的分析方法和平面有限元法应用较为广泛。

**4.9.6** 温度变化会引起钢支撑轴力改变，但由于对钢支撑温度应力的研究较少，目前对此尚无成熟的计算方法。温度变化对钢支撑的影响程度与支撑构件的长度有较大的关系，根据经验，对长度超过40m的支撑，认为可考虑10%～20%的支撑内力变化。

目前，内支撑的计算一般不考虑支撑立柱与挡土构件之间、各支撑立柱之间的差异沉降，但支撑立柱下沉或隆起，会使支撑立柱与排桩、地下连续墙之间，立柱与立柱之间产生一定的差异沉降。当差异沉降较大时，在支撑构件上增加的偏心距，会使水平支撑产生次应力。因此，当预估或实测差异沉降较大时，应按此差异沉降量对内支撑进行计算分析并采取相应措施。

**4.9.9** 预加轴向压力可减小基坑开挖后支护结构的水平位移、检验支撑连接结点的可靠性。但如果预加轴向力过大，可能会使支挡结构产生反向变形、增大基坑开挖后的支撑轴力。根据以往的设计和施工经验，预加轴向力取支撑轴向压力标准值的（0.5～0.8）倍较合适。但特殊条件下，不一定受此限制。

**4.9.14** 钢支撑的整体刚度依赖于构件之间的合理连接，其构件的拼接尚应满足截面等强度的要求。常用的连接方法有螺栓连接和焊接。螺栓连接施工方便，速度快，但整体性不如焊接好。焊接一般在现场拼接，由于焊接条件差，对焊接技术水平要求较高。

### 4.11 支护结构与主体结构的结合及逆作法

**4.11.1** 主体工程与支护结构相结合，是指在施工期利用地下结构外墙或地下结构的梁、板、柱兼作基坑支护体系，不设置或仅设置部分临时基坑支护体系。它在变形控制、降低工程造价等方面具有诸多优点，是建设高层建筑多层地下室和其他多层地下结构的有效方法。将主体地下结构与支护结构相结合，其中蕴含巨大的社会、经济效益。支护结构与主体结构相结合的工程类型可采用以下几类：①地下连续墙“两墙合一”结合坑内临时支撑系统；②临时支护墙结合水平梁板体系取代临时内支撑；③支护结构与主体结构全面相结合。

**4.11.2** 利用地下结构兼作基坑支护结构时，施工期和使用期的荷载状况和结构状态均有较大的差别，因此需要分别进行设计和计算，同时满足各种情况下承载能力极限状态和正常使用极限状态的设计要求。

**4.11.3** 与主体结构相结合的地下连续墙在较深的基坑工程中较为普遍。通常情况下，采用单一墙时，基坑内部槽段接缝位置需设置钢筋混凝土壁柱，并留设隔潮层、设置砖衬墙。采用叠合墙时，地下连续墙墙体内表面需进行凿毛处理，并留设剪力槽和插筋等预埋措施，确保与内衬结构墙之间剪力的可靠传递。复合墙和叠合墙结构形式，在基坑开挖阶段，仅考虑地下连续墙作为基坑支护结构进行受力和变形计算；在正常使用阶段，考虑内衬钢筋混凝土墙体的复合或叠合作用。

**4.11.5** 地下连续墙多为矩形，与圆形的钻孔灌注桩相比，成槽过程中的槽底沉渣更加难以控制，因此对地下连续墙进行注浆加固是必要的。当地下连续墙承受较大的竖向荷载时，槽底注浆有利于地下连续墙与主体结构之间的变形协调。

**4.11.6** 地下连续墙的防水薄弱点在槽段接缝和地下连续墙与基础底板的连接位置，因此应设置必要的构造措施保证其连接和防水可靠性。

**4.11.7、4.11.8** 当采用梁板体系且结构开口较多时，可简化为仅考虑梁系的作用，进行在一定边界条件下，在周边水平荷载作用下的封闭框架的内力和变形计算，其计算结果是偏安全的。当梁板体系需考虑板的共同作用，或结构为无梁楼盖时，应采用平面有限元的方法进行整体计算分析，根据计算分析结果并结合工程概念和经验，合理确定结构构件的内力。

当主体地下水平结构需作为施工期的施工作业面，供挖土机、土方车以及吊车等重载施工机械进行施工作业时，此时水平构件不仅需承受坑外水土的侧向水平向压力，同时还承受施工机械的竖向荷载。因此其构件的设计在满足正常使用阶段的结构受力及变形要求之外，尚需满足施工期水平向和竖向两种荷载共同作用下的受力和变形要求。

主体地下水平结构作为基坑施工期的水平支撑，需承受坑外传来的水土侧向压力。因此水平结构应具有直接的、完整的传力体系。如同层楼板面标高出现较大的高差时，应通过计算设置有效的转换结构以利于水平力的传递。另外，应在结构楼板出现较大面积的缺失区域以及地下各层水平结构梁板的结构分缝以及施工后浇带等位置，通过计算设置必要的水平支撑传力构件。

**4.11.9** 在主体地下水平结构与支护结构相结合的工程中，梁柱节点位置由于竖向支承钢立柱的存在，使得该位置框架梁钢筋穿越与钢立柱的矛盾十分突出，将框架梁截面宽度适当加大，以缓解梁柱节点位置钢筋穿越的难题。当钢立柱采用钢管混凝土柱，且框架梁截面宽度较小，框架梁钢筋无法满足穿越要求时，可采取环梁节点、加强连接环板或双梁节点等措施，以满足梁柱节点位置各个阶段的受力要求。

**4.11.10～4.11.12** 支护结构与主体结构相结合工程中的竖向支承钢立柱和立柱桩一般尽量设置于主体结构柱位置，并利用结构柱下工程桩作为立柱桩，钢立柱则在基坑逆作阶段结束后外包混凝土形成主体结构劲性柱。

竖向支承立柱和立柱桩的位置和数量，要根据地下室的结构布置和制定的施工方案经计算确定，其承受的最大荷载，是地下室已修筑至最下一层，而地面上已修筑至规定的最高层数时的结构构件重量与施工超载的总和。除承载能力必须满足荷载要求外，钢立柱底部桩基础的主要设计控制参数是沉降量，目标是使相邻立柱以及立柱与地下连续墙之间的沉降差控制在允许范围内，以免结构梁板中产生过大附加应力，导致裂缝的发生。

型钢格构立柱是最常采用的钢立柱形式；在逆作阶段荷载较大并且主体结构允许的情况下也可采用钢管混凝土立柱。

立柱桩浇筑过程中，混凝土导管需要穿过钢立柱，如果角钢格构柱边长过小，导管上拔过程中容易被卡住；如果钢管立柱内径过小，则钢管内混凝土的浇捣质量难以保证，因此需要对角钢格构柱的最小边长和钢管混凝土立柱的钢管最小直径进行规定。

竖向支承钢立柱由于柱中心的定位误差、柱身倾斜、基坑开挖或浇筑柱身混凝土时产生位移等原因，会产生立柱中心偏离设计位置的情况，过大偏心不仅造成立柱承载能力的下降，而且也会给正常使用带来问题。施工中必须对立柱的定位精度严加控制，并应根据立柱允许偏差按偏心受压构件验算施工偏心的影响。

**4.11.15** 为保证钢立柱在土体未开挖前的稳定性，要求在立柱桩施工完毕后必须对桩孔内钢立柱周边进行密实回填。

**4.11.16** 施工阶段用作材料和土方运输的留孔一般应尽量结合正常使用阶段的结构留洞进行布置。对于逆作施工结束后需封闭的预留孔，预留孔的周边需根据结构受力要求预留后续封梁板的连接钢筋或施工缝位置的抗剪件，同时应沿预留孔周边留设止水措施，以解决施工缝位置的止水问题。

施工孔洞应尽量设置在正常使用阶段结构开口的部位，以避免结构二次浇筑带来的施工缝止水、抗剪等后续难度较大、且不利于质量控制的处理工作。

**4.11.17** 地下水平结构施工的支模方式通常有土模法和支模法两种。土模法优点在于节省模板量，且无需考虑模板的支撑高度带来的超挖问题，但土模法由于直接利用土作为梁板的模板，结构梁板混凝土自重的作用下，土模易发生变形进而影响梁板的平整度，不利于结构梁板施工质量的控制。因此，从保证永久结构的质量角度上，地下水平结构构件宜采用支模法施工，支护结构设计计算时，应计入采用支模法而带来的超挖量等因素。

逆作法的工艺特点决定地下部分的柱、墙等竖向结构均待逆作结束之后再施工，地下各层水平结构施工时必须预先留设好柱、墙竖向结构的连接钢筋以及浇捣孔。预留连接钢筋在整个逆作施工过程中须采取措施加以保护，避免潮气、施工车辆碰撞等因素作用下预留钢筋出现锈蚀、弯折。另外柱、墙施工时，应对二次浇筑的结合面进行清洗处理，对于受力大、质量要求高的结合面，可预留消除裂缝的压力注浆孔。

**4.11.19** 钢管混凝土立柱承受荷载水平高，但由于混凝土水下浇筑、桩与柱混凝土标号不统一等原因，施工质量控制的难度较高。为了确保施工质量满足设计要求，必须根据本条规定对钢管混凝土立柱进行严格检测。

## 4.12 双排桩设计

**4.12.1～4.12.4** 双排桩结构是本规程的新增内容。实际的基坑工程中，在某些特殊条件下，锚杆、土钉、支撑受到实际条件的限制而无法实施，而采用单排悬臂桩又难以满足承载力、基坑变形等要求或者采用单排悬臂桩造价明显不合理的情况下，双排桩刚架结构是一种可供选择的基坑支护结构形式。与常用的支挡式支护结构如单排悬臂桩结构、锚拉式结构、支撑式结构相比，双排桩刚架支护结构有以下特点：

**1** 与单排悬臂桩相比，双排桩为刚架结构，其抗侧移刚度远大于单排悬臂桩结构，其内力分布明显优于悬臂结构，在相同的材料消耗条件下，双排桩刚架结构的桩顶位移明显小于单排悬臂桩，其安全可靠性、经济合理性优于单排悬臂桩。

**2** 与支撑式支挡结构相比，由于基坑内不设支撑，不影响基坑开挖、地下结构施工，同时省去设置、拆除内支撑的工序，大大缩短了工期。在基坑面积很大、基坑深度不很大的情况下，双排桩刚架支护结构的造价常低于支撑式支挡结构。

**3** 与锚拉式支挡结构相比，在某些情况下，双排桩刚架结构可避免锚拉式支挡结构难以克服的缺点。如：①在拟设置锚杆的部位有已建地下结构、障碍物，锚杆无法实施；②拟设置锚杆的土层为高水头的砂层（有隔水帷幕），锚杆无法实施或实施难度、风险大；③拟设置锚杆的土层无法提供要求的锚固力；④拟设置锚杆的工程，地方法律、法规规定支护结构不得超出用地红线。此外，由于双排桩具有施工工艺简单、不与土方开挖交叉作业、工期短等优势，在可以采用悬臂桩、支撑式支挡结构、锚拉式支挡结构条件下，也应在考虑技术、经济、工期等因素并进行综合分析对比后，合理选用支护方案。

双排桩结构虽然已在少数实际工程中应用，但目前基坑支护规范中尚没有提出双排桩结构计算方法，使得一些设计者对如何设计双排桩还处于一种模糊状态。本规程根据以往的双排桩工程实例总结及通过模型试验与工程测试的研究，提出了一种双排桩的设计计算的简化实用方法。本结构分析模型，作用在结构两侧的荷载与单排桩相同，不同的是如何确定夹在前后排桩之间土体的反力与变形关系，这是解决双排桩计算模式的关键。本模型采用土的侧限约束假定，认为桩间土对前后排桩的土反力与桩间土的压缩变形有关，将桩间土看作水平向单向压缩体，按土的压缩模量确定水平刚度系数。同时，考虑基坑开挖后桩间土应力释放后仍存在一定的初始压力，计算土反力时应反映其影响，本模型初始压力按桩间土自重占滑动体自重的比值关系确定。按上述假定和结构模型，经计算分析的内力与位移随各种计算参数变化的规律较好，与工程实测的结果也较吻合。由于双排桩首次编入规程，为慎重起见，本规程只给出了前后排桩矩形布置的计算方法。

**4.12.5** 双排桩的嵌固稳定性验算问题与单排悬臂桩类似，应满足作用在后排桩上的主动土压力与作用在前排桩嵌固段上的被动土压力的力矩平衡条件。与单排桩不同的是，在双排桩的抗倾覆稳定性验算公式（4.12.4）中，是将双排桩与桩间土整体作为力的平衡分析对象，考虑了土与桩自重的抗倾覆作用。

**4.12.6** 双排桩的排距、刚架梁高度是双排桩设计的重要参数。根据本规程修订组的专项研究及相关文献的报道，排距过小受力不合理，排距过大刚架效果减弱，排距合理的范围为 $2d$～$5d$。双排桩顶部水平位移随刚架梁高度的增大而减小，但当梁高大于 $1d$ 时，再增大梁高桩顶水平位移基本不变了。因此，规定刚架梁高度不宜小于 $0.8d$，且刚架梁高度与双排桩排距的比值取 1/6～1/3 为宜。

**4.12.7** 根据结构力学的基本原理及计算分析结果，双排桩刚架结构中的桩与单排桩的受力特点有较大的区别。锚拉式、支撑式、悬臂式排桩，在水平荷载作用下只产生弯矩和剪力。而双排桩刚架结构在水平荷载作用下，桩的内力除弯矩、剪力外，轴力不容忽视。前排桩的轴力为压力，后排桩的轴力为拉力。在其他参数不变的条件下，桩身轴力随着双排桩排距的减小而增大。桩身轴力的存在，使得前排桩发生向下的竖向位移，后排桩发生相对向上的竖向位移。前后排桩出现不同方向的竖向位移，正如普通刚架结构对相邻柱间的沉降差非常敏感一样，双排桩刚架结构前、后排桩沉降差对结构的内力、变形影响很大。通过对某一实例的计算分析表明，在其他条件不变的情况下，桩顶水平位移、桩身最大弯矩随着前、后排桩沉降差的增大基本呈线性增加。与前后排桩桩底沉降差为零相比，当前后排桩桩底沉降差与排距之比等于0.002时，计算的桩顶位移增加24%，桩身最大弯矩增加10%。后排桩由于全桩长范围有土的约束，向上的竖向位移很小。减小前排桩沉降的有效的措施有：桩端选择强度较高的土层、泥浆护壁钻孔桩需控制沉渣厚度、采用桩底后注浆技术等。

**4.12.8** 双排桩的桩身内力有弯矩、剪力、轴力，因此需按偏心受压、偏心受拉构件进行设计。双排桩刚架梁两端均有弯矩，在根据《混凝土结构设计规范》GB 50010判别刚架梁是否属于深受弯构件时，按照连续梁考虑。

**4.12.9** 本规程的双排桩结构是指由相隔一定间距的前、后排桩及桩顶梁构成的刚架结构，桩顶与刚架梁的连接按完全刚接考虑，其受力特点类似于混凝土结构中的框架顶层，因此，该处的连接构造需符合框架顶层端节点的有关规定。

# 5 土 钉 墙

## 5.1 稳定性验算

**5.1.1** 土钉墙是分层开挖、分层设置土钉及面层形成的。每一开挖状况都可能是不利工况，也就需要对每一开挖工况进行土钉墙整体滑动稳定性验算。本条的圆弧滑动条分法保持原规程的方法，该方法在原规程颁布以来，一直广泛采用，大量工程应用证明是符合实际情况的，本次修订继续采用。由于本规程在设计方法上，对土的稳定性一类极限状态由分项系数表示法改为单一安全系数法，公式（5.1.1-2）在具体形式上与原规程公式不同，但公式的实质没变。

由于本章增加了复合土钉墙的内容，考虑到圆弧滑动条分法需要适用于复合土钉墙这一要求，公式（5.1.1-2）增加了锚杆作用下的抗滑力矩项，因锚杆和土钉对滑动稳定性的作用是一样的，公式中将锚杆和土钉的极限拉力用同一符号 $R'_{k,k}$ 表示。由于土钉墙整体稳定性验算采用的是极限平衡法，假定锚杆和土钉同时达到极限状态，与锚杆预加力无关，因而，验算公式中不含锚杆预应力项。

复合土钉墙中锚杆应施加预应力，预应力的大小应考虑土钉与锚杆的变形协调，土钉在基坑有一定变形发生后才受力，预应力锚杆随基坑变形拉力也会增长。土钉和锚杆同时达到极限状态是最理想的，选取锚杆长度和确定锚杆预加力时，应按此原则考虑。

在复合土钉墙中，微型桩、搅拌桩或旋喷桩对总抗滑力矩是有贡献的，但难以定量。对水泥土桩，其截面的抗剪强度不能按全部考虑。因为水泥土桩比土的刚度大的多，当水泥土桩达到强度极限时，土的抗剪强度还未充分发挥，而土达到极限强度时，水泥土桩在此之前已被剪断，即两者不能同时达到极限。对微型钢管桩，当土达到极限强度时，微型钢管桩是有上拔趋势的，而不是剪切强度控制。因此，尚不能定量给出水泥土桩、微型桩的抵抗力矩，需要考虑其作用时，只能根据经验和水泥土桩、微型桩的设计参数，适当考虑其抗滑作用。当无经验时，最好不考虑其抗滑作用，当作安全储备来处理。

## 5.2 土钉承载力计算

**5.2.1～5.2.4** 按本规程公式（5.2.1）的要求确定土钉抗拔承载力，目的是控制单根土钉拔出或土钉杆体拉断所造成的土钉墙局部破坏。单根土钉拉力取分配到每根土钉的土钉墙墙面面积上的土压力，单根土钉抗拔承载力为图5.2.5所示的假定直线滑动面外土钉的抗拔承载力。由于土钉墙结构具有土与土钉共同工作的特性，受力状态复杂，目前尚没有研究清楚土钉的受力机理，土钉拉力计算方法也不成熟。因此，本节的土钉抗拔承载力计算方法只是近似的。

由于土钉墙墙面可以是倾斜的，倾斜墙面上的土压力比同样高度的垂直墙面上的土压力小。用朗肯方法计算时，需要按墙面倾斜情况对土压力进行修正。本规程采用的是对按垂直墙面计算的土压力乘以折减系数的修正方法。折减系数计算公式与原规程相同。

土压力沿墙面的分布形式，原规程直接采用朗肯土压力线性分布。原规程施行后，根据一些实际工程设计情况，人们发现按朗肯土压力线性分布计算土钉承载力时，往往土钉墙底部的土钉需要长度很长才能满足承载力要求。土钉墙底部的土钉过长，其承载力不一定能充分发挥，使土钉墙面层强度或土钉端部的连接强度成为控制条件，土钉墙面层或土钉端部连接会在土钉达到设计拉力前破坏。因此，一些实际工程设计中土钉墙底部土钉长度往往会做些折减。工程实际表明，适当减短土钉墙底部土钉长度后，并没有出现土钉被拔出破坏的现象。土钉长度计算不合理的问题主要原因在于所采用的朗肯土压力按线性分布是否合理。由于土钉墙墙面是柔性的，且分层开挖裸露面上土压力是零，建立新的力平衡使土压力向周围转移，墙面上的土压力则重新分布。为解决土钉计算长度不合理的问题，本次修订考虑了墙面上土压力会存在重分布的规律，对按朗肯公式计算的土压力线性分布进行了修正，即在计算每根土钉轴向拉力时，分别乘以由公式（5.2.4-1）和公式（5.2.4-2）给出的调整系数 $\eta_j$。每根土钉的轴向拉力调整系数 $\eta_j$ 值是不同的，每根土钉乘以轴向拉力调整系数 $\eta_j$ 后，各土钉轴向拉力之和与调整前的各土钉轴向拉力之和相等。该调整方法在概念上虽然可行，但存在一定近似性，还需要做进一步研究和试验工作，以使通过计算得到的土压力分布规律和数值与实际情况更接近。

**5.2.5** 本次修订对表5.2.5中土钉的极限粘结强度标准值在数值上作了一定调整，调整后的数值是根据原规程施行以来对大量实际工程土钉抗拔试验数据统计并结合已有的资料作出的。同时，表5.2.5中增加了打入式钢管土钉的极限粘结强度标准值。锚固体与土层之间的粘结强度大小与很多因素有关，主要包括土层条件、注浆工艺及注浆量、成孔工艺等，在采用

表5.2.5数值时，还应根据这些因素及施工经验合理选择。

**5.2.6** 土钉的承载力由以土的粘结强度控制的抗拔承载力和以杆体强度控制的受拉承载力两者的较小值决定。当土钉注浆固结体强度不足时，可能还会由固结体对杆体的握裹力控制。一般在确定了按土的粘结强度控制的土钉抗拔承载力后，再按本规程公式(5.2.6)配置杆体截面。

### 5.3 构　造

**5.3.1～5.3.11** 土钉墙和复合土钉墙的构造要求，是实际工程中总结的经验数据，应根据具体工程的土质、基坑深度、土钉拉力和间距等因素选用。

土钉采用洛阳铲成孔比较经济，同时施工速度快，对一般土层宜优先使用。打入式钢管土钉可以克服洛阳铲成孔时塌孔、缩径的问题，避免因塌孔、缩径带来的土体扰动和沉陷，对保护基坑周边环境有利，此时可以用打入式钢管土钉。机械成孔的钢筋土钉成本高，且土钉数量一般都很多，需要配备一定数量的钻机，只有在其他方法无法实施的情况下才适合采用。

### 5.4 施工与检测

**5.4.1** 土钉墙是分层分段施工形成的，每完成一层土钉和土钉位置以上的喷射混凝土面层后，基坑才能挖至下一层土钉施工标高。设计和施工都必须重视土钉墙这一形成特点。设计时，应验算每形成一层土钉并开挖至下一层土钉面标高时土钉墙的稳定性和土钉拉力是否满足要求。施工时，应在每层土钉及相应混凝土面层完成并达到设计要求的强度后才能开挖下一层土钉施工面以上的土方，挖土严禁超过下一层土钉施工面。超挖会造成土钉墙的受力状况超过设计状态。因超挖引起的基坑坍塌和位移过大的工程事故屡见不鲜。

**5.4.3～5.4.6** 本节钢筋土钉的成孔、制作和注浆要求，打入式钢管土钉的制作和注浆要求是多年来施工经验的总结，是保证施工质量的关键环节。

**5.4.7** 混凝土面层是土钉墙结构的重要组成部分之一，喷射混凝土的施工方法与现场浇筑混凝土不同，也是一项专门的施工技术，在隧道、井巷和洞室等地下工程应用普遍且技术成熟。土钉墙用于基坑支护工程，也采用了这一施工技术。本条规定了喷射混凝土施工的基本要求。按现有施工技术水平和常用操作程序，一般采用以下做法和要求：

**1** 混凝土喷射机设备能力的允许输送粒径一般需大于25mm，允许输送水平距离一般不小于100m，允许垂直距离一般不小于30m；

**2** 根据喷射机工作风压和耗风量的要求，空压机耗风量一般需达到$9m^3/min$；

**3** 输料管的承受压力需不小于0.8MPa；

**4** 供水设施需满足喷头水压不小于0.2MPa的要求；

**5** 喷射混凝土的回弹率不大于15%；

**6** 喷射混凝土的养护时间根据环境的气温条件确定，一般为3d～7d；

**7** 上层混凝土终凝超过1h后，再进行下层混凝土喷射，下层混凝土喷射时应先对上层喷射混凝土表面喷水。

**5.4.10** 土钉墙中，土钉群是共同受力、以整体作用考虑的。对单根土钉的要求不像锚杆那样受力明确，各自承担荷载。但土钉仍有必要进行抗拔力检测，只是对其离散性要求可比锚杆略放松。土钉抗拔检测是工程质量竣工验收依据，本条规定了试验数量和要求，试验方法见本规程附录D。

抗压强度是喷射混凝土的主要指标，一般能反映施工质量的优劣。喷射混凝土试块最好采用在喷射混凝土板件上切取制作，它与实际比较接近。但由于在目前实际工程中受切割加工条件限制，因此，也就允许使用150mm的立方体无底试模，喷射混凝土制作试块。喷射混凝土厚度是质量控制的主要内容，喷射混凝土厚度的检测最好在施工中随时进行，也可喷射混凝土施工完成后统一检查。

## 6 重力式水泥土墙

### 6.1 稳定性与承载力验算

**6.1.1～6.1.3** 按重力式设计的水泥土墙，其破坏形式包括以下几类：①墙整体倾覆；②墙整体滑移；③沿墙体以外土中某一滑动面的土体整体滑动；④墙下地基承载力不足而使墙体下沉并伴随基坑隆起；⑤墙身材料的应力超过抗拉、抗压或抗剪强度而使墙体断裂；⑥地下水渗流造成的土体渗透破坏。重力式水泥土墙的设计，墙的嵌固深度和墙的宽度是两个主要设计参数，土体整体滑动稳定性、基坑隆起稳定性与嵌固深度密切相关，而基本与墙宽无关。墙的倾覆稳定性、墙的滑移稳定性不仅与嵌固深度有关，而且与墙宽有关。有关资料的分析研究结果表明，一般情况下，当墙的嵌固深度满足整体稳定条件时，抗隆起条件也会满足。因此，常常是整体稳定性条件决定嵌固深度下限。采用按整体稳定条件确定的嵌固深度，再按墙的抗倾覆条件计算墙宽，此墙宽一般自然能够同时满足抗滑移条件。

**6.1.5** 水泥土墙的上述各种稳定性验算基于重力式结构的假定，应保证墙为整体。墙体满足抗拉、抗压和抗剪要求是保证墙为整体条件。

**6.1.6** 在验算截面的选择上，需选择内力最不利的截面、墙身水泥土强度较低的截面，本条规定的计算截面，是应力较大处和墙体截面薄弱处，作为验算的重点部位。

### 6.2 构　　造

**6.2.3** 水泥土墙常布置成格栅形，以降低成本、工期。格栅形布置的水泥土墙应保证墙体的整体性，设计时一般按土的置换率控制，即水泥土面积与水泥土墙的总面积的比值。淤泥土的强度指标差，呈流塑状，要求的置换率也较大，淤泥质土次之。同时要求格栅的格子长宽比不宜大于2。

格栅形水泥土墙，应限制格栅内土体所占面积。格栅内土体对四周格栅的压力可按谷仓压力的原理计算，通过公式（6.2.3）使其压力控制在水泥土墙承受范围内。

**6.2.4** 搅拌桩重力式水泥土墙靠桩与桩的搭接形成整体，桩施工应保证垂直度偏差要求，以满足搭接宽度要求。桩的搭接宽度不小于150mm，是最低要求。当搅拌桩较长时，应考虑施工时垂直度偏差问题，增加设计搭接宽度。

**6.2.6** 水泥土标准养护龄期为90d，基坑工程一般不可能等到90d养护期后再开挖，故设计时以龄期28d的无侧限抗压强度为标准。一些试验资料表明，一般情况下，水泥土强度随龄期的增长规律为，7d的强度可达标准强度的30%～50%，30d的强度可达标准强度的60%～75%，90d的强度为180d强度的80%左右，180d以后水泥土强度仍在增长。水泥强度等级也影响水泥土强度，一般水泥强度等级提高10后，水泥土的标准强度可提高20%～30%。

**6.2.7** 为加强整体性，减少变形，水泥土墙顶需设置钢筋混凝土面板，设置面板不但可便利后期施工，同时可防止因雨水从墙顶渗入水泥土格栅。

### 6.3 施工与检测

**6.3.1、6.3.2** 重力式水泥土墙由搅拌桩搭接组成格栅形式或实体式墙体，控制施工质量的关键是水泥土的强度、桩体的相互搭接、水泥土桩的完整性和深度。所以，主要检测水泥土固结体的直径、搭接宽度、位置偏差、单轴抗压强度、完整性及水泥土墙的深度。

## 7 地下水控制

### 7.1 一 般 规 定

**7.1.1** 地下水控制方法包括：截水、降水、集水明排，地下水回灌不作为独立的地下水控制方法，但可作为一种补充措施与其他方法一同使用。仅从支护结构安全性、经济性的角度，降水可消除水压力从而降低作用在支护结构上的荷载，减少地下水渗透破坏的风险，降低支护结构施工难度等。但降水后，随之带来对周边环境的影响问题。在有些地质条件下，降水会造成基坑周边建筑物、市政设施等的沉降而影响其正常使用甚至损坏。降水引起的基坑周边建筑物、市政设施等沉降、开裂、不能正常使用的工程事故时有发生。另外，有些城市地下水资源紧缺，降水造成地下水大量流失、浪费，从环境保护的角度，在这些地方采用基坑降水不利于城市的综合发展。为此，有的城市的地方政府已实施限制基坑降水的地方行政法规。

根据具体工程的特点，基坑工程可采用单一地下水控制方法，也可采用多种地下水控制方法相结合的形式。如悬挂式截水帷幕＋坑内降水，基坑周边控制降深的降水＋截水帷幕，截水或降水＋回灌，部分基坑边截水＋部分基坑边降水等。一般情况，降水或截水都要结合集水明排。

**7.1.2～7.1.4** 采用哪种地下水控制的方式是基坑周边环境条件的客观要求，基坑支护设计时应首先确定地下水控制方法，然后再根据选定的地下水控制方法，选择支护结构形式。地下水控制应符合国家和地方法规对地下水资源、区域环境的保护要求，符合基坑周边建筑物、市政设施保护的要求。当降水不会对基坑周边环境造成损害且国家和地方法规允许时，可优先考虑采用降水，否则应采用基坑截水。采用截水时，对支护结构的要求更高，增加排桩、地下连续墙、锚杆等的受力，需采取防止土的流砂、管涌、渗透破坏的措施。当坑底以下有承压水时，还要考虑坑底突涌问题。

### 7.2 截　　水

**7.2.1** 水泥土搅拌桩、高压喷射注浆常用普通硅酸盐水泥，也可采用矿渣硅酸盐水泥、火山灰质硅酸盐水泥。需要注意的是，当地下水流速高时，需在水泥浆液中掺入适量的外加剂，如氯化钙、水玻璃、三乙醇胺或氯化钠等。由于不同地区，即使土的基本性状相同，但成分也会有所差异，对水泥的固结性产生不同影响。因此，当缺少实际经验时，水泥掺量和外加剂品种及掺量应通过试验确定。

**7.2.2** 落底式截水帷幕进入下卧隔水层一定长度，是为了满足地下水绕过帷幕底部的渗透稳定性要求。公式（7.2.2）是验算帷幕进入隔水层的长度能否满足渗透稳定性的经验公式。隔水层是相对的，相对所隔含水层而言其渗透系数较小。在有水头差时，隔水层内也会有水的渗流，也应满足渗流和渗透稳定性要求。

**7.2.5、7.2.9** 搅拌桩、旋喷桩帷幕一般采用单排或双排布置形式（图5），理论上，单排搅拌桩、旋喷桩帷幕只要桩体能够相互搭接、桩体连续、渗透系数小于$10^{-6}$cm/s是可以起到截水效果的，但受施工偏差制约，很难达到理想的搭接宽度要求。假设桩长

15m，设计搭接200mm，当位置偏差为50mm、垂直度偏差为1%时，则帷幕底部在平面上会偏差200mm。此时，实际上桩之间就不能形成有效搭接。如桩的设计搭接过大，则桩的间距减小、桩的有效部分过少，造成浪费和增加工期。所以帷幕超过15m时，单排桩难免出现搭接不上的情况。图5中的双排桩帷幕形式可以克服施工偏差的搭接不足，对较深基坑双排桩帷幕比单排桩帷幕的截水效果要好得多。

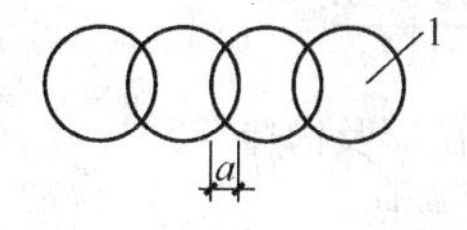


(a) 单排搅拌桩或旋喷桩帷幕

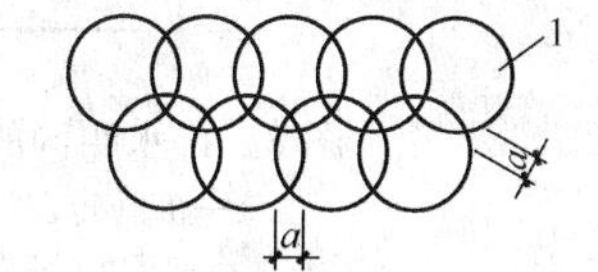


(b) 双排搅拌桩或旋喷桩帷幕

图5 搅拌桩、旋喷桩帷幕平面布置形式

1—旋喷桩或搅拌桩

摆喷帷幕一般采用图6所示的平面布置形式。由于射流范围集中，摆喷注浆的喷射长度比旋喷注浆的喷射长度大，喷射范围内固结体的均匀性也更好。实际工程中高压喷射注浆帷幕采用单排布置时常采用摆喷形式。

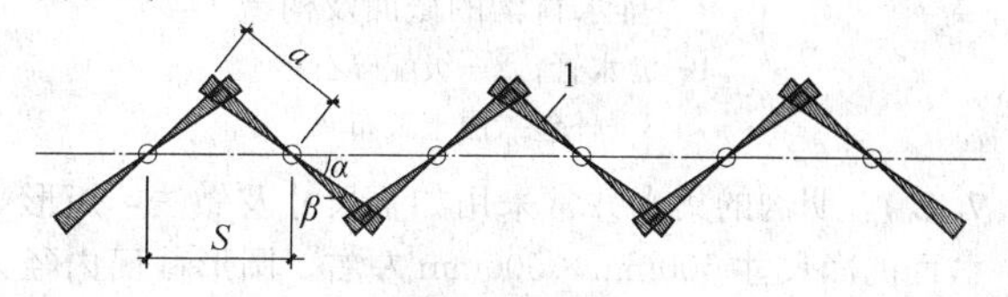


图6 摆喷帷幕平面形式

1—摆喷帷幕

旋喷固结体的直径、摆喷固结体的半径受施工工艺、喷射压力、提升速度、土类和土性等因素影响，根据国内一些有关资料介绍，旋喷固结体的直径一般在表3的范围，摆喷固结体的半径约为旋喷固结体半径的1.0～1.5倍。

**表3 旋喷注浆固结体有效直径经验值**

| 土类＼方法 | | 单管法 | 二重管法 | 三重管法 |
|---|---|---|---|---|
| 黏性土 | 0<N≤5 | 0.5～0.8 | 0.8～1.2 | 1.2～1.8 |
| | 5<N≤10 | 0.4～0.7 | 0.7～1.1 | 1.0～1.6 |
| 砂　土 | 0<N≤10 | 0.6～1.0 | 1.0～1.4 | 1.5～2.0 |
| | 10<N≤20 | 0.5～0.9 | 0.9～1.3 | 1.2～1.8 |
| | 20<N≤30 | 0.4～0.8 | 0.8～1.2 | 0.9～1.5 |

注：N为标准贯入试验锤击数。

图7是搅拌桩、高压喷射注浆与排桩常见的连接形式。高压喷射注浆与排桩组合的帷幕，高压喷射注浆可采用旋喷、摆喷形式。组合帷幕中支护桩与旋喷、摆喷桩的平面轴线关系应使旋喷、摆喷固结体受力后与支护桩之间有一定的压合面。

**7.2.11** 旋喷帷幕和摆喷帷幕一般采用双喷嘴喷射注浆。与排桩咬合的截水帷幕，当采用半圆形、扇形摆喷时，一般采用单喷嘴喷射注浆。根据目前国内的设备性能，实际工程中常见的高压喷射注浆的施工工艺参数见表4。

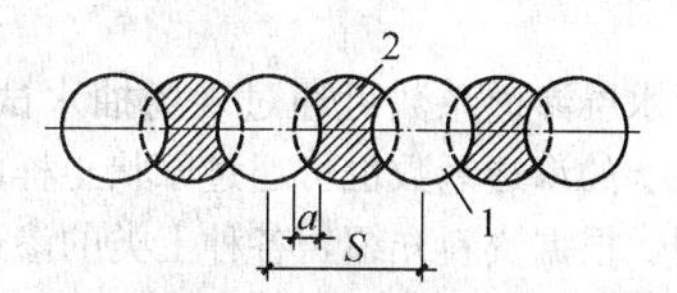


(a) 旋喷固结体或搅拌桩与排桩组合帷幕

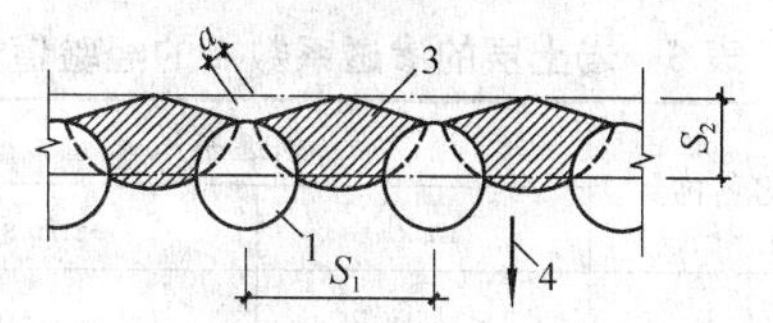


(b) 摆喷固结体与排桩组合帷幕

图7 截水帷幕平面形式

1—支护桩；2—旋喷固结体或搅拌桩；
3—摆喷固结体；4—基坑方向

**表4 常用的高压喷射注浆工艺参数**

| 工艺 | 水压(MPa) | 气压(MPa) | 浆压(MPa) | 注浆流量(L/min) | 提升速度(m/min) | 旋转速度(r/min) |
|---|---|---|---|---|---|---|
| 单管法 | | | 20～28 | 80～120 | 0.15～0.20 | 20 |
| 二重管法 | | 0.7 | 20～28 | 80～120 | 0.12～0.25 | 20 |
| 三重管法 | 25～32 | 0.7 | ≥0.3 | 80～150 | 0.08～0.15 | 5～15 |

**7.2.12** 根据工程经验，在标准贯入锤击数N>12的黏性土、标准贯入锤击数N>20的砂土中，最好采用复喷工艺，以增大固结体半径、提高固结体强度。

## 7.3 降　水

**7.3.15** 基坑降水的总涌水量，可将基坑视作一口大井按概化的大井法计算。本规程附录E给出了均质含水层潜水完整井、均质含水层潜水非完整井、均质含水层承压水完整井、均质含水层承压水非完整井和均质含水层承压水—潜水完整井5种典型条件的计算公式。实际的含水层分布远非这样理想，按上述公式计算时应根据工程的实际水文地质条件进行合理概化。如，相邻含水层渗透系数不同时，可概化成一层含水层，其渗透系数可按各含水层厚度加权平均。当相邻含水层渗透系数相差很大时，有的情况下按渗透系数加权平均后的一层含水层计算会产生较大误差，这时反而不如只计算渗透系数大的含水层的涌水量与实际更接近。大井的井水位应取降水后的基坑水位，而不应取单井的实际井水位。这5个公式都是均质含水层、远离补给源条件下井的涌水量计算公式，其他边界条件的情况可以参照有关水文地质、工程地质手册。

**7.3.17** 含水层渗透系数可通过现场抽水试验测得，粉土和黏性土的渗透系数也可通过原状土样的室内渗透试验测得。根据资料介绍，各种土类的渗透系数的一般范围见表5：

**表5 岩土层的渗透系数 $k$ 的经验值**

| 土的名称 | 渗透系数 $k$ | |
|---|---|---|
| | m/d | cm/s |
| 黏　土 | <0.005 | $<6\times10^{-6}$ |
| 粉质黏土 | 0.005～0.1 | $6\times10^{-6}\sim1\times10^{-4}$ |
| 黏质粉土 | 0.1～0.5 | $1\times10^{-4}\sim6\times10^{-4}$ |
| 黄　土 | 0.25～10 | $3\times10^{-4}\sim1\times10^{-2}$ |
| 粉　土 | 0.5～1.0 | $6\times10^{-4}\sim1\times10^{-3}$ |
| 粉　砂 | 1.0～5 | $1\times10^{-3}\sim6\times10^{-3}$ |
| 细　砂 | 5～10 | $6\times10^{-3}\sim1\times10^{-2}$ |
| 中　砂 | 10～20 | $1\times10^{-2}\sim2\times10^{-2}$ |
| 均质中砂 | 35～50 | $4\times10^{-2}\sim6\times10^{-2}$ |
| 粗　砂 | 20～50 | $2\times10^{-2}\sim6\times10^{-2}$ |
| 均质粗砂 | 60～75 | $7\times10^{-2}\sim8\times10^{-2}$ |
| 圆　砾 | 50～100 | $6\times10^{-2}\sim1\times10^{-1}$ |
| 卵　石 | 100～500 | $1\times10^{-1}\sim6\times10^{-1}$ |
| 无充填物卵石 | 500～1000 | $6\times10^{-1}\sim1\times10^{0}$ |

**7.3.19** 真空井点管壁外的滤网一般设两层，内层滤网采用30目～80目的金属网或尼龙网，外层滤网采用3目～10目的金属网或尼龙网；管壁与滤网间应留有间隙，可采用金属丝螺旋形缠绕在管壁上隔离滤网，并在滤网外缠绕金属丝固定。

**7.3.20** 喷射井点的常用尺寸参数：外管直径为73mm～108mm，内管直径为50mm～73mm，过滤器直径为89mm～127mm，井孔直径为400mm～600mm，井孔比滤管底部深1m以上。喷射井点的常用多级高压水泵，其流量为50m³/h～80m³/h，压力为0.7MPa～0.8MPa。每套水泵可用于20根～30根井管的抽水。

## 7.4 集水明排

**7.4.1** 集水明排的作用是：①收集外排坑底、坑壁渗出的地下水；②收集外排降雨形成的基坑内、外地表水；③收集外排降水井抽出的地下水。

**7.4.3** 图8是一种常用明沟的截面尺寸及构造。

盲沟常采用图9所示的截面尺寸及构造。排泄坑底渗出的地下水时，盲沟常在基坑内纵横向布置，盲沟的间距一般取25m左右。盲沟内宜采用级配碎石充填，并在碎石外铺设两层土工布反滤层。

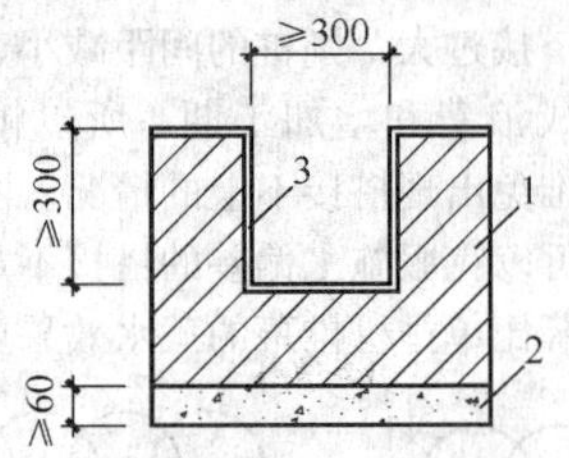


图8 排水明沟的截面及构造
1—机制砖；2—素混凝土垫层；3—水泥砂浆面层

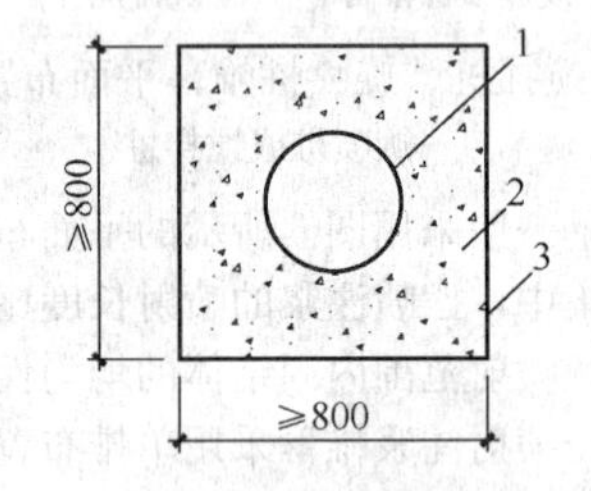


图9 排水盲沟的截面及构造
1—滤水管；2—级配碎石；3—外包二层土工布

**7.4.4** 明沟的集水井常采用如下尺寸及做法：矩形截面的净尺寸500mm×500mm左右，圆形截面内径500mm左右；深度一般不小于800mm。集水井采用砖砌并用水泥砂浆抹面。

盲沟的集水井常采用如下尺寸及做法：集水井采用钢筋笼外填碎石滤料，集水井内径700mm左右，钢筋笼直径400mm左右，井的深度一般不小于1.2m。

**7.4.5** 导水管常用直径不小于50mm，长度不小于300mmPVC管，埋入土中的部分外包双层尼龙网。

## 7.5 降水引起的地层变形计算

**7.5.1～7.5.3** 降水引起的地层变形计算可以采用分层总和法。与建筑物地基变形计算时的分层总和法相比，降水引起的地层变形在有些方面是不同的。主要表现在以下方面：①附加压力作用下的建筑物地基变形计算，土中总应力是增加的。地基最终固结时，土中任意点的附加有效应力等于附加总应力，孔隙水压力不变。降水引起的地层变形计算，土中总应力基本不变。最终固结时，土中任意点的附加有效应力等于孔隙水压力的负增量。②地基变形计算，土中的最大附加有效应力在基础中点的纵轴上，基础范围内是附加应力的集中区域，基础以外的附加应力衰减很快。降水引起的地层变形计算，土中的最大附加有效应力在最大降深的纵轴上，也就是降水井的井壁处，附加应力随着远离降水井逐渐衰减。③地基变形计算，附加应力从基底向下沿深度逐渐衰减。降水引起的地层变形计算，附加应力从初始地下水位向下沿深度逐渐增加。降水后的地下水位以下，含水层内土中附加有效应力也会发生改变。

计算建筑物地基变形时，按分层总和法计算出的地基变形量乘以沉降计算经验系数后的数值为地基最终变形量。沉降计算经验系数是根据大量工程实测数据统计出的修正系数，以修正直接按分层总和法计算的方法误差。降水引起的地层变形，直接按分层总和法计算的变形量与实测变形量也往往差异很大。由于缺少工程实测统计资料，暂时还无法给出定量的修正系数对计算结果进行修正。如采用现行国家标准《建筑地基基础设计规范》GB 50007中地基变形计算的沉降计算经验系数，则由于两者的土中附加应力产生的原因和附加应力分布规律不同，从理论上没有说服力，与实际情况也难以吻合。目前，降水引起的地层变形计算方法尚不成熟，只能在今后积累大量工程实测数据及进行充分研究后，再加以改进充实。现阶段，宜根据地区基坑降水工程的经验，结合计算与工程类比综合确定降水引起的地层变形量和分析降水对周边建筑物的影响。

# 8 基坑开挖与监测

## 8.1 基 坑 开 挖

**8.1.1** 本条规定了基坑开挖的一般原则。锚杆、支撑或土钉是随基坑土方开挖分层设置的，设计将每设置一层锚杆、支撑或土钉后，再挖土至下一层锚杆、支撑或土钉的施工面作为一个设计工况。因此，如开挖深度超过下层锚杆、支撑或土钉的施工面标高时，支护结构受力及变形会超越设计状况。这一现象通常称作超挖。许多实际工程实践证明，超挖轻则引起基坑过大变形，重则导致支护结构破坏、坍塌，基坑周边环境受损，酿成重大工程事故。

施工作业面与锚杆、土钉或支撑的高差不宜大于500mm，是施工正常作业的要求。不同的施工设备和施工方法，对其施工面高度要求是不同的，可能的情况下应尽量减小这一高度。

降水前如开挖地下水位以下的土层，因地下水的渗流可能导致流砂、流土的发生，影响支护结构、周边环境的安全。降水后，由于土体的含水量降低，会使土体强度提高，也有利于基坑的安全与稳定。

**8.1.2** 软土基坑如果一步挖土深度过大或非对称、非均衡开挖，可能导致基坑内局部土体失稳、滑动，造成立柱桩、基础桩偏移。另外，软土的流变特性明显，基坑开挖到某一深度后，变形会随暴露时间增长。因此，软土地层基坑的支撑设置应先撑后挖并且越快越好，尽量缩短基坑每一步开挖时的无支撑时间。

**8.1.3～8.1.5** 基坑支护工程属住房和城乡建设部《危险性较大的分部分项工程安全管理办法》建质［2009］87号文中的危险性较大的分部分项工程范围，施工与基坑开挖不当会对基坑周边环境和人的生命安全酿成严重后果。基坑开挖面上方的锚杆、支撑、土钉未达到设计要求时向下超挖土方、临时性锚杆或支撑在未达到设计拆除条件时进行拆除、基坑周边施工材料、设施或车辆荷载超过设计地面荷载限值，至使支护结构受力超越设计状态，均属严重违反设计要求进行施工的行为。锚杆、支撑、土钉未按设计要求设置，锚杆和土钉注浆体、混凝土支撑和混凝土腰梁的养护时间不足而未达到开挖时的设计承载力，锚杆、支撑、腰梁、挡土构件之间的连接强度未达到设计强度，预应力锚杆、预加轴力的支撑未按设计要求施加预加力等情况均为未达到设计要求。当主体地下结构施工过程需要拆除局部锚杆或支撑时，拆除锚杆或支撑后支护结构的状态是应考虑的设计工况之一。拆除锚杆或支撑的设计条件，即以主体地下结构构件进行替换的要求或将基坑回填高度的要求等，应在设计中明确规定。基坑周边施工设施是指施工设备、塔吊、临时建筑、广告牌等，其对支护结构的作用可按地面荷载考虑。

## 8.2 基 坑 监 测

**8.2.1～8.2.20** 由于地质条件可能与设计采用的土的物理、力学参数不符，且基坑支护结构在施工期和使用期可能出现土层含水量、基坑周边荷载、施工条件等自然因素和人为因素的变化，通过基坑监测可以及时掌握支护结构受力和变形状态、基坑周边受保护对象变形状态是否在正常设计状态之内。当出现异常时，以便采取应急措施。基坑监测是预防不测，保证支护结构和周边环境安全的重要手段。因支护结构水平位移和基坑周边建筑物沉降能直观、快速反应支护结构的受力、变形状态及对环境的影响程度，安全等级为一级、二级的支护结构均应对其进行监测，且监测应覆盖基坑开挖与支护结构使用期的全过程。根据支护结构形式、环境条件的区别，其他监测项目应视工程具体情况按本规程第8.2.1条的规定选择。

**8.2.22、8.2.23** 大量工程实践表明，多数基坑工程事故是有征兆的。基坑工程施工和使用期间及时发现异常现象和事故征兆并采取有效措施是防止事故发生的重要手段。不同的土质条件、支护结构形式、施工工艺和环境条件，基坑的异常现象和事故征兆会不一样，应能加以判别。当支护结构变形过大、变形不收敛、地面下沉、基坑出现失稳征兆等情况时，及时停止开挖并立即回填是防止事故发生和扩大的有效措施。

## 附录B 圆形截面混凝土支护桩的正截面受弯承载力计算

**B.0.1～B.0.4** 挡土构件承受的荷载主要是水平力，一般轴向力可忽略，通常挡土构件按受弯构件考虑。对同时承受竖向荷载的情况，如设置竖向斜撑、大角度锚杆或顶部承受较大竖向荷载的排桩、地下连续墙，轴向力较大的双排桩等，则需要按偏心受压或偏心受拉构件考虑。

对最常见的沿截面周边均匀配置纵向受力钢筋的圆形截面混凝土桩，本规程按现行国家标准《混凝土结构设计规范》GB 50010，给出计算正截面受弯承载力的方法。对其他截面的混凝土桩，可按现行国家标准《混凝土结构设计规范》GB 50010 的有关规定计算正截面受弯承载力。

在混凝土支护桩截面设计时，沿截面受拉区和受压区周边局部均匀配筋这种非对称配筋形式有时是需要的，可以提高截面的受弯承载力或节省钢筋。对非对称配置纵向受力钢筋的情况，《混凝土结构设计规范》GB 50010 中没有对应的截面承载力计算公式。因此，本规程给出了沿受拉区和受压区周边局部均匀配筋时的正截面受弯承载力的计算方法。

## 附录C 渗透稳定性验算

**C.0.1、C.0.2** 本规程公式（C.0.1）、公式（C.0.2）是两种典型渗流模型的渗透稳定性验算公式。其中公式（C.0.2）用于渗透系数为常数的均质含水层的渗透稳定性验算，公式（C.0.1）用于基底下有水平向连续分布的相对隔水层，而其下方为承压含水层的渗透稳定性验算（即所谓突涌）。如该相对隔水层顶板低于基底，其上方为砂土等渗透性较强的土层，其重量对相对隔水层起到压重的作用，所以，按公式（C.0.1）验算时，隔水层上方的砂土等应按天然重度取值。

中华人民共和国行业标准

# 高压喷射扩大头锚杆技术规程

Technical specification for underreamed anchor by jet grouting

**JGJ/T 282—2012**

批准部门：中华人民共和国住房和城乡建设部
施行日期：2 0 1 2 年 1 1 月 1 日

# 中华人民共和国住房和城乡建设部
# 公　告

## 第1378号

### 关于发布行业标准《高压喷射扩大头锚杆技术规程》的公告

现批准《高压喷射扩大头锚杆技术规程》为行业标准，编号为JGJ/T 282-2012，自2012年11月1日起实施。

本规程由我部标准定额研究所组织中国建筑工业出版社出版发行。

中华人民共和国住房和城乡建设部

2012年5月16日

## 前　言

根据住房和城乡建设部《关于印发（2010年工程建设标准规范制订、修订计划）的通知》（建标[2010] 43号）的要求，规程编制组经广泛调查研究、认真总结实践经验，参考有关国内标准，并在广泛征求意见的基础上，编制本规程。

本规程的主要技术内容是：1 总则；2 术语和符号；3 基本规定；4 设计；5 施工和工程质量检验；6 试验。

本规程由住房和城乡建设部负责管理，由深圳钜联锚杆技术有限公司负责具体技术内容的解释。执行过程中如有意见或建议，请寄送深圳钜联锚杆技术有限公司（地址：深圳市福田区莲花路香丽大厦丽梅阁4D，邮政编码：518034）。

本规程主编单位：深圳钜联锚杆技术有限公司
标力建设集团有限公司

本规程参编单位：中国水利水电科学研究院
华中科技大学
苏州市能工基础工程有限责任公司
中冶建筑研究总院有限公司
深圳市勘察研究院有限公司
广东省工程勘察院
广东省基础工程公司
武汉市人防建筑设计研究院

本规程主要起草人员：曾庆义　杨晓阳　黎克强
汪小刚　朱仁贵　陈宝弟
王玉杰　郑俊杰　施鸣升
杨　松　刘　钟　周洪涛
蒋　鹏　王　军　邵孟新
王少敏　王立明　李　宏

本规程主要审查人员：陈祥福　徐祯祥　钱力航
苏自约　顾晓鲁　王群依
李　虹　刘国楠　郭明田
刘建华　张杰青　贾建华

# 目　次

# Contents

# 1 总　　则

**1.0.1** 为规范高压喷射扩大头锚杆的设计、施工，做到技术先进、安全适用、经济合理和确保质量，制定本规程。

**1.0.2** 本规程适用于土层锚固高压喷射扩大头锚杆的设计、施工、检验与试验。

**1.0.3** 高压喷射扩大头锚杆的设计与施工，应综合考虑场地周边环境、工程地质和水文地质条件、建筑物结构类型和性质等因素，有效地利用扩大头锚杆的力学性能。

**1.0.4** 高压喷射扩大头锚杆的设计、施工、检验与试验，除应符合本规程的规定外，尚应符合国家现行有关标准的规定。

# 2 术语和符号

## 2.1 术　　语

**2.1.1** 高压喷射扩大头锚杆　underreamed anchor by jet grouting

采用高压流体在锚孔底部按设计长度对土体进行喷射切割扩孔并灌注水泥浆或水泥砂浆，形成直径较大的圆柱状注浆体的锚杆。

**2.1.2** 锚头　anchor head

锚杆杆体出露在锚孔孔口以外连接外部承载构件的外端头及其连接件。

**2.1.3** 锚杆杆体　anchor tendon

连接外部承载构件和注浆体并传递拉力的杆件。

**2.1.4** 自由段　free anchor length

杆体不与注浆体和地层粘结，能自由变形的部分。

**2.1.5** 锚固段　fixed anchor length

杆体锚固于注浆体实现力的传递的部分。

**2.1.6** 注浆体　grouting body

由灌注于锚孔内的水泥浆或水泥砂浆凝结而成的固结体。

**2.1.7** 锚固体　anchorage body

锚固段注浆体与嵌固注浆体的土体所组成的受力共同体。

**2.1.8** 永久性锚杆　permanent anchor

设计使用期超过 2 年的锚杆。

**2.1.9** 临时性锚杆　temporary anchor

设计使用期不超过 2 年的锚杆。

**2.1.10** 预应力锚杆　prestressed anchor

施加预应力以期获得较小的工后变形的锚杆。

**2.1.11** 非预应力锚杆　non-prestressed anchor

不施加预应力的锚杆。

**2.1.12** 位移控制锚杆　controlled displacement anchor

扩大头深埋于不受基坑边坡开挖影响的稳定地层中、从锚头到扩大头或承载体之间全长为自由段、工作位移主要由自由段杆体的弹性性能控制的锚杆。

**2.1.13** 可回收锚杆(又称可拆芯锚杆)　removable anchor

在达到设计使用期后可从地层中收回杆体的锚杆。

**2.1.14** 回转型锚杆（又称 U 形锚杆）　U-shape anchor

杆体绕承载体回转，使其两个端头同时出露并锁定的锚杆。

**2.1.15** 抗浮锚杆　anti-floating anchor

设置于建（构）筑物基础底部，用以抵抗地下水对建（构）筑物基础上浮力的锚杆。

**2.1.16** 锚杆倾角　angle of anchor

锚杆轴线与水平面之间的夹角。

**2.1.17** 承载体　load bearing body

在回转型锚杆中，作为杆体回转支点并直接承受杆体压力的部件。

**2.1.18** 合页夹形承载体 hinge shape bearing plate

置于锚孔扩大头后可使其两翼张开增大承压面积的承载体。

**2.1.19** 张拉锁定值　lock-off load

锚杆杆体张拉后锁定完成时的拉力值。

**2.1.20** 锚杆抗拔力极限值　ultimate bearing capacity

锚杆在轴向拉力作用下达到破坏状态前或出现不适于继续受力的变形时所对应的最大拉力值。

**2.1.21** 锚杆抗拔力特征值　designed bearing capacity

锚杆极限抗拔力标准值除以抗拔安全系数后的值。

**2.1.22** 锚杆基本试验　basic test

为确认锚杆设计参数和施工工艺，在工程锚杆正式施工前进行的现场锚杆极限抗拔力试验。

**2.1.23** 锚杆验收试验　acceptance test

为确认工程锚杆是否符合设计要求，在工程锚杆施工后进行的锚杆抗拔力试验。

**2.1.24** 锚杆蠕变试验　creep test

确定锚杆在不同加荷等级的恒定荷载作用下位移随时间变化规律的试验。

**2.1.25** 锚杆位移　anchor displacement

锚杆试验时锚头处测得的沿锚杆轴线方向的位移。

**2.1.26** 锚固体整体稳定性　overall stability of anchorage body

全部或任一局部区域内所有锚杆同时受力达到抗拔力特征值时，锚固体整体保持稳定的能力。

## 2.2 符　　号

$A_s$——锚杆杆体的截面面积；

$c$——土体的黏聚力；

$D_1$——锚杆钻孔直径；

$D_2$——锚杆扩大头直径；

$E_s$——锚杆杆体弹性模量；

$F_m$——整根钢绞线所能承受的最大力；

$F_{py}$——整根钢绞线的设计力；

$f_{ptk}$、$f_{py}$——钢绞线和热处理钢筋的抗拉强度标准值、设计值；

$f_{yk}$、$f_y$——预应力混凝土用螺纹钢筋和普通热轧钢筋的抗拉强度标准值、设计值；

$f_{mg}$——锚固段注浆体与地层的摩阻强度标准值；

$f_{ms}$——锚固段注浆体与锚杆杆体的粘结强度标准值；

$K$——锚杆抗拔安全系数，即锚固段注浆体与地层的抗拔安全系数；

$K_a$、$K_p$、$K_0$——土体的主动土压力系数、被动土压力系数、静止土压力系数；

$K_F$——抗浮锚杆稳定安全系数；

$K_s$——锚杆杆体与注浆体的粘结安全系数；

$K_t$——锚杆杆体的抗拉断综合安全系数；

$k_T$——锚杆杆体的轴向刚度系数；

$L_c$——锚杆杆体的变形计算长度；

$L_D$、$L_d$、$L_f$——锚杆的扩大头长度、非扩大头锚固段长度、自由段长度；

$N_k$——锚杆拉力标准值；

$P$——锚杆试验时对锚杆施加的荷载值；

$p_D$——扩大头前端土体对扩大头的抗力强度值；

$S$、$S_e$、$S_p$——锚杆的总位移、弹性位移、塑性位移；

$T_{ak}$——锚杆抗拔力特征值；

$T_{uk}$——锚杆抗拔力极限值；

$\alpha$——锚杆倾角；

$\zeta$——当锚杆采用2根或2根以上钢筋或钢绞线时，钢筋或钢绞线与注浆体的粘结强度降低系数；

$\xi$——锚杆在拉力作用下扩大头向前位移时反映土的挤密效应的侧压力系数；

$\psi$——扩大头长度对钢筋或钢绞线与扩大头注浆体粘结强度的影响系数；

$\varphi$、$\varphi'$——土体的内摩擦角、有效内摩擦角。

# 3 基本规定

**3.0.1** 高压喷射扩大头锚杆的设计使用年限应与所服务的建（构）筑物的设计使用年限相同，防腐保护等级和构造应符合本规程第4.3节的规定。

**3.0.2** 高压喷射扩大头锚杆的监测和维护管理应符合所服务的建（构）筑物的相关要求。

**3.0.3** 锚杆的扩大头不应设在下列地层中：

1 有机质土；

2 淤泥或淤泥质土；

3 未经压实或改良的填土。

**3.0.4** 高压喷射扩大头锚杆的设计和施工应在搜集岩土工程勘察、工程场地和环境条件、主体建（构）筑物设计施工条件等方面资料的基础上进行，主要工作内容应符合下列规定：

1 搜集地层岩土的工程特性指标、地下水的分布状况、锚固地层的地层结构和整体稳定性、锚固地层对施工方法的适应性、地下水的腐蚀性等岩土工程条件；

2 搜集邻近场地的交通设施、地下管线、地下构筑物分布和埋深、相邻建（构）筑物现状、基础形式和埋深，以及水、电、材料供应条件等工程场地和环境条件资料；

3 搜集拟建建（构）筑物的平面布置图、基础或地下室的平面图和剖面图、基坑开挖图等资料；

4 搜集施工机械的设备条件、动力条件、施工机械的进出场及现场运行条件、建（构）筑物基础施工条件或方案等有关施工资料。

**3.0.5** 锚杆设计时，所采用的作用效应组合应符合所服务的建（构）筑物的相关要求。

# 4 设　计

## 4.1 一般规定

**4.1.1** 高压喷射扩大头锚杆的抗拔安全系数以及锚杆杆体与注浆体之间的粘结安全系数，应根据锚杆破坏的危害程度和锚杆的使用年限，按表4.1.1确定。

**表4.1.1 锚杆安全系数**

| 等级 | 锚杆破坏的危害程度 | 锚杆抗拔安全系数 $K$ | | 杆体与注浆体粘结安全系数 $K_s$ | |
|---|---|---|---|---|---|
| | | 临时锚杆 | 永久锚杆 | 临时锚杆 | 永久锚杆 |
| Ⅰ | 危害大，且会造成公共安全问题 | 2.0 | 2.2 | 1.8 | 2.0 |
| Ⅱ | 危害较大，但不致造成公共安全问题 | 1.8 | 2.0 | 1.6 | 1.8 |
| Ⅲ | 危害较轻，且不致造成公共安全问题 | 1.6 | 2.0 | 1.4 | 1.6 |

**4.1.2** 锚杆的抗拔力极限值应根据现场基本试验确定。

**4.1.3** 设计文件应规定扩大头的设计长度、直径和施工工艺参数，应规定锚杆抗拔力特征值和张拉锁定值，并应规定锚杆的防腐等级。

**4.1.4** 锚杆锚头与外部承载构件的梁、板、台座的连接以及相关结构的尺寸和配筋应符合现行国家标准《混凝土结构设计规范》GB 50010 和《建筑地基基础设计规范》GB 50007 的规定。

## 4.2 材　　料

**4.2.1** 高压喷射扩大头锚杆杆体采用的钢绞线应符合下列规定：

1 用于制作预应力锚杆杆体的钢绞线、环氧涂层钢绞线、无粘结钢绞线，应符合现行国家标准《预应力混凝土用钢绞线》GB/T 5224 的规定；预应力钢绞线的抗拉强度标准值 $f_{ptk}$、抗拉强度设计值 $f_{py}$ 或整根钢绞线的设计力 $F_{py}$ 应按本规程附录 A 表 A.0.1～表 A.0.3 的规定取值；

2 可回收锚杆和回转型锚杆杆体可采用无粘结钢绞线；

3 预应力钢绞线不应有接头。

**4.2.2** 高压喷射扩大头锚杆杆体采用的钢筋应符合下列规定：

1 锚杆抗拔力较大时宜采用预应力混凝土用螺纹钢筋或热处理钢筋。预应力混凝土用螺纹钢筋和热处理钢筋的力学性能指标应按本规程附录 A 表 A.0.4 和表 A.0.5 的规定取值；

2 锚杆抗拔力较小时可采用 HRB400 级或 HRB335 级钢筋。钢筋抗拉强度标准值 $f_{yk}$ 和设计值 $f_y$ 应按本规程附录 A 表 A.0.6 的规定取值；

3 锚杆杆体的连接应能承受杆体的极限抗拉力。

**4.2.3** 注浆材料采用的水泥应符合下列规定：

1 宜采用普通硅酸盐水泥，其质量应符合现行国家标准《通用硅酸盐水泥》GB 175 的规定；有防腐要求时可采用抗硫酸盐水泥，不宜采用高铝水泥；

2 应采用强度等级不低于 42.5 的水泥。

**4.2.4** 注浆材料所采用的水应符合下列规定：

1 拌合用水宜采用饮用水；当采用其他水源时，应经过试验确认对水泥浆体和杆体材料无害；

2 拌合用水的水质应符合现行行业标准《混凝土用水标准》JGJ 63，拌合水中酸、有机物和盐类等对水泥浆体和杆体有害的物质含量不得超标，不得影响水泥正常凝结和硬化。

**4.2.5** 注浆材料所采用的细骨料应符合下列规定：

1 采用水泥砂浆时，应选用最大颗粒小于 2.0mm 的砂；

2 砂的含泥量按重量计不得大于 3%；砂中云母、有机质、硫化物和硫酸盐等有害物质的含量，按总重量计不得大于 1%。

**4.2.6** 可回收锚杆和回转型锚杆可采用合页夹形承载体、网筋注浆复合承载体、高分子聚酯纤维增强模塑料承载体或钢板承载体。锚杆施工前，对承载体应进行基本试验，承载体的承载能力应符合本规程表 4.1.1 锚杆抗拔安全系数的要求。

**4.2.7** 锚具应符合下列规定：

1 预应力筋用锚具、夹具和连接器的性能，均应符合现行国家标准《预应力筋用锚具、夹具和连接器》GB/T 14370 的规定；

2 预应力锚具的锚固力不应小于预应力杆体极限抗拉力的 95%，且实测达到极限抗拉力时的杆体总应变值不应小于 2%。

**4.2.8** 承压板和承载构件应符合下列规定：

1 承压板和承载构件的强度和构造必须满足锚杆极限抗拔力要求，以及锚具和结构物的连接构造要求；

2 承压板宜由钢板制作。

**4.2.9** 锚杆自由段应设置杆体隔离套管，套管内应充填防腐润滑油脂。套管材料应符合下列规定：

1 应具有足够的强度和柔韧性，在加工和安装的过程中不易损坏；

2 应具有防水性和化学稳定性，对杆体材料无不良影响；

3 应具有防腐蚀性，与水泥浆和防腐润滑油脂接触无不良反应；

4 不影响杆体的弹性变形。

**4.2.10** 杆体自由段隔离套管内所充填的防腐润滑油脂和无粘结钢绞线的防腐材料应满足现行行业标准《无粘结预应力筋专用防腐润滑脂》JG/T 3007 的技术要求。防腐材料在锚杆的设计使用期限内，应符合下列规定：

1 应保持防腐性能和物理稳定性；

2 应具有防水性和化学稳定性，不得与周围介质和相邻材料发生不良反应；

3 不得对锚杆自由段的变形产生限制和不良影响；

4 在规定的工作温度内和张拉过程中，不得开裂、变脆或成为流体。

**4.2.11** 锚杆锚固段和自由段设置的杆体定位器应采用钢、塑料或其他对杆体无害的材料制成，不得采用木质材料。定位器的形状和大小不得影响注浆浆液的自由流动。

**4.2.12** 注浆管应具有足够的内径和耐压能力，能保证浆液压至钻孔的底部，并满足施工工艺参数的要求。

## 4.3 防　　腐

**4.3.1** 地层介质对锚杆的腐蚀性评价，可根据环境类型、锚杆所处地层的渗透性、地下水位变化状态和地层介质中腐蚀成分的含量按照现行国家标准《岩土工程勘察规范》GB 50021 分为微、弱、中、强四个腐蚀等级。抗浮锚杆和其他长期处于最低地下水位以下的锚杆可按长期浸水处理，边坡和基坑支护锚杆应按干湿交替处理。

**4.3.2** 强或中等腐蚀环境中的永久性锚杆和强腐蚀环境中的临时性锚杆应采用Ⅰ级防腐构造；弱腐蚀环境中的永久性锚杆和中等腐蚀环境中的临时性锚杆应采用Ⅱ级防腐构造；微腐蚀环境中的永久性锚杆和弱腐蚀环境中的临时性锚杆应采用Ⅲ级防腐构造。微腐蚀环境的临时性锚杆可不采取专门的防腐构造。

**4.3.3** 锚杆Ⅰ级防腐构造（图 4.3.3）应符合下列规定：

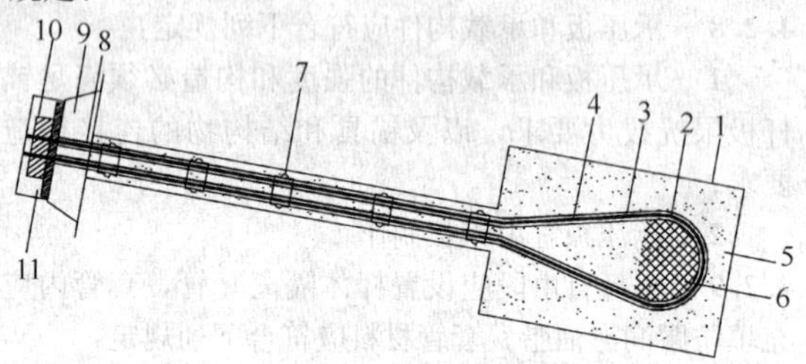


图 4.3.3 Ⅰ级防腐锚杆构造

1—扩大头；2—锚杆杆体；3—套管；4—防腐油脂；5—注浆体；6—承载体；7—杆体定位器；8—水密性构造；9—承载构件；10—锚具；11—锚具罩

1 杆体应全部用套管或防腐涂层密封保护，应与地层介质完全隔离；杆体与套管的间隙应充填防腐油脂，必要时可采用双重套管密封保护；

2 杆体套管或防腐涂层应延伸进入过渡管或外部承载构件并应采用水密性接缝或构造；

3 锚头应采用锚具罩封闭保护；锚具罩应采用钢材或塑料制作，锚具罩应完全罩住锚具、垫板和杆体尾端，与混凝土支承面的接缝应采用水密性接缝。

**4.3.4** 锚杆Ⅱ级防腐构造应符合下列规定：

1 预应力锚杆（图 4.3.4-1），杆体自由段应采用套管密封保护与地层介质隔离，杆体与套管的间隙应充填防腐油脂；扩大头段依靠注浆体保护，保护层厚度不应小于 100mm；自由段套管应延伸进入过渡管或承载构件并应采用水密性接缝或构造；自由段套管与扩大头段注浆体的搭接长度不应小于 300mm。

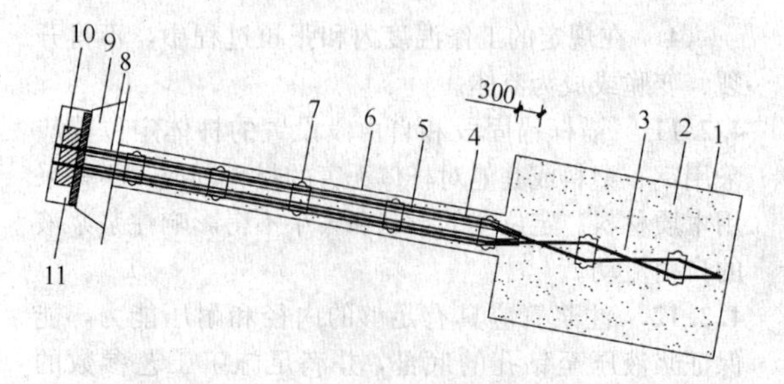


图 4.3.4-1 Ⅱ级防腐预应力锚杆构造

1—扩大头；2—注浆体；3—锚杆杆体；4—套管；5—防腐油脂；6—自由段；7—杆体定位器；8—水密性构造；9—承载构件；10—锚具；11—锚具罩

2 非预应力锚杆（图 4.3.4-2），扩大头段杆体依靠注浆体保护，保护层厚度不应小于 100mm；非扩大头段杆体应采用防腐涂层保护，且注浆体保护层厚度不应小于 20mm；防腐涂层应进入承载构件并应采用水密性接缝或构造；防腐涂层进入扩大头的搭接长度不应小于 300mm。

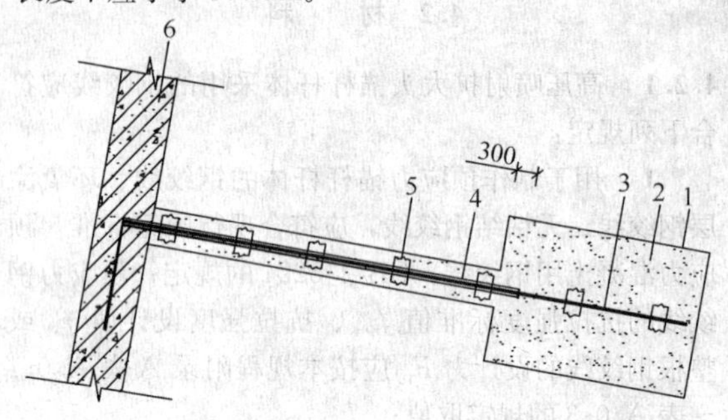


图 4.3.4-2 Ⅱ级防腐非预应力锚杆构造

1—扩大头；2—注浆体；3—锚杆杆体；4—杆体防腐涂层；5—杆体定位器；6—承载构件

**4.3.5** 锚杆Ⅲ级防腐构造应符合下列规定：

1 锚头位于地面或坡面的锚杆，锚头至地下水位变幅最低点和冻融最深点以下 2m 范围内的锚杆杆体，应采用内充防腐油脂的套管密封保护，或采用防腐涂层保护；套管或防腐涂层应延伸进入过渡管或外部承载构件并采用水密性接缝或构造；

2 锚头位于地下室底板的锚杆，锚头至地下室底板底面以下 2m 范围内的锚杆杆体，应采用内充防腐油脂的套管密封保护，或采用防腐涂层保护；套管或防腐涂层应延伸进入过渡管或底板混凝土并应采用水密性接缝或构造。

**4.3.6** 扩大头注浆体应针对地层介质中腐蚀成分的类别按现行国家标准《工业建筑防腐蚀设计规范》GB 50046 的规定采用能抗耐地层介质腐蚀的水泥或掺入耐腐蚀材料。

**4.3.7** 永久性锚杆锚头防腐保护应符合下列规定：

1 预应力锚杆在预应力张拉作业完成后，应及时进行保护；

2 需调整拉力的锚杆，应采用可调节拉力的锚具，锚具和承压板应采用锚具罩封闭，锚具罩内应填充防腐油脂；

3 不需调整拉力的锚杆，锚具和承压板可采用混凝土封闭，封锚混凝土保护层最小厚度不应小于 50mm，封锚混凝土与承载构件之间应设置锚筋或钢丝网。

**4.3.8** 临时性锚杆锚头防腐保护应符合下列规定：

1 在腐蚀环境中，锚具和承压板应装设锚具罩，锚具罩内应充填防腐油脂；

2　在非腐蚀环境中，外露锚具和承压板可采用防腐涂层保护。

**4.3.9**　防腐涂层的材料和厚度应符合现行国家标准《工业建筑防腐蚀设计规范》GB 50046 的规定。

**4.3.10**　在正常使用期间若锚杆防腐体系发生破坏或失效，应及时采取有效的修补措施。

## 4.4　抗浮锚杆

**4.4.1**　抗浮锚杆可根据建（构）筑物结构和荷载特点采用非预应力锚杆或预应力锚杆，锚杆的防腐构造等级应根据地层介质的腐蚀性和锚杆类别按本规程第4.3.1条和第4.3.2条的规定采用。

**4.4.2**　Ⅰ级防腐等级的抗浮锚杆，可采用回转型预应力钢绞线锚杆（图4.4.2），钢绞线应采用无粘结钢绞线或有外套保护管的无粘结钢绞线。

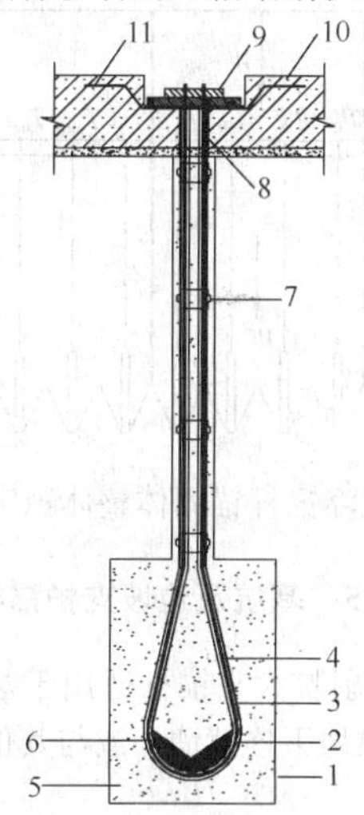


图4.4.2　Ⅰ级防腐抗浮预应力钢绞线锚杆构造

1—扩大头；2—锚杆杆体；3—套管；4—防腐油脂；5—注浆体；6—合页夹形承载体；7—杆体定位器；8—水密性构造；9—锚具；10—地下室底板；11—附加筋

**4.4.3**　Ⅱ级防腐等级的抗浮锚杆，可采用非预应力钢筋锚杆（图4.4.3-1）或预应力钢绞线锚杆（图4.4.3-2）。

**4.4.4**　Ⅲ级防腐等级的抗浮锚杆，可采用非预应力钢筋锚杆（图4.4.4-1）或预应力钢绞线锚杆（图4.4.4-2）。

**4.4.5**　非预应力钢筋锚杆杆体材料可采用普通螺纹钢筋或预应力混凝土用螺纹钢筋。钢筋伸入混凝土梁板内的锚固长度应符合现行国家标准《混凝土结构设计规范》GB 50010的要求，钢筋伸入混凝土内的垂直长度不应小于基础梁高度或板厚度的一半，且不应小于300mm。钢筋直径较大不宜弯折时，可采用锚板锚固在梁板混凝土内。预应力混凝土用螺纹钢筋严禁采用焊接接长，其杆体定位器严禁采用焊接安装。

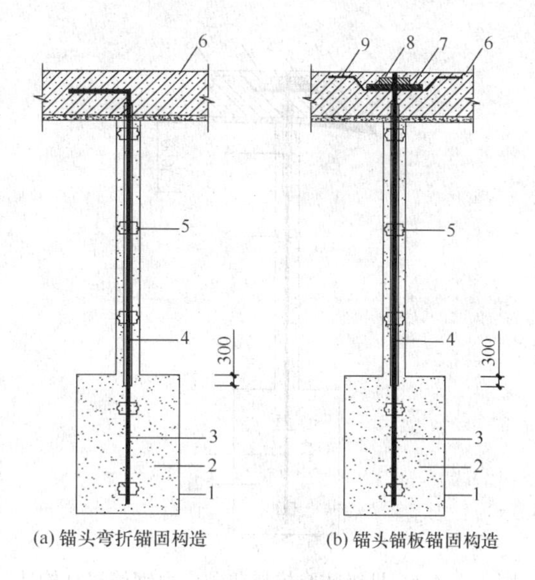


图4.4.3-1　Ⅱ级防腐抗浮非预应力钢筋锚杆构造

1—扩大头；2—注浆体；3—锚杆杆体；4—杆体防腐涂层；5—杆体定位器；6—地下室底板；7—锚板；8—锚具；9—附加筋

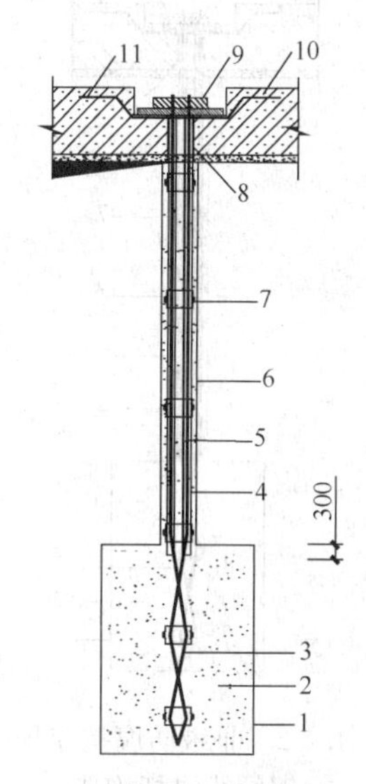


图4.4.3-2　Ⅱ级防腐抗浮预应力钢绞线锚杆构造

1—扩大头；2—注浆体；3—锚杆杆体；4—套管；5—防腐油脂；6—自由段；7—杆体定位器；8—水密性构造；9—锚具；10—地下室底板；11—附加筋

**4.4.6**　预应力锚杆的锚头可采用混凝土封闭，封闭应符合底板结构的防水要求。

**4.4.7**　抗浮锚杆的平面布置，应根据浮力大小的区域变化和底板结构形式确定，并可考虑减小底板（梁）弯矩和厚度的要求。

**4.4.8**　抗浮锚杆的长度不宜小于6m，扩大头长度不宜小于2m，锚杆间距不应小于2m。锚杆长度和间距应满足锚固体整体稳定性要求。

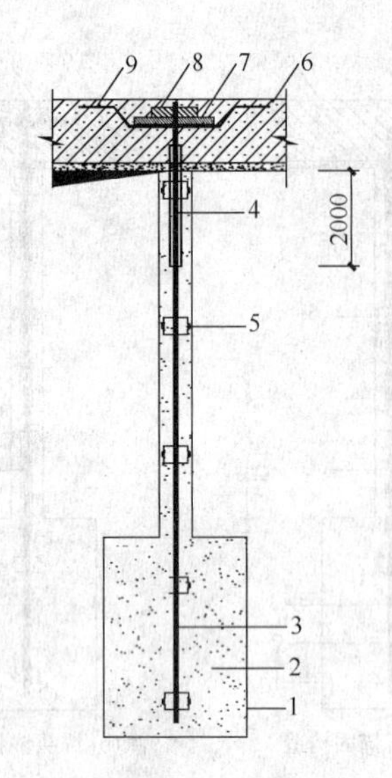


图 4.4.4-1 Ⅲ级防腐抗浮非预应力钢筋锚杆构造

1—扩大头；2—注浆体；3—锚杆杆体；4—杆体防腐涂层；5—杆体定位器；6—地下室底板；7—锚板；8—锚具；9—附加筋

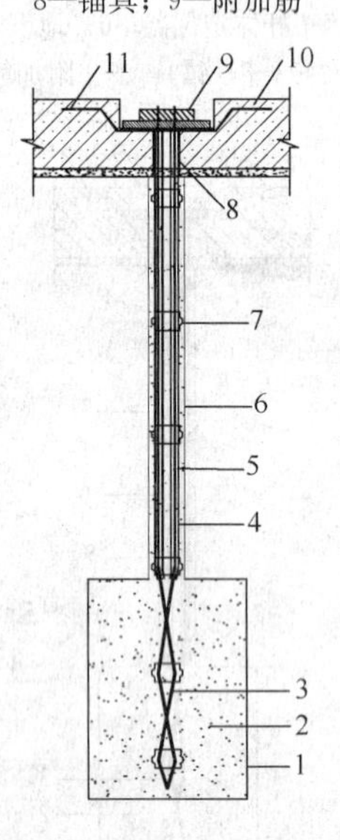


图 4.4.4-2 Ⅲ级防腐抗浮预应力钢绞线锚杆构造

1—扩大头；2—注浆体；3—锚杆杆体；4—套管；5—防腐油脂；6—自由段；7—杆体定位器；8—水密性构造；9—锚具；10—地下室底板；11—附加筋

**4.4.9** 地下室整体和任一局部区域抗浮锚杆的抗拔力均应满足抵抗浮力的要求，其根数 $n$ 按式(4.4.9-1)计算：

$$n \geqslant \frac{F_{\mathrm{w}} - W}{T_{\mathrm{ak}}} \tag{4.4.9-1}$$

式中：$F_{\mathrm{w}}$——作用于地下室整体或某一局部区域的浮力（kN）；

$W$——地下室整体或某一局部区域内抵抗浮力的建筑物总重量（不包括活荷载）（kN）；

$T_{\mathrm{ak}}$——单根抗浮锚杆的抗拔力特征值（kN）。

地下室整体和任一局部区域锚固体还均应满足锚固体整体稳定性要求，可按式（4.4.9-2）验算：

$$K_{\mathrm{F}} = \frac{W' + W}{F_{\mathrm{w}}} \geqslant 1.05 \tag{4.4.9-2}$$

式中：$K_{\mathrm{F}}$——抗浮稳定安全系数；

$W'$——地下室整体或某一局部区域内锚固范围土体的有效重量（kN）。锚固范围的深度可按锚杆底部破裂面以上范围计算，破裂角可取 30°；平面范围可按地下室周边锚杆的包络面积计算，或取该局部区域周边锚杆与相邻锚杆的中分线（图 4.4.9）。

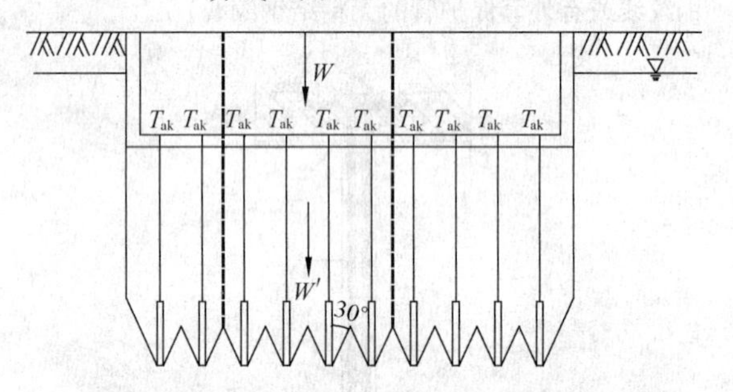


图 4.4.9 抗浮锚杆锚固体整体稳定计算示意图

## 4.5 基坑及边坡支护锚杆

**4.5.1** 高压喷射扩大头锚杆适用于基坑及边坡支护锚拉排桩、锚拉地下连续墙，或与其他支护结构联合使用。

**4.5.2** 锚杆扩大头应设置于具有一定埋深的稍密或稍密以上的碎石土、砂土、粉土以及可塑或可塑状态以上的黏性土中。

**4.5.3** 锚杆的布置应避免对相邻建（构）筑物的基础产生不良影响。

**4.5.4** 临时性锚杆应采用预应力钢绞线锚杆；永久性锚杆根据使用要求和地质条件，可选用非预应力锚杆或预应力锚杆（图 4.5.4）。

**4.5.5** 锚杆的倾角不宜小于 20°，且不应大于 45°。

**4.5.6** 锚杆自由段的长度应按穿过潜在破裂面之后不小于锚孔孔口到基坑底距离的要求来确定，可按式（4.5.6）计算（图 4.5.6），且不应小于 10m；当扩大头前端有软土时，锚杆自由段长度还应完全穿过软土层。

$$L_{\mathrm{f}} = \frac{(h_1 + h_2)\sin\left(45^\circ - \dfrac{\varphi}{2}\right)}{\sin\left(45^\circ + \dfrac{\varphi}{2} + \alpha\right)} + h_1 \tag{4.5.6}$$

式中：$L_{\mathrm{f}}$——锚杆自由段长度；

$h_1$——锚杆锚头中点至基坑底面的距离（m）；

$h_2$——净土压力零点（主动土压力等于被动土压力）到基坑底面的深度（m）；

$\varphi$——土体的内摩擦角（°）；对非均质土，可取净土压力零点至地面各土层的厚度加权平均值。

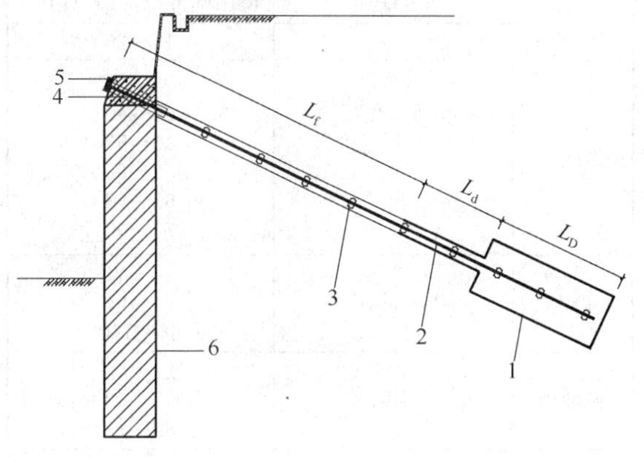


(a) 基坑支护锚杆

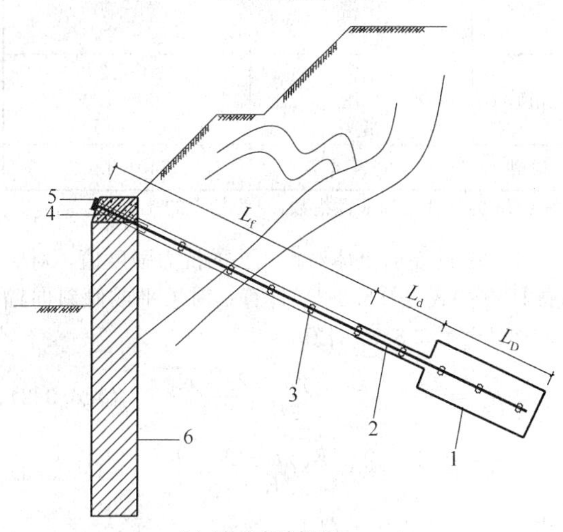


(b) 边坡支护锚杆

图 4.5.4　支护锚杆结构示意

1—扩大头；2—锚杆杆体；3—杆体定位器；4—过渡管；5—锚头；6—支护桩；

$L_f$—自由段；$L_d$—非扩大头锚固段；$L_D$—扩大头段

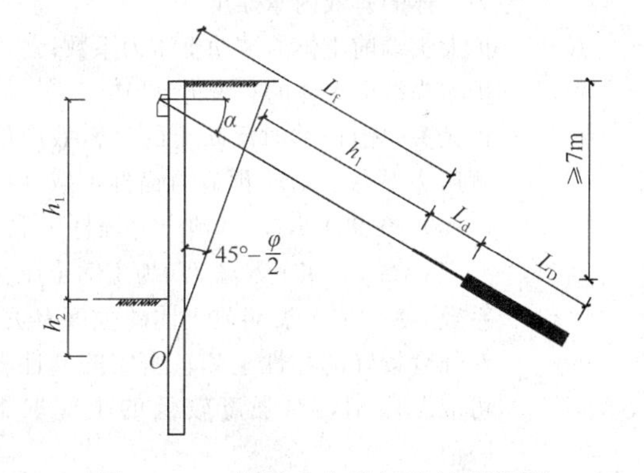


图 4.5.6　锚杆自由段长度计算简图

**4.5.7**　扩大头长度宜为 2m～6m，应按本规程第 4.6.5 条的规定计算确定；锚固段总长度（含扩大头长度）宜为 6m～10m，普通锚固段长度宜为 1m～4m。扩大头最小埋深不应小于 7m。

**4.5.8**　锚杆间距应符合下列规定：

**1**　水平间距不应小于 1.8m，竖向间距不应小于 3m；

**2**　扩大头的水平净距不应小于扩大头直径的 1 倍，且不应小于 1.0m，竖向净距不应小于扩大头直径的 2 倍；

**3**　当间距较小时，应加大锚杆长度、加大扩大头埋深，并将扩大头合理错开布置。

**4.5.9**　锚杆的长度、埋深和间距应满足锚固体稳定性要求。

**4.5.10**　对于允许位移较小、位移控制较严格的支护工程或其关键部位，或已建基坑及边坡支护工程出现位移过大或地面开裂等情况需进行加固时，应按位移控制的要求设计位移控制锚杆。

**4.5.11**　位移控制锚杆的结构布置应符合下列规定：

**1**　扩大头应设置在基坑开挖影响范围以外的稳定地层之中；

**2**　扩大头应设置于较密实的砂土、粉土或强度较高、压缩性较低的黏性土中；

**3**　锚头至扩大头应全长设置为自由段。

**4.5.12**　位移控制锚杆扩大头的设置除应符合本规程第 4.5.5～4.5.11 条的规定以外，尚应符合下列规定：

**1**　扩大头前端有软土层时，前端面到软土的距离不应小于扩大头直径的 7 倍；

**2**　扩大头前端面到潜在滑裂面的距离不应小于扩大头直径的 12 倍，扩大头的埋深不应小于扩大头直径的 15 倍；

**3**　基坑坡体土质条件较差时，可将扩大头设置在基坑底高程之下。

**4.5.13**　位移控制锚杆应按Ⅰ级安全等级设计，且在计算土压力时应根据控制位移的要求和土层力学条件，按位移与土压力的对应关系选取土压力值，必要时可取静止土压力值。

**4.5.14**　张拉锁定时，位移控制锚杆最大张拉荷载应为抗拔力特征值的 1.2 倍。

**4.5.15**　回转型锚杆杆体可采用无粘结钢绞线，承载体可采用合页夹形承载体、网筋注浆复合型承载体。

**4.5.16**　基坑及边坡支护锚杆除抗拔力应满足支护体系结构计算的要求外，锚杆锚固体尚应满足整体稳定性要求。锚固体整体稳定性验算可按本规程附录 B 执行，稳定安全系数不应小于 1.5。

## 4.6　锚杆结构设计计算

**4.6.1**　高压喷射扩大头锚杆的拉力应根据所服务的建（构）筑物的结构状况，按照国家现行标准《建筑结构荷载规范》GB 50009、《混凝土结构设计规范》GB 50010、《建筑边坡工程技术规范》GB 50330 和《建筑基坑支护技术规程》JGJ 120 确定。

**4.6.2** 扩大头直径应根据土质和施工工艺参数通过现场试验确定；无试验资料时，可按表 4.6.2 选用，或者根据类似地质条件的施工经验选用，施工时应通过现场试验或试验性施工验证。

**表 4.6.2 高压喷射扩大头锚杆扩大头直径参考值**

| 土质 | | 扩大头直径 $D_2$（m） | | |
|---|---|---|---|---|
| | | 水泥浆扩孔 | 水和水泥浆扩孔 | 水和水泥浆复喷扩孔 |
| 黏性土 | $0.5\leqslant I_L<0.75$ | 0.4～0.7 | 0.6～0.9 | 0.7～1.1 |
| 黏性土 | $0.25\leqslant I_L<0.5$ | — | 0.5～0.8 | 0.6～1.0 |
| 黏性土 | $0\leqslant I_L<0.25$ | — | 0.4～0.7 | 0.45～0.9 |
| 砂土 | $0<N<10$ | 0.6～1.0 | 1.0～1.4 | 1.1～1.6 |
| 砂土 | $11<N<20$ | 0.5～0.9 | 0.9～1.3 | 1.0～1.5 |
| 砂土 | $21<N<30$ | 0.4～0.8 | 0.8～1.2 | 0.9～1.4 |
| 砾砂 | $N<30$ | 0.4～0.9 | 0.6～1.0 | 0.7～1.2 |

注：1 $I_L$ 为黏性土液性指数，$N$ 为标准贯入锤击数；

2 扩孔压力(25～30)MPa；喷嘴移动速度(10～25)cm/min；转速(5～15)r/min。

**4.6.3** 高压喷射扩大头锚杆的抗拔力极限值与土质、扩大头埋深、扩大头尺寸和施工工艺有关，应通过现场原位基本试验按本规程第 6.2.7 条的规定确定；无试验资料时，可按式（4.6.3-1）估算，但实际施工时必须经过现场基本试验验证确定。

$$T_{uk}=\pi\left[D_1L_df_{mg1}+D_2L_Df_{mg2}+\frac{(D_2^2-D_1^2)p_D}{4}\right] \tag{4.6.3-1}$$

式中：$T_{uk}$——锚杆抗拔力极限值（kN）；

$D_1$——锚杆钻孔直径（m）；

$D_2$——扩大头直径（m）；

$L_d$——锚杆普通锚固段的计算长度（m）。对非预应力锚杆，取实际长度减去两倍扩大头直径；对预应力锚杆取 $L_d=0$；

$L_D$——扩大头长度（m）；

$f_{mg1}$——锚杆普通锚固段注浆体与土层间的摩阻强度标准值（kPa），通过试验确定；无试验资料时，可按表 4.6.3 取值；

$f_{mg2}$——扩大头注浆体与土层间的摩阻强度标准值（kPa），通过试验确定；无试验资料时，可按表 4.6.3 取值；

$p_D$——扩大头前端面土体对扩大头的抗力强度值（kPa）。

**表 4.6.3 注浆体与土层间的极限摩阻强度标准值**

| 土质 | 土的状态 | 摩阻强度标准值（kPa） |
|---|---|---|
| 淤泥质土 | — | 16～20 |
| 黏性土 | $I_L>1$<br>$0.75<I_L\leqslant1$<br>$0.50<I_L\leqslant0.75$<br>$0.25<I_L\leqslant0.50$<br>$0<I_L\leqslant0.25$<br>$I_L<0$ | 18～30<br>30～40<br>40～53<br>53～65<br>65～73<br>73～90 |
| 粉土 | $e>0.90$<br>$0.75<e\leqslant0.90$<br>$e<0.75$ | 22～44<br>44～64<br>64～100 |
| 粉细砂 | 稍密<br>中密<br>密实 | 22～42<br>42～63<br>63～85 |
| 中砂 | 稍密<br>中密<br>密实 | 54～74<br>74～90<br>90～120 |
| 粗砂 | 稍密<br>中密<br>密实 | 80～120<br>100～130<br>120～150 |
| 砾砂 | 中密、密实 | 140～180 |

注：$I_L$ 为黏性土的液性指数，$e$ 为粉土的孔隙比。

扩大头前端面土体对扩大头的抗力强度值，对竖直锚杆应按式（4.6.3-2）计算；对水平或倾斜向锚杆应按式（4.6.3-3）计算：

$$p_D=\frac{(K_0-\xi)K_p\gamma h+2c\sqrt{K_p}}{1-\xi K_p} \tag{4.6.3-2}$$

$$p_D=\frac{(1-\xi)K_0K_p\gamma h+2c\sqrt{K_p}}{1-\xi K_p} \tag{4.6.3-3}$$

式中：$\gamma$——扩大头上覆土体的重度（kN/m³）；

$h$——扩大头上覆土体的厚度（m）；

$K_0$——扩大头端前土体的静止土压力系数，可由试验确定；无试验资料时，可按有关地区经验取值，或取 $K_0=1-\sin\varphi'$（$\varphi'$ 为土体的有效内摩擦角）；

$K_p$——扩大头端前土体的被动土压力系数；

$c$——扩大头端前土体的黏聚力（kPa）；

$\xi$——扩大头向前位移时反映土的挤密效应的侧压力系数，对非预应力锚杆可取 $\xi=(0.50\sim0.90)K_a$，对预应力锚杆可取 $\xi=(0.85\sim0.95)K_a$，$K_a$ 为主动土压力系数。$\xi$ 与扩大头端前土体的强度有关，对强度较好的黏性土和较密实的砂性土可取上限值，对强度较低的土应取下限值。

**4.6.4** 锚杆抗拔力特征值应按下式确定：

$$T_{ak}=\frac{T_{uk}}{K}\geqslant N_k \tag{4.6.4}$$

式中：$T_{ak}$——锚杆抗拔力特征值（kN）；

$T_{uk}$——锚杆抗拔力极限值（kN）；

$K$——锚杆抗拔安全系数，按本规程表 4.1.1 取值；

$N_k$——荷载效应标准组合计算的锚杆拉力标准值（kN）。

**4.6.5** 扩大头长度尚应符合注浆体与杆体间的粘结强度安全要求，应按下式计算：

$$L_D \geqslant \frac{K_s T_{ak}}{n\pi d \zeta f_{ms} \psi} \quad (4.6.5)$$

式中：$K_s$——杆体与注浆体的粘结安全系数，按本规程表 4.1.1 取值；

$T_{ak}$——锚杆抗拔力特征值（kN）；

$L_D$——锚杆扩大头的长度（m），当杆体自由段护套管或防腐涂层进入到扩大头内时，应取实际扩大头长度减去搭接长度；

$d$——杆体钢筋直径或单根钢绞线的直径（mm）；

$f_{ms}$——杆体与扩大头注浆体的极限粘结强度标准值（MPa），通过试验确定；当无试验资料时，可按本规程表 4.6.5 取值；

$\zeta$——采用 2 根或 2 根以上钢筋或钢绞线时，粘结强度降低系数，竖直锚杆取 0.6～0.85；水平或倾斜向锚杆取 1.0；

$\psi$——扩大头长度对粘结强度的影响系数，按第 4.6.6 条取值；

$n$——钢筋的根数或钢绞线股数。

**表 4.6.5 杆体与注浆体的极限粘结强度标准值**

| 粘结材料 | 粘结强度标准值 $f_{ms}$（MPa） |
|---|---|
| 水泥浆或水泥砂浆注浆体与螺纹钢筋 | 1.2～1.8 |
| 水泥浆或水泥砂浆注浆体与钢绞线 | 1.8～2.4 |

注：水泥强度等级不低于 42.5，水灰比 0.4～0.6。

**4.6.6** 扩大头长度对粘结强度的影响系数 $\psi$，应由试验确定；无试验资料时，可按表 4.6.6 取值。

**表 4.6.6 扩大头长度对粘结强度的影响系数 $\psi$ 建议值**

| 锚固地层 | 土 | 层 | | |
|---|---|---|---|---|
| 扩大头长度（m） | 2～3 | 3～4 | 4～5 | 5～6 |
| 粘结强度影响系数 $\psi$ | 1.6 | 1.5 | 1.4 | 1.3 |

**4.6.7** 扩大头长度不能满足第 4.6.5 条规定或采用无粘结杆体时，可在扩大头长度范围内杆体上设置一个或多个承载体。承载体的承载力和数量应通过锚杆基本试验确定，其安全系数不应小于表 4.1.1 中锚杆抗拔安全系数 $K$。

**4.6.8** 锚杆杆体的截面面积应符合下列公式规定：

$$A_s \geqslant \frac{K_t T_{ak}}{f_y} \quad (4.6.8\text{-}1)$$

$$A_s \geqslant \frac{K_t T_{ak}}{f_{py}} \quad (4.6.8\text{-}2)$$

式中：$K_t$——锚杆杆体的抗拉断综合安全系数，应根据锚杆的使用期限和防腐等级确定，临时性锚杆取 $K_t=1.1\sim1.2$，永久性锚杆取 $K_t=1.5\sim1.6$（其中，一级防腐应取上限值，二级防腐应取中值，三级防腐和三级以下应取下限值）；

$T_{ak}$——锚杆的抗拔力特征值（kN）；

$f_y$、$f_{py}$——预应力混凝土用螺纹钢筋和普通热轧钢筋的抗拉强度设计值、钢绞线和热处理钢筋的抗拉强度设计值（kPa）。

**4.6.9** 锚杆的轴向刚度系数应由试验确定。当无试验资料时可按下式估算：

$$k_T = \frac{A_s E_s}{L_c} \quad (4.6.9)$$

式中：$k_T$——锚杆的轴向刚度系数（kN/m）；

$A_s$——锚杆杆体的截面面积（$m^2$）；

$E_s$——锚杆杆体的弹性模量（$kN/m^2$）；

$L_c$——锚杆杆体的变形计算长度(m)，可取 $L_c = L_f \sim L_f + L_d$。

### 4.7 初始预应力

**4.7.1** 高压喷射扩大头锚杆用于建筑物抗浮的预应力锚杆时，其初始预应力（张拉锁定值）应根据建筑物工作条件下地下水位变幅、地基承载能力和锚头承载结构状况等因素按预期的预应力值确定。

**4.7.2** 高压喷射扩大头锚杆用于基坑和边坡支护的预应力锚杆时，其初始预应力应根据地层条件和支护结构变形要求确定，宜取抗拔力特征值的 60%～85%。

## 5 施工和工程质量检验

### 5.1 一般规定

**5.1.1** 高压喷射扩大头锚杆施工所用的原材料和施工设备的主要技术性能应符合现行国家标准《工业建筑防腐蚀设计规范》GB 50046 和设计要求。

**5.1.2** 施工前应根据设计要求和地质条件进行现场工艺试验，调整和确定合适的工艺参数，检验扩大头直径和锚杆抗拔力。

**5.1.3** 扩大头直径的检验可采用下列方法：

1 有条件时可在相同地质单元或土层中进行扩孔试验，通过现场量测和现场开挖量测；

2 在正式施工前，应在锚杆设计位置进行试验性施工，计量水泥浆灌浆量，通过灌浆量计算扩大头直径；

3 在施工中应对每一根工程锚杆现场实时计量水泥浆灌浆量并通过灌浆量计算扩大头直径。

**5.1.4** 扩大头的位置和长度应根据达到设计要求的高压喷射压力和提升速度的起始和终止位置计算。

**5.1.5** 高压喷射扩大头锚杆施工采用的钻机宜具有自动监测记录钻头钻进和提升速度、钻头深度以及扩孔过程中水或浆的压力和流量的功能，在施工过程中应对每一根锚杆全过程监测记录钻头深度、钻头钻进和提升速度、水或浆的压力和流量等数据，应按本规程第5.1.3条第3款和第5.1.4条计算扩大头位置、长度和直径。

**5.1.6** 试验锚杆达到28d龄期或浆体强度达到设计强度的80%后，应进行基本试验以检验抗拔力。扩大头直径的检测结果与抗拔力检测结果应反馈给设计人，必要时应调整有关设计参数。

**5.1.7** 工程锚杆达到28d龄期或浆体强度达到设计强度的80%后，应进行抗拔力验收试验以检验锚杆施工质量。当扩大头直径和长度的检测结果与抗拔力验收试验的检测结果不符时，应以抗拔力验收试验的结论为判定标准。

## 5.2 杆体制作

**5.2.1** 高压喷射扩大头锚杆杆体原材料的制作应符合下列规定：

1 杆体原材料上不应带有可能影响其与注浆体有效粘结或影响锚杆使用寿命的有害物质；受有害物质污染的杆体原材料不得使用；

2 钢筋、钢绞线或钢丝应采用切割机切断，不得采用电弧切割；

3 加工完成的杆体在储存、搬运、安放时，应避免机械损伤、介质侵蚀和污染。

**5.2.2** 钢筋锚杆杆体的制作应符合下列规定：

1 制作前钢筋应平直、除锈；

2 普通螺纹钢筋接长可采用焊接或机械连接；当采用双面焊接时，焊缝长度不应小于5倍钢筋直径；预应力混凝土用螺纹钢筋接长应采用专用连接器；

3 沿杆体轴线方向每隔1.0m～2.0m应设置一个杆体定位器，注浆管应与杆体绑扎牢固，绑扎材料不宜采用镀锌材料；

4 当锚杆的杆体采用预应力混凝土用螺纹钢筋时，严禁在杆体上进行任何电焊操作。

**5.2.3** 钢绞线或高强钢丝锚杆杆体的制作应符合下列规定：

1 钢绞线或高强钢丝应清除锈斑，下料长度应考虑钻孔深度和张拉锁定长度，应确保有效长度不小于设计长度；

2 钢绞线或高强钢丝应平直排列，应在杆体全长范围沿杆体轴线方向每隔1.0m～1.5m设置一个定位器，注浆管应与杆体绑扎牢固，绑扎材料不宜采用镀锌材料。

**5.2.4** 回转型锚杆杆体的制作应符合下列规定：

1 用作可回收锚杆的回转型锚杆，杆体材料可采用无粘结钢绞线；用作腐蚀环境中的永久性锚杆，杆体材料应采用无粘结钢绞线，必要时应采用有外套保护管的无粘结钢绞线；

2 采用网筋注浆复合承载体时，网筋设置长度不应小于扩大头长度，并应包围杆体回转段四周；采用合页夹形承载体时应保证合页夹与钢绞线可靠连接且合页夹进入扩大头后能自由张开；采用聚酯纤维承载体时，无粘结钢绞线应绕承载体弯曲成U形，并应采用钢带与承载体绑扎牢固；采用钢板承载体时，挤压锚固件应与钢板可靠连接；

3 安装承载体时，不得损坏钢绞线的防腐油脂和外包塑料（HDPE或PP）软管。

**5.2.5** 锚杆杆体的储存应符合下列规定：

1 杆体制作完成后应尽早使用，不宜长期存放；

2 制作完成的杆体不得露天存放，宜存放在干燥清洁的场所。应避免机械损伤或油渍溅落在杆体上；

3 当存放环境相对湿度超过85%时，杆体外露部分应进行防潮处理；

4 对存放时间较长的杆体，在使用前应进行严格检查。

## 5.3 钻　孔

**5.3.1** 高压喷射扩大头锚杆钻孔应符合下列规定：

1 钻孔前，应根据设计要求和地层条件，定出孔位，作出标记；

2 锚杆水平、垂直方向的孔距误差不应大于100mm；钻头直径不应小于设计钻孔直径3mm；

3 钻孔角度偏差不应大于2°；

4 锚杆钻孔的深度不应小于设计长度，且不宜大于设计长度500mm。

**5.3.2** 在不会出现塌孔和涌砂流土的稳定地层中，对于竖直向锚杆可采用钻杆钻孔；对于下列各种情形均应采用套管护壁钻孔：

1 存在不稳定地层；

2 存在受扰动易出现涌砂流土的粉土；

3 存在易塌孔的砂层；

4 存在易缩颈的淤泥等软土地层；

5 水平或水平向倾斜锚杆；

6　回转型锚杆。

## 5.4　扩　　孔

**5.4.1**　高压喷射扩大头锚杆的高压喷射扩孔施工工艺参数应根据土质条件和扩大头直径通过试验或工程经验确定，正式施工前应进行试验性施工验证，并应在施工中严格控制。

**5.4.2**　扩孔的喷射压力不应小于 20MPa，喷嘴给进或提升速度可取（10～25）cm/min，喷嘴转速可取（5～15）r/min。

**5.4.3**　用于扩孔的水应符合本规程第 4.2.4 条的要求。

**5.4.4**　高压喷射注浆的水泥，宜采用强度等级不低于 42.5 的普通硅酸盐水泥。

**5.4.5**　水泥浆液的水灰比应按工艺和设备要求确定，可取 1.0～1.5。

**5.4.6**　连接高压注浆泵和钻机的输送高压喷射液体的高压管的长度不宜大于 50m。

**5.4.7**　当喷射注浆管贯入锚孔中，喷嘴达到设计扩大头位置时，可按设计规定的工艺参数进行高压喷射扩孔。喷管应均匀旋转、均匀提升或下沉，由上而下或由下而上进行高压喷射扩孔。喷射管分段提升或下沉的搭接长度不得小于 100mm。

**5.4.8**　高压喷射扩孔可采用水或水泥浆。采用水泥浆液扩孔工艺时，应至少上下往返扩孔两遍；采用清水扩孔工艺时，最后还应采用水泥浆液扩孔一遍。

**5.4.9**　在高压喷射扩孔过程中出现压力骤然下降或上升时，应查明原因并应及时采取措施，恢复正常后方可继续施工。

**5.4.10**　施工中应严格按照施工参数施工，应按本规程附录 C.0.1 的表格由钻机自动监测记录并按本规程附录 C.0.2 的表格做好各项记录。

## 5.5　杆 体 安 放

**5.5.1**　高压喷射扩大头锚杆扩孔完成后，应立即取出喷管并将锚杆杆体放入锚孔到设计深度。采用套管护壁钻孔时，应在杆体放入钻孔到设计深度后再将套管拔出。

**5.5.2**　锚杆杆体的安放应符合下列规定：

1　在杆体放入锚孔前，应检查杆体的长度和加工质量，确保满足设计要求；

2　安放杆体时，应防止扭结和弯曲；注浆管宜随杆体一同放入锚孔，注浆管到孔底的距离不应大于 300mm；

3　安放杆体时，不得损坏防腐层，不得影响正常的注浆作业；杆体安放后，不得随意敲击，不得悬挂重物；

4　锚杆杆体插入孔内的深度不应小于设计长度；杆体角度偏差不应大于 2%。

## 5.6　注　　浆

**5.6.1**　高压喷射扩大头锚杆注浆应符合下列规定：

1　向下倾斜或竖向的锚杆注浆，注浆管的出浆口至孔底的距离不应大于 300mm，浆液应自下而上连续灌注，且应确保从孔内顺利排水、排气；

2　向上倾斜的锚杆注浆，应在孔口设置密封装置，将排气管端口设于孔底，注浆管的出浆口应设在离密封装置约 50cm 处；

3　注浆设备的浆液生产能力应能满足计划量的需要，额定压力应能满足注浆要求，采用的注浆管应能在 1h 内完成单根锚杆的连续注浆；

4　注浆后不得随意敲击杆体，也不得在杆体上悬挂重物。

**5.6.2**　注浆材料应根据设计要求确定，材料性质不得对杆体产生不良影响。宜采用水灰比为 0.4～0.6 的纯水泥浆。采用水泥砂浆时，应进行现场配比试验，检验其浆液的流动性和浆体强度能否达到设计和施工工艺的要求。

**5.6.3**　注浆浆液应搅拌均匀，随拌随用，并应在初凝前用完。应采取防止石块、杂物混入浆液的措施。

**5.6.4**　当孔口溢出浆液或排气管排出的浆液与注入浆液颜色和浓度一致时，方可停止注浆。

**5.6.5**　锚固段注浆体的抗压强度不应小于 20MPa，浆体强度检验用的试块数量，若单日施工的锚杆数量不足 30 根，则每累计 30 根锚杆不应少于一组；若单日施工的锚杆数量超过 30 根，则每天不应少于一组。每组试块的数量不应少于 6 个。

## 5.7　张拉和锁定

**5.7.1**　高压喷射扩大头锚杆采用预应力锚杆时，其张拉和锁定应符合下列规定：

1　锚杆承载构件的承压面应平整，并与锚杆轴线方向垂直；

2　锚杆张拉前应对张拉设备进行标定；

3　锚杆张拉应在同批次锚杆验收试验合格后，且承载构件的混凝土抗压强度值不低于设计要求时进行；

4　锚杆正式张拉前，应取 10%～20%抗拔力特征值 $T_{ak}$对锚杆预张拉 1 次～2 次，每次均应松开锚具工具夹片调平钢绞线后重新安装夹片，使杆体完全平直，各部位接触紧密；

5　锚杆应采用符合现行国家标准《预应力筋用锚具、夹具和连接器》GB/T 14370 和设计要求的锚具。

**5.7.2**　锚杆张拉至 $1.10T_{ak}$～$1.20T_{ak}$时，对砂性土层应持荷 10min，对黏性土层应持荷 15min，然后卸荷至设计要求的张拉锁定值进行锁定。锚杆张拉荷载的分级和位移观测时间应按表 5.7.2 的规定。

表 5.7.2 锚杆张拉荷载分级和位移观测时间

| 荷载分级 | 位移观测时间（min） | | 加荷速率（kN/min） |
|---|---|---|---|
| | 岩层、砂土层 | 黏性土层 | |
| $0.10T_{ak}$～$0.20T_{ak}$ | 2 | 2 | 不大于 100 |
| $0.50T_{ak}$ | 5 | 5 | |
| $0.75T_{ak}$ | 5 | 5 | |
| $1.00T_{ak}$ | 5 | 10 | 不大于 50 |
| $1.10T_{ak}$～$1.20T_{ak}$ | 10 | 15 | |

注：$T_{ak}$——锚杆抗拔力特征值。

**5.7.3** 抗浮预应力锚杆锁定时间的确定，应考虑现场条件和后续主体结构施工对预应力值的影响。

**5.7.4** 基坑支护预应力锚杆的锁定，应在该层锚杆孔口高程以下土方开挖之前完成。

## 5.8 工程质量检验

**5.8.1** 高压喷射扩大头锚杆原材料的质量检验应包括下列内容：

1 原材料出厂合格证；

2 材料现场抽检试验报告；

3 锚杆浆体强度等级检验报告。

**5.8.2** 锚杆的抗拔力检验应按照本规程第 6.4 节验收试验的规定进行。抗拔力验收试验的数量不应小于工程锚杆总数的 5%且不少于 3 根。锚杆验收试验出现不合格锚杆时，应增加锚杆试验数量，增加的锚杆试验根数应为不合格锚杆的 3 倍。

**5.8.3** 锚杆的质量检验应符合表 5.8.3 的规定。

表 5.8.3 锚杆工程质量检验标准

| 项目 | 序号 | 检查项目 | 允许偏差或允许值 | 检查方法 |
|---|---|---|---|---|
| 主控项目 | 1 | 锚杆杆体插入长度（mm） | +100<br>−30 | 用钢尺量 |
| | 2 | 锚杆拉力特征值（kN） | 设计要求 | 现场抗拔试验 |
| | 3 | 扩孔压力（MPa） | ±10% | 钻机自动监测记录或现场监测 |
| | 4 | 喷嘴给进和提升速度（cm/min） | ±10% | 钻机自动监测记录或现场监测 |
| | 5 | 扩大头长度（mm） | ±100 | 钻机自动监测记录或现场监测 |
| | 6 | 扩大头直径（mm） | ≥1.0 倍设计直径 | 钻机自动监测记录 |

续表 5.8.3

| 项目 | 序号 | 检查项目 | 允许偏差或允许值 | 检查方法 |
|---|---|---|---|---|
| 一般项目 | 1 | 锚杆位置（mm） | 100 | 用钢尺量 |
| | 2 | 钻孔倾斜度（°） | ±2 | 测斜仪等 |
| | 3 | 浆体强度（MPa） | 设计要求 | 试样送检 |
| | 4 | 注浆量（L） | 大于理论计算浆量 | 检查计量数据 |
| | 5 | 杆体总长度（m） | 不小于设计长度 | 用钢尺量 |

**5.8.4** 锚杆工程验收应提交下列资料：

1 原材料出厂合格证、原材料现场抽检试验报告、水泥浆或水泥砂浆试块抗压强度等级试验报告；

2 按本规程附录 C 的内容和格式提供的钻机自动监测记录和锚杆工程施工记录；

3 锚杆验收试验报告；

4 隐蔽工程检查验收记录；

5 设计变更报告；

6 工程重大问题处理文件；

7 竣工图。

## 5.9 不合格锚杆处理

**5.9.1** 对抗拔力不合格的锚杆，应废弃或降低标准使用。

**5.9.2** 锚杆抗拔力验收试验出现不合格锚杆时，在不影响结构整体受力的条件下，可分区按力学效用相同的不合格锚杆占总量的比率推算锚杆实际总抗拔力与设计总抗拔力的差值，按不小于差值的原则增补锚杆。

# 6 试 验

## 6.1 一 般 规 定

**6.1.1** 高压喷射扩大头锚杆的最大试验荷载不宜大于锚杆杆体极限承载力的 80%。

**6.1.2** 试验用计量仪表（压力表、测力计、位移计）应满足测试要求的精度和量程。

**6.1.3** 试验用加荷装置（千斤顶、油泵）的额定压力应满足最大试验荷载的要求。

**6.1.4** 锚杆抗拔试验应在注浆体满 28d 龄期或注浆体强度达到设计强度 80%后进行。

## 6.2 基本试验

**6.2.1** 高压喷射扩大头锚杆应进行现场基本试验以确定锚杆的抗拔力极限值。

**6.2.2** 锚杆基本试验采用的地层条件、杆体材料、锚杆参数和施工工艺应与工程锚杆相同，且试验数量不应少于3根。为得出锚固体的抗拔力极限值，避免杆体先行断裂，当杆体强度不能满足本规程第6.1.1条时，可加大杆体的截面面积。

**6.2.3** 锚杆基本试验应采用分级循环加荷，加荷等级和位移观测时间应符合表6.2.3的规定。

**6.2.4** 锚杆基本试验出现下列情况之一时，可判定锚杆破坏：

1 后一级荷载产生的锚头位移增量达到或超过前一级荷载产生的位移增量的2倍；

2 锚头位移持续增长；

3 锚杆杆体破坏。

**表6.2.3 锚杆基本试验循环加荷等级和观测时间**

| 预应力锚杆加荷量 $\frac{P}{A_s f_{ptk}}$（%）或 $\frac{P}{A_s f_{yk}}$（%） | | | | | | | | |
|---|---|---|---|---|---|---|---|---|
| | 初始荷载 | — | — | — | 10 | — | — | — |
| | 第一循环 | 10 | — | — | 30 | — | — | 10 |
| | 第二循环 | 10 | 30 | — | 40 | — | 30 | 10 |
| | 第三循环 | 10 | 30 | 40 | 50 | 40 | 30 | 10 |
| | 第四循环 | 10 | 40 | 50 | 60 | 50 | 40 | 10 |
| | 第五循环 | 10 | 50 | 60 | 70 | 60 | 50 | 10 |
| | 第六循环 | 10 | 60 | 70 | 80 | 70 | 60 | 10 |
| 观测时间（min） | | 5 | 5 | 5 | 10 | 5 | 5 | 5 |

注：1 第五循环前加荷速率为100kN/min，第六循环的加荷速率为50kN/min；
2 在每级加荷观测时间内，测读位移不应少于3次；
3 在每级加荷观测时间内，锚头位移增量小于0.1mm时，可施加下一级荷载，否则应延长观测时间，直至锚头位移增量在2h内小于2.0mm时，方可施加下一级荷载。

**6.2.5** 锚杆基本试验结果宜按荷载与对应的锚头位移列表整理，并按本规程附录D绘制锚杆荷载-位移（$P$-$S$）曲线、锚杆荷载-弹性位移（$P$-$S_e$）曲线和锚杆荷载-塑性位移（$P$-$S_p$）曲线。

**6.2.6** 单根锚杆抗拔力极限值应取破坏荷载的前一级荷载。在最大试验荷载下未达到本规程第6.2.4条规定的破坏标准时，锚杆的抗拔力极限值应取最大试验荷载。

**6.2.7** 当每组试验锚杆抗拔力极限值的极差与平均值的比值不大于0.3时，应取平均值的95%与最小值之间的较大者作为锚杆抗拔力极限值。当极差与平均值的比值大于0.3时，可增加试验锚杆数量，分析极差过大的原因，结合工程具体情况确定抗拔力极限值。

## 6.3 蠕变试验

**6.3.1** 对用于塑性指数大于17的土层中的高压喷射扩大头锚杆，应进行蠕变试验。进行蠕变试验的锚杆不得少于3根。

**6.3.2** 锚杆蠕变试验的加荷等级和观测时间应符合表6.3.2的规定。在观测时间内荷载应保持恒定。

**表6.3.2 锚杆蠕变试验的加荷等级和观测时间**

| 加荷等级 | 观测时间（min） | |
|---|---|---|
| | 临时性锚杆 | 永久性锚杆 |
| $0.25T_{ak}$ | — | 10 |
| $0.50T_{ak}$ | 10 | 30 |
| $0.75T_{ak}$ | 30 | 60 |
| $1.00T_{ak}$ | 60 | 120 |
| $1.25T_{ak}$ | 90 | 240 |
| $1.50T_{ak}$ | 120 | 360 |

**6.3.3** 在每级荷载下按时间1、2、3、4、5、10、15、20、30、45、60、75、90、120、150、180、210、240、270、300、330、360min记录蠕变量。

**6.3.4** 试验结果可按荷载-时间-蠕变量整理，并按本规程附录E绘制蠕变量-时间对数（$S$-lg$t$）曲线。蠕变率可由下式计算：

$$K_e = \frac{S_2 - S_1}{\lg t_2 - \lg t_1} \tag{6.3.4}$$

式中：$S_1$——$t_1$时所测得的蠕变量；

$S_2$——$t_2$时所测得的蠕变量。

**6.3.5** 锚杆在最后一级荷载作用下的蠕变率不应大于2.0mm/对数周期。

## 6.4 验收试验

**6.4.1** 永久性的高压喷射扩大头锚杆最大试验荷载不应小于锚杆抗拔力特征值的1.5倍；临时性锚杆的最大试验荷载不应小于锚杆抗拔力特征值的1.2倍。

**6.4.2** 验收试验应分级加荷，初始荷载宜取锚杆抗拔力特征值的10%，分级加荷值宜取锚杆抗拔力特征值的50%、75%、1.00倍、1.20倍、1.35倍和1.50倍。

**6.4.3** 验收试验中，每级荷载的稳定时间均不应小于5min，最后一级荷载的稳定时间应为10min，并应记录每级荷载下的位移增量。如在上述稳定时间内锚头位移增量不超过1.0mm，可认为锚头位移收敛稳定；否则该级荷载应再维持50min，并在20、30、40、50和60min时记录锚杆位移增量。

**6.4.4** 加荷至最大试验荷载并观测10min，待位移稳定后即卸荷，然后加荷至锁定荷载锁定。试验结果应按本规程附录F绘制荷载-位移（$P$-$S$）曲线。

**6.4.5** 对预应力锚杆，当符合下列要求时，应判定验收合格：

1 在最大试验荷载下所测得的弹性位移量，应大于该荷载下杆体自由段长度理论弹性伸长值的60%（非位移控制锚杆）或80%（位移控制锚杆），且小于锚头到扩大头之间杆体长度的理论弹性伸长值；

2 在最后一级荷载作用下锚头位移应收敛稳定。

**6.4.6** 对非预应力锚杆，当符合下列要求时，应判定验收合格：

1 在抗拔力特征值荷载下所测得的位移量应小于锚杆工作位移允许值；

2 在最后一级荷载作用下锚头位移应收敛稳定。

## 附录A 锚杆杆体材料力学性能

**A.0.1** 1×2结构钢绞线的力学性能应符合表A.0.1的规定。

**表A.0.1 1×2结构钢绞线力学性能**

| 钢绞线结构 | 钢绞线公称直径 $D_n$ (mm) | 钢绞线参考截面面积 $A_s$ ($mm^2$) | 抗拉强度标准值 $f_{ptk}$ (MPa) | 抗拉强度设计值 $f_{py}$ (MPa) | 整根钢绞线的最大力 $F_m$ (kN) | 整根钢绞线的设计力 $F_{py}$ (kN) |
|---|---|---|---|---|---|---|
| 1×2 | 5.00 | 9.82 | 1570 | 1110 | 15.4 | 10.9 |
| | | | 1720 | 1220 | 16.9 | 12.0 |
| | | | 1860 | 1320 | 18.3 | 13.0 |
| | | | 1960 | 1400 | 19.2 | 13.7 |
| | 5.80 | 13.2 | 1570 | 1110 | 20.7 | 14.6 |
| | | | 1720 | 1220 | 22.7 | 16.1 |
| | | | 1860 | 1320 | 24.6 | 17.5 |
| | | | 1960 | 1400 | 25.9 | 18.5 |
| | 8.00 | 25.1 | 1470 | 1040 | 36.9 | 26.0 |
| | | | 1570 | 1110 | 39.4 | 27.9 |
| | | | 1720 | 1220 | 43.2 | 30.6 |
| | | | 1860 | 1320 | 46.7 | 33.2 |
| | | | 1960 | 1400 | 49.2 | 35.1 |
| | 10.00 | 39.3 | 1470 | 1040 | 57.8 | 40.7 |
| | | | 1570 | 1110 | 61.7 | 43.6 |
| | | | 1720 | 1220 | 67.6 | 47.9 |
| | | | 1860 | 1320 | 73.1 | 52.0 |
| | | | 1960 | 1400 | 77.0 | 54.9 |
| | 12.00 | 56.5 | 1470 | 1040 | 83.1 | 58.6 |
| | | | 1570 | 1110 | 88.7 | 62.7 |
| | | | 1720 | 1220 | 97.2 | 68.9 |
| | | | 1860 | 1320 | 105.0 | 74.7 |

注：钢绞线公称直径指钢绞线外接圆直径的名义尺寸。

**A.0.2** 1×3结构钢绞线的力学性能应符合表A.0.2的规定。

**表A.0.2 1×3结构钢绞线力学性能**

| 钢绞线结构 | 钢绞线公称直径 $D_n$ (mm) | 钢绞线参考截面面积 $A_s$ ($mm^2$) | 抗拉强度标准值 $f_{ptk}$ (MPa) | 抗拉强度设计值 $f_{py}$ (MPa) | 整根钢绞线的最大力 $F_m$ (kN) | 整根钢绞线的设计力 $F_{py}$ (kN) |
|---|---|---|---|---|---|---|
| 1×3 | 6.20 | 19.8 | 1570 | 1110 | 31.1 | 22.0 |
| | | | 1720 | 1220 | 34.1 | 24.2 |
| | | | 1860 | 1320 | 36.8 | 26.1 |
| | | | 1960 | 1400 | 38.8 | 27.7 |
| | 6.50 | 21.2 | 1570 | 1110 | 33.3 | 23.5 |
| | | | 1720 | 1220 | 36.5 | 25.9 |
| | | | 1860 | 1320 | 39.4 | 28.0 |
| | | | 1960 | 1400 | 41.6 | 29.7 |
| | 8.60 | 37.7 | 1470 | 1040 | 55.4 | 39.1 |
| | | | 1570 | 1110 | 59.2 | 41.9 |
| | | | 1720 | 1220 | 64.8 | 45.9 |
| | | | 1860 | 1320 | 70.1 | 49.8 |
| | | | 1960 | 1400 | 73.9 | 52.7 |
| | 8.74 | 38.6 | 1570 | 1110 | 60.6 | 42.8 |
| | | | 1670 | 1180 | 64.5 | 45.7 |
| | | | 1860 | 1320 | 71.8 | 51.0 |
| | 10.80 | 58.9 | 1470 | 1040 | 86.6 | 61.1 |
| | | | 1570 | 1110 | 92.5 | 65.4 |
| | | | 1720 | 1220 | 101.0 | 71.6 |
| | | | 1860 | 1320 | 110.0 | 78.1 |
| | | | 1960 | 1400 | 115.0 | 82.0 |
| | 12.90 | 84.8 | 1470 | 1040 | 125.0 | 88.1 |
| | | | 1570 | 1110 | 133.0 | 94.0 |
| | | | 1720 | 1220 | 146.0 | 103.5 |
| | | | 1860 | 1320 | 158.0 | 112.2 |
| | | | 1960 | 1400 | 166.0 | 118.4 |
| (1×3)I | 8.74 | 38.6 | 1570 | 1110 | 60.6 | 42.8 |
| | | | 1670 | 1180 | 64.5 | 45.7 |
| | | | 1860 | 1320 | 71.8 | 51.0 |

注：(1×3)I结构为用3根刻痕钢丝捻制的钢绞线。

**A.0.3** 1×7结构钢绞线的力学性能应符合表A.0.3的规定。

**表 A.0.3　1×7 结构钢绞线力学性能**

| 钢绞线结构 | 钢绞线公称直径 $D_n$ (mm) | 钢绞线参考截面面积 $A_s$ ($mm^2$) | 抗拉强度标准值 $f_{ptk}$ (MPa) | 抗拉强度设计值 $f_{py}$ (MPa) | 整根钢绞线的最大力 $F_m$ (kN) | 整根钢绞线的设计力 $F_{py}$ (kN) |
|---|---|---|---|---|---|---|
| 1×7 | 9.50 | 54.8 | 1720 | 1220 | 94.3 | 66.9 |
| | | | 1860 | 1320 | 102.0 | 72.4 |
| | | | 1960 | 1400 | 107.0 | 76.3 |
| | 11.10 | 74.2 | 1720 | 1220 | 128.0 | 90.8 |
| | | | 1860 | 1320 | 138.0 | 98.0 |
| | | | 1960 | 1400 | 145.0 | 103.4 |
| | 12.70 | 98.7 | 1720 | 1220 | 170.0 | 120.5 |
| | | | 1860 | 1320 | 184.0 | 130.6 |
| | | | 1960 | 1400 | 193.0 | 137.6 |
| | 15.20 | 140.0 | 1470 | 1040 | 206.0 | 145.2 |
| | | | 1570 | 1110 | 220.0 | 155.5 |
| | | | 1670 | 1180 | 234.0 | 165.7 |
| | | | 1720 | 1220 | 241.0 | 170.9 |
| | | | 1860 | 1320 | 260.0 | 184.6 |
| | | | 1960 | 1400 | 274.0 | 195.4 |
| | 15.70 | 150.0 | 1770 | 1250 | 266.0 | 188.6 |
| | | | 1860 | 1320 | 279.0 | 198.1 |
| | 17.80 | 191.0 | 1720 | 1220 | 327.0 | 231.8 |
| | | | 1860 | 1320 | 353.0 | 250.6 |
| (1×7)C | 12.70 | 112.0 | 1860 | 1320 | 208.0 | 147.7 |
| | 15.20 | 165.0 | 1820 | 1290 | 300.0 | 213.0 |
| | 18.00 | 223.0 | 1720 | 1220 | 384.0 | 272.3 |

注：(1×7) C 结构为用 7 根刻痕钢丝捻制又经模拔的钢绞线。

**A.0.4**　预应力混凝土用螺纹钢筋的力学特性应符合表 A.0.4 的规定。

**表 A.0.4　预应力混凝土用螺纹钢筋力学特性**

| 级别 | 屈服强度 $f_y$ (MPa) | 抗拉强度标准值 $f_{yk}$ (MPa) | 断后伸长率 $A$ (%) | 最大力下总伸长率 $A_{gt}$ (%) | 应力松弛性能 | |
|---|---|---|---|---|---|---|
| | | | | | 初始应力 | 1000h 后应力松弛率 (%) |
| | 不小于 | | | | | |
| PSB785 | 785 | 980 | 7 | 3.5 | $0.8f_y$ | ≤3 |
| PSB830 | 830 | 1030 | 6 | | | |
| PSB930 | 930 | 1080 | 6 | | | |
| PSB1080 | 1080 | 1230 | 6 | | | |

注：预应力混凝土用螺纹钢筋抗拉强度设计值采用表中屈服强度除以 1.2。

**A.0.5**　热处理钢筋的力学特性应符合表 A.0.5 的规定。

**表 A.0.5　热处理钢筋力学特性**

| 钢筋种类 | 钢筋直径 $d$ (mm) | 抗拉强度标准值 $f_{ptk}$ (MPa) | 抗拉强度设计值 $f_{py}$ (MPa) |
|---|---|---|---|
| 40Si2Mn | 6 | 1470 | 1040 |
| 48Si2Mn | 8.2 | | |
| 45Si2Cr | 10 | | |

**A.0.6**　普通螺纹钢筋的力学特性应符合表 A.0.6 的规定。

**表 A.0.6　普通螺纹钢筋力学特性**

| 钢筋种类 | | 钢筋直径 $d$ (mm) | 抗拉强度标准值 $f_{yk}$ (MPa) | 抗拉强度设计值 $f_y$ (MPa) |
|---|---|---|---|---|
| 热轧钢筋 | HRB335 (20MnSi) | 6～50 | 335 | 300 |
| | HRB400 (20MnSiV、20MnSiNb、20MnTi) | 6～50 | 400 | 360 |
| | RRB400 (K20MnSi) | 8～40 | 400 | 360 |

## 附录 B　支护锚杆锚固体整体稳定性验算

**B.0.1**　单排锚杆支护的整体稳定性验算可采用 Kranz 方法（图 B.0.1），由锚固体中心 $c$ 向挡土结构下端假设支点 $b$ 连成一条直线，并假设 $bc$ 线为深部滑动线，再通过 $c$ 点垂直向上作直线 $cd$，这样 $abcd$ 块体上除作用有自重 $W$ 外，还作用有 $E_a$、$E_1$ 和 $Q$。当块体处于平衡状态时，可利用力多边形求得锚杆承受的最大拉力 $R_{max}$，其水平分力 $R_{h,max}$ 与锚杆抗拔力特征值的水平分力之比为整体稳定性安全系数。

锚杆最大拉力的水平分为 $R_{h,max}$ 也可根据图 B.0.1 (c) 所示的力平衡关系按下列公式求得（砂性土层时，$c=0$）：

$$E_{rh}=[W-(E_{ah}-E_{1h})\tan\delta]\tan(\varphi-\theta) \tag{B.0.1-1}$$

$$R_{h,max}=\frac{E_{ah}-E_{1h}+E_{rh}}{1+\tan\alpha\tan(\varphi-\theta)} \tag{B.0.1-2}$$

式中：$W$——深层滑动线上部的土重；

$E_{ah}$——挡土结构上端至挡土结构假设支点间所受的主动土压力的水平分力；

$E_{1h}$——假设的锚固壁面上所受的主动土压力的水平分力；

$\delta$——墙与土间的摩擦角；

$\varphi$——土的内摩擦角；

$\theta$——深层滑动线的倾角；

$\alpha$——锚杆倾角。

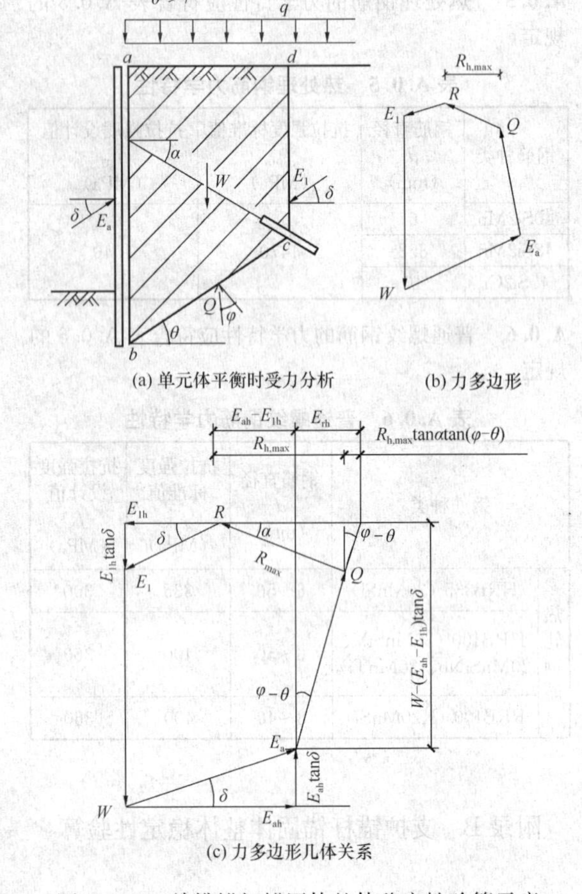


(a) 单元体平衡时受力分析　　(b) 力多边形

(c) 力多边形几体关系

图 B.0.1　单排锚杆锚固体整体稳定性验算示意

**B.0.2**　双排锚杆支护的整体稳定性验算可采用Kranz方法（图B.0.2），上排锚杆锚固体在下排锚杆

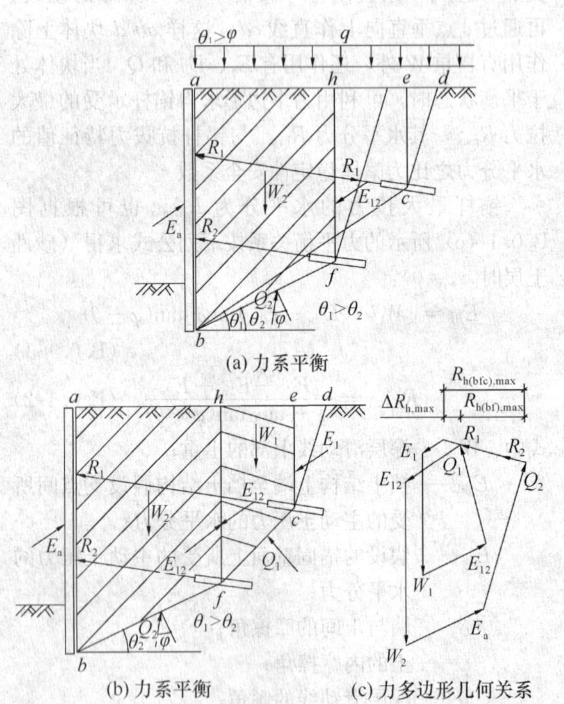


(a) 力系平衡

(b) 力系平衡　　(c) 力多边形几何关系

图 B.0.2　双排锚杆锚固体整体稳定性验算示意

锚固体滑动楔体的外侧，滑动面 $bc$ 的倾角比下排锚杆滑动面 $bf$ 的倾角大（$\theta_1>\theta_2$）。此时整体稳定性安全系数可按下列公式计算：

$$F_{bc}=\frac{R_{h(bc),max}}{P_{0(1h)}+P_{0(2h)}}\tag{B.0.2-1}$$

$$F_{bf}=\frac{R_{h(bf),max}}{P_{0(2h)}}\tag{B.0.2-2}$$

$$F_{bfc}=\frac{R_{h(bfc),max}}{P_{0(1h)}+P_{0(2h)}}\tag{B.0.2-3}$$

$$F'_{bf}=\frac{R_{h(bf),max}}{P_{0(1h)}+P_{0(2h)}}\tag{B.0.2-4}$$

# 附录C　高压喷射扩大头锚杆施工记录表

**C.0.1**　高压喷射扩大头锚杆施工钻机自动监测记录表格宜符合表C.0.1的规定。

**表 C.0.1　高压喷射扩大头锚杆钻机自动监测记录表**

工程名称：　　锚杆编号：日期：　年　月　日

| 时间 | 深度（m） | 钻进/提升速度（cm/min） | 转速（r/min） | 压力（MPa） | 流量（L/min） |
|---|---|---|---|---|---|
| | | | | | |
| | | | | | |
| | | | | | |
| | | | | | |
| | | | | | |
| | | | | | |
| | | | | | |
| | | | | | |
| | | | | | |
| | | | | | |
| | | | | | |
| | | | | | |
| | | | | | |
| 扩大头长度（m） | | | 钻孔总深度（m） | | |
| 扩大头直径（m） | | | 总灌浆量（L） | | |

业主（监理）：____质检员：____机长：____

**C.0.2**　高压喷射扩大头锚杆施工记录表格宜符合表C.0.2的规定。

**表 C.0.2　高压喷射扩大头锚杆施工记录表**

工程名称：

| 锚杆编号 | 开钻时间 | 终孔时间 | 钻孔深度(m) | 钻头直径(mm) | 一次扩孔（水） | | | | | 二次扩孔（水） | | | | | 浆液扩孔 | | | | | | 下锚 | | 注　浆 | |
|---|---|---|---|---|---|---|---|---|---|---|---|---|---|---|---|---|---|---|---|---|---|---|---|---|
| | | | | | | | | | | | | | | | 水灰比： | | | | | | | | 水灰比： | |
| | | | | | 压力(MPa) | 开喷深度(m) | 开喷时间 | 停喷时间 | 停喷深度(m) | 压力(MPa) | 开喷深度(m) | 开喷时间 | 停喷时间 | 停喷深度(m) | 压力(MPa) | 开喷深度(m) | 开喷时间 | 停喷时间 | 停喷深度(m) | 水泥用量(包) | 下锚时间 | 锚杆部长 | 起止时间 | 注浆量(L) |
| | | | | | | | | | | | | | | | | | | | | | | | | |
| | | | | | | | | | | | | | | | | | | | | | | | | |
| | | | | | | | | | | | | | | | | | | | | | | | | |
| | | | | | | | | | | | | | | | | | | | | | | | | |
| | | | | | | | | | | | | | | | | | | | | | | | | |
| | | | | | | | | | | | | | | | | | | | | | | | | |
| | | | | | | | | | | | | | | | | | | | | | | | | |

业主（监理）：________　质检员：________　机长：________　记录：________

## 附录 D　锚杆基本试验曲线

**D.0.1**　锚杆基本试验荷载-位移曲线宜符合图 D.0.1 的规定。

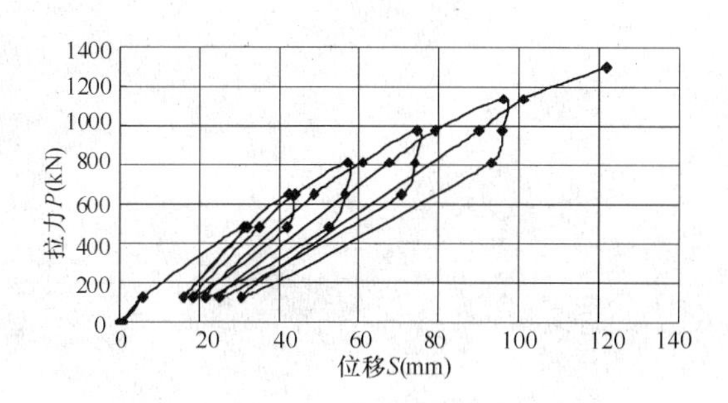


图 D.0.1　荷载-位移曲线

**D.0.2**　锚杆基本试验荷载-弹性位移、荷载-塑性位移曲线宜符合图 D.0.2 的规定。

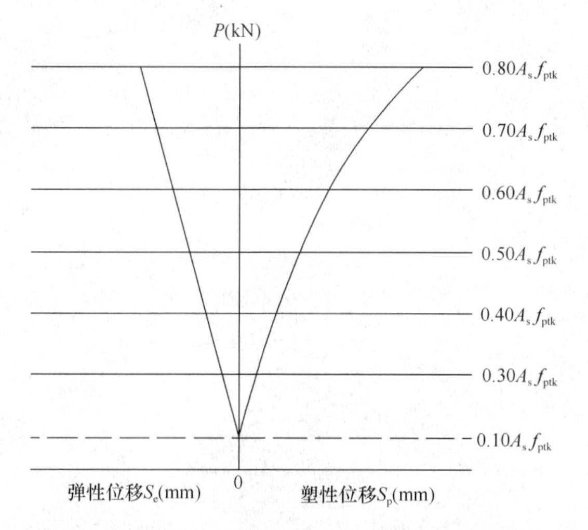


图 D.0.2　荷载-弹性位移、荷载-塑性位移曲线

## 附录 E　锚杆蠕变试验曲线

**E.0.1**　锚杆蠕变试验曲线宜符合图 E.0.1 的规定。

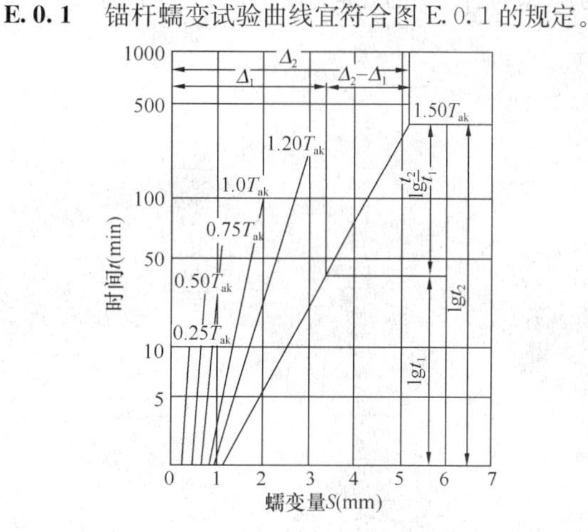


图 E.0.1　锚杆蠕变试验曲线

## 附录 F　锚杆验收试验曲线

**F.0.1**　锚杆验收试验曲线宜符合图 F.0.1 的规定。

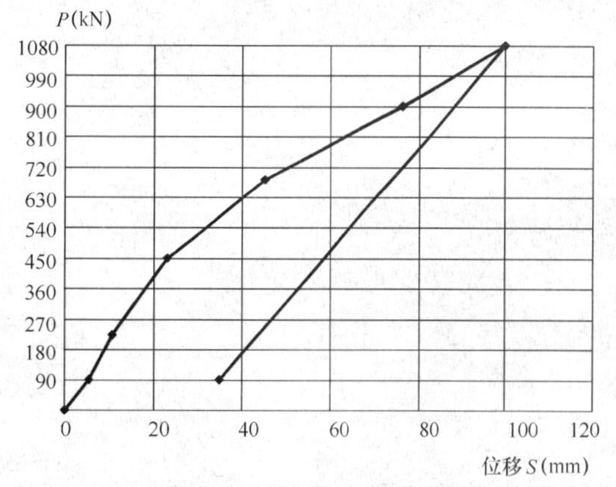


图 F.0.1　锚杆验收试验曲线

## 本规程用词说明

**1** 为便于执行本规程条文时区别对待，对要求严格程度不同的用词说明如下：

**1）** 表示很严格，非这样做不可的：
正面词采用“必须”，反面词采用“严禁”；

**2）** 表示严格，在正常情况下均应这样做的：
正面词采用“应”，反面词采用“不应”或“不得”；

**3）** 表示允许稍有选择，在条件许可时首先应这样做的：
正面词采用“宜”，反面词采用“不宜”；

**4）** 表示有选择，在一定条件下可以这样做的，采用“可”。

**2** 条文中指明应按其他有关标准执行的写法为：“应符合……的规定”或“应按……执行”。

## 引用标准名录


**1** 《建筑地基基础设计规范》GB 50007

**2** 《建筑结构荷载规范》GB 50009

**3** 《混凝土结构设计规范》GB 50010

**4** 《岩土工程勘察规范》GB 50021

**5** 《工业建筑防腐蚀设计规范》GB 50046

**6** 《建筑边坡工程技术规范》GB 50330

**7** 《通用硅酸盐水泥》GB 175

**8** 《预应力混凝土用钢绞线》GB/T 5224

**9** 《预应力筋用锚具、夹具和连接器》GB/T 14370

**10** 《混凝土用水标准》JGJ 63

**11** 《建筑基坑支护技术规程》JGJ 120

**12** 《无粘结预应力筋专用防腐润滑脂》JG/T 3007

中华人民共和国行业标准

# 高压喷射扩大头锚杆技术规程

JGJ/T 282－2012

## 条 文 说 明

# 制 订 说 明

《高压喷射扩大头锚杆技术规程》JGJ/T 282－2012经住房和城乡建设部2012年5月16日以第1378号文批准、发布。

本规程编制过程中，编制组进行了扩大头锚杆的现状与发展、基于可靠度指标的安全系数研究、扩大头锚杆的力学机制和计算方法、钢绞线粘结强度和扩大头锚杆受力机制数值模拟等的调查、试验和研究，总结了我国工程建设的相关实践经验，同时参考了国内有关锚杆设计的主要标准，取得了重要技术参数。

为便于广大设计、施工、科研、学校等单位有关人员在使用本规程时能正确理解和执行条文规定，《高压喷射扩大头锚杆技术规程》编制组按章、节、条顺序编制了本规程的条文说明，对条文规定的目的、依据以及执行中须注意的有关事项进行了说明。但是，本条文说明不具备与规程正文同等的法律效力，仅供使用者作为理解和把握规程规定的参考。

# 目　次

## 1 总　　则

**1.0.1** 高压喷射扩大头锚杆作为一种新型的锚固结构，抗拔力大，位移小，可靠性高，安全性好，可以降低工程造价，提高安全水平，符合我国节能降耗的产业政策方向。

**1.0.2** 高压喷射扩大头锚杆适用于工业与民用建筑、水利水电、市政工程、城市地铁轨道交通、地下空间资源开发等建设工程的基础抗浮、基坑支护和边坡支护工程。

**1.0.4** 本规程未明确处，按现行国家标准和相关行业标准执行。

## 3 基本规定

**3.0.1** 本条所述设计使用年限，对抗浮锚杆，应与锚杆所连接的主体建筑物的设计使用年限相同；对边坡支护锚杆，应与边坡的设计使用年限相同；对基坑支护锚杆，应与基坑的设计使用年限相同。

**3.0.2** 锚杆的监测和维护管理，对基坑和边坡支护锚杆应按照基坑和边坡的要求执行；对抗浮锚杆应按照锚杆所连接的主体建筑物的要求执行。

## 4 设　　计

### 4.1 一般规定

**4.1.1** 本条规定将杆体与注浆体粘结安全系数和注浆体与地层抗拔安全系数分别处理。杆体和注浆体属于人工材料，其力学参数的离散性比地层土体小，为达到相同的可靠度要求，杆体与注浆体的粘结安全系数比注浆体与地层抗拔的安全系数小。

**4.1.3** 扩大头的直径、长度和抗拔力与施工工艺参数密切相关，设计文件明确规定有关施工工艺参数有利于施工管理和质检人员现场监督检查，控制工程质量。

### 4.2 材　　料

**4.2.1** 可回收锚杆和回转型锚杆杆体规定采用无粘结钢绞线。当工程小且有条件时，也可以在现场对裸线进行加工，外套软管宜采用高密度聚乙烯（HDPE）软管或聚丙烯（PP）软管，不得采用聚氯乙烯（PVC）软管。高密度聚乙烯软管和聚丙烯软管均具有耐腐蚀、内壁光滑、强度高、韧性好、重量轻等特点，但聚丙烯的使用环境温度不得低于0℃；而聚氯乙烯软管强度较低，高温和低温时化学稳定性差，易脆化、老化。防腐油脂应满足设计和有关规范要求。

除修复的情况外，钢绞线不得连接。在修复时若须对钢绞线进行连接，应采取可靠的连接方式并经过试验验证。

**4.2.3** 为了加快注浆体的凝结，必要时可使用早强水泥，但不推荐在制备水泥浆时添加早强剂。不宜采用高铝水泥是因其后期强度降低较大。

**4.2.6** 网筋注浆复合承载体和合页夹形承载体具有弹性，承载体大，与注浆体大范围结合成一体，可较好地避免应力集中、安装和回收卡死等不良现象，优于传统的块状承载体，适合于扩大头可回收锚杆和回转型锚杆。

承载体是制约锚杆抗拔力的重要因素之一，施工前应针对承载体进行锚杆的基本试验，检验承载体的承载能力是否达到锚杆抗拔安全系数 $K$ 的要求。

**4.2.10** 为避免套管端口密封不严、漏浆，或者套管破损引起漏浆而影响自由段的自由变形，自由段杆体应涂以润滑油脂或防腐油脂后再安装套管。

### 4.3 防　　腐

**4.3.1** 钢材长期浸泡在水中时，由于氧溶入较少，不易发生化学反应，故钢材不易被腐蚀；相反，处于干湿交替状态的钢材，由于氧溶入较多，易发生电化学反应，钢材易被腐蚀。边坡和基坑支护锚杆，由于坡体和坡面水环境复杂，水位变化频繁复杂，锚杆易被腐蚀。

**4.3.3** 防腐问题是永久性锚杆应用的一个突出难题。对Ⅰ级防腐锚杆，采用套管或防腐涂层密封保护使锚杆杆体与地层介质完全隔离，是根本解决办法。为了避免端口的问题，可采用回转型锚杆，杆体在地层中全长被套管封闭，与地层没有任何接触，使地下介质无法接触杆体。对于钢筋锚杆，应对钢筋与地层接触的全部外表面采用防腐涂层保护，与地层介质完全隔离。

**4.3.4** Ⅱ级防腐锚杆通常是依靠注浆体保护。《岩土锚杆（索）技术规程》CECS 22：2005 第6.3节规定，Ⅱ级防腐的永久性锚杆杆体水泥浆保护层厚度不应小于20mm，临时性锚杆不应小于10mm。《建筑桩基技术规范》JGJ 94 2008 第4.1.2条规定，主筋的混凝土保护层厚度不应小于35mm，水下灌注混凝土不得小于50mm。本条规定扩大头段的注浆体保护层厚度不应小于100mm，比上述两规范提高了一倍以上。扩大头段杆体的保护层厚度可根据扩大头直径和杆体的倾斜允许值计算，不能满足本条要求时，应增大扩大头直径或控制杆体倾斜。钢筋锚杆非扩大头的保护层厚度采用圆盘状定位器（或称对中支架）控制，其边沿宽度应大于要求的保护层厚度。

**4.3.7** 封锚混凝土为二次浇筑，设置锚筋或钢丝网可防止混凝土保护层开裂、脱落。

### 4.4 抗浮锚杆

**4.4.3** 钢筋伸入混凝土梁、板内的锚固部分可以弯折，见图4.4.3-1a，其垂直长度应满足第4.4.5条要求。钢筋可以采用锚板锚固在梁、板混凝土内，见图4.4.3-1b，锚板可通过附加筋与梁板主筋连成整体，锚具可采用专用锚具。

**4.4.9** 式(4.4.9-1)参照《南京地区建筑地基基础设计规范》DGJ32/J 12－2005第9.2.4条，与南京地区抗浮桩的计算保持一致。当锚杆布置短而密时，可能会出现“群锚现象”。群锚现象的力学原因是相邻的锚杆锚固区土体主要受力范围的重叠引起应力的有害叠加，从而使锚杆共同作用时的抗拔力低于这些锚杆单独作用时的抗拔力之和。群锚效应与锚杆间距、长度和地层性状等有关，还与锚杆的拉力大小有关。因此，在布置锚杆时应注意其间距和长度的合理性，当锚杆短而密时应进行锚固体整体稳定性验算。

### 4.5 基坑及边坡支护锚杆

**4.5.2** 锚杆扩大头的埋深和所在土层的土质情况是影响锚杆抗拔力和锚固体稳定性的两个主要因素，在设计时应予以充分重视。

**4.5.6** 本条对自由段最小长度的规定，是为了确保锚固体的稳定安全和减小基坑位移。在适当的范围内，自由段越长，锚固体埋置越深远，安全性越好。锚固段最好设置在基坑开挖变形影响范围以外的土层中，本条以潜在滑裂面以外沿锚杆轴线方向自由段的长度不小于孔口到基坑底深度的距离作为标准，基坑开挖的影响已相对比较小了。若有软土，自由段尚应完全穿过软土。如果自由段过短，锚固段设置在基坑开挖变形影响范围内，锚固体将随基坑开挖而移动，对基坑坡体的位移控制和稳定安全不利。用式(4.5.6)计算时，对分层土内摩擦角可按厚度加权平均取值。

**4.5.8** 扩大头锚杆单根抗拔力较大，其间距应比普通锚杆适当加大。

**4.5.9** 整体稳定性验算若不能满足要求，应加大锚杆长度和扩大头埋深、加大间距。

**4.5.10** 当周边环境对基坑位移要求严格时，支护结构设计应以位移控制为设计条件。普通预应力锚杆自由段短，没有穿过基坑开挖变形影响范围，基坑下挖时锚固段会随基坑坡体一起位移。普通锚杆锚固段太长，在受力过程中随着应力向锚固段后端传递而发生较大的位移，因此，普通预应力锚杆是不能严格控制基坑位移的。采用扩大头锚杆，一是设置足够长的自由段，以完全穿过基坑变形影响范围（工程实践中，当周边建筑物对位移敏感时，可以将扩大头设置在基坑底高程以下，完全不受基坑开挖的影响）；二是采用很短的锚固段长度（一般仅以4m～6m长度的扩大头为锚固段），消除或显著减小锚杆工作期间由于应力传递产生的位移；三是采用较大的拉力进行预张拉后再锁定，以消除或减小锚杆工作期间锚固体范围土体的变形，这样，可以使基坑的位移基本上由锚杆自由段的弹性所控制，这个变形是可计算的和可控制的。

**4.5.11** 基坑边坡坡体可分为滑裂区、滑裂松动区和变形影响区，位移控制锚杆的布置应使自由段穿过这三个区域，将扩大头布置在不受基坑开挖和变形影响的稳定地层之中，且要求土质较好，以确保扩大头基本不发生位移，成为一个相对固定的锚固点。本条第1款规定应以扩大头设置在变形影响区以外为原则，当基坑坡体土质较差、变形影响区较大时，应将扩大头设置在基坑底面高程以下。

扩大头到锚头之间全长设置为自由段，实现扩大头到锚头之间“点到点”的弹性拉结和力的传递，将荷载直接传递给扩大头，避免由于锚固段应力峰值的向后迁移而出现不可测、不可控制的附加位移。

**4.5.12** 扩大头前端软土层对扩大头的位移是有影响的，根据数值模拟研究并参考相关资料，这个距离为7倍～12倍扩大头直径。基坑坡体土质较差，如淤泥或淤泥质土，基坑开挖变形影响范围很远，应将扩大头设置在基坑底高程以下，以避免基坑变形的影响。

**4.5.13** 主动土压力和被动土压力都是以较大的位移量为前提的，当位移控制值较小时，实际土压力值将与主动土压力和被动土压力有差异。

**4.5.14** 张拉荷载比普通锚杆提高是为了尽量减小锚固段土体的后期变形。

**4.5.15** 扩大头直径比普通锚固段直径大很多，对于回转型可回收锚杆，采用网筋注浆复合型承载体和合页夹形承载体可适当地在孔内利用弹性张开，回转半径大，回收方便，锚固体的受力条件好，比普通的U形槽承载体更好。

**4.5.16** 支护锚杆锚固体的整体稳定性验算方法，可参考Kranz方法。一般资料推荐的安全系数为1.2～1.5，本条规定不小于1.5。

### 4.6 锚杆结构设计计算

**4.6.2** 扩大头直径与土质、设备能力和施工工法参数有关。

**4.6.3** 扩大头锚杆的抗拔力值与土质、扩大头埋深和扩大头尺寸有关。本条计算公式根据《扩大头锚杆的力学机制和计算方法》（《岩土力学》VoL.31 No.5：1359-1367），其中$\xi$的取值参考了表1、表2和表3所列多个实际工程的经验数据和数值模拟研究结果（表3）。

表1 扩大头锚杆抗拔力计算值与工程试验对比（支护锚杆）

| 工程项目 | 扩大头锚杆设计参数 | | | | | | ξ系数取值 | 规程公式计算值（kN） | 抗拔力设计值（kN） | 基本试验值（kN） | 验收试验最大拉力（kN） |
|---|---|---|---|---|---|---|---|---|---|---|---|
| | 自由段长度（m） | 普通锚固段长度（m） | 普通锚固段直径（m） | 扩大头长度（m） | 扩大头直径（m） | 扩大头上覆土厚（m） | | | | | |
| 太原新湖滨基坑支护工程锚杆类型 MG1 | 17.0 | 4.0 | 0.13 | 6.0 | 0.8 | 12.2 | 0.90 | 1975.42 | 890 | ≥1400 | — |
| 太原新湖滨基坑支护工程锚杆类型 MG2 | 13.0 | 4.0 | 0.13 | 6.0 | 0.8 | 15.7 | 0.90 | 2465.58 | 980 | — | 1080 |
| 太原新湖滨基坑支护工程锚杆类型 MG3 | 13.0 | 4.0 | 0.13 | 6.0 | 0.8 | 18.4 | 0.90 | 2678.81 | 980 | — | 1080 |
| 太原新湖滨基坑支护工程锚杆类型 MG4 | 17.0 | 4.0 | 0.13 | 6.0 | 0.8 | 12.2 | 0.90 | 1975.42 | 750 | — | — |
| 太原新湖滨基坑支护工程锚杆类型 MG5 | 13.0 | 4.0 | 0.13 | 6.0 | 0.8 | 15.6 | 0.90 | 2458.29 | 980 | — | 1080 |
| 青岛奥帆赛场31号地基坑支护1号试验锚杆 | 16.0 | 5.0 | 0.13 | 5.0 | 0.8 | 10.2 | 0.90 | 1948.36 | — | 1406（1500钢绞线断裂） | — |
| 青岛奥帆赛场31号地基坑支护2号试验锚杆 | 13.0 | 5.0 | 0.13 | 5.0 | 0.8 | 8.9 | 0.90 | 1854.19 | — | ≥1250 | — |
| 青岛奥帆赛场31号地基坑支护3号试验锚杆 | 16.0 | 5.0 | 0.13 | 5.0 | 0.8 | 10.2 | 0.90 | 1948.36 | — | ≥1250 | — |
| 广州市轨道交通五号线基坑1号试验锚杆 | 10.0 | 7.0 | 0.13 | 5.0 | 0.8 | 9.5 | 0.80 | 1600.51 | — | ≥920 | — |
| 广州市轨道交通五号线基坑3号试验锚杆 | 18.0 | 7.0 | 0.13 | 5.0 | 0.8 | 14.0 | 0.80 | 1797.46 | — | ≥920 | — |
| 深圳盐田蓝郡广场基坑1剖面锚杆 | 10.0 | 5.0 | 0.13 | 5.0 | 0.5 | 9.4 | 0.90 | 949.81 | 680 | ≥1000 | 816 |

续表 1

| 工程项目 | 扩大头锚杆设计参数 | | | | | | ξ系数取值 | 规程公式计算值（kN） | 抗拔力设计值（kN） | 基本试验值（kN） | 验收试验最大拉力（kN） |
|---|---|---|---|---|---|---|---|---|---|---|---|
| | 自由段长度（m） | 普通锚固段长度（m） | 普通锚固段直径（m） | 扩大头长度（m） | 扩大头直径（m） | 扩大头上覆土厚（m） | | | | | |
| 深圳盐田蓝郡广场基坑 2 剖面锚杆 | 10.0 | 5.0 | 0.13 | 5.0 | 0.5 | 12.4 | 0.90 | 1109.72 | 680 | ≥1000 | 816 |
| 深圳福民佳园基坑支护工程锚杆 | 8.0 | 12.0 | 0.13 | 5.0 | 0.8 | 10.6 | 0.80 | 1749.02 | 850 | — | 1020 |
| 惠州华贸中心基坑 EP7—181 号试验锚杆 | 10.0 | 4.0 | 0.14 | 4.0 | 0.4 | 9.0 | 0.95 | 716.77 | 670 | 1302（钢绞线断裂） | — |
| 惠州华贸中心基坑 EP7—182 号试验锚杆 | 10.0 | 4.0 | 0.14 | 4.0 | 0.4 | 9.0 | 0.95 | 716.77 | 670 | ≥1042 | — |
| 惠州华贸中心基坑 EP7—183 号试验锚杆 | 10.0 | 4.0 | 0.14 | 4.0 | 0.4 | 9.0 | 0.95 | 716.77 | 670 | ≥1042 | — |
| 深圳丹平快速公路下沉段基坑支护 A 区剖面 | 10.0 | 4.0 | 0.13 | 4.0 | 0.4 | 11.5 | 0.95 | 1132.75 | 700 | — | 840 |
| 深圳丹平快速公路下沉段基坑支护 B 区剖面 | 10.0 | 3.0 | 0.13 | 3.0 | 0.6 | 7.5 | 0.95 | 1128.70 | 600 | — | 720 |
| 深圳丹平快速公路下沉段基坑支护 D 区剖面 | 10.0 | 4.0 | 0.13 | 4.0 | 0.6 | 9.5 | 0.95 | 1373.06 | 550 | — | 660 |
| 深圳万通物流中心基坑支护 4 号基本试验锚杆 | 16.0 | 5.0 | 0.13 | 5.0 | 0.5 | 13.9 | 0.95 | 1638.68 | 850 | ≥1240 | — |
| 深圳万通物流中心基坑支护 5 号基本试验锚杆 | 16.0 | 5.0 | 0.13 | 5.0 | 0.5 | 13.9 | 0.95 | 1638.68 | 850 | ≥1240 | — |
| 深圳万通物流中心基坑支护 6 号基本试验锚杆 | 18.0 | 5.0 | 0.13 | 5.0 | 0.5 | 14.75 | 0.95 | 1678.87 | 850 | ≥1240 | — |

续表1

| 工程项目 | 扩大头锚杆设计参数 | | | | | | ξ系数取值 | 规程公式计算值(kN) | 抗拔力设计值(kN) | 基本试验值(kN) | 验收试验最大拉力(kN) |
|---|---|---|---|---|---|---|---|---|---|---|---|
| | 自由段长度(m) | 普通锚固段长度(m) | 普通锚固段直径(m) | 扩大头长度(m) | 扩大头直径(m) | 扩大头上覆土厚(m) | | | | | |
| 深圳警备区司令部住宅楼基坑支护1剖面锚杆 | 10.0 | 2.0 | 013 | 6.0 | 0.5 | 11.7 | 0.90 | 1015.88 | 570 | — | 684 |
| 深圳警备区司令部住宅楼基坑支护2剖面锚杆 | 10.0 | 0 | — | 6.0 | 0.5 | 10.4 | 0.90 | 964.31 | 570 | — | 684 |
| 深圳警备区司令部住宅楼基坑支护3剖面锚杆 | 10.0 | 2.0 | 0.13 | 6.0 | 0.5 | 11.7 | 0.90 | 1015.88 | 730 | — | 876 |
| 深圳警备区司令部住宅楼基坑支护4剖面锚杆 | 9.0 | 0 | — | 6.0 | 0.5 | 11.7 | 0.90 | 995.97 | 570 | — | 684 |
| 深圳警备区司令部住宅楼基坑支护5剖面锚杆 | 10.0 | 0 | — | 6.0 | 0.5 | 11.2 | 0.90 | 983.79 | 570 | — | 684 |
| 天津市梅江湾综合服务楼基坑支护 | 10.0 | 5.0 | 0.13 | 4.0 | 0.8 | 10.2 | 0.90 | 1707.34 | 600 | — | 720 |
| 苏州中翔小商品市场三期基坑支护工程施工 | 13.0 | 9.0 | 0.15 | 3.0 | 0.8 | 9.1 | 0.95 | 1025.30 | 600 | ≥960 | 720 |
| 苏州名宇商务广场基坑支护工程（可回收锚杆试验） | 6.0 | 12.0 | 0.15 | 3.0 | 0.8 | 8.6 | 0.85 | 869.57 | 450 | ≥720 | 540 |
| 江苏平江新城定销房基坑支护工程 | 10.0 | 7.0 | 0.15 | 3.0 | 0.8 | 10.2 | 0.95 | 950.41 | 500 | ≥800 | 600 |
| 苏州市吴中人防806工程 | 8.0 | 12.0 | 0.15 | 3.0 | 0.8 | 11.5 | 0.90 | 921.85 | 550 | ≥800 | 600 |

**表2 扩大头锚杆抗拔力计算值与工程试验对比（抗浮锚杆）**

| 工程项目 | 扩大头锚杆设计参数 | | | | | ξ系数取值 | 规程公式计算值（kN） | 抗拔力设计值（kN） | 基本试验值（kN） | 验收试验最大拉力（kN） |
|---|---|---|---|---|---|---|---|---|---|---|
| | 普通锚固段长度（m） | 普通锚固段直径（m） | 扩大头长度（m） | 扩大头直径（m） | 扩大头上覆土厚度（m） | | | | | |
| 深圳盛世鹏城扩大头抗浮锚杆工程 | 4.0 | 0.15 | 4.0 | 0.55 | 4.0 | 0.90 | 887.89 | 300 | 700（钢筋屈服） | 450 |
| 广州逸泉山庄扩大头抗浮锚杆工程 | 4.0 | 0.15 | 3.0 | 0.6 | 4.0 | 0.60 | 573.92 | 225 | — | 450 |
| 深圳观澜芷峪澜湾花园扩大头抗浮锚杆工程 | 8.0 | 0.15 | 3.0 | 0.8 | 8.0 | 0.80 | 1130.83 | 400 | — | 800 |
| 苏州百购商业广场抗浮锚杆工程 | 0 | 0.15 | 4.0 | 0.8 | 6.0 | 0.90 | 852.37 | 360 | ≥720 | 540 |
| 苏州高铁商务酒店抗浮锚杆工程 | 0 | 0.15 | 3.0 | 0.8 | 9.0 | 0.80 | 795.26 | 300 | ≥600 | 450 |
| 苏州红鼎湾小区抗浮锚杆工程 | 0 | 0.15 | 2.0 | 0.8 | 7.0 | 0.95 | 1472.52 | 700 | ≥1400 | 1050 |
| 吴中区姜家小区动迁房抗浮锚杆工程 | 0 | 0.15 | 3.0 | 0.8 | 9.0 | 0.70 | 1498.62 | 450 | ≥900 | 675 |
| 南环新村解危改造工程抗浮锚杆工程 | 0 | 0.15 | 2.0 | 0.8 | 7.0 | 0.90 | 822.67 | 350 | ≥700 | 525 |

**表3 扩大头锚杆抗拔力计算值与数值模拟结果对比（竖向锚杆）**

| 验证工况 | 扩大头锚杆验证工况参数 | | | | | | ξ系数取值 | 规程公式计算值（kN） | 数值模拟结果（kN） | 相对误差 |
|---|---|---|---|---|---|---|---|---|---|---|
| | 自由段长度（m） | 普通锚固段长度（m） | 普通锚固段直径（m） | 扩大头段长度（m） | 扩大头段直径（m） | 扩大头上覆土厚度（m） | | | | |
| 验证工况一 | 6.0 | 4.0 | 0.12 | 4.0 | 0.6 | 10.0 | 0.75 | 1081.6 | 1200 | 9.87% |
| 验证工况二 | 6.0 | — | — | 4.0 | 1.2 | 6.0 | 0.75 | 1071.0 | 1300 | 17.62% |
| 验证工况三 | 4.0 | — | — | 2.0 | 1.6 | 4.0 | — | 679.2 | 740 | 8.22% |
| 验证工况四 | 6.0 | 4.0 | 0.12 | 4.0 | 0.6 | 10.0 | 0.50 | 476.9 | 640 | 25.48% |
| 验证工况五 | 6.0 | — | — | 4.0 | 0.6 | 6.0 | 0.50 | 397.0 | 404 | 1.73% |
| 验证工况六 | 4.0 | — | — | 2.0 | 1.6 | 4.0 | 0.50 | 938.4 | 980 | 4.24% |
| 验证工况七 | 6.0 | 4.0 | 0.12 | 4.0 | 0.6 | 10.0 | 0.60 | 578.9 | 800 | 27.64% |
| 验证工况八 | 6.0 | — | — | 4.0 | 0.6 | 6.0 | 0.60 | 423.9 | 520 | 18.48% |
| 验证工况九 | 4.0 | — | — | 2.0 | 1.6 | 4.0 | 0.60 | 940.7 | 1080 | 12.90% |

**4.6.5** 本条参照《岩土锚杆（索）技术规程》CECS22：2005第7.5.1条。式（4.6.5）中没有考虑普通锚固段注浆体与锚杆杆体的粘结作用，偏于安全。由于扩大头的特点，杆体有明显的抛物线形下坠，对水平或倾斜向锚杆取$\zeta=1.0$。表4.6.5数据在《岩土锚杆（索）技术规程》CECS22：2005表7.5.1-3的基础上参考钢绞线粘结强度试验的结果（表4）降低40%得来，适用于水灰比为0.4～0.6的水泥浆或水泥砂浆（水泥强度等级不低于42.5）。

**表4 钢绞线与水泥浆注浆体粘结强度试验数据**

| 试件编号 | 锚固长度 | 0.025mm滑移力（kN） | 粘结强度（MPa） | 最大拉力（kN） | 粘结强度极限值（MPa） | 衬垫材料 |
|---|---|---|---|---|---|---|
| 1 | $10D_n$ | 5 | 0 | 22.5 | 3.10 | 木板 |
| 2 | $20D_n$ | 25.3 | 1.74 | 37.8 | 2.61 | |
| 3 | $20D_n$ | 26.4 | 1.82 | 38.3 | 2.64 | |
| 4 | $20D_n$ | 26.1 | 1.80 | 36.4 | 2.51 | |
| 5 | $30D_n$ | 31.7 | 1.46 | 43.3 | 1.99 | |
| 6 | $40D_n$ | 41.8 | 1.44 | 80.7 | 2.78 | |
| 7 | $60D_n$ | 61.2 | 1.41 | 117.7 | 2.70 | |

注：1 钢绞线公称直径$D_n$为15.20mm，抗拉强度标准值1860MPa；
2 注浆体采用强度等级42.5的普通硅酸盐水泥，水灰比0.5；
3 注浆体直径150mm；
4 为避免应力不均匀，水泥浆注浆体试件受拉端与钢模之间加入了衬垫木板。

**4.6.6** 本条规定参考《岩土锚杆（索）技术规程》CECS22：2005第7.5.2条。

**4.6.7** 锚杆承载体的承载力目前尚没有可靠的通用计算公式，应通过现场基本试验确定。

**4.6.8** 国内涉及锚杆的主要现行标准《建筑边坡工程技术规范》GB 50330、《建筑基坑支护技术规程》JGJ 120和《岩土锚杆（索）技术规程》CECS22对杆体截面面积的设计计算有一些差异。本条抗拉断综合安全系数$K_t$包含特征值与设计值的换算以及锚杆耐久防腐等方面因素。抗拔桩对钢筋的耐久防腐保护一般是通过限制桩身混凝土裂缝开展宽度来抵抗地下介质的侵蚀，锚杆对钢材的耐久防腐保护一般是采取必要的防腐构造并通过增加钢材的截面面积预留一定的表层腐蚀裕量来抵抗地下介质的侵蚀。钢筋受侵蚀后会在表面形成一层薄的氧化层，该氧化层具有抗耐外部介质侵蚀的作用。对临时性锚杆，本条取$K_t=1.1～1.2$，是考虑本规程第4.5.4条的规定，临时性锚杆杆体材料一般采用钢绞线，而钢绞线的标准强度与设计强度还有1.4倍的安全储备。

### 4.7 初始预应力

**4.7.1** 各个工程的地下水位变幅与所需抗浮力之比值相差很大，很难有一个统一的范围，锚杆的初始预应力值（张拉锁定值）应根据具体工程情况确定，本条不作具体规定。

**4.7.2** 用于支护的预应力锚杆的初始预应力值，现行各规程的规定相差较大。《建筑基坑支护技术规程》JGJ 120－1999规定，锚杆预应力值（锁定值）宜为锚杆轴向受拉承载力设计值的50%～65%。《岩土锚杆（索）技术规程》CECS 22：2005规定，对位移控制要求较高的工程，初始预应力值（张拉锁定值）宜为锚杆拉力设计值；对位移控制要求较低的工程宜为锚杆拉力设计值的75%～90%。本条规定60%～85%是基于工程经验和以下原则：

1 初始预应力值（张拉锁定值）宜尽量高，以提高预应力锚杆的效率，并控制位移；

2 预应力锚杆锁定以后，基坑的开挖意味着锚杆荷载的增加，因此预应力锚杆的初始预应力值也不能过高，以保证在荷载增加或变化的各种工况下，锚杆的工作拉力值不超过其抗拔力特征值。

## 5 施工和工程质量检验

### 5.1 一 般 规 定

**5.1.1** 高压喷射扩大头锚杆施工应采用专用设备，这是确保工程质量的基础。

**5.1.2** 扩大头直径和锚杆抗拔力与地层条件、设备能力和施工工艺有关，因此，在正式施工前应进行现场试验。

**5.1.3** 扩大头直径的现场开挖量测可在较浅的相同地质单元或土层中进行。扩大头直径的试验检验除本条规定的两种方法之外，有条件时还可以采用其他可靠的方法。

**5.1.5** 高压喷射扩大头锚杆施工质量应根据设计要求的工艺参数进行过程控制，钻机具备自动监测记录的功能，可较好地确保施工监测记录客观、真实、可靠。

**5.1.6** 目前所能进行的扩大头直径检测大多为间接方法，抗拔力检测为直接方法，因此当两者出现矛盾时应以抗拔力检测结果为依据调整有关设计参数（如扩大头直径、长度、抗拔力计算参数等）。

### 5.2 杆 体 制 作

**5.2.1** 钢锚杆杆体尤其是钢绞线不得采用电焊等高温方式熔断。钢绞线的力学性能对表面的机械损伤非常敏感，应避免擦刮、碰撞、锤击等，否则应报废。

**5.2.2** 杆体定位器是杆体获得注浆体保护层厚度的必要条件，对永久性钢筋锚杆，定位器的布设间距应取1.0m，其他情况可取1.0m～1.5m。当杆体采用预应力混凝土用螺纹钢筋时，严格禁止采用任何电焊操作，哪怕在杆体上轻轻点焊，也对杆体强度有较大损伤，必须杜绝。

**5.2.3** 钢绞线的下料长度应考虑承载构件、张拉长度的要求，在设计长度的基础上留有足够的富余量。因预应力扩大头锚杆自由段较长，杆体定位器应在包括自由段的全长范围内设置。

**5.2.4** 因钢塑U形承载体存在卡死的风险，水平向或水平倾斜向锚杆应优先采用网筋注浆复合承载体或合页夹形承载体。

## 5.3 钻 孔

**5.3.2** 采用套管护壁钻孔，对后续杆体安放有利，因此，除土层稳定的竖向锚杆以外，均推荐采用套管护壁钻孔；对回转型锚杆，因杆体安放时对孔壁有挤压作用，应采用套管护壁钻孔。

## 5.4 扩 孔

**5.4.1** 高压喷射扩孔的施工参数中压力、提升速度、扩孔遍数是最重要的工艺参数，应予以足够的重视。在通过试验或工程经验初步确定之后，在正式施工前应进行试验性施工验证，在施工中应严格按经试验确定的参数执行。

**5.4.4** 有工期要求时，可采用同强度等级的早强水泥，但不推荐掺入速凝剂、早强剂等外加剂。

**5.4.5** 水泥浆液的水灰比不宜太低，以免影响高压喷射扩孔的效果。

**5.4.6** 高压管长度不宜太长，以免产生较大的压力损失，影响高压喷射扩孔效果。

**5.4.7** 目前的设备能力，喷管长度一般为2m左右，当扩大头设计长度大于2m时，须分段扩孔。为保证整个扩大头段的连续性，施工时进行适当的搭接是必要的。

**5.4.9** 在扩孔施工过程中，压力骤降或骤升都属于不正常情况，应立即停止作业，查明原因，排除故障，恢复正常后才能恢复扩孔作业。

**5.4.10** 高压喷射扩孔是一个过程，实现过程控制是保障质量的重要手段。因此，按附录C如实准确地记录各项数据，是质量管理的一个重要环节。

## 5.5 杆体安放

**5.5.1** 扩孔完成后，应立即取出喷管并迅速将杆体放入锚孔直到设计深度，以免浆液沉淀和凝固导致增加杆体放入的难度。采用套管钻孔的，应在杆体放入到位后立即取出套管，以免增加套管取出的难度。

## 5.6 注 浆

**5.6.1** 注浆的目的是将钻孔和扩孔的泥浆和较稀的水泥浆置换出来，因此，注浆管的出浆口插入孔底并且保持连续不断地灌注是非常重要的。

**5.6.2** 注浆浆液不能过稀，以确保能将泥浆和较稀的水泥浆置换出来，形成强度较高的注浆体。有条件进行水泥砂浆注浆时，砂浆的水灰比在满足可注性的条件下应尽量小，具体根据注浆设备性能确定。

## 5.7 张拉和锁定

**5.7.1** 锚杆张拉和锁定是锚杆施工的最后一道工序，对台座、锚具的检查控制是十分必要的。由于扩大头锚杆的自由段一般较长，应重视在正式张拉前取10%～20%抗拔力特征值进行的预张拉。为调平摆正自由段，必要时还可以在预张拉过程卸下千斤顶重新安装夹片。

**5.7.2** 锁定时，为了达到设计要求的张拉锁定值，锁定荷载应高于张拉锁定值，根据经验一般可取张拉锁定值的1.10倍～1.15倍，必要时可采用拉力传感器和油压千斤顶现场对比测试确定。

**5.7.3** 在主体结构施工期间，结构竖向荷载（包括建筑物的自重、上覆土重以及其他恒载）的增加对预应力锚杆的锁定是有影响的，设计时应充分考虑，确定合理的锁定时间和张拉锁定值。

## 5.8 工程质量检验

**5.8.4** 高压喷射扩大头锚杆施工质量应严格进行过程控制，钻机自动监测记录是客观和真实的，旁站监督是必要的。

## 5.9 不合格锚杆处理

**5.9.1** 不合格锚杆是废弃还是降低标准使用，不仅与该锚杆的力学性能有关，还应考虑锚杆的布置情况。

# 6 试 验

## 6.1 一 般 规 定

**6.1.1** 杆体的极限承载力按其标准强度计算。当杆体所采用的钢绞线根数较少且自由段摆平调直较好时，各根钢绞线受力较均匀，对不用于工程的试验锚杆可取90%极限承载力为最大试验荷载。

## 6.2 基 本 试 验

**6.2.2** 锚杆极限抗拔力试验的主要目的是确定锚固体的抗拔承载力和验证锚杆设计施工工艺参数的合理性，因而锚杆的破坏应控制在锚固体与土体之间。由于杆体的设计是可控因素，适当增加锚杆杆体截面面积，可以避免试验时杆体承载力的不足。

**6.2.3** 表6.2.3循环试验加荷等级在《岩土锚杆（索）技术规程》CECS 22：2005的基础上，根据实践经验并参照国外有关地层锚杆标准（草案）的有关规定，对试验加荷的步距进行了一些调整，在各循环的各个加荷等级中以使后一级步距不大于前一级步距。

**6.2.7** 极差为本组试验中最大值与最小值之差。当某组试验锚杆试验结果的离散性较小，平均值的95%已小于该组试验的最小值时，则应取最小值作为其抗拔力极限值。

## 6.4 验 收 试 验

**6.4.5** 本规程规定的扩大头锚杆的自由段长度较长，自由段变形的影响因素较多，因此，对非位移控制锚杆本条规定将实测弹性位移应超过自由段长度理论弹性伸长值的比例定为60%；对位移控制锚杆，弹性位移能充分自由地展开是重要的，故仍规定为80%。

**6.4.6** 与预应力锚杆不同，非预应力锚杆试验位移与工作位移是一致的，因此，对非预应力锚杆应以锚杆总位移量作为是否合格的判定依据之一。

中华人民共和国行业标准

# 建筑地基处理技术规范

Technical code for ground treatment of buildings

**JGJ 79—2012**

批准部门：中华人民共和国住房和城乡建设部
施行日期：2 0 1 3 年 6 月 1 日

# 中华人民共和国住房和城乡建设部
# 公　告

第 1448 号

## 住房城乡建设部关于发布行业标准《建筑地基处理技术规范》的公告

现批准《建筑地基处理技术规范》为行业标准，编号为 JGJ 79 - 2012，自 2013 年 6 月 1 日起实施。其中，第 3.0.5、4.4.2、5.4.2、6.2.5、6.3.2、6.3.10、6.3.13、7.1.2、7.1.3、7.3.2、7.3.6、8.4.4、10.2.7 条为强制性条文，必须严格执行。原行业标准《建筑地基处理技术规范》JGJ 79 - 2002 同时废止。

本规范由我部标准定额研究所组织中国建筑工业出版社出版发行。

中华人民共和国住房和城乡建设部

2012 年 8 月 23 日

## 前　言

根据住房和城乡建设部《关于印发（2009 年工程建设标准规范制订、修订计划）的通知》（建标[2009]88 号）的要求，规范编制组经广泛调查研究，认真总结实践经验，参考有关国际标准和国外先进标准，与国内相关规范协调，并在广泛征求意见的基础上，修订了《建筑地基处理技术规范》JGJ 79 - 2002。

本规范主要技术内容是：1. 总则；2. 术语和符号；3. 基本规定；4. 换填垫层；5. 预压地基；6. 压实地基和夯实地基；7. 复合地基；8. 注浆加固；9. 微型桩加固；10. 检验与监测。

本规范修订的主要技术内容是：1. 增加处理后的地基应满足建筑物承载力、变形和稳定性要求的规定；2. 增加采用多种地基处理方法综合使用的地基处理工程验收检验的综合安全系数的检验要求；3. 增加地基处理采用的材料，应根据场地环境类别符合耐久性设计的要求；4. 增加处理后的地基整体稳定分析方法；5. 增加加筋垫层设计验算方法；6. 增加真空和堆载联合预压处理的设计、施工要求；7. 增加高夯击能的设计参数；8. 增加复合地基承载力考虑基础深度修正的有粘结强度增强体桩身强度验算方法；9. 增加多桩型复合地基设计施工要求；10. 增加注浆加固；11. 增加微型桩加固；12. 增加检验与监测；13. 增加复合地基增强体单桩静载荷试验要点；14. 增加处理后地基静载荷试验要点。

本规范中以黑体字标志的条文为强制性条文，必须严格执行。

本规范由住房和城乡建设部负责管理和对强制性条文的解释，由中国建筑科学研究院负责具体技术内容的解释。执行过程中如有意见或建议，请寄送中国建筑科学研究院（地址：北京市北三环东路 30 号　邮政编码：100013）。

本规范主编单位：中国建筑科学研究院

本规范参编单位：机械工业勘察设计研究院
湖北省建筑科学研究设计院
福建省建筑科学研究院
现代建筑设计集团上海申元岩土工程有限公司
中化岩土工程股份有限公司
中国航空规划建设发展有限公司
天津大学
同济大学
太原理工大学
郑州大学综合设计研究院

本规范主要起草人员：滕延京　张永钧　闫明礼　张　峰　张东刚　袁内镇　侯伟生　叶观宝　白晓红　郑　刚　王亚凌　水伟厚　郑建国　周同和　杨俊峰

本规范主要审查人员：顾国荣　周国钧　顾晓鲁　徐张建　张丙吉　康景文　梅全亭　滕文川　肖自强　潘凯云　黄　新

# 目　次

# Contents

# 1 总　　则

**1.0.1** 为了在地基处理的设计和施工中贯彻执行国家的技术经济政策，做到安全适用、技术先进、经济合理、确保质量、保护环境，制定本规范。

**1.0.2** 本规范适用于建筑工程地基处理的设计、施工和质量检验。

**1.0.3** 地基处理除应满足工程设计要求外，尚应做到因地制宜、就地取材、保护环境和节约资源等。

**1.0.4** 建筑工程地基处理除应符合本规范外，尚应符合国家现行有关标准的规定。

# 2 术语和符号

## 2.1 术　　语

**2.1.1** 地基处理　ground treatment，ground improvement

提高地基承载力，改善其变形性能或渗透性能而采取的技术措施。

**2.1.2** 复合地基　composite ground，composite foundation

部分土体被增强或被置换，形成由地基土和竖向增强体共同承担荷载的人工地基。

**2.1.3** 地基承载力特征值　characteristic value of subsoil bearing capacity

由载荷试验测定的地基土压力变形曲线线性变形段内规定的变形所对应的压力值，其最大值为比例界限值。

**2.1.4** 换填垫层　replacement layer of compacted fill

挖除基础底面下一定范围内的软弱土层或不均匀土层，回填其他性能稳定、无侵蚀性、强度较高的材料，并夯压密实形成的垫层。

**2.1.5** 加筋垫层 replacement layer of tensile reinforcement

在垫层材料内铺设单层或多层水平向加筋材料形成的垫层。

**2.1.6** 预压地基　preloaded ground，preloaded foundation

在地基上进行堆载预压或真空预压，或联合使用堆载和真空预压，形成固结压密后的地基。

**2.1.7** 堆载预压　preloading with surcharge of fill

地基上堆加荷载使地基土固结压密的地基处理方法。

**2.1.8** 真空预压　vacuum preloading

通过对覆盖于竖井地基表面的封闭薄膜内抽真空排水使地基土固结压密的地基处理方法。

**2.1.9** 压实地基　compacted ground，compacted fill

利用平碾、振动碾、冲击碾或其他碾压设备将填土分层密实处理的地基。

**2.1.10** 夯实地基　rammed ground，rammed earth

反复将夯锤提到高处使其自由落下，给地基以冲击和振动能量，将地基土密实处理或置换形成密实墩体的地基。

**2.1.11** 砂石桩复合地基　composite foundation with sand-gravel columns

将碎石、砂或砂石混合料挤压入已成的孔中，形成密实砂石竖向增强体的复合地基。

**2.1.12** 水泥粉煤灰碎石桩复合地基　composite foundation with cement-fly ash-gravel piles

由水泥、粉煤灰、碎石等混合料加水拌合在土中灌注形成竖向增强体的复合地基。

**2.1.13** 夯实水泥土桩复合地基　composite foundation with rammed soil-cement columns

将水泥和土按设计比例拌合均匀，在孔内分层夯实形成竖向增强体的复合地基。

**2.1.14** 水泥土搅拌桩复合地基　composite foundation with cement deep mixed columns

以水泥作为固化剂的主要材料，通过深层搅拌机械，将固化剂和地基土强制搅拌形成竖向增强体的复合地基。

**2.1.15** 旋喷桩复合地基　composite foundation with jet grouting

通过钻杆的旋转、提升，高压水泥浆由水平方向的喷嘴喷出，形成喷射流，以此切割土体并与土拌合形成水泥土竖向增强体的复合地基。

**2.1.16** 灰土桩复合地基　composite foundation with compacted soil-lime columns

用灰土填入孔内分层夯实形成竖向增强体的复合地基。

**2.1.17** 柱锤冲扩桩复合地基　composite foundation with impact displacement columns

用柱锤冲击方法成孔并分层夯扩填料形成竖向增强体的复合地基。

**2.1.18** 多桩型复合地基　composite foundation with multiple reinforcement of different materials or lengths

采用两种及两种以上不同材料增强体，或采用同一材料、不同长度增强体加固形成的复合地基。

**2.1.19** 注浆加固　ground improvement by permeation and high hydrofracture grouting

将水泥浆或其他化学浆液注入地基土层中，增强土颗粒间的联结，使土体强度提高、变形减少、渗透性降低的地基处理方法。

**2.1.20** 微型桩　micropile

用桩工机械或其他小型设备在土中形成直径不大于300mm的树根桩、预制混凝土桩或钢管桩。

## 2.2 符 号

**2.2.1** 作用和作用效应

$E$——强夯或强夯置换夯击能；

$p_c$——基础底面处土的自重压力值；

$p_{cz}$——垫层底面处土的自重压力值；

$p_k$——相应于作用的标准组合时，基础底面处的平均压力值；

$p_z$——相应于作用的标准组合时，垫层底面处的附加压力值。

**2.2.2** 抗力和材料性能

$D_r$——砂土相对密实度；

$D_{r1}$——地基挤密后要求砂土达到的相对密实度；

$d_s$——土粒相对密度（比重）；

$e$——孔隙比；

$e_0$——地基处理前的孔隙比；

$e_1$——地基挤密后要求达到的孔隙比；

$e_{max}$、$e_{min}$——砂土的最大、最小孔隙比；

$f_{ak}$——天然地基承载力特征值；

$f_{az}$——垫层底面处经深度修正后的地基承载力特征值；

$f_{cu}$——桩体试块（边长 150mm 立方体）标准养护 28d 的立方体抗压强度平均值，对水泥土可取桩体试块（边长 70.7mm 立方体）标准养护 90d 的立方体抗压强度平均值；

$f_{sk}$——处理后桩间土的承载力特征值；

$f_{spa}$——深度修正后的复合地基承载力特征值；

$f_{spk}$——复合地基的承载力特征值；

$k_h$——天然土层水平向渗透系数；

$k_s$——涂抹区的水平向渗透系数；

$q_p$——桩端端阻力特征值；

$q_s$——桩周土的侧阻力特征值；

$q_w$——竖井纵向通水量，为单位水力梯度下单位时间的排水量；

$R_a$——单桩竖向承载力特征值；

$T_a$——土工合成材料在允许延伸率下的抗拉强度；

$T_p$——相应于作用的标准组合时单位宽度土工合成材料的最大拉力；

$U$——固结度；

$\overline{U}_t$——$t$ 时间地基的平均固结度；

$w_{op}$——最优含水量；

$\alpha_p$——桩端端阻力发挥系数；

$\beta$——桩间土承载力发挥系数；

$\theta$——压力扩散角；

$\lambda$——单桩承载力发挥系数；

$\lambda_c$——压实系数；

$\rho_d$——干密度；

$\rho_{dmax}$——最大干密度；

$\rho_c$——黏粒含量；

$\rho_w$——水的密度；

$\tau_{ft}$——$t$ 时刻，该点土的抗剪强度；

$\tau_{f0}$——地基土的天然抗剪强度；

$\Delta\sigma_z$——预压荷载引起的该点的附加竖向应力；

$\varphi_{cu}$——三轴固结不排水压缩试验求得的土的内摩擦角；

$\overline{\eta}_c$——桩间土经成孔挤密后的平均挤密系数。

**2.2.3** 几何参数

$A$——基础底面积；

$A_e$——一根桩承担的处理地基面积；

$A_p$——桩的截面积；

$b$——基础底面宽度、塑料排水带宽度；

$d$——桩的直径；

$d_e$——一根桩分担的处理地基面积的等效圆直径、竖井的有效排水直径；

$d_p$——塑料排水带当量换算直径；

$l$——基础底面长度；

$l_p$——桩长；

$m$——面积置换率；

$s$——桩间距；

$z$——基础底面下换填垫层的厚度；

$\delta$——塑料排水带厚度。

# 3 基本规定

**3.0.1** 在选择地基处理方案前，应完成下列工作：

**1** 搜集详细的岩土工程勘察资料、上部结构及基础设计资料等；

**2** 结合工程情况，了解当地地基处理经验和施工条件，对于有特殊要求的工程，尚应了解其他地区相似场地上同类工程的地基处理经验和使用情况等；

**3** 根据工程的要求和采用天然地基存在的主要问题，确定地基处理的目的和处理后要求达到的各项技术经济指标等；

**4** 调查邻近建筑、地下工程、周边道路及有关管线等情况；

**5** 了解施工场地的周边环境情况。

**3.0.2** 在选择地基处理方案时，应考虑上部结构、基础和地基的共同作用，进行多种方案的技术经济比较，选用地基处理或加强上部结构与地基处理相结合的方案。

**3.0.3** 地基处理方法的确定宜按下列步骤进行：

**1** 根据结构类型、荷载大小及使用要求，结合地形地貌、地层结构、土质条件、地下水特征、环境情况和对邻近建筑的影响等因素进行综合分析，初步选出几种可供考虑的地基处理方案，包括选择两种或多种地基处理措施组成的综合处理方案；

2 对初步选出的各种地基处理方案，分别从加固原理、适用范围、预期处理效果、耗用材料、施工机械、工期要求和对环境的影响等方面进行技术经济分析和对比，选择最佳的地基处理方法；

3 对已选定的地基处理方法，应按建筑物地基基础设计等级和场地复杂程度以及该种地基处理方法在本地区使用的成熟程度，在场地有代表性的区域进行相应的现场试验或试验性施工，并进行必要的测试，以检验设计参数和处理效果。如达不到设计要求时，应查明原因，修改设计参数或调整地基处理方案。

**3.0.4** 经处理后的地基，当按地基承载力确定基础底面积及埋深而需要对本规范确定的地基承载力特征值进行修正时，应符合下列规定：

1 大面积压实填土地基，基础宽度的地基承载力修正系数应取零；基础埋深的地基承载力修正系数，对于压实系数大于 0.95、黏粒含量 $\rho_c \geqslant 10\%$ 的粉土，可取 1.5，对于干密度大于 $2.1t/m^3$ 的级配砂石可取 2.0；

2 其他处理地基，基础宽度的地基承载力修正系数应取零，基础埋深的地基承载力修正系数应取 1.0。

**3.0.5 处理后的地基应满足建筑物地基承载力、变形和稳定性要求，地基处理的设计尚应符合下列规定：**

**1 经处理后的地基，当在受力层范围内仍存在软弱下卧层时，应进行软弱下卧层地基承载力验算；**

**2 按地基变形设计或应作变形验算且需进行地基处理的建筑物或构筑物，应对处理后的地基进行变形验算；**

**3 对建造在处理后的地基上受较大水平荷载或位于斜坡上的建筑物及构筑物，应进行地基稳定性验算。**

**3.0.6** 处理后地基的承载力验算，应同时满足轴心荷载作用和偏心荷载作用的要求。

**3.0.7** 处理后地基的整体稳定分析可采用圆弧滑动法，其稳定安全系数不应小于 1.30。散体加固材料的抗剪强度指标，可按加固体材料的密实度通过试验确定；胶结材料的抗剪强度指标，可按桩体断裂后滑动面材料的摩擦性能确定。

**3.0.8** 刚度差异较大的整体大面积基础的地基处理，宜考虑上部结构、基础和地基共同作用进行地基承载力和变形验算。

**3.0.9** 处理后的地基应进行地基承载力和变形评价、处理范围和有效加固深度内地基均匀性评价，以及复合地基增强体的成桩质量和承载力评价。

**3.0.10** 采用多种地基处理方法综合使用的地基处理工程验收检验时，应采用大尺寸承压板进行载荷试验，其安全系数不应小于 2.0。

**3.0.11** 地基处理所采用的材料，应根据场地类别符合有关标准对耐久性设计与使用的要求。

**3.0.12** 地基处理施工中应有专人负责质量控制和监测，并做好施工记录；当出现异常情况时，必须及时会同有关部门妥善解决。施工结束后应按国家有关规定进行工程质量检验和验收。

# 4 换 填 垫 层

## 4.1 一 般 规 定

**4.1.1** 换填垫层适用于浅层软弱土层或不均匀土层的地基处理。

**4.1.2** 应根据建筑体型、结构特点、荷载性质、场地土质条件、施工机械设备及填料性质和来源等综合分析后，进行换填垫层的设计，并选择施工方法。

**4.1.3** 对于工程量较大的换填垫层，应按所选用的施工机械、换填材料及场地的土质条件进行现场试验，确定换填垫层压实效果和施工质量控制标准。

**4.1.4** 换填垫层的厚度应根据置换软弱土的深度以及下卧土层的承载力确定，厚度宜为 0.5m～3.0m。

## 4.2 设 计

**4.2.1** 垫层材料的选用应符合下列要求：

1 砂石。宜选用碎石、卵石、角砾、圆砾、砾砂、粗砂、中砂或石屑，并应级配良好，不含植物残体、垃圾等杂质。当使用粉细砂或石粉时，应掺入不少于总重量 30%的碎石或卵石。砂石的最大粒径不宜大于 50mm。对湿陷性黄土或膨胀土地基，不得选用砂石等透水性材料。

2 粉质黏土。土料中有机质含量不得超过 5%，且不得含有冻土或膨胀土。当含有碎石时，其最大粒径不宜大于 50mm。用于湿陷性黄土或膨胀土地基的粉质黏土垫层，土料中不得夹有砖、瓦或石块等。

3 灰土。体积配合比宜为 2∶8 或 3∶7。石灰宜选用新鲜的消石灰，其最大粒径不得大于 5mm。土料宜选用粉质黏土，不宜使用块状黏土，且不得含有松软杂质，土料应过筛且最大粒径不得大于 15mm。

4 粉煤灰。选用的粉煤灰应满足相关标准对腐蚀性和放射性的要求。粉煤灰垫层上宜覆土 0.3m～0.5m。粉煤灰垫层中采用掺加剂时，应通过试验确定其性能及适用条件。粉煤灰垫层中的金属构件、管网应采取防腐措施。大量填筑粉煤灰时，应经场地地下水和土壤环境的不良影响评价合格后，方可使用。

5 矿渣。宜选用分级矿渣、混合矿渣及原状矿渣等高炉重矿渣。矿渣的松散重度不应小于 $11kN/m^3$，有机质及含泥总量不得超过 5%。垫层设计、施工前应对所选用的矿渣进行试验，确认性能稳定并满足腐蚀性和放射性安全的要求。对易受酸、碱影响的基础或地下管网不得采用矿渣垫层。大量填筑矿渣时，应经场地地下水和土壤环境的不良影响评价合格后，方可使用。

6 其他工业废渣。在有充分依据或成功经验时，可采用质地坚硬、性能稳定、透水性强、无腐蚀性和无放射性危害的其他工业废渣材料，但应经过现场试验证明其经济技术效果良好且施工措施完善后方可使用。

7 土工合成材料加筋垫层所选用土工合成材料的品种与性能及填料，应根据工程特性和地基土质条件，按照现行国家标准《土工合成材料应用技术规范》GB 50290 的要求，通过设计计算并进行现场试验后确定。土工合成材料应采用抗拉强度较高、耐久性好、抗腐蚀的土工带、土工格栅、土工格室、土工垫或土工织物等土工合成材料。垫层填料宜用碎石、角砾、砾砂、粗砂、中砂等材料，且不宜含氯化钙、碳酸钠、硫化物等化学物质。当工程要求垫层具有排水功能时，垫层材料应具有良好的透水性。在软土地基上使用加筋垫层时，应保证建筑物稳定并满足允许变形的要求。

**4.2.2** 垫层厚度的确定应符合下列规定：

1 应根据需置换软弱土（层）的深度或下卧土层的承载力确定，并应符合下式要求：

$$p_z + p_{cz} \leqslant f_{az} \qquad (4.2.2\text{-}1)$$

式中：$p_z$——相应于作用的标准组合时，垫层底面处的附加压力值（kPa）；

$p_{cz}$——垫层底面处土的自重压力值（kPa）；

$f_{az}$——垫层底面处经深度修正后的地基承载力特征值（kPa）。

2 垫层底面处的附加压力值 $p_z$ 可分别按式（4.2.2-2）和式（4.2.2-3）计算：

1）条形基础

$$p_z = \frac{b(p_k - p_c)}{b + 2z\tan\theta} \qquad (4.2.2\text{-}2)$$

2）矩形基础

$$p_z = \frac{bl(p_k - p_c)}{(b + 2z\tan\theta)(l + 2z\tan\theta)} \qquad (4.2.2\text{-}3)$$

式中：$b$——矩形基础或条形基础底面的宽度（m）；

$l$——矩形基础底面的长度（m）；

$p_k$——相应于作用的标准组合时，基础底面处的平均压力值（kPa）；

$p_c$——基础底面处土的自重压力值（kPa）；

$z$——基础底面下垫层的厚度（m）；

$\theta$——垫层（材料）的压力扩散角（°），宜通过试验确定。无试验资料时，可按表 4.2.2 采用。

**表 4.2.2 土和砂石材料压力扩散角 $\theta$（°）**

| $z/b$ \ 换填材料 | 中砂、粗砂、砾砂、圆砾、角砾、石屑、卵石、碎石、矿渣 | 粉质黏土、粉煤灰 | 灰土 |
|---|---|---|---|
| 0.25 | 20 | 6 | 28 |
| ≥0.50 | 30 | 23 | |

注：1 当 $z/b<0.25$ 时，除灰土取 $\theta=28°$ 外，其他材料均取 $\theta=0°$，必要时宜由试验确定；
2 当 $0.25<z/b<0.5$ 时，$\theta$ 值可以内插；
3 土工合成材料加筋垫层其压力扩散角宜由现场静载荷试验确定。

**4.2.3** 垫层底面的宽度应符合下列规定：

1 垫层底面宽度应满足基础底面应力扩散的要求，可按下式确定：

$$b' \geqslant b + 2z\tan\theta \qquad (4.2.3)$$

式中：$b'$——垫层底面宽度（m）；

$\theta$——压力扩散角，按本规范表 4.2.2 取值；当 $z/b<0.25$ 时，按表 4.2.2 中 $z/b=0.25$ 取值。

2 垫层顶面每边超出基础底边缘不应小于 300mm，且从垫层底面两侧向上，按当地基坑开挖的经验及要求放坡。

3 整片垫层底面的宽度可根据施工的要求适当加宽。

**4.2.4** 垫层的压实标准可按表 4.2.4 选用。矿渣垫层的压实系数可根据满足承载力设计要求的试验结果，按最后两遍压实的压陷差确定。

**表 4.2.4 各种垫层的压实标准**

| 施工方法 | 换填材料类别 | 压实系数 $\lambda_c$ |
|---|---|---|
| 碾压振密或夯实 | 碎石、卵石 | ≥0.97 |
| | 砂夹石（其中碎石、卵石占全重的 30%～50%） | |
| | 土夹石（其中碎石、卵石占全重的 30%～50%） | |
| | 中砂、粗砂、砾砂、角砾、圆砾、石屑 | |
| | 粉质黏土 | ≥0.97 |
| | 灰土 | ≥0.95 |
| | 粉煤灰 | ≥0.95 |

注：1 压实系数 $\lambda_c$ 为土的控制干密度 $\rho_d$ 与最大干密度 $\rho_{dmax}$ 的比值；土的最大干密度宜采用击实试验确定；碎石或卵石的最大干密度可取 $2.1\text{t/m}^3$～$2.2\text{t/m}^3$；
2 表中压实系数 $\lambda_c$ 系使用轻型击实试验测定土的最大干密度 $\rho_{dmax}$ 时给出的压实控制标准，采用重型击实试验时，对粉质黏土、灰土、粉煤灰及其他材料压实标准应为压实系数 $\lambda_c \geqslant 0.94$。

**4.2.5** 换填垫层的承载力宜通过现场静载荷试验确定。

**4.2.6** 对于垫层下存在软弱下卧层的建筑，在进行地基变形计算时应考虑邻近建筑物基础荷载对软弱下卧层顶面应力叠加的影响。当超出原地面标高的垫层或换填材料的重度高于天然土层重度时，宜及时换填，并应考虑其附加荷载的不利影响。

**4.2.7** 垫层地基的变形由垫层自身变形和下卧层变形组成。换填垫层在满足本规范第 4.2.2 条～4.2.4 条的条件下，垫层地基的变形可仅考虑其下卧层的变形。对地基沉降有严格限制的建筑，应计算垫层自身的变形。垫层下卧层的变形量可按现行国家标准《建筑地基基础设计规范》GB 50007 的规定进行计算。

**4.2.8** 加筋土垫层所选用的土工合成材料尚应进行材料强度验算：

$$T_p \leqslant T_a \qquad (4.2.8)$$

式中：$T_a$——土工合成材料在允许延伸率下的抗拉强度（kN/m）；

$T_p$——相应于作用的标准组合时，单位宽度的土工合成材料的最大拉力（kN/m）。

**4.2.9** 加筋土垫层的加筋体设置应符合下列规定：

1 一层加筋时，可设置在垫层的中部；

2 多层加筋时，首层筋材距垫层顶面的距离宜取 30%垫层厚度，筋材层间距宜取 30%～50%的垫层厚度，且不应小于 200mm；

3 加筋线密度宜为 0.15～0.35。无经验时，单层加筋宜取高值，多层加筋宜取低值。垫层的边缘应有足够的锚固长度。

### 4.3 施 工

**4.3.1** 垫层施工应根据不同的换填材料选择施工机械。粉质黏土、灰土垫层宜采用平碾、振动碾或羊足碾，以及蛙式夯、柴油夯。砂石垫层等宜用振动碾。粉煤灰垫层宜采用平碾、振动碾、平板振动器、蛙式夯。矿渣垫层宜采用平板振动器或平碾，也可采用振动碾。

**4.3.2** 垫层的施工方法、分层铺填厚度、每层压实遍数宜通过现场试验确定。除接触下卧软土层的垫层底部应根据施工机械设备及下卧层土质条件确定厚度外，其他垫层的分层铺填厚度宜为 200mm～300mm。为保证分层压实质量，应控制机械碾压速度。

**4.3.3** 粉质黏土和灰土垫层土料的施工含水量宜控制在 $w_{op}$±2%的范围内，粉煤灰垫层的施工含水量宜控制在 $w_{op}$±4%的范围内。最优含水量 $w_{op}$ 可通过击实试验确定，也可按当地经验选取。

**4.3.4** 当垫层底部存在古井、古墓、洞穴、旧基础、暗塘时，应根据建筑物对不均匀沉降的控制要求予以处理，并经检验合格后，方可铺填垫层。

**4.3.5** 基坑开挖时应避免坑底土层受扰动，可保留 180mm～220mm 厚的土层暂不挖去，待铺填垫层前再由人工挖至设计标高。严禁扰动垫层下的软弱土层，应防止软弱垫层被践踏、受冻或受水浸泡。在碎石或卵石垫层底部宜设置厚度为 150mm～300mm 的砂垫层或铺一层土工织物，并应防止基坑边坡塌土混入垫层中。

**4.3.6** 换填垫层施工时，应采取基坑排水措施。除砂垫层宜采用水撼法施工外，其余垫层施工均不得在浸水条件下进行。工程需要时应采取降低地下水位的措施。

**4.3.7** 垫层底面宜设在同一标高上，如深度不同，坑底土层应挖成阶梯或斜坡搭接，并按先深后浅的顺序进行垫层施工，搭接处应夯压密实。

**4.3.8** 粉质黏土、灰土垫层及粉煤灰垫层施工，应符合下列规定：

1 粉质黏土及灰土垫层分段施工时，不得在柱基、墙角及承重窗间墙下接缝；

2 垫层上下两层的缝距不得小于 500mm，且接缝处应夯压密实；

3 灰土拌合均匀后，应当日铺填夯压；灰土夯压密实后，3d 内不得受水浸泡；

4 粉煤灰垫层铺填后，宜当日压实，每层验收后应及时铺填上层或封层，并应禁止车辆碾压通行；

5 垫层施工竣工验收合格后，应及时进行基础施工与基坑回填。

**4.3.9** 土工合成材料施工，应符合下列要求：

1 下铺地基土层顶面应平整；

2 土工合成材料铺设顺序应先纵向后横向，且应把土工合成材料张拉平整、绷紧，严禁有皱折；

3 土工合成材料的连接宜采用搭接法、缝接法或胶接法，接缝强度不应低于原材料抗拉强度，端部应采用有效方法固定，防止筋材拉出；

4 应避免土工合成材料暴晒或裸露，阳光暴晒时间不应大于 8h。

### 4.4 质 量 检 验

**4.4.1** 对粉质黏土、灰土、砂石、粉煤灰垫层的施工质量可选用环刀取样、静力触探、轻型动力触探或标准贯入试验等方法进行检验；对碎石、矿渣垫层的施工质量可采用重型动力触探试验等进行检验。压实系数可采用灌砂法、灌水法或其他方法进行检验。

**4.4.2 换填垫层的施工质量检验应分层进行，并应在每层的压实系数符合设计要求后铺填上层。**

**4.4.3** 采用环刀法检验垫层的施工质量时，取样点应选择位于每层垫层厚度的 2/3 深度处。检验点数量，条形基础下垫层每 10m～20m 不应少于 1 个点，独立柱基、单个基础下垫层不应少于 1 个点，其他基础下垫层每 $50m^2$～$100m^2$ 不应少于 1 个点。采用标准贯入试验或动力触探法检验垫层的施工质量时，每分层平面上检验点的间距不应大于4m。

**4.4.4** 竣工验收应采用静载荷试验检验垫层承载力，且每个单体工程不宜少于3个点；对于大型工程应按单体工程的数量或工程划分的面积确定检验点数。

**4.4.5** 加筋垫层中土工合成材料的检验应符合下列要求：

**1** 土工合成材料质量应符合设计要求，外观无破损、无老化、无污染；

**2** 土工合成材料应可张拉、无皱折、紧贴下承层，锚固端应锚固牢靠；

**3** 上下层土工合成材料搭接缝应交替错开，搭接强度应满足设计要求。

# 5 预压地基

## 5.1 一般规定

**5.1.1** 预压地基适用于处理淤泥质土、淤泥、冲填土等饱和黏性土地基。预压地基按处理工艺可分为堆载预压、真空预压、真空和堆载联合预压。

**5.1.2** 真空预压适用于处理以黏性土为主的软弱地基。当存在粉土、砂土等透水、透气层时，加固区周边应采取确保膜下真空压力满足设计要求的密封措施。对塑性指数大于25且含水量大于85%的淤泥，应通过现场试验确定其适用性。加固土层上覆盖有厚度大于5m以上的回填土或承载力较高的黏性土层时，不宜采用真空预压处理。

**5.1.3** 预压地基应预先通过勘察查明土层在水平和竖直方向的分布、层理变化，查明透水层的位置、地下水类型及水源补给情况等。并应通过土工试验确定土层的先期固结压力、孔隙比与固结压力的关系、渗透系数、固结系数、三轴试验抗剪强度指标，通过原位十字板试验确定土的抗剪强度。

**5.1.4** 对重要工程，应在现场选择试验区进行预压试验，在预压过程中应进行地基竖向变形、侧向位移、孔隙水压力、地下水位等项目的监测并进行原位十字板剪切试验和室内土工试验。根据试验区获得的监测资料确定加载速率控制指标，推算土的固结系数、固结度及最终竖向变形等，分析地基处理效果，对原设计进行修正，指导整个场区的设计与施工。

**5.1.5** 对堆载预压工程，预压荷载应分级施加，并确保每级荷载下地基的稳定性；对真空预压工程，可采用一次连续抽真空至最大压力的加载方式。

**5.1.6** 对主要以变形控制设计的建筑物，当地基土经预压所完成的变形量和平均固结度满足设计要求时，方可卸载。对以地基承载力或抗滑稳定性控制设计的建筑物，当地基土经预压后其强度满足建筑物地基承载力或稳定性要求时，方可卸载。

**5.1.7** 当建筑物的荷载超过真空预压的压力，或建筑物对地基变形有严格要求时，可采用真空和堆载联合预压，其总压力宜超过建筑物的竖向荷载。

**5.1.8** 预压地基加固应考虑预压施工对相邻建筑物、地下管线等产生附加沉降的影响。真空预压地基加固区边线与相邻建筑物、地下管线等的距离不宜小于20m，当距离较近时，应对相邻建筑物、地下管线等采取保护措施。

**5.1.9** 当受预压时间限制，残余沉降或工程投入使用后的沉降不满足工程要求时，在保证整体稳定条件下可采用超载预压。

## 5.2 设 计

### Ⅰ 堆载预压

**5.2.1** 对深厚软黏土地基，应设置塑料排水带或砂井等排水竖井。当软土层厚度较小或软土层中含较多薄粉砂夹层，且固结速率能满足工期要求时，可不设置排水竖井。

**5.2.2** 堆载预压地基处理的设计应包括下列内容：

**1** 选择塑料排水带或砂井，确定其断面尺寸、间距、排列方式和深度；

**2** 确定预压区范围、预压荷载大小、荷载分级、加载速率和预压时间；

**3** 计算堆载荷载作用下地基土的固结度、强度增长、稳定性和变形。

**5.2.3** 排水竖井分普通砂井、袋装砂井和塑料排水带。普通砂井直径宜为300mm～500mm，袋装砂井直径宜为70mm～120mm。塑料排水带的当量换算直径可按下式计算：

$$d_p = \frac{2(b+\delta)}{\pi} \quad (5.2.3)$$

式中：$d_p$——塑料排水带当量换算直径（mm）；

$b$——塑料排水带宽度（mm）；

$\delta$——塑料排水带厚度（mm）。

**5.2.4** 排水竖井可采用等边三角形或正方形排列的平面布置，并应符合下列规定：

**1** 当等边三角形排列时，

$$d_e = 1.05l \quad (5.2.4\text{-}1)$$

**2** 当正方形排列时，

$$d_e = 1.13l \quad (5.2.4\text{-}2)$$

式中：$d_e$——竖井的有效排水直径；

$l$——竖井的间距。

**5.2.5** 排水竖井的间距可根据地基土的固结特性和预定时间内所要求达到的固结度确定。设计时，竖井的间距可按井径比 $n$ 选用（$n=d_e/d_w$，$d_w$ 为竖井直径，对塑料排水带可取 $d_w=d_p$）。塑料排水带或袋装砂井的间距可按 $n$=15～22 选用，普通砂井的间距可按 $n$=6～8 选用。

**5.2.6** 排水竖井的深度应符合下列规定：

1 根据建筑物对地基的稳定性、变形要求和工期确定；

2 对以地基抗滑稳定性控制的工程，竖井深度应大于最危险滑动面以下2.0m；

3 对以变形控制的建筑工程，竖井深度应根据在限定的预压时间内需完成的变形量确定；竖井宜穿透受压土层。

**5.2.7** 一级或多级等速加载条件下，当固结时间为 $t$ 时，对应总荷载的地基平均固结度可按下式计算：

$$\overline{U}_t=\sum_{i=1}^{n}\frac{\dot{q}_i}{\Sigma\Delta p}\left[(T_i-T_{i-1})-\frac{\alpha}{\beta}e^{-\beta t}(e^{\beta T_i}-e^{\beta T_{i-1}})\right] \tag{5.2.7}$$

式中：$\overline{U}_t$——$t$ 时间地基的平均固结度；

$\dot{q}_i$——第 $i$ 级荷载的加载速率（kPa/d）；

$\Sigma\Delta p$——各级荷载的累加值（kPa）；

$T_{i-1}$，$T_i$——分别为第 $i$ 级荷载加载的起始和终止时间（从零点起算）（d），当计算第 $i$ 级荷载加载过程中某时间 $t$ 的固结度时，$T_i$ 改为 $t$；

$\alpha$、$\beta$——参数，根据地基土排水固结条件按表5.2.7采用。对竖井地基，表中所列 $\beta$ 为不考虑涂抹和井阻影响的参数值。

**表 5.2.7 $\alpha$ 和 $\beta$ 值**

| 排水固结条件 / 参数 | 竖向排水固结 $\overline{U}_z>30\%$ | 向内径向排水固结 | 竖向和向内径向排水固结（竖井穿透受压土层） | 说 明 |
|---|---|---|---|---|
| $\alpha$ | $\frac{8}{\pi^2}$ | 1 | $\frac{8}{\pi^2}$ | $F_n=\frac{n^2}{n^2-1}\ln(n)-\frac{3n^2-1}{4n^2}$<br>$c_h$——土的径向排水固结系数（cm²/s）；<br>$c_v$——土的竖向排水固结系数（cm²/s）；<br>$H$——土层竖向排水距离（cm）；<br>$\overline{U}_z$——双面排水土层或固结应力均匀分布的单面排水土层平均固结度 |
| $\beta$ | $\frac{\pi^2 c_v}{4H^2}$ | $\frac{8c_h}{F_n d_e^2}$ | $\frac{8c_h}{F_n d_e^2}+\frac{\pi^2 c_v}{4H^2}$ | |

**5.2.8** 当排水竖井采用挤土方式施工时，应考虑涂抹对土体固结的影响。当竖井的纵向通水量 $q_w$ 与天然土层水平向渗透系数 $k_h$ 的比值较小，且长度较长时，尚应考虑井阻影响。瞬时加载条件下，考虑涂抹和井阻影响时，竖井地基径向排水平均固结度可按下列公式计算：

$$\overline{U}_r=1-e^{-\frac{8c_h}{Fd_e^2}t} \tag{5.2.8-1}$$

$$F=F_n+F_s+F_r \tag{5.2.8-2}$$

$$F_n=\ln(n)-\frac{3}{4}\quad n\geqslant 15 \tag{5.2.8-3}$$

$$F_s=\left[\frac{k_h}{k_s}-1\right]\ln s \tag{5.2.8-4}$$

$$F_r=\frac{\pi^2 L^2}{4}\frac{k_h}{q_w} \tag{5.2.8-5}$$

式中：$\overline{U}_r$——固结时间 $t$ 时竖井地基径向排水平均固结度；

$k_h$——天然土层水平向渗透系数（cm/s）；

$k_s$——涂抹区土的水平向渗透系数，可取 $k_s=(1/5\sim1/3)k_h$（cm/s）；

$s$——涂抹区直径 $d_s$ 竖井直径 $d_w$ 的比值，可取 $s=2.0\sim3.0$，对中等灵敏黏性土取低值，对高灵敏黏性土取高值；

$L$——竖井深度（cm）；

$q_w$——竖井纵向通水量，为单位水力梯度下单位时间的排水量（cm³/s）。

一级或多级等速加荷条件下，考虑涂抹和井阻影响时竖井穿透受压土层地基的平均固结度可按式（5.2.7）计算，其中，$\alpha=\frac{8}{\pi^2}$，$\beta=\frac{8c_h}{Fd_e^2}+\frac{\pi^2 c_v}{4H^2}$。

**5.2.9** 对排水竖井未穿透受压土层的情况，竖井范围内土层的平均固结度和竖井底面以下受压土层的平均固结度，以及通过预压完成的变形量均应满足设计要求。

**5.2.10** 预压荷载大小、范围、加载速率应符合下列规定：

1 预压荷载大小应根据设计要求确定；对于沉降有严格限制的建筑，可采用超载预压法处理，超载量大小应根据预压时间内要求完成的变形量通过计算确定，并宜使预压荷载下受压土层各点的有效竖向应力大于建筑物荷载引起的相应点的附加应力；

2 预压荷载顶面的范围应不小于建筑物基础外缘的范围；

3 加载速率应根据地基土的强度确定；当天然地基土的强度满足预压荷载下地基的稳定性要求时，可一次性加载；如不满足应分级逐渐加载，待前期预压荷载下地基土的强度增长满足下一级荷载下地基的稳定性要求时，方可加载。

**5.2.11** 计算预压荷载下饱和黏性土地基中某点的抗剪强度时，应考虑土体原来的固结状态。对正常固结饱和黏性土地基，某点某一时间的抗剪强度可按下式计算：

$$\tau_{ft}=\tau_{f0}+\Delta\sigma_z\cdot U_t\tan\varphi_{cu} \tag{5.2.11}$$

式中：$\tau_{ft}$——$t$ 时刻，该点土的抗剪强度（kPa）；

$\tau_{f0}$——地基土的天然抗剪强度（kPa）；

$\Delta\sigma_z$——预压荷载引起的该点的附加竖向应力

（kPa）；

$U_t$——该点土的固结度；

$\varphi_{cu}$——三轴固结不排水压缩试验求得的土的内摩擦角（°）。

**5.2.12** 预压荷载下地基最终竖向变形量的计算可取附加应力与土自重应力的比值为0.1的深度作为压缩层的计算深度，可按式（5.2.12）计算：

$$s_f = \xi \sum_{i=1}^{n} \frac{e_{0i} - e_{1i}}{1 + e_{0i}} h_i \qquad (5.2.12)$$

式中：$s_f$——最终竖向变形量（m）；

$e_{0i}$——第$i$层中点土自重应力所对应的孔隙比，由室内固结试验$e$-$p$曲线查得；

$e_{1i}$——第$i$层中点土自重应力与附加应力之和所对应的孔隙比，由室内固结试验$e$-$p$曲线查得；

$h_i$——第$i$层土层厚度（m）；

$\xi$——经验系数，可按地区经验确定。无经验时对正常固结饱和黏性土地基可取$\xi$=1.1～1.4；荷载较大或地基软弱土层厚度大时应取较大值。

**5.2.13** 预压处理地基应在地表铺设与排水竖井相连的砂垫层，砂垫层应符合下列规定：

**1** 厚度不应小于500mm；

**2** 砂垫层砂料宜用中粗砂，黏粒含量不应大于3%，砂料中可含有少量粒径不大于50mm的砾石；砂垫层的干密度应大于1.5t/m$^3$，渗透系数应大于$1\times10^{-2}$cm/s。

**5.2.14** 在预压区边缘应设置排水沟，在预压区内宜设置与砂垫层相连的排水盲沟，排水盲沟的间距不宜大于20m。

**5.2.15** 砂井的砂料应选用中粗砂，其黏粒含量不应大于3%。

**5.2.16** 堆载预压处理地基设计的平均固结度不宜低于90%，且应在现场监测的变形速率明显变缓时方可卸载。

### Ⅱ 真 空 预 压

**5.2.17** 真空预压处理地基应设置排水竖井，其设计应包括下列内容：

**1** 竖井断面尺寸、间距、排列方式和深度；

**2** 预压区面积和分块大小；

**3** 真空预压施工工艺；

**4** 要求达到的真空度和土层的固结度；

**5** 真空预压和建筑物荷载下地基的变形计算；

**6** 真空预压后的地基承载力增长计算。

**5.2.18** 排水竖井的间距可按本规范第5.2.5条确定。

**5.2.19** 砂井的砂料应选用中粗砂，其渗透系数应大于$1\times10^{-2}$cm/s。

**5.2.20** 真空预压竖向排水通道宜穿透软土层，但不应进入下卧透水层。当软土层较厚、且以地基抗滑稳定性控制的工程，竖向排水通道的深度不应小于最危险滑动面下2.0m。对以变形控制的工程，竖井深度应根据在限定的预压时间内需完成的变形量确定，且宜穿透主要受压土层。

**5.2.21** 真空预压区边缘应大于建筑物基础轮廓线，每边增加量不得小于3.0m。

**5.2.22** 真空预压的膜下真空度应稳定地保持在86.7kPa（650mmHg）以上，且应均匀分布，排水竖井深度范围内土层的平均固结度应大于90%。

**5.2.23** 对于表层存在良好的透气层或在处理范围内有充足水源补给的透水层，应采取有效措施隔断透气层或透水层。

**5.2.24** 真空预压固结度和地基强度增长的计算可按本规范第5.2.7条、第5.2.8条和第5.2.11条计算。

**5.2.25** 真空预压地基最终竖向变形可按本规范第5.2.12条计算。$\xi$可按当地经验取值，无当地经验时，$\xi$可取1.0～1.3。

**5.2.26** 真空预压地基加固面积较大时，宜采取分区加固，每块预压面积应尽可能大且呈方形，分区面积宜为20000m$^2$～40000m$^2$。

**5.2.27** 真空预压地基加固可根据加固面积的大小、形状和土层结构特点，按每套设备可加固地基1000m$^2$～1500m$^2$确定设备数量。

**5.2.28** 真空预压的膜下真空度应符合设计要求，且预压时间不宜低于90d。

### Ⅲ 真空和堆载联合预压

**5.2.29** 当设计地基预压荷载大于80kPa，且进行真空预压处理地基不能满足设计要求时可采用真空和堆载联合预压地基处理。

**5.2.30** 堆载体的坡肩线宜与真空预压边线一致。

**5.2.31** 对于一般软黏土，上部堆载施工宜在真空预压膜下真空度稳定地达到86.7kPa（650mmHg）且抽真空时间不少于10d后进行。对于高含水量的淤泥类土，上部堆载施工宜在真空预压膜下真空度稳定地达到86.7kPa（650mmHg）且抽真空20d～30d后可进行。

**5.2.32** 当堆载较大时，真空和堆载联合预压应采用分级加载，分级数应根据地基土稳定计算确定。分级加载时，应待前期预压荷载下地基的承载力增长满足下一级荷载下地基的稳定性要求时，方可增加堆载。

**5.2.33** 真空和堆载联合预压时地基固结度和地基承载力增长可按本规第5.2.7条、5.2.8条和5.2.11条计算。

**5.2.34** 真空和堆载联合预压最终竖向变形可按本规范第5.2.12条计算，$\xi$可按当地经验取值，无当地经验时，$\xi$可取1.0～1.3。

### 5.3 施　　工

#### Ⅰ 堆载预压

**5.3.1** 塑料排水带的性能指标应符合设计要求，并应在现场妥善保护，防止阳光照射、破损或污染。破损或污染的塑料排水带不得在工程中使用。

**5.3.2** 砂井的灌砂量，应按井孔的体积和砂在中密状态时的干密度计算，实际灌砂量不得小于计算值的95%。

**5.3.3** 灌入砂袋中的砂宜用干砂，并应灌制密实。

**5.3.4** 塑料排水带和袋装砂井施工时，宜配置深度检测设备。

**5.3.5** 塑料排水带需接长时，应采用滤膜内芯带平搭接的连接方法，搭接长度宜大于200mm。

**5.3.6** 塑料排水带施工所用套管应保证插入地基中的带子不扭曲。袋装砂井施工所用套管内径应大于砂井直径。

**5.3.7** 塑料排水带和袋装砂井施工时，平面井距偏差不应大于井径，垂直度允许偏差应为±1.5%，深度应满足设计要求。

**5.3.8** 塑料排水带和袋装砂井砂袋埋入砂垫层中的长度不应小于500mm。

**5.3.9** 堆载预压加载过程中，应满足地基承载力和稳定控制要求，并应进行竖向变形、水平位移及孔隙水压力的监测，堆载预压加载速率应满足下列要求：

**1** 竖井地基最大竖向变形量不应超过15mm/d；

**2** 天然地基最大竖向变形量不应超过10mm/d；

**3** 堆载预压边缘处水平位移不应超过5mm/d；

**4** 根据上述观测资料综合分析、判断地基的承载力和稳定性。

#### Ⅱ 真空预压

**5.3.10** 真空预压的抽气设备宜采用射流真空泵，真空泵空抽吸力不应低于95kPa。真空泵的设置应根据地基预压面积、形状、真空泵效率和工程经验确定，每块预压区设置的真空泵不应少于两台。

**5.3.11** 真空管路设置应符合下列规定：

**1** 真空管路的连接应密封，真空管路中应设置止回阀和截门；

**2** 水平向分布滤水管可采用条状、梳齿状及羽毛状等形式，滤水管布置宜形成回路；

**3** 滤水管应设在砂垫层中，上覆砂层厚度宜为100mm～200mm；

**4** 滤水管可采用钢管或塑料管，应外包尼龙纱或土工织物等滤水材料。

**5.3.12** 密封膜应符合下列规定：

**1** 密封膜应采用抗老化性能好、韧性好、抗穿刺性能强的不透气材料；

**2** 密封膜热合时，宜采用双热合缝的平搭接，搭接宽度应大于15mm；

**3** 密封膜宜铺设三层，膜周边可采用挖沟埋膜，平铺并用黏土覆盖压边、围埝沟内及膜上覆水等方法进行密封。

**5.3.13** 地基土渗透性强时，应设置黏土密封墙。黏土密封墙宜采用双排搅拌桩，搅拌桩直径不宜小于700mm；当搅拌桩深度小于15m时，搭接宽度不宜小于200mm；当搅拌桩深度大于15m时，搭接宽度不宜小于300mm；搅拌桩成桩搅拌应均匀，黏土密封墙的渗透系数应满足设计要求。

#### Ⅲ 真空和堆载联合预压

**5.3.14** 采用真空和堆载联合预压时，应先抽真空，当真空压力达到设计要求并稳定后，再进行堆载，并继续抽真空。

**5.3.15** 堆载前，应在膜上铺设编织布或无纺布等土工编织布保护层。保护层上铺设100mm～300mm厚砂垫层。

**5.3.16** 堆载施工时可采用轻型运输工具，不得损坏密封膜。

**5.3.17** 上部堆载施工时，应监测膜下真空度的变化，发现漏气应及时处理。

**5.3.18** 堆载加载过程中，应满足地基稳定性设计要求，对竖向变形、边缘水平位移及孔隙水压力的监测应满足下列要求：

**1** 地基向加固区外的侧移速率不应大于5mm/d；

**2** 地基竖向变形速率不应大于10mm/d；

**3** 根据上述观察资料综合分析、判断地基的稳定性。

**5.3.19** 真空和堆载联合预压除满足本规范第5.3.14条～5.3.18条规定外，尚应符合本规范第5.3节“Ⅰ堆载预压”和“Ⅱ真空预压”的规定。

### 5.4 质量检验

**5.4.1** 施工过程中，质量检验和监测应包括下列内容：

**1** 对塑料排水带应进行纵向通水量、复合体抗拉强度、滤膜抗拉强度、滤膜渗透系数和等效孔径等性能指标现场随机抽样测试；

**2** 对不同来源的砂井和砂垫层砂料，应取样进行颗粒分析和渗透性试验；

**3** 对以地基抗滑稳定性控制的工程，应在预压区内预留孔位，在加载不同阶段进行原位十字板剪切试验和取土进行室内土工试验；加固前的地基土检测，应在打设塑料排水带之前进行；

**4** 对预压工程，应进行地基竖向变形、侧向位移和孔隙水压力等监测；

5 真空预压、真空和堆载联合预压工程，除应进行地基变形、孔隙水压力监测外，尚应进行膜下真空度和地下水位监测。

**5.4.2 预压地基竣工验收检验应符合下列规定：**

**1 排水竖井处理深度范围内和竖井底面以下受压土层，经预压所完成的竖向变形和平均固结度应满足设计要求；**

**2 应对预压的地基土进行原位试验和室内土工试验。**

**5.4.3** 原位试验可采用十字板剪切试验或静力触探，检验深度不应小于设计处理深度。原位试验和室内土工试验，应在卸载3d～5d后进行。检验数量按每个处理分区不少于6点进行检测，对于堆载斜坡处应增加检验数量。

**5.4.4** 预压处理后的地基承载力应按本规范附录A确定。检验数量按每个处理分区不应少于3点进行检测。

# 6 压实地基和夯实地基

## 6.1 一 般 规 定

**6.1.1** 压实地基适用于处理大面积填土地基。浅层软弱地基以及局部不均匀地基的换填处理应符合本规范第4章的有关规定。

**6.1.2** 夯实地基可分为强夯和强夯置换处理地基。强夯处理地基适用于碎石土、砂土、低饱和度的粉土与黏性土、湿陷性黄土、素填土和杂填土等地基；强夯置换适用于高饱和度的粉土与软塑～流塑的黏性土地基上对变形要求不严格的工程。

**6.1.3** 压实和夯实处理后的地基承载力应按本规范附录A确定。

## 6.2 压 实 地 基

**6.2.1** 压实地基处理应符合下列规定：

1 地下水位以上填土，可采用碾压法和振动压实法，非黏性土或黏粒含量少、透水性较好的松散填土地基宜采用振动压实法。

2 压实地基的设计和施工方法的选择，应根据建筑物体型、结构与荷载特点、场地土层条件、变形要求及填料等因素确定。对大型、重要或场地地层条件复杂的工程，在正式施工前，应通过现场试验确定地基处理效果。

3 以压实填土作为建筑地基持力层时，应根据建筑结构类型、填料性能和现场条件等，对拟压实的填土提出质量要求。未经检验，且不符合质量要求的压实填土，不得作为建筑地基持力层。

4 对大面积填土的设计和施工，应验算并采取有效措施确保大面积填土自身稳定性、填土下原地基的稳定性、承载力和变形满足设计要求；应评估对邻近建筑物及重要市政设施、地下管线等的变形和稳定的影响；施工过程中，应对大面积填土和邻近建筑物、重要市政设施、地下管线等进行变形监测。

**6.2.2** 压实填土地基的设计应符合下列规定：

1 压实填土的填料可选用粉质黏土、灰土、粉煤灰、级配良好的砂土或碎石土，以及质地坚硬、性能稳定、无腐蚀性和无放射性危害的工业废料等，并应满足下列要求：

1）以碎石土作填料时，其最大粒径不宜大于100mm；

2）以粉质黏土、粉土作填料时，其含水量宜为最优含水量，可采用击实试验确定；

3）不得使用淤泥、耕土、冻土、膨胀土以及有机质含量大于5%的土料；

4）采用振动压实法时，宜降低地下水位到振实面下600mm。

2 碾压法和振动压实法施工时，应根据压实机械的压实性能，地基土性质、密实度、压实系数和施工含水量等，并结合现场试验确定碾压分层厚度、碾压遍数、碾压范围和有效加固深度等施工参数。初步设计可按表6.2.2-1选用。

**表6.2.2-1 填土每层铺填厚度及压实遍数**

| 施工设备 | 每层铺填厚度（mm） | 每层压实遍数 |
|---|---|---|
| 平碾（8t～12t） | 200～300 | 6～8 |
| 羊足碾（5t～16t） | 200～350 | 8～16 |
| 振动碾（8t～15t） | 500～1200 | 6～8 |
| 冲击碾压（冲击势能15kJ～25kJ） | 600～1500 | 20～40 |

3 对已经回填完成且回填厚度超过表6.2.2-1中的铺填厚度，或粒径超过100mm的填料含量超过50%的填土地基，应采用较高性能的压实设备或采用夯实法进行加固。

4 压实填土的质量以压实系数$\lambda_c$控制，并应根据结构类型和压实填土所在部位按表6.2.2-2的要求确定。

**表6.2.2-2 压实填土的质量控制**

| 结构类型 | 填土部位 | 压实系数 $\lambda_c$ | 控制含水量（%） |
|---|---|---|---|
| 砌体承重结构和框架结构 | 在地基主要受力层范围以内 | ≥0.97 | $w_{op}\pm2$ |
| | 在地基主要受力层范围以下 | ≥0.95 | |
| 排架结构 | 在地基主要受力层范围以内 | ≥0.96 | |
| | 在地基主要受力层范围以下 | ≥0.94 | |

注：地坪垫层以下及基础底面标高以上的压实填土，压实系数不应小于0.94。

**5** 压实填土的最大干密度和最优含水量，宜采用击实试验确定，当无试验资料时，最大干密度可按下式计算：

$$\rho_{dmax}=\eta\frac{\rho_{w}d_{s}}{1+0.01w_{op}d_{s}} \quad (6.2.2)$$

式中：$\rho_{dmax}$——分层压实填土的最大干密度（$t/m^3$）；

$\eta$——经验系数，粉质黏土取0.96，粉土取0.97；

$\rho_w$——水的密度（$t/m^3$）；

$d_s$——土粒相对密度（比重）（$t/m^3$）；

$w_{op}$——填料的最优含水量（%）。

当填料为碎石或卵石时，其最大干密度可取$2.1t/m^3$～$2.2t/m^3$。

**6** 设置在斜坡上的压实填土，应验算其稳定性。当天然地面坡度大于20%时，应采取防止压实填土可能沿坡面滑动的措施，并应避免雨水沿斜坡排泄。当压实填土阻碍原地表水畅通排泄时，应根据地形修筑雨水截水沟，或设置其他排水设施。设置在压实填土区的上、下水管道，应采取严格防渗、防漏措施。

**7** 压实填土的边坡坡度允许值，应根据其厚度、填料性质等因素，按照填土自身稳定性、填土下原地基的稳定性的验算结果确定，初步设计时可按表6.2.2-3的数值确定。

**8** 冲击碾压法可用于地基冲击碾压、土石混填或填石路基分层碾压、路基冲击增强补压、旧砂石（沥青）路面冲压和旧水泥混凝土路面冲压等处理；其冲击设备、分层填料的虚铺厚度、分层压实的遍数等的设计应根据土质条件、工期要求等因素综合确定，其有效加固深度宜为3.0m～4.0m，施工前应进行试验段施工，确定施工参数。

**表6.2.2-3 压实填土的边坡坡度允许值**

| 填土类型 | 边坡坡度允许值（高宽比） | | 压实系数（$\lambda_c$） |
|---|---|---|---|
| | 坡高在8m以内 | 坡高为8m～15m | |
| 碎石、卵石 | 1∶1.50～1∶1.25 | 1∶1.75～1∶1.50 | 0.94～0.97 |
| 砂夹石（碎石卵石占全重30%～50%） | 1∶1.50～1∶1.25 | 1∶1.75～1∶1.50 | |
| 土夹石（碎石卵石占全重30%～50%） | 1∶1.50～1∶1.25 | 1∶2.00～1∶1.50 | |
| 粉质黏土，黏粒含量$\rho_c\geqslant$10%的粉土 | 1∶1.75～1∶1.50 | 1∶2.25～1∶1.75 | |

注：当压实填土厚度$H$大于15m时，可设计成台阶或者采用土工格栅加筋等措施，验算满足稳定性要求后进行压实填土的施工。

**9** 压实填土地基承载力特征值，应根据现场静载荷试验确定，或可通过动力触探、静力触探等试验，并结合静载荷试验结果确定；其下卧层顶面的承载力应满足本规范式（4.2.2-1）、式（4.2.2-2）和式（4.2.2-3）的要求。

**10** 压实填土地基的变形，可按现行国家标准《建筑地基基础设计规范》GB 50007的有关规定计算，压缩模量应通过处理后地基的原位测试或土工试验确定。

**6.2.3** 压实填土地基的施工应符合下列规定：

**1** 应根据使用要求、邻近结构类型和地质条件确定允许加载量和范围，并按设计要求均衡分步施加，避免大量快速集中填土。

**2** 填料前，应清除填土层底面以下的耕土、植被或软弱土层等。

**3** 压实填土施工过程中，应采取防雨、防冻措施，防止填料（粉质黏土、粉土）受雨水淋湿或冻结。

**4** 基槽内压实时，应先压实基槽两边，再压实中间。

**5** 冲击碾压法施工的冲击碾压宽度不宜小于6m，工作面较窄时，需设置转弯车道，冲压最短直线距离不宜少于100m，冲压边角及转弯区域应采用其他措施压实；施工时，地下水位应降低到碾压面以下1.5m。

**6** 性质不同的填料，应采取水平分层、分段填筑，并分层压实；同一水平层，应采用同一填料，不得混合填筑；填方分段施工时，接头部位如不能交替填筑，应按1∶1坡度分层留台阶；如能交替填筑，则应分层相互交替搭接，搭接长度不小于2m；压实填土的施工缝，各层应错开搭接，在施工缝的搭接处，应适当增加压实遍数；边角及转弯区域应采取其他措施压实，以达到设计标准。

**7** 压实地基施工场地附近有对振动和噪声环境控制要求时，应合理安排施工工序和时间，减少噪声与振动对环境的影响，或采取挖减振沟等减振和隔振措施，并进行振动和噪声监测。

**8** 施工过程中，应避免扰动填土下卧的淤泥或淤泥质土层。压实填土施工结束检验合格后，应及时进行基础施工。

**6.2.4** 压实填土地基的质量检验应符合下列规定：

**1** 在施工过程中，应分层取样检验土的干密度和含水量；每$50m^2$～$100m^2$面积内应设不少于1个检测点，每一个独立基础下，检测点不少于1个点，条形基础每20延米设检测点不少于1个点，压实系数不得低于本规范表6.2.2-2的规定；采用灌水法或灌砂法检测的碎石土干密度不得低于$2.0t/m^3$。

**2** 有地区经验时，可采用动力触探、静力触探、标准贯入等原位试验，并结合干密度试验的对比结果进行质量检验。

3　冲击碾压法施工宜分层进行变形量、压实系数等土的物理力学指标监测和检测。

4　地基承载力验收检验，可通过静载荷试验并结合动力触探、静力触探、标准贯入等试验结果综合判定。每个单体工程静载荷试验不应少于3点，大型工程可按单体工程的数量或面积确定检验点数。

**6.2.5　压实地基的施工质量检验应分层进行。每完成一道工序，应按设计要求进行验收，未经验收或验收不合格时，不得进行下一道工序施工。**

## 6.3　夯实地基

6.3.1　夯实地基处理应符合下列规定：

1　强夯和强夯置换施工前，应在施工现场有代表性的场地选取一个或几个试验区，进行试夯或试验性施工。每个试验区面积不宜小于20m×20m，试验区数量应根据建筑场地复杂程度、建筑规模及建筑类型确定。

2　场地地下水位高，影响施工或夯实效果时，应采取降水或其他技术措施进行处理。

**6.3.2　强夯置换处理地基，必须通过现场试验确定其适用性和处理效果。**

6.3.3　强夯处理地基的设计应符合下列规定：

1　强夯的有效加固深度，应根据现场试夯或地区经验确定。在缺少试验资料或经验时，可按表6.3.3-1进行预估。

表6.3.3-1　强夯的有效加固深度（m）

| 单击夯击能 $E$（kN·m） | 碎石土、砂土等粗颗粒土 | 粉土、粉质黏土、湿陷性黄土等细颗粒土 |
|---|---|---|
| 1000 | 4.0～5.0 | 3.0～4.0 |
| 2000 | 5.0～6.0 | 4.0～5.0 |
| 3000 | 6.0～7.0 | 5.0～6.0 |
| 4000 | 7.0～8.0 | 6.0～7.0 |
| 5000 | 8.0～8.5 | 7.0～7.5 |
| 6000 | 8.5～9.0 | 7.5～8.0 |
| 8000 | 9.0～9.5 | 8.0～8.5 |
| 10000 | 9.5～10.0 | 8.5～9.0 |
| 12000 | 10.0～11.0 | 9.0～10.0 |

注：强夯法的有效加固深度应从最初起夯面算起；单击夯击能 $E$ 大于12000kN·m时，强夯的有效加固深度应通过试验确定。

2　夯点的夯击次数，应根据现场试夯的夯击次数和夯沉量关系曲线确定，并应同时满足下列条件：

1）最后两击的平均夯沉量，宜满足表6.3.3-2的要求，当单击夯击能 $E$ 大于12000kN·m时，应通过试验确定；

表6.3.3-2　强夯法最后两击平均夯沉量（mm）

| 单击夯击能 $E$（kN·m） | 最后两击平均夯沉量不大于（mm） |
|---|---|
| $E<4000$ | 50 |
| $4000\leqslant E<6000$ | 100 |
| $6000\leqslant E<8000$ | 150 |
| $8000\leqslant E<12000$ | 200 |

2）夯坑周围地面不应发生过大的隆起；

3）不因夯坑过深而发生提锤困难。

3　夯击遍数应根据地基土的性质确定，可采用点夯（2～4）遍，对于渗透性较差的细颗粒土，应适当增加夯击遍数；最后以低能量满夯2遍，满夯可采用轻锤或低落距锤多次夯击，锤印搭接。

4　两遍夯击之间，应有一定的时间间隔，间隔时间取决于土中超静孔隙水压力的消散时间。当缺少实测资料时，可根据地基土的渗透性确定，对于渗透性较差的黏性土地基，间隔时间不应少于（2～3）周；对于渗透性好的地基可连续夯击。

5　夯击点位置可根据基础底面形状，采用等边三角形、等腰三角形或正方形布置。第一遍夯击点间距可取夯锤直径的（2.5～3.5）倍，第二遍夯击点应位于第一遍夯击点之间。以后各遍夯击点间距可适当减小。对处理深度较深或单击夯击能较大的工程，第一遍夯击点间距宜适当增大。

6　强夯处理范围应大于建筑物基础范围，每边超出基础外缘的宽度宜为基底下设计处理深度的1/2～2/3，且不应小于3m；对可液化地基，基础边缘的处理宽度，不应小于5m；对湿陷性黄土地基，应符合现行国家标准《湿陷性黄土地区建筑规范》GB 50025的有关规定。

7　根据初步确定的强夯参数，提出强夯试验方案，进行现场试夯。应根据不同土质条件，待试夯结束一周至数周后，对试夯场地进行检测，并与夯前测试数据进行对比，检验强夯效果，确定工程采用的各项强夯参数。

8　根据基础埋深和试夯时所测得的夯沉量，确定起夯面标高、夯坑回填方式和夯后标高。

9　强夯地基承载力特征值应通过现场静载荷试验确定。

10　强夯地基变形计算，应符合现行国家标准《建筑地基基础设计规范》GB 50007有关规定。夯后有效加固深度内土的压缩模量，应通过原位测试或土工试验确定。

6.3.4　强夯处理地基的施工，应符合下列规定：

1　强夯夯锤质量宜为10t～60t，其底面形式宜采用圆形，锤底面积宜按土的性质确定，锤底静接地压力值宜为25kPa～80kPa，单击夯击能高时，取高值，单击夯击能低时，取低值，对于细颗粒土宜取低值。锤的底面宜对称设置若干个上下贯通的排气孔，孔径宜为300mm～400mm。

**2** 强夯法施工，应按下列步骤进行：

1）清理并平整施工场地；

2）标出第一遍夯点位置，并测量场地高程；

3）起重机就位，夯锤置于夯点位置；

4）测量夯前锤顶高程；

5）将夯锤起吊到预定高度，开启脱钩装置，夯锤脱钩自由下落，放下吊钩，测量锤顶高程；若发现因坑底倾斜而造成夯锤歪斜时，应及时将坑底整平；

6）重复步骤5），按设计规定的夯击次数及控制标准，完成一个夯点的夯击；当夯坑过深，出现提锤困难，但无明显隆起，而尚未达到控制标准时，宜将夯坑回填至与坑顶齐平后，继续夯击；

7）换夯点，重复步骤3）～6），完成第一遍全部夯点的夯击；

8）用推土机将夯坑填平，并测量场地高程；

9）在规定的间隔时间后，按上述步骤逐次完成全部夯击遍数；最后，采用低能量满夯，将场地表层松土夯实，并测量夯后场地高程。

**6.3.5** 强夯置换处理地基的设计，应符合下列规定：

**1** 强夯置换墩的深度应由土质条件决定。除厚层饱和粉土外，应穿透软土层，到达较硬土层上，深度不宜超过10m。

**2** 强夯置换的单击夯击能应根据现场试验确定。

**3** 墩体材料可采用级配良好的块石、碎石、矿渣、工业废渣、建筑垃圾等坚硬粗颗粒材料，且粒径大于300mm的颗粒含量不宜超过30%。

**4** 夯点的夯击次数应通过现场试夯确定，并应满足下列条件：

1）墩底穿透软弱土层，且达到设计墩长；

2）累计夯沉量为设计墩长的（1.5～2.0）倍；

3）最后两击的平均夯沉量可按表6.3.3-2确定。

**5** 墩位布置宜采用等边三角形或正方形。对独立基础或条形基础可根据基础形状与宽度作相应布置。

**6** 墩间距应根据荷载大小和原状土的承载力选定，当满堂布置时，可取夯锤直径的（2～3）倍。对独立基础或条形基础可取夯锤直径的（1.5～2.0）倍。墩的计算直径可取夯锤直径的（1.1～1.2）倍。

**7** 强夯置换处理范围应符合本规范第6.3.3条第6款的规定。

**8** 墩顶应铺设一层厚度不小于500mm的压实垫层，垫层材料宜与墩体材料相同，粒径不宜大于100mm。

**9** 强夯置换设计时，应预估地面抬高值，并在试夯时校正。

**10** 强夯置换地基处理试验方案的确定，应符合本规范第6.3.3条第7款的规定。除应进行现场静载荷试验和变形模量检测外，尚应采用超重型或重型动力触探等方法，检查置换墩着底情况，以及地基土的承载力与密度随深度的变化。

**11** 软黏性土中强夯置换地基承载力特征值应通过现场单墩静载荷试验确定；对于饱和粉土地基，当处理后形成2.0m以上厚度的硬层时，其承载力可通过现场单墩复合地基静载荷试验确定。

**12** 强夯置换地基的变形宜按单墩静载荷试验确定的变形模量计算加固区的地基变形，对墩下地基土的变形可按置换墩材料的压力扩散角计算传至墩下土层的附加应力，按现行国家标准《建筑地基基础设计规范》GB 50007的有关规定计算确定；对饱和粉土地基，当处理后形成2.0m以上厚度的硬层时，可按本规范第7.1.7条的规定确定。

**6.3.6** 强夯置换处理地基的施工应符合下列规定：

**1** 强夯置换夯锤底面宜采用圆形，夯锤底静接地压力值宜大于80 kPa。

**2** 强夯置换施工应按下列步骤进行：

1）清理并平整施工场地，当表层土松软时，可铺设1.0m～2.0m厚的砂石垫层；

2）标出夯点位置，并测量场地高程；

3）起重机就位，夯锤置于夯点位置；

4）测量夯前锤顶高程；

5）夯击并逐击记录夯坑深度；当夯坑过深，起锤困难时，应停夯，向夯坑内填料直至与坑顶齐平，记录填料数量；工序重复，直至满足设计的夯击次数及质量控制标准，完成一个墩体的夯击；当夯点周围软土挤出，影响施工时，应随时清理，并宜在夯点周围铺垫碎石后，继续施工；

6）按照“由内而外、隔行跳打”的原则，完成全部夯点的施工；

7）推平场地，采用低能量满夯，将场地表层松土夯实，并测量夯后场地高程；

8）铺设垫层，分层碾压密实。

**6.3.7** 夯实地基宜采用带有自动脱钩装置的履带式起重机，夯锤的质量不应超过起重机械额定起重质量。履带式起重机应在臂杆端部设置辅助门架或采取其他安全措施，防止起落锤时，机架倾覆。

**6.3.8** 当场地表层土软弱或地下水位较高，宜采用人工降低地下水位或铺填一定厚度的砂石材料的施工措施。施工前，宜将地下水位降低至坑底面以下2m。施工时，坑内或场地积水应及时排除。对细颗粒土，尚应采取晾晒等措施降低含水量。当地基土的含水量低，影响处理效果时，宜采取增湿措施。

**6.3.9** 施工前，应查明施工影响范围内地下构筑物和地下管线的位置，并采取必要的保护措施。

**6.3.10 当强夯施工所引起的振动和侧向挤压对邻近建构筑物产生不利影响时，应设置监测点，并采取挖隔振沟等隔振或防振措施。**

**6.3.11** 施工过程中的监测应符合下列规定：

1 开夯前，应检查夯锤质量和落距，以确保单击夯击能量符合设计要求。

2 在每一遍夯击前，应对夯点放线进行复核，夯完后检查夯坑位置，发现偏差或漏夯应及时纠正。

3 按设计要求，检查每个夯点的夯击次数、每击的夯沉量、最后两击的平均夯沉量和总夯沉量、夯点施工起止时间。对强夯置换施工，尚应检查置换深度。

4 施工过程中，应对各项施工参数及施工情况进行详细记录。

**6.3.12** 夯实地基施工结束后，应根据地基土的性质及所采用的施工工艺，待土层休止期结束后，方可进行基础施工。

**6.3.13 强夯处理后的地基竣工验收，承载力检验应根据静载荷试验、其他原位测试和室内土工试验等方法综合确定。强夯置换后的地基竣工验收，除应采用单墩静载荷试验进行承载力检验外，尚应采用动力触探等查明置换墩着底情况及密度随深度的变化情况。**

**6.3.14** 夯实地基的质量检验应符合下列规定：

1 检查施工过程中的各项测试数据和施工记录，不符合设计要求时应补夯或采取其他有效措施。

2 强夯处理后的地基承载力检验，应在施工结束后间隔一定时间进行，对于碎石土和砂土地基，间隔时间宜为(7～14)d；粉土和黏性土地基，间隔时间宜为(14～28)d；强夯置换地基，间隔时间宜为28d。

3 强夯地基均匀性检验，可采用动力触探试验或标准贯入试验、静力触探试验等原位测试，以及室内土工试验。检验点的数量，可根据场地复杂程度和建筑物的重要性确定，对于简单场地上的一般建筑物，按每400m$^2$不少于1个检测点，且不少于3点；对于复杂场地或重要建筑地基，每300m$^2$不少于1个检验点，且不少于3点。强夯置换地基，可采用超重型或重型动力触探试验等方法，检查置换墩着底情况及承载力与密度随深度的变化，检验数量不应少于墩点数的3%，且不少于3点。

4 强夯地基承载力检验的数量，应根据场地复杂程度和建筑物的重要性确定，对于简单场地上的一般建筑，每个建筑地基载荷试验检验点不应少于3点；对于复杂场地或重要建筑地基应增加检验点数。检测结果的评价，应考虑夯点和夯间位置的差异。强夯置换地基单墩载荷试验数量不应少于墩点数的1%，且不少于3点；对饱和粉土地基，当处理后墩间土能形成2.0m以上厚度的硬层时，其地基承载力可通过现场单墩复合地基静载荷试验确定，检验数量不应少于墩点数的1%，且每个建筑载荷试验检验点不应少于3点。

# 7 复合地基

## 7.1 一般规定

**7.1.1** 复合地基设计前，应在有代表性的场地上进行现场试验或试验性施工，以确定设计参数和处理效果。

**7.1.2 对散体材料复合地基增强体应进行密实度检验；对有粘结强度复合地基增强体应进行强度及桩身完整性检验。**

**7.1.3 复合地基承载力的验收检验应采用复合地基静载荷试验，对有粘结强度的复合地基增强体尚应进行单桩静载荷试验。**

**7.1.4** 复合地基增强体单桩的桩位施工允许偏差：对条形基础的边桩沿轴线方向应为桩径的±1/4，沿垂直轴线方向应为桩径的±1/6，其他情况桩位的施工允许偏差应为桩径的±40%；桩身的垂直度允许偏差应为±1%。

**7.1.5** 复合地基承载力特征值应通过复合地基静载荷试验或采用增强体静载荷试验结果和其周边土的承载力特征值结合经验确定，初步设计时，可按下列公式估算：

1 对散体材料增强体复合地基应按下式计算：

$$f_{spk}=[1+m(n-1)]f_{sk} \quad (7.1.5\text{-}1)$$

式中：$f_{spk}$——复合地基承载力特征值（kPa）；

$f_{sk}$——处理后桩间土承载力特征值（kPa），可按地区经验确定；

$n$——复合地基桩土应力比，可按地区经验确定；

$m$——面积置换率，$m=d^2/d_e^2$；$d$为桩身平均直径（m），$d_e$为一根桩分担的处理地基面积的等效圆直径（m）；等边三角形布桩$d_e=1.05s$，正方形布桩$d_e=1.13s$，矩形布桩$d_e=1.13\sqrt{s_1s_2}$，$s$、$s_1$、$s_2$分别为桩间距、纵向桩间距和横向桩间距。

2 对有粘结强度增强体复合地基应按下式计算：

$$f_{spk}=\lambda m\frac{R_a}{A_p}+\beta(1-m)f_{sk} \quad (7.1.5\text{-}2)$$

式中：$\lambda$——单桩承载力发挥系数，可按地区经验取值；

$R_a$——单桩竖向承载力特征值（kN）；

$A_p$——桩的截面积（m$^2$）；

$\beta$——桩间土承载力发挥系数，可按地区经验取值。

3 增强体单桩竖向承载力特征值可按下式估算：

$$R_a = u_p \sum_{i=1}^{n} q_{si} l_{pi} + \alpha_p q_p A_p \quad (7.1.5\text{-}3)$$

式中：$u_p$——桩的周长（m）；

$q_{si}$——桩周第 $i$ 层土的侧阻力特征值（kPa），可按地区经验确定；

$l_{pi}$——桩长范围内第 $i$ 层土的厚度（m）；

$\alpha_p$——桩端端阻力发挥系数，应按地区经验确定；

$q_p$——桩端端阻力特征值（kPa），可按地区经验确定；对于水泥搅拌桩、旋喷桩应取未经修正的桩端地基土承载力特征值。

**7.1.6** 有粘结强度复合地基增强体桩身强度应满足式(7.1.6-1)的要求。当复合地基承载力进行基础埋深的深度修正时，增强体桩身强度应满足式（7.1.6-2）的要求。

$$f_{cu} \geqslant 4\frac{\lambda R_a}{A_p} \quad (7.1.6\text{-}1)$$

$$f_{cu} \geqslant 4\frac{\lambda R_a}{A_p}\left[1+\frac{\gamma_m(d-0.5)}{f_{spa}}\right] \quad (7.1.6\text{-}2)$$

式中：$f_{cu}$——桩体试块（边长 150mm 立方体）标准养护 28d 的立方体抗压强度平均值（kPa），对水泥土搅拌桩应符合本规范第 7.3.3 条的规定；

$\gamma_m$——基础底面以上土的加权平均重度（kN/m$^3$），地下水位以下取有效重度；

$d$——基础埋置深度（m）；

$f_{spa}$——深度修正后的复合地基承载力特征值（kPa）。

**7.1.7** 复合地基变形计算应符合现行国家标准《建筑地基基础设计规范》GB 50007 的有关规定，地基变形计算深度应大于复合土层的深度。复合土层的分层与天然地基相同，各复合土层的压缩模量等于该层天然地基压缩模量的 $\zeta$ 倍，$\zeta$ 值可按下式确定：

$$\zeta = \frac{f_{spk}}{f_{ak}} \quad (7.1.7)$$

式中：$f_{ak}$——基础底面下天然地基承载力特征值（kPa）。

**7.1.8** 复合地基的沉降计算经验系数 $\psi_s$ 可根据地区沉降观测资料统计值确定，无经验取值时，可采用表 7.1.8 的数值。

**表 7.1.8 沉降计算经验系数 $\psi_s$**

| $\overline{E}_s$ (MPa) | 4.0 | 7.0 | 15.0 | 20.0 | 35.0 |
|---|---|---|---|---|---|
| $\psi_s$ | 1.0 | 0.7 | 0.4 | 0.25 | 0.2 |

注：$\overline{E}_s$ 为变形计算深度范围内压缩模量的当量值，应按下式计算：

$$\overline{E}_s = \frac{\sum_{i=1}^{n} A_i + \sum_{j=1}^{m} A_j}{\sum_{i=1}^{n} \frac{A_i}{E_{spi}} + \sum_{j=1}^{m} \frac{A_j}{E_{sj}}} \quad (7.1.8)$$

式中：$A_i$——加固土层第 $i$ 层土附加应力系数沿土层厚度的积分值；

$A_j$——加固土层下第 $j$ 层土附加应力系数沿土层厚度的积分值。

**7.1.9** 处理后的复合地基承载力，应按本规范附录 B 的方法确定；复合地基增强体的单桩承载力，应按本规范附录 C 的方法确定。

## 7.2 振冲碎石桩和沉管砂石桩复合地基

**7.2.1** 振冲碎石桩、沉管砂石桩复合地基处理应符合下列规定：

1 适用于挤密处理松散砂土、粉土、粉质黏土、素填土、杂填土等地基，以及用于处理可液化地基。饱和黏土地基，如对变形控制不严格，可采用砂石桩置换处理。

2 对大型的、重要的或场地地层复杂的工程，以及对于处理不排水抗剪强度不小于 20kPa 的饱和黏性土和饱和黄土地基，应在施工前通过现场试验确定其适用性。

3 不加填料振冲挤密法适用于处理黏粒含量不大于 10% 的中砂、粗砂地基，在初步设计阶段宜进行现场工艺试验，确定不加填料振密的可行性，确定孔距、振密电流值、振冲水压力、振后砂层的物理力学指标等施工参数；30kW 振冲器振密深度不宜超过 7m，75kW 振冲器振密深度不宜超过 15m。

**7.2.2** 振冲碎石桩、沉管砂石桩复合地基设计应符合下列规定：

1 地基处理范围应根据建筑物的重要性和场地条件确定，宜在基础外缘扩大（1～3）排桩。对可液化地基，在基础外缘扩大宽度不应小于基底下可液化土层厚度的 1/2，且不应小于 5m。

2 桩位布置，对大面积满堂基础和独立基础，可采用三角形、正方形、矩形布桩；对条形基础，可沿基础轴线采用单排布桩或对称轴线多排布桩。

3 桩径可根据地基土质情况、成桩方式和成桩设备等因素确定，桩的平均直径可按每根桩所用填料量计算。振冲碎石桩桩径宜为 800mm～1200mm；沉管砂石桩桩径宜为 300mm～800mm。

4 桩间距应通过现场试验确定，并应符合下列规定：

1）振冲碎石桩的桩间距应根据上部结构荷载大小和场地土层情况，并结合所采用的振冲器功率大小综合考虑；30kW 振冲器布桩间距可采用 1.3m～2.0m；55kW 振冲器布桩间距可采用 1.4m～2.5m；75kW 振冲器布桩间距可采用1.5m～3.0m；不加填料振冲挤密孔距可为2m～3m；

2）沉管砂石桩的桩间距，不宜大于砂石桩直径的4.5倍；初步设计时，对松散粉土和砂土地基，应根据挤密后要求达到的孔隙比确定，可按下列公式估算：

等边三角形布置

$$s = 0.95\xi d\sqrt{\frac{1+e_0}{e_0-e_1}} \quad (7.2.2\text{-}1)$$

正方形布置

$$s = 0.89\xi d\sqrt{\frac{1+e_0}{e_0-e_1}} \quad (7.2.2\text{-}2)$$

$$e_1 = e_{max} - D_{r1}(e_{max} - e_{min}) \quad (7.2.2\text{-}3)$$

式中：$s$——砂石桩间距（m）；

$d$——砂石桩直径（m）；

$\xi$——修正系数，当考虑振动下沉密实作用时，可取1.1～1.2；不考虑振动下沉密实作用时，可取1.0；

$e_0$——地基处理前砂土的孔隙比，可按原状土样试验确定，也可根据动力或静力触探等对比试验确定；

$e_1$——地基挤密后要求达到的孔隙比；

$e_{max}$、$e_{min}$——砂土的最大、最小孔隙比，可按现行国家标准《土工试验方法标准》GB/T 50123的有关规定确定；

$D_{r1}$——地基挤密后要求砂土达到的相对密实度，可取0.70～0.85。

**5** 桩长可根据工程要求和工程地质条件，通过计算确定并应符合下列规定：

1）当相对硬土层埋深较浅时，可按相对硬层埋深确定；

2）当相对硬土层埋深较大时，应按建筑物地基变形允许值确定；

3）对按稳定性控制的工程，桩长应不小于最危险滑动面以下2.0m的深度；

4）对可液化的地基，桩长应按要求处理液化的深度确定；

5）桩长不宜小于4m。

**6** 振冲桩桩体材料可采用含泥量不大于5%的碎石、卵石、矿渣或其他性能稳定的硬质材料，不宜使用风化易碎的石料。对30kW振冲器，填料粒径宜为20mm～80mm；对55kW振冲器，填料粒径宜为30mm～100mm；对75kW振冲器，填料粒径宜为40mm～150mm。沉管桩桩体材料可用含泥量不大于5%的碎石、卵石、角砾、圆砾、砾砂、粗砂、中砂或石屑等硬质材料，最大粒径不宜大于50mm。

**7** 桩顶和基础之间宜铺设厚度为300mm～500mm的垫层，垫层材料宜用中砂、粗砂、级配砂石和碎石等，最大粒径不宜大于30mm，其夯填度（夯实后的厚度与虚铺厚度的比值）不应大于0.9。

**8** 复合地基的承载力初步设计可按本规范（7.1.5-1）式估算，处理后桩间土承载力特征值，可按地区经验确定，如无经验时，对于一般黏性土地基，可取天然地基承载力特征值，松散的砂土、粉土可取原天然地基承载力特征值的（1.2～1.5）倍；复合地基桩土应力比$n$，宜采用实测值确定，如无实测资料时，对于黏性土可取2.0～4.0，对于砂土、粉土可取1.5～3.0。

**9** 复合地基变形计算应符合本规范第7.1.7条和第7.1.8条的规定。

**10** 对处理堆载场地地基，应进行稳定性验算。

**7.2.3** 振冲碎石桩施工应符合下列规定：

**1** 振冲施工可根据设计荷载的大小、原土强度的高低、设计桩长等条件选用不同功率的振冲器。施工前应在现场进行试验，以确定水压、振密电流和留振时间等各种施工参数。

**2** 升降振冲器的机械可用起重机、自行井架式施工平车或其他合适的设备。施工设备应配有电流、电压和留振时间自动信号仪表。

**3** 振冲施工可按下列步骤进行：

1）清理平整施工场地，布置桩位；

2）施工机具就位，使振冲器对准桩位；

3）启动供水泵和振冲器，水压宜为200kPa～600kPa，水量宜为200L/min～400L/min，将振冲器徐徐沉入土中，造孔速度宜为0.5m/min～2.0m/min，直至达到设计深度；记录振冲器经各深度的水压、电流和留振时间；

4）造孔后边提升振冲器，边冲水直至孔口，再放至孔底，重复（2～3）次扩大孔径并使孔内泥浆变稀，开始填料制桩；

5）大功率振冲器投料可不提出孔口，小功率振冲器下料困难时，可将振冲器提出孔口填料，每次填料厚度不宜大于500mm；将振冲器沉入填料中进行振密制桩，当电流达到规定的密实电流值和规定的留振时间后，将振冲器提升300mm～500mm；

6）重复以上步骤，自下而上逐段制作桩体直至孔口，记录各段深度的填料量、最终电流值和留振时间；

7）关闭振冲器和水泵。

**4** 施工现场应事先开设泥水排放系统，或组织好运浆车辆将泥浆运至预先安排的存放地点，应设置沉淀池，重复使用上部清水。

**5** 桩体施工完毕后，应将顶部预留的松散桩体挖除，铺设垫层并压实。

6　不加填料振冲加密宜采用大功率振冲器，造孔速度宜为8m/min～10m/min，到达设计深度后，宜将射水量减至最小，留振至密实电流达到规定时，上提0.5m，逐段振密直至孔口，每米振密时间约1min。在粗砂中施工，如遇下沉困难，可在振冲器两侧增焊辅助水管，加大造孔水量，降低造孔水压。

7　振密孔施工顺序，宜沿直线逐点逐行进行。

**7.2.4**　沉管砂石桩施工应符合下列规定：

1　砂石桩施工可采用振动沉管、锤击沉管或冲击成孔等成桩法。当用于消除粉细砂及粉土液化时，宜用振动沉管成桩法。

2　施工前应进行成桩工艺和成桩挤密试验。当成桩质量不能满足设计要求时，应调整施工参数后，重新进行试验或设计。

3　振动沉管成桩法施工，应根据沉管和挤密情况，控制填砂石量、提升高度和速度、挤压次数和时间、电机的工作电流等。

4　施工中应选用能顺利出料和有效挤压桩孔内砂石料的桩尖结构。当采用活瓣桩靴时，对砂土和粉土地基宜选用尖锥形；一次性桩尖可采用混凝土锥形桩尖。

5　锤击沉管成桩法施工可采用单管法或双管法。锤击法挤密应根据锤击能量，控制分段的填砂石量和成桩的长度。

6　砂石桩桩孔内材料填料量，应通过现场试验确定，估算时，可按设计桩孔体积乘以充盈系数确定，充盈系数可取1.2～1.4。

7　砂石桩的施工顺序：对砂土地基宜从外围或两侧向中间进行。

8　施工时桩位偏差不应大于套管外径的30%，套管垂直度允许偏差应为±1%。

9　砂石桩施工后，应将表层的松散层挖除或夯压密实，随后铺设并压实砂石垫层。

**7.2.5**　振冲碎石桩、沉管砂石桩复合地基的质量检验应符合下列规定：

1　检查各项施工记录，如有遗漏或不符合要求的桩，应补桩或采取其他有效的补救措施。

2　施工后，应间隔一定时间方可进行质量检验。对粉质黏土地基不宜少于21d，对粉土地基不宜少于14d，对砂土和杂填土地基不宜少于7d。

3　施工质量的检验，对桩体可采用重型动力触探试验；对桩间土可采用标准贯入、静力触探、动力触探或其他原位测试等方法；对消除液化的地基检验应采用标准贯入试验。桩间土质量的检测位置应在等边三角形或正方形的中心。检验深度不应小于处理地基深度，检测数量不应少于桩孔总数的2%。

**7.2.6**　竣工验收时，地基承载力检验应采用复合地基静载荷试验，试验数量不应少于总桩数的1%，且每个单体建筑不应少于3点。

## 7.3　水泥土搅拌桩复合地基

**7.3.1**　水泥土搅拌桩复合地基处理应符合下列规定：

1　适用于处理正常固结的淤泥、淤泥质土、素填土、黏性土（软塑、可塑）、粉土（稍密、中密）、粉细砂（松散、中密）、中粗砂（松散、稍密）、饱和黄土等土层。不适用于含大孤石或障碍物较多且不易清除的杂填土、欠固结的淤泥和淤泥质土、硬塑及坚硬的黏性土、密实的砂类土，以及地下水渗流影响成桩质量的土层。当地基土的天然含水量小于30%（黄土含水量小于25%）时不宜采用粉体搅拌法。冬期施工时，应考虑负温对处理地基效果的影响。

2　水泥土搅拌桩的施工工艺分为浆液搅拌法（以下简称湿法）和粉体搅拌法（以下简称干法）。可采用单轴、双轴、多轴搅拌或连续成槽搅拌形成柱状、壁状、格栅状或块状水泥土加固体。

3　对采用水泥土搅拌桩处理地基，除应按现行国家标准《岩土工程勘察规范》GB 50021要求进行岩土工程详细勘察外，尚应查明拟处理地基土层的pH值、塑性指数、有机质含量、地下障碍物及软土分布情况、地下水位及其运动规律等。

4　设计前，应进行处理地基土的室内配比试验。针对现场拟处理地基土层的性质，选择合适的固化剂、外掺剂及其掺量，为设计提供不同龄期、不同配比的强度参数。对竖向承载的水泥土强度宜取90d龄期试块的立方体抗压强度平均值。

5　增强体的水泥掺量不应小于12%，块状加固时水泥掺量不应小于加固天然土质量的7%；湿法的水泥浆水灰比可取0.5～0.6。

6　水泥土搅拌桩复合地基宜在基础和桩之间设置褥垫层，厚度可取200mm～300mm。褥垫层材料可选用中砂、粗砂、级配砂石等，最大粒径不宜大于20mm。褥垫层的夯填度不应大于0.9。

**7.3.2　水泥土搅拌桩用于处理泥炭土、有机质土、pH值小于4的酸性土、塑性指数大于25的黏土，或在腐蚀性环境中以及无工程经验的地区使用时，必须通过现场和室内试验确定其适用性。**

**7.3.3**　水泥土搅拌桩复合地基设计应符合下列规定：

1　搅拌桩的长度，应根据上部结构对地基承载力和变形的要求确定，并应穿透软弱土层到达地基承载力相对较高的土层；当设置的搅拌桩同时为提高地基稳定性时，其桩长应超过危险滑弧以下不少于2.0m；干法的加固深度不宜大于15m，湿法加固深度不宜大于20m。

2　复合地基的承载力特征值，应通过现场单桩或多桩复合地基静载荷试验确定。初步设计时可按本规范式（7.1.5-2）估算，处理后桩间土承载力特征值$f_{sk}$（kPa）可取天然地基承载力特征值；桩间土承载力发挥系数$\beta$，对淤泥、淤泥质土和流塑状软土等处理土层，可取 0.1～0.4，对其他土层可取 0.4～0.8；单桩承载力发挥系数 $\lambda$ 可取 1.0。

**3** 单桩承载力特征值，应通过现场静载荷试验确定。初步设计时可按本规范式（7.1.5-3）估算，桩端端阻力发挥系数可取 0.4～0.6；桩端端阻力特征值，可取桩端土未修正的地基承载力特征值，并应满足式（7.3.3）的要求，应使由桩身材料强度确定的单桩承载力不小于由桩周土和桩端土的抗力所提供的单桩承载力。

$$R_a = \eta f_{cu} A_p \quad (7.3.3)$$

式中：$f_{cu}$ ——与搅拌桩桩身水泥土配比相同的室内加固土试块，边长为 70.7mm 的立方体在标准养护条件下 90d 龄期的立方体抗压强度平均值（kPa）；

$\eta$ ——桩身强度折减系数，干法可取 0.20～0.25；湿法可取 0.25。

**4** 桩长超过 10m 时，可采用固化剂变掺量设计。在全长桩身水泥总掺量不变的前提下，桩身上部 1/3 桩长范围内，可适当增加水泥掺量及搅拌次数。

**5** 桩的平面布置可根据上部结构特点及对地基承载力和变形的要求，采用柱状、壁状、格栅状或块状等加固形式。独立基础下的桩数不宜少于 4 根。

**6** 当搅拌桩处理范围以下存在软弱下卧层时，应按现行国家标准《建筑地基基础设计规范》GB 50007 的有关规定进行软弱下卧层地基承载力验算。

**7** 复合地基的变形计算应符合本规范第 7.1.7 条和第 7.1.8 条的规定。

**7.3.4** 用于建筑物地基处理的水泥土搅拌桩施工设备，其湿法施工配备注浆泵的额定压力不宜小于 5.0MPa；干法施工的最大送粉压力不应小于 0.5MPa。

**7.3.5** 水泥土搅拌桩施工应符合下列规定：

**1** 水泥土搅拌桩施工现场施工前应予以平整，清除地上和地下的障碍物。

**2** 水泥土搅拌桩施工前，应根据设计进行工艺性试桩，数量不得少于 3 根，多轴搅拌施工不得少于 3 组。应对工艺试桩的质量进行检验，确定施工参数。

**3** 搅拌头翼片的枚数、宽度、与搅拌轴的垂直夹角、搅拌头的回转数、提升速度应相互匹配，干法搅拌时钻头每转一圈的提升（或下沉）量宜为 10mm～15mm，确保加固深度范围内土体的任何一点均能经过 20 次以上的搅拌。

**4** 搅拌桩施工时，停浆（灰）面应高于桩顶设计标高 500mm。在开挖基坑时，应将桩顶以上土层及桩顶施工质量较差的桩段，采用人工挖除。

**5** 施工中，应保持搅拌桩机底盘的水平和导向架的竖直，搅拌桩的垂直度允许偏差和桩位偏差应满足本规范第 7.1.4 条的规定；成桩直径和桩长不得小于设计值。

**6** 水泥土搅拌桩施工应包括下列主要步骤：

**1）** 搅拌机械就位、调平；

**2）** 预搅下沉至设计加固深度；

**3）** 边喷浆（或粉），边搅拌提升直至预定的停浆（或灰）面；

**4）** 重复搅拌下沉至设计加固深度；

**5）** 根据设计要求，喷浆（或粉）或仅搅拌提升直至预定的停浆（或灰）面；

**6）** 关闭搅拌机械。

在预（复）搅下沉时，也可采用喷浆（粉）的施工工艺，确保全桩长上下至少再重复搅拌一次。

对地基土进行干法咬合加固时，如复搅困难，可采用慢速搅拌，保证搅拌的均匀性。

**7** 水泥土搅拌湿法施工应符合下列规定：

**1）** 施工前，应确定灰浆泵输浆量、灰浆经输浆管到达搅拌机喷浆口的时间和起吊设备提升速度等施工参数，并应根据设计要求，通过工艺性成桩试验确定施工工艺；

**2）** 施工中所使用的水泥应过筛，制备好的浆液不得离析，泵送浆应连续进行。拌制水泥浆液的罐数、水泥和外掺剂用量以及泵送浆液的时间应记录；喷浆量及搅拌深度应采用经国家计量部门认证的监测仪器进行自动记录；

**3）** 搅拌机喷浆提升的速度和次数应符合施工工艺要求，并设专人进行记录；

**4）** 当水泥浆液到达出浆口后，应喷浆搅拌 30s，在水泥浆与桩端土充分搅拌后，再开始提升搅拌头；

**5）** 搅拌机预搅下沉时，不宜冲水，当遇到硬土层下沉太慢时，可适量冲水；

**6）** 施工过程中，如因故停浆，应将搅拌头下沉至停浆点以下 0.5m 处，待恢复供浆时，再喷浆搅拌提升；若停机超过 3h，宜先拆卸输浆管路，并妥加清洗；

**7）** 壁状加固时，相邻桩的施工时间间隔不宜超过 12h。

**8** 水泥土搅拌干法施工应符合下列规定：

**1）** 喷粉施工前，应检查搅拌机械、供粉泵、送气（粉）管路、接头和阀门的密封性、可靠性，送气（粉）管路的长度不宜大于 60m；

**2）** 搅拌头每旋转一周，提升高度不得超过 15mm；

**3）** 搅拌头的直径应定期复核检查，其磨耗量不得大于 10mm；

**4）** 当搅拌头到达设计桩底以上 1.5m 时，应开启喷粉机提前进行喷粉作业；当搅拌头提升至地面下500mm时，喷粉机应停止喷粉；

5）成桩过程中，因故停止喷粉，应将搅拌头下沉至停灰面以下1m处，待恢复喷粉时，再喷粉搅拌提升。

**7.3.6 水泥土搅拌桩干法施工机械必须配置经国家计量部门确认的具有能瞬时检测并记录出粉体计量装置及搅拌深度自动记录仪。**

7.3.7 水泥土搅拌桩复合地基质量检验应符合下列规定：

1 施工过程中应随时检查施工记录和计量记录。

2 水泥土搅拌桩的施工质量检验可采用下列方法：

1）成桩3d内，采用轻型动力触探（$N_{10}$）检查上部桩身的均匀性，检验数量为施工总桩数的1%，且不少于3根；

2）成桩7d后，采用浅部开挖桩头进行检查，开挖深度宜超过停浆（灰）面下0.5m，检查搅拌的均匀性，量测成桩直径，检查数量不少于总桩数的5%。

3 静载荷试验宜在成桩28d后进行。水泥土搅拌桩复合地基承载力检验应采用复合地基静载荷试验和单桩静载荷试验，验收检验数量不少于总桩数的1%，复合地基静载荷试验数量不少于3台（多轴搅拌为3组）。

4 对变形有严格要求的工程，应在成桩28d后，采用双管单动取样器钻取芯样作水泥土抗压强度检验，检验数量为施工总桩数的0.5%，且不少于6点。

7.3.8 基槽开挖后，应检验桩位、桩数与桩顶桩身质量，如不符合设计要求，应采取有效补强措施。

## 7.4 旋喷桩复合地基

7.4.1 旋喷桩复合地基处理应符合下列规定：

1 适用于处理淤泥、淤泥质土、黏性土（流塑、软塑和可塑）、粉土、砂土、黄土、素填土和碎石土等地基。对土中含有较多的大直径块石、大量植物根茎和高含量的有机质，以及地下水流速较大的工程，应根据现场试验结果确定其适应性。

2 旋喷桩施工，应根据工程需要和土质条件选用单管法、双管法和三管法；旋喷桩加固体形状可分为柱状、壁状、条状或块状。

3 在制定旋喷桩方案时，应搜集邻近建筑物和周边地下埋设物等资料。

4 旋喷桩方案确定后，应结合工程情况进行现场试验，确定施工参数及工艺。

7.4.2 旋喷桩加固体强度和直径，应通过现场试验确定。

7.4.3 旋喷桩复合地基承载力特征值和单桩竖向承载力特征值应通过现场静载荷试验确定。初步设计时，可按本规范式（7.1.5-2）和式（7.1.5-3）估算，其桩身材料强度尚应满足式（7.1.6-1）和式（7.1.6-2）要求。

7.4.4 旋喷桩复合地基的地基变形计算应符合本规范第7.1.7条和第7.1.8条的规定。

7.4.5 当旋喷桩处理地基范围以下存在软弱下卧层时，应按现行国家标准《建筑地基基础设计规范》GB 50007的有关规定进行软弱下卧层地基承载力验算。

7.4.6 旋喷桩复合地基宜在基础和桩顶之间设置褥垫层。褥垫层厚度宜为150mm～300mm，褥垫层材料可选用中砂、粗砂和级配砂石等，褥垫层最大粒径不宜大于20mm。褥垫层的夯填度不应大于0.9。

7.4.7 旋喷桩的平面布置可根据上部结构和基础特点确定，独立基础下的桩数不应少于4根。

7.4.8 旋喷桩施工应符合下列规定：

1 施工前，应根据现场环境和地下埋设物的位置等情况，复核旋喷桩的设计孔位。

2 旋喷桩的施工工艺及参数应根据土质条件、加固要求，通过试验或根据工程经验确定。单管法、双管法高压水泥浆和三管法高压水的压力应大于20MPa，流量应大于30L/min，气流压力宜大于0.7MPa，提升速度宜为0.1m/min～0.2m/min。

3 旋喷注浆，宜采用强度等级为42.5级的普通硅酸盐水泥，可根据需要加入适量的外加剂及掺合料。外加剂和掺合料的用量，应通过试验确定。

4 水泥浆液的水灰比宜为0.8～1.2。

5 旋喷桩的施工工序为：机具就位、贯入喷射管、喷射注浆、拔管和冲洗等。

6 喷射孔与高压注浆泵的距离不宜大于50m。钻孔位置的允许偏差应为±50mm。垂直度允许偏差应为±1%。

7 当喷射注浆管贯入土中，喷嘴达到设计标高时，即可喷射注浆。在喷射注浆参数达到规定值后，随即按旋喷的工艺要求，提升喷射管，由下而上旋转喷射注浆。喷射管分段提升的搭接长度不得小于100mm。

8 对需要局部扩大加固范围或提高强度的部位，可采用复喷措施。

9 在旋喷注浆过程中出现压力骤然下降、上升或冒浆异常时，应查明原因并及时采取措施。

10 旋喷注浆完毕，应迅速拔出喷射管。为防止浆液凝固收缩影响桩顶高程，可在原孔位采用冒浆回灌或第二次注浆等措施。

11 施工中应做好废泥浆处理，及时将废泥浆运出或在现场短期堆放后作土方运出。

12 施工中应严格按照施工参数和材料用量施工，用浆量和提升速度应采用自动记录装置，并做好各项施工记录。

**7.4.9** 旋喷桩质量检验应符合下列规定：

**1** 旋喷桩可根据工程要求和当地经验采用开挖检查、钻孔取芯、标准贯入试验、动力触探和静载荷试验等方法进行检验；

**2** 检验点布置应符合下列规定：

1）有代表性的桩位；

2）施工中出现异常情况的部位；

3）地基情况复杂，可能对旋喷桩质量产生影响的部位。

**3** 成桩质量检验点的数量不少于施工孔数的2%，并不应少于6点；

**4** 承载力检验宜在成桩28d后进行。

**7.4.10** 竣工验收时，旋喷桩复合地基承载力检验应采用复合地基静载荷试验和单桩静载荷试验。检验数量不得少于总桩数的1%，且每个单体工程复合地基静载荷试验的数量不得少于3台。

## 7.5 灰土挤密桩和土挤密桩复合地基

**7.5.1** 灰土挤密桩、土挤密桩复合地基处理应符合下列规定：

**1** 适用于处理地下水位以上的粉土、黏性土、素填土、杂填土和湿陷性黄土等地基，可处理地基的厚度宜为3m～15m；

**2** 当以消除地基土的湿陷性为主要目的时，可选用土挤密桩；当以提高地基土的承载力或增强其水稳性为主要目的时，宜选用灰土挤密桩；

**3** 当地基土的含水量大于24%、饱和度大于65%时，应通过试验确定其适用性；

**4** 对重要工程或在缺乏经验的地区，施工前应按设计要求，在有代表性的地段进行现场试验。

**7.5.2** 灰土挤密桩、土挤密桩复合地基设计应符合下列规定：

**1** 地基处理的面积：当采用整片处理时，应大于基础或建筑物底层平面的面积，超出建筑物外墙基础底面外缘的宽度，每边不宜小于处理土层厚度的1/2，且不应小于2m；当采用局部处理时，对非自重湿陷性黄土、素填土和杂填土等地基，每边不应小于基础底面宽度的25%，且不应小于0.5m；对自重湿陷性黄土地基，每边不应小于基础底面宽度的75%，且不应小于1.0m。

**2** 处理地基的深度，应根据建筑场地的土质情况、工程要求和成孔及夯实设备等综合因素确定。对湿陷性黄土地基，应符合现行国家标准《湿陷性黄土地区建筑规范》GB 50025的有关规定。

**3** 桩孔直径宜为300mm～600mm。桩孔宜按等边三角形布置，桩孔之间的中心距离，可为桩孔直径的（2.0～3.0）倍，也可按下式估算：

$$s = 0.95d\sqrt{\frac{\bar{\eta}_c \rho_{dmax}}{\bar{\eta}_c \rho_{dmax} - \bar{\rho}_d}} \qquad (7.5.2\text{-}1)$$

式中：$s$——桩孔之间的中心距离（m）；

$d$——桩孔直径（m）；

$\rho_{dmax}$——桩间土的最大干密度（$t/m^3$）；

$\bar{\rho}_d$——地基处理前土的平均干密度（$t/m^3$）；

$\bar{\eta}_c$——桩间土经成孔挤密后的平均挤密系数，不宜小于0.93。

**4** 桩间土的平均挤密系数$\bar{\eta}_c$，应按下式计算：

$$\bar{\eta}_c = \frac{\bar{\rho}_{d1}}{\rho_{dmax}} \qquad (7.5.2\text{-}2)$$

式中：$\bar{\rho}_{d1}$——在成孔挤密深度内，桩间土的平均干密度（$t/m^3$），平均试样数不应少于6组。

**5** 桩孔的数量可按下式估算：

$$n = \frac{A}{A_e} \qquad (7.5.2\text{-}3)$$

式中：$n$——桩孔的数量；

$A$——拟处理地基的面积（$m^2$）；

$A_e$——单根土或灰土挤密桩所承担的处理地基面积（$m^2$），即：

$$A_e = \frac{\pi d_e^2}{4} \qquad (7.5.2\text{-}4)$$

式中：$d_e$——单根桩分担的处理地基面积的等效圆直径（m）。

**6** 桩孔内的灰土填料，其消石灰与土的体积配合比，宜为2∶8或3∶7。土料宜选用粉质黏土，土料中的有机质含量不应超过5%，且不得含有冻土，渣土垃圾粒径不应超过15mm。石灰可选用新鲜的消石灰或生石灰粉，粒径不应大于5mm。消石灰的质量应合格，有效$CaO+MgO$含量不得低于60%。

**7** 孔内填料应分层回填夯实，填料的平均压实系数$\bar{\lambda}_c$不应低于0.97，其中压实系数最小值不应低于0.93。

**8** 桩顶标高以上应设置300mm～600mm厚的褥垫层。垫层材料可根据工程要求采用2∶8或3∶7灰土、水泥土等。其压实系数均不应低于0.95。

**9** 复合地基承载力特征值，应按本规范第7.1.5条确定。初步设计时，可按本规范式（7.1.5-1）进行估算。桩土应力比应按试验或地区经验确定。灰土挤密桩复合地基承载力特征值，不宜大于处理前天然地基承载力特征值的2.0倍，且不宜大于250kPa；对土挤密桩复合地基承载力特征值，不宜大于处理前天然地基承载力特征值的1.4倍，且不宜大于180kPa。

**10** 复合地基的变形计算应符合本规范第7.1.7条和第7.1.8条的规定。

**7.5.3** 灰土挤密桩、土挤密桩施工应符合下列规定：

**1** 成孔应按设计要求、成孔设备、现场土质和周围环境等情况，选用振动沉管、锤击沉管、冲击或钻孔等方法；

**2** 桩顶设计标高以上的预留覆盖土层厚度，宜符合下列规定：

1）沉管成孔不宜小于0.5m；

2）冲击成孔或钻孔夯扩法成孔不宜小于1.2m。

3 成孔时，地基土宜接近最优（或塑限）含水量，当土的含水量低于12%时，宜对拟处理范围内的土层进行增湿，应在地基处理前（4～6）d，将需增湿的水通过一定数量和一定深度的渗水孔，均匀地浸入拟处理范围内的土层中，增湿土的加水量可按下式估算：

$$Q = v\bar{\rho}_d(w_{op} - \bar{w})k \quad (7.5.3)$$

式中：$Q$——计算加水量（t）；

$v$——拟加固土的总体积（$m^3$）；

$\bar{\rho}_d$——地基处理前土的平均干密度（$t/m^3$）；

$w_{op}$——土的最优含水量（%），通过室内击实试验求得；

$\bar{w}$——地基处理前土的平均含水量（%）；

$k$——损耗系数，可取1.05～1.10。

4 土料有机质含量不应大于5%，且不得含有冻土和膨胀土，使用时应过10mm～20mm的筛，混合料含水量应满足最优含水量要求，允许偏差应为±2%，土料和水泥应拌合均匀；

5 成孔和孔内回填夯实应符合下列规定：

1）成孔和孔内回填夯实的施工顺序，当整片处理地基时，宜从里（或中间）向外间隔（1～2）孔依次进行，对大型工程，可采取分段施工；当局部处理地基时，宜从外向里间隔（1～2）孔依次进行；

2）向孔内填料前，孔底应夯实，并应检查桩孔的直径、深度和垂直度；

3）桩孔的垂直度允许偏差应为±1%；

4）孔中心距允许偏差应为桩距的±5%；

5）经检验合格后，应按设计要求，向孔内分层填入筛好的素土、灰土或其他填料，并应分层夯实至设计标高。

6 铺设灰土垫层前，应按设计要求将桩顶标高以上的预留松动土层挖除或夯（压）密实；

7 施工过程中，应有专人监督成孔及回填夯实的质量，并应做好施工记录；如发现地基土质与勘察资料不符，应立即停止施工，待查明情况或采取有效措施处理后，方可继续施工；

8 雨期或冬期施工，应采取防雨或防冻措施，防止填料受雨水淋湿或冻结。

**7.5.4** 灰土挤密桩、土挤密桩复合地基质量检验应符合下列规定：

1 桩孔质量检验应在成孔后及时进行，所有桩孔均需检验并作出记录，检验合格或经处理后方可进行夯填施工。

2 应随机抽样检测夯后桩长范围内灰土或土填料的平均压实系数 $\bar{\lambda}_c$，抽检的数量不应少于桩总数的1%，且不得少于9根。对灰土桩桩身强度有怀疑时，尚应检验消石灰与土的体积配合比。

3 应抽样检验处理深度内桩间土的平均挤密系数 $\bar{\eta}_c$，检测探井数不应少于总桩数的0.3%，且每项单体工程不得少于3个。

4 对消除湿陷性的工程，除应检测上述内容外，尚应进行现场浸水静载荷试验，试验方法应符合现行国家标准《湿陷性黄土地区建筑规范》GB 50025的规定。

5 承载力检验应在成桩后14d～28d后进行，检测数量不应少于总桩数的1%，且每项单体工程复合地基静载荷试验不应少于3点。

**7.5.5** 竣工验收时，灰土挤密桩、土挤密桩复合地基的承载力检验应采用复合地基静载荷试验。

## 7.6 夯实水泥土桩复合地基

**7.6.1** 夯实水泥土桩复合地基处理应符合下列规定：

1 适用于处理地下水位以上的粉土、黏性土、素填土和杂填土等地基，处理地基的深度不宜大于15m；

2 岩土工程勘察应查明土层厚度、含水量、有机质含量等；

3 对重要工程或在缺乏经验的地区，施工前应按设计要求，选择地质条件有代表性的地段进行试验性施工。

**7.6.2** 夯实水泥土桩复合地基设计应符合下列规定：

1 夯实水泥土桩宜在建筑物基础范围内布置；基础边缘距离最外一排桩中心的距离不宜小于1.0倍桩径；

2 桩长的确定：当相对硬土层埋藏较浅时，应按相对硬土层的埋藏深度确定；当相对硬土层的埋藏较深时，可按建筑物地基的变形允许值确定；

3 桩孔直径宜为300mm～600mm；桩孔宜按等边三角形或方形布置，桩间距可为桩孔直径的（2～4）倍；

4 桩孔内的填料，应根据工程要求进行配比试验，并应符合本规范第7.1.6条的规定；水泥与土的体积配合比宜为1∶5～1∶8；

5 孔内填料应分层回填夯实，填料的平均压实系数 $\bar{\lambda}_c$ 不应低于0.97，压实系数最小值不应低于0.93；

6 桩顶标高以上应设置厚度为100mm～300mm的褥垫层；垫层材料可采用粗砂、中砂或碎石等，垫层材料最大粒径不宜大于20mm；褥垫层的夯填度不应大于0.9；

7 复合地基承载力特征值应按本规范第7.1.5条规定确定；初步设计时可按公式（7.1.5-2）进行估算；桩间土承载力发挥系数 $\beta$ 可取0.9～1.0；单桩承载力发挥系数 $\lambda$ 可取1.0；

8 复合地基的变形计算应符合本规范第7.1.7条和第7.1.8条的有关规定。

**7.6.3** 夯实水泥土桩施工应符合下列规定：

1 成孔应根据设计要求、成孔设备、现场土质和周围环境等，选用钻孔、洛阳铲成孔等方法。当采用人工洛阳铲成孔工艺时，处理深度不宜大于6.0m。

2 桩顶设计标高以上的预留覆盖土层厚度不宜小于0.3m。

3 成孔和孔内回填夯实应符合下列规定：

1）宜选用机械成孔和夯实；

2）向孔内填料前，孔底应夯实；分层夯填时，夯锤落距和填料厚度应满足夯填密实度的要求；

3）土料有机质含量不应大于5%，且不得含有冻土和膨胀土，混合料含水量应满足最优含水量要求，允许偏差应为±2%，土料和水泥应拌合均匀；

4）成孔经检验合格后，按设计要求，向孔内分层填入拌合好的水泥土，并应分层夯实至设计标高。

4 铺设垫层前，应按设计要求将桩顶标高以上的预留土层挖除。垫层施工应避免扰动基底土层。

5 施工过程中，应有专人监理成孔及回填夯实的质量，并应做好施工记录。如发现地基土质与勘察资料不符，应立即停止施工，待查明情况或采取有效措施处理后，方可继续施工。

6 雨期或冬期施工，应采取防雨或防冻措施，防止填料受雨水淋湿或冻结。

**7.6.4** 夯实水泥土桩复合地基质量检验应符合下列规定：

1 成桩后，应及时抽样检验水泥土桩的质量；

2 夯填桩体的干密度质量检验应随机抽样检测，抽检的数量不应少于总桩数的2%；

3 复合地基静载荷试验和单桩静载荷试验检验数量不应少于桩总数的1%，且每项单体工程复合地基静载荷试验检验数量不应少于3点。

**7.6.5** 竣工验收时，夯实水泥土桩复合地基承载力检验应采用单桩复合地基静载荷试验和单桩静载荷试验；对重要或大型工程，尚应进行多桩复合地基静载荷试验。

## 7.7 水泥粉煤灰碎石桩复合地基

**7.7.1** 水泥粉煤灰碎石桩复合地基适用于处理黏性土、粉土、砂土和自重固结已完成的素填土地基。对淤泥质土应按地区经验或通过现场试验确定其适用性。

**7.7.2** 水泥粉煤灰碎石桩复合地基设计应符合下列规定：

1 水泥粉煤灰碎石桩，应选择承载力和压缩模量相对较高的土层作为桩端持力层。

2 桩径：长螺旋钻中心压灌、干成孔和振动沉管成桩宜为350mm～600mm；泥浆护壁钻孔成桩宜为600mm～800mm；钢筋混凝土预制桩宜为300mm～600mm。

3 桩间距应根据基础形式、设计要求的复合地基承载力和变形、土性及施工工艺确定：

1）采用非挤土成桩工艺和部分挤土成桩工艺，桩间距宜为（3～5）倍桩径；

2）采用挤土成桩工艺和墙下条形基础单排布桩的桩间距宜为（3～6）倍桩径；

3）桩长范围内有饱和粉土、粉细砂、淤泥、淤泥质土层，采用长螺旋钻中心压灌成桩施工中可能发生窜孔时宜采用较大桩距。

4 桩顶和基础之间应设置褥垫层，褥垫层厚度宜为桩径的40%～60%。褥垫材料宜采用中砂、粗砂、级配砂石和碎石等，最大粒径不宜大于30mm。

5 水泥粉煤灰碎石桩可只在基础范围内布桩，并可根据建筑物荷载分布、基础形式和地基土性状，合理确定布桩参数：

1）内筒外框结构内筒部位可采用减小桩距、增大桩长或桩径布桩；

2）对相邻柱荷载水平相差较大的独立基础，应按变形控制确定桩长和桩距；

3）筏板厚度与跨距之比小于1/6的平板式筏基、梁的高跨比大于1/6且板的厚跨比（筏板厚度与梁的中心距之比）小于1/6的梁板式筏基，应在柱（平板式筏基）和梁（梁板式筏基）边缘每边外扩2.5倍板厚的面积范围内布桩；

4）对荷载水平不高的墙下条形基础可采用墙下单排布桩。

6 复合地基承载力特征值应按本规范第7.1.5条规定确定。初步设计时，可按式(7.1.5-2)估算，其中单桩承载力发挥系数$\lambda$和桩间土承载力发挥系数$\beta$应按地区经验取值，无经验时$\lambda$可取0.8～0.9；$\beta$可取0.9～1.0；处理后桩间土的承载力特征值$f_{sk}$，对非挤土成桩工艺，可取天然地基承载力特征值；对挤土成桩工艺，一般黏性土可取天然地基承载力特征值；松散砂土、粉土可取天然地基承载力特征值的(1.2～1.5)倍，原土强度低的取大值。按式(7.1.5-3)估算单桩承载力时，桩端端阻力发挥系数$\alpha_p$可取1.0；桩身强度应满足本规范第7.1.6条的规定。

7 处理后的地基变形计算应符合本规范第7.1.7条和第7.1.8条的规定。

**7.7.3** 水泥粉煤灰碎石桩施工应符合下列规定：

1 可选用下列施工工艺：

1）长螺旋钻孔灌注成桩：适用于地下水位以上的黏性土、粉土、素填土、中等密实以上的砂土地基；

2）长螺旋钻中心压灌成桩：适用于黏性土、粉土、砂土和素填土地基，对噪声或泥浆污染要求严格的场地可优先选用；穿越卵石夹层时应通过试验确定适用性；

3）振动沉管灌注成桩：适用于粉土、黏性土及素填土地基；挤土造成地面隆起量大时，应采用较大桩距施工；

4）泥浆护壁成孔灌注成桩，适用于地下水位以下的黏性土、粉土、砂土、填土、碎石土及风化岩层等地基；桩长范围和桩端有承压水的土层应通过试验确定其适应性。

2 长螺旋钻中心压灌成桩施工和振动沉管灌注成桩施工应符合下列规定：

1）施工前，应按设计要求在试验室进行配合比试验；施工时，按配合比配制混合料；长螺旋钻中心压灌成桩施工的坍落度宜为160mm～200mm，振动沉管灌注成桩施工的坍落度宜为30mm～50mm；振动沉管灌注成桩后桩顶浮浆厚度不宜超过200mm；

2）长螺旋钻中心压灌成桩施工钻至设计深度后，应控制提拔钻杆时间，混合料泵送量应与拔管速度相配合，不得在饱和砂土或饱和粉土层内停泵待料；沉管灌注成桩施工拔管速度宜为1.2m/min～1.5m/min，如遇淤泥质土，拔管速度应适当减慢；当遇有松散饱和粉土、粉细砂或淤泥质土，当桩距较小时，宜采取隔桩跳打措施；

3）施工桩顶标高宜高出设计桩顶标高不少于0.5m；当施工作业面高出桩顶设计标高较大时，宜增加混凝土灌注量；

4）成桩过程中，应抽样做混合料试块，每台机械每台班不应少于一组。

3 冬期施工时，混合料入孔温度不得低于5℃，对桩头和桩间土应采取保温措施；

4 清土和截桩时，应采用小型机械或人工剔除等措施，不得造成桩顶标高以下桩身断裂或桩间土扰动；

5 褥垫层铺设宜采用静力压实法，当基础底面下桩间土的含水量较低时，也可采用动力夯实法，夯填度不应大于0.9；

6 泥浆护壁成孔灌注成桩和锤击、静压预制桩施工，应符合现行行业标准《建筑桩基技术规范》JGJ 94的规定。

**7.7.4** 水泥粉煤灰碎石桩复合地基质量检验应符合下列规定：

1 施工质量检验应检查施工记录、混合料坍落度、桩数、桩位偏差、褥垫层厚度、夯填度和桩体试块抗压强度等；

2 竣工验收时，水泥粉煤灰碎石桩复合地基承载力检验应采用复合地基静载荷试验和单桩静载荷试验；

3 承载力检验宜在施工结束28d后进行，其桩身强度应满足试验荷载条件；复合地基静载荷试验和单桩静载荷试验的数量不应少于总桩数的1%，且每个单体工程的复合地基静载荷试验的试验数量不应少于3点；

4 采用低应变动力试验检测桩身完整性，检查数量不低于总桩数的10%。

## 7.8 柱锤冲扩桩复合地基

**7.8.1** 柱锤冲扩桩复合地基适用于处理地下水位以上的杂填土、粉土、黏性土、素填土和黄土等地基；对地下水位以下饱和土层处理，应通过现场试验确定其适用性。

**7.8.2** 柱锤冲扩桩处理地基的深度不宜超过10m。

**7.8.3** 对大型的、重要的或场地复杂的工程，在正式施工前，应在有代表性的场地进行试验。

**7.8.4** 柱锤冲扩桩复合地基设计应符合下列规定：

1 处理范围应大于基底面积。对一般地基，在基础外缘应扩大（1～3）排桩，且不应小于基底下处理土层厚度的1/2；对可液化地基，在基础外缘扩大的宽度，不应小于基底下可液化土层厚度的1/2，且不应小于5m；

2 桩位布置宜为正方形和等边三角形，桩距宜为1.2m～2.5m或取桩径的（2～3）倍；

3 桩径宜为500mm～800mm，桩孔内填料量应通过现场试验确定；

4 地基处理深度：对相对硬土层埋藏较浅地基，应达到相对硬土层深度；对相对硬土层埋藏较深地基，应按下卧层地基承载力及建筑物地基的变形允许值确定；对可液化地基，应按现行国家标准《建筑抗震设计规范》GB 50011的有关规定确定；

5 桩顶部应铺设200mm～300mm厚砂石垫层，垫层的夯填度不应大于0.9；对湿陷性黄土，垫层材料应采用灰土，满足本规范第7.5.2条第8款的规定。

6 桩体材料可采用碎砖三合土、级配砂石、矿渣、灰土、水泥混合土等，当采用碎砖三合土时，其体积比可采用生石灰：碎砖：黏性土为1：2：4，当采用其他材料时，应通过试验确定其适用性和配合比；

7 承载力特征值应通过现场复合地基静载荷试验确定；初步设计时，可按式（7.1.5-1）估算，置换率 $m$ 宜取0.2～0.5；桩土应力比 $n$ 应通过试验确定或按地区经验确定；无经验值时，可取2～4；

8 处理后地基变形计算应符合本规范第7.1.7条和第7.1.8条的规定；

9 当柱锤冲扩桩处理深度以下存在软弱下卧层时，应按现行国家标准《建筑地基基础设计规范》GB 50007 的有关规定进行软弱下卧层地基承载力验算。

**7.8.5** 柱锤冲扩桩施工应符合下列规定：

1 宜采用直径 300mm～500mm、长度 2m～6m、质量 2t～10t 的柱状锤进行施工。

2 起重机具可用起重机、多功能冲扩桩机或其他专用机具设备。

3 柱锤冲扩桩复合地基施工可按下列步骤进行：

1) 清理平整施工场地，布置桩位。

2) 施工机具就位，使柱锤对准桩位。

3) 柱锤冲孔：根据土质及地下水情况可分别采用下列三种成孔方式：

① 冲击成孔：将柱锤提升一定高度，自由下落冲击土层，如此反复冲击，接近设计成孔深度时，可在孔内填少量粗骨料继续冲击，直到孔底被夯密实；

② 填料冲击成孔：成孔时出现缩颈或塌孔时，可分次填入碎砖和生石灰块，边冲击边将填料挤入孔壁及孔底，当孔底接近设计成孔深度时，夯入部分碎砖挤密桩端土；

③ 复打成孔：当塌孔严重难以成孔时，可提锤反复冲击至设计孔深，然后分次填入碎砖和生石灰块，待孔内生石灰吸水膨胀、桩间土性质有所改善后，再进行二次冲击复打成孔。

当采用上述方法仍难以成孔时，也可以采用套管成孔，即用柱锤边冲孔边将套管压入土中，直至桩底设计标高。

4) 成桩：用料斗或运料车将拌合好的填料分层填入桩孔夯实。当采用套管成孔时，边分层填料夯实，边将套管拔出。锤的质量、锤长、落距、分层填料量、分层夯填度、夯击次数和总填料量等，应根据试验或按当地经验确定。每个桩孔应夯填至桩顶设计标高以上至少 0.5m，其上部桩孔宜用原地基土夯封。

5) 施工机具移位，重复上述步骤进行下一根桩施工。

4 成孔和填料夯实的施工顺序，宜间隔跳打。

**7.8.6** 基槽开挖后，应晾槽拍底或振动压路机碾压后，再铺设垫层并压实。

**7.8.7** 柱锤冲扩桩复合地基的质量检验应符合下列规定：

1 施工过程中应随时检查施工记录及现场施工情况，并对照预定的施工工艺标准，对每根桩进行质量评定；

2 施工结束后 7d～14d，可采用重型动力触探或标准贯入试验对桩身及桩间土进行抽样检验，检验数量不应少于冲扩桩总数的 2%，每个单体工程桩身及桩间土总检验点数均不应少于 6 点；

3 竣工验收时，柱锤冲扩桩复合地基承载力检验应采用复合地基静载荷试验；

4 承载力检验数量不应少于总桩数的 1%，且每个单体工程复合地基静载荷试验不应少于 3 点；

5 静载荷试验应在成桩 14d 后进行；

6 基槽开挖后，应检查桩位、桩径、桩数、桩顶密实度及槽底土质情况。如发现漏桩、桩位偏差过大、桩头及槽底土质松软等质量问题，应采取补救措施。

## 7.9 多桩型复合地基

**7.9.1** 多桩型复合地基适用于处理不同深度存在相对硬层的正常固结土，或浅层存在欠固结土、湿陷性黄土、可液化土等特殊土，以及地基承载力和变形要求较高的地基。

**7.9.2** 多桩型复合地基的设计应符合下列原则：

1 桩型及施工工艺的确定，应考虑土层情况、承载力与变形控制要求、经济性和环境要求等综合因素；

2 对复合地基承载力贡献较大或用于控制复合土层变形的长桩，应选择相对较好的持力层；对处理欠固结土的增强体，其桩长应穿越欠固结土层；对消除湿陷性土的增强体，其桩长宜穿过湿陷性土层；对处理液化土的增强体，其桩长宜穿过可液化土层；

3 如浅部存在有较好持力层的正常固结土，可采用长桩与短桩的组合方案；

4 对浅部存在软土或欠固结土，宜先采用预压、压实、夯实、挤密方法或低强度桩复合地基等处理浅层地基，再采用桩身强度相对较高的长桩进行地基处理；

5 对湿陷性黄土应按现行国家标准《湿陷性黄土地区建筑规范》GB 50025 的规定，采用压实、夯实或土桩、灰土桩等处理湿陷性，再采用桩身强度相对较高的长桩进行地基处理；

6 对可液化地基，可采用碎石桩等方法处理液化土层，再采用有粘结强度桩进行地基处理。

**7.9.3** 多桩型复合地基单桩承载力应由静载荷试验确定，初步设计可按本规范第 7.1.6 条规定估算；对施工扰动敏感的土层，应考虑后施工桩对已施工桩的影响，单桩承载力予以折减。

**7.9.4** 多桩型复合地基的布桩宜采用正方形或三角形间隔布置，刚性桩宜在基础范围内布桩，其他增强体布桩应满足液化土地基和湿陷性黄土地基对不同性质土质处理范围的要求。

**7.9.5** 多桩型复合地基垫层设置，对刚性长、短桩复合地基宜选择砂石垫层，垫层厚度宜取对复合地基承载力贡献大的增强体直径的 1/2；对刚性桩与其他材料增强体桩组合的复合地基，垫层厚度宜取刚性桩直径的 1/2；对湿陷性的黄土地基，垫层材料应采用灰土，垫层厚度宜为 300mm。

**7.9.6** 多桩型复合地基承载力特征值，应采用多桩复合地基静载荷试验确定，初步设计时，可采用下列公式估算：

**1** 对具有粘结强度的两种桩组合形成的多桩型复合地基承载力特征值：

$$f_{spk} = m_1 \frac{\lambda_1 R_{a1}}{A_{p1}} + m_2 \frac{\lambda_2 R_{a2}}{A_{p2}} + \beta(1 - m_1 - m_2) f_{sk} \tag{7.9.6-1}$$

式中：$m_1$、$m_2$——分别为桩 1、桩 2 的面积置换率；

$\lambda_1$、$\lambda_2$——分别为桩 1、桩 2 的单桩承载力发挥系数；应由单桩复合地基试验按等变形准则或多桩复合地基静载荷试验确定，有地区经验时也可按地区经验确定；

$R_{a1}$、$R_{a2}$——分别为桩 1、桩 2 的单桩承载力特征值（kN）；

$A_{p1}$、$A_{p2}$——分别为桩 1、桩 2 的截面面积（$m^2$）；

$\beta$——桩间土承载力发挥系数；无经验时可取0.9～1.0；

$f_{sk}$——处理后复合地基桩间土承载力特征值（kPa）。

**2** 对具有粘结强度的桩与散体材料桩组合形成的复合地基承载力特征值：

$$f_{spk} = m_1 \frac{\lambda_1 R_{a1}}{A_{p1}} + \beta[1 - m_1 + m_2(n-1)] f_{sk} \tag{7.9.6-2}$$

式中：$\beta$——仅由散体材料桩加固处理形成的复合地基承载力发挥系数；

$n$——仅由散体材料桩加固处理形成复合地基的桩土应力比；

$f_{sk}$——仅由散体材料桩加固处理后桩间土承载力特征值（kPa）。

**7.9.7** 多桩型复合地基面积置换率，应根据基础面积与该面积范围内实际的布桩数量进行计算，当基础面积较大或条形基础较长时，可用单元面积置换率替代。

**1** 当按图 7.9.7（a）矩形布桩时，$m_1 = \frac{A_{p1}}{2s_1 s_2}$，$m_2 = \frac{A_{p2}}{2s_1 s_2}$；

**2** 当按图 7.9.7（b）三角形布桩且 $s_1 = s_2$ 时，$m_1 = \frac{A_{p1}}{2s_1^2}$，$m_2 = \frac{A_{p2}}{2s_1^2}$。

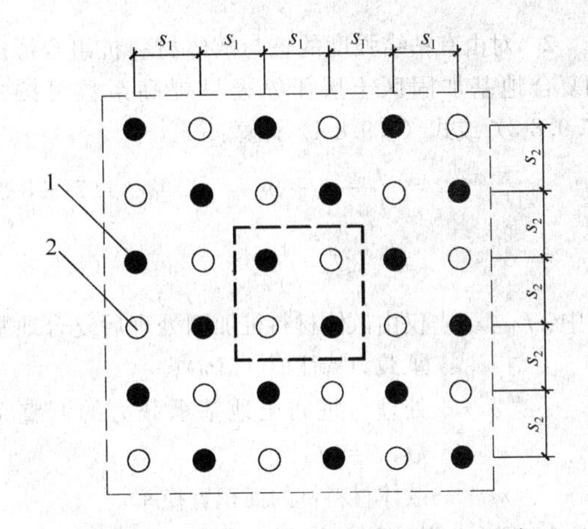


图 7.9.7（a） 多桩型复合地基矩形布桩单元面积计算模型

1—桩 1；2—桩 2

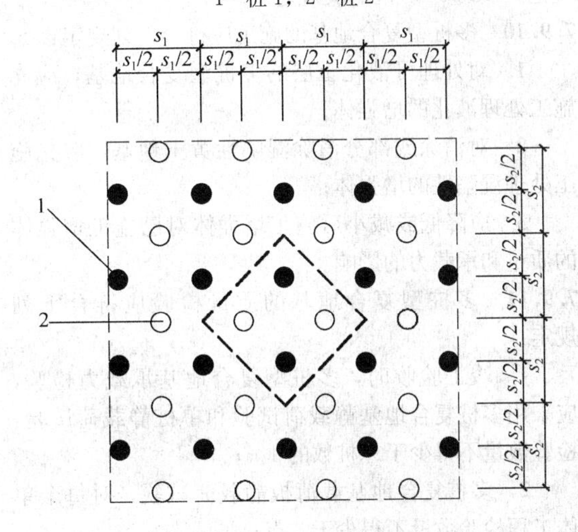


图 7.9.7（b） 多桩型复合地基三角形布桩单元面积计算模型

1—桩 1；2—桩 2

**7.9.8** 多桩型复合地基变形计算可按本规范第 7.1.7 条和第 7.1.8 条的规定，复合土层的压缩模量可按下列公式计算：

**1** 有粘结强度增强体的长短桩复合加固区、仅长桩加固区土层压缩模量提高系数分别按下列公式计算：

$$\zeta_1 = \frac{f_{spk}}{f_{ak}} \tag{7.9.8-1}$$

$$\zeta_2 = \frac{f_{spk1}}{f_{ak}} \tag{7.9.8-2}$$

式中：$f_{spk1}$、$f_{spk}$——分别为仅由长桩处理形成复合地基承载力特征值和长短桩复合地基承载力特征值（kPa）；

$\zeta_1$、$\zeta_2$——分别为长短桩复合地基加固土层压缩模量提高系数和仅由长桩处理形成复合地基加固土层压缩模量提高系数。

2 对由有粘结强度的桩与散体材料桩组合形成的复合地基加固区土层压缩模量提高系数可按式（7.9.8-3）或式（7.9.8-4）计算：

$$\zeta_1 = \frac{f_{spk}}{f_{spk2}}[1 + m(n - 1)]\alpha \quad (7.9.8\text{-}3)$$

$$\zeta_1 = \frac{f_{spk}}{f_{ak}} \quad (7.9.8\text{-}4)$$

式中：$f_{spk2}$——仅由散体材料桩加固处理后复合地基承载力特征值（kPa）；

$\alpha$——处理后桩间土地基承载力的调整系数，$\alpha = f_{sk}/f_{ak}$；

$m$——散体材料桩的面积置换率。

**7.9.9** 复合地基变形计算深度应大于复合地基土层的厚度，且应满足现行国家标准《建筑地基基础设计规范》GB 50007的有关规定。

**7.9.10** 多桩型复合地基的施工应符合下列规定：

1 对处理可液化土层的多桩型复合地基，应先施工处理液化的增强体；

2 对消除或部分消除湿陷性黄土地基，应先施工处理湿陷性的增强体；

3 应降低或减小后施工增强体对已施工增强体的质量和承载力的影响。

**7.9.11** 多桩型复合地基的质量检验应符合下列规定：

1 竣工验收时，多桩型复合地基承载力检验，应采用多桩复合地基静载荷试验和单桩静载荷试验，检验数量不得少于总桩数的1%；

2 多桩复合地基载荷板静载荷试验，对每个单体工程检验数量不得少于3点；

3 增强体施工质量检验，对散体材料增强体的检验数量不应少于其总桩数的2%，对具有粘结强度的增强体，完整性检验数量不应少于其总桩数的10%。

# 8 注浆加固

## 8.1 一般规定

**8.1.1** 注浆加固适用于建筑地基的局部加固处理，适用于砂土、粉土、黏性土和人工填土等地基加固。加固材料可选用水泥浆液、硅化浆液和碱液等固化剂。

**8.1.2** 注浆加固设计前，应进行室内浆液配比试验和现场注浆试验，确定设计参数，检验施工方法和设备。

**8.1.3** 注浆加固应保证加固地基在平面和深度连成一体，满足土体渗透性、地基土的强度和变形的设计要求。

**8.1.4** 注浆加固后的地基变形计算应按现行国家标准《建筑地基基础设计规范》GB 50007的有关规定进行。

**8.1.5** 对地基承载力和变形有特殊要求的建筑地基，注浆加固宜与其他地基处理方法联合使用。

## 8.2 设计

**8.2.1** 水泥为主剂的注浆加固设计应符合下列规定：

1 对软弱地基土处理，可选用以水泥为主剂的浆液及水泥和水玻璃的双液型混合浆液；对有地下水流动的软弱地基，不应采用单液水泥浆液。

2 注浆孔间距宜取1.0m～2.0m。

3 在砂土地基中，浆液的初凝时间宜为5min～20min；在黏性土地基中，浆液的初凝时间宜为(1～2)h。

4 注浆量和注浆有效范围，应通过现场注浆试验确定；在黏性土地基中，浆液注入率宜为15%～20%；注浆点上覆土层厚度应大于2m。

5 对劈裂注浆的注浆压力，在砂土中，宜为0.2MPa～0.5MPa；在黏性土中，宜为0.2MPa～0.3MPa。对压密注浆，当采用水泥砂浆浆液时，坍落度宜为25mm～75mm，注浆压力宜为1.0MPa～7.0MPa。当采用水泥水玻璃双液快凝浆液时，注浆压力不应大于1.0MPa。

6 对人工填土地基，应采用多次注浆，间隔时间应按浆液的初凝试验结果确定，且不应大于4h。

**8.2.2** 硅化浆液注浆加固设计应符合下列规定：

1 砂土、黏性土宜采用压力双液硅化注浆；渗透系数为(0.1～2.0)m/d的地下水位以上的湿陷性黄土，可采用无压或压力单液硅化注浆；自重湿陷性黄土宜采用无压单液硅化注浆；

2 防渗注浆加固用的水玻璃模数不宜小于2.2，用于地基加固的水玻璃模数宜为2.5～3.3，且不溶于水的杂质含量不应超过2%；

3 双液硅化注浆用的氧化钙溶液中的杂质含量不得超过0.06%，悬浮颗粒含量不得超过1%，溶液的pH值不得小于5.5；

4 硅化注浆的加固半径应根据孔隙比、浆液黏度、凝固时间、灌浆速度、灌浆压力和灌浆量等试验确定；无试验资料时，对粗砂、中砂、细砂、粉砂和黄土可按表8.2.2确定；

**表8.2.2 硅化法注浆加固半径**

| 土的类型及加固方法 | 渗透系数(m/d) | 加固半径(m) |
|---|---|---|
| 粗砂、中砂、细砂（双液硅化法） | 2～10 | 0.3～0.4 |
| | 10～20 | 0.4～0.6 |
| | 20～50 | 0.6～0.8 |
| | 50～80 | 0.8～1.0 |

续表 8.2.2

| 土的类型及加固方法 | 渗透系数 (m/d) | 加固半径 (m) |
| --- | --- | --- |
| 粉砂（单液硅化法） | 0.3～0.5<br>0.5～1.0<br>1.0～2.0<br>2.0～5.0 | 0.3～0.4<br>0.4～0.6<br>0.6～0.8<br>0.8～1.0 |
| 黄土（单液硅化法） | 0.1～0.3<br>0.3～0.5<br>0.5～1.0<br>1.0～2.0 | 0.3～0.4<br>0.4～0.6<br>0.6～0.8<br>0.8～1.0 |

**5** 注浆孔的排间距可取加固半径的 1.5 倍；注浆孔的间距可取加固半径的（1.5～1.7）倍；最外侧注浆孔位超出基础底面宽度不得小于 0.5m；分层注浆时，加固层厚度可按注浆管带孔部分的长度上下各 25%加固半径计算；

**6** 单液硅化法应采用浓度为 10%～15%的硅酸钠，并掺入 2.5%氯化钠溶液；加固湿陷性黄土的溶液用量，可按下式估算：

$$Q = V\bar{n}d_{N1}\alpha \tag{8.2.2-1}$$

式中：$Q$——硅酸钠溶液的用量（$m^3$）；

$V$——拟加固湿陷性黄土的体积（$m^3$）；

$\bar{n}$——地基加固前，土的平均孔隙率；

$d_{N1}$——灌注时，硅酸钠溶液的相对密度；

$\alpha$——溶液填充孔隙的系数，可取 0.60～0.80。

**7** 当硅酸钠溶液浓度大于加固湿陷性黄土所要求的浓度时，应进行稀释，稀释加水量可按下式估算：

$$Q' = \frac{d_N - d_{N1}}{d_{N1} - 1} \times q \tag{8.2.2-2}$$

式中：$Q'$——稀释硅酸钠溶液的加水量（t）；

$d_N$——稀释前，硅酸钠溶液的相对密度；

$q$——拟稀释硅酸钠溶液的质量（t）。

**8** 采用单液硅化法加固湿陷性黄土地基，灌注孔的布置应符合下列规定：

1）灌注孔间距：压力灌注宜为 0.8m～1.2m；溶液无压力自渗宜为 0.4m～0.6m；

2）对新建建（构）筑物和设备基础的地基，应在基础底面下按等边三角形满堂布孔，超出基础底面外缘的宽度，每边不得小于 1.0m；

3）对既有建（构）筑物和设备基础的地基，应沿基础侧向布孔，每侧不宜少于 2 排；

4）当基础底面宽度大于 3m 时，除应在基础下每侧布置 2 排灌注孔外，可在基础两侧布置斜向基础底面中心以下的灌注孔或在其台阶上布置穿透基础的灌注孔。

**8.2.3** 碱液注浆加固设计应符合下列规定：

**1** 碱液注浆加固适用于处理地下水位以上渗透系数为(0.1～2.0) m/d 的湿陷性黄土地基，对自重湿陷性黄土地基的适应性应通过试验确定；

**2** 当 100g 干土中可溶性和交换性钙镁离子含量大于10mg·eq 时，可采用灌注氢氧化钠一种溶液的单液法；其他情况可采用灌注氢氧化钠和氯化钙双液灌注加固；

**3** 碱液加固地基的深度应根据地基的湿陷类型、地基湿陷等级和湿陷性黄土层厚度，并结合建筑物类别与湿陷事故的严重程度等综合因素确定；加固深度宜为 2m～5m；

1）对非自重湿陷性黄土地基，加固深度可为基础宽度的（1.5～2.0）倍；

2）对Ⅱ级自重湿陷性黄土地基，加固深度可为基础宽度的（2.0～3.0）倍。

**4** 碱液加固土层的厚度 $h$，可按下式估算：

$$h = l + r \tag{8.2.3-1}$$

式中：$l$——灌注孔长度，从注液管底部到灌注孔底部的距离（m）；

$r$——有效加固半径（m）。

**5** 碱液加固地基的半径 $r$，宜通过现场试验确定。当碱液浓度和温度符合本规范第 8.3.3 条规定时，有效加固半径与碱液灌注量之间，可按下式估算：

$$r = 0.6\sqrt{\frac{V}{nl \times 10^3}} \tag{8.2.3-2}$$

式中：$V$——每孔碱液灌注量（L），试验前可根据加固要求达到的有效加固半径按式（8.2.3-3）进行估算；

$n$——拟加固土的天然孔隙率。

$r$——有效加固半径（m），当无试验条件或工程量较小时，可取 0.4m～0.5m。

**6** 当采用碱液加固既有建(构)筑物的地基时，灌注孔的平面布置，可沿条形基础两侧或单独基础周边各布置一排。当地基湿陷性较严重时，孔距宜为 0.7m～0.9m；当地基湿陷较轻时，孔距宜为 1.2m～2.5m；

**7** 每孔碱液灌注量可按下式估算：

$$V = \alpha\beta\pi r^2 (l + r) n \tag{8.2.3-3}$$

式中：$\alpha$——碱液充填系数，可取 0.6～0.8；

$\beta$——工作条件系数，考虑碱液流失影响，可取 1.1。

## 8.3 施 工

**8.3.1** 水泥为主剂的注浆施工应符合下列规定：

**1** 施工场地应预先平整，并沿钻孔位置开挖沟槽和集水坑。

**2** 注浆施工时，宜采用自动流量和压力记录仪，并应及时进行数据整理分析。

**3** 注浆孔的孔径宜为70mm～110mm，垂直度允许偏差应为±1%。

**4** 花管注浆法施工可按下列步骤进行：

**1）** 钻机与注浆设备就位；

**2）** 钻孔或采用振动法将花管置入土层；

**3）** 当采用钻孔法时，应从钻杆内注入封闭泥浆，然后插入孔径为50mm的金属花管；

**4）** 待封闭泥浆凝固后，移动花管自下而上或自上而下进行注浆。

**5** 压密注浆施工可按下列步骤进行：

**1）** 钻机与注浆设备就位；

**2）** 钻孔或采用振动法将金属注浆管压入土层；

**3）** 当采用钻孔法时，应从钻杆内注入封闭泥浆，然后插入孔径为50mm的金属注浆管；

**4）** 待封闭泥浆凝固后，捅去注浆管的活络堵头，提升注浆管自下而上或自上而下进行注浆。

**6** 浆液黏度应为80s～90s，封闭泥浆7d后70.7mm×70.7mm×70.7mm立方体试块的抗压强度应为0.3MPa～0.5MPa。

**7** 浆液宜用普通硅酸盐水泥。注浆时可部分掺用粉煤灰，掺入量可为水泥重量的20%～50%。根据工程需要，可在浆液拌制时加入速凝剂、减水剂和防析水剂。

**8** 注浆用水pH值不得小于4。

**9** 水泥浆的水灰比可取0.6～2.0，常用的水灰比为1.0。

**10** 注浆的流量可取(7～10)L/min，对充填型注浆，流量不宜大于20L/min。

**11** 当用花管注浆和带有活堵头的金属管注浆时，每次上拔或下钻高度宜为0.5m。

**12** 浆体应经过搅拌机充分搅拌均匀后，方可压注，注浆过程中应不停缓慢搅拌，搅拌时间应小于浆液初凝时间。浆液在泵送前应经过筛网过滤。

**13** 水温不得超过30℃～35℃，盛浆桶和注浆管路在注浆体静止状态不得暴露于阳光下，防止浆液凝固；当日平均温度低于5℃或最低温度低于－3℃的条件下注浆时，应采取措施防止浆液冻结。

**14** 应采用跳孔间隔注浆，且先外围后中间的注浆顺序。当地下水流速较大时，应从水头高的一端开始注浆。

**15** 对渗透系数相同的土层，应先注浆封顶，后由下而上进行注浆，防止浆液上冒。如土层的渗透系数随深度而增大，则应自下而上注浆。对互层地层，应先对渗透性或孔隙率大的地层进行注浆。

**16** 当既有建筑地基进行注浆加固时，应对既有建筑及其邻近建筑、地下管线和地面的沉降、倾斜、位移和裂缝进行监测。并应采用多孔间隔注浆和缩短浆液凝固时间等措施，减少既有建筑基础因注浆而产生的附加沉降。

**8.3.2** 硅化浆液注浆施工应符合下列规定：

**1** 压力灌浆溶液的施工步骤应符合下列规定：

**1）** 向土中打入灌注管和灌注溶液，应自基础底面标高起向下分层进行，达到设计深度后，应将管拔出，清洗干净方可继续使用；

**2）** 加固既有建筑物地基时，应采用沿基础侧向先外排，后内排的施工顺序；

**3）** 灌注溶液的压力值由小逐渐增大，最大压力不宜超过200kPa。

**2** 溶液自渗的施工步骤，应符合下列规定：

**1）** 在基础侧向，将设计布置的灌注孔分批或全部打入或钻至设计深度；

**2）** 将配好的硅酸钠溶液满注灌注孔，溶液面宜高出基础底面标高0.50m，使溶液自行渗入土中；

**3）** 在溶液自渗过程中，每隔2h～3h，向孔内添加一次溶液，防止孔内溶液渗干。

**3** 待溶液量全部注入土中后，注浆孔宜用体积比为2∶8灰土分层回填夯实。

**8.3.3** 碱液注浆施工应符合下列规定：

**1** 灌注孔可用洛阳铲、螺旋钻成孔或用带有尖端的钢管打入土中成孔，孔径宜为60mm～100mm，孔中应填入粒径为20mm～40mm的石子到注液管下端标高处，再将内径20mm的注液管插入孔中，管底以上300mm高度内应填入粒径为2mm～5mm的石子，上部宜用体积比为2∶8灰土填入夯实。

**2** 碱液可用固体烧碱或液体烧碱配制，每加固$1m^3$黄土宜用氢氧化钠溶液35kg～45kg。碱液浓度不应低于90g/L；双液加固时，氯化钙溶液的浓度为50 g/L～80g/L。

**3** 配溶液时，应先放水，而后徐徐放入碱块或浓碱液。溶液加碱量可按下列公式计算：

**1）** 采用固体烧碱配制每$1m^3$液度为$M$的碱液时，每$1m^3$水中的加碱量应符合下式规定：

$$G_s = \frac{1000M}{P} \quad (8.3.3\text{-}1)$$

式中：$G_s$——每$1m^3$碱液中投入的固体烧碱量（g）；

$M$——配制碱液的浓度（g/L）；

$P$——固体烧碱中，NaOH含量的百分数（%）。

**2）** 采用液体烧碱配制每$1m^3$浓度为$M$的碱液时，投入的液体烧碱体积$V_1$和加水量$V_2$应符合下列公式规定：

$$V_1 = 1000\frac{M}{d_N N} \quad (8.3.3\text{-}2)$$

$$V_2 = 1000\left(1-\frac{M}{d_N N}\right) \quad (8.3.3\text{-}3)$$

式中：$V_1$ ——液体烧碱体积（L）；

$V_2$ ——加水的体积（L）；

$d_N$ ——液体烧碱的相对密度；

$N$ ——液体烧碱的质量分数。

**4** 应将桶内碱液加热到90℃以上方能进行灌注，灌注过程中，桶内溶液温度不应低于80℃。

**5** 灌注碱液的速度，宜为(2～5)L/min。

**6** 碱液加固施工，应合理安排灌注顺序和控制灌注速率。宜采用隔（1～2）孔灌注，分段施工，相邻两孔灌注的间隔时间不宜少于3d。同时灌注的两孔间距不应小于3m。

**7** 当采用双液加固时，应先灌注氢氧化钠溶液，待间隔8h～12h后，再灌注氯化钙溶液，氯化钙溶液用量宜为氢氧化钠溶液用量的1/2～1/4。

### 8.4 质 量 检 验

**8.4.1** 水泥为主剂的注浆加固质量检验应符合下列规定：

**1** 注浆检验应在注浆结束28d后进行。可选用标准贯入、轻型动力触探、静力触探或面波等方法进行加固地层均匀性检测。

**2** 按加固土体深度范围每间隔1m取样进行室内试验，测定土体压缩性、强度或渗透性。

**3** 注浆检验点不应少于注浆孔数的2%～5%。检验点合格率小于80%时，应对不合格的注浆区实施重复注浆。

**8.4.2** 硅化注浆加固质量检验应符合下列规定：

**1** 硅酸钠溶液灌注完毕，应在7d～10d后，对加固的地基土进行检验；

**2** 应采用动力触探或其他原位测试检验加固地基的均匀性；

**3** 工程设计对土的压缩性和湿陷性有要求时，尚应在加固土的全部深度内，每隔1m取土样进行室内试验，测定其压缩性和湿陷性；

**4** 检验数量不应少于注浆孔数的2%～5%。

**8.4.3** 碱液加固质量检验应符合下列规定：

**1** 碱液加固施工应做好施工记录，检查碱液浓度及每孔注入量是否符合设计要求。

**2** 开挖或钻孔取样，对加固土体进行无侧限抗压强度试验和水稳性试验。取样部位应在加固土体中部，试块数不少于3个，28d龄期的无侧限抗压强度平均值不得低于设计值的90%。将试块浸泡在自来水中，无崩解。当需要查明加固土体的外形和整体性时，可对有代表性加固土体进行开挖，量测其有效加固半径和加固深度。

**3** 检验数量不应少于注浆孔数的2%～5%。

**8.4.4 注浆加固处理后地基的承载力应进行静载荷试验检验。**

**8.4.5** 静载荷试验应按附录A的规定进行，每个单体建筑的检验数量不应少于3点。

## 9 微型桩加固

### 9.1 一 般 规 定

**9.1.1** 微型桩加固适用于既有建筑地基加固或新建建筑的地基处理。微型桩按桩型和施工工艺，可分为树根桩、预制桩和注浆钢管桩等。

**9.1.2** 微型桩加固后的地基，当桩与承台整体连接时，可按桩基础设计；桩与基础不整体连接时，可按复合地基设计。按桩基设计时，桩顶与基础的连接应符合现行行业标准《建筑桩基技术规范》JGJ 94的有关规定；按复合地基设计时，应符合本规范第7章的有关规定，褥垫层厚度宜为100mm～150mm。

**9.1.3** 既有建筑地基基础采用微型桩加固补强，应符合现行行业标准《既有建筑地基基础加固技术规范》JGJ 123的有关规定。

**9.1.4** 根据环境的腐蚀性、微型桩的类型、荷载类型（受拉或受压）、钢材的品种及设计使用年限，微型桩中钢构件或钢筋的防腐构造应符合耐久性设计的要求。钢构件或预制桩钢筋保护层厚度不应小于25mm，钢管砂浆保护层厚度不应小于35mm，混凝土灌注桩钢筋保护层厚度不应小于50mm；

**9.1.5** 软土地基微型桩的设计施工应符合下列规定：

**1** 应选择较好的土层作为桩端持力层，进入持力层深度不宜小于5倍的桩径或边长；

**2** 对不排水抗剪强度小于10kPa的土层，应进行试验性施工；并应采用护筒或永久套管包裹水泥浆、砂浆或混凝土；

**3** 应采取间隔施工、控制注浆压力和速度等措施，减小微型桩施工期间的地基附加变形，控制基础不均匀沉降及总沉降量；

**4** 在成孔、注浆或压桩施工过程中，应监测相邻建筑和边坡的变形。

### 9.2 树 根 桩

**9.2.1** 树根桩适用于淤泥、淤泥质土、黏性土、粉土、砂土、碎石土及人工填土等地基处理。

**9.2.2** 树根桩加固设计应符合下列规定：

**1** 树根桩的直径宜为150mm～300mm，桩长不宜超过30m，对新建建筑宜采用直桩型或斜桩网状布置。

**2** 树根桩的单桩竖向承载力应通过单桩静载荷试验确定。当无试验资料时，可按本规范式（7.1.5-3）估算。当采用水泥浆二次注浆工艺时，桩侧阻力可乘1.2～1.4的系数。

**3** 桩身材料混凝土强度不应小于C25，灌注材料可用水泥浆、水泥砂浆、细石混凝土或其他灌浆料，也可用碎石或细石充填再灌注水泥浆或水泥砂浆。

**4** 树根桩主筋不应少于3根，钢筋直径不应小于12mm，且宜通长配筋。

**5** 对高渗透性土体或存在地下洞室可能导致的胶凝材料流失，以及施工和使用过程中可能出现桩孔变形与移位，造成微型桩的失稳与扭曲时，应采取土层加固等技术措施。

**9.2.3** 树根桩施工应符合下列规定：

**1** 桩位允许偏差宜为±20mm；桩身垂直度允许偏差应为±1%。

**2** 钻机成孔可采用天然泥浆护壁，遇粉细砂层易塌孔时应加套管。

**3** 树根桩钢筋笼宜整根吊放。分节吊放时，钢筋搭接焊缝长度双面焊不得小于5倍钢筋直径，单面焊不得小于10倍钢筋直径，施工时，应缩短吊放和焊接时间；钢筋笼应采用悬挂或支撑的方法，确保灌浆或浇注混凝土时的位置和高度。在斜桩中组装钢筋笼时，应采用可靠的支撑和定位方法。

**4** 灌注施工时，应采用间隔施工、间歇施工或添加速凝剂等措施，以防止相邻桩孔移位和窜孔。

**5** 当地下水流速较大可能导致水泥浆、砂浆或混凝土流失影响灌注质量时，应采用永久套管、护筒或其他保护措施。

**6** 在风化或有裂隙发育的岩层中灌注水泥浆时，为避免水泥浆向周围岩体的流失，应进行桩孔测试和预灌浆。

**7** 当通过水下浇注管或带孔钻杆或管状承重构件进行浇注混凝土或水泥砂浆时，水下浇注管或带孔钻杆的末端应埋入泥浆中。浇注过程应连续进行，直到顶端溢出浆体的黏稠度与注入浆体一致时为止。

**8** 通过临时套管灌注水泥浆时，钢筋的放置应在临时套管拔出之前完成，套管拔出过程中应每隔2m施加灌浆压力。采用管材作为承重构件时，可通过其底部进行灌浆。

**9** 当采用碎石或细石充填再注浆工艺时，填料应经清洗，投入量不应小于计算桩孔体积的0.9倍，填灌时应同时用注浆管注水清孔。一次注浆时，注浆压力宜为0.3MPa～1.0MPa，由孔底使浆液逐渐上升，直至浆液溢出孔口再停止注浆。第一次注浆浆液初凝时，方可进行二次及多次注浆，二次注浆水泥浆压力宜为2MPa～4MPa。灌浆过程结束后，灌浆管中应充满水泥浆并维持灌浆压力一定时间。拔除注浆管后应立即在桩顶填充碎石，并在1m～2m范围内补充注浆。

**9.2.4** 树根桩采用的灌注材料应符合下列规定：

**1** 具有较好的和易性、可塑性、黏聚性、流动性和自密实性；

**2** 当采用管送或泵送混凝土或砂浆时，应选用圆形骨料；骨料的最大粒径不应大于纵向钢筋净距的1/4，且不应大于15mm；

**3** 对水下浇注混凝土配合比，水泥含量不应小于375kg/m$^3$，水灰比宜小于0.6；

**4** 水泥浆的制配，应符合本规范第9.4.4条的规定，水泥宜采用普通硅酸盐水泥，水灰比不宜大于0.55。

## 9.3 预 制 桩

**9.3.1** 预制桩适用于淤泥、淤泥质土、黏性土、粉土、砂土和人工填土等地基处理。

**9.3.2** 预制桩桩体可采用边长为150mm～300mm的预制混凝土方桩，直径300mm的预应力混凝土管桩，断面尺寸为100mm～300mm的钢管桩和型钢等，施工除应满足现行行业标准《建筑桩基技术规范》JGJ 94的规定外，尚应符合下列规定：

**1** 对型钢微型桩应保证压桩过程中计算桩体材料最大应力不超过材料抗压强度标准值的90%；

**2** 对预制混凝土方桩或预应力混凝土管桩，所用材料及预制过程（包括连接件）、压桩力、接桩和截桩等，应符合现行行业标准《建筑桩基技术规范》JGJ 94的有关规定；

**3** 除用于减小桩身阻力的涂层外，桩身材料以及连接件的耐久性应符合现行国家标准《工业建筑防腐蚀设计规范》GB 50046的有关规定。

**9.3.3** 预制桩的单桩竖向承载力应通过单桩静载荷试验确定；无试验资料时，初步设计可按本规范式(7.1.5-3)估算。

## 9.4 注浆钢管桩

**9.4.1** 注浆钢管桩适用于淤泥质土、黏性土、粉土、砂土和人工填土等地基处理。

**9.4.2** 注浆钢管桩单桩承载力的设计计算，应符合现行行业标准《建筑桩基技术规范》JGJ 94的有关规定；当采用二次注浆工艺时，桩侧摩阻力特征值取值可乘以1.3的系数。

**9.4.3** 钢管桩可采用静压或植入等方法施工。

**9.4.4** 水泥浆的制备应符合下列规定：

**1** 水泥浆的配合比应采用经认证的计量装置计量，材料掺量符合设计要求；

**2** 选用的搅拌机应能够保证搅拌水泥浆的均匀性；在搅拌槽和注浆泵之间应设置存储池，注浆前应进行搅拌以防止浆液离析和凝固。

**9.4.5** 水泥浆灌注应符合下列规定：

**1** 应缩短桩孔成孔和灌注水泥浆之间的时间间隔；

**2** 注浆时，应采取措施保证桩长范围内完全灌满水泥浆；

**3** 灌注方法应根据注浆泵和注浆系统合理选用，

注浆泵与注浆孔口距离不宜大于30m；

**4** 当采用桩身钢管进行注浆时，可通过底部一次或多次灌浆；也可将桩身钢管加工成花管进行多次灌浆；

**5** 采用花管灌浆时，可通过花管进行全长多次灌浆，也可通过花管及阀门进行分段灌浆，或通过互相交错的后注浆管进行分步灌浆。

**9.4.6** 注浆钢管桩钢管的连接应采用套管焊接，焊接强度与质量应满足现行国家标准《建筑地基基础工程施工质量验收规范》GB 50202的要求。

### 9.5 质量检验

**9.5.1** 微型桩的施工验收，应提供施工过程有关参数，原材料的力学性能检验报告，试件留置数量及制作养护方法、混凝土和砂浆等抗压强度试验报告，型钢、钢管和钢筋笼制作质量检查报告。施工完成后尚应进行桩顶标高和桩位偏差等检验。

**9.5.2** 微型桩的桩位施工允许偏差，对独立基础、条形基础的边桩沿垂直轴线方向应为±1/6桩径，沿轴线方向应为±1/4桩径，其他位置的桩应为±1/2桩径；桩身的垂直度允许偏差应为±1%。

**9.5.3** 桩身完整性检验宜采用低应变动力试验进行检测。检测桩数不得少于总桩数的10%，且不得少于10根。每个柱下承台的抽检桩数不应少于1根。

**9.5.4** 微型桩的竖向承载力检验应采用静载荷试验，检验桩数不得少于总桩数的1%，且不得少于3根。

## 10 检验与监测

### 10.1 检　　验

**10.1.1** 地基处理工程的验收检验应在分析工程的岩土工程勘察报告、地基基础设计及地基处理设计资料，了解施工工艺和施工中出现的异常情况等后，根据地基处理的目的，制定检验方案，选择检验方法。当采用一种检验方法的检测结果具有不确定性时，应采用其他检验方法进行验证。

**10.1.2** 检验数量应根据场地复杂程度、建筑物的重要性以及地基处理施工技术的可靠性确定，并满足处理地基的评价要求。在满足本规范各种处理地基的检验数量，检验结果不满足设计要求时，应分析原因，提出处理措施。对重要的部位，应增加检验数量。

**10.1.3** 验收检验的抽检位置应按下列要求综合确定：

**1** 抽检点宜随机、均匀和有代表性分布；

**2** 设计人员认为的重要部位；

**3** 局部岩土特性复杂可能影响施工质量的部位；

**4** 施工出现异常情况的部位。

**10.1.4** 工程验收承载力检验时，静载荷试验最大加载量不应小于设计要求的承载力特征值的2倍。

**10.1.5** 换填垫层和压实地基的静载荷试验的压板面积不应小于1.0m$^2$；强夯地基或强夯置换地基静载荷试验的压板面积不宜小于2.0m$^2$。

### 10.2 监　　测

**10.2.1** 地基处理工程应进行施工全过程的监测。施工中，应有专人或专门机构负责监测工作，随时检查施工记录和计量记录，并按照规定的施工工艺对工序进行质量评定。

**10.2.2** 堆载预压工程，在加载过程中应进行竖向变形量、水平位移及孔隙水压力等项目的监测。真空预压应进行膜下真空度、地下水位、地面变形、深层竖向变形和孔隙水压力等监测。真空预压加固区周边有建筑物时，还应进行深层侧向位移和地表边桩位移监测。

**10.2.3** 强夯施工应进行夯击次数、夯沉量、隆起量、孔隙水压力等项目的监测；强夯置换施工尚应进行置换深度的监测。

**10.2.4** 当夯实、挤密、旋喷桩、水泥粉煤灰碎石桩、柱锤冲扩桩、注浆等方法施工可能对周边环境及建筑物产生不良影响时，应对施工过程的振动、噪声、孔隙水压力、地下管线和建筑物变形进行监测。

**10.2.5** 大面积填土、填海等地基处理工程，应对地面变形进行长期监测；施工过程中还应对土体位移和孔隙水压力等进行监测。

**10.2.6** 地基处理工程施工对周边环境有影响时，应进行邻近建（构）筑物竖向及水平位移监测、邻近地下管线监测以及周围地面变形监测。

**10.2.7 处理地基上的建筑物应在施工期间及使用期间进行沉降观测，直至沉降达到稳定为止。**

## 附录A 处理后地基静载荷试验要点

**A.0.1** 本试验要点适用于确定换填垫层、预压地基、压实地基、夯实地基和注浆加固等处理后地基承压板应力主要影响范围内土层的承载力和变形参数。

**A.0.2** 平板静载荷试验采用的压板面积应按需检验土层的厚度确定，且不应小于1.0m$^2$，对夯实地基，不宜小于2.0m$^2$。

**A.0.3** 试验基坑宽度不应小于承压板宽度或直径的3倍。应保持试验土层的原状结构和天然湿度。宜在拟试压表面用粗砂或中砂层找平，其厚度不超过20mm。基准梁及加荷平台支点（或锚桩）宜设在试坑以外，且与承压板边的净距不应小于2m。

**A.0.4** 加荷分级不应少于8级。最大加载量不应小于设计要求的2倍。

**A.0.5** 每级加载后，按间隔10min、10min、10min、

15min、15min，以后为每隔 0.5h 测读一次沉降量，当在连续 2h 内，每小时的沉降量小于 0.1mm 时，则认为已趋稳定，可加下一级荷载。

**A.0.6** 当出现下列情况之一时，即可终止加载，当满足前三种情况之一时，其对应的前一级荷载定为极限荷载：

1 承压板周围的土明显地侧向挤出；

2 沉降 $s$ 急骤增大，压力-沉降曲线出现陡降段；

3 在某一级荷载下，24h 内沉降速率不能达到稳定标准；

4 承压板的累计沉降量已大于其宽度或直径的 6%。

**A.0.7** 处理后的地基承载力特征值确定应符合下列规定：

1 当压力-沉降曲线上有比例界限时，取该比例界限所对应的荷载值。

2 当极限荷载小于对应比例界限的荷载值的 2 倍时，取极限荷载值的一半。

3 当不能按上述两款要求确定时，可取 $s/b=0.01$ 所对应的荷载，但其值不应大于最大加载量的一半。承压板的宽度或直径大于 2m 时，按 2m 计算。

注：$s$ 为静载荷试验承压板的沉降量；$b$ 为承压板宽度。

**A.0.8** 同一土层参加统计的试验点不应少于 3 点，各试验实测值的极差不超过其平均值的 30% 时，取该平均值作为处理地基的承载力特征值。当极差超过平均值的 30% 时，应分析极差过大的原因，需要时应增加试验数量并结合工程具体情况确定处理后地基的承载力特征值。

## 附录 B 复合地基静载荷试验要点

**B.0.1** 本试验要点适用于单桩复合地基静载荷试验和多桩复合地基静载荷试验。

**B.0.2** 复合地基静载荷试验用于测定承压板下应力主要影响范围内复合土层的承载力。复合地基静载荷试验承压板应具有足够刚度。单桩复合地基静载荷试验的承压板可用圆形或方形，面积为一根桩承担的处理面积；多桩复合地基静载荷试验的承压板可用方形或矩形，其尺寸按实际桩数所承担的处理面积确定。单桩复合地基静载荷试验桩的中心（或形心）应与承压板中心保持一致，并与荷载作用点相重合。

**B.0.3** 试验应在桩顶设计标高进行。承压板底面以下宜铺设粗砂或中砂垫层，垫层厚度可取 100mm～150mm。如采用设计的垫层厚度进行试验，试验承压板的宽度对独立基础和条形基础应采用基础的设计宽度，对大型基础试验有困难时应考虑承压板尺寸和垫层厚度对试验结果的影响。垫层施工的夯填度应满足设计要求。

**B.0.4** 试验标高处的试坑宽度和长度不应小于承压板尺寸的 3 倍。基准梁及加荷平台支点（或锚桩）宜设在试坑以外，且与承压板边的净距不应小于 2m。

**B.0.5** 试验前应采取防水和排水措施，防止试验场地地基土含水量变化或地基土扰动，影响试验结果。

**B.0.6** 加载等级可分为（8～12）级。测试前为校核试验系统整体工作性能，预压荷载不得大于总加载量的 5%。最大加载压力不应小于设计要求承载力特征值的 2 倍。

**B.0.7** 每加一级荷载前后均应各读记承压板沉降量一次，以后每 0.5h 读记一次。当 1h 内沉降量小于 0.1mm 时，即可加下一级荷载。

**B.0.8** 当出现下列现象之一时可终止试验：

1 沉降急剧增大，土被挤出或承压板周围出现明显的隆起；

2 承压板的累计沉降量已大于其宽度或直径的 6%；

3 当达不到极限荷载，而最大加载压力已大于设计要求压力值的 2 倍。

**B.0.9** 卸载级数可为加载级数的一半，等量进行，每卸一级，间隔 0.5h，读记回弹量，待卸完全部荷载后间隔 3h 读记总回弹量。

**B.0.10** 复合地基承载力特征值的确定应符合下列规定：

1 当压力-沉降曲线上极限荷载能确定，而其值不小于对应比例界限的 2 倍时，可取比例界限；当其值小于对应比例界限的 2 倍时，可取极限荷载的一半；

2 当压力-沉降曲线是平缓的光滑曲线时，可按相对变形值确定，并应符合下列规定：

1）对沉管砂石桩、振冲碎石桩和柱锤冲扩桩复合地基，可取 $s/b$ 或 $s/d$ 等于 0.01 所对应的压力；

2）对灰土挤密桩、土挤密桩复合地基，可取 $s/b$ 或 $s/d$ 等于 0.008 所对应的压力；

3）对水泥粉煤灰碎石桩或夯实水泥土桩复合地基，对以卵石、圆砾、密实粗中砂为主的地基，可取 $s/b$ 或 $s/d$ 等于 0.008 所对应的压力；对以黏性土、粉土为主的地基，可取 $s/b$ 或 $s/d$ 等于 0.01 所对应的压力；

4）对水泥土搅拌桩或旋喷桩复合地基，可取 $s/b$ 或 $s/d$ 等于 0.006～0.008 所对应的压力，桩身强度大于 1.0MPa 且桩身质量均匀时可取高值；

5）对有经验的地区，可按当地经验确定相对变形值，但原地基土为高压缩性土层时，相对变形值的最大值不应大于 0.015；

6）复合地基荷载试验，当采用边长或直径大于2m的承压板进行试验时，$b$ 或 $d$ 按2m计；

7）按相对变形值确定的承载力特征值不应大于最大加载压力的一半。

注：$s$ 为静载荷试验承压板的沉降量；$b$ 和 $d$ 分别为承压板宽度和直径。

**B.0.11** 试验点的数量不应少于3点，当满足其极差不超过平均值的30%时，可取其平均值为复合地基承载力特征值。当极差超过平均值的30%时，应分析离差过大的原因，需要时应增加试验数量，并结合工程具体情况确定复合地基承载力特征值。工程验收时应视建筑物结构、基础形式综合评价，对于桩数少于5根的独立基础或桩数少于3排的条形基础，复合地基承载力特征值应取最低值。

## 附录C 复合地基增强体单桩静载荷试验要点

**C.0.1** 本试验要点适用于复合地基增强体单桩竖向抗压静载荷试验。

**C.0.2** 试验应采用慢速维持荷载法。

**C.0.3** 试验提供的反力装置可采用锚桩法或堆载法。当采用堆载法加载时应符合下列规定：

**1** 堆载支点施加于地基的压应力不宜超过地基承载力特征值；

**2** 堆载的支墩位置以不对试桩和基准桩的测试产生较大影响确定，无法避开时应采取有效措施；

**3** 堆载量大时，可利用工程桩作为堆载支点；

**4** 试验反力装置的承重能力应满足试验加载要求。

**C.0.4** 堆载支点以及试桩、锚桩、基准桩之间的中心距离应符合现行国家标准《建筑地基基础设计规范》GB 50007的规定。

**C.0.5** 试压前应对桩头进行加固处理，水泥粉煤灰碎石桩等强度高的桩，桩顶宜设置带水平钢筋网片的混凝土桩帽或采用钢护筒桩帽，其混凝土宜提高强度等级和采用早强剂。桩帽高度不宜小于1倍桩的直径。

**C.0.6** 桩帽下复合地基增强体单桩的桩顶标高及地基土标高应与设计标高一致，加固桩头前应凿成平面。

**C.0.7** 百分表架设位置宜在桩顶标高位置。

**C.0.8** 开始试验的时间、加载分级、测读沉降量的时间、稳定标准及卸载观测等应符合现行国家标准《建筑地基基础设计规范》GB 50007的有关规定。

**C.0.9** 当出现下列条件之一时可终止加载：

**1** 当荷载-沉降（$Q$-$s$）曲线上有可判定极限承载力的陡降段，且桩顶总沉降量超过40mm；

**2** $\frac{\Delta s_{n+1}}{\Delta s_n} \geqslant 2$，且经24h沉降尚未稳定；

**3** 桩身破坏，桩顶变形急剧增大；

**4** 当桩长超过25m，$Q$-$s$ 曲线呈缓变形时，桩顶总沉降量大于60mm～80mm；

**5** 验收检验时，最大加载量不应小于设计单桩承载力特征值的2倍。

注：$\Delta s_n$——第 $n$ 级荷载的沉降增量；$\Delta s_{n+1}$——第 $n+1$ 级荷载的沉降增量。

**C.0.10** 单桩竖向抗压极限承载力的确定应符合下列规定：

**1** 作荷载-沉降（$Q$-$s$）曲线和其他辅助分析所需的曲线；

**2** 曲线陡降段明显时，取相应于陡降段起点的荷载值；

**3** 当出现本规范第C.0.9条第2款的情况时，取前一级荷载值；

**4** $Q$-$s$ 曲线呈缓变型时，取桩顶总沉降量 $s$ 为40mm所对应的荷载值；

**5** 按上述方法判断有困难时，可结合其他辅助分析方法综合判定；

**6** 参加统计的试桩，当满足其极差不超过平均值的30%时，设计可取其平均值为单桩极限承载力；极差超过平均值的30%时，应分析离差过大的原因，结合工程具体情况确定单桩极限承载力；需要时应增加试桩数量。工程验收时应视建筑物结构、基础形式综合评价，对于桩数少于5根的独立基础或桩数少于3排的条形基础，应取最低值。

**C.0.11** 将单桩极限承载力除以安全系数2，为单桩承载力特征值。

## 本规范用词说明

**1** 为便于在执行本规范条文时区别对待，对要求严格程度不同的用词如下：

1）表示很严格，非这样做不可的：
正面词采用"必须"；反面词采用"严禁"；

2）表示严格，在正常情况下均应这样做的：
正面词采用"应"；反面词采用"不应"或"不得"；

3）表示允许稍有选择，在条件许可时首先应这样做的：
正面词采用"宜"；反面词采用"不宜"；

4）表示有选择，在一定条件下可以这样做的，采用"可"。

**2** 条文中指明应按其他有关标准执行时的写法为："应符合……的规定"或"应按……执行"。

## 引用标准名录

1 《建筑地基基础设计规范》GB 50007
2 《建筑抗震设计规范》GB 50011
3 《岩土工程勘察规范》GB 50021
4 《湿陷性黄土地区建筑规范》GB 50025
5 《工业建筑防腐蚀设计规范》GB 50046
6 《土工试验方法标准》GB/T 50123
7 《建筑地基基础工程施工质量验收规范》GB 50202
8 《土工合成材料应用技术规范》GB 50290
9 《建筑桩基技术规范》JGJ 94
10 《既有建筑地基基础加固技术规范》JGJ 123

中华人民共和国行业标准

# 建筑地基处理技术规范

JGJ 79—2012

## 条 文 说 明

# 制 订 说 明

《建筑地基处理技术规范》JGJ 79-2012，经住房和城乡建设部2012年8月23日以第1448号公告批准、发布。

本规范是在《建筑地基处理技术规范》JGJ 79-2002的基础上修订而成，上一版的主编单位是中国建筑科学研究院，参编单位是冶金建筑研究总院、陕西省建筑科学研究设计院、浙江大学、同济大学、湖北省建筑科学研究设计院、福建省建筑科学研究院、铁道部第四勘测设计院（上海）、河北工业大学、西安建筑科技大学、铁道部科学研究院，主要起草人员是张永钧、（以下按姓氏笔画为序）王仁兴、王吉望、王恩远、平涌潮、叶观宝、刘毅、刘惠珊、张峰、杨灿文、罗宇生、周国钧、侯伟生、袁勋、袁内镇、涂光祉、闫明礼、康景俊、滕延京、潘秋元。本次修订的主要技术内容是：1. 处理后的地基承载力、变形和稳定性的计算原则；2. 多种地基处理方法综合处理的工程检验方法；3. 地基处理材料的耐久性设计；4. 处理后的地基整体稳定性分析方法；5. 加筋垫层下卧层承载力验算方法；6. 真空和堆载联合预压处理的设计和施工要求；7. 高能级强夯的设计参数；8. 有粘结强度复合地基增强体桩身强度验算；9. 多桩型复合地基设计施工要求；10. 注浆加固；11. 微型桩加固；12. 检验与监测；13. 复合地基增强体单桩静载荷试验要点；14. 处理后地基静载荷试验要点。

本规范修订过程中，编制组进行了广泛深入的调查研究，总结了我国工程建设建筑地基处理工程的实践经验，同时参考了国外先进标准，与国内相关标准协调，通过调研、征求意见及工程试算，对增加和修订内容的讨论、分析、论证，取得了重要技术参数。

为便于广大设计、施工、科研和学校等单位有关人员在使用本规范时能正确理解和执行条文规定，《建筑地基处理技术规范》编制组按章、节、条顺序编制了本规范的条文说明，对条文规定的目的、依据以及执行中需注意的有关事项进行了说明，还着重对强制性条文的强制性理由做了解释。但是，本条文说明不具备与规范正文同等的法律效力，仅供使用者作为理解和把握规范规定的参考。

# 目　次

# 1 总 则

**1.0.1** 我国大规模的基本建设以及可用于建设的土地减少，需要进行地基处理的工程大量增加。随着地基处理设计水平的提高、施工工艺的改进和施工设备的更新，我国地基处理技术有了很大发展。但由于工程建设的需要，建筑使用功能的要求不断提高，需要地基处理的场地范围进一步扩大，用于地基处理的费用在工程建设投资中所占比重不断增大。因此，地基处理的设计和施工必须认真贯彻执行国家的技术经济政策，做到安全适用、技术先进、经济合理、确保质量和保护环境。

**1.0.2** 本规范适用于建筑工程地基处理的设计、施工和质量检验，铁路、交通、水利、市政工程的建（构）筑物地基可根据工程的特点采用本规范的处理方法。

**1.0.3** 因地制宜、就地取材、保护环境和节约资源是地基处理工程应该遵循的原则，符合国家的技术经济政策。

# 2 术语和符号

## 2.1 术 语

**2.1.2** 本规范所指复合地基是指建筑工程中由地基土和竖向增强体形成的复合地基。

# 3 基 本 规 定

**3.0.1** 本条规定是在选择地基处理方案前应完成的工作，其中强调要进行现场调查研究，了解当地地基处理经验和施工条件，调查邻近建筑、地下工程、管线和环境情况等。

**3.0.2** 大量工程实例证明，采用加强建筑物上部结构刚度和承载能力的方法，能减少地基的不均匀变形，取得较好的技术经济效果。因此，本条规定对于需要进行地基处理的工程，在选择地基处理方案时，应同时考虑上部结构、基础和地基的共同作用，尽量选用加强上部结构和处理地基相结合的方案，这样既可降低地基处理费用，又可收到满意的效果。

**3.0.3** 本条规定了在确定地基处理方法时宜遵循的步骤。着重指出在选择地基处理方案时，宜根据各种因素进行综合分析，初步选出几种可供考虑的地基处理方案，其中强调包括选择两种或多种地基处理措施组成的综合处理方案。工程实践证明，当岩土工程条件较为复杂或建筑物对地基要求较高时，采用单一的地基处理方法，往往满足不了设计要求或造价较高，而由两种或多种地基处理措施组成的综合处理方法可能是最佳选择。

地基处理是经验性很强的技术工作。相同的地基处理工艺，相同的设备，在不同成因的场地上处理效果不尽相同；在一个地区成功的地基处理方法，在另一个地区使用，也需根据场地的特点对施工工艺进行调整，才能取得满意的效果。因此，地基处理方法和施工参数确定时，应进行相应的现场试验或试验性施工，进行必要的测试，以检验设计参数和处理效果。

**3.0.4** 建筑地基承载力的基础宽度、基础埋深修正是建立在浅基础承载力理论上，对基础宽度和基础埋深所能提高的地基承载力设计取值的经验方法。经处理的地基由于其处理范围有限，处理后增强的地基性状与自然环境下形成的地基性状有所不同，处理后的地基，当按地基承载力确定基础底面积及埋深而需要对本规范确定的地基承载力特征值进行修正时，应分析工程具体情况，采用安全的设计方法。

1 压实填土地基，当其处理的面积较大（一般应视处理宽度大于基础宽度的2倍），可按现行国家标准《建筑地基基础设计规范》GB 50007规定的土性要求进行修正。

这里有两个问题需要注意：首先，需修正的地基承载力应是基础底面经检验确定的承载力，许多工程进行修正的地基承载力与基础底面确定的承载力并不一致；其次，这些处理后的地基表层及以下土层的承载力并不一致，可能存在表层高以下土层低的情况。所以如果地基承载力验算考虑了深度修正，应在地基主要持力层满足要求条件下才能进行。

2 对于不满足大面积处理的压实地基、夯实地基以及其他处理地基，基础宽度的地基承载力修正系数取零，基础埋深的地基承载力修正系数取1.0。

复合地基由于其处理范围有限，增强体的设置改变了基底压力的传递路径，其破坏模式与天然地基不同。复合地基承载力的修正的研究成果还很少，为安全起见，基础宽度的地基承载力修正系数取零，基础埋深的地基承载力修正系数取1.0。

**3.0.5** 本条为强制性条文。对处理后的地基应进行的设计计算内容给出规定。

处理地基的软弱下卧层验算，对压实、夯实、注浆加固地基及散体材料增强体复合地基等应按压力扩散角，按现行国家标准《建筑地基基础设计规范》GB 50007的方法验算，对有粘结强度的增强体复合地基，按其荷载传递特性，可按实体深基础法验算。

处理后的地基应满足建筑物承载力、变形和稳定性要求。稳定性计算可按本规范第3.0.7条的规定进行，变形计算应符合现行国家标准《建筑地基基础设计规范》GB 50007的有关规定。

**3.0.6** 偏心荷载作用下，对于换填垫层、预压地基、压实地基、夯实地基、散体桩复合地基、注浆加固等处理后地基可按现行国家标准《建筑地基基础设计规范》GB 50007的要求进行验算，即满足：

当轴心荷载作用时

$$P_{k} \leqslant f'_{a} \tag{1}$$

当偏心荷载作用时

$$P_{kmax} \leqslant 1.2f'_{a} \tag{2}$$

式中：$f'_{a}$为处理后地基的承载力特征值。

对于有一定粘结强度增强体复合地基，由于增强体布置不同，分担偏心荷载时增强体上的荷载不同，应同时对桩、土作用的力加以控制，满足建筑物在长期荷载作用下的正常使用要求。

**3.0.7** 受较大水平荷载或位于斜坡上的建筑物及构筑物，当建造在处理后的地基上时，或由于建筑物及构筑物建造在处理后的地基上，而邻近地下工程施工改变了原建筑物地基的设计条件，建筑物地基存在稳定问题时，应进行建筑物整体稳定分析。

采用散体材料进行地基处理，其地基的稳定可采用圆弧滑动法分析，已得到工程界的共识；对于采用具有胶结强度的材料进行地基处理，其地基的稳定性分析方法还有不同的认识。同时，不同的稳定分析的方法其保证工程安全的最小稳定安全系数的取值不同。采用具有胶结强度的材料进行地基处理，其地基整体失稳是增强体断裂，并逐渐形成连续滑动面的破坏现象，已得到工程的验证。

本次修订规范组对处理地基的稳定分析方法进行了专题研究。在《软土地基上复合地基整体稳定计算方法》专题报告中，对同一工程算例采用传统的复合地基稳定计算方法、英国加筋土及加筋填土规范计算方法、考虑桩体弯曲破坏的可使用抗剪强度计算方法、桩在滑动面发挥摩擦力的计算方法、扣除桩分担荷载的等效荷载法等进行了对比分析，提出了可采用考虑桩体弯曲破坏的等效抗剪强度计算方法、扣除桩分担荷载的等效荷载法和英国BS8006方法综合评估软土地基上复合地基的整体稳定性的建议。并提出了不同计算方法对应不同最小安全系数取值的建议。

采用geoslope计算软件的有限元强度折减法对某一实际工程采用砂桩复合地基加固以及采用刚性桩加固进行了稳定性分析对比。砂桩的抗剪强度指标由砂桩的密实度确定，刚性桩的抗剪强度指标由桩折断后的材料摩擦系数确定。对比分析结果说明，采用刚性桩加固计算的稳定安全系数与采用考虑桩体弯曲破坏的等效抗剪强度计算方法的结果较接近；同时其结果说明，如果考虑刚性桩折断，采用材料摩擦性质确定抗剪强度指标，刚性桩加固后的稳定安全系数与砂桩复合地基加固接近（不考虑砂桩排水固结作用）。计算中刚性桩加固的桩土应力比在不同位置分别为堆载平台面处7.3～8.4，坡面处5.8～6.4。砂桩复合地基加固，当砂桩的内摩擦角取30°，不考虑砂桩排水固结作用的稳定安全系数为1.06；考虑砂桩排水固结作用的稳定安全系数为1.29。采用CFG桩复合地基加固，CFG桩断裂后，材料间摩擦系数取0.55，折算内摩擦角取29°，计算的稳定安全系数为1.05。

本次修订规定处理后的地基上建筑物稳定分析可采用圆弧滑动法，其稳定安全系数不应小于1.30。散体加固材料的抗剪强度指标，可按加固体的密实度通过试验确定，这是常用的方法。胶结材料抵抗水平荷载和弯矩的能力较弱，其对整体稳定的作用（这里主要指具有胶结强度的竖向增强体），假定其桩体完全断裂，按滑动面材料的摩擦性能确定抗剪强度指标，对工程验算是安全的。

规范修订组的验算结果表明，采用无配筋的竖向增强体地基处理，其提高稳定安全性的能力是有限的。工程需要时应配置钢筋，增加增强体的抗剪强度；或采用设置抗滑构件的方法满足稳定安全性要求。

**3.0.8** 刚度差异较大的整体大面积基础其地基反力分布不均匀，且结构对地基变形有较高要求，所以其地基处理设计，宜根据结构、基础和地基共同作用结果进行地基承载力和变形验算。

**3.0.9** 本条是地基处理工程的验收检验的基本要求。

换填垫层、预压地基、压实地基、夯实地基和注浆加固地基的检测，主要通过静载荷试验、静力和动力触探、标准贯入或土工试验等检验处理地基的均匀性和承载力。对于复合地基，不仅要做上述检验，还应对增强体的质量进行检验，需要时可采用钻芯取样进行增强体强度复核。

**3.0.10** 本条是对采用多种地基处理方法综合使用的地基处理工程验收检验方法的要求。采用多种地基处理方法综合使用的地基处理工程，每一种方法处理后的检验由于其检验方法的局限性，不能代表整个处理效果的检验，地基处理工程完成后应进行整体处理效果的检验（例如进行大尺寸承压板载荷试验）。

**3.0.11** 地基处理采用的材料，一方面要考虑地下土、水环境对其处理效果的影响，另一方面应符合环境保护要求，不应对地基土和地下水造成污染。地基处理采用材料的耐久性要求，应符合有关规范的规定。现行国家标准《工业建筑防腐蚀设计规范》GB 50046对工业建筑材料的防腐蚀问题进行了规定，现行国家标准《混凝土结构设计规范》GB 50010对混凝土的防腐蚀和耐久性提出了要求，应遵照执行。对水泥粉煤灰碎石桩复合地基的增强体以及微型桩材料，应根据表1规定的混凝土结构暴露的环境类别，满足表2的要求。

**表1 混凝土结构的环境类别**

| 环境类别 | 条 件 |
|---|---|
| 一 | 室内干燥环境；<br>无侵蚀性静水浸没环境 |

续表1

| 环境类别 | 条　件 |
| --- | --- |
| 二 a | 室内潮湿环境；<br>非严寒和非寒冷地区的露天环境；<br>非严寒和非寒冷地区的与无侵蚀性的水或土壤直接接触的环境；<br>严寒和寒冷地区的冰冻线以下与无侵蚀性的水或土壤直接接触的环境 |
| 二 b | 干湿交替环境；<br>水位频繁变动环境；<br>严寒和寒冷地区的露天环境；<br>严寒和寒冷地区冰冻线以上与无侵蚀性的水或土壤直接接触的环境 |
| 三 a | 严寒和寒冷地区冬季水位变动区环境；<br>受除冰盐影响环境；<br>海风环境 |
| 三 b | 盐渍土环境；<br>受除冰盐作用环境；<br>海岸环境 |
| 四 | 海水环境 |
| 五 | 受人为或自然的侵蚀性物质影响的环境 |

注：1　室内潮湿环境是指构件表面经常处于结露或湿润状态的环境；
2　严寒和寒冷地区的划分应符合现行国家标准《民用建筑热工设计规范》GB 50176 的有关规定；
3　海岸环境和海风环境宜根据当地情况，考虑主导风向及结构所处迎风、背风部位等因素的影响，由调查研究和工程经验确定；
4　受除冰盐影响环境是指受到除冰盐盐雾影响的环境；受除冰盐作用环境是指被除冰盐溶液溅射的环境以及使用除冰盐地区的洗车房、停车楼等建筑；
5　暴露的环境是指混凝土结构表面所处的环境。

**表 2　结构混凝土材料的耐久性基本要求**

| 环境等级 | 最大水胶比 | 最低强度等级 | 最大氯离子含量（%） | 最大碱含量（kg/m³） |
| --- | --- | --- | --- | --- |
| 一 | 0.60 | C20 | 0.30 | 不限制 |
| 二 a | 0.55 | C25 | 0.20 | 3.0 |
| 二 b | 0.50（0.55） | C30（C25） | 0.15 | 3.0 |
| 三 a | 0.45（0.50） | C35（C30） | 0.15 | |
| 三 b | 0.40 | C40 | 0.10 | |

注：1　氯离子含量系指其占胶凝材料总量的百分比；
2　预应力构件混凝土中的最大氯离子含量为 0.06%；其最低混凝土强度等级宜按表中的规定提高两个等级；
3　素混凝土构件的水胶比及最低强度等级的要求可以适当放松；
4　有可靠工程经验时，二类环境中的最低强度等级可降低一个等级；
5　处于严寒和寒冷地区二 b、三 a 类环境中的混凝土应使用引气剂，并可采用括号中的有关参数；
6　当使用非碱活性骨料时，对混凝土中的碱含量可不作限制。

**3.0.12**　地基处理工程是隐蔽工程。施工技术人员应掌握所承担工程的地基处理目的、加固原理、技术要求和质量标准等，才能根据场地情况和施工情况及时调整施工工艺和施工参数，实现设计要求。地基处理工程同时又是经验性很强的技术工作，根据场地勘测资料以及建筑物的地基要求进行设计，在现场实施中仍有许多与场地条件和设计要求不符合的情况，要求及时解决。地基处理工程施工结束后，必须按国家有关规定进行质量检验和验收。

# 4　换填垫层

## 4.1　一般规定

**4.1.1**　软弱土层系指主要由淤泥、淤泥质土、冲填土、杂填土或其他高压缩性土层构成的地基。在建筑地基的局部范围内有高压缩性土层时，应按局部软弱土层处理。

换填垫层适用于处理各类浅层软弱地基。当在建筑范围内上层软弱土较薄时，则可采用全部置换处理。对于较深厚的软弱土层，当仅用垫层局部置换上层软弱土层时，下卧软弱土层在荷载作用下的长期变形可能依然很大。例如，对较深厚的淤泥或淤泥质土类软弱地基，采用垫层仅置换上层软土后，通常可提高持力层的承载力，但不能解决由于深层土质软弱而造成地基变形量大对上部建筑物产生的有害影响；或者对于体型复杂、整体刚度差、或对差异变形敏感的建筑，均不应采用浅层局部换填的处理方法。

对于建筑范围内局部存在松填土、暗沟、暗塘、古井、古墓或拆除旧基础后的坑穴，可采用换填垫层进行地基处理。在这种局部的换填处理中，保持建筑地基整体变形均匀是换填应遵循的最基本的原则。

**4.1.3**　大面积换填处理，一般采用大型机械设备，场地条件应满足大型机械对下卧土层的施工要求，地下水位高时应采取降水措施，对分层土的厚度、压实效果及施工质量控制标准等均应通过试验确定。

**4.1.4**　开挖基坑后，利用分层回填夯压，也可处理较深的软弱土层。但换填基坑开挖过深，常因地下水位高，需要采用降水措施；坑壁放坡占地面积大或边坡需要支护及因此易引起邻近地面、管网、道路与建筑的沉降变形破坏；再则施工土方量大、弃土多等因素，常使处理工程费用增高、工期拖长、对环境的影响增大等。因此，换填法的处理深度通常控制在 3m 以内较为经济合理。

大面积填土产生的大范围地面负荷影响深度较深，地基压缩变形量大，变形延续时间长，与换填垫层浅层处理地基的特点不同，因而大面积填土地基的设计施工按照本规范第 6 章有关规定执行。

## 4.2 设　　计

**4.2.1** 砂石是良好的换填材料，但对具有排水要求的砂垫层宜控制含泥量不大于3%；采用粉细砂作为换填材料时，应改善材料的级配状况，在掺加碎石或卵石使其颗粒不均匀系数不小于5并拌合均匀后，方可用于铺填垫层。

石屑是采石场筛选碎石后的细粒废弃物，其性质接近于砂，在各地使用作为换填材料时，均取得了很好的成效。但应控制好含泥量及含粉量，才能保证垫层的质量。

黏土难以夯压密实，故换填时应避免采用作为换填材料，在不得已选用上述土料回填时，也应掺入不少于30%的砂石并拌合均匀后，方可使用。当采用粉质黏土大面积换填并使用大型机械夯压时，土料中的碎石粒径可稍大于50mm，但不宜大于100mm，否则将影响垫层的夯压效果。

灰土强度随土料中黏粒含量增高而加大，塑性指数小于4的粉土中黏粒含量太少，不能达到提高灰土强度的目的，因而不能用于拌合灰土。灰土所用的消石灰应符合优等品标准，储存期不超过3个月，所含活性CaO和MgO越高则胶结力越强。通常灰土的最佳含灰率约为CaO+MgO总量的8%。石灰应消解(3～4)d并筛除生石灰块后使用。

粉煤灰可分为湿排灰和调湿灰。按其燃烧后形成玻璃体的粒径分析，应属粉土的范畴。但由于含有CaO、$SO_3$等成分，具有一定的活性，当与水作用时，因具有胶凝作用的火山灰反应，使粉煤灰垫层逐渐获得一定的强度与刚度，有效地改善了垫层地基的承载能力及减小变形的能力。不同于抗地震液化能力较低的粉土或粉砂，由于粉煤灰具有一定的胶凝作用，在压实系数大于0.9时，即可以抵抗7度地震液化。用于发电的燃煤常伴生有微量放射性同位素，因而粉煤灰亦有时有弱放射性。作为建筑物垫层的粉煤灰应按照现行国家标准《建筑材料放射性核素限量》GB 6566的有关规定作为安全使用的标准，粉煤灰含碱性物质，回填后碱性成分在地下水中溶出，使地下水具弱碱性，因此应考虑其对地下水的影响并应对粉煤灰垫层中的金属构件、管网采取一定的防腐措施。粉煤灰垫层上宜覆盖0.3m～0.5m厚的黏性土，以防干灰飞扬，同时减少碱性对植物生长的不利影响，有利于环境绿化。

矿渣的稳定性是其是否适用于作换填垫层材料的最主要性能指标，原冶金部试验结果证明，当矿渣中CaO的含量小于45%及FeS与MnS的含量约为1%时，矿渣不会产生硅酸盐分解和铁锰分解，排渣时不浇石灰水，矿渣也就不会产生石灰分解，则该类矿渣性能稳定，可用于换填。对中、小型垫层可选用8mm～40mm与40mm～60mm的分级矿渣或0mm～60mm的混合矿渣；较大面积换填时，矿渣最大粒径不宜大于200mm或大于分层铺填厚度的2/3。与粉煤灰相同，对用于换填垫层的矿渣，同样要考虑放射性、对地下水和环境的影响及对金属管网、构件的影响。

土工合成材料（Geosynthetics）是近年来随着化学合成工业的发展而迅速发展起来的一种新型土工材料，主要由涤纶、尼龙、腈纶、丙纶等高分子化合物，根据工程的需要，加工成具有弹性、柔性、高抗拉强度、低延伸率、透水、隔水、反滤性、抗腐蚀性、抗老化性和耐久性的各种类型的产品。如土工格栅、土工格室、土工垫、土工带、土工网、土工膜、土工织物、塑料排水带及其他土工合成材料等。由于这些材料的优异性能及广泛的适用性，受到工程界的重视，被迅速推广应用于河、海岸护坡、堤坝、公路、铁路、港口、堆场、建筑、矿山、电力等领域的岩土工程中，取得了良好的工程效果和经济效益。

用于换填垫层的土工合成材料，在垫层中主要起加筋作用，以提高地基土的抗拉和抗剪强度、防止垫层被拉断裂和剪切破坏、保持垫层的完整性、提高垫层的抗弯刚度。因此利用土工合成材料加筋的垫层有效地改变了天然地基的性状，增大了压力扩散角，降低了下卧土层的压力，约束了地基侧向变形，调整了地基不均匀变形，增大地基的稳定性并提高地基的承载力。由于土工合成材料的上述特点，将其用于软弱黏性土、泥炭、沼泽地区修建道路、堆场等取得了较好的成效，同时在部分建筑、构筑物的加筋垫层中应用，也取得了一定的效果。根据理论分析、室内试验以及工程实测的结果证明采用土工合成材料加筋垫层的作用机理为：(1)扩散应力，加筋垫层刚度较大，增大了压力扩散角，有利于上部荷载扩散，降低垫层底面压力；(2)调整不均匀沉降，由于加筋垫层的作用，加大了压缩层范围内地基的整体刚度，有利于调整基础的不均匀沉降；(3)增大地基稳定性，由于加筋垫层的约束，整体上限制了地基土的剪切、侧向挤出及隆起。

采用土工合成材料加筋垫层时，应根据工程荷载的特点、对变形、稳定性的要求和地基土的工程性质、地下水性质及土工合成材料的工作环境等，选择土工合成材料的类型、布置形式及填料品种，主要包括：(1)确定所需土工合成材料的类型、物理性质和主要的力学性质如允许抗拉强度及相应的伸长率、耐久性与抗腐蚀性等；(2)确定土工合成材料在垫层中的布置形式、间距及端部的固定方式；(3)选择适用的填料与施工方法等。此外，要通过验证、保证土工合成材料在垫层中不被拉断和拔出失效。同时还要检验垫层地基的强度和变形以确保满足设计的要求。最后通过静载荷试验确定垫层地基的承载能力。

土工合成材料的耐久性与老化问题，在工程界均有较多的关注。由于土工合成材料引入我国为时不久，目前未见在工程中老化而影响耐久性。英国已有近一百年的使用历史，效果较好。合成材料老化的主要因素：紫外线照射、60℃～80℃的高温或氧化等。在岩土工程中，由于土工合成材料是埋在地下的土层中，上述三个影响因素皆极微弱，故土工合成材料能满足常规建筑工程中的耐久性需要。

在加筋土垫层中，主要由土工合成材料承受拉应力，所以要求选用高强度、低徐变性、延伸率适宜的材料，以保证垫层及下卧层土体的稳定性。在软弱土层采用土工合成材料加筋垫层，由合成材料承受上部荷载产生的应力远高于软弱土中的应力，因此一旦由于合成材料超过极限强度产生破坏，随之荷载转移而由软弱土承受全部外荷，势将大大超过软弱土的极限强度，而导致地基的整体破坏；进而地基的失稳将会引起上部建筑产生较大的沉降，并使建筑结构造成严重的破坏。因此用于加筋垫层中的土工合成材料必须留有足够的安全系数，而绝不能使其受力后的强度等参数处于临界状态，以免导致严重的后果。

**4.2.2** 垫层设计应满足建筑地基的承载力和变形要求。首先垫层能换除基础下直接承受建筑荷载的软弱土层，代之以能满足承载力要求的垫层；其次荷载通过垫层的应力扩散，使下卧层顶面受到的压力满足小于或等于下卧层承载能力的条件；再者基础持力层被低压缩性的垫层代换，能大大减少基础的沉降量。因此，合理确定垫层厚度是垫层设计的主要内容。通常根据土层的情况确定需要换填的深度，对于浅层软土厚度不大的工程，应置换掉全部软弱土。对需换填的软弱土层，首先应根据垫层的承载力确定基础的宽度和基底压力，再根据垫层下卧层的承载力，设置垫层的厚度，经本规范式（4.2.2-1）复核，最后确定垫层厚度。

下卧层顶面的附加压力值可以根据双层地基理论进行计算，但这种方法仅限于条形基础均布荷载的计算条件。也可以将双层地基视作均质地基，按均质连续各向同性半无限直线变形体的弹性理论计算。第一种方法计算比较复杂，第二种方法的假定又与实际双层地基的状态有一定误差。最常用的是扩散角法，按本规范式（4.2.2-2）或式（4.2.2-3）计算的垫层厚度虽比按弹性理论计算的结果略偏安全，但由于计算方法比较简便，易于理解又便于接受，故而在工程设计中得到了广泛的认可和使用。

压力扩散角应随垫层材料及下卧土层的力学特性差异而定，可按双层地基的条件来考虑。四川及天津曾先后对上硬下软的双层地基进行了现场静载荷试验及大量模型试验，通过实测软弱下卧层顶面的压力反算上部垫层的压力扩散角，根据模型试验实测压力，在垫层厚度等于基础宽度时，计算的压力扩散角均小于30°，而直观破裂角为30°。同时，对照耶戈洛夫双层地基应力理论计算值，在较安全的条件下，验算下卧层承载力的垫层破坏的扩散角与实测土的破裂角相当。因此，采用理论计算值时，扩散角最大取30°。对小于30°的情况，以理论计算值为基础，求出不同垫层厚度时的扩散角 $\theta$。根据陕西、上海、北京、辽宁、广东、湖北等地的垫层试验，对于中砂、粗砂、砾砂、石屑的变形模量均在30MPa～45MPa的范围，卵石、碎石的变形模量可达35MPa～80MPa，而矿渣则可达到35MPa～70MPa。这类粗颗粒垫层材料与下卧的较软土层相比，其变形模量比值均接近或大于10，扩散角最大取30°；而对于其他常作换填材料的细粒土或粉煤灰垫层，碾压后变形模量可达到13MPa～20MPa，与粉质黏土垫层类似，该类垫层材料的变形模量与下卧较软土层的变形模量比值显著小于粗粒土垫层的比值，则可比较安全地按3来考虑，同时按理论值计算出扩散角 $\theta$。灰土垫层则根据北京的试验及北京、天津、西北等地经验，按一定压实要求的3∶7或2∶8灰土28d强度考虑，取 $\theta$ 为28°。因此，参照现行国家标准《建筑地基基础设计规范》GB 50007给出不同垫层材料的压力扩散角。

土夹石、砂夹石垫层的压力扩散角宜依据土与石、砂与石的配比，按静载荷试验结果确定，有经验时也可按地区经验选取。

土工合成材料加筋垫层一般用于 $z/b$ 较小的薄垫层。对土工带加筋垫层，设置一层土工筋带时，$\theta$ 宜取26°；设置两层及以上土工筋带时，$\theta$ 宜取35°。

利用太原某现场工程加筋垫层原位静载荷试验，对土工带加筋垫层的压力扩散角进行验算。试验中加筋垫层土为碎石，粒径10mm～30mm，垫层尺寸为2.3m×2.3m×0.3m，基础底面尺寸为1.5m×1.5m。土工带加筋采用两种土工筋带：TG玻塑复合筋带（A型，极限抗拉强度 $\sigma_b$ =94.3MPa）和CPE钢塑复合筋带（B型，极限抗拉强度 $\sigma_b$ =139.4MPa）。根据不同的加筋参数和加筋材料，将此工程分为10种工况进行计算。具体工况参数如表3所示。以沉降为1.5%基础宽度处的荷载值作为基础底面处的平均压力值，垫层底面处的附加压力值为58.3kPa。基础底面处垫层土的自重压力值忽略不计。由式（4.2.2-3）分别计算加筋碎石垫层的压力扩散角值，结果列于表3。

**表3 工况参数及压力扩散角**

| 试验编号 | A1 | A2 | A3 | A4 | A5 | A6 | A7 | B6 | B7 | B8 |
|---|---|---|---|---|---|---|---|---|---|---|
| 加筋层数 | 1 | 1 | 1 | 1 | 1 | 2 | 2 | 2 | 2 | 2 |
| 首层间距（cm） | 5 | 10 | 10 | 10 | 20 | 5 | 5 | 5 | 5 | 5 |

续表 3

| 试验编号 | A1 | A2 | A3 | A4 | A5 | A6 | A7 | B6 | B7 | B8 |
|---|---|---|---|---|---|---|---|---|---|---|
| 层间距(cm) | — | — | — | — | — | 10 | 15 | 10 | 15 | 20 |
| *LDR* (%) | 33.3 | 50.0 | 33.3 | 25.0 | 33.3 | 33.3 | 33.3 | 33.3 | 33.3 | 33.3 |
| $q_{0.015B}$ (kPa) | 87.5 | 86.3 | 84.7 | 83.2 | 84.0 | 100.9 | 97.6 | 90.6 | 88.3 | 85.6 |
| $\theta$ (°) | 29.3 | 28.4 | 27.1 | 25.9 | 26.5 | 38.2 | 36.3 | 31.6 | 29.9 | 27.8 |

注：*LDR*—加筋线密度；$q_{0.015B}$—沉降为 1.5%基础宽度处的荷载值；$\theta$—压力扩散角。

收集了太原地区 7 项土工带加筋垫层工程，按照表 4.2.2 给出的压力扩散角取值验算是否满足式 (4.2.2-1) 要求。7 项工程概况描述如下，工程基本参数和压力扩散角取值列于表 4。验算时，太原地区从地面到基础底面土的重度加权平均值取 $\gamma_m=19\text{kN/m}^3$，加筋垫层重度碎石取 $21\text{kN/m}^3$，砂石取 $19.5\text{kN/m}^3$，灰土取 $16.5\text{kN/m}^3$，所用土工筋带均为 TG 玻塑复合筋带（A 型），$\eta_d$ 取 1.5。验算结果列于表 5。

**表 4 土工带加筋工程基本参数**

| 工程编号 | $L\times B$ (m) | $d$ (m) | $z$ (m) | $N$ | $B\times h$ (mm) | $U$ (m) | $H$ (m) | *LDR* (%) | $\theta$ (°) |
|---|---|---|---|---|---|---|---|---|---|
| 1 | 46.0×17.9 | 2.83 | 2.5 | 2 | 25×2.5 | 0.5 | 0.5 | 0.20 | 35 |
| 2 | 93.5×17.5 | 2.80 | 1.2 | 2 | 25×2.5 | 0.4 | 0.4 | 0.17 | 35 |
| 3 | 40.5×22.5 | 2.70 | 1.5 | 2 | 25×2.5 | 0.8 | 0.4 | 0.20 | 35 |
| 4 | 78.4×16.7 | 2.78 | 1.8 | 2 | 25×2.5 | 0.8 | 0.4 | 0.17 | 35 |
| 5 | 60.8×14.9 | 2.73 | 1.5 | 2 | 25×2.5 | 0.6 | 0.4 | 0.17 | 35 |
| 6 | 40.0×17.5 | 5.43 | 2.5 | 2 | 25×2.5 | 1.7 | 0.4 | 0.33 | 35 |
| 7 | 71.1×13.6 | 2.50 | 1.0 | 1 | 25×2.5 | 0.5 | — | 0.17 | 26 |

注：$L$—基础长度；$B$—基础宽度；$d$—基础埋深；$z$—垫层厚度；$N$—加筋层数；$h$—加筋带厚度；$U$—首层加筋间距；$H$—加筋间距；其他同表 3。

**表 5 加筋垫层下卧层承载力计算**

| 工程编号 | $p_k$ (kPa) | $p_c$ (kPa) | $p_z$ (kPa) | $p_{cz}$ (kPa) | $p_z+p_{cz}$ (kPa) | $f_{azk}$ (kPa) | 深度修正部分的承载力 (kPa) | $f_{az}$ (kPa) | 实测沉降 | | |
|---|---|---|---|---|---|---|---|---|---|---|---|
| | | | | | | | | | 最大沉降 (mm) | 最小沉降 (mm) | 平均沉降 (mm) |
| 1 | 140 | 53.8 | 67.0 | 102.5 | 169.5 | 70 | 137.6 | 207.6 | 10.0 | 7.0 | 8.3 |
| 2 | 140 | 53.2 | 77.8 | 73.0 | 150.8 | 80 | 99.75 | 179.75 | — | — | — |
| 3 | 220 | 51.3 | 146.7 | 82.8 | 229.5 | 150 | 105.5 | 255.5 | 72 | 63 | 67.5 |
| 4 | 150 | 52.8 | 81.8 | 87.9 | 169.7 | 80 | 116.25 | 196.25 | 8.7 | 7.0 | 7.9 |
| 5 | 130 | 51.9 | 66.2 | 81.1 | 147.3 | 80 | 106.25 | 186.25 | 4.2 | 3.5 | 3.9 |
| 6 | 260 | 103.2 | 120.2 | 151.9 | 272.1 | 120 | 211.75 | 331.75 | — | — | — |
| 7 | 140 | 47.5 | 85.1 | 67.0 | 152.1 | 90 | 85.5 | 175.5 | — | — | — |

1—山西省机电设计研究院 13 号住宅楼（6 层砖混，砂石加筋）；

2—山西省体委职工住宅楼（6 层砖混，灰土加筋）；

3—迎泽房管所住宅楼（9 层底框，碎石加筋）；

4—文化苑 E-4 号住宅楼（7 层砖混，砂石加筋）；

5—文化苑 E-5 号住宅楼（6 层砖混，砂石加筋）；

6—山西省交通干部学校综合教学楼（13 层框剪，砂石加筋）；

7—某机关职工住宅楼（6 层砖混，砂石加筋）。

**4.2.3** 确定垫层宽度时，除应满足应力扩散的要求外，还应考虑侧面土的强度条件，保证垫层应有足够的宽度，防止垫层材料向侧边挤出而增大垫层的竖向变形量。当基础荷载较大，或对沉降要求较高，或垫层侧边土的承载力较差时，垫层宽度应适当加大。

垫层顶面每边超出基础底边应大于 $z\tan\theta$，且不得小于 300mm，如图 1 所示。

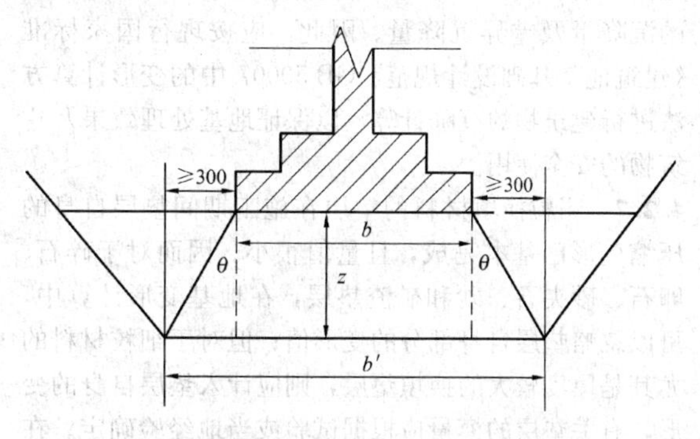


图 1 垫层宽度取值示意

**4.2.4** 矿渣垫层的压实指标，由于干密度试验难于操作，误差较大。所以其施工的控制标准按目前的经验，在采用8t以上的平碾或振动碾施工时可按最后两遍压实的压陷差小于2mm控制。

**4.2.5** 经换填处理后的地基，由于理论计算方法尚不够完善，或由于较难选取有代表性的计算参数等原因，而难于通过计算准确确定地基承载力，所以，本条强调经换填垫层处理的地基其承载力宜通过试验、尤其是通过现场原位试验确定。对于按现行国家标准《建筑地基基础设计规范》GB 50007 设计等级为丙级的建筑物及一般的小型、轻型或对沉降要求不高的工程，在无试验资料或经验时，当施工达到本规范要求的压实标准后，初步设计时可以参考表6所列的承载力特征值取用。

**表6 垫层的承载力**

| 换填材料 | 承载力特征值 $f_{ak}$（kPa） |
|---|---|
| 碎石、卵石 | 200～300 |
| 砂夹石（其中碎石、卵石占全重的30%～50%） | 200～250 |
| 土夹石（其中碎石、卵石占全重的30%～50%） | 150～200 |
| 中砂、粗砂、砾砂、圆砾、角砾 | 150～200 |
| 粉质黏土 | 130～180 |
| 石屑 | 120～150 |
| 灰土 | 200～250 |
| 粉煤灰 | 120～150 |
| 矿渣 | 200～300 |

注：压实系数小的垫层，承载力特征值取低值，反之取高值；原状矿渣垫层取低值，分级矿渣或混合矿渣垫层取高值。

**4.2.6** 我国软黏土分布地区的大量建筑物沉降观测及工程经验表明，采用换填垫层进行局部处理后，往往由于软弱下卧层的变形，建筑物地基仍将产生过大的沉降量及差异沉降量。因此，应按现行国家标准《建筑地基基础设计规范》GB 50007 中的变形计算方法进行建筑物的沉降计算，以保证地基处理效果及建筑物的安全使用。

**4.2.7** 粗粒换填材料的垫层在施工期间垫层自身的压缩变形已基本完成，且量值很小。因而对于碎石、卵石、砂夹石、砂和矿渣垫层，在地基变形计算中，可以忽略垫层自身部分的变形值；但对于细粒材料的尤其是厚度较大的换填垫层，则应计入垫层自身的变形，有关垫层的模量应根据试验或当地经验确定。在无试验资料或经验时，可参照表7选用。

**表7 垫层模量**（MPa）

| 垫层材料 \ 模量 | 压缩模量 $E_s$ | 变形模量 $E_0$ |
|---|---|---|
| 粉煤灰 | 8～20 | — |
| 砂 | 20～30 | — |
| 碎石、卵石 | 30～50 | — |
| 矿渣 | — | 35～70 |

注：压实矿渣的 $E_0/E_s$ 比值可按1.5～3.0取用。

下卧层顶面承受换填材料本身的压力超过原天然土层压力较多的工程，地基下卧层将产生较大的变形。如工程条件许可，宜尽早换填，以使由此引起的大部分地基变形在上部结构施工之前完成。

**4.2.9** 加筋线密度为加筋带宽度与加筋带水平间距的比值。

对于土工加筋带端部可采用图2说明的胞腔式固定方法。

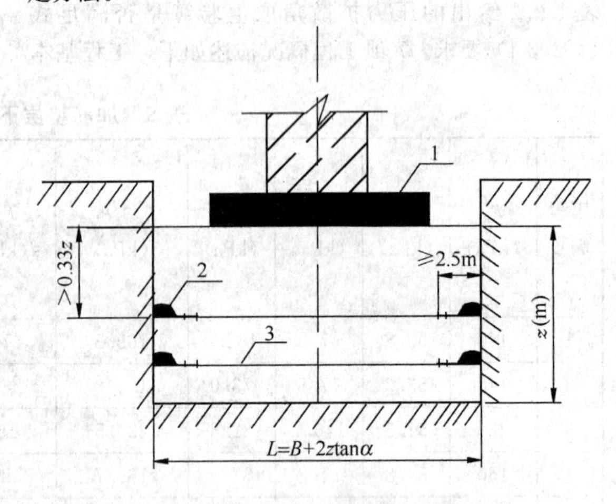


图2 胞腔式固定方法

1—基础；2—胞腔式砂石袋；3—筋带；z—加筋垫层厚度

工程案例分析：

场地条件：场地土层第一层为杂填土，厚度0.7m～0.8m，在试验时已挖去；第二层为饱和粉土，作为主要受力层，其天然重度为18.9kN/m³，土粒相对密度2.69，含水量31.8%，干重度14.5kN/m³，孔隙比0.881，饱和度96%，液限32.9%，塑限23.7%，塑性指数9.2，液性指数0.88，压缩模量3.93MPa。根据现场原土的静力触探和静载荷试验，结合本地区经验综合确定饱和粉土层的承载力特征值为80kPa。

工程概况：矩形基础，建筑物基础平面尺寸为60.8m×14.9m，基础埋深2.73m。基础底面处的平均压力 $p_k$ 取130kPa。基础底部为软弱土层，需进行处理。

处理方法一：采用砂石进行换填，从地面到基础底面土的重度加权平均值取19kN/m³，砂石重度取19.5kN/m³。基础埋深的地基承载力修正系数取

1.0。假定 $z/B=0.25$，如垫层厚度 $z$ 取 3.73m，按本规范 4.2.2 条取压力扩散角 20°。计算得基础底面处的自重应力 $p_c$ 为 51.9kPa，垫层底面处的自重应力 $p_{cz}$ 为 124.6kPa，则垫层底面处的附加压力值 $p_z$ 为 63.3kPa，垫层底面处的自重应力与附加压力之和为 187.9kPa，承载力深度修正值为 115.0kPa，垫层底面处土经深度修正后的承载力特征值为 195.0kPa，满足式（4.2.2-1）要求。

处理方法二：采用加筋砂石垫层。加筋材料采用 TG 玻塑复合筋带（极限抗拉强度 $\sigma_b=94.3$MPa），筋带宽、厚分别为 25mm 和 2.5mm。两层加筋，首层加筋间距拟采用 0.6m，加筋带层间距拟采用 0.4m，加筋线密度拟采用 17%。压力扩散角取 35°。砂石垫层参数同上。基础底面处的自重应力 $p_c$ 为 51.9kPa，假定垫层厚度为 1.5m，按式（4.2.2-3）计算加筋垫层底面处的附加压力值 $p_z$ 为 66.6kPa，垫层底面处的自重应力 $p_{cz}$ 为 81.2kPa，垫层底面处的自重应力与附加压力之和为 147.8kPa，计算得承载力深度修正值为 72.7kPa，垫层底面处土经深度修正后的承载力特征值为 152.7kPa＞147.8kPa，满足式（4.2.2-1）要求。由式（4.2.3）计算可得垫层底面最小宽度为 16.9m，取 17m。该工程竣工验收后，观测到的最终沉降量为 3.9mm，满足变形要求。

两种处理方法进行对比，可知，使用加筋垫层，可使垫层厚度比仅采用砂石换填时减少 60%。采用加筋垫层可以降低工程造价，施工更方便。

### 4.3 施　　工

**4.3.1** 换填垫层的施工参数应根据垫层材料、施工机械设备及设计要求等通过现场试验确定，以求获得最佳密实效果。对于存在软弱下卧层的垫层，应针对不同施工机械设备的重量、碾压强度、振动力等因素，确定垫层底层的铺填厚度，使既能满足该层的压密条件，又能防止扰动下卧软弱土的结构。

**4.3.3** 为获得最佳密实效果，宜采用垫层材料的最优含水量 $w_{op}$ 作为施工控制含水量。对于粉质黏土和灰土，现场可控制在最优含水量 $w_{op}$ ±2%的范围内；当使用振动碾压时，可适当放宽下限范围值，即控制在最优含水量 $w_{op}$ 的－6%～＋2%范围内。最优含水量可按现行国家标准《土工试验方法标准》GB/T 50123 中轻型击实试验的要求求得。在缺乏试验资料时，也可近似取液限值的 60%；或按照经验采用塑限 $w_p$±2%的范围值作为施工含水量的控制值，粉煤灰垫层不应采用浸水饱和施工法，其施工含水量应控制在最优含水量 $w_{op}$ ±4%的范围内。若土料湿度过大或过小，应分别予以晾晒、翻松、掺加吸水材料或洒水湿润以调整土料的含水量。对于砂石料则可根据施工方法不同按经验控制适宜的施工含水量，即当用平板式振动器时可取 15%～20%；当用平碾或蛙式夯时可取 8%～12%；当用插入式振动器时宜为饱和。对于碎石及卵石应充分浇水湿透后夯压。

**4.3.4** 对垫层底部的下卧层中存在的软硬不均匀点，要根据其对垫层稳定及建筑物安全的影响确定处理方法。对不均匀沉降要求不高的一般性建筑，当下卧层中不均匀点范围小，埋藏很深，处于地基压缩层范围以外，且四周土层稳定时，对该不均匀点可不做处理。否则，应予挖除并根据与周围土质及密实度均匀一致的原则分层回填并夯压密实，以防止下卧层的不均匀变形对垫层及上部建筑产生危害。

**4.3.5** 垫层下卧层为软弱土层时，因其具有一定的结构强度，一旦被扰动则强度大大降低，变形大量增加，将影响到垫层及建筑的安全使用。通常的做法是，开挖基坑时应预留厚约 200mm 的保护层，待做好铺填垫层的准备后，对保护层挖一段随即用换填材料铺填一段，直到完成全部垫层，以保护下卧土层的结构不被破坏。按浙江、江苏、天津等地的习惯做法，在软弱下卧层顶面设置厚 150mm～300mm 的砂垫层，防止粗粒换填材料挤入下卧层时破坏其结构。

**4.3.7** 在同一栋建筑下，应尽量保持垫层厚度相同；对于厚度不同的垫层，应防止垫层厚度突变；在垫层较深部位施工时，应注意控制该部位的压实系数，以防止或减少由于地基处理厚度不同所引起的差异变形。

为保证灰土施工控制的含水量不致变化，拌合均匀后的灰土应在当日使用，灰土夯实后，在短时间内水稳性及硬化均较差，易受水浸而膨胀疏松，影响灰土的夯压质量。

粉煤灰分层碾压验收后，应及时铺填上层或封层，防止干燥或扰动使碾压层松胀密实度下降及扬起粉尘污染。

**4.3.9** 在地基土层表面铺设土工合成材料时，保证地基土层顶面平整，防止土工合成材料被刺穿、顶破。

### 4.4 质量检验

**4.4.1** 垫层的施工质量检验可利用轻型动力触探或标准贯入试验法检验。必须首先通过现场试验，在达到设计要求压实系数的垫层试验区内，测得标准的贯入深度或击数，然后再以此作为控制施工压实系数的标准，进行施工质量检验。利用传统的贯入试验进行施工质量检验必须在有经验的地区通过对比试验确定检验标准，再在工程中实施。检验砂垫层使用的环刀容积不应小于 200cm³，以减少其偶然误差。在粗粒土垫层中的施工质量检验，可设置纯砂检验点，按环刀取样法检验，或采用灌水法、灌砂法进行检验。

**4.4.2** 换填垫层的施工必须在每层密实度检验合格后再进行下一工序施工。

**4.4.3** 垫层施工质量检验点的数量因各地土质条件

和经验不同而不同。本条按天津、北京、河南、西北等大部分地区多数单位的做法规定了条基、独立基础和其他基础面积的检验点数量。

**4.4.4** 竣工验收应采用静载荷试验检验垫层质量，为保证静载荷试验的有效影响深度不小于换填垫层处理的厚度，静载荷试验压板的面积不应小于 1.0$m^2$。

# 5 预压地基

## 5.1 一般规定

**5.1.1** 预压处理地基一般分为堆载预压、真空预压和真空～堆载联合预压三类。降水预压和电渗排水预压在工程上应用甚少，暂未列入。堆载预压分塑料排水带或砂井地基堆载预压和天然地基堆载预压。通常，当软土层厚度小于 4.0m 时，可采用天然地基堆载预压处理，当软土层厚度超过 4.0m 时，为加速预压过程，应采用塑料排水带、砂井等竖井排水预压处理地基。对真空预压工程，必须在地基内设置排水竖井。

本条提出适用于预压地基处理的土类。对于在持续荷载作用下体积会发生很大压缩，强度会明显增长的土，这种方法特别适用。对超固结土，只有当土层的有效上覆压力与预压荷载所产生的应力水平明显大于土的先期固结压力时，土层才会发生明显的压缩。竖井排水预压对处理泥炭土、有机质土和其他次固结变形占很大比例的土处理后仍有较大的次固结变形，应考虑对工程的影响。当主固结变形与次固结变形相比所占比例较大时效果明显。

**5.1.2** 当需加固的土层有粉土、粉细砂或中粗砂等透水、透气层时，对加固区采取的密封措施一般有打设黏性土密封墙、开挖换填和垂直铺设密封膜穿过透水透气层等方法。对塑性指数大于 25 且含水量大于 85%的淤泥，采用真空预压处理后的地基土强度有时仍然较低，因此，对具体的场地，需通过现场试验确定真空预压加固的适用性。

**5.1.3** 通过勘察查明土层的分布、透水层的位置及水源补给等，这对预压工程很重要，如对于黏土夹粉砂薄层的“千层糕”状土层，它本身具有良好的透水性，不必设置排水竖井，仅进行堆载预压即可取得良好的效果。对真空预压工程，查明处理范围内有无透水层（或透气层）及水源补给情况，关系到真空预压的成败和处理费用。

**5.1.4** 对重要工程，应预先选择代表性地段进行预压试验，通过试验区获得的竖向变形与时间关系曲线，孔隙水压力与时间关系曲线等推算土的固结系数。固结系数是预压工程地基固结计算的主要参数，可根据前期荷载所推算的固结系数预计后期荷载下地基不同时间的变形并根据实测值进行修正，这样就可以得到更符合实际的固结系数。此外，由变形与时间曲线可推算出预压荷载下地基的最终变形、预压阶段不同时间的固结度等，为卸载时间的确定、预压效果的评价以及指导全场的设计与施工提供主要依据。

**5.1.6** 对预压工程，什么情况下可以卸载，这是工程上关心的问题，特别是对变形控制严格的工程，更加重要。设计时应根据所计算的建筑物最终沉降量并对照建筑物使用期间的允许变形值，确定预压期间应完成的变形量，然后按照工期要求，选择排水竖井直径、间距、深度和排列方式、确定预压荷载大小和加载历时，使在预定工期内通过预压完成设计所要求的变形量，使卸载后的残余变形满足建筑物允许变形要求。对排水井穿透压缩土层的情况，通过不太长时间的预压可满足设计要求，土层的平均固结度一般可达 90%以上。对排水竖井未穿透受压土层的情况，应分别使竖井深度范围土层和竖井底面以下受压土层的平均固结度和所完成的变形量满足设计要求。这样要求的原因是，竖井底面以下受压土层属单向排水，如土层厚度较大，则固结较慢，预压期间所完成的变形较小，难以满足设计要求，为提高预压效果，应尽可能加深竖井深度，使竖井底面以下受压土层厚度减小。

**5.1.7** 当建筑物的荷载超过真空压力且建筑物对地基的承载力和变形有严格要求时，应采用真空-堆载联合预压法。工程实践证明，真空预压和堆载预压效果可以叠加，条件是两种预压必须同时进行，如某工程 47m×54m 面积真空和堆载联合预压试验，实测的平均沉降结果如表 8 所示。某工程预压前后十字板强度的变化如表 9 所示。

**表 8 实测沉降值**

| 项 目 | 真空预压 | 加 30kPa 堆载 | 加 50kPa 堆载 |
|---|---|---|---|
| 沉降（mm） | 480 | 680 | 840 |

**表 9 预压前后十字板强度**（kPa）

| 深度（m） | 土 质 | 预压前 | 真空预压 | 真空-堆载预压 |
|---|---|---|---|---|
| 2.0～5.8 | 淤泥夹淤泥质粉质黏土 | 12 | 28 | 40 |
| 5.8～10.0 | 淤泥质黏土夹粉质黏土 | 15 | 27 | 36 |
| 10.0～15.0 | 淤泥 | 23 | 28 | 33 |

**5.1.8** 由于预压加固地基的范围一般较大，其沉降对周边有一定影响，应有一定安全距离；距离较近时应采取保护措施。

**5.1.9** 超载预压可减少处理工期，减少工后沉降量。工程应用时应进行试验性施工，在保证整体稳定条件下实施。

## 5.2 设　计

### Ⅰ 堆 载 预 压

**5.2.1** 本条中提出对含较多薄粉砂夹层的软土层，可不设置排水竖井。这种土层通常具有良好的透水性。表10为上海石化总厂天然地基上10000m³试验油罐经148d充水预压的实测和推算结果。

该罐区的土层分布为：地表约4m的粉质黏土（“硬壳层”）其下为含粉砂薄层的淤泥质黏土，呈“千层糕”状构造。预计固结较快，地基未作处理，经148d充水预压后，固结度达90%左右。

**表10　从实测 $s$-$t$ 曲线推算的 $\beta$、$s_f$ 等值**

| 测点 | 2号 | 5号 | 10号 | 13号 | 16个测点平均值 | 罐中心 |
|---|---|---|---|---|---|---|
| 实测沉降 $s_t$ (cm) | 87.0 | 87.5 | 79.5 | 79.4 | 84.2 | 131.9 |
| $\beta$ (1/d) | 0.0166 | 0.0174 | 0.0174 | 0.0151 | 0.0159 | 0.0188 |
| 最终沉降 $s_f$ (cm) | 93.4 | 93.6 | 84.9 | 85.1 | 91.0 | 138.9 |
| 瞬时沉降 $s_d$ (cm) | 26.4 | 22.4 | 23.5 | 23.7 | 25.2 | 38.4 |
| 固结度 $\overline{U}$ (%) | 90.4 | 91.4 | 91.5 | 88.6 | 89.7 | 93.0 |

土层的平均固结度普遍表达式 $\overline{U}$ 如下：

$$\overline{U}=1-\alpha e^{-\beta t} \tag{3}$$

式中 $\alpha$、$\beta$ 为和排水条件有关的参数，$\beta$ 值与土的固结系数、排水距离等有关，它综合反映了土层的固结速率。从表10可看出罐区土层的 $\beta$ 值较大。对照砂井地基，如台州电厂煤场砂井地基 $\beta$ 值为0.0207（l/d），而上海炼油厂油罐天然地基 $\beta$ 值为0.0248（l/d）。它们的值相近。

**5.2.3** 对于塑料排水带的当量换算直径 $d_p$，虽然许多文献都提供了不同的建议值，但至今还没有结论性的研究成果，式（5.2.3）是著名学者Hansbo提出的，国内工程上也普遍采用，故在规范中推荐使用。

**5.2.5** 竖井间距的选择，应根据地基土的固结特性，预定时间内所要求达到的固结度以及施工影响等通过计算、分析确定。根据我国的工程实践，普通砂井之井径比取6～8，塑料排水带或袋装砂井之井径比取15～22，均取得良好的处理效果。

**5.2.6** 排水竖井的深度，应根据建筑物对地基的稳定性、变形要求和工期确定。对以变形控制的建筑，竖井宜穿透受压土层。对受压土层深厚，竖井很长的情况，虽然考虑井阻影响后，土层径向排水平均固结度随深度而减小，但井阻影响程度取决于竖井的纵向通水量 $q_w$ 与天然土层水平向渗透系数 $k_h$ 的比值大小和竖井深度等。对于竖井深度 $L=30$m，井径比 $n=20$，径向排水固结时间因子 $T_h=0.86$，不同比值 $q_w/k_h$ 时，土层在深度 $z=1$m 和 30m 处根据 Hansbo（1981）公式计算之径向排水平均固结度 $\overline{U}_r$ 如表11所示。

**表11　Hansbo（1981）公式计算之径向排水平均固结度 $\overline{U}_r$**

| $z$ (m) ＼ $q_w/k_h$ (m²) | 300 | 600 | 1500 |
|---|---|---|---|
| 1 | 0.91 | 0.93 | 0.95 |
| 30 | 0.45 | 0.63 | 0.81 |

由表可见，在深度30m处，土层之径向排水平均固结度仍较大，特别是当 $q_w/k_h$ 较大时。因此，对深厚受压土层，在施工能力可能时，应尽可能加深竖井深度，这对加速土层固结，缩短工期是很有利的。

**5.2.7** 对逐渐加载条件下竖井地基平均固结度的计算，本规范采用的是改进的高木俊介法，该公式理论上是精确解，而且无需先计算瞬时加载条件下的固结度，再根据逐渐加载条件进行修正，而是两者合并计算出修正后的平均固结度，而且公式适用于多种排水条件，可应用于考虑井阻及涂抹作用的径向平均固结度计算。

算例：

已知：地基为淤泥质黏土层，固结系数 $c_h=c_v=1.8\times10^{-3}\text{cm}^2/\text{s}$，受压土层厚20m，袋装砂井直径 $d_w=70$mm，袋装砂井为等边三角形排列，间距 $l=1.4$m，深度 $H=20$m，砂井底部为不透水层，砂井打穿受压土层。预压荷载总压力 $p=100$kPa，分两级等速加载，如图3所示。

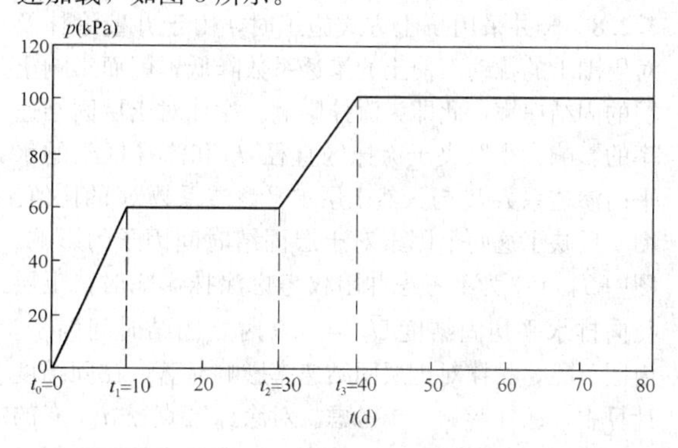


图3　加载过程

求：加荷开始后 120d 受压土层之平均固结度(不考虑竖井井阻和涂抹影响)。

计算：

受压土层平均固结度包括两部分：径向排水平均固结度和向上竖向排水平均固结度。按公式（5.2.7）计算，其中 $\alpha$、$\beta$ 由表 5.2.7 知：

$$\alpha = \frac{8}{\pi^2} = 0.81$$

$$\beta = \frac{8c_h}{F_n d_e^2} + \frac{\pi^2 c_v}{4H^2}$$

根据砂井的有效排水圆柱体直径 $d_e = 1.05l = 1.05 \times 1.4 = 1.47\text{m}$

径井比 $n = d_e/d_w = 1.47/0.07 = 21$，则

$$F_n = \frac{n^2}{n^2-1}\ln(n) - \frac{3n^2-1}{4n^2}$$

$$= \frac{21^2}{21^2-1}\ln(21) - \frac{3\times 21^2-1}{4\times 21^2}$$

$$= 2.3$$

$$\beta = \frac{8\times 1.8\times 10^{-3}}{2.3\times 147^2} + \frac{3.14^2\times 1.8\times 10^{-3}}{4\times 2000^2}$$

$$= 2.908\times 10^{-7}(\text{l/s})$$

$$= 0.0251(\text{l/d})$$

第一级荷载的加荷速率　$\dot{q}_1 = 60/10 = 6\text{kPa/d}$

第二级荷载的加荷速率　$\dot{q}_2 = 40/10 = 4\text{kPa/d}$

固结度计算：

$$\overline{U}_t = \sum \frac{\dot{q}_i}{\sum \Delta p}\left[(T_i - T_{i-1}) - \frac{\alpha}{\beta}e^{-\beta t}(e^{\beta T_i} - e^{\beta T_{i-1}})\right]$$

$$= \frac{\dot{q}_1}{\sum \Delta p}\left[(t_1 - t_0) - \frac{\alpha}{\beta}e^{-\beta t}(e^{\beta t_1} - e^{\beta t_0})\right]$$

$$+ \frac{\dot{q}_2}{\sum \Delta p}\left[(t_3 - t_2) - \frac{\alpha}{\beta}e^{-\beta t}(e^{\beta t_3} - e^{\beta t_2})\right]$$

$$= \frac{6}{100}\left[(10-0) - \frac{0.81}{0.0251} e^{-0.0251\times 120}(e^{0.0251\times 10} - e^0)\right]$$

$$+ \frac{4}{100}\left[(40-30) - \frac{0.81}{0.0251} e^{-0.0251\times 120}(e^{0.0251\times 40} - e^{0.0251\times 30})\right]$$

$$= 0.93$$

**5.2.8** 竖井采用挤土方式施工时，由于井壁涂抹及对周围土的扰动而使土的渗透系数降低，因而影响土层的固结速率，此即为涂抹影响。涂抹对土层固结速率的影响大小取决于涂抹区直径 $d_s$ 和涂抹区土的水平向渗透系数 $k_s$ 与天然土层水平渗透系数 $k_h$ 的比值。图 4 反映了这两个因素对土层固结时间因子的影响，图中 $T_{h90}(s)$ 为不考虑井阻仅考虑涂抹影响时，土层径向排水平均固结度 $\overline{U}_r = 0.9$ 时之固结时间因子。由图可见，涂抹对土层固结速率影响显著，在固结度计算中，涂抹影响应予考虑。对涂抹区直径 $d_s$，有的文献取 $d_s = (2\sim 3)d_m$，其中，$d_m$ 为竖井施工套管横截面积当量直径。对涂抹区土的渗透系数，由于土被扰动的程度不同，愈靠近竖井，$k_s$ 愈小。关于 $d_s$ 和 $k_s$ 大小还有待进一步积累资料。

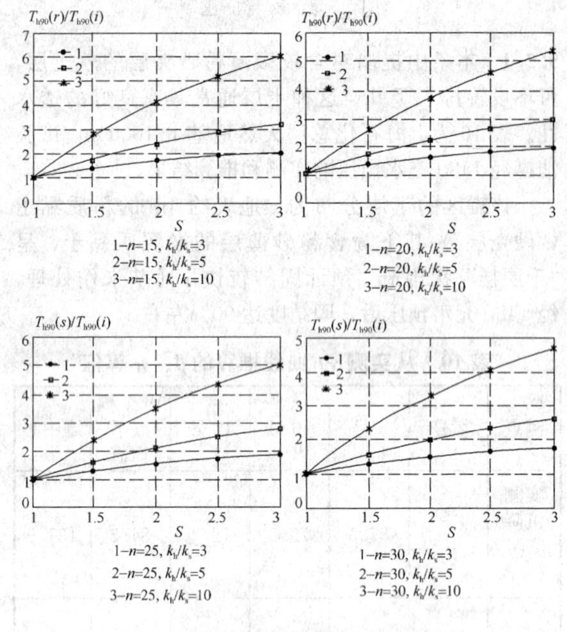


图 4　涂抹对土层固结速率的影响

如不考虑涂抹仅考虑井阻影响，即 $F = F_n + F_r$，由反映井阻影响的参数 $F_r$ 的计算式可见，井阻大小取决于竖井深度和竖井纵向通水量 $q_w$ 与天然土层水平向渗透系数 $k_h$ 的比值。如以竖井地基径向平均固结度达到 $\overline{U}_r = 0.9$ 为标准，则可求得不同竖井深度，不同井径比和不同 $q_w/k_h$ 比值时，考虑井阻影响（$F = F_n + F_r$）和理想井条件（$F = F_n$）之固结时间因子 $T_{h90}(r)$ 和 $T_{h90}(i)$。比值 $T_{h90}(r)/T_{h90}(i)$ 与 $q_w/k_h$ 的关系曲线见图 5。

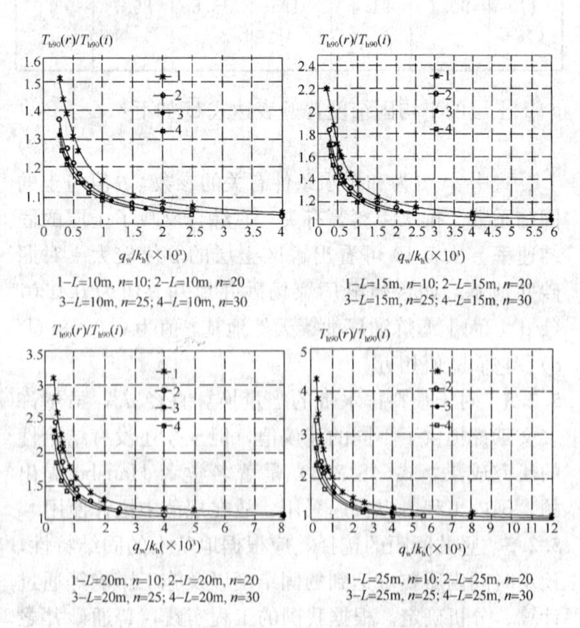


图 5　井阻对土层固结速率的影响

由图可知，对不同深度的竖井地基，如以$T_{h90}(r)/T_{h90}(i) \leqslant 1.1$作为可不考虑井阻影响的标准，则可得到相应的$q_w/k_h$值，因而可得到竖井所需要的通水量$q_w$理论值，即竖井在实际工作状态下应具有的纵向通水量值。对塑料排水带来说，它不同于实验室按一定实验标准测定的通水量值。工程上所选用的通过实验测定的产品通水量应比理论通水量高。设计中如何选用产品的纵向通水量是工程上所关心而又很复杂的问题，它与排水带深度、天然土层和涂抹后土渗透系数、排水带实际工作状态和工期要求等很多因素有关。同时，在预压过程中，土层的固结速率也是不同的，预压初期土层固结较快，需通过塑料排水带排出的水量较大，而塑料排水带的工作状态相对较好。关于塑料排水带的通水量问题还有待进一步研究和在实际工程中积累更多的经验。

对砂井，其纵向通水量可按下式计算：

$$q_w = k_w \cdot A_w = k_w \cdot \pi d_w^2/4 \tag{4}$$

式中，$k_w$为砂料渗透系数。作为具体算例，取井径比$n = 20$；袋装砂井直径$d_w = 70\text{mm}$和100mm两种；土层渗透系数$k_h = 1\times10^{-6}\text{cm/s}$、$5\times10^{-7}\text{cm/s}$、$1\times10^{-7}\text{cm/s}$和$1\times10^{-8}\text{cm/s}$，考虑井阻影响时的时间因子$T_{h90}(r)$与理想井时间因子$T_{h90}(i)$的比值列于表12，相应的$q_w/k_h$列于表13中。从表的计算结果看，对袋装砂井，宜选用较大的直径和较高的砂料渗透系数。

**表12　井阻时间因子$T_{h90}(r)$与理想井时间因子$T_{h90}(i)$的比值**

| 砂井砂料渗透系数(cm/s) \ 土层渗透系数(cm/s) \ 袋装砂井直径(mm) / 砂井深度(m) | | 70 | | 100 | |
|---|---|---|---|---|---|
| | | 10 | 20 | 10 | 20 |
| $1\times10^{-2}$ | $1\times10^{-6}$ | 3.85 | 12.41 | 2.40 | 6.60 |
| | $5\times10^{-7}$ | 2.43 | 6.71 | 1.70 | 3.80 |
| | $1\times10^{-7}$ | 1.29 | 2.14 | 1.14 | 1.56 |
| | $1\times10^{-8}$ | 1.03 | 1.11 | 1.01 | 1.06 |
| $5\times10^{-2}$ | $1\times10^{-6}$ | 1.57 | 3.29 | 1.28 | 2.12 |
| | $5\times10^{-7}$ | 1.29 | 2.14 | 1.14 | 1.56 |
| | $1\times10^{-7}$ | 1.06 | 1.23 | 1.03 | 1.11 |
| | $1\times10^{-8}$ | 1.01 | 1.02 | 1.00 | 1.01 |

**表13　$q_w/k_h$（$m^2$）**

| 砂井砂料渗透系数(cm/s) \ 土层渗透系数(cm/s) \ 袋装砂井直径(mm) | | 70 | 100 |
|---|---|---|---|
| $1\times10^{-2}$ | $1\times10^{-6}$ | 38.5 | 78.5 |
| | $5\times10^{-7}$ | 77.0 | 157.0 |
| | $1\times10^{-7}$ | 385.0 | 785.0 |
| | $1\times10^{-8}$ | 3850.0 | 7850.0 |
| $5\times10^{-2}$ | $1\times10^{-6}$ | 192.3 | 392.5 |
| | $5\times10^{-7}$ | 384.6 | 785.0 |
| | $1\times10^{-7}$ | 1923.0 | 3925.0 |
| | $1\times10^{-8}$ | 19230.0 | 39250.0 |

算例：

已知：地基为淤泥质黏土层，水平向渗透系数$k_h = 1\times10^{-7}\text{cm/s}$，$c_v = c_h = 1.8\times10^{-3}\text{cm}^2/\text{s}$，袋装砂井直径$d_w = 70\text{mm}$，砂料渗透系数$k_w = 2\times10^{-2}\text{cm/s}$，涂抹区土的渗透系数$k_s = 1/5\times k_h = 0.2\times10^{-7}\text{cm/s}$。取$s = 2$，袋装砂井为等边三角形排列，间距$l = 1.4\text{m}$，深度$H = 20\text{m}$，砂井底部为不透水层，砂井打穿受压土层。预压荷载总压力$p = 100\text{kPa}$，分两级等速加载，如图3所示。

求：加载开始后120d受压土层之平均固结度。

计算：

袋装砂井纵向通水量

$$q_w = k_w \times \pi d_w^2/4$$
$$= 2\times10^{-2}\times3.14\times7^2/4 = 0.769\ \text{cm}^3/\text{s}$$

$$F_n = \ln(n) - 3/4 = \ln(21) - 3/4 = 2.29$$

$$F_r = \frac{\pi^2 L^2}{4}\frac{k_h}{q_w} = \frac{3.14^2\times2000^2}{4}\times\frac{1\times10^{-7}}{0.769} = 1.28$$

$$F_s = \left(\frac{k_h}{k_s} - 1\right)\ln s = \left(\frac{1\times10^{-7}}{0.2\times10^{-7}} - 1\right)\ln 2 = 2.77$$

$$F = F_n + F_r + F_s = 2.29 + 1.28 + 2.77 = 6.34$$

$$\alpha = \frac{8}{\pi^2} = 0.81$$

$$\beta = \frac{8c_h}{Fd_e^2} + \frac{\pi^2 c_v}{4H^2}$$

$$= \frac{8\times1.8\times10^{-3}}{6.34\times147^2} + \frac{3.14^2\times1.8\times10^{-3}}{4\times2000^2}$$

$$= 1.06\times10^{-7}\ (1/\text{s}) = 0.0092\ (1/\text{d})$$

$$\overline{U}_t = \frac{\dot{q}_1}{\sum\Delta p}\left[(t_1 - t_0) - \frac{\alpha}{\beta}e^{-\beta t}(e^{\beta t_1} - e^{\beta t_0})\right]$$

$$+ \frac{\dot{q}_2}{\sum\Delta p}\left[(t_3 - t_2) - \frac{\alpha}{\beta}e^{-\beta t}(e^{\beta t_3} - e^{\beta t_2})\right]$$

$$= \frac{6}{100}\left[(10-0)-\frac{0.81}{0.0092} e^{-0.0092\times120}(e^{0.0092\times10}-e^{0})\right] + \frac{4}{100}\left[(40-30)-\frac{0.81}{0.0092} e^{-0.0092\times120}(e^{0.0092\times40}-e^{0.0092\times30})\right] = 0.68$$

**5.2.9** 对竖井未穿透受压土层的地基，当竖井底面以下受压土层较厚时，竖井范围土层平均固结度与竖井底面以下土层的平均固结度相差较大，预压期间所完成的固结变形量也因之相差较大，如若将固结度按整个受压土层平均，则与实际固结度沿深度的分布不符，且掩盖了竖井底面以下土层固结缓慢，预压期间完成的固结变形量小，建筑物使用以后剩余沉降持续时间长等实际情况。同时，按整个受压土层平均，使竖井范围土层固结度比实际降低而影响稳定分析结果。因此，竖井范围与竖井底面以下土层的固结度和相应的固结变形应分别计算，不宜按整个受压土层平均计算。

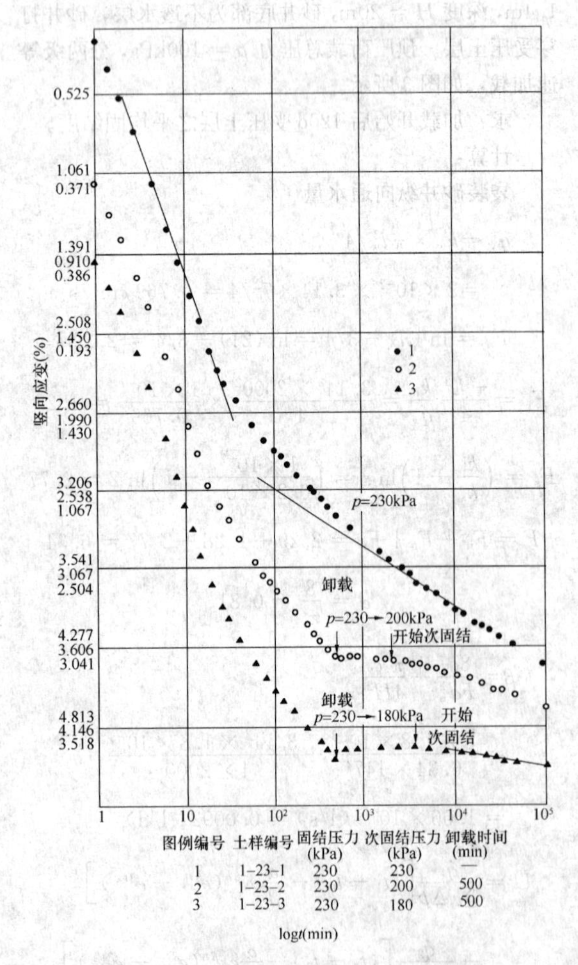


| 图例编号 | 土样编号 | 固结压力 (kPa) | 次固结压力 (kPa) | 卸载时间 (min) |
|---|---|---|---|---|
| 1 | 1-23-1 | 230 | 230 | — |
| 2 | 1-23-2 | 230 | 200 | 500 |
| 3 | 1-23-3 | 230 | 180 | 500 |

图6 某工程淤泥质黏土的室内试验结果

**5.2.11** 饱和软黏土根据其天然固结状态可分成正常固结土、超固结土和欠固结土。显然，对不同固结状态的土，在预压荷载下其强度增长是不同的，由于超固结土和欠固结土强度增长缺乏实测资料，本规范暂未能提出具体预计方法。

对正常固结饱和黏性土，本规范所采用的强度计算公式已在工程上得到广泛的应用。该法模拟了压应力作用下土体排水固结引起的强度增长，而不模拟剪缩作用引起的强度增长，它可直接用十字板剪切试验结果来检验计算值的准确性。该式可用于竖井地基有效固结压力法稳定分析。

$$\tau_{ft} = \tau_{f0} + \Delta\sigma_z \cdot U_t \tan\varphi_{cu} \quad (5)$$

式中 $\tau_{f0}$ 为地基土的天然抗剪强度，由计算点土的自重应力和三轴固结不排水试验指标 $\varphi_{cu}$ 计算或由原位十字板剪切试验测定。

**5.2.12** 预压荷载下地基的变形包括瞬时变形、主固结变形和次固结变形三部分。次固结变形大小和土的性质有关。泥炭土、有机质土或高塑性黏性土土层，次固结变形较显著，而其他土则所占比例不大，如忽略次固结变形，则受压土层的总变形由瞬时变形和主固结变形两部分组成。主固结变形工程上通常采用单向压缩分层总和法计算，这只有当荷载面积的宽度或直径大于受压土层的厚度时才较符合计算条件，否则应对变形计算值进行修正以考虑三向压缩的效应。但研究结果表明，对于正常固结或稍超固结土地基，三向修正是不重要的。因此，仍可按单向压缩计算。经验系数 $\xi$ 考虑了瞬时变形和其他影响因素，根据多项工程实测资料推算，正常固结黏性土地基的 $\xi$ 值列于表14。

**表14 正常固结黏性土地基的 $\xi$ 值**

| 序号 | 工程名称 | 固结变形量 $s_c$ (cm) | 最终竖向变形量 $s_f$ (cm) | 经验系数 $\xi = s_f/s_c$ | 备注 |
|---|---|---|---|---|---|
| 1 | 宁波试验路堤 | 150.2 | 209.2 | 1.38 | 砂井地基，$s_f$ 由实测曲线推算 |
| 2 | 舟山冷库 | 104.8 | 132.0 | 1.32 | 砂井预压，压力 $p=110$kPa |
| 3 | 广东某铁路路堤 | 97.5 | 113.0 | 1.16 | — |
| 4 | 宁波栎社机场 | 102.9 | 111.0 | 1.08 | 袋装砂井预压，此为场道中心点 $\xi$ 值，道边点 $\xi=1.11$ |
| 5 | 温州机场 | 110.8 | 123.6 | 1.12 | 袋装砂井预压，此为场道中心点 $\xi$ 值，道边点 $\xi=1.07$ |

续表 14

| 序号 | 工程名称 | | 固结变形量 $s_c$ (cm) | 最终竖向变形量 $s_f$ (cm) | 经验系数 $\xi=s_f/s_c$ | 备注 |
|---|---|---|---|---|---|---|
| 6 | 上海金山油罐 | 罐中心 | 100.5 | 138.9 | 1.38 | $10000m^3$ 油罐 $p=164.3kPa$，天然地基充水预压。罐边缘沉降为 16 个测点平均值，$s_f$ 由实测曲线推算 |
| | | 罐边缘 | 65.8 | 91.0 | 1.38 | |
| 7 | 上海油罐 | 罐中心 | 76.2 | 111.1 | 1.46 | $20000m^3$ 油罐，$p=210kPa$，罐边缘沉降为 12 个测点平均值，$s_f$ 由实测曲线推算 |
| | | 罐边缘 | 63.0 | 76.3 | 1.21 | |
| 8 | 帕斯科克拉炼油厂油罐 | | 18.3 | 24.4 | 1.33 | $p=210kPa$，$s_f$ 为实测值 |
| 9 | 格兰岛油罐 | | 48.3<br>47.0 | 53.4<br>53.4 | 1.10<br>1.13 | $s_c$、$s_f$ 均为实测值 |

**5.2.16** 预压地基大部分为软土地基，地基变形计算仅考虑固结变形，没有考虑荷载施加后的次固结变形。对于堆载预压工程的卸载时间应从安全性考虑，其固结度不宜少于 90%，现场检测的变形速率应有明显变缓趋势才能卸载。

### Ⅱ 真 空 预 压

**5.2.17** 真空预压处理地基必须设置塑料排水带或砂井，否则难以奏效。交通部第一航务工程局曾在现场做过试验，不设置砂井，抽气两个月，变形仅几个毫米，达不到处理目的。

**5.2.19** 真空度在砂井内的传递与井料的颗粒组成和渗透性有关。根据天津的资料，当井料的渗透系数 $k=1\times10^{-2}cm/s$ 时，10m 长的袋装砂井真空度降低约 10%，当砂井深度超过 10m 时，为了减小真空度沿深度的损失，对砂井砂料应有更高的要求。

**5.2.21** 真空预压效果与预压区面积大小及长宽比等有关。表 15 为天津新港现场预压试验的实测结果。

**表 15 预压区面积大小影响**

| 预压区面积（$m^2$） | 264 | 1250 | 3000 |
|---|---|---|---|
| 中心点沉降量（mm） | 500 | 570 | 740～800 |

此外，在真空预压区边缘，由于真空度会向外部扩散，其加固效果不如中部，为了使预压区加固效果比较均匀，预压区应大于建筑物基础轮廓线，并不小于 3.0m。

**5.2.22** 真空预压的效果和膜内真空度大小关系很大，真空度越大，预压效果越好。如真空度不高，加上砂井井阻影响，处理效果将受到较大影响。根据国内许多工程经验，膜内真空度一般都能达到 86.7kPa（650mmHg）以上。这也是真空预压应达到的基本真空度。

**5.2.25** 对堆载预压工程，由于地基将产生体积不变的向外的侧向变形而引起相应的竖向变形，所以，按单向压缩分层总和法计算固结变形后尚应乘 1.1～1.4 的经验系数 $\xi$ 以反映地基向外侧向变形的影响。对真空预压工程，在抽真空过程中将产生向内的侧向变形，这是因为抽真空时，孔隙水压力降低，水平方向增加了一个向负压源的压力 $\Delta\sigma_3=-\Delta u$，考虑到其对变形的减少作用，将堆载预压的经验系数适当减小。根据《真空预压加固软土地基技术规程》JTS 147-2-2009 推荐的 $\xi$ 的经验值，取 1.0～1.3。

**5.2.28** 真空预压加固软土地基应进行施工监控和加固效果检测，满足卸载标准时方可卸载。真空预压加固卸载标准可按下列要求确定：

**1** 沉降-时间曲线达到收敛，实测地面沉降速率连续 5d～10d 平均沉降量小于或等于 2mm/d；

**2** 真空预压所需的固结度宜大于 85%～90%，沉降要求严格时取高值；

**3** 加固时间不少于 90d；

**4** 对工后沉降有特殊要求时，卸载时间除需满足以上标准外，还需通过计算剩余沉降量来确定卸载时间。

### Ⅲ 真空和堆载联合预压

**5.2.29** 真空和堆载联合预压加固，二者的加固效果可以叠加，符合有效应力原理，并经工程试验验证。真空预压是逐渐降低土体的孔隙水压力，不增加总应力条件下增加土体有效应力；而堆载预压是增加土体总应力和孔隙水压力，并随着孔隙水压力的逐渐消散而使有效应力逐渐增加。当采用真空-堆载联合预压时，既抽真空降低孔隙水压力，又通过堆载增加总应力。开始时抽真空使土中孔隙水压力降低有效应力增大，经不长时间（7d～10d）在土体保持稳定的情况下堆载，使土体产生正孔隙水压力，并与抽真空产生的负孔隙水压力叠加。正负孔隙水压力的叠加，转化的有效应力为消散的正、负孔隙水压力绝对值之和。现以瞬间加荷为例，对土中任一点 $m$ 的应力转化加以说明。$m$ 点的深度为地面下 $h_m$，地下水位假定与地面齐平，堆载引起 $m$ 点的总应力增量为 $\Delta\sigma_1$，土的有效重度 $\gamma'$，水重度 $\gamma_w$，大气压力 $p_a$，抽真空土中 $m$ 点大气压力逐渐降低至 $p_n$，$t$ 时间的固结度为 $U_t$，不同时间土中 $m$ 点总应力和有效应力如表 16 所示。

**表 16　土中任意点（$m$）有效应力-孔隙水压力随时间转换关系**

| 情况 | 总应力 $\sigma$ | 有效应力 $\sigma'$ | 孔隙水压力 $u$ |
|---|---|---|---|
| $t=0$<br>（未抽真空未堆载） | $\sigma_0$ | $\sigma'_0=\gamma' h_m$ | $u_0=\gamma_w h_m+p_a$ |
| $0\leqslant t\leqslant\infty$<br>（既抽真空又堆载） | $\sigma_t=\sigma_0+\Delta\sigma_1$ | $\sigma'_t=\gamma' h_m+[(p_a-p_n)+\Delta\sigma_1]U_1$ | $u_t=\gamma' h_m+p_n+[(p_a-p_n)+\Delta\sigma_1](1-U_1)$ |
| $t\rightarrow\infty$<br>（既抽真空又堆载） | $\sigma_t=\sigma_0+\Delta\sigma_1$ | $\sigma'_t=\gamma' h_m+(p_a-p_n)+\Delta\sigma_1$ | $u=\gamma'_w h_m+p_a$ |

**5.2.34**　目前真空-堆载联合预压的工程，经验系数 $\xi$ 尚缺少资料，故仍按真空预压的参数推算。

## 5.3　施　工

### Ⅰ　堆载预压

**5.3.6**　塑料排水带施工所用套管应保证插入地基中的带子平直、不扭曲。塑料排水带的纵向通水量除与侧压力大小有关外，还与排水带的平直、扭曲程度有关。扭曲的排水带将使纵向通水量减小。因此施工所用套管应采用菱形断面或出口段扁矩形断面，不应全长都采用圆形断面。

袋装砂井施工所用套管直径宜略大于砂井直径，主要是为了减小对周围土的扰动范围。

**5.3.9**　对堆载预压工程，当荷载较大时，应严格控制加载速率，防止地基发生剪切破坏或产生过大的塑性变形。工程上一般根据竖向变形、边桩水平位移和孔隙水压力等监测资料按一定标准控制。最大竖向变形控制每天不超过 10mm～15mm，对竖井地基取高值，天然地基取低值；边桩水平位移每天不超过 5mm。孔隙水压力的控制，目前尚缺少经验。对分级加载的工程（如油罐充水预压），可将测点的观测资料整理成每级荷载下孔隙水压力增量累加值 $\Sigma\Delta u$ 与相应荷载增量累加值 $\Sigma\Delta p$ 关系曲线（$\Sigma\Delta u$-$\Sigma\Delta p$ 关系曲线）。对连续逐渐加载工程，可将测点孔压 $u$ 与观测时间相应的荷载 $p$ 整理成 $u$-$p$ 曲线。当以上曲线斜率出现陡增时，认为该点已发生剪切破坏。

应当指出，按观测资料进行地基稳定性控制是一项复杂的工作，控制指标取决于多种因素，如地基土的性质、地基处理方法、荷载大小以及加载速率等。软土地基的失稳通常经历从局部剪切破坏到整体剪切破坏的过程，这个过程要有数天时间。因此，应对孔隙水压力、竖向变形、边桩水平位移等观测资料进行综合分析，密切注意它们的发展趋势，这是十分重要的。对铺设有土工织物的堆载工程，要注意突发性的破坏。

### Ⅱ　真空预压

**5.3.11**　由于各种原因射流真空泵全部停止工作，膜内真空度随之全部卸除，这将直接影响地基预压效果，并延长预压时间，为避免膜内真空度在停泵后很快降低，在真空管路中应设置止回阀和截门。当预计停泵时间超过 24h 时，则应关闭截门。所用止回阀及截门都应符合密封要求。

**5.3.12**　密封膜铺三层的理由是，最下一层和砂垫层相接触，膜容易被刺破，最上一层膜易受环境影响，如老化、刺破等，而中间一层膜是最安全最起作用的一层膜。膜的密封有多种方法，就效果来说，以膜上全面覆水最好。

### Ⅲ　真空和堆载联合预压

**5.3.15～5.3.17**　堆载施工应保护真空密封膜，采取必要的保护措施。

**5.3.18**　堆载施工应在整体稳定的基础上分级进行，控制标准暂按堆载预压的标准控制。

## 5.4　质量检验

**5.4.1**　对于以抗滑稳定性控制的重要工程，应在预压区内预留孔位，在堆载不同阶段进行原位十字板剪切试验和取土进行室内土工试验，根据试验结果验算下一级荷载地基的抗滑稳定性，同时也检验地基处理效果。

在预压期间应及时整理竖向变形与时间、孔隙水压力与时间等关系曲线，并推算地基的最终竖向变形、不同时间的固结度以分析地基处理效果，并为确定卸载时间提供依据。工程上往往利用实测变形与时间关系曲线按以下公式推算最终竖向变形量 $s_f$ 和参数 $\beta$ 值：

$$s_f=\frac{s_3(s_2-s_1)-s_2(s_3-s_2)}{(s_2-s_1)-(s_3-s_2)} \tag{6}$$

$$\beta=\frac{1}{t_2-t_1}\ln\frac{s_2-s_1}{s_3-s_2} \tag{7}$$

式中 $s_1$、$s_2$、$s_3$ 为加荷停止后时间 $t_1$、$t_2$、$t_3$ 相应的竖向变形量，并取 $t_2-t_1=t_3-t_2$。停荷后预压时间延续越长，推算的结果越可靠。有了 $\beta$ 值即可计算出受压土层的平均固结系数，也可计算出任意时间的固结度。

利用加载停歇时间的孔隙水压力 $u$ 与时间 $t$ 的关系曲线按下式可计算出参数 $\beta$：

$$\frac{u_1}{u_2}=e^{\beta(t_2-t_1)} \tag{8}$$

式中 $u_1$、$u_2$ 为相应时间 $t_1$、$t_2$ 的实测孔隙水压力值。$\beta$ 值反映了孔隙水压力测点附近土体的固结速率，而按式（7）计算的 $\beta$ 值则反映了受压土层的平均固结速率。

**5.4.2** 本条是预压地基的竣工验收要求。检验预压所完成的竖向变形和平均固结度是否满足设计要求；原位试验检验和室内土工试验预压后的地基强度是否满足设计要求。

# 6 压实地基和夯实地基

## 6.1 一般规定

**6.1.1** 本条对压实地基的适用范围作出规定，浅层软弱地基以及局部不均匀地基换填处理应按照本规范第4章的有关规定执行。

**6.1.2** 夯实地基包括强夯和强夯置换地基，本条对强夯和强夯置换法的适用范围作出规定。

**6.1.3** 压实、夯实地基的承载力确定应符合本规范附录A的要求。

## 6.2 压实地基

**6.2.1** 压实填土地基包括压实填土及其下部天然土层两部分，压实填土地基的变形也包括压实填土及其下部天然土层的变形。压实填土需通过设计，按设计要求进行分层压实，对其填料性质和施工质量有严格控制，其承载力和变形需满足地基设计要求。

压实机械包括静力碾压，冲击碾压，振动碾压等。静力碾压压实机械是利用碾轮的重力作用；振动式压路机是通过振动作用使被压土层产生永久变形而密实。碾压和冲击作用的冲击式压路机其碾轮分为：光碾、槽碾、羊足碾和轮胎碾等。光碾压路机压实的表面平整光滑，使用最广，适用于各种路面、垫层、飞机场道面和广场等工程的压实。槽碾、羊足碾单位压力较大，压实层厚，适用于路基、堤坝的压实。轮胎式压路机轮胎气压可调节，可增减压重，单位压力可变，压实过程有揉搓作用，使压实土层均匀密实，且不伤路面，适用于道路、广场等垫层的压实。

近年来，开山填谷、炸山填海、围海造田、人造景观等大面积填土工程越来越多，填土边坡最大高度已经达到100多米，大面积填方压实地基的工程案例很多，但工程事故也不少，应引起足够的重视。包括填方下的原天然地基的承载力、变形和稳定性要经过验算并满足设计要求后才可以进行填土的填筑和压实。一般情况下应进行基底处理。同时，应重视大面积填方工程的排水设计和半挖半填地基上建筑物的不均匀变形问题。

**6.2.2** 本条为压实填土地基的设计要求。

**1** 利用当地的土、石或性能稳定的工业废渣作为压实填土的填料，既经济，又省工省时，符合因地制宜、就地取材和保护环境、节约资源的建设原则。

工业废渣粘结力小，易于流失，露天填筑时宜采用黏性土包边护坡，填筑顶面宜用0.3m～0.5m厚的粗粒土封闭。以粉质黏土、粉土作填料时，其含水量宜为最优含水量，最优含水量的经验参数值为20%～22%，可通过击实试验确定。

**2** 对于一般的黏性土，可用8t～10t的平碾或12t的羊足碾，每层铺土厚度300mm左右，碾压8遍～12遍。对饱和黏土进行表面压实，可考虑适当的排水措施以加快土体固结。对于淤泥及淤泥质土，一般应予挖除或者结合碾压进行挤淤充填，先堆土、块石和片石等，然后用机械压入置换和挤出淤泥，堆积碾压分层进行，直到把淤泥挤出、置换完毕为止。

采用粉质黏土和黏粒含量$\rho_c \geqslant 10\%$的粉土作填料时，填料的含水量至关重要。在一定的压实功下，填料在最优含水量时，干密度可达最大值，压实效果最好。填料的含水量太大，容易压成“橡皮土”，应将其适当晾干后再分层夯实；填料的含水量太小，土颗粒之间的阻力大，则不易压实。当填料含水量小于12%时，应将其适当增湿。压实填土施工前，应在现场选取有代表性的填料进行击实试验，测定其最优含水量，用以指导施工。

粗颗粒的砂、石等材料具透水性，而湿陷性黄土和膨胀土遇水反应敏感，前者引起湿陷，后者引起膨胀，二者对建筑物都会产生有害变形。为此，在湿陷性黄土场地和膨胀土场地进行压实填土的施工，不得使用粗颗粒的透水性材料作填料。对主要由炉渣、碎砖、瓦块组成的建筑垃圾，每层的压实遍数一般不少于8遍。对含炉灰等细颗粒的填土，每层的压实遍数一般不少于10遍。

**3** 填土粗骨料含量高时，如果其不均匀系数小（例如小于5）时，压实效果较差，应选用压实功大的压实设备。

**4** 有些中小型工程或偏远地区，由于缺乏击实试验设备，或由于工期和其他原因，确无条件进行击实试验，在这种情况下，允许按本条公式（6.2.2-1）计算压实填土的最大干密度，计算结果与击实试验数值不一定完全一致，但可按当地经验作比较。

土的最大干密度试验有室内试验和现场试验两种，室内试验应严格按照现行国家标准《土工试验方法标准》GB/T 50123的有关规定，轻型和重型击实设备应严格限定其使用范围。以细颗粒土作填料的压实填土，一般采用环刀取样检验其质量。而以粗颗粒砂石作填料的压实填土，当室内试验结果不能正确评价现场土料的最大干密度时，不能按照检验细颗粒土的方法采用环刀取样，应在现场对土料作不同击实功下的击实试验（根据土料性质取不同含水量），采用灌水法和灌砂法测定其密度，并按其最大干密度作为控制干密度。

**6** 压实填土边坡设计应控制坡高和坡比，而边坡的坡比与其高度密切相关，如土性指标相同，边坡越高，坡角越大，坡体的滑动势就越大。为了提高其稳定性，通常将坡比放缓，但坡比太缓，压实的土方量则大，不一定经济合理。因此，坡比不宜太缓，也不宜太陡，坡高和坡比应有一合适的关系。本条表6.2.2-3的规定吸收了铁路、公路等部门的有关资料和经验，是比较成熟的。

**7** 压实填土由于其填料性质及其厚度不同，它们的边坡坡度允许值也有所不同。以碎石等为填料的压实填土，在抗剪强度和变形方面要好于以粉质黏土为填料的压实填土，前者，颗粒表面粗糙，阻力较大，变形稳定快，且不易产生滑移，边坡坡度允许值相对较大；后者，阻力较小，变形稳定慢，边坡坡度允许值相对较小。

**8** 冲击碾压技术源于20世纪中期，我国于1995年由南非引入。目前我国国产的冲击压路机数量已达数百台。由曲线为边而构成的正多边形冲击轮在位能落差与行驶动能相结合下对工作面进行静压、揉搓、冲击，其高振幅、低频率冲击碾压使工作面下深层土石的密实度不断增加，受冲压土体逐渐接近于弹性状态，是大面积土石方工程压实技术的新发展。与一般压路机相比，考虑上料、摊铺、平整的工序等因素其压实土石的效率提高（3～4）倍。

**9** 压实填土的承载力是设计的重要参数，也是检验压实填土质量的主要指标之一。在现场通常采用静载荷试验或其他原位测试进行评价。

**10** 压实填土的变形包括压实填土层变形和下卧土层变形。

**6.2.3** 本条为压实填土的施工要求。

**1** 大面积压实填土的施工，在有条件的场地或工程，应首先考虑采用一次施工，即将基础底面以下和以上的压实填土一次施工完毕后，再开挖基坑及基槽。对无条件一次施工的场地或工程，当基础超出±0.00标高后，也宜将基础底面以上的压实填土施工完毕，避免在主体工程完工后，再施工基础底面以上的压实填土。

**2** 压实填土层底面下卧层的土质，对压实填土地基的变形有直接影响，为消除隐患，铺填料前，首先应查明并清除场地内填土层底面以下耕土和软弱土层。压实设备选定后，应在现场通过试验确定分层填料的虚铺厚度和分层压实的遍数，取得必要的施工参数后，再进行压实填土的施工，以确保压实填土的施工质量。压实设备施工对下卧层的饱和土体易产生扰动时可在填土底部设置碎石盲沟。

冲击碾压施工应考虑对居民、建（构）筑物等周围环境可能带来的影响。可采取以下两种减振隔振措施：①开挖宽0.5m、深1.5m左右的隔振沟进行隔振；②降低冲击压路机的行驶速度，增加冲压遍数。

在斜坡上进行压实填土，应考虑压实填土沿斜坡滑动的可能，并应根据天然地面的实际坡度验算其稳定性。当天然地面坡度大于20%时，填料前，宜将斜坡的坡面挖出若干台阶，使压实填土与斜坡坡面紧密接触，形成整体，防止压实填土向下滑动。此外，还应将斜坡顶面以上的雨水有组织地引向远处，防止雨水流向压实的填土内。

**3** 在建设期间，压实填土场地阻碍原地表水的畅通排泄往往很难避免，但遇到此种情况时，应根据当地地形及时修筑雨水截水沟、排水盲沟等，疏通排水系统，使雨水或地下水顺利排走。对填土高度较大的边坡应重视排水对边坡稳定性的影响。

设置在压实填土场地的上、下水管道，由于材料及施工等原因，管道渗漏的可能性很大，应采取必要的防渗漏措施。

**6** 压实填土的施工缝各层应错开搭接，不宜在相同部位留施工缝。在施工缝处应适当增加压实遍数。此外，还应避免在工程的主要部位或主要承重部位留施工缝。

**7** 振动监测：当场地周围有对振动敏感的精密仪器、设备、建筑物等或有其他需要时宜进行振动监测。测点布置应根据监测目的和现场情况确定，一般可在振动强度较大区域内的建筑物基础或地面上布设观测点，并对其振动速度峰值和主振频率进行监测，具体控制标准及监测方法可参照现行国家标准《爆破安全规程》GB 6722执行。对于居民区、工业集中区等受振动可能影响人居环境时可参照现行国家标准《城市区域环境振动标准》GB 10070和《城市区域环境振动测量方法》GB/T 10071要求执行。

噪声监测：在噪声保护要求较高区域内可进行噪声监测。噪声的控制标准和监测方法可按现行国家标准《建筑施工场界环境噪声排放标准》GB 12523执行。

**8** 压实填土施工结束后，当不能及时施工基础和主体工程时，应采取必要的保护措施，防止压实填土表层直接日晒或受雨水浸泡。

**6.2.4** 压实填土地基竣工验收应采用静载荷试验检验填土地基承载力，静载荷试验点宜选择通过静力触探试验或轻便触探等原位试验确定的薄弱点。当采用静载荷试验检验压实填土的承载力时，应考虑压板尺寸与压实填土厚度的关系。压实填土厚度大，承压板尺寸也要相应增大，或采取分层检验。否则，检验结果只能反映上层或某一深度范围内压实填土的承载力。为保证静载荷试验的有效性，静载荷试验承压板的边长或直径不应小于压实地基检验厚度的1/3，且不应小于1.0m。当需要检验压实填土的湿陷性时，应采用现场浸水载荷试验。

**6.2.5** 压实填土的施工必须在上道工序满足设计要求后再进行下道工序施工。

## 6.3 夯实地基

**6.3.1** 强夯法是反复将夯锤（质量一般为10t～60t）

提到一定高度使其自由落下（落距一般为 10m～40m），给地基以冲击和振动能量，从而提高地基的承载力并降低其压缩性，改善地基性能。强夯置换法是采用在夯坑内回填块石、碎石等粗颗粒材料，用夯锤连续夯击形成强夯置换墩。

由于强夯法具有加固效果显著、适用土类广、设备简单、施工方便、节省劳力、施工期短、节约材料、施工文明和施工费用低等优点，我国自 20 世纪 70 年代引进此法后迅速在全国推广应用。大量工程实例证明，强夯法用于处理碎石土、砂土、低饱和度的粉土与黏性土、湿陷性黄土、素填土和杂填土等地基，一般均能取得较好的效果。对于软土地基，如果未采取辅助措施，一般来说处理效果不好。强夯置换法是 20 世纪 80 年代后期开发的方法，适用于高饱和度的粉土与软塑～流塑的黏性土等地基上对变形控制要求不严的工程。

强夯法已在工程中得到广泛的应用，有关强夯机理的研究也在不断深入，并取得了一批研究成果。目前，国内强夯工程应用夯击能已经达到 18000kN·m，在软土地区开发的降水低能级强夯和在湿陷性黄土地区普遍采用的增湿强夯，解决了工程中地基处理问题，同时拓宽了强夯法应用范围，但还没有一套成熟的设计计算方法。因此，规定强夯施工前，应在施工现场有代表性的场地上进行试夯或试验性施工。

**6.3.2** 强夯置换法具有加固效果显著、施工期短、施工费用低等优点，目前已用于堆场、公路、机场、房屋建筑和油罐等工程，一般效果良好。但个别工程因设计、施工不当，加固后出现下沉较大或墩体与墩间土下沉不等的情况。因此，特别强调采用强夯置换法前，必须通过现场试验确定其适用性和处理效果，否则不得采用。

**6.3.3** 强夯地基处理设计应符合下列规定：

**1** 强夯法的有效加固深度既是反映处理效果的重要参数，又是选择地基处理方案的重要依据。强夯法创始人梅那（Menard）曾提出下式来估算影响深度 $H$(m)：

$$H \approx \sqrt{Mh} \tag{9}$$

式中：$M$——夯锤质量（t）；

$h$——落距（m）。

国内外大量试验研究和工程实测资料表明，采用上述梅那公式估算有效加固深度将会得出偏大的结果。从梅那公式中可以看出，其影响深度仅与夯锤重和落距有关。而实际上影响有效加固深度的因素很多，除了夯锤重和落距以外，夯击次数、锤底单位压力、地基土性质、不同土层的厚度和埋藏顺序以及地下水位等都与加固深度有着密切的关系。鉴于有效加固深度问题的复杂性，以及目前尚无适用的计算式，所以本款规定有效加固深度应根据现场试夯或当地经验确定。

考虑到设计人员选择地基处理方法的需要，有必要提出有效加固深度的预估方法。由于梅那公式估算值较实测值大，国内外相继发表了一些文章，建议对梅那公式进行修正，修正系数范围值大致为 0.34～0.80，根据不同土类选用不同修正系数。虽然经过修正的梅那公式与未修正的梅那公式相比较有了改进，但是大量工程实践表明，对于同一类土，采用不同能量夯击时，其修正系数并不相同。单击夯击能越大时，修正系数越小。对于同一类土，采用一个修正系数，并不能得到满意的结果。因此，本规范不采用修正后的梅那公式，继续保持列表的形式。表 6.3.3-1 中将土类分成碎石土、砂土等粗颗粒土和粉土、黏性土、湿陷性黄土等细颗粒土两类，便于使用。上版规范单击夯击能范围为 1000kN·m～8000kN·m，近年来，沿海和内陆高填土场地地基采用 10000kN·m 以上能级强夯法的工程越来越多，积累了一定实测资料，本次修订，将单击夯击能范围扩展为 1000kN·m～12000kN·m，可满足当前绝大多数工程的需要。8000kN·m 以上各能级对应的有效加固深度，是在工程实测资料的基础上，结合工程经验制定。单击夯击能大于 12000kN·m 的有效加固深度，工程实测资料较少，待积累一定量数据后，再总结推荐。

**2** 夯击次数是强夯设计中的一个重要参数，对于不同地基土来说夯击次数也不同。夯击次数应通过现场试夯确定，常以夯坑的压缩量最大、夯坑周围隆起量最小为确定的原则。可从现场试夯得到的夯击次数和有效夯沉量关系曲线确定，有效夯沉量是指夯沉量与隆起量的差值，其与夯沉量的比值为有效夯实系数。通常有效夯实系数不宜小于 0.75。但要满足最后两击的平均夯沉量不大于本款的有关规定。同时夯坑周围地面不发生过大的隆起。因为隆起量太大，有效夯实系数变小，说明夯击效率降低，则夯击次数要适当减少，不能为了达到最后两击平均夯沉量控制值，而在夯坑周围 1/2 夯点间距内出现太大隆起量的情况下，继续夯击。此外，还要考虑施工方便，不能因夯坑过深而发生起锤困难的情况。

**3** 夯击遍数应根据地基土的性质确定。一般来说，由粗颗粒土组成的渗透性强的地基，夯击遍数可少些。反之，由细颗粒土组成的渗透性弱的地基，夯击遍数要求多些。根据我国工程实践，对于大多数工程采用夯击遍数 2 遍～4 遍，最后再以低能量满夯 2 遍，一般均能取得较好的夯击效果。对于渗透性弱的细颗粒土地基，可适当增加夯击遍数。

必须指出，由于表层土是基础的主要持力层，如处理不好，将会增加建筑物的沉降和不均匀沉降。因此，必须重视满夯的夯实效果，除了采用 2 遍满夯、每遍（2～3）击外，还可采用轻锤或低落距锤多次夯击，锤印搭接等措施。

**4** 两遍夯击之间应有一定的时间间隔，以利于土中超静孔隙水压力的消散。所以间隔时间取决于超静孔隙水压力的消散时间。但土中超静孔隙水压力的消散速率与土的类别、夯点间距等因素有关。有条件时在试夯前埋设孔隙水压力传感器，通过试夯确定超静孔隙水压力的消散时间，从而决定两遍夯击之间的间隔时间。当缺少实测资料时，间隔时间可根据地基土的渗透性按本条规定采用。

**5** 夯击点布置是否合理与夯实效果有直接的关系。夯击点位置可根据基底平面形状进行布置。对于某些基础面积较大的建筑物或构筑物，为便于施工，可按等边三角形或正方形布置夯点；对于办公楼、住宅建筑等，可根据承重墙位置布置夯点，一般可采用等腰三角形布点，这样保证了横向承重墙以及纵墙和横墙交接处墙基下均有夯击点；对于工业厂房来说也可按柱网来设置夯击点。

夯击点间距的确定，一般根据地基土的性质和要求处理的深度而定。对于细颗粒土，为便于超静孔隙水压力的消散，夯点间距不宜过小。当要求处理深度较大时，第一遍的夯点间距更不宜过小，以免夯击时在浅层形成密实层而影响夯击能往深层传递。此外，若各夯点之间的距离太小，在夯击时上部土体易向侧向已夯成的夯坑中挤出，从而造成坑壁坍塌，夯锤歪斜或倾倒，而影响夯实效果。

**6** 由于基础的应力扩散作用和抗震设防需要，强夯处理范围应大于建筑物基础范围，具体放大范围可根据建筑结构类型和重要性等因素考虑确定。对于一般建筑物，每边超出基础外缘的宽度宜为基底下设计处理深度的1/2～2/3，并不宜小于3m。对可液化地基，根据现行国家标准《建筑抗震设计规范》GB 50011的规定，扩大范围应超过基础底面下处理深度的1/2，并不应小于5m；对湿陷性黄土地基，尚应符合现行国家标准《湿陷性黄土地区建筑规范》GB 50025有关规定。

**7** 根据上述初步确定的强夯参数，提出强夯试验方案，进行现场试夯，并通过测试，与夯前测试数据进行对比，检验强夯效果，并确定工程采用的各项强夯参数，若不符合使用要求，则应改变设计参数。在进行试夯时也可采用不同设计参数的方案进行比较，择优选用。

**8** 在确定工程采用的各项强夯参数后，还应根据试夯所测得的夯沉量、夯坑回填方式、夯前夯后场地标高变化，结合基础埋深，确定起夯标高。夯前场地标高宜高出基础底标高0.3m～1.0m。

**9** 强夯地基承载力特征值的检测除了现场静载试验外，也可根据地基土性质，选择静力触探、动力触探、标准贯入试验等原位测试方法和室内土工试验结果结合静载试验结果综合确定。

**6.3.4** 本条是强夯处理地基的施工要求：

**1** 根据要求处理的深度和起重机的起重能力选择强夯锤质量。我国至今采用的最大夯锤质量已超过60t，常用的夯锤质量为15t～40t。夯锤底面形式是否合理，在一定程度上也会影响夯击效果。正方形锤具有制作简单的优点，但在使用时也存在一些缺点，主要是起吊时由于夯锤旋转，不能保证前后几次夯击的夯坑重合，故常出现锤角与夯坑侧壁相接触的现象，因而使一部分夯击能消耗在坑壁上，影响了夯击效果。根据工程实践，圆形锤或多边形锤不存在此缺点，效果较好。锤底面积可按土的性质确定，锤底静接地压力值可取25kPa～80kPa，锤底静接地压力值应与夯击能相匹配，单击夯击能高时取大值，单击夯击能低时取小值。对粗颗粒土和饱和度低的细颗粒土，锤底静接地压力取值大时，有利于提高有效加固深度；对于饱和细颗粒土宜取较小值。为了提高夯击效果，锤底应对称设置不少于4个与其顶面贯通的排气孔，以利于夯锤着地时坑底空气迅速排出和起锤时减小坑底的吸力。排气孔的孔径一般为300mm～400mm。

**2** 当最后两击夯沉量尚未达到控制标准，地面无明显隆起，而因为夯坑过深出现起夯困难时，说明地基土的压缩性仍较高，还可以继续夯击。但由于夯锤与夯坑壁的摩擦阻力加大和锤底接触面出现负压的原因，继续夯击，需要频繁挖锤，施工效率降低，处理不当会引起安全事故。遇到此种情况时，应将夯坑回填后继续夯击，直至达到控制标准。

**6.3.5** 强夯置换处理地基设计应符合下列规定：

**1** 将上版规范规定的置换深度不宜超过7m，修改为不宜超过10m，是根据国内置换夯击能从5000kN·m以下，提高到10000kN·m，甚至更高，在工程实测基础上确定的。国外置换深度有达到12m，锤的质量超过40t的工程实例。

对淤泥、泥炭等黏性软弱土层，置换墩应穿透软土层，着底在较好土层上，因墩底竖向应力较墩间土高，如果墩底仍在软弱土中，墩底较高竖向应力而产生较多下沉。

对深厚饱和粉土、粉砂，墩身可不穿透该层，因墩下土在施工中密度变大，强度提高有保证，故可允许不穿透该层。

强夯置换的加固原理为下列三者之和：

强夯置换＝强夯（加密）＋碎石墩＋特大直径排水井

因此，墩间和墩下的粉土或黏性土通过排水与加密，其密度及状态可以改善。由此可知，强夯置换的加固深度由两部分组成，即置换墩长度和墩下加密范围。墩下加密范围，因资料有限目前尚难确定，应通过现场试验逐步积累资料。

**2** 单击夯击能应根据现场试验决定，但在可行性研究或初步设计时可按图7中的实线（平均值）与虚线（下限）所代表的公式估计。

较适宜的夯击能 $\bar{E}=940(H_1-2.1)$ (10)

夯击能最低值 $E_W=940(H_1-3.3)$ (11)

式中：$H_1$——置换墩深度（m）。

初选夯击能宜在 $\bar{E}$ 与 $E_W$ 之间选取，高于 $\bar{E}$ 则可能浪费，低于 $E_W$ 则可能达不到所需的置换深度。图7是国内外18个工程的实际置换墩深度汇总而来，由图中看不出土性的明显影响，估计是因强夯置换的土类多限于粉土与淤泥质土，而这类土在施工中因液化或触变，抗剪强度都很低之故。

强夯置换宜选取同一夯击能中锤底静压力较高的锤施工，图7中两根虚线间的水平距离反映出在同一夯击能下，置换深度却有不同，这一点可能多少反映了锤底静压力的影响。

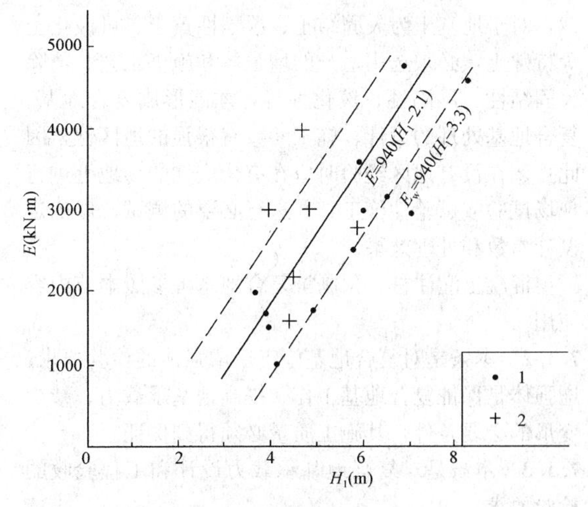


图7 夯击能与实测置换深度的关系

1—软土；2—黏土、砂

**3** 墩体材料级配不良或块石过多过大，均易在墩中留下大孔，在后续墩施工或建筑物使用过程中使墩间土挤入孔隙，下沉增加，因此本条强调了级配和大于300mm的块石总量不超出填料总重的30%。

**4** 累计夯沉量指单个夯点在每一击下夯沉量的总和，累计夯沉量为设计墩长的（1.5～2）倍以上，主要是保证夯墩的密实度与着底，实际是充盈系数的概念，此处以长度比代替体积比。

**9** 强夯置换时地面不可避免要抬高，特别在饱和黏性土中，根据现有资料，隆起的体积可达填入体积的大半，这主要是因为黏性土在强夯置换中密度改变较粉土少，虽有部分软土挤入置换墩孔隙中，或因填料吸水而降低一些含水量，但隆起的体积还是可观的，应在试夯时仔细记录，做出合理的估计。

**11** 规定强夯置换后的地基承载力对粉土中的置换地基按复合地基考虑，对淤泥或流塑的黏性土中的置换墩则不考虑墩间土的承载力，按单墩静载荷试验的承载力除以单墩加固面积取为加固后的地基承载力，主要是考虑：

1）淤泥或流塑软土中强夯置换国内有个别不成功的先例，为安全起见，须等有足够工程经验后再行修正，以利于此法的推广应用。

2）某些国内工程因单墩承载力已够，而不再考虑墩间土的承载力。

3）强夯置换法在国外亦称为“动力置换与混合”法（Dynamic replacement and mixing method），因为墩体填料为碎石或砂砾时，置换墩形成过程中大量填料与墩间土混合，越浅处混合的越多，因而墩间土已非原来的土而是一种混合土，含水量与密实度改善很多，可与墩体共同组成复合地基，但目前由于对填料要求与施工操作尚未规范化，填料中块石过多，混合作用不强，墩间的淤泥等软土性质改善不够，因此不考虑墩间土的承载力较为稳妥。

**12** 强夯置换处理后的地基情况比较复杂。不考虑墩间土作用地基变形计算时，如果采用的单墩静载荷试验的载荷板尺寸与夯锤直径相同时，其地基的主要变形发生在加固区，下卧土层的变形较小，但墩的长度较小时应计算下卧土层的变形。强夯置换处理地基的建筑物沉降观测资料较少，各地应根据地区经验确定变形计算参数。

**6.3.6** 本条是强夯置换处理地基的施工要求：

**1** 强夯置换夯锤可选用圆柱形，锤底静接地压力值可取80kPa～200kPa。

**2** 当表土松软时应铺设一层厚为1.0m～2.0m的砂石施工垫层以利施工机具运转。随着置换墩的加深，被挤出的软土渐多，夯点周围地面渐高，先铺的施工垫层在向夯坑中填料时往往被推入坑中成了填料，施工层越来越薄，因此，施工中须不断地在夯点周围加厚施工垫层，避免地面松软。

**6.3.7** 本条是对夯实法施工所用起重设备的要求。国内用于夯实法地基处理施工的起重机械以改装后的履带式起重机为主，施工时一般在臂杆端部设置门字形或三角形支架，提高起重能力和稳定性，降低起落夯锤时机架倾覆的安全事故发生的风险，实践证明，这是一种行之有效的办法。但同时也出现改装后的起重机实际起重量超过设备出厂额定最大起重量的情况，这种情况不利于施工安全，因此，应予以限制。

**6.3.8** 当场地表土软弱或地下水位高的情况，宜采用人工降低地下水位，或在表层铺填一定厚度的松散性材料。这样做的目的是在地表形成硬层，确保机械设备通行和施工，又可加大地下水和地表面的距离，防止夯击时夯坑积水。当砂土、湿陷性黄土的含水量低，夯击时，表层松散层较厚，形成的夯坑很浅，以致影响有效加固深度时，可采取表面洒水、钻孔注水等人工增湿措施。对回填地基，当可采用夯实法处理时，如果具备分层回填条件，应该选择采用分层回填方式进行回填，回填厚度尽可能控制在强夯法相应能级所对应的有效加固深度范围之内。

**6.3.10** 对振动有特殊要求的建筑物，或精密仪器设备等，当强夯产生的振动和挤压有可能对其产生有害影响时，应采取隔振或防振措施。施工时，在作业区一定范围设置安全警戒，防止非作业人员、车辆误入作业区而受到伤害。

**6.3.11** 施工过程中应有专人负责监测工作。首先，应检查夯锤质量和落距，因为若夯锤使用过久，往往因底面磨损而使质量减少，落距未达设计要求，也将影响单击夯击能；其次，夯点放线错误情况常有发生，因此，在每遍夯击前，均应对夯点放线进行认真复核；此外，在施工过程中还必须认真检查每个夯点的夯击次数，量测每击的夯沉量，检查每个夯点的夯击起止时间，防止出现少夯或漏夯，对强夯置换尚应检查置换墩长度。

由于强夯施工的特殊性，施工中所采用的各项参数和施工步骤是否符合设计要求，在施工结束后往往很难进行检查，所以要求在施工过程中对各项参数和施工情况进行详细记录。

**6.3.12** 基础施工必须在土层休止期满后才能进行，对黏性土地基和新近人工填土地基，休止期更显重要。

**6.3.13** 强夯处理后的地基竣工验收时，承载力的检验除了静载试验外，对细颗粒土尚应选择标准贯入试验、静力触探试验等原位检测方法和室内土工试验进行综合检测评价；对粗颗粒土尚应选择标准贯入试验、动力触探试验等原位检测方法进行综合检测评价。

强夯置换处理后的地基竣工验收时，承载力的检验除了单墩静载试验或单墩复合地基静载试验外，尚应采用重型或超重型动力触探、钻探检测置换墩的墩长、着底情况、密度随深度的变化情况，达到综合评价目的。对饱和粉土地基，尚应检测墩间土的物理力学指标。

**6.3.14** 本条是夯实地基竣工验收检验的要求。

**1** 夯实地基的质量检验，包括施工过程中的质量监测及夯后地基的质量检验，其中前者尤为重要。所以必须认真检查施工过程中的各项测试数据和施工记录，若不符合设计要求时，应补夯或采取其他有效措施。

**2** 经强夯和强夯置换处理的地基，其强度是随着时间增长而逐步恢复和提高的，因此，竣工验收质量检验应在施工结束间隔一定时间后方能进行。其间隔时间可根据土的性质而定。

**3、4** 夯实地基静载荷试验和其他原位测试、室内土工试验检验点的数量，主要根据场地复杂程度和建筑物的重要性确定。考虑到场地土的不均匀性和测试方法可能出现的误差，本条规定了最少检验点数。对强夯地基，应考虑夯间土和夯击点土的差异。当需要检验夯实地基的湿陷性时，应采用现场浸水载荷试验。

国内夯实地基采用波速法检测，评价夯后地基土的均匀性，积累了许多工程资料。作为一种辅助检测评价手段，应进一步总结，与动力触探试验或标准贯入试验、静力触探试验等原位测试结果验证后使用。

# 7 复合地基

## 7.1 一般规定

**7.1.1** 复合地基强调由地基土和增强体共同承担荷载，对于地基土为欠固结土、湿陷性黄土、可液化土等特殊土，必须选用适当的增强体和施工工艺，消除欠固结性、湿陷性、液化性等，才能形成复合地基。复合地基处理的设计、施工参数有很强的地区性，因此强调在没有地区经验时应在有代表性的场地上进行现场试验或试验性施工，并进行必要的测试，以确定设计参数和处理效果。

混凝土灌注桩、预制桩复合地基可参照本节内容使用。

**7.1.2** 本条是对复合地基施工后增强体的检验要求。增强体是保证复合地基工作、提高地基承载力、减少变形的必要条件，其施工质量必须得到保证。

**7.1.3** 本条是对复合地基承载力设计和工程验收的检验要求。

复合地基承载力的确定方法，应采用复合地基静载荷试验的方法。桩体强度较高的增强体，可以将荷载传递到桩端土层。当桩长较长时，由于静载荷试验的载荷板宽度较小，不能全面反映复合地基的承载特性。因此单纯采用单桩复合地基静载荷试验的结果确定复合地基承载力特征值，可能会由于试验的载荷板面积或由于褥垫层厚度对复合地基静载荷试验结果产生影响。对有粘结强度增强体复合地基的增强体进行单桩静载荷试验，保证增强体桩身质量和承载力，是保证复合地基满足建筑物地基承载力要求的必要条件。

**7.1.4** 本条是复合地基增强体施工桩位允许偏差和垂直度的要求。

**7.1.5** 复合地基承载力的计算表达式对不同的增强体大致可分为两种：散体材料桩复合地基和有粘结强度增强体复合地基。本次修订分别给出其估算时的设计表达式。对散体材料桩复合地基计算时桩土应力比 $n$ 应按试验取值或按地区经验取值。但应指出，由于地基土的固结条件不同，在长期荷载作用下的桩土应力比与试验条件时的结果有一定差异，设计时应充分考虑。处理后的桩间土承载力特征值与原土强度、类型、施工工艺密切相关，对于可挤密的松散砂土、粉土，处理后的桩间土承载力会比原土承载力有一定幅度的提高；而对于黏性土特别是饱和黏性土，施工后有一定时间的休止恢复期，过后桩间土承载力特征值可达到原土承载力；对于高灵敏性的土，由于休止期较长，设计时桩间土承载力特征值宜采用小于原土承载力特征值的设计参数。对有粘结强度增强体复合地基，本次修订根据试验结果增加了增强体单桩承载力发挥系数和桩间土承载力发挥系数，其基本依据是，在复合地基静载荷试验中取 $s/b$ 或 $s/d$ 等于 0.01 确定复合地基承载力时，地基土和单桩承载力发挥系数的试验结果。一般情况下，复合地基设计有褥垫层时，地基土承载力的发挥是比较充分的。

应该指出，复合地基承载力设计时取得的设计参数可靠性对设计的安全度有很大影响。当有充分试验资料作依据时，可直接按试验的综合分析结果进行设计。对刚度较大的增强体，在复合地基静载荷试验取 $s/b$ 或 $s/d$ 等于 0.01 确定复合地基承载力以及增强体单桩静载荷试验确定单桩承载力特征值的情况下，增强体单桩承载力发挥系数为 0.7～0.9，而地基土承载力发挥系数为 1.0～1.1。对于工程设计的大部分情况，采用初步设计的估算值进行施工，并要求施工结束后达到设计要求，设计人员的地区工程经验非常重要。首先，复合地基承载力设计中增强体单桩承载力发挥和桩间土承载力发挥与桩、土相对刚度有关，相同褥垫层厚度条件下，相对刚度差值越大，刚度大的增强体在加荷初始发挥较小，后期发挥较大；其次，由于采用勘察报告提供的参数，其对单桩承载力和天然地基承载力在相同变形条件下的富余程度不同，使得复合地基工作时增强体单桩承载力发挥和桩间土承载力发挥存在不同的情况，当提供的单桩承载力和天然地基承载力存在较大的富余值，增强体单桩承载力发挥系数和桩间土承载力发挥系数均可达到 1.0，复合地基承载力载荷试验检验结果也能满足设计要求。同时复合地基承载力载荷试验是短期荷载作用，应考虑长期荷载作用的影响。总之，复合地基设计要根据工程的具体情况，采用相对安全的设计。初步设计时，增强体单桩承载力发挥系数和桩间土承载力发挥系数的取值范围在 0.8～1.0 之间，增强体单桩承载力发挥系数取高值时桩间土承载力发挥系数应取低值，反之，增强体单桩承载力发挥系数取低值时桩间土承载力发挥系数应取高值。所以，没有充分的地区经验时应通过试验确定设计参数。

桩端端阻力发挥系数 $\alpha_p$ 与增强体的荷载传递性质、增强体长度以及桩土相对刚度密切相关。桩长过长影响桩端承载力发挥时应取较低值；水泥土搅拌桩其荷载传递受搅拌土的性质影响应取 0.4～0.6；其他情况可取 1.0。

**7.1.6** 复合地基增强体的强度是保证复合地基工作的必要条件，必须保证其安全度。在有关标准材料的可靠度设计理论基础上，本次修订适当提高了增强体材料强度的设计要求。对具有粘结强度的复合地基增强体应按建筑物基础底面作用在增强体上的压力进行验算，当复合地基承载力验算需要进行基础埋深的深度修正时，增强体桩身强度验算应按基底压力验算。本次修订给出了验算方法。

**7.1.7** 复合地基沉降计算目前仍以经验方法为主。本次修订综合各种复合地基的工程经验，提出以分层总和法为基础的计算方法。各地可根据地区土的工程特性、工法试验结果以及工程经验，采用适宜的方法，以积累工程经验。

**7.1.8** 由于采用复合地基的建筑物沉降观测资料较少，一直沿用天然地基的沉降计算经验系数。各地使用对复合土层模量较低时符合性较好，对于承载力提高幅度较大的刚性桩复合地基出现计算值小于实测值的现象。现行国家标准《建筑地基基础设计规范》GB 50007 修订组通过对收集到的全国 31 个 CFG 桩复合地基工程沉降观测资料分析，得出地基的沉降计算经验系数与沉降计算深度范围内压缩模量当量值的关系。

### 7.2 振冲碎石桩和沉管砂石桩复合地基

**7.2.1** 振冲碎石桩对不同性质的土层分别具有置换、挤密和振动密实等作用。对粘性土主要起到置换作用，对砂土和粉土除置换作用外还有振实挤密作用。在以上各种土中都要在振冲孔内加填碎石回填料，制成密实的振冲桩，而桩间土则受到不同程度的挤密和振密。桩和桩间土构成复合地基，使地基承载力提高，变形减少，并可消除土层的液化。在中、粗砂层中振冲，由于周围砂料能自行塌入孔内，也可以采用不加填料进行原地振冲加密的方法。这种方法适用于较纯净的中、粗砂层，施工简便，加密效果好。

沉管砂石桩是指采用振动或锤击沉管等方式在软弱地基中成孔后，再将砂、碎石或砂石混合料通过桩管挤压入已成的孔中，在成桩过程中逐层挤密、振密，形成大直径的砂石体所构成的密实桩体。沉管砂石桩用于处理松散砂土、粉土、可挤密的素填土及杂填土地基，主要靠桩的挤密和施工中的振动作用使桩周围土的密度增大，从而使地基的承载能力提高，压缩性降低。

国内外的实际工程经验证明，不管是采用振冲碎石桩、还是沉管砂石桩，其处理砂土及填土地基的挤密、振密效果都比较显著，均已得到广泛应用。

振冲碎石桩和沉管砂石桩用于处理软土地基，国内外也有较多的工程实例。但由于软黏土含水量高、透水性差，碎（砂）石桩很难发挥挤密效用，其主要作用是通过置换与黏性土形成复合地基，同时形成排水通道加速软土的排水固结。碎（砂）石桩单桩承载力主要取决于桩周土的侧限压力。由于软黏土抗剪强度低，且在成桩过程土中桩周土体产生的超孔隙水压力不能迅速消散，天然结构受到扰动将导致其抗剪强度进一步降低，造成桩周土对碎（砂）石桩产生的侧限压力较小，碎（砂）石桩的单桩承载力较低，如置换率不高，其提高承载力的幅度较小，很难获得可靠的处理效果。此外，如不经过预压，处理后地基仍将发生较大的沉降，难以满足建（构）筑物的沉降允许值。工程中常用预压措施（如油罐充水）解决部分工后沉降。所以，用碎（砂）石桩处理饱和软黏土地基，应按建筑结构的具体条件区别对待，宜通过现场试验后再确定是否采用。据此本条指出，在饱和黏土地基上对变形控制要求不严的工程才可采用砂石桩置换处理。

对于塑性指数较高的硬黏性土、密实砂土不宜采用碎（砂）石桩复合地基。如北京某电厂工程，天然地基承载力 $f_{ak}=200$kPa，基底土层为粉质黏土，采用振冲碎石桩，加固后桩土应力比 $n=0.9$，承载力没有提高（见图 8）。

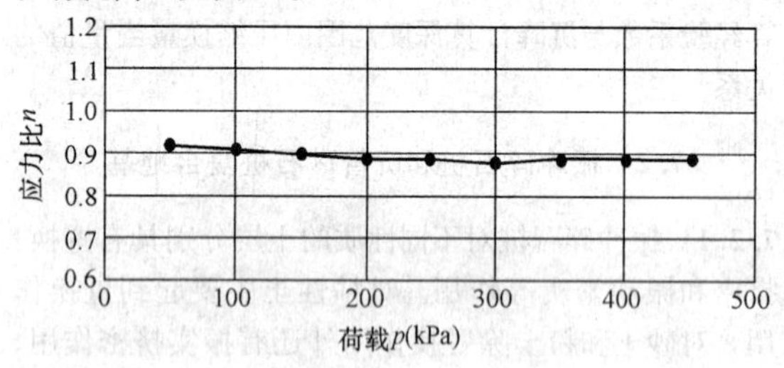


图 8　北京某工程桩土应力比随荷载的变化

对大型的、重要的或场地地层复杂的工程以及采用振冲法处理不排水强度不小于 20kPa 的饱和黏性土和饱和黄土地基，在正式施工前应通过现场试验确定其适用性是必要的。不加填料振冲挤密处理砂土地基的方法应进行现场试验确定其适用性，可参照本节规定进行施工和检验。

振冲碎石桩、沉管砂石桩广泛应用于处理可液化地基，其承载力和变形计算采用复合地基计算方法，可按本节内容设计和施工。

**7.2.2**　本条是振冲碎石桩、沉管砂石桩复合地基设计的规定。

**1**　本款规定振冲碎石桩、沉管砂石桩处理地基要超出基础一定宽度，这是基于基础的压力向基础外扩散，需要侧向约束条件保证。另外，考虑到基础下靠外边的（2～3）排桩挤密效果较差，应加宽（1～3）排桩。重要的建筑以及要求荷载较大的情况应加宽更多。

振冲碎石桩、沉管砂石桩法用于处理液化地基，必须确保建筑物的安全使用。基础外的处理宽度目前尚无统一的标准。美国经验取等于处理的深度，但根据日本和我国有关单位的模型试验得到结果为应处理深度的 2/3。另由于基础压力的影响，使地基土的有效压力增加，抗液化能力增大。根据日本用挤密桩处理的地基经过地震检验的结果，说明需处理的宽度也比处理深度的 2/3 小，据此定出每边放宽不宜小于处理深度的 1/2。同时不应小于 5m。

**2**　振冲碎石桩、沉管砂石桩的平面布置多采用等边三角形或正方形。对于砂土地基，因靠挤密桩周土提高密度，所以采用等边三角形更有利，它使地基挤密较为均匀。考虑基础形式和上部结构的荷载分布等因素，工程中还可根据建筑物承载力和变形要求采用矩形、等腰三角形等布桩形式。

**3**　采用振冲法施工的碎石桩直径通常为 0.8m～1.2m，与振冲器的功率和地基土条件有关，一般振冲器功率大、地基土松散时，成桩直径大，砂石桩直径可按每根桩所用填料量计算。

振动沉管法成桩直径的大小取决于施工设备桩管的大小和地基土的条件。目前使用的桩管直径一般为 300mm～800mm，但也有小于 300mm 或大于 800mm 的。小直径桩管挤密质量较均匀但施工效率低；大直径桩管需要较大的机械能力，工效高，采用过大的桩径，一根桩要承担的挤密面积大，通过一个孔要填入的砂石料多，不易使桩周土挤密均匀。沉管法施工时，设计成桩直径与套管直径比不宜大于 1.5。另外，成桩时间长，效率低给施工也会带来困难。

**4**　振冲碎石桩、沉管砂石桩的间距应根据复合地基承载力和变形要求以及对原地基土要达到的挤密要求确定。

**5**　关于振冲碎石桩、沉管砂石桩的长度，通常根据地基的稳定和变形验算确定，为保证稳定，桩长应达到滑动弧面之下，当软土层厚度不大时，桩长宜超过整个松软土层。标准贯入和静力触探沿深度的变化特性也是提供确定桩长的重要资料。

对可液化的砂层，为保证处理效果，一般桩长应穿透液化层，如可液化层过深，则应按现行国家标准《建筑抗震设计规范》GB 50011 有关规定确定。

由于振冲碎石桩、沉管砂石桩在地面下 1m～2m 深度的土层处理效果较差，碎（砂）石桩的设计长度应大于主要受荷深度且不宜小于 4m。

当建筑物荷载不均匀或地基主要压缩层不均匀，建筑物的沉降存在一个沉降差，当差异沉降过大，则会使建筑物受到损坏。为了减少其差异沉降，可分区采用不同桩长进行加固，用以调整差异沉降。

**7**　振冲碎石桩、沉管砂石桩桩身材料是散体材料，由于施工的影响，施工后的表层土需挖除或密实处理，所以碎（砂）石桩复合地基设置垫层是有益的。同时垫层起水平排水的作用，有利于施工后加快土层固结；对独立基础等小基础碎石垫层还可以起到明显的应力扩散作用，降低碎（砂）石桩和桩周围土的附加应力，减少桩体的侧向变形，从而提高复合地基承载力，减少地基变形量。

垫层铺设后需压实，可分层进行，夯填度（夯实后的垫层厚度与虚铺厚度的比值）不得大于0.9。

**8** 对砂土和粉土采用碎（砂）石桩复合地基，由于成桩过程对桩间土的振密或挤密，使桩间土承载力比天然地基承载力有较大幅度的提高，为此可用桩间土承载力调整系数来表达。对国内采用振冲碎石桩44个工程桩间土承载力调整系数进行统计见图9。从图中可以看出，桩间土承载力调整系数在1.07～3.60，有两个工程小于1.2。桩间土承载力调整系数与原土天然地基承载力相关，天然地基承载力低时桩间土承载力调整系数大。在初步设计估算松散粉土、砂土复合地基承载力时，桩间土承载力调整系数可取1.2～1.5，原土强度低取大值，原土强度高取小值。

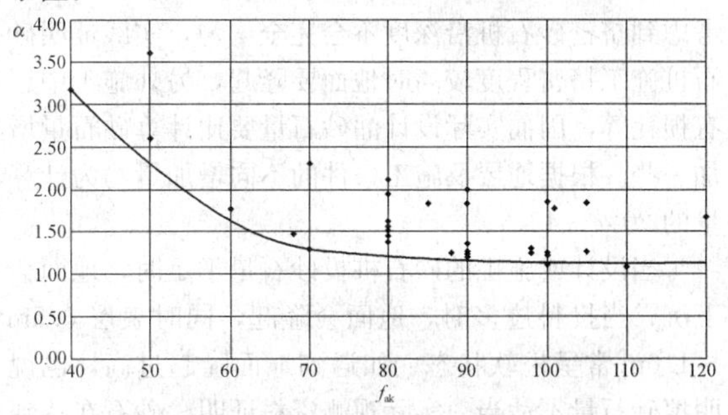


图9 桩间土承载力调整系数$\alpha$与原土承载力$f_{ak}$关系统计图

**9** 由于碎（砂）石桩向深层传递荷载的能力有限，当桩长较大时，复合地基的变形计算，不宜全桩长范围加固土层压缩模量采用统一的放大系数。桩长超过12d以上的加固土层压缩模量的提高，对于砂土粉土宜按挤密后桩间土的模量取值；对于黏性土不宜考虑挤密效果，但有经验时可按排水固结后经检验的桩间土的模量取值。

**7.2.3** 本条为振冲碎石桩施工的要求。

**1** 振冲施工选用振冲器要考虑设计荷载、工期、工地电源容量及地基土天然强度等因素。30kW功率的振冲器每台机组约需电源容量75kW，其制成的碎石桩径约0.8m，桩长不宜超过8m，因其振动力小，桩长超过8m加密效果明显降低；75kW振冲器每台机组需要电源电量100kW，桩径可达0.9m～1.5m，振冲深度可达20m。

在邻近有已建建筑物时，为减小振动对建筑物的影响，宜用功率较小的振冲器。

为保证施工质量，电压、加密电流、留振时间要符合要求。如电源电压低于350V则应停止施工。使用30kW振冲器密实电流一般为45A～55A；55kW振冲器密实电流一般为75A～85A；75kW振冲器密实电流为80A～95A。

**2** 升降振冲器的机具一般常用8t～25t汽车吊，可振冲5m～20m桩长。

**3** 要保证振冲桩的质量，必须控制好密实电流、填料量和留振时间三方面的指标。

首先，要控制加料振密过程中的密实电流。在成桩时，不能把振冲器刚接触填料的一瞬间的电流值作为密实电流。瞬时电流值有时可高达100A以上，但只要把振冲器停住不下降，电流值立即变小。可见瞬时电流并不真正反映填料的密实程度。只有让振冲器在固定深度上振动一定时间（称为留振时间）而电流稳定在某一数值，这一稳定电流才能代表填料的密实程度。要求稳定电流值超过规定的密实电流值，该段桩体才算制作完毕。

其次，要控制好填料量。施工中加填料不宜过猛，原则上要"少吃多餐"，即要勤加料，但每批不宜加得太多。值得注意的是在制作最深处桩体时，为达到规定密实电流所需的填料远比制作其他部分桩体多。有时这段桩体的填料量可占整根桩总填料量的1/4～1/3。这是因为开始阶段加的料有相当一部分从孔口向孔底下落过程中被黏留在某些深度的孔壁上，只有少量能落到孔底。另一个原因是如果控制不当，压力水有可能造成超深，从而使孔底填料量剧增。第三个原因是孔底遇到了事先不知的局部软弱土层，这也能使填料数量超过正常用量。

**4** 振冲施工有泥水从孔内返出。砂石类土返泥水较少，黏土层返泥水量大，这些泥水不能漫流在基坑内，也不能直接排入到地下排污管和河道中，以免引起对环境的有害影响，为此在场地上必须事先开设排泥水沟系统和做好沉淀池。施工时用泥浆泵将返出的泥水集中抽入池内，在城市施工，当泥水量不大时可外运。

**5** 为了保证桩顶部的密实，振冲前开挖基坑时应在桩顶高程以上预留一定厚度的土层。一般30kW振冲器应留0.7m～1.0m，75kW应留1.0m～1.5m。当基槽不深时可振冲后开挖。

**6** 在有些砂层中施工，常要连续快速提升振冲器，电流始终可保持加密电流值。如广东新沙港水中吹填的中砂，振前标贯击数为（3～7）击，设计要求振冲后不小于15击，采用正三角形布孔，桩距2.54m，加密电流100A，经振冲后达到大于20击，14m厚的砂层完成一孔约需20min。又如拉各都坝基，水中回填中、粗砂，振前$N_{10}$为10击，相对密实度$D_r$为0.11，振后$N_{10}$大于80击，$D_r$＝0.9，孔距2.0m，孔深7m，全孔振冲时间4min～6min。

**7.2.4** 本条为沉管砂石桩施工的要求。

**1** 沉管法施工，应选用与处理深度相适应的机械。可用的施工机械类型很多，除专用机械外还可利用一般的打桩机改装。目前所用机械主要可分为两类，即振动沉管桩机和锤击沉管桩机。

用垂直上下振动的机械施工的称为振动沉管成桩

法，用锤击式机械施工成桩的称为锤击沉管成桩法，锤击沉管成桩法的处理深度可达10m。桩机通常包括桩机架、桩管及桩尖、提升装置、挤密装置（振动锤或冲击锤）、上料设备及检测装置等部分。为了使桩管容易打入，高能量的振动沉管桩机配有高压空气或水的喷射装置，同时配有自动记录桩管贯入深度、提升量、压入量、管内砂石位置及变化（灌砂石及排砂石量），以及电机电流变化等检测装置。有的设备还装有计算机，根据地层阻力的变化自动控制灌砂石量并保证沿深度均匀挤密并达到设计标准。

**2** 不同的施工机具及施工工艺用于处理不同的地层会有不同的处理效果。常遇到设计与实际情况不符或者处理质量不能达到设计要求的情况，因此施工前在现场的成桩试验具有重要的意义。

通过现场成桩试验，检验设计要求和确定施工工艺及施工控制标准，包括填砂石量、提升高度、挤压时间等。为了满足试验及检测要求，试验桩的数量应不少于（7～9）个。正三角形布置至少要7个（即中间1个周围6个）；正方形布置至少要9个（3排3列每排每列各3个）。如发现问题，则应及时会同设计人员调整设计或改进施工。

**3** 振动沉管法施工，成桩步骤如下：

**1**）移动桩机及导向架，把桩管及桩尖对准桩位；

**2**）启动振动锤，把桩管下到预定的深度；

**3**）向桩管内投入规定数量的砂石料（根据施工试验的经验，为了提高施工效率，装砂石也可在桩管下到便于装料的位置时进行）；

**4**）把桩管提升一定的高度（下砂石顺利时提升高度不超过1m～2m），提升时桩尖自动打开，桩管内的砂石料流入孔内；

**5**）降落桩管，利用振动及桩尖的挤压作用使砂石密实；

**6**）重复4）、5）两工序，桩管上下运动，砂石料不断补充，砂石桩不断增高；

**7**）桩管提至地面，砂石桩完成。

施工中，电机工作电流的变化反映挤密程度及效率。电流达到一定不变值，继续挤压将不会产生挤密效果。施工中不可能及时进行效果检测，因此按成桩过程的各项参数对施工进行控制是重要的环节，必须予以重视，有关记录是质量检验的重要资料。

**4** 对于黏性土地基，当采用活瓣桩靴时宜选用平底型，以便于施工时顺利出料。

**5** 锤击沉管法施工有单管法和双管法两种，但单管法难以发挥挤密作用，故一般宜用双管法。

双管法的施工根据具体条件选定施工设备，其施工成桩过程如下：

**1**）将内外管安放在预定的桩位上，将用作桩塞的砂石投入外管底部；

**2**）以内管做锤冲击砂石塞，靠摩擦力将外管打入预定深度；

**3**）固定外管将砂石塞压入土中；

**4**）提内管并向外管内投入砂石料；

**5**）边提外管边用内管将管内砂石冲出挤压土层；

**6**）重复4）、5）步骤；

**7**）待外管拔出地面，砂石桩完成。

此法优点是砂石的压入量可随意调节，施工灵活。

其他施工控制和检测记录参照振动沉管法施工的有关规定。

**6** 砂石桩桩孔内的填料量应通过现场试验确定。考虑到挤密砂石桩沿深度不会完全均匀，实践证明砂石桩施工挤密程度较高时地面要隆起，另外施工中还有损耗等，因而实际设计灌砂石量要比计算砂石量增加一些。根据地层及施工条件的不同增加量约为计算量的20%～40%。

当设计或施工的砂石桩投砂石量不足时，地面会下沉；当投料过多时，地面会隆起，同时表层0.5m～1.0m常呈松软状态。如遇到地面隆起过高，也说明填砂石量不适当。实际观测资料证明，砂石在达到密实状态后进一步承受挤压又会变松，从而降低处理效果。遇到这种情况应注意适当减少填砂石量。

施工场地土层可能不均匀，土质多变，处理效果不能直接看到，也不能立即测出。为了保证施工质量，使在土层变化的条件下施工质量也能达到标准，应在施工中进行详细的观测和记录。观测内容包括桩管下沉随时间的变化；灌砂石量预定数量与实际数量；桩管提升和挤压的全过程（提升、挤压、砂桩高度的形成随时间的变化）等。有自动检测记录仪器的砂石桩机施工中可以直接获得有关的资料，无此设备时须由专人测读记录。根据桩管下沉时间曲线可以估计土层的松软变化随时掌握投料数量。

**7** 以挤密为主的砂石桩施工时，应间隔（跳打）进行，并宜由外侧向中间推进；对黏性土地基，砂石桩主要起置换作用，为了保证设计的置换率，宜从中间向外围或隔排施工；在既有建（构）筑物邻近施工时，为了减少对邻近既有建（构）筑物的振动影响，应背离建（构）筑物方向进行。

**9** 砂石桩桩顶部施工时，由于上覆压力较小，因而对桩体的约束力较小，桩顶形成一个松散层，施工后应加以处理（挖除或碾压）。

**7.2.5** 本条为碎石桩、砂石桩复合地基的检验要求。

**1** 检查振冲施工各项施工记录，如有遗漏或不符合规定要求的桩或振冲点，应补做或采取有效的补救措施。

振动沉管砂石桩应在施工期间及施工结束后，检查砂石桩的施工记录，包括检查套管往复挤压振动次数与时间、套管升降幅度和速度、每次填砂石料量等项施工记录。砂石桩施工的沉管时间、各深度段的填砂石量、提升及挤压时间等是施工控制的重要手段，这些资料可以作为评估施工质量的重要依据，再结合抽检便可以较好地作出质量评价。

**2** 由于在制桩过程中原状土的结构受到不同程度的扰动，强度会有所降低，饱和土地基在桩周围一定范围内，土的孔隙水压力上升。待休置一段时间后，孔隙水压力会消散，强度会逐渐恢复，恢复期的长短是根据土的性质而定。原则上应待孔压消散后进行检验。黏性土孔隙水压力的消散需要的时间较长，砂土则很快。根据实际工程经验规定对饱和黏土不宜小于28d，粉质黏土不宜小于21d，粉土、砂土和杂填土可适当减少。

**3** 碎（砂）石桩处理地基最终是要满足承载力、变形或抗液化的要求，标准贯入、静力触探以及动力触探可直接反映施工质量并提供检测资料，所以本条规定可用这些测试方法检测碎（砂）石桩及其周围土的挤密效果。

应在桩位布置的等边三角形或正方形中心进行碎（砂）石桩处理效果检测，因为该处挤密效果较差。只要该处挤密达到要求，其他位置就一定会满足要求。此外，由该处检测的结果还可判明桩间距是否合理。

如处理可液化地层时，可按标准贯入击数来衡量砂性土的抗液化性，使碎（砂）石桩处理后的地基实测标准贯入击数大于临界贯入击数。这种液化判别方法只考虑了桩间土的抗液化能力，而未考虑碎（砂）石桩的作用，因而在设计上是偏于安全的。碎（砂）石桩处理后的地基液化评价方法应进一步研究。

## 7.3 水泥土搅拌桩复合地基

**7.3.1** 水泥土搅拌法是利用水泥等材料作为固化剂通过特制的搅拌机械，就地将软土和固化剂（浆液或粉体）强制搅拌，使软土硬结成具有整体性、水稳性和一定强度的水泥加固土，从而提高地基土强度和增大变形模量。根据固化剂掺入状态的不同，它可分为浆液搅拌和粉体喷射搅拌两种。前者是用浆液和地基土搅拌，后者是用粉体和地基土搅拌。

水泥土搅拌法加固软土技术具有其独特优点：1）最大限度地利用了原土；2）搅拌时无振动、无噪声和无污染，对周围原有建筑物及地下沟管影响很小；3）根据上部结构的需要，可灵活地采用柱状、壁状、格栅状和块状等加固形式。

水泥固化剂一般适用于正常固结的淤泥与淤泥质土、黏性土、粉土、素填土（包括冲填土）、饱和黄土、粉砂以及中粗砂、砂砾（当加固粗粒土时，应注意有无明显的流动地下水）等地基加固。

根据室内试验，一般认为用水泥作加固料，对含有高岭石、多水高岭石、蒙脱石等黏土矿物的软土加固效果较好；而对含有伊利石、氯化物和水铝石英等矿物的黏性土以及有机质含量高，pH值较低的酸性土加固效果较差。

掺合料可以添加粉煤灰等。当黏土的塑性指数 $I_p$ 大于25时，容易在搅拌头叶片上形成泥团，无法完成水泥土的拌和。当地基土的天然含水量小于30%时，由于不能保证水泥充分水化，故不宜采用干法。

在某些地区的地下水中含有大量硫酸盐（海水渗入地区），因硫酸盐与水泥发生反应时，对水泥土具有结晶性侵蚀，会出现开裂、崩解而丧失强度。为此应选用抗硫酸盐水泥，使水泥土中产生的结晶膨胀物质控制在一定的数量范围内，以提高水泥土的抗侵蚀性能。

在我国北纬40°以南的冬季负温条件下，冰冻对水泥土的结构损害甚微。在负温时，由于水泥与黏土矿物的各种反应减弱，水泥土的强度增长缓慢（甚至停止）；但正温后，随着水泥水化等反应的继续深入，水泥土的强度可接近标准养护强度。

随着水泥土搅拌机械的研发与进步，水泥土搅拌法的应用范围不断扩展。特别是20世纪80年代末期引进日本SMW法以来，多头搅拌工艺推广迅速，大功率的多头搅拌机可以穿透中密粉土及粉细砂、稍密中粗砂和砾砂，加固深度可达35m。大量用于基坑截水帷幕、被动区加固、格栅状帷幕解决液化、插芯形成新的增强体等。对于硬塑、坚硬的黏性土，含孤石及大块建筑垃圾的土层，机械能力仍然受到限制，不能使用水泥土搅拌法。

当拟加固的软弱地基为成层土时，应选择最弱的一层土进行室内配比试验。

采用水泥作为固化剂材料，在其他条件相同时，在同一土层中水泥掺入比不同时，水泥土强度将不同。由于块状加固对于水泥土的强度要求不高，因此为了节约水泥，降低成本，根据工程需要可选用32.5级水泥，7%～12%的水泥掺量。水泥掺入比大于10%时，水泥土强度可达0.3MPa～2MPa以上。一般水泥掺入比 $\alpha_w$ 采用12%～20%，对于型钢水泥土搅拌桩（墙），由于其水灰比较大（1.5～2.0）为保证水泥土的强度，应选用不低于42.5级的水泥，且掺量不少于20%。水泥土的抗压强度随其相应的水泥掺入比的增加而增大，但因场地土质与施工条件的差异，掺入比的提高与水泥土增加的百分比是不完全一致的。

水泥强度直接影响水泥土的强度，水泥强度等级提高10MPa，水泥土强度 $f_{cu}$ 约增大20%～30%。

外掺剂对水泥土强度有着不同的影响。木质素磺酸钙对水泥土强度的增长影响不大，主要起减水作用；三乙醇胺、氯化钙、碳酸钠、水玻璃和石膏等材料对水泥土强度有增强作用，其效果对不同土质和不同水泥掺入比又有所不同。当掺入与水泥等量的粉煤灰后，水泥土强度可提高10%左右。故在加固软土时掺入粉煤灰不仅可消耗工业废料，水泥土强度还可有所提高。

水泥土搅拌桩用于竖向承载时，很多工程未设置褥垫层，考虑到褥垫层有利于发挥桩间土的作用，在有条件时仍以设置褥垫层为好。

水泥土搅拌形成水泥土加固体，用于基坑工程围护挡墙、被动区加固、防渗帷幕等的设计、施工和检测等可参照本节规定。

**7.3.2** 对于泥炭土、有机质含量大于5%或pH值小于4的酸性土，如前述水泥在上述土层有可能不凝固或发生后期崩解。因此，必须进行现场和室内试验确定其适用性。

**7.3.3** 本条是对水泥土搅拌桩复合地基设计的规定。

1 对软土地区，地基处理的任务主要是解决地基的变形问题，即地基设计是在满足强度的基础上以变形控制的，因此，水泥土搅拌桩的桩长应通过变形计算来确定。实践证明，若水泥土搅拌桩能穿透软弱土层到达强度相对较高的持力层，则沉降量是很小的。

对某一场地的水泥土桩，其桩身强度是有一定限制的，也就是说，水泥土桩从承载力角度，存在有效桩长，单桩承载力在一定程度上并不随桩长的增加而增大。但当软弱土层较厚，从减少地基的变形量方面考虑，桩长应穿透软弱土层到达下卧强度较高之土层，在深厚淤泥及淤泥质土层中应避免采用"悬浮"桩型。

2 在采用式（7.1.5-2）估算水泥土搅拌桩复合地基承载力时，桩间土承载力折减系数$\beta$的取值，本次修订中作了一些改动，当基础下加固土层为淤泥、淤泥质土和流塑状软土时，考虑到上述土层固结程度差，桩间土难以发挥承载作用，所以$\beta$取0.1～0.4，固结程度好或设置褥垫层时可取高值。其他土层可取0.4～0.8，加固土层强度高或设置褥垫层时取高值，桩端持力层土层强度高时取低值。确定$\beta$值时还应考虑建筑物对沉降的要求以及桩端持力层土层性质，当桩端持力层强度高或建筑物对沉降要求严时，$\beta$应取低值。

桩周第$i$层土的侧阻力特征值$q_{si}$(kPa)，对淤泥可取4kPa～7kPa；对淤泥质土可取6kPa～12kPa；对软塑状态的黏性土可取10kPa～15kPa；对可塑状态的黏性土可以取12kPa～18kPa；对稍密砂类土可取15kPa～20kPa；对中密砂类土可取20kPa～25kPa。

桩端地基土未经修正的承载力特征值$q_p$（kPa），可按现行国家标准《建筑地基基础设计规范》GB 50007的有关规定确定。

桩端天然地基土的承载力折减系数$\alpha_p$，可取0.4～0.6，天然地基承载力高时取低值。

3 式（7.3.3-1）中，桩身强度折减系数$\eta$是一个与工程经验以及拟建工程的性质密切相关的参数。工程经验包括对施工队伍素质、施工质量、室内强度试验与实际加固强度比值以及对实际工程加固效果等情况的掌握。拟建工程性质包括工程地质条件、上部结构对地基的要求以及工程的重要性等。参考日本的取值情况以及我国的经验，干法施工时$\eta$取0.2～0.25，湿法施工时$\eta$取0.25。

由于水泥土强度有限，当水泥土强度为2MPa时，一根直径500mm的搅拌桩，其单桩承载力特征值仅为120kN左右，因此复合地基承载力受水泥土强度的控制，当桩中心距为1m时，其特征值不宜超过200kPa，否则需要加大置换率，不一定经济合理。

水泥土的强度随龄期的增长而增大，在龄期超过28d后，强度仍有明显增长，为了降低造价，对承重搅拌桩试块国内外都取90d龄期为标准龄期。对起支挡作用承受水平荷载的搅拌桩，考虑开挖工期影响，水泥土强度标准可取28d龄期为标准龄期。从抗压强度试验得知，在其他条件相同时，不同龄期的水泥土抗压强度间关系大致呈线性关系，其经验关系式如下：

$$f_{cu7} = (0.47 \sim 0.63) f_{cu28}$$

$$f_{cu14} = (0.62 \sim 0.80) f_{cu28}$$

$$f_{cu60} = (1.15 \sim 1.46) f_{cu28}$$

$$f_{cu90} = (1.43 \sim 1.80) f_{cu28}$$

$$f_{cu90} = (2.37 \sim 3.73) f_{cu7}$$

$$f_{cu90} = (1.73 \sim 2.82) f_{cu14}$$

上式中$f_{cu7}$、$f_{cu14}$、$f_{cu28}$、$f_{cu60}$、$f_{cu90}$分别为7d、14d、28d、60d、90d龄期的水泥土抗压强度。

当龄期超过三个月后，水泥土强度增长缓慢。180d的水泥土强度为90d的1.25倍，而180d后水泥土强度增长仍未终止。

4 采用桩上部或全长复搅以及桩上部增加水泥用量的变掺量设计，有益于提高单桩承载力，也可节省造价。

5 路基、堆场下应通过验算在需要的范围内布桩。柱状加固可采用正方形、等边三角形等形式布桩。

7 水泥土搅拌桩复合地基的变形计算，本次修订作了较大修改，采用了第7.1.7条规定的计算方法，计算结果与实测值符合较好。

**7.3.4** 国产水泥土搅拌机配备的泥浆泵工作压力一般小于2.0MPa，上海生产的三轴搅拌设备配备的泥浆泵的额定压力为5.0MPa，其成桩质量较好。用于建筑物地基处理，在某些地层条件下，深层土的处理效果不好（例如深度大于10.0m），处理后地基变形较大，限制了水泥土搅拌桩在建筑工程地基处理中的应用。从设备能力评价水泥土成桩质量，主要有三个因素决定：搅拌次数、喷浆压力、喷浆量。国产水泥土搅拌机的转速低，搅拌次数靠降低提升速度或复搅解决，而对于喷浆压力、喷浆量两个因素对成桩质量的影响有相关性，当喷浆压力一定时，喷浆量大的成桩质量好；当喷浆量一定时，喷浆压力大的成桩质量好。所以提高国产水泥土搅拌机配备能力，是保证水泥土搅拌桩成桩质量的重要条件。本次修订对建筑工程地基处理采用的水泥土搅拌机配备能力提出了最低要求。为了满足这个条件，水泥土搅拌机配备的泥浆泵工作压力不宜小于5.0MPa。

干法施工，日本生产的DJM粉体喷射搅拌机械，空气压缩机容量为10.5$m^3$/min，喷粉空压机工作压力一般为0.7MPa。我国自行生产的粉喷桩施工机械，空气压缩机容量较小，喷粉空压机工作压力均小于等于0.5MPa。

所以，适当提高国产水泥土搅拌机械的设备能力，保证搅拌桩的施工质量，对于建筑地基处理非常重要。

**7.3.5** 国产水泥土搅拌机的搅拌头大都采用双层（多层）十字杆形或叶片螺旋形。这类搅拌头切削和搅拌加固软土十分合适，但对块径大于100mm的石块、树根和生活垃圾等大块物的切割能力较差，即使将搅拌头作了加强处理后已能穿过块石层，但施工效率较低，机械磨损严重。因此，施工时应予以挖除后再填素土为宜，增加的工程量不大，但施工效率却可大大提高。如遇有明浜、池塘及洼地时应抽水和清淤，回填土料并予以压实，不得回填生活垃圾。

搅拌桩施工时，搅拌次数越多，则拌和越为均匀，水泥土强度也越高，但施工效率就降低。试验证明，当加固范围内土体任一点的水泥土每遍经过20次的拌合，其强度即可达到较高值。每遍搅拌次数$N$由下式计算：

$$N=\frac{h\cos\beta\Sigma Z}{V}n \tag{12}$$

式中：$h$——搅拌叶片的宽度（m）；

$\beta$——搅拌叶片与搅拌轴的垂直夹角（°）；

$\Sigma Z$——搅拌叶片的总枚数；

$n$——搅拌头的回转数（rev/min）；

$V$——搅拌头的提升速度（m/min）。

根据实际施工经验，搅拌法在施工到顶端0.3m～0.5m范围时，因上覆土压力较小，搅拌质量较差。因此，其场地整平标高应比设计确定的桩顶标高再高出0.3m～0.5m，桩制作时仍施工到地面。待开挖基坑时，再将上部0.3m～0.5m的桩身质量较差的桩段挖去。根据现场实践表明，当搅拌桩作为承重桩进行基坑开挖时，桩身水泥土已有一定的强度，若用机械开挖基坑，往往容易碰撞损坏桩顶，因此基底标高以上0.3m宜采用人工开挖，以保护桩头质量。

水泥土搅拌桩施工前应进行工艺性试成桩，提供提钻速度、喷灰（浆）量等参数，验证搅拌均匀程度及成桩直径，同时了解下钻及提升的阻力情况、工作效率等。

湿法施工应注意以下事项：

**1**）每个水泥土搅拌桩的施工现场，由于土质有差异、水泥的品种和标号不同、因而搅拌加固质量有较大的差别。所以在正式搅拌桩施工前，均应按施工组织设计确定的搅拌施工工艺制作数根试桩，再最后确定水泥浆的水灰比、泵送时间、搅拌机提升速度和复搅深度等参数。

制桩质量的优劣直接关系到地基处理的效果。其中的关键是注浆量、水泥浆与软土搅拌的均匀程度。因此，施工中应严格控制喷浆提升速度$V$，可按下式计算：

$$V=\frac{\gamma_d Q}{F\gamma\alpha_w(1+\alpha_c)} \tag{13}$$

式中：$V$——搅拌头喷浆提升速度（m/min）；

$\gamma_d$、$\gamma$——分别为水泥浆和土的重度（$kN/m^3$）；

$Q$——灰浆泵的排量（$m^3$/min）；

$\alpha_w$——水泥掺入比；

$\alpha_c$——水泥浆水灰比；

$F$——搅拌桩截面积（$m^2$）。

**2**）由于搅拌机械通常采用定量泵输送水泥浆，转速大多又是恒定的，因此灌入地基中的水泥量完全取决于搅拌机的提升速度和复搅次数，施工过程中不能随意变更，并应保证水泥浆能定量不间断供应。采用自动记录是为了降低人为干扰施工质量，目前市售的记录仪必须有国家计量部门的认证。严禁采用由施工单位自制的记录仪。

由于固化剂从灰浆泵到达搅拌机出浆口需通过较长的输浆管，必须考虑水泥浆到达桩端的泵送时间。一般可通过试打桩确定其输送时间。

**3**）凡成桩过程中，由于电压过低或其他原因造成停机使成桩工艺中断时，应将搅拌机下沉至停浆点以下0.5m，等恢复供浆时再喷浆提升继续制桩；凡中途停止输浆3h以上者，将会使水泥浆在整个输浆管路中凝固，因此必须排清全部水泥浆，清洗管路。

**4**）壁状或块状加固宜采用湿法，水泥土的终凝时间约为24h，所以需要相邻单桩搭接施工的时间间隔不宜超过12h。

**5**）搅拌机预搅下沉时不宜冲水，当遇到硬土层下沉太慢时，方可适量冲水，但应考虑冲水对桩身强度的影响。

**6**）壁状加固时，相邻桩的施工时间间隔不宜超过12h。如间隔时间太长，与相邻桩无法搭接时，应采取局部补桩或注浆等补强措施。

干法施工应注意以下事项：

1）每个场地开工前的成桩工艺试验必不可少，由于制桩喷灰量与土性、孔深、气流量等多种因素有关，故应根据设计要求逐步调试，确定施工有关参数（如土层的可钻性、提升速度等），以便正式施工时能顺利进行。施工经验表明送粉管路长度超过 60m 后，送粉阻力明显增大，送粉量也不易稳定。

2）由于干法喷粉搅拌不易严格控制，所以要认真操作粉体自动计量装置，严格控制固化剂的喷入量，满足设计要求。

3）合格的粉喷桩机一般均已考虑提升速度与搅拌头转速的匹配，钻头均约每搅拌一圈提升 15mm，从而保证成桩搅拌的均匀性。但每次搅拌时，桩体将出现极薄软弱结构面，这对承受水平剪力是不利的。一般可通过复搅的方法来提高桩体的均匀性，消除软弱结构面，提高桩体抗剪强度。

4）定时检查成桩直径及搅拌的均匀程度。粉喷桩桩长大于 10m 时，其底部喷粉阻力较大，应适当减慢钻机提升速度，以确保固化剂的设计喷入量。

5）固化剂从料罐到喷灰口有一定的时间延迟，严禁在没有喷粉的情况进行钻机提升作业。

**7.3.6** 喷粉量是保证成桩质量的重要因素，必须进行有效测量。

**7.3.7** 本条是对水泥土搅拌桩施工质量检验的要求。

**1** 国内的水泥土搅拌桩大多采用国产的轻型机械施工，这些机械的质量控制装置较为简陋，施工质量的保证很大程度上取决于机组人员的素质和责任心。因此，加强全过程的施工监理，严格检查施工记录和计量记录是控制施工质量的重要手段，检查重点为水泥用量、桩长、搅拌头转数和提升速度、复搅次数和复搅深度、停浆处理方法等。

**3** 水泥土搅拌桩复合地基承载力的检验应进行单桩或多桩复合地基静载荷试验和单桩静载荷试验。检测分两个阶段，第一阶段为施工前为设计提供依据的承载力检测，试验数量每单项工程不少于 3 根，如单项工程中地质情况不均匀，应加大试验数量。第二阶段为施工完成后的验收检验，数量为总桩数的 1%，每单项工程不少于 3 根。上述两个阶段的检验均不可少，应严格执行。对重要的工程，对变形要求严格时宜进行多桩复合地基静载荷试验。

**4** 对重要的、变形要求严格的工程或经触探和静载荷试验检验后对桩身质量有怀疑时，应在成桩 28d 后，采用双管单动取样器钻取芯样作水泥土抗压强度检验。水泥搅拌桩的桩身质量检验目前尚无成熟的方法，特别是对常用的直径 500mm 干法桩遇到的困难更大，采用钻芯法检测时应采用双管单动取样器，避免过大扰动芯样使检验失真。当钻芯困难时，可采用单桩竖向抗压静载荷试验的方法检测桩身质量，加载量宜为（2.5～3.0）倍单桩承载力特征值，卸载后挖开桩头，检查桩头是否破坏。

### 7.4 旋喷桩复合地基

**7.4.1** 由于旋喷注浆使用的压力大，因而喷射流的能量大、速度快。当它连续和集中地作用在土体上，压应力和冲蚀等多种因素便在很小的区域内产生效应，对从粒径很小的细粒土到含有颗粒直径较大的卵石、碎石土，均有很大的冲击和搅动作用，使注入的浆液和土拌合凝固为新的固结体。实践表明，该法对淤泥、淤泥质土、流塑或软塑黏性土、粉土、砂土、黄土、素填土和碎石土等地基都有良好的处理效果。但对于硬黏性土，含有较多的块石或大量植物根茎的地基，因喷射流可能受到阻挡或削弱，冲击破碎力急剧下降，切削范围小或影响处理效果。而对于含有过多有机质的土层，则其处理效果取决于固结体的化学稳定性。鉴于上述几种土的组成复杂、差异悬殊，旋喷桩处理的效果差别较大，不能一概而论，故应根据现场试验结果确定其适用程度。对于湿陷性黄土地基，因当前试验资料和施工实例较少，亦应预先进行现场试验。旋喷注浆处理深度较大，我国建筑地基旋喷注浆处理深度目前已达 30m 以上。

高压喷射有旋喷（固结体为圆柱状）、定喷（固结体为壁状）、和摆喷（固结体为扇状）等 3 种基本形状，它们均可用下列方法实现。

1）单管法：喷射高压水泥浆液一种介质；

2）双管法：喷射高压水泥浆液和压缩空气两种介质；

3）三管法：喷射高压水流、压缩空气及水泥浆液等三种介质。

由于上述 3 种喷射流的结构和喷射的介质不同，有效处理范围也不同，以三管法最大，双管法次之，单管法最小。定喷和摆喷注浆常用双管法和三管法。

在制定旋喷注浆方案时，应搜集和掌握各种基本资料。主要是：岩土工程勘察（土层和基岩的性状，标准贯入击数，土的物理力学性质，地下水的埋藏条件、渗透性和水质成分等）资料；建筑物结构受力特性资料；施工现场和邻近建筑的四周环境资料；地下管道和其他埋设物资料及类似土层条件下使用的工程经验等。

旋喷注浆有强化地基和防漏的作用，可用于既有建筑和新建工程的地基处理、地下工程及堤坝的截水、基坑封底、被动区加固、基坑侧壁防止漏水或减小基坑位移等。对地下水流速过大或已涌水的防水工程，由于工艺、机具和瞬时速凝材料等方面的原因，应慎重使用，并应通过现场试验确定其适用性。

**7.4.2** 旋喷桩直径的确定是一个复杂的问题，尤其是深部的直径，无法用准确的方法确定。因此，除了浅层可以用开挖的方法验证之外，只能用半经验的方法加以判断、确定。根据国内外的施工经验，初步设计时，其设计直径可参考表17选用。当无现场试验资料时，可参照相似土质条件的工程经验进行初步设计。

**表17 旋喷桩的设计直径（m）**

| 土质＼方法 | | 单管法 | 双管法 | 三管法 |
|---|---|---|---|---|
| 黏性土 | 0＜$N$＜5 | 0.5～0.8 | 0.8～1.2 | 1.2～1.8 |
| | 6＜$N$＜10 | 0.4～0.7 | 0.7～1.1 | 1.0～1.6 |
| 砂土 | 0＜$N$＜10 | 0.6～1.0 | 1.0～1.4 | 1.5～2.0 |
| | 11＜$N$＜20 | 0.5～0.9 | 0.9～1.3 | 1.2～1.8 |
| | 21＜$N$＜30 | 0.4～0.8 | 0.8～1.2 | 0.9～1.5 |

注：表中$N$为标准贯入击数。

**7.4.3** 旋喷桩复合地基承载力应通过现场静载荷试验确定。通过公式计算时，在确定折减系数$\beta$和单桩承载力方面均可能有较大的变化幅度，因此只能用作估算。对于承载力较低时$\beta$取低值，是出于减小变形的考虑。

**7.4.8** 本条为旋喷桩的施工要求。

1 施工前，应对照设计图纸核实设计孔位处有无妨碍施工和影响安全的障碍物。如遇有上水管、下水管、电缆线、煤气管、人防工程、旧建筑基础和其他地下埋设物等障碍物影响施工时，则应与有关单位协商清除或搬移障碍物或更改设计孔位。

2 旋喷桩的施工参数应根据土质条件、加固要求通过试验或根据工程经验确定，加固土体每立方的水泥掺入量不宜少于300kg。旋喷注浆的压力大，处理地基的效果好。根据国内实际工程中应用实例，单管法、双管法及三管法的高压水泥浆液流或高压水射流的压力应大于20MPa，流量大于30L/min，气流的压力以空气压缩机的最大压力为限，通常在0.7MPa左右，提升速度可取0.1m/min～0.2m/min，旋转速度宜取20r/min。表18列出建议的旋喷桩的施工参数，供参考。

**表18 旋喷桩的施工参数一览表**

| 旋喷施工方法 | | | 单管法 | 双管法 | 三管法 |
|---|---|---|---|---|---|
| 适用土质 | | | 砂土、黏性土、黄土、杂填土、小粒径砂砾 | | |
| 浆液材料及配方 | | | 以水泥为主材，加入不同的外加剂后具有速凝、早强、抗腐蚀、防冻等特性，常用水灰比1∶1，也可适用化学材料 | | |
| 旋喷施工参数 | 水 | 压力（MPa） | — | — | 25 |
| | | 流量（L/min） | — | — | 80～120 |
| | | 喷嘴孔径（mm）及个数 | — | — | 2～3（1～2） |
| | 空气 | 压力（MPa） | — | 0.7 | 0.7 |
| | | 流量（$m^3$/min） | — | 1～2 | 1～2 |
| | | 喷嘴间隙（mm）及个数 | — | 1～2（1～2） | 1～2（1～2） |
| | 浆液 | 压力（MPa） | 25 | 25 | 25 |
| | | 流量（L/min） | 80～120 | 80～120 | 80～150 |
| | | 喷嘴孔径（mm）及个数 | 2～3（2） | 2～3（1～2） | 10～2（1～2） |
| | 灌浆管外径（mm） | | $\phi$42或$\phi$45 | $\phi$42，$\phi$50，$\phi$75 | $\phi$75或$\phi$90 |
| | 提升速度（cm/min） | | 15～25 | 7～20 | 5～20 |
| | 旋转速度（r/min） | | 16～20 | 5～16 | 5～16 |

近年来旋喷注浆技术得到了很大的发展，利用超高压水泵（泵压大于50MPa）和超高压水泥浆泵（水泥浆压力大于35MPa），辅以低压空气，大大提高了旋喷桩的处理能力。在软土中的切割直径可超过2.0m，注浆体的强度可达5.0MPa，有效加固深度可达60m。所以对于重要的工程以及对变形要求严格的工程，应选择较强设备能力进行施工，以保证工程质量。

3 旋喷注浆的主要材料为水泥，对于无特殊要求的工程宜采用强度等级为42.5级及以上普通硅酸盐水泥。根据需要，可在水泥浆中分别加入适量的外加剂和掺合料，以改善水泥浆液的性能，如早强剂、悬浮剂等。所用外加剂或掺合剂的数量，应根据水泥土的特点通过室内配比试验或现场试验确定。当有足够实践经验时，亦可按经验确定。旋喷注浆的材料还可选用化学浆液。因费用昂贵，只有少数工程应用。

4 水泥浆液的水灰比越小，旋喷注浆处理地基的承载力越高。在施工中因注浆设备的原因，水灰比太小时，喷射有困难，故水灰比通常取0.8～1.2，生产实践中常用0.9。由于生产、运输和保存等原因，有些水泥厂的水泥成分不够稳定，质量波动较大，可导致水泥浆液凝固时间过长，固结强度降低。因此事先应对各批水泥进行检验，合格后才能使用。对拌制水泥浆的用水，只要符合混凝土拌合标准即可使用。

6 高压泵通过高压橡胶软管输送高压浆液至钻机上的注浆管，进行喷射注浆。若钻机和高压水泵的距离过远，势必要增加高压橡胶软管的长度，使高压喷射流的沿程损失增大，造成实际喷射压力降低的后果。因此钻机与高压泵的距离不宜过远，在大面积场地施工时，为了减少沿程损失，则应搬动高压泵保持与钻机的距离。

实际施工孔位与设计孔位偏差过大时，会影响加固效果。故规定孔位偏差值应小于50mm，并且必须保持钻孔的垂直度。实际孔位、孔深和每个钻孔内的地下障碍物、洞穴、涌水、漏水及与岩土工程勘察报告不符等情况均应详细记录。土层的结构和土质种类对加固质量关系更为密切，只有通过钻孔过程详细记录地质情况并了解地下情况后，施工时才能因地制宜及时调整工艺和变更喷射参数，达到良好的处理效果。

7 旋喷注浆均自下而上进行。当注浆管不能一次提升完成而需分数次卸管时，卸管后喷射的搭接长度不得小于100mm，以保证固结体的整体性。

8 在不改变喷射参数的条件下，对同一标高的土层作重复喷射时，能加大有效加固范围和提高固结体强度。复喷的方法根据工程要求决定。在实际工作中，旋喷桩通常在底部和顶部进行复喷，以增大承载力和确保处理质量。

9 当旋喷注浆过程中出现下列异常情况时，需查明原因并采取相应措施：

1）流量不变而压力突然下降时，应检查各部位的泄漏情况，并应拔出注浆管，检查密封性能。

2）出现不冒浆或断续冒浆时，若系土质松软则视为正常现象，可适当进行复喷；若系附近有空洞、通道，则应不提升注浆管继续注浆直至冒浆为止或拔出注浆管待浆液凝固后重新注浆。

3）压力稍有下降时，可能系注浆管被击穿或有孔洞，使喷射能力降低。此时应拔出注浆管进行检查。

4）压力陡增超过最高限值、流量为零、停机后压力仍不变动时，则可能系喷嘴堵塞。应拔管疏通喷嘴。

10 当旋喷注浆完毕后，或在喷射注浆过程中因故中断，短时间（小于或等于浆液初凝时间）内不能继续喷浆时，均应立即拔出注浆管清洗备用，以防浆液凝固后拔不出管来。为防止因浆液凝固收缩，产生加固地基与建筑基础不密贴或脱空现象，可采用超高喷射（旋喷处理地基的顶面超过建筑基础底面，其超高量大于收缩高度）、冒浆回灌或第二次注浆等措施。

11 在城市施工中泥浆管理直接影响文明施工，必须在开工前做好规划，做到有计划地堆放或废浆及时排出现场，保持场地文明。

12 应在专门的记录表格上做好自检，如实记录施工的各项参数和详细描述喷射注浆时的各种现象，以便判断加固效果并为质量检验提供资料。

**7.4.9** 应在严格控制施工参数的基础上，根据具体情况选定质量检验方法。开挖检查法简单易行，通常在浅层进行，但难以对整个固结体的质量作全面检查。钻孔取芯是检验单孔固结体质量的常用方法，选用时需以不破坏固结体和有代表性为前提，可以在28d后取芯。标准贯入和静力触探在有经验的情况下也可以应用。静载荷试验是建筑地基处理后检验地基承载力的方法。压水试验通常在工程有防渗漏要求时采用。

检验点的位置应重点布置在有代表性的加固区，对旋喷注浆时出现过异常现象和地质复杂的地段亦应进行检验。

每个建筑工程旋喷注浆处理后，不论其大小，均应进行检验。检验量为施工孔数的2%，并且不应少于6点。

旋喷注浆处理地基的强度离散性大，在软弱黏性土中，强度增长速度较慢。检验时间应在喷射注浆后28d进行，以防由于固结体强度不高时，因检验而受到破坏，影响检验的可靠性。

## 7.5 灰土挤密桩和土挤密桩复合地基

**7.5.1** 灰土挤密桩、土挤密桩复合地基在黄土地区广泛采用。用灰土或土分层夯实的桩体，形成增强体，与挤密的桩间土一起组成复合地基，共同承受基础的上部荷载。当以消除地基土的湿陷性为主要目的时，桩孔填料可选用素土；当以提高地基土的承载力为主要目的时，桩孔填料应采用灰土。

大量的试验研究资料和工程实践表明，灰土挤密桩、土挤密桩复合地基用于处理地下水位以上的粉土、黏性土、素填土、杂填土等地基，不论是消除土的湿陷性还是提高承载力都是有效的。

基底下3m内的素填土、杂填土，通常采用土（或灰土）垫层或强夯等方法处理；大于15m的土层，由于成孔设备限制，一般采用其他方法处理，本条规定可处理地基的厚度为3m～15m，基本上符合目前陕西、甘肃和山西等省的情况。

当地基土的含水量大于24%、饱和度大于65%时，在成孔和拔管过程中，桩孔及其周边土容易缩颈和隆起，挤密效果差，应通过试验确定其适用性。

**7.5.2** 本条是灰土挤密桩、土挤密桩复合地基的设计要求。

1 局部处理地基的宽度超出基础底面边缘一定范围，主要在于保证应力扩散，增强地基的稳定性，防止基底下被处理的土层在基础荷载作用下受水浸湿时产生侧向挤出，并使处理与未处理接触面的土体保持稳定。

整片处理的范围大，既可以保证应力扩散，又可防止水从侧向渗入未处理的下部土层引起湿陷，故整片处理兼有防渗隔水作用。

**2** 处理的厚度应根据现场土质情况、工程要求和成孔设备等因素综合确定。当以降低土的压缩性、提高地基承载力为主要目的时，宜对基底下压缩层范围内压缩系数 $\alpha_{1-2}$ 大于 0.40MPa$^{-1}$ 或压缩模量小于 6MPa 的土层进行处理。

**3** 根据我国湿陷性黄土地区的现有成孔设备和成孔方法，成孔的桩孔直径可为 300mm～600mm。桩孔之间的中心距离通常为桩孔直径的 2.0 倍～3.0 倍，保证对土体挤密和消除湿陷性的要求。

**4** 湿陷性黄土为天然结构，处理湿陷性黄土与处理填土有所不同，故检验桩间土的质量用平均挤密系数 $\bar{\eta}_c$ 控制，而不用压实系数控制。平均挤密系数是在成孔挤密深度内，通过取土样测定桩间土的平均干密度与其最大干密度的比值而获得，平均干密度的取样自桩顶向下 0.5m 起，每 1m 不应少于 2 点（1 组），即：桩孔外 100mm 处 1 点，桩孔之间的中心距（1/2 处）1 点。当桩长大于 6m 时，全部深度内取样点不应少于 12 点（6 组）；当桩长小于 6m 时，全部深度内的取样点不应少于 10 点（5 组）。

**6** 为防止填入桩孔内的灰土吸水后产生膨胀，不得使用生石灰与土拌合，而应用消解后的石灰与黄土或其他黏性土拌合，石灰富含钙离子，与土混合后产生离子交换作用，在较短时间内便成为凝硬材料，因此拌合后的灰土放置时间不可太长，并宜于当日使用完毕。

**7** 由于桩体是用松散状态的素土（黏性土或黏质粉土）、灰土经夯实而成，桩体的夯实质量可用土的干密度表示，土的干密度大，说明夯实质量好，反之，则差。桩体的夯实质量一般通过测定全部深度内土的干密度确定，然后将其换算为平均压实系数进行评定。桩体土的干密度取样：自桩顶向下 0.5m 起，每 1m 不应少于 2 点（1 组），即桩孔内距桩孔边缘 50mm 处 1 点，桩孔中心（即 1/2）处 1 点，当桩长大于 6m 时，全部深度内的取样点不应少于 12 点（6 组），当桩长不足 6m 时，全部深度内的取样点不应少于 10 点（5 组）。桩体土的平均压实系数 $\bar{\lambda}_c$，是根据桩孔全部深度内的平均干密度与室内击实试验求得填料（素土或灰土）在最优含水量状态下的最大干密度的比值，即 $\bar{\lambda}_c=\bar{\rho}_{d0}/\rho_{dmax}$，式中 $\bar{\rho}_{d0}$ 为桩孔全部深度内的填料（素土或灰土），经分层夯实的平均干密度（t/m$^3$）；$\rho_{dmax}$ 为桩孔内的填料（素土或灰土），通过击实试验求得最优含水量状态下的最大干密度（t/m$^3$）。

原规范规定桩孔内填料的平均压实系数 $\bar{\lambda}_c$ 均不应小于 0.96，本次修订改为填料的平均压实系数 $\bar{\lambda}_c$ 均不应小于 0.97，与现行国家标准《湿陷性黄土地区建筑规范》GB 50025 的要求一致。工程实践表明只要填料的含水量和夯锤锤重合适，是完全可以达到这个要求的。

**8** 桩孔回填夯实结束后，在桩顶标高以上应设置 300mm～600mm 厚的垫层，一方面可使桩顶和桩间土找平，另一方面保证应力扩散，调整桩土的应力比，并对减小桩身应力集中也有良好作用。

**9** 为确定灰土挤密桩、土挤密桩复合地基承载力特征值应通过现场复合地基静载荷试验确定，或通过灰土桩或土桩的静载荷试验结果和桩周土的承载力特征值根据经验确定。

**7.5.3** 本条是灰土挤密桩、土挤密桩复合地基的施工要求。

**1** 现有成孔方法包括沉管（锤击、振动）和冲击等方法，但都有一定的局限性，在城市或居民较集中的地区往往限制使用，如锤击沉管成孔，通常允许在新建场地使用，故选用上述方法时，应综合考虑设计要求、成孔设备或成孔方法、现场土质和对周围环境的影响等因素。

**2** 施工灰土挤密桩时，在成孔或拔管过程中，对桩孔（或桩顶）上部土层有一定的松动作用，因此施工前应根据选用的成孔设备和施工方法，在基底标高以上预留一定厚度的土层，待成孔和桩孔回填夯实结束后，将其挖除或按设计规定进行处理。

**3** 拟处理地基土的含水量对成孔施工与桩间土的挤密至关重要。工程实践表明，当天然土的含水量小于 12%时，土呈坚硬状态、成孔挤密困难，且设备容易损坏；当天然土的含水量等于或大于 24%，饱和度大于 65%时，桩孔可能缩颈，桩孔周围的土容易隆起，挤密效果差；当天然土的含水量接近最优（或塑限）含水量时，成孔施工速度快，桩间土的挤密效果好。因此，在成孔过程中，应掌握好拟处理地基土的含水量。最优含水量是成孔挤密施工的理想含水量，而现场土质往往并非恰好是最优含水量，如只允许在最优含水量状态下进行成孔施工，小于最优含水量的土便需要加水增湿，大于最优含水量的土则要采取晾干等措施，这样施工很麻烦，而且不易掌握准确和加水均匀。因此，当拟处理地基土的含水量低于 12%时，宜按公式（7.5.3）计算的加水量进行增湿。对含水量介于 12%～24%的土，只要成孔施工顺利、桩孔不出现缩颈，桩间土的挤密效果符合设计要求，不一定要采取增湿或晾干措施。

**5** 成孔和孔内回填夯实的施工顺序，习惯做法是从外向里间隔（1～2）孔进行，但施工到中间部位，桩孔往往打不下去或桩孔周围地面明显隆起。为此本条定为对整片处理，宜从里（或中间）向外间隔（1～2）孔进行。对大型工程可采取分段施工，对局部处理，宜从外向里间隔（1～2）孔进行。局部处理的范围小，且多为独立基础及条形基础，从外向里对桩间土的挤密有好处，也不致出现类似整片处理桩孔打不下去的情况。

**6** 施工过程的振动会引起地表土层的松动，基础施工后应对松动土层进行处理。

**7** 施工记录是验收的原始依据。必须强调施工记录的真实性和准确性，且不得任意涂改。为此应选择有一定业务素质的相关人员担任施工记录，这样才能确保做好施工记录。桩孔的直径与成孔设备或成孔方法有关，成孔设备或成孔方法如已选定，桩孔直径基本上固定不变，桩孔深度按设计规定，为防止施工出现偏差，在施工过程中应加强监督，采取随机抽样的方法进行检查。

**8** 土料和灰土受雨水淋湿或冻结，容易出现"橡皮土"，且不易夯实。当雨期或冬期选择灰土挤密桩处理地基时，应采取防雨或防冻措施，保护灰土不受雨水淋湿或冻结，以确保施工质量。

**7.5.4** 本条为灰土挤密桩、土挤密桩复合地基的施工质量检验要求：

**1** 为保证灰土桩复合地基的质量，在施工过程中应抽样检验施工质量，对检验结果应进行综合分析或综合评价。

**2、3** 桩孔夯填质量检验，是灰土挤密桩、土挤密桩复合地基质量检验的主要项目。宜采用开挖探井取样法检测。规范对抽样检验的数量作了规定。由于挖探井取土样对桩体和桩间土均有一定程度的扰动及破坏，因此选点应具有代表性，并保证检验数据的可靠性。对灰土桩桩身强度有疑义时，可对灰土取样进行含灰比的检测。取样结束后，其探井应分层回填夯实，压实系数不应小于0.94。

**4** 对需消除湿陷性的重要工程，应按现行国家标准《湿陷性黄土地区建筑规范》GB 50025的方法进行现场浸水静载荷试验。

**5** 关于检测灰土桩复合地基承载力静载荷试验的时间，本规范规定应在成桩后（14～28）d，主要考虑桩体强度的恢复与发展需要一定的时间。

## 7.6 夯实水泥土桩复合地基

**7.6.1** 由于场地条件的限制，需要一种施工周期短、造价低、施工文明、质量容易控制的地基处理方法。中国建筑科学研究院地基所在北京等地旧城区危改小区工程中开发的夯实水泥土桩地基处理技术，经过大量室内、原位试验和工程实践，已在北京、河北等地多层房屋地基处理工程中广泛应用，产生了巨大的社会经济效益，节省了大量建筑资金。

目前，由于施工机械的限制，夯实水泥土桩适用于地下水位以上的粉土、素填土、杂填土和黏性土等地基。采用人工洛阳铲成孔时，处理深度宜小于6m，主要是由于施工工艺决定。

**7.6.2** 本条是夯实水泥土桩复合地基设计的要求。

**1** 夯实水泥土桩复合地基主要用于多层房屋地基处理，一般情况可仅在基础内布桩，地质条件较差或工程有特殊要求时，可在基础外设置护桩。

**2** 对相对硬土层埋藏较深地基，桩的长度应按建筑物地基的变形允许值确定，主要是强调采用夯实水泥土桩法处理的地基，如存在软弱下卧层时，应验算其变形，按允许变形控制设计。

**3** 常用的桩径为300mm～600mm。可根据所选用的成孔设备或成孔方法确定。选用的夯锤应与桩径相适应。

**4** 夯实水泥土强度主要由土的性质，水泥品种、水泥强度等级、龄期、养护条件等控制。特别规定夯实水泥土设计强度应采用现场土料和施工采用的水泥品种、标号进行混合料配比设计使桩体强度满足本规范第7.1.6条的要求。

夯实水泥土配比强度试验应符合下列规定：

1）试验采用的击实试模和击锤如图10所示，尺寸应符合表19规定。

**表19 击实试验主要部件规格**

| 锤质量（kg） | 锤底直径（mm） | 落高（mm） | 击实试模（mm） |
|---|---|---|---|
| 4.5 | 51 | 457 | 150×150×150 |

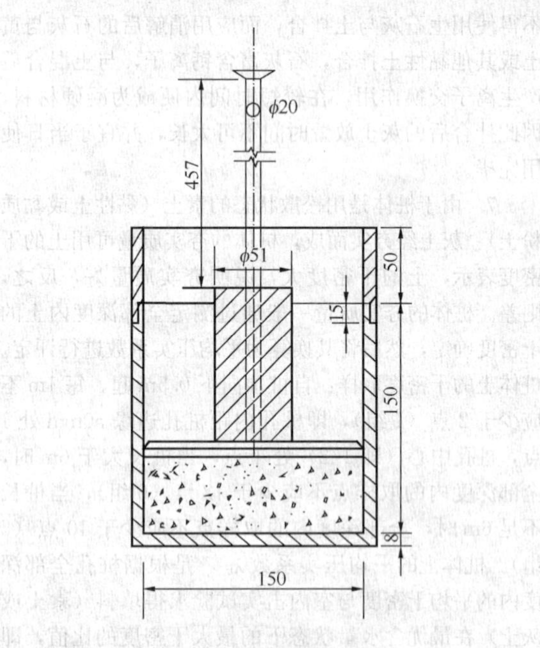


图10 击实试验主要部件示意

2）试样的制备应符合现行国家标准《土工试验方法标准》GB/T 50123的有关规定。水泥和过筛土料应按土料最优含水量拌合均匀。

3）击实试验应按下列步骤进行：

在击实试模内壁均匀涂一薄层润滑油，

称量一定量的试样，倒入试模内，分四层击实，每层击数由击实密度控制。每层高度相等，两层交界处的土面应刨毛。击实完成时，超出击实试模顶的试样用刮刀削平。称重并计算试样成型后的干密度。

**4**）试块脱模时间为24h，脱模后必须在标准养护条件下养护28d，按标准试验方法作立方体强度试验。

**6** 夯实水泥土的变形模量远大于土的变形模量。设置褥垫层，主要是为了调整基底压力分布，使荷载通过垫层传到桩和桩间土上，保证桩间土承载力的发挥。

**7** 采用夯实水泥土桩法处理地基的复合地基承载力应按现场复合地基静载荷试验确定，强调现场试验对复合地基设计的重要性。

**8** 本条提出的计算方法已有数幢建筑的沉降观测资料验证是可靠的。

**7.6.3** 本条是夯实水泥土桩施工的要求：

**1** 在旧城危改工程中，由于场地环境条件的限制，多采用人工洛阳铲、螺旋钻机成孔方法，当土质较松软时采用沉管、冲击等方法挤土成孔，可收到良好的效果。

**3** 混合料含水量是决定桩体夯实密度的重要因素，在现场实施时应严格控制。用机械夯实时，因锤重，夯实功大，宜采用土料最佳含水量 $w_{op}$－(1%～2%)，人工夯实时宜采用土料最佳含水量 $w_{op}$＋(1%～2%)，均应由现场试验确定。各种成孔工艺均可能使孔底存在部分扰动和虚土，因此夯填混合料前应将孔底土夯实，有利于发挥桩端阻力，提高复合地基承载力。为保证桩顶的桩体强度，现场施工时均要求桩体夯填高度大于桩顶设计标高200mm～300mm。

**4** 褥垫层铺设要求夯填度小于0.90，主要是为了减少施工期地基的变形量。

**5** 夯实水泥土桩处理地基的优点之一是在成孔时可以逐孔检验土层情况是否与勘察资料相符合，不符合时可及时调整设计，保证地基处理的质量。

**7.6.4** 对一般工程，主要应检查施工记录、检测处理深度内桩体的干密度。目前检验干密度的手段一般采用取土和轻便触探等手段。如检验不合格，应视工程情况处理并采取有效的补救措施。

**7.6.5** 本条强调工程的竣工验收检验。

## 7.7 水泥粉煤灰碎石桩复合地基

**7.7.1** 水泥粉煤灰碎石桩是由水泥、粉煤灰、碎石、石屑或砂加水拌和形成的高粘结强度桩（简称CFG桩），桩、桩间土和褥垫层一起构成复合地基。

水泥粉煤灰碎石桩复合地基具有承载力提高幅度大，地基变形小等特点，适用范围较大。就基础形式而言，既可适用于条形基础、独立基础，也可适用于箱基、筏基；在工业厂房、民用建筑中均有大量应用。就土性而言，适用于处理黏性土、粉土、砂土和正常固结的素填土等地基。对淤泥质土应通过现场试验确定其适用性。

水泥粉煤灰碎石桩不仅用于承载力较低的地基，对承载力较高（如承载力 $f_{ak}$＝200kPa）但变形不能满足要求的地基，也可采用水泥粉煤灰碎石桩处理，以减少地基变形。

目前已积累的工程实例，用水泥粉煤灰碎石桩处理承载力较低的地基多用于多层住宅和工业厂房。比如南京浦镇车辆厂厂南生活区24幢6层住宅楼，原地基土承载力特征值为60kPa的淤泥质土，经处理后复合地基承载力特征值达240kPa，基础形式为条基，建筑物最终沉降多在40mm左右。

对一般黏性土、粉土或砂土，桩端具有好的持力层，经水泥粉煤灰碎石桩处理后可作为高层建筑地基，如北京华亭嘉园35层住宅楼，天然地基承载力特征值 $f_{ak}$ 为200kPa，采用水泥粉煤灰碎石桩处理后建筑物沉降在50mm以内。成都某建筑40层、41层，高度为119.90m，强风化泥岩的承载力特征值 $f_{ak}$ 为320kPa，采用水泥粉煤灰碎石桩处理后，承载力和变形均满足设计和规范要求，并且经受住了汶川"5·12"大地震的考验。

近些年来，随着其在高层建筑地基处理广泛应用，桩体材料组成和早期相比有所变化，主要由水泥、碎石、砂、粉煤灰和水组成，其中粉煤灰为Ⅱ～Ⅲ级细灰，在桩体混合料中主要提高混合料的可泵性。

混凝土灌注桩、预制桩作为复合地基增强体，其工作性状与水泥粉煤灰碎石桩复合地基接近，可参照本节规定进行设计、施工和检测。对预应力管桩桩顶可采取设置混凝土桩帽或采用高于增强体强度等级的混凝土灌芯的技术措施，减少桩顶的刺入变形。

**7.7.2** 水泥粉煤灰碎石桩复合地基设计应符合下列规定：

**1** 桩端持力层的选择

水泥粉煤灰碎石桩应选择承载力和压缩模量相对较高的土层作为桩端持力层。水泥粉煤灰碎石桩具有较强的置换作用，其他参数相同，桩越长、桩的荷载分担比（桩承担的荷载占总荷载的百分比）越高。设计时须将桩端落在承载力和压缩模量相对高的土层上，这样可以很好地发挥桩的端阻力，也可避免场地岩性变化大可能造成建筑物的不均匀沉降。桩端持力层承载力和压缩模量越高，建筑物沉降稳定也越快。

**2** 桩径

桩径与选用施工工艺有关，长螺旋钻中心压灌、干成孔和振动沉管成桩宜取350mm～600mm；泥浆护壁钻孔灌注素混凝土成桩宜取600mm～800mm；钢筋混凝土预制桩宜取300mm～600mm。

其他条件相同，桩径越小桩的比表面积越大，单方混合料提供的承载力高。

**3** 桩距

桩距应根据设计要求的复合地基承载力、建筑物控制沉降量、土性、施工工艺等综合考虑确定。

设计的桩距首先要满足承载力和变形量的要求。从施工角度考虑，尽量选用较大的桩距，以防止新打桩对已打桩的不良影响。

就土的挤（振）密性而言，可将土分为：

1）挤（振）密效果好的土，如松散粉细砂、粉土、人工填土等；

2）可挤（振）密土，如不太密实的粉质黏土；

3）不可挤（振）密土，如饱和软黏土或密实度很高的黏性土，砂土等。

施工工艺可分为两大类：一是对桩间土产生扰动或挤密的施工工艺，如振动沉管打桩机成孔制桩，属挤土成桩工艺。二是对桩间土不产生扰动或挤密的施工工艺，如长螺旋钻灌注成桩，属非挤土（或部分挤土）成桩工艺。

对不可挤密土和挤土成桩工艺宜采用较大的桩距。

在满足承载力和变形要求的前提下，可以通过改变桩长来调整桩距。采用非挤土、部分挤土成桩工艺施工（如泥浆护壁钻孔灌注桩、长螺旋钻灌注桩），桩距宜取（3～5）倍桩径；采用挤土成桩工艺施工（如预制桩和振动沉管打桩机施工）和墙下条基单排布桩桩距可适当加大，宜取（3～6）倍桩径。桩长范围内有饱和粉土、粉细砂、淤泥、淤泥质土层，为防止施工发生窜孔、缩颈、断桩，减少新打桩对已打桩的不良影响，宜采用较大桩距。

**4** 褥垫层

桩顶和基础之间应设置褥垫层，褥垫层在复合地基中具有如下的作用：

1）保证桩、土共同承担荷载，它是水泥粉煤灰碎石桩形成复合地基的重要条件。

2）通过改变褥垫厚度，调整桩垂直荷载的分担，通常褥垫越薄桩承担的荷载占总荷载的百分比越高。

3）减少基础底面的应力集中。

4）调整桩、土水平荷载的分担，褥垫层越厚，土分担的水平荷载占总荷载的百分比越大，桩分担的水平荷载占总荷载的百分比越小。对抗震设防区，不宜采用厚度过薄的褥垫层设计。

5）褥垫层的设置，可使桩间土承载力充分发挥，作用在桩间土表面的荷载在桩侧的土单元体产生竖向和水平向附加应力，水平向附加应力作用在桩表面具有增大侧阻的作用，在桩端产生的竖向附加应力对提高单桩承载力是有益的。

**5** 水泥粉煤灰碎石桩可只在基础内布桩，应根据建筑物荷载分布、基础形式、地基土性状，合理确定布桩参数：

1）对框架核心筒结构形式，核心筒和外框柱宜采用不同布桩参数，核心筒部位荷载水平高，宜强化核心筒荷载影响部位布桩，相对弱化外框柱荷载影响部位布桩；通常核心筒外扩一倍板厚范围，为防止筏板发生冲切破坏需足够的净反力，宜减小桩距或增大桩径，当桩端持力层较厚时最好加大桩长，提高复合地基承载力和复合土层模量；对设有沉降缝或防震缝的建筑物，宜在沉降缝或防震缝部位，采用减小桩距、增加桩长或加大桩径布桩，以防止建筑物发生较大相向变形。

2）对于独立基础地基处理，可按变形控制进行复合地基设计。比如，天然地基承载力100kPa，设计要求经处理后复合地基承载力特征值不小于300kPa。每个独立基础下的承载力相同，都是300kPa。当两个相邻柱荷载水平相差较大的独立基础，复合地基承载力相等时，荷载水平高的基础面积大，影响深度深，基础沉降大；荷载水平低的基础面积小，影响深度浅，基础沉降小；柱间沉降差有可能不满足设计要求。柱荷载水平差异较大时应按变形控制进行复合地基设计。由于水泥粉煤灰碎石桩复合地基承载力提高幅度大，柱荷载水平高的宜采用较高承载力要求确定布桩参数；可以有效地减少基础面积、降低造价，更重要的是基础间沉降差容易控制在规范限值之内。

3）国家标准《建筑地基基础设计规范》GB 50007中对于地基反力计算，当满足下列条件时可按线性分布：

① 当地基土比较均匀；

② 上部结构刚度比较好；

③ 梁板式筏基梁的高跨比或平板式筏基板的厚跨比不小于1/6；

④ 相邻柱荷载及柱间距的变化不超过20%。

地基反力满足线性分布假定时，可在整个基础范围均匀布桩。

若筏板厚度与跨距之比小于1/6，梁板式基础，梁的高跨比大于1/6且板的厚跨比（筏板厚度与梁的中心距之比）小于1/6时，基底压力不满足线性分布假定，不宜采用均匀布桩，应主要在柱边（平板式筏基）和梁边（梁板式筏基）外扩2.5倍板厚的面积范围布桩。

需要注意的是，此时的设计基底压力应按布桩区的面积重新计算。

**4**）与散体桩和水泥土搅拌桩不同，水泥粉煤灰碎石桩复合地基承载力提高幅度大，条形基础下复合地基设计，当荷载水平不高时，可采用墙下单排布桩。此时，水泥粉煤灰碎石桩施工对桩位在垂直于轴线方向的偏差应严格控制，防止过大的基础偏心受力状态。

**6** 水泥粉煤灰碎石桩复合地基承载力特征值，应按第7.1.5条规定确定。初步设计时也可按本规范式（7.1.5-2）、式（7.1.5-3）估算。桩身强度应符合第7.1.6条的规定。

《建筑地基处理技术规范》JGJ 79-2002规定，初步设计时复合地基承载力按下式估算：

$$f_{spk}=m\frac{R_a}{A_p}+\beta(1-m)f_{sk} \quad (14)$$

即假定单桩承载力发挥系数为1.0。根据中国建筑科学研究院地基所多年研究，采用本规范式（7.1.5-2）更为符合实际情况，式中$\lambda$按当地经验取值，无经验时可取0.8～0.9，褥垫层的厚径比小时取大值；$\beta$按当地经验取值，无经验时可取0.9～1.0，厚径比大时取大值。

单桩竖向承载力特征值应通过现场静载荷试验确定。初步设计时也可按本规范式（7.1.5-3）估算，$q_{si}$应按地区经验确定；$q_p$可按现行国家标准《建筑地基基础设计规范》GB 50007的有关规定确定；桩端阻力发挥系数$\alpha_p$可取1.0。

当承载力考虑基础埋深的深度修正时，增强体桩身强度还应满足本规范式（7.1.6-2）的规定。这次修订考虑了如下几个因素：

**1**）与桩基不同，复合地基承载力可以作深度修正，基础两侧的超载越大（基础埋深越大），深度修正的数量也越大，桩承受的竖向荷载越大，设计的桩体强度应越高。

**2**）刚性桩复合地基，由于设置了褥垫层，从加荷一开始，就存在一个负摩擦区，因此，桩的最大轴力作用点不在桩顶，而是在中性点处，即中性点处的轴力大于桩顶的受力。

综合以上因素，对《建筑地基处理技术规范》JGJ 79-2002中桩体试块（边长15cm立方体）标准养护28d抗压强度平均值不小于$3R_a/A_p$（$R_a$为单桩承载力特征值，$A_p$为桩的截面面积）的规定进行了调整，桩身强度适当提高，保证桩体不发生破坏。

**7** 水泥粉煤灰碎石桩复合地基的变形计算应按现行国家标准《建筑地基基础设计规范》GB 50007的有关规定执行。但有两点需作说明：

**1**）复合地基的分层与天然地基分层相同，当荷载接近或达到复合地基承载力时，各复合土层的压缩模量可按该层天然地基压缩模量的$\zeta$倍计算。工程中应由现场试验测定的$f_{spk}$，和基础底面下天然地基承载力$f_{ak}$确定。若无试验资料时，初步设计可由地质报告提供的地基承载力特征值$f_{ak}$，以及计算得到的满足设计承载力和变形要求的复合地基承载力特征值$f_{spk}$，按式（7.1.7-1）计算$\zeta$。

**2**）变形计算经验系数$\psi_s$，对不同地区可根据沉降观测资料统计确定，无地区经验时可按表7.1.8取值，表7.1.8根据工程实测沉降资料统计进行了调整，调整了当量模量大于15.0MPa的变形计算经验系数。

**3**）复合地基变形计算过程中，在复合土层范围内，压缩模量很高时，满足下式要求后：

$$\Delta s'_n\leqslant 0.025\sum_{i=1}^{n}\Delta s'_i \quad (15)$$

若计算到此为止，桩端以下土层的变形量没有考虑，因此，计算深度必须大于复合土层厚度，才能满足现行国家标准《建筑地基基础设计规范》GB 50007的有关规定。

**7.7.3** 本条是对施工的要求：

**1** 水泥粉煤灰碎石桩的施工，应根据设计要求和现场地基土的性质、地下水埋深、场地周边是否有居民、有无对振动反应敏感的设备等多种因素选择施工工艺。这里给出了四种常用的施工工艺：

**1**）长螺旋钻干成孔灌注成桩，适用于地下水位以上的黏性土、粉土、素填土、中等密实以上的砂土以及对噪声或泥浆污染要求严格的场地。

**2**）长螺旋钻中心压灌灌注成桩，适用于黏性土、粉土、砂土；对含有卵石夹层场地，宜通过现场试验确定其适用性。北京某工程卵石粒径不大于60mm，卵石层厚度不大于4m，卵石含量不大于30%，采用长螺旋钻施工工艺取得了成功。目前城区施工对噪声或泥浆污染要求严格，可优先选用该工法。

**3**）振动沉管灌注成桩，适用于粉土、黏性土及素填土地基及对振动和噪声污染要求不严格的场地。

**4**）泥浆护壁成孔灌注成桩，适用于地下水位以下的黏性土、粉土、砂土、填土、碎石土及风化岩层。

若地基土是松散的饱和粉土、粉细砂，以消除液化和提高地基承载力为目的，此时应选择振动沉管桩机施工；振动沉管灌注成桩属挤土成桩工艺，对桩间土具有挤（振）密效应。但振动沉管灌注成桩工艺难以穿透厚的硬土层、砂层和卵石层等。在饱和黏性土中成桩，会造成地表隆起，已打桩被挤断，且振动和噪声污染严重，在城中居民区施工受到限制。在夹有硬的黏性土时，可采用长螺旋钻机引孔，再用振动沉管打桩机制桩。

长螺旋钻干成孔灌注成桩适用于地下水位以上的黏性土、粉土、素填土、中等密实以上的砂土，属非挤土（或部分挤土）成桩工艺，该工艺具有穿透能力强，无振动、低噪声、无泥浆污染等特点，但要求桩长范围内无地下水，以保证成孔时不塌孔。

长螺旋钻中心压灌成桩工艺，是国内近几年来使用比较广泛的一种工艺，属非挤土（或部分挤土）成桩工艺，具有穿透能力强、无泥皮、无沉渣、低噪声、无振动、无泥浆污染、施工效率高及质量容易控制等特点。

长螺旋钻孔灌注成桩和长螺旋钻中心压灌成桩工艺，在城市居民区施工，对周围居民和环境的影响较小。

对桩长范围和桩端有承压水的土层，应选用泥浆护壁成孔灌注成桩工艺。当桩端具有高水头承压水采用长螺旋钻中心压灌成桩或振动沉管灌注成桩，承压水沿着桩体渗流，把水泥和细骨料带走，桩体强度严重降低，导致发生施工质量事故。泥浆护壁成孔灌注成桩，成孔过程消除了发生渗流的水力条件，成桩质量容易保障。

**2** 振动沉管灌注成桩和长螺旋钻中心压灌成桩施工除应执行国家现行有关规定外，尚应符合下列要求：

1）振动沉管施工应控制拔管速度，拔管速度太快易造成桩径偏小或缩颈断桩。

为考察拔管速度对成桩桩径的影响，在南京浦镇车辆厂工地做了三种拔管速度的试验：拔管速度为1.2m/min时，成桩后开挖测桩径为380mm（沉管为$\phi$377管）；拔管速度为2.5m/min，沉管拔出地面后，约0.2$m^3$ 的混合料被带到地表，开挖后测桩径为360mm；拔管速度为0.8m/min时，成桩后发现桩顶浮浆较多。经大量工程实践认为，拔管速率控制在1.2m/min～1.5m/min是适宜的。

2）长螺旋钻中心压灌成桩施工

长螺旋钻中心压灌成桩施工，选用的钻机钻杆顶部必须有排气装置，当桩端土为饱和粉土、砂土、卵石且水头较高时宜选用下开式钻头。基础埋深较大时，宜在基坑开挖后的工作面上施工，工作面宜高出设计桩顶标高300mm～500mm，工作面土较软时应采取相应施工措施（铺碎石、垫钢板等），保证桩机正常施工。基坑较浅在地表打桩或部分开挖空孔打桩时，应加大保护桩长，并严格控制桩位偏差和垂直度；每方混合料中粉煤灰掺量宜为70kg～90kg，坍落度应控制在160mm～200mm，保证施工中混合料的顺利输送。如坍落度太大，易产生泌水、离析，泵压作用下，骨料与砂浆分离，导致堵管。坍落度太小，混合料流动性差，也容易造成堵管。

应杜绝在泵送混合料前提拔钻杆，以免造成桩端处存在虚土或桩端混合料离析、端阻力减小。提拔钻杆中应连续泵料，特别是在饱和砂土、饱和粉土层中不得停泵待料，避免造成混合料离析、桩身缩径和断桩。

桩长范围有饱和粉土、粉细砂和淤泥、淤泥质土，当桩距较小时，新打桩钻进时长螺旋叶片对已打桩周边土剪切扰动，使土结构强度破坏，桩周土侧向约束力降低，处于流动状态的桩体侧向溢出、桩顶下沉，亦即发生所谓窜孔现象。施工时须对已打桩桩顶标高进行监控，发现已打桩桩顶下沉时，正在施工的桩提钻至窜孔土部位停止提钻继续压料，待已打桩混合料上升至桩顶时，在施桩继续泵料提钻至设计标高。为防止窜孔发生，除设计采用大桩长大桩距外，可采用隔桩跳打措施。

3）施工中桩顶标高应高出设计桩顶标高，留有保护桩长。

4）成桩过程中，抽样做混合料试块，每台机械一天应做一组（3块）试块（边长为150mm的立方体），标准养护，测定其28d立方体抗压强度。

**3** 冬期施工时，应采取措施避免混合料在初凝前受冻，保证混合料入孔温度大于5℃，根据材料加热难易程度，一般优先加热拌合水，其次是加热砂和石混合料，但温度不宜过高，以免造成混合料假凝无法正常泵送，泵送管路也应采取保温措施。施工完清除保护土层和桩头后，应立即对桩间土和桩头采用草帘等保温材料进行覆盖，防止桩间土冻胀而造成桩体拉断。

**4** 长螺旋钻中心压灌成桩施工中存在钻孔弃土。对弃土和保护土层采用机械、人工联合清运时，应避免机械设备超挖，并应预留至少200mm用人工清除，防止造成桩头断裂和扰动桩间土层。对软土地区，为防止发生断桩，也可根据地区经验在桩顶一定范围配置适量钢筋。

**5** 褥垫层材料可为粗砂、中砂、级配砂石或碎石，碎石粒径宜为5mm～16mm，不宜选用卵石。当基础底面桩间土含水量较大时，应避免采用动力夯实法，以防扰动桩间土。对基底土为较干燥的砂石时，虚铺后可适当洒水再行碾压或夯实。

电梯井和集水坑斜面部位的桩，桩顶须设置褥垫层，不得直接和基础的混凝土相连，防止桩顶承受较大水平荷载。工程中一般做法见图11。

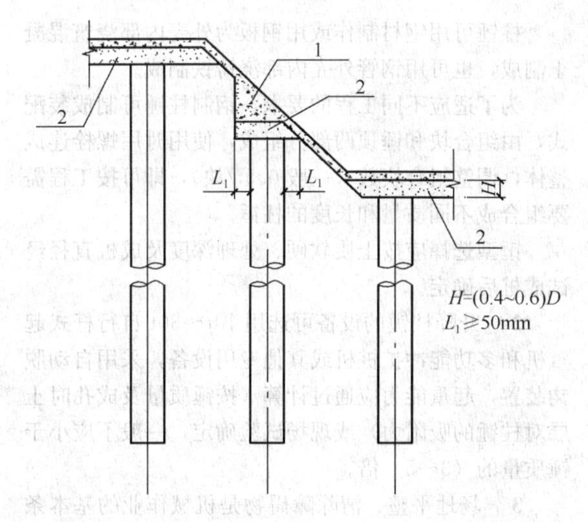


图11 井坑斜面部位褥垫层做法示意图

1—素混凝土垫层；2—褥垫层

**7.7.4** 本条是对水泥粉煤灰碎石桩复合地基质量检验的规定。

## 7.8 柱锤冲扩桩复合地基

**7.8.1** 柱锤冲扩桩复合地基的加固机理主要有以下四点：

**1** 成孔及成桩过程中对原土的动力挤密作用；

**2** 对原地基土的动力固结作用；

**3** 冲扩桩充填置换作用（包括桩身及挤入桩间土的骨料）；

**4** 碎砖三合土填料生石灰的水化和胶凝作用（化学置换）。

上述作用依不同土类而有明显区别。对地下水位以上杂填土、素填土、粉土及可塑状态黏性土、黄土等，在冲孔过程中成孔质量较好，无塌孔及缩颈现象，孔内无积水，成桩过程中地面不隆起甚至下沉，经检测孔底及桩间土在成孔及成桩过程中得到挤密，试验表明挤密土影响范围约为（2～3）倍桩径。而对地下水位以下饱和土层冲孔时塌孔严重，有时甚至无法成孔，在成桩过程中地面隆起严重，经检测桩底及桩间土挤密效果不明显，桩身质量也较难保证，因此对上述土层应慎用。

**7.8.2** 近年来，随着施工设备能力的提高，处理深度已超过6m，但不宜大于10m，否则处理效果不理想。对于湿陷性黄土地区，其地基处理深度及复合地基承载力特征值，可按当地经验确定。

**7.8.3** 柱锤冲扩桩复合地基，多用于中、低层房屋或工业厂房。因此对大型、重要的工程以及场地条件复杂的工程，在正式施工前应进行成桩试验及试验性施工。根据现场试验取得的资料进行设计，制定施工方案。

**7.8.4** 本条是柱锤冲扩桩复合地基的设计要求：

**1** 地基处理的宽度应超过基础边缘一定范围，主要作用在于增强地基的稳定性，防止基底下被处理土层在附加应力作用下产生侧向变形，因此原天然土层越软，加宽的范围应越大。通常按压力扩散角 $\theta=30^\circ$ 来确定加固范围的宽度，并不少于（1～3）排桩。

用柱锤冲扩桩法处理可液化地基应适当加大处理宽度。对于上部荷载较小的室内非承重墙及单层砖房可仅在基础范围内布桩。

**2** 对于可塑状态黏性土、黄土等，因靠冲扩桩的挤密来提高桩间土的密实度，所以采用等边三角形布桩有利，可使地基挤密均匀。对于软黏土地基，主要靠置换。考虑到施工方便，以正方形或等边三角形的布桩形式最为常用。

桩间距与设计要求的复合地基承载力、原地基土的性质有关，根据经验，桩距一般可取1.2m～2.5m或取桩径的（2～3）倍。

**3** 柱锤冲扩桩桩径设计应考虑下列因素：

1）柱锤直径：现已经形成系列，常用直径为300mm～500mm，如 $\phi$377 公称锤，就是377mm直径的柱锤。

2）冲孔直径：它是冲孔达到设计深度时，地基被冲击成孔的直径，对于可塑状态黏性土其成孔直径往往比锤直径要大。

3）桩径：它是桩身填料夯实后的平均直径，比冲孔直径大，如 $\phi$377 柱锤夯实后形成的桩径可达600mm～800mm。因此，桩径不是一个常数，当土层松软时，桩径就大，当土层较密时，桩径就小。

设计时一般先根据经验假设桩径，假设时应考虑柱锤规格、土质情况及复合地基的设计要求，一般常用 $d$ = 500mm～800mm，经试成桩后再确定设计桩径。

**4** 地基处理深度的确定应考虑：1）软弱土层厚度；2）可液化土层厚度；3）地基变形等因素。限于设备条件，柱锤冲扩桩法适用于10m以内的地基处理，因此当软弱土层较厚时应进行地基变形和下卧层地基承载力验算。

**5** 柱锤冲扩桩法是从地下向地表进行加固，由于地表侧向约束小，加之成桩过程中桩间土隆起造成桩顶及槽底土质松动，因此为保证地基处理效果及扩散基底压力，对低于槽底的松散桩头及松软桩间土应予以清除，换填砂石垫层，采用振动压路机或其他设备压实。

**6** 桩体材料推荐采用以拆房为主组成的碎砖三合土，主要是为了降低工程造价，减少杂土丢弃对环境的污染。有条件时也可以采用级配砂石、矿渣、灰土、水泥混合土等。当采用其他材料缺少足够的工程经验时，应经试验确定其适用性和配合比等有关参数。

碎砖三合土的配合比（体积比）除设计有特殊要求外，一般可采用1：2：4（生石灰：碎砖：黏性土）对地下水位以下流塑状态松软土层，宜适当加大碎砖及生石灰用量。碎砖三合土中的石灰宜采用块状生石灰，CaO含量应在80%以上。碎砖三合土中的土料，尽量选用就地基坑开挖出的黏性土料，不应含有机物料（如油毡、苇草、木片等），不应使用淤泥质土、盐渍土和冻土。土料含水量对桩身密实度影响较大，因此应采用最佳含水量进行施工，考虑实际施工时土料来源及成分复杂，根据大量工程实践经验，采用目力鉴别即手握成团、落地开花即可。

为了保证桩身均匀及触探试验的可靠性，碎砖粒径不宜大于120mm，如条件容许碎砖粒径控制在60mm左右最佳，成桩过程中严禁使用粒径大于240mm砖料及混凝土块。

**7** 柱锤冲扩三合土，桩身密实度及承载力因受桩间土影响而较离散，因此规范规定应按复合地基静载荷试验确定其承载力。初步设计时也可按本规范式(7.1.5-1)进行估算，该式是根据桩和桩间土通过刚性基础共同承担上部荷载而推导出来的。式中桩土应力比 $n$ 是根据部分静载荷试验资料而实测出来的，在无实测资料时可取2～4，桩间土承载力低时取大值。加固后桩间土承载力 $f_{sk}$ 应根据土质条件及设计要求确定，当天然地基承载力特征值 $f_{ak} \geqslant 80$kPa时，可取加固前天然地基承载力进行估算；对于新填沟坑、杂填土等松软土层，可按当地经验或经现场试验根据重型动力触探平均击数 $\overline{N}_{63.5}$ 参考表20确定。

**表20 桩间土 $\overline{N}_{63.5}$ 和 $f_{sk}$ 关系表**

| $\overline{N}_{63.5}$ | 2 | 3 | 4 | 5 | 6 | 7 |
|---|---|---|---|---|---|---|
| $f_{sk}$（kPa） | 80 | 110 | 130 | 140 | 150 | 160 |

注：1 计算 $\overline{N}_{63.5}$ 时应去掉10%的极大值和极小值，当触探深度大于4m时，$N_{63.5}$ 应乘以0.9折减系数；

2 杂填土及饱和松软土层，表中 $f_{sk}$ 应乘以0.9折减系数。

**8** 加固后桩间土压缩模量可按当地经验或根据加固后桩间土重型动力触探平均击数 $\overline{N}_{63.5}$ 参考表21选用。

**表21 桩间土 $E_s$ 和 $\overline{N}_{63.5}$ 关系表**

| $\overline{N}_{63.5}$ | 2 | 3 | 4 | 5 | 6 |
|---|---|---|---|---|---|
| $E_s$（kPa） | 4.0 | 6.0 | 7.0 | 7.5 | 8.0 |

**7.8.5** 本条是柱锤冲扩桩复合地基的施工要求：

**1** 目前采用的系列柱锤如表22所示：

**表22 柱锤明细表**

| 序号 | 规格 | | | 锤底形状 |
|---|---|---|---|---|
| | 直径（mm） | 长度（m） | 质量（t） | |
| 1 | 325 | 2～6 | 1.0～4.0 | 凹形底 |
| 2 | 377 | 2～6 | 1.5～5.0 | 凹形底 |
| 3 | 500 | 2～6 | 3.0～9.0 | 凹形底 |

注：封顶或拍底时，可采用质量2t～10t的扁平重锤进行。

柱锤可用钢材制作或用钢板为外壳内部浇筑混凝土制成，也可用钢管外壳内部浇铸铁制成。

为了适应不同工程的要求，钢制柱锤可制成装配式，由组合块和锤顶两部分组成，使用时用螺栓连成整体，调整组合块数（一般0.5t/块），即可按工程需要组合成不同质量和长度的柱锤。

锤型选择应按土质软硬、处理深度及成桩直径经试成桩后确定。

**2** 升降柱锤的设备可选用10t～30t自行杆式起重机和多功能冲扩桩机或其他专用设备，采用自动脱钩装置，起重能力应通过计算（按锤质量及成孔时土层对柱锤的吸附力）或现场试验确定，一般不应小于锤质量的（3～5）倍。

**3** 场地平整、清除障碍物是机械作业的基本条件。当加固深度较深，柱锤长度不够时，也可采取先挖出一部分土，然后再进行冲扩施工。

柱锤冲扩桩法成孔方式有如下三种：

**1）** 冲击成孔：最基本的成孔工艺，条件是冲孔时孔内无明水、孔壁直立、不塌孔、不缩颈。

**2）** 填料冲击成孔：当冲击成孔出现塌孔或缩颈时，采用本法。这时的填料与成桩填料不同，主要目的是吸收孔壁附近地基中的水分，密实孔壁，使孔壁直立、不塌孔、不缩颈。碎砖及生石灰能够显著降低土壤中的水分，提高桩间土承载力，因此填料冲击成孔时应采用碎砖及生石灰块。

**3）** 二次复打成孔：当采用填料冲击成孔施工工艺也不能保证孔壁直立、不塌孔、不缩颈时，应采用本方案。在每一次冲扩时，填料以碎砖、生石灰为主，根据土质不同采用不同配比，其目的是吸收土壤中水分，改善原土性状，第二次复打成孔后要求孔壁直立、不塌孔，然后边填料边夯实形成桩体。

套管成孔可解决塌孔及缩颈问题，但其施工工艺较复杂，因此只在特殊情况下使用。

桩体施工的关键是分层填料量、分层夯实厚度及总填料量。

施工前应根据试成桩及设计要求的桩径和桩长进行确定。填料充盈系数不宜小于1.5。

每根桩的施工记录是工程质量管理的重要环节，所以必须设专门技术人员负责记录工作。

要求夯填至桩顶设计标高以上，主要是为了保证桩顶密实度。当不能满足上述要求时，应进行面层夯实或采用局部换填处理。

**7.8.6** 柱锤冲扩桩法夯击能量较大，易发生地面隆起，造成表层桩和桩间土出现松动，从而降低处理效果，因此成孔及填料夯实的施工顺序宜间隔进行。

**7.8.7** 本条是柱锤冲扩桩复合地基的质量检验要求：

**1** 柱锤冲扩桩质量检验程序：施工中自检、竣工后质检部门抽检、基槽开挖后验槽三个环节。对质量有怀疑的工程桩，应采用重型动力触探进行自检。实践证明这是行之有效的，其中施工单位自检尤为重要。

**2** 采用柱锤冲扩桩处理的地基，其承载力是随着时间增长而逐步提高的，因此要求在施工结束后休止14d再进行检验，实践证明这样方便施工也是偏于安全的，对非饱和土和粉土休止时间可适当缩短。

桩身及桩间土密实度检验宜采用重型动力触探进行。检验点应随机抽样并经设计或监理认定，检测点不少于总桩数的2%且不少于6组（即同一检测点桩身及桩间土分别进行检验）。当土质条件复杂时，应加大检验数量。

柱锤冲扩桩复合地基质量评定主要包括地基承载力及均匀程度。复合地基承载力与桩身及桩间土动力触探击数的相关关系应经对比试验按当地经验确定。

**6** 基槽开挖检验的重点是桩顶密实度及槽底土质情况。由于柱锤冲扩桩施工工艺的特点是冲孔后自下而上成桩，即由下往上对地基进行加固处理，由于顶部上覆压力小，容易造成桩顶及槽底土质松动，而这部分又是直接持力层，因此应加强对桩顶特别是槽底以下1m厚范围内土质的检验，检验方法根据土质情况可采用轻便触探或动力触探进行。桩位偏差不宜大于1/2桩径。

## 7.9 多桩型复合地基

**7.9.1** 本节涉及的多桩型复合地基内容仅对由两种桩型处理形成的复合地基进行了规定，两种以上桩型的复合地基设计、施工与检测应通过试验确定其适用性和设计、施工参数。

**7.9.2** 本条为多桩型复合地基的设计原则。采用多桩型复合地基处理，一般情况下场地土具有特殊性，采用一种增强体处理后达不到设计要求的承载力或变形要求，而采用一种增强体处理特殊性土，减少其特殊性的工程危害，再采用另一种增强体处理使之达到设计要求。

多桩型复合地基的工作特性，是在等变形条件下的增强体和地基土共同承担荷载，必须通过现场试验确定设计参数和施工工艺。

**7.9.3** 工程中曾出现采用水泥粉煤灰碎石桩和静压高强预应力管桩组合的多桩型复合地基，采用了先施工挤土的静压高强预应力管桩，后施工排土的水泥粉煤灰碎石桩的施工方案，但通过检测发现预制桩单桩承载力与理论计算值存在较大差异，分析原因，系桩端阻力与同场地高强预应力管桩相比有明显下降所致，水泥粉煤灰碎石桩的施工对已施工的高强预应力管桩桩端上下一定范围灵敏度相对较高的粉土及桩端粉砂产生了扰动。因此，对类似情况，应充分考虑后施工桩对已施工增强体或桩体承载力的影响。无地区经验时，应通过试验确定方案的适用性。

**7.9.4** 本条为建筑工程采用多桩型复合地基处理的布桩原则。处理特殊土，原则上应扩大处理面积，保证处理地基的长期稳定性。

**7.9.5** 根据近年来复合地基理论研究的成果，复合地基的垫层厚度与增强体直径、间距、桩间土承载力发挥度和复合地基变形控制等有关，褥垫层过厚会形成较深的负摩阻区，影响复合地基增强体承载力的发挥；褥垫层过薄复合地基增强体水平受力过大，容易损坏，同时影响复合地基桩间土承载力的发挥。

**7.9.6** 多桩型复合地基承载力特征值应采用多桩复合地基承载力静载荷试验确定，初步设计时的设计参数应根据地区经验取用，无地区经验时，应通过试验确定。

**7.9.7** 面积置换率的计算，当基础面积较大时，实际的布置桩距对理论计算采用的置换率的影响很小，因此当基础面积较大或条形基础较长时，可以单元面积置换率替代。

**7.9.8** 多桩型复合地基变形计算在理论上可将复合地基的变形分为复合土层变形与下卧土层变形，分别计算后相加得到，其中复合土层的变形计算采用的方法有假想实体法、桩身压缩法、应力扩散法、有限元法等，下卧土层的变形计算一般采用分层总和法。理论研究与实测表明，大多数复合地基的变形计算的精度取决于下卧土层的变形计算精度，在沉降计算经验系数确定后，复合土层底面附加应力的计算取值是关键。该附加应力随上述复合地基沉降计算的方法不同而存在较大的差异，即使采用应力扩散一种方法，也因应力扩散角的取值不同计算结果不同。对多桩型复合地基，复合土层变形及下卧土层顶面附加应力的计算将更加复杂。

工程实践中，本条涉及的多桩复合地基承载力特征值 $f_{spk}$ 可由多桩复合地基静载荷试验确定，但由其中的一种桩处理形成的复合地基承载力特征值 $f_{spk1}$ 的试验，对已施工完成的多桩型复合地基而言，具有一定的难度，有经验时可采用单桩载荷试验结果结合桩间土的承载力特征值计算确定。

多桩型复合地基承载力、变形计算工程实例：

**1** 工程概况

某工程高层住宅22栋，地下车库与主楼地下室基本连通。2号住宅楼为地下2层地上33层的剪力墙结构，裙房采用框架结构，筏形基础，主楼地基采用多桩型复合地基。

**2** 地质情况

基底地基土层分层情况及设计参数如表23。

表 23　地基土层分布及其参数

| 层号 | 类别 | 层底深度（m） | 平均厚度（m） | 承载力特征值（kPa） | 压缩模量（MPa） | 压缩性评价 |
|---|---|---|---|---|---|---|
| 6 | 粉土 | －9.3 | 2.1 | 180 | 13.3 | 中 |
| 7 | 粉质黏土 | －10.9 | 1.5 | 120 | 4.6 | 高 |
| 7－1 | 粉土 | －11.9 | 1.2 | 120 | 7.1 | 中 |
| 8 | 粉土 | －13.8 | 2.5 | 230 | 16.0 | 低 |
| 9 | 粉砂 | －16.1 | 3.2 | 280 | 24.0 | 低 |
| 10 | 粉砂 | －19.4 | 3.3 | 300 | 26.0 | 低 |
| 11 | 粉土 | －24.0 | 4.5 | 280 | 20.0 | 低 |
| 12 | 细砂 | －29.6 | 5.6 | 310 | 28.0 | 低 |
| 13 | 粉质黏土 | －39.5 | 9.9 | 310 | 12.4 | 中 |
| 14 | 粉质黏土 | －48.4 | 9.0 | 320 | 12.7 | 中 |
| 15 | 粉质黏土 | －53.5 | 5.1 | 340 | 13.5 | 中 |
| 16 | 粉质黏土 | －60.5 | 6.9 | 330 | 13.1 | 中 |
| 17 | 粉质黏土 | －67.7 | 7.0 | 350 | 13.9 | 中 |

考虑到工程经济性及水泥粉煤灰碎石桩施工可能造成对周边建筑物的影响，采用多桩型长短桩复合地基。长桩选择第 12 层细砂为持力层，采用直径 400mm 的水泥粉煤灰碎石桩，混合料强度等级 C25，桩长 16.5m，设计单桩竖向受压承载力特征值为 $R_a$ ＝690kN；短桩选择第 10 层细砂为持力层，采用直径 500mm 泥浆护壁素混凝土钻孔灌注桩，桩身混凝土强度等级 C25，桩长 12m，设计单桩竖向承载力特征值为 $R_a$＝600kN；采用正方形布桩，桩间距 1.25m。

要求处理后的复合地基承载力特征值 $f_{ak}\geqslant$ 480kPa，复合地基桩平面布置如图 12。

3　复合地基承载力计算

1）单桩承载力

水泥粉煤灰碎石桩、素混凝土灌注桩单桩承载力计算参数见表 24。

表 24　水泥粉煤灰碎石桩钻孔灌注桩侧阻力和端阻力特征值一览表

| 层号 | 3 | 4 | 5 | 6 | 7 | 7－1 | 8 | 9 | 10 | 11 | 12 | 13 |
|---|---|---|---|---|---|---|---|---|---|---|---|---|
| $q_{sia}$（kPa） | 30 | 18 | 28 | 23 | 18 | 28 | 27 | 32 | 36 | 32 | 38 | 33 |
| $q_{pa}$（kPa） | | | | | | | | | 450 | 450 | 500 | 480 |

水泥粉煤灰碎石桩单桩承载力特征值计算结果 $R_1$＝690kN，钻孔灌注桩单桩承载力计算结果 $R_2$＝600kN。

2）复合地基承载力

$$f_{spk}=m_1\frac{\lambda_1 R_{a1}}{A_{p1}}+m_2\frac{\lambda_2 R_{a2}}{A_{p2}}+\beta(1-m_1-m_2)f_{sk} \tag{16}$$

式中：$m_1$＝0.04；$m_2$＝0.064

$\lambda_1=\lambda_2$＝0.9；

$R_{a1}$＝690kN、$R_{a2}$＝600kN；

$A_{P1}$＝0.1256、$A_{P2}$＝0.20；

$\beta$＝1.0；

$f_{sk}=f_{ak}$＝180kPa（第 6 层粉土）。

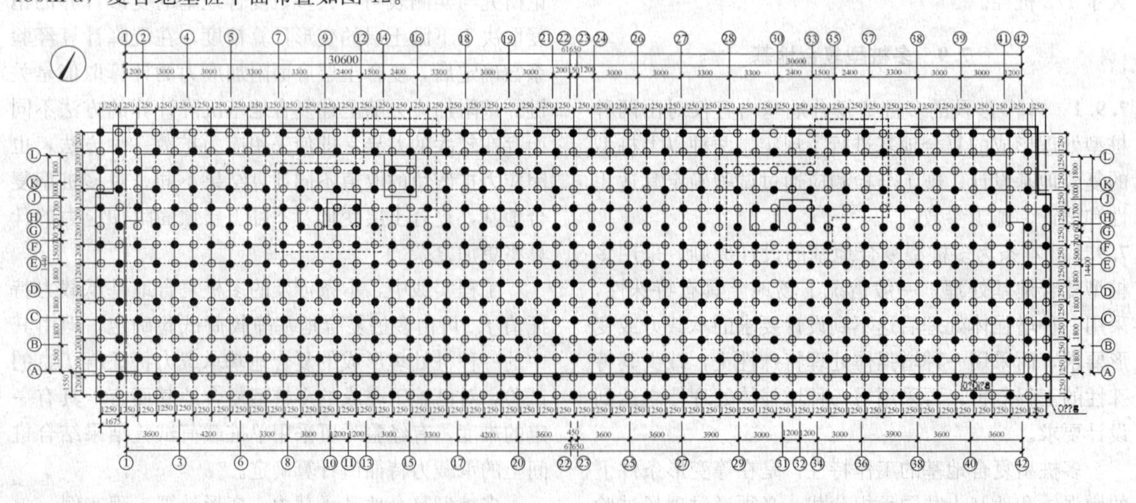

图 12　多桩型复合地基平面布置

复合地基承载力特征值计算结果为 $f_{spk}$＝536.17kPa，复合地基承载力满足设计要求。

4　复合地基变形计算

已知，复合地基承载力特征值 $f_{spk}$＝536.17kPa，计算复合土层模量系数还需计算单独由水泥粉煤灰碎石桩（长桩）加固形成的复合地基承载力特征值。

$$f_{spk1}=0.04\times0.9\times690/0.1256+1.0\times(1-0.04)\times180=371\text{kN} \tag{17}$$

复合土层上部由长、短桩与桩间土层组成，土层模量提高系数为：

$$\zeta_1=\frac{f_{spk}}{f_{ak}}=536.17/180=2.98 \tag{18}$$

复合土层下部由长桩（CFG桩）与桩间土层组成，土层模量提高系数为：

$$\zeta_2=\frac{f_{spk1}}{f_{ak}}=371/180=2.07 \tag{19}$$

复合地基沉降计算深度，按建筑地基基础设计规范方法确定，本工程计算深度：自然地面以下67.0m，计算参数如表25。

**表25 复合地基沉降计算参数**

| 计算层号 | 土类名称 | 层底标高（m） | 层厚（m） | 压缩模量（MPa） | 计算压缩模量值（MPa） | 模量提高系数（$\zeta_i$） |
|---|---|---|---|---|---|---|
| 6 | 粉土 | −9.3 | 2.1 | 13.3 | 35.9 | 2.98 |
| 7 | 粉质黏土 | −10.9 | 1.5 | 4.6 | 12.4 | 2.98 |
| 7−1 | 粉土 | −11.9 | 1.2 | 7.1 | 19.2 | 2.98 |
| 8 | 粉土 | −13.8 | 2.5 | 16.0 | 43.2 | 2.98 |
| 9 | 粉砂 | −16.1 | 3.2 | 24.0 | 64.8 | 2.98 |
| 10 | 粉砂 | −19.4 | 3.3 | 26.0 | 70.2 | 2.98 |
| 11 | 粉土 | −24.0 | 4.5 | 20.0 | 54.0 | 2.07 |
| 12 | 细砂 | −29.6 | 5.6 | 28.0 | 58.8 | 2.07 |
| 13 | 粉质黏土 | −39.5 | 9.9 | 12.4 | 12.4 | 1.0 |
| 14 | 粉质黏土 | −48.40 | 9.0 | 12.7 | 12.7 | 1.0 |
| 15 | 粉质黏土 | −53.5 | 5.1 | 13.5 | 13.5 | 1.0 |
| 16 | 粉质黏土 | −60.5 | 6.9 | 13.1 | 13.1 | 1.0 |
| 17 | 粉质黏土 | −67.7 | 7.0 | 13.9 | 13.9 | 1.0 |

按本规范复合地基沉降计算方法计算的总沉降量值：$s$=185.54mm

取地区经验系数 $\psi_s$=0.2

沉降量预测值：$s$=37.08mm

**5　复合地基承载力检验**

**1）四桩复合地基静载荷试验**

采用2.5m×2.5m方形钢制承压板，压板下铺中砂找平层，试验结果见表26。

**表26 四桩复合地基静载荷试验结果汇总表**

| 编号 | 最大加载量（kPa） | 对应沉降量（mm） | 承载力特征值（kPa） | 对应沉降量（mm） |
|---|---|---|---|---|
| 第1组（f1） | 960 | 28.12 | 480 | 8.15 |
| 第2组（f2） | 960 | 18.54 | 480 | 6.35 |
| 第3组（f3） | 960 | 27.75 | 480 | 9.46 |

**2）单桩静载荷试验**

采用堆载配重方法进行，结果见表27。

**表27 单桩静载荷试验结果汇总表**

| 桩型 | 编号 | 最大加载量（kN） | 对应沉降量（mm） | 极限承载力（kN） | 特征值对应的沉降量（mm） |
|---|---|---|---|---|---|
| CFG桩 | d1 | 1380 | 5.72 | 1380 | 5.05 |
| | d2 | 1380 | 10.20 | 1380 | 2.45 |
| | d3 | 1380 | 14.37 | 1380 | 3.70 |
| 素混凝土灌注桩 | d4 | 1200 | 8.31 | 1200 | 3.05 |
| | d5 | 1200 | 9.95 | 1200 | 2.41 |
| | d6 | 1200 | 9.39 | 1200 | 3.28 |

三根水泥粉煤灰碎石桩的桩竖向极限承载力统计值为1380kN，单桩竖向承载力特征值为690kN。三根素混凝土灌注桩的单桩竖向承载力统计值为1200kN，单桩竖向承载力特征值为600kN。

表26中复合地基试验承载力特征值对应的沉降量均较小，平均仅为8mm，远小于本规范按相对变形法对应的沉降量0.008×2000＝16mm，表明复合地基承载力尚没有得到充分发挥。这一结果将导致沉降计算时，复合土层模量系数被低估，实测结果小于预测结果。

表27中可知，单桩承载力达到承载力特征值2倍时，沉降量一般小于10mm，说明桩承载力尚有较大的富裕，单桩承载力特征值并未得到准确体现，这与复合地基上述结果相对应。

**6　地基沉降量监测结果**

图13为采用分层沉降标监测方法测得的复合地

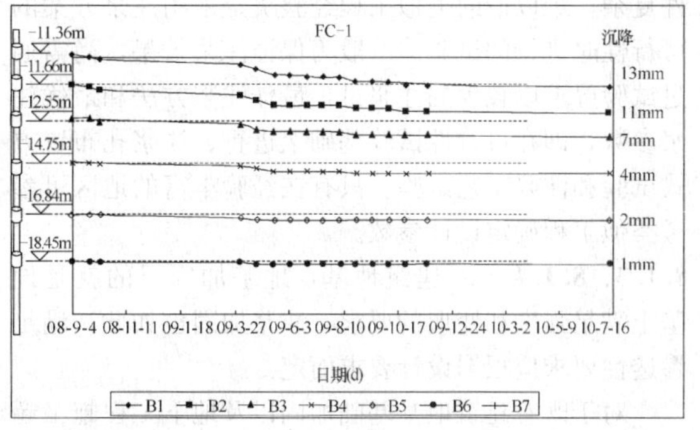


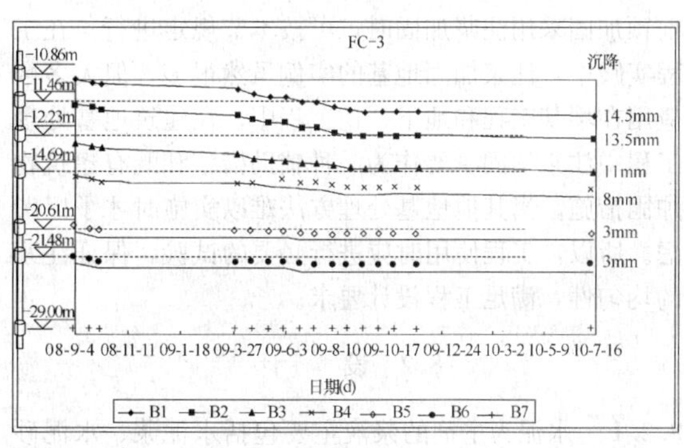


图13　分层沉降变形曲线

基沉降结果，基准沉降标位于自然地面以下40m。由于结构封顶后停止降水，水位回升导致沉降标失灵，未能继续进行分层沉降监测。

“沉降-时间曲线”显示沉降发展平稳，结构主体封顶时的复合土层沉降量约为12mm～15mm，假定此时已完成最终沉降量的50％～60％，按此结果推算最终沉降量应为20mm～30mm，小于沉降量预测值37.08mm。

**7.9.11** 多桩型复合地基的载荷板尺寸原则上应与计算单元的几何尺寸相等。

# 8 注 浆 加 固

## 8.1 一 般 规 定

**8.1.1** 注浆加固包括静压注浆加固、水泥搅拌注浆加固和高压旋喷注浆加固等。水泥搅拌注浆加固和高压旋喷注浆加固可参照本规范第7.3节、第7.4节。

对建筑地基，选用的浆液主要为水泥浆液、硅化浆液和碱液。注浆加固过程中，流动的浆液具有一定的压力，对地基土有一定的渗透力和劈裂作用，其适用的土层较广。

**8.1.2** 由于地质条件的复杂性，要针对注浆加固目的，在注浆加固设计前进行室内浆液配比试验和现场注浆试验是十分必要的。浆液配比的选择也应结合现场注浆试验，试验阶段可选择不同浆液配比。现场注浆试验包括注浆方案的可行性试验、注浆孔布置方式试验和注浆工艺试验三方面。可行性试验是当地基条件复杂，难以借助类似工程经验决定采用注浆方案的可行性时进行的试验。一般为保证注浆效果，尚需通过试验寻求以较少的注浆量，最佳注浆方法和最优注浆参数，即在可行性试验基础上进行、注浆孔布置方式试验和注浆工艺试验。只有在经验丰富的地区可参考类似工程确定设计参数。

**8.1.3、8.1.4** 对建筑地基，地基加固目的就是地基土满足强度和变形的要求，注浆加固也如此，满足渗透性要求应根据设计要求而定。

对于既有建筑地基基础加固以及地下工程施工超前预加固采用注浆加固时，可按本节规定进行。在工程实践中，注浆加固地基的实例虽然很多，但大多数应用在坝基工程和地下开挖工程中，在建筑地基处理工程中注浆加固主要作为一种辅助措施和既有建筑物加固措施，当其他地基处理方法难以实施时才予以考虑。所以，工程使用时应进行必要的试验，保证注浆的均匀性，满足工程设计要求。

## 8.2 设 计

**8.2.1** 水泥为主剂的浆液主要包括水泥浆、水泥砂浆和水泥水玻璃浆。

水泥浆液是地基治理、基础加固工程中常用的一种胶结性好、结石强度高的注浆材料，一般施工要求水泥浆的初凝时间既能满足浆液设计的扩散要求，又不至于被地下水冲走，对渗透系数大的地基还需尽可能缩短初、终凝时间。

地层中有较大裂隙、溶洞，耗浆量很大或有地下水活动时，宜采用水泥砂浆，水泥砂浆由水灰比不大于1.0的水泥浆掺砂配成，与水泥浆相比有稳定性好、抗渗能力强和析水率低的优点，但流动性小，对设备要求较高。

水泥水玻璃浆广泛用于地基、大坝、隧道、桥墩、矿井等建筑工程，其性能取决于水泥浆水灰比、水玻璃浓度和加入量、浆液养护条件。

对填土地基，由于其各向异性，对注浆量和方向不好控制，应采用多次注浆施工，才能保证工程质量。

**8.2.2** 硅化注浆加固的设计要求如下：

**1** 硅化加固法适用于各类砂土、黄土及一般黏性土。通常将水玻璃及氯化钙先后用下部具有细孔的钢管压入土中，两种溶液在土中相遇后起化学反应，形成硅酸胶填充在孔隙中，并胶结土粒。对渗透系数$k=(0.10\sim2.00)m/d$的湿陷性黄土，因土中含有硫酸钙或碳酸钙，只需用单液硅化法，但通常加氯化钠溶液作为催化剂。

单液硅化法加固湿陷性黄土地基的灌注工艺有两种。一是压力灌注，二是溶液自渗（无压）。压力灌注溶液的速度快，扩散范围大，灌注溶液过程中，溶液与土接触初期，尚未产生化学反应，在自重湿陷性严重的场地，采用此法加固既有建筑物地基，附加沉降可达300mm以上，对既有建筑物显然是不允许的。故本条规定，压力灌注可用于加固自重湿陷性场地上拟建的设备基础和构筑物的地基，也可用于加固非自重湿陷性黄土场地上既有建筑物和设备基础的地基。因为非自重湿陷性黄土有一定的湿陷起始压力，基底附加应力不大于湿陷起始压力或虽大于湿陷起始压力但数值不大时，不致出现附加沉降，并已为大量工程实践和试验研究资料所证明。

压力灌注需要用加压设备（如空压机）和金属灌注管等，成本相对较高，其优点是加固范围较大，不只是可加固基础侧向，而且可加固既有建筑物基础底面以下的部分土层。

溶液自渗的速度慢，扩散范围小，溶液与土接触初期，对既有建筑物和设备基础的附加沉降很小（10mm～20mm），不超过建筑物地基的允许变形值。

此工艺是在20世纪80年代初发展起来的，在现场通过大量的试验研究，采用溶液自渗加固了大厚度自重湿陷性黄土场地上既有建筑物和设备基础的地基，控制了建筑物的不均匀沉降及裂缝继续发展，并恢复了建筑物的使用功能。

溶液自渗的灌注孔可用钻机或洛阳铲成孔，不需要用灌注管和加压等设备，成本相对较低，含水量不大于20%、饱和度不大于60%的地基土，采用溶液自渗较合适。

**2** 水玻璃的模数值是二氧化硅与氧化钠（百分率）之比，水玻璃的模数值愈大，意味着水玻璃中含$SiO_2$的成分愈多。因为硅化加固主要是由$SiO_2$对土的胶结作用，所以水玻璃模数值的大小直接影响加固土的强度。试验研究表明，模数值$\frac{SiO_2\%}{Na_2O\%}$小时，偏硅酸钠溶液加固土的强度很小，完全不适合加固土的要求，模数值在2.5～3.0范围内的水玻璃溶液，加固土的强度可达最大值，模数值超过3.3以上时，随着模数值的增大，加固土的强度反而降低，说明$SiO_2$过多对土的强度有不良影响，因此本条规定采用单液硅化加固湿陷性黄土地基，水玻璃的模数值宜为2.5～3.3。湿陷性黄土的天然含水量较小，孔隙中一般无自由水，采用浓度（10%～15%）低的硅酸钠（俗称水玻璃）溶液注入土中，不致被孔隙中的水稀释，此外，溶液的浓度低，黏滞度小，可灌性好，渗透范围较大，加固土的无侧限抗压强度可达300kPa以上，并对降低加固土的成本有利。

**3** 单液硅化加固湿陷性黄土的主要材料为液体水玻璃（即硅酸钠溶液），其颜色多为透明或稍许混浊，不溶于水的杂质含量不得超过规定值。

**6** 加固湿陷性黄土的溶液用量，按公式（8.2.2-1）进行估算，并可控制工程总预算及硅酸钠溶液的总消耗量，溶液填充孔隙的系数是根据已加固的工程经验得出的。

**7** 从工厂购进的水玻璃溶液，其浓度通常大于加固湿陷性黄土所要求的浓度，相对密度多为1.45或大于1.45，注入土中时的浓度宜为10%～15%，相对密度为1.13～1.15，故需要按式（8.2.2-2）计算加水量，对浓度高的水玻璃溶液进行稀释。

**8** 加固既有建（构）筑物和设备基础的地基，不可能直接在基础底面下布置灌注孔，而只能在基础侧向（或周边）布置灌注孔，因此基础底面下的土层难以达到加固要求，对基础侧向地基土进行加固，可以防止侧向挤出，减小地基的竖向变形，每侧布置一排灌注孔加固土体很难连成整体，故本条规定每侧布置灌注孔不宜少于2排。

当基础底面宽度大于3m时，除在基础每侧布置2排灌注孔外，是否需要布置斜向基础底面的灌注孔，可根据工程具体情况确定。

**8.2.3** 碱液注浆加固的设计要求如下：

**1** 为提高地基承载力在自重湿陷性黄土地区单独采用注浆加固的较少，而且加固深度不足5m。为防止采用碱液加固施工期间既有建筑物地基产生附加沉降，本条规定，在自重湿陷性黄土场地，当采用碱液法加固时，应通过试验确定其可行性，待取得经验后再逐步扩大其应用范围。

**2** 室内外试验表明，当100g干土中可溶性和交换性钙镁离子含量不少于10mg・eq时，灌入氢氧化钠溶液都可得到较好的加固效果。

氢氧化钠溶液注入土中后，土粒表层会逐渐发生膨胀和软化，进而发生表面的相互溶合和胶结（钠铝硅酸盐类胶结），但这种溶合胶结是非水稳性的，只有在土粒周围存在有$Ca(OH)_2$和$Mg(OH)_2$的条件下，才能使这种胶结构成为强度高且具有水硬性的钙铝硅酸盐络合物。这些络合物的生成将使土粒牢固胶结，强度大大提高，并且具有充分的水稳性。

由于黄土中钙、镁离子含量一般都较高（属于钙、镁离子饱和土），故采用单液加固已足够。如钙、镁离子含量较低，则需考虑采用碱液与氯化钙溶液的双液法加固。为了提高碱液加固黄土的早期强度，也可适当注入一定量的氯化钙溶液。

**3** 碱液加固深度的确定，关系到加固效果和工程造价，要保证加固效果良好而造价又低，就需要确定一个合理的加固深度。碱液加固法适宜于浅层加固，加固深度不宜超过4m～5m。过深除增加施工难度外，造价也较高。当加固深度超过5m时，应与其他加固方法进行技术经济比较后，再行决定。

位于湿陷性黄土地基上的基础，浸水后产生的湿陷量可分为由附加压力引起的湿陷以及由饱和自重压力引起的湿陷，前者一般称为外荷湿陷，后者称为自重湿陷。

有关浸水载荷试验资料表明，外荷湿陷与自重湿陷影响深度是不同的。对非自重湿陷性黄土地基只存在外荷湿陷。当其基底压力不超过200kPa时，外荷湿陷影响深度约为基础宽度的（1.0～2.4）倍，但80%～90%的外荷湿陷量集中在基底下$1.0b$～$1.5b$的深度范围内，其下所占的比例很小。对自重湿陷性黄土地基，外荷湿陷影响深度则为$2.0b$～$2.5b$，在湿陷影响深度下限处土的附加压力与饱和自重压力的比值为0.25～0.36，其值较一般确定压缩层下限标准0.2（对一般土）或0.1（对软土）要大得多，故外荷湿陷影响深度小于压缩层深度。

位于黄土地基上的中小型工业与民用建筑物，其基础宽度多为1m～2m。当基础宽度为2m或2m以上时，其外荷湿陷影响深度将超过4m，为避免加固深度过大，当基础较宽，也即外荷湿陷影响深度较大时，加固深度可减少到$1.5b$～$2.0b$，这时可消除80%～90%的外荷湿陷量，从而大大减轻湿陷的危害。

对自重湿陷性黄土地基，试验研究表明，当地基属于自重湿陷不敏感或不很敏感类型时，如浸水范围小，外荷湿陷将占到总湿陷的87%～100%，自重湿陷将不产生或产生的不充分。当基底压力不超过

200kPa时，其外荷湿陷影响深度为 $2.0b$～$2.5b$，故本规范建议，对于这类地基，加固深度为 $2.0b$～$3.0b$，这样可基本消除地基的全部外荷湿陷。

**4** 试验表明，碱液灌注过程中，溶液除向四周渗透外，还向灌注孔上下各外渗一部分，其范围约相当于有效加固半径 $r$。但灌注孔以上的渗出范围，由于溶液温度高，浓度也相对较大，故土体硬化快，强度高；而灌注孔以下部分，则因溶液温度和浓度都已降低，故强度较低。因此，在加固厚度计算时，可将孔下部渗出范围略去，而取 $h=l+r$，偏于安全。

**5** 每一灌注孔加固后形成的加固土体可近似看做一圆柱体，这圆柱体的平均半径即为有效加固半径。灌液过程中，水分渗透距离远较加固范围大。在灌注孔四周，溶液温度高，浓度也相对较大；溶液往四周渗透中，溶液的浓度和温度都逐渐降低，故加固体强度也相应由高到低。试验结果表明，无侧限抗压强度—距离关系曲线近似为一抛物线，在加固柱体外缘，由于土的含水量增高，其强度比未加固的天然土还低。灌液试验中一般可取加固后无侧限抗压强度高于天然土无侧限抗压强度平均值50%以上的土体为有效加固体，其值大约在100kPa～150kPa之间。有效加固体的平均半径即为有效加固半径。

从理论上讲，有效加固半径随溶液灌注量的增大而增大，但实际上，当溶液灌注超过某一定数量后，加固体积并不与灌注量成正比，这是因为外渗范围过大时，外围碱液浓度大大降低，起不到加固作用。因此存在一个较经济合理的加固半径。试验表明，这一合理半径一般为0.40m～0.50m。

**6** 碱液加固一般采用直孔，很少采用斜孔。如灌注孔紧贴基础边缘。则有一半加固体位于基底以下，已起到承托基础的作用，故一般只需沿条形基础两侧或单独基础周边各布置一排孔即可。如孔距为 $1.8r$～$2.0r$，则加固体连成一体，相当于在原基础两侧或四周设置了桩与周围未加固土体组成复合地基。

**7** 湿陷性黄土的饱和度一般在15%～77%范围内变化，多数在40%～50%左右，故溶液充填土的孔隙时不可能全部取代原有水分，因此充填系数取0.6～0.8。举例如下，如加固1.0m³黄土，设其天然孔隙率为50%，饱和度为40%，则原有水分体积为0.2m³。当碱液充填系数为0.6时，则1.0m³土中注入碱液为（0.3×0.6×0.5）m³，孔隙将被溶液全部充满，饱和度达100%。考虑到溶液注入过程中可能将取代原有土粒周围的部分弱结合水，这时可取充填系数为0.8，则注入碱液量为（0.4×0.8×0.5）m³，将有0.1m³原有水分被挤出。

考虑到黄土的大孔隙性质，将有少量碱液顺大孔隙流失，不一定能均匀地向四周渗透，故实际施工时，应使碱液灌注量适当加大，本条建议取工作条件系数为1.1。

## 8.3 施　工

**8.3.1** 本条为水泥为主剂的注浆施工的基本要求。在实际施工过程中，常出现如下现象：

**1** 冒浆：其原因有多种，主要有注浆压力大、注浆段位置埋深浅、有孔隙通道等，首先应查明原因，再采用控制性措施：如降低注浆压力，或采用自流式加压；提高浆液浓度或掺砂，加入速凝剂；限制注浆量，控制单位吸浆量不超过30L/min～40L/min；堵塞冒浆部位，对严重冒浆部位先灌混凝土盖板，后注浆。

**2** 窜浆：主要由于横向裂隙发育或孔距小；可采用跳孔间隔注浆方式；适当延长相邻两序孔间施工时间间隔；如窜浆孔为待注孔，可同时并联注浆。

**3** 绕塞返浆：主要有注浆段孔壁不完整、橡胶塞压缩量不足、上段注浆时裂隙未封闭或注浆后待凝时间不够，水泥强度过低等原因。实际注浆过程中严格按要求尽量增加等待时间。另外还有漏浆、地面抬升、埋塞等现象。

**8.3.2** 本条为硅化注浆施工的基本要求。

**1** 压力灌注溶液的施工步骤除配溶液等准备工作外，主要分为打灌注管和灌注溶液。通常自基础底面标高起向下分层进行，先施工第一加固层，完成后再施工第二加固层，在灌注溶液过程中，应注意观察溶液有无上冒（即冒出地面）现象，发现溶液上冒应立即停止灌注，分析原因，采取措施，堵塞溶液不出现上冒后，再继续灌注。打灌注管及连接胶皮管时，应精心施工，不得摇动灌注管，以免灌注管壁与土接触不严，形成缝隙，此外，胶皮管与灌注管连接完毕后，还应将灌注管上部及其周围0.5m厚的土层进行夯实，其干密度不得小于1.60g/cm³。

加固既有建筑物地基，在基础侧向应先施工外排，后施工内排，并间隔1孔～3孔进行打灌注管和灌注溶液。

**2** 溶液自渗的施工步骤除配溶液与压力灌注相同外，打灌注孔及灌注溶液与压力灌注有所不同，灌注孔直接钻（或打）至设计深度，不需分层施工，可用钻机或洛阳铲成孔，采用打管成孔时，孔成后应将管拔出，孔径一般为60mm～80mm。

溶液自渗不需要灌注管及加压设备，而是通过灌注孔直接渗入欲加固的土层中，在自渗过程中，溶液无上冒现象，每隔一定时间向孔内添加一次溶液，防止溶液渗干。硅酸钠溶液配好后，如不立即使用或停放一定时间后，溶液会产生沉淀现象，灌注时，应再将其搅拌均匀。

**3** 不论是压力灌注还是溶液自渗，计算溶液量全部注入土中后，加固土体中的灌注孔均宜用2：8灰土分层回填夯实。

硅化注浆施工时对既有建筑物或设备基础进行沉

降观测，可及时发现在灌注硅酸钠溶液过程中是否会引起附加沉降以及附加沉降的大小，便于查明原因，停止灌注或采取其他处理措施。

**8.3.3** 本条为碱液注浆施工的基本要求。

**1** 灌注孔直径的大小主要与溶液的渗透量有关。如土质疏松，由于溶液渗透快，则孔径宜小。如孔径过大，在加固过程中，大量溶液将渗入灌注孔下部，形成上小下大的蒜头形加固体。如土的渗透性弱，而孔径较小，就将使溶液渗入缓慢，灌注时间延长，溶液由于在输液管中停留时间长，热量散失，将使加固体早期强度偏低，影响加固效果。

**2** 固体烧碱质量一般均能满足加固要求，液体烧碱及氯化钙在使用前均应进行化学成分定量分析，以便确定稀释到设计浓度时所需的加水量。

室内试验结果表明，用风干黄土加入相当于干土质量1.12%的氢氧化钠并拌合均匀制取试块，在常温下养护28d或在40℃～100℃高温下养护2h，然后浸水20h，测定其无侧限抗压强度可达166kPa～446kPa。当拌合用的氢氧化钠含量低于干土质量1.12%时，试块浸水后即崩解。考虑到碱液在实际灌注过程中不可能分布均匀，因此一般按干土质量3%比例配料，湿陷性黄土干密度一般为1200kg/m$^3$～1500kg/m$^3$，故加固每1m$^3$黄土约需NaOH量为35kg～45kg。

碱液浓度对加固土强度有一定影响，试验表明，当碱液浓度较低时加固强度增长不明显，较合理的碱液浓度宜为90g/L～100g/L。

**3** 由于固体烧碱中仍含有少量其他成分杂质，故配置碱液时应按纯NaOH含量来考虑。式（8.3.3-1）中忽略了由于固体烧碱投入后引起的溶液体积的少许变化。现将该式应用举例如下：

设固体烧碱中含纯NaOH为85%，要求配置碱液浓度为120g/L，则配置每立方米碱液所需固体烧碱量为：

$$G_s = 1000 \times \frac{M}{P} = 1000 \times \frac{0.12}{85\%} = 141.2\text{kg} \tag{20}$$

采用液体烧碱配置每立方米浓度为M的碱液时，液体烧碱体积与所加的水的体积之和为1000L，在1000L溶液中，NaOH溶质的量为1000M，一般化工厂生产的液体烧碱浓度以质量分数（即质量百分浓度）表示者居多，故施工中用比重计测出液体碱烧相对密度$d_N$，并已知其质量分数为$N$后，则每升液体烧碱中NaOH溶质含量即为$G_s = d_N V_1 N$，故$V_1 = \frac{G_S}{d_N N} = \frac{1000M}{d_N N}$，相应水的体积为$V_2 = 1000 - V_1 = 1000\left(1 - \frac{M}{d_N N}\right)$。

举例如下：设液体烧碱的质量分数为30%，相对密度为1.328，配制浓度为100g/L碱液时，每立方米溶液中所加的液体烧碱量为：

$$V_1 = 1000 \times \frac{M}{d_N N} = 1000 \times \frac{0.1}{1.328 \times 30\%} = 251\text{L} \tag{21}$$

**4** 碱液灌注前加温主要是为了提高加固土体的早期强度。在常温下，加固强度增长很慢，加固3d后，强度才略有增长。温度超过40℃以上时，反应过程可大大加快，连续加温2h即可获得较高强度。温度愈高，强度愈大。试验表明，在40℃条件下养护2h，比常温下养护3d的强度提高2.87倍，比28d常温养护提高1.32倍。因此，施工时应将溶液加热到沸腾。加热可用煤、炭、木柴、煤气或通入锅炉蒸气，因地制宜。

**5** 碱液加固与硅化加固的施工工艺不同之处在于后者是加压灌注（一般情况下），而前者是无压自流灌注，因此一般渗透速度比硅化法慢。其平均灌注速度在1L/min～10L/min之间，以2L/min～5L/min速度效果最好。灌注速度超过10L/min，意味着土中存在有孔洞或裂隙，造成溶液流失；当灌注速度小于1L/min时，意味着溶液灌不进，如排除灌注管被杂质堵塞的因素，则表明土的可灌性差。当土中含水量超过28%或饱和度超过75%时，溶液就很难注入，一般应减少灌注量或另行采取其他加固措施以进行补救。

**6** 在灌液过程中，由于土体被溶液中携带的大量水分浸湿，立即变软，而加固强度的形成尚需一定时间。在加固土强度形成以前，土体在基础荷载作用下由于浸湿软化将使基础产生一定的附加下沉，为减少施工中产生过大的附加下沉，避免建筑物产生新的危害，应采取跳孔灌液并分段施工，以防止浸湿区连成一片。由于3d龄期强度可达到28d龄期强度的50%左右，故规定相邻两孔灌注时间间隔不少于3d。

**7** 采用$CaCl_2$与NaOH的双液法加固地基时，两种溶液在土中相遇即反应生成$Ca(OH)_2$与NaCl。前者将沉淀在土粒周围而起到胶结与填充的双重作用。由于黄土是钙、镁离子饱和土，故一般只采用单液法加固。但如要提高加固土强度，也可考虑用双液法。施工时如两种溶液先后采用同一容器，则在碱液灌注完成后应将容器中的残留碱液清洗干净，否则，后注入的$CaCl_2$溶液将在容器中立即生成白色的$Ca(OH)_2$沉淀物，从而使注液管堵塞，不利于溶液的渗入，为避免$CaCl_2$溶液在土中置换过多的碱液中的钠离子，规定两种溶液间隔灌注时间不应少于8h～12h，以便使先注入的碱液与被加固土体有较充分的反应时间。

施工中应注意安全操作，并备工作服、胶皮手套、风镜、围裙、鞋罩等。皮肤如沾上碱液，应立即用5%浓度的硼酸溶液冲洗。

### 8.4 质 量 检 验

**8.4.1** 对注浆加固效果的检验要针对不同地层条件采用相适应的检测方法，并注重注浆前后对比。对水泥为主剂的注浆加固的检测时间有明确的规定，土体强度有一个增长的过程，故验收工作应在施工完毕28d以后进行。对注浆加固效果的检验，加固地层的均匀性检测十分重要。

**8.4.2** 硅化注浆加固应在施工结束7d后进行，重点检测均匀性。对压缩性和湿陷性有要求的工程应取土试验，判定是否满足设计要求。

**8.4.3** 碱液加固后，土体强度有一个增长的过程，故验收工作应在施工完毕28d以后进行。

碱液加固工程质量的判定除以沉降观测为主要依据外，还应对加固土体的强度、有效加固半径和加固深度进行测定。有效加固半径和加固深度目前只能实地开挖测定。强度则可通过钻孔或开挖取样测定。由于碱液加固土的早期强度是不均匀的，一般应在有代表性的加固土体中部取样，试样的直径和高度均为50mm，试块数应不少于3个，取其强度平均值。考虑到后期强度还将继续增长，故允许加固土28d龄期的无侧限抗压强度的平均值可不低于设计值的90%。

如采用触探法检验加固质量，宜采用标准贯入试验；如采用轻便触探易导致钻杆损坏。

**8.4.4** 本条为注浆加固地基承载力的检验要求。注浆加固处理后的地基进行静载荷试验检验承载力，是保证建筑物安全的承载力确定方法。

## 9 微型桩加固

### 9.1 一 般 规 定

**9.1.1** 微型桩（Micropiles）或迷你桩（Mini piles)，是小直径的桩，桩体主要由压力灌注的水泥浆、水泥砂浆或细石混凝土与加筋材料组成，依据其受力要求加筋材可为钢筋、钢棒、钢管或型钢等。微型桩可以是竖直或倾斜，或排或交叉网状配置，交叉网状配置之微型桩由于其桩群形如树根状，故亦被称为树根桩（Root pile）或网状树根桩（Reticulated roots pile)，日本简称为RRP工法。

行业标准《建筑桩基技术规范》JGJ 94把直径或边长小于250mm的灌注桩、预制混凝土桩、预应力混凝土桩，钢管桩、型钢桩等称为小直径桩，本规范将桩身截面尺寸小于300mm的压入（打入、植入）小直径桩纳入微型桩的范围。

本次修订纳入了目前我国工程界应用较多的树根桩、小直径预制混凝土方桩与预应力混凝土管桩、注浆钢管桩，用于狭窄场地的地基处理工程。

微型桩加固后的承载力和变形计算一般情况采用桩基础的设计原则；由于微型桩断面尺寸小，在共同变形条件下地基土参与工作，在有充分试验依据条件下可按刚性桩复合地基进行设计。微型桩的桩身配筋率较高，桩身承载力可考虑筋材的作用；对注浆钢管桩、型钢微型桩等计算桩身承载力时，可以仅考虑筋材的作用。

**9.1.2** 微型桩加固工程目前主要应用在场地狭小，大型设备不能施工的情况，对大量的改扩建工程具有其适用性。设计时应按桩与基础的连接方式分别按桩基础或复合地基设计，在工程中应按地基变形的控制条件采用。

**9.1.4** 水泥浆、水泥砂浆和混凝土保护层的厚度的规定，参照了国内外其他技术标准对水下钢材设置保护层的相关规定。增加一定腐蚀厚度的做法已成为与设置保护层方法并行选择的方法，可根据设计施工条件、经济性等综合确定。

欧洲标准（BS EN14199：2005）对微型桩用型钢（钢管）由于腐蚀造成的损失厚度，见表28。

**表28 土中微型桩用钢材的损失厚度**（mm）

| 设计使用年限 | 5年 | 25年 | 50年 | 75年 | 100年 |
|---|---|---|---|---|---|
| 原状土（砂土、淤泥、黏土、片岩） | 0.00 | 0.30 | 0.60 | 0.90 | 1.20 |
| 受污染的土体和工业地基 | 0.15 | 0.75 | 1.50 | 2.25 | 3.00 |
| 有腐蚀性的土体（沼泽、湿地、泥炭） | 0.20 | 1.00 | 1.75 | 2.50 | 3.25 |
| 非挤压无腐蚀性土体（黏土、片岩、砂土、淤泥） | 0.18 | 0.70 | 1.20 | 1.70 | 2.20 |
| 非挤压有腐蚀性土体（灰、矿渣） | 0.50 | 2.00 | 3.25 | 4.50 | 5.75 |

**9.1.5** 本条对软土地基条件下施工的规定，主要是为了保证成桩质量和在进行既有建筑地基加固工程的注浆过程中，对既有建筑的沉降控制及地基稳定性控制。

### 9.2 树 根 桩

**9.2.1** 树根桩作为微型桩的一种，一般指具有钢筋笼，采用压力灌注混凝土、水泥浆或水泥砂浆形成的直径小于300mm的灌注桩，也可采用投石压浆方法形成的直径小于300mm的钢管混凝土灌注桩。近年来，树根桩复合地基应用于特殊土地区建筑工程的地基处理已经获得了较好的处理效果。

**9.2.2** 工程实践表明，二次注浆对桩侧阻力的提高系数与桩直径、桩侧土质情况、注浆材料、注浆量和注浆压力、方式等密切相关，提高系数一般可达1.2～2.0，本规范建议取1.2～1.4。

**9.2.4** 本条对骨料粒径的规定主要考虑可灌性要求，对混凝土水泥用量及水灰比的要求，主要考虑水下灌注混凝土的强度、质量和可泵送性等。

### 9.3 预 制 桩

**9.3.1～9.3.3** 本节预制桩包括预制混凝土方桩、预应力混凝土管桩、钢管桩和型钢等，施工方法包括静压法、打入法和植入法等，也包含了传统的锚杆静压法和坑式静压法。近年来的工程实践中，有许多采用静压桩形成复合地基应用于高层建筑的成功实例。鉴于静压桩施工质量容易保证，且经济性较好，静压微型桩复合地基加固方法得到了较快的推广应用。微型预制桩的施工质量应重点注意保证打桩、开挖过程中桩身不产生开裂、破坏和倾斜。对型钢、钢管作为桩身材料的微型桩，还应考虑其耐久性。

### 9.4 注浆钢管桩

**9.4.1** 注浆钢管桩是在静压钢管桩技术基础上发展起来的一种新的加固方法，近年来注浆钢管桩常用于新建工程的桩基或复合地基施工质量事故的处理，具有施工灵活、质量可靠的特点。基坑工程中，注浆钢管桩大量应用于复合土钉的超前支护，本节条文可作为其设计施工的参考。

**9.4.2** 二次注浆对桩侧阻力的提高系数除与桩侧土体类型、注浆材料、注浆量和注浆压力、方式等密切相关外，桩直径为影响因素之一。一般来说，相同压力形成的桩周压密区厚度相等，小直径桩侧阻力增加幅度大于同材料相对直径较大的桩，因此，本条桩侧阻力增加系数与树根桩的规定有所不同，提高系数1.3为最小值，具体取值可根据试验结果或经验确定。

**9.4.3** 施工方法包含了传统的锚杆静压法和坑式静压法，对新建工程，注浆钢管桩一般采用钻机或洛阳铲成孔，然后植入钢管再封孔注浆的工艺，采用封孔注浆施工时，应具有足够的封孔长度，保证注浆压力的形成。

**9.4.4** 本条与第9.4.5条关于水泥浆的条款适用于其他的微型桩施工。

### 9.5 质 量 检 验

**9.5.1～9.5.4** 微型桩的质量检验应按桩基础的检验要求进行。

## 10 检验与监测

### 10.1 检 验

**10.1.1** 本条强调了地基处理工程的验收检验方法的确定，必须通过对岩土工程勘察报告、地基基础设计及地基处理设计资料的分析，了解施工工艺和施工中出现的异常情况等后确定。同时，对检验方法的适用性以及该方法对地基处理的处理效果评价的局限性应有足够认识，当采用一种检验方法的检验结果具有不确定性时，应采用另一种检验方法进行验证。

处理后地基的检验内容和检验方法选择可参见表29。

**表29 处理后地基的检验内容和检验方法**

| 检测内容 | | 承载力 | | | 处理后地基的施工质量和均匀性 | | | | | | | 复合地基增强体或微型桩的成桩质量 | | | | | | |
|---|---|---|---|---|---|---|---|---|---|---|---|---|---|---|---|---|---|---|
| 处理地基类型 \ 检测方法 | | 复合地基静载荷试验 | 增强体单桩静载荷试验 | 处理后地基承载力静载荷试验 | 干密度 | 轻型动力触探 | 标准贯入 | 动力触探 | 静力触探 | 土工试验 | 十字板剪切试验 | 桩身强度或干密度 | 静力触探 | 标准贯入 | 动力触探 | 低应变试验 | 钻芯法 | 探井取样法 |
| 换填垫层 | | | | √ | √ | △ | △ | △ | △ | | | | | | | | | |
| 预压地基 | | | | √ | | | | | √ | √ | √ | | | | | | | |
| 压实地基 | | | | √ | √ | | △ | △ | △ | | | | | | | | | |
| 强夯地基 | | | | √ | | | √ | √ | | √ | | | | | | | | |
| 强夯置换地基 | | | | √ | | | △ | √ | △ | √ | | | | | | | | |
| 复合地基 | 振冲碎石桩 | √ | | ○ | | | √ | √ | △ | | | | | √ | √ | | | |
| | 沉管砂石桩 | √ | | ○ | | | √ | √ | △ | | | | | √ | √ | | | |
| | 水泥搅拌桩 | √ | √ | ○ | | | △ | | △ | | | √ | | △ | √ | | ○ | ○ |
| | 旋喷桩 | √ | √ | ○ | | | △ | △ | △ | | | √ | | △ | √ | | ○ | ○ |
| | 灰土挤密桩 | √ | | ○ | √ | | △ | △ | | √ | | √ | | △ | △ | | | ○ |
| | 土挤密桩 | √ | | ○ | √ | | △ | △ | | √ | | √ | | △ | △ | | | ○ |
| | 夯实水泥土桩 | √ | √ | ○ | | ○ | | ○ | ○ | ○ | | √ | △ | | | | ○ | |

续表 29

| 检测内容 / 检测方法 / 处理地基类型 | | 承载力 | | | 处理后地基的施工质量和均匀性 | | | | | | | 复合地基增强体或微型桩的成桩质量 | | | | | | |
|---|---|---|---|---|---|---|---|---|---|---|---|---|---|---|---|---|---|---|
| | | 复合地基静载荷试验 | 增强体单桩静载荷试验 | 处理后地基承载力静载荷试验 | 干密度 | 轻型动力触探 | 标准贯入 | 动力触探 | 静力触探 | 土工试验 | 十字板剪切试验 | 桩身强度或干密度 | 静力触探 | 标准贯入 | 动力触探 | 低应变试验 | 钻芯法 | 探井取样法 |
| 复合地基 | 水泥粉煤灰碎石桩 | √ | √ | ○ | | | ○ | ○ | ○ | ○ | | √ | | | | √ | ○ | |
| 复合地基 | 柱锤冲扩桩 | √ | | ○ | | | √ | √ | | △ | | | | √ | √ | | | |
| 复合地基 | 多桩型 | √ | √ | ○ | √ | | √ | √ | △ | √ | | √ | | √ | √ | √ | ○ | |
| 注浆加固 | | | | √ | | √ | √ | √ | √ | √ | | | | | | | | |
| 微型桩加固 | | | √ | ○ | | | ○ | ○ | ○ | | | √ | | | | √ | ○ | |

注：1 处理后地基的施工质量包括预压地基的抗剪强度、夯实地基的夯间土质量、强夯置换地基墩体着底情况消除液化或消除湿陷性的处理效果、复合地基桩间土处理后的工程性质等。
2 处理后地基的施工质量和均匀性检验应涵盖整个地基处理面积和处理深度。
3 √ 为应测项目，是指该检验项目应该进行检验；
△ 为可选测项目，是指该检验项目为应测项目在大面积检验使用的补充，应在对比试验结果基础上使用；
○ 为该检验内容仅在其需要时进行的检验项目。
4 消除液化或消除湿陷性的处理效果、复合地基桩间土处理后的工程性质等检验仅在存在这种情况时进行。
5 应测项目、可选测项目以及需要时进行的检验项目中两种或多种检验方法检验内容相同时，可根据地区经验选择其中一种方法。

现场检验的操作和数据处理应按国家有关标准的要求进行。对钻芯取样检验和触探试验的补充说明如下：

1 钻芯取样检验：

1）应采用双管单动钻具，并配备相应的孔口管、扩孔器、卡簧、扶正器及可捞取松软渣样的钻具。混凝土桩应采用金刚石钻头，水泥土桩可采用硬质合金钻头。钻头外径不宜小于101mm。混凝土芯样直径不宜小于80mm。

2）钻芯孔垂直度允许偏差应为±0.5%，应使用扶正器等确保钻芯孔的垂直度。

3）水泥土桩钻芯孔宜位于桩半径中心附近，应采用低转速，采用较小的钻头压力。

4）对桩底持力层的钻探深度应满足设计要求，且不宜小于3倍桩径。

5）每回次进尺宜控制在1.2m内。

6）抗压芯样试件每孔不应少于6个，抗压芯样应采用保鲜袋等进行密封，避免晾晒。

2 触探试验检验：

1）圆锥动力触探和标准贯入试验，可用于散体材料桩、柔性桩、桩间土检验，重型动力触探、超重型动力触探可以评价强夯置换墩着底情况。

2）触探杆应顺直，每节触探杆相对弯曲宜小于0.5%。

3）试验时，应采用自由落锤，避免锤击偏心和晃动，触探孔倾斜度允许偏差应为±2%，每贯入1m，应将触探杆转动一圈半。

4）采用触探试验结果评价复合地基竖向增强体的施工质量时，宜对单个增强体的试验结果进行统计评价；评价竖向增强体间土体加固效果时，应对触探试验结果按照单位工程进行统计；需要进行深度修正时，修正后再统计；对单位工程，宜采用平均值作为单孔土层的代表值，再用单孔土层的代表值计算该土层的标准值。

**10.1.2** 本条规定地基处理工程的检验数量应满足本规范各种处理地基的检验数量的要求，检验结果不满足设计要求时，应分析原因，提出处理措施。对重要的部位，应增加检验数量。

不同基础形式，对检验数量和检验位置的要求应有不同。每个独立基础、条形基础应有检验点；满堂基础一般应均匀布置检验点。对检验结果的评价也应视不同基础部位，以及其不满足设计要求时的后果给予不同的评价。

**10.1.3** 验收检验的抽检点宜随机分布，是指对地基处理工程整体处理效果评价的要求。设计人员认为重要部位、局部岩土特性复杂可能影响施工质量的部位、施工出现异常情况的部位的检验，是对处理工程是否满足设计要求的补充检验。两者应结合，缺一不可。

**10.1.4** 工程验收承载力检验静载荷试验最大加载量不应小于设计承载力特征值的2倍，是处理工程承载力设计的最小安全度要求。

**10.1.5** 静载荷试验的压板面积对处理地基检验的深度有一定影响，本条提出对换填垫层和压实地基、强夯地基或强夯置换地基静载荷试验的压板面积的最低要求。工程应用时应根据具体情况确定。

## 10.2 监 测

**10.2.1** 地基处理是隐蔽工程，施工时必须重视施工质量监测和质量检验方法。只有通过施工全过程的监督管理才能保证质量，及时发现问题采取措施。

**10.2.2** 对堆载预压工程，当荷载较大时，应严格控制堆载速率，防止地基发生整体剪切破坏或产生过大塑性变形。工程上一般通过竖向变形、边桩位移及孔隙水压力等观测资料按一定标准进行控制。控制值的大小与地基土的性能、工程类型和加荷方式有关。

应当指出，按照控制指标进行现场观测来判定地基稳定性是综合性的工作，地基稳定性取决于多种因素，如地基土的性质、地基处理方法、荷载大小以及加荷速率等。软土地基的失稳通常从局部剪切破坏发展到整体剪切破坏，期间需要有数天时间。因此，应对竖向变形、边桩位移和孔隙水压力等观测资料进行综合分析，研究它们的发展趋势，这是十分重要的。

**10.2.3** 强夯施工时的振动对周围建筑物的影响程度与土质条件、夯击能量和建筑物的特性等因素有关。为此，在强夯时有时需要沿不同距离测试地表面的水平振动加速度，绘成加速度与距离的关系曲线。工程中应通过检测的建筑物反应加速度以及对建筑物的振动反应对人的适应能力综合确定安全距离。

根据国内目前的强夯采用的能量级，强夯振动引起建筑物损伤影响距离由速度、振动幅度和地面加速度确定，但对人的适应能力则不然，因人而异，与地质条件密切相关。影响范围内的建（构）筑物采取防振或隔振措施，通常在夯区周围设置隔振沟。

**10.2.4** 在软土地基中采用夯实、挤密桩、旋喷桩、水泥粉煤灰碎石桩、柱锤冲扩桩和注浆等方法进行施工时，会产生挤土效应，对周边建筑物或地下管线产生影响，应按要求进行监测。

在渗透性弱，强度低的饱和软黏土地基中，挤土效应会使周围地基土体受到明显的挤压并产生较高的超静孔隙水压力，使桩周土体的侧向挤出、向上隆起现象比较明显，对邻近的建（构）筑物、地下管线等将产生有害的影响。为了保护周围建筑物和地下管线，应在施工期间有针对性地采取监测措施，并有效合理地控制施工进度和施工顺序，使施工带来的种种不利影响减小到最低程度。

挤土效应中孔隙水压力增长是引起土体位移的主要原因。通过孔隙水压力监测可掌握场地地质条件下孔隙水压力增长及消散的规律，为调整施工速率、设置释放孔、设置隔离措施、开挖地面防震沟、设置袋装砂井和塑料排水板等提供施工参数。

施工时的振动对周围建筑物的影响程度与土质条件、需保护的建筑物、地下设施和管线等的特性有关。振动强度主要有三个参数：位移、速度和加速度，而在评价施工振动的危害性时，建议以速度为主，结合位移和加速度值参照现行国家标准《爆破安全规程》GB 6722的进行综合分析比较，然后作出判断。通过监测不同距离的振动速度和振动主频，根据建筑（构）物类型来判断施工振动对建（构）筑物是否安全。

**10.2.5** 为保证大面积填方、填海等地基处理工程地基的长期稳定性应对地面变形进行长期监测。

**10.2.6** 本条是对处理施工有影响的周边环境监测的要求。

**1** 邻近建（构）筑物竖向及水平位移监测点应布置在基础类型、埋深和荷载有明显不同处及沉降缝、伸缩缝、新老建（构）筑物连接处的两侧、建（构）筑物的角点、中点；圆形、多边形的建（构）筑物宜沿纵横轴线对称布置；工业厂房监测点宜布置在独立柱基上。倾斜监测点宜布置在建（构）筑物角点或伸缩缝两侧承重柱（墙）上。

**2** 邻近地下管线监测点宜布置在上水、煤气管处、窨井、阀门、抽气孔以及检查井等管线设备处、地下电缆接头处、管线端点、转弯处；影响范围内有多条管线时，宜根据管线年份、类型、材质、管径等情况，综合确定监测点，且宜在内侧和外侧的管线上布置监测点；地铁、雨污水管线等重要市政设施、管线监测点布置方案应征求等有关管理部门的意见；当无法在地下管线上布置直接监测点时，管线上地表监测点的布置间距宜为15m～25m。

**3** 周边地表监测点宜按剖面布置，剖面间距宜为30m～50m，宜设置在场地每侧边中部；每条剖面线上的监测点宜由内向外先密后疏布置，且不宜少于5个。

**10.2.7** 本条规定建筑物和构筑物地基进行地基处理，应对地基处理后的建筑物和构筑物在施工期间和使用期间进行沉降观测。沉降观测终止时间应符合设计要求，或按国家现行标准《工程测量规范》GB 50026和《建筑变形测量规范》JGJ 8的有关规定执行。

# 中华人民共和国行业标准

# 组合锤法地基处理技术规程

Technical specification for ground treatment of combination hammer

**JGJ/T 290—2012**

批准部门：中华人民共和国住房和城乡建设部
施行日期：2 0 1 3 年 1 月 1 日

# 中华人民共和国住房和城乡建设部
# 公　告

## 第1477号

### 住房城乡建设部关于发布行业标准《组合锤法地基处理技术规程》的公告

现批准《组合锤法地基处理技术规程》为行业标准，编号为JGJ/T 290-2012，自2013年1月1日起实施。

本标准由我部标准定额研究所组织中国建筑工业出版社出版发行。

**中华人民共和国住房和城乡建设部**

2012年9月26日

## 前　言

根据住房和城乡建设部《关于印发〈2008工程建设标准规范制订、修订计划（第一批）〉的通知》（建标[2008]102号）的要求，规程编制组经广泛调查研究，认真总结实践经验，参考有关国际标准和国外先进标准，并在广泛征求意见的基础上，编制本规程。

本规程的主要技术内容有：1. 总则；2. 术语和符号；3. 基本规定；4. 设计；5. 施工；6. 质量检验。

本规程由住房和城乡建设部负责管理，由江西中恒建设集团有限公司负责具体技术内容的解释。在执行过程中如有意见或建议，请寄送江西中恒建设集团有限公司（地址：南昌市小蓝经济技术开发区富山东大道1211号，邮政编码：330200）。

本规程主编单位：江西中恒建设集团有限公司
江西中煤建设集团有限公司

本规程参编单位：江西省建设工程安全质量监督管理局
南昌市建设工程质量监督站
江西省建筑设计研究总院
中国瑞林工程技术有限公司
南昌市建筑设计研究院有限公司
江西省华杰建筑设计有限公司
同济大学
江西省商业建筑设计院
南昌大学设计研究院
华东交通大学土木建筑学院
江西环球建筑设计院
景德镇建筑设计院
江西省土木建筑学会混凝土结构专业委员会
江西省建设工程勘察设计协会岩土专业委员会
江西基业科技有限公司
太原理工大学建筑与土木工程学院
郑州大学综合设计研究院
黑龙江省寒地建筑科学研究院
同济大学建筑设计研究院南昌分院

本规程主要起草人员：刘献刚　徐升才　钱　勇　刘小檀　周庆荣　李大浪　戴征志　郑有明　姜国荣　高康伶　贾益刚　陈水生　张慧娥　熊　武　熊晓明　吴敏捷　邵忠心　乐　平　庄渭川　周同和　白晓红　叶观宝　王吉良

本规程主要审查人员：高大钊　钱力航　裴　捷　刘小敏　顾泰昌　康景文　刘松玉　杨泽平　曾马荪　肖利平　黎　曦

# 目　次

# Contents

# 1 总　　则

**1.0.1** 为在组合锤法处理地基的设计、施工及质量检验中做到安全适用、技术先进、经济合理、确保质量、保护环境、节约资源，制定本规程。

**1.0.2** 本规程适用于建设工程中采用组合锤法处理地基的设计、施工及质量检验。

**1.0.3** 组合锤法处理地基的设计、施工及质量检验，应综合分析地基土性、地下水埋藏条件、施工技术及环境等因素，并应结合地方经验，因地制宜。

**1.0.4** 组合锤法处理地基的设计、施工及质量检验除应符合本规程外，尚应符合国家现行有关标准的规定。

# 2 术语和符号

## 2.1 术　　语

**2.1.1** 复合地基　composite foundation

部分土体被增强或被置换，形成由地基土和竖向增强体共同承担荷载的人工地基。

**2.1.2** 组合锤　combination hammer

三种不同直径、高度和重量的夯锤，即柱锤、中锤与扁锤的总称。

**2.1.3** 组合锤法复合地基　composite foundation by combination hammer

采用组合锤法对地基土进行挤密夯实或置换，形成夯实或置换墩体与墩间土共同组成的，以提高地基承载力和改善地基土工程性质的复合地基。

**2.1.4** 组合锤挤密法　compaction method with combination hammer

先采用柱锤对需处理的地基土冲击达到一定的深度或达到停锤标准后，用场地原地基土进行回填夯实，然后依次采用中锤、扁锤夯实土体，最终形成上大下小的挤密增强墩体。

**2.1.5** 组合锤置换法　replacement method with combination hammer

先采用柱锤对需处理的地基土冲击达到一定的深度或达到停锤标准后，用建筑废骨料、工业废渣骨料、砂土、砾石、碎石或块石、C10或C15混凝土和水泥土等材料进行回填夯实，然后依次采用中锤、扁锤夯实土体，最终形成上大下小的置换增强墩体。

**2.1.6** 间歇期　interval period

组合锤法地基处理施工过程中，相邻两遍夯击之间或施工完成至验收检验的中间间隔时间。

**2.1.7** 置换率　replacement ratio

单墩横截面积与该置换墩体分担的地基处理面积的比值。

**2.1.8** 柱锤动压当量　equivalent dynamic pressure of column-hammer

柱锤的单击夯击能除以柱锤的锤底面积所得的值。

**2.1.9** 柱锤单击夯击能　single rammed energy of column-hammer

柱锤重量与落距的乘积。

**2.1.10** 柱锤　column-hammer

锤质量为90t～150t，落距为10m时，锤的静压力值为60kN/m²～135kN/m²的一种长圆柱形或倒圆锥台形的强夯锤。

**2.1.11** 中锤　mid-height column hammer

锤质量为90t～150t，落距为10m时，锤的静压力值为25kN/m²～50kN/m²的一种圆柱形强夯锤。

**2.1.12** 扁锤　flat hammer

锤质量为90t～100t，落距为10m时，锤的静压力值为15kN/m²～24kN/m²的一种扁圆砣形普通强夯锤。

## 2.2 符　　号

$A_i$、$A_j$——第 $i$、$j$ 层土的附加应力系数沿该土层厚度的积分值；

$A_p$——墩体横截面积；

$d$——基础埋置深度；

$E_{si}$——第 $i$ 层土的压缩模量；

$E_{spi}$、$E_{sj}$——复合地基土层、下卧土层计算模量；

$\overline{E}_s$——复合地基沉降计算深度范围内压缩模量的当量值；

$f_{ak}$——组合锤法复合地基顶面墩间土原地基承载力特征值；

$f_{cu}$——墩体立方体试块在标准养护条件和龄期下的无侧限抗压强度平均值；

$f_{sk}$——处理后墩间土承载力特征值；

$f_{spa}$——经深度修正后的复合地基承载力特征值；

$f_{spk}$——复合地基承载力特征值；

$l_{pi}$——墩长范围内第 $i$ 层土的厚度；

$m$——复合地基面积置换率；

$n$——复合地基墩土承载力比；

$p_0$——相应于作用的准永久组合时基础底面处的附加压力；

$q_{si}$——墩周第 $i$ 层土的侧阻力特征值；

$q_p$——墩端阻力特征值；

$R_{\alpha}$——组合锤法单墩竖向承载力特征值；

$R_a$——由墩体强度确定的单墩墩体承载力；

$s$——复合地基最终变形量；

$u_p$——墩平均周长；

$z_i$、$z_{i-1}$——基础底面至第 $i$ 层、第 $i-1$ 层土底面的距离；

$\alpha_p$——墩端阻力发挥系数；

$\bar{\alpha}_i$、$\bar{\alpha}_{i-1}$——基础底面计算点至第 $i$ 层、第 $i-1$ 层土底面范围内的平均附加应力系数；

$\beta$——墩间土承载力发挥系数；

$\lambda$——单墩承载力发挥系数；

$\gamma_m$——基础底面以上土的加权平均重度；

$\zeta_i$——基础底面下第 $i$ 计算土层模量系数；

$\psi_{sp}$——复合地基变形计算经验系数。

# 3 基本规定

**3.0.1** 组合锤法处理地基可分为组合锤挤密法和组合锤置换法，并应符合下列规定：

1 组合锤挤密法适用于处理碎石土、砂土、粉土、湿陷性黄土、含水量低的素填土、以粗骨料为主的杂填土以及大面积山区丘陵地带填方区域的地基；

2 组合锤置换法适用于处理饱和的杂填土、淤泥或淤泥质土、软塑或流塑状态的黏性土和含水量高的粉土以及低洼填方区域的地基。

**3.0.2** 在组合锤法处理地基设计前，应进行下列工作：

1 搜集详细的岩土工程勘察资料、上部结构及基础设计资料等；

2 了解当地施工条件及相似场地上同类工程的地基处理经验和使用情况；

3 根据工程的要求确定地基处理的目的和要求达到的技术指标；

4 调查邻近建筑、地下工程、道路、管线等周边环境情况。

**3.0.3** 组合锤法处理地基设计前应通过现场试验或试验性施工和必要的测试确定其适用性和处理效果，并根据检测数据确定设计和施工参数。施工现场试验区的个数应根据建筑场地复杂程度、建筑规模、类型和有无类似工程经验确定，宜为2个～3个。

**3.0.4** 试验完工后，应采用静载荷试验确定单墩承载力特征值或单墩复合地基承载力特征值，并应选用重型动力触探法、标准贯入法、钻芯法或瑞利波法等，检查置换墩着底情况及承载力与密度随深度的变化。单墩静载荷试验应符合本规程附录A的规定。

**3.0.5** 采用组合锤法处理的地基应进行变形验算。

**3.0.6** 对建造在经组合锤法处理的地基上、受较大水平荷载或位于斜坡上的建（构）筑物，应按现行国家标准《建筑地基基础设计规范》GB 50007 的相关规定进行地基稳定性验算。

**3.0.7** 当单幢建筑物或结构单元的基础落在岩土性质有差异的地层上时，应采取措施以减少差异沉降。

**3.0.8** 对于现行国家标准《建筑地基基础设计规范》GB 50007 规定需要进行地基变形计算的建（构）筑物，经地基处理后，应在施工及使用期间进行沉降观测，直至沉降达到稳定为止，并应按本规程附录B的规定提供组合锤法地基处理工程的沉降观测记录。

# 4 设 计

**4.0.1** 组合锤法的有效加固深度应根据现场试夯或当地经验确定，初步设计时可按表4.0.1进行预估。

**表 4.0.1 组合锤法复合地基的有效加固深度**

| 柱锤动压当量（kJ/m²） | 有效加固深度（m） | |
|---|---|---|
| | 碎石、砂等粗颗粒土 | 粉土、黏性土、湿陷性黄土等细颗粒土 |
| 800 | 8～9 | 7～8 |
| 900 | 9～10 | 8～9 |
| 1000 | 10～11 | 9～10 |
| 1100 | 11～12 | 10～11 |
| 1200 | 12～13 | 11～12 |
| 1300 | 13～14 | 12～13 |
| 1400 | 14～15 | 13～14 |

注：表中有效加固深度应从初始起夯面算起。

**4.0.2** 组合锤法的墩位布置宜根据基底平面形状和宽度，采用等边三角形、等腰三角形或正方形布置。墩宜布置在柱下和墙下。

**4.0.3** 墩间距设计应根据上部荷载大小、基底平面形状和宽度、复合地基承载力要求、土体挤密条件及墩体材料等，并考虑柱锤施工挤土效应的影响，通过计算确定，初步设计时，可取柱锤直径的（1.5～3.0）倍。

**4.0.4** 增强墩体为散体材料的组合锤法处理范围应大于建筑物基础范围，每边超出基础外缘的宽度宜为基底下设计处理深度的1/2～2/3，并不宜小于3.0m。

**4.0.5** 墩体材料可采用砂土、黏性土或残积土。对上部荷载较大或对不均匀沉降要求较高、土体含水量较大时，宜按就近取材原则选用砂土、角砾、圆砾、碎石、块石、工业废渣骨料、建筑废骨料等粗颗粒材料；当要求单墩承载力特征值大于1000kN时，宜采用灰土、水泥土或混凝土。所选用的工业废渣应符合国家现行有关腐蚀性和放射性安全标准的要求。

**4.0.6** 当墩体采用灰土、水泥土或混凝土时，其配合比应通过试验确定。墩顶应铺设厚度大于300mm压实垫层。垫层材料宜采用级配较好的粗砂、砾砂或碎石，其最大粒径不宜大于35mm。

**4.0.7** 置换墩的长度应根据地基土性质、动压当量和单墩或复合地基承载力确定。对于埋深较浅且厚度较薄的软土层，置换墩应穿透该土层。

**4.0.8** 组合锤法单墩承载力应通过现场载荷试验确定，对有粘结强度的增强体，初步设计时可采用下列方法估算：

1 墩周土和墩端土对墩的支承作用形成的竖向承载力特征值应按下式计算：

$$R_a = u_p \sum_{i=1}^{n} q_{si} l_{pi} + \alpha_p q_p A_p \quad (4.0.8\text{-}1)$$

式中：$R_a$——组合锤法单墩竖向承载力特征值（kN）；

$u_p$——墩平均周长（m）；

$q_{si}$——墩周第 $i$ 层土的侧阻力特征值（kPa），应按地区经验确定；

$l_{pi}$——墩长范围内第 $i$ 层土的厚度（m），墩总长可按工程经验估算；

$\alpha_p$——墩端阻力发挥系数，应按地区经验取 0.2～1.0；

$q_p$——墩端阻力特征值（kPa），可按现行国家标准《建筑地基基础设计规范》GB 50007 的有关规定确定；

$A_p$——墩体横截面积（$m^2$），墩体计算直径可取组合锤的平均直径。

2 由墩体强度确定的单墩墩体承载力应符合下式规定：

$$\lambda R_a \leqslant 0.25 f_{cu} A_p \quad (4.0.8\text{-}2)$$

式中：$R_a$——由墩体强度确定的单墩墩体承载力（kN）；

$f_{cu}$——墩体立方体试块在标准养护条件和龄期下的无侧限抗压强度平均值（kPa）；

$\lambda$——单墩承载力发挥系数，宜按试验或地区经验取0.8～1.0。

**4.0.9** 当需要对复合地基承载力进行深度修正时，灰土、水泥土或混凝土墩体的强度应符合下式规定：

$$f_{cu} \geqslant 4 \frac{\lambda R_a}{A_p}\left[1 + \frac{\gamma_m (d-0.5)}{f_{spa}}\right] \quad (4.0.9)$$

式中：$\gamma_m$——基础底面以上土的加权平均重度（kN/$m^3$），地下水位以下取浮重度；

$d$——基础埋置深度（m）；

$f_{spa}$——经深度修正后的复合地基承载力特征值（kPa）。

**4.0.10** 组合锤法复合地基承载力特征值应通过复合地基载荷试验或组合锤法单墩载荷试验和墩间土地基载荷试验并结合工程实践经验综合确定。初步设计时，可按下列方法估算：

1 墩体采用散体材料时复合地基承载力特征值宜按下式计算：

$$f_{spk} = [1 + m(n-1)] f_{sk} \quad (4.0.10\text{-}1)$$

式中：$f_{spk}$——复合地基承载力特征值（kPa）；

$m$——复合地基面积置换率，计算时墩截面积按可采用组合锤平均截面积；

$n$——复合地基墩土承载力比，宜按试验或地区经验取 2.0～4.0；

$f_{sk}$——处理后墩间土承载力特征值（kPa），应由试验确定；无试验资料时可根据经验确定或取天然地基承载力特征值。

2 墩体采用有粘结强度的材料时复合地基承载力特征值宜按下式计算：

$$f_{spk} = \lambda m \frac{R_a}{A_p} + \beta(1-m) f_{sk} \quad (4.0.10\text{-}2)$$

式中：$\beta$——墩间土承载力发挥系数，宜根据墩间土的工程性质、墩体类型等因素及地区经验取 0.6～1.0。

**4.0.11** 组合锤法复合地基受力范围内存在软弱下卧层时，应验算下卧层的地基承载力。验算方法宜采用应力扩散角法，应力扩散角宜取处理前地基土内摩擦角的 1/2～2/3。

**4.0.12** 组合锤法复合地基的变形计算深度应大于加固土层的厚度（图 4.0.12），并应符合现行国家标准《建筑地基基础设计规范》GB 50007 有关计算深度的规定。最终变形量的计算应按下式进行：

$$s = \psi_{sp} \sum_{i=1}^{n} \frac{p_0}{\zeta_i E_{si}} (z_i \bar{\alpha}_i - z_{i-1} \bar{\alpha}_{i-1}) \quad (4.0.12)$$

式中：$s$——复合地基变形量（mm）；

$\psi_{sp}$——复合地基变形计算经验系数，宜根据地区变形观测资料经验确定，无地区经验时可根据变形计算深度范围内压缩模量的当量值（$\bar{E}_s$）按表 4.0.12 取值。压缩模量的当量值（$\bar{E}_s$）可按本规程第 4.0.13 条确定；

$p_0$——相应于作用的准永久组合时基础底面处的附加压力（kPa）；

$\zeta_i$——基础底面下第 $i$ 计算土层模量系数，加固土层可按本规程第 4.0.14 条确定，加固土层以下取 1.0；

$E_{si}$——第 $i$ 层土的压缩模量（MPa），应取处理前土的自重压力至土的自重压力与附加压力之和的压力段计算；

$z_i$、$z_{i-1}$——基础底面至第 $i$ 层土、第 $i-1$ 层土底面的距离（m）；

$\bar{\alpha}_i$、$\bar{\alpha}_{i-1}$——基础底面计算点至第 $i$ 层土、第 $i-1$ 层土底面范围内平均附加应力系数，可按本规程附录 C 采用。

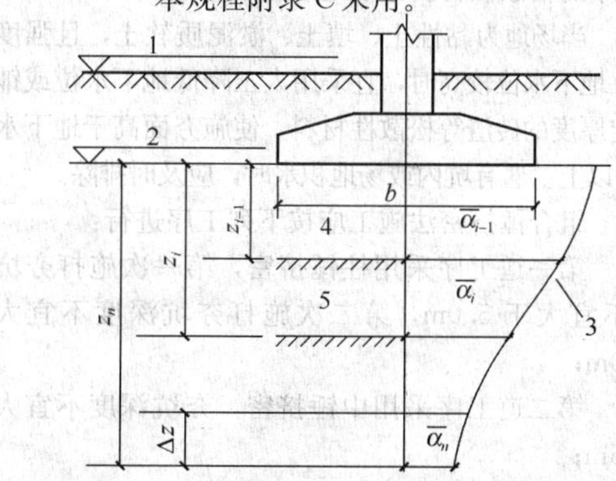


图 4.0.12 基础沉降计算的分层示意

1—地面标高；2—基底标高；3—平均附加应力系数 $\bar{\alpha}$ 曲线；4—第 $i-1$ 层；5—第 $i$ 层

**表 4.0.12 复合地基变形计算经验系数$\psi_{sp}$**

| $\overline{E}_s$（MPa） / 经验系数$\psi_{sp}$ | 4.0 | 7.0 | 15.0 | 20.0 | 30.0 |
|---|---|---|---|---|---|
| $\psi_{sp}$ | 1.00 | 0.70 | 0.40 | 0.25 | 0.20 |

**4.0.13** 复合地基变形计算深度范围内压缩模量的当量值（$\overline{E}_s$），应按下式计算：

$$\overline{E}_s=\frac{\Sigma A_i+\Sigma A_j}{\sum_{i=1}^{n}\frac{A_i}{E_{spi}}+\sum_{j=1}^{m}\frac{A_j}{E_{sj}}} \quad (4.0.13)$$

式中：$A_i$、$A_j$——复合土层第 $i$ 层、下卧土层第 $j$ 层的附加应力系数沿土层厚度的积分值；

$E_{spi}$、$E_{sj}$——复合土层第 $i$ 层、下卧土层第 $j$ 层的压缩模量，其中复合土层压缩模量计算应符合本规程第 4.0.14 条的规定。

**4.0.14** 组合锤法复合土层各分层压缩模量可按下列公式计算：

$$E_{spi}=\zeta_i E_{si} \quad (4.0.14\text{-}1)$$

$$\zeta_i=f_{spk}/f_{ak} \quad (4.0.14\text{-}2)$$

式中：$f_{ak}$——组合锤法复合地基顶面墩间土原地基承载力特征值（kPa）。

**4.0.15** 经组合锤法处理后的地基，墙下条形基础应采用钢筋混凝土扩展基础，柱下独立基础应采用钢筋混凝土柱下扩展基础或柱下条形基础。墙下条形扩展基础、柱下扩展基础和柱下条形基础的配筋、构造要求及抗弯、抗剪、抗冲切验算方法，应按现行国家标准《建筑地基基础设计规范》GB 50007 的规定执行。

## 5 施 工

**5.0.1** 施工场地土的承载力应满足设备行走和施工操作要求，当其承载力特征值小于 60kPa 或不符合设备行走和施工操作要求时，可在表层铺填 0.5m～2.0m 厚的松散性材料，使地表形成硬层。

**5.0.2** 当场地为黏性土、填土、淤泥质软土，且强度较低，地下水位较高时，宜采用人工降低地下水位或铺填一定厚度的砖渣等松散性材料，使施夯面高于地下水位 2m 以上。遇有坑内或场地积水时，应及时排除。

**5.0.3** 组合锤挤密法施工应按下列工序进行：

**1** 第一道工序采用柱锤挤密，第一次施打夯坑深度不宜大于 5.0m，第二次施打夯坑深度不宜大于 3.0m；

**2** 第二道工序采用中锤挤密，夯坑深度不宜大于 1.5m；

**3** 第三道工序采用扁锤挤密夯实，夯坑深度不宜大于 0.5m；

**4** 最后进行全场地满夯，第一次采用夯击能 1000kN·m～2000kN·m 连续夯击二击；第二次采用夯击能 500kN·m～900kN·m 夯击一击，夯印搭接大于 1/3 扁锤底面直径。

**5.0.4** 组合锤挤密法施工夯击次数应根据地基土的性质确定，并应符合下列规定：

**1** 第一道工序柱锤点夯（1～2）次；

**2** 第二道工序中锤夯击（1～2）次；

**3** 第三道工序扁锤低能量满夯 2 次；

**4** 每次的夯击数及停夯标准，均应满足试验区试验确定的施工参数要求。

**5.0.5** 组合锤置换法施工时应按下列工序进行：

**1** 第一道工序采用柱锤点夯（1～2）次，形成夯坑后，采用试夯确定的置换料回填；

**2** 第二道工序采用中锤夯击（1～2）次，形成夯坑后，采用试夯确定的置换料回填；

**3** 第三道工序采用扁锤低能量满夯 2 次；

**4** 每次的夯击数、夯坑深度和停锤标准均应满足试验区试验确定的施工参数要求。

**5.0.6** 组合锤法施工的停锤标准应同时符合下列规定：

**1** 夯坑周围地面不应有大于 100mm 的隆起；不因夯坑过深而发生提锤困难；

**2** 应根据土质情况及承载力要求调整停锤标准，当最后两击的平均夯沉量分别为柱锤（200±40）mm、中锤、扁锤（100±20）mm 时可停锤；

**3** 累计夯沉量宜为设计墩长的（1.5～2.0）倍。

**5.0.7** 两遍夯击之间应有间歇期，间歇期应根据土中超静孔隙水压力消散时间的实测资料确定。当缺少实测资料时，可根据地基土的渗透性确定，对于渗透系数小于 $10^{-5}$cm/s 的黏性土地基，间歇期不应少于 7d。

**5.0.8** 施工过程中应有质检员负责下列工作：

**1** 应收集夯前各层地基土的原位检测和土工试验等数据，并检查夯锤质量、锤底面积和落距，确保夯击能和动压当量符合设计要求；

**2** 每一道工序、每一次夯击前，应复核夯点位置，夯完后检查夯坑位置，发现偏差或漏夯应及时纠正；

**3** 应按设计要求和试夯数据，检查每个夯点的夯击次数和夯坑深度，测量最后两击的夯沉量，并做好检查测量的记录，对组合锤置换尚应检查置换深度；

**4** 收锤时应检查最后两击平均夯沉量是否满足要求；

**5** 按本规程附录 D 的规定记录施工全过程的各项参数及工况。

**5.0.9** 组合锤法地基处理施工结束后，应进行质量检测，并验收合格后方可进行下一道工序。

**5.0.10** 施工完成后，墩顶标高不应低于基础垫层底标高 200mm。基坑（槽）开挖宜采取局部开挖的方式，开挖至垫层的设计底面标高后，应及时清除松散土体并施工垫层。

**5.0.11** 经组合锤法处理后的地基，在基础施工完成后，应按现行国家标准《建筑地基基础工程施工质量验收规范》GB 50202的相关规定及时分层回填夯实。

## 6 质 量 检 验

**6.0.1** 经组合锤法处理后的地基竣工验收时，承载力检验应采用单墩载荷试验或单墩复合地基载荷试验。当采用重型动力触探、标准贯入、钻芯和瑞利波等方法检查置换墩着底情况及承载力与密度随深度的变化状况时，应符合本规程附录E的规定。

**6.0.2** 质量检测应在施工结束间隔一定时间后进行；对粉土和黏性土地基间歇期不宜少于28d，对碎石土和砂土地基间歇期宜为14d。

**6.0.3** 竣工验收时，承载力检验的数量，应根据场地复杂程度和建筑物的重要性确定，每个建筑的载荷试验点数不应少于墩点数的1%，且不应少于3点；当墩点数在100点以内时，不应少于2点；当墩点数在50点以内时，不应少于1点。置换墩着底情况及承载力与密度随深度变化情况的检测总数量不应少于墩点数的1%。

**6.0.4** 质量检验宜按"先墩身质量检验，后静载荷试验"的顺序进行。发现测试数据不满足设计要求时，应及时补夯或采取其他有效措施处理。对采取补夯或其他措施处理后的工程，应进行补充检验和重新组织验收。

**6.0.5** 组合锤法复合地基处理工程竣工验收时，应提交下列资料：

**1** 试夯成果报告及现场夯点平面布置图；

**2** 施工组织设计；

**3** 施工记录和施工监测记录；

**4** 载荷试验和动力触探等检测报告；

**5** 其他施工资料。

## 附录A 组合锤法处理地基单墩载荷试验要点

**A.0.1** 本试验要点适用于组合锤法处理地基的单墩载荷试验。

**A.0.2** 试验前应防止试验场地地基土含水量发生变化或地基土受到扰动。

**A.0.3** 承压板底面标高应与墩顶设计标高相一致。承压板底面下宜铺设粗砂或中砂找平垫层。试验标高处的试坑宽度和长度不应小于承压板尺寸的3倍。

**A.0.4** 试验的承压板可采用圆形或方形，应具有足够的刚度。尺寸按组合锤锤底面积的平均值确定。墩的中心（或形心）应与承压板中心重合，并与加荷的千斤顶（两台及两台以上）合力中心重合。

**A.0.5** 最大加载量不应小于设计要求压力值的2.2倍；加载等级可分为8级～12级；正式加载前应进行预压，预压值宜为分级荷载的2倍，预压持续1h后卸载开始试验。

**A.0.6** 试验应采用维持荷载法。每级荷载加载后，按间隔10min、10min、10min、15min、15min测读一次沉降量，以后每隔30min测读一次沉降量。当连续2h内每小时的沉降量小于0.1mm时，即可加下一级荷载。

**A.0.7** 当出现下列现象之一时可终止加载：

**1** 沉降急剧增大，土被挤出或承压板周围出现明显的隆起；

**2** 承压板的累计沉降量已大于其宽度或直径的6%；

**3** 当达不到极限荷载，而最大加载压力已大于设计要求压力值的2.2倍；

**4** 沉降急剧增大，荷载～沉降曲线出现陡降段；

**5** 在某一级荷载作用下，24h内沉降速率未达到稳定。

**A.0.8** 卸载级数可为加载级数的一半，等量进行，每卸一级，间隔0.5h，读记回弹量，待卸完全部荷载后间隔3h读记总回弹量。

**A.0.9** 当荷载～沉降曲线上极限荷载能确定，而其值不小于对应比例界限的2倍时，单墩承载力特征值可取比例界限；当其值小于对应比例界限的2倍时，单墩承载力特征值可取极限荷载的一半。

**A.0.10** 当统计的试验数据满足其值差不大于平均值的30%时，可取其平均值为单墩承载力特征值。

## 附录B 组合锤法处理地基工程沉降观测记录表

**表B 组合锤法处理地基工程沉降观测记录表**

工程名称：________ 标准点高程：________

| 测点 | 第 次 年 月 日 | | | | 第 次 年 月 日 | | |
|---|---|---|---|---|---|---|---|
| | 初测高程（mm） | 高程 | 沉降量（mm） | | 高程 | 沉降量（mm） | |
| | | | 本次 | 累计 | | 本次 | 累计 |
| | | | | | | | |
| | | | | | | | |
| | | | | | | | |
| | | | | | | | |
| | | | | | | | |
| | | | | | | | |
| | | | | | | | |
| | | | | | | | |
| | | | | | | | |
| | | | | | | | |

续表B

<table>
<tr><td rowspan="3">测点</td><td colspan="2">第 次</td><td colspan="2">年 月 日</td><td colspan="3">第 次 年 月 日</td></tr>
<tr><td rowspan="2">初测高程（mm）</td><td rowspan="2">高程</td><td colspan="2">沉降量（mm）</td><td rowspan="2">高程</td><td colspan="2">沉降量（mm）</td></tr>
<tr><td>本次</td><td>累计</td><td>本次</td><td>累计</td></tr>
<tr><td colspan="2">平均沉降量</td><td></td><td></td><td></td><td></td><td></td><td></td></tr>
<tr><td>工程进度</td><td></td><td></td><td></td><td></td><td></td><td></td><td></td></tr>
<tr><td>测点布置</td><td>示意图</td><td colspan="6"></td></tr>
</table>

## 附录C　附加应力系数 $\alpha$、平均附加应力系数 $\bar{\alpha}$

**C.0.1**　矩形面积上均布荷载下角点的附加应力系数 $\alpha$、平均附加应力系数 $\bar{\alpha}$ 应按表C.0.1-1、表C.0.1-2确定。

**C.0.2**　矩形面积上三角形分布荷载下角点的附加应力系数 $\alpha$、平均附加应力系数 $\bar{\alpha}$ 应按表C.0.2确定。

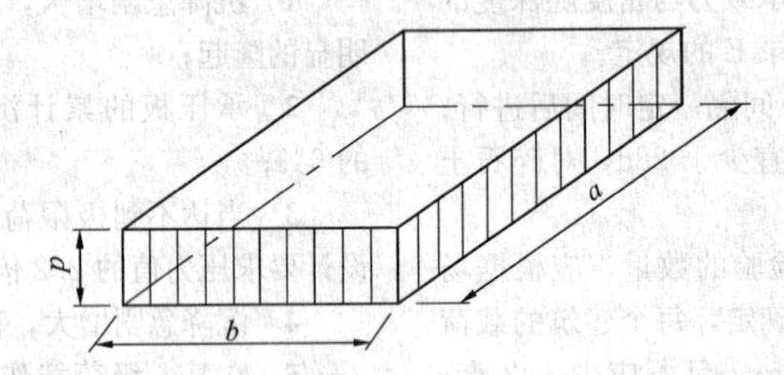


**表C.0.1-1　矩形面积上均布荷载作用下角点附加应力系数 $\alpha$**

| $z/b$ \ $a/b$ | 1.0 | 1.2 | 1.4 | 1.6 | 1.8 | 2.0 | 3.0 | 4.0 | 5.0 | 6.0 | 10.0 | 条形 |
|---|---|---|---|---|---|---|---|---|---|---|---|---|
| 0.0 | 0.250 | 0.250 | 0.250 | 0.250 | 0.250 | 0.250 | 0.250 | 0.250 | 0.250 | 0.250 | 0.250 | 0.250 |
| 0.2 | 0.249 | 0.249 | 0.249 | 0.249 | 0.249 | 0.249 | 0.249 | 0.249 | 0.249 | 0.249 | 0.249 | 0.249 |
| 0.4 | 0.240 | 0.242 | 0.243 | 0.243 | 0.244 | 0.244 | 0.244 | 0.244 | 0.244 | 0.244 | 0.244 | 0.244 |
| 0.6 | 0.223 | 0.228 | 0.230 | 0.232 | 0.232 | 0.233 | 0.234 | 0.234 | 0.234 | 0.234 | 0.234 | 0.234 |
| 0.8 | 0.200 | 0.207 | 0.212 | 0.215 | 0.216 | 0.218 | 0.220 | 0.220 | 0.220 | 0.220 | 0.220 | 0.220 |
| 1.0 | 0.175 | 0.185 | 0.191 | 0.195 | 0.198 | 0.200 | 0.203 | 0.204 | 0.204 | 0.204 | 0.205 | 0.205 |
| 1.2 | 0.152 | 0.163 | 0.171 | 0.176 | 0.179 | 0.182 | 0.187 | 0.188 | 0.189 | 0.189 | 0.189 | 0.189 |
| 1.4 | 0.131 | 0.142 | 0.151 | 0.157 | 0.161 | 0.164 | 0.171 | 0.173 | 0.174 | 0.174 | 0.174 | 0.174 |
| 1.6 | 0.112 | 0.124 | 0.133 | 0.140 | 0.145 | 0.148 | 0.157 | 0.159 | 0.160 | 0.160 | 0.160 | 0.160 |
| 1.8 | 0.097 | 0.108 | 0.117 | 0.124 | 0.129 | 0.133 | 0.143 | 0.146 | 0.147 | 0.148 | 0.148 | 0.148 |
| 2.0 | 0.084 | 0.095 | 0.103 | 0.110 | 0.116 | 0.120 | 0.131 | 0.135 | 0.136 | 0.137 | 0.137 | 0.137 |
| 2.2 | 0.073 | 0.083 | 0.092 | 0.098 | 0.104 | 0.108 | 0.121 | 0.125 | 0.126 | 0.127 | 0.128 | 0.128 |
| 2.4 | 0.064 | 0.073 | 0.081 | 0.088 | 0.093 | 0.098 | 0.111 | 0.116 | 0.118 | 0.118 | 0.119 | 0.119 |
| 2.6 | 0.057 | 0.065 | 0.072 | 0.079 | 0.084 | 0.089 | 0.102 | 0.107 | 0.110 | 0.111 | 0.112 | 0.112 |
| 2.8 | 0.050 | 0.058 | 0.065 | 0.071 | 0.076 | 0.080 | 0.094 | 0.100 | 0.102 | 0.104 | 0.105 | 0.105 |
| 3.0 | 0.045 | 0.052 | 0.058 | 0.064 | 0.069 | 0.073 | 0.087 | 0.093 | 0.096 | 0.097 | 0.099 | 0.099 |
| 3.2 | 0.040 | 0.047 | 0.053 | 0.058 | 0.063 | 0.067 | 0.081 | 0.087 | 0.090 | 0.092 | 0.093 | 0.094 |
| 3.4 | 0.036 | 0.042 | 0.048 | 0.053 | 0.057 | 0.061 | 0.075 | 0.081 | 0.085 | 0.086 | 0.088 | 0.089 |
| 3.6 | 0.033 | 0.038 | 0.043 | 0.048 | 0.052 | 0.056 | 0.069 | 0.076 | 0.080 | 0.082 | 0.084 | 0.084 |
| 3.8 | 0.030 | 0.035 | 0.040 | 0.044 | 0.048 | 0.052 | 0.065 | 0.072 | 0.075 | 0.077 | 0.080 | 0.080 |
| 4.0 | 0.027 | 0.032 | 0.036 | 0.040 | 0.044 | 0.048 | 0.060 | 0.067 | 0.071 | 0.073 | 0.076 | 0.076 |
| 4.2 | 0.025 | 0.029 | 0.033 | 0.037 | 0.041 | 0.044 | 0.056 | 0.063 | 0.067 | 0.070 | 0.072 | 0.073 |
| 4.4 | 0.023 | 0.027 | 0.031 | 0.034 | 0.038 | 0.041 | 0.053 | 0.060 | 0.064 | 0.066 | 0.069 | 0.070 |
| 4.6 | 0.021 | 0.025 | 0.028 | 0.032 | 0.035 | 0.038 | 0.049 | 0.056 | 0.061 | 0.063 | 0.066 | 0.067 |
| 4.8 | 0.019 | 0.023 | 0.026 | 0.029 | 0.032 | 0.035 | 0.046 | 0.053 | 0.058 | 0.060 | 0.064 | 0.064 |
| 5.0 | 0.018 | 0.021 | 0.024 | 0.027 | 0.030 | 0.033 | 0.043 | 0.050 | 0.055 | 0.057 | 0.061 | 0.062 |
| 6.0 | 0.013 | 0.015 | 0.017 | 0.020 | 0.022 | 0.024 | 0.033 | 0.039 | 0.043 | 0.046 | 0.051 | 0.052 |
| 7.0 | 0.009 | 0.011 | 0.013 | 0.015 | 0.016 | 0.018 | 0.025 | 0.031 | 0.035 | 0.038 | 0.043 | 0.045 |
| 8.0 | 0.007 | 0.009 | 0.010 | 0.011 | 0.013 | 0.014 | 0.020 | 0.025 | 0.028 | 0.031 | 0.037 | 0.039 |
| 9.0 | 0.006 | 0.007 | 0.008 | 0.009 | 0.010 | 0.011 | 0.016 | 0.020 | 0.024 | 0.026 | 0.032 | 0.035 |
| 10.0 | 0.005 | 0.006 | 0.007 | 0.007 | 0.008 | 0.009 | 0.013 | 0.017 | 0.020 | 0.022 | 0.028 | 0.032 |
| 12.0 | 0.003 | 0.004 | 0.005 | 0.005 | 0.006 | 0.006 | 0.009 | 0.012 | 0.014 | 0.017 | 0.022 | 0.026 |
| 14.0 | 0.002 | 0.003 | 0.003 | 0.004 | 0.004 | 0.005 | 0.007 | 0.009 | 0.011 | 0.013 | 0.018 | 0.023 |
| 16.0 | 0.002 | 0.002 | 0.003 | 0.003 | 0.003 | 0.004 | 0.005 | 0.007 | 0.009 | 0.010 | 0.014 | 0.020 |
| 18.0 | 0.001 | 0.002 | 0.002 | 0.002 | 0.003 | 0.003 | 0.004 | 0.006 | 0.007 | 0.008 | 0.012 | 0.018 |
| 20.0 | 0.001 | 0.001 | 0.002 | 0.002 | 0.002 | 0.002 | 0.004 | 0.005 | 0.006 | 0.007 | 0.010 | 0.016 |
| 25.0 | 0.001 | 0.001 | 0.001 | 0.001 | 0.001 | 0.002 | 0.002 | 0.003 | 0.004 | 0.004 | 0.007 | 0.013 |
| 30.0 | 0.001 | 0.001 | 0.001 | 0.001 | 0.001 | 0.001 | 0.002 | 0.002 | 0.003 | 0.003 | 0.005 | 0.011 |
| 35.0 | 0.000 | 0.000 | 0.001 | 0.001 | 0.001 | 0.001 | 0.001 | 0.002 | 0.002 | 0.002 | 0.004 | 0.009 |
| 40.0 | 0.000 | 0.000 | 0.000 | 0.000 | 0.001 | 0.001 | 0.001 | 0.001 | 0.001 | 0.002 | 0.003 | 0.008 |

注：$a$—矩形均布荷载长度（m）；$b$—矩形均布荷载宽度（m）；$z$—计算点离基础底面或桩端平面垂直距离（m）。

**表 C.0.1-2　矩形面积上均布荷载作用下角点平均附加应力系数$\bar{\alpha}$**

| $z/b$ \ $a/b$ | 1.0 | 1.2 | 1.4 | 1.6 | 1.8 | 2.0 | 2.4 | 2.8 | 3.2 | 3.6 | 4.0 | 5.0 | 10.0 |
|---|---|---|---|---|---|---|---|---|---|---|---|---|---|
| 0.0 | 0.2500 | 0.2500 | 0.2500 | 0.2500 | 0.2500 | 0.2500 | 0.2500 | 0.2500 | 0.2500 | 0.2500 | 0.2500 | 0.2500 | 0.2500 |
| 0.2 | 0.2496 | 0.2497 | 0.2497 | 0.2498 | 0.2498 | 0.2498 | 0.2498 | 0.2498 | 0.2498 | 0.2498 | 0.2498 | 0.2498 | 0.2498 |
| 0.4 | 0.2474 | 0.2479 | 0.2481 | 0.2483 | 0.2483 | 0.2484 | 0.2485 | 0.2485 | 0.2485 | 0.2485 | 0.2485 | 0.2485 | 0.2485 |
| 0.6 | 0.2423 | 0.2437 | 0.2444 | 0.2448 | 0.2451 | 0.2452 | 0.2454 | 0.2455 | 0.2455 | 0.2455 | 0.2455 | 0.2455 | 0.2456 |
| 0.8 | 0.2346 | 0.2372 | 0.2387 | 0.2395 | 0.2400 | 0.2403 | 0.2407 | 0.2408 | 0.2409 | 0.2409 | 0.2410 | 0.2410 | 0.2410 |
| 1.0 | 0.2252 | 0.2291 | 0.2313 | 0.2326 | 0.2335 | 0.2340 | 0.2346 | 0.2349 | 0.2351 | 0.2352 | 0.2352 | 0.2353 | 0.2353 |
| 1.2 | 0.2149 | 0.2199 | 0.2229 | 0.2248 | 0.2260 | 0.2268 | 0.2278 | 0.2282 | 0.2285 | 0.2286 | 0.2287 | 0.2288 | 0.2289 |
| 1.4 | 0.2043 | 0.2102 | 0.2140 | 0.2146 | 0.2180 | 0.2191 | 0.2204 | 0.2211 | 0.2215 | 0.2217 | 0.2218 | 0.2220 | 0.2221 |
| 1.6 | 0.1939 | 0.2006 | 0.2049 | 0.2079 | 0.2099 | 0.2113 | 0.2130 | 0.2138 | 0.2143 | 0.2146 | 0.2148 | 0.2150 | 0.2152 |
| 1.8 | 0.1840 | 0.1912 | 0.1960 | 0.1994 | 0.2018 | 0.2034 | 0.2055 | 0.2066 | 0.2073 | 0.2077 | 0.2079 | 0.2082 | 0.2084 |
| 2.0 | 0.1746 | 0.1822 | 0.1875 | 0.1912 | 0.1980 | 0.1958 | 0.1982 | 0.1996 | 0.2004 | 0.2009 | 0.2012 | 0.2015 | 0.2018 |
| 2.2 | 0.1659 | 0.1737 | 0.1793 | 0.1833 | 0.1862 | 0.1883 | 0.1911 | 0.1927 | 0.1937 | 0.1943 | 0.1947 | 0.1952 | 0.1955 |
| 2.4 | 0.1578 | 0.1657 | 0.1715 | 0.1757 | 0.1789 | 0.1812 | 0.1843 | 0.1862 | 0.1873 | 0.1880 | 0.1885 | 0.1890 | 0.1895 |
| 2.6 | 0.1503 | 0.1583 | 0.1642 | 0.1686 | 0.1719 | 0.1745 | 0.1779 | 0.1799 | 0.1812 | 0.1820 | 0.1825 | 0.1832 | 0.1838 |
| 2.8 | 0.1433 | 0.1514 | 0.1574 | 0.1619 | 0.1654 | 0.1680 | 0.1717 | 0.1739 | 0.1753 | 0.1763 | 0.1769 | 0.1777 | 0.1784 |
| 3.0 | 0.1369 | 0.1449 | 0.1510 | 0.1556 | 0.1592 | 0.1619 | 0.1658 | 0.1682 | 0.1698 | 0.1708 | 0.1715 | 0.1725 | 0.1733 |
| 3.2 | 0.1310 | 0.1390 | 0.1450 | 0.1497 | 0.1533 | 0.1562 | 0.1602 | 0.1628 | 0.1645 | 0.1657 | 0.1664 | 0.1675 | 0.1685 |
| 3.4 | 0.1256 | 0.1334 | 0.1394 | 0.1441 | 0.1478 | 0.1508 | 0.1550 | 0.1577 | 0.1595 | 0.1607 | 0.1616 | 0.1628 | 0.1639 |
| 3.6 | 0.1205 | 0.1282 | 0.1342 | 0.1389 | 0.1427 | 0.1456 | 0.1500 | 0.1528 | 0.1548 | 0.1561 | 0.1570 | 0.1583 | 0.1595 |
| 3.8 | 0.1158 | 0.1234 | 0.1293 | 0.1340 | 0.1378 | 0.1408 | 0.1452 | 0.1482 | 0.1502 | 0.1516 | 0.1526 | 0.1541 | 0.1554 |
| 4.0 | 0.1114 | 0.1189 | 0.1248 | 0.1294 | 0.1332 | 0.1362 | 0.1408 | 0.1438 | 0.1459 | 0.1474 | 0.1485 | 0.1500 | 0.1516 |
| 4.2 | 0.1073 | 0.1147 | 0.1205 | 0.1251 | 0.1289 | 0.1319 | 0.1365 | 0.1396 | 0.1418 | 0.1434 | 0.1445 | 0.1462 | 0.1479 |
| 4.4 | 0.1035 | 0.1107 | 0.1164 | 0.1210 | 0.1248 | 0.1279 | 0.1325 | 0.1357 | 0.1379 | 0.1396 | 0.1407 | 0.1425 | 0.1444 |
| 4.6 | 0.1000 | 0.1107 | 0.1127 | 0.1172 | 0.1209 | 0.1240 | 0.1287 | 0.1319 | 0.1342 | 0.1359 | 0.1371 | 0.1390 | 0.1410 |
| 4.8 | 0.0967 | 0.1036 | 0.1091 | 0.1136 | 0.1173 | 0.1204 | 0.1250 | 0.1283 | 0.1307 | 0.1324 | 0.1337 | 0.1357 | 0.1379 |
| 5.0 | 0.0935 | 0.1003 | 0.1057 | 0.1102 | 0.1139 | 0.1169 | 0.1216 | 0.1249 | 0.1273 | 0.1291 | 0.1304 | 0.1325 | 0.1348 |
| 5.2 | 0.0906 | 0.0972 | 0.1026 | 0.1070 | 0.1106 | 0.1136 | 0.1183 | 0.1217 | 0.1241 | 0.1259 | 0.1273 | 0.1295 | 0.1320 |
| 5.4 | 0.0878 | 0.0943 | 0.0996 | 0.1039 | 0.1075 | 0.1105 | 0.1152 | 0.1186 | 0.1210 | 0.1229 | 0.1243 | 0.1265 | 0.1292 |
| 5.6 | 0.0852 | 0.0916 | 0.0968 | 0.1010 | 0.1046 | 0.1076 | 0.1122 | 0.1156 | 0.1181 | 0.1200 | 0.1215 | 0.1238 | 0.1266 |
| 5.8 | 0.0828 | 0.0890 | 0.0941 | 0.0983 | 0.1018 | 0.1047 | 0.1094 | 0.1128 | 0.1153 | 0.1172 | 0.1187 | 0.1211 | 0.1240 |
| 6.0 | 0.0805 | 0.0866 | 0.0916 | 0.0957 | 0.0991 | 0.1021 | 0.1067 | 0.1101 | 0.1126 | 0.1146 | 0.1161 | 0.1185 | 0.1216 |
| 6.2 | 0.0783 | 0.0842 | 0.0891 | 0.0932 | 0.0966 | 0.0995 | 0.1041 | 0.1075 | 0.1101 | 0.1120 | 0.1136 | 0.1161 | 0.1193 |
| 6.4 | 0.0762 | 0.0820 | 0.0869 | 0.0909 | 0.0942 | 0.0971 | 0.1016 | 0.1050 | 0.1076 | 0.1096 | 0.1111 | 0.1137 | 0.1171 |
| 6.6 | 0.0742 | 0.0799 | 0.0847 | 0.0886 | 0.0919 | 0.0948 | 0.0993 | 0.1027 | 0.1053 | 0.1073 | 0.1088 | 0.1114 | 0.1149 |
| 6.8 | 0.0723 | 0.0779 | 0.0826 | 0.0865 | 0.0898 | 0.0926 | 0.0970 | 0.1004 | 0.1030 | 0.1050 | 0.1066 | 0.1092 | 0.1129 |
| 7.0 | 0.0705 | 0.0761 | 0.0806 | 0.0844 | 0.0877 | 0.0904 | 0.0949 | 0.0982 | 0.1008 | 0.1028 | 0.1044 | 0.1071 | 0.1109 |
| 7.2 | 0.0688 | 0.0742 | 0.0787 | 0.0825 | 0.0857 | 0.0884 | 0.0928 | 0.0962 | 0.0987 | 0.1008 | 0.1023 | 0.1051 | 0.1090 |
| 7.4 | 0.0672 | 0.0725 | 0.0769 | 0.0806 | 0.0838 | 0.0865 | 0.0908 | 0.0942 | 0.0967 | 0.0988 | 0.1004 | 0.1031 | 0.1071 |
| 7.6 | 0.0656 | 0.0709 | 0.0752 | 0.0789 | 0.0820 | 0.0846 | 0.0889 | 0.0922 | 0.0948 | 0.0968 | 0.0984 | 0.1012 | 0.1054 |
| 7.8 | 0.0642 | 0.0693 | 0.0736 | 0.0771 | 0.0802 | 0.0828 | 0.0871 | 0.0904 | 0.0929 | 0.0950 | 0.0966 | 0.0994 | 0.1036 |
| 8.0 | 0.0627 | 0.0678 | 0.0720 | 0.0755 | 0.0785 | 0.0811 | 0.0853 | 0.0886 | 0.0912 | 0.0932 | 0.0948 | 0.0976 | 0.1020 |
| 8.2 | 0.0614 | 0.0663 | 0.0705 | 0.0739 | 0.0769 | 0.0795 | 0.0837 | 0.0869 | 0.0894 | 0.0914 | 0.0931 | 0.0959 | 0.1004 |
| 8.4 | 0.0601 | 0.0649 | 0.0690 | 0.0724 | 0.0754 | 0.0779 | 0.0820 | 0.0852 | 0.0878 | 0.0893 | 0.0914 | 0.0943 | 0.0938 |
| 8.6 | 0.0588 | 0.0636 | 0.0676 | 0.0710 | 0.0739 | 0.0764 | 0.0805 | 0.0836 | 0.0862 | 0.0882 | 0.0898 | 0.0927 | 0.0973 |
| 8.8 | 0.0576 | 0.0623 | 0.0663 | 0.0696 | 0.0724 | 0.0749 | 0.0790 | 0.0821 | 0.0846 | 0.0866 | 0.0882 | 0.0912 | 0.0959 |
| 9.2 | 0.0554 | 0.0599 | 0.0637 | 0.0670 | 0.0697 | 0.0721 | 0.0761 | 0.0792 | 0.0817 | 0.0837 | 0.0853 | 0.0882 | 0.0931 |
| 9.6 | 0.0533 | 0.0577 | 0.0614 | 0.0645 | 0.0672 | 0.0696 | 0.0734 | 0.0765 | 0.0789 | 0.0809 | 0.0825 | 0.0855 | 0.0905 |
| 10.0 | 0.0514 | 0.0556 | 0.0592 | 0.0622 | 0.0649 | 0.0672 | 0.0710 | 0.0739 | 0.0763 | 0.0783 | 0.0799 | 0.0829 | 0.0880 |
| 10.4 | 0.0496 | 0.0537 | 0.0572 | 0.0601 | 0.0627 | 0.0649 | 0.0686 | 0.0716 | 0.0739 | 0.0759 | 0.0775 | 0.0804 | 0.0857 |
| 10.8 | 0.0479 | 0.0519 | 0.0553 | 0.0581 | 0.0606 | 0.0628 | 0.0664 | 0.0693 | 0.0717 | 0.0736 | 0.0751 | 0.0781 | 0.0834 |
| 11.2 | 0.0463 | 0.0502 | 0.0535 | 0.0563 | 0.0587 | 0.0609 | 0.0664 | 0.0672 | 0.0695 | 0.0714 | 0.0730 | 0.0759 | 0.0813 |
| 11.6 | 0.0448 | 0.0486 | 0.0518 | 0.0545 | 0.0569 | 0.0590 | 0.0625 | 0.0652 | 0.0675 | 0.0694 | 0.0709 | 0.0738 | 0.0793 |
| 12.0 | 0.0435 | 0.0471 | 0.0502 | 0.0529 | 0.0552 | 0.0573 | 0.0606 | 0.0634 | 0.0656 | 0.0674 | 0.0690 | 0.0719 | 0.0774 |
| 12.8 | 0.0409 | 0.0444 | 0.0474 | 0.0499 | 0.0521 | 0.0541 | 0.0573 | 0.0599 | 0.0621 | 0.0639 | 0.0654 | 0.0682 | 0.0739 |
| 13.6 | 0.0387 | 0.0420 | 0.0448 | 0.0472 | 0.0493 | 0.0512 | 0.0543 | 0.0568 | 0.0589 | 0.0607 | 0.0621 | 0.0649 | 0.0707 |
| 14.4 | 0.0367 | 0.0398 | 0.0425 | 0.0488 | 0.0468 | 0.0486 | 0.0516 | 0.0540 | 0.0561 | 0.0577 | 0.0592 | 0.0619 | 0.0677 |
| 15.2 | 0.0349 | 0.0379 | 0.0404 | 0.0426 | 0.0446 | 0.0463 | 0.0492 | 0.0515 | 0.0535 | 0.0551 | 0.0565 | 0.0592 | 0.0650 |
| 16.0 | 0.0332 | 0.0361 | 0.0385 | 0.0407 | 0.0425 | 0.0442 | 0.0469 | 0.0492 | 0.0511 | 0.0527 | 0.0540 | 0.0567 | 0.0625 |
| 18.0 | 0.0297 | 0.0323 | 0.0345 | 0.0364 | 0.0381 | 0.0396 | 0.0422 | 0.0442 | 0.0460 | 0.0475 | 0.0487 | 0.0512 | 0.0570 |
| 20.0 | 0.0269 | 0.0292 | 0.0312 | 0.0330 | 0.0345 | 0.0359 | 0.0383 | 0.0402 | 0.0418 | 0.0432 | 0.0444 | 0.0468 | 0.0524 |

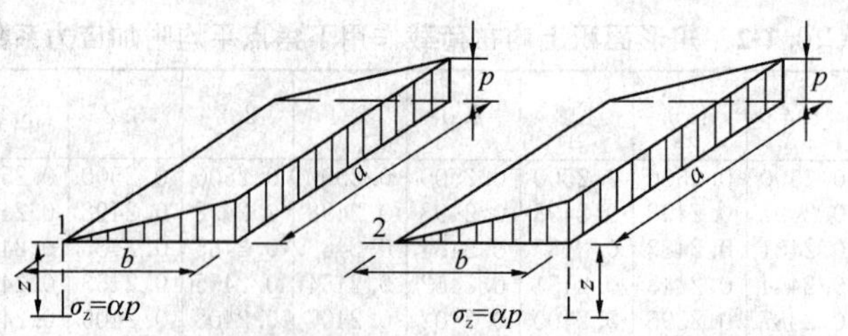


**表 C.0.2 矩形面积上三角形分布荷载作用下角点的附加应力系数 $\alpha$ 与平均附加应力系数 $\bar{\alpha}$**

| a/b | 0.2 | | | | 0.4 | | | | 0.6 | | | | a/b |
|---|---|---|---|---|---|---|---|---|---|---|---|---|---|
| 点 | 1 | | 2 | | 1 | | 2 | | 1 | | 2 | | 点 |
| 系数 z/b | $\alpha$ | $\bar{\alpha}$ | $\alpha$ | $\bar{\alpha}$ | $\alpha$ | $\bar{\alpha}$ | $\alpha$ | $\bar{\alpha}$ | $\alpha$ | $\bar{\alpha}$ | $\alpha$ | $\bar{\alpha}$ | 系数 z/b |
| 0.0 | 0.0000 | 0.0000 | 0.2500 | 0.2500 | 0.0000 | 0.0000 | 0.2500 | 0.2500 | 0.0000 | 0.0000 | 0.2500 | 0.2500 | 0.0 |
| 0.2 | 0.0223 | 0.0112 | 0.1821 | 0.2161 | 0.0280 | 0.0140 | 0.2115 | 0.2308 | 0.0296 | 0.0148 | 0.2165 | 0.2333 | 0.2 |
| 0.4 | 0.0269 | 0.0179 | 0.1094 | 0.1810 | 0.0420 | 0.0245 | 0.1604 | 0.2084 | 0.0487 | 0.0270 | 0.1781 | 0.2153 | 0.4 |
| 0.6 | 0.0259 | 0.0207 | 0.0700 | 0.1505 | 0.0448 | 0.0308 | 0.1165 | 0.1851 | 0.0560 | 0.0355 | 0.1405 | 0.1966 | 0.6 |
| 0.8 | 0.0232 | 0.0217 | 0.0480 | 0.1277 | 0.0421 | 0.0340 | 0.0853 | 0.1640 | 0.0553 | 0.0405 | 0.1093 | 0.1787 | 0.8 |
| 1.0 | 0.0201 | 0.0217 | 0.0346 | 0.1104 | 0.0375 | 0.0351 | 0.0638 | 0.1461 | 0.0508 | 0.0430 | 0.0852 | 0.1624 | 1.0 |
| 1.2 | 0.0171 | 0.0212 | 0.0260 | 0.0970 | 0.0324 | 0.0351 | 0.0491 | 0.1312 | 0.0450 | 0.0439 | 0.0673 | 0.1480 | 1.2 |
| 1.4 | 0.0145 | 0.0204 | 0.0202 | 0.0865 | 0.0278 | 0.0344 | 0.0386 | 0.1187 | 0.0392 | 0.0436 | 0.0540 | 0.1356 | 1.4 |
| 1.6 | 0.0123 | 0.0195 | 0.0160 | 0.0779 | 0.0238 | 0.0333 | 0.0310 | 0.1082 | 0.0339 | 0.0427 | 0.0440 | 0.1247 | 1.6 |
| 1.8 | 0.0105 | 0.0186 | 0.0130 | 0.0709 | 0.0204 | 0.0321 | 0.0254 | 0.0993 | 0.0294 | 0.0415 | 0.0363 | 0.1153 | 1.8 |
| 2.0 | 0.0090 | 0.0178 | 0.0108 | 0.0650 | 0.0176 | 0.0308 | 0.0211 | 0.0917 | 0.0255 | 0.0401 | 0.0304 | 0.1071 | 2.0 |
| 2.5 | 0.0063 | 0.0157 | 0.0072 | 0.0538 | 0.0125 | 0.0276 | 0.0140 | 0.0769 | 0.0183 | 0.0365 | 0.0205 | 0.0908 | 2.5 |
| 3.0 | 0.0046 | 0.0140 | 0.0051 | 0.0458 | 0.0092 | 0.0248 | 0.0100 | 0.0661 | 0.0135 | 0.0330 | 0.0148 | 0.0786 | 3.0 |
| 5.0 | 0.0018 | 0.0097 | 0.0019 | 0.0289 | 0.0036 | 0.0175 | 0.0038 | 0.0424 | 0.0054 | 0.0236 | 0.0056 | 0.0476 | 5.0 |
| 7.0 | 0.0009 | 0.0073 | 0.0010 | 0.0211 | 0.0019 | 0.0133 | 0.0019 | 0.0311 | 0.0028 | 0.0180 | 0.0029 | 0.0352 | 7.0 |
| 10.0 | 0.0005 | 0.0053 | 0.0004 | 0.0150 | 0.0009 | 0.0097 | 0.0010 | 0.0222 | 0.0014 | 0.0133 | 0.0014 | 0.0253 | 10.0 |

| a/b | 0.8 | | | | 1.0 | | | | 1.2 | | | | a/b |
|---|---|---|---|---|---|---|---|---|---|---|---|---|---|
| 点 | 1 | | 2 | | 1 | | 2 | | 1 | | 2 | | 点 |
| 系数 z/b | $\alpha$ | $\bar{\alpha}$ | $\alpha$ | $\bar{\alpha}$ | $\alpha$ | $\bar{\alpha}$ | $\alpha$ | $\bar{\alpha}$ | $\alpha$ | $\bar{\alpha}$ | $\alpha$ | $\bar{\alpha}$ | 系数 z/b |
| 0.0 | 0.0000 | 0.0000 | 0.2500 | 0.2500 | 0.0000 | 0.0000 | 0.2500 | 0.2500 | 0.0000 | 0.0000 | 0.2500 | 0.2500 | 0.0 |
| 0.2 | 0.0301 | 0.0151 | 0.2178 | 0.2339 | 0.0304 | 0.0152 | 0.2182 | 0.2341 | 0.0305 | 0.0153 | 0.2184 | 0.2342 | 0.2 |
| 0.4 | 0.0517 | 0.0280 | 0.1844 | 0.2175 | 0.0531 | 0.0285 | 0.1870 | 0.2184 | 0.0539 | 0.0288 | 0.1881 | 0.2187 | 0.4 |
| 0.6 | 0.6210 | 0.0376 | 0.1520 | 0.2011 | 0.0654 | 0.0388 | 0.1575 | 0.2030 | 0.0673 | 0.0394 | 0.1602 | 0.2039 | 0.6 |
| 0.8 | 0.0637 | 0.0440 | 0.1232 | 0.1852 | 0.0688 | 0.0459 | 0.1311 | 0.1883 | 0.0720 | 0.0470 | 0.1355 | 0.1899 | 0.8 |
| 1.0 | 0.0602 | 0.0476 | 0.0996 | 0.1704 | 0.0666 | 0.0502 | 0.1086 | 0.1746 | 0.0708 | 0.0518 | 0.1143 | 0.1769 | 1.0 |
| 1.2 | 0.0546 | 0.0492 | 0.0807 | 0.1571 | 0.0615 | 0.0525 | 0.0901 | 0.1621 | 0.0664 | 0.0546 | 0.0962 | 0.1649 | 1.2 |
| 1.4 | 0.0483 | 0.0495 | 0.0661 | 0.1451 | 0.0554 | 0.0534 | 0.0751 | 0.1507 | 0.0606 | 0.0559 | 0.0817 | 0.1541 | 1.4 |
| 1.6 | 0.0424 | 0.0490 | 0.0547 | 0.1345 | 0.0492 | 0.0533 | 0.0628 | 0.1405 | 0.0545 | 0.0561 | 0.0696 | 0.1443 | 1.6 |
| 1.8 | 0.0371 | 0.0480 | 0.0457 | 0.1252 | 0.0435 | 0.0525 | 0.0534 | 0.1313 | 0.0487 | 0.0556 | 0.0596 | 0.1354 | 1.8 |
| 2.0 | 0.0324 | 0.0467 | 0.0387 | 0.1169 | 0.0384 | 0.0513 | 0.0456 | 0.1232 | 0.0434 | 0.0547 | 0.0513 | 0.1274 | 2.0 |
| 2.5 | 0.0236 | 0.0429 | 0.0265 | 0.1000 | 0.0284 | 0.0478 | 0.0318 | 0.1063 | 0.0326 | 0.0513 | 0.0365 | 0.1107 | 2.5 |
| 3.0 | 0.0176 | 0.0392 | 0.0192 | 0.0871 | 0.0214 | 0.0439 | 0.0233 | 0.0931 | 0.0249 | 0.0476 | 0.0270 | 0.0976 | 3.0 |
| 5.0 | 0.0071 | 0.0285 | 0.0074 | 0.0576 | 0.0088 | 0.0324 | 0.0091 | 0.0624 | 0.0104 | 0.0356 | 0.0108 | 0.0661 | 5.0 |
| 7.0 | 0.0038 | 0.0219 | 0.0038 | 0.0427 | 0.0047 | 0.0251 | 0.0047 | 0.0465 | 0.0056 | 0.0277 | 0.0056 | 0.0496 | 7.0 |
| 10.0 | 0.0019 | 0.0162 | 0.0019 | 0.0308 | 0.0023 | 0.0186 | 0.0024 | 0.0336 | 0.0028 | 0.0207 | 0.0028 | 0.0359 | 10.0 |

续表 C.0.2

| a/b | 1.4 | | | | 1.6 | | | | 1.8 | | | | a/b |
|---|---|---|---|---|---|---|---|---|---|---|---|---|---|
| 点 | 1 | | 2 | | 1 | | 2 | | 1 | | 2 | | 点 |
| z/b 系数 | $\alpha$ | $\bar{\alpha}$ | $\alpha$ | $\bar{\alpha}$ | $\alpha$ | $\bar{\alpha}$ | $\alpha$ | $\bar{\alpha}$ | $\alpha$ | $\bar{\alpha}$ | $\alpha$ | $\bar{\alpha}$ | 系数 z/b |
| 0.0 | 0.0000 | 0.0000 | 0.2500 | 0.2500 | 0.0000 | 0.0000 | 0.2500 | 0.2500 | 0.0000 | 0.0000 | 0.2500 | 0.2500 | 0.0 |
| 0.2 | 0.0305 | 0.0153 | 0.2185 | 0.2343 | 0.0306 | 0.0153 | 0.2185 | 0.2343 | 0.0306 | 0.0153 | 0.2185 | 0.2343 | 0.2 |
| 0.4 | 0.0543 | 0.0289 | 0.1886 | 0.2189 | 0.0545 | 0.0290 | 0.1889 | 0.2190 | 0.0546 | 0.0290 | 0.1891 | 0.2190 | 0.4 |
| 0.6 | 0.0684 | 0.0397 | 0.1616 | 0.2043 | 0.0690 | 0.0399 | 0.1625 | 0.2046 | 0.0649 | 0.0400 | 0.1630 | 0.2047 | 0.6 |
| 0.8 | 0.0739 | 0.0476 | 0.1381 | 0.1907 | 0.0751 | 0.0480 | 0.1396 | 0.1912 | 0.0759 | 0.0482 | 0.1405 | 0.1915 | 0.8 |
| 1.0 | 0.0735 | 0.0528 | 0.1176 | 0.1781 | 0.0753 | 0.0534 | 0.1202 | 0.1789 | 0.0766 | 0.0538 | 0.1215 | 0.1794 | 1.0 |
| 1.2 | 0.0698 | 0.0560 | 0.1007 | 0.1666 | 0.0721 | 0.0568 | 0.1037 | 0.1678 | 0.0738 | 0.0574 | 0.1055 | 0.1684 | 1.2 |
| 1.4 | 0.0644 | 0.0575 | 0.0864 | 0.1562 | 0.0672 | 0.0586 | 0.0897 | 0.1576 | 0.0692 | 0.0594 | 0.0921 | 0.1585 | 1.4 |
| 1.6 | 0.0586 | 0.0580 | 0.0743 | 0.1467 | 0.0616 | 0.0594 | 0.0780 | 0.1484 | 0.0639 | 0.0603 | 0.0806 | 0.1494 | 1.6 |
| 1.8 | 0.0528 | 0.0578 | 0.0644 | 0.1381 | 0.0560 | 0.0593 | 0.0681 | 0.1400 | 0.0585 | 0.0604 | 0.0709 | 0.1413 | 1.8 |
| 2.0 | 0.0474 | 0.0570 | 0.0560 | 0.1303 | 0.0507 | 0.0587 | 0.0596 | 0.1324 | 0.0533 | 0.0599 | 0.0625 | 0.1338 | 2.0 |
| 2.5 | 0.0362 | 0.0540 | 0.0405 | 0.1139 | 0.0393 | 0.0560 | 0.0440 | 0.1163 | 0.0419 | 0.0575 | 0.0469 | 0.1180 | 2.5 |
| 3.0 | 0.0280 | 0.0503 | 0.0303 | 0.1008 | 0.0307 | 0.0525 | 0.0333 | 0.1033 | 0.0331 | 0.0541 | 0.0359 | 0.1052 | 3.0 |
| 5.0 | 0.0120 | 0.0382 | 0.0123 | 0.0690 | 0.0135 | 0.0403 | 0.0139 | 0.0714 | 0.0148 | 0.0421 | 0.0154 | 0.0734 | 5.0 |
| 7.0 | 0.0064 | 0.0299 | 0.0066 | 0.0520 | 0.0073 | 0.0318 | 0.0074 | 0.0541 | 0.0081 | 0.0333 | 0.0083 | 0.0558 | 7.0 |
| 10.0 | 0.0033 | 0.0224 | 0.0032 | 0.0379 | 0.0037 | 0.0239 | 0.0037 | 0.0395 | 0.0041 | 0.0252 | 0.0042 | 0.0409 | 10.0 |

| a/b | 2.0 | | | | 3.0 | | | | 4.0 | | | | a/b |
|---|---|---|---|---|---|---|---|---|---|---|---|---|---|
| 点 | 1 | | 2 | | 1 | | 2 | | 1 | | 2 | | 点 |
| z/b 系数 | $\alpha$ | $\bar{\alpha}$ | $\alpha$ | $\bar{\alpha}$ | $\alpha$ | $\bar{\alpha}$ | $\alpha$ | $\bar{\alpha}$ | $\alpha$ | $\bar{\alpha}$ | $\alpha$ | $\bar{\alpha}$ | 系数 z/b |
| 0.0 | 0.0000 | 0.0000 | 0.2500 | 0.2500 | 0.0000 | 0.0000 | 0.2500 | 0.2500 | 0.0000 | 0.0000 | 0.2500 | 0.2500 | 0.0 |
| 0.2 | 0.0306 | 0.0153 | 0.2185 | 0.2343 | 0.0306 | 0.0153 | 0.2186 | 0.2343 | 0.0306 | 0.0153 | 0.2186 | 0.2343 | 0.2 |
| 0.4 | 0.0547 | 0.0290 | 0.1892 | 0.2191 | 0.0548 | 0.0290 | 0.1894 | 0.2192 | 0.0549 | 0.0291 | 0.1894 | 0.2192 | 0.4 |
| 0.6 | 0.0696 | 0.0401 | 0.1633 | 0.2048 | 0.0701 | 0.0402 | 0.1638 | 0.2050 | 0.0702 | 0.0402 | 0.1639 | 0.2050 | 0.6 |
| 0.8 | 0.0764 | 0.0483 | 0.1412 | 0.1917 | 0.0773 | 0.0486 | 0.1423 | 0.1920 | 0.0776 | 0.0487 | 0.1424 | 0.1920 | 0.8 |
| 1.0 | 0.0774 | 0.0540 | 0.1225 | 0.1797 | 0.0790 | 0.0545 | 0.1244 | 0.1803 | 0.0794 | 0.0546 | 0.1248 | 0.1803 | 1.0 |
| 1.2 | 0.0749 | 0.0577 | 0.1069 | 0.1689 | 0.0774 | 0.0584 | 0.1096 | 0.1697 | 0.0779 | 0.0586 | 0.1103 | 0.1699 | 1.2 |
| 1.4 | 0.0707 | 0.0599 | 0.0937 | 0.1591 | 0.0739 | 0.0609 | 0.0973 | 0.1603 | 0.0748 | 0.0612 | 0.0982 | 0.1605 | 1.4 |
| 1.6 | 0.0656 | 0.0609 | 0.0826 | 0.1502 | 0.0697 | 0.0623 | 0.0870 | 0.1517 | 0.0708 | 0.0626 | 0.0882 | 0.1521 | 1.6 |
| 1.8 | 0.0604 | 0.0611 | 0.0730 | 0.1422 | 0.0652 | 0.0628 | 0.0782 | 0.1441 | 0.0666 | 0.0633 | 0.0797 | 0.1445 | 1.8 |
| 2.0 | 0.0553 | 0.0608 | 0.0649 | 0.1348 | 0.0607 | 0.0629 | 0.0707 | 0.1371 | 0.0624 | 0.0634 | 0.0726 | 0.1377 | 2.0 |
| 2.5 | 0.0440 | 0.0586 | 0.0491 | 0.1193 | 0.0504 | 0.0614 | 0.0559 | 0.1223 | 0.0529 | 0.0623 | 0.0585 | 0.1233 | 2.5 |
| 3.0 | 0.0352 | 0.0554 | 0.0380 | 0.1067 | 0.0419 | 0.0589 | 0.0451 | 0.1104 | 0.0449 | 0.0600 | 0.0482 | 0.1116 | 3.0 |
| 5.0 | 0.0161 | 0.0435 | 0.0167 | 0.0749 | 0.0214 | 0.0480 | 0.0221 | 0.0797 | 0.0248 | 0.0500 | 0.0256 | 0.0817 | 5.0 |
| 7.0 | 0.0089 | 0.0347 | 0.0091 | 0.0572 | 0.0124 | 0.0391 | 0.0126 | 0.0619 | 0.0152 | 0.0414 | 0.0154 | 0.0642 | 7.0 |
| 10.0 | 0.0046 | 0.0263 | 0.0046 | 0.0403 | 0.0066 | 0.0302 | 0.0066 | 0.0462 | 0.0084 | 0.0325 | 0.0083 | 0.0485 | 10.0 |

续表 C.0.2

| $z/b$ \ 系数 \ 点 \ $a/b$ | 6.0 | | | | 8.0 | | | | 10.0 | | | | $a/b$ / 点 / 系数 / $z/b$ |
|---|---|---|---|---|---|---|---|---|---|---|---|---|---|
| 点 | 1 | | 2 | | 1 | | 2 | | 1 | | 2 | | 点 |
| 系数 | $\alpha$ | $\bar{\alpha}$ | $\alpha$ | $\bar{\alpha}$ | $\alpha$ | $\bar{\alpha}$ | $\alpha$ | $\bar{\alpha}$ | $\alpha$ | $\bar{\alpha}$ | $\alpha$ | $\bar{\alpha}$ | 系数 |
| 0.0 | 0.0000 | 0.0000 | 0.2500 | 0.2500 | 0.0000 | 0.0000 | 0.2500 | 0.2500 | 0.0000 | 0.0000 | 0.2500 | 0.2500 | 0.0 |
| 0.2 | 0.0306 | 0.0153 | 0.2186 | 0.2343 | 0.0306 | 0.0153 | 0.2186 | 0.2343 | 0.0306 | 0.0153 | 0.2186 | 0.2343 | 0.2 |
| 0.4 | 0.0549 | 0.0291 | 0.1894 | 0.2192 | 0.0549 | 0.0291 | 0.1894 | 0.2192 | 0.0549 | 0.0291 | 0.1894 | 0.2192 | 0.4 |
| 0.6 | 0.0702 | 0.0402 | 0.1640 | 0.2050 | 0.0702 | 0.0402 | 0.1640 | 0.2050 | 0.0702 | 0.0402 | 0.1640 | 0.2050 | 0.6 |
| 0.8 | 0.0776 | 0.0487 | 0.1426 | 0.1921 | 0.0776 | 0.0487 | 0.1426 | 0.1921 | 0.0776 | 0.0487 | 0.1426 | 0.1921 | 0.8 |
| 1.0 | 0.0795 | 0.0546 | 0.1250 | 0.1804 | 0.0796 | 0.0546 | 0.1250 | 0.1804 | 0.0796 | 0.0546 | 0.1250 | 0.1804 | 1.0 |
| 1.2 | 0.0782 | 0.0587 | 0.1105 | 0.1700 | 0.0783 | 0.0587 | 0.1105 | 0.1700 | 0.0783 | 0.0587 | 0.1105 | 0.1700 | 1.2 |
| 1.4 | 0.0752 | 0.0613 | 0.0986 | 0.1606 | 0.0752 | 0.0613 | 0.0987 | 0.1606 | 0.0753 | 0.0613 | 0.0987 | 0.1606 | 1.4 |
| 1.6 | 0.0714 | 0.0628 | 0.0887 | 0.1523 | 0.0715 | 0.0628 | 0.0888 | 0.1523 | 0.0715 | 0.0628 | 0.0889 | 0.1523 | 1.6 |
| 1.8 | 0.0673 | 0.0635 | 0.0805 | 0.1447 | 0.0675 | 0.0635 | 0.0806 | 0.1448 | 0.0675 | 0.0635 | 0.0808 | 0.1448 | 1.8 |
| 2.0 | 0.0634 | 0.0637 | 0.0734 | 0.1380 | 0.0636 | 0.0638 | 0.0736 | 0.1380 | 0.0636 | 0.0638 | 0.0738 | 0.1380 | 2.0 |
| 2.5 | 0.0543 | 0.0627 | 0.0601 | 0.1237 | 0.0547 | 0.0628 | 0.0604 | 0.1238 | 0.0548 | 0.0628 | 0.0605 | 0.1239 | 2.5 |
| 3.0 | 0.0469 | 0.0607 | 0.0504 | 0.1123 | 0.0474 | 0.0609 | 0.0509 | 0.1124 | 0.0476 | 0.0609 | 0.0511 | 0.1125 | 3.0 |
| 5.0 | 0.0283 | 0.0515 | 0.0290 | 0.0833 | 0.0296 | 0.0519 | 0.0303 | 0.0837 | 0.0301 | 0.0521 | 0.0309 | 0.0839 | 5.0 |
| 7.0 | 0.0186 | 0.0435 | 0.0190 | 0.0663 | 0.0204 | 0.0442 | 0.0207 | 0.0671 | 0.0212 | 0.0445 | 0.0216 | 0.0674 | 7.0 |
| 10.0 | 0.0111 | 0.0349 | 0.0111 | 0.0509 | 0.0128 | 0.0359 | 0.0130 | 0.0520 | 0.0139 | 0.0364 | 0.0141 | 0.0526 | 10.0 |

**C.0.3** 圆形面积上均布荷载下中点的附加应力系数 $\alpha$、平均附加应力系数$\bar{\alpha}$应按表 C.0.3 确定。

**表 C.0.3 圆形面积上均布荷载作用下中点的附加应力系数 $\alpha$ 与平均附加应力系数$\bar{\alpha}$**

| $z/r$ | 圆形 | |
|---|---|---|
| | $\alpha$ | $\bar{\alpha}$ |
| 0.0 | 1.000 | 1.000 |
| 0.1 | 0.999 | 1.000 |
| 0.2 | 0.992 | 0.998 |
| 0.3 | 0.976 | 0.993 |
| 0.4 | 0.949 | 0.986 |
| 0.5 | 0.911 | 0.974 |
| 0.6 | 0.864 | 0.960 |
| 0.7 | 0.811 | 0.942 |
| 0.8 | 0.756 | 0.923 |
| 0.9 | 0.701 | 0.901 |
| 1.0 | 0.647 | 0.878 |
| 1.1 | 0.595 | 0.855 |
| 1.2 | 0.547 | 0.831 |
| 1.3 | 0.502 | 0.808 |
| 1.4 | 0.461 | 0.784 |
| 1.5 | 0.424 | 0.762 |
| 1.6 | 0.390 | 0.739 |
| 1.7 | 0.360 | 0.718 |

续表 C.0.3

| $z/r$ | 圆形 | |
|---|---|---|
| | $\alpha$ | $\bar{\alpha}$ |
| 1.8 | 0.332 | 0.697 |
| 1.9 | 0.307 | 0.677 |
| 2.0 | 0.285 | 0.658 |
| 2.1 | 0.264 | 0.640 |
| 2.2 | 0.245 | 0.623 |
| 2.3 | 0.229 | 0.606 |
| 2.4 | 0.210 | 0.590 |
| 2.5 | 0.200 | 0.574 |
| 2.6 | 0.187 | 0.560 |
| 2.7 | 0.175 | 0.546 |
| 2.8 | 0.165 | 0.532 |
| 2.9 | 0.155 | 0.519 |
| 3.0 | 0.146 | 0.507 |
| 3.1 | 0.138 | 0.495 |
| 3.2 | 0.130 | 0.484 |
| 3.3 | 0.124 | 0.473 |
| 3.4 | 0.117 | 0.463 |
| 3.5 | 0.111 | 0.453 |
| 3.6 | 0.106 | 0.443 |
| 3.7 | 0.101 | 0.434 |
| 3.8 | 0.096 | 0.425 |
| 3.9 | 0.091 | 0.417 |

续表 C.0.3

| $z/r$ | 圆形 | |
|---|---|---|
| | $\alpha$ | $\bar{\alpha}$ |
| 4.0 | 0.087 | 0.409 |
| 4.1 | 0.083 | 0.401 |
| 4.2 | 0.079 | 0.393 |
| 4.3 | 0.076 | 0.386 |
| 4.4 | 0.073 | 0.379 |
| 4.5 | 0.070 | 0.372 |
| 4.6 | 0.067 | 0.365 |
| 4.7 | 0.064 | 0.359 |
| 4.8 | 0.062 | 0.353 |
| 4.9 | 0.059 | 0.347 |
| 5.0 | 0.057 | 0.341 |

**C.0.4** 圆形面积上三角形分布荷载下边点的附加应力系数$\alpha$、平均附加应力系数$\bar{\alpha}$应按表 C.0.4 确定。

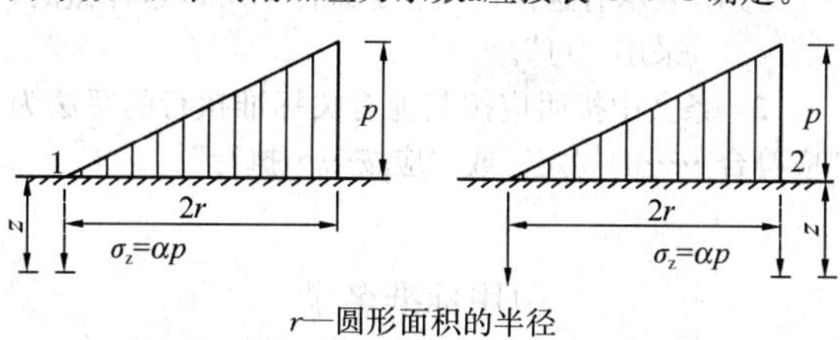


$r$—圆形面积的半径

**表 C.0.4 圆形面积上三角形分布荷载作用下边点的附加应力系数 $\alpha$ 与平均附加应力系数 $\bar{\alpha}$**

| $z/r$ (点/系数) | 1 | | 2 | |
|---|---|---|---|---|
| | $\alpha$ | $\bar{\alpha}$ | $\alpha$ | $\bar{\alpha}$ |
| 0.0 | 0.000 | 0.000 | 0.500 | 0.500 |
| 0.1 | 0.016 | 0.008 | 0.465 | 0.483 |
| 0.2 | 0.031 | 0.016 | 0.433 | 0.466 |
| 0.3 | 0.044 | 0.023 | 0.403 | 0.450 |
| 0.4 | 0.054 | 0.030 | 0.376 | 0.435 |
| 0.5 | 0.063 | 0.035 | 0.349 | 0.420 |
| 0.6 | 0.071 | 0.041 | 0.324 | 0.406 |
| 0.7 | 0.078 | 0.045 | 0.300 | 0.393 |
| 0.8 | 0.083 | 0.050 | 0.279 | 0.380 |
| 0.9 | 0.088 | 0.054 | 0.258 | 0.368 |
| 1.0 | 0.091 | 0.057 | 0.238 | 0.356 |
| 1.1 | 0.092 | 0.061 | 0.221 | 0.344 |
| 1.2 | 0.093 | 0.063 | 0.205 | 0.333 |
| 1.3 | 0.092 | 0.065 | 0.190 | 0.323 |
| 1.4 | 0.091 | 0.067 | 0.177 | 0.313 |
| 1.5 | 0.089 | 0.069 | 0.165 | 0.303 |
| 1.6 | 0.087 | 0.070 | 0.154 | 0.294 |
| 1.7 | 0.085 | 0.071 | 0.144 | 0.286 |
| 1.8 | 0.083 | 0.072 | 0.134 | 0.278 |
| 1.9 | 0.080 | 0.072 | 0.126 | 0.270 |
| 2.0 | 0.078 | 0.073 | 0.117 | 0.263 |
| 2.1 | 0.075 | 0.073 | 0.110 | 0.255 |
| 2.2 | 0.072 | 0.073 | 0.104 | 0.249 |
| 2.3 | 0.070 | 0.073 | 0.097 | 0.242 |

续表 C.0.4

| $z/r$ (点/系数) | 1 | | 2 | |
|---|---|---|---|---|
| | $\alpha$ | $\bar{\alpha}$ | $\alpha$ | $\bar{\alpha}$ |
| 2.4 | 0.067 | 0.073 | 0.091 | 0.236 |
| 2.5 | 0.064 | 0.072 | 0.086 | 0.230 |
| 2.6 | 0.062 | 0.072 | 0.081 | 0.225 |
| 2.7 | 0.059 | 0.071 | 0.078 | 0.219 |
| 2.8 | 0.057 | 0.071 | 0.074 | 0.214 |
| 2.9 | 0.055 | 0.070 | 0.070 | 0.209 |
| 3.0 | 0.052 | 0.070 | 0.067 | 0.204 |
| 3.1 | 0.050 | 0.069 | 0.064 | 0.200 |
| 3.2 | 0.048 | 0.069 | 0.061 | 0.196 |
| 3.3 | 0.046 | 0.068 | 0.059 | 0.192 |
| 3.4 | 0.045 | 0.067 | 0.055 | 0.188 |
| 3.5 | 0.043 | 0.067 | 0.053 | 0.184 |
| 3.6 | 0.041 | 0.066 | 0.051 | 0.180 |
| 3.7 | 0.040 | 0.065 | 0.048 | 0.177 |
| 3.8 | 0.038 | 0.065 | 0.046 | 0.173 |
| 3.9 | 0.037 | 0.064 | 0.043 | 0.170 |
| 4.0 | 0.036 | 0.063 | 0.041 | 0.167 |
| 4.2 | 0.033 | 0.062 | 0.038 | 0.161 |
| 4.4 | 0.031 | 0.061 | 0.034 | 0.155 |
| 4.6 | 0.029 | 0.059 | 0.031 | 0.150 |
| 4.8 | 0.027 | 0.058 | 0.029 | 0.145 |
| 5.0 | 0.025 | 0.057 | 0.027 | 0.140 |

# 附录 D 组合锤挤密和组合锤置换施工记录

**表 D 组合锤挤密和组合锤置换施工记录**

起重机型号：____ 夯锤重量(t)：____

夯击日期： 年 月 日

技术负责人：____工(队)长：____

最后两击平均下沉量控制为____ mm

夯锤尺寸(m)：____落距(m)：____ 记录人：______

| 工序 | 遍数 | 1 | | 2 | | 3 | | 4 | |
|---|---|---|---|---|---|---|---|---|---|
| | | 本次 | 累计 | 本次 | 累计 | 本次 | 累计 | 本次 | 累计 |
| 第□工序 | | | | | | | | | |
| 第□工序 | | | | | | | | | |
| 第□工序 | | | | | | | | | |
| 第□工序 | | | | | | | | | |

续表 D

| 工序 | 遍数 | 1 | | 2 | | 3 | | 4 | |
|---|---|---|---|---|---|---|---|---|---|
| | | 本次 | 累计 | 本次 | 累计 | 本次 | 累计 | 本次 | 累计 |
| 第□工序 | | | | | | | | | |
| | | | | | | | | | |
| | | | | | | | | | |
| | | | | | | | | | |
| | | | | | | | | | |
| 第□工序 | | | | | | | | | |
| | | | | | | | | | |
| | | | | | | | | | |
| | | | | | | | | | |
| | | | | | | | | | |

注：表中夯沉量按 mm 计。

## 附录 E　组合锤法处理地基工程的墩体质量检验方法

**表 E　组合锤法处理地基工程的墩体质量检验方法**

| 序号 | 检验方法 | 墩体材料 |
|---|---|---|
| 1 | 标准贯入试验 | 砂土、粉土及黏性土 |
| 2 | 静力触探试验 | 黏性土、粉土和砂土 |
| 3 | 轻型动力触探 | 贯入深度小于 4m 的黏性土；黏性土与粉土组成的混合土 |
| 4 | 重型动力触探 | 砂土和碎石土 |
| 5 | 超重型动力触探 | 粒径较大或密实的碎石土 |
| 6 | 钻芯法 | 胶结材料 |
| 7 | 瑞利波法 | 各类材料 |

## 本规程用词说明

1　为便于在执行本规程条文时区别对待，对要求严格程度不同的用词说明如下：

1）表示很严格，非这样做不可的用词：
正面词采用“必须”，反面词采用“严禁”；

2）表示严格，在正常情况下均应这样做的用词：
正面词采用“应”，反面词采用“不应”或“不得”；

3）表示允许稍有选择，在条件许可时首先应这样做的用词：
正面词采用“宜”，反面词采用“不宜”；

4）表示有选择，在一定条件下可以这样做的，采用“可”。

2　条文中指明应按其他有关标准执行的写法为“应符合……的规定”或“应按……执行”。

## 引用标准名录

1　《建筑地基基础设计规范》GB 50007

2　《建筑地基基础工程施工质量验收规范》GB 50202

中华人民共和国行业标准

# 组合锤法地基处理技术规程

JGJ/T 290—2012

## 条 文 说 明

# 制 订 说 明

《组合锤法地基处理技术规程》JGJ/T 290－2012，经住房和城乡建设部2012年9月26日以第1477号公告批准、发布。

本规程制订过程中，编制组开展了专题研究，调查、研究和总结了组合锤法处理地基的工程实验及工程施工经验，参考国外同类技术的标准规范，取得了重要技术参数。

为便于广大设计、施工、科研等单位有关人员在使用本规程时能正确理解和执行条文规定，《组合锤法地基处理技术规程》编制组按章、节、条顺序编制了本规程的条文说明，对条文规定的目的、依据以及执行中需注意的有关事项进行了说明。由于本条文说明不具备与规程正文同等的法律效力，仅供使用者作为理解和把握规程规定的参考。

# 目　次

# 1 总 则

**1.0.1** 随着地基处理施工工艺不断的改进和施工设备的更新，我国地基处理技术得以快速发展。对于大多数不良地基，经过地基处理后，一般均能满足建筑工程的要求。本规程编制的目的是保证组合锤法处理地基技术在设计、施工及质量检验中认真贯彻执行国家的技术标准和经济政策，做到安全适用、技术先进、经济合理、确保质量、保护环境和节约资源。

**1.0.2** 组合锤法处理地基技术（原名为超深挤密强夯法），在工业与民用建筑的地基处理、基坑与边坡支护工程中得到广泛应用，取得了明显的技术效果和显著的经济及社会效益。同时在交通公路、铁路、机场、港口、码头等软土地基处理工程和水利堤坝的加固及防渗工程中也得到了广泛的使用。大量的工程施工实践证明，本规程可适用于建设工程中采用组合锤法处理地基的设计、施工和质量检验。

**1.0.3** 组合锤法处理地基技术不仅采用了组合锤法地基处理技术，同时运用了砂石桩、灰土挤密桩及水泥搅拌桩等复合地基的原理。制定本条规定的依据是大量的工程实测资料，所以按本规程进行设计、施工及质量检验时，应重视地方经验，因地制宜，并应综合分析地基土的性质、地下水埋藏条件、施工技术及环境等因素，达到技术先进可靠和节约资源的目的。

# 2 术语和符号

**2.1.3** 组合锤法处理地基技术是采用柱锤、中锤和扁锤分别对地基土深层、中层和表层的不断夯击，破坏了原来土体中固相颗粒的组合结构，进行结构重组，迫使土体中固相颗粒紧密排列，挤出气相体，形成排水通道。同时迫使液相水压力产生由稳定——产生孔隙水压力——再稳定的变化过程。从而达到对地基土进行加固的最终目的。只有这样，这些被加固的增强体和周围的土体的抗压及抗剪强度才能得到迅速提高，才能共同承担基础传递的荷载，形成组合锤法复合地基。

**2.1.4** 组合锤法处理地基技术根据现场岩土工程条件和设计要求，分为组合锤挤密法和组合锤置换法两种。

组合锤挤密法是分别采用柱锤、中锤和扁锤不断夯击施工场地的原土，使其分层挤密压实形成上大下小的楔形墩体，实现提高地基土强度的目的。作为回填置换料的原土可以是场地自身符合要求的土，也可以是新近回填的黏性土、粉土、残积土、砂土等。这些土体可作为回填置换料的前提条件是：①土体含水量不大；②处理后单墩抗压强度平均值和地基承载力一般在200kPa以内；③回填时地下水位不宜过高。

**2.1.5** 组合锤置换法是分别采用柱锤、中锤和扁锤按规定次序夯击场地原土形成夯坑，然后向夯坑回填其他硬骨料作置换料，最终由夯实置换料形成上大下小的楔形墩体，与周边被挤密后的土体共同形成强度高、压缩性低的复合土体。置换料视承载力大小或其他要求可以采用工业废骨料、建筑废骨料、砂土、碎石土及具有一定级配的大粒径块石等。只有在特殊情况下，才采用水泥土或强度等级为C10、C15等的混凝土作为置换料。

建筑废骨料是指拆除建（构）筑物所产生的碎砖瓦，破碎的砂浆和混凝土块体等废物料。但不含木块、纤维板、废纸屑和纸质板等有机物建筑垃圾。

工业废骨料是指工业窑炉冶炼或煅烧产生的废料，如废矿渣、粉煤灰等。用于组合锤法处理地基的置换料的工业废骨料应符合国家现行有关腐蚀性和放射性安全标准的要求。

**2.1.6** 两遍夯击之间应有一定的时间间隔，以利于土中超静孔隙水压力的消散。间歇时间一般取决于超静孔隙水压力的消散时间。由于土中超静孔隙水压力的消散速率与土的类别、夯点间距、夯击状况等因素有关。如果有条件在试夯时埋设孔隙水压力传感器，通过试夯确定超静孔隙水压力的消散时间，以决定两遍夯击之间和施工完成至验收检验之间的间歇期。当缺少实测资料时，也可根据地基土的渗透性相关规定结合工程施工经验采用。

**2.1.8** 锤的底面积、锤的静压力值和锤的动压当量对强夯的效果影响较大，当锤的重量确定后，是互成反比的：锤面积过小，静压力值和动压当量过大，导致夯锤对地基土的作用以冲切力为主。相反，锤底面积过大，静压力值和动压当量偏小（即单击面积夯击能偏小），单位面积上的冲击能则过小，对地基强夯的影响就不大。目前国内普通强夯锤的静压力值一般常采用20kN/m$^2$～40kN/m$^2$。组合锤法地基处理中柱锤的静压力值采用60kN/m$^2$～135kN/m$^2$，动压当量采用600kJ/m$^2$～1350kJ/m$^2$。中锤的静压力值则采用25kN/m$^2$～50kN/m$^2$，动压当量采用250kJ/m$^2$～500kJ/m$^2$，与国内普通强夯锤的经验静压力值相接近。

# 3 基 本 规 定

**3.0.1** 组合锤挤密法特别适用于大面积山坡填方区域的地基处理工程，组合锤置换法则特别适用于大面积的江河湖海塘区域的地基处理工程。

两种处理方法选用原则应根据土体性质和状态、含水量大小、地下水位高低及承载力要求等确定。一般情况下，利用场地原土作为回填料进行夯实挤密形成增强体就能满足设计要求时，可选用挤密法。若遇高饱和度的杂填土、黏性土、粉土、淤泥或淤泥质土或地下水位偏高时，夯实挤密效果不明显，且施工时易产生吸锤和土体严重隆起现象时，就不能采用挤密法，而应选用置换法。

组合锤置换法置换料的选用应根据下列原则进行：

**1** 墩体承载力的设计：置换料能满足墩体承载力的要求；

**2** 透水性能：以利于形成排水通道；

**3** 就地取材：以利节约造价及环保节能。

当场地的填土厚度大于15.0m、场地的淤泥或淤泥质土厚度大于7.0m、工程复合地基承载力特征值（$f_{ak}$）大于350kPa时，必须先对置换方案进行现场试验区施工和检验，以确定该方法的适宜性和经济性。

强夯施工中，在夯锤落地的瞬间，一部分动能转换为冲击波，从夯点以波的形式向外传播，引起地表振动。当振动强度达到一定数量时，会引起地表和建（构）筑物的不同程度的损伤和破坏，产生振动和噪声等影响环境的公害。根据这一情况，本规程规定城区内和周边环境条件不允许时，不宜采用组合锤法地基处理技术。同时，根据编制组多年跟踪调查研究，对振动敏感的建筑物的最小间距可定为10m。

**3.0.2** 本条规定了在组合锤法处理地基方案设计前应完成的工作，强调应进行现场调查研究，了解当地地基处理经验和施工条件，调查邻近建筑、地下工程、管线和环境条件等前期工作。索取和深入了解工程地质勘察资料和工程设计的资料。

对于有特殊要求的工程，应在了解当地类似场地处理经验的基础上，深入分析研究以前处理过的相类似工程的设计、施工经验及检测结果等资料，综合确定设计参数。

**3.0.3** 现场试验区施工的目的：一是评价选用的地基处理方法是否可行；二是确定组合锤法处理地基技术的各项施工技术参数。现场试夯施工首先按照设计要求选定试夯方案，然后选择2个～3个代表性场地进行试夯区施工。施工结束后，对现场试夯按规定进行检测，并与夯前的测试数据进行分析对比。判定组合锤法地基处理的适宜性和处理效果，确定地基处理采用的各项施工参数。一个试验区的面积不宜小于20m×20m，但对于处理面积小且单位工程面积不大的情况下，可会同设计和建设方研究，适当减小试验区的个数和一个试验区的面积。

**3.0.4** 现场试夯区的处理效果，不能以观察来评价。所有的施工技术参数均必须以现场检测的数据为准。其中单墩复合地基和单墩承载力特征值应采用静荷载试验。有效加固深度宜采用动力触探试验和室内土工试验，取得处理前后的触探击数随深度变化的规律。本规程推荐采用重型动力触探法、标准贯入法、钻芯法和瑞利波法等试验方法，检查置换墩着底的情况及承载力与密度随深度的变化情况。这些方法能直接客观反映出墩体质量和着底的深度，单墩静载荷试验应符合本规程附录A的规定。

**3.0.6、3.0.7** 对于山地丘陵地带，经挖填平整后的建（构）筑物，基础常常坐落在不同的地质单元上，或者坐落在原来的斜坡上，易产生建（构）筑物沉降差异以至建（构）筑物造成倾斜和失稳现象。在这种情况下，可对岩土性质存在差异的地层超挖2m，然后进行整体回填夯实，或加强上部结构整体刚度等措施以减少差异沉降，并应按现行国家标准《建筑地基基础设计规范》GB 50007的相关规定进行地基稳定性验算。

## 4 设　　计

**4.0.1** 经过长期强夯理论的研究和各种强夯工程施工实践得出：地基土的有效加固深度和影响深度是两个不同的概念。前者是反映处理效果的主要参数和选择地基处理方案的重要依据，后者是研究夯击能够影响到的深度。有效加固深度越大，对处理后地基的强度和稳定性越有利。

为了确定地基土的有效加固深度，国内外学者进行了大量试验研究和工程实践。强夯法发明人梅那的估算公式得出的有效加固深度往往会得出偏大的结果。这是因为除锤重和落距外，地基土的性质、厚度、埋藏顺序、地下水位和锤底压力等都与有效加固深度有着直接的关联。因此迄今为止还不能得到有效加固深度准确的计算公式。考虑到设计人员选择使用组合锤法处理地基技术的需要，本规程未采用修正后的梅那公式计算的方法，而是采用了长期以来组合锤法地基施工经验和工程检测数据分析统计得到的有效加固深度经验值，供初步设计时选择。

柱锤是通过减小锤底接地面积、增加锤体密度和锤高并保证锤重不变，按照施工工艺要求，采用不同的浇铸材料进行设计制作，使该锤静接地压力值和动压力当量与采用大其3倍～4倍能量的普通夯锤相当，即通过较小的夯击能，达到中等甚至高能级的夯击效果。通过大量的试验和工程实践可以得出如下结论：在一定的条件下，动压当量越大，则有效加固深度越深。

江西省景德镇某小区填土厚度0.8m～22.0m，在组合锤法复合地基处理后，经过静载荷试验和重型动探检测，其复合地基承载力特征值大于180kPa，有效加固深度最深达16.1m；江西新建县某小区场地为松散～稍密的素填黏性土、千枚岩块和少量的粉质黏土组成，在采用组合锤法地基处理后，对1＃、2＃、3＃现场试验区进行了标准贯入试验、静载试验和重型动探检测，检测结果表明：组合锤法有效加固深度最大达12.0m，等于最大的填土厚度。

**4.0.2** 对满堂基础，夯实置换墩点宜根据基底平面形状布置成等边三角形、等腰三角形或正方形等，布置间距按照本规程第4.0.3条规定执行，对独立柱基，可在基底下面作均匀相应的布置，对条形基础，可按条基线性布置。

**4.0.3** 组合锤法处理地基设计一般是按照上部荷载和基底平面形状等来确定墩数及墩间距，当单墩间距较大时，就必须加强上部结构和基础的刚度，以避免发生不均匀沉降或基础的局部开裂。

**4.0.4** 由于基础压力的扩散作用，散体材料组合锤法地基处理范围应大于建筑物基础范围，具体放大范围应根据建筑物结构类型和重要性等因素确定。对于一般建筑物，每边超出基础外缘的宽度宜为基底下设计处理深度的1/2～2/3，并不宜小于3m。

**4.0.5** 组合锤法地基在上部荷载不是特别大或没有其他要求时，一般按照就地取材、保护环境的原则，采用符合要求的原土为墩体材料。即现场回填的砂土、黏性土或风化残积类土等。当上部荷载要求较大或出现其他因素时，墩体材料宜采用级配良好的块石、碎石、工业废渣骨料、建筑废渣骨料等坚硬颗粒材料。当要求单墩承载力大于1000kN时，则宜选用灰土、水泥土或混凝土材料作墩体材料。

**4.0.7** 对埋置深度较浅且厚度较薄的软土层，置换墩体应穿透该软土层，达到下部相对较硬的土层上，否则在墩底较大的应力作用下，墩体会发生较大的下沉。因此，为了有效减小沉降，复合地基中增强体设置一般都穿透薄弱的土层，落在相对较好的土层上。

对于埋置深度较浅且深厚饱和的粉土、粉砂等软土层时，虽然置换墩体不能穿透该软土层，但经强力夯击，置换墩底部软土体在施工过程中密实度变大，并经软弱下卧层验算，若承载力满足要求则可不必穿透该软土层。

**4.0.8** 组合锤法单墩承载力设计时，其单墩承载力应通过现场载荷试验确定，所有的估算或其他方法得出的组合锤法单墩承载力均必须与现场载荷试验确定的结果相符合。否则，必须以现场载荷试验结果来最终确定该工程的组合锤法单墩承载力。

本规程采用两个组合锤法单墩承载力的估算公式。并明确规定该公式是初步设计时的估算公式，只用于有粘结强度的增强体，不能用于散体材料增强体。

公式（4.0.8-1）中$\alpha_p$墩端阻力发挥系数可根据地区经验或相关资料分析统计取0.2～1.0，该系数主要与墩端土的工程性质相关，墩端土为淤泥、淤泥质土的软弱土层时，取低值，墩端土为坚硬岩土层时取高值，中间性质的土层按经验取插值。

公式（4.0.8-2）中$f_{cu}$墩体抗压强度平均值系墩体立方体试块在标准养护条件和规定的龄期下的抗压强度的平均值。其中混凝土试块为150mm×150mm×150mm，水泥土试块为70.7mm×70.7mm×70.7mm。龄期为混凝土28d，水泥土90d，依据工程试验资料的分析统计和工程经验，获得抗压强度平均值如下：对水泥土置换墩取值不低于400kPa，对混凝土置换墩取值不低于600kPa，灰土置换墩取值不低于300kPa。

**4.0.9** 需要对复合地基承载力进行基础埋深的深度修正时，应按公式（4.0.9）对灰土、水泥土或混凝土墩体强度进行验算。

**4.0.10** 组合锤法复合地基承载力特征值，应通过复合地基载荷试验确定，同时考虑到复合地基承载力载荷试验工作量大、成本高、工期长等因素，本规程同时规定，应通过组合锤法单墩载荷试验和墩间土地基载荷试验并结合工程实践经验综合确定。本条特别强调：所有的估算或其他方法得出的组合锤法复合地基承载力特征值，均必须符合现场复合地基载荷试验或单墩载荷试验和墩间土地基载荷试验确定的结果。否则，应以现场复合地基载荷试验或组合锤单墩载荷试验和墩间土地基载荷试验确定的结果作为该工程组合锤法复合地基承载力特征值。强调现场试验对复合地基设计的重要性。

本规程规定，初步设计时，可按墩体采用散体材料时和墩体采用有粘结强度的材料时的两种估算方法。

其中公式（4.0.10-1）中$n$为复合地基墩土应力比（承载力），本规程规定，宜按试验或地区经验取2.0～4.0。墩土承载力比，主要由墩体承载力和墩间土承载力决定的，视墩体材料、墩体类型、破坏时单墩承载力发挥度及墩间土工程性质而定。墩体为碎石、砾石，破坏时单墩承载力发挥度高，复合地基置换率高的取大值，相反取小值。

公式（4.0.10-2）中$\beta$为墩间土承载力发挥系数，宜按墩间土的工程性质、墩体类型和墩间土地基破坏时的承载力发挥度及结合地区经验取0.6～1.0。墩间土工程性质好，墩体材料为混凝土刚体墩时，承载力发挥度高，取大值，相反取小值。中间状态可在0.6～1.0按经验取插值。

**4.0.11** 在验算下卧层地基承载力时，验算方法宜采用应力扩散角法。由于处理后的地基土的内摩擦角不易确定。因此，本规程根据经验规定应力扩散角可取处理前内摩擦角的1/2～2/3。

## 5 施 工

**5.0.1** 组合锤法复合地基施工时，一般采用的吊机为10t～15t，夯锤为9t～15t，对于地表土软弱的施工场地，当地表土承载力特征值小于60kPa时，宜在表层铺填一定厚度的松散的干硬性材料，使地表形成硬层，以保证设备行走和施工。当吊机和夯锤重量超过上述情况时，地表土承载力特征值应相应提高，并以满足设备行走和施工为准。

**5.0.2** 当地表水和地下水位较高时，宜采用人工降水的办法，使地下水位低于施夯面。其主要是避免在夯击过程中出现夯坑积水、翻砂现象，以致夯击的地基土无法形成排水通道，阻碍土体的排水固结进程，从而影响夯击的效果。

**5.0.3** 本条文是对组合锤挤密法施工工序作出的原则性规定。具体的施工参数应按现场试验性施工确定的参数执行。

**5.0.4** 组合锤挤密法的夯击次数应根据地基土的性质确定。并根据组合锤法地基处理的施工工艺特点，按照深层挤密、中层挤密与浅层密实的工序，选用不同的夯击次数，对于粗颗粒土夯击次数取小值，细颗粒土夯击次数取大值。

**5.0.5** 本条文是对组合锤置换法的施工工序作出的原则性规定。具体的施工参数应按现场试验性施工确定的参数执行。

**5.0.7** 两遍夯击之间的间歇期取决于土中超静孔隙水压力的消散时间。本规程按现行行业标准《建筑地基处理技术规范》JGJ 79 的规定执行。有条件时，应在试夯前、夯击过程中进行孔隙水压力测试，得出超静孔隙水压力的消散时间，以确定两遍夯击的最佳时间间隔。当回填土选用渗透性好的中粗砂、砾砂地基时，由于超静孔隙水消散快，所以只需间歇 1d～2d 就可夯击或连续夯击，对于渗透性差的黏性土地基，其间歇期一般不应少于 7d，否则对处理效果将产生较大影响。

夯击过程中及夯击后，进行孔隙水压力测试可以达到下列目的：

**1** 研究夯击的影响深度和范围；

**2** 确定夯击能，每一夯点的击数以及夯击点的间距；

**3** 测量孔隙水压力的消散速度，以便确定两遍夯击的间隔时间。

一般情况下，对于现场拟处理地基的回填土或置换料为粉质黏土或中粗砂时，在施工过程中，出于工期等因素的考虑，间歇期一般为 1d～7d，此举对于处理中粗砂、砾砂地基影响不大，但对于粉质黏性土地基，则会有较大的影响。

**5.0.8** 在施工中安排专人作施工记录，这是由组合锤法地基施工工艺的特殊性决定的。施工工艺的各项参数是根据现场试夯施工过程中实测获取的，其施工步骤也是根据试夯效果确认后由设计规定的。所以，施工前不但要明确规定组合锤法地基施工专人监测工作的内容，同时明确规定派专人对施工全过程做好各项参数和施工情况的详细记录。因为当施工工序进入下一工序时就无法监测记录到已完成的前一工序的相关参数和施工情况，施工结束后不能事后补做检查监测施工步骤及参数的记录，因此本规程要求在施工过程中应派人专职负责对各项参数和施工步骤进行详细完整的检查和记录。

**5.0.9** 根据国家工程验收的规定，工程的上道工序验收不合格，不能进入下一道工序的施工。本规程规定组合锤法地基处理施工结束后，应按规定程序对该子分部工程进行施工验收，合格后才能进行基础工程的施工。这样做可以对保证组合锤法处理地基的施工质量起到促进和保证作用。

**5.0.10** 基底埋置深度应在墩顶以下 0.2m～0.5m 处，这是因为采用组合锤法进行地基处理时，表层 0.2m～0.5m 地基土受到横向波的振动作用，夯锤起锤时表土会松动，同时墩体夯实过程中地表土会有一定的隆起。故在进行基础设计时，必须将基底埋置于 0.3m 以下，以确保工程的安全。

## 6 质量检验

**6.0.1** 施工质量检测包括施工前现场试夯载荷试验、施工过程中的质量检测和工程竣工验收的质量检验。施工过程中的质量检测指施工全过程中对施工相关参数的检测和施工步骤的检查记录，主要目的是检查施工过程中不符合参数要求的质量问题，进而提出补夯或其他整改措施，保证达到组合锤法地基的处理效果。竣工验收的质量检验，是指施工结束后，在达到检测的间隔期后，对组合锤法地基按规定进行载荷试验和其他试验。其中本规程特别强调：经组合锤法处理后的地基竣工时，应采用单墩载荷试验或单墩复合地基载荷试验。

由于地基土的复杂性和不定性，往往会出现土性和施工工艺的偏离现象，这种偏离会导致施工过程相关参数的偏离，造成承载力等参数达不到设计的要求。本规程规定：对这种情况，施工方应认真进行现场分析研究，提出补夯整改措施。并按整改方案进行补夯，以达到各项参数的设计要求。对处理后的工程还应进行补检和验收，合格后才能进入下道工序施工。

**6.0.2** 组合锤法地基处理技术是在强夯和强夯置换的基础上发展而来的，它与强夯地基一样，经处理后，地基强度是随着时间增长而逐步提高的。为了客观真实地评价处理后地基土的承载力，竣工验收的质量检验应在施工结束间隔一定时间后方可进行。土的间歇期长短是根据土的性质而定的，本规程按工程实践经验，对粉土、黏性土间歇期不宜少于 28d，对于碎石土、砂土间歇期宜为 14d。

**6.0.3** 组合锤法地基质量检验的数量，主要是根据场地复杂程度和建筑物的重要性确定的。本规程的规定基本上和现行行业标准《建筑地基处理技术规范》JGJ 79 相关规定保持一致。

组合锤法地基承载力检验数量，是以每个单位建筑物工程的地基（即采用同一种施工方法，同期施工的单位建筑地基）为单位，按照总墩点数的1%且不少于3点进行抽检，当墩点数在100点以内时，不应少于2点，当墩点数在50点以内时，不应少于1点。这是充分考虑了单体建筑物荷载越大时，布置的墩点数量越多，墩点检测的频率相应也就越大的原则。

**6.0.5** 本规程明确了组合锤法复合地基处理工程竣工必备资料的要求，施工单位应提供本规程规定的五个方面的资料。

中华人民共和国国家标准

# 建筑边坡工程技术规范

Technical code for building slope engineering

**GB 50330—2002**

主编部门：重 庆 市 建 设 委 员 会
批准部门：中华人民共和国建设部
施行日期：2 0 0 2 年 8 月 1 日

## 关于发布国家标准《建筑边坡工程技术规范》的通知

建标［2002］129号

国务院各有关部门，各省、自治区建设厅，直辖市建委及有关部门，新疆生产建设兵团建设局，各有关协会：

根据建设部《关于印发〈二○○一～二○○二年度工程建设国家标准制订、修订计划〉的通知》（建标［2002］85号）的要求，重庆市建设委员会会同有关部门共同制订了《建筑边坡工程技术规范》。我部组织有关部门对该规范进行了审查，现批准为国家标准，编号为GB 50330—2002，自2002年8月1日起施行。其中，3.2.2、3.3.3、3.3.6、3.4.2、3.4.9、4.1.1、4.1.3、15.1.2、15.1.6、15.4.1为强制性条文，必须严格执行。

本规范由建设部负责管理和对强制性条文的解释，重庆市设计院负责具体技术内容的解释，建设部标准定额研究所组织中国建筑工业出版社出版发行。

**中华人民共和国建设部**

2002年5月30日

## 前　言

本规范根据建设部《关于印发〈二○○一～二○○二年度工程建设国家标准制订、修订计划〉的通知》（建标［2002］85号）的要求，以重庆市建设委员会为主编部门，由重庆市设计院会同7个单位共同编制完成。

本规范共有16章及7个附录，内容包括总则、术语、符号、基本规定、边坡工程勘察、边坡稳定性评价、边坡支护结构上的侧向岩土压力、锚杆（索）、锚杆（索）挡墙支护、岩石锚喷支护、重力式挡墙、扶壁式挡墙、坡率法、滑坡、危岩及崩塌防治、边坡变形控制、边坡工程施工、边坡工程质量检验、监测及验收等。

本规范是我国首次编制的建筑边坡工程技术规范。在编制过程中参考了国内外有关技术规范，采用了我国建筑边坡工程中诸多新的研究成果与设计、施工方法，经多方面征求意见，并反复讨论和修改后，审查定稿。

本规范将来可能需要进行局部修订，有关局部修订的信息和条文内容将刊登在《工程建设标准化》杂志上。

本规范以黑体字标识的条文为强制性条文，必须严格执行。

为了提高规范质量，请各单位在执行本标准的过程中，注意总结经验，积累资料，随时将有关意见和建议反馈给重庆市设计院（重庆市渝中区人和街31号，邮编400015），以供今后修订时参考。

本规范主编单位、参编单位和主要起草人

主编单位：重庆市设计院

参编单位：解放军后勤工程学院
建设部综合勘察研究设计院
中国科学院地质与地球物理研究所
重庆市建筑科学研究院
重庆交通学院
重庆大学

主要起草人：郑生庆、郑颖人、李耀刚、陈希昌、黄家愉、方玉树、伍法权、周载阳、徐锡权、欧阳仲春、庄斌耀、张四平、贾金青

# 目　次

## 1 总 则

**1.0.1** 为使建筑边坡（含人工边坡和自然边坡）工程的勘察、设计及施工工作规范化，做到安全适用、技术先进、经济合理、确保质量和保护环境，制定本规范。

**1.0.2** 建筑边坡工程应综合考虑工程地质、水文地质、各种作用、边坡高度、邻近建（构）筑物、环境条件、施工条件和工期等因素的影响，因地制宜，合理设计，精心施工。

**1.0.3** 本规范适用于建（构）筑物及市政工程的边坡工程，也适用于岩石基坑工程。对于软土、湿陷性黄土、冻土、膨胀土、其他特殊岩土和侵蚀性环境的边坡，尚应符合现行有关标准的规定。

**1.0.4** 本规范适用的建筑边坡高度，岩质边坡为30m以下，土质边坡为15m以下。超过上述高度的边坡工程、地质和环境条件很复杂的边坡工程应进行特殊设计。

**1.0.5** 本规范根据国家标准《建筑结构可靠度设计统一标准》GB 50068—2001的基本原则，并按国家标准《建筑结构设计术语和符号标准》GBT50083—97的规定制定。

**1.0.6** 建筑边坡工程除应符合本规范的规定外，尚应符合现行国家标准《建筑结构荷载规范》GB 50009、《建筑抗震设计规范》GB 50011、《建筑地基基础设计规范》GB 50007、《岩土工程勘察规范》GB 50021和《混凝土结构设计规范》GB 50010等有关标准的规定。

## 2 术语、符号

### 2.1 术 语

**2.1.1** 建筑边坡 building slope

在建（构）筑物场地或其周边，由于建（构）筑物和市政工程开挖或填筑施工所形成的人工边坡和对建（构）筑物安全或稳定有影响的自然边坡。在本规范中简称边坡。

**2.1.2** 边坡支护 slope retaining

为保证边坡及其环境的安全，对边坡采取的支挡、加固与防护措施。

**2.1.3** 边坡环境 slope environment

边坡影响范围内的岩土体、水系、建（构）筑物、道路及管网等的统称。

**2.1.4** 永久性边坡 permanent slope

使用年限超过2年的边坡。

**2.1.5** 临时性边坡 temporary slope

使用年限不超过2年的边坡。

**2.1.6** 锚杆（索） anchor bar (rope)

将拉力传至稳定岩土层的构件。当采用钢绞线或高强钢丝束作杆体材料时，也可称为锚索。

**2.1.7** 锚杆挡墙支护 retaining wall with anchors

由锚杆（索）、立柱和面板组成的支护。

**2.1.8** 锚喷支护 anchor-plate retaining

由锚杆和喷射混凝土面板组成的支护。

**2.1.9** 重力式挡墙 gravity retaining wall

依靠自身重力使边坡保持稳定的构筑物。

**2.1.10** 扶壁式挡墙 counterfort retaining wall

由立板、底板、扶壁和墙后填土组成的支护。

**2.1.11** 坡率法 slope ratio method

通过调整、控制边坡坡率和采取构造措施保证边坡稳定的边坡治理方法。

**2.1.12** 工程滑坡 landslide due to engineering

因工程行为而诱发的滑坡。

**2.1.13** 危岩 dangerous rock

被结构面切割、在外营力作用下松动变形的岩体。

**2.1.14** 崩塌 collapse

危岩失稳坠落或倾倒的一种地质现象。

**2.1.15** 软弱结构面 weak structural plane

断层破碎带、软弱夹层、含泥或岩屑等结合程度很差、抗剪强度极低的结构面。

**2.1.16** 外倾结构面 out-dip structural plane

倾向坡外的结构面。

**2.1.17** 边坡塌滑区 landslipe zone of slope

计算边坡最大侧压力时潜在滑动面和控制边坡稳定的外倾结构面以外的区域。

**2.1.18** 等效内摩擦角 the equative angle of internal friction

考虑岩土粘聚力影响的假象内摩擦角，也称似内摩擦角。

**2.1.19** 信息施工法 construction method from information

根据施工现场的地质情况和监测数据，对地质结论、设计参数进行验证，对施工安全性进行判断并及时修正施工方案的施工方法。

**2.1.20** 动态设计法 method of information design

根据信息施工法和施工勘察反馈的资料，对地质结论、设计参数及设计方案进行再验证，如确认原设计条件有较大变化，及时补充、修改原设计的设计方法。

**2.1.21** 逆作法 topdown construction method

自上而下分阶开挖与支护的一种施工方法。

**2.1.22** 土层锚杆 anchored bar in soil

锚固于土层中的锚杆。

**2.1.23** 岩石锚杆 anchored bar in rock

锚固于岩层内的锚杆。

**2.1.24** 系统锚杆 system of anchor bars

为保证边坡整体稳定，在坡体上按一定格式设置的锚杆群。

**2.1.25** 坡顶重要建（构）筑物 important construction on top of slope

位于边坡坡顶上的破坏后果严重的永久性建（构）筑物。

## 2.2 符 号

**2.2.1** 作用和作用效应

$e_{ok}$——静止岩土压力标准值；

$e_{ak}$——主动岩土压力标准值；

$e_{pk}$——被动岩土压力标准值；

$e_{hk}$——侧向岩土压力水平分力标准值；

$E_0$——静止岩土压力合力设计值；

$E_a$——主动岩土压力合力设计值；

$E_{pk}$——被动岩土压力合力标准值；

$E_{hk}$——侧向岩土压力合力水平分力标准值；

$G$——挡墙每延米自重；

$K_0$——静止岩土压力系数；

$K_a$——主动岩土压力系数；

$K_p$——被动岩土压力系数；

$H_{tk}$——锚杆所受水平拉力标准值；

$N_{ak}$——锚杆所受轴向拉力标准值；

$N_a$——锚杆所受轴向拉力设计值。

**2.2.2** 材料性能和抗力

$E$——弹性模量；

$K_v$——岩石完整系数；

$\mu$——岩土对挡墙基底的摩擦系数；

$\nu$——泊松比；

$c$——岩土的粘聚力；

$\varphi$——岩土的内摩擦角；

$c_s$——结构面的粘聚力；

$\varphi_s$——结构面上的内摩擦角；

$\varphi_e$——岩土体等效内摩擦角；

$\gamma$——岩土的重力密度（简称重度）；

$\gamma'$——岩土的浮重度；

$\gamma_{sat}$——岩土的饱和重度；

$\delta$——岩土对挡墙墙背的摩擦角；

$f_{rb}$——锚固体与岩土层粘结强度特征值；

$f_b$——锚筋与砂浆粘结强度设计值；

$f_r$——岩石天然单轴抗压强度；

$f_t$——混凝土抗拉强度设计值；

$f_y$——普通钢筋抗拉强度设计值；

$f_{py}$——预应力钢筋抗拉强度设计值；

$f_v$——锚筋抗剪强度设计值。

**2.2.3** 几何参数

$b$——挡墙基底的水平投影宽度；

$H$——边坡高度；

$d$——钢筋直径；

$D$——锚固体直径；

$l_a$——锚杆锚固段长度；

$l_f$——锚杆自由段长度；

$a$——锚杆倾角；挡墙墙背倾角；

$\alpha_0$——挡墙基底倾角；

$\theta$——边坡滑裂面倾角。

**2.2.4** 计算系数

$\gamma_0$——建筑边坡重要性系数；

$\gamma_Q$——荷载分项系数；

$K_s$——稳定性系数；

$\xi_1$、$\xi_2$、$\xi_3$、$\xi_t$、$\xi_c$——工作条件系数；

$\beta_1$——侧向静止岩土压力折减系数；

$\beta_2$——锚杆挡墙侧向岩土压力修正系数。

# 3 基 本 规 定

## 3.1 建筑边坡类型

**3.1.1** 边坡分为土质边坡和岩质边坡。

**3.1.2** 岩质边坡的破坏形式应按表 3.1.2 划分。

**表 3.1.2 岩质边坡的破坏形式**

| 破坏形式 | 岩体特征 | | 破坏特征 |
|---|---|---|---|
| 滑移型 | 由外倾结构面控制的岩体 | 硬性结构面的岩体 | 沿外倾结构面滑移，分单面滑移与多面滑移 |
| | | 软弱结构面的岩体 | |
| | 不受外倾结构面控制和无外倾结构面的岩体 | 整体状岩体，巨块状、块状岩体，碎裂状、散体状岩体 | 沿极软岩、强风化岩、碎裂结构或散体状岩体中最不利滑动面滑移 |
| 崩塌型 | 危岩 | | 沿陡倾、临空的结构面塌滑；由内、外倾结构不利组合面切割，块体失稳倾倒；岩腔上岩体沿竖向结构面剪切破坏坠落 |

**3.1.3** 确定岩质边坡的岩体类型应考虑主要结构面与坡向的关系、结构面倾角大小和岩体完整程度等因素，并符合附录 A 的规定。

**3.1.4** 确定岩质边坡的岩体类型时，由坚硬程度不同的岩石互层组成且每层厚度小于 5m 的岩质边坡宜视为由相对软弱岩石组成的边坡。当边坡岩体由两层以上单层厚度大于5m的岩体组合时，可分段确定边坡类型。

## 3.2 边坡工程安全等级

**3.2.1** 边坡工程应按其损坏后可能造成的破坏后果（危及人的生命、造成经济损失、产生社会不良影响）的严重性、边坡类型和坡高等因素，根据表3.2.1确定安全等级。

**表3.2.1 边坡工程安全等级**

| 边坡类型 | | 边坡高度 $H$（m） | 破坏后果 | 安全等级 |
|---|---|---|---|---|
| 岩质边坡 | 岩体类型为Ⅰ或Ⅱ类 | $H \leqslant 30$ | 很严重 | 一级 |
| | | | 严重 | 二级 |
| | | | 不严重 | 三级 |
| | 岩体类型为Ⅲ或Ⅳ类 | $15 < H \leqslant 30$ | 很严重 | 一级 |
| | | | 严重 | 二级 |
| | | $H \leqslant 15$ | 很严重 | 一级 |
| | | | 严重 | 二级 |
| | | | 不严重 | 三级 |
| 土质边坡 | | $10 < H \leqslant 15$ | 很严重 | 一级 |
| | | | 严重 | 二级 |
| | | $H \leqslant 10$ | 很严重 | 一级 |
| | | | 严重 | 二级 |
| | | | 不严重 | 三级 |

注：1 一个边坡工程的各段，可根据实际情况采用不同的安全等级。

2 对危害性极严重、环境和地质条件复杂的特殊边坡工程，其安全等级应根据工程情况适当提高。

**3.2.2 破坏后果很严重、严重的下列建筑边坡工程，其安全等级应定为一级：**

**1 由外倾软弱结构面控制的边坡工程；**

**2 危岩、滑坡地段的边坡工程；**

**3 边坡塌滑区内或边坡塌方影响区内有重要建（构）筑物的边坡工程。破坏后果不严重的上述边坡工程的安全等级可定为二级。**

**3.2.3** 边坡塌滑区范围可按下式估算：

$$L=\frac{H}{\mathrm{tg}\theta} \tag{3.2.3}$$

式中 $L$——边坡坡顶塌滑区边缘至坡底边缘的水平投影距离（m）；

$H$——边坡高度（m）；

$\theta$——边坡的破裂角（°）。对于土质边坡可取$45°+\varphi/2$，$\varphi$为土体的内摩擦角；对于岩质边坡可按6.3.4确定。

## 3.3 设计原则

**3.3.1** 边坡工程可分为下列两类极限状态：

1 承载能力极限状态：对应于支护结构达到承载力破坏、锚固系统失效或坡体失稳；

2 正常使用极限状态：对应于支护结构和边坡的变形达到结构本身或邻近建（构）筑物的正常使用限值或影响耐久性能。

**3.3.2** 边坡工程设计采用的荷载效应最不利组合应符合下列规定：

1 按地基承载力确定支护结构立柱（肋柱或桩）和挡墙的基础底面积及其埋深时，荷载效应组合应采用正常使用极限状态的标准组合，相应的抗力应采用地基承载力特征值；

2 边坡与支护结构的稳定性和锚杆锚固体与地层的锚固长度计算时，荷载效应组合应采用承载能力极限状态的基本组合，但其荷载分项系数均取1.0，组合系数按现行国家标准的规定采用；

3 在确定锚杆、支护结构立柱、挡板、挡墙截面尺寸、内力及配筋时，荷载效应组合应采用承载能力极限状态的基本组合，并采用现行国家标准规定的荷载分项系数和组合值系数；支护结构的重要性系数$\gamma_0$按有关规范的规定采用，对安全等级为一级的边坡取1.1，二、三级边坡取1.0；

4 计算锚杆变形和支护结构水平位移与垂直位移时，荷载效应组合应采用正常使用极限状态的准永久组合，不计入风荷载和地震作用；

5 在支护结构抗裂计算时，荷载效应组合应采用正常使用极限状态的标准组合，并考虑长期作用影响；

6 抗震设计的荷载组合和临时性边坡的荷载组合应按现行有关标准执行。

**3.3.3 永久性边坡的设计使用年限应不低于受其影响相邻建筑的使用年限。**

**3.3.4** 边坡工程应按下列原则考虑地震作用的影响：

1 边坡工程的抗震设防烈度可采用地震基本烈度，且不应低于边坡破坏影响区内建筑物的设防烈度；

2 对抗震设防的边坡工程，其地震效应计算应按现行有关标准执行；岩石基坑工程可不作抗震计算；

3 对支护结构和锚杆外锚头等，应采取相应的抗震构造措施。

**3.3.5** 边坡工程的设计应包括支护结构的选型、计算和构造，并对施工、监测及质量验收提出要求。

**3.3.6 边坡支护结构设计时应进行下列计算和验算：**

**1 支护结构的强度计算：立柱、面板、挡墙及其基础的抗压、抗弯、抗剪及局部抗压承载力以及锚杆杆体的抗拉承载力等均应满足现行相应标准的要求；**

2 锚杆锚固体的抗拔承载力和立柱与挡墙基础的地基承载力计算；

3 支护结构整体或局部稳定性验算；

4 对变形有较高要求的边坡工程可结合当地经验进行变形验算，同时应采取有效的综合措施保证边坡和邻近建（构）筑物的变形满足要求；

5 地下水控制计算和验算；

6 对施工期可能出现的不利工况进行验算。

## 3.4 一 般 规 定

3.4.1 边坡工程设计时应取得下列资料：

1 工程用地红线图，建筑平面布置总图以及相邻建筑物的平、立、剖面和基础图等；

2 场地和边坡的工程地质和水文地质勘察资料；

3 边坡环境资料；

4 施工技术、设备性能、施工经验和施工条件等资料；

5 条件类同边坡工程的经验。

**3.4.2 一级边坡工程应采用动态设计法。应提出对施工方案的特殊要求和监测要求，应掌握施工现场的地质状况、施工情况和变形、应力监测的反馈信息，必要时对原设计做校核、修改和补充。**

3.4.3 二级边坡工程宜采用动态设计法。

3.4.4 边坡支护结构型式可根据场地地质和环境条件、边坡高度以及边坡工程安全等级等因素，参照表3.4.4选定。

表 3.4.4 边坡支护结构常用型式

| 条件<br>结构类型 | 边坡环境 | 边坡高度 $H$（m） | 边坡工程安全等级 | 说明 |
|---|---|---|---|---|
| 重力式挡墙 | 场地允许，坡顶无重要建（构）筑物 | 土坡，$H \leqslant 8$<br>岩坡，$H \leqslant 10$ | 一、二、三级 | 土方开挖后边坡稳定较差时不应采用 |
| 扶壁式挡墙 | 填方区 | 土坡 $H \leqslant 10$ | 一、二、三级 | 土质边坡 |
| 悬臂式支护 | | 土层，$H \leqslant 8$<br>岩层，$H \leqslant 10$ | 一、二、三级 | 土层较差，或对挡墙变形要求较高时，不宜采用 |
| 板肋式或格构式锚杆挡墙支护 | | 土坡 $H \leqslant 15$<br>岩坡 $H \leqslant 30$ | 一、二、三级 | 坡高较大或稳定性较差时宜采用逆作法施工。对挡墙变形有较高要求的土质边坡，宜采用预应力锚杆 |
| 排桩式锚杆挡墙支护 | 坡顶建（构）筑物需要保护，场地狭窄 | 土坡 $H \leqslant 15$<br>岩坡 $H \leqslant 30$ | 一、二级 | 严格按逆作法施工。对挡墙变形有较高要求的土质边坡，应采用预应力锚杆 |
| 岩石锚喷支护 | | Ⅰ类岩坡 $H \leqslant 30$ | 一、二、三级 | |
| | | Ⅱ类岩坡 $H \leqslant 30$ | 二、三级 | |
| | | Ⅲ类岩坡 $H < 15$ | 二、三级 | |
| 坡率法 | 坡顶无重要建（构）筑物，场地有放坡条件 | 土坡，$H \leqslant 10$<br>岩坡，$H \leqslant 25$ | 二、三级 | 不良地质段，地下水发育区、流塑状土时不应采用 |

3.4.5 规模大、破坏后果很严重、难以处理的滑坡、危岩、泥石流及断层破碎带地区，不应修筑建筑边坡。

3.4.6 山区地区工程建设时宜根据地质、地形条件及工程要求，因地制宜设置边坡，避免形成深挖高填的边坡工程。对稳定性较差且坡高较大的边坡宜采用后仰放坡或分阶放坡。分阶放坡时水平台阶应有足够宽度，否则应考虑上阶边坡对下阶边坡的荷载影响。

3.4.7 当边坡坡体内洞室密集而对边坡产生不利影响时，应根据洞室大小、深度及与边坡的关系等因素采取相应的加强措施。

3.4.8 边坡工程的平面布置和立面设计应考虑对周边环境的影响，做到美化环境，体现生态保护要求。边坡坡面和坡脚应采取有效的保护措施，坡顶应设护栏。

**3.4.9 下列边坡工程的设计及施工应进行专门论证：**

**1 超过本规范适用范围的建筑边坡工程；**

**2 地质和环境条件很复杂、稳定性极差的边坡工程；**

**3 边坡邻近有重要建（构）筑物、地质条件复杂、破坏后果很严重的边坡工程；**

**4 已发生过严重事故的边坡工程；**

**5 采用新结构、新技术的一、二级边坡工程。**

3.4.10 在边坡的施工期和使用期，应控制不利于边坡稳定的因素产生和发展。不应随意开挖坡脚，防止坡顶超载。应避免地表水及地下水大量渗入坡体，并应对有利于边坡稳定的相关环境进行有效保护。

### 3.5 排水措施

**3.5.1** 边坡工程应根据实际情况设置地表及内部排水系统。

**3.5.2** 为减少地表水渗入边坡坡体内，应在边坡潜在塌滑区后缘设置截水沟。边坡表面应设地表排水系统，其设计应考虑汇水面积、排水路径、沟渠排水能力等因素。不宜在边坡上或边坡顶部设置沉淀池等可能造成渗水的设施，必须设置时应做好防渗处理。

**3.5.3** 地下排水措施宜根据边坡水文地质和工程地质条件选择，可选用大口径管井、水平排水管或排水截槽等。当排水管在地下水位以上时，应采取措施防止渗漏。

**3.5.4** 边坡工程应设泄水孔。对岩质边坡，其泄水孔宜优先设置于裂隙发育、渗水严重的部位。边坡坡脚、分级平台和支护结构前应设排水沟。当潜在破裂面渗水严重时，泄水孔宜深入至潜在滑裂面内。

**3.5.5** 泄水孔边长或直径不宜小于100mm，外倾坡度不宜小于5%；间距宜为2～3m，并宜按梅花形布置。最下一排泄水孔应高于地面或排水沟底面不小于200mm。在地下水较多或有大股水流处，泄水孔应加密。

**3.5.6** 在泄水孔进水侧应设置反滤层或反滤包。反滤层厚度不应小于500mm，反滤包尺寸不应小于500mm×500mm×500mm；反滤层顶部和底部应设厚度不小于300mm的粘土隔水层。

### 3.6 坡顶有重要建（构）筑物的边坡工程设计

**3.6.1** 坡顶有重要建（构）筑物的边坡工程设计应符合下列规定：

**1** 应根据基础方案、构造作法和基础到边坡的距离等因素，考虑建筑物基础与边坡支护结构的相互作用；

**2** 当坡顶建筑物基础位于边坡潜在塌滑区时，应考虑建筑物基础传递的垂直荷载、水平荷载和弯矩对边坡支护结构强度和变形的影响；

**3** 基础邻近边坡边缘时，应考虑边坡对地基承载力和基础变形的影响，并对建筑物基础稳定性进行验算；

**4** 应考虑建筑基础和施工过程引起地下水变化造成的影响。

**3.6.2** 在已有重要建（构）筑物邻近新建永久性挖方边坡工程时，应采取下列措施防止边坡工程对建筑物产生不利影响：

**1** 不应使建（构）筑物的基础置于有临空且稳定性极差的外倾软弱结构面的岩体上和稳定性极差的土质边坡塌滑区外边缘；

**2** 无外倾软弱结构面的岩质边坡和土质边坡，支护结构底部外边缘到基础间应有一定的水平安全距离，其值可根据不同计算方法综合比较并结合当地工程经验确定；

**3** 抗震设防烈度大于6度时，不宜使重要建（构）筑物基础位于高陡的边坡塌滑区边缘。当边坡坡顶塌滑区有荷载较大的高层建筑物时，边坡工程安全等级应适当提高。

**3.6.3** 在已建边坡坡顶附近新建重要建（构）筑物时，边坡支护结构和建筑物基础设计应符合下列规定：

**1** 新建建筑物的基础设计应满足3.6.2条的规定；

**2** 应避免新建高、重建（构）筑物产生的垂直荷载直接作用在边坡潜在塌滑体上；应采取桩基础、加深基础、增设地下室或降低边坡高度等措施，将建筑物的荷载传至边坡潜在破裂面以下足够深度的稳定岩土层内；

**3** 当新建建筑物的部分荷载作用于现有的边坡支护结构上而使后者的安全度和耐久性不满足要求时，尚应对现有支护结构进行加固处理，保证建筑物正常使用。

**3.6.4** 坡顶有建（构）筑物时，应按6.4.1条确定支护结构侧向岩土压力。

**3.6.5** 在已建挡墙坡脚新建建（构）筑物时，其基础和地下室等宜与边坡有一定的距离，避免对边坡稳定造成不利影响，否则应采取措施处理。

**3.6.6** 位于稳定土质或强风化岩层边坡坡顶的挡墙和建（构）筑物基础，其埋深和基础外边缘到坡顶边缘的水平距离应按现行有关标准的要求应进行局部稳定性验算。

## 4 边坡工程勘察

### 4.1 一般规定

**4.1.1 一级建筑边坡工程应进行专门的岩土工程勘察；二、三级建筑边坡工程可与主体建筑勘察一并进行，但应满足边坡勘察的深度和要求。大型的和地质环境条件复杂的边坡宜分阶段勘察；地质环境复杂的一级边坡工程尚应进行施工勘察。**

**4.1.2** 建筑边坡的勘探范围应包括不小于岩质边坡高度或不小于1.5倍土质边坡高度，以及可能对建（构）筑物有潜在安全影响的区域。控制性勘探孔的深度应穿过最深潜在滑动面进入稳定层不小于5m，并应进入坡脚地形剖面最低点和支护结构基底下不小于3m。

**4.1.3** 边坡工程勘察报告应包括下列内容：

**1** 在查明边坡工程地质和水文地质条件的基础上，确定边坡类别和可能的破坏形式；

**2** 提供验算边坡稳定性、变形和设计所需的计算参数值；

3 评价边坡的稳定性，并提出潜在的不稳定边坡的整治措施和监测方案的建议；

4 对需进行抗震设防的边坡应根据区划提供设防烈度或地震动参数；

5 提出边坡整治设计、施工注意事项的建议；

6 对所勘察的边坡工程是否存在滑坡（或潜在滑坡）等不良地质现象，以及开挖或构筑的适宜性做出结论；

7 对安全等级为一、二级的边坡工程尚应提出沿边坡开挖线的地质纵、横剖面图。

**4.1.4** 地质环境条件复杂、稳定性较差的边坡宜在勘察期间进行变形监测，并宜设置一定数量的水文长观孔。

**4.1.5** 岩土的抗剪强度指标应根据岩土条件和工程实际情况确定，并与稳定性分析时所采用的计算方法相配套。

## 4.2 边坡勘察

**4.2.1** 边坡工程勘察前应取得以下资料：

1 附有坐标和地形的拟建建（构）筑物的总平面布置图；

2 拟建建（构）筑物的性质、结构特点及可能采取的基础形式、尺寸和埋置深度；

3 边坡高度、坡底高程和边坡平面尺寸；

4 拟建场地的整平标高和挖方、填方情况；

5 场地及其附近已有的勘察资料和边坡支护型式与参数；

6 边坡及其周边地区的场地等环境条件资料。

**4.2.2** 分阶段进行勘察的边坡，宜在搜集已有地质资料的基础上先进行工程地质测绘。测绘工作宜查明边坡的形态、坡角、结构面产状和性质等，测绘范围应包括可能对边坡稳定有影响的所有地段。

**4.2.3** 边坡工程勘察应查明下列内容：

1 地形地貌特征；

2 岩土的类型、成因、性状、覆盖层厚度、基岩面的形态和坡度、岩石风化和完整程度；

3 岩、土体的物理力学性能；

4 主要结构面（特别是软弱结构面）的类型和等级、产状、发育程度、延伸程度、闭合程度、风化程度、充填状况、充水状况、组合关系、力学属性和与临空面的关系；

5 气象、水文和水文地质条件；

6 不良地质现象的范围和性质；

7 坡顶邻近（含基坑周边）建（构）筑物的荷载、结构、基础形式和埋深，地下设施的分布和埋深。

**4.2.4** 边坡工程勘探宜采用钻探、坑（井）探和槽探等方法，必要时可辅以硐探和物探方法。

**4.2.5** 勘探线应垂直边坡走向布置，详勘的线、点间距可按表4.2.5或地区经验确定，且对每一单独边坡段勘探线不宜少于2条，每条勘探线不应少于2个勘探孔。

**表4.2.5 详勘的勘探线、点间距**

| 边坡工程安全等级 | 勘探线间距（m） | 勘探点间距（m） |
|---|---|---|
| 一级 | ≤20 | ≤15 |
| 二级 | 20～30 | 15～20 |
| 三级 | 30～40 | 20～25 |

注：初勘的勘探线、点间距可适当放宽。

**4.2.6** 主要岩土层和软弱层应采集试样进行物理力学性能试验，土的抗剪强度指标宜采用三轴试验获取。每层岩土主要指标的试样数量：土层不应少于6个，岩石抗压强度不应少于9个。岩体和结构面的抗剪强度宜采用现场试验确定。

**4.2.7** 对有特殊要求的岩质边坡宜作岩体流变试验。

**4.2.8** 边坡岩土工程勘察工作中的探井、探坑和探槽等，在野外工作完成后应及时封填密实。

**4.2.9** 当需要时，可选部分钻孔埋设地下水和边坡的变形监测设备，其余钻孔应及时封堵。

## 4.3 气象、水文和水文地质条件

**4.3.1** 建筑边坡工程的气象资料收集、水文调查和水文地质勘察应满足下列要求：

1 收集相关气象资料、最大降雨强度和十年一遇最大降水量，研究降水对边坡稳定性的影响；

2 收集历史最高水位资料，调查可能影响边坡水文地质条件的工业和市政管线、江河等水源因素，以及相关水库水位调度方案资料；

3 查明对边坡工程产生重大影响的汇水面积、排水坡度、长度和植被等情况；

4 查明地下水类型和主要含水层分布情况；

5 查明岩体和软弱结构面中地下水情况；

6 调查边坡周围山洪、冲沟和河流冲淤等情况；

7 论证孔隙水压力变化规律和对边坡应力状态的影响。

**4.3.2** 建筑边坡勘察应提供必需的水文地质参数，在不影响边坡安全的条件下，可进行抽水试验、渗水试验或压水试验等。

**4.3.3** 建筑边坡勘察除应进行地下水力学作用和地下水物理、化学作用的评价以外，还宜考虑雨季和暴雨的影响。

## 4.4 危岩崩塌勘察

**4.4.1** 危岩崩塌勘察应在拟建建（构）筑物的可行性研究或初步勘察阶段进行。应查明危岩分布及产生崩塌的条件、危岩规模、类型、稳定性以及危岩崩塌危害的范围等，对崩塌危害做出工程建设适宜性的评价，并根据崩塌产生的机制提出防治建议。

**4.4.2** 危岩崩塌区工程地质测绘的比例尺宜选用1：200～1：500,对危岩体和危岩崩塌方向主剖面的比例尺宜选用1：200。

**4.4.3** 危岩崩塌区勘察应满足下列要求：

1 收集当地崩塌史（崩塌类型、规模、范围、方向和危害程度等）、气象、水文、工程地质勘察（含地震）、防治危岩崩塌的经验等资料；

2 查明崩塌区的地形地貌；

3 查明危岩崩塌区的地质环境条件。重点查明危岩崩塌区的岩体结构类型、结构面形状、组合关系、闭合程度、力学属性、贯通情况和岩性特征、风化程度以及下覆洞室等；

4 查明地下水活动状况；

5 分析危岩变形迹象和崩塌原因。

**4.4.4** 应根据危岩的破坏型式按单个危岩形态特征进行定性或定量评价，并提供相关图件，标明危岩分布、大小和数量。

**4.4.5** 危岩稳定性判定时应对张裂缝进行监测。对破坏后果严重的大型危岩，应结合监测结果对可能发生崩塌的时间、规模、方向、途径和危害范围做出预测。

## 4.5 边坡力学参数

**4.5.1** 岩体结构面的抗剪强度指标宜根据现场原位试验确定。试验应符合现行国家标准《工程岩体试验方法标准》GB/T 50266的规定。当无条件进行试验时，对于二、三级边坡工程可按表4.5.1和反算分析等方法综合确定。

**表4.5.1 结构面抗剪强度指标标准值**

| 结构面类型 | | 结构面结合程度 | 内摩擦角 $\varphi$（°） | 粘聚力 $c$（MPa） |
|---|---|---|---|---|
| 硬性结构面 | 1 | 结合好 | ＞35 | ＞0.13 |
| | 2 | 结合一般 | 35～27 | 0.13～0.09 |
| | 3 | 结合差 | 27～18 | 0.09～0.05 |
| 软弱结构面 | 4 | 结合很差 | 18～12 | 0.05～0.02 |
| | 5 | 结合极差(泥化层) | 根据地区经验确定 | |

注：1 无经验时取表中的低值；
2 极软岩、软岩取表中较低值；
3 岩体结构面连通性差取表中的高值；
4 岩体结构面浸水时取表中较低值；
5 临时性边坡可取表中高值；
6 表中数值已考虑结构面的时间效应。

**4.5.2** 岩体结构面的结合程度可按表4.5.2确定。

**表4.5.2 结构面的结合程度**

| 结合程度 | 结构面特征 |
|---|---|
| 结合好 | 张开度小于1mm，胶结良好，无充填；<br>张开度1～3mm，硅质或铁质胶结 |
| 结合一般 | 张开度1～3mm，钙质胶结；<br>张开度大于3mm，表面粗糙，钙质胶结 |
| 结合差 | 张开度1～3mm，表面平直，无胶结；<br>张开度大于3mm，岩屑充填或岩屑夹泥质充填 |
| 结合很差、结合极差（泥化层） | 表面平直光滑、无胶结；<br>泥质充填或泥夹岩屑充填，充填物厚度大于起伏差；<br>分布连续的泥化夹层；<br>未胶结的或强风化的小型断层破碎带 |

**4.5.3** 边坡岩体性能指标标准值可按地区经验确定。对于破坏后果严重的一级边坡应通过试验确定。

**4.5.4** 岩体内摩擦角可由岩块内摩擦角标准值按岩体裂隙发育程度乘以表4.5.4所列的折减系数确定。

**表4.5.4 边坡岩体内摩擦角折减系数**

| 边坡岩体特性 | 内摩擦角的折减系数 |
|---|---|
| 裂隙不发育 | 0.90～0.95 |
| 裂隙较发育 | 0.85～0.90 |
| 裂隙发育 | 0.80～0.85 |
| 碎裂结构 | 0.75～0.80 |

**4.5.5** 边坡岩体等效内摩擦角按当地经验确定。当无经验时，可按表4.5.5取值。

**表4.5.5 边坡岩体等效内摩擦角标准值**

| 边坡岩体类型 | Ⅰ | Ⅱ | Ⅲ | Ⅳ |
|---|---|---|---|---|
| 等效内摩擦角 $\varphi_e$（°） | ≥70 | 70～60 | 60～50 | 50～35 |

注：1 边坡高度较大时宜取低值，反之取高值；坚硬岩、较硬岩、较软岩和完整性好的岩体取高值，软岩、极软岩和完整性差的岩体取低值；
2 临时性边坡取表中高值；
3 表中数值已考虑时间效应和工作条件等因素。

**4.5.6** 土质边坡按水土合算原则计算时，地下水位以下的土宜采用土的自重固结不排水抗剪强度指标；按水土分算原则计算时，地下水位以下的土宜采用土的有效抗剪强度指标。

# 5 边坡稳定性评价

## 5.1 一般规定

**5.1.1** 下列建筑边坡应进行稳定性评价：

1 选作建筑场地的自然斜坡；

2 由于开挖或填筑形成并需要进行稳定性验算

的边坡；

**3** 施工期出现不利工况的边坡；

**4** 使用条件发生变化的边坡。

**5.1.2** 边坡稳定性评价应在充分查明工程地质条件的基础上，根据边坡岩土类型和结构，综合采用工程地质类比法和刚体极限平衡计算法进行。

**5.1.3** 对土质较软、地面荷载较大、高度较大的边坡，其坡脚地面抗隆起和抗渗流等稳定性评价应按现行有关标准执行。

## 5.2 边坡稳定性分析

**5.2.1** 在进行边坡稳定性计算之前，应根据边坡水文地质、工程地质、岩体结构特征以及已经出现的变形破坏迹象，对边坡的可能破坏形式和边坡稳定性状态做出定性判断，确定边坡破坏的边界范围、边坡破坏的地质模型，对边坡破坏趋势作出判断。

**5.2.2** 边坡稳定性计算方法，根据边坡类型和可能的破坏形式，可按下列原则确定：

**1** 土质边坡和较大规模的碎裂结构岩质边坡宜采用圆弧滑动法计算；

**2** 对可能产生平面滑动的边坡宜采用平面滑动法进行计算；

**3** 对可能产生折线滑动的边坡宜采用折线滑动法进行计算；

**4** 对结构复杂的岩质边坡，可配合采用赤平极射投影法和实体比例投影法分析；

**5** 当边坡破坏机制复杂时，宜结合数值分析法进行分析。

**5.2.3** 采用圆弧滑动法时，边坡稳定性系数可按下式计算：

$$K_s=\frac{\Sigma R_i}{\Sigma T_i} \tag{5.2.3-1}$$

$$N_i=(G_i+G_{bi})\cos\theta_i+P_{wi}\sin(\alpha_i-\theta_i) \tag{5.2.3-2}$$

$$T_i=(G_i+G_{bi})\sin\theta_i+P_{wi}\cos(\alpha_i-\theta_i) \tag{5.2.3-3}$$

$$R_i=N_i\,\mathrm{tg}\varphi_i+c_il_i \tag{5.2.3-4}$$

式中 $K_s$——边坡稳定性系数；

$c_i$——第 $i$ 计算条块滑动面上岩土体的粘结强度标准值（kPa）；

$\varphi_i$——第 $i$ 计算条块滑动面上岩土体的内摩擦角标准值（°）；

$l_i$——第 $i$ 计算条块滑动面长度（m）；

$\theta_i$，$\alpha_i$——第 $i$ 计算条块底面倾角和地下水位面倾角（°）；

$G_i$——第 $i$ 计算条块单位宽度岩土体自重（kN/m）；

$G_{bi}$——第 $i$ 计算条块滑体地表建筑物的单位宽度自重（kN/m）；

$P_{wi}$——第 $i$ 计算条块单位宽度的动水压力（kN/m）；

$N_i$——第 $i$ 计算条块滑体在滑动面法线上的反力(kN/m)；

$T_i$——第 $i$ 计算条块滑体在滑动面切线上的反力(kN/m)；

$R_i$——第 $i$ 计算条块滑动面上的抗滑力（kN/m）。

**5.2.4** 采用平面滑动法时，边坡稳定性系数可按下式计算：

$$K_s=\frac{\gamma V\cos\theta\,\mathrm{tg}\varphi+Ac}{\gamma V\sin\theta} \tag{5.2.4}$$

式中 $\gamma$——岩土体的重度（$kN/m^3$）；

$c$——结构面的粘聚力（kPa）；

$\varphi$——结构面的内摩擦角（°）；

$A$——结构面的面积（$m^2$）；

$V$——岩体的体积（$m^3$）；

$\theta$——结构面的倾角（°）。

**5.2.5** 采用折线滑动法时，边坡稳定性系数可按下列方法计算：

**1** 边坡稳定性系数按下式计算：

$$K_s=\frac{\Sigma R_i\psi_i\psi_{i+1}\cdots\psi_{n-1}+R_n}{\Sigma T_i\psi_i\psi_{i+1}\cdots\psi_{n-1}+T_n},\ (i=1,\ 2,\ 3,\ \cdots,\ n-1) \tag{5.2.5-1}$$

$$\psi_i=\cos(\theta_i-\theta_{i+1})-\sin(\theta_i-\theta_{i+1})\,\mathrm{tg}\varphi_i \tag{5.2.5-2}$$

式中 $\psi_i$——第 $i$ 计算条块剩余下滑推力向第 $i+1$ 计算条块的传递系数。

**2** 对存在多个滑动面的边坡，应分别对各种可能的滑动面组合进行稳定性计算分析，并取最小稳定性系数作为边坡稳定性系数。对多级滑动面的边坡，应分别对各级滑动面进行稳定性计算分析。

**5.2.6** 对存在地下水渗流作用的边坡，稳定性分析应按下列方法考虑地下水的作用：

**1** 水下部分岩土体重度取浮重度；

**2** 第 $i$ 计算条块岩土体所受的动水压力 $P_{wi}$ 按下式计算：

$$P_{wi}=\gamma_w V_i\sin\frac{1}{2}(\alpha_i+\theta_i) \tag{5.2.6}$$

式中 $\gamma_w$——水的重度（$kN/m^3$）；

$V_i$——第 $i$ 计算条块单位宽度岩土体的水下体积($m^3/m$)。

**3** 动水压力作用的角度为计算条块底面和地下水位面倾角的平均值，指向低水头方向。

### 5.3 边坡稳定性评价

**5.3.1** 边坡工程稳定性验算时，其稳定性系数应不小于表5.3.1规定的稳定安全系数的要求，否则应对边坡进行处理。

**表5.3.1 边坡稳定安全系数**

| 稳定安全系数 / 边坡工程安全等级 / 计算方法 | 一级边坡 | 二级边坡 | 三级边坡 |
|---|---|---|---|
| 平面滑动法<br>折线滑动法 | 1.35 | 1.30 | 1.25 |
| 圆弧滑动法 | 1.30 | 1.25 | 1.20 |

注：对地质条件很复杂或破坏后果极严重的边坡工程，其稳定安全系数宜适当提高。

## 6 边坡支护结构上的侧向岩土压力

### 6.1 一般规定

**6.1.1** 侧向岩土压力分为静止岩土压力、主动岩土压力和被动岩土压力。当支护结构的变形不满足静止岩土压力、主动岩土压力或被动岩土压力产生条件时，应对侧向岩土压力进行修正。

**6.1.2** 侧向总岩土压力可采用总岩土压力公式直接计算或按岩土压力公式求和计算，侧向岩土压力和分布应根据支护类型确定。

### 6.2 侧向土压力

**6.2.1** 静止土压力标准值，可按下式计算：

$$e_{0ik}=\left(\sum_{j=1}^{i}\gamma_j h_j+q\right)K_{0i} \qquad (6.2.1)$$

式中 $e_{0ik}$——计算点处的静止土压力标准值(kN/m$^2$)；

$\gamma_j$——计算点以上第 $j$ 层土的重度（kN/m$^3$）；

$h_j$——计算点以上第 $j$ 层土的厚度（m）；

$q$——地面均布荷载（kN/m$^2$）；

$K_{0i}$——计算点处的静止土压力系数。

**6.2.2** 静止土压力系数宜由试验确定。当无试验条件时，对砂土可取0.34～0.45，对粘性土可取0.5～0.7。

**6.2.3** 根据平面滑裂面假定（图6.2.3），主动土压力合力标准值可按下式计算：

$$E_{ak}=\frac{1}{2}\gamma H^2 K_a \qquad (6.2.3\text{-}1)$$

$$K_a=\frac{\sin(\alpha+\beta)}{\sin^2\alpha\sin^2(\alpha+\beta-\varphi-\delta)}\{K_q[\sin(\alpha+\beta)\sin(\alpha-\delta)+\sin(\varphi+\delta)\sin(\varphi-\beta)]+2\eta\sin\alpha\cos\varphi\cos(\alpha+\beta-\varphi-\delta)-2\sqrt{K_q\sin(\alpha+\beta)\sin(\varphi-\beta)+\eta\sin\alpha\cos\varphi}\times\sqrt{K_q\sin(\alpha-\delta)\sin(\varphi+\delta)+\eta\sin\alpha\cos\varphi}\} \qquad (6.2.3\text{-}2)$$

$$K_q=1+\frac{2q\sin\alpha\cos\beta}{\gamma H\sin(\alpha+\beta)} \qquad (6.2.3\text{-}3)$$

$$\eta=\frac{2c}{\gamma H} \qquad (6.2.3\text{-}4)$$

式中 $E_{ak}$——主动土压力合力标准值（kN/m）；

$K_a$——主动土压力系数；

$H$——挡土墙高度（m）；

$\gamma$——土体重度（kN/m$^3$）；

$c$——土的粘聚力（kPa）；

$\varphi$——土的内摩擦角（°）；

$q$——地表均布荷载标准值（kN/m$^2$）；

$\delta$——土对挡土墙墙背的摩擦角（°）；

$\beta$——填土表面与水平面的夹角（°）；

$\alpha$——支挡结构墙背与水平面的夹角（°）；

$\theta$——滑裂面与水平面的夹角（°）。

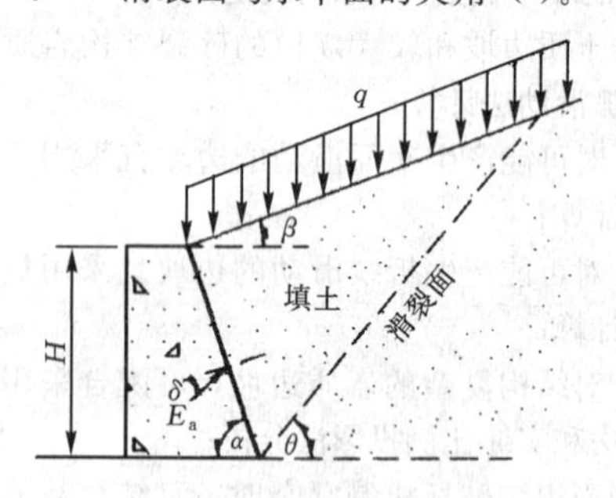


图6.2.3 土压力计算

**表6.2.3 土对挡土墙墙背的摩擦角δ**

| 挡土墙情况 | 摩擦角δ |
|---|---|
| 墙背平滑，排水不良 | (0～0.33)$\varphi$ |
| 墙背粗糙，排水良好 | (0.33～0.50)$\varphi$ |
| 墙背很粗糙，排水良好 | (0.50～0.67)$\varphi$ |
| 墙背与填土间不可能滑动 | (0.67～1.00)$\varphi$ |

**6.2.4** 当墙背直立光滑、土体表面水平时，主动土压力标准值可按下式计算：

$$e_{aik}=\left(\sum_{j=1}^{i}\gamma_j h_j+q\right)K_{ai}-2c_i\sqrt{K_{ai}} \qquad (6.2.4)$$

式中 $e_{aik}$——计算点处的主动土压力标准值（kN/m$^2$），当 $e_{aik}<0$ 时取 $e_{aik}=0$；

$K_{ai}$——计算点处的主动土压力系数，取 $K_{ai}=\mathrm{tg}^2(45°-\varphi_i/2)$；

$c_i$——计算点处土的粘聚力（kPa）；

$\varphi_i$——计算点处土的内摩擦角（°）。

**6.2.5** 当墙背直立光滑、土体表面水平时，被动土压力标准值可按下式计算：

$$e_{pik}=\left(\sum_{j=1}^{i}\gamma_j h_j+q\right)K_{pi}+2c_i\sqrt{K_{pi}}$$

(6.2.5)

式中 $e_{pik}$——计算点处的被动土压力标准值(kN/m²)；

$K_{pi}$——计算点处的被动土压力系数，取 $K_{pi}=\mathrm{tg}^2(45°+(\varphi_i/2))$。

**6.2.6** 土中有地下水但未形成渗流时，作用于支护结构上的侧压力可按下列规定计算：

1 对砂土和粉土按水土分算原则计算；

2 对粘性土宜根据工程经验按水土分算或水土合算原则计算；

3 按水土分算原则计算时，作用在支护结构上的侧压力等于土压力和静止水压力之和，地下水位以下的土压力采用浮重度（$\gamma'$）和有效应力抗剪强度指标（$c'$、$\varphi'$）计算；

4 按水土合算原则计算时，地下水位以下的土压力采用饱和重度（$\gamma_{sat}$）和总应力抗剪强度指标（$c$、$\varphi$）计算。

**6.2.7** 土中有地下水形成渗流时，作用于支护结构上的侧压力，除按6.2.6条计算外，尚应计算动水压力。

**6.2.8** 当挡墙后土体破裂面以内有较陡的稳定岩石坡面时，应视为有限范围填土情况计算主动土压力(图6.2.8)。有限范围填土时，主动土压力合力标准值可按下式计算：

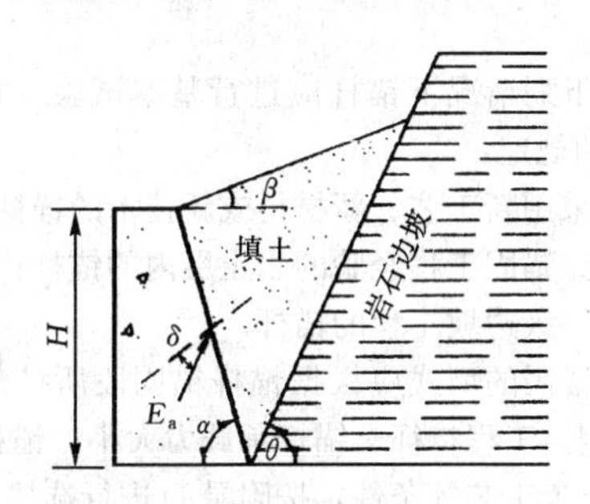


图6.2.8 有限范围填土土压力计算

$$E_{ak}=\frac{1}{2}\gamma H^2K_a \qquad (6.2.8\text{-}1)$$

$$K_a=\frac{\sin(\alpha+\beta)}{\sin(\alpha-\delta+\theta-\delta_R)\sin(\theta-\beta)}\times\left[\frac{\sin(\alpha+\theta)\sin(\theta-\delta_R)}{\sin^2\alpha}-\eta\frac{\cos\delta_R}{\sin\alpha}\right]$$

(6.2.8-2)

式中 $\theta$——稳定岩石坡面的倾角（°）；

$\delta_R$——稳定且无软弱层的岩石坡面与填土间的摩擦角（°），宜根据试验确定。

当无试资料时，粘性土与粉土可取 $\delta_R=0.33\varphi$，砂性土与碎石土可取 $\delta_R=0.5\varphi$。

**6.2.9** 当坡顶作用有线性分布荷载、均布荷载和坡顶填土表面不规则时，在支护结构上产生的侧压力可按附录B简化计算。

## 6.3 侧向岩石压力

**6.3.1** 静止岩石压力标准值可按式（6.2.1）计算，静止岩石压力系数 $K_0$ 可按下式计算：

$$K_0=\frac{\nu}{1-\nu} \qquad (6.3.1)$$

式中 $\nu$——岩石泊松比，宜采用实测数据或当地经验数据。

**6.3.2** 对沿外倾结构面滑动的边坡，其主动岩石压力合力标准值可按下式计算：

$$E_{ak}=\frac{1}{2}\gamma H^2K \qquad (6.3.2\text{-}1)$$

$$K_a=\frac{\sin(\alpha+\beta)}{\sin^2\alpha\sin(\alpha-\delta+\theta-\varphi_s)\sin(\theta-\beta)}\times[K_q\sin(\alpha+\theta)\sin(\theta-\varphi_s)-\eta\sin\alpha\cos\varphi_s]$$

(6.3.2-2)

$$\eta=\frac{2c_s}{\gamma H} \qquad (6.3.2\text{-}3)$$

式中 $\theta$——外倾结构面倾角（°）；

$c_s$——外倾结构面粘聚力（kPa）；

$\varphi_s$——外倾结构面内摩擦角（°）；

$K_q$——系数，按式（6.2.3-3）计算；

$\delta$——岩石与挡墙背的摩擦角（°），取（0.33～0.5）$\varphi$。

其他符号详见图6.2.3。

当有多组外倾结构面时，侧向岩压力应计算每组结构面的主动岩石压力并取其大值。

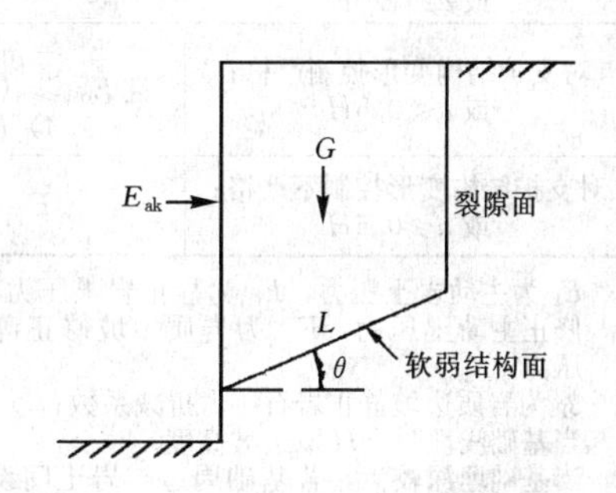


图6.3.3 岩质边坡四边形滑裂时侧向压力计算

**6.3.3** 对沿缓倾的外倾软弱结构面滑动的边坡（图6.3.3），主动岩石压力合力标准值可按下式计算：

$$E_{ak}=G\mathrm{tg}(\theta-\varphi_s)-\frac{c_sL\cos\varphi_s}{\cos(\theta-\varphi_s)} \qquad (6.3.3)$$

式中 $G$——四边形滑裂体自重（kN/m）；

$L$——滑裂面长度（m）；

$\theta$——缓倾的外倾软弱结构面的倾角（°）；

$c_s$——外倾软弱结构面的粘聚力（kPa）；

$\varphi_s$——外倾软弱结构面内摩擦角（°）。

**6.3.4** 侧向岩石压力和破裂角计算应符合下列规定：

**1** 对无外倾结构面的岩质边坡，以岩体等效内摩擦角按侧向土压力方法计算侧向岩压力；破裂角按 $45°+\varphi/2$ 确定，Ⅰ类岩体边坡可取75°左右；

**2** 当有外倾硬性结构面时，侧向岩压力应分别以外倾硬性结构面的参数按6.3.2条的方法和以岩体等效内摩擦角按侧向土压力方法计算，取两种结果的较大值；除Ⅰ类边坡岩体外，破裂角取外倾结构面倾角和 $45°+\varphi/2$ 两者中的较小值；

**3** 当边坡沿外倾软弱结构面破坏时，侧向岩石压力按6.3.2条计算，破裂角取该外倾结构面的视倾角和 $45°+\varphi/2$ 两者中的较小者，同时应按本条1和2款进行验算。

**6.3.5** 当坡顶建筑物基础下的岩质边坡存在外倾软弱结构面时，边坡侧压力应按6.4节和6.3.4条两种情况分别计算，并取其中的较大值。

### 6.4 侧向岩土压力的修正

**6.4.1** 对支护结构变形有控制要求或坡顶有重要建（构）筑物时，可按下表确定支护结构上侧向岩土压力：

**表 6.4.1 侧向岩土压力的修正**

| 支护结构变形控制要求或坡顶重要建（构）筑物基础位置 $a$ | | 侧向岩土压力修正方法 |
|---|---|---|
| 土质边坡 | 对支护结构变形控制严格；或 $a<0.5H$ | $E_o$ |
| | 对支护结构变形控制较严格；或 $0.5H\leqslant a\leqslant 1.0H$ | $E'_a=\frac{1}{2}(E_o+E_a)$ |
| | 对支护结构变形控制不严格；或 $a>1.0H$ | $E_a$ |
| 岩质边坡 | 对支护结构变形控制严格；或 $a<0.5H$ | $E'_o=\beta_1 E_o$ 且 $E'_o\geqslant(1.3\sim1.4)E_a$ |
| | 对支护结构变形控制不严格；或 $a\geqslant 0.5H$ | $E_a$ |

注：1 $E_a$ 为主动岩土压力，$E_o$ 为静止岩土压力；$E'_a$ 为修正主动土压力，$E'_o$ 为岩质边坡修正静止岩石压力；
2 $\beta_1$ 为岩质边坡静止岩石压力折减系数；
3 当基础浅埋时，$H$ 取边坡高度；
4 当基础埋深较大，若基础周边与岩土间设有软性弹性材料隔离层或作了空位构造处理，能使基础垂直荷载传至边坡破裂面以下足够深度的稳定岩土层内，且基础水平荷载对边坡不造成较大影响，$H$ 可从隔离下端算至坡底，否则 $H$ 按坡高计算；
5 基础埋深大于边坡高度且采取了注4）的处理措施，基础的垂直荷载与水平荷载均不传给支护结构时，边坡支护结构侧压力可不考虑基础荷载的影响；
6 表中 $a$ 为坡脚到坡顶重要建（构）筑物基础外边缘的水平距离。

**6.4.2** 岩质边坡静止侧压力的折减系数 $\beta_1$，可根据边坡岩体类别按下表确定：

**表 6.4.2 岩质边坡静止侧压力折减系数 $\beta_1$**

| 边坡岩体类型 | Ⅰ | Ⅱ | Ⅲ | Ⅳ |
|---|---|---|---|---|
| 静止岩石侧压力折减系数 $\beta_1$ | 0.30～0.45 | 0.40～0.55 | 0.50～0.65 | 0.65～0.85 |

注：当裂隙发育时取表中大值，裂隙不发育时取小值。

## 7 锚 杆（索）

### 7.1 一 般 规 定

**7.1.1** 锚杆（索）为拉力型锚杆，适用于岩质边坡、土质边坡、岩石基坑以及建（构）筑物锚固的设计、施工和试验。

**7.1.2** 锚杆使用年限应与所服务的建筑物使用年限相同，其防腐等级也应达到相应的要求。

**7.1.3** 永久性锚杆的锚固段不应设置在下列地层中：

**1** 有机质土，淤泥质土；

**2** 液限 $w_L>50\%$ 的土层；

**3** 相对密实度 $D_r<0.3$ 的土层。

**7.1.4** 下列情况下宜采用预应力锚杆：

**1** 边坡变形控制要求严格时；

**2** 边坡在施工期稳定性很差时（宜与排桩联合使用）。

**7.1.5** 下列情况下锚杆应进行基本试验，并应符合附录C的规定：

**1** 采用新工艺、新材料或新技术的锚杆；

**2** 无锚固工程经验的岩土层内的锚杆；

**3** 一级边坡工程的锚杆。

**7.1.6** 锚固的型式应根据锚杆锚固段所处部位的岩土层类型、工程特征、锚杆承载力大小、锚杆材料和长度、施工工艺等条件，按附录D进行选择。

### 7.2 设 计 计 算

**7.2.1** 锚杆的轴向拉力标准值和设计值可按下式计算：

$$N_{ak}=\frac{H_{tk}}{\cos\alpha} \tag{7.2.1-1}$$

$$N_a=\gamma_Q N_{ak} \tag{7.2.1-2}$$

式中 $N_{ak}$——锚杆轴向拉力标准值（kN）；

$N_a$——锚杆轴向拉力设计值（kN）；

$H_{tk}$——锚杆所受水平拉力标准值（kN）；

$\alpha$——锚杆倾角（°）；

$\gamma_Q$——荷载分项系数，可取1.30，当可变荷载较大时应按现行荷载规范确定。

**7.2.2** 锚杆钢筋截面面积应满足下式的要求：

$$A_s \geqslant \frac{\gamma_0 N_a}{\xi_2 f_y} \qquad (7.2.2)$$

式中 $A_s$——锚杆钢筋或预应力钢绞线截面面积($m^2$)；

$\xi_2$——锚筋抗拉工作条件系数，永久性锚杆取0.69，临时性锚杆取0.92；

$\gamma_0$——边坡工程重要性系数；

$f_y$，$f_{py}$——锚筋或预应力钢绞线抗拉强度设计值(kPa)。

**7.2.3** 锚杆锚固体与地层的锚固长度应满足下式要求：

$$l_a \geqslant \frac{N_{ak}}{\xi_1 \pi D f_{rb}} \qquad (7.2.3)$$

式中 $l_a$——锚固段长度（m）；尚应满足7.4.1条要求；

$D$——锚固体直径（m）；

$f_{rb}$——地层与锚固体粘结强度特征值（kPa），应通过试验确定，当无试验资料时可按表7.2.3-1和表7.2.3-2取值；

$\xi_1$——锚固体与地层粘结工作条件系数，对永久性锚杆取1.00，对临时性锚杆取1.33。

**表 7.2.3-1 岩石与锚固体粘结强度特征值**

| 岩石类别 | $f_{rb}$值(kPa) | 岩石类别 | $f_{rb}$值(kPa) |
|---|---|---|---|
| 极软岩 | 135～180 | 较硬岩 | 550～900 |
| 软　岩 | 180～380 | 坚硬岩 | 900～1300 |
| 较软岩 | 380～550 | | |

注：1 表中数据适用于注浆强度等级为M30；

2 表中数据仅适用于初步设计，施工时应通过试验检验；

3 岩体结构面发育时，取表中下限值；

4 表中岩石类别根据天然单轴抗压强度 $f_r$ 划分：$f_r<5$MPa为极软岩，5MPa$\leqslant f_r<$15MPa为软岩，15MPa$\leqslant f_r<$30MPa为较软岩，30MPa$\leqslant f_r<$60MPa为较硬岩，$f_r\geqslant$60MPa为坚硬岩。

**表 7.2.3-2 土体与锚固体粘结强度特征值**

| 土层种类 | 土的状态 | $f_{rb}$值（kPa） |
|---|---|---|
| 粘性土 | 坚硬 | 32～40 |
| | 硬塑 | 25～32 |
| | 可塑 | 20～25 |
| | 软塑 | 15～20 |
| 砂土 | 松散 | 30～50 |
| | 稍密 | 50～70 |
| | 中密 | 70～105 |
| | 密实 | 105～140 |
| 碎石土 | 稍密 | 60～90 |
| | 中密 | 80～110 |
| | 密实 | 110～150 |

注：1 表中数据适用于注浆强度等级为M30；

2 表中数据仅适用于初步设计，施工时应通过试验检验。

**7.2.4** 锚杆钢筋与锚固砂浆间的锚固长度应满足下式要求：

$$l_a \geqslant \frac{\gamma_0 N_a}{\xi_3 n \pi d f_b} \qquad (7.2.4)$$

式中 $l_a$——锚杆钢筋与砂浆间的锚固长度（m）；

$d$——锚杆钢筋直径（m）；

$n$——钢筋（钢绞线）根数（根）；

$\gamma_0$——边坡工程重要性系数；

$f_b$——钢筋与锚固砂浆间的粘结强度设计值(kPa)，应由试验确定，当缺乏试验资料时可按表7.2.4取值；

$\xi_3$——钢筋与砂浆粘结强度工作条件系数，对永久性锚杆取0.60，对临时性锚杆取0.72。

**表 7.2.4 钢筋、钢绞线与砂浆之间的粘结强度设计值 $f_b$(MPa)**

| 锚杆类型 | 水泥浆或水泥砂浆强度等级 | | |
|---|---|---|---|
| | M25 | M30 | M35 |
| 水泥砂浆与螺纹钢筋间 | 2.10 | 2.40 | 2.70 |
| 水泥砂浆与钢绞线、高强钢丝间 | 2.75 | 2.95 | 3.40 |

注：1 当采用二根钢筋点焊成束的作法时，粘结强度应乘0.85折减系数；

2 当采用三根钢筋点焊成束的作法时，粘结强度应乘0.7折减系数；

3 成束钢筋的根数不应超过三根，钢筋截面总面积不应超过锚孔面积的20%。当锚固段钢筋和注浆材料采用特殊设计，并经试验验证锚固效果良好时，可适当增加锚杆钢筋用量。

**7.2.5** 锚杆的弹性变形和水平刚度系数应由锚杆试验确定。当无试验资料时，自由段无粘结的岩石锚杆水平刚度系数 $K_h$ 可按下式估算：

$$K_h = \frac{AE_s}{l_f}\cos^2\alpha \qquad (7.2.5)$$

式中 $K_h$——锚杆水平刚度系数（kN/m）；

$l_f$——锚杆无粘结自由段长度（m）；

$E_s$——杆体弹性模量（$kN/m^2$）；

$A$——杆体截面面积（$m^2$）；

$\alpha$——锚杆倾角（°）。

**7.2.6** 预应力岩石锚杆和全粘结岩石锚杆可按刚性拉杆考虑。

## 7.3 原 材 料

**7.3.1** 锚固工程原材料性能应符合现行有关产品标准的规定，应满足设计要求，方便施工，且材料之间不应产生不良影响。

**7.3.2** 灌浆材料性能应符合下列规定：

**1** 水泥宜使用普通硅酸盐水泥，必要时可采用抗硫酸盐水泥，其强度不应低于42.5MPa；

2 砂的含泥量按重量计不得大于3%，砂中云母、有机物、硫化物和硫酸盐等有害物质的含量按重量计不得大于1%；

3 水中不应含有影响水泥正常凝结和硬化的有害物质，不得使用污水；

4 外加剂的品种和掺量应由试验确定；

5 浆体配制的灰砂比宜为0.8～1.5，水灰比宜为0.38～0.5；

6 浆体材料28d的无侧限抗压强度，用于全粘结型锚杆时不应低于25MPa，用于锚索时不应低于30MPa。

**7.3.3** 锚杆杆体材料的选用应符合附录E的要求，不宜采用镀锌钢材。

**7.3.4** 锚具及其使用应满足下列要求：

1 锚具应由锚环、夹片和承压板组成，应具有补偿张拉和松弛的功能；

2 预应力锚具和连接锚杆的部件，其承载能力不应低于锚杆杆体极限承载力的95%；

3 预应力筋用锚具、夹具及连接器必须符合现行行业标准《预应力筋用锚具、夹具和连接器应用技术规程》JGJ85的规定。

**7.3.5** 套管材料应满足下列要求：

1 具有足够的强度，保证其在加工和安装过程中不致损坏；

2 具有抗水性和化学稳定性；

3 与水泥砂浆和防腐剂接触无不良反应。

**7.3.6** 防腐材料应满足下列要求：

1 在锚杆使用年限内，应保持耐久性；

2 在规定的工作温度内或张拉过程中不得开裂、变脆或成为流体；

3 应具有化学稳定性和防水性，不得与相邻材料发生不良反应。

**7.3.7** 隔离架、导向帽和架线环应由钢、塑料或其他对杆体无害的材料组成，不得使用木质隔离架。

## 7.4 构造设计

**7.4.1** 锚杆总长度应为锚固段、自由段和外锚段的长度之和，并应满足下列要求：

1 锚杆自由段长度按外锚头到潜在滑裂面的长度计算；预应力锚杆自由段长度应不小于5m，且应超过潜在滑裂面；

2 锚杆锚固段长度应按式（7.2.3）、（7.2.4）进行计算，并取其中大值。同时，土层锚杆的锚固段长度不应小于4m，且不宜大于10m；岩石锚杆的锚固段长度不应小于3m，且不宜大于45$D$和6.5m，或55$D$和8m（对预应力锚索）；位于软质岩中的预应力锚索，可根据地区经验确定最大锚固长度。当计算锚固段长度超过上述数值时，应采取改善锚固段岩体质量、改变锚头构造或扩大锚固段直径等技术措施，提高锚固力。

**7.4.2** 锚杆隔离架（对中支架）应沿锚杆轴线方向每隔1～3m设置一个，对土层应取小值，对岩层可取大值。

**7.4.3** 锚杆外锚头、台座、腰梁和辅助件等的设计应符合现行有关标准的规定。

**7.4.4** 当锚固段岩体破碎、渗水量大时，宜对岩体作固结灌浆处理。

**7.4.5** 永久性锚杆的防腐蚀处理应符合下列规定：

1 非预应力锚杆的自由段位于土层中时，可采用除锈、刷沥青船底漆、沥青玻纤布缠裹其层数不少于二层；

2 对采用钢绞线、精轧螺纹钢制作的预应力锚杆（索），其自由段可按本条1款进行防腐蚀处理后装入套管中；自由段套管两端100～200mm长度范围内用黄油充填，外绕扎工程胶布固定；

3 对位于无腐蚀性岩土层内的锚固段应除锈，砂浆保护层厚度应不小于25mm；

4 对位于腐蚀性岩土层内的锚杆的锚固段和非锚固段，应采取特殊防腐蚀处理；

5 经过防腐蚀处理后，非预应力锚杆的自由段外端应埋入钢筋混凝土构件内50mm以上；对预应力锚杆，其锚头的锚具经除锈、涂防腐漆三度后应采用钢筋网罩、现浇混凝土封闭，且混凝土强度等级不应低于C30，厚度不应小于100mm，混凝土保护层厚度不应小于50mm。

**7.4.6** 临时性锚杆的防腐蚀可采取下列处理措施：

1 非预应力锚杆的自由段，可采用除锈后刷沥青防锈漆处理；

2 预应力锚杆的自由段，可采用除锈后刷沥青防锈漆或加套管处理；

3 外锚头可采用外涂防腐材料或外包混凝土处理。

## 7.5 施 工

**7.5.1** 锚杆施工前应作好下列准备工作：

1 应掌握锚杆施工区建（构）筑物基础、地下管线等情况；

2 应判断锚杆施工对临近建筑物和地下管线的不良影响，并拟定相应预防措施；

3 应检验锚杆的制作工艺和张拉锁定方法与设备；

4 应确定锚杆注浆工艺并标定注浆设备；

5 应检查原材料的品种、质量和规格型号，以及相应的检验报告。

**7.5.2** 锚孔施工应符合下列规定：

1 锚孔定位偏差不宜大于20mm；

2 锚孔偏斜度不应大于5%；

3 钻孔深度超过锚杆设计长度应不小于0.5m。

**7.5.3** 钻孔机械应考虑钻孔通过的岩土类型、成孔条件、锚固类型、锚杆长度、施工现场环境、地形条件、经济性和施工速度等因素进行选择。

**7.5.4** 预应力锚杆锚头承压板及其安装应符合下列要求：

1 承压板应安装平整、牢固，承压面应与锚孔轴线垂直；

2 承压板底部的混凝土应填充密实，并满足局部抗压要求。

**7.5.5** 锚杆的灌浆应符合下列要求：

1 灌浆前应清孔，排放孔内积水；

2 注浆管宜与锚杆同时放入孔内，注浆管端头到孔底距离宜为100mm；

3 浆体强度检验用试块的数量每30根锚杆不应少于一组，每组试块应不少于6个；

4 根据工程条件和设计要求确定灌浆压力，应确保浆体灌注密实。

**7.5.6** 预应力锚杆的张拉与锁定应符合下列规定：

1 锚杆张拉宜在锚固体强度大于20MPa并达到设计强度的80%后进行；

2 锚杆张拉顺序应避免相近锚杆相互影响；

3 锚杆张拉控制应力不宜超过0.65倍钢筋或钢绞线的强度标准值；

4 宜进行超过锚杆设计预应力值1.05～1.10倍的超张拉，预应力保留值应满足设计要求。

## 8 锚杆（索）挡墙支护

### 8.1 一般规定

**8.1.1** 锚杆挡墙可分为下列型式：

1 根据挡墙的结构型式可分为板肋式锚杆挡墙、格构式锚杆挡墙和排桩式锚杆挡墙；

2 根据锚杆的类型可分为非预应力锚杆挡墙和预应力锚杆（索）挡墙。

**8.1.2** 下列边坡宜采用排桩式锚杆挡墙支护：

1 位于滑坡区或切坡后可能引发滑坡的边坡；

2 切坡后可能沿外倾软弱结构面滑动，破坏后果严重的边坡；

3 高度较大、稳定性较差的土质边坡；

4 边坡塌滑区内有重要建筑物基础的Ⅳ类岩质边坡和土质边坡。

**8.1.3** 在施工期稳定性较好的边坡，可采用板肋式或格构式锚杆挡墙。

**8.1.4** 对填方锚杆挡墙，在设计和施工时应采取有效措施防止新填方土体造成的锚杆附加拉应力过大。高度较大的新填方边坡不宜采用锚杆挡墙方案。

### 8.2 设计计算

**8.2.1** 锚杆挡墙设计应包括下列内容：

1 侧向岩土压力计算；

2 挡墙结构内力计算；

3 立柱嵌入深度计算；

4 锚杆计算和构造设计；

5 挡板、立柱（肋柱或排桩）及其基础设计；

6 边坡变形控制设计；

7 整体稳定性分析；

8 施工方案建议和监测要求。

**8.2.2** 坡顶无建（构）筑物且不需进行边坡变形控制的锚杆挡墙，其侧向岩土压力可按下式计算：

$$E'_{ah}=E_{ah}\beta_2 \tag{8.2.2}$$

式中 $E'_{ah}$——侧向岩土压力合力水平分力修正值（kN）；

$E_{ah}$——侧向主动岩土压力合力水平分力设计值（kN）；

$\beta_2$——锚杆挡墙侧向岩土压力修正系数，应根据岩土类别和锚杆类型按表8.2.2确定。

**表8.2.2 锚杆挡墙侧向岩土压力修正系数 $\beta_2$**

| 锚杆类型<br>岩土类别 | 非预应力锚杆 | | | 预应力锚杆 | |
|---|---|---|---|---|---|
| | 土层锚杆 | 自由段为土层的岩石锚杆 | 自由段为岩层的岩石锚杆 | 自由段为土层时 | 自由段为岩层时 |
| $\beta_2$ | 1.1～1.2 | 1.1～1.2 | 1.0 | 1.2～1.3 | 1.1 |

注：当锚杆变形计算值较小时取大值，较大时取小值。

**8.2.3** 确定岩土自重产生的锚杆挡墙侧压力分布，应考虑锚杆层数、挡墙位移大小、支护结构刚度和施工方法等因素，可简化为三角形、梯形或当地经验图形。

**8.2.4** 填方式锚杆挡墙和单排锚杆的土层锚杆挡墙的侧压力，可近似按库仑理论取为三角形分布。

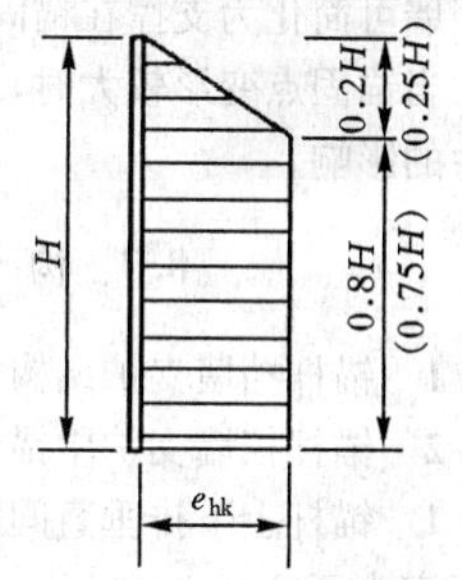


图8.2.5 锚杆挡墙侧压力分布图（括号内数值适用于土质边坡）

**8.2.5** 对岩质边坡以及坚硬、硬塑状粘土和密实、中密砂土类边坡，当采用逆作法施工的、柔性结构的多层锚杆挡墙时，侧压力分布可近似按图8.2.5确定，图中 $e_{hk}$ 按下式计算：

对岩质边坡：

$$e_{hk}=\frac{E_{hk}}{0.9H} \tag{8.2.5-1}$$

对土质边坡：

$$e_{hk}=\frac{E_{hk}}{0.875H} \tag{8.2.5-2}$$

式中 $e_{hk}$——侧向岩土压力水平分力标准值（kN/m²）；

$E_{hk}$——侧向岩土压力合力水平分力标准值（kN/m）；

$H$——挡墙高度（m）。

**8.2.6** 对板肋式和排桩式锚杆挡墙，立柱荷载设计值取立柱受荷范围内的最不利荷载组合值。

**8.2.7** 岩质边坡以及坚硬、硬塑状粘土和密实、中密砂土类边坡的锚杆挡墙，立柱和锚杆的水平分力可按下列规定计算：

**1** 立柱可按支承于刚性锚杆上的连续梁计算内力；当锚杆变形较大时立柱宜按支承于弹性锚杆上的连续梁计算内力；

**2** 根据立柱下端的嵌岩程度，可按铰结端或固定端考虑；当立柱位于强风化岩层以及坚硬、硬塑状粘土和密实、中密砂土边坡内时，其嵌入深度可按等值梁法计算。

**8.2.8** 除坚硬、硬塑状粘土和密实、中密砂土类外的土质边坡锚杆挡墙，结构内力宜按弹性支点法计算。当锚固点水平变形较小时，结构内力可按静力平衡法或等值梁法计算，可参见附录F。

**8.2.9** 根据挡板与立柱联结构造的不同，挡板可简化为支撑在立柱上的水平连续板、简支板或双铰拱板；设计荷载可取板所处位置的岩土压力值。岩质边坡挡墙或坚硬、硬塑状粘土和密实、中密砂土等且排水良好的挖方土质边坡挡墙，可根据当地的工程经验考虑两立柱间岩土形成的卸荷拱效应。

**8.2.10** 当锚固点变形较小时，钢筋混凝土格构式锚杆挡墙可简化为支撑在锚固点上的井字梁进行内力计算；当锚固点变形较大时，应考虑变形对格构式挡墙内力的影响。

### 8.3 构造设计

**8.3.1** 锚杆挡墙支护结构立柱的间距宜采用2～8m。

**8.3.2** 锚杆挡墙支护中锚杆的布置应符合下列规定：

**1** 锚杆上下排垂直间距不宜小于2.5m，水平间距不宜小于2m；

**2** 当锚杆间距小于上述规定或锚固段岩土层稳定性较差时，锚杆宜采用长短相间的方式布置；

**3** 第一排锚杆锚固体上覆土层的厚度不宜小于4m，上覆岩层的厚度不宜小于2m；

**4** 第一锚点位置可设于坡顶下1.5～2m处；

**5** 锚杆的倾角宜采用10°～35°；

**6** 锚杆布置应尽量与边坡走向垂直，并应与结构面呈较大倾角相交；

**7** 立柱位于土层时宜在立柱底部附近设置锚杆。

**8.3.3** 立柱、挡板和格构梁的混凝土强度等级不应低于C20。

**8.3.4** 立柱的截面尺寸除应满足强度、刚度和抗裂要求外，还应满足挡板（或拱板）的支座宽度、锚杆钻孔和锚固等要求。肋柱截面宽度不宜小于300mm，截面高度不宜小于400mm；钻孔桩直径不宜小于500mm，人工挖孔桩直径不宜小于800mm。

**8.3.5** 立柱基础应置于稳定的地层内，可采用独立基础、条形基础或桩基础等形式。

**8.3.6** 对永久性边坡，现浇挡板和拱板厚度不宜小于200mm。

**8.3.7** 锚杆挡墙立柱宜对称配筋；当第一锚点以上悬臂部分内力较大或柱顶设单锚时，可根据立柱的内力包络图采用不对称配筋作法。

**8.3.8** 格构梁截面尺寸应按强度、刚度和抗裂要求计算确定，且格构梁截面宽度和截面高度不宜小于300mm。

**8.3.9** 永久性锚杆挡墙现浇混凝土构件的温度伸缩缝间距不宜大于20～25m。

**8.3.10** 锚杆挡墙立柱的顶部宜设置钢筋混凝土构造连梁。

**8.3.11** 当锚杆挡墙的锚固区内有建（构）筑物基础传递的较大荷载时，除应验算挡墙的整体稳定性外，还应适当加长锚杆，并采用长短相间的设置方法。

### 8.4 施 工

**8.4.1** 排桩式锚杆挡墙和在施工期边坡可能失稳的板肋式锚杆挡墙，应采用逆作法进行施工。

**8.4.2** 对施工期处于不利工况的锚杆挡墙，应按临时性支护结构进行验算。

## 9 岩石锚喷支护

### 9.1 一般规定

**9.1.1** 岩质边坡可采用锚喷支护。Ⅰ类岩质边坡宜采用混凝土锚喷支护；Ⅱ类岩质边坡宜采用钢筋混凝土锚喷支护；Ⅲ类边坡坡高不宜大于15m，且应采用钢筋混凝土锚喷支护。

**9.1.2** 下列边坡不应采用锚喷支护：

**1** 膨胀性岩石的边坡；

**2** 具有严重腐蚀性的边坡。

**9.1.3** 岩质边坡采用锚喷支护后，对局部不稳定块体尚应采取加强支护的措施。

### 9.2 设计计算

**9.2.1** 岩质边坡采用锚喷支护时，整体稳定性计算应符合下列规定：

**1** 岩石侧压力可视为均匀分布，岩石压力水平分力标准值可按下式计算：

$$e_{hk}=\frac{E_{hk}}{H} \qquad (9.2.1\text{-}1)$$

式中 $e_{hk}$——岩石侧向压力水平分力标准值（kN/m²）；

$E_{hk}$——岩石侧向压力合力水平分力标准值（kN/m）；

$H$——边坡高度（m）。

2 锚杆所受水平拉力标准值可按下式计算：

$$H_{tk}=e_{hk}s_{xj}s_{yj} \quad (9.2.1\text{-}2)$$

式中 $s_{xj}$——锚杆的水平间距（m）；

$s_{yj}$——锚杆的垂直间距（m）；

$H_{tk}$——锚杆所受水平拉力标准值（kN）。

**9.2.2** 采用锚喷支护边坡时，锚杆计算应符合7.2.1～7.2.4条的规定。

**9.2.3** 用锚杆加固局部不稳定块体时，锚杆抗力应满足下列要求：

1 加固受拉破坏的不稳定危岩块体，锚杆抗拉承载力应满足下式的要求：

$$\xi_2 A_s f_y \geqslant \gamma_0 \gamma_Q G_0 \quad (9.2.3\text{-}1)$$

2 加固受剪破坏的不稳定危岩块体，锚杆抗剪承载力应满足下式的要求：

$$\xi_v A_s f_v + (G_2 \mathrm{tg}\varphi_s + c_s A) \geqslant \gamma_0 \gamma_Q G_1 \quad (9.2.3\text{-}2)$$

式中 $G_0$——不稳定块体的自重（kN）；

$G_1$、$G_2$——分别为不稳定块体自重在平行和垂直于滑面方向的分力（kN）；

$A_s$——锚杆钢筋总截面面积（$m^2$）；

$f_y$——锚杆钢筋抗拉强度设计值（kPa）；

$f_v$——锚杆钢筋抗剪强度设计值（kPa）；

$c_s$——滑移面的粘聚力（kPa）；

$\varphi_s$——滑移面的内摩擦角（°）；

$A$——滑移面面积（$m^2$）；

$\gamma_0$——边坡工程重要性系数；

$\gamma_Q$——荷载分项系数，可取1.30，当可变荷载较大时应按现行荷载规范确定；

$\xi_2$——锚杆抗拉工作条件系数，永久性锚杆取0.69，临时性锚杆取0.92；

$\xi_v$——锚杆抗剪工作条件系数，取0.6。

**9.2.4** 喷层对局部不稳定块体的抗拉承载力应按下式验算：

$$0.6\xi_c f_t h u_r \geqslant \gamma_0 \gamma_Q G_0 \quad (9.2.4)$$

式中 $\xi_c$——喷层工作条件系数，取0.6；

$f_t$——喷射混凝土抗拉强度设计值（kPa），可按表9.3.5采用；

$u_r$——不稳定块体出露面的周边长度（m）；

$h$——喷层厚度（m），当$h>100$mm时以100mm计算。

## 9.3 构造设计

**9.3.1** 岩面护层可采用喷射混凝土层、现浇混凝土板或格构梁等型式。

**9.3.2** 系统锚杆的设置应满足下列要求：

1 锚杆倾角宜为10°～20°；

2 锚杆布置宜采用菱形排列，也可采用行列式排列；

3 锚杆间距宜为1.25～3m，且不应大于锚杆长度的一半；对Ⅰ、Ⅱ类岩体边坡最大间距不得大于3m，对Ⅲ类岩体边坡最大间距不得大于2m；

4 应采用全粘结锚杆。

**9.3.3** 局部锚杆的布置应满足下列要求：

1 对受拉破坏的不稳定块体，锚杆应按有利于其抗拉的方向布置；

2 对受剪破坏的不稳定块体，锚杆宜逆向不稳定块体滑动方向布置。

**9.3.4** 喷射混凝土的设计强度等级不应低于C20；喷射混凝土1d龄期的抗压强度不应低于5MPa。

**9.3.5** 喷射混凝土的物理力学参数可按表9.3.5采用。

**表9.3.5 喷射混凝土物理力学参数**

| 喷射混凝强度等级 / 物理力学参数 | C20 | C25 | C30 |
|---|---|---|---|
| 轴心抗压强度设计值（MPa） | 10 | 12.5 | 15 |
| 弯曲抗压强度设计值（MPa） | 11 | 13.5 | 16.5 |
| 抗拉强度设计值（MPa） | 1.1 | 1.3 | 1.5 |
| 弹性模量（MPa） | 2.1×$10^4$ | 2.3×$10^4$ | 2.5×$10^4$ |
| 重度（kN/$m^3$） | 22.0 | | |

**9.3.6** 喷射混凝土与岩面的粘结力，对整体状和块状岩体不应低于0.7MPa，对碎裂状岩体不应低于0.4MPa。喷射混凝土与岩面粘结力试验应遵守现行国家标准《锚杆喷射混凝土支护技术规范》GB 50086的规定。

**9.3.7** 喷射混凝土面板厚度不应小于50mm，含水岩层的喷射混凝土面板厚度和钢筋网喷射混凝土面板厚度不应小于100mm。Ⅲ类岩体边坡钢筋网喷射混凝土面板厚度和钢筋混凝土面板厚度不应小于150mm。钢筋直径宜为6～12mm，钢筋间距宜为150～300mm，宜采用双层配筋，钢筋保护层厚度不应小于25mm。

**9.3.8** 永久性边坡的现浇板厚度宜为200mm，混凝土强度等级不应低于C20。应采用双层配筋，钢筋直径宜为8～14mm，钢筋间距宜为200～300mm。面板与锚杆应有可靠连结。

**9.3.9** 面板宜沿边坡纵向每20～25m的长度分段设置竖向伸缩缝。

## 9.4 施 工

**9.4.1** Ⅲ类岩体的边坡应采用逆作法施工，Ⅱ类岩体的边坡可部分采用逆作法施工。

# 10 重力式挡墙

## 10.1 一般规定

**10.1.1** 根据墙背倾斜情况，重力式挡墙可分为俯斜式挡墙、仰斜式挡墙、直立式挡墙和衡重式挡墙以及其他形式挡墙。

**10.1.2** 采用重力式挡墙时，土质边坡高度不宜大于8m，岩质边坡高度不宜大于10m。

**10.1.3** 对变形有严格要求的边坡和开挖土石方危及边坡稳定的边坡不宜采用重力式挡墙，开挖土石方危及相邻建筑物安全的边坡不应采用重力式挡墙。

**10.1.4** 重力式挡墙类型应根据使用要求、地形和施工条件综合考虑确定，对岩质边坡和挖方形成的土质边坡宜采用仰斜式，高度较大的土质边坡宜采用衡重式或仰斜式。

## 10.2 设计计算

**10.2.1** 当重力式挡墙墙背为平直面且坡顶地面无荷载时，侧向岩土压力可采用库仑三角形分布。

**10.2.2** 重力式挡墙设计时除应按3.3.5条的规定进行计算外，尚应进行抗滑移稳定性验算、抗倾覆稳定性验算。地基软弱时，还应进行地基稳定性验算。

**10.2.3** 重力式挡墙的抗滑移稳定性应按下式验算：

$$\frac{(G_n+E_{an})\ \mu}{E_{at}-G_t}\geqslant 1.3 \tag{10.2.3}$$

$$G_n=G\cos\alpha_0$$

$$G_t=G\sin\alpha_0$$

$$E_{at}=E_a\sin\ (\alpha-\alpha_0-\delta)$$

$$E_{an}=E_a\cos\ (\alpha-\alpha_0-\delta)$$

式中 $G$——挡墙每延米自重（kN/m）；

$E_a$——每延米主动岩土压力合力（kN/m）；

$\alpha_0$——挡墙基底倾角（°）；

$\alpha$——挡墙墙背倾角（°）；

$\delta$——岩土对挡墙墙背摩擦角（°），可按表6.2.3选用；

$\mu$——岩土对挡墙基底的摩擦系数，宜由试验确定，也可按表10.2.3选用。

**表10.2.3　岩土对挡墙基底摩擦系数$\mu$**

| 岩土类别 | | 摩擦系数$\mu$ |
|---|---|---|
| 粘性土 | 可塑 | 0.20～0.25 |
| | 硬塑 | 0.25～0.30 |
| | 坚硬 | 0.30～0.40 |
| 粉土 | | 0.25～0.35 |
| 中砂、粗砂、砾砂 | | 0.35～0.45 |
| 碎石土 | | 0.40～0.50 |
| 极软岩、软岩、较软岩 | | 0.40～0.60 |
| 表面粗糙的坚硬岩、较硬岩 | | 0.65～0.75 |

**10.2.4** 重力式挡墙的抗倾覆稳定性应按下式验算：

$$\frac{Gx_0+E_{az}x_f}{E_{ax}z_f}\geqslant 1.6 \tag{10.2.4}$$

$$E_{ax}=E_a\sin\ (\alpha-\delta)$$

$$E_{az}=E_a\cos\ (\alpha-\delta)$$

$$x_f=b-z\mathrm{ctg}\alpha$$

$$z_f=z-b\mathrm{tg}\alpha_0$$

式中 $z$——岩土压力作用点至墙踵的高度（m）；

$x_0$——挡墙重心至墙趾的水平距离（m）；

$b$——基底的水平投影宽度（m）。

**10.2.5** 重力式挡墙的土质地基稳定性可采用圆弧滑动法验算，岩质地基稳定性可采用平面滑动法验算。地基稳定性验算应按5章的有关规定执行。

**10.2.6** 重力式挡墙的地基承载力和结构强度计算，应符合现行有关标准的规定。

## 10.3 构造设计

**10.3.1** 重力式挡墙材料可使用浆砌块石、条石或素混凝土。块石、条石的强度等级应不低于MU30，混凝土的强度等级应不低于C15。

**10.3.2** 重力式挡墙基底可做成逆坡。对土质地基，基底逆坡坡度不宜大于0.1∶1.0；对岩质地基，基底逆坡坡度不宜大于0.2∶1.0。

**10.3.3** 块、条石挡墙墙顶宽度不宜小于400mm，素混凝土挡墙墙顶宽度不宜小于300mm。

**10.3.4** 重力式挡墙的基础埋置深度，应根据地基稳定性、地基承载力、冻结深度、水流冲刷情况和岩石风化程度等因素确定。在土质地基中，基础最小埋置深度不宜小于0.5～0.8m（挡墙较高时取大值，反之取小值）；在岩质地基中，基础埋置深度不宜小于0.3m。基础埋置深度应从坡脚排水沟底起算。

**10.3.5** 重力式挡墙的伸缩缝间距，对条石、块石挡墙应采用20～25m，对素混凝土挡墙应采用10～15m。在地基性状和挡墙高度变化处应设沉降缝，缝宽应采用20～30mm，缝中应填塞沥青麻筋或其他有弹性的防水材料，填塞深度不应小于150mm。在挡墙拐角处，应适当加强构造措施。

**10.3.6** 挡墙后面的填土，应优先选择透水性较强的填料。当采用粘性土作填料时，宜掺入适量的碎石。不应采用淤泥、耕植土、膨胀性粘土等软弱有害的岩土体作为填料。

**10.3.7** 挡墙地基纵向坡度大于5%时，基底应做成台阶形。

## 10.4 施工

**10.4.1** 浆砌块石、条石挡墙的施工必须采用座浆法，所用砂浆宜采用机械拌合。块石、条石表面应清洗干净，砂浆填塞应饱满，严禁干砌。

**10.4.2** 块石、条石挡墙所用石材的上下面应尽可能平整，块石厚度不应小于200mm，外露面应用M7.5砂浆勾缝。应分层错缝砌筑，基底和墙趾台阶转折处不应有垂直通缝。

**10.4.3** 墙后填土必须分层夯实，选料及其密实度均应满足设计要求。

**10.4.4** 当填方挡墙墙后地面的横坡坡度大于1∶6时，应在进行地面粗糙处理后再填土。

**10.4.5** 重力式挡墙在施工前要做好地面排水工作，保持基坑和边坡坡面干燥。

# 11 扶壁式挡墙

## 11.1 一般规定

**11.1.1** 扶壁式挡墙适用于土质填方边坡，其高度不宜超过10m。

**11.1.2** 扶壁式挡墙的基础应置于稳定的岩土层内，其埋置深度应符合10.3.4条的规定。

## 11.2 设计计算

**11.2.1** 扶壁式挡墙的计算除应符合10.2.2条的规定外，还应进行结构内力计算和配筋设计。

**11.2.2** 挡墙侧向土压力宜按第二破裂面法进行计算。当不能形成第二破裂面时，可用墙踵下缘与墙顶内缘的连线或通过墙踵的竖向面作为假想墙背计算，取其中不利状态的侧向压力作为设计控制值。

**11.2.3** 计算立板内力时，侧向压力分布可按图11.2.3或根据当地经验图形确定。

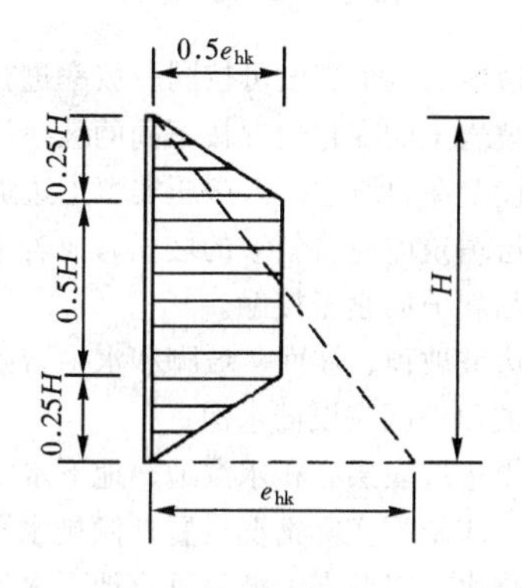


图11.2.3 扶壁式挡墙侧向压力分布图

**11.2.4** 对扶壁式挡墙，根据其受力特点可按下列简化模型进行内力计算：

1 立板和墙踵板可根据边界约束条件按三边固定、一边自由的板或连续板进行计算；

2 墙趾底板可简化为固定在立板上的悬臂板进行计算；

3 扶壁可简化为悬臂的T形梁进行计算，其中立板为梁的翼，扶壁为梁的腹板。

**11.2.5** 计算挡墙整体稳定性和立板内力时，可不考虑挡墙前底板以上土体的影响；在计算墙趾板内力时，应计算底板以上填土的自重。

**11.2.6** 挡墙结构应进行混凝土裂缝宽度的验算。迎土面裂缝宽度不应大于0.2mm，背土面不应大于0.3mm，并应符合现行国家标准《混凝土结构设计规范》GB 50010的有关规定。

## 11.3 构造设计

**11.3.1** 扶壁式挡墙的混凝土强度等级不应低于C20，受力钢筋直径不应小于12mm，间距不宜大于250mm。混凝土保护层厚度不应小于25mm。

**11.3.2** 扶壁式挡墙尺寸应根据强度和变形计算确定，并应符合下列规定：

1 两扶壁之间的距离宜取挡墙高度的1/3～1/2；

2 扶壁的厚度宜取扶壁间距的1/8～1/6，可采用300～400mm；

3 立板顶端和底板的厚度应不小于200mm；

4 立板在扶壁处的外伸长度，宜根据外伸悬臂固端弯矩与中间跨固端弯矩相等的原则确定，可取两扶壁净距的0.35倍左右。

**11.3.3** 扶壁式挡墙应根据其受力特点进行配筋设计，其配筋率、钢筋的搭接和锚固等应符合现行国家标准《混凝土结构设计规范》GB 50010的有关规定。

**11.3.4** 当挡墙受滑动稳定控制时，应采取提高抗滑能力的构造措施。宜在墙底下设防滑键，其高度应保证键前土体不被挤出。防滑键厚度应根据抗剪强度计算确定，且不应小于300mm。

**11.3.5** 扶壁式挡墙位于纵向坡度大于5%的斜坡时，基底宜做成台阶形。

**11.3.6** 对软弱地基或填方地基，当地基承载力不满足设计要求时，应进行地基处理或采用桩基础方案。

**11.3.7** 扶壁式挡墙纵向伸缩缝间距宜采用20～25m，并应符合10.3.5条的规定。

**11.3.8** 宜在不同结构单元处和地层性状变化处设置沉降缝。沉降缝与伸缩缝宜合并。

**11.3.9** 扶壁式挡墙的墙后填料质量和回填质量应符合10.3.6条的要求。

## 11.4 施工

**11.4.1** 施工时应做好排水系统，避免水软化地基的不利影响，基坑开挖后应及时封闭。

**11.4.2** 施工时应清除填土中的草和树皮、树根等杂物。在墙身混凝土强度达到设计强度的70%后方可进行填土，填土应分层夯实。

**11.4.3** 扶壁间回填宜对称实施，施工时应控制填土对扶壁式挡墙的不利影响。

**11.4.4** 当挡墙墙后地面的横坡坡度大于1∶6时，应在进行地面粗糙处理后再填土。

# 12 坡 率 法

## 12.1 一 般 规 定

**12.1.1** 当工程条件许可时，应优先采用坡率法。

**12.1.2** 下列边坡不应采用坡率法：

**1** 放坡开挖对拟建或相邻建（构）筑物有不利影响的边坡；

**2** 地下水发育的边坡；

**3** 稳定性差的边坡。

**12.1.3** 坡率法可与锚杆（索）或锚喷支护等联合应用。

**12.1.4** 采用坡率法时应进行边坡环境整治，因势利导保持水系畅通。

**12.1.5** 高度较大的边坡应分级开挖放坡。分级放坡时应验算边坡整体的和各级的稳定性。

## 12.2 设 计 计 算

**12.2.1** 土质边坡的坡率允许值应根据经验，按工程类比的原则并结合已有稳定边坡的坡率值分析确定。当无经验，且土质均匀良好、地下水贫乏、无不良地质现象和地质环境条件简单时，可按表12.2.1确定。

**表12.2.1 土质边坡坡率允许值**

| 边坡土体类别 | 状态 | 坡率允许值（高宽比） | |
|---|---|---|---|
| | | 坡高小于5m | 坡高5～10m |
| 碎石土 | 密实<br>中密<br>稍密 | 1∶0.35～1∶0.50<br>1∶0.50～1∶0.75<br>1∶0.75～1∶1.00 | 1∶0.50～1∶0.75<br>1∶0.75～1∶1.00<br>1∶1.00～1∶1.25 |
| 粘性土 | 坚硬<br>硬塑 | 1∶0.75～1∶1.00<br>1∶1.00～1∶1.25 | 1∶1.00～1∶1.25<br>1∶1.25～1∶1.50 |

注：1 表中碎石土的充填物为坚硬或硬塑状态的粘性土；
2 对于砂土或充填物为砂土的碎石土，其边坡坡率允许值应按自然休止角确定。

**12.2.2** 在边坡保持整体稳定的条件下，岩质边坡开挖的坡率允许值应根据实际经验，按工程类比的原则并结合已有稳定边坡的坡率值分析确定。对无外倾软弱结构面的边坡，可按表12.2.2确定。

**12.2.3** 下列边坡的坡率允许值应通过稳定性分析计算确定：

**1** 有外倾软弱结构面的岩质边坡；

**2** 土质较软的边坡；

**3** 坡顶边缘附近有较大荷载的边坡；

**4** 坡高超过表12.2.1和表12.2.2范围的边坡。

**表12.2.2 岩质边坡坡率允许值**

| 边坡岩体类型 | 风化程度 | 坡率允许值（高宽比） | | |
|---|---|---|---|---|
| | | $H<8$m | 8m≤$H$<15m | 15m≤$H$<25m |
| Ⅰ类 | 微风化 | 1∶0.00～1∶0.10 | 1∶0.10～1∶0.15 | 1∶0.15～1∶0.25 |
| | 中等风化 | 1∶0.10～1∶0.15 | 1∶0.15～1∶0.25 | 1∶0.25～1∶0.35 |
| Ⅱ类 | 微风化 | 1∶0.10～1∶0.15 | 1∶0.15～1∶0.25 | 1∶0.25～1∶0.35 |
| | 中等风化 | 1∶0.15～1∶0.25 | 1∶0.25～1∶0.35 | 1∶0.35～1∶0.50 |
| Ⅲ类 | 微风化 | 1∶0.25～1∶0.35 | 1∶0.35～1∶0.50 | |
| | 中等风化 | 1∶0.35～1∶0.50 | 1∶0.50～1∶0.75 | |
| Ⅳ类 | 中等风化 | 1∶0.50～1∶0.75 | 1∶0.75～1∶1.00 | |
| | 强风化 | 1∶0.75～1∶1.0 | | |

注：1 表中$H$为边坡高度；
2 Ⅳ类强风化包括各类风化程度的极软岩。

**12.2.4** 填土边坡的坡率允许值应按现行有关标准执行，并结合地区经验确定。

**12.2.5** 土质边坡稳定性计算应考虑拟建建（构）筑物和边坡整治对地下水运动等水文地质条件的影响，以及由此而引起的对边坡稳定性的影响。

**12.2.6** 边坡稳定性计算应符合第5章的有关规定。

## 12.3 构 造 设 计

**12.3.1** 边坡的整个高度可按同一坡率进行放坡，也可根据边坡岩土的变化情况按不同的坡率放坡。

**12.3.2** 设置在斜坡上的人工压实填土边坡应验算稳定性。分层填筑前应将斜坡的坡面修成若干台阶，使压实填土与斜坡面紧密接触。

**12.3.3** 边坡坡顶、坡面、坡脚和水平台阶应设排水系统，在坡顶外围应设截水沟。

**12.3.4** 当边坡表层有积水湿地、地下水渗出或地下水露头时，应根据实际情况设置外倾排水孔、盲沟排水、钻孔排水，以及在上游沿垂直地下水流向设置地下排水廊道以拦截地下水等导排措施。

**12.3.5** 对局部不稳定块体应清除，也可用锚杆或其他有效措施加固。

**12.3.6** 永久性边坡宜采用锚喷、浆砌片石或格构等构造措施护面。在条件许可时，宜尽量采用格构或其他有利于生态环境保护和美化的护面措施。临时性边坡可采用水泥砂浆护面。

## 12.4 施　工

**12.4.1** 边坡坡率法施工开挖应自上而下有序进行，并应保持两侧边坡的稳定，保证弃土、弃渣不导致边坡附加变形或破坏现象发生。

**12.4.2** 边坡工程在雨季施工时应做好水的排导和防护工作。

# 13 滑坡、危岩和崩塌防治

## 13.1 滑坡防治

**13.1.1** 滑坡类型可按表13.1.1进行划分。

**表13.1.1　滑坡类型**

| 滑坡类型 | | 诱发因素 | 滑体特征 | 滑动特征 |
|---|---|---|---|---|
| 工程滑坡 | 人工弃土滑坡<br>切坡顺层滑坡<br>切坡岩体滑坡 | 开挖坡脚、坡顶加载、施工用水等因素 | 由外倾且软弱的岩土坡面上填土构成；<br>由层面外倾且较软弱的岩土体构成；<br>由外倾软弱结构面控制稳定的岩体构成 | 弃土沿下卧层岩土层面或弃土体内滑动；<br>沿外倾的下卧潜在滑面或土体内滑动；<br>沿外倾、临空软弱结构面滑动 |
| 自然滑坡或工程古滑坡 | 堆积体古滑坡<br>岩体顺层古滑坡<br>土体顺层古滑坡 | 暴雨、洪水或地震等自然因素，或人为因素 | 由崩塌堆积体构成，已有古滑面；<br>由顺层岩体构成，已有古滑面；<br>由顺层土体构成，已有古滑面 | 沿外倾下卧岩土层古滑面或体内滑动；<br>沿外倾软弱岩层、古滑面或体内滑动；<br>沿外倾土层古滑面或体内滑动 |

**13.1.2** 滑坡防治应符合下列规定：

1 在滑坡区或潜在滑坡区进行工程建设和滑坡整治时应执行以防为主，防治结合，先治坡，后建房的原则。应结合滑坡特性采取治坡与治水相结合的措施，合理有效地整治滑坡；

2 当滑坡体上有重要建（构）筑物时，滑坡防治应选择有利于减小坡体变形的方案，避免因滑体变形过大而危及建（构）筑物安全并保证其正常使用功能。

3 滑坡防治方案除满足滑坡整治要求外，尚应考虑支护结构与相邻建（构）筑物基础关系，并满足建筑功能要求。在滑坡区进行工程建设时，建筑物基础宜采用桩基础或桩锚基础等方案，将垂直荷载或水平荷载直接传至稳定地层中，并应符合3.6节的有关规定。

4 滑坡治理尚应符合3.3、3.4和3.5节的有关规定。

5 滑坡治理应考虑滑坡类型、成因、工程地质和水文地质条件、滑坡稳定性、工程重要性、坡上建（构）筑物和施工影响等因素，分析滑坡的有利和不利因素、发展趋势及危害性，选取支挡和排水、减载、反压、灌浆、植被等措施，综合治理。

**13.1.3** 对滑坡工程应根据工程地质、水文地质、暴雨、洪水和防治方案等条件，采取有效的地表排水和地下排水措施。可采用在滑坡后缘外设置环形截水沟、滑坡体上设分级排水沟、裂隙封填以及坡面封闭等措施排放地表水，控制暴雨和洪水对滑体和滑面的浸蚀软化。需要时可采用设置地下横、纵向排水盲沟、廊道和水平排水孔等措施，拦截滑坡后缘地下渗水和排放深层地下水。

**13.1.4** 当发生工程滑坡时宜在滑坡前缘被动区用土石回填，及时反压，以提高滑坡的稳定性。

**13.1.5** 刷方减载应在滑坡的主滑段实施，严禁在滑坡的抗滑段减载。

**13.1.6** 对滑带注浆条件和注浆效果较好的滑坡，可采用注浆法改善滑带的力学特性。注浆法宜与其他抗滑措施联合使用。

**13.1.7** 滑坡整治时应根据滑坡稳定性、滑坡推力和岩土性状等因素，按表3.4.4合理选用抗滑桩、预应力锚索桩、锚杆挡墙或重力式挡墙等抗滑结构。

**13.1.8** 滑坡稳定性分析应按第5章有关规定执行。工程滑坡稳定安全系数应按表5.3.1确定；自然滑坡和工程古滑坡的稳定安全系数应按滑坡破坏后果严重性、稳定性状况和整治难度以及荷载组合等因素综合考虑，对破坏后果很严重的、难以处理的滑坡宜取1.25，较易处理的滑坡可取1.20；对破坏后果不严重的，难处理的滑坡宜取1.10，较易处理的滑坡可取1.05；对破坏后果严重的滑坡可取1.15左右。特殊荷载组合时，自然滑坡和工程占滑坡的稳定安全系数可根据现行有关标准和工程经验降低采用。

**13.1.9** 滑坡计算应考虑滑坡自重、滑坡体上建（构）筑物等的附加荷载、地下水及洪水的静水压力和动水压力以及地震作用等的影响，取荷载效应的最不利组合值作为滑坡的设计控制值。

**13.1.10** 滑面（带）的强度指标应考虑其岩土性状、滑坡稳定性、变形大小以及是否饱和等因素，根据试验值、反算值和经验值综合分析确定；但应与滑坡荷载组合和计算工况相对应。

**13.1.11** 滑坡支挡设计应符合下列规定：

1 抗滑支挡结构上滑坡推力的分布，可根据滑体性质和厚度等因素确定为三角形、矩形或梯形；

2 滑坡支挡设计应保证滑体不从支挡结构顶越

过和产生新的深层滑动。

**13.1.12** 滑坡推力设计值计算应符合下列规定：

1 当滑体具有多层滑面时，应分别计算各滑动面的滑坡推力，取最大的推力作为设计控制值，并应使每层滑坡均满足稳定要求；

2 选择平行滑动方向的断面不宜少于3条，其中一条应是主滑断面；

3 滑坡推力可按传递系数法由下式计算：

$$P_i=P_{i-1}\psi_{i-1}+\gamma_t T_i-R_i \quad (13.1.12)$$

式中 $P_i$，$P_{i-1}$——分别为第$i$块、第$i-1$块滑体的剩余下滑力设计值（kN），当$P_{i-1}$、$P_i$为负值时取0；

$\gamma_t$——滑坡推力安全系数，对工程滑坡取1.25，对自然滑坡和工程古滑坡的滑坡推力安全系数按13.1.8条确定。其他符号含义详见图13.1.12所示及本规范第5章。

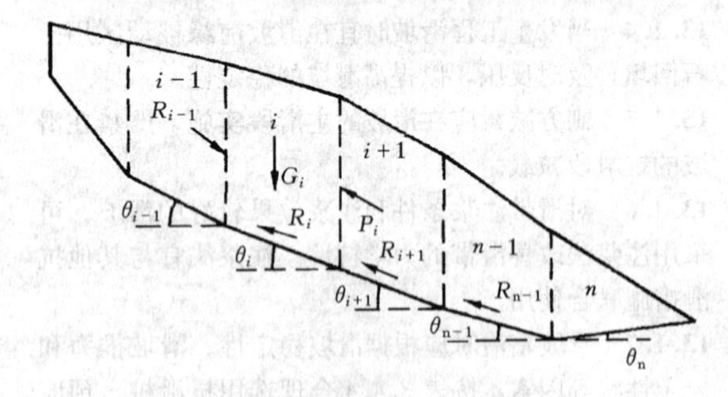


图13.1.12 滑坡推力计算

**13.1.13** 滑坡治理施工应采用信息施工法，并应符合下列要求：

1 切坡必须采用自上而下分段跳槽的施工方式，严禁通长大断面开挖；

2 切坡不宜在雨季实施，应控制施工用水；

3 不宜采用普通爆破法施工；

4 各单项治理工程的施工程序应有利于施工期滑坡稳定和治理。

## 13.2 危岩和崩塌防治

**13.2.1** 危岩类型根据表3.1.2规定的破坏特征可分为塌滑型、坠落型和倾倒型。

**13.2.2** 危岩治理设计可采取工程类比法和理论计算法结合实施。危岩应根据危岩类型和破坏特征，按不同的计算模型进行计算。

**13.2.3** 危岩治理应根据危岩类型、破坏特征、工程地质和水文地质条件等因素采取下列综合措施：

1 可采用锚固技术对危岩进行加固处理；

2 对危岩裂隙可进行封闭、注浆；

3 悬挑的危岩、险石，宜即时清除；

4 对崖腔、空洞等应进行撑顶和镶补；

5 在崩塌区有水活动的地段，可设置拦截、疏导地表水和地下水的排水系统；

6 可在崖脚设置拦石墙、落石槽和栏护网等遮挡、拦截构筑物。

**13.2.4** 对破坏后危及重要建（构）筑物安全的危岩治理除满足上述各条要求外，对危岩边坡的整体支护尚应满足本规范的有关要求。

# 14 边坡变形控制

## 14.1 一般规定

**14.1.1** 需控制变形的一级边坡工程应采取设计、施工及监测等综合措施，并根据当地工程经验采取类比法实施。

**14.1.2** 边坡变形控制应满足下列要求：

1 工程行为引发的边坡过量变形和地下水的变化不应造成坡顶建（构）筑物开裂及其基础沉降差超过允许值；

2 支护结构基础置于土层地基时，地基变形不应造成邻近建（构）筑物开裂和影响基础桩的正常使用；

3 应考虑施工因素对支护结构变形的影响，变形产生的附加应力不得危及支护结构安全。

**14.1.3** 对边坡变形有较高要求时，应根据边坡周边环境的重要性、对变形的适应能力和岩土性状等因素，按当地经验确定边坡支护结构的变形允许值。

## 14.2 控制边坡变形的技术措施

**14.2.1** 需控制变形的边坡工程，应采取预应力锚杆（索）等受力后变形量较小的支护结构型式。

**14.2.2** 位于较软弱土质地基上的边坡工程，当支护结构地基变形不能满足设计要求时，应采取卸载、对地基和支护结构被动土压力区加固等处理措施。

**14.2.3** 存在临空的外倾软弱结构面的岩质边坡和土质边坡，支护结构的基础必须置于软弱面以下稳定的地层内。

**14.2.4** 当施工期边坡垂直变形较大时，应采用设置竖向支撑的支护结构方案。

**14.2.5** 对造成边坡变形增大的张开型岩石裂隙和软弱层面，可采用注浆加固。

**14.2.6** 边坡工程行为对相邻建(构)筑物可能引发较大变形或危害时,应加强监测,采取设计和施工措施,并应对建(构)筑物及其地基基础进行预加固处理。

**14.2.7** 稳定性较差的边坡开挖方案应按不利工况进行边坡稳定和变形验算，必要时采取措施增强施工期边坡稳定性。

**14.2.8** 锚杆施工应避免对相邻建（构）筑物地基基础造成损害。当水钻成孔可能诱发边坡和周边环境变形过大时，应采用无水成孔法。

## 15 边坡工程施工

### 15.1 一 般 规 定

**15.1.1** 边坡工程应根据其安全等级、边坡环境、工程地质和水文地质等条件编制施工方案，采取合理、可行、有效的措施保证施工安全。

**15.1.2 对土石方开挖后不稳定或欠稳定的边坡，应根据边坡的地质特征和可能发生的破坏等情况，采取自上而下、分段跳槽、及时支护的逆作法或部分逆作法施工。严禁无序大开挖、大爆破作业。**

**15.1.3** 不应在边坡潜在塌滑区超量堆载，危及边坡稳定和安全。

**15.1.4** 边坡工程的临时性排水措施应满足地下水、暴雨和施工用水等的排放要求，有条件时宜结合边坡工程的永久性排水措施进行。

**15.1.5** 边坡工程开挖后应及时按设计实施支护结构或采取封闭措施，避免长期裸露，降低边坡稳定性。

**15.1.6 一级边坡工程施工应采用信息施工法。**

### 15.2 施工组织设计

**15.2.1** 边坡工程的施工组织设计应包括下列基本内容：

1 工程概况

边坡环境和邻近建（构）筑物基础概况、场区地形、工程地质与水文地质特点、施工条件、边坡支护结构特点和技术难点。

2 施工组织管理

组织机构图和职责分工，规章制度和落实合同工期。

3 施工准备

熟悉设计图、技术准备、施工所需的设备、材料进场、劳动力等计划。

4 施工部署

平面布置，边坡施工的分段分阶、施工程序。

5 施工方案

土石方和支护结构施工方案、附属构筑物施工方案、试验与监测。

6 施工进度计划

采用流水作业原理编制施工进度、网络计划和保证措施。

7 质量保证体系和措施

8 安全管理和文明施工

**15.2.2** 采用信息施工法时，边坡工程组织设计尚应反映信息施工法的特殊要求。

### 15.3 信 息 施 工 法

**15.3.1** 采用信息施工法时，准备工作应包括下列内容：

1 熟悉边坡工程环境资料，掌握工程地质和水文地质特点，了解影响边坡稳定性的地质特征和边坡破坏模式；

2 掌握设计意图和对施工的特殊要求，了解边坡支护结构特点和技术难点；

3 了解坡顶需保护的重要建（构）筑物基础和结构情况，必要时采取预加固措施；

4 收集同类边坡工程的施工经验；

5 参与制定和实施边坡支护结构、坡顶重要建（构）筑物的监测方案。

**15.3.2** 信息施工法应符合下列要求：

1 配合监测单位实施监测，掌握边坡工程监测情况；

2 编录施工现场揭示的地质现状与原地质资料的对比变化图，为地质施工勘察提供情况；

3 根据施工方案，按可能出现的不利工况进行边坡和支护结构强度、变形和稳定验算；

4 建立信息反馈制度，当监测值达到报警值和警戒值时，应即时向设计、监理、业主通报，并根据设计处理措施调整施工方案；

5 施工中出现险情时，应按15.5节的有关规定及时进行处理。

### 15.4 爆 破 施 工

**15.4.1 岩石边坡开挖采用爆破法施工时，应采取有效措施避免爆破对边坡和坡顶建（构）筑物的震害。**

**15.4.2** 当地质条件复杂、边坡稳定性差、爆破对坡顶建（构）筑物震害较严重时，宜部分或全部采用人工开挖方案。

**15.4.3** 边坡爆破施工应符合以下要求：

1 在爆破危险区应采取安全保护措施；

2 爆破前应对爆破影响区建（构）筑物作好监测点和建筑原有裂缝查勘记录；

3 爆破施工应符合边坡施工方案的开挖原则。当边坡开挖采用逆作法时，爆破应配合台阶施工；当普通爆破危害较大时，应采取控制爆破措施；

4 支护结构坡面爆破宜采用光面爆破法。为避免爆破破坏岩体的完整性，爆破坡面宜预留部分岩层采用人工挖掘修整；

5 爆破施工尚应满足现行有关标准的规定。

**15.4.4** 爆破影响区有建（构）筑物时，爆破产生的地面质点震动速度，对土坯房、毛石房屋不应大于10mm/s，对一般砖房、非大型砌块建筑不应大于20～30mm/s，对钢筋混凝土结构房屋不应大于50mm/s。

**15.4.5** 对坡顶爆破影响范围内有重要建（构）筑物、稳定性较差的边坡，爆破震动效应宜通过爆破震动效应监测或试爆试验确定。

### 15.5 施工险情应急措施

**15.5.1** 边坡工程施工出现险情时，应做好边坡支护结构和边坡环境异常情况收集、整理及汇编等工作。

**15.5.2** 当边坡变形过大，变形速率过快，周边环境出现沉降开裂等险情时应暂停施工，根据险情原因选用如下应急措施：

**1** 坡脚被动区临时压重；

**2** 坡顶主动区卸土减载，并严格控制卸载程序；

**3** 做好临时排水、封面处理；

**4** 对支护结构临时加固；

**5** 对险情段加强监测；

**6** 尽快向勘察和设计等单位反馈信息，开展勘察和设计资料复审，按施工的现状工况验算。

**15.5.3** 边坡工程施工出现险情时，应查清原因，并结合边坡永久性支护要求制定施工抢险或更改边坡支护设计方案。

## 16 边坡工程质量检验、监测及验收

### 16.1 质量检验

**16.1.1** 边坡支护结构的原材料质量检验应包括下列内容：

**1** 材料出厂合格证检查；

**2** 材料现场抽检；

**3** 锚杆浆体和混凝土的配合比试验，强度等级检验。

**16.1.2** 锚杆的质量验收应按附录C的规定执行。软土层锚杆质量验收应按现行有关标准执行。

**16.1.3** 灌注排桩可采取低应变动测法或其他有效方法检验。

**16.1.4** 钢筋位置、间距、数量和保护层厚度可采用钢筋探测仪复检，当对钢筋规格有怀疑时可直接凿开检查。

**16.1.5** 喷射混凝土护壁厚度和强度的检验应符合下列要求：

**1** 面板护壁厚度检测可用凿孔法或钻孔法，孔数量为每 $100m^2$ 抽检一组。芯样直径为100mm时，每组不应少于3个点；芯样直径为50mm时，每组不应少于6个点；

**2** 厚度平均值应大于设计厚度，最小值应不小于设计厚度的90%；

**3** 直径100mm芯样经加工后，其抗压强度试验值可用作混凝土强度等级评定；直径为50mm，芯样经加工后，其抗压强度试验结果的统计值，可供混凝土强度等级评定参考。

**16.1.6** 边坡工程质量检测报告应包括下列内容：

**1** 检测点分布图；

**2** 检测方法与仪器设备型号；

**3** 检测资料整理和分析；

**4** 检测结论。

### 16.2 监 测

**16.2.1** 边坡工程监测项目应考虑其安全等级、支护结构变形控制要求、地质和支护结构特点，根据表16.2.1进行选择。

**表 16.2.1 边坡工程监测项目表**

| 测试项目 | 测点布置位置 | 边坡工程安全等级 | | |
|---|---|---|---|---|
| | | 一级 | 二级 | 三级 |
| 坡顶水平位移和垂直位移 | 支护结构顶部 | 应测 | 应测 | 应测 |
| 地表裂缝 | 墙顶背后1.0$H$(岩质)～1.5$H$(土质)范围内 | 应测 | 应测 | 选测 |
| 坡顶建（构）筑物变形 | 边坡坡顶建筑物基础、墙面 | 应测 | 应测 | 选测 |
| 降雨、洪水与时间关系 | | 应测 | 应测 | 选测 |
| 锚杆拉力 | 外锚头或锚杆主筋 | 应测 | 选测 | 可不测 |
| 支护结构变形 | 主要受力杆件 | 应测 | 选测 | 可不测 |
| 支护结构应力 | 应力最大处 | 选测 | 选测 | 可不测 |
| 地下水、渗水与降雨关系 | 出水点 | 应测 | 选测 | 可不测 |

注：1 在边坡塌滑区内有重要建（构）筑物，破坏后果严重时，应加强对支护结构的应力监测；

2 $H$为挡墙高度。

**16.2.2** 边坡工程应由设计提出监测要求，由业主委托有资质的监测单位编制监测方案，经设计、监理和业主等共同认可后实施。方案应包括监测项目、监测目的、测试方法、测点布置、监测项目报警值、信息反馈制度和现场原始状态资料记录等内容。

**16.2.3** 边坡工程监测应符合下列规定：

**1** 坡顶位移观测，应在每一典型边坡段的支护结构顶部设置不少于3个观测点的观测网，观测位移量、移动速度和方向；

**2** 锚杆拉力和预应力损失监测，应选择有代表性的锚杆，测定锚杆（索）应力和预应力损失；

**3** 非预应力锚杆的应力监测根数不宜少于锚杆总数的5%，预应力锚索的应力监测根数不应少于锚索总数的10%，且不应少于3根；

**4** 监测方案可根据设计要求、边坡稳定性、周边环境和施工进程等因素确定。当出现险情时应加强监测；

5　一级边坡工程竣工后的监测时间不应少于二年。

**16.2.4**　边坡工程监测报告应包括下列内容：

1　监测方案；

2　监测仪器的型号、规格和标定资料；

3　监测各阶段原始资料和应力、应变曲线图；

4　数据整理和监测结果评述；

5　使用期监测的主要内容和要求。

### 16.3　验　　收

**16.3.1**　边坡工程验收应取得下列资料：

1　施工记录和竣工图；

2　边坡工程与周围建（构）筑物位置关系图；

3　原材料出厂合格证，场地材料复检报告或委托试验报告；

4　混凝土强度试验报告、砂浆试块抗压强度等级试验报告；

5　锚杆抗拔试验报告；

6　边坡和周围建（构）筑物监测报告；

7　设计变更通知、重大问题处理文件和技术洽商记录。

## 附录A　岩质边坡的岩体分类

**表 A-1　　岩质边坡的岩体分类**

| 判定条件<br>边坡岩体类型 | 岩体完整程度 | 结构面结合程度 | 结构面产状 | 直立边坡自稳能力 |
|---|---|---|---|---|
| Ⅰ | 完整 | 结构面结合良好或一般 | 外倾结构面或外倾不同结构面的组合线倾角＞75°或＜35° | 30m高边坡长期稳定，偶有掉块 |
| Ⅱ | 完整 | 同上 | 外倾结构面或外倾不同结构面的组合线倾角35°～75° | 15m高边坡稳定，15～25m高边坡欠稳定 |
| | 完整 | 结构面结合差 | 外倾结构面或外倾不同结构面的组合线倾角＞75°或＜35° | |
| | 较完整 | 结构面结合良好或一般或差 | 外倾结构面或外倾不同结构面的组合线的倾角＜35°，有内倾结构面 | 边坡出现局部塌落 |
| Ⅲ | 完整 | 结构面结合差 | 外倾结构面或外倾不同结构面的组合线倾角35°～75° | 8m高边坡稳定，15m高边坡欠稳定 |
| | 较完整 | 结构面结合良好或一般 | 同上 | |
| Ⅲ | 较完整 | 结合面结合差 | 外倾结构面或外倾不同结构面的组合线倾角＞75°或＜35° | 8m高边坡稳定，15m高边坡欠稳定 |
| | 较完整（碎裂镶嵌） | 结构面结合良好或一般 | 结构面无明显规律 | |
| Ⅳ | 较完整 | 结构面结合差或很差 | 外倾结构面以层面为主，倾角多为35°～75° | 8m高边坡不稳定 |
| | 不完整（散体、碎裂） | 碎块间结合很差 | | |

注：1　边坡岩体分类中未含由外倾软弱结构面控制的边坡和倾倒崩塌型破坏的边坡；

2　Ⅰ类岩体为软岩、较软岩时，应降为Ⅱ类岩体；

3　当地下水发育时Ⅱ、Ⅲ类岩体可根据具体情况降低一档；

4　强风化岩和极软岩可划为Ⅳ类；

5　表中外倾结构面系指倾向与坡向的夹角小于30°的结构面；

6　岩体完整程度按表A-2确定。

**表 A-2　　岩体完整程度划分**

| 岩体完整程度 | 结构面发育程度 | | 结构类型 | 完整性系数 $K_v$ | 岩体体积结构面数 |
|---|---|---|---|---|---|
| | 组数 | 平均间距（m） | | | |
| 完整 | 1～2 | ＞1.0 | 整体状 | ＞0.75 | ＜3 |
| 较完整 | 2～3 | 1.0～0.3 | 厚层状结构、块状结构、层状结构和镶嵌碎裂结构 | 0.75～0.35 | 3～20 |
| 不完整 | ＞3 | ＜0.3 | 裂隙块状结构、碎裂结构、散体结构 | ＜0.35 | ＞20 |

注：1　完整性系数 $K_v=(V_R/V_P)^2$，$V_R$ 为弹性纵波在岩体中的传播速度，$V_P$ 为弹性纵波在岩块中的传播速度；

2　结构类型的划分应符合现行国家标准《岩土工程勘察规范》GB 50021表A.0.4的规定；镶嵌碎裂结构为碎裂结构中碎块较大且相互咬合、稳定性相对较好的一种类型；

3　岩体体积结构面数系指单位体积内的结构面数目（条/m³）。

# 附录B 几种特殊情况下的侧向压力计算

**B.0.1** 距支护结构顶端 $a$ 处作用有线分布荷载 $Q_L$ 时，附加侧向压力分布可简化为等腰三角形（图B.0.1）。最大附加侧向土压力标准值可按下式计算：

$$e_{h,max}=\left(\frac{2Q_L}{h}\right)\sqrt{K_a} \qquad (B.0.1)$$

式中 $e_{h,max}$——最大附加侧向压力标准值(kN/m²)；

$h$——附加侧向压力分布范围（m），$h=a(tg\beta-tg\varphi)$，$\beta=45°+\varphi/2$；

$Q_L$——线分布荷载标准值（kN/m）；

$K_a$——主动土压力系数，$K=tg^2(45°-\varphi/2)$。

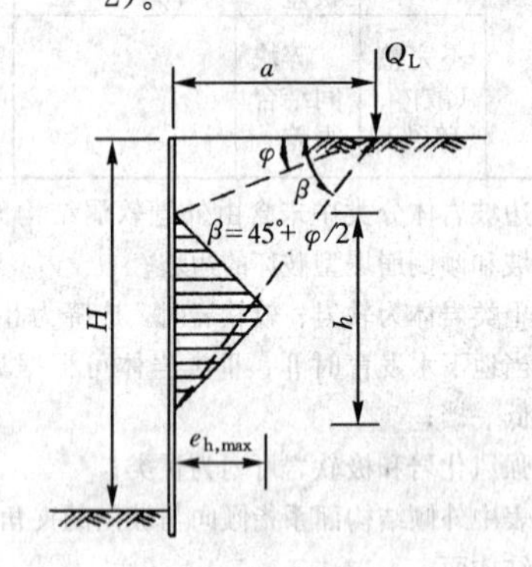


图 B.0.1 线荷载产生的附加侧向压力分布图

**B.0.2** 距支护结构顶端 $a$ 处作用有宽度 $b$ 的均布荷载时，附加侧向土压力标准值可按下式计算：

$$e_{hk}=K_a \cdot q_L \qquad (B.0.2)$$

式中 $e_{hk}$——附加侧向土压力标准值（kN/m²）；

$K_a$——主动土压力系数；

$q_L$——局部均布荷载标准值（kN/m²）。附加侧向压力分布见图B.0.2所示。

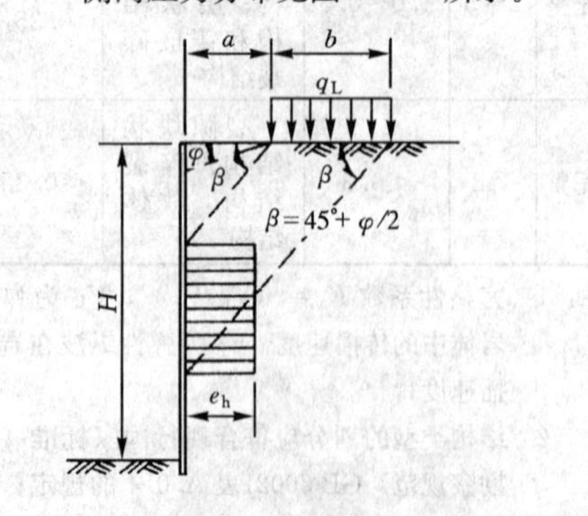


图 B.0.2 局部荷载产生的附加侧向压力分布图

**B.0.3** 当坡顶地面非水平时，支护结构上的主动土压力可按图B.0.3和下列规定进行计算：

**1** 图B.0.3$a$ 的情况，支护结构上的主动土压力可按下式计算：

$$e_a=\gamma z\cos\beta\frac{\cos\beta-\sqrt{\cos^2\beta-\cos^2\varphi}}{\cos\beta+\sqrt{\cos^2\beta-\cos^2\varphi}} \qquad (B.0.3\text{-}1)$$

$$e'_a=K_a\gamma(z+h)-2c\sqrt{K_a} \qquad (B.0.3\text{-}1)$$

式中 $\beta$——地表斜坡面与水平面的夹角（°）；

$c$——土体的粘聚力（kPa）；

$\varphi$——土体的内摩擦角（°）；

$\gamma$——土体的重度（kN/m³）；

$K_a$——主动土压力系数；

$e_a$，$e'_a$——侧向土压力（kN/m²）；

$z$——计算点的深度（m）；

$h$——地表水平面与地表斜坡和支护结构相交点的距离（m）。

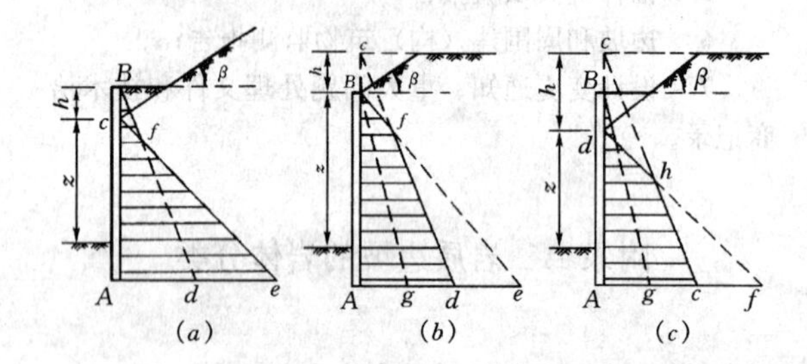


图 B.0.3 地面非水平时支护结构上主动土压力的近似计算

**2** 图B.0.3$b$ 的情况，计算支护结构上的侧向土压力时，可将斜面延长到 $c$ 点，则 $BAdfB$ 为主动土压力的近似分布图形；

**3** 图B.0.3$c$ 的情形，可按图B.0.3$a$ 和图B.0.3$b$ 的方法叠加计算。

# 附录C 锚 杆 试 验

## C.1 一 般 规 定

**C.1.1** 锚杆试验适用于岩土层中锚杆试验。软土层中锚杆试验应符合现行有关标准的规定。

**C.1.2** 加载装置（千斤顶、油泵）和计量仪表（压力表、传感器和位移计等）应在试验前进行计量检定合格，且应满足测试精度要求。

**C.1.3** 锚固体灌浆强度达到设计强度的90%后，可进行锚杆试验。

**C.1.4** 反力装置的承载力和刚度应满足最大试验荷载要求。

**C.1.5** 锚杆试验记录表格可参照表C.1.5制定。

**表 C.1.5　　锚杆试验记录表**

工程名称：

施工单位：

| 试验类别 | | 试验日期 | | 砂浆强度等级 | 设计 | |
|---|---|---|---|---|---|---|
| 试验编号 | | 灌浆日期 | | | 实际 | |
| 岩土性状 | | 灌浆压力 | | 杆体材料 | 规格 | |
| 锚固段长度 | | 自由段长度 | | | 数量 | |
| 钻孔直径 | | 钻孔倾角 | | | 长度 | |

| 序号 | 荷载（kN） | 百分表位移（mm） | | | 本级位移量（mm） | 增量累计（mm） | 备注 |
|---|---|---|---|---|---|---|---|
| | | 1 | 2 | 3 | | | |
| | | | | | | | |
| | | | | | | | |
| | | | | | | | |
| | | | | | | | |
| | | | | | | | |
| | | | | | | | |
| | | | | | | | |
| | | | | | | | |
| | | | | | | | |

校核：　　　　　　　　　　　　　试验记录：

## C.2　基 本 试 验

**C.2.1**　锚杆基本试验的地质条件、锚杆材料和施工工艺等应与工程锚杆一致。

**C.2.2**　基本试验时最大的试验荷载不宜超过锚杆杆体承载力标准值的0.9倍。

**C.2.3**　基本试验主要目的是确定锚固体与岩土层间粘结强度特征值、锚杆设计参数和施工工艺。试验锚杆的锚固长度和锚杆根数应符合下列规定：

**1**　当进行确定锚固体与岩土层间粘结强度特征值、验证杆体与砂浆间粘结强度设计值的试验时，为使锚固体与地层间首先破坏，可采取增加锚杆钢筋用量（锚固段长度取设计锚固长度）或减短锚固长度（锚固长度取设计锚固长度的0.4～0.6倍，硬质岩取小值）的措施；

**2**　当进行确定锚固段变形参数和应力分布的试验时，锚固段长度应取设计锚固长度；

**3**　每种试验锚杆数量均不应少于3根。

**C.2.4**　锚杆基本试验应采用循环加、卸荷法，并应符合下列规定：

**1**　每级荷载施加或卸除完毕后，应立即测读变形量；

**2**　在每次加、卸荷时间内应测读锚头位移二次，连续二次测读的变形量：岩石锚杆均小于0.01mm，砂质土、硬粘性土中锚杆小于0.1mm时，可施加下一级荷载；

**3**　加、卸荷等级、测读间隔时间宜按表C.2.4确定。

**表 C.2.4　　锚杆基本试验循环加卸荷等级与位移观测间隔时间**

| 加荷标准循环数 | 预估破坏荷载的百分数（%） | | | | | | | | | | | | |
|---|---|---|---|---|---|---|---|---|---|---|---|---|---|
| | 每级加载量 | | | | | | 累计加载量 | 每级卸载量 | | | | | |
| 第一循环 | 10 | 20 | 20 | | | | 50 | | | | 20 | 20 | 10 |
| 第二循环 | 10 | 20 | 20 | 20 | | | 70 | | | 20 | 20 | 20 | 10 |
| 第三循环 | 10 | 20 | 20 | 20 | 20 | | 90 | | 20 | 20 | 20 | 20 | 10 |
| 第四循环 | 10 | 20 | 20 | 20 | 20 | 10 | 100 | 10 | 20 | 20 | 20 | 20 | 10 |
| 观测时间（min） | 5 | 5 | 5 | 5 | 5 | 5 | | 5 | 5 | 5 | 5 | 5 | 5 |

**C.2.5**　锚杆试验中出现下列情况之一时可视为破坏，应终止加载：

**1**　锚头位移不收敛，锚固体从岩土层中拔出或锚杆从锚固体中拔出；

**2**　锚头总位移量超过设计允许值；

**3**　土层锚杆试验中后一级荷载产生的锚头位移增量，超过上一级荷载位移增量的2倍。

**C.2.6**　试验完成后，应根据试验数据绘制荷载-位移（$Q$-$s$）曲线、荷载-弹性位移（$Q$-$s_e$）曲线和荷载-塑性位移（$Q$-$s_p$）曲线。

**C.2.7**　锚杆弹性变形不应小于自由段长度变形计算值的80%，且不应大于自由段长度与1/2锚固段长度之和的弹性变形计算值。

**C.2.8**　锚杆极限承载力基本值取破坏荷载前一级的荷载值；在最大试验荷载作用下未达到C.2.5规定的破坏标准时，锚杆极限承载力取最大荷载值为基本值。

**C.2.9**　当锚杆试验数量为3根，各根极限承载力值的最大差值小于30%时，取最小值作为锚杆的极限承载力标准值；若最大差值超过30%，应增加试验数量，按95%的保证概率计算锚杆极限承载力标准值。

锚固体与地层间极限粘结强度标准值除以2.2～2.7（对硬质岩取大值，对软岩、极软岩和土取小值；当试验的锚固长度与设计长度相同时取小值，反之取大值）为粘结强度特征值。

**C.2.10**　基本试验的钻孔，应钻取芯样进行岩石力学性能试验。

## C.3　验 收 试 验

**C.3.1**　锚杆验收试验的目的是检验施工质量是否达到设计要求。

**C.3.2**　验收试验锚杆的数量取每种类型锚杆总数的5%（自由段位于Ⅰ、Ⅱ或Ⅲ类岩石内时取总数的3%），且均不得少于5根。

**C.3.3**　验收试验的锚杆应随机抽样。质监、监理、业主或设计单位对质量有疑问的锚杆也应抽样作验收试验。

**C.3.4** 试验荷载值对永久性锚杆为 $1.1\xi_2 A_s f_y$；对临时性锚杆为 $0.95\xi_2 A_s f_y$。

**C.3.5** 前三级荷载可按试验荷载值的20%施加，以后按10%施加，达到试验荷载后观测10min，然后卸荷到试验荷载的0.1倍并测出锚头位移。加载时的测读时间可按表C.2.4确定。

**C.3.6** 锚杆试验完成后应绘制锚杆荷载-位移（$Q$-$s$）曲线图。

**C.3.7** 满足下列条件时，试验的锚杆为合格：

**1** 加载到设计荷载后变形稳定；

**2** 符合C.2.7条规定。

**C.3.8** 当验收锚杆不合格时应按锚杆总数的30%重新抽检；若再有锚杆不合格时应全数进行检验。

**C.3.9** 锚杆总变形量应满足设计允许值，且应与地区经验基本一致。

## 附录D 锚杆选型

| 锚杆类别＼锚固型式特征 | 材料 | 锚杆承载力设计值（kN） | 锚杆长度（m） | 应力状况 | 备注 |
|---|---|---|---|---|---|
| 土层锚杆 | 钢筋（Ⅱ、Ⅲ级） | <450 | <16 | 非预应力 | 锚杆超长时，施工安装难度较大 |
| | 钢绞线 高强钢丝 | 450~800 | >10 | 预应力 | 锚杆超长时施工方便 |
| | 精轧螺纹钢筋 | 400~800 | >10 | 预应力 | 杆体防腐性好，施工安装方便 |
| 岩层锚杆 | 钢筋（Ⅱ、Ⅲ级） | <450 | <16 | 非预应力 | 锚杆超长时，施工安装难度较大 |
| | 钢绞线 高强钢丝 | 500~3000 | >10 | 预应力 | 锚杆超长时施工方便 |
| | 精轧螺纹钢筋 | 400~1100 | >10 | 预应力或非预应力 | 杆体防腐性好，施工安装方便 |

## 附录E 锚杆材料

**E.0.1** 锚杆材料可根据锚固工程性质、锚固部位和工程规模等因素，选择高强度、低松弛的普通钢筋、高强精轧螺纹钢筋、预应力钢丝或钢绞线。

**E.0.2** 锚杆材料的物理力学性能应符合下列规定：

**1** 采用高强预应力钢丝时，其力学性能必须符合现行国家标准《预应力混凝土用钢丝》GB/T 5223的规定；

**2** 采用预应力钢绞线时，其力学性能必须符合现行国家标准《预应力混凝土用钢绞线》GB/T 5224的规定，钢绞线的抗拉、抗压强度可参照表E.0.2-1选取；

**3** 采用高强精轧螺纹钢筋时，其力学性能应符合表E.0.2-2及有关专门标准的规定。

**表E.0.2-1 钢绞线抗拉、抗压强度设计值**（N/mm²）

| 种类 | | | 抗拉强度设计值（$f_y$ 或 $f_{py}$） | 抗压强度设计值（$f'_y$ 或 $f'_{py}$） |
|---|---|---|---|---|
| 钢绞线 | 二股 | $f_{ptk}=1720$ | 1170 | 360 |
| | 三股 | $f_{ptk}=1720$ | 1170 | 360 |
| | 七股 | $f_{ptk}=1860$ | 1260 | 360 |
| | | $f_{ptk}=1820$ | 1240 | |
| | | （$f_{ptk}=1770$） | （1200） | |
| | | $f_{ptk}=1720$ | 1170 | |
| | | （$f_{ptk}=1670$） | （1130） | |
| | | （$f_{ptk}=1570$） | （1070） | |
| | | （$f_{ptk}=1470$） | （1000） | |

**表E.0.2-2 精轧螺纹钢筋的物理力学性能**

| 级别 | 牌号 | 公称直径（mm） | 屈服强度 $\sigma_s$（MPa） | 抗拉强度 $\sigma_b$（MPa） | 伸长率 $\delta_s$（%） | 冷弯 |
|---|---|---|---|---|---|---|
| 540/835 | $40Si_2MnV$ 45SiMnV | 18 | ≥540 | ≥835 | ≥10 | $d=5a$ 90° |
| | | 25 | | | | $d=6a$90° |
| | | 32 | | | | |
| | | 36 | | | ≥8 | $d=7a$90° |
| | | 40 | | | | |
| 735/935（980） | $K40Si_2MnV$ | 18 | ≥735（≥800） | ≥935（≥980） | ≥8 | $d=5a$90° |
| | | 25 | | | | $d=6a$90° |
| | | 32 | ≥735（≥800） | ≥935（≥980） | ≥7 | $d=7a$90° |

注：精轧螺纹钢抗拉强度设计值采用表中屈服强度。

## 附录F　土质边坡的静力平衡法和等值梁法

**F.0.1**　对板肋式和桩锚式挡墙，当立柱（肋柱和桩）入土深度较小或坡脚土体较软弱时，可视立柱下端为自由端，按静力平衡法计算。当立柱入土深度较大或为岩层或坡脚土体较坚硬时，可视立柱下端为固定端，按等值梁法计算。

**F.0.2**　采用静力平衡法或等值梁计算立柱内力和锚杆水平分力时，应符合下列假定：

1　采用从上到下的逆作法施工；

2　假定上部锚杆施工后开挖下部边坡时，上部分的锚杆内力保持不变；

3　立柱在锚杆处为不动点。

**F.0.3**　采用静力平衡法计算时应符合下列规定：

1　锚杆水平分力可按下式计算：

$$H_{aj}=E_{aj}-E_{pj}-\sum_{i=1}^{j-1}H_{ai} \quad \text{(F.0.3-1)}$$

$$(j=1,2,\cdots,n)$$

式中　$H_{aj}$——第 $j$ 层锚杆水平分力设计值（kN）；

$H_{ai}$——第 $i$ 层锚杆水平分力设计值（kN）；

$E_{aj}$——挡墙后主动土压力合力设计值（kN）；

$E_{pj}$——坡脚地面以下挡墙前被动土压力合力设计值（立柱在坡脚地面以下岩土层内的被动侧向压力）（kN）；

$n$——沿边坡高度范围内设置的锚杆总层数。

2　最小入土深度 $D_{min}$ 可按下式计算确定：

$$E_{pK}b-E_{aK}a_n-\sum_{i=1}^{n}H_{aiK}a_{ai}=0 \quad \text{(F.0.3-2)}$$

式中　$E_{aK}$——挡墙后主动土压力合力标准值（kN）；

$E_{pK}$——挡墙前被动土压力合力标准值（kN）；

$H_{aiK}$——第 $i$ 层锚杆水平合力标准值（kN）；

$a_n$——$E_{aK}$ 作用点到 $H_{anK}$ 作用点的距离（m）；

$b$——$E_{pK}$ 作用点到 $H_{anK}$ 作用点的距离（m）；

$a_{ai}$——$H_{aiK}$ 作用点到 $H_{anK}$ 作用点的距离（m）。

3　立柱入土深度可按下式计算：

$$D=\xi D_{min} \quad \text{(F.0.3-3)}$$

式中　$\xi$——增大系数，对一、二、三级边坡分别为1.50、1.40、1.30；

$D$——立柱入土深度（m）；

$D_{min}$——挡墙最低一排锚杆设置后，开挖高度为边坡高度时立柱的最小入土深度（m）。

4　立柱的内力可根据锚固力和作用于支护结构上侧压力按常规方法计算。

**F.0.4**　采用等值梁法计算时应符合下列规定：

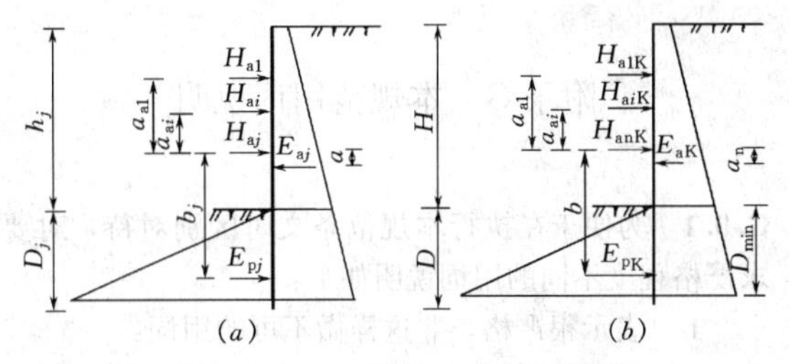


图 F.0.3　静力平衡法计算简图

（a）第 $j$ 层锚杆水平分力；（b）立柱嵌入深度

1　坡脚地面以下立柱反弯点到坡脚地面的距离 $Y_n$ 可按下式计算：

$$e_{aK}-e_{pK}=0 \quad \text{(F.0.4-1)}$$

式中　$e_{aK}$——挡墙后主动土压力标准值（kN/m）；

$e_{pK}$——挡墙前被动土压力标准值（kN/m）。

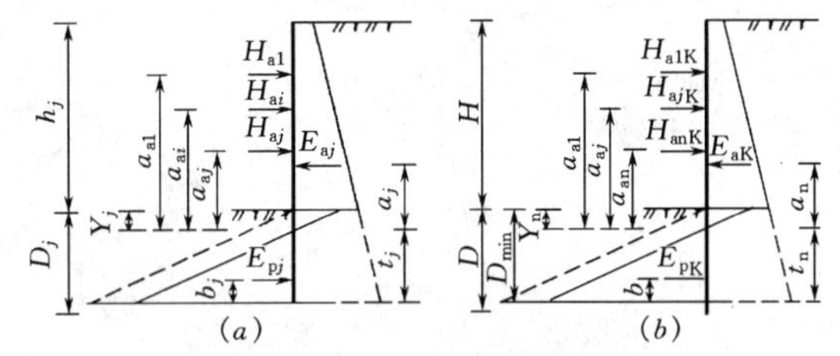


图 F.0.4　等值梁法计算简图

（a）第 $j$ 层锚杆水平分力；（b）立柱嵌入深度

2　第 $j$ 层锚杆的水平分力可按下式计算：

$$H_{aj}=\frac{E_{aj}a_j-\sum_{i=1}^{j-1}H_{ai}a_{ai}}{a_{aj}} \quad \text{(F.0.4-2)}$$

$$(j=1,2,\cdots,n)$$

式中　$a_j$——$E_{aj}$ 作用点到反弯点的距离（m）；

$a_{aj}$——$H_{aj}$ 作用点到反弯点的距离（m）；

$a_{ai}$——$H_{ai}$ 作用点到反弯点的距离（m）。

3　立柱的最小入土深度 $D_{min}$ 可按下式计算确定：

$$D_{min}=Y_n+t_n \quad \text{(F.0.4-3)}$$

$$t_n=\frac{E_{pK}\cdot b}{E_{aK}-\sum_{i=1}^{n}H_{aiK}}$$

式中　$b$——$E_{pK}$ 作用点到反弯点的距离（m）。

4　立柱设计嵌入深度可按式（F.0.3-3）计算。

5　立柱的内力可根据锚固力和作用于支护结构上的侧压力按常规方法计算。

**F.0.5**　计算挡墙后侧向压力时，在坡脚地面以上部分计算宽度应取立柱间的水平距离，在坡脚地面以下部分计算宽度对肋柱取1.5$b$+0.5（其中 $b$ 为肋柱宽度），对桩取0.9（1.5$D$+0.5）（其中 $D$ 为桩直径）。

**F.0.6**　挡墙前坡脚地面以下被动压力，应考虑墙前岩土层稳定性、地面是否无限等情况，按当地工程经验折减使用。

## 附录G　本规范用词说明

**G.0.1**　为便于在执行本规范条文时区别对待，对要求严格程度不同的用词说明如下：

**1**　表示很严格，非这样做不可的用词：

正面词采用“必须”；反面词采用“严禁”。

**2**　表示严格，在正常情况下均应这样做的用词：

正面词采用“应”；反面词采用“不应”或“不得”。

**3**　表示允许稍有选择，在条件许可时首先应这样做的用词：

正面词采用“宜”或“可”；反面词采用“不宜”。

**G.0.2**　条文中指明必须按其他标准、规范执行的写法为“按……执行”或“应符合……的规定”。

中华人民共和国国家标准

# 建筑边坡工程技术规范

GB 50330—2002

## 条 文 说 明

# 目　次

# 1 总 则

**1.0.1** 山区建筑边坡支护技术，涉及工程地质、水文地质、岩土力学、支护结构、锚固技术、施工及监测等多门学科，边坡支护理论及技术发展也较快。但因勘察、设计、施工不当，已建的边坡工程中时有垮塌事故和浪费现象，造成国家和人民生命财产严重损失，同时遗留了一些安全度、耐久性及抗震性能低的边坡支护结构物。制定本规范的主要目的是使建筑边坡工程技术标准化，符合技术先进、经济合理、安全适用、确保质量、保护环境的要求，以保障建筑边坡工程建设健康发展。

**1.0.3** 本规范适用于建（构）筑物或市政工程开挖和填方形成的人工切坡，以及破坏后危及建（构）筑物安全的自然边坡、滑坡、危岩的支护设计。用于岩石基坑时，应按临时性边坡设计，其安全度、耐久性和有关构造可作相应调整。

本规范适用于岩质边坡及非软土类边坡。软土边坡有关抗隆起、抗渗流、边坡稳定、锚固技术、地下水处理、结构选型等是较特殊的问题，应按现行有关规范执行。

**1.0.4** 本条中岩质建筑边坡应用高度确定为 30m、土质建筑边坡确定为 15m，主要考虑到超过以上高度的边坡工程实例较少、工程经验不十分充足。超过以上高度的超高边坡支护设计，可参考本规范的原则作特殊设计。

**1.0.6** 边坡支护是一门综合性学科和边缘性强的工程技术，本规范难以全面反映地质勘察、地基及基础、钢筋混凝土结构及抗震设计等技术。因此，本条规定除遵守本规范外，尚应符合国家现行有关标准的规定。

# 3 基本规定

## 3.1 建筑边坡类型

**3.1.1** 土与岩石不仅在力学参数值上存在很大的差异，其破坏模式、设计及计算方法等也有很大的差别，将边坡分为岩质边坡与土质边坡是必要的。

**3.1.2** 岩质边坡破坏型式的确定是边坡支护设计的基础。众所周知，不同的破坏型式应采用不同的支护设计。本规范宏观地将岩质边坡破坏形式确定为滑移型与崩塌型两大类。实际上这两类破坏型式是难以截然划分的，故支护设计中不能生般硬套，而应根据实际情况进行设计。

**3.1.3** 边坡岩体分类是边坡工程勘察的非常重要的内容，是支护设计的基础。本规范从岩体力学观点出发，强调结构面的控制作用，对边坡岩体进行侧重稳定性的分类。建筑边坡高度一般不大于 50m，在 50m 高的岩体自重作用下是不可能将中、微风化的软岩、较软岩、较硬岩及硬岩剪断的。也就是说中、微风化岩石的强度不是构成影响边坡稳定的重要因素，所以未将岩石强度指标作为分类的判定条件。

**3.1.4** 本条规定既考虑了安全又挖掘了潜力。

## 3.2 边坡工程安全等级

**3.2.1～3.2.2** 边坡工程安全等级是支护工程设计、施工中根据不同的地质环境条件及工程具体情况加以区别对待的重要标准。本条提出边坡安全等级分类的原则，除根据《建筑结构可靠度设计统一标准》按破坏后果严重性分为很严重、严重、不严重外，尚考虑了边坡稳定性因素（岩土类别和坡高）。从边坡工程事故原因分析看，高度大、稳定性差的边坡（土质软弱、滑坡区、外倾软弱结构面发育的边坡等）发生事故的概率较高，破坏后果也较严重，因此本条将稳定性很差的、坡高较大的边坡均划入一级边坡。

**3.2.3** 本条提出边坡塌滑区对土质边坡按 $45+\varphi/2$ 考虑，对岩质边坡按 6.3.5 条考虑，作为坡顶有重要建（构）筑物时确定边坡工程安全等级的条件，也是边坡侧压力计算理论最大值时边坡滑裂面以外区域，并非岩土边坡稳定角以外的区域。例如砂土的稳定角为 $\varphi$。

## 3.3 设 计 原 则

**3.3.1** 为保证支护结构的耐久性和防腐性达到正常使用极限状态功能的要求，需要进行抗裂计算的支护结构的钢筋混凝土构件的构造和抗裂应按现行有关规定执行。锚杆是承受高应力的受拉构件，其锚固砂浆的裂缝开展较大，计算一般难以满足规范要求，设计中应采取严格的防腐构造措施，保证锚杆的耐久性。

**3.3.2** 边坡工程设计的荷载组合，应按照《建筑结构荷载规范》与《建筑结构可靠度设计统一标准》执行，根据边坡工程结构受力特点，本规范采用了以下组合：

1 按支护结构承载力极限状态设计时，荷载效应组合应为承载能力极限状态的基本组合；

2 边坡变形验算时，仅考虑荷载的长期组合，不考虑偶然荷载的作用；

3 边坡稳定验算时，考虑边坡支护结构承受横向荷载为主的特点，采用短期荷载组合。

本规范与国家现行建筑地基基础设计规范的基本精神同步，涉及地基承载力和锚固体计算部分采用特征值（类同容许值）的概念，支护结构和锚筋及锚固设计与现行有关规范中上部结构一致，采用极限状态法。

**3.3.4** 建筑边坡抗震设防的必要性成为工程界的统一认识。城市中建筑边坡一旦破坏将直接危及到相邻的建筑，后果极为严重，因此抗震设防的建筑边坡与建筑物的基础同样重要。本条提出在边坡设计中应考虑抗震构造要求，其构造应满足现行《抗震设计规范》中对梁的相应要求，当立柱竖向附加荷载较大时，尚应满足对柱的相应要求。

**3.3.6** 对边坡变形有较高要求的边坡工程，主要有以下几类：

1 重要建（构）筑物基础位于边坡塌滑区；

2 建（构）筑物主体结构对地基变形敏感，不允许地基有较大变形时；

3 预估变形值较大、设计需要控制变形的高大土质边坡。

影响边坡及支护结构变形的因素复杂，工程条件繁多，目前尚无实用的理论计算方法可用于工程实践。本规范7.2.5关于锚杆的变形计算，也只是近似的简化计算。在工程设计中，为保证上述类型的一级边坡满足正常使用极限状态条件，主要依据设计经验和工程类比及按本规范14章采用控制性措施解决。

当坡顶荷载较大（如建筑荷载等）、土质较软、地下水发育时边坡尚应进行地下水控制验算、坡底隆起、稳定性及渗流稳定性验算，方法可按国家现行有关规范执行。

由于施工爆破、雨水浸蚀及支护不及时等因素影响，施工期边坡塌方事故发生率较高，本条强调施工期各不利工况应作验算，施工组织设计应充分重视。

## 3.4 一般规定

**3.4.2** 动态设计法是本规范边坡支护设计的基本原则。当地质勘察参数难以准确确定、设计理论和方法带有经验性和类比性时，根据施工中反馈的信息和监控资料完善设计，是一种客观求实、准确安全的设计方法，可以达到以下效果：

1 避免勘察结论失误。山区地质情况复杂、多变，受多种因素制约，地质勘察资料准确性的保证率较低，勘察主要结论失误造成边坡工程失败的现象不乏其例。因此规定地质情况复杂的一级边坡在施工开挖中补充“施工勘察”，收集地质资料，查对核实原地质勘察结论。这样可有效避免勘察结论失误而造成工程事故。

2 设计者掌握施工开挖反映的真实地质特征、边坡变形量、应力测定值等，对原设计作校核和补充、完善设计，确保工程安全，设计合理。

3 边坡变形和应力监测资料是加快施工速度或排危应急抢险，确保工程安全施工的重要依据。

4 有利于积累工程经验，总结和发展边坡工程支护技术。

**3.4.4** 综合考虑场地地质条件、边坡重要性及安全等级、施工可行性及经济性、选择合理的支护设计方案是设计成功的关键。为便于确定设计方案，本条介绍了工程中常用的边坡支护型式。

**3.4.5** 建筑边坡场地有无不良地质现象是建筑物及建筑边坡选址首先必须考虑的重大问题。显然在滑坡、危岩及泥石流规模大、破坏后果严重、难以处理的地段规划建筑场地是难以满足安全可靠、经济合理的原则的，何况自然灾害的发生也往往不以人们的意志为转移。因此在规模大、难以处理的、破坏后果很严重的滑坡、危岩、泥石流及断层破碎带地区不应修筑建筑边坡。

**3.4.6** 稳定性较差的高大边坡，采用后仰放坡或分阶放坡方案，有利于减小侧压力，提高施工期的安全和降低施工难度。

**3.4.7** 当边坡坡体内及支护结构基础下洞室（人防洞室或天然溶洞）密集时，可能造成边坡工程施工期塌方或支护结构变形过大，已有不少工程教训，设计时应引起充分重视。

**3.4.9** 本条所指的“新结构、新技术”是指尚未被规范和有关文件认可的新结构、新技术。对工程中出现超过规范应用范围的重大技术难题，新结构、新技术的合理推广应用以及严重事故的正确处理，采用专门技术论证的方式可达到技术先进、确保质量、安全经济的良好效果。重庆、广州和上海等地区在主管部门领导下，采用专家技术论证方式在解决重大边坡工程技术难题和减少工程事故方面已取得良好效果。因此本规范推荐专门论证作法。

## 3.6 坡顶有重要建（构）筑物的边坡工程设计

**3.6.1** 坡顶建筑物基础与边坡支护结构的相互作用主要考虑建筑荷载传给支护结构对边坡稳定的影响，以及因边坡临空状使建筑物地基侧向约束减小后地基承载力相应降低及新施工的建筑基础和施工开挖期对边坡原有水系产生的不利影响。

**3.6.2** 在已有建筑物的相邻处开挖边坡，目前已有不少成功的工程实例，但危及建筑物安全的事故也时有发生。建筑物的基础与支护结构之间距离越近，事故发生的可能性越大，危害性越大。本条规定的目的是尽可能保证建筑物基础与支护结构间较合理的安全距离，减少边坡工程事故发生的可能性。确因工程需要时，但应采取相应措施确保勘察、设计和施工的可靠性。不应出现因新开挖边坡使原稳定的建筑基础置于稳定性极差的临空状外倾软弱结构面的岩体和稳定性极差的土质边坡塌滑区外边缘，造成高风险的边坡工程。

**3.6.3** 当坡顶建筑物基础位于边坡塌滑区，建筑物基础传来的垂直荷载、水平荷载及弯距部分作用于支护结构时，边坡支护结构强度、整体稳定和变形验算均应根据工程具体情况，考虑建筑物传来的荷载对边坡支护结构的作用。其中建筑水平荷载对边坡支护结构作用的定性及定量近视估算，可根据基础方案、构造作法、荷载大小、基础到边坡的距离、边坡岩土体性状等因素确定。建筑物传来的水平荷载由基础抗侧力、地基摩擦力及基础与边坡间坡体岩土抗力承担，当水平作用力大于上述抗力之和时由支护结构承担不平衡的水平力。

**3.6.6** 本条强调坡顶建（构）筑物基础荷载作用在边坡外边缘时除应计算边坡整体稳定外，尚应进行地基局部稳定性验算。

# 4 边坡工程勘察

## 4.1 一 般 规 定

**4.1.1** 为给边坡治理提供充分的依据，以达到安全、合理的整治边坡的目的，对边坡（特别是一些高边坡或破坏后果严重的边坡）进行专门性的岩土工程勘察是十分必要的。

当某边坡作为主体建筑的环境时要求进行专门性的边坡勘察，往往是不现实的，此时对于二、三级边坡也可结合对主体建筑场地勘察一并进行。岩土体的变异性一般都比较大，对于复杂的岩土边坡很难在一次勘察中就将主要的岩土工程问题全部查明；而且对于一些大型边坡，设计往往也是分阶段进行的。分阶段勘察是根据国家基本建设委员会（73）建革字第308号文精神，并考虑与设计工作相适应和我国的长期习惯作法。

当地质环境条件复杂时，岩土差异性就表现得更加突出，往往即使进行了初勘、详勘还不能准确的查明某些重要的岩土工程问题，这时进行施工勘察就很重要了。

**4.1.2** 建筑边坡的勘察范围理应包括可能对建（构）筑物有潜在安全影响的区域。但以往多数勘察单位在专门性的边坡勘察中也常常是范围偏小，将勘察范围局限在指定的边坡范围之内。

勘察孔进入稳定层的深度的确定，主要依据查明支护结构持力层性状，并避免在坡脚（或沟心）出现判层错误（将巨块石误判为基岩）等。

**4.1.3** 本条是对边坡勘察提出的理应做到的最基本要求。

**4.1.4** 监测工作的重要性是不言而喻的，尤其是对建筑而言，它是预防地质灾害的重要手段之一。以往由于多种原因对监测工作重视不够，产生突发性灾害的事例也是屡见不鲜的。因而规范特别强调要对地质环境条件复杂的工程安全等级为一级的边坡在勘察过程中应进行监测。

众所周知，水对边坡工程的危害是很大的，因而掌握地下水随季节的变化规律和最高水位等有关水文地质资料对边坡治理是很有必要的。对位于水体附近或地下水发育等地段的边坡工程宜进行长期观测，至少应观测一个水文年。

**4.1.5** 不同土质、不同工况下，土的抗剪强度是不同的。所以土的抗剪强度指标应根据土质条件和工程实际情况确定。如土坡处于稳定状态，土的抗剪强度指标就应用抗剪断强度进行适当折减，若已经滑动则应采用残余抗剪强度；若土坡处于饱水状态，应用饱和状态下抗剪强度值等。

## 4.2 边 坡 勘 察

**4.2.1～4.2.3** 是对边坡勘察工作的具体要求，也是最基本要求。

**4.2.4～4.2.5** 是对边坡勘察中勘探工作的具体要求，边坡（含基坑边坡）勘察的重点之一是查明岩土体的性状。对岩质边坡而言，是查明边坡岩体中结构面的发育性状。用单一的直孔往往难以达到预期效果，采用多种手段，特别是斜孔、井槽、探槽对于查明陡倾结构是非常有效的。

边坡的破坏主要是重力作用下的一种地质现象其破坏方式主要是沿垂直于边坡方向的滑移失稳，故而勘察线应沿垂直边坡布置。

表4.2.5中勘探线、点间距是以能满足查明边坡地质环境条件需要而确定的。

**4.2.6** 本规范采用概率理论对测试数据进行处理，根据概率理论，最小数据量 $n$ 由 $t_{p}=\sqrt{n}=\Delta r/\delta$ 确定。式中 $t_{p}$ 为 $t$ 分布的系数值，与置信水平 $P_{s}$ 和自由度 $(n-1)$ 有关。一般土体的性质指标变异性多为变异性很低～低，要较之岩体（变异性多为低～中等）为低。故土体6个测试数据（测试单值）基本能满足置信概率 $P_{s}=0.95$ 时的精度要求，而岩体则需9个测试数据（测试单值）才能达到置信概率 $P_{s}=0.95$ 时的精度要求。由于岩石三轴剪试验费用较高等原因，所以工作中可以根据地区经验确定岩体的 $C$、$\varphi$ 值并应用测试资料作校核。

**4.2.7** 岩石（体）作为一种材料，具有在静载作用下随时间推移而出现强度降低的“蠕变效应”（或称“流变效应”）。岩石（体）流变试验在我国（特别是建筑边坡）进行得不是很多。根据研究资料表明，长期强度一般为平均标准强度的80%左右。对于一些有特殊要求的岩质边坡，从安全、经济的角度出发，进行“岩体流变”试验是必要的。

**4.2.8～4.2.9** 该两条是对边坡岩土体及环境保护的基本要求。

## 4.3 气象、水文和水文地质条件

**4.3.1** 大量的建筑边坡失稳事故的发生，无不说明了雨季、暴雨过程、地表径流及地下水对建筑边坡稳定性的重大影响，所以建筑边坡的工程勘察应满足各类建筑边坡的支护设计与施工的要求，并开展进一步专门必要的分析评价工作，因此提供完整的气象、水文及水文地质条件资料，并分析其对建筑边坡稳定性的作用与影响是非常重要的。

**4.3.2** 必要的水文地质参数是边坡稳定性评价、预测及排水系统设计所必需的，为获取水文地质参数而进行的现场试验必须在确保边坡稳定的前提下进行。

**4.3.3** 本条要求在边坡的岩土勘察或专门的水文地质勘察中，对边坡岩土体或可能的支护结构由于地下水产生的侵蚀、矿物成分改变等物理、化学影响及影响程度进行调查研究与评价。另外，本条特别强调了雨季和暴雨过程的影响。对一级边坡或建筑边坡治理条件许可时，可开展降雨渗入对建筑边坡稳定性影响研究工作。

## 4.4 危岩崩塌勘察

**4.4.1** 在丘陵、山区选择场址和考虑建筑总平面布置时，首先必须判定山体的稳定性，查明是否存在产生危岩崩塌的条件。实践证明，这些问题如不在选择场址或可行性研究中及时发现和解决，会给经济建设造成巨大损失。因此，规范规定危岩崩塌勘察应在可行性研究或初步勘察阶段进行。工作中除应查明产生崩塌的条件及规模、类型、范围，预测其发展趋势，对崩塌区作为建筑场地的适宜性作出判断外，尚应根据危岩崩塌产生的机制有针对性地提出防治建议。

**4.4.2、4.4.3、4.4.5** 危岩崩塌勘察区的主要工作手段是工程地质测绘。工作中应着重分析，研究形成崩塌的基本条件，判断产生崩塌的可能性及其类型、规模、范围。预测发展趋势，对可能发生崩塌的时间、规模方向、途径、危害范围做出预测，为防治工程提供准确的工程勘察资料（含必要的设计参数）并提出防治方案。

**4.4.4** 不同破坏型式的危岩其支护方式是不同的。因而勘察中应按单个危岩确定危岩的破坏型式、进行稳定性评价，提供有关图件（平面图、剖面图或实体投影图）、提出支护建议。

## 4.5 边坡力学参数

**4.5.1～4.5.3** 岩土性质指标（包括结构面的抗剪强度指标）应通过测试确定。但当前并非所有工程均能做到。由于岩体（特别是结构面）的现场剪切试验费用较高、试验时间较长、试验比较困难等原因，规范参照《工程岩体分级标准》GB50218—94 表 C.0.2 并结合国内一些测试数据、研究成果及工程经验提出表 4.5.1 及表 4.5.2 供工程勘察设计人员使用。对破坏后果严重的一级岩质边坡应作测试。

**4.5.4** 岩石标准值是对测试值进行误差修正后得到反映岩石特点的值。由于岩体中或多或少都有结构面存在，其强度要低于岩石的强度。当前不少勘察单位采用水利水电系统的经验，不加区分地将岩石的粘聚力 $c$ 乘以 0.2，内摩擦系数（$\mathrm{tg}\varphi$）乘以 0.8 作为岩体的 $c$、$\varphi$。根据长江科学院重庆岩基研究中心等所作大量现场试验表明，岩石与岩体（尤其是较完整的岩体）的内摩擦角相差很微，而粘聚力 $c$ 则变化较大。规范给出可供选用的系数。一般情况下粘聚力可取中小值，内摩擦角可取中高值。

**4.5.5** 岩体等效内摩擦角是考虑粘聚力在内的假想的“内摩擦角”，也称似内摩擦角或综合内摩擦角。可根据经验确定，也可由公式计算确定。常用的计算公式有多种，规范推荐以下公式是其中一种简便的公式。等效内摩擦角的计算公式推导如下：

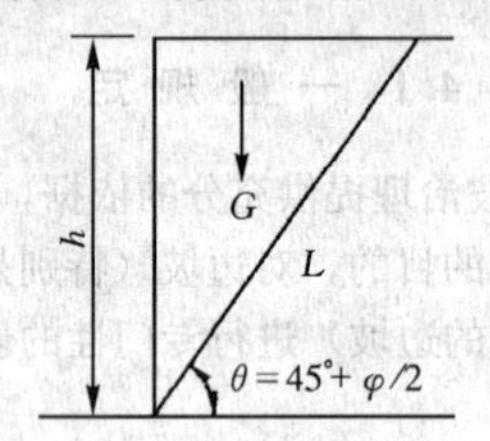


图 4.5.5-1

$$\tau=\sigma\mathrm{tg}\varphi+c\text{，或 }\tau=\sigma\mathrm{tg}\varphi_{\mathrm{d}}$$

则 $\mathrm{tg}\varphi_{\mathrm{d}}=\mathrm{tg}\varphi+\dfrac{c}{\sigma}=\mathrm{tg}\varphi+2c/\gamma h\cos\theta$

即 $\varphi_{\mathrm{d}}=\mathrm{arctg}\,(\mathrm{tg}\varphi+2c/\gamma h\cos\theta)$

式中 $\tau$——剪应力；

$\sigma$——正应力；

$\theta$——岩体破裂角，为 $45°+\varphi/2$。

岩体等效内摩擦角 $\varphi_{\mathrm{d}}$ 在工程中应用较广，也为广大工程技术人员所接受。可用来判断边坡的整体稳定性：当边坡岩体处于极限平衡状态时，即下滑力等于抗滑力

$$G\sin\theta=G\cos\theta\mathrm{tg}\varphi+cL=G\cos\theta\mathrm{tg}\varphi_{\mathrm{d}}$$

则：$\mathrm{tg}\theta=\mathrm{tg}\varphi_{\mathrm{d}}$

故当 $\theta<\varphi_{\mathrm{d}}$ 时边坡整体稳定，反之则不稳定。

由图 4.5.5-2 知，只有 $A$ 点才真正能代表等效内摩擦角。当正应力增大（如在边坡上堆载或边坡高度加高）则不安全，正应力减小（如在边坡上减载或边坡高度减低）则偏于安全。故在使用等效内摩擦角时，常常是将边坡最大高度作为计算高度来确定正应力 $\sigma$。

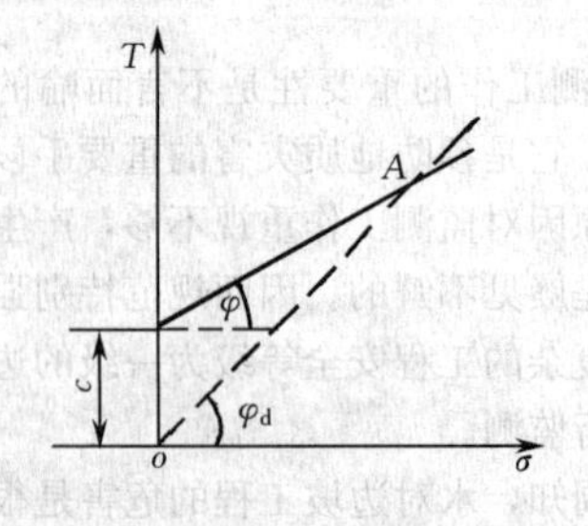


图 4.5.5-2

表 4.5.5 是根据大量边坡工程总结出的经验值，各地应在工程中不断积累经验。

需要说明的是：1）等效内摩擦角应用岩体 $c$、$\varphi$ 值计算确定；2）由于边坡岩体的不均一性等，一般情况下，等效内摩擦角的计算边坡高度不宜超过 15m；不得超过 25m；3）考虑岩体的"流变效应"，计算出的等效内摩擦角尚应进行适当折减。

**4.5.6** 按照不同的工况选择不同的抗剪强度指标是为了使计算结果更加接近客观实际。

# 5 边坡稳定性评价

## 5.1 一 般 规 定

**5.1.1** 施工期存在不利工况的边坡系指在建筑和边坡加固措施尚未完成的施工阶段可能出现显著变形或破坏的边坡。对于这些边坡,应对施工期不利工况条件下的边坡稳定性做出评价。

**5.1.2** 工程地质类比方法主要是依据工程经验和工程地质学分析方法，按照坡体介质、结构及其他条件的类比，进行边坡破坏类型及稳定性状态的定性判断。

边坡稳定性评价应包括下列内容：

1 边坡稳定性状态的定性判断；

2 边坡稳定性计算；

3 边坡稳定性综合评价；

4 边坡稳定性发展趋势分析。

## 5.2 边坡稳定性分析

**5.2.1** 边坡稳定性分析应遵循以定性分析为基础，以定量计算为重要辅助手段，进行综合评价的原则。因此，根据工程地质条件、可能的破坏模式以及已经出现的变形破坏迹象对边坡的稳定性状态做出定性判断，并对其稳定性趋势做出估计，是边坡稳定性分析的重要内容。

根据已经出现的变形破坏迹象对边坡稳定性状态做出定性判断时，应十分重视坡体后缘可能出现的微小张裂现象，并结合坡体可能的破坏模式对其成因作细致分析。若坡体侧边出现斜列裂缝，或在坡体中下部出现剪出或隆起变形时，可做出不稳定的判断。

**5.2.2** 岩质边坡稳定性计算时，在发育 3 组以上结构面，且不存在优势外倾结构面组的条件下，可以认为岩体为各向同性介质，在斜坡规模相对较大时，其破坏通常按近似圆弧滑面发生，宜采用圆弧滑动面条分法计算。对边坡规模较小、结构面组合关系较复杂的块体滑动破坏，采用赤平极射投影法及实体比例投影法较为方便。

**5.2.5** 本条推荐的计算方法为不平衡推力传递法，计算中应注意如下可能出现的问题：

1 当滑面形状不规则，局部凸起而使滑体较薄时，宜考虑从凸起部位剪出的可能性，可进行分段计算；

2 由于不平衡推力传递法的计算稳定系数实际上是滑坡最前部条块的稳定系数，若最前部条块划分过小，在后部传递力不大时，边坡稳定系数将显著地受该条块形状和滑面角度影响而不能客观地反映边坡整体稳定性状态。因此，在计算条块划分时，不宜将最下部条块分得太小；

3 当滑体前部滑面较缓，或出现反倾段时，自后部传递来的下滑力和抗滑力较小，而前部条块下滑力可能出现负值而使边坡稳定系数为负值，此时应视边坡为稳定状态；当最前部条块稳定系数不能较好地反映边坡整体稳定性时，可采用倒数第二条块的稳定性系数，或最前部 2 个条块稳定系数的平均值。

**5.2.6** 边坡地下水动水压力的严格计算应以流网为基础。但是，绘制流网通常是较困难的。考虑到用边坡中地下水位线与计算条块底面倾角的平均值作为地下水动水压力的作用方向具有可操作性，且可能造成的误差不会太大，因此可以采用第 5.2.6 规定的方法。

## 5.3 边坡稳定性评价

**5.3.1** 边坡稳定安全系数因所采用的计算方法不同，计算结果存在一定差别，通常圆弧法计算结果较平面滑动法和折线滑动法偏低。因此在依据计算稳定安全系数评价边坡稳定性状态时，评价标准应根据所采用的计算方法按表 5.3.1 分类取值。地质条件特殊的边坡，是指边坡高度较大或地质条件十分复杂的边坡，其稳定安全系数标准可按本规范表 5.3.1 的标准适当提高。

# 6 边坡支护结构上的侧向岩土压力

## 6.1 一 般 规 定

**6.1.1～6.1.2** 当前，国内外对土压力的计算都采用著名的库仑公式与朗金公式，但上述公式基于极限平衡理论，要求支护结构发生一定的侧向变形。若挡墙的侧向变形条件不符合主动、静止或被动极限平衡状态条件时则需对侧向岩土压力进行修正，其修正系数可依据经验确定。

土质边坡的土压力计算应考虑如下因素：

1 土的物理力学性质（重力密度、抗剪强度、墙与土之间的摩擦系数等）；

2 土的应力历史和应力路径；

3 支护结构相对土体位移的方向、大小；

4 地面坡度、地面超载和邻近基础荷载；

5 地震荷载；

6 地下水位及其变化；

7 温差、沉降、固结的影响；

8 支护结构类型及刚度；

9 边坡与基坑的施工方法和顺序。

岩质边坡的岩石压力计算应考虑如下因素：

1 岩体的物理力学性质（重力密度、岩石的抗剪强度和结构面的抗剪强度）；

2 边坡岩体类别（包括岩体结构类型、岩石强度、岩体完整性、地表水浸蚀和地下水状况、岩体结构面产状、倾向坡外结构面的结合程度等）；

3 岩体内单个软弱结构面的数量、产状、布置形式及抗剪强度；

4 支护结构相对岩体位移的方向与大小；

5 地面坡度、地面超载和邻近基础荷载；

6 地震荷载；

7 支护结构类型及刚度；

8 岩石边坡与基坑的施工方法与顺序。

## 6.2 侧向土压力

**6.2.1～6.2.5** 按经典土压力理论计算静止土压力、主动与被动土压力。本条规定主动土压力可用库仑公式与朗金公式，被动土压力采用朗肯公式。一般认为，库仑公式计算主动土压力比较接近实际，但计算被动土压力误差较大；朗肯公式计算主动土压力偏于保守，但算被动土压力反而偏小。建议实际应用中，用库仑公式计算主动土压力，用朗肯公式计算被动土压力。

**6.2.6～6.2.7** 采用水土分算还是水土合算，是当前有争议的问题。一般认为，对砂土与粉土采用水土分算，粘性土采用水土合算。水土分算时采用有效应力抗剪强度；水土合算时采用总应力抗剪强度。对正常固结土，一般以室内自重固结下不排水指标求主动土压力；以不固结不排水指标求被动土压力。

**6.2.8** 本条主动土压力是按挡墙后有较陡的稳定岩石坡情况下导出的。设计中应当注意，锚杆应穿过表面强风化与十分破碎的岩体，使锚固区落在稳定的岩体中。

陡倾的岩层上的浅层土体十分容易沿岩层面滑落，而成为当前一种多发的滑坡灾害。因而稳定岩石坡面与填土间的摩擦角取值十分谨慎。本条中提出的建议值是经验值，设计者根据地区工程经验确定。

**6.2.9** 本条提出的一些特殊情况下的土压力计算公式，是依据土压力理论结合经验而确定的半经验公式。

## 6.3 侧向岩石压力

**6.3.1** 由实验室测得的岩块泊松比是岩石的泊松比，而不是岩体的泊松比，因而由此算得的是静止岩石侧压力系数。岩质边坡静止侧压力系数应按 6.4.1 条修正。

**6.3.2** 岩体与土体不同，滑裂角为外倾结构面倾角，因而由此推出的岩石压力公式与库仑公式不同，当滑裂角 $\theta=45°+\varphi/2$ 时式（6.3.2）即为库仑公式。当岩体无明显结构面时或为破碎、散体岩体时 $\theta$ 角取 $45°+\varphi/2$。

**6.3.3** 有些岩体中存在外倾的软弱结构面，即使结构面倾角很小，仍可能产生四面楔体滑落，对滑落体的大小按当地实际情况确定。滑落体的稳定分析采用力多边形法验算。

**6.3.4** 本条给出滑移型岩质边坡各种条件下的侧向岩石压力计算方法，以及边坡侧压力和破裂角设计取值原则。

## 6.4 侧向岩土压力的修正

**6.4.1～6.4.2** 当坡肩有建筑物，挡墙的变形量较大时，将危及建筑物的安全及正常使用。为使边坡的变形量控制在允许范围内，根据建筑物基础与边坡外边缘的关系采用表 6.4.1 中的岩土侧压力修正值，其目的是使边坡仅发生较小变形，这样能保证坡顶建筑物的安全及正常使用。

岩质边坡修正静止岩石压力 $E'_0$ 为静止岩石侧压力 $E_0$ 乘以折减系数 $\beta_1$。由于岩质边坡开挖后产生微小变形时应力释放很快，并且岩体中结构面和裂隙也会造成静止岩石压力降低，工程中不存在理论上的静止侧压力，因此岩质边坡静止侧压力应进行修正。按表 6.4.2 折减后的岩石静止侧压力约为 $1/2(E_0+E_a)$，其中岩石强度高、完整性好的Ⅰ类岩质边坡折减较多，而Ⅱ类岩质边坡折减较少。

# 7 锚 杆（索）

## 7.1 一般规定

**7.1.1** 锚杆是一种受拉结构体系，钢拉杆、外锚头、灌浆体、防腐层、套管和联接器及内锚头等组成。锚杆挡墙是由锚杆和钢筋混凝土肋柱及挡板组成的支挡结构物，它依靠锚固于稳定岩土层内锚杆的抗拔力平衡挡板处的土压力。近年来，锚杆技术发展迅速，在边坡支护、危岩锚定、滑坡整治、洞室加固及高层建筑基础锚固等工程中广泛应用，具有实用、安全、经济的特点。

**7.1.4** 当坡顶边缘附近有重要建（构）筑物时，一般不允许支护结构发生较大变形，此时采用预应力锚杆能有效控制支护结构及边坡的变形量，有利于建（构）筑物的安全。

对施工期稳定性较差的边坡，采用预应力锚杆减少变形同时增加边坡滑裂面上的正应力及阻滑力，有利于边坡的稳定。

## 7.2 设计计算

**7.2.2～7.2.4** 锚杆设计宜先按式（7.2.2）计算所用锚杆钢筋的截面积，然后再用选定的锚杆钢筋面积按式（7.2.3）和式（7.2.4）确定锚固长度 $l_a$。

锚杆杆体与锚固体材料之间的锚固力一般高于锚固体与土层间的锚固力，因此土层锚杆锚固段长度计算结果一般均为7.2.3控制。

极软岩和软质岩中的锚固破坏一般发生于锚固体与岩层间，硬质岩中的锚固端破坏可发生在锚杆杆体与锚固体材料之间，因此岩石锚杆锚固段长度应分别按式7.2.3和7.2.4计算，取其中大值。

表7.2.3-1主要根据重庆及国内其他地方的工程经验，并结合国外有关标准而定的；表7.2.3-2数值主要参考《土层锚杆设计与施工规范》及国外有关标准确定。

锚杆设计顺序和内容可按图7.2.1进行设计。

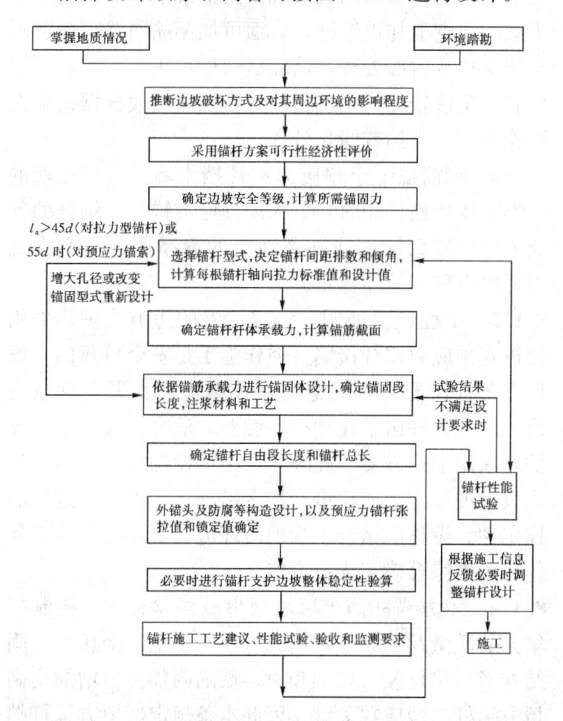


图7.2.1 锚杆设计内容及顺序

**7.2.5** 自由段作无粘结处理的非预应力岩石锚杆受拉变形主要是非锚固段钢筋的弹性变形，岩石锚固段理论计算变形值或实测变形值均很小。根据重庆地区大量现场锚杆锚固段变形实测结果统计，砂岩、泥岩锚固性能较好，3$\Phi$25四级精轧螺纹钢，用M30级砂浆锚入整体结构的中风化泥岩中2m时，在600kN荷载作用下锚固段钢筋弹性变形仅为1mm左右。因此非预应力无粘结岩石锚杆的伸长变形主要是自由段钢筋的弹性变形，其水平刚度可近似按7.2.5估算。

**7.2.6** 预应力岩石锚杆由于预应力的作用效应，锚固段变形极小。当锚杆承受的拉力小于预应力值时，整根预应力岩石锚杆受拉变形值都较小，可忽略不计。全粘结岩石锚杆的理论计算变形值和实测值也较小，可忽略不计，故可按刚性拉杆考虑。

## 7.3 原材料

**7.3.3** 对非预应力全粘结型锚杆，当锚杆承载力设计值低于400kN时，采用Ⅱ、Ⅲ级钢筋能满足设计要求，其构造简单，施工方便。承载力设计值较大的预应力锚杆，宜采用钢绞线或高强钢丝，首先是因为其抗拉强度远高于Ⅱ、Ⅲ级钢筋，能满足设计值要求，同时可大幅度地降低钢材用量；二是预应力锚索需要的锚具、张拉机具等配件有成熟的配套产品，供货方便；三是其产生的弹性伸长总量远高于Ⅱ、Ⅲ级钢，由锚头松动，钢筋松弛等原因引起的预应力损失值较小；四是钢绞线、钢丝运输、安装较粗钢筋方便，在狭窄的场地也可施工。高强精轧螺纹钢则实用于中级承载能力的预应力锚杆，有钢绞线和普通粗钢筋的类同优点，其防腐的耐久性和可靠性较高，处于水下、腐蚀性较强地层中的预应力锚杆宜优先采用。

镀锌钢材在酸性土质中易产生化学腐蚀，发生"氢脆"现象，故作此条规定。

**7.3.4** 锚具的构造应使每束预应力钢绞线可采用夹片方式锁定，张拉时可整根锚杆操作。锚具由锚头、夹片和承压板等组成，为满足设计使用目的，锚头应具有补偿张拉、松弛的功能，锚具型号及性能参数详见国家现行有关标准。

精轧螺纹粗钢筋的接长必须采用专用联接器，不得采用任何形式的焊接，钢筋下料应采用砂轮锯切割，严禁采用电焊切割，其有关技术要求详见《公路桥涵设计手册》中：预应力高强精轧螺纹粗钢筋设计施工暂行规定"。

## 7.4 构造设计

**7.4.1** 本条规定锚固段设计长度取值的上限值和下限值，是为保证锚固效果安全、可靠，使计算结果与锚固段锚固体和地层间的应力状况基本一致并达到设计要求的安全度。

日本有关锚固工法介绍的锚固段锚固体与地层间锚固应力分布如图7.4.1所示。由于灌浆体与和岩土体和杆体的弹性特征值不一致，当杆体受拉后粘结应力并非沿纵向均匀分布，而是出现如图Ⅰ所示应力集中现象。当锚固段过长时，随着应力不断增加从靠近边坡面处锚固端开始，灌浆体与地层界面的粘结逐渐软化或脱开，此时可发生裂缝沿界面向深部发展现象，如图Ⅱ所示。随着锚固效应弱化，锚杆抗拔力并不与锚固长度增加成正比，如图Ⅲ所示。由此可见，计算采用过长的增大锚固长度，并不能有效提高锚固力，公式（7.2.3）应用必须限制计算长度的上限值，国外有关标准规定计算长度不超过10m。

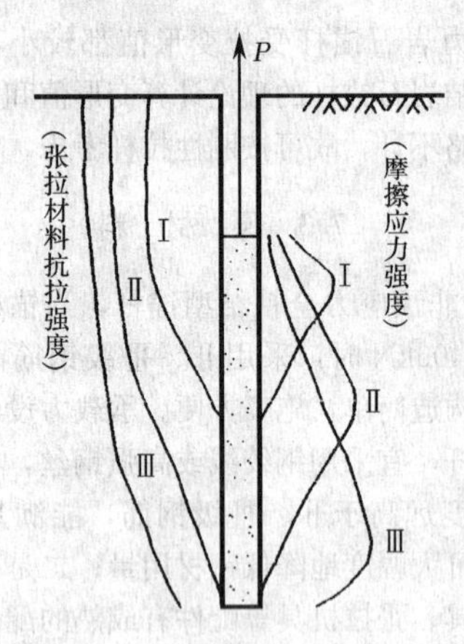


图 7.4.1 锚固应力分布图

注：Ⅰ—锚杆工作阶段应力分布图；
Ⅱ—锚杆应力超过工作阶段，变形增大时应力分布图；
Ⅲ—锚固段处于破坏阶段时应力分布图。

反之，锚固段长度设计过短时，由于实际施工期锚固区地层局部强度可能降低，或岩体中存在不利组合结构面时，锚固段被拔出的危险性增大，为确保锚固安全度的可靠性，国内外有关标准均规定锚固段构造长度不得小于3～4m。

大量的工程试验证实，在硬质岩和软质岩中，中、小级承载力锚杆在工作阶段锚固段应力传递深度约为1.5～3.0m（12～20倍钻孔直径），三峡工程锚固于花岗岩中3000kN级锚索工作阶段应力传递深度实测值约为4.0m（约25倍孔径）。

综合以上原因，本规范根据大量锚杆试验结果及锚固段设计安全度及构造需要，提出锚固段的设计计算长度应满足本条要求。

**7.4.4** 在锚固段岩体破碎，渗水严重时，水泥固结灌浆可达到密封裂隙，封阻渗水，保证和提高锚固性能效果。

**7.4.5** 锚杆防腐处理的可靠性及耐久性是影响锚杆使用寿命的重要因素之一，“应力腐蚀”和“化学腐蚀”双重作用将使杆体锈蚀速度加快，锚杆使用寿命大大降低，防腐处理应保证锚杆各段均不出现杆体材料局部腐蚀现象。

预应力锚杆防腐的处理方法也可采用：除锈→刷沥青船底漆→涂钙基润滑脂后绕扎塑料布再涂润滑油后→装入塑料套管→套管两端黄油充填。

# 8 锚杆（索）挡墙支护

## 8.1 一般规定

**8.1.1** 本条列举锚杆挡墙的常用型式，此外还有竖肋和板为预制构件的装配肋板式锚杆挡墙，下部为挖方、上部为填方的组合锚杆挡墙。

根据地形、地质特征和边坡荷载等情况，各类锚杆挡墙的方案特点和适用性如下：

1 钢筋混凝土装配式锚杆挡土墙适用于填方地段。

2 现浇钢筋混凝土板肋式锚杆挡土墙适用于挖方地段，当土方开挖后边坡稳定性较差时应采用“逆作法”施工。

3 排桩式锚杆挡土墙：适用于边坡稳定性很差、坡肩有建（构）筑物等附加荷载地段的边坡。当采用现浇钢筋混凝土板肋式锚杆挡土墙，还不能确保施工期的坡体稳定时宜采用本方案。排桩可采用人工挖孔桩、钻孔桩或型钢。排桩施工完后用“逆作法”施工锚杆及钢筋混凝土挡板或拱板。

4 钢筋混凝土格架式锚杆挡土墙：墙面垂直型适用于稳定性、整体性较好的Ⅰ、Ⅱ类岩石边坡，在坡面上现浇网格状的钢筋混凝土格架梁，竖向肋和水平梁的结点上加设锚杆，岩面可加钢筋网并喷射混凝土作支挡或封面处理；墙面后仰型可用于各类岩石边坡和稳定性较好的土质边坡，格架内墙面根据稳定性可作封面、支挡或绿化处理。

5 钢筋混凝土预应力锚杆挡土墙：当挡土墙的变形需要严格控制时，宜采用预应力锚杆。锚杆的预应力也可增大滑面或破裂面上的静摩擦力并产生抗力，更有利于坡体稳定。

**8.1.2** 工程经验证明，稳定性差的边坡支护，采用排桩式预应力锚杆挡墙且逆作施工是安全可靠的，设计方案有利于边坡的稳定及控制边坡水平及垂直变形。故本条提出了几种稳定性差、危害性大的边坡支护宜采用上述方案。此外，采用增设锚杆、对锚杆和边坡施加预应力或跳槽开挖等措施，也可增加边坡的稳定性。设计应结合工程地质环境、重要性及施工条件等因素综合确定支护方案。

**8.1.4** 填方锚杆挡土墙垮塌事故经验证实，控制好填方的质量及采取有效措施减小新填土沉降压缩、固结变形对锚杆拉力增加和对挡墙的附加推力增加是高填方锚杆挡墙成败关键。因此本条规定新填方锚杆挡墙应作特殊设计，采取有效措施控制填方对锚杆拉力增加过大的不利情况发生。当新填方边坡高度较大且无成熟的工程经验时，不宜采用锚杆挡墙方案。

## 8.2 设计计算

**8.2.2** 挡墙侧向压力大小与岩土力学性质、墙高、支护结构型式及位移方向和大小等因素有关。根据挡墙位移的方向及大小，其侧向压力可分为主动土压力、静止土压力和被动土压力。由于锚杆挡墙构造特殊，侧向压力的影响因素更为复杂，例如：锚杆变形量大小、锚杆是否加预应力、锚杆挡土墙的施工方案等都直接影响挡墙的变形，使土压力发生变化；同时，挡土板、锚杆和地基间存在复杂的相互作用关系，因此目前理论上还未有准确的计算方法如实反映各种因素对锚杆挡墙的侧向压力的影响。从理论分析和实测资料看，土质边坡锚杆挡墙的土压力大于主动土压力，采用预应力锚杆挡墙时土压力增加更大，本规范采用土压力增大系数 $\beta_2$ 来反映锚杆挡墙侧向压力的增大。岩质边坡变形小，应力释放较快，锚杆对岩体约束后侧向压力增大不明显，故对非预应力锚杆挡墙不考虑侧压力增大，预应力锚杆考虑 1.1 的增大值。

**8.2.3～8.2.5** 从理论分析和实测结果看，影响锚杆挡墙侧向压力分布图形的因素复杂，主要为填方或挖方、挡墙位移大小与方向、锚杆层数及弹性大小、是否采用逆施工方法、墙后岩土类别和硬软等情况。不同条件时分布图形可能是三角形、梯形或矩形，仅用侧向压力随深度成线性增加的三角形应力图已不能反映许多锚杆挡墙侧向压力的实际情况。本规范 8.2.5 条对满足特定条件时的应力分布图形作了梯形分布规定，与国内外工程实测资料和相关标准一致。主要原因为逆施工法的锚杆对边坡变形产生约束作用、支撑作用和岩石和硬土的竖向拱效应明显，使边坡侧向压力向锚固点传递，造成矩形应力分布图形，与有支撑时基坑土压力呈矩形、梯形分布图形类同。反之上述条件以外的非硬土边坡宜采用库仑三角形应力分布图形或地区经验图形。

**8.2.7～8.2.8** 锚杆挡墙与墙后岩土体是相互作用、相互影响的一个整体，其结构内力除与支护结构的刚度有关外，还与岩土体的变形有关，因此要准确计算是较为困难的。根据目前的研究成果，可按连续介质理论采用有限元、边界元和弹性支点法等方法进行较精确的计算。但在实际工程中，也可采用等值梁法或静力平衡法等进行近似计算。

在平面分析模型中弹性支点法根据连续梁理论，考虑支护结构与其后岩土体的变形协调，其计算结果较为合理，因此规范推荐此方法。等值梁法或静力平衡法假定开挖下部边坡时上部已施工的锚杆内力保持不变，并且在锚杆处为不动点，并不能反映挡墙实际受力特点。因锚杆受力后将产生变形，支护结构刚度也较小，属柔性结构。但在锚固点变形较小时其计算结果能满足工程需要，且其计算较为简单。因此对岩质边坡及较坚硬的土质边坡，也可作为近似计算方法。对较软弱土的边坡，宜采用弹性支点法或其他较精确的方法。

**8.2.9** 挡板为支承于竖肋上的连续板或简支板、拱构件，其设计荷载按板的位置及标高处的岩土压力值确定，这是常规的能保证安全的设计方法。大量工程实测值证实，挡土板的实际应力值存在小于设计值的情况，其主要原因是挡土板后的岩土存在拱效应，岩土压力部分荷载通过“拱作用”直接传至肋柱上，从而减少作用在挡土板上荷载。影响“拱效应”的因素复杂，主要与岩土密实性、排水情况、挡板的刚度、施工方法和力学参数等因素有关。目前理论研究还不能做出定量的计算，一些地区主要是采取工程类比的经验方法，相同的地质条件、相同的板跨，采用定量的设计用料。本条按以上原则对于存在“拱效应”较强的岩石和土质密实且排水可靠的挖方挡墙，可考虑两肋间岩土“卸荷拱”的作用。设计者应根据地区工程经验考虑荷载减小效应。完整的硬质岩荷载减小效应明显，反之极软岩及密实性较高的土荷载减小效果稍差；对于软弱土和填方边坡，无可靠地区经验时不宜考虑“卸荷拱”作用。

## 8.3 构造设计

**8.3.2** 锚杆轴线与水平面的夹角小于10°后，锚杆外端灌浆饱满度难以保证，因此建议夹角一般不小于10°。由于锚杆水平抗拉力等于拉杆强度与锚杆倾角余弦值的乘积，锚杆倾角过大时锚杆有效水平拉力下降过多，同时将对锚肋作用较大的垂直分力，该垂直分力在锚肋基础设计时不能忽略，同时对施工期锚杆挡墙的竖向稳定不利，因此锚杆倾角宜为10°～35°。

提出锚杆间距控制主要考虑到当锚杆间距过密时，由于“群锚效应”锚杆承载力将降低，锚固段应力影响区段土体被拉坏可能性增大。

由于锚杆每米直接费用中钻孔费所占比例较大，因此在设计中应适当减少钻孔量，采用承载力低而密的锚杆是不经济的，应选用承载力较高的锚杆，同时也可避免“群锚效应”不利影响。

**8.3.4** 本条提出现浇挡土板的厚度不宜小于200mm的要求，主要考虑现场立模和浇混凝土的条件较差，为保证混凝土质量的施工要求。

**8.3.9** 在岩壁上一次浇筑混凝土板的长度不宜过大，以避免当混凝土收缩时岩石的“约束”作用产生拉应力，导致挡土板开裂，此时宜采取减短浇筑长度等措施。

## 8.4 施 工

**8.4.1** 稳定性一般的高边坡，当采用大爆破、大开挖或开挖后不及时支护或存在外倾结构面时，均有可能发生边坡失稳和局部岩体塌方，此时应采用至上而下、分层开挖和锚固的逆施工法。

# 9 岩石锚喷支护

## 9.1 一般规定

**9.1.1～9.1.2** 锚喷支护对岩质边坡尤其是Ⅰ、Ⅱ及Ⅲ类岩质边坡，锚喷支护具有良好效果且费用低廉，但喷层外表不佳；采用现浇钢筋混凝土板能改善美观，因而表面处理包括喷射混凝土和现浇混凝土面板等。锚喷支护中锚杆起主要承载作用，面板用于限制锚杆间岩块的塌滑。

9.1.3 锚喷支护中锚杆有系统加固锚杆与局部加强锚杆两种类型。系统锚杆用以维持边坡整体稳定，采用按直线滑裂面的极限平衡法计算。局部锚杆用以维持不稳定块体，采用赤平投影法或块体平衡法计算。

## 9.2 设计计算

9.2.1 本条说明每根锚杆轴向拉力标准值的计算，计算中主动岩石压力按均布考虑。

9.2.3 条文中说明锚杆对危岩抗力的计算，包括危岩受拉破坏时计算与受剪破坏时计算。

9.2.4 条文中还说明喷层对局部不稳定块体的抗力计算。上述计算公式均引自国家锚杆与喷射混凝土支护技术规范，只是采用了分项系数计算。分项系数之积与原规范中总安全系数相当。

## 9.3 构造设计

9.3.2 锚喷支护要控制锚杆间的最大间距，以确保两根锚杆间的岩体稳定。锚杆最大间距显然与岩坡分类有关，岩坡分类等级越低，最大间距应当越小。

9.3.4 喷射混凝土应重视早期强度，通常规定1天龄期的抗压强度不应低于5MPa。

9.3.6 边坡的岩面条件通常要比地下工程中的岩面条件差，因而喷射混凝土与岩面的粘结力约低于地下工程中喷射混凝土与岩面的粘结力。国家现行标准《锚杆喷射混凝土支护技术规范》GBJ86的规定，Ⅰ、Ⅱ类围岩喷射混凝土土岩面粘结力不低于0.8MPa；Ⅲ类围岩不低于0.5MPa。本条规定整体状与块体岩体不应低与0.7MPa；碎裂状岩体不应低于0.4MPa。

## 9.4 施工

9.4.1 Ⅰ、Ⅱ及Ⅲ类岩质边坡应尽量采用部分逆作法，这样既能确保工程开挖中的安全，又便于施工。但应注意，对未支护开挖段岩体的高度与宽度应依据岩体的破碎、风化程度作严格控制，以免施工中出现事故。

# 10 重力式挡墙

## 10.1 一般规定

10.1.2 重力式挡墙基础底面大、体积大，如高度过大，则既不利于土地的开发利用，也往往是不经济的。当土质边坡高度大于8m、岩质边坡高度大于10m时，上述状况已明显存在，故本条对挡墙高度作了限制。

10.1.3 一般情况下，重力式挡墙位移较大，难以满足对变形的严格要求。

挖方挡墙施工难以采用逆作法，开挖面形成后边坡稳定性相对较低，有时可能危及边坡稳定及相邻建筑物安全。因此本条对重力式挡墙适用范围作了限制。

10.1.4 墙型的选择对挡墙的安全与经济影响较大。在同等条件下，挡墙中主动土压力以仰斜最小，直立居中，俯斜最大，因此仰斜式挡墙较为合理。但不同的墙型往往使挡墙条件（如挡墙高度、填土质量）不同。故墙型应综合考虑多种因素而确定。

挖方边坡采用仰斜式挡墙时，墙背可与边坡坡面紧贴，不存在填方施工不便、质量受影响的问题，仰斜当是首选墙型。

挡墙高度较大时，土压力较大，降低土压力已成为突出问题，故宜采用衡重式或仰斜式。

## 10.2 设计计算

10.2.1 挡墙设计中，岩土压力分布是一个重要问题。目前对岩土压力分布规律的认识尚不十分清楚。按朗金理论确定土压力分布可能偏于不安全。表面无均布荷载时，将岩土压力视为与挡墙同高的三角形分布的结果是岩土压力合力的作用点有所提高。

10.2.2～10.2.4 抗滑移稳定性及抗倾覆稳定性验算是重力式挡墙设计中十分重要的一环，式（10.2.3）及式（10.2.4）应得到满足。当抗滑移稳定性不满足要求时，可采取增大挡墙断面尺寸、墙底做成逆坡、换土做砂石垫层等措施使抗滑移稳定性满足要求。当抗倾覆稳定性不满足要求时，可采取增大挡墙断面尺寸、增长墙趾、改变墙背做法（如在直立墙背上做卸荷台）等措施使抗倾覆稳定性满足要求。

土质地基有软弱层时，存在着挡墙地基整体失稳破坏的可能性，故需进行地基稳定性验算。

## 10.3 构造设计

10.3.1 条石、块石及素混凝土是重力式挡墙的常用材料，也有采用砖及其他材料的。

10.3.2 挡墙基底做成逆坡对增加挡墙的稳定性有利，但基底逆坡坡度过大，将导致墙踵陷入地基中，也会使保持挡墙墙身的整体性变得困难。为避免这一情况，本条对基底逆坡坡度作了限制。

## 10.4 施工

10.4.4 本条规定是为了避免填方沿原地面滑动。填方基底处理办法有铲除草皮和耕植土、开挖台阶等。

# 11 扶壁式挡墙

## 11.1 一般规定

11.1.1 扶壁式挡墙由立板、底板及扶壁（立板的肋）三部分组成，底板分为墙趾板和墙踵板。扶壁式挡墙适用于石料缺乏、地基承载力较低的填方边坡工程。一般采用现浇钢筋混凝土结构。扶壁式挡墙高度不宜超过10m的规定是考虑地基承载力、结构受力特点及经济等因素定的，一般高度为6～10m的填方边坡采用扶壁式挡墙较为经济合理。

**11.1.2** 扶壁式挡墙基础应置于稳定的地层内，这是挡墙稳定的前提。本条规定的挡墙基础埋置深度是参考国内外有关规范而定的，这是满足地基承载力、稳定和变形条件的构造要求。在实际工程中应根据工程地质条件和挡墙结构受力情况，采用合适的埋置深度，但不应小于本条规定的最小值。在受冲刷或受冻胀影响的边坡工程，还应考虑这些因素的不利影响，挡墙基础应在其影响之下的一定深度。

## 11.2 设计计算

**11.2.1** 扶壁式挡墙的设计内容主要包括边坡侧向土压力计算、地基承载力验算、结构内力及配筋、裂缝宽度验算及稳定性计算。在计算时应根据计算内容分别采用相应的荷载组合及分项系数。扶壁式挡墙外荷载一般包括墙后土体自重及坡顶地面活载。当受水或地震影响或坡顶附近有建筑物时，应考虑其产生的附加侧向土压力作用。

**11.2.2** 根据国内外模型试验及现场测试的资料，按库仑理论采用第二破裂面法计算侧向土压力较符合工程实际。但目前美国及日本等均采用通过墙踵的竖向面为假想墙背计算侧向压力。因此本条规定当不能形成第二破裂面时，可用墙踵下缘与墙顶内缘的连线作为假想墙及通过墙踵的竖向面为假想墙背计算侧向压力。同时侧向土压力计算应符合本规范6章的有关规定。

**11.2.3** 影响扶壁式挡墙的侧向压力分布的因素很多，主要包括墙后填土、支护结构刚度、地下水、挡墙变形及施工方法等，可简化为三角形、梯形或矩形。应根据工程具体情况，并结合当地经验确定符合实际的分布图形，这样结构内力计算才合理。

**11.2.4** 扶壁式挡墙是较复杂的空间受力结构体系，要精确计算是比较困难复杂的。根据扶壁式挡墙的受力特点，可将空间受力问题简化为平面问题近似计算。这种方法能反映构件的受力情况，同时也是偏于安全的。立板和墙踵板可简化为靠近底板部分为三边固定，一边自由的板及上部以扶壁为支承的连续板；墙趾底板可简化为固端在立板上的悬臂板进行计算；扶壁可简化为悬臂的T形梁，立板为梁的翼，扶壁为梁的腹板。

**11.2.5** 扶壁式挡墙基础埋深较小，墙趾处回填土往往难以保证夯填密实，因此在计算挡墙整体稳定及立板内力时，可忽略墙前底板以上土体的有利影响，但在计算墙趾板内力时则应考虑墙趾板以上土体的重量。

**11.2.6** 扶壁式挡墙为钢筋混凝土结构，其受力较大时可能开裂，钢筋净保护层厚度较小，受水浸蚀影响较大。为保证扶壁式挡墙的耐久性，本条规定了扶壁式挡墙裂缝宽度计算的要求。

## 11.3 构造设计

**11.3.1** 本条根据现行国家标准《混凝土结构设计规范》GB50010规定了扶壁式挡墙的混凝土强度等级、钢筋直径和间距及混凝土保护层厚度的要求。

**11.3.2** 扶壁式挡墙的尺寸应根据强度及刚度等要求计算确定，同时还应当满足锚固、连接等构造要求。本条根据工程实践经验总结得来。

**11.3.3** 扶壁式挡墙配筋应根据其受力特点进行设计。立板和墙踵板按板配筋，墙趾板按悬臂板配筋，扶壁按倒T形悬臂深梁进行配筋；立板与扶壁、底板与扶壁之间根据传力要求计算设计连接钢筋。宜根据立板、墙踵板及扶壁的内力大小分段分级配筋，同时立板、底板及扶壁的配筋率、钢筋的搭接和锚固等应符合现行国家标准《混凝土结构设计规范》GB50010的有关规定。

**11.3.4** 在挡墙底部增设防滑键是提高挡墙抗滑稳定的一种有效措施。当挡墙稳定受滑动控制时，宜在墙底下设防滑键。防滑键应具有足够的抗剪强度，并保证键前土体足够抗力不被挤出。

**11.3.5～11.3.6** 挡墙基础是保证挡墙安全正常工作的十分重要的部分。实际工程中许多挡墙破坏都是地基基础设计不当引起的。因此设计时必须充分掌握工程地质及水文地质条件，在安全、可靠、经济的前提下合理选择基础形式，采取恰当的地基处理措施。当挡墙纵向坡度较大时，为减少开挖及挡墙高度，节省造价，在保证地基承载力的前提下可设计成台阶形。当地基为软土层时，可采用换土层法或采用桩基础等地基处理措施。不应将基础置于未经处理的地层上。

**11.3.7** 钢筋混凝土结构扶壁式挡墙因温度变化引起材料变形，增加结构的附加内力，当长度过长时可能使结构开裂。本条参照现行有关标准规定了伸缩缝的构造要求。

**11.3.8** 扶壁式挡墙对地基不均匀变形敏感，在不同结构单元及地层岩土性状变化时，将产生不均匀变形。为适应这种变化，宜采用沉降缝分成独立的结构单元。有条件时伸缩缝与沉降缝宜合并设置。

**11.3.9** 墙后填土直接影响侧向土压力，因此宜选用重度小、内摩擦角大的填料，不得采用物理力学性质不稳定、变异大的填料（如粘性土、淤泥、耕土、膨胀土、盐渍土及有机质土等特殊土）。同时，要求填料透水性强，易排水，这样可显著减小墙后侧向土压力。

## 11.4 施　　工

**11.4.1** 本条规定在施工时应做好地下水、地表水及施工用水的排放工作，避免水软化地基，降低地基承载力。基坑开挖后应及时进行封闭和基础施工。

**11.4.2～11.4.3** 挡墙后填料应严格按设计要求就地选取，并应清除填土中的草、树皮树根等杂物。在结构达到设计强度的70%后进行回填。填土应分层压实，其压实度应满足设计要求。扶壁间的填土应对称进行，减小因不对称回填对挡墙的不利影响。挡墙泄水孔的反滤层应当在填筑过程中及时施工。

# 12 坡 率 法

## 12.1 一 般 规 定

**12.1.1～12.1.4** 本规范坡率法是指控制边坡高度和坡度，无需对边坡整体进行加固而自身稳定的一种人工边坡设计方法。坡率法是一种比较经济、施工方便的方法，对有条件的场地宜优先考虑选用。

坡率法适用于整体稳定条件下的岩层和土层，在地下水位低且放坡开挖时不会对相邻建筑物产生不利影响的条件下使用。有条件时可结合坡顶刷坡卸载，坡脚回填压脚的方法。

坡率法可与支护结构联合应用，形成组合边坡。例如当不具备全高放坡条件时，上段可采用坡率法，下段可采用支护结构以稳定边坡。

## 12.2 设 计 计 算

**12.2.1～12.2.6** 采用坡率法的边坡，原则上都应进行稳定性验算，但对于工程地质及水文地质条件简单的土质边坡和整体无外倾结构面的岩质边坡，在有成熟的地区经验时，可参照地区经验或表12.2.1或12.2.2确定。

## 12.3 构 造 设 计

**12.3.1～12.3.6** 在坡高范围内，不同的岩土层，可采用不同的坡率放坡。边坡设计应注意边坡环境的防护整治，边坡水系应因势利导保持畅通。考虑到边坡的永久性，坡面应采取保护措施，防止土体流失、岩层风化及环境恶化造成边坡稳定性降低。

# 13 滑坡、危岩和崩塌防治

## 13.1 滑 坡 防 治

**13.1.1** 本规范根据滑坡的诱发因素、滑体及滑动特征将滑坡分为工程滑坡和自然滑坡（含工程古滑坡）两大类，以此作为滑坡设计及计算的分类依据。对工程滑坡规范推荐采用与边坡工程类同的设计计算方法及有关参数和安全度；对自然滑坡则采用本章规定的与传统方法基本一致的方法。

滑坡根据运动方式、成因、稳定程度及规模等因素，还可分为推力式滑坡、牵引式滑坡、活滑坡、死滑坡、大中小型等滑坡。

**13.1.2** 对于潜在滑坡和未复活的滑坡，其滑动面岩土力学性能要优于滑坡产生后的情况，因此事先对滑坡采取预防措施所费的人力、物力要比滑坡产生后再设法整治的费用少得多，且可避免滑坡危害，这就是“以防为主，防治结合”的原则。

从某种意义上讲，无水不滑坡。因此治水是改善滑体土的物理力学性质的重要途径，是滑坡治本思想的体现。

当滑坡体上有重要建（构）物，滑坡治理除必须保证滑体的承载能力极限状态功能外，还应尽可能避免因支护结构的变形或滑坡体的再压缩变形等造成危及重要建（构）物正常使用功能状况发生，并应从设计方案上采取相应处理措施。

**13.1.3～13.1.7** 滑坡行为涉及的因素很多，针对性地选择处理措施综合考虑制定防治方案，达到较理想的效果。本条提出的一些治理措施是经过工程检验、得到广大工程技术人员认可的成功经验的总结。

**13.1.11** 滑坡支挡设计是一种结构设计，应遵循的规定很多，本条对作用于支挡结构上的外力计算作了一些规定。

滑坡推力分布图形受滑体岩土性状、滑坡类型、支护结构刚度等因素影响较大，规范难以给出各类滑坡的分布图形。从工程实测统计分析来看有以下特点，当滑体为较完整的块石、碎石类土时呈三角形分布，采用锚拉桩时滑坡推力图形宜取矩形，当滑体为粘土时呈矩形分布，当为介于两者间的滑体时呈梯形分布。设计者应根据工程情况和地区经验等因素，确定较合理的分布图形。

**13.1.12** 滑坡推力计算方法目前采用传递系数法，也是众多规范所推荐的方法，圆弧滑动的滑坡推力计算也按此法进行。

抗震设防时滑坡推力计算可按现行标准及《铁路工程抗震设计规范》GBJ111的有关规定执行。本条滑坡推力为设计值，按此进行支挡结构计算时，不应再乘以荷载分项系数。

**13.1.13** 滑坡是一种复杂的地质现象，由于种种原因人们对它的认识有局限性、时效性。因此根据施工现场的反馈信息采用动态设计和信息法施工是非常必要的；条文中提出的几点要求，也是工程经验教训的总结。

## 13.2 危岩和崩塌防治

**13.2.1～13.2.4** 危岩崩塌的破坏机制及分类目前国

内外均在研究，但不够完善。本规范按危岩破坏特征分为塌滑型、倾倒型和坠落型三类，并根据危岩分类按其破坏特征建立计算模型进行计算。塌滑型危岩可采用边坡计算中的楔形体平衡法，倾倒型危岩可按重力式挡墙的抗倾和抗滑方法，坠落型危岩按结构面的抗剪强度核算法。条文中罗列的一些行之有效的治理办法，治理时应有针对性地选择一种或多种方法。

## 14 边坡变形控制

### 14.1 一 般 规 定

**14.1.1～14.1.3** 支护结构变形控制等级应根据周边环境条件对边坡的要求确定可分为严格、较严格及不严格，如表6.4.1中所示。当坡顶附近有重要建(构)筑物时除应保证边坡整体稳定性外，还应保证变形满足设计要求。边坡的变形值大小与边坡高度、地质条件、水文条件、支护结构类型、施工开挖方案等因素相关，变形计算复杂且不够成熟，有关规范均未提出较成熟的计算方法，工程实践中只能根据地区经验，采用工程类比的方法，从设计、施工、变形监测等方面采取措施控制边坡变形。

同样，支护结构变形允许值涉及因素较多，难以用理论分析和数值计算确定，工程设计中可根据边坡条件按地区经验确定。

### 14.2 控制边坡变形的技术措施

**14.2.2** 当地基变形较大时，有关地基及被动土压力区加固方法按国家现行有关规范进行。

**14.2.7** 稳定性较差的岩土边坡（较软弱的土边坡，有外倾软弱结构面的岩石边坡，潜在滑坡等）开挖时，不利工况时边坡的稳定和变形控制应满足有关规定要求，避免出现施工事故，必要时应采取施工措施增强施工期的稳定性。

## 15 边坡工程施工

### 15.1 一 般 规 定

**15.1.1** 地质环境条件复杂、稳定性差的边坡工程，其安全施工是建筑边坡工程成功的重要环节，也是边坡工程事故的多发阶段。施工方案应结合边坡的具体工程条件及设计基本原则，采取合理可行、行之有效的综合措施，在确保工程施工安全、质量可靠的前提下加快施工进度。

**15.1.2** 对土石方开挖后不稳定的边坡无序大开挖、大爆破造成事故的工程事例太多。采用“至上而下、分阶施工、跳槽开挖、及时支护”的逆施工法是成功经验的总结，应根据边坡的稳定条件选择安全的开挖方案。

### 15.2 施工组织设计

**15.2.1** 边坡工程施工组织设计是贯彻实施设计意图、执行规范，确保工程进度、工程质量，指导施工的主要技术文件，施工单位应认真编制，严格审查，实行多方会审制度。

### 15.3 信 息 施 工 法

**15.3.1～15.3.2** 信息施工法是将设计、施工、监测及信息反馈融为一体的现代化施工法。信息施工法是动态设计法的延伸，也是动态设计法的需要，是一种客观、求实的工作方法。地质情况复杂、稳定性差的边坡工程，施工期的稳定安全控制更为重要。建立监测网和信息反馈有利于控制施工安全，完善设计，是边坡工程经验总结和发展起来的先进施工方法，应当给予大力推广。

信息施工法的基本原则应贯穿于施工组织设计和现场施工的全过程，使监控网、信息反馈系统与动态设计和施工活动有机结合在一起，不断将现场水文地质变化情况反馈到设计和施工单位，以调整设计与施工参数，指导设计与施工。

信息施工法可根据其特殊情况或设计要求，将监控网的监测范围延伸至相邻建筑（构筑）物或周边环境，以便对边坡工程的整体或局部稳定做出准确判断，必要时采取应急措施，保障施工质量和顺利施工。

### 15.4 爆 破 施 工

**15.4.3** 周边建筑物密集时，爆破前应对周边建筑原有变形及裂缝等情况作好详细勘查记录。必要时可以拍照、录像或震动监测。

中华人民共和国国家标准

# 复合地基技术规范

Technical code for composite foundation

**GB/T 50783—2012**

主编部门：浙 江 省 住 房 和 城 乡 建 设 厅
批准部门：中华人民共和国住房和城乡建设部
施行日期：2 0 1 2 年 1 2 月 1 日

# 中华人民共和国住房和城乡建设部
# 公　告

第 1486 号

## 住房城乡建设部关于发布国家标准《复合地基技术规范》的公告

现批准《复合地基技术规范》为国家标准，编号为 GB/T 50783－2012，自 2012 年 12 月 1 日起实施。

本规范由我部标准定额研究所组织中国计划出版社出版发行。

中华人民共和国住房和城乡建设部

2012 年 10 月 11 日

## 前　言

本规范是根据住房和城乡建设部《关于印发〈2009 年工程建设标准规范制订、修订计划〉的通知》（建标〔2009〕88 号）的要求，由浙江大学和浙江中南建设集团有限公司会同有关单位共同编制完成的。

本规范在编制过程中，编制组经广泛调查研究，认真总结实践经验，参考有关国内外先进标准，并在广泛征求意见的基础上，最后经审查定稿。

本规范共分 17 章和 1 个附录。主要技术内容是：总则、术语和符号、基本规定、复合地基勘察要点、复合地基计算、深层搅拌桩复合地基、高压旋喷桩复合地基、灰土挤密桩复合地基、夯实水泥土桩复合地基、石灰桩复合地基、挤密砂石桩复合地基、置换砂石桩复合地基、强夯置换墩复合地基、刚性桩复合地基、长-短桩复合地基、桩网复合地基、复合地基监测与检测要点等。

本规范由住房和城乡建设部负责管理，由浙江大学负责具体技术内容的解释。执行过程中如有意见或建议，请寄送浙江大学《复合地基技术规范》管理组（地址：杭州余杭塘路 388 号浙江大学紫金港校区安中大楼 B416 室，邮政编码：310058），以供今后修订时参考。

本规范主编单位：浙江大学
浙江中南建设集团有限公司

本规范参编单位：同济大学
天津大学
长安大学
太原理工大学
湖南大学
福建省建筑科学研究院
中国铁道科学研究院深圳研究设计院
浙江省建筑设计研究院
中国水电顾问集团华东勘察设计研究院
广厦建设集团有限责任公司
中国铁建港航局集团有限公司
甘肃土木工程科学研究院
吉林省建筑设计院有限责任公司
湖北省建筑科学研究设计院
中国兵器工业北方勘察设计研究院
武汉谦诚建设集团有限公司
浙江省东阳第三建筑工程有限公司
现代建筑设计集团上海申元岩土工程有限公司
河北省建筑科学研究院

本规范主要起草人员：龚晓南　水伟厚　王长科　王占雷　白纯真　叶观宝　刘国楠　刘吉福　刘世明　刘兴旺　刘志宏　陈昌富

陈振建　陈　磊　李　斌
张雪婵　林炎飞　郑　刚
周　建　郭泽猛　施祖元
袁内镇　章建松　葛忻声
童林明　谢永利　滕文川

本规范主要审查人员：张苏民　张　雁　钱力航
刘松玉　汪　稔　张建民
陆　新　陆耀忠　周质炎
高玉峰　倪士坎　徐一骐

# 目 次

## Contents

# 1 总 则

**1.0.1** 为在复合地基设计、施工和质量检验中贯彻国家的技术经济政策，做到保证质量、保护环境、节约能源、安全适用、经济合理和技术先进，制定本规范。

**1.0.2** 本规范适用于复合地基的设计、施工及质量检验。

**1.0.3** 复合地基的设计、施工及质量检验，应综合分析场地工程地质和水文地质条件、上部结构和基础形式、荷载特征、施工工艺、检验方法和环境条件等影响因素，注重概念设计，遵循因地制宜、就地取材、保护环境和节约资源的原则。

**1.0.4** 复合地基的设计、施工及质量检验，除应符合本规范外，尚应符合国家现行有关标准的规定。

# 2 术语和符号

## 2.1 术 语

**2.1.1** 复合地基 composite foundation

天然地基在地基处理过程中，部分土体得到增强，或被置换，或在天然地基中设置加筋体，由天然地基土体和增强体两部分组成共同承担荷载的人工地基。

**2.1.2** 桩体复合地基 pile composite foundation

以桩作为地基中的竖向增强体并与地基土共同承担荷载的人工地基，又称竖向增强体复合地基。根据桩体材料特性的不同，可分为散体材料桩复合地基、柔性桩复合地基和刚性桩复合地基。

**2.1.3** 散体材料桩复合地基 granular column composite foundation

以砂桩、砂石桩和碎石桩等散体材料桩作为竖向增强体的复合地基。

**2.1.4** 柔性桩复合地基 flexible pile composite foundation

以柔性桩作为竖向增强体的复合地基。如水泥土桩、灰土桩和石灰桩等。

**2.1.5** 刚性桩复合地基 rigid pile composite foundation

以摩擦型刚性桩作为竖向增强体的复合地基。如钢筋混凝土桩、素混凝土桩、预应力管桩、大直径薄壁筒桩、水泥粉煤灰碎石桩（CFG 桩）、二灰混凝土桩和钢管桩等。

**2.1.6** 深层搅拌桩复合地基 deep mixing column composite foundation

以深层搅拌桩作为竖向增强体的复合地基。

**2.1.7** 高压旋喷桩复合地基 jet grouting column composite foundation

以高压旋喷桩作为竖向增强体的复合地基。

**2.1.8** 夯实水泥土桩复合地基 compacted cement-soil column composite foundation

将水泥和素土按一定比例拌和均匀，夯填到桩孔内形成具有一定强度的夯实水泥土桩，由夯实水泥土桩和被挤密的桩间土形成的复合地基。

**2.1.9** 灰土挤密桩复合地基 compacted lime-soil column composite foundation

由填夯形成的灰土桩和被挤密的桩间土形成的复合地基。

**2.1.10** 石灰桩复合地基 lime column composite foundation

以生石灰为主要黏结材料形成的石灰桩作为竖向增强体的复合地基。

**2.1.11** 挤密砂石桩复合地基 compacted stone column composite foundation

采用振冲法或振动沉管法等工法在地基中设置砂石桩，在成桩过程中桩间土被挤密或振密。由砂石桩和被挤密的桩间土形成的复合地基。

**2.1.12** 置换砂石桩复合地基 replaced stone column composite foundation

采用振冲法或振动沉管法等工法在饱和黏性土地基中设置砂石桩，在成桩过程中只有置换作用，桩间土未被挤密或振密。由砂石桩和桩间土形成的复合地基。

**2.1.13** 强夯置换墩复合地基 dynamic-replaced stone column composite foundation

将重锤提到高处使其自由下落形成夯坑，并不断向夯坑回填碎石等坚硬粗粒料，在地基中形成密实置换墩体。由墩体和墩间土形成的复合地基。

**2.1.14** 混凝土桩复合地基 concrete pile composite foundation

以摩擦型混凝土桩作为竖向增强体的复合地基。

**2.1.15** 钢筋混凝土桩复合地基 reinforced-concrete pile composite foundation

以摩擦型钢筋混凝土桩作为竖向增强体的复合地基。

**2.1.16** 长-短桩复合地基 long and short pile composite foundation

以长桩和短桩共同作为竖向增强体的复合地基。

**2.1.17** 桩网复合地基 pile-reinforced earth composite foundation

在刚性桩复合地基上铺设加筋垫层形成的人工地基。

**2.1.18** 复合地基置换率 replacement ratio of composite foundation

复合地基中桩体的横截面积与该桩体所承担的复合地基面积的比值。

**2.1.19** 荷载分担比 load distribution ratio

复合地基中桩体承担的荷载与桩间土承担的荷载的比值。

**2.1.20** 桩土应力比 stress ratio of pile to soil

复合地基中桩体上的平均竖向应力和桩间土上的平均竖向应力的比值。

## 2.2 符 号

**2.2.1** 几何参数：

$a$——桩帽边长；

$A$——单桩承担的地基处理面积；

$A_p$——单桩（墩）截面积；

$D$——基础埋置深度；

$d$——桩（墩）体直径；

$d_e$——单根桩分担的地基处理面积的等效圆直径；

$h$——复合地基加固区的深度；

$h_1$——垫层厚度；

$h_2$——垫层之上最小设计填土厚度；

$l$——桩长；

$l_i$——第 $i$ 层土的厚度；

$m$——复合地基置换率；

$S$——桩间距；

$u_p$——桩（墩）的截面周长。

**2.2.2** 作用和作用效应：

$E$——强夯置换法的单击夯击能；

$p_{cz}$——软弱下卧层顶面处地基土的自重压力值；

$p_k$——相应于荷载效应标准组合时，作用在复合地基上的平均压力值；

$p_{kmax}$——相应于荷载效应标准组合时，作用在基础底面边缘处复合地基上的最大压力值；
$p_z$——荷载效应标准组合时，软弱下卧层顶面处的附加压力值；
$\Delta p_i$——第 $i$ 层土的平均附加应力增量；
$Q$——刚性桩桩顶附加荷载；
$Q_n^g$——桩侧负摩阻力引起的下拉荷载标准值；
$s$——复合地基沉降量；
$s_1$——复合地基加固区复合土层压缩变形量；
$s_2$——加固区下卧土层压缩变形量；
$T_t$——荷载效应标准组合时最危险滑动面上的总剪切力；
$T_s$——最危险滑动面上的总抗剪切力。

**2.2.3** 抗力和材料性能：
$c_u$——饱和黏性土不排水抗剪强度；
$D_{r1}$——地基挤密后要求砂土达到的相对密实度；
$E_p$——桩体压缩模量；
$E_s$——桩间土压缩模量；
$\bar{E}_s$——地基变形计算深度范围内土的压缩模量当量值；
$E_{sp}$——复合地基压缩模量；
$e_0$——地基处理前土体的孔隙比；
$e_1$——地基挤密后要求达到的孔隙比；
$e_{max}$——砂土的最大孔隙比；
$e_{min}$——砂土的最小孔隙比；
$f_a$——复合地基经深度修正后的承载力特征值；
$f_{az}$——软弱下卧层顶面处经深度修正后的地基承载力特征值；
$f_{cu}$——桩体抗压强度平均值；
$f_{sk}$——桩间土地基承载力特征值；
$f_{spk}$——复合地基承载力特征值；
$I_p$——塑性指数；
$q_p$——桩(墩)端土地基承载力特征值；
$q_{si}$——第 $i$ 层土的桩(墩)侧摩阻力特征值；
$R_a$——单桩竖向抗压承载力特征值；
$T$——加筋体抗拉强度设计值；
$\sigma_{ru}$——桩周土所能提供的最大侧限力；
$\varphi$——填土的摩擦角，黏性土取综合摩擦角；
$\gamma_{cm}$——桩帽之上填土的平均重度；
$\gamma_d$——土的干重度；
$\gamma_{dmax}$——击实试验确定的最大干重度；
$\gamma_m$——基础底面以上土的加权平均重度；
$\gamma_s$——桩间土体重度；
$\gamma_{sp}$——加固土层重度。

**2.2.4** 计算系数：
$A_i$——第 $i$ 层土附加应力系数沿土层厚度的积分值；
$K$——安全系数；
$K_p$——被动土压力系数；
$k_p$——复合地基中桩体实际竖向抗压承载力的修正系数；
$k_s$——复合地基中桩间土地基实际承载力的修正系数；
$n$——桩土应力比；
$\lambda_p$——桩体竖向抗压承载力发挥系数；
$\lambda_s$——桩间土地基承载力发挥系数；
$\alpha$——桩端土地基承载力折减系数；
$\beta_p$——桩体竖向抗压承载力修正系数；
$\beta_s$——桩间土地基承载力修正系数；
$\psi_p$——刚性桩桩体压缩经验系数；
$\psi_s$——沉降计算经验系数；
$\psi_{s1}$——复合地基加固区复合土层压缩变形量计算经验系数；
$\psi_{s2}$——复合地基加固区下卧土层压缩变形量计算经验系数；
$\xi$——挤密砂石桩桩间距修正系数；
$\eta$——桩体强度折减系数；
$\lambda_c$——挤密桩孔底填料压实系数。

# 3 基 本 规 定

**3.0.1** 复合地基设计前，应具备岩土工程勘察、上部结构及基础设计和场地环境等有关资料。

**3.0.2** 复合地基设计应根据上部结构对地基处理的要求、工程地质和水文地质条件、工期、地区经验和环境保护要求等，提出技术上可行的方案，经过技术经济比较，选用合理的复合地基形式。

**3.0.3** 复合地基设计应进行承载力和沉降计算，其中用于填土路堤和柔性面层堆场等工程的复合地基除应进行承载力和沉降计算外，尚应进行稳定分析；对位于坡地、岸边的复合地基均应进行稳定分析。

**3.0.4** 在复合地基设计中，应根据各类复合地基的荷载传递特性，保证复合地基中桩体和桩间土在荷载作用下能够共同承担荷载。

**3.0.5** 复合地基中由桩周土和桩端土提供的单桩竖向承载力和桩身承载力，均应符合设计要求。

**3.0.6** 复合地基应按上部结构、基础和地基共同作用的原理进行设计。

**3.0.7** 复合地基设计应符合下列规定：

1 宜根据建筑物的结构类型、荷载大小及使用要求，结合工程地质和水文地质条件、基础形式、施工条件、工期要求及环境条件进行综合分析，并进行技术经济比较，选用一种或几种可行的复合地基方案。

2 对大型和重要工程，应对已选用的复合地基方案，在有代表性的场地上进行相应的现场试验或试验性施工，并应检验设计参数和处理效果，通过分析比较选择和优化设计方案。

3 在施工过程中应进行监测，当监测结果未达到设计要求时，应及时查明原因，并应修改设计或采用其他必要措施。

**3.0.8** 对工后沉降控制较严的复合地基应按沉降控制的原则进行设计。

**3.0.9** 复合地基上宜设置垫层。垫层设置范围、厚度和垫层材料，应根据复合地基的形式、桩土相对刚度和工程地质条件等因素确定。

**3.0.10** 复合地基应保证安全施工，施工中应重视环境效应，并应遵循信息化施工原则。

**3.0.11** 复合地基勘察和设计中应评价及处理场地中水、土等对所用钢材、混凝土和土工合成材料等的腐蚀性。

# 4 复合地基勘察要点

**4.0.1** 对根据初步勘察或附近场地地质资料和地基处理经验初步确定采用复合地基处理方案的场地，进一步勘察前应搜集附近场地的地质资料及地基处理经验，并应结合工程特点和设计要求，明确勘察任务和重点。

**4.0.2** 控制性勘探孔的深度应满足复合地基沉降计算的要求；需验算地基稳定性时，勘探孔布置和勘察孔深度应满足稳定性验算的需要。

**4.0.3** 拟采用复合地基的场地，其岩土工程勘察应包括下列内容：

1 查明场地地形、地貌和周边环境，并评价地基处理对附近建(构)筑物、管线等的影响。

2　查明勘探深度内土的种类、成因类型、沉积时代及土层空间分布。

3　查明大粒径块石、地下洞穴、植物残体、管线、障碍物等可能影响复合地基中增强体施工的因素，对地基处理工程有影响的多层含水层应分层测定其水位，软弱黏性土层宜根据地区土质，查明其灵敏度。

4　应查明拟采用的复合地基中增强体的侧摩阻力、端阻力及土的压缩曲线和压缩模量，对柔性桩（墩）应查明未经修正的桩端土地基承载力。对软黏土地基应查明土体的固结系数。

5　对需要进行稳定分析的复合地基应查明黏性土层土体的抗剪强度指标以及土体不排水抗剪强度。

6　复合地基中增强体施工对加固区土体挤密或扰动程度较高时，宜测定增强体施工后加固区土体的压缩性指标和抗剪强度指标。

7　路堤、堤坝、堆场工程的复合地基应查明填料或堆料的种类、重度、直接快剪强度指标等。

8　应根据拟采用复合地基中增强体类型按表 4.0.3 的要求查明地质参数。

**表 4.0.3　不同增强体类型需查明的参数**

| 序号 | 增强体类型 | 需查明的参数 |
|---|---|---|
| 1 | 深层搅拌桩 | 含水量，pH 值，有机质含量，地下水和土的腐蚀性，黏性土的塑性指数和超固结度 |
| 2 | 高压旋喷桩 | pH 值，有机质含量，地下水和土的腐蚀性，黏性土的超固结度 |
| 3 | 灰土挤密桩 | 地下水位，含水量，饱和度，干密度，最大干密度，最优含水量，湿陷性黄土的湿陷性类别、（自重）湿陷系数、湿陷起始压力及场地湿陷性评价，其他湿陷性土的湿陷程度、地基的湿陷等级 |
| 4 | 夯实水泥土桩 | 地下水位，含水量，pH 值，有机质含量，地下水和土的腐蚀性，用于湿陷性地基时参考灰土挤密桩 |
| 5 | 石灰桩 | 地下水位，含水量，塑性指数 |
| 6 | 挤密砂石桩 | 砂土、粉土的黏粒含量，液化评价，天然孔隙比，最大孔隙比，最小孔隙比，标准贯入击数 |
| 7 | 置换砂石桩 | 软黏土的含水量，不排水抗剪强度，灵敏度 |
| 8 | 强夯置换墩 | 软黏土的含水量，不排水抗剪强度，灵敏度，标准贯入或动力触探击数，液化评价 |
| 9 | 刚性桩 | 地下水和土的腐蚀性，不排水抗剪强度，软黏土的超固结度，灌注桩尚应测定软黏土的含水量 |

# 5　复合地基计算

## 5.1　荷 载 计 算

**5.1.1**　复合地基设计时，所采用的荷载效应最不利组合与相应的抗力限值应符合下列规定：

1　按复合地基承载力确定复合地基承受荷载作用面积及埋深，传至复合地基面上的荷载效应应按正常使用极限状态下荷载效应的标准组合，相应的抗力应采用复合地基承载力特征值。

2　计算复合地基变形时，传至复合地基面上的荷载效应应按正常使用极限状态下荷载效应的准永久组合，不应计入风荷载和地震作用，相应的限值应为复合地基变形允许值。

3　复合地基稳定分析中，传至复合地基面上的荷载效应应按正常使用极限状态下荷载效应的标准组合，相应的抗力应用复合地基中增强体和地基土体抗剪强度标准值进行计算。

**5.1.2**　正常使用极限状态下，荷载效应组合的设计值应按下列规定采用：

1　对于标准组合，荷载效应组合的设计值（$S_{k1}$）应按下式计算：

$$S_{k1}=S_{Gk}+S_{Q1k}+\sum_{i=2}^{n}\psi_{ci}S_{Qik} \tag{5.1.2-1}$$

式中：$S_{Gk}$——按永久荷载标准值计算的荷载效应值；

$S_{Q1k}$——按起控制性作用的可变荷载标准值计算的荷载效应值；

$S_{Qik}$——按其他可变荷载标准值计算的荷载效应值；

$\psi_{ci}$——其他可变荷载的标准组合值系数，按现行国家标准《建筑结构荷载规范》GB 50009 的有关规定取值。

2　对于准永久组合，荷载效应组合的设计值（$S_{k2}$）应按下式计算：

$$S_{k2}=S_{Gk}+\sum_{i=1}^{n}\psi_{qi}S_{Qik} \tag{5.1.2-2}$$

式中：$S_{Qik}$——按可变荷载标准值计算的荷载效应值；

$\psi_{qi}$——可变荷载的准永久组合值系数，按现行相关荷载规范取值。

**5.1.3**　作用在复合地基上的压力应符合下列规定：

1　轴心荷载作用时：

$$p_k\leqslant f_a \tag{5.1.3-1}$$

式中：$p_k$——相应于荷载效应标准组合时，作用在复合地基上的平均压力值（kPa）；

$f_a$——复合地基经深度修正后的承载力特征值（kPa）。

2　偏心荷载作用时，作用在复合地基上的压力除应符合公式 5.1.3-1 的要求外，尚应符合下式要求：

$$p_{kmax}\leqslant 1.2f_a \tag{5.1.3-2}$$

式中：$p_{kmax}$——相应于荷载效应标准组合时，作用在基础底面边缘处复合地基上的最大压力值（kPa）。

## 5.2　承载力计算

**5.2.1**　复合地基承载力特征值应通过复合地基竖向抗压载荷试验或综合桩体竖向抗压载荷试验和桩间土地基竖向抗压载荷试验，并结合工程实践经验综合确定。初步设计时，复合地基承载力特征值也可按下列公式估算：

$$f_{spk}=k_p\lambda_p mR_a/A_p+k_s\lambda_s(1-m)f_{sk} \tag{5.2.1-1}$$

$$f_{spk}=\beta_p mR_a/A_p+\beta_s(1-m)f_{sk} \tag{5.2.1-2}$$

$$\beta_p=k_p\lambda_p \tag{5.2.1-3}$$

$$\beta_s=k_s\lambda_s \tag{5.2.1-4}$$

$$m=d^2/d_e^2 \tag{5.2.1-5}$$

式中：$A_p$——单桩截面积（$m^2$）；

$R_a$——单桩竖向抗压承载力特征值（kN）；

$f_{sk}$——桩间土地基承载力特征值（kPa）；

$m$——复合地基置换率；

$d$——桩体直径（m）；

$d_e$——单根桩分担的地基处理面积的等效圆直径（m）；

$k_p$——复合地基中桩体实际竖向抗压承载力的修正系数，与施工工艺、复合地基置换率、桩间土的工程性质、桩体类型等因素有关，宜按地区经验取值；

$k_s$——复合地基中桩间土地基实际承载力的修正系数，与桩间土的工程性质、施工工艺、桩体类型等因素有关，宜按地区经验取值；

$\lambda_p$——桩体竖向抗压承载力发挥系数，反映复合地基破坏时桩体竖向抗压承载力发挥度，宜按地区经验取值；

$\lambda_s$——桩间土地基承载力发挥系数，反映复合地基破坏时桩间地基承载力发挥度，宜按桩间土的工程性质、地区经验取值；

$\beta_p$——桩体竖向抗压承载力修正系数，宜综合复合地基中桩体实际竖向抗压承载力和复合地基破坏时桩体的竖向抗压承载力发挥度，结合工程经验取值；

$\beta_s$——桩间土地基承载力修正系数，宜综合复合地基中桩间土地基实际承载力和复合地基破坏时桩间土地基承载力发挥度，结合工程经验取值。

**5.2.2** 复合地基竖向增强体采用柔性桩和刚性桩时，柔性桩和刚性桩的竖向抗压承载力特征值应通过单桩竖向抗压载荷试验确定。初步设计时，由桩周土和桩端土的抗力可能提供的单桩竖向抗压承载力特征值应按公式(5.2.2-1)计算；由桩体材料强度可能提供的单桩竖向抗压承载力特征值应按公式(5.2.2-2)计算：

$$R_a = u_p \sum_{i=1}^{n} q_{si} l_i + \alpha q_p A_p \quad (5.2.2\text{-}1)$$

$$R_a = \eta f_{cu} A_p \quad (5.2.2\text{-}2)$$

式中：$R_a$——单桩竖向抗压承载力特征值(kN)；

$A_p$——单桩截面积($m^2$)；

$u_p$——桩的截面周长(m)；

$n$——桩长范围内所划分的土层数；

$q_{si}$——第 $i$ 层土的桩侧摩阻力特征值(kPa)；

$l_i$——桩长范围内第 $i$ 层土的厚度(m)；

$q_p$——桩端土地基承载力特征值(kPa)；

$\alpha$——桩端土地基承载力折减系数；

$f_{cu}$——桩体抗压强度平均值(kPa)；

$\eta$——桩体强度折减系数。

**5.2.3** 复合地基竖向增强体采用散体材料桩时，散体材料桩竖向抗压承载力特征值应通过单桩竖向抗压载荷试验确定。初步设计时，散体材料桩竖向抗压承载力特征值可按下式估算：

$$R_a = \sigma_{ru} K_p A_p \quad (5.2.3)$$

式中：$R_a$——单桩竖向抗压承载力特征值(kN)；

$A_p$——单桩截面积($m^2$)；

$\sigma_{ru}$——桩周土所能提供的最大侧限力(kPa)；

$K_p$——被动土压力系数。

**5.2.4** 复合地基处理范围以下存在软弱下卧层时，下卧层承载力应按下式验算：

$$p_z + p_{cz} \leqslant f_{az} \quad (5.2.4)$$

式中：$p_z$——荷载效应标准组合时，软弱下卧层顶面处的附加压力值(kPa)；

$p_{cz}$——软弱下卧层顶面处地基土的自重压力值(kPa)；

$f_{az}$——软弱下卧层顶面处经深度修正后的地基承载力特征值(kPa)。

**5.2.5** 当采用长-短桩复合地基时，复合地基承载力特征值可按下式计算：

$$f_{spk} = \beta_{p1} m_1 R_{a1}/A_{p1} + \beta_{p2} m_2 R_{a2}/A_{p2} + \beta_s (1 - m_1 - m_2) f_{sk} \quad (5.2.5)$$

式中：$A_{p1}$——长桩的单桩截面积($m^2$)；

$A_{p2}$——短桩的单桩截面积($m^2$)；

$R_{a1}$——长桩单桩竖向抗压承载力特征值(kN)；

$R_{a2}$——短桩单桩竖向抗压承载力特征值(kN)；

$f_{sk}$——桩间土地基承载力特征值(kPa)；

$m_1$——长桩的面积置换率；

$m_2$——短桩的面积置换率；

$\beta_{p1}$——长桩竖向抗压承载力修正系数，宜综合复合地基中长桩实际竖向抗压承载力和复合地基破坏时长桩竖向抗压承载力发挥度，结合工程经验取值；

$\beta_{p2}$——短桩竖向抗压承载力修正系数，宜综合复合地基中短桩实际竖向抗压承载力和复合地基破坏时短桩竖向抗压承载力发挥度，结合工程经验取值；

$\beta_s$——桩间土地基承载力修正系数，宜综合复合地基中桩间土地基实际承载力和复合地基破坏时桩间土地基承载力发挥度，结合工程经验取值。

**5.2.6** 复合地基承载力的基础宽度承载力修正系数应取 0；基础埋深的承载力修正系数应取 1.0。修正后的复合地基承载力特征值($f_a$)应按下式计算：

$$f_a = f_{spk} + \gamma_m (D - 0.5) \quad (5.2.6)$$

式中：$f_{spk}$——复合地基承载力特征值(kPa)；

$\gamma_m$——基础底面以上土的加权平均重度($kN/m^3$)，地下水位以下取浮重度；

$D$——基础埋置深度(m)，在填方整平地区，可自填土地面标高算起，但填土在上部结构施工完成后进行时，应从天然地面标高算起。

## 5.3 沉降计算

**5.3.1** 复合地基的沉降由垫层压缩变形量、加固区复合土层压缩变形量($s_1$)和加固区下卧土层压缩变形量($s_2$)组成。当垫层压缩变形量小，且在施工期已基本完成时，可忽略不计。复合地基沉降可按下式计算：

$$s = s_1 + s_2 \quad (5.3.1)$$

式中：$s_1$——复合地基加固区复合土层压缩变形量(mm)；

$s_2$——加固区下卧土层压缩变形量(mm)。

**5.3.2** 复合地基加固区复合土层压缩变形量($s_1$)宜根据复合地基类型分别按下列公式计算：

1 散体材料桩复合地基和柔性桩复合地基，可按下列公式计算：

$$s_1 = \psi_{s1} \sum_{i=1}^{n} \frac{\Delta p_i}{E_{spi}} l_i \quad (5.3.2\text{-}1)$$

$$E_{spi} = m E_{pi} + (1 - m) E_{si} \quad (5.3.2\text{-}2)$$

式中：$\Delta p_i$——第 $i$ 层土的平均附加应力增量(kPa)；

$l_i$——第 $i$ 层土的厚度(mm)；

$m$——复合地基置换率；

$\psi_{s1}$——复合地基加固区复合土层压缩变形量计算经验系数，根据复合地基类型、地区实测资料及经验确定；

$E_{spi}$——第 $i$ 层复合土体的压缩模量(kPa)；

$E_{pi}$——第 $i$ 层桩体压缩模量(kPa)；

$E_{si}$——第 $i$ 层桩间土压缩模量(kPa)，宜按当地经验取值，如无经验，可取天然地基压缩模量。

2 刚性桩复合地基可按下式计算：

$$s_1 = \psi_p \frac{Ql}{E_p A_p} \quad (5.3.2\text{-}3)$$

式中：$Q$——刚性桩桩顶附加荷载(kN)；

$l$——刚性桩桩长(mm)；

$E_p$——桩体压缩模量(kPa)；

$A_p$——单桩截面积($m^2$)；

$\psi_p$——刚性桩桩体压缩经验系数，宜综合考虑刚性桩长细比、桩端刺入量，根据地区实测资料及经验确定。

**5.3.3** 复合地基加固区下卧土层压缩变形量($s_2$)，可按下式计算：

$$s_2 = \psi_{s2} \sum_{i=1}^{n} \frac{\Delta p_i}{E_{si}} l_i \quad (5.3.3)$$

式中：$\Delta p_i$——第 $i$ 层土的平均附加应力增量(kPa)；

$l_i$——第 $i$ 层土的厚度(mm)；

$E_{si}$——基础底面下第 $i$ 层土的压缩模量(kPa)；

$\psi_{s2}$——复合地基加固区下卧土层压缩变形量计算经验系数，根据复合地基类型地区实测资料及经验确定。

**5.3.4** 作用在复合地基加固区下卧层顶部的附加压力宜根据复合地基类型采用不同方法。对散体材料桩复合地基宜采用压力扩散法计算，对刚性桩复合地基宜采用等效实体法计算，对柔性桩复合地基，可根据桩土模量比大小分别采用等效实体法或压力扩散法计算。

**5.3.5** 当采用长-短桩复合地基时，复合地基的沉降应由垫层压缩量、加固区复合土层压缩变形量($s_1$)和加固区下卧土层压缩变形量($s_2$)组成。加固区复合土层压缩变形量($s_1$)应由短桩范围内复合土层压缩变形量($s_{11}$)和短桩以下只有长桩部分复合土层压缩变形量($s_{12}$)组成。垫层压缩量小,且在施工期已基本完成时,可忽略不计。长-短桩复合地基的沉降宜按下式计算:

$$s=s_{11}+s_{12}+s_2 \tag{5.3.5}$$

**5.3.6** 长-短复合地基中短桩范围内复合土层压缩变形量($s_{11}$)和短桩以下只有长桩部分复合土层压缩变形量($s_{12}$)可按本规范公式(5.3.2-1)计算,加固区下卧土层压缩变形量($s_2$)可按本规范公式(5.3.3)计算。短桩范围内第 $i$ 层复合土体的压缩模量($E_{spi}$),可按下式计算:

$$E_{spi}=m_1E_{p1i}+m_2E_{p2i}+(1-m_1-m_2)E_{si} \tag{5.3.6}$$

式中:$E_{p1i}$——第 $i$ 层长桩桩体压缩模量(kPa);

$E_{p2i}$——第 $i$ 层短桩桩体压缩模量(kPa);

$m_1$——长桩的面积置换率;

$m_2$——短桩的面积置换率;

$E_{si}$——第 $i$ 层桩间土压缩模量(kPa),宜按当地经验取值,无经验时,可取天然地基压缩模量。

### 5.4 稳定分析

**5.4.1** 在复合地基稳定分析中,所采用的稳定分析方法、计算参数、计算参数的测定方法和稳定安全系数取值应相互匹配。

**5.4.2** 复合地基稳定分析可采用圆弧滑动总应力法进行分析。稳定安全系数应按下式计算:

$$K=\frac{T_s}{T_t} \tag{5.4.2}$$

式中:$T_t$——荷载效应标准组合时最危险滑动面上的总剪切力(kN);

$T_s$——最危险滑动面上的总抗剪切力(kN);

$K$——安全系数。

**5.4.3** 复合地基竖向增强体应深入设计要求安全度对应的危险滑动面下至少 2m。

**5.4.4** 复合地基稳定分析方法宜根据复合地基类型合理选用。

## 6 深层搅拌桩复合地基

### 6.1 一般规定

**6.1.1** 深层搅拌桩可采用喷浆搅拌法或喷粉搅拌法施工。深层搅拌桩复合地基可用于处理正常固结的淤泥与淤泥质土、素填土、软塑～可塑黏性土、松散～中密粉细砂、稍密～中密粉土、松散～稍密中粗砂及黄土等地基。当地基土的天然含水量小于 30%或黄土含水量小于 25%时,不宜采用喷粉搅拌法。

含大孤石或障碍物较多且不易清除的杂填土、硬塑及坚硬的黏性土、密实的砂土,以及地下水呈流动状态的土层,不宜采用深层搅拌桩复合地基。

**6.1.2** 深层搅拌桩复合地基用于处理泥炭土、有机质含量较高的土、塑性指数($I_p$)大于 25 的黏土、地下水的 pH 值小于 4 和地下水具有腐蚀性,以及无工程经验的地区时,应通过现场试验确定其适用性。

**6.1.3** 深层搅拌桩可与堆载预压法及刚性桩联合应用。

**6.1.4** 确定处理方案前应搜集拟处理区域内详尽的岩土工程资料。

**6.1.5** 设计前应进行拟处理土的室内配比试验,应针对现场拟处理土层的性质,选择固化剂和外掺剂类型及其掺量。固化剂为水泥的水泥土强度宜取 90d 龄期试块的立方体抗压强度平均值。

### 6.2 设　计

**6.2.1** 固化剂宜选用强度等级为 42.5 级及以上的水泥或其他类型的固化剂。固化剂掺入比应根据设计要求的固化土强度经室内配比试验确定。喷浆搅拌法的水泥浆水灰比应根据施工时的可喷性和不同的施工机械合理选用。外掺剂可根据设计要求和土质条件选用具有早强、缓凝、减水以及节省水泥等作用的材料,且应避免污染环境。

**6.2.2** 深层搅拌桩的长度应根据上部结构对承载力和变形的要求确定,并宜穿透软弱土层到达承载力相对较高的土层。为提高抗滑稳定性而设置的搅拌桩,其桩长应深入加固后最危险滑弧以下至少 2m。

设计桩长应根据施工机械的能力确定,喷浆搅拌法的加固深度不宜大于 20m;喷粉搅拌法的加固深度不宜大于 15m。搅拌桩的桩径不应小于 500mm。

**6.2.3** 深层搅拌桩复合地基承载力特征值应通过复合地基竖向抗压载荷试验或根据综合桩体竖向抗压载荷试验和桩间土地基竖向抗压载荷试验测定。初步设计时也可按本规范公式 5.2.1-2 估算,其中 $\beta_p$ 宜按当地经验取值,无经验时可取 0.85～1.00,设置垫层时应取低值;$\beta_s$ 宜按当地经验取值,当桩端土未经修正的承载力特征值大于桩周土地基承载力特征值的平均值时,可取 0.10～0.40,差值大时应取低值;当桩端土未经修正的承载力特征值小于或等于桩周土地基承载力特征值的平均值时,可取 0.50～0.95,差值大时或填土路堤和柔性面层堆场及设置垫层时应取高值;处理后桩间土地基承载力特征值($f_{sk}$),可取天然地基承载力特征值。

**6.2.4** 单桩竖向抗压承载力特征值应通过现场竖向抗压载荷试验确定。初步设计时也可按本规范公式(5.2.2-1)和公式(5.2.2-2)进行估算,并应取其中较小值,其中 $f_{cu}$ 应为 90d 龄期的水泥土立方体试块抗压强度平均值;喷粉深层搅拌法 $\eta$ 可取 0.20～0.30,喷浆深层搅拌法 $\eta$ 可取 0.25～0.33。

**6.2.5** 采用深层搅拌桩复合地基宜在基础和复合地基之间设置垫层。垫层厚度可取 150mm～300mm。垫层材料可选用中砂、粗砂、级配砂石等,最大粒径不宜大于 20mm。填土路堤和柔性面层堆场下垫层中宜设置一层或多层水平加筋体。

**6.2.6** 深层搅拌桩复合地基中的桩长超过 10m 时,可采用变掺量设计。

**6.2.7** 深层搅拌桩的平面布置可根据上部结构特点及对地基承载力和变形的要求,采用正方形、等边三角形等布桩形式。桩可只在基础平面范围内布置,独立基础下的桩数不宜少于 3 根。

**6.2.8** 当深层搅拌桩处理深度以下存在软弱下卧层时,应按本规范第 5.2.4 条的有关规定进行下卧层承载力验算。

**6.2.9** 深层搅拌桩复合地基沉降应按本规范第 5.3.1 条～第 5.3.4 条的有关规定进行计算。计算采用的附加应力应从基础底面起算。复合土层的压缩模量可按本规范公式(5.3.2-2)计算,其中 $E_p$ 可取桩体水泥土强度的 100 倍～200 倍,桩较短或桩体强度较低者可取低值,桩较长或桩体强度较高者可取高值。

### 6.3 施　工

**6.3.1** 深层搅拌桩施工现场应预先平整,应清除地上和地下的障碍物。遇有明浜、池塘及洼地时,应抽水和清淤,应回填黏性土料并应压实,不得回填杂填土或生活垃圾。

**6.3.2** 深层搅拌桩施工前应根据设计进行工艺性试桩,数量不得少于 2 根。当桩周为成层土时,对于软弱土层宜增加搅拌次数或增加水泥掺量。

**6.3.3** 深层搅拌桩的喷浆(粉)量和搅拌深度应采用经国家计量部门认证的监测仪器进行自动记录。

6.3.4 搅拌头翼片的枚数、宽度与搅拌轴的垂直夹角，搅拌头的回转数，搅拌头的提升速度应相互匹配。加固深度范围内土体任何一点均应搅拌20次以上。搅拌头的直径应定期复核检查，其磨耗量不得大于10mm。

6.3.5 成桩应采用重复搅拌工艺，全桩长上下应至少重复搅拌一次。

6.3.6 深层搅拌桩施工时，停浆（灰）面应高于桩顶设计标高300mm～500mm。在开挖基础时，应将搅拌桩顶端施工质量较差的桩段用人工挖除。

6.3.7 施工中应保持搅拌桩机底盘水平和导向架竖直，搅拌桩垂直度的允许偏差为1%；桩位的允许偏差为50mm；成桩直径和桩长不得小于设计值。

6.3.8 深层搅拌桩施工应根据喷浆搅拌法和喷粉搅拌法施工设备的不同，按下列步骤进行：

1 深层搅拌机械就位、调平。

2 预搅下沉至设计加固深度。

3 边喷浆（粉）、边搅拌提升直至预定的停浆（灰）面。

4 重复搅拌下沉至设计加固深度。

5 根据设计要求，喷浆（粉）或仅搅拌提升直至预定的停浆（灰）面。

6 关闭搅拌机械。

Ⅰ 喷浆搅拌法

6.3.9 施工前应确定灰浆泵输浆量、灰浆经输浆管到达搅拌机喷浆口的时间和起吊设备提升速度等施工参数，宜用流量泵控制输浆速度，注浆泵出口压力应保持在0.4MPa～0.6MPa，并应使搅拌提升速度与输浆速度同步，同时应根据设计要求通过工艺性成桩试验确定施工工艺。

6.3.10 所使用的水泥应过筛，制备好的浆液不得离析，泵送应连续。拌制水泥浆液的罐数、水泥和外掺剂用量以及泵送浆液的时间等，应有专人记录。

6.3.11 搅拌机喷浆提升的速度和次数应符合施工工艺的要求，并应有专人记录。

6.3.12 当水泥浆液到达出浆口后，应喷浆搅拌30s，应在水泥浆与桩端土充分搅拌后，再开始提升搅拌头。

Ⅱ 喷粉搅拌法

6.3.13 喷粉施工前应仔细检查搅拌机械、供粉泵、送气（粉）管路、接头和阀门的密封性、可靠性。送气（粉）管路的长度不宜大于60m。

6.3.14 搅拌头每旋转一周，其提升高度不得超过16mm。

6.3.15 成桩过程中因故停止喷粉，应将搅拌头下沉至停灰面以下1m处，并应待恢复喷粉时再喷粉搅拌提升。

6.3.16 需在地基土天然含水量小于30%土层中喷粉成桩时，应采用地面注水搅拌工艺。

### 6.4 质量检验

6.4.1 深层搅拌桩施工过程中应随时检查施工记录和计量记录，并应对照规定的施工工艺对每根桩进行质量评定，应对固化剂用量、桩长、搅拌头转数、提升速度、复搅次数、复搅深度以及停浆处理方法等进行重点检查。

6.4.2 深层搅拌桩的施工质量检验数量应符合设计要求，并应符合下列规定：

1 成桩7d后，应采用浅部开挖桩头，深度宜超过停浆（灰）面下0.5m，应目测检查搅拌的均匀性，并应量测成桩直径。

2 成桩28d后，应用双管单动取样器钻取芯样做抗压强度检验和桩体标准贯入检验。

3 成桩28d后，可按本规范附录A的有关规定进行单桩竖向抗压载荷试验。

6.4.3 深层搅拌桩复合地基工程验收时，应按本规范附录A的有关规定进行复合地基竖向抗压载荷试验。载荷试验应在桩体强度满足试验荷载条件，并宜在成桩28d后进行。检验数量应符合设计要求。

6.4.4 基槽开挖后，应检验桩位、桩数与桩顶质量，不符合设计要求时，应采取有效补强措施。

## 7 高压旋喷桩复合地基

### 7.1 一般规定

7.1.1 高压旋喷桩复合地基适用于处理软塑～可塑的黏性土、粉土、砂土、黄土、素填土和碎石土等地基。当土中含有较多大直径块石、大量植物根茎或有机质含量较高时，不宜采用。

7.1.2 高压旋喷桩复合地基用于既有建筑地基加固时，应搜集既有建筑的历史和现状资料、邻近建筑物和地下埋设物等资料。设计时应采取避免桩体水泥土未固化时强度降低对既有建筑物的不良影响的措施。

7.1.3 高压旋喷桩可采用单管法、双管法和三管法施工。

7.1.4 高压旋喷桩复合地基方案确定后，应结合工程情况进行现场试验、试验性施工或根据工程经验确定施工参数及工艺。

### 7.2 设 计

7.2.1 高压旋喷形成的加固体强度和范围，应通过现场试验确定。当无现场试验资料时，亦可按相似土质条件的工程经验确定。

7.2.2 旋喷桩主要用于承受竖向荷载时，其平面布置可根据上部结构和基础特点确定。独立基础下的桩数不宜少于3根。

7.2.3 高压旋喷桩复合地基承载力特征值应通过现场复合地基竖向抗压载荷试验确定。初步设计时也可按本规范公式(5.2.1-2)估算，其中$\beta_p$可取1.0，$\beta_s$可根据试验或类似土质条件工程经验确定，当无试验资料或经验时，$\beta_s$可取0.1～0.5，承载力较低时应取低值。

7.2.4 高压旋喷桩单桩竖向抗压承载力特征值应通过现场载荷试验确定。初步设计时也可按本规范公式(5.2.2-1)和公式(5.2.2-2)进行估算，并应取其中较小值，其中$f_{cu}$应为28d龄期的水泥土立方体试块抗压强度平均值；$\eta$可取0.33。

7.2.5 采用高压旋喷桩复合地基宜在基础和复合地基之间设置垫层。垫层厚度可取100mm～300mm，其材料可选用中砂、粗砂、级配砂石等，最大粒径不宜大于20mm。填土路堤和柔性面层堆场下垫层中宜设置一层或多层水平加筋体。

7.2.6 当高压旋喷桩复合地基处理深度以下存在软弱下卧层时，应按本规范第5.2.4条的有关规定进行下卧层承载力验算。

7.2.7 高压旋喷桩复合地基沉降应按本规范第5.3.1条～第5.3.4条的有关规定进行计算。计算采用的附加应力应从基础底面起算。

### 7.3 施 工

7.3.1 施工前应根据现场环境和地下埋设物位置等情况，复核设计孔位。

7.3.2 高压旋喷桩复合地基的注浆材料应采用水泥，可根据需要加入适量的外加剂和掺和料。

7.3.3 高压旋喷水泥土桩施工应按下列步骤进行：

1 高压旋喷机械就位、调平。

2 贯入喷射管至设计加固深度。

3 喷射注浆，边喷射、边提升，根据设计要求，喷射提升直至预定的停喷面。

4 拔管及冲洗，移位或关闭施工机械。

7.3.4 对需要局部扩大加固范围或提高强度的部位，可采取复喷措施。处理既有建筑物地基时，应采取速凝浆液、跳孔喷射等措施。

### 7.4 质量检验

**7.4.1** 高压旋喷桩施工过程中应随时检查施工记录和计量记录，并应对照规定的施工工艺对每根桩进行质量评定。

**7.4.2** 高压旋喷桩复合地基检测与检验可根据工程要求和当地经验采用开挖检查、取芯、标准贯入、载荷试验等方法进行检验，并应结合工程测试及观测资料综合评价加固效果。

**7.4.3** 检验点布置应符合下列规定：

1 有代表性的桩位。

2 施工中出现异常情况的部位。

3 地基情况复杂，可能对高压喷射注浆质量产生影响的部位。

**7.4.4** 高压旋喷桩复合地基工程验收时，应按本规范附录A的有关规定进行复合地基竖向抗压载荷试验。载荷试验应在桩体强度满足试验荷载条件，并宜在成桩28d后进行。检验数量应符合设计要求。

## 8 灰土挤密桩复合地基

### 8.1 一般规定

**8.1.1** 灰土挤密桩复合地基适用于填土、粉土、粉质黏土、湿陷性黄土和非湿陷性黄土、黏土以及其他可进行挤密处理的地基。

**8.1.2** 采用灰土挤密桩处理地基时，应使地基土的含水量达到或接近最优含水量。地基土的含水量小于12%时，应先对地基土进行增湿，再进行施工。当地基土的含水量大于22%或含有不可穿越的砂砾夹层时，不宜采用。

**8.1.3** 对于缺乏灰土挤密法地基处理经验的地区，应在地基处理前，选择有代表性的场地进行现场试验，并应根据试验结果确定设计参数和施工工艺，再进行施工。

**8.1.4** 成孔挤密施工，可采用沉管、冲击、爆扩等方法。当采用预钻孔夯扩挤密时，应加强施工控制，并应确保夯扩直径达到设计要求。

**8.1.5** 孔内填料宜采用素土或灰土，也可采用水泥土等强度较高的填料。对非湿陷性地基，也可采用建筑垃圾、砂砾等作为填料。

### 8.2 设计

**8.2.1** 挤密桩孔宜按正三角形布置，孔距可取桩径的2.0倍～2.5倍，也可按下式计算：

$$S=0.95\sqrt{\frac{\bar{D}_{e}\gamma_{dmax}}{\bar{D}_{e}\gamma_{dmax}-\gamma_{dm}}}d \qquad (8.2.1)$$

式中：$S$——灰土挤密桩桩间距(m)；

$d$——灰土挤密桩体直径(m)，宜为0.35m～0.45m；

$\gamma_{dm}$——地基挤密前各层土的平均干重度(kN/m³)；

$\gamma_{dmax}$——击实试验确定的最大干重度(kN/m³)；

$\bar{D}_{e}$——成孔后，3个孔之间土的平均挤密系数。

**8.2.2** 灰土挤密桩桩间土最小挤密系数($D_{emin}$)应满足承载力及变形的要求，对湿陷性土还应满足消除湿陷性的要求。桩间土最小挤密系数($D_{emin}$)宜根据当地的建筑经验确定，无建筑经验时，可根据地基处理的设计技术要求，经试验确定，也可按下式计算：

$$D_{emin}=\frac{\gamma_{d0}}{\gamma_{dmax}} \qquad (8.2.2)$$

式中：$D_{emin}$——桩间土最小挤密系数；

$\gamma_{d0}$——挤密填孔后，3个孔形心点部位的干重度(kN/m³)。

**8.2.3** 桩孔间距较大且超过3倍的桩孔直径时，设计不宜计人桩间土的挤密影响，宜按置换率设计，或进行单桩复合地基试验确定。

**8.2.4** 挤密孔的深度应大于压缩层厚度，且不应小于4m。建筑工程基础外的处理宽度应大于或等于处理深度的1/2；填土路基和柔性面层堆场荷载作用面外的处理宽度应大于或等于处理深度的1/3。

**8.2.5** 当挤密处理深度不超过12m时，不宜采用预钻孔，挤密孔的直径宜为0.35m～0.45m。当挤密孔深度超过12m时，宜在下部采用预钻孔，成孔直径宜为0.30m以下；也可全部采用预钻孔，孔径不宜大于0.40m，应在填料回填过程中进行孔内强夯挤密，挤密后填料孔直径应达到0.60m以上。

**8.2.6** 灰土挤密桩复合地基承载力应通过复合地基竖向抗压载荷试验确定。初步设计时，复合地基承载力特征值也可按本规范公式(5.2.1-1)或公式(5.2.1-2)估算。

**8.2.7** 灰土挤密桩复合地基处理范围以下存在软弱下卧层时，应按本规范第5.2.4条的有关规定进行下卧层承载力验算。

**8.2.8** 灰土挤密桩复合地基沉降，应按本规范第5.3.1条～第5.3.4条的有关规定进行计算。

**8.2.9** 灰土的配合比宜采用3：7或2：8(体积比)，含水量应控制在最优含量±2%以内，石灰应为熟石灰。

**8.2.10** 当地基承载力特征值以及变形不满足要求时，应在灰土桩中加入强度较高的材料，不宜用缩小桩孔间距的方法提高承载力。在非湿陷性地区当承载力要求较小，挤密桩孔间距较大时，则不宜计入桩间土的挤密作用。

### 8.3 施工

**8.3.1** 灰土挤密桩施工应间隔分批进行，桩孔完成后应及时夯填。进行地基局部处理时，应由外向里施工。

**8.3.2** 挤密桩孔底在填料前应夯实，填料时宜分层回填夯实，其压实系数($\lambda_c$)不应小于0.97。

**8.3.3** 填料用素土时，宜采用纯净黄土，也可选用黏土、粉质黏土等，土中不得含有有机质，不宜采用塑性指数大于17的黏土，不得使用耕土或杂填土，冬季施工时严禁使用冻土。

**8.3.4** 灰土挤密桩施工应预留0.5m～0.7m的松动层，冬季在零度以下施工时，宜增大预留松动层厚度。

**8.3.5** 夯填施工前，应进行不少于3根桩的夯填试验，并应确定合理的填料数量及夯击能量。

**8.3.6** 灰土挤密桩复合地基施工完成后，应挖除上部扰动层，基底下应设置厚度不小于0.5m的灰土或土垫层，湿陷性土不宜采用透水材料作垫层。

**8.3.7** 桩孔中心点位置的允许偏差为桩距设计值的5%，桩孔垂直度允许偏差为1.5%。

### 8.4 质量检验

**8.4.1** 灰土挤密桩施工过程中应随时检查施工记录和计量记录，并应对照规定的施工工艺对每根桩进行质量评定。

**8.4.2** 施工人员应及时抽样检查孔内填料的夯实质量，检查数量应由设计单位根据工程情况提出具体要求。对重要工程尚应分层取样测定挤密土及孔内填料的湿陷性及压缩性。

**8.4.3** 灰土挤密桩复合地基工程验收时，应按本规范附录A的有关规定进行复合地基竖向抗压载荷试验。检验数量应符合设计要求。

**8.4.4** 在湿陷性土地区，对特别重要的项目尚应进行现场浸水载荷试验。

## 9 夯实水泥土桩复合地基

### 9.1 一般规定

**9.1.1** 夯实水泥土桩复合地基适用于处理深度不超过10m，在地下水位以上为黏性土、粉土、粉细砂、素填土、杂填土等适合成桩并能挤密的地基。

**9.1.2** 夯实水泥土桩可采用沉管、冲击等挤土成孔法施工，也可采用洛阳铲、螺旋钻等非挤土成孔法施工。

**9.1.3** 夯实水泥土桩复合地基设计前，可根据工程经验，选择水泥品种、强度等级和水泥土配合比，并可初步确定夯实水泥土材料的抗压强度设计值。缺乏经验时，应预先进行配合比试验。

### 9.2 设　计

**9.2.1** 夯实水泥土桩复合地基的处理深度应根据工程特点、设计要求和地质条件综合确定。初步设计时，处理深度应满足地基主要受力层天然地基承载力计算的需要。

**9.2.2** 确定夯实水泥土桩桩端持力层时，除应符合地基处理设计计算要求外，尚应符合下列规定：

1 桩端持力层厚度不宜小于1.0m。

2 应无明显软弱下卧层。

3 桩端全断面进入持力层的深度，对碎石土、砂土不宜小于桩径的0.5倍，对粉土、黏性土不宜小于桩径的2倍。

4 当进入持力层的深度无法满足要求时，桩端阻力特征值设计取值应折减。

**9.2.3** 夯实水泥土桩的平面布置，宜综合考虑基础形状、尺寸和上部结构荷载传递特点，并应均匀布置。

夯实水泥土桩可布置在基础底面范围内，当地层较软弱、均匀性较差或工程有特殊要求时，可在基础外设置护桩。

**9.2.4** 夯实水泥土桩桩径宜根据施工工具和施工方法确定，宜取300mm～600mm，桩中心距不宜大于桩径的5倍。

**9.2.5** 夯实水泥土桩的桩顶宜铺设厚度为100mm～300mm的垫层，垫层材料宜选用最大粒径不大于20mm的中砂、粗砂、石屑、级配砂石等。

**9.2.6** 夯实水泥土桩复合地基承载力特征值应通过复合地基竖向抗压载荷试验确定，初步设计时，也可按本规范公式(5.2.1-2)估算。其中$\beta_p$可取1.00，$\beta_s$采用非挤土成孔时可取0.80～1.00，$\beta_s$采用挤土成孔时可取0.95～1.10。

**9.2.7** 夯实水泥土桩单桩竖向抗压承载力特征值应通过单桩竖向抗压载荷试验确定，初步设计时也可按本规范公式(5.2.2-1)和公式(5.2.2-2)进行估算，并应取其中较小值。

**9.2.8** 夯实水泥土桩复合地基的沉降应按本规范第5.3.1条～第5.3.4条的有关规定进行计算。沉降计算经验系数应根据地区沉降观测资料及经验确定，无地区经验时可采用现行国家标准《建筑地基基础设计规范》GB 50007规定的数值。其中$E_{spi}$宜按当地经验取值，也可按本规范公式(5.3.2-2)估算。

**9.2.9** 夯实水泥土材料的配合比应根据工程要求、土料性质、施工工艺及采用的水泥品种、强度等级，由配合比试验确定，水泥与土的体积比宜取1∶5～1∶8。

### 9.3 施　工

**9.3.1** 施工前应根据设计要求，进行工艺性试桩，数量不得少于2根。

**9.3.2** 水泥应符合设计要求的种类及规格。

**9.3.3** 土料宜采用黏性土、粉土、粉细砂或渣土，土料中的有机物质含量不得超过5%，不得含有冻土或膨胀土，使用前应过孔径为10mm～20mm的筛。

**9.3.4** 水泥土混合料配合比应符合设计要求，含水量与最优含水量的允许偏差为±2%，并应采取搅拌均匀的措施。

当用机械搅拌时，搅拌时间不应少于1min，当用人工搅拌时，拌和次数不应少于3遍。混合料拌和后应在2h内用于成桩。

**9.3.5** 成桩宜采用桩体夯实机，宜选用梨形或锤底为盘形的夯锤，锤体直径与桩孔直径之比宜取0.7～0.8，锤体质量应大于120kg，夯锤每次提升高度，不应低于700mm。

**9.3.6** 夯实水泥土桩施工步骤应为成孔—分层夯实—封顶—夯实。成孔完成后，向孔内填料前孔底应夯实。填料频率与落锤频率应协调一致，并应均匀填料，严禁突击填料。每回填料厚度应根据夯锤质量经现场夯填试验确定，桩体的压实系数($\lambda_c$)不应小于0.93。

**9.3.7** 桩位允许偏差，对满堂布桩为桩径的0.4倍，条基布桩为桩径的0.25倍；桩孔垂直度允许偏差为1.5%；桩径的允许偏差为±20mm；桩孔深度不应小于设计深度。

**9.3.8** 施工时桩顶应高出桩顶设计标高100mm～200mm，垫层施工前应将高于设计标高的桩头凿除，桩顶面应水平、完整。

**9.3.9** 成孔及成桩质量监测应设专人负责，并应做好成孔、成桩记录，发现问题应及时进行处理。

**9.3.10** 桩顶垫层材料不得含有植物残体、垃圾等杂物，铺设厚度应均匀，铺平后应振实或夯实，夯填度不应大于0.9。

### 9.4 质量检验

**9.4.1** 夯实水泥土桩施工过程中应随时检查施工记录和计量记录，并应对照规定的施工工艺对每根桩进行质量评定。

**9.4.2** 桩体夯实质量的检查，应在成桩过程中随时随机抽取，检验数量应由设计单位根据工程情况提出具体要求。

密实度的检测可在夯实水泥土桩桩体内取样测定干密度或以轻型圆锥动力触探击数($N_{10}$)判断桩体夯实质量。

**9.4.3** 夯实水泥土桩复合地基工程验收时，复合地基承载力检验应采用单桩复合地基竖向抗压载荷试验。对重要或大型工程，尚应进行多桩复合地基竖向抗压载荷试验。

**9.4.4** 复合地基竖向抗压载荷试验应符合本规范附录A的有关规定。

## 10 石灰桩复合地基

### 10.1 一般规定

**10.1.1** 石灰桩复合地基适用于处理饱和黏性土、淤泥、淤泥质土、素填土和杂填土等土层；用于地下水位以上的土层时，应根据土层天然含水量增加掺和料的含水量并减少生石灰用量，也可采取土层浸水等措施。

**10.1.2** 对重要工程或缺少经验的地区，施工前应进行桩体材料配比、成桩工艺及复合地基竖向抗压载荷试验。桩体材料配合比试验应在现场地基土中进行。

**10.1.3** 竖向承载的石灰桩复合地基承载力特征值取值不宜大于160kPa，当土质较好并采取措施保证桩体强度时，经试验后可适当提高。

**10.1.4** 石灰桩复合地基与基础间可不设垫层，当地基需要排水通道时，基础下可设置厚度为200mm～300mm的垫层，填土路基及柔性面层堆场下垫层宜加厚。垫层宜采用中粗砂、级配砂石等。垫层内可设置土工格栅或土工布。

**10.1.5** 深厚软弱土中进行浅层处理的石灰桩复合地基沉降及下卧层承载力计算，可计入加固层的减载效应，当采用粉煤灰、炉渣掺和料时，石灰桩体的饱和重度可取$13kN/m^3$。加固土层重度可按下式计算：

$$\gamma_{sp}=13m+(1-m)\gamma_s \tag{10.1.5}$$

式中：$\gamma_{sp}$——加固土层重度($kN/m^3$)；

$\gamma_s$——桩间土体重度($kN/m^3$)；

$m$——复合地基置换率。

## 10.2 设　　计

**10.2.1** 石灰桩的固化剂应采用生石灰，掺和料宜采用粉煤灰、火山灰、炉渣等工业废料。生石灰与掺和料的配合比宜根据地质情况确定，生石灰与掺和料的体积比可选用 1∶1 或 1∶2，对于淤泥、淤泥质土等软土宜增加生石灰用量，桩顶附近生石灰用量不宜过大。当掺石膏和水泥时，掺和量应为生石灰用量的 3%～10%。

**10.2.2** 石灰桩成桩时，宜用土封口，封口高度不宜小于 500mm，封口材料应夯实，封口标高应略高于原地面。石灰桩桩顶施工标高应高出设计桩顶标高 100mm 以上。

**10.2.3** 石灰桩成孔直径应根据设计要求及所选用的成孔方法确定，宜为 300mm～400mm；可按等边三角形或矩形布桩；桩中心距可取成孔直径的 2 倍～3 倍。石灰桩可仅布置在基础底面下，当基底土的承载力特征值小于 70kPa 时，宜在基础以外布置 1 排～2 排围扩桩。

**10.2.4** 采用人工洛阳铲成孔时，桩长不宜大于 6m；采用机械成孔管外投料时，桩长不宜大于 8m；螺旋钻、机动洛阳铲成孔及管内投料时，可适当增加桩长。

**10.2.5** 石灰桩桩端宜选在承载力较高的土层中。在深厚的软弱地基中，当石灰桩桩端未落在承载力较高的土层中时，应减少上部结构重心相对于基础形心的偏心，并应加强上部结构及基础的刚度。

**10.2.6** 石灰桩的深度应根据岩土工程勘察资料及上部结构设计要求确定。下卧层承载力及地基的变形，应按现行国家标准《建筑地基基础设计规范》GB 50007 的有关规定验算。

**10.2.7** 石灰桩复合地基承载力特征值应通过复合地基竖向抗压载荷试验或综合桩体竖向抗压载荷试验和桩间土地基竖向抗压载荷试验，并结合工程实践经验综合确定，试验数量不应少于 3 点。初步设计时，复合地基承载力特征值也可按本规范公式(5.2.1-2)估算，其中 $\beta_p$ 和 $\beta_s$ 均应取 1.0；处理后桩间土地基承载力特征值可取天然地基承载力特征值的 1.05 倍～1.20 倍，土体软弱时应取高值；计算桩截面面积时直径应乘以 1.0～1.2 的经验系数，土体软弱时应取高值；单桩竖向抗压承载力特征值取桩体抗压比例界限对应的荷载值，应由单桩竖向抗压载荷试验确定，初步设计时可取 350kPa～500kPa，土体软弱时应取低值。

**10.2.8** 处理后地基沉降应按现行国家标准《建筑地基基础设计规范》GB 50007 的有关规定进行计算。沉降计算经验系数($\psi_s$)可按地区沉降观测资料及经验确定。

石灰桩复合土层的压缩模量宜通过桩体及桩间土压缩试验确定，初步设计时可按本规范公式(5.3.2-2)计算。桩间土压缩模量可取天然地基压缩模量的 1.1 倍～1.3 倍，土软弱时应取高值。

## 10.3 施　　工

**10.3.1** 石灰应选用新鲜生石灰块，有效氧化钙含量不宜低于 70%，粒径不应大于 70mm，消石灰含粉量不宜大于 15%。

**10.3.2** 掺和料应保持适当的含水量，使用粉煤灰或炉渣时含水量宜控制在 30%。无经验时宜进行成桩工艺试验，宜通过试验确定密实度的施工控制指标。

**10.3.3** 石灰桩施工可采用洛阳铲或机械成孔。机械成孔可分为沉管和螺旋钻成孔。成桩时可采用人工夯实、机械夯实、沉管反插、螺旋反压等工艺。填料时应分段压(夯)实，人工夯实时每段填料厚度不应大于 400mm。管外投料或人工成孔填料时应采取降低地下水渗入孔内的速度的措施，成孔后填料前应排除孔底积水。

**10.3.4** 施工顺序宜由外围或两侧向中间进行。在软土中宜间隔成桩。

**10.3.5** 施工前应做好场地排水设施。

**10.3.6** 进入场地的生石灰应采取防水、防雨、防风、防火措施，宜随用随进。

**10.3.7** 施工应建立完善的施工质量和施工安全管理制度，并应根据不同的施工工艺制定相应的技术保证措施，应及时做好施工记录，并应监督成桩质量，同时应进行施工阶段的质量检验等。

**10.3.8** 石灰桩施工时应采取防止冲孔伤人的措施。

**10.3.9** 桩位允许偏差为桩径的 0.5 倍。

## 10.4 质 量 检 验

**10.4.1** 石灰桩施工过程中应随时检查施工记录和计量记录，并应对照规定的施工工艺对每根桩进行质量评定。

**10.4.2** 石灰桩复合地基检测与检验可根据工程要求和当地经验采用开挖检查、静力触探或标准贯入、竖向抗压载荷试验等方法进行检验，并应结合工程测试及观测资料综合评价加固效果。施工检测宜在施工后 7d～10d 进行。

**10.4.3** 采用静力触探或标准贯入试验检测时，检测部位应为桩中心及桩间土，应每两点为一组。检测组数应符合设计要求。

**10.4.4** 石灰桩复合地基工程验收时，应按本规范附录 A 的有关规定进行复合地基竖向抗压载荷试验。载荷试验应在桩体强度满足试验荷载条件，且在成桩 28d 后进行。检验数量应符合设计要求。

# 11 挤密砂石桩复合地基

## 11.1 一 般 规 定

**11.1.1** 挤密砂石桩复合地基适用于处理松散的砂土、粉土、粉质黏土等土层，以及人工填土、粉煤灰等可挤密土层。

**11.1.2** 挤密砂石桩宜根据场地和工程条件选用沉管、振冲、锤击夯扩等方法施工。

**11.1.3** 挤密砂石桩复合地基勘察应提供场地土的天然孔隙比、最大孔隙比、最小孔隙比、标准贯入击数，以及砂石桩填料的来源和性质等资料，并应根据荷载要求和地区经验推荐地基土被挤密后要求达到的相对密实度。

## 11.2 设　　计

**11.2.1** 挤密砂石桩复合地基处理范围应根据建筑物的重要性和场地条件确定，应大于荷载作用面范围，扩大的范围宜为基础外缘 1 排～3 排桩距。对可液化地基，在基础外缘扩大的宽度不应小于可液化土层厚度的 1/2。

**11.2.2** 挤密砂石桩宜采用等边三角形或正方形布置。挤密砂石桩直径应根据地基土质情况、成桩方式和成桩设备等因素确定，宜采用 300mm～1200mm。

**11.2.3** 挤密砂石桩的间距应根据场地情况、上部结构荷载形式和大小通过现场试验确定，并应符合下列规定：

**1** 采用振冲法成孔的挤密砂石桩，桩间距宜结合所采用的振冲器功率大小确定，30kW 的振冲器布桩间距可采用 1.3m～2.0m；55kW 的振冲器布桩间距可采用 1.4m～2.5m；75kW 的振冲器布桩间距可采用 1.5m～3.0m。上部荷载大时，宜采用较小的间距，上部荷载小时，宜采用较大的间距。

**2** 采用振动沉管法成桩时，对粉土和砂土地基，桩间距不宜大于砂石桩直径的 4.5 倍。初步设计时，挤密砂石桩的间距也可根据挤密后要求达到的孔隙比按下列公式估算：

等边三角形布置：

$$S = 0.95\xi d\sqrt{\frac{1+e_0}{e_0-e_1}} \qquad (11.2.3\text{-}1)$$

正方形布置：

$$S = 0.89\xi d\sqrt{\frac{1+e_0}{e_0-e_1}} \qquad (11.2.3\text{-}2)$$

$$e_1 = e_{max} - D_{r1}(e_{max} - e_{min}) \quad (11.2.3\text{-}3)$$

式中：$S$——桩间距(m)；

$d$——桩体直径(m)；

$\xi$——挤密砂石桩桩间距修正系数，当计入振动下沉密实作用时，可取1.1～1.2，不计入振动下沉密实作用时，可取1.0；

$e_0$——地基处理前土体的孔隙比，可按原状土样试验确定，也可根据动力或静力触探等试验确定；

$e_1$——地基挤密后要求达到的孔隙比；

$D_{r1}$——地基挤密后要求砂土达到的相对密实度；

$e_{max}$——砂土的最大孔隙比；

$e_{min}$——砂土的最小孔隙比。

**11.2.4** 挤密砂石桩桩长可根据工程要求和场地地质条件通过计算确定，并应符合下列规定：

1 松散或软弱地基土层厚度不大时，砂石桩宜穿透该土层。

2 松散或软弱地基土层厚度较大时，对按稳定性控制的工程，挤密砂石桩长度应大于设计要求安全度相对应的最危险滑动面以下2.0m；对按变形控制的工程，挤密砂石桩桩长应能满足处理后地基变形量不超过建(构)筑物的地基变形允许值，并应满足软弱下卧层承载力的要求。

3 对可液化的地基，砂石桩桩长应按现行国家标准《建筑抗震设计规范》GB 50011的有关规定执行。

4 桩长不宜小于4m。

**11.2.5** 挤密砂石桩桩孔内的填料量应通过现场试验确定，估算时可按设计桩孔体积乘以1.2～1.4的增大系数。施工中地面有下沉或隆起现象时，填料量应根据现场具体情况进行增减。

**11.2.6** 挤密砂石桩复合地基承载力特征值，应通过现场复合地基竖向抗压载荷试验确定。初步设计时可按本规范公式(5.2.1-2)估算，其中$\beta_p$和$\beta_s$宜按当地经验取值。挤密砂石桩复合地基承载力特征值，也可根据单桩和处理后桩间土地基承载力特征值按下式估算：

$$f_{spk} = mf_{pk} + (1-m)f_{sk} \quad (11.2.6)$$

式中：$f_{spk}$——挤密砂石桩复合地基承载力特征值(kPa)；

$f_{pk}$——桩体竖向抗压承载力特征值(kPa)，由单桩竖向抗压载荷试验确定；

$f_{sk}$——桩间土地基承载力特征值(kPa)，由桩间土地基竖向抗压载荷试验确定；

$m$——复合地基置换率。

**11.2.7** 挤密砂石桩复合地基沉降可按本规范第5.3.1条～第5.3.4条的有关规定进行计算。建筑工程尚应符合现行国家标准《建筑地基基础设计规范》GB 50007的有关规定。其中复合地基压缩模量也可按下式计算：

$$E_{spi} = [1 + m(n-1)]E_{si} \quad (11.2.7)$$

式中：$E_{spi}$——第$i$层复合土体的压缩模量(MPa)；

$E_{si}$——第$i$层桩间土压缩模量(MPa)，宜按当地经验取值，无经验时，可取天然地基压缩模量；

$n$——桩土应力比，宜按现场实测资料确定，无实测资料时，可取2～3，桩间土强度低取大值，桩间土强度高取小值。

**11.2.8** 桩体材料宜选用碎石、卵石、角砾、圆砾、粗砂、中砂或石屑等硬质材料，不宜选用风化易碎的石料，含泥量不得大于5%。对振冲法成桩，填料粒径宜按振冲器功率确定：30kW振冲器宜为20mm～80mm；55kW振冲器宜为30mm～100mm；75kW振冲器宜为40mm～150mm。当采用沉管法成桩时，最大粒径不宜大于50mm。

**11.2.9** 砂石桩顶部宜铺设一层厚度为300mm～500mm的碎石垫层。

### 11.3 施　工

**11.3.1** 挤密砂石桩施工机械和型号应根据所选用施工方法、地基土性质和处理深度等因素确定。

**11.3.2** 施工前应进行成桩工艺和成桩挤密试验。当成桩质量不能满足设计要求时，应调整设计与施工的有关参数，并应重新进行试验和设计。

**11.3.3** 振冲施工可根据设计荷载大小、原状土强度、设计桩长等条件选用不同功率的振冲器，升降振冲器的机械可用起重机、自行车架式施工平车或其他合适的设备，施工设备应配有电流、电压和留振时间自动信号仪表。

**11.3.4** 施工现场应设置泥水排放系统，或组织运浆车辆将泥浆运至预先安排的存放地点，并宜设置沉淀池重复使用上部清水；在施工期间可同时采取降水措施。

**11.3.5** 密实电流、填料量和留振时间施工参数应根据现场地质条件和施工要求确定，并应在施工时随时监测。

**11.3.6** 振动沉管成桩法施工应根据沉管和挤密情况控制填砂石量、提升幅度与速度、挤密次数与时间、电机的工作电流等。选用的桩尖结构应保证顺利出料和有效挤压桩孔内砂石料；当采用活瓣桩靴时，对砂石和粉土地基宜选用尖锥型；一次性桩尖可采用混凝土锥型桩尖。

**11.3.7** 挤密砂石桩施工应控制成桩速度，必要时应采取防挤土措施。

**11.3.8** 挤密砂石桩施工后，应将基底标高下的松散层挖除或夯压密实，应随后铺设并压实碎石垫层。

### 11.4 质量检验

**11.4.1** 挤密砂石桩施工过程中应随时检查施工记录和计量记录，并应对照规定的施工工艺对每根桩进行质量评定。施工过程中应检查成孔深度、砂石用量、留振时间和密实电流强度等；对沉管法还应检查套管往复挤压振冲次数与时间、套管升降幅度与速度、每次填砂石量等项记录。

**11.4.2** 对桩体可采用动力触探试验检测，对桩间土可采用标准贯入、静力触探、动力触探或其他原位测试等方法进行检测。桩间土质量的检测位置应在等边三角形或正方形的中心。检验数量应由设计单位根据工程情况提出具体要求。

**11.4.3** 挤密砂石桩复合地基工程验收时，应按本规范附录A的有关规定进行复合地基竖向抗压载荷试验。检验数量应由设计单位根据工程情况提出具体要求。

**11.4.4** 挤密砂石桩复合地基工程验收时间，对砂土和杂填土地基，宜在施工7d后进行，对粉土地基，宜在施工14d后进行。

## 12 置换砂石桩复合地基

### 12.1 一般规定

**12.1.1** 置换砂石桩复合地基适用于处理饱和黏性土地基和饱和黄土地基，可按施工方法分为振动水冲(振冲)置换碎石桩复合地基和沉管置换砂石桩复合地基。

**12.1.2** 采用振动水冲法设置砂(碎)石桩时，土体不排水抗剪强度不宜小于20kPa，且灵敏度不宜大于4。施工前应通过现场试验确定其适宜性。

**12.1.3** 置换砂石桩复合地基上应铺设排水碎石垫层。

### 12.2 设　计

**12.2.1** 设计前应掌握待加固土层的分布、抗剪强度、上部结构对地基变形的要求，以及当地填料性质和来源、施工机具性能等资料。

12.2.2 砂石桩的布置方式可采用等边三角形、正方形或矩形布置。

12.2.3 砂石桩的加固范围应通过稳定分析确定。对建筑基础宜在基底范围外加1排～3排围护桩。

12.2.4 砂石桩桩长宜穿透软弱土层，最小桩长不宜小于4.0m。

12.2.5 振冲法施工的砂(碎)石桩设计直径宜根据振冲器的功率、土层性质通过成桩试验确定，也可根据经验选用。采用沉管法施工时，成桩直径应根据沉管直径确定。

砂石桩复合地基的面积置换率 $m$ 可采用0.15～0.30，布桩间距可根据桩的直径和面积置换率进行计算。

12.2.6 置换砂石桩复合地基承载力特征值应通过复合地基竖向抗压载荷试验确定。初步设计时，也可按本规范公式(5.2.1-2)估算，其中 $\beta_p$ 和 $\beta_s$ 均应取1.0。

12.2.7 当桩体材料的内摩擦角在38°左右时，置换砂石桩单桩竖向抗压承载力特征值可按下式计算：

$$R_a/A_p = 20.8c_u/K \quad (12.2.7)$$

式中：$R_a$——单桩竖向抗压承载力特征值；

$A_p$——单桩截面积；

$c_u$——饱和黏性土不排水抗剪强度；

$K$——安全系数。

12.2.8 置换砂石桩复合地基沉降可按本规范第5.3.1条～第5.3.4条的规定进行计算，并应符合现行国家标准《建筑地基基础设计规范》GB 50007的有关规定，其中复合地基压缩模量可按本规范公式(5.3.2-2)计算。

12.2.9 桩体材料可用碎石、卵石、砾石、中粗砂等硬质材料。

12.2.10 置换砂石桩复合地基上应设置厚度为300mm～500mm的排水砂石(碎石)垫层。

### 12.3 施 工

12.3.1 置换砂石桩可采用振冲、振动沉管、锤击沉管或静压沉管法施工。施工单位应采取避免施工过程对周边环境的不利影响的措施。

12.3.2 施工前应进行成桩工艺试验。当成桩质量不能满足设计要求时，应调整施工参数，并应重新进行试验。

12.3.3 振冲施工可根据设计桩径大小、原状土强度、设计桩长等条件选用不同功率的振冲器。升降振冲器的机械可用起重机、自行井架式施工平车或其他合适的设备。施工过程应有电流、电压、填料量及留振时间的记录。

12.3.4 振冲施工现场应设置泥水排放系统，并组织运浆车辆将泥浆运至预先安排的存放地点，并宜设置沉淀池重复使用上部清水。

12.3.5 沉管法施工应根据设计桩径选择桩管直径，按沉管和形成密实桩体的需要控制填砂石量、提升速度、复打挤密次数和时间、电机的工作电流等，应选用出料顺利和有效挤压桩孔内砂石料的桩尖结构。当采用活瓣桩靴时，宜选用尖锥型，一次性桩尖可采用混凝土锥型桩尖。在饱和软土中沉管法施工宜采用跳打方式施工。

12.3.6 砂石桩施工后，应将场地表面约1.0m的松散桩体挖除或夯压密实，应随后铺设并压实碎石垫层。

### 12.4 质量检验

12.4.1 振冲法施工过程中应检查成孔深度、砂石用量、留振时间和密实电流强度等；对沉管法应检查套管往复挤压振冲次数与时间、套管升降幅度与速度、每次填砂石量等项记录。

12.4.2 置换砂石桩复合地基的桩体可采用动力触探试验进行施工质量检验；对桩间土可采用十字板剪切、静力触探或其他原位测试方法等进行施工质量检验。桩间土质量的检测位置应在桩位等边三角形或正方形的中心。检验数量应由设计单位根据工程情况提出具体要求。

12.4.3 置换砂石桩合地基工程验收时，应按本规范附录A的有关规定进行复合地基竖向抗压载荷试验。载荷试验检验数量应符合设计要求。

12.4.4 复合地基竖向抗压载荷试验应待地基中超静孔隙水压力消散后进行。

## 13 强夯置换墩复合地基

### 13.1 一般规定

13.1.1 强夯置换墩复合地基适用于加固高饱和度粉土、软塑～流塑的黏性土、有软弱下卧层的填土等地基。

13.1.2 强夯置换应经现场试验确定其适用性和加固效果。

13.1.3 当强夯置换墩施工对周围环境的噪声、振动影响超过有关规定时，不宜选用强夯置换墩复合地基方案。需采用时应采取隔震、降噪措施。

### 13.2 设 计

13.2.1 强夯置换墩试验方案应根据工程设计要求和地质条件，先初步确定强夯置换参数，进行现场试夯，然后根据试夯场地监测和检测结果及其与夯前测试数据对比，检验置换墩长度和加固效果，再确定方案可行性和工程施工采用的强夯置换工艺、参数。

13.2.2 强夯置换墩复合地基的设计应包括下列内容：

1 强夯置换深度。

2 强夯置换处理的范围。

3 墩体材料的选择与计量。

4 夯击能、夯锤参数、落距。

5 夯点的夯击击数、收锤标准、两遍夯击之间的时间间隔。

6 夯点平面布置形式。

7 强夯置换墩复合地基的变形和承载力要求。

8 周边环境保护措施。

9 现场监测和质量控制措施。

10 施工垫层。

11 检测方法、参数、数量等要求。

13.2.3 强夯置换处理范围应大于建筑物基础范围，每边超出基础外缘的宽度宜为基底下设计处理深度的1/3～1/2，且不宜小于3m。当要求消除地基液化时，在基础外缘扩大宽度不应小于基底下可液化土层厚度的1/2，且不宜小于5m。对独立柱基，可采用柱下单点夯。

13.2.4 夯坑填料可采用块石、碎石、矿渣、工业废渣、建筑垃圾等坚硬粗颗粒材料，粒径大于300mm的颗粒含量不宜超过全重的30%。

13.2.5 强夯置换有效加固深度为墩长和墩底压密土厚度之和，应根据现场试验或当地经验确定。在缺少试验资料或经验时，强夯置换深度应符合表13.2.5的规定。

表13.2.5 强夯置换深度

| 夯击能(kN·m) | 置换深度(m) | 夯击能(kN·m) | 置换深度(m) |
|---|---|---|---|
| 3000 | 3～4 | 12000 | 8～9 |
| 6000 | 5～6 | 15000 | 9～10 |
| 8000 | 6～7 | 18000 | 10～11 |

13.2.6 夯点的夯击击数应通过现场试夯确定，试夯应符合下列要求：

1 墩长应达到设计墩长。

2　在起锤可行条件下，应多夯击少喂料，起锤困难时每次喂料宜为夯坑深度的1/3～1/2。

3　累计夯沉量不应小于设计墩长的1.5倍～2.0倍。

4　强夯置换墩收锤条件应符合表13.2.6的规定。

表13.2.6　强夯置换墩收锤条件

| 单击夯击能 $E$(kN·m) | 最后两击平均夯沉量(mm) |
| --- | --- |
| $E<4000$ | 50 |
| $4000\leqslant E<6000$ | 100 |
| $6000\leqslant E<8000$ | 150 |
| $8000\leqslant E<12000$ | 200 |
| $12000\leqslant E<15000$ | 250 |
| $E\geqslant15000$ | 300 |

**13.2.7**　夯击击数应根据地基土的性质确定，可采用点夯1遍～2遍。对于渗透性较差的细颗粒土，夯击击数可适当增加，应最后再以低能量满夯1遍～2遍，满夯可采用轻锤或低落距锤多次夯击，锤印应搭接1/3。

**13.2.8**　两遍夯击之间应有一定的时间间隔，间隔时间应取决于土中超静孔隙水压力的消散时间及挤密效果。当缺少实测资料时，可根据地基土的渗透性确定，对于渗透性较差的黏性土地基，间隔时间不应少于2周～4周，对于渗透性好的地基可连续夯击。

**13.2.9**　夯点间距应根据荷载特点、墩体长度、墩体直径及基础形式等选定。墩体的计算直径可取夯锤直径的1.1倍～1.4倍。

**13.2.10**　起夯面标高、夯坑回填方式和夯后标高应根据基础埋深和试夯时所测得的夯沉量确定。

**13.2.11**　墩顶应铺设一层厚度不小于300mm的压实垫层，垫层材料的粒径不宜大于100mm。

**13.2.12**　确定软黏性土和墩间土硬层厚度小于2m的饱和粉土地基中强夯置换墩复合地基承载力特征值时，其竖向抗压承载力应通过现场单墩竖向抗压载荷试验确定。饱和粉土地基经强夯置换后墩间土能形成2m以上厚度硬层时，其竖向抗压承载力应通过单墩复合地基竖向抗压载荷试验确定。

**13.2.13**　强夯置换墩复合地基沉降可按本规范第5.3.1条～第5.3.4条的有关规定进行计算，并应符合现行国家标准《建筑地基基础设计规范》GB 50007的有关规定。夯后有效加固深度范围内土层的变形应采用单墩载荷试验或单墩复合地基载荷试验确定的变形模量计算。

**13.2.14**　强夯置换墩未穿透软弱土层时，应按本规范公式(5.2.4)验算软弱下卧层承载力。

## 13.3　施　　工

**13.3.1**　夯锤应根据土质情况、置换深度、加固要求和施工设备确定。夯锤质量可取10t～60t。夯锤宜采用圆柱形，锤底面积宜按土层的性质确定，锤底静接地压力值可取80kPa～300kPa。锤底面宜对称设置若干个与其顶面贯通的排气孔或侧面设置排气凹槽，孔径或槽径可取250mm～400mm。

**13.3.2**　施工机械宜采用带有自动脱钩装置的履带式起重机或其他专用设备。采用履带式起重机时，可在臂杆端部设置辅助门架，或采取其他防止落锤时机械倾覆的安全措施。

**13.3.3**　夯坑内或场地积水宜及时排除。当场地地下水位较高，夯坑底积水影响施工时，应采取降低地下水位的措施。

**13.3.4**　强夯置换墩施工应按下列步骤进行：

1　应清理平整施工场地，当地表土松软机械无法行走时，宜铺设一定厚度的碎石或矿渣垫层。

2　应确定夯点位置，并应测量场地高程。

3　起重机应就位，夯锤应置于夯点位置。

4　应测量夯前锤顶高程或夯点周围地面高程。

5　应将夯锤起吊至预定高度，并应开启脱钩装置，应待夯锤脱钩自由下落后，放下吊钩，并应测量锤顶高程。在夯击过程中，当夯坑底面出现过大倾斜时，应向坑内较低处抛填填料，整平夯坑，当夯点周围软土挤出影响施工时，应随时清理并在夯点周围铺垫填料，继续施工。

6　应按“由内而外，先中间后四周”和“单向前进”的原则完成全部夯点的施工，当周边有需要保护的建构筑物时，应由邻近建筑物开始夯击并逐渐向远处移动，当隆起过大时宜隔行跳打，收锤困难时宜分次夯击。

7　应推平场地，并应用低能量满夯，同时应将场地表层松土夯实，并应测量夯后场地高程。

8　应铺设垫层，并应分层碾压密实。

**13.3.5**　施工过程中应有专人负责下列监测工作：

1　夯前检查夯锤的重量和落距，确保单击夯击能符合设计要求。

2　夯前对夯点放线进行复核，夯完后检查夯坑位置，发现存在偏差或漏夯时，应及时纠正或补夯。

3　按设计要求检查每个夯点的夯击击数、每击的夯沉量和填料量。

4　施工前应查明周边地面及地下建(构)筑物的位置及标高等基本资料，当强夯置换施工所产生的振动对邻近建(构)筑物或设备会产生有害影响时，应进行振动监测，必要时应采取挖隔振沟等隔振或防振措施。

**13.3.6**　施工过程中的各项参数及相关情况应详细记录。

## 13.4　质量检验

**13.4.1**　强夯置换墩施工过程中应随时检查施工记录和填料计量记录，并应对照规定的施工工艺对每个墩进行质量评定。不符合设计要求时应补夯或采取其他有效措施。

**13.4.2**　强夯置换施工中和结束后宜采用开挖检查、钻探、动力触探等方法，检验墩体直径和墩长。

**13.4.3**　强夯置换墩复合地基工程验收时，承载力检验除应采用单墩或单墩复合地基竖向抗压载荷试验外，尚应采用动力触探、多道瞬态面波法等检测地层承载力与密度随深度的变化。单墩竖向抗压载荷试验和单墩复合地基竖向抗压载荷试验应符合本规范附录A的有关规定，对缓变型 $p$-$s$ 曲线承载力特征值应按相对变形值 $s/b=0.010$ 确定。

**13.4.4**　强夯置换墩复合地基的承载力检验，应在施工结束并间隔一定时间后进行，对粉土不宜少于21d，黏性土不宜少于28d。检验数量应由设计单位根据场地复杂程度和建筑物的重要性提出具体要求，检测点应在墩间和墩体均有布置。

# 14　刚性桩复合地基

## 14.1　一般规定

**14.1.1**　刚性桩复合地基适用于处理黏性土、粉土、砂土、素填土和黄土等土层。对淤泥、淤泥质土地基应按地区经验或现场试验确定其适用性。

**14.1.2**　刚性桩复合地基中的桩体可采用钢筋混凝土桩、素混凝土桩、预应力管桩、大直径薄壁筒桩、水泥粉煤灰碎石桩(CFG桩)、二灰混凝土桩和钢管桩等刚性桩。钢筋混凝土桩和素混凝土桩应包括现浇、预制，实体、空心，以及异形桩等。

**14.1.3**　刚性桩复合地基中的刚性桩应采用摩擦型桩。

## 14.2　设　　计

**14.2.1**　刚性桩可只在基础范围内布置。桩的中心与基础边缘的距离不宜小于桩径的1倍；桩的边缘与基础边缘的距离，条形基础不宜小于75mm；其他基础形式不宜小于150mm。用于填土路堤和柔性面层堆场中时，布桩范围尚应考虑稳定性要求。

**14.2.2** 选择桩长时宜使桩端穿过压缩性较高的土层，进入压缩性相对较低的土层。

**14.2.3** 桩距应根据基础形式、复合地基承载力、土性、施工工艺、周边环境条件等确定。

**14.2.4** 刚性桩复合地基与基础之间应设置垫层，厚度宜取100mm～300mm，桩竖向抗压承载力高、桩径或桩距大时应取高值。垫层材料宜用中砂、粗砂、级配良好的砂石或碎石、灰土等，最大砂石粒径不宜大于30mm。

**14.2.5** 复合地基承载力特征值应通过复合地基竖向抗压载荷试验或综合单桩竖向抗压载荷试验和桩间土地基竖向抗压载荷试验确定。初步设计时也可按本规范公式(5.2.1-2)估算，其中$\beta_p$和$\beta_s$宜结合具体工程按地区经验进行取值，无地区经验时，$\beta_p$可取1.00，$\beta_s$可取0.65～0.90。

**14.2.6** 单桩竖向抗压承载力特征值($R_a$)应通过现场载荷试验确定。初步设计时，可按本规范公式(5.2.2-1)估算由桩周土和桩端土的抗力可能提供的单桩竖向抗压承载力特征值，并应按本规范公式(5.2.2-2)验算桩身承载力。其中$\alpha$可取1.00，$f_{cu}$应为桩体材料试块抗压强度平均值，$\eta$可取0.33～0.36，灌注桩或长桩时应用低值，预制桩应取高值。

**14.2.7** 基础埋深较大时，尚应计及复合地基承载力经深度修正后导致桩顶增加的荷载，可根据地区桩土分担比经验值，计算单桩实际分担的荷载，可按本规范第14.2.6条的规定验算桩体强度。

**14.2.8** 刚性桩复合地基沉降宜按本规范第5.3.1条～第5.3.4条的有关规定进行计算。

沉降计算经验系数应根据当地沉降观测资料及经验确定，无经验时，宜符合表14.2.8规定的数值。

表14.2.8 沉降计算经验系数($\psi_s$)

| $\overline{E}_s$(MPa) | 2.5 | 4.0 | 7.0 | 15.0 | 20.0 |
|---|---|---|---|---|---|
| $\psi_s$ | 1.1 | 1.0 | 0.7 | 0.4 | 0.2 |

注：$\overline{E}_s$为地基变形计算深度范围内土的压缩模量当量值。

**14.2.9** 地基变形计算深度范围内土的压缩模量当量值，应按下式计算：

$$\overline{E}_s=\frac{\sum_{i=1}^{n}A_i}{\sum_{i=1}^{n}\frac{A_i}{\overline{E}_{si}}} \quad (14.2.9)$$

式中：$A_i$——第$i$层土附加应力系数沿土层厚度的积分值；

$\overline{E}_{si}$——基础底面下第$i$层土的计算压缩模量(MPa)，桩长范围内的复合土层按复合土层的压缩模量取值。

### 14.3 施 工

**14.3.1** 刚性桩复合地基中刚性桩的施工，可根据现场条件及工程特点选用振动沉管灌注成桩、长螺旋钻与管内泵压混合料灌注成桩、泥浆护壁钻孔灌注成桩、锤击与静压预制成桩。当软土较厚且布桩较密，或周边环境有严格要求时，不宜选用振动沉管灌注成桩法。

**14.3.2** 各种成桩工艺除应符合现行行业标准《建筑桩基技术规范》JGJ 94的有关规定外，尚应符合下列规定：

1 施工前应按设计要求在室内进行配合比试验，施工时应按配合比配置混合料。

2 沉管灌注成桩施工拔管速度应匀速，宜控制在1.5m/min～2m/min，遇淤泥或淤泥质土时，拔管速度应取低值。

3 桩顶超灌高度不应小于0.5m。

4 成桩过程中，应抽样做混合料试块，每台机械一天应做一组(3块)试块，进行标准养护，并应测定其立方体抗压强度。

**14.3.3** 挖土和截桩时应注意对桩体及桩间土的保护，不得造成桩体开裂、桩间土扰动等。

**14.3.4** 垫层铺设宜采用静力压实法，当基础底面下桩间土的含水量较小时，也可采用动力夯实法，夯实后的垫层厚度与虚铺厚度的比值不得大于0.9。

**14.3.5** 施工桩体垂直度允许偏差为1%；对满堂布桩基础，桩位允许偏差为桩径的0.40倍；对条形基础，桩位允许偏差为桩径的0.25倍；对单排布桩桩位允许偏差应符合现行国家标准《建筑地基基础工程施工质量验收规范》GB 50202的有关规定。

**14.3.6** 当周边环境对变形有严格要求时，成桩过程应采取减少对周边环境的影响的措施。

### 14.4 质 量 检 验

**14.4.1** 刚性桩施工过程中应随时检查施工记录，并应对照规定的施工工艺对每根桩进行质量评定。检查内容应为混合料坍落度、桩数、桩位偏差、垫层厚度、夯填度和桩体试块抗压强度。

**14.4.2** 桩体完整性应采用低应变动力测试检测，检验数量应由设计单位根据工程情况提出具体要求。

**14.4.3** 刚性桩复合地基工程验收时，承载力检验应符合下列规定：

1 应按本规范附录A的有关规定进行复合地基竖向抗压载荷试验。

2 有经验时，应分别进行单桩竖向抗压载荷试验和桩间土地基竖向抗压载荷试验，并可按本规范公式(5.2.1-2)计算复合地基承载力。

3 检验数量应符合设计要求。

**14.4.4** 素混凝土桩复合地基、水泥粉煤灰碎石桩复合地基、二灰混凝土桩复合地基竖向抗压载荷试验和单桩竖向抗压载荷试验，应在桩体强度满足加载要求，且施工结束28d后进行。

## 15 长-短桩复合地基

### 15.1 一 般 规 定

**15.1.1** 长-短桩复合地基适用于深厚淤泥、淤泥质土、黏性土、粉土、砂土、湿陷性黄土、可液化土等土层。

**15.1.2** 长-短桩复合地基的竖向增强体应由长桩和短桩组成，其中长桩宜采用刚性桩；短桩宜采用柔性桩或散体材料桩。

**15.1.3** 长-短桩复合地基中长桩宜支承在较好的土层上，短桩宜穿过浅层最软弱土层。

### 15.2 设 计

**15.2.1** 长-短桩复合地基的单桩竖向抗压承载力特征值应按现场单桩竖向抗压载荷试验确定，初步设计时可根据采用桩型按本规范的有关规定计算。

**15.2.2** 长-短桩复合地基承载力特征值可按本规范第5.2.5条的有关规定确定。

**15.2.3** 当短桩桩端位于软弱土层时，应按本规范公式(5.2.4)验算短桩桩端的复合地基承载力。

**15.2.4** 短桩桩端的复合地基承载力特征值可按本规范公式(5.2.1-1)或公式(5.2.1-2)估算，其中$m$应为长桩的置换率。

**15.2.5** 长-短桩复合地基沉降可按本规范第5.3.5条的有关规定进行计算。

**15.2.6** 长-短桩复合地基与基础间应设置垫层。垫层厚度可根据桩底持力层、桩间土性质、场地载荷情况综合确定，宜为100mm～

300mm。垫层材料宜采用最大粒径不大于20mm的中砂、粗砂、级配良好的砂石等。

**15.2.7** 长-短桩复合地基中桩的中心距应根据土质条件、复合地基承载力及沉降要求，以及施工工艺等综合确定，宜取桩径的3倍～6倍；当长桩或短桩采用刚性桩，且采用挤土工艺成桩时，桩的最小中心距尚应符合本规范第14.2.3条的有关规定。短桩宜在各长桩中间及周边均匀布置。

### 15.3 施 工

**15.3.1** 长、短桩的施工顺序应根据所采用桩型的施工工艺、加固机理、挤土效应等确定。

**15.3.2** 长-短桩复合地基桩的施工应符合本规范有关同桩型桩施工的规定。

**15.3.3** 桩施工垂直度允许偏差为1%。桩位允许偏差应符合现行国家标准《建筑地基基础工程施工质量验收规范》GB 50202的有关规定。

**15.3.4** 垫层材料应通过级配试验进行试配。垫层厚度、铺设范围和夯填度应符合设计要求。

**15.3.5** 垫层施工不得在浸水条件下进行，当地下水位较高影响施工时，应采取降低地下水位的措施。

**15.3.6** 铺设垫层前应保证预留约200mm的土层，并应待铺设垫层时再人工开挖到设计标高。垫层底面应在同一标高上，深度不同时，应挖成阶梯或斜坡搭接，并也按先深后浅的顺序施工，搭接处应夯实。垫层竣工验收合格后，应及时进行基础施工与回填。

### 15.4 质量检验

**15.4.1** 长-短桩复合地基中长桩和短桩施工过程中应随时检查施工记录，并也对照规定的施工工艺对每根桩进行质量评定。

**15.4.2** 长-短桩复合地基中单桩质量检验应按本规范同桩型单桩质量检验有关规定进行。

**15.4.3** 长-短桩复合地基工程验收时，承载力检验应符合下列规定：

1 应按本规范附录A的有关规定进行复合地基竖向抗压载荷试验。

2 有经验时，应分别进行长桩竖向抗压载荷试验、短桩竖向抗压载荷试验和桩间土地基竖向抗压载荷试验，并可按本规范公式(5.2.5)计算复合地基承载力。

3 检验数量应符合设计要求。

## 16 桩网复合地基

### 16.1 一般规定

**16.1.1** 桩网复合地基适用于处理黏性土、粉土、砂土、淤泥、淤泥质土地基，也可用于处理新近填土、湿陷性土和欠固结淤泥等地基。

**16.1.2** 桩网复合地基应由刚性桩、桩帽、加筋层和垫层构成，可用于填土路堤、柔性面层堆场和机场跑道等构筑物的地基加固与处理。

**16.1.3** 设计前应通过勘察查明土层的分布和基本性质、各土层桩侧摩阻力和桩端阻力，以及判断土层的固结状态和湿陷性等特性。

**16.1.4** 桩的竖向抗压承载力应通过试桩绘制 $p$-$s$ 曲线确定，并应作为设计的依据。

**16.1.5** 桩型可采用预制桩、就地灌注素混凝土桩、套管灌注桩等，应根据施工可行性、经济性等因素综合比较确定桩型。

**16.1.6** 桩网复合地基的桩间距、桩帽尺寸、加筋层的性能、垫层及填土层厚度，应根据地质条件、设计荷载和试桩结果综合分析确定。

### 16.2 设 计

**16.2.1** 桩径宜取200mm～500mm，加固土层厚、软土性质差时宜取较大值。

**16.2.2** 桩网复合地基宜按正方形布桩，桩间距应根据设计荷载、单桩竖向抗压承载力计算确定，方案设计时可取桩径或边长的5倍～8倍。

**16.2.3** 单桩竖向抗压承载力应通过试桩确定，在方案设计和初步设计阶段，单桩的竖向抗压承载力特征值应按现行行业标准《建筑桩基技术规范》JGJ 94的有关规定计算。

**16.2.4** 当桩需要穿过松散填土层、欠固结软土层、自重湿陷性土层时，设计计算应计及负摩阻力的影响；单桩竖向抗压承载力特征值、桩体强度验算应符合下列规定：

1 对于摩擦型桩，可取中性点以上侧阻力为零，可按下式验算桩的抗压承载力特征值：

$$R_a \geqslant A p_k \quad (16.2.4\text{-}1)$$

式中：$R_a$——单桩竖向抗压承载力特征值(kN)，只记中性点以下部分侧阻值及端阻值；

$p_k$——相应于荷载效应标准组合时，作用在地基上的平均压力值(kPa)；

$A$——单桩承担的地基处理面积($m^2$)。

2 对于端承型桩，应计及负摩擦引起基桩的下拉荷载 $Q_n^g$，并可按下式验算桩的竖向抗压承载力特征值：

$$R_a \geqslant A p_k + Q_n^g \quad (16.2.4\text{-}2)$$

式中：$Q_n^g$——桩侧负摩阻力引起的下拉荷载标准值(kN)，按现行行业标准《建筑桩基技术规范》JGJ 94的有关规定计算。

3 桩身强度应符合本规范公式(5.2.2-2)的要求，其中 $f_{cu}$ 应为桩体材料试块抗压强度平均值，$\eta$ 可取0.33～0.36，灌注桩或长桩时应用低值，预制桩应取高值。

**16.2.5** 桩网复合地基承载力特征值应通过复合地基竖向抗压载荷试验或综合桩体竖向抗压载荷试验和桩间土地基竖向抗压载荷试验，并应结合工程实践经验综合确定。当处理松散填土层、欠固结软土层、自重湿陷性土等有明显工后沉降的地基时，应根据单桩竖向抗压载荷试验结果，计及负摩阻力影响，确定复合地基承载力特征值。

**16.2.6** 当采用本规范公式(5.2.1-2)确定复合地基承载力特征值时，其中 $\beta_p$ 可取1.0；当加固桩属于端承型桩时，$\beta_s$ 可取0.1～0.4，当加固桩属于摩擦型桩时，$\beta_s$ 可取0.5～0.9，当处理对象为松散填土层、欠固结软土层、自重湿陷性土等有明显工后沉降的地基时，$\beta_s$ 可取0。

**16.2.7** 正方形布桩时，可采用正方形桩帽，桩帽上边缘应设20mm宽的45°倒角。

**16.2.8** 采用钢筋混凝土桩帽时，其强度等级不应低于C25，桩帽的尺寸和强度应符合下列规定：

1 桩帽面积与单桩处理面积之比宜取15%～25%。

2 桩帽以上填土高度，应根据垫层厚度、土拱计算高度确定。

3 在荷载基本组合条件下，桩帽的截面承载力应满足抗弯和抗冲剪强度要求。

4 钢筋净保护层厚度宜取50mm。

**16.2.9** 采用正方形布桩和正方形桩帽时，桩帽之间的土拱高度可按下式计算：

$$h = 0.707(S - a)/\tan\varphi \quad (16.2.9)$$

式中：$h$——土拱高度(m)；

$S$——桩间距(m)；

$a$——桩帽边长(m)；

$\varphi$——填土的摩擦角，黏性土取综合摩擦角(°)。

**16.2.10** 桩帽以上的最小填土设计高度应按下式计算：

$$h_2 = 1.2(h - h_1) \tag{16.2.10}$$

式中：$h_2$——垫层之上最小填土设计高度(m)；

$h_1$——垫层厚度(m)。

**16.2.11** 加筋层设置在桩帽顶部，加筋的经纬方向宜分别平行于布桩的纵横方向，应选用双向抗拉同强、低蠕变性、耐老化型的土工格栅类材料。

**16.2.12** 当桩与地基土共同作用形成复合地基时，桩帽上部加筋体性能应按边坡稳定需要确定。当处理松散填土层、欠固结软土层、自重湿陷性土等有明显工后沉降的地基时，加筋体的性能应符合下列规定：

1 加筋体的抗拉强度设计值($T$)可按下式计算：

$$T \geqslant \frac{1.35\gamma_{cm}h(S^2-a^2)\sqrt{(S-a)^2+4\Delta^2}}{32\Delta a} \tag{16.2.12-1}$$

式中：$T$——加筋体抗拉强度设计值(kN/m)；

$\gamma_{cm}$——桩帽之上填土的平均重度(kN/m³)；

$\Delta$——加筋体的下垂高度(m)，可取桩间距的1/10，最大不宜超过0.2m。

2 加筋体的强度和对应的应变率应与允许下垂高度值相匹配，宜选取加筋体设计抗拉强度对应应变率为4%～6%，蠕变应变率应小于2%。

3 当需要铺设双层加筋体时，两层加筋应选同种材料，铺设竖向间距宜取0.1m～0.2m，两层加筋体之间应铺设垫层同种材料，两层加筋体的抗拉强度宜按下式计算：

$$T = T_1 + 0.6T_2 \tag{16.2.12-2}$$

式中：$T$——加筋体抗拉强度设计值(kN/m)；

$T_1$——桩帽之上第一层加筋体的抗拉强度设计值(kN/m)；

$T_2$——第二层加筋体的抗拉强度设计值(kN/m)。

**16.2.13** 垫层应铺设在加筋体之上，应选用碎石、卵石、砾石，最小粒径应大于加筋体的孔径，最大粒径应小于50mm；垫层厚度($h_1$)宜取200mm～300mm。

**16.2.14** 垫层之上的填土材料可选用碎石、无黏性土、砂质土等，不得采用塑性指数大于17的黏性土、垃圾土、混有有机质或淤泥的土类。

**16.2.15** 桩网复合地基沉降($s$)应由加固区复合土层压缩变形量($s_1$)、加固区下卧土层压缩变形量($s_2$)，以及桩帽以上垫层和土层的压缩量变形量($s_3$)组成，宜按下式计算：

$$s = s_1 + s_2 + s_3 \tag{16.2.15}$$

**16.2.16** 各沉降分量可按下列规定取值：

1 加固区复合土层压缩变形量($s_1$)，可按本规范公式(5.3.2-1)计算，当采用刚性桩时可忽略不计。

2 加固区下卧土层压缩变形量($s_2$)，可按本规范公式(5.3.3)计算，需计及桩侧负摩阻力时，桩底土层沉降计算荷载应计入下拉荷载$Q_n^g$。

3 桩土共同作用形成复合地基时，桩帽以上垫层和填土层的变形应在施工期完成，在计算工后沉降时可忽略不计。

4 处理松散填土层、欠固结软土层、自重湿陷性土等有明显工后沉降的地基时，桩帽以上的垫层和土层的压缩变形量($s_3$)，可按下式计算：

$$s_3 = \frac{\Delta(S-a)(S+2a)}{2S^2} \tag{16.2.16}$$

## 16.3 施　工

**16.3.1** 预制桩可选用打入法或静压法沉桩，灌注桩可选用沉管灌注、长螺旋钻孔灌注、长螺旋压浆灌注、钻孔灌注等施工方法。

**16.3.2** 持力层位置和设计桩长应根据地质资料和试桩结果确定，灌注桩施工应根据揭示的地层和工艺试桩结果综合判断控制施工桩长。饱和黏土地层预制桩沉桩施工时，应以设计桩长控制为主，工艺试桩确定的收锤标准或压桩力控制为辅的方法控制施工桩长。

**16.3.3** 饱和软土地层挤土桩施工应选择合适的施工顺序，并应减少挤土效应，应加强对相邻已施工桩及施工场地周围环境的监测。

**16.3.4** 加筋层的施工应符合下列要求：

1 材料的运输、储存和铺设应避免阳光曝晒。

2 应选用较大幅宽的加筋体，两幅拼接时接头强度不应小于原有强度的70%；接头宜布置在桩帽上，重叠宽度不得小于300mm。

3 铺设时地面应平整，不得有尖锐物体。

4 加筋体铺设应平整，应用编织袋装砂(土)压住。

5 加筋体的经纬方向与布桩的纵横方向应相同。

**16.3.5** 桩帽宜现浇，预制时，应采取对中措施。桩帽之间应采用砂土、石屑等回填。

**16.3.6** 加筋体之上铺设的垫层应选用强度较高的碎石、卵砾石填料，不得混有泥土和石屑，碎石最小粒径应大于加筋体孔径，应铺设平整。铺设厚度小于300mm时，可不作碾压，300mm以上时应分层静压压实。

**16.3.7** 垫层以上的填土，应分层压实，压实度应达到设计要求。

## 16.4 质量检验

**16.4.1** 桩网复合地基中桩、桩帽和加筋网的施工过程中，应随时检查施工记录，并应对照规定的施工工艺逐项进行质量评定。

**16.4.2** 桩的质量检验，应符合下列规定：

1 就地灌注桩应在成桩28d后进行质量检验，预制桩宜在施工7d后检验。

2 应挖出所有桩头检验桩数，并应随机选取5%的桩检验桩位、桩距和桩径。

3 应随机选取总桩数的10%进行低应变试验，并应检验桩体完整性和桩长。

4 应随机选取总桩数的0.2%，且每个单体工程不应少于3根桩进行静载试验。

5 对灌注桩的质量存疑时，应进行抽芯检验，并应检查完整性、桩长和混凝土的强度。

**16.4.3** 桩的质量标准应符合下列规定：

1 桩位和桩距的允许偏差为50mm，桩径允许偏差为±5%。

2 低应变检测Ⅱ类或好于Ⅱ类桩应超过被检验数的70%。

3 桩长的允许偏差为±200mm。

4 静载试验单桩竖向抗压承载力极限值不应小于设计单桩竖向抗压承载力特征值的2倍。

5 抽芯试验的抗压强度不应小于设计混凝土强度的70%。

**16.4.4** 加筋体的检测与检验应包括下列内容：

1 各向抗拉强度，以及与抗拉强度设计值对应的材料应变率。

2 材料的单位面积重量、幅宽、厚度、孔径尺寸等。

3 抗老化性能。

4 对于不了解性能的新材料，应测试在拉力等于70%设计抗拉强度条件下的蠕变性能。

## 17 复合地基监测与检测要点

### 17.1 一般规定

**17.1.1** 复合地基设计内容应包括监测和检测要求。

**17.1.2** 施工单位应综合复合地基监测和检测情况评价地基处理效果，指导施工，调整设计。

### 17.2 监 测

**17.2.1** 采用复合地基的工程应进行监测，并应监测至监测指标达到稳定标准。

**17.2.2** 监测设计人员应根据工程情况、监测目的、监测要求等制定监测实施方案，选择合理的监测仪器、仪器安装方法，采取妥当的仪器保护措施，遵循合理的监控流程。

**17.2.3** 监测设计人员应根据工程具体情况设计监测断面或监测点、监测项目、监测手段、监测数量、监测周期和监测频率等。

**17.2.4** 监测人员应根据施工进度采取合适的监测频率，并应根据施工、指标变化和环境变化等情况，动态调整监控频率。

**17.2.5** 复合地基应进行沉降监测，重要工程、试验工程、新型复合地基等宜监测桩土荷载分担情况。填土路堤和柔性面层堆场等工程的复合地基除应监测地表沉降，稳定性差的工程还应监测侧向位移，沉降缓慢时宜监测孔隙水压力，可监测分层沉降。

**17.2.6** 采用复合地基处理的坡地、岸边应监测侧向位移，宜监测地表沉降。

**17.2.7** 对周围环境可能产生挤压等不利影响的工程，应监测地表沉降、侧向位移，软黏土土层宜监测孔隙水压力。对周围环境振动显著时，应进行振动监测。

**17.2.8** 监测时应记录施工、周边环境变化等情况。监测结果应及时反馈给设计、施工。

### 17.3 检 测

**17.3.1** 复合地基检测内容应根据工程特点确定，宜包括复合地基承载力、变形参数、增强体质量、桩间土和下卧土层变化等。复合地基检测内容和要求应由设计单位根据工程具体情况确定，并应符合下列规定：

1 复合地基检测应注重竖向增强体质量检验。

2 具有挤密效果的复合地基，应检测桩间土挤密效果。

**17.3.2** 设计人员应调查和收集被检测工程的岩土工程勘察资料、地基基础设计及施工资料，了解施工工艺和施工中出现的异常情况等。

**17.3.3** 施工人员应根据检测目的、工程特点和调查结果，选择检测方法，制订检测方案，宜采用不少于两种检测方法进行综合质量检验，并应符合先简后繁、先粗后细、先面后点的原则。

**17.3.4** 抽检比例、质量评定等均应以检验批为基准，同一检验批的复合地基地质条件应相近，设计参数和施工工艺应相同，应根据工程特点确定抽检比例，但每个检验批的检验数量不得小于3个。

**17.3.5** 复合地基检测应在竖向增强体及其周围土体物理力学指标基本稳定后进行，地基处理施工完毕至检测的间隔时间可根据工程特点确定。

**17.3.6** 复合地基检测抽检位置的确定应符合下列规定：

1 施工出现异常情况的部位。

2 设计认为重要的部位。

3 局部岩土特性复杂可能影响施工质量的部位。

4 当采用两种或两种以上检测方法时，应根据前一种方法的检测结果确定后一种方法的检测位置。

5 同一检验批的抽检位置宜均匀分布。

**17.3.7** 当检测结果不满足设计要求时，应查找原因，必要时应采用原检测方法或准确度更高的检测方法扩大抽检，扩大抽检的数量宜按不满足设计要求的检测点数加倍扩大抽检。

## 附录A 竖向抗压载荷试验要点

**A.0.1** 本试验要点适用于单桩（墩）竖向抗压载荷试验、单桩（墩）复合地基竖向抗压载荷试验和多桩（墩）复合地基竖向抗压载荷试验。

**A.0.2** 进行竖向抗压载荷试验前，应采用合适的检测方法对复合地基桩（墩）施工质量进行检验，必要时应对桩（墩）间土进行检验，应根据检验结果确定竖向抗压载荷试验点。

**A.0.3** 单桩（墩）竖向抗压载荷试验承压板面积应等于受检桩（墩）截面积，复合地基平板载荷试验的承压板面积应等于受检桩（墩）所承担的处理面积，桩（墩）的中心或多桩（墩）的形心应与承压板形心保持一致，且形状宜与受检桩（墩）布桩形式匹配。承压板可采用钢板或混凝土板，其结构和刚度应保证最大荷载下承压板不翘曲和不开裂。

**A.0.4** 试坑底宽不应小于承压板宽度或直径的3倍，基准梁及加荷平台支点（或锚桩）宜设在试坑以外，且与承压板边的净距不应小于承压板宽度或直径，并不应小于2m。竖向桩（墩）顶面标高应与设计标高相适应，应采取避免地基土扰动和含水量变化的措施。在地下水位以下进行试验时，应事先将水位降至试验标高以下，安装设备，并应待水位恢复后再进行加荷试验。

**A.0.5** 找平桩（墩）的中粗砂厚度不宜大于20mm。复合地基平板载荷试验应在承压板下设50mm～150mm的中粗砂垫层。有条件时，复合地基平板载荷试验垫层厚度、材料宜与设计相同，垫层应在整个试坑内铺设并夯压至设计夯实度。

**A.0.6** 当采用1台以上千斤顶加载时，千斤顶规格、型号应相同，合力应与承压板中心在同一铅垂线上，且应并联同步工作。加载时最大工作压力不应大于油泵、压力表及油管额定工作压力的80%。荷载量测宜采用荷载传感器直接测定，传感器的测量误差为±1%，应采用自动稳压装置，每级荷载在维持过程中变化幅度应小于该级荷载增量的10%，应在承压板两个方向对称安装4个位移量测仪表。

**A.0.7** 最大试验荷载宜按预估的极限承载力且不小于设计承载力特征值的2.67倍确定。加载分级不应少于8级。正式试验前宜按最大试验荷载的5%～10%预压，垫层较厚时宜增大预压荷载，并应卸载调零后再正式试验。加载反力应为最大试验荷载的1.20倍，采用压重平台反力装置时应在试验前一次均匀堆载完毕。

**A.0.8** 每级加载后，应按间隔10、10、10、15、15min，以后每级30min测读一次沉降，当连续2h的沉降速率不大于0.1mm/h时，可加下一级荷载。

处理软黏土地基的柔性桩多桩复合地基竖向抗压载荷试验、散体材料桩（墩）复合地基竖向抗压载荷试验时，可根据经验适当放大相对稳定标准。

**A.0.9** 单桩（墩）竖向抗压载荷试验出现下列情况之一时，可终止试验：

1 在某级荷载下，$s$-lg$t$曲线尾部明显向下曲折。

2 在某级荷载下的沉降量大于前级沉降量的2倍，并经24h沉降速率未能达到相对稳定标准。

3 在某级荷载下的沉降量大于前级沉降量的5倍，且总沉降量不小于40mm。

4 相对沉降大于或等于0.10，且不小于100mm。

5　总加载量已经达到预定的最大试验荷载。

6　为设计提供依据的试验桩，应加载至破坏。

**A.0.10**　复合地基竖向抗压载荷试验出现以下情况之一时，可终止试验：

1　承压板周围隆起或产生破坏性裂缝。

2　在某级荷载下的沉降量大于前级沉降量的2倍，并经24h沉降速率未能达到相对稳定标准。

3　在某荷载下的沉降量大于前级沉降量的5倍，*p-s*曲线出现陡降段，且总沉降量不小于承压板边长（直径）的4%。

4　相对沉降大于或等于0.10。

5　总加载量已经达到预定的最大试验荷载。

**A.0.11**　卸载级数可为加载级数的1/2，应等量进行，每卸一级，应间隔30min，读记回弹量，待卸完全部荷载后应间隔3h读记总回弹量。

**A.0.12**　单桩（墩）竖向抗压极限承载力可按下列方法综合确定：

1　可取第A.0.9条第1款～第3款对应荷载前级荷载。

2　*p-s*曲线为缓变型时，可采用总沉降或相对沉降确定，总沉降或相对沉降应根据桩（墩）类型、地区或行业经验、工程特点等确定，总沉降可取40mm～60mm，直径大于800mm时相对沉降可取0.05～0.07，长细比大于80的柔性桩、散体材料桩宜取大值。

**A.0.13**　单桩（墩）竖向抗压承载力特征值，可按下列方法综合确定：

1　刚性桩单桩（墩）*p-s*曲线比例界限荷载不大于极限荷载的1/2时，刚性桩竖向抗压承载力特征值可取比例界限荷载。

2　刚性桩单桩（墩）*p-s*曲线比例界限荷载大于极限荷载的1/2时，刚性桩竖向抗压承载力特征值可取极限荷载除以安全系数2。

**A.0.14**　复合地基极限荷载可取本规范第A.0.10条第1款～第3款对应荷载前级荷载。单点承载力特征值可按下列方法综合确定：

1　极限荷载应除以2～3的安全系数，安全系数取值应根据行业或地区经验、工程特点确定。

2　*p-s*曲线为缓变型时，可采用相对沉降确定，按照相对沉降确定的承载力特征值不应大于最大试验荷载的1/2。相对沉降值应根据桩（墩）类型、地区或行业经验、工程特点等确定，并应符合下列规定：

1）散体材料桩（墩）可取0.010～0.020，桩间土压缩性高时取大值；

2）石灰桩可取0.010～0.015；

3）灰土挤密桩可取0.008；

4）深层搅拌桩、旋喷桩可取0.005～0.010，桩间土为淤泥时取小值；

5）夯实水泥土桩可取0.008～0.01；

6）刚性桩可取0.008～0.01。

**A.0.15**　一个检验批参加统计的试验点不应少于3点，承载力极差不超过平均值的30%时，可取其平均值作为承载力特征值。

当极差超过平均值的30%时，应分析原因，并结合工程具体情况综合确定，必要时可增加试验点数量。

## 本规范用词说明

1　为便于在执行本规范条文时区别对待，对要求严格程度不同的用词说明如下：

1）表示很严格，非这样做不可的：

正面词采用“必须”，反面词采用“严禁”；

2）表示严格，在正常情况下均应这样做的：

正面词采用“应”，反面词采用“不应”或“不得”；

3）表示允许稍有选择，在条件许可时首先应这样做的：

正面词采用“宜”，反面词采用“不宜”；

4）表示有选择，在一定条件下可以这样做的，采用“可”。

2　条文中指明应按其他有关标准执行的写法为：“应符合……的规定”或“应按……执行”。

## 引用标准名录

《建筑地基基础设计规范》GB 50007

《建筑结构荷载规范》GB 50009

《建筑抗震设计规范》GB 50011

《建筑地基基础施工质量验收规范》GB 50202

《建筑桩基技术规范》JGJ 94

中华人民共和国国家标准

# 复合地基技术规范

**GB/T 50783—2012**

## 条　文　说　明

# 制订说明

《复合地基技术规范》GB/T 50783—2012，经住房和城乡建设部2012年10月11日以第1486号公告批准发布。

本规范制定过程中，编制组进行了广泛的调查研究，总结了我国复合地基设计、施工和质量检验的实践经验，同时参考了国外先进技术法规、技术标准，通过试验以及实践经验给出了设计和施工重要技术参数。

为便于广大设计、施工、科研、学校等单位有关人员在使用本标准时能正确理解和执行条文规定，《复合地基技术规范》编制组按章、节、条顺序编制了本标准的条文说明，对条文规定的目的、依据以及执行中需注意的有关事项进行了说明。但是，本条文说明不具备与标准正文同等的法律效力，仅供使用者作为理解和把握标准规定的参考。

# 目　次

# 1 总 则

**1.0.1** 根据在地基中设置增强体的方向不同，复合地基可分为竖向增强体复合地基和水平向增强体复合地基两大类，考虑到水平向增强体复合地基工程实践积累较少，本规范未包含水平向增强体复合地基，只包括常用的各种竖向增强体复合地基。

**1.0.2** 随着地基处理技术和复合地基理论的发展，近些年来，复合地基技术在我国房屋建筑(包括高层建筑)、高等级公路、铁路、堆场、机场、堤坝等土木工程建设中得到广泛应用。本规范邀请建筑、公路、铁路、市政、机场、堤坝等土木工程领域从事复合地基设计、施工的专家编写，总结了上述土木工程领域应用复合地基的经验。本规范适用于建筑、交通、铁道、水利、市政等工程中复合地基的设计、施工及质量检验。

**1.0.3** 岩土问题分析应详细了解场地工程地质和水文地质条件，了解土层形成年代和成因，掌握土的工程性质，运用土力学基本概念，结合工程经验，进行计算分析。由于岩土工程分析中计算条件的模糊性和信息的不完全性，单纯力学计算不能解决实际问题，需要岩土工程师在计算分析结果和工程经验类比的基础上综合判断，所以复合地基设计注重概念设计。复合地基设计应在充分了解功能要求和掌握必要资料的基础上，通过设计条件的概化，先定性分析，再定量分析，从技术方法的适宜性和有效性、施工的可操作性、质量的可控制性、环境限制和可能产生的负面影响，以及经济性等多方面进行论证，然后选择一个或几个方案，进行必要的计算和验算，通过比较分析，逐步完善设计。

# 2 术语和符号

## 2.1 术 语

**2.1.1** 复合地基是一个新概念。20世纪60年代国外开始采用碎石桩加固地基，并将加固后地基称为复合地基。改革开放后，我国引进碎石桩等许多地基处理新技术，同时引进了复合地基概念。复合地基最初是指采用碎石桩加固形成的人工地基，随着复合地基技术在我国土木工程建设中推广应用，复合地基理论得到很大的发展。随着搅拌桩加固技术在工程中的应用，发展了水泥土桩复合地基的概念。碎石桩是散体材料桩，水泥土桩是黏结材料桩。水泥土桩复合地基的应用促进了柔性桩复合地基理论发展。随着混凝土桩复合地基的应用，形成刚性桩复合地基概念，复合地基概念得到进一步的发展。如果将由碎石桩等散体材料桩形成的人工地基称为狭义复合地基，则可将包括散体材料桩、各种刚度的黏结材料桩形成的人工地基，以及各种形式的长-短桩复合地基称为广义复合地基。随着复合地基概念的发展和复合地基技术应用的扩大，发展形成了广义复合地基理论。本规范是基于广义复合地基理论编写的。

**2.1.4、2.1.5** 桩的刚柔是相对的，不能只由桩体模量确定。桩的刚柔主要与桩土模量比和桩的长细比有关，可按桩土相对刚度来进行分类。桩土相对刚度可按下式计算：

$$K=\sqrt{\frac{E_{\mathrm{p}}}{G_{\mathrm{s}}}}\frac{r}{l} \tag{1}$$

式中：$E_{\mathrm{p}}$——桩体压缩模量(MPa)；

$G_{\mathrm{s}}$——桩间土剪切模量(MPa)；

$l$——桩长(m)；

$r$——桩体半径(m)。

有人建议当$K$大于1时可视为刚性桩，小于1时可视为柔性桩。在工程上刚性桩和柔性桩没有严格的界限。

**2.1.17** 工程设计人员应重视桩网复合地基和桩承堤的区别。在桩承堤中荷载通过拱作用和土工格栅加筋垫层作用，加筋垫层下桩间土不直接参与承担荷载，荷载全部由桩承担。桩承堤中的桩应是端承刚性桩。桩网复合地基中加筋垫层下桩间土直接参与承担荷载，荷载由桩和桩间土共同承担，桩网复合地基中的桩应是摩擦型桩。本规范将桩网复合地基和桩承堤的设计统一起来，也可应用于桩承堤设计和施工。

**2.1.20** 桩土应力比是均值概念。在荷载作用下，桩间土地基和桩体上的应力不可能是均匀分布的。因此，定点测量可能带来较大误差。桩土应力比的影响因素很多，如桩土模量比、置换率、荷载形式与荷载水平、作用时间，以及基础刚度等。在复合地基设计中将桩土应力比作为设计参数较难把握。

# 3 基本规定

**3.0.2** 复合地基形式很多，合理选用复合地基形式可以取得较好的社会效益和经济效益。复合地基形式选用应遵守下列原则：

1 坚持具体工程具体分析和因地制宜的选用原则。根据场地工程地质条件、工程类型、荷载水平，以及使用要求，进行综合分析，还应考虑充分利用地方材料，合理选用复合地基形式。

2 散体材料桩复合地基主要适用于在设置桩体过程中桩间土能够振密挤密，桩间土的强度能得到较大提高的砂性土地基。对饱和软黏土地基，采用散体材料桩复合地基加固，加固后承载力提高幅度不大，而且可能产生较大的工后沉降，应慎用。

3 对深厚软土地基，为了减小复合地基的沉降量，应采用较长的桩体，尽量减小加固区下卧土层的压缩量。可采用刚度较大的桩体形成复合地基，也可采用长-短桩复合地基。

**3.0.3** 本条强调对位于坡地、岸边的各类工程中的复合地基，以及填土路堤和柔性面层堆场等工程中的复合地基除应进行承载力和沉降计算外，还非常有必要进行稳定分析。满足规范规程中地基承载力要求的并不一定能满足地基稳定性要求。

**3.0.4** 复合地基中桩和桩间土共同直接承担荷载是形成复合地基的必要条件，在复合地基设计中要充分重视，予以保证。在荷载作用下，桩体和桩间土是否能够共同直接承担上部结构传来的荷载是有条件的，即复合地基的形成是有条件的，下面作简要分析(图1)。

图1中$E_{\mathrm{p}}>E_{\mathrm{s1}}$，$E_{\mathrm{p}}>E_{\mathrm{s2}}$，$E_{\mathrm{p}}>E_{\mathrm{s3}}$。散体材料桩在荷载作用下产生侧向鼓胀变形，能够保证桩体和桩间土共同直接承担上部结构传来的荷载。因此当竖向增强体为散体材料桩时，各种情况均可满足桩和桩间土共同直接承担上部荷载。然而，当竖向增强体为黏结材料桩时情况就不同了。不设垫层，桩端落在可压缩层[图1(a)]，荷载作用下，桩和桩间土沉降量相同，则可保证桩和桩间土共同直接承担荷载。桩落在不可压缩层上，在基础下设置一定厚度的柔性垫层[图1(b)]，在荷载作用下，通过基础下柔性垫层的协调，也可保证桩和桩间土共同承担荷载。但需要注意分析柔性垫层对桩和桩间土的差异变形的协调能力，以及桩和桩间土之间可能产生的最大差异变形两者的关系。如果桩和桩间土之间可能产生的最大差异变形超过柔性垫层对桩和桩间土的差异变形的协调能力，那么虽在基础下设置了一定厚度的柔性垫层，在荷载作用下，也不能保证桩和桩间土始终共同直接承担荷载。当桩落在不可压缩层上，而且未设置垫层[图1(c)]，在荷载作用下，开始

时桩和桩间土中的竖向应力大小大致上按两者的模量比分配，但是随着土体产生蠕变，土中应力不断减小，而桩中应力逐渐增大，荷载逐渐向桩上转移。若 $E_p \gg E_{s1}$，则桩间土承担的荷载比例极小。特别是遇到地下水位下降等情况，桩间土体进一步压缩，桩间土可能不再承担荷载。在这种情况下桩与桩间土难以共同直接承担荷载，也就是说桩和桩间土不能形成复合地基以共同承担上部荷载。当复合地基中增强体穿透最薄弱土层，落在相对好的土层上[图 1(d)]，$E_{s3} > E_{s1}$，在这种情况下，应重视 $E_p$、$E_{s1}$ 和 $E_{s3}$ 三者之间的关系，保证在荷载作用下桩和桩间土通过变形协调共同承担荷载。因此采用黏结材料桩，特别是刚性桩形成的复合地基需要重视复合地基形成条件分析。

在实际工程中如果桩和桩间土不能满足复合地基形成条件，而以复合地基理念进行设计是不安全的。把不能直接承担荷载的桩间土地基承载力计算在内，高估了复合地基承载能力，降低了安全度，可能造成工程事故，应引起设计人员的充分重视。

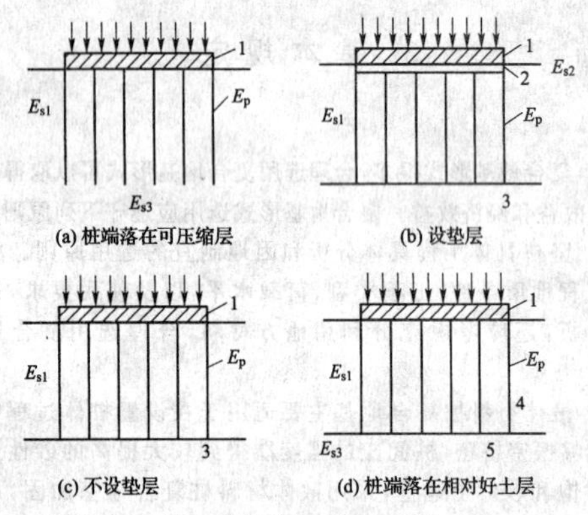


图 1　复合地基形成条件示意

1—刚性基础；2—垫层；3—不可压缩层；4—软弱土层；5—相对好土层；
$E_p$—桩体压缩模量；$E_{s1}$—桩间土压缩模量；
$E_{s2}$—垫层压缩模量；$E_{s3}$—下卧层压缩模量

**3.0.6**　复合地基设计中一定要重视上部结构、基础和复合地基的共同作用。复合地基是通过一定的沉降量使桩和桩间土共同承担荷载，设计中要重视沉降可能对上部结构产生的不良影响。

基础刚度对复合地基的破坏模式、承载力和沉降有重要影响。一般情况下，当处于极限状态时，混凝土基础下桩体复合地基中桩先发生破坏，而填土路堤和柔性面层堆场下桩体复合地基中桩间土先发生破坏。混凝土基础下桩体复合地基承载力大于填土路堤和柔性面层堆场下桩体复合地基承载力。荷载水平相同时，混凝土基础下桩体复合地基的沉降小于填土路堤和柔性面层堆场下桩体复合地基的沉降。

为了探讨基础刚度对复合地基性状的影响，吴慧明采用现场试验研究和数值分析方法对基础刚度对复合地基性状的影响作了分析(图 2)。试验内容包括：①原状土地基承载力试验；②单桩竖向抗压承载力试验；③刚性板下复合地基承载力试验(置换率 $m$=15%)；④原地堆砂荷载下复合地基承载力试验(置换率 $m$=15%)。试验研究表明基础刚度对复合地基性状影响明显，主要结论如下：

**1**　原地堆砂荷载下和刚性板下桩体复合地基的破坏模式不同。当荷载不断增大时，原地堆砂荷载下复合地基中土体先产生破坏，而刚性板下复合地基中桩体先产生破坏。

**2**　在相同的条件下，原地堆砂荷载下复合地基的沉降量比刚性板下复合地基沉降量要大，而承载力要小。

**3**　复合地基各种参数都相同的情况下，复合地基的桩土荷载分担比随基础刚度变小而减小，也就是说混凝土基础下复合地基中桩体承担的荷载比例要比填土路堤和柔性面层堆场下复合地基中桩体承担的荷载比例大。

**4**　为了提高填土路堤和柔性面层堆场下复合地基桩土荷载分担比，提高复合地基承载力，减小复合地基沉降，可在复合地基上设置刚度较大的垫层，如灰土垫层，土工格栅碎石垫层等。

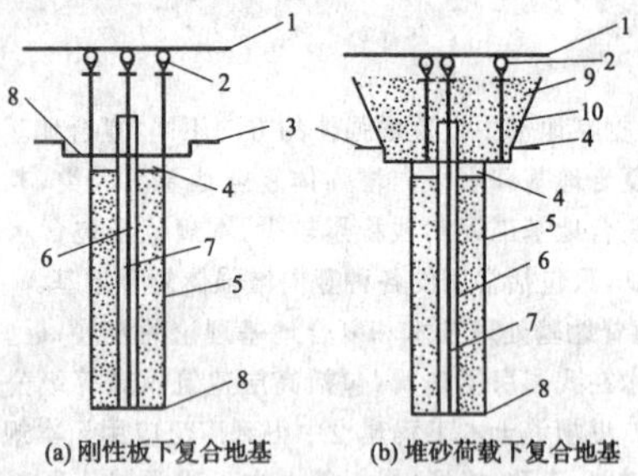


图 2　现场模型试验的示意

1—基准梁；2—百分表；3—原地面；4—传感器；5—水泥土桩；
6—PVC 管；7—钢筋；8—钢板；9—砂；10—木斗

**3.0.8**　按沉降控制设计理论是近年发展的新理念，对复合地基设计更有意义。下面先介绍按沉降控制设计理论，然后再讨论复合地基按沉降控制设计。

按沉降控制设计是相对于按承载力控制设计而言的。事实上无论按承载力控制设计还是按沉降控制设计都要满足承载力的要求和小于某一沉降量的要求。按沉降控制设计和按承载力控制设计的区别在于：在按承载力控制设计中，宜先按符合承载力要求进行设计，然后再验算沉降量是否满足要求。如果地基承载力不能满足要求，或验算沉降量不能满足要求，再修改设计方案。而在按沉降控制设计中，宜先按满足沉降要求进行设计，然后再验算承载力是否满足要求。下面通过一实例分析说明按沉降控制设计的思路。例如：某工程采用浅基础时地基是稳定的，但沉降量达 500mm，不能满足要求。现采用 250mm×250mm 方桩，桩长 15m。布桩 200 根时沉降量为 50mm，布桩 150 根时沉降为 70mm，布桩 100 根时沉降为 120mm，布桩 50 根时沉降量 250mm(图 3)。若设计要求的沉降量小于 150mm，则布桩大于 90 根即可满足要求。从该例可看出按沉降量控制设计的实质及设计思路。

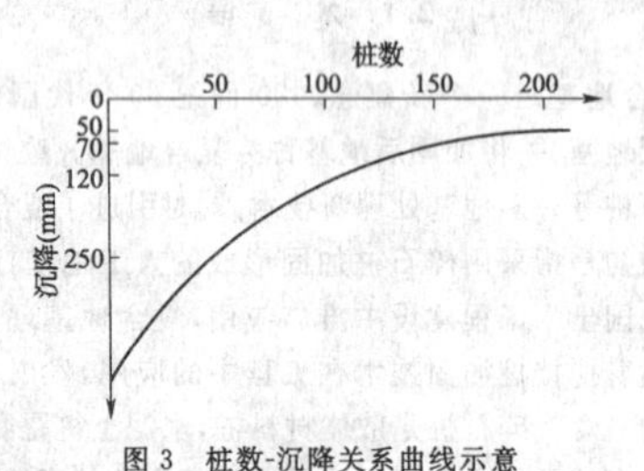


图 3　桩数-沉降关系曲线示意

桩数与相应的沉降量之间的关系，实际上也可以反映工程费用与相应的沉降量之间的关系。减小沉降量意味着增加工程费用。于是按沉降控制设计可以合理控制工程费用。按沉降控制设计思路特别适用于深厚软弱地基上复合地基设计。

按沉降控制设计要求设计人员更好地掌握沉降计算理论，总结工程经验，提高沉降计算精度，进行优化设计。

**3.0.9**　在混凝土基础下的复合地基上设置垫层和在填土路堤和柔性面层堆场下的复合地基上设置垫层性状和要求是不同的。是否设置垫层和垫层厚度应通过技术、经济综合分析后确定。

混凝土基础下复合地基上的垫层宜采用 100mm～500mm 的砂石垫层[图 4(a)]，当桩土相对刚度较小时取小值。由于砂石垫层的存在，桩间土单元 A1 中的附加应力比桩间土单元 A2 中的大，而桩体单元 B1 中的竖向应力比桩体单元 B2 中的小。也就是说设置垫层可减小桩土荷载分担比。另外，由于砂石垫层的存在，桩间土单元 A1 中的水平向应力比桩间土单元 A2 中的要大，桩体单元 B1 中的水平向应力比桩体单元 B2 也要大。由此可得出：由于砂石垫层的存在，使桩体单元 B1 中的最大剪应力比桩体单元 B2 中的要小得多。换句话说，砂石垫层的存在使桩体上端部分中竖向应力减小，水平向应力增大，造成该部分桩体中剪应力减小，有效改善了桩体的受力状态。

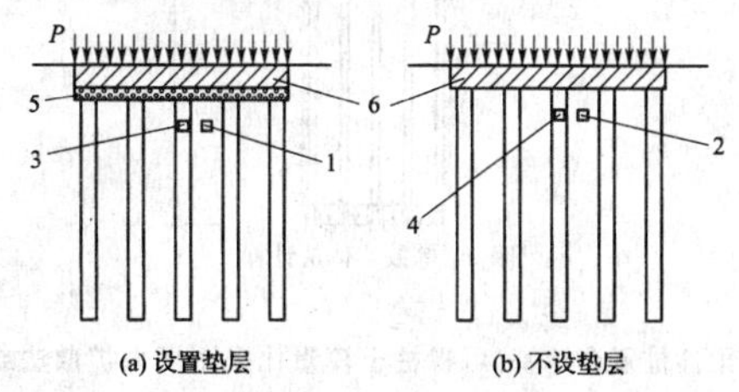


图 4　混凝土基础下复合地基示意

1—桩间土单元 A1；2—桩间土单元 A2；3—桩体单元 B1；4—桩体单元 B2；5—砂石垫层；6—刚性基础

从上面的分析可以看到，混凝土基础下复合地基中设置砂石垫层，一方面可以增加桩间土承担荷载的比例，充分利用桩间土地基承载能力；另一方面可以改善桩体上端的受力状态，这对低强度桩复合地基是很有意义的。

混凝土基础下采用黏结材料桩复合地基形式时，视桩土相对刚度大小决定在复合地基上是否设置垫层。桩土相对刚度较大，而且桩体强度较小时，应设置垫层。通过设置柔性垫层可有效减小桩土应力比，改善接近桩顶部分桩体的受力状态。混凝土基础下黏结材料桩复合地基桩土相对刚度较小，或桩体强度足够时，也可不设置垫层。混凝土基础下设置砂石垫层对复合地基性状的影响程度与垫层厚度有关。以桩土荷载分担比为例，垫层厚度愈厚，桩土荷载分担比愈小。但当垫层厚度达到一定数值后，仍继续增加，桩土荷载分担比并不会继续减小。

与混凝土基础下设置柔性砂石垫层作用相反，在填土路堤和柔性面层堆场下的复合地基上设置刚度较大的垫层，可有效增加桩体承担荷载的比例，发挥桩的承载能力，提高复合地基承载力，有效减小复合地基的沉降。可采用灰土垫层、土工格栅加筋垫层、碎石垫层等。

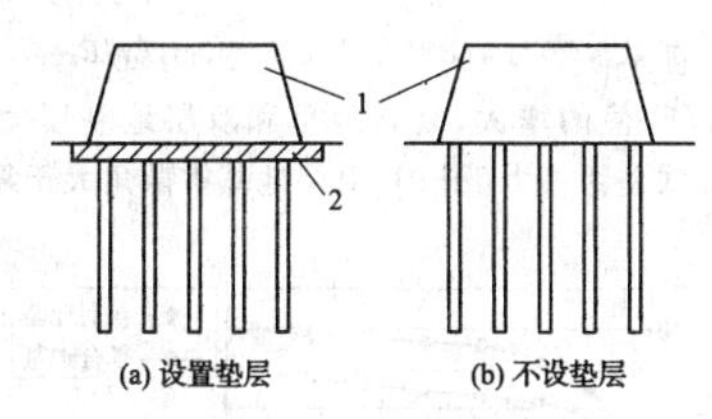


图 5　路堤下复合地基示意

1—路堤；2—土工格栅加筋垫层

# 4　复合地基勘察要点

**4.0.1**　根据附近场地已有地质资料或初步勘察成果确定是否采用复合地基方案及可能的增强体类型，因此本规范中勘察要点主要针对详勘阶段或补勘阶段勘察。为了增强勘察工作的针对性和目的性，勘察要求可由设计人员制订或确认。

**4.0.2**　承受竖向荷载的复合地基控制性勘探孔深度，对中～低压缩性土可取地基附加应力小于或等于上覆土层有效自重应力 20％的深度，对高压缩性土可取地基附加应力小于或等于上覆土层有效自重应力 10％的深度。需验算地基稳定性的工程勘探孔深度应超过最危险滑动面 5m 或穿透软弱土层进入硬土层 3m。

**4.0.3**　软黏土含水量高于 70％，不排水抗剪强度小于 15kPa 时，散体材料桩（墩）或灌注桩扩孔严重，采用这些桩（墩）时需要测定软黏土的含水量和不排水抗剪强度。

采用水泥作为黏结材料的桩会受腐蚀性地下水、腐蚀性土的腐蚀，水泥与地基土拌和时水泥的黏结质量受有机质含量、土体 pH 的影响。因此，采用水泥作为黏结材料的桩应查明地下水、土的腐蚀性，水泥与地基土拌和时应查明地基土的有机质含量、pH 值等。

欠固结软黏土对采用深层搅拌桩、高压旋喷桩、刚性桩的复合地基有影响，因此，应查明软黏土的超固结比。

填土路堤和柔性面层堆场下复合地基应进行稳定分析，应查明稳定分析需要的抗剪强度指标，包括荷载填料的抗剪强度指标。刚度较大基础下的水泥土桩复合地基、填土路堤和柔性面层堆场等工程的复合地基可能需要进行固结分析，应查明软黏土的固结系数。

# 5　复合地基计算

## 5.2　承载力计算

**5.2.1**　本规范公式(5.2.1-1)中 $k_p$ 反映复合地基中桩体实际竖向抗压承载力与自由单桩竖向抗压承载力之间的差异，与施工工艺、复合地基置换率、桩间土工程性质、桩体类型等因素有关，多数情况下可能稍大于 1.0，一般情况下可取 $k_p=1.0$；$k_s$ 反映复合地基中桩间土地基实际承载力与天然地基承载力之间的差异，与桩间土的工程性质、施工工艺、桩体类型等因素有关，多数情况下大于 1.0，特别在可挤密地基中进行挤土桩施工后，桩间土地基实际承载力比天然地基承载力有较大幅度提高。$\lambda_p$ 反映复合地基破坏时桩体竖向抗压承载力发挥程度，混凝土基础下复合地基中桩体竖向抗压承载力发挥系数($\lambda_p$)可取 1.0，而填土路堤和柔性面层堆场下的 $\lambda_p$ 取值宜小于 1.0。$\lambda_s$ 反映复合地基破坏时桩间土地基承载力的发挥程度，混凝土基础下复合地基中桩间土地基承载力发挥系数($\lambda_s$)取值宜小于 1.0，而填土路堤和柔性面层堆场下 $\lambda_s$ 可取 1.0。

本规范公式(5.2.1-2)中 $\beta_p$ 综合反映了复合地基中桩体实际竖向抗压承载力与自由单桩竖向抗压承载力之间的差异，以及复合地基破坏时桩体竖向抗压承载力发挥程度，$\beta_p=k_p\lambda_p$；$\beta_s$ 综合反映了复合地基中桩间土地基实际承载力与天然地基承载力之间的差异，以及复合地基破坏时桩间土地基承载力发挥程度，$\beta_s=k_s\lambda_s$。

单根桩分担的地基处理面积的等效圆直径($d_e$)的具体计算方法如下：对等边三角形布桩，$d_e=1.05s$；正方形布桩，$d_e=1.13s$；矩形布桩 $d_e=1.13\sqrt{s_1s_2}$，其中 $s$、$s_1$、$s_2$ 分别为桩间距、纵向间距和横向间距。

**5.2.2**　采用本规范公式(5.2.2-1)计算由桩周土和桩端土的抗力提供的单桩竖向抗压承载力特征值和采用本规范公式(5.2.2-2)计算由桩体材料强度提供的单桩竖向抗压承载力特征值时，应重视下述几点：

**1**　采用本规范公式(5.2.2-1)计算由桩周土和桩端土的抗力提供的单桩竖向抗压承载力特征值时，对柔性桩应重视桩的有效长度。当实际桩长大于桩的有效桩长时，应取有效桩长计算单桩竖向抗压承载力特征值。桩的有效桩长与桩土相对刚度有关。

**2**　采用本规范公式(5.2.2-2)计算由桩体材料强度提供的单桩竖向抗压承载力特征值时，应重视对各种刚性桩和柔性桩参数的物理意义和取值大小的差异。

**3**　刚性桩复合地基设计中宜使由本规范公式(5.2.2-2)计算得到的单桩竖向抗压承载力特征值大于由本规范公式(5.2.2-1)计算得到的单桩竖向抗压承载力特征值，以满足长期工作条件下，由于土体蠕变等因素造成桩土荷载分担比增大。

4 柔性桩复合地基设计中应力求由本规范公式(5.2.2-1)计算得到的单桩竖向抗压承载力特征值和由本规范公式(5.2.2-2)计算得到的单桩竖向抗压承载力特征值接近，以取得较好经济效益。

**5.2.3** 散体材料桩的竖向抗压承载力主要取决于桩周土所能提供的侧限力。计算桩周土所能提供的侧限力的计算方法很多，如Brauns(1978)计算式、圆孔扩张理论计算式、WongH. Y. (1975)计算式、Hughes和Withers(1974)计算式，以及经验公式等。对重要工程建议多种计算式估算，结合工程经验合理选用桩周土所能提供的侧限力。

## 5.3 沉降计算

**5.3.4** 当复合地基加固区下卧土层压缩性较大时，复合地基沉降主要来自加固区下卧土层的压缩。复合地基加固区下卧土层压缩变形量($s_2$)计算中，作用在复合地基加固区下卧层顶部的附加压力较难计算。作用在复合地基加固区下卧层顶部的附加压力宜根据复合地基类型分别按下列公式计算：

对散体材料桩复合地基宜采用压力扩散法(见图6)，可按下式计算：

$$N = LBp_0 \tag{2}$$

$$p_z = \frac{LBp_0}{(a_0 + 2h\tan\theta)(b_0 + 2h\tan\theta)} \tag{3}$$

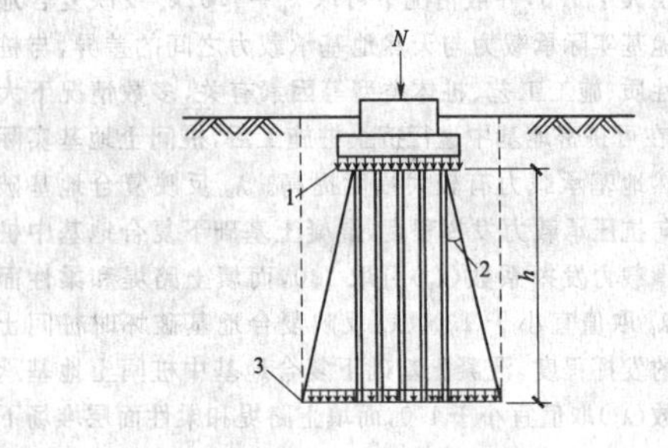


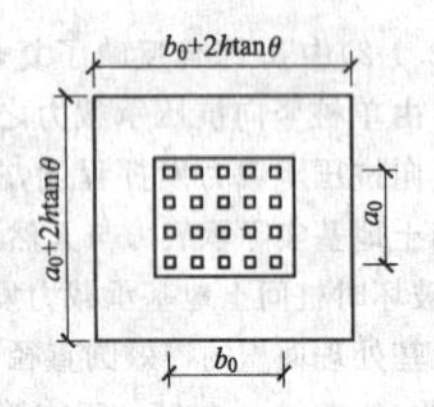


图6 压力扩散法计算

1—$p_0$；2—$\theta$；3—$p_z$

对刚性桩复合地基宜采用等效实体法(见图7)，可按下式计算：

$$p_z = \frac{LBp_0 - (2a_0 + 2b_0)hf}{LB} \tag{4}$$

式中：$p_z$——荷载效应标准组合时，软弱下卧层顶面处的附加压力值(kPa)；

$L$——矩形基础底边的长度(m)；

$B$——矩形基础或条形基础底边的宽度(m)；

$h$——复合地基加固区的深度(m)；

$a_0$——基础长度方向桩的外包尺寸(m)；

$b_0$——基础宽度方向桩的外包尺寸(m)；

$p_0$——复合地基加固区顶部的附加压力(kPa)；

$\theta$——压力扩散角(°)；

$f$——复合地基加固区桩侧摩阻力(kPa)。

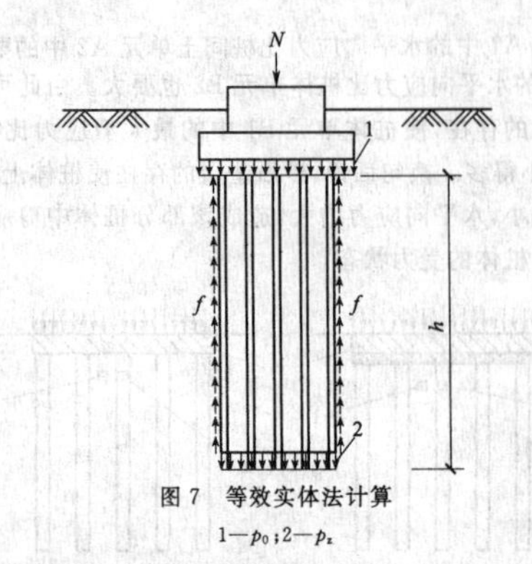


图7 等效实体法计算

1—$p_0$；2—$p_z$

对柔性桩复合地基，可视桩土模量比采用压力扩散法或等效实体法计算。

采用压力扩散法计算较困难的是压力扩散角的合理选用。研究表明：虽然公式(3)同双层地基中压力扩散法计算第二层土上的附加应力计算式形式相同，但要重视复合地基中压力扩散角与双层地基中压力扩散角数值是不同的。

杨慧(2000)采用有限元法分析比较了复合地基和双层地基中压力扩散情况。在分析中将作用在复合地基加固区下卧层顶部和双层地基两层土界面上荷载作用面对应范围内的竖向应力取平均值，并依此平均值计算压力扩散角。计算中复合地基加固区深度和双层地基上一层厚度相同，取 $h=10$m。复合地基加固区下卧层土体和双层地基下一层土体模量相同，取 $E_2=5$MPa，复合地基加固体和双层地基上一层土体模量相同，为 $E_1$。首先讨论压力扩散角($\theta$)随 $h/B$ 的变化情况，$B$ 为基础宽度。当 $E_1/E_2=1.0$ 时，此时复合地基和双层地基均蜕化成均质地基。复合地基和双层地基压力扩散角随 $h/B$ 的变化曲线重合(图8)。

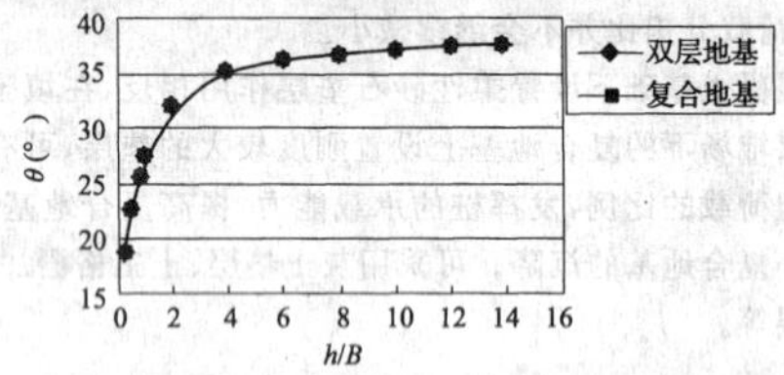


图8 扩散角($\theta$)与 $h/B$ 变化曲线($h=10$m，$E_1/E_2=1.0$)

随着 $E_1/E_2$ 值的增大，复合地基和双层地基压力扩散角随 $h/B$ 的变化曲线差距增大(图9)，双层地基扩散角大于复合地基的扩散角。

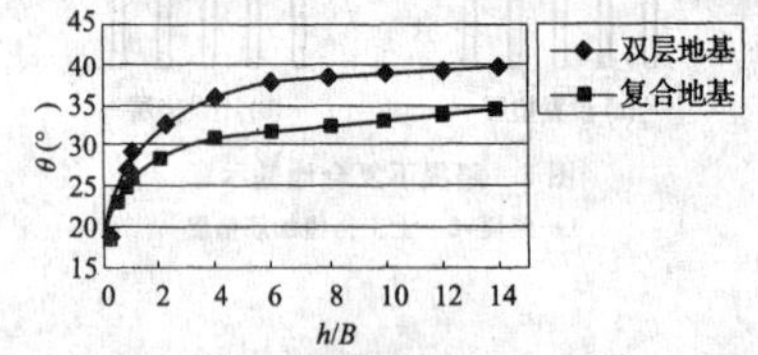


图9 扩散角($\theta$)与 $h/B$ 变化曲线($h=10$m，$E_1/E_2=1.4$)

取 $h=10$m，$E_2=5$MPa，$h/B=1.0$，分析扩散角随模量比($E_1/E_2$)变化关系(图10)，发现，双层地基中压力扩散角随着模量比的增大而迅速增大，复合地基的扩散角随着模量比的增大稍有减小。

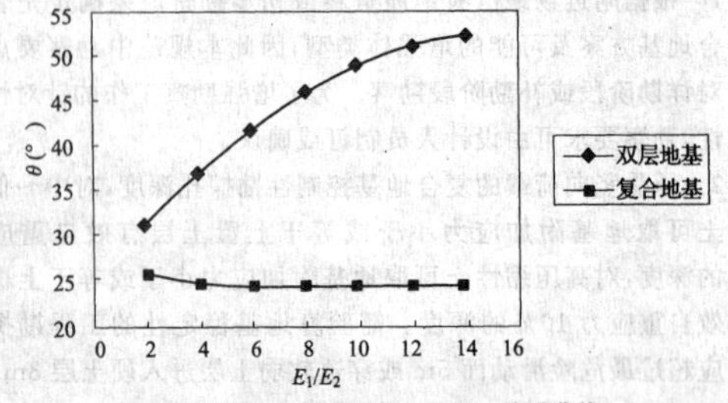


图10 扩散角($\theta$)与模量比($E_1/E_2$)关系曲线

根据前面分析，在荷载作用下双层地基与复合地基中附加应力场分布及变化规律有着较大的差别，将复合地基认为双层地基，低估了深层土层中的附加应力值，在工程上是偏不安全的。采用压力扩散法计算作用在加固区下卧土层上的附加应力时，需要重视压力扩散角的合理选用。

研究表明：采用等效实体法计算作用在加固区下卧土层上的附加应力，误差主要来自侧摩阻力($f$)的合理选用。当桩土相对刚度较大时，选用误差可能较小。当桩土相对刚度较小时，侧摩阻力($f$)变化范围很大，$f$ 选值比较困难，很难合理估计其平均值。事实上，将加固体作为一分离体，两侧面上剪应力分布是非常复杂的。采用侧摩阻力的概念是一种近似，应用等效实体法计算作用在加固区下卧土层上的附加应力时，需要重视 $f$ 的合理取值。

当桩土相对刚度较大时，采用等效实体法计算作用在加固区下卧土层上的附加应力时误差可能较小，而当桩土相对刚度较小时，采用压力扩散法计算作用在加固区下卧土层上的附加应力时误差可能较小。建议采用上述两种方法进行计算，然后通过比较分析，并结合工程经验，作出判断。

### 5.4 稳定分析

**5.4.1** 复合地基稳定分析中强调采用的稳定分析方法、分析中的计算参数、计算参数的测定方法、稳定性安全系数取值四者应相互匹配非常重要。岩土工程中稳定分析方法很多，所用计算参数也多。以饱和黏性土为例，抗剪强度指标有有效应力指标和总应力指标两类，也可直接测定土的不排水抗剪强度。采用不同试验方法测得的抗剪强度指标值，或不排水抗剪强度值是有差异的。甚至取土器不同也可造成较大差异。对灵敏度较大的软黏土，采用薄壁取土器取样试验得到的抗剪强度指标值比一般取土器取的大30%左右。在岩土工程稳定分析中取的安全系数值一般是特定条件下的经验总结。目前不少规程规范，特别是商用岩土工程稳定分析软件中不重视上述四者相匹配的原则，采用再好的岩土工程稳定分析方法也难以取得客观的分析结果，失去进行稳定分析的意义，有时会酿成工程事故，应予以充分重视。

**5.4.4** 复合地基稳定分析方法宜根据复合地基类型合理选用。

对散体材料桩复合地基，稳定分析中最危险滑动面上的总剪切力可由传至复合地基面上的总荷载确定，最危险滑动面上的总抗剪切力计算中，复合地基加固区强度指标可采用复合土体综合抗剪强度指标，也可分别采用桩体和桩间土的抗剪强度指标；未加固区可采用天然地基土体抗剪强度指标。

对柔性桩复合地基可采用上述散体材料桩复合地基稳定分析方法。在分析时，应视桩土模量比对抗力的贡献进行折减。

对刚性桩复合地基，最危险滑动面上的总剪切力可只考虑传至复合地基桩间土地基面上的荷载，最危险滑动面上的总抗剪切力计算中，可只考虑复合地基加固区桩间土和未加固区天然地基土体对抗力的贡献，稳定安全系数可通过综合考虑桩体类型、复合地基置换率、工程地质条件、桩持力层情况等因素确定。稳定分析中没有考虑由刚性桩承担的荷载产生的滑动力和刚性桩抵抗滑动的贡献。由于没有考虑由刚性桩承担的荷载产生的滑动力的效应可能比刚性桩抵抗滑动的贡献要大，稳定分析安全系数应适当提高。

## 6 深层搅拌桩复合地基

### 6.1 一般规定

**6.1.1** 深层搅拌桩是适用于加固饱和黏性土和粉土等地基的一种较常用的地基加固方法。它是利用水泥作为固化剂通过特制的搅拌机械，就地边钻进搅拌、边向软土中喷射浆液或雾状粉体，将软土固化成为具有整体性、水稳性和一定强度的水泥加固土，提高地基稳定性，增大加固土体变形模量。以深层搅拌桩与桩间土构成复合地基。

根据施工方法的不同，它可分为喷浆搅拌法和喷粉搅拌法两种。前者是用固化剂浆液和地基土搅拌，后者是用固化剂粉体和地基土搅拌。

水泥浆搅拌法是美国在第二次世界大战后研制成功的，称为Mixed-in-Place Pile(简称 MIP 法)，当时桩径为 0.30m～0.40m，桩长为 10m～12m。1953 年日本引进此法，1967 年日本港湾技术研究所土工部研制石灰搅拌施工机械，1974 年起又研制水泥搅拌固化法 Clay Mixing Consolidation(简称 CMC 工法)，并接连开发出机械规格和施工效率各异的搅拌机械。这些机械都具有偶数个搅拌轴（二轴、四轴、六轴、八轴），搅拌叶片的直径最大可达 1.25m，一次加固面积达 9.50m$^2$。

目前，日本有海上和陆上两种施工机械。陆上的机械为双轴搅拌机，成孔直径为 1000mm，最大钻深达 40m。而海上施工机械有多种类型，成孔的最大直径为 2000mm，最多的搅拌轴有 8 根(2×4，即一次成孔 8 个)，最大的钻孔深度为 70m(自水面向下算起)。

1978 年，国内开始研究并于年底制造出我国第一台 SJB-1 型双搅拌轴中心管输浆的搅拌机械，1980 年初在上海软土地基加固工程中首次获得成功。1980 年开发了单搅拌轴和叶片输浆型搅拌机，1981 年开发了我国第一代深层水泥拌和船。该机双头拌和，叶片直径达 1.2m，间距可自行调控，施工中各项参数可监控。1992 年首次试制成搅拌斜桩的机械，最大加固深度达 26m，最大斜度为 19.6°。2002 年为配合 SMW 工法上海又研制出两种三轴钻孔搅拌机（ZKD65-3 型和 ZKD85-3 型），钻孔深度达 27m～30m，钻孔直径为 650mm～850mm。目前上海又研发了四轴深层搅拌机，搅拌成孔的直径为 700mm，钻孔深度达 25.2m，型钢插入深度 24m，成墙厚度 1.3m。

目前国内部分水泥浆搅拌机的机械技术参数参见表 1 和表 2。

**表 1 水泥浆搅拌机技术参数(1)**

| 水泥浆搅拌机类型 | | SJB-30 | SJB-40 | GZB-600 | DJB-14D |
|---|---|---|---|---|---|
| 搅拌机 | 搅拌轴数量(根) | 2 | 2 | 1 | 1 |
| | 搅拌叶片外径(mm) | 700 | 700 | 600 | 500 |
| | 转速(r/min) | 43 | 43 | 50 | 60 |
| | 电动机功率(kW) | 2×30 | 2×40 | 2×30 | 2×22 |
| 起吊设备 | 提升能力(kN) | >100 | >100 | 150 | 50 |
| | 提升高度(m) | >14 | >14 | 14 | 19.5 |
| | 提升速度(m/min) | 0.20～1.00 | 0.20～1.00 | 0.60～1.00 | 0.95～1.20 |
| | 接地压力(kPa) | 60 | 60 | 60 | 40 |
| 固化剂制备系统 | 灰浆拌制台数×容量(L) | 2×200 | 2×200 | 2×500 | 2×200 |
| | 灰浆泵量(L/min) | HB6-3 50 | HB6-3 50 | AP-15-B 281 | UBJ$_2$ 33 |
| | 灰浆泵工作压力(kPa) | 1500 | 1500 | 1400 | 1500 |
| | 集料斗容量(L) | 400 | 400 | 180 | — |
| 技术指标 | 一次加固面积(m$^2$) | 0.71 | 0.71 | 0.28 | 0.20 |
| | 最大加固深度(m) | 10～12 | 15～18 | 10～15 | 19 |
| | 效率(m/台班) | 40～50 | 40～50 | 60 | 100 |
| | 总质量(t) | 4.5 | 4.7 | 12.0 | 4.0 |

**表 2 水泥浆搅拌机技术参数(2)**

| 水泥浆搅拌机类型 | | GDP-72 | GDPG-72 | ZKD65-3 | ZDK85-3 |
|---|---|---|---|---|---|
| 搅拌机 | 搅拌轴数量(根) | 2 | 2 | 3 | 3 |
| | 搅拌叶片外径(mm) | 700 | 700 | 650 | 850 |
| | 转速(r/min) | 46.0 | 46.0 | 17.6 | 16.0 |
| | 电动机功率(kW) | 2×37 | 2×37 | 2×45 | 2×75 |

续表 2

| 水泥浆搅拌机类型 | | GDP-72 | GDPG-72 | ZKD65-3 | ZKD85-3 |
|---|---|---|---|---|---|
| 起吊设备 | 提升能力(kN) | ＞150 | ＞150 | 250 | 250 |
| | 提升高度(m) | 23 | 23 | 30 | 30 |
| | 提升速度(m/min) | 0.64～1.12 | 0.37～1.16 | 轴中心距 450mm | 轴中心距 600mm |
| | 接地压力(kPa) | 38 | — | | |
| 移动系统 | 移动方式 | 步履 | 滚筒 | 履带 | 履带 |
| | 纵向行程(m) | 1.2 | 5.5 | — | — |
| | 横向行程(m) | 0.7 | 4.0 | — | — |
| 技术指标 | 一次加固面积($m^2$) | 0.71 | 0.71 | 0.87 | 1.50 |
| | 最大加固深度(m) | 18 | 18 | 30 | 27 |
| | 效率(m/台班) | 100～120 | 100～120 | — | — |
| | 总重量(t) | 16 | 16 | — | — |

喷粉搅拌法(Dry Jet Mixing Method，简称 DJM 法)最早由瑞典人 Kjeld Paus 于 1967 年提出了使用石灰搅拌桩加固 15m 深度范围内软土地基的设想，并于 1971 年瑞典 Linden-Ali Mat 公司在现场制成第一根用石灰粉和软土搅拌成的桩。1974 年获得粉喷技术专利。生产出的专用机械成桩直径 500mm，加固深度 15m。

我国于 1983 年用 DP100 型汽车钻改装成国内第一台粉体喷射搅拌机，并使用石灰作为固化剂，应用于铁路涵洞加固。1986 年使用水泥作为固化剂，应用于房屋建筑的软土地基加固。1987 年研制成 GPP-5 型步履式粉喷机，成桩直径 500mm，加固深度 12.5m，其性能指标可参见表 3。当前国内搅拌机械的成桩直径一般为 500mm～700mm，深度可达 15m。

表 3　GPP-5 型喷粉搅拌机技术性能

| | | | | | |
|---|---|---|---|---|---|
| 搅拌机 | 搅拌轴规格(mm) | 108×108×(7500＋5500) | YP-1型粉体喷射机 | 储料量(kg) | 2000 |
| | 搅拌翼外径(mm) | 500 | | 最大送粉压力(MPa) | 0.5 |
| | 转速(r/min) | 正(反) 28、50、92 | | 送粉管直径(mm) | 50 |
| | 转矩(kN·m) | 4.9、8.6 | | 最大送粉量(kg/min) | 100 |
| | 电动机功率(kW) | 30 | | 外形规格(m) | 2.70×1.82×2.46 |
| 起吊设备 | 井架结构高度(m) | 14(门型-3 级) | 技术参数 | 一次加固面积($m^2$) | 0.20 |
| | 提升力(kN) | 78.4 | | 最大加固深度(m) | 12.5 |
| | 提升速度(m/min) | 0.48、0.80、1.47 | | 总重量(t) | 9.25 |
| | 接地压力(kPa) | 34 | | 移动方式 | 液压步履 |

近十多年来，在珠江三角洲、长江三角洲等沿海软土地基中，水泥土搅拌法被广泛应用，这些工程中有沪宁、沪杭、深广等高速公路工程，港口码头、防汛墙、水池等市政工程，以及建(构)筑物(如大型油罐)的软土地基加固等工程。

存在流动地下水的饱和松散砂土中施工水泥土搅拌法，固化剂在尚未硬结时易被流动的地下水冲掉，加固效果受影响，施工质量较难控制。

地基土的天然含水量小于 30%时，喷粉搅拌法施工不能使水泥充分水化，影响加固效果。

冬期施工时，应考虑负温对处理效果的影响。

**6.1.2**　搅拌桩用于特殊地基土及无工程经验的地区时，需采取针对性措施，以控制加固效果。因此，应通过现场试验(包括室内配比试验)确定其适用性。

水泥与有机质土搅拌会阻碍水泥水化反应，影响水泥土的强度增长。在有机质地基土中采用水泥土搅拌法，宜采取提高水泥掺量，添加磷石膏(水泥中加磷石膏 5%后可使水泥土强度提高 2 倍～4 倍)等措施。

当黏土的塑性指数($I_P$)大于 25 时，施工中容易在搅拌头叶片上形成泥团，无法使固化剂与土拌和。在塑性指数($I_P$)大于 25 的黏土地基土中采用搅拌桩，宜调整钻头叶片、喷浆系统和施工工艺等。

地下水的 pH 值小于 4 时，水中的酸性物质与水泥发生反应，对水泥土具有结晶性侵蚀，会使水泥出现开裂、崩解而丧失强度，加固效果较差。在地下水的 pH 值小于 4 的地基土中采用水泥土搅拌法，宜采取掺加石灰，选用耐酸性水泥等措施。

**6.1.3**　近年来，搅拌桩与其他方法的联合应用得到了很大发展，如搅拌桩与刚性桩的联合应用(劲芯搅拌桩、刚-柔性桩复合地基、长-短桩复合地基等)。

其中，针对高速公路建设特点提出了长板-短桩工法(简称 D-M工法)(图 11)，该工法是由长的竖向排水体(砂井、袋装砂井、塑料排水板)、短的搅拌桩(浆喷桩、粉喷桩)和垫层组成。

长板-短桩工法的提出是为了发挥预压排水固结法和水泥土搅拌桩法的自身优点，克服其处理深厚软基的不足。该工法的特点是将高速公路填土施工和预压的过程作为路基处理的过程，充分利用填土荷载加速路基沉降，以达到减小工后沉降的目的。该工法适用于填方路堤下(或存在预压荷载的地基，如油罐地基)软土层厚度大于 10m 的深厚淤泥、淤泥质土及冲填土等饱和黏性土的地基处理。特别适用于地表存在薄层硬壳层和深部软土存在连续薄砂层的地基。

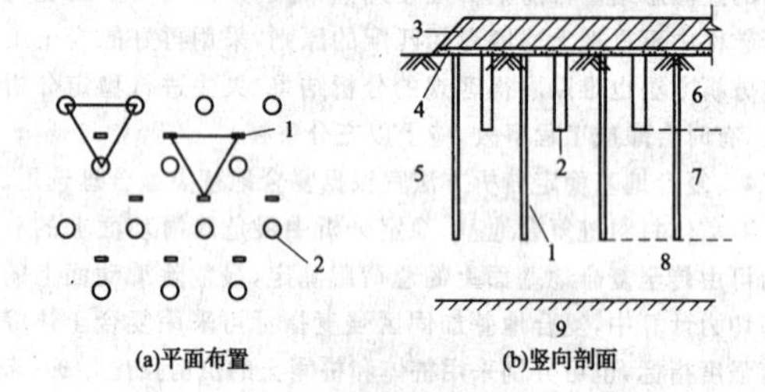


图 11　长板-短桩工法模式

1—塑料排水板；2—水泥土桩；3—填土路基；4—垫层；5—软土层；6—复合层；7—固结层；8—未加固层；9—非软弱层

在采用长板-短桩工法处理深厚软土地基时，根据长板与短桩的作用机理与特点，在地基剖面上可划分为：①水泥土搅拌桩复合地基层(简称复合层)；②预压排水固结层(简称固结层)；③未加固处理的原状软土层(简称未加固层)。

长板-短桩工法处理软土路基的特点为：

**1**　搅拌桩解决了浅部路基的稳定性。

**2**　排水板解决了下卧层的排水固结。

**3**　充分利用高速公路路堤的填土期作为预压期。

**4**　对深厚软土长板和短桩的施工质量容易得到保证。

**5**　可以协调桥头段和一般路段相邻之间的工后沉降速率。

**6**　特别适用于深厚软土路基的处理。

**7**　具有可观的经济效益。

**6.1.4**　对拟采用搅拌桩的工程，应搜集拟处理区域内详尽的岩土工程资料，包括：

**1**　填土层的组成：特别是大块物质(石块和树根等)的尺寸和含量，大块石对搅拌桩施工速度有很大的影响，所以应清除大块石再施工。

2 土的含水量：当固化剂配方相同时，其强度随土样天然含水量的降低而增大。试验表明，当土的含水量在50%～85%范围内变化时，含水量每降低10%，水泥土强度可提高30%。

3 有机质含量：有机质含量较高会阻碍水泥水化反应，影响水泥土的强度增长。故对有机质含量较高的明、暗浜填土及冲填土应予慎重考虑。为提高水泥土强度宜增加水泥掺入量、添加磷石膏。对生活垃圾的填土不应采用搅拌桩加固。

4 水质分析：对地下水的pH值以及硫酸盐含量等进行分析，以判断对水泥侵蚀性的影响。

**6.1.5** 水泥土的强度随龄期的增长而增大，在龄期超过28d后，强度仍有明显增长，故对承重搅拌桩试块国内外都取90d龄期为标准龄期。从抗压强度试验得知，在其他条件相同时，不同龄期的水泥土抗压强度间关系大致如下：

$$f_{cu7}=(0.47\sim0.63)f_{cu28}$$
$$f_{cu14}=(0.62\sim0.80)f_{cu28}$$
$$f_{cu60}=(1.15\sim1.46)f_{cu28}$$
$$f_{cu90}=(1.43\sim1.80)f_{cu28}$$
$$f_{cu90}=(2.37\sim3.73)f_{cu7}$$
$$f_{cu60}=(1.73\sim2.82)f_{cu14}$$

上述$f_{cu7}$、$f_{cu14}$、$f_{cu28}$、$f_{cu60}$、$f_{cu90}$分别为7d、14d、28d、60d、90d龄期的水泥土抗压强度。

当龄期超过三个月后，水泥土强度增长缓慢。180d的水泥土强度为90d的1.25倍，而180d后水泥土强度增长仍未终止。

### 6.2 设　　计

**6.2.1** 固化剂掺入比应根据设计要求的固化土强度经室内配比试验确定，目前国内大部分均采用水泥作为固化剂材料。采用水泥为固化剂时，水泥掺入比可取10%～20%。喷浆搅拌法的水泥浆水灰比应根据施工时的可喷性和不同的施工机械合理选用，宜取0.45～0.60。外掺剂可根据设计要求和土质条件选用具有早强、缓凝、减水以及节省水泥等作用的材料，且应避免污染环境。

当其他条件相同时，在同一土层中水泥掺入比不同，水泥土强度将不同。当水泥掺入比大于10%时，水泥土强度可达0.3MPa～2.0MPa。水泥土的抗压强度随其相应的水泥掺入比的增加而增大，且具有较好的相关性，经回归分析，可得到两者呈幂函数关系，其关系可按下式确定：

$$\frac{f_{cu1}}{f_{cu2}}=\left(\frac{a_{w1}}{a_{w2}}\right)^{1.77} \tag{5}$$

式中：$f_{cu1}$——水泥掺入比为$a_{w1}$的水泥土抗压强度(kPa)；

$f_{cu2}$——水泥掺入比为$a_{w2}$的水泥土抗压强度(kPa)。

上式成立的条件是$a_w=10\%\sim20\%$。

水泥强度等级直接影响水泥土的强度，水泥强度等级提高10级，水泥土抗压强度约增大20%～30%。如达到相同强度，水泥强度等级提高10级可降低水泥掺入比2%～3%。

常用的早强(速凝)剂有：三乙醇胺、氯化钠、碳酸钠、水玻璃。掺入量宜分别取水泥重量的0.05%、2.00%、0.50%、2.00%。缓凝剂有：石膏、磷石膏。石膏兼有缓凝和早强作用，其掺入量宜取水泥重量的2.00%。磷石膏掺入量宜取水泥重量的5.00%。减水剂有：木质素磺酸钙，其掺入量宜取水泥重量的0.20%，其对水泥土强度的增长影响不大。可节省水泥的掺料有：粉煤灰、高炉矿渣。当掺入与水泥等量的粉煤灰后，水泥土强度可提高10%左右，故在加固软土时掺粉煤灰不仅可消耗工业废料，还可对水泥土强度有所提高。

**6.2.2** 从承载力角度看提高置换率比增加桩长的效果更好，但增加桩长有利于减少沉降。为了充分发挥桩间土的承载力和复合地基的潜力，应使由土的抗力确定的单桩竖向抗压承载力与由桩体强度所确定的单桩竖向抗压承载力接近，并使后者略大于前者较为安全和经济。当桩端穿越软弱土层到达承载力相对较高的土层时，有利于控制沉降。搅拌桩长度宜超过危险滑弧，在软弱土层中可利用搅拌桩桩体的力学性能提高抗滑稳定性。

**6.2.3** $\beta_p$和$\beta_s$是反映桩土共同作用的参数。刚性基础下铺设垫层会降低桩体竖向抗压承载力的发挥度。桩体强度对$\beta_s$也有影响，即使桩端是硬土，当桩体强度很低，桩体压缩变形依然很大，此时桩间土就承受较大荷重，$\beta_s$值可能大于0.5。

确定$\beta_s$值还应根据工程对沉降要求而有所不同。当工程对沉降要求控制较严时，即使桩端是软土，$\beta_s$值也应取小值，这样较为安全；当工程对沉降要求控制较低时，即使桩端为硬土，$\beta_s$值也可取大值，这样较为经济。

**6.2.4** 本规范公式(5.2.2-1)中第$i$层土的桩侧摩阻力特征值($q_{si}$)是对现场竖向抗压载荷试验结果和已有工程经验的总结，对淤泥可取4kPa～7kPa，对淤泥质土可取6kPa～12kPa，对软塑状态的黏性土可取10kPa～15kPa，对可塑状态的黏性土可取12kPa～18kPa，对稍密砂土可取15kPa～20kPa，对中密砂土可取20kPa～25kPa；桩端土地基承载力特征值($q_p$)可按现行国家标准《建筑地基基础设计规范》GB 50007的有关规定确定；桩端土地基承载力折减系数($\alpha$)可取0.4～0.6，承载力高时取低值。本规范公式(5.2.2-2)中$f_{cu}$为与搅拌桩桩体水泥土配比相同的室内加固土试块(边长为70.7mm的立方体，也可采用边长为50mm的立方体)在标准养护条件下90d龄期的立方体抗压强度平均值；桩体强度折减系数($\eta$)是一个与工程经验以及拟建工程性质密切相关的参数，工程经验包括对施工队伍素质、施工质量、室内强度试验、实际加固强度，以及对实际工程加固效果等情况的掌握。拟建工程性质包括地质条件、上部结构对地基的要求，以及工程的重要性等，目前在设计中喷粉搅拌法可取0.20～0.30，喷浆搅拌法可取0.25～0.33。

对本规范公式(5.2.2-1)和公式(5.2.2-2)进行分析可以看出，当桩体强度足够时，相同桩长桩的竖向抗压承载力相近，而不同桩长桩的竖向抗压承载力明显不同。此时桩的竖向抗压承载力由地基土支持力[公式(5.2.2-1)]控制，增加桩长可提高桩的竖向抗压承载力。当桩体强度有限时，承载力受桩体强度[公式(5.2.2-2)]控制。对某一地区的搅拌桩，其桩体强度是有一定限制的，也就是说，搅拌桩从承载力角度，存在一有效桩长，单桩竖向抗压承载力在一定程度上并不随桩长的增加而增大。但当软弱土层较厚，从减少地基的沉降量方面考虑，应设计较长桩长，原则上，桩长应穿透软弱土层到达下卧强度较高的土层或以地基变形控制。

**6.2.5** 在混凝土基础和水泥土搅拌桩之间设置垫层，能调整桩和桩间土的荷载分担作用，有利于桩间土地基承载力的发挥。在桩头的抗压强度大于基底的压应力而不至于被压坏时，桩顶面积范围内可不铺设垫层，使混凝土基础直接与搅拌桩接触，有利于桩侧摩阻力的发挥。

**6.2.6** 根据室内模型试验和搅拌桩的加固机理分析，其桩体轴向应力自上而下逐渐减小，其最大轴力位于桩顶3倍桩径范围内。因此，在搅拌桩单桩设计中，为节省固化剂材料和提高施工效率，设计时可采用沿桩长变掺量的施工工艺。现有工程实践证明，这种变掺量的设计方法能获得良好的技术经济效果。在变掺量设计中，在全桩水泥总掺量不变的前提下，桩体上部1/3桩长范围内可增加水泥掺量及搅拌次数，桩体下部1/3桩长范围内可减少水泥掺量。通过改变搅拌直径也可达到同样目的。

**6.2.7** 水泥土桩的布置形式对加固效果有很大影响，宜根据工程地质特点和上部结构要求采用柱状、壁状、格栅状和块状以及长-短桩相结合等不同加固形式。

1 柱状：每隔一定距离打设一根水泥土桩，形成柱状加固形式，适用于单层工业厂房独立柱基础和多层房屋条形基础下的地基加固，它可充分发挥桩体强度与桩侧摩阻力。柱状处理可采用正方形或等边三角形布桩形式，其总桩数可按下式计算：

$$n=mA/A_p \tag{6}$$

式中：$n$——总桩数；

$A$——基础底面积（$m^2$）；

$m$——面积置换率；

$A_p$——单桩截面积（$m^2$）。

2　壁状：将相邻桩体部分重叠搭接成为壁状加固形式，适用于建筑物长高比大、刚度小、对不均匀沉降比较敏感的多层房屋条形基础下的地基加固。

3　格栅状：它是纵横两个方向的相邻桩体搭接而形成的加固形式。适用于上部结构单位面积荷载大和对不均匀沉降要求控制严格的工程。

4　长-短桩相结合：当地质条件复杂，同一建筑物坐落在两类不同性质的地基土上时，可在长桩间插入短桩或用3m左右的短桩将相邻长桩连成壁状或格栅状，以调整和减小不均匀沉降量。

搅拌桩形成的桩体在无侧限情况下可保持直立，在轴向力作用下又有一定的压缩性，因此在设计时可仅在上部结构基础范围内布桩，不必像散体材料桩一样在基础外设置护桩。

对于一般建筑物，都是在满足强度要求的条件下以沉降控制的，应采用下列沉降控制设计思路：

1　根据地层结构进行地基沉降计算，由建筑物对变形的要求确定加固深度，即选择施工桩长。

2　根据土质条件、固化剂掺量、室内配比试验资料和现场工程经验选择桩体强度和固化剂掺入量及有关施工参数。

3　根据桩体强度的大小及桩的断面尺寸，由本规范公式(5.2.2-1)或公式(5.2.2-2)计算单桩竖向抗压承载力。

4　根据单桩竖向抗压承载力和上部结构要求达到的复合地基承载力，由本规范公式(5.2.1-2)计算桩土面积置换率。

5　根据桩土面积置换率和基础形式进行布桩，桩可只在基础平面范围内布置。

**6.2.8**　搅拌桩加固设计中往往以群桩形式出现，群桩中各桩与单桩的工作状态迥然不同。试验结果表明，双桩竖向抗压承载力小于两根单桩竖向抗压承载力之和；双桩沉降量大于单桩沉降量。可见，当桩距较小时，由于应力重叠产生群桩效应。因此，在设计时当搅拌桩的置换率较大（$m>20\%$），且非单行排列，桩端下又存在较软弱的土层时，应将桩与桩间土视为一个假想的实体基础，以验算软弱下卧层的地基强度。

## 6.3　施　　工

**6.3.1**　国产搅拌头大都采用双层（或多层）十字杆型。这类搅拌头切削和搅拌加固软土十分合适，对块径大于100mm的石块、树根和生活垃圾等大块物的切割能力较差，即使将搅拌头作加固处理后能穿过块石层，但施工效率较低，机械磨损严重。因此，施工前应先挖除大块物再填素土，增加的工程量不大，但施工效率却可大大提高。

**6.3.2**　施工前应确定搅拌机械的灰浆泵输浆量、灰浆经输浆管到搅拌机喷浆（粉）口的时间和起吊设备提升速度等施工参数，并根据设计要求通过工艺性成桩试验，确定搅拌桩的配比、喷搅次数和水泥掺量等各项参数和施工工艺。为提高相对软弱土层中的搅拌桩体强度，应适当增加搅拌次数和固化剂掺量。

**6.3.4**　搅拌机施工时，搅拌次数越多，则拌和越均匀，水泥土强度也越高，但施工效率降低。试验证明，当加固范围内土体任一点的水泥土经过20次的拌和，其强度即可达到较高值。搅拌次数（$N$）由下式计算：

$$N=\frac{h\cdot\cos\beta\cdot\sum Z}{V}n \tag{7}$$

式中：$h$——搅拌叶片的宽度（m）；

$\beta$——搅拌叶片与搅拌轴的垂直夹角（°）；

$\sum Z$——搅拌叶片的总枚数；

$n$——搅拌头的回转数（r/min）；

$V$——搅拌头的提升速度（m/min）。

**6.3.6**　根据搅拌法实际施工经验，在施工到顶端300mm～500mm，因上覆土压力较小，搅拌质量较差。因此，其场地整平标高应比设计确定的基底标高再高出300mm～500mm，桩制作时仍施工到地面，待开挖基坑时，再将上部300mm～500mm的桩体质量较差的桩段挖去。

根据现场实践表明，当搅拌桩作为承重桩进行基坑开挖时，桩顶和桩体已有一定的强度，若用机械开挖基坑，往往容易碰撞损坏桩顶，因此基底标高以上300mm宜采用人工开挖，以围扩桩头质量。

**6.3.8**　在预（复）搅下沉时，也可采用喷浆（粉）的施工工艺。

### Ⅰ　喷浆搅拌法

**6.3.9**　每一个搅拌施工现场，由于土质差异，固化剂品种不同，因而搅拌加固质量有较大的差别。所以在正式搅拌桩施工前，均应按施工组织设计确定的搅拌施工工艺，制作数根试桩，再最后确定水泥浆的水灰比、泵送时间、搅拌机提升速度和复搅深度等参数。

**6.3.10**　制桩质量的优劣直接关系到地基处理的加固效果。其中的关键是注浆量、注浆与搅拌的均匀程度。因此，施工中应严格控制喷浆提升速度。

施工中要有专人负责制桩记录，对每根桩的编号、固化剂用量、成桩过程（下沉、喷浆提升和复搅等时间）进行详细记录，质检员应根据记录，对照标准施工工艺，对每根桩进行质量评定。喷浆量及搅拌深度的控制，直接影响成桩质量，采用经国家计量部门认证的监测仪器进行自动记录，可有效控制成桩质量。

**6.3.11**　搅拌桩施工检查是检查搅拌桩施工质量和判明事故原因的基本依据，因此对每一延米的施工情况均应如实及时记录，不得事后回忆补记。

**6.3.12**　由于固化剂从灰浆泵到达出口需通过较长的输浆管，应考虑固化剂浆液到达桩端的流动时间。可通过试打桩后再确定其输送时间。

### Ⅱ　喷粉搅拌法

**6.3.13**　粉喷桩机利用压缩空气通过固化剂供给机的特殊装置，经过高压软管和搅拌轴（中空的）将固化剂粉输送到搅拌叶片背后的喷粉口喷出，旋转到半周的另一搅拌叶片把土与固化剂搅拌混合在一起。这样周而复始地搅拌、喷射、提升，在土体内形成一个搅拌桩体，而与固化剂材料分离出的空气通过搅拌轴周围的空隙上升到地面释放掉。粉体喷射机（俗称灰罐）位置与搅拌机的施工距离超过60m时，送粉管的阻力增大，送粉量不易稳定。

**6.3.14**　粉喷桩机一般均已考虑提升速度与搅拌头转速的匹配，在不同的提升速度下，钻头每提升不超过16mm搅拌一圈，从而保证成桩搅拌的均匀性。但每次搅拌时，桩体将出现极薄软弱结构面，这对承受水平剪力是不利的。可通过复搅的方法来提高桩体的均匀性，消除软弱结构面，提高桩体抗剪强度。

**6.3.16**　含水量小于30%地基土中成桩往往是指地基浅部较薄的硬壳层，不是主要处理土层，成桩时如不及时在地面浇水，将使地下水位以上区段的桩体水化不完全，造成桩体强度降低。

## 6.4　质量检验

**6.4.1**　按搅拌桩的特点，对固化剂用量、桩长、搅拌头转数和提升速度、复搅次数和复搅深度、停浆处理等的控制应在施工过程中进行。施工全过程的施工监理可有效控制搅拌桩的施工质量。对每根制成的搅拌桩须随时进行检查；对不合格的桩应根据其位置和数量等具体情况，分别采取补桩或加强附近工程桩等措施。

**6.4.2**　搅拌桩的施工质量检验应符合下列规定：

1　本条措施属自检范围。各施工机组应对成桩质量随时检查，及时发现问题，及时处理。开挖检查仅仅是浅部桩头部位，目测其成桩大致情况，例如成桩直径、搅拌均匀程度等。检查量可取总桩数的5%左右。

2 用钻孔方法连续取出搅拌桩桩芯，可直观地检验桩体强度和搅拌的均匀性。钻芯取样，制成试块，进行桩体实际强度测定。为保证试块尺寸，钻孔直径不宜小于108mm。在钻芯取样的同时，可在不同深度进行标准贯入检验，通过标贯值判定桩体质量。检验数量根据工程情况确定，用于交通工程和建筑工程可有不同标准，一般可取施工总桩数的1%～2%，且不少于3根。

3 单桩竖向抗压载荷试验宜在成桩28d后进行。检验数量根据工程情况确定，一般可取施工总桩数的1%，且不少于3根。

6.4.3 深层搅拌桩复合地基竣工验收时，复合地基竖向抗压载荷试验检验数量可取总桩数的0.5%～1.0%，且每项单体工程不应少于3点。

6.4.4 搅拌桩施工时，由于各种因素的影响，有可能不符合设计要求。只有基槽开挖后测放了建筑物轴线或基础范围后，才能对偏位桩的数量、部位和程度进行分析和确定补救措施。因此，搅拌桩的施工验收工作宜在开挖基槽后进行。

# 7 高压旋喷桩复合地基

## 7.1 一 般 规 定

7.1.1 实践表明，高压旋喷桩复合地基对软塑～可塑黏性土、粉土、砂土、黄土、素填土和碎石土等地基都有良好的处理效果。但对于硬黏性土，含有较多的块石或大量植物根茎的地基，因喷射流可能受到阻挡或削弱，冲击破碎力急剧下降，切削范围减小，影响处理效果。而对于含有过多有机质的土层，其处理效果取决于固结体的化学稳定性。鉴于上述几种土组成复杂、差异悬殊，高压喷射注浆处理的效果差别较大，不能一概而论，原则上不宜采用高压旋喷桩复合地基，实在要采用，应进行现场试验确定适用性。对于湿陷性黄土地基，因当前试验资料和施工实例较少，亦应预先进行现场试验。对地下水流速过大或已涌水的防水工程，由于工艺、机具和瞬时速凝材料等方面的原因，应慎重使用，必要时应通过现场试验确定。高压喷射注浆处理深度较大，我国建筑地基高压喷射注浆处理深度目前已达30m以上。

7.1.2 在制订高压旋喷桩复合地基方案时，应搜集和掌握各种基本资料。主要是：岩土工程勘察资料（土层和基岩的性状，标准贯入击数，土的物理力学性质，地下水的埋藏条件、渗透性和水质成分等）、建筑物结构受力特性资料、施工现场和邻近建筑的四周环境资料、地下管道和其他埋设物资料及类似土层条件下使用的工程经验等。高压喷射注浆处理地基时，在浆液未硬化前，有效喷射范围内的地基因受到扰动而强度降低，容易产生附加沉降，因此在即有建筑附近施工时，应防止浆液凝固硬化前建筑物的附加下沉。通常采用控制施工速度、顺序和加快浆液凝固时间等方法防止或减小附加沉降。

7.1.3 高压旋喷桩施工可采用下列工法：

1 单管法：喷射高压水泥浆液一种介质。

2 双管法：喷射高压水泥浆液和压缩空气两种介质。

3 三管法：喷射高压水流、压缩空气及水泥浆液三种介质。

7.1.4 高压旋喷桩的施工参数应根据土质条件、加固要求通过试验或根据工程经验确定，并在施工中严格加以控制。单管法及双管法的高压水泥浆和三管法高压水的压力应大于20MPa。

## 7.2 设 计

7.2.1 旋喷桩的直径除浅层可用开挖的方法确定之外，深部的直径无法用准确的方法确定，因此只能使用半经验的方法。根据国内外施工经验，其设计直径宜符合表4规定的数值。

表4 旋喷桩设计直径（m）

| 土质 | 方法 | 单管法 | 双管法 | 三管法 |
|---|---|---|---|---|
| 黏性土 | $0<N<5$ | 0.5～0.8 | 0.8～1.2 | 1.2～1.8 |
| | $6<N<10$ | 0.4～0.7 | 0.7～1.1 | 1.0～1.6 |
| 砂土 | $0<N<10$ | 0.6～1.0 | 1.0～1.4 | 1.5～2.0 |
| | $11<N<20$ | 0.5～0.9 | 0.9～1.3 | 1.2～1.8 |
| | $21<N<30$ | 0.4～0.8 | 0.8～1.2 | 0.9～1.5 |

注：表中$N$为标准贯入击数。

7.2.3 高压旋喷桩复合地基承载力通过现场复合地基竖向抗压载荷试验方法确定，误差较小。

## 7.3 施 工

7.3.1 高压旋喷桩复合地基施工前，应对照设计图纸核实设计孔位处有无妨碍施工和影响安全的障碍物，如有应与有关单位协商清除、搬移障碍物或更改设计孔位。

7.3.2 水泥浆中所用的外加剂或掺和料的用量，应根据水泥土的特点通过室内配比试验或现场试验确定。当有足够实践经验时，可按经验确定。

7.3.4 在不改变喷射参数的条件下，对同一标高的土层作重复喷射时，能扩大加固范围，提高固结体强度。在实际工作中，旋喷桩通常在底部和顶部进行复喷，以增大承载力，确保处理质量。

## 7.4 质 量 检 验

7.4.1 按高压旋喷桩的特点，对喷射轴转速、提升速度、喷浆量、桩长、回浆量等的控制应在施工过程中进行。施工全过程的施工监理可有效控制旋喷桩的施工质量。对每根制成的旋喷桩须随时进行检查；对不合格的桩应根据其位置和数量等具体情况，采取补救措施。

7.4.2 在严格控制高压旋喷桩复合地基施工参数的基础上，根据具体情况选定质量检验方法。钻孔取芯是检验单孔固结体质量的常用方法，选用时需以不破坏固结体和有代表性为前提，可以在28d后取芯或在未凝以前取芯（软弱黏性土地基）。在有经验的情况下也可以选用标准贯入和静力触探试验进行检验。竖向抗压载荷试验是地基处理后检验地基承载力的良好方法。

7.4.3 检验点的位置应重点布置在有代表性的加固区。对喷射注浆时出现过异常现象和地质复杂的地段亦应检验。

7.4.4 高压旋喷桩复合地基的强度离散性大，在软弱黏性土中，强度增长速度较慢。质量检验宜在喷射注浆后28d进行，以防由于固结体强度不高时，桩体因检验而受到破坏，影响检验的可靠性。检验数量根据工程情况确定，一般可取施工总桩数的0.5%～1.0%，且每项单体工程不应少于3点。

# 8 灰土挤密桩复合地基

## 8.1 一 般 规 定

8.1.1 灰土挤密桩复合地基中灰土挤密桩有置换作用，但主要是挤密作用。在灰土挤密桩成桩过程中对桩间土施加横向挤压力，挤密桩间土以改变其物理力学性质，并与分层夯实的桩体共同形成复合地基。因此，灰土挤密桩复合地基的核心是对桩间土的挤密。在湿陷性黄土地区，它是一种常用的消除黄土湿陷性提高地基承载力的方法，也适用于处理深度较大、垂直方向处理困难的欠固结土。

8.1.2 当需处理的地基土的含水量在最优含水量附近时，桩间土的挤密效果较好。参考普通的室内击实试验结果，略低于最优含水量时，挤密效果最好。当整个处理深度范围内地基土含水量小于12%，桩间土挤密效果不好或施工很困难，应预先采取注水等增湿措施。当含水量较大时，成孔困难、挤密效果差，不宜直接选用。若工程需要一定要选用时，应采取必要的措施，如对土体进行“吸湿”处理，并增强孔内填料的强度。在遇到施工机械无法穿越的地层时，其应用也受到限制，在这类场地不宜采用。

**8.1.3** 对于有此类施工经验地区的一般建筑物，了解场地的岩土工程条件以及一些必要的物理力学指标，并掌握建(筑)筑物的使用情况，按本节的条文规定进行设计计算，可以满足设计要求，只需在施工结束后进行检测就可以，这与现行国家标准《湿陷性黄土地区建筑规范》GB 50025 的要求是一致的。对于比较重要的建(构)筑物和缺乏工程经验的地区，则应在地基处理前，在现场选用有代表性的场地进行试验性施工，根据实际的试验结果对设计参数及施工参数进行调整。

**8.1.4** 挤密成孔可根据设计要求、现场环境、地基土性质等情况，选用沉管、冲击、爆扩等方法，以上方法均在成孔过程中实现了对桩间土的挤密作用，施工质量易控制，便于现场质量监督。预钻孔夯扩挤密是近年在陕西、甘肃等地区采取的挤密施工，成孔采用螺旋钻孔、冲击钻孔等取土的成孔方法，因而其成孔过程对桩间土没有挤密作用，而在夯填桩体材料时对桩间土产生横向挤密作用。夯填桩径是否达到设计要求是直接判定挤密效果的方法。该法由于挤密效果控制较困难，质量基本由施工控制，因此使用时，应加大检测工作量。目前爆扩法成孔应用较少。

**8.1.5** 根据大量的试验研究和工程实践，满足施工质量要求的灰土，其防水、隔水性能不如素土(指符合一般施工质量要求的素填土)，但孔内回填灰土(或其他强度高的填料)，对于提高复合地基承载力效果明显。湿陷性场地桩体严禁采用透水性高的填料。当地基处理对承载力要求不高，桩体填料可采用素土；要较大幅度提高承载力时，桩体材料可采用灰土、水泥土等，或可采用素混凝土。对于非自重湿陷性土，夯扩桩内可夯填建筑垃圾、砂砾等材料以提高承载力。此类工程在陕西、山西等地亦有成功经验。

### 8.2 设　计

**8.2.1** 灰土挤密桩复合地基的布孔原则和孔心距的确定方法，参考现行国家标准《湿陷性黄土地区建筑规范》GB 50025 的规定。

**8.2.2** 最小挤密系数对于湿陷性黄土地基，甲类、乙类建筑应大于0.88，丙类及以下建筑应大于0.84。其他地区无经验可参考时，应根据处理要求经试验确定，以达到设计所要求的处理效果，但应保证沉降和承载力的要求，湿陷性黄土地区则应满足消除湿陷性的要求。

**8.2.3** 桩间距超过3倍桩孔直径时，桩间土挤密效果较差。因此，设计时不再考虑桩间土的挤密作用，仅考虑置换作用。

**8.2.4** 处理深度小于4m时用挤密法不经济，且处理效果也不显著。处理范围，除了考虑地基变形的要求外，对湿陷性黄土尚应考虑消除湿陷性的要求，对路基和建筑物要求不同。以上主要是湿陷性黄土地区的施工经验，其他地区仍需积累经验。

**8.2.5** 挤密深度以12m为界，是由我国目前常用的施工机械能处理的深度一般为12m确定的，随着施工机械能力增加，此值亦可增大。采用非预钻孔挤密法效果优于采用预钻孔，非预钻孔在成孔过程中对周围土体已经挤密，孔内回填时对周围土体进行二次挤密。

在整个挤密施工中，成孔过程就能完成绝大部分挤密任务。如采用全部预钻孔施工，成孔时对周围土体无挤密作用，整个挤密发生在孔内回填的过程中，要求回填夯实的能量较大，应满足回填挤密所需的能量要求，桩间土挤密效果完全由夯填桩孔施工控制，实际上是“夯扩”的概念，对施工单位要求较高，应加强对此类地基的检测工作。

**8.2.6** 采用复合地基竖向抗压载荷试验确定灰土挤密桩复合地基的承载力比较可靠。采用本规范公式(5.2.1-1)或公式(5.2.1-2)估算复合地基承载力需要工程经验的积累，式中参数合理选用是关键。

**8.2.9** 孔内回填灰土在最优含水量附近时，夯填效果好。为防止灰土吸水产生膨胀，灰土采用熟石灰，不得使用生石灰拌和土料，拌和的灰土宜于当日使用完毕。石灰中的活性氧化物愈多，灰土的强度愈高，使用前应用清水充分熟化，储存时间不宜超过三个月。

### 8.3 施　工

**8.3.1** 挤密施工间隔分批及时夯填，可以使挤密地基均匀有效，提高处理效果。在局部处理时，应由外向里施工，否则挤密不好，影响处理效果。在整片处理时，从外缘开始分行、分批、间隔，在整个拟处理场地范围内均匀分布，逐步加密进行施工。

**8.3.4** 不同的挤密方法应预留不同的松动层厚度。

**8.3.5** 施工参数的确定直接影响处理效果，因此本条规定通过夯填试验，确定合理的施工参数，以保证夯填质量，并为施工监督提供依据。对预钻孔挤密法，通过夯填试验确定桩径是否达到设计要求尤为重要。

### 8.4 质量检验

**8.4.1** 灰土挤密桩复合地基的质量控制应在施工过程中进行。施工过程可有效控制成孔深度、直径，分层填料数量和夯击情况等。对每根灰土挤密桩和桩间土挤密情况随时进行检查，如发现不合格情况，应采取补救措施。

**8.4.2** 对灰土挤密桩复合地基，孔内填料的质量检验尤其重要。对于湿陷性黄土不仅要检测密实度，还应对处理范围内的湿陷性消除情况进行检测，且应保证检测的数量。对预钻孔挤密地基，尚需重点检测桩体直径。

**8.4.4** 对于乙类以上的建筑物，在现场进行载荷试验或原位测试非常必要，且需在处理深度范围内取样测定挤密土体及孔内填料的湿陷性及压缩性，保证湿陷性消除且密实度达到要求。对特别重要的项目，还应进行现场浸水载荷试验以确保工程质量。用探井的方式取原状土样能反映现场实际情况，确保检测的有效性。

## 9 夯实水泥土桩复合地基

### 9.1 一般规定

**9.1.1** 根据桩的受力情况，桩体最大应力在桩顶下3倍～5倍桩径范围内，此处以下应力变小。桩的最小长度不宜太短，桩长不宜小于2.5m。夯实水泥土桩的强度高于散体材料桩，低于刚性桩，当桩体过长时，其技术经济指标不佳，故推荐桩长在10m以内，且桩端要进入相对硬土层。

夯实水泥土桩复合地基主要用于地下水位以上地基土的处理。如果遇到浅层土有少量滞水、但可疏干的情况，对孔底进行处理后，也可采用该工艺。

对湿陷性黄土地基，应经过现场试验，评价是否消除湿陷性，以便设定合理参数。夯实水泥土桩成桩对桩间土有一定挤密效果，但不明显，桩体起到置换作用。因此，处理湿陷性黄土时宜采用挤土成孔工艺或加大置换率。

**9.1.2** 为避免人工成孔造成的孔径大小不均、上大下小、垂直度保证率低、场地混乱、不安全、劳动强度大等问题，应尽可能采用螺旋钻等机械成孔，使桩的施工机械化、现代化、标准化。

**9.1.3** 水泥土桩桩体强度与加固时所用的水泥品种、标号、掺量，被加固土性质，以及养护龄期等因素有关。不同的施工工艺可以得到不同的桩体密实度，从而影响桩体强度，夯实水泥土桩桩体强度可达到3MPa～5MPa，特殊的土层中，桩体强度可达到3MPa～6MPa，工程中可结合实践经验确定。

## 9.2 设 计

**9.2.3** 夯实水泥土桩是一种具有一定压缩性的柔性桩，在正常置换率的情况下，荷载大部分由桩承担，通过侧摩阻力和端阻力传至深层土中。在桩和土共同承担荷载的过程中，土的高压力区增大，从而提高了地基承载力，减少地基沉降变形，所以在基础边线内布桩，就能满足上部建筑物荷载对复合地基的要求。一般桩边到基础边线的距离宜为100mm～300mm。如果新建场地与即有建筑物相邻，或新建建筑物的基础埋深大于原有建筑物基础深度，或新建建筑物中高低建筑物规模差异大且基础埋深差别大时，可在基础外适量布设抗滑桩或护桩。

**9.2.4** 夯实水泥土桩桩径一般为300mm～600mm，多数为350mm～400mm；面积置换率一般为5%～15%。

**9.2.5** 夯实水泥土桩的强度一般为3MPa～6MPa，也可根据当地经验取值，其变形模量远大于土的变形模量，设置垫层主要是为了调整基底压力分布，使桩间土地基承载力得以充分发挥。当设计桩体承担较多的荷载时，垫层厚度取小值，反之，取大值。垫层材料不宜选用粒径大于20mm的粗粒散体材料。

**9.2.6** 夯实水泥土桩和桩周土在外荷载作用下构成复合地基，载荷试验是确定复合地基承载力和变形参数最可靠的方法。同一场地处理面积较大时或缺少经验时，应先进行复合地基竖向抗压载荷试验，按试验取得的参数进行设计，使设计合理并且经济。

**9.2.7** 夯实水泥土桩工艺由于规定先夯实孔底，成桩过程中分层夯实，其中$q_p$的取值常沿用灌注桩干作业条件下给定的桩端阻力参数，可根据地区经验确定，也可选用岩土工程勘察报告提供的参数。

本规范公式(5.2.2-2)中$f_{cu}$为与桩体水泥土配比相同的室内加固土试块（边长为70.7mm的立方体）在标准养护条件下28d龄期的立方体抗压强度平均值。水泥土为脆性材料，而且其均匀性不如混凝土，加之施工工艺的不同，所以在验算桩体承载力时，应对水泥土标准强度值进行不同程度的折减，作为水泥土强度的设计值，桩体强度折减系数($\eta$)可取0.33。

**9.2.8** 夯实水泥土桩复合地基的沉降由复合土层压缩变形量和加固区下卧土层压缩变形量两部分组成。由于缺少系统的现场沉降监测资料，基本思路仍采用分层总和法，按现行国家标准《建筑地基基础设计规范》GB 50007的有关规定执行。复合土层压缩模量的计算，采用载荷试验沉降曲线类比法。

**9.2.9** 夯实水泥土桩施工工艺、材料配合比决定着桩体的均匀度和密实度，这是决定桩体强度的主要因素。

## 9.3 施 工

**9.3.1** 对重要工程、规模较大工程、岩土工程地质条件复杂的场地以及缺乏经验场地，在正式施工前应选择有代表性场地进行工艺性试验施工，并进行必要的测试，检验设计参数、处理效果和施工工艺的合理性和适用性。

**9.3.2** 水泥是水泥土桩的主要材料，其强度及安定性是影响桩体的主要因素。因此应对水泥按规定进行复检，复检合格后方可使用。

**9.3.4** 夯实水泥土桩混合料在配制时，如土料含水量过大，需风干或另掺加其他含水量较小的土料或换土。含水量过小应适量加水，拌和好的混合料含水量与最优含水量允许偏差为±2%。在现场可按"一攥成团，一捏即散"的原则对混合料的含水量进行鉴别。配制时间超过2h的混合料严禁使用。

**9.3.6** 夯实水泥土桩复合地基的质量好坏关键在于桩体是否密实、均匀，由于夯实水泥土桩夯实机械的夯锤质量及起落高度一定，夯击能为常数，桩体质量保证率较高。而人工夯实，受人的体能影响，夯锤质量小，起落高度不一致，桩体质量的保证率较低。本规范中夯实水泥土桩适用于夯实机成桩的设计与施工，一般情况下不宜采用人工夯实方法。为减轻劳动强度，夯实水泥土桩水泥土配合料也应尽量采用机械搅拌。

夯实水泥土桩的强度，一部分为水泥胶结体的强度，另一部分为夯实后密实度增加而提高的强度，桩体的夯实系数小于0.93时，桩体强度明显降低。

夯实水泥土桩一般桩长较短，端阻力较大。因此，孔底应夯实，夯实击数不应少于3击。若孔底含水量较高，可先填入少量碎石或干拌混凝土，再夯实。

夯实填料时，每击填料量不应过多，否则影响桩体的密实性及均匀性。严禁超厚和突击填料，一般每击填料控制送料厚度为50mm～80mm。

**9.3.8** 控制成桩桩顶标高，首先是为保证桩顶质量；其次防止在桩体达到设计高度后，不能及时停止送料，造成浪费和环境污染。

**9.3.10** 垫层铺设宜分层进行，每层铺设应均匀，如铺设的散体材料含水量低，可适当加水，以保证密实质量。

## 9.4 质 量 检 验

**9.4.2** 根据夯实水泥土桩成桩和桩体硬化特点，桩体夯实质量的检查应在成桩后2h内进行，随时随机抽取。抽检数量根据工程情况确定，一般可取总桩数的2%，且不少于6根。检验方法可采用取土测定法检测桩体材料的干密度，也可采用轻型圆锥动力触探试验检测桩体材料的$N_{10}$击数，相关试验要符合下列规定：

1 采用环刀取样测定其干密度，质量标准可按设计压实系数($\lambda_c$)评定，压实系数一般为0.93，也可按表5规定的数值。

表5 不同配比下桩体最小干密度($g/cm^3$)

| 土料种类 \ 水泥与土的体积比 | 1∶5 | 1∶6 | 1∶7 | 1∶8 |
|---|---|---|---|---|
| 粉细砂 | 1.72 | 1.71 | 1.71 | 1.67 |
| 粉　土 | 1.69 | 1.69 | 1.69 | 1.69 |
| 粉质黏土 | 1.58 | 1.58 | 1.58 | 1.57 |

2 采用轻型圆锥动力触探试验检测桩体夯实质量时，宜先进行现场试验，以确定具体要求，试验方法应按现行国家标准《岩土工程勘察规范》GB 50021有关规定，成桩2h内轻型圆锥动力触探击数($N_{10}$)不应小于40击。

**9.4.3** 本条强调工程竣工验收检验，应该采用单桩复合地基或多桩复合地基竖向抗压载荷试验。

**9.4.4** 夯实水泥土桩复合地基竖向抗压载荷试验数量根据工程情况确定，一般可取总桩数的0.5%～1%，且每个单体工程不少于3点。

夯实水泥土桩复合地基静载试验$p$-$s$曲线多为抛物线状，根据$p$-$s$曲线确定复合地基承载力特征值的原则是：

当$p$-$s$曲线上极限荷载能确定，其值大于对应比例界限荷载值的2倍时，复合地基承载力特征值可取比例界限；当$p$-$s$曲线上极限荷载能确定，而其值小于对应的比例界限荷载值的2倍时，复合地基承载力特征值可取极限荷载的1/2；当比例界限、极限荷载都不能确定时，夯实水泥土桩按相对变形值$s/b=0.006$～$0.010$($b$为载荷板宽度或直径)所对应的荷载确定复合地基承载力特征值，桩端土层为砂卵石等硬质土层时$s/b$取小值，桩端土层为可塑等软质土层时$s/b$取大值，但复合地基承载力特征值不应大于最大加载值的一半。

# 10 石灰桩复合地基

## 10.1 一般规定

**10.1.1** 石灰桩是以生石灰为主要固化剂与粉煤灰或火山灰、炉渣、矿渣、黏性土等掺和料按一定的比例均匀混合后，在桩孔中经机械或人工分层振压或夯实所形成的密实桩体。为提高桩体强度，还可掺加石膏、水泥等外加剂。

石灰桩的主要作用机理是通过生石灰的吸水膨胀挤密桩周土，继而经过离子交换和胶凝反应使桩间土强度提高。同时桩体生石灰与活性掺和料经过水化、胶凝反应，使桩体具有 0.3MPa～1.0MPa 的抗压强度。

石灰桩属可压缩的低黏结强度桩，能与桩间土共同作用形成复合地基。

由于生石灰的吸水膨胀作用，特别适用于新填土和淤泥的加固，生石灰吸水后还可使淤泥产生自重固结。形成一定强度后的石灰桩与经加固的桩间土结合为一体，使桩间土欠固结状态得到改善。

石灰桩与灰土桩不同，可用于地下水位以下的土层，用于地下水位以上的土层时，如土中含水量过低，则生石灰水化反应不充分，桩体强度较低，甚至不能硬化。此时采取减少生石灰用量或增加掺和料含水量的办法，经实践证明是有效的。

石灰桩复合地基不适用于处理饱和粉土、砂类土、硬塑及坚硬的黏性土，含大孤石或障碍物较多且不易清除的杂填土等土层。

**10.1.2** 石灰桩可就地取材，各地生石灰、掺和料及土质均有差异，在无经验的地区应进行材料配比试验。由于生石灰膨胀作用，其强度与侧限有关，因此配比试验宜在现场地基土中进行。

**10.1.3** 石灰桩桩体强度与土的强度有密切关系。土强度高时，对桩的约束力大，生石灰膨胀时可增加桩体密度，提高桩体强度；反之当土的强度较低时，桩体强度也相应降低。石灰桩在软土中的桩体强度多在 0.3MPa～1.0MPa 之间，强度较低，其复合地基承载力不超过 160kPa，多在 120kPa～160kPa 之间。如土的强度较高，复合地基承载力可提高。同时应当注意，在强度高的土中，如生石灰用量过大，则会破坏土的结构，综合加固效果不好。

**10.1.4** 石灰桩属可压缩性桩，一般情况下桩顶可不设垫层。石灰桩根据不同的掺和料有不同的渗透系数，数值为 $10^{-3}$ cm/s～$10^{-5}$ cm/s，可作为竖向排水通道。

**10.1.5** 石灰桩的掺和料为轻质的粉煤灰或炉渣，生石灰块的重度约为 $10kN/m^3$，石灰桩桩体饱和后重度为 $13kN/m^3$。以轻质的石灰桩置换土，复合土层的自重减轻，特别是石灰桩复合地基的置换率较大时，减载效应明显。复合土层自重减轻即是减少了桩底下卧层软土的附加应力，以附加应力的减少值反推上部荷载减少的对应值是一个可观的数值。这种减载效应对减少软土变形作用很大。同时考虑石灰的膨胀对桩底土的预压作用，石灰桩底下卧层的变形较常规计算小，经过湖北、广东地区四十余个工程沉降实测结果的对比（人工洛阳铲成孔、桩长 6m 以内，条形基础简化为筏基计算），变形较常规计算有明显减小。由于各地情况不同，统计数量有限，应以当地经验为主。

## 10.2 设计

**10.2.1** 块状生石灰经测试其孔隙率为 35%～39%，掺和料的掺入数量理论上至少应能充满生石灰块的孔隙，以降低造价，减少由于生石灰膨胀作用产生的内耗。

生石灰与粉煤灰、炉渣、火山灰等活性材料可以发生水化反应，生成不溶于水的水化物，同时使用工业废料也符合国家环保政策。

在淤泥中增加生石灰用量有利于淤泥的固结，桩顶附近减少生石灰用量可减少生石灰膨胀引起的地面隆起，同时桩体强度较高。当生石灰用量超过总体积的 30%时，桩体强度下降，但对软土的加固效果较好，经过工程实践及试验总结，生石灰与掺和料的体积比为 1∶1 或 1∶2 较合理，土质软弱时采用 1∶1。

桩体材料加入少量的石膏或水泥可以提高桩体强度，当地下水渗透较严重或为提高桩顶强度时，可适量加入。

**10.2.2** 由于石灰桩的膨胀作用，桩顶上覆压力不够时，易引起桩顶土隆起，增加沉降，因此其封口高度不宜小于 500mm，以保证一定的上覆压力。为了防止地面水早期渗入桩顶，导致桩体强度降低，其封口标高应略高于原地面。

**10.2.3** 试验表明，石灰桩宜采用细而密的布桩方式，这样可以充分发挥生石灰的膨胀挤密效应，但桩径过小则施工速度受影响。目前人工成孔的桩径以 300mm 为宜，机械成孔以 350mm 左右为宜。

过去的习惯是将基础以外也布置数排石灰桩，如此则造价剧增，试验表明在一般的软土中，围扩桩对提高复合地基承载力的作用不大。在承载力很低的淤泥或淤泥质土中，基础外围增加 1 排～2 排围扩桩有利于对淤泥的加固，可以提高地基的整体稳定性，同时围扩桩可将土中大孔隙挤密，起止水作用，可提高内排桩的施工质量。

**10.2.4** 洛阳铲成孔桩长不宜超过 6m，指的是人工成孔，如用机动洛阳铲可适当加长。机械成孔管外投料时，如桩长过长，则不能保证成桩直径，特别在易缩孔的软土中，桩长只能控制在 6m 以内，不缩孔时，桩长可控制在 8m 以内。

**10.2.5** 大量工程实践证明，复合土层沉降仅为桩长的 0.5%～0.8%，沉降主要来自于桩底下卧层，因此宜将桩端置于承载力较高的土层中。

正如本规范第 10.1.5 条说明中所述，石灰桩具有减载和预压作用，因此在深厚的软土中刚度好的建筑物有可能使用“悬浮桩”。无地区经验时，应进行大压板载荷试验，确定加固深度。

**10.2.7** 试验研究证明，当石灰桩复合地基荷载达到其承载力特征值时，具有下列特征：

1 沿桩长范围内各点桩和土的相对位移很小（2mm 以内），桩土变形协调。

2 土的接触压力接近桩间土地基承载力特征值，即桩间土发挥度系数为 1.0。

3 桩顶接触压力达到桩体比例界限，桩顶出现塑性变形。

4 桩土应力比趋于稳定，其值为 2.5～5.0。

5 桩土的接触压力可采用平均压力进行计算。

基于以上特征，可按常规的面积比方法计算复合地基承载力。在置换率计算中，桩径除考虑膨胀作用外，尚应考虑桩周 20mm 左右厚的硬壳层，故计算桩径取成孔直径的 1.1 倍～1.2 倍。

桩间土地基承载力与置换率、生石灰掺量以及成孔方式等因素有关。

试验检测表明生石灰对桩周厚 0.3 倍桩径左右的环状土体显示了明显的加固效果，强度提高系数达 1.4～1.6，圆环以外的土体加固效果不明显。因此，桩间土地基承载力可按下式计算：

$$f_{sk}=\left[\frac{(k-1)d^2}{A_e(1-m)}+1\right]f_{ak} \tag{8}$$

式中：$f_{ak}$——天然地基承载力特征值；

$k$——桩边土强度提高系数，软土取 1.4～1.6；

$A_e$——一根桩分担的地基处理面积；

$m$——复合地基置换率；

$d$——桩径。

按上式计算得到的桩间土地基承载力特征值约为天然地基承载力特征值的 1.05 倍～1.20 倍。

**10.2.8** 如前所述石灰桩桩体强度与桩间土强度有对应关系，桩体压缩模量也随桩间土模量的不同而变化，此大彼大，此小彼小，鉴于这种对应性质，复合地基桩土应力比的变化范围缩小。经大量测试，桩土应力比的范围为2.0～5.0，大多为3.0～4.0，桩间土压缩模量的提高系数可取1.1～1.3，土软弱时取高值。

石灰桩桩体压缩模量可用环刀取样，作室内压缩试验求得。

### 10.3 施　工

**10.3.1** 生石灰块的膨胀率大于生石灰粉，同时生石灰粉易污染环境。为了使生石灰与掺和料反应充分，应将块状生石灰粉碎，其粒径30mm～50mm为佳，最大不宜超过70mm。

**10.3.2** 掺和料含水量过少则不易夯实，过大时在地下水位以下易引起冲孔（放炮）。

石灰桩体密实度是质量控制的重要指标，由于周围土的侧向约束力不同，配合比也不同，桩体密实度的定量控制指标难以确定，桩体密实度的控制宜根据施工工艺的不同凭经验控制。无经验的地区应进行成桩工艺试验。成桩7d～l0d后用轻型圆锥动力触探击数（$N_{10}$）进行对比检测，选择适合的工艺。

**10.3.3** 管外投料或人工成孔时，孔内往往存水，此时应采用小型软轴水泵或潜水泵排干孔内水，方能向孔内投料。

在向孔内投料的过程中如孔内渗水严重，则影响夯实（压实）桩的质量，此时应采取降水或增打围扩桩隔水的措施。

石灰桩施工中的冲孔（放炮）现象应引起重视。其主要原因在于孔内进水或存水使生石灰与水迅速反应，其温度高达200℃～300℃，空气遇热膨胀，不易夯实，桩体孔隙大，孔隙内空气在高温下迅速膨胀，将上部夯实的桩料冲出孔口。此时应采取减少掺和料含水量，排干孔内积水或降水，加强夯实等措施，确保安全。

### 10.4 质量检验

**10.4.2** 石灰桩加固软土的机理分为物理加固和化学加固两个作用，物理加固作用（吸水、膨胀）的完成时间较短，一般情况下7d以内均可完成。此时桩体的直径和密度已定型，在夯实力和生石灰膨胀力作用下，7d～l0d桩体已具有一定的强度。而石灰桩的化学作用则速度缓慢，桩体强度的增长可延续3年甚至5年。考虑到施工的需要，目前将一个月龄期的强度视为桩体设计强度，7d～l0d龄期的强度约为设计强度的60%左右。

龄期7d～10d时，石灰桩体内部仍维持较高的温度（30℃～50℃），采用静力触探检测时应考虑温度对探头精度的影响。

桩体质量的施工检测可采用静力触探或标准贯入试验。检测部位应为桩中心及桩间土，每两点为一组。检测组数可取总桩数的1%。

**10.4.3、10.4.4** 大量的检测结果证明，石灰桩复合地基在整个受力阶段，都是受变形控制的，其 $p-s$ 曲线呈缓变型。石灰桩复合地基中的桩土具有良好的协同工作特征，土的变形控制着复合地基的变形。所以石灰桩复合地基的允许变形应与天然地基的标准相近。

在取得载荷试验与静力触探检测对比经验的条件下，也可采用静力触探估算复合地基承载力。关于桩体强度的确定，可取$0.1p_s$为桩体比例界限，这是桩体取样在试验机上作抗压试验求得比例极限与原位静力触探 $p_s$值对比的结果。但仅适用于掺和料为粉煤灰、炉渣的情况。

地下水位以下的桩底存在动水压力，夯实效果也不如桩的中上部，因此底部桩体强度较低。桩的顶部由于上覆压力有限，桩体强度也有所降低。因此石灰桩的桩体强度沿桩长变化，中部最高，顶部及底部较差。试验证明当底部桩体具有一定强度时，由于化学反应的结果，其后期强度可以提高，但当7d～10d比贯入阻力很小（$p_s<1$MPa）时，其后期强度的提高有限。

石灰桩复合地基工程验收时，复合地基竖向抗压载荷试验数量可按地基处理面积每1000m$^2$左右布置一个点，且每一单体工程不应少于3点。

## 11　挤密砂石桩复合地基

### 11.1　一般规定

**11.1.1、11.1.2** 碎石桩、砂桩和砂石混合料桩总称为砂石桩，是指采用振动、沉管或水冲等方式在地基中成孔后，再将碎石、砂或砂石混合料挤压入已成的孔中，形成大直径的砂石体所构成的密实桩体。视加固地基土体在成桩过程中的可压密性，可分为挤密砂石桩和置换砂石桩两大类。挤密砂石桩在成桩过程中地基土体被挤密，形成的砂石桩和被挤密的桩间土使复合地基承载力得到很大提高，压缩模量也得到很大提高。置换砂石桩复合地基承载力提高幅度不大，且工后沉降较大。挤密砂石桩成桩过程中除逐层振密外，近年发展了多种采用锤击夯扩碎石桩的施工方法。填料除碎石、砂石和砂以外，还有采用矿渣和其他工业废料。在采用工业废料作为填料时，除重视其力学性质外，尚应分析对环境可能产生的影响。挤密砂石桩法主要靠成桩过程中桩周围土的密度增大，从而使地基的承载能力提高，压缩性降低，因此，挤密砂石桩复合地基适用于一切可压密的需加固地基，如松散的砂土地基、粉土地基、可液化地基，非饱和的素填土地基、黄土地基、填土地基等。

国内外的工程实践经验也证明，不管是采用振冲法，还是沉管法，挤密砂石桩法处理砂土及填土地基效果都比较显著，并均已得到广泛应用。国内外（国外主要是日本）一般认为当处理黏粒（小于0.074mm的细颗粒）含量小于10%的砂土、粉土地基时，挤密效应显著，而我国浙江绍兴等地的工程实践表明，黏粒含量小于10%并不是一个严格的界限，在黏粒含量接近20%时，地基挤密效果仍较显著。因此，在采用挤密砂石桩法处理黏粒含量较高的砂性土地基时，应通过现场试验确定其适用性。砂石桩处理可液化地基的有效性已为国内不少实际地震和试验研究成果所证实。

**11.1.3** 采用挤密砂石桩法处理软土地基除应按本规范第4章要求进行岩土工程勘察外，针对挤密砂石桩复合地基的特点，本条还提出了应该补充的一些设计和施工所需资料。砂石桩填料用量大，并有一定的技术规格要求，故应预先勘察确定取料场及储量、材料的性能、运距等。

### 11.2　设　计

**11.2.1** 考虑到基底压力会向基础范围外的地基中扩散，而且外围的1排～3排桩挤密效果较差，因此本条规定挤密砂石桩处理范围要超出基础外缘1排～3排桩距。原地基越松散则应加宽越多。重要的建筑以及荷载较大的情况应加宽多些。

挤密砂石桩法用于处理液化地基，应确保建筑物的安全使用。基础外需处理宽度目前尚无统一的标准，但总体认为，在基础外布桩对建筑物是有利的。按美国经验，基础外需处理宽度取处理深度，但根据日本和我国有关单位的模型试验认为应取处理深度的2/3。另外，由于基础压力的影响，使地基土的有效压力增加，抗液化能力增强，故这一宽度可适当降低。同时根据日本挤密砂石桩处理的地基经过地震考验的结果，发现需处理的宽度也比处理深度的2/3小，据此规定每边放宽不宜小于处理深度的1/2。

**11.2.2** 挤密砂石桩的设计内容包括桩位布置、桩距、处理范围、灌砂石量及需处理地基的承载力、沉降或稳定验算。

挤密砂石桩的平面布置可采用等边三角形或正方形。砂性土地基主要靠砂石桩的挤密提高桩周土的密度，所以采用等边三角形更有利，可使地基挤密较为均匀。

挤密砂石桩直径的大小取决于施工方法、设备、桩管的大小和地基土的条件。采用振冲法施工的挤密砂石桩直径宜为800mm～1200mm，与振冲器的功率和地基土条件有关，一般振冲器功率大、地基土松散时，成桩直径大；采用沉管法施工的砂石桩直径与桩管的大小和地基土条件有关，目前使用的桩管直径一般为300mm～800mm，但也有小于200mm或大于800mm的。小直径桩管挤密质量较均匀但施工效率低，大直径桩管需要较大的机械能力，工效高。采用过大的桩径，一根桩要承担的挤密面积大，通过一个孔要填入的砂料多，不易使桩周土挤密均匀。沉管法施工时，设计成桩直径与套管直径比不宜大于1.5，主要考虑振动挤压时较大的扩径会对地基土产生较大扰动，不利于保证成桩质量。另外，成桩时间长、效率低给施工也会带来困难。

**11.2.3** 挤密砂石桩处理松砂地基的效果受地层、土质、施工机械、施工方法、填料的性质和数量、桩的排列和间距等多种因素的影响，较为复杂。国内外虽然已有不少实践，也进行过一些试验研究，积累了一些资料和经验，但是有关设计参数如桩距、灌砂石量以及施工质量的控制等仍需通过施工前的现场试验才能确定。

对采用振冲法成孔的砂石桩，桩间距宜根据上部结构荷载和场地情况通过现场试验，并结合所采用的振冲器功率大小确定。

对采用沉管法施工的砂石桩，桩距一般可控制在3.0倍～4.5倍桩径之内。合理的桩径取决于具体的机械能力和地层土质条件。当合理的桩距和桩的排列布置确定后，一根桩所承担的处理范围即可确定。土层通过减小土的孔隙，把原土层的密度提高到要求的密度，孔隙要减小的数量可通过计算得出。这样可以设想只要灌入的砂石料能把需要减小的孔隙都充填起来，那么土层的密度也就能够达到预期的数值。据此，如果假定地层挤密是均匀的，同时挤密前后土的固体颗粒体积不变，即可推导出本条所列的桩距计算公式。

对粉土和砂土地基，本条公式的推导是假设地面标高施工后和施工前没有变化。实际上，很多工程都采用振动沉管法施工，施工时对地基有振密和挤密双重作用，而且地面下沉，施工后地面平均下沉量可达100mm～300mm，甚至达到500mm。因此，当采用振动沉管法施工砂石桩时，桩距可适当增大，修正系数建议取1.10～1.20。

地基挤密要求达到的密实度是从满足建筑地基的承载力、变形或防止液化的需要而定的，原地基土的密实度可通过钻探取样试验，也可通过标准贯入、静力触探等原位测试结果与有关指标的相关关系确定。各相关关系可通过试验求得，也可参考当地或其他可靠的资料。

这种计算桩距的方法，除了假定条件不完全符合实际外，砂石桩的实际直径也较难确定。因而有的资料把砂石桩体积改为灌砂石量，即只控制砂石量，不必注意桩的直径如何。其实两者基本上是一样的。

桩间距与要求的复合地基承载力及桩和原地基土的承载力有关。如按要求的承载力算出的置换率过高、桩距过小，不易施工时，则应考虑增大桩径和桩距。在满足上述要求条件下，桩距宜适当大些，可避免施工时对原地基土过大扰动，影响处理效果。

**11.2.4** 挤密砂石桩的长度，应根据地基的稳定和沉降验算确定，为保证稳定，挤密砂石桩长度应超过设计要求安全度相对应的最危险滑动面以下2.0m；当软土层厚度不大时，桩长宜超过整个松散或软弱土层。标准贯入和静力触探沿深度的变化曲线也是确定桩长的重要资料。

对可液化的砂层，为保证处理效果，桩长宜穿透可液化层，如可液化层过深，则应按现行国家标准《建筑抗震设计规范》GB 50011有关规定确定。

另外，砂石桩单桩竖向抗压载荷试验表明，砂石桩桩体在受荷过程中，在桩顶以下4倍桩径范围内将发生侧向膨胀，因此设计深度应大于主要受荷深度，且不宜小于4倍桩径。鉴于采用振冲法施工挤密砂石桩平均直径约1000mm，因此规定挤密砂石桩桩长不宜小于4m。

建筑物地基差异沉降若过大，则会使建筑物受到损坏。为了减少其差异沉降，可分区采用不同桩长进行加固，用以调整差异沉降。

**11.2.5** 挤密砂石桩桩孔内的填料量应通过现场试验确定。考虑到挤密砂石桩沿深度不会完全均匀，同时可能侧向鼓胀，另外，填料在施工中还会有所损失等，因而实际设计灌砂石量要比计算砂石量大一些。根据地层及施工条件的不同增加量约为计算量的20%～40%。

**11.2.6** 挤密砂石桩复合地基中桩间土经振密、挤密后，其承载力提高较大，因此本规范公式(11.2.6)中桩间土地基承载力应采用处理后桩间土地基承载力特征值，并且宜通过现场载荷试验或根据当地经验确定。

**11.2.7** 挤密砂石桩复合地基沉降可按本规范第5.3.1条～第5.3.4条的有关规定进行计算，其中复合地基压缩模量可按本规范公式(5.3.2-2)计算，但考虑到砂石桩桩体压缩模量的影响因素较多且难以确定，所以本条建议采用本规范公式(11.2.7)计算挤密砂石桩复合地基压缩模量。

**11.2.8** 关于砂石桩用料的要求，对于砂土地基，只要比原土层砂质好同时易于施工即可，应注意就地取材。按照各有关资料的要求最好用级配较好的中、粗砂，当然也可用砂砾及碎石，但不宜选用风化易碎的石料。

对振冲法成桩，填料粒径与振冲器功率有关，功率大，填料的最大粒径也可适当增大。

对沉管法成桩，填料中最大粒径取决于桩管直径和桩尖的构造，以能顺利出料为宜，本条规定最大不应超过50mm。

考虑有利于排水，同时保证具有较高的强度，规定砂石桩用料中小于0.005mm的颗粒含量(即含泥量)不能超过5%。

**11.2.9** 砂石桩顶部采用碎石垫层一方面起水平排水的作用，有利于施工后土层加快固结，更大的作用是可以起到明显的应力扩散作用，降低基底层砂石桩分担的荷载，减少砂石桩侧向变形，从而提高复合地基承载力，减少地基变形。如局部基础下有较薄的软土，应考虑加大垫层厚度。

### 11.3 施　工

**11.3.1** 挤密砂石桩施工机械，应根据其施工能力与处理深度相匹配的原则选用。目前国内主要的砂石桩施工机械类型有：

**1** 振冲法施工采用的振冲器，常用功率为30、55kW和75kW三种类型。选用时，应考虑设计荷载的大小、工期、工地电源容量及地基土天然强度的高低等因素。

**2** 沉管法施工机械主要有振动式砂石桩机和锤击式砂石桩机两类。除专用机械外，也可利用一般的打桩机改装。

采用垂直上下振动的机械施工的方法称为振动沉管成桩法，振动沉管成桩法的处理深度可达25m，若采取适当措施，最大还可以加深到约40m；用锤击式机械施工成桩的方法称为锤击沉管成桩法，锤击沉管成桩法的处理深度可达10m。砂石桩机通常包括桩机架、桩管及桩尖、提升装置、挤密装置(振动锤或冲击锤)、上料设备及检测装置等部分。为了使砂石桩机配有高压空气或水的喷射装置，同时配有自动记录桩管贯入深度、提升量、压入量、管内砂石位置及变化(灌砂石及排砂石量)，以及电机电流变化等检测装置。国外有的设备还装有自动控制装置，根据地层阻力的变化自动控制灌砂石量并保证均匀挤密，全面达到设计标准。

**11.3.2** 地基处理效果常因施工机具、施工工艺与参数，以及所处理地层的不同而不同，工程中常遇到设计与实际不符或者处理质量不能达到设计要求的情况，因此本条规定施工前应进行现场成桩试验，以检验设计方案和设计参数，确定施工工艺和技术参数(包括填砂石量、提升速度、挤压时间等)。现场成桩试验桩数：正三角形布桩，至少7根(中间1根，周围6根)；正方形布桩，至少9根(按三排三列布9根桩)。

**11.3.3** 采用振冲法施工时，30kW功率的振冲器每台机组约需电源容量75kW，成桩直径约800mm，桩长不宜超过8m；75kW功率的振冲器每台机组约需电源容量100kW，成桩直径可达900mm～1200mm，桩长不宜超过20m。在邻近既有建筑物场地施工时，为减小振动对建筑物的影响，宜用功率较小的振冲器。

为保证施工质量，电压、密实电流、留振时间要符合要求，因此，施工设备应配备相应的自动信号仪表，以便及时掌握数据。

**11.3.4** 振冲施工有泥水从孔内排出。为防止泥水漫流地表污染环境，或者排入地下排水系统而淤积堵塞管路，施工时应设置沉淀池，用泥浆泵将排出的泥水集中抽入池内，宜重复使用上部清水。沉淀后的泥浆可用运浆车辆运至预先安排的存放地点。

**11.3.5** 振冲施工可按下列步骤进行：

1 清理施工场地，布置桩位。

2 施工机具就位，使振冲器对准桩位。

3 启动供水泵和振冲器，水压可用200kPa～600kPa，水量可用200L/min～400L/min，将振冲器缓慢沉入土中，造孔速度宜为0.5m/min～2.0m/min，直至达到设计深度，记录振冲器经各深度的水压、电流和留振时间。

4 造孔后边提升振冲器投料边冲水直至孔口，再放至孔底，重复两三次扩大孔径并使孔内泥浆变稀，开始填料制桩。

5 大功率振冲器投料可不提出孔口，小功率振冲器下料困难时，可将振冲器沉入填料中进行振密制桩，当电流达到规定的密实电流值和规定的留振时间后，将振冲器提升300mm～500mm。

6 重复以上步骤，自下而上逐段制作桩体直至孔口，记录各段深度的填料量、最终电流值和留振时间，并均应符合设计规定。

7 关闭振冲器和水泵。

振冲法施工中，密实电流、填料量和留振时间是重要的施工质量控制参数，因此，施工过程中应注意：

1 控制加料振密过程中的密实电流。密实电流是指振冲器固定在某深度上振动一定时间（称为留振时间）后的稳定电流，注意不要把振冲器刚接触填料的瞬间电流值作为密实电流。为达到所要求的挤密效果，每段桩体振捣挤密终止条件是要求其密实电流值超过某规定值：30kW振冲器为45A～55A；55kW振冲器为75A～85A；75kW振冲器为80A～95A。

2 控制好填料量。施工中加填料要遵循"少量多次"的原则，既要勤加料，每批又不宜加得太多。而且注意制作最深处桩体的填料量可占整根桩填料量的1/4～1/3。这是因为初始阶段加的料有一部分从孔口向孔底下落过程中粘在孔壁上，只有少量落在孔底；另外，振冲过程中的压力水有可能造成孔底超深，使孔底填料数量超过正常用量。

3 保证有一段留振时间。即振冲器不升也不降，保持继续振动和水冲，使振冲器把桩孔扩大或把周围填料挤密。留振时间一般可较短；当回填砂石料慢、地基软弱时，留振时间较长。

**11.3.6** 振动沉管法施工，成桩应按下列步骤进行：

1 移动桩机及导向架，把桩管及桩尖对准桩位。

2 启动振动锤，把桩管下到预定的深度。

3 向桩管内投入规定数量的砂石料（根据经验，为提高施工效率，装砂石也可在桩管下到便于装料的位置时进行）。

4 把桩管提升一定的高度（下砂石顺利时提升高度不超过1m～2m），提升时桩尖自动打开，桩管内的砂石料流入孔内。

5 降落桩管，利用振动及桩尖的挤压作用使砂石密实。

6 重复4、5两工序，桩管上下运动，砂石料不断补充，砂石桩不断升高。

7 桩管提至地面，砂石桩完成。

施工中，电机工作电流的变化反映挤密程度及效率。电流达到一定不变值，继续挤压将不会产生挤密效果。然而施工中不可能及时进行效果检测，因此按成桩过程的各项参数对施工进行控制是重要环节，应予以重视，有关记录是质量检验的重要资料。

**11.3.7** 挤密砂石桩施工时，应间隔进行（跳打），并宜由外侧向中间推进；在邻近既有建（构）筑物施工时，为了减少对邻近既有建（构）筑物的振动影响，应背离建（构）筑物方向进行。

砂石桩施工完毕，当设计或施工投砂量不足时地面会下沉，当投料过多时地面会隆起，同时表层0.5m～1.0m常呈松散状态。如遇到地面隆起过高也说明填砂石量不适当。实际观测资料证明，砂石在达到密实状态后进一步承受挤压又会变松，从而降低处理效果。遇到这种情况应注意适当减少填砂石量。

施工场地土层可能不均匀，土质多变，处理效果不能直接看到，也不能立即测出。为保证施工质量，在土层变化的条件下施工质量也能达到标准，应在施工中进行详细的观测和记录。

**11.3.8** 砂石桩桩顶部施工时，由于上覆压力较小，因而对桩体的约束力较小，桩顶形成一个松散层，加载前应加以处理（挖除或碾压）才能减少沉降量，有效地发挥复合地基作用。

### 11.4 质量检验

**11.4.1** 对振冲法，应详细记录成桩过程中振冲器在各深度时的水压、电流和留振时间，以及填料量，这些是施工控制的重要手段；而对沉管法，填料量是施工控制的重要依据，再结合抽检便可以较好地作出质量评价。

**11.4.2** 挤密砂石桩处理地基最终是要满足承载力、变形和抗液化的要求，标准贯入、静力触探以及动力触探可直接提供检测资料，所以本条规定可用这些测试方法检测砂石桩及其周围土的挤密效果。

应在桩位布置的等边三角形或正方形中心进行砂石桩处理效果检测，因为该处挤密效果较差。只要该处挤密达到要求，其他位置就一定会满足要求。此外，由该处检测的结果还可判明桩间距是否合理。

检测数量可取不少于桩孔总数的2%。

如处理可液化地层时，可用标准贯入击数来衡量砂性土的抗液化性，使砂石桩处理后的地基实测标准贯入击数大于临界贯入击数。这种液化判别方法只考虑了桩间土的抗液化能力，未考虑砂石桩的作用，因而在设计上是偏于安全的。

**11.4.3** 复合地基竖向抗压载荷试验数量可取总桩数的0.5%，且每个单体建筑不应少于3点。

**11.4.4** 由于在制桩过程中原状土的结构受到不同程度的扰动，强度会有所降低，饱和土地基在桩的周围一定范围内，土中孔隙水压力上升。待休置一段时间后，超孔隙水压力会消散，强度会逐渐恢复，恢复期的长短视土的性质而定。原则上，应待超静孔隙水压力消散后进行检验。根据实际工程经验规定对粉土地基为14d，对砂土地基和杂填土地基可适当减少。对非饱和土地基不存在此问题，在桩施工后3d～5d即可进行。

## 12 置换砂石桩复合地基

### 12.1 一般规定

**12.1.1** 当加固地基土体在成桩过程中不可压密时，如在饱和黏性土地基中设置砂石桩，形成的复合地基承载力的提高主要来自砂石桩的置换作用。

采用振冲法施工时填料一般为碎石、卵石。采用沉管法施工时填料一般为碎石、卵石、中粗砂或砂石混合料，也可采用对环境无污染的坚硬矿渣和其他工业废料。置换砂石桩法适用于处理饱和黏土和饱和黄土地基。

采用置换砂石桩复合地基加固软黏土地基，国内外有较多的工程实例，有成功的经验，也有失败的教训。由于软黏土含水量高、透水性差，形成砂石桩时很难发挥挤密效果，其主要作用是通过置换与软黏土构成复合地基，同时形成排水通道利于软土的排水固结。由于碎石桩的单桩竖向抗压承载力大小主要取决于桩周土的侧限力，而软土抗剪强度低，因此碎石桩单桩竖向抗压承载力小。采用砂石桩处理软土地基承载力提高幅度相对较小。虽然通过提高置换率可以提高复合地基承载力，但成本较高。另外在工作荷载作用下，地基土产生排水固结，砂石桩复合地基工后沉降较大，这点往往得不到重视而酿成工程事故。置换砂石桩法用于处理软土地基应慎重。用置换砂石桩处理饱和软黏土地基，最好先预压。

**12.1.2** 一般认为置换砂石桩法用振冲法处理软土地基，被加固的主要土层十字板强度不宜小于20kPa，被加固的主要土层强度较低时，易造成串孔，成桩困难，但近年来在珠江三角洲地区采用振冲法施工大粒径碎石桩处理十字板强度小于10kPa的软土取得成功，所用碎石粒径达200mm。也有采用袋装（土工布制成）砂石桩和竹笼砂石桩形成置换砂石桩复合地基。

**12.1.3** 采用置换砂石桩复合地基加固软黏土地基时，砂石桩是良好的排水通道。为了加快地基土体排水固结，应铺设排水碎石垫层，与砂石桩形成良好的排水系统。地基土体排水固结，地基承载力提高，但产生较大沉降。置换砂石桩复合地基如不经过预压，工后沉降较大，对工后沉降要求严格的工程慎用。

## 12.2 设　　计

**12.2.1** 采用置换砂石桩法处理软土地基除应按本规范第4章要求进行岩土工程勘察外，设计和施工还需要掌握地基的不排水抗剪强度。上部结构对地基的变形要求是考核置换砂石桩能否满足要求的重要指标。

施工机械关系到设计参数的选择、工期和施工可行性，设计前应加以考虑。

所需的填料性质也关系到设计参数的选择，并且要有足够的来源。填料的价格涉及工程造价和地基处理方案的比选，因此事先应进行了解。

**12.2.2** 本条规定了置换砂石桩的平面布置方式。对于大面积加固，一般采用等边三角形布置，这种布置形式在同样的面积置换率下桩的间距最大，施工处理后地基刚度也比较均匀，当采用振冲法施工，可以最大限度避免窜孔；对于单独基础或条形基础等小面积加固，一般采用正方形或矩形布置，这种布置比较方便在小面积基础下均匀布置砂石桩。

**12.2.3** 对于小面积加固，基础附加应力扩散影响范围有限，并且由于砂石桩的应力集中作用应力扩散范围较均质地基更小。因此，单独基础砂石桩不必超出基础范围，条形基础砂石桩可布置在基础范围内或适当超出基础范围。对于加固面积较大的筏板式、十字交叉基础，基础附加应力扩散影响范围较大，而柔性基础往往有侧向稳定要求，故需在基础范围外加1排～3排围扩桩。

**12.2.4** 为了控制置换砂石桩复合地基的变形，一般情况下桩应穿透软弱土层到达相对硬层。当软弱土层很厚，桩穿过整个软弱土层所需桩长过大，施工效率很低，且造价过高无法实现，这时桩长应按地基变形计算来控制。存在地基稳定问题时，桩长应满足稳定分析要求。

关于最小桩长，根据室内外试验结果，散体材料桩在承受竖向荷载时从桩顶向下约4.0倍桩径范围内产生侧向膨胀。振冲砂石桩用于置换加固，桩径一般为0.8m，沉管砂石桩则多为0.4m～0.6m。另外，若所需桩长很短说明要加固的软土层很薄，这时采用垫层法等其他浅层处理方法可能更有效。故规定最小桩长不宜小于4.0m。

**12.2.5** 采用振冲法施工时砂石桩的成桩直径与振冲器的功率有关。通常认为当振冲器功率为30kW时，砂石桩的成桩直径为800mm左右，55kW时为1000mm左右，75kW时为1500mm左右。

面积置换率与复合地基的强度和变形控制直接相关，面积置换率太小，加固效果不明显。如天然地基承载力特征值为50kPa的软土，面积置换率0.15的砂石桩复合地基承载力为70kPa左右。但面积置换率过高会给施工带来很大困难，采用振冲法施工容易窜孔，采用沉管法施工挤土效应很大，当面积置换率大于0.25施工已感到困难，因此，推荐面积置换率取0.15～0.30。

**12.2.6** 复合地基承载力特征值原则上应通过复合地基竖向抗压载荷试验确定。有工程经验的场地或初步设计时可按本规范推荐的方法进行设计。已有的实测数据表明，无论是采用振冲法还是沉管法施工，桩间饱和软土在制桩刚结束时由于施工扰动其强度有不同程度降低，但经过一段时间强度会恢复甚至有所提高，因此按本规范公式(5.2.1-2)估算，$\beta_p$ 和 $\beta_s$ 均应取1.0。

**12.2.7** 置换砂石桩单桩竖向抗压承载力主要取决于桩周土的侧限力，估算方法不少，当桩体材料的内摩擦角在38°左右时，单桩竖向抗压承载力特征值可按本规范公式(12.2.7)计算。也可采用圆孔扩张理论或其他方法计算桩周土的侧限力，然后得到单桩竖向抗压承载力。

**12.2.9** 置换砂石桩填料总体要求是采用级配较好的碎石、卵石、中粗砂或砂砾，以及它们的混合料，采用振冲法施工时一般用碎石、卵石作为填料。无论哪种施工方法都不宜选用风化易碎的石料。当有材质坚硬的矿渣也可作为填料使用。关于填料粒径：振冲法成桩30kW振冲器20mm～80mm，55kW振冲器30mm～100mm，75kW振冲器40mm～150mm；沉管法成桩，最大粒径不宜大于50mm。填料含泥量不宜超过5%。

振冲法施工填料最大粒径与振冲器功率有关，振冲器功率大，填料的最大粒径也可适当增大。对同一功率的振冲器，被加固土体的强度越低所用填料的粒径可越大。

沉管法施工填料级配和最大粒径对桩体的密实有明显的影响，建议填料最大粒径不应超过50mm。

**12.2.10** 置换砂石桩复合地基设置碎石垫层一方面起水平排水作用，有利于施工后加快土层固结，更大的作用在于碎石垫层可以起到明显的应力扩散作用，降低基底处砂石桩分担的荷载，并使该处桩周土合理承担附加应力增加其对桩体的约束，减少砂石桩侧向变形，从而提高复合地基承载力，减少地基变形。

## 12.3 施　　工

**12.3.1** 置换砂石桩施工机械，应根据其施工能力与处理深度相匹配的原则选用。目前国内主要的砂石桩施工机械类型有：

**1** 振冲法施工采用的振冲器，常用功率为30、55kW和75kW三种类型。选用时，应考虑设计荷载的大小、工期、工地电源容量及地基土天然强度的高低等因素。

**2** 沉管法施工机械主要有振动式砂石桩机和锤击式砂石桩机。除专用机械外，也可利用一般的打桩机改装。

采用垂直上下振动施工的方法称为振动沉管成桩法，振动沉管成桩法的处理深度可达25m，若采取适当措施，最大处理深度可达约40m；用锤击式机械施工成桩的方法称为锤击沉管成桩法，锤击沉管处理深度可达20m。

选用成桩施工机械还要考虑不同机械施工过程对周边环境的不利影响，如采用振冲机械施工需评价振动和泥浆排放的影响。

**12.3.2** 地基处理效果常因施工机具、施工工艺与参数，以及所处理地层的不同而不同，工程中常遇到设计与实际不符或者处理质量不能达到设计要求的情况，因此本条规定施工前应进行现场成桩试验，以检验设计方案和设计参数，确定施工工艺和技术参数（包括填砂石量、提升速度、挤压时间等）。现场成桩试验桩数：正三角形布桩，至少7根（中间1根，周围6根）；正方形布桩，至少9根（按三排三列布9根桩）。

**12.3.3** 采用振冲法施工时，30kW功率的振冲器每台机组约需电源容量75kW，桩长不宜超过8m；75kW功率的振冲器每台机组约需电源容量100kW，桩长不宜超过20m。一定功率的振冲器，施工桩长过大施工效率将明显降低，例如30kW振冲器制作9m长的桩，7m～9m这段桩的制作时间占总制桩时间的39%。在邻近既有建筑物场地施工时，为减小振动对建筑物的影响，宜用功率较小的振冲器。

振冲法施工中，密实电流、填料量和留振时间是重要的施工质量控制参数，因此，施工过程中应注意：

1 控制加料振密过程中的密实电流。密实电流是指振冲器固定在某深度上振动一定时间（称为留振时间）后的稳定电流，注意不要将把振冲器刚接触填料的瞬间电流值作为密实电流。为达到所要求的挤密效果，每段桩体振捣挤密终止条件是要求其密实电流值超过某规定值：30kW振冲器为45A～55A；55kW振冲器为75A～85A；75kW振冲器为80A～95A。

2 控制好填料量。施工中加填料要遵循“少量多次”的原则，既要勤加料，每批又不宜加得太多。注意制作最深处桩体的填料量可占整根桩填料量的1/4～1/3。这是因为初始阶段加的料有一部分从孔口向孔底下落过程中粘在孔壁上，只有少量落在孔底；另外，振冲过程中的压力水有可能造成孔底超深，使孔底填料数量超过正常用量。

3 保证有一段留振时间，即振冲器不升也不降，保持继续振动和水冲，使振冲器把桩孔扩大或把周围填料挤密。留振时间可较短，回填砂石料慢、地基软弱时，留振时间较长。

**12.3.4** 振冲施工有泥水从孔内排出。为防止泥水漫流地表污染环境，或者排入地下排水系统而淤积堵塞管路，施工时应设置沉淀池，用泥浆泵将排出的泥水集中抽入池内，宜重复使用上部清水。沉淀后的泥浆可用运浆车辆运至预先安排的存放地点。

**12.3.5** 沉管法施工，应按下列步骤进行：

1 移动桩机及导向架，把桩管及桩尖对准桩位。

2 启动振动锤或桩锤，把桩管下到预定的深度。

3 向桩管内投入规定数量的砂石料（根据施工试验经验，为提高施工效率，装砂石也可在桩管下到便于装料的位置时进行）。

4 把桩管提升一定的高度（下砂石顺利时提升高度不超过1m～2m），提升时桩尖自动打开，桩管内的砂石料流入孔内。

5 降落桩管，利用振动及桩尖的挤压作用使砂石密实。

6 重复4、5两工序，桩管上下运动，砂石料不断补充，砂石桩不断升高。

7 桩管提至地面，砂石桩完成。

施工中，电机工作电流的变化反映挤密程度及效率。电流达到一定不变值，继续挤压将不会产生挤密效果。然而施工中不可能及时进行效果检测，因此按成桩过程的各项参数对施工进行控制是重要环节，应予以重视，有关记录是质量检验的重要资料。

砂石桩施工时，应间隔进行（跳打），并宜由外侧向中间推进；在邻近既有建（构）筑物邻近施工时，为了减少对邻近既有建（构）筑物的振动影响，应背离建（构）筑物方向进行。

砂石桩施工完毕，当设计或施工投砂量不足时地面会下沉，当投料过多时地面会隆起，同时表层0.5m～1.0m常呈松散状态。如遇到地面隆起过高也说明填砂石量不适当。实际观测资料证明，砂石在达到密实状态后进一步承受挤压又会变松，从而降低处理效果。遇到这种情况应注意适当减少填砂石量。

施工场地土层可能不均匀，土质多变，处理效果不能直接看到，也不能立即测出。为保证施工质量，在土层变化的条件下施工质量也能达到标准，应在施工中进行详细的观测和记录。

**12.3.6** 砂石桩顶部施工时，由于上覆压力较小，因而对桩体的约束力较小，桩顶形成一个松散层，加载前应加以处理（挖除或碾压）才能减少沉降量，有效地发挥复合地基作用。

### 12.4 质量检验

**12.4.1** 对振冲法，应详细记录成桩过程中振冲器在各深度时的水压、电流和留振时间，以及填料量，这些是施工控制的重要手段；而对沉管法，套管往复挤压振冲次数与时间、套管升降幅度和速度、每次填砂石料量等是判断砂石桩施工质量的重要依据，再结合抽检便可以较好地作出质量评价。

**12.4.2** 置换砂石桩复合地基的砂石桩可以用动力触探检测其密实度，采用十字板、静力触探等方法检测处理后桩间土的性状。桩间土应在桩位布置的等边三角形或正方形中心进行砂石桩处理效果检测，因为该处排水距离远，施工过程产生的超静孔压消散最慢，处理后强度恢复或提高也需要更长时间。此外，由该处检测的结果还可判明桩间距是否合理。检测数量根据工程情况由设计单位提出，可取桩数的1%～2%。

**12.4.3** 载荷试验数量由设计单位根据工程情况提出具体要求，一般可取桩数的0.5%～1%，且每个单体工程不少于3点。

**12.4.4** 由于在制桩过程中原状土的结构受到不同程度的扰动，强度会有所降低，土中孔隙水压力上升。待休置一段时间后，超孔隙水压力会消散，强度会逐渐恢复，恢复期的长短视土的性质而定。原则上，应待超孔隙水压力消散后进行检验。黏土中超静孔隙水压的消散需要的时间较长，根据实际工程经验一般规定为28d。

# 13 强夯置换墩复合地基

## 13.1 一般规定

**13.1.1、13.1.2** 强夯置换的加固效果与地质条件、夯击能量、施工工艺、置换材料等有关，采用强夯置换墩复合地基加固具有加固效果显著、施工工期短、施工费用低等优点，目前已广泛用于堆场、公路、机场、港口、石油化工等工程的软土地基加固。采用强夯置换墩复合地基加固可较大幅度提高地基承载力，减少沉降。有关强夯置换加固机理的研究在不断深入，已取得了一批研究成果。目前，强夯置换工程应用夯击能已经达到18000kN·m，但还没有一套成熟的设计计算方法。也有个别工程因设计、施工不当，处理后出现沉降量或差异沉降较大的情况。因此，特别强调采用强夯置换法前，应在施工现场有代表性的场地进行试夯或试验性施工，确定其适用性和处理效果。精心设计、精心施工，以达到预定加固效果。

强夯置换的碎石墩是一种散体材料墩体，在提高强度的同时，为桩间土提供了排水通道，有利于地基土的固结。墩体上设置垫层的主要作用是使墩体与墩间土共同发挥承载作用，同时垫层也起到排水作用。

**13.1.3** 强夯置换施工，往往夯击能量较大，强大的冲击除能造成场地四周地层较大的振动外，还伴随有较大的噪声，因此周边环境是否允许是考虑该法可行性时必须注意的因素。

## 13.2 设计

**13.2.1** 试夯是强夯置换墩处理的重要环节，试夯方案的完善与否直接影响到后续的施工过程和加固效果。试夯过程不但要确定施工参数，还要反馈信息校正设计，所以要进行加固效果的各项测试。

**13.2.2** 设计内容应在施工图纸中明确，才能确保现场的施工效果。对施工过程中出现的异常情况，相关各方应加强沟通，结合工程实际情况调整设计参数。

墩体布置是否合理直接影响夯实效果，可根据上部荷载的要求进行选择。对于大面积加固区域，可采用正方形、等边三角形、正方形加梅花点布置。对于工业和民用建筑，可以根据柱网或承重墙的位置布置夯点。

**13.2.3** 由于基础的应力扩散作用和抗震设防需要，强夯置换处理范围应大于建筑物基础范围，具体放大范围可根据建筑结构类型和重要性等因素确定。对于一般建筑物，每边超出基础外缘的宽度宜为基底下设计处理深度的1/3～1/2，并不宜小于3m。对可液化地基，根据现行国家标准《建筑抗震设计规范》GB 50011的有关规定，扩大范围不应小于可液化土层厚度的1/2，并不应小于5m；对独立柱基，当柱基面积不大于夯墩面积时，可采用柱下单点夯，一柱一墩。

**13.2.4** 墩体材料块石过大过多，容易在墩体中留下比较大的孔隙，在建筑物使用过程中容易使墩间软土挤入孔隙，导致局部下沉，所以本条强调了对墩体填料粒径的要求。

**13.2.5** 强夯置换深度是选择该方法进行地基处理的重要依据，又是反映强夯处理效果的重要参数。对于淤泥等黏性土，置换墩应尽量加长。大量的工程实例证明，置换墩体为散体材料，没有沉管等导向工具的话，很少有强夯置换墩体能完全穿透软土层，着底在较好土层上。而对于厚度比较大的饱和粉土、粉砂土，因墩下土在施工中密度会增大，强度也有所提高，故在满足地基变形和稳定性要求的条件下，可不穿透该土层。

强夯置换的加固原理相当于下列三者之和：强夯置换＝强夯(加密)＋碎石墩＋特大直径排水井。因此，墩间和墩下的粉土或黏性土通过排水与加密，其性状得到改善。本条明确了强夯置换有效加固深度为墩长和墩底压密土厚度之和，应根据现场试验或当地经验确定。墩底压密土厚度一般为1m～2m。单击夯击能大小的选择与地基土的类别有关，粉土、黏性土的夯击能选择应当比砂性土要大。此外，结构类型、上部荷载大小、处理深度和墩体材料也是选择单击夯击能的重要参考因素。

实际上有效加固深度影响因素很多，除夯锤重和落距外，夯击击数、锤底单位压力、地基土性质、不同土层厚度和埋藏顺序以及地下水位等都与加固深度有密切的关系。鉴于有效加固深度问题的复杂性，且目前尚无适用的计算式，所以本条规定有效加固深度应根据现场试夯或当地经验确定。

考虑到设计人员选择地基处理方法的需要，有必要提出有效加固深度，特别是墩长的预估方法。针对高饱和度粉土、软塑～流塑的黏性土、有软弱下卧层的填土等细颗粒土地基(实际工程多为表层有2m～6m的粗粒料回填，下卧3m～15m淤泥或淤泥质土)，根据全国各地50余项工程或项目实测资料的归纳总结(见图12)，并广泛征求意见，提出了强夯置换主夯击能与置换深度的建议值(见表13.2.5)。图12中也绘出了现行行业标准《建筑地基处理技术规范》JGJ 79—2002条文说明中的18个工程数据。初步选择时也可以根据地层条件选择墩长，然后参照本图选择强夯置换的能级，而后必须通过试夯确定。同时考虑到近年来，沿海和内陆高填方场地地基采用10000kN·m以上能级强夯法的工程越来越多，积累了大量实测资料，将单击夯击能范围扩展到了18000kN·m，可满足当前绝大多数工程的需要。

需要注意的是表13.2.5中的能级为主夯能级。对于强夯置换法，为了增加置换墩的长度，工艺设计的一套能级中第一遍(工程中叫主夯)的能级最大，第二遍次之或与第一遍相同。每一遍施工填料后都会产生或长或短的夯墩。实践证明，主夯夯点的置换墩长要比后续几遍大。因此，工程中所讲的夯墩长度指的是主夯夯点的夯墩长度。对于强夯置换法，主夯击能指的是第一遍夯击能，是决定置换墩长度的夯击能，即决定有效加固深度的夯击能。

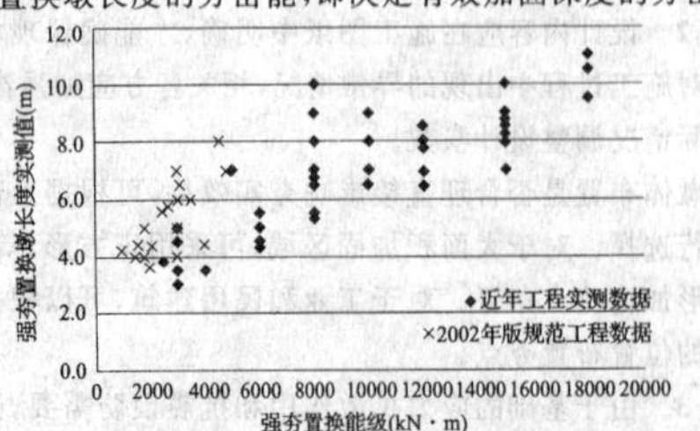


图12 强夯置换主夯击能级与置换墩长实测值

**13.2.6** 夯击击数对于强夯设计来说是一个非常重要的参数，往往根据工程的具体情况，如压缩层厚度、土质条件、容许沉降量等进行选择。当土体的压缩层越厚、渗透系数越小，同时含水量较高时，需要的夯击击数就越多。国内外目前一般采用8击～20击。总之，夯击击数应通过现场试夯确定，以夯墩的竖向压缩量最大，而夯坑周围隆起量最小为原则。如果隆起量过大，表明夯击效率降低，则夯击击数适当减少。此外，还应考虑施工方便，不会因夯坑过深而导致起锤困难等情况的发生。

累计夯沉量指单个夯点全部夯击击数各夯沉量的总和。累计夯沉量为设计墩长的1.5倍～2.0倍是个最低限值，其目的是为了保证墩体的密实度，与充盈系数的概念有些相似，此处以长度比代替体积比，工程实测中该比值往往很大。

**13.2.11** 强夯置换墩复合地基上垫层主要是为了使地基土承受的荷载均匀分布，也与墩体的散体材料一起形成排水通道。粒径不宜大于100mm是为了使垫层具有更好的密实度，便于压实。

**13.2.12** 本条规定实际上是指在软弱地基土，如淤泥等土体中不应考虑墩间土的作用。强夯置换墩法在国外亦称为动力置换与混合法(Dynamic replacement and mixing method)，因为墩体在形成过程中大量的墩体材料与墩间土混合，越浅处混合得越多，可与墩体共同组成复合地基，但目前由于实际施工的不利因素，往往混合作用不强，墩间的淤泥等软土性质改善不够，因此目前暂不考虑墩间土地基承载力较为稳妥，也偏于安全。实际工程中，强夯置换墩地基浅层的承载力往往都能满足要求，大部分工程是按照变形控制进行设计，因此此处建议不考虑软黏土地基上墩间土地基承载力。

如山东某工程采用12000kN·m的强夯置换工艺(第一、二遍为12000kN·m，第三遍为6000kN·m)进行处理，大致地层分布如下：0～2.2m为杂填土，2.2m～3.6m为淤泥质粉质黏土，3.6m～8.1m为吹填砂土，8.1m～13.0m为淤泥质粉细砂，13.0m以下为强风化花岗岩。试验载荷板的尺寸为7.1m×7.1m，板面积为50.4m$^2$，堆载量为31000kN。柔性承压板的中心位于第三遍夯点位置，承压板四角分别放置于第一、二遍夯点1/4面积位置。试验在钻探、动力触探和瑞利波测试的基础上又进行了以下测试工作：①载荷板沉降观测；②土压力观测；③孔隙水压力观测；④分层沉降观测；⑤深层水平位移观测；⑥载荷板板底土体竖向变形观测(水平测斜仪)；⑦载荷板周边土体隆起变形观测。

测试结果发现在附加压力达到600kPa时，平均沉降量为62mm，深度4m以下土体水平位移为2mm，荷载对周边土体挤密作用小。夯后墩间土地基承载力特征值不小于300kPa，压缩模量不小于20MPa。地基变形较为均匀，碎石置换墩承担荷载的60%～80%，即载荷板所承受的荷载绝大部分传递至强夯置换墩上，因此软黏土地基静载试验时暂不考虑墩间土地基承载力是符合实际受力情况的。

## 13.3 施 工

**13.3.1** 夯锤质量应根据处理深度要求和起重机起重能力进行选择。夯锤底面形式是否合理也在一定程度上影响地基处理效果。锤底面积可按土的性质确定。为了提高夯击效果，锤底应对称设置若干个与其顶面贯通的排气孔，以利于夯锤着地时坑底空气迅速排出和起锤时减小坑底的负压力。

**13.3.3** 本条主要是为了在夯坑内或场地地表形成硬层，以支承起重设备，确保机械设备通行和顺利施工，同时还可以增加地下水和地表面的距离，防止夯坑内积水。

**13.3.4** 当夯坑过深而发生起锤困难时停夯，向坑内填料至坑深的1/3～1/2，如此重复直至满足规定的夯击击数及控制标准，从而完成一个墩体的夯击。

**13.3.5** 本条要求施工过程由专人监测，是由下列原因决定的：

1 若落距未达到设计要求，将影响单击夯击能。落距计算应从起夯面算至落锤时的锤底高度。

2 由于强夯置换过程中容易造成夯点变位，所以应及时复核。

3 夯击击数、夯沉量和填料量对加固效果有着直接的影响，应严加监测。

4 当场地周围有对振动敏感的精密仪器、设备、建筑物或有其他需要时宜进行振动监测。测点布置应根据监测目的和现场情况确定，可在振动强度较大区域内的建筑物基础或地面上布设观测点，并对其振动速度峰值和主振频率进行监测，具体控制标准及监测方法可参照现行国家标准《爆破安全规程》GB 6722 执行。对于居民区、工业集中区，振动可能影响人居环境，宜参照现行国家标准《城市区域环境振动标准》GB 10070 和《城市区域环境振动测量方法》GB 10071 的有关规定执行。经监测，振动超过规范允许值时可采取减振隔振措施。施工时，在作业区一定范围设置安全禁戒，防止非作业人员、车辆误入作业区而受到伤害。

5 在噪声保护要求较高区域内用锤击法沉桩或有其他需要时可进行噪声监测。噪声的控制标准和监测方法可按现行国家标准《建筑施工场界环境噪声排放标准》GB 12523 的有关规定执行。

**13.3.6** 由于强夯置换施工的特殊性，施工过程中难以直接检验其效果，所以本条强调对施工过程的记录。

### 13.4 质量检验

**13.4.1** 强夯置换施工中所采用的参数应满足设计要求，并根据监测结果判断加固效果。未能达到设计要求的加固效果时应及时采取补救措施。

**13.4.2** 强夯置换墩的直径和墩长较难精确测量，宜采用开挖检查、钻探、动力触探等方法，并通过综合分析确定。墩长的检验数量不宜少于墩点数的 3%。

**13.4.4** 由于复合地基的强度会随着时间延长而逐步恢复和提高，所以本条指出应在施工结束一段时间后进行承载力的检验。其间隔时间可根据墩间土、墩体材料的性质确定。

承载力检验的数量应根据场地复杂程度和建筑物的重要性确定，对于简单场地上的一般建筑物，每个建筑地基的载荷试验检验点不应少于 3 点；对于复杂场地或重要建筑地基应增加检验点数。强夯置换复合地基竖向抗压载荷试验检验和置换墩长检验数量均不应少于墩点数的 1%，且不应少于 3 点。

## 14 刚性桩复合地基

### 14.1 一般规定

**14.1.1** 实际上刚性桩复合地基适用于可以设置刚性桩的各类地基。刚性桩复合地基既适用于工业厂房、民用建筑，也适用于堆场及道路工程。

**14.1.2** 本规范中刚性桩包括各类实体、空心和异型的钢筋混凝土桩和素混凝土桩，钢管桩等。

水泥粉煤灰碎石桩复合地基（CFG 桩复合地基）是由水泥、粉煤灰、碎石、石屑或砂加水拌和而成的混凝土，经钻孔或沉管施工工艺，在地基中形成具有一定黏结强度的低强度混凝土桩。

二灰混凝土桩的桩体材料由水泥、粉煤灰、石灰、石子、砂和水等组成，采用沉管法施工。

**14.1.3** 在使用过程中，通过桩与土变形协调使桩与土共同承担荷载是复合地基的本质和形成条件。由于端承型桩几乎没有沉降变形，只能通过垫层协调桩土相对变形，不可知因素较多，如地下水位下降引起地基沉降，由于各种原因，当基础与桩间土上垫层脱开后，桩间土将不再承担荷载。因此，本规范指出刚性桩复合地基中刚度桩应为摩擦型桩，对端承型桩进行限制。

### 14.2 设计

**14.2.3** 当刚性桩复合地基中的桩体穿越深厚软土时，如采用挤土成桩工艺（如沉管灌注成桩），桩距过小易产生明显的挤土效应，一方面容易引起周围环境变化，另一方面，挤土作用易产生桩挤断、偏位等情况，影响复合地基的承载性能。

采用挤土工艺成桩（一般指沉管施工工艺）时，桩的中心距应符合表 6 的规定。

表 6 桩的最小中心距

| 土的类别 | 最小中心距 | |
|---|---|---|
| | 一般情况 | 排数超过 2 排，桩数超过 9 根的群桩情况 |
| 穿越深厚软土 | $3.5d$ | $4.0d$ |
| 其他土层 | $3.0d$ | $3.5d$ |

注：表中 $d$ 为桩管外径；采用非挤土工艺成桩，桩中心距不宜小于 $3d$。

桩长范围内有饱和粉土、粉细砂、淤泥、淤泥质土，采用长螺旋钻中心压灌成桩时，宜采用大桩距。

**14.2.4** 垫层设置的详细介绍见本规范第 3.0.9 条条文说明。

**14.2.5** 复合地基承载力由桩的竖向抗压承载力和桩间土地基承载力两部分组成。由于桩土刚度不同，两者对承载力的贡献不可能完全同步。一般情况下桩间土地基承载力发挥度要小一些。式中 $\beta_s$ 反映这一情况。$\beta_s$ 的影响因素很多，桩土模量比较大时，$\beta_s$ 取值较小；建筑混凝土基础下垫层较厚时，$\beta_s$ 取值较大；建筑混凝土基础下复合地基 $\beta_s$ 取值较路堤基础下复合地基小；桩的持力层较好时，$\beta_s$ 取值较小。$\beta_s$ 取值应通过综合分析确定。

**14.2.6** 按本规范公式（5.2.2-1）估算由桩周土和桩端土的抗力可能提供的单桩竖向抗压承载力特征值，考虑到刚性桩刚度一般较大，桩端土地基承载力折减系数（$\alpha$）可取 1.00。

对水泥粉煤灰碎石桩、二灰混凝土桩等有关规范刚性桩提出桩体强度应符合下式规定：

$$f_{cu} \geqslant 3\frac{R_a}{A_p} \tag{9}$$

式中：$f_{cu}$——桩体试块标准养护 28d 的立方体（边长 150mm）抗压强度平均值（kPa）；

$R_a$——单桩竖向抗压承载力特征值（kN）；

$A_p$——单桩截面积（$m^2$）。

有关桩基规范对钢筋混凝土桩桩体强度提出应符合下式规定：

$$f_c \geqslant \frac{R_a}{\psi_c A_p} \tag{10}$$

式中：$f_c$——混凝土轴心抗压强度设计值（kPa），按现行国家标准《混凝土结构设计规范》GB 50010 的有关规定取值；

$A_p$——单桩截面积（$m^2$）；

$\psi_c$——桩工作条件系数，预制桩取 0.75，灌注桩取 0.6～0.7（水下灌注桩、沉管灌注桩或长桩时用低值）。当桩体的施工质量有充分保证时，可以适当提高，但不得超过 0.8。

混凝土轴心抗压强度标准值（$f_{ck}$）与立方体抗压强度标准值（$f_{cu}$）之间的关系在现行国家标准《混凝土结构设计规范》GB 50010 中有详细说明，$f_{ck}=0.88\alpha_1\alpha_2 f_{cu}$，$\alpha_1$ 为棱柱强度与立方体强度的比值，C50 及以下普通混凝土取 0.76，高强混凝土 C80 取 0.82，中间按线性插值，$\alpha_2$ 为 C40 以上混凝土考虑脆性折减系数，C40 取 1.00，高强混凝土 C80 取 0.87，中间按线性插值。经计算 $f_{ck}$与 $f_{cu}$的大致关系为 $f_{ck}=0.67f_{cu}$。按现行国家标准《混凝土结构设计规范》GB 50010 规定，混凝土轴心抗压强度设计值($f_c$)与混凝土轴心抗压强度标准值($f_{ck}$)之间的关系为 $f_c=f_{ck}/1.4$。结合上面分析将公式(10)表示为 $0.67f_{cu}/1.4\geqslant R_a/\psi_c A_p$，代入相关的参数发现公式(10)与公式(9)基本一致。

因此本规范中，刚性桩按公式(5.2.2-2)估算由桩体材料强度可能提供的单桩竖向抗压承载力特征值时，其中桩体强度折减系数($\eta$)建议取 0.33～0.36。灌注桩或长桩时用低值，预制桩取高值。

### 14.4 质量检验

**14.4.2** 采用低应变动力测试检测桩体完整性时，检测数量可取不少于总桩数的 10%。

**14.4.3** 刚性桩复合地基工程验收时，检验数量由设计单位根据工程情况提出具体要求。一般情况下，复合地基竖向抗压载荷试验数量对于建筑工程为总桩数的 0.5%～1.0%，对于交通工程为总桩数的 0.2%，对于堆场工程为总桩数的 0.1%，且每个单体工程的试验数量不应少于 3 点。单桩竖向抗压载荷试验数量为总桩数的 0.5%，且每个单体工程的试验数量不应少于 3 点。

## 15 长-短桩复合地基

### 15.1 一般规定

**15.1.2** 长-短桩复合地基中长桩常采用刚性桩，如钻孔或沉管灌注桩、钢管桩、大直径现浇混凝土筒桩或预制桩(包括预制方桩、先张法预应力混凝土管桩)等；短桩常采用柔性桩或散体材料桩，如深层搅拌桩、高压旋喷桩、石灰桩以及砂石桩等。

长-短桩复合地基上部置换率高、刚度大，下部置换率低、刚度小，与荷载作用下地基上部附加应力大，下部附加应力小相适应。

长-短桩复合地基长桩和短桩的置换率是根据上部结构荷载大小、单桩竖向抗压承载力、沉降控制等要求综合确定的。

短桩选用种类与浅层土性有关。

**15.1.3** 长桩的持力层选择是复合地基沉降控制的关键因素，大量工程实践表明，选择较好土层作为持力层可明显减少沉降，但应避免长桩成为端承桩，否则不利于发挥桩间土及短桩的作用，甚至造成破坏。

### 15.2 设计

**15.2.1、15.2.2** 长-短桩复合地基工作机理复杂，因此，其承载力特征值应通过现场复合地基竖向抗压载荷试验来确定。在初步设计时，按本规范公式(5.2.5)计算复合地基承载力时需要参照当地工程经验，选取适当的 $\beta_{p1}$、$\beta_{p2}$和 $\beta_s$。这三个系数的概念是，当复合地基加载至承载能力极限状态时，长桩、短桩及桩间土相对于其各自极限承载力的发挥程度，不能理解为工作荷载下三者的荷载分担比。

对 $\beta_{p1}$、$\beta_{p2}$和 $\beta_s$ 取值的主要影响因素有基础刚度，长桩、短桩和桩间土三者间的模量比，长桩面积置换率和短桩面积置换率，长桩和短桩的长度，垫层厚度，场地土的分层及土的工程性质等。

当长-短桩复合地基上的基础刚度较大时，一般情况下，$\beta_s$ 小于 $\beta_{p2}$，$\beta_{p2}$小于 $\beta_{p1}$。此时，长桩如采用刚性桩，其承载力一般能够完全发挥，$\beta_{p1}$可近似取 1.00，$\beta_{p2}$可取 0.70～0.95，$\beta_s$ 可取 0.50～0.90。垫层较厚有利于发挥桩间土地基承载力和柔性短桩竖向抗压承载力，故垫层厚度较大时 $\beta_s$ 和 $\beta_{p2}$可取较高值。当刚性长桩面积置换率较小时，有利于发挥桩间土地基承载力和柔性短桩竖向抗压承载力，$\beta_s$ 和 $\beta_{p2}$ 可取较高值。长-短桩复合地基设计时应注重概念设计。

对填土路堤和柔性面层堆场下的长-短桩复合地基，一般情况下，$\beta_s$ 大于 $\beta_{p2}$，$\beta_{p2}$大于 $\beta_{p1}$。垫层刚度对桩的竖向抗压承载力发挥系数影响较大。若垫层能有效防止刚性桩过多刺入垫层，则 $\beta_{p1}$可取较高值。

**15.2.3** 在短桩的桩端平面，复合地基承载力产生突变，当短桩桩端位于软弱土层时，应验算此深度的软弱下卧层承载力，这也是确定短桩桩长的一个关键因素(另一关键因素是复合地基的沉降控制要求)。短桩桩端平面的附加压力值可根据短桩的类型，由其荷载扩散或传递机理确定。对散体材料桩或柔性桩，按压力扩散法确定，对刚性桩采用等效实体法计算。

**15.2.5** 复合地基沉降采用分层总合法计算时，主要作了两个假设：①长-短桩复合地基中的附加应力分布计算采用均质土地基的计算方法，不考虑长、短桩的存在对附加应力分布的影响；②在复合地基产生沉降时，忽略长、短桩与桩间土之间因刚度、长度不同产生的相对滑移，采用复合压缩模量来考虑桩的作用。

上述假设带来的误差通过复合土层压缩量计算经验系数来调整。在计算时，需要根据当地经验，选择适当的经验系数。

**15.2.6** 为充分发挥桩间土地基承载力和短桩竖向抗压承载力，垫层厚度不宜过小，但垫层厚度过大时，既不利于长桩竖向抗压承载力发挥，又增加成本，因此根据经验，建议垫层厚度采用 100mm～300mm。

垫层材料多为中砂、粗砂、级配良好的砂石等，不宜选用卵石。

**15.2.7** 如果长-短桩复合地基中长桩为刚性桩、短桩为柔性桩，为了充分发挥柔性桩的作用，使刚性长桩与柔性短桩共同作用形成复合地基，要合理选择刚性桩的桩距。对挤土型刚性桩，应严格控制布桩密度，特别是对于深厚软土地区，应尽量减少成桩施工对桩间土的扰动。

### 15.3 施工

**15.3.1** 长桩与短桩的施工顺序可遵守下列原则：

1 挤土桩应先于非挤土桩施工。如果先施工非挤土桩，当挤土桩施工时，挤土效应易使已经施工的非挤土桩偏位、断裂甚至上浮，深厚软土地基上这样施工的后果尤为严重。

2 当两种桩型均为挤土桩时，长桩宜先于短桩施工。如先施工短桩，长桩施工时易使短桩上浮，影响其端阻力的发挥。

**15.3.5** 当基础底面桩间土含水量较大时，应进行试验确定是否采用动力夯实法，避免桩间土地基承载力降低，出现弹簧土现象。对较干的砂石材料，虚铺后可适当洒水再进行碾压或夯实。

**15.3.6** 基础埋深较浅时宜采用人工开挖，基础埋深较深时，可先采用机械开挖，并严格均衡开挖，留一定深度采用人工开挖，以围护桩头质量。

## 16 桩网复合地基

### 16.1 一般规定

**16.1.1** 桩网复合地基适用于有较大工后沉降的场地，特别适用于新近填海地区软土、新近填筑的深厚杂填土、液化粉细砂层和湿陷性土层的地基处理。当桩土共同作用形成复合地基时，桩网复合地基的工作机理与刚性桩复合地基基本一致。当处理新近填土、湿陷性土和欠固结淤泥等地基时，工后沉降较大，桩间土不能与桩共同作用承担上覆荷载，桩帽以上的填土荷载、使用荷载通过填土层、垫层和加筋层共同作用形成土拱，将桩帽以上的荷载全部转移至桩帽由桩承担。此时桩网地基是填土路堤下桩承堤的一种形式。

**16.1.2** 桩网复合地基一般用于填土路堤、柔性面层的堆场和机场跑道等构筑物的地基加固，已广泛应用于桥头路基、高速公路、高速铁路和机场跑道等严格控制工后沉降的工程，具有施工进度快、质量易于控制等特点。

**16.1.3** 当采用桩网复合地基时，还应着重查明加固土层的固结状态、震陷性和湿陷性等特性，判断是否会发生较大的工后沉降。对于大面积新近填土的软土层、未完成自重固结的新近填土层、可液化的粉细砂层和湿陷性土层，均有可能产生较大的工后沉降。在该类地层采用刚性桩复合地基时，应按本规范桩网复合地基的规定和要求进行设计和施工。

**16.1.4** 桩网复合地基以桩承担大部分或全部桩顶以上的填土荷载和使用荷载，桩的竖向抗压承载力、变形性能直接影响复合地基的承载力和变形性状，所以该类地基在正式施工前应进行现场试桩，确定桩的竖向抗压承载力和 $p$-$s$ 曲线。

**16.1.5** 桩网复合地基中的桩可采用刚性桩，也可选用低强度桩。实际上采用低强度桩时布桩间距较密，桩顶不需要设置荷载传递所需的桩帽、加筋层，对填土层高度也无严格要求，在形式上与桩网复合地基不一致。所以，桩网复合地基中的桩普遍指的是刚性桩。

刚性桩的形式有多种，应根据施工可行性和经济性比选桩型。在饱和软黏土地层，不宜采用沉管灌注桩；采用打（压）入预制桩时，应采取合理的施工顺序和必要的孔压消散措施。填土、粉细砂、湿陷性土等松散的土层宜采用挤土桩。

塑料套管桩是专门开发用于桩网复合地基的一种塑料套管就地灌注混凝土桩，桩径为 150mm～250mm，先由专门的机具将带铁靴的塑料套管压入地基土层中，后灌注混凝土，桩帽可一次浇筑，具有施工速度快，饱和软土地层施工影响小等特点。

**16.1.6** 为了充分发挥桩网复合地基刚性桩桩体强度，宜采用较大的布桩间距。但是，加大桩间距时，需加大桩长、增加桩帽尺寸和配筋量，加筋体应具有更高的性能，以及加大填土高度以满足土拱高度要求，结果有可能导致总体造价升高。所以，应综合地质条件、桩的竖向抗压承载力、填土高度等要求，确定桩间距、桩帽尺寸、加筋层和垫层及填土层厚度。

## 16.2 设　计

**16.2.1** 应该根据桩的设计承载力、桩型和施工可行性等因素选用经济合理的桩径，根据国内的施工经验，就地灌注桩的桩径不宜小于 300mm，预应力管桩直径宜选 300mm～400mm，桩体强度较低的桩型可以选用较大的桩径。桩穿过原位十字板强度小于 10kPa 的软弱土层时，应考虑压曲影响。

**16.2.2** 正方形布桩并采用正方形桩帽时，桩帽和加筋层的设计计算较方便。同时加筋层的经向或纬向正交于填方边坡走向时，加筋层对增强边界稳定性最有利。三角形布桩一般采用圆形桩帽，采取等代边长参照正方形桩帽设计方法。

根据实际工程统计，桩网复合地基的桩中心间距与桩径之比大多在 5～8 之间。当桩的竖向抗压承载力高时，应选较大的间距桩径比。但 3.0m 以上的布桩间距较少见。过大桩间距会导致桩帽造价升高，加筋体的性能要求提高，以及填土总厚度加大，在实际工程中不一定是合理方案。

**16.2.3** 单桩竖向抗压承载力应通过试桩确定，在方案设计和初步设计阶段，可根据勘察资料采用现行行业标准《建筑桩基技术规范》JGJ 94 规定的方法按下式计算：

$$R_a = u_p \sum_{i=1}^{n} q_{si} l_i + q_p A_p \tag{11}$$

式中：$u_p$——桩的截面周长（m）；

$n$——桩长范围内所划分的土层数；

$q_{si}$——第 $i$ 层土的桩侧摩阻力特征值（kPa）；

$l_i$——第 $i$ 层土的厚度（m）；

$q_p$——桩端土地基承载力特征值（kPa）。

**16.2.4** 参照现行行业标准《建筑桩基技术规范》JGJ 94 中第 5.4.4 条计算下拉荷载（$Q_n^g$）。计算时要注意负摩阻力取标准值。

**16.2.5** 当处理松散填土层、欠固结软土层、自重湿陷性土等有明显工后沉降的地基时，桩间土的沉陷是一个较缓慢的发展过程，复合地基的载荷试验不能反映桩间土下沉导致不能承担荷载的客观事实，所以不建议采用复合地基竖向抗压载荷试验确定该类地质条件下的桩网复合地基承载力。桩网复合地基主要由桩承担上覆荷载，用桩的单桩竖向抗压载荷试验确定单桩竖向抗压承载力特征值，推算复合地基承载力更为恰当。

对于有工后沉降的桩网复合地基，载荷试验确定的单桩竖向抗压承载力应扣除负摩擦引起的下拉荷载。注意下拉荷载为标准值，当采用特征值计算时应乘以系数 2。

**16.2.6** 当复合地基中的桩和桩间土的相对沉降较小时，桩间土能发挥作用承担一部分上覆荷载，桩网复合地基的工作机理与刚性桩复合地基一致，属于复合地基的一种形式，$\beta_p$ 和 $\beta_s$ 按刚性桩复合地基的规定取值。当桩和桩间土有较大的相对沉降时，不应考虑桩间土分担荷载的作用，$\beta_p$ 取 1.0，$\beta_s$ 取 0。

**16.2.7** 当采用圆形桩帽时，可采用面积相等的原理换算圆形桩帽的等效边长（$a_0$）。等效边长按下式计算：

$$a_0 = \frac{\sqrt{\pi}}{2} d_0 \tag{12}$$

式中：$d_0$——圆形桩帽的直径（m）。

**16.2.8** 桩帽宜采用现浇，可以保证对中和桩顶与桩帽紧密接触。当采用预制桩帽时，一般在预制桩帽的下侧面设略大于桩径的凹槽，安装时对中桩位。桩帽面积与单桩处理面积之比宜取 15%～25%。当桩径为 300mm～400mm 时，桩帽之间的最大净间距宜取 1.0m～2.0m。方案设计时，可预估需要的上覆填土厚度为最大间距的 1.5 倍。

桩帽作为结构构件，采用荷载基本组合验算截面抗弯和抗冲剪承载力（图 13）。

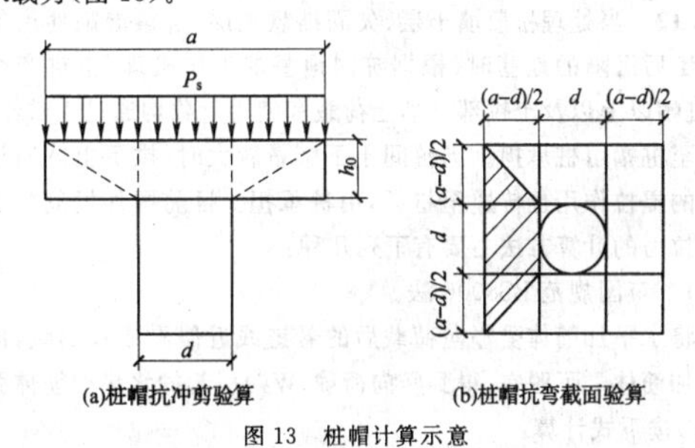


图 13　桩帽计算示意

桩帽抗冲剪按下列公式计算：

$$V_s / u_m h_0 \leqslant 0.7 \beta_{hp} f_t / \eta \tag{13}$$

$$V_s = P_s a^2 - (\tan 45° h_0 + d)^2 \pi P_s / 4 \tag{14}$$

$$u_m = 2(d/2 + \tan 45° h_0 / 2)\pi \tag{15}$$

式中：$V_s$——桩帽上作用的最大冲剪力（kN）；

$P_s$——相应于荷载效应基本组合时，作用在桩帽上的压力值（kPa）；

$\beta_{hp}$——冲切高度影响系数，取 1.0；

$f_t$——混凝土轴心抗拉强度（kPa）；

$\eta$——影响系数，取 1.25。

桩帽截面抗弯承载力按下列公式计算：

$$M_R \geqslant M \tag{16}$$

$$M=\frac{1}{2}P_{s}d\left(\frac{a-d}{2}\right)^{2}+\frac{2}{3}P_{s}\left(\frac{a-d}{2}\right)^{3} \tag{17}$$

式中：$M_R$——截面抗弯承载力(kN·m)；

$M$——桩帽截面弯矩(kN·m)。

**16.2.9** 当处理松散填土层、欠固结软土层、自重湿陷性土等有明显工后沉降的地基时，确定土拱高度是桩网地基填土高度设计的前提，也是计算确定加筋体的依据。实用的土拱计算方法主要有英国规范法、日本细则法和北欧规范法等。

英国规范 BS 8006 法根据 Hewlett、Low 和 Randolph 等人的研究成果，假定土体在压力作用下形成的土拱为半球拱。提出了桩网土拱临界高度的概念，认为路堤的填土高度超过临界高度 [$H_c=1.4(S-a)$] 时，才能产生完整的土拱效应。该规定忽视了路堤填土材料的性质，在对路堤填料有严格限制的条件下，英国规范的方法方便实用。

北欧规范法引用了 Carlsson 的研究成果，假定桩网复合地基平面土拱的形式为三角形楔体，顶角为 30°。可计算得土拱高度为 $H_c=1.87(S-a)$。

日本细则法采用了应力扩散角的概念，同样假定桩网复合地基平面土拱的形式为三角形楔体，顶角为 $2\varphi$，$\varphi$ 为材料的内摩擦角，黏性土取综合内摩擦角(图 14)。

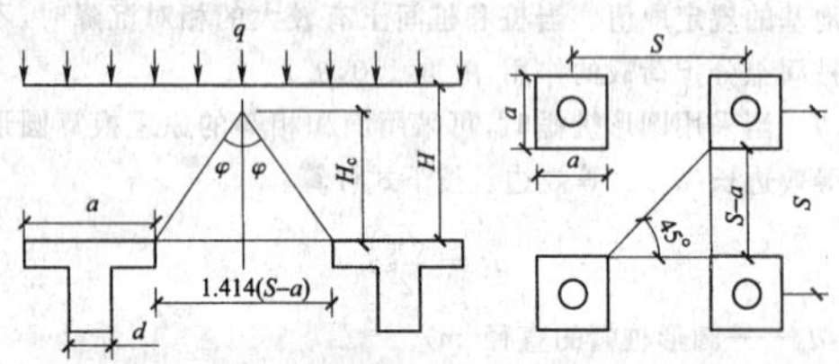


图 14 土拱高度计算示意

桩网复合地基采用间距为 $S$ 的正方形布桩，正方形桩帽边长为 $a$，土拱高度计算应考虑桩帽之间最大的间距，$H_c=0.707(S-a)/\tan\varphi$。当 $\varphi=30°$时，$H_c=1.22(S-a)$；日本细则法另外规定土拱高度计算取 1.2 的安全系数，设计取值时 $H_c=1.46(S-a)$。

目前各国采用的规范方法略有不同，但是考虑到路堤填料规定的差异，各国关于土拱高度计算方法实质上差异较小。

**16.2.12** 当处理松散填土层、欠固结软土层、自重湿陷性土等有明显工后沉降的地基时，根据桩网地基的工作机理，土拱产生之后，桩帽以上以及土拱部分填土荷载和使用荷载均通过土拱作用，传递至桩帽由桩承担。当桩间土下沉量较大时，拱下土体通过加筋体的提拉作用也传递至桩帽，由桩承担。目前国外规范关于加筋体拉力的计算方法主要有下列几种：

**1** 英国规范 BS8006 法。

将水平加筋体受竖向荷载后的悬链线近似看成双曲线，假设水平加筋体之下脱空，得到竖向荷载($W_T$)引起的水平加筋体张拉力($T$)按下式计算：

$$T=\frac{W_{T}(S-a)}{2a}\sqrt{1+\frac{1}{6\varepsilon}} \tag{18}$$

式中：$S$——桩间距(m)；

$a$——桩帽宽度(m)；

$\varepsilon$——水平加筋体应变；

$W_T$——作用在水平加筋体上的土体重量(kN)。

当 $H>1.4(S-a)$时，$W_T$ 按下列公式计算：

$$W_{T}=\frac{1.4S\gamma(S-a)}{S^{2}-a^{2}}\left[S^{2}-a^{2}\left(\frac{C_{c}a}{H}\right)^{2}\right] \tag{19}$$

对于端承桩：

$$C_c=1.95H/a-0.18 \tag{20}$$

对于摩擦桩及其他桩：

$$C_c=1.5H/a-0.07 \tag{21}$$

式中：$H$——填土高度(m)；

$\gamma$——土的重度(kN/m³)；

$C_c$——成拱系数。

**2** 北欧规范法。

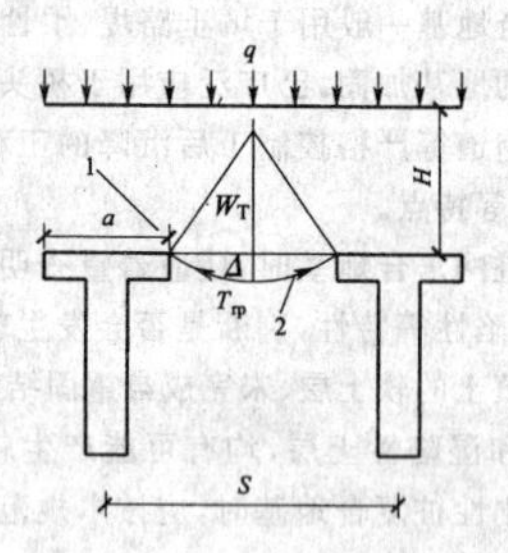


图 15 加筋体计算

1—路堤；2—水平加筋体

北欧规范法的计算模式采用了三角形楔形土拱的假设(图 15)，不考虑外荷载的影响，则二维平面时的土楔重量($W_{T2D}$)按下式计算：

$$W_{T2D}=\frac{(S-a)^{2}}{4\tan 15°}\gamma \tag{22}$$

该方法中水平加筋体张拉力的计算采用了索膜理论，也假定加筋体下面脱空，得到二维平面时的加筋体张拉力($T_{rp2D}$)可按下式计算：

$$T_{rp2D}=W_{T2D}\left(\frac{S-a}{8\Delta}\right)\sqrt{1+\frac{16\Delta^{2}}{(S-a)^{2}}} \tag{23}$$

式中：$\Delta$——加筋体的最大挠度(m)。

瑞典 Rogheck 等考虑了三维效应，得到三维情况下土楔重量($W_{T3D}$)可按下式计算：

$$W_{T3D}=\left(1+\frac{S-a}{2}\right)W_{T2D} \tag{24}$$

则三维情况下水平加筋体的张拉力($T_{rp3D}$)可按下式计算：

$$T_{rp3D}=\left(1+\frac{S-a}{2}\right)T_{rp2D} \tag{25}$$

**3** 日本细则法。

日本细则法考虑拱下三维楔形土体的重量，假定加筋体为矢高 $\Delta$ 的抛物线，土拱下土体荷载均布作用在加筋体上，推导出加筋体张拉力可按下式计算：

$$W=\frac{1}{2}h\gamma\left(S^{2}-\frac{1}{4}a^{2}\right) \tag{26}$$

格栅上的均布荷载：

$$q=\frac{W}{2(S-a)a} \tag{27}$$

加筋体的张力：

$$T_{max}=\sqrt{H^{2}+\left(\frac{q\Delta}{2}\right)^{2}} \tag{28}$$

$$H=q(S-a)^{2}/8\Delta \tag{29}$$

式中：$h$——土拱的计算高度(m)；

$W$——土拱土体的重量(kN)。

**4** 本规范方法。

本规范采用应力扩散角确定的土拱高度，考虑空间效应计算加筋体张拉力(图 16)。

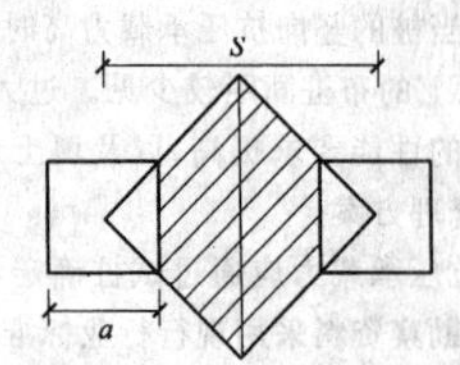


图 16 加筋体计算平面示意

土拱设计高度 $h=1.2H_c$，$H_c=0.707(S-a)/\tan\varphi$(图 16)。

加筋体张拉力产生的向上的分力承担图中阴影部分楔体土的重量，假定加筋体的下垂高度为Δ，变形近似于三角形，土荷载的分项系数取1.35，则加筋体张拉力可按下式计算：

$$T \geqslant \frac{1.35\gamma h(S^2-a^2)\sqrt{(S-a)^2+4\Delta^2}}{32\Delta a} \quad (30)$$

**5** 不同方法计算结果的对比。

此处以一个算例，对比上述不同规范计算土拱高度和加筋拉力的结果。算例中：布桩间距2.0m，桩帽尺寸1.0m，填料内摩擦角取35°、30°和25°三种情况，填土的重度取20kN/m³，填土的总高度大于2.5m，加筋体最大允许下垂量0.1m。土拱的高度和加筋体的拉力分别按照不同的规范方法计算，结果列于表7。

**表7 不同规范土拱高度和加筋体拉力计算比较**

| 采用方法 | | 英国规范BS8006法 | 北欧规范法 | 日本细则法 | 本规范方法 |
|---|---|---|---|---|---|
| $\varphi=35°$ | 土拱高度(m) | 1.68 | 2.24 | 1.45 | 1.45 |
| | 加筋拉力(kN/m) | 64.10 | 101.90 | 49.90 | 58.30 |
| $\varphi=30°$ | 土拱高度(m) | 1.68 | 2.24 | 1.76 | 1.76 |
| | 加筋拉力(kN/m) | 64.10 | 101.90 | 60.70 | 69.40 |
| $\varphi=25°$ | 土拱高度(m) | 1.68 | 2.24 | 2.18 | 2.18 |
| | 加筋拉力(kN/m) | 64.10 | 101.90 | 75.20 | 85.32 |

在本规范确定总填土厚度时，考虑了20%的安全余量。能够保证桩网复合地基形成完整的土拱，不至于在路面产生波浪形的差异沉降。工程实际和模型试验都表明，增加加筋层数能够有效地减小土拱高度。但是，目前这方面还没有定量的计算方法，建议采用有限元等数值方法和足尺模型试验确定多层加筋土土拱高度。

加筋层材料应选用土工格栅、复合土工布等具有铺设简便、造价便宜、材料性能适应性好等特点的土工聚合物材料。宜选用尼龙、涤纶、聚酯材料的经编型、高压聚乙烯和交联高压聚乙烯材料等拉伸型土工格栅，或该类材料的复合土工材料。热压型聚苯稀、低密度聚乙烯等材料制成的土工格栅强度较低、延伸性大、蠕变性明显，不宜采用。玻纤土工格栅强度很高，但是破坏时应变率较小，一般情况下也不适用。

桩与地基土共同作用形成复合地基时，桩帽上部加筋按边坡稳定要求设计。加筋层数和强度均应该由稳定计算的结果确定。多层加筋也可以解决单层加筋强度不够的问题。从桩网加筋起桩间土提兜作用的机理分析，选择两层加筋体时，两层筋材应尽量靠近。但是贴合会减少加筋体与垫层材料的摩擦力，要求之间有10cm左右的间距，所填的材料应与垫层相同。由于两层加筋体所处的位置不同，实际产生的变形量也不同，所以强度发挥也不同。两层相同性质的加筋体，上层筋材发挥的拉力只有下层的60%左右。

加筋体的允许下垂量与地基的允许工后沉降有关，也关系到加筋体的强度性能。当工后沉降控制严格时，允许下垂量Δ取小值。规定的加筋体下垂量越小，加筋体的强度要求就越高。所以，一般情况下本规范推荐取桩帽间距的10%。

**16.2.13** 当桩间土发生较大沉降时，加筋层和桩间土可能脱开，为了避免垫层材料漏到加筋层之下，填料的最小粒径不应小于加筋体的孔径尺寸。如果加筋体的孔径较大，垫层材料粒径不能满足要求时，可在加筋层之上铺设土工布，或者采用复合型的土工格栅。

**16.2.15、16.2.16** 当复合地基中的桩和桩间土发生较大相对沉降时，导致桩帽以上荷载通过土拱作用转移至桩帽，根据土体体积不变的原理，推导出形成稳定土拱所导致的地面沉降量 $s_3$ 的计算公式(16.2.16)。在实际工作中往往更关心工后沉降，桩网复合地基的工后沉降主要由桩受荷后的沉降和桩间土下沉而产生的地面沉降组成，所以控制加筋层的下垂量，对于控制工后沉降有重要作用。

### 16.3 施 工

**16.3.2** 在饱和软土地层施工打入桩、压桩时，随着打入或压入地层的桩数增加，会引起软土层超静孔隙水压力升高，导致打桩或压桩的阻力减小，很难实现施工初期确定的收锤标准和压桩力标准。所以本条规定"饱和黏土地层预制桩沉桩施工时，应以设计桩长控制为主，工艺试桩确定的收锤标准或压桩力控制为辅的方法控制施工桩长。"在工艺试桩过程中，应记录在不同地层、设计桩长时的贯入量或压桩力，结合桩的载荷试验结果，总结出收锤标准和压桩力控制标准。对于成孔就地灌注桩，主要根据钻孔揭示的土层判断持力层来控制桩长。

**16.3.3** 饱和软土地层采用挤土桩施工时，可以采取较长间隔时间跳打、由中间往两侧施工等办法，减小超静孔隙水压力升高对成桩质量和周边环境的影响。必要时在饱和软土层中插塑料排水板或打设砂井等竖向排水通道，促使超静孔隙水压力消散。

**16.3.4** 聚合物土工材料在紫外线强烈曝晒下，都会有一定的强度损失，即发生老化现象。所以在材料的运输、储存和铺设过程中，应尽量避免阳光曝晒。

加筋层的接头可采用锁扣连接、拼接或缝接，加筋层接头的强度不应低于材料抗拉强度设计值的70%。

**16.3.5** 现浇桩帽施工时，要注意桩帽和桩的对中，桩头与桩帽的连接，必要时可在桩顶设构造钢筋与桩帽连接。预制桩帽一定要有可靠的对中措施，安装时桩帽和桩对中、两者密贴。桩帽之间土压实困难，故应采用砂土、石屑等回填。

**16.3.6** 当加筋层以上铺设碎石垫层时，采用振动碾压很容易损伤加筋层。垫层应选用强度高、变形小的填料，铺设平整后可不作压实处理。

### 16.4 质 量 检 验

**16.4.4** 土工合成加筋体抗老化性能测试采用现行国家标准《塑料实验室光源暴露试验方法　第2部分：氙弧灯》GB/T 16422.2光照老化试验的有关规定。光照老化法是指氙弧灯光照辐射强度55W/m²，照射150h，测试加筋体的拉伸强度不小于原有强度的70%。加筋体的其他检测与检验按照现行行业标准《公路工程土工合成材料试验规程》JTGE 50的有关规定和要求进行试验。

## 17 复合地基监测与检测要点

### 17.2 监 测

**17.2.1** 复合地基技术目前还处于半理论、半经验状态，应重视监测，利用监测成果指导施工、完善设计。

**17.2.2** 不少工程事故归因于监控流程不通畅，宜成立以建设管理单位代表为组长包括监理、设计、监测、施工等各方的监控小组，遵循合理可行的监控流程，这对于发挥施工监控的作用，保证工程质量十分必要。

**17.2.5** 上海地区采用沉降控制桩复合地基的部分工程长期监测表明，桩承担荷载逐渐增加，桩间土承担荷载逐渐减少。因此，对重要工程、试验工程、新型复合地基工程等应监测桩土荷载分担情况。

**17.2.8** 应根据施工进度、周边环境等判断监测指标是否合理，工程事故通常伴随地面裂缝或隆起等，因此合理分析监测数据，监测时应记录施工、周边环境变化等情况。

### 17.3 检 测

**17.3.1** 当荷载大小、荷载作用范围、荷载类型、地基处理方案等不同时，检测内容有所不同，应根据工程特点确定主要检测内容。填土路堤和柔性面层堆场等工程的复合地基往往受地基稳定性和沉降控制，应注重检测竖向增强体质量。

**17.3.3** 检测方案宜包括以下内容：工程概况、检测方法及其依据的标准、抽样方案、所需的机械或人工配合、试验周期等。

复合地基检测方法有平板载荷试验、钻芯法、动力触探试验、土工试验、低应变法、高应变法、声波透射法等，应根据检测目的和工程特点选择合适的检测方法（表8）。

表8 适宜的检测和监测方法

| 被检体 | PLT | BCM | SPT | DPT | CPT | LSM | HSM |
|---|---|---|---|---|---|---|---|
| 桩间土 | √ | √ | √ | √ | √ | — | — |
| 桩端持力层 | — | √ | √ | √ | — | — | — |
| 挤密砂石桩及其复合地基 | √ | — | — | √ | — | — | — |
| 置换砂石桩及其复合地基 | √ | — | — | √ | — | — | — |
| 强夯置换墩及其复合地基 | √ | — | — | √ | — | — | — |
| 深层搅拌桩及其复合地基 | √ | √ | √ | √ | — | — | — |
| 高压旋喷桩及其复合地基 | √ | √ | √ | √ | — | — | — |
| 素土挤密桩及其复合地基 | √ | √ | √ | √ | — | — | — |
| 灰土挤密桩及其复合地基 | √ | √ | — | — | — | — | — |
| 夯实水泥土桩及其复合地基 | √ | √ | — | — | — | — | — |
| 石灰桩及其复合地基 | √ | √ | √ | √ | √ | — | — |
| 灌注桩及其复合地基 | √ | √ | — | — | — | √ | √ |
| 预制桩及其复合地基 | √ | — | — | — | — | √ | √ |

注：表中PLT为平板载荷试验，BCM为钻芯法，SPT为标准贯入试验，DPT为圆锥动力触探，CPT为静力触探，LSM为低应变法，HSM为高应变法。

散体材料桩或抗压强度较低的深层搅拌桩、高压旋喷桩采用平板载荷试验难以反映复合地基深处的加固效果，宜采用标准贯入、钻芯（胶结桩）、动力触探等手段检查桩长、桩间土、桩体质量。由于钻芯法适用深度小，难以反映灌注桩缩径、断裂等缺陷，所以小直径刚性桩应采用低应变法、高应变法或静载试验进行检测。复合地基检测方法和数量宜由设计单位根据工程具体情况确定。由静载试验检测散体材料桩、柔性桩复合地基浅层的承载力以及刚性桩复合地基的承载力。对于柔性桩复合地基，单桩竖向抗压载荷试验比复合地基竖向抗压载荷试验更易检测桩体质量。

**17.3.5** 为真实反映工程地基实际加固效果，应待竖向增强体及其周围土体物理力学指标稳定后进行质量检验。地基处理施工完毕至检测的间隙时间受地基处理方法、施工工艺、地质条件、荷载特点等影响，应根据工程特点具体确定。

不加填料振冲挤密处理地基，间歇时间可取7d～14d；振冲桩复合地基，对粉质黏土间歇时间可取21d～28d，对粉土间歇时间可取14d～21d；砂石桩复合地基，对饱和黏性土应待孔压消散后进行，间歇时间不宜小于28d，对粉土、砂土和杂填土地基，不宜少于7d；水泥土桩复合地基间歇时间不应小于28d；强夯置换墩复合地基间歇时间可取28d；灌注桩复合地基间歇时间不宜小于28d；黏性土地基中的预制桩复合地基间歇时间不宜小于14d。

**17.3.7** 验证检测应符合以下规定：

1 可根据平板载荷试验结果，综合分析评价动力触探试验等地基承载力检测结果。

2 地基浅部缺陷可采用开挖验证。

3 桩体或接头存在缺陷的预制桩可采用高应变法进行验证。

4 可采用钻芯法、高应变法验证低应变法检测结果。

5 对于声波透射法检测结果有异议时，可重新检测或在同一根桩进行钻芯法验证。

6 可在同一根桩增加钻孔验证钻芯法检测结果。

7 可采用单桩竖向抗压载荷试验验证高应变法单桩竖向抗压承载力检验结果。

扩大抽检的数量宜按不满足设计要求的点数加倍扩大抽检：

1 平板载荷试验、单桩竖向抗压承载力检测或钻芯法抽检结果不满足设计要求时，应按不满足设计要求的数量加倍扩大抽检。

2 采用低应变法抽检桩体完整性所发现的Ⅲ、Ⅳ类桩之和大于抽检桩数的20%时，应按原抽检比例扩大抽检。两次抽检的Ⅲ、Ⅳ类桩之和仍大于抽检桩数20%时，该批桩应全部检测。Ⅲ、Ⅳ类桩之和不大于抽检桩数20%时，应研究处理方案或扩大抽检的方法和数量。

3 采用高应变法和声波透射法抽检桩体完整性所发现的Ⅲ、Ⅳ类桩之和大于抽检桩数的20%时，应按原抽检比例扩大抽检。当Ⅲ、Ⅳ类桩之和不大于抽检桩数的20%时，应研究处理方案或扩大抽检的方法和数量。

4 动力触探等方法抽检孔数超过30%不满足设计要求时，应按不满足设计要求的孔数加倍扩大抽检，或适当增加平板载荷试验数量。

## 附录A 竖向抗压载荷试验要点

**A.0.1** 复合地基采用的桩往往与桩基础的桩不同，前者有时采用散体材料桩、柔性桩，后者均采用刚性桩，相应的载荷试验方法应有区别。

**A.0.3** 单桩（墩）复合地基竖向抗压载荷试验的承压板可用圆形或方形，多桩（墩）复合地基竖向抗压载荷试验的承压板可用方形或矩形。

**A.0.5** 垫层的材料、厚度等对复合地基的承载力影响较大，承压板底面以下可铺设50mm的中、粗砂垫层，桩（墩）顶范围内的垫层厚度为100mm～150mm（桩体强度高时取大值）。垫层厚度对桩土荷载分担比和复合地基 $p$-$s$ 曲线影响很大，有条件时应采用设计要求的垫层材料、厚度进行试验。为尽量接近工程实际的侧向约束条件、减少垫层受压流动和压缩产生的沉降，垫层应在整个试坑内铺设并夯至设计密实度。

**A.0.6** 采用并联于千斤顶油路的压力表或压力传感器测定油压，根据千斤顶率定曲线换算荷载时，压力表精度应优于或等于0.4级。

**A.0.7** 按照本规范第A.0.15条确定一个检验批承载力特征值的做法，3点中，2点承载力特征值的试验值为设计承载力特征值的0.9倍，一点为1.2倍时最易出现误判现象。为避免误判，试验荷载（P）应符合下式要求：

$$P \geqslant \frac{2.4R_{sp}n}{n-1} \tag{31}$$

式中：$P$——最大试验荷载（kN）；

$R_{sp}$——承压板覆盖范围设计承载力特征值（kN）；

$n$——破坏时的加载级数。

采用8级荷载时，$P$ 为 $R_{sp}$ 的2.75倍；采用10级时，$P$ 为 $R_{sp}$ 的2.67倍。为避免 $p$-$s$ 曲线承载力偏小的试验点过少，加载分级宜大于8级。

预压的目的是减少接触空隙及垫层压缩量。垫层较厚时，垫层本身的压缩量较大，对确定地基承载力可能产生误导，因此建议增大预压荷载。

**A.0.8** 处理对象为软黏土地基，散体材料桩（墩）复合地基、柔性桩复合地基承载板宽度（直径）大于2m时，达到沉降稳定标准的时间较长，应适当放宽稳定标准以缩短试验时间。深圳规定当总加载量超过设计荷载时，沉降速率小于0.25mm/h时可以加下一级荷载；国家现行标准《上海地基处理技术规范》DG/TJ 08—40对碎（砂）石桩、强夯置换墩复合地基，稳定标准取0.25mm/h；国家现行标准《火力发电厂振冲法地基处理技术规范》DL/T 5101、《石油化工钢储罐地基处理技术规范》SH/T 3083对饱和黏性土地基中的振冲桩或砂石桩复合地基竖向抗压载荷试验稳定标准取0.25mm/h。

**A.0.9、A.0.10** 相对沉降为总沉降与承压板宽度或直径之比。载荷试验确定承载力特征值的相对沉降是根据大量载荷试验承载力特征值对应的相对沉降统计分析得到的，起源于其他方法确定的承载力特征值，没有具体的物理意义，与上部结构的容许变形、实际变形均无必然联系。即使承压板尺寸与基础尺寸相同，由于荷载作用时间不同测定的沉降也与实际沉降不同，载荷试验只是测定承载力，不能代替沉降验算；另外，不同行业、不同增强体类型相对沉降差别较大，可操作性差。为减少需要采用相对沉降确定承载力特征值的概率，对终止试验的相对沉降由现行国家标准《岩土工程勘察规范》GB 50021 中规定的 0.06 增大至 0.10。

**A.0.12～A.0.14** 散体材料桩、柔性桩复合地基采用比例界限对应的荷载确定承载力特征值往往严重偏小，应用价值不大，本规范未采用。

单桩竖向抗压极限承载力对应的总沉降、相对沉降主要参考现行行业标准《建筑基桩检测技术规范》JGJ 106，并考虑散体材料桩（墩）、柔性桩桩体压缩性较大的特点。

散体材料桩（墩）与桩（墩）间土变形协调，复合地基形状与天然地基类似，参考天然地基取值。淤泥地基中深层搅拌桩、高压旋喷桩竖向抗压承载力受桩体强度限制，桩体破坏时沉降较小，因此采用较小的相对沉降。复合地基承载力特征值对应的相对沉降参考表 9 规定的数值。

复合地基承载力特征值也可按下式计算：

$$f_{spk}=\frac{mf_{puk}+\beta(1-m)f_{suk}}{K_c} \tag{32}$$

式中：$f_{spk}$——复合地基承载力特征值（kPa）；

$\beta$——桩间土地基承载力折减系数；

$f_{puk}$——桩竖向抗压极限承载力标准值（kPa）；

$f_{suk}$——桩间土地基极限承载力标准值（kPa）；

$K_c$——综合安全系数。

除散体材料桩（墩）外，综合安全系数 $K_c$ 必然大于 2，因此复合地基承载力特征值取极限承载力除以 2～3 的安全系数。

**表 9 复合地基承载力特征值对应相对沉降标准**

| 国家现行标准 | 砂石桩 | 强夯置换墩 | CFG 桩、素混凝土桩、夯实水泥土桩 | 高压旋喷桩 | 深层搅拌桩、劲性搅拌桩 | 石灰桩、柱锤冲扩桩 | 灰土挤密桩 | 刚柔性桩 |
|---|---|---|---|---|---|---|---|---|
| 建筑地基处理技术规范 JGJ 79 | 黏性土为主 0.015，粉土、砂土为主 0.010 | 黏性土为主 0.015，粉土、砂土为主 0.010 | 卵石、圆砾、密实中粗砂为主 0.008，黏性土、粉土为主 0.010 | 0.060 | 0.060 | 0.012 | 0.008 | — |
| 建筑地基基础检测规范 DBJ 15—60 | 黏性土为主 0.013，粉土、砂土为主 0.009 | 黏性土、粉质黏土为主 0.010 | 同 JGJ 79 | 黏性土、粉质黏土为主 0.007 | 黏性土、粉质黏土为主 0.005，小区道路 0.010 | — | — | — |
| 建筑地基处理技术规范 DBJ 15—38 | 同 JGJ 79 | — | 0.010～0.015 | 0.006～0.010，多桩取高值，淤泥等软黏土取低值 | | — | — | — |
| 深圳地区地基处理技术规范 SJG 04—96 | — | 0.015～0.020 | — | 0.006～0.010 | 0.006～0.010 | — | — | — |
| 上海地基处理技术规范 DGTJ 08—40 | 0.070（极限承载力） | | — | 0.050（极限承载力） | | — | — | — |
| 石油化工钢储罐地基处理技术规范 SH/T 3083 | 黏性土为主 0.020，粉土、砂土为主 0.015 | — | — | — | — | 0.010～0.015 | 0.008 | — |
| CM 三维高强复合地基技术规程 苏 JG/T 021 | — | — | — | — | — | — | — | 0.008 |
| 劲性搅拌桩技术规程 DB 29—102 | — | — | — | — | 0.006 | — | — | — |
| 火力发电厂振冲法地基处理技术规范 DL/T 5101 | 黏性土为主 0.020，粉土、砂土为主 0.015 | — | — | — | — | — | — | — |
| 水电水利工程振冲法地基处理技术规范 DL/T 5214 | 黏性土、粉土为主 0.015，砂土为主 0.010 | — | — | — | — | — | — | — |
| 港口工程碎石桩复合地基设计与施工规程 JTJ 246 | 黏性土为主 0.015，粉土、砂土为主 0.010 | — | — | — | — | — | — | — |

中华人民共和国国家标准

# 复合土钉墙基坑支护技术规范

Technical code for composite soil nailing wall in retaining and protection of excavation

**GB 50739—2011**

主编部门：山 东 省 住 房 和 城 乡 建 设 厅
批准部门：中华人民共和国住房和城乡建设部
施行日期：2 0 1 2 年 5 月 1 日

# 中华人民共和国住房和城乡建设部
# 公　　告

## 第1159号

### 关于发布国家标准《复合土钉墙基坑支护技术规范》的公告

现批准《复合土钉墙基坑支护技术规范》为国家标准，编号为GB 50739－2011，自2012年5月1日起实施。其中，第6.1.3条为强制性条文，必须严格执行。

本规范由我部标准定额研究所组织中国计划出版社出版发行。

**中华人民共和国住房和城乡建设部**

二〇一一年九月十六日

## 前　言

本规范是根据住房和城乡建设部《关于印发〈2009年工程建设标准规范制订、修订计划（第一批）〉的通知》（建标〔2009〕88号文）的要求，由济南大学和江苏省第一建筑安装有限公司会同中国京冶工程技术有限公司等11个单位共同编制完成。

本规范在编制过程中，编制组调查总结了近年来复合土钉墙基坑支护的实践经验，吸收了国内外相关科技成果，开展了多项专题研究并形成了专题研究报告。本规范的初稿、征求意见稿通过各种方式在全国范围内广泛征求了意见，并经多次编制工作会议讨论、反复修改后，形成送审稿，最后经审查定稿。

本规范共分7章和2个附录，主要内容包括总则、术语和符号、基本规定、勘察、设计、施工与检测、监测等。

本规范中以黑体字标志的条文为强制性条文，必须严格执行。

本规范由住房和城乡建设部负责管理和对强制性条文的解释，山东省住房和城乡建设厅负责日常管理，济南大学负责具体技术内容的解释。为了提高本规范的质量，请各单位在执行过程中，注意总结经验，积累资料，随时将有关意见和建议反馈给济南大学国家标准《复合土钉墙基坑支护技术规范》管理组（地址：山东省济南市济微路106号，邮政编码：250022），以供今后修订时参考。

本规范主编单位、参编单位、主要起草人和主要审查人：

主 编 单 位：济南大学
江苏省第一建筑安装有限公司

参 编 单 位：中国京冶工程技术有限公司
同济大学
中国科学院武汉岩土力学研究所
昆山市建设工程质量检测中心
济南鼎汇土木工程技术有限公司
武汉市勘测设计研究院
胜利油田胜利工程建设（集团）有限责任公司
济南四建（集团）有限责任公司
山东宁建建设集团有限公司
南通市欣达工程股份有限公司
山东鑫国基础工程有限公司

主要起草人：刘俊岩　杨志银　孔令伟　应惠清　付文光　刘　燕　李象范　史春乐　任　锋　马凤生　王　勇　杨育文　顾浩声　张　军　原玉磊　鞠建中　赵吉刚　杨根才　刘厚纯　刘　俭　殷伯清　王庆军　沈　灏　曾剑峰

主要审查人：赵志缙　程良奎　宋二祥　桂业琨　张旷成　高文生　王士川　吴才德　刘小敏　焦安亮　冯晓腊

# 目　次

# Contents

# 1 总 则

**1.0.1** 为使复合土钉墙基坑支护工程达到安全适用、技术先进、经济合理、质量可靠及保护环境的要求，制定本规范。

**1.0.2** 本规范适用于建筑与市政工程中复合土钉墙基坑支护工程的勘察、设计、施工、检测和监测。

**1.0.3** 复合土钉墙支护工程应综合考虑工程地质与水文地质条件、场地及周边环境限制要求、基坑规模与开挖深度、施工条件等因素的影响，并结合工程经验，合理设计、精心施工、严格检测和监测。

**1.0.4** 复合土钉墙基坑支护工程除应符合本规范外，尚应符合国家现行有关标准的规定。

# 2 术语和符号

## 2.1 术 语

**2.1.1** 土钉 soil nail

采用成孔置入钢筋或直接钻进、击入钢花管，并沿杆体全长注浆的方法形成的对原位土体进行加固的细长杆件。

**2.1.2** 土钉墙 soil nailing wall

由土钉群、被加固的原位土体、钢筋网混凝土面层等构成的基坑支护形式。

**2.1.3** 预应力锚杆 pre-stressed anchor

能将张拉力传递到稳定的岩土体中的一种受拉杆件，由锚头、杆体自由段和杆体锚固段组成。

**2.1.4** 截水帷幕 curtain for cutting off water

沿基坑侧壁连续分布，由水泥土桩相互咬合搭接形成，起隔水、超前支护和提高基坑稳定性作用的壁状结构。

**2.1.5** 微型桩 mini-sized pile

沿基坑侧壁断续分布，用于控制基坑变形、提高基坑稳定性的各种小断面竖向构件。

**2.1.6** 复合土钉墙 composite soil nailing wall

土钉墙与预应力锚杆、截水帷幕、微型桩中的一类或几类结合而成的基坑支护形式。

**2.1.7** 截水帷幕复合土钉墙 composite soil nailing wall with curtain for cutting off water

由截水帷幕与土钉墙结合而成的基坑支护形式。

**2.1.8** 预应力锚杆复合土钉墙 composite soil nailing wall with pre-stressed anchor

由预应力锚杆与土钉墙结合而成的基坑支护形式。

**2.1.9** 微型桩复合土钉墙 composite soil nailing wall with mini-sized pile

由微型桩与土钉墙结合而成的基坑支护形式。

## 2.2 符 号

**2.2.1** 土的物理力学指标

$c$——土的粘聚力；

$d_s$——坑底土颗粒的相对密度；

$e$——坑底土的孔隙比；

$\gamma_1$、$\gamma_2$——分别为地表、坑底至微型桩或截水帷幕底部各土层加权平均重度；

$\varphi$——土的内摩擦角。

**2.2.2** 几何参数

$A$——构件的截面面积；

$d_j$——第 $j$ 根土钉直径；

$H$——基坑开挖深度；

$h_j$——第 $j$ 根土钉与基坑底面的距离；

$h_c$——承压水层顶面至基坑底面的距离；

$L_i$——第 $i$ 个土条在滑弧面上的弧长；

$l_j$——第 $j$ 根土钉长度；

$S_{xj}$——第 $j$ 根土钉与相邻土钉的平均水平间距；

$S_{zj}$——第 $j$ 根土钉与相邻土钉的平均竖向间距；

$t$——微型桩或截水帷幕在基坑底面以下的深度；

$\alpha_j$——第 $j$ 根土钉与水平面之间的夹角；

$\alpha_{mj}$——第 $j$ 根预应力锚杆与水平面之间的夹角；

$\beta$——土钉墙坡面与水平面的夹角；

$\theta_i$——第 $i$ 个土条在滑弧面中点处的法线与垂直面的夹角；

$\theta_j$——第 $j$ 根土钉或预应力锚杆与滑弧面相交处，滑弧切线与水平面的夹角。

**2.2.3** 作用、作用效应及承载力

$E_a$——朗肯主动土压力；

$f_{yj}$——第 $j$ 根土钉杆体材料抗拉强度设计值；

$h_w$——基坑内外的水头差；

$i$——渗流水力梯度；

$i_c$——基坑底面土体的临界水力梯度；

$k_a$——主动土压力系数；

$N_{uj}$——第 $j$ 根土钉在稳定区（即滑移面外）所提供的摩阻力；

$p$——土钉长度中点所处深度位置的土体侧压力；

$p_m$——土钉长度中点所处深度位置由土体自重引起的侧压力；

$p_q$——土钉长度中点所处深度位置由地表及土体中附加荷载引起的侧压力；

$P_{uj}$——第 $j$ 根预应力锚杆在稳定区（即滑移面外）的极限抗拔力；

$P_w$——承压水水头压力；

$q_{sik}$——第 $i$ 层土体与土钉的粘结强度标准值；

$q$——地面及土体中附加荷载；

$T_{jk}$——土钉轴向荷载标准值；

$T_{yj}$——第 $j$ 根土钉验收抗拔力；

$T_m$——土钉极限抗拔力；

$W_i$——第 $i$ 个土条重量，包括作用在该土条上的各种附加荷载；

$\zeta$——坡面倾斜时荷载折减系数；

$\tau_q$——假定滑移面处相应龄期截水帷幕的抗剪强度标准值；

$\tau_y$——假定滑移面处微型桩的抗剪强度标准值。

**2.2.4** 计算系数及其他

$K_s$——整体稳定性安全系数；

$K_{s0}$、$K_{s1}$、$K_{s2}$、$K_{s3}$、$K_{s4}$——整体稳定性分项抗力系数，分别为土、土钉、预应力锚杆、截水帷幕及微型桩产生的抗滑力矩与土体下滑力矩比；

$K_l$——坑底抗隆起稳定性安全系数；

$K_{w1}$——抗渗流稳定性安全系数；

$K_{w2}$——抗突涌稳定性安全系数；

$N_q$、$N_c$——坑底抗隆起验算时的地基承载力系数；

$\psi$——土钉的工作系数；

$\eta_1$、$\eta_2$、$\eta_3$、$\eta_4$——土钉、预应力锚杆、截水帷幕及微型桩组合作用折减系数。

## 3 基本规定

**3.0.1** 复合土钉墙基坑支护安全等级的划分应符合现行行业标准《建筑基坑支护技术规程》JGJ 120 的有关规定。

**3.0.2** 复合土钉墙基坑支护可采用下列形式：

1 截水帷幕复合土钉墙。

2 预应力锚杆复合土钉墙。

3 微型桩复合土钉墙。

4 土钉墙与截水帷幕、预应力锚杆、微型桩中的两种及两种以上形式的复合。

**3.0.3** 复合土钉墙适用于黏土、粉质黏土、粉土、砂土、碎石土、全风化及强风化岩，夹有局部淤泥质土的地层中也可采用。地下水位高于基坑底时应采取降排水措施或选用具有截水帷幕的复合土钉墙支护。坑底存在软弱地层时应经地基加固或采取其他加强措施后再采用。

**3.0.4** 软土地层中基坑开挖深度不宜大于 6m，其他地层中基坑直立开挖深度不宜大于 13m，可放坡时基坑开挖深度不宜大于 18m。

**3.0.5** 复合土钉墙基坑支护方案应根据工程地质、水文地质条件、环境条件、施工条件以及使用条件等因素，通过工程类比和技术经济比较确定。

**3.0.6** 复合土钉墙基坑支护工程的使用期不应超过 1 年，且不应超过设计规定。超过使用期后应重新对基坑进行安全评估。

**3.0.7** 复合土钉墙基坑支护设计和验算采用的岩土性能指标应根据地质勘察报告、基坑降水、固结的情况，按相关参数试验方法并结合邻近场地的工程类比、现场试验、当地经验作出分析判断后合理取值。侧压力计算时，宜采用直剪快剪指标或三轴固结不排水剪切指标。稳定性验算时，饱和软黏土宜采用三轴不固结不排水剪切、直剪快剪指标或十字板剪切试验指标，粉土、砂性土、碎石土宜采用原位测试取得的有效应力指标，其他土层宜采用三轴固结不排水剪切或直剪固结快剪指标。

**3.0.8** 复合土钉墙应按照承载能力极限状态和正常使用极限状态两种极限状态进行设计。支护结构的构件强度、基坑稳定性、锚杆的抗拔力等应按承载能力极限状态进行验算，支护结构的位移计算、基坑周边环境的变形应按正常使用极限状态进行验算。

**3.0.9** 复合土钉墙用于对变形控制有严格要求的基坑支护时，应根据工程经验采用工程类比法，并结合数值法进行变形分析预测。

**3.0.10** 施工前，施工单位应按照审核通过的基坑工程设计方案，根据工程地质与水文地质条件、施工工艺、作业条件和基坑周边环境限制条件，编制专项施工方案。

**3.0.11** 复合土钉墙基坑支护工程应实施监测。监测单位应编制监测方案，并依据监测方案实施监测。设计和施工单位应及时掌握监测情况，并实施动态设计和信息化施工。

## 4 勘 察

**4.0.1** 基坑工程的岩土勘察和周边环境调查应与拟建建筑的岩土工程勘察同时进行。当已有勘察成果不能满足基坑工程设计和施工要求时，应补充基坑工程专项勘察。

**4.0.2** 基坑工程勘察的范围应根据基坑的复杂程度、设计要求和场地条件综合确定。勘察的平面范围宜超出基坑开挖边界线外开挖深度的 2 倍，且不宜小于土钉或锚杆估算长度的1.2 倍。

**4.0.3** 勘探点宜沿基坑边线布置，基坑每边中间位置、基坑主要转角处、相邻重要建（构）筑物附近应布置勘探点，勘察点间距宜取 15m～25m。若地下存在障碍物或软土、饱和粉细砂、暗沟和暗塘等特殊地段以及岩溶地区应适当加密勘探点，查明其分布和工程特性。

**4.0.4** 勘探孔深度宜为基坑开挖深度的 2.0 倍～3.0 倍；基坑底面以下存在软弱土层或承压含水层时，勘探孔应穿过软弱土层或承压含水层。在勘探深度范围内如遇中等风化及微风化岩石时，可减小勘探孔深度。

钻入基坑底以下的砂土、粉土中的钻探孔应及时进行封堵。

**4.0.5** 主要土层的取样和原位测试数量应根据基坑安全等级、规模、土层复杂程度等确定。每一主要土层的原状土试样或原位测试数据不应少于6个（组），当土层差异性较大时，应增加取样或原位测试数量。

**4.0.6** 土的抗剪强度试验方法应根据复合土钉墙实际工作状况确定，且应与基坑工程设计计算所采用的指标要求相符合。

**4.0.7** 勘察阶段应查明地下水类型、地下水位、含水层埋深和厚度、相对不透水层埋深和厚度、与外界的水力联系、承压水头以及施工期间地下水变化等情况。必要时应进行现场试验，确定土层渗透系数和影响半径。

**4.0.8** 周边环境调查的内容应包括：

1 基坑开挖影响范围内既有建筑的层数、结构形式、基础形式与埋深及建成时间、沉降变形和损坏情况。

2 基坑开挖影响范围内的暗沟、暗塘、暗浜、老河道、轨道交通设施、地下人防设施及地下管线等的类型、空间尺寸、埋深及其重要性，贮水、输水等用水设施及其渗漏情况。必要时，可用坑探或工程物探方法查明。

3 场地周围地表水汇流和排泄条件。

4 场地周围道路的类型、位置及宽度、车辆最大荷载情况等。

5 场地周围堆载及其他与基坑工程设计、施工相关的信息。

**4.0.9** 勘察报告应包括下列主要内容：

1 对基坑工程影响深度范围内的岩土层埋藏条件、分布和特性作出综合分析评价。

2 阐明地下水的埋藏情况、类型、水位及其变化幅度、与地表水间的联系以及土层的渗流条件。

3 提供基坑工程影响范围内的各岩土层物理、力学试验指标的统计值和计算参数的建议值。

4 阐明填土、暗浜、地下障碍物等浅层不良地质现象分布情况，评价对基坑工程的影响，并对设计、施工提出建议。

5 分析评价地下水位变化对周边环境的影响以及施工过程中可能形成的流土、管涌、坑底突涌等现象，并对设计、施工提出建议。

6 对支护方案选型、地下水控制方法、环境保护和监测提出建议。

7 勘察成果文件应附下列图件：

1）勘探点平面布置图；

2）工程地质柱状图；

3）工程地质剖面图；

4）室内土（水）试验成果图表；

5）原位测试成果图表；

6）其他所需的成果图表，如暗浜分布、地下障碍物分布图等。

# 5 设 计

## 5.1 一 般 规 定

**5.1.1** 复合土钉墙基坑支护的设计应包括下列内容：

1 支护体系与各构件选型及布置。

2 支护构件设计。

3 基坑稳定性分析验算。

4 各构件及连接件的构造设计。

5 变形控制标准及周边环境保护要求。

6 地下水和地表水处理。

7 土方开挖要求。

8 施工工艺及技术要求。

9 质量检验和监测要求。

10 应急措施要求。

**5.1.2** 设计计算时可取单位长度按平面应变问题分析计算。

**5.1.3** 设计荷载除土压力、水压力外，还应包括邻近建筑、材料、机具、车辆等附加荷载。地面上的附加荷载应按实际作用值计取，实际值如小于20kPa，宜按20kPa的均布荷载计取。

**5.1.4** 设计计算时对邻近基坑侧壁的承台、地梁、集水坑、电梯井等坑中坑，应根据坑中坑的开挖深度确定基坑设计深度。

**5.1.5** 对缺乏类似工程经验的地层及安全等级为一级的基坑，土钉及预应力锚杆均应先进行基本试验，并根据试验结果对初步设计参数及施工工艺进行调整。

**5.1.6** 预应力锚杆抗拔承载力和杆体抗拉承载力验算应按现行行业标准《建筑基坑支护技术规程》JGJ 120的有关规定执行。

**5.1.7** 土钉与土体界面粘结强度 $q_{sk}$ 宜按照附录A的方法通过抗拔基本试验确定；无试验资料或无类似经验时，可按表5.1.7初步取值。

**表 5.1.7 土钉与土体之间粘结强度标准值 $q_{sk}$（kPa）**

| 土的名称 | 土的状态 | 土钉 |
|---|---|---|
| 素填土 | — | 15～30 |
| 淤泥质土 | — | 10～20 |
| 黏性土 | 流塑 | 15～25 |
| | 软塑 | 20～35 |
| | 可塑 | 30～50 |
| | 硬塑 | 45～70 |
| | 坚硬 | 55～80 |
| 粉土 | 稍密 | 20～40 |
| | 中密 | 35～70 |
| | 密实 | 55～90 |

续表 5.1.7

| 土的名称 | 土的状态 | 土钉 |
| --- | --- | --- |
| 砂土 | 松散 | 25～50 |
| | 稍密 | 45～90 |
| | 中密 | 60～120 |
| | 密实 | 75～150 |

注：1 钻孔注浆土钉采用压力注浆或二次注浆时，表中数值可适当提高。

2 钢管注浆土钉在保证注浆质量及倒刺排距 0.25m～1.0m 时，外径 48mm 的钢管，土钉外径可按 60mm～100mm 计算，倒刺较密时可取较大值。

3 对于粉土，密实度相同，湿度越高，取值越低。

4 对于砂土，密实度相同，粉细砂宜取较低值，中砂宜取中值，粗砾砂宜取较高值。

5 土钉位于水位以下时宜取较低值。

**5.1.8** 土钉和锚杆的设置不应对既有建筑、地下管线以及邻近的后续工程造成损害。

**5.1.9** 季节性冻土地区应根据冻胀及冻融对复合土钉墙的不利影响采取相应的防护措施。

**5.1.10** 基坑需要降水时，应事先分析降水对周边环境产生的不良影响。

**5.1.11** 基坑内设置车道时，应验算车道边坡的稳定性，并采取必要的加固措施。

**5.1.12** 复合土钉墙除应满足基坑稳定性和承载力的要求外，尚应满足基坑变形的控制要求。当基坑周边环境对变形控制无特殊要求时，可依据地层条件、基坑安全等级按照表 5.1.12 确定复合土钉墙变形控制指标。

**表 5.1.12 复合土钉墙变形控制指标（基坑最大侧向位移累计值）**

| 地层条件 | 基坑安全等级 | | |
| --- | --- | --- | --- |
| | 一级 | 二级 | 三级 |
| 黏性土、砂性土为主 | 0.3%$H$ | 0.5%$H$ | 0.7%$H$ |
| 软土为主 | — | 0.8%$H$ | 1.0%$H$ |

注：$H$——基坑开挖深度。

当基坑周边环境对变形控制有特殊要求时，复合土钉墙变形控制指标应同时满足周边环境对基坑变形的控制要求。

## 5.2 土钉长度及杆体截面确定

**5.2.1** 土钉长度及间距可按表 5.2.1 列出的经验值作初步选择，也可按本规范第 5.2.2 条～第 5.2.5 条的规定通过计算初步确定，再根据基坑整体稳定性验算结果最终确定。

**表 5.2.1 土钉长度与间距经验值**

| 土的名称 | 土的状态 | 水平间距（m） | 竖向间距（m） | 土钉长度与基坑深度比 |
| --- | --- | --- | --- | --- |
| 素填土 | — | 1.0～1.2 | 1.0～1.2 | 1.2～2.0 |
| 淤泥质土 | — | 0.8～1.2 | 0.8～1.2 | 1.5～3.0 |
| 黏性土 | 软塑 | 1.0～1.2 | 1.0～1.2 | 1.5～2.5 |
| | 可塑 | 1.2～1.5 | 1.2～1.5 | 1.0～1.5 |
| | 硬塑 | 1.4～1.8 | 1.4～1.8 | 0.8～1.2 |
| | 坚硬 | 1.8～2.0 | 1.8～2.0 | 0.5～1.0 |
| 粉土 | 稍密、中密 | 1.0～1.5 | 1.0～1.4 | 1.2～2.0 |
| | 密实 | 1.2～1.8 | 1.2～1.5 | 0.6～1.2 |
| 砂土 | 稍密、中密 | 1.2～1.6 | 1.0～1.5 | 1.0～2.0 |
| | 密实 | 1.4～1.8 | 1.4～1.8 | 0.6～1.0 |

**5.2.2** 单根土钉长度 $l_j$（图 5.2.2）可按下列公式初步确定：

$$l_j = l_{zj} + l_{mj} \quad (5.2.2\text{-}1)$$

$$l_{zj} = \frac{h_j \sin\frac{\beta - \varphi_{ak}}{2}}{\sin\beta \sin\left(\alpha_j + \frac{\beta + \varphi_{ak}}{2}\right)} \quad (5.2.2\text{-}2)$$

$$l_{mj} = \sum l_{mi,j} \quad (5.2.2\text{-}3)$$

$$\pi d_j \sum q_{sik} l_{mi,j} \geqslant 1.4 T_{jk} \quad (5.2.2\text{-}4)$$

式中：$l_j$——第 $j$ 根土钉长度；

$l_{zj}$——第 $j$ 根土钉在假定破裂面内长度；

$l_{mj}$——第 $j$ 根土钉在假定破裂面外长度；

$h_j$——第 $j$ 根土钉与基坑底面的距离；

$\beta$——土钉墙坡面与水平面的夹角；

$\varphi_{ak}$——基坑底面以上各层土的内摩擦角标准值，可按不同土层厚度取加权平均值；

$\alpha_j$——第 $j$ 根土钉与水平面之间的夹角；

$l_{mi,j}$——第 $j$ 根土钉在假定破裂面外第 $i$ 层土体中的长度；

$q_{sik}$——第 $i$ 层土体与土钉的粘结强度标准值；

$d_j$——第 $j$ 根土钉直径；

$T_{jk}$——计算土钉长度时第 $j$ 根土钉的轴向荷载标准值，可按本规范第 5.2.3 条确定。

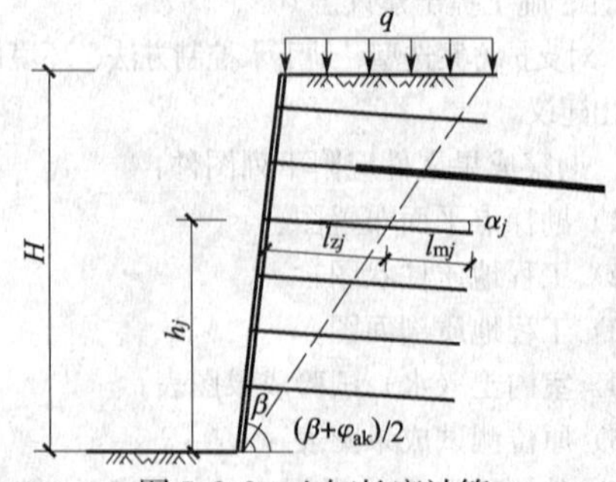


图 5.2.2 土钉长度计算

$H$—基坑开挖深度；$q$—地面及土体中附加分布荷载

**5.2.3** 计算单根土钉长度时，土钉轴向荷载标准值 $T_{jk}$（图5.2.2、图5.2.3）可按下列公式计算：

$$T_{jk}=\frac{1}{\cos\alpha_j}\zeta p S_{xj} S_{zj} \quad (5.2.3-1)$$

$$p=p_m+p_q \quad (5.2.3-2)$$

式中：$S_{xj}$——第 $j$ 根土钉与相邻土钉的平均水平间距；

$S_{zj}$——第 $j$ 根土钉与相邻土钉的平均竖向间距；

$\zeta$——坡面倾斜时荷载折减系数，可按本规范第5.2.5条确定；

$p$——土钉长度中点所处深度位置的土体侧压力；

$p_m$——土钉长度中点所处深度位置由土体自重引起的侧压力，可按图5.2.3（b）求出；

$p_q$——土钉长度中点所处深度位置由地面及土体中附加荷载引起的侧压力，计算方法按现行行业标准《建筑基坑支护技术规程》JGJ 120的有关规定执行。

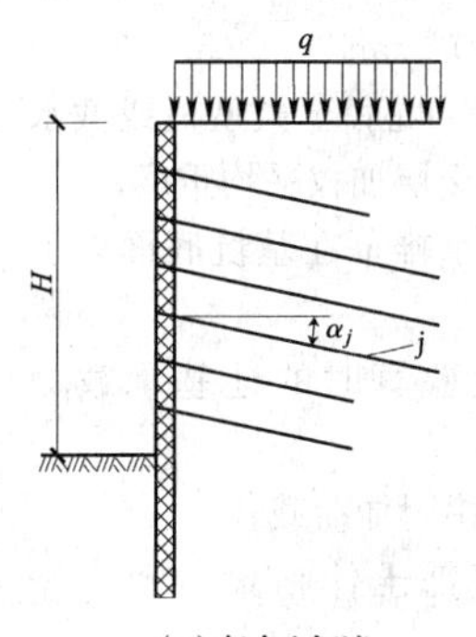


（a）复合土钉墙

（b）土体自重引起的侧压力分布

图5.2.3 土钉轴向荷载标准值计算

**5.2.4** 土体自重引起的侧压力峰值 $p_{m,max}$ 可按下列公式计算，且不宜小于 $0.2\gamma_{m1}H$：

$$p_{m,max}=\frac{8E_a}{7H} \quad (5.2.4-1)$$

$$E_a=\frac{k_a}{2}\gamma_{m1}H^2 \quad (5.2.4-2)$$

$$k_a=\tan^2\left(45°-\frac{\varphi_{ak}}{2}\right) \quad (5.2.4-3)$$

式中：$P_{m,max}$——土体自重引起的侧压力峰值；

$H$——基坑开挖深度；

$E_a$——朗肯主动土压力；

$\gamma_{m1}$——基坑底面以上各土层加权平均重度，有地下水作用时应考虑地下水位变化造成的重度变化；

$k_a$——主动土压力系数。

**5.2.5** 坡面倾斜时的荷载折减系数 $\zeta$ 可按下列公式计算：

$$\zeta=\tan\frac{\beta-\varphi_{ak}}{2}\left(\frac{1}{\tan\frac{\beta+\varphi_{ak}}{2}}-\frac{1}{\tan\beta}\right)\Bigg/\tan^2\left(45°-\frac{\varphi_{ak}}{2}\right) \quad (5.2.5)$$

**5.2.6** 土钉杆体截面面积 $A_j$ 可按下列公式计算：

$$A_j\geqslant 1.15T_{yj}/f_{yj} \quad (5.2.6-1)$$

$$T_{yj}=\psi\pi d_j\sum q_{sik}l_{i,j} \quad (5.2.6-2)$$

式中：$A_j$——第 $j$ 根土钉杆体（钢筋、钢管）截面面积；

$f_{yj}$——第 $j$ 根土钉杆体材料抗拉强度设计值；

$T_{yj}$——第 $j$ 根土钉验收抗拔力；

$l_{i,j}$——第 $j$ 根土钉在第 $i$ 层土体中的长度；

$\psi$——土钉的工作系数，取0.8～1.0。

## 5.3 基坑稳定性验算

**5.3.1** 复合土钉墙必须进行基坑整体稳定性验算。验算可考虑截水帷幕、微型桩、预应力锚杆等构件的作用。

**5.3.2** 基坑整体稳定性分析（图5.3.2）可采用简化圆弧滑移面条分法，按本条所列公式进行验算。最危险滑裂面应通过试算搜索求得。验算时应考虑开挖过程中各工况，验算公式宜采用分项系数极限状态表达法。

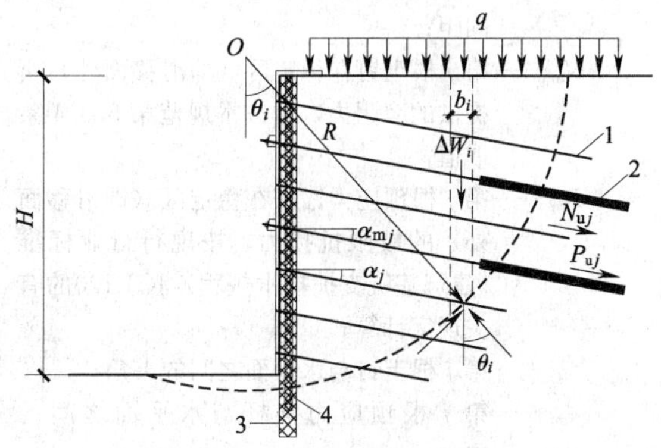


图5.3.2 复合土钉墙稳定性分析计算

1—土钉；2—预应力锚杆；3—截水帷幕；4—微型桩
q—地面附加分布荷载；R—假定圆弧滑移面半径；$b_i$—第 $i$ 个土条的宽度

$$K_{s0}+\eta_1K_{s1}+\eta_2K_{s2}+\eta_3K_{s3}+\eta_4K_{s4}\geqslant K_s \quad (5.3.2-1)$$

$$K_{s0}=\frac{\sum c_iL_i+\sum W_i\cos\theta_i\tan\varphi_i}{\sum W_i\sin\theta_i} \quad (5.3.2-2)$$

$$K_{s1}=\frac{\sum N_{uj}\cos(\theta_j+\alpha_j)+\sum N_{uj}\sin(\theta_j+\alpha_j)\tan\varphi_j}{s_{xj}\sum W_i\sin\theta_i} \quad (5.3.2-3)$$

$$K_{s2}=\frac{\sum P_{uj}\cos(\theta_j+\alpha_{mj})+\sum P_{uj}\sin(\theta_j+\alpha_{mj})\tan\varphi_j}{s_{2xj}\sum W_i\sin\theta_i} \quad (5.3.2-4)$$

$$k_{s3}=\frac{\tau_q A_3}{\sum W_i\sin\theta_i} \quad (5.3.2-5)$$

$$k_{s4}=\frac{\tau_y A_4}{s_{4xj}\sum W_i\sin\theta_i} \quad (5.3.2-6)$$

式中：$K_s$——整体稳定性安全系数，对应于基坑安全等级一、二、三级分别取1.4、1.3、1.2；开挖过程中最不利工况下可乘以0.9的系数；

$K_{s0}$、$K_{s1}$、$K_{s2}$、

$K_{s3}$、$K_{s4}$——整体稳定性分项抗力系数，分别为土、土钉、预应力锚杆、截水帷幕及微型桩产生的抗滑力矩与土体下滑力矩比；

$c_i$、$\varphi_i$——第$i$个土条在滑弧面上的粘聚力及内摩擦角；

$L_i$——第$i$个土条在滑弧面上的弧长；

$W_i$——第$i$个土条重量，包括作用在该土条上的各种附加荷载；

$\theta_i$——第$i$个土条在滑弧面中点处的法线与垂直面的夹角；

$\eta_1$、$\eta_2$、

$\eta_3$、$\eta_4$——土钉、预应力锚杆、截水帷幕及微型桩组合作用折减系数，可按本规范第5.3.3条取值；

$s_{xj}$——第$j$根土钉与相邻土钉的平均水平间距；

$s_{2xj}$、$s_{4xj}$——第$j$根预应力锚杆或微型桩的平均水平间距；

$N_{uj}$——第$j$根土钉在稳定区（即滑移面外）所提供的摩阻力，可按本规范第5.3.4条取值；

$P_{uj}$——第$j$根预应力锚杆在稳定区（即滑移面外）的极限抗拔力，按现行行业标准《建筑基坑支护技术规程》JGJ 120的有关规定计算；

$\alpha_j$——第$j$根土钉与水平面之间的夹角；

$\alpha_{mj}$——第$j$根预应力锚杆与水平面之间的夹角；

$\theta_j$——第$j$根土钉或预应力锚杆与滑弧面相交处，滑弧切线与水平面的夹角；

$\varphi_j$——第$j$根土钉或预应力锚杆与滑弧面交点处土的内摩擦角；

$\tau_q$——假定滑移面处相应龄期截水帷幕的抗剪强度标准值，根据试验结果确定；

$\tau_y$——假定滑移面处微型桩的抗剪强度标准值，可取桩体材料的抗剪强度标准值；

$A_3$、$A_4$——单位计算长度内截水帷幕或单根微型桩的截面积。

**5.3.3** 组合作用折减系数的取值应符合下列规定：

**1** $\eta_1$宜取1.0。

**2** $P_{uj}\leqslant 300$kN时，$\eta_2$宜取0.5～0.7，随着锚杆抗力的增加而减小。

**3** 截水帷幕与土钉墙复合作用时，$\eta_3$宜取0.3～0.5，水泥土抗剪强度取值较高、水泥土墙厚度较大时，$\eta_3$宜取较小值。

**4** 微型桩与土钉墙复合作用时，$\eta_4$宜取0.1～0.3，微型桩桩体材料抗剪强度取值较高、截面积较大时，$\eta_4$宜取较小值。基坑支护计算范围内主要土层均为硬塑状黏性土等较硬土层时，$\eta_4$取值可提高0.1。

**5** 预应力锚杆、截水帷幕、微型桩三类构件共同复合作用时，组合作用折减系数不应同时取上限。

**5.3.4** 第$j$根土钉在稳定区的摩阻力$N_{uj}$应符合下式的规定：

$$N_{uj}=\pi d_j \sum q_{sik} l_{mi,j} \tag{5.3.4}$$

**5.3.5** $K_s$在满足本规范第5.3.2条的同时，$K_{s0}$、$K_{s1}$、$K_{s2}$的组合应符合下式的规定：

$$K_{s0}+K_{s1}+0.5K_{s2}\geqslant 1.0 \tag{5.3.5}$$

**5.3.6** 复合土钉墙底部存在软弱黏性土时，应按地基承载力模式进行坑底抗隆起稳定性验算。

**5.3.7** 坑底抗隆起稳定性（图5.3.7）可按下列公式进行验算：

$$\frac{\gamma_2 t N_q + c N_c}{\gamma_1 (H+t) + q}\geqslant K_l \tag{5.3.7-1}$$

$$N_q=\exp(\pi\tan\varphi)\tan^2(45^\circ+\varphi/2) \tag{5.3.7-2}$$

$$N_c=(N_q-1)/\tan\varphi \tag{5.3.7-3}$$

式中：$\gamma_1$、$\gamma_2$——分别为地面、坑底至微型桩或截水帷幕底部各土层加权平均重度；

$t$——微型桩或截水帷幕在基坑底面以下的长度；

$N_q$、$N_c$——坑底抗隆起验算时的地基承载力系数；

$q$——地面及土体中附加荷载；

$c$、$\varphi$——支护结构底部土体粘聚力及内摩擦角；

$K_l$——坑底抗隆起稳定安全系数，对应于基坑安全等级二、三级时分别取1.4、1.2。

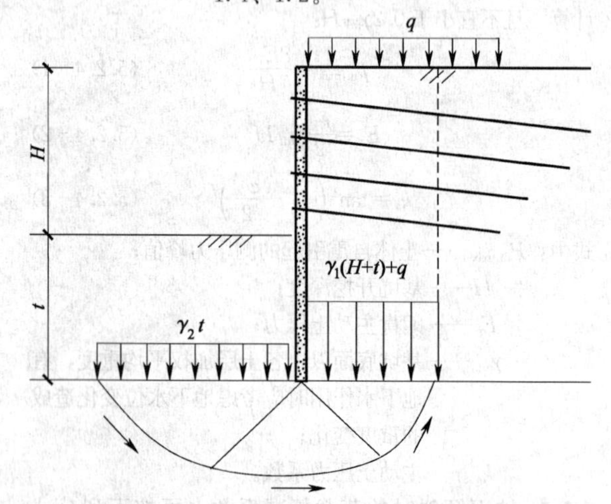


图5.3.7 坑底抗隆起稳定性验算

**5.3.8** 有截水帷幕的复合土钉墙，基坑开挖面以下有砂土或粉土等透水性较强土层且截水帷幕没有穿透该土层时，应进行抗渗流稳定性验算。

**5.3.9** 抗渗流稳定性（图5.3.9）可按下列公式进

行验算：

$$i_c/i \geqslant K_{w1} \quad (5.3.9-1)$$

$$i_c = (d_s - 1)/(e+1) \quad (5.3.9-2)$$

$$i = h_w/(h_w + 2t) \quad (5.3.9-3)$$

式中：$i_c$——基坑底面土体的临界水力梯度；

$i$——渗流水力梯度；

$d_s$——坑底土颗粒的相对密度；

$e$——坑底土的孔隙比；

$h_w$——基坑内外的水头差；

$t$——截水帷幕在基坑底面以下的长度；

$K_{w1}$——抗渗流稳定安全系数，对应基坑安全等级一、二、三级时宜分别取1.50、1.35、1.20。

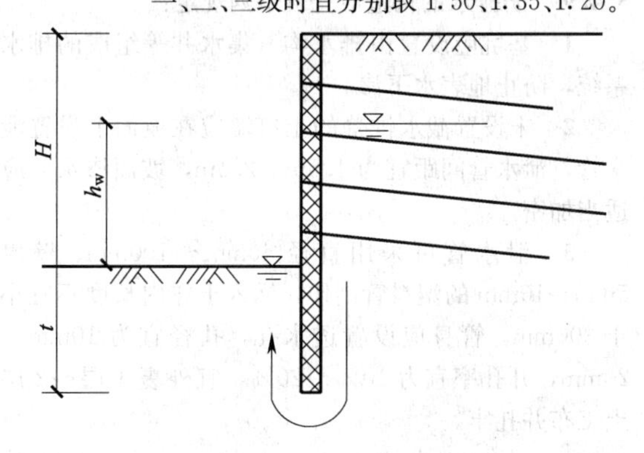


图5.3.9　抗渗流稳定性验算

**5.3.10**　基坑底面以下存在承压水时（图5.3.10），可按公式（5.3.10）进行抗突涌稳定性计算。当抗突涌稳定性验算不满足时，宜采取降低承压水等措施。

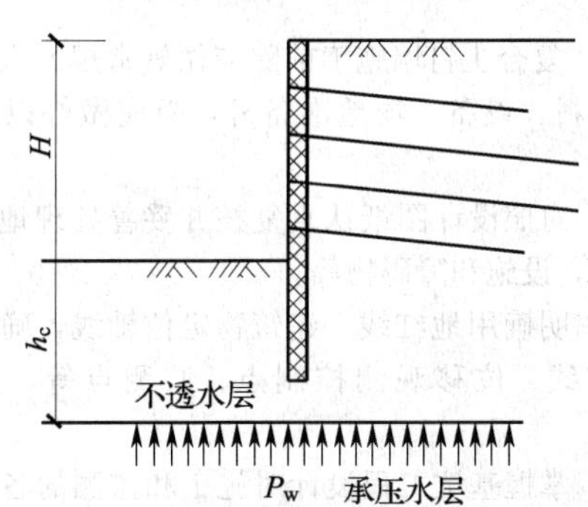


图5.3.10　抗突涌稳定性验算

$$\gamma_{m2} h_c / P_w \geqslant K_{w2} \quad (5.3.10)$$

式中：$\gamma_{m2}$——不透水土层平均饱和重度；

$h_c$——承压水层顶面至基坑底面的距离；

$P_w$——承压水水头压力；

$K_{w2}$——抗突涌稳定性安全系数，宜取1.1。

## 5.4　构造要求

**5.4.1**　土钉墙的设计及构造应符合下列规定：

**1**　土钉墙墙面宜适当放坡。

**2**　竖向布置时土钉宜采用中部长上下短或上长下短布置形式。

**3**　平面布置时应减少阳角，阳角处土钉在相邻两个侧面宜上下错开或角度错开布置。

**4**　面层应沿坡顶向外延伸形成不少于0.5m的护肩，在不设置截水帷幕或微型桩时，面层宜在坡脚处向坑内延伸0.3m～0.5m形成护脚。

**5**　土钉排数不宜少于2排。

**5.4.2**　土钉的构造应符合下列规定：

**1**　应优先选用成孔注浆土钉。填土、软弱土及砂土等孔壁不易稳定的土层中可选用打入式钢花管注浆土钉。

**2**　土钉与水平面夹角宜为5°～20°。

**3**　成孔注浆土钉的孔径宜为70mm～130mm；杆体宜选用HRB335级或HRB400级钢筋，钢筋直径宜为16mm～32mm；全长每隔1m～2m应设置定位支架。

**4**　钢管土钉杆体宜采用外径不小于48mm、壁厚不小于2.5mm的热轧钢管制作。钢管上应沿杆长每隔0.25m～1.0m设置倒刺和出浆孔，孔径宜为5mm～8mm，管口2m～3m范围内不宜设出浆孔。杆体底端头宜制成锥形，杆体接长宜采用帮条焊接，接头承载力不应低于杆体材料承载力。

**5**　注浆材料宜选用早强水泥或水泥浆中掺入早强剂，注浆体强度等级不宜低于20MPa。

**5.4.3**　面层的构造应符合下列规定：

**1**　应采用钢筋网喷射混凝土面层。

**2**　面层混凝土强度等级不应低于C20，终凝时间不宜超过4h，厚度宜为80mm～120mm。

**3**　面层中应配置钢筋网。钢筋网可采用HPB300级钢筋，直径宜为6mm～10mm，间距宜为150mm～250mm，搭接长度不宜小于30倍钢筋直径。

**5.4.4**　连接件的构造（图5.4.4）应符合下列规定：

**1**　土钉之间应设置通长水平加强筋，加强筋宜采用2根直径不小于12mm的HRB335级或HRB400级钢筋。

**2**　喷射混凝土面层与土钉应连接牢固。可在土钉杆端两侧焊接钉头筋，并与面层内连接相邻土钉的加强筋焊接。

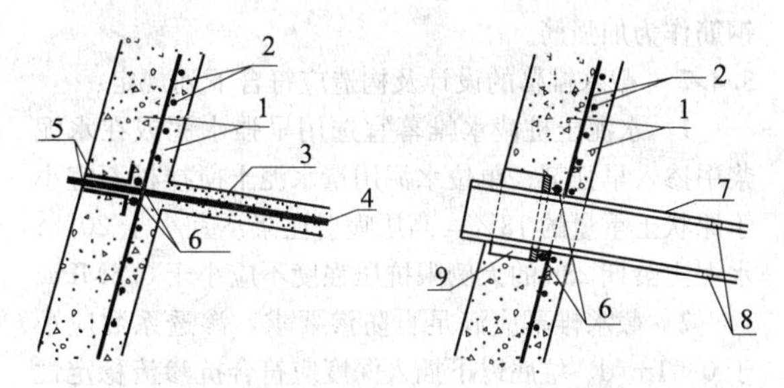


图5.4.4　土钉与面层连接构造示意

1—喷射混凝土；2—钢筋网；3—钻孔；4—土钉杆体；5—钉头筋；6—加强筋；7—钢管；8—出浆孔；9—角钢或钢筋

**5.4.5** 预应力锚杆的设计及构造应符合下列规定：

1 锚杆杆体材料可采用钢绞线、HRB335级、HRB400级或HRB500级钢筋、精轧螺纹钢及无缝钢管。

2 竖向布置上预应力锚杆宜布设在基坑的中上部，锚杆间距不宜小于1.5m。

3 钻孔直径宜为110mm～150mm，与水平面夹角宜为10°～25°。

4 锚杆自由段长度宜为4m～6m，并应设置隔离套管；钻孔注浆预应力锚杆沿长度方向每隔1m～2m设一组定位支架。

5 锚杆杆体外露长度应满足锚杆张拉锁定的需要，锚具型号及尺寸、垫板截面刚度应能满足预应力值稳定的要求。

6 锚孔注浆宜采用二次高压注浆工艺，注浆体强度等级不宜低于20MPa。

7 锚杆最大张拉荷载宜为锚杆轴向承载力设计值的1.1倍（单循环验收试验）或1.2倍（多循环验收试验），且不应大于杆体抗拉强度标准值的80%。锁定值宜为锚杆承载力设计值的60%～90%。

**5.4.6** 围檩的设计及构造应符合下列规定：

1 围檩应通长设置。不便于设置围檩时，也可采用钢筋混凝土承压板。

2 围檩宜采用混凝土结构，也可采用型钢结构。围檩应具有足够的强度和刚度。混凝土围檩的截面和配筋应通过设计计算确定，宽度不宜小于400mm，高度不宜小于250mm，混凝土强度等级不宜低于C25。

3 承压板宜采用预制钢筋混凝土构件，尺寸和配筋应通过设计计算确定，长度、宽度不宜小于800mm，厚度不宜小于250mm。

4 围檩应与面层可靠连接，承压板安装前宜用水泥砂浆找平。

5 采用混凝土承压板时，面层内应配置4根～6根直径16mm～20mm的HRB335级或HRB400级变形钢筋作为加强筋。

**5.4.7** 截水帷幕的设计及构造应符合下列规定：

1 水泥土桩截水帷幕宜选用早强水泥或在水泥浆中掺入早强剂；单位水泥用量水泥土搅拌桩不宜小于原状土重量的13%，高压喷射注浆不宜小于20%；水泥土龄期28d的无侧限抗压强度不应小于0.6MPa。

2 截水帷幕应满足自防渗要求，渗透系数应小于0.01m/d。坑底以下插入深度应符合抗渗流稳定性要求，且不应小于1.5m～2m。截水帷幕宜穿过透水层进入弱透水层1m～2m。

3 相邻两根桩的地面搭接宽度不宜小于150mm，且应保证相邻两根桩在桩底面处能够相互咬合。对桩间距、垂直度、桩径及桩位偏差等应提出控制要求。

**5.4.8** 微型桩的设计及构造应符合下列规定：

1 微型桩宜采用小直径混凝土桩、钢管、型钢等。

2 小直径混凝土桩、钢管、型钢等微型桩直径或等效直径宜取100mm～300mm。

3 小直径混凝土桩、钢管、型钢等微型桩间距宜为0.5m～2.0m，嵌固深度不宜小于2m。桩顶上宜设置通长冠梁。

4 微型桩填充胶结物抗压强度等级不宜低于20MPa。

**5.4.9** 防排水的构造应符合下列规定：

1 基坑应设置由排水沟、集水井等组成的排水系统，防止地表水下渗。

2 未设置截水帷幕的土钉墙应在坡面上设置泄水管，泄水管间距宜为1.5m～2.5m，坡面渗水处应适当加密。

3 泄水管可采用直径40mm～100mm、壁厚5mm～10mm的塑料管制作，插入土体内长度不宜小于300mm，管身应设置透水孔，孔径宜为10mm～20mm，开孔率宜为10%～20%，宜外裹1层～2层土工布并扎牢。

# 6 施工与检测

## 6.1 一般规定

**6.1.1** 复合土钉墙施工前除应做好常规的人员、技术、材料、设备、场地准备外，尚应做好以下准备工作：

1 对照设计图纸认真复核并妥善处理地下、地上管线，设施和障碍物等。

2 明确用地红线、建筑物定位轴线，确定基坑开挖边线、位移观测控制点、监测点等，并妥善保护。

3 掌握基坑工程设计对施工和监测的各项技术要求及有关规范要求，编制专项施工方案，分析关键质量控制点和安全风险源，并提出相应的防治措施。

4 做好场区地面硬化和临时排水系统规划，临时排水不得破坏基坑边坡和相邻建筑的地基。检查场区内既有给水、排水管道，发现渗漏和积水应及时处理。雨季作业应加强对施工现场排水系统的检查和维护，保证排水通畅。

5 编制应急预案，做好抢险准备工作。

**6.1.2** 基坑周围临时设施的搭设以及建筑材料、构件、机具、设备的布置应符合施工现场平面布置图的要求，基坑周边地面堆载、动载严禁超过设计规定。

**6.1.3 土方开挖应与土钉、锚杆及降水施工密切结合，开挖顺序、方法应与设计工况相一致；复合土钉**

**墙施工必须符合“超前支护，分层分段，逐层施作，限时封闭，严禁超挖”的要求。**

6.1.4 施工过程中，如发现地质条件、工程条件、场地条件与勘察、设计不符，周边环境出现异常等情况应及时会同设计单位处理；出现危险征兆，应立即启动应急预案。

## 6.2 复合土钉墙施工

6.2.1 复合土钉墙施工宜按以下流程进行：

1 施作截水帷幕和微型桩。

2 截水帷幕、微型桩强度满足后，开挖工作面，修整土壁。

3 施作土钉、预应力锚杆并养护。

4 铺设、固定钢筋网。

5 喷射混凝土面层并养护。

6 施作围檩，张拉和锁定预应力锚杆。

7 进入下一层施工，重复第2款～第6款步骤直至完成。

6.2.2 截水帷幕的施工应符合下列规定：

1 施工前，应进行成桩试验，工艺性试桩数量不应少于3根。应通过成桩试验确定注浆流量、搅拌头或喷浆头下沉和提升速度、注浆压力等技术参数，必要时应根据试桩参数调整水泥浆的配合比。

2 水泥土桩应采取搭接法施工，相邻桩搭接宽度应符合设计要求。

3 桩位偏差不应大于50mm，桩机的垂直度偏差不应超过0.5%。

4 水泥土搅拌桩施工要求：

1）宜采用喷浆法施工，桩径偏差不应大于设计桩径的4%。

2）水泥浆液的水灰比宜按照试桩结果确定。

3）应按照试桩确定的搅拌次数和提升速度提升搅拌头。喷浆速度应与提升速度相协调，应确保喷浆量在桩身长度范围内分布均匀。

4）高塑性黏性土、含砂量较大及暗浜土层中，应增加喷浆搅拌次数。

5）施工中如因故停浆，恢复供浆后，应从停浆点返回0.5m，重新喷浆搅拌。

6）相邻水泥土搅拌桩施工间隔时间不应超过24h，如超过24h，应采取补强措施。

7）若桩身插筋，宜在搅拌桩完成后8h内进行。

5 高压喷射注浆施工要求：

1）宜采用高压旋喷，高压旋喷可采用单管法、二重管法和三重管法，设计桩径大于800mm时宜用三重管法。

2）高压喷射水泥浆液水灰比宜按照试桩结果确定。

3）高压喷射注浆的喷射压力、提升速度、旋转速度、注浆流量等工艺参数应按照土层性状、水泥土固结体的设计有效半径等选择。

4）喷浆管分段提升时的搭接长度不应小于100mm。

5）在高压喷射注浆过程中出现压力陡增或陡降、冒浆量过大或不冒浆等情况时，应查明原因并及时采取措施。

6）应采取隔孔分序作业方式，相邻孔作业间隔时间不宜小于24h。

6.2.3 微型桩施工应符合下列规定：

1 桩位偏差不应大于50mm，垂直度偏差不应大于1.0%。

2 成孔类微型桩孔内应充填密实，灌注过程中应防止钢管或钢筋笼上浮。

3 桩的接头承载力不应小于母材承载力。

6.2.4 土钉施工应符合下列规定：

1 注浆用水泥浆的水灰比宜为0.45～0.55，注浆应饱满，注浆量应满足设计要求。

2 土钉施工中应做好施工记录。

3 钻孔注浆法施工要求：

1）成孔机具的选择要适应施工现场的岩土特点和环境条件，保证钻进和成孔过程中不引起塌孔；在易塌孔土层中，宜采用套管跟进成孔。

2）土钉应设置对中架，对中架间距1000mm～2000mm，支架的构造不应妨碍注浆。

3）钻孔后应进行清孔，清孔后方应及时置入土钉并进行注浆和孔口封闭。

4）注浆宜采用压力注浆。压力注浆时应设置止浆塞，注满后保持压力1min～2min。

4 击入法施工要求：

1）击入法施工宜选用气动冲击机械，在易液化土层中宜采用静力压入法或自钻式土钉施工工艺。

2）钢管注浆土钉应采用压力注浆，注浆压力不宜小于0.6MPa，并应在管口设置止浆塞，注满后保持压力1min～2min。若不出现返浆时，在排除窜入地下管道或冒出地表等情况外，可采用间歇注浆的措施。

6.2.5 预应力锚杆的施工应符合下列规定：

1 锚杆成孔设备的选择应考虑岩土层性状、地下水条件及锚杆承载力的设计要求，成孔应保证孔壁的稳定性。当无可靠工程经验时，可按下列要求选择成孔方法：

1）不易塌孔的地层，宜采用长螺旋干作业钻进和清水钻进工艺，不宜采用冲洗液钻进工艺。

2）地下水位以上的含有石块的较坚硬土层及风化岩地层，宜采用气动潜孔锤钻进或气动冲击回转钻进工艺。

3）松散的可塑黏性土地层，宜采用回转挤密钻进工艺。

4）易塌孔的砂土、卵石、粉土、软黏土等地层及地下水丰富的地层，宜采用跟管钻进工艺或采用自钻式锚杆。

2 杆体应按设计要求安放套管、对中架、注浆管和排气管等构件，围檩应平整，垫板承压面应与锚杆轴线垂直。

3 锚固段注浆宜采用二次高压注浆法。第一次宜采用水泥砂浆低压注浆或重力注浆，灰砂比宜为1∶0.5～1∶1、水灰比不宜大于0.6；第二次宜采用水泥浆高压注浆，水灰比宜为0.45～0.55，注浆时间应在第一次灌注的水泥砂浆初凝后即刻进行，注浆压力宜为2.5MPa～5.0MPa。注浆管应与锚杆杆体一起插入孔底，管底距离孔底宜为100mm～200mm。

4 锚杆张拉与锁定应符合下列规定：

1）锚固段注浆体及混凝土围檩强度应达到设计强度的75%，且大于15MPa后，再进行锚杆张拉。

2）锚杆宜采用间隔张拉。正式张拉前，应取10%～20%的设计张拉荷载预张拉1次～2次。

3）锚杆锁定时，宜先张拉至锚杆承载力设计值的1.1倍，卸荷后按设计锁定值进行锁定。

4）变形控制严格的一级基坑，锚杆锁定后48h内，锚杆拉力值低于设计锁定值的80%时，应进行预应力补偿。

6.2.6 混凝土面层施工应符合下列规定：

1 钢筋网应随土钉分层施工、逐层设置，钢筋保护层厚度不宜小于20mm。

2 钢筋的搭接长度不应小于30倍钢筋直径；焊接连接可采用单面焊，焊缝长度不应小于10倍钢筋直径。

3 面层喷射混凝土配合比宜通过试验确定。

4 湿法喷射时，水泥与砂石的质量比宜为1∶3.5～1∶4，水灰比宜为0.42～0.50，砂率宜为0.5～0.6，粗骨料的粒径不宜大于15mm。

5 干法喷射时，水泥与砂石的质量比宜为1∶4～1∶4.5，水灰比宜为0.4～0.45，砂率宜为0.4～0.5，粗骨料的粒径不宜大于25mm。

湿法喷射的混合料坍落度宜为80mm～120mm。干混合料宜随拌随用，存放时间不应超过2h，掺入速凝剂后不应超过20min。

6 喷射混凝土作业应与挖土协调，分段进行，同一段内喷射顺序应自下而上。

7 当面层厚度超过100mm时，混凝土应分层喷射，第一层厚度不宜小于40mm，前一层混凝土终凝后方可喷射后一层混凝土。

8 喷射混凝土施工缝结合面应清除浮浆层和松散石屑。

9 喷射混凝土施工24h后，应喷水养护，养护时间不应少于7d；气温低于＋5℃时，不得喷水养护。

10 喷射混凝土冬期施工的临界强度，普通硅酸盐水泥配制的混凝土不得小于设计强度的30%；矿渣水泥配制的混凝土不得小于设计强度的40%。

### 6.3 降排水施工

6.3.1 降水井深度、水泵安放位置应与设计要求一致。设有截水帷幕的基坑工程，应待截水帷幕施工完成后方可坑内降水。

6.3.2 基坑降水应遵循“按需降水”的原则，水位应降至设计要求深度。

6.3.3 当设计采用降水方法提高坑底土体承载力时，应提前降水，提前时间应符合设计要求。

6.3.4 降水井停止使用后应及时进行封堵。

6.3.5 基坑内、外的排水系统应满足下列要求：

1 宜在基坑场地外侧设置排水沟、集水井等地表水排水系统，有截水帷幕时，排水系统应设置在截水帷幕外侧；排水系统距离基坑或截水帷幕外侧不宜小于0.5m；排水沟、集水井应具有防渗措施。

2 基坑周边汇水面积较大或位于山地时，尚应考虑地表水的截排措施。

3 基坑内宜随开挖过程逐层设置临时排水系统。开挖至坑底后，宜在坑内设置排水沟、盲沟和集水坑，排水沟、盲沟和集水坑与基坑边距离不宜小于0.5m。

4 基坑内、外的排水系统设计应能满足排水流量要求，保证排水畅通。

### 6.4 基坑开挖

6.4.1 截水帷幕及微型桩应达到养护龄期和设计规定强度后，再进行基坑开挖。

6.4.2 基坑土方开挖分层厚度应与设计要求相一致，分段长度软土中不宜大于15m，其他一般性土不宜大于30m。基坑面积较大时，土方开挖宜分块分区、对称进行。

6.4.3 上一层土钉注浆完成后的养护时间应满足设计要求，当设计未提出具体要求时，应至少养护48h后，再进行下层土方开挖。预应力锚杆应在张拉锁定后，再进行下层土方开挖。

6.4.4 土方开挖后应在24h内完成土钉及喷射混凝土施工。对自稳能力差的土体宜采用二次喷射，初喷应随挖随喷。

**6.4.5** 基坑侧壁应采用小型机具或铲锹进行切削清坡，挖土机械不得碰撞支护结构、坑壁土体及降排水设施。基坑侧壁的坡率应符合设计规定。

**6.4.6** 开挖后发现土层特征与提供地质报告不符或有重大地质隐患时，应立即停止施工并通知有关各方。

**6.4.7** 基坑开挖至坑底后应尽快浇筑基础垫层，地下结构完成后，应及时回填土方。

## 6.5 质量检查

**6.5.1** 复合土钉墙基坑工程可划分为截水帷幕、微型桩、土钉墙、预应力锚杆、降排水、土方开挖等若干分项工程。土钉墙、预应力锚杆的工程质量检验应符合表6.5.1的规定，其他各分项工程质量检验标准宜根据检查内容按照现行国家标准《建筑地基基础工程施工质量验收规范》GB 50202的相关规定执行。

**表6.5.1 土钉墙和锚杆质量检验标准**

| 项 | 序 | 检查项目 | 允许偏差或允许值 |
|---|---|---|---|
| 主控项目 | 1 | 土钉或锚杆杆体长度 | 土钉：±30mm，锚杆：杆体长度的0.5% |
| | 2 | 土钉验收抗拔力或锚杆抗拔承载力 | 设计要求 |
| 一般项目 | 1 | 土钉或锚杆位置 | ±100mm |
| | 2 | 土钉或锚杆倾角 | ±2° |
| | 3 | 成孔孔径 | ±10mm |
| | 4 | 注浆体强度 | 设计要求 |
| | 5 | 注浆量 | 大于计算浆量 |
| | 6 | 混凝土面层钢筋网间距 | ±20mm |
| | 7 | 混凝土面层厚度 | 平均厚度不小于设计值，最小厚度不小于设计值的80% |
| | 8 | 混凝土面层抗压强度 | 设计要求 |

**6.5.2** 施工前应检查原材料的品种、规格、型号以及相应的检验报告。

**6.5.3** 截水帷幕（水泥土桩）质量检查应符合下列规定：

1 施工前应对机械设备工作性能及计量设备进行检查。

2 施工过程应检查施工状况，检查内容应包括桩机垂直度、提升和下沉速度、注浆压力和速度、注浆量、桩长、桩的搭接长度等。

3 水泥土桩的施工质量检验应符合下列规定：

1）桩直径、搭接长度：检查数量为总桩数的2%，且不小于5根；

2）采用钻孔取芯法检验桩体强度和墙身完整性。检查数量不宜少于总桩数的1%，且不应少于3根。

4 检验点宜布置在以下部位：

1）施工中出现异常情况的桩；

2）地层情况复杂，可能对截水帷幕质量产生影响的桩；

3）其他有代表性的桩。

**6.5.4** 微型桩质量检查应符合下列规定：

1 施工过程应检查施工状况，检查内容应包括桩机垂直度、桩截面尺寸、桩长、桩距等。

2 质量检验应检查桩身完整性，检查数量为总数的10%，且不少于3根。

**6.5.5** 土钉墙质量检查应符合下列规定：

1 施工过程中应对土钉位置，成孔直径、深度及角度，土钉长度，注浆配比、压力及注浆量，墙面厚度及强度，土钉与面板的连接情况、钢筋网的保护层厚度等进行检查。

2 土钉墙检测应符合下列规定：

1）土钉应通过抗拔试验检测抗拔承载力。抗拔试验应分为基本试验及验收试验。验收试验数量不宜少于土钉总数的1%，且不应少于3根。

2）墙面喷射混凝土厚度应采用钻孔检测，钻孔数宜每200m²墙面积一组，每组不应少于3点。

**6.5.6** 预应力锚杆质量检查应符合下列规定：

1 施工过程中应对预应力锚杆位置，钻孔直径、长度及倾角，自由段与锚固段长度，浆液配合比、注浆压力及注浆量，锚座几何尺寸，锚杆张拉值和锁定值等进行检查。

2 锚杆应采用抗拔验收试验检测抗拔承载力，试验数量不宜少于锚杆总数的5%，且不应少于3根。验收试验时最大试验荷载应取轴向承载力设计值的1.1倍（单循环验收试验）或1.2倍（多循环验收试验）。

**6.5.7** 降排水工程质量检查应符合下列规定：

1 降水系统施工应检查井点（管）的位置、数量、深度、滤料的填灌情况及排水沟（管）的坡度、抽水状况等。

2 降水系统安装完毕后应进行试抽，检查管路连接质量、泵组的工作状态、井点的出水状况等。

**6.5.8** 土方开挖质量检查应符合下列规定：

1 土方开挖过程中应检查开挖的分层厚度、分段长度、边坡坡度和平整度。

2 土方开挖完成后，应对基坑坑底标高、基坑平面尺寸、边坡坡度、表面平整度、基底土性进行检查。

## 7 监 测

**7.0.1** 监测方案的编制和实施应符合现行国家标准《建筑基坑工程监测技术规范》GB 50497 的有关规定。

**7.0.2** 现场监测应采用仪器监测与巡视检查相结合的方法，基坑施工及使用期内应有专人进行巡视检查。

**7.0.3** 监测项目、监测报警值、监测频率应由基坑工程设计方提出。

**7.0.4** 当出现下列情况之一时，必须立即进行危险报警，并通知有关各方对基坑支护结构和周边环境中的保护对象采取应急措施。

1 监测项目的内力及变形监测累计值达到报警值。

2 复合土钉墙或周边土体的位移值突然明显增大或基坑出现流土、管涌、隆起、陷落或较严重的渗漏等。

3 土钉、锚杆体系出现断裂、松弛或拔出的迹象。

4 周边建筑的结构部分、周边地面出现较严重的突发裂缝或危害结构的变形裂缝。

5 周边管线变形突然明显增长或出现裂缝、泄漏等。

6 根据当地工程经验判断，出现其他必须进行危险报警的情况。

**7.0.5** 监测技术成果应包括当日报表、阶段性报告和总结报告。技术成果提供的内容应真实、准确、完整。技术成果应按时报送。

## 附录 A 土钉抗拔基本试验

**A.0.1** 基本试验用土钉均应采用非工作钉。

**A.0.2** 每一典型土层中基本试验土钉数量不应少于3根。

**A.0.3** 基本试验土钉宜设置 0.5m～1.0m 的自由段，其他条件（施工工艺、设计及施工参数等）应与工作土钉相同。

**A.0.4** 可按本规范式（5.2.6-2）预估土钉极限抗拔力 $T_m$。

**A.0.5** 选取土钉杆体材料时，应保证杆体设计抗拉力不小于 $1.25T_m$。

**A.0.6** 试验应在注浆体无侧限抗压强度达到 10MPa 后进行。

**A.0.7** 加载装置（千斤顶、油泵等）、计量仪表（压力表、测力计、位移计等）等应在有效率定期内；千斤顶的额定负载宜为最大试验荷载的 1.2 倍～2.0 倍，计量仪表的量程应与之匹配；压力表精度不应低于 0.4 级，位移计精度不应低于 0.01mm；试验装置应保证土钉与千斤顶同轴；反力装置（承压板或支座梁）应有足够的强度和刚度；位移计应远离千斤顶的反力点，避免受到影响。

**A.0.8** 荷载应逐级增加，加荷等级与观测时间宜符合表 A.0.8 的规定。每级加荷结束后，下级加荷前及中间时刻宜各测读钉头位移 1 次。

**表 A.0.8 土钉抗拔基本试验加荷等级与观测时间**

| 加荷等级 | $0.1T_m$ | $0.3T_m$ | $0.6T_m$ | $0.8T_m$ | $0.9T_m$ | $1.0T_m$ | …… | 破坏 |
|---|---|---|---|---|---|---|---|---|
| 观测时间 (min) | 2 | 5 | 5 | 5 | 10 | 10 | 10 | — |

**A.0.9** 每级加荷观测时间内如钉头位移增量小于 1.0mm，可施加下一级荷载，否则应延长观测时间 15min；如增量仍大于 1.0mm，应再次延长观测时间 45min，并应分别在 15min、30min、45min、60min 时测读钉头位移。

**A.0.10** 试验荷载超过 $T_m$ 后，宜按每级增量 $0.1T_m$ 继续加荷试验，直至破坏。

**A.0.11** 试验完成后，应按每级荷载及对应的钉头位移整理制表，绘制荷载一位移（$Q-S$）曲线。

**A.0.12** 出现下述情况之一时可判定土钉破坏并终止试验：

1 后一级荷载产生的位移量超过前一级（第一、二级除外）荷载产生的位移量的 3 倍。

2 钉头位移不稳定（延长观测时间 45min 内位移增量大于 2.0mm）。

3 土钉杆体断裂。

4 土钉被拔出。

**A.0.13** 单钉极限抗拔力应取破坏荷载的前一级荷载。

**A.0.14** 每组试验值极差不大于 30%时，应取最小值作为极限抗拔力标准值；极差大于 30%时，应增加试验数量，并应按 95%保证概率计算极限抗拔力标准值。

**A.0.15** 根据土钉极限抗拔力标准值反算土钉与土体的粘结强度标准值 $q_{sk}$。

## 附录 B 土钉抗拔验收试验

**B.0.1** 验收试验土钉数量应为土钉总数的 1%，且不应少于3根。

**B.0.2** 试验应在注浆体无侧限抗压强度达到 10MPa 后进行。

**B.0.3** 加载装置（千斤顶、油泵等）、计量仪表（压力表、测力计、位移计等）等应在有效率定期内；千斤顶的额定负载宜为最大试验荷载的1.2倍～2.0倍，计量仪表的量程应与之匹配；压力表精度不应低于0.4级，位移计精度不应低于0.01mm；试验装置应保证土钉与千斤顶同轴；反力装置（承压板或支座梁）应有足够的强度和刚度；位移计应远离千斤顶的反力点，避免受到影响。

**B.0.4** 试验土钉应与面层完全脱开，处于独立受力状态。

**B.0.5** 荷载应逐级增加，加荷等级与观测时间宜符合表B.0.5的规定。每级加荷结束后，下级加荷前及中间时刻宜各测读钉头位移1次。

**表B.0.5 土钉抗拔验收试验加荷等级与观测时间**

| 加荷等级 | $0.1T_y$ | $0.5T_y$ | $0.8T_y$ | $1.0T_y$ | $1.1T_y$ | $0.1T_y$ |
|---|---|---|---|---|---|---|
| 观测时间（min） | 2 | 5 | 10 | 10 | 10 | 2 |

**B.0.6** 每级加荷观测时间内如钉头位移增量小于1.0mm，可施加下一级荷载，否则应延长观测时间15min；如增量仍大于1.0mm，应再次延长观测时间45min，并分别在15min、30min、45min、60min时测读钉头位移。

**B.0.7** 试验完成后，应按每级荷载对应的钉头位移整理制表，绘制荷载－位移（$Q-S$）曲线。

**B.0.8** 出现下述情况之一时可判定土钉破坏：

1 后一级荷载产生的位移量超过前一级（第一级除外）荷载产生的位移量的3倍。

2 钉头位移不稳定（延长观测时间45min内位移增量大于2.0mm）。

3 杆体断裂。

4 土钉被拔出。

**B.0.9** 土钉破坏或加载至$1.1T_y$时位移稳定，应终止试验。

**B.0.10** 单钉抗拔力应取破坏荷载的前一级荷载，如没有破坏则应取最大试验荷载。

**B.0.11** 验收合格标准：检验批土钉平均抗拔力不应小于$T_y$，且单钉抗拔力不应小于$0.8T_y$。不能同时符合这两个条件则应判定为验收不合格。

**B.0.12** 验收不合格时，可抽取不合格数量2倍的样本扩大检验。将扩大抽检结果计入总样本后如仍不合格，则应判断该检验批产品不合格，并应对不合格部位采取相应的补救措施。

## 本规范用词说明

1 为便于在执行本规范条文时区别对待，对要求严格程度不同的用词说明如下：

1）表示很严格，非这样做不可的：
正面词采用“必须”，反面词采用“严禁”；

2）表示严格，在正常情况下均应这样做的：
正面词采用“应”，反面词采用“不应”或“不得”；

3）表示允许稍有选择，在条件许可时首先应这样做的：
正面词采用“宜”，反面词采用“不宜”；

4）表示有选择，在一定条件下可以这样做的，采用“可”。

2 条文中指明应按其他有关标准执行的写法为：“应符合……的规定”或“应按……执行”。

## 引用标准名录

《建筑地基基础工程施工质量验收规范》GB 50202
《建筑基坑工程监测技术规范》GB 50497
《建筑基坑支护技术规程》JGJ 120

中华人民共和国国家标准

# 复合土钉墙基坑支护技术规范

**GB 50739—2011**

## 条 文 说 明

# 制 定 说 明

《复合土钉墙基坑支护技术规范》GB 50739－2011经住房和城乡建设部2011年9月16日以第1159号公告批准发布。

本规范编制过程中，编制组进行了广泛和深入的调查研究，总结了我国复合土钉墙基坑支护的勘察、设计、施工、检查、监测的实践经验，同时参考了国外先进的技术法规、技术标准。

为便于广大设计、施工、科研、学校等单位有关人员在使用本规范时能正确理解和执行条文规定，《复合土钉墙基坑支护技术规范》编制组按章、节、条顺序编制了本规范的条文说明，对条文规定的目的、依据以及执行中需要注意的有关事项进行了说明。但是，本条文说明不具备与规范正文同等的法律效力，仅供使用者作为理解和把握规范规定的参考。

# 目　次

# 1 总 则

**1.0.4** 本条规定除遵守本规范外，复合土钉墙基坑支护工程尚应符合国家现行有关标准的规定。与本规范有关的国家现行规范、规程主要有：

**1**《岩土工程勘察规范》GB 50021；

**2**《建筑地基基础设计规范》GB 50007；

**3**《建筑基坑工程监测技术规范》GB 50497；

**4**《建筑地基基础工程施工质量验收规范》GB 50202；

**5**《锚杆喷射混凝土支护技术规范》GB 50086；

**6**《建筑基坑支护技术规程》JGJ 120；

**7**《建筑桩基技术规范》JGJ 94；

**8**《建筑地基处理技术规范》JGJ 79；

**9** 其他未列出的相关标准。

# 2 术语和符号

## 2.1 术 语

**2.1.4** 用作截水帷幕的水泥土桩主要有水泥土搅拌桩和高压喷射水泥土桩。

**2.1.5** 微型桩包括直径 100mm～300mm 的灌注桩（骨架可为钢筋笼、型钢、钢管等，胶结物可为混凝土、水泥砂浆、水泥净浆等）和各种材料及形式的预制构件，如小直径预制桩、木桩、型钢等。本规范考虑了微型桩对基坑整体稳定性的贡献。

**2.1.6** 复合土钉墙中强调以土钉为主要受力构件，整体稳定性主要由土和钉的共同作用提供，同时考虑预应力锚杆、截水帷幕、微型桩对整体稳定性的贡献。

# 3 基本规定

**3.0.1** 作为基坑工程的专项技术标准之一，复合土钉墙基坑支护安全等级应与现行行业标准《建筑基坑支护技术规程》JGJ 120 相一致。《建筑基坑支护技术规程》JGJ 120 中规定，应综合考虑基坑周边环境状况、地质条件的复杂程度、基坑深度等因素，根据可能产生的破坏后果的严重程度，按表 1 采用基坑支护的安全等级。对基坑的不同侧壁可采用不同的安全等级。

**表 1 基坑支护安全等级**

| 安全等级 | 破 坏 后 果 |
|---|---|
| 一级 | 支护结构失效、土体失稳或基坑过大变形对基坑周边环境及主体结构施工的影响很严重 |
| 二级 | 支护结构失效、土体失稳或基坑过大变形对基坑周边环境及主体结构施工的影响严重 |
| 三级 | 支护结构失效、土体失稳或基坑过大变形对基坑周边环境及主体结构施工的影响不严重 |

**3.0.2** 复合土钉墙基坑支护的形式主要有下列七种形式(图 1)：

**1** 截水帷幕复合土钉墙［图 1（a）］。

**2** 预应力锚杆复合土钉墙［图 1（b）］。

**3** 微型桩复合土钉墙［图 1（c）］。

**4** 截水帷幕一预应力锚杆复合土钉墙［图 1（d）］。

**5** 截水帷幕一微型桩复合土钉墙［图 1（e）］。

**6** 微型桩一预应力锚杆复合土钉墙［图 1（f）］。

**7** 截水帷幕一微型桩一预应力锚杆复合土钉墙［图 1（g）］。

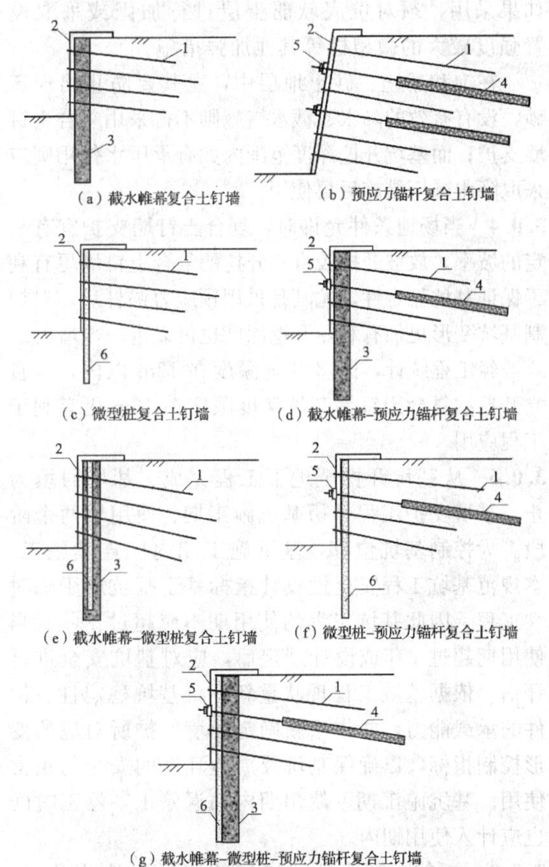


图 1 复合土钉墙基坑支护形式

1—土钉；2—喷射混凝土面层；3—截水帷幕；4—预应力锚杆；5—围檩；6—微型桩

复合土钉墙支护方案的选型应综合考虑土质、地下水、周边环境以及现场作业条件，通过工程类比和技术经济比较后确定。有地下水影响时，宜采用有截水帷幕参与工作的复合土钉墙形式；周边环境对基坑变形有较高控制要求或基坑开挖深度较深时，宜采用有预应力锚杆参与工作的复合土钉墙形式；基坑侧壁土体自立性较差时，宜采用有微型桩参与工作的复合土钉墙形式；当受多种因素影响时，应根据具体情况采取多种组合构件共同参与工作的复合土钉墙形式。

**3.0.3** 复合土钉墙较一般土钉墙具有更广泛的适用性。截水帷幕在隔水的同时，对土体也起到了加固作用，增加了坑壁的自稳能力，因此较一般土钉墙，复合土钉墙更适用于地下水位浅、土体强度低、自立性差的地层中，在我国诸多软土地区较浅基坑（一般坑深不超过5m～7m）中有广泛的工程实践，积累了丰富的经验。但在软土地层中采用复合土钉墙应满足一定的限制条件。许多工程实践表明，当基坑计算范围内存在厚度大于5m的流塑状土（当为淤泥和泥炭时厚度大于2m）或坑底存在泥炭时不宜采用复合土钉墙支护；当坑底为淤泥和淤泥质土时应慎用复合土钉墙支护，如果采用，须对坑底软弱土层进行加固或采取设置强度较大的微型桩等其他加强措施。

在饱和粉土、砂土地层中，尤其要防止出现流砂，没有有效的降水、截水措施则不得采用复合土钉墙支护；而基坑开挖深度范围内如有承压水作用则应采取降水减压措施后再使用。

**3.0.4** 当场地条件允许时，复合土钉墙支护宜有一定的坡率，放坡开挖较直立开挖的复合土钉墙更有利于保证基坑稳定性，尤其是采用预应力锚杆后，对控制基坑变形更加有利，开挖深度也可以进一步增大。

经工程统计，诸多基坑深度在13m以内，将直立开挖的复合土钉墙基坑深度限定在13m更有利于工程应用。

**3.0.6** 从基坑开挖至地下工程完成、基坑回填为止，基坑支护工程经历基坑施工期、使用期两个阶段。为控制基坑位移，基坑施工期内应连续施工。本规范基坑工程安全性设计指标基于基坑属于临时性工程，因此基坑工程的使用期不应超过1年。当使用期超过1年或设计规定后，应对基坑安全进行评估，依据基坑工程现状重新评价基坑稳定性、构件的承载能力，并应重新确定环境保护所对应的变形控制指标，以确保基坑及周边环境的安全与正常使用。基坑施工期、使用期内如遇停工，停工时间也应计入使用期内。

**3.0.9** 复合土钉墙基坑支护的变形与地质条件、周边环境条件、施工工况以及基坑开挖深度、土钉长度、土钉注浆量、基坑单边长度、超前支护刚度等多方面因素有关，由于地质勘察所获得的数据还很难准确代表岩土层的全面情况，对岩土层和复合土钉墙本身所作的计算模型、计算假定等也不能完全准确代表实际状况，而施工过程中复合土钉墙受力又经常发生动态变化，因此目前对复合土钉墙基坑支护的变形进行计算是十分困难的。

复合土钉墙基坑支护的变形可用有限元等数值分析方法作出估算，但成果的可靠性难以评估。目前较成熟的复合土钉墙变形计算研究成果主要是根据监测资料反演取得的。一些重要的、大型基坑工程建立了数值分析模型，将已观测到的成果作为数据输入，据此预测下一步变化，如此反复，得出的预测值与实测较为接近。但是，由于建模的复杂性及早期预测的准确度较低等因素，这类方法目前未能普遍应用。近些年，不少学者致力于建立相对简单的经验公式对变形进行预测，取得了一定成果，但成果都是针对某地层、某地区取得的。

图2是上海市工程建设标准《基坑工程技术规范》DG/T J08－61—2010提出的上海地区估算复合土钉墙位移的经验公式。图中单排超前支护指单排水泥土搅拌桩（宽0.7m），双排超前支护指双排水泥土搅拌桩（宽1.2m）。

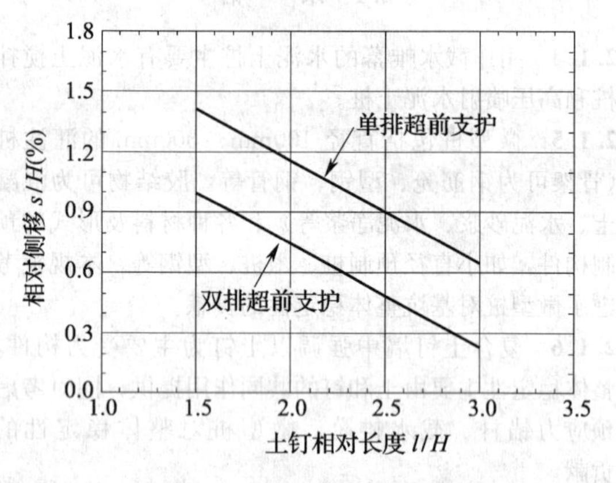


图2　土钉支护位移估算

## 4　勘　　察

**4.0.1** 基坑工程勘察包括岩土勘察和周边环境调查两项工作，应与拟建建筑的岩土工程勘察同时进行。目前岩土工程勘察重点是建筑物轮廓线以内范围，着重基础持力层调查，较少单独进行基坑开挖边界以外范围的勘察，并经常忽略浅部土层的土层划分、取样试验、土性参数，而这些内容正是基坑工程设计、施工的重要依据。当已有勘察成果不能满足基坑工程设计和施工要求时，应补充基坑工程专项勘察。

勘察阶段须同时进行周边环境安全性调查工作。其目的一方面是评估基坑开挖和降水引起的变形对周边环境产生不利影响的可能性以及地下障碍物是否影响到土钉及锚杆施工，另一方面是避免钻探和土钉、锚杆成孔过程中损坏地下管线等设施。本章内容适用于土质岩土工程勘察。

**4.0.2** 基坑开挖及降水对周边环境的影响范围较广，开挖边界线外开挖深度的1倍～5倍范围内均有可能受到影响，有时甚至更远，因此勘察的范围应根据基坑的复杂程度、设计要求、场地条件、周边环境条件等综合确定，但平面范围不宜小于基坑开挖边界线外开挖深度的2倍。考虑到土钉、锚杆的设置要求，平面范围也不宜小于土钉或锚杆估算长度的1.2倍。

由于受场地、周边环境的限制，基坑开挖线外的勘察主要以现场踏勘、调查和收集已有资料为主，必要时布置适量的勘探点。

**4.0.4** 我国发生的滑塌破坏的土钉墙及复合土钉墙实例的统计数据表明，勘察中忽略了软弱土夹层的存在是发生滑塌破坏的原因之一。因此勘察中应将软弱土夹层（特别是坑底附近的）划分出来。

**4.0.6** 土工试验应为基坑工程设计、施工提供符合实际情况的土性指标。勘察方应根据复合土钉墙设计计算、施工的要求，选择合适的试验方法（包括取样的方法等），提供的土性参数应综合考虑试验方法、工程经验，并与计算模型相匹配。

**4.0.9** 应明确提供基坑开挖影响范围内各地层的物理力学指标；有地下水时，应提供各含水层的渗透系数；存在承压水时，应分层提供水头高度。

# 5 设 计

## 5.1 一 般 规 定

**5.1.2** 设计计算时可取单位长度按平面应变问题分析计算，也可按照空间协同作用理论分析计算。当采用空间协同作用理论时，复合土钉墙设计宜考虑时空效应对稳定性的不利影响，不宜考虑边角效应对稳定性的有利影响。

**5.1.3** 附加荷载包括基坑周边施工材料和机械设备荷载、邻近既有建筑荷载、周边道路车辆荷载等。对基坑周边土方运输车等重型车辆荷载、土方堆置荷载等应做必要的复核或荷载限制。

**5.1.4** 因为坑中坑设计和处理不当而造成的基坑事故屡有发生，故制定本条规定。坑中坑对复合土钉墙支护的局部稳定存在不利影响，进而可能引发基坑整体性破坏。

**5.1.7** 表5.1.7数据是根据大量抗拔试验结果反算出来的，试验时，土钉长度为6m～12m；钻孔注浆土钉采用一次重力式注浆工艺，成孔直径70mm～120mm。钢管注浆土钉均设置倒刺，倒刺排距0.25m～1.0m，数量2个/m～4个/m，注浆压力0.6MPa～1.0MPa。反算时，假定钢管注浆土钉直径80mm；钻孔注浆土钉如无明确要求则假定直径100mm。

备注中的压力注浆指注浆压力大于0.6MPa，二次注浆系指第二次采用高压注浆。

表5.1.7土钉与土体粘结强度标准值$q_{sk}$是以一定工艺为基础的统计值，也参考了相关规范和工程经验，给出的$q_{sk}$值是一个较宽泛的范围值。由于各地区地层特性差异和施工工艺区域性特点明显，$q_{sk}$取值原则是在有地区经验情况下，应优先根据地区经验选取。

**5.1.8** 土钉及锚杆施工易造成水土流失，可能对周边环境产生不利影响，土钉及锚杆设置时应予以充分考虑；此外，基坑回填后土钉及锚杆残留在土体中，也可能会影响邻近地块的后续工程，必要时可采用可回收式锚杆及土钉。

**5.1.9** 冻融对季节性冻土影响非常明显，季节性冻土区采用复合土钉基坑支护时，应考虑冻胀后土钉受力增大、基坑位移增加以及融化后土体强度降低等不利影响。有研究表明，在冻胀力作用下土钉所受拉力会比初始拉力大3倍～5倍，土钉拉力分布形式也将发生改变；同时喷射混凝土面层后的土压力增大，基坑位移增加并且解冻后不可恢复。考虑地下水的影响，尤其是在有渗水的情况下，复合土钉墙不宜设置短土钉；考虑冻融深度的影响，该范围内的土体强度和模量以及土钉与土体的界面粘结强度也应适度折减；设计和施工还应确保土钉钉头连接牢固，同时应加强基坑监测。

**5.1.12** 复合土钉墙基坑变形既受荷载作用下土体自身变形的影响，同时还受到周边环境变形控制的约束。受荷作用下土体自身变形的大小主要与荷载、土性、开挖深度等因素有关。复合土钉墙基坑在满足自身稳定的同时，还应考虑变形对周边环境的影响，满足周边环境对变形的控制要求。

变形控制指标是基坑正常变形的一个范围值，反映了基坑仍处于正常状态之中，是基坑变形设计的允许控制指标，超出该指标意味着基坑可能进入安全储备低、变形异常甚至进入危险工作状态。

确定非常准确的基坑变形控制指标是十分困难的。从我国复合土钉墙工程实践和现有的研究水平出发，编制组在对202个复合土钉墙基坑工程监测数据的分析基础上，结合工程经验和地方工程建设标准等提出了依据地层条件、基坑安全等级确定复合土钉墙变形控制指标的建议值。

对202个复合土钉墙基坑工程监测的统计情况分析结果表明，复合土钉墙侧向位移范围一般在0.1%$H$～1.5%$H$（$H$为基坑开挖深度）之间，软土中多数在0.3%$H$～1.5%$H$之间，一般土层中多数在0.1%$H$～0.7%$H$之间。

## 5.2 土钉长度及杆体截面确定

**5.2.1** 表5.2.1提供的土钉长度及间距主要是依据工程经验，用于初步选择复合土钉墙中土钉的设计参数。设计时须进行稳定性分析验算，根据验算结果再对土钉初选设计参数进行修改和调整。

表5.2.1给出的土钉长度与基坑深度比是一个范围值，基坑较浅时可取较大值，有预应力锚杆或截水帷幕时可取较小值。

**5.2.3** 图5.2.3（b）是根据工程实测数据并考虑安全条件后简化的结果，通过假定土体侧压力总值等于朗肯主动土压力计算后得出。

假定土钉轴向荷载标准值的主要目的是为了估算土钉的长度与分布密度。

**5.2.4** 规定 $p_{m,max}$ 不宜小于 $0.2\gamma_{m1}H$ 的主要目的是避免局部土钉长度偏短。

**5.2.5** $\zeta$ 是在一定假设条件下得到的半理论半经验系数，该假设条件是土压力水平向分布且作用在面层上。实际上，复合土钉墙的主动土压力并不作用在面层上，$\zeta p$ 也不是作用在倾斜面上的主动土压力。

**5.2.6** 检验土钉施工质量的最好办法是对土钉进行全长现场抗拔试验，故应对抗拔力进行设计计算以便于工程检测。土钉验收抗拔力并非该土钉应承受的荷载，只是设计检验值，与计算单根土钉长度时假定的土钉轴向荷载标准值没有对应关系。

考虑到土体的变异性、施工水平的波动性及对成品土钉的保护，式（5.2.6-2）中引入了工作系数，其主要目的是防止过高评估土钉验收抗拔力在整体稳定中的作用。

## 5.3 基坑稳定性验算

**5.3.1** 一些文献中，把滑移面全部或部分穿过被土钉加固的土体时的破坏模式称为"内部稳定破坏"，完全不穿过时称为"外部整体稳定破坏"或"深部稳定破坏"。按本规范推荐的整体稳定性验算模型及公式，程序自动搜索最危险滑移面时，是不分"内外"的，搜索到的最危险滑移面，是土体、土钉及各复合构件提供的安全度之和为最小值的滑移面，如果此时土钉及各构件的贡献值为零，即为"外部整体稳定"模式。但经验与理论分析表明，土钉贡献值为零的情况不会出现，因为最危险滑移面至少要穿过最下一排或最长一排土钉，如图3曲线1所示。曲线2为"外部整体稳定"最危险滑移面，与曲线1相比，因位置后移导致滑弧长度增加，土体抗剪强度提供的安全度增加。土钉在滑弧外的长度 $l_m$ 很小时，摩阻力 $N_u$ 很小，$N_u$ 对安全度的贡献，小于曲线1后移至曲线2时土体抗剪强度提供的安全度增量，故曲线2的安全度大于曲线1，曲线2并非最危险滑移面。故本规范不采用"外部整体稳定"及"内部整体稳定"等概念。

整体稳定验算可计取止水帷幕、预应力锚杆及微型桩的作用，这是对大量工程实践统计的结果。如果不计取这些构件的作用，设计将过于保守，不仅与事

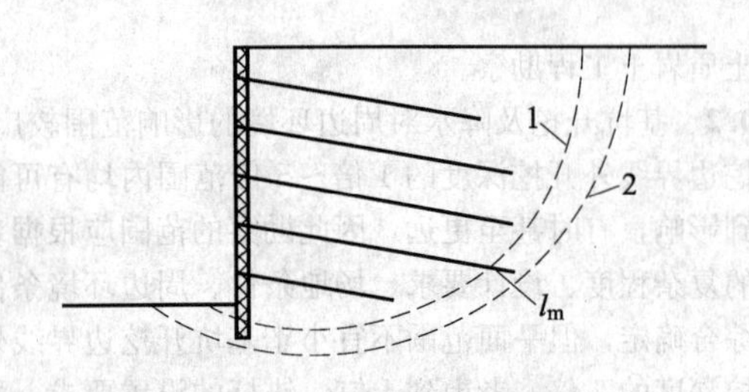


图3 整体稳定性分析比较

实不符，且有些情况下（如在软弱土层中）设计计算很难达到一定的安全度，人为地限制了复合土钉墙技术的应用。当然，也不能过高估算这些复合构件的作用，如果这些复合构件（如微型桩或锚杆）起到了主导性作用，就已经不适用本规范推荐的整体稳定性验算公式了。验算公式中，通过设置组合作用折减系数，限制了这些复合构件的作用程度。

**5.3.2** 式（5.3.2－1）以在国内广泛使用、直观、易于理解的瑞典条分法作为理论基础，采用极限平衡法作为分析方法，认为截水帷幕、预应力锚杆及微型桩能够与土钉共同工作，计算时考虑这些复合构件的作用。

为便于研究，公式作了如下假定及简化：

**1** 破坏模式为圆弧滑移破坏；

**2** 土钉为最主要受力构件；

**3** 土钉、预应力锚杆只考虑抗拉作用，截水帷幕及微型桩只考虑抗剪作用，忽略这些构件的其他作用；

**4** 破坏时土钉与土体能够发挥全部作用，复合构件不能与土钉同时达到极限平衡状态，即不能发挥最大作用，也不能同时发挥较大作用，要按一定规则进行强度折减，构件强度越高、类型越多、组合状态越不利，则折减越大；

**5** 预应力锚杆拉力的法向分力与切向分力可同时达到极限值，但只是计取假定滑移面之后的锚固段提供的抗滑力矩；

**6** 滑移面穿过截水帷幕或微型桩时，平行于桩的正截面；

**7** 不考虑地震作用；

**8** 安全系数定义为滑移面的抗滑力矩与滑动力矩之比。

破裂面的形状不能事先确定，取决于坡面的几何形状、土体的性状、土钉参数及地面附加荷载等许多因素，采用圆弧形主要因为它与一些试验结果及大多数工程实践比较接近，且分析计算相对容易一些。在某些特殊情况下，圆弧滑动并非最佳，需要与其他破坏模式对比。例如，在深厚的软土地层，采用圆弧形可能会过高估计软土的被动土压力，如图4（a）所示，土钉墙可能会沿着曲线2破坏而并非圆弧1，因土质软弱，坑底的滑移面不会扩展到很远的地方；基坑上半部分为软弱土层、下半部分为坚硬土层，且层

面向基坑内顺层倾斜时，可能产生顺层滑动，破裂面为双折线或上曲下直的双线，如图4（b）所示；土体中存在较薄弱的土层或薄夹层时，可能会产生沿薄弱面的滑动破坏，如图4（c）所示。

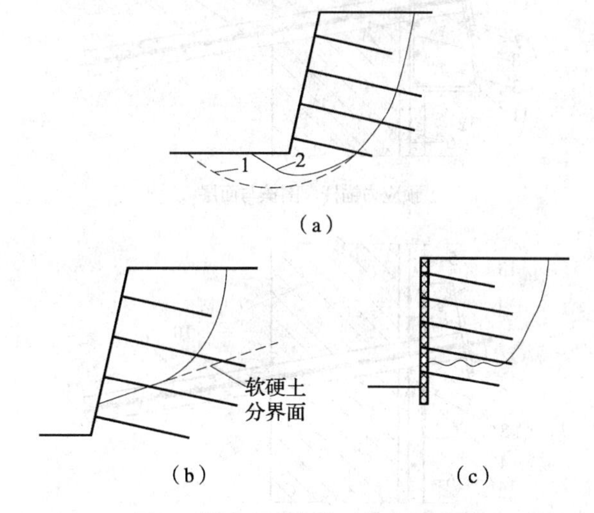


图4 特殊地质条件下的破坏模式

无试验资料或类似经验时，截水帷幕如采用深层搅拌法形成，可按表2取值［喷浆法，单轴，(2～4)喷、4搅工艺］，工艺不同时可参考该表取值。高压喷射注浆法形成的水泥土截水帷幕抗剪强度可参考表2，按水泥土设计抗压强度标准值的15%～20%取值，但最大不应超过800kPa。

**表2 深层搅拌法水泥土抗剪强度标准值 $\tau_s$**

| 抗压强度（MPa） | 0.5～1.0 | 1.0～1.5 | 1.5～2.0 | >2.0 |
|---|---|---|---|---|
| 抗剪强度（kPa） | 100～250 | 150～300 | 200～400 | 400 |

**5.3.3** 式（5.3.2-1）是个半经验半理论公式，其中的组合作用折减系数根据实际工程反算而来。反算时，在国内外已实施的约500个复合土钉墙案例中，挑选了202个有代表性的进行了详细计算。思路为：通过对一些特殊案例（已塌方或变形很大的工程）的定性分析及定量计算，估算出折减系数的大致范围，然后再通过大量的案例（正常使用的工程），验证该范围的合理性。

组合作用折减系数 $\eta$ 是经验值，根据大量失稳、濒临失稳及正常使用工程的监测数据反算而来。反算时作了如下假设：

**1** 基坑坍塌时支护体系达到了承载能力极限状态，略低于临界稳定，整体稳定安全系数 $K_s$ 为0.98～0.99。

**2** 基坑水平位移很大时，支护体系为正常使用极限状态，接近临界稳定，$K_s$ 为1.01～1.03。

**3** 正常使用时，土钉墙的位移量与整体稳定安全系数 $K_s$ 之间大致存在着表3所示的经验关系。

**表3 土钉墙位移与整体稳定安全系数 $K_s$ 关系**

| 位移量级 | 很小 | 较小 | 一般 | 较大 | 很大 |
|---|---|---|---|---|---|
| 位移比（%） | <0.2 | 0.2～0.4 | 0.35～0.7 | 0.6～1.0 | >1.0 |
| 位移（mm） | 10～20 | 15～40 | 25～70 | 40～100 | >100 |
| $K_s$ | >1.40 | 1.30～1.45 | 1.15～1.35 | 1.05～1.20 | 1.01～1.05 |

**4** 微型桩与土钉墙结合后整体性不如截水帷幕与土钉墙结合后整体性效果好。

**5** 预应力锚杆的组合作用折减系数取0.5时，作用效果与将其视为土钉相当。而预应力锚杆的作用效果应好于将之完全视为土钉。

提高截水帷幕及微型桩材料的抗剪强度、增大截面面积等会使复合构件自身抗剪能力得到较大提高，但复合土钉墙整体稳定性依靠地是土、土钉与复合构件的协同作用，复合构件自身抗剪能力提高的程度越大，复合土钉墙整体稳定性提高的程度越小，并不同比增长。

**5.3.5** 复合土钉墙的整体稳定性首先应由土与土钉的共同作用提供基本保证，设置复合构件的主要目的是隔水或减小变形、控制位移，同时对整体稳定性亦有贡献。本条规定保证了土钉是最主要受力构件，弱化了复合构件的抗力作用，从而保证了工程安全性及整体稳定性验算公式的适用性。

大量基坑监测数据统计结果表明，如满足以下条件，基坑位移不大：

**1** 截水帷幕单独或与微型桩组合作用时，$K_{s0}+K_{s1}\geqslant 0.86$。

**2** 微型桩单独作用时，$K_{s0}+K_{s1}\geqslant 0.97$。

**3** 预应力锚杆单独作用时，$K_{s0}+K_{s1}\geqslant 0.96$。

**4** 截水帷幕及微型桩分别与预应力锚杆组合或三者一起组合作用时，$K_{s0}+K_{s1}+0.5K_{s2}\geqslant 1.0$。

本条统一为式（5.3.5），是偏于安全的。

**5.3.6** 常用的基坑抗隆起稳定性分析模式主要有地基承载力模式及圆弧滑动模式。复合土钉墙的刚度及构件强度均较弱，很难形成转动中心，不宜采用圆弧滑动模式。

**5.3.7** 采用式（5.3.7-1）验算坑底抗隆起稳定性时，注意以下问题：

**1** 式（5.3.7-1）忽略了土钉及锚杆的抗剪作用。

**2** 坡面倾斜时可考虑倾斜区土体自重减轻的有利因素。

**3** 以下情况可计取 $t$：微型桩为直径大于

200mm的钻孔混凝土桩、不小于16号的工字钢、预制桩或预应力管桩，间距不超过4倍桩径；插入不小于12号工字钢的水泥土墙；厚度不小于1m的水泥土墙等。

4 以下情况不宜计取 $t$：厚度小于0.5m的水泥土墙；微型桩为竹桩，直径不大于48mm的钢管及直径不大于50mm的木桩等。

5 坡脚附近有软弱土层的一级基坑，采用复合土钉墙支护很难满足抗隆起稳定性要求，故没有给出安全等级为一级的基坑抗隆起稳定安全系数指标。

### 5.4 构造要求

**5.4.1** 从利于基坑稳定和控制变形考虑，土钉在竖向布置上不应采用上短下长布置形式。上下等长这种布置形式性价比不好，一般只在基坑较浅、坡角较大、土质较好及土钉较短时采用。上长下短这种布置形式有利于减小坑顶水平位移，但有时因上排土钉受到周边环境（如地下管线或障碍物）限制可能难以实施。中部长上下短这种布置形式性价比较好，宜优先选用。在这种布置形式中，第一排土钉对减少土钉墙位移有较大帮助，所以也不宜太短。

**5.4.2** 成孔注浆土钉施工质量容易保证，与土层摩阻力较高，应优先选用。

**5.4.3、5.4.4** 面层及连接件受力较小，一般按构造设计即可满足安全要求。

**5.4.5** 预应力锚杆间距小于1.5m时，为减小群锚效应，相邻锚杆可采用不同倾角、不同长度的布置方式。基坑阳角处两侧的预应力锚杆可斜向设置，使锚杆锚固段远离阳角，位于阳角滑移面之外。

本条还规定，预应力锚杆的自由段长度宜为4m～6m。控制预应力锚杆自由段长度是基于如下考虑：土钉对土体变形比预应力锚杆敏感，即较小的位移即可使土钉承受较大的荷载，为使土钉与预应力锚杆在相同位移下受力协调，应控制预应力锚杆变形不能太大；复合土钉墙中的预应力锚杆自由段长度4m～6m能够满足张拉伸长产生预应力的要求。

复合土钉墙基坑位移往往会引起预应力锚杆应力值增大。锚杆锁定时，应为基坑开挖变形后锚杆预应力的增长留有余地，故锁定值宜取锚杆轴向承载力设计值的60%～90%。

**5.4.6** 钢筋混凝土围檩具有刚度大、与桩的结合紧密、锚杆预应力损失小等优点，因此宜优先选用。当采用钢围檩时，一定要保证钢围檩的刚度满足锚杆设计锁定值要求，截面应通过设计计算确定，并应充分考虑缺陷的影响。

围檩可按以锚杆为支点的多跨连续梁设计计算。

预应力锚杆与面层及围檩连接构造可参考图5。

**5.4.8** 微型桩宜采用小直径混凝土桩、型钢及钢管

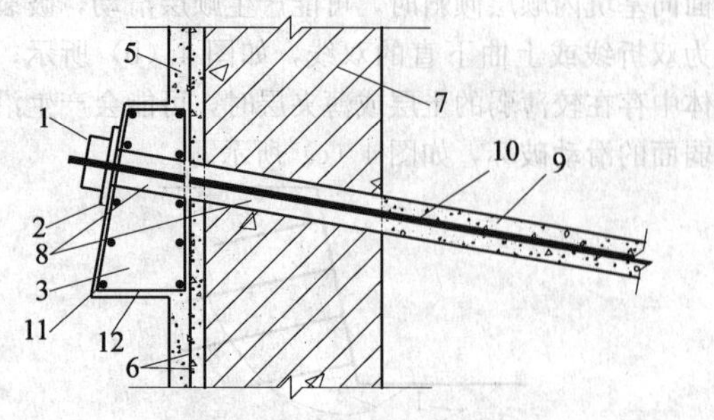

（a）预应力锚杆、围檩与面层

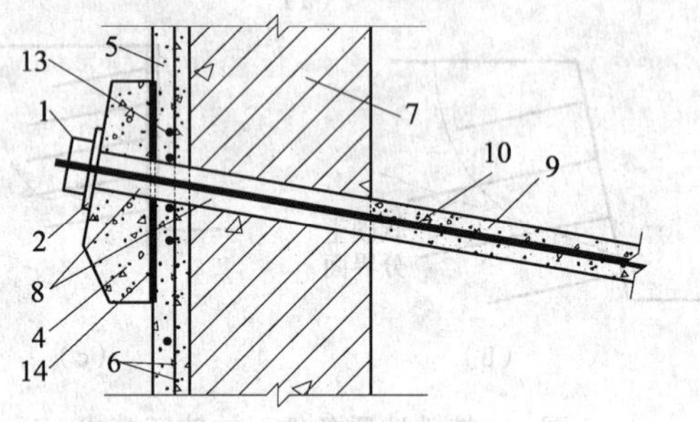

（b）预应力锚杆、承压板与面层

图5 预应力锚杆与面层及围檩连接构造示意

1—锚具；2—钢垫板；3—围檩；4—承压板；5—喷射混凝土；6—钢筋网；7—土体、截水帷幕或微型桩；8—预留孔；9—钻孔；10—杆体；11—围檩主筋；12—围檩箍筋；13—加强筋；14—水泥砂浆

等，特殊情况下也可采用木桩、竹桩、管桩等。采用木桩、竹桩时桩间距宜适当减小。

## 6 施工与检测

### 6.1 一般规定

**6.1.1** 位移观测控制点包括基准点和工作基点，基坑工程施工前应布设好位移观测控制点和监测点，并予以妥善保护。

水患是复合土钉墙基坑支护的"大敌"。雨水和施工用水下渗、旧管道渗漏等会使土体下滑力增大，抗剪强度降低，从而引发基坑坍塌事故，因此应做好场区的排水系统规划和地面硬化，地面排水坡度不宜小于0.3%，并宜设置排水沟。

**6.1.2** 地面超载是复合土钉墙基坑支护的又一"大敌"。土方、材料、构件、机具的超载堆放，大型运输车辆随意改变行车路线等都易导致基坑坍塌事故的发生，因此，本条强调应按照施工现场平面布置图进行材料、构件、机具、设备的布置，而施工现场平面布置图应与基坑工程设计工况相一致。

**6.1.3** 本条为强制性条文。本条提出了复合土钉墙施工的20字方针，即"超前支护，分层分段，逐层施作，限时封闭，严禁超挖"，20字方针是复合土钉

墙长期施工经验的总结。

为了控制地下水和限制基坑侧壁位移，保证基坑稳定，截水帷幕、微型桩应提前施工完成，达到规定强度后方可开挖基坑，即所谓“超前支护”。

基坑开挖所产生的地层位移受时空效应的影响，开挖暴露的面积越大，位移也越大，为控制位移，施工应按照设计工况分段、分层开挖，分层厚度应与土钉竖向间距一致。下层土的开挖应等到上层土钉注浆体强度达到设计强度的70％后方可进行。

每层开挖后应及时施作该层土钉并喷护面层，封闭临空面，减少基坑无土钉的暴露时间，即所谓“逐层施作，限时封闭”，一般情况下，应在1d内完成土钉安设和喷射混凝土面层；在淤泥质地层和松散地层中开挖基坑时，应在12h内完成土钉安设和喷射混凝土面层。

超挖是基坑工程的又一“大敌”。工程中因超挖而造成的基坑坍塌事故屡有发生，即使未造成基坑坍塌事故，基坑开挖期位移过大，也会使基坑使用期的安全度下降。因此，分层开挖时应严格控制每层开挖深度，协调好挖土与土钉施工的进度，严禁多层一起开挖或一挖到底。

### 6.2 复合土钉墙施工

**6.2.1** 本条规定的流程为截水帷幕－微型桩－预应力锚杆复合土钉墙形式的施工流程，其他组合形式的复合土钉墙施工流程应根据组合构件在此基础上取舍。

复合土钉墙是截水帷幕先施工还是微型桩先施工，应根据不同施工工艺确定，如果微型桩是非挤土桩，可以截水帷幕先施工，微型桩后施工；如果微型桩是挤土桩，则宜微型桩先施工，再施工截水帷幕。

**6.2.2** 水泥土桩止水帷幕的水泥掺量应符合设计要求，水泥浆液的水灰比宜按照试桩结果确定。一般双轴水泥土搅拌桩水灰比宜取0.5～0.6，三轴水泥土搅拌桩水灰比宜取1.0～1.5；高压喷射注浆水灰比宜取0.9～1.1。

水泥土搅拌桩施工时，双轴搅拌机钻头搅拌下沉速度不宜大于1.0m/min，喷浆搅拌时钻头的提升速度不宜大于0.5m/min；三轴搅拌机钻头的提升速度宜为1m/min～2m/min，搅拌下沉速度宜为0.5m/min～1m/min。

高压喷射注浆分高压旋喷、高压摆喷和高压定喷三种形式，因高压旋喷帷幕厚度大，止水和稳定性效果好，是目前复合土钉墙中采用的主要形式。高压喷射注浆可根据工程实际情况采用单管法、二重管法、三重管法。单管法及二重管法的高压液流压力一般大于20MPa，压力范围多为20MPa～30MPa。高压三重管比单管和二重管喷射直径大，高压水射流的压力可达40MPa左右，常用的压力范围为30MPa～40MPa；低压水泥浆的注浆压力宜大于1MPa，气流压力不宜小于0.7MPa，提升速度宜为50mm/min～200mm/min，旋转速度宜为10r/min～20r/min。对于较硬的黏性土层、密实的砂土和碎石土层及较深处土层宜取较小的提升速度、较大的喷射压力。

高压喷射注浆过程中如出现异常情况，应及时查明原因并采取措施。当孔口返浆量大于注浆量的20％时，宜采取提高喷射压力、加快提升速度等措施。当因浆液渗漏而出现孔口不返浆时，宜在漏浆部位停止提升注浆管并进行补浆，注浆液中宜掺入速凝剂，同时采取从孔口填入中粗砂等措施，直至孔口返浆。

**6.2.5** 采用二次注浆的方法可以明显提高锚杆锚固力，但要掌握好二次高压注浆的时机。二次注浆的时间宜根据注浆工艺试验确定。

### 6.3 降排水施工

**6.3.2** 基坑降水会引起周边地表和建筑沉降，而且过量降水也不符合节约水资源的规定，因此基坑降水应遵循“按需降水”的原则。

**6.3.5** 为了保证排水通畅，防止雨水、施工用水等地表水漫坡流动或倒流回渗基坑，硬化后的场区地面排水坡度不宜小于0.3％，并宜设置排水沟。基坑内应设置排水沟、集水坑，及时排放积聚在基坑内的渗水和雨水。

### 6.4 基 坑 开 挖

**6.4.4** 对自稳能力差的土体，如含水量高的黏性土、淤泥质土及松散砂土等开挖后应立即进行支护，初喷混凝土应随挖随喷。

**6.4.7** 基坑开挖至坑底后应及时浇筑基础垫层，在软土地区及时浇筑垫层尤其显得重要。根据软土地区淤泥和淤泥质土的特点，基坑垫层浇筑时间宜控制在2h以内，最迟不应超过4h。

## 7 监　　测

**7.0.2** 巡视检查主要以目测为主，配以简单的工器具，巡视的检查方法速度快、周期短，可以及时弥补仪器监测的不足。基坑工程施工期间的各种变化具有时效性和突发性，加强巡视检查是预防基坑工程事故简便、经济而又有效的方法。通过巡视检查和仪器监测，可以定性、定量相结合，更加全面地分析基坑的工作状态，作出正确的判断。

**7.0.3** 复合土钉墙基坑工程监测是一个系统，系统内的各项目监测有着必然的、内在的联系。某一单项的监测结果往往不能揭示和反映基坑工程的整体情况，必须形成一个有效的、完整的、与设计施工工况相适应的监测系统并跟踪监测，才能通过监测项目之间的内在联系作出准确地分析、判断，因此监测项目的确定要做到重点量测、项目配套。

基坑工程设计方应根据地层特性和周边环境保护要求，对复合土钉墙进行必要的计算与分析后，结合当地的工程经验确定合适的监测报警值。

复合土钉墙基坑工程工作状态一般分为正常、异常和危险三种情况。异常是指监测对象受力或变形呈现出不符合一般规律的状态。危险是指监测对象的受力或变形呈现出低于结构安全储备、可能发生破坏的状态。

## 附录A 土钉抗拔基本试验

**1** 基本试验是对试验土钉所采取的现场抗拔试验。目的是通过检测土钉极限抗拔力，从而确定土钉与岩土层之间的粘结强度，同时确定施工工艺、部分设计及施工参数，为设计提供依据。

**2** 较薄土层中可不进行基本试验。

## 附录B 土钉抗拔验收试验

验收试验是对实际工作土钉所采用的现场抗拔试验，目的是通过检测土钉实际抗拔力能否达到验收抗拔力，从而判断土钉长度、注浆质量等施工质量，为工程验收提供依据。

中华人民共和国行业标准

# 刚-柔性桩复合地基技术规程

Technical specification for rigid-flexible pile composite foundation

**JGJ/T 210—2010**

批准部门：中华人民共和国住房和城乡建设部

施行日期：2 0 1 0 年 9 月 1 日

# 中华人民共和国住房和城乡建设部
# 公　告

第542号

## 关于发布行业标准《刚-柔性桩复合地基技术规程》的公告

现批准《刚-柔性桩复合地基技术规程》为行业标准，编号为JGJ/T 210-2010，自2010年9月1日起实施。

本规程由我部标准定额研究所组织中国建筑工业出版社出版发行。

**中华人民共和国住房和城乡建设部**

2010年4月14日

## 前　言

根据住房和城乡建设部《关于印发“2008年工程建设标准规范制订、修订计划（第一批）”的通知》（建标［2008］102号）的要求，规程编制组经广泛调查研究，认真总结实践经验，参考有关国际标准和国外先进标准，并在广泛征求意见的基础上，制定本规程。

本规程的主要技术内容是：1. 总则；2. 术语和符号；3. 基本规定；4. 设计；5. 施工；6. 质量检测。

本规程由住房和城乡建设部负责管理，由温州东瓯建设集团有限公司负责具体技术内容的解释。执行过程中如有意见或建议，请寄送温州东瓯建设集团有限公司（地址：浙江省温州市荣新路39号，邮编：325000）。

本规程主编单位：温州东瓯建设集团有限公司

本规程参编单位：浙江大学
天津大学
同济大学
浙江省建筑设计研究院
浙江鲲鹏建设有限公司
温州晋大建筑安装工程有限公司

本规程主要起草人员：龚晓南　朱　奎（以下按姓名笔画为序）
毛西平　叶观宝　郑　刚
徐日庆　张　杰　施祖元

本规程主要审查人员：（以下按姓名笔画为序）
王长科　王建华　白玉堂
刘吉福　刘国楠　陈昌富
周茂新　胡庆红　倪士坎
童小东　谢永利　蒋镇华
蔡泽芳　滕文川

# 目　次

# Contents

# 1 总 则

**1.0.1** 为了在刚-柔性桩复合地基设计、施工和质量检测中贯彻国家的技术经济政策，做到保证质量、保护环境、安全适用、节约能源、经济合理和技术先进，制定本规程。

**1.0.2** 本规程适用于建筑与市政工程刚-柔性桩复合地基的设计、施工及质量检测。

**1.0.3** 刚-柔性桩复合地基的设计、施工及质量检测，应综合分析工程地质和水文地质条件、上部结构和基础形式、荷载特征、施工工艺、检测方法和环境条件等影响因素，遵循因地制宜、就地取材、保护环境和节约资源的原则，注重概念设计。

**1.0.4** 刚-柔性桩复合地基的设计、施工及质量检测，除应符合本规程外，尚应符合国家现行有关标准的规定。

# 2 术语和符号

## 2.1 术 语

**2.1.1** 复合地基 composite foundation

天然地基在地基处理过程中，部分土体得到增强，或被置换，或在天然地基中设置加筋材料，由天然地基土体和增强体两部分组成的人工地基。

**2.1.2** 刚-柔性桩复合地基 rigid-flexible pile composite foundation

竖向增强体由刚性桩和柔性桩组成的复合地基。

**2.1.3** 柔性桩 flexible pile

刚度较小的竖向增强体。本规程指的柔性桩包括水泥土搅拌桩和旋喷桩。

**2.1.4** 刚性桩 rigid pile

刚度较大的竖向增强体。本规程指的刚性桩包括泥浆护壁成孔灌注桩、长螺旋钻孔压灌桩、沉管灌注桩、混凝土预制桩和钢管桩等。

**2.1.5** 褥垫层 cushion

在复合地基和基础之间设置的垫层。

**2.1.6** 刚性桩置换率 replacement ratio of rigid pile to composite foundation

刚性桩桩体的横截面积与复合地基面积的比值。

**2.1.7** 柔性桩置换率 replacement ratio of flexible pile to composite foundation

柔性桩桩体的横截面积与复合地基面积的比值。

## 2.2 符 号

$A_{p1}$——刚性桩桩端横截面积；

$A_{p2}$——刚性桩桩身横截面积；

$A_{p3}$——柔性桩桩身横截面积；

$d$——基础埋置深度；

$E_{p1}$——刚性桩桩体的压缩模量；

$E_{p2}$——柔性桩桩体的压缩模量；

$E_s$——天然土层的压缩模量；

$E_{si}$——基础底面下的第 $i$ 层土的压缩模量；

$E_{sp1i}$——刚性桩、柔性桩与土构成的第 $i$ 层复合土层的复合压缩模量；

$E_{sp2i}$——柔性桩桩端以下，刚性桩与土构成的第 $i$ 层复合土层的复合压缩模量；

$f_a$——修正后的复合地基承载力特征值；

$f_c$——混凝土桩轴心抗压强度设计值；

$f_{sk}$——桩间土的承载力特征值；

$f_{spk}$——复合地基承载力特征值；

$l_i$——第 $i$ 层土的厚度；

$m_1$——刚性桩面积置换率；

$m_2$——柔性桩面积置换率；

$n$——刚性桩桩长范围内所划分的土层数；

$n_1$——柔性桩桩长范围内所划分的土层数；

$p_k$——相应于荷载效应标准组合时，基础底面处的平均压力值；

$p_0$——相应于荷载效应准永久组合时，基础底面处的附加压力；

$Q_{uk}$——单桩竖向极限承载力标准值；

$q_p$——桩端地基土未经修正的承载力特征值；

$q_{pk}$——极限端阻力标准值；

$q_{si}$——第 $i$ 层土的桩侧摩阻力特征值；

$q_{sik}$——第 $i$ 层土的极限侧阻力标准值；

$R_{a1}$——刚性桩竖向承载力特征值；

$R_{a2}$——水泥土搅拌桩或旋喷桩竖向承载力特征值；

$s_1$——刚性桩、柔性桩与土构成的复合土层压缩量；

$s_2$——柔性桩桩端以下，刚性桩与土构成的复合土层压缩量；

$s_3$——刚性桩桩端以下天然土层压缩量；

$u_p$——桩的横截面周长；

$z_i$——基础底面至第 $i$ 层土底面的距离；

$z_{i-1}$——基础底面至第 $i-1$ 层土底面的距离；

$\alpha$——柔性桩桩端天然地基土的承载力折减系数；

$\bar{\alpha}_i$——基础底面计算点至第 $i$ 层土底面范围内平均附加应力系数；

$\bar{\alpha}_{i-1}$——基础底面计算点至第 $i-1$ 层土底面范围内平均附加应力系数；

$\gamma_m$——基础底面以上土的加权平均重度；

$\eta$——水泥土搅拌桩和旋喷桩的桩身强度折减系数；

$\eta_1$——刚-柔性桩复合地基达到极限承载力时，刚性桩的承载力发挥系数；

$\eta_2$ ——刚-柔性桩复合地基达到极限承载力时，柔性桩的承载力发挥系数；

$\eta_3$ ——刚-柔性桩复合地基达到极限承载力时，桩间土的承载力发挥系数；

$\psi_c$ ——刚性桩成桩工艺系数；

$\psi_{s1}$ ——刚性桩、柔性桩与土构成的复合土层压缩量计算经验系数；

$\psi_{s2}$ ——柔性桩桩端以下，刚性桩与土构成的复合土层压缩量计算经验系数。

## 3 基 本 规 定

**3.0.1** 刚-柔性桩复合地基设计前，应具备岩土工程勘察、上部结构及基础设计和场地环境条件等有关资料。

**3.0.2** 应根据上部结构对地基处理的要求、工程地质和水文地质条件、工期、地区经验和环境保护要求等，提出技术上可行的复合地基方案，并应经过技术经济比较，选用合理的刚-柔性桩复合地基形式。

**3.0.3** 刚-柔性桩复合地基设计应保证复合地基中桩体和桩间土在荷载作用下能够共同承担荷载。

**3.0.4** 刚-柔性桩复合地基中的刚性桩应选用摩擦型桩。不同桩型的适用条件应符合下列规定：

**1** 泥浆护壁成孔灌注桩适用于地下水位以下的黏性土、粉土、砂土和填土等地基；

**2** 长螺旋钻孔压灌桩适用于黏性土、粉土、砂土、非密实的碎石类土和填土等地基；

**3** 沉管灌注桩适用于粉土、砂土、填土、非饱和黏性土等地基；

**4** 混凝土预制桩适用于持力层上覆盖松软地层且不存在难于穿透的坚硬夹层的地基；

**5** 钢管桩宜用于需承受巨大冲击力并穿透较厚硬土层的地基；

**6** 水泥土搅拌桩适用于处理正常固结的淤泥与淤泥质土、粉土、饱和黄土、素填土、黏性土以及无流动地下水的饱和松散砂土等地基；当土中有机质含量较高时，应根据现场试验结果确定其适用性；

**7** 旋喷桩适用于处理淤泥、淤泥质土、软塑或可塑黏性土、粉土、砂土、黄土、素填土和碎石土等地基；当土中含有较多的大粒径块石、大量植物根茎或有机质含量较高，以及地下水流速过大和已涌水的工程，应根据现场试验结果确定其适用性。

**3.0.5** 刚-柔性桩复合地基应按上部结构、基础和复合地基共同作用进行分析。对大型重要工程，宜通过现场试验对设计方案进行验证分析。

**3.0.6** 刚-柔性桩复合地基方案的选用应符合下列规定：

**1** 应根据建筑物的结构类型、荷载大小及使用要求，结合工程地质和水文地质条件、基础形式、施工条件、工期要求及环境条件进行综合分析，并应进行技术经济比较，选择合理的刚-柔性桩复合地基方案；

**2** 对大型重要工程，应对已经选择的刚-柔性桩复合地基方案，在有代表性的场地上进行相应的现场试验或试验性施工，以检验设计参数和处理效果；应通过分析比较选择和优化设计方案；

**3** 在施工过程中应加强监测；当监测结果未达到设计要求时，应及时查明原因，修改设计参数或采取其他必要措施。

**3.0.7** 刚-柔性桩复合地基宜按沉降控制的原则进行设计。

**3.0.8** 刚性基础下的刚-柔性桩复合地基宜设置褥垫层。填土路堤和柔性面层堆场下的刚-柔性桩复合地基应设置加筋碎石垫层。

**3.0.9** 当采用挤土桩时，应采取有效措施，减小挤土效应。施工时宜先施工刚性桩，后施工柔性桩。

**3.0.10** 刚性桩和柔性桩的质量验收应符合现行国家标准《建筑地基基础施工质量验收规范》GB 50202的规定。

## 4 设 计

### 4.1 一 般 规 定

**4.1.1** 刚性桩可采用灌注桩或预制桩，柔性桩可采用水泥土搅拌桩或旋喷桩。刚性桩应在基础范围内布置。

**4.1.2** 刚性桩的桩距应根据土质条件、设计要求的复合地基承载力、沉降，以及施工工艺等确定，宜取3～6倍桩径。柔性桩的平面布置根据上部结构特点及对地基承载力和沉降的要求确定，可采用正方形、等边三角形等布桩方式。

**4.1.3** 基础底面的压力，应符合下列规定：

当轴心荷载作用时

$$p_k \leqslant f_a \quad (4.1.3\text{-}1)$$

当偏心荷载作用时，除应符合式（4.1.3-1）要求外，尚应符合下式要求：

$$p_{kmax} \leqslant 1.2 f_a \quad (4.1.3\text{-}2)$$

式中：$p_k$ ——相应于荷载效应标准组合时，基础底面处的平均压力值（kPa）；

$f_a$ ——修正后的复合地基承载力特征值（kPa）；

$p_{kmax}$ ——相应于荷载效应标准组合时，基础底面边缘的最大压力值（kPa）。

**4.1.4** 刚-柔性桩复合地基承载力的基础宽度承载力修正系数应取零；基础埋深的承载力修正系数应取1.0。修正后的复合地基承载力特征值 $f_a$ 应按下式计算：

$$f_a = f_{spk} + \gamma_m(d - 0.5) \quad (4.1.4)$$

式中：$f_{spk}$——复合地基承载力特征值（kPa）；

$\gamma_m$——基础底面以上土的加权平均重度（kN/m³），地下水位以下取浮重度；

$d$——基础埋置深度（m），一般自室外地面标高算起。在填方整平地区，可自填土地面标高算起，但填土在上部结构施工后完成时，应从天然地面标高算起。对于地下室，如采用箱形基础或筏形基础时，基础埋置深度自室外地面标高算起；当采用独立基础或条形基础时，应从室内地面标高算起。

## 4.2 承载力

**4.2.1** 刚性桩的单桩承载力应按现场单桩静载试验确定。初步设计时也可按下列公式估算单桩竖向承载力特征值：

$$R_{a1} = \frac{Q_{uk}}{2} \quad (4.2.1\text{-}1)$$

$$Q_{uk} = u_p \sum_{i=1}^{n} q_{sik} l_i + q_{pk} A_{p1} \quad (4.2.1\text{-}2)$$

式中：$R_{a1}$——刚性桩的单桩竖向承载力特征值（kN）；

$Q_{uk}$——单桩竖向极限承载力标准值（kN）；

$u_p$——桩的横截面的周长（m）；

$A_{p1}$——刚性桩桩端横截面积（m²）；

$l_i$——第 $i$ 层土的厚度（m）；

$n$——刚性桩桩长范围内所划分的土层数；

$q_{sik}$——桩侧第 $i$ 层土的极限侧阻力标准值（kPa），宜按当地经验确定；当无当地经验时，可按现行行业标准《建筑桩基技术规范》JGJ 94 的有关规定确定；

$q_{pk}$——极限端阻力标准值（kPa），宜按当地经验确定；当无当地经验时，可按现行行业标准《建筑桩基技术规范》JGJ 94 的有关规定确定。

**4.2.2** 刚性桩应验算桩身承载力，混凝土桩轴心受压正截面受压承载力应符合下式要求：

$$N \leqslant \psi_c f_c A_{p2} \quad (4.2.2)$$

式中：$N$——荷载效应基本组合下的桩顶轴向压力设计值（kN）；

$\psi_c$——刚性桩成桩工艺系数，可按现行行业标准《建筑桩基技术规范》JGJ 94 确定；

$f_c$——混凝土桩轴心抗压强度设计值（kPa）；

$A_{p2}$——刚性桩桩身横截面积（m²）。

**4.2.3** 水泥土搅拌桩或旋喷桩单桩承载力特征值应按现场单桩静载试验确定。初步设计时也可按式（4.2.3-1）和式（4.2.3-2）进行计算，取其中的较小值：

$$R_{a2} = u_p \sum_{i=1}^{n_1} q_{si} l_i + \alpha q_p A_{p3} \quad (4.2.3\text{-}1)$$

$$R_{a2} = \eta f_{cu} A_{p3} \quad (4.2.3\text{-}2)$$

式中：$R_{a2}$——水泥土搅拌桩或旋喷桩单桩承载力特征值（kPa）；

$u_p$——桩的横截面周长（m）；

$n_1$——柔性桩桩长范围内所划分的土层数；

$q_{si}$——第 $i$ 层土的桩侧摩阻力特征值（kPa），宜根据当地经验确定；

$\alpha$——桩端天然地基土的承载力折减系数，与桩长、土层土质情况有关，宜根据当地经验确定；无经验时可取 0.4～0.6，承载力高时取低值；

$l_i$——第 $i$ 层土的厚度（m）；

$A_{p3}$——柔性桩桩身横截面积（m²）；

$q_p$——桩端地基土未经修正的承载力特征值（kPa），可按现行国家标准《建筑地基基础设计规范》GB 50007的有关规定确定；

$\eta$——水泥土搅拌桩或旋喷桩的桩身强度折减系数，宜按地区经验取值，如无地区经验时，对喷浆搅拌法可取 0.25～0.33，喷粉搅拌法可取 0.20～0.30；旋喷桩可取 0.33；

$f_{cu}$——对水泥土搅拌桩，取与搅拌桩配合比相同的室内水泥土试块（边长为70.7mm的立方体，也可采用边长为50mm的立方体）标准养护 90d 的立方体无侧限抗压强度平均值（kPa）；对旋喷桩，取与旋喷桩桩身水泥土配比相同的室内加固土试块在标准养护条件下 28d 龄期的立方体抗压强度平均值（kPa）。

**4.2.4** 刚-柔性桩复合地基承载力特征值可通过现场复合地基载荷试验确定。初步设计时也可按下式计算：

$$f_{spk} = \eta_1 m_1 R_{a1}/A_{p2} + \eta_2 m_2 R_{a2}/A_{p3} + \eta_3(1 - m_1 - m_2) f_{sk} \quad (4.2.4)$$

式中：$m_1$——刚性桩面积置换率；

$m_2$——柔性桩面积置换率；

$f_{sk}$——处理后桩间土的承载力特征值（kPa），可通过载荷试验确定，如无经验时，可取天然地基承载力特征值；

$\eta_1$——刚性桩的承载力发挥系数，按当地经验或试验结果取值，无经验时可取0.8～1.0，褥垫层较厚时取小值；

$\eta_2$——柔性桩的承载力发挥系数，按当地经验或试验结果取值，无经验时可取

0.75～0.95，褥垫层较厚时取大值；

$\eta_3$ ——桩间土的承载力发挥系数，按当地经验或试验结果取值，无经验时可取 0.5～0.9，褥垫层较厚时取大值。

**4.2.5** 用于路堤、堆场和道路工程的刚-柔性桩复合地基应进行稳定性验算。

## 4.3 沉 降

**4.3.1** 刚-柔性桩复合地基沉降量可按下式计算：

$$s = s_1 + s_2 + s_3 \quad (4.3.1)$$

式中：$s_1$ ——刚性桩、柔性桩与土构成的复合土层压缩量（mm），按式（4.3.2）计算；

$s_2$ ——柔性桩桩端以下，刚性桩与土构成的复合土层压缩量（mm），按式（4.3.3）计算；

$s_3$ ——刚性桩桩端以下天然土层压缩量（mm），按现行国家标准《建筑地基基础设计规范》GB 50007 的有关规定进行计算。

**4.3.2** 刚性桩、柔性桩与土构成的复合土层压缩量 $s_1$ 可按下式计算：

$$s_1 = \psi_{s1} \sum_{i=1}^{n_1} \frac{p_0}{E_{sp1i}} (z_i \bar{\alpha}_i - z_{i-1} \bar{\alpha}_{i-1}) \quad (4.3.2)$$

式中：$\psi_{s1}$ ——刚性桩、柔性桩与土构成的复合土层压缩量计算经验系数，宜按当地经验取值，无经验时可按现行国家标准《建筑地基基础设计规范》GB 50007 的有关规定执行；复合土层的分层原则与天然地基相同；

$n_1$ ——柔性桩桩长范围内所划分的土层数；

$p_0$ ——对应于荷载效应准永久组合下的基础底面处的附加压力（kPa）；

$E_{sp1i}$ ——刚性桩、柔性桩与土构成的第 $i$ 层复合土层的复合压缩模量（MPa）；

$z_i$ ——基础底面至第 $i$ 层土底面的距离（m）；

$z_{i-1}$ ——基础底面至第 $i-1$ 层土底面的距离（m）；

$\bar{\alpha}_i$ ——基础底面计算点至第 $i$ 层土底面范围内的平均附加应力系数；

$\bar{\alpha}_{i-1}$ ——基础底面计算点至第 $i-1$ 层土底面范围内的平均附加应力系数。

**4.3.3** 柔性桩桩端以下，刚性桩与土构成的复合土层压缩量 $s_2$ 可按下式计算：

$$s_2 = \psi_{s2} \sum_{i=n_1+1}^{n} \frac{p_0}{E_{sp2i}} (z_i \bar{\alpha}_i - z_{i-1} \bar{\alpha}_{i-1}) \quad (4.3.3)$$

式中：$\psi_{s2}$ ——柔性桩桩端以下，刚性桩与土构成的复合土层压缩量计算经验系数，宜按当地经验取值，无经验时可按现行国家标准《建筑地基基础设计规范》GB 50007 的有关规定执行；复合土层的分层原则与天然地基相同；

$n$ ——刚性桩桩长范围内所划分的土层数；

$p_0$ ——对应于荷载效应准永久组合下的基础底面处的附加压力（kPa）；

$E_{sp2i}$ ——柔性桩桩端以下，刚性桩与土构成的第 $i$ 层复合土层的复合压缩模量（MPa）。

**4.3.4** 复合土层的压缩模量可由载荷试验确定，无条件时也可采用下列公式计算：

$$E_{sp1i} = (1 - m_1 - m_2) E_{si} + m_1 E_{p1} + m_2 E_{p2} \quad (4.3.4\text{-}1)$$

$$E_{sp2i} = (1 - m_1) E_{si} + m_1 E_{p1} \quad (4.3.4\text{-}2)$$

式中：$E_{si}$ —— 基础底面下的第 $i$ 层土的压缩模量（MPa）；

$E_{p1}$ —— 刚性桩桩体的压缩模量（MPa）；

$E_{p2}$ —— 柔性桩桩体的压缩模量（MPa）；

$m_1$ —— 刚性桩面积置换率；

$m_2$ —— 柔性桩面积置换率。

## 4.4 褥 垫 层

**4.4.1** 褥垫层厚度宜采用 100mm～300mm。对路堤等柔性基础下刚-柔性桩复合地基褥垫层厚度宜取高值。

**4.4.2** 褥垫层材料宜采用中砂、粗砂、级配良好的砂石等。最大粒径不宜大于 20mm，夯填度（夯实后的褥垫层厚度与虚铺厚度的比值）不得大于 0.9。

**4.4.3** 填土路堤和柔性面层堆场下的刚-柔性桩复合地基应在褥垫层中设置一层或多层水平加筋体。

**4.4.4** 褥垫层设置范围宜大于基础范围，每边超出基础外边缘的宽度宜为 200mm～300mm。

# 5 施 工

## 5.1 施 工 准 备

**5.1.1** 刚-柔性桩复合地基施工应具备下列资料：

1 建筑场地岩土工程勘察报告；

2 施工图及图纸会审纪要；

3 建筑场地和邻近区域内的地下管线、地下构筑物、危房、精密仪器车间等的调查资料；

4 主要施工设备条件、制桩条件、动力条件以及对地质条件的适应性等资料；

5 施工组织设计；

6 水泥、砂、石、钢筋等原材料及其制品的质检报告；

7 有关荷载、施工工艺的试验参考资料。

**5.1.2** 施工组织设计应结合工程特点编制，并应包括下列内容：

1 施工平面图：应标明桩位、编号、施工顺序、水电线路和临时设施的位置；灌注桩采用泥浆护壁成孔时，应标明泥浆制备设施及其循环系统；

2 确定成孔机械、配套设备以及合理施工工艺的有关资料，泥浆护壁灌注桩必须有泥浆处理措施；

3 施工作业计划和劳动力组织计划；

4 机械设备、备件、工具、材料供应计划；

5 安全、劳动保护、防火、防雨、防台风、爆破作业、文物、节能和环境保护等方面的措施，并应符合有关部门的规定；

6 保证工程质量、安全生产和季节性施工的技术措施。

**5.1.3** 施工现场事先应予平整，并应清除地上和地下障碍物。遇明浜、池塘及场地低洼时应抽水和清淤，应分层夯实回填黏性土料，不得回填有机杂填土或生活垃圾。

**5.1.4** 施工前应根据设计要求对刚、柔性桩进行工艺性试桩，数量分别不得少于2根。

**5.1.5** 刚-柔性桩复合地基施工用的供水、供电、道路、排水、临时房屋等临时设施，应在开工前准备就绪，保证施工机械正常作业。

**5.1.6** 桩轴线的控制点和水准基点应设在不受施工影响之处，并应在开工前复核。施工过程中应妥善保护，并应经常复测。

**5.1.7** 用于施工质量检验的仪表、器具的性能指标，应符合现行国家相关标准的规定。

## 5.2 灌注桩施工

**5.2.1** 泥浆护壁成孔灌注桩、长螺旋钻孔压灌桩和沉管灌注桩的施工应符合现行行业标准《建筑桩基技术规范》JGJ 94的有关规定。

**5.2.2** 泥浆护壁成孔灌注桩施工时，泥浆护壁应符合下列规定：

1 施工期间护筒内的泥浆面应高出地下水位1.0m以上，在受水位涨落影响时，泥浆面应高出最高地下水位1.5m以上；

2 在清孔过程中，应不断置换泥浆，直至开始浇筑水下混凝土；

3 浇筑混凝土前，孔底500mm以内的泥浆相对密度应小于1.25；含砂率不得大于8%；黏度不得大于28s；

4 在容易产生塌孔的土层中应采取维持孔壁稳定的措施。

**5.2.3** 钻孔达到设计深度后，灌注混凝土之前，孔底沉渣厚度不应大于100mm。

**5.2.4** 泥浆护壁成孔灌注桩施工时，水下灌注的混凝土应符合下列规定：

1 水下灌注混凝土应具备良好的和易性，配合比应通过试验确定；坍落度宜为180mm～220mm；

2 水下灌注混凝土的含砂率宜为40%～50%，并宜选用中粗砂；粗骨料的最大粒径应小于40mm；

3 导管埋入混凝土深度不应小于2m；严禁将导管提出混凝土灌注面，并应控制提拔导管速度，应有专人测量导管埋深及管内外混凝土灌注面的高差，并应填写水下混凝土灌注记录；

4 灌注混凝土必须连续进行；应控制最后一次灌注量，超灌高度宜为0.8m～1.0m，凿除泛浆高度后必须保证暴露的桩顶混凝土强度达到设计等级。

**5.2.5** 长螺旋钻孔压灌桩施工时，钻至设计标高后，应先泵入混凝土并停顿10s～20s，再缓慢提升钻杆。提钻速度应根据土层情况确定，且应与混凝土泵送量相匹配，保证管内有一定高度的混凝土。桩身混凝土的泵送压灌应连续进行。混凝土压灌结束后，应立即将钢筋笼插至设计深度。

**5.2.6** 沉管灌注桩应根据土质情况和荷载要求，分别选用单打法、复打法、反插法等。单打法可用于含水量较小的土层，且宜采用预制桩尖；反插法及复打法可用于饱和土层。

**5.2.7** 灌注桩混凝土的充盈系数不得小于1.0，也不宜大于1.3。一般土质宜为1.1，软土宜为1.2～1.3。

**5.2.8** 灌注桩施工的垂直度偏差不得大于1%，桩位偏差不得大于100mm。

## 5.3 预制桩施工

**5.3.1** 混凝土预制桩和钢管桩可采用锤击沉桩和静压沉桩。其施工应符合现行行业标准《建筑桩基技术规范》JGJ 94的有关规定。

**5.3.2** 打桩顺序应符合下列规定：

1 对于密集桩群，应自中间向两个方向或四周对称施打；

2 当一侧毗邻建筑物时，应由毗邻建筑物处向另一方向施打；

3 根据基础的设计标高，宜先深后浅；

4 根据桩的规格，宜先大后小，先长后短。

**5.3.3** 锤击沉桩终止锤击的条件应以控制桩端设计标高为主，贯入度为辅。

**5.3.4** 对敞口钢管桩，当锤击沉桩有困难时，可在管内取土以助沉。

**5.3.5** 采用静压沉桩时，场地地基承载力不应小于压桩机接地压强的1.2倍，且场地应平整。

**5.3.6** 最大压桩力不宜小于设计的单桩竖向极限承载力标准值，必要时可由现场试验确定。压桩机的最大压桩力应取压桩机的机架重量与配重之和乘以0.9。

**5.3.7** 静力压桩施工的质量控制应符合下列规定：

1 第一节桩下压时垂直度偏差不应大于0.5%；

2 宜将每根桩一次性连续压到底，且最后一节有效桩长不宜小于5m；

3 抱压力不应大于桩身允许侧向压力的1.1倍。

**5.3.8** 终压条件应符合下列规定：

1 应根据现场试压桩的试验结果确定终压力标准；

2 终压连续复压次数应根据桩长及地质条件等因素确定，对于入土深度大于或等于8m的桩，复压次数可为2～3次；对于入土深度小于8m的桩，复压次数可为3～5次；

3 稳压压桩力不得小于终压力，稳定压桩的时间宜为5s～10s。

**5.3.9** 预制桩施工的垂直度偏差不得超过1%，桩位偏差不得大于100mm。

**5.3.10** 可采取预钻孔沉桩、设置应力释放孔、袋装砂井或塑料排水板、隔离板桩或地下连续墙，开挖防震沟及限制打桩速率等辅助措施，以减少施工对周围环境的影响。

## 5.4 柔性桩施工

**5.4.1** 水泥土搅拌桩和旋喷桩的施工应符合现行行业标准《建筑地基处理技术规范》JGJ 79的有关规定。

**5.4.2** 水泥土搅拌桩施工尚应符合下列规定：

1 搅拌头翼片的枚数、宽度、与搅拌轴的垂直夹角、搅拌头的回转数、提升速度应相互匹配，以确保加固深度范围内土体的任何一点均能经过20次以上的搅拌；

2 所使用的水泥均应过筛。喷浆（粉）量及搅拌深度应采用经国家计量部门认证的监测仪器进行自动记录；

3 搅拌头的直径应定期复核检查，其磨耗量不得大于10mm；

4 停浆（灰）面应高于桩顶设计标高300mm～500mm，开挖时应将搅拌桩顶端施工质量较差的桩段用人工挖除；

5 可采用提升或下沉喷浆（粉）的施工工艺，但必须确保全桩长上下至少再重复搅拌一次。

**5.4.3** 旋喷桩施工应符合下列规定：

1 旋喷桩的施工参数应根据土质条件、加固要求通过试验或根据工程经验确定，并应在施工中严格加以控制；单管法及双管法的高压水泥浆和三管法高压水的压力应大于20MPa；

2 水泥浆液的水灰比应按工程要求确定，可取0.8～1.5，宜采用1.0；

3 对需要局部扩大加固范围或提高强度的部位，可采取复喷措施；

4 在施工过程中出现压力骤然下降、上升或冒浆异常时，应查明原因并及时采取措施；

5 旋喷桩施工完毕，应迅速拔出喷射管；为防止浆液凝固收缩影响桩顶高程，必要时可在原孔位采取冒浆回灌或二次注浆等措施；

6 施工中应做好泥浆处理，并应及时将泥浆运出或在现场短期堆放后作土方运出。

**5.4.4** 水泥土搅拌桩和旋喷桩施工的垂直度偏差不得超过1%，桩位偏差不得大于150mm。

## 5.5 褥垫层施工

**5.5.1** 基坑开挖时应确保基坑内刚性桩和柔性桩桩体不受损坏，应合理安排基坑挖土顺序和控制分层开挖的深度，挖出的土方不得堆置在基坑附近。

**5.5.2** 基坑开挖后应及时铺设褥垫层。褥垫层铺设宜采用静力压实法，当基础底面下桩间土的含水量较小及褥垫层厚度大于300mm时，也可采用动力夯实法。

**5.5.3** 褥垫层的厚度、铺设范围和夯填度应符合设计要求。

# 6 质量检测

**6.0.1** 刚-柔性桩复合地基质量检测宜在施工结束28d后进行。

**6.0.2** 泥浆护壁成孔灌注桩、长螺旋钻孔压灌桩和沉管灌注桩施工完毕后可采用低应变法、声波透射法、钻芯法等检测方法进行桩身完整性检测；混凝土预制桩施工完毕后可采用低应变法进行桩身完整性检测，检测数量宜由设计单位根据有关规范和地区经验确定。

**6.0.3** 水泥土搅拌桩和旋喷桩施工完毕后，可采用浅部开挖桩头法、钻芯法等检测方法进行桩身质量检测，检测数量宜由设计单位根据有关规范和地区经验确定。

**6.0.4** 施工过程中应随时检查施工记录及现场施工情况，并应对照规定的施工工艺对每根桩进行质量评定。

**6.0.5** 基槽开挖后，应检查桩位、桩径、桩数、桩顶密实度及槽底土质情况。如发现漏桩、桩位偏差过大、桩头及槽底土质松软等质量问题，应采取补救措施。

**6.0.6** 基础施工前应对褥垫层的厚度和夯填度进行检测。

**6.0.7** 复合地基承载力检测宜采用刚-柔性复合地基载荷试验或单桩复合地基载荷试验，也可采用单桩载荷试验。刚性桩载荷试验检测数量宜为刚性桩总数的1.0%，且不应少于3点；柔性桩载荷试验检测数量宜为柔性桩总数的0.5%～1.0%，且不应少于3点。刚-柔性桩复合地基载荷试验中复合地基所包含的刚性桩和柔性桩面积置换率应与实际复合地基中所包含的刚性桩和柔性桩面积置换率相同。

## 本规程用词说明

**1** 为便于在执行本规程条文时区别对待，对要求严格程度不同的用词说明如下：

**1）** 表示很严格，非这样做不可的：
正面词采用“必须”，反面词采用“严禁”；

**2）** 表示严格，在正常情况下均应这样做的：
正面词采用“应”，反面词采用“不应”或“不得”；

**3）** 表示允许稍有选择，在条件许可时首先应这样做的：
正面词采用“宜”，反面词采用“不宜”；

**4）** 表示有选择，在一定条件下可以这样做的，采用“可”。

**2** 条文中指明应按其他有关标准执行的写法为：“应符合……的规定”或“应按……执行”。

## 引用标准名录

**1** 《建筑地基基础设计规范》GB 50007

**2** 《建筑地基基础施工质量验收规范》GB 50202

**3** 《建筑地基处理技术规范》JGJ 79

**4** 《建筑桩基技术规范》JGJ 94

中华人民共和国行业标准

# 刚-柔性桩复合地基技术规程

JGJ/T 210—2010

## 条 文 说 明

## 制 订 说 明

《刚-柔性桩复合地基技术规程》JGJ/T 210－2010经住房和城乡建设部2010年4月14日以第542号公告批准发布。

本规程制订过程中，编制组对国内建筑等行业刚-柔性桩复合地基的应用情况进行了调查研究，总结了我国刚-柔性桩复合地基设计、施工和检测的实践经验，开展了刚-柔性桩复合地基室内试验和现场试验。

为便于广大设计、施工、科研、学校等单位有关人员在使用本标准时能正确理解和执行条文规定，《刚-柔性桩复合地基技术规程》编制组按章、节、条顺序编制了本规程的条文说明，对条文规定的目的、依据以及执行中需注意的有关事项进行了说明。但是，本条文说明不具备与标准正文同等的法律效力，仅供使用者作为理解和把握标准规定的参考。

# 目　次

# 1 总　　则

**1.0.1** 由刚性桩和柔性桩组成的复合地基称为刚-柔性桩复合地基。在刚-柔性桩复合地基中,刚性桩比柔性桩长，有利于发挥刚性桩和柔性桩的承载特性。近年来，刚-柔性桩复合地基在土木工程建设中得到广泛应用，为了规范刚-柔性桩复合地基设计、施工和质量检测，促进刚-柔性桩复合地基的工程应用，制定了本规程。

**1.0.2** 刚-柔性桩复合地基适用于具有较深厚压缩性土层的地基，通过较长的刚性桩将上部荷载传递给较深土层。近年来,刚-柔性桩复合地基除在建筑和市政工程中得到广泛应用外，在高等级公路建设中也已得到应用，可供参考。

**1.0.3** 刚-柔性桩复合地基设计要求详细了解场地工程地质和水文地质条件，了解土层形成年代和成因，掌握土的工程性质，运用土力学基本概念，结合工程经验，进行计算分析。在计算分析中强调定性分析和定量分析相结合，抓问题的主要矛盾。由于计算条件的模糊性和信息的不完全性，不能单纯依靠力学计算，需要结合岩土工程师的综合判断。所以刚-柔性桩复合地基设计强调注重概念设计。

# 2 术语和符号

**2.1.1** 复合地基是一个新概念。20 世纪 60 年代国外采用碎石桩加固地基，并将加固后的地基称为复合地基。改革开放以后，我国引进碎石桩等许多地基处理新技术，同时也引进了复合地基概念。复合地基最初是指采用碎石桩加固后形成的人工地基。随着复合地基技术在我国土木工程建设中的推广应用，复合地基理论得到了很大的发展。随着深层搅拌桩加固技术在工程中的应用，发展了水泥土桩复合地基的概念。碎石桩是散体材料桩，水泥土搅拌桩是粘结材料桩。水泥土桩复合地基的应用促进了柔性桩复合地基理论的发展。随着混凝土桩复合地基等新技术的应用，形成刚性桩复合地基概念。近年来由刚性桩和柔性桩组成的刚-柔性桩复合地基在土木工程建设中得到广泛应用，复合地基概念得到了进一步的发展。复合地基的本质和形成条件是复合地基中的桩体和桩间土在荷载作用下能够共同承担荷载。

**2.1.2** 由刚性桩和柔性桩组成的复合地基称为刚-柔性桩复合地基。刚-柔性桩复合地基中，刚性桩较长，柔性桩较短，是一种长短桩复合地基。较长的刚性桩可把荷载传递给较深土层，有利提高承载力和减少沉降；较短的柔性桩可有效改善浅层土的承载性能，也具有较好的经济性。刚-柔性桩复合地基不仅承载性能好，而且具有较好的经济性。

**2.1.3、2.1.4** 桩的刚柔是相对的。桩的刚度不仅取决于桩体模量，还与桩土模量比和桩的长径比有关。在工程应用上，常将各种混凝土桩、钢桩称为刚性桩，将水泥土搅拌桩、旋喷桩、石灰桩和灰土桩等称为柔性桩，而将由散体材料碎石形成的碎石桩称为散体材料桩。散体材料桩与上述刚性桩和柔性桩的荷载传递特性具有较大区别。若采用刚性桩与散体材料桩形成刚-柔性桩复合地基，应重视散体材料桩的荷载传递特性。

# 3 基本规定

**3.0.3** 复合地基中的桩体和桩间土在荷载作用下能够共同承担荷载是复合地基的本质，是复合地基与传统桩基础的区别。只有在刚-柔性桩复合地基设计中保证复合地基中桩体和桩间土在荷载作用下能够共同承担荷载，才能真正形成刚-柔性桩复合地基。

**3.0.4** 规程规定刚-柔性桩复合地基中的刚性桩应选用摩擦型桩，是为了保证在建筑物使用过程中桩体和桩间土能够共同直接承担荷载。若刚性桩是端承桩，则难以保证在荷载作用下刚-柔性桩复合地基中的桩体和桩间土共同直接承担荷载。复合地基中的桩体和桩间土在荷载作用下能够共同直接承担荷载不仅指在荷载作用初期，而且指在建筑物整个使用过程。在刚-柔性桩复合地基设计中对此应予以充分重视。

**3.0.5** 在刚-柔性桩复合地基设计中一定要重视上部结构、基础和复合地基的共同作用。复合地基是通过一定的沉降量来达到桩和土共同承担荷载，设计中要重视沉降可能对上部结构产生的不良影响。

**3.0.7** 按沉降控制设计理论是近年得以发展的设计新理念，对刚-柔性桩复合地基设计更有意义。下面先介绍什么是按沉降控制设计理论，然后再讨论刚-柔性桩复合地基按沉降控制设计。

按沉降控制设计是相对于按承载力控制设计而言的。事实上无论按承载力控制设计还是按沉降控制设计都要满足承载力的要求和小于某一沉降量的要求。按沉降控制设计和按承载力控制设计究竟有什么不同呢?

在按承载力控制设计中，通常先按满足承载力要求进行设计，然后再验算沉降量是否满足要求。如果地基承载力不能满足要求，或验算沉降量不能满足要求，再修改设计方案。而在按沉降控制设计中，通常先按满足沉降要求进行设计，然后再验算承载力是否满足要求。一般情况下，满足沉降要求后一般能满足承载力要求。

按沉降控制设计对设计人员提出了更高的要求，要求更好地掌握沉降计算理论，总结工程经验，提高沉降计算精度。按沉降控制设计理念使工程设计更为合理。

**3.0.8** 基础刚度对刚-柔性桩复合地基的破坏模式、承载力和沉降有重要影响。当处于极限状态时，刚性基础下刚-柔性桩复合地基中桩先发生破坏，而在填土路堤等刚度较小的基础下刚-柔性桩复合地基中可能桩间土先发生破坏。刚性基础下刚-柔性桩复合地基的承载力大于填土路堤等刚度较小的基础下刚-柔性桩复合地基的承载力。荷载水平相同时，刚性基础下刚-柔性桩复合地基的沉降小于填土路堤等刚度较小的基础下刚-柔性桩复合地基的沉降。

在刚性基础下的刚-柔性桩复合地基上设置褥垫层可以增加桩间土承担荷载的比例，较充分利用桩间土的承载潜能，提高地基承载力。通常采用100mm～300mm厚的碎石或砂石褥垫层。

在填土路堤和柔性面层堆场下的刚-柔性桩复合地基，应在复合地基上铺设刚度较好的褥垫层。褥垫层的铺设应利于防止桩体向上刺入，增加桩土应力比，充分利用桩体的承载潜能，减小沉降。一般可采用灰土褥垫层、土工格栅加筋碎石褥垫层等。在填土路堤和柔性面层堆场下，不设褥垫层的刚-柔性桩复合地基应慎用。

# 4 设 计

## 4.1 一般规定

**4.1.1** 刚-柔性桩复合地基中刚性桩除钢筋混凝土灌注桩、预制桩、预应力管桩、素混凝土桩外，还可采用钢管桩、大直径现浇混凝土筒桩等；柔性桩除水泥土搅拌桩和旋喷桩外，还可采用石灰桩、灰土桩和碎石桩等。采用其他类型的刚性桩和柔性桩，除应符合本规程规定外，尚应符合国家现行有关标准的规定。

**4.1.2** 对刚性桩来说，即使是非挤土型桩，当刚性桩桩距过小时，刚性桩之间的柔性桩不能有效发挥作用，而当刚性桩桩距过大时，又不符合刚性桩与柔性桩作为复合地基来工作的原理，故而对刚性桩的桩距进行限制。柔性桩除柱状加固外，也可采用壁状、格栅状等加固形式。

**4.1.4** 目前基础埋深对复合地基承载力的提高作用的机理研究尚不够深入，计算方法尚不成熟，因此，对复合地基，目前一般把复合地基承载力的基础宽度承载力修正系数取零，基础埋深的承载力修正系数取1.0。

基础埋深的承载力修正系数为1.0意味着当基础埋深增加时，基础底面标高处的基础两侧增加的超载而提高的承载力与由于基础范围内回填土增加的基础自重相等。

## 4.2 承 载 力

**4.2.4** 由于刚-柔性桩复合地基工作机理复杂，因此，其承载力可通过现场复合地基载荷试验来确定。在初步设计时，采用式（4.2.4）计算复合地基承载力时需要参照当地工程经验，选取适当的刚性桩承载力发挥系数 $\eta_1$、柔性桩承载力发挥系数 $\eta_2$ 和桩间土承载力发挥系数 $\eta_3$。这三个承载力发挥系数的概念是，当复合地基加载至承载能力极限状态时，刚性桩、柔性桩及桩间土相对于其各自极限承载力的发挥程度，不能理解为工作荷载下三者的荷载分担比。

对刚性桩的承载力发挥系数 $\eta_1$、柔性桩的承载力发挥系数 $\eta_2$ 和桩间土的承载力发挥系数 $\eta_3$ 取值的主要影响因素有：基础刚度；刚性桩、柔性桩和桩间土三者间的模量比；刚性桩面积置换率和柔性桩面积置换率；刚性桩和柔性桩的长度；褥垫层厚度；场地土的分层及土的工程性质。

对刚性基础下刚-柔性桩复合地基，一般情况下，桩间土承载力发挥系数 $\eta_3$ 小于柔性桩承载力发挥系数 $\eta_2$，柔性桩承载力发挥系数 $\eta_2$ 小于刚性桩承载力发挥系数 $\eta_1$。刚性基础下刚-柔性桩复合地基中的刚性桩一般能够完全发挥其极限承载力，刚性桩承载力发挥系数 $\eta_1$ 可近似取1.0，柔性桩承载力发挥系数 $\eta_2$ 可取0.70～0.95，桩间土承载力发挥系数 $\eta_3$ 可取0.5～0.9。当褥垫层较厚时有利于发挥桩间土和柔性桩的承载力，故褥垫层厚度较大时承载力发挥系数可取较高值。当刚性桩面积置换率较小时，有利于发挥桩间土和柔性桩的承载力，桩间土承载力发挥系数 $\eta_3$ 和柔性桩承载力发挥系数可取较高值。刚-柔性桩复合地基设计需要岩土工程师综合判断能力，注重概念设计。

对填土路堤和柔性面层堆场下的刚-柔性桩复合地基，一般情况下，桩间土承载力发挥系数 $\eta_3$ 大于柔性桩承载力发挥系数 $\eta_2$，柔性桩承载力发挥系数 $\eta_2$ 大于刚性桩承载力发挥系数 $\eta_1$。褥垫层刚度对桩的承载力发挥系数影响较大，若褥垫层能有效防止刚性桩过多刺入褥垫层，则刚性桩的承载力发挥系数 $\eta_1$ 可取较高值，一般情况下应小于1.0。对填土路堤和柔性面层堆场下的刚-柔性桩复合地基，除应满足式（4.2.4）外，尚应满足本规程第4.2.5条的要求。

## 4.3 沉 降

**4.3.1** 刚-柔性桩复合地基中，刚性桩长度一般大于柔性桩，因此，在附加应力影响深度范围内，由上至下分别为三个不同的压缩区域：刚性桩、柔性桩与土构成的复合土层；柔性桩桩端以下由刚性桩与土构成的复合土层；以及刚性桩桩端以下的天然土层。因此，刚-柔性桩复合地基沉降量相应地也分为三个部分来计算。

**4.3.2、4.3.3** 复合地基沉降量采用分层综合法计算时，主要作了两个假设：（1）刚-柔性桩复合地基中的附加应力分布计算采用均质土地基的计算方法，不考虑刚性桩、柔性桩的存在对附加应力分布的影响；（2）在复合地基产生沉降时，忽略刚性桩与土之间、柔性桩与土之间产生相对的滑移，采用复合压缩模量来考虑桩的作用。

上述假设带来的误差通过复合土层压缩量计算经验系数来调整。在计算时，需要根据当地经验，选择适当的经验系数。

**4.3.4** 复合土层的复合压缩模量计算式是经验公式。在经验公式中，桩体采用弹性模量，土体采用压缩模量，通过面积比形成复合土层的复合压缩模量。其可能带来的误差也通过复合土层压缩量计算经验系数来调整。

### 4.4 褥 垫 层

**4.4.1** 对刚性基础下刚-柔性桩复合地基，当褥垫层厚度过小时，不利于桩间土承载力和柔性桩承载力的发挥；当褥垫层厚度过大时，既不利于刚性桩的承载力发挥，又增加成本。根据经验，建议褥垫层厚度采用100mm～300mm。

对填土路堤和柔性面层堆场下的刚-柔性桩复合地基，主要要求褥垫层能有效防止刚性桩过多刺入褥垫层，因此要求在砂石褥垫层中铺设土工合成材料，或采用灰土褥垫层。根据经验，建议褥垫层厚度采用上述范围的高值。

**4.4.3** 对填土路堤和柔性面层堆场下的刚-柔性桩复合地基需要在褥垫层中设置一层或多层水平加筋体，以协调桩与桩间土分担荷载。在褥垫层中设置加筋体可提高复合地基的稳定性。加筋体可采用高强度、低应变率、低徐变、耐久性好的土工合成材料。

**4.4.4** 规程规定褥垫层设置范围宜比基础外围每边大200mm～300mm，主要考虑当基础四周易因褥垫层过早向基础范围以外挤出而导致桩、土的承载力不能充分发挥。若基础侧面土质较好褥垫层设置范围可适当减小。也可在基础下四边设置围梁，防止褥垫层侧向挤出。

## 5 施 工

### 5.1 施 工 准 备

**5.1.3** 对于常用的柔性桩——水泥土搅拌桩，国产搅拌头大都采用双层（或多层）十字杆型。这类搅拌头切削和搅拌加固软土十分合适，但对块径大于100mm的石块、树根和生活垃圾等大块物的切割能力较差，即使将搅拌头作了加固处理后已能穿过块石层，但施工效率较低，机械磨损严重。因此，施工时应以挖除后再填素土为宜，增加的工程量不大，但施工效率却可大大提高。

**5.1.4** 为了确定刚性桩和柔性桩的施工参数及施工工艺，施工前应分别对刚性桩和柔性桩进行工艺性试桩，以充分了解场地的土层情况、施工设备性能、不同桩型的施工参数、施工质量的控制指标及合理优化的施工工艺等。必要时通过对工艺性试桩的现场检测，了解桩身质量和处理效果。

### 5.2 灌注桩施工

**5.2.2** 泥浆护壁成孔灌注桩清孔后要求测定的泥浆指标有三项，即相对密度、含砂率和黏度。它们是影响混凝土灌注桩质量的主要指标。

**5.2.3** 多年来对于桩底不同沉渣厚度的试桩结果表明，沉渣厚度大小不均影响端阻力的发挥，也影响侧阻力的发挥，刚柔性桩复合地基中的刚性桩一般均为摩擦桩，故在灌注混凝土之前孔底沉渣厚度指标控制为不应大于100mm。

**5.2.4** 水下灌注混凝土的细骨料宜选用中粗砂，是根据全国多数地区的使用经验和条件制订，少数地区若无中粗砂而选用其他砂，可通过试验进行选定，也可用合格的石屑代替。

条文中规定了最小的埋管深度不宜小于2m，是为了防止导管拔出混凝土面造成断桩事故；但埋管也不宜太深，以免造成埋管事故，因此不宜大于6m。

**5.2.5** 长螺旋钻孔压灌桩成桩工艺是国内近年开发且使用较广的一种新工艺，适用于地下水位以上的黏性土、粉土、素填土、中等密实以上的砂土，属非挤土成桩工艺，该工艺有穿透力强、低噪声、无振动、无泥浆污染、施工效率高、质量稳定等特点。

长螺旋钻孔压灌桩成桩，应准确掌握提拔钻杆时间，钻至预定标高后，开始泵送混凝土，管内空气从排气阀排出，待钻杆内管及输送软、硬管内混凝土达到连续时提钻。若提钻时间较晚，在泵送压力下钻头处的水泥浆液被挤出，容易造成管路堵塞。应杜绝在泵送混凝土前提拔钻杆，以免造成桩端处存在虚土或桩端混合料离析、端阻力减小。提拔钻杆中应连续泵料，特别是在饱和砂土、饱和粉土层中不得停泵待料，避免造成混凝土离析、桩身缩径和断桩，目前施工多采用商品混凝土或现场用两台$0.5m^3$的强制式搅拌机拌制。

灌注桩后插钢筋笼工艺近年有较大发展，插笼深度提高到目前20m～30m，较好地解决了地下水位以下压灌桩的配筋问题。但后插钢筋笼的导向问题没有得到很好的解决，施工时应注意根据具体条件采取综合措施控制钢筋笼的垂直度和保护层有效厚度。

### 5.3 预制桩施工

**5.3.2** 沉桩顺序是沉桩施工方案的一项重要内容。

以往施工单位不注意合理安排沉桩顺序造成事故的事例很多，如桩位偏移、桩体上涌、地面隆起过多、建筑物破坏等。

**5.3.3** 本条所规定的停止锤击的控制原则适用于一般情况，实践中也存在某些特例。如软土中的密集桩群，由于大量桩沉入土中产生挤土效应，对后续桩的沉桩带来困难，如坚持按设计标高控制很难实现。按贯入度控制的桩，有时也会出现满足不了设计要求的情况。对于重要建筑，强调贯入度和桩端标高均达到设计要求，即实行双控是必要的。因此确定停锤标准是较复杂的，宜借鉴经验与通过静载试验综合确定停锤标准。贯入度应通过工艺性试桩确定。

**5.3.10** 本条列出的一些减少打桩对邻近建筑物影响的措施是对多年实践经验的总结。如某工程，未采取任何措施沉桩地面隆起达 15cm～50cm，采用预钻孔措施地面隆起则降为 2cm～10cm。控制打桩速率减少挤土隆起也是有效措施之一。对于经检测确有桩体上涌的情况，应实施复打。具体用哪一种措施要根据工程实际条件综合分析确定，有时可同时采用几种措施。即使采取了措施，也应加强监测。

### 5.4 柔性桩施工

**5.4.2** 水泥土搅拌机施工时，搅拌次数越多，则拌合越为均匀，水泥土强度也越高，但施工效率就降低。试验证明，当加固范围内土体任一点的水泥土经过 20 次的拌合，其强度即可达到较高值。

根据实际施工经验，搅拌法在施工到顶端0.3m～0.5m 范围时，因上覆土压力较小，搅拌质量较差。因此，其场地整平标高应比设计确定的基底标高再高出 0.3m～0.5m，桩制作时仍施工到地面，待开挖基坑时，再将上部 0.3m～0.5m 的桩身质量较差的桩段挖去。

根据现场实践表明，当搅拌桩作为承重桩进行基坑开挖时，桩顶和桩身已有一定的强度，若用机械开挖基坑，往往容易碰撞损坏桩顶，因此基底标高以上 0.3m 宜采用人工开挖，以保护桩头质量。

制桩质量的优劣直接关系到地基处理的加固效果。其中的关键是注浆量、注浆与搅拌的均匀程度。因此，施工中应严格控制喷浆提升速度和搅拌次数，其关键点是必须确保全桩长再重复搅拌一次。

**5.4.3** 由于高压喷射注浆的压力与处理地基的效果有关，压力愈大，处理效果愈好。根据国内实际工程中应用实例，单管法、双管法和三管法的高压水泥浆液流或高压水射流的压力宜大于 20MPa，气流的压力以空气压缩机的最大压力为限，通常在 0.7MPa 左右，低压水泥浆的灌注压力通常在(1.0～2.0)MPa 左右，提升速度为(0.05～0.25)m/min，旋转速度可取(10～20)r/min。

水泥浆液的水灰比越小，高压喷射注浆处理地基的强度越高。在生产中因注浆设备的原因，水灰比太小时，喷射有困难，故水灰比通常取 0.8～1.5，生产实践中常用 1.0。

在不改变喷射参数的条件下，对同一标高的土层作重复喷射时，能加大有效加固长度和提高固结体强度。这是一种局部获得较大旋喷直径或定喷、摆喷范围的简易有效方法。复喷的方法根据工程要求决定。在实际工程中，旋喷桩通常在底部和顶部进行复喷，以增大承载力和确保处理质量。

当喷射注浆过程中出现下列异常情况时，需查明原因并采取相应措施：

**1** 流量不变而压力突然下降时，应检查各部位的泄露情况，必要时拔出注浆管，检查密封性能。

**2** 出现不冒浆或断续冒浆时，若系土质松软则视为正常现象，可适当进行复喷；若系附近有空洞、通道，则应不断提升注浆管继续注浆直至冒浆为止或拔出注浆管待浆液固定后重新注浆。

**3** 压力稍有下降时，可能系注浆管被击穿或有孔洞，使喷射能力降低，此时应拔出注浆管进行检查。

**4** 压力陡增超过最高限值、流量为零、停机后压力仍不变动时，则可能是喷嘴堵塞，应拔管疏通喷嘴。

当高压喷射注浆完毕后，或在喷射注浆过程中因故中断，短时间（大于或等于浆液初凝时间）内不能继续喷射时，均应立即拔出注浆管清洗备用，以防浆液凝固后拔不出管来。

为防止因浆液凝固收缩，产生加固地基与建筑基础不密贴或脱空现象，可采取超高喷射（旋喷处理地基的顶面超过建筑基础底面，其超高量大于收缩高度）、回灌冒浆或二次注浆等措施。

### 5.5 褥垫层施工

**5.5.1** 在基坑开挖时，搅拌桩或旋喷桩桩身水泥土已有一定的强度，若采用机械开挖基坑，往往容易碰撞损坏柔性桩和刚性桩的桩顶，因此基础埋深较浅时宜采用人工开挖，基础埋深较深时，可先采用机械开挖，并严格均衡开挖，留一定深度采用人工开挖，以保护桩头质量。

**5.5.2** 褥垫层材料多为中砂、粗砂、级配良好的砂石等，最大粒径不宜大于 20mm，不宜选用卵石。当基础底面桩间土含水量较大时，应进行试验确定是否采用动力夯实法，避免桩间土承载力降低，出现“弹簧土”现象。对较干的砂石材料，虚铺后可适当洒水再进行碾压或夯实。

## 6 质量检测

**6.0.1** 钻孔灌注桩混凝土浇筑后需要 28d 才达到龄

期；预制桩施工后桩周土体受到挤压扰动，土体中会产生较大的超孔隙水压力，并出现土体隆起现象。地基土体中超孔隙水压力消散或土体重新固结均需要一定的期限，土体重新固结后桩的承载力更接近实际的承载力。水泥土搅拌桩或旋喷桩水泥土强度要在 90d 才达到龄期。综合考虑刚-柔性桩复合地基质量检测宜在地基施工结束 28d 后进行。对水泥土强度可由不同龄期的强度推算 90d 龄期的强度。

**6.0.2** 对于不同的检测方法，检测数量可有所差别，当采用低应变法时，抽检数量不宜少于总桩数的 30%；当采用钻芯法或声波透射法时，抽检数量不宜少于总桩数的 10%。设计单位可根据当地地质情况和桩的施工质量可靠性等确定检测数量。抽样检测的受检桩宜选择有代表性的桩、施工质量有疑问的桩、设计方认为重要的桩、局部地质条件出现异常的桩。

**6.0.3** 采用浅部开挖桩头法时，深度宜超过停浆面下 0.5m，检查数量宜为总桩数的 5%；采用钻芯法时，检查数量宜为总桩数的 0.5%，且不少于 3 根。

**6.0.7** 刚-柔性桩复合地基载荷试验用于测定载荷板下复合地基承载力和影响范围内复合土层的变形参数。复合地基载荷试验载荷板应具有足够刚度，必须核算其抗弯刚度和抗剪强度。载荷板可采用钢板或钢筋混凝土板，载荷板形状可采用方形、矩形或菱形。载荷试验所用载荷板的面积必须与受检测桩承担的处理面积相同。载荷板的安装就位必须准确，应与复合地基的承载重心保持一致。当 3 个试验点的承载力值极差不大于 30%，取其平均值作为复合地基承载力。极差超过平均值的 30%时，宜增加载荷试验数量并分析极差过大的原因，结合工程具体情况确定极限承载力。

在基槽开挖后短时期内不宜开展载荷试验，待扰动土恢复强度后再进行载荷试验；试验前不宜使基底土曝晒，采取措施防止地基土含水量发生变化。刚-柔性桩复合地基载荷试验时褥垫层宜采取适宜的侧向约束措施，加载前褥垫层宜进行预压。

刚-柔性桩复合地基载荷试验可参照《建筑地基处理技术规范》JGJ 79－2002 执行。

中华人民共和国行业标准

# 现浇混凝土大直径管桩复合地基技术规程

Technical specification for composite foundation of cast-in-place concrete large-diameter pipe pile

**JGJ/T 213—2010**

批准部门：中华人民共和国住房和城乡建设部

施行日期：2 0 1 1 年 3 月 1 日

# 中华人民共和国住房和城乡建设部
# 公　告

第704号

## 关于发布行业标准《现浇混凝土大直径管桩复合地基技术规程》的公告

现批准《现浇混凝土大直径管桩复合地基技术规程》为行业标准，编号为JGJ/T 213-2010，自2011年3月1日起实施。

本规程由我部标准定额研究所组织中国建筑工业出版社出版发行。

**中华人民共和国住房和城乡建设部**

2010年7月23日

## 前　言

根据住房和城乡建设部《关于印发〈2009年工程建设标准规范制订、修订计划〉的通知》（建标[2009] 88号）的要求，规程编制组经广泛调查研究，认真总结实践经验，参考有关国际标准和国外先进标准，并在广泛征求意见的基础上，制定本规程。

本规程的主要技术内容是：总则、术语和符号、设计、施工、检查与验收等。

本规程由住房和城乡建设部负责管理，由河海大学负责具体技术内容的解释。执行过程中如有意见或建议，请寄送至河海大学岩土工程研究所（地址：江苏省南京市西康路1号；邮编：210098）。

本规程主编单位：河海大学
江苏弘盛建设工程集团有限公司

本规程参编单位：中国建筑科学研究院
中铁第四勘察设计院集团有限公司
中交第一公路勘察设计研究院有限公司
中交第二公路勘察设计研究院有限公司
中交一公局第三工程有限公司
江苏省建筑科学研究院
上海市政工程设计研究院
湖南大学
同济大学
合肥工业大学

本规程主要起草人员：刘汉龙　钱力航　丁选明　顾湘生　胡明亮　吴万平　张留俊　马晓辉　李　文　孙宏林　杨成斌　温学钧　赵明华　高广运　师永生　陈育民　赵慧君　秦　波

本规程主要审查人员：王梦恕　张　炜　吴连海　周国钧　杨　挺　李　健　缪俊发　葛兴杰　孙俊康　廖红建　唐建华

# 目　次

## Contents

# 1 总　　则

**1.0.1** 为了在现浇混凝土大直径管桩复合地基的设计与施工中做到安全适用、经济合理、确保质量、保护环境、技术先进，制定本规程。

**1.0.2** 本规程适用于建筑、市政工程软土地基处理中桩径为1000mm～1250mm的现浇混凝土大直径管桩复合地基的设计、施工和质量检验。

**1.0.3** 现浇混凝土大直径管桩复合地基设计应综合分析地基土层性质、地下水埋藏条件、上部结构类型、使用功能、荷载特征和施工技术等因素，并应重视地方经验，因地制宜，优化布桩，节约资源。

**1.0.4** 现浇混凝土大直径管桩复合地基的设计、施工和质量检验除应符合本规程外，尚应符合国家现行有关标准的规定。

# 2 术语和符号

## 2.1 术　　语

**2.1.1** 现浇混凝土大直径管桩　cast-in-place concrete large-diameter pipe pile

简称PCC桩，采用专用施工机械将内外双层套管所形成的空心圆柱腔体在活瓣桩靴的保护下沉入地基，到达设计深度后，在腔体内灌注混凝土，然后分段振动拔管，在桩芯土体与外部土体之间形成的管桩。

**2.1.2** 复合地基　composite foundation

天然地基的部分土体被增强或被置换后形成的由增强体和地基土共同承担荷载的人工地基。

**2.1.3** 地基承载力特征值　characteristic value of subgrade bearing capacity

指由载荷试验测定的地基土压力变形曲线线性变形段内规定的变形所对应的压力值，其最大值为比例界限值。

**2.1.4** 褥垫层　cushion

指设置于基础和复合地基之间用以调整桩土应力比、减小桩土不均匀沉降的传力层。

## 2.2 符　　号

**2.2.1** 作用和作用效应

$p_0$——对应于荷载效应准永久组合时的基础底面处的附加压力；

$s$——复合地基沉降；

$s_1$——加固层沉降；

$s_2$——下卧层沉降。

**2.2.2** 抗力和材料性能

$e$——孔隙比；

$E_{si}$——基础底面下第$i$层天然地基土的压缩模量；

$f_{ak}$——基础底面下天然地基土承载力特征值；

$f_c$——混凝土轴心抗压强度设计值；

$f_{sk}$——处理后的桩间土承载力特征值；

$f_{spk}$——复合地基竖向承载力特征值；

$q_{pk}$——桩端极限端阻力标准值；

$q_{sik}$——桩周第$i$层土的极限侧阻力标准值；

$Q_{uk}$——单桩竖向极限承载力标准值；

$R_a$——单桩竖向承载力特征值。

**2.2.3** 几何参数

$A_e$——一根桩分担的处理地基等效面积；

$A_p$——桩的横截面面积，指包括桩芯土在内的桩横截面面积；

$A'_p$——桩的管壁横截面面积；

$d$——桩身外径；

$d_e$——一根桩分担的处理地基面积的等效圆直径；

$D$——桩间距；

$D_1$——纵向桩间距；

$D_2$——横向桩间距；

$l$——桩长；

$m$——面积置换率；

$n$——桩长范围内所划分的土层数；

$t$——桩壁厚度；

$u$——桩身外周长。

**2.2.4** 计算参数

$\beta$——桩间土的承载力折减系数；

$\psi_s$——沉降计算经验系数；

$\psi_c$——桩工作条件系数；

$\xi_p$——桩端阻力修正系数；

$\xi_s$——桩间土应力折减系数。

# 3 设　　计

## 3.1 一般规定

**3.1.1** 现浇混凝土大直径管桩复合地基可适用于处理黏性土、粉土、淤泥质土、松散或稍密砂土及素填土等地基，现浇混凝土大直径管桩复合地基处理深度不宜大于25m。对于十字板抗剪强度小于10kPa的软土以及斜坡上软土地基，应根据地区经验或现场试验确定其适用性。

**3.1.2** 现浇混凝土大直径管桩复合地基的设计应具备下列基本资料：

1　岩土工程勘察资料

应进行工程地质勘察并提供勘察报告，内容应包括：

1）场地钻孔位置图、地质剖面图；若有填土，应明确填土材料的成分、粒径组成、有机质含量、厚度及填筑时间；

2）各层土物理力学指标、承载力特征值和孔隙比-压力（$e$-$p$）曲线；

3）标准贯入试验、静力或动力触探试验等原位测试资料；

4）各土层桩端阻力、桩侧阻力特征值；

5）对于软土，应用十字板剪切试验测定土体的不排水抗剪强度；

6）水文地质资料，应包括地下水类型、水位、腐蚀性等，并应提供防治措施建议；

7）拟建场地的抗震设计条件，应包括建筑场地类别、地基土有无液化的判定等；

8）特殊岩土层的性质、分布，并应评价其对现浇混凝土大直径管桩的影响程度。

2　工程场地与环境条件资料

1）工程场地的现状平面图，应包括交通设施、高压架空线、地下管线和地下构筑物的分布；

2）相邻建筑物安全等级、基础形式及埋置深度；

3）水、电及有关建筑材料的供应条件；

4）周围建筑物的防振、防噪声的要求。

3　建设工程资料

1）工程总平面布置图；

2）工程基础平面图和剖面图；

3）设计要求的承载力和变形控制值；

4）对应于荷载效应标准组合时的基底压力和对应于荷载效应准永久组合时的基底压力。

4　施工条件资料

1）施工机械设备条件；

2）现浇混凝土大直径管桩场地施工条件。

**3.1.3**　现浇混凝土大直径管桩复合地基设计应进行下列计算和验算：

1　复合地基承载力计算；

2　复合地基沉降计算；

3　复合地基软弱下卧层承载力和沉降验算；

4　桩身强度验算。

**3.1.4**　特殊条件下的现浇混凝土大直径管桩设计原则应符合下列规定：

1　软土中的现浇混凝土大直径管桩宜选择中、低压缩性土层作为桩端持力层；

2　软土中现浇混凝土大直径管桩设计时，应采取技术措施，减小挤土效应对成桩质量、邻近建筑物、道路、地下管线和基坑边坡等产生的不利影响；

3　对建于坡地岸边的现浇混凝土大直径管桩复合地基，不得将现浇混凝土大直径管桩支承于边坡潜在的滑动体上；桩端进入潜在滑裂面以下稳定土层内的深度应能保证桩基的稳定；

4　现浇混凝土大直径管桩复合地基与边坡应保持一定的水平距离；建筑场地内的边坡必须是完全稳定的边坡，当有崩塌、滑坡等不良地质现象存在时，应按现行国家标准《建筑边坡工程技术规范》GB 50330的规定进行整治，确保其稳定性；

5　新建坡地、岸边建筑现浇混凝土大直径管桩复合地基工程应与建筑边坡工程统一规划，同步设计，合理确定施工顺序；

6　对建于坡地岸边的现浇混凝土大直径管桩复合地基，应验算其在最不利荷载效应组合下的整体稳定性和水平承载力。

## 3.2　材　　料

**3.2.1**　现浇混凝土大直径管桩所用的混凝土强度等级不宜低于C15。混凝土的粗骨料粒径不宜大于25mm。

**3.2.2**　现浇混凝土大直径管桩桩顶褥垫层宜采用无机结合料稳定材料、级配砂石等材料，级配砂石最大粒径不宜大于50mm。加筋材料可选用土工格栅、土工编织物等，其抗拉强度不宜小于50kN/m，延伸率应小于10%。

**3.2.3**　现浇混凝土大直径管桩桩顶封口材料应采用与桩身强度等级相同的混凝土。

## 3.3　现浇混凝土大直径管桩复合地基构造

**3.3.1**　现浇混凝土大直径管桩外径和壁厚应符合下列规定：

1　现浇混凝土大直径管桩的外径宜为1000mm、1250mm，并且不应小于1000mm；

2　对于外径为1000mm的现浇混凝土大直径管桩，壁厚不宜小于120mm；对于外径为1250mm的现浇混凝土大直径管桩，壁厚不宜小于150mm。

**3.3.2**　桩顶和基础之间应设置褥垫层，褥垫层的厚度应根据桩顶荷载、桩距及桩间土的承载力性质综合确定，宜取300mm～500mm，当桩距较大时褥垫层厚度宜取高值。褥垫层应铺设加筋材料1～2层。当褥垫层厚度为低值时取1层，为高值时取2层，且宜按每200mm铺设一层加筋材料。

## 3.4　现浇混凝土大直径管桩复合地基设计计算

**3.4.1**　现浇混凝土大直径管桩宜在复合地基加固场地边线内布桩，也可在加固场地外设置护桩。加固场地边线到加固区边桩轴线最小距离不应小于1倍桩径。

**3.4.2**　现浇混凝土大直径管桩的间距应根据地基土性质、复合地基承载力、上部结构构造要求及施工工艺等确定，宜取2.5～4倍桩径，桩径大时宜取小值。

**3.4.3**　现浇混凝土大直径管桩复合地基竖向承载力特征值应通过现场单桩复合地基载荷试验确定，初步设计时也可按下列公式估算：

$$f_{spk}=m\frac{R_a}{A_p}+\beta(1-m)f_{sk} \quad (3.4.3\text{-}1)$$

$$m=d^2/d_e^2 \quad (3.4.3\text{-}2)$$

式中：$f_{spk}$——复合地基竖向承载力特征值（kPa）；

$m$——桩土面积置换率；

$d$——桩身外直径（m）；

$d_e$——一根桩分担的处理地基面积的等效圆直径（m），按等边三角形布桩时，$d_e$可按 1.05$D$ 取值；按正方形布桩时，$d_e$可按 1.13$D$ 取值；按矩形布桩时，$d_e$可按 1.13 $\sqrt{D_1D_2}$ 取值；$D$、$D_1$、$D_2$分别为桩间距、纵向桩间距和横向桩间距（m）；

$R_a$——单桩竖向承载力特征值（kN）；

$A_p$——包括桩芯土在内的桩横截面面积（m²）；

$\beta$——桩间土承载力折减系数，宜按地区经验取值，如无经验时可取 0.75～0.95，天然地基承载力高时宜取大值；

$f_{sk}$——处理后桩间土承载力特征值（kPa），宜按当地经验取值，如无经验时，可取天然地基承载力特征值。

**3.4.4** 现浇混凝土大直径管桩单桩竖向承载力特征值 $R_a$的取值，应符合下列规定：

**1** 当有单桩静载荷试验值时，应按单桩竖向极限承载力的 50%取值；

**2** 当无单桩载荷试验资料时，对于初步设计可按下式估算：

$$R_a=\frac{1}{K}Q_{uk} \quad (3.4.4)$$

式中：$Q_{uk}$——单桩竖向极限承载力标准值（kN）；

$K$——安全系数，取 $K=2$。

**3.4.5** 现浇混凝土大直径管桩单桩竖向极限承载力标准值 $Q_{uk}$ 可按下式计算：

$$Q_{uk}=u\sum_{i=1}^{n}q_{sik}l_i+\xi_p q_{pk}A_p \quad (3.4.5)$$

式中：$u$——桩身外周长（m）；

$n$——桩长范围内所划分的土层数；

$\xi_p$——端阻力修正系数，与持力层厚度、土的性质、桩长和桩径等因素有关，可取 0.65～0.90，桩端土为高压缩性土时取低值，低压缩性土时取高值；

$q_{sik}$——桩侧第 $i$ 层土的极限侧阻力标准值（kPa）；当无当地经验时，可按现行行业标准《建筑桩基技术规范》JGJ 94 的规定取值；

$q_{pk}$——极限端阻力标准值（kPa）；当无当地经验时，可按现行行业标准《建筑桩基技术规范》JGJ 94 的规定取值；

$l_i$——桩穿过第 $i$ 层土的厚度（m）。

**3.4.6** 桩身混凝土强度验算应符合下式规定：

$$R_a\leqslant\psi_c A'_p f_c \quad (3.4.6)$$

式中：$f_c$——混凝土轴心抗压强度设计值（kPa），按现行国家标准《混凝土结构设计规范》GB 50010 的规定取值；

$\psi_c$——桩工作条件系数，取 0.6～0.8；

$A'_p$——桩管壁横截面面积（m²）。

**3.4.7** 现浇混凝土大直径管桩复合地基的最终沉降量应按下列公式计算：

$$s=s_1+s_2 \quad (3.4.7\text{-}1)$$

$$s_1=\psi_s s'_1=\psi_s\sum_{i=1}^{n}\frac{p_0}{\xi E_{si}}(z_i\bar{a}_i-z_{i-1}\bar{a}_{i-1}) \quad (3.4.7\text{-}2)$$

$$\xi=\frac{f_{spk}}{f_{ak}} \quad (3.4.7\text{-}3)$$

$$\bar{E}_s=\frac{\sum A_i}{\sum\frac{A_i}{\xi E_{si}}} \quad (3.4.7\text{-}4)$$

式中：$s_1$——现浇混凝土大直径管桩处理深度内复合加固层的沉降量（mm）；

$s_2$——下卧层的沉降量（mm），可采用分层总和法计算，作用在下卧层土体上的荷载应按现行国家标准《建筑地基基础设计规范》GB 50007 的规定计算；

$s'_1$——按分层总和法计算的复合加固层沉降量（mm）；

$\psi_s$——沉降计算经验系数，根据地区沉降观测资料及经验确定；无地区经验时可按表 3.4.7 的规定取用；

$p_0$——对应于荷载效应准永久组合时的基础底面处的附加压力（kPa）；

$z_i$、$z_{i-1}$——基础底面计算点至第 $i$ 层土、第 $i-1$ 层土底面的距离（m）；

$\bar{a}_i$、$\bar{a}_{i-1}$——基础底面计算点至第 $i$ 层土、第 $i-1$ 层土底面范围内平均附加应力系数，可按现行国家标准《建筑地基基础设计规范》GB 50007 的规定取值；

$E_{si}$——基础底面下第 $i$ 层天然地基的压缩模量（MPa）；

$\xi$——基础底面下地基压缩模量提高系数；

$f_{ak}$——基础底面下天然地基承载力特征值（kPa）；

$\bar{E}_s$——沉降计算深度范围内压缩模量的当量值（MPa）；

$A_i$——第 $i$ 层土附加应力系数沿土层厚度的积分值（m）。

表 3.4.7 沉降计算经验系数 $\psi_s$

| $\overline{E}_s$（MPa）<br>基底附加压力 | 2.5 | 4.0 | 7.0 | 15.0 | 20.0 |
|---|---|---|---|---|---|
| $0.75f_{ak}<p_0\leqslant f_{ak}$ | 1.4 | 1.3 | 1.0 | 0.4 | 0.2 |
| $p_0\leqslant 0.75f_{ak}$ | 1.1 | 1.0 | 0.7 | 0.4 | 0.2 |

**3.4.8** 地基沉降计算深度应大于复合土层的厚度，并应符合现行国家标准《建筑地基基础设计规范》GB 50007 关于地基沉降计算深度的有关规定。

**3.4.9** 当地基受力层范围内有软弱下卧层时，应按现行国家标准《建筑地基基础设计规范》GB 50007 的规定验算下卧层承载力。

# 4 施　　工

## 4.1 施工准备

**4.1.1** 现浇混凝土大直径管桩施工前应具备下列技术资料：

1 建筑场地的岩土工程勘察报告；

2 工程施工图设计文件；

3 建筑场地和相邻区域内的建筑物、道路、地下管线和架空线路等相关资料。

**4.1.2** 现浇混凝土大直径管桩施工准备应符合下列规定：

1 应进行工程施工图会审，并应进行设计交底；

2 应编制基桩工程施工组织设计或专项施工方案，并应经审核确认；

3 应向基桩施工操作人员进行施工技术安全交底；

4 施工场地应平整，地面承载力应满足桩机进场施工的条件；

5 地下和空中的障碍物应进行处理，施工场地及周边排水应保持通畅。

**4.1.3** 现浇混凝土大直径管桩工程的专项施工方案或施工组织设计应包括下列技术内容：

1 工程概况；

2 场地岩土特性及成桩条件分析；

3 施工总体部署及桩机的选择；

4 施工操作工艺要点；

5 施工质量、安全、环境保护的控制措施；

6 季节性施工措施；

7 桩机安装、拆除技术要求及安全措施；

8 施工场地及相邻既有建（构）筑物的防护、隔振措施；

9 应急预案。

**4.1.4** 工程施工前应按下列要求进行施工工艺参数试验：

1 应根据设计要求的数量、位置打试桩，进行施工工艺参数试验；

2 试桩的规格、长度应符合设计要求，应具有该场地的代表性，试验桩与工程桩的施工工艺条件应一致；

3 应根据试桩的参数优化设计，并应根据试桩的结果调整施工方案或施工组织设计。

**4.1.5** 施工机械的选择应符合下列规定：

1 应根据设计要求或试桩的资料选择施工机械；

2 施工机械选定后应核实现场地基承载能力是否满足打桩的施工要求，如不满足应预先采取相应处理措施。

**4.1.6** 现浇混凝土大直径管桩施工过程中应对场地地质状况进行复查，发现实际地质状况与勘察报告不符、影响继续施工时应进行施工地质补充勘察。

## 4.2 现浇混凝土大直径管桩施工

**4.2.1** 现浇混凝土大直径管桩的施工工艺流程（图 4.2.1）应包括场地平整、桩机就位、振动沉管、沉管腔内灌注混凝土、振动上拔成桩等步骤。

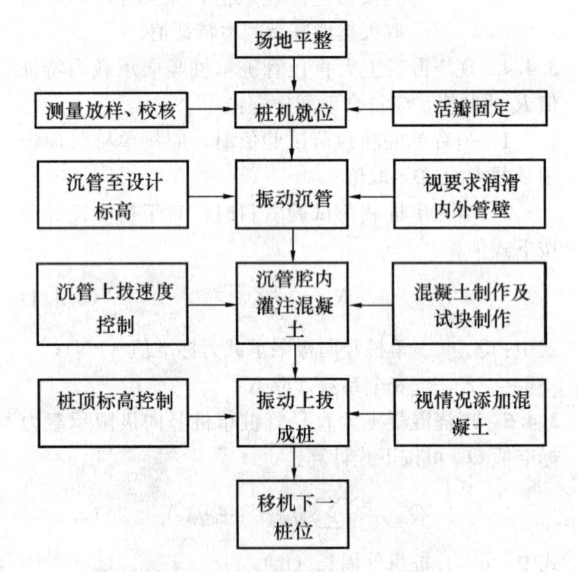


图 4.2.1 现浇混凝土大直径管桩施工工艺流程

**4.2.2** 沉桩顺序应尽量减少挤土效应及其对周围环境的影响，宜符合下列规定：

1 如桩布置较密集且离建（构）筑物较远，施工场地开阔，打桩顺序宜从施工场地中间开始向外进行；

2 如桩布置较密集且场地较长，打桩顺序宜从施工场地中间开始向两端进行；

3 如桩较密集且一侧靠近建（构）筑物，打桩顺序宜从靠建（构）筑物一侧开始向另一侧进行；

4 宜先施工长桩，后施工短桩；先施工大直径桩，后施工小直径桩；

5 靠近边坡的地段，应从靠边坡向远离边坡方向进行；

6 在进行较密集的群桩施工时，可采用跳打、控制打桩速率、优选打桩顺序等措施。

4.2.3 现浇混凝土大直径管桩成孔应符合下列规定：

1 沉管时应保证机架底盘水平、机架垂直，垂直度允许偏差应为1%；

2 在打桩过程中如发现有地下障碍物应及时清除；

3 在淤泥质土及地下水丰富区域施工时，第一次沉管至设计标高后应测量管腔孔底有无地下水或泥浆进入；如有地下水或泥浆进入，则在每次沉管前应先在管腔内灌入高度不小于1m的、与桩身同强度的混凝土，应防止沉管过程中地下水或泥浆进入管腔内；

4 沉管桩靴宜采用活瓣式，且成孔器与桩靴应密封；

5 应严格控制沉管最后30s的电流、电压值，其值应根据试桩参数确定；

6 沉管管壁上应有明显的长度标记；

7 沉管下沉速度不应大于2m/min。

4.2.4 在沉管过程中遇局部硬土夹层时，可通过造浆器向内外套管底端压入泥浆进行润滑。

4.2.5 现浇混凝土大直径管桩终止成孔的控制应符合下列规定：

1 桩端位于坚硬、硬塑的黏性土、砾石土、中密以上的砂土或风化岩等土层时，应以贯入度控制为主，桩端设计标高控制为辅；

2 桩端位于软土层时，应以桩端设计标高控制为主；

3 桩端标高未达到设计要求时，应连续激振3阵，每阵持续1min，并应根据其平均贯入度大小确定。

4.2.6 桩身混凝土灌注应符合下列规定：

1 沉管至设计标高后应及时浇灌混凝土，应尽量缩短间歇时间；

2 混凝土制作、用料标准应符合国家现行有关标准的要求。混凝土施工配合比应由试验室根据试验确定。现场搅拌混凝土坍落度宜为8cm～12cm，如采用商品混凝土，非泵送时坍落度宜为8cm～12cm，泵送时坍落度宜为16cm～20cm；

3 混凝土灌注应连续进行，实际灌注量的充盈系数不应小于1.1；

4 混凝土灌注高度应高于桩顶设计标高50cm。

4.2.7 振动上拔成桩应符合下列规定：

1 为保证桩顶及其下部混凝土强度，在软弱土层内的拔管速度宜为(0.6～0.8)m/min；在松散或稍密砂土层内宜为(1.0～1.2)m/min；在软硬交替处，拔管速度不宜大于1.0m/min，并在该位置停拔留振10s；

2 管腔内灌满混凝土后，应先振动10s，再开始拔管，应边振边拔，每拔1m应停拔并振动5s～10s，如此反复，直至沉管全部拔出；

3 在拔管过程中应根据土层的实际情况二次添加混凝土，以满足桩顶混凝土标高要求；

4 距离桩顶5.0m时宜一次性成桩，不宜停拔。

4.2.8 当桩身混凝土灌注结束24h后，应及时开挖桩顶部的桩芯土，开挖深度从桩顶算起宜为50cm；待低应变检测和桩芯开挖检测桩身混凝土质量且达到要求后，应灌注与桩身同强度等级的素混凝土封顶。

4.2.9 在施工过程中应按本规程附录A表A的要求作好记录，及时汇总并办理验交、签证等手续。

4.2.10 施工安全生产应符合国家现行有关安全生产标准的规定，并应符合下列规定：

1 机械设备安装、拆除应由专业人员担任，并应按住房和城乡建设部特种作业人员考核管理规定考核合格，持证上岗；

2 沉桩施工中应防止因过载造成桩机倾斜；

3 桩机在移位行走时，非操作人员不得靠近；

4 雨、雪、雾天气应停止施工，雨、雪后施工应排除积水或扫除积雪；

5 六级及以上大风天气应停止施工。

# 5 检查与验收

## 5.1 成桩质量检查

5.1.1 现浇混凝土大直径管桩成桩质量检查应包括成孔、混凝土拌制及灌注等过程的检查，并应按下列规定填写质量检查记录：

1 混凝土拌制应对原材料质量和计量、混凝土配合比、坍落度、混凝土强度等级进行检查；

2 沉管前应检查桩位的放样偏差；

3 沉管前应检查沉管的垂直度，沉管终孔前应检查最后30s的电流、电压值；

4 混凝土灌注前应对成孔垂直度、孔深、孔底泥浆情况进行检查；

5 应检查混凝土灌注量及充盈系数、桩顶标高和振动拔管速度。

5.1.2 现浇混凝土大直径管桩桩顶标高、桩长、桩位、垂直度偏差、混凝土充盈系数、混凝土强度、拔管速度等应按表5.1.2的规定进行检查，并应按本规程附录B表B的要求作好记录。

**表 5.1.2 现浇混凝土大直径管桩成桩质量检查标准**

| 序 | 检查项目 | | 允许偏差或允许值 | 检查方法 |
|---|---|---|---|---|
| 1 | 桩长 | | +300mm<br>0mm | 测桩管长度，查施工记录 |
| 2 | 混凝土强度 | | 设计要求 | 试块报告或切割取样送检 |
| 3 | 混凝土充盈系数 | | ≥1.1 | 检查每根桩的实际灌注量记录 |
| 4 | 桩位 | | ±200mm | 开挖后尺量检查 |
| 5 | 垂直度 | | <1% | 经纬仪或线锤测桩管垂直度 |
| 6 | 桩顶标高 | | +30mm<br>−50mm | 水准仪检查，需扣除桩顶浮浆层及劣质桩体 |
| 7 | 拔管速度 | 软弱土层 | 0.8m/min<br>0.6m/min | 测量机头上升距离和时间 |
| | | 其他土层 | 1.2m/min<br>1.0m/min | |

**5.1.3** 每个台班应留置不少于3组混凝土试块。

## 5.2 桩身质量检测

**5.2.1** 应在成桩14d后开挖桩芯土，观察桩体成形质量和量测壁厚，开挖深度不宜小于3m。检测数量宜为总桩数的0.2%～0.5%，且每个单项工程不得少于3根。

**5.2.2** 桩身混凝土达到龄期后，宜采用低应变法检测桩身混凝土质量，检测数量不得少于总桩数的10%；对设计等级为甲级或地质条件复杂、成桩质量可靠性较低的工程桩，抽检数量不得少于总桩数的20%。

**5.2.3** 对于一般工程的工程桩，可在成桩28d后进行单桩静载荷试验；对于地质条件复杂、成桩质量可靠性低的工程桩，应采用单桩和单桩复合地基静载荷试验方法分别进行检测。检测数量宜为总桩数的0.2%～0.5%，且每单项工程不得少于3根。

**5.2.4** 现浇混凝土大直径管桩的桩身质量检测标准应符合表5.2.4的规定，并应按本规程附录B表B的要求作好记录。

**表 5.2.4 现浇混凝土大直径管桩桩身质量检测标准**

| 序 | 检测项目 | 允许偏差或允许值 | 检测方法 |
|---|---|---|---|
| 1 | 桩体质量检测 | Ⅰ、Ⅱ类桩，无Ⅳ类桩 | 低应变检测 |
| 2 | 承载力 | 设计要求 | 载荷试验 |
| 3 | 桩径 | +30mm<br>−10mm | 开挖后实测桩头直径 |
| 4 | 壁厚 | +30mm<br>−10mm | 开挖后尺量检测，每个桩头测三点取平均值 |

注：Ⅰ、Ⅱ、Ⅲ、Ⅳ类桩的判定应按现行行业标准《建筑基桩检测技术规范》JGJ 106的规定执行。

## 5.3 工程质量验收

**5.3.1** 当桩顶设计标高与施工场地标高相近时，桩基工程验收应在施工完毕后进行；当桩顶设计标高低于施工场地标高时，桩基工程验收应在开挖至设计标高后进行。

**5.3.2** 现浇混凝土大直径管桩验收应在施工单位自检合格的基础上进行，并应具备下列验收资料：

1 岩土工程勘察报告、桩基施工图、图纸会审及设计交底纪要、设计变更等；

2 原材料的质量合格证和复验报告；

3 桩位测量放线图，包括工程桩位线复核签证单；

4 混凝土质量检验报告；

5 施工记录及检验记录；

6 桩体质量检测报告；

7 复合地基或单桩承载力检测报告；

8 基础开挖至设计标高的桩壁厚和成型情况检查记录、基桩竣工平面图；

9 工程质量事故及事故调查处理资料。

**5.3.3** 现浇混凝土大直径管桩分项工程质量验收合格的条件应符合下列规定：

1 原材料质量应合格；

2 各检验批工程质量验收应合格；

3 应有完整的质量验收文件；

4 低应变检测结果应合格，复合地基或单桩承载力检测结果应符合设计要求。

# 附录A　现浇混凝土大直径管桩施工原始记录表

**表A　现浇混凝土大直径管桩施工原始记录表**

承包单位：________________　　监理单位：________________

合 同 号：________________　　编　　号：________________

| 单位工程 | | | 分项工程 | | | 施工日期 | | |
|---|---|---|---|---|---|---|---|---|
| 分部工程 | | | 桩号部位 | | | 记录日期 | | |
| 地面标高（m） | | 桩机类型 | | 设计桩长（m） | | 设计桩径（mm） | | |
| 设计混凝土强度等级 | | 坍落度（mm） | | 设计壁厚（mm） | | | | |
| 桩编号 | | | | | | | | |
| 沉管时间（h：min） | 开始 | | | | | | | |
| | 间休 | | | | | | | |
| | 结束 | | | | | | | |
| | 总计 | | | | | | | |
| 最后贯入度（mm/min） | | | | | | | | |
| 最后电流（A） | | | | | | | | |
| 施工桩长（m） | | | | | | | | |
| 灌注混凝土数量（$m^3$） | 第一次 | | | | | | | |
| | 加灌 | | | | | | | |
| | 总计 | | | | | | | |
| 拔管时间（h：min） | 开始 | | | | | | | |
| | 间休 | | | | | | | |
| | 结束 | | | | | | | |
| | 总计 | | | | | | | |
| 桩顶距地面距离（m） | | | | | | | | |
| 桩倾斜度（°） | | | | | | | | |
| 充盈系数 | | | | | | | | |
| 桩中心偏差（mm） | | | | | | | | |
| 现场监理<br>日期 | | | 施工负责<br>日期 | | 记录员<br>日期 | | 质检员<br>日期 | |

## 附录B 现浇混凝土大直径管桩质量检验记录表

**表B 现浇混凝土大直径管桩质量检验记录表**

承包单位：________________ 监理单位：________________

合 同 号：________________ 编　　号：________________

| 单位工程 | | 分项工程 | | | 施工日期 | | |
|---|---|---|---|---|---|---|---|
| 分部工程 | | 桩号部位 | | | 记录日期 | | |
| 地面标高(m) | 桩机类型 | | 设计桩长(m) | | 设计桩径(mm) | | |
| 设计混凝土强度等级 | 坍落度(mm) | | 设计壁厚(mm) | | | | |
| 桩编号 | | | | | | | |
| 桩长(m) | | | | | | | |
| 桩径(mm) | | | | | | | |
| 壁厚(mm) | | | | | | | |
| 桩顶距设计标高距离(m) | | | | | | | |
| 垂直度(°) | | | | | | | |
| 充盈系数 | | | | | | | |
| 桩体质量 | | | | | | | |
| 混凝土强度(MPa) | | | | | | | |
| 承载力(kN) | | | | | | | |
| 桩位 | | | | | | | |
| 拔管速度(m/min) | | | | | | | |
| 现场监理<br>日期 | | 施工负责<br>日期 | | 记录员<br>日期 | | 质检员<br>日期 | |

## 本规程用词说明

**1** 为便于在执行本规程条文时区别对待，对要求严格程度不同的用词说明如下：

1）表示很严格，非这样做不可的：
正面词采用“必须”，反面词采用“严禁”；

2）表示严格，在正常情况下均应这样做的：
正面词采用“应”，反面词采用“不应”或“不得”；

3）表示允许稍有选择，在条件许可时首先应这样做的：
正面词采用“宜”，反面词采用“不宜”。

4）表示有选择，在一定条件下可以这样做的，采用“可”。

**2** 条文中指明应按其他有关标准执行的写法为：“应符合……的规定”或“应按……执行”。

## 引用标准名录


1 《建筑地基基础设计规范》GB 50007

2 《混凝土结构设计规范》GB 50010

3 《建筑边坡工程技术规范》GB 50330

4 《建筑桩基技术规范》JGJ 94

5 《建筑基桩检测技术规范》JGJ 106

中华人民共和国行业标准

# 现浇混凝土大直径管桩复合地基技术规程

JGJ/T 213—2010

## 条 文 说 明

# 制 订 说 明

《现浇混凝土大直径管桩复合地基技术规程》JGJ/T 213-2010，经住房和城乡建设部2010年7月23日以第704号文公告批准、发布。

本规程在制订过程中，编制组进行了现浇混凝土大直径管桩复合地基设计、施工及应用情况的调查研究，总结了我国现浇混凝土大直径管桩复合地基设计、施工、检测的实践经验，同时参考了国外先进技术标准，通过试验，取得了大量重要技术参数。

为便于广大设计、施工、科研、学校等单位有关人员在使用本标准时能正确理解和执行条文规定，《现浇混凝土大直径管桩复合地基技术规程》编制组按章、节、条顺序编制了本规程的条文说明，对条文规定的目的、依据以及执行中需注意的有关事项进行了说明。但是本条文说明不具备与本规程同等的法律效力，仅供使用者作为理解和把握规程规定的参考。

# 目　次

# 1 总　　则

**1.0.1** 现浇混凝土大直径管桩复合地基技术已在江苏、浙江、上海、湖南、天津和河北等省市推广应用，取得了良好的社会效益和经济效益。为了在今后工程中更好地推广应用，为设计、施工、监理、检验及工程验收提供依据，使设计做得更加合理，质量更加可靠，在《现浇混凝土大直径管桩复合地基技术规程》DGJ32/TJ 70－2008基础上，经过多年的应用和实践研究总结，编制本规程。

**1.0.2** 本规程适用于建筑工程、市政工程等对地基沉降要求较高的工程，一般需要采用复合地基处理；也适用于普通公路、铁路等工程地基处理。在工程中使用较多的现浇混凝土大直径管桩直径一般是1000mm和1250mm。

**1.0.4** 本规程未作规定的按国家相关标准执行。

# 2 术语和符号

## 2.1 术　　语

**2.1.1** 现浇混凝土大直径管桩，亦称现浇混凝土管桩。英文是 cast-in-place concrete large-diameter pipe pile，可与当前建设工程中普遍使用的预应力高强混凝土管桩PHC桩对比（表1），前者是现场沉模浇筑，后者是预制运输后打入；前者是大直径（1000mm～1250mm），后者直径较小（300mm～600mm）。

**表1　现浇混凝土大直径管桩与PHC桩技术比较**

| 技术内容 | PHC桩 | 现浇混凝土大直径管桩 |
|---|---|---|
| 成桩方式 | 在工厂预制，运输到现场，再用锤击打入，超过12m需要焊接连接 | 现场一次成桩，沉模、灌注、上拔、成桩一气呵成 |
| 桩径 | 小直径：300mm～600mm | 大直径：1000mm～1250mm |
| 复合地基桩间距 | 1.8m～2.5m | 2.5m～4.0m，单桩加固地面的范围大 |
| 挤土效应 | 挤土效应大，容易造成相邻桩倾斜或断桩 | 由于直径大，壁厚小，因此沉桩时对周围土环境影响范围小 |
| 承载方式 | 端承为主，遇桩端好的持力层时承载力较高 | 摩擦为主，由于大直径内外摩阻，承载力高 |
| 施工质量控制 | 由于采用焊接方式延伸桩长，连接质量不易控制；锤击方式对桩体质量有影响 | 由于在地基中先沉模，后浇混凝土，再上拔管，施工过程清晰，一次沉桩，质量易于控制 |
| 质量检测 | 静载检测是主要手段 | 可以直接开挖桩芯检测，也可以通过静载试验或小应变方法检测 |

现浇混凝土大直径管桩桩机设备（图1）主要由底盘、支架、振动头、钢质内外套管空腔、活瓣桩靴、造浆器、进料口和混凝土分流器等组成。

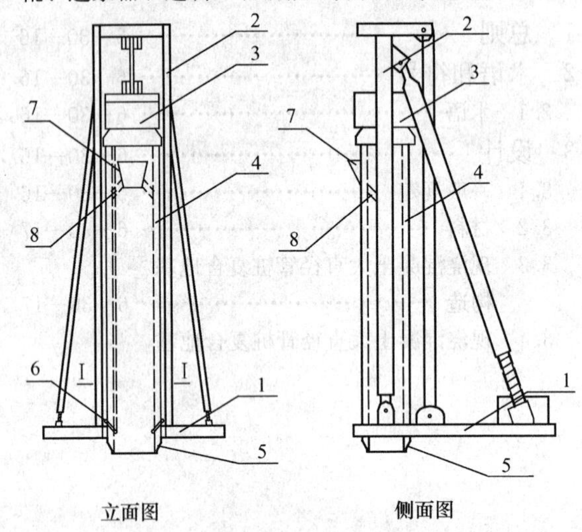


图1　桩机设备

1—底盘；2—支架；3—振动头；4—钢质内外套管空腔；5—活瓣桩靴；6—造浆器；7—进料口；8—混凝土分流器

**2.1.2** 复合地基最初是指采用碎石桩加固后形成的人工地基。近年来复合地基技术在我国工程建设中的推广应用已得到了很大的发展。随着水泥土搅拌桩加固技术在工程中的应用，发展了水泥土桩复合地基的概念。碎石桩是散体材料桩，水泥搅拌桩是粘结材料桩。水泥土桩复合地基的应用促进了柔性桩复合地基理论的发展。随着低强度混凝土桩、CFG桩复合地基等新技术的应用，形成了刚性桩复合地基的概念。

# 3 设　　计

## 3.1 一般规定

**3.1.1** 现浇混凝土大直径管桩目前最大的应用深度为25m。如果加固的深度继续加大，必须增加桩机设备的高度，增大桩机振动头的动力，从而增加地基加固的成本，因此，本规程暂定深度为25m。

**3.1.2** 现浇混凝土大直径管桩目前已在公路工程、铁路工程和市政工程中得到应用。由于不同的工程对地质条件有着不同的具体要求，所以在进行岩土工程勘察时，除应遵守本规程外，尚需符合国家及其他现行有关标准的规定。

**3.1.4** 坡地、岸边复合地基、基岩面倾斜的复合地基、高路堤等特殊情况下的现浇混凝土大直径管桩复合地基应进行整体稳定性验算，验算方法可按照现行国家标准《建筑地基基础设计规范》GB 50007 关于稳定性计算的有关规定执行。

## 3.2 材　　料

**3.2.1** 根据刚性桩复合地基变形控制的要求，现浇混凝土大直径管桩所用的混凝土强度等级可以从 C15 到 C30 不等。由于管桩壁厚最小为 12cm，因此，混凝土的粗骨料粒径不宜大于 25mm，以免混凝土浇筑时卡管。

**3.2.2** 无机结合料稳定材料指在粉碎的或原状松散的土中掺入一定量的无机结合料（包括水泥、石灰或工业废渣等）和水，经拌合得到的混合料在压实与养护后，达到规定强度的材料。不同的土与无机结合料拌合得到不同的稳定材料，例如石灰土、水泥土、水泥砂砾、石灰粉煤灰碎石等，使用时应根据结构要求、掺加剂和原材料的供应情况及施工条件进行综合技术、经济比较后选定。加筋材料采用变形小、强度高的土工格栅类型、土工编织物、钢丝网等，土工格栅包括玻璃纤维类和聚酯纤维类两种类型。

**3.2.3** 单根现浇混凝土大直径管桩施工结束和混凝土凝固后，将桩顶部中间挖去厚为 50cm 土体，并采用与桩身同强度等级的素混凝土回灌，形成类似于倒扣茶杯状的封顶管桩。

## 3.3 现浇混凝土大直径管桩复合地基构造

**3.3.1** 目前在工程中，使用比较成熟的现浇混凝土大直径管桩尺寸有两种，其外直径分别为 1000mm 和 1250mm，壁厚分别为 120mm 和 150mm，考虑到桩基上部振动头的振动力和抗拔力，将来也可以通过调试和现场试验采用 1500mm 的桩径。现浇混凝土大直径管桩复合地基的构造（图 2），由现浇混凝土大直径管桩桩体、素混凝土封口、褥垫层、加筋材料及土层（桩周土体和桩芯土体）等组成。在现浇混凝土大

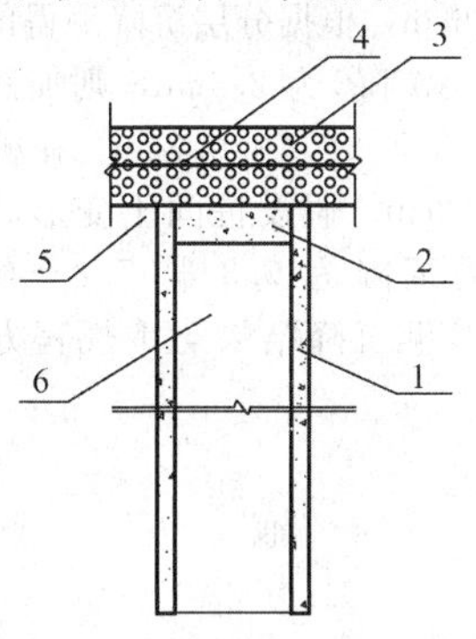


图 2　现浇混凝土大直径管桩复合地基的构造

1—桩体；2—素混凝土封口；3—褥垫层；4—加筋材料；5—桩周土；6—桩芯土

直径管桩桩体初凝后，开挖 50cm 的桩芯土，浇筑桩头，形成素混凝土封口，其目的一是为了增加顶部强度和整体性，减少与上部刚性垫层或柔性垫层之间的集中应力，使受力均匀，减少上刺量；二是保证桩头的施工质量。

**3.3.2** 复合地基的桩顶应铺设褥垫层。铺设褥垫层的目的是为了调整桩土应力比，减少桩头应力集中，有利于桩间土承载力的发挥。褥垫层的设置是现浇混凝土大直径管桩刚性桩复合地基的关键技术之一，是保证桩、土共同作用的核心内容。根据大量的工程实践总结，褥垫层的厚度取30cm～50cm，一般上部填土较厚时取高值，桩间距大或桩间土较软时取高值。为充分发挥现浇混凝土大直径管桩的承载作用，桩顶褥垫层中应铺设加筋材料。褥垫层内设加筋材料 1～2 层，褥垫层厚度大时取 2 层。褥垫层铺设宜分层进行，每层铺设应均匀，最终厚度允许偏差±20mm。对于设计为 50cm 厚的褥垫层，一般先铺 20cm 厚垫层，铺设一层土工格栅，然后再铺 20cm 厚垫层，再铺一层土工格栅，最后再铺 10cm 厚垫层。对于设计 30cm 厚的褥垫层参照以上施工。

## 3.4 现浇混凝土大直径管桩复合地基设计计算

**3.4.1** 现浇混凝土大直径管桩属于刚性桩，不需要依靠桩周土的约束来维持自身稳定，一般只考虑在加固场地范围内布桩。如遇到液化土层或饱和软土层时，也可在加固场地外设置护桩，考虑到刚性桩对基础的冲切作用，桩的布置应离加固场地边缘有一定的距离。

**3.4.2** 根据行业标准《建筑桩基技术规范》JGJ 94－2008 第 3.3.3 条，基桩的布置宜符合下列条件：排数不少于 3 排且桩数不少于 9 根的摩擦型部分挤土桩基，其最小桩间距为 3～3.5 倍桩径。由于现浇混凝土大直径管桩属大直径，通过现场试验，考虑复合地基承载力、土性、位置及施工工艺等，确定现浇混凝土大直径管桩的桩间距为 2.5～4 倍桩径。

**3.4.5** 由于现浇混凝土大直径管桩直径大，承担的摩擦力较高，属于一般摩擦桩，以桩周土提供摩擦力为主，桩端阻力只相当于单桩承载力的 10%左右。但只要条件允许，都不希望桩端坐落在土质差的土层上。桩端阻力修正系数，除了与进入持力层厚度、土的性质、桩长和桩径等因素有关外，对于现浇混凝土大直径管桩，一方面由于桩径大，在上部荷载作用下，下端开口的管桩桩内壁具有摩擦力；另一方面，由于桩身长，开口的管桩具有土塞效应现象，两者总有其一在发挥作用。因此，桩端阻力修正系数取 0.65～0.9 之间，桩端土为低压缩性土时取高值，高压缩性土时取低值。桩端土压缩性的判断可按国家标准《建筑地基基础设计规范》GB 50007－2002 第 4.2.5 条的规定执行。

**3.4.6** 工作条件系数取 0.6～0.8 是根据国家标准《建筑地基基础设计规范》GB 50007－2002 第 8.5.9 条制定，因为现浇混凝土大直径管桩作为复合地基用，故工作条件系数适当放宽。

**3.4.7** 复合地基加固区沉降计算方法有复合模量法、桩身压缩量法和应力修正法。本规程现浇混凝土大直径管桩复合地基的沉降计算参照现行行业标准《建筑地基处理技术规范》JGJ 79 中水泥粉煤灰碎石桩复合地基沉降计算方法和现行国家标准《建筑地基基础设计规范》GB 50007 的有关规定执行。沉降计算经验系数 $\psi_s$ 应结合地方经验和工程实际情况取值，本规程表 3.4.7 参照现行行业标准《建筑地基处理技术规范》JGJ 79。

**1** 算例一

盐通高速公路现浇混凝土大直径管桩处理深度内的沉降 $s_1$ 计算算例如下：

该高速公路典型断面路基顶宽 $B$=35m，路堤填土高度 $H$=6.5m，坡度 1∶1.5，填料的平均密度按 1900kg/m³ 计。加固区土层自上而下分为 6 层，各土层压缩模量见表 2。根据土层状况，地基处理方案布置为：设计桩径为 1000mm，壁厚 120mm，混凝土强度为 C15，采用桩间距横向 3.3m、纵向 3.3m，桩长 18m，正方形布置。

**表 2　各土层压缩模量**

| 土层厚度(m) | 压缩模量(MPa) |
|---|---|
| 1.7 | 5.34 |
| 2.7 | 7.05 |
| 1.0 | 2.06 |
| 6.0 | 5.41 |
| 1.6 | 2.38 |
| 5.0 | 6.77 |

本算例给出本规程的方法与实测结果的对比。

(1) 沉降 $s_1$ 按照本规程公式（3.4.7-2）计算。

$$s_1=\psi_s s'_1=\psi_s\sum_{i=1}^{n}\frac{p_0}{\xi E_{si}}(z_i\bar{a}_i-z_{i-1}\bar{a}_{i-1})$$

复合土层压缩模量的提高系数为：

$$\xi=\frac{f_{spk}}{f_{ak}}=1.43$$

计算得到的 $s'_1$=16.1cm。

压缩模量当量 $\bar{E}_s$=6.91MPa，则 $\psi_s$=0.7，所以

$s_1=\psi_s s'_1$=11.3cm。

(2) 实测沉降。

根据现场监测，该断面实测沉降为：根据表面沉降测得的桩顶沉降为 22.0cm、路堤中心(桩间土中心)沉降为 33.1cm，根据分层沉降测得的加固区底部沉降(即下卧层沉降)为 19.0cm，则加固区的沉降量 $s_1$ 在桩顶处为 22.0－19.0＝3.0cm，在桩间土中心为 33.1－19.0＝14.1cm。假设桩间土变形后表面为抛物型，则取平均沉降为 3.0＋(14.1－3.0)×2/3＝10.4cm。可见实测沉降结果与本规程方法的计算结果较为接近。

**2** 算例二

京沪高速铁路南京南站连接线现浇混凝土大直径管桩处理深度内的沉降 $s_1$ 计算算例如下：

该高速铁路典型断面路基顶宽 $B$=24m，路堤填土高度 $H$=3m，坡度 1∶1.75，填料的平均密度按 2000kg/m³ 计。加固区土层自上而下分为 2 层，各土层压缩模量见表 3。根据土层状况，地基处理方案布置为：设计桩径 1000mm，壁厚 150mm，混凝土强度为 C20，采用桩间距横向 2.5m、纵向 4.3m，桩长 10m，梅花形布置。

**表 3　各土层压缩模量**

| 土层厚度(m) | 压缩模量(MPa) |
|---|---|
| 2 | 5.00 |
| 8 | 2.19 |

本算例给出本规程的方法与实测结果的对比。

(1) 沉降 $s_1$ 按照本规程公式（3.4.7-2）计算。

$$s_1=\psi_s s'_1=\psi_s\sum_{i=1}^{n}\frac{p_0}{\xi E_{si}}(z_i\bar{a}_i-z_{i-1}\bar{a}_{i-1})$$

复合土层压缩模量的提高系数为：

$$\xi=\frac{f_{spk}}{f_{ak}}=3.125$$

计算得到的 $s'_1$=7.66cm。

压缩模量当量 $\bar{E}_s$=7.78MPa，则 $\psi_s$=0.67，所以

$s_1=\psi_s s'_1$=5.13cm。

(2) 实测沉降。

根据现场监测，该断面实测沉降为：根据表面沉降测得的桩顶沉降为 2.7cm、路堤中心(桩间土中心)沉降为 9.6cm，根据分层沉降测得的加固区底部沉降(即下卧层沉降)为 2.4cm，则加固区的沉降量 $s_1$ 在桩顶处为 2.7－2.4＝0.3cm、在桩间土中心为 9.6－2.4＝7.2cm。假设桩间土变形后表面为抛物型，则取平均沉降为 0.3＋(7.2－0.3)×2/3＝4.9cm。可见实测沉降结果与本规程方法的计算结果较为吻合。

# 4　施　　工

## 4.1　施 工 准 备

**4.1.1** 场地岩土工程勘察报告是地基处理设计方案

与施工的依据。当场地地质情况较复杂时，应做必要的补充勘察，以便调整设计。为防止意外事故发生，施工前必须查清地上、地下管线及障碍物，并进行妥善处理。

**4.1.5** 现浇混凝土大直径管桩成桩所使用的机械已有专业的生产厂家生产，选择合格的施工设备是保证施工质量的关键。施工机械应向智能化、标准化、科技创新技术方向发展。考虑到地基处理深度等工程地质特点及工程实践的需要，并遵循经济性、实用性、易于操作的原则，施工机具应满足以下的基本性能要求：

**1** 沉桩深度达到25m以上；

**2** 桩径为1000mm ～1250mm；

**3** 管桩壁厚100mm～150mm；

**4** 混凝土可多次加料；

**5** 提升力达到30t，压桩力加上高频振动荷载大于100t。

#### 4.2 现浇混凝土大直径管桩施工

**4.2.2** 一般工程中管桩施工顺序的确定主要考虑的是保证施工的便利性，而针对管桩施工对邻桩的影响考虑相对较少。由于现浇混凝土大直径管桩是现场浇筑混凝土，在施打第二根桩时第一根桩混凝土尚未凝固，因此应考虑其影响。现场试验结果表明，较有利的施工顺序应采用沿一面逐步向前推进的顺序，而不宜采用从四周向中心包围的顺序。

**4.2.3** 检查孔底有无地下水或泥浆进入的方法为：沉管至设计标高后，用测绳将绑有滤纸的重锤吊入孔底，然后将重锤吊出，检查滤纸是否湿润、有无泥浆。

**4.2.4** 造浆器是一种专门技术，它由连通的引水管和喷管组成，引水管位于桩模内管内、外壁，上端与高压水源连接，下端与喷管连接。喷管呈圆形紧贴在桩模内、外管壁底部，由镀锌管制成，在喷管管壁上、下各均匀分布有一组喷水孔，使水能自由喷出。在喷管上、下都设置一组锯齿，在桩模上下运动时锯齿能切割周围土体，同时喷管喷水，这样在桩模套管表面形成泥浆，泥浆能有效降低土体与管壁的摩擦系数，从而减小桩模受到的侧摩阻力。将锯齿设于喷水孔正上方和正下方，在喷管喷水形成泥浆时，锯齿还起到保护喷管的作用。

**4.2.6** 混凝土坍落度如过小，在成桩的过程中也易造成卡管，从而出现断桩和缩颈，坍落度如过大在混凝土运输及振动拔管过程中易形成混凝土离析，从而会导致桩体在加料口一侧混凝土的石子多而另一侧混凝土砂子多的现象。通过大量试验表明，现场搅拌混凝土坍落度宜为8cm～12cm；如用商品混凝土，非泵送时坍落度宜为8cm～12cm，泵送时坍落度宜为16cm～20cm。

现浇混凝土大直径管桩混凝土浇筑时的充盈系数在1.2左右，比一般灌注桩要大。从理论上分析现浇混凝土大直径管桩浇筑的混凝土是用圆环的厚度作为理论计算量，其壁厚的微小增加将导致混凝土的用量增大很多，其次因为壁的厚度内缩外扩，其混凝土使用量也相应增加。此外，在黏性较大土层中振动拔管时有上带桩芯土现象。因此现浇混凝土大直径管桩的充盈系数比普通实心灌注桩要大。

## 5 检查与验收

#### 5.1 成桩质量检查

**5.1.1** 检查孔底有无泥浆的方法见本规程条文说明4.2.3。

#### 5.2 桩身质量检测

**5.2.1** 桩身质量与基桩承载力密切相关，桩身质量有时会严重影响基桩承载力。现浇混凝土大直径管桩有一个显著的优点，就是在成桩达到初期强度后（一般14d），可以开挖桩芯土，从内壁直接观察管桩的壁厚和成型情况，检查桩身质量，还可以在内壁上打孔量测桩壁的厚度。

**5.2.2** 低应变反射波法主要是用来检测现浇混凝土大直径管桩的桩身完整性和成桩混凝土的质量。现浇混凝土大直径管桩桩型不同于实心桩，低应变检测时桩顶附近一定深度范围内存在三维效应和高频干扰问题。研究表明，当传感器接收点与激振点之间所夹圆心角为90°时，接收信号受到的高频干扰最小，因此低应变动力检测时现浇混凝土大直径管桩桩顶激振点和测点的布置（图3），应将传感器安装在与激振点夹角90°的位置，且在桩壁中心线上，检测时在桩顶应均匀对称布置4点。应根据工程情况选择合适的锤头或锤垫，在保证缺陷分辨率的情况下尽量采用较宽的激励脉冲可以减小高频干扰，击发方式可采用力棒、力锤等方式。现场测试结果表明基于合适的击发和接收装置，采用低应变动测技术测试现浇混凝土大

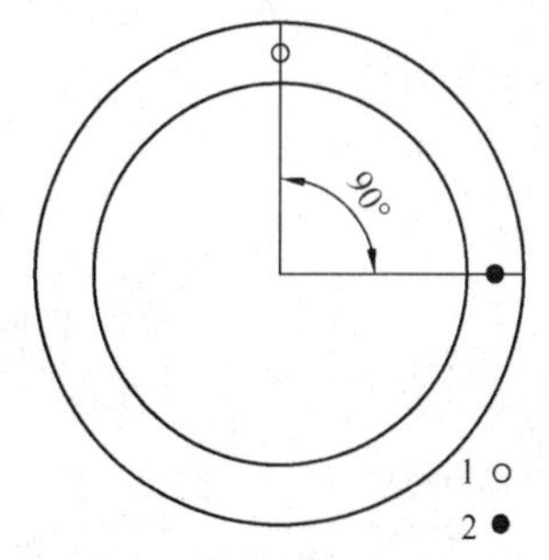


图3 现浇混凝土大直径管桩桩顶激振点和测点的布置示意图

1—激振点；2—接收点

直径管桩的施工质量是可行的，检测结果能较好地反映现浇混凝土大直径管桩的施工质量。

### 5.3 工程质量验收

**5.3.2** 现浇混凝土大直径管桩复合地基施工结束后，应根据施工单位提供的、经现场监理签认的全部竣工资料和现场检查情况，由甲方组织有关单位对工程进行验收，验收合格后，签署工程验收报告，作为施工转序的证明。

中华人民共和国行业标准

# 气泡混合轻质土填筑工程技术规程

Technical specification for foamed mixture lightweight soil filling engineering

**CJJ/T 177—2012**

批准部门：中华人民共和国住房和城乡建设部
施行日期：2 0 1 2 年 5 月 1 日

# 中华人民共和国住房和城乡建设部
# 公　　告

第 1247 号

## 关于发布行业标准《气泡混合轻质土填筑工程技术规程》的公告

现批准《气泡混合轻质土填筑工程技术规程》为行业标准，编号为 CJJ/T 177-2012，自 2012 年 5 月 1 日起实施。

本规程由我部标准定额研究所组织中国建筑工业出版社出版发行。

**中华人民共和国住房和城乡建设部**

2012 年 1 月 11 日

## 前　　言

根据住房和城乡建设部《关于印发〈2010 年工程建设标准规范制订、修订计划〉的通知》（建标［2010］43 号）的要求，编制组经广泛调查研究，认真总结实践经验，吸取科研成果，参考国外先进标准，并在广泛征求意见的基础上，编制了本规程。

本规程的主要技术内容是：1. 总则；2. 术语和符号；3. 材料及性能；4. 设计；5. 配合比；6. 工程施工；7. 质量检验与验收。

本规程由住房和城乡建设部负责管理，由广东冠生土木工程技术有限公司负责具体技术内容的解释。执行过程中如有意见或建议，请寄送广东冠生土木工程技术有限公司（地址：广州市番禺区天安节能科技园产业大厦 2 座 1101 单元，邮编：511415）。

本规程主编单位：广东冠生土木工程技术有限公司
深圳市市政工程总公司

本规程参编单位：广东冠粤路桥有限公司
北京市市政工程设计研究总院
广东省公路勘察规划设计院股份有限公司
交通运输部公路科学研究院
广东省建筑科学研究院
中国建筑材料科学研究总院
广东省建筑工程集团有限公司

本规程主要起草人员：肖礼经　谢学钦　刘声向　刘事莲　王树林　罗火生　高俊合　罗旭东　刘联伟　杨仕超　刘龙伟　李　东　苏　军　杨亚兵　王武祥　孙宏涛　吴立坚　罗　枫　陈　刚　王　勇　周志敏

本规程主要审查人员：蔡国宏　张　汎　郑启瑞　杨少华　邓利明　黄政宇　孙　杰　俞宪明　汪全信

# 目　次

# Contents

## 1 总　　则

**1.0.1** 为规范气泡混合轻质土的设计、施工，统一质量检验标准，保证气泡混合轻质土填筑工程安全适用、技术先进、经济合理，制定本规程。

**1.0.2** 本规程适用于道路工程、建筑工程等领域的气泡混合轻质土设计、施工及检验。

**1.0.3** 气泡混合轻质土设计、施工及验收除应符合本规程外，尚应符合国家现行有关标准的规定。

## 2 术语和符号

### 2.1 术　　语

**2.1.1** 气泡混合轻质土　foamed mixture lightweight soil

将制备的气泡群按一定比例加入到由水泥、水及可选添加材料制成的浆料中，经混合搅拌、现浇成型的一种微孔类轻质材料。

**2.1.2** 气泡群　foamed group

发泡液产生的气泡群体。

**2.1.3** 发泡液　foaming liquid

发泡剂稀释后的液体。

**2.1.4** 发泡剂　foaming agent

能产生气泡群的表面活性材料。

**2.1.5** 稀释倍率　dilution multiple

发泡液与发泡剂的质量比。

**2.1.6** 发泡倍率　foaming multiple

气泡群与发泡液的体积比。

**2.1.7** 气泡群密度　foamed group density

气泡群的单位体积质量。

**2.1.8** 标准气泡柱　standard foamed group

高度直径比为1∶1、体积为1L的标准气泡群。

**2.1.9** 流动度　flow value

新拌气泡混合轻质土的流动性指标。

**2.1.10** 湿容重　wet density

新拌气泡混合轻质土的单位体积重量。

**2.1.11** 表干容重　air-dry density

标准试件的单位体积重量。

**2.1.12** 饱水容重　saturated density

标准试件浸水72h的单位体积重量。

**2.1.13** 抗压强度　compressive strength

标准试件的无侧限抗压强度。

**2.1.14** 饱水抗压强度　saturated compressive strength

标准试件浸水72h的无侧限抗压强度。

### 2.2 符　　号

$E_c$——气泡混合轻质土的弹性模量；

$q_u$——气泡混合轻质土的抗压强度；

$q_s$——饱水抗压强度；

$\rho_f$——气泡群密度；

$\gamma$——湿容重；

$\gamma_a$——表干容重；

$\gamma_s$——饱水容重；

$\lambda$——流动度。

## 3 材料及性能

### 3.1 原 材 料

**3.1.1** 水泥宜采用42.5级及以上的通用硅酸盐水泥或硫铝酸盐水泥。通用硅酸盐水泥应符合现行国家标准《通用硅酸盐水泥》GB 175的规定，硫铝酸盐水泥应符合现行国家标准《硫铝酸盐水泥》GB 20472的规定。

**3.1.2** 水应符合现行行业标准《混凝土用水标准》JGJ 63的规定。

**3.1.3** 发泡剂应对环境无影响。发泡剂性能试验应符合本规程附录A的规定，试验测定的气泡群质量应符合下列规定：

1　气泡群密度应为$48kg/m^3$～$52kg/m^3$。

2　标准气泡柱静置1h的沉降距不应大于5mm。

3　标准气泡柱静置1h的泌水量不应大于25mL。

**3.1.4** 添加材料宜包括细集料、掺合料、外加剂等，其粒径不宜大于4.75mm。

**3.1.5** 原材料的适应性试验应符合本规程附录B的规定，试验测定的新拌气泡混合轻质土静置1h的湿容重增加值不应大于$0.5kN/m^3$。试验结果应填写试验记录，并应符合本规程附录A表A.0.6的要求。

### 3.2 性　　能

**3.2.1** 容重等级应按湿容重划分，湿容重的允许偏差范围应符合表3.2.1的规定。

**表3.2.1　容 重 等 级**

| 容重等级 | 湿容重 $\gamma$（$kN/m^3$） | |
|---|---|---|
| | 标准值 | 允许偏差范围 |
| W3 | 3.0 | $2.5<\gamma\leqslant3.5$ |
| W4 | 4.0 | $3.5<\gamma\leqslant4.5$ |
| W5 | 5.0 | $4.5<\gamma\leqslant5.5$ |
| W6 | 6.0 | $5.5<\gamma\leqslant6.5$ |
| W7 | 7.0 | $6.5<\gamma\leqslant7.5$ |
| W8 | 8.0 | $7.5<\gamma\leqslant8.5$ |
| W9 | 9.0 | $8.5<\gamma\leqslant9.5$ |
| W10 | 10.0 | $9.5<\gamma\leqslant10.5$ |
| W11 | 11.0 | $10.5<\gamma\leqslant11.5$ |
| W12 | 12.0 | $11.5<\gamma\leqslant12.5$ |
| W13 | 13.0 | $12.5<\gamma\leqslant13.5$ |
| W14 | 14.0 | $13.5<\gamma\leqslant14.5$ |
| W15 | 15.0 | $14.5<\gamma\leqslant15.5$ |

**3.2.2** 强度等级应按抗压强度划分，抗压强度的每组平均值和每块最小值不应小于表3.2.2的规定。

**表3.2.2 强度等级**

| 强度等级 | 抗压强度 $q_u$（MPa） | |
|---|---|---|
| | 每组平均值 | 每块最小值 |
| CF0.3 | 0.30 | 0.26 |
| CF0.4 | 0.40 | 0.34 |
| CF0.5 | 0.50 | 0.42 |
| CF0.6 | 0.60 | 0.51 |
| CF0.7 | 0.70 | 0.59 |
| CF0.8 | 0.80 | 0.68 |
| CF0.9 | 0.90 | 0.76 |
| CF1.0 | 1.00 | 0.85 |
| CF1.2 | 1.20 | 1.02 |
| CF1.5 | 1.50 | 1.27 |
| CF2.5 | 2.50 | 2.12 |
| CF5.0 | 5.00 | 4.25 |
| CF7.5 | 7.50 | 6.37 |
| CF10 | 10.00 | 8.50 |
| CF15 | 15.00 | 12.75 |
| CF20 | 20.00 | 17.00 |

# 4 设计

## 4.1 一般规定

**4.1.1** 设计应遵循安全性、适用性和经济性原则。

**4.1.2** 设计项目应包括性能设计、结构设计和附属工程设计，主要设计内容与设计指标应符合表4.1.2的规定。

**表4.1.2 主要设计内容与设计指标**

| 设计目标 | 设计项目 | 主要设计内容 | 主要设计指标 |
|---|---|---|---|
| 减少荷重或土压力 | 性能设计 | 确定物理力学指标 | 湿容重、抗压强度、弹性模量 |
| | 结构设计 | 断面设计和衔接设计 | 强度验算，抗滑动、抗倾覆稳定性验算，抗浮稳定性验算 |
| | 附属工程设计 | 面板、抗滑锚固、补强 | — |
| 空洞填充或管线回填 | 性能设计 | 确定物理力学指标 | 湿容重、抗压强度 |

## 4.2 性能设计

**4.2.1** 当路基填筑时，强度等级、容重等级应根据填筑部位按表4.2.1确定。

**表4.2.1 用于路基填筑的性能指标**

| 路面底面以下深度（m） | 最小强度等级 | | 最小容重等级 |
|---|---|---|---|
| | 城市快速路、高速公路、一级公路、主干路 | 其他等级公路 | |
| 0～0.8 | CF0.8 | CF0.6 | W5 |
| 0.8～1.5 | CF0.5 | CF0.4 | W3 |
| >1.5 | CF0.4 | | |

**4.2.2** 当计算水位以下部位填筑时，容重等级、强度等级应按表4.2.2确定。

**表4.2.2 用于计算水位以下部位填筑的性能指标**

| 计算水位以下（m） | 最小容重等级 | 最小强度等级 |
|---|---|---|
| ≤3 | W6 | CF0.8 |
| >3 | W8 | CF1.0 |

**4.2.3** 空洞填充、管线回填时，应按饱满性、施工性和经济性综合确定强度等级、容重等级。

**4.2.4** 当冻融环境中填筑时，抗冻性指标可按现行国家标准《蒸压加气混凝土性能试验方法》GB/T 11969试验确定。

**4.2.5** 弹性模量可按现行国家标准《蒸压加气混凝土性能试验方法》GB/T 11969试验确定。当无试验资料时，可按下式计算取值：

$$E_c = 250q_u \qquad (4.2.5)$$

式中：$E_c$——气泡混合轻质土的弹性模量（MPa）；

$q_u$——气泡混合轻质土的抗压强度（MPa）。

## 4.3 结构设计

**4.3.1** 结构设计应包括断面设计和衔接设计。断面设计宜包括填筑高度、填筑宽度，衔接设计宜包括衔接形式和细部尺寸，一般断面设计（图4.3.1）尺寸宜按表4.3.1确定。

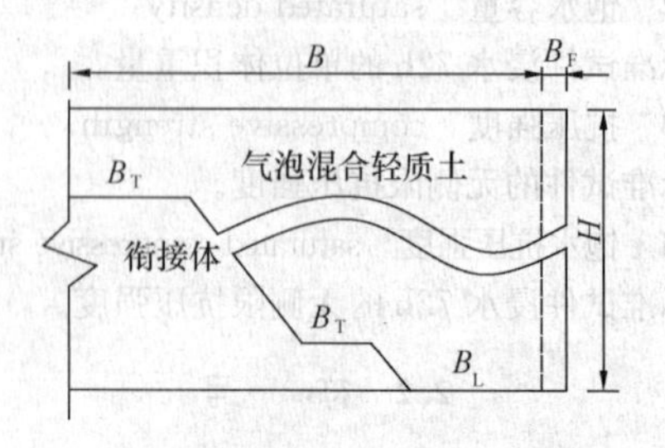


图4.3.1 一般断面设计图

注：表中B为填筑体顶面宽度。

表 4.3.1 断面尺寸要求

| 设计内容 | 范围 | 备注 |
| --- | --- | --- |
| 填筑高度 $H$ | 0.5m～15.0m | 空洞填充、管线回填工程除外 |
| 底面宽度 $B_L$ | ≥2.0m | |
| 台阶宽度 $B_T$ | ≥0.5m | 填筑高度超过2m设置 |
| 预留宽度 $B_F$ | 0.3m～0.8m | 填筑高度超过5m或背面为陡坡体时设置 |

**4.3.2** 填筑体与路基或斜坡体间的衔接宜采用台阶形式。

**4.3.3** 当填筑体顶面有坡度要求时，宜在填筑体顶层分级设置台阶。

## 4.4 附属工程设计

**4.4.1** 当面板采用挡板砌筑时，面板宜由基础、挡板、拉筋及立柱组成，并应符合下列规定：

1 基础和挡板应按10m～15m间距设置沉降缝，其位置宜与填筑体沉降缝对应。

2 基础应采用水泥混凝土现浇，强度等级不应低于C15。

3 挡板应满足安全、耐久和美观要求，宜采用水泥混凝土预制，强度等级不应低于C20。

4 挡板可通过拉筋与立柱焊接固定。拉筋可采用HPB235钢筋，直径不宜小于6.0mm；立柱可采用等边角钢，边宽不宜小于50mm。

**4.4.2** 填筑体沉降缝设置应符合下列规定：

1 当填筑体长度超过15m时，应按10m～15m间距设置沉降缝，缝宽不宜小于10mm。

2 当填筑体底面有突变时，应在突变位置增设沉降缝。

3 沉降缝填缝材料宜采用20mm～30mm厚的聚苯乙烯板或10mm～20mm厚的夹板。

**4.4.3** 当填筑体高宽比（$H$：$B_L$）大于2、衔接面坡率大于1：0.75时，宜在衔接面设置锚固设施。锚固设施应符合下列规定：

1 锚固设施应包括锚固件和坡面台阶。

2 锚固设计宜按1根/2m$^2$～1根/4m$^2$的密度布置，布置形式应为梅花形或矩形。

3 锚固件可采用HRB335钢筋，钢筋直径宜为$\phi$25mm～$\phi$32mm。

**4.4.4** 钢丝网设置应符合下列规定：

1 钢丝网可采用钢丝焊接而成，钢丝直径不宜小于3.2mm，孔径不宜大于100mm。

2 当填筑高度小于5m时，应分别在填筑体底部、顶部50cm以内位置设置一层钢丝网。

3 当填筑高度为5m～12m时，应分别在填筑体底部、顶部100cm以内位置设置两层钢丝网。

4 填筑高度大于12m时，除应按本条第3款的规定设置外，还应每隔5m设置两层钢丝网。

5 相邻两层钢丝网间距宜为30cm～50cm，搭接部位应错开50cm以上。相邻两块钢丝网的搭接宽度不宜小于20cm，宜采用钢丝绑扎。

**4.4.5** 填筑体与相邻结构物间宜设置缓冲层，缓冲层可采用20mm～30mm厚的聚苯乙烯板。

**4.4.6** 宜在填筑体底层设置碎石垫层，厚度不宜小于15cm。

**4.4.7** 当填筑体位于计算水位以下部位时，其接触面宜采取防水措施。

## 4.5 设计计算

**4.5.1** 荷载分类应按表4.5.1确定。

表 4.5.1 荷载分类

| 荷载类型 | | 荷载名称 |
| --- | --- | --- |
| 永久荷载 | | 填筑体的自重 |
| | | 填筑体上方的有效永久荷载 |
| | | 填土侧压力 |
| | | 计算水位的浮力及静水压力 |
| 可变荷载 | 基本可变荷载 | 车辆荷载、车辆荷载引起的土侧压力 |
| | | 人群荷载、人群荷载引起的土侧压力 |
| | 其他可变荷载 | 水位退落时的动水压力 |
| | | 流水压力 |
| | | 波浪压力 |
| | | 冻胀压力和冰压力 |
| | 施工荷载 | 与施工有关的临时荷载 |
| 偶然荷载 | | 地震作用力、作用于填筑体顶部护栏的车辆碰撞力 |

注：1 洪水与地震力不同时考虑；

2 冻胀力、冰压力与流水压力或波浪压力不同时考虑；

3 车辆荷载与地震力不同时考虑。

**4.5.2** 荷载组合应按表4.5.2-1确定。当一般地区填筑时，填筑体顶部的荷载可只计算永久荷载和基本可变荷载。当浸水地区、冻胀地区、地震动峰值加速度值为0.2$g$及以上的地区填筑时，还应计算其他可变荷载和偶然荷载。当填筑体按承载能力极限状态设计时，常用荷载分项系数可按表 4.5.2-2 选用。

**表 4.5.2-1 荷载组合**

| 组合 | 荷载 |
|---|---|
| Ⅰ | 填筑体自重、填筑体顶部的有效永久荷载、填土侧压力及其他永久荷载组合 |
| Ⅱ | 组合Ⅰ与基本可变荷载相组合 |
| Ⅲ | 组合Ⅱ与其他可变荷载、偶然荷载相组合 |

**表 4.5.2-2 承载能力极限状态的荷载分项系数**

| 情况 | 荷载增大对填筑体起有利作用时 | | 荷载增大对填筑体起不利作用时 | |
|---|---|---|---|---|
| 组合 | Ⅰ、Ⅱ | Ⅲ | Ⅰ、Ⅱ | Ⅲ |
| 气泡混合轻质土顶部垂直恒载 $\gamma_G$ | 0.9 | | 1.2 | |
| 主动土压力分项系数 $\gamma_{Q1}$ | 1 | 0.95 | 1.4 | 1.3 |
| 被动土压力分项系数 $\gamma_{Q2}$ | 0.30 | | 0.5 | |
| 水浮力分项系数 $\gamma_{Q3}$ | 0.95 | | 1.1 | |
| 静水压力分项系数 $\gamma_{Q4}$ | 0.95 | | 1.05 | |
| 动水压力分项系数 $\gamma_{Q5}$ | 0.95 | | 1.2 | |

**4.5.3** 当软土地基路段填筑时，应按国家现行相关标准的规定进行沉降计算。

**4.5.4** 除空洞填充、管线回填工程外，应对填筑体进行强度验算和稳定性验算。

**4.5.5** 强度验算应符合下列规定：

1 路基填筑的填筑体抗压强度应按下式计算：

$$q_{u1}=\frac{F_s(100\times CBR)}{3.5} \tag{4.5.5-1}$$

式中：$q_{u1}$——路基填筑的填筑体抗压强度（kPa）；

$F_s$——安全系数，取 3；

$CBR$——加州承载比，按现行行业标准《公路路基设计规范》JTG D 30 取值。

2 填筑体自立稳定的抗压强度应按下式计算：

$$q_{u2}=F_s(0.5\gamma H+W) \tag{4.5.5-2}$$

式中：$q_{u2}$——填筑体自立稳定的抗压强度（kPa）；

$\gamma$——湿容重（$kN/m^3$）；

$H$——填筑体高度（m）；

$W$——填筑体顶部的荷载（kPa）。

3 填筑体的设计抗压强度不应小于 $q_{u1}$ 和 $q_{u2}$ 值。

**4.5.6** 稳定性验算应包括填筑体的抗滑动稳定性验算、抗倾覆稳定性验算及包括地基在内的整体抗滑动稳定性验算，并应符合下列规定：

1 当填筑体的抗滑动稳定性、抗倾覆稳定性验算时，安全系数不应小于表 4.5.6 的规定。

**表 4.5.6 抗滑动、抗倾覆安全系数**

| 荷载情况 | 验算项目 | 安全系数 |
|---|---|---|
| 荷载组合Ⅰ、Ⅱ | 抗滑动 | 1.3 |
| | 抗倾覆 | 1.5 |
| 荷载组合Ⅲ | 抗滑动 | 1.3 |
| | 抗倾覆 | 1.3 |
| 施工阶段 | 抗滑动 | 1.2 |
| | 抗倾覆 | 1.2 |

2 包括地基在内的整体抗滑动稳定性验算的安全系数不应小于 1.25。

3 土质地基的基底合力的偏心距不应大于 $B_L/6$（$B_L$ 为填筑体底宽），岩石地基的基底合力的偏心距不应大于 $B_L/4$。基底压应力不应大于基底的容许承载力。

**4.5.7** 当计算水位以下部位填筑时，应按下式进行抗浮稳定性验算：

$$F_s=\frac{0.95\gamma V_1+P}{\rho_w gV_2}\geqslant 1.2 \tag{4.5.7}$$

式中：$\gamma$——湿容重（$kN/m^3$）；

$V_1$——填筑体体积（$m^3$）；

$V_2$——计算水位以下的填筑体体积（$m^3$）；

$P$——填筑体顶部的压力（kN）；

$\rho_w$——水的密度，取 $1000kg/m^3$；

$g$——重力常数，取 10N/kg。

# 5 配合比

## 5.1 一般规定

**5.1.1** 配合比设计应包括配合比计算、试配及调整。

**5.1.2** 配合比设计应采用工程实际使用的原材料。试配前，应按本规程第 3.1.5 条的规定对原材料进行检验。

**5.1.3** 配合比设计指标应包括湿容重、流动度及抗压强度，并应符合下列规定：

1 湿容重应符合本规程表 3.2.1 的规定。

2 流动度应为 160mm～200mm。

3 试配抗压强度应大于设计抗压强度的 1.05 倍。

## 5.2 配合比计算

**5.2.1** 配合比中各种材料的用量计算应符合下列公式的规定：

$$\frac{m_c}{\rho_c}+\frac{m_w}{\rho_w}+\frac{m_f}{\rho_f}+\frac{m_s}{\rho_s}+\frac{m_m}{\rho_m}=1 \quad (5.2.1\text{-}1)$$

$$m_c+m_w+m_f+m_s+m_m=100\gamma \quad (5.2.1\text{-}2)$$

式中：$m_c$ ——每立方气泡混合轻质土的水泥用量（kg）；

$\rho_c$ ——水泥密度（$kg/m^3$），取 $3100kg/m^3$；

$m_w$ ——每立方气泡混合轻质土的用水量（kg）；

$\rho_w$ ——水的密度（$kg/m^3$），取 $1000kg/m^3$；

$m_f$ ——每立方气泡混合轻质土的气泡群用量（kg）；

$\rho_f$ ——气泡群密度（$kg/m^3$），取 $50kg/m^3$；

$m_s$ ——每立方气泡混合轻质土的细集料用量（kg）；

$\rho_s$ ——细集料密度（$kg/m^3$），只采用细砂时，取 $2600kg/m^3$；

$m_m$ ——每立方气泡混合轻质土的掺合料用量（kg）；

$\rho_m$ ——掺合料密度（$kg/m^3$）。

**5.2.2** 当掺有细集料、掺合料和外加剂等添加材料时，每立方气泡混合轻质土的细集料、掺合料及外加剂等掺量应按设计指标和水胶比要求，通过试验确定。

**5.2.3** 每立方气泡混合轻质土的水泥用量应按设计指标和添加材料用量综合确定。

**5.2.4** 气泡混合轻质土的水胶比 $\left(\frac{W}{B}\right)$ 取值应符合下列规定：

1 未掺外加剂时，水胶比应按 0.55～0.65 选取。

2 掺入外加剂时，水胶比应通过试验确定，宜按 0.20～0.55 选取。

**5.2.5** 每立方气泡混合轻质土的用水量应按下式计算：

$$m_w=\frac{W}{B}(m_c+m_m) \quad (5.2.5)$$

式中：$\frac{W}{B}$——每立方气泡混合轻质土的水胶比。

**5.2.6** 每立方气泡混合轻质土的气泡群体积量应按下式计算：

$$V_f=1000\left(1-\frac{m_c}{\rho_c}+\frac{m_w}{\rho_w}+\frac{m_s}{\rho_s}+\frac{m_m}{\rho_m}\right) \quad (5.2.6)$$

式中：$V_f$ ——每立方气泡混合轻质土的气泡群体积量（L）。

## 5.3 配合比试配

**5.3.1** 配合比试配应在计算配合比的基础上进行，宜通过调整计算配合比中的各种材料用量，直到新拌气泡混合轻质土的性能满足设计和施工要求。

**5.3.2** 新拌气泡混合轻质土试样宜采用搅拌机拌制。搅拌机应符合现行行业标准《混凝土试验用搅拌机》JG 244 的规定，每盘试配的最小搅拌量不宜小于搅拌机额定搅拌量的 1/4。

**5.3.3** 拌好新拌气泡混合轻质土试样后，应立即制作试件，并应符合下列规定：

1 每种配合比至少应制作一组试件。

2 新拌气泡混合轻质土试样应装满试模并略高于试模顶面，并应采用保鲜膜覆盖。

3 拆模前，应先沿试模顶面刮平试件；拆模后，应将试件在 20℃±2℃条件下密封养生至 28d。

**5.3.4** 试拌配合比的强度试验应符合下列规定：

1 应至少采用 3 个不同的配合比。当采用 3 个不同的配合比时，其中 1 个配合比应为本规程确定的试拌配合比，另外 2 个配合比的水泥用量宜在试拌配合比基础上分别增加和减少 10 kg。

2 应分别按本规程附录 C、附录 D 的规定检验湿容重、流动度，作为相应配合比的新拌气泡混合轻质土性能指标。试验结果应填写配合比设计报告，并应符合本规程附录 C 表 C.0.5 的要求。

3 应分别按本规程附录 E、附录 F 的规定检验容重、强度指标，试验结果应填写配合比设计报告，并应符合本规程附录 F 表 F.0.4 的要求。

## 5.4 配合比调整

**5.4.1** 应根据本规程第 5.3.4 条的强度试验结果，在试拌配合比的基础上作相应调整，确定设计配合比。

**5.4.2** 施工单位可根据常用材料设计出常用的配合比备用，并应在使用过程中予以验证或调整。

# 6 工程施工

## 6.1 施工准备

**6.1.1** 施工前，应确定施工方案，编制施工组织设计。

**6.1.2** 应按施工组织设计，组织施工设备进场，并应做好安装、调试及标定工作。

**6.1.3** 应按原材料使用计划，组织原材料进场、检验。

**6.1.4** 发泡剂性能试验应符合下列规定：

1 检验频率应为 1 次/5000L，每批次产品或每个施工项目应至少检验 1 次。

2 检验方法应按本规程附录 A 的规定执行。

3 检验结果应符合本规程第 3.1.3 条的规定。

**6.1.5** 基坑开挖应符合下列规定：

1 开挖前，应事先做好防护措施。

2 开挖后，应按要求控制压实度、平整度，完成防排水施工，并应进行交接检验。

3 当基坑底部位于计算水位以下时，应采取降水措施。

## 6.2 浇 筑

**6.2.1** 浇筑设备应包括发泡设备、搅拌设备和泵送设备，并应符合下列规定：

1 浇筑设备的生产能力和设备性能应满足连续作业要求。

2 搅拌设备应具备水泥、水及添加材料的配料和计量功能。

3 搅拌设备的计量偏差应符合表6.2.1的规定。

**表6.2.1 搅拌设备的计量偏差**

| 原材料 | 计量偏差（%） |
| --- | --- |
| 水泥、掺合料 | ±2 |
| 细集料 | ±3 |
| 水、外加剂 | ±2 |

**6.2.2** 气泡群应采用发泡设备预先制取，不宜采用搅拌方式制取气泡群。

**6.2.3** 新拌气泡混合轻质土宜采用配管泵送。

**6.2.4** 气泡群应及时与水泥基浆料混合均匀，新拌气泡混合轻质土在泵送设备、泵送管道中的停置时间不宜超过1h。

**6.2.5** 单级配管泵送范围应根据配合比、泵送距离及泵送高度确定。水平泵送距离及垂直泵送高度宜按表6.2.5的规定执行。当泵送范围超过表6.2.5的规定时，可增加中继泵。

**表6.2.5 水平泵送距离与垂直泵送高度**

| $s/c$ | 水平泵送距离（m） | 垂直泵送高度（m） |
| --- | --- | --- |
| 0 | 400～500 | 20～30 |
| 1 | | |
| 2 | 300～400 | 10～20 |
| 3 | | |
| 4 | 100～200 | 0～10 |
| 5 | | |

注：$s/c$ 表示细集料与水泥质量之比。如同时存在泵送距离和泵送高度时，泵送范围由泵送距离与泵送高度综合确定。

**6.2.6** 应采用分层分块方式进行浇筑作业。

**6.2.7** 除空洞充填、管线回填工程外，单层浇筑厚度宜按0.3m～0.8m控制。上一层浇筑作业应在下一层浇筑终凝后进行。

**6.2.8** 浇筑过程中，泵送管出口应与浇筑面保持水平，不宜采用喷射方式浇筑。

**6.2.9** 浇筑时，如遇大雨或持续小雨天气时，应对未硬化的填筑体表层进行覆盖。

**6.2.10** 夏季施工时，应避开高温时段浇筑。

**6.2.11** 冬期施工时，应对浇筑设备、泵送管道、发泡剂及浇筑区域等采取保温防冻措施，每班完工后应清空浇筑设备、泵送管道中的残留物。

## 6.3 附属工程施工

**6.3.1** 当挡板采用水泥混凝土预制时，挡板预制应符合下列规定：

1 混凝土的集料粒径和强度等级应满足设计要求。

2 浇筑混凝土前，应按设计要求定位挡板拉扣。

3 浇筑完混凝土后，应重新测量定位挡板拉扣，并应对挡板表面进行光面处理。

**6.3.2** 面板施工应符合下列规定：

1 面板基础的断面尺寸和混凝土强度等级应满足设计要求。

2 挡板砌筑前，应标出挡板外缘线并进行水平测量，曲线部分应加密控制点。

3 挡板应随浇随砌，砌筑砂浆强度等级应满足设计要求，砌缝宜采用勾缝。

4 当挡板搬运和砌筑时，应轻拿轻放，避免挡板损坏和拉扣变形。

5 挡板水平及倾斜误差应逐层调整，曲线部位应砌筑平顺。

**6.3.3** 钢丝网、沉降缝、抗滑锚固、防水等工程施工应满足设计要求。

## 6.4 养 护

**6.4.1** 在填筑体达到设计抗压强度后，方可在填筑体顶面进行机械或车辆作业。作业前，应先铺一层覆盖层，厚度不宜小于20cm。

**6.4.2** 除空洞充填、管线回填工程外，在完成填筑体顶层施工后，应立即对填筑体表面覆盖塑料薄膜或土工布保湿养生，养生时间不宜少于7d。

# 7 质量检验与验收

## 7.1 一 般 规 定

**7.1.1** 质量检验与验收应符合现行行业标准《城镇道路工程施工与质量验收规范》CJJ 1的规定。

**7.1.2** 质量检验与验收应以填筑体为构造单元，并应按单个或若干个构造单元划分为检验批。

## 7.2 质 量 检 验

**7.2.1** 挡板的质量检验应符合表7.2.1的规定，检验结果应填写面板质量检验记录，并应符合本规程附录G表G.0.1的要求。

表 7.2.1 挡板的质量检验

| 项次 | 检验项目 | 允许偏差 | 检验方法 | 检验频率 |
| --- | --- | --- | --- | --- |
| 1 | 混凝土强度（MPa） | 不小于设计值 | 《普通混凝土力学性能试验方法标准》GB/T 50081 | 每 $10m^3$ 取一组，每项目至少取一组 |
| 2 | 边长（mm） | ±0.5% | 尺量 | 长宽各测1次，每200块抽查1块，每项目至少5块 |
| 3 | 两对角线差（mm） | ±0.7% | 尺量 | 每200块检查1块，每项目至少5块 |
| 4 | 厚度（mm） | +5，−3 | 尺量 | 检查2处，每200块检查1块，每项目至少5块 |
| 5 | 表面平整度（mm） | ±0.3% | 直尺 | 长宽各测1次，每200块检查1块，每项目至少5块 |
| 6 | 预埋件位置（mm） | 10 | 尺量 | 每200块抽查1块，每项目至少5块 |

**7.2.2** 面板的质量检验应符合表 7.2.2 的规定，检验结果应填写面板质量检验记录，并应符合本规程附录G表G.0.1的要求。

表 7.2.2 面板的质量检验

| 项次 | 检验项目 | 允许偏差 | 检验方法 | 检验频率 |
| --- | --- | --- | --- | --- |
| 1 | 基础混凝土强度（MPa） | 不小于设计值 | 《普通混凝土力学性能试验方法标准》GB/T 50081 | 每 $10m^3$ 取一组，每项目至少取一组 |
| 2 | 基础断面尺寸（mm） | 不小于设计值 | 尺量 | 每20m量测1处 |
| 3 | 面板顶高程（mm） | ±50 | 3m直尺 | 每20m量测1处 |
| 4 | 轴线偏位（mm） | 50 | 经纬仪或拉尺、尺量 | 每20m量测1处 |
| 5 | 面板垂直度或坡度 | −0.5% | 挂垂线 | 每20m量测1处 |

**7.2.3** 新拌气泡混合轻质土试样宜在浇筑管管口制取，试件制取组数应符合下列规定：

1 每个构造单元应至少制取二组试件。

2 当同一配合比连续浇筑少于 $400m^3$ 时，应按每 $200m^3$ 制取一组试件。

3 当同一配合比连续浇筑大于 $400m^3$ 时，应按每 $400m^3$ 制取一组试件。

**7.2.4** 试件脱模后，应分别按本规程附录E、附录F的规定检验容重、强度，检验结果应填写强度检验报告，并应符合本规程附录F表F.0.4的要求。

**7.2.5** 浇筑的质量检验应符合表 7.2.5 的规定，检验结果应填写浇筑质量检验记录，并应符合本规程附录G表G.0.2的要求。

表 7.2.5 浇筑的质量检验

| 项次 | 检验项目 | 允许偏差 | 检验方法 | 检验频率 |
| --- | --- | --- | --- | --- |
| 1 | 气泡群密度（$kg/m^3$） | 48～52 | 本规程附录A | 每班开工前自检1次 |
| 2 | 湿容重（$kN/m^3$） | 符合本规程表3.2.1的规定 | 本规程附录C | 连续浇筑每 $100m^3$ 自检1次 |
| 3 | 流动度（mm） | 160～200 | 本规程附录D | 连续浇筑每 $100m^3$ 自检1次 |

**7.2.6** 填筑体的主控项目检验应包括表干容重和抗压强度，并应符合表 7.2.6 的规定。检验结果应填写检验批质量评定表，并应符合本规程附录G表G.0.3的要求。

表 7.2.6 填筑体的主控项目检验

| 项次 | 检验项目 | 允许偏差 | | 检验方法 | 检验频率 |
| --- | --- | --- | --- | --- | --- |
| 1 | 表干容重（$kN/m^3$） | 每组平均值不大于湿容重标准值 | 每块最大值不大于湿容重允许偏差上限值 | 本规程附录E | 本规程第7.2.3条 |
| 2 | 抗压强度（MPa） | 符合本规程表3.2.2的规定 | | 本规程附录F | 本规程第7.2.3条 |

**7.2.7** 填筑体的一般项目检验应包括外观质量检验和实测项目，并应符合表 7.2.7 的规定。检验结果应填写检验批质量评定表，并应符合本规程附录G表G.0.3的要求。

1 填筑体的外观质量检验应符合下列规定：

1）面板应光洁平顺，板缝均匀，线形顺适，沉降缝上下贯通顺直。

2）表面出现的非受力贯穿裂缝宽度应小于5mm。

3）表面蜂窝面积应小于总表面积的1%。

2 填筑体实测项目的允许偏差应符合表 7.2.7 的规定。

表 7.2.7 填筑体实测项目的允许偏差

| 项次 | 检查项目 | | 允许偏差 | | 检验方法 | 检验频率 |
|---|---|---|---|---|---|---|
| | | | 道路工程 | 建筑工程 | | |
| 1 | 顶面高程（mm） | | +50，−30 | ±50 | 水准仪 | 每个构造单元测 2 点或每 20m 测 1 点 |
| 2 | 厚度（mm） | | — | ±100 | 卷尺 | 每个构造单元测 2 点或每 20m 测 1 点 |
| 3 | 轴线偏位（mm） | | 50 | | 经纬仪或拉尺、尺量 | 每个构造单元测 2 点或每 20m 测 1 点 |
| 4 | 宽度（mm） | | 不小于设计 | | 卷尺 | 每个构造单元测 2 点或每 20m 测 1 点 |
| 5 | 基底高程（mm） | 土质 | ±50 | | 水准仪 | 每个构造单元测 2 点或每 20m 测 1 点 |
| | | 石质 | +50，−200 | | | |

注：在空洞充填、管线回填工程中，一般项目内容可不检查。

### 7.3 质量验收

**7.3.1** 填筑体的质量验收应符合下列规定：

1 原材料、半成品、成品、器具和设备应按本规程第 6.1 节、第 7.2 节的规定进行检验，检验结果应经监理工程师检查认可。

2 浇筑应按本规程第 6.2 节的规定进行质量控制，各工序之间应进行自检、交接检验，并应形成文件。

**7.3.2** 质量保证资料应包括下列内容：

1 所用原材料、半成品和成品的质量检验结果；

2 施工配合比、基坑交接检查、面板施工检查和浇筑检查记录；

3 各项质量控制指标的试验数据和质量检验资料；

4 施工过程中遇到的非正常情况记录及其对工程质量影响分析；

5 施工过程中如发生质量事故，经处理补救后，达到设计要求的认可证明文件。

**7.3.3** 检验批合格质量应符合下列规定：

1 主控项目的质量应全部检验合格。

2 一般项目的合格率应达到 80%及以上，且不合格点的最大偏差值不得大于规定允许偏差值的 1.5 倍。

3 具有完整的施工质量检查记录。

**7.3.4** 对工程质量验收不合格的，监理单位应责令施工单位进行缺陷修补或返工，并应重新进行质量检验与验收。

## 附录 A 发泡剂性能试验

**A.0.1** 仪器设备应包括下列内容：

1 发泡装置 1 套；

2 塑料桶 1 个，容积 15L；

3 电子秤 1 台，最大量程 2000g，精度 1g；

4 带刻度的不锈钢量杯 1 个，内径 108mm，高 108mm，壁厚 2mm，容积 1L；

5 带刻度的量筒 1 个，量程 50mL；

6 平口刀 1 把，刀长 150mm；

7 钢直尺 1 把，尺长 150mm，分度值 0.5mm；

8 深度游标卡尺 1 把，精度 0.02mm；

9 方纸片 1 张，边长 50mm；

10 秒表 1 块。

**A.0.2** 试验用料应包括下列材料：

1 稀释水 20.0L；

2 发泡剂 0.5L。

**A.0.3** 气泡群制取应按下列步骤进行：

1 应按稀释倍率计算好稀释水和发泡剂，并应将发泡液倒入发泡装置的容器；

2 启动发泡装置，调节阀门，并应观察出口气泡群质量，直到气泡群密度满足 $48kg/m^3 \sim 52kg/m^3$ 时为止；

3 用量杯在管口接取气泡群，并应使气泡群充满整个量杯；

4 应采用平口刀沿量杯杯口平面刮平气泡群。

**A.0.4** 气泡群密度试验应按下列步骤进行：

1 应将电子秤放置于水平桌面上。

2 应将量杯平放于电子秤上，并称取其量杯质量 $m_0$。

3 应按本规程第 A.0.3 条的试验步骤制取气泡群，并称取量杯加气泡群质量 $m_1$。

4 气泡群密度应按下式计算：

$$\rho_f = \frac{m_1 - m_0}{V_0} \qquad (A.0.4)$$

式中：$\rho_f$ ——气泡群密度（$kg/m^3$），精确至 $1kg/m^3$；

$m_1$ ——量杯加气泡群质量（g），精确至 1g；

$m_0$ ——量杯质量（g），精确至 1g；

$V_0$ ——量杯体积（$cm^3$），精确至 $1cm^3$。

5 应清洗并擦干仪器设备，并应重复 2～4 试验步骤 2 次。

6 应取 3 次试验结果的算术平均值作为气泡群密度。

7 气泡群密度试验应在每次取样后 5min 内完成。

**A.0.5** 沉降距和泌水量试验应包括下列步骤：

1 按本规程第 A.0.3 条的试验步骤制取气泡群，并应将装满气泡群的量杯平放于水平桌面上；

2 将方纸片平放于标准气泡柱表面中央，并应静置时间 1h；

3 应将钢直尺平放于量杯的杯口中间；

4 应采用深度游标卡尺量测钢直尺下沿至方纸片的垂直距离，即为标准气泡柱静置 1h 的沉降距(mm)；

5 应将量杯中分泌的水倒入量筒中，测得其水的体积，即为标准气泡柱静置 1h 的泌水量（mL）；

6 清洗并擦干仪器设备，并应重复 1～5 试验步骤 2 次；

7 取 3 次沉降距试验的算术平均值作为标准气泡柱静置 1h 的沉降距；

8 取 3 次泌水量试验的算术平均值作为标准气泡柱静置 1h 的泌水量；

9 标准气泡柱的沉降距及泌水量试验应在每次取样后 70min 内完成。

**A.0.6** 试验结果应填写试验记录，并应符合表 A.0.6 的要求。

**表 A.0.6 原材料性能试验记录表**

编号：

| 工程名称 | | | 分项工程名称 | | | 试验日期 | | | | |
|---|---|---|---|---|---|---|---|---|---|---|
| 施工单位 | | | 项目技术负责人 | | | 项目经理 | | | | |
| 项目试验人员 | | | 项目试验主管 | | | 见证人员 | | | | |
| 执行标准名称及编号 | | | | | | | | | | |
| 原材料及试验条件 | 水泥 | | | 细集料 | | 掺合料 | | 外加剂 | | 其他 |
| | 强度等级 | 厂家 | 用量 | 名称 | 用量 | 名称 | 掺量(%) | 名称 | 掺量(%) | 名称 | 用量 |
| | | | | | | | | | | | |
| | 发泡剂 | | | | | 水 | | 试验条件 | | |
| | 类别 | 型号 | 稀释倍率 | 发泡倍率 | 用量 | 发泡水 | 搅拌水 | 气温(℃) | 发泡方式 | |
| | | | | | | | | | | |
| 试验成果 | 标准气泡柱 | | | | | | 气泡群密度(kg/m³) | | | |
| | 静置 1h 的沉降距（mm） | | | 静置 1h 的泌水量（mL） | | | | | | |
| | 编号 | 实测值 | 平均值 | 编号 | 实测值 | 平均值 | 编号 | 实测值 | 平均值 | |
| | 1 | | | 1 | | | 1 | | | |
| | 2 | | | 2 | | | 2 | | | |
| | 3 | | | 3 | | | 3 | | | |
| | 成型体积（L） | | | 静置 1h 的湿容重增加值（kN/m³） | | | | | | |
| | 流动度（mm） | | | 初始湿容重（kN/m³） | | | 静置 1h 的湿容重（kN/m³） | | | |
| | 编号 | 实测值 | 平均值 | 编号 | 实测值 | 平均值 | 编号 | 实测值 | 平均值 | |
| | 1 | | | 1 | | | 1 | | | |
| | 2 | | | 2 | | | 2 | | | |
| | 3 | | | 3 | | | 3 | | | |
| 施工单位检查结果 | | | | | | | | | | |
| 监理（建设）单位检查意见 | | | | | | | | | | |

## 附录 B 适应性试验

**B.0.1** 仪器设备应包括下列内容：

1 发泡装置 1 套；

2 试验用搅拌机 1 台；

3 电子秤 1 台，最大量程 2000g，精度 1g；

4 塑料桶 1 个，容积 15L；

5 带刻度的不锈钢量杯 2 个，内径 108mm，净高 108mm，壁厚 2mm，容积 1L；

6 平口刀 1 把，刀长 150mm；

7 秒表 1 块。

**B.0.2** 试验用料应采用新拌气泡混合轻质土，50L。

**B.0.3** 试样可在搅拌好的拌合物中制取。

**B.0.4** 适应性试验应按下列步骤进行：

1 用塑料桶接取试样，试样数量应为 10L；

2 应按本规程附录 C 测得新拌气泡混合轻质土的初始湿容重 $\gamma_0$；

3 将塑料桶平放于水平地面上，并应静置时间 1h；

4 将静置后的试样完全倒入试验用搅拌机中，并应连续搅拌 60s；

5 应按本规程附录 C 测得新拌气泡混合轻质土静置 1h 的湿容重 $\gamma_1$；

6 新拌气泡混合轻质土静置 1h 的湿容重增加值应按下式计算：

$$\Delta\gamma = \gamma_1 - \gamma_0 \quad \text{(B.0.4)}$$

式中：$\Delta\gamma$——新拌气泡混合轻质土静置 1h 的湿容重增加值（$kN/m^3$），精确至 0.1$kN/m^3$；

$\gamma_1$——新拌气泡混合轻质土静置 1h 的湿容重（$kN/m^3$），精确至 0.1$kN/m^3$；

$\gamma_0$——新拌气泡混合轻质土的初始湿容重（$kN/m^3$），精确至 0.1$kN/m^3$。

**B.0.5** 试验结果应填写试验记录，并应符合本规程附录 A 表 A.0.6 的要求。

## 附录 C 湿容重试验

**C.0.1** 仪器设备应包括下列内容：

1 发泡装置 1 套；

2 试验用搅拌机 1 台；

3 电子秤 1 台，最大量程 2000g，精度 1g；

4 塑料桶 1 个，容积 15L；

5 带刻度的不锈钢量杯 2 个，内径 108mm，净高 108mm，壁厚 2mm，容积 1L；

6 平口刀 1 把，刀长 150mm。

**C.0.2** 试验用料应采用新拌气泡混合轻质土，10L。

**C.0.3** 试样可采用下列方法制取：

**1** 现场取样：在泵送管出口处制取；

**2** 室内取样：在搅拌好的拌合物中制取。

**C.0.4** 湿容重试验应按下列步骤进行：

**1** 用水彩笔分别在量杯杯身外侧标明量杯 1、量杯 2；

**2** 应准备好电子秤，并应将其水平放置；

**3** 将量杯 1 平放于电子秤上，并应称取其量杯 1 质量 $m_0$；

**4** 用量杯 2 接取试样，并应将试样慢慢地倒入量杯 1 中；

**5** 当试样装满量杯 1 时，应用平口刀轻敲量杯 1 外壁，并应使试样充满整个量杯 1 中；

**6** 用平口刀慢慢地沿量杯 1 端口平面刮平试样；

**7** 将装满试样的量杯 1 平放于电子秤上，并应测得试样加量杯 1 的质量 $m_1$；

**8** 湿容重应按下式计算：

$$\gamma=\frac{10\times(m_1-m_0)}{v_0} \tag{C.0.4}$$

式中：$\gamma$——湿容重（kN/m³），精确至 0.1kN/m³；

$m_1$——试样加量杯 1 的质量（g），精确至 0.1g；

$m_0$——量杯 1 质量（g），精确至 0.1g；

$v_0$——量杯 1 体积（cm³），精确至 0.1cm³。

**9** 应重复 3～8 试验步骤，并应取 3 次试验结果的算术平均值为新拌气泡混合轻质土的湿容重；

**10** 湿容重试验应在每次取样后 5min 内完成。

**C.0.5** 试验结果应填写配合比设计报告，并应符合表 C.0.5 的要求。

**表 C.0.5 配合比设计报告表**

编号：

| 工程名称 | | | 分项工程名称 | | | | | 试验日期 | | | | |
|---|---|---|---|---|---|---|---|---|---|---|---|---|
| 施工单位 | | | 项目技术负责人 | | | | | 项目经理 | | | | |
| 项目试验人员 | | | 项目试验主管 | | | | | 见证人员 | | | | |
| 执行标准名称及编号 | | | | | | | | | | | | |
| 浇筑部位 | | | 设计湿容重 | | | 设计流动度 | | | 设计强度 | | | |
| 原材料 | 发泡剂 | | | | 水泥 | | | 细集料 | 掺合料 | | 外加剂 | |
| | 型号 | 厂家 | 稀释倍率 | 发泡倍率 | 种类 | 标号 | 厂家 | | 种类名称 | 掺量(%) | 种类名称 | 掺量(%) |
| | | | | | | | | | | | | |
| 试配配合比 | 编号 | 每立方原材料用量 | | | | | | 理论值 | | | | |
| | | 水泥(kg) | 细集料(kg) | 水(kg) | 气泡群(L) | 掺合料(kg) | 外加剂(kg) | 其他(kg) | 湿容重(kN/m³) | 流动度(mm) | | |
| | | | | | | | | | | | | |

续表 C.0.5

| 试配结果 | 流动度(mm) | | | | | | 湿容重(kN/m³) | | | | | |
|---|---|---|---|---|---|---|---|---|---|---|---|---|
| | 编号 | 实测值 | 平均值 | 编号 | 实测值 | 平均值 | 编号 | 实测值 | 平均值 | 编号 | 实测值 | 平均值 |
| | 1 | | | 4 | | | 1 | | | 4 | | |
| | 2 | | | 5 | | | 2 | | | 5 | | |
| | 3 | | | 6 | | | 3 | | | 6 | | |
| 设计配合比 | 水泥(kg/m³) | 细集料(kg/m³) | 水(kg/m³) | 气泡群(L/m³) | 掺合料(kg/m³) | 外加剂(kg/m³) | 其他(kg) | | | | | |
| | | | | | | | | | | | | |
| 施工单位检查结果 | 签名： 年 月 日 | | | | | | | | | | | |
| 监理（建设）单位检查意见 | 签名： 年 月 日 | | | | | | | | | | | |

## 附录 D 流动度试验

**D.0.1** 仪器设备应包括下列内容：

**1** 发泡装置 1 套；

**2** 试验用搅拌机 1 台；

**3** 黄铜或其他硬质材料空心圆筒 1 个，内径 80mm，净高 80mm，内壁光滑；

**4** 光滑硬塑料板 1 块，边长 400mm×400mm；

**5** 带刻度的不锈钢量杯 2 个，内径 108mm，净高 108mm，壁厚 2mm，容积 1L；

**6** 平口刀 1 把，刀长 150mm；

**7** 深度游标卡尺 1 把，精度 0.02mm；

**8** 秒表 1 块。

**D.0.2** 试验用料应采用新拌气泡混合轻质土，10L。

**D.0.3** 试样可采用下列方法制取：

**1** 现场取样：在泵送管出口处制取；

**2** 室内取样：在搅拌好的拌合物中制取。

**D.0.4** 流动性试验应按下列步骤（图 D.0.4）进行：

**1** 用水彩笔分别在量杯杯身外侧标明量杯 1、量杯 2；

**2** 应清洗并擦干仪器设备；

**3** 应将空心圆筒垂直竖于光滑硬质塑料板中间；

**4** 用量杯 1 接取试样，并应将试样倒入量杯

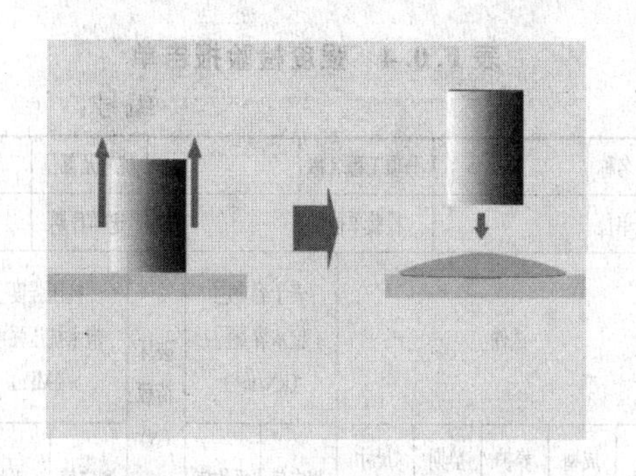

图 D.0.4　流动度测定示意图

2 中；

**5**　应慢慢地将量杯 2 中的试样倒入空心圆筒，并用平口刀轻敲空心圆筒外侧，使试样充满整个空心圆筒；

**6**　用平口刀慢慢地沿空心圆筒的端口平面刮平试样；

**7**　应慢慢地将空心圆筒垂直向上提起，并应使试样自然坍落；

**8**　静置 1min 时，应采用深度游标卡尺测得坍落体最大水平直径，即为试样的流动度；

**9**　应重复 2～8 试验步骤，并应取 3 次试验结果的算术平均值为新拌气泡混合轻质土的流动度。

**D.0.5**　试验结果应填写配合比设计报告，并应符合本规程附录 C 表 C.0.5 的要求。

## 附录 E　表干容重、饱水容重试验

**E.0.1**　仪器设备应包括下列内容：

**1**　钢模二组，规格 100mm×100mm×100mm；

**2**　电子秤 1 台，最大量程 2000g，精度 1g；

**3**　钢直尺 1 把，尺长 300mm，分度值 0.5mm；

**4**　饱水容重试验装置 1 套（图 E.0.1），压力容器容积 0.3m$^3$；

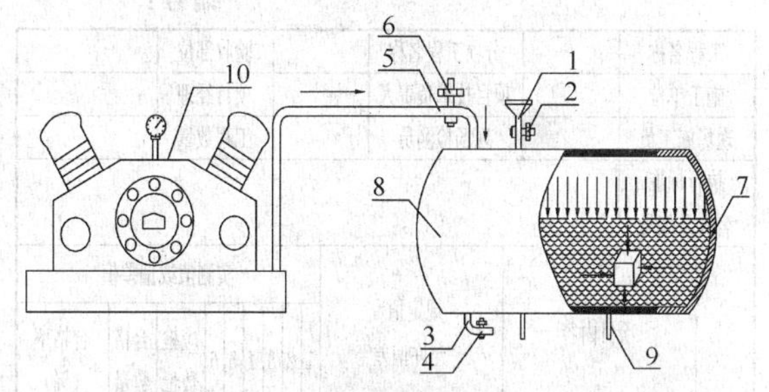


图 E.0.1　测定饱水容重试验装置

1—进水和排气口；2—进水和排气阀门；3—排水口；4—排水阀门；5—进气口；6—进气阀门；7—可开闭密封盖；8—静水压力容器；9—支座；10—空气压缩机

**5**　空气压缩机 1 台，含压力调节阀 1 个，排气量 0.36m$^3$/min。

**E.0.2**　标准试件制作应包括下列内容：

**1**　试件成型：在钢模内浇筑成型；

**2**　规格数量：100mm×100mm×100mm 的立方体试件，共二组，每组 3 块；

**3**　试件养护：试件由试模中拆出后，应按组放入塑料袋内密封养生 28d，养生温度应为 20℃±2℃。

**E.0.3**　表干容重试验应按下列步骤进行：

**1**　取标准试件一组，应分别量取试件的长度、宽度、高度；

**2**　应分别计算出 3 块标准试件的体积；

**3**　应分别称取 3 块标准试件的质量；

**4**　应分别按下式计算标准试件的表干容重；

$$\gamma_a = \frac{10m_a}{V_a} \qquad (E.0.3)$$

式中：$\gamma_a$——表干容重（kN/m$^3$），精确至 0.1kN/m$^3$；

$m_a$——标准试件的质量（g），并应精确至 0.1g；

$V_a$——标准试件的体积（cm$^3$），并应精确至 0.1cm$^3$。

**5**　应取 3 块试件表干容重的算术平均值作为气泡混合轻质土的表干容重。

**E.0.4**　饱水容重试验应按下列步骤进行：

**1**　接通电源，并应启动空气压缩机；

**2**　取标准试件一组，并应放入静水压力容器内；

**3**　往压力容器加水，应使其水位高出试件高度 100mm，合上密封盖，并应用螺钉拧紧；

**4**　应按试验规定的水头压力，调节好空气出口压力，并应打开进气阀门；

**5**　浸水 72h 后，应先关闭进气阀门、打开排气阀门，再打开排水阀门；

**6**　拧松螺钉并打开密封盖后，应从压力容器内取出试件，并应用湿布擦拭表面水分；

**7**　应分别量取标准试件长度、宽度、高度；

**8**　应分别计算出 3 块试件的体积；

**9**　应立即称取 3 块试件的质量；

**10**　应分别按下式计算出 3 块试件的饱水容重：

$$\gamma_s = \frac{10m_s}{V_s} \qquad (E.0.4)$$

式中：$\gamma_s$——饱水容重（kN/m$^3$），精确至 0.1kN/m$^3$；

$m_s$——标准试件的饱水质量（g），并应精确至 0.1g；

$V_s$——标准试件的饱水体积（cm$^3$），并应精确至 0.1cm$^3$。

**11**　应取 3 块试件饱水容重的算术平均值作为气泡混合轻质土的饱水容重。

**E.0.5**　试验结果应填写强度检验报告，并应符合本规程附录 F 表 F.0.4 的要求。

# 附录F　强度试验

**F.0.1**　仪器设备应包括下列内容：

1　材料试验机：除应符合现行国家标准《试验机通用技术要求》GB/T 2611中技术要求的规定外，精度不应低于±2%，量程的选择应能使试件的预期最大破坏荷载处在全量程的20%～80%范围内；

2　电子秤：最大量程2000g，精度1g；

3　钢直尺：尺长300mm，分度值为0.5mm。

**F.0.2**　标准试件制作应包括下列内容：

1　试件成型：在钢模内浇筑成型；

2　规格数量：100mm×100mm×100mm的立方体试件，共一组，每组3块；

3　试件养护：试件由试模中拆出后，应按组放入塑料袋内密封养生至28d，养生温度应为20℃±2℃。

**F.0.3**　强度试验应按下列步骤进行：

1　应检查每块试件外观，试件表面必须平整，不得有裂缝或明显缺陷；

2　应测量每块试件尺寸，并应计算试件的承压面积；

3　取1块试件放在材料试验机下压板的中心位置，试件承压面应与成型的顶面垂直；

4　开动材料试验机，当上压板与试件接近时，应确保试件接触均衡；

5　应以2kN/s速度连续均匀地加荷，直至试件破坏，并应记录破坏荷载；

6　应重复1～5的试验步骤，并应测定记录试件的承压面积、破坏荷载；

7　试件的抗压强度、饱水抗压强度应分别按下式计算：

$$q_u=\frac{P}{A} \qquad (F.0.3\text{-}1)$$

$$q_s=\frac{P}{A} \qquad (F.0.3\text{-}2)$$

式中：$q_u$——试件的抗压强度（MPa），精确至0.01MPa；

$q_s$——试件的饱水抗压强度（MPa），精确至0.01MPa；

$P$——试件的破坏荷载（N）；

$A$——试件的承压面积（$mm^2$）。

8　应取3块试件抗压强度、饱水抗压强度的算术平均值分别作为气泡混合轻质土的抗压强度、饱水抗压强度。

**F.0.4**　试验结果应填写强度检验报告，并应符合表F.0.4的要求。

**表F.0.4　强度检验报告单**

编号：

<table>
<tr><td>工程名称</td><td colspan="2"></td><td colspan="3">分项工程名称</td><td colspan="2"></td><td>桩号及部位</td><td></td></tr>
<tr><td>委托单位</td><td colspan="2"></td><td colspan="3">检验单位</td><td colspan="2"></td><td>送样日期</td><td></td></tr>
<tr><td colspan="5">试件</td><td colspan="2">表干容重□<br>饱水容重□<br>(kN/m³)</td><td rowspan="2">破坏荷载(N)</td><td colspan="2">抗压强度□<br>饱水抗压强度□<br>(MPa)</td></tr>
<tr><td>编号</td><td>成型日期</td><td>养护条件</td><td>龄期(d)</td><td>尺寸(mm)</td><td>测定值</td><td>平均值</td><td>测定值</td><td>平均值</td></tr>
<tr><td rowspan="3"></td><td rowspan="3"></td><td rowspan="3"></td><td rowspan="3"></td><td>长</td><td></td><td rowspan="3"></td><td rowspan="3"></td><td rowspan="3"></td><td rowspan="3"></td></tr>
<tr><td>宽</td><td></td></tr>
<tr><td>高</td><td></td></tr>
<tr><td rowspan="3"></td><td rowspan="3"></td><td rowspan="3"></td><td rowspan="3"></td><td>长</td><td></td><td rowspan="3"></td><td rowspan="3"></td><td rowspan="3"></td><td rowspan="3"></td></tr>
<tr><td>宽</td><td></td></tr>
<tr><td>高</td><td></td></tr>
<tr><td rowspan="3"></td><td rowspan="3"></td><td rowspan="3"></td><td rowspan="3"></td><td>长</td><td></td><td rowspan="3"></td><td rowspan="3"></td><td rowspan="3"></td><td rowspan="3"></td></tr>
<tr><td>宽</td><td></td></tr>
<tr><td>高</td><td></td></tr>
<tr><td colspan="3">施工配合比</td><td colspan="7"></td></tr>
<tr><td colspan="3">检验依据</td><td colspan="7"></td></tr>
<tr><td colspan="3">备注</td><td colspan="7"></td></tr>
<tr><td colspan="2">检验：</td><td colspan="2">记录：</td><td colspan="2">审核：</td><td colspan="2">批准：</td><td colspan="2">日期：</td></tr>
</table>

注：在对应检验内容□中打√。

# 附录G　质量检验验收记录

**G.0.1**　面板质量检验记录表见表G.0.1。

**表G.0.1　面板质量检验记录表**

编号：

<table>
<tr><td colspan="3">工程名称</td><td colspan="5">分项工程名称</td><td colspan="3">验收部位</td><td colspan="2"></td></tr>
<tr><td colspan="3">施工单位</td><td colspan="5">项目技术负责人</td><td colspan="3">项目经理</td><td colspan="2"></td></tr>
<tr><td colspan="3">现场施工员</td><td colspan="5">现场检测员</td><td colspan="3">工程数量</td><td colspan="2"></td></tr>
<tr><td colspan="3">执行标准名称及编号</td><td colspan="10"></td></tr>
<tr><td colspan="2" rowspan="2">序号</td><td rowspan="2">项目内容</td><td rowspan="2">规定值/允许偏差</td><td colspan="9">实测值或偏差值</td></tr>
<tr><td>1</td><td>2</td><td>3</td><td>4</td><td>5</td><td>6</td><td>应检数量</td><td>合格数量</td><td>合格率(%)</td></tr>
<tr><td rowspan="6">挡板预制</td><td>1</td><td>混凝土强度（MPa）</td><td>不小于设计值</td><td></td><td></td><td></td><td></td><td></td><td></td><td></td><td></td><td></td></tr>
<tr><td>2</td><td>边长（mm）</td><td>±0.5%</td><td></td><td></td><td></td><td></td><td></td><td></td><td></td><td></td><td></td></tr>
<tr><td>3</td><td>两对角线差（mm）</td><td>±0.7%</td><td></td><td></td><td></td><td></td><td></td><td></td><td></td><td></td><td></td></tr>
<tr><td>4</td><td>厚度（mm）</td><td>+5，−3</td><td></td><td></td><td></td><td></td><td></td><td></td><td></td><td></td><td></td></tr>
<tr><td>5</td><td>表面平整度（mm）</td><td>±0.3%</td><td></td><td></td><td></td><td></td><td></td><td></td><td></td><td></td><td></td></tr>
<tr><td>6</td><td>预制件位置（mm）</td><td>10</td><td></td><td></td><td></td><td></td><td></td><td></td><td></td><td></td><td></td></tr>
</table>

表 G.0.1

| 序号 | | 项目内容 | 规定值/允许偏差 | 实测值或偏差值 1 | 2 | 3 | 4 | 5 | 6 | 应检数量 | 合格数量 | 合格率（%） |
|---|---|---|---|---|---|---|---|---|---|---|---|---|
| 面板施工 | 1 | 基础混凝土强度(MPa) | 不小于设计值 | | | | | | | | | |
| | 2 | 基础断面尺寸（mm） | 不小于设计值 | | | | | | | | | |
| | 3 | 面板顶高程（mm） | ±50 | | | | | | | | | |
| | 4 | 轴线偏位（mm） | 50 | | | | | | | | | |
| | 5 | 挡板垂直度或坡度 | −0.5% | | | | | | | | | |
| 施工单位检查结果 | | 签名：　年　月　日 | | | | | | | | | | |
| 监理(建设)单位检查意见 | | 签名：　年　月　日 | | | | | | | | | | |

**G.0.2** 浇筑质量检验记录表见表 G.0.2。

**表 G.0.2　浇筑质量检验记录表**

编号：

| 工程名称 | | 分项工程名称 | | 验收部位 | | | |
|---|---|---|---|---|---|---|---|
| 施工单位 | | 项目技术负责人 | | 项目经理 | | | |
| 现场施工员 | | 现场检测员 | | 工程数量 | | | |
| 执行标准名称及编号 | | | | | | | |
| 施工配合比 | 气泡群密度（kg/m³） | | 设计湿容重（kN/m³） | | 天气 / 气温 | | 施工日期 |
| 序号 | 浇筑桩号 | 浇筑层序 | 浇筑时间 | 浇筑层底标高（m） | 平均浇筑厚度（m） | 浇筑方量（m³） | 检查记录：湿容重（kN/m³） / 流动度（mm） |
| 1 | | | | | | | |
| 2 | | | | | | | |
| 3 | | | | | | | |
| 4 | | | | | | | |
| 5 | | | | | | | |
| 6 | | | | | | | |
| 7 | | | | | | | |
| 8 | | | | | | | |
| 试样制取 | 组数 / 编号 / 制取部位 | 湿容重（kN/m³） | | 流动度（mm） | | | |
| 施工单位检查结果 | 签名：　年　月　日 | | | | | | |
| 监理（建设）单位检查意见 | 签名：　年　月　日 | | | | | | |

**G.0.3** 检验批质量评定表见表 G.0.3。

**表 G.0.3　检验批质量评定表**

编号：

| 工程名称 | | 分项工程名称 | | 验收部位 | | | | | | | | | |
|---|---|---|---|---|---|---|---|---|---|---|---|---|---|
| 施工单位 | | 项目技术负责人 | | 项目经理 | | | | | | | | | |
| 现场施工员 | | 现场检测员 | | 工程数量 | | | | | | | | | |
| 执行标准名称及编号 | | | | | | | | | | | | | |
| | 序号 | 项目内容 | | 规定值/允许偏差 | 实测值或偏差值 1 | 2 | 3 | 4 | 5 | 6 | 应检数量 | 合格数量 | 合格率（%） |
| 主控项目 | 1 | 表干容重（kN/m³） | 底层 | 符合表 7.2.6 的规定 | | | | | | | | | |
| | | | 顶层 | | | | | | | | | | |
| | | 饱水容重（kN/m³） | | | | | | | | | | | |
| | 2 | 抗压强度（MPa） | 底层 | 符合表 3.2.2 的规定 | | | | | | | | | |
| | | | 顶层 | | | | | | | | | | |
| | | 饱水抗压强度（MPa） | | | | | | | | | | | |
| 一般项目 | 1 | 外观质量检验 | | 符合第 7.2.7 条第 1 款的规定 | | | | | | | | | |
| | 2 | 质量保证资料 | | 符合第 7.3.2 条的规定 | | | | | | | | | |
| 实测项目 | 3 | 顶面高程（mm） | | 道路工程 +50，−30；建筑工程 ±50 | | | | | | | | | |
| | 4 | 厚度（mm） | | —；±100 | | | | | | | | | |
| | 5 | 轴线偏位（mm） | | 50 | | | | | | | | | |
| | 6 | 宽度（mm） | | 不小于设计 | | | | | | | | | |
| | 7 | 底面高程（mm） | | 石质 +50，−200；土质 ±50 | | | | | | | | | |
| 施工单位检验结果 | | | | 签名：　年　月　日 | | | | | | | | | |
| 监理（建设）单位验收意见 | | | | 签名：　年　月　日 | | | | | | | | | |

注：对单个构造单元内存在不同表干容重和抗压强度时，可在表中按填筑部位从底层到顶层分行填写。

## 本规程用词说明

**1**　为了便于在执行本规程条文时区别对待，对要求严格程度不同的用词说明如下：

1）表示很严格，非这样做不可的用词：
正面词采用“必须”，反面词采用“严禁”；

2）表示严格，在正常情况下均应这样做的用词：
正面词采用“应”，反面词采用“不应”或“不得”；

3）表示允许稍有选择，在条件许可时首先这样做的用词：

正面词采用“宜”，反面词采用“不宜”；

4）表示有选择，在一定条件下可以这样做的用词，采用“可”。

2 规程中指定应按其他有关标准执行时的写法为：“应符合……的规定”或“应按……执行”。

## 引用标准名录

1 《普通混凝土力学性能试验方法标准》GB/T 50081

2 《通用硅酸盐水泥》GB 175

3 《试验机通用技术要求》GB/T 2611

4 《蒸压加气混凝土性能试验方法》GB/T 11969

5 《硫铝酸盐水泥》GB 20472

6 《混凝土用水标准》JGJ 63

7 《城镇道路工程施工与质量验收规范》CJJ 1

8 《公路路基设计规范》JTG D 30

9 《混凝土试验用搅拌机》JG 244

中华人民共和国行业标准

# 气泡混合轻质土填筑工程技术规程

CJJ/T 177—2012

## 条　文　说　明

# 制 定 说 明

《气泡混合轻质土填筑工程技术规程》CJJ/T 177-2012，经住房和城乡建设部2012年1月11日以第1247号公告批准、发布。

本规程制订过程中，编制组进行了广泛的调查研究，总结了气泡混合轻质土在我国工程建设中的道路工程、建筑工程等领域填筑工程的实践经验，同时参考了日本道路公团《FCB工法设计施工指南》有关资料，通过多项室内外试验，取得了有关气泡混合轻质土用于填筑道路、建筑等领域工程的重要技术参数。

为便于广大设计、施工、科研院校等单位有关人员在使用本标准时能正确理解和执行条文规定，《气泡混合轻质土填筑工程技术规程》编制组按章、节、条顺序编制了本规程的条文说明，对条文规定的目的、依据以及执行中需注意的有关事项进行了说明。但是，本条文说明不具备与规程正文同等的法律效力，仅供使用者作为理解和把握规程规定的参考。

# 目　次

# 1 总 则

**1.0.1** 气泡混合轻质土是一种新型微孔类轻质环保材料，具有轻质性、自立性、自密性、容重和强度可调节性、施工便捷性、保温隔热性等特点，可广泛用于软基路堤、加宽路堤、陡坡路堤、寒区冻胀路堤、结构顶减荷、桥台台背回填、预埋管线回填、空洞充填、塌方快速抢险及各类管线保温隔热等领域填筑工程。

为使设计、施工、监理和建设等人员使用该技术有章可循，保证填筑工程质量，特制定《气泡混合轻质土填筑工程技术规程》（以下简称"规程"）。本规程以编写单位现有的科研成果、试验总结和工程实例为基础进行编制，同时参考了日本道路公团《FCB工法设计施工指南》等有关资料。

# 2 术语和符号

## 2.1 术 语

**2.1.1** 本条文阐述了气泡混合轻质土的概念。处于流体状态下的拌合物称为新拌气泡混合轻质土，由新拌气泡混合轻质土现浇硬化成型的块状体简称填筑体。

条文中的可选添加材料包括细集料、掺合料及外加剂，添加材料可根据目标性能和经济指标进行选用。如在粉煤灰、尾矿粉、石粉、粉砂丰富且价格便宜地区，可将其作为添加材料掺入使用；当需要高强度时，可掺入细砂及其他掺合料；用于计算水位以下部位填筑时，可掺入防水剂等材料。

**2.1.4** 本条文中的发泡剂是一种经加水稀释后，通过引入空气后能产生独立、稳定、微细、均匀气泡群的表面活性材料，产生的气泡群与水泥基浆料混合后，具有良好的流动性、轻质性和稳定性，并形成一定的强度。不同厂家生产的发泡剂，其稀释倍率、发泡倍率均会有所不同，使用时应按厂商规定的倍率进行稀释、发泡。

**2.1.8** 条文中的标准气泡群是指配制气泡混合轻质土的最佳气泡群，其密度应满足 50kg/m³±2kg/m³ 要求。标准气泡柱是指将标准气泡群灌入内径为 108mm、高度为 108mm，容积为 1L 的容器，所形成的圆柱体标准气泡群。在配制气泡混合轻质土前，应先称量气泡群密度，使其在允许的偏差范围内，试验方法见本规程附录 A。

**2.1.9** 流动度是指新拌气泡混合轻质土在自重作用下坍落形成的最大水平直径，流动度一般采用圆筒法测得，其试验方法见本规程附录 D。

**2.1.10** 本规程所提到的湿容重即湿容重标准值或设计容重，其试验方法见附录 C。

**2.1.11～2.1.14** 条文中的标准试件是指边长为 100mm 的立方体试件，在 20℃±2℃条件下，采用塑料薄膜密封养生 28d 龄期。

条文中的干容重、饱水容重、抗压强度及饱水抗压强度均是按本规程附录的相关试验方法测得。饱水容重、饱水抗压强度是标准试件经吸水 72h 测得的容重、抗压强度，其试验方法分别见本规程附录 E、附录 F。

## 2.2 符 号

本规程的符号编写符合《标准编写规则 第 2 部分：符号》GB/T 20001.2 的规定。一般情况下，$q_u$ 为 28d 龄期的抗压强度，$\gamma_s$、$q_s$ 分别是在零水头压力条件下，测得气泡混合轻质土的饱水容重、饱水抗压强度，如有规定水头压力条件下测得的饱水容重、饱水抗压强度，则在符号后面加水头压力数值，如 5m 水头压力测得的饱水容重和饱水抗压强度分别写成 $\gamma_{s05}$、$q_{s05}$。

# 3 材料及性能

## 3.1 原 材 料

**3.1.1** 水泥是制作气泡混合轻质土的主要原材料。在工程应用中，一般采用通用硅酸盐水泥。当有快硬要求和其他用途时，可选用快硬水泥或特殊水泥。一般情况下，建议选用 42.5 级及以上的水泥，当采用 32.5 级的水泥时，使用前应进行配合比试验。

**3.1.2** 条文中的水包括拌合用水、稀释用水。水的选用一般以不影响气泡混合轻质土强度和耐久性为原则，可采用饮用水、自来水、河水、湖泊水和鱼塘水，不宜采用油污水、海水、含泥量大的水。

**3.1.3** 发泡剂是制作气泡混合轻质土的关键材料，发泡剂的种类和质量好坏直接影响到气泡混合轻质土的品质。目前，市场上的发泡剂主要有表面活性系列、蛋白质系列及树脂肥皂系列三种，前面两种应用较多。其中，表面活性剂类发泡剂效果较好。但是，每个厂家生产的发泡剂质量相差非常大，稀释倍率、发泡倍率也差别很远，这也就是微孔类轻质材料品质差异的关键所在。

质量好的发泡剂经稀释发泡产生的气泡群具有液膜坚韧、细微均匀、互不连通等特性，不易在浆体挤压下破灭或过度变形，保证了气泡混合轻质土不离析分层。

沉降距是测定标准气泡群在大气中静置 1h 的沉陷距离，泌水量是测定标准气泡群在大气中静置 1h 所分泌出的水量，其试验方法见本规程附录 A。条文中规定的数值是在满足配制气泡混合轻质土品质要求前提下，综合国内常用发泡剂种类，经过多次试验后总结得出的，具有一定代表性。

**3.1.4** 条文中规定添加材料的粒径不宜大于4.75mm是指方孔筛直径，含泥量不宜大于15%，如超过时应通过试验确定。

**3.1.5** 条文中原材料检验主要是原材料自身质量检验和原材料之间的适应性检验。为保证填筑工程质量，条文中规定了气泡群静置1h消泡后的湿容重增加值，该值为编写单位采用国内常用发泡剂，经过多次试验总结得出，具有一定代表性，其试验方法见本规程附录B。如超出该规定值时，则可认为发泡剂质量不合格或原材料中的某种材料与发泡剂不适应。

### 3.2 性　　能

**3.2.1** 施工过程中，湿容重因环境变化产生细微变化。湿容重越轻，气泡含有量越多，在同等体积条件下，湿容重变化率越大，反之，湿容重变化率则越小。根据以往施工经验和试验数据，湿容重允许偏差宜统一按±0.5kN/m³ 控制，每等级湿容重的允许偏差范围见条文中表3.2.1。同时，气泡群用量越多，其容重等级越小，抗压强度越低。为保证设计同时满足容重等级和强度等级要求，设计时容重等级和强度等级可参考表1选取。

表1　容重等级与强度等级参考对应表

| 容重等级 | 湿容重 γ（kN/m³） | 参考对应强度等级 |
|---|---|---|
| W3 | 3.0 | CF0.3～CF0.5 |
| W4 | 4.0 | CF0.4～CF0.7 |
| W5 | 5.0 | CF0.6～CF0.8 |
| W6 | 6.0 | CF0.8～CF1.5 |
| W7 | 7.0 | CF1.2～CF4.0 |
| W8 | 8.0 | CF1.5～CF6.0 |
| W9 | 9.0 | CF1.5～CF8.0 |
| W10 | 10.0 | CF1.5～CF9.0 |
| W11 | 11.0 | CF1.5～CF12.0 |
| W12 | 12.0 | CF1.5～CF14.0 |
| W13 | 13.0 | CF1.5～CF16.0 |
| W14 | 14.0 | CF1.5～CF20.0 |
| W15 | 15.0 | CF1.5～CF25.0 |

**3.2.2** 气泡混合轻质土试件尺寸是参照国外相关标准和现行国家标准《蒸压加气混凝土性能试验方法》GB/T 11969的规定执行，其抗压强度标准值为标准试件100mm×100mm×100mm的立方体，在20℃±2℃条件下，采用塑料薄膜密封养生至28d龄期，按标准试验方法测得的无侧限抗压强度值。

为区别普通混凝土强度等级符号，条文中规定的强度等级采用符号CF与抗压强度标准值来表示，抗压强度标准值即为此强度等级的规定值。抗压强度的每块最小值是按抗压强度标准值的85%取值，每组平均值按抗压强度标准值取值。其中，按3块试件为一组试件，条文提到的每组平均值即为3块试件抗压强度的算术平均值。

## 4　设　　计

### 4.1　一 般 规 定

**4.1.1** 本条文明确了设计原则。因气泡混合轻质土含有大量气泡群，其性能与普通水泥砂浆、水泥混凝土差异较大。同时，其填筑体具有类似挡土墙结构的特点，与一般填料形成的构筑物有较大的差异。因此，本条规定“安全性、适用性和经济性”三大设计原则。

1）安全性除体现在强度、填筑体的抗滑抗倾覆稳定性和包括地基在内的整体稳定性等要求外，还体现了耐久性的要求，耐久性是指使用期间在循环加载、干湿循环、冻融循环、长期暴露等条件下气泡混合轻质土的性能指标不会明显衰减。

由气泡混合轻质土耐久性试验的图1（交通运输部公路科学研究所检测）可以看出：当离路面顶面的厚度大于25cm时，汽车等外部荷载所引起的附加应力不超过总应力的1/5（0.14MPa），气泡混合轻质土强度取疲劳试验强度均值0.88MPa，则应力比 $Y=0.16$。按95%保证率下的疲劳方程，此应力比下的疲劳寿命 $N\approx10^{29}$ 次。显然，对于公路工程的使用年限来说，是完全够的。

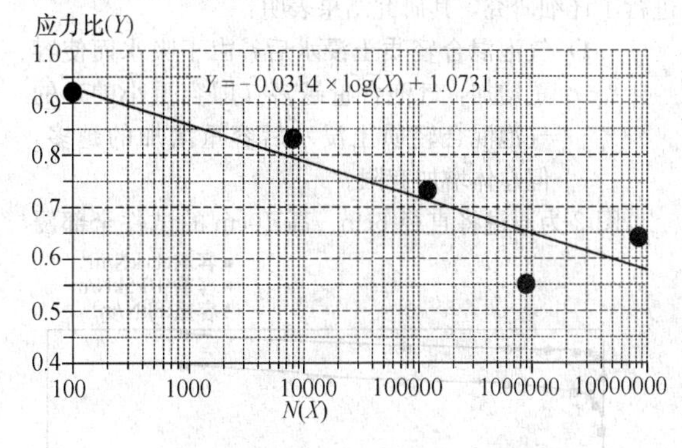


图1　气泡混合轻质土耐久性试验

2）适用性体现在气泡混合轻质土的用途上。气泡混合轻质土的主要优势在于轻质性、自密性、自立性和良好施工性，适合于需要减少荷重或土压力的软基路堤、直立加宽路堤、高陡路堤、桥梁减跨、结构物背面及地下管线、狭小空间、采空区、岩溶区等填筑工程。

3）经济性体现在气泡混合轻质土的容重、强度和良好施工性。设计时，应选择经济合理的容重等级和强度等级。

**4.1.2** 条文中给出了气泡混合轻质土最主要的两项设计目标。除条文给出的两项设计目标外，还具有保温隔热、减少占地的作用。

## 4.2 性 能 设 计

**4.2.1** 用于路基填筑时，《公路路基设计规范》JTG D 30 对不同部位规定了相应的最小强度要求。本条文是根据日本道路公团《FCB工法设计施工指南》和主编单位的试验成果，*CBR* 与抗压强度 $q_u$ 存在一定的比例关系 $\left(q_u=\frac{100CBR}{3.5}\right)$，并考虑安全系数 $F_s$，提出了用于填筑时不同填筑部位路基的最小抗压强度要求。

一般情况下，用于路基填筑是为了减少荷重或土压力，本条规定了用于路基填筑的最小强度等级和最小容重等级。

大部分工况是要求气泡混合轻质土从下至上填筑至路面底部，用于路基填筑的一般断面设计如本规程表 4.3.1 所示。填筑体顶部与路面间有其他填筑材料时，建议最小强度等级不应低于 CF0.6。

**4.2.2** 用于计算水位以上部位的填筑时，气泡混合轻质土的容重等级、强度等级按工程要求确定。但对于临河、鱼塘、地下水位高的浸水地区，气泡混合轻质土常用于计算水位以下部位的填筑。本条文提出的用于计算水位以下部位填筑的最小容重等级和最小强度等级是考虑到填筑体的抗浮要求，表中计算水位指设计水位（计入壅水、浪高）加安全高度。

主编单位针对长期吸水对容重和抗压强度的影响进行了详细研究，其研究结果表明：

1）气泡混合轻质土浸水后，由于吸水而使容重增加，气泡含量越多（即容重小的）的气泡混合轻质土浸水后容重增加的越多，但总体增加有限。

图 2 为通过将直径 5cm、高 10cm 的试件全部浸

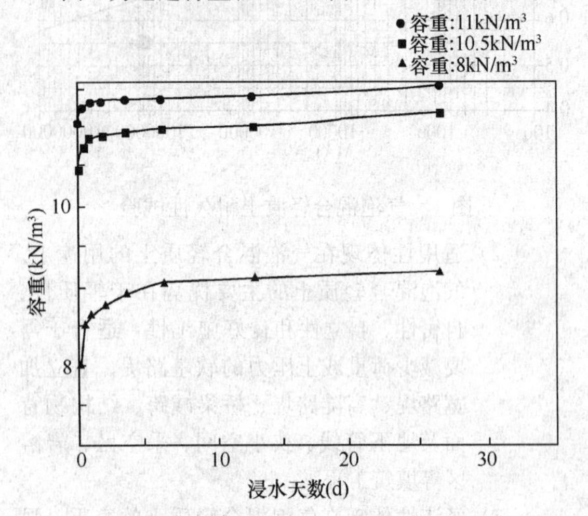


图 2 不同容重下浸水天数与容重的变化关系

入水中进行试验的结果。图 3 为长期浸水试验结果，浸水深度分为 0m 和 2m（从试件顶面算起）两种情况，显然浸水 2m 的试件，其容重增加的比例大于浸水 0m 的。

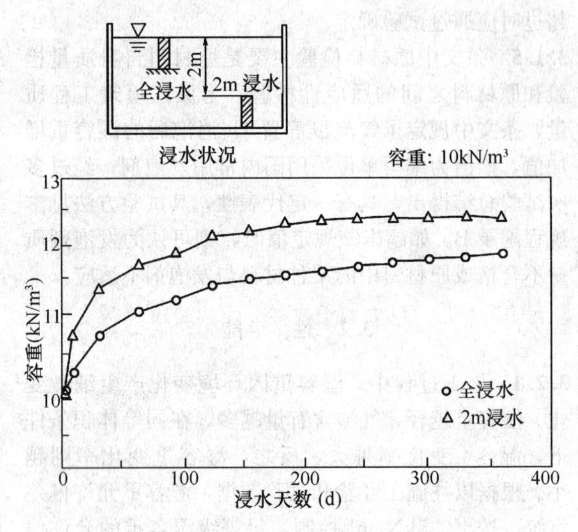


图 3 同一容重下长期浸水天数与容重的关系

2）气泡混合轻质土的使用条件，一般都存在吸水干燥反复出现的情况。图 4 表明试体浸水期间，抗压强度不但没有显著下降的趋势，反而随龄期的增长而增长。图 5 为气泡混合轻质土干湿循环试验结果，从试验结果可以看出：第 1 个周期时强度下降比较明显，但以后还有上升趋势，这种现象是由于试件的强度随着龄期的增长而增大，且增加的强度大于因干湿循环而损失的强度所产生的。

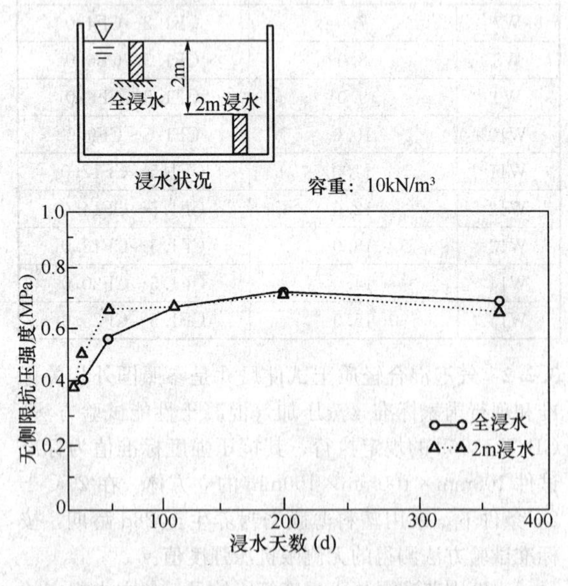


图 4 浸水天数与无侧限抗压强度的关系

因此，设计时应考虑浸水对容重的影响，在计算水位以下部位填筑时，容重等级应适当提高。但也需

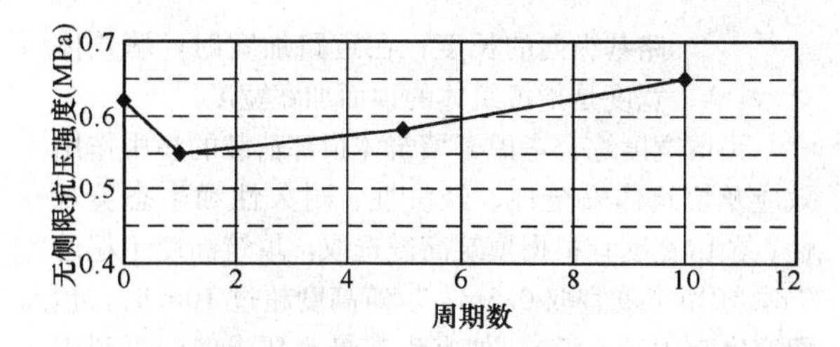


图5 干湿循环试验无侧限抗压强度变化曲线

强调一点，气泡混合轻质土中虽然含有大量的气泡群，但气泡群是分散独立的，且气泡膜具有强韧性、不通水性。因此，气泡混合轻质土吸水量是有限的。抗压强度受浸水影响很小，但从长期使用上看，强度仍会有一定的损失，本条文提出了用于计算水位以下部位填筑时的最小强度等级。

**4.2.3** 如无减少荷重或土压力和强度要求时，空洞填充、管线回填等领域工程的性能指标按填充饱满、经济性、施工性原则进行设计。一般情况下，最小强度等级可取 CF0.3，最小容重等级可取 W3。同时，为便于施工和充填饱满，流动度可按 180mm～200mm 控制。

另外，当用于结构物背面、隧道空洞等注浆工程时，则需采用塑化型气泡混合轻质土，相关技术可咨询主编单位。

**4.2.4** 因工程要求需明确抗冻性指标时，可根据现行国家标准《蒸压加气混凝土性能试验方法》GB/T 11969，通过试验确定相关指标。目前，主编单位进行了多次冻融循环试验，试验结果如下：

1 试验1

对设计容重为 6kN/m³ 的气泡混合轻质土进行了冻融循环试验。

试验条件：将达到 28d 龄期的试件，在－24℃放置 24h，然后在 20℃放置 24h，为1周期。分别在1、5、10周期对试件的无侧限抗压强度进行检测，试验结果见图6。

从试验结果可以看出，冻融循环后强度有所下降，但下降量不大。

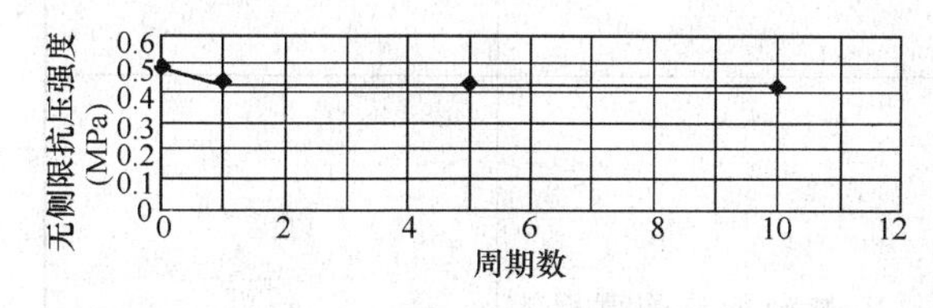


图6 冻融循环试验结果

2 试验2

本试验为快速冻融试验：试验温度－18℃～＋5℃；配合比，水泥：砂＝1：1，湿容重 10kN/m³；混合剂氯化钙 3%。试验时，试件在水中浸渍 48h 成饱和状态，然后进行冻融试验。

试件尺寸：76.2mm×76.2mm×406.4mm，试件成型后在 20℃、湿度 95%的室内养生 4h 后，接着在 20℃、湿度 55%的室内空气中进行养生到试验开始为止。

试验结果见表2。从动弹性模量比和容重损失两项指标来看，气泡混合轻质土有较好的抗冻融性能。

**表2 冻融试验结果表**

| 试件编号 | 项目 \ 周期数 | 0 | 23 | 55 | 94 | 146 | 191 | 219 | 245 |
|---|---|---|---|---|---|---|---|---|---|
| 1 | 动弹性模量($10^3$) | 481 | 442 | 442 | 417 | 418 | 416 | 403 | 396 |
| | 动弹性模量比(%) | 100 | 92 | 92 | 87 | 87 | 87 | 84 | 82 |
| | 试件质量(g) | 2335 | 2385 | 2387 | 2395 | 2400 | 2390 | 2365 | 2325 |
| | 试件重量比(%) | 100 | 102 | 102 | 102 | 103 | 102 | 101 | 100 |
| 2 | 动弹性模量($10^3$) | 528 | 500 | 513 | 481 | 478 | 486 | 486 | 480 |
| | 动弹性模量比(%) | 100 | 95 | 97 | 91 | 91 | 92 | 92 | 91 |
| | 试件质量(g) | 2565 | 2620 | 2635 | 2635 | 2620 | 2590 | 2545 | 2505 |
| | 试件重量比(%) | 100 | 102 | 103 | 103 | 102 | 101 | 99 | 98 |
| 3 | 动弹性模量($10^3$) | 450 | 414 | 414 | 414 | 390 | 403 | 390 | 378 |
| | 动弹性模量比(%) | 100 | 92 | 92 | 92 | 87 | 89 | 87 | 84 |
| | 试件质量(g) | 2465 | 2525 | 2545 | 2545 | 2525 | 2435 | 2380 | 2300 |
| | 试件重量比(%) | 100 | 102 | 103 | 103 | 102 | 99 | 96 | 93 |

由上可以看出，在冻融条件下，其容重和强度基本没有变化。但考虑填筑体的长期耐久性，抗冻性指标可按本条文的规定设计。如无试验资料时，可按容重损失率不大于10%、抗压强度损失率不小于15%的要求进行设计。

**4.2.5** 本条文提出的弹性模量与抗压强度关系式是基于主编单位经试验统计回归分析获得的，回归分析曲线见图7。

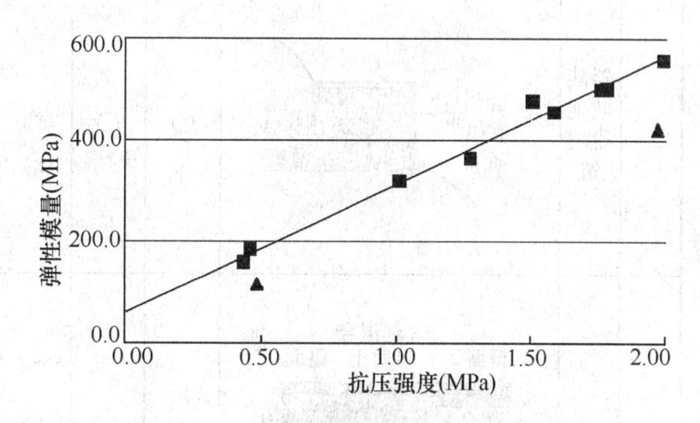


图7 弹性模量与抗压强度的关系

（注：图中直线为 $E_c=251q_u+61$）

根据试验结果，气泡混合轻质土的抗压强度与弹性模量具有较好的线性关系。

## 4.3 结构设计

**4.3.1** 本条文对气泡混合轻质土的断面设计和衔接设计基本原则作了阐述。

**1）** 规定填筑体的底面宽度不小于 2m，是基于填筑体的整体稳定要求考虑的。

**2）** 规定填筑体的最小填筑厚度、最大填筑高度。

最小填筑厚度不小于 0.5m 是基于以下两点考虑的：① 填筑体厚度小于 0.5m 时容易引起断裂，应用效果不明显；② 气泡混合轻质土的经济性。

最大填筑高度不超过 15m 是基于经济性、安全性考虑，如填筑高度超过此范围时，应与其他工程方案进行经济与技术比较后采用。

**3）** 条文中的符号 $B$ 是指填筑体顶面宽度，在桥台台背填筑时，填筑体顶面宽度是指沿路基纵向的长度；在道路加宽时，填筑体宽度是指填筑体的顶面加宽宽度。

预留宽度综合考虑了填筑体顶部荷载的集中作用效应及填筑体安全性、经济性、耐久性和生态美观性。预留宽度宜根据填筑高度选取，填筑高度不超过 6m，预留宽度宜取 0.3m；填筑高度超过 10m 时，预留宽度宜大于 0.5m。如有生态景观要求时，可利用预留宽度进行绿化设计。

**4）** 本条文给出了一般断面设计，如表 3 所示。针对不同的工程要求，气泡混合轻质土的结构设计有所不同，设计可根据地形、地质情况和工程要求等综合考虑。

**表 3　一般断面设计图**

| 用途 | 设计类型 | 一般断面图 | 应用特性 | | | 应用目的及效果 | 主要设计内容 |
|---|---|---|---|---|---|---|---|
| | | | 轻质 | 流动 | 自立 | | |
| 减少荷重 | 软土地基或道路加宽 | 房屋 扩宽部 路面 填土路基 软弱地基 气泡混合轻质土 | ◎ | ○ | ◎ | 1 可垂直填筑，减少拆迁、节省土地；<br>2 可减少荷重，减少差异沉降；<br>3 减少软土地基处理费用；<br>4 缩短施工工期 | 1 容重等级；<br>2 强度等级；<br>3 滑动、倾覆、抗浮等验算；<br>4 附属工程设施 |
| | 滑坡地段填筑 | 路面 气泡混合轻质土 山体 滑动土块 滑动面 | ◎ | ○ | ◎ | 1 减少填筑体的下滑力，提高抗滑稳定性；<br>2 简化抗滑处理；<br>3 保持原有地貌；<br>4 缩短施工工期 | 1 容重等级；<br>2 强度等级；<br>3 滑动、倾覆、抗浮等验算；<br>4 附属工程设施；<br>5 滑坡加固处理 |
| | 斜陡坡地段填筑 | 路面 气泡混合轻质土 山体 抗滑桩 | ○ | ○ | ◎ | 1 减少填筑体的下滑力，提高抗滑稳定性；<br>2 简化挡土结构；<br>3 保持原有地貌；<br>4 缩短施工工期 | 1 容重等级；<br>2 强度等级；<br>3 滑动、倾覆、抗浮等验算；<br>4 附属工程设施 |
| 减轻土压力 | 减轻构造物土压 | 气泡混合轻质土 桥面 路面 桥台 填土路基 桩基 软基 | ○ | ○ | ◎ | 1 减轻构造物背面土压力；<br>2 减轻构造物侧面土压力；<br>3 减少差异沉降；<br>4 缩短施工工期 | 1 容重等级；<br>2 强度等级；<br>3 滑动、倾覆、抗浮等验算；<br>4 附属工程设施 |
| | | 新铺道路 气泡混合轻质土 旧土层 结构 | ◎ | ○ | ○ | | |

续表 3

| 用途 | 设计类型 | 一般断面图 | 应用特性 | | | 应用目的及效果 | 主要设计内容 |
|---|---|---|---|---|---|---|---|
| | | | 轻质 | 流动 | 自立 | | |
| 人工山体 | 隧道坑口 | 气泡混合轻质土<br>山体<br>隧道口 | ○ | ◎ | ○ | 1 减轻隧道坑口的土压力；<br>2 保持原有地貌；<br>3 防止坑口坍塌；<br>4 施工简单、安全 | 1 容重等级；<br>2 强度等级；<br>3 内部稳定性；<br>4 隧道土压力计算 |
| 狭小空间充填 | 空洞充填 | 桥头搭板<br>空洞内填充气泡混合轻质土<br>桥台<br>填土<br>基础桩<br>软基 | | ◎ | | 1 减少地震作用；<br>2 减少差异沉降；<br>3 施工方便、快捷 | 1 容重等级；<br>2 强度等级；<br>3 流动性等 |

注：表中○、◎分别表示好、很好。

**4.3.2** 当填筑高度不超过 2m 时，衔接面可不设置台阶；当填筑高度超过 2m 时，衔接面宜设置台阶过渡，台阶宽度不宜小于 0.5m，以便对台阶或基底进行压实作业，并使填筑体与填土或自然坡体结合更紧密、牢靠。衔接面的坡度视工程需要和地形等确定，一般情况不宜陡于 1∶1；用于加宽路堤填筑时，不宜陡于 1∶0.5，并严禁反坡。

**4.3.3** 由于气泡混合轻质土填筑是采用自流平施工，其成型面是水平的，因此当填筑体顶面有坡度要求时，则需要在填筑体顶层通过设置台阶来实现。其台阶按下图设置，台阶部位一般采用路面基层或底基层材料调平，如图 8 所示。

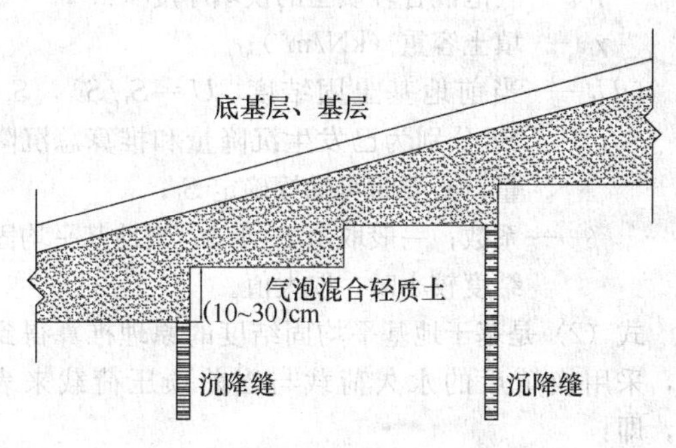


图 8　坡度调平设计参考图

## 4.4　附属工程设计

**4.4.1** 面板作为气泡混合轻质土的主要附属工程，设置在气泡混合轻质土外侧面。一般工程中，面板主要由水泥混凝土预制挡板、轻质砖、空心砖或装饰类砌块等砌筑而成，当面板采用水泥混凝土预制挡板砌筑时，面板可由基础、挡板、拉筋及立柱等设施组成，起施工外模、外侧面装饰及使用阶段保护的作用。

面板应选择合适的构造材料和断面尺寸，确保填筑安全、可靠耐久。本条文说明根据以往施工经验给出了目前常采用的水泥混凝土预制挡板砌筑的面板设计参考图，如图 9 所示，其他轻质砖、空心砖或装饰类砌块砌筑的面板可根据验算后进行设计。

**1** 基础的断面尺寸，以固定立柱和挡板为原则。一般采用 90cm×30cm（宽度×高度）。为避免不均匀

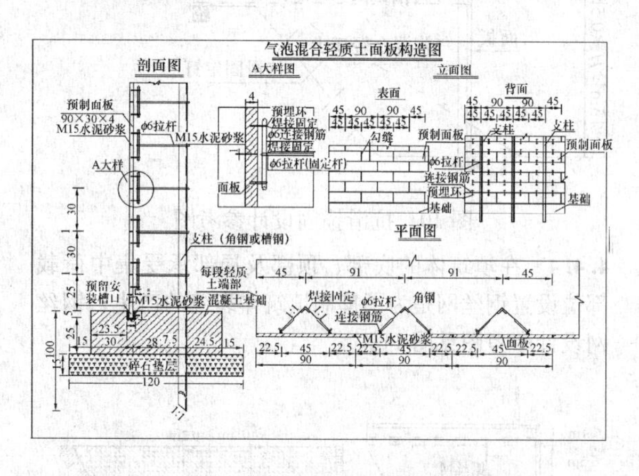


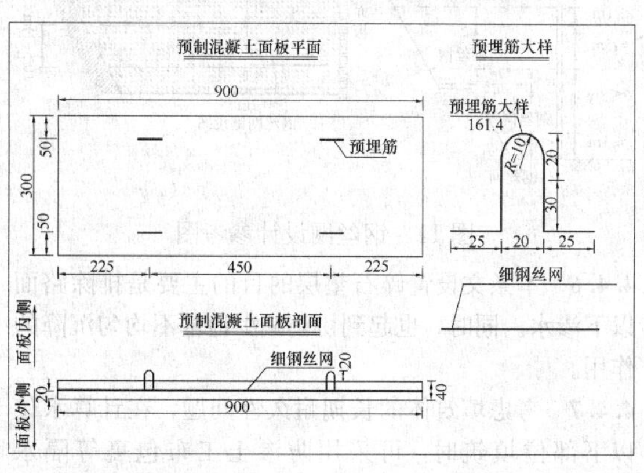


图 9　面板设计参考图（图中尺寸：cm）

沉降导致基础开裂，面板的基础及挡板可按 10m～15m 间距设置沉降缝。施工时，为保持与填筑体的协调性，其间距可与填筑体沉降缝一致。

**2** 在实际工程设计中，挡板采用水泥混凝土预制时，需配细钢丝网现浇，钢丝直径不宜小于 1.0mm。挡板的断面尺寸以便于施工为原则，一般可选用 900mm×300mm×40mm（长度×宽度×厚度）。在一些景观要求较高的市政、城镇道路，可采用其他装饰类砌块。

**3** 立柱除采用条文规定的等边角钢外，还可采用钢管。立柱尺寸可根据填筑高度进行选用。当填筑高度小于 5m 时，角钢边宽宜为 50mm；填筑高度大于 5m 时，角钢边宽宜为 70mm。

**4.4.2** 条文中的填筑体长度是指沿路基纵向的长度大小。

**4.4.3** 抗滑锚固设施的作用是增强填筑体与衔接体的联结，以提高其抗滑动性能。根据相关规范和以往施工经验，锚固件长度一般为 1.5m～2.0m，其垂直打入既有坡面或陡坡体的深度不宜小于 1m，具体长度由工程综合确定，抗滑锚固设计参考图见图 10。

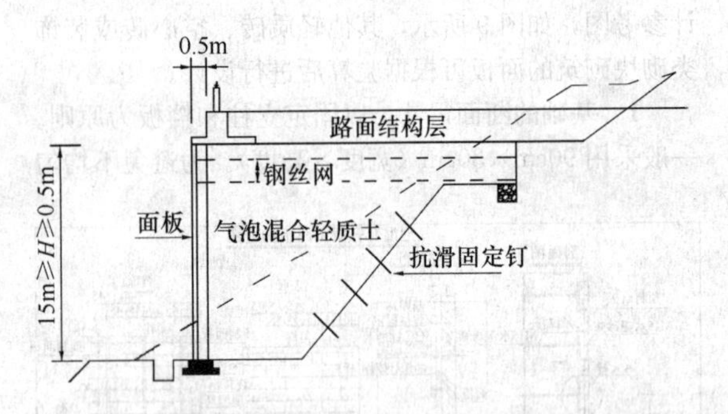


图 10　抗滑锚固设计参考图

**4.4.4** 在填筑体的底部、顶部及局部承受集中荷载部位设置钢丝网是为了抑制填筑体裂缝的产生，钢丝网设计参考图见图 11。

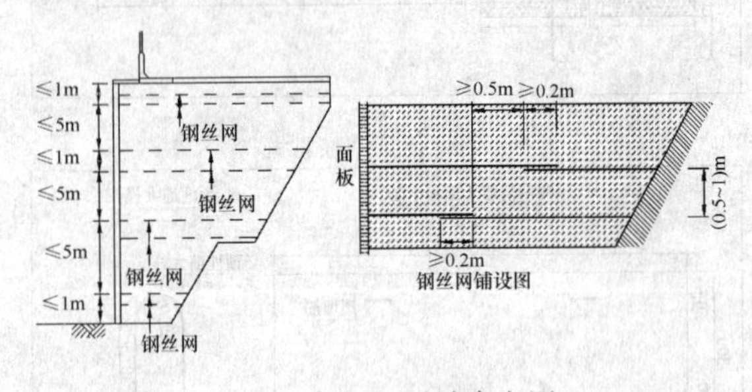


图 11　钢丝网设计参考图

**4.4.6** 本条文设置碎石垫层的目的主要是排除路面以下渗水。同时，也起到协调减少地基不均匀沉降的作用。

**4.4.7** 考虑填筑体的长期耐久性问题，在计算水位以下部位填筑时，可采用防渗土工布包裹等隔水措施。

## 4.5　设 计 计 算

**4.5.1、4.5.2** 条文中的荷载分类、荷载组合参考了现行行业标准《公路路基设计规范》JTG D 30 中第 5.4.2 条的相关规定。

**4.5.3** 除软土地基路段填筑外，当地基较差或在荷载作用下可能产生沉降时，也应进行沉降计算。本条文对沉降验算方法不另行规定，只对气泡混合轻质土用于软土地基填筑时的几种主要工况进行说明。

1）用于软基路段桥台台背的填筑，以减少路桥过渡段的工后沉降，避免桥头跳车。该工况应验算工后沉降，并按紧邻桥台位置工后沉降不超过 10cm（桥头设置有搭板情况时）或 3cm（桥头设置无搭板情况时）的要求进行填筑厚度的设计。填筑体顶部的长度宜按15m～30m 设计。

2）当新建软土地基路段的沉降在规定时间内不能满足设计要求时，可采用气泡混合轻质土减荷换填以控制工后沉降，换填厚度按下式计算确定。

$$h \geqslant \frac{\beta\gamma_f\ (h_d - U_t h_e)}{(\gamma_f - \gamma)} \tag{1}$$

式中：$h_d$——常规填土总厚度（m），包括沉降部分、原地面至路面结构底厚度、路面结构层换算填土厚度；

$h_e$——当前预压填土厚度（m），包括沉降部分、原地面至现有填土顶面的厚度；

$h$——气泡混合轻质土的换填厚度（m）；

$\gamma_f$——填土容重（$kN/m^3$）；

$U_t$——当前地基土固结度，$U=S_t/S_\infty$，$S_t$、$S_\infty$ 分别为已发生沉降量和推算总沉降量，必要时可钻探确定 $S_t$；

$\beta$——系数；一般取 1.2～1.3，当地基平均固结度较小时，取大值。

式（2）是基于地基平均固结度的原理推算得到的，采用换填后的永久荷载与当前预压荷载来表征，即：

$$\frac{h\gamma + (h_d - h)\gamma_f}{h_e\gamma_f} \tag{2}$$

从理论上讲，当由换填后确定的地基固结度与当前地基平均固结度相等时，工后沉降应为 0，故：

$$U_t = \frac{h\gamma + (h_d - h)\gamma_f}{h_e\gamma_f} \tag{3}$$

由上式推算并考虑安全系数，即获得式（1）。当计算的气泡混合轻质土换填厚度超过常规填土总厚度过多时，说明预压时间严重不足，如采用换填，代价较高，建议结合其他处理措施综合控制。从珠江三角洲多条高速公路的工程经验看，换填厚度基本上在4m～6m。

**3**）当直接用于低填软土路基的填筑时，气泡混合轻质土填筑厚度 $h$ 采用下式计算，当地下水位较高时，需分别按地下水位以上和地下水位以下计算。

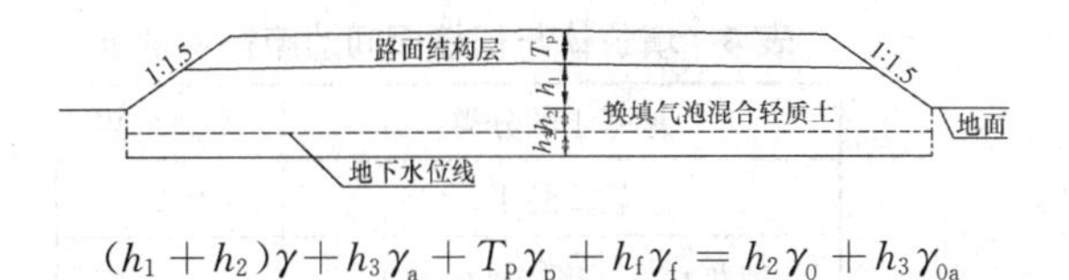


$$(h_1+h_2)\gamma+h_3\gamma_a+T_p\gamma_p+h_f\gamma_f=h_2\gamma_0+h_3\gamma_{0a} \tag{4}$$

式中：$h_1$——气泡混合轻质土地面以上填筑厚度(m)；

$h_2$——气泡混合轻质土地面以下水位以上填筑厚度(m)；

$h_3$——气泡混合轻质土地下水位以下填筑厚度(m)；

$T_p$——路面结构厚度(m)；

$\gamma_p$——路面结构容重(kN/m$^3$)；

$\gamma_f$——路基填土容重(kN/m$^3$)，一般取18～19；

$h_f$——车辆荷载换算成填土荷载的等代厚度(m)，一般取0.8；

$\gamma_0$、$\gamma_{0a}$——地基土天然容重、饱和容重（kN/m$^3$）。

上式中，$h_1$、$h_2$ 可以根据填土高度、地面高程、地下水位高程确定，只需要计算出 $h_3$ 即可得到气泡混合轻质土填筑总厚度。当地下水位埋深大或无地下水时，式中 $h_3$ 则取0。此时，则需计算出 $h_2$ 值即可确定气泡混合轻质土填筑总厚度 $h$。

**4**）当用于旧路改造控制工后沉降时，气泡混合轻质土换填厚度可按下式计算：

$$h\geqslant\frac{\gamma_f[(1+\beta)h_2-h_1]}{(1+\beta)(\gamma_f-\gamma)} \tag{5}$$

式中：$h_2$、$h_1$——分别为旧路改造前、后常规填土路基路面永久荷载厚度，包括沉降部分、原地面至路面结构底的厚度、路面结构层换算填土厚度；

$h$——气泡混合轻质土换填厚度（m）；

$\gamma_f$——填土容重（kN/m$^3$）；

$\beta$——系数，取0.75。

**4.5.5** 本条文提出了气泡混合轻质土的强度验算方法。

**1** 气泡混合轻质土用于路基填筑时，要满足《公路路基设计规范》JTG D 30中不同部位填料的 $CBR$ 值。根据国外有关资料和主编单位的试验成果（图12、图13），$CBR$ 与抗压强度 $q_u$ 存在一定的比例关系，即 $q_u\approx\frac{100CBR}{3.5}$。本条文根据此关系式并考虑安全系数 $F_s$，提出了用于填筑时不同填筑部位路基的最小抗压强度要求。式（4.5.5-1）、式（4.5.5-2）中 $F_s$ 取值是根据长期荷载组合作用安全性、施工经验总结和日本有关资料的规定等综合考虑。

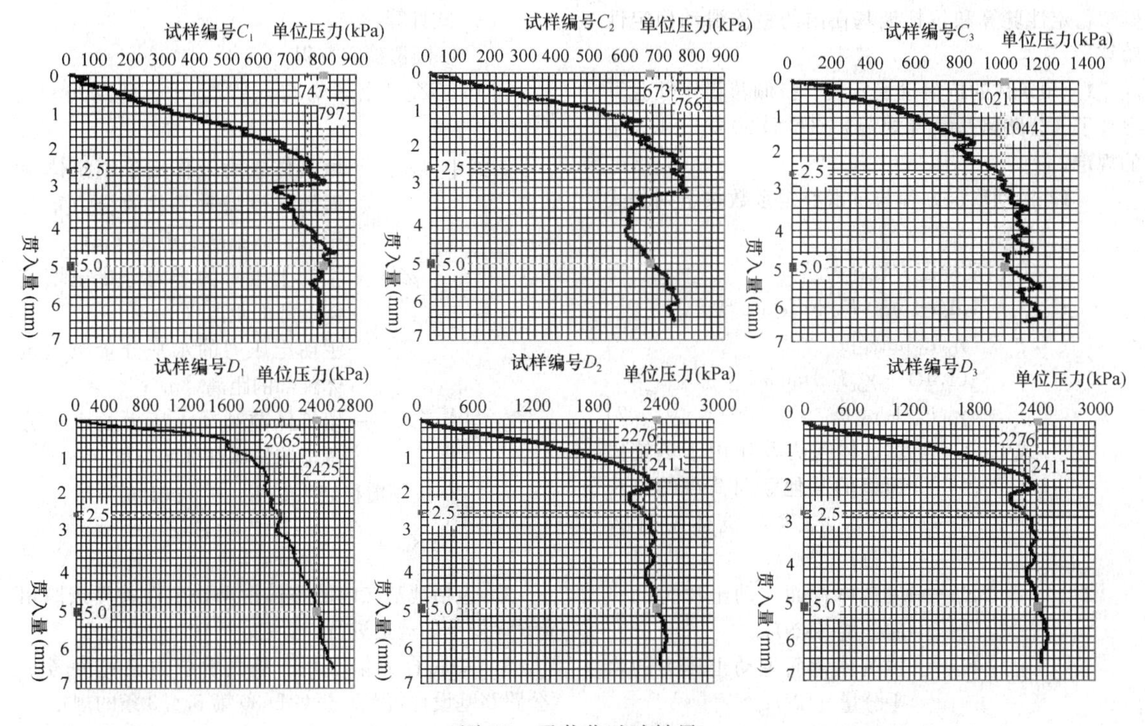


图12 承载比试验结果

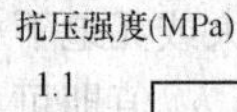

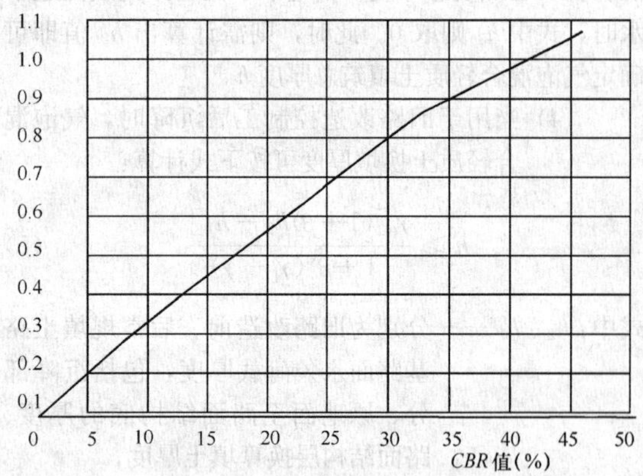


图 13　抗压强度与 *CBR* 值关系曲线图

**2**　本条文公式是由下式填筑体自立稳定的高度推导得出：

$$H=2\left\{\left(\frac{2c}{\gamma}\right)\times\tan\left(45-\frac{\varphi}{2}\right)-\frac{W}{\gamma}\right\}\tag{6}$$

式中：$H$——填筑体自立稳定的高度（m）；

$c$——气泡混合轻质土的黏聚力（kPa），$c=0.5q_{u2}$；

$\varphi$——内摩擦角（°）（偏安全考虑，取 $\varphi=0$）；

$W$——填筑体顶部的荷载（kPa）。

**3**　一般情况下，$q_{u1}$ 的计算值比 $q_{u2}$ 大。

**4.5.6**　除空洞填充或管线回填工程外，其填筑体特性类似于挡土墙结构，因此需要验算施工期和营运期的强度是否满足要求。当用于软土地基、高路堤边坡及斜坡体等部位填筑时，还需进行填筑体的抗滑、抗倾覆稳定性验算和包括地基在内的整体滑动稳定性验算。

**1**　填筑体的抗滑动稳定性、抗倾覆稳定性验算参考了《公路路基设计规范》JTG D 30 第 5.4.3 条的规定。

**1）** 滑动稳定方程与抗滑稳定系数按下列公式计算：

① 滑动稳定方程：

$$[1.1G+\gamma_{Q1}(E_y+E_x\tan\alpha_0)-\gamma_{Q2}E_p\tan\alpha_0]\mu+(1.1G+\gamma_{Q1}E_y)\tan\alpha_0-\gamma_{Q1}E_x+\gamma_{Q2}E_p>0\tag{7}$$

式中：$G$——填筑体重力及作用于填筑体顶面的其他竖向荷载的总和（kN），浸水填筑体应计入浮力；

$E_y$——填筑体背面主动土压力的竖向分量（kN）；

$E_x$——填筑体背面主动土压力的水平分量（kN）；

$E_p$——填筑体前面被动土压力的水平分量（kN），为偏安全起见，建议取 0；

$\alpha_0$——基底倾斜角（°），基底水平时 $\alpha=0$；

$\mu$——填筑体与衔接面间的摩擦系数，当无试验资料时，可按表 4 取值；

**表 4　填筑体与衔接面间的摩擦系数 $\mu$**

| 地基土的分类 | 摩擦系数 |
|---|---|
| 软塑黏土 | 0.25 |
| 硬塑黏土、半干硬的黏土、砂类土、黏砂土 | 0.30～0.40 |
| 碎石类土 | 0.50 |
| 软质岩石 | 0.40～0.60 |
| 硬质岩石 | 0.60～0.70 |

$\gamma_{Q1}$、$\gamma_{Q2}$——主动土压力分项系数、被动土压力分项系数，按照本规程表 4.5.2-2 的规定执行。

② 抗滑动稳定系数 $K_c$ 按下式计算：

$$K_c=\frac{[N+(E_x-E'_p)\tan\alpha_0]\mu+E'_p}{E_x-N\tan\alpha_0}\tag{8}$$

式中：$N$——基底作用力的合力的竖向分量（kN），浸水填筑体的浸水部分应计入浮力；

$E'_p$——填筑体前面被动土压力的水平分量 0.3 倍（kN），为偏安全起见，建议取 0。

**2）** 倾覆稳定方程与抗倾覆稳定系数按下列公式计算：

① 倾覆稳定方程

$$0.8GZ_G+\gamma_{Q1}(E_yZ_x-E_xZ_y)+\gamma_{Q2}E_pZ_p>0\tag{9}$$

式中：$Z_G$——填筑体重力及作用于填筑体顶面的其他竖向荷载的合力重心至填筑体趾部的距离（m）；

$Z_x$——主动土压力的竖向分量至填筑体趾部的距离（m）；

$Z_y$——主动土压力的水平分量至填筑体趾部的距离（m）；

$Z_p$——填筑体前被动土压力的水平分量至填筑体趾部的距离（m）。

② 抗倾覆稳定系数 $K_0$ 按下式计算：

$$K_0=\frac{GZ_G+E_yZ_x+E'_pZ_p}{E_xZ_y}\tag{10}$$

**2**　包括地基在内的整体滑动稳定性验算按照相应设计规范的规定进行。

**3**　基底合力偏心距、基底承载力验算参考了《公路路基设计规范》JTG D 30 第 5.4.3 条的规定。

**1）** 基底合力的偏心距 $e_0$ 可按下式计算：

$$e_0 = \frac{M_d}{N_d} \quad (11)$$

式中：$M_d$——作用于基底形心的弯矩组合设计值（MPa）；

$N_d$——作用于基底上的垂直力组合设计值（kN/m）。

2）各类荷载组合下，作用效应组合设计值计算式中的分项系数，除被动土压力分项系数 $\gamma_{Q2}=0.3$ 外，其余荷载的分项系数规定为1。

3）基底压应力 $\sigma$ 应按下列公式计算：

$$|e| \leqslant \frac{B}{6} \text{时}, \sigma_{1,2} = \frac{N_d}{A}\left(1 \pm \frac{6e}{B}\right) \quad (12)$$

位于岩石地基上的填筑体

$$e > \frac{B}{6} \text{时}, \sigma_1 = \frac{2N_d}{3\alpha_1}, \sigma_2 = 0 \quad (13)$$

$$\alpha_1 = \frac{B}{6} - e_0 \quad (14)$$

式中：$\sigma_1$——填筑体趾部的压应力（kPa）；

$\sigma_2$——填筑体踵部的压应力（kPa）；

$B$——基底宽度（m），基底不宜为倾斜面；

$A$——基础底面每延米的面积（$m^2$）。

本条文未规定填筑体的埋深要求。填筑体宜采用明挖基础，在大于5%纵向斜坡上填筑时，基底应设计成台阶形；在横向斜坡地面上填筑时，面板基础底部埋入地面深度不应小于1m，距地表的水平距离不应小于1m～2.5m。填筑体受水流冲刷时，应按设计洪水频率计算冲刷深度，基底应置于局部冲刷线以下不小于1m。

**4.5.7** 本条文公式采用湿容重的95%进行验算是基于偏安全的考虑。计算时，取湿容重的95%，公式（4.5.7）中的体积 $V_1$、$V_2$ 为平均值。

# 5 配 合 比

## 5.1 一 般 规 定

**5.1.1** 气泡混合轻质土的独特工艺要求有严格的配合比设计和科学合理的试验程序，其配合比设计应以工程要求和水泥等原材料性能为基础，通过配合比试配及调整，使新拌气泡混合轻质土在泵送、浇筑阶段，具有规定的流动度和湿容重，以保证泵送施工的最佳工作性及稳定性，并在规定龄期内，抗压强度达到设计值。

**5.1.2** 在配合比试配前，应对原材料自身质量和适应性进行检验，使选定的原材料具有较好的适应性。适应性检验主要是发泡剂与水泥、水及其他添加材料的配合性试验，检验其湿容重增加值是否满足要求，水一般不宜采用海水、污泥水、含泥量大的水源。

**5.1.3** 在有减少荷重或土压力要求时，目标配合比主要检验湿容重、流动度、抗压强度是否满足要求。流动度是衡量气泡混合轻质土流动性的指标，空洞填充工程对此指标要求较高。

**1** 湿容重

本规程所定义的湿容重即标准湿容重或设计容重。在固化前后不发生变化情况下，通过现场试验测得的湿容重应控制在其允许的偏差范围内，以保证其轻质性。

**2** 流动度

流动度可采用圆筒法测得的流动度来表示。一般情况下，流动度应控制在180mm±20mm范围。在配合比试配时，应充分考虑泵送距离、气温等条件选择适当的流动度。一般情况下，在泵送距离较短或施工温度较低时，流动度可取偏差范围的小值，一般可取160mm～180mm，反之可取180mm～200mm。空洞注浆与空洞充填属不同工艺，用于隧道等空洞注浆时，流动度可按80mm～100mm控制。

**3** 抗压强度

由于现场配制的抗压强度值具有一定的波动性，为保证施工时的抗压强度满足设计要求，施工配合比的实测抗压强度值应在抗压强度设计值的基础上，予以适当提高。一般情况下，室内实测抗压强度应大于设计抗压强度的1.05倍。

## 5.2 配合比计算

**5.2.1** 本条文规定了计算配合比中各种材料用量的计算原则和方法。计算时，各种材料用量应同时满足条文公式(5.2.1-1)、公式(5.2.1-2)的要求，常用参考配合比见表5。

**表5 常用参考配合比**

| 强度等级 | 设计强度（MPa） | 每立方单位用量 水泥（kg） | 添加材料（kg） | 水（kg） | 气泡群（L） | 湿容重（kN/m³） | 流动度（mm） |
|---|---|---|---|---|---|---|---|
| CF0.5 | 0.50 | 275 | 0 | 190 | 721.3 | 5.01 | 180 |
| CF0.6 | 0.60 | 300 | 0 | 200 | 703.2 | 5.35 | 180 |
| CF0.8 | 0.80 | 350 | 0 | 215 | 672.1 | 5.99 | 180 |
| CF1.0 | 1.00 | 400 | 0 | 230 | 641.0 | 6.62 | 180 |
| | | 325 | 325 | 200 | 568.2 | 8.78 | 180 |
| CF1.2 | 1.20 | 350 | 350 | 210 | 540.4 | 9.37 | 180 |
| CF1.5 | 1.50 | 375 | 375 | 215 | 517.5 | 9.91 | 180 |
| CF1.0 | 1.00 | 275 | 412.5 | 200 | 550.2 | 9.15 | 180 |
| CF1.2 | 1.20 | 300 | 450 | 205 | 522.4 | 9.81 | 180 |
| CF1.5 | 1.50 | 330 | 495 | 210 | 490.2 | 10.60 | 180 |
| CF1.0 | 1.00 | 275 | 550 | 205 | 491.4 | 10.55 | 180 |
| CF1.2 | 1.20 | 300 | 600 | 210 | 458.9 | 11.33 | 180 |
| CF1.5 | 1.50 | 330 | 660 | 215 | 420.7 | 12.26 | 180 |

注：水泥为PO42.5R。

**5.2.2** 可通过掺入细集料、掺合料及外加剂等添加材料，以达到高强、低水胶比及经济性等要求。外加剂掺量是根据其减水率和预期达到的水胶比确定，其他添加材料则根据强度等级和经济性指标等要求，在满足湿容重、流动度等条件下，通过试验确定。

**5.2.3** 条文规定了水泥用量的选取方法，水泥用量可根据表5确定。表5只是常用参考配合比，其强度等级CF0.5～CF1.0的添加材料用量为0，并不代表不能掺添加材料。此等级的配合比计算时，可通过掺入粉煤灰、细砂等添加材料，减少水泥用量，达到同样强度等级要求。当表中无对应的强度等级时，水泥用量计算可根据经验结果和表中上下强度等级相应增减。

**5.2.4** 一般情况下，水胶比按0.55～0.65选用。当需要低水胶比时，可掺入外加剂解决，其水胶比可根据强度要求，通过试验确定。

**5.2.5** 当未掺掺合料时，条文中的水胶比即为水灰比。

**5.2.6** 条文规定了每立方气泡混合轻质土的气泡群体积计算方法。当计算出气泡群体积时，其所需的发泡剂和稀释水用量可按下面公式计算：

发泡液＝气泡群体积/发泡倍率；

发泡剂＝发泡液/稀释倍率；

稀释水＝发泡液－发泡剂。

### 5.3 配合比试配

**5.3.2** 条文规定了配合比试配的常用拌制方法，当搅拌量太少或条件不允许时，可采用手工拌制进行试拌。

**5.3.4** 进行强度试验时，每个配合比可同时多制作几组试件，按现行行业标准《早期推定混凝土强度试验方法标准》JGJ/T 15早期推定试配强度，用于配合比调整，但最终应满足标准养护28d或设计规定龄期的强度要求。

## 6 工程施工

### 6.1 施工准备

**6.1.4** 在没有颁布发泡剂性能检测标准前，发泡剂性能检测均按本规程附录A规定的试验方法进行。为保证检验的可靠性，检验时，可派人见证取样和检验。

**6.1.5** 除条文规定外，在加宽路段开挖基坑时，开挖前，应事先做好行车导向、减速提示等安全措施。

### 6.2 浇筑

**6.2.1** 本条文对气泡混合轻质土的发泡设备、搅拌设备及泵送设备的要求进行了规定。第1款内容中应满足连续作业要求是指发泡设备应具备能提供连续稳定的气泡群，并能根据现场湿容重情况随时调整空气、发泡液和气泡群流量，达到满足施工质量要求。搅拌设备应具有计量和自动生产功能，并能给泵送设备提供连续稳定的水泥浆料；泵送设备则应有搅拌气泡群和水泥基浆料功能，并能连续泵送作业。

**6.2.3** 泵送作业是气泡混合轻质土填筑工程施工的关键工序，也是容易出现故障的工序。泵送前，应做好管接头的紧固和检查工作，确保接头牢固。泵送过程中，经常检查泵送管接头的牢固情况。

**6.2.7、6.2.8** 为减少水化热对填筑体质量的影响，浇筑时采用分层分块方式。泵送管出口与浇筑面宜保持水平，以减少对新拌气泡混合轻质土扰动。图14列出了施工中可能出现的三种浇筑方式。其中，方式A为正确方式，方式B和方式C为不正确方式，施工时应避免。

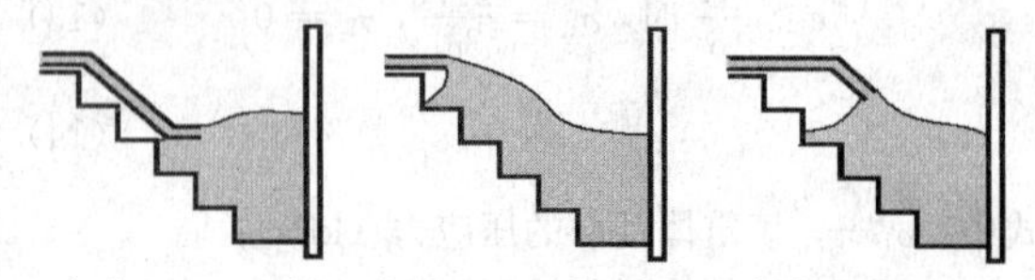

方式A（正确） 方式B（不正确） 方式C（不正确）

图14 浇筑方式

**6.2.11** 当施工现场环境日平均气温连续5d稳定低于5℃，或最低环境气温低于－3℃时，应视为进入冬期施工，施工要求按条文规定执行。当施工现场环境日平均气温连续5昼夜平均气温低于－5℃，或最低气温低于－15℃时，建议停止气泡混合轻质土浇筑。

## 7 质量检验与验收

### 7.1 一般规定

**7.1.1** 本条文是依据《城镇道路工程施工与质量验收规范》CJJ 1和气泡混合轻质土填筑工艺等要求进行编写。

**7.1.2** 每个连续浇筑区即为一个填筑体，即一个构造单元。质量检验与验收时，如果项目中单个构造单位方量少于400m³时，可把三个以内构造单元划分为一个检验批。

### 7.2 质量检验

**7.2.4** 在实际工程中，龄期28d抗压强度可采用龄期7d抗压强度进行初步判断，当龄期7d抗压强度达到设计抗压强度1/2以上时，可初步认为合格，但这不能作为质量检验依据。

**7.2.6** 填筑体的主控项目表干容重、抗压强度的质量检验验收，除浇筑时按本规程第7.2.3条的检验方法和检验频率留样检验外，还可采用抽芯法、弯沉法检验表干容重和抗压强度，以便更直观地检验其填筑体的工程质量。

## Contents

# 目次

# 中华人民共和国国家标准

# 膨胀土地区建筑技术规范

Technical code for buildings in expansive soil regions

**GB 50112—2013**

主编部门：中华人民共和国住房和城乡建设部
批准部门：中华人民共和国住房和城乡建设部
施行日期：2 0 1 3 年 5 月 1 日

# 中华人民共和国住房和城乡建设部
# 公　　告

第 1587 号

## 住房城乡建设部关于发布国家标准《膨胀土地区建筑技术规范》的公告

现批准《膨胀土地区建筑技术规范》为国家标准，编号为 GB 50112－2013，自 2013 年 5 月 1 日起实施。其中，第 3.0.3、5.2.2、5.2.16 条为强制性条文，必须严格执行。原国家标准《膨胀土地区建筑技术规范》GBJ 112－87 同时废止。

本规范由我部标准定额研究所组织中国建筑工业出版社出版发行。

**中华人民共和国住房和城乡建设部**

2012 年 12 月 25 日

## 前　言

本规范是根据住房和城乡建设部《关于印发〈2009 年工程建设标准规范制订、修订计划〉的通知》（建标[2009]88 号）的要求，由中国建筑科学研究院会同有关设计、勘察、施工、研究与教学单位，对原国家标准《膨胀土地区建筑技术规范》GBJ 112－87 修订而成。

本规范在修订过程中，修订组经广泛调查研究，认真总结实践经验，并广泛征求意见，最后经审查定稿。

本规范共分 7 章和 9 个附录。主要技术内容有：总则、术语和符号、基本规定、勘察、设计、施工、维护管理等。

本次修订主要技术内容有：

1. 增加了术语、基本规定、膨胀土自由膨胀率与蒙脱石含量、阳离子交换量的关系（附录 A）等。

2. “岩土的工程特性指标”计算表达式。

3. 坡地上基础埋深的计算公式。

本规范中以黑体字标志的条文为强制性条文，必须严格执行。

本规范由住房和城乡建设部负责管理和对强制性条文的解释，由中国建筑科学研究院负责日常管理和具体技术内容的解释。执行本规范过程中如有意见或建议，请寄送中国建筑科学研究院国家标准《膨胀土地区建筑技术规范》管理组（地址：北京市北三环东路 30 号；邮编：100013），以供今后修订时参考。

本规范主编单位：中国建筑科学研究院

本规范参编单位：中国建筑技术集团有限公司
中国有色金属工业昆明勘察设计研究院
中国航空规划建设发展有限公司
中国建筑西南勘察设计研究院有限公司
广西华蓝岩土工程有限公司
中国人民解放军总后勤部建筑设计研究院
云南省设计院
中航勘察设计研究院有限公司
中南建筑设计院股份有限公司
中南勘察设计院有限公司
广西大学
云南锡业设计院
中铁二院工程集团有限责任公司建筑工程设计研究院

本规范主要起草人员：陈希泉　黄熙龄　朱玉明　陆忠伟　刘文连　汤小军　康景文　卢玉南　孙国卫　林　闽　王笃礼　徐厚军　张晓玉　欧孝夺　陆家宝　龚宪伟　陈修礼　何友其　陈冠尧

本规范主要审查人员：袁内镇　张　雁　陈祥福　顾宝和　宋二祥　汪德果　邓　江　杨俊峰　杨旭东　殷建春　王惠昌　滕延京

# 1 总　则

**1.0.1** 为了在膨胀土地区建筑工程中贯彻执行国家的技术经济政策，做到安全适用、技术先进、经济合理、保护环境，制定本规范。

**1.0.2** 本规范适用于膨胀土地区建筑工程的勘察、设计、施工和维护管理。

**1.0.3** 膨胀土地区的工程建设，应根据膨胀土的特性和工程要求，综合考虑地形地貌条件、气候特点和土中水分的变化情况等因素，注重地方经验，因地制宜，采取防治措施。

**1.0.4** 膨胀土地区建筑工程勘察、设计、施工和维护管理，除应符合本规范外，尚应符合有关现行国家标准的规定。

# 2 术语和符号

## 2.1 术　语

**2.1.1** 膨胀土　expansive soil

土中黏粒成分主要由亲水性矿物组成，同时具有显著的吸水膨胀和失水收缩两种变形特性的黏性土。

**2.1.2** 自由膨胀率　free swelling ratio

人工制备的烘干松散土样在水中膨胀稳定后，其体积增加值与原体积之比的百分率。

**2.1.3** 膨胀潜势　swelling potentiality

膨胀土在环境条件变化时可能产生胀缩变形或膨胀力的量度。

**2.1.4** 膨胀率　swelling ratio

固结仪中的环刀土样，在一定压力下浸水膨胀稳定后，其高度增加值与原高度之比的百分率。

**2.1.5** 膨胀力　swelling force

固结仪中的环刀土样，在体积不变时浸水膨胀产生的最大内应力。

**2.1.6** 膨胀变形量　value of swelling deformation

在一定压力下膨胀土吸水膨胀稳定后的变形量。

**2.1.7** 线缩率　linear shrinkage ratio

天然湿度下的环刀土样烘干或风干后，其高度减少值与原高度之比的百分率。

**2.1.8** 收缩系数　coefficient of shrinkage

环刀土样在直线收缩阶段含水量每减少1%时的竖向线缩率。

**2.1.9** 收缩变形量　value of shrinkage deformation

膨胀土失水收缩稳定后的变形量。

**2.1.10** 胀缩变形量　value of swelling-shrinkage deformation

膨胀土吸水膨胀与失水收缩稳定后的总变形量。

**2.1.11** 胀缩等级　grade of swelling-shrinkage

膨胀土地基胀缩变形对低层房屋影响程度的地基评价指标。

**2.1.12** 大气影响深度　climate influenced layer

在自然气候影响下，由降水、蒸发和温度等因素引起地基土胀缩变形的有效深度。

**2.1.13** 大气影响急剧层深度　climate influenced markedly layer

大气影响特别显著的深度。

## 2.2 符　号

**2.2.1** 作用和作用效应

$P_e$——土的膨胀力；

$p_k$——相应于荷载效应标准组合时，基础底面处的平均压力值；

$p_{kmax}$——相应于荷载效应标准组合时，基础底面边缘的最大压力值；

$Q_k$——对应于荷载效应标准组合，最不利工况下作用于桩顶的竖向力；

$s_c$——地基分级变形量；

$s_e$——地基土的膨胀变形量；

$s_{es}$——地基土的胀缩变形量；

$s_s$——地基土的收缩变形量；

$v_e$——在大气影响急剧层内桩侧土的最大胀拔力标准值。

**2.2.2** 材料性能和抗力

$f_a$——修正后的地基承载力特征值；

$f_{ak}$——地基承载力特征值；

$q_{sa}$——桩的侧阻力特征值；

$q_{pa}$——桩的端阻力特征值；

$w_1$——地表下1m处土的天然含水量；

$w_p$——土的塑限含水量；

$\gamma_m$——基础底面以上土的加权平均重度；

$\delta_{ef}$——土的自由膨胀率；

$\delta_{ep}$——某级荷载下膨胀土的膨胀率；

$\delta_s$——土的竖向线缩率；

$\lambda_s$——土的收缩系数；

$\psi_w$——土的湿度系数。

**2.2.3** 几何参数

$A_P$——桩端截面积；

$d$——基础埋置深度；

$d_a$——大气影响深度；

$h_i$——第 $i$ 层土的计算厚度；

$h_0$——土样的原始高度；

$h_w$——某级荷载下土样浸水膨胀稳定后的高度；

$l$——建筑物相邻柱基的中心距离；

$l_a$——桩端进入大气影响急剧层以下或非膨胀土层中的长度；

$l_p$——基础外边缘至坡肩的水平距离；

$u_p$——桩身周长；

$v_0$——土样原始体积；

$v_w$——土样在水中膨胀稳定后的体积；

$z_i$——第 $i$ 层土的计算深度；

$z_{en}$——膨胀变形计算深度；

$z_{sn}$——收缩变形计算深度；

$\beta$——设计斜坡的角度。

**2.2.4** 设计参数和计算系数

$\psi_e$——膨胀变形量计算经验系数；

$\psi_{es}$——胀缩变形量计算经验系数；

$\psi_s$——收缩变形量计算经验系数；

$\lambda$——桩侧土的抗拔系数。

# 3 基本规定

**3.0.1** 膨胀土应根据土的自由膨胀率、场地的工程地质特征和建筑物破坏形态综合判定。必要时，尚应根据土的矿物成分、阳离子交换量等试验验证。进行矿物分析和化学分析时，应注重测定蒙脱石含量和阳离子交换量，蒙脱石含量和阳离子交换量与土的自由膨胀率的相关性可按本规范表A采用。

**3.0.2** 膨胀土场地上的建筑物，可根据其重要性、规模、功能要求和工程地质特征以及土中水分变化可能造成建筑物破坏或影响正常使用的程度，将地基基础分为甲、乙、丙三个设计等级。设计时，应根据具体情况按表3.0.2选用。

**表3.0.2 膨胀土场地地基基础设计等级**

| 设计等级 | 建筑物和地基类型 |
| --- | --- |
| 甲级 | 1）覆盖面积大、重要的工业与民用建筑物；<br>2）使用期间用水量较大的湿润车间、长期承受高温的烟囱、炉、窑以及负温的冷库等建筑物；<br>3）对地基变形要求严格或对地基往复升降变形敏感的高温、高压、易燃、易爆的建筑物；<br>4）位于坡地上的重要建筑物；<br>5）胀缩等级为Ⅲ级的膨胀土地基上的低层建筑物；<br>6）高度大于3m的挡土结构、深度大于5m的深基坑工程 |
| 乙级 | 除甲级、丙级以外的工业与民用建筑物 |
| 丙级 | 1）次要的建筑物；<br>2）场地平坦、地基条件简单且荷载均匀的胀缩等级为Ⅰ级的膨胀土地基上的建筑物 |

**3.0.3 地基基础设计应符合下列规定：**

**1 建筑物的地基计算应满足承载力计算的有关规定；**

**2 地基基础设计等级为甲级、乙级的建筑物，均应按地基变形设计；**

**3 建造在坡地或斜坡附近的建筑物以及受水平荷载作用的高层建筑、高耸构筑物和挡土结构、基坑支护等工程，尚应进行稳定性验算。验算时应计及水平膨胀力的作用。**

**3.0.4** 地基基础设计时，所采用的作用效应设计值应符合现行国家标准《建筑地基基础设计规范》GB 50007的有关规定。

**3.0.5** 膨胀土地区建筑物设计使用年限及耐久性设计，应符合现行国家标准《工程结构可靠性设计统一标准》GB 50153的规定。

**3.0.6** 地基基础设计等级为甲级的建筑物，应按本规范附录B的要求进行长期的升降和水平位移观测。地下室侧墙和高度大于3m的挡土结构，宜对侧墙和挡土结构进行土压力观测。

# 4 勘 察

## 4.1 一般规定

**4.1.1** 膨胀土地区的岩土工程勘察可分为可行性研究勘察、初步勘察和详细勘察阶段。对场地面积较小、地质条件简单或有建设经验的地区，可直接进行详细勘察。对地形、地质条件复杂或有大量建筑物破坏的地区，应进行施工勘察等专门性的勘察工作。各阶段勘察除应符合现行国家标准《岩土工程勘察规范》GB 50021的规定外，尚应符合本规范第4.1.2条～第4.1.6条的规定。

**4.1.2** 可行性研究勘察应对拟建场址的稳定性和适宜性作出初步评价。可行性研究勘察应包括下列内容：

1 搜集区域地质资料，包括土的地质时代、成因类型、地形形态、地层和构造。了解原始地貌条件，划分地貌单元；

2 采取适量原状土样和扰动土样，分别进行自由膨胀率试验，初步判定场地内有无膨胀土及其膨胀潜势；

3 调查场地内不良地质作用的类型、成因和分布范围；

4 调查地表水集聚、排泄情况，以及地下水类型、水位及其变化幅度；

5 收集当地不少于10年的气象资料，包括降水量、蒸发力、干旱和降水持续时间以及气温、地温等，了解其变化特点；

6 调查当地建筑经验，对已开裂破坏的建筑物进行研究分析。

**4.1.3** 初步勘察应确定膨胀土的胀缩等级，应对场地的稳定性和地质条件作出评价，并应为确定建筑总平面布置、主要建筑物地基基础方案和预防措施，以及不良地质作用的防治提供资料和建议，同时应包括下列内容：

**1** 当工程地质条件复杂且已有资料不满足设计要求时，应进行工程地质测绘，所用比例尺宜采用1/1000～1/5000；

**2** 查明场地内滑坡、地裂等不良地质作用，并评价其危害程度；

**3** 预估地下水位季节性变化幅度和对地基土胀缩性、强度等性能的影响；

**4** 采取原状土样进行室内基本物理力学性质试验、收缩试验、膨胀力试验和50kPa压力下的膨胀率试验，判定有无膨胀土及其膨胀潜势，查明场地膨胀土的物理力学性质及地基胀缩等级。

**4.1.4** 详细勘察应查明各建筑物地基土层分布及其物理力学性质和胀缩性能，并应为地基基础设计、防治措施和边坡防护，以及不良地质作用的治理提供详细的工程地质资料和建议，同时应包括下列内容：

**1** 采取原状土样进行室内50kPa压力下的膨胀率试验、收缩试验及其资料的统计分析，确定建筑物地基的胀缩等级；

**2** 进行室内膨胀力、收缩和不同压力下的膨胀率试验；

**3** 对于地基基础设计等级为甲级和乙级中有特殊要求的建筑物，应按本规范附录C的规定进行现场浸水载荷试验；

**4** 对地基基础设计和施工方案、不良地质作用的防治措施等提出建议。

**4.1.5** 勘探点的布置、孔深和土样采取，应符合下列要求：

**1** 勘探点的布置及控制性钻孔深度应根据地形地貌条件和地基基础设计等级确定，钻孔深度不应小于大气影响深度，且控制性勘探孔不应小于8m，一般性勘探孔不应小于5m；

**2** 取原状土样的勘探点应根据地基基础设计等级、地貌单元和地基土胀缩等级布置，其数量不应少于勘探点总数的1/2；详细勘察阶段，地基基础设计等级为甲级的建筑物，不应少于勘探点总数的2/3，且不得少于3个勘探点；

**3** 采取原状土样应从地表下1m处开始，在地表下1m至大气影响深度内，每1m取土样1件；土层有明显变化处，宜增加取土数量；大气影响深度以下，取土间距可为1.5m～2.0m。

**4.1.6** 钻探时，不得向孔内注水。

## 4.2 工程特性指标

**4.2.1** 自由膨胀率试验应按本规范附录D的规定进行。膨胀土的自由膨胀率应按下式计算：

$$\delta_{ef} = \frac{\nu_w - \nu_0}{\nu_0} \times 100 \tag{4.2.1}$$

式中：$\delta_{ef}$——膨胀土的自由膨胀率（%）；

$\nu_w$——土样在水中膨胀稳定后的体积（mL）；

$\nu_0$——土样原始体积（mL）。

**4.2.2** 膨胀率试验应按本规范附录E和附录F的规定执行。某级荷载下膨胀土的膨胀率应按下式计算：

$$\delta_{ep} = \frac{h_w - h_0}{h_0} \times 100 \tag{4.2.2}$$

式中：$\delta_{ep}$——某级荷载下膨胀土的膨胀率（%）；

$h_w$——某级荷载下土样在水中膨胀稳定后的高度（mm）；

$h_0$——土样原始高度（mm）。

**4.2.3** 膨胀力试验应按本规范附录F的规定执行。

**4.2.4** 收缩系数试验应按本规范附录G的规定执行。膨胀土的收缩系数应按下式计算：

$$\lambda_s = \frac{\Delta\delta_s}{\Delta w} \tag{4.2.4}$$

式中：$\lambda_s$——膨胀土的收缩系数；

$\Delta\delta_s$——收缩过程中直线变化阶段与两点含水量之差对应的竖向线缩率之差（%）；

$\Delta w$——收缩过程中直线变化阶段两点含水量之差（%）。

## 4.3 场地与地基评价

**4.3.1** 场地评价应查明膨胀土的分布及地形地貌条件，并应根据工程地质特征及土的膨胀潜势和地基胀缩等级等指标，对建筑场地进行综合评价，对工程地质及土的膨胀潜势和地基胀缩等级进行分区。

**4.3.2** 建筑场地的分类应符合下列要求：

**1** 地形坡度小于5°，或地形坡度为5°～14°且距坡肩水平距离大于10m的坡顶地带，应为平坦场地；

**2** 地形坡度大于等于5°，或地形坡度小于5°且同一建筑物范围内局部地形高差大于1m的场地，应为坡地场地。

**4.3.3** 场地具有下列工程地质特征及建筑物破坏形态，且土的自由膨胀率大于等于40%的黏性土，应判定为膨胀土：

**1** 土的裂隙发育，常有光滑面和擦痕，有的裂隙中充填有灰白、灰绿等杂色黏土。自然条件下呈坚硬或硬塑状态；

**2** 多出露于二级或二级以上的阶地、山前和盆地边缘的丘陵地带。地形较平缓，无明显自然陡坎；

**3** 常见有浅层滑坡、地裂。新开挖坑（槽）壁易发生坍塌等现象；

**4** 建筑物多呈“倒八字”、“X”或水平裂缝，裂缝随气候变化而张开和闭合。

**4.3.4** 膨胀土的膨胀潜势应按表4.3.4分类。

表 4.3.4 膨胀土的膨胀潜势分类

| 自由膨胀率 $\delta_{ef}$（%） | 膨胀潜势 |
| --- | --- |
| $40\leqslant\delta_{ef}<65$ | 弱 |
| $65\leqslant\delta_{ef}<90$ | 中 |
| $\delta_{ef}\geqslant90$ | 强 |

**4.3.5** 膨胀土地基应根据地基胀缩变形对低层砌体房屋的影响程度进行评价，地基的胀缩等级可根据地基分级变形量按表 4.3.5 分级。

表 4.3.5 膨胀土地基的胀缩等级

| 地基分级变形量 $s_c$（mm） | 等级 |
| --- | --- |
| $15\leqslant s_c<35$ | Ⅰ |
| $35\leqslant s_c<70$ | Ⅱ |
| $s_c\geqslant70$ | Ⅲ |

**4.3.6** 地基分级变形量应根据膨胀土地基的变形特征确定，可分别按本规范式（5.2.8）、式（5.2.9）和式（5.2.14）进行计算，其中土的膨胀率应按本规范附录 E 试验确定。

**4.3.7** 地基承载力特征值可由载荷试验或其他原位测试、结合工程实践经验等方法综合确定，并应符合下列要求：

1 荷载较大的重要建筑物宜采用本规范附录 C 现场浸水载荷试验确定；

2 已有大量试验资料和工程经验的地区，可按当地经验确定。

**4.3.8** 膨胀土的水平膨胀力可根据试验资料或当地经验确定。

# 5 设 计

## 5.1 一 般 规 定

**5.1.1** 膨胀土地基上建筑物的设计应遵循预防为主、综合治理的原则。设计时，应根据场地的工程地质特征和水文气象条件以及地基基础的设计等级，结合当地经验，注重总平面和竖向布置，采取消除或减小地基胀缩变形量以及适应地基不均匀变形能力的建筑和结构措施；并应在设计文件中明确施工和维护管理要求。

**5.1.2** 建筑物地基设计应根据建筑结构对地基不均匀变形的适应能力，采取相应的措施。地基分级变形量小于 15mm 以及建造在常年地下水位较高的低洼场地上的建筑物，可按一般地基设计。

**5.1.3** 地下室外墙的土压力应同时计及水平膨胀力的作用。

**5.1.4** 对烟囱、炉、窑等高温构筑物和冷库等低温建筑物，应根据可能产生的变形危害程度，采取隔热保温措施。

**5.1.5** 在抗震设防地区，建筑和结构防治措施应同时满足抗震构造要求。

## 5.2 地 基 计 算

### Ⅰ 基础埋置深度

**5.2.1** 膨胀土地基上建筑物的基础埋置深度，应综合下列条件确定：

1 场地类型；

2 膨胀土地基胀缩等级；

3 大气影响急剧层深度；

4 建筑物的结构类型；

5 作用在地基上的荷载大小和性质；

6 建筑物的用途，有无地下室、设备基础和地下设施，基础形式和构造；

7 相邻建筑物的基础埋深；

8 地下水位的影响；

9 地基稳定性。

**5.2.2 膨胀土地基上建筑物的基础埋置深度不应小于 1m。**

**5.2.3** 平坦场地上的多层建筑物，以基础埋深为主要防治措施时，基础最小埋深不应小于大气影响急剧层深度；对于坡地，可按本规范第 5.2.4 条确定；建筑物对变形有特殊要求时，应通过地基胀缩变形计算确定，必要时，尚应采取其他措施。

**5.2.4** 当坡地坡角为 5°～14°，基础外边缘至坡肩的水平距离为 5m～10m 时，基础埋深（图 5.2.4）可按下式确定：

$$d=0.45d_a+(10-l_p)\tan\beta+0.30 \quad (5.2.4)$$

式中：$d$——基础埋置深度（m）；

$d_a$——大气影响深度（m）；

$\beta$——设计斜坡坡角（°）；

$l_p$——基础外边缘至坡肩的水平距离（m）。

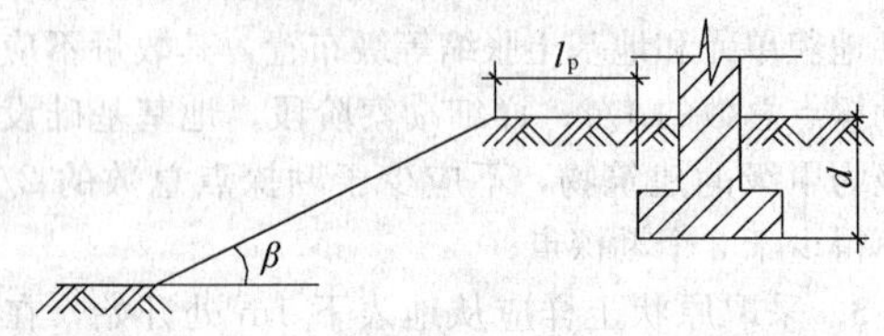


图 5.2.4 坡地上基础埋深计算示意

### Ⅱ 承载力计算

**5.2.5** 基础底面压力应符合下列规定：

1 当轴心荷载作用时，基础底面压力应符合下式要求：

$$p_k\leqslant f_a \quad (5.2.5\text{-}1)$$

式中：$p_k$——相应于荷载效应标准组合时，基础底面处的平均压力值（kPa）；

$f_a$——修正后的地基承载力特征值（kPa）。

**2** 当偏心荷载作用时，基础底面压力除应符合式（5.2.5-1）要求外，尚应符合下式要求：

$$p_{kmax} \leqslant 1.2 f_a \tag{5.2.5-2}$$

式中：$p_{kmax}$——相应于荷载效应标准组合时，基础底面边缘的最大压力值（kPa）。

**5.2.6** 修正后的地基承载力特征值应按下式计算：

$$f_a = f_{ak} + \gamma_m (d - 1.0) \tag{5.2.6}$$

式中：$f_{ak}$——地基承载力特征值（kPa），按本规范第4.3.7条的规定确定；

$\gamma_m$——基础底面以上土的加权平均重度，地下水位以下取浮重度。

### Ⅲ 变 形 计 算

**5.2.7** 膨胀土地基变形量，可按下列变形特征分别计算：

**1** 场地天然地表下1m处土的含水量等于或接近最小值或地面有覆盖且无蒸发可能，以及建筑物在使用期间，经常有水浸湿的地基，可按膨胀变形量计算；

**2** 场地天然地表下1m处土的含水量大于1.2倍塑限含水量或直接受高温作用的地基，可按收缩变形量计算；

**3** 其他情况下可按胀缩变形量计算。

**5.2.8** 地基土的膨胀变形量应按下式计算：

$$s_e = \psi_e \sum_{i=1}^{n} \delta_{epi} \cdot h_i \tag{5.2.8}$$

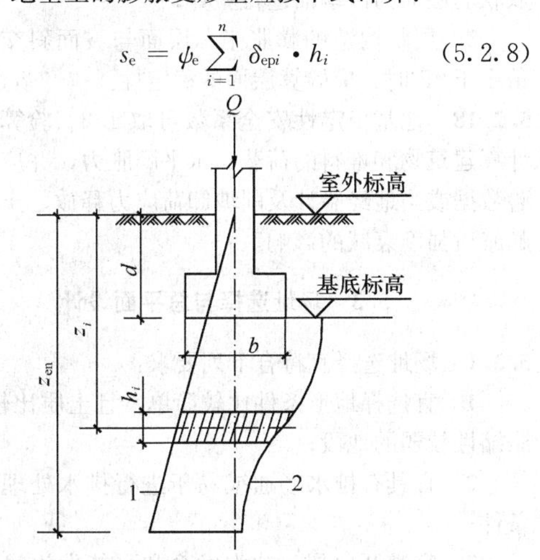


图5.2.8 地基土的膨胀变形计算示意

1—自重压力曲线；2—附加压力曲线

式中：$s_e$——地基土的膨胀变形量（mm）；

$\psi_e$——计算膨胀变形量的经验系数，宜根据当地经验确定，无可依据经验时，三层及三层以下建筑物可采用0.6；

$\delta_{epi}$——基础底面下第$i$层土在平均自重压力与对应于荷载效应准永久组合时的平均附加压力之和作用下的膨胀率（用小数计），由室内试验确定；

$h_i$——第$i$层土的计算厚度（mm）；

$n$——基础底面至计算深度内所划分的土层数，膨胀变形计算深度$z_{en}$（图5.2.8），应根据大气影响深度确定，有浸水可能时可按浸水影响深度确定；

**5.2.9** 地基土的收缩变形量应按下式计算：

$$s_s = \psi_s \sum_{i=1}^{n} \lambda_{si} \cdot \Delta w_i \cdot h_i \tag{5.2.9}$$

式中：$s_s$——地基土的收缩变形量（mm）；

$\psi_s$——计算收缩变形量的经验系数，宜根据当地经验确定，无可依据经验时，三层及三层以下建筑物可采用0.8；

$\lambda_{si}$——基础底面下第$i$层土的收缩系数，由室内试验确定；

$\Delta w_i$——地基土收缩过程中，第$i$层土可能发生的含水量变化平均值（以小数表示），按本规范式（5.2.10-1）计算；

$n$——基础底面至计算深度内所划分的土层数，收缩变形计算深度$z_{sn}$（图5.2.9），应根据大气影响深度确定；当有热源影响时，可按热源影响深度确定；在计算深度内有稳定地下水位时，可计算至水位以上3m。

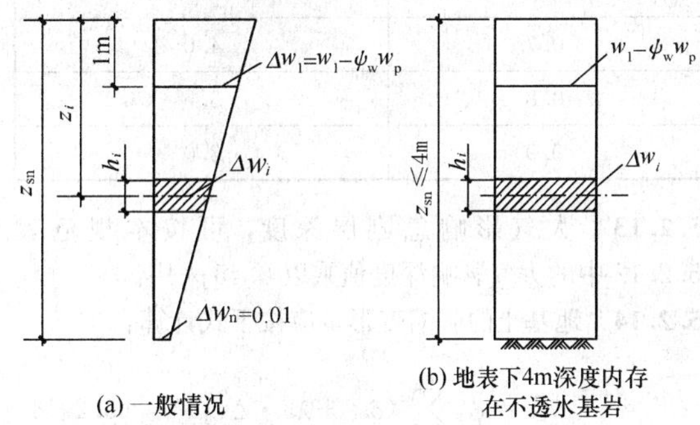


图5.2.9 地基土收缩变形计算含水量变化示意

**5.2.10** 收缩变形计算深度内各土层的含水量变化值（图5.2.9），应按下列公式计算。地表下4m深度内存在不透水基岩时，可假定含水量变化值为常数［图5.2.9（b）］：

$$\Delta w_i = \Delta w_1 - (\Delta w_1 - 0.01) \frac{z_i - 1}{z_{sn} - 1} \tag{5.2.10-1}$$

$$\Delta w_1 = w_1 - \psi_w w_p \tag{5.2.10-2}$$

式中：$\Delta w_i$——第$i$层土的含水量变化值（以小数表示）；

$\Delta w_1$——地表下1m处土的含水量变化值（以小数表示）；

$w_1$、$w_p$ ——地表下 1m 处土的天然含水量和塑限（以小数表示）；

$\psi_w$ ——土的湿度系数，在自然气候影响下，地表下 1m 处土层含水量可能达到的最小值与其塑限之比。

**5.2.11** 土的湿度系数应根据当地 10 年以上土的含水量变化确定，无资料时，可根据当地有关气象资料按下式计算：

$$\psi_w = 1.152 - 0.726\alpha - 0.00107c \quad (5.2.11)$$

式中：$\alpha$ ——当地 9 月至次年 2 月的月份蒸发力之和与全年蒸发力之比值（月平均气温小于 0℃的月份不统计在内）。我国部分地区蒸发力及降水量的参考值可按本规范附录 H 取值；

$c$ ——全年中干燥度大于 1.0 且月平均气温大于 0℃月份的蒸发力与降水量差值之总和（mm），干燥度为蒸发力与降水量之比值。

**5.2.12** 大气影响深度应由各气候区土的深层变形观测或含水量观测及地温观测资料确定；无资料时，可按表 5.2.12 采用。

**表 5.2.12 大气影响深度（m）**

| 土的湿度系数 $\psi_w$ | 大气影响深度 $d_a$ |
|---|---|
| 0.6 | 5.0 |
| 0.7 | 4.0 |
| 0.8 | 3.5 |
| 0.9 | 3.0 |

**5.2.13** 大气影响急剧层深度，可按本规范表 5.2.12 中的大气影响深度值乘以 0.45 采用。

**5.2.14** 地基土的胀缩变形量应按下式计算：

$$s_{es} = \psi_{es} \sum_{i=1}^{n} (\delta_{epi} + \lambda_{si} \cdot \Delta w_i) h_i \quad (5.2.14)$$

式中：$s_{es}$ ——地基土的胀缩变形量（mm）；

$\psi_{es}$ ——计算胀缩变形量的经验系数，宜根据当地经验确定，无可依据经验时，三层及三层以下可取 0.7。

**5.2.15** 膨胀土地基变形量取值，应符合下列规定：

1 膨胀变形量应取基础的最大膨胀上升量；

2 收缩变形量应取基础的最大收缩下沉量；

3 胀缩变形量应取基础的最大胀缩变形量；

4 变形差应取相邻两基础的变形量之差；

5 局部倾斜应取砌体承重结构沿纵墙 6m～10m 内基础两点的变形量之差与其距离的比值。

**5.2.16 膨胀土地基上建筑物的地基变形计算值，不应大于地基变形允许值。地基变形允许值应符合表 5.2.16 的规定。表 5.2.16 中未包括的建筑物，其地基变形允许值应根据上部结构对地基变形的适应能力及功能要求确定。**

**表 5.2.16 膨胀土地基上建筑物地基变形允许值**

| 结构类型 | | 相对变形 | | 变形量（mm） |
|---|---|---|---|---|
| | | 种类 | 数值 | |
| 砌体结构 | | 局部倾斜 | 0.001 | 15 |
| 房屋长度三到四开间及四角有构造柱或配筋砌体承重结构 | | 局部倾斜 | 0.0015 | 30 |
| 工业与民用建筑相邻柱基 | 框架结构无填充墙时 | 变形差 | 0.001$l$ | 30 |
| | 框架结构有填充墙时 | 变形差 | 0.0005$l$ | 20 |
| | 当基础不均匀升降时不产生附加应力的结构 | 变形差 | 0.003$l$ | 40 |

注：$l$ 为相邻柱基的中心距离（m）。

### Ⅳ 稳定性计算

**5.2.17** 位于坡地场地上的建筑物地基稳定性，应按下列规定进行验算：

1 土质较均匀时，可按圆弧滑动法验算；

2 土层较薄，土层与岩层间存在软弱层时，应取软弱层面为滑动面进行验算；

3 层状构造的膨胀土，层面与坡面斜交，且交角小于 45°时，应验算层面的稳定性。

**5.2.18** 地基稳定性安全系数可取 1.2。验算时，应计算建筑物和堆料的荷载、水平膨胀力，并应根据试验数据或当地经验计及削坡卸荷应力释放、土体吸水膨胀后强度衰减的影响。

## 5.3 场址选择与总平面设计

**5.3.1** 场址选择宜符合下列要求：

1 宜选择地形条件比较简单，且土质比较均匀、胀缩性较弱的地段；

2 宜具有排水畅通或易于进行排水处理的地形条件；

3 宜避开地裂、冲沟发育和可能发生浅层滑坡等地段；

4 坡度宜小于 14°并有可能采用分级低挡土结构治理的地段；

5 宜避开地下溶沟、溶槽发育、地下水变化剧烈的地段。

**5.3.2** 总平面设计应符合下列要求：

1 同一建筑物地基土的分级变形量之差，不宜大于 35mm；

2 竖向设计宜保持自然地形和植被，并宜避免大挖大填；

3 挖方和填方地基上的建筑物，应防止挖填部分地基的不均匀性和土中水分变化所造成的危害；

4 应避免场地内排水系统管道渗水对建筑物升降变形的影响；

5 地基基础设计等级为甲级的建筑物，应布置在膨胀土埋藏较深、胀缩等级较低或地形较平坦的地段；

6 建筑物周围应有良好的排水条件，距建筑物外墙基础外缘5m范围内不得积水。

**5.3.3** 场地内的排洪沟、截水沟和雨水明沟，其沟底应采取防渗处理。排洪沟、截水沟的沟边土坡应设支挡。

**5.3.4** 地下给、排水管道接口部位应采取防渗漏措施，管道距建筑物外墙基础外缘的净距不应小于3m。

**5.3.5** 场地内应进行环境绿化，并应根据气候条件、膨胀土地基胀缩等级，结合当地经验采取下列措施：

1 建筑物周围散水以外的空地，宜多种植草皮和绿篱；

2 距建筑物外墙基础外缘4m以外的空地，宜选用低矮、耐修剪和蒸腾量小的树木；

3 在湿度系数小于0.75或孔隙比大于0.9的膨胀土地区，种植桉树、木麻黄、滇杨等速生树种时，应设置隔离沟，沟与建筑物距离不应小于5m。

## 5.4 坡地和挡土结构

**5.4.1** 建筑场地条件符合本规范第4.3.2条第2款规定时，建筑物应按坡地场地进行设计，并应符合下列规定：

1 应按本规范第5.2.17条和第5.2.18条的规定验算坡体的稳定性；

2 应采取防止坡体水平位移和坡体内土的水分变化对建筑物影响的措施；

3 对不稳定或潜在不稳定的斜坡，应先进行滑坡治理。

**5.4.2** 防治滑坡应综合工程地质、水文地质和工程施工影响等因素，分析可能产生滑坡的主要因素，并应结合当地建设经验，采取下列措施：

1 应根据计算的滑体推力和滑动面或软弱结合面的位置，设置一级或多级抗滑支挡，或采取其他措施；

2 挡土结构基础埋深应由稳定性验算确定，并应埋置在滑动面以下，且不应小于1.5m；

3 应设置场地截水、排水及防渗系统，对坡体裂缝应进行封闭处理；

4 应根据当地经验在坡面干砌或浆砌片石，设置支撑盲沟，种植草皮等。

**5.4.3** 挡土墙设计应符合下列构造要求（图5.4.3）：

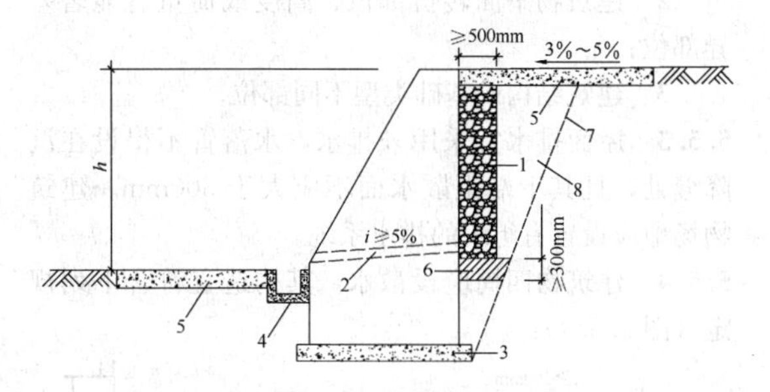


图5.4.3 挡土墙构造示意

1—滤水层；2—泄水孔；3—垫层；4—防渗排水沟；5—封闭地面；6—隔水层；7—开挖面；8—非膨胀土

1 墙背碎石或砂卵石滤水层的宽度不应小于500mm。滤水层以外宜选用非膨胀性土回填，并应分层压实；

2 墙顶和墙脚地面应设封闭面层，宽度不宜小于2m；

3 挡土墙每隔6m～10m和转角部位应设变形缝；

4 挡土墙墙身应设泄水孔，间距不应大于3m，坡度不应小于5%，墙背泄水孔口下方应设置隔水层，厚度不应小于300mm。

**5.4.4** 高度不大于3m的挡土墙，主动土压力宜采用楔体试算法确定。当构造符合本规范第5.4.3条规定时，土压力的计算可不计水平膨胀力的作用。破裂面上的抗剪强度指标应采用饱和快剪强度指标。当土体中有明显通过墙址的裂隙面或层面时，尚应以该面作为破裂面验算其稳定性。

**5.4.5** 高度大于3m的挡土结构土压力计算时，应根据试验数据或当地经验确定土体膨胀后抗剪强度衰减的影响，并应计算水平膨胀力的作用。

**5.4.6** 坡地上建筑物的地基设计，符合下列条件时，可按平坦场地上建筑物的地基进行设计：

1 布置在坡顶的建筑物，按本规范第5.4.3条设置挡土墙且基础外边缘距挡土墙距离大于5m；

2 布置在挖方地段的建筑物，基础外边缘至坡脚支挡结构的净距大于3m。

## 5.5 建筑措施

**5.5.1** 在满足使用功能的前提下，建筑物的体型应力求简单，并应符合下列要求：

1 建筑物选址宜位于膨胀土层厚度均匀，地形坡度小的地段；

2 建筑物宜避让胀缩性相差较大的土层，应避开地裂带，不宜建在地下水位升降变化大的地段。当无法避免时，应采取设置沉降缝或提高建筑结构整体抗变形能力等措施。

**5.5.2** 建筑物的下列部位，宜设置沉降缝：

1 挖方与填方交界处或地基土显著不均匀处；

2 建筑物平面转折部位、高度或荷重有显著差异部位；

3 建筑结构或基础类型不同部位。

**5.5.3** 屋面排水宜采用外排水，水落管不得设在沉降缝处，且其下端距散水面不应大于300mm。建筑物场地应设置有组织的排水系统。

**5.5.4** 建筑物四周应设散水，其构造宜符合下列规定（图5.5.4）：

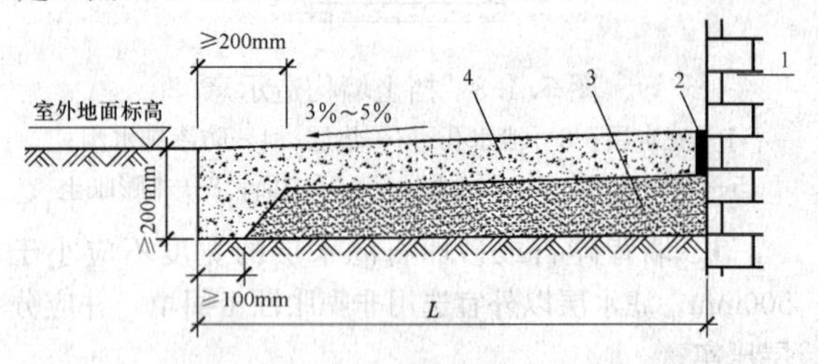


图5.5.4 散水构造示意

1—外墙；2—交接缝；3—垫层；4—面层

1 散水面层宜采用C15混凝土或沥青混凝土，散水垫层宜采用2∶8灰土或三合土，面层和垫层厚度宜按表5.5.4选用；

2 散水面层的伸缩缝间距不应大于3m；

3 散水最小宽度应按表5.5.4选用。散水外缘距基槽不应小于300mm，坡度应为3%～5%；

4 散水与外墙的交接缝和散水之间的伸缩缝，应填嵌柔性防水材料。

**表5.5.4 散水构造尺寸**

| 地基胀缩等级 | 散水最小宽度 $L$ (m) | 面层厚度 (mm) | 垫层厚度 (mm) |
|---|---|---|---|
| Ⅰ | 1.2 | ≥100 | ≥100 |
| Ⅱ | 1.5 | ≥100 | ≥150 |
| Ⅲ | 2.0 | ≥120 | ≥200 |

**5.5.5** 平坦场地胀缩等级为Ⅰ级、Ⅱ级的膨胀土地基，当采用宽散水作为主要防治措施时，其构造应符合下列规定（图5.5.5）：

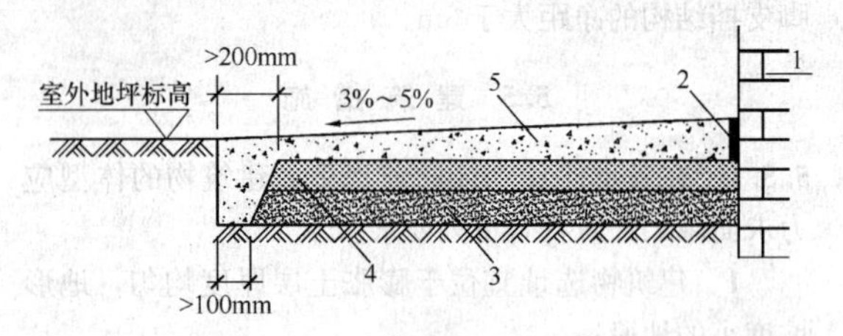


图5.5.5 宽散水构造示意

1—外墙；2—交接缝；3—垫层；4—隔热保温层；5—面层

1 面层可采用强度等级C15的素混凝土或沥青混凝土，厚度不应小于100mm；

2 隔热保温层可采用1∶3石灰焦渣，厚度宜为100mm～200mm；

3 垫层可采用2∶8灰土或三合土，厚度宜为100mm～200mm；

4 胀缩等级为Ⅰ级的膨胀土地基散水宽度不应小于2m，胀缩等级为Ⅱ级的膨胀土地基散水宽度不应小于3m，坡度宜为3%～5%。

**5.5.6** 建筑物的室内地面设计应符合下列要求：

1 对使用要求严格的地面，可根据地基土的胀缩等级按本规范附录J要求，采取相应的设计措施。胀缩等级为Ⅲ级的膨胀土地基和使用要求特别严格的地面，可采取地面配筋或地面架空等措施。经常用水房间的地面应设防水层，并应保持排水通畅；

2 大面积地面应设置分格变形缝。地面、墙体、地沟、地坑和设备基础之间宜用变形缝隔开。变形缝内应填嵌柔性防水材料；

3 对使用要求没有严格限制的工业与民用建筑地面，可按普通地面进行设计。

**5.5.7** 建筑物周围的广场、场区道路和人行便道设计，应符合下列要求：

1 建筑物周围的广场、场区道路和人行便道的标高应低于散水外缘；

2 广场应设置有组织的截水、排水系统，地面做法可按本规范第5.5.6条第2款的规定进行设计；

3 场区道路宜采用2∶8灰土上铺砌大块石及砂卵石垫层、沥青混凝土或沥青表面处置面层。路肩宽度不应小于0.8m；

4 人行便道宜采用预制块铺设，并宜与房屋散水相连接。

## 5.6 结构措施

**5.6.1** 建筑物结构设计应符合下列规定：

1 应选择适宜的结构体系和基础形式；

2 应加强基础和上部结构的整体强度和刚度。

**5.6.2** 砌体结构设计应符合下列规定：

1 承重墙体应采用实心墙，墙厚不应小于240mm，砌体强度等级不应低于MU10，砌筑砂浆强度等级不应低于M5，不应采用空斗墙、砖拱、无砂大孔混凝土和无筋中型砌块；

2 建筑平面拐角部位不应设置门窗洞口，墙体尽端至门窗洞口边的有效宽度不宜小于1m；

3 楼梯间不宜设在建筑物的端部。

**5.6.3** 砌体结构的圈梁设置应符合下列要求：

1 砌体结构除应在基础顶部和屋盖处各设置一道钢筋混凝土圈梁外，对于Ⅰ级、Ⅱ级膨胀土地基上的多层房屋，其他楼层可隔层设置圈梁；对于Ⅲ级膨胀土地基上的多层房屋，应每层设置圈梁；

2 单层工业厂房的围护墙体除应在基础顶部和屋盖处各设置一道钢筋混凝土圈梁外，对于Ⅰ级、Ⅱ级膨胀土地基，应沿墙高每隔4m增设一道圈梁；对于Ⅲ级膨胀土地基，应沿墙高每隔 3m 增设一道圈梁；

3 圈梁应在同一平面内闭合；

4 基础顶面和屋盖处的圈梁高度不应小于 240mm，其他位置的圈梁不应小于 180mm。圈梁的纵向配筋不应小于 4$\phi$12，箍筋不应小于 $\phi$6@200。基础圈梁混凝土强度等级不应低于 C25，其他位置圈梁混凝土强度等级不应低于 C20。

**5.6.4** 砌体结构应设置构造柱，并应符合下列要求：

1 构造柱应设置在房屋的外墙拐角、楼（电）梯间、内、外墙交接处、开间大于 4.2m 的房间纵、横墙交接处或隔开间横墙与内纵墙交接处；

2 构造柱的截面不应小于 240mm×240mm，纵向钢筋不应小于 4$\phi$12，箍筋不应小于 $\phi$6@200，混凝土强度等级不应低于 C20；

3 构造柱与圈梁连接处，构造柱的纵筋应上下贯通穿过圈梁，或锚入圈梁不小于 35$d$；

4 构造柱可不单独设置基础，但纵筋应伸入基础圈梁或基础梁内不小于 35$d$。

**5.6.5** 门窗洞口或其他洞孔宽度大于等于 600mm 时，应采用钢筋混凝土过梁，不得采用砖拱过梁。在底层窗台处宜设置 60mm 厚的钢筋混凝土带，并应与构造柱拉接。

**5.6.6** 预制钢筋混凝土梁支承在墙体上的长度不应小于 240mm；预制钢筋混凝土板支承在墙体上的长度不应小于 100mm、支承在梁上的长度不应小于 80mm。预制钢筋混凝土梁、板与支承部位应可靠拉接。

**5.6.7** 框、排架结构的围护墙体与柱应采取可靠拉接，且宜砌置在基础梁上，基础梁下宜预留 100mm 空隙，并应做防水处理。

**5.6.8** 吊车梁应采用简支梁，吊车梁与吊车轨道之间应采用便于调整的连接方式。吊车顶面与屋架下弦的净空不宜小于 200mm。

### 5.7 地基基础措施

**5.7.1** 膨胀土地基处理可采用换土、土性改良、砂石或灰土垫层等方法。

**5.7.2** 膨胀土地基换土可采用非膨胀性土、灰土或改良土，换土厚度应通过变形计算确定。膨胀土土性改良可采用掺和水泥、石灰等材料，掺和比和施工工艺应通过试验确定。

**5.7.3** 平坦场地上胀缩等级为Ⅰ级、Ⅱ级的膨胀土地基宜采用砂、碎石垫层。垫层厚度不应小于 300mm。垫层宽度应大于基底宽度，两侧宜采用与垫层相同的材料回填，并应做好防、隔水处理。

**5.7.4** 对较均匀且胀缩等级为Ⅰ级的膨胀土地基，可采用条形基础，基础埋深较大或基底压力较小时，宜采用墩基础；对胀缩等级为Ⅲ级或设计等级为甲级的膨胀土地基，宜采用桩基础。

**5.7.5** 桩基础设计时，基桩和承台的构造和设计计算，除应符合现行国家标准《建筑地基基础设计规范》GB 50007 的规定外，尚应符合本规范第 5.7.6 条～第 5.7.9 条的规定。

**5.7.6** 桩顶标高低于大气影响急剧层深度的高、重建筑物，可按一般桩基础进行设计。

**5.7.7** 桩顶标高位于大气影响急剧层深度内的三层及三层以下的轻型建筑物，桩基础设计应符合下列要求：

1 按承载力计算时，单桩承载力特征值可根据当地经验确定。无资料时，应通过现场载荷试验确定；

2 按变形计算时，桩基础升降位移应符合本规范第 5.2.16 条的要求。桩端进入大气影响急剧层深度以下或非膨胀土层中的长度应符合下列规定：

1）按膨胀变形计算时，应符合下式要求：

$$l_a \geqslant \frac{v_e - Q_k}{u_p \cdot \lambda \cdot q_{sa}} \quad (5.7.7\text{-}1)$$

2）按收缩变形计算时，应符合下式要求：

$$l_a \geqslant \frac{Q_k - A_p \cdot q_{pa}}{u_p \cdot q_{sa}} \quad (5.7.7\text{-}2)$$

3）按胀缩变形计算时，计算长度应取式（5.7.7-1）和式（5.7.7-2）中的较大值，且不得小于 4 倍桩径及 1 倍扩大端的直径，最小长度应大于 1.5m。

式中：$l_a$——桩端进入大气影响急剧层以下或非膨胀土层中的长度（m）；

$v_e$——在大气影响急剧层内桩侧土的最大胀拔力标准值，应由当地经验或试验确定（kN）；

$Q_k$——对应于荷载效应标准组合，最不利工况下作用于桩顶的竖向力，包括承台和承台上土的自重（kN）；

$u_p$——桩身周长（m）；

$\lambda$——桩侧土的抗拔系数，应由试验或当地经验确定；当无此资料时，可按现行行业标准《建筑桩基技术规范》JGJ 94 的相关规定取值；

$A_p$——桩端截面积（$m^2$）；

$q_{pa}$——桩的端阻力特征值（kPa）；

$q_{sa}$——桩的侧阻力特征值（kPa）。

**5.7.8** 当桩身承受胀拔力时，应进行桩身抗拉强度和裂缝宽度控制验算，并应采取通长配筋，最小配筋率应符合现行国家标准《建筑地基基础设计规范》GB 50007 的规定。

**5.7.9** 桩承台梁下应留有空隙，其值应大于土层浸水后的最大膨胀量，且不应小于 100mm。承台梁两侧应采取防止空隙堵塞的措施。

## 5.8 管　道

**5.8.1** 给水管和排水管宜敷设在防渗管沟中，并应设置便于检修的检查井等设施；管道接口应严密不漏水，并宜采用柔性接头。

**5.8.2** 地下管道及其附属构筑物的基础，宜设置防渗垫层。

**5.8.3** 检漏井应设置在管沟末端和管沟沿线分段检查处，井内应设置集水坑。

**5.8.4** 地下管道或管沟穿过建筑物的基础或墙时，应设预留孔洞。洞与管沟或管道间的上下净空不宜小于100mm。洞边与管沟外壁应脱开，其缝隙应采用不透水的柔性材料封堵。

**5.8.5** 对高压、易燃、易爆管道及其支架基础的设计，应采取防止地基土不均匀胀缩变形可能造成危害的地基处理措施。

# 6 施　工

## 6.1 一 般 规 定

**6.1.1** 膨胀土地区的建筑施工，应根据设计要求、场地条件和施工季节，针对膨胀土的特性编制施工组织设计。

**6.1.2** 地基基础施工前应完成场地平整、挡土墙、护坡、截洪沟、排水沟、管沟等工程，并应保持场地排水通畅、边坡稳定。

**6.1.3** 施工用水应妥善管理，并应防止管网漏水。临时水池、洗料场、淋灰池、截洪沟及搅拌站等设施距建筑物外墙的距离，不应小于10m。临时生活设施距建筑物外墙的距离，不应小于15m，并应做好排（隔）水设施。

**6.1.4** 堆放材料和设备的施工现场，应采取保持场地排水畅通的措施。排水流向应背离基坑（槽）。需大量浇水的材料，堆放在距基坑（槽）边缘的距离不应小于10m。

**6.1.5** 回填土应分层回填夯实，不得采用灌（注）水作业。

## 6.2 地基和基础施工

**6.2.1** 开挖基坑（槽）发现地裂、局部上层滞水或土层地质情况等与勘察文件不符合时，应及时会同勘察、设计等单位协商处理措施。

**6.2.2** 地基基础施工宜采取分段作业，施工过程中基坑（槽）不得暴晒或泡水。地基基础工程宜避开雨天施工；雨期施工时，应采取防水措施。

**6.2.3** 基坑（槽）开挖时，应及时采取封闭措施。土方开挖应在基底设计标高以上预留150mm～300mm土层，并应待下一工序开始前继续挖除，验槽后，应及时浇筑混凝土垫层或采取其他封闭措施。

**6.2.4** 坡地土方施工时，挖方作业应由坡上方自上而下开挖；填方作业应自下而上分层压实。坡面形成后，应及时封闭。

开挖土方时应保护坡脚。坡顶弃土至开挖线的距离应通过稳定性计算确定，且不应小于5m。

**6.2.5** 灌注桩施工时，成孔过程中严禁向孔内注水。孔底虚土经清理后，应及时灌注混凝土成桩。

**6.2.6** 基础施工出地面后，基坑（槽）应及时分层回填，填料宜选用非膨胀土或经改良后的膨胀土，回填压实系数不应小于0.94。

## 6.3 建筑物施工

**6.3.1** 底层现浇钢筋混凝土楼板（梁），宜采用架空或桁架支模的方法，并应避免直接支撑在膨胀土上。浇筑和养护混凝土过程中应注意养护水的管理，并应防止水流（渗）入地基内。

**6.3.2** 散水应在室内地面做好后立即施工。施工前应先夯实基土，基土为回填土时，应检查回填土质量，不符合要求时，应重新处理。伸缩缝内的防水材料应充填密实，并应略高于散水，或做成脊背形状。

**6.3.3** 管道及其附属建筑物的施工，宜采用分段快速作业法。管道和电缆沟穿过建筑物基础时，应做好接头。室内管沟敷设时，应做好管沟底的防渗漏及倾向室外的坡度。管道敷设完成后，应及时回填、加盖或封面。

**6.3.4** 水池、水沟等水工构筑物应符合防漏、防渗要求，混凝土浇筑时不宜留施工缝，必须留缝时应加止水带，也可在池壁及底板增设柔性防水层。

**6.3.5** 屋面施工完毕，应及时安装天沟、落水管，并应与排水系统及时连通。散水的伸缩缝应避开水落管。

**6.3.6** 水池、水塔等溢水装置应与排水管沟连通。

# 7 维 护 管 理

## 7.1 一 般 规 定

**7.1.1** 膨胀土场地内的建筑物、管道、地面排水、环境绿化、边坡、挡土墙等使用期间，应按设计要求进行维护管理。

**7.1.2** 管理部门应对既有建筑物及其附属设施制定维护管理制度，并应对维护管理工作进行监督检查。

**7.1.3** 使用单位应妥善保管勘察、设计和施工中的相关技术资料，并应实施维护管理工作，建立维护管理档案。

## 7.2 维护和检修

**7.2.1** 给水、排水和供热管道系统遇有漏水或其他故障时，应及时进行检修和处理。

**7.2.2** 排水沟、雨水明沟、防水地面、散水等应定期检查，发现开裂、渗漏、堵塞等现象时，应及时修复。

**7.2.3** 除按本规范第3.0.6条的规定进行升降观测的建筑物外，其他建筑物也应定期观察使用状况。当发现墙柱裂缝、地面隆起开裂、吊车轨道变形、烟囱倾斜、窑体下沉等异常现象时，应做好记录，并应及时采取处理措施。

**7.2.4** 坡脚地带不得任意挖土，坡肩地带不应大面积堆载，建筑物周围不得任意开挖和堆土。不能避免时，应采取必要的保护措施。

**7.2.5** 坡体位移情况应定期观察，当出现裂缝时，应及时采取治理措施。

**7.2.6** 场区内的绿化，应按设计要求的品种和距离种植，并应定期修剪。绿化地带浇水应控制水量。

### 7.3 损坏建筑物的治理

**7.3.1** 建筑物及其附属设施，出现危及安全或影响使用功能的开裂等损坏情况时，应及时会同勘察、设计部门调查分析、查明损坏原因。

**7.3.2** 建筑物的损坏等级应按现行国家标准《民用建筑可靠性鉴定标准》GB 50292的有关规定鉴定；应根据损坏程度确定治理方案，并应及时付诸实施。

## 附录A 膨胀土自由膨胀率与蒙脱石含量、阳离子交换量的关系

表A 膨胀土的自由膨胀率与蒙脱石含量、阳离子交换量的关系

| 自由膨胀率 $\delta_{ef}$（%） | 蒙脱石含量（%） | 阳离子交换量 CEC（$NH_4^+$）（mmol/kg土） | 膨胀潜势 |
|---|---|---|---|
| $40 \leqslant \delta_{ef} < 65$ | 7～14 | 170～260 | 弱 |
| $65 \leqslant \delta_{ef} < 90$ | 14～22 | 260～340 | 中 |
| $\delta_{ef} \geqslant 90$ | ＞22 | ＞340 | 强 |

注：1 表中蒙脱石含量为干土全重含量的百分数，采用次甲基蓝吸附法测定；

2 对不含碳酸盐的土样，采用醋酸铵法测定其阳离子交换量；对含碳酸盐的土样，采用氯化铵－醋酸铵法测定其阳离子交换量。

## 附录B 建筑物变形观测方法

**B.0.1** 变形观测可包括建筑物的升降、水平位移、基础转动、墙体倾斜和裂缝变化等项目。

**B.0.2** 变形观测方法、所用仪器和精度，应符合现行行业标准《建筑变形测量规范》JGJ 8的规定。

**B.0.3** 水准基点设置应符合下列要求：

1 水准基点的埋设应以不受膨胀土胀缩变形影响为原则，宜埋设在邻近的基岩露头或非膨胀土层内。基点应按现行国家标准《工程测量规范》GB 50026规定的二等水准要求布置。邻近没有非膨胀土土层时，可在多年的深水井壁上或在常年潮湿、保水条件良好的地段设置深埋式水准基点。深埋式水准基点应加设套管，并应加强保湿措施；

2 深埋式水准基点（图B.0.3）不宜少于3个。每次变形观测时，应进行水准基点校核。水准基点离建筑物较远时，可在建筑物附近设置观测水准基点，其深度不得小于该地区的大气影响深度。

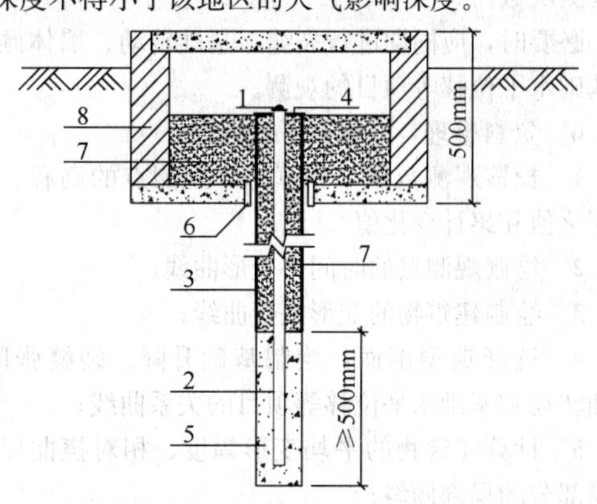


图B.0.3 深埋式水准基点示意

1—焊接在钢管上的水准标芯；2—$\phi$30mm～50mm钢管；3—$\phi$60mm～110mm套管；4—导向环；5—底部现浇混凝土；6—油毡二层；7—木屑；8—保护井

**B.0.4** 观测点设置应符合下列要求：

1 观测点的布置应全面反映建筑物的变形情况，在砌体承重的房屋转角处、纵横墙交接处以及横墙中部，应设置观测点；在房屋转角附近宜加密至每隔2m设1个观测点；承重内隔墙中部应设置内墙观测点，室内地面中心及四周应设置地面观测点。框架结构的房屋沿柱基或纵横轴线应设置观测点。烟囱、水塔、油罐等构筑物的观测点应沿周边对称设置。每栋建筑物可选择最敏感的（1～2）个剖面设置观测点；

2 建筑物墙体和地面裂缝观测应选择重点剖面设置观测点（图B.0.4）。每条裂缝应在不同位置上

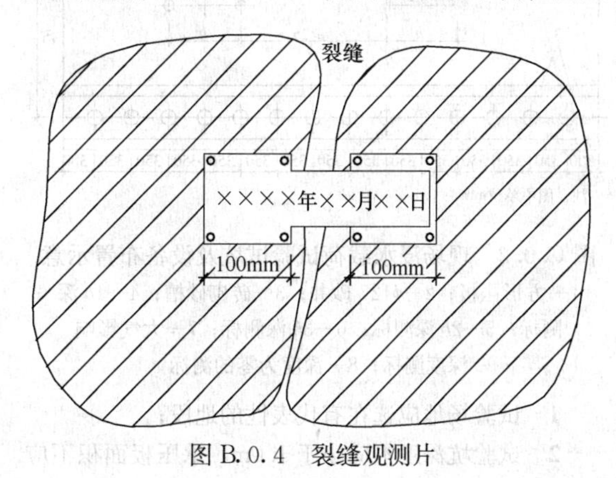


图B.0.4 裂缝观测片

设置两组以上的观测标志；

**3** 观测点的埋设可按建筑物的特点采用不同的类型，观测点的埋设应符合现行行业标准《建筑变形测量规范》JGJ 8 的规定。

**B.0.5** 对新建建筑物，应自施工开始即进行升降观测，并应在施工过程的不同荷载阶段进行定期观测。竣工后，应每月进行一次。观测工作宜连续进行 5 年以上。在掌握房屋季节性变形特点的基础上，应选择收缩下降的最低点和膨胀上升的最高点，以及变形交替的季节，每年观测 4 次。在久旱和连续降雨后应增加观测次数。

必要时，应同期进行裂缝、基础转动、墙体倾斜及基础水平位移等项目的观测。

**B.0.6** 资料整理，应包括下列内容：

**1** 校核观测数据，计算每个观测点的高程、逐次变化值和累计变化值；

**2** 绘制观测点的时间一变形曲线；

**3** 绘制建筑物的变形展开曲线；

**4** 选择典型剖面，绘制基础升降、裂缝张闭、基础转动和基础水平位移等项目的关系曲线；

**5** 计算建筑物的平均变形幅度、相对挠曲以及易损部分的局部倾斜；

**6** 编写观测报告。

## 附录 C 现场浸水载荷试验要点

**C.0.1** 现场浸水载荷试验可用于以确定膨胀土地基的承载力和浸水时的膨胀变形量。

**C.0.2** 现场浸水载荷试验（图 C.0.2）的方法与步骤，应符合下列规定：

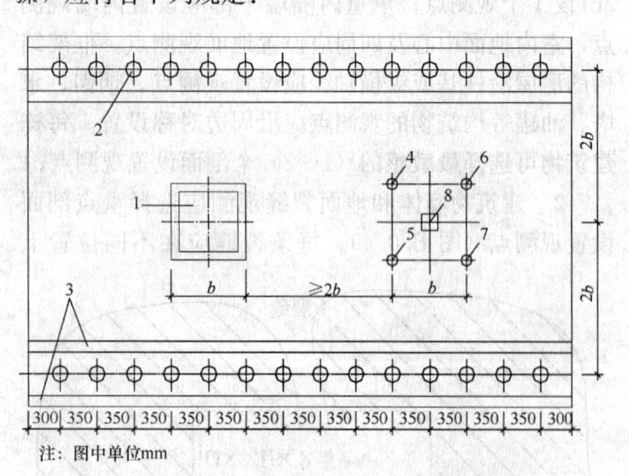


图 C.0.2 现场浸水载荷试验试坑及设备布置示意
1—方形压板；2—$\phi$127 砂井；3—砖砌砂槽；4—1$b$ 深测标；5—2$b$ 深测标；6—3$b$ 深测标；7—大气影响深度测标；8—深度为零的测标

**1** 试验场地应选在有代表性的地段；

**2** 试验坑深度不应小于 1.0m，承压板面积不应小于 0.5m$^2$，采用方形承压板时，其宽度 $b$ 不应小于 707mm；

**3** 承压板外宜设置一组深度为零、1$b$、2$b$、3$b$ 和等于当地大气影响深度的分层测标，或采用一孔多层测标方法，以观测各层土的膨胀变形量；

**4** 可采用砂井和砂槽双面浸水。砂槽和砂井内应填满中、粗砂，砂井的深度不应小于当地的大气影响深度，且不应小于 4$b$；

**5** 应采用重物分级加荷和高精度水准仪观测变形量；

**6** 应分级加荷至设计荷载。当土的天然含水量大于或等于塑限含水量时，每级荷载可按 25kPa 增加；当土的天然含水量小于塑限含水量时，每级荷载可按 50kPa 增加；每级荷载施加后，应按 0.5h、1h 各观测沉降一次，以后可每隔 1h 或更长一些时间观测一次，直至沉降达到相对稳定后再加下一级荷载；

**7** 连续 2h 的沉降量不大于 0.1mm/h 时可认为沉降稳定；

**8** 当施加最后一级荷载（总荷载达到设计荷载）沉降达到稳定标准后，应在砂槽和砂井内浸水，浸水水面不应高于承压板底面；浸水期间应每 3d 观测一次膨胀变形；膨胀变形相对稳定的标准为连续两个观测周期内，其变形量不应大于 0.1mm/3d。浸水时间不应少于两周；

**9** 浸水膨胀变形达到相对稳定后，应停止浸水并按本规范第 C.0.2 条第 6、7 款要求继续加荷直至达到极限荷载；

**10** 试验前和试验后应分层取原状土样在室内进行物理力学试验和膨胀试验。

**C.0.3** 现场浸水载荷试验资料整理及计算，应符合下列规定：

**1** 应绘制各级荷载下的变形和压力曲线（图 C.0.3）以及分层测标变形与时间关系曲线，确定土的承载力和可能的膨胀量；

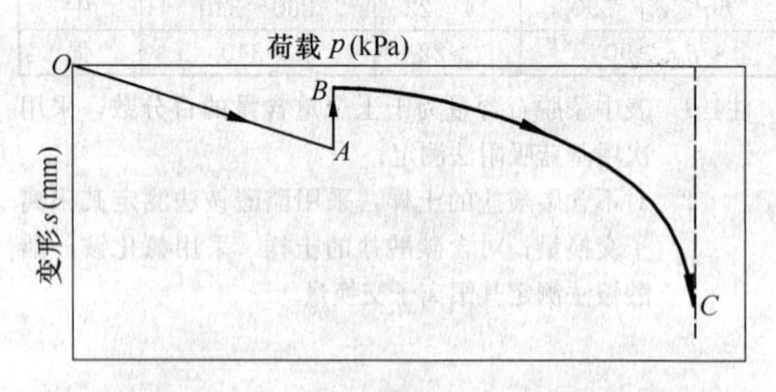


图 C.0.3 现场浸水载荷试验 $p$-$s$ 关系曲线示意
$OA$—分级加载至设计荷载；$AB$—浸水膨胀稳定；$BC$—分级加载至极限荷载

**2** 同一土层的试验点数不应少于 3 点，当实测值的极差不大于其平均值的 30%时，可取平均值为其承载力极限值，应取极限荷载的 1/2 作为地基土承载力的特征值；

3 必要时可用试验指标按承载力公式计算其承载力，并应与现场载荷试验所确定的承载力值进行对比。在特殊情况下，可按地基设计要求的变形值在 $p$-$s$ 曲线上选取所对应的荷载作为地基土承载力的特征值。

## 附录D 自由膨胀率试验

**D.0.1** 自由膨胀率试验可用于判定黏性土在无结构力影响下的膨胀潜势。

**D.0.2** 试验仪器设备应符合下列规定：

1 玻璃量筒容积应为 50mL，最小分度值应为 1mL。容积和刻度应经过校准；

2 量土杯容积应为 10mL，内径应为 20mm；

3 无颈漏斗上口直径应为 50mm～60mm，下口直径应为 4mm～5mm；

4 搅拌器应由直杆和带孔圆盘构成，圆盘直径应小于量筒直径 2mm，盘上孔径宜为 2mm（图D.0.2）；

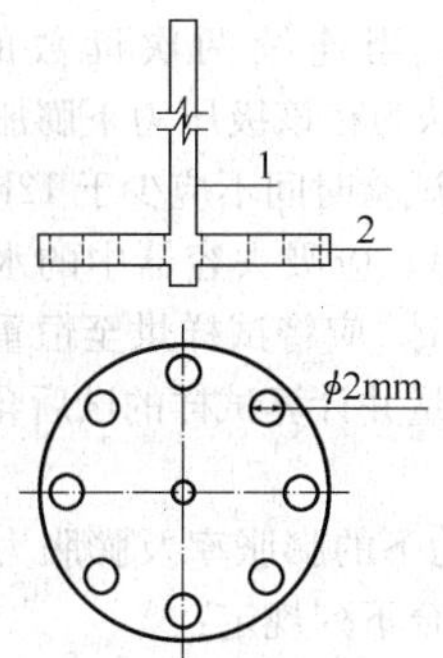


图 D.0.2 搅拌器示意

1—直杆；2—圆盘

5 天平最大称量应为 200g，最小分度值应为 0.01g；

6 应选取的其他试验仪器设备包括平口刮刀、漏斗支架、取土匙和孔径 0.5mm 的筛等。

**D.0.3** 试验方法与步骤应符合下列规定：

1 应用四分对角法取代表性风干土 100g，应碾细并全部过 0.5mm 筛，石子、姜石、结核等应去除；

2 应将过筛的试样拌匀，并应在 105℃～110℃下烘至恒重，同时应在干燥器内冷却至室温；

3 应将无颈漏斗放在支架上，漏斗下口应对准量土杯中心并保持 10mm 距离（图 D.0.3）；

4 应用取土匙取适量试样倒入漏斗中，倒土时匙应与漏斗壁接触，且应靠近漏斗底部，应边倒边用细铁丝轻轻搅动，并应避免漏斗堵塞。当试样装满量土杯并开始溢出时，应停止向漏斗倒土，应移开漏斗刮去杯口多余的土。应将量土杯中试样倒入匙中，再次将量土杯（图 D.0.3）置于漏斗下方，应将匙中土

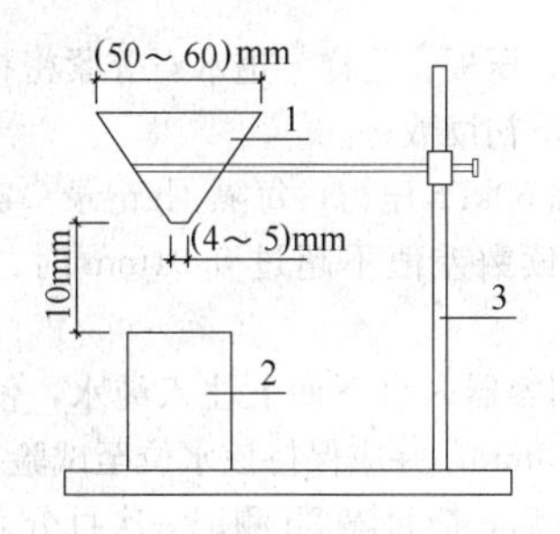


图 D.0.3 漏斗与量土杯示意

1—无颈漏斗；2—量土杯；3—支架

按上述方法倒入漏斗，使其全部落入量土杯中，刮去多余土后称量量土杯中试样质量。本步骤应进行两次重复测定，两次测定的差值不得大于 0.1g；

5 应在量筒内注入 30mL 纯水，并加入 5mL 浓度为 5%的分析纯氯化钠溶液。应将量土杯中试样倒入量筒内，用搅拌器搅拌悬液，上近液面，下至筒底，上下搅拌各 10 次，用纯水清洗搅拌器及量筒壁，使悬液达 50mL；

6 待悬液澄清后，应每隔 2h 测读一次土面高度（估读 0.1mL）。直至两次读数差值不大于 0.2mL，可认为膨胀稳定，土面倾斜时，读数可取其中值；

7 应按本规范式（4.2.1）计算自由膨胀率。

## 附录E 50kPa压力下的膨胀率试验

**E.0.1** 50kPa 压力下的膨胀率试验可用于 50kPa 压力和有侧限条件下原状土或扰动土样的膨胀率测定。

**E.0.2** 膨胀率试验仪器设备应符合下列规定：

1 压缩仪试验前应校准在 50kPa 压力下的仪器压缩量；

2 试样面积应为 $3000mm^2$ 或 $5000mm^2$，高应为 20mm；

3 百分表最大量程应为 5mm～10mm，最小分度值应为 0.01mm；

4 环刀面积应为 $3000mm^2$ 或 $5000mm^2$，高应为 25mm；

5 天平最大称量应为 200g，最小分度值应为 0.01g；

6 推土器直径应略小于环刀内径，高度应为 5mm。

**E.0.3** 膨胀率试验方法与步骤应符合下列规定：

1 应用内壁涂有薄层润滑油带护环的环刀切取代表性试样，用推土器将试样推出 5mm，削去多余的土，称其重量准确至 0.01g，测定试前含水量；

2 应按压缩试验要求，将试样装入容器内，放入透水石和薄型滤纸，加压盖板，调整杠杆使之水平。加 1kPa～2kPa 压力（保持该压力至试验结束，不计算在加荷压力之内），并加 50kPa 的瞬时压力，

使加荷支架、压板、土样、透水石等紧密接触，调整百分表，记下初读数；

**3** 应加 50kPa 压力，每隔 1h 记录一次百分表读数。当两次读数差值不超过 0.01mm 时，即为下沉稳定；

**4** 应向容器内自下而上注入纯水，使水面超过试样顶面约 5mm，并应保持该水位至试验结束；

**5** 浸水后，应每隔 2h 测记一次百分表读数，当连续两次读数不超过 0.01mm 时，可以为膨胀稳定，随即卸荷至零，膨胀稳定后，记录读数；

**6** 试验结束，应吸去容器中的水，取出试样称其重量，准确至 0.01g。应将试样烘至恒重，在干燥器内冷却至室温，称量并计算试样的试后含水量、密度和孔隙比。

**E.0.4** 试验资料整理和校核应符合下列规定：

**1** 50kPa 压力下的膨胀率应按下式计算：

$$\delta_{e50}=\frac{z_{50}+z_{c50}-z_0}{h_0}\times 100 \qquad (E.0.4)$$

式中：$\delta_{e50}$ ——在 50kPa 压力下的膨胀率（%）；

$z_{50}$ ——压力为 50kPa 时试样膨胀稳定后百分表的读数（mm）；

$z_{c50}$ ——压力为 50kPa 时仪器的变形值（mm）；

$z_0$ ——压力为零时百分表的初读数（mm）；

$h_0$ ——试样加荷前的原始高度（mm）。

**2** 试后孔隙比应按本规范式（F.0.4-2）计算，计算值与实测值之差不应大于 0.01。

## 附录 F 不同压力下的膨胀率及膨胀力试验

**F.0.1** 不同压力下的膨胀率及膨胀力试验可用于测定有侧限条件下原状土或扰动土样的膨胀率与压力之间的关系，以及土样在体积不变时由于膨胀产生的最大内应力。

**F.0.2** 不同压力下的膨胀率及膨胀力试验仪器设备应符合下列规定：

**1** 压缩仪试验前应校准仪器在不同压力下的压缩量和卸荷回弹量；

**2** 试样面积应为 $3000mm^2$ 或 $5000mm^2$，高应为 20mm；

**3** 百分表最大量程应为 5mm～10mm，最小分度值应为 0.01mm；

**4** 环刀面积应为 $3000mm^2$ 或 $5000mm^2$，高应为 25mm；

**5** 天平最大称量应为 200g，最小分度值应为 0.01g；

**6** 推土器直径应略小于环刀内径，高度应为 5mm。

**F.0.3** 不同压力下的膨胀率及膨胀力试验方法与步骤，应符合下列规定：

**1** 应用内壁涂有薄层润滑油带有护环的环刀切取代表性试样，由推土器将试样推出 5mm，削去多余的土，称其重量准确至 0.01g，测定试前含水量；

**2** 应按压缩试验要求，将试样装入容器内，放入干透水石和薄型滤纸。调整杠杆使之水平，加 1kPa～2kPa 的压力（保持该压力至试验结束，不计算在加荷压力之内）并加 50kPa 瞬时压力，使加荷支架、压板、试样和透水石等紧密接触。调整百分表，并记录初读数；

**3** 应对试样分级连续在 1min～2min 内施加所要求的压力。所要求的压力可根据工程的要求确定，但应略大于试样的膨胀力。压力分级，当要求的压力大于或等于 150kPa 时，可按 50kPa 分级；当压力小于 150kPa 时，可按 25kPa 分级；压缩稳定的标准应为连续两次读数差值不超过 0.01mm；

**4** 应向容器内自下而上注入纯水，使水面超过试样上端面约 5mm，并应保持至试验终止。待试样浸水膨胀稳定后，应按加荷等级分级卸荷至零；

**5** 试验过程中每退一级荷重，应相隔 2h 测记一次百分表读数。当连续两次读数的差值不超过 0.01mm 时，可认为在该级压力下膨胀达到稳定，但每级荷重下膨胀试验时间不应少于 12h；

**6** 试验结束，应吸去容器中的水，取出试样称量，准确至 0.01g。应将试样烘至恒重，在干燥器内冷却至室温，称量并计算试样的试后含水量、密度和孔隙比。

**F.0.4** 不同压力下的膨胀率及膨胀力试验资料的整理和校核，应符合下列规定：

**1** 各级压力下的膨胀率应按下式计算：

$$\delta_{epi}=\frac{z_p+z_{cp}-z_0}{h_0}\times 100 \qquad (F.0.4\text{-}1)$$

式中：$\delta_{epi}$ ——某级荷载下膨胀土的膨胀率（%）；

$z_p$ ——在一定压力作用下试样浸水膨胀稳定后百分表的读数(mm)；

$z_{cp}$ ——在一定压力作用下，压缩仪卸荷回弹的校准值(mm)；

$z_0$ ——试样压力为零时百分表的初读数(mm)；

$h_0$ ——试样加荷前的原始高度(mm)。

**2** 试样的试后孔隙比应按下式计算：

$$e=\frac{\Delta h_0}{h_0}(1+e_0)+e_0 \qquad (F.0.4\text{-}2)$$

$$\Delta h_0=z_{p0}+z_{c0}-z_0 \qquad (F.0.4\text{-}3)$$

式中：$e$——试样的试后孔隙比；

$\Delta h_0$ ——卸荷至零时试样浸水膨胀稳定后的变形量（mm）；

$z_{p0}$——试样卸荷至零时浸水膨胀稳定后百分表

读数（mm）；

$z_{c0}$——为压缩仪卸荷至零时的回弹校准值（mm）（图 F.0.4-1）；

$e_0$——试样的初始孔隙比。

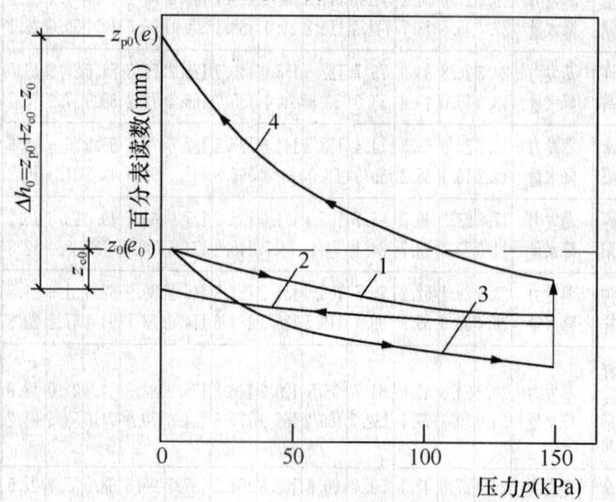


图 F.0.4-1 $\Delta h_0$ 计算示意

1—仪器压缩校准曲线；2—仪器回弹校准曲线；

3—土样加荷压缩曲线；4—土样浸水卸荷膨胀曲线

**3** 计算的试后孔隙比与实测值之差不应大于 0.01。

**4** 应以各级压力下的膨胀率为纵坐标，压力为横坐标，绘制膨胀率与压力的关系曲线，该曲线与横坐标的交点为试样的膨胀力（图 F.0.4-2）。

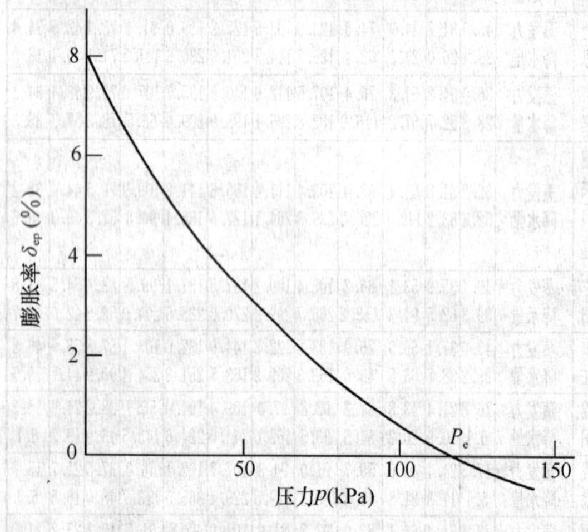


图 F.0.4-2 膨胀率-压力曲线示意

## 附录 G 收 缩 试 验

**G.0.1** 收缩试验可用于测定黏性土样的线收缩率、收缩系数等指标。

**G.0.2** 收缩试验的仪器设备应符合下列规定：

**1** 收缩试验装置（图 G.0.2）的测板直径应为 10mm，多孔垫板直径应为 70mm，板上小孔面积应占整个面积的 50％以上；

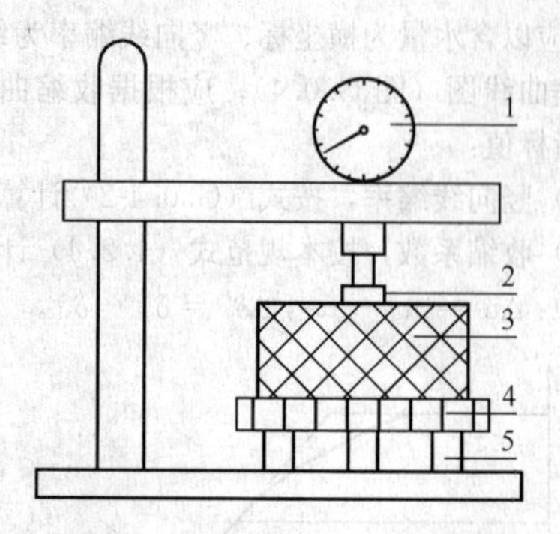


图 G.0.2 收缩试验装置示意图

1—百分表；2—测板；3—土样；

4—多孔垫板；5—垫块

**2** 环刀面积应为 $3000mm^2$，高应为 20mm；

**3** 推土器直径应为 60mm，推进量应为 21mm；

**4** 天平最大称量应为 200g，最小分度值应为 0.01g；

**5** 百分表最大量程应为5mm～10mm，最小分度值应为 0.01mm。

**G.0.3** 收缩试验的方法与步骤应符合下列规定：

**1** 应用内壁涂有薄层润滑油的环刀切取试样，用推土器从环刀内推出试样（若试样较松散应采用风干脱环法），立即把试样放入收缩装置，使测板位于试样上表面中心处（图 G.0.2）；称取试样重量，准确至 0.01g；调整百分表，记下初读数。在室温下自然风干，室温超过 30℃时，宜在恒温（20℃）条件下进行；

**2** 试验初期，应根据试样的初始含水量及收缩速度，每隔 1h～4h 测记一次读数，先读百分表读数，后称试样的重量；称量后，应将百分表调回至称重前的读数处。因故停止试验时，应采取措施保湿；

**3** 两日后，应根据试样收缩速度，每隔 6h～24h 测读一次，直至百分表读数小于 0.01mm；

**4** 试验结束，应取下试样，称量，在 105℃～110℃下烘至恒重，称干土重量。

**G.0.4** 收缩试验资料整理及计算应符合下列规定：

**1** 试样含水量应按下式计算：

$$w_i = \left(\frac{m_i}{m_d} - 1\right) \times 100 \qquad (G.0.4\text{-}1)$$

式中：$w_i$——与 $m_i$ 对应的试样含水量（％）；

$m_i$——某次称得的试样重量（g）；

$m_d$——试样烘干后的重量（g）。

**2** 竖向线缩率应按下式计算：

$$\delta_{si} = \frac{z_i - z_0}{h_0} \times 100 \qquad (G.0.4\text{-}2)$$

式中：$\delta_{si}$——与 $z_i$ 对应的竖向线缩率（％）；

$z_i$——某次百分表读数（mm）；

$z_0$——百分表初始读数（mm）；

$h_0$——试样原始高度（mm）。

3　应以含水量为横坐标、竖向线缩率为纵坐标，绘制收缩曲线图（图 G.0.4）；应根据收缩曲线确定下列各指标值：

1）竖向线缩率，按式（G.0.4-2）计算；

2）收缩系数，按本规范式（4.2.4）计算。

其中：$\Delta w = w_1 - w_2$，$\Delta\delta_s = \delta_{s2} - \delta_{s1}$。

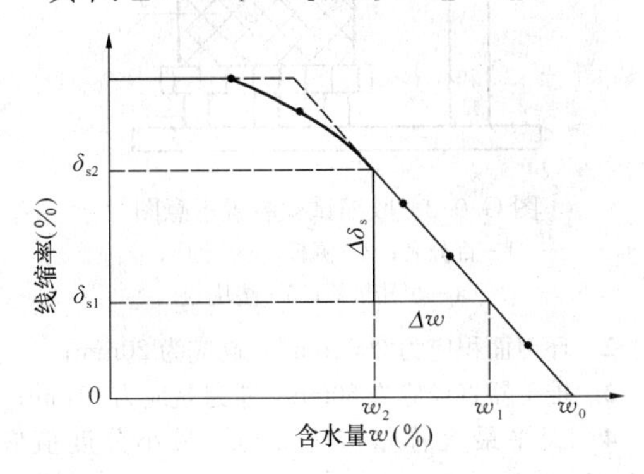


图 G.0.4　收缩曲线示意

4　收缩曲线的直线收缩段不应少于三个试验点数据，不符合要求时，应在试验资料中注明该试验曲线无明显直线段。

# 附录 H　中国部分地区的蒸发力及降水量表

**表 H　中国部分地区的蒸发力及降水量（mm）**

| 站名 | 项别＼月份 | 1 | 2 | 3 | 4 | 5 | 6 | 7 | 8 | 9 | 10 | 11 | 12 |
|---|---|---|---|---|---|---|---|---|---|---|---|---|---|
| 汉中 | 蒸发力 | 14.2 | 20.6 | 43.6 | 60.3 | 94.1 | 114.8 | 121.5 | 118.1 | 57.4 | 39.0 | 17.6 | 11.9 |
| | 降水量 | 7.5 | 10.7 | 32.2 | 68.1 | 86.6 | 110.2 | 158.0 | 141.7 | 146.9 | 80.3 | 38.0 | 9.3 |
| 安康 | 蒸发力 | 18.5 | 27.0 | 51.0 | 67.3 | 98.3 | 122.8 | 132.6 | 131.9 | 67.2 | 43.9 | 20.6 | 16.3 |
| | 降水量 | 4.4 | 11.1 | 33.2 | 80.8 | 88.5 | 78.6 | 120.7 | 118.7 | 133.7 | 70.2 | 32.8 | 7.0 |
| 通州 | 蒸发力 | 15.6 | 21.5 | 51.0 | 87.3 | 136.9 | 144.0 | 130.5 | 111.2 | 74.4 | 44.6 | 20.1 | 12.3 |
| | 降水量 | 2.7 | 7.7 | 9.2 | 22.7 | 35.6 | 70.6 | 197.1 | 243.5 | 64.0 | 21.0 | 7.8 | 1.6 |
| 唐山 | 蒸发力 | 14.3 | 20.3 | 49.8 | 83.0 | 138.8 | 140.8 | 126.2 | 112.4 | 75.5 | 45.5 | 20.4 | 19.1 |
| | 降水量 | 2.1 | 6.2 | 6.5 | 27.2 | 24.3 | 64.4 | 224.8 | 196.5 | 46.2 | 22.5 | 6.9 | 4.0 |
| 泰安 | 蒸发力 | 16.8 | 24.9 | 56.8 | 85.6 | 132.5 | 148.1 | 133.8 | 123.6 | 78.5 | 54.6 | 23.8 | 14.2 |
| | 降水量 | 5.5 | 8.7 | 16.5 | 36.8 | 42.4 | 87.4 | 228.8 | 163.2 | 70.7 | 32.2 | 26.4 | 8.1 |
| 兖州 | 蒸发力 | 16.0 | 24.9 | 58.2 | 87.7 | 137.9 | 158.5 | 140.3 | 129.5 | 81.0 | 56.6 | 24.8 | 14.7 |
| | 降水量 | 8.2 | 11.2 | 20.4 | 42.1 | 40.0 | 90.4 | 237.1 | 156.7 | 60.8 | 30.0 | 27.0 | 11.3 |
| 临沂 | 蒸发力 | 17.2 | 24.3 | 53.1 | 78.9 | 123.7 | 137.2 | 123.3 | 123.7 | 77.5 | 56.2 | 25.6 | 15.5 |
| | 降水量 | 11.5 | 15.1 | 24.4 | 52.1 | 48.2 | 111.1 | 284.8 | 183.1 | 160.4 | 33.7 | 32.3 | 13.3 |
| 文登 | 蒸发力 | 13.2 | 20.2 | 47.7 | 71.5 | 120.4 | 121.1 | 110.4 | 112.3 | 73.4 | 48.0 | 21.4 | 12.0 |
| | 降水量 | 15.7 | 12.5 | 22.4 | 44.3 | 43.3 | 82.4 | 234.1 | 194.3 | 107.9 | 36.0 | 35.3 | 16.3 |
| 南京 | 蒸发力 | 19.5 | 24.9 | 50.1 | 70.5 | 103.5 | 120.6 | 140.0 | 139.1 | 80.7 | 59.0 | 27.3 | 17.8 |
| | 降水量 | 31.8 | 53.0 | 78.7 | 98.7 | 97.3 | 139.9 | 182.0 | 121.0 | 100.9 | 44.3 | 53.2 | 21.2 |
| 蚌埠 | 蒸发力 | 19.0 | 25.9 | 52.0 | 74.4 | 114.3 | 136.9 | 137.2 | 136.0 | 79.1 | 57.8 | 28.2 | 18.5 |
| | 降水量 | 26.6 | 32.6 | 60.8 | 62.5 | 74.3 | 106.8 | 205.8 | 153.7 | 87.0 | 38.2 | 40.3 | 22.0 |
| 合肥 | 蒸发力 | 19.0 | 25.6 | 51.3 | 71.7 | 111.5 | 131.9 | 150.0 | 146.3 | 80.8 | 59.2 | 27.9 | 18.5 |
| | 降水量 | 33.6 | 50.2 | 75.4 | 106.1 | 105.9 | 96.3 | 181.5 | 114.1 | 80.0 | 43.2 | 52.5 | 31.5 |

续表 H

| 站名 | 项别＼月份 | 1 | 2 | 3 | 4 | 5 | 6 | 7 | 8 | 9 | 10 | 11 | 12 |
|---|---|---|---|---|---|---|---|---|---|---|---|---|---|
| 巢湖 | 蒸发力 | 22.8 | 27.6 | 54.2 | 72.6 | 111.3 | 134.8 | 159.7 | 149.9 | 84.2 | 64.7 | 31.2 | 21.6 |
| | 降水量 | 27.4 | 45.5 | 73.7 | 111.1 | 110.2 | 89.0 | 158.1 | 98.9 | 76.6 | 40.1 | 59.6 | 26.1 |
| 许昌 | 蒸发力 | 20.3 | 26.8 | 33.0 | 75.7 | 122.3 | 153.0 | 140.7 | 125.2 | 76.8 | 54.6 | 27.5 | 19.0 |
| | 降水量 | 13.0 | 15.0 | 19.8 | 53.0 | 53.8 | 70.4 | 185.7 | 156.4 | 72.2 | 39.9 | 37.9 | 10.7 |
| 南阳 | 蒸发力 | 19.2 | 29.9 | 53.3 | 74.4 | 113.8 | 144.8 | 137.6 | 132.6 | 78.8 | 55.6 | 26.5 | 18.6 |
| | 降水量 | 14.2 | 16.1 | 36.2 | 69.9 | 66.0 | 84.0 | 196.8 | 163.1 | 93.8 | 47.3 | 31.5 | 10.2 |
| 郧阳 | 蒸发力 | 17.5 | 23.3 | 46.5 | 65.7 | 105.3 | 131.0 | 135.7 | 127.0 | 69.4 | 49.0 | 23.3 | 16.2 |
| | 降水量 | 14.5 | 20.3 | 43.7 | 84.1 | 74.8 | 74.7 | 145.2 | 134.6 | 109.7 | 61.7 | 38.9 | 12.3 |
| 钟祥 | 蒸发力 | 23.4 | 29.1 | 52.2 | 70.5 | 108.6 | 131.2 | 151.3 | 146.2 | 89.9 | 62.5 | 31.9 | 21.7 |
| | 降水量 | 26.4 | 30.3 | 55.9 | 99.4 | 119.5 | 136.5 | 184.6 | 114.0 | 73.7 | 53.1 | 47.2 | 22.8 |
| 江陵荆州 | 蒸发力 | 20.1 | 24.8 | 45.6 | 61.7 | 96.5 | 120.2 | 146.8 | 136.9 | 82.3 | 54.4 | 27.0 | 18.8 |
| | 降水量 | 30.0 | 40.7 | 77.1 | 132.7 | 160.2 | 165.9 | 177.6 | 124.6 | 70.0 | 74.0 | 53.5 | 31.2 |
| 全州 | 蒸发力 | 29.1 | 27.9 | 47.1 | 59.4 | 90.6 | 105.8 | 151.5 | 137.7 | 98.6 | 68.5 | 35.7 | 27.5 |
| | 降水量 | 55.0 | 89.0 | 131.9 | 250.1 | 231.0 | 198.9 | 110.6 | 130.8 | 48.3 | 69.9 | 86.0 | 58.6 |
| 桂林 | 蒸发力 | 32.5 | 31.2 | 47.7 | 61.6 | 91.5 | 106.7 | 138.4 | 133.5 | 106.9 | 78.5 | 42.9 | 33.5 |
| | 降水量 | 55.6 | 76.1 | 134.0 | 279.7 | 318.4 | 315.8 | 224.2 | 166.9 | 65.2 | 97.3 | 83.2 | 56.6 |
| 百色 | 蒸发力 | 31.6 | 36.9 | 67.6 | 90.5 | 123.1 | 117.9 | 134.1 | 128.8 | 96.8 | 68.3 | 40.0 | 26.4 |
| | 降水量 | 19.9 | 17.3 | 31.1 | 66.1 | 168.7 | 195.7 | 170.3 | 189.3 | 109.4 | 81.3 | 39.6 | 17.7 |
| 田东 | 蒸发力 | 37.1 | 41.2 | 70.1 | 68.0 | 125.5 | 122.0 | 138.5 | 132.8 | 101.1 | 73.9 | 42.7 | 35.5 |
| | 降水量 | 17.4 | 22.3 | 37.2 | 66.0 | 159.4 | 213.5 | 153.7 | 211.2 | 134.5 | 67.3 | 37.2 | 22.4 |
| 贵港 | 蒸发力 | 41.8 | 36.7 | 52.7 | 67.6 | 110.6 | 109.2 | 135.0 | 133.1 | 111.4 | 91.2 | 52.1 | 42.1 |
| | 降水量 | 33.3 | 48.4 | 63.2 | 144.0 | 183.6 | 302.5 | 221.4 | 244.9 | 101.4 | 66.6 | 38.0 | 27.4 |
| 南宁 | 蒸发力 | 25.1 | 33.4 | 51.2 | 71.3 | 116.0 | 115.7 | 136.3 | 130.5 | 101.9 | 81.7 | 46.1 | 35.3 |
| | 降水量 | 40.2 | 41.8 | 63.0 | 84.1 | 183.3 | 241.8 | 179.9 | 203.6 | 110.1 | 67.0 | 43.3 | 25.1 |
| 上思 | 蒸发力 | 45.0 | 34.7 | 54.9 | 74.3 | 123.0 | 108.5 | 127.2 | 119.0 | 91.4 | 73.4 | 42.5 | 34.6 |
| | 降水量 | 23.4 | 26.0 | 23.1 | 62.4 | 126.7 | 144.3 | 201.0 | 235.6 | 141.7 | 74.1 | 40.4 | 18.0 |
| 来宾 | 蒸发力 | 36.0 | 34.2 | 51.3 | 76.4 | 107.5 | 112.6 | 140.9 | 135.7 | 107.0 | 79.9 | 43.4 | 34.2 |
| | 降水量 | 28.8 | 52.7 | 67.2 | 116.9 | 182.8 | 296.1 | 195.9 | 209.0 | 68.5 | 78.3 | 57.3 | 36.3 |
| 韶关曲江 | 蒸发力 | 32.2 | 31.8 | 51.4 | 65.0 | 103.4 | 111.4 | 155.6 | 141.2 | 109.9 | 79.5 | 44.4 | 32.2 |
| | 降水量 | 52.4 | 83.2 | 149.7 | 226.2 | 239.9 | 264.1 | 127.6 | 138.4 | 90.8 | 57.3 | 49.3 | 43.5 |
| 广州 | 蒸发力 | 40.1 | 35.9 | 53.1 | 66.2 | 105.4 | 109.2 | 137.5 | 131.1 | 99.5 | 88.4 | 54.5 | 41.8 |
| | 降水量 | 39.3 | 62.5 | 91.3 | 158.2 | 266.7 | 299.2 | 220.0 | 225.5 | 204.0 | 52.2 | 42.0 | 19.7 |
| 湛江 | 蒸发力 | 43.0 | 37.1 | 55.9 | 26.9 | 123.8 | 122.3 | 144.9 | 132.0 | 105.1 | 87.8 | 58.9 | 46.2 |
| | 降水量 | 25.2 | 38.7 | 63.5 | 40.6 | 163.3 | 209.2 | 163.5 | 251.2 | 254.4 | 90.9 | 44.7 | 19.5 |
| 绵阳 | 蒸发力 | 16.8 | 21.4 | 43.8 | 61.2 | 92.8 | 97.0 | 109.4 | 104.0 | 56.7 | 38.2 | 21.9 | 15.2 |
| | 降水量 | 6.1 | 10.9 | 20.2 | 54.5 | 83.5 | 162.0 | 244.0 | 224.6 | 143.5 | 43.9 | 19.7 | 6.1 |
| 成都 | 蒸发力 | 17.5 | 21.4 | 43.6 | 59.7 | 91.0 | 94.3 | 107.7 | 102.1 | 56.0 | 37.5 | 21.7 | 15.7 |
| | 降水量 | 5.1 | 11.3 | 21.8 | 51.3 | 88.3 | 119.8 | 229.4 | 365.5 | 113.7 | 48.0 | 16.5 | 6.4 |
| 昭通 | 蒸发力 | 23.4 | 31.4 | 66.1 | 83.0 | 97.7 | 81.9 | 101.9 | 92.8 | 61.7 | 40.1 | 27.2 | 21.2 |
| | 降水量 | 5.6 | 6.6 | 12.6 | 26.6 | 74.3 | 144.1 | 162.0 | 124.4 | 101.2 | 62.2 | 15.2 | 7.0 |
| 昆明 | 蒸发力 | 35.6 | 47.2 | 85.1 | 103.4 | 122.6 | 91.9 | 90.2 | 90.3 | 67.6 | 53.0 | 36.9 | 30.1 |
| | 降水量 | 10.0 | 9.9 | 13.6 | 19.7 | 78.5 | 182.0 | 216.5 | 195.1 | 123.0 | 94.9 | 33.6 | 16.0 |
| 开远 | 蒸发力 | 44.4 | 56.9 | 99.6 | 116.7 | 140.2 | 105.4 | 107.5 | 100.8 | 81.6 | 66.5 | 44.2 | 39.2 |
| | 降水量 | 14.2 | 14.2 | 25.9 | 40.9 | 75.7 | 131.8 | 166.6 | 135.1 | 83.2 | 55.2 | 33.2 | 20.0 |
| 元江 | 蒸发力 | 54.2 | 69.4 | 114.3 | 123.3 | 148.7 | 118.8 | 121.2 | 116.9 | 95.3 | 76.4 | 52.2 | 44.8 |
| | 降水量 | 12.5 | 11.1 | 17.2 | 41.9 | 80.3 | 142.6 | 132.1 | 133.3 | 72.4 | 74.1 | 37.1 | 26.9 |
| 文山 | 蒸发力 | 36.1 | 45.8 | 84.3 | 104.4 | 120.8 | 94.5 | 99.3 | 93.6 | 70.5 | 59.5 | 40.4 | 34.3 |
| | 降水量 | 13.7 | 12.4 | 24.5 | 61.6 | 103.9 | 154.0 | 194.6 | 175.0 | 103.6 | 64.9 | 31.1 | 23.0 |
| 蒙自 | 蒸发力 | 40.4 | 58.4 | 100.8 | 117.6 | 134.5 | 102.3 | 102.6 | 97.7 | 78.7 | 66.0 | 47.8 | 41.3 |
| | 降水量 | 12.9 | 16.4 | 26.2 | 45.9 | 90.1 | 131.8 | 150.8 | 150.5 | 81.1 | 52.8 | 27.7 | 19.8 |
| 贵阳 | 蒸发力 | 21.0 | 25.0 | 51.8 | 70.3 | 90.9 | 92.7 | 116.9 | 110.1 | 74.4 | 46.7 | 28.1 | 21.1 |
| | 降水量 | 19.7 | 21.8 | 33.2 | 108.3 | 191.8 | 213.2 | 178.9 | 142.0 | 82.6 | 89.2 | 55.9 | 25.7 |

注：表中“站名”为气象站所在地。

## 附录J 使用要求严格的地面构造

**表J 混凝土地面构造要求**

| $\delta_{ep0}$(%) / 设计要求 | $2\leqslant\delta_{ep0}<4$ | $\delta_{ep0}\geqslant4$ |
|---|---|---|
| 混凝土垫层厚度(mm) | 100 | 120 |
| 换土层总厚度 $h$(mm) | 300 | $300+(\delta_{ep0}-4)\times100$ |
| 变形缓冲层材料最小粒径(mm) | ≥150 | ≥200 |

注：1 表中 $\delta_{ep0}$ 取膨胀试验卸荷到零时的膨胀率；

2 变形缓冲层材料可采用立砌漂石、块石，要求小头朝下；

3 换土层总厚度 $h$ 为室外地面标高至变形缓冲层底标高的距离。

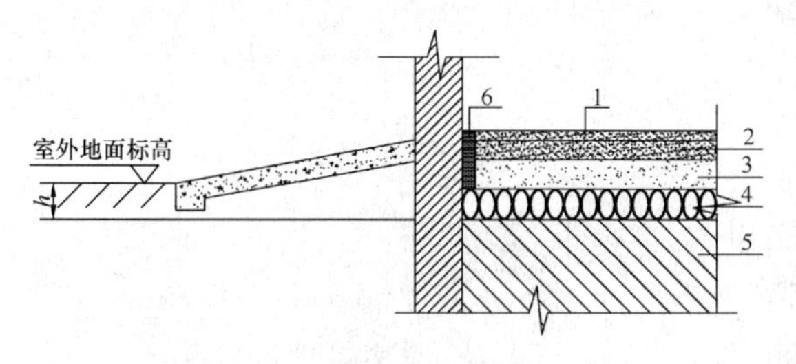


图J 混凝土地面构造示意

1—面层；2—混凝土垫层；3—非膨胀土填充层；4—变形缓冲层；5—膨胀土地基；6—变形缝

## 本规范用词说明

**1** 为便于在执行本规范条文时区别对待，对要求严格程度不同的用词说明如下：

**1）** 表示很严格，非这样做不可的：
正面词采用"必须"，反面词采用"严禁"；

**2）** 表示严格，在正常情况下均应这样做的：
正面词采用"应"，反面词采用"不应"或"不得"；

**3）** 表示允许稍有选择，在条件许可时首先应这样做的：
正面词采用"宜"，反面词采用"不宜"；

**4）** 表示有选择，在一定条件下可以这样做的，采用"可"。

**2** 条文中指明应按其他有关标准执行的写法为："应按……执行"或"应符合……的规定"。

## 引用标准名录


**1** 《建筑地基基础设计规范》GB 50007

**2** 《岩土工程勘察规范》GB 50021

**3** 《工程测量规范》GB 50026

**4** 《工程结构可靠性设计统一标准》GB 50153

**5** 《民用建筑可靠性鉴定标准》GB 50292

**6** 《建筑变形测量规范》JGJ 8

**7** 《建筑桩基技术规范》JGJ 94

中华人民共和国国家标准

# 膨胀土地区建筑技术规范

**GB 50112—2013**

## 条 文 说 明

# 制 订 说 明

《膨胀土地区建筑技术规范》GB 50112－2013，经住房和城乡建设部2012年12月25日以第1587号公告批准、发布。

本规范是在《膨胀土地区建筑技术规范》GBJ 112－87的基础上修订而成的。《膨胀土地区建筑技术规范》GBJ 112－87的主编单位是中国建筑科学研究院，参编单位是中国有色金属总公司昆明勘察院、航空航天部第四规划设计研究院、云南省设计院、个旧市建委设计室、湖北省综合勘察设计研究院、陕西省综合勘察院、中国人民解放军总后勤部营房设计院、平顶山市建委、航空航天部勘察公司、平顶山矿务局科研所、云南省云锡公司、广西区建委综合设计院、湖北省工业建筑设计院、广州军区营房设计所。主要起草人为黄熙龄、陆忠伟、何信芳、穆伟贤、徐祖森、陈希泉、陈林、汪德果、陈开山、王思义。

本规范修订过程中，修订组进行了广泛的调查研究，总结了我国工程建设的实践经验，同时参考了国外先进技术法规、技术标准。

为便于广大设计、施工、科研、学校等单位有关人员在使用本规范时能正确理解和执行条文规定，《膨胀土地区建筑技术规范》修订组按章、节、条顺序编制了本规范的条文说明，对条文规定的目的、依据以及执行中需注意的有关事项进行了说明。但是，本条文说明不具备与规范正文同等的法律效力，仅供使用者作为理解和把握规范规定的参考。在使用中若发现本条文说明有不妥之处，请将意见函寄中国建筑科学研究院。

# 目　次

# 1 总 则

**1.0.1** 本条明确了制定本规范的目的和指导思想：在膨胀土地区的工程建设过程中，针对膨胀土的特性，结合当地的工程经验，认真执行国家的经济技术政策。保护环境，特别是保持地质环境中的原始地形地貌、天然泄排水系统和植被不遭到破坏以及合理的环境绿化也是预防膨胀土危害的重要措施，应予以高度重视。

**1.0.2** 本规范定义的膨胀土不包括膨胀类岩石、膨胀性含盐岩土以及受酸和电解液等污染的土。当建设工程遇有该情况时，应进行专门研究。

**1.0.3** 为实现膨胀土地区建筑工程的安全和正常使用，遵照《工程结构可靠性设计统一标准》GB 50153的有关规定，在岩土工程勘察、工程设计和施工以及维护管理等方面提出下列要求：

1）我国膨胀土分布广泛，成因类型和矿物组成复杂，应根据土的自由膨胀率、工程地质特征和房屋开裂破坏形态综合判定膨胀土；

2）建筑场地的地形地貌条件和气候特点以及土的膨胀潜势决定着膨胀土对建筑工程的危害程度。场地条件应考虑上述因素的影响，以地基的分级变形量为指示性指标综合评价；

3）膨胀土上的房屋受环境诸因素变化的影响，经常承受反复不均匀升降位移的作用，特别是坡地上的房屋还伴随有水平位移，较小的位移幅度往往导致低层砌体结构房屋的破坏，且难于修复。因此，对膨胀土的危害应遵循“预防为主，综合治理”的原则。

上述要求是根据膨胀土的特性以及当前国内外对膨胀土科学研究的现状和经验总结提出的。一般地基只有在极少数情况下才考虑气候条件与土中水分变化的影响，但对膨胀土地基，大量降雨、严重干旱就足以导致房屋大幅度位移而破坏。土中水分变化不仅与气候有关，还受覆盖、植被和热源等影响，这些都是在设计中必须考虑的因素。

**1.0.4** 本规范各章节的技术要求和措施是针对膨胀土地基的特性制定的，按照工程建设程序，在岩土工程勘察、荷载效应和地震设防以及结构设计等方面还应符合有关现行国家标准的规定。

# 2 术语和符号

## 2.1 术 语

根据《工程建设标准编写规定》（建标［2008］182号）的要求，新增了本规范相关术语的定义及其英文术语。主要包括膨胀土及其特性参数、指标的术语。

**2.1.1** 本规范对膨胀土的定义包括三个内容：

1）控制膨胀土胀缩势能大小的物质成分主要是土中蒙脱石的含量、离子交换量以及小于2μm黏粒含量。这些物质成分本身具有较强的亲水特性，是膨胀土具有较大胀缩变形的物质基础；

2）除亲水特性外，物质本身的结构也很重要，电镜试验证明，膨胀土的微观结构属于面—面叠聚体，它比团粒结构有更大的吸水膨胀和失水收缩的能力；

3）任何黏性土都具有胀缩性，问题在于这种特性对房屋安全的危害程度。本规范以未经处理的一层砌体结构房屋的极限变形幅度15mm作为划分标准，当计算建筑物地基土的胀缩变形量超过此值时，即应按本规范进行勘察、设计、施工和维护管理。

## 2.2 符 号

符号以沿用《膨胀土地区建筑技术规范》GBJ 112－87既有符号为主，按属性分为四类：作用和作用效应、材料性能和抗力、几何参数、设计参数和计算系数。并根据现行标准体系对以下参数符号进行了修改：

1）“地基承载力标准值（$f_k$）”改为“地基承载力特征值（$f_{ak}$）”；

2）“桩侧与土的容许摩擦力（［$f_s$］）”改为“桩的侧阻力特征值（$q_{sa}$）”；

3）“桩端单位面积的容许承载力（［$f_p$］）”改为“桩的端阻力特征值（$q_{pa}$）”。

# 3 基本规定

**3.0.1** 膨胀土一般为黏性土，就其黏土矿物学来说，黏土矿物的硅氧四面体和铝氧八面体的表面都富存负电荷，并吸附着极性水分子形成不同厚度的结合水膜，这是所有黏土吸水膨胀的共性。而蒙脱石［$(Mg\cdot Al)_2(Si_4O_{10})(OH)_2\cdot nH_2O$］是在富镁的微碱性环境中生成的含镁和水的硅铝酸盐矿物，它的比表面积高达810m²/g，约为伊利石的10倍。蒙脱石不但具有结合水膜增厚的膨胀（俗称粒间膨胀），而且具有伊利石、高岭石、绿泥石等矿物所没有的极为显著的晶格间膨胀。国外的研究表明：蒙脱石的含水量在10%、29.5%和59%的d（001）晶面间距分别为11.2Å、15.1Å和17.8Å。当蒙脱石加水到呈胶体时，其晶面间距可达20Å左右，而钠蒙脱石在淡水中的晶面间距可达120Å，体积增大10倍。因此，蒙脱石的含量决定着黏土膨胀潜势的强弱。这与 $Na_2SO_4$ 在一定温度下能吸附 10 个水分子形成 $Na_2SO_4 \cdot 10H_2O$ 的盐胀性有着本质的区别。黏土的膨胀不仅与蒙脱石含量关系密切，而且与其表面吸附的可交换阳离子种类有关。钠蒙脱石比钙蒙脱石具有更大的膨胀潜势就是一个例证。

20 世纪 80 年代“膨胀土地基设计”课题组以及近期曲永新研究员等人的研究表明：我国膨胀土的分布广，矿物成分复杂多变，土中小于 2μm 的黏粒含量一般大于 30%。作为膨胀性矿物的蒙脱石常以混层的形式出现，如伊利石/蒙脱石、高岭石/蒙脱石和绿泥石/蒙脱石等。而混层比（即蒙脱石占混层矿物总数的百分数）的大小决定着膨胀潜势的强弱。

所谓综合判定并非多指标判定，而是根据自由膨胀率并综合工程地质特征和房屋开裂破坏形态作多因素判定。膨胀土地区的工程地质特征和房屋开裂破坏形态是地基土长期胀缩往复循环变形的表征，是膨胀土固有的属性，在一般地基上罕见。

自由膨胀率是干土颗粒在无结构力影响时的膨胀特性指标，且较为直观，试验方法简单易行。大量试验研究表明：自由膨胀率与土的蒙脱石含量和阳离子交换量有较好的相关关系，见图 1 和图 2。图中的试验数据是全国有代表性膨胀土的试验资料的统计分析结果。试验用土样都是在不同开裂破坏程度房屋的附近取得，其中尚有一般黏土和红黏土。

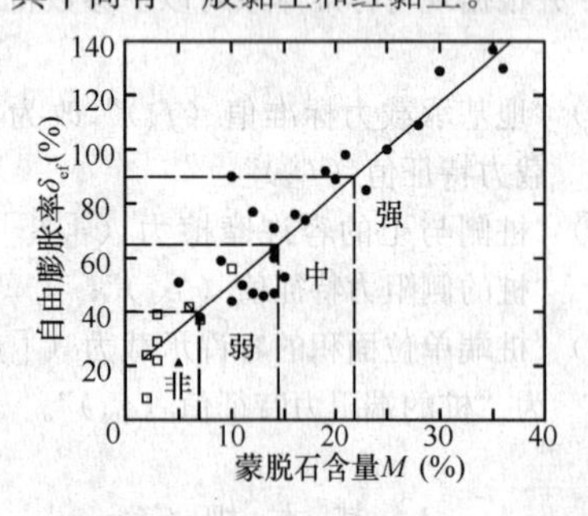


图 1　蒙脱石含量与自由膨胀率关系

•膨胀土；▵一般黏土；▫红黏土

$\delta_{ef}=3.3459M+16.894$　$R^2=0.8114$

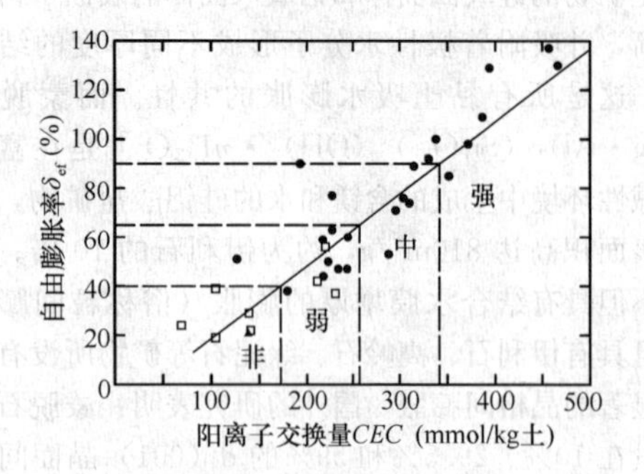


图 2　阳离子交换量与自由膨胀率关系

•膨胀土；▵一般黏土；▫红黏土

$\delta_{ef}=0.2949CEC-10.867$　$R^2=0.7384$

当自由膨胀率小于 40%、蒙脱石含量小于 7%、阳离子交换量小于 170 时，地基的分级变形量小于 15mm，低层砌体结构房屋完好或有少量微小裂缝，可判为非膨胀土；当土的自由膨胀率大于 90%、蒙脱石含量大于 22%、阳离子交换量大于 340 时，地基的分级变形量可能大于 70mm，房屋会严重开裂破坏，裂缝宽度可达 100mm 以上。本规范附录 A 和表 A.0.1 以及第 4.3.3 条和第 4.3.4 条就是根据上述资料制定的。

我国幅员辽阔，膨胀土的成因类型和矿物组成复杂，对膨胀土胀缩机理的研究和认识尚处于逐步提高、统一认识的阶段。本规范对膨胀土的判定及其指标的选取着重于建筑工程的工程意义，而非拘泥于土质学和矿物学的理论分析。矿物和化学分析费用高、时间长，一般试验室难于承担。当工程的规模大、功能要求严格且对土的膨胀性能有疑问时，可按本规范附录 A 的规定，通过矿物和化学分析进一步验证确认。

**3.0.2**　膨胀土上建筑物的地基基础设计等级是根据下列因素确定的：

1）建筑物的建筑规模和使用要求；

2）场地工程地质特征；

3）诸多环境因素影响下地基产生往复胀缩变形对建筑物所造成的危害程度等。

本规范表 3.0.2 的甲级建筑物中，覆盖面积大的重要工业与民用建筑物系指规模面积大的生产车间和大型民用公共建筑（如展览馆、体育场馆、火车站、机场候机楼和跑道等）。由于占地面积大，膨胀土中的水分变化受“覆盖效应”影响较大。大面积的建筑覆盖，基本上隔绝了大气降水和地面蒸发对土中水分变化的影响。在室内外和土中上下温度和湿度梯度的驱动下，水分向建筑物中部区域迁移并集聚而导致结构物的隆起；而在建筑物四周，受气候变化的影响较大，结构会产生较大幅度的升降位移。上述中部区域的隆起和四周升降位移是不均匀的，幅度达到一定的程度将导致建筑结构产生难于承受的次应力而破坏。再者，大型结构跨度大，结构形式往往是新型的网架或壳体屋盖和组合柱，对基础差异升降位移要求严格且适应能力较差，容易遭到破坏或影响正常使用。

用水量较大的湿润车间，如自来水厂、污水处理厂和造纸、纺织印染车间等大型的储水构筑物须采取严格的防水措施，以防止长时间的跑冒滴漏导致土中水分增加而产生过大的膨胀变形；而烟囱、炉、窑由于长期的高温烘烤会导致基础下部和周围的土体失水收缩。如有一炼焦炉三面环绕的烟道长期经受 200℃ 的高温烘烤，引起地基土大量失水，产生了 53mm 的附加沉降，使总沉降量达到 106mm，差异沉降 79mm，基础底板出现多条裂缝。长期工作在低温或负温条件下的冷藏、冷冻库房等建筑物，与环境温度差异较大，在温度梯度驱动下，水分向建筑物下的土体转移，引起幅度较大的不均匀膨胀变形，使房屋开裂而影响使用。设计时必须采取保温隔热措施。

精密仪器仪表制造和使用车间、测绘用房以及高温、高压和易燃、易爆的化工厂、核电站等的生产装置和管道等设施，或鉴于生产工艺和使用精度需要，或因为安全防护，对建筑地基的总变形和差异变形要求极为严格，地基基础设计必须采取相应的对策。

位于坡地上的房屋，其临坡面的墙体变形与平坦场地有很大差异。由于坡地临空面大，土中水分的变化对大气降水和蒸发的影响敏感，房屋平均变形和差异变形的幅度大于平坦场地。地基的变形特点除有竖向位移外，还兼有较大的水平位移，当土中水分变化较大时，这种水平位移是不可逆的。因此，坡地上房屋开裂破坏程度比平坦场地严重，将建于坡地上的重要建筑物（如纪念性建筑、高档民用房屋等）的地基基础设计等级列为甲级。

胀缩等级为Ⅲ级的地基，其低层房屋的变形量可能大于70mm，设计的技术难度和处理费用较高，有时需采取多种措施综合治理，必要时还需要在加强上部结构刚度的同时采用桩基础。膨胀土地区的挡土结构，当高度不大于3m时，只要符合本规范第5.4.3条的构造要求，一般都是安全的，这是总结建筑经验的结果。对于高度大于3m的挡土结构，在设计计算时要考虑土中裂隙发育程度和土体遇水膨胀后抗剪强度的降低，并考虑水平膨胀力的影响。因此，在计算参数和滑裂面选取以及水平膨胀力取值等方面的技术难度高，需进行专门研究。对于膨胀土地区深基坑的支护设计，存在同样的问题需要认真应对。

本规范表3.0.2中地基基础设计等级为丙级的建筑物，由于场地平坦、地基条件简单均匀，且地基土的胀缩等级为Ⅰ级，其最大变形幅度一般小于35mm，只要采取一些简单的预防措施就能保证其安全和正常使用。

建筑物规模和结构形式繁多，影响膨胀土地基变形的因素复杂，技术难度高，设计时应根据建筑物和地基的具体情况确定其设计等级。本规范表3.0.2中未包含的内容，应参考现行国家标准《建筑地基基础设计规范》GB 50007中有关的规定执行。

**3.0.3** 根据建筑物地基基础设计等级及长期荷载作用下地基胀缩变形和压缩变形对上部结构的影响程度，本条规定了膨胀土地基的设计原则：

1）所有建筑物的地基计算和其他地基一样必须满足承载力的要求，这是保证建筑物稳定的基本要求。

2）膨胀土上的建筑物遭受开裂破坏多为砌体结构的低层房屋，四层以上的建筑物很少有危害产生。低层砌体结构的房屋一般整体刚度和强度较差，基础埋深较浅，土中水分变化容易受环境因素的影响，长期往复的不均匀胀缩变形使结构遭受正反两个方向的挠曲变形作用。即使在较小的位移幅度下，也常可导致建筑物的破坏，且难于修复。因此，膨胀土地基的设计必须按变形计算控制，严格控制地基的变形量不超过建筑物地基允许的变形值。这对下列设计等级为甲、乙级的建筑物尤为重要：

（1）建筑规模大的建筑物；

（2）使用要求严格的建筑物；

（3）建筑场地为坡地和地基条件复杂的建筑物。

对于高重建筑物作用于地基主要受力层中的压力大于土的膨胀力时，地基变形主要受土的压缩变形和可能的失水收缩变形控制，应对其压缩变形和收缩变形进行设计计算。

3）对于设计等级为丙级的建筑物，当其地基条件简单，荷载差异不大，且采取有效的预防胀缩措施时，可不做变形验算。

4）建造于斜坡及其邻近的建筑物和经常受水平荷载作用的高层建筑以及挡土结构的失稳是灾难性的。建筑地基和挡土结构的失稳，一方面是由于荷载过大，土中应力超过土体的抗剪强度引起的，必须通过设计计算予以保证；另一方面，土中水的作用是主要的外因，所谓“十滑九水”对于膨胀土地基来说更为贴切。水不但导致土体膨胀而使其抗剪强度降低，同时也产生附加的水平膨胀力，设计时应考虑其影响，并采取防水保湿措施，保持土中水分的相对平衡。

**3.0.6** 本条规定地基基础设计等级为甲级的建筑物应进行长期的升降和水平位移观测，其目的是为建筑物后期的维护管理提供指导，同时，也为地区的膨胀土研究积累经验与数据。

# 4 勘 察

## 4.1 一 般 规 定

**4.1.1** 根据膨胀土的特点，在现行国家标准《岩土工程勘察规范》GB 50021的基础上，增加了一些膨胀土地区岩土工程勘察的特殊要求：

1）各勘察阶段应增加的工作；

2）勘探布点及取土数量与深度；

3）试验项目，如膨胀试验、收缩试验等。

**4.1.2** 明确可行性研究勘察阶段以工程地质调查为主，主要内容为初步查明有无膨胀土。工程地质调查的内容是按综合判定膨胀土的要求提出的，即土的自由膨胀率、工程地质特征、建筑物损坏情况等。

**4.1.3** 初步勘察除要求查明不良地质作用、地貌、地下水等情况外，还要求进行原状土基本物理力学性质、膨胀、收缩、膨胀力试验，以确定膨胀土的膨胀潜势和地基胀缩等级，为建筑总平面布置、主要建筑物地基基础方案和预防措施以及不良地质作用的防治提供资料和建议。

**4.1.4** 详细勘察除一般要求外，应确定各单体建筑物地基土层分布及其物理力学性质和胀缩性能，为地基基础的设计、防治措施和边坡防护以及不良地质作用的治理，提供详细的工程地质资料和建议。

**4.1.5** 结合膨胀土地基的特殊情况，对勘探点的布置、孔深和土样采取提出要求。根据大气影响深度及胀缩性评价所需的最少土样数量，规定膨胀土地面下8m以内必须采取土样，地基基础设计等级为甲级的建筑物，取原状土样的勘探点不得少于3个。大气影响深度范围内是膨胀土的活动带，故要求增加取样数量。经多年现场观测，我国膨胀土地区平坦场地的大气影响深度一般在5m以内，地面5m以下由于土的含水量受大气影响较小，故采取土样进行胀缩性试验的数量可适当减少。但如果地下水位波动很大，或有溶沟溶槽水时，则应根据具体情况确定勘探孔的深度和取原状土样的数量。

对于膨胀土地区的高层建筑，其岩土工程勘察尚应符合现行国家标准《岩土工程勘察规范》GB 50021的相关规定。

## 4.2 工程特性指标

**4.2.1～4.2.4** 膨胀土的工程特性指标包括自由膨胀率、不同压力下的膨胀率、膨胀力和收缩系数等四项，本规范附录D～附录G对试验方法的技术要求作了具体的规定。

自由膨胀率是判定膨胀土时采用的指标，不能反映原状土的胀缩变形，也不能用来定量评价地基土的胀缩幅度。不同压力下的膨胀率和收缩系数是膨胀土地区设计计算变形的两项主要指标。膨胀力较大的膨胀土，地基计算压力也可相应增大，在选择基础形式及基底压力时，膨胀力是很有用的指标。

## 4.3 场地与地基评价

**4.3.1** 膨胀土场地的综合评价是工程实践经验的总结，包括工程地质特征、自由膨胀率及场地复杂程度三个方面。工程地质特征与自由膨胀率是判别膨胀土的主要依据，但都不是唯一的，最终的决定因素是地基的分级变形量及胀缩的循环变形特性。

在使用本规范时，应特别注意收缩性强的土与膨胀土的区分。膨胀土的处理措施有些不适于收缩性强的土，如地面处理、基础埋深、防水处理等方面两者有很大的差别。对膨胀土而言，既要防止收缩，又要防止膨胀。

此外，膨胀土分布的规律和均匀性较差，在一栋建筑物场地内，有的属膨胀土，有的不属膨胀土。有些地层上层是非膨胀土，而下层是膨胀土。在一个场区内，这种例子更多。因此，对工程地质及土的膨胀潜势和地基的胀缩等级进行分区具有重要意义。

**4.3.2** 在场地类别划分上没有采用现行国家标准《岩土工程勘察规范》GB 50021规定的三个场地等级：一级场地（复杂场地）、二级场地（中等复杂场地）和三级场地（简单场地），而采用平坦场地和坡地场地。膨胀土地区自然坡很缓，超过14°就有蠕动和滑坡的现象，同时，大于5°坡上的建筑物变形受坡的影响而沉降量也较大。房屋损坏严重，处理费用较高。为使设计施工人员明确膨胀土坡地的危害及治理方法的特别要求，将三级场地（简单场地）划为平坦场地，将二级场地（中等复杂场地）和一级场地（复杂场地）划为坡地场地。膨胀土地区坡地的坡度大于14°已属于不良地形，处理费用太高，一般应避开。建议在一般情况下，不要将建筑物布置在大于14°的坡地上。

场地类别划分的依据：膨胀土固有的特性是胀缩变形，土的含水量变化是胀缩变形的重要条件。自然环境不同，对土的含水量影响也随之而异，必然导致胀缩变形的显著区别。平坦场地和坡地场地处于不同的地形地貌单元上，具有各自的自然环境，便形成了独自的工程地质条件。根据对我国膨胀土分布地区的8个省、9个研究点的调查，从坡地场地上房屋的损坏程度、边坡变形和斜坡上的房屋变形特点等来说明将其划分为两类场地的必要性。

1）坡地场地

(1) 建筑物损坏普遍而严重，两次调查统计见表1。

**表1 坡地上建筑物损坏情况调查统计**

| 序号 | 建筑物位置 | 调查统计 |
|---|---|---|
| 1 | 坡顶建筑物 | 调查了324栋建筑物，损坏的占64.0%，其中严重损坏的占24.8% |
| 2 | 坡腰建筑物 | 调查了291栋建筑物，损坏的占77.4%，其中严重损坏的占30.6% |
| 3 | 坡脚建筑物 | 调查了36栋建筑物，损坏的占6.8%，其损坏程度仅为轻微～中等 |
| 4 | 阶地及盆地中部建筑物 | 由于地形地貌简单、场地平坦，除少量建筑物遭受破坏外，大多数完好 |

(2) 边坡变形特点

湖北郧县人民法院附近的斜坡上，曾布置了 2 个剖面的变形观测点，测点布置见图 3，观测结果列于表 2。从观测结果来看，在边坡上的各测点不但有升降变形，而且有水平位移；升降变形幅度和水平位移量都以坡面上的点最大，随着离坡面距离的增大而逐渐减小；当其离坡面 15m 时，尚有 9mm 的水平位移，也就是说，边坡的影响距离至少在 15m 左右；水平位移的发展导致坡肩地裂的产生。

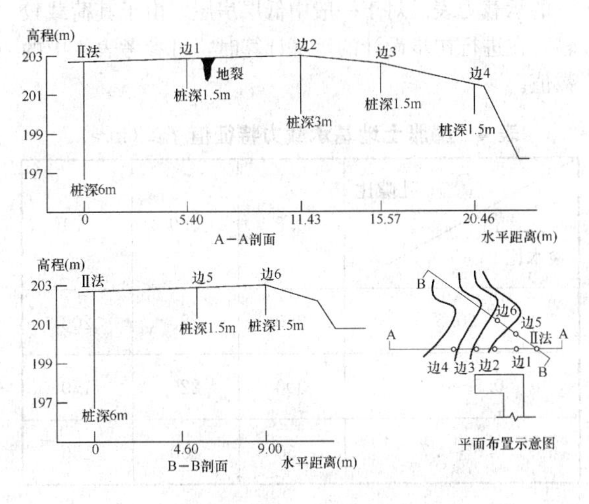


图 3 湖北郧县人民法院边坡变形观测测点布置示意

**表 2 湖北郧县人民法院边坡观测结果**

| 剖面长度（m） | 点号 | 间距（m） | 水平位移（mm）"+" | 水平位移（mm）"−" | 点号 | 升降变形幅度（mm） |
|---|---|---|---|---|---|---|
| 20.46（Ⅱ法～测点边 4） | Ⅱ法～边 1 | 5.40 | 4.00 | 3.10 | Ⅱ法 | 10.29 |
| | ～边 2 | 11.43 | | 9.90 | 边 1 | 49.29 |
| | ～边 3 | 15.57 | 20.60 | 10.70 | 边 2 | 34.66 |
| | ～边 4 | 20.46 | 34.20 | | 边 3 | 47.45 |
| | | | | | 边 4 | 47.07 |
| 9.00（Ⅱ法～测点边 6） | Ⅱ法～边 5 | 4.60 | 3.00 | 6.10 | 边 5 | 45.01 |
| | ～边 6 | 9.00 | 24.40 | | 边 6 | 51.96 |

注：1. "+" 表示位移量增大，"−" 表示位移量减小；

2. 测点"边 1"～"边 2"间有一条地裂。

(3) 坡地场地上建筑物变形特征

云南个旧东方红农场小学教室及个旧冶炼厂 5 栋家属宿舍，均处于 5°～12°的边坡上，7 年的升降观测，发现临坡面的变形与时间关系曲线是逐年渐次下降的，非临坡面基本上是波状升降。观测结果列于表 3。从观测结果来看，临坡面观测点的变形幅度是非临坡面的 1.35 倍，边坡的影响加剧了建筑物临坡面的变形，从而导致建筑物的损坏。

**表 3 云南个旧东方红农场等处 5°～12°边坡上建筑物升降变形观测结果**

| 建筑物名称 | 至坡边距离（m） | 坎高（m） | 临坡面（前排）的变形幅度（mm）点号 | 最大 | 平均 | 非临坡面（后排）的变形幅度（mm）点号 | 最大 | 平均 |
|---|---|---|---|---|---|---|---|---|
| 东方红农场小学教室（Ⅰ$_1$） | 4.0 | 3.2 | Ⅰ$_1$～1 | 88.10 | 118.60 | Ⅰ$_1$～7 | 103.30 | 90.00 |
| | | | ～2 | 119.70 | | ～8 | 100.10 | |
| | | | ～3 | 146.80 | | ～9 | 114.40 | |
| | | | ～4 | 112.80 | | ～10 | 48.10 | |
| | | | ～5 | 125.50 | | | | |
| 个旧冶炼厂家属宿舍（Ⅱ$_2$） | 4.4 | 2.13～2.60 | Ⅱ$_2$～1 | 25.20 | 16.60 | Ⅱ$_2$～4 | 8.10 | 14.10 |
| | | | ～2 | 12.20 | | ～5 | 20.10 | |
| | | | ～3 | 12.30 | | | | |
| 个旧冶炼厂家属宿舍（Ⅱ$_3$） | 4.0 | 1.00～1.16 | Ⅱ$_3$～1 | 28.70 | 24.40 | Ⅱ$_3$～4 | 8.70 | 10.25 |
| | | | ～2 | 11.50 | | ～5 | 11.80 | |
| | | | ～3 | 25.10 | | | | |
| | | | ～4 | 32.30 | | | | |
| 个旧冶炼厂家属宿舍（Ⅱ$_4$） | 4.6 | 1.75～2.61 | Ⅱ$_4$～1 | 36.50 | 25.18 | Ⅱ$_4$～5 | 12.90 | 15.37 |
| | | | ～2 | 11.00 | | ～6 | 22.60 | |
| | | | ～3 | 20.80 | | ～7 | 10.60 | |
| | | | ～4 | 30.60 | | | | |
| | | | ～8 | 27.00 | | | | |
| 个旧冶炼厂家属宿舍（Ⅱ$_5$） | 2.0 | 0.75～1.09 | Ⅱ$_5$～1 | 50.30 | 49.40 | Ⅱ$_5$～6 | 44.20 | 44.20 |
| | | | ～2 | 23.50 | | | | |
| | | | ～3 | 34.70 | | | | |
| | | | ～4 | 24.30 | | | | |
| | | | ～7 | 62.20 | | | | |
| | | | ～8 | 42.10 | | | | |
| 总体比较 | | | | | 46.84 | | | 34.78 |

表 3 中Ⅰ$_1$ 栋建筑物：地形坡度为 5°，一面临坡，无挡土墙；Ⅱ$_2$～Ⅱ$_5$ 栋建筑物：地形坡度为 12°，Ⅱ$_3$～Ⅱ$_5$ 栋两面临坡。Ⅱ$_2$ 栋一面临坡，有挡土墙。

(4) 上述调查结果揭示了坡地场地的复杂性，说明坡地场地有其独特的工程地质条件：

① 地形地貌与地质组成结构密切相关。一般情况下地质组成的成层性基本与山坡一致，建筑物场地选择在斜坡时，场地平整挖填后，地基往往不均匀，见图 4。由于地基土的不均匀，土的含水量也就有差

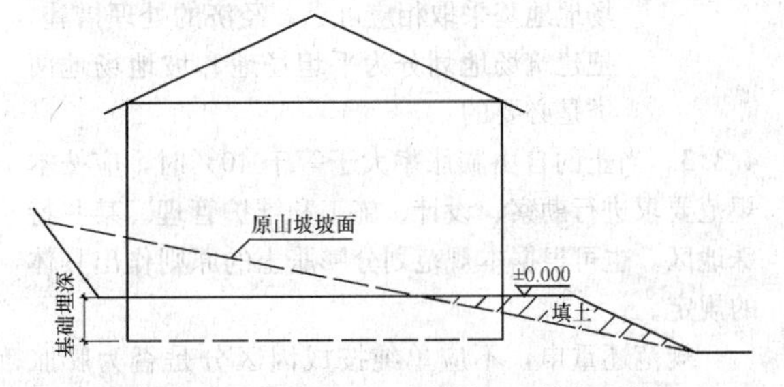


图 4 坡地场地上的建筑物地质剖面示意

异。在这种情况下，建筑物建成后，地基土的含水量与起始状态不一致，在新的环境下重新平衡，从而产生土的不均匀胀缩变形，对建筑物产生不利的影响。

② 坡地场地切坡平整后，在场地的前缘形成陡坡或土坎。土中水的蒸发既有坡肩蒸发，也有临空的坡面蒸发。鉴于两面蒸发和随距蒸发面的距离增加而蒸发逐渐减弱的状况，边坡楔形干燥区呈近似三角形（坡脚至坡肩上一点的连线与坡肩与坡面形成的三角形）。若山坡上冲沟发育而遭受切割时，就可能形成二向坡或三向坡，楔形干燥区也相应地增加。蒸发作用是如此，雨水浸润作用同样如此。两者比较，以蒸发作用最为显著，边坡的影响使坡地场地楔形干燥区内土的含水量急剧变化。东方红农场小学教室边坡地带土的含水量观测结果表明：楔形干燥区内土的含水量变化幅度为4.7%～8.4%，楔形干燥区外土的含水量变化幅度为1.7%～3.4%，前者是后者的（2.21～3.36）倍。由于楔形干燥区内土的含水量变化急剧，导致建筑物临坡面的变形是非临坡面的1.35倍（表3）。这说明边坡对建筑物影响的复杂性。

③ 场地开挖边坡形成后，由于土的自重应力和土的回弹效应，坡体内土的应力要重新分布：坡肩处产生张力，形成张力带；坡脚处最大主应力方向产生旋转，临空面附近，最小主应力急剧降低，在坡面上降为“0”，有时甚至转变为拉应力。最大最小主应力差相应而增，形成坡体内最大的剪力区。

膨胀土边坡，当其土因受雨水浸润而膨胀时，土的自重压力对竖向变形有一定的制约作用。但坡体内的侧向应力有愈靠近坡面而显著降低和在临空面上降至“0”的特点，在此种应力状态下，加上膨胀引起的侧向膨胀力作用，坡体变形便向坡外发展，形成较大的水平位移。同时，坡体内土体受水浸润，抗剪强度大为衰减，坡顶处的张力带必将扩展，坡脚处剪应力区的应力更加集中，更加促使边坡的变形，甚至演变成蠕动和塑性滑坡。

**2）** 平坦场地

平坦场地的地形地貌简单，地基土相对较为均匀，地基水分蒸发是单向的。形成与坡地场地工程地质条件大不相同的特点。

**3）** 综上所述，平坦场地与坡地场地具有不同的工程地质条件，为便于有针对地对坡地场地地基采取相应可靠、经济的处理措施，把建筑场地划分为平坦场地和坡地场地两类是必要的。

**4.3.3** 当土的自由膨胀率大于等于40%时，应按本规范要求进行勘察、设计、施工和维护管理。某些特殊地区，也可根据本规范划分膨胀土的原则作出具体的规定。

规范还重申，不应单纯按成因区分是否为膨胀土。例如下蜀纪黏土，在武昌青山地区属非膨胀土，而合肥地区则属膨胀土；红黏土有的属于膨胀土，有的则不属于膨胀土。因此，划分场区地基土的胀缩等级具有重要的工程意义。

**4.3.7** 为研究膨胀土地基的承载力问题，在全国不同自然地质条件的有代表性的试验点进行了65台载荷试验、85台旁压试验、64孔标准贯入试验以及87组室内抗剪强度试验，试图经过统计分析找出其规律。但因我国膨胀土的成因类型多，土质复杂且不均，所得结果离散性大。因此，很难给出一个较为统一的承载力表。对于一般中低层房屋，由于其荷载较轻，在进行初步设计的地基计算时，可参考表4中的数值。

**表4 膨胀土地基承载力特征值 $f_{ak}$（kPa）**

| 含水比 \ 孔隙比 | 0.6 | 0.9 | 1.1 |
|---|---|---|---|
| <0.5 | 350 | 280 | 200 |
| 0.5～0.6 | 300 | 220 | 170 |
| 0.6～0.7 | 250 | 200 | 150 |

表4中含水比为天然含水量与液限的比值；表4适用于基坑开挖时土的天然含水量小于等于勘察取土试验时土的天然含水量。

鉴于不少地区已有较多的载荷试验资料及实测建筑物变形资料，可以建立地区性的承载力表。

对于高重或重要的建筑物应采用本规范规定的承载力试验方法并结合当地经验综合确定地基承载力。试验表明，土吸水愈多，膨胀量愈大，其强度降低愈多，俗称“天晴一把刀，下雨一团糟”。因此，如果先浸水后做试验，必将得到较小的承载力，这显然不符合实际情况。正确的方法是，先加载至设计压力，然后浸水，再加荷载至极限值。

采用抗剪强度指标计算地基承载力时，必须注意裂隙的发育及方向。在三轴饱和不固结不排水剪试验中，常常发生浸水后试件立即沿裂隙面破坏的情况，所得抗剪强度太低，也不符合半无限体的集中受压条件。此情况不应直接用该指标进行承载力计算。

**4.3.8** 膨胀土地基的水平膨胀力可采用室内试验或现场试验测定，但现场的试验数据更接近实际，其试验方法和步骤、试验资料整理和计算方法建议如下，该试验可测定场地原状土和填土的水平膨胀力。实施时可根据不同需要予以简化。

**1** 试验方法和步骤

**1）** 选择有代表性的地段作为试验场地，试坑和试验设备的布置如图5所示；

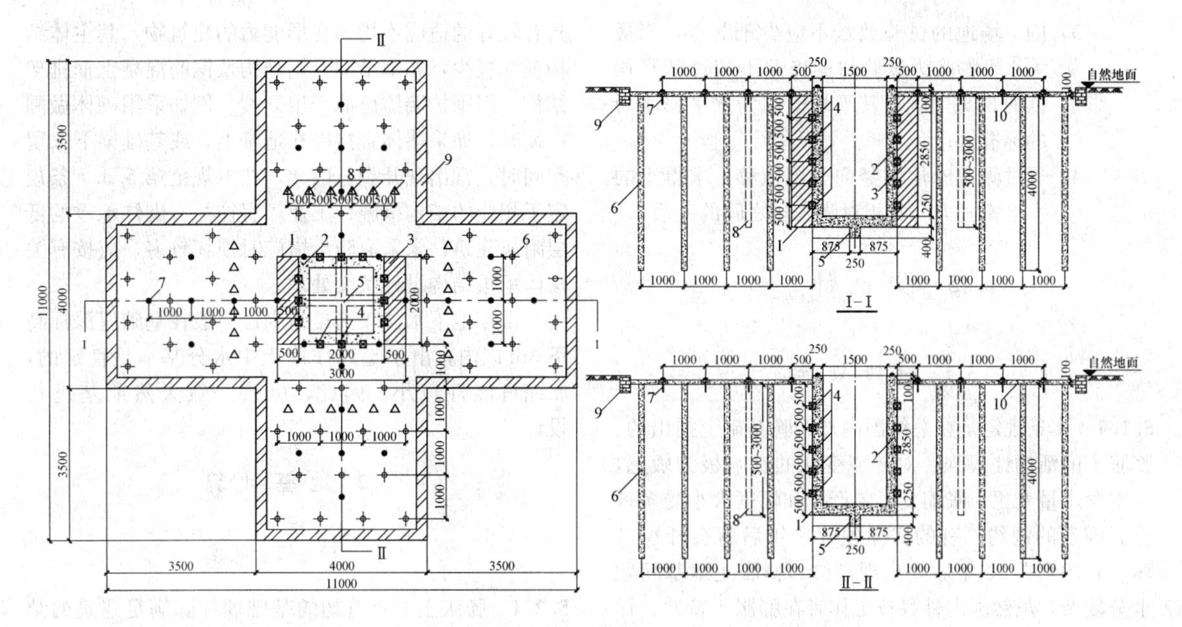

图5　现场水平膨胀力试验试坑和试验设备布置示意（图中单位：mm）

1—试验坑；2—钢筋混凝土井；3—非膨胀土；4—压力盒；5—抗滑梁；6—$\phi$127 砂井；7—地表观测点；8—深层观测点（深度分别为 0.5m、1.0m、1.5m、2.0m、2.5m、3.0m）；9—砖砌墙；10—砂层

**2**）挖除试验区表层土，并开挖 2m×3m 深 3m 的试验坑；

**3**）试验坑内现场浇筑 2m×2m 高 3.2m 的钢筋混凝土井，相对的一组井壁与坑壁浇灌在一起，另一组井壁与坑壁之间留 0.5m 的间隙，间隙采用非膨胀土分层回填，人工压实，压实系数不小于 0.94。钢筋混凝土井底部设置抗水平移动的抗滑梁；

**4**）钢筋混凝土井浇筑前，在井壁外侧地表下 0.5m、1.0m、1.5m、2.0m、2.5m 处设置 5 层土压力盒，每层布置 12 个土压力盒（每侧布置 3 个）；

**5**）试验坑四周均匀布置 $\phi$127 的浸水砂井，砂井内填满中、粗砂，深度不小于当地大气影响急剧层深度，且不小于 4m；

**6**）浸水砂井设置区域的四周采用砖砌墙形成砂槽，槽内满铺厚 100mm 的中、粗砂；

**7**）布置地表和深层观测点（图5），以测定地面及深层土体的竖向变形。观测水准基点及观测精度要求符合本规范附录B的有关规定；

**8**）土压力盒、地表观测点和深层观测点在浸水前测定其初测值；

**9**）在砂槽和砂井内浸水，浸水初期至少每 8h 观测一次，以捕捉最大水平膨胀力。后期可延长观测间隔时间，但每周不少于一次，直至膨胀稳定。观测包括压力盒读数、地表观测点和深层观测点测量等。测点某一时刻的水平膨胀力值等于压力盒测试值与其初测值之差；

**10**）试验前和试验后，分层取原状土样在室内进行物理力学试验和竖向不同压力下的膨胀率及膨胀力试验。

**2**　试验资料整理及计算

**1**）绘制不同深度水平膨胀力随时间的变化曲线（图6），以确定不同深度的最大水平膨胀力；

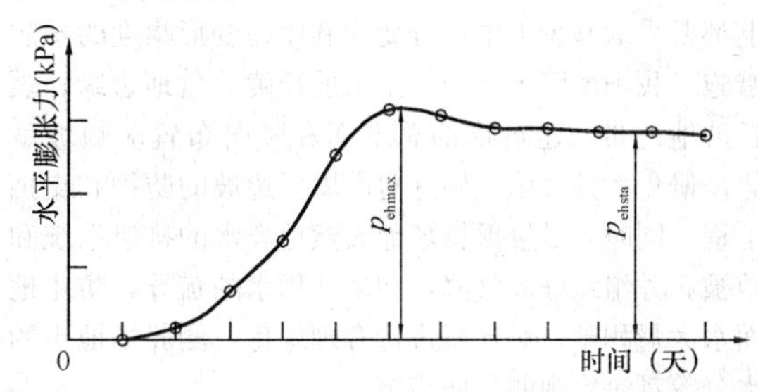


图6　深度 $h$ 处水平膨胀压力随时间变化曲线示意

**2**）绘制水平膨胀力随深度的分布曲线（图7）；

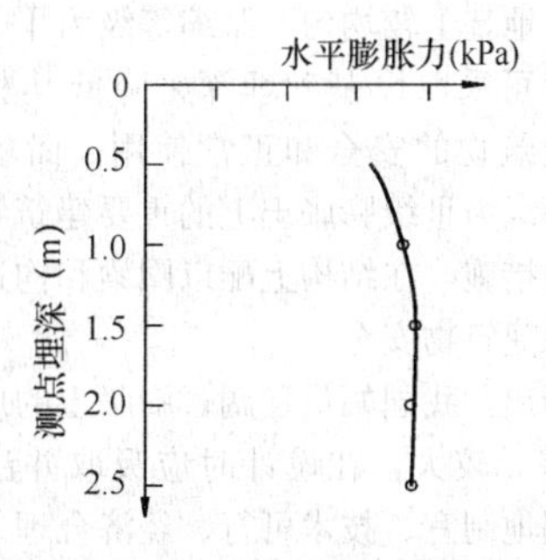


图7　水平膨胀力随深度分布曲线示意

3）同一场地的试验数量不应少于3点，当最大水平膨胀力试验值的极差不超过其平均值的30%时，取其平均值作为水平膨胀力的标准值；

4）通过测定土层的竖向分层位移，求得土的水平膨胀力与其相对膨胀量之间的关系。

# 5 设　　计

## 5.1 一 般 规 定

**5.1.1** 本条规定是在总结国内外经验基础上提出的。膨胀土的活动性很强，对环境变化的影响极为敏感，土中含水量变化、胀缩变形的产生和幅度大小受多种外界因素的制约。有的房屋建成一年后就会开裂破坏，有的则在20年后才出现裂缝。膨胀土地基问题十分复杂，虽然国内外科技工作者在膨胀土特性、评价和设计处理方面进行了大量的研究和实测工作，但目前尚未形成一门系统的学科。特别是在膨胀土危害防治方面尚需进一步研究和实践。

建造在膨胀土地基上的低层房屋，若不采取预防措施时，10mm～20mm的胀缩变形幅度就能导致砌体结构的破坏，比一般地基上的允许变形值要小得多。之前，在国内和外事工程中由于对膨胀土的特性缺乏认识，造成新建房屋成片开裂破坏，损失极大。因此，在膨胀土上进行工程建设时，必须树立预防为主的理念，有时在可行性研究阶段应予“避让”。

所谓“综合治理”就是在设计、施工和维护管理上都要采取减少土中水分变化和胀缩变形幅度的预防措施。我国膨胀土多分布于山前丘陵、盆地边缘、缓丘坡地地带。建筑物的总平面和竖向布置应顺坡就势，避免大挖大填，做好房前屋后边坡的防护和支挡工程。同时，尽量保持场地天然地表水的排泄系统和植被，并组织好大气降水和生活用水的疏导，防止地面水大量积聚。对环境进行合理绿化，涵养场地土的水分等都是宏观的预防措施。

单体工程设计时，应根据建筑物规模和重要性综合考虑地基基础设计等级和工程地质条件，采取本规范规定的单一措施或以一种措施为主辅以其他措施预防。例如：地基土较均匀，胀缩等级为Ⅰ、Ⅱ级膨胀土上的房屋可采取以基础埋深来降低其胀缩变形幅度，保证建筑物的安全和正常使用；而场地条件复杂，胀缩等级为Ⅲ级膨胀土上的重要建筑物，以桩基为主要预防措施，在结构上配以圈梁和构造柱等辅助措施，确保建筑物安全。

应当指出，我国幅员辽阔，膨胀土的成因类型和气候条件差异较大，在设计时应吸取并注重地方经验，做到因地制宜、技术可行、经济合理。

**5.1.2** 根据膨胀土地区的调查材料，膨胀土地基上具有较好的适应不均匀变形能力的建筑物，其主体结构损坏极少，如木结构、钢结构及钢筋混凝土框排架结构。但围护墙体可能产生开裂。例如采用砌体做围护墙时，如果墙体直接砌在地基上，或基础梁下未留空间时，常出现开裂。因此，在本规范第5.6.7条规定了相应的结构措施；工业厂房往往有砌体承重的低层附属建筑，未采取防治措施时损坏较多，应按有关砌体承重结构设计条文处理。

常年地下水位较高是指水位一般在基础埋深标高下3m以内，由于毛细作用土中水分基本是稳定的，胀缩可能性极小。因此，可按一般天然地基进行设计。

## 5.2 地 基 计 算

### Ⅰ 基础埋置深度

**5.2.1** 膨胀土上建筑物的基础埋深除满足建筑的结构类型、基础形式和用途以及设备设施等要求外，尚应考虑膨胀土的地质特征和胀缩等级对结构安全的影响。

**5.2.2** 膨胀土场地大量的分层测标、含水量和地温等多年观测结果表明：在大气应力的作用下，近地表土层长期受到湿胀干缩循环变形的影响，土中裂隙发育，土的强度指标特别是凝聚力严重降低，坡地上的大量浅层滑动也往往发生在地表下1.0m的范围内。该层是活动性极为强烈的地带，因此，本规范规定建筑物基础埋置深度不应小于1.0m。

**5.2.3** 当以基础埋深为主要预防措施时，对于平坦场地，基础埋深不应小于当地的大气影响急剧层。例如：安徽合肥基础埋深大于1.6m时，地基的胀缩变形量已能满足要求，可不再采取其他防治措施；云南鸡街地区有6栋平房基础埋深1.5m～2.0m，经过多年的位移观测，房屋的变形幅度仅为1.4mm～4.7mm，房屋完好无损。而另一栋房屋基础埋深为0.6m，房屋的位移幅度达到49.6mm，房屋严重破坏。但是，对于胀缩等级为Ⅰ级的膨胀土地基上的（1～2）层房屋，过大的基础埋深可能使得造价偏高。因此，可采用墩式基础、柔性结构以及宽散水、砂垫层等措施减小基础埋深。如在某地损坏房屋地基上建造的试验房屋，采用墩式基础加砂垫层后，基础埋深为0.5m，也未发现房屋开裂。但是离地表1m深度内地基土含水量变化幅度及上升、下降变形都较大，对Ⅱ、Ⅲ级膨胀土上的建筑物容易引起开裂。

由于各种结构的允许变形值不同，通过变形计算确定合适的基础埋深，是比较有效而经济的方法。

**5.2.4** 式（5.2.4）是基于坡度小于14°边坡为稳定边坡的概念以及本规范第4.3.2条第1款平坦场地的条件而定的。当场地的坡度为5°～14°、基础外边缘距坡肩距离大于10m时，按平坦场地考虑；小于等于10m时，基础埋深的增加深度按（$10-l_p$）$\tan\beta+0.30$取用，以降低因坡地临空面增大而引起的环境变化对土中水分的影响。

## Ⅱ 承载力计算

**5.2.6** 鉴于膨胀土中发育着不同方向的众多裂隙，有时还存在薄的软弱夹层，特别是吸水膨胀后土的抗剪强度指标C、$\phi$值呈较大幅度降低的特性，膨胀土地基承载力的修正不考虑基础宽度的影响，而深度修正系数取1.0。如原苏联学者索洛昌用天然含水量为32%～37%的膨胀土在无荷条件下浸水膨胀稳定后进行快剪试验，$\phi$值由14°降为7°，降低了50%；C值由67kPa降为15kPa，降低了78%。我国学者廖济川用天然含水量为28%的滑坡后土样进行先干缩后浸水的快剪及固结快剪试验，其C、$\phi$值都减少了50%以上。

## Ⅲ 变形计算

**5.2.7** 对全国膨胀土地区7个省中167栋不同场地条件有代表性的房屋和构筑物（其中包括23栋新建试验房）进行了（4～10）年的竖向和水平位移、墙体裂缝、室内外不同深度的土体变形和含水量、地温以及树木影响的观测工作，对158栋较完整的资料进行统计分析表明，由于各地场地、气候和覆盖等条件的不同，膨胀土地基的竖向变形特征可分为上升型、下降型和升降循环波动型三种，如图8所示。

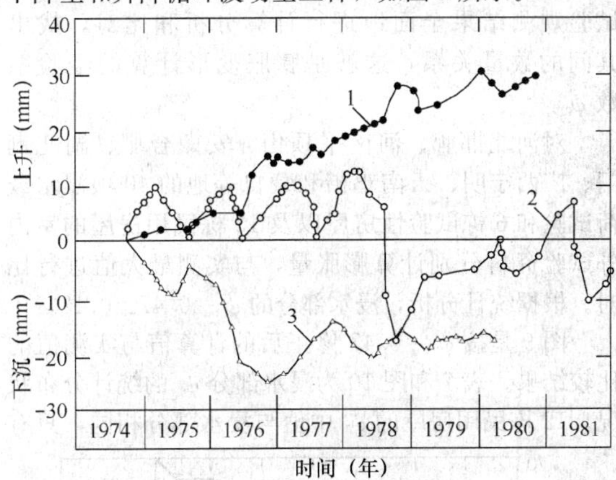


图8 膨胀土上房屋的变形形态

1—上升型变形；2—升降循环型变形；3—下降型变形

表5是我国膨胀土地区155栋有代表性的房屋长期竖向位移观测结果的统计。

**表5 膨胀土上房屋位移统计**

| 地区 | | 上升型（栋数） | 下降型（栋数） | 升降循环型（栋数） |
|---|---|---|---|---|
| 云 南 | 蒙 自 | 1 | 10 | 5 |
| | 江水地 | 1 | 4 | 2 |
| | 鸡 街 | 4 | 14 | 6 |
| 广 西 | 南 宁 | 1 | 5 | 5 |
| | 宁 明 | | 10 | 5 |
| | 贵 县 | 1 | 2 | 1 |
| | 柳 州 | 2 | | 1 |
| 广 东 | 湛 江 | 2 | | 4 |
| 河 北 | 邯 郸 | 1 | | 5 |
| 河 南 | 平顶山 | 12 | 9 | |
| 安 徽 | 合 肥 | | 3 | 14 |
| 湖 北 | 荆 门 | 3 | | 3 |
| | 郧 县 | | 5 | 8 |
| | 枝 江 | | 1 | 2 |
| | 卫家店 | | | 3 |
| 小计（占%） | | 28（18.1%） | 63（40.6%） | 64（41.3%） |

上升型位移是由于房屋建成后地基土吸水膨胀产生变形，导致房屋持续多年的上升，如图8中的曲线1。例如：河南平顶山市一栋平房建于1975年的旱季，房屋各点均持续上升，到1979年上升量达到45mm。应当指出，房屋各处的上升是不均匀的，且随季节波动，这种不均匀变形达到一定程度，就会导致房屋开裂破坏。产生上升型位移的主要原因如下：

1）建房时气候干旱，土中含水量偏低；

2）基坑长期曝晒；

3）建筑物使用期间长期受水浸润。

波动型的特点是房屋位移随季节性降雨、干旱等气候变化而周期性的上升或下降，一个水文年基本为一循环周期，如图8曲线2。我国膨胀土多分布于亚干旱和亚湿润气候区，土的天然含水量接近塑限，房屋位移随气候变化的特征比较明显。表6是各地气候与房屋位移状况的对照。可以看出，在广西、云南地区，房屋一般在二、三季度的雨季因土中含水量增加而膨胀上升；在四、一季度的旱季随土中水分大量蒸发而收缩下沉。但长江以北的中原、江淮和华北地区，情况却与之相反。这是因为该地区雨季集中在（7～8）月份，并常以暴雨形式出现，地面径流量大，向土中渗入量少。房屋的位移主要受地温梯度的变化影响而上升或下降。在冬、春季节，地表温度远低于下部恒温带。根据土中水分由高温向低温转移的规律，水分由下部向上部转移，使上部土中的含水量增大而导致地基土上升；在夏、秋季节，水分向下转移并有大量的地面蒸发，使地基土失水而收缩下沉。

**表6　各地气候与房屋位移**

| 地区＼项目 | 年蒸发量(mm) / 年降雨量(mm) | 雨季 起止日期 / 降雨占总数(%) | 雨季 位移 | 旱季 起止日期 / 降雨占总数(%) | 旱季 位移 | 地温(℃) 深度(m) | 地温(℃) 最高(日期) / 最低(日期) |
|---|---|---|---|---|---|---|---|
| 云南(蒙自、鸡街) | 2369.3 | 5～8月 | 上升 | 10～4月 | 下降 | 0.2 | 25.8(8月) |
| | 852.4 | 75% | | 25% | | | 14.0(1月) |
| 广西(南宁、宁明) | 1681.1 | 4～9月 | 上升 | 10～3月 | 下降 | 0.5 | 28.0(9月) |
| | 1356.6 | 69% | | 31% | | | 15.6(1月) |
| 湖北(郧县、荆门) | 1600.0 | 4～10月 | 下降 | 11～3月 | 上升 | 0.5 | 26.5(8月) |
| | 100.0 | 89% | | 11% | | | 5.5(1月) |
| 河南平顶山 | 2154.6 | 6～9月 | 下降 | 10～3月 | 上升 | 0.4 | 27.6(8月) |
| | 759.1 | 64% | | 36% | | | 5.2(1月) |
| 安徽合肥 | 1538.9 | 4～9月 | 下降 | 10～3月 | 上升 | 0.2 | 32.1(8月) |
| | 969.5 | 62% | | 38% | | | 4.9(1月) |
| 河北邯郸 | 1901.7 | 7～8月 | 下降 | 11～5月 | 上升 | 0.5 | 25.2(7月) |
| | 603.1 | 70% | | 30% | | | 2.5(1月) |

下降型常出现在土的天然含水量较高（例如大于$1.2w_p$）或建筑物靠近边坡地带，如图8中的曲线3。在平坦场地，房屋下降位移主要是土中水分减少，地基产生收缩变形的结果。土中水分减少，可能是气候干旱，水分大量蒸发的结果，也可能是局部热源或蒸腾量大的种木（如桉树）大量吸取土中水分的结果。至于临坡建筑物，位移持续下降，一方面是坡体临空面大于平地，土中水分更容易蒸发而导致较平坦场地更大的收缩变形。另一方面，坡体向外侧移而产生的竖向变形（即剪应变引起），这种在三向应力条件下侧向位移引起的竖向变形是不可逆的。湖北郧县膨胀土边坡观测中就发现了上述状况，它的发展必然导致坡体滑动。上述下降收缩变形量的计算是指土体失水收缩而引起的竖向下沉，在设计中应避免后一种情况的发生。

本条给出的天然地表下1.0m深度处的含水量值，是经统计分析得出的一般规律，未包括荷载、覆盖、地温之差等作用的影响。当土中的应力大于其膨胀力时，土体就不会发生膨胀变形，由收缩变形控制。对于高重的建筑物，当基础埋于大气影响急剧层以下时，主要受地基土的压缩变形控制，应按相关技术标准进行建筑物的沉降计算。

**5.2.8**　式（5.2.8）实际上是地基土在不同压力下各层土膨胀量的分层总和。计算图式和参数的选择是根据膨胀土两个重要性质确定的：

**1）** 当土的初始含水量一定时，上覆压力小膨胀量大，压力大时膨胀量小。当压力超过土的膨胀力时就不膨胀，并出现压缩，膨胀力与膨胀量呈非线性关系。在计算过程中，如某压力下的膨胀率为负值时，即不发生膨胀变形，该层土的膨胀量为零。

**2）** 当土的上覆压力一定时，初始含水量高的土膨胀量小，初始含水量低的土膨胀量大。含水量与膨胀量之间也为非线性关系。地基土的膨胀变形过程是其含水量不断增加的过程，膨胀量随其含水量的增加而持续增大，最终到达某一定值。因此，膨胀量的计算值是预估的最终膨胀变形量，而不是某一时段的变形量。

**3）** 关于膨胀变形计算的经验系数

室内和原位的膨胀试验以及房屋的变形观测资料，都能反映地基土的膨胀变形随土中含水量和上覆压力的不同而变化的特征，为我们提供了用室内试验指标来计算地基膨胀变形量的可能性。但是，由室内试验指标提供的计算参数，是用厚度和面积都较小的试件，在有侧限的环刀内经充分浸水而取得的。而地基土在膨胀变形过程中，受力情况及浸水和边界条件都与室内试验有着较大的差别。上述因素综合影响的结果给计算膨胀变形量和实测变形量之间带来较大的差别。为使计算膨胀变形量较为接近实际，必须对室内外的试验观测结果全面地进行计算分析和比对，找出其间的数量关系，这就是膨胀变形计算的经验系数$\psi_e$。

对河北邯郸、河南平顶山、安徽合肥、湖北荆门、广西宁明、云南鸡街和蒙自等地的40项浸水载荷试验和6栋试验性房屋以及12栋民用房屋的室内外试验资料分别计算膨胀量，与实测最大值进行比对。根据统计分析，浸水部分的$\psi_e=0.47\pm0.12$。

图9是按$\psi_e=0.47$修正后的计算值与实测值的比较结果。表7和图10为浸水部分$\psi_e$的统计分布状况。12栋民用房屋的$\psi_e$中值与浸水部分相同，只有

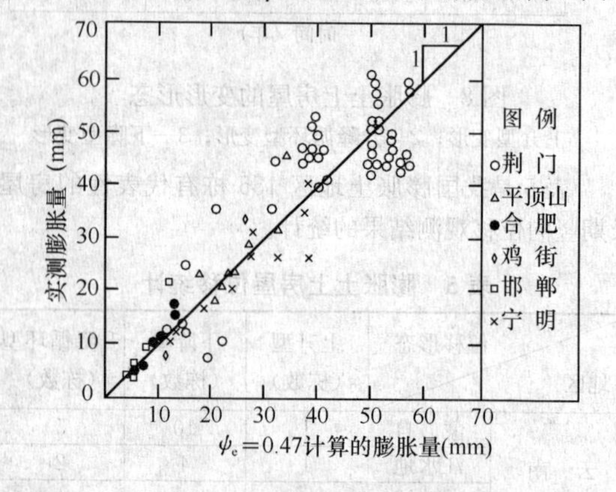


图9　计算膨胀量与实测膨胀量的比较

平顶山地区的 $\psi_e$ 偏大且离散性也较大，这是由于室内试验资料较少且欠完整的缘故。考虑到实际应用，取 $\psi_e=0.6$ 时，对 80％的房屋是偏于安全的。

**表 7　膨胀量（浸水部分）计算的经验系数 $\psi_e$ 统计分布**

| $\psi_e$ | 0.1～0.2 | 0.2～0.3 | 0.3～0.4 | 0.4～0.5 | 0.5～0.6 | 0.6～0.7 | 0.7～0.8 | 0.8～0.9 | 总数 |
|---|---|---|---|---|---|---|---|---|---|
| 频数 | 1 | 0 | 31 | 41 | 28 | 8 | 1 | 3 | |
| 频率 | 0.89 | 0.00 | 27.43 | 36.28 | 24.78 | 7.08 | 0.89 | 2.65 | 113 |
| 累计频率 | 0.89 | 0.89 | 28.32 | 64.60 | 89.38 | 96.46 | 97.35 | 100.00 | |

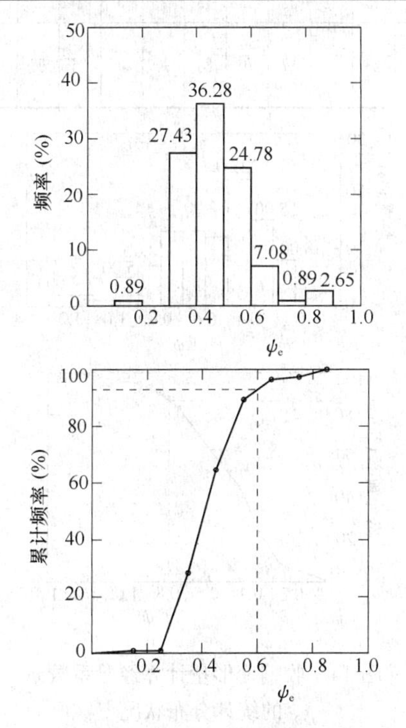


图 10　膨胀变形量计算经验系数 $\psi_e$ 的统计分布状况

**5.2.9**　失水收缩是膨胀土的另一属性。收缩变形量的大小取决于土的成分、密度和初始含水量。

**1）** 就同一性质的膨胀土而言，在相同条件下，其初始含水量 $w_0$ 越高（饱和度越高，孔隙比越大），在收缩过程中失水量就越多，收缩变形量也就越大。表 8 和图 11 是广西南宁原状土样室内收缩试验所测得的收缩量与含水量之间的关系。图中的三条曲线表明，当土样的起始含水量分别为 36.0％～44.7％，并同样干燥到缩限 $w_s$ 时，其线缩率 $\delta_s$ 从 3.7％增大到 7.3％。所谓缩限，是土体在收缩变形过程中，由半固态转入固态时的界限含水量。从每条曲线的斜率变化可以看出：当土的含水量达到缩限之后，土体虽然仍在失水，但其变形量已经很小，从对建筑工程的影响来说，已失去其实际的意义。

**表 8　同质土的线缩率 $\delta_s$ 与含水量 $w$ 关系**

| 土号 | $\gamma$ (g/m³) | $w_0$ (％) | $e_0$ | $\delta_s$ (％) | $w_s$ (％) | 收缩系数 $\lambda_s$ |
|---|---|---|---|---|---|---|
| Ⅰ-1 | 1.76 | 44.7 | 1.22 | 7.3 | 25.5 | 0.38 |
| Ⅰ-2 | 1.80 | 41.9 | 1.13 | 5.7 | 26.0 | 0.37 |
| Ⅰ-3 | 1.89 | 36.0 | 0.94 | 3.7 | 26.0 | 0.37 |

**2）** 收缩变形量主要取决于土体本身的收缩性能以及含水量变化幅度，表 9 和图 12 为不同质土的线缩率 $\delta_s$ 与含水量 $w$ 关系。由图 11 和图 12 可知：当土体在收缩过程中其含水量在某一起始值与缩限之间变化时，收缩变形量与含水量间的变化呈直线关系，其斜率因土质不同而异。取直线段的斜率作为收缩变形量的计算参数，即土的收缩系数 $\lambda_s$。$\lambda_s=\dfrac{\Delta\delta_s}{\Delta w}$，其中，$\Delta w$ 为图 12 中直线段两点含水量之差值（％），$\Delta\delta_s$ 为与 $\Delta w$ 对应的线缩率的变化值。

**表 9　不同质土的线缩率 $\delta_s$ 与含水量 $w$ 关系**

| 土号 | $\gamma$ (g/m³) | $w_0$ (％) | $e_0$ | 收缩系数 $\lambda_s$ |
|---|---|---|---|---|
| 2A-1 | 2.02 | 22.0 | 0.63 | 0.55 |
| 9-1 | 2.04 | 20.6 | 0.59 | 0.28 |

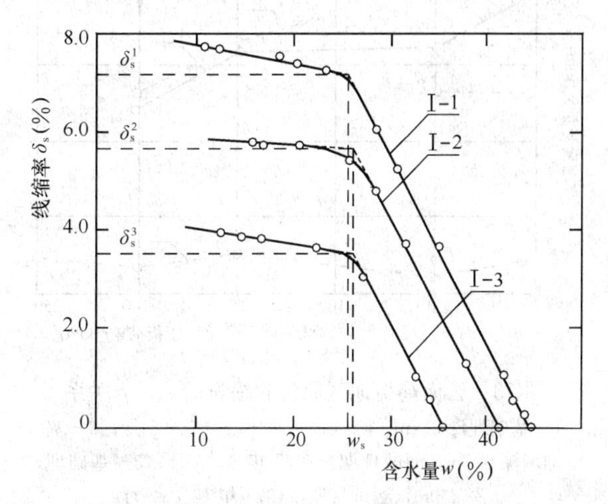


图 11　同质土的线缩率 $\delta_s$ 与含水量 $w$ 关系

**3）** 土失水收缩与外部荷载作用下的固结压密变形是同向的变形，都是孔隙比减少、密度增大的结果。但两者有根本性的区别：失水收缩主要是土的黏粒周围薄膜水或晶

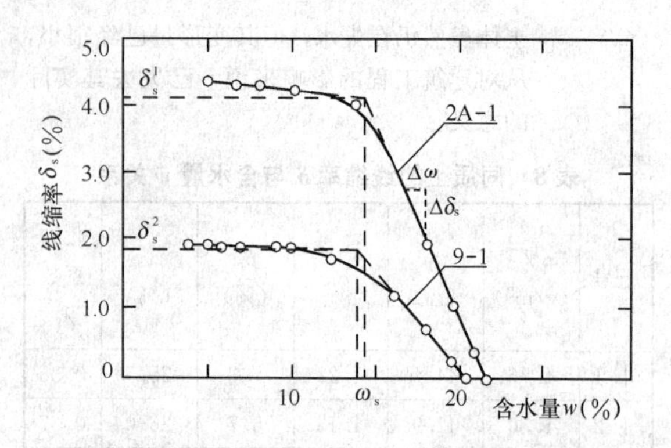


图 12　不同质土的线缩率 $\delta_s$ 与含水量 $w$ 关系

格水大量散失的结果；固结压密变形是在荷重的作用下土颗粒移动重新排列的结果（特别是非饱和土，在一般压力下并无固结排水现象）。由收缩产生的内应力要比固结压密产生的内应力大得多。虽然实际工程中膨胀土的失水收缩和荷载作用下的压缩沉降变形难于分开，但在试验室内可有意识地将两种性质不同的变形区别开来。

4）膨胀土多呈坚硬和半坚硬状态，其压缩模量大。在一般低层房屋所能产生的压力范围内，土的密度改变较小。所以，土在收缩前所处的压力大小对收缩量的影响较小；至于收缩过程中，土样一旦收缩便处于超压密状态，压力改变土密度的影响更可以忽略不计。图 13 为云南鸡街地区，膨胀土在自然风干条件下，不同荷载的压板试验沉降稳定后，在干旱季节所测得的收缩变形量，可说明上述问题。

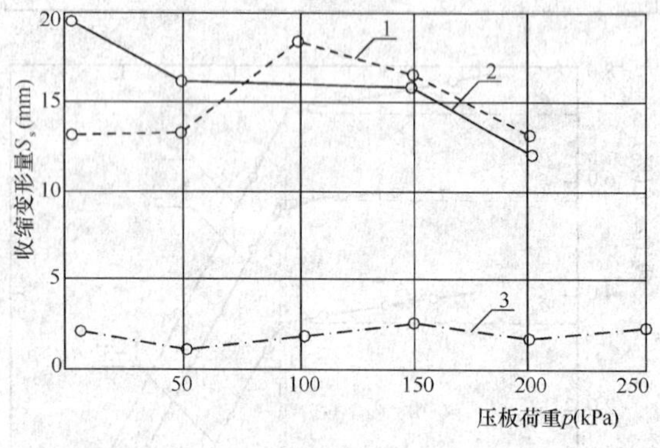


图 13　云南鸡街地区原位收缩试验 $s_s-p$ 关系

1—基础埋深 0.7m，测试日期：1975 年 4～5 月；2—基础埋深 0.7m，测试日期：1977 年 3～5 月；3—基础埋深 2.0m，测试日期：1977 年 10～12 月

5）关于收缩变形计算的经验系数

与膨胀变形量计算的道理一样，小土样的室内试验提供的计算指标与原位地基土在收缩变形过程中的工作条件存在一定的差别。为使计算的收缩变形量与实测的变形量较为接近，在全国几个膨胀土地区结合实际工程，进行了室内外的试验观测工作，并按收缩变形计算公式进行计算与统计分析，以确定收缩变形量计算值与实测值之间的关系。对四个地区 15 栋民用房屋室内外试验资料进行计算并与实测值比对，其结果为收缩变形量计算经验系数 $\psi_s=0.58\pm0.23$。取 $\psi_s=0.8$，对实际工程而言，80％是偏于安全的，$\psi_s$ 的统计分布见表 10 和图 14。

**表 10　收缩量计算的经验系数 $\psi_s$ 统计分布**

| $\psi_s$ | 0.2～0.3 | 0.3～0.4 | 0.4～0.5 | 0.5～0.6 | 0.6～0.7 | 0.7～0.8 | 0.8～0.9 | 0.9～1.0 | 1.0～1.1 | 1.1～1.2 | 1.2～1.3 | 总数 |
|---|---|---|---|---|---|---|---|---|---|---|---|---|
| 频数 | 8 | 15 | 22 | 12 | 13 | 13 | 7 | 5 | 1 | 2 | 2 | 100 |
| 频率 | 8 | 15 | 22 | 12 | 13 | 13 | 7 | 5 | 1 | 2 | 2 | |
| 累计频率 | 8 | 23 | 45 | 57 | 70 | 83 | 90 | 95 | 96 | 98 | 100 | |

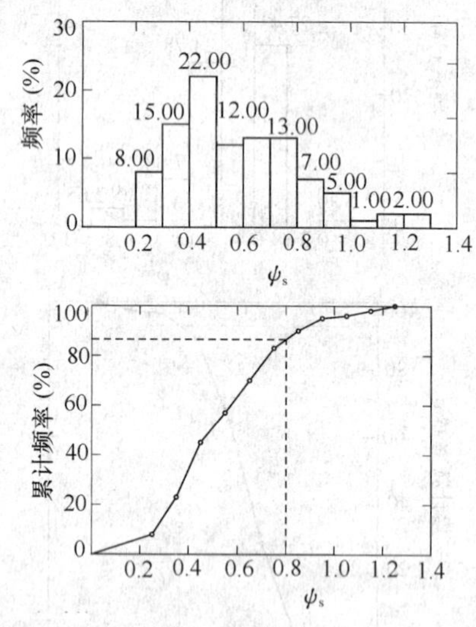


图 14　收缩变形量计算经验系数 $\psi_s$ 的统计分布状况

6）计算收缩变形量的公式是一个通式，其中最困难的是含水量变化值，应根据引起水分减少的主要因素确定。局部热源及树木蒸腾很难采用计算来确定其收缩变形量。

**5.2.10、5.2.11**　87 规范编制时的研究证明，我国膨胀土在自然气候影响下，土的最小含水量与塑限之间有密切关系。同时，在地下水位深的情况下，土中含水量的变化主要受气候因素的降水和蒸发之间的湿度平衡所控制。由此，可根据长期（10 年以上）含水量的实测资料，预估土的湿度系数值。从地区看，某一地区的气候条件比较稳定，可以用上述方法统计解决，这样可能更准确。从全国看，特别是一些没有观测资料的地区，最小含水量仍无法预测，因此，原规范组建立了气候条件与湿度系数的关系。从此关系中，还可预测某些地区膨胀土的胀缩势能可能产生的影响，及其对建筑物的危害程度。例如，在湿度系数为 0.9 的地区，即使为强亲水性的膨胀土，其地基上的胀缩等级可能为弱的Ⅰ级，而在 0.7、0.6 的地区可能是Ⅱ、Ⅲ级。即土质完全相同的情况下，在湿度系数较高的地区，其分级变形量将低于湿度系数较低的地区；在湿度系数较低的地区，其分级变形量将高于湿度系数较高的地区。

湿度系数计算举例：

1）某膨胀土地区，中国气象局（1951～1970）年蒸发力和降水量月平均值资料如表 11，干燥度大于 1 的月份的蒸发力和降水量月平均值资料如表 12。

**表 11　某地 20 年蒸发力和降水量月平均值**

| 月份＼项目 | 蒸发力（mm） | 降水量（mm） |
|---|---|---|
| 1 | 21.0 | 19.7 |
| 2 | 25.0 | 21.8 |
| 3 | 51.8 | 33.2 |
| 4 | 70.3 | 108.3 |
| 5 | 90.9 | 191.8 |
| 6 | 92.7 | 213.2 |
| 7 | 116.9 | 178.9 |
| 8 | 110.1 | 142.0 |
| 9 | 74.7 | 82.5 |
| 10 | 46.7 | 89.2 |
| 11 | 28.1 | 55.9 |
| 12 | 21.1 | 25.7 |

表 11 中由于实际蒸发量尚难全面科学测定，中国气象局按彭曼（H. L. Penman）公式换算出蒸发力。经证实，实用效果较好。公式包括日照、气温、辐射平衡、相对湿度、风速等气象要素。

**表 12　干燥度大于 1 的月份的蒸发力和降水量**

| 月份 | 蒸发力（mm） | 降水量（mm） |
|---|---|---|
| 1 | 21.0 | 19.7 |
| 2 | 25.0 | 21.8 |
| 3 | 51.8 | 33.2 |

2）计算过程见表 13。

**表 13　湿度系数 $\psi_w$ 计算过程表**

| 序号 | 计算参数 | 计算值 |
|---|---|---|
| ① | 全年蒸发力之和 | 749.0 |
| ② | 九月至次年二月蒸发力之和 | 216.3 |
| ③ | $\alpha$=②/① | 0.289 |
| ④ | $c$=全年中干燥度＞1 的月份的蒸发力减降水量差值的总和 | 23.1 |
| ⑤ | $0.726\alpha$ | 0.210 |
| ⑥ | $0.00107c$ | 0.025 |
| ⑦ | 湿度系数 $\psi_w=1.152-0.726\alpha-0.00107c$ | 0.917 |

由表 13 可知，算例湿度系数 $\psi_w\approx0.9$。

**5.2.12**　实测资料表明，环境因素的变化对胀缩变形及土中水分变化的影响是有一定深度范围的。该深度除与当地的气象条件（如降雨量、蒸发量、气温和湿度以及地温等）有关外，还与地形地貌、地下水和土层分布有关。图 15 是云南鸡街在两年内对三个工程场地四个剖面的含水量沿深度变化的统计结果。在地表下 0.5m 处含水量变化幅度为 7%；而在 4.5m 处，变化幅度为 2%，其环境影响已很微弱。图 16 由深层测标测得土体变形幅度沿其深度衰减的状况，表明平坦场地与坡地地形差别的影响较为显著。本规范表 5.2.12 给出的数值是根据平坦场地上多个实测资料，结合当地气象条件综合分析的结果，它不包括局部热源、长期浸水以及树木蒸腾吸水等特殊状况。

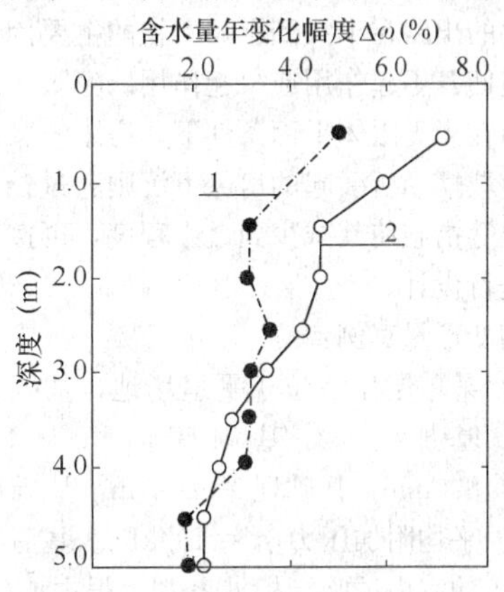


图 15　土中含水量沿深度的变化

1—室内；2—室外

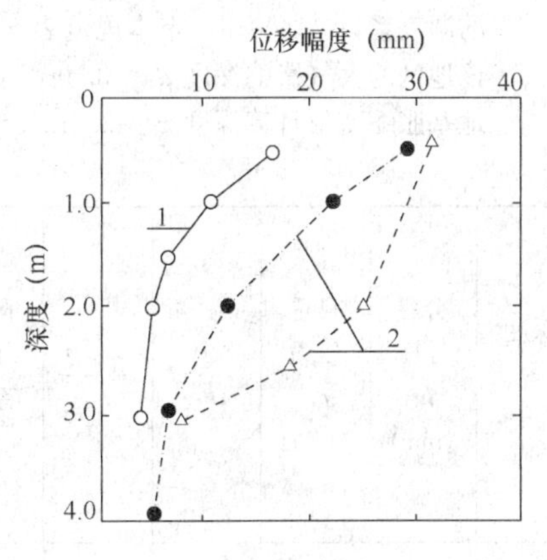


图 16　不同地形条件下的分层位移量

1—湖北荆门（平坦场地）；

2—湖北郧县（山地坡肩）

**5.2.14**　室内土样在一定压力下的干湿循环试验与实际建筑的胀缩波动变形的观测资料表明：膨胀土吸水膨胀和失水收缩变形的可逆性是其一种重要的属性。其胀缩变形的幅度同样取决于压力和初始含水量的大小。因此，膨胀土胀缩变形量的大小也完全可通过室内试验获得的特性指标 $\delta_{epi}$ 和 $\lambda_{si}$ 以及上覆压力的大小和水分变化的幅度估算。本规范式（5.2.14）实质上是式（5.2.8）和式（5.2.9）的叠加综合。

大量现场调查以及沉降观测证明，膨胀土地基上的房屋损坏，在建筑场地稳定的条件下，均系长期的往复地基胀缩变形所引起。同时，轻型房屋比重型房屋变形大，且不均匀，损坏也重。因此，设计的指导思想是控制建筑物地基的最大变形幅度使其不大于建筑物地基所允许的变形值。

引起变形的因素很多，有些问题目前尚不清楚，有些问题要通过复杂的试验和计算才能取得。例如有边坡时房屋变形值要比平坦地形时大，其增大的部分决定于在旱、雨循环条件下坡体的水平位移。在这方面虽然可以定性地说明一些问题，但从计算上还没有找到合适而简化的方法。土力学中类似这样的问题很多，解决的出路在于找到影响事物的主要因素，通过技术措施使其不起作用或少起作用。膨胀土地基变形计算，指在半无限体平面条件下，房屋的胀缩变形计算。对边坡蠕动所引起的房屋下沉则通过挡土墙、护坡、保湿等措施使其减少到最小程度，再按变形控制的原则进行设计。

胀缩变形量算例：

**1）** 某单层住宅位于平坦场地，基础形式为墩基加地梁，基础底面积为 800mm × 800mm，基础埋深 $d=1\text{m}$，基础底面处的平均附加压力 $p_0=100\text{kPa}$。基底下各层土的室内试验指标见表 14。根据该地区 10 年以上有关气象资料统计并按本规范式（5.2.11）计算结果，地表下 1m 处膨胀土的湿度系数 $\psi_w=0.8$，查本规范表 5.2.12，该地区的大气影响深度 $d_a=3.5\text{m}$。因而取地基胀缩变形计算深度 $z_n=3.5\text{m}$。

**表 14　土的室内试验指标**

| 土号 | 取土深度 (m) | 天然含水量 $w$ | 塑限 $w_p$ | 不同压力下的膨胀率 $\delta_{epi}$ | | | | 收缩系数 $\lambda_s$ |
|---|---|---|---|---|---|---|---|---|
| | | | | 0 (kPa) | 25 (kPa) | 50 (kPa) | 100 (kPa) | |
| 1# | 0.85～1.00 | 0.205 | 0.219 | 0.0592 | 0.0158 | 0.0084 | 0.0008 | 0.28 |
| 2# | 1.85～2.00 | 0.204 | 0.225 | 0.0718 | 0.0357 | 0.0290 | 0.0187 | 0.48 |
| 3# | 2.65～2.80 | 0.232 | 0.232 | 0.0435 | 0.0205 | 0.0156 | 0.0083 | 0.31 |
| 4# | 3.25～3.40 | 0.242 | 0.242 | 0.0597 | 0.0303 | 0.0249 | 0.0157 | 0.37 |

**2）** 将基础埋深 $d$ 至计算深度 $z_n$ 范围的土按 0.4 倍基础宽度分成 8 层，并分别计算出各分层顶面处的自重压力 $p_{ci}$ 和附加压力 $p_{0i}$（图 17）。

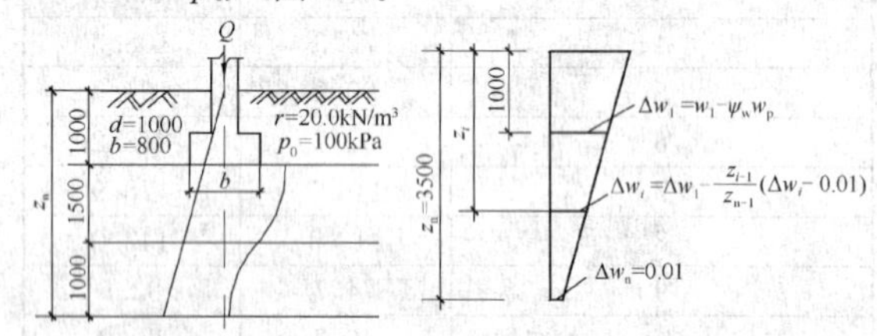


图 17　地基胀缩变形量计算分层示意

**3）** 求出各分层的平均总压力 $p_i$，在各相应的 $\delta_{ep}-p$ 曲线上查出 $\delta_{epi}$，并计算 $\sum_{i=1}^{n}\delta_{epi}\cdot h_i$（表 15）：

$$s_e=\sum_{i=1}^{n}\delta_{epi}\cdot h_i=43.3\text{mm}$$

**表 15　膨胀变形量计算表**

| 点号 | 深度 $z_i$ (m) | 分层厚度 $h_i$ (mm) | 自重压力 $p_{ci}$ (kPa) | $\frac{l}{b}$ | $\frac{z_i-d}{b}$ | 附加压力系数 $\alpha$ | 附加压力 $p_{zi}$ (kPa) | 平均值（kPa） | | | 膨胀率 $\delta_{epi}$ | 膨胀量 $\delta_{epi}\cdot h_i$ (mm) | 累计膨胀量 $\sum_{i=1}^{n}\delta_{epi}\cdot h_i$ (mm) |
|---|---|---|---|---|---|---|---|---|---|---|---|---|---|
| | | | | | | | | 自重压力 $p_{0i}$ | 附加压力 $p_z$ | 总压力 $p_i$ | | | |
| 0 | 1.00 | | 20.0 | | 0 | 1.000 | 100.0 | | | | | | |
| | | 320 | | | | | | 23.2 | 90.00 | 113.20 | 0 | 0 | 0 |
| 1 | 1.32 | | 26.4 | | 0.400 | 0.800 | 80.0 | | | | | | |
| | | 320 | | | | | | 29.6 | 62.45 | 92.05 | 0.0015 | 0.5 | 0.5 |
| 2 | 1.64 | | 32.8 | | 0.800 | 0.449 | 44.9 | | | | | | |
| | | 320 | | | | | | 36.0 | 35.30 | 71.30 | 0.0240 | 7.7 | 8.2 |
| 3 | 1.96 | | 39.2 | | 1.200 | 0.257 | 25.7 | | | | | | |
| | | 320 | | | | | | 42.4 | 20.85 | 63.25 | 0.0250 | 8.0 | 16.2 |
| 4 | 2.28 | | 45.6 | 1.0 | 1.600 | 0.160 | 16.0 | | | | | | |
| | | 320 | | | | | | 47.8 | 14.05 | 61.85 | 0.0260 | 8.3 | 24.5 |
| 5 | 2.50 | | 50.0 | | 1.875 | 0.121 | 12.1 | | | | | | |
| | | 320 | | | | | | 53.2 | 10.30 | 63.50 | 0.0130 | 4.2 | 28.7 |
| 6 | 2.82 | | 56.4 | | 2.275 | 0.085 | 8.5 | | | | | | |
| | | 320 | | | | | | 59.6 | 7.50 | 67.10 | 0.0220 | 7.0 | 35.7 |
| 7 | 3.14 | | 62.8 | | 2.675 | 0.065 | 6.5 | | | | | | |
| | | 360 | | | | | | 66.4 | 5.65 | 72.05 | 0.0210 | 7.6 | 43.3 |
| 8 | 3.50 | | 70.0 | | 3.125 | 0.048 | 4.8 | | | | | | |

表 15 中基础长度为 $L$(mm)，基础宽度为 $b$(mm)。

**4**）表 14 查出地表下 1m 处的天然含水量为 $w_1=0.205$，塑限 $w_p=0.219$；

则 $\Delta w_1=w_1-\psi_w w_p=0.205-0.8\times0.219=0.0298$

按本规范公式（5.2.10—1），$\Delta w_i=\Delta w_1-(w_1-0.01)\dfrac{z_i-1}{z_n-1}$，分别计算出各分层土的含水量变化值，并计算 $\sum_{i=1}^{n}\lambda_{si}\cdot\Delta w_i\cdot h_i$（表 16）：

$$s_s=\sum_{i=1}^{n}\lambda_{si}\cdot\Delta w_i\cdot h_i=19.4\text{mm}$$

**表 16　收缩变形量计算表**

| 点号 | 深度 $z_i$ (m) | 分层厚度 $h_i$ (mm) | 计算深度 $z_n$ (m) | $\Delta w_1=w_1-\psi_w w_p$ | $\frac{z_i-1}{z_n-1}$ | $\Delta w_i$ | 平均值 $\Delta w_i$ | 收缩系数 $\lambda_{si}$ | 收缩量 $\lambda_{si}\cdot\Delta w_i\cdot h_i$ (mm) | 累计收缩量 (mm) |
|---|---|---|---|---|---|---|---|---|---|---|
| 0 | 1.00 | | | | 0 | 0.0298 | | | | |
| 1 | 1.32 | 320 | | | 0.13 | 0.0272 | 0.0285 | 0.28 | 2.6 | 2.6 |
| 2 | 1.64 | 320 | | | 0.26 | 0.0247 | 0.0260 | 0.28 | 2.3 | 4.9 |
| 3 | 1.96 | 320 | | | 0.38 | 0.0223 | 0.0235 | 0.48 | 3.6 | 8.5 |
| 4 | 2.28 | 320 | 3.50 | 0.0298 | 0.51 | 0.0197 | 0.0210 | 0.48 | 3.2 | 11.7 |
| 5 | 2.50 | 320 | | | 0.60 | 0.0179 | 0.0188 | 0.48 | 2.9 | 14.6 |
| 6 | 2.82 | 320 | | | 0.73 | 0.0153 | 0.0166 | 0.31 | 1.6 | 16.2 |
| 7 | 3.14 | 320 | | | 0.86 | 0.0128 | 0.0141 | 0.37 | 1.7 | 17.9 |
| 8 | 3.50 | 360 | | | 1.00 | 0.0100 | 0.0114 | 0.37 | 1.5 | 19.4 |

**5**）由本规范式（5.2.14），求得地基胀缩变形总量为：

$$s_{es}=\psi_{es}(s_e+s_s)=0.7\times(43.3+19.4)=43.9\text{mm}$$

**5.2.16**　通过对 55 栋新建房屋位移观测资料的统计，并结合国外有关资料的分析，得出表 5.2.16 有关膨胀土上建筑物地基变形值的允许值。上述 55 栋房屋有的在结构上采取了诸如设置钢筋混凝土圈梁（或配筋砌体）、构造柱等加强措施，其结果按不同状况分述如下：

**1**）砌体结构

表 17 和表 18 为砌体结构的实测变形量与其开裂破坏的状况。

**表 17　砖石承重结构的变形量**

| 变形量(mm) | | <10 | 10~20 | 20~30 | 30~40 | 40~50 | 50~60 |
|---|---|---|---|---|---|---|---|
| 完好 29 栋 | 栋数 | 17 | 6 | 1 | 3 | 1 | 1 |
| | % | 58.62 | 20.69 | 3.45 | 10.34 | 3.45 | 3.45 |
| 墙体开裂 17 栋 | 栋数 | 2 | 7 | 5 | 2 | 1 | 0 |
| | % | 11.76 | 41.18 | 29.41 | 11.76 | 5.88 | 0 |

**表 18　砖石承重结构的局部倾斜值**

| 局部倾斜（‰） | | <1 | 1~2 | 2~3 | 3~4 |
|---|---|---|---|---|---|
| 完好 18 栋 | 栋数 | 7 | 8 | 2 | 1 |
| | % | 38.89 | 44.44 | 11.11 | 5.56 |
| 墙体开裂 14 栋 | 栋数 | 0 | 8 | 5 | 1 |
| | % | 0 | 57.14 | 35.72 | 7.14 |

从 46 栋砖石承重结构的变形量可以看出：29 栋完好房屋中，变形量小于 10mm 的占其总数的 58.62%；小于 20mm 的占其总数的 79.31%。17 栋损坏房屋中，88.24%的房屋变形量大于 10mm。

从 32 栋砖石承重结构的局部倾斜值可以看出：18 栋完好房屋中，局部倾斜值小于 1‰的占其总数的 38.89%；小于 2‰的占其总数的 83.33%。14 栋墙体开裂房屋的局部倾斜值均大于 1‰，在 1‰~2‰时其损坏率达到 57.14%。

综上所述，对于砖石承重结构，当其变形量小于等于 15mm，局部倾斜值小于等于 1‰时，房屋一般不会开裂破坏。

**2**）墙体设置钢筋混凝土圈梁或配筋的砌体结构

表 19 列出了 7 栋墙体设置钢筋混凝土圈梁或配筋砌体的房屋，其中完好的房屋有 5 栋，其变形量为 4.9mm~26.3mm；局部倾斜为 0.83‰~1.55‰。两栋开裂损坏的房屋变形量为 19.2mm~40.2mm；局部倾斜为 1.33‰~1.83‰。其中办公楼（三层）上部结构的处理措施为：在房屋的转角处设置钢筋混凝土构造柱，三道圈梁，墙体配筋。建筑场地地质条件复杂且有局部浸水和树木影响。房屋竣工后不到一年就开裂破坏。招待所（二层）墙体设置两道圈梁，内外墙交接处及墙端配筋。房屋的平面为“┌┐”形，三个单元由沉降缝隔开。场地的地质条件单一。房屋两端破坏较重，中间单元整体倾斜，损坏较轻。因此，设置圈梁或配筋的砌体结构，房屋的允许变形量取小于等于 30mm；局部倾斜值取小于等于 1.5‰。

表 19　承重墙设圈梁或配筋的砖砌体

| 工程名称 | 变形量（mm） | 局部倾斜（‰） | 房屋状况 |
|---|---|---|---|
| 宿舍（Ⅰ-4） | 26.3 | 1.52 | 完好 |
| 宿舍（Ⅰ-5） | 21.4 | 1.03 | 完好 |
| 塑胶车间 | 19.7 | 0.83 | 完好 |
| 试验房（Ⅰ-5） | 4.9 | 1.55 | 完好 |
| 试验房（2） | 6.3 | 0.94 | 完好 |
| 办公楼 | 19.2 | 1.33 | 损坏 |
| 招待所 | 40.2 | 1.83 | 损坏 |

**3**）钢筋混凝土排架结构

钢筋混凝土排架结构的工业厂房，只观测了两栋。其中一栋仅墙体开裂，主要承重结构完好无损。见表 20。

表 20　钢筋混凝土排架结构

| 工程名称 | 变形量（mm） | 变形差 | 房屋状况 |
|---|---|---|---|
| 机修车间 | 27.5 | $0.0025l$ | 墙体开裂 |
| 反射炉车间 | 4.3 | $0.0003l$ | 完好 |

机修车间 1979 年 6 月外纵墙开裂时的最大变形量为 27.5mm，相邻两柱间的变形差为 $0.0025l$。到 1981 年 12 月最大变形量达 41.3mm，变形差达 $0.003l$。究其原因，归咎于附近一棵大桉树的吸水蒸腾作用，引起地基土收缩下沉。从而导致墙体开裂。但主体结构并未损坏。

单层排架结构的允许变形值，主要由相邻柱基的升降差控制。对有桥式吊车的厂房，应保证其纵向和横向吊车轨道面倾斜不超过 3‰，以保证吊车的正常运行。

我国现行的地基基础设计规范规定：单层排架结构基础的允许沉降量在中低压缩性土上为 120mm；吊车轨面允许倾斜：纵向 0.004，横向 0.003。原苏联 1978 年出版的《建筑物地基设计指南》中规定：由于不均匀沉降在结构中不产生附加应力的房屋，其沉降差为 $0.006l$，最大或平均沉降量不大于 150mm。对膨胀土地基，将上述数值分别乘以 0.5 和 0.25 的系数。即升降差取 $0.003l$，最大变形量为 37.5mm。结合现有有限的资料，可取最大变形量为 40mm，升降差取 $0.003l$ 为单层排架结构（6m 柱距）的允许变形量。

**4**）从全国调查研究的结果表明：膨胀土上损坏较多的房屋是砌体结构；钢筋混凝土排架和框架结构房屋的破坏较少。砖砌烟囱有因倾斜过大被拆除的实例，但无完整的观测资料。对于浸湿房屋和高温构筑物主要应做好防水和隔热措施。对于表中未包括的其他房屋和构筑物地基的允许变形量，可根据上部结构对膨胀土特殊变形状况的适应能力以及使用要求，参考有关规定确定。

**5**）上述变形量的允许值与国外一些报道的资料基本相符，如原苏联的索洛昌认为：膨胀土上的单层房屋不设置任何预防措施，当变形量达到 10mm～20mm 时，墙体将出现约为 10mm 宽的裂缝。对于钢筋混凝土框架结构，允许变形量为 20mm；对于未配筋加强的砌体结构，允许变形量为 20mm，配筋加强时可加大到 35mm。根据南非大量膨胀土上房屋的观测资料，J·E·詹宁格斯等建议当房屋的变形量大于 12mm～15mm 时，必须采取专门措施预先加固。

**6**）膨胀土上房屋的允许变形量之所以小于一般地基土，原因在于膨胀土变形的特殊性。在各种外界因素（如土质的不均匀性、季节气候、地下水、局部水源和热源、树木和房屋覆盖的作用等）影响下，房屋随着地基持续的不均匀变形，常常呈现正反两个方向的挠曲。房屋所承受的附加应力随着升降变形的循环往复而变化，使墙体的强度逐渐衰减。在竖向位移的同时，往往伴随有水平位移及基础转动，几种位移共同作用的结果，使结构处于更为复杂的应力状态。从膨胀土的特征来看，土质一般情况下较坚硬，调整上部结构不均匀变形的作用也较差。鉴于上述种种因素，膨胀土上低层砌体结构往往在较小的位移幅度时就产生开裂破坏。

Ⅳ　稳定性计算

**5.2.17**　根据目前获得的大量工程实践资料，虽然膨胀土具有自身的工程特性，但在比较均匀或其他条件无明显差异的情况下，其滑面形态基本上属于圆弧形，可以按一般均质土体的圆弧滑动法验算其稳定性。当膨胀土中存在相对软弱的夹层时，地基的失稳往往沿此面首先滑动，因此将此面作为控制性验算面。层状构造土系指两类不同土层相间成韵律的沉积物、具有明显层状构造特征的土。由于层状构造土的层状特性，表现在其空间分布上的不均匀性、物理性指标的差异性、力学性指标的离散性、设计参数的不确定性等方面使土的各向异性特征更加突出。因此，其特性基本控制了场地的稳定性。当层面与坡面斜交的交角大于 45°时，稳定性由层状构造土的自身特性所控制，小于 45°时，由土层间特性差异形成相对软弱带所控制。

### 5.3 场址选择与总平面设计

**5.3.1** 本条第4款“坡度小于14°并有可能采用分级低挡土墙治理的地段”，这里所指的坡度是指自然坡，它是根据近百个坡体的调查后得出的斜坡稳定坡度值。但应说明，地形坡度小于14°，大于或等于5°坡角时，还有滑动可能，应按坡地地基有关规定进行设计。

本条第5款要求是针对深层膨胀土的变形提出的。一般情况下，膨胀土场地（或地区）地下水埋藏较深，膨胀土的变形主要受气候、温差、覆盖等影响。但是在岩溶发育地区，地下水活动在岩土界面处，有可能出现下层土的胀缩变形，而这种变形往往局限在一个狭长的范围内，同时，也有可能出现土洞。在这种地段建设问题较多，治理费用高，故应尽量避开。

**5.3.2** 本条规定同一建筑物地基土的分级胀缩变形量之差不宜大于35mm，膨胀土地基上房屋的允许变形量比一般土低。在表5.2.16中允许变形值均小于40mm。如果同一建筑物地基土的分级胀缩变形量之差大于35mm，则该建筑物处于两个不同地基等级的土层上，其结果将造成处理上的困难，费用大量增加。因此，最好避免这种情况，如不可能时，可用沉降缝将建筑物分成独立的单元体，或采用不同基础形式或不同基础埋深，将变形调整到允许变形值。

**5.3.5** 绿化环境不仅对人类的生存和身心健康有着重要的社会效益，对膨胀土地区的建筑物安危也有着举足轻重的作用。合理植被具有涵养土中水分并保持相对平稳的积极效应，在建筑物近旁单独种植吸水和蒸腾量大的树木（如桉树），往往使房屋遭到较严重的破坏。特别是在土的湿度系数小于0.75和孔隙比大于0.9的地区更为突出。调查和实测资料表明，一棵高16m的桉树一天耗水可达457kg。云南蒙自某6号楼在其四周零星种植树杆直径0.4m～0.6m的桉树，由于大量吸取土中水分，该建筑地基最大下沉量达96mm，房屋严重开裂。同样在云南鸡街的一栋房屋，其近旁有一棵矮小桉树，从1975年至1977年房屋因桉树吸水下沉量为4mm；但从1977年底到1979年5月的一年半时间，随着桉树长大吸水量的增加，房屋下沉量达46.4mm，房屋严重开裂破坏。上述情形国外也曾大量报道，如在澳大利亚墨尔本东区，膨胀土上房屋开裂破坏原因有75%是不合理种植蒸腾量大的树木引起的。所以，本条规定房屋周围绿化植被宜选种蒸腾量小的女贞、落叶果树和针叶树种或灌木，且宜成林，并离开建筑物不小于4m的距离。种植高大乔木时，应在距建筑物外墙不小于5m处设置灰土隔离沟，确保人居和自然的和谐共存。

### 5.4 坡地和挡土结构

**5.4.1、5.4.2** 非膨胀土坡地只需验算坡体稳定性，但对膨胀土坡地上的建筑，仅满足坡体稳定要求还不足以保证房屋的正常使用。为此，提出了考虑坡体水平移动和坡体内土的含水量变化对建筑物的影响，这种影响主要来自下列方面：

1）挖填方过大时，土体原来的含水量状态会发生变化，需经过一段时间后，地基土中的水分才能达到新的平衡；

2）由于平整场地破坏了原有地貌、自然排水系统及植被，土的含水量将因蒸发而大量减少，如果降雨，局部土质又会发生膨胀；

3）坡面附近土层受多向蒸发的作用，大气影响深度将大于坡肩较远的土层；

4）坡比较陡时，旱季会出现裂缝、崩坍。遇雨后，雨水顺裂隙渗入坡体，又可能出现浅层滑动。久旱之后的降雨，往往造成坡体滑动，这是坡地建筑设计中至关重要的问题。

防治滑坡包括排水措施、设置支挡和设置护坡三个方面。护坡对膨胀土边坡的作用不仅是防止冲刷，更重要的是保持坡体内含水量的稳定。采用全封闭的面层只能防止蒸发，但将造成土体水分增加而有胀裂的可能，因此采用支撑盲沟间植草的办法可以收到调节坡内水分的作用。

**5.4.3～5.4.5** 建造在膨胀土中的挡土结构（包括挡土墙、地下室外墙以及基坑支护结构等）都要承受水平膨胀力的作用。水平膨胀变形和膨胀压力是土体三向膨胀的问题，它比单纯的竖向膨胀要复杂得多。“膨胀土地基设计”专题组曾在20世纪80年代在三轴仪上对原状膨胀土样进行试验研究工作，其结果是：在三轴仪测得的竖向膨胀率比固结仪上测得的数值小，有的竖向膨胀比横向膨胀大；有的却相反。土的成因类型和矿物组成不同是导致上述结果的主要原因。广西大学柯尊敬教授通过试验研究也得出了土中矿物颗粒片状水平排列时土的竖向膨胀潜势要大于横向的结论。中国建筑科学研究院研究人员在黄熙龄院士指导下，在改进的三轴仪上对黑棉土（非洲）和粉色膨胀土（安徽淮南）重塑土样的侧向变形性质进行试验研究表明：膨胀土的三向膨胀性能在土性和压力等条件不变时，线膨胀率和体膨胀率随土的密度增大和初始含水量减小而增大；压力是抑制膨胀变形的主要因素，图18是非洲黑棉土（$w=35.0\%$，$\gamma_d=12.4kN/m^3$）的试验结果。由图中曲线可知：保持径向变形为定值时，竖向压力$\sigma_1$小时侧向压力$\sigma_3$也小；竖向压力$\sigma_1$大时侧向压力$\sigma_3$亦大。当径向变形为零时，所需的侧向压力即为水平膨胀力。同样，竖向压力大时，其水平膨胀力亦大。这与现场在土自重压力

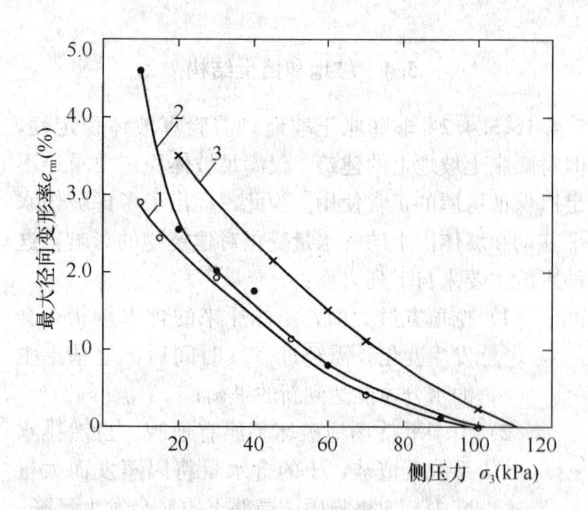


图 18　最大径向膨胀率与侧压力关系

1—$\sigma_1$＝30kPa；2—$\sigma_1$＝50kPa；3—$\sigma_1$＝80kPa

下通过浸水试验测得的结果是一致的，即当土性和土的初始含水量一定时，土的水平膨胀力在一定深度范围内随深度（自重压力）的增加而增大。

膨胀土水平膨胀力的大小与竖向膨胀力一样，都应通过室内和现场的测试获得。湖北荆门在地表下2m深范围内经过四年的浸水试验，观测到的水平膨胀力为（10～16）kPa。原铁道部科学研究院西北研究所张颖钧采用安康、成都狮子山、云南蒙自等地的土样，在自制的三向膨胀仪上用边长40mm的立方体试样测得的原状土水平膨胀力为7.3kPa～21.6kPa，约为其竖向膨胀力的一半；而其击实土样的水平膨胀力为15.1kPa～50.4kPa，约为其竖向膨胀力的0.65倍；在初始含水量基本一致的前提下，重塑土样的水平膨胀力约为原状土样的2倍。

前苏联的索洛昌曾对萨尔马特黏土在现场通过浸水试验测试水平膨胀力，天然含水量为31.1%、干密度为13.8kN/m$^3$的侧壁填土在1.0m～3.0m深度内的水平膨胀力是随深度增加而增大，最大值分别为49kPa、51kPa和53kPa，相应的稳定值分别为41kPa、41kPa和43kPa。土在浸水过程的初期水平膨胀力达到一峰值后，随着土体的膨胀其密度和强度降低，压力逐渐减小至稳定值。在工程应用时，索洛昌建议可不考虑水平膨胀力沿深度的变化，取0.8倍的最大值进行设计计算。

上述试验结果表明：作用于挡土结构上的水平膨胀力相当大，是导致膨胀土上挡土墙破坏失效的主要原因，设计时应考虑水平膨胀力的作用。在总结国内成功经验的基础上，本规范第5.4.3条对于高度小于3m的挡土墙提出构造要求。当墙背设置砂卵石等散体材料时，一方面可起到滤水的作用，另一方面还可起到一定的缓冲膨胀变形、减小膨胀力的作用。

因此，墙后最好选用非膨胀土作为填料。无非膨胀土时，可在一定范围内填膨胀土与石灰的混合料，离墙顶1m范围内，可填膨胀土，但砂石滤水层不得取消。高度小于等于3m的挡土墙，在满足本条构造要求的情况下，才可不考虑土的水平膨胀力。应当说明，挡土墙设计考虑膨胀土水平压力后，造价将成倍增加，从经济上看，填膨胀性材料是不合适的。

虽然在膨胀土地区的挡土结构中进行过一些水平力测试试验，但因膨胀土成因复杂、土质不均，所得结果离散性大。鉴于缺少试验及实测资料，对高度大于3m的挡土墙的膨胀土水平压力取值，设计者应根据地方经验或试验资料确定。

**5.4.6**　在膨胀土地基的坡地上建造房屋，除了与非膨胀土坡地建筑一样必须采取抗滑、排水等措施外，本条目的是为了减少房屋地基变形的不均匀程度，使房屋的损坏尽可能降到最低程度，指明设有挡土墙的建筑物的位置。如符合本条两条件时，坡地上建筑物的地基设计，实际上可转变为平坦场地上建筑物的地基设计，这样，本规范有关平坦场地上建筑物地基设计原则皆可按照执行了。除此之外，本规范第5.2.4条还规定了坡地上建筑物的基础埋深。

需要说明，87规范编制时，调查了坡上一百余栋设有挡土墙与未设挡土墙的房屋，两者相比，前者损坏较后者轻微。从理论上可以说明这个结论的合理性，前面已经介绍了影响坡上房屋地基变形很不均匀的因素，其中长期影响变形的因素是气候，靠近坡肩部分因受多面蒸发影响，大气影响深度最深，随着距坡肩距离的增加，影响深度逐渐接近于平坦地形条件下的影响深度。因此，建在坡地上的建筑物若不设挡土墙时最好将建筑物布置在离坡肩较远的地方。设挡土墙后蒸发条件改变为垂直向，与平坦地形条件下相近，变形的不均匀性将会减少，建筑物的损坏也将减轻。所以采用分级低挡土墙是坡地建筑的一个很有效的措施，它有节约用地、围护费用少的经济效益。

除设低挡土墙的措施外，还要考虑挖填方所造成的不均匀性，所以在本规范第5章第5、6节建筑措施和结构措施中还有相应的要求。

## 5.5　建筑措施

**5.5.2**　沉降缝的设置系根据膨胀土地基上房屋损坏情况的调查提出的。在设计时应注意，同一类型的膨胀土，扰动后重新夯实与未经扰动的相比，其膨胀或收缩特性都不相同。如果基础分别埋在挖方和填方上时，在挖填方交界处的墙体及地面常常出现断裂。因此，一般都采用沉降缝分离的方法。

**5.5.4、5.5.5**　房屋四周受季节性气候和其他人为活动的影响大，因而，外墙部位土的含水量变化和结构的位移幅度都较室内大，容易遭到破坏。当房屋四周铺以混凝土等宽散水时（宽度大于2m），能起到防水和保湿的作用，使外墙的位移量减小。例如，广西宁明某相邻办公楼间有一混凝土球场，尽管办公楼的另两端均在急剧下沉，邻近球场一端的位移幅度却很小。再如四川成都某仓库，两相邻库房间由三合土覆盖，此端房屋的位移幅度仅为未覆盖端的1/5。同样在湖北郧县种子站仓库前有一大混凝土晒场，房屋四周也有宽散水，整栋房屋的位移幅度仅为3mm左右。而同一地区房屋的位移幅度都远大于这一数值，致使其严重开裂。

图19是成都军区后勤部营房设计所在某试验房散水下不同部位的升降位移试验资料。从图中曲线可以看出，房屋四周一定宽度的散水对减小膨胀土上基础的位移起到了明显的作用。应当指出，大量的实际调查资料证明，作为主要预防措施来说，散水对于地势平坦、胀缩等级为Ⅰ、Ⅱ级的膨胀土其效果较好；对于地形复杂和胀缩等级为Ⅲ级的膨胀土上的房屋，散水应配合其他措施使用。

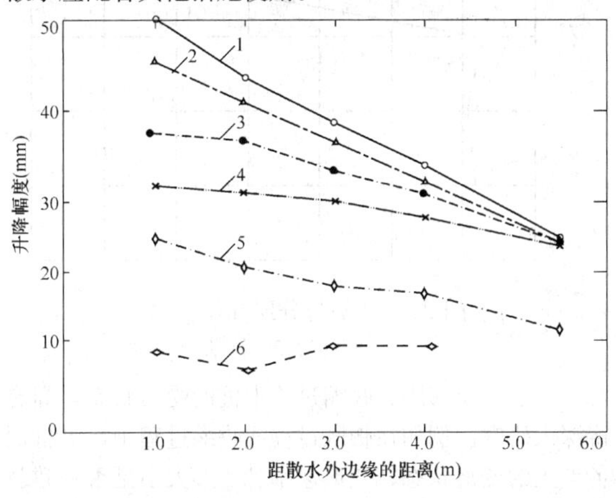


图19　散水下不同部位的位移

1—0.5m深标；2—1.0m深标；3—1.5m深标；4—2.0m深标；5—3.0m深标；6—4.0m深标

**5.5.6**　膨胀土上房屋室内地面的开裂、隆起比较常见，大面积处理费用太高。因此，处理的原则分为两种，一是要求严格的地面，如精密加工车间、大型民用公共建筑等，地面的不均匀变形会降低产品的质量或正常使用，后果严重。二是如食堂、住宅的地面，开裂后可修理使用。前者可根据膨胀量大小换土处理，后者宜将大面积浇筑面层改为分段浇筑嵌缝处理方法，或采用铺砌的办法。对于某些使用要求特别严格的地面，还可采用架空楼板方法。

## 5.6　结构措施

**5.6.1**　根据调查材料，膨胀土地基上的木结构、钢结构及钢筋混凝土框排架结构具有较好的适应不均匀变形能力，主体结构损坏极少，膨胀土地区房屋应优先采用这些结构体系。

**5.6.3**　圈梁设置有助于提高房屋的整体性并控制裂缝的发展。根据房屋沉降观测资料得知，膨胀土上建筑物地基的变形有的是反向挠曲，也有的是正向挠曲，有时在同一栋建筑内同时出现反向挠曲和正向挠曲，特别在房屋的端部，反向挠曲变形较多，因此在本条中特别强调设置顶部圈梁的作用，并将其高度增加至240mm。

**5.6.4**　砌体结构中设置构造柱的作用主要在于对墙体的约束，有助于提高房屋的整体性并增加房屋的刚度。构造柱须与各层圈梁或梁板连接才能发挥约束作用。

**5.6.7**　钢和钢筋混凝土框、排架结构本身具有足够的适应变形的能力，但围护墙体仍易开裂。当以砌体作围护结构时，应将砌体放在基础梁上，基础梁与土表面脱空以防土的膨胀引起梁的过大变形。

**5.6.8**　有吊车的厂房，由于不均匀变形会引起吊车卡轨，影响使用，故要求连接方法便于调整并预留一定空隙。

## 5.7　地基基础措施

**5.7.1、5.7.2**　膨胀土的改良一般是在土中掺入一定比例的石灰、水泥或粉煤灰等材料，较适用于换土。采用上述材料的浆液向原状土地基中压力灌浆的效果不佳，应慎用。

大量室内外试验和工程实践表明：土中掺入2%～8%的石灰粉并拌和均匀是简单、经济的方法。表21是王新征用河南南阳膨胀土进行室内试验的结果。

**表21　掺入石灰粉后膨胀土胀缩性试验结果表**

| 掺灰量(%) | 龄期(d) | 膨胀试验 | | | 收缩试验 | |
|---|---|---|---|---|---|---|
| | | 无压膨胀率(%) | 50kPa膨胀率(%) | 膨胀力(kPa) | 缩限(%) | 线缩率(%) |
| 0 | | 36.0 | 9.3 | 284.0 | 16.20 | 3.10 |
| 6 | 7 | 0.5 | 0.0 | 9.6 | 5.20 | 1.90 |
| | 28 | 0.2 | 0.0 | 0.7 | 4.30 | 1.07 |

膨胀土中掺入一定比例的石灰后，通过$Ca^+$离子交换、水化和碳化以及孔隙充填和粘结作用，可以降低甚至消除土的膨胀性，并能提高扰动土的强度。使用时应根据土的膨胀潜势通过试验确定石灰的掺量。石灰宜用熟石灰粉，施工时土料最大粒径不应大于15mm，并控制其含水量，拌和均匀，分层压实。

**5.7.5～5.7.9**　桩在膨胀土中的工作性状相当复杂，上部土层因水分变化而产生的胀缩变形对桩有不同的效应。桩的承载力与土性、桩长、土中水分变化幅度和桩顶作用的荷载大小关系密切。土体膨胀时，因含水量增加和密度减小导致桩侧阻和端阻降低；土体收缩时，可能导致该部分土体产生大量裂缝，甚至与桩体脱离而丧失桩侧阻力（图20）。因此，在桩基设计时应考虑桩周土的胀缩变形对其承载力的不利影响。

对于低层房屋的短桩来说，土体膨胀隆起时，胀拔力将导致桩的上拔。国内外的现场试验资料表明：

图 20　膨胀土收缩时桩周土体与桩体脱离情况现场实测

土层的膨胀隆起量决定桩的上拔量，上部土层隆起量较大，且随深度增加而减小，对桩产生上拔作用；下部土层隆起量小甚至不膨胀，将抑制桩的上拔，起到“锚固作用”，如图 21 所示。

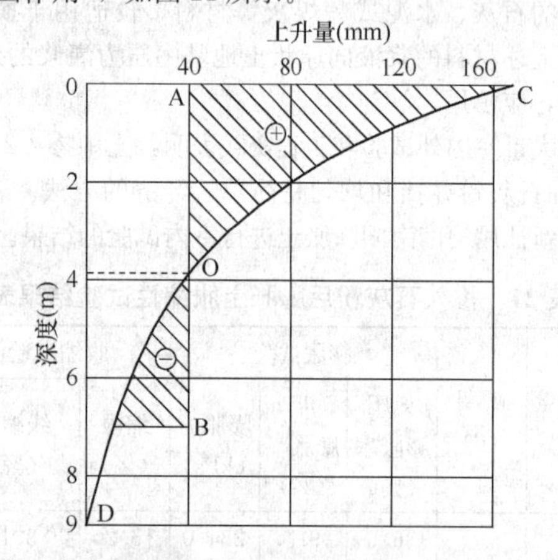


图 21　土层隆起量与桩的上升量关系

图中 CD 表示 9m 深度内土的膨胀隆起量随深度的变化曲线，AB 则为 7m 桩长的单桩上拔量为 40mm。CD 和 AB 线交点 O 处土的隆起量与桩的上拔量相等，即称为“中性点”。O 点以上桩承受胀拔力，以下则为“锚固力”。当由胀拔力产生的上拔力大于“锚固力”时，桩就会被上拔。为抑制上拔量，在桩基设计时，桩顶荷载应等于或略大于上拔力。

上述中性点的位置和胀拔力的大小与土的膨胀潜势和土中水分变化幅度及深度有关。目前国内外关于胀拔力大小的资料很少，只能通过现场试验或地方经验确定。至于膨胀土中桩基的设计，只能提出计算原则。在所提出原则中分别考虑了膨胀和收缩两种情况。在膨胀时考虑了桩周胀拔力，该值宜通过现场试验确定。在收缩时因裂缝出现，不考虑收缩时所产生的负摩擦力，同样也不考虑在大气影响急剧层内的侧阻力。云南锡业公司与原冶金部昆明勘察公司曾为此进行试验：桩径 230mm，桩长分别为 3m、4m，桩尖脱空，3m 桩长荷载为 42.0kN，4m 桩长为 57.6kN；经过两年观察，3m 桩下沉达 60mm 以上，4m 桩仅为 6mm 左右，与深标观测值接近（图 22）。当地实测大气影响急剧层为 3.3m，可以看出 3.3m 长度内还有一定的摩阻力来抵抗由于收缩后桩上承受的荷载。因此，假定全部荷重由大气影响急剧层以下的桩长来承受是偏于安全的。

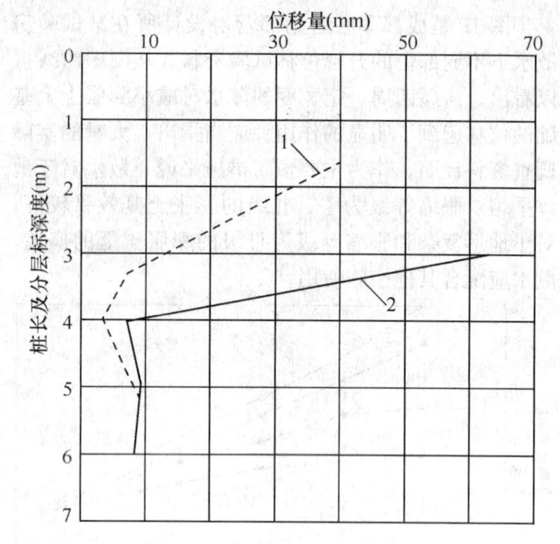


图 22　桩基与分层标位移量

1—分层标；2—桩基

对于土层膨胀、收缩过程中桩的受力状态，尚有待深入研究。例如在膨胀过程或收缩过程中，沿桩周各点土的变形状态、变形速率、变形大小是否一致就是一个问题。本规范在考虑桩的设计原则时，假定在大气影响急剧层深度内桩的胀拔力存在，及土层收缩时桩周出现裂缝情况。今后还需进一步研究，验证假定的合理性并找出简便的计算模型。

膨胀土中单桩承载力及其在大气影响层内桩侧土的最大胀拔力可通过室内试验或现场浸水胀拔力和承载力试验确定，但现场的试验数据更接近实际，其试验方法和步骤、试验资料整理和计算建议如下。实施时可根据不同需要予以简化。

**1**　试验的方法和步骤

**1）** 选择有代表性的地段作为试验场地，试验桩和试验设备的布置如图 23 的所示；

**2）** 胀拔力试验桩桩径宜为 $\phi400$，工程桩试验桩按设计桩长和桩径设置。试验桩间距不小于 3 倍桩径，试验桩与锚桩间距不小于 4 倍桩径；

**3）** 每组试验可布置三根试验桩，桩长分别为大气影响急剧层深度、大气影响深度和设计桩长深度；

**4）** 桩长为大气影响急剧层深度和大气影响深度的胀拔力试验桩，其桩端脱空不小于 100mm；

**5）** 采用砂井和砂槽双面浸水。砂槽和砂井内填满中、粗砂，砂井的深度不小于当地的

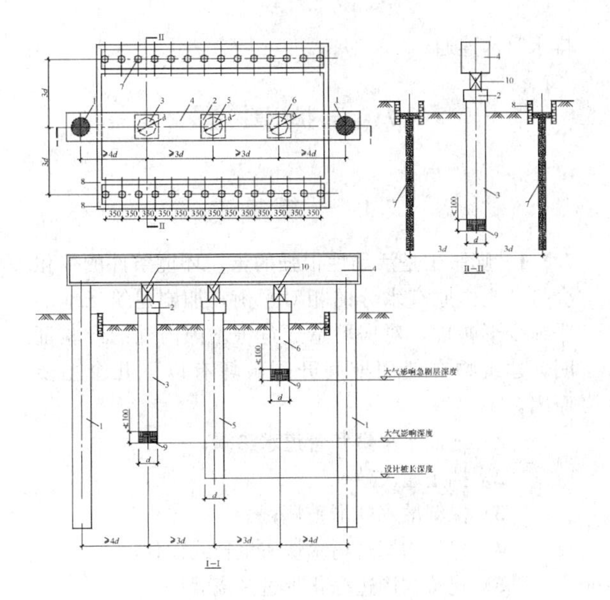


图 23　桩的现场浸水胀拔力和承载力试验布置示意（图中单位：mm）

1—锚桩；2—桩帽；3—胀拔力试验桩（大气影响深度）；4—支承梁；5—工程桩试验桩；6—胀拔力试验桩（大气影响急剧层深度）；7—$\phi$127 砂井；8—砖砌砂槽；9—桩端空隙；10—测力计（千斤顶）

大气影响深度；

6）试验宜采用锚桩反力梁装置，其最大抗拔能力除满足试验荷载的要求外，应严格控制锚桩和反力梁的变形量；

7）试验桩桩顶设置测力计，现场浸水初期至少每 8h 进行一次桩的胀拔力观测，以捕捉最大的胀拔力，后期可加大观测时间间隔，直至浸水膨胀稳定；

8）浸水膨胀稳定后，停止浸水并将桩顶测力计更换为千斤顶，采用慢速加载维持法进行单桩承载力试验，测定浸水条件下的单桩承载力；

9）试验前和试验后，分层取原状土样在室内进行物理力学试验和膨胀试验。

2　试验资料整理及计算

1）绘制桩的现场浸水胀拔力随时间发展变化曲线（图 24）；

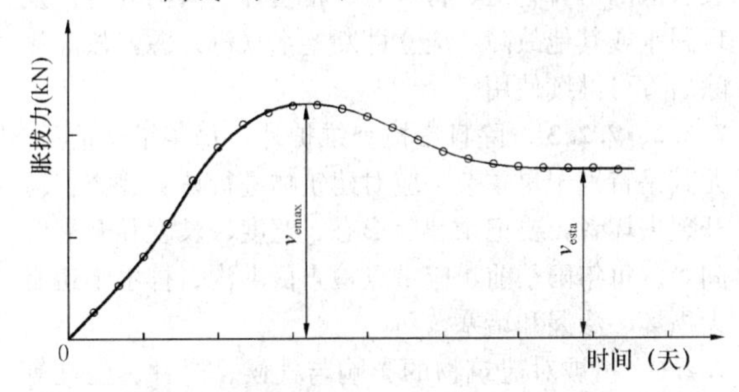


图 24　桩的现场浸水胀拔力随时间发展变化曲线示意

2）根据桩长为大气影响急剧层深度或大气影响深度试验桩的现场实测单桩最大胀拔力，可按下式计算大气影响急剧层深度或大气影响深度内桩侧土的最大胀切力平均值：

$$\bar{q}_{esk} = \frac{v_{emax}}{\pi \cdot d \cdot l}$$

式中：$\bar{q}_{esk}$——大气影响急剧层深度或大气影响深度内桩侧土的最大胀切力平均值（kPa）；

$v_{emax}$——单桩最大胀拔力实测值（kN）；

$d$——试验桩桩径（m）；

$l$——试验桩桩长（m）。

3）浸水条件下，根据桩长为大气影响急剧层深度或大气影响深度试验桩测定的单桩极限承载力，可按下式计算浸水条件下大气影响急剧层深度或大气影响深度内桩侧阻力特征值的平均值：

$$\bar{q}_{sa} = \frac{Q_u}{2 \cdot \pi \cdot d \cdot l}$$

式中：$\bar{q}_{sa}$——浸水条件下，大气影响急剧层深度或大气影响深度内桩侧阻力特征值的平均值（kPa）；

$Q_u$——浸水条件下，单桩极限承载力实测值（kN）。

4）浸水条件下，工程桩试验桩单桩极限承载力的测定，应符合现行国家标准《建筑地基基础设计规范》GB 50007的有关规定；

5）同一场地的试验数量不应少于 3 点，当基桩最大胀拔力或极限承载力试验值的极差不超过其平均值的 30%时，取其平均值作为该场地基桩最大胀拔力或极限承载力的标准值。

### 5.8　管　　道

**5.8.1～5.8.3**　地下管道的附属构筑物系指管沟、检查井、检漏井等。管道接头的防渗漏措施仅仅是技术保证，重要的是保持长期的定时检查和维修。因此，检漏井等的设置对于检查管道是否漏水是一项关键措施。对于要求很高的建筑物，有必要采用地下管道集中排水的方法，才可能做到及时发现、及时维修。

**5.8.4**　管道在基础下通过时易因局部承受地基胀缩往复变形和应力，容易遭到损坏而发生渗漏，故应尽量避免。必须穿越时，应采取措施。

## 6　施　　工

### 6.1　一 般 规 定

**6.1.1**　膨胀土地区的建筑施工，是落实设计措施、保证建筑物的安全和正常使用的重要环节。因此，要求施工人员应掌握膨胀土工程特性，在施工前作好施工准备工作，进行技术交底，落实技术责任制。

**6.1.2** 本条规定旨在说明膨胀土地区的工程建设必须遵循“先治理，后建设”的原则，也是落实“预防为主，综合治理”要求的重要环节。由于膨胀土含有大量的亲水矿物，伴随土体湿度的变化产生较大体积胀缩变化。因此，在地基基础施工前，应首先完成对场地的治理，减少施工时地基土含水量的变化幅度，从而防止场地失稳或后期地基胀缩变形量的增大。先期治理措施包括：

1）场地平整；

2）挡土墙、护坡等确保场地稳定的挡土结构施工；

3）截洪沟、排水沟等确保场地排水畅通的排水系统施工；

4）后期施工可能会增加主体结构地基胀缩变形量的工程应先于主体进行施工，如管沟等。

### 6.2 地基和基础施工

**6.2.1～6.2.4** 地基和基础施工，要确保地基土的含水量变化幅度减少到最低。施工方案和施工措施都应围绕这一目的实施。因此，膨胀土场地上进行开挖工程时，应采取严格保护措施，防止地基土体遭到长时间的曝露、风干、浸湿或充水。分段开挖、及时封闭，是减少地基土的含水量变化幅度的主要措施；预留部分土层厚度，到下一道工序开始前再清除，能同时达到防止持力层土的扰动和减少水分较大变化的目的。

对开挖深度超过5m（含5m）的基坑（槽）的土方开挖、支护工程，以及开挖深度虽未超过5m，但地质条件、周围环境和地下管线复杂，或影响毗邻建筑（构筑）物安全的基坑（槽）的土方开挖、支护工程，应对其安全施工方案进行专项审查。

**6.2.6** 基坑（槽）回填土，填料可选用非膨胀土、弱膨胀土及掺有石灰或其他材料的膨胀土，并保证一定的压实度。对于地下室外墙处的肥槽，宜采用非膨胀土或经改良的弱膨胀土及级配砂石作填料，可减少水平膨胀力的不利影响。

### 6.3 建筑物施工

**6.3.1** 为防止现浇钢筋混凝土养护水渗入地基，不应多次或大量浇水养护，宜用润湿法养护。

现浇混凝土时，其模板不宜支在地面上，采用架空法支模较好；构造柱应采用相邻砖墙做模板以保证相互结合。

**6.3.6** 工程竣工使用后，防止建（构）筑物给排水渗入地基，其给排水系统应有效连通，溢水装置应与排水管沟连通。

## 7 维护管理

### 7.1 一般规定

**7.1.1** 膨胀土是活动性很强的土，环境条件的变化会打破土中原有水分的相对平衡，加剧建筑场地的胀缩变形幅度，对房屋造成危害。国内外的经验证明，建筑物在使用期间开裂破坏有以下几个主要原因：

1）地面水集聚和管道水渗漏；

2）挡土墙失效；

3）保湿散水变形破坏；

4）建筑物周边树木快速生长或砍伐；

5）建筑物周边绿化带过多浇灌等。

例如：湖北某厂仓库结构施工期间，外墙中部留有一大坑未填埋，坑中长期积水而使土体膨胀，导致该处墙体开裂，室内地坪大面积开裂。再如：广西宁明一使用不到一年的房屋，因大量生活用水集聚浸泡地基土，房屋最大上升量达65mm而造成墙体开裂。

因此，膨胀土地区的建筑物，不仅在设计时要求采取有效的预防措施，施工质量合格，在使用期间做好长期有效的维护管理工作也至关重要，维护管理工作是膨胀土地区建筑技术不可或缺的环节。只有做好维护管理工作，才能保证建筑物的安全和正常使用。

**7.1.2、7.1.3** 维护管理工作应根据设计要求，由业主单位的管理部门制定制度和详细的实施计划，并负责监督检查。使用单位应建立建设工程档案，设计图纸、竣工图、设计变更通知、隐蔽工程施工验收记录和勘察报告及维护管理记录应及时归档，妥善保管。管理人员更换时，应认真办理上述档案的交接手续。

### 7.2 维护和检修

**7.2.1** 给水、排水和供热管道系统，主要包括有水或有汽的所有管道、检查井、检漏井、阀门井等。发现漏水或其他故障，应立即断绝水（汽）源，故障排除后方可继续使用。

**7.2.2、7.2.3** 除日常检查维护外，每年旱季前后，尤其是特别干旱季节，应对建筑物进行认真普查。对开裂损坏者，要记录裂缝形态、宽度、长度和开裂时间等。每年雨季前，应重点检查截洪沟、排水干道有无损坏、渗漏和堵塞。

**7.2.6** 植被对建筑物的影响与气候、树种、土性等因素有关。为防止绿化不当对建筑物造成危害，绿化方案（植物种类、间距及防治措施等）不得随意更改。提倡采用喷灌、滴灌等现代节水灌溉技术。

### 7.3 损坏建筑物的治理

**7.3.1** 为了避免对损坏建筑物盲目拆除并就地重建，建了又坏，造成严重浪费，要求发现建筑物损坏，应及时会同有关单位全面调查，分析原因。必要时应进行维护勘察。

**7.3.2** 应按有关标准的规定，鉴定建筑物的损坏程度。区别不同情况，采取相应的治理措施。做到对症下药，标本兼治。

中华人民共和国国家标准

# 湿陷性黄土地区建筑规范

Code for building construction in collapsible loess regions

**GB 50025—2004**

主编部门：陕 西 省 计 划 委 员 会
批准部门：中华人民共和国建设部
施行日期：2 0 0 4 年 8 月 1 日

# 中华人民共和国建设部
# 公　　告

## 第 213 号

### 建设部关于发布国家标准《湿陷性黄土地区建筑规范》的公告

现批准《湿陷性黄土地区建筑规范》为国家标准，编号为：GB 50025—2004，自 2004 年 8 月 1 日起实施。其中，第 4.1.1、4.1.7、5.7.2、6.1.1、8.1.1、8.1.5、8.2.1、8.3.1（1）、8.3.2（1）、8.4.5、8.5.5、9.1.1 条（款）为强制性条文，必须严格执行。原《湿陷性黄土地区建筑规范》GBJ 25—90 同时废止。

本规范由建设部标准定额研究所组织中国建筑工业出版社出版发行。

中华人民共和国建设部

2004 年 3 月 1 日

## 前　　言

根据建设部建标［1998］94 号文下达的任务，由陕西省建筑科学研究设计院会同有关勘察、设计、科研和高校等 16 个单位组成修订组，对现行国家标准《湿陷性黄土地区建筑规范》GBJ 25—90（以下简称原规范）进行了全面修订。在修订期间，广泛征求了全国各有关单位的意见，经多次讨论和修改，最后由陕西省计划委员会组织审查定稿。

本次修订的《湿陷性黄土地区建筑规范》系统总结了我国湿陷性黄土地区四十多年来，特别是近十年来的科研成果和工程建设经验，并充分反映了实施原规范以来所取得的科研成果和建设经验。

原规范经修订后（以下简称本规范）分为总则、术语和符号、基本规定、勘察、设计、地基处理、既有建筑物的地基加固和纠倾、施工、使用与维护等 9 章、9 个附录，比原规范增加条文 3 章，减少附录 2 个。修改和增加的主要内容是：

1. 原规范附录一中的名词解释，通过修改和补充作为术语，列入本规范第 2 章；删除了饱和黄土，增加了压缩变形、湿陷变形、湿陷起始压力、湿陷系数、自重湿陷系数、自重湿陷量的实测值、自重湿陷量的计算值和湿陷量的计算值等术语。

2. 建筑物分类和建筑工程的设计措施等内容，经修改和补充后作为基本规定，独立为一章，放在勘察、设计的前面，体现了它在本规范中的重要性，并解决了各类建筑的名称出现在建筑物分类之后的问题。

3. 原规范中的附录六，通过修改和补充，将其放入本规范的第 4 章第 4 节“测定黄土湿陷性的试验”。

4. 将陕西关中地区的修正系数 $\beta_0$ 由 0.70 改为 0.90，修改后自重湿陷量的计算值与实测值接近，对提高评定关中地区场地湿陷类型的准确性有实际意义。

5. 近年来，7、8 层的建筑不断增多，基底压力和地基压缩层深度相应增大，本次修订将非自重湿陷性黄土场地地基湿陷量的计算深度，由基底下 5m 改为累计至基底下 10m（或地基压缩层）深度止，并相应增大了勘探点的深度。

6. 划分场地湿陷类型和地基湿陷等级，采用现场试验的实测值和室内试验的计算值相结合的方法，在自重湿陷量的计算值和湿陷量的计算值分别引入修正系数 $\beta_0$ 值和 $\beta$ 值后，其计算值和实测值的差异显著缩小，从而进一步提高了湿陷性评价的准确性和可靠性。

7. 本规范取消了原规范在地基计算中规定的承载力的基本值、标准值和设计值以及附录十“黄土的承载力表”。

本规范在地基计算中规定的地基承载力特征值，可由勘察部门根据现场原位测试结果或结合当地经验与理论公式计算确定。

基础底面积，按正常使用极限状态下荷载效应的标准组合，并按修正后的地基承载力特征值确定。

8. 针对湿陷性黄土的特点，进一步明确了在湿陷性黄土场地采用桩基础的设计和计算等原则。

9. 根据场地湿陷类型、地基湿陷等级和建筑物类别，采取地基处理措施，符合因地因工程制宜，技术经济合理，对确保建筑物的安全使用有重要作用。

10. 增加了既有建筑物的地基加固和纠倾等内容，使今后开展这方面的工作有章可循。

11. 根据新搜集的资料，将原规范附录二中的“中国湿陷性黄土工程地质分区略图”及其附表2-1作了部分修改和补充。

原图经修改后，扩大了分区范围，填补了原规范分区图中未包括的有关省、区，便于勘察、设计人员进行场址选择或可行性研究时，对分区范围内黄土的厚度、湿陷性质、湿陷类型和分布情况有一个概括的了解和认识。

12. 在本规范附录J中，增加了检验或测定垫层、强夯和挤密等方法处理地基的承载力及有关变形参数的静载荷试验要点。

原规范通过全面修订，增加了一些新的内容，更加系统和完善，符合我国国情和湿陷性黄土地区的特点，体现了我国现行的建设政策和技术政策。本规范实施后对全面指导我国湿陷性黄土地区的建设，确保工程质量，防止和减少地基湿陷事故，都将产生显著的技术经济效益和社会效益。

本规范中以黑体字标志的条文为强制性条文，必须严格执行。本规范由建设部负责管理和对强制性条文的解释，陕西省建筑科学研究设计院负责具体技术内容的解释。在执行过程中，请各单位结合工程实践，认真总结经验，如发现需要修改或补充之处，请将意见和建议寄陕西省建筑科学研究设计院（地址：陕西省西安市环城西路272号，邮政编码：710082）。

本规范主编单位：陕西省建筑科学研究设计院

本规范参编单位：机械工业部勘察研究院
西北综合勘察设计研究院
甘肃省建筑科学研究院
山西省建筑设计研究院
国家电力公司西北勘测设计研究院
中国建筑西北设计研究院
西安建筑科技大学
山西省勘察设计研究院
甘肃省建筑设计研究院
山西省电力勘察设计研究院
兰州有色金属建筑研究院
国家电力公司西北电力设计院
新疆建筑设计研究院
陕西省建筑设计研究院
中国石化集团公司兰州设计院

主要起草人：罗宇生（以下按姓氏笔画排列）
文　君　田春显　刘厚健　朱武卫
任会明　汪国烈　张　敷　张苏民
沈励操　杨静玲　邵　平　张豫川
张　炜　李建春　林在贯　郑永强
武　力　赵祖禄　郭志勇　高永贵
高凤熙　程万平　滕文川　罗金林

# 目　次

## 1 总　　则

**1.0.1** 为确保湿陷性黄土地区建筑物（包括构筑物）的安全与正常使用，做到技术先进，经济合理，保护环境，制定本规范。

**1.0.2** 本规范适用于湿陷性黄土地区建筑工程的勘察、设计、地基处理、施工、使用与维护。

**1.0.3** 在湿陷性黄土地区进行建设，应根据湿陷性黄土的特点和工程要求，因地制宜，采取以地基处理为主的综合措施，防止地基湿陷对建筑物产生危害。

**1.0.4** 湿陷性黄土地区的建筑工程，除应执行本规范的规定外，尚应符合有关现行的国家强制性标准的规定。

## 2 术语和符号

### 2.1 术　　语

**2.1.1** 湿陷性黄土　collapsible loess

在一定压力下受水浸湿，土结构迅速破坏，并产生显著附加下沉的黄土。

**2.1.2** 非湿陷性黄土　noncollapsible loess

在一定压力下受水浸湿，无显著附加下沉的黄土。

**2.1.3** 自重湿陷性黄土　loess collapsible under overburden pressure

在上覆土的自重压力下受水浸湿，发生显著附加下沉的湿陷性黄土。

**2.1.4** 非自重湿陷性黄土　loess noncollapsible under overburden pressure

在上覆土的自重压力下受水浸湿，不发生显著附加下沉的湿陷性黄土。

**2.1.5** 新近堆积黄土　recently deposited loess

沉积年代短，具高压缩性，承载力低，均匀性差，在50～150kPa压力下变形较大的全新世（$Q_4^2$）黄土。

**2.1.6** 压缩变形　compression deformation

天然湿度和结构的黄土或其他土，在一定压力下所产生的下沉。

**2.1.7** 湿陷变形　collapse deformation

湿陷性黄土或具有湿陷性的其他土（如欠压实的素填土、杂填土等），在一定压力下，下沉稳定后，受水浸湿所产生的附加下沉。

**2.1.8** 湿陷起始压力　initial collapse pressure

湿陷性黄土浸水饱和，开始出现湿陷时的压力。

**2.1.9** 湿陷系数　coefficient of collapsibility

单位厚度的环刀试样，在一定压力下，下沉稳定后，试样浸水饱和所产生的附加下沉。

**2.1.10** 自重湿陷系数　coefficient of collapsibility under overburden pressure

单位厚度的环刀试样，在上覆土的饱和自重压力下，下沉稳定后，试样浸水饱和所产生的附加下沉。

**2.1.11** 自重湿陷量的实测值　measured collapse under overburden pressure

在湿陷性黄土场地，采用试坑浸水试验，全部湿陷性黄土层浸水饱和所产生的自重湿陷量。

**2.1.12** 自重湿陷量的计算值　computed collapse under overburden pressure

采用室内压缩试验，根据不同深度的湿陷性黄土试样的自重湿陷系数，考虑现场条件计算而得的自重湿陷量的累计值。

**2.1.13** 湿陷量的计算值　computed collapse

采用室内压缩试验，根据不同深度的湿陷性黄土试样的湿陷系数，考虑现场条件计算而得的湿陷量的累计值。

**2.1.14** 剩余湿陷量　remnant collapse

将湿陷性黄土地基湿陷量的计算值，减去基底下拟处理土层的湿陷量。

**2.1.15** 防护距离　protection distance

防止建筑物地基受管道、水池等渗漏影响的最小距离。

**2.1.16** 防护范围　area of protection

建筑物周围防护距离以内的区域。

### 2.2 符　　号

$A$——基础底面积

$a$——压缩系数

$b$——基础底面的宽度

$d$——基础埋置深度，桩身（或桩孔）直径

$E_s$——压缩模量

$e$——孔隙比

$f_a$——修正后的地基承载力特征值

$f_{ak}$——地基承载力特征值

$I_p$——塑性指数

$l$——基础底面的长度，桩身长度

$p_k$——相应于荷载效应标准组合基础底面的平均压力值

$p_0$——基础底面的平均附加压力值

$p_{sh}$——湿陷起始压力值

$q_{pa}$——桩端土的承载力特征值

$q_{sa}$——桩周土的摩擦力特征值

$R_a$——单桩竖向承载力特征值

$S_r$——饱和度

$w$——含水量

$w_L$——液限

$w_p$——塑限

$w_{op}$——最优含水量

$\gamma$——土的重力密度，简称重度

$\gamma_0$——基础底面以上土的加权平均重度，地下水位以下取有效重度

$\theta$——地基的压力扩散角

$\eta_b$——基础宽度的承载力修正系数

$\eta_d$——基础埋深的承载力修正系数

$\psi_s$——沉降计算经验系数

$\delta_s$——湿陷系数

$\delta_{zs}$——自重湿陷系数

$\Delta_{zs}$——自重湿陷量的计算值

$\Delta'_{zs}$——自重湿陷量的实测值

$\Delta_s$——湿陷量的计算值

$\beta_0$——因地区土质而异的修正系数

$\beta$——考虑地基受水浸湿的可能性和基底下土的侧向挤出等因素的修正系数

# 3 基 本 规 定

**3.0.1** 拟建在湿陷性黄土场地上的建筑物，应根据其重要性、地基受水浸湿可能性的大小和在使用期间对不均匀沉降限制的严格程度，分为甲、乙、丙、丁四类，并应符合表 3.0.1 的规定。

**表 3.0.1 建筑物分类**

| 建筑物分类 | 各类建筑的划分 |
|---|---|
| 甲 类 | 高度大于60m和14层及14层以上体型复杂的建筑<br>高度大于50m的构筑物<br>高度大于100m的高耸结构<br>特别重要的建筑<br>地基受水浸湿可能性大的重要建筑<br>对不均匀沉降有严格限制的建筑 |
| 乙 类 | 高度为24～60m的建筑<br>高度为30～50m的构筑物<br>高度为50～100m的高耸结构<br>地基受水浸湿可能性较大的重要建筑<br>地基受水浸湿可能性大的一般建筑 |
| 丙 类 | 除乙类以外的一般建筑和构筑物 |
| 丁 类 | 次要建筑 |

当建筑物各单元的重要性不同时，可根据各单元的重要性划分为不同类别。甲、乙、丙、丁四类建筑的划分，可结合本规范附录 E 确定。

**3.0.2** 防止或减小建筑物地基浸水湿陷的设计措施，可分为下列三种：

1 地基处理措施

消除地基的全部或部分湿陷量，或采用桩基础穿透全部湿陷性黄土层，或将基础设置在非湿陷性黄土层上。

2 防水措施

1）基本防水措施：在建筑物布置、场地排水、屋面排水、地面防水、散水、排水沟、管道敷设、管道材料和接口等方面，应采取措施防止雨水或生产、生活用水的渗漏。

2）检漏防水措施：在基本防水措施的基础上，对防护范围内的地下管道，应增设检漏管沟和检漏井。

3）严格防水措施：在检漏防水措施的基础上，应提高防水地面、排水沟、检漏管沟和检漏井等设施的材料标准，如增设可靠的防水层、采用钢筋混凝土排水沟等。

3 结构措施

减小或调整建筑物的不均匀沉降，或使结构适应地基的变形。

**3.0.3** 对甲类建筑和乙类中的重要建筑，应在设计文件中注明沉降观测点的位置和观测要求，并应注明在施工和使用期间进行沉降观测。

**3.0.4** 对湿陷性黄土场地上的建筑物和管道，在设计文件中应附有使用与维护说明。建筑物交付使用后，有关方面必须按本规范第 9 章的有关规定进行维护和检修。

**3.0.5** 在湿陷性黄土地区的非湿陷性土场地上设计建筑地基基础，应按现行国家标准《建筑地基基础设计规范》GB 50007 的有关规定执行。

# 4 勘 察

## 4.1 一 般 规 定

**4.1.1 在湿陷性黄土场地进行岩土工程勘察应查明下列内容，并应结合建筑物的特点和设计要求，对场地、地基作出评价，对地基处理措施提出建议。**

**1 黄土地层的时代、成因；**

**2 湿陷性黄土层的厚度；**

**3 湿陷系数、自重湿陷系数和湿陷起始压力随深度的变化；**

**4 场地湿陷类型和地基湿陷等级的平面分布；**

**5 变形参数和承载力；**

**6 地下水等环境水的变化趋势；**

**7 其他工程地质条件。**

**4.1.2** 中国湿陷性黄土工程地质分区，可按本规范附录 A 划分。

**4.1.3** 勘察阶段可分为场址选择或可行性研究、初步勘察、详细勘察三个阶段。各阶段的勘察成果应符合各相应设计阶段的要求。

对场地面积不大，地质条件简单或有建筑经验的地区，可简化勘察阶段，但应符合初步勘察和详细勘

察两个阶段的要求。

对工程地质条件复杂或有特殊要求的建筑物，必要时应进行施工勘察或专门勘察。

**4.1.4** 编制勘察工作纲要，应按下列条件和要求进行：

1 不同的勘察阶段；

2 场地及其附近已有的工程地质资料和地区建筑经验；

3 场地工程地质条件的复杂程度，特别是黄土层的分布和湿陷性变化特点；

4 工程规模，建筑物的类别、特点，设计和施工要求。

**4.1.5** 场地工程地质条件的复杂程度，可分为以下三类：

1 简单场地：地形平缓，地貌、地层简单，场地湿陷类型单一，地基湿陷等级变化不大；

2 中等复杂场地：地形起伏较大，地貌、地层较复杂，局部有不良地质现象发育，场地湿陷类型、地基湿陷等级变化较复杂；

3 复杂场地：地形起伏很大，地貌、地层复杂，不良地质现象广泛发育，场地湿陷类型、地基湿陷等级分布复杂，地下水位变化幅度大或变化趋势不利。

**4.1.6** 工程地质测绘，除应符合一般要求外，还应包括下列内容：

1 研究地形的起伏和地面水的积聚、排泄条件，调查洪水淹没范围及其发生规律；

2 划分不同的地貌单元，确定其与黄土分布的关系，查明湿陷凹地、黄土溶洞、滑坡、崩坍、冲沟、泥石流及地裂缝等不良地质现象的分布、规模、发展趋势及其对建设的影响；

3 划分黄土地层或判别新近堆积黄土，应分别符合本规范附录B或附录C的规定；

4 调查地下水位的深度、季节性变化幅度、升降趋势及其与地表水体、灌溉情况和开采地下水强度的关系；

5 调查既有建筑物的现状；

6 了解场地内有无地下坑穴，如古墓、井、坑、穴、地道、砂井和砂巷等。

**4.1.7 采取不扰动土样，必须保持其天然的湿度、密度和结构，并应符合Ⅰ级土样质量的要求。**

在探井中取样，竖向间距宜为1m，土样直径不宜小于120mm；在钻孔中取样，应严格按本规范附录D的要求执行。

取土勘探点中，应有足够数量的探井，其数量应为取土勘探点总数的1/3～1/2，并不宜少于3个。探井的深度宜穿透湿陷性黄土层。

**4.1.8** 勘探点使用完毕后，应立即用原土分层回填夯实，并不应小于该场地天然黄土的密度。

**4.1.9** 对黄土工程性质的评价，宜采用室内试验和原位测试成果相结合的方法。

**4.1.10** 对地下水位变化幅度较大或变化趋势不利的地段，应从初步勘察阶段开始进行地下水位动态的长期观测。

## 4.2 现场勘察

**4.2.1** 场址选择或可行性研究勘察阶段，应进行下列工作：

1 搜集拟建场地有关的工程地质、水文地质资料及地区的建筑经验；

2 在搜集资料和研究的基础上进行现场调查，了解拟建场地的地形地貌和黄土层的地质时代、成因、厚度、湿陷性，有无影响场地稳定的不良地质现象和地质环境等问题；

3 对工程地质条件复杂，已有资料不能满足要求时，应进行必要的工程地质测绘、勘察和试验等工作；

4 本阶段的勘察成果，应对拟建场地的稳定性和适宜性作出初步评价。

**4.2.2** 初步勘察阶段，应进行下列工作：

1 初步查明场地内各土层的物理力学性质、场地湿陷类型、地基湿陷等级及其分布，预估地下水位的季节性变化幅度和升降的可能性；

2 初步查明不良地质现象和地质环境等问题的成因、分布范围，对场地稳定性的影响程度及其发展趋势；

3 当工程地质条件复杂，已有资料不符合要求时，应进行工程地质测绘，其比例尺可采用1∶1000～1∶5000。

**4.2.3** 初步勘察勘探点、线、网的布置，应符合下列要求：

1 勘探线应按地貌单元的纵、横线方向布置，在微地貌变化较大的地段予以加密，在平缓地段可按网格布置。初步勘察勘探点的间距，宜按表4.2.3确定。

**表4.2.3 初步勘察勘探点的间距（m）**

| 场地类别 | 勘探点间距 | 场地类别 | 勘探点间距 |
|---|---|---|---|
| 简单场地 | 120～200 | 复杂场地 | 50～80 |
| 中等复杂场地 | 80～120 | | |

2 取土和原位测试的勘探点，应按地貌单元和控制性地段布置，其数量不得少于全部勘探点的1/2。

3 勘探点的深度应根据湿陷性黄土层的厚度和地基压缩层深度的预估值确定，控制性勘探点应有一定数量的取土勘探点穿透湿陷性黄土层。

4 对新建地区的甲类建筑和乙类中的重要建筑，应按本规范4.3.8条进行现场试坑浸水试验，并应按自重湿陷量的实测值判定场地湿陷类型。

5　本阶段的勘察成果，应查明场地湿陷类型，为确定建筑物总平面的合理布置提供依据，对地基基础方案、不良地质现象和地质环境的防治提供参数与建议。

**4.2.4**　详细勘察阶段，应进行下列工作：

1　详细查明地基土层及其物理力学性质指标，确定场地湿陷类型、地基湿陷等级的平面分布和承载力。

2　勘探点的布置，应根据总平面和本规范3.0.1条划分的建筑物类别以及工程地质条件的复杂程度等因素确定。详细勘察勘探点的间距，宜按表4.2.4-1确定。

**表 4.2.4-1　详细勘察勘探点的间距**（m）

| 场地类别＼建筑类别 | 甲 | 乙 | 丙 | 丁 |
|---|---|---|---|---|
| 简单场地 | 30～40 | 40～50 | 50～80 | 80～100 |
| 中等复杂场地 | 20～30 | 30～40 | 40～50 | 50～80 |
| 复杂场地 | 10～20 | 20～30 | 30～40 | 40～50 |

3　在单独的甲、乙类建筑场地内，勘探点不应少于4个。

4　采取不扰动土样和原位测试的勘探点不得少于全部勘探点的2/3，其中采取不扰动土样的勘探点不宜少于1/2。

5　勘探点的深度应大于地基压缩层的深度，并应符合表4.2.4-2的规定或穿透湿陷性黄土层。

**表 4.2.4-2　勘探点的深度**（m）

| 湿陷类型 | 非自重湿陷性黄土场地 | 自重湿陷性黄土场地 | |
|---|---|---|---|
| | | 陇西、陇东—陕北—晋西地区 | 其他地区 |
| 勘探点深度（自基础底面算起） | >10 | >15 | >10 |

**4.2.5**　详细勘察阶段的勘察成果，应符合下列要求：

1　按建筑物或建筑群提供详细的岩土工程资料和设计所需的岩土技术参数，当场地地下水位有可能上升至地基压缩层的深度以内时，宜提供饱和状态下的强度和变形参数。

2　对地基作出分析评价，并对地基处理、不良地质现象和地质环境的防治等方案作出论证和建议。

3　对深基坑应提供坑壁稳定性和抽、降水等所需的计算参数，并分析对邻近建筑物的影响。

4　对桩基工程的桩型、桩的长度和桩端持力层深度提出合理建议，并提供设计所需的技术参数及单桩竖向承载力的预估值。

5　提出施工和监测的建议。

## 4.3　测定黄土湿陷性的试验

**4.3.1**　测定黄土湿陷性的试验，可分为室内压缩试验、现场静载荷试验和现场试坑浸水试验三种。

（Ⅰ）室内压缩试验

**4.3.2**　采用室内压缩试验测定黄土的湿陷系数$\delta_s$、自重湿陷系数$\delta_{zs}$和湿陷起始压力$p_{sh}$，均应符合下列要求：

1　土样的质量等级应为Ⅰ级不扰动土样；

2　环刀面积不应小于5000mm$^2$，使用前应将环刀洗净风干，透水石应烘干冷却；

3　加荷前，应将环刀试样保持天然湿度；

4　试样浸水宜用蒸馏水；

5　试样浸水前和浸水后的稳定标准，应为每小时的下沉量不大于0.01mm。

**4.3.3**　测定湿陷系数除应符合4.3.2条的规定外，还应符合下列要求：

1　分级加荷至试样的规定压力，下沉稳定后，试样浸水饱和，附加下沉稳定，试验终止。

2　在0～200kPa压力以内，每级增量宜为50kPa；大于200kPa压力，每级增量宜为100kPa。

3　湿陷系数$\delta_s$值，应按下式计算：

$$\delta_s=\frac{h_p-h'_p}{h_0}\tag{4.3.3}$$

式中　$h_p$——保持天然湿度和结构的试样，加至一定压力时，下沉稳定后的高度（mm）；

$h'_p$——上述加压稳定后的试样，在浸水（饱和）作用下，附加下沉稳定后的高度（mm）；

$h_0$——试样的原始高度（mm）。

4　测定湿陷系数$\delta_s$的试验压力，应自基础底面（如基底标高不确定时，自地面下1.5m）算起：

1）基底下10m以内的土层应用200kPa，10m以下至非湿陷性黄土层顶面，应用其上覆土的饱和自重压力（当大于300kPa压力时，仍应用300kPa）；

2）当基底压力大于300kPa时，宜用实际压力；

3）对压缩性较高的新近堆积黄土，基底下5m以内的土层宜用100～150kPa压力，5～10m和10m以下至非湿陷性黄土层顶面，应分别用200kPa和上覆土的饱和自重压力。

**4.3.4**　测定自重湿陷系数除应符合4.3.2条的规定外，还应符合下列要求：

1　分级加荷，加至试样上覆土的饱和自重压力，下沉稳定后，试样浸水饱和，附加下沉稳定，试验终止；

2　试样上覆土的饱和密度，可按下式计算：

$$\rho_s = \rho_d\left(1+\frac{S_r e}{d_s}\right) \quad (4.3.4\text{-}1)$$

式中 $\rho_s$——土的饱和密度（g/cm³）；

$\rho_d$——土的干密度（g/cm³）；

$S_r$——土的饱和度，可取 $S_r=85\%$；

$e$——土的孔隙比；

$d_s$——土粒相对密度；

3 自重湿陷系数 $\delta_{zs}$ 值，可按下式计算：

$$\delta_{zs} = \frac{h_z - h'_z}{h_0} \quad (4.3.4\text{-}2)$$

式中 $h_z$——保持天然湿度和结构的试样，加压至该试样上覆土的饱和自重压力时，下沉稳定后的高度（mm）；

$h'_z$——上述加压稳定后的试样，在浸水（饱和）作用下，附加下沉稳定后的高度（mm）；

$h_0$——试样的原始高度（mm）。

**4.3.5** 测定湿陷起始压力除应符合 4.3.2 条的规定外，还应符合下列要求：

1 可选用单线法压缩试验或双线法压缩试验。

2 从同一土样中所取环刀试样，其密度差值不得大于 0.03g/cm³。

3 在 0～150kPa 压力以内，每级增量宜为 25～50kPa，大于 150kPa 压力每级增量宜为 50～100kPa。

4 单线法压缩试验不应少于 5 个环刀试样，均在天然湿度下分级加荷，分别加至不同的规定压力，下沉稳定后，各试样浸水饱和，附加下沉稳定，试验终止。

5 双线法压缩试验，应按下列步骤进行：

1）应取 2 个环刀试样，分别对其施加相同的第一级压力，下沉稳定后应将 2 个环刀试样的百分表读数调整一致，调整时并应考虑各仪器变形量的差值。

2）应将上述环刀试样中的一个试样保持在天然湿度下分级加荷，加至最后一级压力，下沉稳定后，试样浸水饱和，附加下沉稳定，试验终止。

3）应将上述环刀试样中的另一个试样浸水饱和，附加下沉稳定后，在浸水饱和状态下分级加荷，下沉稳定后继续加荷，加至最后一级压力，下沉稳定，试验终止。

4）当天然湿度的试样，在最后一级压力下浸水饱和，附加下沉稳定后的高度与浸水饱和试样在最后一级压力下的下沉稳定后的高度不一致，且相对差值不大于 20% 时，应以前者的结果为准，对浸水饱和试样的试验结果进行修正；如相对差值大于 20% 时，应重新试验。

### （Ⅱ）现场静载荷试验

**4.3.6** 在现场测定湿陷性黄土的湿陷起始压力，可采用单线法静载荷试验或双线法静载荷试验，并应分别符合下列要求：

1 单线法静载荷试验：在同一场地的相邻地段和相同标高，应在天然湿度的土层上设 3 个或 3 个以上静载荷试验，分级加压，分别加至各自的规定压力，下沉稳定后，向试坑内浸水至饱和，附加下沉稳定后，试验终止；

2 双线法静载荷试验：在同一场地的相邻地段和相同标高，应设 2 个静载荷试验。其中 1 个应设在天然湿度的土层上分级加压，加至规定压力，下沉稳定后，试验终止；另 1 个应设在浸水饱和的土层上分级加压，加至规定压力，附加下沉稳定后，试验终止。

**4.3.7** 在现场采用静载荷试验测定湿陷性黄土的湿陷起始压力，尚应符合下列要求：

1 承压板的底面积宜为 0.50m²，试坑边长或直径应为承压板边长或直径的 3 倍，安装载荷试验设备时，应注意保持试验土层的天然湿度和原状结构，压板底面下宜用 10～15mm 厚的粗、中砂找平。

2 每级加压增量不宜大于 25kPa，试验终止压力不应小于 200kPa。

3 每级加压后，按每隔 15、15、15、15min 各测读 1 次下沉量，以后为每隔 30min 观测 1 次，当连续 2h 内，每 1h 的下沉量小于 0.10mm 时，认为压板下沉已趋稳定，即可加下一级压力。

4 试验结束后，应根据试验记录，绘制判定湿陷起始压力的 $p$-$s_s$ 曲线图。

### （Ⅲ）现场试坑浸水试验

**4.3.8** 在现场采用试坑浸水试验确定自重湿陷量的实测值，应符合下列要求：

1 试坑宜挖成圆（或方）形，其直径（或边长）不应小于湿陷性黄土层的厚度，并不应小于 10m；试坑深度宜为 0.50m，最深不应大于 0.80m。坑底宜铺 100mm 厚的砂、砾石。

2 在坑底中部及其他部位，应对称设置观测自重湿陷的深标点，设置深度及数量宜按各湿陷性黄土层顶面深度及分层数确定。在试坑底部，由中心向坑边以不少于 3 个方向，均匀设置观测自重湿陷的浅标点；在试坑外沿浅标点方向 10～20m 范围内设置地面观测标点，观测精度为±0.10mm。

3 试坑内的水头高度不宜小于 300mm，在浸水过程中，应观测湿陷量、耗水量、浸湿范围和地面裂缝。湿陷稳定可停止浸水，其稳定标准为最后 5d 的平均湿陷量小于 1mm/d。

4 设置观测标点前，可在坑底面打一定数量及深度的渗水孔，孔内应填满砂砾。

5 试坑内停止浸水后，应继续观测不少于 10d，且连续 5d 的平均下沉量不大于 1mm/d，试验终止。

## 4.4 黄土湿陷性评价

**4.4.1** 黄土的湿陷性，应按室内浸水（饱和）压缩试验，在一定压力下测定的湿陷系数 $\delta_s$ 进行判定，并应符合下列规定：

**1** 当湿陷系数 $\delta_s$ 值小于 0.015 时，应定为非湿陷性黄土；

**2** 当湿陷系数 $\delta_s$ 值等于或大于 0.015 时，应定为湿陷性黄土。

**4.4.2** 湿性黄土的湿陷程度，可根据湿陷系数 $\delta_s$ 值的大小分为下列三种：

**1** 当 $0.015 \leqslant \delta_s \leqslant 0.03$ 时，湿陷性轻微；

**2** 当 $0.03 < \delta_s \leqslant 0.07$ 时，湿陷性中等；

**3** 当 $\delta_s > 0.07$ 时，湿陷性强烈。

**4.4.3** 湿陷性黄土场地的湿陷类型，应按自重湿陷量的实测值 $\Delta'_{zs}$ 或计算值 $\Delta_{zs}$ 判定，并应符合下列规定：

**1** 当自重湿陷量的实测值 $\Delta'_{zs}$ 或计算值 $\Delta_{zs}$ 小于或等于 70mm 时，应定为非自重湿陷性黄土场地；

**2** 当自重湿陷量的实测值 $\Delta'_{zs}$ 或计算值 $\Delta_{zs}$ 大于 70mm 时，应定为自重湿陷性黄土场地；

**3** 当自重湿陷量的实测值和计算值出现矛盾时，应按自重湿陷量的实测值判定。

**4.4.4** 湿陷性黄土场地自重湿陷量的计算值 $\Delta_{zs}$，应按下式计算：

$$\Delta_{zs} = \beta_0 \sum_{i=1}^{n} \delta_{zsi} h_i \qquad (4.4.4)$$

式中 $\delta_{zsi}$——第 $i$ 层土的自重湿陷系数；

$h_i$——第 $i$ 层土的厚度（mm）；

$\beta_0$——因地区土质而异的修正系数，在缺乏实测资料时，可按下列规定取值：

1）陇西地区取 1.50；

2）陇东—陕北—晋西地区取 1.20；

3）关中地区取 0.90；

4）其他地区取 0.50。

自重湿陷量的计算值 $\Delta_{zs}$，应自天然地面（当挖、填方的厚度和面积较大时，应自设计地面）算起，至其下非湿陷性黄土层的顶面止，其中自重湿陷系数 $\delta_{zs}$ 值小于 0.015 的土层不累计。

**4.4.5** 湿陷性黄土地基受水浸湿饱和，其湿陷量的计算值 $\Delta_s$ 应符合下列规定：

**1** 湿陷量的计算值 $\Delta_s$，应按下式计算：

$$\Delta_s = \sum_{i=1}^{n} \beta \delta_{si} h_i \qquad (4.4.5)$$

式中 $\delta_{si}$——第 $i$ 层土的湿陷系数；

$h_i$——第 $i$ 层土的厚度（mm）；

$\beta$——考虑基底下地基土的受水浸湿可能性和侧向挤出等因素的修正系数，在缺乏实测资料时，可按下列规定取值：

1）基底下 0～5m 深度内，取 $\beta=1.50$；

2）基底下 5～10m 深度内，取 $\beta=1$；

3）基底下 10m 以下至非湿陷性黄土层顶面，在自重湿陷性黄土场地，可取工程所在地区的 $\beta_0$ 值。

**2** 湿陷量的计算值 $\Delta_s$ 的计算深度，应自基础底面（如基底标高不确定时，自地面下 1.50m）算起；在非自重湿陷性黄土场地，累计至基底下 10m（或地基压缩层）深度止；在自重湿陷性黄土场地，累计至非湿陷黄土层的顶面止。其中湿陷系数 $\delta_s$（10m 以下为 $\delta_{zs}$）小于 0.015 的土层不累计。

**4.4.6** 湿陷性黄土的湿陷起始压力 $p_{sh}$ 值，可按下列方法确定：

**1** 当按现场静载荷试验结果确定时，应在 $p$-$s_s$（压力与浸水下沉量）曲线上，取其转折点所对应的压力作为湿陷起始压力值。当曲线上的转折点不明显时，可取浸水下沉量（$s_s$）与承压板直径（$d$）或宽度（$b$）之比值等于 0.017 所对应的压力作为湿陷起始压力值。

**2** 当按室内压缩试验结果确定时，在 $p$-$\delta_s$ 曲线上宜取 $\delta_s=0.015$ 所对应的压力作为湿陷起始压力值。

**4.4.7** 湿陷性黄土地基的湿陷等级，应根据湿陷量的计算值和自重湿陷量的计算值等因素，按表 4.4.7 判定。

**表 4.4.7 湿陷性黄土地基的湿陷等级**

| 湿陷类型 / $\Delta_{zs}$ (mm) / $\Delta_s$ (mm) | 非自重湿陷性场地 | 自重湿陷性场地 | |
|---|---|---|---|
| | $\Delta_{zs} \leqslant 70$ | $70 < \Delta_{zs} \leqslant 350$ | $\Delta_{zs} > 350$ |
| $\Delta_s \leqslant 300$ | Ⅰ（轻微） | Ⅱ（中等） | — |
| $300 < \Delta_s \leqslant 700$ | Ⅱ（中等） | *Ⅱ（中等）或Ⅲ（严重） | Ⅲ（严重） |
| $\Delta_s > 700$ | Ⅱ（中等） | Ⅲ（严重） | Ⅳ（很严重） |

*注：当湿陷量的计算值 $\Delta_s > 600$mm、自重湿陷量的计算值 $\Delta_{zs} > 300$mm 时，可判为Ⅲ级，其他情况可判为Ⅱ级。

# 5 设 计

## 5.1 一 般 规 定

**5.1.1** 对各类建筑采取设计措施，应根据场地湿陷类型、地基湿陷等级和地基处理后下部未处理湿陷性黄土层的湿陷起始压力值或剩余湿陷量，结合当地建筑经验和施工条件等综合因素确定，并应符合下列规定：

**1** 各级湿陷性黄土地基上的甲类建筑，其地基处理应符合本规范 6.1.1 条第 1 款和 6.1.3 条的要求，但防水措施和结构措施可按一般地区的规定设计。

2 各级湿陷性黄土地基上的乙类建筑，其地基处理应符合本规范6.1.1条第2款和6.1.4条的要求，并应采取结构措施和检漏防水措施。

3 Ⅰ级湿陷性黄土地基上的丙类建筑，应按本规范6.1.5条第1款的规定处理地基，并应采取结构措施和基本防水措施；Ⅱ、Ⅲ、Ⅳ级湿陷性黄土地基上的丙类建筑，其地基处理应符合本规范6.1.1条第2款和6.1.5条第2、3款的要求，并应采取结构措施和检漏防水措施。

4 各级湿陷性黄土地基上的丁类建筑，其地基可不处理。但在Ⅰ级湿陷性黄土地基上，应采取基本防水措施；在Ⅱ级湿陷性黄土地基上，应采取结构措施和基本防水措施；在Ⅲ、Ⅳ级湿陷性黄土地基上，应采取结构措施和检漏防水措施。

5 水池类构筑物的设计措施，应符合本规范附录F的规定。

6 在自重湿陷性黄土场地，如室内设备和地面有严格要求时，应采取检漏防水措施或严格防水措施，必要时应采取地基处理措施。

**5.1.2** 对各类建筑采取设计措施，除应符合5.1.1条的规定外，还可按下列情况确定：

1 在湿陷性黄土层很厚的场地上，当甲类建筑消除地基的全部湿陷量或穿透全部湿陷性黄土层确有困难时，应采取专门措施；

2 场地内的湿陷性黄土层厚度较薄和湿陷系数较大，经技术经济比较合理时，对乙类建筑和丙类建筑，也可采取措施消除地基的全部湿陷量或穿透全部湿陷性黄土层。

**5.1.3** 各类建筑物的地基符合下列中的任一款，均可按一般地区的规定设计。

1 地基湿陷量的计算值小于或等于50mm。

2 在非自重湿陷性黄土场地，地基内各土层的湿陷起始压力值，均大于其附加压力与上覆土的饱和自重压力之和。

**5.1.4** 对设备基础应根据其重要性与使用要求和场地的湿陷类型、地基湿陷等级及其受水浸湿可能性的大小确定设计措施。

**5.1.5** 在新近堆积黄土场地上，乙、丙类建筑的地基处理厚度小于新近堆积黄土层的厚度时，应按本规范6.1.7条的规定验算下卧层的承载力，并应按本规范5.6.2条规定计算地基的压缩变形。

**5.1.6** 建筑物在使用期间，当湿陷性黄土场地的地下水位有可能上升至地基压缩层的深度以内时，各类建筑的设计措施除应符合本章的规定外，尚应符合本规范附录G的规定。

## 5.2 场址选择与总平面设计

**5.2.1** 场址选择应符合下列要求：

1 具有排水畅通或利于组织场地排水的地形条件；

2 避开洪水威胁的地段；

3 避开不良地质环境发育和地下坑穴集中的地段；

4 避开新建水库等可能引起地下水位上升的地段；

5 避免将重要建设项目布置在很严重的自重湿陷性黄土场地或厚度大的新近堆积黄土和高压缩性的饱和黄土等地段；

6 避开由于建设可能引起工程地质环境恶化的地段。

**5.2.2** 总平面设计应符合下列要求：

1 合理规划场地，做好竖向设计，保证场地、道路和铁路等地表排水畅通；

2 在同一建筑物范围内，地基土的压缩性和湿陷性变化不宜过大；

3 主要建筑物宜布置在地基湿陷等级低的地段；

4 在山前斜坡地带，建筑物宜沿等高线布置，填方厚度不宜过大；

5 水池类构筑物和有湿润生产工艺的厂房等，宜布置在地下水流向的下游地段或地形较低处。

**5.2.3** 山前地带的建筑场地，应整平成若干单独的台地，并应符合下列要求：

1 台地应具有稳定性；

2 避免雨水沿斜坡排泄；

3 边坡宜做护坡；

4 用陡槽沿边坡排泄雨水时，应保证使雨水由边坡底部沿排水沟平缓地流动，陡槽的结构应保证在暴雨时土不受冲刷。

**5.2.4** 埋地管道、排水沟、雨水明沟和水池等与建筑物之间的防护距离，不宜小于表5.2.4规定的数值。当不能满足要求时，应采取与建筑物相应的防水措施。

**表5.2.4 埋地管道、排水沟、雨水明沟和水池等与建筑物之间的防护距离（m）**

| 建筑类别 | 地基湿陷等级 | | | |
|---|---|---|---|---|
| | Ⅰ | Ⅱ | Ⅲ | Ⅳ |
| 甲 | — | — | 8～9 | 11～12 |
| 乙 | 5 | 6～7 | 8～9 | 10～12 |
| 丙 | 4 | 5 | 6～7 | 8～9 |
| 丁 | — | 5 | 6 | 7 |

注：1 陇西地区和陇东—陕北—晋西地区，当湿陷性黄土层的厚度大于12m时，压力管道与各类建筑的防护距离，不宜小于湿陷性黄土层的厚度；

2 当湿陷性黄土层内有碎石土、砂土夹层时，防护距离可大于表中数值；

3 采用基本防水措施的建筑，其防护距离不得小于一般地区的规定。

**5.2.5** 防护距离的计算：对建筑物，应自外墙轴线算起；对高耸结构，应自基础外缘算起；对水池，应自池壁边缘（喷水池等应自回水坡边缘）算起；对管道、排水沟，应自其外壁算起。

**5.2.6** 各类建筑与新建水渠之间的距离，在非自重湿陷性黄土场地不得小于12m；在自重湿陷性黄土场地不得小于湿陷性黄土层厚度的3倍，并不应小于25m。

**5.2.7** 建筑场地平整后的坡度，在建筑物周围6m内不宜小于0.02，当为不透水地面时，可适当减小；在建筑物周围6m外不宜小于0.005。

当采用雨水明沟或路面排水时，其纵向坡度不应小于0.005。

**5.2.8** 在建筑物周围6m内应平整场地，当为填方时，应分层夯（或压）实，其压实系数不得小于0.95；当为挖方时，在自重湿陷性黄土场地，表面夯（或压）实后宜设置150～300mm厚的灰土面层，其压实系数不得小于0.95。

**5.2.9** 防护范围内的雨水明沟，不得漏水。在自重湿陷性黄土场地宜设混凝土雨水明沟，防护范围外的雨水明沟，宜做防水处理，沟底下均应设灰土（或土）垫层。

**5.2.10** 建筑物处于下列情况之一时，应采取畅通排除雨水的措施：

**1** 邻近有构筑物（包括露天装置）、露天吊车、堆场或其他露天作业场等；

**2** 邻近有铁路通过；

**3** 建筑物的平面为E、U、H、L、□等形状构成封闭或半封闭的场地。

**5.2.11** 山前斜坡上的建筑场地，应根据地形修筑雨水截水沟。

**5.2.12** 防洪设施的设计重现期，宜略高于一般地区。

**5.2.13** 冲沟发育的山区，应尽量利用现有排水沟排走山洪，建筑场地位于山洪威胁的地段，必须设置排洪沟。排洪沟和冲沟应平缓地连接，并应减少弯道，采用较大的坡度。在转弯及跌水处，应采取防护措施。

**5.2.14** 在建筑场地内，铁路的路基应有良好的排水系统，不得利用道渣排水。路基顶面的排水应引向远离建筑物的一侧。在暗道床处，应将基床表面翻松夯（或压）实，也可采用优质防水材料处理。道床内应设防止积水的排水措施。

## 5.3 建筑设计

**5.3.1** 建筑设计应符合下列要求：

**1** 建筑物的体型和纵横墙的布置，应利于加强其空间刚度，并具有适应或抵抗湿陷变形的能力。多层砌体承重结构的建筑，体型应简单，长高比不宜大于3。

**2** 妥善处理建筑物的雨水排水系统，多层建筑的室内地坪应高出室外地坪450mm。

**3** 用水设施宜集中设置，缩短地下管线并远离主要承重基础，其管道宜明装。

**4** 在防护范围内设置绿化带，应采取措施防止地基土受水浸湿。

**5.3.2** 单层和多层建筑物的屋面，宜采用外排水；当采用有组织外排水时，宜选用耐用材料的水落管，其末端距离散水面不应大于300mm，并不应设置在沉降缝处；集水面积大的外水落管，应接入专设的雨水明沟或管道。

**5.3.3** 建筑物的周围必须设置散水。其坡度不得小于0.05，散水外缘应略高于平整后的场地，散水的宽度应按下列规定采用。

**1** 当屋面为无组织排水时，檐口高度在8m以内宜为1.50m；檐口高度超过8m，每增高4m宜增宽250mm，但最宽不宜大于2.50m。

**2** 当屋面为有组织排水时，在非自重湿陷性黄土场地不得小于1m，在自重湿陷性黄土场地不得小于1.50m。

**3** 水池的散水宽度宜为1～3m，散水外缘超出水池基底边缘不应小于200mm，喷水池等的回水坡或散水的宽度宜为3～5m。

**4** 高耸结构的散水宜超出基础底边缘1m，并不得小于5m。

**5.3.4** 散水应用现浇混凝土浇筑，其下应设置150mm厚的灰土垫层或300mm厚的土垫层，并应超出散水和建筑物外墙基础底外缘500mm。

散水宜每隔6～10m设置一条伸缩缝。散水与外墙交接处和散水的伸缩缝，应用柔性防水材料填封，沿散水外缘不宜设置雨水明沟。

**5.3.5** 经常受水浸湿或可能积水的地面，应按防水地面设计。对采用严格防水措施的建筑，其防水地面应设可靠的防水层。地面坡向集水点的坡度不得小于0.01。地面与墙、柱、设备基础等交接处应做翻边，地面下应做300～500mm厚的灰土（或土）垫层。

管道穿过地坪应做好防水处理。排水沟与地面混凝土宜一次浇筑。

**5.3.6** 排水沟的材料和做法，应根据地基湿陷等级、建筑物类别和使用要求选定，并应设置灰土（或土）垫层。在防护范围内宜采用钢筋混凝土排水沟，但在非自重湿陷性黄土场地，室内小型排水沟可采用混凝土浇筑，并应做防水面层。对采用严格防水措施的建筑，其排水沟应增设可靠的防水层。

**5.3.7** 在基础梁底下预留空隙，应采取有效措施防止地面水渗入地基。对地下室内的采光井，应做好防、排水设施。

**5.3.8** 防护范围内的各种地沟和管沟（包括有可能

积水、积汽的沟）的做法，均应符合本规范 5.5.5～5.5.12 条的要求。

## 5.4 结构设计

**5.4.1** 当地基不处理或仅消除地基的部分湿陷量时，结构设计应根据建筑物类别、地基湿陷等级或地基处理后下部未处理湿陷性黄土层的湿陷起始压力值或剩余湿陷量以及建筑物的不均匀沉降、倾斜和构件等不利情况，采取下列结构措施：

1 选择适宜的结构体系和基础型式；

2 墙体宜选用轻质材料；

3 加强结构的整体性与空间刚度；

4 预留适应沉降的净空。

**5.4.2** 当建筑物的平面、立面布置复杂时，宜采用沉降缝将建筑物分成若干个简单、规则，并具有较大空间刚度的独立单元。沉降缝两侧，各单元应设置独立的承重结构体系。

**5.4.3** 高层建筑的设计，应优先选用轻质高强材料，并应加强上部结构刚度和基础刚度。当不设沉降缝时，宜采取下列措施：

1 调整上部结构荷载合力作用点与基础形心的位置，减小偏心；

2 采用桩基础或采用减小沉降的其他有效措施，控制建筑物的不均匀沉降或倾斜值在允许范围内；

3 当主楼与裙房采用不同的基础型式时，应考虑高、低不同部位沉降差的影响，并采取相应的措施。

**5.4.4** 丙类建筑的基础埋置深度，不应小于 1m。

**5.4.5** 当有地下管道或管沟穿过建筑物的基础或墙时，应预留洞孔。洞顶与管道及管沟顶间的净空高度；对消除地基全部湿陷量的建筑物，不宜小于 200mm；对消除地基部分湿陷量和未处理地基的建筑物，不宜小于 300mm。洞边与管沟外壁必须脱离。洞边与承重外墙转角处外缘的距离不宜小于 1m；当不能满足要求时，可采用钢筋混凝土框加强。洞底距基础底不应小于洞宽的 1/2，并不宜小于 400mm，当不能满足要求时，应局部加深基础或在洞底设置钢筋混凝土梁。

**5.4.6** 砌体承重结构建筑的现浇钢筋混凝土圈梁、构造柱或芯柱，应按下列要求设置：

1 乙、丙类建筑的基础内和屋面檐口处，均应设置钢筋混凝土圈梁。单层厂房与单层空旷房屋，当檐口高度大于 6m 时，宜适当增设钢筋混凝土圈梁。

乙、丙类中的多层建筑：当地基处理后的剩余湿陷量分别不大于 150mm、200mm 时，均应在基础内、屋面檐口处和第一层楼盖处设置钢筋混凝土圈梁，其他各层宜隔层设置；当地基处理后的剩余湿陷量分别大于 150mm 和 200mm 时，除在基础内应设置钢筋混凝土圈梁外，并应每层设置钢筋混凝土圈梁。

2 在Ⅱ级湿陷性黄土地基上的丁类建筑，应在基础内和屋面檐口处设置配筋砂浆带；在Ⅲ、Ⅳ级湿陷性黄土地基上的丁类建筑，应在基础内和屋面檐口处设置钢筋混凝土圈梁。

3 对采用严格防水措施的多层建筑，应每层设置钢筋混凝土圈梁。

4 各层圈梁均应设在外墙、内纵墙和对整体刚度起重要作用的内横墙上，横向圈梁的水平间距不宜大于 16m。

圈梁应在同一标高处闭合，遇有洞口时应上下搭接，搭接长度不应小于其竖向间距的 2 倍，且不得小于 1m。

5 在纵、横圈梁交接处的墙体内，宜设置钢筋混凝土构造柱或芯柱。

**5.4.7** 砌体承重结构建筑的窗间墙宽度，在承受主梁处或开间轴线处，不应小于主梁或开间轴线间距的 1/3，并不应小于 1m；在其他承重墙处，不应小于 0.60m。门窗洞孔边缘至建筑物转角处（或变形缝）的距离不应小于 1m。当不能满足上述要求时，应在洞孔周边采用钢筋混凝土框加强，或在转角及轴线处加设构造柱或芯柱。

对多层砌体承重结构建筑，不得采用空斗墙和无筋过梁。

**5.4.8** 当砌体承重结构建筑的门、窗洞或其他洞孔的宽度大于 1m，且地基未经处理或未消除地基的全部湿陷量时，应采用钢筋混凝土过梁。

**5.4.9** 厂房内吊车上的净空高度：对消除地基全部湿陷量的建筑，不宜小于 200mm；对消除地基部分湿陷量或地基未经处理的建筑，不宜小于 300mm。

吊车梁应设计为简支。吊车梁与吊车轨之间应采用能调整的连接方式。

**5.4.10** 预制钢筋混凝土梁的支承长度，在砖墙、砖柱上不宜小于 240mm；预制钢筋混凝土板的支承长度，在砖墙上不宜小于 100mm，在梁上不应小于 80mm。

## 5.5 给水排水、供热与通风设计

### （Ⅰ）给水、排水管道

**5.5.1** 设计给水、排水管道，应符合下列要求：

1 室内管道宜明装。暗设管道必须设置便于检修的设施。

2 室外管道宜布置在防护范围外。布置在防护范围内的地下管道，应简捷并缩短其长度。

3 管道接口应严密不漏水，并具有柔性。

4 设置在地下管道的检漏管沟和检漏井，应便于检查和排水。

**5.5.2** 地下管道应结合具体情况，采用下列管材：

1　压力管道宜采用球墨铸铁管、给水铸铁管、给水塑料管、钢管、预应力钢筒混凝土管或预应力钢筋混凝土管等。

2　自流管道宜采用铸铁管、塑料管、离心成型钢筋混凝土管、耐酸陶瓷管等。

3　室内地下排水管道的存水弯、地漏等附件，宜采用铸铁制品。

**5.5.3**　对埋地铸铁管应做防腐处理。对埋地钢管及钢配件宜设加强防腐层。

**5.5.4**　屋面雨水悬吊管道引出外墙后，应接入室外雨水明沟或管道。

在建筑物的外墙上，不得设置洒水栓。

**5.5.5**　检漏管沟，应做防水处理。其材料与做法可根据不同防水措施的要求，按下列规定采用：

1　对检漏防水措施，应采用砖壁混凝土槽形底检漏管沟或砖壁钢筋混凝土槽形底检漏管沟。

2　对严格防水措施，应采用钢筋混凝土检漏管沟。在非自重湿陷性黄土场地可适当降低标准；在自重湿陷性黄土场地，对地基受水浸湿可能性大的建筑，宜增设可靠的防水层。防水层应做保护层。

3　对高层建筑或重要建筑，当有成熟经验时，可采用其他形式的检漏管沟或有电讯检漏系统的直埋管中管设施。

对直径较小的管道，当采用检漏管沟确有困难时，可采用金属或钢筋混凝土套管。

**5.5.6**　设计检漏管沟，除应符合本规范5.5.5条的要求外，还应符合下列规定：

1　检漏管沟的盖板不宜明设。当明设时或在人孔处，应采取防止地面水流入沟内的措施。

2　检漏管沟的沟底应设坡度，并应坡向检漏井。进、出户管的检漏管沟，沟底坡度宜大于0.02。

3　检漏管沟的截面，应根据管道安装与检修的要求确定。在使用和构造上需保持地面完整或当地下管道较多并需集中设置时，宜采用半通行或通行管沟。

4　不得利用建筑物和设备基础作为沟壁或井壁。

5　检漏管沟在穿过建筑物基础或墙处不得断开，并应加强其刚度。检漏管沟穿出外墙的施工缝，宜设在室外检漏井处或超出基础3m处。

**5.5.7**　对甲类建筑和自重湿陷性黄土场地上乙类中的重要建筑，室内地下管线宜敷设在地下或半地下室的设备层内。穿出外墙的进、出户管段，宜集中设置在半通行管沟内。

**5.5.8**　穿基础或穿墙的地下管道、管沟，在基础或墙内预留洞的尺寸，应符合本规范5.4.5条的规定。

**5.5.9**　设计检漏井，应符合下列规定：

1　检漏井应设置在管沟末端和管沟沿线的分段检漏处；

2　检漏井内宜设集水坑，其深度不得小于300mm；

3　当检漏井与排水系统接通时，应防止倒灌。

**5.5.10**　检漏井、阀门井和检查井等，应做防水处理，并应防止地面水、雨水流入检漏井或阀门井内。在防护范围内的检漏井、阀门井和检查井等，宜采用与检漏管沟相应的材料。

不得利用检查井、消火栓井、洒水栓井和阀门井等兼作检漏井。但检漏井可与检查井或阀门井共壁合建。

不宜采用闸阀套筒代替阀门井。

**5.5.11**　在湿陷性黄土场地，对地下管道及其附属构筑物，如检漏井、阀门井、检查井、管沟等的地基设计，应符合下列规定：

1　应设150～300mm厚的土垫层；对埋地的重要管道或大型压力管道及其附属构筑物，尚应在土垫层上设300mm厚的灰土垫层。

2　对埋地的非金属自流管道，除应符合上述地基处理要求外，还应设置混凝土条形基础。

**5.5.12**　当管道穿过井（或沟）时，应在井（或沟）壁处预留洞孔。管道与洞孔间的缝隙，应采用不透水的柔性材料填塞。

**5.5.13**　管道穿过水池的池壁处，宜设柔性防水套管或在管道上加设柔性接头。水池的溢水管和泄水管，应接入排水系统。

### （Ⅱ）供热管道与风道

**5.5.14**　采用直埋敷设的供热管道，选用管材应符合国家有关标准的规定。对重点监测管段，宜设置报警系统。

**5.5.15**　采用管沟敷设的供热管道，在防护距离内，管沟的材料及做法，应符合本规范5.5.5条和5.5.6条的要求；各种地下井、室，应采用与管沟相应的材料及做法；在防护距离外的管沟或采用基本防水措施，其管沟或井、室的材料和做法，可按一般地区的规定设计。阀门不宜设在沟内。

**5.5.16**　供热管沟的沟底坡度宜大于0.02，并应坡向室外检查井，检查井内应设集水坑，其深度不应小于300mm。

检查井可与检漏井合并设置。

在过门地沟的末端应设检漏孔，地沟内的管道应采取防冻措施。

**5.5.17**　直埋敷设的供热管道、管沟和各种地下井、室及构筑物等的地基处理，应符合本规范5.5.11条的要求。

**5.5.18**　地下风道和地下烟道的人孔或检查孔等，不得设在有可能积水的地方。当确有困难时，应采取措施防止地面水流入。

**5.5.19**　架空管道和室内外管网的泄水、凝结水，不得任意排放。

## 5.6 地 基 计 算

**5.6.1** 湿陷性黄土场地自重湿陷量的计算值和湿陷性黄土地基湿陷量的计算值，应按本规范4.4.4条和4.4.5条的规定分别进行计算。

**5.6.2** 当湿陷性黄土地基需要进行变形验算时，其变形计算和变形允许值，应符合现行国家标准《建筑地基基础设计规范》GB 50007的有关规定。但其中沉降计算经验系数 $\psi_s$ 可按表5.6.2取值。

**表5.6.2 沉降计算经验系数**

| $\overline{E}_s$ (MPa) | 3.30 | 5.00 | 7.50 | 10.00 | 12.50 | 15.00 | 17.50 | 20.00 |
|---|---|---|---|---|---|---|---|---|
| $\psi_s$ | 1.80 | 1.22 | 0.82 | 0.62 | 0.50 | 0.40 | 0.35 | 0.30 |

$\overline{E}_s$ 为变形计算深度范围内压缩模量的当量值，应按下式计算：

$$\overline{E}_s = \frac{\Sigma A_i}{\Sigma \dfrac{A_i}{E_{si}}} \quad (5.6.2)$$

式中 $A_i$——第 $i$ 层土附加应力系数曲线沿土层厚度的积分值；

$E_{si}$——第 $i$ 层土的压缩模量值（MPa）。

**5.6.3** 湿陷性黄土地基承载力的确定，应符合下列规定：

**1** 地基承载力特征值，应保证地基在稳定的条件下，使建筑物的沉降量不超过允许值；

**2** 甲、乙类建筑的地基承载力特征值，可根据静载荷试验或其他原位测试、公式计算，并结合工程实践经验等方法综合确定；

**3** 当有充分依据时，对丙、丁类建筑，可根据当地经验确定；

**4** 对天然含水量小于塑限含水量的土，可按塑限含水量确定土的承载力。

**5.6.4** 基础底面积，应按正常使用极限状态下荷载效应的标准组合，并按修正后的地基承载力特征值确定。当偏心荷载作用时，相应于荷载效应标准组合，基础底面边缘的最大压力值，不应超过修正后的地基承载力特征值的1.20倍。

**5.6.5** 当基础宽度大于3m或埋置深度大于1.50m时，地基承载力特征值应按下式修正：

$$f_a = f_{ak} + \eta_b \gamma (b-3) + \eta_d \gamma_m (d-1.50) \quad (5.6.5)$$

式中 $f_a$——修正后的地基承载力特征值（kPa）；

$f_{ak}$——相应于 $b$=3m和 $d$=1.50m的地基承载力特征值（kPa），可按本规范5.6.3条的原则确定；

$\eta_b$、$\eta_d$——分别为基础宽度和基础埋深的地基承载力修正系数，可按基底下土的类别由表5.6.5查得；

$\gamma$——基础底面以下土的重度（kN/m³），地下水位以下取有效重度；

$\gamma_m$——基础底面以上土的加权平均重度（kN/m³），地下水位以下取有效重度；

$b$——基础底面宽度（m），当基础宽度小于3m或大于6m时，可分别按3m或6m计算；

$d$——基础埋置深度（m），一般可自室外地面标高算起；当为填方时，可自填土地面标高算起，但填方在上部结构施工后完成时，应自天然地面标高算起；对于地下室，如采用箱形基础或筏形基础时，基础埋置深度可自室外地面标高算起；在其他情况下，应自室内地面标高算起。

**表5.6.5 基础宽度和埋置深度的地基承载力修正系数**

| 土的类别 | 有关物理指标 | 承载力修正系数 | |
|---|---|---|---|
| | | $\eta_b$ | $\eta_d$ |
| 晚更新世($Q_3$)、全新世($Q_4^1$)湿陷性黄土 | $w \leqslant 24\%$ | 0.20 | 1.25 |
| | $w > 24\%$ | 0 | 1.10 |
| 新近堆积（$Q_4^2$）黄土 | | 0 | 1.00 |
| 饱和黄土①② | $e$ 及 $I_L$ 都小于0.85 | 0.20 | 1.25 |
| | $e$ 或 $I_L$ 大于0.85 | 0 | 1.10 |
| | $e$ 及 $I_L$ 都不小于1.00 | 0 | 1.00 |

注：①只适用于 $I_p > 10$ 的饱和黄土；
②饱和度 $S_r \geqslant 80\%$ 的晚更新世（$Q_3$）、全新世（$Q_4^1$）黄土。

**5.6.6** 湿陷性黄土地基的稳定性计算，除应符合现行国家标准《建筑地基基础设计规范》GB 50007的有关规定外，尚应符合下列要求：

**1** 确定滑动面时，应考虑湿陷性黄土地基中可能存在的竖向节理和裂隙；

**2** 对有可能受水浸湿的湿陷性黄土地基，土的强度指标应按饱和状态的试验结果确定。

## 5.7 桩 基 础

**5.7.1** 在湿陷性黄土场地，符合下列中的任一款，均宜采用桩基础：

**1** 采用地基处理措施不能满足设计要求的建筑；

**2** 对整体倾斜有严格限制的高耸结构；

**3** 对不均匀沉降有严格限制的建筑和设备

基础；

4 主要承受水平荷载和上拔力的建筑或基础；

5 经技术经济综合分析比较，采用地基处理不合理的建筑。

**5.7.2 在湿陷性黄土场地采用桩基础，桩端必须穿透湿陷性黄土层，并应符合下列要求：**

**1 在非自重湿陷性黄土场地，桩端应支承在压缩性较低的非湿陷性黄土层中；**

**2 在自重湿陷性黄土场地，桩端应支承在可靠的岩（或土）层中。**

**5.7.3** 在湿陷性黄土场地较常用的桩基础，可分为下列几种：

1 钻、挖孔（扩底）灌注桩；

2 挤土成孔灌注桩；

3 静压或打入的预制钢筋混凝土桩。

选用时，应根据工程要求、场地湿陷类型、湿陷性黄土层厚度、桩端持力层的土质情况、施工条件和场地周围环境等因素确定。

**5.7.4** 在湿陷性黄土层厚度等于或大于10m的场地，对于采用桩基础的建筑，其单桩竖向承载力特征值，应按本规范附录H的试验要点，在现场通过单桩竖向承载力静载荷浸水试验测定的结果确定。

当单桩竖向承载力静载荷试验进行浸水确有困难时，其单桩竖向承载力特征值，可按有关经验公式和本规范5.7.5条的规定进行估算。

**5.7.5** 在非自重湿陷性黄土场地，当自重湿陷量的计算值小于70mm时，单桩竖向承载力的计算应计入湿陷性黄土层内的桩长按饱和状态下的正侧阻力。在自重湿陷性黄土场地，除不计自重湿陷性黄土层内的桩长按饱和状态下的正侧阻力外，尚应扣除桩侧的负摩擦力。对桩侧负摩擦力进行现场试验确有困难时，可按表5.7.5中的数值估算。

**表5.7.5 桩侧平均负摩擦力特征值**（kPa）

| 自重湿陷量的计算值（mm） | 钻、挖孔灌注桩 | 预制桩 |
|---|---|---|
| 70～200 | 10 | 15 |
| ＞200 | 15 | 20 |

**5.7.6** 单桩水平承载力特征值，宜通过现场水平静载荷浸水试验的测试结果确定。

**5.7.7** 在Ⓘ、Ⓘ区的自重湿陷性黄土场地，桩的纵向钢筋长度应沿桩身通长配置。在其他地区的自重湿陷性黄土场地，桩的纵向钢筋长度，不应小于自重湿陷性黄土层的厚度。

**5.7.8** 为提高桩基的竖向承载力，在自重湿陷性黄土场地，可采取减小桩侧负摩擦力的措施。

**5.7.9** 在湿陷性黄土场地进行钻、挖孔及扩底施工过程中，应严防雨水和地表水流入桩孔内。当采用泥浆护壁钻孔施工时，应防止泥浆水对周围环境的不利影响。

**5.7.10** 湿陷性黄土场地的工程桩，应按有关现行国家标准的规定进行检测，并应按本规范5.7.5条的规定对其检测结果进行调整。

# 6 地 基 处 理

## 6.1 一 般 规 定

**6.1.1 当地基的湿陷变形、压缩变形或承载力不能满足设计要求时，应针对不同土质条件和建筑物的类别，在地基压缩层内或湿陷性黄土层内采取处理措施，各类建筑的地基处理应符合下列要求：**

**1 甲类建筑应消除地基的全部湿陷量或采用桩基础穿透全部湿陷性黄土层，或将基础设置在非湿性黄土层上；**

**2 乙、丙类建筑应消除地基的部分湿陷量。**

**6.1.2** 湿陷性黄土地基的平面处理范围，应符合下列规定：

1 当为局部处理时，其处理范围应大于基础底面的面积。在非自重湿陷性黄土场地，每边应超出基础底面宽度的1/4，并不应小于0.50m；在自重湿陷性黄土场地，每边应超出基础底面宽度的3/4，并不应小于1m。

2 当为整片处理时，其处理范围应大于建筑物底层平面的面积，超出建筑物外墙基础外缘的宽度，每边不宜小于处理土层厚度的1/2，并不应小于2m。

**6.1.3** 甲类建筑消除地基全部湿陷量的处理厚度，应符合下列要求：

1 在非自重湿陷性黄土场地，应将基础底面以下附加压力与上覆土的饱和自重压力之和大于湿陷起始压力的所有土层进行处理，或处理至地基压缩层的深度止。

2 在自重湿陷性黄土场地，应处理基础底面以下的全部湿陷性黄土层。

**6.1.4** 乙类建筑消除地基部分湿陷量的最小处理厚度，应符合下列要求：

1 在非自重湿陷性黄土场地，不应小于地基压缩层深度的2/3，且下部未处理湿陷性黄土层的湿陷起始压力值不应小于100kPa。

2 在自重湿陷性黄土场地，不应小于湿陷性土层深度的2/3，且下部未处理湿陷性黄土层的剩余湿陷量不应大于150mm。

3 如基础宽度大或湿陷性黄土层厚度大，处理地基压缩层深度的2/3或全部湿陷性黄土层深度的2/3确有困难时，在建筑物范围内应采用整片处理。其处理厚度：在非自重湿陷性黄土场地不应小于4m，且下部未处理湿陷性黄土层的湿陷起始压力值不宜小于100kPa；在自重湿陷性黄土场地不应小于6m，且下部未处理湿陷性黄土层的剩余湿陷量不宜大于150mm。

**6.1.5** 丙类建筑消除地基部分湿陷量的最小处理厚度，应符合下列要求：

**1** 当地基湿陷等级为Ⅰ级时：对单层建筑可不处理地基；对多层建筑，地基处理厚度不应小于1m，且下部未处理湿陷性黄土层的湿陷起始压力值不宜小于100kPa。

**2** 当地基湿陷等级为Ⅱ级时：在非自重湿陷性黄土场地，对单层建筑，地基处理厚度不应小于1m，且下部未处理湿陷性黄土层的湿陷起始压力值不宜小于80kPa；对多层建筑，地基处理厚度不宜小于2m，且下部未处理湿陷性黄土层的湿陷起始压力值不宜小于100kPa；在自重湿陷性黄土场地，地基处理厚度不应小于2.50m，且下部未处理湿陷性黄土层的剩余湿陷量，不应大于200mm。

**3** 当地基湿陷等级为Ⅲ级或Ⅳ级时，对多层建筑宜采用整片处理，地基处理厚度分别不应小于3m或4m，且下部未处理湿陷性黄土层的剩余湿陷量，单层及多层建筑均不应大于200mm。

**6.1.6** 地基压缩层的深度：对条形基础，可取其宽度的3倍；对独立基础，可取其宽度的2倍。如小于5m，可取5m，也可按下式估算：

$$p_z = 0.20 p_{cz} \quad (6.1.6)$$

式中 $p_z$——相应于荷载效应标准组合，在基础底面下$z$深度处土的附加压力值（kPa）；

$p_{cz}$——在基础底面下$z$深度处土的自重压力值（kPa）。

在$z$深度处以下，如有高压缩性土，可计算至$p_z=0.10p_{cz}$深度处止。

对筏形和宽度大于10m的基础，可取其基础宽度的0.80～1.20倍，基础宽度大者取小值，反之取大值。

**6.1.7** 地基处理后的承载力，应在现场采用静载荷试验结果或结合当地建筑经验确定，其下卧层顶面的承载力特征值，应满足下式要求：

$$p_z + p_{cz} \leqslant f_{az} \quad (6.1.7)$$

式中 $p_z$——相应于荷载效应标准组合，下卧层顶面的附加压力值（kPa）；

$p_{cz}$——地基处理后，下卧层顶面上覆土的自重压力值（kPa）；

$f_{az}$——地基处理后，下卧层顶面经深度修正后土的承载力特征值（kPa）。

**6.1.8** 经处理后的地基，下卧层顶面的附加压力$p_z$，对条形基础和矩形基础，可分别按下式计算：

条形基础

$$p_z = \frac{b(p_k - p_c)}{b + 2z\tan\theta} \quad (6.1.8\text{-}1)$$

矩形基础

$$p_z = \frac{lb(p_k - p_c)}{(b + 2z\tan\theta)(l + 2z\tan\theta)} \quad (6.1.8\text{-}2)$$

式中 $b$——条形或矩形基础底面的宽度（m）；

$l$——矩形基础底面的长度（m）；

$p_k$——相应于荷载效应标准组合，基础底面的平均压力值（kPa）；

$p_c$——基础底面土的自重压力值（kPa）；

$z$——基础底面至处理土层底面的距离（m）；

$\theta$——地基压力扩散线与垂直线的夹角，一般为22°～30°，用素土处理宜取小值，用灰土处理宜取大值，当$z/b<0.25$时，可取$\theta=0°$。

**6.1.9** 当按处理后的地基承载力确定基础底面积及埋深时，应根据现场原位测试确定的承载力特征值进行修正，但基础宽度的地基承载力修正系数宜取零，基础埋深的地基承载力修正系数宜取1。

**6.1.10** 选择地基处理方法，应根据建筑物的类别和湿陷性黄土的特性，并考虑施工设备、施工进度、材料来源和当地环境等因素，经技术经济综合分析比较后确定。湿陷性黄土地基常用的处理方法，可按表6.1.10选择其中一种或多种相结合的最佳处理方法。

**表6.1.10 湿陷性黄土地基常用的处理方法**

| 名称 | 适用范围 | 可处理的湿陷性黄土层厚度（m） |
|---|---|---|
| 垫层法 | 地下水位以上，局部或整片处理 | 1～3 |
| 强夯法 | 地下水位以上，$S_r \leqslant 60\%$的湿陷性黄土，局部或整片处理 | 3～12 |
| 挤密法 | 地下水位以上，$S_r \leqslant 65\%$的湿陷性黄土 | 5～15 |
| 预浸水法 | 自重湿陷性黄土场地，地基湿陷等级为Ⅲ级或Ⅳ级，可消除地面下6m以下湿陷性黄土层的全部湿陷性 | 6m以上，尚应采用垫层或其他方法处理 |
| 其他方法 | 经试验研究或工程实践证明行之有效 | |

**6.1.11** 在雨期、冬期选择垫层法、强夯法和挤密法等处理地基时，施工期间应采取防雨和防冻措施，防止填料（土或灰土）受雨水淋湿或冻结，并应防止地面水流入已处理和未处理的基坑或基槽内。

选择垫层法和挤密法处理湿陷性黄土地基，不得使用盐渍土、膨胀土、冻土、有机质等不良土料和粗颗粒的透水性（如砂、石）材料作填料。

**6.1.12** 地基处理前，除应做好场地平整、道路畅通和接通水、电外，还应清除场地内影响地基处理施工的地上和地下管线及其他障碍物。

**6.1.13** 在地基处理施工进程中，应对地基处理的施工质量进行监理，地基处理施工结束后，应按有关现行国家标准进行工程质量检验和验收。

**6.1.14** 采用垫层、强夯和挤密等方法处理地基的承载力特征值，应按本规范附录J的静载荷试验要点，在现场通过试验测定结果确定。

试验点的数量，应根据建筑物类别和地基处理面积确定。但单独建筑物或在同一土层参加统计的试验点，不宜少于3点。

## 6.2 垫 层 法

**6.2.1** 垫层法包括土垫层和灰土垫层。当仅要求消除基底下1～3m湿陷性黄土的湿陷量时，宜采用局部（或整片）土垫层进行处理，当同时要求提高垫层土的承载力及增强水稳性时，宜采用整片灰土垫层进行处理。

**6.2.2** 土（或灰土）的最大干密度和最优含水量，应在工程现场采取有代表性的扰动土样采用轻型标准击实试验确定。

**6.2.3** 土（或灰土）垫层的施工质量，应用压实系数 $\lambda_c$ 控制，并应符合下列规定：

1 小于或等于3m的土（或灰土）垫层，不应小于0.95；

2 大于3m的土（或灰土）垫层，其超过3m部分不应小于0.97。

垫层厚度宜从基础底面标高算起。压实系数 $\lambda_c$ 可按下式计算：

$$\lambda_c = \frac{\rho_d}{\rho_{dmax}} \tag{6.2.3}$$

式中 $\lambda_c$——压实系数；

$\rho_d$——土（或灰土）垫层的控制（或设计）干密度($g/cm^3$)；

$\rho_{dmax}$——轻型标准击实试验测得土（或灰土）的最大干密度（$g/cm^3$）。

**6.2.4** 土（或灰土）垫层的承载力特征值，应根据现场原位（静载荷或静力触探等）试验结果确定。当无试验资料时，对土垫层不宜超过180kPa，对灰土垫层不宜超过250kPa。

**6.2.5** 施工土（或灰土）垫层，应先将基底下拟处理的湿陷性黄土挖出，并利用基坑内的黄土或就地挖出的其他黏性土作填料，灰土应过筛和拌合均匀，然后根据所选用的夯（或压）实设备，在最优或接近最优含水量下分层回填、分层夯（或压）实至设计标高。

灰土垫层中的消石灰与土的体积配合比，宜为2∶8或3∶7。

当无试验资料时，土（或灰土）的最优含水量，宜取该场地天然土的塑限含水量为其填料的最优含水量。

**6.2.6** 在施工土（或灰土）垫层进程中，应分层取样检验，并应在每层表面以下的2/3厚度处取样检验土（或灰土）的干密度，然后换算为压实系数，取样的数量及位置应符合下列规定：

1 整片土（或灰土）垫层的面积每100～500$m^2$，每层3处；

2 独立基础下的土（或灰土）垫层，每层3处；

3 条形基础下的土（或灰土）垫层，每10m每层1处；

4 取样点位置宜在各层的中间及离边缘150～300mm。

## 6.3 强 夯 法

**6.3.1** 采用强夯法处理湿陷性黄土地基，应先在场地内选择有代表性的地段进行试夯或试验性施工，并应符合下列规定：

1 试夯点的数量，应根据建筑场地的复杂程度、土质的均匀性和建筑物的类别等综合因素确定。在同一场地内如土性基本相同，试夯或试验性施工可在一处进行；否则，应在土质差异明显的地段分别进行。

2 在试夯过程中，应测量每个夯点每夯击1次的下沉量（以下简称夯沉量）。

3 试夯结束后，应从夯击终止时的夯面起至其下6～12m深度内，每隔0.50～1.00m取土样进行室内试验，测定土的干密度、压缩系数和湿陷系数等指标，必要时，可进行静载荷试验或其他原位测试。

4 测试结果，当不满足设计要求时，可调整有关参数（如夯锤质量、落距、夯击次数等）重新进行试夯，也可修改地基处理方案。

**6.3.2** 夯点的夯击次数和最后2击的平均夯沉量，应按试夯结果或试夯记录绘制的夯击次数和夯沉量的关系曲线确定。

**6.3.3** 强夯的单位夯击能，应根据施工设备、黄土地层的时代、湿陷性黄土层的厚度和要求消除湿陷性黄土层的有效深度等因素确定。一般可取1000～4000kN·m/$m^2$，夯锤底面宜为圆形，锤底的静压力宜为25～60kPa。

**6.3.4** 采用强夯法处理湿陷性黄土地基，土的天然含水量宜低于塑限含水量1%～3%。在拟夯实的土层内，当土的天然含水量低于10%时，宜对其增湿至接近最优含水量；当土的天然含水量大于塑限含水量3%以上时，宜采用晾干或其他措施适当降低其含水量。

**6.3.5** 对湿陷性黄土地基进行强夯施工，夯锤的质量、落距、夯点布置、夯击次数和夯击遍数等参数，宜与试夯选定的相同，施工中应有专人监测和记录。

夯击遍数宜为2～3遍。最末一遍夯击后，再以低能量（落距4～6m）对表层松土满夯2～3击，也可将表层松土压实或清除，在强夯土表面以上并宜设置300～500mm厚的灰土垫层。

**6.3.6** 采用强夯法处理湿陷性黄土地基，消除湿陷性黄土层的有效深度，应根据试夯测试结果确定。在有效深度内，土的湿陷系数 $\delta_s$ 均应小于0.015。选择强夯方案处理地基或当缺乏试验资料时，消除湿陷性黄土层的有效深度，可按表6.3.6中所列的相应单击夯击能进行预估。

**表6.3.6 采用强夯法消除湿陷性黄土层的有效深度预估值（m）**

| 单击夯击能（kN·m）＼土的名称 | 全新世（$Q_4$）黄土、晚更新世（$Q_3$）黄土 | 中更新世（$Q_2$）黄土 |
|---|---|---|
| 1000～2000 | 3～5 | — |
| 2000～3000 | 5～6 | — |
| 3000～4000 | 6～7 | — |
| 4000～5000 | 7～8 | — |
| 5000～6000 | 8～9 | 7～8 |
| 7000～8500 | 9～12 | 8～10 |

注：1 在同一栏内，单击夯击能小的取小值，单击夯击能大的取大值；

2 消除湿陷性黄土层的有效深度，从起夯面算起。

**6.3.7** 在强夯施工过程中或施工结束后，应按下列要求对强夯处理地基的质量进行检测：

1 检查强夯施工记录，基坑内每个夯点的累计夯沉量，不得小于试夯时各夯点平均夯沉量的95%；

2 隔7～10d，在每500～1000m² 面积内的各夯点之间任选一处，自夯击终止时的夯面起至其下5～12m深度内，每隔1m取1～2个土样进行室内试验，测定土的干密度、压缩系数和湿陷系数。

3 强夯土的承载力，宜在地基强夯结束30d左右，采用静载荷试验测定。

## 6.4 挤密法

**6.4.1** 采用挤密法时，对甲、乙类建筑或在缺乏建筑经验的地区，应于地基处理施工前，在现场选择有代表性的地段进行试验或试验性施工，试验结果应满足设计要求，并应取得必要的参数再进行地基处理施工。

**6.4.2** 挤密孔的孔位，宜按正三角形布置。孔心距可按下式计算：

$$S = 0.95\sqrt{\frac{\eta_c \rho_{dmax} D^2 - \rho_{do} d^2}{\eta_c \rho_{dmax} - \rho_{do}}} \quad (6.4.2)$$

式中 $S$——孔心距（m）；

$D$——挤密填料孔直径（m）；

$d$——预钻孔直径（m）；

$\rho_{do}$——地基挤密前压缩层范围内各层土的平均干密度（g/cm³）；

$\rho_{dmax}$——击实试验确定的最大干密度（g/cm³）；

$\overline{\eta}_c$——挤密填孔（达到 $D$）后，3个孔之间土的平均挤密系数不宜小于0.93。

**6.4.3** 当挤密处理深度不超过12m时，不宜预钻孔，挤密孔直径宜为0.35～0.45m；当挤密处理深度超过12m时，可预钻孔，其直径（$d$）宜为0.25～0.30m，挤密填料孔直径（$D$）宜为0.50～0.60m。

**6.4.4** 挤密填孔后，3个孔之间土的最小挤密系数 $\eta_{dmin}$，可按下式计算：

$$\eta_{dmin} = \frac{\rho_{do}}{\rho_{dmax}} \quad (6.4.4)$$

式中 $\eta_{dmin}$——土的最小挤密系数：甲、乙类建筑不宜小于0.88；丙类建筑不宜小于0.84；

$\rho_{do}$——挤密填孔后，3个孔之间形心点部位土的干密度（g/cm³）。

**6.4.5** 孔底在填料前必须夯实。孔内填料宜用素土或灰土，必要时可用强度高的填料如水泥土等。当防（隔）水时，宜填素土；当提高承载力或减小处理宽度时，宜填灰土、水泥土等。填料时，宜分层回填夯实，其压实系数不宜小于0.97。

**6.4.6** 成孔挤密，可选用沉管、冲击、夯扩、爆扩等方法。

**6.4.7** 成孔挤密，应间隔分批进行，孔成后应及时夯填。当为局部处理时，应由外向里施工。

**6.4.8** 预留松动层的厚度：机械挤密，宜为0.50～0.70m；爆扩挤密，宜为1～2m。冬季施工可适当增大预留松动层厚度。

**6.4.9** 挤密地基，在基底下宜设置0.50m厚的灰土（或土）垫层。

**6.4.10** 孔内填料的夯实质量，应及时抽样检查，其数量不得少于总孔数的2%，每台班不应少于1孔。在全部孔深内，宜每1m取土样测定干密度，检测点的位置应在距孔心2/3孔半径处。孔内填料的夯实质量，也可通过现场试验测定。

**6.4.11** 对重要或大型工程，除应按6.4.10条检测外，还应进行下列测试工作综合判定：

1 在处理深度内，分层取样测定挤密土及孔内填料的湿陷性及压缩性；

2　在现场进行静载荷试验或其他原位测试。

### 6.5　预 浸 水 法

**6.5.1**　预浸水法宜用于处理湿陷性黄土层厚度大于10m，自重湿陷量的计算值不小于500mm的场地。浸水前宜通过现场试坑浸水试验确定浸水时间、耗水量和湿陷量等。

**6.5.2**　采用预浸水法处理地基，应符合下列规定：

1　浸水坑边缘至既有建筑物的距离不宜小于50m，并应防止由于浸水影响附近建筑物和场地边坡的稳定性；

2　浸水坑的边长不得小于湿陷性黄土层的厚度，当浸水坑的面积较大时，可分段进行浸水；

3　浸水坑内的水头高度不宜小于300mm，连续浸水时间以湿陷变形稳定为准，其稳定标准为最后5d的平均湿陷量小于1mm/d。

**6.5.3**　地基预浸水结束后，在基础施工前应进行补充勘察工作，重新评定地基土的湿陷性，并应采用垫层或其他方法处理上部湿陷性黄土层。

## 7　既有建筑物的地基加固和纠倾

### 7.1　单液硅化法和碱液加固法

**7.1.1**　单液硅化法和碱液加固法适用于加固地下水位以上、渗透系数为0.50～2.00m/d的湿陷性黄土地基。在自重湿陷性黄土场地，采用碱液加固法应通过现场试验确定其可行性。

**7.1.2**　对于下列建筑物，宜采用单液硅化法或碱液法加固地基：

1　沉降不均匀的既有建筑物和设备基础；

2　地基浸水引起湿陷，需要阻止湿陷继续发展的建筑物或设备基础；

3　拟建的设备基础和构筑物。

**7.1.3**　采用单液硅化法或碱液法加固湿陷性黄土地基，施工前应在拟加固的建筑物附近进行单孔或多孔灌注溶液试验，确定灌注溶液的速度、时间、数量或压力等参数。

**7.1.4**　灌注溶液试验结束后，隔10d左右，应在试验范围的加固深度内量测加固土的半径，取土样进行室内试验，测定加固土的压缩性和湿陷性等指标。必要时应进行沉降观测，至沉降稳定止，观测时间不应少于半年。

**7.1.5**　对酸性土和已渗入沥青、油脂及石油化合物的地基土，不宜采用单液硅化法或碱液法加固地基。

（Ⅰ）单液硅化法

**7.1.6**　单液硅化法按其灌注溶液的工艺，可分为压力灌注和溶液自渗两种。

1　压力灌注宜用于加固自重湿陷性黄土场地上拟建的设备基础和构筑物的地基，也可用于加固非自重湿陷性黄土场地上既有建筑物和设备基础的地基。

2　溶液自渗宜用于加固自重湿陷性黄土场地上既有建筑物和设备基础的地基。

**7.1.7**　单液硅化法应由浓度为10%～15%的硅酸钠（$Na_2O \cdot nSiO_2$）溶液掺入2.5%氯化钠组成，其相对密度宜为1.13～1.15，但不应小于1.10。

硅酸钠溶液的模数值宜为2.50～3.30，其杂质含量不应大于2%。

**7.1.8**　加固湿陷性黄土的溶液用量，可按下式计算：

$$X = \pi r^2 h \bar{n} d_N \alpha \qquad (7.1.8)$$

式中　$X$——硅酸钠溶液的用量（t）；

$r$——溶液扩散半径（m）；

$h$——自基础底面算起的加固土深度（m）；

$\bar{n}$——地基加固前土的平均孔隙率（%）；

$d_N$——压力灌注或溶液自渗时硅酸钠溶液的相对密度；

$\alpha$——溶液填充孔隙的系数，可取0.60～0.80。

**7.1.9**　采用单液硅化法加固湿陷性黄土地基，灌注孔的布置应符合下列要求：

1　灌注孔的间距：压力灌注宜为0.80～1.20m；溶液自渗宜为0.40～0.60m；

2　加固拟建的设备基础和建筑物的地基，应在基础底面下按正三角形满堂布置，超出基础底面外缘的宽度每边不应小于1m；

3　加固既有建筑物和设备基础的地基，应沿基础侧向布置，且每侧不宜少于2排。

**7.1.10**　压力灌注溶液的施工步骤，应符合下列要求：

1　向土中打入灌注管和灌注溶液，应自基础底面标高起向下分层进行；

2　加固既有建筑物地基时，在基础侧向应先施工外排，后施工内排；

3　灌注溶液的压力宜由小逐渐增大，但最大压力不宜超过200kPa。

**7.1.11**　溶液自渗的施工步骤，应符合下列要求：

1　在拟加固的基础底面或基础侧向将设计布置的灌注孔部分或全部打（或钻）至设计深度；

2　将配好的硅酸钠溶液注满各灌注孔，溶液面宜高出基础底面标高0.50m，使溶液自行渗入土中；

3　在溶液自渗过程中，每隔2～3h向孔内添加一次溶液，防止孔内溶液渗干。

**7.1.12**　采用单液硅化法加固既有建筑物或设备基础的地基时，在灌注硅酸钠溶液过程中，应进行沉降观测，当发现建筑物或设备基础的沉降突然增大或出现异常情况时，应立即停止灌注溶液，待查明原因后，再继续灌注。

**7.1.13** 硅酸钠溶液全部灌注结束后，隔10d左右，应按下列规定对已加固的地基土进行检测：

1 检查施工记录，各灌注孔的加固深度和注入土中的溶液量与设计规定应相同或接近；

2 应采用动力触探或其他原位测试，在已加固土的全部深度内进行检测，确定加固土的范围及其承载力。

（Ⅱ）碱液加固法

**7.1.14** 当土中可溶性和交换性的钙、镁离子含量大于10mg·eq/100g干土时，可采用氢氧化钠（NaOH）一种溶液注入土中加固地基。否则，应采用氢氧化钠和氯化钙两种溶液轮番注入土中加固地基。

**7.1.15** 碱液法加固地基的深度，自基础底面算起，一般为2～5m。但应根据湿陷性黄土层深度、基础宽度、基底压力与湿陷事故的严重程度等综合因素确定。

**7.1.16** 碱液可用固体烧碱或液体烧碱配制。加固$1m^3$黄土需氢氧化钠量约为干土质量的3%，即35～45kg。碱液浓度宜为100g/L，并宜将碱液加热至80～100℃再注入土中。采用双液加固时，氯化钙溶液的浓度宜为50～80g/L。

## 7.2 坑式静压桩托换法

**7.2.1** 坑式静压桩托换法适用于基础及地基需要加固补强的下列建筑物：

1 地基浸水湿陷，需要阻止不均匀沉降和墙体裂缝发展的多层或单层建筑；

2 部分墙体出现裂缝或严重裂缝，但主体结构的整体性完好，基础地基经采取补强措施后，仍可继续安全使用的多层和单层建筑；

3 地基土的承载力或变形不能满足使用要求的建筑。

**7.2.2** 坑式静压桩的桩位布置，应符合下列要求：

1 纵、横墙基础交接处；

2 承重墙基础的中间；

3 独立基础的中心或四角；

4 地基受水浸湿可能性大或较大的承重部位；

5 尽量避开门窗洞口等薄弱部位。

**7.2.3** 坑式静压桩宜采用预制钢筋混凝土方桩或钢管桩。方桩边长宜为150～200mm，混凝土的强度等级不宜低于C20；钢管桩直径宜为$\phi$159mm，壁厚不得小于6mm。

**7.2.4** 坑式静压桩的入土深度自基础底面标高算起，桩尖应穿透湿陷性黄土层，并应支承在压缩性低（或较低）的非湿陷性黄土（或砂、石）层中，桩尖插入非湿陷性黄土中的深度不宜小于0.30m。

**7.2.5** 托换管安放结束后，应按下列要求对压桩完毕的托换坑内及时进行回填。

1 托换坑底面以上至桩顶面（即托换管底面）0.20m以下，桩的周围可用灰土分层回填夯实；

2 基础底面以下至灰土层顶面，桩及托换管的周围宜用C20混凝土浇筑密实，使其与原基础连成整体。

**7.2.6** 坑式静压桩的质量检验，应符合下列要求：

1 制桩前或制桩期间，必须分别抽样检测水泥、钢材和混凝土试块的安定性、抗拉或抗压强度，检验结果必须符合设计要求；

2 检查压桩施工记录，并作为验收的原始依据。

## 7.3 纠 倾 法

**7.3.1** 湿陷性黄土场地上的既有建筑物，其整体倾斜超过现行国家标准《建筑地基基础设计规范》GB 50007规定的允许倾斜值，并影响正常使用时，可采用下列方法进行纠倾：

1 湿法纠倾——主要为浸水法；

2 干法纠倾——包括横向或竖向掏土法、加压法和顶升法。

**7.3.2** 对既有建筑物进行纠倾设计，应根据建筑物倾斜的程度、原因、上部结构、基础类型、整体刚度、荷载特征、土质情况、施工条件和周围环境等因素综合分析。纠倾方案应安全可靠、经济合理。

**7.3.3** 在既有建筑物地基的压缩层内，当土的湿陷性较大、平均含水量小于塑限含水量时，宜采用浸水法或横向掏土法进行纠倾，并应符合下列规定：

1 纠倾施工前，应在现场进行渗水试验，测定土的渗透速度、渗透半径、渗水量等参数，确定土的渗透系数；

2 浸水法的注水孔（槽）至邻近建筑物的距离不宜小于20m；

3 根据拟纠倾建筑物的基础类型和地基土湿陷性的大小，预留浸水滞后的预估沉降量。

**7.3.4** 在既有建筑物地基的压缩层内，当土的平均含水量大于塑限含水量时，宜采用竖向掏土法或加压法纠倾。

**7.3.5** 当上部结构的自重较小或局部变形大，且需要使既有建筑物恢复到正常或接近正常位置时，宜采用顶升法纠倾。

**7.3.6** 当既有建筑物的倾斜较大，采用上述一种纠倾方法不易达到设计要求时，可将上述几种纠倾方法结合使用。

**7.3.7** 符合下列中的任意一款，不得采用浸水法纠倾：

1 距离拟纠倾建筑物20m内，有建筑物或有地下构筑物和管道；

2 靠近边坡地段；

3 靠近滑坡地段。

**7.3.8** 在纠倾过程中，必须进行现场监测工作，并应根据监测信息采取相应的安全措施，确保工程质量和施工安全。

**7.3.9** 为防止建筑物再次发生倾斜，经分析认为确有必要时，纠倾施工结束后，应对建筑物地基进行加固，并应继续进行沉降观测，连续观测时间不应少于半年。

# 8 施 工

## 8.1 一 般 规 定

**8.1.1 在湿陷性黄土场地，对建筑物及其附属工程进行施工，应根据湿陷性黄土的特点和设计要求采取措施防止施工用水和场地雨水流入建筑物地基（或基坑内）引起湿陷。**

**8.1.2** 建筑施工的程序，宜符合下列要求：

**1** 统筹安排施工准备工作，根据施工组织设计的总平面布置和竖向设计的要求，平整场地，修通道路和排水设施，砌筑必要的护坡及挡土墙等；

**2** 先施工建筑物的地下工程，后施工地上工程。对体型复杂的建筑物，先施工深、重、高的部分，后施工浅、轻、低的部分；

**3** 敷设管道时，先施工排水管道，并保证其畅通。

**8.1.3** 在建筑物范围内填方整平或基坑、基槽开挖前，应对建筑物及其周围3～5m范围内的地下坑穴进行探查与处理，并绘图和详细记录其位置、大小、形状及填充情况等。

在重要管道和行驶重型车辆和施工机械的通道下，应对空虚的地下坑穴进行处理。

**8.1.4** 施工基础和地下管道时，宜缩短基坑或基槽的暴露时间。在雨季、冬季施工时，应采取专门措施，确保工程质量。

**8.1.5 在建筑物邻近修建地下工程时，应采取有效措施，保证原有建筑物和管道系统的安全使用，并应保持场地排水畅通。**

**8.1.6** 隐蔽工程完工时，应进行质量检验和验收，并应将有关资料及记录存入工程技术档案作为竣工验收文件。

## 8.2 现 场 防 护

**8.2.1 建筑场地的防洪工程应提前施工，并应在汛期前完成。**

**8.2.2** 临时的防洪沟、水池、洗料场和淋灰池等至建筑物外墙的距离，在非自重湿陷性黄土场地，不宜小于12m；在自重湿陷性黄土场地，不宜小于25m。遇有碎石土、砂土等夹层时应采取有效措施，防止水渗入建筑物地基。

临时搅拌站至建筑物外墙的距离，不宜小于10m，并应做好排水设施。

**8.2.3** 临时给、排水管道至建筑物外墙的距离，在非自重湿陷性黄土场地，不宜小于7m；在自重湿陷性黄土场地，不应小于10m。管道应敷设在地下，防止冻裂或压坏，并应通水检查，不漏水后方可使用。给水支管应装有阀门，在水龙头处，应设排水设施，将废水引至排水系统，所有临时给、排水管线，均应绘在施工总平面图上，施工完毕必须及时拆除。

**8.2.4** 取土坑至建筑物外墙的距离，在非自重湿陷性黄土场地，不应小于12m；在自重湿陷性黄土场地，不应小于25m。

**8.2.5** 制作和堆放预制构件或重型吊车行走的场地，必须整平夯实，保持场地排水畅通。如在建筑物内预制构件，应采取有效措施防止地基浸水湿陷。

**8.2.6** 在现场堆放材料和设备时，应采取有效措施保持场地排水畅通。对需要浇水的材料，宜堆放在距基坑或基槽边缘5m以外，浇水时必须有专人管理，严禁水流入基坑或基槽内。

**8.2.7** 对场地给水、排水和防洪等设施，应有专人负责管理，经常进行检修和维护。

## 8.3 基坑或基槽的施工

**8.3.1** 浅基坑或基槽的开挖与回填，应符合下列规定：

**1 当基坑或基槽挖至设计深度或标高时，应进行验槽；**

**2** 在大型基坑内的基础位置外，宜设不透水的排水沟和集水坑，如有积水应及时排除；

**3** 当大型基坑内的土挖至接近设计标高，而下一工序不能连续进行时，宜在设计标高以上保留300～500mm厚的土层，待继续施工时挖除；

**4** 从基坑或基槽内挖出的土，堆放距离基坑或基槽壁的边缘不宜小于1m；

**5** 设置土（或灰土）垫层或施工基础前，应在基坑或基槽底面打底夯，同一夯点不宜少于3遍。当表层土的含水量过大或局部地段有松软土层时，应采取晾干或换土等措施；

**6** 基础施工完毕，其周围的灰、砂、砖等，应及时清除，并应用素土在基础周围分层回填夯实，至散水垫层底面或至室内地坪垫层底面止，其压实系数不宜小于0.93。

**8.3.2** 深基坑的开挖与支护，应符合下列要求：

**1 深基坑的开挖与支护，必须进行勘察与设计；**

**2** 深基坑的支护与施工，应综合分析工程地质与水文地质条件、基础类型、基坑开挖深度、降排水条件、周边环境对基坑侧壁位移的要求，基坑周边荷载、施工季节、支护结构的使用期限等因素，做到因地制宜，合理设计、精心施工、严格监控；

3　湿陷性黄土场地的深基坑支护，尚应符合以下规定：

1）深基坑开挖前和深基坑施工期间，应对周围建筑物的状态、地下管线、地下构筑物等状况进行调查与监测，并应对基坑周边外宽度为1～2倍的开挖深度内进行土体垂直节理和裂缝调查，分析其对坑壁稳定性的影响，并及时采取措施，防止水流入裂缝内；

2）当基坑壁有可能受水浸湿时，宜采用饱和状态下黄土的物理力学指标进行设计与验算；

3）控制基坑内地下水所需的水文地质参数，宜根据现场试验确定。在基坑内或基坑附近采用降水措施时，应防止降水对周围环境产生不利影响。

### 8.4　建筑物的施工

**8.4.1**　水暖管沟穿过建筑物的基础时，不得留施工缝。当穿过外墙时，应一次做到室外的第一个检查井，或距基础3m以外。沟底应有向外排水的坡度。施工中应防止雨水或地面水流入地基，施工完毕，应及时清理、验收、加盖和回填。

**8.4.2**　地下工程施工超出设计地面后，应进行室内和室外填土，填土厚度在1m以内时，其压实系数不得小于0.93，填土厚度大于1m时，其压实系数不宜小于0.95。

**8.4.3**　屋面施工完毕，应及时安装天沟、水落管和雨水管道等，直接将雨水引至室外排水系统，散水的伸缩缝不得设在水落管处。

**8.4.4**　底层现浇钢筋混凝土结构，在浇筑混凝土与养护过程中，应随时检查，防止地面浸水湿陷。

**8.4.5　当发现地基浸水湿陷和建筑物产生裂缝时，应暂时停止施工，切断有关水源，查明浸水的原因和范围，对建筑物的沉降和裂缝加强观测，并绘图记录，经处理后方可继续施工。**

### 8.5　管道和水池的施工

**8.5.1**　各种管材及其配件进场时，必须按设计要求和有关现行国家标准进行检查。

**8.5.2**　施工管道及其附属构筑物的地基与基础时，应将基槽底夯实不少于3遍，并应采取快速分段流水作业，迅速完成各分段的全部工序。管道敷设完毕，应及时回填。

**8.5.3**　敷设管道时，管道应与管基（或支架）密合，管道接口应严密不漏水。金属管道的接口焊缝不得低于Ⅲ级。新、旧管道连接时，应先做好排水设施。当昼夜温差大或在负温度条件下施工时，管道敷设后，宜及时保温。

**8.5.4**　施工水池、检漏管沟、检漏井和检查井等，必须确保砌体砂浆饱满、混凝土浇捣密实、防水层严密不漏水。穿过池（或井、沟）壁的管道和预埋件，应预先设置，不得打洞。铺设盖板前，应将池（或井、沟）底清理干净。池（或井、沟）壁与基槽间，应用素土或灰土分层回填夯实，其压实系数不应小于0.95。

**8.5.5　管道和水池等施工完毕，必须进行水压试验。不合格的应返修或加固，重做试验，直至合格为止。**

**清洗管道用水、水池用水和试验用水，应将其引至排水系统，不得任意排放。**

**8.5.6**　埋地压力管道的水压试验，应符合下列规定：

**1**　管道试压应逐段进行，每段长度在场地内不宜超过400m，在场地外空旷地区不得超过1000m。分段试压合格后，两段之间管道连接处的接口，应通水检查，不漏水后方可回填。

**2**　在非自重湿陷性黄土场地，管基经检查合格，沟槽间填至管顶上方0.50m后（接口处暂不回填），应进行1次强度和严密性试验。

**3**　在自重湿陷性黄土场地，非金属管道的管基经检查合格后，应进行2次强度和严密性试验：沟槽回填前，应分段进行强度和严密性的预先试验；沟槽回填后，应进行强度和严密性的最后试验。对金属管道，应进行1次强度和严密性试验。

**8.5.7**　对城镇和建筑群（小区）的室外埋地压力管道，试验压力应符合表8.5.7规定的数值。

**表8.5.7　管道水压的试验压力**（MPa）

| 管材种类 | 工作压力 $P$ | 试验压力 |
|---|---|---|
| 钢　管 | $P$ | $P$+0.50且不应小于0.90 |
| 铸铁管及球墨铸铁管 | ≤0.50 | $2P$ |
| | ≥0.50 | $P$+0.50 |
| 预应力钢筋混凝土管<br>预应力钢筒混凝土管 | ≤0.60 | $1.50P$ |
| | >0.60 | $P$+0.30 |

压力管道强度和严密性试验的方法与质量标准，应符合现行国家标准《给水排水管道工程施工及验收规范》的有关规定。

**8.5.8**　建筑物内埋地压力管道的试验压力，不应小于0.60MPa；生活饮用水和生产、消防合用管道的试验压力应为工作压力的1.50倍。

强度试验，应先加压至试验压力，保持恒压10min，检查接口、管道和管道附件无破损及无漏水现象时，管道强度试验为合格。

严密性试验，应在强度试验合格后进行。对管道进行严密性试验时，宜将试验压力降至工作压力加0.10MPa，金属管道恒压2h不漏水，非金属管道恒压4h不漏水，可认为合格，并记录为保持试验压力所补充的水量。

在严密性的最后试验中，为保持试验压力所补充的水量，不应超过预先试验时各分段补充水量及阀件等渗水量的总和。

工业厂房内埋地压力管道的试验压力，应按有关专门规定执行。

**8.5.9** 埋地无压管道（包括检查井、雨水管）的水压试验，应符合下列规定：

1 水压试验采用闭水法进行；

2 试验应分段进行，宜以相邻两段检查井间的管段为一分段。对每一分段，均应进行2次严密性试验：沟槽回填前进行预先试验；沟槽回填至管顶上方0.50m以后，再进行复查试验。

**8.5.10** 室外埋地无压管道闭水试验的方法，应符合现行国家标准《给水排水管道工程施工及验收规范》的有关规定。

**8.5.11** 室内埋地无压管道闭水试验的水头应为一层楼的高度，并不应超过8m；对室内雨水管道闭水试验的水头，应为注满立管上部雨水斗的水位高度。

按上述试验水头进行闭水试验，经24h不漏水，可认为合格，并记录在试验时间内，为保持试验水头所补充的水量。

复查试验时，为保持试验水头所补充的水量不应超过预先试验的数值。

**8.5.12** 对水池应按设计水位进行满水试验。其方法与质量标准应符合现行国家标准《给水排水构筑物施工及验收规范》的有关规定。

**8.5.13** 对埋地管道的沟槽，应分层回填夯实。在管道外缘的上方0.50m范围内应仔细回填，压实系数不得小于0.90，其他部位回填土的压实系数不得小于0.93。

# 9 使用与维护

## 9.1 一般规定

**9.1.1 在使用期间，对建筑物和管道应经常进行维护和检修，并应确保所有防水措施发挥有效作用，防止建筑物和管道的地基浸水湿陷。**

**9.1.2** 有关管理部门应负责组织制订维护管理制度和检查维护管理工作。

**9.1.3** 对勘察、设计和施工中的各项技术资料，如勘察报告、设计图纸、地基处理的质量检验、地下管道的施工和竣工图等，必须整理归档。

**9.1.4** 在既有建筑物的防护范围内，增添或改变用水设施时，应按本规范有关规定采取相应的防水措施和其他措施。

## 9.2 维护和检修

**9.2.1** 在使用期间，给水、排水和供热管道系统（包括有水或有汽的所有管道、检查井、检漏井、阀门井等）应保持畅通，遇有漏水或故障，应立即断绝水源、汽源，故障排除后方可继续使用。

每隔3～5年，宜对埋地压力管道进行工作压力下的泄压检查，对埋地自流管道进行常压泄漏检查。发现泄漏，应及时检修。

**9.2.2** 必须定期检查检漏设施。对采用严格防水措施的建筑，宜每周检查1次；其他建筑，宜每半个月检查1次。发现有积水或堵塞物，应及时修复和清除，并作记录。

对化粪池和检查井，每半年应清理1次。

**9.2.3** 对防护范围内的防水地面、排水沟和雨水明沟，应经常检查，发现裂缝及时修补。每年应全面检修1次。

对散水的伸缩缝和散水与外墙交接处的填塞材料，应经常检查和填补。如散水发生倒坡时，必须及时修补和调整，并应保持原设计坡度。

建筑场地应经常保持原设计的排水坡度，发现积水地段，应及时用土填平夯实。

在建筑物周围6m以内的地面应保持排水畅通，不得堆放阻碍排水的物品和垃圾，严禁大量浇水。

**9.2.4** 每年雨季前和每次暴雨后，对防洪沟、缓洪调节池、排水沟、雨水明沟及雨水集水口等，应进行详细检查，清除淤积物，整理沟堤，保证排水畅通。

**9.2.5** 每年入冬以前，应对可能冻裂的水管采取保温措施，供暖前必须对供热管道进行系统检查（特别是过门管沟处）。

**9.2.6** 当发现建筑物突然下沉，墙、梁、柱或楼板、地面出现裂缝时，应立即检查附近的供热管道、水管和水池等。如有漏水（汽），必须迅速断绝水（汽）源，观测建筑物的沉降和裂缝及其发展情况，记录其部位和时间，并会同有关部门研究处理。

## 9.3 沉降观测和地下水位观测

**9.3.1** 维护管理部门在接管沉降观测和地下水位观测工作时，应根据设计文件、施工资料及移交清单，对水准基点、观测点、观测井及观测资料和记录，逐项检查、清点和验收。如有水准基点损坏、观测点不全或观测井填塞等情况，应由移交单位补齐或清理。

**9.3.2** 水准基点、沉降观测点及水位观测井，应妥善保护。每年应根据地区水准控制网，对水准基点校核1次。

**9.3.3** 建筑物的沉降观测，应按有关现行国家标准执行。

地下水位观测，应按设计要求进行。

观测记录，应及时整理，并存入工程技术档案。

**9.3.4** 当发现建筑物沉降和地下水位变化出现异常情况时，应及时将所发现的情况反馈给有关方面进行研究与处理。

# 附录A　中国湿陷性黄土工程地质分区略图

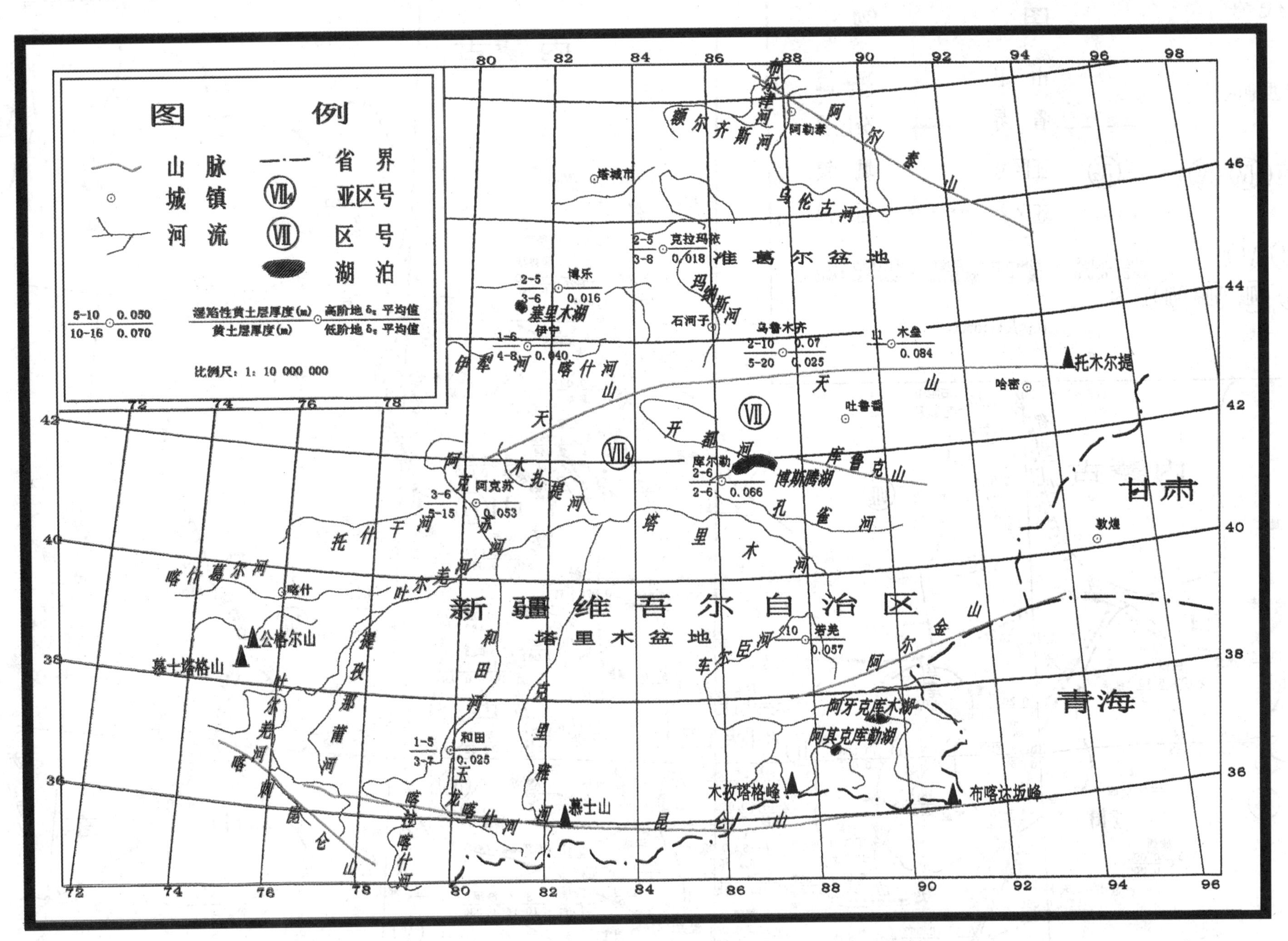


图 A.2　中国湿陷性黄土工程地质分区略图-2

# 附录A 中国湿陷性黄土工程地质分区略图

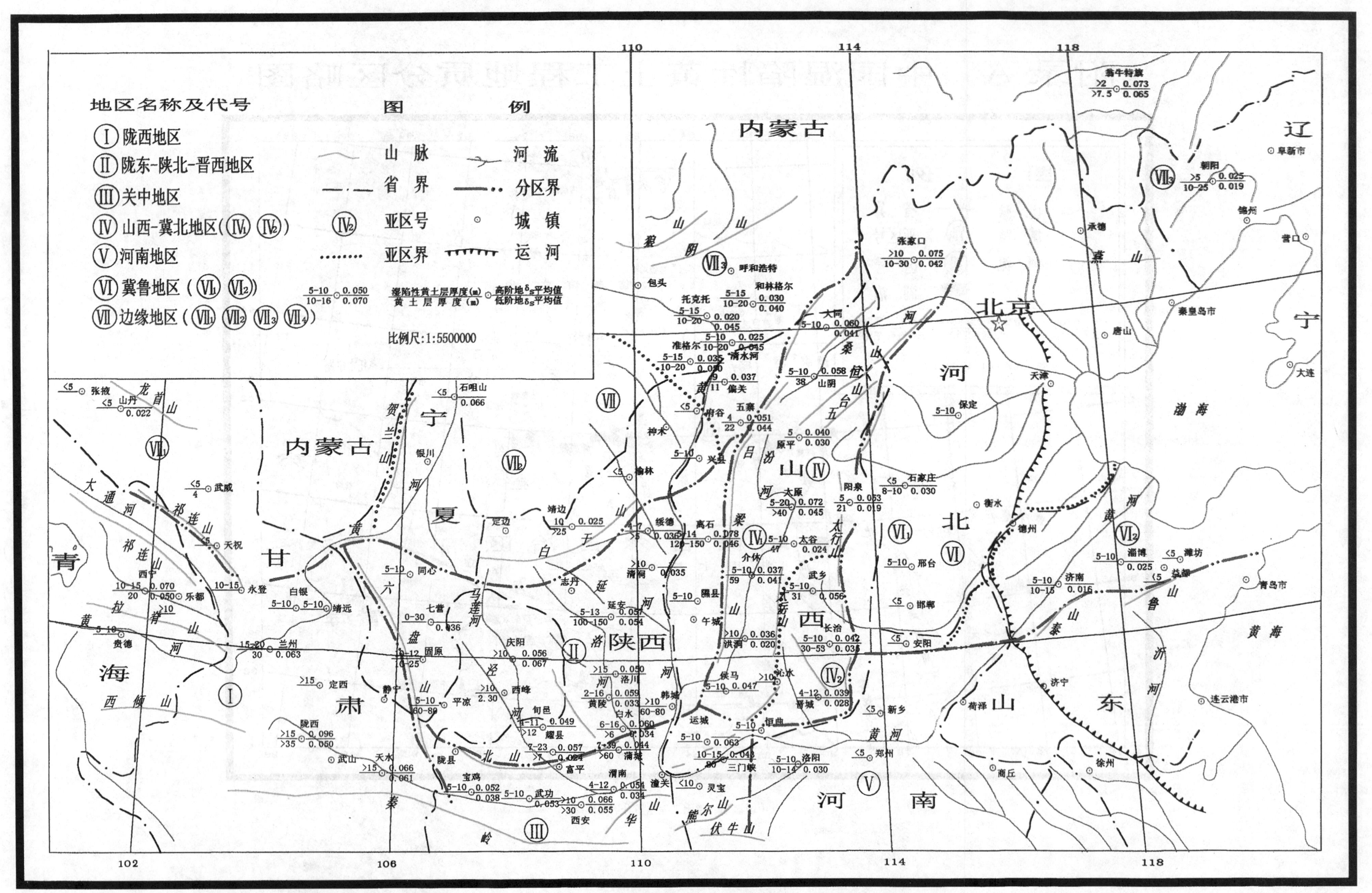


图 A.1 中国湿陷性黄土工程地质分区略图-1

## 表A 湿陷性黄土的物理力学性质指标

| 分区 | 亚区 | 地貌 | 黄土层厚度(m) | 湿陷性黄土层厚度(m) | 地下水埋藏深度(m) | 物理力学性质指标：含水量 $w$(%) | 天然密度 $\rho$($g/cm^3$) | 液限 $w_L$(%) | 塑性指数 | 孔隙比 $e$ | 压缩系数 $a$($MPa^{-1}$) | 湿陷系数 $\delta_s$ | 自重湿陷系数 $\delta_{zs}$ | 特征简述 |
|---|---|---|---|---|---|---|---|---|---|---|---|---|---|---|
| 陇西地区 Ⅰ | | 低阶地 | 4～25 | 3～16 | 4～18 | 6～25 | 1.20～1.80 | 21～30 | 4～12 | 0.70～1.20 | 0.10～0.90 | 0.020～0.200 | 0.010～0.200 | 自重湿陷性黄土分布很广，湿陷性黄土层厚度通常大于10m，地基湿陷等级多为Ⅲ～Ⅳ级，湿陷性敏感 |
| | | 高阶地 | 15～100 | 8～35 | 20～80 | 3～20 | 1.20～1.80 | 21～30 | 5～12 | 0.80～1.30 | 0.10～0.70 | 0.020～0.220 | 0.010～0.200 | |
| 陇东—陕北—晋西地区 Ⅱ | | 低阶地 | 3～30 | 4～11 | 4～14 | 10～24 | 1.40～1.70 | 20～30 | 7～13 | 0.97～1.18 | 0.26～0.67 | 0.019～0.079 | 0.005～0.041 | 自重湿陷性黄土分布广泛，湿陷性黄土层厚度通常大于10m，地基湿陷等级一般为Ⅲ～Ⅳ级，湿陷性较敏感 |
| | | 高阶地 | 50～150 | 10～15 | 40～60 | 9～22 | 1.40～1.60 | 26～31 | 8～12 | 0.80～1.20 | 0.17～0.63 | 0.023～0.088 | 0.006～0.048 | |
| 关中地区 Ⅲ | | 低阶地 | 5～20 | 4～10 | 6～18 | 14～28 | 1.50～1.80 | 22～32 | 9～12 | 0.94～1.13 | 0.24～0.64 | 0.029～0.076 | 0.003～0.039 | 低阶地多属非自重湿陷性黄土，高阶地和黄土塬多属自重湿陷性黄土，湿陷性黄土层厚度：在渭北高原一般大于10m；在渭河流域两岸多为4～10m，秦岭北麓地带有的小于4m。地基湿陷等级一般为Ⅱ～Ⅲ级，自重湿陷性黄土层一般埋藏较深，湿陷发生较迟缓 |
| | | 高阶地 | 50～100 | 6～23 | 14～40 | 11～21 | 1.40～1.70 | 27～32 | 10～13 | 0.95～1.21 | 0.17～0.63 | 0.030～0.080 | 0.005～0.042 | |
| 山西—冀北地区 Ⅳ | 汾河流域区—冀北区 Ⅳ1 | 低阶地 | 5～15 | 2～10 | 4～8 | 6～19 | 1.40～1.70 | 25～29 | 8～12 | 0.58～1.10 | 0.24～0.87 | 0.030～0.070 | — | 低阶地多属非自重湿陷性黄土，高阶地(包括山麓堆积)多属自重湿陷性黄土。湿陷性黄土层厚度多为5～10m，个别地段小于5m或大于10m，地基湿陷等级一般为Ⅱ～Ⅲ级。在低阶地新近堆积($Q_4^2$)黄土分布较普遍，土的结构松散，压缩性较高。冀北部分地区黄土含砂量大 |
| | | 高阶地 | 30～100 | 5～20 | 50～60 | 11～24 | 1.50～1.60 | 27～31 | 10～13 | 0.97～1.31 | 0.12～0.62 | 0.015～0.089 | 0.007～0.040 | |
| | 晋东南区 Ⅳ2 | | 30～53 | 2～12 | 4～7 | 18～23 | 1.50～1.80 | 27～33 | 10～13 | 0.85～1.02 | 0.29～1.00 | 0.030～0.070 | 0.015～0.052 | |
| 河南地区 Ⅴ | | | 6～25 | 4～8 | 5～25 | 16～21 | 1.60～1.80 | 26～32 | 10～13 | 0.86～1.07 | 0.18～0.33 | 0.023～0.045 | — | 一般为非自重湿陷性黄土。湿陷性黄土层厚度一般为5m，土的结构较密实，压缩性较低。该区浅部分布新近堆积黄土，压缩性较高 |
| 冀鲁地区 Ⅵ | 河北区 Ⅵ1 | | 3～30 | 2～6 | 5～12 | 14～18 | 1.60～1.70 | 25～29 | 9～13 | 0.85～1.00 | 0.18～0.60 | 0.024～0.048 | — | 一般为非自重湿陷性黄土，湿陷性黄土层厚度一般小于5m，局部地段为5～10m，地基湿陷等级一般为Ⅱ级，土的结构密实，压缩性低。在黄土边缘地带及鲁山北麓的局部地段，湿陷性黄土层薄，含水量高，湿陷系数小，地基湿陷等级为Ⅰ级或不具湿陷性 |
| | 山东区 Ⅵ2 | | 3～20 | 2～6 | 5～8 | 15～23 | 1.60～1.70 | 28～31 | 10～13 | 0.85～0.90 | 0.19～0.51 | 0.020～0.041 | — | |
| 边缘地区 Ⅶ | 宁—陕区 Ⅶ1 | | 5～30 | 1～10 | 5～25 | 7～13 | 1.40～1.60 | 22～27 | 7～10 | 1.02～1.14 | 0.22～0.57 | 0.032～0.059 | — | 为非自重湿陷性黄土，湿陷性黄土层厚度一般小于5m，地基湿陷等级一般为Ⅰ～Ⅱ级，土的压缩性低，土中含砂量较多，湿陷性黄土分布不连续 |
| | 河西走廊区 Ⅶ2 | | 5～10 | 2～5 | 5～10 | 14～18 | 1.60～1.70 | 23～32 | 8～12 | — | 0.17～0.36 | 0.029～0.050 | — | |
| | 内蒙中部—辽西区 Ⅶ3 | 低阶地 | 5～15 | 5～11 | 5～10 | 6～20 | 1.50～1.70 | 19～27 | 8～10 | 0.87～1.05 | 0.11～0.77 | 0.026～0.048 | 0.040 | 靠近山西、陕西的黄土地区，一般为非自重湿陷性黄土，地基湿陷等级一般为Ⅰ级，湿陷性黄土层厚度一般为5～10m。低阶地新近堆积($Q_4^2$)黄土分布较广，土的结构松散，压缩性较高，高阶地土的结构较密实，压缩性较低 |
| | | 高阶地 | 10～20 | 8～15 | 12 | 12～18 | 1.50～1.90 | — | 9～11 | 0.85～0.99 | 0.10～0.40 | 0.020～0.041 | 0.069 | |
| | 新疆—甘西—青海区 Ⅶ4 | | 3～30 | 2～10 | 1～20 | 3～27 | 1.30～2.00 | 19～34 | 6～18 | 0.69～1.30 | 0.10～1.05 | 0.015～0.199 | — | 一般为非自重湿陷性黄土场地，地基湿陷等级为Ⅰ～Ⅱ级，局部为Ⅲ级，湿陷性黄土层厚度一般小于8m，天然含水量较低，黄土层厚度及湿陷性变化大。主要分布于沙漠边缘，冲、洪积扇中上部，河流阶地及山麓斜坡，北疆呈连续条状分布，南疆呈零星分布 |

## 附录B　黄土地层的划分

**表B**

| 时　代 | | 地层的划分 | 说　明 |
|---|---|---|---|
| 全新世($Q_4$)黄土 | 新黄土 | 黄土状土 | 一般具湿陷性 |
| 晚更新世($Q_3$)黄土 | | 马兰黄土 | |
| 中更新世($Q_2$)黄土 | 老黄土 | 离石黄土 | 上部部分土层具湿陷性 |
| 早更新世($Q_1$)黄土 | | 午城黄土 | 不具湿陷性 |

注：全新世($Q_4$)黄土包括湿陷性($Q_4^1$)黄土和新近堆积($Q_4^2$)黄土。

## 附录C　判别新近堆积黄土的规定

**C.0.1**　在现场鉴定新近堆积黄土，应符合下列要求：

**1**　堆积环境：黄土塬、梁、峁的坡脚和斜坡后缘，冲沟两侧及沟口处的洪积扇和山前坡积地带，河道拐弯处的内侧，河漫滩及低阶地，山间或黄土梁、峁之间凹地的表部，平原上被淹埋的池沼洼地。

**2**　颜色：灰黄、黄褐、棕褐，常相杂或相间。

**3**　结构：土质不均、松散、大孔排列杂乱。常混有岩性不一的土块，多虫孔和植物根孔。铣挖容易。

**4**　包含物：常含有机质，斑状或条状氧化铁；有的混砂、砾或岩石碎屑；有的混有砖瓦陶瓷碎片或朽木片等人类活动的遗物，在大孔壁上常有白色钙质粉末。在深色土中，白色物呈现菌丝状或条纹状分布；在浅色土中，白色物呈星点状分布，有时混钙质结核，呈零星分布。

**C.0.2**　当现场鉴别不明确时，可按下列试验指标判定：

**1**　在50～150kPa压力段变形较大，小压力下具高压缩性。

**2**　利用判别式判定

$$R=-68.45e+10.98a-7.16\gamma+1.18w$$

$$R_0=-154.80$$

当$R>R_0$时，可将该土判为新近堆积黄土。

式中　$e$——土的孔隙比；

$a$——压缩系数($MPa^{-1}$)，宜取50～150kPa或0～100kPa压力下的大值；

$w$——土的天然含水量(%)；

$\gamma$——土的重度($kN/m^3$)。

## 附录D　钻孔内采取不扰动土样的操作要点

**D.0.1**　在钻孔内采取不扰动土样，必须严格掌握钻进方法、取样方法，使用合适的清孔器，并应符合下列操作要点：

**1**　应采用回转钻进，应使用螺旋(纹)钻头，控制回次进尺的深度，并应根据土质情况，控制钻头的垂直进入速度和旋转速度，严格掌握“1米3钻”的操作顺序，即取土间距为1m时，其下部1m深度内仍按上述方法操作；

**2**　清孔时，不应加压或少许加压，慢速钻进，应使用薄壁取样器压入清孔，不得用小钻头钻进，大钻头清孔。

**D.0.2**　应用“压入法”取样，取样前应将取土器轻轻吊放至孔内预定深度处，然后以匀速连续压入，中途不得停顿，在压入过程中，钻杆应保持垂直不摇摆，压入深度以土样超过盛土段30～50mm为宜。当使用有内衬的取样器时，其内衬应与取样器内壁紧贴(塑料或酚醛压管)。

**D.0.3**　宜使用带内衬的黄土薄壁取样器，对结构较松散的黄土，不宜使用无内衬的黄土薄壁取样器，其内径不宜小于120mm，刃口壁的厚度不宜大于3mm，刃口角度为10°～12°，控制面积比为12%～15%，其尺寸规格可按表D-1采用，取样器的构造见附图D。

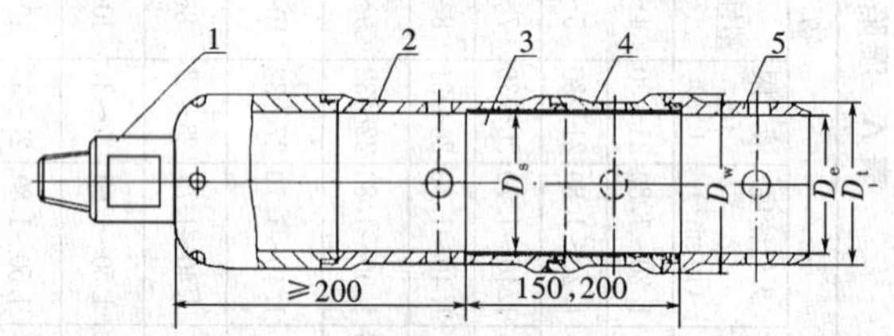


图D-1　黄土薄壁取样器示意图

1—导径接头　2—废土筒　3—衬管　4—取样管　5—刃口　$D_s$—衬管内径　$D_w$—取样管外径　$D_e$—刃口内径　$D_t$—刃口外径

**表D-1　黄土薄壁取样器的尺寸**

| 外径(mm) | 刃口内径(mm) | 放置内衬后内径(mm) | 盛土筒长(mm) | 盛土筒厚(mm) | 余(废)土筒长(mm) | 面积比(%) | 切削刃口角度(°) |
|---|---|---|---|---|---|---|---|
| <129 | 120 | 122 | 150,200 | 2.00～2.50 | 200 | <15 | 12 |

**D.0.4**　在钻进和取土样过程中，应遵守下列规定：

**1**　严禁向钻孔内注水；

**2**　在卸土过程中，不得敲打取土器；

**3**　土样取出后，应检查土样质量，如发现土样有受压、扰动、碎裂和变形等情况时，应将其废弃并重新采取土样；

**4** 应经常检查钻头、取土器的完好情况，当发现钻头、取土器有变形、刃口缺损时，应及时校正或更换；

**5** 对探井内和钻孔内的取样结果，应进行对比、检查，发现问题及时改进。

## 附录E 各类建筑的举例

**表 E**

| 各类建筑 | 举 例 |
| --- | --- |
| 甲 | 高度大于60m的建筑；14层及14层以上的体型复杂的建筑；高度大于50m的筒仓；高度大于100m的电视塔；大型展览馆、博物馆；一级火车站主楼；6000人以上的体育馆；标准游泳馆；跨度不小于36m、吊车额定起重量不小于100t的机加工车间；不小于10000t的水压机车间；大型热处理车间；大型电镀车间；大型炼钢车间；大型轧钢压延车间，大型电解车间；大型煤气发生站；大型火力发电站主体建筑；大型选矿、选煤车间；煤矿主井多绳提升井塔；大型水厂；大型污水处理厂；大型游泳池；大型漂、染车间；大型屠宰车间；10000t以上的冷库；净化工房；有剧毒或有放射污染的建筑 |
| 乙 | 高度为24～60m的建筑；高度为30～50m的筒仓；高度为50～100m的烟囱；省（市）级影剧院、民航机场指挥及候机楼、铁路信号、通讯楼、铁路机务洗修库、高校试验楼；跨度等于或大于24m、小于36m和吊车额定起重量等于或大于30t、小于100t的机加工车间；小于10000t的水压机车间；中型轧钢车间；中型选矿车间、中型火力发电厂主体建筑；中型水厂；中型污水处理厂；中型漂、染车间；大中型浴室；中型屠宰车间 |
| 丙 | 7层及7层以下的多层建筑；高度不超过30m的筒仓、高度不超过50m的烟囱；跨度小于24m、吊车额定起重量小于30t的机加工车间，单台小于10t的锅炉房；一般浴室、食堂、县（区）影剧院、理化试验室；一般的工具、机修、木工车间、成品库 |
| 丁 | 1～2层的简易房屋、小型车间和小型库房 |

## 附录F 水池类构筑物的设计措施

**F.0.1** 水池类构筑物应根据其重要性、容量大小、地基湿陷等级，并结合当地建筑经验，采取设计措施。

埋地管道与水池之间或水池相互之间的防护距离：在自重湿陷性黄土场地，应与建筑物之间的防护距离的规定相同，当不能满足要求时，必须加强池体的防渗漏处理；在非自重湿陷性黄土场地，可按一般地区的规定设计。

**F.0.2** 建筑物防护范围内的水池类构筑物，当技术经济合理时，应架空明设于地面（包括地下室地面）以上。

**F.0.3** 水池类构筑物应采用防渗现浇钢筋混凝土结构。预埋件和穿池壁的套管，应在浇筑混凝土前埋设，不得事后钻孔、凿洞。不宜将爬梯嵌入水位以下的池壁中。

**F.0.4** 水池类构筑物的地基处理，应采用整片土（或灰土）垫层。在非自重湿陷性黄土场地，灰土垫层的厚度不宜小于0.30m，土垫层的厚度不应小于0.50m；在自重湿陷性黄土场地，对一般水池，应设1.00～2.50m厚的土（或灰土）垫层，对特别重要的水池，宜消除地基的全部湿陷量。

土（或灰土）垫层的压实系数不得小于0.97。

基槽侧向宜采用灰土回填，其压实系数不宜小于0.93。

## 附录G 湿陷性黄土场地地下水位上升时建筑物的设计措施

**G.0.1** 对未消除全部湿陷量的地基，应根据地下水位可能上升的幅度，采取防止增加不均匀沉降的有效措施。

**G.0.2** 建筑物的平面、立面布置，应力求简单、规则。当有困难时，宜将建筑物分成若干简单、规则的单元。单元之间拉开一定距离，设置能适应沉降的连接体或采取其他措施。

**G.0.3** 多层砌体承重结构房屋，应有较大的刚度，房屋的单元长高比，不宜大于3。

**G.0.4** 在同一单元内，各基础的荷载、型式、尺寸和埋置深度，应尽量接近。当门廊等附属建筑与主体建筑的荷载相差悬殊时，应采取有效措施，减少主体建筑下沉对门廊等附属建筑的影响。

**G.0.5** 在建筑物的同一单元内，不宜设置局部地下室。对有地下室的单元，应用沉降缝将其与相邻单元分开，并应采取有效措施。

**G.0.6** 建筑物沉降缝处的基底压力，应适当减小。

**G.0.7** 在建筑物的基础附近，堆放重物或堆放重型设备时，应采取有效措施，减小附加沉降对建筑物的影响。

**G.0.8** 对地下室和地下管沟，应根据地下水位上升的可能，采取防水措施。

**G.0.9** 在非自重湿陷性黄土场地，应根据填方厚度、地下水位可能上升的幅度，判断场地转化为自重湿陷性黄土场地的可能性，并采取相应的防治措施。

## 附录H 单桩竖向承载力静载荷浸水试验要点

**H.0.1** 单桩竖向承载力静载荷浸水试验，应符合下列规定：

**1** 当试桩进入湿陷性黄土层内的长度不小于10m时，宜对其桩周和桩端的土体进行浸水；

**2** 浸水坑的平面尺寸（边长或直径）：如只测定单桩竖向承载力特征值，不宜小于5m；如需要测定桩侧的摩擦力，不宜小于湿陷性黄土层的深度，并不应小于10m；

**3** 试坑深度不宜小于500mm，坑底面应铺100～150mm厚度的砂、石，在浸水期间，坑内水头高度不宜小于300mm。

**H.0.2** 单桩竖向承载力静载荷浸水试验，可选择下列方法中的任一款：

**1** 加载前向试坑内浸水，连续浸水时间不宜少于10d，当桩周湿陷性黄土层深度内的含水量达到饱和时，在继续浸水条件下，可对单桩进行分级加载，加至设计荷载值的1.00～1.50倍，或加至极限荷载止；

**2** 在土的天然湿度下分级加载，加至单桩竖向承载力的预估值，沉降稳定后向试坑内昼夜浸水，并观测在恒压下的附加下沉量，直至稳定，也可在继续浸水条件下，加至极限荷载止。

**H.0.3** 设置试桩和锚桩，应符合下列要求：

**1** 试桩数量不宜少于工程桩总数的1%，并不应少于3根；

**2** 为防止试桩在加载中桩头破坏，对其桩顶应适当加强；

**3** 设置锚桩，应根据锚桩的最大上拔力，纵向钢筋截面应按桩身轴力变化配置，如需利用工程桩作锚桩，应严格控制其上拔量；

**4** 灌注桩的桩身混凝土强度应达到设计要求，预制桩压（或打）入土中不得少于15d，方可进行加载试验。

**H.0.4** 试验装置、量测沉降用的仪表，分级加载额定量，加、卸载的沉降观测和单桩竖向承载力的确定等要求，应符合现行国家标准《建筑地基基础设计规范》GB50007的有关规定。

## 附录J 垫层、强夯和挤密等地基的静载荷试验要点

**J.0.1** 在现场采用静载荷试验检验或测定垫层、强夯和挤密等方法处理地基的承载力及有关变形参数，应符合下列规定：

1 承压板应为刚性，其底面宜为圆形或方形。

2 对土（或灰土）垫层和强夯地基，承压板的直径（$d$）或边长（$b$），不宜小于1m，当处理土层厚度较大时，宜分层进行试验。

**3** 对土（或灰土）挤密桩复合地基：

1）单桩和桩间土的承压板直径，宜分别为桩孔直径的1倍和1.50倍。

2）单桩复合地基的承压板面积，应为1根土（或灰土）挤密桩承担的处理地基面积。当桩孔按正三角形布置时，承压板直径（$d$）应为桩距的1.05倍，当桩孔按正方形布置时，承压板直径应为桩距的1.13倍。

3）多桩复合地基的承压板，宜为方形或矩形，其尺寸应按承压板下的实际桩数确定。

**J.0.2** 开挖试坑和安装载荷试验设备，应符合下列要求：

1 试坑底面的直径或边长，不应小于承压板直径或边长的3倍；

**2** 试坑底面标高，宜与拟建的建筑物基底标高相同或接近；

**3** 应注意保持试验土层的天然湿度和原状结构；

**4** 承压板底面下应铺10～20mm厚度的中、粗砂找平；

**5** 基准梁的支点，应设在压板直径或边长的3倍范围以外；

**6** 承压板的形心与荷载作用点应重合。

**J.0.3** 加荷等级不宜少于10级，总加载量不宜小于设计荷载值的2倍。

**J.0.4** 每加一级荷载的前、后，应分别测记1次压板的下沉量，以后每0.50h测记1次，当连续2h内，每1h的下沉量小于0.10mm时，认为压板下沉已趋稳定，即可加下一级荷载。且每级荷载的间隔时间不应少于2h。

**J.0.5** 当需要测定处理后的地基土是否消除湿陷性时，应进行浸水载荷试验，浸水前，宜加至1倍设计荷载，下沉稳定后向试坑内昼夜浸水，连续浸水时间不宜少于10d，坑内水头不应小于200mm，附加下沉稳定，试验终止。必要时，宜继续浸水，再加1倍设计荷载后，试验终止。

**J.0.6** 当出现下列情况之一时，可终止加载：

**1** 承压板周围的土，出现明显的侧向挤出；

**2** 沉降$s$急骤增大，压力-沉降（$p$-$s$）曲线出现陡降段；

**3** 在某一级荷载下，24h内沉降速率不能达到稳定标准；

**4** $s/b$（或$s/d$）$\geqslant 0.06$。

当满足前三种情况之一时，其对应的前一级荷载可定为极限荷载。

**J.0.7** 卸荷可分为3～4级，每卸一级荷载测记回弹量，直至变形稳定。

**J.0.8** 处理后的地基承载力特征值，应根据压力（$p$）与承压板沉降量（$s$）的 $p$-$s$ 曲线形态确定：

**1** 当 $p$-$s$ 曲线上的比例界限明显时，可取比例界限所对应的压力；

**2** 当 $p$-$s$ 曲线上的极限荷载小于比例界限的2倍时，可取极限荷载的一半；

**3** 当 $p$-$s$ 曲线上的比例界限不明显时，可按压板沉降（$s$）与压板直径（$d$）或宽度（$b$）之比值即相对变形确定：

1）土垫层地基、强夯地基和桩间土，可取 $s/d$ 或 $s/b$=0.010所对应的压力；

2）灰土垫层地基，可取 $s/d$ 或 $s/b$=0.006所对应的压力；

3）灰土挤密桩复合地基，可取 $s/d$ 或 $s/b$=0.006～0.008所对应的压力；

4）土挤密桩复合地基，可取 $s/d$ 或 $s/b$=0.010所对应的压力。

按相对变形确定上述地基的承载力特征值，不应大于最大加载压力的1/2。

## 本规范用词说明

**1** 为了便于在执行本规范条文时区别对待，对要求严格程度不同的用词说明如下：

1）表示很严格，非这样做不可的用词
正面词采用“必须”，反面词采用“严禁”；

2）表示严格，在正常情况下均应这样做的用词
正面词采用“应”，反面词采用“不应”或“不得”；

3）表示允许稍有选择，在条件许可时首先应这样做的用词
正面词采用“宜”，反面词采用“不宜”。

表示有选择，在一定条件下可以这样做的，采用“可”。

**2** 条文中指定必须按其他有关标准执行时，写法为“应符合……的规定”。非必须按所指的标准或其他规定执行时，写法为“可参照……”。

中华人民共和国国家标准

# 湿陷性黄土地区建筑规范

**GB 50025—2004**

## 条 文 说 明

# 目　次

# 1 总 则

**1.0.1** 本规范总结了“GBJ25—90 规范”发布以来的建设经验和科研成果，并对该规范进行了全面修订。它是湿陷性黄土地区从事建筑工程的技术法规，体现了我国现行的建设政策和技术政策。

在湿陷性黄土地区进行建设，防止地基湿陷，保证建筑工程质量和建（构）筑物的安全使用，做到技术先进、经济合理、保护环境，这是制订本规范的宗旨和指导思想。

在建设中必须全面贯彻国家的建设方针，坚持按正常的基建程序进行勘察、设计和施工。边勘察、边设计、边施工和不勘察进行设计和施工，应成为历史，不应继续出现。

**1.0.2** 我国湿陷性黄土主要分布在山西、陕西、甘肃的大部分地区，河南西部和宁夏、青海、河北的部分地区，此外，新疆维吾尔自治区、内蒙古自治区和山东、辽宁、黑龙江等省，局部地区亦分布有湿陷性黄土。

湿陷性黄土地区建筑工程（包括主体工程和附属工程）的勘察、设计、地基处理、施工、使用与维护，均应按本规范的规定执行。

**1.0.3** 湿陷性黄土是一种非饱和的欠压密土，具有大孔和垂直节理，在天然湿度下，其压缩性较低，强度较高，但遇水浸湿时，土的强度显著降低，在附加压力或在附加压力与土的自重压力下引起的湿陷变形，是一种下沉量大、下沉速度快的失稳性变形，对建筑物危害性大。为此本条仍按原规范规定，强调在湿陷性黄土地区进行建设，应根据湿陷性黄土的特点和工程要求，因地制宜，采取以地基处理为主的综合措施，防止地基浸水湿陷对建筑物产生危害。

防止湿陷性黄土地基湿陷的综合措施，可分为地基处理、防水措施和结构措施三种。其中地基处理措施主要用于改善土的物理力学性质，减小或消除地基的湿陷变形；防水措施主要用于防止或减少地基受水浸湿；结构措施主要用于减小和调整建筑物的不均匀沉降，或使上部结构适应地基的变形。

显然，上述三种措施的作用及功能各不相同，故本规范强调以地基处理为主的综合措施，即以治本为主，治标为辅，标、本兼治，突出重点，消除隐患。

**1.0.4** 本规范是根据我国湿陷性黄土的特征编制的，湿陷性黄土地区的建设工程除应执行本规范的规定外，对本规范未规定的有关内容，尚应执行有关现行的国家强制性标准的规定。

# 3 基 本 规 定

**3.0.1** 本次修订将建筑物分类适当修改后独立为一章，作为本规范的第3章，放在勘察、设计的前面，解决了各类建筑的名称出现在建筑物分类之前的问题。

建筑物的种类很多，使用功能不尽相同，对建筑物分类的目的是为设计采取措施区别对待，防止不论工程大小采取“一刀切”的措施。

原规范把地基受水浸湿可能性的大小作为建筑物分类原则的主要内容之一，反映了湿陷性黄土遇水湿陷的特点，工程界早已确认，本规范继续沿用。地基受水浸湿可能性的大小，可归纳为以下三种：

**1** 地基受水浸湿可能性大，是指建筑物内的地面经常有水或可能积水、排水沟较多或地下管道很多；

**2** 地基受水浸湿可能性较大，是指建筑物内局部有一般给水、排水或暖气管道；

**3** 地基受水浸湿可能性小，是指建筑物内无水暖管道。

原规范把高度大于40m的建筑划为甲类，把高度为24～40m的建筑划为乙类。鉴于高层建筑日益增多，而且高度越来越高，为此，本规范把高度大于60m和14层及14层以上体型复杂的建筑划为甲类，把高度为24～60m的建筑划为乙类。这样，甲类建筑的范围不致随部分建筑的高度增加而扩大。

凡是划为甲类建筑，地基处理均要求从严，不允许留剩余湿陷量，各类建筑的划分，可结合本规范附录E的建筑举例进行类比。

高层建筑的整体刚度大，具有较好的抵抗不均匀沉降的能力，但对倾斜控制要求较严。

埋地设置的室外水池，地基处于卸荷状态，本规范对水池类构筑物不按建筑物对待，未作分类，关于水池类构筑物的设计措施，详见本规范附录F。

**3.0.2** 原规范规定的三种设计措施，在湿陷性黄土地区的工程建设中已使用很广，对防治地基湿陷事故，确保建筑物安全使用具有重要意义，本规范继续使用。防止和减小建筑物地基浸水湿陷的设计措施，可分为地基处理、防水措施和结构措施三种。

在三种设计措施中，消除地基的全部湿陷量或采用桩基础穿透全部湿陷性黄土层，主要用于甲类建筑；消除地基的部分湿陷量，主要用于乙、丙类建筑；丁类属次要建筑，地基可不处理。

防水措施和结构措施，一般用于地基不处理或消除地基部分湿陷量的建筑，以弥补地基处理的不足。

**3.0.3** 原规范对沉降观测虽有规定，但尚未引起有关方面的重视，沉降观测资料寥寥无几，建筑物出了事故分析亦很困难，目前许多单位对此有不少反映，普遍认为通过沉降观测，可掌握计算与实测沉降量的关系，并可为发现事故提供信息，以便查明原因及时对事故进行处理。为此，本条继续规定对甲类建筑和乙类中的重要建筑应进行沉降观测，对其他建筑各单位可根据实际情况自行确定是否观测，但要避免观测项目太多，不能长期坚持而流于形式。

# 4 勘 察

## 4.1 一般规定

**4.1.1** 湿陷性黄土地区岩土勘察的任务，除应查明黄土层的时代、成因、厚度、湿陷性、地下水位深度及变化等工程地质条件外，尚应结合建筑物功能、荷载与结构等特点对场地与地基作出评价，并就防止、降低或消除地基的湿陷性提出可行的措施建议。

**4.1.3** 按国家的有关规定，一个工程建设项目的确定和批准立项，必须有可行性研究为依据；可行性研究报告中要求有必要的关于工程地质条件的内容，当工程项目的规模较大或地层、地质与岩土性质较复杂时，往往需进行少量必要的勘察工作，以掌握关于场地湿陷类型、湿陷量大小、湿陷性黄土层的分布与厚度变化、地下水位的深浅及有无影响场址安全使用的不良地质现象等的基本情况。有时，在可行性研究阶段会有不只一个场址方案，这时就有必要对它们分别做一定的勘察工作，以利场址的科学比选。

**4.1.7** 现行国家标准《岩土工程勘察规范》规定，土试样按扰动程度划分为四个质量等级，其中只有Ⅰ级土试样可用于进行土类定名、含水量、密度、强度、压缩性等试验，因此，显而易见，黄土土试样的质量等级必须是Ⅰ级。

正反两方面的经验一再证明，探井是保证取得Ⅰ级湿陷性黄土土样质量的主要手段，国内、国外都是如此。基于这一认识，本规范加强了对采取土试样的要求，要求探井数量宜为取土勘探点总数的1/3～1/2，且不宜少于3个。

本规范允许在“有足够数量的探井”的前提下，用钻孔采取土试样。但是，仅仅依靠好的薄壁取土器，并不一定能取得不扰动的Ⅰ级土试样。前提是必须先有合理的钻井工艺，保证拟取的土试样不受钻进操作的影响，保持原状，不然，再好的取样工艺和科学的取土器也无济于事。为此，本规范要求在钻孔中取样时严格按附录D的规定执行。

**4.1.9** 近年来，原位测试技术在湿陷性黄土地区已有不同程度的使用，但是由于湿陷性黄土的主要岩土技术指标，必须能直接反映土湿陷性的大小，因此，除了浸水载荷试验和试坑浸水试验（这两种方法有较多应用）外，其他原位测试技术只能说有一定的应用，并发挥着相应的作用。例如，采用静力触探了解地层的均匀性，划分地层，确定地基承载力，计算单桩承载力等。除此，标准贯入试验、轻型动力触探、重型动力触探，乃至超重型动力触探等也有不同程度的应用，不过它们的对象一般是湿陷性黄土地基中的非湿陷性黄土层、砂砾层或碎石层，也常用于检测地基处理的效果。

## 4.2 现场勘察

**4.2.1** 地质环境对拟建工程有明显的制约作用，在场址选择或可行性研究勘察阶段，增加对地质环境进行调查了解很有必要。例如，沉降尚未稳定的采空区，有毒、有害的废弃物等，在勘察期间必须详细调查了解和探查清楚。

不良地质现象，包括泥石流、滑坡、崩塌、湿陷凹地、黄土溶洞、岸边冲刷、地下潜蚀等内容。地质环境，包括地下采空区、地面沉降、地裂缝、地下水的水位上升、工业及生活废弃物的处置和存放、空气及水质的化学污染等内容。

**4.2.2～4.2.3** 对场地存在的不良地质现象和地质环境问题，应查明其分布范围、成因类型及对工程的影响。

**1** 建设和环境是互相制约的，人类活动可以改造环境，但环境也制约工程建设，据瑞典国际开发署和联合国的调查，由于环境恶化，在原有的居住环境中，已无法生存而不得不迁移的“环境难民”，全球达2500万人之多。因此工程建设尚应考虑是否会形成新的地质环境问题。

**2** 原规范第6款中，勘探点的深度“宜为10～20m”，一般满足多层建（构）筑物的需要，随着建筑物向高、宽、大方向发展，本规范改为勘探点的深度，应根据湿陷性黄土层的厚度和地基压缩层深度的预估值确定。

**3** 原规范第3款“当按室内试验资料和地区建筑经验不能明确判定场地湿陷类型时，应进行现场试坑浸水试验，按实测自重湿陷量判定”。本规范4.3.8条改为“对新建地区的甲类和乙类中的重要建筑，应进行现场试坑浸水试验，按自重湿陷的实测值判定场地湿陷类型”。

由于人口的急剧增加，人类的居住空间已从冲洪积平原、低阶地，向黄土塬和高阶地发展，这些区域基本上无建筑经验，而按室内试验结果计算出的自重湿陷量与现场试坑浸水试验的实测值往往不完全一致，有些地区相差较大，故对上述情况，改为“按自重湿陷的实测值判定场地湿陷类型”。

**4.2.4～4.2.5**

**1** 原规范第4款，详细勘察勘探点的间距只考虑了场地的复杂程度，而未与建筑类别挂钩，本规范改为结合建筑类别确定勘探点的间距。

**2** 原规范第5款，勘探点的深度“除应大于地基压缩层的深度外，对非自重湿陷性黄土场地还应大于基础底面以下5m”。随着多、高层建筑的发展，基础宽度的增大，地基压缩层的深度也相应增大，为此，本规范将原规定大于5m改为大于10m。

3 湿陷系数、自重湿陷系数、湿陷起始压力均为黄土场地的主要岩土参数，详勘阶段宜将上述参数绘制在随深度变化的曲线图上，并宜进行相关分析。

4 当挖、填方厚度较大时，黄土场地的湿陷类型、湿陷等级可能发生变化，在这种情况下，应自挖（或填）方整平后的地面（或设计地面）标高算起。勘察时，设计地面标高如不确定，编制勘察方案宜与建设方紧密配合，使其尽量符合实际，以满足黄土湿陷性评价的需要。

5 针对工程建设的现状及今后发展方向，勘察成果增补了深基坑开挖与桩基工程的有关内容。

### 4.3 测定黄土湿陷性的试验

**4.3.1** 原规范中的黄土湿陷性试验放在附录六，本规范将其改为"测定黄土湿陷性的试验"放入第4章第3节，修改后，由附录变为正文，并分为室内压缩试验、现场静载荷试验和现场试坑浸水试验。

室内压缩试验主要用于测定黄土的湿陷系数、自重湿陷系数和湿陷起始压力；现场静载荷试验可测定黄土的湿陷性和湿陷起始压力，基于室内压缩试验测定黄土的湿陷性比较简便，而且可同时测定不同深度的黄土湿陷性，所以仅规定在现场测定湿陷起始压力；现场试坑浸水试验主要用于确定自重湿陷量的实测值，以判定场地湿陷类型。

#### （Ⅰ）室内压缩试验

**4.3.2** 采用室内压缩试验测定黄土的湿陷性应遵守有关统一的要求，以保证试验方法和过程的统一性及试验结果的可比性。这些要求包括试验土样、试验仪器、浸水水质、试验变形稳定标准等方面。

**4.3.3～4.3.4** 本条规定了室内压缩试验测定湿陷系数的试验程序，明确了不同试验压力范围内每级压力增量的允许数值，并列出了湿陷系数的计算式。

本条规定了室内压缩试验测定自重湿陷系数的试验程序，同时给出了计算试样上覆土的饱和自重压力所需饱和密度的计算公式。

**4.3.5** 在室内测定土样的湿陷起始压力有单线法和双线法两种。单线法试验较为复杂，双线法试验相对简单，已有的研究资料表明，只要对试样及试验过程控制得当，两种方法得到的湿陷起始压力试验结果基本一致。

但在双线法试验中，天然湿度试样在最后一级压力下浸水饱和附加下沉稳定高度与浸水饱和试样在最后一级压力下的下沉稳定高度通常不一致，如图4.3.5所示，$h_0ABCC_1$ 曲线与 $h_0AA_1B_2C_2$ 曲线不闭合，因此在计算各级压力下的湿陷系数时，需要对试验结果进行修正。研究表明，单线法试验的物理意义更为明确，其结果更符合实际，对试验结果进行修正时以单线法为准来修正浸水饱和试样各级压力下的稳定高度，即将 $A_1B_2C_2$ 曲线修正至 $A_1B_1C_1$ 曲线，使饱和试样的终点 $C_2$ 与单线法试验的终点 $C_1$ 重合，以此来计算各级压力下的湿陷系数。

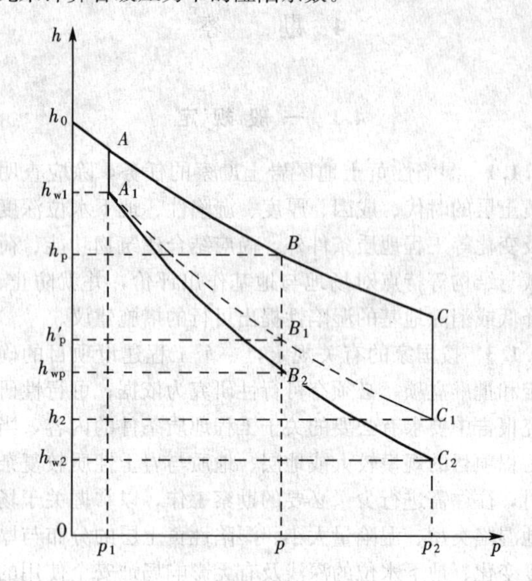


图4.3.5 双线法压缩试验

在实际计算中，如需计算压力 $p$ 下的湿陷系数 $\delta_s$，则假定：

$$\frac{h_{w1}-h_2}{h_{w1}-h_{w2}}=\frac{h_{w1}-h'_p}{h_{w1}-h_{wp}}=k$$

有，$h'_p=h_{w1}-k(h_{w1}-h_{wp})$

得：$\delta_s=\dfrac{h_p-h'_p}{h_0}=\dfrac{h_p-[h_{w1}-k(h_{w1}-h_{wp})]}{h_0}$

其中，$k=\dfrac{h_{w1}-h_2}{h_{w1}-h_{w2}}$，它可作为判别试验结果是否可以采用的参考指标，其范围宜为1.0±0.2，如超出此限，则应重新试验或舍弃试验结果。

计算实例：某一土样双线法试验结果及对试验结果的修正与计算见下表。

| $p$(kPa) | 25 | 50 | 75 | 100 | 150 | 200 | 浸 水 |
|---|---|---|---|---|---|---|---|
| $h_p$(mm) | 19.940 | 19.870 | 19.778 | 19.685 | 19.494 | 19.160 | 17.280 |
| $h_{wp}$(mm) | 19.855 | 19.260 | 19.006 | 18.440 | 17.605 | 17.075 | |
| $k$=(19.855−17.280)÷(19.855−17.075)=0.926 | | | | | | | |
| $h'_p$ | 19.855 | 19.570 | 19.069 | 18.545 | 17.772 | 17.280 | |
| $\delta_s$ | 0.004 | 0.015 | 0.035 | 0.062 | 0.086 | 0.094 | |

绘制 $p$～$\delta_s$ 曲线，得 $\delta_s$＝0.015对应的湿陷起始压力 $p_{sh}$ 为50kPa。

#### （Ⅱ）现场静载荷试验

**4.3.6** 现场静载荷试验主要用于测定非自重湿陷性黄土场地的湿陷起始压力，自重湿陷性黄土场地的湿陷起始压力值小，无使用意义，一般不在现场测定。

在现场测定湿陷起始压力与室内试验相同，也分为单线法和双线法。二者试验结果有的相同或接近，有的互有大小。一般认为，单线法试验结果较符合实际，但单线法的试验工作量较大，在同一场地的相同标高及相同土层，单线法需做3台以上静载荷试验，而双线法只需做2台静载荷试验（一个为天然湿度，一个为浸水饱和）。

本条对现场测定湿陷起始压力的方法与要求作了规定，可选择其中任一方法进行试验。

**4.3.7** 本条对现场静载荷试验的承压板面积、试坑尺寸、分级加压增量和加压后的观测时间及稳定标准等进行了规定。

承压板面积通常为0.25m²、0.50m²和1m²三种。通过大量试验研究比较，测定黄土湿陷和湿陷起始压力，承压板面积宜为0.50m²，压板底面宜为方形或圆形，试坑深度宜与基础底面标高相同或接近。

（Ⅲ）现场试坑浸水试验

**4.3.8** 采用现场试坑浸水试验可确定自重湿陷量的实测值，用以判定场地湿陷类型比较准确可靠，但浸水试验时间较长，一般需要1～2个月，而且需要较多的用水。本规范规定，在缺乏经验的新建地区，对甲类和乙类中的重要建筑，应采用试坑浸水试验，乙类中的一般建筑和丙类建筑以及有建筑经验的地区，均可按自重湿陷量的计算值判定场地湿陷类型。

本条规定了浸水试验的试坑尺寸采用“双指标”控制，此外，还规定了观测自重湿陷量的深、浅标点的埋设方法和观测要求以及停止浸水的稳定标准等。上述规定，对确保试验数据的完整性和可靠性具有实际意义。

## 4.4 黄土湿陷性评价

黄土湿陷性评价，包括全新世$Q_4$（$Q_4^1$及$Q_4^2$）黄土、晚更新世$Q_3$黄土、部分中更新世$Q_2$黄土的土层、场地和地基三个方面，湿陷性黄土包括非自重湿陷性黄土和自重湿陷性黄土。

**4.4.1** 本条规定了判定非湿陷性黄土和湿陷性黄土的界限值。

黄土的湿陷性通常是在现场采取不扰动土样，将其送至试验室用有侧限的固结仪测定，也可用三轴压缩仪测定。前者，试验操作较简便，我国自20世纪50年代至今，生产单位一直广泛使用；后者试样制备及操作较复杂，多为教学和科研使用。鉴于此，本条仍按“GBJ 25—90规范”规定及各生产单位习惯采用的固结仪进行压缩试验，根据试验结果，以湿陷系数$\delta_s<0.015$定为非湿陷性黄土，湿陷系数$\delta_s \geqslant 0.015$，定为湿陷性黄土。

**4.4.2** 本条是新增内容。多年来的试验研究资料和工程实践表明，湿陷系数$\delta_s \leqslant 0.03$的湿陷性黄土，湿陷起始压力值较大，地基受水浸湿时，湿陷性轻微，对建筑物危害性较小；$0.03<\delta_s \leqslant 0.07$的湿陷性黄土，湿陷性中等或较强烈，湿陷起始压力值小的具有自重湿陷性，地基受水浸湿时，下沉速度较快，附加下沉量较大，对建筑物有一定危害性；$\delta_s>0.07$的湿陷性黄土，湿陷起始压力值小的具有自重湿陷性，地基受水浸湿时，湿陷性强烈，下沉速度快，附加下沉量大，对建筑物危害性大。勘察、设计，尤其地基处理，应根据上述湿陷系数的湿陷特点区别对待。

**4.4.3** 本条将判定场地湿陷类型的实测自重湿陷量和计算自重湿陷量分别改为自重湿陷量的实测值和计算值。

自重湿陷量的实测值是在现场采用试坑浸水试验测定，自重湿陷量的计算值是在现场采取不同深度的不扰动土样，通过室内浸水压缩试验在上覆土的饱和自重压力下测定。

**4.4.4** 自重湿陷量的计算值与起算地面有关。起算地面标高不同，场地湿陷类型往往不一致，以往在建设中整平场地，由于挖、填方的厚度和面积较大，致使场地湿陷类型发生变化。例如，山西某矿生活区，在勘察期间判定为非自重湿陷性黄土场地，后来整平场地，部分地段填方厚度达3～4m，下部土层的压力增大至50～80kPa，超过了该场地的湿陷起始压力值而成为自重湿陷性黄土场地。建筑物在使用期间，管道漏水浸湿地基引起湿陷事故，室外地面亦出现裂缝，后经补充勘察查明，上述事故是由于场地整平，填方厚度过大产生自重湿陷所致。由此可见，当场地的挖方或填方的厚度和面积较大时，测定自重湿陷系数的试验压力和自重湿陷量的计算值，均应自整平后的（或设计）地面算起，否则，计算和判定结果不符合现场实际情况。

此外，根据室内浸水压缩试验资料和现场试坑浸水试验资料分析，发现在同一场地，自重湿陷量的实测值和计算值相差较大，并与场地所在地区有关。例如：陇西地区和陇东—陕北—晋西地区，自重湿陷量的实测值大于计算值，实测值与计算值之比值均大于1；陕西关中地区自重湿陷量的实测值与计算值有的接近或相同，有的互有大小，但总体上相差较小，实测值与计算值之比值接近1；山西、河南、河北等地区，自重湿陷量的实测值通常小于计算值，实测值与计算值之比值均小于1。

为使同一场地自重湿陷量的实测值与计算值接近或相同，对因地区土质而异的修正系数$\beta_0$，根据不同地区，分别规定不同的修正值：陇西地区为1.5；陇东—陕北—晋西地区为1.2；关中地区为0.9；其他地区为0.5。

同一场地，自重湿陷量的实测值与计算值的比较见表4.4.4。

**表 4.4.4 同一场地自重湿陷量的实测值与计算值的比较**

| 地区名称 | 试验地点 | 浸水试坑尺寸（m×m） | 自重湿陷量的 | | 实测值/计算值 |
|---|---|---|---|---|---|
| | | | 实测值（mm） | 计算值（mm） | |
| 陇西 | 兰州砂井驿 | 10×10<br>14×14 | 185<br>155 | 104<br>91.20 | 1.78<br>1.70 |
| | 兰州龚家湾 | 11.75×12.10<br>12.70×13.00 | 567<br>635 | 360 | 1.57<br>1.77 |
| | 兰州连城铝厂 | 34×55<br>34×17 | 1151.50<br>1075 | 540 | 2.13<br>1.99 |
| | 兰州西固棉纺厂 | 15×15<br>*5×5 | 860<br>360 | 231.50* | $\delta_{zs}$为在天然湿度的土自重压力下求得 |
| | 兰州东岗钢厂 | $\phi$10<br>10×10 | 959<br>870 | 501 | 1.91<br>1.74 |
| | 甘肃天水 | 16×28 | 586 | 405 | 1.45 |
| | 青海西宁 | 15×15 | 395 | 250 | 1.58 |
| 陇东—陕北—晋西 | 宁夏七营 | $\phi$15<br>20×5 | 1288<br>1172 | 935<br>855 | 1.38<br>1.38 |
| | 延安丝绸厂 | 9×9 | 357 | 229 | 1.56 |
| | 陕西合阳糖厂 | 10×10<br>*5×5 | 477<br>182 | 365 | 1.31 |
| | 河北张家口 | $\phi$11 | 105 | 88.75 | 1.10 |
| 陕西关中 | 陕西富平张桥 | 10×10 | 207 | 212 | 0.97 |
| | 陕西三原 | 10×10 | 338 | 292 | 1.16 |
| | 西安韩森寨 | 12×12<br>*6×6 | 364<br>25 | 308 | 1.19 |
| | 西安北郊524厂 | $\phi$12* | 90 | 142 | 0.64 |
| | 陕西宝鸡二电 | 20×20 | 344 | 281.50 | 1.22 |
| 山西、河北等 | 山西榆次 | $\phi$10 | 86 | 126<br>202 | 0.68<br>0.43 |
| | 山西潞城化肥厂 | $\phi$15 | 66 | 120 | 0.55 |
| | 山西河津铝厂 | 15×15 | 92 | 171 | 0.53 |
| | 河北矾山 | $\phi$20 | 213.5 | 480 | 0.45 |

**4.4.5** 本条规定说明如下：

**1** 按本条规定求得的湿陷量是在最不利情况下的湿陷量，且是最大湿陷量，考虑采用不同含水量下的湿陷量，试验较复杂，不容易为生产单位接受，故本规范仍采用地基土受水浸湿达饱和时的湿陷量作为评定湿陷等级采取设计措施的依据。这样试验较简便，并容易推广使用，但本条规定，并不是指湿陷性黄土只在饱和含水量状态下才产生湿陷。

**2** 根据试验研究资料，基底下地基土的侧向挤出与基础宽度有关，宽度小的基础，侧向挤出大，宽度大的基础，侧向挤出小或无侧向挤出。鉴于基底下0～5m深度内，地基土受水浸湿及侧向挤出的可能性大，为此本条规定，取$\beta=1.5$；基底下5～10m深度内，取$\beta=1$；基底下10m以下至非湿陷性黄土层顶面，在非自重湿陷性黄土场地可不计算，在自重湿陷性黄土场地，可取工程所在地区的$\beta_0$值。

**3** 湿陷性黄土地基的湿陷变形量大，下沉速度快，且影响因素复杂，按室内试验计算结果与现场试验结果往往有一定差异，故在湿陷量的计算公式中增加一项修正系数$\beta$，以调整其差异，使湿陷量的计算值接近实测值。

**4** 原规范规定，在非自重湿陷性黄土场地，湿陷量的计算深度累计至基底下5m深度止，考虑近年来，7～8层的建筑不断增多，基底压力和地基压缩层深度相应增大，为此，本条将其改为累计至基底下10m（或压缩层）深度止。

**5** 一般建筑基底下10m内的附加压力与土的自重压力之和接近200kPa，10m以下附加压力很小，忽略不计，主要是上覆土层的自重压力。当以湿陷系数$\delta_s$判定黄土湿陷性时，其试验压力应自基础底面（如基底标高不确定时，自地面下1.5m）算起，10m内的土层用200kPa，10m以下至非湿陷性黄土层顶面，直接用其上覆土的饱和自重压力（当大于300kPa时，仍用300kPa），这样湿陷性黄土层深度的下限不致随土自重压力增加而增大，且勘察试验工作量也有所减少。

基底下10m以下至非湿陷性黄土层顶面，用其上覆土的饱和自重压力测定的自重湿陷系数值，既可用于自重湿陷量的计算，也可取代湿陷系数$\delta_s$用于湿陷量的计算，从而解决了基底下10m以下，用300kPa测定湿陷系数与用上覆土的饱和自重压力的测定结果互不一致的矛盾。

**4.4.6** 湿陷起始压力是反映非自重湿陷性黄土特性的重要指标，并具有实用价值。本条规定了按现场静载荷试验结果和室内压缩试验结果确定湿陷起始压力的方法。前者根据20组静载荷试验资料，按湿陷系数$\delta_s=0.015$所对应的压力，相当于在$p$-$s_s$曲线上的$s_s/b$（或$s_s/d$）$=0.017$。为此规定，如$p$-$s$曲线上的转折点不明显，可取浸水下沉量（$s_s$）与承压板直径（$d$）或宽度（$b$）之比值等于0.017所对应的压力作为湿陷起始压力值。

**4.4.7** 非自重湿陷性黄土场地湿陷量的计算深度，由基底下5m改为累计至基底下10m深度后，自重湿陷性黄土场地和非自重湿陷性黄土场地湿陷量的计算值均有所增大，为此将Ⅱ～Ⅲ级和Ⅲ～Ⅳ级的地基湿陷等级界限值作了相应调整。

## 5 设 计

### 5.1 一般规定

**5.1.1** 设计措施的选取关系到建筑物的安全与技术经济的合理性，本条根据湿陷性黄土地区的建筑经验，对甲、乙、丙三类建筑采取以地基处理措施为主，对丁类建筑采取以防水措施为主的指导思想。

大量工程实践表明，在Ⅲ～Ⅳ级自重湿陷性黄土场地上，地基未经处理，建筑物在使用期间地基受水浸湿，湿陷事故难以避免。

例如：**1** 兰州白塔山上有一座古塔建筑，系砖木结构，距今约600余年，20世纪70年代前未发现该塔有任何破裂或倾斜，80年代为搞绿化引水上山，在塔周围种植了一些花草树木，浇水过程中水渗入地基引起湿陷，导致塔身倾斜，墙体裂缝。

**2** 兰州西固绵纺厂的染色车间，建筑面积超过10000m²，湿陷性黄土层的厚度约15m，按“BJG 20—66规范”评定为Ⅲ级自重湿性黄土地基，基础下设置500mm厚度的灰土垫层，采取严格防水措施，投产十多年，维护管理工作搞得较好，防水措施发挥了有效作用，地基未受水浸湿，1974～1976年修订“BJG20—66规范”，在兰州召开征求意见会时，曾邀请该厂负责维护管理工作的同志在会上介绍经验。但以后由于人员变动，忽视维护管理工作，地下管道年久失修，过去采取的防水措施都失去作用，1987年在该厂调查时，由于地基受水浸湿引起严重湿陷事故的无粮上浆房已被折去，而染色车间亦丧失使用价值，所有梁、柱和承重部位均已设置临时支撑，后来该车间也拆去。

类似上述情况的工程实例，其他地区也有不少，这里不一一例举。由这些实例不难看出，未处理或未彻底消除湿陷性的地基，所采取的防水措施一旦失效，地基就有可能浸水湿陷，影响建筑物的安全与正常使用。

本规范保留了原规范对各类建筑采取设计措施的同时，在非自重湿陷性黄土场地增加了地基处理后对下部未处理湿陷性黄土的湿陷起始压力值的要求。这些规定，对保证工程质量，减少湿陷事故，节约投资都是有益的。

**3** 通过对原规范多年使用，在总结经验的基础上，对原规定的防水措施进行了调整。有关地基处理的要求均按本规范第6章地基处理的规定执行。

**4** 本规范将丁类建筑地基一律不处理，改为对丁类建筑的地基可不处理。

**5** 近年来在实际工程中，乙、丙类建筑部分室内设备和地面也有严格要求，因此，本规范将该条单列，增加了必要时可采取地基处理措施的内容。

**5.1.2** 本条规定是在特殊情况下采取的措施，它是5.1.1条的补充。湿陷性黄土地基比较复杂，有些特殊情况，按一般规定选取设计措施，技术经济不一定合理，而补充规定比较符合实际。

**5.1.3** 本条规定，当地基内各层土的湿陷起始压力值均大于基础附加压力与上覆土的饱和自重压力之和时，地基即使充分浸水也不会产生湿陷，按湿陷起始压力设计基础尺寸的建筑，可采用天然地基，防水措施和结构措施均可按一般地区的规定设计，以降低工程造价，节约投资。

**5.1.4** 对承受较大荷载的设备基础，宜按建筑物对待，采取与建筑物相同的地基处理措施和防水措施。

**5.1.5** 新近堆积黄土的压缩性高、承载力低，当乙、丙类建筑的地基处理厚度小于新近堆积黄土层的厚度时，除应验算下卧层的承载力外，还应计算下卧层的压缩变形，以免因地基处理深度不够，导致建筑物产生有害变形。

**5.1.6** 据调查，建筑物建成后，由于生产、生活用水明显增加，以及周围环境水等影响，地下水位上升不仅非自重湿陷性黄土场地存在，近些年来某些自重湿陷性场地亦不例外，严重者影响建筑物的安全使用，故本条规定未区分非自重湿陷性黄土场地和自重湿陷性黄土场地，各类建筑的设计措施除应按本章的规定执行外，尚应符合本规范附录G的规定。

### 5.2 场址选择与总平面设计

**5.2.1** 近年来城乡建设发展较快，设计机构不断增加，设计人员的素质和水平很不一致，场址选择一旦失误，后果将难以设想，不是给工程建设造成浪费，就是不安全，为此本条将场址选择由宜符合改为应符合下列要求。

此外，地基湿陷等级高或厚度大的新近堆积黄土、高压缩性的饱和黄土等地段，地基处理的难度大，工程造价高，所以应避免将重要建设项目布置在上述地段。这一规定很有必要，值得场址选择和总平面设计引起重视。

**5.2.2** 山前斜坡地带，下伏基岩起伏变化大，土层厚薄不一，新近堆积黄土往往分布在这些地段，地基湿陷等级较复杂，填方厚度过大，下部土层的压力明显增大，土的湿陷类型就会发生变化，即由“非自重湿陷性黄土场地”变为“自重湿陷性黄土场地”。

挖方，下部土层一般处于卸荷状态，但挖方容易破坏或改变原有的地形、地貌和排水线路，有的引起边坡失稳，甚至影响建筑物的安全使用，故对挖方也应慎重对待，不可到处任意开挖。

考虑到水池类建筑物和有湿润生产过程的厂房，其地基容易受水浸湿，并容易影响邻近建筑物。因此，宜将上述建筑布置在地下水流向的下游地段或地形较低处。

**5.2.3** 将原规范中的山前地带的建筑场地，应整平成若干单独的台阶改为台地。近些年来，随着基本建设事业的发展和尽量少占耕地的原则，山前斜坡地带的利用比较突出，尤其在Ⅰ～Ⅱ区，自重湿陷性黄土分布较广泛，山前坡地，地质情况复杂，必须采取措施处理后方可使用。设计应根据山前斜坡地带的黄土特性和地层构造、地形、地貌、地下水位等情况，因地制宜地将斜坡地带划分成单独的台地，以保证边坡的稳定性。

边坡容易受地表水流的冲刷，在整平单独台地时，必须有组织地引导雨水排泄，此外，对边坡宜做护坡或在坡面种植草皮，防止坡面直接受雨水冲刷，导致边坡失稳或产生滑移。

**5.2.4** 本条表5.2.4规定的防护距离的数值，主要是针对消除部分湿陷量的乙、丙类建筑和不处理地基的丁类建筑所作的规定。

规范中有关防护距离，系根据编制BJG 20—60规范时，在西安、兰州等地区模拟的自渗管道试验结果，并结合建筑物调查资料而制定的。几十年的工程实践表明，原有表中规定的这些数值，基本上符合实际情况。通过在兰州、太原、西安等地区的进一步调查，并结合新的湿陷等级和建筑类别，本规范将防护距离的数值作了适当调整和修改，乙类建筑包括24～60m的高层建筑，在Ⅲ～Ⅳ级自重湿陷性黄土场地上，防护距离的数值比原规定增大1～2m，丙类建筑一般为多层办公楼和多层住宅楼等，相当于原规范中的乙类和丙类建筑，由于Ⅰ～Ⅱ级非自重湿陷性黄土场地的湿陷起始压力值较大，湿陷事故较少，为此，将非自重湿陷性黄土场地的防护距离比原规范规定减少约1m。

**5.2.5** 防护距离的计算，将宜自…算起，改为应自…算起。

**5.2.6** 据调查，当自重湿陷性黄土层厚度较大时，新建水渠与建筑物之间的防护距离仅用25m控制不够安全。

例如：**1** 青海有一新建工程，湿陷性黄土层厚度约17m，采用预浸水法处理地基，浸水坑边缘距既有建筑物37m，浸水过程中水渗透至既有建筑物地基引起湿陷，导致墙体开裂。

**2** 兰州东岗有一水渠远离既有建筑物30m，由于水渠漏水，该建筑物发生裂缝。

上述实例说明，新建水渠距既有建筑物的距离30m偏小，本条规定在自重湿陷性黄土场地，新建水渠距既有建筑物的距离不得小于湿陷性黄土层厚度的3倍，并不应小于25m，用“双指标”控制更为安全。

**5.2.14** 新型优质的防水材料日益增多，本条未做具体规定，设计时可结合工程的实际情况或使用功能等特点选用。

## 5.3 建筑设计

**5.3.1** 多层砌体承重结构建筑，其长高比不宜大于3，室内地坪高出室外地坪不应小于450mm。

上述规定的目的是：

**1** 前者在于加强建筑物的整体刚度，增强其抵抗不均匀沉降的能力。

**2** 后者为建筑物周围排水畅通创造有利条件，减少地基浸水湿陷的机率。

工程实践表明，长高比大于3的多层砌体房屋，地基不均匀下沉往往导致建筑物严重破坏。

例如：**1** 西安某厂有一幢四层宿舍楼，系砌体结构，内墙承重，尽管基础内和每层都设有钢筋混凝土圈梁，但由于房屋的长高比大于3.5，整体刚度较差，地基不均匀下沉，内、外墙普遍出现裂缝，严重影响使用。

**2** 兰州化学公司有一幢三层试验楼，砌体承重结构，外墙厚370mm，楼板和屋面板均为现浇钢筋混凝土，条形基础，埋深1.50m，地基湿陷等级为Ⅲ级，具有自重湿陷性，且未采取处理措施，建筑物使用期间曾两次受水浸湿，建筑物的沉降最大值达551mm，倾斜率最大值为18‰，被迫停止使用。后来，对其地基和建筑采用浸水和纠倾措施，使该建筑物恢复原位，重新使用。

上述实例说明，长高比大于3的建筑物，其整体刚度和抵抗不均匀沉降的能力差，破坏后果严重，加固的难度大而且不一定有效，长高比小于3的建筑物，虽然严重倾斜，但整体刚度好，未导致破坏，易于修复和恢复使用功能。

此外，本条规定用水设施宜集中设置，缩短地下管线，使漏水限制在较小的范围内，便于发现和检修。

**5.3.3** 沿建筑物外墙周围设置散水，有利于屋面水、地面水顺利地排向雨水明沟或其他排水系统，以远离建筑物，避免雨水直接从外墙基础侧面渗入地基。

**5.3.4** 基础施工后，其侧向一般比较狭窄，回填夯实操作困难，而且不好检查，故规定回填土的干密度比土垫层的干密度小，否则，一方面难以达到，另一方面夯击过头影响基础。但为防止建筑物的屋面水、周围地面水从基础侧面渗入地基，增宽散水及其垫层的宽度较为有利，借以覆盖基础侧向的回填土，本条对散水垫层外缘和建筑物外墙基底外缘的宽度，由原规定300mm改为500mm。

一般地区的散水伸缩缝间距为6～12m，湿陷性黄土地区气候寒冷，昼夜温差大，气候对散水混凝土的影响也大，并容易使其产生冻胀和开裂，成为渗水的隐患，基于上述理由，便将散水伸缩缝改为每隔6～10m设置一条。

**5.3.5** 经常受水浸湿或可能积水的地面，建筑物地基容易受水浸湿，所以应按防水地面设计。

近年来，随着建材工业的发展，出现了不少新的优质可靠防水材料，使用效果良好，受到用户的重视和推广。为此，本条推荐采用优质可靠卷材防水层或其他行之有效的防水层。

**5.3.7** 为适应地基的变形，在基础梁底下往往需要预留一定高度的净空，但对此若不采取措施，地面水便可从梁底下的净空渗入地基。为此，本条规定应采取有效措施，防止地面水从梁底下的空隙渗入地基。

随着高层建筑的兴起，地下采光井日益增多，为防止雨水或其他水渗入建筑物地基引起湿陷，本条规定对地下室采光井应做好防、排水设施。

## 5.4 结构设计

**5.4.1** 1 增加建筑物类别条件

划分建筑物类别的目的，是为了针对不同情况采用严格程度不同的设计措施，以保证建筑物在使用期内满足承载能力及正常使用的要求。原规范未提建筑物类别的条件，本次修订予以增补。

2 取消原规范中“构件脱离支座”的条文。该条文是针对砌体结构为简支构件的情况，已不适应目前中、高层建筑结构型式多样化的要求，故予取消。

3 增加墙体宜采用轻质材料的要求

原规范仅对高层建筑建议采用轻质高强材料，而对多层砌体房屋则未提及。实际上，我国对多层砌体房屋的承重墙体，推广应用KPI型黏土多孔砖及混凝土小型空心砌块已积累不少经验，并已纳入相应的设计规范。本次修订增加了墙体改革的内容。当有条件时，对承重墙、隔墙及围护墙等，均提倡采用轻质材料，以减轻建筑物自重，减小地基附加压力，这对在非自重湿陷性黄土场地上按湿陷起始压力进行设计，有重要意义。

**5.4.2** 将原规范建筑物的“体型”一词，改为“平面、立面布置”。

因使用功能及建筑多样化的要求，有的建筑物平面布置复杂，凸凹较多；有的建筑物立面布置复杂，收进或外挑较多；有的建筑物则上述两种情况兼而有之。本次修订明确指出“建筑物平面、立面布置复杂”，比原规范的“体型复杂”更为简捷明了。

与平面、立面布置复杂相对应的是简单、规则。就考虑湿陷变形特点对建筑物平面、立面布置的要求而言，目前因无足够的工程经验，尚难提出量化指标。故本次修订只能从概念设计的角度，提出原则性的要求。

应注意到我国湿陷性黄土地区，大都属于抗震设防地区。在具体工程设计中，应根据地基条件、抗震设防要求与温度区段长度等因素，综合考虑设置沉降缝的问题。

原规范规定“砌体结构建筑物的沉降缝处，宜设置双墙”。就结构类型而言，仅指砌体结构；就承重构件而言，仅指墙体。以上提法均有涵盖面较窄之嫌。如砌体结构的单外廊式建筑，在沉降缝处则应设置双墙、双柱。

沉降缝处不宜采用牛腿搭梁的做法。一是结构单元要保证足够的空间刚度，不应形成三面围合，靠缝一侧开敞的形式；二是采用牛腿搭梁的“铰接”做法，构造上很难实现理想铰；一旦出现较大的沉降差时，由于沉降缝两侧的结构单元未能彻底脱开而互相牵扯、互相制约，将会导致沉降缝处局部损坏较严重的不良后果。

**5.4.3** 1 将原规范的“宜”均改为“应”，且加上“优先”二字，强调高层建筑减轻建筑物自重尤为重要。

2 增加了当不设沉降缝时，宜采取的措施：

1）高层建筑肯定属于甲、乙类建筑，均采取了地基处理措施——全部或部分消除地基湿陷量。本条建议是在上述地基处理的前提下考虑的。

2）第1款、第2款未明确区分主楼与裙房之间是否设置沉降缝，以与5.4.2条“平面、立面布置复杂”相呼应；第3款则指主楼与裙房之间未设沉降缝的情况。

**5.4.4** 甲、乙类建筑的基础埋置深度均大于1m，故只规定丙类建筑基础的埋置深度。

**5.4.5** 调整了原规范第2条“管沟”与“管道”的顺序，使之与该条第一行的词序相同。

**5.4.6** 1 在钢筋混凝土圈梁之前增加“现浇”二字（以下各款不再重复），即不提倡采用装配整体式圈梁，以利于加强砌体结构房屋的整体性。

2 增加了构造柱、芯柱的内容，以适应砌体结构块材多样性的要求。

3 原规范未包括单层厂房、单层空旷砖房的内容，参照现行国家标准《砌体结构设计规范》GB 50003中6.1.2条的精神予以增补。

4 在第2款中，将原“混凝土配筋带”改为“配筋砂浆带”，以方便施工。

5 在第4款中增加了横向圈梁水平间距限值的要求，主要是考虑增强砌体结构房屋的整体性和空间刚度。

纵、横向圈梁在平面内互相拉结（特别是当楼、屋盖采用预制板时）才能发挥其有效作用。横向圈梁水平间距不大于16m的限值，是按照现行国家标准《砌体结构设计规范》表3.2.1，房屋静力计算方案为刚性时对横墙间距的最严格要求而规定的。对于多层砌体房屋，实则规定了横墙的最大间距；对于单层厂房或单层空旷砖房，则要求将屋面承重构件与纵向圈梁能可靠拉结。

对整体刚度起重要作用的横墙系指大房间的横隔墙、楼梯间横墙及平面局部凸凹部位凹角处的横墙等。

**6** 增加了圈梁遇洞口时惯用的构造措施，应符合现行国家标准《砌体结构设计规范》GB 50003 和《建筑抗震设计规范》GB 50011 的有关规定。

**7** 增加了设置构造柱、芯柱的要求。

砌体结构由于所用材料及连接方式的特点决定了它的脆性性质，使其适应不均匀沉降的能力很差；而湿陷变形的特点是速度快、变形量大。为改善砌体房屋的变形能力以及当墙体出现较大裂缝后，仍能保持一定的承担竖向荷载的能力，为增强其整体性和空间刚度，应将圈梁与构造柱或芯柱协调配合设置。

**5.4.7** 增加了芯柱的内容。

**5.4.8** 增加了预制钢筋混凝土板在梁上支承长度的要求。

## 5.5 给水排水、供热与通风设计

### （Ⅰ）给水、排水管道

**5.5.1** 在建筑物内、外布置给排水管道时，从方便维护和管理着眼，有条件的理应采取明设方式。但是，随着高层建筑日益增多，多层建筑已很普遍，管道集中敷设已成趋势，或由于建筑物的装修标准高，需要暗设管道。尤其在住宅和公用建筑物内的管道布置已趋隐蔽，再强调应尽量明装已不符合工程实际需要。目前，只有在厂房建筑内管道明装是适宜的，所以本条改为“室内管道宜明装。暗设管道必须设置便于检修的设施。”这样规定，既保证暗设管道的正常运行，又能满足一旦出现事故，也便于发现和检修，杜绝漏水浸入地基。

为了保证建筑物内、外合理设置给排水设施，对建筑物防护范围外和防护范围内的管道布置应有所区别。

“室外管道宜布置在防护范围外”，这主要指建筑物内无用水设施，仅是户外有外网管道或是其他建筑物的配水管道，此时就可以将管道远离该建筑物布置在防护距离外，该建筑物内的防水措施即可从简；若室内有用水设施，在防护范围内包括室内地下一定有管道敷设，在此情况下，则要求“应简捷，并缩短其长度”，再按本规范 5.1.1 条和 5.1.2 条的规定，采取综合设计措施。在防水措施方面，采用设有检漏防水的设施，使渗漏水的影响，控制在较小的、便于检查的范围内。

无论是明管、还是暗管，管道本身的强度及接口的严密性均是防止建筑物湿陷事故的第一道防线。据调查统计，由于管道接口和管材损坏发生渗漏而引起的湿陷事故率，仅次于场地积水引起的事故率。所以，本条规定“管道接口应严密不漏水，并具有柔性”。过去，在压力管道中，接口使用石棉水泥材料较多。此类接口仅能承受微量不均匀变形，实际仍属刚性接口，一旦断裂，由于压力水作用，事故发生迅速，且不易修复，还容易造成恶性循环。

近年来，国内外开展柔性管道系统的技术研究。这种系统有利于消除温差或施工误差引起的应力转移，增强管道系统及其与设备连接的安全性。这种系统采用的元件主要是柔性接口管，柔性接口阀门，柔性管接头，密封胶圈等。这类柔性管件的生产，促进了管道工程的发展。

湿陷性黄土地区，为防止因管道接口漏水，一直寻求理想的柔性接口。随着柔性管道系统的开发应用，这一问题相应得到解决。目前，在压力管道工程中，逐渐采用柔性接口，其形式有：卡箍式、松套式、避震喉、不锈钢波纹管，还有专用承插柔性接口管及管件。它们有的在管道系统全部接口安设，有的是在一定数量接口间隔安设，或者在管道转换方向（如三通、四通）的部分接口处安设。这对由于各种原因招致的不均匀沉降都有很好的抵御能力。

随着国家建设的发展，为“节约资源，保护环境”，湿陷性黄土地区对压力管道系统应逐渐推广采用相适应的柔性接口。

室内排水（无压）管道，建设部对住宅建筑有明确规定：淘汰砂模铸造铸铁排水管，推广柔性接口机制铸铁排水管；在《建筑给水排水设计规范》中，也要求建筑排水管道采用粘接连接的排水塑料管和柔性接口的排水铸铁管。这对高层建筑和地震区建筑的管道抵抗不均匀沉降、防震起到有效的作用。考虑到湿陷性黄土地区的地震烈度大都在 7 度以上（仅塔克拉玛干沙漠，陕北白干山与毛乌苏沙漠之间小于 6 度）。就是说，湿陷性黄土地区兼有湿陷、震陷双重危害性。在湿陷性黄土地区，理应明确在防护范围内的地上、地下敷设的管道须加强设防标准，以柔性接口连接，无论架设和埋设的管道，包括管沟内架设，均应考虑采用柔性接口。

室外地下直埋（即小区、市政管道）排水管，由调查得知，60%～70%的管线均因管材和接口损坏漏水，严重影响附近管线和线路的安全运行。此类管受交通和多种管线的相互干扰，很难理想布置，一旦漏水，修复工作量较大。基于此情况，应提高管材材质标准，且在适当部位和有条件的地方，均应做柔性接口，同时加强对管基的处理。对管道与构筑物（如井、沟、池壁）连接部位，因属受力不均匀的薄弱部位，也应加强管道接口的严密和柔韧性。

综上所述，在湿陷性黄土地区，应适当推广柔性管道接口，以形成柔性管道系统。

**5.5.2** 本条规定是管材选用的范围。

压力管道的材质，据调查，普遍反映球墨铸铁管的柔韧性好，造价适中，管径适用幅度大（在DN200～DN2200 之间），而且具有胶圈承插柔性接口、防腐内衬、开孔技术易掌握，便于安装等优点。此类管材，在湿陷性黄土地区应为首选管材。但在建筑小区内或建筑物内的进户管，因受管径限制，没有小口径球墨铸铁管，则在此部位只有采用塑料管、给水铸铁管，或者不锈钢管等。有的工程甚至采用铜管。

镀锌钢管材质低劣，使用过程中内壁锈蚀，易滋生细菌和微生物，对饮用水产生二次污染，危害人体健康。建设部在2000年颁发通知："在住宅建筑中禁止使用镀锌钢管。"工厂内的工业用水管道虽然无严格限制，但在生产、生活共用给水系统中，也不能采用镀锌钢管。

塑料管与传统管材相比，具有重量轻，耐腐蚀，水流阻力小，节约能源，安装简便、迅速，综合造价较低等优点，受到工程界的青睐。随着科学技术不断提高，原材料品质的改进，各种添加剂的问世，塑料管的质量已大幅度提高，并克服了噪声大的弱点。近十年来，塑料管开发的种类有硬质聚氯乙烯（UP-VC）管、氯化聚氯乙烯（CPVC）管、聚乙烯（PE）管、聚丙烯（PP—R）管、铝塑复合（PAP）管、钢塑复合（SP）管等20多种塑料管。其中品种不同，规格不同，分别适宜于各种不同的建筑给水、排水管材及管件和城市供水、排水管材及管件。规范中不一一列举。需要说明的是目前市场所见塑料管材质量参差不齐，规格系列不全，管材、管件配套不完善，甚至因质量监督不力，尚有伪劣产品充斥市场。鉴于国家已确定塑料管材为科技开发重点，并逐步完善质量管理措施，并制定相关塑料产品标准，塑料管材的推广应用将可得到有力的保证。工程中无论采用何种塑料管，必须按有关现行国家标准进行检验。凡符合国家标准并具有相应塑料管道工程的施工及验收规范的才可选用。

通过工程实践，在采用检漏、严格防水措施时，塑料管在防护范围内仍应设置在管沟内；在室外，防护范围外地下直埋敷设时，应采用市政用塑料管并尽量避开外界人为活动因素的影响和上部荷载的干扰，采取深埋方式，同时做好管基处理较为妥当。

预应力钢筋混凝土管是20世纪60～70年代发展起来的管材。近年来发现，大量地下钢筋混凝土管的保护层脱落，管身露筋引起锈蚀，管壁冒汗、渗水，管道承压降低，有的甚至发生爆管，地面大面积塌方，给就近的综合管线（如给水管、电缆管等）带来危害……实践证明，预应力钢筋混凝土管的使用年限约为20～30年，而且自身有难以修复的致命弱点。今后需加强研究改进，寻找替代产品，故本次修订，将其排序列后。

耐酸陶瓷管、陶土管，质脆易断，管节短、接口多，对防水不利，但因有一定的防腐蚀能力，经济适用，在管沟内敷设或者建筑物防护范围外深埋尚可，故保留。

本条新增加预应力钢筒混凝土管。

预应力钢筒混凝土管在国内尚属新型管材。制管工艺由美国引进，管道缩写为"PCCP"。目前，我国无锡、山东、深圳等地均有生产。管径大多在$\phi$600～$\phi$3000mm，工程应用已近1000km。各项工程都是一次通水成功，符合滴水不漏的要求。管材结构特点：混凝土层夹钢筒，外缠绕预应力钢丝并喷涂水泥砂浆层。管连接用橡胶圈承插口。该管同时生产有转换接口、弯头、三通、双橡胶圈承插口，极大地方便了管线施工。该管材接口严密不漏水，综合造价低、易维护、好管理，作为输水管线在湿陷性黄土地区是值得推荐的好管材，故本条特别列出。

自流管道的管材，据调查反映：人工成型或人工机械成型的钢筋混凝土管，基本属于土法振捣的钢筋混凝土管，因其质量不过关，故本规范不推荐采用，保留离心成型钢筋混凝土管。

**5.5.5** 以往在严格防水措施的检漏管沟中，仅采用油毡防水层。近年来，工程实践表明，新型的复合防水材料及高分子卷材均具有防水可靠、耐热、耐寒、耐久，施工方便，价格适中，是防水卷材的优良品种。涂膜防水层、水泥聚合物涂膜防水层、氰凝防水材料等，都是高效、优质防水材料。当今，技术发展快，产品种类繁多，不再一一列举。只要是可靠防水层，均可应用。为此，在本规范规定的严格防水措施中，对管沟的防水材料，将卷材防水层或塑料油膏防水改为可靠防水层。防水层并应做保护层。

自20世纪60年代起，检漏设施主要是检漏管沟和检漏井。这种设施占地多，显得陈旧落后，而且使用期间，务必经常维护和检修才能有效。近年来，由国外引进的高密度聚乙烯外护套管聚氨质泡沫塑料预制直埋保温管，具有较好的保温、防水、防潮作用。此管简称为"管中管"。某些工程，在管道上还装有渗漏水检测报警系统，增加了直埋管道的安全可靠性，可以代替管沟敷设。经技术经济分析，"管中管"的造价低于管沟。该技术在国内已大面积采用，取得丰富经验。至于有"电讯检漏系统"的报警装置，仅在少量工程中采用，尤其热力管道和高寒地带的输配水管道，取得丰富经验。现在建设部已颁发《高密度聚乙烯外护套管聚氨脂泡沫塑料预制直埋保温管》城建建工产品标准。这对采用此类直埋管提供了可靠保证。规范对高层建筑或重要建筑，明确规定可采用有电讯检漏系统的"直埋管中管"设施。

**5.5.6** 排水出户管道一般具有0.02的坡度，而给水进户管道管径小，坡度也小。在进出户管沟的沟底，往往忽略了排水方向，沟底多见积水长期聚集，对建筑物地基造成浸水隐患。本条除强调检漏管沟的沟底坡向外，并增加了进、出户管的管沟沟底坡度宜大于0.02的规定。

考虑到高层建筑或重要建筑大都设有地下室或半地下室。为方便检修，保护地基不受水浸湿，管道设计应充分利用地下部分的空间，设置管道设备层。为此，本条明确规定，对甲类建筑和自重湿陷性黄土场地上乙类中的重要建筑，室内地下管线宜敷设在地下室或半地下室的设备层内，穿出外墙的进出户管段，宜集中设置在半通行管沟内，这样有利于加强维护和检修，并便于排除积水。

**5.5.11** 非自重湿陷性黄土场地的管道工程，虽然管道、构筑物的基底压力小，一般不会超过湿陷起始压力，但管道是一线型工程；管道与附属构筑物连接部位是受力不均匀的薄弱部位。受这些因素影响，易造成管道损坏，接口开裂。据非自重湿陷性黄土场地的工程经验，在一些输配水管道及其附属构筑物基底做土垫层和灰土垫层，效果很好，故本条扩大了使用范围，凡是湿陷性黄土地区的管基和基底均这样做管基。

**5.5.13** 原规范要求管道穿水池池壁处设柔性防水套管，管道从套管伸出，环形壁缝用柔性填料封堵。据调查反映，多数施工难以保证质量，普遍有渗水现象。工程实践中，多改为在池壁处直接埋设带有止水环的管道，在管道外加设柔性接口，效果很好，故本条增加了此种做法。

（Ⅱ）供热管道与风道

**5.5.14** 本条强调了在湿陷性黄土地区应重视选择质量可靠的直埋供热管道的管材。采用直埋敷设热力管道，目前技术已较成熟，国内广大采暖地区采用直埋敷设热力管道已占主流。近年来，经过工程技术人员的努力探索，直埋敷设热力管道技术被大量推广应用。国家并颁布有相应的行业标准，即：《城镇直埋供热管道工程技术规程》CJJ/T 81 及《聚氨酯泡沫塑料预制保温管》CJ/T 3002。但由于国内市场不规范，生产了大量的低标准管材，有关部门已注意到此种倾向。为保证湿陷性黄土地区直埋敷设供热管道总体质量，本规范不推荐采用玻璃钢保护壳，因其在现场施工条件下，质量难以保证。

**5.5.15～5.5.16** 热力管道的管沟遍布室内和室外，甚至防护范围外。室内暖气管沟较长，沟内一般有检漏井，检漏井可与检查井合并设置。所以本条规定，管沟的沟底应设坡向室外检漏井的坡度，以便将水引向室外。

据调查，暖气管道的过门沟，渗漏水引起地基湿陷的机率较高。尤其在自重湿陷性黄土强烈的Ⓘ、Ⓘ区，冬季较长，过门沟及其沟内装置一旦有渗漏水，如未及时发现和检修，管道往往被冻裂，为此增加在过门管沟的末端应采取防冻措施的规定，防止湿陷事故的发生或恶化。

**5.5.17** 本条增加了对"直埋敷设供热管道"地基处理的要求。直埋供热管道在运行时要承受较大的轴向应力，为细长不稳定压杆。管道是依靠覆土而保持稳定的，当敷设地点的管道地基发生湿陷时，有可能产生管道失稳，故应对"直埋供热管道"的管基进行处理，防止产生湿陷。

**5.5.18～5.5.19** 随着高层建筑的发展以及内装修标准的提高，室内空调系统日益增多，据调查，目前室内外管网的泄水、凝结水，任意引接和排放的现象较严重。为此，本条增加对室内、外管网的泄水、凝结水不得任意排放的规定，以便引起有关方面的重视，防止地基浸水湿陷。

## 5.6 地基计算

**5.6.1** 计算黄土地基的湿陷变形，主要目的在于：

1 根据自重湿陷量的计算值判定建筑场地的湿陷类型；

2 根据基底下各土层累计的湿陷量和自重湿陷量的计算值等因素，判定湿陷性黄土地基的湿陷等级；

3 对于湿陷性黄土地基上的乙、丙类建筑，根据地基处理后的剩余湿陷量并结合其他综合因素，确定设计措施的采取。

对于甲、乙类建筑或有特殊要求的建筑，由于荷载和压缩层深度比一般建筑物相对较大，所以在计算地基湿陷量或地基处理后的剩余湿陷量时，可考虑按实际压力相应的湿陷系数和压缩层深度的下限进行计算。

**5.6.2** 变形计算在地基计算中的重要性日益显著，对于湿陷性黄土地基，有以下几个特点需要考虑：

1 本规范明确规定在湿陷性黄土地区的建设中，采取以地基处理为主的综合措施，所以在计算地基土的压缩变形时，应考虑地基处理后压缩层范围内土的压缩性的变化，采用地基处理后的压缩模量作为计算依据；

2 湿陷性黄土在近期浸水饱和后，土的湿陷性消失并转化为高压缩性，对于这类饱和黄土地基，一般应进行地基变形计算；

3 对需要进行变形验算的黄土地基，其变形计算和变形允许值，应符合现行国家标准《建筑地基基础设计规范》的规定。考虑到黄土地区的特点，根据原机械工业部勘察研究院等单位多年来在黄土地区积累的建（构）筑物沉降观测资料，经分析整理后得到沉降计算经验系数（即沉降实测值与按分层总和法所得沉降计算值之比）与变形计算深度范围内压缩模量的当量值之间存在着一定的相关关系，如条文中的表 5.6.2；

4 计算地基变形时，传至基础底面上的荷载效应，应按正常使用极限状态准永久组合，不应计入风荷载和地震作用。

**5.6.3** 本条对黄土地基承载力明确了以下几点：

1　为了与现行国家标准《建筑地基基础设计规范》相适应，以地基承载力特征值作为地基计算的代表数值。其定义为在保证地基稳定的条件下，使建筑物或构筑物的沉降量不超过容许值的地基承载能力。

2　地基承载力特征值的确定，对甲、乙类建筑，可根据静载荷试验或其他原位测试、公式计算并结合工程实践经验等方法综合确定。当有充分根据时，对乙、丙、丁类建筑可根据当地经验确定。

本规范对地基承载力特征值的确定突出了两个重点：一是强调了载荷试验及其他原位测试的重要作用；二是强调了系统总结工程实践经验和当地经验（包括地区性规范）的重要性。

**5.6.4**　本条规定了确定基础底面积时计算荷载和抗力的相应规定。荷载效应应根据正常使用极限状态标准组合计算；相应的抗力应采用地基承载力特征值。当偏心作用时，基础底面边缘的最大压力值，不应超过修正后的地基承载力特征值的 1.2 倍。

**5.6.5**　本规范对地基承载力特征值的深、宽修正作如下规定：

1　深、宽修正计算公式及其符号意义与现行国家标准《建筑地基基础设计规范》相同；

2　深、宽修正系数取值与《湿陷性黄土地区建筑规范》GBJ 25—90 相同，未作修改；

3　对饱和黄土的有关物理性质指标分档说明作了一些更改，分别改为 $e$ 及 $I_L$（两个指标）都小于 0.85，$e$ 或 $I_L$（其中只要有一个指标）大于 0.85，$e$ 及 $I_L$（两个指标）都不小于 1 三档。另外，还规定只适用于 $I_p>10$ 的饱和黄土（粉质黏土）。

**5.6.6**　对于黄土地基的稳定性计算，除满足一般要求外，针对黄土地区的特点，还增加了两条要求。一条是在确定滑动面（或破裂面）时，应考虑黄土地基中可能存在的竖向节理和裂隙。这是因为在实际工程中，黄土地基（包括斜坡）的滑动面（或破裂面）与饱和软黏土和一般黏性土是不相同的；另一条是在可能被水浸湿的黄土地基，强度指标应根据饱和状态的试验结果求得。这是因为对于湿陷性黄土来说，含水量增加会使强度显著降低。

## 5.7　桩　基　础

**5.7.1**　湿陷性黄土场地，地基一旦浸水，便会引起湿陷给建筑物带来危害，特别是对于上部结构荷载大并集中的甲、乙类建筑；对整体倾斜有严格限制的高耸结构；对不均匀沉降有严格限制的甲类建筑和设备基础以及主要承受水平荷载和上拔力的建筑或基础等，均应从消除湿陷性的危害角度出发，针对建筑物的具体情况和场地条件，首先从经济技术条件上考虑采取可靠的地基处理措施，当采用地基处理措施不能满足设计要求或经济技术分析比较，采用地基处理不适宜的建筑，可采用桩基础。自 20 世纪 70 年代以来，陕西、甘肃、山西等湿陷性黄土地区，大量采用了桩基础，均取得了良好的经济技术效果。

**5.7.2**　在湿陷性黄土场地桩周浸水后，桩身尚有一定的正摩擦力，在充分发挥并利用桩周正摩擦力的前提下，要求桩端支承在压缩性较低的非湿陷性黄土层中。

自重湿陷性黄土场地建筑物地基浸水后，桩周土可能产生负摩擦力，为了避免由此产生下拉力，使桩的轴向力加大而产生较大沉降，桩端必须支承在可靠的持力层中。桩底端应坐落在基岩上，采用端承桩；或桩底端坐落在卵石、密实的砂类土和饱和状态下液性指数 $I_L<0$ 的硬黏性土层上，采用以端承力为主的摩擦端承桩。

除此之外，对于混凝土灌注桩纵向受力钢筋的配置长度，虽然在规范中没有提出明确要求，但在设计中应有所考虑。对于在非自重湿陷性黄土层中的桩，虽然不会产生较大的负摩擦力，但一经浸水桩周土可能变软或产生一定量的负摩擦力，对桩产生不利影响。因此，建议桩的纵向钢筋除应自桩顶按 1/3 桩长配置外，配筋长度尚应超过湿陷性黄土层的厚度；对于在自重湿陷性黄土层中的端承桩，由于桩侧可能承受较大的负摩擦力，中性点截面处的轴向压力往往大于桩顶，全桩长的轴向压力均较大。因此，建议桩身纵向钢筋应通长配置。

**5.7.3**　在湿陷性黄土地区，采用的桩型主要有：钻、挖孔（扩底）灌注桩，沉管灌注桩，静压桩和打入式钢筋混凝土预制桩等。选用桩型时，应根据工程要求、场地湿陷类型、地基湿陷等级、岩土工程地质条件、施工条件及场地周围环境等综合因素确定。如在非自重湿陷性黄土场地，可采用钻、挖孔（扩底）灌注桩，近年来，陕西关中地区普遍采用锅锥钻、挖成孔的灌注桩施工工艺，获得较好的经济技术效果；在地基湿陷性等级较高的自重湿陷性黄土场地，宜采用干作业成孔（扩底）灌注桩；还可充分利用黄土能够维持较大直立边坡的特性，采用人工挖孔（扩底）灌注桩；在可能条件下，可采用钢筋混凝土预制桩，沉桩工艺有静力压桩法和打入法两种。但打入法因噪声大和污染严重，不宜在城市中采用。

**5.7.4**　本节规定了在湿陷性黄土层厚度等于或大于 10m 的场地，对于采用桩基础的甲类建筑和乙类中的重要建筑，其单桩竖向承载力特征值应通过静载荷浸水试验方法确定。

同时还规定，对于采用桩基础的其他建筑，其单桩竖向承载力特征值，可按有关规范的经验公式估算，即：

$$R_a = q_{pa} \cdot A_p + uq_{sa}(l-Z) - u\overline{q}_{sa}Z \tag{5.7.4-1}$$

式中　$q_{pa}$——桩端土的承载力特征值（kPa）；

$A_p$——桩端横截面的面积（$m^2$）；

$u$——桩身周长（m）；

$\overline{q}_{sa}$——桩周土的平均摩擦力特征值（kPa）；

$l$——桩身长度（m）；

$Z$——桩在自重湿陷性黄土层的长度（m）。

对于上式中的 $q_{pa}$ 和 $q_{sa}$ 值，均应按饱和状态下的土性指标确定。饱和状态下的液性指数，可按下式计算：

$$I_l = \frac{S_r e / D_r - w_p}{w_L - w_p} \tag{5.7.4-2}$$

式中 $S_r$——土的饱和度，可取85%；

$e$——土的孔隙比；

$D_r$——土粒相对密度；

$w_L$，$w_p$——分别为土的液限和塑限含水量，以小数计。

上述规定的理由如下：

**1** 湿陷性黄土层的厚度越大，湿陷性可能越严重，由此产生的危害也可能越大，而采用地基处理方法从根本上消除其湿陷性，有效范围大多在10m以内，当湿陷性黄土层等于或大于10m的场地，往往要采用桩基础。

**2** 采用桩基础一般都是甲、乙类建筑。其中一部分是地基受水浸湿可能性大的重要建筑；一部分是高、重建筑，地基一旦浸水，便有可能引起湿陷给建筑物带来危害。因此，确定单桩竖向承载力特征值时，应按饱和状态考虑。

**3** 天然黄土的强度较高，当桩的长度和直径较大时，桩身的正摩擦力相当大。在这种情况下，即使桩端支承在湿陷性黄土层上，在进行载荷试验时如不浸水，桩的下沉量也往往不大。例如，20世纪70年代建成投产的甘肃刘家峡化肥厂碱洗塔工程，采用的井桩基础未穿透湿陷性黄土层，但由于载荷试验未进行浸水，荷载加至3000kN，下沉量仅6mm。井桩按单桩竖向承载力特征值为1500kN进行设计，当时认为安全系数取2已足够安全，但建成投产后不久，地基浸水产生了严重的湿陷事故，桩周土体的自重湿陷量达600mm，桩周土的正摩擦力完全丧失，并产生负摩擦力，使桩基产生了大量的下沉。由此可见，湿陷性黄土地区的桩基静载荷试验，必须在浸水条件下进行。

**5.7.5** 桩周的自重湿陷性黄土层浸水后发生自重湿陷时，将产生土层对桩的向下位移，桩将产生一个向下的作用力，即负摩擦力。但对于非自重湿陷性黄土场地和自重湿陷性黄土场地，负摩擦力将有不同程度的发挥。因此，在确定单桩竖向承载力特征值时，应分别采取如下措施：

**1** 在非自重湿陷性黄土场地，当自重湿陷量小于50mm时，桩侧由此产生的负摩擦力很小，可忽略不计，桩侧主要还是正摩擦力起作用。因此规定，此时“应计入湿陷性黄土层范围内饱和状态下的桩侧正摩擦力”。

**2** 在自重湿陷性黄土场地，确定单桩竖向承载力特征值时，除不计湿陷性黄土层范围内饱和状态下的桩侧正摩擦力外，尚应考虑桩侧的负摩擦力。

1）按浸水载荷试验确定单桩竖向承载力特征值时，由于浸水坑的面积较小，在试验过程中，桩周土体一般还未产生自重湿陷，因此应从试验结果中扣除湿陷性黄土层范围内的桩侧正、负摩擦力。

2）桩侧负摩擦力应通过现场浸水试验确定，但一般情况下不容易做到。因此，许多单位提出希望规范能给出具体数据或参考值。

自20世纪70年代开始，我国有关单位根据设计要求，在青海大通、兰州和西安等地，采用悬吊法实测桩侧负摩擦力，其结果见表5.7.5-1。

**表5.7.5-1 用悬吊法实测的桩周负摩擦力**

| 桩的类型 | 试验地点 | 自重湿陷量的实测值（mm） | 桩侧平均负摩擦力（kPa） |
|---|---|---|---|
| 挖孔灌注桩 | 兰　州 | 754 | 16.30 |
| | 青　海 | 60 | 15.00 |
| 预制桩 | 兰　州 | 754 | 27.40 |
| | 西　安 | 90 | 14.20 |

国外有关标准中规定桩侧负摩擦力可采用正摩擦力的数值，但符号相反。现行国家标准《建筑地基基础设计规范》对桩周正摩擦力特征值 $q_{sa}$ 规定见表5.7.5-2。

**表5.7.5-2 预制桩的桩侧正摩擦力的特征值**

| 土的名称 | 土的状态 | 正摩擦力（kPa） |
|---|---|---|
| 黏性土 | $I_L>1$ | 10～17 |
| | $0.75<I_L\leqslant1.00$ | 17～24 |
| 粉　土 | $e>0.90$ | 10～20 |
| | $0.70<e\leqslant0.90$ | 20～30 |

如黄土的液限 $w_L=28\%$，塑限 $w_p=18\%$，孔隙比 $e\geqslant0.90$，饱和度 $S_r\geqslant80\%$ 时，液性指数一般大于1，按照上述规定，饱和状态黄土层中预制桩桩侧的正摩擦力特征值为10～20kPa，与现场负摩擦力的实测结果大体上相符。

关于桩的类型对负摩擦力的影响

试验结果表明，预制桩的侧表面虽比灌注桩平滑，但其单位面积上的负摩擦力却比灌注桩为大。这主要是由于预制桩在打桩过程中将桩周土挤密，挤密土在桩周形成一层硬壳，牢固地粘附在桩侧表面上。桩周土体发生自重湿陷时不是沿桩身而是沿硬壳层滑移，增加了桩的侧表面面积，负摩擦力也随之增大。因此，对于具有挤密作用的预制桩与无挤密作用的钻、挖孔灌注桩，其桩侧负摩擦力应分别给出不同的数值。

关于自重湿陷量的大小对负摩擦力的影响

兰州钢厂两次负摩擦力的测试结果表明，经过8年之后，由于地下水位上升，地基土的含水量提高以及地面堆载的影响，场地土的湿陷性降低，负摩擦力值也明显减小，钻孔灌注桩两次的测试结果见表5.7.5-3。

**表5.7.5-3 兰州钢厂钻孔灌注桩负摩擦力的测试结果**

| 时 间 | 自重湿陷量的实测值（mm） | 桩身平均负摩擦力（kPa） |
|---|---|---|
| 1975年 | 754 | 16.30 |
| 1988年 | 100 | 10.80 |

试验结果表明，桩侧负摩擦力与自重湿陷量的大小有关，土的自重湿陷性愈强，地面的沉降速度愈大，桩侧负摩擦力值也愈大。因此，对自重湿陷量$\Delta_{zs}$<200mm的弱自重湿陷性黄土与$\Delta_{zs}$≥200mm较强的自重湿陷性黄土，桩侧负摩擦力的数值差异较大。

3）对桩侧负摩擦力进行现场试验确有困难时，GBJ 25—90规范曾建议按表5.7.5-4中的数值估算：

**表5.7.5-4 桩侧平均负摩擦力（kPa）**

| 自重湿陷量的计算值（mm） | 钻、挖孔灌注桩 | 预制桩 |
|---|---|---|
| 70～100 | 10 | 15 |
| ≥200 | 15 | 20 |

鉴于目前自重湿陷性黄土场地桩侧负摩擦力的试验资料不多，本规范有关桩侧负摩擦力计算的规定，有待于今后通过不断积累资料逐步完善。

**5.7.6** 在水平荷载和弯矩作用下，桩身将产生挠曲变形，并挤压桩侧土体，土体则对桩产生水平抗力，其大小和分布与桩的变形以及土质条件、桩的入土深度等因素有关。设在湿陷性黄土层中的桩，在天然含水量条件下，桩侧土对桩往往可以提供较大的水平抗力；一旦浸水桩周土变软，强度显著降低，从而桩周土体对桩侧的水平抗力就会降低。

**5.7.8** 在自重湿陷性黄土层中的桩基，一经浸水桩侧产生的负摩擦力，将使桩基竖向承载力不同程度的降低。为了提高桩基的竖向承载力，设在自重湿陷性黄土场地的桩基，可采取减小桩侧负摩擦力的措施，如：

**1** 在自重湿陷性黄土层中，桩的负摩擦力试验资料表明，在同一类土中，挤土桩的负摩擦力大于非挤土桩的负摩擦力。因此，应尽量采用非挤土桩（如钻、挖孔灌注桩），以减小桩侧负摩擦力。

**2** 对位于中性点以上的桩侧表面进行处理，以减小负摩擦力的产生。

**3** 桩基施工前，可采用强夯、挤密土桩等进行处理，消除上部或全部土层的自重湿陷性。

**4** 采取其他有效而合理的措施。

**5.7.9** 本条规定的目的是：

**1** 防止雨水和地表水流入桩孔内，避免桩孔周围土产生自重湿陷；

**2** 防止泥浆护壁或钻孔法的泥浆循环液，渗入附近自重湿陷黄土地基引起自重湿陷。

# 6 地 基 处 理

## 6.1 一 般 规 定

**6.1.1** 当地基的变形（湿陷、压缩）或承载力不能满足设计要求时，直接在天然土层上进行建筑或仅采取防水措施和结构措施，往往不能保证建筑物的安全与正常使用，因此本条规定应针对不同土质条件和建筑物的类别，在地基压缩层内或湿陷性黄土层内采取处理措施，以改善土的物理力学性质，使土的压缩性降低、承载力提高、湿陷性消除。

湿陷变形是当地基的压缩变形还未稳定或稳定后，建筑物的荷载不改变，而是由于地基受水浸湿引起的附加变形（即湿陷）。此附加变形经常是局部和突然发生的，而且很不均匀，尤其是地基受水浸湿初期，一昼夜内往往可产生150～250mm的湿陷量，因而上部结构很难适应和抵抗量大、速率快及不均匀的地基变形，故对建筑物的破坏性大，危害性严重。

湿陷性黄土地基处理的主要目的：一是消除其全部湿陷量，使处理后的地基变为非湿陷性黄土地基，或采用桩基础穿透全部湿陷性黄土层，使上部荷载通过桩基础传递至压缩性低或较低的非湿陷性黄土（岩）层上，防止地基产生湿陷，当湿陷性黄土层厚度较薄时，也可直接将基础设置在非湿陷性黄土（岩）层上；二是消除地基的部分湿陷量，控制下部未处理湿陷性黄土层的剩余湿陷量或湿陷起始压力值符合本规范的规定数值。

鉴于甲类建筑的重要性、地基受水浸湿的可能性和使用上对不均匀沉降的严格限制等与乙、丙类建筑有所不同，地基一旦发生湿陷，后果很严重，在政治、经济等方面将会造成不良影响或重大损失，为此，不允许甲类建筑出现任何破坏性的变形，也不允许因地基变形影响建筑物正常使用，故对其处理从严，要求消除地基的全部湿陷量。

乙、丙类建筑涉及面广，地基处理过严，建设投资将明显增加，因此规定消除地基的部分湿陷量，然后根据地基处理的程度及下部未处理湿陷性黄土层的剩余湿陷量或湿陷起始压力值的大小，采取相应的防水措施和结构措施，以弥补地基处理的不足，防止建筑物产生有害变形，确保建筑物的整体稳定性和主体结构的安全。地基一旦浸水湿陷，非承重部位出现裂缝，修复容易，且不影响安全使用。

**6.1.2** 湿陷性黄土地基的处理，在平面上可分为局部处理与整片处理两种。

"BGJ 20—66"、"TJ 25—78"和"GBJ 25—90"等规范，对局部处理和整片处理的平面范围，在有关处理方法，如土（或灰土）垫层法、重夯法、强夯法和土（或灰土）挤密桩法等的条文中都有具体规定。

局部处理一般按应力扩散角（即 $B=b+2Z\tan\theta$）确定，每边超出基础的宽度，相当于处理土层厚度的1/3，且不小于400mm，但未按场地湿陷类型不同区别对待；整片处理每边超出建筑物外墙基础外缘的宽度，不小于处理土层厚度的1/2，且不小于2m。考虑在同一规范中，对相同性质的问题，在不同的地基处理方法中分别规定，显得分散和重复。为此本次修订将其统一放在地基处理第1节"一般规定"中的6.1.2条进行规定。

对局部处理的平面尺寸，根据场地湿陷类型的不同作了相应调整，增大了自重湿陷性黄土场地局部处理的宽度。局部处理是将大于基础底面下一定范围内的湿陷性黄土层进行处理，通过处理消除拟处理土层的湿陷性，改善地基应力扩散，增强地基的稳定性，防止地基受水浸湿产生侧向挤出，由于局部处理的平面范围较小，地沟和管道等漏水，仍可自其侧向渗入下部未处理的湿陷性黄土层引起湿陷，故采取局部处理措施，不考虑防水、隔水作用。

整片处理是将大于建（构）筑物底层平面范围内的湿陷性黄土层进行处理，通过整片处理消除拟处理土层的湿陷性，减小拟处理土层的渗透性，增强整片处理土层的防水作用，防止大气降水、生产及生活用水，从上向下或侧向渗入下部未处理的湿陷性黄土层引起湿陷。

**6.1.3** 试验研究成果表明，在非自重湿陷性黄土场地，仅在上覆土的自重压力下受水浸湿，往往不产生自重湿陷或自重湿陷量的实测值小于70mm，在附加压力与上覆土的饱和自重压力共同作用下，建筑物地基受水浸湿后的变形范围，通常发生在基础底面下地基的压缩层内，压缩层深度下限以下的湿陷性黄土层，由于附加应力很小，地基即使充分受水浸湿，也不产生湿陷变形，故对非自重湿陷性黄土地基，消除其全部湿陷量的处理厚度，规定为基础底面以下附加压力与上覆土的饱和自重压力之和大于或等于湿陷起始压力的全部湿陷性黄土层，或按地基压缩层的深度确定，处理至附加压力等于土自重压力20%（即 $p_z=0.20p_{cz}$）的土层深度止。

在自重湿陷性黄土场地，建筑物地基充分浸水时，基底下的全部湿陷性黄土层产生湿陷，处理基础底面下部分湿陷性黄土层只能减小地基的湿陷量，欲消除地基的全部湿陷量，应处理基础底面以下的全部湿陷性黄土层。

**6.1.4** 根据湿陷性黄土地基充分受水浸湿后的湿陷变形范围，消除地基部分湿陷量应主要处理基础底面以下湿陷性大（$\delta_s\geqslant0.07$、$\delta_{zs}\geqslant0.05$）及湿陷性较大（$\delta_s\geqslant0.05$、$\delta_{zs}\geqslant0.03$）的土层，因为贴近基底下的上述土层，附加应力大，并容易受管道和地沟等漏水引起湿陷，故对建筑物的危害性大。

大量工程实践表明，消除建筑物地基部分湿陷量的处理厚度太小时，一是地基处理后下部未处理湿陷性黄土层的剩余湿陷量大；二是防水效果不理想，难以做到阻止生产、生活用水以及大气降水，自上向下渗入下部未处理的湿陷性黄土层，潜在的危害性未全部消除，因而不能保证建筑物地基不发生湿陷事故。

乙类建筑包括高度为24～60m的建筑，其重要性仅次于甲类建筑，基础之间的沉降差亦不宜过大，避免建筑物产生不允许的倾斜或裂缝。

建筑物调查资料表明，地基处理后，当下部未处理湿陷性黄土层的剩余湿陷量大于220mm时，建筑物在使用期间地基受水浸湿，可产生严重及较严重的裂缝；当下部未处理湿陷性黄土层的剩余湿陷量大于130mm小于或等于220mm时，建筑物在使用期间地基受水浸湿，可产生轻微或较轻微的裂缝。

考虑地基处理后，特别是整片处理的土层，具有较好的防水、隔水作用，可保护下部未处理的湿陷性黄土层不受水或少受水浸湿，其剩余湿陷量则有可能不产生或不充分产生。

基于上述原因，本条对乙类建筑规定消除地基部分湿陷量的最小处理厚度，在非自重湿陷性黄土场地，不应小于地基压缩层深度的2/3，并控制下部未处理湿陷性黄土层的湿陷起始压力值不应小于100kPa；在自重湿陷性黄土场地，不应小于全部湿陷性黄土层深度的2/3，并控制下部未处理湿陷性黄土层的剩余湿陷量不应大于150mm。

对基础宽度大或湿陷性黄土层厚度大的地基，处理地基压缩层深度的2/3或处理全部湿陷性黄土层深度的2/3确有困难时，本条规定在建筑物范围内应采用整片处理。

**6.1.5** 丙类建筑包括多层办公楼、住宅楼和理化试验室等，建筑物的内外一般装有上、下水管道和供热管道，使用期间建筑物内局部范围内存在漏水的可能性，其地基处理的好坏，直接关系着城乡用户的财产和安全。

考虑在非自重湿陷性黄土场地，Ⅰ级湿陷性黄土地基，湿陷性轻微，湿陷起始压力值较大。单层建筑荷载较轻，基底压力较小，为发挥湿陷起始压力的作用，地基可不处理；而多层建筑的基底压力一般大于湿陷起始压力值，地基不处理，湿陷难以避免。为此本条规定，对多层丙类建筑，地基处理厚度不应小于1m，且下部未处理湿陷性黄土层的湿陷起始压力值不宜小于100kPa。

在非自重湿陷性黄土场地和自重湿陷性黄土场地都存在Ⅱ级湿陷性黄土地基，其自重湿陷量的计算值：前者不大于70mm，后者大于70mm，不大于300mm。地基浸水时，二者具有中等湿陷性。本条规定：在非自重湿陷性黄土场地，单层建筑的地基处理厚度不应小于1m，且下部未处理湿陷性黄土层的湿陷起始压力值不宜小于80kPa；多层建筑的地基处理厚度不应小于2m，且下部未处理湿陷性黄土层的湿陷起始压力值不宜小于100kPa。在自重湿陷性黄土场地湿陷起始压力值小，无使用意义，因此，不论单层或多层建筑，其地基处理厚度均不宜小于2.50m，且下部未处理湿陷性黄土层的剩余湿陷量不应大于200mm。

地基湿陷等级为Ⅲ级或Ⅳ级，均为自重湿陷性黄土场地，湿陷性黄土层厚度较大，湿陷性分别属于严重和很严重，地基受水浸湿，湿陷性敏感，湿陷速度快，湿陷量大。本条规定，对多层建筑宜采用整片处理，其目的是通过整片处理既可消除拟处理土层的湿陷性，又可减小拟处理土层的渗透性，增强整片处理土层的防水、隔水作用，以保护下部未处理的湿陷性黄土层难以受水浸湿，使其剩余湿陷量不产生或不全部产生，确保建筑物安全正常使用。

**6.1.6** 试验研究资料表明，在非自重湿陷性黄土场地，湿陷性黄土地基在附加压力和上覆土的饱和自重压力下的湿陷变形范围主要是在压缩层深度内。本条规定的地基压缩层深度：对条形基础，可取其宽度的3倍，对独立基础，可取其宽度的2倍。也可按附加压力等于土自重压力20%的深度处确定。

压缩层深度除可用于确定非自重湿陷性黄土地基湿陷量的计算深度和地基的处理厚度外，并可用于确定非自重湿陷性黄土场地上的勘探点深度。

**6.1.7～6.1.9** 在现场采用静载荷试验检验地基处理后的承载力比较准确可靠，但试验工作量较大，宜采取抽样检验。此外，静载荷试验的压板面积较小，地基处理厚度大时，如不分层进行检验，试验结果只能反映上部土层的情况，同时由于消除部分湿陷量的地基，下部未处理的湿陷性黄土层浸水时仍有可能产生湿陷。而地基湿陷是在水和压力的共同作用下产生的，基底压力大，对减小湿陷不利，故处理后的地基承载力不宜用得过大。

**6.1.10** 湿陷性黄土的干密度小，含水量较低，属于欠压密的非饱和土，其可压（或夯）实和可挤密的效果好，采取地基处理措施应根据湿陷性黄土的特点和工程要求，确定地基处理的厚度及平面尺寸。地基通过处理可改善土的物理力学性质，使拟处理土层的干密度增大、渗透性减小、压缩性降低、承载力提高、湿陷性消除。为此，本条规定了几种常用的成孔挤密或夯实挤密的地基处理方法及其适用范围。

**6.1.11** 雨期、冬期选择土（或灰土）垫层法、强夯法或挤密法处理湿陷性黄土地基，不利因素较多，尤其垫层法，挖、填土方量大，施工期长，基坑和填料（土及灰土）容易受雨水浸湿或冻结，施工质量不易保证。施工期间应合理安排地基处理的施工程序，加快施工进度，缩短地基处理及基坑（槽）的暴露时间。对面积大的场地，可分段进行处理，采取防雨措施确有困难时，应做好场地周围排水，防止地面水流入已处理和未处理的场地（或基坑）内。在雨天和负温度下，并应防止土料、灰土和土源受雨水浸泡或冻结，施工中土呈软塑状态或出现“橡皮土”时，说明土的含水量偏大，应采取措施减小其含水量，将“橡皮土”处理后方可继续施工。

**6.1.12** 条文内对做好场地平整、修通道路和接通水、电等工作进行了规定。上述工作是为完成地基处理施工必须具备的条件，以确保机械设备和材料进入现场。

**6.1.13** 目前从事地基处理施工的队伍较多、较杂，技术素质高低不一。为确保地基处理的质量，在地基处理施工进程中，应有专人或专门机构进行监理，地基处理施工结束后，应对其质量进行检验和验收。

**6.1.14** 土（或灰土）垫层、强夯和挤密等方法处理地基的承载力，在现场采用静载荷试验进行检验比较准确可靠。为了统一试验方法和试验要求，在本规范附录J中增加静载荷试验要点，将有章可循。

### 6.2 垫层法

**6.2.1** 本规范所指的垫层是素土或灰土垫层。

垫层法是一种浅层处理湿陷性黄土地基的传统方法，在湿陷性黄土地区使用较广泛，具有因地制宜、就地取材和施工简便等特点，处理厚度一般为1～3m，通过处理基底下部分湿陷性黄土层，可以减小地基的湿陷量。处理厚度超过3m，挖、填土方量大，施工期长，施工质量不易保证，选用时应通过技术经济比较。

**6.2.3** 垫层的施工质量，对其承载力和变形有直接影响。为确保垫层的施工质量，本条规定采用压实系数$\lambda_c$控制。

压实系数$\lambda_c$是控制（或设计要求）干密度$\rho_d$与室内击实试验求得土（或灰土）最大干密度$\rho_{dmax}$的比值$\left(即\lambda_c=\dfrac{\rho_d}{\rho_{dmax}}\right)$。

目前我国使用的击实设备分为轻型和重型两种。前者击锤质量为2.50kg，落距为305mm，单位体积的击实功为591.60kJ/m³，后者击锤质量为4.50kg，落距为457mm，单位体积的击实功为2682.70kJ/m³，前者的击实功是后者的4.53倍。

采用上述两种击实设备对同一场地的3∶7灰土进行击实试验，轻型击实设备得出的最大干密度为1.56g/m³，最优含水量为20.90%；重型击实设备得出的最大干密度为1.71g/m³，最优含水量为18.60%。击实试验结果表明，3∶7灰土的最大干密度，后者是前者的1.10倍。

根据现场检验结果，将该场地3∶7灰土垫层的干密度与按上述两种击实设备得出的最大干密度的比值（即压实系数）汇总于表6.2.2。

**表6.2.2　3∶7灰土垫层的干密度与压实系数**

| 检验点号 | 土样 | | | 压实系数 | |
|---|---|---|---|---|---|
| | 深度(m) | 含水量(%) | 干密度(g/cm³) | 轻型 | 重型 |
| 1号 | 0.10 | 17.10 | 1.56 | 1.000 | 0.914 |
| | 0.30 | 14.10 | 1.60 | 1.026 | 0.938 |
| | 0.50 | 17.80 | 1.65 | 1.058 | 0.967 |
| 2号 | 0.10 | 15.63 | 1.57 | 1.006 | 0.920 |
| | 0.30 | 14.93 | 1.61 | 1.032 | 0.944 |
| | 0.50 | 16.25 | 1.71 | 1.096 | 1.002 |
| 3号 | 0.10 | 19.89 | 1.57 | 1.006 | 0.920 |
| | 0.30 | 14.96 | 1.65 | 1.058 | 0.967 |
| | 0.50 | 15.64 | 1.67 | 1.071 | 0.979 |
| 4号 | 0.10 | 15.10 | 1.64 | 1.051 | 0.961 |
| | 0.30 | 16.94 | 1.68 | 1.077 | 0.985 |
| | 0.50 | 16.10 | 1.69 | 1.083 | 0.991 |
| | 0.70 | 15.74 | 1.67 | 1.091 | 0.979 |
| 5号 | 0.10 | 16.00 | 1.59 | 1.019 | 0.932 |
| | 0.30 | 16.68 | 1.74 | 1.115 | 1.020 |
| | 0.50 | 16.66 | 1.75 | 1.122 | 1.026 |
| 6号 | 0.10 | 18.40 | 1.55 | 0.994 | 0.909 |
| | 0.30 | 18.60 | 1.65 | 1.058 | 0.967 |
| | 0.50 | 18.10 | 1.64 | 1.051 | 0.961 |

上表中的压实系数是按现场检测的干密度与室内采用轻型和重型两种击实设备得出的最大干密度的比值，二者相差近9%，前者大，后者小。由此可见，采用单位体积击实功不同的两种击实设备进行击实试验，以相同数值的压实系数作为控制垫层质量标准是不合适的，而应分别规定。

"GBJ 25—90规范"在第四章第二节第4.2.4条中，对控制垫层质量的压实系数，按垫层厚度不大于3m和大于3m，分别统一规定为0.93和0.95，未区分轻型和重型两种击实设备单位体积击实功不同，得出的最大干密度也不同等因素。本次修订将压实系数按轻型标准击实试验进行了规定，而对重型标准击实试验未作规定。

基底下1～3m的土（或灰土）垫层是地基的主要持力层，附加应力大，且容易受生产及生活用水浸湿，本条规定的压实系数，现场通过精心施工是可以达到的。

当土（或灰土）垫层厚度大于3m时，其压实系数：3m以内不应小于0.95，大于3m，超过3m部分不应小于0.97。

**6.2.4** 设置土（或灰土）垫层主要在于消除拟处理土层的湿陷性，其承载力有较大提高，并可通过现场静载荷试验或动、静触探等试验确定。当无试验资料时，按本条规定取值可满足工程要求，并有一定的安全储备。总之，消除部分湿陷量的地基，其承载力不宜用得太高，否则，对减小湿陷不利。

**6.2.5～6.2.6** 垫层质量的好坏与施工因素有关，诸如土料或灰土的含水量、灰与土的配合比、灰土拌合的均匀程度、虚铺土（或灰土）的厚度、夯（或压）实次数等是否符合设计规定。

为了确保垫层的施工质量，施工中将土料过筛，在最优或接近最优含水量下，将土（或灰土）分层夯实至关重要。

在施工进程中应分层取样检验，检验点位置应每层错开，即：中间、边缘、四角等部位均应设置检验点。防止只集中检验中间，而不检验或少检验边缘及四角，并以每层表面下2/3厚度处的干密度换算的压实系数，符合本规范的规定为合格。

## 6.3 强夯法

**6.3.1** 采用强夯法处理湿陷性黄土地基，在现场选点进行试夯，可以确定在不同夯击能下消除湿陷性黄土层的有效深度，为设计、施工提供有关参数，并可验证强夯方案在技术上的可行性和经济上的合理性。

**6.3.2** 夯点的夯击次数以达到最佳次数为宜，超过最佳次数再夯击，容易将表层土夯松，消除湿陷性黄土层的有效深度并不增大。在强夯施工中，夯击次数既不是越少越好，也不是越多越好。最佳或合适的夯击次数可按试夯记录绘制的夯击次数与夯击下沉量（以下简称夯沉量）的关系曲线确定。

单击夯击能量不同，最后2击平均夯沉量也不同。单击夯击能量大，最后2击的平均夯沉量也大；反之，则小。最后2击平均夯沉量符合规定，表示夯击次数达到要求，可通过试夯确定。

**6.3.3～6.3.4** 本条表6.3.3中的数值，总结了黄土地区有关强夯试夯资料及工程实践经验，对选择强夯方案，预估消除湿陷性黄土层的有效深度有一定作用。

强夯法的单位夯击能，通常根据消除湿陷性黄土层的有效深度确定。单位夯击能大，消除湿陷性黄土层的深度也相应大，但设备的起吊能力增加太大往往不易解决。在工程实践中常用的单位夯击能多为1000～4000kN·m，消除湿陷性黄土层的有效深度一般为3～7m。

**6.3.5** 采用强夯法处理湿陷性黄土地基，土的含水量至关重要。天然含水量低于10%的土，呈坚硬状态，夯击时表层土容易松动，夯击能量消耗在表层土上，深部土层不易夯实，消除湿陷性黄土层的有效深度小；天然含水量大于塑限含水量3%以上的土，夯击时呈软塑状态，容易出现"橡皮土"；天然含水量相当于或接近最优含水量的土，夯击时土粒间阻力较小，颗粒易于互相挤密，夯击能量向纵深方向传递，在相应的夯击次数下，总夯沉量和消除湿陷性黄土层的有效深度均大。为方便施工，在工地可采用塑限含水量 $w_p-$（1%～3%）或 $0.6w_L$（液限含水量）作为最优含水量。

当天然土的平均含水量低于最优含水量5%以上时，宜对拟夯实的土层加水增湿，并可按下式计算：

$$Q=(w_{op}-\overline{w})\frac{\overline{\rho}}{1+0.01w}h\cdot A \quad (6.3.5)$$

式中 $Q$——增湿拟夯实土层的计算加水量（$m^3$）；

$w_{op}$——最优含水量（%）；

$\overline{w}$——在拟夯实层范围内，天然土的含水量加权平均值(%)；

$\overline{\rho}$——在拟夯实层范围内，天然土的密度加权平均值($g/cm^3$)；

$h$——拟增湿的土层厚度（m）；

$A$——拟进行强夯的地基土面积（$m^2$）。强夯施工前3～5d，将计算加水量均匀地浸入拟增湿的土层内。

**6.3.6** 湿陷性黄土处于或略低于最优含水量，孔隙内一般不出现自由水，每夯完一遍不必等孔隙水压力消散，采取连续夯击，可减少吊车移位，提高强夯施工效率，对降低工程造价有一定意义。

夯点布置可结合工程具体情况确定，按正三角形布置，夯点之间的土夯实较均匀。第一遍夯点夯击完毕后，用推土机将高出夯坑周围的土推至夯坑内填平，再在第一遍夯点之间布置第二遍夯点，第二遍夯击是将第二遍夯点及第一遍填平的夯坑同时进行夯击，完毕后，用推土机平整场地；第三遍夯点通常满堂布置，夯击完毕后，用推土机再平整一次场地；最后一遍用轻锤、低落距（4～5m）连续满拍2～3击，将表层土夯实拍平，完毕后，经检验合格，在夯面以上宜及时铺设一定厚度的灰土垫层或混凝土垫层，并进行基础施工，防止强夯表层土晒裂或受雨水浸泡。

第一遍和第二遍夯击主要是将夯坑底面以下的土层进行夯实，第三遍和最后一遍拍夯主要是将夯坑底面以上的填土及表层松土夯实拍平。

**6.3.7** 为确保采用强夯法处理地基的质量符合设计要求，在强夯施工进程中和施工结束后，对强夯施工及其地基土的质量进行监督和检验至关重要。强夯施工过程中主要检查强夯施工记录，基础内各夯点的累计夯沉量应达到试夯或设计规定的数值。

强夯施工结束后，主要是在已夯实的场地内挖探井取土样进行室内试验，测定土的干密度、压缩系数和湿陷系数等指标。当需要在现场采用静载荷试验检验强夯土的承载力时，宜于强夯施工结束一个月左右进行。否则，由于时效因素，土的结构和强度尚未恢复，测试结果可能偏小。

## 6.4 挤 密 法

**6.4.1** 本条增加了挤密法适用范围的部分内容，对一般地区的建筑，特别是有一些经验的地区，只要掌握了建筑物的使用情况、要求和建筑物场地的岩土工程地质情况以及某些必要的土性参数（包括击实试验资料等），就可以按照本节的条文规定进行挤密地基的设计计算。工程实践及检验测试结果表明，设计计算的准确性能够满足一般地区和建筑的使用要求，这也是从原规范开始比过去显示出来的一种进步。对这类工程，只要求地基挤密结束后进行检验测试就可以了，它是对设计效果和施工质量的检验。

对某些比较重要的建筑和缺乏工程经验的地区，为慎重起见，可在地基处理施工前，在工程现场选择有代表性的地段进行试验或试验性施工，必要时应按实际的试验测试结果，对设计参数和施工要求进行调整。

当地基土的含水量略低于最优含水量（指击实试验结果）时，挤密的效果最好；当含水量过大或者过小时，挤密效果不好。

当地基土的含水量 $w\geqslant24\%$、饱和度 $S_r>65\%$ 时，一般不宜直接选用挤密法。但当工程需要时，在采取了必要的有效措施后，如对孔周围的土采取有效"吸湿"和加强孔填料强度，也可采用挤密法处理地基。

对含水量 $w<10\%$ 的地基土，特别是在整个处理深度范围内的含水量普遍很低，一般宜采取增湿措施，以达到提高挤密法的处理效果。

相比之下，爆扩挤密比其他方法挤密，对地基土含水量的要求要严格一些。

**6.4.2** 此条规定了挤密地基的布孔原则和孔心距的确定方法，原规范第4.4.2条和第4.4.3条的条文说明仍适合于本条规定。

本条的孔心距计算式与原规范计算式基本相同，仅在式中增加了"预钻孔直径"项。对无预钻孔的挤密法，计算式中的预钻孔直径为"0"，此时的计算式与原规范完全一样。

此条与原规范比较，除包括原规范的内容外，还增加了预钻孔的选用条件和有关的孔径规定。

**6.4.3** 当挤密法处理深度较大时，才能够充分体现出预钻孔的优势。当处理深度不太大的情况下，采用不预钻孔的挤密法，将比采用预钻孔的挤密法更加优越，因为此时在处理效果相同的条件下，前者的孔心距将大于后者（指与挤密填料孔直径的相对比值），后者需要增加孔内的取土量和填料量，而前者没有取土量，孔内填料量比后者少。在孔心距相同的情况下，预钻孔挤密比不预钻孔挤密，多预钻孔体积的取土量和相当于预钻孔体积的夯填量。为此，在本条中作了挤密法处理深度小于12m时，不宜预钻孔，当处理深度大于12m时可预钻孔的规定。

**6.4.4** 此条与原规范的第4.4.3条相同，仅将原规范的"成孔后"改为"挤密填孔后"，以适合包括"预钻孔挤密"在内的各种挤密法。

**6.4.5** 此条包括了原规范第4.4.4条的全部内容，为帮助人们正确、合理、经济的选用孔内填料，增加了如何选用孔内填料的条文规定。

根据大量的试验研究和工程实践，符合施工质量要求的夯实灰土，其防水、隔水性明显不如素土（指符合一般施工质量要求的素填土），孔内夯填灰土及其他强度高的材料，有提高复合地基承载力或减小地基处理宽度的作用。

**6.4.6** 原规范条文中提出了挤密法的几种具体方法，如沉管、爆扩、冲击等。虽说冲击法挤密中涵盖了"夯扩法"的内容，但鉴于近10年在西安、兰州等地工程中，采用了比较多的挤密，其中包括一些"土法"与"洋法"预钻孔后的夯扩挤密，特别在处理深度比较大或挤密机械不便进入的情况下，比较多的选用了夯扩挤密或采用了一些特制的挤密机械（如小型挤密机等）。

为此，在本条中将"夯扩"法单独列出，以区别以往冲击法中包含的不够明确的内容。

**6.4.7** 为提高地基的挤密效果，要求成孔挤密应间隔分批、及时夯填，这样可以使挤密地基达到有效、均匀、处理效果好。在局部处理时，必须强调由外向里施工，否则挤密不好，影响到地基处理效果。而在整片处理时，应首先从边缘开始、分行、分点、分批，在整个处理场地平面范围内均匀分布，逐步加密进行施工，不宜像局部处理时那样，过份强调由外向里的施工原则，整片处理应强调"从边缘开始、均匀分布、逐步加密、及时夯填"的施工顺序和施工要求。

**6.4.8** 规定了不同挤密方法的预留松动层厚度，与原规范规定基本相同，仅对个别数字进行了调整，以更加适合工程实际。

**6.4.11** 为确保工程质量，避免设计、施工中可能出现的问题，增加了这一条规定。

对重要或大型工程，除应按6.4.11条检测外，还应进行下列测试工作，综合判定实际的地基处理效果。

**1** 在处理深度内应分层取样，测定孔间挤密土和孔内填料的湿陷性、压缩性、渗透性等；

**2** 对挤密地基进行现场载荷试验、局部浸水与大面积浸水试验、其他原位测试等。

通过上述试验测试，所取得的结果和试验中所揭示的现象，将是进一步验证设计内容和施工要求是否合理、全面，也是调整补充设计内容和施工要求的重要依据，以保证这些重要或大型工程的安全可靠及经济合理。

## 6.5 预浸水法

**6.5.1** 本条规定了预浸水法的适用范围。工程实践表明，采用预浸水法处理湿陷性黄土层厚度大于10m和自重湿陷量的计算值大于500mm的自重湿陷性黄土场地，可消除地面下6m以下土层的全部湿陷性，地面下6m以上土层的湿陷性也可大幅度减小。

**6.5.2** 采用预浸水法处理自重湿陷性黄土地基，为防止在浸水过程中影响周边邻近建筑物或其他工程的安全使用以及场地边坡的稳定性，要求浸水坑边缘至邻近建筑物的距离不宜小于50m，其理由如下：

**1** 青海省地质局物探队的拟建工程，位于西宁市西郊西川河南岸Ⅲ级阶地，该场地的湿陷性黄土层厚度为13～17m。青海省建筑勘察设计院于1977年在该场地进行勘察，为确定场地的湿陷类型，曾在现场采用15m×15m的试坑进行浸水试验。

**2** 为消除拟建住宅楼地基土的湿陷性，该院于1979年又在同一场地采用预浸法进行处理，浸水坑的尺寸为53m×33m。

试坑浸水试验和预浸水法的实测结果以及地表开裂范围等，详见表6.5.2。

青海省物探队拟建场地

**表6.5.2 试坑浸水试验和预浸水法的实测结果**

| 时间 | 浸水 | | 自重湿陷量的实测值(mm) | | 地表开裂范围(m) | |
|---|---|---|---|---|---|---|
| | 试坑尺寸(m×m) | 时间(昼夜) | 一般 | 最大 | 一般 | 最大 |
| 1977年 | 15×15 | 64 | 300 | 400 | 14 | 18 |
| 1979年 | 53×33 | 120 | 650 | 904 | 30 | 37 |

从表6.5.2的实测结果可以看出，试坑浸水试验和预浸水法，二者除试坑尺寸（或面积）及浸水时间有所不同外，其他条件基本相同，但自重湿陷量的实

测值与地表开裂范围相差较大。说明浸水影响范围与浸水试坑面积的大小有关。为此，本条规定采用预浸水法处理地基，其试坑边缘至周边邻近建筑物的距离不宜小于 50m。

**6.5.3** 采用预浸水法处理地基，土的湿陷性及其他物理力学性质指标有很大变化和改善，本条规定浸水结束后，在基础施工前应进行补充勘察，重新评定场地或地基土的湿陷性，并应采用垫层法或其他方法对上部湿陷性黄土层进行处理。

# 7 既有建筑物的地基加固和纠倾

## 7.1 单液硅化法和碱液加固法

**7.1.1** 碱液加固法在自重湿陷性黄土场地使用较少，为防止采用碱液加固法加固既有建筑物地基产生附加沉降，本条规定加固自重湿陷性黄土地基应通过试验确定其可行性，取得必要的试验数据，再扩大其应用范围。

**7.1.2** 当既有建筑物和设备基础出现不均匀沉降，或地基受水浸湿产生湿陷时，采用单液硅化法或碱液加固法对其地基进行加固，可阻止其沉降和裂缝继续发展。

采用上述方法加固拟建的构筑物或设备基础的地基，由于上部荷载还未施加，在灌注溶液过程中，地基不致产生附加下沉，经加固的地基，土的湿陷性消除，比天然土的承载力可提高 1 倍以上。

**7.1.3** 地基加固施工前，在拟加固地基的建筑物附近进行单孔或多孔灌注溶液试验，主要目的为确定设计施工所需的有关参数，并可查明单液硅化法或碱液加固法加固地基的质量及效果。

**7.1.4～7.1.5** 地基加固完毕后，通过一定时间的沉降观测，可取得建筑物或设备基础的沉降有无稳定或发展的信息，用以评定加固效果。

### （Ⅰ）单液硅化法

**7.1.6** 单液硅化加固湿陷性黄土地基的灌注工艺，分为压力灌注和溶液自渗两种。

压力灌注溶液的速度快，渗透范围大。试验研究资料表明，在灌注溶液过程中，溶液与土接触初期，尚未产生化学反应，被浸湿的土体强度不但未提高，并有所降低，在自重湿陷严重的场地，采用此法加固既有建筑物地基时，其附加沉降可达 300mm 以上，既有建筑物显然是不允许的。故本条规定，压力单液硅化宜用于加固自重湿陷性黄土场地上拟建工程的地基，也可用于加固非自重湿陷性黄土场地上的既有建筑物地基。非自重湿陷性黄土的湿陷起始压力值较大，当基底压力不大于湿陷起始压力时，不致出现附加沉降，并已为工程实践和试验研究资料所证明。

压力灌注需要加压设备（如空压机）和金属灌注管等，加固费用较高，其优点是水平向的加固范围较大，基础底面以下的部分土层也能得到加固。

溶液自渗的速度慢，扩散范围小，溶液与土接触初期，被浸湿的土体小，既有建筑物和设备基础的附加沉降很小（一般约 10mm），对建筑物无不良影响。

溶液自渗的灌注孔可用钻机或洛阳铲完成，不要用灌注管和加压等设备，加固费用比压力灌注的费用低，饱和度不大于 60%的湿陷性黄土，采用溶液自渗，技术上可行，经济上合理。

**7.1.7** 湿陷性黄土的天然含水量较小，孔隙中不出现自由水，采用低浓度（10%～15%）的硅酸钠溶液注入土中，不致被孔隙中的水稀释。

此外，低浓度的硅酸钠溶液，粘滞度小，类似水一样，溶液自渗较畅通。

水玻璃（即硅酸钠）的模数值是二氧化硅与氧化钠（百分率）之比，水玻璃的模数值越大，表明 $SiO_2$ 的成分越多。因为硅化加固主要是由 $SiO_2$ 对土的胶结作用，水玻璃模数值的大小对加固土的强度有明显关系。试验研究资料表明，模数值为 $\frac{SiO_2\%}{Na_2O\%}=1$ 的纯偏硅酸钠溶液，加固土的强度很小，完全不适合加固土的要求，模数值在 2.50～3.30 范围内的水玻璃溶液，加固土的强度可达最大值。当模数值超过 3.30 以上时，随着模数值的增大，加固土的强度反而降低。说明 $SiO_2$ 过多，对加固土的强度有不良影响，因此，本条规定采用单液硅化加固湿陷性黄土地基，水玻璃的模数值宜为 2.50～3.30。

**7.1.8** 加固湿陷性黄土的溶液用量与土的孔隙率（或渗透性）、土颗粒表面等因素有关，计算溶液量可作为采购材料（水玻璃）和控制工程总预算的主要参数。注入土中的溶液量与计算溶液量相同，说明加固土的质量符合设计要求。

**7.1.9** 为使加固土体联成整体，按现场灌注溶液试验确定的间距布置灌注孔较合适。

加固既有建筑物和设备基础的地基，只能在基础侧向（或周边）布置灌注孔，以加固基础侧向土层，防止地基产生侧向挤出。但对宽度大的基础，仅加固基础侧向土层，有时难以满足工程要求。此时，可结合工程具体情况在基础侧向布置斜向基础底面中心以下的灌注孔，或在其台阶布置穿透基础的灌注孔，使基础底面下的土层获得加固。

**7.1.10** 采用压力灌注，溶液有可能冒出地面。为防止在灌注溶液过程中，溶液出现上冒，灌注管打入土中后，在连接胶皮管时，不得摇动灌注管，以免灌注管外壁与土脱离产生缝隙，灌注溶液前，并应将灌注管周围的表层土夯实或采取其他措施进行处理。灌注压力由小逐渐增大，剩余溶液不多时，可适当提高其压力，但最大压力不宜超过 200kPa。

**7.1.11** 溶液自渗，不需要分层打灌注管和分层灌注溶液。设计布置的灌注孔，可用钻机或洛阳铲一次钻（或打）至设计深度。孔成后，将配好的溶液注满灌注孔，溶液面宜高出基础底面标高0.50m，借助孔内水头高度使溶液自行渗入土中。

灌注孔数量不多时，钻（或打）孔和灌溶液，可全部一次施工，否则，可采取分批施工。

**7.1.12** 灌注溶液前，对拟加固地基的建筑物进行沉降和裂缝观测，并可同加固结束后的观测情况进行比较。

在灌注溶液过程中，自始至终进行沉降观测，有利于及时发现问题并及时采取措施进行处理。

**7.1.13** 加固地基的施工记录和检验结果，是验收和评定地基加固质量好坏的重要依据。通过精心施工，才能确保地基的加固质量。

硅化加固土的承载力较高，检验时，采用静力触探或开挖取样有一定难度，以检查施工记录为主，抽样检验为辅。

#### （Ⅱ）碱 液 加 固 法

**7.1.14** 碱液加固法分为单液和双液两种。当土中可溶性和交换性的钙、镁离子含量大于本条规定值时，以氢氧化钠一种溶液注入土中可获得较好的加固效果。如土中的钙、镁离子含量较低，采用氢氧化钠和氯化钙两种溶液先后分别注入土中，也可获得较好的加固效果。

**7.1.15** 在非自重湿性黄土场地，碱液加固地基的深度可为基础宽度的2～3倍，或根据基底压力和湿陷性黄土层深度等因素确定。已有工程采用碱液加固地基的深度大都为2～5m。

**7.1.16** 将碱液加热至80～100℃再注入土中，可提高碱液加固地基的早期强度，并对减小拟加固建筑物的附加沉降有利。

### 7.2 坑式静压桩托换法

**7.2.1** 既有建筑物的沉降未稳定或还在发展，但尚未丧失使用价值，采用坑式静压桩托换法对其基础地基进行加固补强，可阻止该建筑物的沉降、裂缝或倾斜继续发展，以恢复使用功能。托换法适用于钢筋混凝土基础或基础内设有地（或圈）梁的多层及单层建筑。

**7.2.2** 坑式静压桩托换法与硅化、碱液或其他加固方法有所不同，它主要是通过托换桩将原有基础的部分荷载传给较好的下部土层中。

桩位通常沿纵、横墙的基础交接处、承重墙基础的中间、独立基础的四角等部位布置，以减小基底压力，阻止建筑物沉降不再继续发展为主要目的。

**7.2.3** 坑式静压桩主要是在基础底面以下进行施工，预制桩或金属管桩的尺寸都要按本条规定制作或加工。尺寸过大，搬运及操作都很困难。

**7.2.4** 静压桩的边长较小，将其压入土中对桩周的土挤密作用较小，在湿陷性黄土地基中，采用坑式静压桩，可不考虑消除土的湿陷性，桩尖应穿透湿陷性黄土层，并应支承在压缩性低或较低的非湿陷性黄土层中。桩身在自重湿陷性黄土层中，尚应考虑扣去桩侧的负摩擦力。

**7.2.5** 托换管的两端，应分别与基础底面及桩顶面牢固连接，当有缝隙时，应用铁片塞严实，基础的上部荷载通过托换管传给桩及桩端下部土层。为防止托换管腐蚀生锈，在托换管外壁宜涂刷防锈油漆，托换管安放结束后，其周围宜浇筑C20混凝土，混凝土内并可加适量膨胀剂，也可采用膨胀水泥，使混凝土与原基础接触紧密，连成整体。

**7.2.6** 坑式静压桩属于隐蔽工程，将其压入土中后，不便进行检验，桩的质量与砂、石、水泥、钢材等原材料以及施工因素有关。施工验收，应侧重检验制桩的原材料化验结果以及钢材、水泥出厂合格证、混凝土试块的试验报告和压桩记录等内容。

### 7.3 纠 倾 法

**7.3.1** 某些已经建成并投入使用的建筑物，甚至某些正在建造中的建筑物，由于场地地基土的湿陷性及压缩性较高，雨水、场地水、管网水、施工用水、环境水管理不好，使地基土发生湿陷变形及压缩变形，造成建筑物倾斜和其他形式的不均匀下沉、建筑物裂缝和构件断裂等，影响建筑物的使用和安全。在这种情况下，解决工程事故的方法之一，就是采取必要的有效措施，使地基过大的不均匀变形减小到符合建筑物的允许值，满足建筑物的使用要求，本规范称此法为纠倾法。

湿陷性黄土浸水湿陷，这是湿陷性黄土地区有别于其他地区的一个特点。由此出发，本条将纠倾法分为湿法和干法两种。

浸水湿陷是一种有害的因素，但可以变有害为有利，利用湿陷性黄土浸水湿陷这一特性，对建筑物地基相对下沉较小的部位进行浸水，强迫其下沉，使既有建筑物的倾斜得以纠正，本法称为湿法纠倾。兰化有机厂生产楼地基下沉停产事故、窑街水泥厂烟囱倾斜事故等工程中，采用了湿法纠倾，使生产楼恢复生产、烟囱扶正，并恢复了它们的使用功能，节省了大量资金。

对某些建、构筑物，由于邻近范围内有建、构筑物或有大量的地下构筑物等，采用湿法纠倾，将会威胁到邻近地上或地下建、构筑物的安全，在这种情况下，对地基应选择不浸水或少浸水的方法，对不浸水的方法，称为干法纠倾，如掏土法、加压法、顶升法等。早在20世纪70年代，甘肃省建筑科学研究院用加压法处理了当时影响很大的天水军民两用机场跑道下沉全工程停工的特大事故，使整个工程复工，经过近30年的使用考验，证明处理效果很好。

又如甘肃省建筑科学研究院对兰化烟囱的纠倾，采用了小切口竖向调整和局部横向扇形掏土法；西北铁科院对兰州白塔山的纠倾，采用了横向掏土和竖向顶升法，都取得了明显的技术、经济和社会效益。

**7.3.2** 在湿陷性黄土场地对既有建筑物进行纠倾时，必须全面掌握原设计与施工的情况、场地的岩土工程地质情况、事故的现状、产生事故的原因及影响因素、地基的变形性质与规律、下沉的数量与特点、建筑物本身的重要性和使用上的要求、邻近建筑物及地下构筑物的情况、周围环境等各方面的资料，当某些重要资料缺少时，应先进行必要的补充工作，精心做好纠倾前的准备。纠倾方案，应充分考虑到实施过程中可能出现的不利情况，做到有对策、留余地，安全可靠、经济合理。

**7.3.3～7.3.6** 规定了纠倾法的适用范围和有关要求。

采用浸水法时，一定要注意控制浸水范围、浸水量和浸水速率。地基下沉的速率以5～10mm/d为宜，当达到预估的浸水滞后沉降量时，应及时停水，防止产生相反方向的新的不均匀变形，并防止建筑物产生新的损坏。

采用浸水法对既有建筑物进行纠倾，必须考虑到对邻近建筑物的不利影响，应有一定的安全防护距离。一般情况下，浸水点与邻近建筑物的距离，不宜小于1.5倍湿陷性黄土层深度的下限，并不宜小于20m；当土层中有碎石类土和砂土夹层时，还应考虑到这些夹层的水平向串水的不利影响，此时防护距离宜取大值；在土体水平向渗透性小于垂直向和湿陷性黄土层深度较小（如小于10m）的情况下，防护距离也可适当减小。

当采用浸水法纠倾难于达到目的时，可将两种或两种以上的方法因地、因工程制宜地结合使用，或将几种干法纠倾结合使用，也可以将干、湿两种方法合用。

**7.3.7** 本条从安全角度出发，规定了不得采用浸水法的有关情况。

靠近边坡地段，如果采用浸水法，可能会使本来稳定的边坡成为不稳定的边坡，或使原来不太稳定的边坡进一步恶化。

靠近滑坡地段，如果采用浸水法，可能会使土体含水量增大，滑坡体的重量加大，土的抗剪强度减小，滑动面的阻滑作用减小，滑坡体的滑动作用增大，甚至会触发滑坡体的滑动。

所以在这些地段，不得采用浸水法纠倾。

附近有建、构筑物和地下管网时，采用浸水法，可能顾此失彼，不但会损害附近地面、地下的建、构筑物及管网，还可能由于管道断裂，建筑物本身有可能产生新的次生灾害，所以在这种情况下，不宜采用浸水法。

**7.3.8** 在纠倾过程中，必须对拟纠倾的建筑物和周围情况进行监控，并采取有效的安全措施，这是确保工程质量和施工安全的关键。一旦出现异常，应及时处理，不得拖延时间。

纠倾过程中，监测工作一般包括下列内容：

**1** 建筑物沉降、倾斜和裂缝的观测；

**2** 地面沉降和裂缝的观测；

**3** 地下水位的观测；

**4** 附近建筑物、道路和管道的监测。

**7.3.9** 建筑物纠倾后，如果在使用过程中还可能出现新的事故，经分析认为确实存在潜在的不利因素时，应对该建筑物进行地基加固并采取其他有效措施，防止事故再次发生。

对纠倾后的建筑物，开始宜缩短观测的间隔时间，沉降趋于稳定后，间隔时间可适当延长，一旦发现沉降异常，应及时分析原因，采取相应措施增加观测次数。

# 8 施　　工

## 8.1 一般规定

**8.1.1～8.1.2** 合理安排施工程序，关系着保证工程质量和施工进度及顺利完成湿陷性黄土地区建设任务的关键。以往在建设中，有些单位不是针对湿陷性黄土的特点安排施工，而是违反基建程序和施工程序，如只图早开工，忽视施工准备，只顾房屋建筑，不重视附属工程；只抓主体工程，不重视收尾竣工……因而往往造成施工质量低劣、返工浪费、拖延进度以及地基浸水湿陷等事故，使国家财产遭受不应有的损失，施工程序的主要内容是：

**1** 强调做好施工准备工作和修通道路、排水设施及必要的护坡、挡土墙等工程，可为施工主体工程创造条件；

**2** 强调“先地下后地上”的施工程序，可使施工人员重视并抓紧地下工程的施工，避免场地积水浸入地基引起湿陷，并防止由于施工程序不当，导致建筑物产生局部倾斜或裂缝；

**3** 强调先修通排水管道，并先完成其下游，可使排水畅通，消除不良后果。

**8.1.3** 本条规定的地下坑穴，包括古墓、古井和砂井、砂巷。这些地下坑穴都埋藏在地表下不同深度内，是危害建筑物安全使用的隐患，在地基处理或基础施工前，必须将地下坑穴探查清楚与处理妥善，并应绘图、记录。

目前对地下坑穴的探查和处理，没有统一规定。如：有的由建设部门或施工单位负责，也有的由文物部门负责。由于各地情况不同，故本条仅规定应探查和处理的范围，而未规定完成这项任务的具体部门或单位，各地可根据实际情况确定。

**8.1.4** 在湿陷性黄土地区，雨季和冬季约占全年时间的1/3以上，对保证施工质量，加快施工进度的不利因素较多，采取防雨、防冻措施需要增加一定的工程造价，但绝不能因此而不采取有效的防雨、防冻措施。

基坑（或槽）暴露时间过长，基坑（槽）内容易积水，基坑（槽）壁容易崩塌，在开挖基坑（槽）或大型土方前，应充分做好准备工作，组织分段、分批流水作业，快速施工，各工序之间紧密配合，尽快完成地基基础和地下管道等的施工与回填，只有这样，才能缩短基坑（槽）的暴露时间。

**8.1.5** 近些年来，城市建设和高层建筑发展较迅速，地下管网及其他地下工程日益增多，房屋越来越密集，在既有建筑物的邻近修建地下工程时，不仅要保证地下工程自身的安全，而且还应采取有效措施确保原有建筑物和管道系统的安全使用。否则，后果不堪设想。

## 8.2 现场防护

**8.2.1** 湿陷性黄土地区气候比较干燥，年降雨量较少，一般为300～500mm，而且多集中在7～9三个月，因此暴雨较多，危害性较大，建筑场地的防洪工程不但应提前施工，并应在雨季到来之前完成，防止洪水淹没现场引起灾害。

**8.2.2** 施工期间用的临时防洪沟、水池、洗料场、淋灰池等，其设施都很简易，渗漏水的可能性大，应尽可能将这些临时设施布置在施工现场的地形较低处或地下水流向的下游地段，使其远离主要建筑物，以防止或减少上述临时设施的渗漏水渗入建筑物地基。

据调查，在非自重湿陷性黄土场地，水渠漏水的横向浸湿范围约为10～12m，淋灰池漏水的横向浸湿范围与上述数值基本相同，而在自重湿陷性黄土场地，水渠漏水的横向浸湿范围一般为20m左右。为此，本条对上述设施距建筑物外墙的距离，按非自重湿陷性黄土场地和自重湿陷性黄土场地，分别规定为不宜小于12m和25m。

**8.2.3** 临时给水管是为施工用水而装设的临时管道，施工结束后务必及时拆除，避免将临时给水管道，长期埋在地下腐蚀漏水。例如，兰州某办公楼的墙体严重裂缝，就是由于竣工后未及时拆除临时给水管道而被埋在地下腐蚀漏水所造成的湿陷事故。总结已有经验教训，本条规定，对所有临时给水管道，均应在施工期间将其绘在施工总平图上，以便检查和发现，施工完毕，不再使用时，应立即拆除。

**8.2.4** 已有经验说明，不少取土坑成为积水坑，影响建筑物安全使用，为此本条规定，在建筑物周围20m范围内不得设置取土坑。当确有必要设置时，应设在现场的地形较低处，取土完毕后，应用其他土将取土坑回填夯实。

## 8.3 基坑或基槽的施工

**8.3.3** 随着建设的发展，湿陷性黄土地区的基坑开挖深度越来越大，有的已超过10m，原来认为湿陷性黄土地区基坑开挖不需要采取支护措施，现在已经不能满足工程建设的要求，而黄土地区基坑事故却屡有发生。因而有必要在本规范内新增有关湿陷性黄土地区深基坑开挖与支护的内容。

除了应符合现行国家标准《岩土工程勘察规范》和国家行业标准《建筑基坑支护技术规程》的有关规定外，湿陷性黄土地区的深基坑开挖与支护还有其特殊的要求，其中最为突出的有：

1 要对基坑周边外宽度为1～2倍开挖深度的范围内进行土体裂隙调查，并分析其对坑壁稳定性的影响。一些工程实例表明，黄土坑壁的失稳或破坏，常常呈现坍落或坍滑的形式，滑动面或破坏面的后壁常呈现直立或近似直立，与土体中的垂直节理或裂隙有关。

2 湿陷性黄土遇水增湿后，其强度将显著降低导致坑壁失稳。不少工程实例都表明，黄土地区的基坑事故大都与黄土坑壁浸水增湿软化有关。所以对黄土基坑来说，严格的防水措施是至关重要的。当基坑壁有可能受水浸湿时，宜采用饱和状态下黄土的物理力学性质指标进行设计与验算。

3 在需要对基坑进行降低地下水位时，所需的水文地质参数特别是渗透系数，宜根据现场试验确定，而不应根据室内渗透试验确定。实践经验表明，现场测定的渗透系数将比室内测定结果要大得多。

## 8.4 建筑物的施工

**8.4.1** 各种施工缝和管道接口质量不好，是造成管沟和管道渗漏水的隐患，对建筑物危害极大。为此，本条规定，各种管沟应整体穿过建筑物基础。对穿过外墙的管沟要求一次做到室外的第一个检查井或距基础3m以外，防止在基础内或基础附近接头，以保证接头质量。

## 8.5 管道和水池的施工

**8.5.1** 管材质量的优、劣，不仅影响其使用寿命，更重要的是关系到是否漏水渗入地基。近些年，由于市场管理不规范，产品鉴定不严格，一些不符合国家标准的劣质产品流入施工现场，给工程带来危害。为把好质量关，本条规定，对各种管材及其配件进场时，必须按设计要求和有关现行国家标准进行检查。经检查不合格的不得使用。

**8.5.2** 根据工程实践经验，从管道基槽开挖至回填结束，施工时间越长，问题越多。本条规定，施工管道及其附属构筑物的地基与基础时，应采取分段、流水作业，或分段进行基槽开挖、检验和回填。即：完成一段，再施工另一段，以便缩短管道和沟槽的暴露时间，防止雨水和其他水流入基槽内。

**8.5.6** 对埋地压力管道试压次数的规定：

**1** 据调查，在非自重湿陷性黄土场地（如西安地区），大量埋地压力管道安装后，仅进行1次强度和严密性试验，在沟槽回填过程中，对管道基础和管道接口的质量影响不大。进行1次试压，基本上能反映出管道的施工质量。所以，在非自重湿陷性黄土场地，仍按原规范规定应进行1次强度和严密性试验。

**2** 在自重湿陷性黄土场地（如兰州地区），普遍反映，非金属管道进行2次强度和严密性试验是必要的。因为非金属管道各品种的加工、制作工艺不稳定，施工过程中易损易坏。从工程实例分析，管道接口处的事故发生率较高，接口处易产生环向裂缝，尤其在管基垫层质量较差的情况下，回填土时易造成隐患。管口在回填土后一旦产生裂缝，稍有渗漏，自重湿陷性黄土的湿陷很敏感，极易影响前、后管基下沉，管口拉裂，扩大破坏程度，甚至造成返工。所以，本规范要求做2次强度和严密性试验，而且是在沟槽回填前、后分别进行。

金属管道，因其管材质量相对稳定；大口径管道接口已普遍采用橡胶止水环的柔性材料；小口径管道接口施工质量有所提高；直埋管中管，管材材质好，接口质量严密……从金属管道整体而言，均有一定的抗不均匀沉陷的能力。调查中，普遍认为没有必要做2次试压。所以，本次修订明确指出，金属管道进行1次强度和严密性试验。

**8.5.7** 从压力管道的功能而言，有两种状况：在建筑物基础内外，基本是防护距离以内，为其建筑物的生产、生活直接服务的附属配水管道。这些管道的管径较小，但数量较多，很繁杂，可归为建筑物内的压力管道；还有的是穿越城镇或建筑群区域内（远离建筑物）的主体输水管道。此类管道虽然不在建筑物防护距离之内，但从管道自身的重要性和管道直接埋地的敷设环境看，对建筑群区域的安全存在不可忽视的威协。这些压力管道在本规范中基本属於构筑物的范畴，是建筑物的室外压力管道。

原规范中规定：埋地压力管道的强度试验压力应符合有关现行国家标准的规定；严密性试验的压力值为工作压力加100kPa。这种写法没有区分室内和室外压力管道，较为笼统。在工程实践中，一些单位反映，目前室内、室外压力管道的试压标准较混乱无统一标准遵循。

1998年建设部颁发实施的国家标准《给水排水管道工程施工及验收规范》（以下简称“管道规范”）解决了室外压力管道试压问题。该“管道规范”明确规定适用于城镇和工业区的室外给排水管道工程的施工及验收；在严密性试验中，“管道规范”的要求明显高于原规范，其试验方法与质量检测标准也较高。考虑到湿陷性黄土对防水有特殊要求，所以，室外压力管道的试压标准应符合现行国家标准“管道规范”的要求。

在本次修订中，明确规定了室外埋地压力管道的试验压力值，并强调强度和严密性的试验方法、质量检验标准，应符合现行国家标准《给水排水管道工程施工及验收规范》的有关规定，这是最基本的要求。

**8.5.8** 本条对室内管道，包括防护范围内的埋地压力管道进行水压试验，基本上仍按原规范规定，高于一般地区的要求。其中规定室内管道强度试验的试验压力值，在严密性试验时，沿用原规范规定的工作压力加0.10MPa。测试时间：金属管道仍为2h，非金属管道为4h，并尽量使试验工作在一个工作日内完成。

建筑物内的工业埋地压力给水管道，因随工艺要求不同，有其不同的要求，所以本条另写，按有关专门规定执行。

塑料管品种繁多，又不断更新，国家标准正陆续制定，尚未系列化，所以，本规范对塑料管的试压要求未作规定。在塑料管道工程中，对塑料管的试压要求，只有参照非金属管的要求试压或者按相应现行国家标准执行。

**8.5.9** 据调查，雨水管道漏水引起的湿陷事故率仅次於污水管。雨水汇集在管道内的时间虽短暂，但量大，来得猛、管道又易受外界因素影响。如：小区内雨水管距建筑物基础近；有的屋面水落管入地后直埋於柱基附近，再与地下雨水管相接，本身就处于不均匀沉降敏感部位；小区和市政雨水管防渗漏效果的好坏将直接影响交通和环境……所以，在湿陷性黄土地区，提高了对雨水管的施工和试验检验的标准，与污水管同等对待，当作埋地无压管道进行水压试验，同时明确要求采用闭水法试验。

**8.5.10** 本条将室外埋地无压管道单独规定，采用闭水试验方法，具体实施应按“管道规范”规定，比原规范规定的试验标准有所提高。

**8.5.11** 本条与8.5.10条相对应，将室内埋地无压管道的水压试验单独规定。至于采用闭水法试验，注水水头，室内雨水管道闭水试验水头的取值都与原规范一致。因合理、适用，则未作修订。

**8.5.12** 现行国家标准《给水排水构筑物施工验收规范》，对水池满水试验的充水水位观测，蒸发量测定，渗水量计算等都有详细规定和严格要求。本次修订，本规范仅将原规范条文改写为对水池应按设计水位进行满水试验。其方法与质量标准应符合《给水排水构筑物施工及验收规范》的规定和要求。

**8.5.13** 工程实例说明，埋地管道沟槽回填质量不规范，有的甚至凹陷有隐患。为此，本次修订，明确在0.50m范围内，压实系数按0.90控制，其他部位按0.95控制。基本等同于池（沟）壁与基槽间的标准，保护管道，也便于定量检验。

## 9 使用与维护

### 9.1 一般规定

**9.1.1～9.1.2** 设计、施工所采取的防水措施，在使用期间能否发挥有效作用，关键在于是否经常坚持维护和检修。工程实践和调查资料表明，凡是对建筑物和管道重视维护和检修的使用单位，由于建筑物周围场地积水、管道漏水引起的湿陷事故就少，否则，湿陷事故就多。

为了防止和减少湿陷事故的发生，保证建筑物和管道的安全使用，总结已有的经验教训，本章规定，在使用期间，应对建筑物和管道经常进行维护和检修，以确保设计、施工所采取的防水措施发挥有效作用。

用户部门应根据本章规定，结合本部门或本单位的实际，安排或指定有关人员负责组织制订使用与维护管理细则，督促检查维护管理工作，使其落到实处，并成为制度化、经常化，避免维护管理流于形式。

**9.1.4** 据调查，在建筑物使用期间，有些单位为了改建或扩建，在原有建筑物的防护范围内随意增加或改变用水设备，如增设开水房、淋浴室等，但没有按规范规定和原设计意图采取相应的防水措施和排水设施，以至造成许多湿陷事故。本条规定，有利于引起使用部门的重视，防止有章不循。

### 9.2 维护和检修

**9.2.1～9.2.6** 本节各条都是维护和检修的一些要求和做法，其规定比较具体，故未作逐条说明，使用单位只要认真按本规范规定执行，建筑物的湿陷事故有可能杜绝或减到最少。

埋地管道未设检漏设施，其渗漏水无法检查和发现。尽管埋地管道大都是设在防护范围外，但如果长期漏水，不仅使大量水浪费，而且还可能引起场地地下水位上升，甚至影响建筑物安全使用，为此，9.2.1 条规定，每隔 3～5 年，对埋地压力管道进行工作压力下的泄漏检查，以便发现问题及时采取措施进行检修。

### 9.3 沉降观测和地下水位观测

**9.3.3～9.3.4** 在使用期间，对建筑物进行沉降观测和地下水位观测的目的是：

**1** 通过沉降观测可及时发现建筑物地基的湿陷变形。因为地基浸水湿陷往往需要一定的时间，只要按规范规定坚持经常对建筑物和地下水位进行观测，即可为发现建筑物的不正常沉降情况提供信息，从而可以采取措施，切断水源，制止湿陷变形的发展。

**2** 根据沉降观测和地下水位观测的资料，可以分析判断地基变形的原因和发展趋势，为是否需要加固地基提供依据。

## 附录A 中国湿陷性黄土工程地质分区略图

本附录A说明为新增内容。随着城市高层建筑的发展，岩土工程勘探的深度也在不断加深，人们对黄土的认识进一步深入，因此，本次修订过程中，除了对原版面的清晰度进行改观，主要收集和整理了山西、陕西、甘肃、内蒙古和新疆等地区有关单位近年来的勘察资料。对原图中的湿陷性黄土层厚度、湿陷系数等数据进行了部分修改和补充，共计 27 个城镇点，涉及到陕西、甘肃、山西等省、区。在边缘地区Ⓥ区新增内蒙古中部—辽西区 Ⓥ3 和新疆—甘西—青海区 Ⓥ4；同时根据最新收集的张家口地区的勘察资料，据其湿陷类型和湿陷等级将该区划分在山西—冀北地区即汾河流域—冀北区 Ⓘ1。本次修订共新增代表性城镇点 19 个，受资料所限，略图中未涉及的地区还有待于进一步补充和完善。

湿陷性黄土在我国分布很广，主要分布在山西、陕西、甘肃大部分地区以及河南的西部。此外，新疆、山东、辽宁、宁夏、青海、河北以及内蒙古的部分地区也有分布，但不连续。本图为湿陷性黄土工程地质分区略图，它使人们对全国范围内的湿陷性黄土性质和分布有一个概括的认识和了解，图中所标明的湿陷性黄土层厚度和高、低价地湿陷系数平均值，大多数资料的收集和整理源于建筑物集中的城镇区，而对于该区的台塬、大的冲积扇、河漫滩等地貌单元的资料或湿陷性黄土层厚度与湿陷系数值，则应查阅当地的工程地质资料或分区详图。

## 附录C 判别新近堆积黄土的规定

**C.0.1** 新近堆积黄土的鉴别方法，可分为现场鉴别和按室内试验的指标鉴别。现场鉴别是根据场地所处地貌部位、土的外观特征进行。通过现场鉴别可以知道哪些地段和地层，有可能属于新近堆积黄土，在现场鉴别把握性不大时，可以根据土的物理力学性质指标作出判别分析，也可按两者综合分析判定。

新近堆积黄土的主要特点是，土的固结成岩作用差，在小压力下变形较大，其所反映的压缩曲线与晚更新世（$Q_3$）黄土有明显差别。新近堆积黄土是在小压力下（0～100kPa 或 50～150kPa）呈现高压缩性，而晚更新世（$Q_3$）黄土是在 100～200kPa 压力段压缩性的变化增大，在小压力下变形不大。

**C.0.2** 为对新近堆积黄土进行定量判别，并利用土的物理力学性质指标进行了判别函数计算分析，将新近堆积黄土和晚更新世（$Q_3$）黄土的两组样品作判别分析，可以得到以下四组判别式：

$R=-6.82e+9.72a$ (C.0.2-1)

$R_0=-2.59$，判别成功率为79.90%

$R=-10.86e+9.77a-0.48\gamma$ (C.0.2-2)

$R_0=-12.27$，判别成功率为80.50%

$R=-68.45e+10.98a-7.16\gamma+1.18w$ (C.0.2-3)

$R_0=-154.80$，判别成功率为81.80%

$R=-65.19e+10.67a-6.91\gamma+1.18w+1.79w_L$ (C.0.2-4)

$R_0=-152.80$，判别成功率为81.80%

当有一半土样的$R>R_0$时，所提供指标的土层为新近堆积黄土。式中$e$为土的孔隙比；$a$为0～100kPa，50～150kPa压力段的压缩系数之大者，单位为$MPa^{-1}$；$\gamma$为土的重度，单位为$kN/m^3$；$w$为土的天然含水量（%）；$w_L$为土的液限（%）。

判别实例：

陕北某场地新近堆积黄土，判别情况如下：

1 现场鉴定

拟建场地位于延河Ⅰ级阶地，部分地段位于河漫滩，在场地表面分布有3～7m厚黄褐～褐黄色的粉土，土质结构松散，孔隙发育，见较多虫孔及植物根孔，常混有粉质粘土土块及砂、砾或岩石碎屑，偶见陶瓷及朽木片。从现场土层分布及土性特征看，可初步定为新近堆积黄土。

2 按试验指标判定

根据该场地对应地层的土样室内试验结果，$w=16.80\%$，$\gamma=-14.90\,kN/m^3$，$e=1.070$，$a_{50-150}=0.68MPa^{-1}$，代入附（C.0.2-3）式，得$R=-152.64>R_0=-154.80$，通过计算有一半以上土样的土性指标达到了上述标准。

由此可以判定该场地上部的黄土为新近堆积黄土。

## 附录D 钻孔内采取不扰动土样的操作要点

**D.0.1～D.0.2** 为了使土样不受扰动，要注意掌握的因素很多，但主要有钻进方法，取样方法和取样器三个环节。

采用合理的钻进方法和清孔器是保证取得不扰动土样的第一个前提，即钻进方法与清孔器的选用，首先着眼于防止或减少孔底拟取土样的扰动，这对结构敏感的黄土显得更为重要。选择合理的取样器，是保证采取不扰动土样的关键。经过多年来的工程实践，以及西北综合勘察设计研究院、国家电力公司西北电力设计院、信息产业部电子综合勘察院等，通过对探井与钻孔取样的直接对比，其结果（见附表D-2）证明：按附录D中的操作要点，使用回转钻进、薄壁清孔器清孔、压入法取样，能够保证取得不扰动土样。

目前使用的黄土薄壁取样器中，内衬大多使用镀锌薄钢板。由于薄钢板重复使用容易变形，内外壁易粘附残留的蜡和土等弊病，影响土样的质量，因此将逐步予以淘汰，并以塑料或酚醛层压纸管代替。

**D.0.3** 近年来，在湿陷性黄土地区勘察中，使用的黄土薄壁取样器的类型有：无内衬和有内衬两种。为了说明按操作要点以及使用两种取样器的取样效果，在同一勘探点处，对探井与两种类型三种不同规格、尺寸的取样器（见附表D-1）的取土质量进行直接对比，其结果（见附表D-2）说明：应根据土质结构、当地经验、选择合适的取样器。

当采用有内衬的黄土薄壁取样器取样时，内衬必须是完好、干净、无变形，且与取样器的内壁紧贴。当采用无内衬的取样器取样时，内壁必须均匀涂抹润滑油，取土样时，应使用专门的工具将取样器中的土样缓缓推出。但在结构松散的黄土层中，不宜使用无内衬的取样器。以免土样从取样器另装入盛土筒过程中，受到扰动。

钻孔内取样所使用的几种黄土薄壁取土器的规格，见附表D-1。

同一勘探点处，在探井内与钻孔内的取样质量对比结果，见附表D-2。

西安咸阳机场试验点，在探井内与钻孔内的取样质量对比，见附表D-3。

**附表D-1 黄土薄壁取土器的尺寸、规格**

| 取土器类型 | 最大外径(mm) | 刃口内径(mm) | 样筒内径(mm) | | 盛土筒长(mm) | 盛土筒厚(mm) | 余（废）土筒长(mm) | 面积比(%) | 切削刃口角度(℃) | 生产单位 |
|---|---|---|---|---|---|---|---|---|---|---|
| | | | 无衬 | 有衬 | | | | | | |
| TU—127—1 | 127 | 118.5 | — | 120 | 150 | 3.00 | 200 | 14.86 | 10 | 西北综合勘察设计研究院 |
| TU—127—2 | 127 | 120 | 121 | — | 200 | 2.25 | 200 | 7.57 | 10 | |
| TU—127—3 | 127 | 116 | 118 | — | 185 | 2.00 | 264 | 6.90 | 12.50 | 信息产业部电子综勘院 |

附表 D-2　同一勘探点在探井内与钻孔内的取样质量对比表

| 试验场地 \ 取样方法 \ 对比指标 | 孔隙比（$e$） | | | | 湿陷系数（$\delta_s$） | | | | 备注 |
|---|---|---|---|---|---|---|---|---|---|
| | 探井 | TU127-1 | TU127-2 | TU127-3 | 探井 | TU127-1 | TU127-2 | TU127-3 | |
| 咸阳机场 | 1.084 | 1.116 | 1.103 | 1.146 | 0.065 | 0.055 | 0.069 | 0.063 | $Q_3$ 黄土 |
| 平均差 | — | 0.032 | 0.019 | 0.062 | — | 0.001 | 0.004 | 0.002 | |
| 西安等驾坡 | 1.040 | 1.042 | 1.069 | 1.024 | 0.032 | 0.027 | 0.035 | 0.030 | |
| 平均差 | — | 0.002 | 0.029 | 0.016 | — | 0.005 | 0.003 | 0.002 | |
| 陕西蒲城 | 1.081 | 1.070 | — | — | 0.050 | 0.044 | — | — | |
| 平均差 | — | 0.011 | — | — | — | 0.006 | — | — | |
| 陕西永寿 | 0.942 | — | — | 0.964 | 0.056 | — | — | 0.073 | |
| 平均差 | — | — | — | 0.022 | — | — | — | 0.017 | |
| 湿陷等级 | 按钻孔试验结果评定的湿陷等级与探井完全吻合 | | | | | | | | |

附表 D-3　西安咸阳机场在探井内与钻孔内的取土质量对比表

| 取土深度(m) \ 取样方法 \ 对比指标 | 孔隙比（$e$） | | | | 湿陷系数（$\delta_s$） | | | |
|---|---|---|---|---|---|---|---|---|
| | 探井 | 钻孔 1 | 钻孔 2 | 钻孔 3 | 探井 | 钻孔 1 | 钻孔 2 | 钻孔 3 |
| 1.00～1.15 | 1.097 | — | 1.060 | — | 0.103 | — | — | — |
| 2.00～2.15 | 1.035 | 1.045 | 1.010 | 1.167 | 0.086 | 0.070 | 0.066 | 0.081 |
| 3.00～3.15 | 1.152 | 1.118 | 0.991 | 1.184 | 0.067 | 0.058 | 0.039 | 0.087 |
| 4.00～4.15 | 1.222 | 1.336 | 1.316 | 1.106 | 0.069 | 0.075 | 0.077 | 0.050 |
| 5.00～5.15 | 1.174 | 1.251 | 1.249 | 1.323 | 0.071 | 0.060 | 0.061 | 0.080 |
| 6.00～6.15 | 1.173 | 1.264 | 1.256 | 1.192 | 0.083 | 0.089 | 0.085 | 0.068 |
| 7.00～7.15 | 1.258 | 1.209 | 1.238 | 1.194 | 0.083 | 0.079 | 0.084 | 0.065 |
| 8.00～8.15 | 1.770 | 1.202 | 1.217 | 1.205 | 0.102 | 0.091 | 0.079 | 0.079 |
| 9.00～9.15 | 1.103 | 1.057 | 1.117 | 1.152 | 0.046 | 0.029 | 0.057 | 0.066 |
| 10.00～10.15 | 1.018 | 1.040 | 1.121 | 1.131 | 0.026 | 0.016 | 0.036 | 0.038 |
| 11.00～11.15 | 0.776 | 0.926 | 0.888 | 0.993 | 0.002 | 0.018 | 0.006 | 0.010 |
| 12.00～12.15 | 0.824 | 0.830 | 0.770 | 0.963 | 0.040 | 0.020 | 0.009 | 0.016 |
| 说　明 | 钻孔 1 采用 TU127-1 型取土器；钻孔 2 采用 TU127-2 型取土器；钻孔 3 采用 TU127-3 型取土器 | | | | | | | |

## 附录 G　湿陷性黄土场地地下水位上升时建筑物的设计措施

湿陷性黄土地基土增湿和减湿，对其工程特性均有显著影响。本措施主要适用于建筑物在使用期内，由于环境条件恶化导致地下水位上升影响地基主要持力层的情况。

**G.0.1**　未消除地基全部湿陷量，是本附录的前提条件。

**G.0.2～G.0.7**　基本保持原规范条文的内容，仅在个别处作了文字修改，主要是为防止不均匀沉降采取的措施。

**G.0.8**　设计时应考虑建筑物在使用期间，因环境条件变化导致地下水位上升的可能，从而对地下室和地下管沟采取有效的防水措施。

**G.0.9**　本条是根据山西省引黄工程太原呼延水厂的工程实例编写的。该厂距汾河二库的直线距离仅7.8km，水头差高达 50m。厂址内的工程地质条件很复杂，有非自重湿陷性黄土场地与自重湿陷性黄土场地，且有碎石地层露头。水厂设计地面分为三个台地，有填方，也有挖方。在方案论证时，与会专家均指出，设计应考虑原非自重湿陷性黄土场地转化为自重湿陷性黄土场地的可能性。这里，填方与地下水位上升是导致场地湿陷类型转化的外因。

## 附录H　单桩竖向承载力静载荷浸水试验要点

**H.0.1～H.0.2**　对单桩竖向承载力静载荷浸水试验提出了明确的要求和规定。其理由如下：

湿陷性黄土的天然含水量较小，其强度较高，但它遇水浸湿时，其强度显著降低。由于湿陷性黄土与其他黏性土的性质有所不同，所以在湿陷性黄土场地上进行单桩承载力静载荷试验时，要求加载前和加载至单桩竖向承载力的预估值后向试坑内昼夜浸水，以使桩身周围和桩底端持力层内的土均达到饱和状态，否则，单桩竖向静载荷试验测得的承载力偏大，不安全。

## 附录J　垫层、强夯和挤密等地基的静载荷试验要点

**J.0.1**　荷载的影响深度和荷载的作用面积密切相关。压板的直径越大，影响深度越深。所以本条对垫层地基和强夯地基上的载荷试验压板的最小尺寸作了规定，但当地基处理厚度大或较大时，可分层进行试验。

挤密桩复合地基静载荷试验，宜采用单桩或多桩复合地基静载荷试验。如因故不能采用复合地基静载荷试验，可在桩顶和桩间土上分别进行试验。

**J.0.5**　处理后的地基土密实度较高，水不易下渗，可预先在试坑底部打适量的浸水孔，再进行浸水载荷试验。

**J.0.6**　对本条规定的试验终止条件说明如下：

**1**　为地基处理设计（或方案）提供参数，宜加至极限荷载终止；

**2**　为检验处理地基的承载力，宜加至设计荷载值的2倍终止。

**J.0.8**　本条提供了三种地基承载力特征值的判定方法。大量资料表明，垫层的压力-沉降曲线一般呈直线或平滑的曲线，复合地基载荷试验的压力-沉降曲线大多是一条平滑的曲线，均不易找到明显的拐点。因此承载力按控制相对变形的原则确定较为适宜。本条首次对土（或灰土）垫层的相对变形值作了规定。

中华人民共和国行业标准

# 湿陷性黄土地区建筑基坑工程安全技术规程

Technical specifications for safe retaining and protection of building foundation excavation engineering in collapsible loess regions

**JGJ 167—2009**
**J 859—2009**

批准部门：中华人民共和国住房和城乡建设部
施行日期：2 0 0 9 年 7 月 1 日

# 中华人民共和国住房和城乡建设部
# 公　告

第 242 号

## 关于发布行业标准《湿陷性黄土地区建筑基坑工程安全技术规程》的公告

现批准《湿陷性黄土地区建筑基坑工程安全技术规程》为行业标准，编号为 JGJ 167—2009，自 2009 年 7 月 1 日起实施。其中，第 3.1.5、5.1.4、5.2.5、13.2.4 条为强制性条文，必须严格执行。

本规程由我部标准定额研究所组织中国建筑工业出版社出版发行。

**中华人民共和国住房和城乡建设部**

2009 年 3 月 15 日

## 前　言

根据原建设部《关于印发〈2007 年工程建设标准规范制订、修订计划（第一批）〉的通知》（建标[2007] 125 号）的要求，规程编制组在深入调查研究，认真总结国内外科研成果和大量实践经验，并在广泛征求意见的基础上，制定了本规程。

本规程的主要技术内容是：1. 总则；2. 术语和符号；3. 基本规定；4. 基坑工程勘察；5. 坡率法；6. 土钉墙；7. 水泥土墙；8. 排桩；9. 降水与土方工程；10. 基槽工程；11. 环境保护与监测；12. 基坑工程验收；13. 基坑工程的安全使用与维护以及相关附录。

本规程以黑体字标志的条文为强制性条文，必须严格执行。

本规程由住房和城乡建设部负责管理和对强制性条文的解释，由陕西省建设工程质量安全监督总站负责具体技术内容的解释。

本规程主编单位：陕西省建设工程质量安全监督总站

（地址：西安市龙首北路西段 7 号航天新都 5 楼；邮政编码：710015）

本规程参编单位：中国有色金属工业西安勘察设计研究院
西北综合勘察设计研究院
中国有色金属工业西安岩土工程公司
陕西工程勘察研究院
甘肃省地基基础有限责任公司
陕西地质工程总公司
西安市勘察测绘院
机械工业勘察设计研究院
西北有色勘测工程公司
山西省勘察设计研究院
陕西三秦工程技术质量咨询有限责任公司
信息产业部电子综合勘察研究院

本规程主要起草人：姚建强　朱沈阳　李三红
万增亭　王俊川　田树玉
边尔伦　魏乐军　任澍华
吴小梅　吴群昌　李玉林
徐张建　邱祖全　柳宗仁
赵晓峰　原永智　杨宝山
蔡金选　朱金生　夏　季
丁守宽　任占厚　赵瑞青
杨　震　李西海　王宝峰
王　军　夏　杰　杨宏昌

# 目　次

# 1 总 则

**1.0.1** 为保证湿陷性黄土地区建筑基坑工程在各环节中做到安全适用、技术先进、经济合理和保护环境，制定本规程。

**1.0.2** 本规程适用于湿陷性黄土地区建筑基坑工程的勘察、设计、施工、检测、监测的技术安全及管理。

**1.0.3** 基坑工程应综合考虑基坑及其周边一定范围内的工程地质与水文地质条件、开挖深度、周边环境、基坑重要性、受水浸湿的可能性、施工条件、支护结构使用期限等因素，并应结合工程经验，做到精心设计、合理布局、严格施工、有效监管。

**1.0.4** 湿陷性黄土地区建筑基坑工程除应符合本规程的规定外，尚应符合国家现行有关标准的规定。

# 2 术语和符号

## 2.1 术 语

**2.1.1** 湿陷性黄土 collapsible loess

在一定压力的作用下受水浸湿时，土的结构迅速破坏，并产生显著附加下沉的黄土。

**2.1.2** 建筑基坑 building foundation pit

为进行建筑物（包括构筑物）基础与地下室施工所开挖的地面以下空间，包括基槽。

**2.1.3** 基坑侧壁 foundation pit wall

构成基坑围体的某一侧面。

**2.1.4** 基坑周边环境 surroundings foundation pit

基坑开挖影响范围内包括既有建（构）筑物、道路、地下设施、地下管线、岩土体及地下水体等的统称。

**2.1.5** 基坑支护 retaining and protecting for foundation excavation

为保证地下结构施工及基坑周边环境的安全，对基坑侧壁及周边环境采用的支挡、加固与保护措施。

**2.1.6** 坡率法 slope ratio method

通过选择合理的边坡坡度进行放坡，依靠土体自身强度保持基坑侧壁稳定的无支护基坑开挖施工方法。

**2.1.7** 土钉墙 soil-nailed wall

采用土钉加固的基坑侧壁土体与护面等组成的支护结构。

**2.1.8** 水泥土墙 cement-soil wall

由水泥土桩相互搭接形成的格栅状、壁状等形式的重力式支护与挡水结构。

**2.1.9** 排桩 soldier piles

以某种桩型按队列式布置组成的基坑支护结构。

**2.1.10** 土层锚杆 ground anchor

由设置于钻孔内，端部伸入稳定土层中的钢筋或钢绞线与孔内注浆体组成的受拉杆体。

**2.1.11** 冠梁 top beam

设置在支护结构顶部的钢筋混凝土连梁或钢质连梁。

**2.1.12** 腰梁 waist beam

设置在支护结构顶部以下，传递支护结构、锚杆或内支撑支点力的钢筋混凝土梁或钢梁。

**2.1.13** 支点 bearing point

锚杆或支撑体系对支护结构的水平约束点。

**2.1.14** 支点刚度系数 stiffness of fulcrum bearing

锚杆或支撑体系对支护结构的水平向反作用力与其相应位移的比值。

**2.1.15** 嵌固深度 embedded depth

桩墙结构在基坑开挖底面以下的埋置深度。

**2.1.16** 截水帷幕 cut-off curtain

用于阻截或减少基坑周围及底部地下水渗入基坑而采用的连续止水体。

**2.1.17** 防护范围 area of protection

基坑周边防护距离以内的区域。

**2.1.18** 信息施工法 information feed back construction method

根据施工现场的地质情况和监测数据，对地质结论、设计参数进行验证，对施工安全性进行判断并及时修正施工方案的施工方法。

**2.1.19** 动态设计法 information feed back design method

根据施工勘察和信息施工法反馈的资料，对地质结论、设计参数及设计方案进行再验证。如确认原设计条件有较大变化，及时补充、修改原设计的设计方法。

**2.1.20** 基坑工程监测 monitoring for foundation excavation

在基坑开挖及地下工程施工过程中，对基坑侧壁和支护结构的内力、变形、周围环境条件的变化等进行系统的观测和分析，并将监测结果及时反馈，以指导设计和施工的工作。

**2.1.21** 安全设施 safety device

为保护人、机械的安全，在基坑工程中设置的护栏、标志、防电等设施的总称。

## 2.2 符 号

**2.2.1** 抗力和材料性能

$A_s$——土钉中钢筋截面面积；

$c_k$——土的黏聚力标准值；

$e$——土的孔隙比；

$e_{pk}$——被动土压力标准值；

$f_{ck}$、$f_c$——混凝土轴心抗压强度标准值、设计值；

$f_{cu28}$——养护28d的水泥土立方体抗压强度标准值；

$f_{py}$、$f'_{py}$——预应力钢筋的抗拉、抗压强度设计值；

$f_y$、$f'_y$——普通钢筋的抗拉、抗压强度设计值；

$f_{yk}$、$f_{pyk}$——普通钢筋、预应力钢筋抗拉强度标准值；

$k$——土的渗透系数；

$K_p$——被动土压力系数；

$k_s$——基坑开挖面以下土体弹簧系数；

$K_T$——支点刚度系数（弹簧系数）；

$m$——地基土水平抗力系数的比例系数；

$R$——结构构件抗力的设计值；

$R_t$——锚杆（土钉）抗拔承载力特征值；

$S$——荷载效应基本组合的设计值；

$S_k$——荷载效应的标准组合值；

$w$——土的天然含水量；

$\gamma$——土的重力密度（简称土的重度）；

$\gamma_{cs}$——水泥土墙的平均重度；

$\varphi_k$——土的内摩擦角标准值。

**2.2.2** 作用和作用效应

$e_{ak}$——水平荷载标准值；

$K_0$——静止土压力系数；

$K_a$——主动土压力系数；

$M$——弯矩设计值；

$M_k$——弯矩标准值；

$T_d$——锚杆抗拔力设计值；

$T_{hk}$——支点力标准值；

$T_k$——土钉受拉荷载标准值；

$V$——剪力设计值；

$V_k$——剪力标准值。

**2.2.3** 几何参数

$A$——桩（墙）身截面面积；

$b$——墙身厚度；

$d$——桩身设计直径；

$h$——基坑开挖深度；

$h_d$——支护结构嵌固深度设计值；

$s_a$——排桩中心距。

**2.2.4** 计算系数

$K$——安全系数；

$\gamma_0$——重要性系数。

# 3 基本规定

## 3.1 设计原则

**3.1.1** 本规程所列各种支护结构，除特殊说明外，均应按正常使用一年的临时性结构进行设计，并应保证安全；永久性基坑工程设计使用年限不应低于受其影响的邻近建（构）筑物的使用年限。

**3.1.2** 基坑工程设计可分为下列两类极限状态：

1 承载能力极限状态：对应于支护结构达到承载力破坏，锚固或支挡系统失效或基坑侧壁失稳；

2 正常使用极限状态：对应于支护结构和基坑边坡变形达到结构本身或保护建（构）筑物的正常使用限值或影响其耐久性能。

**3.1.3** 基坑工程设计采用的荷载效应最不利组合和与之相应的抗力限值应符合下列规定：

1 按地基承载力确定支护结构立柱（肋柱或桩）和挡墙的基础底面积及其埋深时，荷载效应组合应采用正常使用极限状态的标准组合，相应的抗力应采用地基承载力特征值；

2 计算基坑侧壁与支护结构的稳定性和锚杆等锚固体与土层的锚固长度时，荷载效应组合应采用承载能力极限状态的基本组合，但其荷载分项系数均取1.0；也可对由永久荷载效应控制的基本组合采用简化规则，荷载效应基本组合的设计值（$S$）应按下式确定：

$$S = 1.35S_k \leqslant R \tag{3.1.3}$$

式中 $R$——结构构件抗力的设计值；

$S_k$——荷载效应的标准组合值。

3 在确定锚杆、土钉、支护结构立柱、挡板、挡墙截面尺寸、内力、配筋和验算材料强度时，荷载效应组合应采用承载能力极限状态的基本组合，并应采用相应的分项系数，支护结构重要性系数 $\gamma_0$ 应按相关规定采用；

4 计算锚杆变形和支护结构水平位移与垂直位移时，荷载效应组合应采用正常使用极限状态的准永久组合，可不计入地震作用。

**3.1.4** 根据基坑工程的开挖深度、地下历史文物等与基坑侧壁的相对距离比、基坑周边环境条件和坑壁土受水浸湿可能性等，按破坏后果的严重性依据表3.1.4可将基坑侧壁分为3个安全等级。支护结构设计中应根据不同的安全等级选用下列相应的重要性系数：

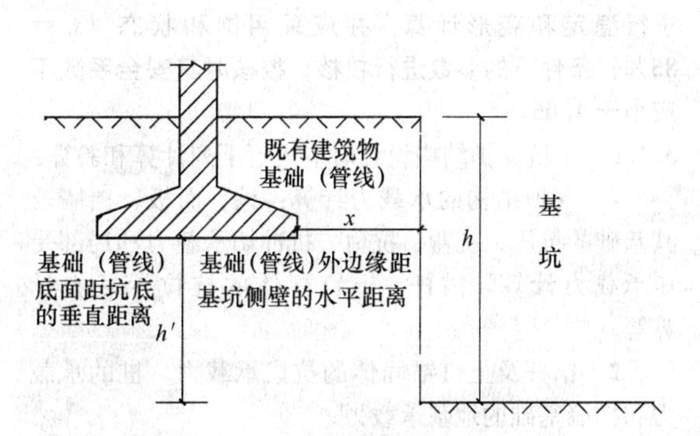


图3.1.4 相邻建筑物基础（管线）与基坑相对关系示意

**表 3.1.4　基坑侧壁安全等级划分**

<table>
<tr><td rowspan="3">开挖深度<br>$h$<br>(m)</td><td colspan="9">环境条件与工程地质、水文地质条件</td></tr>
<tr><td colspan="3">$\alpha<0.5$</td><td colspan="3">$0.5\leqslant\alpha\leqslant1.0$</td><td colspan="3">$\alpha>1.0$</td></tr>
<tr><td>Ⅰ</td><td>Ⅱ</td><td>Ⅲ</td><td>Ⅰ</td><td>Ⅱ</td><td>Ⅲ</td><td>Ⅰ</td><td>Ⅱ</td><td>Ⅲ</td></tr>
<tr><td>$h>12$</td><td colspan="3">一级</td><td colspan="3">一级</td><td colspan="3">一级</td></tr>
<tr><td>$6<h\leqslant12$</td><td colspan="3">一级</td><td colspan="2">一级</td><td>二级</td><td>一级</td><td colspan="2">二级</td></tr>
<tr><td>$h\leqslant6$</td><td>一级</td><td colspan="2">二级</td><td colspan="3">二级</td><td>二级</td><td colspan="2">三级</td></tr>
</table>

注：1　$h$——基坑开挖深度（m）。

2　$\alpha$——相对距离比（$\alpha=x/h'$），为邻近建（构）筑物基础外边缘（或管线最外边缘）距基坑侧壁的水平距离与基础（管线）底面距基坑底垂直距离的比值（见图 3.1.4）。

3　环境条件与工程地质、水文地质条件分类：

Ⅰ——复杂。存在下列情况之一时，可视为复杂：1）基坑侧壁受水浸湿可能性大；2）基坑工程降水深度大于 6m，降水对周边环境有较大影响；3）坑壁土多为填土层或软弱黄土层。

Ⅱ——较复杂。存在下列情况之一时，可视为较复杂：1）基坑侧壁受水浸湿可能性较大；2）基坑工程降水深度介于 3～6m，降水对周边环境有一定的影响；3）坑壁土局部为填土层或软弱黄土层。

Ⅲ——简单。具有下述全部条件时，可视为简单：1）基坑侧壁受水浸湿可能性不大；2）基坑工程降水深度小于 3m，降水对周边环境影响轻微；3）坑壁土很少有填土层或软弱黄土层。

4　同一基坑依周边条件不同，可划分为不同的侧壁安全等级。

**1**　一级：破坏后果很严重，$\gamma_0=1.10$；

**2**　二级：破坏后果严重，$\gamma_0=1.00$；

**3**　三级：破坏后果不严重，$\gamma_0=0.90$。

有特殊要求的基坑工程可依据具体情况适当提高重要性系数。对永久性基坑工程，重要性系数 $\gamma_0$ 应提高 0.10。

**3.1.5　对安全等级为一级且易于受水浸湿的坑壁以及永久性坑壁，设计中应采用天然状态下的土性参数进行稳定和变形计算，并应采用饱和状态（$s_r=85\%$）条件下的参数进行校核；校核时其安全系数不应小于 1.05。**

**3.1.6**　基坑支护结构设计时应进行下列计算和验算：

**1**　支护结构的承载力计算：桩、面板、挡墙及其基础的抗压、抗弯、抗剪、抗冲切承载力和局部受压承载力计算，锚杆、土钉杆体的抗拉承载力计算等；

**2**　锚杆及土钉锚固体的抗拔承载力，桩的承载力和挡墙基础的地基承载力；

**3**　支护结构整体和局部稳定性；

**4**　对变形有控制要求的基坑工程，应结合当地工程经验进行变形验算，同时应采取有效的综合措施保证基坑边坡和邻近建（构）筑物，地下管线的变形应满足安全使用要求；

**5**　地下水控制计算和验算；

**6**　对施工期间可能出现的不利工况进行验算。

**3.1.7**　基坑支护结构设计应考虑结构变形、地下水位升降对周边环境变形的影响，并应符合下列规定：

**1**　对于安全等级为一级和周边环境变形有限定要求的二级建筑基坑侧壁，应根据周边环境重要性、对变形的适应能力及岩土工程性质等因素确定支护结构变形限值，最大变形限值应符合设计要求。当设计无要求时，最大水平位移限值可按表 3.1.7 确定。

**表 3.1.7　支护结构安全使用最大水平位移限值**

| 安全等级 | 水平位移限值（mm） | 安全等级 | 水平位移限值（mm） |
|---|---|---|---|
| 一级 | $0.0025h$ | 三级 | $0.0060h$ |
| 二级 | $0.0040h$ | | |

注：$h$——基坑开挖深度（mm）。

**2**　降低地下水对相邻建（构）筑物产生的沉降量允许值，可采用现行国家标准《建筑地基基础设计规范》GB 50007 规定的建筑物地基变形允许值。

**3**　当建筑基坑邻近重要管线或支护结构用作永久性结构时，其安全使用水平变形和竖向变形应按特殊要求进行控制。

**3.1.8**　基坑工程设计应具备下列资料：

**1**　满足基坑工程设计及施工要求的岩土工程勘察报告；

**2**　用地红线范围图，建（构）筑物总平面图，地下结构平面图、剖面图，地基处理和基础平面布置及其结构图，基础埋深等；

**3**　临近已有建（构）筑物、道路、地下管线及设施的类型、分布情况、结构形式及质量状况，基础形式、埋深、地基处理情况、重要性及其现状等；

**4**　基坑周边地面可能的堆载及大型机械车辆运行情况，施工现场用水及排水量大的建（构）筑物分布情况；

**5**　当地基坑工程经验及施工能力；

**6**　基坑周围地面排水情况，地面雨水、污水、上下水管线排入或渗入基坑坡体的可能性及其管理控制资料。

**3.1.9**　基坑工程不同支护体系的计算模式应与所采用的坑壁土体土性指标、土工试验方法以及设计安全系数相适应。

**3.1.10**　基坑工程设计应包括下列内容：

**1**　支护体系的方案技术经济比较和选型；

**2**　支护结构的承载力、稳定和变形计算；

**3**　基坑内外土体稳定性验算；

**4**　基坑降水或截水帷幕设计以及围护墙的抗渗

设计；

5 基坑开挖与地下水变化引起的基坑内外土体的变形及其对工程本身基础桩安全、临近建筑物和周边环境安全的影响；

6 基坑开挖施工方法、顺序及与基坑工程安全使用相关的检测、监测内容和要求；

7 基坑工程设计支护结构的安全有效期限；

8 支护结构的变形限值及报警值。

**3.1.11** 基坑工程设计应考虑下列荷载：

1 土压力、水压力；

2 一般地面超载；

3 影响范围内建筑物荷载；

4 施工荷载及场地内运输时车辆所产生的荷载；

5 永久性支护结构或支护结构作为主体结构一部分时应考虑地震作用。

**3.1.12** 基坑土体的强度计算指标宜根据基坑降水情况、坑内地基处理加固方法、工程类型和桩的分布形式，并结合工程经验进行适当调整。

**3.1.13** 基坑支护结构形式应依据场地工程地质与水文地质条件、场地湿陷类型及地基湿陷等级、开挖深度、周边环境、当地施工条件及施工经验等选用。同一基坑可采用一种支护结构形式，也可采用几种支护结构形式或组合，同一坡体水平向宜采用相同的支护形式。湿陷性黄土地区常用的支护结构形式可按表3.1.13选用。

**表 3.1.13 支护结构选型**

| 结构类型 | 适 用 条 件 |
|---|---|
| 锚、撑式排桩 | 1 基坑侧壁安全等级为一、二、三级；<br>2 当地下水位高于基坑底面时，应采取降水或排桩加截水帷幕措施；<br>3 基坑外地下空间允许占用时，可采用锚拉式支护；基坑边土体为软弱黄土且坑外空间不允许占用时，可采用内撑式支护 |
| 悬臂式排桩 | 1 基坑侧壁安全等级为二、三级；<br>2 基坑采取降水或采取截水帷幕措施时；<br>3 基坑外地下空间不允许占用时 |
| 土钉墙 | 1 基坑侧壁安全等级一般为二、三级，且基坑坡体为非饱和黄土；<br>2 单一土钉墙支护深度不宜超过 12m，当与预应力锚杆、排桩等组合使用时，可超过此限；<br>3 当地下水位高于基坑底面时，应采取排水措施；<br>4 不适于淤泥、淤泥质土、饱和软黄土 |
| 水泥土墙 | 1 基坑侧壁安全等级宜为三级；<br>2 一般支护深度不宜大于 6m；<br>3 水泥土桩施工范围内地基承载力宜大于 150kPa |
| 放坡 | 1 基坑侧壁安全等级宜为二、三级；<br>2 场地应满足放坡条件；<br>3 地下水位高于坡脚时，应采取降水措施；<br>4 可独立或与上述其他结构结合使用 |

注：对于基坑上部采用放坡或土钉墙，下部采用排桩的组合支护形式时，上部放坡或土钉墙高度不宜大于基坑总深度的 1/2；且应严格控制排桩顶部水平位移。

## 3.2 施 工 要 求

**3.2.1** 安全等级为一级的基坑工程设计，应采用动态设计法及信息施工法。

**3.2.2** 基坑工程施工前应编制专项施工方案，主要内容应包括：

1 支护结构具体施工方案和部署；

2 基坑排水、降水方案与支护施工的交叉及实施，截水帷幕施工的布置；

3 支护施工对土方开挖的具体要求及控制要素；

4 支护施工过程中的安全及质量、进度保证措施；

5 支护施工过程基坑安全监测、检测方案及预警措施；

6 防止坑壁受水浸湿的具体措施；

7 安全应急预案。

**3.2.3** 基坑工程专项施工方案应经单位技术负责人审批，项目总监理工程师认可后方可实施。

**3.2.4** 基坑工程施工应按照专项施工方案中所要求的安全技术和措施执行。对参与施工的作业人员应进行专项安全教育，未参加安全教育的人员不得从事现场作业生产。

## 3.3 水 平 荷 载

**3.3.1** 作用于支护结构的水平荷载应包括土压力、水压力以及邻近建筑和地面荷载引起的附加土压力。

**3.3.2** 当支护结构位于地下水位以下时，作用在支护结构上的土压力和水压力，对砂土、碎石土应按水土分算方法计算，对黏性土和粉土可按水土合算方法计算。

**3.3.3** 支护结构上的水平荷载应按当地经验确定。当无经验时土压力宜按朗肯土压力理论计算。当按朗肯土压力计算时，作用在支护结构上任意点的水平荷载标准值（$e_{ak}$）可按下列规定计算（见图3.3.3）：

1 对于黏性土、粉土和位于地下水位以上的砂土、碎石土：

$$e_{ak}=(\sigma_k+\Sigma\gamma_i h_i)K_a-2c_k\sqrt{K_a} \quad (3.3.3\text{-}1)$$

2 对于地下水位以下的砂土、碎石土：

$$e_{ak} = (\sigma_k + \Sigma\gamma_i h_i)K_a + (z - h_{wa})\gamma_w$$

(3.3.3-2)

式中 $K_a$——计算点土层的主动土压力系数，可按本规程第3.3.4条规定计算；

$\sigma_k$——支护结构外侧附加荷载产生的作用于深度 $z$ 处的附加竖向应力标准值，可按本规程第3.3.5条规定计算；

$h_i$——计算点以上第 $i$ 层土的厚度（m）；

$\gamma_i$——计算点以上第 $i$ 层土的重度（kN/m³）：水位以上采用天然重度；水位以下，对于黏性土、粉土采用饱和重度，对于砂土及碎石土采用浮重度；

$c_k$——计算点土层的黏聚力标准值（kPa）；

$z$——计算点深度（m）；

$h_{wa}$——基坑外侧水位埋深（m）；

$\gamma_w$——水的重度（kN/m³）。

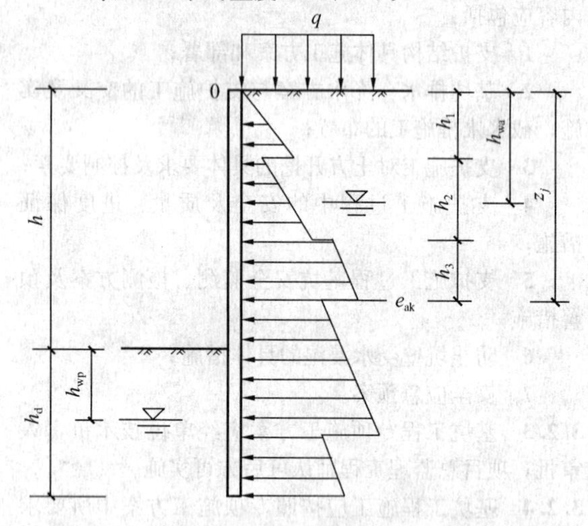


图 3.3.3 水平荷载标准值计算简图

**3.3.4** 计算点土层的主动土压力系数（$K_a$）应按下式计算：

$$K_a = \mathrm{tg}^2\left(45° - \frac{\varphi_k}{2}\right) \quad (3.3.4)$$

式中 $K_a$——土层的主动土压力系数；

$\varphi_k$——计算点土层的内摩擦角标准值（°）。

**3.3.5** 支护结构外侧地面荷载、建筑物荷载等产生的竖向附加应力值（$\sigma_k$）可按下列规定计算：

**1** 当支护结构外侧地面考虑施工材料、施工机具堆放、道路行车等荷载时，宜按满布的均布荷载计算，计算点深度处的附加竖向应力标准值（$\sigma_k$）可按下式计算（见图3.3.5-1）：

$$\sigma_k = q_0 \quad (3.3.5\text{-}1)$$

式中 $q_0$——均布荷载（kPa）。

**2** 距支护结构距离为 $b_1$ 处，在与支护结构走向平行方向作用有宽度为 $b$ 的条形基础荷载时，基坑外侧 $CD$ 范围内计算深度处的附加竖向应力标准值（$\sigma_k$）可按下式计算（见图3.3.5-2）：

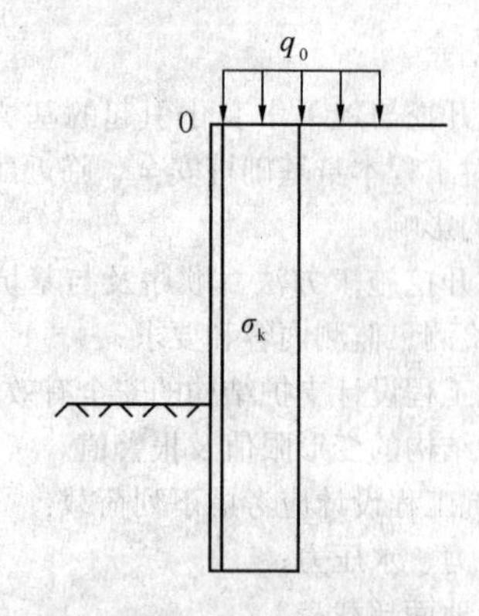


图 3.3.5-1 半无限均布地面荷载附加竖向应力计算简图

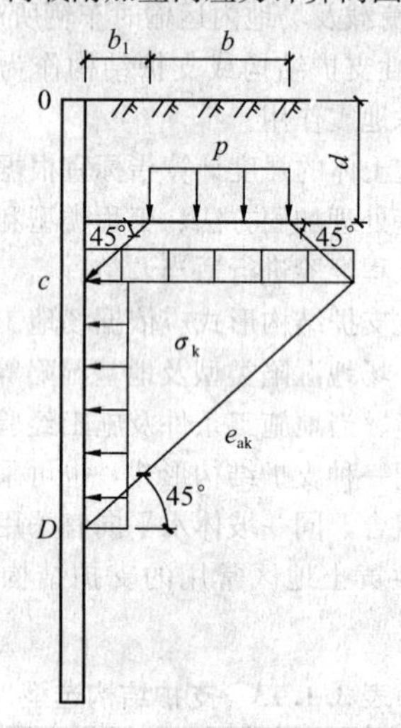


图 3.3.5-2 条形（矩形）均布荷载附加竖向应力计算简图

$$\sigma_k = (p - \gamma d)\frac{b}{b + 2b_1} \quad (3.3.5\text{-}2)$$

式中 $p$——基础下基底压力标准值（kPa），当（$p - rd$）<0时，取0；

$d$——基础埋深（m）；

$\gamma$——基底以上土的平均重度（kN/m³）；

$b_1$——距支护结构距离（m）。

**3** 距支护结构距离为 $b_1$ 处有作用宽度为 $b$，长度为1的矩形基础荷载时，基坑外侧 $CD$ 范围内计算深度处的附加竖向应力标准值（$\sigma_k$）可按下式计算：

$$\sigma_k = (p - \gamma d)\frac{bl}{(b + 2b_1)(l + 2b_1)}$$

(3.3.5-3)

**3.3.6** 对严格限制位移的支护结构，水平荷载宜采用静止土压力计算：

$$e_{ak} = (\sigma_k + \Sigma\,\gamma_i h_i)K_0 \quad (3.3.6)$$

式中 $\gamma_i$——计算点以上第 $i$ 层土的重度（kN/m³）；

$h_i$——计算点以上第 $i$ 层土的厚度（m）；

$K_0$——计算点处的静止土压力系数。

**3.3.7** 静止土压力系数宜通过试验确定，当无试验条件和经验资料时，对正常固结土可按表 3.3.7 估算。

表 3.3.7 静止土压力系数（$K_0$）

| 土类 | 坚硬土 | 硬塑—可塑黏性土、粉土、砂土 | 可塑—软塑黏性土 | 软塑黏性土 | 流塑黏性土 |
|---|---|---|---|---|---|
| $K_0$ | 0.20～0.40 | 0.40～0.50 | 0.50～0.60 | 0.60～0.75 | 0.75～0.80 |

## 3.4 被动土压力

**3.4.1** 基坑内侧作用在支护结构上任意点的被动土压力标准值可按下列规定计算（见图 3.4.1）：

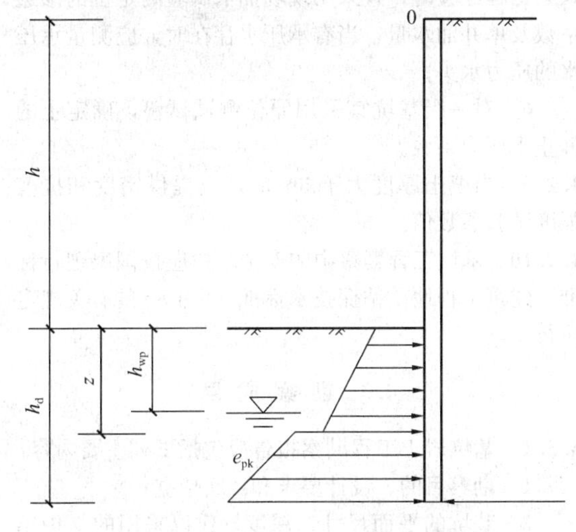


图 3.4.1 被动土压力标准值计算简图

**1** 对于黏性土、粉土和地下水位以上的砂土、碎石土：

$$e_{pk}=\Sigma\gamma_i h_i K_p+2c_k\sqrt{K_p} \quad (3.4.1\text{-}1)$$

式中 $e_{pk}$——被动土压力标准值（kPa）。

**2** 对于地下水位以下的砂土、碎石土：

$$e_{pk}=\Sigma\gamma_i h_i K_p+2c_k\sqrt{K_p}+(z-h_{wp})(1-K_p)\gamma_w \quad (3.4.1\text{-}2)$$

式中 $K_p$——计算点土层的被动土压力系数，可按本规程第 3.4.2 条规定计算；

$h_{wp}$——基坑内侧地下水位埋深（m）。

**3.4.2** 计算点土层的被动土压力系数应按下式计算：

$$K_p=\tan^2\left(45^\circ+\frac{\varphi_k}{2}\right) \quad (3.4.2)$$

**3.4.3** 当基坑内侧被动区土体经人工降水或加固处理后，土体力学强度指标可根据试验或可靠经验确定。

**3.4.4** 当支护结构位移有严格限制时，可根据经验对被动土压力进行折减。可根据支护结构最大容许侧向位移值的大小，将被动土压力强度标准值乘以 0.50～0.90 的折减系数；或可按弹性地基反力法计算确定实际发挥的被动土压力值。

# 4 基坑工程勘察

## 4.1 一般规定

**4.1.1** 基坑工程的岩土工程勘察宜与拟建工程勘察同步进行。在初步勘察阶段，应根据岩土工程条件，初步判定基坑开挖可能发生的工程问题和需要采取的支护措施；在详细勘察阶段，应针对基坑工程的设计、施工要求进行勘察。

**4.1.2** 当已有勘察资料不能满足基坑工程设计和施工要求时，应进行专项勘察。

**4.1.3** 在进行基坑工程勘察之前应取得以下资料：

**1** 附有坐标和周边已有建（构）筑物的总平面布置图；

**2** 场地及周边地下管线、人防工程及其他地下构筑物的分布图；

**3** 拟建建（构）筑物相对应的±0.000 绝对标高、结构类型、荷载情况、基础埋深和地基基础形式；

**4** 拟建场地地面标高、坑底标高和基坑平面尺寸；

**5** 当地常用的基坑支护方式、降水方法和施工经验等。

**4.1.4** 基坑的岩土工程勘察应包含下列主要内容：

**1** 基坑和其周围岩土的成因类型、岩性、分布规律及其物理与力学性质，应重点查明湿陷性土和填土的分布情况；

**2** 地层软弱结构面（带）的分布特征、力学性质及与基坑开挖临空面的组合关系等；

**3** 地下含水层和隔水层的厚度、埋藏及分布特征（横向分布是否稳定，隔水层是否有天窗等），与基坑工程有关的地下水（包括上层滞水、潜水和承压水）的补给、排泄及各层地下水之间的水力联系等；

**4** 支护结构设计、地下水控制设计及基坑开挖、降水对周围环境影响评价所需的计算参数。

**4.1.5** 岩土工程勘察的方法和工作量宜按基坑侧壁安全等级合理选择和确定。对一、二级基坑工程宜采用多种勘探测试方法，综合分析评价岩土的特性参数。当场地有可能为自重湿陷性黄土场地时，应布置适量探井。

**4.1.6** 勘探范围宜根据拟建建（构）筑物的范围、基坑拟开挖的深度和场地岩土工程条件确定，宜在基坑周围相当于基坑开挖深度的 1～2 倍范围内布置勘探点，对饱和软黄土分布较厚的区域宜适当扩大勘探范围。

## 4.2 勘察要求

**4.2.1** 基坑周围环境调查应包括以下内容：

1 周围2～3倍基坑深度范围内建（构）筑物的高度、结构类型、基础形式、尺寸、埋深、地基处理情况和使用现状；

2 周围2～3倍基坑深度范围内各类地下管线的类型、材质、分布、重要性、使用情况，对施工振动和变形的承受能力，地面和地下贮水、输水等用水设施的渗漏情况及其对基坑工程的影响程度；

3 对基坑及周围2～3倍基坑深度范围内存在的旧建筑基础、人防工程、其他洞穴、地裂缝、厚层人工填土、高陡边坡等不良工程地质现象，应查明其空间分布特征和对基坑工程的影响；

4 基坑四周道路及运行车辆载重情况；

5 基坑周围地表水的汇集和排泄情况；

6 场地附近正在抽降地下水的施工现场，应查明其降深、影响范围和可能的停抽时间；

7 相邻已有基坑工程的支护方法和对拟建场地的影响。

**4.2.2** 勘探点间距应根据地层复杂程度确定，宜为20～35m，地层复杂时，应加密勘探点；在基坑支护结构附近及转角处宜布有勘探点。

**4.2.3** 勘探点深度应根据基坑工程设计要求确定，不应小于基坑深度的2.5倍；当遇到厚层饱和黄土或为满足降水设计的需要，勘探点应适当加深，但在此深度内遇到岩石时，可根据岩石类别和支护要求适当减少。

**4.2.4** 采取不扰动土试样和原位测试的勘探点数量不得少于全部勘探点的2/3，其中采取不扰动土试样的勘探点不宜少于全部勘探点的1/2，取样数量对每一主要岩土层的每一重点试验项目不应少于6个，为进行抗剪强度试验、渗透试验和湿陷性试验而采取的土试样，其质量等级应为Ⅰ级。

**4.2.5** 勘察时应及时测量孔内初见水位和经一定时间间隔稳定后的稳定水位。当存在多层地下水，且某些层位的地下水对基坑工程影响较大时，可设置专门性的地下水观测孔，分别观测各分层的地下潜水位及承压水头。

**4.2.6** 勘探孔及探井施工结束后，应及时夯实回填，回填质量应满足相关规定。

**4.2.7** 室内土工试验宜符合下列要求：

1 除常规试验项目外，还应进行土的湿陷性试验、抗剪强度试验和渗透试验。如分布有岩石，宜进行岩石在天然和饱和状态下的单轴抗压强度试验；如分布有砂土，宜增加休止角试验。

2 土的抗剪强度指标试验条件应与计算模型配套，可采用三轴固结不排水剪切试验；当有经验时，也可采用直接剪切（固结快剪）试验；对于一级基坑，应采用三轴试验。

3 对于重要性为一级、浸水可能性比较大或分布在自重湿陷性黄土场地的基坑，宜测定天然状态及饱和状态下的抗剪强度指标。

4 对地下水应进行腐蚀性试验。

5 当估算相邻建筑在基坑降水后的沉降量时，应进行土的先期固结压力试验。

**4.2.8** 原位测试应符合下列要求：

1 对砂土应进行标准贯入试验；

2 对粉土和黏性土宜进行标准贯入试验或静力触探试验；

3 对饱和黄土、淤泥和淤泥质土等软土宜进行静力触探及十字板剪切试验；

4 对碎石类土应进行动力触探试验；

5 当场地水文地质条件复杂或降水深度较大而缺乏工程经验时，宜采用现场抽水试验测定土的渗透系数及单井涌水量；当有承压水存在时，应测量承压水的压力水头；

6 对一级基坑宜采用原位测试试验，确定土的静止土压力系数。

**4.2.9** 当填土厚度大于3m时，应提供密度和抗剪强度试验参数值。

**4.2.10** 基坑工程勘察中的安全防护应按国家现行标准《建筑工程地质钻探技术标准》JGJ 87的有关规定执行。

## 4.3 勘察成果

**4.3.1** 基坑岩土工程勘察报告应包括下列主要内容：

1 勘察目的、设计要求和勘察依据；

2 基坑的平面尺寸、深度，建议采用的支护结构类型；

3 场地位置、地形地貌、地层结构、岩土的物理、力学性能指标和基坑支护设计所需参数的建议值；

4 场地地下水的类型、层数、埋藏条件、水位变化幅度和地下水控制设计所需水文地质参数的建议值；

5 对基坑侧壁安全等级和基坑开挖、支护方案、地下水控制方案提出建议，并说明施工中应注意的问题；

6 对场地周边环境条件及基坑开挖、支护和降水的影响进行评价，对检测和监测工作提出建议；

7 对周边环境的调查结果。

**4.3.2** 基坑岩土工程勘察报告应包括下列附件：

1 勘探点平面位置图，应附拟建建（构）筑物轮廓线和周围已有建（构）筑物、管线、道路的分布情况；

2 沿基坑边线的工程地质剖面图和垂直基坑边线的工程地质剖面图，工程地质剖面图上宜附有基坑开挖底线；

3 室内试验和原位测试成果的有关图表；

4 必要时绘制关键地层层面等值线图等。

**4.3.3** 当基坑岩土工程勘察与拟建建（构）筑物岩

土工程勘察同步进行时，勘察报告应有专门的章节论述基坑工程的内容。

## 5 坡 率 法

### 5.1 一 般 规 定

**5.1.1** 当场地开阔、坑壁土质较好、地下水位较深及基坑开挖深度较浅时，可优先采用坡率法。同一工程可视场地具体条件采用局部放坡或全深度、全范围放坡开挖。

**5.1.2** 对开挖深度不大于5m、完全采用自然放坡开挖、不需支护及降水的基坑工程，可不进行专门设计。应由基坑土方开挖单位对其施工的可行性进行评价，并应采取相应的措施。

**5.1.3** 采用坡率法时，基坑侧壁坡度（高宽比）应符合本规程第5.2节的设计要求；当坡率法与其他基坑支护方法结合使用时，应按相关规定进行设计。

**5.1.4** 当有下列情况之一时，不应采用坡率法：

1 放坡开挖对拟建或相邻建（构）筑物及重要管线有不利影响；

2 不能有效降低地下水位和保持基坑内干作业；

3 填土较厚或土质松软、饱和，稳定性差；

4 场地不能满足放坡要求。

### 5.2 设 计

**5.2.1** 对于同时符合下列条件的基坑，可不放坡而进行垂直开挖：

1 场地地下水位低于基坑设计底标高；

2 基坑深度范围内土质较均匀，松散杂填土或素填土层较薄，且含水率较低；

3 坑边无动荷载和静荷载，土的静止自立高度大于3m，且开挖深度不大于2m。

**5.2.2** 当基坑深度超过垂直开挖的深度限值时，采用坡率法应依据坑壁岩土的类别、性状、基坑深度、开挖方法及坑边荷载情况等条件按表5.2.2确定放坡坡度。

**5.2.3** 基坑侧壁形式（见图5.2.3）按坡率分级情况可分为下列3种形式：

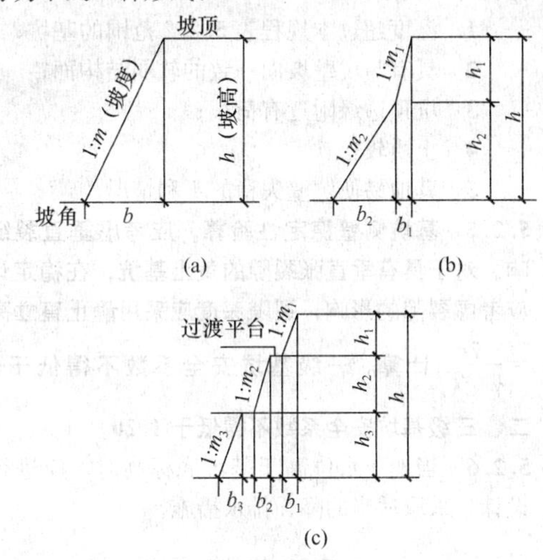


图5.2.3 基坑侧壁形式

(a) 单坡型；(b) 折线型；(c) 台阶型

**表5.2.2 土质基坑侧壁放坡坡度允许值（高宽比）**

| 岩土类别 | 岩土性状 | 坑深在5m之内 | 坑深5～10m |
|---|---|---|---|
| 杂填土 | 中密—密实 | 1∶0.75～1∶1.00 | — |
| 黄土 | 黄土状土（$Q_4$）<br>马兰黄土（$Q_3$）<br>离石黄土（$Q_2$）<br>午城黄土（$Q_1$） | 1∶0.50～1∶0.75<br>1∶0.30～1∶0.50<br>1∶0.20～1∶0.30<br>1∶0.10～1∶0.20 | 1∶0.75～1∶1.00<br>1∶0.50～1∶0.75<br>1∶0.30～1∶0.50<br>1∶0.20～1∶0.30 |
| 粉土 | 稍湿 | 1∶1.00～1∶1.25 | 1∶1.25～1∶1.50 |
| 黏性土 | 坚硬<br>硬塑<br>可塑 | 1∶0.75～1∶1.00<br>1∶1.00～1∶1.25<br>1∶1.25～1∶1.50 | 1∶1.00～1∶1.25<br>1∶1.25～1∶1.50<br>1∶1.50～1∶1.75 |
| 砂土 | — | 自然休止角<br>（内摩擦角） | — |
| 碎石土（充填物为坚硬、硬塑状态的黏性土、粉土） | 密实<br>中密<br>稍密 | 1∶0.35～1∶0.50<br>1∶0.50～1∶0.75<br>1∶0.75～1∶1.00 | 1∶0.50～1∶0.75<br>1∶0.75～1∶1.00<br>1∶1.00～1∶1.25 |
| 碎石土（充填物为砂土） | 密实<br>中密<br>稍密 | 1∶1.00<br>1∶1.40<br>1∶1.60 | — |

1 单坡型（一坡到顶）：适用于基坑深度小于10m的一般均质侧壁、小于15m的黄土侧壁及岩石侧壁；

2 折线型：适用于基坑深度较大，且上下土层性状有较大差别的土质侧壁，可根据坑壁岩土的变化采用不同的坡率；

3 台阶型：当基坑深度较大或地层不均匀时，应根据工程实际条件在岩土分界或一定深度处设置一级或多级过渡平台，对于土层的平台宽度不宜小于1.0m，对于岩石的平台宽度不宜小于0.5m。

**5.2.4** 对下列情况的基坑侧壁坡率值应通过稳定性分析计算确定：

1 深度超过本规程表5.2.2范围的基坑；

2 具有与坑壁坡向一致的软弱结构面；

3 坑顶边缘附近有荷载；

4 土质较松软；

5 其他易使坑壁失稳的不利情况。

**5.2.5 基坑侧壁稳定性验算，应考虑垂直裂缝的影响，对于具有垂直张裂隙的黄土基坑，在稳定计算中应考虑裂隙的影响，裂隙深度应采用静止直立高度 $z_0=\dfrac{2c}{\gamma\sqrt{k_a}}$ 计算。一级基坑安全系数不得低于1.30，二、三级基坑安全系数不得低于1.20。**

**5.2.6** 当地下水位高于基坑底标高时，应进行降水设计，采取适当的降、排水措施。

### 5.3 构造要求

**5.3.1** 基坑周围地面应向远离基坑方向形成排水坡势，并应沿基坑外围设置排水沟及截水沟，基坑周围排水应畅通，严禁地表水渗入基坑周边土体和冲刷坡体。

**5.3.2** 基坑坑底应视具体情况设置排水系统，坑底不得积水和冲刷边坡，在影响边坡稳定的范围内不得积水。

**5.3.3** 对台阶型坑壁，应在过渡平台上设置排水沟，排水沟不应渗漏。

**5.3.4** 当坡面有渗水时，应根据实际情况设置外倾的泄水孔，对坡体内的积水应采取导排措施，确保其不渗入、不冲刷坑壁。

**5.3.5** 对于土质坑壁或易软化的岩质坑壁，应视土层条件、施工季节、坑壁裸露时间等具体情况采取适当的坡面和坡脚保护措施，如覆盖薄膜、砂浆抹面、设置挂网喷射混凝土或混凝土面层、堆放土（砂）袋或砌筑砖（石）挡墙等。

**5.3.6** 当坡面有旧房基础、孤石等不稳定块体存在时，应予以清除，并应采取有效措施进行加固处理。

### 5.4 施工

**5.4.1** 施工前应核验基坑位置及开挖尺寸线，施工过程中应经常检查平面位置、坑底标高、坑壁坡度、排水及降水系统，并应随时观测周围的环境变化。

**5.4.2** 土方开挖必须遵循自上而下的开挖顺序，分层、分段按设计的工况进行。

**5.4.3** 机械开挖时，对坡体土层应预留10～20cm，由人工予以清除，修坡与检查工作应随时跟进，确保坑壁无超挖，坡面无虚土，坑壁坡度及坡面平整度满足设计要求。

**5.4.4** 在距离坑顶边线2.0m范围内及坡面上，严禁堆放弃土及建筑材料等；在2.0m以外堆土时，堆置高度不应大于1.5m；重型机械在坑边作业宜设置专门平台或深基础；土方运输车辆应在设计安全防护距离范围外行驶。

**5.4.5** 配合机械作业的清底、平整、修坡等人员，应在机械回转半径以外工作；当需在回转半径以内工作时，应停止机械回转并制动后，方可作业。

## 6 土钉墙

### 6.1 一般规定

**6.1.1** 土钉墙适用于地下水位以上或经人工降水后具有一定临时自稳能力土体的基坑支护。不适用于对变形有严格要求的基坑支护。

**6.1.2** 土钉墙设计、施工及使用期间应采取措施，防止外来水体浸入基坑边坡土体。

**6.1.3** 当土钉墙用于杂填土层、湿软黄土层及砂土、碎石土层时，应采取有效措施保证成孔质量。

### 6.2 设计计算

**6.2.1** 土钉墙设计计算应包括以下内容：

1 土钉的设计计算；

2 不同开挖工况条件下的整体稳定性验算；

3 喷射混凝土面层的设计以及土钉与面层的连接设计。

**6.2.2** 单根土钉受拉承载力应符合下式要求：

$$T_{jk}\leqslant R_{tj} \tag{6.2.2}$$

式中 $T_{jk}$——第 $j$ 根土钉受拉荷载标准值（kN），可按本规程第6.2.3条确定；

$R_{tj}$——第 $j$ 根土钉抗拔承载力特征值（kN），可按本规程第6.2.4条确定。

**6.2.3** 单根土钉受拉荷载标准值可按下式计算：

$$T_{jk}=\xi e_{ajk}s_{xj}s_{zj}/\cos\alpha_j \tag{6.2.3-1}$$

其中

$$\xi=\tan\frac{\beta-\varphi_k}{2}\left(\cot\frac{\beta+\varphi_k}{2}-\cot\beta\right)\times\tan^2\left(45°+\frac{\varphi_k}{2}\right) \tag{6.2.3-2}$$

式中 $\xi$——折减系数；

$e_{ajk}$——第 $j$ 根土钉位置处的水平荷载标准值（kPa）；

$s_{xj}$、$s_{zj}$ ——第 $j$ 根土钉与相邻土钉的平均水平、垂直间距（m）；

$\alpha_j$ ——第 $j$ 根土钉与水平面的夹角（°）；

$\beta$ ——土钉墙坡面与水平面的夹角（°）。

**6.2.4** 土钉抗拉拔承载力特征值可按下式计算（见图 6.2.4）：

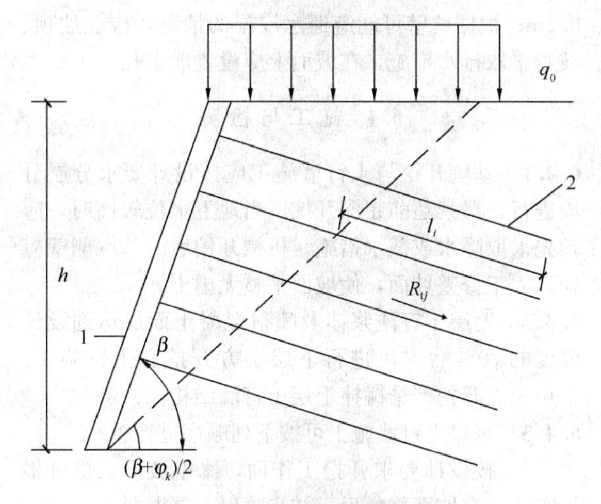


图 6.2.4 土钉抗拉拔承载力计算简图

1—喷射混凝土面层；2—土钉

$$R_{tj}=\frac{1}{K}\pi d_{nj}\Sigma q_{si}l_i \qquad (6.2.4)$$

式中 $K$ ——土钉抗拔承载力安全系数，基坑侧壁安全等级为一级时取 2.0，基坑侧壁安全等级为二、三级时，可根据基坑具体情况取 1.8～1.5；

$d_{nj}$ ——第 $j$ 根土钉锚固体直径（m）；

$l_i$ ——第 $j$ 根土钉在直线破裂面外穿越第 $i$ 层稳定土体内的长度（m），破裂面与水平面的夹角为 $\frac{\beta+\varphi_k}{2}$；

$q_{si}$ ——土钉穿越第 $i$ 层土体与锚固体极限摩阻力值（kPa），对基坑侧壁安全等级为一级的基坑，应由现场试验确定，试验方法可按现行国家标准《建筑地基基础设计规范》GB 50007 中土层锚杆的有关规定执行；对基坑侧壁安全等级为二、三级的基坑，如无试验资料，可按表 6.2.4 确定。

**表 6.2.4 土钉锚固体与土体极限摩阻力值**

| 土的名称 | 土的状态 | $q_{si}$（kPa） |
|---|---|---|
| 填土 | — | 15～20 |
| 黏性土<br>（包括 $I_p$>10 的黄土） | $I_L$>1.00 | 20～32 |
| | 0.75<$I_L$≤1.00 | 32～44 |
| | 0.50<$I_L$≤0.75 | 44～58 |
| | 0.25<$I_L$≤0.50 | 58～72 |
| | 0<$I_L$≤0.25 | 72～84 |
| | $I_L$≤0 | 84～88 |

续表 6.2.4

| 土的名称 | 土的状态 | $q_{si}$（kPa） |
|---|---|---|
| 粉土<br>（包括 $I_p$≤10 的黄土） | $e$>0.90 | 30～40 |
| | 0.75<$e$≤0.90 | 40～60 |
| | $e$<0.75 | 60～85 |
| 粉细砂 | 稍密 | 30～40 |
| | 中密 | 40～60 |
| | 密实 | 60～85 |
| 中砂 | 稍密 | 40～60 |
| | 中密 | 60～80 |
| | 密实 | 80～100 |
| 粗砂 | 稍密 | 60～90 |
| | 中密 | 90～120 |
| | 密实 | 120～150 |
| 砾砂 | 中密、密实 | 130～180 |

注：1 表中 $I_p$ 为土的塑性指数；$I_L$ 为土的液性指数；$e$ 为土的孔隙比；

2 表中数据适用于重力注浆或低压注浆的土钉，高压注浆时可适当提高；

3 表中填土数据适用于堆填时间在 10 年以上且主要由黏性土、粉土组成的填土，其他类型的填土应根据经验确定；

4 对于一级黄土基坑及永久性黄土基坑宜取饱和状态下的液性指数确定土的极限摩阻力值。

**6.2.5** 土钉钢筋截面面积应满足下式要求：

$$A_s \geqslant \frac{1.35\gamma_0 T_{jk}}{f_y} \qquad (6.2.5)$$

式中 $A_s$ ——土钉中钢筋截面面积（$m^2$）；

$f_y$ ——土钉中钢筋抗拉强度设计值（$N/mm^2$），应按现行国家标准《混凝土结构设计规范》GB 50010 取值；

$\gamma_0$ ——基坑工程侧壁的重要性系数。

**6.2.6** 土钉墙整体稳定性分析应考虑施工期间不同开挖阶段及基坑底面以下可能的滑动面，可采用圆弧滑动面简单条分法（见图 6.2.6），按下式进行计算：

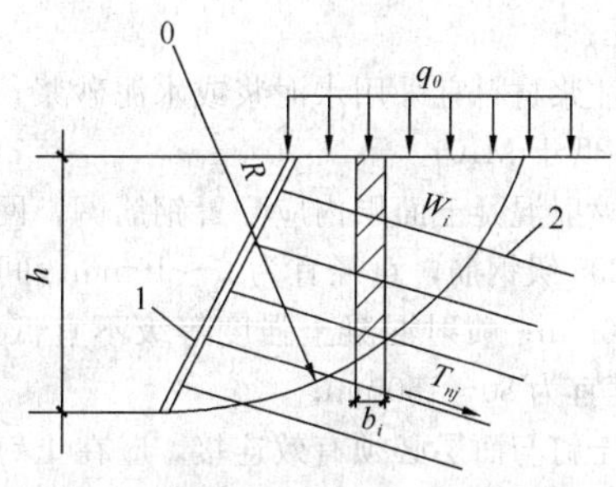


图 6.2.6 整体稳定性验算简图

1—喷射混凝土面层；2—土钉

$$s\sum_{i=1}^{n} c_{ik} l_i + s\sum_{i=1}^{n}(w_i + q_0 b_i)\cos\theta_i \tan\varphi_{ik} +$$

$$\frac{\sum_{j=1}^{m} T_{nj}\left[\cos(\alpha_j+\theta_i)+\frac{1}{2}\sin(\alpha_j+\theta_i)\tan\varphi_{ik}\right]}{s\sum_{i=1}^{n}(w_i+q_0 b_i)\sin\theta_i} \geqslant K$$

(6.2.6)

式中 $K$——土钉墙整体稳定性安全系数，对基坑侧壁安全等级为一、二、三级分别不应小于1.30、1.25、1.20；

$n$——滑动体分条数；

$m$——滑动体内土钉数；

$w_i$——第 $i$ 条土重（kN）；

$b_i$——第 $i$ 分条宽度（m）；

$c_{ik}$——第 $i$ 分条滑裂面处土体的黏聚力标准值（kPa）；

$\varphi_{ik}$——第 $i$ 分条滑裂面处土体的内摩擦角标准值（°）；

$\theta_i$——第 $i$ 分条滑裂面处中点切线与水平面夹角（°）；

$L_i$——第 $i$ 分条滑裂面处弧长（m）；

$s$——计算滑动体单元厚度（m）；

$T_{nj}$——第 $j$ 根土钉在圆弧滑裂面外锚固体与土体的极限抗拉力值（kN），可按本规程第6.2.7条确定。

**6.2.7** 单根土钉在圆弧滑裂面外锚固体与土体的极限抗拉力值 $T_{nj}$ 可按下式确定：

$$T_{nj} = \pi d_{nj} \Sigma q_{si} l_{ni} \qquad (6.2.7)$$

式中 $l_{ni}$——第 $j$ 根土钉在圆弧滑裂面外穿越第 $i$ 层稳定土体的长度（m）。

## 6.3 构　　造

**6.3.1** 土钉墙设计及构造应符合下列规定：

1 土钉墙墙面坡度不宜大于1∶0.10；

2 土钉的长度宜为开挖深度的0.5～1.2倍，间距宜为1～2m，与水平面夹角宜为5°～20°；

3 土钉钢筋应采用HRB335级或HRB400级钢筋，钢筋直径宜为16～32mm，土钉钻孔直径宜为80～150mm；

4 注浆材料宜采用水泥浆或水泥砂浆，其强度等级不宜低于M10；

5 喷射混凝土面层内应配置钢筋网，网筋宜采用HPB235级钢筋，直径宜为6～10mm，间距宜为150～300mm；喷射混凝土强度等级不宜低于C20，面层厚度宜为80～150mm；

6 土钉与面层必须有效连接，应在土钉端头设置承压板或在面层钢筋网上设置联系相邻土钉端头的加强筋，并应与土钉采用螺栓或钢筋焊接连接；当采用钢筋焊接连接时，在图纸中应注明焊缝长度、高度及焊接钢筋的型号、直径和长度；

7 坡面面层上下段钢筋搭接长度应大于300mm。

**6.3.2** 土钉墙顶部地面应做一定宽度的砂浆或混凝土护面，土钉墙面层插入基坑底面以下不应小于0.2m；根据坑壁可能遭遇水浸湿的情况，应在坡顶、坡脚采取排水措施，在坡面上应设置泄水孔。

## 6.4 施工与检测

**6.4.1** 基坑开挖与土钉墙施工应按设计要求分层分段进行，严禁超前超深开挖。当地下水位较高时，应预先采取降水或截水措施。机械开挖后的基坑侧壁应辅以人工修整坡面，使坡面平整无虚土。

**6.4.2** 上层土钉注浆体及喷射混凝土面层达到设计强度的70%后方可进行下层土方开挖和土钉施工。下层土方开挖严禁碰撞上层土钉墙结构。

**6.4.3** 每层土钉墙施工可按下列顺序进行：

1 按设计要求开挖工作面，修整坡面；也可根据需要，在坡面修整后，初步喷射一层混凝土；

2 成孔，安设土钉钢筋，注浆；

3 绑扎或焊接钢筋网，进行土钉筋与钢筋网的连接；

4 设置土钉墙厚度控制标志及喷射混凝土面层。

**6.4.4** 土钉成孔施工严禁孔内加水，并宜符合下列规定：

1 孔径允许偏差：+10mm，−5mm；

2 孔深允许偏差：+100mm，−50mm；

3 孔距允许偏差：±100mm；

4 倾角允许偏差：5%。

**6.4.5** 土钉注浆所用水泥浆的水灰比宜为0.45～0.50；水泥砂浆的灰砂比宜为1∶1～1∶2（重量比），水灰比宜为0.38～0.45。

**6.4.6** 土钉注浆作业应符合下列规定：

1 注浆前应将孔内残留或松动的杂土清除干净；

2 注浆时应将注浆管插至距孔底250～500mm处，孔口溢浆后，边拔边注，孔口部位应设置止浆塞及排气管；压力注浆时应在注满后保持压力3～5min，重力注浆应在注满后、初凝前补浆1～2次；注浆充盈系数应大于1；

3 水泥浆或水泥砂浆应拌合均匀，随拌随用，一次拌合的水泥浆或水泥砂浆应在初凝前用完；

4 土钉钢筋应设定位支架，定位支架间距不宜超过2m，土钉主筋宜居中。

**6.4.7** 喷射混凝土面层中的钢筋网铺设应符合下列规定：

1 钢筋网应与坡面保留一定间隙，钢筋保护层厚度不宜小于20mm；

2 钢筋网可采用绑扎或焊接，其网格误差及搭接长度应符合相关要求；

3　钢筋网与土钉应连接牢固。

**6.4.8**　喷射混凝土的混合材料中，水泥与砂石的重量比宜为1∶4.0～1∶4.5，含砂率宜为50%～60%，水灰比宜为0.4～0.5。

**6.4.9**　喷射混凝土作业应符合下列规定：

1　喷射作业应分段进行，同一分段内喷射顺序应自上而下，一次喷射厚度不宜小于40mm；

2　喷射时，喷头与受喷面应垂直，宜保持距离0.8～1.2m；

3　喷射混凝土混合料应拌合均匀，随拌随用，存放时间不应超过2h；当掺速凝剂时，存放时间不得超过20min；

4　喷射混凝土终凝2h后，应喷水养护，养护时间应根据气温条件，延续3～7d。

**6.4.10**　对于严格控制变形的基坑，当采用预应力锚杆—土钉墙联合支护时，锚杆施工除应满足本规程第8.6.2条规定外，尚应在预应力锚杆张拉锁定后进行下段开挖支护。

**6.4.11**　土钉墙施工安全应符合下列要求：

1　施工中应每班检查注浆、喷射机械密封和耐压情况，检查输料管、送风管的磨损和接头连接情况，防止因输料管爆裂、松脱喷浆喷砂伤人；

2　施工作业前应保证输料管顺直无堵管；送电、送风前应通知有关人员；处理施工故障应先断电、停机；施工中以及处理故障时，注浆管和喷射管头前方严禁站人；

3　分层设置时，开挖深度不应大于2m；

4　喷射混凝土作业人员应配戴个人防尘用具。

**6.4.12**　土钉墙应按下列规定进行质量检测：

1　当采用抗拔试验检测土钉承载力时，同一条件下，试验数量宜为土钉总数的1%，且不应少于3根；

2　注浆用的水泥浆或水泥砂浆应做试块进行抗压强度试验，试块数量宜每批注浆取不少于1组，每组试块6个；

3　喷射混凝土应进行抗压强度试验，试块数量宜每喷射500m²取一组；对于小于500m²的独立基坑工程，取样不应少于1组，每组试块3个；

4　喷射混凝土面层厚度应采用钻孔或其他方法检测，检测点数量宜每100m²面积1组，每组不应少于3点。

## 7　水泥土墙

### 7.1　一般规定

**7.1.1**　水泥土墙可单独使用，用于挡土或同时兼作隔水；也可与钢筋混凝土排桩等联合使用，水泥土墙（桩）主要起隔水作用。

**7.1.2**　水泥土墙适用于淤泥、淤泥质土、黏土、粉质黏土、粉土、砂类土、素填土及饱和黄土类土等。

**7.1.3**　单独采用水泥土墙进行基坑支护时，适用于基坑周边无重要建筑物，且开挖深度不宜大于6m的基坑。当采用加筋（插筋）水泥土墙或与锚杆、钢筋混凝土排桩等联合使用时，其支护深度可大于6m。

**7.1.4**　水泥土墙断面宜采用连续型或格栅型（见图7.1.4）。

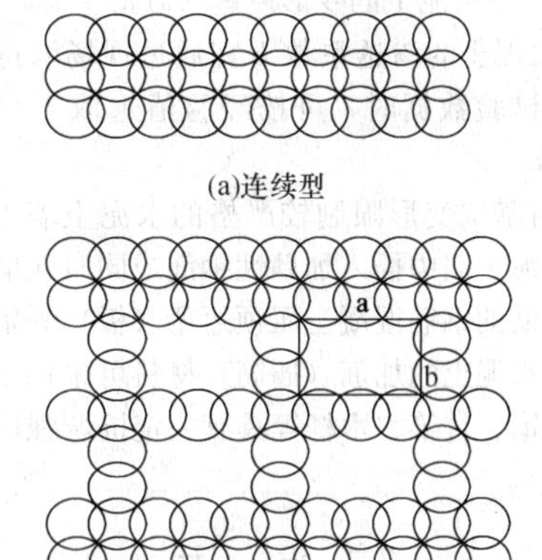


图7.1.4　水泥土墙断面形式

当采用格栅型时，每个格子内的土体面积应满足下列公式的要求：

$$\Sigma F\gamma_i \leqslant \Sigma(0.5 \sim 0.7)\tau_{0i}U \quad (7.1.4\text{-}1)$$

$$F = a \cdot b \quad (7.1.4\text{-}2)$$

$$\tau_{0i} = K_{ai}\sigma_m \tan\varphi_{ki} + c_{ki} \quad (7.1.4\text{-}3)$$

式中　$F$——格子内土的面积（m²）；

$U$——格子的周长（m），2（$a$+$b$）；

$a$——格子的边长（m）；

$b$——格子的宽度（m）；

$\gamma_i$——桩间第$i$层土的重度（kN/m³）；

$\tau_{0i}$——第$i$层土与桩的摩阻力（kPa）；

$K_{ai}$——第$i$层土的主动土压力系数；

$\sigma_m$——第$i$层土平均自重应力（kPa）；

$c_{ki}$，$\varphi_{ki}$——分别为第$i$层土的黏聚力（kPa）及内摩擦角标准值（°）。

**7.1.5**　水泥土墙的施工方法可采用深层搅拌法或高压喷射注浆法。深层搅拌施工宜优先采用喷浆法；当土的含水量较大（饱和度大于80%）、基坑较浅且无严格防渗要求时，也可采用喷粉法。

**7.1.6**　水泥土的抗压、抗剪、抗拉强度应通过试验确定。当进行初步设计时，也可采用水泥土立方体抗压强度$f_{cu,28}$，通过下列公式估算水泥土的抗剪及抗拉强度：

$$\tau_f = \frac{1}{3}f_{cu,28} \quad (7.1.6\text{-}1)$$

$$\sigma_t = \frac{1}{10} f_{cu,28} \qquad (7.1.6\text{-}2)$$

式中 $f_{cu,28}$——水泥土立方体28d抗压强度标准值(kPa)；

$\tau_f$——水泥土的抗剪强度标准值(kPa)；

$\sigma_t$——水泥土的抗拉强度标准值(kPa)。

**7.1.7** 水泥土的变形模量宜通过试验确定。当无试验资料时，可按下式估算：

$$E = (100 \sim 150) f_{cu,28} \qquad (7.1.7)$$

式中 $E$——水泥土的变形模量(kPa)。

**7.1.8** 水泥土的渗透系数$k$宜通过现场渗透试验确定。当无试验数据时，可按经验值选取 $k = 10^{-8} \sim 10^{-6}$cm/s。

**7.1.9** 对基坑变形限制较严格的水泥土墙工程，可采用在水泥土墙中插入加劲性钢筋或同时在墙顶加设强度等级低的钢筋混凝土压顶冠梁(板)等辅助性增强措施。水泥土的加筋(插筋)材料可采用钢筋、钢架管、型钢、竹竿、木杆等具有一定抗弯强度的韧性材料。

## 7.2 设 计

**7.2.1** 水泥土墙的设计必须进行整体稳定性验算和正截面承载力验算。

**7.2.2** 水泥土墙的宽度($b$)和嵌固深度($h_d$)应经试算确定。初定尺寸时可按下列公式估算：

$$b_0 = (0.4 \sim 0.8)h \qquad (7.2.2\text{-}1)$$

$$h_{d0} = (0.6 \sim 1.0)h \qquad (7.2.2\text{-}2)$$

式中 $b_0$——初定水泥土墙的宽度(m)；

$h_{d0}$——初定嵌固深度(m)；

$h$——水泥土墙的挡土高度(m)。

**7.2.3** 水泥土墙稳定性验算可沿基坑方向取单位延长米(1.0m)进行，其主要内容应包括：抗倾覆、抗水平滑动、抗圆弧滑动、抗基坑底隆起、抗渗透破坏和基坑底抗突涌稳定性，并应符合下列要求：

1 对于渗透性低的黄土，抗倾覆稳定性应按下列公式验算(见图7.2.3-1)：

$$\frac{\sum M_{Ep} + G\frac{b}{2} - UL_w}{\sum M_{Ea} + \sum M_w} \geqslant 1.6 \qquad (7.2.3\text{-}1)$$

$$U = \frac{\gamma_w (h_{wa} + h_{wp}) b}{2} \qquad (7.2.3\text{-}2)$$

式中 $\Sigma M_{Ep}$、$\Sigma M_{Ea}$——分别为被动土压力与主动土压力绕墙前趾0点的力矩之和(kN·m)；

$\Sigma M_w$——墙前与墙后水压力对0点的力矩之和(kN·m)；

$G$——墙身重量(kN)；

$b$——墙身厚度(m)；

$U$——作用于墙底面上的水浮力(kN)；

$h_{wa}$——主动侧地下水位至墙底的距离(m)；

$h_{wp}$——被动侧地下水位至墙底的距离(m)；

$L_w$——$U$的合力作用点距0点的距离(m)。

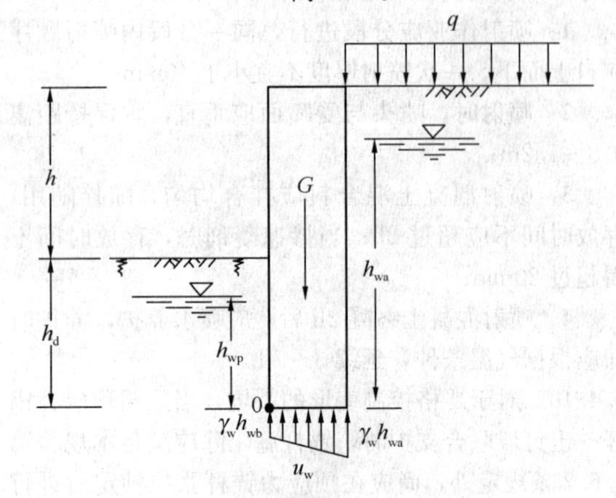


图7.2.3-1 抗倾覆稳定性验算简图

对于渗透性较强的土体，应单独计算作用于挡墙上的水压力和渗流力，同时按浮重度计算相应的土压力。

2 抗水平滑动稳定性应按下式验算：

$$\frac{\sum E_p + (G-U)\tan\varphi_k + c_k b}{\sum E_a + \sum E_w} \geqslant 1.3 \qquad (7.2.3\text{-}3)$$

式中 $\Sigma E_p$、$\Sigma E_a$——分别为被动土压力与主动土压力的合力(kN)；

$\Sigma E_w$——作用于墙前墙后水压力的合力(kN)；

$c_k$、$\varphi_k$——分别为墙底土层的黏聚力标准值(kPa)和内摩擦角标准值(°)。

由于墙底水泥浆的拌合作用，$c_k$、$\varphi_k$值可适当提高使用。

3 当组成基坑边坡土体为黄土时，抗圆弧滑动稳定性应按本规程附录A验算。

4 当基坑底为软土时，应验算坑底土抗隆起稳定性。抗隆起稳定性应按下列公式验算(见图7.2.3-2)：

$$\frac{cN_c + \gamma_2 h_d N_q}{\gamma_1 (h + h_d) + q} \geqslant 1.6 \qquad (7.2.3\text{-}4)$$

$$N_q = \tan^2\left(45° + \frac{\varphi_k}{2}\right) e^{\pi\tan\varphi} \qquad (7.2.3\text{-}5)$$

$$N_c = \frac{N_q - 1}{\tan\varphi_k} \qquad (7.2.3\text{-}6)$$

式中 $N_q$、$N_c$——承载力系数；

$\gamma_1$、$\gamma_2$——分别为墙后和墙前土层的平均重度（kN/m³），水下用浮重度；

$q$——地面均布荷载（kPa）。

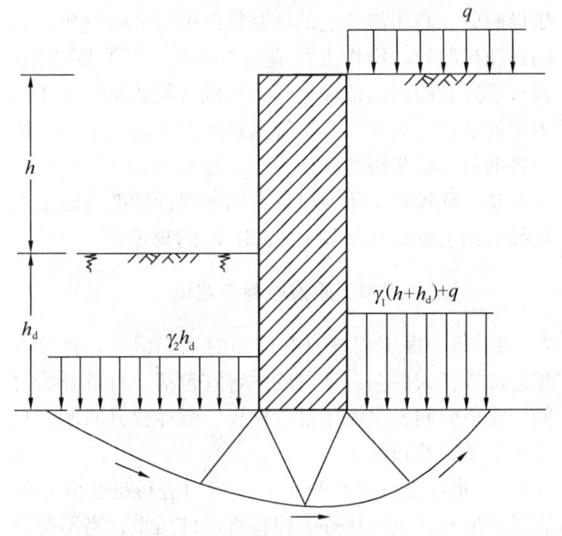


图 7.2.3-2　抗隆起稳定性验算简图

**5**　当设计考虑墙的隔水作用时，尚应进行抗渗透破坏稳定性验算。抗渗透破坏稳定性验算应按下列公式验算（见图 7.2.3-3）：

$$\frac{i_{cr}}{i} \geqslant 2.5 \qquad (7.2.3\text{-}7)$$

$$i_{cr} = \frac{G_s - 1}{1 + e} \qquad (7.2.3\text{-}8)$$

$$i = \frac{h_w}{L} \qquad (7.2.3\text{-}9)$$

$$L = h_w + 2h_d \qquad (7.2.3\text{-}10)$$

式中　$i_{cr}$——极限平均水力坡度；

$G_s$——坑底土颗粒的相对密度；

$e$——坑底土的孔隙比；

$i$——平均水力坡度；

$h_w$——墙两侧的水头差（m）；

$L$——产生水头损失的最短渗透流线长度(m)。

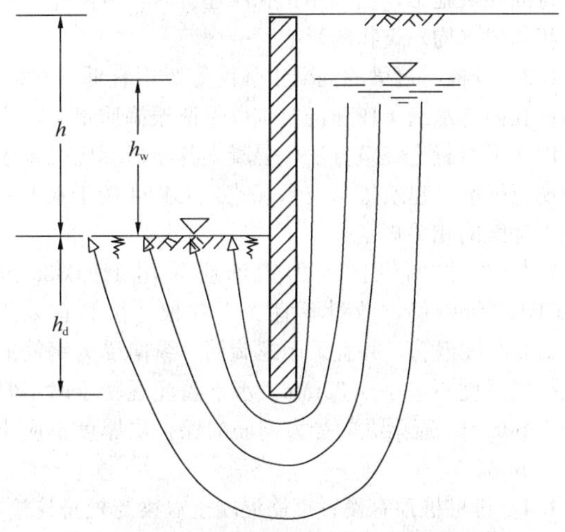


图 7.2.3-3　抗渗透破坏稳定性验算简图

**6**　当基坑底面以下存在承压含水层时，基坑底抗突涌稳定性应按下式验算：

$$\frac{\gamma_s h_s}{\gamma_w H_w} \geqslant 1.1 \qquad (7.2.3\text{-}11)$$

式中　$\gamma_s$——基坑底面至不透水层底的平均重度（kN/m³）；

$h_s$——基坑底面至不透水层底的厚度（m）；

$H_w$——承压水高于不透水层底面的水头高度（m）。

**7.2.4**　水泥土墙设计除应符合本规程第 7.2.3 条的规定外，尚应按下列规定进行正截面承载力验算和墙体剪应力验算：

**1**　单位延长米墙体的墙底端和墙身正应力由下式确定：

$$\begin{matrix} p_{kmax} \\ p_{kmin} \end{matrix} = \gamma_{cs} \cdot z + q \pm \frac{M_k}{W} \qquad (7.2.4\text{-}1)$$

式中　$p_{kmax}$、$p_{kmin}$——计算断面水泥土墙两侧的最大和最小正应力（kPa）；

$\gamma_{cs}$——水泥土墙的平均重度（kN/m³）；

$z$——由墙顶至计算截面的深度（m）；

$M_k$——水泥土墙计算截面处的弯矩标准值(kN·m)；

$W$——水泥土墙计算截面处的抵抗矩（m³）。

**2**　墙底地基土承载力必须满足下列公式要求：

$$p_{kmax} \leqslant 1.2 f_a \qquad (7.2.4\text{-}2)$$

$$p_{kmin} \geqslant 0 \qquad (7.2.4\text{-}3)$$

式中　$f_a$——墙底面处经深度修正后的地基承载力特征值（kPa）。

**3**　水泥土墙墙身应力应满足下列公式要求：

$$p_{kmax} \leqslant 0.3 f_{cu,28} \qquad (7.2.4\text{-}4)$$

$$p_{kmin} \geqslant 0 \qquad (7.2.4\text{-}5)$$

**4**　水泥土墙体剪力应满足下列公式要求：

$$V_k \leqslant \frac{0.1 f_{cu,28} \lambda_b}{K_j} \qquad (7.2.4\text{-}6)$$

式中　$V_k$——墙体剪力标准值（kN）；

$\lambda_b$——每延长米墙体范围内的桩体所占的面积（m²）；

$K_j$——水泥土强度不均匀系数，一般取 2.0。

**7.2.5**　水泥土墙的桩顶水平位移应根据当地类似工程实测资料，可采用工程类比法进行估算。当无足够经验时，可通过有限元法或弹性桩的原理进行计算。

### 7.3 施　工

**7.3.1** 水泥土墙施工前，现场应进行整平处理，清除地上和地下的障碍物。低洼地段回填时，应采用素土分层夯实回填。

**7.3.2** 水泥土墙应采取切割搭接法施工。应在前桩水泥土尚未固化时进行后序搭接桩施工。当考虑隔水作用时，桩的有效搭接宽度不宜小于 150mm；当不考虑隔水作用时，桩的有效搭接宽度不宜小于 100mm。

**7.3.3** 深层搅拌法施工前，应进行成桩工艺及水泥掺入量或水泥浆的配合比试验，配合比试验应符合本规程附录 B 中的要求。初步确定参数时，深层搅拌桩的水泥掺入量宜为被加固土重的 12%～20%。砂类土宜采用较低的掺入量，软弱土层宜采用较高的掺入量。高压旋喷法的水泥掺入比可采用被加固土重的 20%～30%。

**7.3.4** 搅拌桩施工应保证桩身全段水泥含量的均匀性，并应采用搅拌深度自动记录仪。

**7.3.5** 喷浆搅拌法施工时，水泥浆液的配置可根据地层情况，加入适量的缓凝剂、减水剂，以增加浆液的流动性和可泵性。水泥浆的水灰比不宜大于 0.6。喷浆口距搅拌头中心的距离不应小于搅拌头半径的 2/3，应尽量减少返浆量。

**7.3.6** 高压旋喷法施工前，应通过试喷成桩工艺试验，确定在不同土层中加固体的最小直径等施工技术参数。水泥浆的水灰比宜为 1.0～1.5，喷浆压力宜采用 20～30MPa。

**7.3.7** 施工时配制的水泥浆液，放置时间不应超过 4h，否则应作为废浆处理。

**7.3.8** 水泥土墙的施工桩位偏差不应大于 50mm，垂直度偏差不宜大于 1.0%，桩径允许偏差为 4%。桩的搭接施工应连续进行，相邻桩施工间隔时间不宜超过 4h。当桩身设置插筋时，桩身插筋应在单桩施工完成后及时进行。

**7.3.9** 水泥土墙应有 28d 以上龄期且其立方体抗压强度标准值 $f_{cu,28}$ 大于 1.0MPa 时方能进行基坑开挖。在基坑开挖时应保证不损坏桩体，分段分层开挖。

**7.3.10** 喷粉搅拌法在打开送灰罐（小灰罐）时，应确保罐内压力已经释放完毕。严禁带压开罐，防止造成人身意外伤害和水泥粉尘喷撒。

**7.3.11** 喷粉搅拌法应对空气压缩机的安全限压装置按要求进行定期检查，确保安全阀的泄压安全有效。

**7.3.12** 喷粉搅拌法气压调节排放管应放置在（浸没于）水桶（坑）中，并加盖数层浸湿的厚层遮盖帘；当送灰搅拌接近孔口时，应及时停止送风并采取喷淋（浇水）措施，以防止水泥粉尘的喷撒。

**7.3.13** 剩余或废弃的水泥浆液，应采取就地处理措施。严禁将水泥浆液排入下水（污水）管道，以防止水泥浆液凝结堵塞管道。

**7.3.14** 深层搅拌法的送灰（浆）管可采用普通的高压橡胶管，高压旋喷法的送浆管应采用带有钢丝内胎的高压橡胶管。操作人员应站在送灰（浆）管左侧，灰（浆）管的耐压值应大于空压机（灰浆泵）工作压力值的 2 倍。送灰（浆）管的长度不宜超过 50m，压力管的每个接头绑扎不应少于 2 道。

**7.3.15** 现场施工用电应符合国家现行标准《施工现场临时用电安全技术规范》JGJ 46 的规定。

### 7.4 质量检验与监测

**7.4.1** 每一根工程桩应有详细的施工记录，并应有相应的责任人签名。记录的内容宜包括：打桩开始时间、完成时间、水泥用量、桩长、搅拌提升时间、复搅次数及冒浆情况等。

**7.4.2** 水泥土桩应在施工后一周内进行桩头开挖检查或采取水泥土试块等手段检查成桩质量；当不符合设计要求时，应及时采取相应的补救措施。

**7.4.3** 水泥土墙应在达到设计开挖龄期后，采用钻孔取芯法检测墙身完整性，钻芯数量不宜小于总桩数的 0.5%，且不应少于 5 根；并应根据水泥土强度设计要求对芯样进行单轴抗压强度试验。

**7.4.4** 水泥土墙支护工程，在基坑开挖过程中应监测桩顶位移。观测点的布设、观测时间间隔及观测技术要求应符合本规程和设计的规定。

## 8 排　桩

### 8.1 一般规定

**8.1.1** 采用悬臂式排桩，桩径不宜小于 600mm；采用排桩—锚杆结构，桩径不宜小于 400mm；采用人工挖孔工艺时，排桩桩径不宜小于 800mm。当排桩相邻建（构）筑物等较近时，不宜采用冲击成孔工艺进行灌注桩施工；当采用钻孔灌注桩时，应防止塌孔对相邻建（构）筑物的影响。

**8.1.2** 排桩与冠梁的混凝土强度等级不宜低于 C20；当桩孔内有水或干作业浇筑难以保证振捣质量时，应采用水下混凝土浇筑方法，混凝土各项指标应符合国家现行标准《建筑桩基技术规范》JGJ 94 关于水下混凝土浇筑的相关规定。

**8.1.3** 排桩的纵向受力钢筋应采用 HRB335 或 HRB400 级钢筋，数量不宜少于 8 根。箍筋宜采用 HRB235 级钢筋，并宜采用螺旋筋，纵向受力钢筋的保护层厚度不应小于 35mm，水下灌注混凝土时不宜小于 50mm。冠梁纵向受力钢筋的保护层厚度不应小于 25mm。

**8.1.4** 排桩桩顶宜设置钢筋混凝土冠梁与桩身连接，当冠梁仅起连系梁作用时，可按构造配筋，冠梁宽度

（水平方向）不宜小于桩径，冠梁高度（竖直方向）不宜小于400mm。当冠梁作为内支撑、锚杆的传力构件或作为空间结构构件时，应按计算内力确定冠梁的尺寸和配筋。

**8.1.5** 基坑开挖后，应及时对桩间土采取防护措施以维护其稳定，可采用内置钢丝网或钢筋网的喷射混凝土护面等处理方法。当桩间渗水时，应在护面设泄水孔。

**8.1.6** 锚杆尺寸和构造应符合下列要求：

1 土层锚杆自由段长度应满足本规程第8.5.6条的要求，且不宜小于5m；

2 锚杆杆体外露长度应满足锚杆底座、腰梁尺寸及张拉作业要求；

3 锚杆直径宜为120～150mm；

4 锚杆杆体安装时，应设置定位支架，定位支架间距宜为1.5～2.0m。

**8.1.7** 锚杆布置应符合下列要求：

1 锚杆上下排垂直间距不宜小于2.0m，水平间距不宜小于1.5m；

2 锚杆锚固体上覆土层厚度不宜小于4.0m；

3 锚杆倾角宜为15°～25°，且不应大于45°。

**8.1.8** 锚杆注浆体宜采用水泥浆或水泥砂浆，其强度等级不宜低于M15。

## 8.2 嵌固深度及支点力计算

**8.2.1** 悬臂式排桩嵌固深度设计值$h_d$宜按下式确定（见图8.2.1）：

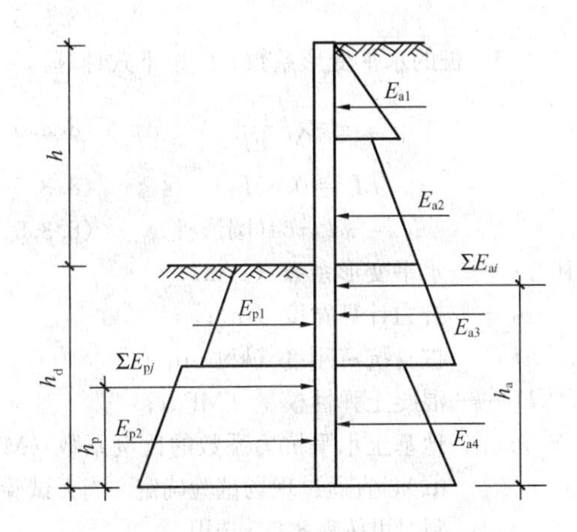


图8.2.1 悬臂式排桩嵌固深度计算简图

$$\frac{h_p \sum E_{pj}}{h_a \sum E_{ai}} \geqslant K \quad (8.2.1)$$

式中 $\Sigma E_{pj}$——桩底以上的基坑内侧各土层对每一根桩提供的被动土压力标准值$e_{pjk}$的合力（kN），被动土压力计算宽度取排桩中心距；

$h_p$——合力$\Sigma E_{pj}$作用点至桩底的距离（m）；

$\Sigma E_{ai}$——桩底以上的基坑外侧各土层对每一根桩产生的水平荷载标准值$e_{aik}$的合力（kN），水平荷载计算宽度取排桩中心距；

$h_a$——合力$\Sigma E_{ai}$作用点至桩底的距离（m）；

$K$——抗倾覆安全系数。当基坑侧壁安全等级为一、二、三级时，$K$值分别取1.5、1.4、1.3。

**8.2.2** 单层支点排桩支点水平力标准值及嵌固深度设计值$h_d$宜按下式计算（见图8.2.2-1、图8.2.2-2）：

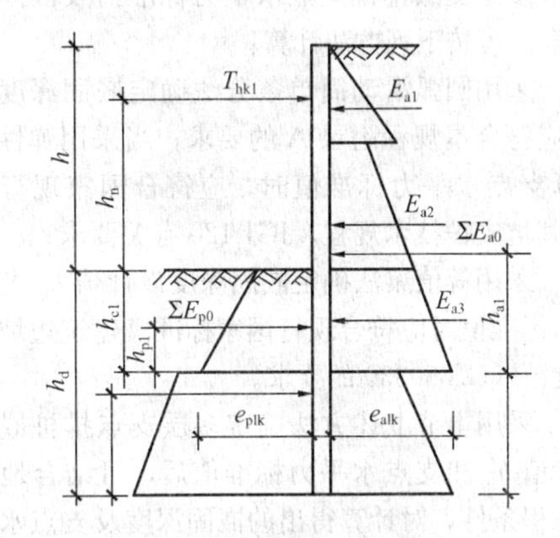


图8.2.2-1 单层支点排桩支点力计算简图

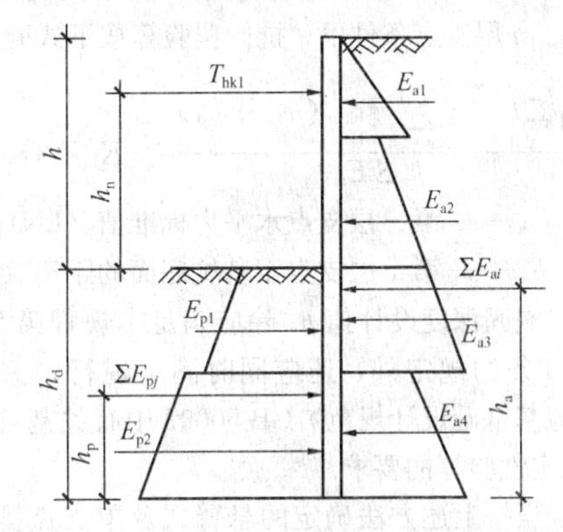


图8.2.2-2 单层支点排桩嵌固深度计算简图

1 排桩设定弯矩零点位置至基坑底面的距离$h_{c1}$按下式确定：

$$e_{a1k} = e_{p1k} \quad (8.2.2\text{-}1)$$

2 支点水平力标准值$T_{hk1}$按下式计算：

$$T_{hk1} = \frac{h_{a1} \sum E_{ac} - h_{p1} \sum E_{pc}}{h_{T1} + h_{c1}} \quad (8.2.2\text{-}2)$$

式中 $e_{a1k}$——水平荷载标准值（kN/m²）；

$e_{p1k}$——被动土压力标准值（kN/m²）；

$\Sigma E_{ac}$——设定弯矩零点位置以上的基坑外侧各土层对每一根桩产生水平荷载标准值的合力（kN），水平荷载计算宽度取排桩中心距；

$h_{a1}$——合力$\Sigma E_{ac}$作用点至设定弯矩零点的距离（m）；

$\Sigma E_{pc}$——设定弯矩零点位置以上的基坑内侧各

土层对每一根桩提供被动土压力标准值的合力（kN），被动土压力计算宽度取排桩中心距；

$h_{p1}$——合力 $\Sigma E_{pc}$ 作用点至设定弯矩零点的距离（m）；

$h_{T1}$——支点至基坑底面的距离（m）。

3 嵌固深度设计值 $h_d$ 应按下式确定：

$$\frac{h_p \Sigma E_{pj} + T_{hk1}(h_{T1} + h_d)}{h_a \Sigma E_{ai}} \geqslant K \qquad (8.2.2\text{-}3)$$

**8.2.3** 多层支点排桩支点水平力标准值及嵌固深度设计值 $h_d$ 可按下列方法计算：

1 采用圆弧滑动简单条分法确定嵌固深度设计值 $h_d$ 应符合本规程附录 A 的要求；当采用弹性支点法计算支点水平力标准值时，应符合国家现行标准《建筑基坑支护技术规程》JGJ 120 有关要求；

2 采用等值梁法确定嵌固深度设计值 $h_d$ 及支点水平力标准值时应符合现行国家标准《建筑边坡工程技术规范》GB 50330 的要求。

**8.2.4** 采用本节上述方法确定多层支点排桩嵌固深度设计值 $h_d$ 和支点水平力标准值后，可结合地区经验及工程条件，对计算得出的嵌固深度及支点水平力进行调整，但在调整后，应验算各工况下的抗倾覆稳定状态。$n$ 层支点条件下，抗倾覆验算按下式验算：

$$\frac{h_p \Sigma E_{pj} + \sum_{x=1}^{n} T_{hkx}(h_{Tx} + h_d)}{h_a \Sigma E_{ai}} \geqslant K \qquad (8.2.4)$$

式中 $T_{hkx}$——第 $x$ 层支点水平力标准值（kN）；

$h_{Tx}$——第 $x$ 层支点至基坑底面的距离（m）。

**8.2.5** 嵌固深度设计值 $h_d$ 除应满足本规程第 8.2.1～8.2.3 条的规定外，还应同时满足现行国家标准《建筑地基基础设计规范》GB 50007 中有关基坑底抗隆起稳定性验算的要求。

**8.2.6** 当按上述方法确定的悬臂式及单支点排桩嵌固深度设计值 $h_d < 0.3h$ 时，宜取 $h_d = 0.3h$；多支点排桩嵌固深度设计值 $h_d < 0.2h$ 时，宜取 $h_d = 0.2h$。

## 8.3 结构计算

**8.3.1** 排桩的结构计算可根据基坑深度、周边环境、地质条件和地面荷载等因素分段按平面问题计算，水平荷载计算宽度可取排桩的中心距。对每一个计算剖面，应取不利条件下的计算参数。

**8.3.2** 基坑分层开挖时，应对实际开挖过程的各工况分别进行结构计算，并按各工况结构计算的最大值进行支护结构设计。

**8.3.3** 应根据基坑深度和规模、基坑周边环境条件和地质条件、变形控制要求等因素，选择下列结构计算方法：

1 对于多层支点排桩结构，宜采用弹性支点法计算结构内力与变形；

2 对于悬臂式排桩及单层支点排桩，可采用本规程第 8.2.1、8.2.2 条确定的静力平衡条件计算结构内力；对于有变形控制要求的悬臂式排桩及单层支点排桩，可采用弹性地基梁法计算内力及变形量。

**8.3.4** 当采用弹性支点法进行结构计算时，结构支点的边界条件、锚杆刚度、支护结构嵌固段土的水平抗力计算宽度和水平抗力系数应按国家现行标准《建筑基坑支护技术规程》JGJ 120 有关规定确定。

**8.3.5** 排桩变形计算应符合下列要求：

1 计算排桩变形时，宜以基坑底面为界将桩分成两部分，基坑底面以上部分应按悬臂梁求解，基坑底面以下部分（排桩嵌固段）应按弹性地基梁求解。

2 按弹性地基梁 $m$ 法计算排桩嵌固段变形应符合下列要求：

1）应根据本规程第 8.2 节的要求计算排桩嵌固深度设计值 $h_d$；

2）排桩中单根桩承受侧压力的计算宽度宜取排桩中心距；抗力计算宽度 $b_0$ 可按下列规定计算，当计算结果大于排桩中心距时应取排桩中心距。

圆形桩：直径 $d \leqslant 1\,\text{m}$ 时，$b_0 = 0.9(1.5d + 0.5)$ (8.3.5-1)

$d > 1\,\text{m}$ 时，$b_0 = 0.9(d + 1)$ (8.3.5-2)

方形桩：边长 $b \leqslant 1\,\text{m}$ 时，$b_0 = 1.5b + 0.5$ (8.3.5-3)

$b > 1\text{m}$ 时，$b_0 = b + 1.0$ (8.3.5-4)

3）桩的水平变形系数 $\alpha$ 应按下式计算：

$$\alpha = \sqrt[5]{\frac{mb_0}{EI}} \qquad (8.3.5\text{-}5)$$

$$EI = 0.85E_c I_0 \qquad (8.3.5\text{-}6)$$

$$I_0 = \pi d^4 / 64(\text{圆形桩}) \qquad (8.3.5\text{-}7)$$

式中 $\alpha$——水平变形系数（1/m）；

$b_0$——抗力计算宽度（m）；

$EI$——桩身抗弯刚度（kN·m²）；

$E_c$——混凝土弹性模量（MPa）；

$m$——地基土水平抗力系数的比例系数（MN/m⁴），宜通过现场试验确定，当无试验资料时可按表 8.3.5 选用。

**表 8.3.5 地基土水平抗力系数的比例系数 $m$ 值**

| 地基土类别 | 预制桩、钢桩 | | 灌注桩 | |
|---|---|---|---|---|
| | $m$ (MN/m⁴) | 相应单桩在地面处水平位移（mm） | $m$ (MN/m⁴) | 相应单桩在地面处水平位移（mm） |
| 淤泥，淤泥质黏土，饱和湿陷性黄土 | 2.0～4.5 | 10 | 2.5～6.0 | 6～12 |

续表 8.3.5

| 地基土类别 | 预制桩、钢桩 | | 灌注桩 | |
|---|---|---|---|---|
| | $m$ (MN/m$^4$) | 相应单桩在地面处水平位移（mm） | $m$ (MN/m$^4$) | 相应单桩在地面处水平位移（mm） |
| 流塑（$I_L>1$）、软塑（$0.75<I_L\leqslant 1$）状黏性土，$e>0.9$ 粉土，松散粉细砂 | 4.5～6.0 | 10 | 6～14 | 4～8 |
| 可塑（$0.25<I_L\leqslant 0.75$）状黏性土，$e=0.75$～0.9 粉土，湿陷性黄土，稍密细砂 | 6.0～10.0 | 10 | 14～35 | 3～6 |
| 硬塑（$0<I_L\leqslant 0.25$）、坚硬（$I_L\leqslant 0$）状黏性土，湿陷性黄土，$e<0.75$ 粉土，中密的中粗砂 | 10～22 | 10 | 35～100 | 2～5 |
| 中密、密实的砾砂、碎石类土 | — | — | 100～300 | 1.5～3.0 |

注：1 当桩顶水平位移大于表列数值或灌注桩配筋率较高（≥0.65%）时，$m$ 值应适当降低；
2 当水平荷载为长期或经常出现的荷载时，应将表列数值乘以 0.4 降低采用。

4）基坑底面处（弹性地基梁顶面）水平位移 $y_0$ 及转角 $\phi_0$，应由下式计算：

$$y_0=\frac{H_0}{\alpha^3 EI}A_f+\frac{M_0}{\alpha^2 EI}B_f \quad (8.3.5\text{-}8)$$

$$\phi_0=\frac{H_0}{\alpha^2 EI}B_f+\frac{M_0}{\alpha EI}C_f \quad (8.3.5\text{-}9)$$

式中 $H_0$、$M_0$——作用在弹性地基梁顶面的水平力及弯矩，数值上分别等于悬臂梁底端的剪力（kN）及弯矩（kN·m）；

$y_0$——水平位移（m）；

$\phi_0$——转角（rad）；

$A_f$、$B_f$、$C_f$——影响函数值，据国家现行标准《建筑桩基技术规范》JGJ 94 查得。

3 悬臂式排桩桩身最大水平位移发生在桩顶，桩顶位移可按下式计算（见图 8.3.5）：

$$\Delta=y_0+\phi_0\cdot H+f_0 \quad (8.3.5\text{-}10)$$

式中 $\Delta$——桩顶位移（m）；

$f_0$——假定固定端在基坑底面时，悬臂梁在坑底以上侧压力作用下顶端产生的水平位移（m），按本规程附录 C 计算；

$H$——排桩悬臂段长度（m）。

4 根据本规程第 8.2 节计算多（单）支点排桩各支点水平力 $T_{hk}$ 及侧向土压力后，桩顶位移可按式（8.3.5-10）计算。

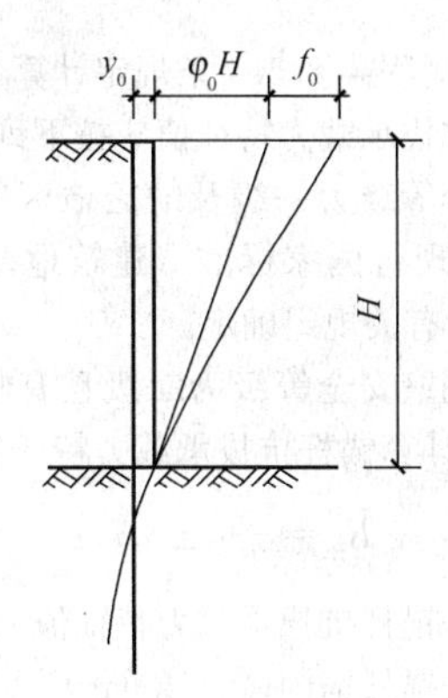


图 8.3.5 悬臂桩桩顶位移计算简图

## 8.4 排桩截面承载力计算

**8.4.1** 确定排桩的截面时，截面弯矩设计值 $M_d$、截面剪力设计值 $V_d$ 应按下列公式计算：

$$M_d=1.35\gamma_0 M_k \quad (8.4.1\text{-}1)$$

$$V_d=1.35\gamma_0 V_k \quad (8.4.1\text{-}2)$$

式中 $\gamma_0$——重要性系数；

$M_k$——截面弯矩标准值（kN·m），宜按本规程第 8.3.3 条规定计算；

$V_k$——截面剪力标准值（kN），宜按本规程第 8.3.3 条规定计算。

**8.4.2** 混凝土结构排桩的正截面受弯及斜截面受剪承载力计算应符合现行国家标准《混凝土结构设计规范》GB 50010 的有关规定，并应符合有关构造要求。

## 8.5 锚 杆 计 算

**8.5.1** 锚杆抗拔力标准值宜按下列规定计算：

1 锚杆水平间距与桩间距相同时，锚杆抗拔力标准值宜按下列公式计算：

$$T_k=T_{hk}/\cos\theta \quad (8.5.1\text{-}1)$$

式中 $T_k$——锚杆抗拔力标准值（kN）；

$T_{hk}$——支点水平力标准值（kN），可按本规程第 8.2 节相应规定计算；

$\theta$——锚杆与水平面的夹角（°）。

2 锚杆水平间距与桩间距不相同时，锚杆抗拔力标准值宜按下列公式计算：

$$T_k=\frac{T_{hk}}{\cos\theta}\cdot\frac{S_m}{S_z} \quad (8.5.1\text{-}2)$$

式中 $S_m$——锚杆水平间距（m）；

$S_z$——排桩间距（m）。

**8.5.2** 锚杆抗拔力设计值 $T_d$ 应按下式计算：

$$T_d=1.35\gamma_0 T_k \quad (8.5.2)$$

**8.5.3** 锚杆抗拔力计算应符合下式规定：

$$T_d\leqslant R_t \quad (8.5.3)$$

式中 $R_t$——锚杆抗拔承载力特征值（kN），应按本规程第 8.5.4 条规定计算。

**8.5.4** 锚杆抗拔承载力特征值应按下列规定确定：

**1** 对安全等级为一级及缺乏地区经验的二级基坑侧壁，应按现行国家标准《建筑地基基础设计规范》GB 50007 有关规定确定。

**2** 基坑侧壁安全等级为二级且有临近工程经验时，可按下式计算锚杆抗拔承载力特征值：

$$R_t = \frac{\pi}{K} d \Sigma q_{si} l_i \tag{8.5.4}$$

式中 $R_t$——锚杆抗拔承载力特征值（kN）；

$d$——锚杆锚固体直径（m）；

$l_i$——第 $i$ 层土中锚固段长度（m）；

$q_{si}$——土体与锚固体的极限摩阻力标准值（kPa），应根据当地经验取值，当无经验时可按表 8.5.4 取值；

$K$——土体与锚固体摩阻力安全系数，当基坑侧壁安全等级为一级时取 2，基坑侧壁安全等级为二、三级时，可根据基坑具体情况取 1.80～1.50。

**3** 基坑侧壁安全等级为三级时，可按本规程公式（8.5.4）确定锚杆抗拔承载力特征值。

**4** 对于塑性指数大于 17 的土层中的锚杆应按国家现行标准《建筑基坑支护技术规程》JGJ 120 中有关要求进行蠕变试验。

**表 8.5.4 土体与锚固体极限摩阻力值**

| 土的名称 | 土的状态 | $q_{si}$（kPa） |
|---|---|---|
| 填土 | — | 16～20 |
| 淤泥 | — | 10～16 |
| 淤泥质土 | — | 16～20 |
| 黏性土（包括 $I_P>10$ 的黄土） | $I_L>1.00$ | 18～30 |
| | $0.75<I_L\leqslant1.00$ | 30～40 |
| | $0.50<I_L\leqslant0.75$ | 40～53 |
| | $0.25<I_L\leqslant0.50$ | 53～65 |
| | $0<I_L\leqslant0.25$ | 65～73 |
| | $I_L\leqslant0$ | 73～80 |
| 粉土 | $e>0.90$ | 22～44 |
| | $0.75<e\leqslant0.90$ | 44～64 |
| | $e\leqslant0.75$ | 64～100 |
| 粉细砂 | 稍密 | 22～42 |
| | 中密 | 42～63 |
| | 密实 | 63～85 |
| 中砂 | 稍密 | 54～74 |
| | 中密 | 74～90 |
| | 密实 | 90～120 |
| 粗砂 | 稍密 | 90～130 |
| | 中密 | 130～170 |
| | 密实 | 170～200 |
| 砾砂 | 中密、密实 | 190～260 |

注：表中 $q_{si}$ 系采用直孔一次常压灌浆工艺计算值；当采用二次灌浆或扩孔工艺时可适当提高。

**8.5.5** 锚杆杆体的截面面积应符合下列规定：

**1** 普通钢筋截面面积应按下式计算：

$$A_s \geqslant \frac{T_d}{f_y} \tag{8.5.5-1}$$

**2** 预应力钢筋截面面积应按下式计算：

$$A_p \geqslant \frac{T_d}{f_{py}} \tag{8.5.5-2}$$

式中 $A_s$、$A_p$——普通钢筋、预应力钢筋杆体截面面积（$mm^2$）；

$f_y$、$f_{py}$——普通钢筋、预应力钢筋抗拉强度设计值（$N/mm^2$）。

**8.5.6** 锚杆自由段长度（$l_f$）宜按下式计算（见图 8.5.6）：

$$l_f = l_t \frac{\sin\left(45° - \frac{\varphi_k}{2}\right)}{\sin\left(45° + \frac{\varphi_k}{2} + \theta\right)} \tag{8.5.6}$$

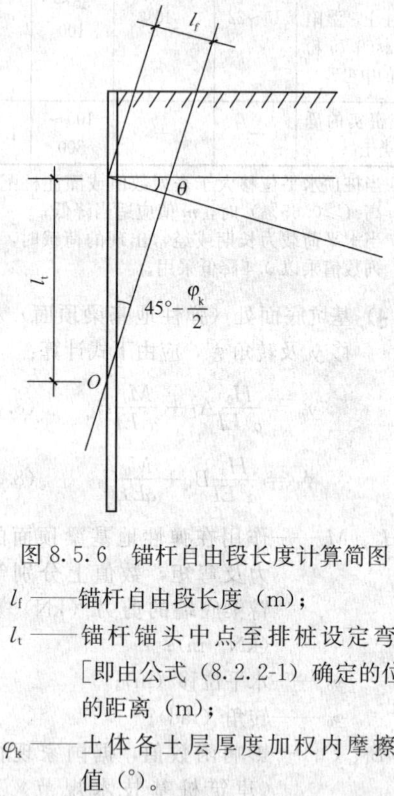

图 8.5.6 锚杆自由段长度计算简图

式中 $l_f$——锚杆自由段长度（m）；

$l_t$——锚杆锚头中点至排桩设定弯矩零点［即由公式（8.2.2-1）确定的位置］处的距离（m）；

$\varphi_k$——土体各土层厚度加权内摩擦角标准值（°）。

**8.5.7** 锚杆锁定值应根据支护结构变形要求及锚固段地层条件确定，宜取锚杆抗拔承载力特征值的 0.50～0.65 倍。

## 8.6 施工与检测

**8.6.1** 排桩施工应符合下列要求：

**1** 垂直轴线方向的桩位偏差不宜大于 50mm；垂直度偏差不宜大于 1%，且不应影响地下结构的施工；

**2** 当排桩不承受垂直荷载时，钻孔灌注桩桩底沉渣不宜超过 200mm；当沉渣难以控制在规定范围时，应通过加大钻孔深度来保证有效桩长达到设计要求；当排桩兼作承重结构时，桩底沉渣应按国家现行标准《建筑桩基技术规范》JGJ 94 的有关要求执行；

**3** 采用灌注桩工艺的排桩宜采取隔桩施工的成孔顺序，并应在灌注混凝土 24h 后进行邻桩成孔施工；

**4** 沿周边非均匀配置纵向钢筋的排桩，钢筋笼在绑扎、吊装和安放时，应保证钢筋笼的安放方向与设计方向一致，钢筋笼纵向钢筋的平面角度误差不应大于 10°；

**5** 冠梁施工前，应将排桩桩顶浮浆凿除并清理干净，桩顶以上出露的钢筋长度应达到设计要求；

**6** 灌注桩成孔后应及时进行孔口覆盖；

**7** 灌注桩钢筋笼宜整体制作，整体吊装；如采用分段制作，孔口对接时，在孔口宜采用能保证质量的钢筋连接工艺，并应加强隐蔽验收检查。

**8.6.2** 锚杆的施工应符合下列要求：

**1** 锚杆孔位垂直方向偏差不宜大于 100mm，偏斜角度不应大于 2°；锚杆孔深和杆体长度不应小于设计长度；

**2** 锚杆注浆时，一次注浆管距孔底距离宜为 100～200mm；

**3** 当一次注浆采用水泥浆时，水泥浆的水灰比宜为 0.45～0.50；当采用水泥砂浆时，灰砂比宜为 1：1～1：2、水灰比宜为 0.38～0.45；二次高压注浆宜使用水灰比为 0.45～0.55 的水泥浆；

**4** 二次高压注浆压力宜控制在 2.5～5.0MPa，注浆时间可根据注浆工艺试验确定或在第一次注浆锚固体的强度达到 5MPa 后进行；

**5** 锚杆的张拉与锁定应符合下列规定：

1）锚固段强度大于 15MPa 并达到设计强度的 75%后，方可进行；

2）锚杆宜张拉至设计荷载的 0.9～1.0 倍后，再按设计要求锁定；

3）锚杆张拉时的锚杆杆体应力不应超过锚杆杆体强度标准值的 0.65 倍。

**8.6.3** 腰梁的施工应符合下列要求：

**1** 型钢腰梁的焊接应按现行国家标准《钢结构工程施工质量验收规范》GB50205 的有关规定执行；

**2** 安装腰梁时应使其与排桩桩体结合紧密，不得脱空。

**8.6.4** 土方开挖与回填应符合下列规定：

**1** 应在排桩达到设计强度后进行土方开挖；如提前开挖，应由设计人员根据土方分层开挖深度及进度，对排桩强度进行复核；

**2** 单层或多层锚杆支护的排桩，锚杆施工面以下的土方开挖应在该层锚杆锁定后进行；

**3** 支撑的卸除应在土方回填高度符合设计要求后进行。

**8.6.5** 排桩的检测应符合下列要求：

**1** 宜采用低应变动测法检测桩身完整性，检测数量不宜少于总桩数的 10%，且不宜少于 5 根；

**2** 当根据低应变动测法判定的桩身缺陷有可能影响桩的水平承载力时，应采用钻芯法补充检测。

**8.6.6** 锚杆的检测应符合下列要求：

**1** 锚杆抗拔力检测数量不应少于总数的 5%，且不应少于 3 根，试验要求应符合现行国家标准《建筑地基基础设计规范》GB 50007 有关规定；

**2** 锚杆抗拔力检测应随机抽样，抽样应能代表不同地段土层的土性和不同抗拔力要求；对施工质量有疑义的锚杆应进行抽检。

# 9 降水与土方工程

## 9.1 一 般 规 定

**9.1.1** 基坑降水的设计和施工应根据场地及周边工程地质条件、水文地质条件和环境条件并结合基坑支护和基础施工方案综合分析、确定。

**9.1.2** 基坑降水宜优先采用管井降水；当具有施工经验或具备条件时，亦可采用集水明排或其他降水方法。

**9.1.3** 土方工程施工前应进行挖填方的平衡计算，并应综合考虑基坑工程的各道工序及土方的合理运距。

**9.1.4** 土方开挖前，应做好地面排水，必要时应做好降低地下水位的工作。

**9.1.5** 当挖方较深时，应采取必要的基坑支护措施，防止坑壁坍塌，避免危害工程周边环境。

**9.1.6** 平整场地的表面坡度应符合设计要求；当设计无要求时，排水沟方向的坡度不应小于 2‰。

**9.1.7** 土方工程施工，应经常测量和校核其平面位置、水平标高和边坡坡度。平面控制桩和水准控制点应采取可靠的保护措施，并应定期复测和检查。土方堆置应符合本规程第 5.4.4 条规定。

**9.1.8** 雨期和冬期施工应采取防水、排水、防冻等措施，确保基坑及坑壁不受水浸泡、冲刷、受冻。

## 9.2 管 井 降 水

**9.2.1** 降水井宜在基坑外缘采用封闭式布置，井间距应大于 15 倍井管直径，在地下水补给方向应适当加密；当地下水位较浅而基坑面积较大且开挖较深时，也可在基坑内设置降水井，布井时应设置一定数量的观测井。

**9.2.2** 降水井的深度应根据设计降水深度、含水层的埋藏分布和降水井的出水能力确定。设计降水深度在基坑范围内不宜小于基坑底面以下 1.5m。

**9.2.3** 降水井的数量（$n$）可按下式计算：

$$n = 1.1\frac{Q}{q} \quad (9.2.3)$$

式中 $Q$——基坑总涌水量（$m^3/d$），可按本规程附录D计算；

$q$——设计单井出水量（$m^3/d$），可按本规程第9.2.4条计算。

**9.2.4** 设计单井（管井）的出水量（$q$）可按下式确定：

$$q = 120\pi r_s l\sqrt[3]{k} \quad (9.2.4)$$

式中 $r_s$——过滤器半径（m）；

$l$——过滤器进水部分长度（m）；

$k$——含水层渗透系数（m/d）。

**9.2.5** 管井过滤器长度宜与含水层厚度一致。

**9.2.6** 群井抽水时，各井点单井过滤器进水部分长度，可按下列公式验算：

$$y_0 > l \quad (9.2.6\text{-}1)$$

式中 $y_0$——单井井管进水长度（m），可按下列规定计算：

**1** 潜水完整井

$$y_0 = \sqrt{H^2 - \frac{0.732Q}{k}\left(\lg R_0 - \frac{1}{n}\lg n r_0^{n-1} r_w\right)}$$

(9.2.6-2)

$$R_0 = r_0 + R \quad (9.2.6\text{-}3)$$

式中 $r_0$——圆形基坑半径（m），非圆形基坑可按本规程附录D计算；

$r_w$——管井半径（m）；

$H$——潜水含水层厚度（m）；

$R_0$——基坑等效半径与降水井影响半径之和（m）；

$R$——降水井影响半径（m），可按本规程附录D计算。

**2** 承压完整井

$$y_0 = H' - \frac{0.366Q}{kM}\left(\lg R_0 - \frac{1}{n}\lg n r_0^{n-1} r_w\right)$$

(9.2.6-4)

式中 $H'$——承压水位至该承压含水层底板的距离（m）；

$M$——承压含水层厚度（m）。

当过滤器工作部分长度小于2/3含水层厚度时，应采用非完整井公式计算。若不满足上式条件，应调整井点数量和井点间距，再进行验算。当井距足够小仍不能满足要求时应考虑基坑内布井。

**9.2.7** 基坑中心点水位降深计算可按下列方法确定：

**1** 完整井稳定流降水深度可按下式计算：

1）潜水完整井稳定流

$$S = H - \sqrt{H^2 - \frac{Q}{1.366k}\left[\lg R_0 - \frac{1}{n}\lg(r_1 r_2 KK r_n)\right]}$$

(9.2.7-1)

2）承压完整井稳定流

$$S = \frac{0.366Q}{kM}\left[\lg R_0 - \frac{1}{n}(\lg r_1 r_2 KK r_n)\right]$$

(9.2.7-2)

式中 $S$——在基坑中心处或各井点中心处地下水位降深（m）；

$r_1, r_2, \cdots\cdots, r_n$——各井距基坑中心或各井中心处的距离（m）。

**2** 对非完整井或非稳定流应根据具体情况采用相应的计算方法。

**3** 当计算出的降深不能满足降水设计要求时，应重新调整井数、布井方式。

**9.2.8** 管井降水应考虑临近建筑物在降水漏斗范围内因降水引起的沉降，其沉降量可按分层总和法计算。

**9.2.9** 管井结构应符合下列要求：

**1** 管井井管直径应根据含水层的富水性及水泵性能选取，井管外径不宜小于200mm，井管内径宜大于水泵外径50mm；

**2** 沉砂管长度不宜小于3m；

**3** 无砂混凝土滤水管、钢制、铸铁和钢筋骨架过滤器的孔隙率分别不宜小于15%、30%、23%和50%；

**4** 井管外滤料宜选用磨圆度较好的硬质岩石，不宜采用棱角状石渣料、风化料或其他黏土质岩石。滤料规格宜满足下列要求：

1）对于砂土含水层

$$D_{50} = (6\sim8)d_{50} \quad (9.2.9\text{-}1)$$

式中 $D_{50}$、$d_{50}$——分别为填料和含水层颗粒分布累计曲线上重量为50%所对应的颗粒粒径（mm）；

2）对于 $d_{20}$ <2mm的碎石类土含水层

$$D_{50} = (6\sim8)d_{20} \quad (9.2.9\text{-}2)$$

3）对于 $d_{20}$ ⩾2mm的碎石类土含水层，可充填粒径为10～20mm的滤料；

4）滤料不均匀系数应小于2。

**9.2.10** 抽水设备可采用普通潜水泵或深井潜水泵，水泵的出水量及扬程应根据基坑开挖深度、地下水位埋深、基坑内水位降深和排水量的大小选用，并应大于设计值的20%～30%。

**9.2.11** 管井成孔宜采用清水钻进工艺；当采用泥浆钻进工艺时，井管下沉后必须充分洗井，保持过滤器的畅通。

**9.2.12** 水泵应置于设计深度处，水泵吸水口应始终保持在动水位以下。成井后应进行单井试抽检查降水效果，必要时应调整降水方案。降水过程中，应定期取样测试含砂量，含砂量不应大于0.5‰。

## 9.3 土方开挖

**9.3.1** 土方开挖前应进行定位放线，确定预留坡道类型；单幅坡道的宽度应大于土方车辆宽度 1.50m，并应根据土方的外运量合理安排运力及行走路线。

施工现场出入口，应设置车辆清洗装置及场地。对外运弃土的车辆，应安排专人进行清洁，严禁路途抛撒。

**9.3.2** 施工过程中应经常检查平面位置、坑底面标高、边坡坡度、地下水的降深情况。专职安全员应随时观测周边的环境变化。

土方开挖施工过程中，基坑边缘及挖掘机械的回转半径内严禁人员逗留。特种机械作业人员应持证上岗。

基坑的四周应设置安全围栏并应牢固可靠。围栏的高度不应低于 1.20m，并应设置明显的安全警告标示牌。当基坑较深时，应设置人员上下的专用通道。

夜间施工时，现场应具备充足的照明条件，不得留有照明死角。每个照明灯具应设置单独的漏电保护器。电源线应采用架空设置；当不具备架空条件时，可采用地沟埋设，在车辆的通行地段，应先将电源线穿入护管后再埋入地下。

**9.3.3** 放坡开挖的边坡值应符合本规程表 5.2.2 的规定，土钉墙、水泥土墙及排桩支护方式的开挖应符合相应章节的规定。

**9.3.4** 土方开挖工程的质量检查应符合下列要求：

1 边坡坡度应符合设计要求，且不得留有虚土；基底土性应符合设计要求，并应经勘察、设计、监理等单位确认；基坑开挖的深度、长度、宽度及表面平整度应符合现行国家标准《建筑地基基础工程施工质量验收规范》GB 50202 的要求；

2 检查点每 100～400m$^2$ 应取 1 点，且不应少于 10 点；长度、宽度和边坡均应为每 20m 取 1 点，每边不应少于 1 点。

### 9.4 土方回填

**9.4.1** 土方回填前应清除坑底的垃圾、树根等杂物，清除积水、淤泥、松土层，并应验收基底标高。土方回填时，应在坑底表面压实后进行。

**9.4.2** 对回填土料应按设计要求进行检验，当其含水率和配合比等参数满足要求后方可填入。

**9.4.3** 土方回填施工过程中应检查排水措施、每层填筑厚度、含水量和压实程度。回填土的分层铺设厚度及压实遍数应根据土质、压实系数及所用机具确定。当无施工经验时，可按表 9.4.3 选用。

**表 9.4.3 填土施工时的虚土分层铺设厚度及压实遍数**

| 压实机具 | 分层厚度（mm） | 每层压实遍数 |
|---|---|---|
| 平碾 | 250～300 | 6～8 |
| 振动压实机 | 250～350 | 3～4 |
| 柴油打夯机 | 200～250 | 3～4 |
| 人工打夯 | ＜200 | 3～4 |

**9.4.4** 土方回填应采取如下安全措施：

1 土方回填前应掌握现场土质情况，按技术交底顺序分层分段回填；分层回填时应由深到浅，操作进程应紧凑，不得留间隔空隙，避免塌方；

2 土方回填施工过程中应检查基坑侧壁变化，必要时可在软弱处采用钢管、木板、方木支撑；当发现有裂纹或部分塌方时，应采取果断措施，将人员撤离，排除隐患；

3 打夯机的操作人员应穿绝缘胶鞋并佩戴绝缘胶皮手套；

4 坑槽上电缆应架空 2.0m 以上，不得拖地和埋压土中；坑槽内电缆、电线应采取防磨损、防潮、防断等保护措施。

**9.4.5** 土方回填施工结束后，应检查标高、边坡坡度、压实程度等，检验标准应符合现行国家标准《建筑地基基础工程施工质量验收规范》GB 50202 的要求。

## 10 基槽工程

### 10.1 一般规定

**10.1.1** 基槽工程可分为建（构）筑物基槽和市政工程各种管线基槽。

**10.1.2** 基槽开挖前应查明基槽影响范围内建（构）筑物的结构类型、层数、基础类型、埋深、基础荷载大小及上部结构的现状。

**10.1.3** 基槽开挖前必须查明基槽开挖影响范围内的各类地下设施，包括上水、下水、电缆、光缆、消防管道、燃气、热力等管线和管道的分布、使用状况及对变形的要求等。

**10.1.4** 查明基槽影响范围内的道路及车辆载重情况。

**10.1.5** 基槽开挖必须保证基槽及邻近的建（构）筑物、地下各类管线和道路的安全。

**10.1.6** 基槽工程可采用垂直开挖、放坡开挖或内支撑方式开挖。

### 10.2 设计

**10.2.1** 基槽工程的设计可按当地同类条件基槽工程的经验及常用的支护方式、方法和施工经验进行。

**10.2.2** 对需要支护的基槽工程应根据基槽周边环境、开挖深度、工程地质及水文地质条件、施工设备和施工季节采用内支撑（木支撑或钢支撑），支护范围可根据具体工程条件采用部分支护或全部支护。

**10.2.3** 支护结构必须满足强度、稳定性和变形的要求。

**10.2.4** 当地下水位低于基槽底的设计标高，基槽开挖深度范围内土质均匀，土体静止自立高度较大，周边近距离内无动荷载和静荷载，施工期较短且开挖深度小于2.0m时，可采用无支护垂直开挖。

**10.2.5** 基槽开挖深度大于2.0m，基槽周围有放坡条件时，应采用局部或全深度的放坡开挖，放坡开挖的边坡允许值应符合本规程第5章的有关要求。

**10.2.6** 基槽的稳定性验算应符合本规程第5.2.5条的有关要求。

**10.2.7** 设计应对基槽的长度、宽度、深度（或槽底标高），回填土的土料、含水量，分层回填厚度、压实机具、压实遍数、分层压实系数、检测方法等作出明确规定。

### 10.3 施工、回填与检测

**10.3.1** 施工前应核验基槽开挖位置，施工中应经常测量和校核其平面位置、水平标高及坡度。

**10.3.2** 基槽土方开挖的顺序、方法必须与设计相一致，并应遵循"开槽支撑，先撑后挖，分层开挖，严禁超挖"的原则。

**10.3.3** 施工中基槽边堆置土方的高度和安全距离应符合设计要求。

**10.3.4** 基槽开挖时，应对周围环境进行观察和监测；当出现异常情况时，应及时反馈并处理，待恢复正常后方可施工。

**10.3.5** 基槽可采用机械和人工开挖，当基槽开挖范围内分布有地下设施、管线或管道时，必须采用人工开挖。对开挖中暴露的管线应采取保护或加固措施，不得碰撞和损坏，重要管线必须设置警示标志。

**10.3.6** 基槽开挖时应避免槽底土受扰动，宜保留100～200mm厚的土层暂不挖去，待铺填垫层时再采用人工挖至设计标高。

**10.3.7** 基槽开挖至设计标高后，应对其进行保护，经验槽合格后方可进行地基处理或基础施工，对验槽中发现的墓、井、坑、穴等应按有关规定妥善处理。对验槽发现的与勘察报告不同之处，应查清范围并弄清其工程性状，必要时应补充或修改原设计。

**10.3.8** 基槽回填时，应按设计要求进行，对回填土料的质量、含水量、分层回填厚度、压实遍数、压实系数应按设计要求进行检查和检测。

**10.3.9** 基槽施工应缩短基槽暴露时间，并应做好场地用水、生活污水及雨水的疏导工作，防止地表水渗入。

**10.3.10** 基槽工程在开挖及回填中，应监测地层中的有害气体，并应采取戴防毒面具、送风送氧等有效防护措施。当基槽较深时，应设置人员上下坡道或爬梯，不得在槽壁上掏坑攀登上下。

## 11 环境保护与监测

### 11.1 一 般 规 定

**11.1.1** 基坑工程设计前，应调查清楚基坑周边的地下管线和相邻建（构）筑物的位置、现状及地基基础条件，并应提出相应的防治措施。

**11.1.2** 基坑工程方案设计应有必要的安全储备；实施阶段必须按设计要求进行施工，确保工程质量。当遇现场情况与原勘察、设计不符时，应立即反馈，必要时应对原设计进行补充或修改，对可能发生的险情应进行及时处理。

**11.1.3** 基坑周边环境的变形控制应符合下列要求：

**1** 基坑周边地面沉降不得影响相邻建（构）筑物的正常使用，所产生的差异沉降不得大于建（构）筑物地基变形的允许值；

**2** 基坑周边土体变形不得影响各类管线的正常使用，不得超过管线变形的允许值；

**3** 当基坑周边有城市道路、地铁、隧道及储油、储气等重要设施时，基坑周边土体位移不得造成其结构破坏、发生渗漏或影响其正常运行。

**11.1.4** 基坑工程设计中应明确提出监测项目和具体要求，包括监测点布置、观测精度、监测频度及监控报警值等。在选择设计安全系数和其他参数时，应考虑现场监测的水平和可靠性。

### 11.2 环 境 保 护

**11.2.1** 基坑工程对周边环境影响的评价应包括下列主要内容：

**1** 开挖后土体应力状态的变化、产生的变形、引起相邻建（构）筑物的不均匀沉降以及沉降开裂和倾斜的可能性；

**2** 基坑侧壁发生局部破坏或整体失稳滑移，使破坏、滑移区内的建（构）筑物严重倾斜或倒塌，地下管线断裂的可能性；

**3** 防渗措施失效，侧壁水土流失，土层淘空，引起地面及建（构）筑物急剧沉降，地下管线断裂的可能性；

**4** 长时间、大幅度的基坑降水引起大范围地面沉降以及邻近建（构）筑物变形开裂的可能性；

**5** 大面积深开挖引起卸载回弹对邻近建（构）筑物变形开裂的可能性；

**6** 施工产生的噪声、振动以及废弃物对环境与居民生活产生不利影响及其给邻近建（构）筑物造成损害的可能性；

**7** 超出地界设置的锚杆、土钉等支护设施对相邻场地已有或拟建的建（构）筑物基础、管线和设施造成危害的可能性。

**11.2.2** 基坑工程造成周围土体沉降范围应按下列方法确定：

**1** 坑壁或基槽影响范围宜为基坑深度的1～2倍；

**2** 基坑降水可按降水漏斗半径确定。

**11.2.3** 降水、回灌和隔渗应采取信息施工法，应严密监测，及时反馈信息，修改和补充设计，指导后续工序。应对出水量、水位、隔渗底板变形、支护结构和邻近建（构）筑物的沉降与侧向位移等进行持续观测，定期分析。观测中应包括以下主要内容：

1 降水和回灌过程中应通过观测孔监测基坑内外水位变化，观测孔应具有反映水位动态变化的足够灵敏度；

2 回灌过程中，应控制地下水位，严禁因超灌引起湿陷事故；

3 对竖向隔渗，应监测基坑开挖过程中坑壁侧的鼓胀变形及渗漏情况；

4 对水平封底应预留观测孔，并应定期测量水头变化，指导防渗排水作业。

**11.2.4** 在施工前应查明距基坑边1倍开挖深度范围内的地下管线的位置、埋深、使用情况等，当情况不明时，应开挖检查。对漏水的上水管和下水管，应先修复或移位后，再进行基坑工程的施工。

**11.2.5** 当受基坑工程影响的建（构）筑物和各类管线、管道的变形不能满足控制要求时，应采取土体加固、结构托换、暴露或架空管线、管道等防范措施。同时宜考虑加固施工过程中土体强度短期降低效应，必要时应采取保护措施。

**11.2.6** 基坑工程周边环境保护的施工措施应符合下列要求：

1 应缩短基坑暴露时间，减少基坑的后期变形；

2 对基坑侧壁安全等级为一、二级的基坑工程应进行变形监测；

3 应做好场地的施工用水、生活污水和雨水的疏导管理工作，地面水不得渗入基坑周边；当地面有裂缝出现时，必须及时采用黏土或水泥砂浆封堵；

4 采取放坡开挖的基坑，其坑壁坡度和坡高应符合本规程表5.2.2的规定，并应采用分层有序开挖，应控制在坑边堆放弃物和其他荷载，保持坡体干燥，做好坡面和坡角的保护工作；

5 应控制基坑周边的超载，对载重车辆通过的地段，应铺设走道板或进行地基加固；

6 应控制降水工程的降深。

## 11.3 监　测

**11.3.1** 在基坑开挖前应制定切实可行的现场监测方案，其主要内容应包括监测目的、监测项目、监测点布置、监测方法、精度要求、监测周期、监测项目报警值、监测结果处理要求和监测结果反馈制度等。

**11.3.2** 施工时应按现场监测方案实施，及时处理监测结果，并应将结果及时向监理、设计、施工人员进行信息反馈。必要时，应根据现场监测结果采取相应的措施。

**11.3.3** 基坑工程的监测项目应根据基坑侧壁安全等级和具体特点按表11.3.3进行选择。

**表 11.3.3　基坑监测项目表**

| 监测项目 | 基坑侧壁安全等级 | | |
|---|---|---|---|
| | 一级 | 二级 | 三级 |
| 支护结构的水平位移 | △ | △ | △ |
| 周围建（构）筑物、地下管线变形 | △ | △ | ◇ |
| 地面沉降、地下水位 | △ | △ | ◇ |
| 锚杆拉力 | △ | ◇ | ○ |
| 桩、墙内力 | △ | ◇ | ○ |
| 支护结构界面上侧向压力 | ◇ | ○ | ○ |

注：△—应测项目；◇—宜测项目；○—可不测项目。

**11.3.4** 现场监测应以仪器观测为主、目测辅助调查相结合的方法进行。目测调查的内容应包括下列内容：

1 了解基坑工程的设计与施工情况、基坑周围的建（构）筑物、重要地下设施的分布情况和现状，检查基坑周围水管渗漏情况、煤气管道变形情况、道路及地表开裂情况以及建（构）筑物的开裂变位情况，并做好资料的记录和整理工作；

2 检查支护结构的开裂变位情况，检查支护桩侧、支护墙面、主要支撑连接点等关键部位的开裂变位情况及防渗结构漏水的情况；

3 记录降雨和气温等情况，调查自然环境条件（大气降水、冻融等）对基坑工程的影响程度。

**11.3.5** 监测点的布置宜满足下列要求：

1 坑壁土体顶部和支护结构顶部的水平位移与垂直位移观测点应沿基坑周边布置，在每边的中部和端部均应布置监测点，其监测点的间距不宜大于20m，当基坑侧壁安全等级高或地层结构条件复杂时应适当加密；

2 距基坑周边1倍坑深范围内的地下管线和2倍坑深范围内的建（构）筑物应观测其变形；地下管线的沉降监测点可设置于管线的顶部，必要时也可设置在底部的地层中；对进行基坑降水的工程，建筑物变形监测点的设置范围应与降水漏斗的范围相当；

3 支护结构的内力、支撑构件的轴力、锚杆的拉力监测点应布置在受力较大且具有代表性的部位；

4 基坑周围地表沉降和地下水位的监测点应结合工程实际选择具有代表性的部位；

5 土体分层竖向位移及支护结构界面侧向位移或压力的监测点应设置在基坑纵横轴线上具有代表性的部位；

6 基坑周围地表裂缝、建（构）筑物裂缝和支护结构裂缝应进行全方位观测，应选取裂缝宽度较大，有代表性的部位观测并记录其裂缝宽度、长度、走向和变化速率等。

**11.3.6** 变形监测基准点数量不应少于3点，应设在基坑工程影响范围以外易于观测和保护的地段。

**11.3.7** 现场监测的准备工作应在基坑开挖前完成，变形监测项目应在基坑开挖前测得初始值，应力和应变监测项目应在测试元件埋设完成，经调试合格后测得初始值。初始值的观测次数不应少于2次。

**11.3.8** 从基坑开挖直至基坑内建（构）筑物外墙土方回填完毕，均应做观测工作。各项目监测的时间间隔及监控报警值可根据施工进程、监测对象相关的规范、重要程度及支护结构设计要求在监测方案中予以确定。当监测值接近监测报警值或监测结果变化速率较大时，应加密观测次数。当有事故征兆时，应连续监测，并及时向监理、设计和施工方报告监测结果。

**11.3.9** 现场监测的仪器应满足观测精度和量程的要求，并应按规定进行校验。

**11.3.10** 监测数据应及时分析整理，绘制沉降、位移、构件内力和变形等随时间变化的关系曲线，并应对其发展趋势作出评价。

**11.3.11** 监测过程中，可根据设计要求提交阶段性监测成果报告。工程结束时应提交完整的监测报告，报告内容应包括：

1 工程概况；

2 监测项目和各测点的平面、立面布置图；

3 采用的仪器设备和监测方法；

4 监测数据、处理方法和监测结果过程曲线；

5 监测结果评价及发展趋势预测。

# 12 基坑工程验收

## 12.1 一 般 规 定

**12.1.1** 基坑工程的验收，应依据专项施工组织设计、环境保护措施、检测与监测方案及报告进行。

**12.1.2** 参加基坑工程验收的勘察、设计、施工、监理、检测及监测单位和个人必须具备相应的资质和资格。

**12.1.3** 基坑工程施工过程中的隐蔽部位（环节）在隐蔽前，应进行中间质量验收。

**12.1.4** 基坑变形报警值应以设计指标为依据。

## 12.2 验 收 内 容

**12.2.1** 基坑工程竣工后，其质量验收应按设计及本规程相关要求进行。

**12.2.2** 基坑工程竣工后，其安全检查应按专项施工组织设计及本规程相关要求进行。

**12.2.3** 基坑工程验收资料应包括下列内容：

1 支护结构勘察设计文件及施工图审查报告；

2 专项施工组织设计；

3 施工记录、竣工资料及竣工图；

4 基坑工程与周围建（构）筑物位置关系图；

5 原材料的产品合格证、出厂检验报告、进场复验报告或委托试验报告；

6 混凝土试块或砂浆试块抗压强度试验报告及评定结果；

7 锚杆或土钉抗拔试验检测报告、水泥土墙及排桩的质量检测报告；

8 基坑和周围建（构）筑物监测报告；

9 设计变更通知、重大问题处理文件和技术洽商记录；

10 基坑工程的使用维护规划和应急预案。

## 12.3 验收程序和组织

**12.3.1** 基坑工程完成后，施工单位应自行组织有关人员进行检查评定，确认自检合格后，向建设单位提交工程验收申请。

**12.3.2** 建设单位收到工程验收申请后，应由建设单位组织施工、勘察、设计、监理、检测、监测及基坑使用等单位进行基坑工程验收。

**12.3.3** 单位工程质量验收合格后，建设单位应在规定时间内，将工程竣工验收报告和有关文件交付基坑使用单位归档；大型永久性的基坑工程应报建设行政管理部门备案。

# 13 基坑工程的安全使用与维护

## 13.1 一 般 规 定

**13.1.1** 基坑工程验收前，其安全管理工作应由基坑施工单位承担；施工完毕，在按规定的程序和内容组织验收合格后，基坑工程的安全管理工作应由下道工序施工单位承担。

**13.1.2** 进入安全管理后，基坑使用单位应在进行下道作业前，检查作业安全交底与演练，并应制定检查、监测方案等。

**13.1.3** 基坑开挖（支护）单位在完成合同约定的工程任务后，将工程移交下一道作业工序时，应由工程监理单位组织，移交和接收单位共同参加。移交单位应同时将相关的水文及工程地质资料、支护和安全技术资料、环境状况分析等同时移交，并应办理移交签字手续。

## 13.2 安 全 措 施

**13.2.1** 对深度超过2.00m的基坑施工，应在基坑四周设置高度大于0.15m的防水围挡，并应设置防护栏杆，防护栏杆埋深应大于0.60m，高度宜为1.00～1.10m，栏杆柱距不得大于2.00m，距离坑边水平距离不得小于0.50m。

**13.2.2** 基坑周边1.2m范围内不得堆载，3m以内限制堆载，坑边严禁重型车辆通行。当支护设计中已考虑堆载和车辆运行时，必须按设计要求进行，严禁超载。

**13.2.3** 在基坑边1倍基坑深度范围内建造临时住房或仓库时，应经基坑支护设计单位允许，并经施工企业技术负责人、工程项目总监批准，方可实施。

**13.2.4 基坑的上、下部和四周必须设置排水系统，流水坡向应明显，不得积水。基坑上部排水沟与基坑边缘的距离应大于2m，沟底和两侧必须作防渗处理。基坑底部四周应设置排水沟和集水坑。**

**13.2.5** 雨期施工时，应有防洪、防暴雨的排水措施及材料设备，备用电源应处在良好的技术状态。

**13.2.6** 在基坑的危险部位或在临边、临空位置，设置明显的安全警示标志或警戒。

**13.2.7** 当夜间进行基坑施工时，设置的照明充足，灯光布局合理，防止强光影响作业人员视力，必要时应配备应急照明。

**13.2.8** 基坑开挖时支护单位应编制基坑安全应急预案，并经项目总监批准。应急预案中所涉及的机械设备与物料，应确保完好，存放在现场并便于立即投入使用。

### 13.3 安 全 控 制

**13.3.1** 工程监理单位对基坑开挖、支护等作业应实施全过程旁站监理，对施工中存在的安全隐患，应及时制止，要求立即整改。对拒不整改的，应向建设单位和安全监督机构报告，并下达停工令。

**13.3.2** 在基坑支护或开挖前，必须先对基坑周边环境进行检查，发现对施工作业有影响的不安全因素，应事先排除，达到安全生产条件后，方可实施作业。

**13.3.3** 施工单位在作业前，必须对从事作业的人员进行安全技术交底，并应进行事故应急救援演练。

**13.3.4** 施工中，应定期检查基坑周围原有的排水管沟，不得有渗水漏水迹象；当地表水、雨水渗入土坡或挡土结构外侧土层时，应立即采取措施妥善处理。

**13.3.5** 施工单位应有专人对基坑安全进行巡查，每天早晚各1次，雨期应增加巡查次数，并应做好记录，发现异常情况应及时报告。

**13.3.6** 对基坑监测数据应及时进行分析整理；当变形值超过设计警戒值时，应发出预警，停止施工，撤离人员，并应按应急预案中的措施进行处理。

## 附录A 圆弧滑动简单条分法

**A.0.1** 水泥土墙、多层支点排桩嵌固深度计算值（$h_0$）宜按整体稳定条件，采用圆弧滑动简单条分法按下式确定（见图A），当嵌固深度下部存在软弱土层时，尚应继续验算软弱下卧层整体稳定性：

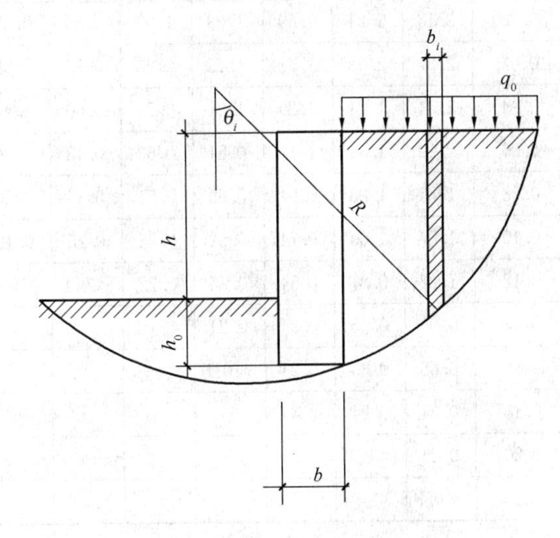


图A 嵌固深度计算简图

$$\frac{\Sigma c_{ik} l_i + \Sigma(q_0 b_i + w_i)\cos\theta_i \tan\varphi_{ik}}{\Sigma(q_0 b_i + w_i)\sin\theta_i} \geqslant K \tag{A.0.1}$$

式中 $h_0$——嵌固深度（m）；

$c_{ik}$、$\varphi_{ik}$——最危险滑动面上第 $i$ 土条滑动面上土的黏聚力、内摩擦角标准值；

$l_i$——第 $i$ 土条的弧长（m）；

$b_i$——第 $i$ 土条的宽度（m）；

$K$——整体稳定性安全系数，对基坑侧壁安全等级为一、二、三级分别不应小于1.30、1.25、1.20；

$w_i$——作用于滑裂面上第 $i$ 土条的重量（kN），按上覆土层的天然土重计算；

$\theta_i$——第 $i$ 土条弧线中点切线与水平线夹角（°）。

**A.0.2** 对于均质黏性土及地下水位以上的粉土或砂类土，嵌固深度计算值（$h_0$）可按下式确定：

$$h_0 = n_0 h \tag{A.0.2}$$

式中 $n_0$——嵌固深度系数，当 $K$ 取1.3时，可根据三轴试验（当有可靠经验时，可采用直接剪切试验）确定的土层固结不排水（固结快）剪内摩擦角 $\varphi_k$ 及黏聚力系数 $\delta$ 由表A查得；黏聚力系数 $\delta$ 可按本规程第A.0.3条确定。

**A.0.3** 黏聚力系数 $\delta$ 应按下式确定：

$$\delta = c_k/\gamma h \tag{A.0.3}$$

式中 $\gamma$——土的天然重度（$kN/m^3$）。

**A.0.4** 嵌固深度设计值可按下式确定：

$$h_d = 1.1 h_0 \tag{A.0.4}$$

**表A　嵌固深度系数 $n_0$ 表（地面超载 $q_0=0$）**

| $\delta$ \ $\varphi_k$ | 7.5 | 10.0 | 12.5 | 15.0 | 17.5 | 20.0 | 22.5 | 25.0 | 27.5 | 30.0 | 32.5 | 35.0 | 37.5 | 40.0 | 42.5 |
|---|---|---|---|---|---|---|---|---|---|---|---|---|---|---|---|
| 0.00 | 3.18 | 2.24 | 1.69 | 1.28 | 1.05 | 0.80 | 0.67 | 0.55 | 0.40 | 0.31 | 0.26 | 0.25 | 0.15 | <0.1 | |
| 0.02 | 2.87 | 2.03 | 1.51 | 1.15 | 0.90 | 0.72 | 0.58 | 0.44 | 0.36 | 0.26 | 0.19 | 0.14 | <0.1 | | |
| 0.04 | 2.54 | 1.74 | 1.29 | 1.01 | 0.74 | 0.60 | 0.47 | 0.36 | 0.24 | 0.19 | 0.13 | <0.1 | | | |
| 0.06 | 2.19 | 1.54 | 1.11 | 0.81 | 0.63 | 0.48 | 0.36 | 0.27 | 0.17 | 0.12 | <0.1 | | | | |
| 0.08 | 1.89 | 1.28 | 0.94 | 0.69 | 0.51 | 0.35 | 0.26 | 0.15 | <0.1 | <0.1 | | | | | |
| 0.10 | 1.57 | 1.05 | 0.74 | 0.52 | 0.35 | 0.25 | 0.13 | <0.1 | | | | | | | |
| 0.12 | 1.22 | 0.81 | 0.54 | 0.36 | 0.22 | <0.1 | <0.1 | | | | | | | | |
| 0.14 | 0.95 | 0.55 | 0.35 | 0.24 | <0.1 | | | | | | | | | | |
| 0.16 | 0.68 | 0.35 | 0.24 | <0.1 | | | | | | | | | | | |
| 0.18 | 0.34 | 0.24 | <0.1 | | | | | | | | | | | | |
| 0.20 | 0.24 | <0.1 | | | | | | | | | | | | | |
| 0.22 | <0.1 | | | | | | | | | | | | | | |

## 附录B　水泥土的配比试验

**B.0.1**　水泥土的配比试验，应符合水泥土的加固应用机理，并应满足水泥土在不同施工工艺条件下的实际工作状态，且应达到下列目的：

**1**　为水泥土的强度设计提供依据；

**2**　为施工工艺参数制定提供依据；

**3**　为施工质量检验标准提供依据。

**B.0.2**　试验仪器和方法应采用现行的土工试验仪器及砂浆试验仪器，可按室内土工试验方法并按砂浆试验的操作方法进行。

**B.0.3**　试验土料应从工程现场拟加固土层中选取具有代表性的土样，可采用厚层塑料袋封装，以保持其天然湿度。

每种配比土料的取样质量不宜少于10kg。

**B.0.4**　水泥的选用应符合下列要求：

**1**　水泥应选用早强型、强度等级为32.5R级及以上的普通硅酸盐水泥（P.O32.5R）。当有特殊要求时，亦可选用其他品种的水泥。

水泥的出厂日期不得超过3个月，否则应在试验前重新测定其强度等级。

**2**　水泥掺量应采用水泥掺入比 $\alpha_w$（%）来表示，即水泥掺入质量与被加固湿土质量的百分比值。可选用10%、12%、15%、18%、20%和25%等掺入比值。

**B.0.5**　外加剂可选用适宜的早强剂或减水剂。添加的比例可按其使用说明书采用。也可根据工程需要，选用粉煤灰或膨润土作为外加剂。粉煤灰的添加量不宜超过水泥掺入量的100%，膨润土的添加量不宜超过水泥掺入量的50%。

**B.0.6**　试块的制作及养护应符合下列要求：

**1**　水泥土的配制方法，应按选定的水泥掺入比和施工工艺，采用不同的配制指标。当采用喷粉法工艺时，应将水泥土的质量密度作为配制指标；当采用喷浆法或高压旋喷法工艺时，应将水泥浆液的施工水灰比作为配制指标。

水泥土在配制前，应先测定试验用土料的现有含水率。当试验土料的现有含水率与地勘报告提供的该层土天然含水率的差值达到±2%及以上时，应将试验土料的现有含水率调配至该层土的天然含水率，然后依照下列步骤和方法进行配制：

**1）**喷粉法：

第一步：计算水泥土的相对密度

$$d_c = d_s(1-\alpha_w) + d\alpha_w \qquad \text{(B.0.6-1)}$$

式中　$d_c$——水泥土的相对密度；

$d_s$——一般黏性土的相对密度，可取2.70（或取地勘报告实测值）；

$d$——水泥的相对密度，可取3.10（或取实测值）；

$\alpha_w$——水泥掺入比（%）。

第二步：计算水泥土的干密度

$$\rho_{dc} = \rho/(1+0.01W) + \rho\alpha_w \qquad \text{(B.0.6-2)}$$

或

$$\rho_{dc} = \rho_d + \rho\alpha_w \qquad \text{(B.0.6-3)}$$

式中　$\rho_{dc}$——水泥土的干密度（$g/cm^3$）；

$\rho$——被加固地基土的天然密度（$g/cm^3$）；

$\rho_d$——被加固地基土的干密度（$g/cm^3$）；

$W$——被加固地基土的天然含水率（%）。

$\rho$、$\rho_d$、$W$ 三项指标均按地勘报告实测统计值查取。

第三步：计算并确定水泥土试件的制作密度

$$\rho_c = [0.01S_r(d_c\rho_w - \rho_{dc})/d_c] + \rho_{dc}$$

(B.0.6-4)

式中 $\rho_c$——水泥土试件的制作密度（$g/cm^3$）；

$S_r$——水泥土的饱和度（按水下工作状态 $S_r$=100）；

$\rho_w$——水的密度，取 $1g/cm^3$。

**2**）喷浆法或高压旋喷法：

应按试验所用土料的质量，根据施工时采用的水灰比以及所选用的外加剂等，称量相应质量的水泥干粉、水以及外加剂等，一起混合均匀制成水泥浆液。喷浆搅拌法施工水灰比可采用0.5，高压旋喷法施工水灰比可采用1.0。

**2** 试块制作应按确定的试验配比方案，将称量好的土料、水泥干粉，放入搅拌器皿内，用搅拌铲人工拌合，直至拌合料搅拌均匀。

试块的制作应选用边长为70.7mm的立方体砂浆试模，并应符合下列要求：

**1**）喷粉法：按水泥土试件的制作密度，计算并称量每个立方体试模所需的水泥土填料量，将拌制好的水泥土拌合料分三层均匀填入试模。填料可采用压样法控制水泥土的制作密度，确保试块内的空气排出。

**2**）喷浆法（或高压旋喷法）：装入拌制好的水泥土拌合料至试模体积的一半，一边插捣一边用小手锤击振试模50下，然后将水泥土拌合料装满试模，再边插捣边用小手锤击振试模50下，确保试块内的空气排出。

试块制作完成后将表面刮平，用塑料布覆盖以保持水分，防止过快蒸发。试块成型1～2d后拆除试模。脱模试块称重后放入标准养护室中（或将脱模试块装入塑料袋内密封后置于标准水中），分别进行各龄期的养护。

每种配比的试块制作数量不应少于6个。

**B.0.7** 当试块达到预定养护龄期时，应采用压力试验机测定其立方体的抗压强度。

作为施工材料强度检验的试块，可进行短龄期的早强试验（宜采用不少于7d的试块）。当早期强度试验满足设计要求时，该配比即可投入工程使用。

抗压试验结束后，应提交各种试验配比条件下、不同龄期的水泥土强度，并标明各个试块不同龄期的质量密度。

# 附录C 悬臂梁内力及变位计算公式

**表C 悬臂梁内力及变位计算公式**

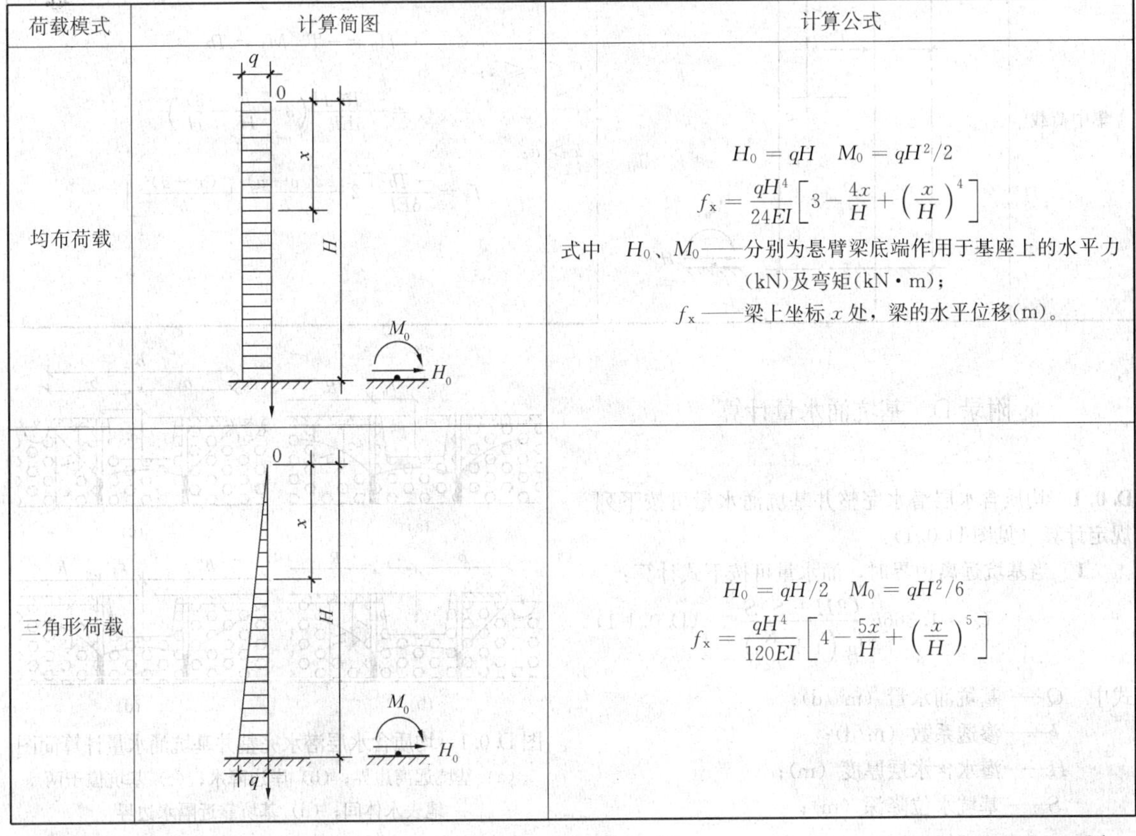

| 荷载模式 | 计算简图 | 计算公式 |
| --- | --- | --- |
| 均布荷载 |  | $H_0 = qH \quad M_0 = qH^2/2$<br>$f_x = \frac{qH^4}{24EI}\left[3 - \frac{4x}{H} + \left(\frac{x}{H}\right)^4\right]$<br>式中 $H_0$、$M_0$——分别为悬臂梁底端作用于基座上的水平力(kN)及弯矩(kN·m)；<br>$f_x$——梁上坐标 $x$ 处，梁的水平位移(m)。 |
| 三角形荷载 |  | $H_0 = qH/2 \quad M_0 = qH^2/6$<br>$f_x = \frac{qH^4}{120EI}\left[4 - \frac{5x}{H} + \left(\frac{x}{H}\right)^5\right]$ |

续表 C

| 荷载模式 | 计算简图 | 计算公式 |
|---|---|---|
| 局部均布荷载 | | $H_0 = cq \quad M_0 = bcq$<br>$0 \leqslant x \leqslant d$：<br>$f_x = \frac{qc}{24EI}[12b^2H - 4b^3 + ac^2 - (12b^2 + c^2)x]$<br>$d < x \leqslant c+d$：<br>$f_x = \frac{qc}{24EI}[12b^2H - 4b^3 + ac^2 - (12b^2 + c^2)x + (x-d)^4/c]$<br>$x > c+d$：<br>$f_x = \frac{qc}{6EI}[3b^2H - b^3 - 3b^2x + (x-a)^3]$ |
| 局部三角形荷载 | | $H_0 = cq/2 \quad M_0 = qcb/2$<br>$0 \leqslant x \leqslant d$：<br>$f_x = \frac{qc}{72EI}\left[18b^2H - 6b^3 + ac^2 - \frac{2c^3}{45} - (18b^2 + c^2)x\right]$<br>$d < x \leqslant c+d$：<br>$f_x = \frac{qc}{72EI}\left[18b^2H - 6b^3 + ac^2 - \frac{2c^3}{45} - (18b^2 + c^2)x + \frac{3(x-d)^5}{5c^2}\right]$<br>$x > c+d$：<br>$f_x = \frac{qc}{12EI}[3b^2H - b^3 - 3b^2x + (x-a)^3]$ |
| 集中荷载 | | $H_0 = -T \quad M_0 = Tb$<br>$0 \leqslant x \leqslant a$：<br>$f_x = \frac{-Tb^2H}{6EI}\left(3 - \frac{b}{H} - \frac{3x}{H}\right)$<br>$x > a$：<br>$f_x = \frac{-Tb^3}{6EI}\left[2 - \frac{3(x-a)}{b} + \frac{(x-a)^3}{b^3}\right]$ |

## 附录D　基坑涌水量计算

**D.0.1**　均质含水层潜水完整井基坑涌水量可按下列规定计算（见图D.0.1）：

**1**　当基坑远离边界时，涌水量可按下式计算：

$$Q = 1.366k\frac{(2H-S)S}{\lg\left(1+\frac{R}{r_0}\right)} \qquad (D.0.1\text{-}1)$$

式中　$Q$——基坑涌水量（$m^3/d$）；

$k$——渗透系数（m/d）；

$H$——潜水含水层厚度（m）；

$S$——基坑水位降深（m）；

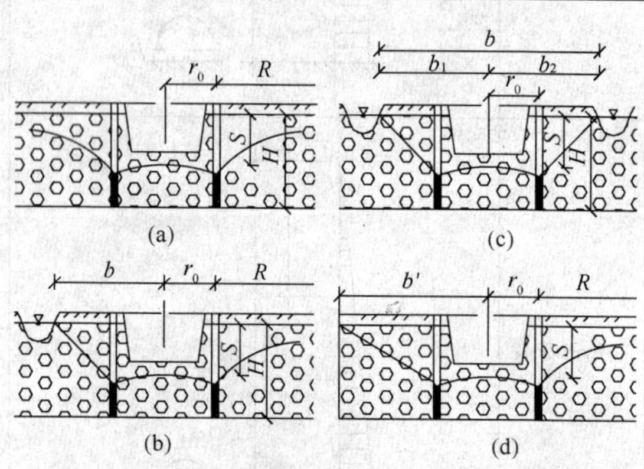


图 D.0.1　均质含水层潜水完整井基坑涌水量计算简图

（a）基坑远离边界；（b）岸边降水；（c）基坑位于两地表水体间；（d）基坑靠近隔水边界

$R$——降水影响半径（m），按本规程第 D. 0. 7 条规定计算；

$r_0$——基坑等效半径（m），按本规程第 D. 0. 6 条规定计算。

**2** 当岸边降水时，涌水量可按下式计算：

$$Q=1.366k\frac{(2H-S)S}{\lg\frac{2b}{r_0}},\ b<0.5R \tag{D. 0. 1-2}$$

**3** 当基坑位于两个地表水体之间或位于补给区与排泄区之间时，涌水量可按下式计算：

$$Q=1.366k\frac{(2H-S)S}{\lg\left[\frac{2(b_1+b_2)}{\pi r_0}\cos\frac{\pi(b_1-b_2)}{2(b_1+b_2)}\right]} \tag{D. 0. 1-3}$$

**4** 当基坑靠近隔水边界时，涌水量可按下式计算：

$$Q=1.366k\frac{(2H-S)S}{2\lg(R+r_0)-\lg r_0(2b+r_0)},$$

$$b'<0.5R \tag{D. 0. 1-4}$$

**D. 0. 2** 均质含水层潜水非完整井基坑涌水量可按下列规定计算（见图 D. 0. 2）：

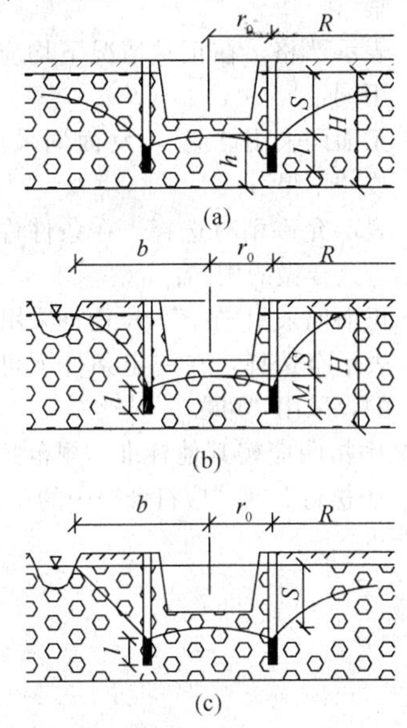

图 D. 0. 2 均质含水层潜水非完整井基坑涌水量计算简图

（a）基坑远离边界；（b）近河基坑含水层厚度不大；（c）近河基坑含水层厚度很大

**1** 当基坑远离边界时，涌水量可按下式计算：

$$Q=1.366k\frac{H^2-h_m^2}{\lg\left(1+\frac{R}{r_0}\right)+\frac{h_m-l}{l}\lg\left(1+0.2\frac{h_m}{r_0}\right)} \tag{D. 0. 2-1}$$

$$h_m=\frac{H+h}{2} \tag{D. 0. 2-2}$$

**2** 当近河基坑降水，含水层厚度不大时，涌水量可按下式计算：

$$Q=1.366kS\left[\frac{l+S}{\lg\frac{2b}{r_0}}+\frac{l}{\lg\frac{0.66l}{r_0}+0.25\frac{l}{M}\cdot\lg\frac{b^2}{M^2-0.14l^2}}\right],$$

$$b>\frac{M}{2} \tag{D. 0. 2-3}$$

式中 $M$——由含水层底板到过滤器有效工作部分中点的长度。

**3** 当近河基坑降水，含水层厚度很大时，涌水量可按下列公式计算：

$$Q=1.366kS\left[\frac{l+S}{\lg\frac{2b}{r_0}}+\frac{l}{\lg\frac{0.66l}{r_0}-0.22\mathrm{arsh}\frac{0.44l}{b}}\right],$$

$$b>l \tag{D. 0. 2-4}$$

$$Q=1.366kS\left[\frac{l+S}{\lg\frac{2b}{r_0}}+\frac{l}{\lg\frac{0.66l}{r_0}-0.11\frac{l}{b}}\right],$$

$$b>l \tag{D. 0. 2-5}$$

**D. 0. 3** 均质含水层承压水完整井涌水量可按下列规定计算（见图 D. 0. 3）：

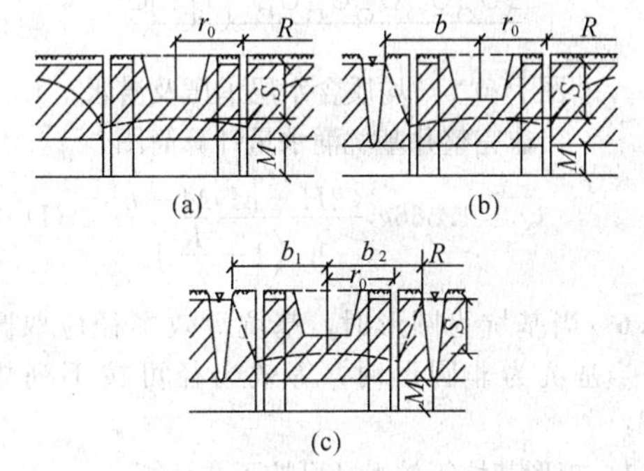

图 D. 0. 3 均质含水层承压水完整井基坑涌水量计算简图

（a）基坑远离边界；（b）基坑位于岸边；（c）基坑位于两地表水体间

**1** 当基坑远离边界时，涌水量可按下式计算：

$$Q=2.73k\frac{MS}{\lg\left(1+\frac{R}{r_0}\right)} \tag{D. 0. 3-1}$$

式中 $M$——承压含水层厚度（m）。

**2** 当基坑位于河岸边时，涌水量可按下式计算：

$$Q=2.73k\frac{MS}{\lg\left(\frac{2b}{r_0}\right)},\ b<0.5R \tag{D. 0. 3-2}$$

**3** 当基坑位于两个地表水体之间或位于补给区与排泄区之间时，涌水量可按下式计算：

$$Q=2.73k\frac{MS}{\lg\left[\frac{2(b_1+b_2)}{\pi r_0}\cos\frac{\pi(b_1-b_2)}{2(b_1+b_2)}\right]} \tag{D. 0. 3-3}$$

**D. 0. 4** 均质含水层承压水非完整井基坑涌水量可按下式计算（见图 D. 0. 4）：

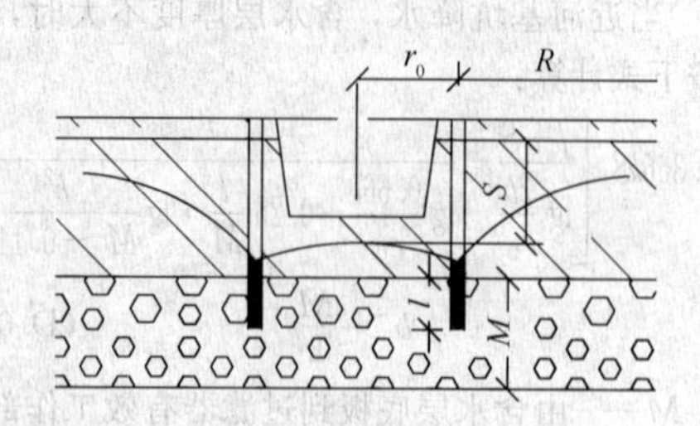


图 D.0.4 均质含水层承压水非完整井基坑涌水量计算简图

$$Q=2.73k\frac{MS}{\lg\left(1+\frac{R}{r_0}\right)+\frac{M-l}{l}\lg\left(1+0.2\frac{M}{r_0}\right)}$$

(D.0.4)

**D.0.5** 均质含水层承压及潜水非完整井基坑涌水量可按下式计算（见图 D.0.5）：

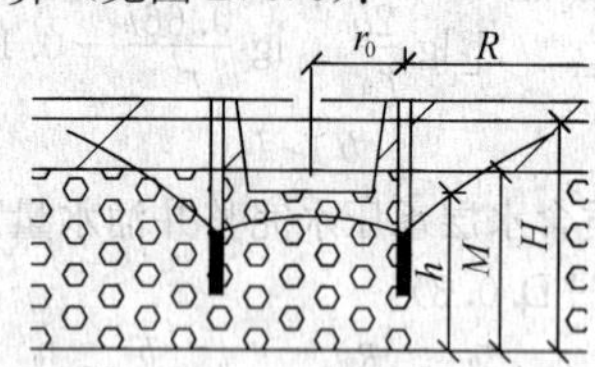


图 D.0.5 均质含水层承压及潜水非完整井基坑涌水量计算简图

$$Q=1.366k\frac{(2H-M)M-h^2}{\lg\left(1+\frac{R}{r_0}\right)} \quad (D.0.5)$$

**D.0.6** 当基坑为圆形时，基坑等效半径应取圆半径；当基坑为非圆形时，等效半径可按下列规定计算：

**1** 矩形基坑等效半径可按下式计算：

$$r_0=0.29(a+b) \quad (D.0.6\text{-}1)$$

式中 $a$、$b$——分别为基坑的长、短边长度（m）。

**2** 不规则块状基坑等效半径可按下式计算：

$$r_0=\sqrt{A/\pi} \quad (D.0.6\text{-}2)$$

式中 $A$——基坑面积（$m^2$）。

**D.0.7** 降水井影响半径宜通过试验或根据当地经验确定，当基坑侧壁安全等级为二、三级时，可按下列公式计算：

**1** 潜水含水层：

$$R=2S\sqrt{kH} \quad (D.0.7\text{-}1)$$

式中 $R$——降水影响半径（m）；

$S$——基坑水位降深（m）；

$k$——渗透系数（m/d）；

$H$——含水层厚度（m）。

**2** 承压含水层：

$$R=10S\sqrt{k} \quad (D.0.7\text{-}2)$$

## 本规程用词说明

**1** 为便于在执行本规程条文时区别对待，对于要求严格程度不同的用词说明如下：

**1）** 表示很严格，非这样做不可的用词：
正面词采用“必须”，反面词采用“严禁”；

**2）** 表示严格，在正常情况下均应这样做的用词：
正面词采用“应”，反面词采用“不应”或“不得”；

**3）** 表示允许稍有选择，在条件许可时首先应这样做的用词：
正面词采用“宜”，反面词采用“不宜”；
表示有选择，在一定条件下可以这样做的，采用“可”。

**2** 条文中指明应按其他标准、规范执行的写法为：“应按……执行”或“应符合……的规定”。

中华人民共和国行业标准

# 湿陷性黄土地区建筑基坑工程安全技术规程

JGJ 167—2009

条 文 说 明

# 前　言

《湿陷性黄土地区建筑基坑工程安全技术规程》JGJ 167—2009经住房和城乡建设部2009年3月15日以第242号公告批准、发布。

为便于广大设计、施工、科研、学校等单位有关人员在使用本规程时能正确理解和执行条文规定，《湿陷性黄土地区建筑基坑工程安全技术规程》编制组按章、节、条顺序编制了本规程的条文说明，供使用者参考。在使用中如发现本条文说明有不妥之处，请将意见函寄陕西省建设工程质量安全监督总站（地址：西安市龙首北路西段7号航天新都5楼；邮政编码：710015）。

# 目　次

# 1 总　　则

**1.0.1** 20世纪80年代以来，我国城市建设迅猛发展，基坑支护的重要性逐渐被人们所认识，支护结构设计、施工技术水平也随着工程经验的积累而提高。本规程在确保基坑边坡稳定的条件下，总结已有经验，力求使支护结构设计与施工达到安全与经济的合理平衡。

**1.0.2** 本规程所依据的工程经验来自湿陷性黄土地区的特点，在遇到特殊地质条件时应按当地经验应用。

**1.0.3** 基坑支护结构设计与基坑周边条件，尤其是与支护结构的侧压力密切相关，而决定侧压力的大小和变化却与土层性质及与本条所述各种因素有关。在设计中应充分考虑基坑所处环境条件、基坑施工及使用时间的影响。

基坑工程的设计、施工和监测宜由同一个单位完成，是为了加强质量安全工作管理的衔接性及连续性，增强责任感，同时亦有利于动态设计、信息法施工的有效运转，避免工作中相互扯皮、责任不清的情况出现。

**1.0.4** 基坑支护工程是岩土工程的一部分，与其他如桩基工程、地基处理工程等相关，本规程仅对湿陷性黄土地区建筑基坑支护工程设计、施工、检测和监测、验收、安全使用与维护方面具有独立性的部分作了规定，而在其他标准规范中已有的条文不再重复。如桩基施工可按《建筑桩基技术规范》JGJ 94—2008执行，均匀配筋圆形混凝土桩截面受弯承载力可按《混凝土结构设计规范》GB 50010—2002执行等。

# 3 基本规定

## 3.1 设计原则

**3.1.1** 支护结构多为维护基坑安全开挖和地下基础及结构部分正常施工而采用的临时性构筑物，据以往正常情况施工经验，一般深基坑工程需6～12月，才能完成回填，至少要经过一个雨季，而雨季对深基坑安全影响甚大，故本条规定按保证安全和正常使用一年期限考虑支护结构设计有效期限；而永久性基坑工程设计有效使用期限应与被保护建（构）筑物使用年限相同，并依具体情况而有所区别。

**3.1.2** 为保证支护结构耐久性和防腐性达到正常使用极限状态的功能要求，支护结构钢筋混凝土构件的构造和抗裂应按现行有关规定执行。锚杆是承受较高拉应力的构件，其锚固砂浆的裂缝开展较大，计算一般难以满足规范要求，设计中应采取严格的防腐构造措施，以保证锚杆的耐久性。

**3.1.3** 为与现行国家标准《建筑地基基础设计规范》GB 50007—2002和《建筑边坡工程技术规范》GB 50330—2002基本精神同步，按基坑工程边坡受力特点，考虑以下荷载组合：

**1** 涉及地基承载力和锚固体计算时采用地基承载力特征值，荷载效应采用正常使用极限状态的标准组合；

**2、3** 按支护结构承载力极限状态设计时，荷载效应组合应为承载能力极限状态基本组合；

**4** 进行基坑边坡变形验算时，仅考虑荷载的长期组合，即正常使用极限状态的准永久组合，不考虑偶然荷载作用。

**3.1.4** 根据黄土地区基坑工程的重要性、工程规模、所处环境及坑壁黄土受水浸湿可能性，按其失效可能产生后果的严重性，分为三级。

黄土地区习惯上将开挖深度超过5m的基坑列为深基坑，考虑近年深基坑工程数量日益增多，甘肃省基坑工程技术规程已施行多年，按深度划分：$h>12m$为复杂工程；$h\leqslant 6m$为简单工程，本规程以此深度作为分级依据之一。

分级同时考虑了环境条件和水文地质、工程地质条件，且将环境条件列为主要考虑要素，主要是由于深基坑多处于大、中城市，黄土地区为中华民族发源地，古建筑及历史文物较多，且城市中地下管线分布密集，对变形敏感，一旦功能受损，影响较大。再者，考虑黄土基坑受水浸湿后，坑侧坡体与基坑1倍等深范围内变形较大，极易开裂或坍塌，因而需严加保护。而1倍等深范围以外的建（构）筑物则受此影响相对较小，因而采用了相对距离比$\alpha$的概念。并在此条件下，依受水浸湿影响、工程降水影响、坑壁土土质影响，将坑壁边坡分为3类，进行区别对待，体现了可靠性和经济合理性的统一。

**3.1.5** 黄土地区基坑事故一般都和水的浸入有关，对于一级基坑事故的危害性是严重的，当其受水浸湿的几率比较高时，一定要保证其浸水时的安全性；永久性基坑在长期使用过程中有受水浸湿的可能性，所以应对这两类基坑坑壁进行浸水条件下的校核；由于浸水只是一种可能，现场浸水情况也不会像室内试验那样完全彻底，同时考虑到经济性问题，建议校核时采用较低的安全度。在进行这种校核时，可采用较低的重要性系数和安全系数。

**3.1.6** 对应承载能力极限状态应进行支护结构承载能力和基坑土体可能出现破坏的计算和验算，而正常使用极限状态的计算主要是对结构和土体的变形计算。对一级边坡的变形控制，按第3.1.7条执行或依当地工程经验和工程类比法进行，并在基坑工程施工和监测中采用控制性措施解决。

**3.1.7** 国内各地区建筑基坑支护结构位移允许或控制值，见表1～9。

1 支护结构水平位移限值主要针对一级基坑和二级基坑。限值采用是为使支护结构可正常使用且不对周边环境和安全造成严重影响。黄土基坑的破坏和失稳具有突发性，因而给定一个限值，对支护结构顶端最大位移进行设计控制是必要的。表3.1.7中数据主要依西安地区经验，并参考相关省、市地方标准确定。

1）上海市标准《基坑工程设计规程》DBJ 08—61—97中相关规定：

**表1 一、二级基坑变形的设计和监测控制**

|  | 墙顶位移（cm） |  | 墙体最大位移（cm） |  | 地面最大沉降（cm） |  |
|---|---|---|---|---|---|---|
|  | 监测值 | 设计值 | 监测值 | 设计值 | 监测值 | 设计值 |
| 一级工程 | 3 | 5 | 5 | 8 | 3 | 5 |
| 二级工程 | 6 | 10 | 8 | 12 | 6 | 10 |

注：1 三级基坑，宜按二级基坑标准控制，当环境条件许可时可适当放宽；

2 确定变形控制标准时，应考虑变形时空效应，并控制监测值的变化速率；一级工程变形速率宜≤2mm/d，二级工程变形速率宜≤3mm/d。

2）《深圳地区建筑深基坑支护技术规范》SJG 05—96中相关规定：

**表2 支护结构最大水平位移允许值**

| 安全等级 | 排桩、地下连续墙、坡率法、土钉墙 | 钢板桩、深层搅拌桩 |
|---|---|---|
| 一 级 | 0.0025$H$ | — |
| 二 级 | 0.0050$H$ | 0.0100$H$ |
| 三 级 | 0.0100$H$ | 0.0200$H$ |

注：$H$为基坑深度。

3）《建筑基坑工程技术规范》YB 9258—97中相关规定：

**表3 基坑边坡支护位移允许值**

| 基坑边坡支护破坏后影响程度及基坑工程周围状况 | 最大位移允许值 |
|---|---|
| 基坑边坡支护破坏后的影响严重或很严重<br>基坑边坡支护滑移面内有重要建（构）筑物 | $H$/300 |
| 基坑边坡支护破坏后影响较严重<br>基坑边坡滑移面内有重要建（构）筑物 | $H$/200 |
| 基坑边坡支护破坏后影响一般或轻微<br>基坑周边15m以内有主要建（构）筑物 | $H$/150 |

注：1 $H$为基坑开挖深度；

2 本表适用于深度18m以内的基坑。

4）《广州地区建筑基坑支护技术规定》GJB 02—98中相关规定：

**表4 支护结构最大水平位移控制值**

| 安全等级 | 最大水平位移控制值（mm） | 最大水平位移与坑深控制比值 |
|---|---|---|
| 一级 | 30 | 0.0025$H$ |
| 二级 | 50 | 0.0040$H$ |
| 三级 | 100 | 0.0200$H$ |

注：$H$为基坑深度、位移控制值中两者中最小值。

5）孙家乐等（1996）针对北京地区提出的水平位移及平均变形速率控制值：

**表5 水平位移及变形速率控制值**

| 坡肩处水平位移（mm） | 平均变形速率（mm/d） | 备 注 |
|---|---|---|
| ≤30 | 0.1≤ | 安全域 |
| 30～50 | 0.1～0.5 | 警戒域 |
| >50 | ≥0.5 | 危险域 |

注：平均变形速率自开挖到基底时起算（10d内）。

6）《武汉地区深基坑工程技术指南》WBJ1—1—7—95中规定：

**表6 安全等级与相应最大水平位移**

| 安全等级 | 最大水平位移$\delta$（mm） |
|---|---|
| 一级 | ≤40 |
| 二级 | ≤100 |
| 三级 | ≤200 |

7）北京市标准《建筑基坑支护技术规程》DB 11/489—2007中规定：

**表7 最大水平变形限值**

| 一级基坑 | 0.002$h$ |
|---|---|
| 二级基坑 | 0.004$h$ |
| 三级基坑 | 0.006$h$ |

注：$h$为基坑深度。

2 人工降水对基坑相邻建（构）筑物竖向变形影响不可忽视，应满足相邻建（构）筑物地基变形允许值。

**表8 差异沉降和相应建筑物的反应**

| 建筑结构类型 | $\frac{\delta}{l}$ | 建筑物反应 |
|---|---|---|
| 砖混结构；建筑物长高比小于10；有圈梁，天然地基，条形基础 | 达1/150 | 隔墙及承重墙多产生裂缝，结构发生破坏 |
| 一般钢筋混凝土框架结构 | 达1/150 | 发生严重变形 |
|  | 达1/500 | 开始出现裂缝 |

续表 8

| 建筑结构类型 | $\frac{\delta}{l}$ | 建筑物反应 |
|---|---|---|
| 高层（箱、筏基、桩基） | 达 1/250 | 可观察到建筑物倾斜 |
| 单层排架厂房（天然地基或桩基） | 达 1/300 | 行车运转困难，导轨面需调整，隔墙有裂缝 |
| 有斜撑框架结构 | 达 1/600 | 处于安全极限状态 |
| 对沉降差反应敏感，机器基础 | 达 1/800 | 机器使用可能会发生困难，处于可运行极限状态 |

注：$l$ 为建筑物长度，$\delta$ 为差异沉降。

**3** 各类地下管线对变形的承受能力因管线的新旧、埋设情况、材料结构、管节长度和接头构造不同而相差甚远，必须事先调查清楚。接头是管线最易受损的部位，可以将管接头对差异沉降产生相对转角的承受能力作为设计和监控的依据。对难以查清的煤气管、上水管及重要通信电缆管，可按相对转角 1/100 或由这些管线的管理单位提供数据，作为设计和监控标准。

重要地下管线对变形要求严格，如天然气管线要求变形不超过 1cm，故管线变形应按行业规定特殊要求对待。

**表 9 《广州地区建筑基坑支护技术规定》GJB 02—98 中推荐管线容许倾斜限值**

| 管线类型及接头形式 | | 局部倾斜值 |
|---|---|---|
| 铸铁水管、钢筋混凝土水管 | 承插式 | ≤0.008 |
| 铸铁水管 | 焊接式 | ≤0.010 |
| 煤 气 管 | 焊接式 | ≤0.004 |

**3.1.8** 基坑工程设计应具备的资料：

**1** 基坑支护结构的设计与施工首先要认真阅读和分析岩土工程勘察报告，了解基坑周边土层的分布、构成、物理力学性质、地下水条件及土的渗透性能等，以便选择合理的支护结构体系并进行设计计算。这里要强调说明的是：目前一般针对建筑场地和地基勘察而完成的岩土工程勘察报告，并不能完全满足基坑支护设计需求，尤其是对一级基坑工程，一般勘察报告提供的工程地质剖面和各项土工参数不能完全满足设计要求。因而强调以满足基坑工程设计及施工需要为前提，必要时可由支护设计方提出，进行专门的基坑工程勘察。

**2** 取得用地界线、建筑总平面、地下结构平面、剖面图和地基处理、基础形式及埋深等参数，主要是考虑在满足基础施工可能的前提条件下，尽量减小基坑土方开挖范围和支护工程量，尽可能做到对周边环境的保护。

**3** 邻近建筑和地下设施及结构质量、基坑周边已有道路、地下管线等情况，主要依靠业主提供或协调，进行现场调查取得。经验证明在城区开挖深基坑时，周边关系较复杂，而且地下管线（包括人防地毯等）属多个部门管理，仅靠业主提供往往不够及时，也不尽能满足设计要求，且提供的成果往往与实际情况并不完全符合，因而强调设计应重视现场调查和实地了解情况，据实设计。

**4** 基坑工程应考虑施工荷载（堆料、设备）及可能布置的机械车辆运行路线，应考虑上部施工塔吊安装位置及工地临时建筑位置与基坑的距离，尤其是工地大量用水建筑（食堂、厕所、洗车台等）与基坑的安全距离，并采用切实措施保证用水不渗入基坑周边土体。

**5** 当地基坑工程经验及施工能力对支护设计至关重要，尤其是在缺乏工程经验的地区进行支护设计时，更要注意了解、收集当地已有的经验和教训，据此按工程类比法指导设计。

**6** 此条用于判定基坑在使用期间受水浸湿的可能性。黄土由于其特殊性，遇水湿陷、软化，强度迅速降低且基坑侧壁土体重量迅速增加，十分不利，因而对基坑周围地面和地下管线排水渗入或排入基坑坡体的可能性应取得可靠资料。黄土基坑发生过的工程事故多与水浸入有关，因而设计对浸水可能性的判定和相应预防措施的采用，尤为重要。

**3.1.9** 考虑黄土地区目前基坑工程设计的现状，土体作用于支护结构上的侧压力计算，采用朗肯土压力理论，对地下水位以下土体计算侧压力时，砂土和粉土的渗透性较好，且土的孔隙中有重力水，可采用水土分算原则，即分别计算土压力和水压力，二者之和即为总侧压力。黏土、粉质黏土渗透性差，以土粒和孔隙水共同组成的土体的饱和重度计算土的侧压力。黄土具大孔隙结构，垂向渗透性能好，黄土中有重力水，但以竖向运移为主，结合长期使用习惯，按水土合算原则进行。

采用土的抗剪强度参数应与土压力计算模式相配套，采用水土分算时，理论上应采用三轴固结不排水（CU）试验中有效应力抗剪强度指标黏聚力 $c'$ 和内摩擦角 $\varphi'$ 或直剪（固结慢剪）的峰值强度指标，并采用土的有效重度；采用水土合算时，理论上应采用三轴固结不排水剪切（CU）的总应力强度指标 $c$ 和 $\varphi$ 或直剪（固结快剪）试验指标，并采用土的饱和重度。但是考虑实际应用中，岩土工程勘察报告提供 $c'$ 和 $\varphi'$ 存在一定困难。另外考虑到支护设计软件按建设部行业标准编制，这些软件在黄土地区应用已较为广泛。不同标准土压力计算的规定见表 10。

**表10　不同标准土压力计算的规定**

| 标　准 | 计算方法 | 计算参数 | 土压力调整 |
| --- | --- | --- | --- |
| 建设部行业标准《建筑基坑支护技术规程》JGJ 120—99 | 采用朗肯理论：砂土、粉土水土分算，黏性土有经验时水土合算 | 直剪固快峰值 $c$、$\varphi$ 或三轴 $c_{cu}$、$\varphi_{cu}$ | 主动侧开挖面以下土自重压力不变 |
| 冶金部行业标准《建筑基坑工程技术规范》YB 9258—97 | 采用朗肯或库伦理论：按水土分算原则计算，有经验时对黏性土也可以水土合算 | 分算时采用有效应力指标 $c'$、$\varphi'$ 或用 $c_{cu}$、$\varphi_{cu}$ 代替；合算时采用 $c_{cu}$、$\varphi_{cu}$ 乘以 0.7 的强度折减系数 | 有邻近建筑物基础时 $K_{ma}=(K_0+K_a)/2$；被动区不能充分发挥时 $K_{mp}=(0.3\sim0.5)K_p$ |
| 《武汉地区深基坑工程技术指南》WBJ 1—1—7—95 | 采用朗肯理论：黏性土、粉土水土合算，砂土水土分算，有经验时也可水土合算 | 分算时采用有效应力指标 $c'$、$\varphi'$，合算时采用总应力指标 $c$、$\varphi$，提供有效强度指标的经验值 | 一般不作调整 |
| 《深圳地区建筑深基坑支护技术规定》SJ 05—96 | 采用朗肯理论：水位以上水土合算，水位以下黏性土水土合算，黏土、砂土碎石土水土分算 | 分算时采用有效应力指标 $c'$、$\varphi'$，合算时采用总应力指标 $c$、$\varphi$ | 无规定 |
| 上海市标准《基坑工程设计规程》DBJ 08—61—97 | 采用朗肯理论：以水土分算为主，对水泥土围护结构水土合算 | 水土分算采用 $c_{cu}$、$\varphi_{cu}$，水土合算采用经验动力压力系数 $\eta_a$ | 对有支撑的围护结构开挖面以下土压力为矩形分布。提出动用土压力概念，提高的主动土压力系数介于 $K_0\sim(K_a+K_0)/2$ 之间，降低被动土压力系数介于 $(0.5\sim0.9)K_p$ 之间 |
| 《广州地区建筑基坑支护技术规定》GJB 02—98 | 采用朗肯理论：以水土分算为主，有经验时对黏性土、淤泥可水土合算 | 采用 $c_{cu}$、$\varphi_{cu}$，有经验时可采用其他参数 | 开挖面以下采用矩形分布模式 |
| 甘肃省标准《建筑基坑工程技术规程》DB 62/25—3001—2000 | 采用朗肯理论，必要时可采用库仑理论：存在地下水时，宜按水压力与土压力分算原则计算，对黏性土、淤泥、淤泥质土也可按水土合算原则计算 | 水土分算采用 $c'$、$\varphi'$，水土合算采用 $c_{cu}$、$\varphi_{cu}$ 或固结快剪 $c$、$\varphi$ | 基坑内侧被动区土体经加固处理后，加固土体强度指标根据可靠经验确定 |

**3.1.10**　基坑支护结构设计应从稳定、承载力、变形三个方面进行验算：

**1**　稳定：指基坑周围土体的稳定性，不发生土体滑动破坏，不因渗流影响造成流土、管涌以及支护结构失稳；

**2**　承载力：支护结构的承载力应满足构件承载力设计要求；

**3**　变形：因基坑开挖造成的土层移动及地下水位升降变化引起的周围变形，不得超过基坑周边建筑物、地下设施的允许变形值，不得影响基坑工程基桩安全或地下结构正常施工。

黄土地区深基坑施工一般多与基坑人工降水同步实施，多采用坑外降水。坑外降水可减少支护结构主动侧水压力，同时由于土中水的排出，饱和黄土的力学性状发生明显改善，但坑外降水，由于降水漏斗影响范围较大，在基坑周围相当于5倍降水深度的范围内有建筑物和地下管线时，应慎重对待。必要时应采取隔水或回灌措施，控制有害沉降发生。基坑工程设计文件应包括降水要求，明确降水措施、降水深度、降水时间等。降水设备的选型和成井工艺，通常由施工单位依地质条件、基坑条件及开挖过程，在施工组织设计中进行深化和明确。

基坑工程施工过程中的监测应包括对支护结构和周边环境的监测，随着基坑开挖，对支护结构系统内力、变形进行测试，掌握其工作性能和状态。对影响区内建（构）筑物和地下管线变形进行观测，了解基坑降水和开挖过程对其影响程度，对基坑工程施工进行预警和安全性评价。支护结构变形报警值通常以0.8倍的变形限值考虑。

**3.1.11**　基坑工程设计考虑的主要作用荷载有：

**1**　土压力、水压力是支护结构设计的主要荷载，其取值大小及合理与否，对支护结构内力和变形计算影响显著。目前国内主要还是应用朗肯公式计算。

**2**　一般地面超载：指坑边临时荷载，如施工器材、机具等，一般可根据场地容纳情况按10～20kN/m² 考虑，场地宽阔时取低值，场地狭窄时取高值。

3　影响区范围内建（构）筑物荷载：对影响区范围内建（构）筑物的荷载，可依基础形式、埋深条件及临坑建筑立面情况进行简化，按集中荷载、条形荷载或均布荷载考虑。

4　施工荷载及可能有场地内运输车辆往返产生的荷载：施工荷载指坑边用作施工堆料场地或其他施工用途所产生的荷载，超过一般地面荷载时，应据实计算。基坑施工过程中由于土方开挖及施工进料，需要场内车辆通行或相邻有道路通行，应根据车辆荷载大小、行驶密度及与坑边距离等综合考虑。地面超载及车辆行驶等动荷载往往引起支护结构变形增大，有的甚至使支护结构长期承载力降低，应引起重视。

邻近基础施工：在黄土地区深基坑如进行人工降水，对相邻地块基坑工程总体而言是有利的，但对相邻地块土体支护，不宜同时进行，或只需进行一次，这要结合实际情况分析确定。

5　当支护结构兼用作主体结构永久构件时，如逆作法施工的支撑作为主体结构的地下室梁板、柱、内墙等，在内力计算时，除了计算基坑施工时的内力外，还应计算永久使用时的内力，在地震设防区，还应考虑地震作用力。

**3.1.12**　黄土地区深基坑支护工程与人工降水同时实施时，因有土方开挖要求，降水应先期进行。黄土以垂向渗透为主，降水实施后，原基坑侧及坑底的饱和黄土在降水期间，变为非饱和黄土，土的力学性能会有一定改善；深基坑地基处理采用桩基础或复合地基增强体后，被动区的土体力学强度有明显提高，因而应结合工程经验，依地基加固桩的类型、密集程度和分布位置、形式，适当提高土的力学性能指标。黄土的强度指标大小与土的干密度（密实程度）和含水量（物理状态）关系密切，当干密度为确定值时，随含水量增大（液性指数增加），$c$、$\varphi$值减小，尤以黏聚力减少较多。而在基坑工程中，采用基坑排水措施时，情况则恰恰相反，土的强度指标随土中含水量减小而增大，并以黏聚力恢复提高为主。不同情况下的抗剪强度见表11～表13。

**表11　不同密实程度及不同含水状态时黄土的$c$、$\varphi$值变化**

| 土的状态 | 硬塑 | | 可塑 | | 软塑 | |
|---|---|---|---|---|---|---|
| $w$（%） | 14.3～15.5 | | 18.3～21.9 | | 24.4～27.9 | |
| 强度值 / $r_d$（kN/m³） | $c$（kPa） | $\varphi$（°） | $c$（kPa） | $\varphi$（°） | $c$（kPa） | $\varphi$（°） |
| 12.5～12.7 | 32 | 31.0 | 21 | 30.0 | 2 | 26.0 |
| 13.6～13.8 | 35 | 29.0 | 20 | 28.0 | 5 | 26.0 |
| 14.2～14.4 | 46 | 29.0 | 26 | 27.0 | 10 | 26.0 |
| 14.8～15.0 | 80 | 28.0 | 52 | 27.0 | 20 | 26.0 |
| 15.3～15.5 | 132 | 36.0 | 70 | 31.0 | 26 | 25.0 |

值得指出的是，黄土地区基坑坍塌工程事故大多与坑壁土体浸水增湿密切相关，按正常状态计算的深基坑，往往由于局部坑壁浸水增湿，土体重度增大而强度大幅降低，酿成坍塌或塌滑事故，对此类情况，设计应给予足够重视，并依基坑重要性等级进行综合考虑设防，尤其应做好坑外地表排水，杜绝水渗入和浸泡坡体，酿成工程事故。

**表12　甘肃省标准《建筑基坑工程技术规程》DB 62/25—3001—2000推荐的$Q_3$、$Q_4$黄土抗剪强度指标参考值**

| $w$(%) | ≤10 | | 13 | | 16 | | 19 | |
|---|---|---|---|---|---|---|---|---|
| 强度 / $w_L/e$ | $c$ (kPa) | $\varphi$ (°) | $c$ (kPa) | $\varphi$ (°) | $c$ (kPa) | $\varphi$ (°) | $c$ (kPa) | $\varphi$ (°) |
| 22 | 23 | 27.0 | 21 | 26.3 | 19 | 25.7 | 17 | 25.0 |
| 25 | 23 | 27.3 | 21 | 26.6 | 19 | 26.0 | 17 | 25.3 |
| 28 | 22 | 27.6 | 20 | 26.9 | 18 | 26.3 | 16 | 25.6 |
| 31 | 21 | 27.9 | 19 | 27.2 | 17 | 26.6 | 15 | 25.9 |
| 34 | 21 | 28.2 | 19 | 27.5 | 17 | 26.9 | 15 | 26.2 |

| $w$(%) | 22 | | 25 | | 28 | |
|---|---|---|---|---|---|---|
| 强度 / $w_L/e$ | $c$ (kPa) | $\varphi$ (°) | $c$ (kPa) | $\varphi$ (°) | $c$ (kPa) | $\varphi$ (°) |
| 22 | 15 | 24.4 | 13 | 23.7 | 11 | 23.0 |
| 25 | 14 | 24.7 | 12 | 24.0 | 10 | 23.3 |
| 28 | 14 | 25.0 | 12 | 24.3 | 10 | 23.6 |
| 31 | 13 | 25.3 | 11 | 24.6 | 9 | 23.9 |
| 34 | 12 | 25.6 | 10 | 24.9 | 8 | 24.2 |

注：1　表中$c$、$\varphi$中间值可插入计算；
2　以黏性土为主的素填土可按天然土指标乘以折减系数0.7；
3　$w$为土的含水量，$w_L$为液限，$e$为孔隙比；
4　回归方程：
$c=35.25-0.22w_L/e-0.7w(\gamma=0.72)$
$\varphi=27.0+0.1w_L/e-0.22w(\gamma=0.70)$

**表13　甘肃省标准《建筑基坑工程技术规程》DB 62/25—3001—2000推荐的砂土、碎石土和第三系砂岩抗剪强度参考值**

| 岩土种类 | 状态 | $c$(kPa) | $\varphi$(°) |
|---|---|---|---|
| 砂土 | 粗砂 | — | 30～38 |
| | 中砂 | — | 26～34 |
| | 细砂 | — | 24～32 |
| | 粉砂 | — | 22～30 |
| 碎石土 | 稍密 | — | 32～36 |
| | 中密 | — | 37～42 |
| | 密实 | — | 43～48 |
| 砂岩 | 强风化 | 25～30 | 28～32 |
| 砂质黏土岩 | 中风化 | 31～40 | 33～48 |

注：1　砂土强度依据规范资料结合使用经验提出；
2　碎石土强度依据河西走廊地区30余组大直径直剪和现场剪力试验结果推荐；
3　砂岩、砂质黏土岩按兰州等地50余组不固结不排水三轴剪力试验资料统计后提出。

**3.1.13** 支护结构的选型是进行技术经济条件综合比较分析的结果。合理的支护结构选型不仅是对整个基坑，而且是针对同一基坑的不同边坡侧壁而言的。因为基坑支护一般都是临时性的，少则半年，多则一年，半永久性和永久性支护较少，相对而言，其经济合理性则成为基坑工程设计的决定因素。鉴于此，细划基坑支护坡体，按坡体的不同地质条件、外荷条件和环境条件等，考虑选用合理结构形式，显得尤为重要。这里强调同一基坑侧壁坡体应注意采用不同形式进行上下、左右平面组合时的变形协调，以免在其结合部位由于变形差异，形成局部突变，留下工程隐患。

## 3.2 施工要求

**3.2.1** 采用动态设计和信息施工法，是基坑工程支护设计和施工的基本原则，由于基坑工程的复杂性和不可预见性，当土性参数难以准确测定，设计理论和方法带有经验性和类比性时，根据施工中反馈信息和监控资料完善设计，是客观求实、准确安全的设计方法，可以达到以下效果：

**1** 避免采用土的基本数据失误；

**2** 可依施工中真实情况，对原设计进行校核、补充、完善；

**3** 变形监测和现场宏观监控资料是减少风险，加强质量和安全管理的重要依据，利于进行警戒、风险评估和采取应急措施；

**4** 有利于进行工程经验积累，总结和推进基坑工程技术发展。

**3.2.2** 本条强调基坑工程施工前应具备的基本资料，强调了针对不同类型、不同等级的基坑工程应制订适应性良好、较为周密和完备的施工组织设计。基坑工程的最大风险往往不是在结构体施工完成后，而是在支护工程施工过程中。据实测资料，基坑工程边坡土体变形和应力最高时段多出现在基坑工程尚未最后完成时。实践中，也不乏由于工程地质、水文地质条件的变化，或由于土方开挖深度过大、局部支护及监测措施未能及时到位、预警措施不力而导致支护结构尚未能够发挥作用便失效，使支护工程功亏一篑的实例，因而强调了施工过程对支护结构设计实现中质量、安全的要点。

**3.2.3** 按照有关规定，对达到一定规模的基坑支护与降水工程、土方开挖应进行专项设计，编制专项施工方案，并附具安全验算结果。因基坑工程是一项专业性很强、技术难度较大、牵涉面较广的系统工程，设计工作必须由具备相应资质和专业能力较强的单位承担，以保证基坑工程设计方案的合理与安全。但当基坑开挖深度较小、自然地下水位低于基坑底面、场地开阔、周边条件简单、能够按照坡率法的要求进行自然放坡时，基坑工程相对比较简单，可以按照习惯做法，由上部结构施工单位依据勘察设计单位提出的建议措施编制施工方案，经施工单位技术负责人、总监理工程师签字后予以实施。

## 3.3 水平荷载

**3.3.2** 水土分算或水土合算，主要是考虑土的渗透性影响，使作用于支护结构上的水平荷载尽量接近实际，并考虑了目前国内使用习惯。

**3.3.3** 朗肯土压力理论应用普遍，假设条件墙背直立光滑，土体表面水平，与基坑工程实际较接近。一般认为，朗肯公式计算主动土压力偏大，被动土压力偏小，这对基坑工程安全是有利的。实际主动土压力和被动土压力都是极限平衡状态下的土压力，并不完全符合实际，发挥土压力大小与墙体变位大小有关，表14给出了国外有关规范和手册达到极限土压力所需的墙体变位。

**3.3.5** 本条各款说明如下：

**1** 当基坑边缘有大面积堆载时，竖向均布压力分布为直线型，不随深度衰减；

**表14 发挥主动和被动土压力所需的变位**

| 规范 | | 主动土压力<br>水平位移<br>转动 $y/h_0$ | 被动土压力<br>水平位移<br>转动 $y/h_0$ |
|---|---|---|---|
| 欧洲地基基础规范 | | 0.001$H$，0.002<br>（绕墙底转动） | 0.005$H$，0.100<br>（绕墙底转动） |
| 欧洲地基基础规范 | | 0.005<br>（绕墙顶转动） | 0.020<br>（绕墙顶转动） |
| 加拿大岩土工程手册 | 密实砂土 | 0.001 | 0.020 |
| 加拿大岩土工程手册 | 松散砂土 | 0.004 | 0.060 |
| 加拿大岩土工程手册 | 坚硬黏性土 | 0.010 | 0.020 |
| 加拿大岩土工程手册 | 松软黏性土 | 0.020 | 0.040 |

**2、3** 当基坑外侧有平行基坑边缘方向时的条形（或矩形）荷载时，按简化方法计算作用于支护结构上的附加压力，条形（或矩形）基础下附加应力的扩散角均按45°考虑，即在支护结构上的作用深度等同于附加应力扩散后的作用宽度，荷载按均布考虑。

**3.3.6、3.3.7** 基坑工程设计中，当受保护建（构）筑物或环境条件，对基坑边坡位移限制很小或不允许有位移发生时，要按静止压力作为侧向压力。静止土压力系数 $K_0$ 值随土的类别、状态、土体密实度、固结程度而有所不同，一般宜在工程勘察中通过现场试验或室内试验测定。当无试验条件时，对正常固结土可查表3.3.7采用。实际基坑设计中，依对支护结构变形控制的严格程度，侧向土压力可从静止土压力 $E_0$ 变化到主动土压力 $E_a$，应依实际情况进行侧向土压力修正，即按实际情况进行土压力计算（见图1）。

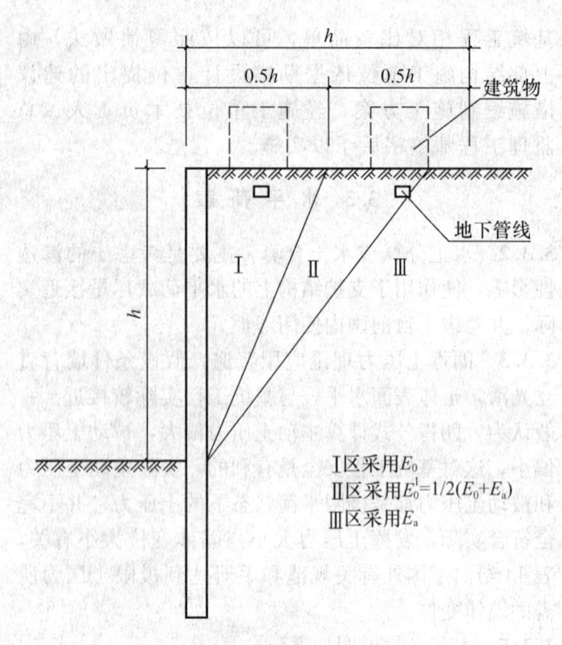


图1 基坑侧壁分区采用水平荷载示意

### 3.4 被动土压力

**3.4.1～3.4.4** 被动土压力实际是一种极限平衡状态时的侧向抗力，从图3.4.1可以看出，被动土压力充分发挥所需的墙体变位远远大于主动土压力，因而在实际应用中被动土压力值是一种理想状态的抗力值。当支护结构对位移限制愈小，所能发挥的被动土压力愈低，因此应根据实际情况对计算的被动土压力值进行折减。建议的折减系数是参考了上海地区的经验。

考虑基坑内侧被动区黄土采用人工降水或地基加固（尤其是采用复合地基增强体处理）后，土的性状有明显改善，力学强度会有较大提高，因而宜据试验或经验值确定力学指标后进行计算，以使计算被动土压力值更接近实际工况。

## 4 基坑工程勘察

### 4.1 一般规定

**4.1.1、4.1.2** 这两条规定了基坑工程勘察与所在拟建工程勘察的关系。一般情况下基坑工程勘察和所在拟建工程的详细勘察阶段同时进行。当已有勘察资料不能满足基坑工程设计和施工的要求时，应专门进行基坑工程的补充勘察。目前的勘察文件的主要内容着眼于持力层、下卧层及划定的建筑轮廓线的研究，而不重视浅部及建筑周边地质条件的岩土参数取值，而这些内容正是基坑工程所需要的，所以作以上规定。

**4.1.3** 本条规定了在进行基坑工程勘察之前应取得或应搜集的一些与基坑有关的基本资料。主要包括能反映拟建建（构）筑物与已有建（构）筑物和地下管线之间关系的相关图纸、拟开挖基坑失稳影响范围内的基本情况、基坑的深度、大小和当地的工程经验等。

**4.1.4** 一方面，从多起黄土基坑工程事故调查结果来看，黄土遇水导致强度很快降低是事故产生的主要原因之一；另一方面，黄土分布区地下水位往往分布较深，使城区特别是老城区反复挖填成为可能，填土的不均匀分布及填土与原始土之间存在的工程性质严重差异是事故产生的另一主要原因。因此强调了基坑的岩土工程勘察应重点查明湿陷性土和填土的分布情况以及软弱结构面的分布、产状、充填情况、组合关系等。

**4.1.5** 为准确查明场地是否为自重湿陷性黄土场地，要求勘察时应布置适量探井。

**4.1.6** 考虑到湿陷性黄土基坑的失稳范围一般小于1倍的基坑深度，因此规定宜在基坑周围相当于基坑开挖深度的1～2倍范围内布置勘探点。对饱和软黄土，由于强度参数低，失稳影响范围较大，因此要求对其分布较厚的区域宜适当扩大勘探范围。

### 4.2 勘察要求

**4.2.1** 基坑周围环境调查的对象主要指会对基坑工程产生影响或受基坑工程影响的周围建（构）筑物、道路、地下管线、贮输水设施及相关活动等。

**4.2.2** 本条规定勘探点间距一般为20～35m，地层简单时，可取大值；地层较复杂时，可取小值；地层复杂时，应增加勘探点。

**4.2.3** 本条规定勘探点深度不应小于基坑深度的2.5倍，主要是为了满足支护桩设计和施工的要求。若为厚层饱和软黄土，支护桩将会更长，因此勘探点深度应适当加深。若存在降水问题，勘探点深度亦应满足降水井设计和施工的要求。

**4.2.4** 本条主要引用了《岩土工程勘察规范》GB 50021—2001和《湿陷性黄土地区建筑规范》GB 50025—2004的相关要求。

**4.2.5** 常见的地下水类型有上层滞水、潜水和承压水，勘察时应查明其类型并及时测量初见水位和静止水位。

**4.2.6** 为防止地表水沿勘探孔下渗，规定勘探工作结束后，应及时夯实回填。

**4.2.7** 本条规定了不同情况下的室内土工试验要求。对土的抗剪强度指标测定，强调了试验条件应与分析计算方法配套，当场地可能为自重湿陷性黄土场地时宜分别测定天然状态与饱和状态下的抗剪强度指标；基坑工程计算参数的试验方法、用途和计算方法参见表15。

**4.2.8** 本条规定了不同地层的原位测试要求。对水文地质条件复杂或降深较大而没有工程经验的场地，为取得符合实际的计算参数，建议采用现场抽水试验测定土的渗透系数及单井涌水量；基坑工程计算参数的试验方法、用途和计算方法参见表15。

**表15 基坑工程计算参数的试验方法、用途和计算方法**

| 计算参数 | 试验方法 | 用途和计算方法 |
| --- | --- | --- |
| 土体密度$\rho$<br>含水量$w$<br>土粒相对密度（比重）$G_S$ | 室内土工试验 | 土压力、土坡稳定、抗渗流稳定等计算 |
| 砂土休止角 | 室内土工试验 | 估算砂土内摩擦角 |
| 内摩擦角$\varphi$<br>黏聚力$c$ | 1 总应力法，三轴不固结不排水（UU）试验，对饱和软黏土应在有效自重压力下固结后再剪 | 抗隆起验算和整体稳定性验算 |
|  | 2 总应力法，三轴固结不排水（CU）试验 | 饱和黏性土用土水合算计算土压力 |
|  | 3 有效应力法，三轴固结不排水测孔隙水压力的（$\overline{CU}$）试验，求有效强度参数 | 用土水分算法计算土压力 |
| 十字板剪切强度$c_u$ | 原位十字板剪切试验 | 抗隆起验算、整体稳定性验算 |
| 标准贯入试验击数$N$ | 现场标准贯入试验 | 判断砂土密实度或按经验公式估计$\varphi$值 |
| 渗透系数$k$ | 室内渗透试验，现场抽水试验 | 降水和截水设计 |
| 基床系数<br>$K_V$、$K_H$ | 基床系数荷载试验要点见《高层建筑岩土工程勘察规程》JGJ 72—2004附录H，旁压试验、扁铲侧胀试验 | 支护结构按弹性地基梁计算 |

**4.2.9** 填土在基坑支护工程中有重要的影响，由于填土的成分、历史差别较大，其参数亦有很大差别，对于西安城区老填土可取$c$=10kPa，$\varphi$=15°，对于重要基坑，必要时可进行野外剪切试验。

### 4.3 勘察成果

**4.3.1** 本条规定了基坑岩土工程勘察报告应包括的主要内容。增加了对场地周边环境条件以及基坑开挖、支护和降水对其影响进行评价的内容，并要求对基坑工程的安全等级提出建议。

**4.3.2** 相对于一般岩土工程勘察报告所附图表而言，本条作出以下特殊规定：

1 勘探点平面位置图上应附有周围已有建（构）筑物、管线、道路的分布情况；

2 必要时应绘制垂直基坑边线的剖面图；

3 工程地质剖面图上宜附有基坑开挖线。

**4.3.3** 一般情况下基坑岩土工程勘察均与所在拟建建筑物岩土工程勘察同时进行，因此本条规定勘察报告必须有专门论述基坑工程的章节。

## 5 坡率法

### 5.1 一般规定

**5.1.1** 坡率法在一定环境条件下是一种便捷、安全、经济的基坑开挖施工方法，具有放坡开挖的条件时，宜尽量采用。同一基坑的各边环境条件往往不尽相同，不能全部采用坡率法进行开挖时，可根据实际情况，在局部区域（如基坑的某一边或某一深度范围内）采用坡率法。

**5.1.2** 采用坡率法进行基坑开挖，开挖范围较大，制定开挖方案时，应充分考虑周边条件，制定切实有效的施工技术方案及环境保护措施，加强基坑监测，确保基坑边坡稳定及周边安全。

**5.1.3** 本章所述坡率法，是指能够按照坡度允许值（表5.2.2）进行自然放坡，无需采取任何支护措施的基坑开挖方法。当放坡坡度达不到要求时，应与其他基坑支护方法相结合，并在方案设计时考虑所能达到的放坡条件对边坡稳定的有利影响，其他标准另有规定者除外。

**5.1.4** 本条强调了在选用坡率法时应谨慎对待的几种场地条件。

### 5.2 设 计

**5.2.1、5.2.2** 在黄土地区，当具备基坑开挖深度很浅、土质较均匀、含水量较低等条件时可垂直开挖，但垂直开挖的深度应视土质情况限定在一定深度范围之内。表5.2.2是采用坡率法时应考虑的条件和坡度允许值。

对黄土基坑垂直开挖的高度宜按土的临界自立高度计算确定，$h_0=\frac{2c}{\gamma}\tan\left(45°+\frac{\varphi_k}{2}\right)$西安地区一般为3～4m，只要做好防水工作，直立坑壁是安全稳定的。

表5.2.2适用于时间较长的基坑侧壁，其所列允许高宽比较大，对基坑工程难以实施，土方量过大。如在西安地区基坑边按高、宽比1∶0.2～1∶0.3（相当于坡角$\beta$=78.7°～73.3°），若按泰勒（Taylor）稳定系数图查得$N_s$（当$\varphi_k$=20°时），约为7.2～7.8，则坑壁的稳定高度$h_0=\frac{N_s c}{r}$，接近10m，$c$、$\varphi$值大时，可达10m以上。西安地区10m左右基坑，如条件允

许，可按1∶0.2～1∶0.3放坡，并做好防水工作，坑壁是安全的，这种工程实例已不鲜见。

**5.2.3** 边坡的形式多样，分级放坡时，各分级段应根据土层条件确定符合本段坡度要求的坡率。均质侧壁是指地质结构、构造、性质比较均匀的侧壁。

**5.2.5** 对于具有垂直张裂隙的黄土基坑，在稳定计算中应考虑裂隙的影响，裂隙深度可近似用静止直立高度 $z_0=\frac{2c}{\gamma\sqrt{k_a}}$ 计算。

根据长安大学李同录教授等近几年的研究成果，当基坑坡顶存在垂直张裂隙（即考虑拉裂深度的影响时），一般圆弧计算法的安全系数比实际结果的要大，见表16、表17；也就是在黄土地区的基坑中，其后缘常存在拉裂隙这一特殊情况，其深度和黄土的静止自立高度计算公式一致；此时最危险滑弧应该沿裂缝底部向下扩展。

**表16 考虑垂直张裂隙时不同计算方法的结果（$c$=20kPa）**

| | 计算方法 | 坡高6m | | 坡高8m | | 坡高10m | | 坡高12m | |
|---|---|---|---|---|---|---|---|---|---|
| | | 坡比1∶0.3 | | 坡比1∶0.5 | | 坡比1∶0.7 | | 坡比1∶1 | |
| | | 安全系数 | 拉裂深度 | 安全系数 | 拉裂深度 | 安全系数 | 拉裂深度 | 安全系数 | 拉裂深度 |
| $c$=20kPa<br>$\varphi$=20°<br>$\gamma$=17kN/m³ | 瑞典条分法 | 1.34 | 0 | 1.24 | 0 | 1.18 | 0 | 1.21 | 0 |
| | 简化毕肖普法 | 1.27 | 0 | 1.2 | 0 | 1.18 | 0 | 1.24 | 0 |
| | 瑞典条分法 | 1.13 | 3.36 | 1.1 | 3.36 | 1.09 | 3.36 | 1.16 | 3.36 |
| | 简化毕肖普法 | 1.15 | 3.36 | 1.13 | 3.36 | 1.13 | 3.36 | 1.21 | 3.36 |

**表17 考虑垂直张裂隙时不同计算方法的结果（$c$=30kPa）**

| | 计算方法 | 坡高6m | | 坡高8m | | 坡高10m | | 坡高12m | |
|---|---|---|---|---|---|---|---|---|---|
| | | 坡比1∶0.3 | | 坡比1∶0.5 | | 坡比1∶0.7 | | 坡比1∶1 | |
| | | 安全系数 | 拉裂深度 | 安全系数 | 拉裂深度 | 安全系数 | 拉裂深度 | 安全系数 | 拉裂深度 |
| $c$=30kPa<br>$\varphi$=20°<br>$\gamma$=17kN/m³ | 瑞典条分法 | 1.82 | 0 | 1.64 | 0 | 1.54 | 0 | 1.54 | 0 |
| | 简化毕肖普法 | 1.72 | 0 | 1.58 | 0 | 1.53 | 0 | 1.57 | 0 |
| | 瑞典条分法 | 1.89 | 5.04 | 1.51 | 5.04 | 1.43 | 5.04 | 1.47 | 5.04 |
| | 简化毕肖普法 | 1.98 | 5.04 | 1.57 | 5.04 | 1.49 | 5.04 | 1.54 | 5.04 |

### 5.3 构造要求

**5.3.1～5.3.5** 任何水源浸泡边坡土体、基坑周边土体及坑底土体都会对边坡稳定造成不利影响，因此，采取恰当的排水措施，作好坡面保护，保证排水畅通至关重要。

**5.3.6** 坡面上凸现旧房基础、孤石等不稳定块体，在基坑开挖中经常遇到，且不确定因素较多，随着开挖工况的变化，可能加剧其危险性，为防止突然降落造成安全事故，应予以清除或加固处理。

基坑在施工过程中，如遇局部发生坍塌时，应及时采取措施进行处理：

**1** 自上而下清除塌方，将坑壁坡度进一步放缓；

**2** 增设过渡平台；

**3** 在坡脚处堆放土（砂）袋进行挡土；

**4** 采取其他有效措施进行坑壁加固等。

## 6 土钉墙

### 6.1 一般规定

土钉墙是一种原位加固土技术，已在国内外成功用于土质基坑支护工程，在湿陷性黄土地区应用也有多年的历史，取得了较为明显的技术、经济及安全效果。本规程中的土钉墙主要由原位土体中钻孔置入钢筋的注浆式土钉和喷射混凝土面层组成，对于其他类型土钉(如打入钢筋注浆式土钉或打入钢管、角钢不注浆式土钉等)和其他类型面层(如现浇混凝土面层、预制混凝土面层等)的土钉墙可参照本规程使用。

本规程对土钉墙适用的地质条件进行了限制，把土钉墙限于地下水以上或经人工降水后的土体，主要原因在于地下水以下难以实现；另外，从土钉墙施工工艺要求，作为土钉墙支护的土体必须具有一定临时自稳能力，以便给出时间进行土钉墙的施工。

从土钉墙在基坑的应用情况看，在黄土地区单独作为支护结构，支护深度一般为15m以内，也有最深达到18m者，本规程在编制中曾对土钉墙深度作了限定，后经讨论认为，在黄土地区宜给该支护方法留下充分发展空间，同时也考虑到，当土钉墙与适当放坡相结合，与预应力锚杆及微型桩等支护结构联合使用可使深度增加，因而取消了限值。另外，土钉墙单独使用，对变形有严格要求的情况不适用。但在土钉墙的应用中常与预应力锚杆、排桩以及超前花管、微型桩联合使用来控制变形和解决一些其他基坑工程问题。

从工程经验来看，土钉墙发生事故大多与水的作用有关，尤其对黄土基坑，水不仅使土钉墙自重增大，更重要的是大大降低了土的抗剪强度和土钉与土体间的摩阻力，引起整体或局部破坏，因此，在一般规定中强调土钉墙设计、施工及使用期间对外来水的防范，更不能以土钉墙作为挡水结构。

### 6.2 设计计算

**6.2.1** 土钉墙工程设计计算一般主要进行土钉设计

计算、土钉墙内部整体稳定性分析，必要时按类似重力挡土墙进行外部稳定性计算（如抗倾覆、抗水平滑动、抗基坑隆起等）。对临时性支护来说，喷射混凝土面层不是主要的受力构件，往往不作计算，按构造规定一定厚度的喷射钢筋网，就可以了。

**6.2.3** 目前基本上都采用单根土钉受拉荷载由局部土体主动土压力计算的方法，并考虑有斜面的土钉墙荷载折减系数。

**6.2.4** 对一级基坑土钉受拉承载力应由现场抗拔试验所获得的土钉锚固体与土体界面摩阻力 $q_{si}$ 计算，由于本规程未对土钉抗拔试验作相应的规定，所以，试验参照《建筑地基基础设计规范》GB 50007—2002附录关于土层锚杆试验的有关规定，其承载力特征值取极限值的1/2。对于二、三级基坑当无试验资料时，可采取经验值，其安全系数取1.5～1.8。

本条根据工程经验所取的直线破裂面，并不一定是真正的潜在破坏面，只是用来保证土钉有一定长度。直线型破裂面与水平面的夹角，对直立边坡通常是取 $45°+\varphi/2$，而土钉墙并非直立，本规程按 1∶0.10～0.75，考虑到坡角大小因素，取 $(\beta+\varphi)/2$。拿 $45°+\varphi/2$ 与 $(\beta+\varphi)/2$ 相比，前者大于等于后者，对于确定土钉长度而言偏于安全。

对于表6.2.4中黄土的极限摩阻力取值，因目前经验值较少，仍结合一般性土列入，但对湿陷性黄土可按饱和状态下的土性指标确定，饱和状态下的液性指数可按公式 $I_1=\dfrac{S_r e/G_{s_r}-w_p}{w_1-w_p}$，其公式符号意义、取值同《湿陷性黄土地区建筑规范》GB 50025—2004有关说明。

**6.2.6** 土钉墙整体稳定性分析的方法较多，规范采用圆弧滑动面简单条分法，所列计算式是一种半经验半理论公式，使用起来较简便。式中考虑到 $T_{nj}$ 对滑裂面的正压力不能全部发挥，故根据经验对其作1/2折减。第 $i$ 条土重 $w_i=\gamma_i b_i h_i$，当土体有渗流作用时，水下部分在式（6.2.6）的分母按饱和重度计算，分子按浮重度计算。

土钉的有效极限抗拉力是位于土钉最危险圆弧滑裂面以外，对土体整体滑动有约束作用的抗拉力。

### 6.3 构　　造

**6.3.1** 本条是根据土钉墙工程经验给出的，可根据实际工程情况选用和调整。

**6.3.2** 本条主要针对防水而列，土钉墙是在土体无水状态下正常工作，因此须采取必要的措施防止地表水渗入土体，防止降水措施不力，在坡后积水。

### 6.4 施工与检测

**6.4.1、6.4.2** 土钉墙是随着开挖逐渐形成的，所以土钉墙施工必须遵循自上而下分层、分段的工序要求，每层开挖深度符合设计要求，并应使上层土钉注浆体与喷射混凝土面层达到一定强度。

**6.4.3** 规范所列施工顺序为常规做法，具体工程中可根据实际情况对施工顺序作适当调整。

**6.4.4～6.4.11** 主要对土钉注浆体和喷射混凝土的配比以及作业作出了一些规定，这些规定大多都是长期以来施工经验的总结，可以保证土钉墙的质量。

**6.4.12** 土钉锚固体和喷射混凝土面层抗压强度合格的条件见相关规范规定；喷射混凝土厚度合格的条件一般为：全部检查孔处厚度平均值大于设计厚度，最小厚度不小于设计厚度的80%，并不小于50mm。

## 7 水 泥 土 墙

### 7.1 一 般 规 定

**7.1.1** 水泥土墙可单独用作挡土和隔水，也可与钢筋混凝土排桩等联合使用，仅起隔水作用。水泥土墙（桩）与钢筋混凝土排桩联合使用的常用形式见图2：

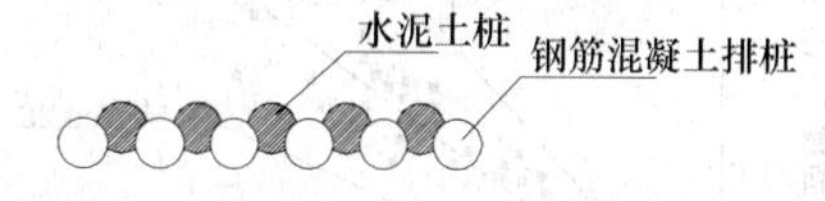


(a) 水泥土旋喷桩与钢筋混凝土排桩

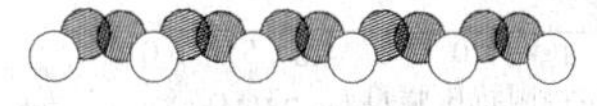

(b) 水泥土旋喷桩与钢筋混凝土排桩

(c) 水泥土桩单独成壁

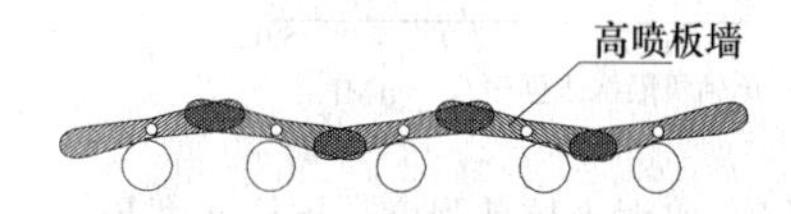


(d) 高喷板墙与钢筋混凝土排桩

图2　水泥土墙（桩）与钢筋混凝土排桩联合使用的常用形式

**7.1.2** 水泥土墙施工方法包括深层搅拌桩法（粉喷和浆喷）和旋喷桩法。搅拌法施工主要适用于土质偏软、含水量偏大的土层；旋喷法除适用于上述土层外，还适用于砂类土和人工填土等。当用于有机质土或其他具有腐蚀性的土和地下水时宜通过试验确定其可用性。

**7.1.3** 根据国内经验，单独采用水泥土墙进行基坑支护和隔水时，基坑深度不宜超过6m。这主要是由技术和经济两个方面的因素决定，水泥土墙结构本身抗拉强度偏低，主要依靠墙体的自重来平衡土压力，设计中往往不允许墙体出现拉应力。因此当基坑深度较大时，必然导致水泥土墙的宽度过大，影响其经济性。

**7.1.4** 为保证水泥土墙形成连续的挡土结构，桩与桩之间应有一定的搭接宽度。为保证形成复合体，格栅结构的格子不宜过大，格子内土体面积应满足一定要求。以下为上海和深圳地区经验公式。

上海市经验公式：

$$F \leqslant \left(\frac{1}{2} \sim \frac{1}{1.5}\right)\frac{\tau_0 u}{\gamma} \tag{1}$$

式中 $F$——格子内土的面积（$m^2$）；

$\gamma$——土的重度（$kN/m^3$）；

$\tau_0$——土的抗剪强度（kPa）；

$u$——格子的周长（m）。

深圳市经验公式：

$$F \leqslant (0.5 \sim 0.7)\frac{c_0 u}{\gamma} \tag{2}$$

式中 $c_0$——格子内土体直剪固结快剪黏聚力强度指标（kPa）。

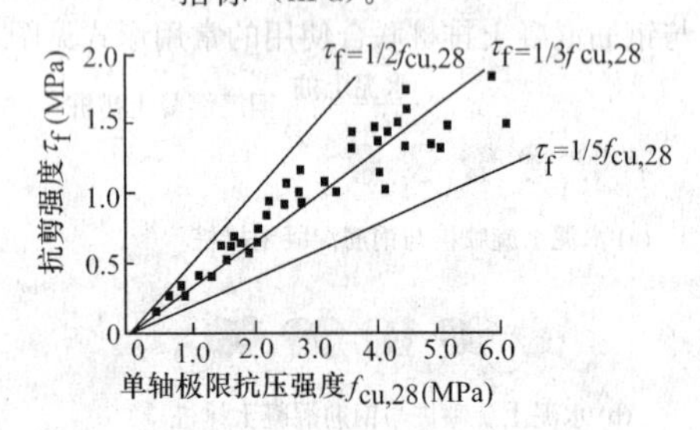


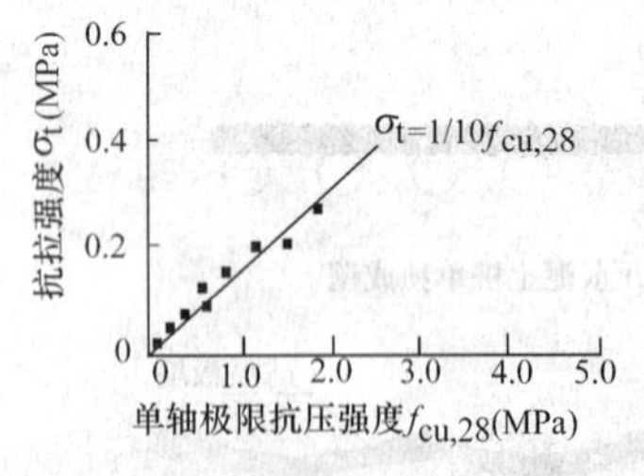


图3 水泥土抗剪强度、抗拉强度与单轴极限抗压强度的关系

**7.1.6** 据国内研究资料，水泥土的抗剪强度随抗压强度的提高而提高，但随着抗压强度增大，两者的比值减小。一般地说，当单轴极限抗压强度 $f_{cu,28}=0.5\sim4.0$MPa 时，其黏聚力 $c=0.1\sim1.1$MPa，内摩擦角 $\varphi$ 约为 20°～30°。当 $f_{cu,28}<1.5$MPa 时，水泥土的抗拉强度 $\sigma_t$ 约等于 0.2MPa。水泥土抗剪强度、抗拉强度与单轴极限抗压强度的关系见图 3。

**7.1.7** 水泥土的变形模量 $E$ 与单轴极限抗压强度 $f_{cu,28}$ 有关，但其关系尚无定论。国内的研究认为：当 $f_{cu,28}=0.5\sim4.0$MPa 时，$E=(100\sim150)f_{cu,28}$。

## 7.2 设 计

**7.2.3** 公式(7.2.3-1)～(7.2.3-6)均为各种文献和规范常采用的公式。

公式(7.2.3-2)，由于成桩时水泥浆液与墙底土层的拌合作用，墙底土层的黏聚力 $c_0$ 及内摩擦角 $\varphi_0$ 可适当提高使用。

公式(7.2.3-3)，抗圆弧滑动稳定性验算采用简单条分法计算，计算滑动力矩时墙体浸润线以下到下游水位以上的部分，其土体用饱和重度，计算抗滑力矩时用有效重度。

公式(7.2.3-4)，$N_c$ 和 $N_q$ 为普朗德尔(Prandtl)承载力系数，也可根据工程实际条件采用其他承载力系数公式进行计算。

**7.2.4** 水泥土墙(桩)抗拉强度降低，正截面承载力验算要求控制墙(桩)身不出现拉应力(即 $p_{kmin}\geqslant0$)，最大压应力不大于其抗压强度的 0.3 倍(即 $p_{kmax}\leqslant0.3f_{cu,28}$)。

**7.2.5** 鉴于目前对水泥挡土墙水平位移计算的理论尚不完善，因此水泥土墙墙顶水平位移的估算应充分考虑地区类似工程的经验。粗略估算挡墙水平位移时，可按经验公式(3)进行估算。式(3)适用于嵌固深度 $h_d=(0.8\sim1.2)h$，墙宽 $b=(0.6\sim1.0)h$ 的水泥土墙结构。

$$y=\frac{h^2L}{bh_d}\cdot\xi \tag{3}$$

式中 $y$——墙顶计算水平位移(mm)；

$h$——水泥土墙挡土高度(m)；

$L$——计算基坑侧壁纵向长度(m)；

$b$——水泥土墙宽度(m)；

$h_d$——水泥土墙的嵌固深度(m)；

$\xi$——施工质量系数，根据经验取 0.5～1.5，质量越好，取值越小。

## 7.3 施 工

**7.3.3** 国内试验研究表明，水泥土的无侧限抗压强度随水泥掺入比增大而增大。图 4 是水泥土无侧限抗压强度与水泥掺入比的大致关系，供选择配比时参考。

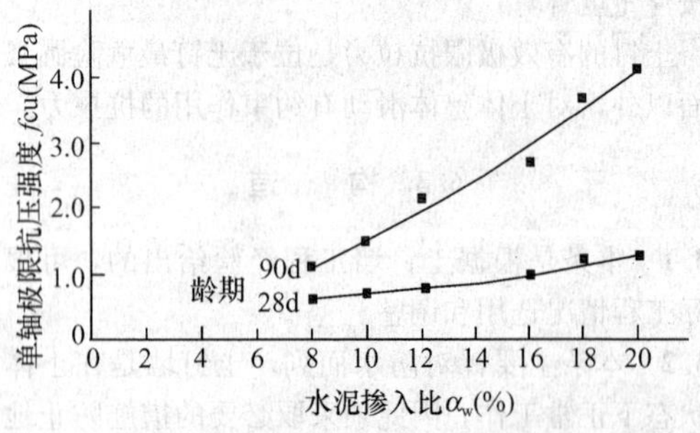


图4 水泥土无侧限抗压强度与水泥掺入比的关系

**7.3.4** 工程实践表明，水泥土的强度不仅仅取决于水泥含量的大小，同时与搅拌的均匀程度密切相关。搅拌的次数越多，拌合的越均匀，其强度也越高。

在水泥掺入比一定的条件下，水泥土搅拌桩的桩身承载力及桩身承载力的均匀性，主要取决于两点：一是桩身全段喷粉量或喷浆量的均匀性；二是桩身全段的搅拌次数(水泥土搅拌的均匀性)。因此，在施工中需做好这两点。

**1** 对于喷粉搅拌：须配置具有能瞬时检测每延米出粉量的粉体计量装置，并全程采用“单喷四搅”工艺。为保证桩身全段水泥含量的均匀性，强调了施工时必须配置具有能检测出瞬时出粉量的计量装置(普遍采用悬挂式“电子秤”)。正常施工时，每延米的含灰量确定后，应沿桩身全段、自下而上一次喷射完成。

**2** 对于喷浆搅拌：应采用单桩一次性配浆、总量控制、分次喷搅的施工方法，单桩全程应采用“双喷四搅”或“三喷四搅”工艺。为保证桩身全段水泥含量的均匀性，并减少返浆浪费，大多数的施工单位，普遍采用一次性制备好单桩所需要的总浆量，然后分次喷搅的施工方法。如果采用一次性喷搅，很可能会造成比较严重的返浆和浪费，使桩身的含灰量得不到保证。

**3** 为保证桩身全段强度的均匀性，规定了桩身全段应采用不少于两个回次的全程搅拌(“四搅”工艺)。这也是对搅拌桩桩身全段全程搅拌次数的最低要求。

在一定程度上来讲，水泥土桩的施工工艺是决定桩身水泥含量均匀性，也是决定桩身承载力均匀性的主要因素。如果施工中因故(机械损坏、停电、人为因素、意外情况等)造成某段桩身的水泥含量不足时，应对该深度段的桩身再次补充喷粉或喷浆搅拌，并且应上下各外延 0.5m。规范条文中对此虽未明确提出，但这已经是施工常识，工程施工中均应照此办理。

**7.3.9** 水泥土的抗压强度随其龄期而增长。《建筑地基处理技术规范》JGJ 79—2002 规定，对竖向承载的水泥土强度宜取 90d 龄期试块的立方体抗压强度平均值，对于承受水平荷载的水泥土强度宜取 28d 龄期试块的立方体抗压强度平均值。

## 8 排 桩

### 8.2 嵌固深度及支点力计算

目前，在排桩支护设计中，应用较多的两种方法是极限平衡法和弹性地基梁法。极限平衡法所需岩土参数易于取得，工程实践积累经验较多，但由于不能反映支护结构的变形情况，且计算所采用的桩前抗力为被动土压力，达到被动土压力所需的位移条件是正常支护结构所不许可的，因此，极限平衡法的理论依据一直受到质疑。弹性地基梁法假定桩周土为“弹性”介质，虽然这种假定与土层实际并不完全一致，但当桩周土抗力对于降低的应力水平时，该法具有一定的合理性。如果桩周土抗力远超出土的“弹性”性质的应力范围，计算结果是不可靠的。

由于湿陷性黄土地区缺乏足够数量的支护结构变形及应力观测资料，难以根据实测结果评价不同计算方法的优劣。本规程对嵌固深度和单层支点力的计算仍采用极限平衡法。对于多层支点力，可采用弹性支点法和等值梁法。

通常用两种方法来保证排桩嵌固深度具有一定安全储备，第一种方法是规定排桩嵌固深度应满足抗倾覆力矩超过倾覆力矩一定比值，如《建筑基坑支护技术规程》JGJ 120—99；第二种方法是根据抗倾覆力矩与倾覆力矩相等确定临界状态桩长，然后将土压力零点以下桩长乘以大于 1 的系数(经验嵌固系数)予以加长，如《建筑基坑工程技术规范》YB 9258—97。与第二种方法通过加大结构尺寸提高安全储备相比，第一种方法安全储备更直观。本规程采用第一种方法。

**8.2.4** 本条主要针对计算出的各层支点力差异较大的情况，将差异较大的支点力予以调整，有利于锚杆采用同种规格，减少锚杆试验的数量。但强调调整后应对各工况抗倾覆稳定状态予以复核。

### 8.3 结 构 计 算

**8.3.5** 排桩变形计算：在用极限平衡法计算出嵌固深度和支点力后，采用弹性地基梁法进行变形验算。采用弹性地基梁法时，应该注意所采用的 $m$ 值是在一定变形条件下测得的。计算出的基坑底面处的排桩变形量应与试验测定 $m$ 值时的试桩变形量相当，否则，应对 $m$ 值进行适当修正。当计算多(单)支点排桩桩顶位移时，根据本规程第 8.2 节计算多(单)支点排桩各支点水平力 $T_{hk}$(若调整支点力，可采用调整后的各支点力)，在得到多(单)支点排桩各支点水平力 $T_{hk}$ 及侧向土压力后，与悬臂式排桩类似，多(单)支点排桩位移可按式(8.3.5-10)计算，与悬臂式排桩不同之处在于计算 $f_0$ 时尚应计入各支点水平力 $T_{hk}$ 之作用。

### 8.5 锚 杆 计 算

**8.5.4** 锚杆抗拔承载力特征值强调了现场试验的取值原则，经验参数估算方法仅用于安全等级为三级的基坑，对于一、二级基坑，该法仅作为试验的预估值。应该指出，表 8.5.4 对于湿陷性黄土的适应性有待进一步检验，根据一些工程的经验，对于含水量极低的黄土地层，一次注浆工艺条件下，由于注浆后水分被周围地层很快吸收，导致锚固体收缩以及周围土层软化，利用表 8.5.4 按照液性指数 $I_L$ 确定的 $q_{si}$ 计算得出的承载力比经锚杆拉拔试验确定的承载力往往偏大。

为了与《建筑地基基础设计规范》GB 50007—2002 保持一致，本规程将土层与锚固体极限摩阻力标准值计算得出的锚杆极限承载力或现场试验取得的锚杆极限承载力，除以安全系数 2，取为锚杆的抗拔承载力特征值；

现行行业标准《建筑基坑支护技术规程》JGJ 120—99 将锚杆极限承载力除以分项系数 1.3 作为设计值。

**8.5.7** 锚杆锁定后，随着下一阶段开挖，基坑壁将会进一步发生变形，合理的锚杆锁定力是在基坑开挖至设计深度时将支护结构的变形控制在设计允许变形范围内。如锚杆锁定力偏大，则开挖至设计深度时，支护结构变形量偏小，支护结构承受的土压力偏大，对支护结构安全不利；反言之，如锚杆锁定力偏小，则开挖至设计深度时，支护结构变形量偏大，对相邻建筑及管线安全不利。因此，锚杆锁定力宜根据锚杆抗拔力标准值和锚杆锁定后支护结构的控制变形量利用锚杆拉拔试验曲线确定。

### 8.6 施工与检测

**8.6.1** 由于护坡桩配筋率通常较高，当钢筋笼分段制作，孔口对接时，采用焊接工艺连接往往不能保证焊接质量，存在质量通病。而对接部位往往处在桩身弯矩较大的部位。因此，钢筋笼宜整体制作或采用其他能确保钢筋连接质量的工艺。

## 9 降水与土方工程

### 9.1 一般规定

**9.1.1** 在基坑开挖中，为提供地下工程作业条件，确保基坑边坡稳定、基坑周围建(构)筑物、道路及地下设施的安全，对地下水进行控制是基坑支护设计必不可少的内容。

**9.1.2** 合理确定地下水控制的方案是保证工程质量，加快工程进度，取得良好社会和经济效益的关键。通常应根据地质条件、环境条件、施工条件和支护结构设计条件等因素综合考虑。

在黄土地区，一般多采用管井降水，故本规程仅给出管井降水的内容。有关截水及回灌可参考其他相关规程执行。管井降水时，应有 2 个以上的观察孔。

**9.1.3** 基坑开挖前应考虑基坑的隆起情况出现。基底土隆起往往伴随着对周边环境的影响，尤其当周边有地下管线、建(构)筑物和永久性道路时。

**9.1.4、9.1.5** 有不少施工现场由于缺乏排水和降低地下水位的措施，对施工产生影响。土方施工应尽快完成，以避免造成集水、坑底隆起及对环境影响增大。

**9.1.6** 平整场地表面坡度本应由设计规定，但鉴于现行国家标准《建筑地基基础设计规范》GB 50007—2002 中无此项规定，故条文中规定：如设计无要求时，一般应向排水沟方向做成不小于 2‰ 的坡度。

**9.1.7、9.1.8** 在土方工程施工测量中，除开工前的复测放线外，还应配合施工对平面位置(包括放坡线、分界线、边坡的上口线和底口线等)、边坡坡度(包括放坡线、弯坡等)和标高(包括各个地段的标高)等经常进行测量，校核是否符合设计要求。上述施工测量的基准——平面控制桩和水准控制点，也应定期进行复测和检查。

对雨期和冬期施工可参照相应地方标准执行。

基坑、管沟挖土要分层进行，分层厚度应根据工程具体情况(包括土质、环境等)决定，开挖本身是一种卸荷过程，防止局部区域挖土过深、卸载过速，引起土体失稳，同时在施工中应不损伤支护结构，以保证基坑的安全。

重要的基坑工程，及时支撑安装极为重要，根据工程实践，基坑变形与施工时间有很大关系，因此，施工过程应尽量缩短工期，特别是在支撑体系形成前的基坑暴露时间更应减少，要重视基坑变形的时空效应。

### 9.2 管井降水

**9.2.1** 本条规定了降水井的布置原则。

**9.2.3** 本条规定了封闭式布置的降水井数量计算方法。考虑到井管堵塞或抽气会影响排水效果，因此，在计算所需的井数基础上增加 10%。基坑涌水量是根据水文地质条件、降水区的形状、面积、支护设计对降水的要求按附录 D 计算，列出的计算公式是常用的。凡未列入的计算公式可以参照有关水文地质、工程地质手册，选用计算公式时应注意其适用条件。

**9.2.4** 单井的出水量取决于所在地区的水文地质条件、过滤器的结构、成井工艺和抽水设备能力。本条根据经验和理论规定了管井的出水能力。根据西安地区经验，饱和黄土在粒径成分上接近黏性土，但其透水性却近似于细砂，实测透水系数可达 25m/d。

**9.2.5** 试验表明，在相同条件下井的出水能力随过滤器长度的增加而增加，增加过滤器长度对提高降水效率是重要的，然而当过滤器达到某一长度后，继续增加的效果不显著。因此，本条规定了过滤器与含水层的相对长度的确定原则是既要保证有足够的过滤长度，但又不能过长，以致降水效率降低。

**9.2.6** 利用大井法所计算出的基坑涌水量 $Q$，分配到基坑四周的各降水井，尚应对因群井干扰工作条件下的单井出水量进行验算。

**9.2.7** 当检验干扰井群的单井流量满足基坑涌水量的要求后，降水井的数量和间距即确定，然后进一步对由于干扰井群的抽水所降低基坑地下水位进行验算，计算所用的公式实际上是大井法计算基坑涌水量的公式，只是公式中的涌水量 ($Q$) 为已知。

基坑中心水位下降值的验算，是降水设计的核心，它决定了整个降水方案是否成立，它涉及降水井的结构和布局的变更等一系列优化过程，这也是一个试算过程。

除了利用上述条文的计算公式外，也可以利用专门性的水文地质勘察工作，如群井抽水试验或降水工程施工前试验性群井降水，在现场实测基坑范围内降水量和各个降水井水位降深的关系，以及地下水位下降与时间的关系，利用这些关系拟合出相关曲线，从而用单相关或复相关关系，确定相关函数，推测各种布井条件下基坑水位下降数值，以便选择最佳的降水方案。此种方法对水文地质结构比较复杂的基坑降水计算尤为合适。

条文中列出的公式为稳定流条件下潜水基坑降水的计算式。对于非稳定流的计算可参考有关水文地质计算手册。

### 9.3 土方开挖

**9.3.2** 土方工程在施工中应检查平面位置、水平标高、边坡坡度、排水、降水系统及周围环境的影响。

### 9.4 土方回填

**9.4.3** 填方工程的施工参数，如每层填筑厚度、压实遍数及压实系数，对重要工程均应做现场试验后确定，或由设计提供。

## 10 基槽工程

### 10.1 一般规定

**10.1.2** 基槽影响范围内建(构)筑物的结构类型、层数、基础类型、埋深、基础荷载大小和上部结构现状对基槽工程的设计、施工及支护措施有很大的影响，故施工开挖前应予查明。

**10.1.3** 由于没有完全查明基槽开挖影响范围内的各类地下设施，包括电缆、光缆、煤气、天然气、污水、雨水、热力等管线或管道的分布和性质而导致它们被破坏的工程事故时有发生，有些还引起比较严重的后果，因此可通过地面标志或到城市规划部门查阅地下管线图，查明管线位置和走向，必要时可委托有关部门通过开挖、物探、使用专用仪器或其他有效方法进行管线调查。本条强调基槽开挖前必须查明地下管线的分布、性质和现状。

### 10.2 设计

**10.2.1** 基槽工程尤其是市政工程基槽一般都是临时性开挖，施工时间短，其支护一般都是临时性的，设计时应充分考虑当地同类基槽工程的设计经验及基槽施工支护方式、方法和经验。

**10.2.2** 同一基槽工程由于周边环境、开挖深度、填土厚度、地质条件等不同，可根据具体工程条件采用部分支护和全部支护。

**10.2.4** 湿陷性黄土地区基槽开挖，由于黄土的天然强度较高，垂直开挖3～5m，基槽槽壁短时间内也会是稳定的，但地表水下渗、管道漏水、降雨等其他因素往往会导致黄土强度降低，引起槽壁土体坍塌。基槽工程一般开挖宽度有限，一旦坑壁失稳，常常危及在基槽内作业人员的生命安全，故规定垂直开挖深度为2.0m。

### 10.3 施工、回填与检测

**10.3.5** 由于对地下管线情况不了解而盲目开挖造成电缆、光缆、天然气管道、自来水管道被挖断的安全事故时有发生，其造成的后果往往十分严重。此类事故，一般都是机械开挖所致，因此该条强调在有管线分布的地方，基槽必须采用人工开挖，且对重要管线必须设置警示标志。

**10.3.8** 市政基槽工程其回填土料一般采用原土料进行回填，其土质和含水量变化较大，对其质量一般不进行检测，但回填质量不好导致的地面下沉，路面变形时有发生，甚至引起下埋管道、管线变形开裂、易燃易爆气体泄漏和水管开裂等恶性事故发生。因此，其回填质量主要是在施工过程中进行控制，在回填时应按设计要求检查其回填土料、含水量、分层回填厚度、压实遍数。当设计有检测要求时，应按设计要求进行检测。

**10.3.9** 基槽施工应尽量缩短基槽暴露时间，以减少基槽侧壁的后期变形。

## 11 环境保护与监测

### 11.1 一般规定

**11.1.1** 基坑周边环境的保护是基坑支护工程必须包括的一项工作。基坑周边环境调查需在基坑工程设计前进行。由于管线一般隐蔽于地下，调查可以采用收集资料、现场调查、管线探测及开挖验证等方法，目的在于查明基坑影响范围内管线的平面位置、深度及管线的种类、性质和现状等情况，以便在设计时采取相应的保护和监测措施。

### 11.2 环境保护

**11.2.2** 黄土地区深基坑工程施工可能影响的范围通常为基坑深度的1～2倍。上海市标准《基坑工程设计规程》DBJ 08—61—97按下式考虑：

$$B_0 = H\tan(45^\circ - \varphi/2) \tag{4}$$

式中 $B_0$——土体沉降影响范围(m)；

$H$——开挖深度(m)；

$\varphi$——土体内摩擦角(°)，取$H$深度范围内各土层厚度的加权平均值。

**11.2.3** 地下水的抽降和回灌是需要严格控制的，抽降和回灌在时间和数量上的不当都可能给基坑工程造成危害。信息法施工是使降水工程得以有效实施和控制的管理方法，有利于降水工程取得预期效果，在发生异常情况时，也能及时发现并采取措施。

11.2.5 对于紧邻基坑的已有建(构)筑物，在基坑支护设计时一般都已作为荷载给予考虑了，但也会有一些特殊情况需要对相邻的建(构)筑物进行地基的加固处理。第一类处理方法是加固基础下持力层的地基土，如注浆法、高压喷射注浆法，采用这类方法需在基础两侧打孔注浆，施工对居住在这些建筑物内的人员的生活、工作有一定影响，若控制不当，还可能导致附加沉降，故在湿陷性黄土地区较少使用。但如能克服上述缺陷，也可采用。第二类处理方法是将基础荷载传递到坑底深度以下性能良好的地基土中，常用的方法是桩式托换，在基坑开挖前，采用树根桩或静压桩进行基础托换，这是黄土地区行之有效的一种方法，具有荷载传递明确，可靠性高的优点，但在加固桩设计及施工中，应注意基坑开挖所产生的水平力对托换桩的影响。

## 11.3 监　　测

11.3.1 基坑工程的监测是保障基坑工程安全运行的重要措施，应作为基坑工程的一项重要组成部分，将监测方案纳入基坑工程的设计中。

11.3.2 监测工作实施中应严格执行信息反馈制度，一是许多基坑事故是可以借及时的信息反馈得以避免；二是有些监测工作的实施人员不一定理解监测信息的意义，应报告设计及监理人员，及时进行处置。

11.3.3 每个基坑工程都必须进行监测，但监测项目的选择不仅关系到基坑工程的安全，也关系到监测费用的大小。随意增加监测项目是一种浪费，但盲目减少也可能因小失大，造成严重的后果。监测项目和采用手段应由基坑支护设计人员根据工程的重要性、基坑规模、岩土工程条件等因素综合确定，确定的监测手段至少应能得到影响基坑安全的关键性参数。

11.3.4 目测调查也是基坑监测中一个不可缺少的部分。在已有的工程经验中，有许多是建立在目测调查基础上的，目测调查有时可以更及时地反映异常情况。此外，目测调查的资料也有利于分析基坑支护出现异常的原因。

11.3.5 各种监测点的位置、间距是因基坑而异的，每个基坑有它自身的条件和特点，故本条只给出监测点布置的基本原则。监测点布置应掌握的原则如下：

1 布设范围应大于预估可能出现危害性变形的范围；

2 监测点设置在基坑支护结构的最大受力部位和最大变形部位；

3 监测已有结构或管线最可能因开挖发生事故的部位。

11.3.6 影响范围一般是距基坑周边的距离应不少于5倍坑深度的范围，且不宜少于30～50m，但用于降水沉降观测的基准点，应设在降水影响半径之外。

11.3.8 因基坑间条件的差异，基坑监测的时间间隔不便作统一的规定。原则上，开挖较浅时，监测周期较长，开挖较深时，监测周期较短；工程等级高时，监测周期较短，工程等级低时，监测周期较长；在一个工程的施工期内，不同时段的监测周期也是有区别的，表18给出的监测周期是比较严格的，可供工程中参考。

**表18 现场监测的时间间隔参考表**

| 基坑工程安全等级 | 施工阶段 | | ≤5m | 5～10m | 10～15m | >15m |
|---|---|---|---|---|---|---|
| 一级 | 开挖面深度 | ≤5m | 1d | 2d | 2d | 2d |
| | | 5～10m | — | 1d | 1d | 1d |
| | | >10m | — | — | 12h | 12h |
| | 挖完以后时间 | <7d | 1d | 1d | 12h | 12h |
| | | 7～15d | 3d | 2d | 1d | 1d |
| | | 15～30d | 7d | 4d | 2d | 1d |
| | | >30d | 10d | 7d | 5d | 3d |
| 二级 | 开挖面深度 | ≤5m | 2d | 3d | 3d | 3d |
| | | 5～10m | — | 2d | 2d | 2d |
| | | >10m | — | — | 1d | 1d |
| | 挖完以后时间 | <7d | 2d | 2d | 1d | 1d |
| | | 7～15d | 5d | 3d | 2d | 2d |
| | | 15～30d | 10d | 7d | 5d | 3d |
| | | >30d | 10d | 10d | 7d | 5d |

注：当基坑工程安全等级为三级时，时间间隔可适当延长。

11.3.10 本条是与11.3.2条相呼应的条款。监测者的监测结果反馈给设计人员后，设计人员应及时分析，并评价发展趋势和研究可能出现事故的对策。每个基坑应根据其基坑条件结合设计人员的工程经验设定报警值，达到报警值水平时应及时通报相关人员并采取预警措施。

11.3.11 基坑工程监测报告对积累地区基坑工程经验是十分宝贵的资料，不论基坑工程是否安全运行，都需要整理资料，编制报告。

监测内容宜包括变形监测、应力应变监测、地下水动态监测等。其具体对象、方法可按表19采用。各种监测技术工作均应符合有关专业规范、规程的规定。

**表19 监测对象与方法**

| 项　目 | 对　象 | 方　法 |
|---|---|---|
| 变形 | 地面、坑壁、坑底土体、支护结构（桩、锚、内支撑、连续墙等）、建（构）筑物、地下设施等 | 目测调查，对倾斜、开裂、鼓突等迹象进行丈量、记录、绘制图形或摄影；埋设测斜管、分层沉降仪测量深层土体变形；精密水准、导线测量水平和垂直位移，经纬仪投影测量倾斜 |

续表 19

| 项　目 | 对　象 | 方　法 |
|---|---|---|
| 应力应变 | 支护结构中的受力构件、土体 | 预埋应力传感器、钢筋应力计、电阻应变片等测量元件；埋设土压力盒 |
| 地下水动态 | 地下水位、水压、抽（排）水量、含砂量 | 设置地下水位观测孔；埋设孔隙水压力计；对抽水流量、含砂量定期观测、记录 |

## 12　基坑工程验收

### 12.1　一 般 规 定

基坑的支护与开挖方案，各地均有严格的规定，应按当地的要求，对方案进行申报，经批准后才能施工。降水、排水系统对维护基坑的安全极为重要，必须在基坑开挖施工期间安全运转，应随时检查其工作状况。临近有建（构）筑物或有公共设施，在降水过程中要予以观测，不得因降水而危及它们的安全。许多围护结构由水泥土搅拌桩、钻孔灌注桩、高压喷射桩等构成，因在本规程中这类桩的验收已提及，可按相应的规定、标准验收，其他结构在本章内均有标准可查。

湿陷性黄土与其他岩土相比，对水更为敏感，如果防水、排水措施不当，一旦地表水或地下水管渗漏浸入基坑侧壁土体，将会使基坑侧壁土体强度降低、自重压力加大，从而给支护结构带来危害乃至造成安全事故。

### 12.2　验 收 内 容

本节主要强调了质量和安全的验收和检查应按设计文件、专项施工组织设计和本规程的相关内容进行。

### 12.3　验收程序和组织

**12.3.1**　本条规定基坑工程完成后，施工单位首先要依据质量标准、设计图纸等组织有关人员进行自检，并对检查结果进行评定，符合要求后向建设单位提交工程验收报告和完整的质量资料，请建设单位组织验收。

**12.3.2**　本条规定基坑工程质量验收应由建设单位负责人或项目负责人组织，由于勘察、设计、施工、监理单位都是责任主体，因此勘察、设计、施工单位负责人（或项目负责人）、施工单位的技术、质量负责人和监理单位的总监理工程师均应参加验收。

下道工序的施工单位（基桩及上部结构施工单位）对基坑工程的合理使用，涉及基坑工程的安全，所以，在基坑工程验收合格的前提下，其安全合理的维护及使用对基坑安全是至关重要的。

**12.3.3**　本条主要强调了基坑工程施工及使用单位的责任划分及移交程序，对于城市专用地下商场、停车库、人防工程显得尤为重要。对于大型永久性基坑，建设单位应依据《建设工程质量管理条例》和住房和城乡建设部有关规定，到县级以上人民政府建设行政主管部门或其他有关部门备案，否则，不允许投入使用。

## 13　基坑工程的安全使用与维护

本章内容主要是根据第 393 号国务院令公布的《建设工程安全生产管理条例》的精神及《建筑地基基础工程施工质量验收规范》GB 50202—2002、《建筑工程施工质量验收统一标准》GB 50300—2001 的内容和验收程序，结合湿陷性黄土地区的基坑施工实际情况制订的。基坑工程的施工一般由专业队伍进行，所以在本章强调了基坑工程的验收、交接及基坑工程在使用过程中的安全管理，便于强化各责任主体的责任感，划分工程责任主体的安全责任。

施工过程中的安全管理在“基本规定”及各章节中均有具体要求，基坑工程是大面积卸荷过程，易引起周边环境的变化，特别是使用过程中水的浸入及周边的随意堆载，保护措施的设置及降水方案的合理性、监测工作质量的高低，直接影响着施工使用中的基坑工程安全、人身安全以及周边建（构）筑物的安全。所以，基坑工程的安全不光涉及勘察、设计、施工单位的责任，其环境保护是基坑工程安全的重要组成部分，涉及使用单位（下道工序的施工单位）、监测单位、监理单位、降水单位的工作质量及责任心。我国目前的基坑工程事故大多发生在基坑工程使用过程中（当然也有设计、施工质量原因），这也是本章规定在基坑工程投入使用前，应先按程序进行验收合格后，进入安全管理状态的原因，这一点也是与我国目前国情及相关法规、验收标准的精神相一致的。

基坑工程具有许多特征：其一是临时性工程，认为安全储备相对可以小些，与地区性、地质条件有关，又涉及岩土工程、结构工程及施工技术互相交叉的学科，所以造价高，但又不愿投入较多资金，可是一旦出现事故，处理十分困难，造成的经济损失和社会影响往往十分严重；其二是基坑工程施工及使用周期相对较长，从开挖到完成地面以下的全部隐蔽工程，常需经历多次降雨，以及周边堆载、振动、施工失当、监测与维护失控等许多不利条件，其安全度的随机性较大，事故的发生往往具有突发性。所以，本章主要强调了基坑工程在使用过程中的安全使用与维护。

中华人民共和国行业标准

# 冻土地区建筑地基基础设计规范

Code for design of soil and foundation of building in frozen soil region

**JGJ 118—2011**

批准部门：中华人民共和国住房和城乡建设部
施行日期：2 0 1 2 年 3 月 1 日

# 中华人民共和国住房和城乡建设部
# 公　　告

第1137号

## 关于发布行业标准《冻土地区建筑地基基础设计规范》的公告

现批准《冻土地区建筑地基基础设计规范》为行业标准，编号为JGJ 118－2011，自2012年3月1日起实施。其中，第3.2.1、6.1.1、8.1.1条为强制性条文，必须严格执行。原行业标准《冻土地区建筑地基基础设计规范》JGJ 118－98同时废止。

本规范由我部标准定额研究所组织中国建筑工业出版社出版发行。

**中华人民共和国住房和城乡建设部**
2011年8月29日

## 前　　言

根据住房和城乡建设部《关于印发〈2008年工程建设标准规范制订、修订计划（第一批）〉的通知》（建标［2008］102号）的要求，规范编制组经广泛调查研究，认真总结实践经验，参考有关国内标准和国外先进标准，并在广泛征求意见的基础上，修订本规范。

本规范的主要技术内容是：1总则；2术语和符号；3冻土分类与勘察要求；4多年冻土地基的设计；5基础的埋置深度；6多年冻土地基的计算；7基础；8边坡及挡土墙；9检验与监测；以及相关附录。

本规范修订的主要技术内容是：增加了季节冻土与季节融化层内粗颗粒土在饱和条件下的冻胀性分类；强调了多年冻土的勘察要求；明确了多年冻土地基设计的选址原则；修改了季节冻土的基础埋置深度，修改了多年冻土地基基础的最小埋置深度；细化了热工计算的内容；细化了多年冻土桩基础的混凝土强度等级及入模温度，强调了热棒在建筑地基的应用；增加了冻土边坡的碎石层防护；增加了检验与监测内容。

本规范中以黑体字标志的条文为强制性条文，必须严格执行。

本规范由住房与城乡建设部负责管理和对强制性条文的解释，由黑龙江省寒地建筑科学研究院负责具体技术内容的解释。执行过程中如有意见或建议，请寄送黑龙江省寒地建筑科学研究院（地址：哈尔滨市南岗区清滨路60号，邮政编码：150080）。

本规范主编单位：黑龙江省寒地建筑科学研究院
　　大连阿尔滨集团有限公司

本规范参编单位：中国科学院寒区旱区环境与工程研究所冻土工程国家重点实验室
　　哈尔滨工业大学
　　中铁西北科学研究院有限公司
　　内蒙古筑业工程勘察设计有限公司
　　中铁第一勘察设计院集团有限公司
　　七台河市建设局
　　青海省建筑建材科学研究院
　　兰州交通大学

本规范主要起草人员：王吉良　韩华光　马　巍　丁靖康　徐学燕　童长江　盛　煜　邱明国　张洪兴　葛建军　贾彦武　韩龙武　信立晨　朱　磊　张宝才　高永强　赵明阳　刘显全　魏　勇　付景利　王　旭

本规范主要审查人员：钱力航　王公山　欧阳权　徐柏梦　王金国　于胜金　原喜忠　章金钊　王建文　董德胜　饶浩文

# 目　次

## Contents

# 1 总 则

**1.0.1** 为了在冻土地区建筑地基基础设计中贯彻执行国家的技术经济政策，做到安全适用、技术先进、经济合理、确保质量、保护环境，制定本规范。

**1.0.2** 本规范适用于季节冻土和多年冻土地区工业与民用建筑（包括构筑物）地基基础的设计。

**1.0.3** 在冻土地基上进行建筑地基基础的设计时，除应符合本规范外，尚应符合国家现行有关标准的规定。

# 2 术语和符号

## 2.1 术 语

**2.1.1** 切向冻胀力 tangential frost-heave force

地基土在冻结膨胀时，沿切向作用在基础侧表面的力。

**2.1.2** 法向冻胀力 normal frost-heave force

地基土在冻结膨胀时，沿法向作用在基础底面的力。

**2.1.3** 水平冻胀力 horizontal frost-heave force

地基土在冻结膨胀时，沿水平方向作用在结构物或基础表面上的力，包括沿切向和法向的作用。

**2.1.4** 冻结强度 freezing strength

土与基础侧表面冻结在一起的剪切强度。

**2.1.5** 冻土抗剪强度 shear strength of frozen soils

冻结土体抵抗剪应力的强度。

**2.1.6** 冻土 frozen ground（soil，rock）

含有冰的土（岩石）。

**2.1.7** 多年冻土 perennially frozen ground，permafrost

冻结状态持续二年或二年以上的土（岩石）

**2.1.8** 季节冻土 seasonally frozen ground

地表层寒季冻结、暖季全部融化的土（岩石）

**2.1.9** 盐渍化冻土 saline frozen soil

冻土中当易溶盐的含量超过规定的限值时称盐渍化冻土。

**2.1.10** 冻结泥炭化土 frozen peaty soil

冻土中当土的泥炭化程度超过规定的限值时称冻结泥炭化土。

**2.1.11** 衔接多年冻土 connected frozen ground

直接位于季节融化层之下的多年冻土。

**2.1.12** 不衔接多年冻土 detachment of frozen ground

季节冻结层的冻结深度浅于上限的多年冻土。

**2.1.13** 整体状构造 massive cryostructure

冻土内没有肉眼能看得到的较大冰体的构造。

**2.1.14** 层状构造 layered cryostructure

冻土内的冰呈层状分布的构造。

**2.1.15** 网状构造 reticulated cryostructure

冻土内由不同大小、形状和方向的冰体形成大致连续网格的构造。

**2.1.16** 冰夹层 ice layers

层状和网状构造冻土中的薄冰层。

**2.1.17** 包裹冰 ice inclusion

除胶结冰外，土中的孔隙冰、冰夹层、冰透镜体等地下冰体的总称。

**2.1.18** 未冻水含水率 unfrozen-water content

在一定负温条件下，冻土中未冻水的质量与干土质量之比。

**2.1.19** 起始冻结温度 initial temperature of freezing

土中孔隙水发生冻结的最高温度称为土的冻结温度或起始冻结温度。

**2.1.20** 冻土地温特征值 characteristic value of ground temperature

冻土年平均地温、地温年变化深度、活动层底面以下的年平均地温、年最高地温和最低地温的总称。

**2.1.21** 地温年振幅 annual amplitude of temperature in ground

地表或地中某点，一年中地温最高和最低值之差的一半。

**2.1.22** 年平均地温 mean annual ground temperature

地温年变化深度处的地温。

**2.1.23** 冻土含水率（冻土总含水率） water content in frozen soil

冻土中所含冰和未冻水的总质量与土骨架质量之比，用百分比表示。

**2.1.24** 相对含冰率 relative ice content

冻土中冰的质量与全部水质量之比。

**2.1.25** 冻结界（锋）面 freezing front

正冻地基土中位于冻结前沿起始冻结温度处的平（曲）面。

**2.1.26** 融土 thawed soil（rock，ground）

冻土自融化开始到已有应力下达至固结稳定为止，这一过渡状态的土体。

**2.1.27** 季节冻结层 seasonal freezing layer

每年寒季冻结、暖季融化，其年平均地温高于0℃的地表层，其下卧层为非冻结层或不衔接多年冻土层。

**2.1.28** 季节融化层（季节活动层） seasonally thawed layer

每年寒季冻结、暖季融化，其年平均地温低于0℃的地表层，其下卧层为多年冻土层。

**2.1.29** 标准冻深 standard freezing depth

非冻胀黏性土，地表平坦、裸露、城市之外的空旷场地中，不少于10年实测最大冻深的平均值。

**2.1.30** 标准融深 standard thawing depth

衔接多年冻土地区，对非融沉黏性土、地表平坦、裸露的空旷场地中，不少于10年实测最大融深的平均值。

**2.1.31** 多年冻土天然上限 natural permafrost table

天然条件下，多年冻土层顶板的埋藏深度。

**2.1.32** 多年冻土人为上限 artificial permafrost table

人为条件影响下，多年冻土层顶板的埋藏深度。

**2.1.33** 地温年变化深度（年零较差深度） depth of annual zero amplitude of ground temperature

地表以下，地温在一年内相对恒定的深度。

**2.1.34** 热融滑塌 thaw slumping

分布在自然坡面上的地下冰层，受热融化时，上覆土体沿坡面下滑的现象。

**2.1.35** 冻结指数 freezing index

一年中低于0℃的气温与其相应持续时间乘积的代数和。

**2.1.36** 融化指数 thawing index

一年中高于0℃的气温与其相应持续时间乘积的代数和。

**2.1.37** 开敞系统 open system（freezing）

土在冻结过程中，冻层下部分水分向冻结面不断迁移的系统。

**2.1.38** 封闭系统 closed system（freezing）

土在冻结过程中，没有外来水分进行补充的系统。

**2.1.39** 自然通风基础的通风模数 ventilation modulus of natural ventilation foundation

为通风空间中进气孔与排气孔的总面积与建筑物平面外部轮廓所包面积的比值。

**2.1.40** 热桩（热管桩） thermal pile（pile of heat pipe）

内部采用了液汽两相转换对流热虹吸（重力式低温热管）装置的桩基。

**2.1.41** 热棒基础 thermal probe foundation

将重力式低温热管插入基础中或放置侧面的基础系统。

**2.1.42** 融化盘 thaw bulb under heated building

采暖建筑物下，多年冻结地基土的一部分发生融化，融化界面形如盘、盆状，故称融化盘。

## 2.2 符 号

**2.2.1** 作用与作用效应

$P_e$——裸露场地基础的冻胀力；

$P_h$——采暖建筑基础的冻胀力；

$p_0$——基础底面的平均附加应力；

$p_{cs}$——冻融界面上的附加应力；

$\sigma_f$——法向冻胀力；

$\sigma_{fh}$——冻结界面上的冻胀应力；

$\sigma_{Hk}$——水平冻胀力标准值；

$\tau_{dk}$——切向冻胀力标准值。

**2.2.2** 抗力与物理参数

$c_f$、$c_u$——冻土、未冻土的容积热容量；

$f_a$——冻土地基承载力特征值；

$f_{ca}$——冻土与基础侧表面的冻结强度特征值；

$f_\tau$——冻土的抗剪强度；

$i_c$——冻土相对含冰率；

$q_{fpa}$——桩端冻土端阻力特征值；

$R_a$——单桩竖向承载力特征值；

$R_{ta}$——未冻土中的摩阻力、冻土中的冻结力和扩展基础冻拔时上覆土的反力；

$R_f$、$R_u$——冻土、未冻土的热阻；

$T_{cp}$——年平均地温；

$T_z$——沿桩身不同深度冻土的温度；

$\alpha_f$、$\alpha_u$——冻土、未冻土的导温系数；

$\delta_0$——冻土的融化下沉系数；

$\eta$——土的冻胀率；

$\lambda_f$、$\lambda_u$——冻土、未冻土的导热系数（热导率）；

$\rho_d$——冻土的干密度；

$\rho_0$——冻土起始融沉干密度；

$w$——冻土含水率；

$w_0$——冻土起始融沉含水率；

$w_u$——冻土的未冻水含水率；

$\xi$——冻土的泥炭化程度；

$\zeta$——冻土的盐渍度。

**2.2.3** 几何参数

$d_{min}$——基础的最小埋置深度；

$h$——基础底面下的冻土层厚度；

$H_{max}$——采暖建筑物多年冻土地基的最大融化深度；

$z_n$、$z_a$——多年冻土的天然上限和人为上限；

$z_0$、$z_d$——土季节冻结深度的标准值和设计值；

$z_0^m$、$z_d^m$——土季节融化深度的标准值和设计值；

$\Delta z$——地表最大冻胀量；

$A_v$——架空通风基础通风孔总面积。

**2.2.4** 计算系数

$\mu$——自然通风基础的通风模数；

$\alpha_d$——双层地基冻结界面上的应力系数；

$\eta_f$——建筑物平面形状系数；

$\eta_h$——风速影响系数；

$\eta_w$——风速调整系数；

$\psi_h$——采暖对冻土平面分布的影响系数；

$\psi_t$——采暖对冻深的影响系数；

$\psi_{\mathrm{v}}$ ——采暖对基底冻层厚度的影响系数；

$\psi_{\mathrm{z}}$ ——冻结深度的影响系数；

$\psi_{\mathrm{z}}^{\mathrm{m}}$ ——融化深度的影响系数。

**2.2.5** 其他

$Q$——热量；

$\Sigma T_{\mathrm{f}}$、$\Sigma T_{\mathrm{m}}$ ——冻结指数与融化指数。

# 3 冻土分类与勘察要求

## 3.1 冻土名称与分类

**3.1.1** 作为建筑地基的冻土，根据持续时间可分为季节冻土与多年冻土；根据所含盐类与有机物的不同可分为盐渍化冻土与冻结泥炭化土；根据其变形特性可分为坚硬冻土、塑性冻土与松散冻土；根据冻土的融沉性与土的冻胀性又可分成若干亚类。

**3.1.2** 盐渍化冻土的盐渍度和强度指标应符合下列规定：

1 盐渍化冻土的盐渍度 $\zeta$ 应按下式计算：

$$\zeta=\frac{m_{\mathrm{g}}}{g_{\mathrm{d}}}\times 100(\%) \qquad (3.1.2)$$

式中：$m_{\mathrm{g}}$ ——土中含易溶盐的质量（g）；

$g_{\mathrm{d}}$ ——土骨架质量（g）。

2 盐渍化冻土的强度指标应按本规范附录 A 表 A.0.2-2、表 A.0.3-2 的规定取值。

3 盐渍化冻土盐渍度的最小界限值按表 3.1.2 的规定取值。

**表 3.1.2 盐渍化冻土盐渍度的最小界限值**

| 土 类 | 粗粒土 | 粉土 | 粉质黏土 | 黏 土 |
|---|---|---|---|---|
| 盐渍度（%） | 0.10 | 0.15 | 0.20 | 0.25 |

**3.1.3** 冻结泥炭化土的泥炭化程度和强度指标应符合下列规定：

1 冻结泥炭化土的泥炭化程度 $\xi$ 应按下式计算：

$$\xi=\frac{m_{\mathrm{p}}}{g_{\mathrm{d}}}\times 100(\%) \qquad (3.1.3)$$

式中：$m_{\mathrm{p}}$ ——土中植物残渣和成泥炭的质量（g）。

2 冻结泥炭化土的强度指标应按本规范附录 A 表 A.0.2-3、表 A.0.3-3 的规定取值。

3 当有机质含量不超过 15% 时，冻土的泥炭化程度可用重铬酸钾容量法，当有机质含量超过 15% 时可用烧失量法测定。

**3.1.4** 对于坚硬冻土，其压缩系数 $\alpha$ 不应大于 $0.01\mathrm{MPa}^{-1}$，并可将其近似看成不可压缩土；对于塑性冻土，其压缩系数 $\alpha$ 应大于 $0.01\mathrm{MPa}^{-1}$，在受力计算时应计入压缩变形量。当粗颗粒土的总含水率不大于 3% 时，应确定为松散冻土。

**3.1.5** 季节冻土与多年冻土季节融化层土，根据土平均冻胀率 $\eta$ 的大小可分为不冻胀土、弱冻胀土、冻胀土、强冻胀土和特强冻胀土五类，分类时尚应符合表 3.1.5 的规定。冻土层的平均冻胀率 $\eta$ 应按下式计算：

$$\eta=\frac{\Delta z}{h'-\Delta z}\times 100(\%) \qquad (3.1.5)$$

式中：$\Delta z$ ——地表冻胀量（mm）；

$h'$ ——冻层厚度（mm）。

**表 3.1.5 季节冻土与季节融化层土的冻胀性分类**

<table>
<tr><th>土的名称</th><th>冻前天然含水率 w(%)</th><th>冻前地下水位距设计冻深的最小距离 h<sub>w</sub>(m)</th><th>平均冻胀率 η(%)</th><th>冻胀等级</th><th>冻胀类别</th></tr>
<tr><td rowspan="9">碎（卵）石，砾、粗、中砂（粒径小于 0.075mm 的颗粒含量不大于 15%），细砂（粒径小于 0.075mm 的颗粒含量不大于 10%）</td><td>不饱和</td><td>不考虑</td><td>η≤1</td><td>Ⅰ</td><td>不冻胀</td></tr>
<tr><td>饱和含水</td><td>无隔水层</td><td>1<η≤3.5</td><td>Ⅱ</td><td>弱冻胀</td></tr>
<tr><td>饱和含水</td><td>有隔水层</td><td>3.5<η</td><td>Ⅲ</td><td>冻胀</td></tr>
<tr><td rowspan="2">w≤12</td><td>>1.0</td><td>η≤1</td><td>Ⅰ</td><td>不冻胀</td></tr>
<tr><td>≤1.0</td><td rowspan="2">1<η≤3.5</td><td rowspan="2">Ⅱ</td><td rowspan="2">弱冻胀</td></tr>
<tr><td rowspan="2">12<w≤18</td><td>>1.0</td></tr>
<tr><td>≤1.0</td><td rowspan="2">3.5<η≤6</td><td rowspan="2">Ⅲ</td><td rowspan="2">冻胀</td></tr>
<tr><td rowspan="2">w>18</td><td>>0.5</td></tr>
<tr><td>≤0.5</td><td>6<η≤12</td><td>Ⅳ</td><td>强冻胀</td></tr>
<tr><td rowspan="7">粉砂</td><td rowspan="2">w≤14</td><td>>1.0</td><td>η≤1</td><td>Ⅰ</td><td>不冻胀</td></tr>
<tr><td>≤1.0</td><td rowspan="2">1<η≤3.5</td><td rowspan="2">Ⅱ</td><td rowspan="2">弱冻胀</td></tr>
<tr><td rowspan="2">14<w≤19</td><td>>1.0</td></tr>
<tr><td>≤1.0</td><td rowspan="2">3.5<η≤6</td><td rowspan="2">Ⅲ</td><td rowspan="2">冻胀</td></tr>
<tr><td rowspan="2">19<w≤23</td><td>>1.0</td></tr>
<tr><td>≤1.0</td><td>6<η≤12</td><td>Ⅳ</td><td>强冻胀</td></tr>
<tr><td>w>23</td><td>不考虑</td><td>η>12</td><td>Ⅴ</td><td>特强冻胀</td></tr>
<tr><td rowspan="9">粉土</td><td rowspan="2">w≤19</td><td>>1.5</td><td>η≤1</td><td>Ⅰ</td><td>不冻胀</td></tr>
<tr><td>≤1.5</td><td rowspan="2">1<η≤3.5</td><td rowspan="2">Ⅱ</td><td rowspan="2">弱冻胀</td></tr>
<tr><td rowspan="2">19<w≤22</td><td>>1.5</td></tr>
<tr><td>≤1.5</td><td rowspan="2">3.5<η≤6</td><td rowspan="2">Ⅲ</td><td rowspan="2">冻胀</td></tr>
<tr><td rowspan="2">22<w≤26</td><td>>1.5</td></tr>
<tr><td>≤1.5</td><td rowspan="2">6<η≤12</td><td rowspan="2">Ⅳ</td><td rowspan="2">强冻胀</td></tr>
<tr><td rowspan="2">26<w≤30</td><td>>1.5</td></tr>
<tr><td>≤1.5</td><td rowspan="2">η>12</td><td rowspan="2">Ⅴ</td><td rowspan="2">特强冻胀</td></tr>
<tr><td>w>30</td><td>不考虑</td></tr>
</table>

续表 3.1.5

| 土的名称 | 冻前天然含水率 $w$(%) | 冻前地下水位距设计冻深的最小距离 $h_w$(m) | 平均冻胀率 $\eta$ (%) | 冻胀等级 | 冻胀类别 |
|---|---|---|---|---|---|
| 黏性土 | $w \leqslant w_p+2$ | >2.0 | $\eta \leqslant 1$ | Ⅰ | 不冻胀 |
| | | ≤2.0 | $1<\eta \leqslant 3.5$ | Ⅱ | 弱冻胀 |
| | $w_p+2<w \leqslant w_p+5$ | >2.0 | | | |
| | | ≤2.0 | $3.5<\eta \leqslant 6$ | Ⅲ | 冻胀 |
| | $w_p+5<w \leqslant w_p+9$ | >2.0 | | | |
| | | ≤2.0 | $6<\eta \leqslant 12$ | Ⅳ | 强冻胀 |
| | $w_p+9<w \leqslant w_p+15$ | >2.0 | | | |
| | | ≤2.0 | $\eta>12$ | Ⅴ | 特强冻胀 |

注：1 $w_p$—塑限含水率(%)；$w$—冻前天然含水率在冻层内的平均值；
2 盐渍化冻土不在表列；
3 塑性指数大于22时，冻胀性降低一级；
4 粒径小于0.005mm的颗粒含量大于60%时为不冻胀土；
5 碎石类土当填充物大于全部质量的40%时，其冻胀性按填充物土的类别判定；
6 隔水层指季节冻结层底部及以上的隔水层。

**3.1.6** 根据土融化下沉系数 $\delta_0$ 的大小，多年冻土可分为不融沉、弱融沉、融沉、强融沉和融陷土五类，分类时尚应符合表3.1.6的规定。冻土层的平均融化下沉系数 $\delta_0$ 可按下式计算：

$$\delta_0 = \frac{h_1 - h_2}{h_1} = \frac{e_1 - e_2}{1 + e_1} \times 100(\%) \quad (3.1.6)$$

式中：$h_1$、$e_1$ ——冻土试样融化前的高度（mm）和孔隙比；

$h_2$、$e_2$ ——冻土试样融化后的高度（mm）和孔隙比。

**表 3.1.6 多年冻土的融沉性分类**

| 土的名称 | 总含水率 $w$(%) | 平均融沉系数 $\delta_0$ | 融沉等级 | 融沉类别 | 冻土类型 |
|---|---|---|---|---|---|
| 碎（卵）石，砾、粗、中砂（粒径小于0.075mm的颗粒含量不大于15%） | $w<10$ | $\delta_0 \leqslant 1$ | Ⅰ | 不融沉 | 少冰冻土 |
| | $w \geqslant 10$ | $1<\delta_0 \leqslant 3$ | Ⅱ | 弱融沉 | 多冰冻土 |
| | $w<12$ | $\delta_0 \leqslant 1$ | Ⅰ | 不融沉 | 少冰冻土 |
| | $12 \leqslant w<15$ | $1<\delta_0 \leqslant 3$ | Ⅱ | 弱融沉 | 多冰冻土 |
| | $15 \leqslant w<25$ | $3<\delta_0 \leqslant 10$ | Ⅲ | 融沉 | 富冰冻土 |
| | $w \geqslant 25$ | $10<\delta_0 \leqslant 25$ | Ⅳ | 强融沉 | 饱冰冻土 |

续表 3.1.6

| 土的名称 | 总含水率 $w$(%) | 平均融沉系数 $\delta_0$ | 融沉等级 | 融沉类别 | 冻土类型 |
|---|---|---|---|---|---|
| 粉、细砂 | $w<14$ | $\delta_0 \leqslant 1$ | Ⅰ | 不融沉 | 少冰冻土 |
| | $14 \leqslant w<18$ | $1<\delta_0 \leqslant 3$ | Ⅱ | 弱融沉 | 多冰冻土 |
| | $18 \leqslant w<28$ | $3<\delta_0 \leqslant 10$ | Ⅲ | 融沉 | 富冰冻土 |
| | $w \geqslant 28$ | $10<\delta_0 \leqslant 25$ | Ⅳ | 强融沉 | 饱冰冻土 |
| 粉土 | $w<17$ | $\delta_0 \leqslant 1$ | Ⅰ | 不融沉 | 少冰冻土 |
| | $17 \leqslant w<21$ | $1<\delta_0 \leqslant 3$ | Ⅱ | 弱融沉 | 多冰冻土 |
| | $21 \leqslant w<32$ | $3<\delta_0 \leqslant 10$ | Ⅲ | 融沉 | 富冰冻土 |
| | $w \geqslant 32$ | $10<\delta_0 \leqslant 25$ | Ⅳ | 强融沉 | 饱冰冻土 |
| 黏性土 | $w<w_p$ | $\delta_0 \leqslant 1$ | Ⅰ | 不融沉 | 少冰冻土 |
| | $w_p \leqslant w<w_p+4$ | $1<\delta_0 \leqslant 3$ | Ⅱ | 弱融沉 | 多冰冻土 |
| | $w_p+4 \leqslant w<w_p+15$ | $3<\delta_0 \leqslant 10$ | Ⅲ | 融沉 | 富冰冻土 |
| | $w_p+1 \leqslant w<w_p+35$ | $10<\delta_0 \leqslant 25$ | Ⅳ | 强融沉 | 饱冰冻土 |
| 含土冰层 | $w \geqslant w_p+35$ | $\delta_0>25$ | Ⅴ | 融陷 | 含土冰层 |

注：1 总含水率 $w$，包括冰和未冻水；
2 盐渍化冻土、冻结泥炭化土、腐殖土、高塑性黏土不在表列；
3 粗颗粒土用起始融化下沉含水率代替 $w_p$。

## 3.2 冻土地基勘察要求

**3.2.1 多年冻土地区建筑地基基础设计前应进行冻土工程地质勘察，查清建筑场地的冻土工程地质条件。**

**3.2.2** 在季节冻土层深度与多年冻土季节融化层深度内，应沿其深度方向采取土样，取样数量应根据设计需要确定，且每层不应少于一个试样，取样间距不大于1m。

**3.2.3** 在对多年冻土钻探、取样、运输、储存及试验等过程中，应采取防止试样融化的措施。

**3.2.4** 季节冻土地基勘探孔的深度和间距可与非冻土地基的勘察要求相同；多年冻土地基勘察应符合本规范第4.1.2条中将多年冻土用作地基的三种状态的设计要求，勘探点间距应符合表3.2.4-1的规定；控制性钻孔应占钻孔总数的1/3～1/2；钻孔的深度应符合表3.2.4-2的规定；取样数量应满足设计需要。

**表 3.2.4-1 多年冻土地基勘探点间距**

| 冻土分布类型 | 孔间距（m） |
|---|---|
| 岛状（不连续）多年冻土区 | 10～15 |
| 大片（连续）多年冻土区 | 15～25 |

注：为查清多年冻土平面分布界限时可根据情况适当加密勘探点间距。

表 3.2.4-2　多年冻土地基勘探深度

| 冻土分布类型 | 钻孔类型 | 钻孔深度 |
| --- | --- | --- |
| 岛状（不连续）多年冻土区 | 控制性钻孔 | 穿透下限进入稳定地层不小于5m且孔深不小于20m，若采用桩基应大于25m |
| | 一般钻孔 | 穿透下限且孔深不小于15m，若采用桩基应大于20m |
| 大片（连续）多年冻土区 | 控制性钻孔 | 一般场地大于15m；复杂场地或采用桩基大于25m |
| | 一般钻孔 | 一般场地大于10m；复杂场地或采用桩基大于20m |

注：在钻探深度内遇到基岩时可适当减少钻孔深度。

**3.2.5** 对多年冻土地基，应根据建筑地基基础设计等级、冻土工程地质条件、冻土特征、地温特征、地基采用的设计状态等情况，岩土勘察报告宜提供下列设计所需资料：

1 气象资料：年平均气温、融化指数（冻结指数）、冬季月平均风速、年平均降水量；

2 地温资料：年平均地温、标准融深（标准冻深）、秋末冬初地温沿深度的分布；

3 冻土物理参数：干密度、总含水率、相对含冰率、盐渍度、泥炭化程度、冻土构造、冰夹层厚度；

4 冻土与未冻土的热物理参数：导热系数、导温系数、容积热容量；

5 冻土强度指标：冻结强度、抗剪强度、承载力特征值、体积压缩系数、压缩系数；

6 冻土融化指标：融化下沉系数、融土体积压缩系数、融土承载力特征值；

7 土的冻胀指标：冻胀率、冻切力、水平冻胀力；

8 地下水分布的资料及特征，不良冻土现象的分布及特征。

**3.2.6** 对地基基础设计等级为甲级或乙级的建筑物，其所在多年冻土场区宜进行地温观测等原位试验。

# 4 多年冻土地基的设计

## 4.1 一般规定

**4.1.1** 在多年冻土地区建筑物选址时，宜选择各种融区、基岩出露地段和粗颗粒土分布地段，在零星岛状多年冻土区，不宜将多年冻土用作地基。

**4.1.2** 将多年冻土用作建筑地基时，可采用下列三种状态之一进行设计：

1 保持冻结状态：在建筑物施工和使用期间，地基土始终保持冻结状态；

2 逐渐融化状态：在建筑物施工和使用期间，地基土处于逐渐融化状态；

3 预先融化状态：在建筑物施工前，使多年冻土融化至计算深度或全部融化。

**4.1.3** 对一栋整体建筑物地基应采用同一种设计状态；对同一建筑场地的地基宜采用同一种设计状态。

**4.1.4** 对建筑场地应设置排水设施，建筑物的散水坡宜做成装配式，对按冻结状态设计的地基，冬季应及时清除积雪；供热与给水管道应采取隔热措施。

## 4.2 保持冻结状态的设计

**4.2.1** 保持冻结状态的设计宜用于下列场地或地基：

1 多年冻土的年平均地温低于－1.0℃的场地；

2 持力层范围内的土层处于坚硬冻结状态的地基；

3 地基最大融化深度范围内，存在融沉、强融沉、融陷性土及其夹层的地基；

4 非采暖建筑或采暖温度偏低，占地面积不大的建筑物地基。

**4.2.2** 当采用保持地基土冻结状态进行的设计，可采取下列基础形式和地基处理措施：

1 架空通风基础；

2 填土通风管基础；

3 用粗颗粒土垫高的地基；

4 桩基础、热桩基础；

5 保温隔热地板；

6 基础底面延伸至计算的最大融化深度之下；

7 采用人工冻结方法降低土温的措施。

**4.2.3** 保持地基土冻结状态的设计，宜采用桩基础，对现行国家标准《建筑地基基础设计规范》GB 50007规定的地基基础设计等级为甲级的建筑物可采用热桩基础。

**4.2.4** 对于采用保持冻结状态设计的建筑物地基，在施工和使用期间，应对周围环境采取防止破坏温度自然平衡状态的措施。

## 4.3 逐渐融化状态的设计

**4.3.1** 逐渐融化状态的设计宜用于下列地基：

1 多年冻土的年平均地温为－0.5℃～－1.0℃的地基；

2 持力层范围内的土层处于塑性冻结状态的地基；

3 在最大融化深度范围内为不融沉和弱融沉性土的地基；

4 室温较高、占地面积较大的建筑，或热载体管道及给水排水系统对冻层产生热影响的地基。

**4.3.2** 采用逐渐融化状态进行设计时，不应人为加大地基土的融化深度，并应采取下列措施减少地基的变形：

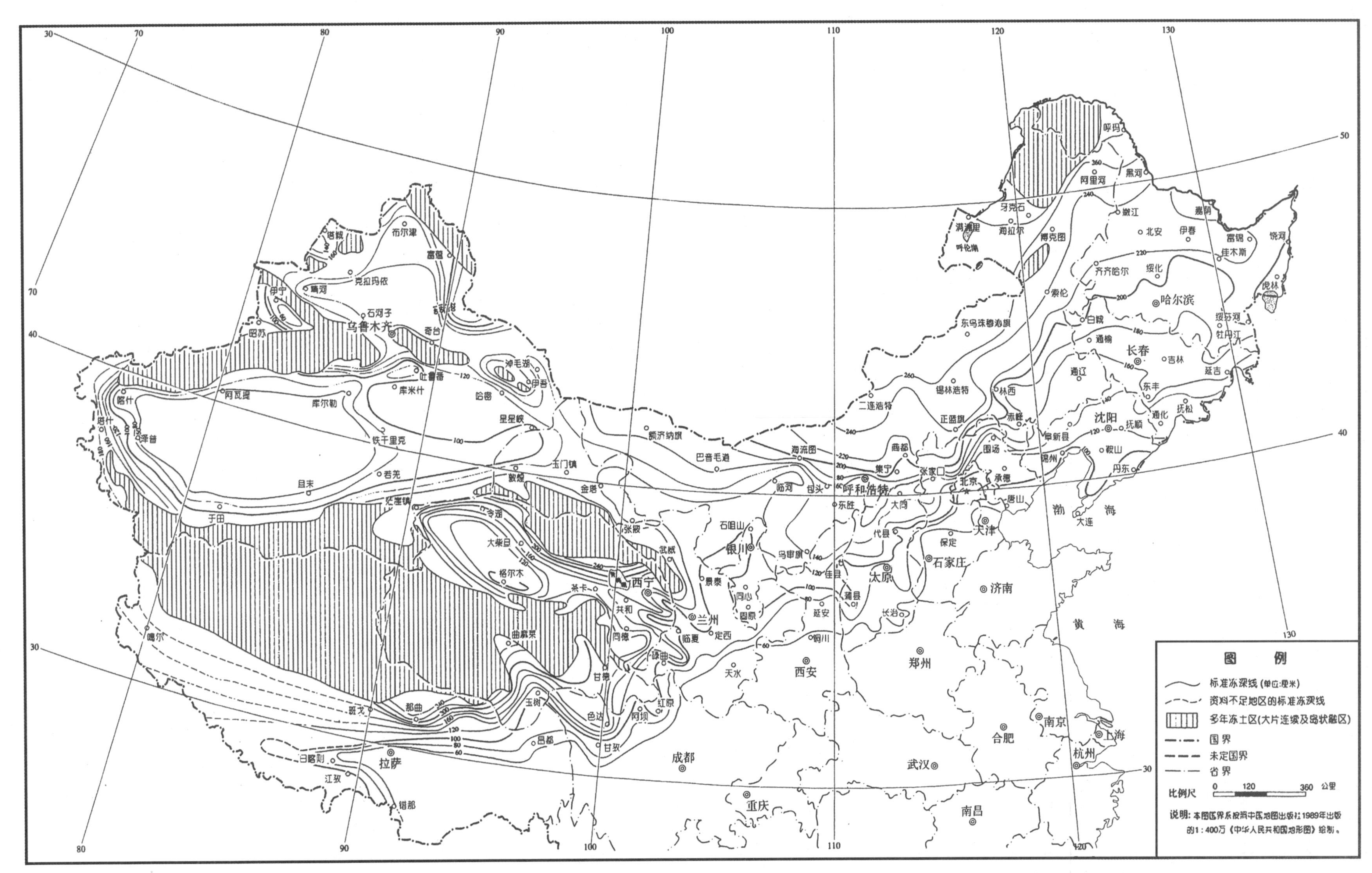


图 5.1.2 中国季节冻土标准冻深线图 (cm)

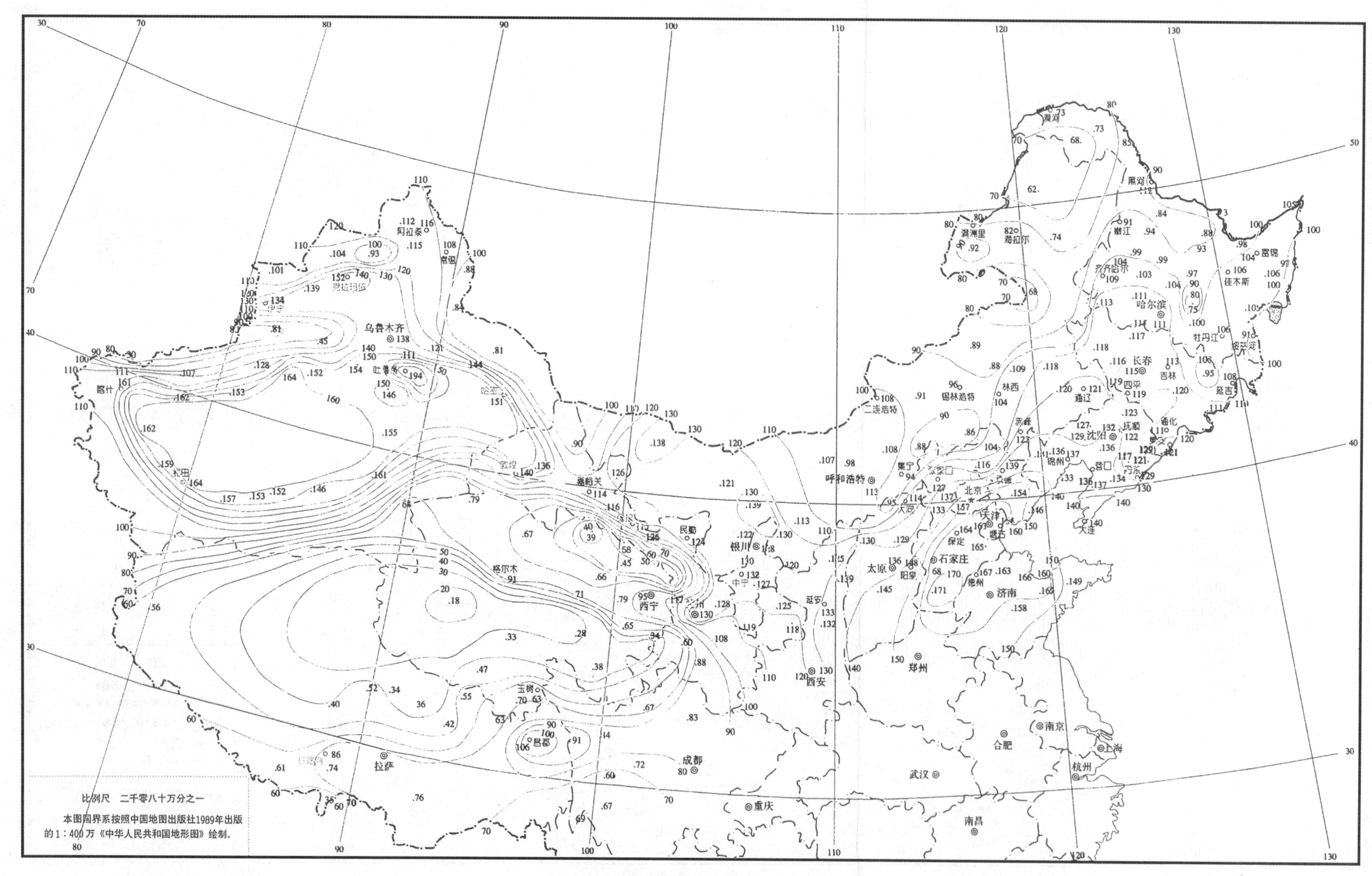

图 5.2.3　中国融化指数标准值等值线图 (℃、m)

1　加大基础埋深，或选择低压缩性土作为持力层；

2　采用保温隔热地板，并架空热管道及给水排水系统；

3　设置地面排水系统；

4　采用架空通风基础；

5　采用桩基础；

6　保护多年冻土环境。

**4.3.3**　当地基土逐渐融化可能产生不均匀变形时，应对建筑物的结构采取下列措施：

1　应加强结构的整体性与空间刚度；建筑物的平面布置宜简单；可增设沉降缝；沉降缝处应布置双墙；应设置基础梁、钢筋混凝土圈梁；纵横墙交接处应设置构造柱；

2　应采用能适应不均匀沉降的柔性结构。

**4.3.4**　建筑物下地基土逐渐融化的最大深度，可按本规范附录B的规定计算。

### 4.4　预先融化状态的设计

**4.4.1**　预先融化状态的设计宜用于下列场地或地基：

1　多年冻土的年平均地温不低于－0.5℃的场地；

2　持力层范围内土层处于塑性冻结状态的地基；

3　在最大融化深度范围内，存在变形量为不允许的融沉、强融沉和融陷性土及其夹层的地基；

4　室温较高、占地面积不大的建筑物地基。

**4.4.2**　当采用预先融化状态设计时，预融深度范围内地基的变形量超过建筑物的允许值时，可采取下列措施：

1　用粗颗粒土置换细颗粒土或加固处理地基；

2　基础底面之下多年冻土的人为上限保持相同；

3　加大基础埋深；

4　采取结构措施，适应变形要求。

**4.4.3**　对于预先融化状态的设计，当冻土层全部融化时，应按季节冻土地基设计。

### 4.5　含土冰层、盐渍化冻土与冻结泥炭化土地基的设计

**4.5.1**　含土冰层不应用作天然地基。

**4.5.2**　对盐渍化冻土地基，当按保持冻结状态设计时，除应符合本规范第4.2节有关规定外，尚应符合下列规定：

1　宜采用桩基础；对钻孔插入桩，回填泥浆与盐渍化冻土界面的冻结强度应进行验算；

2　单桩竖向承载力应按本规范第7.3.5条的规定确定；

3　盐渍化冻土处于塑性冻结状态时，地基的变形计算参数，应按原位静载荷试验确定；

4　当钻孔插入桩采用水泥砂浆回填时，钻孔直径应大于桩径100mm，最大不应超过桩径150mm。

**4.5.3**　当盐渍化冻土按逐渐融化和预先融化状态设计时，应按本规范第4.3节、第4.4节的有关规定进行，并应符合现行国家标准《建筑地基基础设计规范》GB 50007的有关规定。

**4.5.4**　当冻结泥炭化土地基按保持冻结状态设计时，除应符合本规范第4.2节的有关规定外，尚应符合下列规定：

1　泥炭化程度不小于25%时，宜采用钻孔打入桩基础或钻孔插入式热桩基础；

2　当钻孔插入桩采用水泥砂浆回填时，钻孔直径应大于桩径100mm，最大不应超过桩径150mm；

3　桩端下砂垫层的铺设厚度不应小于300mm，浅基础底部砂石垫层的铺设厚度应大于基底宽度的1/2，其承载力应按原地基土的种类取值；

4　地基承载力宜按原位静载试验确定；

5　冻结泥炭化土处于塑性冻结状态时，其地基变形计算参数，应按原位静载荷试验确定。

## 5　基础的埋置深度

### 5.1　季节冻土地基

**5.1.1**　对强冻胀性土、特强冻胀性土，基础的埋置深度宜大于设计冻深0.25m。

**5.1.2**　对不冻胀、弱冻胀和冻胀性地基土，基础埋置深度不宜小于设计冻深，对深季节冻土，基础底面可埋置在设计冻深范围之内，基底允许冻土层最大厚度可按本规范附录C的规定进行冻胀力作用下基础的稳定性验算，并结合当地经验确定。

设计冻深 $z_d$ 可按下式计算：

$$z_d = z_0 \psi_{zs} \psi_{zw} \psi_{zc} \psi_{zt0} \qquad (5.1.2)$$

式中：$z_0$ ——标准冻深（m）；无当地实测资料，除山区外，应按图5.1.2中国季节冻土标准冻深线图查取；

$\psi_{zs}$ ——土的类别对冻深的影响系数，按表5.1.2-1的规定取值；

$\psi_{zw}$ ——冻胀性对冻深的影响系数，按表5.1.2-2的规定取值；

$\psi_{zc}$ ——周围环境对冻深的影响系数，按表5.1.2-3的规定取值；

$\psi_{zt0}$ ——地形对冻深的影响系数，按表5.1.2-4的规定取值。

**表5.1.2-1　土的类别对冻深的影响系数（$\psi_{zs}$）**

| 土的类别 | $\psi_{zs}$ | 土的类别 | $\psi_{zs}$ |
|---|---|---|---|
| 黏性土 | 1.00 | 中、粗、砾砂 | 1.30 |
| 细砂、粉砂、粉土 | 1.20 | 碎（卵）石土 | 1.40 |

表 5.1.2-2 冻胀性对冻深的影响系数（$\psi_{zw}$）

| 湿度（冻胀性） | $\psi_{zw}$ | 湿度（冻胀性） | $\psi_{zw}$ |
|---|---|---|---|
| 不冻胀 | 1.00 | 强冻胀 | 0.85 |
| 弱冻胀 | 0.95 | 特强冻胀 | 0.80 |
| 冻胀 | 0.90 | — | — |

注：土的冻胀性按本规范表 3.1.5 确定。

表 5.1.2-3 周围环境对冻深的影响系数（$\psi_{zc}$）

| 周围环境 | $\psi_{zc}$ | 周围环境 | $\psi_{zc}$ |
|---|---|---|---|
| 村、镇、旷野 | 1.00 | 城市市区 | 0.90 |
| 城市近郊 | 0.95 | — | — |

注：周围环境影响一项，应按下述取用：

人口为 20 万～50 万的城市市区，按城市近郊影响取值；

人口大于 50 万且小于或等于 100 万的城市市区，按市区影响取值；

人口为 100 万以上的城市，除计入市区影响外，尚应考虑 5km 的近郊范围。

表 5.1.2-4 地形对冻深的影响系数（$\psi_{zt0}$）

| 地 形 | $\psi_{zt0}$ | 地 形 | $\psi_{zt0}$ |
|---|---|---|---|
| 平坦 | 1.00 | 阴坡 | 1.10 |
| 阳坡 | 0.90 | — | — |

**5.1.3** 基槽开挖完成后底部不宜留有冻土层（包括开槽前已形成的和开槽后新冻结的）；当土质较均匀，且通过计算确认地基土融化、压缩的下沉总值在允许范围之内，或当地有成熟经验时，可在基底下存留一定厚度的冻土层。

**5.1.4** 基础的稳定性（受冻胀力作用时）应按本规范附录C的规定进行验算。对冻胀性地基土，可采取下列减小或消除冻胀力危害的措施：

1 改变地基土冻胀性的措施应符合下列规定：

1）设置防止施工和使用期间的雨水、地表水、生产废水和生活污水浸入地基的排水设施；在坡地或山区应设置截水沟或在建筑物周边设置暗沟，以排走地表水和潜水流，避免因地基土浸水、含水率增加而造成冻害；

2）对低洼场地，加强排水并采用非冻胀性土填方，填土高度不应小于 0.5m，其范围不应小于散水坡宽度加 1.5m；

3）在基础外侧面，可用非冻胀性土层或隔热材料保温，其厚度与宽度宜通过热工计算确定；

4）可用强夯法消除土的冻胀性；

5）用非冻胀性土或粗颗粒土建造人工地基，使地基的冻融循环仅发生在人工地基内。

2 采取的结构措施应符合下列规定：

1）可增加建筑物的整体刚度；设置钢筋混凝土封闭式圈梁和基础梁，并控制建筑物的长高比；

2）建筑平面宜简单，体形复杂时，宜采用沉降缝隔开；

3）宜采用独立基础或桩基；

4）当外墙上内横隔墙间距较大时，宜设置扶壁柱；

5）可加大上部荷重，或减小基础与冻胀土接触的表面积；

6）外门斗、室外台阶和散水坡等附属结构应与主体承重结构断开；散水坡分段不宜超过 1.5m，坡度不宜小于 3%，其下宜填筑非冻胀性材料；

7）按采暖设计的建筑物，当年不能竣工或入冬前不能交付正常使用，应采取相应的越冬措施；对非采暖建筑物的跨年度工程，入冬前基坑必须及时回填，并采取保温措施。

3 减小和消除切向冻胀力的措施应符合下列规定：

1）基础在地下水位以上时，基础侧表面可回填非冻胀性的中砂和粗砂，其厚度不应小于 200mm；

2）应对与冻胀性土接触的基础侧表面进行压平、抹光处理；

3）可采用物理化学方法处理基础侧表面或与基础侧表面接触的土层；

4）可做成正梯形的斜面基础，在符合现行国家标准《建筑地基基础设计规范》GB 50007关于刚性角规定的条件下，其宽高比不应小于 1：7（图 5.1.4-1）；

5）可采用底部带扩大部分的自锚式基础（图 5.1.4-2），其设计计算应符合本规范附录 C 的规定。

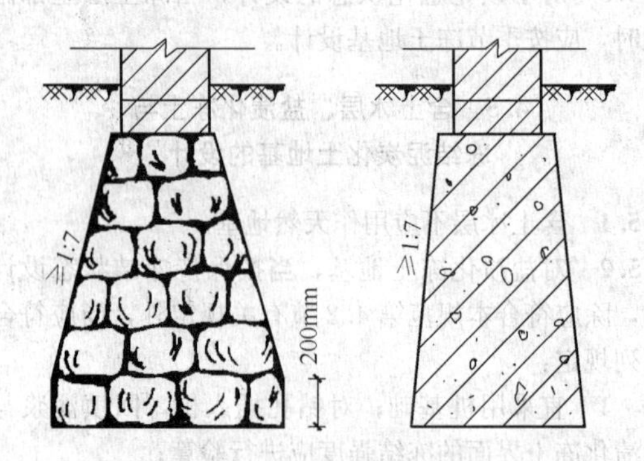


图 5.1.4-1 正梯形斜面基础

4 减小和消除法向冻胀力的措施应符合下列规定：

1）基础在地下水位以上时，可采用换填法，用非冻胀性的粗颗粒土做垫层，但垫层的

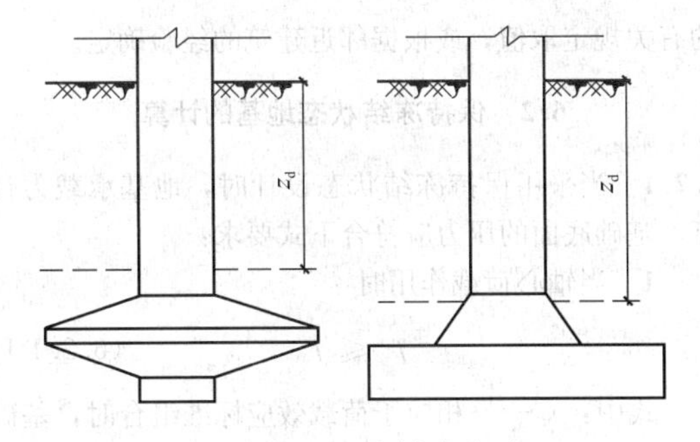

图 5.1.4-2　自锚式基础

底面应在设计冻深线处；

2）在独立基础的基础梁下或桩基础的承台下，除不冻胀类土与弱冻胀类土外，对其他冻胀类别的土层应留有相当于地表冻胀量的空隙，可取 100mm～200mm，空隙中可填充松软的保温材料（图 5.1.4-3）。

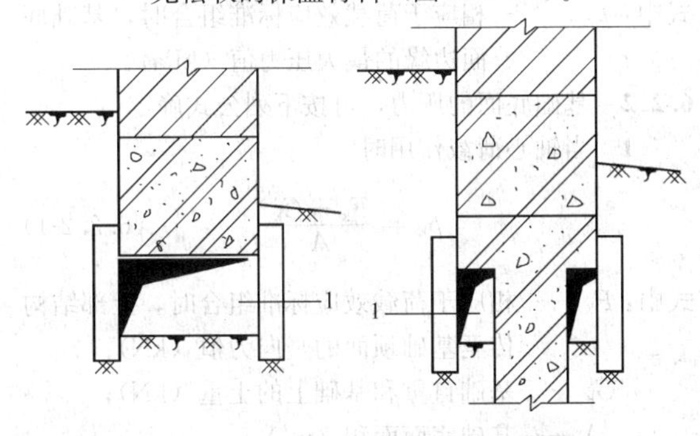


图 5.1.4-3　基础梁和桩基承台构造
1—空隙

## 5.2　多年冻土地基

**5.2.1**　对不衔接的多年冻土地基，当建筑物热影响的稳定深度范围内地基土的稳定和变形都能满足要求时，应按季节冻土地基计算基础的埋深。

**5.2.2**　对衔接的多年冻土，当按保持冻结状态利用多年冻土作地基时，基础埋置深度可通过热工计算确定，但不得小于建筑物地基多年冻土的稳定人为上限埋深以下 0.5m。在无建筑物稳定人为上限资料时，基础的最小埋置深度，对于架空通风基础及冷基础，可根据冻土的设计融深 $z_d^m$ 确定，并应符合表 5.2.2-1 的规定。

**表 5.2.2-1　基础最小埋置深度（$d_{min}$）**

| 地基基础设计等级 | 建筑物基础类型 | 基础最小埋深（m） |
|---|---|---|
| 甲、乙级 | 浅基础 | $z_d^m+1$ |
| 丙级 | 浅基础 | $z_d^m$ |

融深设计值应按下式计算，当采用架空通风基础、填土通风管基础、热棒以及其他保持地基冻结状态的方案不经济时，也可将基础延伸到稳定融化盘最大深度以下 1m 处。

$$z_d^m = z_0^m \psi_s^m \psi_w^m \psi_c^m \psi_{t0}^m \qquad (5.2.2)$$

式中：$z_0^m$ ——标准融深（m）；

$\psi_s^m$ ——土的类别对融深的影响系数，按表 5.2.2-2 的规定取值；

$\psi_w^m$ ——融沉性对融深的影响系数，按表 5.2.2-3 的规定取值；

$\psi_{t0}^m$ ——场地地形对融深的影响系数，按表 5.2.2-4 的规定取值；

$\psi_c^m$ ——地表覆盖影响系数，按表 5.2.2-5 的规定取值。

**表 5.2.2-2　土的类别对融深的影响系数（$\psi_s^m$）**

| 土的类别 | $\psi_s^m$ | 土的类别 | $\psi_s^m$ |
|---|---|---|---|
| 黏性土 | 1.00 | 中、粗、砾砂 | 1.30 |
| 细砂、粉砂、粉土 | 1.20 | 碎（卵）石土 | 1.40 |

**表 5.2.2-3　融沉性对融深的影响系数（$\psi_w^m$）**

| 湿度（融沉性） | $\psi_w^m$ | 湿度（融沉性） | $\psi_w^m$ |
|---|---|---|---|
| 不融沉 | 1.00 | 强融沉 | 0.85 |
| 弱融沉 | 0.95 | 融陷 | 0.80 |
| 融沉 | 0.90 | — | |

**表 5.2.2-4　场地地形对融深的影响系数（$\psi_{t0}^m$）**

| 地　形 | $\psi_{t0}^m$ | 地　形 | $\psi_{t0}^m$ |
|---|---|---|---|
| 平坦地面 | 1.00 | 阳坡斜坡 | 1.10 |
| 阴坡斜坡 | 0.90 | — | — |

**表 5.2.2-5　地表覆盖影响系数（$\psi_c^m$）**

| 覆盖类型 | $\psi_c^m$ | 覆盖类型 | $\psi_c^m$ |
|---|---|---|---|
| 地表草炭覆盖 | 0.70 | 裸露地表 | 1.0 |

**5.2.3**　当地无气象台站观测资料时，标准融深（m）可按下列公式计算，并应结合当地经验综合确定：

**1**　对青藏高原多年冻土地区（包括西部高山多年冻土），可按下式计算：

$$z_0^m = 0.195\sqrt{\Sigma T_m} + 0.882 \qquad (5.2.3\text{-}1)$$

**2**　对东北多年冻土地区（包括东北高山多年冻土），可按下式计算：

$$z_0^m = 0.134\sqrt{\Sigma T_m} + 0.882 \qquad (5.2.3\text{-}2)$$

式中：$\Sigma T_m$ ——建筑地段气温融化指数的标准值（℃·月），采用当地气象台站 10 年以上观测值的平均值。当无实测资料时，可按图 5.2.3 中国融化指数标准值等值线图取值。

**3**　对我国高山多年冻土地区，气温融化指数标准值，应按下列公式计算：

**1）** 东北地区

$$\Sigma T_m = (7532.8 - 90.96L - 93.57H)/30 \qquad (5.2.3\text{-}3)$$

2）青海地区

$$\Sigma T_m = (10722.7 - 141.25L - 114.00H)/30 \quad (5.2.3\text{-}4)$$

3）西藏地区

$$\Sigma T_m = (9757.7 - 71.81L - 140.48H)/30 \quad (5.2.3\text{-}5)$$

式中：$L$——建筑地点的纬度（°）；

$H$——建筑地点的海拔高度（100m）。

**5.2.4** 多年冻土地基中桩基础的入土深度应根据桩径、桩基承载力、地基多年冻土工程地质条件和桩基抗冻胀稳定要求经计算确定。

# 6 多年冻土地基的计算

## 6.1 一般规定

**6.1.1 在多年冻土地区建筑物地基设计中，应对地基进行静力计算和热工计算。**

**1 地基的静力计算应包括承载力计算，变形计算和稳定性验算。确定冻土地基承载力时，应计入地基土的温度影响。**

**2 地基的热工计算应包括地温特征值计算、地基冻结深度计算、地基融化深度计算等。**

**6.1.2** 多年冻土地基的计算应符合下列规定：

**1** 保持地基处于冻结状态时，对坚硬冻土应进行承载力计算；对塑性冻土除应进行承载力计算外，尚应进行变形验算；

**2** 多年冻土以冻结状态用作地基，房屋下有融化盘时，应进行最大融化深度的计算；多年冻土以逐渐融化状态和预先融化状态用作地基时，应符合现行国家标准《建筑地基基础设计规范》GB 50007 的有关规定。建筑物使用期间地基逐渐融化时，尚应按本规范第6.3.2条的规定进行融化下沉和压缩沉降量计算；

**3** 上述任何情况均应进行热工计算，并应按本规范附录D的规定对持力层内地温特征值进行计算，当按保持冻结状态设计时，尚应按本规范附录E的规定进行架空通风计算；当按逐渐融化状态和预先融化状态设计，尚应根据本规范附录B的规定或其他热工计算方法进行建筑物地基土的融化深度计算。

**6.1.3** 冻土地基的承载力特征值，应结合当地的建筑经验按下列规定确定：

**1** 对现行国家标准《建筑地基基础设计规范》GB 50007 规定的设计等级为甲级、乙级的建筑物，应按本规范附录F的有关规定进行载荷试验或其他原位试验，并应结合冻土的物理力学性质综合确定；

**2** 对现行国家标准《建筑地基基础设计规范》GB 50007 规定的设计等级为丙级的建筑物，可按土与冻土的物理力学性质和地温状态，按本规范附录A的有关规定取值，或根据邻近建筑的经验确定。

## 6.2 保持冻结状态地基的计算

**6.2.1** 当采用保持冻结状态设计时，地基承载力计算，基础底面的压力应符合下式要求：

**1** 当轴心荷载作用时

$$p_k \leqslant f_a \quad (6.2.1\text{-}1)$$

式中：$p_k$——相应于荷载效应标准组合时，基础底面处的平均压力值（kPa）；

$f_a$——未经深宽修正的地基承载力特征值（kPa）。

**2** 当偏心荷载作用时，除应符合公式（6.2.1-1）要求外，尚应符合下式要求：

$$p_{kmax} \leqslant 1.2f_a \quad (6.2.1\text{-}2)$$

式中：$p_{kmax}$——相应于荷载效应标准组合时，基础底面边缘的最大压力值（kPa）。

**6.2.2** 基础底面的压力，可按下列公式确定：

**1** 当轴心荷载作用时

$$p_k = \frac{F_k + G_k}{A} \quad (6.2.2\text{-}1)$$

式中：$F_k$——相应于荷载效应标准组合时，上部结构传至基础顶面的竖向力值（kN）；

$G_k$——基础自重和基础上的土重（kN）；

$A$——基础底面面积（$m^2$）。

**2** 当偏心荷载作用时

$$p_{kmax} = \frac{F_k + G_k}{A} + \frac{M_k - M_e}{W} \quad (6.2.2\text{-}2)$$

$$p_{kmin} = \frac{F_k + G_k}{A} - \frac{M_k - M_e}{W} \quad (6.2.2\text{-}3)$$

式中：$p_{kmin}$——相应于荷载效应标准组合时，基础底面边缘的最小压力值（kPa）；

$M_k$——相应于荷载效应标准组合时，作用于基础底面的力矩值（kN·m）；

$W$——基础底面的抵抗矩（$m^3$）；

$M_e$——作用于基础侧表面与多年冻土冻结的切向力所形成的力矩值（kN·m）。

**3** 切向力所形成的力矩值可按下式确定：

$$M_e = f_{ca} \cdot h_b \cdot L(b + 0.5L) \quad (6.2.2\text{-}4)$$

式中：$f_{ca}$——多年冻土与基础侧表面间的冻结强度特征值（kPa），应由试验确定，当无试验资料时，可按本规范附录A的规定确定；

$h_b$——基础侧表面与多年冻土冻结的高度（m）；

$b$——基础底面的宽度（m）；

$L$——基础底面平行力矩作用方向的边长（m）。

**6.2.3** 塑性冻土地基的下沉量，可按现行国家标准《建筑地基基础设计规范》GB 50007 的有关规定进行计算。

## 6.3 逐渐融化状态和预先融化状态地基的计算

**6.3.1** 当采用逐渐融化状态和预先融化状态进行设计时，地基的计算变形量应符合下式要求：

$$S \leqslant S_y \tag{6.3.1}$$

式中：$S$——地基的计算变形量（mm）；

$S_y$——现行国家标准《建筑地基基础设计规范》GB 50007 规定的地基变形允许值。

**6.3.2** 在建筑物施工及使用过程中逐渐融化的地基土，应按线性变形体计算，其地基变形量应按下式计算：

$$S = \sum_{i=1}^{n} \delta_{0i}(h_i - \Delta_i) + \sum_{i=1}^{n} m_v(h_i - \Delta_i)p_{ci} + \sum_{i=1}^{n} m_v(h_i - \Delta_i)p_{0i} + \sum_{i=1}^{n} \Delta_i \tag{6.3.2}$$

式中：$\delta_{0i}$——无荷载作用时，第 $i$ 层土融化下沉系数，应由试验确定；无试验数据时可按本规范附录 G 的规定取值；

$m_v$——第 $i$ 层融土的体积压缩系数，应由试验确定；无试验数据时可按本规范附录 G 表 G.0.3 的规定取值；

$\Delta_i$——第 $i$ 层土中冰夹层的平均厚度（mm），当 $\Delta_i$ 大于或等于 10mm 时才计取；

$p_{ci}$——第 $i$ 层中部以上土的自重应力（kPa）；

$h_i$——第 $i$ 层土的厚度，$h_i$ 小于或等于 $0.4b$，$b$ 为基础的短边长度（mm）；

$p_{0i}$——基础中心下，地基土冻融界面处第 $i$ 层土的平均附加应力（kPa）；

$n$——计算深度内土层划分的层数。

**6.3.3** 基础中心下地基土冻融界面处的平均附加应力 $p_{0i}$ 应按下式计算：

$$p_{0i} = (\alpha_i + \alpha_{i-1})\frac{1}{2}p_0 \tag{6.3.3}$$

式中：$\alpha_{i-1}$、$\alpha_i$——基础中心下第 $i-1$ 层、第 $i$ 层融冻界面处土的应力系数，应按表 6.3.3 的规定取值；

$p_0$——基础底面的附加压力（kPa）。

**表 6.3.3 基础下多年冻土融冻界面处土中应力系数 $\alpha$**

| $\frac{h}{b_1}\left(\frac{h}{r}\right)$ | 圆形（半径=$r$） | 矩形基础底面长宽比 $l/b$ | | | | | 简图 |
|---|---|---|---|---|---|---|---|
| | | 1 | 2 | 3 | 10 | 条形 | |
| 0 | 1.000 | 1.000 | 1.000 | 1.000 | 1.000 | 1.000 | $b=2b_1$；$p_0$；$h$ |
| 0.25 | 1.009 | 1.009 | 1.009 | 1.009 | 1.009 | 1.009 | |
| 0.50 | 1.064 | 1.053 | 1.033 | 1.033 | 1.033 | 1.033 | |
| 0.75 | 1.072 | 1.082 | 1.059 | 1.059 | 1.059 | 1.059 | |
| 1.00 | 0.965 | 1.027 | 1.039 | 1.026 | 1.025 | 1.025 | |
| 1.50 | 0.684 | 0.762 | 0.912 | 0.911 | 0.902 | 0.902 | |
| 2.00 | 0.473 | 0.541 | 0.717 | 0.769 | 0.761 | 0.761 | |
| 2.50 | 0.335 | 0.395 | 0.593 | 0.651 | 0.636 | 0.636 | |
| 3.00 | 0.249 | 0.298 | 0.474 | 0.549 | 0.560 | 0.560 | |
| 4.00 | 0.148 | 0.186 | 0.314 | 0.392 | 0.439 | 0.439 | |
| 5.00 | 0.098 | 0.125 | 0.222 | 0.287 | 0.359 | 0.359 | |
| 7.00 | 0.051 | 0.065 | 0.113 | 0.170 | 0.262 | 0.262 | |
| 10.00 | 0.025 | 0.032 | 0.064 | 0.093 | 0.181 | 0.185 | |
| 20.00 | 0.006 | 0.008 | 0.016 | 0.024 | 0.068 | 0.086 | |
| 50.00 | 0.001 | 0.001 | 0.003 | 0.005 | 0.014 | 0.037 | |
| ∞ | 0.000 | 0.000 | 0.000 | 0.000 | 0.000 | 0.000 | |

注：$h$—基础底面至融化界面的距离。

**6.3.4** 地基冻土在最大融深范围内不完全预融时，其下沉量可按下式计算：

$$s = s_m + s_a \quad (6.3.4)$$

式中：$s_m$——已融土层厚度 $h_m$ 内的下沉量，应按本规范公式（6.3.2）计算，此时 $\delta_{0i}$ 为 0，$\Delta_i$ 为 0；

$s_a$——已融土层下的冻土在使用过程中逐渐融化压缩的下沉量，应按本规范公式（6.3.2）计算，此时的计算深度 $h_t = H_u - h_m$；$H_u$ 为地基土的融化总深度，$H_u = H_{max} + 0.2h_m$，其中 $H_{max}$ 为地基冻土的计算最大融深。

**6.3.5** 由于偏心荷载、冻土融深的不一致或土质不均匀及相邻基础相互影响等而引起的基础倾斜，应按下式计算：

$$i = \frac{s_1 + s_2}{b} \quad (6.3.5)$$

式中：$s_1$、$s_2$——基础边缘下沉值（mm），应按本规范公式（6.3.2）计算；

$b$——基础倾斜边的长度（mm）。

**6.3.6** 地基承载力计算应符合现行国家标准《建筑地基基础设计规范》GB 50007 的规定，其中地基承载力特征值应采用按实测资料确定的融化土地基承载力特征值；当无实测资料时，可按该规范的相应规定确定。

# 7 基 础

## 7.1 一 般 规 定

**7.1.1** 冻土地区基础类型应根据建筑物类型、上部结构特点、冻土地基条件和将多年冻土用作地基所采用的设计状态确定。

**7.1.2** 多年冻土地区的基础底面下应设置由粗颗粒非冻胀性砂砾料构成的垫层。垫层厚度应根据多年冻土地基所采用的设计状态确定，且不应小于 300mm。独立基础下垫层的宽度和长度应按下列公式计算：

$$b' = b + 2d \cdot \tan 30° \quad (7.1.2\text{-}1)$$

$$l' = l + 2d \cdot \tan 30° \quad (7.1.2\text{-}2)$$

式中：$b'$、$b$——垫层和基础底面的宽度（m）；

$l'$、$l$——垫层和基础底面的长度（m）；

$d$——垫层厚度（m）。

垫层应分层夯实，并应满足垫层下持力层承载力的要求。

## 7.2 多年冻土上的通风基础

**7.2.1** 多年冻土地基宜采用通风基础。通风基础在冬季应以自然通风为主；当自然通风不能满足散热要求时，也可采用强制通风。

**7.2.2** 大片连续多年冻土地区和存在岛状融区的多年冻土地区宜采用架空通风基础。在岛状多年冻土地区采用架空通风基础时，应通过热工计算。

**7.2.3** 架空通风基础中桩基础应根据承载能力计算、蠕变下沉计算和抗冻胀稳定计算确定；独立基础的埋置深度，应按本规范第 5 章的有关规定确定。

**7.2.4** 根据热工计算或当地建筑经验以及积雪条件，可采用在勒脚处设置隐蔽形式通风孔的架空通风基础，或全敞开式通风基础。当采用自然通风时，通风空间顶板底面至设计地面的架空高度不应小于 800mm。当在通风空间内设置管道时，其架空高度应能满足管道安装和检修的各项要求，且不应小于 1.2m。采用架空通风基础时，应采取措施，防止阳光直接照射架空层。

通风空间内的地面应坡向外墙或排水沟，其坡度不应小于 2%，并宜采用隔热材料覆盖。

**7.2.5** 架空通风基础隐蔽式通风孔的总面积（进气与排气孔的面积之和），可通过热工计算或按本规范附录 E 的规定确定。

**7.2.6** 填土通风管圈梁基础应符合下列规定：

**1** 填土通风管圈梁基础宜用于年平均气温低于 −3.5℃且季节融化层为不冻胀或弱冻胀的多年冻土地区；

**2** 填土通风管圈梁基础，适宜单层、低层建筑采用；

**3** 通风管宜采用内径为 300mm～500mm、壁厚不小于 50mm 的预制钢筋混凝土管，其长径比不宜大于 40；

**4** 通风管应相互平行、卧放于填土层中，走向应尽量与当地冬季主导风向平行，通风管节间干砌连接；

**5** 天然地面至通风管底的距离和室内地面至通风管顶的距离，不宜小于 500mm；

**6** 通风管数量和填土高度应根据室内采暖温度、地面保温层热阻、年平均气温、风速等参数由热工计算确定；填土厚度应大于设计融深，设计融深按本规范第 5 章的规定确定；

**7** 外墙外侧的通风管数量不得少于 2 根；

**8** 填土宽度和长度应比建筑物的宽度和长度大 4m～5m，填料应采用冻胀不敏感的粗颗粒土；粗颗粒土中，细颗粒土（小于 0.075mm 颗粒）的含量，不得大于 15%；填土时，应分层压实；填土层的承载力应满足设计要求。

**7.2.7** 通风基础均应加强房屋地坪和通风空间地面的隔热防护，隔热层的厚度和设置位置，可经热工计算确定。

## 7.3 桩 基 础

**7.3.1** 季节冻土地区的桩基础除应符合国家现行标

准《建筑地基基础设计规范》GB 50007 和《建筑桩基技术规范》JGJ 94 的有关规定外，尚应进行桩基础冻胀稳定性与桩身抗拔承载力验算。

**7.3.2** 多年冻土地区采用的钻孔打入桩、钻孔插入桩、钻孔灌注桩应分别符合下列规定：

1 钻孔打入桩宜用于不含大块碎石的塑性冻土地区。施工时，成孔直径应比钢筋混凝土预制桩直径或边长小 50mm，钻孔深度应比桩的入土深度大 300mm。

2 钻孔插入桩宜用于桩长范围内平均温度低于－0.5℃的坚硬冻土地区。施工时成孔直径应大于桩径 100mm，最大不宜超过桩径 150mm，将预制桩插入钻孔内后，应以水泥砂浆或其他填料充填。当桩周充填的水泥砂浆全部回冻后，方可施加荷载。

3 钻孔灌注桩用于大片连续多年冻土及岛状融区多年冻土地区时，成孔后应用负温早强混凝土灌注，混凝土灌注温度宜为 5℃～10℃。

**7.3.3** 在多年冻土地区按地基土保持冻结状态设计的桩基础，应设置架空通风空间及保温地面；在低桩承台及基础梁下，应留有一定高度的空隙或用松软的保温材料填充。

**7.3.4** 桩基础的构造应符合下列规定：

1 桩基础的混凝土强度等级不应低于 C30；

2 最小桩距宜为 3 倍桩径；插入桩和钻孔打入桩桩端下应设置 300mm 厚的砂层；

3 当钻孔灌注桩桩端持力层含冰率大时，应在冻土与混凝土之间设置厚度为 300mm～500mm 的砂砾石垫层。

**7.3.5** 单桩的竖向承载力应通过现场静载荷试验确定，在同一条件下的试桩数量不应少于 2 根，对于地基基础设计等级为甲级的建筑物试桩数量不应少于 3 根，在地质条件相同的地区，可根据已有试验资料结合具体情况确定，并应符合下列规定：

1 在初步设计时，单桩的竖向承载力可按下式估算：

$$R_a = q_{fpa} \cdot A_p + U_p \left[ \sum_{i=1}^{n} f_{cia} l_i + \sum_{j=1}^{m} q_{sja} l_j \right] \tag{7.3.5}$$

式中：$R_a$ ——单桩竖向承载力特征值（kN）；

$q_{fpa}$ ——桩端多年冻土层的端阻力特征值（kPa），无实测资料时应按本规范附录 A 的规定取值；

$f_{cia}$ ——第 $i$ 层多年冻土桩周冻结强度特征值（kPa），无实测资料时应按本规范附录 A 的规定取值；

$q_{sja}$ ——第 $j$ 层桩周土侧阻力的特征值（kPa），应按现行行业标准《建筑桩基技术规范》JGJ 94 的规定取值；冻结-融化层土为强冻胀或特强冻胀土，在融化时对桩基产生负摩擦力，应按现行行业标准《建筑桩基技术规范》JGJ 94 的规定取值，若不能取值时可取 10kPa，以负值代入；

$l_i$、$l_j$ ——按土层划分的各段桩长（m）；

$A_p$ ——桩底端横截面面积（$m^2$）；

$U_p$ ——桩身周边长度（m）；

$n$ ——多年冻土层分层数；

$m$ ——融化土层分层数。

2 可采用人工冻结法加速钻孔插入桩泥浆土的回冻；

3 在选用桩周土冻结强度特征值 $f_{ca}$ 及桩端端阻力特征值 $q_{fpa}$ 时，应采用计算温度 $T_y$，$T_y$ 应按本规范附录 D 公式（D.2.1-1）计算。

## 7.4 浅 基 础

**7.4.1** 冻土地区浅基础的设计除应符合现行国家标准《建筑地基基础设计规范》GB 50007 的规定外，尚应按本规范附录 C 的规定进行冻胀力作用下基础的稳定性验算。

**7.4.2** 多年冻土地基上的扩展基础可用于按保持地基土冻结状态设计的各种地基土；当按逐渐融化状态设计时，地基土应为不融沉或弱融沉土；施工时，应结合环境条件采取必要的措施，使地基土体的状态与所采用的设计状态相适应。

**7.4.3** 在弱融沉土的地基上采用无筋扩展基础时，宜加强上部承重结构的整体刚度。

**7.4.4** 无筋扩展基础应采用耐久性好的毛石、毛石混凝土或混凝土等材料，毛石砌体的毛石强度等级不应低于 MU30，水泥砂浆强度等级不应低于 M7.5，混凝土材料的强度等级不应低于 C30，并应符合现行国家标准《混凝土结构设计规范》GB 50010 中关于耐久性的规定。

**7.4.5** 季节冻结层、季节融化层属于冻胀性土时，基础的设计尚应符合下列要求：

1 季节冻结层、季节融化层上的扩展基础竖向构件，应按本规范第 5.1 节的有关规定采取防切向冻胀力的措施；

2 当使用中有可能承受切向冻胀力作用时，应按本规范第 7.4.6 条第 3 款的规定进行受拉承载力验算；

3 当利用扩展基础底板的锚固作用时，底板上缘应按本规范第 7.4.6 条第 4 款的规定配筋；

4 预制柱穿过季节融化层时，柱与基础的连接应符合抗拔要求；

5 杯形基础的杯壁应按抗拔配置竖向钢筋；

6 预制柱与底座间可用锚固螺栓连接，锚固螺栓的直径、锚固长度及数量等应按抗冻切力计算确定，并不应少于 4$\phi$16，连接节点处应作防腐处理。

**7.4.6** 扩展基础的计算应符合下列规定：

**1** 基础底面积应按本规范第6章的有关规定确定。

**2** 基础高度和变阶处的高度，应符合现行国家标准《混凝土结构设计规范》GB 50010的有关规定；混凝土强度等级应符合本规范第7.4.4条的规定。

**3** 扩展基础的竖向构件除应按本规范附录C进行冻胀力作用下基础的稳定性验算外，尚应按下式进行受拉承载力验算：

$$\sum_{i=1}^{n} \tau_{\mathrm{d}ik} \cdot U_i \cdot l_i < f_y A_s + 0.9(F_k + G'_k) \tag{7.4.6-1}$$

式中：$\tau_{\mathrm{d}ik}$——第 $i$ 层季节融化层切向冻胀力标准值（kPa），应按本规范附录C规定取值；

$U_i$——与冻胀性土相接触的基础竖向构件截面周长（m）；

$l_i$——按季节融化土层分段的各竖向构件长度（m）；

$F_k$——由上部结构自重产生的作用于基础顶面的竖向力标准值（kN）；

$G'_k$——季节融化层内基础竖向构件自重标准值（kN）；

$f_y$——受拉钢筋强度设计值，应按现行国家标准《混凝土结构设计规范》GB 50010的规定取值；

$n$——季节融化层分层数；

$A_s$——受拉钢筋截面面积。

**4** 当利用扩展基础底板的锚固作用来抵抗基础隆胀时，底板上缘应配置受力钢筋，且应符合抗冲切、剪切等要求，底板任意截面的弯矩应按下列公式计算（图7.4.6）：

$$M'_{\mathrm{I}} = \frac{1}{6} a_1^2 (2l + a') R_{\mathrm{ta}} \tag{7.4.6-2}$$

$$M'_{\mathrm{II}} = \frac{1}{24} (l - a')^2 (2b + b') R_{\mathrm{ta}} \tag{7.4.6-3}$$

$$R_{\mathrm{ta}} = \frac{\sum_{i=1}^{n} \tau_{\mathrm{d}i} U_i l_i - 0.9(F_k + G_k)}{lb - ha} \tag{7.4.6-4}$$

式中：$M'_{\mathrm{I}}$、$M'_{\mathrm{II}}$——任意截面Ⅰ—Ⅰ、Ⅱ—Ⅱ处的弯矩设计值（kN·m）；

$h$、$a$——基础竖向构件截面边长（m），条形基础取单位长度基础计算；

$G_k$——基础自重标准值（不包括基础底板上的土重）（kN）；

$a_1$——任意截面Ⅰ—Ⅰ至基础边缘的距离（m）；

$R_{\mathrm{ta}}$——当基础上拔时，基础扩大部分顶面覆盖土层产生的单位土反力（kPa）；

$a'$、$b'$——基础顶面上覆土层作用的梯形面积（图7.4.6阴影部分）的上底（m）。

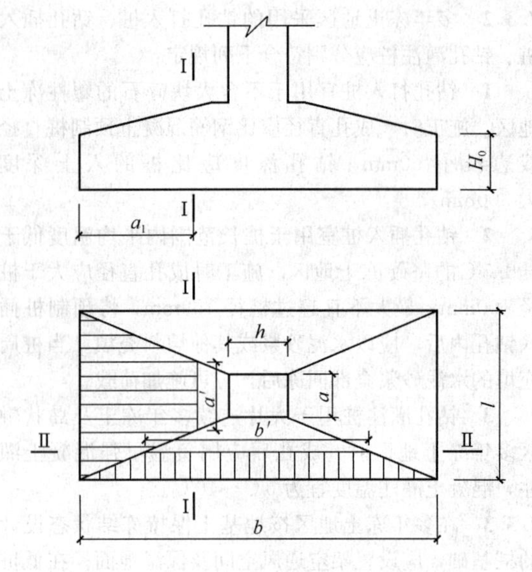


图7.4.6 矩形基础底板上缘配筋计算图

**5** 底板上缘配筋及构造应按现行国家标准《混凝土结构设计规范》GB 50010的有关规定计算。

**7.4.7** 柱下条形基础可用于按逐渐融化状态设计的不融沉或弱融沉土地基。

**7.4.8** 柱下条形基础的设计应符合下列规定：

**1** 柱下条形基础肋梁箍筋应为封闭式，箍筋直径不宜小于8mm，末端应弯成135°，弯钩端头平直段长度不应小于10倍箍筋直径；当肋梁宽度不大于350mm时，箍筋肢数不应少于2肢；当肋梁宽度大于350mm且小于等于800mm时，不应少于4肢；当肋梁宽度大于800mm时，不应少于6肢。箍筋间距及直径应按计算确定，且箍筋间距不应大于250mm。

**2** 混凝土强度等级不应低于C30。

**3** 柱下条形基础的内力计算应符合下列规定：

**1）** 在比较均匀的地基上，上部结构刚度好，荷载分布比较均匀，且条形基础肋梁的高度大于最大柱距的1/6时，地基反力可按直线分布，可采用倒置连续梁法计算条形基础肋梁的内力，此时边跨跨中及第一内支座处的纵向受力钢筋应比计算值增加15%～20%。

**2）** 当不符合第1）项的条件时，宜按弹性地基梁计算内力，地基计算模型可采用文克尔地基模型或有限压缩层地基模型。当采用文克尔地基模型时，两端边跨应增加受力钢筋；当采用有限压缩层地基模型时，压缩层下界可计算至基础底面以下最大融化层界面处。

**7.4.9** 筏形基础可用于按逐渐融化状态设计的不融

沉土、弱融沉土及融沉土地基；当用于按保持地基土冻结状态设计时应设置冷却通风道及保温地面。

**7.4.10** 筏形基础的构造应符合下列规定：

**1** 筏形基础带肋梁时，肋梁宽度应大于或等于墙厚加100mm；肋梁或板内暗梁配筋应符合最小配筋率的要求，上、下各层钢筋不应少于4$\phi$12；箍筋直径不宜小于8mm，箍筋间距宜为200mm～300mm；

**2** 筏板四周悬挑长度不宜大于800mm，并宜利用悬挑使竖向永久荷载重心与筏板形心重合；

**3** 筏板厚度应符合抗剪切、抗冲切要求，并不应小于400mm；

**4** 筏形基础的上部结构宜采用横向承重体系，全长贯通的纵墙不应少于2道；

**5** 筏形基础的构造尚应符合现行国家标准《混凝土结构设计规范》GB 50010及《建筑地基基础设计规范》GB 50007中的有关规定。

**7.4.11** 筏形基础的计算应符合下列规定：

**1** 基础底面积应按本规范第6章的有关规定计算。

**2** 筏形基础的内力可按下列规定计算：

1）当上部结构刚度较好时，筏板基础可不计算整体弯曲；

2）在局部弯曲计算时，基底反力可按线性分布，但在端部（1～2）开间内（包括悬挑部分）基底平均反力应增加10%～20%，并应扣除底板自重；根据支承条件可按双向或单向连续板计算。

**7.4.12** 当采用预先融化状态设计时，基础的设计与计算应按本规范第7.4.1条、第7.4.5条的规定进行。

### 7.5 热棒、热桩基础

**7.5.1** 当采用其他技术不能保证地基、基础的稳定时，可采用热棒、热桩基础。

**7.5.2** 热棒、热桩基础，适用于各种多年冻土地基。

**7.5.3** 常用的热桩、热棒基础可分为：1空心桩-热棒架空通风基础；2填土热棒圈梁基础；3钢管热桩架空通风基础。

**7.5.4** 采用空心桩-热棒架空通风基础时，单根桩基础所需热棒的规格和数量，应根据建筑地段的气温冻结指数、地基多年冻土的热稳定性以及桩基的承载能力，通过热工计算确定。

**7.5.5** 空心桩可采用钢筋混凝土桩或钢管桩。桩的直径和桩长，应根据荷载以及热棒对地基多年冻土的降温效应，经热工计算和承载力计算确定。

**7.5.6** 采用钢管热桩架空通风基础时，钢管热桩的直径和蒸发段埋深，应根据荷载以及热桩对地基多年冻土的降温效应，经热工计算和承载力计算确定。

**7.5.7** 空心桩-热棒基础和钢管热桩基础的架空高度，应符合本规范第7.2节的有关规定。

**7.5.8** 采用填土热棒圈梁基础时，应根据房屋平面尺寸、室内平均温度、地坪热阻和地基允许流入热量选择热棒的直径和长度，设计热棒的形状，并按本规范附录J的规定，确定热棒的合理间距。

**7.5.9** 填土热棒圈梁基础的填土厚度，应根据地坪渗热量、热棒输冷能力、多年冻土地基允许流入热量和地基活动层热阻，通过热工计算确定，热工计算宜采用实测的热物理参数，无实测资料可按本规范附录K的规定取值。

**7.5.10** 热桩、热棒的产冷量与建筑地点的气温冻结指数，热桩、热棒直径，热桩、热棒埋深和间距等有关，可根据本规范附录J的规定，通过热工计算确定。

**7.5.11** 热桩、热棒基础应与地坪隔热层配合使用。隔热层的厚度和设置位置应按结构要求，通过热工计算确定。

**7.5.12** 热桩、热棒基础可不进行抗冻胀稳定验算，但应进行在切向冻胀力作用下桩身的受拉承载力验算。

**7.5.13** 热桩、热棒地基基础系统的效率折减系数为0.65。

## 8 边坡及挡土墙

### 8.1 边　　坡

**8.1.1 多年冻土地区及季节冻土地区的边坡应采取可靠措施防止融化期的失稳。**

**8.1.2** 防止边坡失稳的措施，应根据冻土含水率、冻土上限变化情况、年平均地温、地层岩性、水文地质及施工影响等因素，从热学稳定和力学稳定两方面分析确定。具体措施应符合下列规定：

**1** 土质边坡坡率允许值，应根据当地经验确定，且不宜陡于1∶1.75；

**2** 设置边坡保温层，其厚度应根据材料的热工性能进行热工计算并宜采用1.2倍的安全系数；

**3** 保温层材料可采用黏性土草皮、粒径5cm～8cm的碎石等；

**4** 设置坡顶挡水埝及坡脚排水沟，加强坡脚支护；

**5** 滑塌范围及滑体应依据冻土含水率、上限位置、稳定坡角确定，并按本规范第8.2节的相关规定进行支挡结构设计和施工。

**8.1.3** 滑塌体的滑动推力值计算应符合现行国家标准《建筑地基基础设计规范》GB 50007的规定。冻融过渡带处滑动面（带）土的黏聚力$c$和内摩擦角$\varphi$值应按本规范第8.2.10条的规定确定。

**8.1.4** 季节性冻土地区边坡的稳定性评价及滑塌的

防治应符合现行国家标准《建筑边坡工程技术规范》GB 50330 的规定。

**8.1.5** 位于稳定边坡坡顶的建筑物，其基础底面外边缘线至坡顶的水平距离 $a$ 应根据边坡稳定性验算确定（图 8.1.5），并大于 1.5 倍的冻土天然上限值，且不得小于 2.5m。

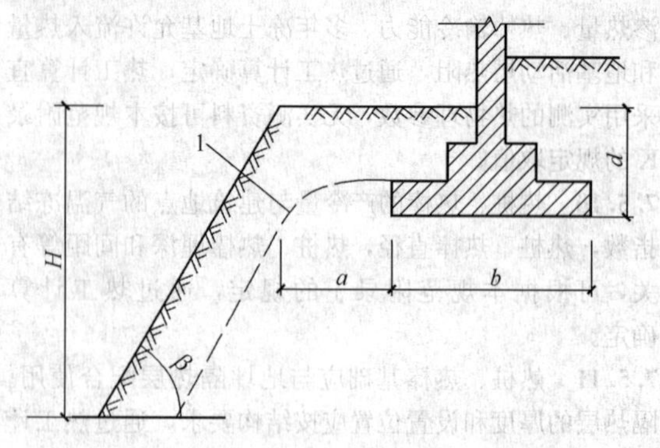


图 8.1.5 边坡上的基础

1—多年冻土人为上限（$\beta$ 为稳定坡脚）

## 8.2 挡 土 墙

**8.2.1** 多年冻土地区的挡土墙宜采用工厂化、拼装化的轻型柔性结构，不宜采用重力式挡土墙。

**8.2.2** 挡土墙的两端部应作坡面防护或嵌入原状土地层。其嵌入深度，对土质边坡，不应小于 1.5m；对强风化的岩石边坡，不应小于 1m；对微风化的岩石边坡，不应小于 0.5m。

**8.2.3** 当墙后边坡中含土冰层累计厚度大于 200mm 时，应用粗颗粒土换填。水平方向的换填厚度应根据热工计算确定，但从墙面起算的厚度，不得小于建墙地点多年冻土上限埋深的 1.5 倍，换填时应分层夯实。

**8.2.4** 沿墙高和墙长应设置泄水孔，并按上、下，左、右每隔 2m～3m 交错布置。泄水孔的进水侧应设置反滤层，其厚度不应小于 300mm，在最低泄水孔的下部，应设置隔水层，防止活动层的水渗入基底。

**8.2.5** 挡土墙墙背和墙顶地面应设置隔热层，采用不冻胀的粗颗粒土换填墙背边坡冻胀性土等，隔热层厚度和换填厚度可通过热工计算确定。

**8.2.6** 沿墙长每 15m 应设伸缩沉降缝，缝内采用渣油麻筋沿墙的内、外、顶三边填塞，塞入深度不应小于 200mm。

**8.2.7** 多年冻土挡土墙的施工宜在冬季进行。在高含冰率多年冻土地段暖季施工时，应预先编制施工组织设计，作好施工准备。基坑开挖后，应采用“快速施工、连续作业”方法，缩短基坑暴露时间。应加强暴露多年冻土的临时隔热防护，不得将高含冰率多年冻土和地下冰直接暴露在太阳光下。施工时，基坑不得积水。基础完成后，应立即回填基坑。

**8.2.8** 冻土地区挡土墙的设计荷载效应组合应符合现行国家标准《建筑地基基础设计规范》GB 50007 的有关规定，但应考虑作用于基础的冻结力和墙背的水平冻胀力。荷载效应组合时水平冻胀力和土压力不应同时组合。

**8.2.9** 作用于墙背主动土压力的计算，应根据挡土墙背多年冻土人为上限的位置来确定。当上限较平缓，滑裂面可在墙背融土层中形成时，可按库仑理论或朗肯理论计算；当上限较陡，墙背融土层厚度较小，滑裂面不能在融土中形成时，应按有限范围填土计算土压力。这时，应取多年冻土上限面为滑面，并取冻融过渡带土的内摩擦角和黏聚力计算主动土压力。

**8.2.10** 冻融过渡带土的内摩擦角和黏聚力应由试验确定。当不能进行试验时，可按下表的规定取值。

**表 8.2.10 冻融过渡带土的 $c$、$\varphi$ 标准值**

| 土的类型 | 内摩擦角 $\varphi$ | 黏聚力 $c$（kPa） |
|---|---|---|
| 细颗粒土 | 20°～25° | 10～15 |
| 砂类土 | 25° | — |
| 碎、砾石土 | 30° | — |

**8.2.11** 作用于墙背的水平冻胀应力的大小和分布，应由现场试验确定。在不能进行试验时，其分布图式可按图 8.2.11 选定，图中最大水平冻胀应力值应按表 8.2.11 的规定取值，并应符合下列规定：

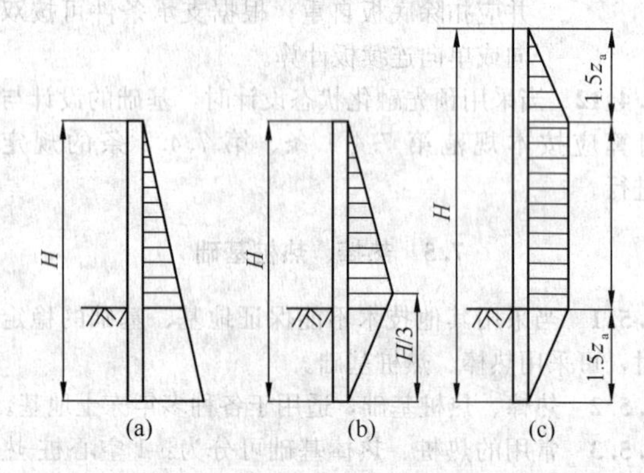


图 8.2.11 水平冻胀应力沿墙背的分布图式

$z_a$—墙背中部多年冻土上限深度；$H$—挡土墙高度

1 对于粗颗粒填土，均可假定水平冻胀应力为直角三角形分布（图 8.2.11a）；

2 对于黏性土、粉土，当墙高小于或等于 3 倍多年冻土上限埋深 $z_a$ 时，宜采用图 8.2.11b 的分布图式；当墙高大于 3 倍上限埋深 $z_a$ 时，可采用图 8.2.11c 的分布图式；

3 对于各种分布图式，在计算中均可不考虑基础埋深部分的水平冻胀力；

4 当通过计算所得挡土墙断面过大时，应根据本规范第 8.2.5 条的规定，采取减小水平冻胀力的措施。

**表 8.2.11 水平冻胀力标准值 $\sigma_{Hk}$（kPa）**

| 冻胀等级 | 不冻胀 | 弱冻胀 | 冻 胀 | 强冻胀 | 特强冻胀 |
|---|---|---|---|---|---|
| 冻胀率 $\eta$(%) | $\eta\leqslant1$ | $1<\eta\leqslant3.5$ | $3.5<\eta\leqslant6$ | $6<\eta\leqslant12$ | $\eta>12$ |
| 水平冻胀力 | $\sigma_{Hk}\leqslant15$ | $15\leqslant\sigma_{Hk}<70$ | $70\leqslant\sigma_{Hk}<120$ | $120\leqslant\sigma_{Hk}<200$ | $\sigma_{Hk}\geqslant200$ |

**8.2.12** 挡土墙基础与冻土间的冻结强度特征值，应由现场试验确定。在不能进行试验时，可按本规范附录A表A.0.3-1的规定取值。

**8.2.13** 在季节冻土区和多年冻土区中的融区，挡土墙基础底面低于最大冻深线的深度可视建筑物的重要性和工程地质条件通过计算确定，且不应小于0.25m。需将基础埋在季节冻深线以上时，基础的埋置深度可根据本规范附录C的规定经计算确定。

**8.2.14** 在多年冻土区，挡土墙基础底面应埋入多年冻土人为上限以下至少0.5m。无挡土墙人为上限资料时，基础埋深应不小于建筑地点多年冻土天然上限的1.3倍。

**8.2.15** 多年冻土区的挡土墙基础，宜采用预制混凝土拼装基础。在冻土条件复杂，明挖施工有困难的地段，也可采用桩基础。不宜采用现浇混凝土基础。

**8.2.16** 基础埋设于富冰和饱冰冻土上时，基础底面下应敷设厚度不小于300mm的砂垫层。当遇含土冰层时应采用粗颗粒土进行换填，其换填厚度不应小于基础宽度的1/4，且不应小于300mm。

**8.2.17** 在多年冻土地区施工时，应减少基坑暴露时间。当挡墙长度较大时，应采用分段施工。基础砌筑完成后，应立即回填。回填前，基坑中积水应予排干，用细颗粒土回填并分层夯实。不得用冻土块回填基坑，基坑顶面应做成不小于4%的排水坡。

**8.2.18** 冻土地区的挡土墙，除应进行抗滑和抗倾覆稳定验算外，尚应进行挡墙各截面的强度验算。抗滑和抗倾覆稳定验算应计入土压力和冻胀力的作用，并应按暖季和寒季分别进行验算。

**8.2.19** 沿基底的滑动稳定系数 $K_g$ 应按下式计算：

$$K_g=\frac{\Sigma R_i}{\Sigma H_i} \tag{8.2.19}$$

式中：$K_g$——基底滑动稳定系数，其值应根据工程重要性确定，且不应小于1.3；

$\Sigma R_i$——阻止挡土墙滑动的力（kN），在暖季为基底摩阻力（或以冻结强度计算的总力）与墙前被动土压力的水平分力之和，在寒季为基底冻结总力与墙前冻土的抗压承载力之和；

$\Sigma H_i$——作用于挡土墙上的推力（kN），在暖季为墙后主动土压力的水平分力，在寒季为水平冻胀力。

**8.2.20** 基底的抗倾覆稳定系数 $K_0$ 应按下式计算，且不得小于1.6：

$$K_0=\frac{\Sigma M_y}{\Sigma M_0} \tag{8.2.20}$$

式中：$K_0$——基底的抗倾覆稳定系数，其值应根据工程重要性确定，且不应小于1.6；

$\Sigma M_y$——稳定力系对墙趾的总力矩（kN·m）；在寒季应包括基侧与土的冻结力产生的稳定力矩；

$\Sigma M_0$——倾覆力系对墙趾的总力矩（kN·m）；在寒季应包括作用在挡土墙上的切向冻胀力、法向冻胀力与水平冻胀力所产生的力矩。

**8.2.21** 在冻胀力作用下，挡土墙各截面的强度验算应按现行国家标准《混凝土结构设计规范》GB 50010和《砌体结构设计规范》GB 50003的有关规定进行。

**8.2.22** 冻土中的锚杆和锚定板均应进行承载力计算，作用于锚杆和锚定板上的荷载应符合下式规定：

$$N\leqslant R_{ta} \tag{8.2.22}$$

式中：$N$——作用于锚杆和锚定板上荷载设计值的最不利组合，应按本规范第8.2.8条的规定确定（kN）；

$R_{ta}$——锚杆和锚定板的承载力特征值，应按本规范第8.2.23和第8.2.27条的规定确定（kN）。

**8.2.23** 冻土中，锚杆承载力特征值 $R_{ta}$，应按下式计算：

$$R_{ta}=\psi_{LD}f_{ca}A \tag{8.2.23}$$

式中：$\psi_{LD}$——锚杆冻结强度修正系数，应按本规范第8.2.24条的规定确定；

$f_{ca}$——锚杆与周围冻土间的冻结强度特征值（kPa），由现场抗拔试验确定，在无条件试验时，可按表8.2.23选用；

$A$——锚杆的冻结面积（$m^2$）。

**表 8.2.23 钢筋混凝土锚杆与填料间的冻结强度特征值 $f_{ca}$（kPa）**

| 填料名称 \ 温度（℃） | −0.5 | −1.0 | −1.5 | −2.0 | −2.5 | −3.0 | −3.5 | −4.0 |
|---|---|---|---|---|---|---|---|---|
| 水中沉砂（粗、细砂） | 40 | 60 | 90 | 120 | 150 | 180 | 200 | 230 |
| 黏土砂浆，含水率8%～11%<br>黏土：砂=1：7.8 | 20 | 70 | 120 | 170 | 210 | 260 | 310 | 350 |
| 泥 浆 | 30 | 50 | 60 | 70 | 90 | 100 | 120 | 130 |

**8.2.24** 钢筋混凝土锚杆的冻结强度修正系数，可按表8.2.24选用；锚杆与周围冻土间的长期冻结强度，应为表中数值乘以0.7的系数。

表 8.2.24 锚杆冻结强度修正系数$\psi_{LD}$

| 锚杆长度（mm） \ 锚杆直径（mm） | 50 | 80 | 100 | 120 | 140 | 160 | 180 | 200 |
|---|---|---|---|---|---|---|---|---|
| 1000 | 1.41 | 1.09 | 0.98 | 0.90 | 0.84 | 0.80 | 0.78 | 0.76 |
| 1500 | 1.35 | 1.04 | 0.94 | 0.86 | 0.80 | 0.77 | 0.75 | 0.73 |
| 2000 | 1.28 | 0.99 | 0.89 | 0.82 | 0.77 | 0.73 | 0.71 | 0.69 |
| 2500 | 1.22 | 0.94 | 0.85 | 0.78 | 0.73 | 0.69 | 0.68 | 0.66 |
| 3000 | 1.15 | 0.89 | 0.80 | 0.74 | 0.69 | 0.66 | 0.64 | 0.62 |

**8.2.25** 冻土中锚杆的锚固长度应由承载力计算确定，并不宜大于 3m，当锚固长度不够时，可加大锚杆直径。

**8.2.26** 冻土锚杆周围填料厚度不宜小于 50mm。

**8.2.27** 锚定板承载力的特征值 $R_{ta}$，可按下式计算：

$$R_{ta} = f_a A \qquad (8.2.27)$$

式中：$f_a$——锚定板前方冻土抗压强度的特征值（kPa），应由锚定板现场抗拔试验确定；当无条件试验时，可按本规范附录 A 表 A.0.1 的规定取值；

$A$——锚定板的面积（$m^2$）。

**8.2.28** 在季节冻土地基中，锚杆和锚定板承载力的计算，在寒季挡土墙上的作用力应按本规范第 8.2.8 条的规定确定。

**8.2.29** 冻土中锚定板的最小埋深不得小于 1.0m，也不得小于板长边尺寸的 2 倍。

# 9 检验与监测

## 9.1 检 验

**9.1.1** 基槽（坑）开挖后，应进行基槽检验，当天然地基设计基底下留有冻土层时，应检验残留冻土层是否满足设计要求。

**9.1.2** 多年冻土地区的基础下设置由粗颗粒非冻胀性砂砾料构成的垫层时，在压实填土过程中，应分层取样检验土的干密度和含水率，每 $50m^2$～$100m^2$ 面积内应有一个检验点，其压实系数应大于或等于 0.96，对碎石、卵石土干密度不应低于 $2.0g/cm^3$，粒径小于 0.075mm 颗粒含量不大于 15%。

**9.1.3** 施工完成后的工程桩应进行桩身质量检验。对多年冻土地区施工的灌注桩，基桩完整性检测的数量不应小于总桩数的 30%，钻孔取芯检测数宜为总桩数的 1%。

**9.1.4** 施工完成后的工程桩应进行单桩竖向承载力检验，并应符合下列规定：

1 季节性冻土地区进行单桩竖向承载力检验时，如桩周存在冻土，应采取措施消除冻结力对承载力的影响。

2 多年冻土地区单桩竖向承载力检验，如按地基土保持冻结状态设计时，应在桩周土体回冻后进行检测，并应按照本规范附录 H 进行检验。多年冻土地区单桩竖向承载力检验，如按地基土逐渐融化状态或预先融化状态设计时，应在地基土处于融化状态时进行检验，检验方法应符合现行行业标准《建筑基桩检测技术规范》JGJ 106 的规定。

## 9.2 监 测

**9.2.1** 冻土地区建筑地基基础的监测应符合现行国家标准《建筑地基基础设计规范》GB 50007 关于监测的规定。

**9.2.2** 多年冻土区建筑物地基基础设计等级为甲、乙级时，应进行监测。当地基基础设计等级为丙级时，且有下列情况时应进行监测：

1 地基为高含冰率冻土或存在厚层地下冰分布的建筑物；

2 按保持冻结状态地基设计的非桩基础采暖建筑物；

3 按逐渐融化状态地基设计的建筑物。

**9.2.3** 边坡坡率陡于 1∶1.75 或边坡高度大于 4m 时，应设置长期稳定性监测系统，监测内容及要求除应符合现行国家标准《建筑边坡工程技术规范》GB 50330 的规定外，尚应包括地温及冻土上限的变化。

**9.2.4** 冻土地基主要监测项目和要求应符合下列规定：

1 地温场监测：包括年平均地温及持力层范围内的地温变化状态，年平均地温观测孔应布设在建筑物的中心部位，深度应大于 15m，其余温度场监测孔宜按东西和南北向断面布置，每个断面不宜少于 2 个，当建筑物长度或宽度大于 20m 时，每 20m 应布设一个测点，深度应大于预计最大融化深度 2m～3m，或不小于 2 倍的上限深度，并不小于 8m；地温监测点沿深度布设时，从地面起算，在 10m 范围内，应按 0.5m 间隔布设，10m 以下应按 1.0m 间隔布设，地温监测精度应为 0.1℃；

2 变形监测：基础的冻胀与融沉变形，包括施工和使用期间冻土地基基础的变形监测、基坑变形监测，监测点应设置在外墙上，并应在建筑物 20m 外空旷场地设置基准点；四个墙角（和曲面）各设一个监测点，其余每间隔 20m（或间墙）布设一个监测点。

**9.2.5** 监测应按照下列原则进行：

1 多年冻土以冻结状态用作地基时，在建筑物使用期间全程监测；

2 多年冻土以逐渐融化状态用作地基时，监测(5～10)年；

3 多年冻土以预先融化状态用作地基时，监测(3～5)年；

4 监测应与工程施工同时开始，每月应监测三次；建筑物竣工后，在使用期间应延续进行监测，每月一次，直至变形稳定为止。

## 附录A　冻土强度指标的特征值

**A.0.1**　冻土地基承载力特征值，当不进行原位试验确定时，可根据冻结地基土的名称、土的温度按表A.0.1的规定取值。

**表A.0.1　冻土承载力特征值 $f_a$**

| 土的名称 | 不同土温(℃)时的承载力特征值(kPa) | | | | | |
|---|---|---|---|---|---|---|
| | −0.5 | −1.0 | −1.5 | −2.0 | −2.5 | −3.0 |
| 碎砾石类土 | 800 | 1000 | 1200 | 1400 | 1600 | 1800 |
| 砾砂、粗砂 | 650 | 800 | 950 | 1100 | 1250 | 1400 |
| 中砂、细砂、粉砂 | 500 | 650 | 800 | 950 | 1100 | 1250 |
| 黏土、粉质黏土、粉土 | 400 | 500 | 600 | 700 | 800 | 900 |

注：1　冻土"极限承载力"按表中数值乘以2取值；
　　2　表中数值适用于本规范表3.1.6中Ⅰ、Ⅱ、Ⅲ类的冻土类型；
　　3　冻土含水率属于本规范表3.1.6中Ⅳ类冻土类型时，黏性冻土承载力取值应乘以0.8～0.6(含水率接近Ⅲ类时取0.8，接近Ⅴ类时取0.6，中间取中值)；碎石冻土和砂冻土承载力取值应乘以0.6～0.4(含水率接近Ⅲ类时取0.6，接近Ⅴ类时取0.4，中间取中值)；
　　4　当含水率小于或等于未冻水含水率时，应按不冻土取值；
　　5　表中温度是使用期间基础底面下的最高地温，应按本规范附录D的规定确定；
　　6　本表不适用于盐渍化冻土及冻结泥炭化土。

**A.0.2**　在无试验资料的情况下，桩端冻土承载力的特征值可按表A.0.2-1的规定确定，对于盐渍化冻土可按表A.0.2-2的规定确定，对于冻结泥炭化土可按表A.0.2-3的规定确定。

**表A.0.2-1　桩端冻土端阻力特征值**

| 土含冰率 | 土的名称 | 桩沉入深度(m) | 不同土温(℃)时的承载力特征值(kPa) | | | | | | | |
|---|---|---|---|---|---|---|---|---|---|---|
| | | | −0.3 | −0.5 | −1.0 | −1.5 | −2.0 | −2.5 | −3.0 | −3.5 |
| <0.2 | 碎石土 | 任意 | 2500 | 3000 | 3500 | 4000 | 4300 | 4500 | 4800 | 5300 |
| | 粗砂和中砂 | 任意 | 1500 | 1800 | 2100 | 2400 | 2500 | 2700 | 2800 | 3100 |
| | 细砂和粉砂 | 3～5 | 850 | 1300 | 1400 | 1500 | 1700 | 1900 | 1900 | 2000 |
| | | 10 | 1000 | 1550 | 1650 | 1750 | 2000 | 2100 | 2200 | 2300 |
| | | ≥15 | 1100 | 1700 | 1800 | 1900 | 2200 | 2300 | 2400 | 2500 |
| | 粉土 | 3～5 | 750 | 850 | 1100 | 1200 | 1300 | 1400 | 1500 | 1700 |
| | | 10 | 850 | 950 | 1250 | 1350 | 1450 | 1600 | 1700 | 1900 |
| | | ≥15 | 950 | 1050 | 1400 | 1500 | 1600 | 1800 | 1900 | 2100 |
| | 粉质黏土及黏土 | 3～5 | 650 | 750 | 850 | 950 | 1100 | 1200 | 1300 | 1400 |
| | | 10 | 800 | 850 | 950 | 1100 | 1250 | 1350 | 1450 | 1600 |
| | | ≥15 | 900 | 950 | 1100 | 1250 | 1400 | 1500 | 1600 | 1800 |
| 0.2～0.4 | 上述各类土 | 3～5 | 400 | 500 | 600 | 750 | 850 | 950 | 1000 | 1100 |
| | | 10 | 450 | 550 | 700 | 800 | 900 | 1000 | 1050 | 1150 |
| | | ≥15 | 550 | 600 | 750 | 850 | 950 | 1050 | 1100 | 1300 |

**表A.0.2-2　桩端盐渍化冻土端阻力特征值（kPa）**

| 土的盐渍度(%) | 温度(℃) | | | | | | | | | | | |
|---|---|---|---|---|---|---|---|---|---|---|---|---|
| | −1 | | | −2 | | | −3 | | | −4 | | |
| | 桩沉入深度(m) | | | | | | | | | | | |
| | 3～5 | 10 | ≥15 | 3～5 | 10 | ≥15 | 3～5 | 10 | ≥15 | 3～5 | 10 | ≥15 |
| | 细砂和中砂 | | | | | | | | | | | |
| 0.10 | 500 | 600 | 850 | 650 | 850 | 950 | 800 | 950 | 1050 | 900 | 1150 | 1250 |
| 0.20 | 150 | 250 | 350 | 250 | 350 | 450 | 350 | 450 | 600 | 500 | 600 | 750 |
| 0.30 | — | — | — | 150 | 200 | 300 | 250 | 350 | 450 | 350 | 450 | 550 |
| 0.50 | — | — | — | — | — | — | 150 | 200 | 300 | 250 | 300 | 400 |
| | 粉土 | | | | | | | | | | | |
| 0.15 | 550 | 650 | 750 | 800 | 950 | 1050 | 1050 | 1200 | 1350 | 1350 | 1550 | 1700 |
| 0.30 | 300 | 350 | 450 | 550 | 650 | 800 | 750 | 900 | 1050 | 1000 | 1150 | 1300 |
| 0.50 | — | — | — | 300 | 350 | 450 | 550 | 550 | 650 | 650 | 750 | 900 |
| 1.00 | — | — | — | — | — | — | 200 | 250 | 350 | 350 | 450 | 550 |
| | 粉质黏土 | | | | | | | | | | | |
| 0.20 | 450 | 500 | 650 | 700 | 800 | 950 | 950 | 1050 | 1200 | 1150 | 1300 | 1400 |
| 0.50 | 150 | 250 | 450 | 350 | 450 | 550 | 550 | 650 | 750 | 750 | 850 | 1000 |
| 0.75 | — | — | — | 200 | 250 | 350 | 350 | 450 | 550 | 500 | 600 | 750 |
| 1.00 | — | — | — | 150 | 200 | 300 | 300 | 350 | 450 | 400 | 500 | 650 |

注：1　表列数值是按包裹冰计算的含冰率小于0.2盐渍化冻土规定的；
　　2　墩式基础底面的盐渍化冻土承载力特征值可以按本表桩沉入深度3m～5m之值采用。

**表A.0.2-3　桩端冻结泥炭化土端阻力特征值（kPa）**

| 土的泥炭化程度 $\xi$ | 温度(℃) | | | | | |
|---|---|---|---|---|---|---|
| | −1 | −2 | −3 | −4 | −6 | −8 |
| | 砂土 | | | | | |
| $3\%<\xi\leqslant10\%$ | 250 | 550 | 900 | 1200 | 1500 | 1700 |
| $10\%<\xi\leqslant25\%$ | 190 | 430 | 600 | 860 | 1000 | 1150 |
| $25\%<\xi\leqslant60\%$ | 130 | 310 | 460 | 650 | 750 | 850 |
| | 粉土、黏性土 | | | | | |
| $5\%<\xi\leqslant10\%$ | 200 | 480 | 700 | 1000 | 1100 | 1300 |
| $10\%<\xi\leqslant25\%$ | 150 | 350 | 540 | 700 | 820 | 940 |
| $25\%<\xi\leqslant60\%$ | 100 | 280 | 430 | 570 | 670 | 760 |
| $\xi>60\%$ | 60 | 200 | 320 | 450 | 520 | 590 |

**A.0.3**　冻土和基础间的冻结强度特征值应在现场进行原位测定，或在专门试验设备条件下进行试验测定。若无试验资料时，可依据冻结地基土的土质、物理力学指标按表A.0.3-1的规定确定。对于盐渍化冻土与基础表面间的冻结强度可按表A.0.3-2的规定确定，对于冻结泥炭化土可按表A.0.3-3的规定确定。

表A.0.3-1～表A.0.3-3可用于混凝土或钢筋混凝土基础。其他材质的基础与冻土间的冻结强度，应按表值进行修正，其修正系数应符合表A.0.3-4的规定。

**表 A.0.3-1 冻土与基础间的冻结强度特征值（kPa）**

| 融沉等级 | 温度(℃) | | | | | | |
|---|---|---|---|---|---|---|---|
| | −0.2 | −0.5 | −1.0 | −1.5 | −2.0 | −2.5 | −3.0 |
| | 粉土、黏性土 | | | | | | |
| Ⅲ | 35 | 50 | 85 | 115 | 145 | 170 | 200 |
| Ⅱ | 30 | 40 | 60 | 80 | 100 | 120 | 140 |
| Ⅰ、Ⅳ | 20 | 30 | 40 | 60 | 70 | 85 | 100 |
| Ⅴ | 15 | 20 | 30 | 40 | 50 | 55 | 65 |
| | 砂土 | | | | | | |
| Ⅲ | 40 | 60 | 100 | 130 | 165 | 200 | 230 |
| Ⅱ | 30 | 50 | 80 | 100 | 130 | 155 | 180 |
| Ⅰ、Ⅳ | 25 | 35 | 50 | 70 | 85 | 100 | 115 |
| Ⅴ | 10 | 20 | 30 | 35 | 40 | 50 | 60 |
| | 砾石土(粒径小于 0.075mm 的颗粒含量小于或等于 10%) | | | | | | |
| Ⅲ | 40 | 55 | 80 | 100 | 130 | 155 | 180 |
| Ⅱ | 30 | 40 | 60 | 80 | 100 | 120 | 135 |
| Ⅰ、Ⅳ | 25 | 35 | 50 | 60 | 70 | 85 | 95 |
| Ⅴ | 15 | 20 | 30 | 40 | 45 | 55 | 65 |
| | 砾石土(粒径小于 0.075mm 的颗粒含量大于 10%) | | | | | | |
| Ⅲ | 35 | 55 | 85 | 115 | 150 | 170 | 200 |
| Ⅱ | 30 | 40 | 70 | 90 | 115 | 140 | 160 |
| Ⅰ、Ⅳ | 25 | 35 | 50 | 70 | 85 | 95 | 115 |
| Ⅴ | 15 | 20 | 30 | 35 | 45 | 55 | 60 |

注：1 Ⅰ、Ⅱ、Ⅲ、Ⅳ、Ⅴ类融沉等级可按表 3.1.6 的规定确定；

2 插入桩侧面冻结强度按Ⅳ类土取值。

**表 A.0.3-2 盐渍化冻土与基础间的冻结强度特征值（kPa）**

| 土的盐渍度(%) | 温度(℃) | | | |
|---|---|---|---|---|
| | −1 | −2 | −3 | −4 |
| | 细砂和中砂 | | | |
| 0.10 | 70 | 110 | 150 | 190 |
| 0.20 | 50 | 80 | 110 | 140 |
| 0.30 | 40 | 70 | 90 | 120 |
| 0.50 | — | 50 | 80 | 100 |
| | 粉土 | | | |
| 0.15 | 80 | 120 | 160 | 210 |
| 0.30 | 60 | 90 | 130 | 170 |
| 0.50 | 30 | 60 | 100 | 130 |
| 1.00 | — | — | 50 | 80 |
| | 粉质黏土 | | | |
| 0.20 | 60 | 100 | 130 | 180 |
| 0.50 | 30 | 50 | 90 | 120 |
| 0.75 | 25 | 45 | 80 | 110 |
| 1.00 | — | — | 70 | 100 |

**表 A.0.3-3 冻结泥炭化土与基础间的冻结强度特征值（kPa）**

| 土的泥炭化程度 $\xi$ | 温度(℃) | | | | | |
|---|---|---|---|---|---|---|
| | −1 | −2 | −3 | −4 | −6 | −8 |
| | 砂土 | | | | | |
| 3%<$\xi$≤10% | 90 | 130 | 160 | 210 | 250 | 280 |
| 10%<$\xi$≤25% | 50 | 90 | 120 | 160 | 190 | 220 |
| 25%<$\xi$≤60% | 40 | 70 | 90 | 130 | 150 | 170 |
| | 粉土、黏性土 | | | | | |
| 5%<$\xi$≤10% | 60 | 100 | 130 | 180 | 200 | 230 |
| 10%<$\xi$≤25% | 30 | 60 | 90 | 120 | 140 | 160 |
| 25%<$\xi$≤60% | 20 | 50 | 80 | 100 | 120 | 140 |
| $\xi$>60% | 8 | 40 | 70 | 90 | 110 | 120 |

**表 A.0.3-4 不同材质基础表面状态修正系数**

| 基础材质及表面状况 | 木质 | 金属(表面未处理) | 金属或混凝土表面涂工业凡士林或渣油 | 金属或混凝土增大表面粗糙度 | 预制混凝土 |
|---|---|---|---|---|---|
| 修正系数 | 0.90 | 0.66 | 0.40 | 1.20 | 1.00 |

## 附录 B 多年冻土中建筑物地基的融化深度

**B.0.1** 采暖建筑物地基土最大融深应按下式确定：

$$H_{\max}=\psi_J\frac{\lambda_u T_B}{\lambda_u T_B-\lambda_f T_{cp}}B+\psi_c h_c-\psi_\Delta \Delta h \tag{B.0.1}$$

式中：$\psi_J$——综合影响系数，按图 B.0.1-1 取值；

$\lambda_u$——地基土(包括室内外高差部分构造材料)融化状态的加权平均导热系数[W/(m·℃)]；

$\lambda_f$——地基土冻结状态的加权平均导热系数[W/(m·℃)]；

$T_B$——室内地面平均温度(℃)，以当地同类房屋实测值为宜；若地面设有足够的保温层时，可取室温减 2.5℃～3.5℃；

$T_{cp}$——年平均地温(℃)；

$B$——房屋宽度(m)；

$\psi_c$——粗颗粒土土质系数，按图 B.0.1-2 取值；

$h_c$——粗颗粒土在计算融深内的厚度(m)；

$\psi_\Delta$——室内外高差影响系数，按图 B.0.1-3 取值；

$\Delta h$——室内外高差(m)。

一般在地基土融沉压密后，室内外高差不应小于 0.45m。

多年冻土地区的房屋，应设置足够的地面保温层，同时还应设置厚勒脚。

**B.0.2** 采暖建筑物地基土达最大融深时，建筑物横断面地基土各点的融深按下式计算（图B.0.2）：

$$y = H_{max} - a(x-b)^2 \quad \text{(B.0.2)}$$

式中：$H_{max}$——建筑物地基土最大融深（m）；

$a$——融化盘形状系数（1/m）；

$b$——最大融深偏离建筑物中心的距离（m）；

$x$——所求融深点距坐标原点的距离（m）；

$a$、$b$统称形状系数，按表B.0.2的规定确定。

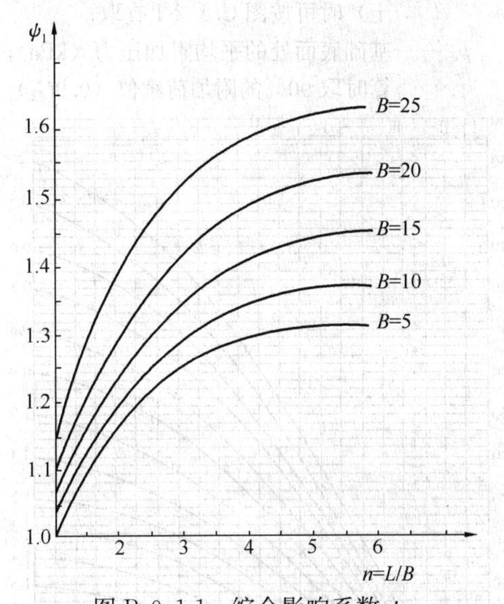


图B.0.1-1 综合影响系数$\psi_1$

B—房屋宽度（m）；L—房屋长度（m）

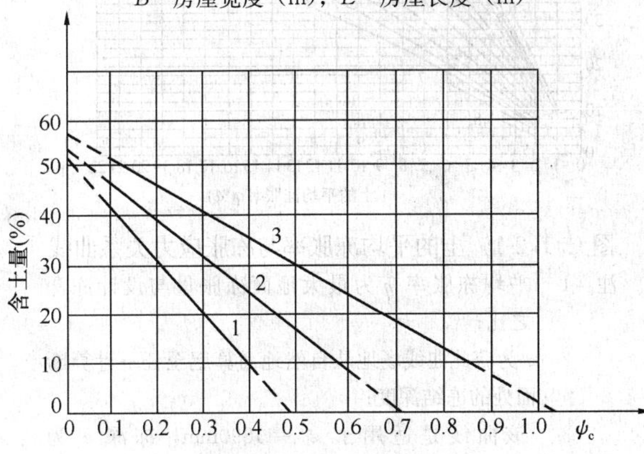


图B.0.1-2 土质系数$\psi_c$

1—砂砾；2—碎石；3—卵石

**表B.0.2 融化盘横断面形状系数$a$、$b$值**

| 房屋类别 | | 宿舍住宅 | 公寓旅店 | 小医院电话所 | 各类商店 | 办公室 | 站房或类似房屋 |
|---|---|---|---|---|---|---|---|
| $a$(1/m) | | 0.06～0.16 | 0.04～0.10 | 0.05～0.11 | 0.05～0.14 | 0.05～0.12 | 0.04～0.09 |
| $b$(m) | 南北向（偏东） | 0.10～1.00 | 0.30～1.20 | 0.50～1.40 | 0.30～1.00 | 0.30～1.20 | 0.30～1.60 |
| | 东西向（偏南） | 0.00～0.30 | 0.00～0.60 | 0.00～0.40 | 0.00～0.40 | 0.00～0.50 | 0.00～0.70 |

注：房屋宽度B(图B.0.1-1)大的"b"用大值，"a"用小值。

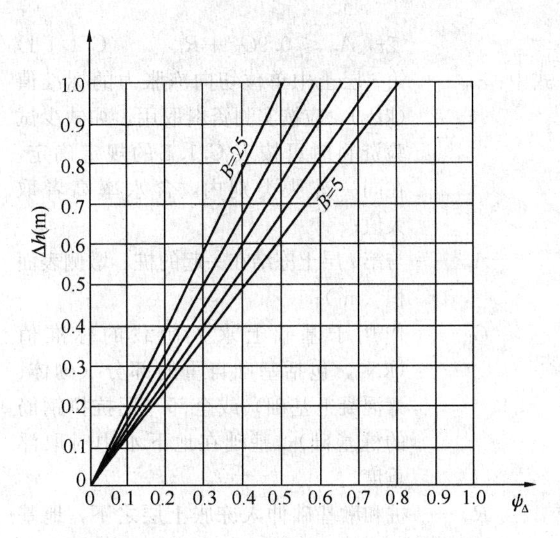


图B.0.1-3 室内外高差影响系数$\psi_\Delta$

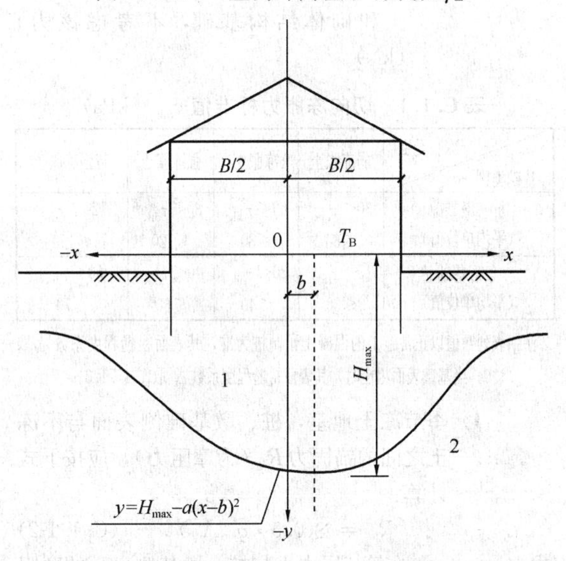


图B.0.2 融化盘横断面形状曲线

1—融区；2—冻区

**B.0.3** 外墙下最大融深，按本规范公式（B.0.2）计算，此时，所求融深点距坐标原点的距离$x$应按下列规定取值：

**1** 南面或东面外墙下：$x = \dfrac{B}{2}$

**2** 北面或西面外墙下：$x = -\dfrac{B}{2}$

# 附录C 冻胀性土地基上基础的稳定性验算

## C.1 裸露的建筑物基础

**C.1.1** 切向冻胀力作用下，基础稳定性验算应符合下列规定：

**1** 桩、墩基础应按下式计算：

$$\Sigma\tau_{\mathrm{d}i\mathrm{k}}A_{\tau i}\leqslant 0.9G_{\mathrm{K}}+R_{\mathrm{ta}} \quad (C.1.1\text{-}1)$$

式中：$\tau_{\mathrm{d}i\mathrm{k}}$——第 $i$ 层土中单位切向冻胀力的标准值（kPa），应按实测资料取用，如缺少试验资料时可按表 C.1.1 的规定确定，在同一冻胀类别内，含水率高者取大值；

$A_{\tau i}$——与第 $i$ 层土冻结在一起的桩、墩侧表面积（$m^2$）；

$G_{\mathrm{K}}$——作用于基础上永久荷载的标准值（kN），包括基础自重的部分（砌体、素混凝土基础）或全部（配抗拉钢筋的桩基础），基础在地下水中时取浮重度；

$R_{\mathrm{ta}}$——桩和墩基础伸入冻胀土层之下，地基土所产生锚固力的特征值（对素混凝土和砌体结构基础，不考虑该力）（kN）。

**表 C.1.1　切向冻胀力标准值 $\tau_{\mathrm{dik}}$** (kPa)

| 基础类别＼冻胀类别 | 弱冻胀土 | 冻胀土 | 强冻胀土 | 特强冻胀土 |
|---|---|---|---|---|
| 桩、墩基础（平均单位值） | $30<\tau_{\mathrm{dik}}\leqslant 60$ | $60<\tau_{\mathrm{dik}}\leqslant 80$ | $80<\tau_{\mathrm{dik}}\leqslant 120$ | $120<\tau_{\mathrm{dik}}\leqslant 150$ |
| 条形基础（平均单位值） | $15<\tau_{\mathrm{dik}}\leqslant 30$ | $30<\tau_{\mathrm{dik}}\leqslant 40$ | $40<\tau_{\mathrm{dik}}\leqslant 60$ | $60<\tau_{\mathrm{dik}}\leqslant 70$ |

注：表列数值以正常施工的混凝土预制桩为准，其表面粗糙程度系数 $\psi_{\mathrm{r}}$ 取 1.0，当基础表面粗糙时，其表面粗糙程度系数 $\psi_{\mathrm{r}}$ 取 1.1～1.3。

1）季节冻土地基，桩、墩基础侧表面与不冻土之间的锚固力 $R_{\mathrm{ta}}$（为摩阻力），应按下式计算：

$$R_{\mathrm{ta}}=\Sigma(0.5\cdot q_{sia}A_{qi}) \quad (C.1.1\text{-}2)$$

式中：$q_{sia}$——在第 $i$ 层内土与桩、墩侧表面的摩阻力特征值（kPa），按桩基受压状态的情况取值，在缺少试验资料时可按现行行业标准《建筑桩基技术规范》JGJ 94 的规定确定；

$A_{qi}$——第 $i$ 层土内桩、墩基础的侧表面积（$m^2$）。

2）多年冻土地基按保持冻结状态利用地基土时，基侧表面与冻土之间的锚固力 $R_{\mathrm{ta}}$（为冻结力）可按下式计算：

$$R_{\mathrm{ta}}=\Sigma(f_{cia}\cdot A_{fi}) \quad (C.1.1\text{-}3)$$

式中：$f_{cia}$——第 $i$ 层内冻土与基础表面之间冻结强度的特征值（kPa），在缺少试验资料时，可按本规范附录 A 表 A.0.3-1、表 A.0.3-2 和表 A.0.3-3 的规定确定；

$A_{fi}$——第 $i$ 层冻土内基侧的表面积（$m^2$）。

**2**　在计算条形基础切向冻胀力时，不计入条形基础的实际埋深。应按设计冻深计算。

**C.1.2**　法向冻胀力作用下基础最小埋深 $d_{\min}$ 的计算应符合下列规定：

**1**　应力系数 $\alpha_{\mathrm{d}}$ 应按下式计算：

$$\alpha_{\mathrm{d}}=\frac{\sigma_{\mathrm{fh}}}{p_0} \quad (C.1.2\text{-}1)$$

式中：$\alpha_{\mathrm{d}}$——在冻结界与基础中心线交点处双层地基的应力系数；

$\sigma_{\mathrm{fh}}$——土的冻胀应力（kPa），即在冻结界面处单位面积上产生的向上冻胀力，应以实测数据为准；当缺少试验资料（黏性土）时可按图 C.1.2-1 查取；

$p_0$——基础底面处的平均附加压力（kPa），计算时取 90% 的附加荷载值（$0.9G_{\mathrm{k}}$）。

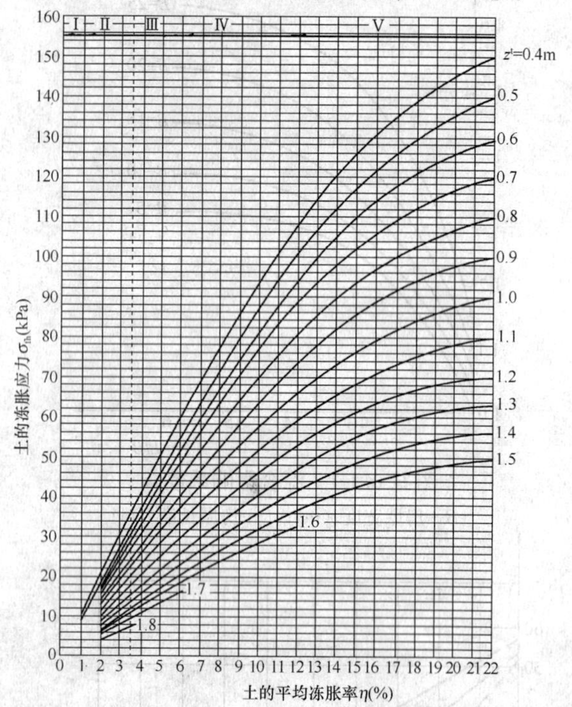


图 C.1.2-1　土的平均冻胀率与冻胀应力关系曲线

注：1　平均冻胀率 $\eta$ 为最大地面冻胀量与设计冻深之比；

2　$z^{\mathrm{t}}$ 为获此曲线场地从自然地面算起至任一计算断面处的冻结深度；

3　该曲线是适用于 $z_0=1890$mm，冻深 $z^{\mathrm{t}}$ 为 1800mm 的弱冻胀土，冻深 $z^{\mathrm{t}}$ 为 1700mm 的冻胀土，冻深 $z^{\mathrm{t}}$ 为 1600mm 的强冻胀土，冻深 $z^{\mathrm{t}}$ 为 1500mm 的特强冻胀土，在用到其他冻深的地方应将所要计算某断面的深度 $z_{\mathrm{c}}$ 乘以 $\frac{z^{\mathrm{t}}}{z_{\mathrm{d}}}$，找出对应的相似位置，然后按图查取。

**2**　根据应力系数 $\alpha_{\mathrm{d}}$ 与基础尺寸 $b$、$a$ 或 $d$（$b$ 为条形基的宽度、$a$ 为方形基础的边长，$d$ 为圆形基础的直径），在图 C.1.2-2、图 C.1.2-3 或图 C.1.2-4 中找出相应两坐标交点所对应的 $h$ 值（$h$ 为基础底面之下冻土层的厚度），此 $h$ 值就是基础底面之下允许的冻土层厚度（m）。

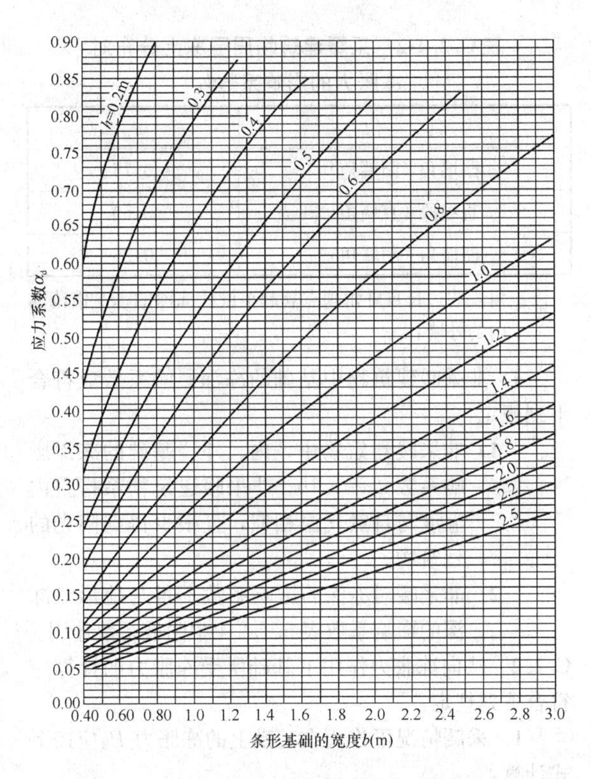


图 C.1.2-2　条形基础双层地基应力系数曲线

注：$h$—自基础底面到冻结界面的冻层厚度（m）

**3**　基础的最小埋深（$d_{\min}$）应按下式计算

$$d_{\min}=z_{\mathrm{d}}-h \qquad (\text{C.1.2-2})$$

式中：$z_{\mathrm{d}}$ ——设计冻深（m），应按本规范公式（5.1.2）计算。

**C.1.3**　切向冻胀力、法向冻胀力同时作用下的基础，应符合下列规定：

**1**　产生切向冻胀力部分的冻胀应力应按下列公式计算：

**1）** 计算平衡切向冻胀力部分的附加荷载 $F_\tau$

$$F_\tau=\Sigma\tau_{\mathrm{d}ia}A_{\tau i} \qquad (\text{C.1.3-1})$$

**2）** 求出由作用力 $F_\tau$ 引起在所作用断面 $A_\sigma$ 上的平均附加压力 $p_{0\tau}$：

$$p_{0\tau}=\frac{F_\tau}{A_\sigma} \qquad (\text{C.1.3-2})$$

式中：$A_\sigma$ ——切向冻胀力沿埋深合力作用点同一高度基础上的截面积（m²）。

**3）** 用自该断面 $A_\sigma$ 到冻结界面的距离 $h_\tau$，查相应基础类型的应力系数曲线，基础尺寸与 $h$（$h_\tau$ 为 $h$）交点所对应的 $\alpha_{\mathrm{d}}$，即为所求的应力系数。产生切向冻胀力部分的冻胀应力 $\sigma_{\mathrm{fh}}^{\tau}$ 为：

$$\sigma_{\mathrm{fh}}^{\tau}=\alpha_{\mathrm{d}}\,p_{0\tau} \qquad (\text{C.1.3-3})$$

**2**　冻结界面上的冻胀应力 $\sigma_{\mathrm{fh}}$ 应根据土的平均冻胀率 $\eta$ 和要求计算截面的深度 $Z_{\mathrm{c}}$，按本规范图 C.1.2-1 取值。

**3**　产生法向冻胀力的剩余冻胀应力 $\sigma_{\mathrm{fh}}^{\sigma}$ 应按下式

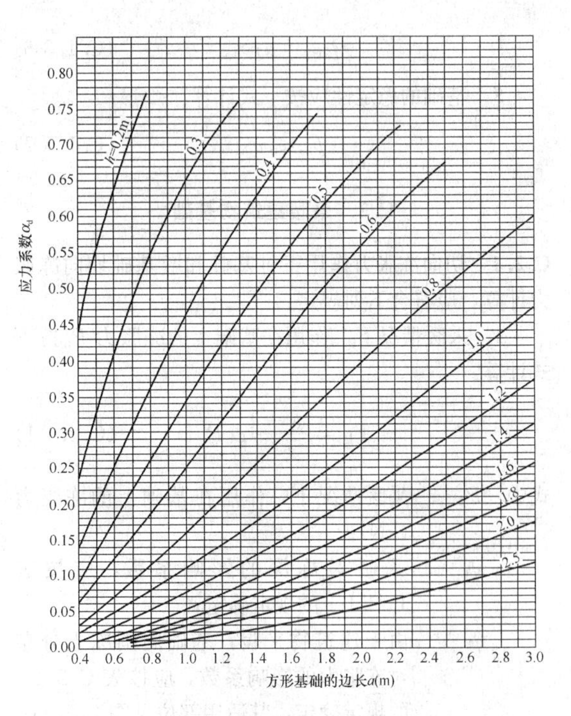


图 C.1.2-3　方形基础双层地基应力系数曲线

注：$h$—自基础底面到冻结界面的冻层厚度（m）

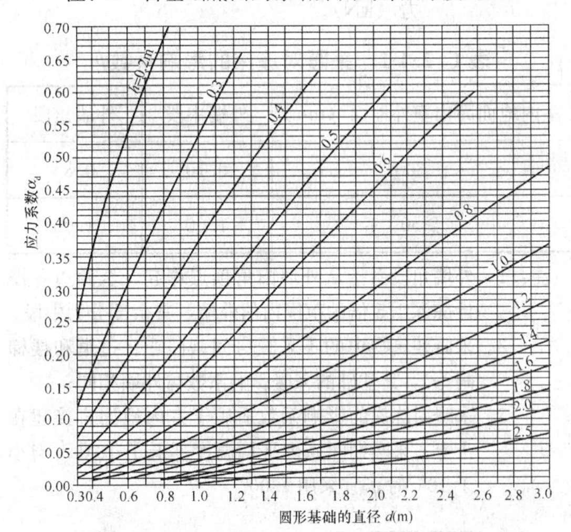


图 C.1.2-4　圆形基础双层地基应力系数曲线

注：$h$—自基础底面到冻结界面的冻层厚度（m）

计算：

$$\sigma_{\mathrm{fh}}^{\sigma}=\sigma_{\mathrm{fh}}-\sigma_{\mathrm{fh}}^{\tau} \qquad (\text{C.1.3-4})$$

**4**　冻结界面上的剩余附加应力应按下列公式计算：

**1）** 剩余附加压力 $p_{0\sigma}$ 为：

$$p_{0\sigma}=p_0-p_{0\tau}\frac{A_\sigma}{A} \qquad (\text{C.1.3-5})$$

式中：$A$——基础底面积（m²）。

**2）** 剩余附加应力 $p_{\mathrm{h}\sigma}$

根据基础尺寸和基础底面之下的冻层厚度，查出相应的应力系数 $\alpha_{\mathrm{d}}$。冻结界面上的剩余附加应力 $p_{\mathrm{h}\sigma}$ 为：

$$p_{h\sigma} = a_d p_{0\sigma} \quad (C.1.3-6)$$

5 基础的稳定性应按下式计算：

$$p_{h\sigma} \leqslant \sigma_{fh}^{a} \quad (C.1.3-7)$$

## C.2 采暖建筑物基础

**C.2.1** 切向冻胀力作用下桩基础和墩基础切向冻胀力计算，应符合下列规定：

1 采暖情况下，作用在基础上的冻胀力 $P_h$ 按下式计算：

$$P_h = \frac{\psi_t + 1}{2}\psi_h P_e \quad (C.2.1-1)$$

式中：$P_h$——采暖情况下，作用在基础上的冻胀力（kN）；

$\psi_t$——采暖对冻深的影响系数，应按表 C.2.1-1 的规定确定；

$\psi_h$——由于建筑物采暖，基础周围冻土分布对冻胀力的影响系数，应按表 C.2.1-2 的规定确定，其适用部位见图 C.2.1；

$P_e$——裸露的建筑物中作用在基础上的冻胀力（kN）。

**表 C.2.1-1 采暖对冻深的影响系数 $\psi_t$**

| 室内地面高出室外地面（mm） | 外墙中段 | 外墙角段 |
| --- | --- | --- |
| ≤300 | 0.70 | 0.85 |
| ≥50 | 1.00 | 1.00 |

注：1 外墙角段系指从外墙阳角顶点算起，至两边各设计冻深 1.5 倍的范围内的外墙，其余部分为中段；

2 采暖建筑物中的不采暖房间（门斗、过道和楼梯间等），其基础的采暖影响系数与外墙相同；

3 采暖对冻深的影响系数适用于室内地面直接建在土上；采暖期间室内平均温度不低于 10℃；当小于 10℃时 $\psi_t$ 宜采用 1.00。

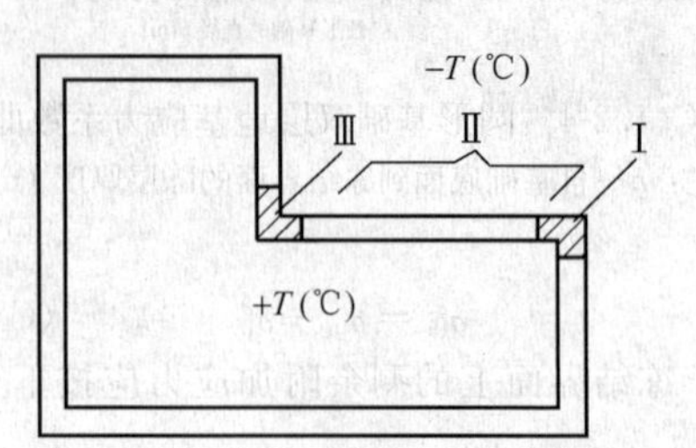


图 C.2.1 $\psi_h$ 的适用位置图

Ⅰ—阳墙角；Ⅱ—直墙角；Ⅲ—阴墙角

2 $P_e$ 的数值可按下式计算：

$$P_e = \Sigma\tau_{dik} A_{ri} \quad (C.2.1-2)$$

3 基础的稳定性应按下式计算：

$$0.9G_K + R_{ta} \geqslant P_h \quad (C.2.1-3)$$

**表 C.2.1-2 采暖建筑物周围冻土分布对冻胀力的影响系数 $\psi_h$**

| 部　位 | $\psi_h$ |
| --- | --- |
| 凸墙角（阳墙角） | 0.75 |
| 直线段（直墙角） | 0.50 |
| 凹墙角（阴墙角） | 0.25 |

注：角段的边长自外角顶点算起至设计冻深的 1.5 倍范围内的外墙。

4 非采暖建筑物中基础的冻深影响系数应符合下列规定：

1）非采暖建筑物中，内、外墙基础的冻深影响系数 $\psi_t = 1.10$；非采暖建筑物系指室内温度与自然气温相似，且很少得到阳光的建筑物；

2）非采暖对冻深的影响系数不得与地形对冻深的影响系数表 5.1.2-4 中阴坡系数连用。

**C.2.2** 法向冻胀力作用下基础所受冻胀力的计算应符合下列规定：

1 采暖情况下作用在基础上的冻胀力 $P_h$ 应按下式计算：

$$P_h = \psi_v \psi_h P_e \quad (C.2.2-1)$$

式中：$\psi_v$——由于建筑物采暖，基础底面下冻层厚度减少对冻胀力的影响系数。

2 $\psi_v$ 应按下式计算（图 C.2.2）：

$$\psi_v = \frac{\frac{\psi_t + 1}{2} z_d - d_{min}}{z_d - d_{min}} \quad (C.2.2-2)$$

式中：$z_d$——设计冻深（m）；

$d_{min}$——基础最小埋置深度（m），自室外自然地面算起；

$\psi_t$——采暖对冻深的影响系数。

3 $P_e$ 的数值应按下式计算：

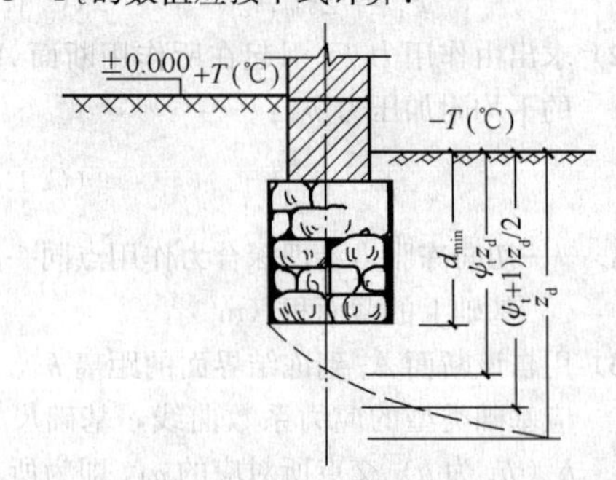


图 C.2.2 基础埋深图

$$P_e = \frac{\sigma_{fh}}{\alpha_d} \quad (C.2.2-3)$$

式中：$\sigma_{fh}$——计算深度处土的冻胀应力（kPa），按图 C.1.2-1 取值；

$\alpha_d$——在基础底面之下，要求某一冻层厚度时的应力系数，查相应的应力系数图。

4　基础的稳定性应按下式计算：

$$p_0 \geqslant p_h \quad (C.2.2\text{-}4)$$

式中：$p_0$——基础底面处的附加压力（kPa）。

**C.2.3**　切向冻胀力与法向冻胀力同时作用时基础所受冻胀力的计算应符合下列规定：

1　采暖情况下作用在基础上的冻胀力 $P_h$ 应按下式计算：

$$P_h = \frac{\psi_t + 1}{2}\psi_h p_{e\tau} + \psi_v \psi_h p_{e\sigma} \quad (C.2.3\text{-}1)$$

式中：$p_{e\tau}$——在 $P_e$ 中由切向冻胀力所占的部分（kPa）；

$p_{e\sigma}$——在 $P_e$ 中由法向冻胀力所占的部分（kPa）。

2　$p_{e\tau}$ 值应按下式计算：

$$p_{e\tau} = \frac{\Sigma \tau_{dia} A_{\tau i}}{A} \quad (C.2.3\text{-}2)$$

式中：$A$——基础底面积（$m^2$）。

3　$p_{e\sigma}$ 值应按下式计算：

$$p_{e\sigma} = \frac{\sigma_{fh}^{a}}{\alpha_d} \quad (C.2.3\text{-}3)$$

式中：$\sigma_{fh}^{a}$——按公式（C.1.3-4）计算得到的剩余冻胀应力。

4　基础的稳定性应按下式计算：

$$p_0 \geqslant p_h \quad (C.2.3\text{-}4)$$

式中：$p_0$——基础底面处的附加压力（kPa）。

## C.3　自锚式基础

**C.3.1**　扩底桩及扩展基础等自锚式基础抗切向冻胀力的稳定性验算应符合下式要求：

$$0.9G_K + A_i R_{ta} \geqslant \Sigma \tau_{dia} A_{\tau i} \quad (C.3.1)$$

式中：$R_{ta}$——当基础受切向冻胀力作用而上移时，基础扩大部分顶面覆盖土层产生的反力（kPa），该反力按地基受压状态承载力的计算值取用；当基础上覆土层为非原状时，该反力根据实际回填质量尚应乘以0.6～0.8的折减系数；

$A_i$——基础扩大部分顶面的面积（$m^2$）。

# 附录D　冻土地温特征值及融化盘下最高土温的计算

## D.1　冻土地温特征值的计算

**D.1.1**　根据现场钻孔一次测温资料计算活动层下不同深度处的年平均地温、年最高地温和年最低地温时，一般根据15m和20m深度的实测地温构建直线代表各个深度的年平均地温，然后根据土层中的热传递规律结合活动层底面的特殊性计算各个深度的年最高地温和年最低地温，其计算方法如下：

1　年平均地温 $T_z$ 应按下式计算：

$$T_z = T_{20} - \Delta T_z \quad (D.1.1\text{-}1)$$

$$\Delta T_z = (T_{20} - T_{15}) \times (a - H_1)/b \quad (D.1.1\text{-}2)$$

式中：$\Delta T_z$——考虑地热梯度的地温修正值（℃）；

$T_{15}$、$T_{20}$——分别为15m和20m处的实测地温（℃）；

$H_1$——从地表算起的实测深度（m）；

$a$——20（m）；

$b$——5（m）。

公式（D.1.1-2）中需用地温年变化深度以下任意两点的测温资料进行计算，初算时采用15m和20m两点的地温进行计算，若以后求得的地温年变化深度大于15m，则需重新复算。

2　年最高地温（$T_{zmax}$）和年最低地温（$T_{zmin}$）应按下列公式计算：

$$T_{zmax} = T_z + A_z \quad (D.1.1\text{-}3)$$

$$A_z = A_u(f) \times \exp(-H \times \sqrt{\pi/\alpha t}) \quad (D.1.1\text{-}4)$$

$$H = H_1 - h_u(f) \quad (D.1.1\text{-}5)$$

$$T_{zmin} = T_z - A_z \quad (D.1.1\text{-}6)$$

式中：$A_z$——季节活动层以下某深度处的地温年振幅（℃）；

$A_u(f)$——活动层底面的地温年振幅（℃），数值上等于该处年平均地温绝对值；

$H$——从季节活动层底面算起的深度（m）；

$\alpha$——土层的平均导温系数（$m^2/h$）；

$t$——年周期，8760h；

$h_u(f)$——最大季节融化（冻结）深度，根据实际勘探资料确定。为保证计算精度，现场钻孔测温间距在5m深度内为0.5m，5m深度以下为1m。

3　从季节活动层底面算起的地温年变化深度（$H_2$）应按下式计算：

$$H_2 = \sqrt{\alpha t/\pi}\ln[A_u(f)/C] \quad (D.1.1\text{-}7)$$

式中：$C$——0.1℃。

$\alpha$ 值应根据勘探时所得的土层定名、含水率和干密度等资料，查附录K并进行加权平均求得。

4　当测温资料不足20m时，可以考虑采用10m和15m深度的实测地温作为计算的依据，计算公式中的参数也相应修改。

## D.2　采暖建筑物稳定融化盘下冻土最高温度

**D.2.1**　融化盘下冻土最高温度可按下式计算：

$$T_y = T_{cp}(1 - e^{-\sqrt{\frac{\pi}{t\alpha}}\xi y}) \quad (D.2.1\text{-}1)$$

式中：$T_{cp}$——多年冻土年平均地温（℃），由实测确定；

$t$——气温变化周期（h）；

$\alpha$——冻土的平均导温系数（$m^2/h$）；

$y$——所求温度点距融化盘的深度（m）；

$\xi$——人为热源影响系数，按下式计算：

$$\xi = 1 - 0.4464\frac{h}{H} \qquad (D.2.1\text{-}2)$$

式中：$h$——融化盘距室内地面的距离（m）；

$H$——多年冻土地温年变化深度（m）。

## 附录E 架空通风基础通风孔面积的确定

**E.0.1** 多年冻土地基上，自然通风基础的隐蔽通风孔面积，应符合下列规定：

$$A_v \geqslant A\mu \qquad (E.0.1)$$

式中：$A_v$——通风空间进气孔和排气孔的总面积（$m^2$）；

$A$——房屋通风基础的外部轮廓面积（$m^2$）；

$\mu$——自然通风架空基础通风模数。

**E.0.2** 自然通风架空基础通风模数 $\mu$ 的计算应符合下列规定：

**1** 通风模数 $\mu$ 应按下式计算：

$$\mu = \eta_f \eta_n \mu_1 2\sqrt{1+\eta}/(v\eta_w) \qquad (E.0.2\text{-}1)$$

式中：$\mu_1$——房屋采暖通风模数，按表E.0.2-1取值；

$\eta_f$——建筑物平面形状系数，按表E.0.2-2取值；

$\eta_n$——风速影响系数，按表E.0.2-3取值；

$\eta$——通风孔阻流系数，通风孔设置百叶窗时 $\eta$ 为2.0，通风孔设置钢丝网时 $\eta$ 为0；

$v$——风速（m/s）；

$\eta_w$——风速调整系数。

**2** 风速调整系数应按下式计算：

$$\eta_w = 1 - \frac{t_\alpha}{\sqrt{n}}\delta \qquad (E.0.2\text{-}2)$$

式中：$t_\alpha$——学生氏函数的临界值，按表E.0.2-4取值；

$n$——12月份月平均风速观测年数；

$\delta$——$n$年中12月份月平均风速的变异系数。

**3** $n$年中12月份月平均风速的变异系数 $\delta$ 应按下式计算：

$$\delta = \frac{\sigma_v}{v} \qquad (E.0.2\text{-}3)$$

式中：$v$——$n$年中12月份风速平均值（m/s）；

$\sigma_v$——标准差。

**表E.0.2-1 房屋采暖通风模数 $\mu_1$**

| 地区 | 年平均气温（℃） | 室内温度（℃） | | | | | |
|---|---|---|---|---|---|---|---|
| | | 16 | | | 20 | | |
| | | 通风基础上部楼板热阻（$m^2\cdot℃/W$） | | | | | |
| | | 0.86 | 1.72 | 2.58 | 0.86 | 1.72 | 2.58 |
| 东北大小兴安岭 | ≤−4.5 | 0.005 | 0.004 | 0.003 | 0.006 | 0.004 | 0.003 |
| | −4.4～−2.5 | 0.006～0.011 | 0.006 | 0.005 | 0.007～0.014 | 0.007 | 0.005 |
| | −2.4～−1.5 | 0.013～0.025 | 0.007～0.011 | 0.005～0.008 | 敞开 | 0.008～0.014 | 0.006～0.010 |
| | −1.4～−0.5 | 敞开 | 0.009～0.017 | 0.008～0.012 | — | 0.014～0.023 | 0.010～0.014 |
| 天山 | ≤−3.0 | 0.008～0.017 | 0.006 | 0.005 | 0.012～0.029 | 0.008 | 0.005 |
| 祁连山 | ≤−2.0 | 0.012～0.022 | 0.009 | 0.007 | 0.018～0.046 | 0.006～0.012 | 0.008 |
| 青藏高原 | ≤−4.0 | 0.012～0.022 | 0.006～0.013 | 0.005～0.010 | 0.019～0.027 | 0.008～0.015 | 0.006～0.010 |
| | −3.9～−2.0 | 0.022～0.032 | 0.013 | 0.010 | 敞开 | 0.016 | 0.010 |
| | −1.9～−1.0 | — | 0.016～0.032 | 0.012 | — | 敞开 | 0.013～0.020 |

注：1 年平均温度低时取低值，高时取高值；

2 基础上部楼板热阻 $R$ 由构成楼板的面层、结构层及保温层的热阻组成。

**表E.0.2-2 平面形状系数 $\eta_f$**

| 平面形状 | 系数 $\eta_f$ | 平面形状 | 系数 $\eta_f$ |
|---|---|---|---|
| 矩形 | 1.00 | T形 | 1.12 |
| Ⅱ形 | 1.23 | L形 | 1.28 |

**表E.0.2-3 风速影响系数 $\eta_n$**

| 建筑物之间距离 $L$，建筑物高度 $h$ | 系数 $\eta_n$ |
|---|---|
| $L \geqslant 5h$ | 1.0 |
| $L = 4h$ | 1.2 |
| $L \leqslant 3h$ | 1.5 |

注：中间值时可内插。

表 E. 0. 2-4　信度 $\alpha=0.05$ 时 $t_\alpha$ 值

| $n-1$ | $t_\alpha$ | $n-1$ | $t_\alpha$ |
| --- | --- | --- | --- |
| 1 | 12.706 | 16 | 2.120 |
| 2 | 4.303 | 17 | 2.110 |
| 3 | 3.182 | 18 | 2.101 |
| 4 | 2.776 | 19 | 2.093 |
| 5 | 2.571 | 20 | 2.086 |
| 6 | 2.447 | 21 | 2.080 |
| 7 | 2.365 | 22 | 2.074 |
| 8 | 2.306 | 23 | 2.069 |
| 9 | 2.262 | 24 | 2.064 |
| 10 | 2.228 | 25 | 2.060 |
| 11 | 2.201 | 30 | 2.042 |
| 12 | 2.179 | 40 | 2.021 |
| 13 | 2.160 | 60 | 2.000 |
| 14 | 2.145 | 120 | 1.980 |
| 15 | 2.131 | ∞ | 1.960 |

**4**　标准差 $\sigma_v$ 应按下式计算：

$$\sigma_v=\sqrt{\frac{\sum_{i=1}^{n}v_i^2-nv^2}{n-1}} \tag{E. 0. 2-4}$$

## 附录 F　多年冻土地基静载荷试验要点

**F. 0. 1**　多年冻土地基静载荷试验应选择在冻土层（持力层）温度最高的月份进行，当在地温非最高月份进行试验时，对试验结果应进行温度修正。

**F. 0. 2**　试验土层应保持原状结构和天然温度。承压板底部应铺中、粗砂找平层（厚度为 20mm），在整个试验期间应保持其冻土层温度场的稳定。

**F. 0. 3**　承压板面积不应小于 0.25m²，试坑宽度不应小于承压板宽度或直径的 3 倍。

**F. 0. 4**　加荷级数不应小于 8 级；第一级宜为预估极限荷载的 15％～30％，以后每级宜为预估极限荷载的 10％～15％。

**F. 0. 5**　每级加荷后均应测读 1 次承压板沉降，以后应每隔 1h 测读 1 次；当累计 24h 的沉降量：砂土不大于 0.5mm 或黏性土不大于 1.0mm 时，可认为地基土处于第一蠕变阶段（蠕变速率减少阶段），即下沉稳定，可加下一级荷载。

**F. 0. 6**　对承压板下深度为 1.5 倍承压板宽度或直径范围的冻土温度，应每 24h 测读一次。

**F. 0. 7**　当某级荷载施加之后连续 10d 达不到稳定标准，或总沉降量 $S$ 大于 $0.06b$ 时，应终止试验，其对应的前一级荷载即为极限荷载。

**F. 0. 8**　冻土地基承载力的特征值应按下列规定确定：

**1**　当 $p$-$s$ 曲线上有比例界限时，取该比例界限所对应的荷载值；

**2**　当极限荷载小于对应比例界限荷载值的 2 倍时，取极限荷载值的一半；

**3**　当以上两个基本值可同时取得时应取低值。

**F. 0. 9**　同一土层参加统计的试验点不应少于 3 点，当试验实测值的极差不超过其平均值的 30％时，取此平均值作为该土层冻土地基承载力的特征值。

## 附录 G　冻土融化下沉系数和压缩系数指标

**G. 0. 1**　冻土地基融化时沉降计算中的冻土融化下沉系数和压缩系数，应以试验方法确定。对于均质的冻结细粒土可以在试验室条件下用专门的试验装置确定。

**G. 0. 2**　冻土融化下沉系数 $\delta_0$，当没有试验资料时，可依据冻结地基土的土质及物理力学性质，按下列公式计算：

**1**　当按含水率 $w$ 确定时：

**1)** 对于本规范表 3.1.6 规定的Ⅰ、Ⅱ、Ⅲ、Ⅳ类土，其融化下沉系数 $\delta_0$ 可按下式计算：

$$\delta_0=\alpha_1(w-w_0)(\%) \tag{G. 0. 2-1}$$

式中：$\alpha_1$ ——系数，按表 G. 0. 2-1 的规定取值；

$w_0$ ——起始融沉含水率，按表 G. 0. 2-1 的规定取值。

**2)** 对于黏性土，其起始融沉含水率 $w_0$ 应按下式计算：

$$w_0=5+0.8w_p \tag{G. 0. 2-2}$$

式中：$w_p$ ——塑限含水率。

表 G. 0. 2-1　$\alpha_1$、$w_0$ 值

| 土　质 | 砾石、碎石土 | 砂类土 | 粉土、粉质黏土 | 黏　土 |
| --- | --- | --- | --- | --- |
| $\alpha_1$ | 0.5 | 0.6 | 0.7 | 0.6 |
| $w_0$(％) | 11.0 | 14.0 | 18.0 | 23.0 |

注：1　对于砾石、碎石土粉黏粒(粒径小于 0.075mm)含量小于 15％者，$\alpha_1$ 取 0.4；

2　黏性土的 $w_0$ 按式(G. 0. 2-2)计算的值与表 G. 0. 2-1 所列数值不同时取小值。

**3)** 对于本规范表 3.1.6 规定的Ⅴ类土，其融化下沉系数 $\delta_0$ 可按下式计算：

$$\delta_0 = 3\sqrt{w - w_c} + \delta'_0 \quad (G.0.2\text{-}3)$$

式中：$w_c = w_p + 35$，对于粗颗粒土可用 $w_0$ 代替 $w_p$。无试验资料时 $w_c$ 可按表 G.0.2-2 取值。

$\delta'_0$——对应于 $w = w_c$ 时的 $\delta_0$ 值，可按公式（G.0.2-1）计算，当无试验资料时，可按表 G.0.2-2 的规定取值。

**表 G.0.2-2　$w_c$、$\delta'_0$ 值**

| 土　质 | 砾石、碎石土 | 砂类土 | 粉土、粉质黏土 | 黏　土 |
|---|---|---|---|---|
| $w_c$（%） | 46 | 49 | 52 | 58 |
| $\delta'_0$（%） | 18 | 20 | 25 | 20 |

注：对于砾石、碎石土粉黏粒（粒径小于 0.075mm）含量小于 15%者，$w_c$取 44%，$\delta'_0$取 14%。

2　当按干密度 $\rho_d$ 确定时：

1）对于本规范表 3.1.6 规定的Ⅰ、Ⅱ、Ⅲ、Ⅳ类土，其融化下沉系数 $\delta_0$ 可按下式计算：

$$\delta_0 = \alpha_2 \frac{\rho_{d0} - \rho_d}{\rho_d} \quad (G.0.2\text{-}4)$$

式中：$\alpha_2$——系数，宜按表 G.0.2-3 的规定取值；

$\rho_{d0}$——起始融沉干密度，大致相当于或略大于最佳干密度；无试验资料时可按表 G.0.2-3 的规定取值。

**表 G.0.2-3　$\alpha_2$、$\rho_{d0}$ 值**

| 土　质 | 砾石、碎石土 | 砂类土 | 粉土、粉质黏土 | 黏　土 |
|---|---|---|---|---|
| $\alpha_2$ | 25 | 30 | 40 | 50 |
| $\rho_{d0}$（g/cm³） | 1.95 | 1.80 | 1.70 | 1.65 |

注：对于砾石、碎石土粉黏粒（粒径小于 0.075mm）含量小于 15%者，$\alpha_2$取 20，$\rho_{d0}$取 2.0（g/cm³）。

2）对于本规范表 3.1.6 规定的Ⅴ类土，其融化下沉系数 $\delta_0$ 可按下式计算：

$$\delta_0 = 60(\rho_{dc} - \rho_d) + \delta'_0 \quad (G.0.2\text{-}5)$$

式中：$\rho_{dc}$——对应于 $w$ 为 $w_c$ 的冻土干密度；无试验资料时按表 G.0.2-4 的规定取值；

$\delta'_0$——同公式（G.0.2-3）。

**表 G.0.2-4　$\rho_{dc}$ 值**

| 土　质 | 砾石、碎石土 | 砂类土 | 粉土、粉质黏土 | 黏　土 |
|---|---|---|---|---|
| $\rho_{dc}$（g/cm³） | 1.16 | 1.10 | 1.05 | 1.00 |

注：对于砾石、碎石土粉黏粒（粒径小于 0.075mm）含量小于 15%者，$\rho_{dc}$取 1.2g/cm³。

3　应现场测定冻土的含水率 $w$ 及干密度 $\rho_d$，并分别计算融化下沉系数 $\delta_0$ 值，取大值作为设计值。

**G.0.3**　冻土融化后的体积压缩系数 $m_v$，可按表 G.0.3 的规定取值。

**表 G.0.3　各类冻土融化后体积压缩系数 $m_v$ 的值**

| 冻土 $\rho_d$（g/cm³） | 土质及压力（kPa） | | | |
|---|---|---|---|---|
| | 砾石、碎石土 $p_0$=10～210 | 砂类土 $p_0$=10～210 | 黏性土 $p_0$=10～210 | 草皮 $p_0$=10～210 |
| 2.10 | 0.00 | — | — | — |
| 2.00 | 0.10 | — | — | — |
| 1.90 | 0.20 | 0.00 | 0.00 | — |
| 1.80 | 0.30 | 0.12 | 0.15 | — |
| 1.70 | 0.30 | 0.24 | 0.30 | — |
| 1.60 | 0.40 | 0.36 | 0.45 | — |
| 1.50 | 0.40 | 0.48 | 0.60 | — |
| 1.40 | 0.40 | 0.48 | 0.75 | — |
| 1.30 | — | 0.48 | 0.75 | 0.40 |
| 1.20 | — | 0.48 | 0.75 | 0.45 |
| 1.10 | — | — | 0.75 | 0.60 |
| 1.00 | — | — | — | 0.75 |
| 0.90 | — | — | — | 0.90 |
| 0.80 | — | — | — | 1.05 |
| 0.70 | — | — | — | 1.20 |
| 0.60 | — | — | — | 1.30 |
| 0.50 | — | — | — | 1.50 |
| 0.40 | — | — | — | 1.65 |

## 附录 H　多年冻土地基单桩竖向静载荷试验要点

**H.0.1**　多年冻土中试验桩施工后，应待冻土地温恢复后方可进行载荷试验。试验桩宜经过一个冬期后再进行试验。

**H.0.2**　试桩时间宜选在夏季末冬季初多年冻土地温出现最高值的一段时间内进行。

**H.0.3**　单桩静载荷试验可根据试验条件和试验要求，选用慢速维持荷载法或快速维持荷载法进行试验。

**H.0.4**　采用慢速维持荷载法时，应符合下列要求：

1　加载级数不应少于 6 级，第一级荷载应为预估极限荷载的 25%，以后各级荷载可为极限荷载的 15%，累计试验荷载不得小于设计荷载的 2 倍；

2　在某级荷载作用下，当桩在最后 24h 内的下沉量不大于 0.5mm 时，应视为下沉已稳定，方可施加下一级荷载；

3　在某级荷载作用下，连续 10 昼夜达不到稳定，应视为桩-地基系统已破坏，可终止加载；

4　测读时间应符合下列规定：

1）沉降：加载前读一次，加载后读一次，此后每2h读一次，在高载下，当桩下沉快速时观测次数应增加，缩短间隔时间。

2）地温：每24h观测一次。

**H.0.5**　采用快速维持荷载法时，应符合下列要求：

1　快速加载时，每级荷载的间隔时间应视桩周冻土类型和冻土条件确定，一般不得小于24h，且每级荷载的间隔时间应相等；

2　加载的次数不得少于6级，荷载级差可选择预估极限荷载的15%；当桩在某级荷载作用下产生迅速下沉时，或桩头总下沉量超过40mm时，即可终止试验；

3　快速加载时，沉降观测和地温观测的应与慢速加载时相同。

**H.0.6**　单桩竖向极限承载力的确定应符合下列规定：

1　慢速加载时，破坏荷载的前一级荷载即为桩的极限承载力；

2　快速加载时，找出每级荷载下桩的稳定下沉速度（即稳定蠕变速率），并绘制桩的流变曲线图（图H.0.6），曲线延长线与横坐标的交点应作为桩的极限承载力；

3　参加统计的试桩，当满足其极差不超过平均值的30%时，可取其平均值为单桩竖向极限承载力。当极差超过平均值的30%时，宜增加试桩数量并分析极差过大的原因，结合工程具体情况确定极限承载力，对桩数为3根及3根以下的柱下承台，应取低值。

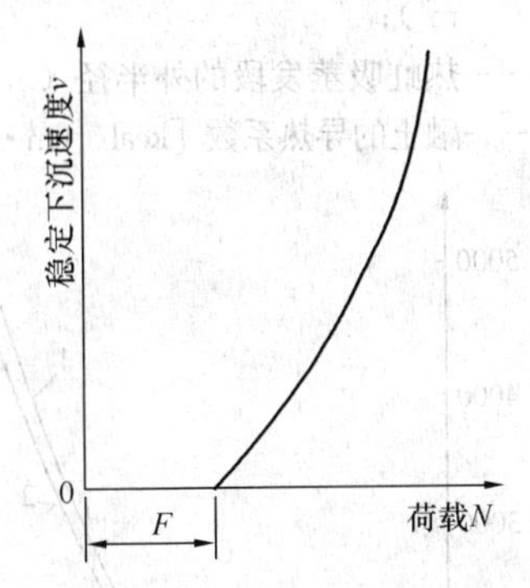


图H.0.6　桩的流变曲线图

**H.0.7**　单桩竖向承载力特征值$R_a$应按单桩竖向极限承载力的一半取值。

## 附录J　热桩、热棒基础计算

**J.0.1**　液、汽两相对流循环热桩、热棒，在寒季可将地基中的热量吸出，故又称为热虹吸。热虹吸在单位时间内的传热量，应根据热虹吸-地基系统的热状态分析所得热流程图计算确定。对于垂直埋于天然地基中热虹吸的热流程，应符合图J.0.1的规定。

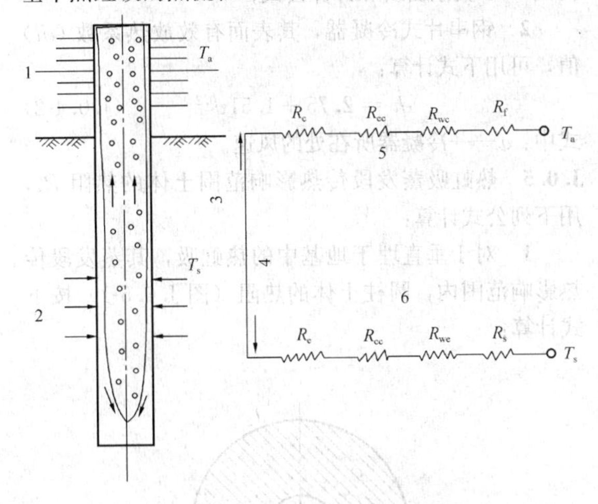


图J.0.1　热虹吸-地基系统热流程图

1—热流流出；2—热流流入；3—绝热蒸汽流；4—绝热冷凝液体流；5—冷凝器热阻；6—蒸发器热阻

**J.0.2**　热虹吸-地基系统的热通量，按下面公式计算：

$$q=\frac{T_s-T_a}{R_f+R_{wc}+R_{cc}+R_c+R_e+R_{ce}+R_{we}+R_s} \tag{J.0.2}$$

式中：$R_f$——冷凝器表面的放热热阻；

$R_{wc}$——冷凝器壁的热阻；

$R_{cc}$——冷凝器中冷凝液体膜的热阻；

$R_c$——工质蒸汽冷凝热阻；

$R_e$——液态工质蒸发热阻；

$R_{ce}$——蒸发器中液体膜的热阻；

$R_{we}$——蒸发器壁的热阻；

$R_s$——热虹吸蒸发段传热影响范围圆柱土体的热阻；

$T_a$——计算期空气的平均温度；

$T_s$——传热影响范围圆柱土体的平均温度。

**J.0.3**　一般情况下，计算热虹吸单位时间内的传热量时，本规范公式（J.0.2）中的热阻，只计入冷凝器热阻和土体热阻，可简化为下式计算：

$$q=\frac{T_s-T_a}{R_f+R_s} \tag{J.0.3}$$

**J.0.4**　冷凝器表面的放热热阻$R_f$，可通过低温风洞试验测定。当无条件试验时，冷凝器表面的放热热阻，可按下式计算：

$$R_f=\frac{1}{Aeh} \tag{J.0.4-1}$$

式中：$A$——冷凝器表面的散热面积；

$h$——冷凝器表面的放热系数；

$e$——冷凝器叶片的有效率。

1　对于指定类型的冷凝器，可通过低温风洞试验，测定其表面有效放热系数（$eh$）与风速 $v$ 的关系，得出 $eh$-$v$ 关系曲线和计算公式；

**2** 钢串片式冷凝器，其表面有效放热系数（$eh$）值，可用下式计算：

$$eh = 2.75 + 1.51v^{0.2} \quad (J.0.4\text{-}2)$$

式中：$v$——冷凝器所在处的风速。

**J.0.5** 热虹吸蒸发段传热影响范围土体的热阻 $R_s$，用下列公式计算：

**1** 对于垂直埋于地基中的热虹吸，其蒸发段传热影响范围内，圆柱土体的热阻（图 J.0.5-1）按下式计算：

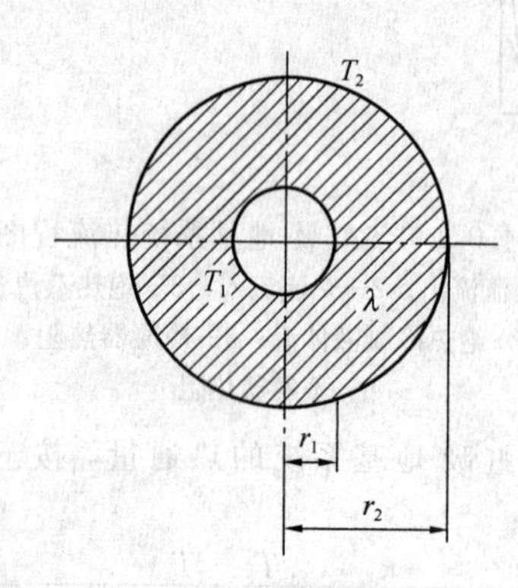


图 J.0.5-1　正环形圆柱土体热阻计算图式

$$R_s = \frac{\ln(r_2/r_1)}{2\pi\lambda z} \quad (J.0.5\text{-}1)$$

式中：$r_2$——冻结期热虹吸蒸发段传热影响范围的平均半径，应通过现场试验确定。在无条件试验时，对于我国多年冻土地区，其传热有效影响半径，可采用1.2m～1.5m。视热虹吸使用地点冻结期长短和热虹吸蒸发段外半径大小而定。冻结期长、蒸发段外半径大，选用大值。

$r_1$——热虹吸蒸发段的外半径。

$\lambda$——蒸发段周围土体（冻土或融土）的导热系数。

$z$——热虹吸蒸发段的长度。

**2** 倾斜成组埋于地基中的热虹吸，任一热虹吸周围土体的热阻（图 J.0.5-2），应按下式计算：

$$R_u = \frac{\ln\left[\frac{2L}{\pi D}\sinh\left(\frac{\beta_u \pi z_u}{L}\right)\right]}{\beta_u \pi \lambda_u z} \quad (J.0.5\text{-}2)$$

$$R_d = \frac{\ln\left[\frac{2L}{\pi D}\sinh\left(\frac{\beta_d \pi z_d}{L}\right)\right]}{\beta_d \pi \lambda_d z} \quad (J.0.5\text{-}3)$$

式中：$L$——热虹吸的中心间距；

$D$——热虹吸蒸发段的外直径；

$z_u$——热虹吸蒸发段的平均埋深；

$\lambda_u$——热虹吸蒸发段平均埋深 $z_u$ 范围内，土体的导热系数；

$z_d$——热虹吸蒸发段平均埋深线至多年冻土年变化带深度线的距离；

$\lambda_d$——$z_d$ 范围内，土体的导热系数；

$z$——热虹吸蒸发段的长度；

$\beta_u$、$\beta_d$——比例系数。

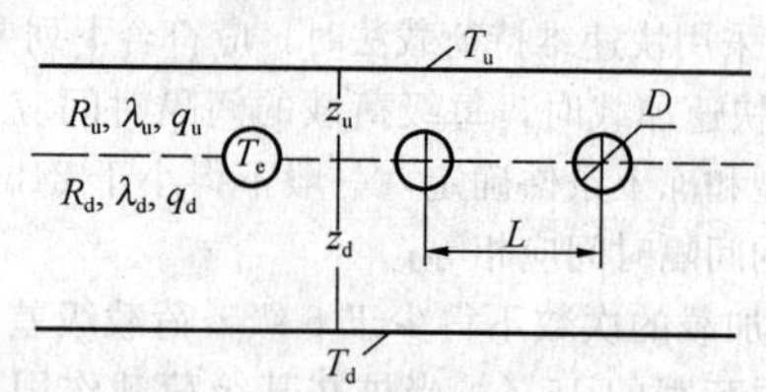


图 J.0.5-2　排式埋藏式圆柱热阻计算图式

$T_u$—房屋地坪的计算平均温度；

$T_d$—地基多年冻土的年平均地温

**3** 比例系数 $\beta_u$、$\beta_d$，按下式计算：

$$\beta_u = \frac{2q_u}{q_u + q_d} \quad (J.0.5\text{-}4)$$

$$\beta_d = \frac{2q_d}{q_u + q_d} \quad (J.0.5\text{-}5)$$

式中：$q_u$——来自热虹吸上部的热流；

$q_d$——来自热虹吸下部的热流。

**J.0.6** 采用热虹吸冻结地基融土时，热虹吸的冻结半径 $r$，是气温冻结指数的函数（图 J.0.6），可按下式求解：

$$\Sigma T_f = \frac{S}{24}\left[\pi z R_f (r^2 - r_0^2) + \frac{r^2}{4\lambda_s}\left(\ln\frac{r^2}{r_0^2} - 1\right) + \frac{r_0^2}{4\lambda_s}\right] \quad (J.0.6)$$

式中：$\Sigma T_f$——计算地点的气温冻结指数（℃·d）；

$S$——热虹吸周围融土的体积潜热（kcal/m$^3$）；

$r_0$——热虹吸蒸发段的外半径（m）；

$\lambda_s$——融土的导热系数［kcal/（m·h·℃）］。

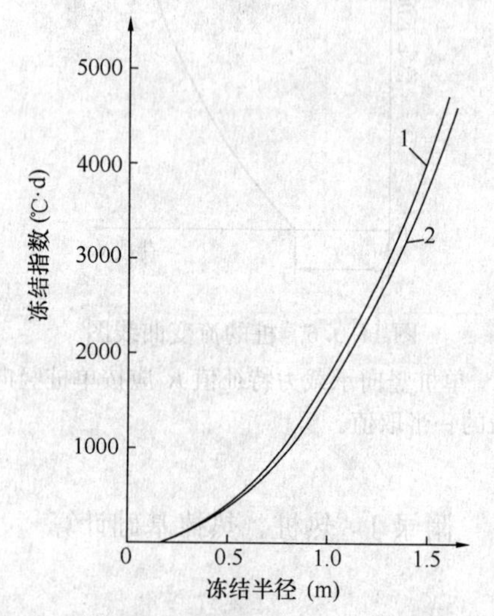


图 J.0.6　热虹吸冻结半径与冻结指数的关系

土质：粉土，$\rho_d$＝1600kg/cm$^3$；$w$＝10％。

1—风速 $v$＝0.9m/s；2—风速 $v$＝4.5m/s；埋深 $z$＝6.1m

**J.0.7** 热棒在寒季的产冷量和降温效果，与热棒蒸发段外直径和长度等有关，其热工计算性能应由试验确定，如没有试验资料，按表J.0.7取值。

**表J.0.7 热棒产品性能**

| 标准外管直径(mm) | 51 | 60 | 76 | 83 | 89 | 108 |
|---|---|---|---|---|---|---|
| 冷凝段长度(m) | 2.50 | 2.50 | 2.50 | 2.50 | 2.50 | 2.50 |
| 冷凝(散热)面积($m^2$) | 2.07 | 2.43 | 3.08 | 3.36 | 3.61 | 4.38 |
| 蒸发段长度(m) | 6.0 | 6.0 | 6.0 | 6.0 | 6.0 | 6.0 |
| 热流量(W) | 54.3 | 62.2 | 72.7 | 77.0 | 80.5 | 90.9 |
| 寒季产冷量(MJ) | 986.1 | 1128.5 | 1318.8 | 1397.5 | 1461.2 | 1648.6 |
| 最大平均降温(℃) | 5.5 | 6.3 | 7.4 | 7.8 | 8.2 | 9.2 |
| 融土冻结半径(m) | 0.89 | 0.95 | 1.02 | 1.05 | 1.08 | 1.12 |

注：1 平均风速4.5m/s，热传送半径2.0m；

2 冻土导热系数1.67W/(m·℃)，融土导热系数0.79W/(m·℃)，融土体积潜热56.27MJ/$m^3$；

3 热棒热流量为冷凝段与蒸发段之间温差为10℃之值；

4 寒季产冷量为寒季长210d，温差10℃时之值；

5 根据需要，可制作各种形状、管径、长度的热棒产品。

## 附录K 冻土、未冻土热物理指标的计算值

**K.0.1** 根据土的类别、天然含水率及干密度测定数值，冻土和未冻土的容积热容量、导热系数和导温系数可分别按表K.0.1-1～表K.0.1-4取值。大含水（冰）率土的导热系数在无实测资料时可按表K.0.1-5取值。

**表K.0.1-1 草炭粉质黏土计算热参数值**

| $\rho_d$ (kg/$m^3$) | $w$(%) | [kJ/($m^3$·℃)] | | [W/(m·℃)] | | ($m^2$/h) | |
|---|---|---|---|---|---|---|---|
| | | $C_u$ | $C_f$ | $\lambda_u$ | $\lambda_f$ | $\alpha_u \cdot 10^3$ | $\alpha_f \cdot 10^3$ |
| 400 | 30 | 903.3 | 710.9 | 0.13 | 0.13 | 0.50 | 0.62 |
| | 50 | 1237.9 | 878.2 | 0.19 | 0.22 | 0.52 | 0.92 |
| | 70 | 1572.4 | 1045.5 | 0.23 | 0.37 | 0.54 | 1.26 |
| | 90 | 1907.0 | 1212.8 | 0.29 | 0.53 | 0.56 | 1.59 |
| | 110 | 2241.6 | 1380.1 | 0.35 | 0.72 | 0.57 | 1.87 |
| | 130 | 2576.1 | 1547.3 | 0.41 | 0.88 | 0.57 | 2.06 |
| 500 | 30 | 1129.1 | 890.8 | 0.17 | 0.17 | 0.54 | 0.69 |
| | 50 | 1547.3 | 1099.9 | 0.24 | 0.31 | 0.46 | 1.30 |
| | 70 | 1965.5 | 1309.0 | 0.32 | 0.51 | 0.59 | 1.40 |
| | 90 | 2383.7 | 1518.1 | 0.41 | 0.74 | 0.61 | 1.76 |
| | 110 | 2801.9 | 1727.2 | 0.49 | 1.00 | 0.62 | 2.08 |
| | 130 | 3220.1 | 1936.3 | 0.56 | 1.24 | 0.63 | 2.31 |
| 600 | 30 | 1355.0 | 1066.4 | 0.22 | 0.22 | 0.57 | 0.76 |
| | 50 | 1856.8 | 1317.3 | 0.31 | 0.42 | 0.61 | 1.15 |
| | 70 | 2358.6 | 1568.3 | 0.42 | 0.68 | 0.64 | 1.56 |
| | 90 | 2860.5 | 1819.2 | 0.53 | 0.99 | 0.67 | 1.95 |
| | 110 | 3362.3 | 2070.1 | 0.63 | 1.32 | 0.68 | 2.29 |
| | 130 | 3864.2 | 2321.0 | 0.75 | 1.61 | 0.68 | 2.51 |

续表K.0.1-1

| $\rho_d$ (kg/$m^3$) | $w$(%) | [kJ/($m^3$·℃)] | | [W/(m·℃)] | | ($m^2$/h) | |
|---|---|---|---|---|---|---|---|
| | | $C_u$ | $C_f$ | $\lambda_u$ | $\lambda_f$ | $\alpha_u \cdot 10^3$ | $\alpha_f \cdot 10^3$ |
| 700 | 30 | 1580.8 | 1246.2 | 0.27 | 0.30 | 0.61 | 0.87 |
| | 50 | 2166.3 | 1539.0 | 0.39 | 0.56 | 0.66 | 1.30 |
| | 70 | 2375.4 | 1831.7 | 0.53 | 0.88 | 0.70 | 1.74 |
| | 90 | 3337.2 | 2124.5 | 0.66 | 1.26 | 0.71 | 2.14 |
| 800 | 30 | 1806.6 | 1421.9 | 0.32 | 0.37 | 0.65 | 0.94 |
| | 50 | 2475.7 | 1856.4 | 0.48 | 0.68 | 0.70 | 1.41 |
| | 70 | 3144.9 | 2091.0 | 0.64 | 1.09 | 0.73 | 1.67 |
| | 90 | 3814.0 | 2425.6 | 0.80 | 1.55 | 0.76 | 2.32 |
| 900 | 30 | 1171.0 | 1342.4 | 0.38 | 0.40 | 0.68 | 1.03 |
| | 50 | 2785.2 | 1978.1 | 0.57 | 0.73 | 0.73 | 1.53 |
| | 70 | 3538.0 | 2354.5 | 0.75 | 1.14 | 0.77 | 2.03 |

注：1 表中符号：$\rho_d$—干密度；$w$—含水率；$\lambda$—导热系数；$C$—容积热容量；$\alpha$—导温系数；脚标：u—未冻土，f—已冻土。下同。

2 表列数值可直线内插。

**表K.0.1-2 粉土、粉质黏土计算热参数值**

| $\rho_d$ (kg/$m^3$) | $w$(%) | [kJ/($m^3$·℃)] | | [W/(m·℃)] | | ($m^2$/h) | |
|---|---|---|---|---|---|---|---|
| | | $C_u$ | $C_f$ | $\lambda_u$ | $\lambda_f$ | $\alpha_u \cdot 10^3$ | $\alpha_f \cdot 10^3$ |
| 1200 | 5 | 1254.6 | 1179.3 | 0.26 | 0.26 | 0.73 | 0.76 |
| | 10 | 1505.5 | 1405.2 | 0.43 | 0.41 | 1.02 | 1.04 |
| | 15 | 1756.4 | 1530.6 | 0.58 | 0.58 | 1.19 | 1.37 |
| | 20 | 2007.4 | 1656.1 | 0.67 | 0.79 | 1.21 | 1.71 |
| | 25 | 2258.3 | 1781.5 | 0.72 | 1.04 | 1.14 | 2.10 |
| | 30 | 2509.2 | 1907.0 | 0.79 | 1.28 | 1.13 | 2.40 |
| | 35 | 2760.1 | 2032.5 | 0.86 | 1.45 | 1.12 | 2.57 |
| 1300 | 5 | 1359.2 | 1279.7 | 0.30 | 0.29 | 0.80 | 0.80 |
| | 10 | 1631.0 | 1522.2 | 0.50 | 0.48 | 1.11 | 1.12 |
| | 15 | 1902.8 | 1660.3 | 0.71 | 0.71 | 1.33 | 1.47 |
| | 20 | 2174.6 | 1794.1 | 0.79 | 0.92 | 1.31 | 1.85 |
| | 25 | 2446.5 | 1932.1 | 0.84 | 1.21 | 1.23 | 2.25 |
| | 30 | 2718.3 | 2065.9 | 0.90 | 1.46 | 1.19 | 2.55 |
| | 35 | 2990.1 | 2203.9 | 0.97 | 1.67 | 1.18 | 2.74 |
| 1400 | 5 | 1463.7 | 1375.9 | 0.36 | 0.35 | 0.87 | 0.90 |
| | 10 | 1756.4 | 1639.3 | 0.59 | 0.57 | 1.22 | 1.22 |
| | 15 | 2049.2 | 1785.7 | 0.84 | 0.79 | 1.46 | 1.58 |
| | 20 | 2341.9 | 1932.1 | 0.94 | 1.06 | 1.44 | 1.96 |
| | 25 | 2634.7 | 2496.7 | 0.97 | 1.39 | 1.33 | 2.41 |
| | 30 | 2927.4 | 2224.8 | 1.06 | 1.68 | 1.32 | 2.73 |

续表 K.0.1-2

| $\rho_d$ (kg/m³) | $w$(%) | [kJ/(m³·℃)] | | [W/(m·℃)] | | (m²/h) | |
|---|---|---|---|---|---|---|---|
| | | $C_u$ | $C_f$ | $\lambda_u$ | $\lambda_f$ | $\alpha_u \cdot 10^3$ | $\alpha_f \cdot 10^3$ |
| 1500 | 5 | 1568.3 | 1476.2 | 0.41 | 0.41 | 0.93 | 0.98 |
| | 10 | 1881.9 | 1756.4 | 0.67 | 0.65 | 1.28 | 1.32 |
| | 15 | 2191.4 | 1907.0 | 0.96 | 0.91 | 1.58 | 1.71 |
| | 20 | 2509.2 | 2070.1 | 1.09 | 1.22 | 1.57 | 2.12 |
| | 25 | 2822.9 | 2229.0 | 1.13 | 1.58 | 1.44 | 2.55 |
| | 30 | 3136.5 | 2383.7 | 1.24 | 1.89 | 1.43 | 2.85 |
| 1600 | 5 | 1672.8 | 1572.4 | 0.46 | 0.46 | 1.01 | 1.05 |
| | 10 | 2425.6 | 1873.5 | 0.78 | 0.74 | 1.40 | 1.42 |
| | 15 | 2541.7 | 2040.8 | 1.11 | 1.02 | 1.72 | 1.81 |
| | 20 | 2676.5 | 2208.1 | 1.24 | 1.38 | 1.67 | 2.25 |
| | 25 | 3011.0 | 2375.4 | 1.28 | 1.80 | 1.52 | 2.73 |

**表 K.0.1-3 碎石粉质黏土计算热参数值**

| $\rho_d$ (kg/m³) | $w$(%) | [kJ/(m³·℃)] | | [W/(m·℃)] | | (m²/h) | |
|---|---|---|---|---|---|---|---|
| | | $C_u$ | $C_f$ | $\lambda_u$ | $\lambda_f$ | $\alpha_u \cdot 10^3$ | $\alpha_f \cdot 10^3$ |
| 1200 | 3 | 1154.2 | 1053.9 | 0.23 | 0.22 | 0.72 | 0.77 |
| | 7 | 1355.0 | 1154.2 | 0.34 | 0.37 | 0.91 | 1.15 |
| | 10 | 1505.5 | 1229.5 | 0.43 | 0.52 | 1.03 | 1.52 |
| | 13 | 1656.1 | 1304.8 | 0.53 | 0.71 | 1.16 | 1.96 |
| | 15 | 1756.4 | 1355.0 | 0.59 | 0.85 | 1.21 | 2.26 |
| | 17 | 1856.8 | 1405.2 | 0.60 | 0.94 | 1.26 | 2.42 |
| 1400 | 3 | 1346.6 | 1229.5 | 0.34 | 0.32 | 0.89 | 0.97 |
| | 7 | 1568.3 | 1346.6 | 0.50 | 0.53 | 1.15 | 1.44 |
| | 10 | 1756.4 | 1434.4 | 0.65 | 0.74 | 1.33 | 1.86 |
| | 13 | 1932.1 | 1522.2 | 0.79 | 0.97 | 1.48 | 2.30 |
| | 15 | 2049.2 | 1580.8 | 0.88 | 1.14 | 1.55 | 2.59 |
| | 17 | 2166.3 | 1639.3 | 0.92 | 1.24 | 1.53 | 2.73 |
| 1600 | 3 | 1539.0 | 1405.2 | 0.46 | 0.45 | 1.07 | 1.17 |
| | 7 | 1806.6 | 1539.0 | 0.68 | 0.74 | 1.38 | 1.73 |
| | 10 | 2007.4 | 1639.3 | 0.89 | 1.00 | 1.61 | 2.20 |
| | 13 | 2208.1 | 1739.7 | 1.10 | 1.29 | 1.80 | 2.66 |
| | 15 | 2341.9 | 1806.6 | 1.28 | 1.45 | 1.87 | 2.90 |
| | 17 | 2475.7 | 1873.5 | 1.42 | 1.57 | 1.96 | 3.02 |
| 1800 | 3 | 1731.3 | 1580.8 | 0.60 | 0.60 | 1.25 | 2.38 |
| | 7 | 2032.5 | 1731.3 | 0.92 | 0.97 | 1.62 | 2.43 |
| | 10 | 2258.3 | 1844.3 | 1.17 | 1.31 | 1.87 | 2.56 |
| | 13 | 2295.9 | 1957.2 | 1.45 | 1.65 | 2.10 | 3.03 |
| | 15 | 2634.7 | 2032.5 | 1.60 | 1.82 | 2.19 | 3.23 |
| | 17 | 2785.2 | 2107.7 | 1.71 | 1.93 | 2.21 | 3.28 |

**表 K.0.1-4 砾砂计算热参数值**

| $\rho_d$ (kg/m³) | $w$(%) | [kJ/(m³·℃)] | | [W/(m·℃)] | | (m²/h) | |
|---|---|---|---|---|---|---|---|
| | | $C_u$ | $C_f$ | $\lambda_u$ | $\lambda_f$ | $\alpha_u \cdot 10^3$ | $\alpha_f \cdot 10^3$ |
| 1400 | 2 | 1229.5 | 1083.1 | 0.42 | 0.49 | 1.23 | 1.62 |
| | 6 | 1463.7 | 1200.2 | 0.96 | 1.14 | 2.36 | 3.42 |
| | 10 | 1697.9 | 1317.3 | 1.17 | 1.43 | 2.40 | 3.91 |
| | 14 | 1932.1 | 1434.4 | 1.29 | 1.67 | 2.40 | 4.20 |
| | 18 | 2166.3 | 1551.5 | 1.39 | 1.86 | 2.27 | 4.31 |
| 1500 | 2 | 1317.3 | 1162.6 | 0.50 | 0.59 | 1.36 | 1.84 |
| | 6 | 1568.3 | 1288.1 | 1.09 | 1.32 | 2.51 | 3.70 |
| | 10 | 1819.2 | 1413.5 | 1.30 | 1.60 | 2.58 | 4.08 |
| | 14 | 2070.1 | 1539.0 | 1.44 | 1.87 | 2.51 | 4.38 |
| | 18 | 2321.0 | 1664.4 | 1.52 | 2.08 | 2.37 | 4.50 |
| 1600 | 2 | 1405.2 | 1237.9 | 0.61 | 0.73 | 1.56 | 2.13 |
| | 6 | 1672.8 | 1371.7 | 1.28 | 1.60 | 1.74 | 4.21 |
| | 10 | 1940.4 | 1505.5 | 1.48 | 1.86 | 2.75 | 4.44 |
| | 14 | 2208.1 | 1639.3 | 1.64 | 2.15 | 2.67 | 4.72 |
| | 18 | 4173.6 | 1773.2 | 1.69 | 2.35 | 2.47 | 4.79 |
| 1700 | 2 | 1493.0 | 1317.3 | 0.77 | 0.94 | 1.85 | 2.52 |
| | 6 | 1777.4 | 1459.5 | 1.47 | 1.91 | 2.99 | 4.73 |
| | 10 | 2061.7 | 1601.7 | 1.68 | 2.20 | 2.94 | 4.96 |
| | 14 | 2346.1 | 1743.9 | 1.84 | 2.48 | 2.84 | 5.13 |
| | 18 | 2630.5 | 1886.1 | 1.95 | 2.69 | 2.66 | 5.14 |
| 1800 | 2 | 1580.8 | 1392.6 | 0.95 | 1.19 | 2.17 | 3.09 |
| | 6 | 1881.9 | 1543.2 | 1.71 | 2.27 | 3.27 | 5.31 |
| | 10 | 2183.0 | 1693.7 | 1.91 | 2.61 | 3.17 | 5.56 |
| | 14 | 2484.1 | 1844.3 | 2.09 | 2.85 | 3.02 | 5.58 |
| | 18 | 2785.2 | 1994.8 | 2.18 | 3.08 | 2.82 | 5.51 |

**表 K.0.1-5 大含水（冰）率土的导热系数**

| 红色粉质黏土 | | | | 黄色粉土 | | | |
|---|---|---|---|---|---|---|---|
| 青海风火山 | | | | 兰州 | | | |
| $\rho_d$ (kg/m³) | $w$(%) | [W/(m·℃)] | | $\rho_d$ (kg/m³) | $w$(%) | [W/(m·℃)] | |
| | | $\lambda_u$ | $\lambda_f$ | | | $\lambda_u$ | $\lambda_f$ |
| 380 | 202.4 | 0.73 | 2.15 | 400 | 200.0 | — | 2.13 |
| 680 | 109.2 | 0.94 | 2.06 | 700 | 100.0 | — | 2.08 |
| 900 | 78.2 | 1.03 | 1.97 | 1000 | 55.8 | — | 2.05 |
| 1000 | 60.0 | 1.08 | 1.95 | 1200 | 40.0 | 1.94 | 2.02 |
| 1100 | 50.0 | 1.08 | 1.95 | 1400 | 35.0 | 1.86 | 1.91 |
| 1200 | 44.9 | 1.09 | 1.88 | 1400 | 30.0 | 1.72 | 1.81 |
| 1200 | 34.3 | 1.09 | 1.67 | — | — | — | — |

续表 K.0.1-5

| 草炭粉土 | | | | 草根(皮) | | | |
|---|---|---|---|---|---|---|---|
| 西藏两道河 | | | | 西藏两道河 | | | |
| $\rho_d$ (kg/m³) | $w$(%) | [W/(m·℃)] | | $\rho_d$ (kg/m³) | $w$(%) | [W/(m·℃)] | |
| | | $\lambda_u$ | $\lambda_f$ | | | $\lambda_u$ | $\lambda_f$ |
| 100 | 960.0 | — | 1.86 | 100 | 840 | — | 1.62 |
| 200 | 428.8 | — | 2.16 | 200 | 400 | 0.68 | 1.86 |
| 300 | 300.0 | — | 2.25 | 200 | 300 | 0.57 | 1.32 |
| 300 | 284.4 | — | 1.98 | 200 | 250 | 0.46 | 0.86 |
| 400 | 180.8 | — | 2.03 | 200 | 200 | 0.39 | 0.65 |
| 500 | 143.3 | — | 2.06 | 200 | 150 | 0.27 | 0.46 |
| — | — | — | — | 200 | 100 | 0.23 | 0.26 |
| — | — | — | — | 300 | 250 | 0.65 | 1.65 |
| — | — | — | — | 300 | 180 | 0.45 | 1.07 |
| — | — | — | — | 300 | 150 | 0.41 | 0.93 |
| — | — | — | — | 300 | 130 | 0.36 | 0.68 |
| — | — | — | — | 300 | 110 | 0.36 | 0.57 |

| 草炭粉质黏土 | | | |
|---|---|---|---|
| 东北满归 | | | |
| $\rho_d$ (kg/m³) | $w$(%) | [W/(m·℃)] | |
| | | $\lambda_u$ | $\lambda_f$ |
| 100 | 884.0 | — | 1.68 |
| 200 | 423.2 | — | 1.91 |
| 300 | 260.3 | 0.51 | 1.90 |
| 350 | 213.5 | 0.45 | 1.46 |
| 350 | 200.0 | 0.43 | 1.30 |
| 350 | 119.3 | 0.31 | 0.57 |
| 400 | 175.2 | 0.55 | 1.58 |
| 400 | 100.0 | 0.36 | 0.80 |

**K.0.2** 单位土体相变热和未冻水含水率的确定应符合下列规定：

**1** 单位土体的相变热（单位体积土中由水分的相态改变所放出和吸收的热量）可按下式计算：

$$Q = L\rho_d(w - w_u) \quad (K.0.2\text{-}1)$$

式中：$Q$——相变热；

$L$——水的结晶或冰的融化潜热，一般工程热工计算中取 334.56（kJ/kg）；

$\rho_d$——土的干密度（kg/m³）；

$w$——土的天然含水率（总含水率），以小数计（取小数点后两位）；

$w_u$——冻土中的未冻水含水率。

**2** 冻土中的未冻水含水率应通过试验确定，当无试验条件时，对于黏性土，按公式（K.0.2-2）计算；对于砂土，按公式（K.0.2-3）计算：

$$w_u = K(T)w_P \quad (K.0.2\text{-}2)$$

$$w_u = w[1 - i_c(T)] \quad (K.0.2\text{-}3)$$

式中：$w_P$——塑限含水率，以小数计（取小数点后两位）；

$K$——温度修正系数，以小数计（取小数点后两位），按表 K.0.2 取值；

$i_c$——相对含冰率，以小数计（取小数点后两位），按表 K.0.2 取值；

$T$——冻土温度。

**表 K.0.2 不同温度下的温度修正系数和相对含冰率数值**

| 土 名 | 塑性指数 | | 温 度(℃) | | | | | | |
|---|---|---|---|---|---|---|---|---|---|
| | | | −0.2 | −0.5 | −1.0 | −2.0 | −3.0 | −5.0 | −10 |
| 砂土 | — | $i_c$ | 0.65 | 0.78 | 0.85 | 0.92 | 0.93 | 0.95 | 0.98 |
| 粉土 | $I_P \leqslant 10$ | $K$ | 0.70 | 0.50 | 0.30 | 0.20 | 0.15 | 0.15 | 0.10 |
| 粉质黏土 | $10 < I_P \leqslant 13$ | $K$ | 0.90 | 0.65 | 0.50 | 0.40 | 0.35 | 0.30 | 0.25 |
| | $13 < I_P \leqslant 17$ | $K$ | 1.00 | 0.80 | 0.70 | 0.60 | 0.50 | 0.45 | 0.40 |
| 黏土 | $17 < I_P$ | $K$ | 1.10 | 0.90 | 0.80 | 0.70 | 0.60 | 0.55 | 0.50 |
| 草炭粉质黏土 | $15 \leqslant I_P \leqslant 17$ | $K$ | 0.50 | 0.40 | 0.35 | 0.30 | 0.25 | 0.25 | 0.20 |

注：表中粉质黏土 $I_P$ 大于 13 及黏土 $I_P$ 大于 17 两档数据仅作参考。

**K.0.3** 根据土的物理指标选取计算热参数时应符合下列要求：

**1** 在计算天然冻结或融化深度和地基温度场时，应计入总含水率的瞬时测定值与平均值的离散关系。计算相变热时所用的总含水率指标，应按春融前的测定值确定。未冻水含水率应按冻结期土体达到的最低温度确定。

**2** 在确定衔接多年冻土区采暖建筑的基础埋置深度时，应计入土体融化后结构破坏的影响。

**3** 在确定保温层厚度时，应计入所选用保温材料（如干草炭砌块或炉渣等）长期使用后受潮的影响，同时尚应计入所选用大孔隙保温材料由于对流和辐射热交换对热参数的影响。

## 本规范用词说明

**1** 为便于在执行本规范条文时区别对待，对要求严格程度不同的用词说明如下：

1）表示很严格，非这样做不可的：
正面词采用“必须”，反面词采用“严禁”；
2）表示严格，在正常情况下均应这样做的：
正面词采用“应”，反面词采用“不应”或“不得”；
3）表示允许稍有选择，在条件许可时首先应这样做的：
正面词采用“宜”，反面词采用“不宜”；
4）表示有选择，在一定条件下可以这样做的，采用“可”。

2 条文中指明应按其他有关标准执行的写法为：“应符合……的规定”或“应按……执行”。

## 引用标准名录

1 《砌体结构设计规范》GB 50003
2 《建筑地基基础设计规范》GB 50007
3 《混凝土结构设计规范》GB 50010
4 《建筑边坡工程技术规范》GB 50330
5 《建筑桩基技术规范》JGJ 94
6 《建筑基桩检测技术规范》JGJ 106

中华人民共和国行业标准

# 冻土地区建筑地基基础设计规范

JGJ 118—2011

## 条 文 说 明

# 修 订 说 明

《冻土地区建筑地基基础设计规范》JGJ 118-2011，经住房和城乡建设部2011年8月29日以第1137号公告批准、发布。

本规范是在《冻土地区建筑地基基础设计规范》JGJ 118-98的基础上修订而成的，上一版的主编单位是黑龙江省寒地建筑科学研究院，参编单位是中国科学院兰州冰川冻土研究所、哈尔滨建筑大学 、铁道部科学研究院西北分院、内蒙古大兴安岭林业设计院、铁道部第一勘测设计院、铁道部第三勘测设计院，主要起草人员是刘鸿绪、童长江、徐学祖、王正秋、丁靖康、鲁国威、贺长庚、徐学燕、贾建华、周有才。本次修订的主要技术内容是：1 对季节冻土与季节融化层土的冻胀性分类表进行了修订，增加了粗颗粒土在饱和含水条件下的冻胀性分类；2 对多年冻土的勘察部分进行了修订，对勘探孔深度与间距提出新的要求；3 对多年冻土地基设计明确了选址原则；4 对季节冻土的基础埋置深度、多年冻土地基基础的最小埋置深度分别作了修订；5 对热工计算的内容进行了细化，明确了计算内容；6 对多年冻土地区桩基础的混凝土强度等级及入模温度进行了修订，强调了热棒在建筑地基的应用；7 对冻土边坡防止失稳的措施，增加了碎石层防护的内容；8 对冻土地区单桩承载力检测提出了新的要求，增加了检验与监测内容。

本规范修订过程中，编制组进行了冻土地区建筑地基基础设计现状与发展、工程应用实例的调查研究，总结了我国工程建设冻土地区建筑地基基础设计领域的实践经验，同时参考了俄罗斯国家标准《多年冻土上的地基和基础》СНиП2・02・04-88和《冻土地基基础技术规范》ТСН50-305-2004（赤塔州），通过试验取得了重要技术参数。

为便于广大设计、施工、科研、学校等单位有关人员在使用本规范时能正确理解和执行条文规定，《冻土地区建筑地基基础设计规范》编制组按章、节、条顺序编制了本规范的条文说明，对条文规定的目的、依据以及执行中需注意的有关事项进行了说明，还着重对强制性条文的强制性理由作了解释。但是，本条文说明不具备与规范正文同等的法律效力，仅供使用者作为理解和应用把握规范规定的参考。

# 目　次

## 1 总 则

**1.0.1** 制定本规范的目的是在季节冻土与多年冻土地区进行建筑地基基础的设计与施工时，首先保证建筑物的安全和正常使用，然后要求做到技术先进、经济合理、保护环境。

**1.0.2** 本规范的适用范围为冻土地区中工业与民用建筑（包括构筑物）地基基础的设计，冻土地区中的地基包括标准冻深大于500mm季节冻土地基和多年冻土地基两大类。

我国多年冻土面积为215.0×10$^4$km$^2$，占全国面积的22.3%，季节冻土面积为514.00×10$^4$km$^2$，占全国面积的54%，多年冻土与季节冻土合计面积为729.00×10$^4$km$^2$，占全国总面积的76.3%，大约有2/3国土面积的地基基础设计需要执行本规范。

## 3 冻土分类与勘察要求

### 3.1 冻土名称与分类

**3.1.1** 冻土的定义中强调不但处于负温或零温，而且其中含有冰的才为冻土。如土中含水率很少或矿化度很高或为重盐渍土，虽然负温很低，但也不含冰，其物理力学特性与未冻土相近，称为寒土而不是冻土，只有其中含有冰其力学特性才发生突变，这才称为冻土。

根据冰川所徐学祖同志的文章我国的冻土可分为三大类：多年冻土、季节冻土和瞬时冻土。由于瞬时冻土存在时间很短、冻深很浅，对建筑基础工程的影响很小，此处不加讨论，本规范只讨论多年冻土与标准冻深大于0.5m的季节冻土地区的地基。

**3.1.2、3.1.3** 根据冻土强度指标的显著差异，将多年冻土又分出盐渍化冻土与冻结泥炭化土。由于地下水和土中的水即使含有很少量的易溶盐类（尤其是氯盐类），也会大大地改变一般冻土的力学性质，并随着含量的增加而强度急剧降低，这对基础工程是至关重要的。对未冻地基土来说，当易溶盐的含量不超过0.5%时土的物理力学性质仍决定于土本身的颗粒组成等，即所含盐分并不影响土的性质。当土中含盐量大于0.5%时土的物理力学性质才受盐分的影响而改变。在冻土地区却不然，由于地基中的盐类被水分所溶解变成不同浓度的溶液，降低了土的起始冻结温度，在同一负温条件下与一般冻土比较，未冻水含量大很多；孔隙水溶液浓度越大未冻水含量越多，未冻水含量越多，在其他条件相同时，其强度越小。因此，冻土划分盐渍度的指标界限应与未冻土有所区别，盐渍化冻土强度降低的对比见表1。

由表1可知，当盐渍度为0.5%时，单独基础承载力与桩端阻力降低到1/5～1/3，基础侧表面的冻结强度降低到1/4～1/3，这样大的强度变化在工程设计时是绝对不可忽视的。因此，盐渍化冻土的界限定为0.1%～0.25%。如多年冻土以融化状态用作地基，则按未冻土的规定执行（0.5%）。

冻结泥炭化土的泥炭化程度同样剧烈地影响着冻土的工程性质，见表2，设计时要充分考虑、慎重对待。

**表1 不同盐渍度冻土强度指标的降低**

<table>
<tr><td colspan="2">强度类别</td><td colspan="12">基侧土冻结强度(kPa)</td><td colspan="12">桩端阻力①(kPa)</td></tr>
<tr><td colspan="2">盐渍度ζ(%)</td><td colspan="4">0.2</td><td colspan="4">0.5</td><td colspan="4">1.0</td><td colspan="4">0.2</td><td colspan="4">0.5</td><td colspan="4">1.0</td></tr>
<tr><td colspan="2">土温(℃)</td><td colspan="2">−1</td><td colspan="2">−2</td><td colspan="2">−1</td><td colspan="2">−2</td><td colspan="2">−1</td><td colspan="2">−2</td><td colspan="2">−1</td><td colspan="2">−2</td><td colspan="2">−1</td><td colspan="2">−2</td><td colspan="2">−1</td><td colspan="2">−2</td></tr>
<tr><td rowspan="2">土类</td><td>砂类土</td><td>50</td><td>—</td><td>80</td><td>—</td><td>—</td><td>—</td><td>50</td><td>—</td><td>—</td><td>—</td><td>—</td><td>—</td><td>150</td><td>—</td><td>250</td><td>—</td><td>—</td><td>—</td><td>—</td><td>—</td><td>—</td><td>—</td><td>—</td><td>—</td></tr>
<tr><td>粉质黏土</td><td>—</td><td>60</td><td>—</td><td>100</td><td>—</td><td>30</td><td>—</td><td>50</td><td>—</td><td>20</td><td>—</td><td>40</td><td>—</td><td>450</td><td>—</td><td>700</td><td>—</td><td>150</td><td>—</td><td>350</td><td>—</td><td>—</td><td>—</td><td>150</td></tr>
<tr><td colspan="2">盐渍化冻土/一般冻土</td><td>0.38</td><td>0.60</td><td>0.40</td><td>0.67</td><td>—</td><td>0.30</td><td>0.25</td><td>0.33</td><td>—</td><td>0.20</td><td>—</td><td>0.27</td><td>0.11</td><td>0.53</td><td>0.15</td><td>0.64</td><td>—</td><td>0.18</td><td>—</td><td>0.32</td><td>—</td><td>—</td><td>—</td><td>0.14</td></tr>
<tr><td rowspan="3">一般冻土</td><td>土温</td><td colspan="6">−1</td><td colspan="6">−2</td><td colspan="6">−1</td><td colspan="6">−2</td></tr>
<tr><td>砂类土</td><td colspan="6">130</td><td colspan="6">200</td><td colspan="6">1400</td><td colspan="6">1700</td></tr>
<tr><td>粉质黏土</td><td colspan="6">100</td><td colspan="6">150</td><td colspan="6">850</td><td colspan="6">1100</td></tr>
</table>

注：①3m～5m深处桩端。

**表2 不同泥炭化程度冻土强度指标的降低**

<table>
<tr><td colspan="2">强度类别</td><td colspan="12">基侧土冻结强度(kPa)</td><td colspan="12">桩端阻力①(kPa)</td></tr>
<tr><td colspan="2">泥炭化程度ξ</td><td colspan="4">$0.03<\xi\leqslant0.10$</td><td colspan="4">$0.10<\xi\leqslant0.25$</td><td colspan="4">$0.25<\xi\leqslant0.60$</td><td colspan="4">$0.03<\xi\leqslant0.10$</td><td colspan="4">$0.10<\xi\leqslant0.25$</td><td colspan="4">$0.25<\xi\leqslant0.60$</td></tr>
<tr><td colspan="2">土温(℃)</td><td colspan="2">−1</td><td colspan="2">−2</td><td colspan="2">−1</td><td colspan="2">−2</td><td colspan="2">−1</td><td colspan="2">−2</td><td colspan="2">−1</td><td colspan="2">−2</td><td colspan="2">−1</td><td colspan="2">−2</td><td colspan="2">−1</td><td colspan="2">−2</td></tr>
<tr><td rowspan="2">土类</td><td>砂类土</td><td>90</td><td>—</td><td>130</td><td>—</td><td>50</td><td>—</td><td>90</td><td>—</td><td>35</td><td>—</td><td>70</td><td>—</td><td>250</td><td>—</td><td>550</td><td>—</td><td>190</td><td>—</td><td>430</td><td>—</td><td>130</td><td>—</td><td>310</td><td>—</td></tr>
<tr><td>粉质黏土</td><td>—</td><td>60</td><td>—</td><td>100</td><td>—</td><td>35</td><td>—</td><td>60</td><td>—</td><td>25</td><td>—</td><td>50</td><td>—</td><td>200</td><td>—</td><td>480</td><td>—</td><td>150</td><td>—</td><td>350</td><td>—</td><td>100</td><td>—</td><td>280</td></tr>
<tr><td colspan="2">冻结泥炭化土/一般冻土</td><td>0.69</td><td>0.60</td><td>0.65</td><td>0.67</td><td>0.38</td><td>0.35</td><td>0.45</td><td>0.40</td><td>0.27</td><td>0.25</td><td>0.18</td><td>0.33</td><td>0.18</td><td>0.24</td><td>0.32</td><td>0.44</td><td>0.14</td><td>0.18</td><td>0.25</td><td>0.32</td><td>0.09</td><td>0.12</td><td>0.18</td><td>0.25</td></tr>
<tr><td rowspan="3">一般冻土</td><td>土温</td><td colspan="6">−1</td><td colspan="6">−2</td><td colspan="6">−1</td><td colspan="6">−2</td></tr>
<tr><td>砂类土</td><td colspan="6">130</td><td colspan="6">200</td><td colspan="6">1400</td><td colspan="6">1700</td></tr>
<tr><td>粉质黏土</td><td colspan="6">100</td><td colspan="6">150</td><td colspan="6">850</td><td colspan="6">1100</td></tr>
</table>

注：①3m～5m深处桩端。

**3.1.4** 一般人都有这样一个看法，认为冻土地基的工程性质很好，各种强度很高，其变形很小，甚至可看成是不可压缩的。但是这种看法只有对低温冻土才符合，而对高温冻土(此处所说的高温系指土温接近零度或土中的水分绝大部分尚未相变的温度)却不然，高温冻土在外荷载作用下具有相当高的压缩性(与低温冻土比较)，也就是表现出明显的塑性，又称塑性冻土，在设计时，不但要进行强度计算，还必须考虑按变形进行验算。塑性冻土的压密作用是一种非常复杂的物理力学过程，这种过程受其所有成分——气体、液体(未冻水)、黏塑性体(冰)及固体(矿物颗粒)的变形及未冻水的迁移作用所控制。低温冻土由于其中的含水率大部分成冰，矿物颗粒牢固地被冰所胶结，所以比较坚硬，又称坚硬冻土。不同种类的冻土划分坚硬的、塑性的温度界限也各不相同。粗颗粒土的比表面积小，重力水占绝大部分，它在零度附近基本相变成冰。细颗粒土则相反，颗粒越细，其界限温度越低。盐渍化冻土中的水分已成不同浓度的溶液，其界限温度不但与浓度有关，还与易溶盐的种类有关系。这一温度指标很难提出，因此，将划分的界限直接采用表征变形特性的压缩系数来区分。

粗颗粒土由于持水性差，含水率都比较低，当含水率低到一定程度，其所含之冰不足以胶结矿物颗粒时将成松散状态，为松散冻土；松散冻土的各种物理、力学性质仍与未冻土相同。

**3.1.5** 土的冻胀性分类的说明：

**1** 关于特强冻胀土一档，因原分类表中当冻胀率 $\eta$ 大于 6%时为强冻胀。在实际的冻胀性地基土中 $\eta$ 不小于 20%的并不少见，由不冻胀到强冻胀划分得很细，而强冻胀之后再不细分，则显得太粗，有些在冻胀过程中出现的力学指标如土的冻胀应力、切向冻胀力等，变化范围太大。因此，国内不少单位、规范都已增加了特强冻胀土 $\eta$ 大于 12%一档，本规范也有相应改动。

**2** 关于细砂的冻胀性原来规定：粒径大于 0.075mm 的颗粒超过全部质量的 85%为细砂。小于 0.075mm 的粒径小于 10%时为不冻胀土，就是说细砂如有冻胀性，其细粒径土的含量仅在全部质量 10%～15%的范围内。

根据兰州冰川冻土研究所室内试验资料，粗颗粒土(除细砂之外)的粉黏粒(小于 0.05mm 的粒径)含量大于 12%时产生冻胀，如果将 0.05mm 用 0.075mm 代替其含量，大约在 15%时会发生冻胀。

在粗颗粒土中细粒土含量(填充土)超过某一数值时(如 40%)，其冻胀性可按所填充物的冻胀性考虑。

当高塑性黏土如塑性指数 $I_p$ 不小于 22 时，土的渗透性下降，影响其冻胀性的大小，所以考虑冻胀性下降一级。当土层中的黏粒(粒径小于 0.005mm)含量大于 60%，可看成为不透水的土，此时的地基土为不冻胀土。

**3** 近十几年内各单位对季节冻土层地下水补给高度的研究做了很多工作，见表 3、表 4、表 5、表 6。

**表 3 土中毛细管水上升高度与冻深、冻胀的比较**

| 项目 / 土壤类别 | 毛细管水上升高度 (mm) | 冻深速率变化点距地下水位的高度 (mm) | 明显冻胀层距地下水位的高度 (mm) |
|---|---|---|---|
| 重壤土 | 1500～2000 | 1300 | 1200 |
| 轻壤土 | 1000～1500 | 1000 | 1000 |
| 细砂 | <500 | — | 400 |

注：王希尧．不同地下水埋深和不同土壤条件下冻结和冻胀试验研究．北京．《冰川冻土》．1980.3。

**表 4 无冻胀层距离潜水位的高度**

| 土壤类别 | 重壤 | 轻壤 | 细砂 | 粗砂 |
|---|---|---|---|---|
| 无冻胀层距离潜水位的高度 (mm) | 1600 | 1200 | 600 | 400 |

注：王希尧．浅潜水对冻胀及其层次分布的影响．北京．《冰川冻土》．1982.2。

**表 5 地下水位对冻胀影响程度**

| 土类 | 地下水距冻结线的距离 $z$(m) | | | | |
|---|---|---|---|---|---|
| 亚黏土 | $z>2.5$ | $2.0<z\leqslant2.5$ | $1.5<z\leqslant2.0$ | $1.2<z\leqslant1.5$ | $z\leqslant1.2$ |
| 亚砂土 | $z>2.0$ | $1.5<z\leqslant2.0$ | $1.0<z\leqslant1.5$ | $0.5<z\leqslant1.0$ | $z\leqslant0.5$ |
| 砂性土 | $z>1.0$ | $0.7<z\leqslant1.0$ | $0.5<z\leqslant0.7$ | $z\leqslant0.5$ | — |
| 粗砂 | $z>1.0$ | $0.5<z\leqslant1.0$ | $z\leqslant0.5$ | — | — |
| 冻胀类别 | 不冻胀 | 弱冻胀 | 冻胀 | 强冻胀 | 特强冻胀 |

注：童长江．切向冻胀力的设计．中国科学研究院冰川冻土研究所．大庆油田设计院．1986.7。

**表 6 冻胀分类地下水界线值**

| 土名 | 地下水位(m) / 冻胀分类 | 不冻胀 | 弱冻胀 | 冻胀 | 强冻胀 | 特强冻胀 |
|---|---|---|---|---|---|---|
| 黏性土 | 计算值 | 1.87 | 1.21 | 0.93 | 0.45 | <0.45 |
| | 推荐值 | >2.0 | >1.5 | >1.0 | >0.5 | ⩽0.5 |
| 细砂 | 计算值 | 0.87 | 0.54 | 0.33 | 0.06 | <0.06 |
| | 推荐值 | >1.0 | >0.6 | >0.4 | >0.1 | ⩽0.1 |

注：戴惠民，王兴隆．季冻区公路桥涵地基土冻胀与基础埋深的研究．哈尔滨，黑龙江省交通科学研究所．1989.5。

根据上述研究成果，以及专题研究“黏性土地基冻胀性判别的可靠性”，将季节冻土的冻胀性分类表中冻结期间地下水位距冻结面的最小距离 $h_w$ 作了部分调整，其中粉砂列由 1.5m 改为 1.0m；粉土列由 2.0m 改为 1.5m；黏性土列中当 $w$ 大于 $w_p+9$ 后，而改成大于 $w_p+15$ 为特强冻胀土。

**4** 本次修订对表 3.1.5 作了适当修改。

1）将“冻结期间地下水位距冻结面的最小距离”一栏修改为“冻前地下水位距设计冻

深的最小距离”。

“冻结期间地下水位距冻结面的最小距离”的要求给实际勘察带来很大困难，一方面，什么时期地下水位距离冻结面最近难以预测，另一方面，该指标的勘察确定与冻前含水率的勘察也必然存在季节上的不一致，造成勘察困难。因此，建议将该指标修改为“冻前地下水位距设计冻深的最小距离”，表中对应的取值保持不变。设计冻深应该视为冻结期间的最大冻深，如果冻前地下水位距离设计冻深的距离大于表中取值且在冻结期间地下水位不上升，则满足修订后的“冻前地下水位距设计冻深的最小距离”就一定满足修订前的“冻结期间地下水位距冻结面的最小距离”。

**2)** 对于表中第一种土类“碎（卵）石，砾、粗、中砂（粒径小于 0.075mm 的颗粒含量不大于 15%），细砂（粒径小于 0.075mm 的颗粒含量不大于 10%）”，原规范中对地下水位不作考虑。本次修订讨论中，设计单位提出：当此类土下部存在隔水层，且地下水位很高使得该土层呈饱和含水状态时，会出现较强的冻胀。中科院寒旱所的一些路基填土（碎石土、卵石土）在饱和含水条件下的封闭冻胀实验也出现过一定程度冻胀的现象。此种冻胀主要源于水相变为冰的体积膨胀。因此，在该类土中，又针对含水状况、隔水层等划分为两种情况处理。

**5** 冻结深度与冻层厚度两个概念容易混淆，对不冻胀土二者相同，但对冻胀土，尤其强冻胀以上的土，二者相差颇大。冻层厚度的自然地面是随冻胀量的加大而逐渐上抬的，设计基础埋深时所需的冻深值是自冻前原自然地面算起的；它等于冻层厚度减去冻胀量，特此强调提出，引起注意。

**6** 土的含水率与冻胀率之间的关系可按下式计算：

$$\eta = \frac{1.09\rho_d}{2\rho_w}(w - w_p) \approx 0.8(w - w_p) \quad (1)$$

在有地下水补给时，冻胀性提高一级。如果地下水离冻结锋面较近，处在毛细水强烈补给范围之内时，冻胀性提高两级。公式（1）是按黏性土在没有地下水补给（封闭系统）的条件下，理论上简化计算最大可能产生的平均冻胀率，其中 $\rho_d$ 为土的干密度，取 $1.5g/cm^3$，$\rho_w$ 为水的密度，取 $1.0g/cm^3$。

**3.1.6** 多年冻土地基的工程分类主要以融沉为指标，并在一定程度上反映了冻土的构造和力学特性。本规范所用工程冻土的融沉性分类是用中国科学院冰川冻土研究所吴紫汪同志的分类，仅在弱融沉档次上将原先的融沉系数 1%～5%改为 1%～3%而成。当采暖建筑或有热源的工业构筑物的跨度较大时，其建筑地基融化盘的深度将超过 3m 多，如按 5%的弱融沉计算，沉降量将达到 200mm 或更大，这对在地基变形不均匀能引起承重结构附加应力的部位是危险的，因规定按逐渐融化状态Ⅱ利用多年冻土作地基，在弱融沉性土上是允许的，所以为安全原因将 5%改为 3%，见表 7。实际上按建筑地基的变形要求来说，最佳地基的土类就是不融沉和弱融沉土，别的类别在逐渐融化时的变形远远超过建筑结构的允许值，不应用作地基。如按保持冻结状态或预先融化状态，并在预融之后加以处理仍是可以用作地基的。

**表 7 冻土的融沉性与冻土强度及构造的对应关系**

| 分类等级 | | Ⅰ | Ⅱ | Ⅲ | Ⅳ | Ⅴ |
|---|---|---|---|---|---|---|
| 融沉分类 | 名称 | 不融沉 | 弱融沉 | 融沉 | 强融沉 | 融陷 |
| | 融沉系数 $\delta_0$ | <1 | $1 \leqslant \delta_0 < 3$ | $3 \leqslant \delta_0 < 10$ | $10 \leqslant \delta_0 < 25$ | ≥25 |
| 强度分类 | 名称 | 少冰冻土 | 多－富冰冻土 | | 饱冰冻土 | 含土冰层 |
| | 相对强度值 | <1.0 | 1.0 | | 0.8～0.4 | <0.1 |
| 冷生构造 | | 整体构造 | 微层微网状构造 | 层状构造 | 斑状构造 | 基底状构造 |
| 界限含水率（黏性土）$w$(%) | | $w < w_p$ | $w_p \leqslant w < w_p + 4$ | $w_p + 4 \leqslant w < w_p + 15$ | $w_p + 15 \leqslant w < w_p + 35$ | $\geqslant w_p + 35$ |

融沉系数 $\delta_0$ 与塑限含水率（细粒土）$w_p$ 或起始融沉含水率（粗粒土）$w_0$ 以及超越 $w_p$ 或 $w_0$ 之绝对含水率，其式为 $\delta_0 = \beta(w - w_p)$，$\beta(w - w_0)$，$(w - w_p)$ 或 $(w - w_0)$ 称为有效融化下沉含水率，$\beta$ 称为融化下沉常数，融化下沉常数见表 8。

**表 8 融化下沉常数 $\beta$**

| 土类别 | 黏性土 | 粗粒土 | 细粉砂 |
|---|---|---|---|
| $\beta$ | 0.72 | 0.65① 0.60② | 0.71 |

注：①粒径小于 0.075mm 的含量超过 10%，$w_0 \approx 10\%$；
②粒径小于 0.075mm 的含量不超过 10%，$w_0 \approx 8\%$。

冻土强度指标或冻土承载力与含水率有密切关系，Ⅰ类不融沉土由于其中的含水率较少，不足以胶结全部矿物颗粒为一坚硬整体，所以基本接近不冻土的性质，但强度仍大于相应不冻土；Ⅱ～Ⅲ类土是典型冻土，其强度最大；Ⅳ类土含有大量冰包裹体，长期强度明显减少；Ⅴ类土与冰的性质相似。如表 7 所列，当Ⅱ类土强度为 1.0 时，Ⅲ类土为 1.0～0.8，Ⅳ类土为 0.8～0.4，Ⅴ类土小于 0.4，而Ⅰ类土亦小于 1.0。

## 3.2 冻土地基勘察要求

**3.2.1** 多年冻土地基具有以下特点：地基工作过程受地基冻融循环作用影响，地基土的强度和稳定性受地温控制，地表水、地下水的热侵蚀对地基的稳定有重要影响。因此，多年冻土地基设计前应进行冻土地基勘察，重点查清场地的以下工程地质条件，提供有关资料。

(1) 场地内多年冻土的基本特征：冻土埋深与分布，年平均地温与分布，厚度与分布，冻土工程类型与分布；(2) 场地的多年冻土环境特征：植被、水屏障的类型与分布，多年冻土环境的热稳定性，环境保护要求；(3) 不良冻土现象的类型及对工程的影响；(4) 场地的水文地质条件特征：地下水类型，含水层的岩性成分、厚度与分布特点，地下水的补给、径流与排泄条件；(5) 地基土的基本力学参数：融化下沉系数与融化压缩系数，活动层土的冻胀性等。

**3.2.3** 钻取冻结土试样要特别小心，有时还必须采取特殊的措施，一方面保证取岩芯时不致融化；另一方面在土样正式试验之前的存储与运输环节中不致失态，仍需采取必要的措施，尤其在夏季的高温季节，一旦融化，试样即报废。在确认含水率没损失，结构没破坏，水分没重新分布的条件下，可重新冻结后试验。

由于冻土强度指标和变形特征与土温有密切关系，土温又与季节有关，理想的勘察与原位测试的时间是秋末（9、10月份），但这往往是行不通的。因为，一方面受任务下达和计划安排时间的制约，另一方面还受勘察部门是否忙闲的影响，任何时间都有可能。因此，原位观测与试验结果要经过温度修正后方可使用，否则不够安全。

严格地说，即使对秋末冬初地温最高时进行测试的结果，也要进行温度修正。因为：(1) 当试验不在本年最高地温月时的修正乃是当年的月际修正，即将不是最高地温月份地温修正到相当最高地温月份的地温；(2) 另一个修正是年际修正，因做试验年份的气候不见得是最不利的，也有可能是气温偏低的年，应该用多年观测中偏高年份的地温来修正，这样才有足够的安全性，但一般不进行年际修正。

**3.2.4** 对勘探点间距根据多年冻土分布情况分别提出要求是合理的，岛状分布区应密一些，孔间距小一些，目的是查清冻土空间分布情况。岛状多年冻土区应注意层间融区，有层间水分布的地方一般有层间融区，不要误认为已过多年冻土下限，勘察深度要求穿过下限，进入稳定地层不小于5m，目的是为设计方案提供可靠依据。冻土地区建筑场地的复杂程度分类应按现行国家标准《冻土工程地质勘察规范》GB 50324执行。

**3.2.5** 根据工程需要提供相应的气象、物理、力学等指标，不是每项工程都提供1～8项的所有指标，要求有针对性地提供，应能满足设计要求，但其中地温、总含水率、相对含冰率、冻结状态承载力特征值必须提供。

**3.2.6** 在工程地质、水文地质的不良地段，对重要工程应进行系统的地温观测，在我国多年冻土地基的经验不太丰富的今天是很有必要的，俄罗斯至今仍很重视地基的测温工作。这主要是对工程负责，同时也为积累资料。为了保证测温工作的顺利进行，应在设计文件中提出明确的要求。

# 4 多年冻土地基的设计

## 4.1 一般规定

**4.1.1** 在我国多年冻土地区，多年冻土的连续性（冻土面积与总面积之比）不是太高（表9）。因此，建筑物的平面布置具有一定的灵活性，这种选址工作在我国已经有几十年的历史了。所以，尽量选择各种融区、基岩出露或埋藏较浅地段以及粗颗粒土作地基。

零星岛状多年冻土，主要存在于多年冻土南界边缘地带。其特点是：多年冻土年平均地温一般高于－0.5℃；冻土层厚薄不均。这类高温极不稳定、含冰率高的多年冻土，不宜用作地基。

**表9 季节冻土在多年冻土区所占比例的分布**

| 冻土地区 | 冻土类型 | 季节冻土所占面积（%） | 季节冻土分布的基本特征 |
|---|---|---|---|
| 东北高纬度多年冻土区 | 大片多年冻土区 | 25～35 | 大河漫滩阶地、基岩裸露的阳坡 |
| | 岛状融区 | 40～50 | 大、中河流的漫滩阶地、基岩裸露的阳坡 |
| | 岛状冻土区 | 70～95 | 除河谷的塔头沼泽以外的任何地带 |
| 青藏高海拔多年冻土区 | 大片多年冻土区 | 20～30 | 大河贯穿融区、构造地热融区等 |
| | 岛状多年冻土区 | 40～60 | 除河谷的塔头沼泽以外的任何地带 |

**4.1.2** 利用多年冻土作地基时，由于土在冻结与融化两种不同状态下，其力学性质、强度指标、变形特点与构造的热稳定性等相差悬殊，即从一种状态过渡到另一种状态时，在一般情况下将发生强度由大到小，变形则由小到大的巨大突变。因此，根据冻土的冻结与融化状态，确定多年冻土地基的设计状态是极为必要的。

多年冻土地基设计状态的采用，应根据建筑物的结构和技术特性；工程地质条件和地基土性质的变化等因素予以考虑。一般来说，在坚硬冻土地基和高震级地区，采用保持冻结状态设计是经济合理的。如果地基土在融化时，其变形不超过建筑物的允许值，且保持冻结状态又不经济时，应采用逐渐融化状态进行设计。但是，当地基土年平均地温较高（不低于－0.5℃），处于塑性冻结状态时，采用保持冻结状态和逐渐融化状态皆不经济时，应考虑按预先融化状态进行设计。无论采用何种状态，都必须通过技术经济比较后确定。

**4.1.3** 融沉土及强融沉土等在从冻结到融化状态下的变形问题是多年冻土地区建筑地基基础设计的中心问题，在一栋建筑物中其建筑面积是很小的，基础相连或很近，在很近的距离之内无法将地基土截然分成冻结与不冻的两个稳定部分。即便是能做到，经济上也不许可，实际上也没有必要。因此，规定在一栋整体建筑物中应采用一种状态，一个建筑场地同样也宜是一个状态。与原有建筑物很近的拟建建筑物也不得采用不同的状态设计。

**4.1.4** 无论采用何种多年冻土地基的设计状态，都要注意周围场地及附属设施的有机配合，保护冻土生态环境，特别是做好施工和使用期间地表排水设施，避免地表水渗入而造成基础冻胀或沉陷。坡地应设置疏导雨水、地下水的截水沟和暗沟；对于低洼场地，宜在建筑四周向外1倍～1.5倍冻深范围内，使室外地坪至少高出自然地面500mm～800mm，并做好柔性散水坡，及时排出雨水。并对供热管道和给水排水系统尽量架空，或者采取有效的保温隔热措施使之穿越地基并定期检查，以防止向地基传热，从而引起基础沉陷。

## 4.2 保持冻结状态的设计

**4.2.1** 在多年冻土地区，进行建筑物设计时，是否采用保持冻结状态，关键取决于建筑场地范围内冻土稳定性的条件。

东北高纬度多年冻土区大片多年冻土中的年平均地温为－1.0℃～－2.0℃，高原大片多年冻土中的年平均地温为－1.0℃～－3.5℃。一般说来大片多年冻土区中的冻土层，在没有特殊情况发生时是稳定的。因此，将年平均地温小于－1.0℃作为选择保持冻结状态的一个条件是恰当的。

在建筑场地范围内，如地面自然条件遭到一定程度的破坏，将直接加大地基土的融化深度，迫使多年冻土上限下降。因此，在地基土最大融化深度内如夹有厚地下冰层（厚度大于200mm），或者有弱融沉以上的融沉性土层存在时，只有采用保持冻结状态进行设计，才能保证建筑物的稳定性。

试验结果证明：非采暖建筑或采暖温度偏低，宽度不大的轻型建筑物，对地基土的热稳定性影响较小，采用保持冻结状态设计非采暖库房，输油管设施以及对位移较敏感的建筑物是适宜的。

**4.2.2** 保持地基土处于冻结状态的设计措施可归纳为四个方面：

**1** 通风冷却地基土。架空通风基础和填土通风管道基础属此种，应尽量利用自然通风，若满足不了要求，还可以借助通风机强制通风。待日平均气温低于地表土温时就可以通风，地基得到冷却，翌年气温回升到日平均气温高出地表土温时，通风失去作用甚至起副作用时可以关闭通风口。

**2** 隔热保温。使用热绝缘地板，高填土地基等属此类。保温地板一方面保护室内热量不外散，使用感觉到舒适，节省能源，另一方面也保护地基的冻结层，不使过多的热量破坏地基稳定冻结状态，上限不下移。

如当地产有粗颗粒土时，比较经济和简便的方法是在有效范围内设置粗颗粒土保温垫层，其厚度应以保持冻土上限稳定，或下降所引起的变形很少为原则。这是在美国、加拿大等国家的多年冻土地区建筑轻型房屋时普遍采用的一种方法。

但是这种高填土地基成功与否，关键的一环是施工质量，若监督不严，措施不当，所填之土达不到要求的密实程度，房屋就会因垫层压缩而导致开裂，这是有过教训的。

**3** 加大基础埋深。采用桩基础或独立基础底面延伸到融化盘最大计算深度之下的冻土层中。

**4** 热桩、热棒基础。用热桩热棒基础内部的热虹吸将地基土中的热量传至上部散入大气中，冷却地基的效果很好，是一种很有前途的方法。

推广热桩、热棒基础，是不需耗能的冷却技术，符合国家技术经济政策。

**4.2.3** 利用冻结状态的多年冻土作地基时，基础的主要类型是桩基础，因它向下传力可以不受深度影响，施工方便，实现架空通风构造上也不太繁杂，采用高桩承台即可完成。架空通风（尤其是自然通风）是保持地基土处于冻结状态的基本措施，应得到广泛应用。只要保证足够的通风面积畅通无阻，地基土即可得到冷却。架空通风措施安全可靠，构造简单，使用方便，经济合理。如对重要建筑物感到土温较高无把握，还可采用热桩。

由于冻融交替频繁，干湿变化较大，考虑桩基的耐久性，应对冻融活动层处增加防锈（钢管桩、钢板桩）、防冻融（钢筋混凝土桩）和防腐（木桩）的措施，否则，若干年后会损失严重。

**4.2.4** 保持地基土冻结状态对正常使用中的要求为：在暖季排除建筑物周围的地表积水，保护覆盖植被，寒季及时清除周围的积雪；对施工的要求为：在施工过程中对施工季节与地温的控制指标等向施工单位提出要求，防止地温场遭受在短期内难以恢复的破坏。

过去我们对环境保护很不重视，新建建筑物不大，但污染环境一片。在多年冻土地区环境的生态平衡非常重要，必须加以保护，否则我们的多年冻土区将会迅速的缩减，一旦退化再恢复是不可能的，为了今天，更为了明天，我们要重视起环境保护，要把它写入勘察设计文件中去。设计文件不但要规定施工过程应注意的事项，在正常使用期间仍要遵守保护环境的各项规定。

### 4.3 逐渐融化状态的设计

**4.3.1** 在我国多年冻土地区，岛状多年冻土具有厚度较薄、年平均地温较高、处于不稳定冻结状态等特点，当年平均地温为－0.5℃～－1.0℃时，在自然条件和人为因素的影响下，将会引起退化；如果采用保持冻结状态进行设计不经济时，则采用容许逐渐融化状态的设计是适宜的。

当持力层范围内的地基土处于塑性冻结状态，或室温较高、宽度较大的建筑物以及供热管道及给水排水系统穿过地基时，由于难以保持土的稳定冻结状态，宜采用容许逐渐融化状态进行设计。

**4.3.2、4.3.3** 多年冻土以逐渐融化状态用作地基时，其主要问题是变形，解决地基变形为建筑结构所允许的途径有以下两个方面：

1 从地基上采取措施（减小变形量）：

1）当选择低压缩性土为持力层的地基有困难时，可采用加大基础埋深，并使基底之下的融化土层变薄，以控制地基土逐渐融化后，其下沉量不超过允许变形值；

2）设置地面排水系统，有效地减少地面集水，以及采用热绝缘地板或其他保温措施，防止室温、热管道及给水排水系统向地基传热，人为控制地基土的融化深度。

2 从结构上采取措施：

1）加强结构的整体性与空间刚度，抵御一部分不均匀变形，防止结构裂缝；

2）增加结构的柔性，适应地基土逐渐融化后的不均匀变形。

### 4.4 预先融化状态的设计

**4.4.1** 在多年冻土地区进行建筑设计，如建筑场地内有零星岛状多年冻土分布，并且建筑物平面全部或部分布置在岛状多年冻土范围之内，采用保持冻结状态或逐渐融化状态均不经济时宜采用预先融化状态进行地基设计。

当年平均地温不低于－0.5℃时，多年冻土在水平方向上呈逐渐消失状况，一旦外界条件改变，多年冻土的热平衡状态就会遭到破坏。根据这一特征，使地基土预先融化至计算深度或全部融化，是现实的和必要的，这一建筑经验在国内外已有几十年的历史。

预先融化状态，利用多年冻土作地基在碎石土、砂土中比较适宜；对于黏性土只有当它与透水的土层互层才适宜。因为融化后土中孔隙水能及时排出；预融场地的平面，超出拟建建筑物外轮廓线以外范围应满足设计要求，预融的地基属人工地基，应进行施工勘察或现场检测，确定设计需要的物理力学特性指标。

**4.4.2** 预先使地基土（冻土层）融化至计算深度，如其变形量超过建筑结构允许值时，即可根据多年冻土的融沉性质和冻结状态，采用粗颗粒土置换细颗粒土；对压缩性较大的地基进行预压加密；加大基础埋深和采取必要的结构措施，如增强建筑物的整体刚度或增大其柔性等的有效措施。

但要注意的是，当地基土融化至计算深度，基础施工时应注意保持多年冻土人为上限的一致，以避免地基土不均匀变形而影响建筑物的稳定性。

**4.4.3** 按预先融化状态利用多年冻土地基，应符合本规范第4.4.1条的规定，并经过经济比较，在技术条件容许的情况下，预先将冻土层全部融化掉时应按现行国家标准《建筑地基基础设计规范》GB 50007的有关规定，进行地基基础设计。

### 4.5 含土冰层、盐渍化冻土与冻结泥炭化土地基的设计

**4.5.1** 含土冰层的总含水率为 $w$ 大于 $w_p+35$，水的体积大于土的体积，融化后呈现融陷现象，任何一种承重结构都适应不了这种巨大变形。因此，应避开含土冰层作为天然地基，必须采用时应慎重对待，进行特殊处理。

**4.5.2** 由于冻土中易溶盐的类型不同（氯盐、硫酸盐和碳酸盐类），对土起始冻结温度的影响、对建筑材料的腐蚀都有不同。氯盐对冰点的降低显著，$Na_2CO_3$ 和 $NaHCO_3$ 能使土的亲水性增加，并使土与沥青相互作用形成水溶盐，造成沥青材料乳化。硫酸盐的含量超过1%，氯盐的含量超过4%，对水泥产生有害的腐蚀作用。硫酸盐结晶水化物可造成水泥砂浆、混凝土等材料的疏松、剥落、掉皮和其他侵蚀性作用。

盐渍化冻土的特点是起始冻结温度随着盐渍度的加大，孔隙溶液的变浓而降低，含冰率相对减少。在同样土温条件下，盐渍化冻土的强度指标要小得多，同时还具有腐蚀性。因此，设计时要考虑下述几点：

1 在初步设计预估承载力时，除计算桩与泥浆的承载力之外，还应验算钻孔插入桩周围泥浆与盐渍化冻土界面上冻土的抗剪强度所形成的承载力，并以小者为准。

2 为了提高钻孔插入桩的承载力，可加大钻孔直径，使其比桩大100mm，用石灰砂浆回填，一方面使桩侧的冻结强度提高（与泥浆的比较），另一方面也（由于石灰泵浆与盐渍化冻土交界面上强度的提高和面积的加大）使桩周围泥浆的薄弱环节得到加强，这就提高了总承载力。

3 单桩竖向承载力与塑性冻土地基中桩的变形情况，应通过单桩载荷试验确定。

**4.5.3** 盐渍化冻土若按逐渐融化和预先融化状态进行设计时，除应符合本规范第4.3节、第4.4节各条

的规定外，还应符合现行国家标准《建筑地基基础设计规范》GB 50007与其他有关现行规范的规定。

**4.5.4** 冻结泥炭化土地基的设计与盐渍化冻土的差别不大，其特点与设计时注意事项都基本相同，不再详述。

## 5 基础的埋置深度

### 5.1 季节冻土地基

**5.1.1、5.1.2** 季节冻土地区确定基础合理埋置深度并实现基础浅埋，20世纪70年代冻土界作了大量的研究和工程实践，并纳入当时的规范，规定对弱冻胀、冻胀性土地基的基础埋置深度，可以小于设计深度。基础浅埋对当时低层建筑降低基础工程费用，取得了一定的成效。本规范原版本规定浅埋基础适用于各类冻胀性土地基，本次修订保留了原规范基础浅埋的方法，但缩小了应用范围，规定基础埋置深度小于设计冻深的应用范围控制在深季节冻土地区的不冻胀、弱冻胀和冻胀土地基。修订的主要依据如下：

**1** 经调查了解，规范执行以来，在我国浅季节冻土地区（冻深小于1.0m），除农村外基本没有实施基础浅埋；中深季节冻土地区（冻深1.0m～2.0m之间）多层建筑和冻胀性较强的地基也很少有浅埋基础，基础的埋深多数控制在设计冻深以下；在深季节冻土地区（冻深大于2.0m），冻胀性不强的地基土上浅埋基础较多，如漠河（融区季节冻土）、大兴安岭、满洲里、牙克石等多年冻土南界以北的深季节冻土地区。实际应用中基础实施浅埋的工程比例不大。

当前城镇建设中，多层建筑增多，基础埋置深度浅，承载力偏低，尤其冻胀性土层多数情况是不适宜的持力层。

因此，中深季节冻土地区，基础埋置深度采用不小于设计冻深，并根据地基土冻胀性适当采取减小基侧切向冻胀力危害措施，在工程设计实践中较普遍。

**2** 20世纪六七十年代，民用建筑中平房、低层建筑较多，冻土地区基础工程占总工程费用比例较大，实施浅埋基础符合当时的实际情况。随着国民经济的发展，建筑工程质量标准的提高，人们对基础浅埋带来的经济效益与房屋建筑的安全性、耐久性之间，更加重视安全性、耐久性。

**3** 本次修订基础埋置深度时，力求减小基底法向冻胀力对结构的危害。根据有关单位研究，在季节冻土区，冻结深度在年际间受气温波动差异很大，多年最大冻深平均值与极值（最大值）差值可达15%～20%。这样在极端低温的寒季年度，实际冻深增大（标准冻深统计取值为各年度最大冻深平均值）可能对冻胀性地基上的基础产生不利影响。当基础底面出现冻层，对冻胀性小的地基产生冻胀或冻胀力较小；当地基土层强冻胀、特强冻胀，其基底的冻胀变形或法向冻胀力可能危及结构安全，因此，这类冻胀土地基上基础埋深应该有更可靠的安全度。

鉴于上述情况，本次修订对强冻胀性、特强冻胀性地基土，基础的埋置深度宜大于设计冻深0.25m；对浅季节冻土和中深季节冻土地区的不冻胀、弱冻胀、冻胀性地基土，基础的埋置深度不宜小于设计冻深；对深季节冻土地区，基础底面可埋置在设计冻深范围之内，基础可适当浅埋，宜依据当地工程经验结合本规范附录C的规定计算确定基础的埋置深度。

中国季节冻土标准冻深线图是20世纪70年代初编制的，当时以我国季节冻土区552个主要气象台（站）1961～1970年近10年的实测最大冻深资料为依据，同时参考了有关勘察设计部门掌握的实测冻深资料和前十年（1951～1960年）的最大冻深值加以修正，制成的第一幅“中国季节冻土标准冻深线图”。随着我国气象事业的发展，不仅原有各台（站）的观测年份延长了10年，而且又有不少新台（站）相继建立，20世纪80年代末，共收集资料的气象台（站）数为857个。由于部分站的观测资料不全或建站时间短。因此，将不足10年的站剔出，实际编图依据的站数为729个，从时间上分其中只有10年记录的312个，编图采用10年到20年的观测资料，补充完善，制成第二版《中国季节冻土标准冻深线图》，为本规范采用，即本规范图5.1.2（中国季节冻土标准冻深线图）。

本次修订，保留原图，未作修改。

影响冻深的因素很多，最主要的是气温，除此之外尚有季节冻结层附近的地质（岩性）条件，水分状况以及地貌特征等，在上述诸因素中，除山区之外，只有气温属地理性指标，其他一些因素，在平面分布上都是彼此独立的，带有随机性，各自的变化无规律和系统，有些地方的变化还是相当大的，它们属局部性指标，局部性指标用小比例尺的全国分布图来表示，不合适。例如，哈尔滨郊区有一个高陡坡，水平距离不过十余米，坡上土的含水率最小，地下水位低，冻深约1.9m，而坡下水位高，土的含水率大，属特强冻胀土，历年冻深不超过1.5m。这种情况在冻深图中是无法表示清楚的，也不可能表示清楚。

标准冻深，应该理解为在标准条件下取得的，该标准条件，即为标准冻深的定义：地下水位与冻结锋面之间的距离大于2m，非冻胀黏性土，地表平坦、裸露，在城市之外的空旷场地中多年实测（不少于10年）最大冻深的平均值。由于建设场地不具备上述标准条件，所以标准冻深一般不直接用于设计中，而要考虑场地实际条件将标准冻深乘以修正系数。冻深的修正系数有土质系数、温度系数、环境系数和地形系数等。

**表 10　水分对冻深的影响系数（含水率、地下水位）**

| 资料出处 | 不冻胀 | 弱冻胀 | 冻胀 | 强冻胀 | 特强冻胀 |
|---|---|---|---|---|---|
| 黑龙江省低温建研所（闫家岗站） | 1.00 | 1.00 | 0.90 | 0.85 | 0.80 |
| 黑龙江省低温建研所（龙凤站） | 1.00 | 0.90 | 0.80 | 0.80 | 0.77 |
| 大庆油田设计院（让胡路站） | 1.00 | 0.95 | 0.90 | 0.85 | 0.75 |
| 黑龙江省交通科学研究所（庆安站） | 1.00 | 0.95 | 0.90 | 0.85 | 0.75 |
| 推荐值 | 1.00 | 0.95 | 0.90 | 0.85 | 0.80 |

注：土的含水率与地下水位深度都含在土的冻胀性中，参见土的冻胀性分类表3.1.5。

土质对冻深的影响是众所周知的，因岩性不同其物理参数也不同，粗颗粒土比细颗粒土的冻深大，砂类土的冻深比黏性土的大。我国对这方面的实测数据不多，不系统，前苏联1974年和1983年《房屋建筑物地基》设计规范中即有明确规定，本规范采纳了他们的数据。

土的含水率和地下水位对冻深也有明显的影响，我国东北地区做了不少工作，这里将土中水分与地下水位都用土的冻胀性表示（见本规范土的冻胀性分类表3.1.5），水分（湿度）对冻深的影响系数见表10。因土中水在相变时的水量越多，放出的潜热也就越多，由于冻胀土冻结的过程也是放热的过程，放热在某种程度上减缓了冻深的发展速度，因此冻深相对变浅。

坡度和坡向对冻深也有一定的影响，因坡向不同，接收日照的时间有长有短，得到的辐射热有多有少，阳坡的冻深最浅，阴坡的冻深最大。坡度的大小也有很大关系，同是向阳坡，坡度大者阳光光线的入射角相对较小，单位面积上的光照强度较大，接受的辐射热量就多，但是有关这方面的定量实测资料很少，现仅参照前苏联《普通冻土学》中坡向对融化深度的影响系数给出。

城市的气温高于郊外，这种现象在气象学中称为城市的“热岛效应”。城市里的辐射受热状况改变了（深色的沥青屋顶及路面吸收大量阳光），高耸的建筑物吸收更多的阳光，各种建筑材料的热容量和传热量大于松土。据计算，城市接受的太阳辐射量比郊外高出10%～30%，城市建筑物和路面传送热量的速度比郊外湿润的砂质土快3倍。工业设施排烟、放气、交通车辆排放尾气、人为活动等都放出很多热量，加之建筑群集中、风小、对流差等，也使周围气温升高。

目前无论国际还是国内对城市气候的研究越来越重视，该项研究已列入国家基金资助课题，对北京、上海、沈阳等十个城市进行了重点研究，已取得一批阶段成果。根据国家气象局科学研究气候所、中国科学院和原国家计委北京地理研究所气候室的专家提供的数据，给出了环境对冻深影响系数，经过整理列于表11中。但使用时应注意，此处所说的城市（市区）是指市民居住集中的市区，不包括郊区和市属县、镇。

**表 11　“热岛效应”对冻深的影响**

| 城市 | 北京 | 兰州 | 沈阳 | 乌鲁木齐 |
|---|---|---|---|---|
| 市区冻深<br>远郊冻深 | 52% | 80% | 85% | 93% |
| 规范推荐值 | 市区—0.90 | 近郊—0.95 | | 村镇—1.00 |

上述各项系数，在多年使用中未发现问题，本次修订仍保留，不作修改。

关于冻深的取值，尽量应用当地的实测资料；要注意个别年份挖探一个、两个的数据不能算实测数据，而是多年实测资料（不少于10年）的平均值为实测数据（个体不能代表均值）。

**5.1.3**　过去的地基基础设计规范、地基基础施工验收规范都明文规定在砌筑基础时，基槽中基础底面以下不准留有冻土层，以防冻土融化时基础不均匀下沉。20世纪80年代初首先在大庆地区突破了这一禁令，在春融期地基尚未融透，利用有效冻胀区的概念，成功地留有一定厚度的冻土层，为国家节约大量的基础工程资金，当时受到石油部的奖励。据调查，大庆地区已不采用了，但在内蒙古和大兴安岭地区，由于季节冻结深度大，每年六月、七月不能全部融化，在天然场地的浅基础设计施工中，采用了基槽中保留部分冻土层，在冻土地基上施工基础，因此，保留了本条。并补充下列要求：

**1**　基底面下的冻土层土质和厚度应均匀，并属不融沉类土，或属弱融沉类土，应按本规范6章规定计算融沉压缩变形，确定冻层厚度，总的下沉量应在设计允许范围内。

**2**　应进行施工勘察和监测。

**3**　应采用多年冻土保持冻结状态设计的有关施工措施和要求。

**5.1.4**　在防冻害措施中最好是选择冻胀性小的场地作地基，或对现有地基采取降低冻胀性的某些措施。例如排水：即疏导地表水，降低地下水或提高地面等；压密：即用强夯法将冻层之内地基土的干密度压实到大于或等于1.7g/cm$^3$；保温：如苯板可减小冻深和改变水分迁移方向。

由于砖砌体在地下都不勾缝，毛石不规则，其表面凸凹不平明显，切向冻胀力的数值特别大，如用水泥砂浆抹面压光，将较大改善受力状态，或用物理化学方法处理基侧表面或与其侧表面接触的土层；如在表面涂以渣油层用表面活性剂配制的增水土隔离，用添加剂使土颗粒凝聚或分散的土隔离等。

人工盐渍化的方法可降低土的起始冻结温度，也能起到一定的作用，但一般不用，因该方法不耐久，随着时间的延长，地下水会把盐溶液的浓度冲淡而失效，同时将地基土盐渍化，变得具有腐蚀性，危害各种地下设施。因此本规范未推荐此措施。

加大上部荷载可在一定程度上有效地平衡一部分冻胀力，因此，凡是处在强冻胀和特强冻胀土的地基上，尽量避免设计低层（尤其单层）建筑。

在冻胀性较强的地方，当外墙较长、较高时，为抵御由外侧冻胀力偏大而引起的偏心或弯矩，宜适当增加内横隔墙或扶壁柱的数量。

砂垫层可防法向冻胀力，但一定要把砂垫层的底面放置在设计冻深的底线上，即砂垫层的下部不得有冻胀性土存在，因砂垫层底面的附加应力要小得多，它平衡不了多少冻胀应力。

大量试验证明，梯形斜面基础是防切向冻胀力的有效措施之一，但施工稍复杂。

自锚式扩展基础也是防切向冻胀力的有效措施之一，但要注意回填土部分的施工质量，否则，将产生过大的压缩变形。

跨年度越冬情况很复杂，因此取消了有关计算说明。

## 5.2 多年冻土地基

**5.2.1** 在不衔接多年冻土地区，当多年冻土上限埋深在建筑物的热影响深度（相当稳定融化盘）以下时，下卧多年冻土的热状态不受建筑物的热影响，基础埋深可按季节冻土地区的有关规定进行设计。若多年冻土上限处在最大热影响深度（稳定融化盘）之内时，如果融化多年冻土的变形（融化下沉和压密下沉）与融土地基的压密变形之和不超过承重结构的允许值时，仍可按季节冻土地基的方法考虑基础的埋深。

**5.2.2、5.2.3** 多年冻土是一种含冰的“岩石”，在负温状态下，具有固体岩石的工程性能，是建筑的良好地基。在衔接多年冻土地区，按保持冻结状态利用地基多年冻土时，应采取有效措施，保持地基多年冻土的设计温度状态，并且，确保建筑物基础底面在多年冻土中，其埋置深度应通过热工计算确定。对于浅基础，其基础底面埋深，应不小于该建筑物地基多年冻土稳定人为上限加0.5m。理由如下：地基活动层的冻融循环是多年冻土地区建筑物破坏的主要原因。对于永久性建筑物，基础底面是不允许出现法向冻胀力的。即浅基础底面以下的地基，在一般情况下，是不允许有冻融循环的。因此，浅基础底面必须保证置于多年冻土中；其次，建筑物的稳定人为上限是随气温波动而波动的。年平均气温每波动1℃，稳定人为上限埋深约变化15%～20%。

建筑物的稳定人为上限埋深，取决于建筑物的热工特性和地基多年冻土工程地质条件，受多种因素影响和控制，一般难以获得。因此，在这里推荐采用建筑场地的设计融深来确定浅基础的埋置深度。浅基础最小埋深的规定，一方面考虑多年冻土上限位置的地温较高，变形较大，强度较低；另一方面考虑年际气温变化引起上限波动对基础稳定性的影响。所以，要求浅基础底面必须埋入多年冻土中一定深度：采用架空通风基础时和无热源影响地基土上基础（冷基础）时对于永久性建筑物，基础要求埋入多年冻土中的深度，不小于lm（即 +1m）；但对临时性的或次要的附属建筑物，只要不小于设计天然上限埋深即可。

允许地基多年冻土逐渐融化或预先融化时，基础的埋深按季节冻土地基考虑，即考虑地基土的设计冻深、地基土的冻胀特性等，来确定基础的埋深。

无论采用何种设计原则（保持冻结状态、逐渐融化和预先融化），建筑物基础都应按本规范附录C的规定，进行切向冻胀力作用下基础抗冻胀稳定和强度的验算。

对基础底面埋置在季节融化层内的临时性或次要附属建筑物基础，应考虑法向冻胀力，采用本规范附录C的方法，验算施工越冬阶段和正常使用阶段建筑物的稳定性。

地基土的标准融化深度，是指建筑地区土质为非冻胀性黏性土，地表平坦、裸露的空旷场地，多年（不小于10年）实测融化深度的平均值。

在没有实测资料时，标准融深按本规范确定。标准融化指数等值线图由黑龙江省农业气象试验站绘制。

影响融化深度的因素较多，除气温之外，尚有土质类别（岩性）、含水率、植被覆盖、地面坡度、朝向等。土质类别（岩性）、含水率、植被覆盖、地面坡度、朝向与融化深度的关系是：粗颗粒土的融化深度比细颗粒土大；含水率大的土体融化深度小；植被覆盖地面的融化深度较裸露地面小；向阳坡融化深度大于阴坡；地面坡度大，融化深度深，坡向对融深的影响系数见表12。

**表12 坡向对融深的影响系数$\psi_{t0}^{m}$**

| 数据来源 | 坡向 | 融深（m） | $\psi_{t0}^{m}$ |
|---|---|---|---|
| 前苏联教科书《普通冻土学》中有关“伊尔库特—贝加尔地区”的资料 | 北坡 | 0.68 | 0.88 |
| | — | 0.78 | 1.00 |
| | 南坡 | 0.87 | 1.12 |
| 《公路工程地质》一书中杨润田、林凤桐有关大兴安岭地区资料 | 阴坡 | 1.00 | 0.80 |
| | — | 1.25 | 1.00 |
| | 阳坡 | 1.50 | 1.20 |
| 规范推荐值 | 阴坡 | — | 0.90 |
| | 阳坡 | — | 1.10 |

土质类别、地形、地貌对融深影响的资料，引自铁道部科学研究院西北分院、铁道部第一勘测设计

院、中国科学院冰川冻土研究所等单位编写的《青藏高原多年冻土地区铁路勘测设计细则》和铁道部第三勘测设计院编写的《东北多年冻土地区铁路勘测设计细则》。融化深度与含水率的关系，引自冻结过程资料，土的类别对融深的影响系数见表13。

表13 土的类别对融深的影响系数$\psi_s^m$

| 青藏高原多年冻土地区铁路勘测设计细则 | 黏性土 | 粉土、粉、细砂 | 中、粗、砾砂 | 大块碎石 |
|---|---|---|---|---|
| $\psi_s^m$ | 1.00 | 1.12 | 1.20 | 1.45 |
| 东北多年冻土地区铁路勘测设计细则 | 粉土 | 砂砾 | 卵石 | 碎石 |
| $\psi_s^m$ | 1.00 | 1.00 | 2.03 | 1.44 |
| 本规范推荐值 | 黏性土 | 粉土、粉、细砂 | 中、粗、砾砂 | 大块碎石类 |
| $\psi_s^m$ | 1.00 | 1.20 | 1.30 | 1.40 |

**5.2.4** 多年冻土中桩基的承载能力，来源于桩侧表面的冻结力和桩底多年冻土的抗力。活动层中桩的摩擦阻力和冻结力，在承载力计算中，是不能考虑的。因为，冻土桩基的稳定性，除桩的下沉稳定外，还有桩的抗冻胀稳定。为满足桩的抗冻胀稳定要求，活动层部分的桩体，在一般情况下，均需要作防冻胀处理，即要求消除或减小桩表面与活动层土体之间的粘结力，以满足桩基抗冻胀稳定的要求。因此，冻土桩基的最小埋置深度，应通过冻土桩基热工计算、承载力计算和抗冻胀稳定计算确定。

## 6 多年冻土地基的计算

### 6.1 一般规定

**6.1.1** 多年冻土地区在我国分布较广，在这些地区建造房屋，进行地基与基础计算，必须考虑建筑物与地基土之间热交换引起的地基承载力、变形的变化对静力计算的影响。由于没有考虑冻土这一特点而引起地基沉陷、墙体开裂、房屋不能使用的事故屡见不鲜，同时由于没有掌握计算要点盲目埋深，造成的经济损失也十分可观，因而在冻土地区应通过对地基静力、热工、稳定三方面的计算，达到安全、经济的目的。

在多年冻土地区进行工程建设时，和非冻土地区一样，需要进行地基承载力、变形及稳定性计算。但是，作为地基土的冻土其强度、承载力等数值，除了与地基土的物质成分、孔隙比等因素有关外，还与冻土中冰的含量有很大关系。冻土中未冻水量的变化直接影响着冻土中的含水（冰）量及冰-土的胶结强度，地温升高，冻土中的未冻水量增大，强度降低，地温降低，未冻水量减少，强度增大。因此，在确定冻土地基承载力时，必须预测建筑物基础下地基土的强度状态，用建筑物使用期间最不利的地温状态来确定冻土地基承载力才是最安全的。反之，仅按非冻土区状态来确定地基承载力，就不能充分利用冻土地基的高强度特性，造成很大的浪费。若仅按勘察期间天然地温状态确定的冻土地基承载力亦是不安全的。因而，基础设计时，按预测建筑物使用期间可能出现的最不利的地温状态来进行承载力计算。

**6.1.2** 保持地基土处于冻结状态利用多年冻土时，由于坚硬冻土的土温较低，土中已有含冰率足以将土的矿物颗粒牢固地胶结在一起，使其各项力学指标增强许多，而其中的压缩模量大幅度提高。对一般建筑物基础荷载的作用，在地基土承载力范围之内，满足变形要求，所以对坚硬冻土只需计算承载力就可以了。对塑性冻土，由于其压缩模量比坚硬冻土小得多，在基础荷载作用下，处于承载力范围之内的压缩、沉降变形却不可忽视。因此，还需对变形加以考虑。

如果建筑物下有融化盘，还必须进行最大融化深度的计算，一定要保证基础底面及其持力层在人为上限之下的规定深度，处于稳定冻结状态的土层内。

容许多年冻土以融化状态用作地基时，应按现行国家标准《建筑地基基础设计规范》GB 50007的有关规定进行，就是既要按承载力计算，也要按变形来进行验算。既考虑预融后或部分预融后的情况，也要考虑在使用过程中逐渐融化变形的状态。

**6.1.3** 我国冻土研究历史虽已六十多年，但对全国各个地区的工程地质及水文地质条件，以及各种冻结状态下的地基承载力的原位测试等工作做得仍不充分。特别是冻结状态大块碎石土的工作更是有限。同时，冻土的另一大特点，即含有不同程度的地下冰，冻土中的含水分布异常不均匀。因此，在选用本规范的地基承载力值时，就受到很大的限制。所以对设计等级为甲级、乙级的建筑物，应要求进行原位测试，对设计等级丙级的建筑物，或工程地质、水文地质及冻土条件较为均匀时，可以要求放宽，通过建筑地段的冻土工程地质勘探所取得的地基土的物理力学性质来确定，但严禁不进行工程地质勘察的做法。

### 6.2 保持冻结状态地基的计算

**6.2.1** 多年冻土地区建筑物基础设计时，对基础底面压力的确定及对偏心荷载作用的基础底面压力的确定，仍需符合非冻土区的计算方法。

**6.2.2** 在偏心荷载作用下基础底面压力的确定，在多年冻土区中采用保持地基土处于冻结状态设计时，除了按非冻土区的计算方法外，尚应考虑作用于基础下裙边侧表面与多年冻土冻结的切向力。因为冻土与基础间的冻结强度，是随着地基土温度降低而增大的，它比未冻土与基础间的摩阻力要大得多，其作用方向和偏心力矩的方向相反。所以，对偏心荷载作用下基础底面反力值的计算，应该考虑裙边的冻结强度。

### 6.3 逐渐融化状态和预先融化状态地基的计算

**6.3.1** 地基变形的允许值，主要是由上部承重结构的强度所决定，在不少建筑物使用条件对沉降差和绝对沉降量也有一定要求，个别还有外观上的限制。所以，建筑物的最终变形量，都需符合这一规定。

**6.3.2** 本规范公式（6.3.2）是计算地基下沉量比较精确的计算式，要求在地质勘探时由试验按土层分别确定融沉系数 $\delta_0$ 和体积压缩系数 $m_v$，并要求较准确地观察冻土层中包裹冰的平均厚度 $\Delta_i$。若冻土中未见包裹冰，即 $\Delta_i=0$，公式（6.3.2）仍然适用。

公式（6.3.2）中第一项为融化下沉量。第二项为在地基土自重压力下的压缩沉降量。第三项为附加压力作用下压缩沉降量；地基土中的附加应力是按非均质地基中具有刚性下卧层，上软下硬双层体系地基考虑的；冻土层与融化层比较，可近似地认为是不可压缩的土层，用冻融界面（冻融界面是逐渐下移的）上的附加应力来计算压缩变形量。第四项为包裹冰（冰透镜体和冰夹层）融化时的下沉量，但并不是所有包裹冰融化后的下沉量刚好与包裹冰自身厚度相同，而存在一个大孔隙不完全堵塞的系数，此处不予考虑，只作为一个安全因素储备起来。式中规定了 $\Delta_i$（冰夹层）仅取厚度大于或等于 10mm 者，小于 10mm 的纳入 $\delta_0$ 系数中。

**6.3.3** 在基础荷载作用下，地基正融土中的附加应力系数体系与普通土中基础之下地基土中有不可压缩的下卧层体系相似，由于冻土的压缩模量比融土的大几倍甚至几十倍，所以冻土类似不可压缩体，融冻界面就是不可压缩层的表面，又因地基冻土受热是逐渐融化的，融冻界面是逐渐扩展的，可以认为不可压缩层是从基础底面逐渐下移的，冻土融一层就被压一层，故融冻界面处土中应力系数采用了一般土力学与地基基础书中计算不可压缩层交界处土中的应力系数表（见本规范表 6.3.3）。

公式（6.3.3）中 $\alpha_{i-1}$、$\alpha_i$ 系数，就是第 $i$ 层土顶面和底面处的应力系数 $\alpha$，因为第 $i$ 层土是从 $h_{i-1}$ 层底面开始融化直到 $h_i$ 层底面的，即融冻界面是从 $h_{i-1}$ 层底面逐渐下移至 $h_i$ 底面，故第 $i$ 层土中部平均应力系数为 $(\alpha_{i-1}+\alpha_i)/2$。这与地基基础设计规范中所说的平均附加应力系数不是一个概念，不可混淆。

**6.3.4** 当地基冻土融化、压缩下沉量大于允许值时，采取预融一部分地基土来减少建筑物基础的下沉量是合适的，也是较经济的（与其他措施相比）。

预融土在建筑物施工前，土的融化下沉已经完成，土的自重压密也完成了一部分，计算预融深度 $h_m$ 时，可只按融沉量计算。在计算融化总深度 $H_u$ 时应考虑为计算最大融深 $H_{max}$ 与融土的蓄热影响（$0.2h_m$）两部分之和。

**6.3.5** 基础倾斜，是基础边缘地基土不同下沉的结果，$s_1$、$s_2$ 就是一个基础两边缘（或一段的两端）的不同下沉值，其压缩应力系数应采用边缘或角点的应力系数；它小于中心应力系数，但在非均质地基中这种试验工作尚未进行，计算图表无处可查，故采用中心点的应力系数计算，其所得结果是偏大的。但我们求的是倾斜值，$s_1$、$s_2$ 同时偏大，其最终结果与小附加应力计算结果是接近的。又因计算沉降量与地基的实际沉降值往往是有差距的，因此，在没有资料时采用中心应力计算还是可行的。前苏联 СНиПⅡ-Б.6-66 地基基础设计标准，也是采用中心应力计算的。

## 7 基　础

### 7.1 一 般 规 定

**7.1.1** 冻土地区可采用的基础类型有：刚性无筋扩展基础、柱下独立钢筋混凝土基础、墙下钢筋混凝土条形基础、柱下条基、筏形基础、桩基础、热桩、热棒基础及架空通风基础等。选择基础类型应考虑建筑物的安全等级、类型、冻土地基的热稳定性及所采用的设计状态。如墙下条形基础、筏形基础由于其向冻土地基传递的热量较多以及不能充分利用冻土地基的承载力等原因，不宜用于按保持地基冻结状态设计的多年冻土地基。各类基础具体适用条件见本章各节。

**7.1.2** 多年冻土地区基础下设置一定厚度对冻结不敏感的砂卵石垫层，可以起到以下作用：

**1** 减少季节冻结融化层对地基土的影响，提供稳定的基础支承；

**2** 提供较好的施工作业工作面，不管在什么季节条件下，可使施工机械、人员在地基上面工作的困难减少；

**3** 减少季节冻结融化层的冻胀和融沉；

**4** 调节地基因季节影响引起的热状况的波动；

**5** 避免现浇钢筋混凝土直接影响多年冻土温度状况，对按保持地基冻结状态设计有利。

垫层的粒料由透水性良好和洁净砾料组成。根据室内外试验结果，当粉黏粒（小于 0.075mm 颗粒）含量小于或等于 10%时，对冻胀是不敏感的（不产生冻胀或融沉），所以要求粒料中粉黏粒含量不超过 10%。粒料的最大尺寸不超过 50mm～70mm，级配良好。垫层应保证有一定密实度，并符合现行国家标准《建筑地基基础设计规范》GB 50007 中填土地基的质量要求。如果在细粒土地基上铺设较粗大的砾卵石材料作垫层时，则应先在地基上铺设 150mm 左右厚度的纯净中粗砂，使其起到反滤层作用，以减少地基土融化时细颗粒土向上渗入垫层中。中粗砂有一定持水能力，使体积融化潜热提高，也有助于减少地基的冻结和融化深度。

多年冻土地区按容许地基土融化原则设计时，砂卵石垫层厚度应满足下卧细粒土融化时的强度要求。粒料垫层承载力设计值根据非冻结土按现行国家标准《建筑地基基础设计规范》GB 50007有关规定取值。

### 7.2 多年冻土上的通风基础

**7.2.1** 多年冻土地区，房屋地基基础工程中，需要解决的复杂难题，是基础与地基多年冻土之间的热传输问题。由于地坪和基础的渗热，常使地基多年冻土出现衰退和融化，引起房屋的变形和破坏。通风散热基础能将地坪渗、漏热量和基础导入的热量拦截，释放于大气中，确保地基多年冻土的热稳定，达到防止建筑物变形、损坏的目的。因此，通风散热基础，是多年冻土地基上最为合理的基础形式。

图1 青藏铁路上的架空通风基础房屋（不冻泉车站）

所谓架空通风基础，是指地基地表与建筑物一层地板底面间，留有一定高度通风空间的基础（图1）。基础中的通风空间，可设在地下或半地下，但一般都设在地上。

填土通风管基础，是指在天然地面上，用非冻胀性粗颗粒土填筑一定厚度的人工地基，并在其中埋设通风管的一种地基基础结构形式（图2）。

图2 青藏铁路上的填土通风管圈梁基础房屋（通天河养路工区）

填土通风管基础是地基基础的复合体，它既不是基础，也不是地基。这可从通风管的受力状态看出：一方面，通风管承担着上部建筑荷载，它应是基础的组成部分；另一方面，通风管上的荷载应力，又是通风管上填土传来的，通风管又应是地基的组成部分。这种填土通风管地基基础结构，确实很难将地基和基础明确区分开来，为方便起见，仍称其为基础。

无论何种形式的地基基础散热结构，其共同特点是地基基础中都留有一定通道，供空气流通之用，故可统称为通风基础。

通风基础是保持地基多年冻土冻结状态的合理基础形式。其中，桩基架空通风基础，是多年冻土地区普遍采用的。

架空通风基础可以利用冬季的自然通风，达到保持地基多年冻土冻结状态的目的，特别是对热源较大的房屋，如锅炉房、浴室等。

架空通风基础下，地基温度场变化情况如图3所示，与天然地面地温曲线（图4）相比。桩基架空通风基础下，地基表面的温度，无论是暖季，还是寒季，都比天然地面要低；地基多年冻土的上限埋深，较之天然地面要浅约1m。这就说明，架空通风基础可有效拦截地坪渗、漏热量，消除房屋采暖对地基多年冻土的热影响。

通风基础，适用于各种地形、地貌、冻土工程地质条件的多年冻土地基。在我国青藏高原多年冻土地区和东北大兴安岭多年冻土地区的阿木尔、满归等地，均采用过这种基础（表14），使用效果良好。

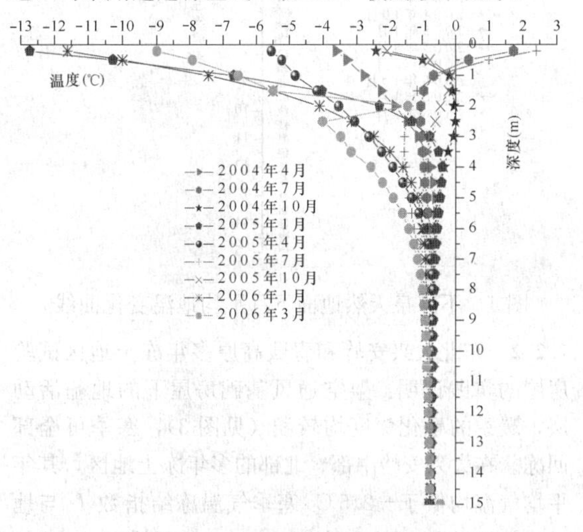


图3 架空通风基础下地基月平均地温变化曲线（不冻泉车站，桩基，架空高度40cm）

**表14 架空通风基础使用情况**

| 地区 | 地点 | 多年冻土分布特征 | 年平均气温（℃） | 建筑物下夏季最大融深（m） | 全部回冻月份 | 基础类型 | 房屋类型 | 架空高度、通风管内径（mm） | 地基条件、建筑年限 |
|---|---|---|---|---|---|---|---|---|---|
| 东北多年冻土地区 | 阿木尔、劲涛 | 大片连续 | −5~−6 | 2.1 | 1 | 桩基架空通风基础 | 住宅 | — | — |
| | 朝晖站 | 同上 | −5 | 2.9 | 1 | 桩基架空通风基础 | 住宅 | — | — |
| | 满归 | 同上 | −4.5 | 2.74 | 1 | 填土通风管条形基础 | 住宅 | 540 | 多冰冻土 |

续表 14

| 地区 | 地点 | 多年冻土分布特征 | 年平均气温(℃) | 建筑物下夏季最大融深(m) | 全部回冻月份 | 基础类型 | 房屋类型 | 架空高度、通风管内径(mm) | 地基条件、建筑年限 |
|---|---|---|---|---|---|---|---|---|---|
| 青藏高原多年冻土地区 | 风火山 | 同上 | −6.6 | 0.9 | 10 | 桩基架空通风基础 | 锅炉房 | 800 | 富冰冻土，天然上限1.7m。1976年 |
| | 风火山 | 同上 | −6.6 | 1.7 | 11 | 填土通风管圈梁基础 | 住宅 | 330 | 富冰冻土，天然上限1.7m，平均填土高度0.8m。1976年 |

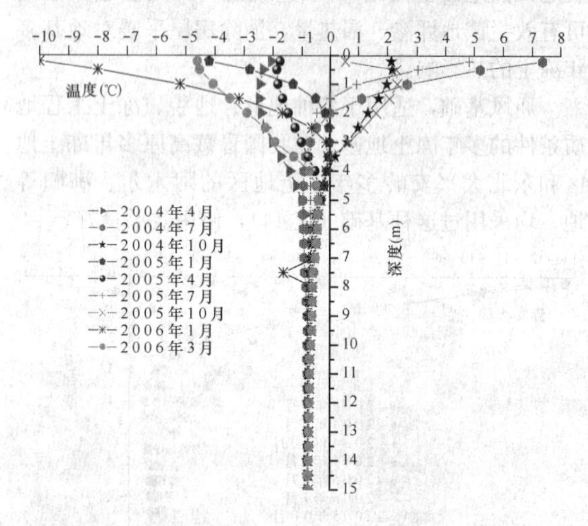


图 4　不冻泉天然地面下月平均地温变化曲线

**7.2.2**　东北大兴安岭和青藏高原多年冻土地区试验房屋的实践证明：架空通风基础房屋下的地基活动层，暖季的融化深度均较浅（见图 3），寒季可全部回冻。在大兴安岭中部、北部的多年冻土地区，其年平均气温均低于−2.5℃。寒季气温冻结指数 $I_f$ 与地基活动层回冻所需冻结指数 $I_m$ 之比，均在 2.16 以上。说明这些地区寒季都有足够冷量使地基融化土体回冻。但对于大兴安岭南部的岛状多年冻土地区，架空通风基础能否采用，应进行热工计算和技术经济比较后确定。一般情况下，$I_f/I_m \geqslant 1.45$，采用架空通风基础的房屋，地基活动层回冻是没有什么问题的，但必须设置更多通风孔或做成敞开式。

**7.2.3～7.2.5**　桩基、柱下独立基础、架空通风基础，主要由桩、柱或墩与上部结构梁、板组成；填土通风管圈梁基础，主要由圈梁和圈梁下通风管组成。

桩基、柱基、墩基架空通风基础通风空间的形式有以下两种：1）勒脚处带通风孔的隐蔽形式；2）梁下全通风的敞开形式。采用何种形式通风，可根据热工计算及当地积雪条件确定。

为使基础自然通风良好，通风空间高度 $h$ 与建筑物宽度 $b$ 之间应满足一定比例关系，据计算和经验，其比值应不小于 0.02。不满足时，应采用强制性通风。根据隐蔽式通风空间通风孔构造要求，其通风空间高度 $h$ 按下式计算：$h=a+h_1+c$，其中：$a$ 为通风孔底至室外散水坡表面最小高度，由积雪条件决定（防止积雪堵塞通风空间），一般为 0.30m～0.35m；$h_1$ 为通风孔高度，一般为 0.25m～0.35m；$c$ 为通风孔上部到通风空间顶棚的距离，取 0.25m～0.30m。

从上面计算可知，隐蔽式通风空间的高度 $h$，一般为 0.8m～1.0m。

另据中科院冰川冻土研究所 1987 年对前苏联西伯利亚地区考察报告资料，该地区多年冻土上架空通风基础通风空间高出地面高度在 1.0m～1.5m。从我国实际工程使用情况（表 14）及技术经济条件出发，规定架空通风空间高度不小于 0.8m 是合理的。

**7.2.6**　采用填土通风管基础，保持地基多年冻土的冻结状态，在青藏铁路沿线多年冻土地区和大兴安岭多年冻土地区已使用多年，效果良好。

**1**　采用填土通风管基础，保持地基多年冻土冻结状态时，所需通风管数量，是按一维稳定导热，假定建筑物的附加热量（地坪传入热量）全部由通风管通风带走的条件下确定的。具体计算方法如下：

将矩形填土垫层区域变换成同心半圆（图 5），使半圆外弧长度等于填土层外轮廓总长，半圆内半径 $r$ 待求。

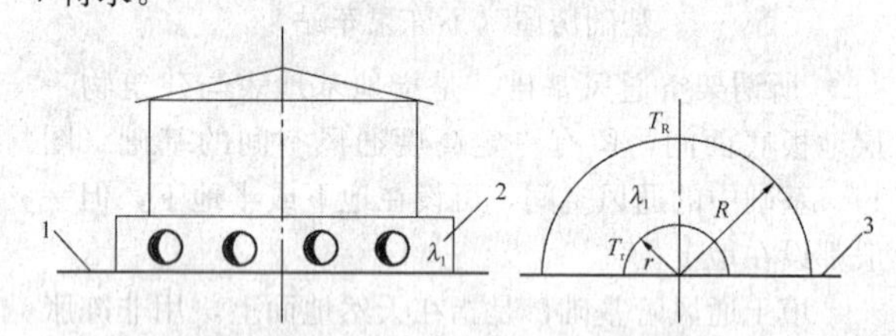


图 5　区域变换示意

1—天然地面；2—填土；3—绝热层

经热工计算确定内半径 $r$ 后，求得内半圆的面积。令 $n$ 根通风管的净面积之和等于内半圆的面积，从而求得通风管的数量 $n$。

根据流向通风管壁总热量和通风管内壁面放出热量平衡的假设，对东北多年冻土地区及青藏高原多年冻土地区的填土通风管数 $n$ 进行计算，其计算结果见表 15 及表 16，通风管内半径 $r_0=0.125$m。

**表 15　东北多年冻土地区填土通风管数量 $n$ 计算**

| 室内温度(℃) | | | 16 | | | | | | 20 | | | | | |
|---|---|---|---|---|---|---|---|---|---|---|---|---|---|---|
| $L$ (m) | $v_1$ | $T_1$ \ $B$(m) \ $R_1$ | 6 | | | 10 | | | 6 | | | 10 | | |
| | | | 0.86 | 1.72 | 2.58 | 0.86 | 1.72 | 2.58 | 0.86 | 1.72 | 2.58 | 0.86 | 1.72 | 2.58 |
| 20 | 2.0 | −4.5 | 10.1 | 5.7 | 3.8 | 19.0 | 12.3 | 8.9 | — | — | 9.5 | — | — | — |
| | | −5.5 | 4.0 | 2.5 | 1.8 | 7.1 | 5.1 | 3.9 | — | 6.5 | 4.3 | — | 14.2 | 10.2 |

续表 15

| 室内温度(℃) | | | 16 | | | | | | 20 | | | | | |
|---|---|---|---|---|---|---|---|---|---|---|---|---|---|---|
| $L$(m) | $v_1$ | $T_1$ \ $B$(m) | 6 | | | 10 | | | 6 | | | 10 | | |
| | | $R_1$ | 0.86 | 1.72 | 2.58 | 0.86 | 1.72 | 2.58 | 0.86 | 1.72 | 2.58 | 0.86 | 1.72 | 2.58 |
| 20 | 3.0 | −3.5 | 8.9 | 5.1 | 3.4 | 16.4 | 10.8 | 7.9 | — | — | 8.5 | — | — | — |
| | | −4.5 | 2.5 | 1.6 | 1.2 | 4.3 | 3.2 | 2.5 | 7.0 | 4.1 | 2.8 | 12.8 | 8.7 | 6.4 |
| | | −5.5 | 1.1 | 0.8 | 0.6 | 1.8 | 1.4 | 1.2 | 2.9 | 1.8 | 1.3 | 5.0 | 3.7 | 2.9 |
| 40 | 2.0 | −4.5 | — | — | 9.5 | — | — | — | — | — | — | — | — | — |
| | | −5.5 | — | 6.5 | 4.3 | — | 14.3 | 10.2 | — | — | 10.8 | — | — | — |
| | 3.0 | −3.5 | — | — | 8.7 | — | — | — | — | — | — | — | — | — |
| | | −4.5 | 7.2 | 4.2 | 2.9 | 13.1 | 8.9 | 6.6 | — | — | 7.1 | — | — | 17.9 |
| | | −5.5 | 2.9 | 1.9 | 1.4 | 5.1 | 3.8 | 2.9 | 8.4 | 4.8 | 3.2 | 15.4 | 10.2 | 7.5 |

**表 16　青藏高原多年冻土地区填土通风管数 *n* 计算**

| 室内温度(℃) | | | 16 | | | | | | 20 | | | | | |
|---|---|---|---|---|---|---|---|---|---|---|---|---|---|---|
| $L$(m) | $v_1$ | $T_1$ \ $B$(m) | 6 | | | 10 | | | 6 | | | 10 | | |
| | | $R_1$ | 0.86 | 1.72 | 2.58 | 0.86 | 1.72 | 2.58 | 0.86 | 1.72 | 2.58 | 0.86 | 1.72 | 2.58 |
| 20 | 2.5 | −3.5 | — | 12.3 | 7.6 | — | — | 19.3 | — | — | — | — | — | — |
| | | −4.5 | 6.2 | 3.7 | 2.6 | 11.2 | 7.7 | 5.8 | — | 9.8 | 6.2 | — | — | 15.5 |
| | | −5.5 | 2.5 | 1.7 | 1.2 | 4.4 | 3.3 | 2.6 | 7.2 | 4.2 | 2.9 | 13.1 | 8.9 | 6.6 |
| | 3.5 | −3.5 | 12.0 | 6.5 | 4.3 | — | 14.3 | 10.2 | — | — | 10.8 | — | — | — |
| | | −4.5 | 3.2 | 2.1 | 1.5 | 5.7 | 4.2 | 3.2 | 9.4 | 5.3 | 3.5 | 17.5 | 11.4 | 8.3 |
| | | −5.5 | 1.4 | 1.0 | 0.7 | 2.4 | 1.8 | 1.5 | 3.7 | 2.3 | 1.7 | 6.6 | 4.8 | 3.7 |
| 40 | 2.5 | −4.5 | — | — | 10.1 | — | — | — | — | — | — | — | — | — |
| | | −5.5 | — | 6.8 | 4.5 | — | 15.1 | 10.8 | — | — | 11.4 | — | — | — |
| | 3.5 | −4.5 | 10.5 | 5.8 | 3.9 | 19.8 | 12.7 | 9.2 | — | — | 9.8 | — | — | — |
| | | −5.5 | 4.1 | 2.6 | 1.8 | 7.3 | 5.2 | 4.0 | 12.3 | 6.7 | 4.4 | — | 14.7 | 10.5 |

注：$v_1$—年平均风速（m/s）；$B$—建筑物宽度（m）；$T_1$—年平均气温（℃）；$L$—建筑物长度（m）；$R_1$—地面保温层热阻（$m^2$·℃/W）。

从表 15、表 16 可以看出：在年平均气温高于−3.5℃时，填土通风管基础不宜采用；在年平均气温低于−3.5℃地区，填土通风管基础的采用，也应按具体条件，经热工计算确定。

**2**　为使通风管自然通风良好，通风管的长度 $L$ 与管径 $D$ 之间，应满足一定的比例关系。据青藏铁路试验，通风管的长、径比不大于 40 时，填土通风管基础能发挥良好的作用。

**3**　填土厚度应经热工计算确定。计算时，应考虑下列因素：

**1）**室内地面荷载扩散到原地面软弱土层时，应按软弱土层允许承载力，计算确定填土层厚度；

**2）**填土层下原活动层的压密下沉引起的通风管变形，应不影响通风管的正常使用，采用预留沉降高度解决，预留高度一般取 0.15m；

**3）**为便于设置圈梁、条形基础和地坪保温层，并使上部结构荷载在填土层中分布均匀，室内地坪不应直接与通风管接触；

**4）**填土层应有足够的热阻，以保证地基多年冻土原天然上限不下降。据青藏铁路通风管路基试验资料，由于通风管中无太阳直接辐射，在暖季，通风管中空气的温度较管外气温低；在寒季，通风管中空气的温度较管外气温高。据有关观测资料：暖季，通风管内壁的 $n_t$ 系数约为 0.6 左右；寒季，通风管内壁的 $n_f$ 系数约为 0.5 左右。这就是说，在暖季，通风管下的地基仍有一定融化深度。因此，填土层需有一定厚度，才能保证地基多年冻土天然上限不下降。据青藏铁路实践经验，在一般情况下，填土厚度可采用 1.0m～1.5m。

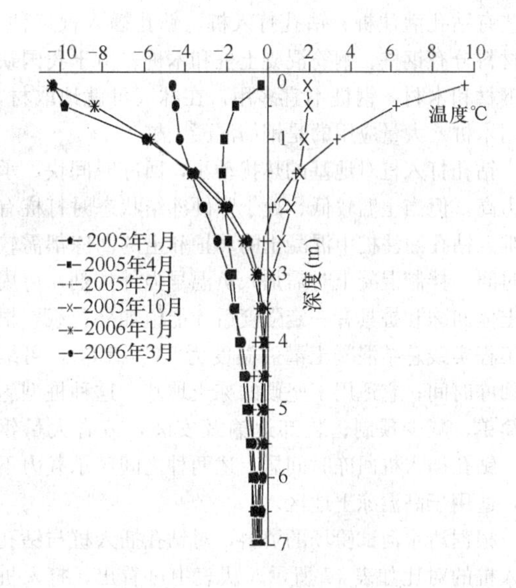


图 6　填土通风管基础房屋地基月平均地温变化曲线（青藏铁路不冻泉车站车库）

某填土通风管基础房屋地基温度场变化曲线见图 6。

该房屋的填土平均高度为 1.2m。通风管内径 0.24m，外径 0.35m，中心间距 0.82m，管顶埋深约 0.4m，长径比为 43。该处多年冻土天然上限埋深 3.9m。从图 6 可以看出，该房屋地基的最大融化深度（从室内地坪起算）约为 3.7m。即填土通风管圈梁基础房屋下，地基多年冻土天然上限的抬升高度约与填土厚度相当。

**4**　通风管底面离天然地面的高度和圈梁底面离通风管顶的距离不宜小于 500mm 的规定是基于以下考虑：

1）据青藏铁路试验：紧贴地面的通风管，处于坡角静风区，自然通风难以实现。通风管自然通风效果随离天然地面高度的增加而提高。故要求填土通风管圈梁基础中的通风管底离天然地面的高度不小于500mm。

2）据青藏铁路试验资料，地表温度日变化的影响深度约0.5m～0.7m。通风管顶埋深500mm，基本处于日变化影响深度以下，可有效改善填土通风管基础的热工特性。另外，圈梁、条形基础下500mm的土层，可使上部荷载在通风管顶面的分布较均匀，应力减小约一半（按30°角扩散）。

## 7.3 桩基础

**7.3.2** 根据我国青藏高原多年冻土地区的清水河、五道梁和风火山三个试验场区的桩基础试验资料，大兴安岭地区劲涛冻土试验站桩基础试验资料，证明桩基是多年冻土地区房屋建筑基础的主要形式。按施工工艺有钻孔灌注桩、钻孔打入桩、钻孔插入桩三种。按材料分有钢桩、钢筋混凝土桩和木桩。由于我国缺乏钢材和木材，钢桩不宜多用，在林区可就地取材，选用木桩。大量应用的是钢筋混凝土桩。

钻孔打入桩对地基的热扰动小，回冻时间快，承载力高。但当土温较低、处于坚硬冻结状态时打桩有困难。钻孔灌注桩中混凝土的养护和土的回冻都需较长时间，拌制混凝土时需加入负温早强外加剂，待周围土体回冻和桩具有一定强度后才能施加外荷载，根据工程实践总结混凝土灌注温度为5℃～10℃，可缩短回冻时间；它适用于坚硬的冻土地基。这种桩型施工简单，减少预制、装卸运输及安装，节省大量钢材。钻孔插入桩回冻时间居上述两种之间，承载力不低，适用于高温冻土地区。

根据清水河试验场的资料，对钻孔插入桩与钻孔打入桩的对比如表17所示。从表中可看出，打入桩的承载力较高，其原因是打入桩的桩侧冻结强度高于插入桩。

**7.3.3** 根据目前国内外工程实例，桩基础适用于各种地质条件下的冻土地基。当上部结构荷载大，对沉降变形量或相邻基础沉降差要求比较严格时，往往利用桩基础嵌入融化盘以下多年冻土层，得到较高的承载力和较小的地温场变化，因而一般多采用保持多年冻土冻结状态设计。

如果在逐渐融化或已融化状态的地基土中设计桩基础，则需使基础的沉降变形值控制在现行国家标准《建筑地基基础设计规范》GB 50007的允许变形范围内；如计算不满足，需对土层预融压密。

低桩承台下留出一定的空隙，或在空隙内充填松软材料，用以预防在冻胀、强冻胀和特强冻胀土中产生的法向冻胀力将桩基承台和基础梁拱坏。

**7.3.4** 构造要求的作用有以下几点：

**1** 桩基在施工过程中将对地温场产生扰动，如果桩距过小则使这种扰动的幅值叠加，使得桩间土的温度升高，从而推延了回冻时间，又由于桩受力后通过扩散角向地基土传递荷载，过小的桩距使扩散角范围内的地基土中附加应力叠加，增大桩基的沉降变形值。根据三个实验场的实验工程与青藏铁路等经验，一般桩距不应小于3*d*～4*d*（*d*为桩基直径），又不得小于2m。

**表17 单桩垂直静载试验结果**

| 桩 号 | 桩长（m） | 桩径（mm） | 极限荷载（kN） | 冻结强度（kN/m²） |
|---|---|---|---|---|
| 插1 | 8.65 | 550 | 600 | 41 |
| 插2 | 8.65 | 550 | 600 | 34 |
| 插3 | 8.65 | 550 | 1000 | 65 |
| 打1 | 8.00 | 550 | 1100 | 83 |
| 打2 | 8.00 | 550 | 1400 | 90 |
| 打3 | 8.00 | 550 | 900 | 86 |

**2** 桩基的桩端必须插入融化盘下部稳定冻土层中，满归林业局1972年用钻孔插入桩基础，桩长4.5m，因没有插入融化盘下部稳定冻土层内，从而使两栋房屋全部破坏，不能使用；后在同一场区，采用桩长7m另行修建，至今使用良好。

**3** 钻孔插入桩在钻孔完毕后孔底留有虚土，或孔底呈钟形，所以钻孔深度长于桩的实际长度，回填一定厚度的砂或砾石砂浆，但桩端应落入回填段一定深度，从而压实回填料。

## 7.4 浅基础

**7.4.1** 本规范是针对寒冷地区土体特有的工程特性、寒冷地区土体与基础间特有的相互作用效应而制定，是对现行国家标准《建筑地基基础设计规范》GB 50007的补充；应用时，除满足本规范的具体要求外，尚应符合现行国家标准《建筑地基基础设计规范》GB 50007中有关章节的规定。

**7.4.2** 扩展基础由于自身刚度的原因对建筑物不均匀变形的调整能力相对较差，按逐渐融化状态设计时，地基土的融沉变形过大，很难满足设计上对变形的要求。冻土地基的温度效应影响远大于融土，施工过程中，必须保持设计者的初始意愿能够切实地体现在工程的具体操作上，故设计上应要求施工者应结合环境条件采取相应的措施，保证地基土体的实际状态与所采用的设计状态相一致；如采用按保持地基土冻结状态设计时，施工者应选取秋末、冬初的季节、采用快速施工并适当遮挡的办法进行施工，尽量减少基槽暴露的时间；如按融化状态设计时，施工者应选择在温度较高的季节或采取必要的预融措施，使地基土彻底融化并沉实。

**7.4.3** 无筋扩展基础习惯上称其为刚性基础，由于构件中不配受拉钢筋，故其抗拉性能极差，多用于含冰率低的不融沉或弱融沉土地基，应用时，墩式独立基础适应变形的能力要好于条形基础，冻胀不均匀导致的破坏几率要小于条形基础。这类基础以多层民用建筑应用居多，建筑物的长高比一般均较大，刚度相对较差，应用时应适当注意上部结构的长高比过大、刚度不足导致的结构适应变形能力较差的问题。

**7.4.4** 鉴于现行国家标准《建筑结构可靠度设计统一标准》GB 50068中设计基准期为50年的规定，按照现行国家标准《混凝土结构设计规范》GB 50010关于耐久性规定，对设计使用年限为50年的结构构件，二类b环境中的最低混凝土强度等级为C30；因此本条亦规定混凝土材料的强度等级不应低于C30，并应符合该规范的规定。

**7.4.5** 位于季节冻结、融化层的扩展基础竖向构件虽然按第5.1节的有关规定采取了防切向冻胀力的措施；但在设计的使用期内，随环境条件的改变，有可能出现防切向冻胀力措施的减弱、甚至失效等问题，尤其是基础底板与柱连接处，是抗拔的薄弱环节，工程应用中柱或墩被拔断的事故已有十数起，特别是一些设计上不采暖、上部结构自重又较轻的结构物，更易发生类似的破坏，故此处明确要求，当使用中有可能承受切向冻胀力作用时应按第7.4.6条第3款的规定进行抗拉强度验算，满足抗拔要求，当利用扩展基础的底板锚固作用时，底板上缘应有足够的抗拉强度，底板上缘必须按第7.4.6条第4款的规定配置受拉钢筋。

**7.4.6** 冻土地基上扩展基础的设计与融土的区别主要在于冻土地基上的基础不但要承受向下的上部荷载，而且还要承受由于冻融、冻胀等作用产生的向上的竖向力，因此，产生冲切、剪切及弯曲作用的不仅仅是基底净反力，冻胀作用也要产生该效应，且该效应与荷载效应方向相反；设计时，必须考虑正、反两个方向的受力及配筋。

**7.4.7、7.4.8** 柱下条形基础施工时开挖面积较大，常规构造做法时在使用阶段向地基传递的热量较多，因此建议用于按允许地基土逐渐融化状态设计的不融沉或弱融沉土；但如果有可靠措施（如基底下设置隔热层或加高基础并在加高部分上开洞散热、遮挡等措施时）能够有效地减少使用阶段向冻土地基传热，且在施工过程中能够采取适宜的措施，保证地基土不融化时仍可用于按保持地基土冻结状态设计的各种地基土。采用倒置连续梁法、按直线分布的基底反力计算条形基础肋梁的内力时，由于基础的“架桥作用”，端部附近由于刚度的原因其实际内力一般会比计算值偏大，故要求此时边跨跨中及第一内支座处的纵向受力钢筋应比计算值适当增加。柱下条形基础由于地基土冻胀变形的不均匀，基础肋梁有可能受扭，故要求箍筋必须为封闭式，构造上满足受扭要求，直径不宜小于8mm，以提高其受扭抗力；同时箍筋肢距亦不应过大。

**7.4.9、7.4.10** 筏形基础可以做成平板式、暗梁式或肋梁式，既可以用于墙下，也可用于柱下；可用于按允许地基土逐渐融化状态设计的各类结构物基础；地基土在冻融循环的反复作用下，冻融区域、冻融深度等均不一致，基底下零应力区及内力重分布（内力增加或减少）的区域、基底下反力分布的数值等均会随时间而变化，各时段范围内基础均会承受拉、压、弯、剪、扭的组合作用，受力极为复杂，因此要求基础自身要有较大的刚度，要有较强的同时承受拉、压、弯、剪、扭各种组合作用的抗力，要有很好地适应及有效地调整结构物不均匀冻胀及融沉变形的能力。前苏联在远东多年冻土地区修建的20m高的砖水塔采用了8m×8m×0.75m筏板基础，承受了很大的不均匀融化下沉后仍可使用。美国的阿拉斯加费尔斑克斯地区的某汽车库（图7）、格陵兰图勒地区的某仓库（图8）均是在天然多年冻土地面以上换填或填筑0.76m～1.83m的砾砂垫层后按保持地基土冻结状态设计成功的例子。

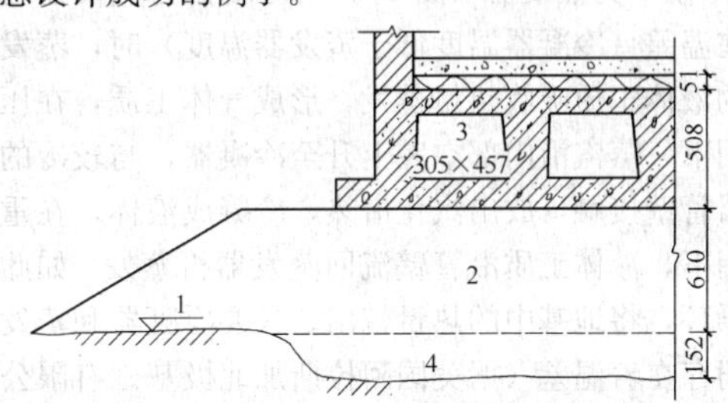


图7 阿拉斯加费尔斑克斯地区筏形基础示意

1—天然地面标高；2—砾砂垫层；3—通风道；4—开挖界面

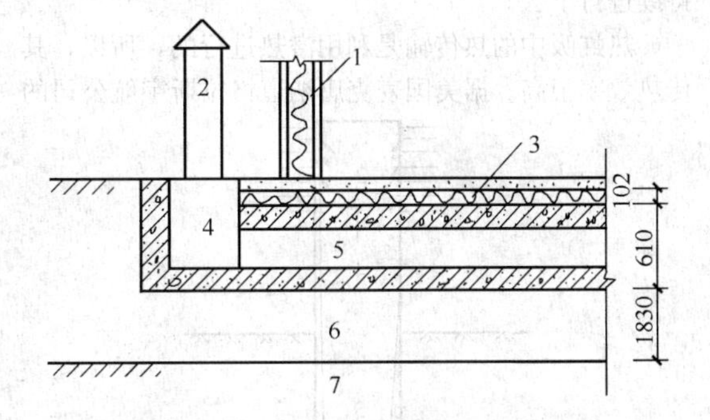


图8 格陵兰图勒地区的筏形基础示意

1—保温墙板；2—通风塔；3—保温层；4—坑道；5—迴转式风道；6—砾砂垫层；7—多年冻土

**7.4.11** 在计算简图上，一般取肋梁顶面为上部结构的支座（嵌固端），因此要求肋梁在宽度方向应有较强的嵌固能力，以保证计算简图的正确性；参照现行行业标准《高层建筑箱形与筏形基础技术规范》JGJ

6及现行国家标准《建筑地基基础设计规范》GB 50007的规定，用于墙下时，肋梁宽度的最小值取等于墙厚加100mm；当用于柱下时，应满足现行行业标准《高层建筑箱形与筏形基础技术规范》JGJ 6及现行国家标准《建筑地基基础设计规范》GB 50007中相关的要求。筏形基础的内力可仅考虑局部弯曲，底板按线性分布的基底净反力计算；底板的受力犹如一倒置的楼盖，一般均设计成双向肋梁板或双向平板，根据板边界实际支撑条件按双向板计算。考虑到基础"架桥作用"及整体弯曲的影响，端部附近纵向受力钢筋应比计算值适当增加。配置钢筋时除符合计算要求外，纵、横向支座至少应分别有0.15%和0.10%的钢筋连通配置，跨中钢筋全部连通。

### 7.5 热棒、热桩基础

**7.5.1、7.5.2** 热棒、热桩是一种无芯重力式热管。热桩、热棒，在寒季，能将地基中的热量吸出，释放于大气中，故热桩、热棒又称热虹吸。能承受上部荷载的热虹吸，称为热桩；不能承受上部荷载的热虹吸，称为热棒。热虹吸是一种无需外加动力的液汽两相对流循环热传输装置。它由一根密封的主管和冷凝器组成，里面充以工质，管的上部为冷凝器（散热器），下部为蒸发器（图9）。当冷凝器与蒸发器之间存在温差（冷凝器温度低于蒸发器温度）时，蒸发器中的液体工质吸收热量蒸发，形成气体工质，在压差作用下，蒸汽沿内部空腔上升至冷凝器，与较冷的冷凝器管壁接触，放出汽化潜热，冷凝成液体，在重力作用下，液体工质沿管壁流回蒸发器再蒸发。如此往复循环，将地基中的热量带出。只要冷凝器和蒸发器之间存在着温差（据美国阿拉斯加北极基础有限公司资料，在冷凝器和蒸发器之间存在0.06℃温差时，热棒中的液、汽两相循环便被启动），这种循环便可持续进行下去。

热虹吸中的热传输是利用潜热进行的，所以，其传热效率很高。据美国麦克唐纳道格拉斯宇航公司的资料：如果设计得当，热棒的传热效率可以达到150000kcal/(m·h·℃)以上。这一传热效率较之用导热和惯用的液体对流传热所能得到的效率要高得多。热虹吸视导热系数与其他传热物体导热系数的比较见表18。

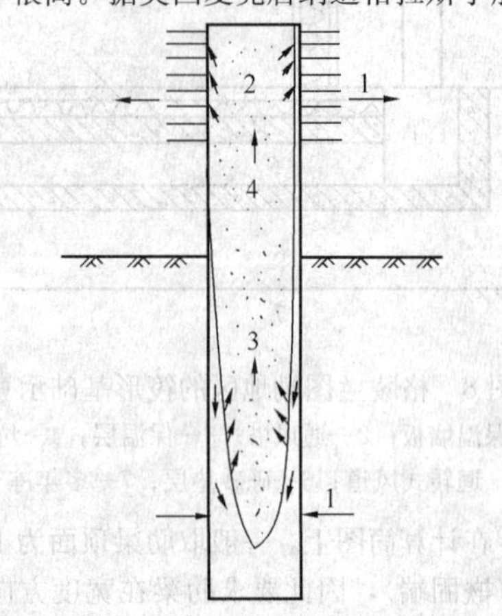


图9 热桩工作示意

1—热流；2—冷凝；3—蒸发；4—上升蒸汽流

**表18 热虹吸有效导热系数与其他传热物体导热系数的比较**

| 有效导热系数 | 热虹吸 | 液体对流 | 铜 | 钢 | 冻土 | 融土 |
| --- | --- | --- | --- | --- | --- | --- |
| kcal/(m·h·℃) | 208040 | 3566 | 327 | 37 | 1.9 | 1.2 |

由于热虹吸中没有毛细管芯，管中液体工质不能上升至冷凝段。埋于多年冻土中的热虹吸，在寒季，气温低于地温时，热虹吸启动工作，将地中热量送入大气中；在暖季，气温高于地温时，热虹吸停止工作。从而，热虹吸在暖季不会将热量传入多年冻土地基中。

热虹吸的冷冻作用，可有效防止地基多年冻土的衰退和融化，降低地基多年冻土的温度，提高多年冻土地基的稳定性。据铁道部科学研究院西北分院在青藏铁路多年冻土区的试验：采用热虹吸的多年冻土地基，暖季地基多年冻土的最高地温，较之非热虹吸地基要低0.4℃～0.8℃。这种降温效应，可使地基多年冻土的承载力大为提高，并可长期保证建筑物地基运营中的设计温度状态。因此，在热虹吸地基的热工计算中，应计入热虹吸的降温效应。

**7.5.3～7.5.9** 用于土木工程的热虹吸制冷技术，是20世纪60年代发明的。热虹吸在寒区地基、基础工程中的应用，解决了地基多年冻土衰退、融化和基础冻胀、融沉等热力过程中的许多工程问题，保障了多年冻土地基的稳定。在管线工程、桥涵、道路路基、机场跑道、通信输电线塔以及港口工程中，热虹吸都被用来冷却地基，防止地基多年冻土上限下降和活动层土的冻胀和融沉，提高冻土地基的承载力，保证多年冻土地基的稳定。热虹吸技术在世界多年冻土国家中，得到了广泛的应用。

在下列情况下，采用热虹吸制冷技术，通常可使寒区地基、基础工程中遇到的热工问题得到圆满解决：

1）由于热干扰，采用习惯方法不能防止地基多年冻土衰退时；

2）需降低地基多年冻土温度，防止多年冻土退化，提高地基多年冻土的允许承载力时；

3）用隔热层来减小融化深度，无法实现和有不利影响时；

4）需重新冻结已融化的地基多年冻土，或需在地基中形成新的多年冻土时；

5）需防止浅基础冻胀时。

多年冻土地区建筑地基、基础工程中，常用的热虹吸基础有：

1　空心桩-热棒架空通风基础；2　填土热棒圈梁基础；3　钢管热桩架空通风基础。

空心桩-热棒架空通风基础，是在基础空心桩中插入热棒，通过热棒制冷，降低桩周多年冻土的温度，提高多年冻土地基稳定性和桩基承载能力的一种基础形式。热棒安装好后，空心桩可用湿砂回填，也可不回填。

基础空心桩可采用钢筋混凝土桩或钢管桩。桩的大小和埋深以及单桩所需热棒的数量，应通过热工计算和承载力计算确定。

填土热棒圈梁基础，是将热棒埋置于填土层中，用以拦截房屋地坪的渗、漏热，防止地基多年冻土融化的一种基础形式。它由圈梁、热棒和填土组成。暖季，用地坪和填土层的热阻，来保证地基的融化深度维持在设计深度（填土层中或原活动层中）；寒季，热棒将地坪渗热和地基中的热量带出，使融化的填土和地基土冻结，并使地基中多年冻土得到冷却，从而保持多年冻土地基的稳定。

钢管热桩架空通风基础，是将基础钢管桩加工成热桩，通过热桩的制冷，降低桩周多年冻土温度，提高多年冻土地基稳定性的一种基础形式。钢管热桩的直径和埋深，应通过热工计算和承载力计算确定。多年冻土中的桩-地基系统是一个热力学系统，系统的稳定取决于地基多年冻土的热学稳定。热桩具有制冷与承载两重特性。制冷可使地基多年冻土降温，提高桩-土间的冻结强度，提高地基多年冻土的稳定性；寒季热桩的冷冻作用，可使暖季桩周冻土的最高温度降低。因此，热桩具有较高的承载能力和力学稳定性。不论从热学，还是从力学角度看，热桩架空通风基础（钢管热桩架空通风基础和空心桩-热棒架空通风基础），都是多年冻土中最合理的基础形式。

热桩架空通风基础（钢管热桩架空通风基础和空心桩-热棒架空通风基础），适应各种类型多年冻土地基，特别是高温多年冻土地基。热桩架空通风基础是多年冻土区最有发展前途的基础形式。

**7.5.10**　热虹吸的产冷量，随气温冻结指数、热虹吸直径、热虹吸蒸化段长度的增加而增大；随热虹吸间距的减小而减少。间距对热虹吸产冷量的影响如图10所示。

从图10可以看出，热虹吸的传热量随间距的减小而减小。间距从1m增加到5m时，热虹吸传热量迅速增加。而后，间距再增加，其传热量变化甚微。故间距大于5m时，间距对热虹吸传热量的影响可以忽略。设计时，应根据热工计算确定热虹吸的合理间距。

**7.5.11**　热虹吸基础应与地坪隔热层配合使用的要求，是基于技术上和使用上的以下要求：

**1**　热虹吸在暖季不能工作，热虹吸地基的控制

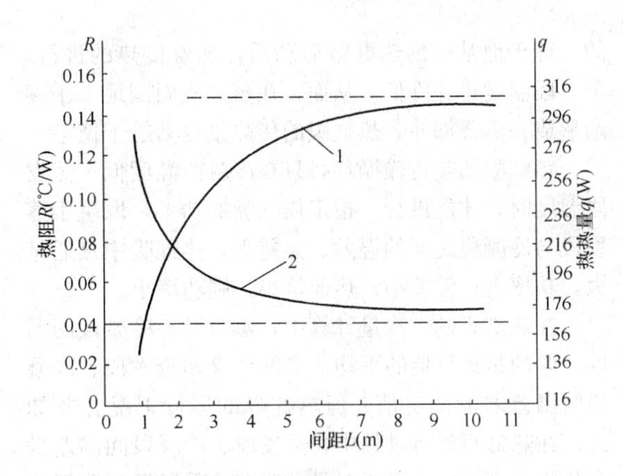


图10　热阻、传热量与间距的关系

1—传热量；2—热阻

融化深度，主要靠地基活动层热阻来保证。因此，应加强地坪隔热，增加活动层热阻，确保地基融化深度在设计值；

**2**　地坪隔热可减少房屋热损失，是节约能源政策的要求；

**3**　贯彻“以人为本”，提高房屋居住的舒适度。

**7.5.12**　热桩和热棒-空心桩运行时，使桩的埋入段（蒸发段）在纵向形成一个均匀的温度场，桩周土体产生径向冻结。活动层土体，在径向和轴向冻结同时作用下，在桩周逐渐形成一个锚固大头，如图11所示。这一锚固大头大大提高了桩的锚固力。另一方面，活动层的双向冻结，使作用于桩的切向冻胀力减小。两者的共同作用，使热桩可有效抵抗活动层冻结过程的冻拔。

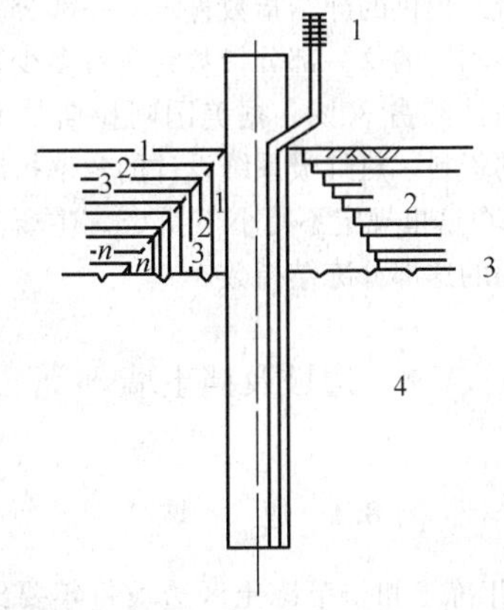


图11　热虹吸桩基础抗冻拔机理示意

1—热虹吸；2—活动层；3—上限；4—多年冻土

热桩抗冻胀稳定性高的另一原因是：当地基活动层开始冻结时，桩周多年冻土温度亦开始降低，这种温度的降低可使桩的冻结强度大大增加，从而有效地增加了热桩的抗拔力。因此，在条文中规定，采用了热虹吸的桩基础可不进行抗冻胀稳定验算。

**7.5.13**　热虹吸地基-基础系统效率折减系数的规定，是基于以下理由：

热虹吸的工作是靠冷凝与蒸发段之间的温差驱动

的。埋于地基中的热虹吸启动后，随着传热的进行，蒸发段温度迅速降低。从而，在蒸发段周围地基中逐渐形成一温降漏斗，热虹吸的传热量逐渐趋于稳定。

热虹吸的热传输循环，只在冷凝段温度低于蒸发段温度时，才能进行。指定热虹吸的功率，取决于蒸发段与冷凝段之间的温差。温差大，热虹吸中热通量大，功率大；温差小，热通量小，则功率小。

在热虹吸的产冷量计算中，蒸发段、冷凝段的温度，取的是计算期的平均值。即计算期蒸发段、冷凝段间温差取的固定值。但热虹吸的运行工况并非如此，在热虹吸运行过程中，蒸发段、冷凝段间温差是变化的。实际的运行工况是：假定冷凝段温度取固定值（计算期平均气温），随着热虹吸的冷冻，蒸发段的温度逐渐降低，蒸发段、冷凝段间温差逐渐减小，热虹吸功率逐渐下降。最后，热虹吸-地基热传输系统达到热动态平衡，冷凝段、蒸发段间温差达稳定值。据铁道部科学研究院西北分院研究资料，热虹吸-地基热传输系统达到热动态平衡时，蒸发段温度较冷凝段温度约低4℃。例如，假定冬季的平均气温为－10℃，则蒸发段的稳定温度约为－6℃。蒸发段的稳定温度约为－6℃时，这时，热棒地基的传热影响范围不再扩大，地基温度不再降低，即热虹吸的工作对于地基降温和储冷来说，是无效的。而在计算热虹吸传热冷却地基时，是按整个冻结期热虹吸的工作都是有效的。因此，热虹吸的实际传热量要比计算值要小。在热虹吸的实际运行中，冷凝段与蒸发段的温度都将随气温的变化而变化，在计算冻结半径和传热量时，气象台站提供的冻结指数肯定有一部分是不能利用的。不能利用的这一部分指数究竟占多少目前还无法肯定，估计约占30%。据美国阿拉斯加北极基础有限公司的资料，热虹吸系统设计的效率折减系数采用2，我们在这里规定不得小于0.65，主要考虑的就是不能利用的这部分冻结指数。

# 8 边坡及挡土墙

## 8.1 边　　坡

**8.1.1** 多年冻土和季节冻土区边坡每年要经受一次冻融循环，在此过程中，边坡土的物理力学性能发生显著变化，冻结过程中，边坡土的强度增加，稳定性增大；融化过程中，由于冻土层的隔水作用，在融土与冻土间尚存在一富水的冻融过渡带，过渡带土层由于含水率高，$c$、$\varphi$值较小，是边坡中的危险滑动面，当边坡的活动层较大时，往往会出现沿冻融过渡带下滑的边坡失稳，从而影响建筑物的稳定和安全，形成严重的地质灾害。因此，多年冻土和季节冻土地区的边坡，应采取有效的措施，减小边坡活动层厚度，防止边坡灾害的发生。

**8.1.2** 防止滑塌措施的选择应该从热防护和力学稳定性两方面进行考虑。为避免多年冻土区天然上限下移，防止滑塌，需设置边坡保温覆盖层。

边坡坡率的规定引用了青藏铁路冻土区有关路堑边坡坡率的内容。

保温覆盖层厚度应通过材料的热物理性能进行热工计算确定，并考虑一定的安全系数。通过对青藏铁路格尔木至拉萨段试验工程的地温数据分析表明，坡面采用碎石层进行覆盖具有较好的保护多年冻土地基的作用，本条引用了其研究成果。

边坡碎石覆盖层具有良好的隔热导冷作用，在暖季，能有效减少热量传入边坡，在寒季，能有效增加边坡吸收的冷量。即碎石层具有良好的“热开关”效应，从而用碎石层覆盖边坡，可明显减小边坡的融化深度。

中铁西北科学研究院资料：碎石层表面的温度低于细粒土的表面温度，碎石层在暖季的导热系数很小，约为0.9kcal/(m·h·℃)，而碎石层在寒季的导热系数却很大，约为11kcal/(m·h·℃)。碎石层的这种热物理特性，可从碎石层中系数的变化看出（表19）。

**表19　碎石层中不同深度处的$\eta$系数**

| 深度（m） | 0.0 | 0.25 | 0.50 | 0.75 | 1.0 | 1.3 |
|---|---|---|---|---|---|---|
| $\eta_t$ | 1.65 | 0.99 | 0.54 | 0.45 | 0.17 | 0.07 |
| $\eta_f$ | 1.04 | 1.07 | 1.10 | 1.03 | 0.97 | 0.94 |

表中数据表明，无论暖季还是寒季，碎石层表面的温度都是低于一般土表面的温度（碎石层表面的$\eta_t$＝1.65，细粒土表面$\eta_t$＝2.5，粗粒土表面$\eta_t$＝3.5；碎石层表面的$\eta_f$＝1.04，细粒土表面$\eta_f$平均在0.8左右）。在暖季，碎石层中$\eta_t$系数随深度的增加而迅速减小，至1.30m深时，几乎减小至0，在寒季，碎石层中系数几乎保持不变，这说明，暖季碎石层的热阻很大，寒季碎石层的热阻很小。

边坡覆盖碎石层的厚度，可根据热防护要求，参考表提供的$\eta_t$系数，经热工计算确定。

例：边坡为细粒土时，$\eta_t$＝2.5。覆盖50cm碎石层后，则碎石层底的$\eta_t$＝0.54，碎石层边坡的融化深度为原来融化深度的$\sqrt{0.54/2.5}=0.46$倍，即边坡融化深度减小约一半。

$\eta$系数是表面温度的一种表示方法，在暖季，$\eta$系数越大，温度越高，在寒季，$\eta$系数越大，温度越低。$\eta$系数的定义为：

$$\eta_t=\frac{表面融化指数}{气温融化指数}$$

$$\eta_f=\frac{表面冻结指数}{气温冻结指数}$$

当保温层材料采用黏性土草皮时，其厚度为人为上限值的1.2倍。人为上限值可根据青藏高原风火山北麓多年冻土区实测天然上限及人为上限资料为依据而得到的统计公式（2）计算。统计公式计算值与实测值的对比见表20。

**表20　上限的计算值与实测值比较表**

| 保温材料类型 | 天然土 | | 黏性土草皮 | |
|---|---|---|---|---|
| 年份 | 计算值 | 实测值 | 计算值 | 实测值 |
| 1966 | 1.41 | 1.49 | 0.94 | 1.00 |
| 1967 | 1.38 | 1.38 | 0.91 | 0.90 |
| 1969 | 1.33 | 1.30 | 0.86 | 0.84 |
| 1974 | 1.40 | 1.00 | 0.93 | 1.00 |
| 1975 | 1.46 | 1.41 | 0.99 | 0.96 |
| 1976 | 1.21 | 1.30 | 1.00 | 1.00 |
| 1977 | 1.31 | 1.33 | 1.00 | 1.00 |
| 1978 | 1.34 | 1.32 | 1.00 | 1.00 |
| 1979 | 1.37 | 1.32 | 1.00 | 1.00 |

从表20可看出，此统计公式的保证率较好。

当年平均气温为$-4$℃～$-6.3$℃时，采用黏性土草皮保温层后，人为上限计算值可按公式（2）计算。

$$z_a = \alpha_1 T_8 + \alpha_2 \tag{2}$$

式中　$z_a$——多年冻土覆盖黏性土草皮保温层后，人为上限计算值（m）；

$T_8$——不少于10年8月份的平均气温（℃）；

$\alpha_1$——系数，对天然土及边坡上铺设黏性土草皮保温层时，其取值为0.1（m/℃）；

$\alpha_2$——系数，对天然土，其取值为0.85m；对边坡上铺设黏性土草皮保温层时，其取值为0.38m。

为避免地表水渗入，加大边坡滑塌的可能性，需要设置坡顶、坡脚排水系统。有条件时可同时采取坡面防渗措施。

由于坡脚易于产生软化现象，造成边坡失稳，因此应加强坡脚的支护。

由于融化期的冻融过渡带是随着时间的推移而逐渐加深的，因此在确定滑动面时应进行融化期的全过程分析。

**8.1.3**　滑塌体的滑动推力值计算沿用了滑坡工程防治的不平衡推力传递法，应符合《建筑地基基础设计规范》GB 50007及《建筑边坡工程技术规范》GB 50330的相关规定一致。采用该方法时，关键是确定滑动面（带）的抗剪强度指标，建议通过现场试验取得。表21揭示了不同滑动面的$c$、$\varphi$值差异（中铁西北科学研究院，前身为铁道部科研院西北分院）。

**表21　冻融过渡带与融土内现场大型直剪试验**

| 组别 | 试验外部条件 | 剪前含水率 | 剪前孔隙比 | 不同垂直压力下的抗剪强度 | | | | $\varphi$ | $c$ (kPa) |
|---|---|---|---|---|---|---|---|---|---|
| | | | | 50kPa | 100kPa | 125kPa | 150kPa | | |
| Ⅰ-1 | 冻融过渡带 | 21.3 | — | 30.1 | 47.3 | — | 69.8 | 20°48′ | 11.0 |
| Ⅰ-2 | 融土内 | 20.9 | 0.74 | 20.6 | 33.2 | — | 45.8 | 14°08′ | 8.0 |
| Ⅱ-1 | 冻融过渡带 | 27.5 | — | 23.8 | 42.5 | 49.8 | — | 16°45′ | 14.0 |
| Ⅱ-2 | 融土内 | 27.3 | 0.80 | 24.4 | 36.2 | 43.2 | 47.4 | 12°50′ | 13.5 |
| Ⅲ-1 | 冻融过渡带 | 31.1 | — | 27.7 | 38.3 | — | — | 14°55′ | 13.5 |
| Ⅲ-2 | 融土内 | 30.0 | 0.82 | 22.6 | 32.1 | 36.2 | 53.7 | 10°33′ | 13.0 |

由表21可知，冻融过渡带的抗剪强度大于融土的抗剪强度。

**8.1.4**　季节性冻土区边坡的稳定性评价及滑坡的防治在《建筑边坡工程技术规范》GB 50330中作了相应的规定，应遵照其条款执行。

**8.1.5**　本条结合了《建筑地基基础设计规范》GB 50007的规定，基础应置于滑动面以外。

## 8.2　挡　土　墙

**8.2.1**　多年冻土区挡土建筑物的工作特性：

多年冻土区挡土建筑物的修建，改变了原地表层的热平衡条件，在墙背形成新的多年冻土上限（图12）。每年暖季墙背冻土融化，形成季节融化层，这种融化土层对墙体将作用土压力；在寒季，季节融化层冻结，在冻结过程中，由于土中水分结冰膨胀，冻结土体对挡土墙将作用冻胀力。图13是铁道部科学研究院西北分院，在青藏高原多年冻土地区，对挡土墙变形的观测结果。

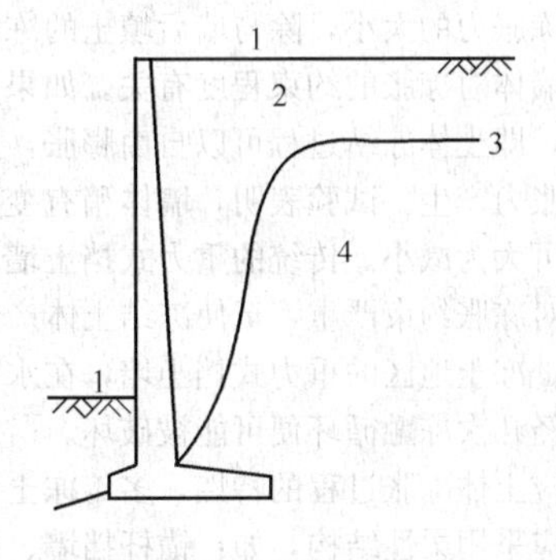


图12　挡土墙修建后形成新的多年冻土上限

1—地面；2—季节融化层；
3—上限；4—多年冻土

由图13曲线可以看出，在寒季初，随着气温的降低，墙背土体温度下降，土体产生收缩，土压力减小，墙体产生向后的变形（位移为负值）。在土压力减小到最小值，而冻胀力未出现之前，墙体向后位移达最大值，曲线达$a$点。在这段时间里，地面由冻融交替过渡到稳定冻结。在稳定冻结出现后，冻胀力产生，并且随冻深增加，冻胀力增大。墙体在冻胀力作用下，产生向前变位（位移为正值）。冻深达季节融化层厚度时，曲线达 $b$ 点。在这段时间里，冻胀力随冻深增加而稳步增长。从 $b$ 点至 $c$ 点，曲线斜率增大。说明随着冻层温度降低，未冻水大量转变成冰，冻土体积进一步膨胀，冻胀力迅速增大。$c$ 点到 $d$ 点，曲线变平缓，说明冻胀力的增长与松弛基本处于平衡，冻胀力达到最大值。

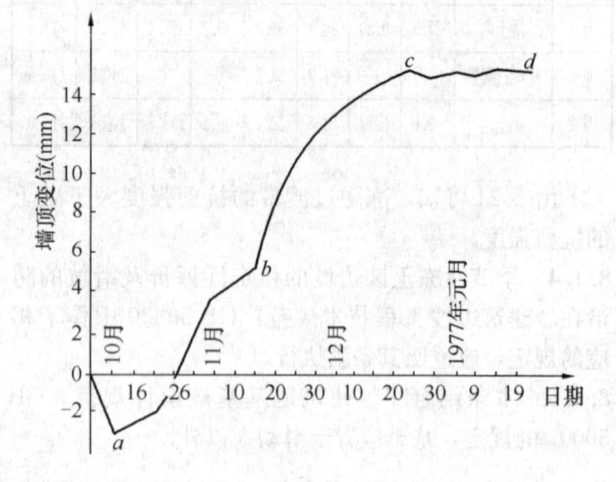


图 13　悬臂式挡土墙顶在寒季的变位曲线

暖季来临，冻土层逐渐增温融化，冻胀力逐渐减小，直至消失。随着融化深度的加大，土压力逐渐增长，至暖季后期达最大值。

土压力和冻胀力的交替循环作用，是多年冻土区挡土建筑物工作的特点。

墙后土体在冻结过程中，产生作用于墙体的冻胀力称为水平冻胀力。据铁道部科学研究院西北研究所试验测定，水平冻胀力较之土压力要大几倍甚至十几倍。

水平冻胀力的大小，除与墙后填土的冻胀性有关外，还与墙体对冻胀的约束程度有关。如果墙体可以自由变形，即土体冻结过程可以自由膨胀，自然不会有水平冻胀力产生。试验表明，墙体稍有变形，水平冻胀力便可大为减小。传统的重力式挡土墙，变形能力最差，对冻胀约束严重，至使冻结土体产生较大水平冻胀力。冻土地区的重力式挡土墙，在水平冻胀力作用下，经几次冻融循环便可能被破坏。

为适应土体冻胀过程的特性，多年冻土区的挡土建筑物，应采用柔性结构，如：锚杆挡墙、锚定板挡墙、加筋土挡墙以及钢筋混凝土悬臂式挡墙等。柔性结构变形性大，可有效减少水平冻胀力，并可较好保持墙体的完整性。因此，规定多年冻土区挡土墙，应优先考虑工厂化、拼装化的轻型柔性挡土结构，尽量避免使用重力式挡土墙，以加快施工进度，减少基坑暴露时间，提高挡土建筑物的稳定性。

**8.2.2**　挡土墙端部处理的目的，是防止端部处山坡失稳下滑，使高含冰率冻土暴露，引起热融滑塌病害。尤其在厚层地下冰分布地段，端部若处理不当，山坡热融滑塌是必然的。因此，要求对挡土墙端部进行严格处理，使山坡在修建挡土墙后仍能保持热稳定；挡土墙嵌入原地层的规定与一般地区相同。

**8.2.3**　修建挡土墙后，墙背多年冻土将融化而形成新的多年冻土上限。为防止墙背地面塌陷，保持墙后山坡的热稳定，对边坡中的含土冰层应进行换填。含土冰层累计厚度大于 200mm 需进行换填的规定，是考虑墙后季节融化层范围内土体产生 200mm 沉陷时，山坡不致失去热稳定而规定的。据野外勘察经验，在青藏铁路沿线厚层地下冰分布地段，山坡局部铲除 200mm 草皮与土层后，山坡仍能保持热稳定。若挖较大较深试坑，山坡将产生明显的地面热融沉陷，形成积水洼地。换填厚度不得小于当地天然上限埋深 1.5 倍的规定，是考虑墙体和换填粗颗粒土导热系数较大，为保证墙后边坡冻融循环只发生在换填土体中而提出的。

**8.2.4**　水平冻胀力的大小，与墙后土体的含水率有着密切关系，它随含水率的增大而增大。因此，疏干墙背土体，对保证挡土建筑物的稳定有重要意义。挡土墙修建后，山坡活动层中冻结层上水向墙后聚集，如不能及时排除，对墙体稳定性的危害是极大的，故要求设置泄水孔，泄水孔的布置与做法与一般地区相同。

**8.2.5**　减小水平冻胀力的常用方法如下：

**1**　结构措施。采用柔性结构挡土墙，增大挡土墙的变形能力，以减小对墙后土体冻胀的约束，从而减小水平冻胀力。

**2**　换填措施。用粗颗粒不冻胀土换填墙背活动层冻胀性土，消除或减小水平冻胀力。

**3**　隔热措施。在墙背和墙顶地面设置隔热层，减小墙背季节融化层的厚度，从而减小水平冻胀力。

**8.2.6**　多年冻土地基土体的不均匀性，较一般非多年冻土地基土体更甚。在挡土墙修建后，由于气候变化和各种外来干扰的影响，地基多年冻土的不均匀蠕变下沉是可能出现的。因此，在挡土墙长度较大时，要求设沉降缝。为防止雨水和地表水沿沉降缝渗入地基，影响地基多年冻土的稳定，要求沉降缝用渣油麻筋填塞。使用渣油的目的是因渣油凝固点较低，在寒冷气候条件下有较好的韧性。沉降缝的做法与一般地区相同。

**8.2.7**　多年冻土区挡土墙的施工，将给多年冻土地基带来热干扰，使地基和墙背多年冻土融化。在厚层地下冰分布地段施工时，如果处理不当，地下冰的融化往往带来严重灾害，使施工无法进行。这在青藏铁路多年冻土地区的科研工程施工中，有过多次的教训。例如：1960 年，铁道部高原研究所，决定在高原多年冻土地区的风火山，修筑试验路基工程 100m。由于缺少多年冻土工程施工经验，采用一般地区施工方法，至使厚层地下冰暴露融化，形成一个泥水大坑，人员、机具无法进入，使施工无法进行而废弃。

这段废弃工程，使山坡失去热稳定，形成大规模热融滑塌。经 15 年后，山坡才形成新的热平衡剖面，恢复稳定。经验表明：暖季施工时，为使施工顺利进行，使挡土建筑物和斜坡具有满意的稳定性，认真编制施工组织设计，充分做好施工准备，加强基坑暴露多年冻土的临时隔热防护，采用“快速施工、连续作业”的施工方法，是多年冻土区挡土建筑物施工所必须遵守的原则。

寒季施工多年冻土地区的挡土建筑物，具有工期不受限制，暴露多年冻土和地下冰无需临时隔热防护，人员、机具、工序可自由安排等优点。因此，在可能条件下，多年冻土地区的挡土建筑物，宜选择在寒季施工。

季节冻土区冻土建筑物的施工不受上述限制。

**8.2.8** 在多年冻土地区和季节冻土地区，作用于挡土建筑物上的力系，在寒季和暖季是不同的。在寒季，挡土墙地基、墙背活动层冻结过程中，作用于挡土建筑物的主要力系是冻结力和冻胀力。主动土压力、摩擦力、静水压力和浮力等，可能部分消失或全部消失。在暖季，冻结力和冻胀力可能部分消失或全部消失。在确定设计荷载时，应根据挡土墙基础埋深、冻土工程地质条件和水文地质条件等，综合考虑确定作用力系。例如，在多年冻土区，寒季作用于挡土墙的主要力应为墙身重力及位于挡土墙顶面的恒载、冻结力、水平冻胀力、切向冻胀力和基底反力等。在暖季，应为墙身重力及位于挡土墙顶面以上的恒载、主动土压力、冻结力和基底反力等。土压力和水平冻胀力不同时考虑，是因为土压力在暖季作用，这时，水平冻胀力已消失。在寒季，随着墙背土体冻结，活动层失去散粒体特性，变成“含冰岩体”（冻土相当于次坚硬岩石），土压力消失，水平冻胀力作用。

**8.2.9** 在多年冻土区，挡土墙修筑后，在墙背将形成新的多年冻土上限，如图 12 所示。当墙高较低时，墙背多年冻土上限面与垂直面的夹角较大。当墙体增高时，这个夹角减小；当墙体足够高时，夹角减小至零。

暖季，挡土墙背土压力的计算，可根据上述夹角的大小来确定。当夹角大于（$45°-\varphi/2$）时，内破裂面可能在融土中形成，可通过试算确定；如小于（$45°-\varphi/2$）时，则不可能在融土中形成内破裂面，可按有限范围填土计算作用于挡土墙的主动土压力。

**8.2.10** 土冻融过渡带的抗剪强度指标，是根据铁道部科学研究院西北分院的研究资料给出的。1978 年，该院在铁道部风火山多年冻土站，进行了现场冻融过渡带大型剪切试验，和室内冻融过渡带小型剪切试验。现场细颗粒土试验结果见表 22，室内小型剪切试验结果见表 23。

综合现场试验和室内试验，考虑墙后细颗粒回填土的含水率多在最佳含水率附近，即 20%左右，从而给出本规范第 8 章表 8.2.10 中所列细颗粒填土冻融过渡带的抗剪强度值。从表可以看出，它较之一般非冻土区给出的内摩擦角约小 10°。表 8.2.10 中砂类土和碎、砾石土冻融过渡带抗剪强度无试验资料，表中的值是对照细颗粒土，按小 10°给出的。

**表 22 冻融过渡带土的抗剪强度（指标）现场试验结果**

| 土 名 | 含水率（%） | 内摩擦角 $\varphi$ | 黏聚力 $c$（kPa） | 备 注 |
|---|---|---|---|---|
| 砂黏土 | 21.3 | 20°48′ | 11.0 | 原状土大剪试验 |
| 砂黏土 | 27.5 | 16°45′ | 14.0 | 原状土大剪试验 |
| 砂黏土 | 31.1 | 14°55′ | 13.5 | 原状土大剪试验 |

**表 23 冻融过渡带土的抗剪强度（指标）室内试验结果**

| 土 名 | 含水率(%) | 内摩擦角 $\varphi$ | 黏聚力 $c$(kPa) | 备 注 |
|---|---|---|---|---|
| 砂黏土 | 17.14 | 32°20′ | 21.0 | 扰动土小剪试验 |
| 砂黏土 | 20.74 | 28°22′ | 11.0 | 扰动土小剪试验 |
| 砂黏土 | 22.50 | 25°10′ | 5.0 | 扰动土小剪试验 |

**8.2.11** 水平冻胀力的分布图式和最大水平冻胀力值，是根据青藏高原多年冻土区和东北季节冻土区现场实体挡土墙和模型挡土墙试验资料给出的。

1979～1981 年，黑龙江省水利勘测设计院和黑龙江省寒地建筑科学研究院，在黑龙江省巴彦县东风水库场地，对挡土墙水平冻胀力进行了测定。水平冻胀力沿墙背的分布见图 14。

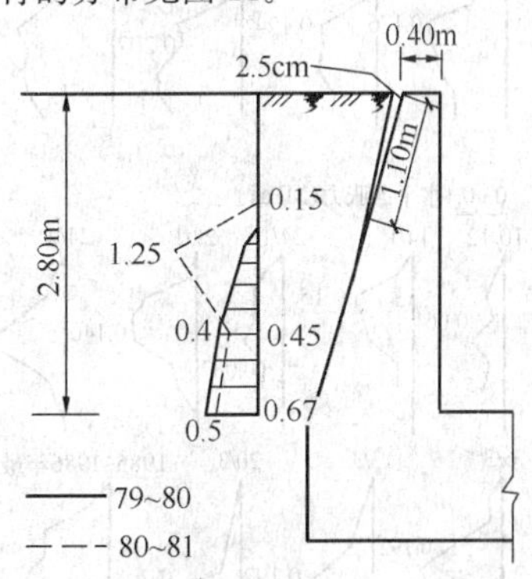


图 14 水平冻胀力沿墙背的分布

1976～1978 年，铁道部科学研究院西北分院，在铁道部风火山多年冻土站，进行了铁路路堑挡墙水平冻胀力测定试验。试验挡墙为钢筋混凝土“L”形挡墙，墙高为 4m 和 5m 两种，长 15m。4m 墙后填土为细颗粒土，5m 墙后填土为粗颗粒土。三年测得的墙背最大水平冻胀力分布曲线如图 15 所示。图中，墙前地面以下墙背的应力值，为活动层内水平冻胀内力与挡墙转动时下部的水平反力之和，与挡墙计算关系不大。

1983～1986 年，黑龙江省水利科学研究所，在

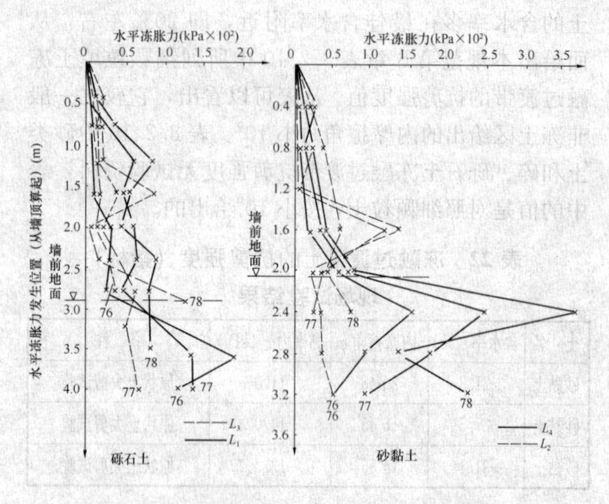

图 15 “L”形挡墙背水平冻胀力分布图（相对值）

1—墙前地面

哈尔滨万家冻土试验场，进行了专门测定水平冻胀力的挡土墙模型试验。测得的水平冻胀力分布图式如图 16 所示。

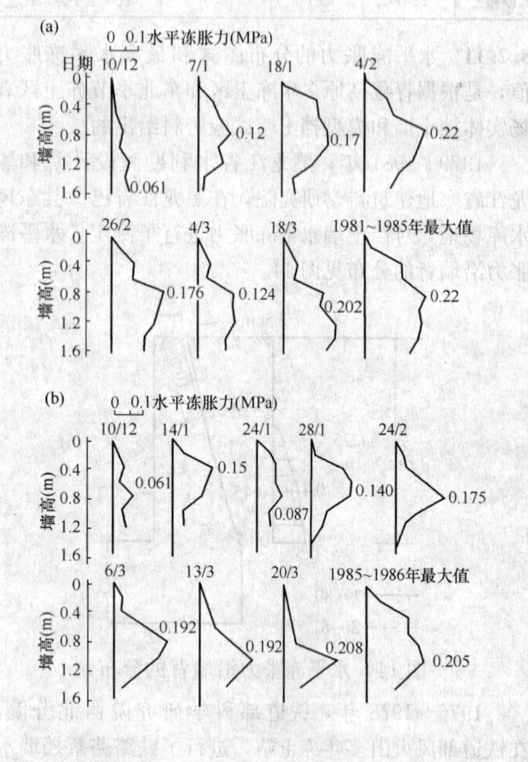

图 16 水平冻胀力沿墙高的分布

（a）1981～1985 年实测；（b）1985～1986 年实测

1983 年，吉林省水利科学研究所，在东阿现场锚定板挡土墙试验中，对墙背水平冻胀力进行了测定。其分布图式如图 17 所示。

从各试验资料可以看出：水平冻胀力沿墙背的分布，基本呈三角形。这种分布规律与挡墙的冻结条件和墙后填土中水分分布规律有关。在一般情况下，墙

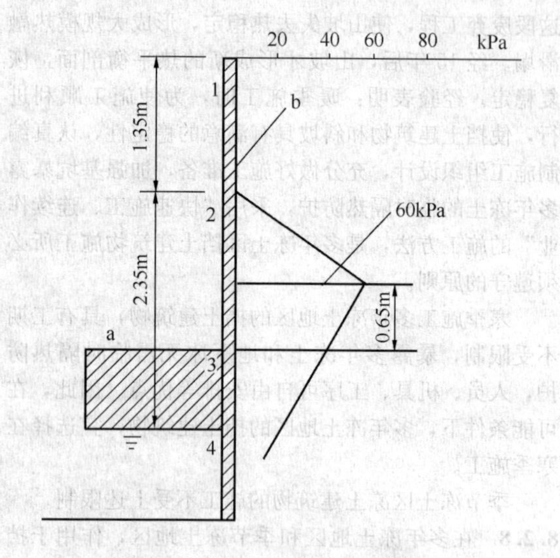

图 17 东阿锚定板挡土墙实测水平冻胀力分布图

a—冰面；b—墙体

背填土中的含水率上部小，中下部大；在二维冻结条件下，墙背上部土体冻结快，冻胀较小；中、下部土体冻结慢，冻胀较大。所以，水平冻胀力在墙背一般呈三角形分布。据此，提出了墙背水平冻胀力分布的三角形计算图式。

水平冻胀力计算图式中，最大水平冻胀力的作用位置，是综合上面各实测资料给出的。梯形分布图式中，1.5 倍上限埋深，是考虑消除来自地面的冷能量对挡墙中部墙背土体冻结的影响而提出的。据风火山观测资料，如果从地面出现稳定冻结算起，负气温对 1.5 倍上限深度地温的影响将在两个月以后，而墙背活动层的冻结只需（1～1.5）月，故认为在 1.5 倍上限深度以下，挡土墙背土体的冻结是一维的。

本规范第 8 章表 8.2.11 中给出的最大水平冻胀力值，是根据上述各试验地点实测值，综合分析提出的。这些实测值见表 24。

**表 24 实测最大水平冻胀力**

| 墙背细颗粒填土冻胀率（%） | 最大水平冻胀力（kPa） | 备注 |
|---|---|---|
| 4.3 | 90 | 铁道部科学研究院西北分院青藏高原资料 |
| 10.5 | 220 | 黑龙江省水利科学研究所资料 |
| 21.3 | 208 | 黑龙江省水利科学研究所资料 |
| 强冻胀土 | 196～245 | 吉林省水利科学研究所资料 |

上面的现场实测资料，都是在墙高较小（小于

5m）的情况下测得的。若墙高较大，挡墙中部的冻结条件可以看作是一维的，其水平冻胀力应大体相等。故在计算图式中，给出了高墙时的梯形分布图式。

对青藏高原实体挡土墙和模型挡土墙测得的水平冻胀力，按本规范第8章图8.2.11的分布图式，换算得出如下一组最大水平冻胀力值（kPa）：

57，90，80，90，98，81，94

将上面样本进行数学期望与方差运算得：

算术平均值 $\overline{X}=84$；标准差 $S=13.7$。

总体平均值落在111.4kPa和56.6kPa之间的概率为95.4%。风火山试验挡土墙土体的平均冻胀率为4.3%，所以，对于冻胀土（$\eta$大于3.5，小于或等于6.0），给出水平冻胀力值为70kPa～120kPa。

同样，对风火山实体挡土墙墙背粗颗粒填土（$\eta$等于2.1%）的观测值，经换算后进行统计得：均值 $\overline{X}=49$；标准差 $S=16$。

总体平均值落在81kPa和17kPa之间的概率为95.4%。

所以，对于弱冻胀土（$\eta$大于1，小于或等于3.5），给出水平冻胀力值为15kPa～70kPa。

将东北季节冻土区挡墙水平冻胀力的观测值进行换算，得：

1984～1985年，冻胀率 $\eta=10.5$ 时，最大水平冻胀力为160kPa；

1985～1986年，冻胀率 $\eta=21.3$ 时，最大水平冻胀力为230kPa。

综合上面统计计算资料，给出了本规范第8章表8.2.11中的水平冻胀力标准值。

**8.2.13** 在多年冻土中融区和季节冻土区，季节冻结层按冻胀量沿深度的分布，一般可划分出"主冻胀带"和"弱冻胀带"。据野外观测，"主冻胀带"分布在季节冻结层的上部约1/2～2/3的部分，80%以上的冻胀量在这个带出现。在"主冻胀带"以下，土层冻结所产生的冻胀量就较小了。在设计融区和季节冻土区支挡建筑物时，基础埋深，可考虑冻胀量沿深度的分布特点，视建筑物的重要性和工程地质条件，经计算确定。

**8.2.14** 在多年冻土区，由于多年冻土的隔水和冷冻作用，冻结活动层中的水分多呈"K"形分布。即活动层上部和下部土体的含水率均较大。在设计挡墙基础埋深时，如果把基础置于多年冻土上限附近活动层，在冻结过程中，自下而上的冻结，将对挡墙基础作用巨大的法向冻胀力。据铁道部科学研究院西北分院风火山多年冻土站试验资料，埋深上限附近的基础（埋深1.2m，上限1.4m），作用于基础的法向冻胀力达1100kPa，即每平方米达1100kN。这样巨大的冻胀力，是无法用建筑物的荷重来平衡的。为保证支挡建筑物的抗冻胀稳定，要求多年冻土地区的挡墙基础，必须埋在稳定人为上限以下，以消除法向冻胀力的作用。

据铁道部科学研究院西北分院在青藏高原多年冻土地区的试验，带八字墙的涵洞，地基多年冻土的人为上限，约为设涵地点多年冻土天然上限的1.25倍。所以，在这里规定，多年冻土地区挡土墙基础的埋深不得小于建筑地点天然上限的1.3倍。

**8.2.15** 实践表明：多年冻土工程的成败，在于地基基础设计的合理性与否，支挡建筑物也不例外。采用合理的基础形式，选择适当的施工季节和施工方法，是成功修建多年冻土区支挡建筑物的关键。尽量减少施工对地基多年冻土的热干扰，是多年冻土区基础施工所必须遵循的原则。预制混凝土拼装基础，是多年冻土工程较理想的基础形式。预制混凝土拼装基础，可以减轻劳动强度，加快施工进度，减少基坑暴露时间，从而有效减少对地基多年冻土的热干扰。现浇混凝土基础，由于带进地基中的水化热较多，对地基多年冻土的热干扰大，于基础、地基的稳定是极不利的。因此，多年冻土地基上的基础，尤其是高含冰率多年冻土地基上的基础，是不宜采用现浇混凝土基础的。故本节提出避免采用现浇混凝土基础。

**8.2.16** 富冰和饱冰冻土地基上作300mm砂垫层的目的，是使地基土受力均匀，防止局部应力集中，造成冻土中冰的融化，使多年冻土地基失去稳定。

含土冰层不适合直接用作建筑物地基，是因为含土冰层长期强度甚小，在外荷作用下，可能产生非衰减蠕变而使建筑物产生大量下沉而破坏。因此，需对基础下含土冰层进行换填，以使基础作用于含土冰层上的附加应力减小。换填深度应根据作用于基础的恒载、地基的允许变形和含土冰层的蠕变特性，通过计算确定。一般不宜小于基础宽度1/4。

**8.2.18** 冻土地区的挡土墙，在墙背土体的冻融循环过程中，反复承受土压力和水平冻胀力的交替作用。在一般情况下，水平冻胀力较之土压力要大得多。在水平冻胀力作用下，挡土墙抗滑和抗倾覆稳定能满足要求时，土压力作用下的稳定是没有问题的。但是，在采取某些减小水平冻胀力的措施后，有可能使水平冻胀力小于土压力。另一方面，在寒季和暖季，阻止墙体滑动的力和作用于墙上的推力是不同的。在寒季能满足稳定要求，在暖季则不一定。因此，要求在寒季和暖季分别对挡土墙进行抗滑和抗倾覆稳定检算。

**8.2.19**、**8.2.20** 抗滑稳定系数 $K_s$ 不小于1.3，抗倾覆稳定系数 $K_0$ 不小于1.6，是根据现行国家标准《建筑地基基础设计规范》GB 50007提出的。

**8.2.22** 冻土区的支挡结构物，承受着远比库仑土压力大的水平冻胀力作用。若采用一般重力式挡墙，往往由于截面过大而欠经济合理，同时也难以保持支挡建筑物本身的稳定。在冻土区，若采用柔性结构挡土墙，例如，锚杆和锚定板式挡土墙，既能有效地减小水平冻胀力的作用，又可充分利用冻土高强度特性，是冻土区较为理想的支挡结构形式。

季节冻土区，锚杆和锚定板的计算，可按一般地区锚杆和锚定板的计算方法进行。多年冻土区，锚杆和锚定板的计算按本节规定进行。

冻土是一种具有明显流变特性的多相岩体。当作用于冻土的应力小于冻土长期强度时，冻土的蠕变变形是衰减的。在锚杆和锚定板的计算中，要求作用于锚杆和锚定板受力面上的应力，应小于冻土的长期强度。这样，在荷载作用下，锚杆和锚定板的变形是很小的，甚至是可以忽略的。

**8.2.23、8.2.24** 冻土中锚杆的承载力，是由锚杆与冻土间界面的抗剪冻结强度提供的。1979～1980年，铁道部科学研究院西北分院，在青藏铁路沿线多年冻土地区的风火山，进行了垂直插入式钢筋混凝土锚杆的抗拔试验。试验表明：在锚杆—冻土界面上，剪应力的分布是不均匀的。上部应力大，下部应力小。且随深度增加，应力迅速减小，呈指数规律衰减。应力的传播深度，随荷载的增加而增大。这种分布规律，决定着锚杆体系的破坏特性。在荷载作用下，锚杆上部剪应力增大，随着荷载的增加，锚杆上部界面达到冻结强度极限，冻结强度破坏。在这一部分冻结强度破坏后，最大剪应力向下传播（图18），下一部分锚杆进入极限状态。如此渐进破坏，直至锚杆承受极限荷载。

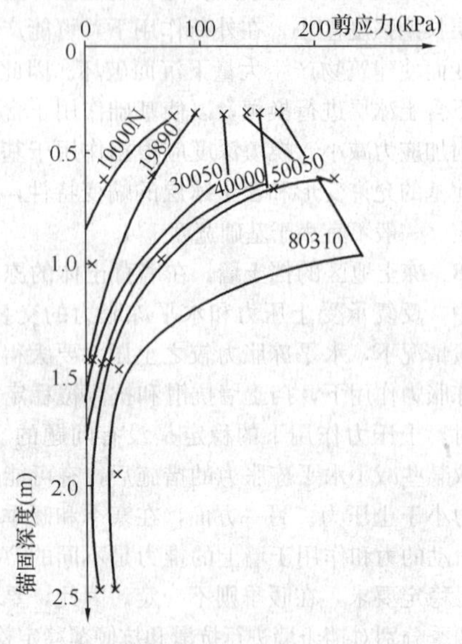


图18 冻土中锚杆剪切界面上应力沿深度的分布（31号锚杆 $D$=100mm）

从锚杆体系中应力分布和锚杆冻结强度渐进破坏的特点可以看出：锚杆体系在承受极限荷载时，锚杆上部部分冻结强度已经破坏。承担极限荷载的，只是冻结强度未破坏的那部分锚杆。因此，可把冻结强度未破坏的那部分锚杆的长度称为“有效长度”。

试验还表明，在冻结强度破坏后，在锚杆～冻土界面上还存在残余冻结强度。据冰川冻土研究所试验，残余冻结强度，约为长期冻结强度的80%。

因此，现场试验中得出的长期极限抗拔力，是由长期残余冻结强度和长期冻结强度组成的。由长期极限抗拔力算出的锚杆平均冻结强度，是长期冻结强度和长期残余冻结强度的综合值。

钢筋混凝土锚杆的冻结强度修正系数，与锚杆锚固段的长度和直径有关。即锚杆的长度和直径，影响锚杆的平均冻结强度。

锚杆的极限荷载除以锚杆的冻结面积所得的平均冻结强度，称为锚杆的换算冻结强度。锚杆的换算冻结强度随锚固长度增加而减小。这种影响可用长度影响系数来表示：

$$\phi_{L}=\frac{f_{cL}}{f_{c1000}} \tag{3}$$

式中：$\phi_L$——长度影响系数；

$f_{cL}$——锚杆长度为 $L$ 时的锚杆换算冻结强度（kPa）；

$f_{c1000}$——锚杆长度为1000mm时的锚杆换算冻结强度（kPa）。

锚杆换算冻结强度还与锚杆直径有关，可用直径影响系数来表示：

$$\phi_{D}=\frac{f_{cD}}{f_{c100}} \tag{4}$$

式中：$\phi_D$——直径影响系数；

$f_{cD}$——直径为 $D$ 时的锚杆换算冻结强度（kPa）；

$f_{c100}$——直径为100mm时的锚杆换算冻结强度（kPa）。

试验得出的长度影响系数 $\phi_L$ 见表25，直径影响系数 $\phi_D$ 见表26。

**表25 长度影响系数**

| 锚固段长度（mm） | 1000 | 1500 | 2000 | 2500 | 3000 |
|---|---|---|---|---|---|
| 长度影响系数 $\phi_L$ | 0.98 | 0.94 | 0.89 | 0.85 | 0.80 |

**表26 直径影响系数**

| 锚杆直径（mm） | 50 | 80 | 100 | 120 | 140 | 160 | 180 | 200 |
|---|---|---|---|---|---|---|---|---|
| 直径影响系数 $\phi_D$ | 1.44 | 1.11 | 1.00 | 0.92 | 0.86 | 0.82 | 0.80 | 0.78 |

本规范表8.2.24中给出的锚杆冻结强度修正系数，是长度影响系数与直径影响系数的乘积。

本规范表8.2.23中给出的冻结强度值，是在锚杆直径为100mm，锚固段长度为1000mm时，现场试验得出的。

**8.2.25** 冻土的强度，具有明显的峰值，即极限破坏强度。峰值强度出现后，冻土破坏，发生破坏位移，最后达稳定位移时的强度，称为残余强度。冻结强度亦存在峰值冻结强度和残余冻结强度。残余冻结强度值是较大的，一般可达长期冻结强度的80%。为提高锚杆的承载能力，可利用锚杆的残余冻结强度。其方法是加长锚杆锚固段的长度。也就是说，可以利用残余冻结强度来满足锚杆承载力的要求。从理论上讲，

锚固段可以任意加长，只要锚杆的材料强度能满足要求就行。

然而，冻土中锚杆要达到极限承载力，锚杆必须有足够的拉伸变形。即锚杆必须达到一定的临界蠕变位移。图19是铁道部科学研究院西北分院在锚杆现场试验中，得出的锚杆临界蠕变位移与锚固段长度的关系曲线。由图可以看出，锚杆临界蠕变位移，随锚固段长度增加迅速增大。因此，靠增加锚固长度来满足承载力的要求，在很多场合是行不通的。据现场使用经验和理论计算，在一般情况下，冻土中锚杆以粗、短为宜。因为加大锚杆直径，可使冻结面积迅速增大，从而可大大增加锚杆的承载能力；采用较短锚杆，可使锚杆的临界蠕变位移减小，从而减小支挡建筑物的变形。

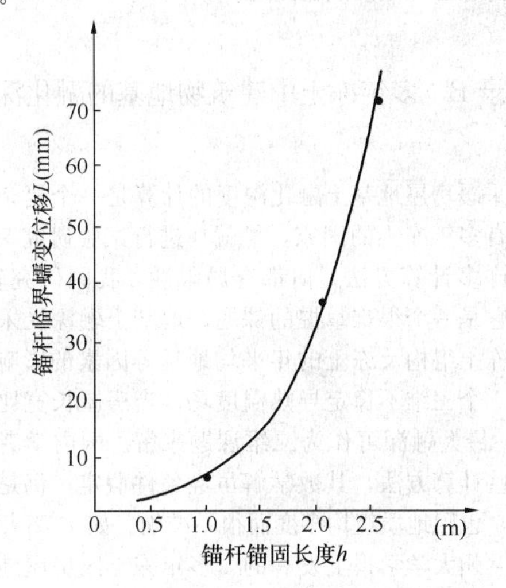


图19　锚杆体系临界蠕变位移与锚固长度关系

本节的锚杆计算，是按第一极限状态法进行的。即锚杆在荷载作用下，剪切界面上的应力小于极限长期强度。在这种情况下，锚固段过长是无意义的。因为根据现场锚杆抗拔试验，在一般情况下，界面上应力的传播深度约为2.0m～2.5m。超过这一长度的锚固部分是不参加工作的。所以，我们规定冻土中锚杆锚固长度一般不宜超过3m。

**8.2.26**　锚杆周围填料厚度不小于50mm的规定，是为了保证锚杆体系的剪切界面在锚杆与填料之间。厚度太小，则剪切界面可能出现在填料与冻土之间，这与所有的计算是不符的。根据铁道部科学研究院西北分院试验资料，在遵守填料厚度不小于50mm的条件下，锚杆直径的增加不改变剪切界面的位置，即剪切界面永远为锚杆与填料间界面。

**8.2.29**　锚定板的埋深是由设计荷载和锚定板前方冻土的阻力（抗剪强度）决定的。冻土阻力是随锚定板埋深而变化的。当锚定板面积一定时，可以改变锚定板的埋深，来满足设计荷载的要求。在锚定板埋深不变时，为满足设计荷载要求，只有改变锚定板面积。不论何种情况，考虑锚定板的整体稳定，其埋深都不应小于某一极限值——锚定板的最小埋置深度。

假定锚定板整体稳定破坏时，锚定板前方的冻土和融土沿图20中所示的锥面发生剪切，这时，外荷载应与破坏面上的剪力相平衡，即：

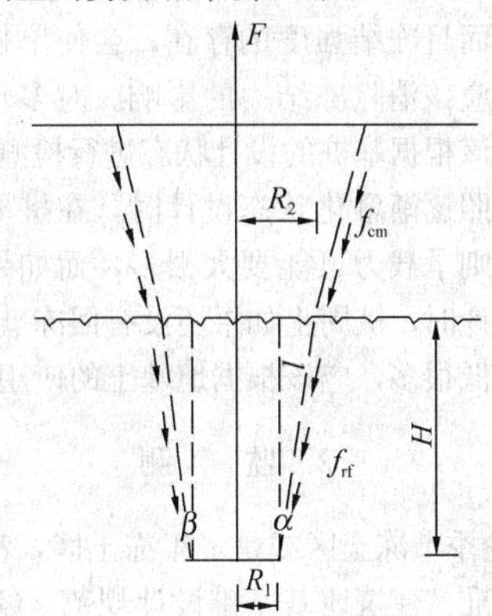


图20　锚定板最小埋深计算图

$$A_m f_{cm} + A_f f_{rf} - F = 0 \qquad (5)$$

式中：$A_m$——融土破裂面的面积（$m^2$）；

$f_{cm}$——融土的黏聚力（kPa）；

$A_f$——冻土破裂面的面积（$m^2$）；

$f_{rf}$——冻土抗剪强度（kPa）；

$F$——外荷载（kN）。

如果忽略融土的阻力，对于圆形锚定板，可以得出如下计算冻土中锚定板最小埋深的公式：

$$H^2\tan\alpha + 2r_1 H - \frac{F}{\pi f_{rf}} = 0 \quad (当\ l \approx H) \qquad (6)$$

式中：$H$——锚定板最小埋深（m）；

$\alpha$——冻土中应力扩散角（°）；

$r_1$——锚定板半径（m）；

其余符号意义同前。

根据实验，$\alpha$角一般在25°～30°，若取$\alpha=30°$，设计荷载为60kN，锚定板直径为300mm，锚定板前方为冻结砂黏土，土温为－15℃，则长期黏聚力为$c=108$kPa。将上述数据代入公式（6），解得$H=351.6$mm。

锚定板在冻土中的最小埋深，应通过计算，并考虑到可能遇到的不利情况（例如冻土温度的变化等）来确定。

# 9　检验与监测

## 9.1　检　　验

**9.1.1**　本条主要适用于以天然土层为地基持力层的浅基础，主要是检验所留冻土层厚度是否满足设计要求，是否有厚度超过设计尺寸的现象。

**9.1.3**　多年冻土地区因地温较低，混凝土质量容易出问题，所以对基桩的检测数量要求高一点，完整性检测数为30%，为了检验混凝土强度是否满足设计要求，应对混凝土采用取芯检测，数量宜为1%。

**9.1.4** 对于季节性冻土地区基桩承载力的检测，当桩周存在冻土时，因冻结强度主要与冻土温度、冻土融沉等级及冻土类别有关，与暖土状态下桩的侧阻力有很大不同，而且冻结强度的存在，会使单桩承载力值偏高，所以应该消除冻结力的影响。对多年冻土地区而言，则应该根据基桩的设计状态进行检测方案选择，如果桩基按照逐渐融化状态设计时，在桩周有冻土时进行试验，则承载力可能要大很多，而如果桩基按照冻结状态设计时，桩周土如果还没有回冻就进行检测，则其值可能低很多，应该根据地基土的使用状态而定。

### 9.2 监 测

**9.2.1** 不论季节冻土区或是多年冻土区，都可能存在现行国家标准《建筑地基基础设计规范》GB 50007 所列的情况，其监测要求应满足其要求。

**9.2.2** 建筑物地基设计等级为甲、乙级时，均应按现行国家标准《建筑地基基础设计规范》GB 50007 要求进行监测。在多年冻土区往往因冻土地基中含有分布不均的高含冰率冻土或厚层地下冰，使得冻土工程地质条件复杂化。在热扰动下冻土地基出现融化而导致建筑物产生不均匀沉降。虽然按保持冻结状态地基设计原则进行基础设计，特别是非桩基基础条件下，环境和建筑物热状态的变化会影响冻土地基热状态的变化，引起地基沉降变形（融化沉降和高温冻土蠕变沉降）。

**9.2.4** 冻土地基受热扰动最为敏感。标志多年冻土热稳定性的基本指标是多年冻土的年平均地温，通常可以采用 15m 深处的冻土地温作代表。当属于高温冻土时，在环境和建筑物热扰动下，极易使冻土地温升高或出现融化。大量的室内外试验数据表明，当冻土温度高于−1.0℃以上时，在外荷载作用下会出生较大的压缩性。因此，温度场监测就成为多年冻土区监测的重要项目，监测冻土地基的温度场的形成及其变化，随之可能引起基础的变形。

通常情况下，建筑物中心部位和热源点对冻土地基热状态的影响最大，建筑物的平面尺寸越大，对冻土地基热状态的影响就越大。因此，温度场监测点应按东西和南北断面布设，除中心布设一个深孔（大于15m）外，均按 20m 间隔布设监测孔，孔深应达持力层。监测点垂直深度布设，10m 内按 0.5m 间距布设测点，10m 以下可按 1.0m 间距布设。当建筑物下冻土地基的地温升高就意味着冻土地基的热稳定性逐渐丧失，就可能影响建筑物的整体稳定性而出现不均匀变形。

基坑开挖时，基坑壁的冻土热状态可能受干扰而出现变形、坍塌，应对基坑壁和支护进行监测。使用期间建筑物的冻胀和融沉变形常出现在墙角和门窗。冻胀变形多在墙角，融沉变形多在外墙的中部和门窗。因此，变形监测点应布置在墙角和曲面部位的基础梁上，沿外墙基础梁间隔 20m（或间墙）布设监测点。同时，在建筑物 20m 外的空旷场地设置永久性基准点。一般情况下，冻土地区的建筑物变形都可从冻土地基温度场的变化及冻土特征方面找出原因。

**9.2.5** 冻土地基地温变化直接受气候、环境及建筑物的热状态的影响。一般情况下，竣工后三年间冻土热状态受扰动最为剧烈。为此，冻土地区的温度场观测应从施工开始，每旬观测一次，并在使用期间延续进行，每月观测一次。随着全球气候变暖的影响，冻土地基的热稳定性亦随之变化，对地基设计为甲、乙级的建筑物监测时间就可能更长，直至变形达到稳定为止。当冻土地基热状态和变形逐渐出现不能稳定的趋势时，就应及时采取措施，如热棒等主动降温的措施，以保持冻土地基的热稳定性。

## 附录B 多年冻土中建筑物地基的融化深度

采暖房屋地基土融化深度的计算是一个复杂的课题，有多年冻土的国家，早就在进行试验研究，并提出了许多计算方法，但都有局限性。我国研究较晚，确知它是一个很难掌握的课题，地基土融深受采暖温度、冻土组构及冻土的年平均地温等因素的影响，而且是一个三维不稳定导热温度场；当房屋长宽比大于4时，最大融深可作为二维课题来解。国内学者也提出一些计算方法，其数学解虽经条件假定，仍是很复杂的，也因地质组构多变而很不准确。如 1978 年 6 月号的兰州大学学报上发表的“多年冻土区房屋地基融化计算探讨”一文中提出房屋地基最大融深计算式：

$$h_{\mathrm{m}}=\frac{nh_0}{\sqrt{1+n^2}}\left\{1+\frac{\pi}{2}\frac{a}{h_{\mathrm{c}}}\left[1+\left(\frac{h_0}{a}\right)^2\right]\left[\frac{\frac{\lambda^-}{\lambda^+}(j^- - j_{\mathrm{c}})}{f^+ - \frac{\lambda^-}{\lambda^+}f^-}+\frac{\pi}{6}\frac{a}{h_{\mathrm{c}}}\right]\right\} \tag{7}$$

式中符号意义见原文。

以此式计算我们钻探观测取得的最大融深为 5.0m 的满归站 24 号住宅，其计算结果与实际融深相差太大，不便应用。

### 一、最大融深的计算

为了推导出一个简便的计算式，假定冻土地基为空间半无限的，房屋已使用了几年或几十年，地基融深已达最大值，融化盘相对稳定。此时，以一维传热原理来探求房屋地基的最大融深计算式；这时房屋取暖传入地基中的热量，由于地基土的热阻有限，并趋近一个常量 $Q_1$，即通过室内地面传到融冻界面的热量；从融冻界面传入到地基冻土中的热量，只能提高冻土的温度，使冻土蓄热而不能使冻土融化的热量为 $Q_2$，它也是有限的。这是因为地基土在气温影响范围内的土温随气温变化而波动，夏季升温，冬季降温，储蓄在冻土中的热量 $Q_2$，在降温时为低温冻土所吸收，即散热，在气温影响范围内的地基土温普遍降低，降温是不均匀的，融化盘周围降温大，盘中降温小，反之亦然，每年升、降循环一次，使蓄热，散热相对平衡，或谓之为地中热流所平衡，所以融深稳定在最大值，故融化盘基本无变化而相对稳定，称为稳定融化盘。

根据上面的分析，当房屋地基土融深已达最大值时，按一维传热原理考虑，假定地基土为均质土体，室内地面温度不变，室内地面到融冻界面的距离均相等为 $H_{\max}$，同时从室内地面至冻土内热影响范围面的距离均相等为 $h$，在单位时间内的传热量是：

**1** 通过室内地面传至融冻界面的热量（$Q_1$）：

$$Q_1=\frac{\lambda_u}{H_{\max}}A(T_B-0) \tag{8}$$

**2** 由融冻界面传至冻土中的热量（$Q_2$）：

$$Q_2=\frac{\lambda_f}{h-H_{\max}}A'(0-T'_{cp}) \tag{9}$$

从室内地面传到融冻界面的热量与从融冻界面传到冻土中的热量应相等，即

$$Q_1=Q_2$$

则：$\frac{\lambda_u}{H_{\max}}A(T_B-0)=\frac{\lambda_f}{h-H_{\max}}A'(0-T'_{cp})$ (10)

整理后：

$$H_{\max}=\frac{\lambda_u T_B Ah}{\lambda_u T_B A-\lambda_f T'_{cp}A'} \tag{11}$$

进一步整理，并引入房屋长宽比 $L/B=n$

则：

$$H_{\max}=\frac{\lambda_u T_B A}{\left(\lambda_u T_B-\lambda_f T'_{cp}\frac{A'}{A}\right)A}$$

$$=\frac{\lambda_u T_B}{\lambda_u T_B-\lambda_f T'_{cp}\frac{A'}{A}}\cdot\frac{BLh}{BL}$$

$$=\frac{\lambda_u T_B}{\lambda_u T_B-\lambda_f T'_{cp}\frac{A'}{A}}\cdot B\cdot\frac{nh}{L} \tag{12}$$

式(12)中，分母 $\lambda_f T'_{cp}$ 的系数 $\frac{A'}{A}$ 值是一个大于1的值，即 $T'_{cp}$ 愈低，$H_{\max}$ 就愈小，这与实际情况相符；$A$ 为已知，$A'$ 随 $A$ 和 $H_{\max}$ 而变化，因此是难于求解的。为了便于公式的应用，硬性地把 $\frac{A'}{A}$ 提出来与 $nh/L$ 放在一起，和融化盘实际为二、三维不稳定传热温度场与假定为一维传热温度场是有差距的，且融化盘和热影响范围均不是同心圆，故室内地面至融化盘和至热影响范围各点的距离，并不都等于 $H_{\max}$，$h$；$\lambda_f$ 值从公式推导讲应是稳定融化盘下热影响范围内冻土的导热系数，但在稳定融化盘形成过程中，融冻界面是由室外地面逐渐下移的，即地面下的冻土是逐渐融化为融土的，融深的大小与室内热源传入地基土的热量成正比，而与冻土融化(包括相变热)消耗的热量成反比。因此，在融化盘下冻土无 $\lambda_f$ 资料时可采用室外地面下地基土冻结时的导热系数，因而也存在差异；冻土地基的组构在一幢房屋下是不均匀的等因素，均归纳为综合影响系数 $\psi_J$，并以房屋长宽比"$n$"为代表表示。同时取 $T_{cp}=T'_{cp}$，实际上最大融深下多年冻土的年平均地温 $T'_{cp}$ 与 $T_{cp}$，是基本相同的。则式(12)可改写为：

$$H_{\max}=\psi_J\frac{\lambda_u T_B}{\lambda_u T_B-\lambda_f T_{cp}}B \tag{13}$$

式（8）～式（12）中：

$\lambda_u$——融化土(包括地板及保温层)的导热系数[W/(m·℃)]；

$\lambda_f$——冻土的导热系数[W/(m·℃)]；

$T_B$——室内地面温度(℃)；

$T'_{cp}$——冻土年平均温度(℃)；

$T_{cp}$——多年冻土的年平均地温(地温变化趋近于零深度处的地温)(℃)；

$H_{\max}$——最大融深(m)；

$h$——室温对地基土温的影响深度(m)；

$A$——房屋外墙结构中心包络地面面积($m^2$)，$A=LB$；

$B$——房屋宽度，前后外墙结构中心距离(m)；

$A'$——融化盘(融冻界面)面积($m^2$)；

$L$——房屋长度(m)，两外山墙中心距离；

$n$——房屋长宽比，$n=L/B$；

$\psi_J$——综合影响系数。

**3** 综合影响系数 $\psi_J$ 值

式（13）只显示了形成融深的几个主要数据，未显示的数据都归纳以系数 $\psi_J$ 表示，所以 $\psi_J$ 是一个很复杂的数据，只好对既有房屋的钻探、观测的融深资料（东北和西北的）和试验房屋融深观测资料中取得的最大融深进行分析综合后，反求 $\psi_J$ 值。同时考虑了使用年限的因素，即使用年限短的房屋尚未达最大融深，详见本规范附录B图B.0.1-1；其中15m～25m宽的房屋，$\psi_J$ 值均系参考前苏联"CHuⅡ—18—76"规范与我们的经验综合编制的。

式中 $T_B$ 国外均采用室温，而我们却采用室内地面温度，这是因为我国尚无室温与地面温差之规定，卫生条件要求地面温度与室温之差以2.5℃为宜；但我们对既有房屋和试验房屋的地面进行了测定，在最热的7、8月中室温为21℃～27℃时，地面温度为18℃～23℃，基本上满足温差要求，但在最冷的1月份，室温15℃，而地面温度仅有6℃～8℃，且外墙附近的地面温度仍在0℃左右，此时地面平均温度只有3℃～6℃。风火山试验宿舍设有沥青珍珠岩保温层，年平均室温为16℃，而年平均地面温度也只有11.5℃。室温与地面温度相差如此之大，系房屋围护结构保温质量不足，尤其是靠外墙的地面保温质量不

足所致。所以我们采用地面温度来计算融深是较为合理的。我们根据现有房屋地面温度观测资料编制了室内地面年平均温度表，如表27所示，供使用者参考。

**表27　各类房屋室内地面年平均温度（$T_B$）值**

| 房屋类别 | 住宅 | 宿舍 | 乘务员公寓 | 小医院电话所 | 各类工区 | 办公室 | 站房 | |
|---|---|---|---|---|---|---|---|---|
| | | | | | | | 办公室 | 候车室 |
| 地面温度（℃） | 6～12 | 7～14 | 9～15 | 10～18 | 8～14 | 8～14 | 8～15 | 4～10 |

如设计时房屋围护结构（四周、屋顶及地面）经过热工计算，则其温度可按计算温度采用。

表27资料来源不够充分，有待于研究改进，因此未列入规范中。当增加了足够的地面保温层，或当（我国）制定了室温与地面温差的规定时，即可用室温减规定温差来计算最大融深。

4　地基土质系数

当地基为粗颗粒土时，地基融深增大很多，粗粒土与细粒土的导热系数虽不同，但还不能完全反映其导热强度，故需增加一土质系数 $\psi_c$。根据多年冻土地区多年的勘探资料，对天然上限深浅的分析，并参考了《青藏铁路勘测设计细则》中的最大融深表5-6-1，综合确定粗粒土与细粒土融深的关系比，定出土质系数 $\psi_c$，按图B.0.1-2取值。若将比值列入房屋地基土融深计算公式中则式（13）可写成：

$$H_{max} = \psi_J \frac{\lambda_u T_B}{\lambda_u T_B - \lambda_f T_{cp}} B + \psi_c h \tag{14}$$

式中：$h$——计算融深内粗粒土层厚度（m）。

5　室内外高差（地板及保温层）影响系数

多年冻土地区一般都较潮湿，房屋室内外应有较大的高差，以使室内地面较为干燥，除生产房屋根据需要设置外，一般不应低于0.45m；0.45m是指地基融沉压密稳定后的高差。

经试验观测，冬期室内地面温度，由于地基土回冻，使靠外墙1.0m左右的地面处于零度以下，小跨度的房屋中心地面温度也降至3℃～8℃；这样低的地面温度是不宜居住的，故必须设置地面保温层，以降低地面的热损失，提高地面温度。

室内外高差部分，包括地板及保温层，其构造不论是什么材料，均全按保温层计算，并将高差部分材料与地基土一同计算融化状态的导热系数 $\lambda_u$ 值，$\lambda_f$ 值则不包括室内外高差部分。

室内外有高差 $\Delta h$，由室内地面传入冻土地基的热量，经保温层时一部分热量将由高出室外地面的墙脚散发于室外大气中，因此融深要减少一些，其减少量以高差影响系数 $\psi_\Delta$ 表示。

$\psi_\Delta$ 值是根据试验观测资料并考虑采暖对冻深的影响系数、房屋的宽度综合分析确定的，见本规范附录B图B.0.1-3，故融深计算式中也应列入此值。这样，采暖房屋地基土最大融深的最终计算式为：

$$H_{max} = \psi_J \frac{\lambda_u T_B}{\lambda_u T_B - \lambda_f T_{cp}} B + \psi_c h_c - \psi_\Delta \Delta h \tag{15}$$

本公式属于半理论半经验公式，但以经验为主求得。

**【例1】**　求得尔布尔养路工区融化盘最大融深，房屋坐东朝西，房宽 $B=5.7$m，房长 $L=18.1$m，$T_B=12$℃，$T_{cp}=-1.2$℃，室内外高差 $\Delta h=0.3$m。

地质资料及其导热系数：

1　地面铺砖厚0.06m，$\lambda_u=0.814$；

2　填筑土（室内外高差部分）厚0.24m，$\lambda_u=1.303$；

3　填筑土厚0.6m，$\lambda_u=1.303$，$\lambda_f=1.489$；

4　泥炭土厚0.4m，$\lambda_u=0.43$，$\lambda_f=1.303$；

5　砂黏土夹碎石20%，厚1.2m，$\lambda_u=1.547$，$\lambda_f=2.407$；

6　碎石土含土42%，厚>4.5m，$\lambda_u=1.710$，$\lambda_f=1.931$。

加权平均导热系数：

$$\lambda_u = \frac{0.06\times0.814+0.84\times1.303+0.4\times0.43+1.2\times1.547+4.5\times1.71}{0.06+0.84+0.4+1.2+4.5} = 1.552$$

$$\lambda_f = \frac{0.6\times1.489+0.4\times1.303+1.2\times2.407+4.5\times1.931}{6.7} = 1.939$$

当 $n=18.1/5.7=3.2$，查规范附录B图B.0.1-1、B.0.1-2、B.0.1-3得：$\psi_J=1.27$、$\psi_c=0.16$、$\psi_\Delta=0.24$，

将以上各值代入公式（15）：

$$H_{max} = 1.27\times\frac{1.552\times12}{1.552\times12+1.939\times1.2}\times5.7+0.16\times h_c-0.24\times0.3$$
$$= 6.44+(6.44-2.5)\times0.16-0.07=6.99\text{m}$$

钻探融深为6.4m，因钻探时尚未完全稳定。

**【例2】**　求滔滔河兵站融化盘最大融深。

该房屋坐北朝南，房宽 $B=6.0$m，房长 $L=28.8$m，$T_B=13$℃，$T_{cp}=-3.6$℃，室内外高差 $\Delta h=0.15$m，

地质资料及其导热系数：

1　水泥砂浆及填土厚0.15m，$\lambda_u=1.08$；

2　砂黏土厚0.6m，$\lambda_u=0.98$，$\lambda_f=0.92$；

3　圆砾土厚1.8m，$\lambda_u=2.14$，$\lambda_f=2.88$；

4　砂黏土厚>4m，$\lambda_u=1.28$，$\lambda_f=1.50$。

加权平均导热系数：

$$\lambda_u = \frac{0.15\times1.08+0.6\times0.98+18\times2.141.547+4.0\times1.28}{0.15+0.6+1.8+4.0} = 1.48$$

$$\lambda_f = \frac{0.6\times0.92+1.8\times2.88+4\times1.5}{0.6+1.8+4.0} = 1.83$$

当 $n=28.8/6=4.8$，查规范附录B图B.0.1-1、

B.0.1-2、B.0.1-3 得：$\psi_{l} = 1.35$、$\psi_{c} = 0.26$、$\psi_{\Delta} = 0.12$，

将以上各值代入公式（15）：

$$H_{max} = 1.35 \times \frac{1.48 \times 13}{1.48 \times 13 + 1.83 \times 3.6} \times 6 + 0.26 h_{c} - 0.12 \times 0.15$$

$$= 6.03 + (6.03 - 4.24) \times 0.26 - 0.02 = 6.48\text{m}$$

钻探融深为 6.04m。

## 二、融化盘的形状

根据我们钻探实测资料和青藏高原的钻探资料绘制的图形，进行研究分析，融化盘横断面的形状以房屋横剖面中心线为坐标 $y$ 轴的抛物线方程 $y = ax^2$ 表示较符合实际情况。由于室温高低和房屋宽度不同，抛物线的焦点位置亦不同，即形状系数 $a$ 不同；又因房屋朝向不同，其四周地面吸收太阳热能也不同，加之室内热源（火墙、火炉、火炕等）位置各异，最大融深偏向热源，使抛物线的顶点位置偏离房屋中心 $y$ 轴一个距离 $b$，也称 $b$ 为形状系数。有了形状方程，还是不便计算融深，故将坐标轴的原点移至室内地面上，以地面为 $x$ 轴，即上移 $H_{max}$，按本规范附录 B 图 B.0.2，则方程 $y = ax^2$ 变为：

$$-y + H_{max} = a(x-b)^2$$

或 $$y = H_{max} - a(x-b)^2 \quad (16)$$

式中系数 $a(\text{m}^{-1})$、$b$（m）值，也是根据钻探资料分析归纳确定的，见规范附录 B 表 B.0.2；但 $a$、$b$ 值尚须继续试验研究，使其更接近实际。

有了公式（16），就可以计算房屋中心横剖面地面上任何一点 $N$ 的融深。

**【例 3】** 求得尔布尔养路工区两外墙下的融深，各项条件见例 1，从例 1 知 $H_{max} = 6.99$m，此时，$x = \frac{B}{2} = \frac{5.7}{2} = 2.85$m（东外墙中心）

$x = -\frac{B}{2} = -\frac{5.7}{2} = -2.85$m（西外墙中心）

由规范附录 B 表 B.0.2 查得，$a = 0.14$，$b = 0.1$，代入公式（16）得：

$$y_{E} = H_{max} - a(x-b)^2 = 6.99 - 0.14 \times (2.87 - 0.1)^2 = 5.93\text{m}$$（实测融深为 5.3m）

$$y_{W} = H_{max} - a(x-b)^2 = 6.99 - 0.14(-2.87 - 0.1)^2 = 5.77\text{m}$$（实测融深为 5.1m）

# 附录 C　冻胀性土地基上基础的稳定性验算

## 一、计算的理论基础及依据

残留冻土层的确定只是根据自然场地的冻胀变形规律，没有考虑基础荷重的作用与土中应力对冻胀的影响，或者说地基土的冻胀变形与其上有无建筑物无关，与其上的荷载大小无关。例如，单层的平房与十几层高的住宅楼在按残留冻土层进行基础埋深的设计时，将得出相同的残留冻土层厚度，具有同一埋深，这显然是不够合理的。

附录 C 所采用的方法是以弹性层状空间半无限体力学的理论为基础的，在一般情况下（均匀的非冻结季节）地基土是单层的均质介质，而在季节冻土冻结过程中则变成了含有冻土和未冻土两层变形模量差异甚大的非均质介质，即双层地基，在融化过程中又变成了融土一冻土一未冻土的三层地基。

均质地基土上的基础在冻结之前由外荷(附加荷载)引起的土中附加应力的分布是属于均质(单层)的，当冻深发展到浅基础底面以下，由于已冻土的力学特征参数与未冻土的差别较大而变成了两层。当基础底面下土冻结到一定厚度（冻层厚度与基础宽度之比），由于冻土的变形模量大于冻结界面下暖土的变形模量几倍甚至十多倍，冻土层产生附加应力的扩散作用与重分配。冻土地区地表土层寒季年复一年的冻结，形成了“后生”季节双层地基。

建（构）筑物其基础底面压力都小于地基承载力设计值，一般都应用均质直线变形体的弹性理论计算土中应力，土冻结之后的力学指标大大提高了，形成双层地基，因此可采用双层空间半无限直线变形体理论来分析地基中的应力及其分布。

季节冻结层在冬季土的负温度沿深度的分布，当冻层厚度不超过最大冻深的 3/4 时，即负气温在翌年入春回升之前可看成直线关系，根据黑龙江省寒地建筑科学研究院在哈尔滨和大庆两地冻土站(冻深在 2m 左右地区)实测的竖向平均温度梯度，可近似地用 10℃/m 表示，地下各点负温度(℃)的绝对值可用下式计算：

$$T = 10(h - z) \quad (17)$$

式中：$h$——自基础底面算起至冻结界面的冻层厚度（m）；

$z$——自基础底面算起冻土层中某点的竖向距离（m）。

冻土的变形模量（或近似称弹性模量）与土的种类、含水程度、荷载大小、加载速率以及土的负温度等都有密切关系。此处由于是讨论冻胀性土的冻胀力问题，因此，土质和含水率选择了冻胀性的黏性土，其变形模量与土温的关系委托中国科学院兰州冰川冻土研究所做的试验，经过整理简化后其结果为：

$$E = E_0 + kT^{\alpha} = [10 + 44T^{0.733}] \times 10^3 \quad (18)$$

式（17）代入，得：

$$E = [10 + 238(h - z)^{0.733}] \times 10^3 \quad (19)$$

式中：$E_0$ ——冻土在 0℃时的变形模量（kPa）。

双层地基的计算简图如图 21 所示，编制有限元

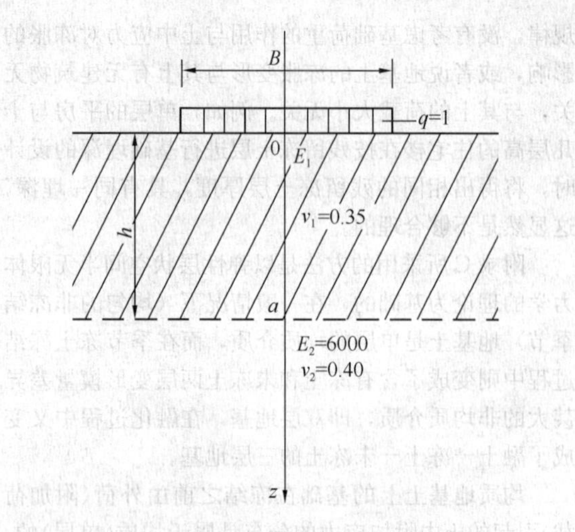


图 21　双层地基计算简图

的计算程序，用数值计算来近似解出双层地基交接面（冻结界面）上基础中心轴下垂直应力系数。层状地基的计算程序，在 1979 年曾请湖南省计算技术研究所编了一套，包括圆形、条形和矩形的，后来对计算结果进行分析，认为不理想，于 1988 年又请中国科学院哈尔滨工程力学研究所重新编了一套，包括圆形、条形以及空间课题中的矩形程序，对其计算结果经整理和分析仍不够满意；最后参考上述两次的计算及教科书中双层地基的解析计算结果，根据实际地基两层的刚度比，基础的面积、形状、上层高度等参数，经过内插、外推求出了条形、方形和圆形图表的结果。

根据一定的基础形式（条形、圆形或矩形）、一定的基础尺寸（基础宽度、直径或边长的数值）和一定的基底之下的冻层厚度，即可查出冻结界面上基础中心点下的应力系数值。

土的冻胀应力是这样得到的，如图 22 所示，图 22a 为一基础放置在冻土层内，设计冻深为 $H$，基础埋深为 $h$，冻土层的变形模量、泊松比分别为 $E_1$、$\upsilon_1$，下卧不冻土层的变形模量 $E_2$ 及泊松比 $\upsilon_2$ 均为已知，当基底附加压力为 $F$ 时，引起地基冻结界面上 $a$ 点的附加应力为 $f_0$，其附加应力的大小与其分布完全可以用双层地基的计算求得。图 22b 所示的地基与基础，其所有情况与图 22a 完全相同，二者所不同之处

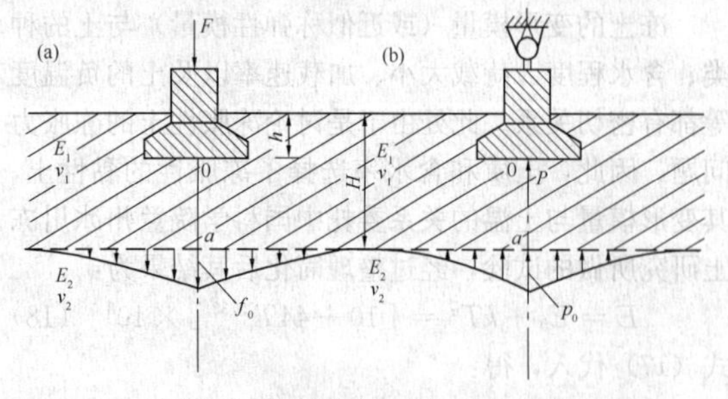


图 22　地基土的冻胀应力示意

（a）由附加荷载作用在冻土地基上；（b）由冻胀应力作用在基础上

在于图 22a 为作用力 $F$ 施加在基础上，地基内 $a$ 点产生应力 $f_0$，图 22b 为基础固定不动，由于冻土层膨胀对基础产生一 $P$ 力，引起地基内 $a$ 点的应力为 $p_0$，在界面上的冻胀应力按约束程度的不同有一定的分布规律。如果 $P=F$ 时，则 $p_0=f_0$，由于地基基础所组成的受力系统与大小完全相同，则地基和基础的应力状态也完全一致。换句话说，由 $F$ 引起的在冻结界面上附加应力的大小和分布与产生冻胀力 $P(=F)$ 的在冻结界面上冻胀应力的分布和大小完全相同；所以求冻胀应力的过程与求附加应力的过程是相同的，也可将附加应力看成冻胀应力的反作用力。

黑龙江省寒地建筑科学研究院于哈尔滨市郊的阎家岗冻土站中，在四个不同冻胀性的场地上进行了法向冻胀力的观测，正方形基础尺寸 $A=0.7\text{m}\times0.7\text{m}\cong0.5\text{m}^2$，冻层厚度为 1.5m～1.8m，基础埋深为零。四个场地的冻胀率 $\eta$ 分别为 $\eta_1=23.5\%$、$\eta_2=16.4\%$、$\eta_3=8.3\%$、$\eta_4=2.5\%$。其冻胀力、冻结深度与时间的关系见图 23、图 24、图 25 和图 26。

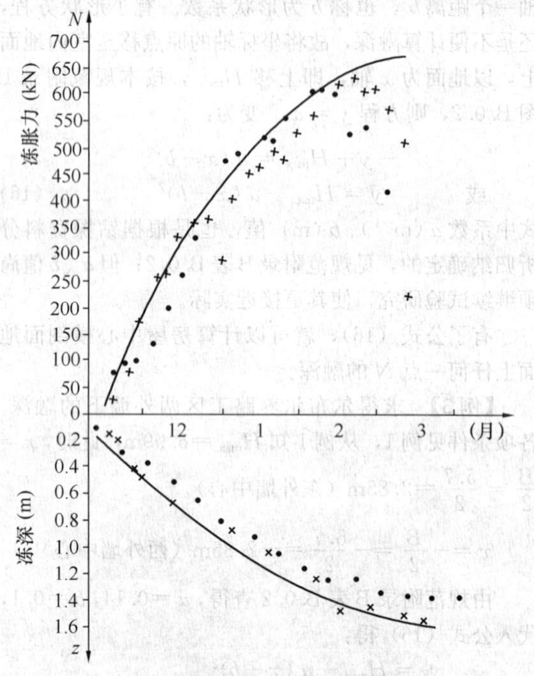


图 23　法向冻胀力原位试验（一）

基础 03 号；基础面积 $A=0.5\text{m}^2$；×为 1987～1988 年；·为 1988～1989 年基础位移量：18mm，21mm；地面冻胀量：227mm

根据基础底面之下冻层厚度 $h$ 与基础尺寸，查双层地基的应力系数图表，就可容易地求出在该时刻冻胀应力 $\sigma_{\text{fh}}$ 的大小。将不同冻胀率条件下和不同深度处得出的冻胀应力画在一张图上便获得土的冻胀应力曲线。

由于在试验冻胀力的过程中基础有 20mm～30mm 的上抬量，法向冻胀力有一定的松弛，因此，在测得力的基础上再增加 50%的力值。形成“土的

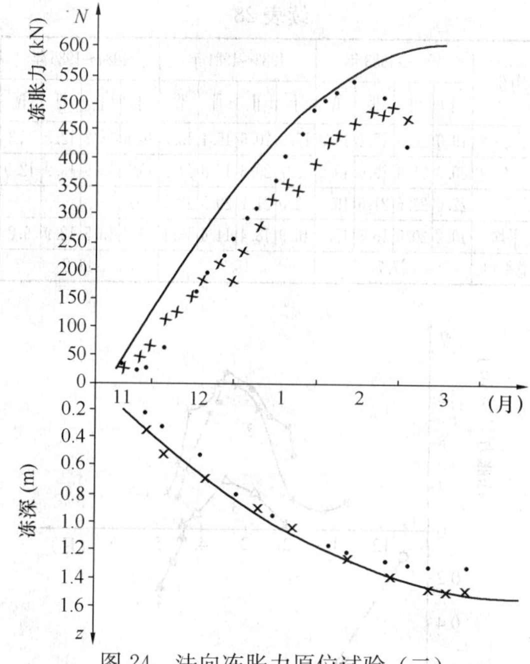


图 24 法向冻胀力原位试验（二）

基础位移量：13 号＝25mm，14 号＝25mm，地面冻胀量：14 号＝194mm，13 号＝186mm；$A=0.5\text{m}^2$；·为 1988～1989 年；×为 1987～1988 年

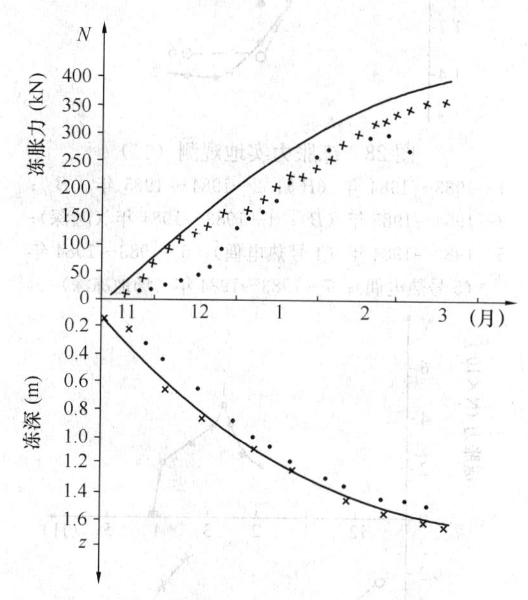


图 25 法向冻胀力原位试验（三）

$A=0.5\text{m}^2$；基础位移量：17 号＝22mm，15 号＝21mm；地面冻胀量：15 号＝96mm，17 号＝48mm；×为 1987～1988 年；·为 1988～1989 年

冻胀应力曲线”素材的情况是：冻胀率 $\eta=20\%$，最大冻深 $H=1.5\text{m}$，基础面积 $A=0.5\text{m}^2$，则冻胀力达到 1000kN，相当于 2000kN/m²，这样大的冻胀力用在工程上有一定的可靠性。

在求基础埋深的过程中，对传到基础上的荷载只计算上部结构的自重，临时性的活荷载不能计入，如

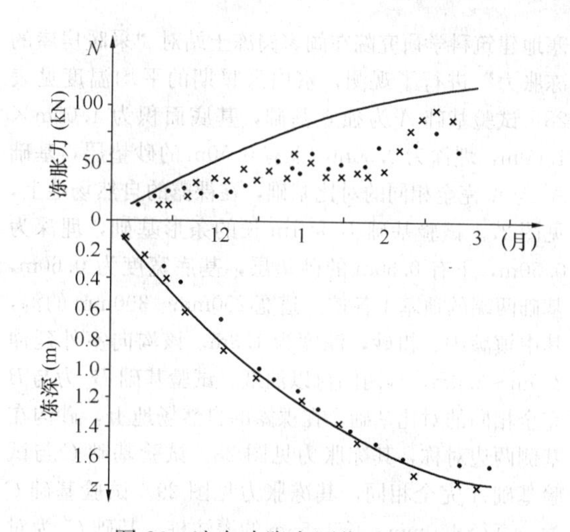


图 26 法向冻胀力原位试验（四）

$A=0.5\text{m}^2$；20 号基础地面冻胀量：87～88＝42mm，88～89＝58mm；×为 1987～1988 年；·为 1988～1989 年基础位移量

剧院、电影院的观众厅，在有节目演出时座无虚席，但散场以后空无一人，当夜间基土冻胀时荷载根本就不存在；又如学校的教室，在严冬放寒假，正值冻胀严重的时期，学生都回家去，教室是空的等。因此，在计算平衡冻胀力的附加荷载时，只计算实际存在的（墙体扣除门窗洞）结构自重，并应乘以一个小于 1 的荷载系数（如 0.9），以考虑偶然最不利的情况。

基础底面处的接触附加压力可以算出，冻层厚度发展到任一深度处的应力系数可以查到，附加压力乘以应力系数即为该截面上的附加应力。然后寻求小于或等于附加应力的冻胀应力，这种截面所在的深度减去应力系数所对应的冻层厚度即为所求的基础的最小埋深，在这一深度上由于向下的附加应力已经把向上的冻胀应力给平衡了，即压住了，肯定不会出现冻胀变形，所以是绝对安全的。

## 二、采暖对冻胀力的影响

现行地基基础设计规范中对于有热源房屋（采暖房屋），考虑供热对冻深的影响问题，取中段与角段（端）两个不同值是合理正确的。但对角段的范围应该修改一下，该规范规定自外墙角顶点至两边各延长 4m 的范围内皆为角段，这种用绝对数值来表现冻深的影响不够合适，实际上这种影响是冻深的函数。例如：在冻深仅有 400mm 的地区，角段范围为冻深的 10 倍，而在冻深 4.0m 的严寒地区，则角段只有 1 倍的冻深。本规范采用角段的范围为 1.5 倍的设计冻深，1.5 倍冻深之外的影响微弱，可忽略不计。

采暖（或有热源）建筑物对基础的影响要比一个采暖影响系数复杂得多，在基础埋深不小于冻深时，采暖影响系数还有直接使用价值，但对“浅基础”（基底埋在冻层之内）就无法单独使用了。黑龙江省

寒地建筑科学研究院在阎家岗冻土站对“采暖房屋的冻胀力”进行了观测，室内采暖期的平均温度见表28。试验基础 $A$ 为独立基础，基底面积为 1.00m×1.00m，埋深为 0.50m，下有 0.50m 的砂垫层，基础 $A'$ 与 $A$ 完全相同的对比基础，在裸露的自然场地上，见图 27。试验基础 $B$ 为 1m 长的条形基础，埋深为 0.50m，下有 0.50m 的砂垫层，基底宽度为 0.60m，基础两端的地基土各挖一道宽 250mm～300mm 的沟，其中填满中、粗砂，深度为 1.3m，该沟向室外延伸 2.5m～3.0m，沟两侧衬以油纸。试验基础 $B'$ 为与 $B$ 完全相同的对比基础，在裸露的自然场地上，砂沟在基侧两边对称，其冻胀力见图 28。试验基础 $C$ 与试验基础 $A$ 完全相同，其冻胀力见图 29。试验基础 $C$ 为一直径 400mm、长 1.55m 的灌注桩。基础 $C'$ 为对比基础，见图 30。从图中可见，采暖房屋下面的基础所受的冻胀力远较裸露场地的为小，绝不仅是一个采暖影响系数的问题。

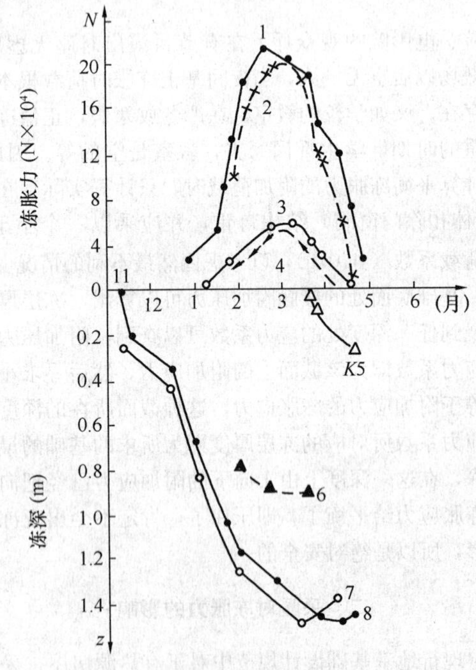


图 27　冻胀力实地观测（一）

1—1983～1984 年（基础 $A'$）；2—1984～1985 年（$A'$）；3—1983～1984 年（$A$）；4—1984～1985 年（$A$）；5—1984～1985 年（融深）；6—1984～1985 年（27 号热电偶）；7—1984～1985 年（26 号热电偶）；8—1984～1985 年（场地冻深）

**表 28　采暖房屋的室内气温（℃）**

| 月份 | 1982～1983 年 | | | | 1983～1984 年 | | | | 1984～1985 年 | | | |
|---|---|---|---|---|---|---|---|---|---|---|---|---|
| | Ⅰ | Ⅱ | Ⅲ | Ⅳ | Ⅰ | Ⅱ | Ⅲ | Ⅳ | Ⅰ | Ⅱ | Ⅲ | Ⅳ |
| 11 | 20.5 | 18.7 | 15.8 | 14.3 | 17.7 | 16.8 | 13.2 | 10.5 | 14.1 | 14.8 | 13.7 | 11.2 |
| 12 | 17.8 | 17.7 | 13.5 | 11.4 | 13.0 | 15.5 | 11.4 | 9.1 | 16.8 | 13.2 | 12.6 | 9.7 |
| 1 | 16.6 | 18.4 | 14.1 | 12.2 | 12.9 | 14.2 | 8.5 | 9.3 | 18.3 | 11.8 | 11.4 | 7.1 |
| 2 | 17.9 | 19.0 | 15.1 | 12.4 | 15.7 | 19.7 | 14.2 | 11.5 | 18.4 | 12.4 | 11.3 | 8.3 |

续表 28

| 月份 | 1982～1983 年 | | | | 1983～1984 年 | | | | 1984～1985 年 | | | |
|---|---|---|---|---|---|---|---|---|---|---|---|---|
| | Ⅰ | Ⅱ | Ⅲ | Ⅳ | Ⅰ | Ⅱ | Ⅲ | Ⅳ | Ⅰ | Ⅱ | Ⅲ | Ⅳ |
| 3 | 19.0 | 20.5 | 17.4 | 16.8 | 17.0 | 20.6 | 16.4 | 13.3 | 16.6 | 13.2 | 12.3 | 9.3 |
| 4 | 20.0 | 21.8 | 20.0 | 19.0 | 19.7 | 20.6 | 17.8 | 17.2 | 15.7 | 15.9 | 15.9 | 12.9 |
| 5 | 22.0 | 23.6 | 21.5 | 19.6 | 22.0 | 21.7 | 20.5 | 20.5 | — | — | — | — |
| 平均 | 19.2 | 20.0 | 16.8 | 15.1 | 16.9 | 18.4 | 14.6 | 13.1 | 16.7 | 13.5 | 12.9 | 9.8 |
| 总平均 | 17.7 | | | | 15.7 | | | | 13.2 | | | |

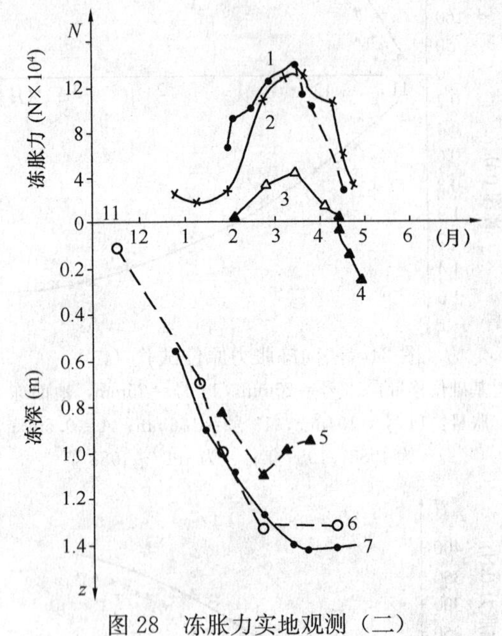


图 28　冻胀力实地观测（二）

1—1983～1984 年（$B'$）；2—1984～1985 年（$B'$）；3—1984～1985 年（$B$）；4—1983～1984 年（融深）；5—1983～1984 年（4 号热电偶）；6—1983～1984 年（5 号热电偶）；7—1983～1984 年（场地冻深）

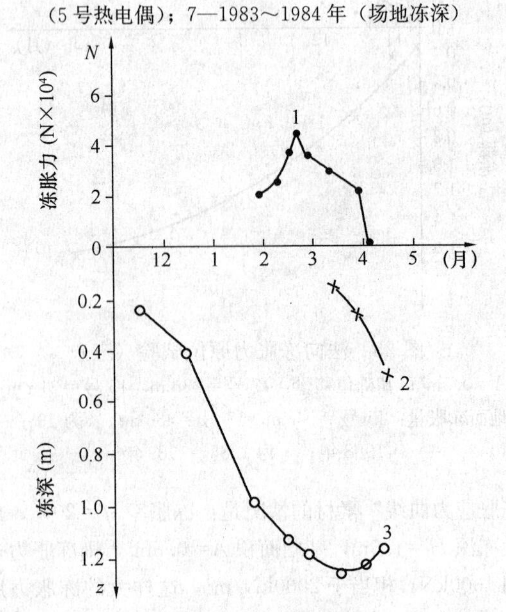


图 29　冻胀力实地观测（三）

1—1984～1985 年（$C$）；2—（融深）；3—冻深（冻土器 23 与 25 平均值）

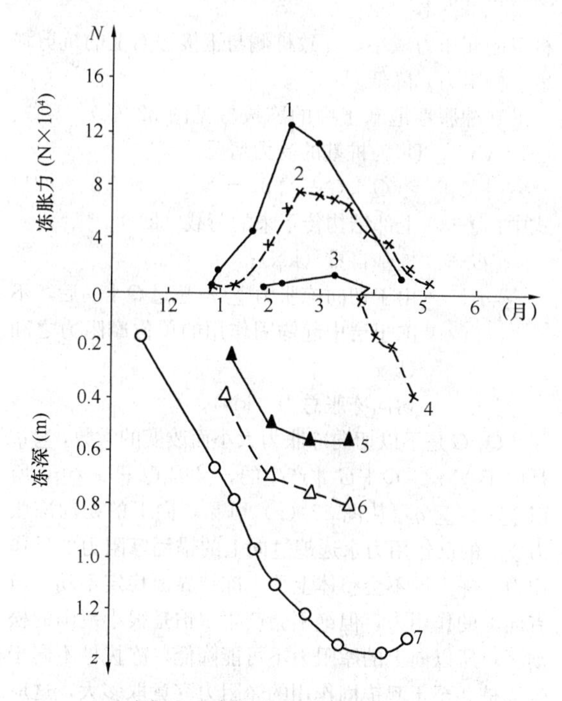


图 30　冻胀力实地观测（四）

1—1982～1983 年（$C'$）；2—1983～1984 年（$C'$）；3—1984～1985 年（$C$）；4—1982～1983 年（融深）；5—1984～1985 年（17 号热电偶）；6—1984～1985 年（18 号热电偶）；7—1982～1983 年（场地冻深）

原国家标准《建筑地基基础设计规范》GBJ 7 中采暖对冻深的影响系数 $\psi_t$，是为了考虑基础的最小埋深不小于室内采暖时基础附近的冻深而出现的，只能用在这种情况下。而在讨论季节冻土地基中冻胀力对采暖建筑物浅基础的作用时，仍采用这样一个影响系数，就显得很不够用了。例如桩基础，其上所受到的切向冻胀力不单要计算在垂直方向上沿桩身冻层厚度的减少，还要考虑在水平方向上室内一侧非冻土不产生冻胀力的因素。又如浅基础，其底面所受到的法向冻胀力，在计算垂直方向的冻胀力时，有两个边界条件是已知的。一是当采暖影响系数 $\psi_t=1.0$ 时，基底所受的法向冻胀力与裸露场地的情况相等，即采暖的影响可忽略不计；二是当基础附近的冻结深度与基础埋深相等时，即 $\psi_t z_d=d_{min}$，则基底所受到的法向冻胀力为零，法向冻胀力不出现。

此处假定从裸露场地的冻深到采暖后冻深等于基础埋深深度的范围内，法向冻胀力近似按直线分布，即中间任何深度处可内插求得。因此，除采暖对冻深的影响系数 $\psi_t$ 外，另外引出两个影响系数，即：由于建筑物采暖其基础周围冻土分布对冻胀力的影响系数 $\psi_h$，由于建筑物采暖基底之下冻层厚度改变对冻胀力的影响系数 $\psi_v$ 。$\psi_h$ 的取值为：1）在房屋的凸角处为 0.75；2）在直墙段为 0.50；3）在房屋凹角处为 0.25。而 $\psi_v$ 以按下式计算：

$$\psi_v=\frac{\frac{\psi_t+1}{2}z_d-d_{min}}{z_d-d_{min}} \tag{20}$$

式中：$\psi_t$ ——采暖对冻深的影响系数；

$z_d$ ——设计冻深（m）；

$d_{min}$ ——基础的最小埋深（m）。

### 三、切向冻胀力

影响切向冻胀力的因素除水分、土质与负温三大要素外，还有基础侧表面的粗糙度等。大家都知道，基侧表面的粗糙度不同，对切向冻胀力影响极大，但对此定量的研究不多。应该注意，表面状态改变切向冻胀力与土的冻胀性改变切向冻胀力二者有本质的区别。基侧表面粗糙，仅能改善基础与冻土接触面上的受力情况，提高抗剪强度，即冻结抗剪强度增大，但如果土本身的冻胀性很弱，冻结强度再大也无法体现；反过来，接触面上的冻结强度较低，土的冻胀性再大也施加不到基础上多少，只能增大剪切位移。因此，在减少或消除切向冻胀力的措施中，增加基础侧表面的光滑度和降低基础侧表面与冻土之间的冻结抗剪强度能起到很好的作用，效果是显著的。

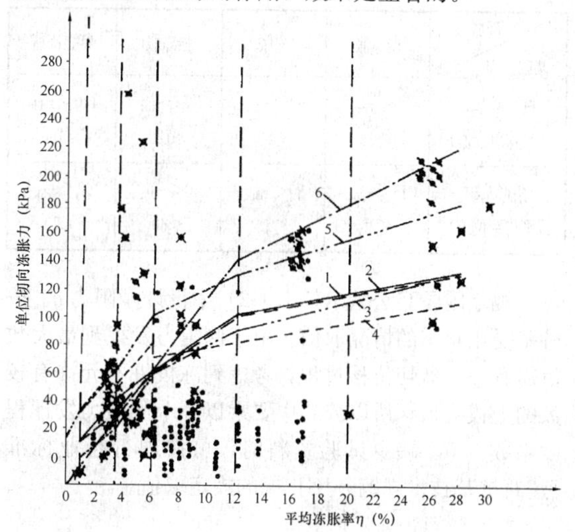


图 31　桩基础切向冻胀力取值对比图

1—本规范设计取值；2—建筑桩基技术规范；3—水工建筑物抗冰冻设计规范；4—前苏联多年冻土上的地基与基础规范；5—渠系工程抗冻胀设计规范；6—公路桥涵地基与基础设计规范；·—建筑桩基；↘—桥涵桩基；✱—多年冻土区桩基

关于切向冻胀力的取值：

**1**　查阅了国内和国外一些资料，凡是土的平均冻胀率、桩的平均单位切向冻胀力等数据同时具备的，才收录在内。

所获数据合计 232 个，其中弱冻胀土 28 个，冻胀土 32 个，强冻胀土 113 个和特强冻胀土 59 个，见图 31。从散点图上看，数据比较分散，用曲线相关分析结果也很差。

取值问题只可用作图法求解。

**2** 由于桩基础与条形基础的受力情况差别较大，在列表时将条基单独分出，见表 29，减半取用。条形基础的切向冻胀力比桩基础小的原因在几点说明中已有详述；同时条形基础很少受切向冻胀力作用而导致破坏的讨论，几点说明中也有，此处不再赘述。

**3** 条形基础，尤其毛石条形基础在季节冻土地区的少层、多层建筑中应用广泛，但切向冻胀力的试验很少人做。自 1990 年开始黑龙江省寒地建筑科学研究院在阎家岗冻土站一直进行观测。

从试验得出的数据看，切向冻胀力确实不小，如果检算现有房屋，有相当一部分早应破坏，确有大多数至今完好无损。为建筑物使用安全，在基础浅埋设计中采取防切向冻胀力措施先把切向冻胀力消除掉。避免浅基础遭受切向冻胀力与法向冻胀力共同作用，所以在规范例题中一般不是采取在基侧回填不小于 100mm 砂层就是将基础侧面砌成不小于 9°（$\beta$ 角）的斜面来消除切向冻胀力的。这样可使基础受力清楚，计算准确，安全可靠。

**表 29 切向冻胀力特征值 $\tau_{dik}$（kPa）**

| 基础类别 \ 冻胀类别 | 弱冻胀 | 冻胀 | 强冻胀 | 特强冻胀 |
|---|---|---|---|---|
| 桩、墩基础（平均单位值） | $30\leqslant\tau_{dik}\leqslant60$ | $60<\tau_{dik}\leqslant80$ | $80<\tau_{dik}\leqslant120$ | $120<\tau_{dik}\leqslant150$ |
| 条形基础（平均单位值） | $15\leqslant\tau_{dik}\leqslant30$ | $30<\tau_{dik}\leqslant40$ | $40<\tau_{dik}\leqslant60$ | $60<\tau_{dik}\leqslant70$ |

规范附录 C 公式（C.1.1-2）中设计摩阻力 $q_{sia}$ 按桩基受压状态的情况取值。由于侧阻力发挥到最大数值需有一个剪切位移过程，考虑到冻拔桩不允许有较大的上拔变形，所以公式中要乘以一个侧阻力发挥程度系数 0.5。缺少试验资料时，可按现行行业标准《建筑桩基技术规范》JGJ 94 的规定取值。

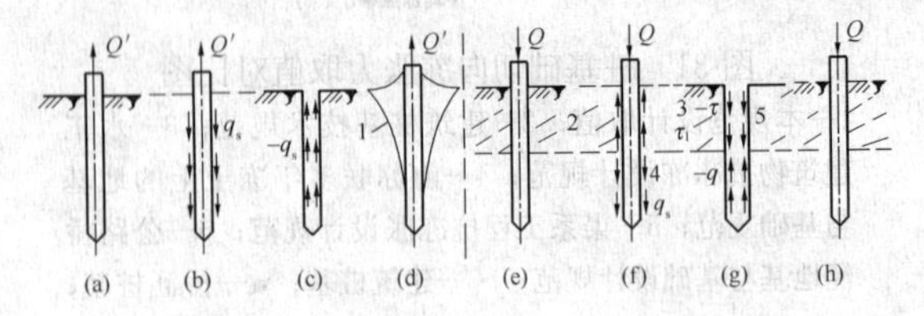


图 32 受拔、冻拔桩的受力情况

（a）、（b）、（c）、（d）—受拔桩；

（e）、（f）、（g）、（h）—冻拔桩；

1—土松动区；2—冻土层；3—切向冻胀力；

4—摩阻力；5—冻胀反力

桩基受拔时的受力情况见附图 32（a）、（b）、（c）、（d）。（b）为桩身受力，（c）为地基土的受力，由图可见桩对地基土施以向上的作用力 $\sum q_s$，使地基土在一定范围内形成松动区，其质量密度下降，土对桩身的侧压力减小，导致桩侧与土接触面上的抗剪强度（侧阻力）降低。

在冻胀性地基土中的冻拔桩见图 32（e）、（f）、（g）、（h）。（f）为桩基的受力情况：

$$Q+G+\sum q_s=\sum\tau_i \tag{21}$$

式中：$Q$——上部结构传下来的荷载（kN）；

$G$——桩基自重（kN）；

$\sum q_s$——由于切向冻胀力 $\sum\tau_i$ 超过 $Q+G$ 后，不冻土层中起锚固作用的单位摩阻力之和（kN）；

$\sum\tau_i$——切向冻胀总力（kN）。

$Q$、$G$ 是不以切向冻胀力大小而改变的常数，$\sum q_s$ 是由于 $\sum\tau>Q+G$ 才产生的，又因 $Q+G\neq0$，所以 $\sum\tau>\sum q_s$。从图 32（g）可见，向下的切向冻胀力 $\sum\tau$ 的反作用力永远超过向上的锚固摩阻力的反作用力，冻土层不会整体上移，冻结界面稳定不动，虽有向上的作用力，但绝不会产生哪怕是很小范围的松动区，所以向上的摩阻力不可能降低，冻拔桩不同于受拔桩。至于起锚固作用的摩阻力究竟取多大，这应看桩与周围土的相对剪切位移，如果位移很小或不许有明显的上拔，就不能取极限摩阻力，而要适当降低摩阻力的取值。

在本规范第 5.1.4 条第 3 款切向冻胀力防治措施中，提出将基侧表面作成斜面，其 $\tan\beta$ 大于等于 0.15 的效果很好。黑龙江省寒地建筑科学研究院在特强冻胀土中做了不同角度的一批试验桩，经过 1985～1989 年的观测，其结果绘在图 33 中。从图中可见，对于混凝土预制桩，当 $\beta$ 不小于 9°或 $\tan\beta$ 不小于 0.15 时，将不会冻拔上抬。这是防冻切措施中比较可靠、比较经济、比较方便的措施之一。

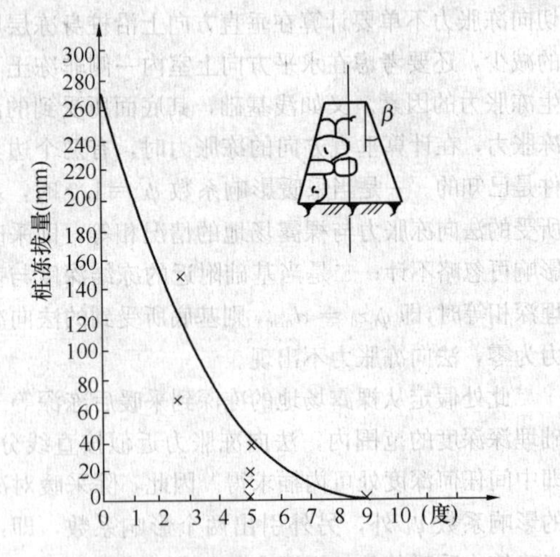


图 33 斜面基础的抗冻拔试验

在防切向冻胀力的措施中，采用水泥砂浆抹面以改善毛石基础侧表面的粗糙程度，因很大的切向冻胀力每年要作用一次，若施工质量不好，容易脱皮，因此，必须保证质量。采用物理化学法处理基侧表面或基侧表面土层，一则成本较高，再则有的不耐久，随时间的延长效果逐渐衰退。

用盐渍化法改善土的冻胀性，同样存在耐久性问题，土中水的运动会慢慢淡化其浓度，使逐渐失效，其副作用是使纯净土盐渍化，有腐蚀作用。在多年冻土地区为避免形成盐渍冻土，在非必要情况下，尽量不用盐渍化法；因在相同负温下，尤其温度较高时，会使土的力学强度指标降低很多。

有一些建筑物基础，尤其是条形基础中部的直线段，按切向冻胀力的计算结果，已经超出安全稳定的警戒线许多，但仍完好无损，这是可能的，但不能由此得出建筑物基础中的切向冻胀力不存在、不考虑或不计算等不正确的结论。前面已说过，土的冻胀力产生于下部冻结界面，切向冻胀力则表现在上部基侧与土冻结在一起的接触面处。冻结界面随时间向下推移，其基础侧表面却原地不动，上部冻胀性土体在冻结过程中先是冻结膨胀，膨胀的结果出现水平冻胀内力，即压应力，随着气温的继续降低，土温低于剧烈相变区之后，膨胀逐渐减弱至零，水平胀力达到最大。此时基侧表面的冻结抗剪强度由于有最大水平法向冻胀压力的存在，冻结强度则达到很高的数值，它能承受并传递很大的切向冻胀力。在此时若气温继续降低，上部土温相应下降，土体开始收缩，水平压应力逐渐减小，土温降到一定程度，水平冻胀内力消失。进入严冬时地表土体出现收缩并产生拉应力（张力），土中张力的存在将明显削弱基侧表面的冻结抗剪强度。当张力足够大，其拉伸变形超过极限值之后，就出现地裂缝，微裂缝一旦出现，由于应力集中的作用，将沿长度及深度方向很快发展延伸，形成较大的裂缝，即常说的“寒冻裂缝”。

在寒冷地区的冬季常可看到基侧散水根部的裂缝，这种裂缝的存在，在裂缝范围内的切向冻胀力肯定不会有多少，甚至全无。如果在上部土层尚未出现裂缝之前，其切向冻胀力就已经超过传给基础的上部荷载时，就要出问题。这种情况必须按切向冻胀力计算。如果地基土是各向同性的理想均质介质（土质、湿度场及温度场），可以根据冻土的长期拉伸极限变形以及其线膨胀系数算出裂缝多边形的尺寸。但由于实际中上部土层的土质很复杂，土中湿度相差很大，各处的土温也不一致，所以地裂缝出现的时间、地点和形状各不相同，带有很大的随机性，难以用计算求得。如果在基础侧面不远处有抗拉的薄弱部位，就会在该处首先出现裂缝。一旦出现裂缝，附近土中张力即被松弛，基侧就不再开裂了。处在这种情况下的基础，其切向冻胀力就符合计算结果，一定要认真考虑。如果在施工时有意识地使基侧冻土形成抗拉的薄弱截面（即采取防冻切措施），诱导该处首开裂缝，将会收到显著效果。总之，如果在设计时没有把握使冻胀性土在基侧形成裂缝，就必须计算切向冻胀力的作用；绝不可对建筑物的稳定性存在侥幸的心理，因此切向冻胀力的计算不可忽略。事实上，确实存在有不少建筑物由于切向冻胀力的作用导致破坏的，这已是众所周知的了。

## 四、计算例题

如果基础是毛石条形基础，按从试验得出的切向冻胀力的设计值进行计算，一般的建筑结构自重是平衡不了的，尤其在冻胀性较强的地基土中将使建筑物被冻胀抬起。

我国建筑地基基础设计规范对防切向冻胀力的措施有明文规定，因此，我们要求在进行基础浅埋的设计中，首先应采取防切向冻胀力的措施（如基侧回填大于或等于100mm的砂层或将基侧砌成大于或等于9°的斜面）将其消除后，再按法向冻胀力计算。

**【例 1】** 哈尔滨市远郊，标准冻深 $z_0=1.90\text{m}$，地基土为粉质黏土，含水率大，地下水位高。根据多年实测，冻胀率 $\eta=20\%$，属特强冻胀土。室内外高差300mm，结构自重的标准值 $G_k=62\text{kPa}$，毛石条形基础的宽度 $b=0.50\text{m}$，普通水泥地面。

计算：房屋地基的设计冻深 $z_d$

$$z_d=z_0\psi_{zs}\psi_{zw}\psi_{zc}\psi_{zl0}\psi_t$$
$$=1.90\text{m}\times1.00\times0.80\times1.00\times1.1$$
$$=1.67\text{m}$$

（冻深影响系数查本规范第5.1.2条）

基础底面的附加压力 $p_0$

$$p_0=G_k\times0.90=55.8\approx55\text{kPa}$$

最大冻深处的冻胀应力 $\sigma_{fh}$，由 $\eta$ 查本规范图C.1.2-1取值得 $\sigma_{fh}=49\text{kPa}$。

1 非采暖建筑

1）切向冻胀力已由基侧回填100mm厚的中、粗砂层，给予消除。

2）在法向冻胀力作用下

应力系数 $\alpha_d=\frac{\sigma_{fh}}{p_0}=\frac{49}{55}=0.89$，按图C.1.2-2近似取值 $h=120\text{mm}$，则最小埋深 $d_{min}=z_d-h=1.67\text{m}-0.12\text{m}=1.55\text{m}$。

标准冻深1.90m的地基，最小埋深为1.55m，而实际基础底面之下仅允许有0.12m的冻土层厚度。

2 采暖建筑

1）切向冻胀力已由基础外侧回填100mm厚的中、粗砂层给予消除。

2）法向冻胀力作用下（计算阳墙角处）

初选 $d_{min}$。$\alpha_d=\frac{\psi_t+1}{2}\psi_h\frac{\sigma_{fh}}{p_0}=0.925\times0.75\times\frac{49}{55}=0.618$，由 $\alpha_d$、$b$ 按图C.1.2-2取值，$h=0.245\text{m}$，$d_{min}=z_d-h=1.67-0.245=1.425$。

设 $d_{min}=1.35\text{m}$，$h=1.67-1.35=0.32\text{m}$ 据 $b$、$h$ 按图C.1.2-2取值，$\alpha_d=0.555$，非采暖建筑基础的冻胀

力 $P_e=\frac{49}{0.555}=88.3\text{kPa}$，$\psi_v=\frac{\frac{\psi_t+1}{2}\times1.67-1.35}{1.67-1.35}=0.61$　$\psi_h=0.75$，则采暖条件下基础的冻胀力为 $P_h$。

$$P_h=\psi_v\psi_h P_e=0.61\times0.75\times88.3\text{kPa}$$
$$=40.3\text{kPa}<55\text{kPa}\quad 安全。$$

**【例2】** 哈尔滨市内，七层住宅楼，计算承自重外墙的基础。根据多年观测，地基土属强冻胀性，$\eta=12\%$。毛石条形基础，底面宽度 $b=1.20\text{m}$，基底附加压力 $G_k=112\text{kPa}$，基础做成斜面用以消除切向冻胀力。标准冻深 $z_d=1.90\text{m}$，地基土为粉质黏土。

计算：设计冻深 $z_d=1.90\times0.85\times0.90\times1.10=1.60\text{m}$

最大冻深处的冻胀应力 $\sigma_{fh}=32\text{kPa}$

基底附加压力 $p_0=G_k\times0.9=112\times0.9=101\text{kPa}$

由于切向冻胀力已消除，此处只计算法向冻胀力。

非采暖时

应力系数 $\alpha_d=\frac{\sigma_{fh}}{p_0}=\frac{32}{101}\times0.317$，由 $b$、$\alpha_d$，按图C.1.2-2取值，基底下的冻层厚度 $h=0.98\text{m}$，则最小埋深

$$d_{min}=z_d-h=1.60-0.98=0.62\approx0.65\text{m}$$

**【例3】** 切向冻胀力、法向冻胀力同时作用。

沈阳市近郊，粉质黏土，冻前天然含水率 $w=24$，塑限含水率 $w_p=18$，地下水位距冻结界面大于2m，属冻胀土，取 $\eta=6\%$，查本规范图5.1.2“全国季节冻土标准冻深线图”得 $z_0=1.20\text{m}$。传至基础顶部的结构自重 $G_k=165\text{kPa}$。非采暖建筑，柱墩式基础，直径 $d=1.00\text{m}$，埋入地基中的深度 $H=0.50\text{m}$。

计算：$z_d=z_0\psi_{zw}\psi_{zs}\psi_{zc}\psi_t=1.20\text{m}\times0.90\times0.95\times1.00\times1.1=1.13\text{m}$。

$$p_0=G_k\times0.9=165\text{kPa}\times0.9=148.5\text{kPa}$$

1）产生切向冻胀力部分的冻胀应力

基础埋深范围内的切向冻胀力 $\tau_{dk}\cdot A_\tau$（式中 $\tau_{dk}$ 为切向冻胀力的特征值，按本规范表C.1.1取值 $\tau_d=65\text{kPa}$，$\psi_t=1.00$，$A_\tau$ 为埋深范围内基侧表面积 $\pi dH$）

$$\tau_d\cdot A_\tau=65\times1.00\times3.14\times1.00\times0.5\text{kN}=102\text{kN}$$

将平衡切向冻胀力部分的附加荷载看成是作用在基础上的外荷载 $F_\tau$，$F_\tau$ 作用在切向冻胀力沿埋深合力作用位置的同一高度上（即 $H/2$），该断面与冻结界面的距离为 $h=z_d-\frac{H}{2}=1.13-0.25=0.88\text{m}$。基础的横截面积 $A_d=\frac{\pi d^2}{4}=0.785\text{m}^2$。

由 $F_\tau$ 引起在所作用断面的平均附加压力 $p_{0\tau}=\frac{\tau_d\times A_\tau}{A_d}=\frac{102}{0.785}=129.9\text{kPa}\approx130\text{kPa}$，根据 $h$ 和 $d$ 按图C.1.2-4取值，应力系数 $\alpha_d=0.10$。冻结界面上的附加应力 $p_{0\tau}\alpha_d=13\text{kPa}$。该附加应力即为产生切向冻胀力部分的冻胀应力 $\sigma_{fh}^{\tau}$。

2）冻结界面上的冻胀应力

根据 $\eta$ 查规范图C.1.2-1中 $z'$ 最大值所对应的冻胀应力，$\sigma_{fh}=16\text{kPa}$。

3）产生法向冻胀力的剩余冻胀应力 $\sigma_{fh}^{\sigma}$，$\sigma_{fh}^{\sigma}=\sigma_{fh}-\sigma_{fh}^{\tau}=16.0-13.0=3.0\text{kPa}$。

4）冻结界面上的剩余附加应力

基础底面的剩余附加压力 $p_{0\sigma}=p_0-p_{0\tau}=148.5-130=18.5\text{kPa}$。根据基础底面下的冻层厚度 $h=1.13-0.50=0.63\text{m}$，和基础直径 $d$ 按图C.1.2-4取值，应力系数 $\alpha_d=0.17$；

剩余附加应力 $p_{h\sigma}=\alpha_d p_{0\sigma}=0.17\times18.5=3.15\text{kPa}$。

5）满足户 $p_{h\sigma}$ 大于 $\sigma_{fh}^{\sigma}$ 即是稳定的，3.15kPa大于3.0kPa，稳定。

## 五、几点说明

**1** 在规范附录C中按平均冻胀率 $\eta$ 求冻胀应力 $\sigma_{fh}$ 的图C.1.2-1，是在标准冻深 $z_0=1.90\text{m}$ 的哈尔滨地区得到的，但它可应用到任何冻深的其他地区，只要冻胀率 $\eta$ 沿冻深 $z$ 的分布规律相似即可，就是将图中的冻深放大或缩小与拟计算地点的深度相同，然后对应着相似点查图。基础底面受到冻胀力的大小，应根据基础的形状和尺寸、冻层厚度等参数按双层地基的计算求得。

在建筑物基础下的地基土，已处于外荷作用下的固结稳定状态，在冻胀应力不超过外荷时不会引起新的变形增量，一旦超过外荷时建筑物就要被冻胀抬起，造成冻害事故，这应尽量避免，在正常情况下一般不允许出现。因此，下卧不冻土的压缩性对土的冻胀性影响不大。

**2** 对切向冻胀力的计算有两条途径，一是查规范附录C表C.1.1，这一方法非常简单方便，但有一定的近似性；二是按层状地基的方法计算，较为繁杂，但比较合理且精度较高。

表C.1.1切向冻胀力设计值 $\tau_d$ 是将桩基础与条形基础分开列出的，条形基础上的切向冻胀力是桩基础上的一半。

例如从条形基础取出 $D/2$ 段的长度，它与冻土接触的侧表面长度为 $D$，另一桩基础其直径为 $d$，设 $d=D/\pi$，桩的周长等于条基两面的长度。该地的设计冻深为 $h$，近似假设条基和桩基中基础对冻土的约束范围相等并等于 $L$，则在设计冻深之内参与冻胀的冻土体积（图34）：

条基　　$V_1=hLD$　　(22)

桩基　$V_2=\frac{\pi h}{4}(2L+d)^2-\frac{\pi h}{4}d^2$

$$= hLD + \pi hL^2$$
$$= hL(D + \pi L)$$
$$= \pi hL(d + L) \quad (23)$$

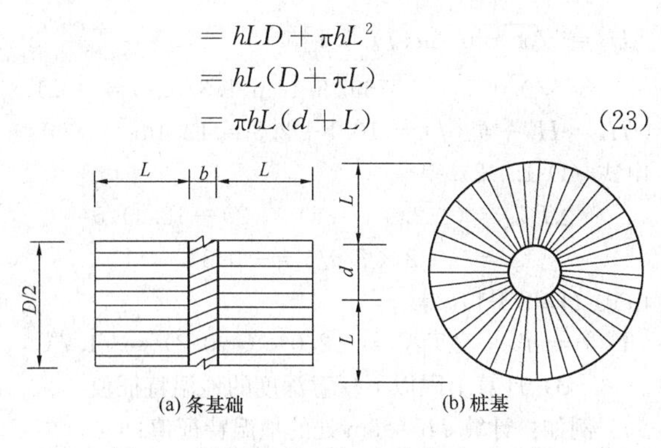


图 34 桩基与条基切向冻胀力对比图

比较两式得知，在参与的土体积中，桩基的多出一项 $\pi hL^2$ 。一般来说，建筑地基基础中所使用的桩（与验算冻胀力有关的中、小型建筑物），其直径都在600mm以下，而其影响范围 $L$，最少也小不过设计冻深，也就是说 $d$ 小于 $L$，条基所受的切向冻胀力还不到桩基的一半。

条形基础的受力状态属平面问题，桩基础的受力则属空间问题，二者有很大区别。

**3** 规范附录C图C.1.2-1的曲线是偏于安全的。因形成该曲线的试验基础的装置是用的锚固系统；即在地基土冻结膨胀之前，附加载荷为零，试验过程中对地基施加的外力是冻胀力的反作用力。未冻土地基是在结构自重的作用下达到固结稳定，基础下面土的物理力学性质发生变化，如孔隙比降低、含水率减少等，改变后土质的冻胀性在一定程度上有所削弱。我们计算时仍用改变以前的，所以是比较安全的。

**4** 附录C图C.1.2-2、图C.1.2-3和图C.1.2-4中的应力系数曲线，是在层状空间半无限直线变形体体系中得出的，对裸露场地和非采暖建筑物中的基础，计算冻胀力有较好的适用性，精度较高。采暖建筑物基础下的冻土处在冻土与非冻土的边缘，条件有所改变，按严格计算有一定的近似性，但总的来说向安全的方面偏移。

**5** 在过去采取防冻害措施时，最常用的就是砂垫层法，砂垫层本身不冻胀，这与基础一样，但把它当作基础的一部分就不合适了。因砂垫层在传递应力时有扩散作用，附加压力传到垫层底部变小很多，这与同深度的基底附加压力差别很大，砂垫层的底部若不落到设计冻深的底面，仍起不到防冻害的作用。

**6** 无论切向冻胀力还是法向冻胀力都出自冻结界面处的冻胀应力，它是地基土的冻胀力之源。只要基侧表面与冻土之间的冻结强度足以把所产生的切向冻胀力传递给基础，也就是说切向冻胀力全部消耗了土的冻胀应力，则基础底部的法向冻胀力就不复存在了，基底之下也就不必采取其他措施了。所以过去那种将对基础单独做切向冻胀力与单独做法向冻胀力试验之值叠加的计算是不正确的。

**7** 消除切向冻胀力的措施之一是在基侧回填中粗砂，其厚度不应太小，下限不宜小于100mm。如果保证不了一定的厚度和毛石基础特别不平整，当地基土冻胀上移时，处于地下水位之上的这种松散冻土，也会因摩阻力对基础施以向上的作用力，该力将减少基底的附加压力，对平衡法向冻胀力很不利。因此，设计与施工时基础侧壁都应保证要求的质量，只有这样，不考虑切向冻胀力和砂土的摩阻力才符合实际情况。

**8** 在基础工程的施工过程中，关键的工序之一就是开挖较深的基槽，尤其在雨期施工，水位之下挖土方以及冬季刨冻土等。如果消除切向冻胀力后，全部附加压力能够压住法向冻胀力时，可以免除基底之下作砂垫层了。如果在基础底面之上采取防冻切措施能代替在基底之下采用砂垫层的方案是最理想的，因少挖很多土方，而合理、方便与经济。

**9** 中国季节冻土标准冻深线图中所标示的冻结深度，实质上是冻层厚度，不冻胀土的冻层厚度就是它自身的冻结深度，但对冻胀性土，冻层厚度减去冻胀量才为冻结深度。如哈尔滨地区的标准冻深为1.90m，而哈尔滨市郊阎家岗冻土站中的特强冻胀土（$\eta = 23\%$），其冻层厚度仅有1.50m，其中冻胀量占280mm，实际冻结深度仅有1.22m。这在求基础最小埋深时都没计算，将它作为一个安全因素储备着。

由于基础材料的导热系数不同，有不少基础之下的冻层厚度加大，因为这一加深的范围很小，所增加冻胀力的数量不大，实用上可忽略不计。

**10** 规范附录C中采暖对冻深的影响系数表C.2.1-1不适用于衔接多年冻土的季节融化层，由于冬季的冻结指数远大于夏季的融化指数，冬季融化层全部冻透之后，负温能量尚未耗尽并继续施加作用。

规范附录C中采暖对冻土分布的影响系数表C.2.1-2是针对季节冻土地基的，因外墙内侧一般没有冻土，即便有也是很窄、很薄的，这种很小的局部所形成的冻胀合力与半无限体的地基相比，可忽略不计。但对严寒地区则不然，由于气温低而时间长，室内虽采暖，外墙内侧地面之下的土仍会冻结，而且达到不可忽视的一定空间尺寸。如冻进外墙内侧1m宽以上，在这种情况下，对阳墙角来说，基础周围冻土的分布，就与裸露场地基础的条件相差无几了，平面分布的影响系数可认为等于1.0，若中间值时可内插求取 $\psi_h$。

**11** 附录C自锚式基础的公式（C.3.1）中，$R_{ta}$ 为当基础受切向冻胀力作用而上移时，基础扩大部分顶面覆盖土层产生的反力；近似看作均匀分布，该反力按地基受压状态承载力的计算值取用，当基础上覆土层为非原状时，除要对基坑回填施工的质量提出严格要求外，根据实际回填质量尚应乘以折减系数0.6～0.8。

# 附录D　冻土地温特征值及融化盘下最高土温的计算

## D.1　冻土地温特征值的计算

**1**　根据傅立叶第一定律，在无内热源的均匀介质中，温度波的振幅随深度按指数规律衰减，并可按下式计算：

$$A_z = A_0 e^{-y\sqrt{\frac{\pi}{t\alpha}}} \quad (24)$$

式中：$A_z$——$z$深度处的温度波振幅（℃）；

$A_0$——介质表面的温度振幅（℃）；

$\alpha$——介质的导温系数（$m^2/h$）；

$t$——温度波动周期（h）。

将上式用于冻土地温特征值的计算基于以下假设：

1）土中水无相变，即不考虑土冻结融化引起的地温变化；

2）土质均匀，不同深度的年平均地温随深度按线性变化，地温年振幅按指数规律衰减；

3）活动层底面的年平均地温绝对值等于该深度处的地温年振幅。

**2**　算例：

已知：东北满归CK3测温孔处多年冻土上限深度为2.3m；根据地质资料查规范附录K求得冻土加权平均导温系数为$0.00551m^2/h$；1973年10月实测地温数据如下：

深度为m：2.3，4.0，5.0，6.0，7.0，8.0，9.0，10.0，11.0，12.0，13.0，15.0，20.0

地温为℃：0.0，－0.7，－0.9，－1.1，－1.3，－1.4，－1.5，－1.6，－1.6，－1.7，－1.8，－1.8，－2.0

计算步骤［下面所用公式（D.1.1-1）～公式（D.1.1-7），见本规范附录D］：

1）计算上限处的地温特征值

由式（D.1.1-2）得

$$\Delta T_{2.3} = (T_{20} - T_{15}) \times (20 - 2.3)/5$$
$$= (-2.0 + 1.8) \times 17.7/5 = -0.7$$

由式（D.1.1-1）得

$$T_{2.3} = T_{20} - \Delta T_{2.3} = -2.0 - (-0.7) = -1.3℃$$

根据假设3）得

$$A_{2.3} = |T_{2.3}| = 1.3℃$$

由式（D.1.1-3）得

$$T_{2.3\max} = T_{2.3} + A_{2.3} = -1.3 + 1.3 = 0℃$$

由式（D.1.1-6）得

$$T_{2.3\min} = T_{2.3} - A_{2.3} = -1.3 - 1.3 = -2.6℃$$

2）计算地温年变化深度和年平均地温

由式（D.1.1-7）得

$$H_2 = \sqrt{\alpha t/\pi}\ln[Au(f)/0.1]$$
$$= \sqrt{0.00551 \times 8760/3.14}\ln(1.3/0.1) = 10.1$$
$$H_1 = H_2 + h_u(f) = 10.1 + 2.3 = 12.4m$$

由式（D.1.1-2）得

$$\Delta T_{12.4} = (-2.0 + 1.8) \times (20 - 12.4)/5$$
$$= -0.2 \times 7.6/5 = -0.3℃$$

由式（D.1.1-1）得

$$T_{12.4} = T_{20} - \Delta T_{12.4} = -2.0 - (-0.3) = -1.7℃$$

3）计算上限以下任意深度的地温特征值

例如：计算$H_1 = 5m$处的地温特征值：

由式（D.1.1-5）得

$$H = H_1 - h_u(f) = 5 - 2.3 = 2.7m$$

由式（D.1.1-2）得

$$\Delta T_5 = (T_{20} - T_{15}) \times (20 - 5)/5$$
$$= (-2.0 + 1.8) \times 15/5 = -0.6℃$$

由式（D.1.1-4）得

$$A_5 = 1.3e^{-2.7\sqrt{3.14/0.00551/8760}} = 0.7$$

由式（D.1.1-3）得

$$A_{5\max} = T_5 + A_5 = -1.4 + 0.7 = -0.7$$

由式（D.1.1-3）得

$$A_{5\min} = T_5 - A_5 = -1.4 - 0.7 = -2.1$$

## D.2　采暖建筑物稳定融化盘下冻土最高温度

气温热量由天然地面向下传递，若地面下的土体为各向同性的均质介质，其温度波是成指数型衰减曲线变化的，如图35，则影响范围内地面下$y$深处的温度波幅是：

$$h_y = h_0 e^{-y\sqrt{\frac{\pi}{t\alpha}}} \quad (25)$$

式中：$h_0$——地面温度波幅（℃）；

$t$——气温变化周期（h）；

$\alpha$——土的导温系数（$m^2/h$）；

$y$——距地面的深度（m）。

采暖房屋是在天然地面的一点上增加了一个小小的人为热源，必然对此点地温有一定的影响，所以形

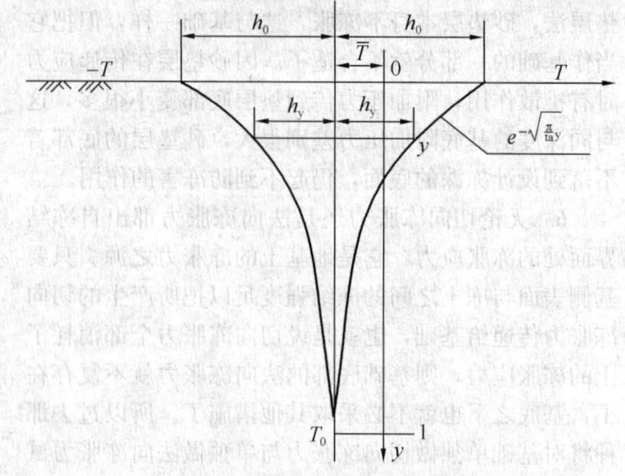


图35　地面温度影响图

1—$y=l$地温年变化深度

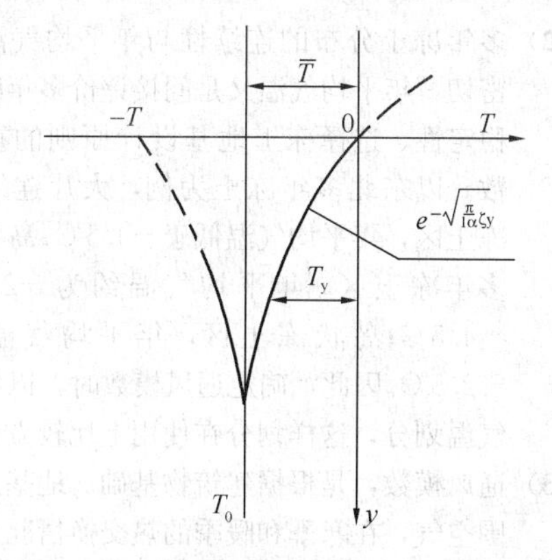


图 36 稳定融化盘下温度波向下传播图

成采暖房屋融化盘，或称人为上限，地温曲线也随之变化，但因人为热源热量很小，对温度只起干扰作用，而不改变其形态，即增加了一个人为热源影响系数 $\xi$，使温度波幅有所增大。我们要求的是融化盘下冻土的最高月平均温度，为了计算方便，只取融化盘下的部分，见图 36。其融冻界面的温度波幅为 $T$，图 36 的曲线即温度波幅衰减曲线，其包络部分为冻土温度升高值，稳定融化盘下冻土的年平均温度 $\overline{T}$，也就是融冻界面的温度波幅。它与年平均地温基本相等，故 $T=\overline{T}=T_{cp}$，则稳定融化盘下任一深度 $y$ 处冻土的最高月平均温度：

$$T_y = T_{cp}(1-e^{-\xi y\sqrt{\frac{\pi}{t\alpha}}}) \tag{26}$$

式中：$T_{cp}$ ——多年冻土的年平均地温（℃）；

$t$ ——气温变化周期（h）；

$\xi$ ——人为热源影响系数。

人为热源影响系数 $\varepsilon$，是根据我们钻探与试验观测资料分析归纳取定的。在多年的观测资料整理时，即发现融化盘下最高月平均地温在同条件下融深越大，其地温就越高，并和融深 $h$ 与多年冻土地温年变化深度 $H$ 之比值有关。其比值越大，地温越高，因此以此比值来表示 $\xi$ 值，一般 $h$ 偏低值即计算温度稍高于实测值，其原因是我们的试验房屋观测时间尚不够长，融化盘下冻土在长期的热影响下，冻土温度还有微小的升高后才趋于稳定，所以例题中计算温度大都略高于实测值；同时因冻土结构的差异，一幢房屋融化盘断面下的冻土温度也有所不同。如朝晖试验房 8 号住宅融化盘下的最高月平均温度见表 30，是有差别的，计算温度稍高，是房屋使用期的安全储备。

**表 30 朝晖 8 号住宅测温断面融化盘下冻土温度（℃）**

| 孔号 \ 深度(m) | 0.50 | 1.00 | 1.50 | 2.00 | 2.50 | 3.00 | 3.50 | 4.00 | 4.50 | 5.00 | 附注 |
|---|---|---|---|---|---|---|---|---|---|---|---|
| 2 | −0.25 | −0.40 | −0.50 | −0.50 | −0.53 | −0.60 | −0.60 | −0.60 | −0.60 | — | 房屋中心南 |
| 3 | −0.20 | −0.30 | −0.50 | −0.60 | −0.50 | −0.50 | −0.50 | −0.60 | −0.60 | −0.60 | 房屋中心 |

续表 30

| 孔号 \ 深度(m) | 0.50 | 1.00 | 1.50 | 2.00 | 2.50 | 3.00 | 3.50 | 4.00 | 4.50 | 5.00 | 附注 |
|---|---|---|---|---|---|---|---|---|---|---|---|
| 4 | −0.15 | −0.35 | −0.70 | −0.70 | −0.70 | −0.60 | −0.60 | 0.700 | — | — | 房屋中心北 |

注：观测日期为 1976 年 11 月。

一般多年冻土地温年变化深度均在地面 10m 深以下。若融化盘的深度 $h>H$，利用融化盘下冻土作为地基是非常不经济的，并无实际意义。

**【例 1】** 试求朝晖 10 号住宅 3 号孔融化盘下冻土的最高温度。

资料：$h=7.5\text{m}$，$H=13\text{m}$，$T_{cp}=-1.1℃$，$t=8760\text{h}$，$\alpha=5.33\times10^{-3}$（中粗砂）$\text{m}^2/\text{h}$。

当 $h/H=7.5/13=0.577$ 时，$\xi=0.73$。

将以上数值代入公式（26）：

$$T_y=T_{cp}(1-e^{-\xi y\sqrt{\frac{\pi}{t\alpha}}})=-1.1(1-e^{-0.73y\sqrt{\frac{3.14\times1000}{8760\times5.33}}})$$

$$=-1.1(1-e^{-0.189y})$$

当 $y=0.5\text{m}$，$T_{0.5}=-0.10℃$，实测值（$-0.10℃$）；

$y=1.0\text{m}$，$T_{1.0}=-0.19℃$，实测值（$-0.25℃$）；

$y=1.5\text{m}$，$T_{1.5}=-0.27℃$，实测值（$-0.40℃$）；

$y=2.0\text{m}$，$T_{2.0}=-0.35℃$，实测值（$-0.45℃$）；

$y=3.0\text{m}$，$T_{3.0}=-0.48℃$，实测值（$-0.50℃$）。

**【例 2】** 求得尔布尔 32 号住宅 2 号孔融化盘下冻土最高温度。

资料：$h=6.0\text{m}$，$H=14\text{m}$，$T_{cp}=-1.2℃$，$t=8760\text{h}$，$\alpha=3.2\times10^{-3}\ \text{m}^2/\text{h}$。

当 $h/H=6.0/14=0.43$，$\varepsilon=0.79$，将以上数值代入公式（26）：

$$T_y=T_{cp}(1-e^{-\xi y\sqrt{\frac{\pi}{t\alpha}}})=-1.2(1-e^{-0.79y\sqrt{\frac{3.14\times1000}{8760\times3.2}}})$$

$$=-1.2(1-e^{-0.264y})$$

当 $y=0.5\text{m}$，$T_{0.5}=-1.20(1-e^{-0.264\times0.5})=-0.5℃$ 实测值（$-0.20℃$）；

$y=1.0\text{m}$，$T_{1.0}=-0.28℃$，实测值（$-0.45℃$）；

$y=2.0\text{m}$，$T_{2.0}=-0.49℃$，实测值（$-0.55℃$）；

$y=3.0\text{m}$，$T_{3.0}=-0.66℃$，实测值（$-0.70℃$）。

## 附录 E 架空通风基础通风孔面积的确定

**1** 通风基础通风模数 $\mu_1$（本规范附录 E 表

E.0.2-1）的确定：

1）我国多年冻土主要分布在东北大小兴安岭地区和青藏高原及祁连山、天山地区。其共同特点是：年平均气温低，冻结期长，降水集中在暖季，年蒸发量很大。但是，东北高纬度区，与西部高山高原区的气候也有很大差异，如东北大小兴安岭多年冻土地区的气温年较差较大（70℃～80℃），日照时数较小（2500h/年～2600h/年）；西部高原高山多年冻土地区的气温年较差较小（仅 50℃ ～ 60℃），日照时数较大（2600h/年～3000h/年）。因此，在相同年平均气温条件下，不同地区的冻结和融化特征有很大差异。所以在表 31 中分别按地区列出通风模数。

2）多年冻土分布的连续性与年平均气温关系密切，年平均气温又是间接评价多年冻土热稳定性、选择冻土地基设计原则的重要参数。以东北多年冻土为例，大片连续多年冻土区，年平均气温低于－4.5℃；岛状融区多年冻土区，年平均气温约为－2.5℃～－4.5℃；岛状冻土区，年平均气温高于－2.5℃。因此，确定通风模数时，以年平均气温划分，这样划分在使用上比较方便。

3）通风模数，是根据建筑物基础、地基土和周围空气，在寒季和暖季的热交换情况来确定的。通风基础的通风模数计算方法，见前哈尔滨建筑工程学院研究资料“多年冻土地区架空通风基础的热工计算”。对东北及西部部分多年冻土地区计算结果列于表 31。

**表 31　中国东北及西部地区架空通风基础通风模数 $\mu_1$ 计算结果**

| 地区 | 地点 | 年平均气温（℃） | 冬季月平均气温总和 $\Sigma T_f$（℃） | 室内温度 16℃ | | | | | | | | |
|---|---|---|---|---|---|---|---|---|---|---|---|---|
| | | | | 房屋地板热阻 $R=0.86$ | | | $R=1.72$ | | | $R=2.58$ | | |
| | | | | 融化深度（m） | $\Sigma T_f/\Sigma T_m$ | $\mu_1$/月 | 融化深度（m） | $\Sigma T_f/\Sigma T_m$ | $\mu_1$/月 | 融化深度（m） | $\Sigma T_f/\Sigma T_m$ | $\mu_1$/月 |
| 东北大兴安岭 | 根河 | －5.5 | －124.9 | 1.58 | 3.34 | 0.0049/12 | 1.50 | 4.00 | 0.0031/12 | 1.46 | 4.23 | 0.0025/12 |
| | 漠河 | －4.9 | －125.2 | 1.67 | 3.32 | 0.0051/12 | 1.59 | 3.64 | 0.0033/12 | 1.54 | 3.83 | 0.0026/12 |
| | 呼中 | －4.6 | －117.8 | 1.59 | 3.42 | 0.0050/12 | 1.51 | 3.76 | 0.0032/12 | 1.46 | 3.97 | 0.0025/12 |
| | 满归 | －4.6 | －121.0 | 1.66 | 3.20 | 0.0054/1 | 1.58 | 3.50 | 0.0033/12 | 1.50 | 3.80 | 0.0025/12 |
| | 塔河 | －2.8 | －101.1 | 1.76 | 2.44 | 0.0087/12 | 1.64 | 2.77 | 0.0053/12 | 1.57 | 2.98 | 0.0041/12 |
| | 新林 | －3.6 | －106.7 | 1.60 | 3.05 | 0.0061/12 | 1.52 | 3.34 | 0.0037/12 | 1.48 | 3.53 | 0.0037/12 |
| | 三河 | －3.1 | －105.6 | 1.74 | 2.59 | 0.0113/12 | 1.62 | 2.95 | 0.0061/1 | 1.56 | 3.14 | 0.0046/1 |
| | 阿尔山 | －3.3 | －99.4 | 1.60 | 2.82 | 0.0093/12 | 1.52 | 3.09 | 0.0059/12 | 1.48 | 3.26 | 0.0047/12 |
| | 海拉尔 | －2.2 | －100.6 | 1.96 | 1.98 | 0.0151/12 | 1.80 | 2.31 | 0.0080/12 | 1.72 | 2.52 | 0.0060/12 |
| | 呼玛 | －2.1 | －102.8 | 2.04 | 1.89 | 0.0144/2 | 1.88 | 2.17 | 0.0072/12 | 1.80 | 2.37 | 0.0054/12 |
| | 鄂伦春旗 | －2.1 | －93.8 | 1.82 | 2.11 | 0.0128/1 | 1.71 | 2.38 | 0.0066/1 | 1.66 | 2.50 | 0.0051/12 |
| | 孙吴 | －1.6 | －94.2 | 2.07 | 1.66 | 0.0250/2 | 1.92 | 1.91 | 0.0109/12 | 1.86 | 2.03 | 0.0083/12 |
| | 满洲里 | －1.4 | －90.7 | 1.92 | 1.84 | 0.0197/12 | 1.78 | 2.11 | 0.0103/12 | 1.70 | 2.31 | 0.0075/12 |
| | 博克图 | －1.0 | －80.7 | 1.98 | 1.54 | 0.0452/2 | 1.83 | 1.79 | 0.0168/12 | 1.75 | 1.95 | 0.0114/12 |
| | 小二沟 | －0.9 | －88.1 | 1.91 | 1.81 | 0.0194/12 | 1.79 | 2.03 | 0.0106/12 | 1.73 | 2.16 | 0.0081/12 |
| | 嘉荫 | －1.2 | －100.8 | 2.13 | 1.69 | 0.0188/2 | 1.98 | 1.93 | 0.0090/12 | 1.92 | 2.04 | 0.0070/12 |
| | 逊克 | －0.6 | －94.6 | 2.09 | 1.64 | 0.0238/2 | 1.94 | 1.87 | 0.0099/12 | 1.86 | 2.02 | 0.0074/12 |
| | 嫩江 | －0.6 | －91.2 | 2.11 | 1.56 | 0.0334/2 | 1.98 | 1.75 | 0.0136/12 | 1.91 | 1.87 | 0.0101/12 |
| | 黑河 | －0.4 | －88.0 | 2.10 | 1.51 | 0.0642/2 | 1.98 | 1.69 | 0.0138/2 | 1.92 | 1.78 | 0.0097/12 |

续表 31

| 地区 | 地点 | 室内温度 20℃ | | | | | | | | |
|---|---|---|---|---|---|---|---|---|---|---|
| | | 房屋地板热阻 $R$=0.86 | | | $R$=1.72 | | | $R$=2.58 | | |
| | | 融化深度（m） | $\Sigma T_f/\Sigma T_m$ | $\mu_1$/月 | 融化深度（m） | $\Sigma T_f/\Sigma T_m$ | $\mu_1$/月 | 融化深度（m） | $\Sigma T_f/\Sigma T_m$ | $\mu_1$/月 |
| 东北大兴安岭 | 根河 | 1.66 | 3.30 | 0.0059/12 | 1.54 | 3.83 | 0.0035/12 | 1.49 | 4.08 | 0.0027/12 |
| | 漠河 | 1.71 | 3.17 | 0.0059/12 | 1.62 | 3.58 | 0.0036/12 | 1.57 | 3.70 | 0.0029/12 |
| | 呼中 | 1.63 | 3.29 | 0.0057/12 | 1.55 | 3.59 | 0.0035/12 | 1.49 | 3.82 | 0.0028/12 |
| | 满归 | 1.68 | 3.14 | 0.0061/1 | 1.62 | 3.36 | 0.0036/12 | 1.57 | 3.56 | 0.0029/12 |
| | 塔河 | 1.79 | 2.36 | 0.0099/12 | 1.69 | 2.61 | 0.0060/12 | 1.62 | 2.84 | 0.0046/12 |
| | 新林 | 1.63 | 2.96 | 0.0069/12 | 1.56 | 3.20 | 0.0044/12 | 1.51 | 3.41 | 0.0035/12 |
| | 三河 | 1.80 | 2.43 | 0.0139/1 | 1.68 | 2.77 | 0.0072/1 | 1.60 | 3.03 | 0.0051/1 |
| | 阿尔山 | 1.65 | 2.69 | 0.0108/12 | 1.56 | 2.96 | 0.0066/12 | 1.51 | 3.15 | 0.0052/12 |
| | 海拉尔 | 2.02 | 1.87 | 0.0190/12 | 1.88 | 2.13 | 0.0100/12 | 1.78 | 2.36 | 0.0070/12 |
| | 呼玛 | 2.14 | 1.72 | 0.0239/2 | 1.96 | 2.02 | 0.0089/12 | 1.86 | 2.23 | 0.0063/12 |
| | 鄂伦春旗 | 1.89 | 1.97 | 0.0167/2 | 1.76 | 2.24 | 0.0079/1 | 1.68 | 2.44 | 0.0056/12 |
| | 孙吴 | 2.17 | 1.52 | 0.0532/2 | 2.00 | 1.77 | 0.0139/12 | 1.90 | 1.95 | 0.0095/12 |
| | 满洲里 | 2.02 | 1.68 | 0.0285/12 | 1.86 | 1.95 | 0.0133/12 | 1.76 | 2.16 | 0.0090/12 |
| | 博克图 | 2.10 | 1.39 | 0.0432/2 | 1.91 | 1.65 | 0.0226/12 | 1.81 | 1.83 | 0.0144/12 |
| | 小二沟 | 1.98 | 1.70 | 0.0272/2 | 1.84 | 1.95 | 0.0127/12 | 1.77 | 2.07 | 0.0094/12 |
| | 嘉荫 | 2.22 | 1.56 | 0.0356/2 | 2.06 | 1.80 | 0.0110/12 | 1.96 | 1.96 | 0.0079/12 |
| | 逊克 | 2.17 | 1.52 | 0.0463/2 | 2.02 | 1.74 | 0.0126/12 | 1.92 | 1.91 | 0.0087/12 |
| | 嫩江 | 2.22 | 1.41 | 0.1288/12 | 2.05 | 1.64 | 0.0178/12 | 1.94 | 1.81 | 0.0114/12 |
| | 黑河 | 2.20 | 1.38 | — | 2.03 | 1.61 | 0.0212/2 | 1.96 | 1.72 | 0.0111/12 |

| 地区 | 地点 | 年平均气温（℃） | 冬季月平均气温总和 $\Sigma T_f$（℃） | 室内温度 16℃ | | | | | | | | |
|---|---|---|---|---|---|---|---|---|---|---|---|---|
| | | | | 房屋地板热阻 $R$=0.86 | | | $R$=1.72 | | | $R$=2.58 | | |
| | | | | 融化深度（m） | $\Sigma T_f/\Sigma T_m$ | $\mu_1$/月 | 融化深度（m） | $\Sigma T_f/\Sigma T_m$ | $\mu_1$/月 | 融化深度（m） | $\Sigma T_f/\Sigma T_m$ | $\mu_1$/月 |
| 祁连山 | 天峻 | −2.0 | −61.6 | 1.40 | 2.22 | 0.0214/12 | 1.10 | 3.37 | 0.0086/11 | 0.95 | 4.34 | 0.0071/11 |
| | 野牛沟 | −3.5 | −74.8 | 1.32 | 3.07 | 0.0121/2 | 0.98 | 5.05 | 0.0055/11 | 0.87 | 6.18 | 0.0045/11 |
| | 托勒 | −3.2 | −73.4 | 1.32 | 3.01 | 0.0116/12 | 0.98 | 4.96 | 0.0043/12 | 0.78 | 7.13 | 0.0031/11 |
| 天山 | 乌恰 | −3.8 | −68.0 | 1.27 | 3.03 | 0.0165/12 | 0.91 | 5.31 | 0.0055/12 | 0.70 | 8.10 | 0.0047/11 |
| | 巴布布鲁克 | −4.5 | −91.6 | 1.27 | 4.10 | 0.0077/12 | 0.91 | 7.24 | 0.0043/11 | 0.79 | 9.01 | 0.0036/11 |
| 青藏高原 | 五道梁 | −5.9 | −83.7 | 1.05 | 5.40 | 0.0224/10 | 0.70 | 10.33 | 0.0132/11 | 0.48 | 17.4 | 0.0100/10 |
| | 沱沱河 | −4.0 | −74.4 | 1.23 | 3.53 | 0.0122/12 | 0.86 | 6.41 | 0.0062/11 | 0.66 | 9.79 | 0.0051/11 |
| | 玛多 | −4.0 | −72.1 | 1.32 | 2.95 | 0.0146/12 | 0.98 | 4.87 | 0.0055/12 | 0.82 | 6.61 | 0.0049/11 |
| | 清水河 | −4.9 | −77.8 | 1.36 | 2.99 | 0.0155/12 | 1.04 | 4.72 | 0.0063/12 | 0.86 | 6.48 | 0.0053/11 |
| | 曲麻莱 | −2.6 | −60.0 | 1.40 | 2.16 | 0.0275/12 | 1.10 | 3.28 | 0.0097/12 | 0.93 | 4.38 | 0.0071/11 |
| | 那曲 | −2.1 | −57.4 | 1.45 | 1.94 | 0.0321/12 | 1.16 | 2.86 | 0.0110/12 | 1.01 | 3.59 | 0.0069/12 |
| | 班戈湖 | −2.1 | −62.5 | 1.45 | 2.11 | 0.0222/12 | 1.16 | 3.11 | 0.0086/12 | 1.01 | 3.91 | 0.0058/11 |
| | 吉迈 | −1.4 | −49.7 | 1.58 | 1.44 | 0.1498/2 | 1.26 | 2.15 | 0.0161/12 | 1.12 | 2.64 | 0.0085/12 |
| | 玛沁 | −1.0 | −48.9 | 1.77 | 1.15 | 0.2170/12 | 1.42 | 1.70 | 0.0321/2 | 1.27 | 2.06 | 0.0118/12 |
| | 申扎 | −0.3 | −41.5 | 1.65 | 1.10 | — | 1.36 | 1.56 | — | 1.21 | 1.89 | 0.0376/1 |

续表 31

| 地区 | 地点 | 室内温度 20℃ | | | | | | | | |
|---|---|---|---|---|---|---|---|---|---|---|
| | | 房屋地板热阻 $R$=0.86 | | | $R$=1.72 | | | $R$=2.58 | | |
| | | 融化深度(m) | $\sum T_f/\sum T_m$ | $\mu_1$/月 | 融化深度(m) | $\sum T_f/\sum T_m$ | $\mu_1$/月 | 融化深度(m) | $\sum T_f/\sum T_m$ | $\mu_1$/月 |
| 祁连山 | 天峻 | 1.58 | 1.79 | 0.0461/2 | 1.25 | 2.73 | 0.0116/11 | 1.05 | 3.67 | 0.0071/11 |
| | 野牛沟 | 1.50 | 2.44 | 0.0220/2 | 1.14 | 3.98 | 0.0061/11 | 0.93 | 5.54 | 0.0050/12 |
| | 托勒 | 1.50 | 2.39 | 0.0181/12 | 1.14 | 3.90 | 0.0063/12 | 0.92 | 5.56 | 0.0035/12 |
| 天山 | 乌恰 | 1.45 | 2.38 | 0.0288/12 | 1.07 | 4.07 | 0.0083/12 | 0.84 | 6.13 | 0.0050/12 |
| | 巴布布鲁克 | 1.45 | 3.21 | 0.0114/12 | 1.00 | 6.17 | 0.0048/11 | 0.87 | 7.79 | 0.0038/11 |
| 青藏高原 | 五道梁 | 1.22 | 4.12 | 0.0267/10 | 0.85 | 7.68 | 0.0153/11 | 0.62 | 12.49 | 0.0114/10 |
| | 沱沱河 | 1.42 | 2.74 | 0.0193/12 | 1.03 | 4.83 | 0.0071/11 | 0.78 | 7.59 | 0.0057/11 |
| | 玛多 | 1.50 | 2.35 | 0.0233/12 | 1.14 | 3.84 | 0.0078/12 | 0.92 | 5.46 | 0.0049/11 |
| | 清水河 | 1.54 | 2.39 | 0.0248/12 | 1.19 | 3.76 | 0.0086/12 | 0.98 | 5.22 | 0.0057/11 |
| | 曲麻莱 | 1.58 | 1.74 | 0.0673/2 | 1.25 | 2.65 | 0.0145/12 | 1.05 | 3.57 | 0.0078/12 |
| | 那曲 | 1.62 | 1.58 | 0.0348/2 | 1.30 | 2.34 | 0.0168/12 | 1.11 | 3.05 | 0.0091/12 |
| | 班戈湖 | 1.62 | 1.72 | 0.0648/12 | 1.30 | 2.55 | 0.0125/12 | 1.11 | 3.32 | 0.0070/12 |
| | 吉迈 | 1.77 | 1.17 | — | 1.41 | 1.76 | 0.0275/12 | 1.22 | 2.27 | 0.0134/12 |
| | 玛沁 | 1.79 | 0.93 | — | 1.60 | 1.38 | — | 1.37 | 1.82 | 0.0199/2 |
| | 申扎 | 1.86 | 0.89 | — | 1.50 | 1.31 | — | 1.32 | 1.63 | 0.0390/1 |

注：1 热阻 $R$ ($m^2 \cdot ℃/W$)；
2 $\mu_1$—通风模数，$\mu_1 = A_v/A$，$A_v$—通风孔总面积，$A$—建筑物平面外轮廓面积；
3 0.0049/12 为 $\mu_1$/月份；
4 风速 $v$=2m/s；
5 $\sum T_f$——冬季月平均气温总和；
6 $\sum T_m$——冻结夏季融化层所需的负温度总值。

由表 31 显然可见：当 $\sum T_f/\sum T_m$ 小于 1 时，是不宜采用保持地基土冻结状态原则设计的。表 31 中，月平均负温度总和为多年平均值的总和。考虑到每年月平均温度的离散情况，采用保证率 95%时，$\sum T_f/\sum T_m$ 的计算结果见表 32。

由表 32 可见，$\sum T'_f/\sum T'_m$ 小于或等于 1.3 时，不宜采用保持冻结状态原则设计；$\sum T'_f/\sum T'_m$ 为 1.3～1.45 时，通风孔面积已接近敞开情况。这种条件对应于表 31 情况，为 $\sum T_f/\sum T_m$ 小于或等于 1.45 和 $\sum T_f/\sum T_m$ 为 1.45～1.66。

**4)** 通风模数 $\mu_1$ 是根据寒季各月（一般为 11 月至翌年 2 月）气温，逐月计算，并取其大值而得的。计算时，月平均风速均折算为2m/s。因此在确定当地通风模数时，应乘以 $2/v$。其中，$v$ 为 12 月份多年平均风速。

**2** 风速调整系数 $\eta_w$

从各地区通风模数计算结果可以看出：大多数地区的最大通风模数值，出现在 12 月份（表 31）。根据寒季各月月平均风速统计分析，每年 12 月的风速变异系数，比年平均风速的变异系数大。按 $\eta_w = 1 - \frac{t_\alpha}{\sqrt{n}}\delta$ 计算的风速调整系数则较小（表 33）。所以，在通风模数计算中，采用 12 月的风速调整系数，其信度 $\alpha$=0.05，这样计算偏于安全。

**3** 建筑物平面形状系数 $\eta_f$，是考虑综合动力系数 $K_\alpha$（计算风压和流体阻力）的影响而得出的。房屋平面为矩形时，$K_\alpha$=0.37；为 π 形时，$K_\alpha$=0.30；为 T 形时，$K_\alpha$=0.33；为 L 形时，$K_\alpha$=0.29。

设：矩形建筑物的平面形状系数 $\eta_t$ =1，

则：π 形建筑物，$\eta_t$ =0.37/0.30=1.23；

T 形建筑物，$\eta_t$ =0.37/0.33=1.12；

L 形建筑物，$\eta_t$ =0.37/0.29=1.28。

**表 32 保证率为 95%时，各地的通风模数 $\mu_1$ 计算结果**

| 地点 | 保证率为 95%时，冬季月平均负气温总和 $\sum T'_f$ (℃) | 室内温度 16℃ | | | | | | 室内温度 20℃ | | | | | |
|---|---|---|---|---|---|---|---|---|---|---|---|---|---|
| | | $R$=0.86 | | $R$=1.72 | | $R$=2.58 | | $R$=0.86 | | $R$=1.72 | | $R$=2.58 | |
| | | $\sum T'_f/\sum T'_m$ | $\mu_1$ | $\sum T'_f/\sum T'_m$ | $\mu_1$ | $\sum T'_f/\sum T'_m$ | $\mu_1$ | $\sum T'_f/\sum T'_m$ | $\mu_1$ | $\sum T'_f/\sum T'_m$ | $\mu_1$ | $\sum T'_f/\sum T'_m$ | $\mu_1$ |
| 博克图 | −72.2 | 1.31 | 0.3121 | 1.50 | 0.0342 | 1.63 | 0.0198 | 1.20 | — | 1.40 | 0.1224 | 1.54 | 0.0265 |
| 黑河 | −79.5 | 1.32 | 0.0628 | 1.50 | 0.0399 | 1.58 | 0.0210 | 1.21 | — | 1.40 | 0.5796 | 1.54 | 0.0219 |
| 孙吴 | −84.9 | 1.44 | 0.0781 | 1.65 | 0.0184 | 1.74 | 0.0133 | 1.33 | 0.1147 | 1.54 | 0.0259 | 1.70 | 0.0150 |
| 嫩江 | −83.7 | 1.39 | 0.1153 | 1.59 | 0.0191 | 1.70 | 0.0134 | 1.28 | — | 1.48 | 0.0320 | 1.62 | 0.0163 |

续表 32

| 地点 | 保证率为95%时，冬季月平均负气温总和$\Sigma T_f'$（℃） | 室内温度16℃ | | | | | | 室内温度20℃ | | | | | |
|---|---|---|---|---|---|---|---|---|---|---|---|---|---|
| | | $R=0.86$ | | $R=1.72$ | | $R=2.58$ | | $R=0.86$ | | $R=1.72$ | | $R=2.58$ | |
| | | $\Sigma T_f'/\Sigma T_m'$ | $\mu_1$ | $\Sigma T_f'/\Sigma T_m'$ | $\mu_1$ | $\Sigma T_f'/\Sigma T_m'$ | $\mu_1$ | $\Sigma T_f'/\Sigma T_m'$ | $\mu_1$ | $\Sigma T_f'/\Sigma T_m'$ | $\mu_1$ | $\Sigma T_f'/\Sigma T_m'$ | $\mu_1$ |
| 吉迈 | −44.2 | 1.03 | — | 1.51 | 0.0432 | 1.82 | 0.0207 | 0.84 | — | 1.23 | — | 1.60 | 0.0317 |
| 那曲 | −48.4 | 1.61 | 0.0721 | 2.34 | 0.0181 | 2.88 | 0.0106 | 1.31 | 0.6696 | 1.94 | 0.0298 | 2.51 | 0.0146 |
| 玛沁 | −40.8 | 0.90 | — | 1.29 | — | 1.55 | 0.0280 | 0.74 | — | 1.07 | — | 1.38 | 敞开 |
| 申扎 | −33.4 | 0.83 | — | 1.14 | — | 1.36 | 敞开 | 0.68 | — | 0.97 | — | 1.18 | — |

注：$\Sigma T_m'$—保证率为95%时冻结夏季融化深度所需的负温度总值。

**表 33 风速调整系数 $\eta_w$**

| 地点 \ $\eta_{w/n}$ \ 年月 | 全年 | 11月 | 12月 | 1月 | 2月 | 10月 |
|---|---|---|---|---|---|---|
| 漠河 | 0.97/21 | — | 0.85/23 | — | — | — |
| 塔河 | 0.95/9 | — | 0.89/9 | — | — | — |
| 呼中 | 0.95/6 | — | 0.64/6 | — | — | — |
| 呼玛 | 0.97/27 | — | 0.86/27 | — | 0.89/26 | — |
| 新林 | 0.95/9 | — | 0.83/9 | — | — | — |
| 鄂伦春旗 | 0.98/10 | — | 0.91/10 | 0.92/10 | 0.93/10 | — |
| 三河 | 0.91/8 | — | 0.66/10 | 0.76/9 | — | — |
| 爱辉 | 0.96/22 | — | 0.92/22 | — | 0.95/22 | — |
| 逊克 | 0.94/21 | — | 0.87/22 | — | — | — |
| 孙吴 | 0.95/25 | — | 0.90/27 | — | 0.92/26 | — |
| 嫩江 | 0.91/28 | — | 0.87/30 | — | 0.82/10 | — |
| 嘉荫 | 0.96/21 | — | 0.88/21 | — | 0.91/20 | — |
| 满洲里 | 0.96/8 | — | 0.90/9 | 0.90/10 | 0.95/10 | — |
| 海拉尔 | 0.97/10 | — | 0.84/10 | 0.84/10 | 0.85/10 | — |
| 阿尔山 | 0.94/10 | — | 0.97/10 | — | — | — |
| 博克图 | 0.94/10 | — | 0.92/10 | — | 0.91/10 | — |
| 乌恰 | 0.94/10 | 0.88/10 | 0.85/10 | — | — | — |
| 五道梁 | 0.89/10 | — | 0.82/10 | — | — | 0.88/10 |
| 玛多 | 0.88/10 | 0.81/10 | 0.73/10 | — | — | — |
| 吉迈 | 0.85/10 | — | 0.78/10 | — | 0.84/10 | — |
| 那曲 | 0.91/10 | — | 0.70/10 | — | 0.89/10 | — |
| 班戈湖 | 0.86/4 | 0.44/4 | 0.15/4 | — | 0.74/5 | — |

注：$n$ 为统计年数。

4 相邻建筑物距离影响系数 $\eta_n$，是考虑相邻建筑物的阻挡作用，对风速的影响，使通风基础寒季回冻作用减弱而提出的。据有关文献资料：当建筑物之间的距离 $L$，大于或等于 $5h$（$h$—建筑物自地面算起的高度）时，对横竖已无影响。因此，当 $L \geqslant 5h$ 时，$\eta_n = 1.0$；$L = 4h$ 时，$\eta_n = 1.2$；$L \leqslant 3h$ 时，$\eta_n = 1.5$。

5 计算参数

在确定通风模数 $\mu_1$ 时，所用计算参数如下：

1）建筑物平面为矩形，长度 $L = 40$m，宽度 $b = 10$m；

2）通风基础围护结构厚度为 0.62m，高度为 1m，热阻 $R_2 = 0.86\text{m}^2 \cdot ℃/\text{W}$；

3）活动层按富冰冻土计，水含量 $w = 370\text{kg/m}^3$；

4）土的导热系数且 $\lambda_u = 1.36\text{W/(m} \cdot ℃)$；冻土导热系数 $\lambda_f = 2.04\text{W/(m} \cdot ℃)$；冻土导温系数 $\alpha = 0.004\text{m}^2/\text{h}$；

5）地基融化时，土表面放热系数及通风空间楼板放热系数 $\alpha_u = 11.36\text{W/(m}^2 \cdot ℃)$；地基冻结时，土表面放热系数 $\alpha_f = 17.04\text{W/(m}^2 \cdot ℃)$；土的起始冻结温度 $T_b = -0.5℃$。

6 不同计算参数对通风模数的影响：

东北塔河地区不同参数计算结果列于表 34。

**表 34 塔河地区不同参数通风模数 $\mu_1$**

| 房间温度 | 地板热阻 $R$ | $W$ (kg/m³) | 建筑物平面尺寸 $l\times b$ (m²) | $\lambda_u$ [W/(m·℃)] | $\lambda_f$ [W/(m·℃)] | 放热系数 $\alpha_u$ [W/(m²·℃)] | 最大融化深度 (m) | 冻结融化层所需负温度总和 $\Sigma T_m$ (℃) | 通风模数 $\mu_1$/月 |
|---|---|---|---|---|---|---|---|---|---|
| 20 | 0.86 | 370 | 40×10 | 1.36 | 2.04 | 11.36 | 1.79 | −42.8 | 0.0099/12 |
| | | 200 | 40×10 | 1.36 | 2.04 | 11.36 | 2.54 | −45.1 | 0.0094/12 |
| | | 370 | 20×6 | 1.36 | 2.04 | 11.36 | 1.79 | −43.1 | 0.0083/12 |
| | | 370 | 40×10 | 1.70 | 2.50 | 11.36 | 1.90 | −40.5 | 0.0095/12 |
| | | 370 | 40×10 | 1.36 | 2.04 | 6.82 | 1.71 | −39.5 | 0.0087/12 |

由表 34 可见，在同一地区，不同参数对通风模数的影响甚小。

**7 满归架空基础试验房屋实例**

1974 年，齐铁科研所等单位，在满归修建了一栋架空通风基础试验房屋。房屋为矩形平面，长（$L$）为 19.09m；宽（$b$）为 6.11m；面积 116.64m²。基础为毛石条形基础，其上设高 0.4m，宽 0.6m 的钢筋混凝土圈梁。基础下地基换填砂砾石 0.9m（见图 37a）。通风孔由钢筋混凝土槽形板构成（见图 37b），通风孔总面积 $A_v=0.31\times0.14\times2\times33=2.86m^2$，通风模数为 $\mu_1=A_v/(Lb)=2.86/19.09\times6.11=0.0245$。通风基础高度为 0.54m，有效高度 $h$=0.14m（因有 0.4m 高的地梁），通风高度与房屋宽度之比，$h/b=0.14/6.11=0.023$，满足大于 0.02 的要求。

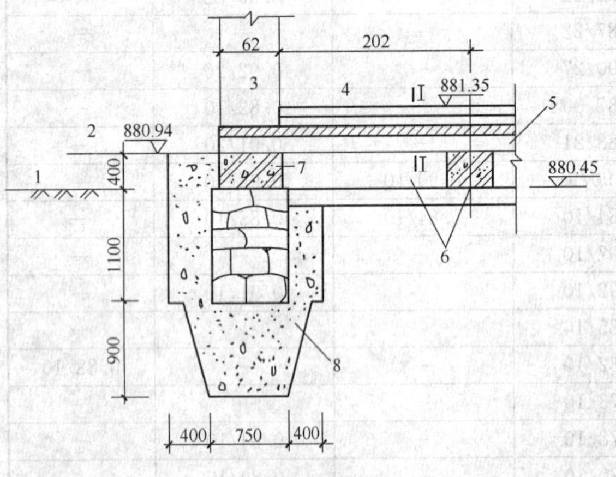


(a) 架空通风基础

1—原地面；2—室外地面；3—外墙；4—室内地面；5—通风孔；6—地基梁；7—钢筋混凝土圈梁；8—砂砾石垫层

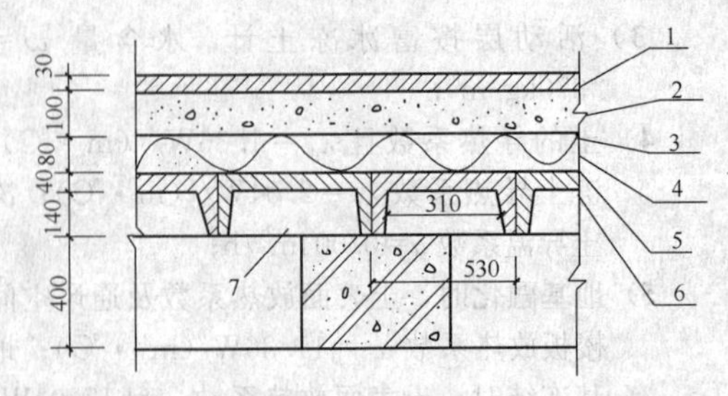


(b) 剖面 1-1（保温地面构造图）

1—水泥砂浆面层；2—炉碴石灰；3—油毡纸；4—珍珠岩粉保温层；5—涂刷沥青防潮层；6—钢筋混凝土槽形板；7—通风孔

图 37 架空通风基础

满归地区多年冻土厚度大于 20m，多年冻土上限埋深 2.30m～3.80m，多年冻土年平均地温（14m～18m 地温）为 −1.1℃～−1.7℃。地表下 3.2m 范围内，地基土的含水率 $w$=270kg/m³；地基土融化时，导热系数 $\lambda_u$=1.73W/（m·℃）；冻结时，导热系数 $\lambda_f$=2.39W/（m·℃）；导温系数 $\alpha=0.0047m^2/h$。地基土的起始冻结温度 $T_b=-0.1$℃。室内空气温度为 19.8℃；计算地板热阻 $R=1.55m^2\cdot$℃/W。

地基土于 1975 年 4 月开始融化，至 9 月达最大深度；11 月开始回冻，至翌年 1 月底，地基融土全部冻结。各月末融化深度和冻结深度的平均值（自通风空间地面算起）见表 35。

**表 35 满归架空基础试验房屋实测与计算比较**

| 冻融 / 月末 / 项目 | 融化深度 (m) | | | | | | | 回冻深度 (m) | | | 通风模数 |
|---|---|---|---|---|---|---|---|---|---|---|---|
| | 4 | 5 | 6 | 7 | 8 | 9 | 10 | 11 | 12 | 1 | |
| 实测值 | 0.60 | 0.91 | 1.65 | 2.19 | 2.52 | 2.74 | 2.74 | 1.61 | 2.27 | 2.74 | 0.0245 |
| 计算值 | 0.37 | 0.83 | 1.42 | 1.88 | 2.20 | 2.35 | 2.35 | 0.35 | 1.60 | 2.35 | 0.0214 |

由表 35 可见：试验房屋的通风模数与计算值很相近。融化深度计算值与实测值比较，相差 14.2%。

## 附录 F 多年冻土地基静载荷试验要点

**1 冻土变形特性**

冻土是由固相（矿物颗粒、冰）、液相（未冻水）、气相（水气、空气）等介质所组成的多相体系。矿物颗粒间通过冰胶结在一起，从而产生较大的强度。由于冰和未冻水的存在，它在受荷下的变形具有强烈的流变特性。图 38a 为单轴应力状态和恒温条件下冻土典型蠕变曲线，图 38b 表示相应的蠕变速率对时间的关系。图中 0A 是瞬间应变，以后可以看到三个时间阶段。第Ⅰ阶段 AB 为不稳定的蠕变阶段，应变速率是逐渐减小的；第Ⅱ阶段 BC 为应变速率不变的稳定蠕变流，BC 段持续时间的长短，与应力大小有关；第Ⅲ阶段为应变速率增加的渐进流，最后地基丧失稳定性，因此可以认为C点的出现是地基进入极限应力状态。这样，不同的荷载延续时间，对应于不同的抗剪强度。相应于冻土稳定流为无限长延续的长期强度，认为是土的标准强度，因为在稳定蠕变阶段中，冻土是处于没有破坏而连续性的黏塑流动之中，只要转变到渐进流的时间超过建筑物的设计寿命以及总沉降量不超过建筑物地基容许值，则所确定地基强度限度是可以接受的。

**2** 冻土抗剪强度不仅取决于影响未冻土抗剪强度的有关因素（如土的组成、含水率、结构等），还与冻土温度及外荷作用时间有关，其中负温度的影响是十分显著的。根据青藏风火山地区资料，在其他条件相同的情况下，冻土温度－1.5℃ 时的长期黏聚力 $c_l$ ＝82kPa，而－2.3℃时 $c_l$ ＝134kPa，相应的冻土极限荷载为 420kPa 和 690kPa。可见，在整个试验期间，保持冻土地基天然状态温度的重要性，并应在量测沉降量的同时，测读冻土地基深度在1倍～1.5倍基础宽度范围内的温度。

**3** 根据软土地区荷载试验资料，承压板宽度从500mm变化到3000mm，所得到的比例极限相同，$P_{0.02}$变化范围在100kPa～140kPa，说明土内摩擦角较小时，承压板面积对地基承载力影响不大。冻土与软土一样，一般内摩擦角较小或接近零度，因而实际上也可忽略承压板面积大小对承载力的影响，另外冻土地基强度较高，增加承压板面积，使试验工作量增加。因此，附录F中规定一般承压板面积为0.25m²。

**4** 冻土地基荷载下稳定条件是根据地基每昼夜累计变形值：

1）中国科学院兰州冰川冻土研究所吴紫汪等的研究认为，单轴应力下冻土应力-应变方程可写成

应变 $$\varepsilon=\delta\left|T\right|^{-\gamma}t^{\beta}\sigma^{\alpha} \qquad (27)$$

式中：$\delta$——土质及受荷条件系数，砂土 $\delta=10^{-3}$，黏性土 $\delta=(1.8\sim2.5)\times10^{-3}$；

$T$——冻土温度（℃）；

$\gamma$——试验系数，$\gamma\approx2$；

$t$——荷载作用时间（min）；

$\beta$——试验常数，$\beta$为0.3；

$\sigma$——应力（kPa）；

$\alpha$——非线性系数，一般$\alpha$为1.5。

半无限体三向应力作用时地基的应变$\varepsilon'$按弹性理论有：

$$\varepsilon'=\varepsilon\left(1-\frac{2\nu^2}{1-\nu}\right)\omega \qquad (28)$$

式中：$\nu$——冻土泊松比，取$\nu=0.25$；

$\omega$——刚性承压板沉降系数，方形时$\omega$为$\frac{\sqrt{\pi}}{2}$，圆形时$\omega$为$\frac{\pi}{4}$。

近似的取1.5倍承压板宽度$b$作为载荷试验影响深度$h$，则承压板沉降值$s$为：

$$s=0.8982\varepsilon' h \qquad (29)$$

式中0.8982为考虑半无限体应力扩散后1.5$b$范围内的平均应力系数，应力$\sigma$取预估极限荷载$P_u$的1/8。

按式（27）～式（29）计算加载24h后的沉降值见表36。

**表36 荷载试验加载24h沉降值 s**

| 土类 \ s（mm） \ 温度（℃） | −0.5 | −1.0 | −2.5 | −4.0 | 注 |
|---|---|---|---|---|---|
| 粗砂 | 27.7 | 10.3 | 3.1 | 1.6 | 按式（27）～（29） |
| 细砂 | 12.9 | 5.0 | 1.8 | 0.9 | 按式（27）～（29） |
| 粗砂（渥太华） | 0.9 | 0.8 | 0.6 | 0.5 | 按式（29）～（30） |
| 细砂（曼彻斯特） | 0.6 | 0.5 | 0.4 | 0.3 | 按式（29）～（30） |
| 黏土 | 23.2 | 8.1 | 2.6 | 1.9 | 按式（27）～（29） |
| 含有机质黏土 | 15.0 | 5.8 | 2.1 | 1.4 | 按式（27）～（29） |
| 黏土（苏菲尔德） | 5.2 | 4.6 | 3.3 | 1.8 | 按式（29）～（30） |
| 黏土（巴特拜奥斯） | 2.5 | 1.9 | 1.7 | 1.0 | 按式（29）～（30） |

2）美国陆军部冷区研究与工程实验室提供的计算第Ⅰ蠕变阶段冻土地基蠕变变形经验公式为：

$$\varepsilon=\left[\frac{\sigma t^{\lambda}}{\omega\,(T-1)^{\beta}}\right]^{\frac{1}{\alpha}}+\varepsilon_0 \qquad (30)$$

式中：$\varepsilon$——应变；

$\varepsilon_0$——瞬时应变，预估时可不计；

$T$——温度低于水的冰点的度数（℃）；

$\sigma$——土体应力，取预估极限荷载 $P_u$ 的 $\frac{1}{8}$，（kPa）；

$\lambda$、$\alpha$、$\beta$、$\omega$——取决于土性质的常数，对表37中几种土给出$\lambda$、$\alpha$、$\beta$和$\omega$的典型值；

$t$——时间（h）。

求得应变$\varepsilon$值后，仍用式（29）计算加载24h后冻土地基沉降$s$值，计算结果见表36。

分析上述两种预估冻土地基加载24h后的沉降值，对砂土取0.5mm，对黏性土取1.0mm是能保证地基处于第Ⅰ蠕变阶段工作的。

**表37 公式（30）中土性质常数典型值**

| 土 类 | λ | α | β | ω | 注 |
|---|---|---|---|---|---|
| 粗砂（渥太华） | 0.35 | 0.78 | 0.97 | 5500 | — |
| 细砂（曼彻斯特） | 0.24 | 0.38 | 0.97 | 285 | — |
| 黏土（苏菲尔德） | 0.14 | 0.42 | 1.00 | 93 | — |
| 黏土（巴特拜奥斯） | 0.18 | 0.40 | 0.97 | 130 | 维亚洛夫（1962年资料） |

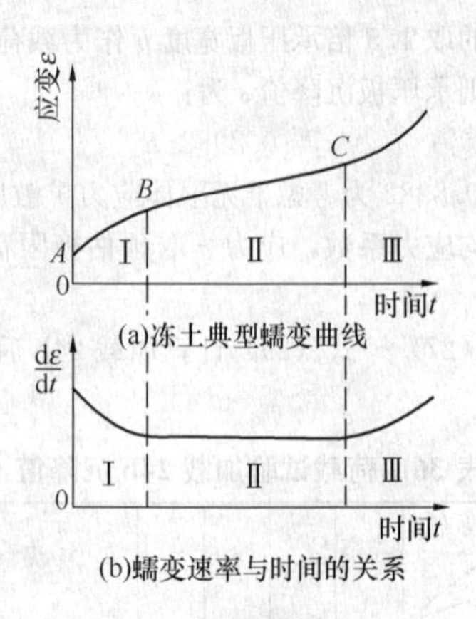


图 38　冻土蠕变曲线示意

## 附录 H　多年冻土地基单桩竖向静载荷试验要点

**1**　多年冻土地基中桩的承载能力由桩侧冻结力和桩端承载力两部分构成。在桩施工过程中，多年冻土的热状况受到干扰，桩周多年冻土温度上升，甚至使多年冻土融化。钻孔插入桩和钻孔灌注桩，由于回填料和混凝土带入大量热量以及混凝土的水化热，对多年冻土的热状态干扰更大。在施工结束时，桩与地基土并未冻结在一起，也就是说，桩侧冻结力还没有形成。所以桩不具备承载能力。只有在桩周土体回冻，多年冻土温度恢复正常后，桩才能承载。因此，在多年冻土中试桩时，施工后，需有一段时间让地基回冻。这段时间的长短与桩的种类和冻土条件有关。一般来讲，钻孔打入桩时间较短，钻孔插入桩次之，钻孔灌注桩时间最长。多年冻土温度低时，回冻时间短，反之，则回冻时间长。据铁道部科学研究院西北分院在青藏高原多年冻土的试验，钻孔打入桩需5d～11d基本可以回冻，钻孔插入桩则要6d～15d，而钻孔灌注桩需 30d～60d。因此，在多年冻土地区试桩时，应充分考虑桩的回冻时间。据前苏联资料，桩经过一个冬天后，可以得到稳定的承载力。

**2**　冻土的抗压强度和冻结强度都是温度的函数，它们随温度的升高而减小，随温度的降低而增大，特别在冻土温度较高的情况下，变化尤为明显。地基中多年冻土的温度在一年中是随气温的变化而周期性变化的。在夏季末冬季初，多年冻土温度达到最高值，冻土抗压强度和冻结强度达到最小值，这是桩工作最不利的时间，试桩应选在这个时候。如果试桩较多，施工又能保证桩周条件基本一致时，也可在其他时间试桩，这时可找出桩的承载力与冻土温度的关系，从而找出桩的最小承载力。

**3**　单桩试验方法很多，最常用的有蠕变试验法、慢速维持荷载法和快速维持荷载法。蠕变试验法由于用桩多、时间长，试验期间冻土条件变化过大，所以较少采用。慢速维持荷载法和快速维持荷载法可以克服蠕变试验法的某些缺点，因此，是多年冻土地基单桩荷载试验经常采用的方法。近年来，为了尽量缩短试验时间，在美国和俄罗斯多采用快速维持荷载法。

据美国陆军工程兵寒区研究与工程实验室资料，试桩时，每 24h 加一级荷载，每级 100kN，直到破坏。破坏标准取桩头总下沉超过 1.5in（38.1mm）为准。在俄罗斯，等速加载法按如下标准进行：1）荷载：第一级为计算承载力的一半，以后各级均为计算承载力的 20%，级数不少于 6～7 级；砂类土每 24h 加一级，黏土类土每 48h（或 72h）加一级；2）破坏标准：桩产生迅速流动。据铁道部科学研究院西北分院试验，当加荷速度大于 2.4h/kN 后，冻结强度随加荷速度的变化就小了，见图 39。

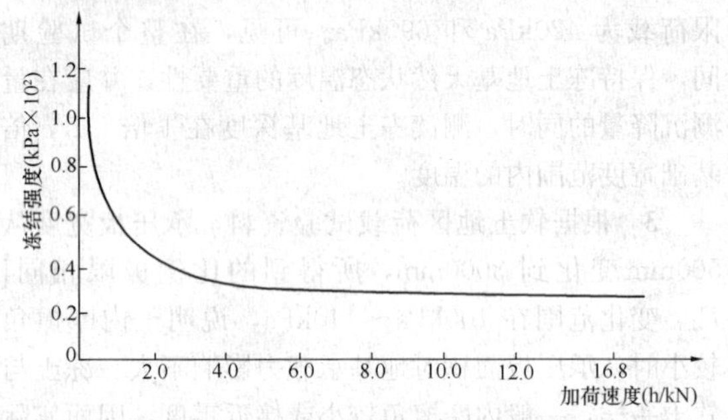


图 39　冻结强度与加荷速度的关系

综合上述资料，附录 H 中规定快速维持荷载时，加载速度不得小于 24h 加一级。

采用快速维持荷载法确定承载力时，假定等速流动速度等于零时的荷载为基本承载力。也就是说，在该荷载作用下，桩-地基系统只产生衰减蠕变。

慢速维持荷载法的稳定标准是根据前苏联 1962 年《多年冻土桩基设计和修建细则》中提出的标准确定的，铁道部科学研究院西北分院在多年冻土区桩基试验中，亦采用了这一标准，即 0.5mm/d。该细则的编制者认为 0.5mm/d 这个值是稳定蠕变与前进流动的界限。也就是说，当桩在荷载作用下，其蠕变下沉速度超过 0.5mm/d 时，桩将进入前进流动而破坏。

## 附录 J　热桩、热棒基础计算

**1**　热虹吸-地基系统工作时，其热量的传递过程十分复杂。它包括热量传递的三种基本形式，即包括传导、对流和辐射。在蒸发段，土体和器壁中为传导传热；在器壁与液体工质间为对流换热；在蒸汽与液体工质间为沸腾传热。在冷凝段，气体工质与冷凝液膜之间为冷凝传热；冷凝液膜与器壁之间为对流换热；在冷凝器壁中为传导传热；冷凝器与大气之间为对流换热和辐射传热。热虹吸的传热量取决于总的传热系数。也就是说，取决于上述各部分的热阻和温差。土体热阻与器壁热阻相比，土体热阻要大得多。以外径0.4m、壁厚0.01m的钢管热桩为例，若蒸发段埋入多年冻土中7m，在传热影响半径为1.5m时，土体的热阻为0.0231h·℃/W，而管壁的热阻仅为0.0000257h·℃/W。即管壁的热阻仅为土体热阻的1/800。在各接触面的对流换热热阻中，以冷凝器与大气接触面的热阻最大，据计算，该热阻约为液体工质与管壁接触面热阻的20倍。而蒸发与冷凝热阻则更小，约为冷凝器与大气接触面热阻的1/400～1/1000。所以，在实际计算中，忽略其他热阻，仅采用土体热阻和冷凝器的放热热阻进行计算，对于工程应用来讲，是完全可以满足要求的。

**2** 冷凝器放热系数，是冷凝器的总放热系数，它包括对流放热系数和辐射放热系数。放热系数也叫换热系数或受热系数。它的值不仅与接触面材料的性质有关，而且与接触面的形状、尺寸以及液体和气体流动的条件等有关，特别与液体或气体流动的速度有着密切关系。流体的状态参数（如温度、密度）和流体的物性（如黏滞性、热传导性等），都对放热系数有很大影响。因此，对于不同类型的冷凝器和不同的表面处理方法，都应进行试验，以确定相应的放热系数。

有效率$e$是指冷凝器的实际传热量与全部叶片都处于基本温度时可传递热量之比。无叶片的钢管冷凝器，其有效率$e=1$。在冷凝器风洞试验中，我们确定的是$eh$与风速$v$的关系。

**3** 土体热阻计算公式，摘自美国土木工程协会出版的《冻土工程中的热工设计问题》一书。

热虹吸的冻结半径，除决定于热虹吸本身的传热特性外，还与土体的含水率、密度以及空气的冻结指数有着密切关系。可按本规范附录J中的公式(J.0.6)求解。在东北大、小兴安岭和青藏高原高寒地区，其冻结半径一般在1m左右。热虹吸在多年冻土中使用时，其有效传热半径约1.5m左右。本规范附录J图J.0.6中，冻结指数与冻结半径的关系，是用铁道部科学研究院西北分院生产的热虹吸，根据低温风洞试验资料，计算得出的。

**4** 使用热虹吸的桩基础，在寒季可使桩周和桩底的多年冻土温度大幅度降低。但暖季来临，桩周冻土温度将迅速升高。至暖季末，桩周多年冻土的温度较之一般地基多年冻土温度，仍将低0.8℃左右。热虹吸地基多年冻土地温的这种降低，可使桩的承载能力有明显增加，并可有效地防止地基多年冻土的衰退。

**5** 钢管桩的放热系数未进行过试验。在计算中，假定与已试验过的冷凝器相同。这种假定是偏于安全的。据美国阿拉斯加北极基础有限公司资料，无叶片的钢管冷凝器，其放热系数约为叶片式冷凝器放热系数的2倍。

**6** 热桩、热棒基础计算算例

**1**）一钢管热桩的计算

设有一直径0.40m的钢管热桩，埋于多年冻土中，用来承担上部结构荷载和稳定地基中的多年冻土(图40)，求该热桩的年近似传热量和桩周冻土地基的温度降低值，冻结期为240d，冻结期平均气温为－10.5℃，平均风速为5.0m/s，蒸发段平均地温－3.0℃，冻土导热系数$\lambda=1.997W/(m^2·℃)$，多年冻土上限埋深1.0m。

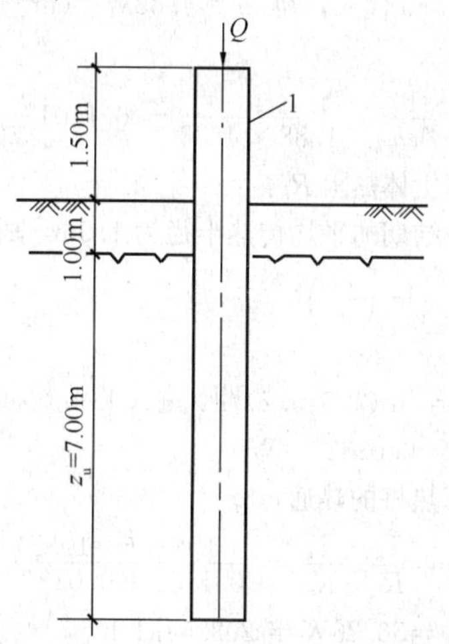


图40　钢管热桩计算示意

1—冷凝面积1.88m²

题解：

①绘制热流程图：

由于活动层厚度较薄，冻结活动层的冷量主要来自大气层。故在计算中，将活动层中热桩看作绝热段。这样，在热桩-地基系统中，多年冻土是唯一的热源，钢管冷凝段是唯一的热汇。多年冻土中的热量传至热桩蒸发段，使液体工质蒸发成气体；气体工质在压差作用下，携带热量上升至冷凝段，将热量传递给钢管（冷凝器），散发至大气中，气体工质冷凝成液体。据此，可以绘出热流程图，见图41。

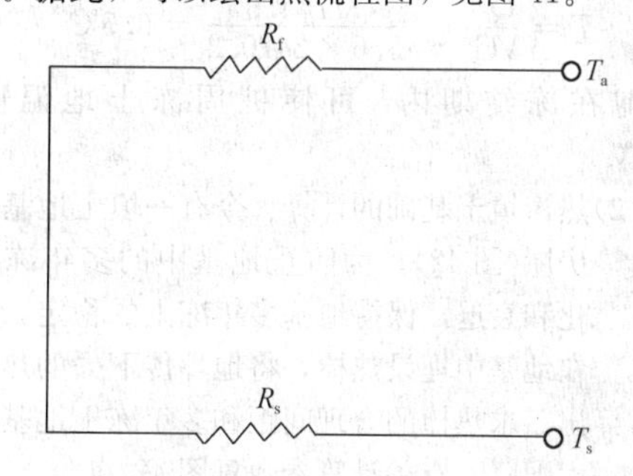


图41　钢管热桩-地基系统热流程图

单位时间的传热量（热通量），采用下面公式计算：

$$q=\frac{T_s-T_a}{R_f+R_s} \tag{31}$$

②计算冷凝段的热阻 $R_f$：

在该算例中，冷凝器为无散热翅片的裸露钢管。据有关资料，裸露钢管的放热系数，较叶片式散热器的大。由于裸露钢管的放热系数无计算公式，这里采用铁道部科学研究院西北分院提出的叶片式散热器放热系数计算公式，即本规范附录J中公式（J.0.4-2）进行计算，即：

$$eh = 2.75 + 1.51\upsilon^{0.2} \quad (32)$$

将 $\upsilon = 5.0$ 代入，得 $eh = 4.83\text{W/(m}^2\cdot℃)$。

所以

$$R_f = \frac{1}{Aeh} = \frac{1}{1.88 \times 4.83} = 0.1101℃/\text{W} \quad (33)$$

③计算土体热阻 $R_s$：

假定冻结期的平均传热半径为1.5m，则

$$R_s = \frac{\ln\left(\frac{r_2}{r_1}\right)}{2\pi\lambda z}$$

$$= \ln(1.5/0.2)/2\times\pi\times1.977\times7$$

$$= 0.0232℃/\text{W} \quad (34)$$

④计算热桩的热通量 $q$：

$$q = \frac{T_s - T_a}{R_f + R_s} = \frac{-3.0-(-10.5)}{0.1101+0.0232}$$

$$= 56.26\text{W} = 202.54\text{kJ/h}$$

⑤计算冻结期热桩的总传热量 $Q$：

$$Q = qt = 202.54 \times 24 \times 240 = 1166630.4\text{kJ}$$

热桩的年近似传热量 $Q_a = \frac{Q}{\psi_Q} = \frac{1166630.4}{1.5} = 777753.6\text{kJ}$

式中：$\psi_Q$——传热折减系数。

⑥计算冻结期桩周冻土地基的最大温度降低值 $T$：

设冻土的体积热容量 $C = 2470.2\text{kJ/(m}^3\cdot℃)$，传热影响范围内的冻土体积为：

$$V = \pi(r_2^2 - r_1^2)z_u \quad (35)$$

$$= 3.1415\times(1.5^2 - 0.2^2)\times 7 = 48.6\text{m}^3$$

$$T = \frac{Q_a}{VC} = \frac{777753.6}{48.6\times2470.2} = 6.5℃$$

即在冻结期内，可使桩周冻土地温降低约6.5℃。

**2)** 热棒填土基础的计算：今有一填土地基采暖房屋(图42)。为防止地基中的多年冻土融化和衰退，保持地基多年冻土的稳定，采用在地基中埋设热棒，将地坪传下去的热量带出。求热棒的合理间距和多年冻土地基的最大温降。有关计算参数见图42。

题解：

①绘制热流程图

从图42可以看出，该系统存在两个热源(室内采暖和多年冻土)和一个热汇(热棒)，据此，可以绘出热流程图，见图43。

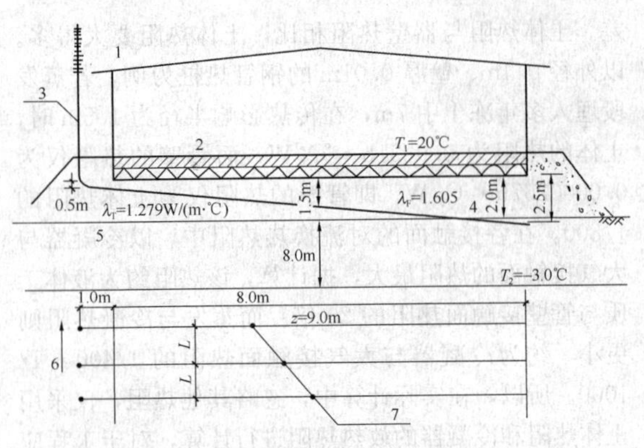


图42　热棒填土地基计算示意

1—$T_a$=−10.5℃，冻结期265d；2—地坪150mm混凝土，$\lambda_c$=1.279W/(m·℃)；200mm聚乙烯泡沫塑料，$\lambda_p$=0.041W/(m·℃)；3—热棒；冷凝器面积 $A$=6.24m²；4—砾石垫层；5—粉质黏土 $\lambda_{fp}$=1.977W/(m·℃)；6—风速 $v$=5.0m/s；7—蒸发器 $\phi$=60mm

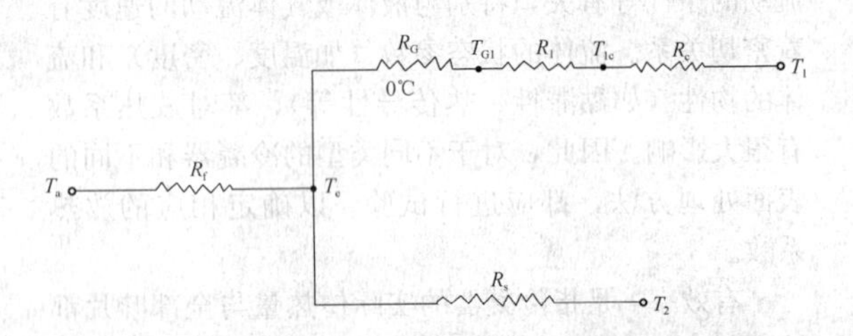


图43　热棒填土地基系统热流程图

$R_c$—混凝土层热阻；$R_1$—隔热层热阻；$R_G$—砾石垫层热阻；$R_s$—冻结亚黏土层热阻；$T_{1c}$—混凝土层底面温度；$T_{G1}$—隔热层底面温度

温度与热阻的关系为：

$$\frac{T_e - T_a}{R_f} = \frac{T_1 - T_e}{R_c + R_1 + R_G} + \frac{T_2 - T_1}{R_s} \quad (36)$$

②计算砾石垫层暖季的融化深度：

计算土体融化深度有许多方法，这里采用多层介质修正的斯蒂芬方程，来求解碎石填土层的融化深度。

$$\sum T_m = \frac{L_n d_n}{24\times3.6}\left(\sum R_{n-1} + \frac{R_n}{2}\right) \quad (37)$$

式中：$\sum T_m$——融化指数(℃·d)；

$L_n$——第 $n$ 层的体积潜热；

$d_n$——第 $n$ 层的融化厚度；

$R_n$——第 $n$ 层的热阻。

设：融化期为100d，则地坪表面的融化指数为：

$$\sum T_m = (20-0)\times100 = 2000℃\cdot\text{d}$$

$$L_n = 32154.6\text{kJ/m}^3$$

$$\sum R_{n-1} = \frac{0.15}{1.279} + \frac{0.2}{0.041} = 4.9953℃\cdot\text{m}^2/\text{W}$$

$$R_n = \frac{d_n}{\lambda_n} = \frac{d_n}{1.605}℃\cdot\text{m}^2/\text{W}$$

将上面各值代入式(37)，得出一个 $d_n$ 的二次方程：

$$115.9d_n^2 + 1859d_n - 2000 = 0$$

解上面方程得：

$$d_n = 1.00\text{m}$$

③计算砾石层的回冻：

在计算砾石层的回冻时，假定来自多年冻土层的热流是微不足道的，故仅考虑热流程图的上半部。

现取1/2融深处截面进行计算，即在回冻过程中，假定1/2融深处的温度为0℃。

这样，从1/2融深面到热棒蒸发器中截面的平均距离(S)为：

$$S = 1.50 - 0.48 = 1.02\text{m}$$

因 $q_d = 0$

所以 $\beta_u = 2\left(\dfrac{q_u}{q_u + q_d}\right) = 2$

设：热棒间距为 $L = 3.0\text{m}$

令 $D = 0.06$；$\lambda_u = 1.605\text{W/(m·℃)}$，$z = 9.0\text{m}$

$$\text{则} \quad R_u = \frac{\ln\left[\dfrac{2L}{\pi D}\sinh\left(\dfrac{\beta_u \pi z_u}{L}\right)\right]}{\beta_u \pi \lambda_u z} = 0.0539℃/\text{W} \tag{38}$$

热棒散热器的热阻 $R_f$，采用规范附录J中公式(J.0.4-2)计算，得：

$$eh = 4.83\text{W/(m}^2\text{·℃)}$$

$$R_f = \frac{1}{Aeh} = \frac{1}{30.14} = 0.0332℃/\text{W}$$

单位时间内从热棒传走的热量 $q$ 为：

$$q = \frac{T_s - T_a}{R_u + R_f} = \frac{0-(-10.5)}{0.0539 + 0.0332} \times 3.6$$

$$= 434.00\text{kJ/h}$$

通过单位面积地坪和已融砾石层上部在单位时间内传入的热量 $q_1$ 为：

$$q_1 = \frac{(T_a - T_s)}{R_C + R_1 + R_G} \tag{39}$$

$$= \frac{3.6 \times (20-0)}{\left(\dfrac{0.15}{1.279} + \dfrac{0.2}{0.041} + \dfrac{0.48}{1.279}\right)}$$

$$= 13.41\text{kJ/(h·m}^2)$$

在每根热棒范围内通过地坪传入的热量 $Q$ 为：

$$Q = 13.41 \times 3 \times 8 = 321.84\text{kJ/h}$$

砾石层的净冷却率为：

$$q_2 = q - Q = 434.00 - 321.84 = 112.16\text{kJ/h}$$

每根热棒范围内融化砾石层的冻结潜热 $Q_1$ 为：

$$Q_1 = 3 \times 8 \times 0.96 \times 32154.6 = 740841.98\text{kJ}$$

则砾石层的冻结时间 $t$ 为：

$$t = 740841.98/112.16 \times 24 = 275\text{d}$$

这与假定的冻结期265d基本相等。

若采用安全系数为1.5，则热棒间距为：

$$L = 3/1.5 = 2\text{m}$$

按新间距进行计算，得：

$$R_u = 0.0613℃/\text{W}$$

$$q = 400.00\text{kJ/h}$$

$$Q = 13.41 \times 2 \times 8 = 214.56\text{kJ/h}$$

$$q_2 = q - Q = 185.44\text{kJ/h}$$

$$Q_1 = 2 \times 8 \times 0.96 \times 32154.6 = 493894.66\text{kJ}$$

$$t = 493894.66/185.44 \times 24 = 111\text{d}$$

即采用间距 $L = 2\text{m}$ 时，砾石层的回冻时间为111d。

④砾石层回冻后的传热

计算各层的热阻：

设：$\beta_u = 1.60$，$\beta_d = 0.40$

$$\text{则：} R_u = \frac{\ln\left[\dfrac{2L}{\pi D}\sinh\left(\dfrac{\beta_u \pi S}{L}\right)\right]}{\beta_u \pi \lambda_u z}$$

$$= \frac{\ln\left[\dfrac{2\times 2}{\pi \times 0.06}\sinh\left(\dfrac{1.6\times\pi\times 1.5}{2}\right)\right]}{1.6\times\pi\times 1.605\times 9}$$

$$= 0.0843℃/\text{W}$$

$$R_d = \frac{\ln\left[\dfrac{2L}{\pi D}\sinh\left(\dfrac{\beta_u \pi d}{L}\right)\right]}{\beta_d \cdot \pi \cdot \lambda_d \cdot z}$$

$$= \frac{L_n\left[\dfrac{2\times 2}{\pi\times 0.06}\sinh\left(\dfrac{0.4\times\pi\times 8.5}{2}\right)\right]}{0.4\times\pi\times 1.977\times 9}$$

$$= 0.344℃/\text{W}$$

$$R_c = \frac{0.15}{1.279\times 16} = 0.0073℃/\text{W}$$

$$R_1 = \frac{0.2}{0.041\times 16} = 0.3049℃/\text{W}$$

$$R_f = 0.0332℃/\text{W}$$

计算蒸发温度 $T_e$：

$$T_e = \frac{\dfrac{T_a}{T_f} + \dfrac{T_1}{R_c + R_1 + R_u} + \dfrac{T_2}{R_d}}{\dfrac{1}{R_f} + \dfrac{1}{R_c + R_1 + R_u} + \dfrac{1}{R_d}}$$

$$= \frac{\dfrac{-10.5}{0.0332} + \dfrac{20}{0.0073 + 0.3049 + 0.0843} + \dfrac{-3.0}{0.344}}{\dfrac{1}{0.0332} + \dfrac{1}{0.0073 + 0.3049 + 0.0843} + \dfrac{1}{0.344}}$$

$$= -7.71℃ \tag{40}$$

计算从上下界面流入热棒的热量 $q_u$ 和 $q_d$：

$$q_u = \frac{T_1 - T_e}{R_c + R_1 + R_u} = \frac{27.71}{0.3965} \times 3.6 = 251.6\text{kJ/h}$$

$$q_d = \frac{T_2 - T_c}{R_d} = \frac{4.71}{0.3440} \times 3.6 = 49.29\text{kJ/h}$$

重新计算 $\beta_u$ 和 $\beta_d$

$$\beta_u = \frac{2q_u}{q_u + q_d} = 1.67$$

$$\beta_d = \frac{2q_d}{q_u + q_d} = 0.33$$

与假定的 $\beta_u = 1.60$ 和 $\beta_d = 0.40$ 基本相符，即砾石层回冻后，每根热棒每小时可以从地基中带出300.89kJ的热量，其中42.29kJ是用于地基的过冷却的。

⑤计算地基的过冷却：

热棒在冻结期可提供地基的过冷却冷量为：

$Q_0 = 42.29 \times 24 \times (265 - 111) = 156303.8\text{kJ}$

若这些冷量用于冷却热棒下 8m 以内的地基，则可使地基土温度降低值为：

设：冻结亚黏土的热容量为 2386kJ/(m³·℃)

则：

$\Delta t = 156303.8/(8\times2\times8\times2386) = 0.51℃$

即除使砾石层回冻外，还可使地基温度降低 0.51℃。

**3)** 热棒-钢筋混凝土桩的计算：

设有一钢筋混凝土桩，内径 200mm，外径 400mm，埋深 8m，在桩中插入热棒一根（图 44），热棒外径 60mm，桩内长度 8m，散热器面积 6.14m²。求热棒的年近似传热量和桩周冻土的最大温度降低值。该处冻结期平均气温－10.5℃，平均地温为－3.0℃。平均风速为 5.0m/s，冻结期 240d。

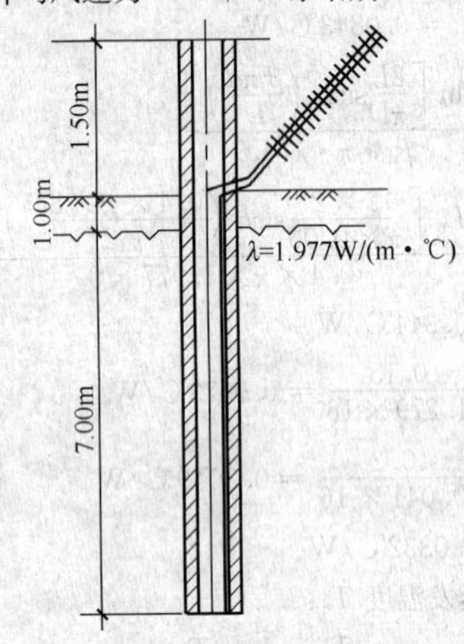


图 44　钢筋混凝土热桩计算示意

题解：设钢筋混凝土导热系数 $\lambda = 1.547\text{W/(m·℃)}$，冻土导热系数 $\lambda = 1.977\text{W/(m·℃)}$。

①绘热流程图：

由于活动层较薄，且它的冻结主要由于来自大气层的冷量，故在计算中予以忽略。

热流程图如图 45 所示。

单位时间热棒的热流量，用下面公式计算：

$$q = \frac{T_s - T_a}{R_f + R_e + R_{c1} + R_{c2} + R_s} \tag{41}$$

②计算各热阻值：

散热器的放热热阻 $R_f$：采用本规范附录 J 中公式（J.0.4-1）计算，即：

$v = 5.0\text{m/s}$ 时

则 $eh = 4.83\text{W/(m}^2\cdot℃)$

所以　$R_f = \dfrac{1}{Aeh} = 0.0337℃/\text{W}$

蒸发器的放热热阻 $R_e$：仍采用上面公式计算，但 $v=0$，则 $eh = 2.75\text{W/(m}^2\cdot℃)$

故 $R_e = \dfrac{1}{Aeh} = 1/\pi\times0.06\times7\times2.75 = 0.2756℃/\text{W}$

图 45　钢筋混凝土桩-土系统热流程图

$R_f$—散热器的放热热阻；$R_e$—蒸发器的放热热阻；$R_{c1}$—钢筋混凝土桩内表面的放热热阻；$R_{c2}$—钢筋混凝土管壁的热阻；$R_s$—土体热阻；$T_a$—气温；$T_s$—冻结期多年冻土平均温度；$T_e$—蒸发器表面温度；$T$—钢筋混凝土桩中空气温度；$T_{c1}$—钢筋混凝土桩内表面温度；$T_{c2}$—钢筋混凝土桩外表面温度

钢筋混凝土桩内表面的放热系数 $R_{c1}$：设钢筋混凝土桩内表面的放热系数与热棒蒸化段钢管相同，即

$$eh = 2.75\text{W/(m}^2\cdot℃)$$

则

$$R_{c1} = \frac{1}{Aeh} = 1/\pi\times0.20\times7\times2.75 = 0.0827℃/\text{W}$$

钢筋混凝土桩管壁的热阻 $R_{c2} = \dfrac{\ln(d_2/d_1)}{2\pi\lambda L} = \dfrac{\ln(0.4/0.2)}{2\times\pi\times1.547\times7} = 0.0102℃/\text{W}$

桩周土体热阻 $R_s$：设传热影响范围为 1.5m

则　$R_s = \dfrac{\ln(d_2/d_1)}{2\pi\lambda L} = \dfrac{\ln(1.5/0.4)}{2\times\pi\times1.977\times7}$

$= 0.0152\ ℃/\text{W}$

③计算热棒单位时间的传热量 $q$：

$$q = \frac{T_s - T_a}{R_f + R_e + R_{c1} + R_{c2} + R_s}$$

$$= \frac{-3-(-10.5)}{0.0337+0.2756+0.0827+0.0102+0.0152}\times3.6$$

$$= \frac{7.5}{0.4174}\times3.6 = 64.69\text{kJ/h}$$

④计算冻结期的总传热量：

$$Q = 64.69\times24\times240 = 372614.4\ \text{kJ}$$

热棒的年近似传热量 $Q_a$ 为：

$$Q_a = \frac{Q}{\phi_a} = 372614.4/1.5 = 248409.6\ \text{kJ}$$

⑤计算冻结期桩周冻土温度降低值 $T$：

设冻土的体积热容量 $C = 2470\text{kJ/(m}^3\cdot℃)$

传热影响范围内冻土体积 $V$ 为：

$V = \pi(r_2^2 - r_1^2)L = 3.1415\times(1.5^2 - 0.2^2)\times7$
$= 48.6\text{m}^3$

所以　$T = Q_a/VC = 248409.6/48.6\times2470$
$= 2.07℃$

即在冻结期内可使桩周冻土温度降低 2.07℃。

# 总 目 录

## 第1册　通用·抗震·幕墙·屋面·人防·给水排水

### 1　通用标准



### 2　建筑抗震



### 3　幕墙·屋面·人防·给水排水

## 第2册 砌体·钢·木·混凝土

### 4 砌体和钢木结构



### 5 混凝土结构

## 第3册　地基·基础·勘察

### 6　地基·基础·勘察

## 第4册　特种·混合·检测·加固

### 7　特种结构·混合结构



### 8　检测·加固